GESCHICHTE DER LOGIK
IM ABENDLANDE

THOEMMES

Printed in England by Antony Rowe Ltd, Chippenham

GESCHICHTE DER LOGIK IM ABENDLANDE

Volume 1

Carl Prantl

THOEMMES PRESS

This edition published by Thoemmes Press, 2001

Thoemmes Press
11 Great George Street
Bristol BS1 5RR, England

Thoemmes Press US Office
22883 Quicksilver Drive
Sterling, Virginia 20166, USA

http://www.thoemmes.com

Geschichte der Logik im Abendlande
4 Volumes : ISBN 1 85506 881 8

Reprinted from the 1855–70 edition

British Library Cataloguing-in-Publication Data
A CIP record of this title is available from the British Library

Publisher's Note

The Publisher has gone to great lengths to ensure the quality of this reprint but points out that some imperfections in the original book may be apparent.

This book is printed on acid-free paper, sewn, and cased in a durable buckram cloth.

GESCHICHTE

DER

LOGIK

IM

ABENDLANDE.

VON

Dr. CARL PRANTL,

ROFESSOR AN DER UNIVERSITÄT UND MITGLIED DER AKADEMIE ZU MÜNCHEN.

ERSTER BAND.

LEIPZIG,

VERLAG VON S. HIRZEL.

1855.

VORWORT.

Ein Gebiet der Wissenschaft, auf welchem der Forscher keine Vorarbeit findet, zum erstenmale zu bearbeiten, ist sicher wenigstens ebenso lohnend als schwierig, woferne nicht sogar das Gefühl der befriedigten selbstständigen Arbeitslust weit über die bei jedem Schritte aufgewendete Mühsal überwiegt; denn eine Schwierigkeit sollte man es eigentlich gar nicht nennen, wenn man genöthigt ist, stets auf eigenen Füssen zu stehen und überall nur mit eigenen Augen zu sehen, hingegen mühevoll und von grossem Zeitaufwande ist ein derartiges Unternehmen gewiss, zumal wenn das noch unbebaute Feld sehr ausgedehnt ist.

Dass aber der Verfasser einer Geschichte der Logik sich in dem Falle befand, nicht nur an keinerlei Vorarbeit irgend sich anschliessen zu können, sondern selbst auch den der Verarbeitung bedürftigen Rohstoff grossentheils ohne alle fremde Beihülfe und oft aus den entlegensten Quellen herbeischaffen zu müssen, wird jeder nur einigermassen Kundige gerne zugeben. Denn dasjenige, was in der gelehrten Litteratur über diesen Gegenstand sich findet, kann natürlich nicht als „Geschichte der Logik" bezeichnet werden. Um den ersten Versuch dieser Art, welchen Petrus Ramus machte*), mehr nur der Ehre halber zu erwähnen, ist auch jenes, was Barthol. Keckermann zusammenstellte**) und ein Jahrhundert später aus ihm Jac. Friedr. Reimmann in burleskem Deutsch excerpirte***), nicht einmal als

*) In den ersten acht Capiteln des ersten Buches seiner *Scholae dialecticae* (in d. Ausg. seiner *Scholae in liberales artes. Basil.* 1569. *fol.* in d. 2. Abthlg. p. 1—30).

**) *Praecognitorum logicorum tractatus* III *a Bartholomaeo Keckermanno Dantiscano systemati logico praemissi Hanov.* 1598. u. 2. Aufl. 1604. 8., woselbst der zweite *tractatus* handelt: *De logicae disciplinae inventoribus et auctoribus ab initio mundi ad hunc usque editorum Praecognitorum annum.*

***) Critisirender Geschichts-Calender von der *Logica*, darin das Steigen und

bibliographisches Hülfsmittel brauchbar; das Gleiche gilt auch von dem, was sich bei Gassendi*) findet. Eine reichhaltigere Bücherkenntniss entfaltet allerdings Joh. Georg Walch in seiner *Historia Logicae***), jedoch einerseits liegt eine grosse Masse von Quellen, und gerade der wichtigsten, vor, welche ihre Bedeutung für Geschichte der Logik nicht schon auf dem äusseren Titel zur Schau tragen, eben darum aber bei Walch unberücksichtigt blieben, und andrerseits ist der sachliche Inhalt, welchen er in seiner Abhandlung gibt, überhaupt im höchsten Grade armselig, abgesehen von häufigen directen Verstössen und einer durchgängigen fehlerhaften Methode. Auf Walch's eigenthümlicher Gelehrsamkeit aber fussen ausschliesslich auch jene Neueren, welche wie z. B. Troxler***) oder Bachmann u. A. es für nöthig fanden, ihren Compendien der Logik einen sogenannten Ueberblick oder Abriss der Geschichte dieser Disciplin beizufügen; die Quellen selbst hat keiner derselben gesehen, geschweige denn forschend benützt. Ganz anderer Art als die eben genannten ist, wie sich von selbst versteht, Trendelenburg's Geschichte der Kategorienlehre (Berl. 1846.), welche wie alle Leistungen dieses Forschers sofort eine derartige allgemeine Anerkennung fand, dass sie wahrlich nicht erst meines Lobes bedarf, welches jedoch nicht ausschliessen konnte, dass ich in jenen Partien, welche diesen einzelnen stofflichen Theil der gesammten Logik betreffen, nicht zuweilen auch eine abweichende Ueberzeugung aussprach. Was einzelne geschichtliche Abschnitte betrifft, so ist bekanntlich Aristoteles am reichsten bedacht worden, und Jedermann weiss, was betreffs der aristotelischen Logik (um von Biese abzusehen) durch Trendelenburg, Waitz, Heyder, Zeller, Brandis, Bonitz u. A. geleistet wurde; der kundige Leser wird

---

Fallen dieser hochvortrefflichen Disciplin von Anfang der Welt biss auf das Jahr nach Christi Geburt 1600 entworffen, die Erfindung so wohl als die Erhaltung derselben bemercket, die Wandel-*Fata* erwogen, die *Scriptores* nach *meriten* beurtheilet, und das gesamte Wesen dieser güldenen Wissenschaft in solcher Verfassung vorgestellet wird, dass der geneigte Leser benebst der längst verlangten Historie auch eine zulangliche *Bibliothecam Scriptorum Logicorum* vor Augen haben kan. Dem *curieusen Seculo* zur gütigen *Censur* überreichet von Jacob Friderich Reimmann, *Schol. Martin. Halberst. Rectore.* Frankfurt am Mayn. Im Jahr 1699. 8. (102 Seiten.)

*) *De logicae origine et varietate.* In d. Gesammtausg. s. WW. *Lugd.* 1658. *fol. Vol.* I, p. 35—66.

**) *Jo. Georg. Walchii Parerga Academica. Lips.* 1721. 8. p. 453—848.

***) Im 3. Theile seiner Logik (Stuttg. 1830), woselbst jedoch auch den grösseren Theil des Umfanges Dinge einnehmen, welche nicht hieher gehören.

beurtheilen, ob ich Recht that, wenn ich auch hierin meinen selbstständigen Weg einschlug. Für eine den Umkreis der Logik umfassende Geschichte musste überall von Vorne bei den Quellen selbst begonnen werden, und es ergab sich auch ein immerhin lohnendes Resultat, denn es darf geradezu behauptet werden, dass z. B. die Entwicklung, welche die Logik zwischen Aristoteles und Boethius erfuhr, bisher völlig unbekannt war, insoferne hiebei nur von der bereits veröffentlichten gelehrten Litteratur die Rede sein kann; das Gleiche gilt in Bezug auf das Mittelalter von dem Inhalte der logischen Schriften, von welchen höchstens wohl die Titel und die Namen ihrer Verfasser allgemeiner bekannt sein können.

Eine wirkliche Schwierigkeit kann in der Abgränzung des Materiales zu liegen scheinen. Jene Beschränkung zwar, welche ich schon auf dem Titelblatte ausspreche, wird wohl weniger Bedenken erregen; denn dass ich jene oft sehr umhüllten Keime oder selbst die entfalteteren Darlegungen einer Logik, welche man aus der orientalischen Litteratur selbst in Handbüchern der Geschichte der Philosophie vorzuführen beliebt, bei Seite liegen lasse, wird Niemand tadeln, der von der Nothwendigkeit der ausgedehntesten vorläufigen Detail-Studien überzeugt ist und jene voreiligen Constructionen der Geschichte der Philosophie, wornach dieselbe an dem bequemen Einen Faden abgesponnen wird, mit Recht verwirft. Selbst auch bei der arabischen Episode der Geschichte der Logik durfte ich die nemliche Abgränzung beibehalten, denn ich konnte mich auf jene Bestrebungen und Erörterungen arabischer Philosophen beschränken, welche factisch einen Einfluss auf den Entwicklungsgang der Logik im Abendlande ausübten, d. h. mit anderen Worten auf jene Schriften, welche schon früh in die damalige Gelehrtensprache des Abendlandes übertragen wurden und in dieser Form, sei es in Italien oder in Spanien, eine Wirkung äusserten. Die Geschichte der arabischen Logik selbst muss eben so wie z. B. jene der indischen u. s. w. bei der heutzutage unumgänglich nöthigen Arbeitstheilung den mannigfachen Forschungen der Orientalisten überlassen bleiben. Hingegen eine anderweitige Art der Abgränzung mag bedenklicher erscheinen; nemlich jene vielen Berührungspunkte, welche erklärlicher Weise in der Geschichte der Logik zunächst mit der Geschichte der Philosophie überhaupt sich zeigen, konnten hier bloss angedeutet werden, ja es durfte nach dem jetzigen Standpunkte der Wissenschaft jede ausführlichere Kenntniss der Geschichte der Philosophie entschieden vorausgesetzt werden; dennoch aber werden verschiedene Leser hierin verschiedene Ansprüche machen, und schwerlich habe ich Allen genügt. Dass da, wo die Logik wirklich in begrifflichem Zusammenhange mit dem obersten philosophischen Principe steht, nemlich bei Aristoteles, eben jenes selbst in höherem Grade beigezogen werden musste, versteht sich von selbst; ich muss es aber dem Urtheile der wahrhaft Kundigen überlassen, ob ich sowohl dort hierin das richtige Mass getroffen habe, als auch z. B. bei den Stoikern und überhaupt sonst, wo ich auf ontologische oder selbst physikalische Annahmen der betreffenden Philosophen lediglich nur hinwies; auch bezüglich des Nominalismus und Realismus im Mittelalter kann und darf nicht die gesammte Ontologie hier mitaufgenommen werden. Ein ähnliches Verhältniss besteht auch noch bei anderen Berührungspunkten; ich musste es nemlich durchaus z. B. der Geschichte der Rhetorik, der Geschichte der Grammatik, der Geschichte der Schul-Pädagogik überlassen, jene sämmtlichen Einflüsse zu erörtern, welche die Entwicklung der Logik auf die genannten Disciplinen ausübte (dass sogar auch die Geschichte der Medicin nicht unberührt blieb, zeigt sich aus nosologischen und therapeutischen Erörterungen bei Galenus); nur die in umgekehrter Richtung gehenden Einwirkungen durfte und musste ich andeuten, insoferne nemlich die bereits vorliegende Rhetorik oder Grammatik oder die schon bestehende Schul-Disciplin für gewisse Modificationen der Logik entschieden bedingend auftrat. Freuen aber sollte es mich, wenn ich Veranlassung gegeben hätte, dass nun auch von den jenseitigen Nachbar-Gebieten aus die Gränz-Berührungen untersucht würden.

Was die Darstellungsweise betrifft, so musste jedenfalls das Massenhafte des Materials so viel als möglich bewältigt werden, wenn auch der Anblick desselben dem Leser am allerwenigsten verborgen bleiben durfte. Dass eine derartige Untersuchung ohne Quellen-Citate werthlos ist, weiss Jedermann; die Quellen-Stellen aber mit blossen Ziffer-Citaten anzuführen, läuft hier fast auf das Nemliche hinaus, denn abgesehen davon, dass derlei Verweisungen überhaupt selten nachgeschlagen werden, handelte es sich hier vielfach um ein Material, dessen selbst mit dem besten Willen nur Wenige habhaft werden können (die ganze Forschung, welche ich mir zur Aufgabe gemacht habe, konnte nur an einem Orte angestellt werden, in welchem sich so bedeutende, an seltenen Drucken reiche, Bibliotheken befinden, wie diess in München der Fall ist). Indem ich daher, um auch das Material allgemein zugänglich zu machen, die Quellen-Stellen selbst im Originale gab, konnte ich zugleich in dem aus denselben geschöpften Resultate mich so kurz und präcis als möglich ausdrücken; und es findet auch, mit Ausnahme jener Stellen, welche ein subjectives Urtheil enthalten, jedes einzelne im Haupt-Texte gebrauchte Wort seinen oft viel weitschweifigeren Beleg im Noten-Texte. Ja ich glaube sicher erwarten zu müssen, dass die zuweilen sehr gedrängte Kürze meines Stiles getadelt werden wird; doch führt mich, woferne von der rechten Mitte überhaupt leicht abgeirrt wird, innere Neigung mehr zu diesem Extreme als zu dem entgegengesetzten. Uebrigens dienen auch die zahlreichen wechselseitigen Verweisungen von früheren Abschnitten auf spätere und umgekehrt nur dieser nemlichen Kürze, und für den aufmerksamen Leser werden dieselben keineswegs ein müssiger Zierrath sein.

Missfallen wird meine Arbeit bei mancherlei Leuten erregen, — ein Missfallen zwar, welches voraussichtlich kein Hinderniss sein wird, dass nicht auch die Tadler das hier zurechtgerichtete Material nunmehr in aller Bequemlichkeit benutzen werden —. Zunächst werden alle Diejenigen, welche eine gemüthliche Schwärmerei als Motiv oder Ausgangs- und Ziel-Punkt der Philosophie aufstellen, sowie Jene, welche durch den jetzt fast zur Mode gewordenen Neuplatonismus einen erlogenen Frieden von den unversöhnlichsten Gegnern der Philosophie zu erkaufen bemüht sind, sämmtlich argen Anstoss an der starken Betonung finden, welche hier durchweg auf die im Concreten thatkräftige Verständigkeit gelegt wird. Wenigstens ebenso schlimmes aber werden auch Diejenigen über mein Buch berichten, welche sich die kleinliche Ansicht aufdrängen liessen und mit Wohlbehagen in derselben versumpften, dass Alles und Jedes, was von den „classischen" zwei Völkern ausgegangen ist, eben darum durchaus vortrefflich sein müsse, und es werden alle diese, welche an der alleinseligmachenden Kraft des classischen Alterthumes um jeden Preis festhalten, in ihrer gewohnten und längst bekannten Weise über mich den Stab brechen*). Der historische

*) Welcherlei Beurtheilungen mir von Gelehrten jenes Schlages, zu welchem Hr. Jul. Deuschle zu gehören scheint (s. Neue Jahrb. f. Philol. u. Pädag. 1855. p. 37—45.), zu Theil werden können, weiss ich sehr wohl. Aber ich habe auch nirgends gesagt, dass ich gerade für solche Leute schreibe; auch finde ich in dem Vorhandensein dieser und mancher anderen einseitigen Richtung gar nichts Besonderes, sondern im Gegentheile erkenne ich hierin einen nach den Präcedentien unserer jetzigen Culturstufe sehr erklärlichen Zustand, welcher als geschichtliches Factum, aber hoffentlich doch nicht als Massstab für alle Menschen vorliegt.

Forscher aber wird sich sehr wenig um die gegenwärtigen Ansichten jener zünftigen Philologen bekümmern, welche sich nicht dabei begnügen, unserer Jugend manche „classischen“ Producte von sehr zweifelhaftem Werthe als geistige Nahrung darzubieten, sondern es auch nicht ertragen können, wenn Jemand ausserhalb des engen Schul-Gesichtskreises es offen ausspricht, dass in der sog. classischen Litteratur mehreres Schlechte, ja sogar sehr Schlechtes enthalten ist. Als Gegenstand der geschichtlichen Forschung hat Alles, was alle Nationen gethan oder geschrieben haben, schlechthin den gleichen Werth und ist mit der gleichen emsigen Hingabe und umfassenden Sorgfalt der Methode zu behandeln; etwas anderes ist die Werthschätzung vom allgemein menschlichen oder vom pädagogischen Standpunkte aus; diese Werthschätzung aber kann nur der Historiker, welcher das culturgeschichtliche Material kennt, geben, und er muss sie geben unbekümmert um kleinliche Liebhabereien Einzelner oder ganzer Classen und Zünfte. Endlich aber auch werden Jene, deren geistige und besonders docirende Thätigkeit in dem gewöhnlichen Schulbetriebe der formalen Logik schlechthin aufgeht, überhaupt schon das Factum, dass es eine Geschichte der Logik geben solle, mit grämlichen Blicken betrachten, und noch ein grösseres Aergerniss daran nehmen, wenn allenfalls sehr unsaubere Quellen jener Schuldisciplin, welche allein sie kennen, zu Tage kommen dürften. — Doch, wer überhaupt durch meine Arbeit sich verletzt fühlt, dem konnte diese Verletzung, an welcher er selbst die Schuld trägt, im Interesse des wissenschaftlichen Resultates nicht erspart werden; denn ein Mangel an freier und umsichtiger Beurtheilung und eine sicher sehr bequeme Befangenheit in traditionellen Schul-Vorurtheilen treten gerade auf diesem Gebiete noch so vielfach als hartnäckige Feinde der Wissenschaft auf; hiernach möge sich auch die Schärfe meines Ausdruckes, welche zuweilen auffallen wird, rechtfertigen.

Das Urtheil jener Wenigen, welche ich bei derartigen Detail-Forschungen als competent anerkennen kann, möge über meine Arbeit richten, und nur einer wenigstens auf dem gleichen Boden des Stoffes stehenden Beurtheilung kann ich mich auch in Bezug auf die Form und Construction des Stoffes unterwerfen.

München, am 20. Juni 1855.

C. Prantl.

ÜBERSICHT DES INHALTES.

EINLEITUNG.

Man pflegt den geschichtlichen Darstellungen, welche den Verlauf irgend einer einzelnen Wissenschaft entwickeln, meistens eine Definition dieser in historische Betrachtung gezogenen Wissenschaft vorauszuschicken. Jedoch kömmt sehr viel darauf an, wie man hiebei verfährt, denn je nach Umständen kann sich mancherlei Missliches ergeben. Die Begriffsbestimmungen, welche wir von einzelnen Wissenschaften aufstellen, fallen ja selbst wieder dem Verlaufe unserer geistigen Entwicklung anheim, und dürfen daher schon in dieser Beziehung nicht von ihrer geschichtlichen Umgebung isolirt herausgehoben werden, um sie etwa als unverrückbare Grundsäule an den Anfang einer Untersuchung zu stellen; denn Ein und dieselbe Wissenschaft wurde je nach Massgabe sowohl des ihr vorliegenden Materials als auch des überhaupt vorhandenen systematischen Bewusstseins in verschiedenen Zeiten stets verschieden definirt, und es wird diess auch, so lange das wissenschaftliche Streben in Einem Entwicklungsgange sich fortsetzt, in Zukunft der Fall sein. Und andrerseits wird eine Definition gerade je mehr sie auf einer umfassenden systematischen Anschauung beruht, um so unverständlicher sein, wenn sie aus dieser ihrer speculativen Umgebung isolirt herausgehoben wird, denn in dieser Beziehung wird Ein und dieselbe Wissenschaft auch bei gleichem vorhandenen Materiale und gleicher geistiger Culturstufe in Ein und der nemlichen Zeit dennoch verschieden definirt werden. Hat in dieser Weise jede Definition ihre doppelten Voraussetzungen, nemlich sowohl culturgeschichtliche Vorbedingungen als auch innere systematische Gründe, so bringt sie, je specieller sie nach diesen beiden Seiten oder nach einer der beiden ist, um so mehr die Gefahr mit sich, dass sie einseitig wirke, sobald sie zum Massstabe gemacht wird, an welchem man einen historischen Verlauf misst; und selbst wenn eine Definition einer Wissenschaft mit dem gerechten Selbstvertrauen ausgesprochen werden könnte, dass sie in geschichtlicher und systematischer Beziehung den Ansprüchen auf jede menschlich erreichbare Allseitigkeit wirklich genüge, so wird sie gerade so lange hohl und leer bleiben, bis sie sich selbst innerhalb der von ihr bezeichneten Wissenschaft vollständigst verwirklicht hat; diess aber ist hinwiederum nicht Sache der geschichtlichen Darstellung, sondern muss der eigenen Production einer jeden Zeit überlassen bleiben.

Insofern aber, soweit unsere culturgeschichtliche Kenntniss reicht, bei aller Menschheit zu jeder Zeit gewisse Momente überall auftreten, und z. B. ein Religions-Trieb, ein Kunst-Trieb, ein Rechts-Trieb, ein Wissens-Trieb u. dgl. mehr in jeder geschichtlichen Erscheinungsweise des Menschengeschlechtes sich offenbart, so bleibt, ohne dass wir von vorneherein alle diese Triebe selbst systematisch construiren, ein gewisses allgemein Menschliches uns als Basis, und wir werden, eben während wir auf begriffliche Construction desselben absichtlich und ausdrücklich verzichten, auch das allgemeine Zugeständniss eines solchen unmittelbaren Bestandes erhalten. Es wird nemlich — um absichtlich unsystematisch und daher, wenn man will, unphilosophisch zu sprechen — uns Jedermann zugeben, dass im Ganzen und Grossen, d. h. im unmittelbaren Undeterminirten, sich die Menschen im Allgemeinen unter demjenigen, wofür wir in unserer nationalen Bildungsstufe z. B. das Wort Religion haben, das Nemliche vorstellen, und ebenso z. B. bei Kunst, Recht, Wissen u. dgl. mehr. Eine derartige Unmittelbarkeit des Daseins aber ist der Ausgangspunkt der historischen Kunde jeder Art überhaupt, und an diese ist die ideale methodische That des Erkennens gebunden. Dieses Ideale und diese Form des Geistes ist als Ideales und Formelles das Eine, Einheitliche; in abstracter Trennung ist es das Ueber-räumliche und Ueber-zeitliche, d. h. eben das abstract Transscendente; diess behauptet sich nach Menschen-Mass als Einheit in der Vielheit, und für den Begriff als solchen ist es gleichgültig, bei welcher Nation und in welchem Zeitabschnitte der Menschengeschichte er auftrete, und gleichgültig für ihn ist es, welchen Gegenstand er ergreife, denn bei dem höchsten Denkbaren und bei dem anscheinend Geringfügigsten ist die methodische That des Begriffes Ein und dieselbe. Darum verhält sich's nicht so, dass das speculative Wissen, weil es an historische Kunde gebunden ist, etwa stets von Vorne beginnen und bei jedem Auftreten die ganze empirische Vielheit nach Zeit und Raum successive durchlaufen müsse, sondern die systematische Einheit quillt als solche unverwüstlich stets aus sich selbst heraus, und von sich aus ergreift sie den objectiv empirischen Bestand; eben darum aber muss sie diesen als einen noch unmittelbaren anerkennen, mit dem inneren Berufe, ihn zur Vermittlung des Wissens zu führen. So allein wird die historische Kunde noch nicht darum, weil sie aposteriorisch ist, unphilosophisch sein, und ebenso die Speculation noch nicht darum, weil sie apriorisch ist, unhistorisch.

In dieser Weise legen wir auch hier an Stelle einer Definition eine Gemein-Vorstellung als Unmittelbares zu Grunde und lassen uns vorläufig von dem Leser in aller Unmittelbarkeit zugestehen, dass er bei dem in unserer Culturstufe eingebürgerten Worte „Logik“ sich ungefähr vorstelle, dass dieselbe im Ganzen und Grossen eine Wissenschaft sei, welche die Formen und Gesetze des menschlichen Denkens zum Gegenstand habe. Es soll uns diess ausdrücklich nur als eine populäre Annahme gelten, denn wollten wir dieselbe als Definition der Logik betrachten, so käme jedes hiebei gebrauchte Wort in begrifflicher Beziehung in Frage, da sowohl festgestellt werden müsste, was Wissenschaft und was Denken sei, als auch, was Form des Denkens sei und wie sich dieselbe zum Inhalte verhalte, sowie in welchem Verhältnisse Form und Gesetz zu einander stehen. Während wir aber in solch unvermittelter Weise uns den geschichtlichen Stoff als solchen darbieten lassen, und auch die Abgränzung desselben auf einem vorläufigen allgemeinen Zugeständnisse beruhen mag, werden wir innerhalb der geschichtlichen Entwicklung von jenem andern Momente, nemlich dem der systematischen Einheit, den völlig freien und unbeengten Gebrauch machen, welchen die Speculation stets für sich in Anspruch nehmen muss; so dass jene vorläufige populäre Annahme gerade in jenen Hauptpunkten, welche nur durch begrifflich systematische Festigkeit eine wissenschaftliche Bedeutung erlangen können, in und an dem unmittelbaren Stoffe selbst ihre Vermittlung zur systematischen Auffassung finden soll; denn inwiefern die in der Geschichte mannigfaltig auftretende Logik wirklich Wissenschaft sei, wie dieselbe den Bestand der Denkformen und Denkgesetze erfasse, wie und ob sie mit dem Begriffe des Denkens zusammenhänge, und andere dergleichen Fragen mehr werden wir an dem vorliegenden Materiale zu beantworten haben. Für diese Darstellungsweise aber muss die eigene speculative Auffassung des Darstellers die Verantwortung auf sich nehmen, denn während derselbe die Berechtigung der historischen Unmittelbarkeit in obigem Sinne anerkennt, muss seine methodische That des Erkennens auf der Stufe der wissenschaftlichen Vermittlung stehen, durch die Art und Weise dieser Stufe aber ist auch die Art und Weise der vermittelnden Darstellung bedingt. Muss so die innere systematische Einheit bei der geschichtlichen Erörterung mitwirken und dort je nach dem äusseren Befunde derselben mehr oder weniger actuell hervortreten, so liegt andrerseits ihre vollständige Entfaltung neben und nach dem historischen Materiale; und in diesem Sinne möchte auch ich es einer weiteren Gelegenheit vorbehalten haben, meine systematischen Ueberzeugungen betreffs der Logik vollständig zu entwickeln, wenn auch manche Grundanschauungen schon in der Darstellung der Geschichte der Logik als mitwirkend deutlich hervorblicken werden.

Die geschichtliche Erscheinung ist nie und nirgends das Absolute selbst, sondern diess ist nach des Menschen Mass innerhalb des dem Menschen zugänglichen stets nur, wie man sich ausdrückt, im Begriffe, sich erst zu verwirklichen. Darum ist auch, so weit unsere culturgeschichtliche Kunde reicht, auf dem Gebiete des Wissens noch nie der höchste und umfassendste Gedanke — ich sage Gedanke, nicht Vorstellung — zuerst aufgetreten, so dass die begriffliche Gestaltung des übrigen Einzelnen erst aus ihm bewusst abgeleitet worden wäre, sondern der Verwirklichungsprocess des begrifflichen Denkens schritt zu jeder Zeit und überall von einem mehr Vereinzelten zu dem Umfassenden auf, der Art dass wohl die intensive Kraft bei dem einzelnen Ausgangspunkte keine andere als die Kraft des Begriffs überhaupt war, aber der expansive Umfang je nach Massgabe der Voraussetzungen stets erst später erreicht wurde, d. h. die Philosophie ist nie zeitlich das erste, sondern sowie dieselbe inhaltlich das nationale religiöse Bewusstsein und überhaupt den Mythus in Bezug auf das Absolute als ihre Voraussetzung und Vorbedingung besitzt, so gehen ihr auch betreffs der begrifflichen Form mannigfache Versuche eines auf sich selbst vertrauenden Wissens in einzelnen Gebieten voraus, natürlich ohne dass etwa sämmtliche sogenannte Einzeln-Disciplinen vorher bereits vorliegen müssten, ehe die Philosophie den das Ansichseiende umfassenden Gedanken ergreifen könne; wohl aber muss wenigstens an dem einen oder anderen einzelnen Zweige die virtuelle Kraft des Wissens in irgend einer Weise sich bethätigt haben, ehe die Philosophie als solche in ihrem auf das Totale gerichteten Berufe sich ausspricht. So können, abgesehen von jener allen Menschen gemeinschaftlichen inhaltlichen Quelle des Transscendenten, welche in Religion und Mythus beruht und hierin selbst wieder in verschiedener Weise sich manifestirt, verschiedene Völker und Zeiten auf sehr verschiedenem Wege zur Philosophie gelangen. Welche aber unter den vielen sogenannten Einzeln-Disciplinen gerade bei irgend einem speciellen Volke diese Brücke zur umfassenden Philosophie bilde, hängt von den zeitlichen und räumlichen Voraussetzungen dieses Volkes ab.

Jedenfalls aber ist darum in jenen Einzeln-Disciplinen, welche nicht von ihrem ersten Auftauchen an von einer bereits bestehenden Gesammt-Speculation gleichsam überwacht werden, eine gewisse particulare Selbstständigkeit grundwesentlich vorhanden, vermöge deren wir bei geschichtlicher Darstellung dieser Disciplinen uns zumeist aufgefordert fühlen müssen, eben diesen particularen Momenten, welche innigst mit den National-Eigenthümlichkeiten des sie hervorrufenden Cultur-Bodens zusammenhängen müssen, nachzuspüren und ihre Bedeutung zum Bewusstsein zu bringen. Solches allein ist wissenschaftliche Geschichte der Einzeln-Wissenschaften; jede andere Behandlung läuft entweder auf Bibliographie oder ein, höchstens excerpirendes, Facsimile des vorhandenen Materials hinaus. Wir müssen uns ja der geistigen Motive bewusst werden, aus welchen entsprossen die einzelnen Wissenschaften theils neben der Gesammt-Speculation theils unter herrschenden Einflüssen derselben bis in unsere weitschichtige Culturstufe herab sich erstreckten. Allerdings mag durch ein solches Verfahren zumal bei einer Disciplin wie die Logik, für welche man ja so gern nur ein Minimum äusserer geschichtlicher Einflüsse annehmen zu dürfen glaubt, weil sie in formaler Reinheit und Abgeschlossenheit gleichsam ewig die nemliche sei, gar manche Illusion dieser Art zerstört und die bequeme Schul-Tradition in unangenehmer Weise beunruhigt werden; jedoch wer mag es uns verwehren, wenn solches neben der wissenschaftlichen Aufgabe, welche wir uns gestellt haben, sogar wirklich unsere Nebenabsicht wäre?

Vielleicht könnte durch die Geschichte der Logik die Einsicht geweckt werden, dass die Principien der logischen Theorie als solcher — die Principien der Erkenntniss-Theorie als nicht hieher gehörig gar nicht zu erwähnen — im Zusammenhange mit der gegenwärtigen Aufgabe der Philosophie überhaupt erst noch einer erneuten wissenschaftlichen Gestaltung bedürfen. Wir werden, was das Princip betrifft, sehen, dass in dem Verlaufe unserer abendländischen Cultur die Logik aus dem rhetorischen Doctrinarismus der Griechen entspringt und hierauf durch Aristoteles eine wahrhaft wissenschaftliche und speculative Gestaltung erhält, welche jedoch in dem einen und anderen wichtigen Momente ihren specifisch griechischen Ursprung gleichfalls nicht verleugnet, und ferner dass alsbald nach Aristoteles die logische Theorie in die ursprüngliche Einseitigkeit des Rhetorismus zurückfällt und hiedurch, sowie sie vorher nur der Ausdruck eines sophistischen Doctrinarismus gewesen war, nunmehr von den Stoikern und späteren Peripatetikern an nur im Dienste eines scholastischen Doctrinarismus steht, in welcher Gestalt sie dann unter mancherlei Modificationen des Inhalts als Schul-Logik des Mittelalters in quantitativ grosser Ausdehnung fortwuchert, bis sie nebenbei auch in dem idealistischen Subjectivismus der neuen Zeit auf eigenthümliche Art eine Aufnahme findet. Und wenn es hiebei nothwendiger Weise unser Hauptaugenmerk sein wird, die inneren Fäden, durch welche die verschiedenen Erscheinungsweisen der Logik miteinander verknüpft sind, nie aus dem Gesichte zu verlieren, so wird uns hiebei immer der Rückblick auf die ersten Keime offen bleiben, und zuletzt stets sich wieder die Frage einstellen, inwiefern die Logik ihren ursprünglichen griechischen Voraussetzungen treu geblieben sei, und ob wir hiernach auch für die gegenwärtige Aufgabe der Wissenschaft diesen nemlichen Ausgangspunct im Principe als massgebend anerkennen sollen oder nicht.

I. ABSCHNITT.

DIE ELEATEN UND DIE SOPHISTEN.

Mit den Anfängen und ersten Keimen einer Logik können wir in der Culturgeschichte des Abendlandes nicht weiter zurückgreifen, als bis zu jenem Abschnitte, welchen in der Geschichte der Philosophie überhaupt der Eintritt der Eleatischen Lehre bezeichnet.

Es zeigt die griechische Nation im Allgemeinen eine hervorragende Begabung, in allen Verhältnissen eine rasche Gestaltung und Umbildung zu schaffen, und sowie sich hiedurch die Erscheinung ergab, dass stets jede eben erreichte Culturstufe alsbald Alles dasjenige zu wirklichem actuellen Auftreten brachte, was noch als blosse Potenz in ihr gelegen war, so hat auch die Culturgeschichte der Griechen überhaupt einen schnellen Verlauf in ihren einzelnen Abstufungen, welche sämmtlich mit einer gewissen kecken Zuversicht in sehr abgerundeten und augenfällig greifbaren Formen sich ausprägen. Hatte ja auch der religiöse Mythus der Griechen den grossen Dual zwischen Geist und Materie, diese Urpotenz aller objectiven und subjectiven Möglichkeiten, in reichster Mannigfaltigkeit und verschlungenster Wechselbeziehung ausgesprochen. Und ebenso fand nun auch die Speculation, welche aus erklärlichen Gründen bei ihrem Ausgangspunkte eine realistische und dem natürlichen Stoffe zugewendete gewesen war, sehr bald ihre Kehrseite in Anschauungen, welche auf die Kraft des Intelligiblen selbst sich stützten. Nur drei Jahrhunderte ungefähr hatten die Folgen, welche aus dem homerischen Volks-Evangelium und der hesiodischen Theogonie flossen, eine fast ausschliessliche Herrschaft über die speculative Auffassung ausgeübt, als dieselbe im sechsten Jahrhunderte v. Chr. mannigfach sich von dem Kosmogonischen und Theogonischen wegwendete und auf das Innere des Menschen-Subjectes überzugehen begann (gerade auch Eleaten sind die ersten, welche die homerische Poesie verwerfen oder verspotten). Man kehrte von nun an mit der Speculation in die subjectiven Aeusserungen des menschlichen Denkens und menschlichen Handelns ein und man gieng ebenso auch von einem Subjectiven aus.

Dass aber bei solchen Anfängen einer subjectiven Richtung noch nicht die Formen des Denkens selbst oder dessen Gesetze zum Bewusstsein kamen, und also damals noch keine ausgesprochene Logik entstand, versteht sich von selbst. Es waren ja vorerst nur Producte der inneren subjectiven Thätigkeit, welche herausgestellt und als Principien des objectiven Seins ausgesprochen wurden. Sowie auch schon im Pythagoreismus der Gedanke einer harmonisch ebenmässigen Ordnung aller Dinge und Verhältnisse eben ein Gedanke des menschlichen Subjectes war, so ist es eine mit grösserer Verstandesschärfe gezogene Steigerung hievon, wenn die Eleaten den nach umfassender Einheit strebenden Trieb des menschlichen Denkens erfassen und das wahrhaft Seiende als ein ausschliesslich Eines bezeichnen. Solche Grundgedanken sind wohl Producte, welche von Innen heraus dem menschlichen Geiste erwachsen, sie enthalten aber noch nicht das Moment der absichtlichen Selbstreflexion, durch welche die Erscheinungen des Denkens selbst zum Gegenstande des Denkens gemacht werden; daher sind sie wohl unerlässliche Voraussetzungen einer Logik, selbst aber noch keine logisch beabsichtigten Anschauungen. Noch viel weniger aber andrerseits gehört es der Geschichte der logischen Theorie an, wenn etwa auch bei den realistisch materiellen Richtungen der Speculation sich bisweilen ein Versuch zeigt, eine vereinzelte Definition irgend eines Objectes aufzustellen [1]), denn da Solches ohne alle theoretisch logische Absicht geschieht, so fällt es wohl dem Umstande anheim, dass die Wissenschaft überhaupt allmälig nach der ihr adäquaten exacten Form strebt, nicht aber gehört es der Geschichte der Logik selbst an, da diese ja nicht alle logisch geformten Urtheile zu registriren hat, sondern nur den Verlauf jener Grundsätze entwickeln muss, welche als eine Erkenntniss der Denkgesetze und Denkformen dargeboten werden.

Also nur jene Keime, welche als treibende Veranlassungen zu einer theoretischen Auffassung der Logik führen mussten, können hier in Betracht kommen, und zwar blos als Keime. Wenn Aristoteles selbst sagt, er habe für den hauptsächlichsten Theil der Logik durchaus keinerlei Vorarbeiten vorgefunden, sondern habe mit vielem Zeitaufwande und vieler Mühe sie erst schaffen müssen [2]), so könnte es sogar den Anschein haben, als dürfe von einer vor-aristotelischen Logik überhaupt gar nicht gesprochen werden; dennoch aber haben wir, ehe wir zur aristotelischen Logik gelangen, noch Mancherlei zu betrachten [3]), nur nicht in der Mei-

---

1) *Arist. phys.* II, 2, 194 a. 20.: *ἐπὶ μικρὸν γάρ τι μέρος Ἐμπεδοκλῆς καὶ Δημόκριτος τοῦ εἴδους καὶ τοῦ τί ἦν εἶναι ἥψαντο. d. part. an.* I, 1, 642 a. 18.: *ἐνιαχοῦ δέ που αὐτῇ καὶ Ἐμπεδοκλῆς περιπίπτει ἀγόμενος ὑπ' αὐτῆς τῆς ἀληθείας, καὶ τὴν οὐσίαν καὶ τὴν φύσιν ἀναγκάζεται φάναι τὸν λόγον εἶναι, οἷον ὀστοῦν ἀποδιδοὺς τί ἐστιν· ..... αἴτιον δὲ τοῦ μὴ ἐλθεῖν τοὺς προγενεστέρους ἐπὶ τὸν τρόπον τοῦτον, ὅτι τὸ τί ἦν εἶναι καὶ τὸ ὁρίσασθαι τὴν οὐσίαν οὐκ ἦν, ἀλλ' ἥψατο μὲν Δημόκριτος πρῶτος, ὡς οὐκ ἀναγκαίου δὲ τῇ φυσικῇ θεωρίᾳ, ἀλλ' ἐκφερόμενος ὑπ' αὐτοῦ τοῦ πράγματος.* Metaph. *M*, 4, 1078 b. 19.: *τῶν μὲν γὰρ φυσικῶν ἐπὶ μικρὸν Δημόκριτος ἥψατο μόνον καὶ ὡρίσατό πως τὸ θερμὸν καὶ τὸ ψυχρόν· οἱ δὲ Πυθαγόρειοι πρότερον περί τινων ὀλίγων, ὧν τοὺς λόγους εἰς τοὺς ἀριθμοὺς ἀνῆπτον, οἷον τί ἐστι καιρὸς ἢ τὸ δίκαιον ἢ γάμος.* Eben dahin gehört daher auch: *H*, 2, 1043 b. 21.: *ὁμοίως δὲ καὶ οἵους Ἀρχύτας ἀπεδέχετο ὅρους .... οἷον τί ἐστι νηνεμία; ἠρεμία ἐν πλήθει ἀέρος .... τί ἐστι γαλήνη; ὁμαλότης θαλάττης.* Was betreffs dieser Definitionen des Archytas Petersen („Ueber die stufenweise Ausbildung der gr. Philos. v. Thales bis Sokrates" im 1. Hefte s. Philol.-histor. Studien) behauptet, ist ebenso verfehlt wie jene ganze Abhandlung überhaupt.

2) *Soph. El.* 34, 184 b. 1.: *περὶ δὲ τοῦ συλλογίζεσθαι παντελῶς οὐδὲν εἴχομεν πρότερον ἄλλο λέγειν, ἀλλ' ἢ τριβῇ ζητοῦντες πολὺν χρόνον ἐπονοῦμεν.*

3) Höchst unbedeutend ist *Buhle, de philosophorum graec. ante Aristotelem in arte logica invenienda et perficienda conaminibus* in den *Comment. soc. reg. Gotting.* XI, p. 234 ff.

nung, dass es schon wirklich logische Theorie sei, sondern eben mit stetem Festhalten der historischen Einsicht, dass wir hier Agentien vor uns haben, welche nur im Hinblicke auf die später erwachsende wirkliche Logik zu erörtern seien.

Und zwar begegnet uns in solchem Sinne zunächst eben jene Richtung auf den Begriff und das Wesen der seienden Dinge, welche bei den Eleaten metaphysisch, bei den Sophisten aber mehr rhetorisch und rhetorisch-praktisch auftritt.

Die Eleatische Lehre, dass das Seiende Eines sei, erscheint zwar bei Xenophanes noch in sehr unbestimmter Weise, da derselbe noch nicht einmal stoffliche Einheit und begriffliche Einheit unterschied [4]), aber selbst hier schon trägt sie in der Leugnung eines jeden Werdens [5]) den Character des schlechthin Abstracten an sich. Parmenides hingegen stellte in seinem bekannten Ausspruche, dass Denken und Gegenstand des Denkens das nemliche seien [6]), die Eins-Lehre auf das entschiedenste auf den Standpunkt des Intelligiblen, und indem er das abstracte Eine Sein dem concreten mannigfachen Werden in dem Verhältnisse der wahren und der falschen Rede gegenüberstellt, begründet er für die logische Auffassung die Annahme einer gegenseitigen Unverträglichkeit und Ausschliesslichkeit, welche zwischen dem begrifflichen Einen und dem materiellen Vielen bestehe [7]). Hierin aber beruht der Kern nicht bloss jener ontologischen Schwierigkeiten, deren Lösung Plato durch die Ideenlehre und die Annahme eines „Theilhabens (*μέθεξις*) der concreten Vielheit an der idealen Einheit“ beabsichtigt, sondern auch — was uns hier für unsern Gegenstand näher liegt — der Kern aller jener logischen Auffassungen, welche mit einseitigem Hervorheben des Begriffes dazu gelangen, die Existenz und Berechtigung des Urtheiles zu bestreiten, weil in demselben das Eine (das Substrat oder Subject) mit dem Vielen (den Attributen oder Prädicaten) verflochten sei. Darum wird auch, nachdem Parmenides dem Bestande der „Welt der Täuschung“ wenigstens die Berechtigung übrig gelassen hatte, dass sie eben als das Unwahre neben dem Wahren existire, alsbald nach ihm mit aller einseitigen Schärfe der intelligiblen Thätigkeit förmlich destructiv gegen die

---

4) *Arist. Metaph. A*, 5, 986 b. 19.: *Παρμενίδης μὲν γὰρ ἔοικε τοῦ κατὰ τὸν λόγον ἑνὸς ἅπτεσθαι, Μέλισσος δὲ τοῦ κατὰ τὴν ὕλην· ..... Ξενοφάνης δὲ πρῶτος τούτων ἑνίσας .... οὐδὲν διεσαφήνισεν, οὐδὲ τῆς φύσεως τούτων οὐδετέρας ἔοικε θιγεῖν.*

5) *Euseb. Praep. Ev.* I, 8. (aus Plutarch): *Ξενοφάνης .... οὔτε γένεσιν οὔτε φθορὰν ἀπολείπει, ἀλλ' εἶναι λέγει τὸ πᾶν ἀεὶ ὅμοιον· εἰ γὰρ γίγνοιτο τοῦτο, φησὶν, ἀναγκαῖον πρὸ τούτου μὴ εἶναι, τὸ μὴ ὂν δὲ οὐκ ἂν γένοιτο, οὐδ' ἂν τὸ μὴ ὂν ποιήσαι τι, οὔτε ὑπὸ τοῦ μὴ ὄντος γένοιτ' ἄν τι* (um abzusehen von *Arist. d. Xen. Zen. Gorg.* 3, da bekanntlich es als streitig gelten könnte, ob die dortigen Worte sich auf Xenophanes beziehen).

6) Die Belegstellen betreffs der Eleatischen Philosophie sind in jedem guten Compendium der Gesch. d. Philos. leicht zu finden. Jener Ausspruch lautet (*Brandis, Comment. Eleat.*) V. 95 ff.: *ταὐτὸν δ' ἐστὶ νοεῖν τε καὶ οὕνεκέν ἐστι νόημα· οὐ γὰρ ἄνευ τοῦ ἐόντος, ἐν ᾧ πεφατισμένον ἐστὶν, εὑρήσεις τὸ νοεῖν· οὐδὲν γὰρ ἔστιν ἢ ἔσται ἄλλο παρὲξ τοῦ ἐόντος*, u. V. 147 ff.: *τὸ γὰρ αὐτὸ ἔστιν ὅπερ φρονέει μελέων φύσις ἀνθρώποισιν καὶ πᾶσιν καὶ παντί· τὸ γὰρ πλέον ἐστὶ νόημα.*

7) S. z. B. Brandis, Gr.-R. Philos. I, S. 382—85.

Existenz einer jeden Mannigfaltigkeit überhaupt verfahren, und die Beweise des Melissos gegen das Vorhandensein eines Werdens und einer Bewegung schlechthin [8]) nehmen sämmtlich schon den Charakter der contentiösen Streitrede und des Eristischen an, weil hier die Begriffe „Sein" und „Einheit" eben schon völlig formal und doctrinär, nicht aber idealistisch philosophisch, gefasst sind. Und wir haben hier nur den Beleg dafür, wie sehr die griechische Nation dazu geneigt war, Alles rasch aufzugreifen, aber auch mit jeder Auffassung schnell fertig zu sein, und mit frivolem Doctrinarismus und genialer Rechthaberei Theorien zu bilden, in welchen alles Nebenliegende vornehm ignorirt wurde.

In Zeno aber liegt bereits ein Uebergang des Eleatischen in die Sophistik. Er soll der erste gewesen sein, welcher in Dialogform schrieb, und es waren seine Dialoge in einzelne Begründungen (*λόγοι*), und diese wieder in verschiedene Voraussetzungen (*ὑποθέσεις*) abgetheilt [9]); auch bezeichnete ihn selbst schon Aristoteles als den Urheber der Dialektik [10]). Er wählte bereits jene fragende Form, welche wir bei den Sophisten und insbesondere bei den Megarikern treffen [11]), und übte demnach hiedurch schon jene Technik, welche darauf ausgieng, den Gegner in irgend einer festgehaltenen Zuspitzung des Ausdruckes zu fangen; und vielleicht ist es darum nicht ganz zufällig, dass gerade Zeno in den

---

8) Ebend. S. 398—403.

9) *Diog. L.* III, 47.: *διαλόγους τοίνυν φασὶ πρῶτον γράψαι Ζήνωνα τὸν Ἐλεάτην, Ἀριστοτέλης δὲ ἐν πρώτῳ Περὶ ποιητῶν Ἀλεξαμενὸν Στορέα ἢ Τήϊον, ὡς καὶ Φαβωρῖνος ἐν Ἀπομνημονεύμασι.* *Plato Parm.* p. 127 C.: *τὸν ουν Σωκράτην ἀκούσαντα πάλιν τε κελεῦσαι τὴν πρώτην ὑπόθεσιν τοῦ πρώτου λόγου ἀναγνῶναι.*

10) *Diog. L.* IX, 25.: *φησὶ δὲ Ἀριστοτέλης ἐν τῷ Σοφιστῇ εὑρετὴν αὐτὸν γενέσθαι διαλεκτικῆς, ὥςπερ Ἐμπεδοκλέα ῥητορικῆς* (wörtlich ebenso VIII, 57.). ebend. I, 18.: *ἀπὸ Ζήνωνος τοῦ Ἐλεάτου τὸ διαλεκτικόν.* *Sext. Emp. adv. math.* VII, 7.: *Ἀριστοτέλης τὸν γνώριμον αὐτοῦ (Παρμενίδου) Ζήνωνα διαλεκτικῆς ἀρχηγὸν ὑπείληφεν.* *Euseb. Praep. Ev.* XI. p. 509.: *Ζήνων δὲ καὶ πᾶν τὸ Ἐλεατικὸν τοῦτο διδασκαλεῖον καὶ αὐτὸ γνώριμον ἐπὶ τῇ τέχνῃ τῶν λόγων μάλιστα σπουδάσαν* ..... (p. 510.) *τοὺς ἐριστικοὺς κινήσαντες λόγους.* *Cramer Anecd. Ox.* IV, p. 239.

11) *Arist. Soph. El.* 10, 170 b. 20.: *εἰ δή τις πλείω σημαίνοντος τοῦ ὀνόματος οἴοιτο ἓν σημαίνειν καὶ ὁ ἐρωτῶν καὶ ὁ ἐρωτώμενος, οἷον ἴσως τὸ ὂν ἢ τὸ ἓν πολλὰ σημαίνει, ἀλλὰ καὶ ὁ ἀποκρινόμενος καὶ ὁ ἐρωτῶν Ζήνων ἓν οἰόμενος εἶναι ἠρώτησε, καὶ ἔστιν ὁ λόγος ὅτι ἓν πάντα, οὗτος κ. τ. λ.* (Hier können übrigens nicht die Worte *ὁ ἀποκρινόμενος καὶ ὁ ἐρωτῶν* zusammen mit *Ζήνων* verbunden werden, da diess einerseits der Artikel *ὁ* bei *ἐρωτῶν* hindert, und andrerseits das obige *καὶ — καί* in *καὶ ὁ ἐρωτῶν καὶ ὁ ἐρωτώμενος* die gleiche Behandlung auch hier fordert; demnach gehört *Ζήνων* nur zu *ὁ ἐρωτῶν.*) Ja, es ist uns selbst ein gegen gleichmässig consequente Annahmen betreffs der Natur gerichteter Einwand Zeno's noch in Frage- uud Antwort-Form erhalten: *Simpl. ad phys. f.* 255 a.: *διὰ τοῦτο λύει* (d. h. *Arist. phys.* VII, 5.) *καὶ τὸν Ζήνωνος τοῦ Ἐλεάτου λόγον, ὃν ἤρετο Πρωταγόραν τὸν σοφιστήν· εἰπὲ γάρ μοι, ἔφη, ὦ Πρωταγόρα, ἆρα ὁ εἷς κέγχρος καταπεσὼν ψόφον ποιεῖ ἢ τὸ μυριοστὸν τοῦ κέγχρου; τοῦ δὲ εἰπόντος μὴ ποιεῖν, ὁ δὲ μέδιμνος, ἔφη, τῶν κέγχρων καταπεσὼν ποιεῖ ψόφον ἢ οὔ; τοῦ δὲ ψοφεῖν εἰπόντος τὸν μέδιμνον, τί οὖν, ἔφη ὁ Ζήνων, οὐκ ἔστι λόγος τοῦ μεδίμνου τῶν κέγχρων πρὸς τὸν ἕνα καὶ τὸ μυριοστὸν τοῦ ἑνός; τοῦ δὲ φήσαντος εἶναι, τί οὖν, ἔφη ὁ Ζήνων, οὐ καὶ τῶν ψόφων ἔσονται λόγοι πρὸς ἀλλήλους οἱ αὐτοί; ὡς γὰρ τὰ ψοφοῦντα καὶ οἱ ψόφοι· τούτου δὲ οὕτως ἔχοντος, εἰ ὁ μέδιμνος τοῦ κέγχρου ψοφεῖ, ψοφήσει καὶ ὁ εἷς κέγχρος καὶ τὸ μυριοστὸν τοῦ κέγχρου.*

Büchern des aristotelischen Organons, für welche die physikalische Polemik gegen die logische zurücktritt, so häufig erwähnt wird [12]). Auch Zeno hält so fest an dem abstracten eleatischen Eins, dass er in jeder Annahme einer Mannigfaltigkeit nur Widersprüche erblicken konnte, und gegen Jene, welche die Eins-Lehre des Parmenides als widersinnig verspottet hatten, schrieb er ausdrücklich in der Absicht, nachzuweisen, dass die Voraussetzung eines Mannigfaltigen noch weit widerspruchsvoller sei [13]), so dass Zeno sichtlich die schroffste Gegenüberstellung von *Ἓν* und *Πολλά* nur förderte. In dem bekannten ihm zugeschriebenen Ausspruche, dass er die seienden Dinge erklären wolle, sobald man ihm nur das Eins gäbe [14]), erkennen wir schon völlig jenen Standpunkt, auf welchem später die Megariker mit bewusster und absichtlicher Polemik gegen die Berechtigung des Urtheiles zeigen wollten, dass man sich in Widersprüche verwickle, sobald man die abstracte Einzelnheit verlasse (s. Abschn. II, Anm. 72.). Dass aber bei Zeno die begriffliche Auffassung des reinen Eins-Seins schon jene einseitig distinctive Schärfe des Verstandes an sich trug, welche den Blick für jede unmittelbare Tiefe verschliesst und mit Misskennen einer jeden höheren lebendigen Einheit überall nur Einzelnheiten finden lässt, sehen wir an seinen in der Schul-Tradition berühmt gewordenen Beweisen, welche gegen die Existenz der Bewegung gerichtet waren [15]). Das Hauptmotiv derselben ist, dass Zeno eben den Begriff der Continuität selbst aufhebt und daher bei der Linie nur von einzelnen Punkten und bei der Zeit nur von einzelnen Augenblicken spricht, so dass er bei der Bekämpfung der Bewegung gar nicht auf gleichem Boden mit demjenigen steht, was er bekämpft, sondern vielmehr die sich ihm ergebenden Widersprüche gerade schlagend auf seinen eigenen Atomismus, welcher das Continuum in abgerissene Stücke zerbröckelt, zurückfallen. Eben dieses Zertrümmern aber des Allgemeinen und Zusammenhängenden in das Particulare und momentan Einzelne, d. h. eben dieses Umschlagen der particulären Abstraction in einen rohen Empirismus des jeweilig Factischen, werden wir fortan noch oft genug in den logischen Annahmen aller Derjenigen treffen, welche dem rhetorischen Doctrinarismus näher stehen, als der Philosophie. Hier aber bei Zeno sind diese Grundsätze noch nicht in logisch theoretischer Absicht ausgesprochen, sondern sie erweisen sich nur als Erzeugnisse einer mit kindischer

12) Ausser der eben angef. Stelle noch: *Anal. pr.* II, 17, 65 b. 18. *Top.* VIII, 8, 160 b. 8. *Soph. El.* 11, 172 a. 9.; 24, 179 b. 20.; 33, 182 b. 26. Bei Plato, *Phaedr.* p. 261 *C.*, ist unter der Bezeichnung „Eleatischer Palamedes" Zeno gemeint.

13) *Plato Parm.* p. 128 *C.*: *ἔστι δὲ τό γε ἀληθὲς βοήθειά τις ταῦτα τὰ γράμματα τῷ Παρμενίδου λόγῳ πρὸς τοὺς ἐπιχειροῦντας αὐτὸν κωμῳδεῖν, ὡς εἰ ἓν ἔστι, πολλὰ καὶ γελοῖα συμβαίνει πάσχειν τῷ λόγῳ καὶ ἐναντία αὐτῷ· ἀντιλέγει δὴ οὖν τοῦτο τὸ γράμμα πρὸς τοὺς τὰ πολλὰ λέγοντας καὶ ἀνταποδίδωσι ταῦτα καὶ πλείω, τοῦτο βουλόμενον δηλοῦν, ὡς ἔτι γελοιότερα πάσχοι ἂν αὐτῶν ἡ ὑπόθεσις ἡ εἰ πολλά ἔστιν, ἢ ἡ τοῦ ἓν εἶναι, εἴ τις ἱκανῶς ἐπεξίοι.* Vgl. ebend. p. 135 *E.*

14) *Simpl. ad phys. f.* 21 a.: *καὶ Ζήνωνά φασι λέγειν, εἴ τις αὐτῷ τὸ ἓν ἀποδοίη τί ποτε ἐστὶ, ἕξειν τὰ ὄντα λέγειν.* ebend. *f.* 31 a.: *διὸ καὶ Ζήνων ἔλεγεν, εἴ τις αὐτῷ τὸ ἓν ἐπιδείξοι, αὐτὸς ἀποδώσει τὸ ὄν.*

15) *Arist. phys. ausc.* VI, 9. (s. m. Ausg. S. 515 f.). Brandis a. a. O. S. 413 ff. Auch aus dem Grösser- und Kleiner-Werden nahm Zeno einen Einwand gegen die Existenz des Mannigfaltigen (*Arist. Metaph. B*, 4.; Brandis S. 416.).

Eitelkeit auftretenden Verstandesschärfe, welche gerne an der vorhergehenden materialistischen Naturphilosophie sich reibt; darum muss es genügen, auf jene Zenonischen Beweise wegen ihrer Verwandtschaft mit den in der Geschichte der Logik alsbald vorkommenden Erscheinungen nur hinzudeuten; Weiteres gehört nicht mehr hieher. Einen Analogie-Schluss Zeno's werden wir unten Abschn. II, Anm. 49 anzuführen haben.

Hatten die Eleaten dasjenige hervorgehoben, was in den äusserlich materiellen Dingen als solchen nirgends handgreiflich oder sinnenfällig erscheint, nemlich das Wesen und das Eine Sein, und hatten sie dieses in einer Weise zur Geltung gebracht, dass es den realistischen Annahmen gegenüber als unwirkliche Abstraction auftreten musste, so war eben von ihnen mit durchgreifend doctrinärer Einseitigkeit alles Gewicht auf die abstrahirende Thätigkeit des subjectiven Denkens gelegt worden, und sowie diesem ausschliesslich subjectiven Produkte gegenüber die Objectivität als solche zum leeren Scheine und zum Gebiete der Täuschung und des Widerspruches gemacht worden war, so bleibt nur das subjective Rechthaben des Denkens übrig, welches in formaler Dialektik bethätigt werden muss. Und diess ist die Bedeutung der Sophisten[16]) für die Geschichte der Logik. Sowie man mit selbstgenügsamer Vorliebe bloss dem Scharfsinne der Abstraction huldigte, war das ontologische Interesse schon weggefallen, und es blieb nur das formale Verhalten des Denkens zum Objecte übrig, womit aus erklärlichen Gründen sich das Gelüste einstellte, das subjective Belieben überhaupt beizuziehen und die praktischen Interessen des einzelnen Subjectes auf gleiche Weise zur Geltung zu bringen. So ist die Sophistik aus einem doppelten Motive innigst an die Rhetorik[17]) geknüpft; einerseits aus einem inneren Grunde, weil das in Worten auszusprechende Denken, wenn es einmal den Reichthum der Objectivität durch die Wortbildung selbst aufgenommen hat, sich in undankbarer Selbstständigkeit und Sprödigkeit innerhalb der Worte fortbewegen kann, und diess auch wirklich um so mehr thun wird, je eigensinniger das Denken auf sich selbst sich beschränken zu dürfen meint, und so entsteht die einseitig formal sprachliche Bethätigung[18]); andrerseits aber aus einem in den praktischen Verhältnissen liegenden Grunde, indem durch die Kraft der Worte eine Herrschaft über Andere zum Behufe der Erreichung eigener individueller Zwecke ausgeübt werden kann, und diess in dem öffentlichen Leben um so mehr wirklich geschehen wird, je reicher die Veranlassungen hiezu in den allgemeinen politischen Verhältnissen vorliegen, — und so entsteht die

16) Die culturhistorische Stellung der Sophistik im Allgemeinen ist vortrefflich dargestellt bei K. Fr. Hermann, Gesch. u. Syst. d. Plat. Philos. S. 179—231.

17) Betreffs des Einflusses der Sophisten auf die Geschichte der Rhetorik s. vor Allen Spengel, *Artium Scriptores*. S. 39—88.

18) *Xen. d. Venat.* 13.: *θαυμάζω δὲ τῶν σοφιστῶν καλουμένων, ὅτι φασὶ μὲν ἐπ᾽ ἀρετὴν ἄγειν οἱ πολλοὶ τοὺς νέους, ἄγουσι δ᾽ ἐπὶ τοὐναντίον .... ὅτι ἐν τοῖς ὀνόμασι σοφίζονται καὶ οὐκ ἐν τοῖς νοήμασι.* *Isocr. d. permut.* §. 84.: *οἱ μὲν γὰρ παρακαλοῦσιν ἐπὶ τὴν ἀρετὴν καὶ τὴν φρόνησιν .... κἀκείνοις μὲν ἀπόχρη τοσοῦτον, ἢν ἐπαγαγέσθαι τινὰς τῇ δόξῃ τῇ τῶν ὀνομάτων δυνηθῶσι.* *Plato Euthyd.* p. 305 A.: *οἷς οὐδὲν μέλει ὅτι ἂν λέγωσι, παντὸς δὲ ῥήματος ἀντέχονται.* S. Abschn. III, Anm. 32 ff.

praktisch rhetorische Bethätigung [19]). In beiden Fällen aber ist es ein particular individuelles Rechthaben, gestützt durch einseitige Verstandesschärfe der Abstraction; es hatte sich ja ein solches Moment selbst sehr bedeutend sogar in die Lyrik jener Zeit eingedrängt.

Protagoras, unter dessen Schriften mehrere einer derartigen formalen Dialektik angehört zu haben scheinen [20]), sprach wohl die Richtung seiner Zeit, welche in das menschliche Subject einkehrte und im Menschen die Quelle des menschlichen Erkennens suchte, am entschiedensten und schärfsten in seinem bekannten Satze aus: „der Mensch ist das Mass der Dinge, der seienden, dass sie sind, und der nicht seienden, dass sie nicht sind“ [21]). Dieser Grundsatz jedoch, welcher an sich der ausschliesslich einzige Ausgangspunkt einer wahrhaft vernunftgemässen Philosophie ist [22]), war von Protagoras nicht in jenem edlen und tiefen Sinne gemeint, in welchem er Princip und Methode der Philosophie ist, sondern dort ist er eben nur der Ausdruck des individuellen Rechthabens; und zwar beachte man wohl, dass Protagoras nicht sagt „das Denken ist das Mass der Dinge u. s. f.“; Protagoras nemlich hat nur die Form der subjectiven Gewissheit dem Eleatischen Standpunkte abgelernt, und indem die doctrinäre Hast in ihrem knabenhaften Triumphgeschrei zu eilfertig ist, um sich in den ganzen ungetheilten „Menschen“ des Anthropologismus zu vertiefen, wird die frivole Zuversicht des subjectiven Rechthabens in jene eine Seite des Menschen verlegt, welche jedenfalls auf das bequemste und zugleich genussreichste ausgebeutet wird, nemlich in das sensuale Moment. Und indem Protagoras das Erkennen gänzlich in die sinnliche Wahrnehmung als solche verlegt und ein gegenständliches Sein in jeder Beziehung schlechthin verneint, da der objective Bestand gänzlich von dem jeweiligen subjectiven Eindrucke der Wahrnehmung abhänge [23]), so ergibt sich in Folge dieses subjectiven Particularismus

---

19) *Arist. Soph. El.* 34, 183 b. 26.: *ὅπερ καὶ περὶ τοὺς ῥητορικοὺς λόγους συμβέβηκε ..... οἱ δὲ νῦν εὐδοκιμοῦντες παραλαβόντες παρὰ πολλῶν οἷον ἐκ διαδοχῆς κατὰ μέρος προαγαγόντων οὕτως ηὐξήκασι, Τισίας μὲν μετὰ τοὺς πρώτους, Θρασύμαχος δὲ μετὰ Τισίαν, Θεόδωρος δὲ μετὰ τοῦτον, καὶ πολλοὶ πολλὰ συνενηνόχασι μέρη ..... καὶ γὰρ τῶν περὶ τοὺς ἐριστικοὺς λόγους μισθαρνούντων ὁμοία τις ἦν ἡ παίδευσις τῇ Γοργίου πραγματείᾳ· λόγους γὰρ οἱ μὲν ῥητορικοὺς οἱ δὲ ἐρωτητικοὺς ἐδίδοσαν ἐκμανθάνειν, εἰς οὓς πλειστάκις ἐμπίπτειν ᾠήθησαν ἑκάτεροι τοὺς ἀλλήλων λόγους.* *Cic. Brut.* 12.: *Itaque, ait Aristoteles, cum sublatis in Sicilia tyrannis res privatae longo intervallo iudiciis repeterentur, tum primum quod esset acuta illa gens et controversa natura, artem et praecepta Siculos Coracem et Tisian conscripsisse; nam antea neminem solitum via nec arte, sed accurate tamen et de scripto plerosque dicere, scriptasque fuisse et paratas a Protagora rerum illustrium disputationes quae nunc communes appellantur loci; quod idem fecisse Gorgiam, cum singularum rerum laudes vituperationesque conscripsisset, quod iudicaret hoc oratoris maxime esse proprium, rem augere posse laudando vituperandoque rursus affligere.* *Plato Phaedr.* p. 266 ff., *Phaed.* p. 92, *Prot.* p. 312 *D*, *Gorg.* p. 459 *B*.

20) *Diog. L.* IX, 55.: *Τέχνη ἐριστικῶν* (s. d. vorige Anm.), *Περὶ τῶν μαθημάτων, Περὶ τῆς ἐν ἀρχῇ καταστάσεως, Ἀντιλογιῶν δύο.*

21) *Plato Theaet.* p. 152. u. öfters, *Crat.* p. 385. *f. d. Legg.* IV, p. 716. *Arist. Metaph.* *Γ*, 5, *Θ*, 3, *ι*, 1, *K*, 6. *Sext. Emp. pyrrh. hyp.* I, 216. *Diog. L.* IX, 51.

22) Vgl. m. Schrift: „Die gegenwärtige Aufgabe der Philosophie“ 1852.

23) Diess die bekannten Grundsätze der protagoreischen Sensual-Theorie; s. z. B. Brandis a. a. O. S. 527—29.

sogleich jene unphilosophische Vermengung zweier Standpunkte, indem einerseits die individuelle Gewissheit abstract fest gehalten wird und andrerseits der jeweilige Eindruck der Wahrnehmung doch nur durch den objectiven concreten „Fluss“ der Erscheinungswelt bedingt ist. Berechtigt das subjective Scheinen schon an sich zum Aussprechen eines wahren Urtheiles [24]), so gibt es keine falsche Meinung, und hiemit auch keine Möglichkeit einer Widerlegung oder eines Widerspruches [25]), sowie eben darum andrerseits über jeden Gegenstand zwei einander gegenüberstehende Meinungen, d. h. also wahre Urtheile, ausgesprochen werden können [26]). Wie sich von selbst versteht, wird hiedurch auch jede Continuität einer objectiven Entwicklung überhaupt aufgehoben, da nur der jeweilig actuelle Bestand im einzelnen Momente berücksichtigt werden kann [27]), und die Veranlassung zu leichtfertigem Tändeln mit dem Causalitätsbegriffe liegt nahe genug [28]). In all diesem aber ist schon ein

---

24) *Arist. Metaph. Γ*, 4, 1007 b. 22.: *καθάπερ ἀνάγκη τοῖς τὸν Πρωταγόρου λέγουσι λόγον· εἰ γάρ τῳ δοκεῖ μὴ εἶναι τριήρης ὁ ἄνθρωπος, δῆλον ὅτι οὐκ ἔστὶ τριήρης, ὥστε καὶ ἔστιν, εἴπερ ἡ ἀντίφασις ἀληθής. Alex. ad Metaph.* p. 247, 11. *Bonitz*: *κατὰ τὴν ἐκείνου (Πρωταγόρου) δόξαν λέγοντος πᾶν τὸ φαινόμενον ᾧ φαίνεται ἀληθὲς εἶναι.* ebend. 228, 11. u. 258, 14. *Ar. An. post.* I, 33, 89 a. 26.: *καὶ γὰρ δόξαν ἀληθῆ καὶ ψευδῆ, ὡς μέν τινες λέγουσι, τοῦ αὐτοῦ εἶναι ἄτοπα συμβαίνει αἱρεῖσθαι ἄλλα τε καὶ μὴ δοξάζειν ἃ δοξάζει ψευδῶς.*

25) *Plato Euthyd.* p. 286 C.: *καὶ γὰρ οἱ ἀμφὶ Πρωταγόραν σφόδρα ἐχρῶντο ..... ἄλλο τι ψευδῆ λέγειν οὐκ ἔστι; τοῦτο γὰρ δύναται ὁ λόγος· ἢ γάρ; ἀλλ' ἢ λέγοντα τἀληθῆ λέγειν ἢ μὴ λέγειν; Συνεχώρει. Πότερον οὖν ψευδῆ λέγειν μὲν οὐκ ἔστι, δοξάζειν μέντοι ἔστιν; Οὐδὲ δοξάζειν, ἔφη. Οὐδ' ἄρα ψευδής, ἦν δ' ἐγώ, δόξα ἔστι τὸ παράπαν; Οὐκ ἔφη ..... Ἠ καὶ ἔστι τοῦτο κατὰ τὸν σὸν λόγον, ἐξελέγξαι, μηδενὸς ψευδομένου; Οὐκ ἔστιν, ἔφη. Diog. L.* IX, 53.: *καὶ τὸν Ἀντισθένους* (s. Abschn. II, Anm. 14.) *λόγον τὸν πειρώμενον ἀποδεικνύειν ὡς οὐκ ἔστιν ἀντιλέγειν, οὗτος (Πρωταγόρας) πρῶτος διείλεκται, καθά φησι Πλάτων ἐν Εὐθυδήμῳ.* Vgl. *Plato Crat.* p. 429 C.: *ἆρα ὅτι ψευδῆ λέγειν τὸ παράπαν οὐκ ἔστιν; ἆρα τοῦτό σοι δύναται ὁ λόγος; συχνοὶ γάρ τινες οἱ λέγοντες, ὦ φίλε Κρατύλε, καὶ νῦν καὶ πάλαι.*

26) *Diog. L.* XI, 51.: *πρῶτος ἔφη δύο λόγους εἶναι περὶ παντὸς πράγματος ἀντικειμένους ἀλλήλοις· οἷς καὶ συνηρώτα, πρῶτος τοῦτο πράξας* (vgl. *Sen. Ep.* 88. *Steph. Byz. v. Ἄβδηρα. Clem. Al. Strom.* VI, p. 674 A.). Auf das *ἐρωτᾶν* bezieht sich *Alex. ad Soph. El. f.* 27 a.: *οὕτω καὶ Πρωταγόρας καὶ Θρασύμαχος καὶ ἄλλοι πολλοὶ τὰς ἀποκρίσεις φαίνονται ποιούμενοι· τὸ γὰρ „ἴσως“ ἢ τὸ „ἔστω“ καὶ τὰ τοιαῦτα οὐ δοκοῦσιν εἶναι συγχωρούντων, ἀλλὰ μὴ ἀρεσκομένων τῇ ἐρωτήσει· τυχὸν δὲ καὶ μὴ ἀποκρινόμενοι ἀλλὰ σιγῶντες φαίνονται δεδωκέναι καὶ διὰ τοῦτο καὶ ἐλέγχεσθαι φαίνονται, οὐ κυρίως δὲ ἐλέγχονται.* Insofern aber hiebei überall es auf das bloss Wahrscheinliche (*τὸ εἰκός*) ankam, so musste die rhetorische Praxis auf dieses sich werfen, wie schon Aristoteles (*Rhet.* II, 24. g. Ende) völlig richtig angibt, dass hierin die Kunst des Protagoras, *τὸν ἥττω λόγον κρείττω ποιεῖσθαι*, bestanden habe.

27) *Arist. Metaph. Θ*, 4, 1047 a 6: *ὥστε τὸν Πρωταγόρου λόγον συμβήσεται λέγειν αὐτοῖς .... εἰ οὖν τυφλὸν τὸ μὴ ἔχον ὄψιν, πεφυκὸς δὲ καὶ ὅτε πέφυκε καὶ ἔτι ὄν, οἱ αὐτοὶ τυφλοὶ ἔσονται πολλάκις τῆς ἡμέρας καὶ κωφοί. Alex. ad Metaph.* p. 541, 15. *Bon.*: *συμβαίνει τὸ τοῦ Πρωταγόρου, ὥστε κατ' αὐτοὺς ὅταν τὰ ζῷα ὑπνώττῃ καὶ οὐκ αἰσθάνηται οὐδὲ ἐνεργῇ περὶ τὰς αἰσθήσεις, οὐχ ἕξει αἴσθησιν· εἰ γὰρ τότε τὰς δυνάμεις ἔχομεν ὅταν ἐνεργῶμεν, δῆλον ὡς ὅταν ὑπνώττωμεν καὶ οὐκ ἐνεργῶμεν περὶ τὴν ὄψιν, οὐκ ἔχομεν δύναμιν τοῦ πάλιν βλέψαι· ὥστε εἰ τυφλόν ἐστι τὸ πεφυκὸς ἔχειν ὄψιν καὶ μὴ ἔχον ὅτε πέφυκε καὶ ἔτι ὄν, μὴ φθαρὲν, οἱ αὐτοὶ τυφλοὶ ἔσονται πολλάκις τῆς ἡμέρας.*

28) *Plut. Pericl.* 36.: *ἡμέραν ὅλην ἀναλῶσαι μετὰ Πρωταγόρου διαπο-*

reiches Vorspiel zu jenen Ansichten, welche bei den Antistheneern und Megarikern ausgesprochen werden, um dort die einseitige Auffassung des logischen Begriffes zu stützen (s. z. B. Abschn. II, Anm. 13 f. u. 34.). — Uebrigens fasste auch schon Protagoras den Sprachschatz der Worte mit abstract formaler Festigkeit auf (vgl. Abschn. II, Anm. 6.), hiedurch allerdings eine verstandesmässige Präcision fördernd; so z. B. verwarf er (wie Euklides, s. Abschn. II, Anm. 26.) die gleichnissweisen Ausdrücke [29]), und strebte überhaupt nach formaler Richtigkeit der Diction [30]), wodurch er selbst auf grammatische Erwägungen und eine Eintheilung der rhetorischen Satzformen geführt wurde [31]); zugleich aber hatte er auch die Gewandtheit, seine Grundsätze einer grösstmöglichen Schärfe des Sprachausdruckes zu rabulistischer Beredtsamkeit anzuwenden [32]).

Gorgias, dessen litterarische Thätigkeit mit Ausnahme der berühmten Schrift „Ueber das Nichtseiende oder die Natur" [33]) ganz überwiegend dem Gebiete der Rhetorik angehört, gieng allerdings von vorneherein vom Standpunkte der Eleatischen Abstraction aus und gefiel sich in der capriciösesten und petulantesten Darlegung jener an sich einseitigen Annahmen. Wenn er nemlich in genannter Schrift nachweisen wollte, dass erstens überhaupt Nichts sei, zweitens, wenn auch Etwas wäre, es nicht erkennbar sei, und drittens dass, wenn es selbst ein Seiendes und Erkennbares gäbe, es doch nicht ausgesprochen und mitge-

---

ροῦντα, πότερον τὸ ἀκόντιον ἢ τὸν βαλόντα ἢ τοὺς ἀγωνοθέτας κατὰ τὸν ὀρθότατον λόγον αἰτίους χρὴ τοῦ πάθους ἡγεῖσθαι.

29) *Hermias ad Phaedr.* p. 192. *Ast*: κυριολεξία· διὰ γὰρ τῶν κυρίων ὀνομάτων μετήρχετο ὁ Πρωταγόρας τὸν λόγον καὶ οὐ διὰ παραβολῶν καὶ ἐπιθέτων.

30) *Plato Crat.* p. 391 *B.*: διδάξαι σε τὴν ὀρθότητα περὶ τῶν τοιούτων, ἣν ἔμαθε παρὰ Πρωταγόρου. *Themist. Or.* 4.: ἐπεὶ καὶ Πρόδικος καὶ Πρωταγόρας ὁ Ἀβδηρίτης ὁ μὲν ὀρθοέπειάν τε καὶ ὀρθορρημοσύνην μισθοῦ ἐδίδασκον τοὺς νέους, ὁ δὲ τὰ Σιμωνίδου τε καὶ ἄλλων ποιήματα ἐξηγούμενος, σοφισταὶ ὅμως καὶ ἥστην καὶ ἐλεγέσθην (ich glaube, dass von Beiden Beides zu verstehen ist, wenn auch die Notiz betreffs der Gedichte des Simonides bloss aus dem Platonischen Protagoras genommen ist). Ja er legte einen derartigen Massstab der Präcision auch an Homer an; *Arist. Poet.* 19, 1456 b. 15.: Πρωταγόρας ἐπιτιμᾷ, ὅτι εὔχεσθαι οἰόμενος ἐπιτάττει εἰπὼν „μῆνιν ἄειδε θεά", τὸ γὰρ κελεῦσαι, φησί, ποιεῖν τι ἢ μὴ ἐπίταξίς ἐστιν.

31) *Arist. Rhet.* III, 5, 1407 b. 7.: Πρωταγόρας τὰ γένη τῶν ὀνομάτων διῄρει, ἄρρενα καὶ θήλεα καὶ σκεύη. *Soph. El.* 14, 173 b. 19.: καθάπερ ὁ Πρωταγόρας ἔλεγεν, εἰ ὁ μῆνις καὶ ὁ πήληξ ἄρρεν ἐστί. (Vgl. *Aristoph. Nub.* 632 ff.) *Diog. L.* IX, 53.: διεῖλέ τε τὸν λόγον πρῶτος εἰς τέτταρα· εὐχωλὴν ἐρώτησιν ἀπόκρισιν ἐντολήν (οἱ δὲ εἰς ἑπτά· διήγησιν ἐρώτησιν ἀπόκρισιν ἐντολὴν ἀπαγγελίαν εὐχωλὴν κλῆσιν), οὓς καὶ πυθμένας εἶπε λόγων. Vgl. die so eben angeführte Stelle *Arist. Poet.*

32) *Diog. L.* IX, 52.: καὶ πρῶτος μέρη χρόνου διώρισε καὶ καιροῦ δύναμιν ἐξέθετο καὶ λόγων ἀγῶνας ἐποιήσατο καὶ σόφισμα τοῖς πραγματολογοῦσι προσήγαγε καὶ τὴν διάνοιαν ἀφεὶς πρὸς τοὔνομα διελέχθη καὶ τὸ νῦν ἐπιπόλαιον γένος τῶν ἐριστικῶν ἐγέννησεν.

33) *Sext. Emp. adv. math.* VII, 65.: Γοργίας δὲ ὁ Λεοντῖνος ..... ἐν γὰρ τῷ ἐπιγραφομένῳ Περὶ τοῦ μὴ ὄντος ἢ περὶ φύσεως τρία κατὰ τὸ ἑξῆς κεφάλαια κατασκευάζει· ἓν μὲν καὶ πρῶτον, ὅτι οὐδὲν ἔστιν· δεύτερον, ὅτι εἰ καὶ ἔστιν, ἀκατάληπτον ἀνθρώπῳ· τρίτον, ὅτι εἰ καὶ καταληπτόν, ἀλλά τοί γε ἀνέξοιστον καὶ ἀνερμήνευτον τῷ πέλας. Vgl. *Olympiod. ad Gorg.* p. 567. ed. *Routh.*

theilt werden könne [34]), so hob er bei dem Beweise des ersten Punktes den Begriff des Werdens und der Veränderung überhaupt auf, sowie er bei dem dritten Punkte eine Gefährdung der abstracten Einheit in der Mannigfaltigkeit der Subjecte, welche einen Begriff vernehmen, und in der Vielheit der menschlichen Rede erblickte, so dass also dem abstracten Begriffe gegenüber auch bei Gorgias der Process einer Entwicklung und der logische Werth des Urtheiles mit Füssen getreten werden. Hingegen in der Ausführung des zweiten Punktes zeigt er, dass das Seiende nicht gedacht werden könne, weil ja ausserdem das Gedachtwerdende ein Seiendes sein müsste, nun aber könne Vieles gedacht werden, was kein Seiendes sei; und indem er hiebei das bekannte Beispiel eines auf dem Wasser fahrenden Wagens gebraucht, welcher wohl gedacht werden, nie aber sein könne [35]), zeigt er deutlich, dass er einerseits mit dem gröbsten Doctrinarismus ein jedes aus der inneren Thätigkeit des Menschen-Subjectes fliessende Produkt schon gleich als einen auf objective Wahrheit Anspruch machenden Gedanken nimmt, sowie andrerseits dass er gerade hiedurch doch wieder auf dem gewöhnlichsten Empirismus der sinnlichen Eindrücke steht, indem er ebenso wenig wie Protagoras das specifische Wesen des Denkens vom Wahrnehmen oder den in der Phantasie nachklingenden Folgen des Wahrnehmens zu scheiden vermag. Die gleiche Wendung eines abstract verfahren wollenden Nominalismus, welcher aber doch nirgends einen höheren Begriff zu erfassen vermag, sondern in das empirische Detail zurückfällt, erkennen wir darin, dass Gorgias z. B. nicht einen einheitlichen Tugendbegriff aufstellte, sondern die einzelnen Tugenden bloss aufzählte [36]). Betreffs seiner eristisch-rhetorischen Disciplin, welche auf derartigem Particularismus begründet sein musste, s. oben Anm. 19.

Hauptsächlich aber auf die Präcision des Sprachausdruckes warf sich **Prodikos** [37]), und er mochte wohl vielfach hiedurch der abstract formalen Auffassung des Begriffes bei den Megarikern vorgearbeitet haben; denn wenn sich auch Spuren davon zeigen, dass er dem Verhältnisse coordinirter Artbegriffe zum höheren Gattungsbegriffe seine Auf-

34) *Sext. Emp.* a. a. O. 66—85. *Arist. d. Xen. Zen. et Gorg.* 5 f. Ausführlicheres z. B. b. Brandis a. a. O. S. 534—38.

35) *Arist.* a. a. O. 980 a. 9.: *δεῖ γὰρ τὰ φρονούμενα εἶναι καὶ τὸ μὴ ὄν, εἴπερ μὴ ἔστι, μηδὲ φρονεῖσθαι· εἰ δ᾽ οὕτως, οὐδὲν ἂν εἶναι ψεῦδος οὐδεὶς φησιν, οὐδ᾽ εἰ ἐν τῷ πελάγει φαίη ἁμιλλᾶσθαι ἅρματα· πάντα γὰρ ἂν ταῦτα εἴη.* *Sext. E.* 82.: *εἰ οὖν φρονεῖ τις ἐν πελάγει ἅρματα τρέχειν καὶ εἰ μὴ βλέπει ταῦτα, ὀφείλει πιστεύειν ὅτι ἅρματά ἐστιν ἐν πελάγει τρέχοντα· ἄτοπον δὲ τοῦτο· οὐκ ἄρα τὸ ὂν φρονεῖται καὶ καταλαμβάνεται.* Den Grundsatz, dass alles Gedachte ein Seiendes sein müsste, erwähnt auch *Plato Euthyd.* p. 284 ff. Ebendarauf bezieht sich *Arist. Soph. El.* 5, 167 a. 1.: *οἷον εἰ τὸ μὴ ὄν ἐστι δοξαστὸν, ὅτι τὸ μὴ ὂν ἔστιν.* *Alex. ad Soph. El. f.* 26 b.: *λέγει γὰρ ὁ σοφιστής· οὐχὶ ὁ τραγέλαφος μὴ ὂν ἐστίν; οὐχὶ ὁ τραγέλαφος δοξαστόν ἐστι; τὸ μὴ ὂν ἄρα ἔστιν.* Vgl. ebend. *f.* 65 a. *Ar. Rhet.* II, 24, 1402 a. 5.: *ὅτι ἐστὶ τὸ μὴ ὄν· ἐστὶ γὰρ τὸ μὴ ὂν μὴ ὄν.*

36) *Arist. Polit.* I. 13, 1260 a. 25.: *καθόλου γὰρ οἱ λέγοντες ἐξαπατῶσιν ἑαυτοὺς, ὅτι τὸ εὖ ἔχειν τὴν ψυχὴν ἀρετὴ ἢ τὸ ὀρθοπραγεῖν ἤ τι τῶν τοιούτων· πολὺ γὰρ ἄμεινον λέγουσιν οἱ ἐξαριθμοῦντες τὰς ἀρετὰς, ὥςπερ Γοργίας, τῶν οὕτω ὁριζομένων.* Vgl. *Plato Meno* p. 71 ff.

37) *Plato Euthyd.* p. 277 *D.*: *πρῶτον γὰρ, ὥς φησι Πρόδικος, περὶ ὀνοματων ὀρθότητος μαθεῖν δεῖ.* S. auch Anm. 30.

merksamkeit zuwendete, so scheint er hier mehr die Gattung in die Unter-Arten zersplittert, als diese unter jene vereinigt zu haben [38]). Es enthalten wenigstens die Berichte über Prodikos, welche wir in Bezug auf Keime einer Logik hier beizuziehen haben, sämmtlich nur den Grundzug, dass derselbe mit einer gewissen Schärfe sinnverwandte Worte distinguirte, so z. B. *γενέσθαι* und *εἶναι* [39]), *ἀγαθόν* und *δεινόν* [40]), *ποιεῖν* und *πράττειν* [41]), *τελευτή* und *πέρας* und *ἔσχατον* [42]), *θρασύ* und *ἀνδρεῖον* [43]).

---

38) *Arist. Top.* II, 6, 112 b. 22.: *καθάπερ Πρόδικος διῃρεῖτο τὰς ἡδονὰς εἰς χαρὰν καὶ τέρψιν καὶ εὐφροσύνην, ταῦτα γὰρ πάντα τοῦ αὐτοῦ τῆς ἡδονῆς ὀνόματά ἐστιν.* *Alex. Aphr. ad Top.* p. 96.: *ταὐτὰ γὰρ κατὰ τὸ ὑποκείμενόν τε καὶ σημαινόμενον ἡδονὴ καὶ χαρὰ καὶ εὐφροσύνη καὶ τέρψις· Πρόδικος δὲ ἐπειρᾶτο ἑκάστῳ τῶν ὀνομάτων τούτων ἴδιόν τι σημαινόμενον ὑποτάσσειν, ὥςπερ καὶ οἱ ἀπὸ τῆς Στοᾶς, χαρὰν μὲν λέγοντες εὔλογον ἔπαρσιν, ἡδονὴν δὲ ἄλογον ἔπαρσιν, τέρψιν δὲ τὴν δι᾽ ὤτων ἡδονὴν, εὐφροσύνην δὲ τὴν διὰ λόγων· νομοθετούντων δέ ἐστι τοῦτο* (über letzteren Ausdruck s. Abschn. VI, Anm. 24.). Abweichend hievon berichtet *Hermias ad Phaedr.* p. 191. *Ast*: *ἐπειδὴ ὁ Πρόδικος τὴν τῶν ὀνομάτων εὗρεν ἀκρίβειαν, οἷα διαφορὰν τέρψεως, χαρᾶς, εὐφροσύνης, τέρψιν καλῶν τὴν δι᾽ ὤτων ἀκοὴν, χαρὰν τὴν τῆς ψυχῆς, εὐφροσύνην τὴν διὰ τῶν ὀμμάτων.* In der bekannten Parabel des Gorgias hingegen (*Xen. Mem.* II, 1, 24.) kömmt folgender Satz vor: *τί ἂν κεχαρισμένον ἢ σῖτον ἢ ποτὸν εὕροις, ἢ τί ἂν ἰδὼν ἢ τί ἀκούσας τερφθείης, ἢ τίνων ὀσφραινόμενος ἢ ἁπτόμενος ἡσθείης, τίσι δὲ παιδικοῖς ὁμιλῶν μάλιστ᾽ ἂν εὐφρανθείης κ. τ. λ.* *Plato Prot.* p. 337 *B.* (woselbst Prodikos spricht): *εὐφραίνεσθαι μὲν γάρ ἐστι μανθάνοντά τι καὶ φρονήσεως μεταλαμβάνοντα αὐτῇ τῇ διανοίᾳ, ἥδεσθαι δὲ ἐσθίοντά τι ἢ ἄλλο ἡδὺ πάσχοντα αὐτῷ τῷ σώματι.* Vgl. ebend. p. 358 A: *τὴν δὲ Προδίκου τοῦδε διαίρεσιν τῶν ὀνομάτων παραιτοῦμαι· εἴτε γὰρ ἡδὺ εἴτε τερπνὸν λέγεις εἴτε χαρτὸν εἴτε ὁπόθεν καὶ ὅπως χαίρεις τὰ τοιαῦτα ὀνομάζων, ὦ βέλτιστε Πρόδικε, τοῦτό μοι κ. τ. λ.*

39) *Plato Prot.* p. 340 A.: *ταὐτόν σοι δοκεῖ εἶναι τὸ γενέσθαι καὶ τὸ εἶναι ἢ ἄλλο; Ἄλλο νὴ Δί᾽, ἔφη ὁ Πρόδικος ...... ἔστι δὲ οὐ ταὐτὸν, ὦ Πρωταγόρα, ὥς φησι Πρόδικος ὅδε, τὸ εἶναι καὶ τὸ γενέσθαι.* Es hängt diess natürlich mit der Richtung der Eleaten und des Gorgias zusammen.

40) Ebend. p. 341 A.: *ὥςπερ περὶ τοῦ δεινοῦ Πρόδικός με οὑτοσὶ νουθετεῖ ἑκάστοτε, ὅταν ἐπαινῶν ἐγὼ σὲ ἢ ἄλλον τινὰ λέγω ὅτι Πρωταγόρας σοφὸς καὶ δεινός ἐστιν ἀνὴρ, ἐρωτᾷ εἰ οὐκ αἰσχύνομαι τἀγαθὰ δεινὰ καλῶν· τὸ γὰρ δεινὸν, φησὶ, κακόν ἐστιν· οὐδεὶς γοῦν λέγει ἑκάστοτε δεινοῦ πλούτου οὐδὲ δεινῆς εἰρήνης οὐδὲ δεινῆς ὑγιείας, ἀλλὰ δεινῆς νόσου καὶ δεινοῦ πολέμου καὶ δεινῆς πενίας, ὡς τοῦ δεινοῦ κακοῦ ὄντος.*

41) *Plat. Charm.* p. 163 *A.*: *τοῦθ᾽ ὡμολόγηκα, ὡς οἱ τὰ τῶν ἄλλων πράττοντες σωφρονοῦσιν, ἢ τοὺς ποιοῦντας ὡμολόγησα; εἰπέ μοι, ἦν δ᾽ ἐγὼ, οὐ ταὐτὸν καλεῖς τὸ ποιεῖν καὶ τὸ πράττειν; οὐ μέντοι, ἔφη, οὐδέ γε τὸ ἐργάζεσθαι καὶ τὸ ποιεῖν* ..... (c): *ὦ Κριτία, ἦν δ᾽ ἐγὼ, καὶ εὐθὺς ἀρχομένου σου σχεδὸν ἐμάνθανον τὸν λόγον ὅτι τὰ οἰκεῖά τε καὶ τὰ αὑτοῦ ἀγαθοῦ καλοίης καὶ τὰς τῶν ἀγαθῶν ποιήσεις πράξεις· καὶ γὰρ Προδίκου μυρία τινὰ ἀκήκοα περὶ ὀνομάτων διαιροῦντος.*

42) *Plat. Meno* p. 75 *D.*: *λέγε γάρ μοι· τελευτὴν καλεῖς τι; τοιόνδε λέγω οἷον πέρας καὶ ἔσχατον· πάντα ταῦτα ταὐτόν τι λέγω· ἴσως δ᾽ ἂν ἡμῖν Πρόδικος διαφέροιτο· ἀλλὰ σύ γέ που καλεῖς πεπεράνθαι τι καὶ τετελευτηκέναι; τὸ τοιοῦτον βούλομαι λέγειν, οὐδὲν ποικίλον.*

43) *Plat. Lach.* p. 197 *A.*: *ἐγὼ δὲ ἀνδρίας μὲν καὶ προμηθείας πάνυ τισὶν ὀλίγοις οἶμαι μετεῖναι· θρασύτητος δὲ καὶ τόλμης καὶ τοῦ ἀφόβου μετὰ ἀπρομηθείας πάνυ πολλοῖς καὶ ἀνδρῶν καὶ γυναικῶν καὶ παίδων καὶ θηρίων· ταῦτ᾽ οὖν ἃ σὺ καλεῖς ἀνδρεῖα καὶ οἱ πολλοὶ, ἐγὼ θρασέα καλῶ, ἀνδρεῖα δὲ τὰ φρόνιμα περὶ ὧν λέγω*, worauf erwiedert wird: *καὶ γάρ μοι δοκεῖς οὐδὲ μὴ ᾐσθῆσθαι ὅτι ὅδε ταύτην τὴν σοφίαν παρὰ Δάμωνος τοῦ ἡμετέρου ἑταίρου παρείληφεν, ὁ δὲ Δάμων Προδίκῳ πολλὰ πλησιάζει ὃς*

Prodikos hatte diese Untersuchungen, deren verdienstliche Seite Niemand leugnen wird, welche aber doch nicht so sehr überschätzt werden dürfen, dass man alles Ernstes den Sokrates betreffs des richtigen Gebrauches der Worte zu einem Schüler des Prodikos macht, in seiner sogenannten Fünfzigdrachmen-Rede niedergelegt, von deren Inhalt er auch mit grosser Gewandtheit Gebrauch zu machen verstand [44]).

Es hat die Sophistik, wie sie durch diese eben genannten drei Hauptvertreter geübt wurde, allerdings verschiedene Anknüpfungspunkte an vorhergehende sehr disparate Stufen, indem die Protagoreische Lehre an den Atomismus und Sensualismus sich anschliesst, der Standpunkt des Gorgias hingegen ebenso entschieden von der Eleatischen Abstraktion ausgeht, und Prodikos dem eigentlich rhetorischen Betriebe und den hieran sich anschliessenden praktischen Erwägungen am nächsten steht. Aber gerade dasjenige, was bei aller solcher Verschiedenheit ihnen gemeinschaftlich einwohnt, ist das an die Logik hinstreifende, insoferne es als Karikatur einer begrifflichen Auffassung dem edleren und wissenschaftlicheren Gehalte der sokratisch-platonischen Annahme vorhergeht. Das particulare Rechthaben nemlich vermittelst eines einseitig festgehaltenen Abstractums ist es, womit die genannten Sophisten, so wie alle übrigen überhaupt, sich geltend zu machen wussten. Der Wunsch des Redners und des rhetorischen Doctrinäres, sich gegen jeden Widerspruch die Beistimmung von vorneherein zu sichern, wird ja so ausserordentlich leicht dadurch befriedigt, dass jede von jedem Einzelnen gefasste Annahme (— Protagoras und Gorgias —) oder jede irgend aufgestellte Begriffs-Unterscheidung (— Prodikos —) eben wegen der bei beiden obwaltenden scharfen Abgränzung nach Aussen in sich selbst ihre eigene Gewährleistung habe. Und es läuft alle Sophistik für die Methode in den Satz aus, dass es keine unwahren Aussprüche gebe und dass man nicht widersprechen könne [45]), d. h. jedes forschende und prüfende Eingehen in die Vielheit der Erfahrungs-Gegenstände und hiemit jede wissenschaftliche Gestaltung des Urtheiles wird abgeschnitten, weil ja in jeder einzelnen Behauptung die begriffliche Abstraction schon als fertige mit dem An-

δὴ δοκεῖ τῶν σοφιστῶν κάλλιστα τὰ τοιαῦτα ὀνόματα διαιρεῖν. Hieraus geht hervor, dass auch die ganze Stelle *Protag.* p. 351. der Disciplin des Prodikos angehört.

44) *Plat. Crat.* p. 384. *Arist. Rhet.* III, 14. s. Spengel, *Artt. Scriptt.* p. 47.; wohl nicht richtig scheint Welcker (Rhein. Mus. 1833, S. 25.) die aristotelische Stelle zu erklären. Auf Welcker's Darstellung des Prodikos überhaupt hier einzugehen, haben wir keine Veranlassung; für die Logik hat Prodikos im Principe durchaus Nichts vor den übrigen Sophisten voraus, schwerlich irgend Etwas im Uebrigen.

45) s. oben Anm. 25.; hiezu: *Plat. Euthyd.* p. 283 *E.*: *ἦ δοκεῖ σοι οἷόν τ' εἶναι ψεύδεσθαι;.... πότερον λέγοντα τὸ πρᾶγμα περὶ οὗ ἂν ὁ λόγος ᾖ ἢ μὴ λέγοντα; Λέγοντα, ἔφη. Οὐκοῦν εἴπερ λέγει αὐτὸ, οὐκ ἄλλο λέγει τῶν ὄντων ἢ ἐκεῖνο ὅπερ λέγει. ..... Ἓν μὴν κἀκεῖνό γ' ἐστὶ τῶν ὄντων, ὃ λέγει, χωρὶς τῶν ἄλλων. Πάνυ γε. Οὐκοῦν ὁ ἐκεῖνο λέγων τὸ ὄν, ἔφη, λέγει; Ναί. Ἀλλὰ μὴν ὅ γε τὸ ὂν λέγων καὶ τὰ ὄντα τἀληθῆ λέγει.* Ebend. 285 *D.*: *ὡς ὄντος, ἔφη, τοῦ ἀντιλέγειν, ὦ Κτήσιππε, ποιεῖ τοὺς λόγους; Πάντως δή που, ἔφη, καὶ σφόδρα γε. ἢ σὺ, ὦ Διονυσόδωρε, οὐκ οἴει εἶναι ἀντιλέγειν; Οὐκοῦν σύ γ' ἄν, ἔφη, ἀποδείξαις πώποτε ἀκούσας οὐδενὸς ἀντιλέγοντος ἑτέρου ἑτέρῳ.* Vgl. p. 286 *C.*

spruche auf Wahrheit auftritt. Folgerichtig also klammert sich dieses Rechthaben an das rhetorisch gesprochene Wort an, und die einzelne Namensbezeichnung gilt als abstracter Begriff statt des Reichthums der factischen Dinge [46]), womit sich jedoch zum Behufe der Sicherung eines fortwährenden Tummelplatzes für den Sophisten sogleich die Auffassung verbindet, dass alle Sprache — sowie die Principien der Ethik und die Gesetze — ja doch nur Produkte einer willkürlichen Satzung sei und nur eine eben angenommene Geltung besitze, daher auch in jedem Augenblicke anders angeordnet werden könne [47]). Entsteht aber auf diese Weise ein rhetorischer Nominalismus des Begriffes, so glaube ich, dass von diesem Standpunkte aus auch der sogenannte **τρίτος ἄνθρωπος** zu erklären sei. Es wird nemlich schon bei Plato selbst als ein Einwand gegen die Ideenlehre hervorgehoben, dass bei der angenommenen Aehnlichkeit, welche zwischen dem concreten Dinge und dessen Idee bestehe, das eine und das andere dieser zwei einander ähnlichen Wesenheiten ebendarum wieder an Einer Idee Theil haben müssten, und so sich eine dritte Wesenheit, und ebenso dann eine vierte u. s. f. ergebe [48]); und es wird dieses Verhältniss dann mit dem technischen Namen **τρίτος ἄνθρωπος** bei Aristoteles erwähnt [49]), dessen Commentator Alexander ganz richtig die Erklärung gibt, dass sowohl von dem einzelnen Menschen „Mensch" prädicirt werde als auch ebenso das allgemeine allen Menschen zu Grunde liegende Wesen (die Idee) ebenfalls „Mensch" genannt werde, so dass eben diese Bezeichnung der „dritte Mensch" neben dem allgemeinen Menschen und dem concreten Menschen sei [50]). Hält man nun

---

46) *Plat. Crat.* p. 435 *D.*: *ἴσως γὰρ ... τὸ τοιόνδε λέγεις, ὡς ἐπειδάν τις εἰδῇ τὸ ὄνομα οἷόν ἐστιν — ἔστι δὲ οἷόν περ τὸ πρᾶγμα —, εἴσεται δὴ καὶ τὸ πρᾶγμα, ἐπείπερ ὅμοιον τυγχάνει ὂν τῷ ὀνόματι, τέχνη δὲ μία ἄρ' ἐστὶν ἡ αὐτὴ πάντων τῶν ἀλλήλοις ὁμοίων· κατὰ τοῦτο δή μοι δοκεῖς λέγειν ὡς ὃς ἂν τὰ ὀνόματα εἰδῇ, εἴσεται καὶ τὰ πράγματα.* Ebend. 437 *C.*: *ἐξ ὧν οἰηθείη ἂν αὖ πάλιν τὸν τὰ ὀνόματα τιθέμενον οὐχὶ ἰόντα οὐδὲ φερόμενα ἀλλὰ μένοντα τὰ πράγματα σημαίνειν.* *Legg.* XII, p. 964 *A.*: *σκοπῶμεν τὸν εἰδότα ἱκανῶς περὶ ὡντινωνοῦν, οἷς ἔστι μὲν ὄνομα, ἔστι δὲ αὖ καὶ λόγος, πότερον μόνον ἐπίστασθαι τοὔνομα χρεὼν, τὸν δὲ λόγον ἀγνοεῖν, ἢ τόν γε ὄντα τι κ. τ. λ.*

47) *Plat. Crat.* p. 384 *E.*: *οὐ γὰρ φύσει ἑκάστῳ πεφυκέναι ὄνομα οὐδὲν οὐδενὶ, ἀλλὰ νόμῳ καὶ ἔθει τῶν ἐθισάντων τε καὶ καλούντων.* Ebend. p. 437 *D.*: *φέρε, τοὺς τὰ ὀνόματα ἐν ταῖς πόλεσι τιθεμένους ἑκάστοτε, ἔν τε ταῖς Ἑλληνικαῖς καὶ βαρβαρικαῖς, οὐκ ἀρτίως ὡμολογοῦμεν νομοθέτας εἶναι καὶ τὴν τέχνην τὴν τοῦτο δυναμένην νομοθετικήν;* vgl. p. 389 *D.*

48) *Parmen.* p. 132 *D.*: *εἰ οὖν τι, ἔφη, ἔοικε τῷ εἴδει, οἷόν τε ἐκεῖνο τὸ εἶδος μὴ ὅμοιον εἶναι τῷ εἰκασθέντι, καθ' ὅσον αὐτῷ ἀφωμοιώθη; ἢ ἔστι τις μηχανὴ τὸ ὅμοιον μὴ ὁμοίῳ ὅμοιον εἶναι; Οὐκ ἔστιν. Τὸ δὲ ὅμοιον τῷ ὁμοίῳ ἆρ' οὐ μεγάλη ἀνάγκη ἑνὸς τοῦ αὐτοῦ εἴδους μετέχειν; Ἀνάγκη. Οὗ δ' ἂν τὰ ὅμοια μετέχοντα ὅμοια ᾖ, οὐκ ἐκεῖνο ἔσται αὐτὸ τὸ εἶδος; Παντάπασι μὲν οὖν. Οὐκ ἄρα οἷόν τέ τι τῷ εἴδει ὅμοιον εἶναι οὐδὲ τὸ εἶδος ἄλλῳ· εἰ δὲ μὴ, παρὰ τὸ εἶδος ἀεὶ ἄλλο ἀναφανήσεται εἶδος, καὶ ἂν ἐκεῖνό τῳ ὅμοιον ᾖ, ἕτερον αὖ, καὶ οὐδέποτε παύσεται ἀεὶ καινὸν εἶδος γιγνόμενον, ἐὰν τὸ εἶδος τῷ ἑαυτοῦ μετέχοντι ὅμοιον γίγνηται.*

49) *Metaph.* *A*, 9, 990 b. 15.: *ἔτι δὲ οἱ ἀκριβέστεροι τῶν λόγων οἱ μὲν τῶν πρός τι ποιοῦσιν ἰδέας, ὧν οὔ φαμεν εἶναι καθ' αὑτὸ γένος, οἱ δὲ τὸν τρίτον ἄνθρωπον λέγουσιν.* S. Bonitz z. d. St.

50) *ad Metaph.* p. 62, 20. *ed. Bon.*: *ἦν δέ τις λόγος ὑπὸ τῶν σοφιστῶν λεγόμενος τρίτον ἄνθρωπον εἰςάγων τοιοῦτος· εἰ λέγοντες „ἄνθρωπος*

Obiges fest, dass die Sophisten auf die Namensbezeichnung als solche sich stützten, so waren sie einerseits von dem abstract idealistischen Sein (ὄν, οὐσία) der Eleaten schon abgewichen und in das rhetorische Gebiet eingekehrt, und andrerseits mussten sie eben darum das schlechthin concrete Ding vorerst durch die Namensbezeichnung gleichsam ausprägen, um es zum rhetorischen Begriffe zu stempeln. Somit scheint mir dieser *τρίτος ἄνθρωπος* der Sophisten [51]) schon völlig dasselbe zu sein, was wir bei den Stoikern als das *λεκτὸν* treffen werden (Abschn. VI, Anm. 47 ff.). Jedenfalls aber erkennen wir die gleiche nominalistische Zersplitterung darin, dass die Sophisten bei dem individuellen Wesen (z. B. Sokrates) eine formale Schwierigkeit erhoben, indem sie das concret gewordene Wesen als solches von dem Sein trennten und hiedurch in den wesentlichen Inhärenzien des Individuums einen Widerspruch fanden (das *Ἕν* und *Πολλά*); es wurde nemlich behauptet, dass, falls z. B. Sokrates und Sokrates-Sein verschieden sei, dann der einheitliche Sokrates ein von sich selbst verschiedener sein müsse, falls aber Sokrates und Sokrates-Sein identisch sei, dann auch Sokrates-Sein und „helle Hautfarbe besitzend Sokrates sein" identisch sein müsse, also Substrat und Attribut zusammenfalle [52]). Natürlich war hiemit eine

---

περιπατεῖ οὔτε τὸν ὡς ἰδέαν ἄνθρωπον περιπατεῖν λέγομεν (ἀκίνητος γὰρ ἐκείνη) οὔτε τῶν καθ' ἕκαστα τινὰ (πῶς γὰρ ὃν μὴ γνωρίζομεν; τὸ μὲν γὰρ ἄνθρωπον περιπατεῖν γνωρίζομεν, τίς δὲ τῶν καθ' ἕκαστά ἐστιν ἐφ' ᾧ λέγομεν, οὐ γνωρίζομεν) ἄλλον τινὰ παρὰ τούτους τρίτον ἄνθρωπον λέγομεν περιπατεῖν· τρίτος ἄρα ἄνθρωπος ἔσται, οὗ τὸ περιπατεῖν κατηγορήσαμεν .... λέγει δὲ Φανίας ἐν τῷ πρὸς Διόδωρον Πολύξενον τὸν σοφιστὴν τὸν τρίτον ἄνθρωπον εἰσάγειν λέγοντα „εἰ κατὰ μετοχήν τε καὶ μετουσίαν τῆς ἰδέας καὶ τοῦ αὐτοανθρώπου ὁ ἄνθρωπός ἐστι, δεῖ τινὰ εἶναι ἄνθρωπον ὃς πρὸς τὴν ἰδέαν ἕξει τὸ εἶναι· οὔτε δὲ ὁ αὐτοάνθρωπος, ὅ ἐστιν ἰδέα, κατὰ μετοχὴν ἰδέας, οὔτε ὁ τὶς ἄνθρωπος· λείπεται ἄλλον τινὰ εἶναι τρίτον ἄνθρωπον τὸν πρὸς τὴν ἰδέαν τὸ εἶναι ἔχοντα." δείκνυται καὶ οὕτως ὁ τρίτος ἄνθρωπος· εἰ τὸ κατηγορούμενον τινῶν πλειόνων ἀληθῶς καὶ ἔστιν ἄλλο παρὰ τὰ ὧν κατηγορεῖται κεχωρισμένον αὐτῶν (τοῦτο γὰρ ἡγοῦνται δεικνύναι οἱ τὰς ἰδέας τιθέμενοι· διὰ τοῦτο γάρ ἐστί τι αὐτοάνθρωπος κατ' αὐτούς, ὅτι ὁ ἄνθρωπος κατὰ τῶν καθ' ἕκαστα ἀνθρώπων πλειόνων ὄντων ἀληθῶς κατηγορεῖται καὶ ἄλλος τῶν καθ' ἕκαστα ἀνθρώπων ἐστί), ἀλλ' εἰ τοῦτο, ἔσται τις τρίτος ἄνθρωπος· εἰ γὰρ ἄλλος ὁ κατηγορούμενος ὧν κατηγορεῖται καὶ κατ' ἰδίαν ὑφεστώς, κατηγορεῖται δὲ κατά τε τῶν καθ' ἕκαστα καὶ κατὰ τῆς ἰδέας ὁ ἄνθρωπος, ἔσται τρίτος τις ἄνθρωπος παρά τε τοὺς καθ' ἕκαστα καὶ τὴν ἰδέαν· οὕτως δὲ καὶ τέταρτος ὁ κατὰ τε τούτου καὶ τῆς ἰδέας καὶ τῶν καθ' ἕκαστα κατηγορούμενος, ὁμοίως δὲ καὶ πέμπτος καὶ τοῦτο ἐπ' ἄπειρον.

51) Da in der oben angeführten Stelle nicht bloss überhaupt von Sophisten, sondern sogar von einem einzelnen bestimmt genannten Sophisten gesprochen wird, aber anderwärts in den Commentaren Alexander's ausdrücklich die Megariker erwähnt werden (sei es dass er deren Schriften selbst vor sich hatte oder aus den Werken der älteren Peripatetiker schöpfte), so scheint hiemit kein Zweifel zu sein, dass der *τρίτος ἄνθρωπος* wirklich den Sophisten angehöre. Die Gründe Stallbaum's, welcher diese Auffassung den Megarikern zuweist, halte ich für nichtig. Keinenfalls wird ein Grund einer Unmöglichkeit gegen jenes Zeugniss Alexander's vorgebracht werden können. — Vielleicht hat Plato selbst diesen Nominalismus im Auge, wo er, *Soph.* p. 244 *C.*, von den Schwierigkeiten spricht, welche sich erheben, wenn man Gegenstand und *ὄνομα* identificirt.

52) *Arist. Metaph. Z*, 7, 1032 a. 5.: *ὅτι μὲν οὖν ἐπὶ τῶν πρώτων καὶ καθ' αὑτὰ λεγομένων τὸ ἑκάστῳ εἶναι καὶ ἕκαστον τὸ αὐτὸ καὶ ἕν ἐστι,*

Zersplitterung eines jeden allgemeineren Begriffes in sein einzelnes Auftreten gegeben, so dass bei jedem Vorkommen eines concreten Gegenstandes der blosse Gebrauch eines bezeichnenden Wortes genügte, um sich dem Wahne hinzugeben, dass hiemit schon der abstracte Begriff getroffen sei, was selbstverständlicher Weise eben wieder in den gewöhnlichsten Empirismus zurückschlägt. Nur eine etwas stark aufgetragene Darstellung hievon ist es, wenn z. B. auf die Frage, was das Schöne sei, geantwortet wird: „eine schöne Jungfrau" [53]). So betrieben die Sophisten ihre stets prunkend hervorgehobene Begriffsschärfe ohne allen Sinn für das wahrhaft höhere Allgemeine. Eine nothwendige Folge aber hievon war, dass das Wesen und die Bedeutung des Urtheiles nicht verstanden wurde, und um dem geglaubten Missverhältnisse, dass in demselben ein einheitliches Subject (ἕν) mit der Vielheit der Prädicate (*πολλά*) verbunden und so die Einheit getrübt werde, zu entgehen, schlug Lykophron vor, das „ist" aus den Urtheilen zu tilgen, weil bei Weglassung dieser Copula das Prädicat nicht mehr einen „Zusatz" zu dem seienden Einheitlichen bilden könne [54]).

Das Motiv des particularen Rechthabens erscheint nun, abgesehen von der rhetorischen Praxis, auch in mehreren Fang- und Trug-Schlüssen, welche zwar dem Interesse der Logik näher liegen, aber doch nur die Bedeutung äusserlicher logischer Kunststücke haben, indem sie wohl von einer ganz zersplitterten Auffassung des Begriffes ausgehen, schwerlich aber schon mit bewusster Absicht dem Nachweise derselben dienen; letzteres scheint erst bei den Megarikern zu geschehen, und hierin der Unterschied der megarischen Sophismen von jenen der eigentlichen Sophisten zu liegen (s. d. folg. Abschn.). Jene sophistischen Fechterkünste nun, in welchen nur das formale Rechthaben zur Schau getragen wird, legt Plato dem Euthydemos und dem Dionysodoros in den Mund, welche beide allerdings der späteren Generation der Sophisten angehört zu haben und wohl eher blosse Rabulisten als irgend wissenschaftliche Leute gewesen zu sein scheinen, wobei sie übrigens nur die Consequenzen verfolgen, welche aus dem Standpunkte eines Protagoras, Gorgias und Prodikos nothwendig von selbst sich ergeben. Aber wenn Schleier-

---

δῆλον· οἱ δὲ σοφιστικοὶ ἔλεγχοι πρὸς τὴν θέσιν ταύτην φανερὸν ὅτι τῇ αὐτῇ λύονται λύσει, καὶ εἰ ταὐτὸ Σωκράτης καὶ Σωκράτει εἶναι. Alex. ad *Metaph.* p. 453, 4. *Bon.*: *ἔλεγον γὰρ οἱ σοφισταί, πότερον ὁ Σωκράτης καὶ τὸ Σωκράτει εἶναι ταὐτὸ ἢ οὔ. καὶ εἰ μὲν ἕτερον, ἐπειδὴ τὸ Σωκράτει εἶναι τὸ τί ἦν εἶναι Σωκράτει ἐστὶ καὶ ἡ φύσις τοῦ Σωκράτους, ἔσται ὁ Σωκράτης ἕτερος ἑαυτοῦ· εἰ δὲ ὁ αὐτός, ἐστὶ δ' ὁ Σωκράτης καὶ λευκός, ἔσται καὶ τὸ Σωκράτει εἶναι τῷ λευκῷ εἶναι Σωκράτει τὸ αὐτό, ἡ οὐσία τῷ συμβεβηκότι ὅπερ ἄλογον.* S. Abschn. II, Anm. 88.

53) *Hipp. maj.* p. 287 *D.* Aehnlich ist z. B. *Theaet.* p. 146 *C.* die Antwort auf die Frage, was Wissenschaft sei.

54) *Arist. phys. ausc.* I, 2, 185 b. 26.: *ἐθορυβοῦντο δὲ καὶ οἱ ὕστεροι τῶν ἀρχαίων ὅπως μὴ ἅμα γένηται αὐτοῖς τὸ αὐτὸ ἓν καὶ πολλά· διὸ οἱ μὲν τὸ ἔστιν ἀφεῖλον, ὥςπερ Λυκόφρων, οἱ δὲ τὴν λέξιν μετερρύθμιζον* (über letzteres s. Abschn. II, Anm. 110.). *Simpl. ad phys. f.* 20 a.: *ὁ Λυκόφρων 'φήρει τὸ ἔστι τῶν κατηγορημάτων, λέγων „Σωκράτης λευκός", ὡς αὐτῶν καθ' αὑτὸ τῶν συμβεβηκότων ἄνευ τοῦ ἔστι μὴ ποιούντων ὄντος προςθήκην.* Lykophron ist *Soph. El.* 15, 174 b. 32. ziemlich deutlich, *Polit.* III, 9, 1280 b. 10. aber ausdrücklich als Sophist bezeichnet.

macher und Andere [55]) annahmen, dass Plato unter jenen beiden Sophisten, welche wir in der That auch fast nicht anderswoher kennen, nur die Megariker gemeint habe, so gestehen wir zwar zu, dass das Material der logischen Kunststücke bei den Megarikern durchaus ein äusserliches sophistisches ist, aber der Zweck derselben dürfte bei jenen, wie wir unten nachzuweisen hoffen, doch ein logischer (wenn auch ein verkehrter) sein; hingegen der Eindruck, welchen die platonische Charakteristik des Euthydemos macht, möchte doch entschieden darauf hinweisen, dass es sich hier um eine schlechtin bodenlose Klopffechterei handelt. Dann auch scheint unter jenen Megarikern, welche hauptsächlich mit Fangschlüssen sich beschäftigten, Eubulides schon sehr nahe an das Lebensende Plato's zu gehören, Alexinos aber über die Lebenszeit desselben bereits hinauszureichen; ja es ist auch nicht sehr glaublich, dass Plato noch im späteren Alter jene Eristik, welche er wirklich selbst noch erlebt haben konnte, für würdig gehalten hätte, sie zum Gegenstande eigener Polemik zu machen. Uebrigens insoferne eine völlig sichere Entscheidung hierüber wohl unmöglich ist und in Bezug auf das Material der Trug-Schlüsse weder aus der historischen Ueberlieferung noch aus inneren Gründen ein Unterschied zwischen den Megarikern und den Sophisten gewonnen werden kann, so möchten wir uns an den ganz äusserlichen Umstand der Ueberlieferung halten, dass die einen Sophismen schon bei Plato erwähnt werden, und wir besprechen demnach diese letzteren gleich hier und behalten die Anführung der übrigen dem folgenden Abschnitte vor, woselbst sich dieses Gebiet einseitig logischer Spitzfindigkeit aus den Berichten bei Aristoteles ergänzen und abschliessen wird.

Was Plato als einen Grundsatz des Euthydemos bezeichnet [56]), dass für Alle Alles in gleicher Weise zugleich und immer sei, ist eben der schroffste und ausgedehnteste Ausdruck des unentreissbaren Rechthabens, welcher auch absichtlich dazu angewendet wurde, um von dem Nemlichen zugleich Gegentheiliges auszusagen [57]), jedoch in der Art, dass neben einem solchen Verfahren gerade wieder der Begriff einer jeden Verbindung von Verschiedenem, wodurch dasselbe gegenseitig qualitativ bestimmt werde, auf das ausdrücklichste ausgeschlossen wird [58]). Durch

---

55) z. B. Socher, Ueber Plato's Schriften, S. 256. und Cousin in d. Einl. z. s. Uebers. des Euthydemus.

56) *Crat.* p. 386 *D.*: *ἀλλὰ μὴν οὐδὲ κατ' Εὐθύδημόν γε, οἶμαι, σοὶ δοκεῖ πᾶσι πάντα ὁμοίως εἶναι ἅμα καὶ ἀεί.*

57) *Euthyd.* p. 293 *C.*: *Οὐκοῦν ἐπιστήμων εἶ, εἴπερ ἐπίστασαι; Πάνυ γε, τούτου γε αὐτοῦ. Οὐδὲν διαφέρει. ἀλλ' οὐκ ἀνάγκη σε ἔχει πάντα ἐπίστασθαι ἐπιστήμονά γε ὄντα. Μὰ Δί', ἦν δ' ἐγώ, ἐπεὶ πολλὰ ἄλλ' οὐκ ἐπίσταμαι. Οὐκοῦν εἴ τι μὴ ἐπίστασαι, οὐκ ἐπιστήμων εἶ. Ἐκείνου γε, ὦ φίλε, ἦν δ' ἐγώ. Ἧττον οὖν τι, ἔφη, οὐκ ἐπιστήμων εἶ; ἄρτι δὲ ἐπιστήμων ἔφησθα εἶναι. καὶ οὕτω τυγχάνεις ὢν αὐτὸς οὗτος ὃς εἶ, καὶ αὖ πάλιν οὐκ εἶ κατὰ ταὐτὰ ἅμα.*

58) Ebend. p. 301 *A.*: *ἀλλὰ τίνα τρόπον, ἔφη, ἑτέρου ἑτέρῳ παραγενομένου τὸ ἕτερον ἕτερον ἂν εἴη; Sext. Emp. adv. math.* VII, 64.: *ὁ δὲ προειρημένος ἀνὴρ (Πρωταγόρας) οὔτε καθ' αὑτό τι ὑπάρχον οὔτε ψεῦδος ἀπολέλοιπεν· τοιοῦτοι δὲ γεγονέναι λέγονται καὶ οἱ περὶ τὸν Εὐθύδημον καὶ Διονυσόδωρον· τῶν γὰρ πρός τι καὶ οὗτοι τό τε ὂν καὶ τὸ ἀληθὲς ἀπολελοίπασιν.*

diese Vereinigung eines abstracten Festhaltens und eines momentanen Aufgreifens ergibt sich die Entstehung der sophistischen Fangschlüsse, welche nur den Zweck hatten, die vermeintliche Ueberlegenheit des Rabulisten in allen Erörterungen zu zeigen.

So drückt sich z. B. das sophistisch absichtliche Misskennen einer Verbindung zwischen Substrat und Attributen in dem Fangschlusse aus: „Wer Jemanden belehrt, will bewirken, dass derselbe weise und nicht mehr unwissend sei; er will also, dass jener werde, was er noch nicht ist und dass er nicht mehr sei, was er jetzt ist; also will er ihn vernichten“ 59). Der Begriff der Veränderung überhaupt oder der örtlichen Entfernung wird in gleicher Absicht und Weise benutzt in einem von Aristoteles ausdrücklich dem Euthydemos zugeschriebenen Sophisma, welches im Deutschen etwa so ausgedrückt werden könnte: „Du bist in Athen? Ja. Du verweilst also jetzt dort? Ja. Du weisst, dass Schiffe in Sicilien sind? Ja. Du weisst also jetzt in Athen Schiffe in Sicilien dort verweilend“ 60), wobei natürlich der Sprachausdruck zu Hülfe kommen muss, um die Vertauschung der zwei Orte zu bewerkstelligen. Ueberhaupt versteht es sich von selbst, dass sprachliche Zweideutigkeit das vorzügliche Gebiet war, auf welchem jene Spitzfindigkeiten zur Schau getragen wurden. So ist dieses der Fall bei dem Fangschlusse, welcher auf der doppelten Bedeutung des Wortes *μανθάνειν* (Lernen und Verstehen) beruht, so dass zugleich bewiesen wird, dass die Unwissenden und dass die Weisen die *μανθάνοντες* sind 61), oder ebenso dass das *μανθάνειν* sich auf ein Gewusstes und zugleich dass es sich auf ein Nichtgewusstes be-

---

(Die Erwähnung des Euth. und Dionys., welche übrigens völlig richtig mit dem Standpunkte des Protagoras in Verbindung gebracht werden, fliesst sicher nur aus dem platonischen Dialoge selbst.) Vgl. auch *Soph.* p. 254 ff.

59) *Euthyd.* p. 283 *D.*: *Νῦν δὲ, ἦ δ' ὃς, Κλεινίας πότερον σοφός ἐστιν ἢ οὔ; Οὔκουν φησί γέ πω ..... Ὑμεῖς δὲ, ἔφη, βούλεσθε γενέσθαι αὐτὸν σοφὸν, ἀμαθῆ δὲ μὴ εἶναι; Ὡμολογοῦμεν. Οὐκοῦν ὃς μὲν οὐκ ἔστι, βούλεσθε αὐτὸν γενέσθαι, ὃς δ' ἔστι νῦν, μηκέτ' εἶναι .... ἄλλο τι οὖν, ἔφη, ἐπεὶ βούλεσθε αὐτὸν, ὃς νῦν ἔστι, μηκέτ' εἶναι, βούλεσθε αὐτὸν, ὡς ἔοικεν, ἀπολωλέναι;*

60) *Arist. Soph. El.* 20, 177 b. 12.: *καὶ ὁ Εὐθυδήμου δέ λόγος· ἆρ' οἶδας σὺ νῦν οὔσας ἐν Πειραιεῖ τριήρεις ἐν Σικελίᾳ ὤν;* *Alex. ad Soph. El. f.* 56 a.: *τὸν δὲ λόγον ἠρώτα ὁ Εὐθύδημος ἐν Πειραιεῖ τυγχάνων ὅτε αἱ τῶν Ἀθηναίων τριήρεις εἰς Σικελίαν ἦλθον· ἔστι δὲ ἡ τοῦ σοφίσματος ἀγωγὴ τοιαύτη· ἆρά γε σὺ νῦν ἐν Πειραιεῖ εἶ; ναί. ἆρα οἶδας ἐν Σικελίᾳ τριήρεις οὔσας; ναί. ἆρ' οἶδας σὺ νῦν οὔσας ἐν Πειραιεῖ τριήρεις ἐν Σικελίᾳ ὤν.* Zu einer zweiten Anführung jedoch bei *Arist. Rhet.* II, 24, 1401 a. 27.: *ἔστι δὲ τοῦτο Εὐθυδήμου λόγος, οἷον τὸ εἰδέναι ὅτι τριήρης ἐν Πειραιεῖ ἐστίν· ἕκαστον γὰρ οἶδεν* scheint diese Erklärung Alexanders nicht zu passen, denn der Zusatz *ἕκαστον γὰρ οἶδεν* lässt eine andere Gestaltung des Sophismas erwarten.

61) *Euthyd.* p. 275 *D.*: *πότεροί εἰσι τῶν ἀνθρώπων οἱ μανθάνοντες, οἱ σοφοὶ ἢ οἱ ἀμαθεῖς; .....* (276 A.) *Ἄλλο τι οὖν, ἡνίκα ἐμανθάνετε, οὔπω ἠπίστασθε ταῦτα ἃ ἐμανθάνετε; Οὐκ ἔφη. Ἆρ' οὖν σοφοὶ ἦτε ὅτε ταῦτ' οὐκ ἠπίστασθε; Οὐ δῆτα, ἦ δ' ὅς. Οὐκοῦν εἰ μὴ σοφοὶ, ἀμαθεῖς; Πάνυ γε. Ὑμεῖς ἄρα μανθάνοντες ἃ οὐκ ἠπίστασθε, ἀμαθεῖς ὄντες ἐμανθάνετε ..... οἱ ἀμαθεῖς ἄρα μανθάνουσι .....* (C). *Τί δαὶ, ἔφη, ὁπότε ἀποστοματίζοι ὑμῖν ὁ γραμματιστὴς, πότεροι ἐμάνθανον τῶν παίδων τὰ ἀποστοματιζόμενα, οἱ σοφοὶ ἢ οἱ ἀμαθεῖς; Οἱ σοφοὶ, ἔφη ὁ Κλεινίας. Οἱ σοφοὶ ἄρα μανθάνουσιν ἀλλ' οὐχ οἱ ἀμαθεῖς.*

ziehe [62]); hiemit ist wegen Doppelsinnes des Wortes „Wissen“ der Ausspruch verwandt, dass man weder dasjenige, was man wisse, noch jenes, was man nicht wisse, suchen könne [63]); desgleichen Sophismen, welche den Unterschied zwischen dem Verstehen einer Kunstfertigkeit und der Ausübung des Verstehens verwischen [64]).

Vielleicht auch gehört jener Richtung, welche im Platonischen Euthydemos geschildert wird, der Grundsatz an, dass Alles in gleicher Weise gesprochen werde, d. h. dass der sprachliche Ausdruck überall auf alle Verhältnisse gleichmässig angewendet werden müsse, so dass z. B. wenn jenes, was weder gut noch schlecht ist, ein Mittelding zwischen Gut und Schlecht sei, ebenso auch dasjenige, was weder Schuh noch Hand ist, ein Mittelding zwischen Schuh und Hand sein müsse [65]). Es würde diess wenigstens ebenfalls als ein überallhin sich ausdehnendes Rechthaben gut zu dem obigen (Anm. 56.) Grundsatze des Euthydemos passen; sicher aber läge darin das Motiv aller bloss auf den Sprachausdruck gegründeten Analogieschlüsse (s. z. B. Abschn. II, Anm. 47. f.). Und wenn mit sophistischer Absichtlichkeit jene Mannigfaltigkeit verkannt wurde, welche in Einer Form des Sprachausdruckes vereinigt sein kann, so entstanden Fangschlüsse, welche eigentlich nur als Wortwitze zu bezeichnen sind und gänzlich durch den Satzbau des Griechischen bedingt

---

62) Ebend. p. 276 *D.*: *πότερον γὰρ οἱ μανθάνοντες μανθάνουσιν ἃ ἐπίστανται ἢ ἃ μὴ ἐπίστανται* ..... (277 *A.*) *ἆρα σὺ οὐ μανθάνεις ἅττ' ἂν ἀποστοματίζῃ τις, ὁ δὲ μὴ ἐπιστάμενος γράμματα μανθάνει; Οὐκ, ἀλλ', ἦ δ' ὅς, μανθάνω. Οὐκοῦν ἃ ἐπίστασαι, ἔφη, μανθάνεις, εἴπερ γε ἅπαντα τὰ γράμματα ἐπίστασαι* ..... (*C*) *πότερον οὖν εἰσὶν οἱ λαμβάνοντες ὁτιοῦν οἱ ἔχοντες ἤδη ἢ οἳ ἂν μή; Οἳ ἂν μὴ ἔχωσιν. Οὐκοῦν ὡμολόγηκας εἶναι τούτων καὶ τοὺς μὴ ἐπισταμένους τῶν μὴ ἐχόντων; Κατένευσε. Τῶν λαμβανόντων ἄρ' εἰσὶν οἱ μανθάνοντες, ἀλλ' οὐ τῶν ἐχόντων; Συνέφη. Οἱ μὴ ἐπιστάμενοι ἄρ', ἔφη, μανθάνουσιν.* *Arist. Soph. El.* 4, 165 b. 31.: *οἷον ὅτι μανθάνουσιν οἱ ἐπιστάμενοι, τὰ γὰρ ἀποστοματιζόμενα μανθάνουσιν οἱ γραμματικοί.* 19, 177 a. 13.: *ἐν δὲ τῷ μὴ συνεπίστασθαι τὸν ἐπιστάμενον ἓν τῶν ἐρωτημάτων ἀμφίβολον*, u. 27.: *οὐκ ἄρα συνεπίστανται ὅ τι ἐπίστανται; ναί. ἀλλ' οὐχ οἱ οὕτως ἐπιστάμενοι.* Vgl. *Alex. ad Soph. El. f.* 53 a.

63) *Plato Meno* p. 80 *E.*: *ὁρᾷς τοῦτον ὡς ἐριστικὸν λόγον κατάγεις; ὡς οὐκ ἄρα ἔστι ζητεῖν ἀνθρώπῳ οὔτε ὃ οἶδεν οὔτε ὃ μὴ οἶδεν. οὔτε γὰρ ἂν γε ὃ οἶδε ζητοῖ, οἶδε γὰρ καὶ οὐδὲν δεῖ τῷ γε τοιούτῳ ζητήσεως· οὔτε ὃ μὴ οἶδεν, οὐδὲ γὰρ οἶδεν ὅ τι ζητήσει.*

64) *Arist. An. post.* I, 6, 74 b. 23.: *οἷον οἱ σοφισταὶ ὅτι τὸ ἐπίστασθαι τὸ ἐπιστήμην ἔχειν.* *Metaph.* Θ, 8, 1049 b. 30.: *διὸ καὶ δοκεῖ ἀδύνατον εἶναι οἰκοδόμον εἶναι μὴ οἰκοδομήσαντα μηδὲν ἢ κιθαριστὴν μηδὲν κιθαρίσαντα, ὁ γὰρ μανθάνων κιθαρίζειν κιθαρίζων μανθάνει κιθαρίζειν, ὁμοίως δὲ καὶ οἱ ἄλλοι· ὅθεν ὁ σοφιστικὸς ἔλεγχος ἐγίγνετο ὅτι οὐκ ἔχων τις τὴν ἐπιστήμην ποιήσει οὗ ἡ ἐπιστήμη, ὁ γὰρ μανθάνων οὐκ ἔχει.* Alex. ad Metaph. p. 557, 8. *Bon.*: *ἠρώτων γὰρ οἱ σοφισταί, μᾶλλον δὲ καὶ νῦν ἐρωτῶσιν, ἀρά γε ὁ μὴ ἔχων ἐπιστήμην τινὸς ποιήσει τὴν ἐπιστήμην;* .... (15.) *οὕτω δὲ τὸν λόγον ἐρωτῶντες οἱ σοφισταὶ καὶ λαμβάνοντες παρὰ τῶν προσδιαλεγομένων ὅτι οὐ ποιήσει τὸ τῆς ἐπιστήμης ὁ μὴ ἔχων τὴν ἐπιστήμην, ἐπῆγον ὅτι ὁ μανθάνων κιθαρίζειν μὴ ἔχων τὴν τοῦ κιθαρίζειν ἐπιστήμην κιθαρίζει· εἰ γὰρ εἶχεν, οὐκ ἂν ἐμάνθανεν· ὁ ἄρα μὴ ἔχων τινὸς ἐπιστήμην καὶ ποιήσει καὶ οὐ ποιήσει τὸ τῆς ἐπιστήμης, ὅπερ ἄτοπον.*

65) *Arist. Metaph.* ι, 6, 1056 b. 30.: *ὥστε οὐκ ὀρθῶς ἐπιτιμῶσιν οἱ νομίζοντες ὁμοίως λέγεσθαι πάντα, ὥστε ἔσεσθαι ὑποδήματος καὶ χειρὸς μεταξὺ τὸ μήτε ὑπόδημα μήτε χεῖρα, εἴπερ καὶ τὸ μήτε ἀγαθὸν μήτε κακὸν τοῦ ἀγαθοῦ καὶ τοῦ κακοῦ, ὡς πάντων ἐσομένου τινὸς μεταξύ.*

werden, wie z. B. das so oft angeführte *ἔστι σιγῶντα λέγειν*[66]), oder das Sophisma, dass der gesehene Gegenstand selbst sehen könne[67]), oder Dinge, welche auf der Zweideutigkeit des sog. Acc. c. Inf. beruhen[68]). Und so bewegen sich in Anwendung des Doppelsinnes eines Ausdruckes überhaupt mehrere eben so einfältige als geschmacklose Fangschlüsse, an welchen wir wohl am meisten das Eine bewundern müssen, dass man sie der Aufbewahrung oder Besprechung je werth gehalten hat; so z. B.

Der Tüchtige bespricht die Dinge, wie sie sich verhalten.
Das Schlechte aber verhält sich schlecht.
Also bespricht der Tüchtige das Schlechte schlecht[69]),

oder: Dieser Hund hat Junge
Also ist er Vater
Er ist aber Dein
Also ist er Dein Vater
Du schlägst ihn aber
Also schlägst Du Deinen Vater[70]),

oder: Wenn es wahr ist, dass man des Guten nie zu Viel thun kann, so muss der Kranke einen ganzen Wagen voll Arznei nehmen[71]),

---

66) *Euthyd.* p. 300 *B.*: *Ἦ γὰρ οὐχ οἷόν τε, ἔφη ὁ Διονυσόδωρος, σιγῶντα λέγειν; Οὐδ᾽ ὁπωστιοῦν, ἦ δ᾽ ὅς ὁ Κτήσιππος. Ἆρ᾽ οὐδὲ λέγοντα σιγᾶν; Ἔτι ἧττον, ἔφη. Ὅταν οὖν λίθους λέγῃς καὶ ξύλα καὶ σιδήρια, οὐ σιγῶντα λέγεις. ..... Ὅταν σιγᾷς, ἔφη ὁ Εὐθύδημος, οὐ πάντα σιγᾷς; Ἔγωγε, ἦ δ᾽ ὅς. Οὐκοῦν καὶ τὰ λέγοντα σιγᾷς, εἴπερ τῶν ἁπάντων ἐστὶ τὰ λέγοντα.* *Arist. Soph. El.* 4, 166 a. 12.: *ἆρ᾽ ἔστι σιγῶντα λέγειν; διττὸν γὰρ καὶ τὸ σιγῶντα λέγειν τό τε τὸν λέγοντα σιγᾶν καὶ τὸ τὰ λεγόμενα.* ebend. 10, 171 a. 20.: *εἶτ᾽ ἐρωτήσειέ τις εἰ ἔστι σιγῶντα λέγειν ἢ οὔ.* ebend. 19, 177 a. 12. u. 22. u. 25. *Alex. ad Soph. El. f.* 12 a.: *τὸ δὲ σόφισμα τὸ „ἆρα ἔστι σιγῶντα λέγειν" οὕτω Εὐθύδημος ἠρώτα· ἆρ᾽ ἔστι σιγῶντα λέγειν; οὐδαμῶς. τί δὲ ὅταν λίθους λέγεις καὶ ξύλα καὶ σίδηρον, οὐ σιγῶντα λέγεις; ναί. ἔστιν ἄρα σιγῶντα λέγειν. εἶτα πάλιν ἐπιχειρῶν εἰς τοὐναντίον ἔλεγεν· ἆρ᾽ ἔστι λέγοντα σιγᾶν; οὐδαμῶς. τί ὅταν σιγᾷς, οὐ πάντα σιγᾷς; ναί. οὐκοῦν καὶ τὰ λέγοντα σιγᾷς, ἔστιν ἄρα λέγοντα σιγᾶν.* ebend. *f.* 33 a., 4 a., 8 a., 10 b., 27 a. u. noch oft.

67) *Euthyd.* p. 300 *A.*: *Πότερον δὲ ὁρῶσιν, ἔφη ὁ Εὐθύδημος, καὶ Σκύθαι καὶ οἱ ἄλλοι ἄνθρωποι τὰ δυνατὰ ὁρᾶν ἢ τὰ ἀδύνατα; Τὰ δυνατὰ δή που. Οὐκοῦν καὶ σύ, ἔφη; Κἀγώ. Ὁρᾷς οὖν τὰ ἡμέτερα ἱμάτια; Ναί. Δυνατὰ οὖν ὁρᾶν ἐστὶ ταῦτα.* Ebenso *Alex.* a. a. O. *f.* 15 b. u. 23 b.

68) *Euthyd.* p. 301 *D.*: *Προσήκει δέ γε, ὡς φῄς, τὸν μάγειρον κατακόπτειν καὶ ἐκδέρειν ..... δῆλον τοίνυν, ἦ δ᾽ ὅς, ὅτι ἄν τις σφάξας τὸν μάγειρον καὶ κατακόψας ἑψήσῃ καὶ ὀπτήσῃ, τὰ προσήκοντα ποιήσει.*

69) Ebend. p. 284 *D.*: *Εἰσὶ μέντοι, ἔφη, οἱ καλοί τε κἀγαθοὶ καὶ οἱ τἀληθῆ λέγοντες. Τί οὖν, ἦ δ᾽ ὅς. Τἀγαθὰ οὐκ εὖ, ἔφη, ἔχει, τὰ δὲ κακὰ κακῶς; Συνεχώρει. Τοὺς δὲ καλούς τε κἀγαθοὺς ὁμολογεῖς λέγειν ὡς ἔχει τὰ πράγματα; Ὁμολογῶ. Κακῶς ἄρ᾽, ἔφη, λέγουσιν, ὦ Κτήσιππε, οἱ ἀγαθοὶ τὰ κακά, εἴπερ ὡς ἔχει λέγουσιν.*

70) Ebend. p. 298 *D.*: *Εἰπὲ γάρ μοι, ἔστι σοι κύων; Καὶ μάλα πονηρός, ἔφη ὁ Κτήσιππος. Ἔστιν οὖν αὐτῷ κυνίδια; Καὶ μάλ᾽, ἔφη, ἕτερα τοιαῦτα. Οὐκοῦν πατήρ ἐστιν αὐτῶν ὁ κύων; .... Τί οὖν, οὐ σός ἐστιν ὁ κύων; Πάνυ γε, ἔφη. Οὐκοῦν πατὴρ ὢν σός ἐστιν, ὥστε σὸς πατὴρ γίγνεται ὁ κύων καὶ σὺ κυναρίων ἀδελφός. .... Τύπτεις τὸν κύνα τοῦτον; .... Οὐκοῦν τὸν σαυτοῦ πατέρα, ἔφη, τύπτεις.* *Arist. Soph. El.* 24, 179 a. 34.: *σὸς ὁ κύων πατήρ;* (*Alex. ad Soph. El. f.* 25 a. ebenso wie bei Plato, nur mit Weglassung des *τύπτειν*.). Vgl. Abschn. II, Anm. 77 f.

71) Ebend. p. 299 *B.*: *ἐπειδὴ γὰρ ὡμολόγεις ἀγαθὸν εἶναι φάρμακον,*

oder: Thier ist, was Seele hat
Mein ist, womit ich nach Belieben schalten kann
Also mit meinen Thieren kann ich nach Belieben schalten
Meine Götter sind die väterlich angestammten Götter
Die Götter haben Seelen, und sind also Thiere
Mit meinen Göttern also kann ich nach Belieben schalten 72).

In allen diesen Sophismen ist sichtlich, dass nur mit dem rhetorisch isolirten Begriffe getändelt wurde und jene organische Vielheit, in welcher Ein Begriff sein Leben mannigfaltig erweist, ausser Acht blieb, daher sich kaum ein Satz oder ein Urtheil denken lässt, an welches nicht eine derartige Verdrehung der Begriffe geknüpft werden könnte. Dass aber dieses in reichem Masse von den Sophisten auch geschah, scheint nur auf der steten Ostentation des rhetorischen Rechthabens zu beruhen, wobei keinerlei theoretische Anschauuug betreffs der logischen Functionen vorliegt. Erst bei den Antistheneern hingegen und bei den Megarikern scheint diese ganze Behandlungsweise und das gesammte Material der Fang- und Trug-Schlüsse in Folge jener höchst einseitigen Weise, in welcher dieselben die sokratische Begriffsbestimmung auffassten, einem zwar capriciösen, aber immerhin schon mehr logischen Grundsatze gedient zu haben.

Auch die Art und Weise, wie in den Platonischen Dialogen überhaupt die Sophisten bei den Untersuchungen über einzelne Begriffe, z. B. den des Gerechten oder des Schönen, auftreten, gehört — ganz abgesehen von der Frage über objectiv historische Richtigkeit bei Plato — nur den Wirkungen des subjectiven Particularismus der Sophisten überhaupt an, nicht aber einem theoretischen Bewusstsein über die Functionen und Gesetze des Denkens. Es hat daher die Geschichte der Logik hier nur die Form jenes Particularismus überhaupt zu berichten, wogegen die einzelnen Anwendungen desselben auf die verschiedenen Gegenstände des Wissens nicht hieher gehören.

ὅταν δέῃ, πίνειν ἀνθρώπῳ, ἄλλο τι τοῦτο τὸ ἀγαθὸν ὡς πλεῖστον δεῖ πίνειν, καὶ καλῶς ἐκεῖ ἕξει, ἐάν τις αὐτὸ τρίψας ἐγκεράσῃ ἐλλεβόρου ἅμαξαν;

72) Ebend. p. 302 A.: *Ἆρ' οὖν, ἔφη, ταῦτα ἡγεῖ σὰ εἶναι ὧν ἂν ἄρξῃς καὶ ἐξῇ σοι αὐτοῖς χρῆσθαι ὅ τι ἂν βούλῃ; ..... τί δὲ, ζῷα, ἔφη, οὐ ταῦτα καλεῖς ἃ ἂν ψυχὴν ἔχῃ; Ναί, ἔφην. Ὁμολογεῖς οὖν τῶν ζῴων ταῦτα μόνα εἶναι σὰ, περὶ ἃ ἄν σοι ἐξουσία ᾖ πάντα ταῦτα ποιεῖν ἃ νῦν δὴ ἐγὼ ἔλεγον; Ὁμολογῶ. ..... Ἔστι γάρ σοι, ὡς ἔοικεν, Ἀπόλλων τε καὶ Ζεὺς καὶ Ἀθηνᾶ. Πάνυ, ἦν δ' ἐγώ. Οὐκοῦν καὶ οὗτοι σοὶ θεοὶ ἂν εἶεν..... Οὐκοῦν, ἔφη, καὶ ζῷά εἰσιν οὗτοι οἱ θεοί; ὡμολόγηκας γὰρ, ὅσα ψυχὴν ἔχει, ζῷα εἶναι..... τῶν δέ γε ζῴων, ἔφη, ὡμολόγηκας ταῦτ' εἶναι σὰ, ὅσα ἄν σοι ἐξῇ καὶ δοῦναι καὶ ἀποδόσθαι καὶ θῦσαι ἂν θεῷ ὅτῳ ἂν βούλῃ..... ἐπειδὴ σὸν ὁμολογεῖς εἶναι τὸν Δία καὶ τοὺς ἄλλους θεοὺς, ἆρ' ἔξεστί σοι αὐτοὺς ἀποδόσθαι ἢ δοῦναι ἢ ἄλλ' ὅ τι ἂν βούλῃ χρῆσθαι ὥσπερ τοῖς ἄλλοις ζῴοις;*

II. ABSCHNITT.

SOKRATES UND DIE EINSEITIGEN SOKRATIKER, UNTER LETZTEREN BESONDERS DIE MEGARIKER.

Mitten in die Bethätigung des rhetorisch-formalen Scharfsinnes durch die Betriebsamkeit der Sophisten fällt das Auftreten des Sokrates, und mit diesem ein speculatives Princip, welches innerhalb der Begabung der griechischen Nation und innerhalb der Entfaltung der griechischen Culturgeschichte überhaupt erst von Aristoteles in dem damals erreichbaren Masse der Fülle und Durchbildung verstanden und erfasst wurde, daher denn auch erst die aristotelische Philosophie zu einer selbstständigen und zugleich auf den obersten Grundsätzen beruhenden Theorie der Logik gelangte. Die Anschauungsweise des Sokrates bildet den speculativen Höhepunkt jener Richtung, welche in der Periode der Eleaten und Sophisten von den theogonischen und kosmogonischen Ausgangspunkten einer das objective Sein erklärenden Naturphilosophie sich wegwendete und mehr die subjective Praxis des menschlichen Denkens und Handelns im Auge behielt [1]). Und in dieser Beziehung war Sokrates ein Kind seiner Zeit und seiner Nation, sowie überhaupt kein Mensch völlig ausserhalb dieser zeit-räumlichen Voraussetzungen stehen kann; aber andrerseits ist es eben Sache des Genie's, dass es neben dieser nothwendigen particularen Beschränkung eines der höchsten und allgemeinsten Momente des menschlichen Wesens aus ursprünglichst eigenem Triebe entfalte. So aber war auch Sokrates ein Genie und überragte in dieser genialen Begabung weit die Gränzen seiner Nation und Zeit. Er sprach für die Speculation jene durchaus allgemein menschliche Forderung aus, welche für jede Philosophie schlechthin in allen Zeiten und allen Nationen die treibende Kraft sein muss, denn der Anthropologismus allein bewahrt der Philosophie jene Besonnenheit und zugleich jene Zuversicht, ohne welche beide sie sowohl in der Methode fehl greifen als auch ihren Inhalt sich selbst entstellen wird. Das Erkenntniss-Princip nemlich des Anthropologismus — ich sage „Princip", nicht bloss „Methode" — ist des Sokrates

---

1) *Arist. d. part. an.* I, 1. 642 a. 24.: *αἴτιον δὲ τοῦ μὴ ἐλθεῖν τοὺς προγενεστέρους ἐπὶ τὸν τρόπον τοῦτον, ὅτι τὸ τί ἦν εἶναι καὶ τὸ ὁρίσασθαι τὴν οὐσίαν οὐκ ἦν, ἀλλ᾽ ἥψατο μὲν Δημόκριτος πρῶτος, ὡς οὐκ ἀναγκαίου δὲ τῇ φυσικῇ θεωρίᾳ, ἀλλ᾽ ἐκφερόμενος ὑπ᾽ αὐτοῦ τοῦ πράγματος, ἐπὶ Σωκράτους δὲ τοῦτο μὲν ηὐξήθη, τὸ δὲ ζητεῖν τὰ περὶ φύσεως ἔληξε, πρὸς δὲ τὴν χρήσιμον ἀρετὴν καὶ τὴν πολιτικὴν ἀπέκλιναν οἱ φιλοσοφοῦντες.*

Γνῶθι σεαυτόν. Wenn je es Gesetze des menschlichen Denkens und eine systematische Einsicht in diese Gesetze geben soll, so müssen diese ihre letzte Begründung in der Erkenntniss des menschlichen Erkennens finden, und es wird demnach jener sokratische Imperativ von selbst zu einer Logik führen, welche in der „Philosophie überhaupt" ihre Wurzel hat. Dass auch jene Verwirklichung, welche der Standpunkt des Sokrates durch den Platoniker Aristoteles gefunden hat, nicht ausserhalb der Basis der „griechischen Philosophie überhaupt" stehe, ist leicht erklärlich; und auch für uns heutzutage frägt es sich nur darum, ob vielleicht in Folge eines erweiterten Gesichtskreises die Begabung unserer jetzigen Cultur-Periode in geringerem Grade für die „jetzige Philosophie überhaupt" an einer bestimmten Einseitigkeit leide, als diess bei der griechischen Geistes-Cultur der Fall ist. D. h. auch Aristoteles entwickelt nur die nach griechischem Massstabe erreichbare Theorie der Logik, hiezu befähigt aber ist er durch sein Verständniss des sokratischen Principes; der Ruhm jedoch bleibt dem Sokratiker Aristoteles ungeschmälert, dass in dem Verlaufe der ganzen abendländischen Culturgeschichte keine Logik, ohne alle Ausnahme, sich der aristotelischen auch nur an die Seite stellen darf; und wenn wir so eben die Frage berührten, ob vielleicht heutzutage eine allseitigere Vollziehung des sokratischen Imperatives zu erwarten sei, so scheint vorläufig hiezu wenig Aussicht offen zu stehen, da — um ganz abzusehen von Intoleranz und Fanatismus gegen die Philosophie überhaupt — hiezu das erste Erforderniss die unbefangene Einsicht wäre, dass wir durch die Schul-Tradition gerade keinen kleinen Theil der antiken Einseitigkeit mitschleppen.

Sokrates nun, aus dessen Anschauungsweise unter den Händen des Griechen Aristoteles ein, so zu sagen, fast weltbeherrschendes Gebäude der Logik sich entfaltete, stellte dem particularen Standpunkte und rhetorischen Flitterwerke der Sophisten das allgemeine menschliche Erkennen gegenüber, und es hat ihm das Wissen allein als ein Wissen des begrifflich Allgemeinen einen unbedingten Werth. Hiebei macht er allerdings auch die Werthbestimmung des sittlichen Handelns von der begrifflichen Einsicht abhängig [2]), und verfällt hiedurch für das Gebiet der Ethik in den griechischen Erbfehler des Doctrinarismus und bereitet die excentrischen Annahmen der Platonischen Republik vor; aber während er hierin eben als Grieche sich zeigt, spricht er in Bezug auf das

---

2) *Arist. Eth. Nic.* VI, 13, 1144b. 17.: *διόπερ τινές φασι πάσας τὰς ἀρετὰς φρονήσεις εἶναι, καὶ Σωκράτης τῇ μὲν ὀρθῶς ἐζήτει τῇ δ' ἡμάρτανεν· ὅτι μὲν γὰρ φρονήσεις ᾤετο εἶναι πάσας τὰς ἀρετὰς, ἡμάρτανεν, ὅτι δ' οὐκ ἄνευ φρονήσεως, ὀρθῶς ἔλεγεν. .... Σωκράτης μὲν ουν λόγους τὰς ἀρετὰς ᾤετο εἶναι, ἐπιστήμας γὰρ εἶναι πάσας.* ebend. III, 11, 1116b. 4.: *ὅθεν καὶ Σωκράτης ᾠήθη ἐπιστήμην εἶναι τὴν ἀνδρείαν. Eth. Eud.* I, 5, 1216b. 2.: *Σωκράτης μὲν οὖν ὁ πρεσβύτης ᾤετ' εἶναι τέλος τὸ γινώσκειν τὴν ἀρετὴν καὶ ἐπεζήτει τί ἐστιν ἡ δικαιοσύνη καὶ τί ἡ ἀνδρεία καὶ ἕκαστον τῶν μορίων αὐτῆς· ἐποίει γὰρ ταῦτ' εὐλόγως, ἐπιστήμας γὰρ ᾤετ' εἶναι πάσας τὰς ἀρετὰς, ὥσθ' ἅμα συμβαίνειν εἰδέναι τε τὴν δικαιοσύνην καὶ εἶναι δίκαιον, ἅμα γὰρ μεμαθήκαμεν τὴν γεωμετρίαν καὶ οἰκοδομίαν καὶ ἐσμὲν οἰκοδόμοι καὶ γεωμέτραι· διόπερ ἐζήτει τί ἐστιν ἀρετὴ, ἀλλ' οὐ πῶς γίνεται καὶ ἐκ τίνων.* Vgl. ebend. III, 1, 1229a. 14. u. VII, 13, 1246b. 33. *Magn. Mor.* I, 1, 1182a. 15. u. 35, 1198a. 10. *Xen. Mem.* III, 9, 4 f.

Princip des Wissens selbst die tiefsten, umfassendsten und wahrsten Grundlagen aus. Sokrates dringt nemlich überall und unablässig auf den Begriff, aber in einer dem Wesen des Menschen absolut adäquaten Weise, d. h. völlig richtig von der Selbsterkenntniss des menschlichen Erkennens ausgehend will er weder den Wesensbegriff ohne die Vielheit der Erscheinung, noch die empirische Mannigfaltigkeit ohne intelligible Einheit zulassen, sondern er beabsichtigt durch die von ihm aufgestellte Forderung ein In-Eins-Bilden beider Momente, oder mit anderen Worten, das sokratische Princip enthält zugleich in innigster Durchdringung den apriorischen Begriff und die aposteriorische Induction; dessen aber war sich eben auch Aristoteles klar bewusst, dass dem Sokrates dieses Verdienst gebühre [3]). Aber nicht bloss als Mittel zum Zwecke etwa war nach des Sokrates Ansicht die Induction (die *ἐπακτικοὶ λόγοι*) zur Bestimmung des allgemeinen Begriffes (zu dem *καθόλου ὁρίζεσθαι*) dienstbar, und nicht etwa glaubte er auf dem Wege des trivialen Empirismus zum Allgemeinen aufsteigen zu können, sondern während er an das scheinbar Geringfügigste anknüpft und ihm Nichts zu gering für begriffliche Fassung ist [4]), stellt er überall die Frage um den Begriff in einer Weise an die Spitze, dass in der dialektischen Untersuchung zugleich von der höheren Allgemeinheit abwärts gearbeitet werden muss; d. h. Sokrates scheint wohl von der richtigen Ueberzeugung durchdrungen gewesen zu sein, dass für den Menschen und für das menschliche Erkennen als menschliches es weder ein schlechthin vereinzelt Empirisches noch eine schlechthin abstract allgemeine Einheit des Idealen gibt, sondern dass das menschliche Erkennen alles Empirische augenblicklich unter allgemeiner Form ergreift und ebenso augenblicklich alles Ideale in empirischem Ausdrucke ausspricht. Diess aber ist das Erkenntniss-Princip des Anthropologismus.

Aber Sokrates war eben nur von diesem Principe belebt und

---

3) *Metaph. M*, 4, 1078 b. 17.: *Σωκράτους δὲ περὶ τὰς ἠθικὰς ἀρετὰς πραγματευομένου καὶ περὶ τούτων ὁρίζεσθαι καθόλου ζητοῦντος πρώτου.... ἐκεῖνος εὐλόγως ἐζήτει τὸ τί ἐστιν, συλλογίζεσθαι γὰρ ἐζήτει, ἀρχὴ δὲ τῶν συλλογισμῶν τὸ τί ἐστιν ..... δύο γάρ ἐστιν ἅ τις ἂν ἀποδοίη Σωκράτει δικαίως, τούς τ' ἐπακτικοὺς λόγους καὶ τὸ ὁρίζεσθαι καθόλου· ταῦτα γάρ ἐστιν ἄμφω περὶ ἀρχὴν ἐπιστήμης.* *Xen. Mem.* IV, 6, 1.: *Σωκράτης γὰρ τοὺς μὲν εἰδότας, τί ἕκαστον εἴη τῶν ὄντων, ἐνόμιζε καὶ τοῖς ἄλλοις ἂν ἐξηγεῖσθαι δύνασθαι, τοὺς δὲ μὴ εἰδότας οὐδὲν ἔφη θαυμαστὸν εἶναι αὐτούς τε σφάλλεσθαι καὶ ἄλλους σφάλλειν· ὧν ἕνεκα σκοπῶν σὺν τοῖς συνοῦσι, τί ἕκαστον εἴη τῶν ὄντων, οὐδεπώποτ' ἔληγεν.* ebend. IV, 5, 12.: *ἔφη δὲ καὶ τὸ διαλέγεσθαι ὀνομασθῆναι ἐκ τοῦ συνιόντας κοινῇ βουλεύεσθαι, διαλέγοντας κατὰ γένη τὰ πράγματα· δεῖν οὖν πειρᾶσθαι ὅτι μάλιστα πρὸς τοῦτο ἑαυτὸν ἕτοιμον παρασκευάζειν.*

4) *Plat. Symp.* p. 221 *E.*: *ὄνους γὰρ κανθηλίους λέγει καὶ χαλκέας τινὰς καὶ σκυτοτόμους καὶ βυρσοδέψας καὶ ἀεὶ διὰ τῶν αὐτῶν ταὐτὰ φαίνεται λέγειν, ὥστε ἄπειρος καὶ ἀνόητος ἄνθρωπος πᾶς ἂν τῶν λόγων καταγελάσειε.* *Xen. Mem.* I, 2, 37.: *ὁ δὲ Κριτίας, ἀλλὰ τῶν δέ τοι σε ἀπέχεσθαι, ἔφη, δεήσει, ὦ Σώκρατες, τῶν σκυτέων καὶ τῶν τεκτόνων καὶ τῶν χαλκέων, καὶ γὰρ οἶμαι αὐτοὺς ἤδη κατατετρίφθαι διαθρυλλουμένους ὑπὸ σοῦ.* ebend. IV, 6, 15.: *ὁπότε δὲ αὐτός τι τῷ λόγῳ διεξίοι, διὰ τῶν μάλιστα ὁμολογουμένων ἐπορεύετο, νομίζων ταύτην τὴν ἀσφάλειαν εἶναι λόγου.* Beispiele hievon sind die Gespräche des Sokrates mit dem Maler Parrhasios, dem Bildhauer Klito, dem Panzer-Verfertiger Pistias, der Hetäre Theodota *Xen. Mem.* III, 10 f.

durchdrungen, und mehr hat eigentlich die Geschichte der Logik von ihm nicht zu berichten [5]). Den Process der Denk-Operationen, in welchen das so beschaffene menschliche Erkennen sich nothwendig entfalten muss, untersuchte Sokrates noch nicht, er hatte nur vermöge seiner genialen Begabung für jede concrete Anwendung seines Erkenntniss-Principes die persönliche Fertigkeit und Gewandtheit; d. h. er war im vollsten Sinne des Wortes eine pädagogische Persönlichkeit, und jeder, mit welchem er sprach und welchen er hiedurch gleichsam zum Zöglinge im Gebiete des Erkennens machte, musste von selbst die ganze sogenannte Lehre vom Urtheile, Begriffe und Schlusse praktisch durchlaufen, ohne dass über diese Formen als Formen wäre reflectirt worden; gerade überall aber war es die ideale Seite des menschlichen Erkennens, vermittelst deren Sokrates stets das Allgemeine festhielt und es verstand, jede Particularisirung abzuweisen; so dass er auf dem Gebiete der Denkoperationen eben jenes übte, was das erziehende Individuum an dem zu erziehenden Individuum in allen Beziehungen zu üben hat.

Mit so extensiv wenigen Worten wir hiemit den Sokrates in der Geschichte der Logik zu erwähnen haben, da in ihm eben nur die Real-Potenz aller philosophischen Logik vorliegt, ebenso intensiv mächtig war die Nachwirkung dieses umfassenden Keimes in der platonischen Dialektik und aristotelischen Philosophie.

Dass aber Sokrates von seinen Zeitgenossen und selbst seinen Schülern theils gar nicht theils nur einseitig verstanden wurde, ist bei der ganzen Art und Weise der Griechen leicht erklärlich. Und während die Kyrenaiker fast ausschliesslich nur die subjective Praxis des individuell Annehmlichen hervorhoben und hiebei Sokratiker zu sein glaubten, zogen die Antistheneer das Motiv des Wissens in der von ihnen gleichfalls nur praktisch verstandenen Lehre des Sokrates bereits wieder in einen rhetorischen Doctrinarismus hinüber; die Megariker aber, welche sich allein auf die sokratischen Auffassungen des Wissens und Erkennens warfen, fielen mit denselben gänzlich in die Verranntheit der Abstraction der Eleaten und in den bodenlosen Formalismus der rhetorischen Sophistik zurück. Nur Plato erfasste das Erkenntniss-Princip des Sokrates wenigstens in einer Weise, dass er den Durchgangspunkt von diesem zu Aristoteles hinüber bilden konnte.

A r i s t i p p u s und überhaupt die K y r e n a i k e r hatten von Sokrates Nichts anderes gelernt, als dass sie die Befriedigung des Subjectes mit Consequenz und mit völlig bewusster Absicht in dem Genusse der objectiven Welt suchten; die Logik konnte in der Entwicklung ihrer Ansichten keine Stelle finden, sondern die unmittelbare sinnliche Wahrnehmung war ihnen von selbst ein dialektisch nicht weiter zu erörternder Ausgangspunkt, und höchstens konnte im Dienste einer derartigen sensualistischen Ethik eben diess hervorgehoben werden, dass Alles nur durch die Sinne seine Beglaubigung (πίστις) finde und dass gegenüber dem

5) Auch davon, dass Sokrates den Begriff vom Urtheile getrennt habe, wie K. Fr. Hermann (Plat. Phil. I, p. 263 f.) meint, kann natürlich gar keine Rede sein.

subjectiven Eindrucke nur die Namensbezeichnung des wahrgenommenen Objectes eine gemeinschaftliche sei [6]).

Auch Antisthenes muss bei seinem früheren Lehrer Gorgias jeden Sinn für eine tiefere speculative Auffassung so weit verloren haben, dass er in seinem späteren Umgange mit Sokrates trotz aller Lobeserhebungen desselben [7]) nur die gröblichste Verdrehung des sokratischen Principes als Frucht des genossenen Unterrichtes davontrug. Selbst schon die Titel seiner auf Logik bezüglichen Schriften [8]) haben das Gepräge sophistischer Manier an sich; es werden uns nemlich genannt: *Ἀλήθεια, περὶ τοῦ διαλέγεσθαι ἀντιλογικός, Σάθων ἢ περὶ τοῦ ἀντιλέγειν α' β' γ', Περὶ διαλέκτου, Περὶ ὀνομάτων χρήσεως ἢ ἐριστικός, Περὶ ἐρωτήσεως καὶ ἀποκρίσεως, Περὶ δόξης καὶ ἐπιστήμης α' β' γ' δ', Δόξαι ἢ ἐριστικός, Περὶ τοῦ μανθάνειν προβλήματα*, und besonders in der zweiten dieser Schriften, dem *Σάθων*, trat die Polemik gegen die idealistische Erkenntnisslehre Plato's mit aller Schärfe hervor und vereinigte sich schon in der Wahl des Titels mit jenem pöbelhaften Cynismus, welcher den Antistheneern überhaupt eigen ist [9]). — Man kann wahrlich sagen, dass Antisthenes mit dem begrifflichen Erkennen, welches Sokrates in der tiefsten Weise gefordert hatte, diesem seinem zweiten Lehrer davonlief und in demselben nur die Bestätigung und Stütze der unphilosophischen Ansichten seines ersten Lehrers erblickte. Antisthenes isolirt nemlich das begriffliche Erkennen mit der einseitigsten sprachlichen Abstraction in die zersplittertste

---

6) *Sext. Emp. adv. math.* VII, 11.: *δοκοῦσι δὲ κατά τινας καὶ οἱ ἀπὸ τῆς Κυρήνης μόνον ἀσπάζεσθαι τὸ ἠθικὸν μέρος, παραπέμπειν δὲ τὸ φυσικὸν καὶ τὸ λογικὸν ὡς μηδὲν πρὸς τὸ εὐδαιμόνως βιοῦν συνεργοῦντα· καίτοι περιτρέπεσθαι τούτους ἔνιοι νενομίκασιν ἐξ ὧν τὸ ἠθικὸν διαιροῦσιν εἴς τε τὸν περὶ τῶν αἱρετῶν καὶ φευκτῶν τόπον καὶ εἰς τὸν περὶ τῶν παθῶν καὶ ἔτι εἰς τὸν περὶ τῶν πράξεων καὶ ἤδη τὸν περὶ τῶν αἰτίων καὶ τελευταῖον εἰς τὸν περὶ τῶν πίστεων· ἐν τούτοις γὰρ ὁ περὶ αἰτίων τόπος, φασίν, ἐκ τοῦ φυσικοῦ μέρους ἐτύγχανεν, ὁ δὲ περὶ πίστεων ἐκ τοῦ λογικοῦ.* Diog. L. II, 92.: *ἀφίσταντο δὲ καὶ τῶν φυσικῶν διὰ τὴν ἐμφαινομένην ἀκαταληψίαν, τῶν δὲ λογικῶν διὰ τὴν εὐχρηστίαν ἥπτοντο· Μελέαγρος δὲ ἐν τῷ δευτέρῳ Περὶ δοξῶν καὶ Κλειτόμαχος ἐν τῷ πρώτῳ Περὶ τῶν αἱρέσεων φασὶν αὐτοὺς ἄχρηστα ἡγεῖσθαι τό τε φυσικὸν μέρος καὶ τὸ διαλεκτικόν· δύνασθαι γὰρ καὶ εὖ λέγειν καὶ δεισιδαιμονίας ἐκτὸς εἶναι καὶ τὸν περὶ θανάτου φόβον ἐκφεύγειν τὸν περὶ ἀγαθῶν καὶ κακῶν λόγον ἐκμεμαθηκότα.* Vgl. Abschn. VI, Anm. 2 ff. *Sext. Emp. adv. math.* VII, 195.: *οὐδὲ κριτήριόν φασιν εἶναι κοινὸν ἀνθρώπων, ὀνόματα δὲ κοινὰ τίθεσθαι τοῖς κρίμασιν· λευκὸν μὲν γάρ τι καὶ γλυκὺ καλοῦσι κοινῶς πάντες, κοινὸν δέ τι λευκὸν ἢ γλυκὺ οὐκ ἔχουσιν, ἕκαστος γὰρ τοῦ ἰδίου πάθους ἀντιλαμβάνεται κτλ.* Wie diese Annahme bei den Epicureern sich gestalte, s. Abschn. VI, Anm. 5.

7) *Diog. L.* VI, 1 f.: *οὗτος* (sc. *Ἀντισθένης*) *κατ' ἀρχὰς μὲν ἤκουσε Γοργίου τοῦ ῥήτορος ..... ὕστερον δὲ παρέβαλε Σωκράτει καὶ τοσοῦτον ὤνατο αὐτοῦ ὥστε παρῄνει τοῖς μαθηταῖς γενέσθαι αὐτῷ πρὸς Σωκράτην συμμαθητάς.*

8) Ebend. 16—17.

9) Ebend. III, 35.: *λέγεται δ' ὅτι καὶ Ἀντισθένης μέλλων ἀναγιγνώσκειν τι τῶν γεγραμμένων αὐτῷ παρεκάλεσεν αὐτὸν* (sc. *Πλάτωνα*) *παρατυχεῖν καὶ πυθόμενος τί μέλλει ἀναγιγνώσκειν εἶπεν ὅτι περὶ τοῦ μὴ εἶναι ἀντιλέγειν· τοῦ δ' εἰπόντος „πῶς οὖν σὺ περὶ αὐτοῦ τούτου γράφεις;" καὶ διδάσκοντος ὅτι περιτρέπεται, ἔγραψε διάλογον κατὰ Πλάτωνος Σάθωνα ἐπιγράψας.* *Athen.* V, p. 220 *D.*: *καὶ Πλάτωνα δὲ μετονομάσας Σάθωνα ἀσυρῶς καὶ φορτικῶς τὸν ταύτην ἔχοντα τὴν ἐπιγραφὴν διάλογον ἐξέδωκε κατ' αὐτοῦ.* Ebenso ebend. XI, p. 507 *A.*

Particularität des Einzelnen, indem er annimmt es könne nur der einfach vereinzelte Begriff (ἓν ἐφ' ἑνός) als der eigenthümliche logische Ausdruck (οἰκεῖος λόγος) eines jeden einzelnen Dinges ausgesprochen werden, und es sei eine Mehrheit von Prädicaten, welche an das Ding in der Sprache herangebracht würden, eine Störung jener abstracten begrifflichen Einheit [10]). Hiedurch aber musste nothwendig aus dem Standpunkte einer solchen Vereinzelnung sich eine Opposition gegen jedes definitorische Wissen erheben, welches durch den Reichthum der wesentlichen Prädicate einen Begriff zu erschöpfen und abzugränzen strebt; und folgerichtig wurde nun auch in der That der Ausspruch gethan, dass das Aufstellen einer Definition (das ὁρίζεσθαι) unmöglich sei; denn das eine Definition aussprechende Urtheil sei eben ein Zusammengesetztes, welches der schlichten Einfachheit des Dinges widerspreche, und so könne wohl auch bei einer zusammengesetzten Wesenheit in einer sogenannten Definition eben die Zusammensetzung derselben ausgesprochen werden, hingegen die einfache Wesenheit müsse einfach bleiben, und hier sei dann der logische Ausdruck des ihr Eigenthümlichen eben ihre einzelne Namensbezeichnung (ὄνομα), nicht aber jenes, was man gewöhnlich Definition nenne [11]). In diesem Sinne konnte dann Antisthenes

---

10) *Arist. Metaph. Δ*, 29, 1024 b. 32.: διὸ Ἀντισθένης ᾤετο εὐήθως μηδὲν ἀξιῶν λέγεσθαι πλὴν τῷ οἰκείῳ λόγῳ ἓν ἐφ' ἑνός· ἐξ ὧν συνέβαινε μὴ ἀντιλέγειν, σχεδὸν δὲ μηδὲ ψεύδεσθαι. *Alex. ad. Metaph.* p. 400, 26. *Bon.*: αἰτιᾶται Ἀντισθένην εὐήθως λέγοντα περὶ μηδενὸς ἄλλου λέγεσθαί τινα λόγον ἢ περὶ ἐκείνου οὗ οἰκεῖός ἐστι, παρακρουσθέντα ὑπὸ τοῦ τὸν ψευδῆ λόγον μηδενὸς ἁπλῶς εἶναι λόγον· οὐ γὰρ εἰ μὴ ἁπλῶς ἐστὶ μηδὲ κυρίως, ἤδη καὶ οὐκ ἔστιν· ᾤετο δὲ ὁ Ἀντισθένης ἕκαστον τῶν ὄντων λέγεσθαι τῷ οἰκείῳ λόγῳ μόνῳ καὶ ἕνα ἑκάστου λόγον εἶναι, τὸν γὰρ οἰκεῖον· τὸν δὲ τὶ σημαίνοντα καὶ μὴ ὄντα τούτου περὶ οὗ λέγεται εἶναι, ἀλλότριόν γε ὄντα αὐτοῦ. *Plato Soph.* p. 251 *B.*: ὅθεν γε, οἶμαι, τοῖς τε νέοις καὶ τῶν γερόντων τοῖς ὀψιμαθέσι θοίνην παρεσχήκαμεν· εὐθὺς γὰρ ἀντιλαβέσθαι παντι πρόχειρον ὡς ἀδύνατον τά τε πολλὰ ἓν καὶ τὸ ἓν πολλὰ εἶναι, καὶ δή που χαίρουσιν οὐκ ἐῶντες ἀγαθὸν λέγειν ἄνθρωπον, ἀλλὰ τὸ μὲν ἀγαθὸν ἀγαθὸν, τὸν δὲ ἄνθρωπον ἄνθρωπον. Vgl. *Phileb.* p. 14 ff.

11) *Arist. Metaph. H*, 3, 1043 b. 23.: ὥστε ἡ ἀπορία, ἣν οἱ Ἀντισθένειοι καὶ οἱ οὕτως ἀπαίδευτοι ἠπόρουν, ἔχει τινὰ καιρὸν, ὅτι οὐκ ἔστι τὸ τί ἐστιν ὁρίσασθαι, τὸν γὰρ ὅρον λόγον εἶναι μακρὸν, ἀλλὰ ποιὸν μέν τί ἐστιν, ἐνδέχεται καὶ διδάξαι, ὥςπερ ἄργυρον τί μέν ἐστιν οὔ, ὅτι δ' οἷον καττίτερος· ὥστ' οὐσίας ἔστι μὲν ἧς ἐνδέχεται εἶναι ὅρον καὶ λόγον, οἷον τῆς συνθέτου, ἐάν τε αἰσθητὴ ἐάν τε νοητὴ ᾖ, ἐξ ὧν δ' αὕτη πρώτων, οὐκ ἔστιν, εἴπερ τι κατά τινος σημαίνει ὁ λόγος ὁ ὁριστικὸς καὶ δεῖ τὸ μὲν ὥςπερ ὕλην εἶναι τὸ δὲ ὡς μορφήν. *Alex. ad Metaph.* p. 523, 13. *Bon.*: λυθήσεται ἡ τῶν Ἀντισθενείων ἀπορία· ἔστι δ' αὐτῶν ἡ ἀπορία, ὅτι οὐκ ἔστιν ὁρίσασθαι οὐδ' ἔστιν ὁρισμός τινος. τοῦτο δὲ κατεσκεύαζον ὡδί· ἐπειδὴ γὰρ ὁ ὁρισμὸς οὐκ ἔστιν ὄνομα, ἀλλ' ἐκ πλειόνων (τοῦτο γὰρ εἶπε λόγον μακρόν· τὸ γὰρ ζῷον λογικὸν θνητὸν νοῦ καὶ ἐπιστήμης δεκτικὸν λόγος μακρός ἐστιν, ἀλλ' οὐχ ὡς τὸ ἄνθρωπος ὄνομα), ἐπειδὴ οὖν ὁ ὁρισμὸς οὐκ ἐστὶν ὄνομα, οὐκ ἔστιν ὁρίσασθαι. λέγουσι δὲ ὅτι, ὅταν εἴπωμεν ζῷον λογικὸν, σύνθετόν τι λέγομεν ἐξ ὕλης καὶ εἴδους, ὕλης μὲν τοῦ ζῴου, εἴδους δὲ τοῦ λογικοῦ, καὶ ἔτι πρυστεθὲν τὸ θνητὸν σύνθετον· εἰ δὲ τοῦτο, τὰ μὲν σύνθετα ἐπεξερχόμεθα καὶ οἱονεὶ ἀριθμοῦμεν πόσα τινὰ τυγχάνει, ζῷον λογικὸν λέγοντες καὶ πάλιν ζῷον λογικὸν θνητὸν, ὁρισμὸν δὲ οὔ φαμεν. *Plato Theaet.* p. 201 *E.*: ἐγὼ γὰρ αὖ ἐδόκουν ἀκούειν τινῶν ὅτι τὰ μὲν πρῶτα ὡςπερεὶ στοιχεῖα, ἐξ ὧν ἡμεῖς τε συγκείμεθα καὶ τἄλλα, λόγον οὐκ ἔχοι· αὐτὸ γὰρ καθ' αὑτὸ ἕκαστον ὀνομάσαι μόνον εἴη, προς-

wohl sagen, der Begriff sei es, welcher das innere Wesen des Dinges ausspreche [12]), d. h. mit dieser Art der Leugnung des Definirens stehen wir auf dem dürrsten Nominalismus, welcher seinerseits nur an den gröbsten Empirismus appelliren kann, um die mit dem Sprach-Ausdrucke bezeichneten Objecte zu erreichen; und so konnte auch Antisthenes dem Idealismus Plato's — wahrlich nicht in aristotelischer Weise — diess entgegen halten, dass er ja da, wo Plato z. B. die Idee eines Pferdes sehe, eben nur ein Pferd finden könne [13]). Uebrigens werden wir diese nemliche Vermischung des Nominalismus und Empirismus in reichstem Masse bei den Stoikern wieder finden, welche überhaupt an diesen ganzen neben-platonischen und neben-aristotelischen Standpunkt der cynischen und megarischen Logik wieder anknüpfen; s. in dieser Beziehung Abschn. VI, Anm. 51, 59, 136, 150, 195. — Man sieht aber auch sogleich ein, dass mit jener abstracten Isolirung des Begriffes die Existenz oder das Verständniss des Urtheiles auf das höchste gefährdet ist; und diesen Sinn hat ein anderer, häufig im Alterthume angeführter, Ausspruch des Antisthenes, nemlich: man könne nicht widersprechen (*οὐκ ἔστιν ἀντιλέγειν*) — s. Abschn. I, Anm. 25. —, da ja der eigenthümliche logische Ausdruck eines jeden Dinges nur Einer sei, und daher, wenn zwei Personen über den nemlichen Gegenstand sprechen, sie nur das Nemliche sagen können, oder, falls sie nicht das Nemliche sagen, sie eben nicht über den nemlichen Gegenstand sprechen, sich also auch nicht widersprechen [14]). Ein

---

ειπεῖν δὲ οὐδὲν ἄλλο δυνατὸν, οὔθ' ὡς ἔστιν οὔθ' ὡς οὐκ ἔστιν .... δεῖν δὲ εἴπερ ἦν δυνατὸν αὐτὸ λέγεσθαι καὶ εἶχεν οἰκεῖον αὐτοῦ λόγον, ἄνευ τῶν ἄλλων ἁπάντων λέγεσθαι· νῦν δὲ ἀδύνατον εἶναι ὁτιοῦν τῶν πρώτων ῥηθῆναι λόγῳ, οὐ γὰρ εἶναι αὐτῷ ἀλλ' ἢ ὀνομάζεσθαι μόνον, ὄνομα γὰρ μόνον ἔχειν. Aus dieser platonischen Stelle hat schon Zeller (Phil. d. Gr. II, p. 116.) mit Recht geschlossen, dass diese Ansicht wohl schon von Antisthenes selbst, nicht erst von seinen Schülern, ausgesprochen worden sei; auch liegt ja die Consequenz aus dem *ἓν ἐφ' ἑνός* hiefür so nahe, dass es kaum erklärlich wäre, wenn erst Spätere sie gezogen hätten.

12) *Diog. L.* VI, 3.: *πρῶτός τε ὡρίσατο λόγον εἰπών· „λόγος ἐστὶν ὁ τὸ τί ἦν ἢ ἔστι δηλῶν“*, d. h. in Folge der eben angeführten Stellen kann hier *λόγος* nur als nominalistischer Begriff verstanden werden.

13) *David Prolegg. ad Porph. Isag.* b. *Brand.* p. 20 a. 2.: *ἔλεγε γὰρ ὁ Ἀντισθένης μὴ εἶναι γένος μήτε εἶδος, φησὶ γὰρ ἄνθρωπον ὁρῶ, ἀνθρωπότητα δὲ οὐχ ὁρῶ, ἵππον ὁρῶ, ἱππότητα δὲ οὐχ ὁρῶ, ὥστε οὖν οὐκ ἔστι τὸ καθόλου.* *David ad Categ.* b. *Brand.* p. 68 b. 26.: *δι' Ἀντισθένην καὶ τοὺς περὶ αὐτὸν λέγοντας ἄνθρωπον ὁρῶ, ἀνθρωπότητα δὲ οὐχ ὁρῶ ὡς ἀναιροῦντας τὴν ἁπλῶς ποιότητα.* *Simpl. ad Cat. f.* 54 *B. ed. Basil.*: *τῶν δὲ παλαιῶν οἱ μὲν ἀνῄρουν τὰς ποιότητας τελέως τὸ ποιὸν συγχωροῦντες εἶναι, ὥςπερ Ἀντισθένης, ὅς ποτε Πλάτωνι διαμφισβητῶν „ὦ Πλάτων, ἔφη, ἵππον μὲν ὁρῶ, ἱππότητα δὲ οὐχ ὁρῶ“, καὶ ὃς εἶπεν „ἔχεις μὲν ᾧ ἵππος ὁρᾶται τόδε τὸ ὄμμα, ᾧ δὲ ἱππότης θεωρεῖται οὐδέπω κέκτησαι“.* ebend. *f.* 54 *Z.*: *τὸν μὲν ἵππον ὁρᾶν ὁμολογεῖ ὁ Ἀντισθένης, τὴν δὲ ἱππότητα μὴ ὁρᾶν.* *Tzetz. Chil.* VII, 605.: *ψιλὰς ἐννοίας γάρ φησι ταύτας ὁ Ἀντισθένης λέγων· βλέπω μὲν ἄνθρωπον καὶ ἵππον δὲ ὁμοίως, ἱππότητα οὐ βλέπω δὲ οὐδ' ἀνθρωπότητά γε.* *Diog. L.* VI, 53. erzählt das Gleiche von Diogenes.

14) *Arist. Metaph.* in der oben, Anm. 10., angeführten Stelle. Ebend. *Top.* I, 11, 104 b. 20.: *οὐκ ἔστιν ἀντιλέγειν καθάπερ ἔφη Ἀντισθένης.* *Alex. ad Metaph.* p. 401, 2. *Bon.*: *ἐξ ὧν καὶ συνάγειν ἐπειρᾶτο ὅτι μὴ ἔστιν ἀντιλέγειν· τοὺς μὲν γὰρ ἀντιλέγοντας περί τινος διάφορα λέγειν ὀφείλειν, μὴ δύνασθαι δὲ περὶ αὐτοῦ διαφόρους τοὺς λόγους φέρεσθαι τῷ ἕνα τὸν*

närrischer Einfall wäre es, wenn man dem Antisthenes es zum Verdienste anrechnen wollte, dass er hiemit ausschliesslich nur das identische Urtheil *A est A* bestehen lässt. Vgl. übrigens auch hierüber Abschn. VI, Anm. 139. — Eine weitere Begründung oder Ausführung einer Logik war auf solcher Basis natürlich nicht möglich, und wir sehen, dass Antisthenes im Umgange mit Sokrates Nichts gelernt und Nichts vergessen hat.

Auch die Schule der Megariker[15]), welche sich wenigstens ausschliesslicher auf das von Sokrates angeregte Erkenntniss-Princip warfen, förderte keineswegs den Weiterbau einer Logik, sondern gelangte durch eine Carricatur dessen, was Sokrates für das begriffliche Wissen gefordert hatte, nur dazu, dass sie sich schulmässiger in jene Auffassungen verrennen konnte, in welche sie von vorneherein zurückgefallen war, nemlich in die eleatische und sophistische Lehre; und so treffen wir auch bei den Megarikern in Bezug auf die Logik nur eine Bereicherung der höchst einseitigen Einfälle der Sophisten, von welchen man manche megarische Behauptung gar nicht mehr unterscheiden kann, und einen gewissermassen mehr principmässigen Zusammenhang zwischen derlei Einzelnheiten, insoferne das Eine, natürlich durchaus falsche, Grundprincip mehr mit doctrinärem Eigensinne festgehalten und hiedurch auch zum Entstehungsgrunde mancher Zusätze und Erweiterungen gemacht wird.

Ueber die schriftstellerische Thätigkeit der Megariker sind wir höchst kärglich unterrichtet, so häufig auch einzelne Ansichten oder Sophismen derselben erwähnt werden. Euklides schrieb sechs Dialoge, aus deren Titeln[16])

οἰκεῖον ἑκάστου εἶναι, ἕνα γὰρ ἑνὸς εἶναι καὶ τὸν λέγοντα περὶ αὐτοῦ λέγειν μόνον, ὥστε εἰ μὲν περὶ τοῦ πράγματος τοῦ αὐτοῦ λέγοιεν, τὰ αὐτὰ ἂν λέγοιεν ἀλλήλοις, εἷς γὰρ ὁ περὶ ἑνὸς λόγος, λέγοντες δὲ ταὐτὰ οὐκ ἂν ἀντιλέγοιεν ἀλλήλοις· εἰ δὲ διαφέροντα λέγοιεν, οὐκέτι λέξειν αὐτοὺς περὶ ταὐτοῦ τῷ εἶναι ἕνα τὸν λόγον τὸν περὶ αὐτοῦ τοῦ πράγματος, τοὺς δὲ ἀντιλέγοντας ὀφείλειν περὶ τοῦ αὐτοῦ λέγειν· καὶ οὕτως συνῆγε τὸ μὴ εἶναι ἀντιλέγειν· σχεδὸν δὲ μηδὲ ψεύδεσθαι διὰ τὸ μὴ οἷόν τε εἶναι περί τινος ἄλλον πλὴν τὸν ἴδιόν τε καὶ οἰκεῖον εἰπεῖν λόγον. Ebend. *ad Top.* p. 43.: ἀναιρῶν γὰρ Ἀντισθένης τὸ εἶναι ἀντιλέγειν ἔλεγε δεῖν μὲν τοὺς περί τινος λέγοντας ἐκεῖνο λέγειν καὶ σημαίνειν δι' ὧν λέγουσι τὸ περὶ οὗ λέγουσιν, ἀλλὰ καὶ τοὺς ἀντιλέγοντας ἀλλήλοις περὶ τοῦ αὐτοῦ ὀφείλειν λέγειν. ταῦτα προλαμβάνων ἔλεγεν· οἱ ἀντιλέγειν δοκοῦντες ἀλλήλοις περί τινος ἤτοι ἀμφότεροι λέγοντες τὸν τοῦ πράγματος λόγον ἀντιλέγουσιν ἢ οὐδέτερος ἢ ὁ μὲν λέγων ὁ δὲ οὐ λέγων· ἀλλ' οὔτε εἰ ἀμφότεροι λέγοιεν τὸν τοῦ πράγματος λόγον, ἀντιλέγοιειν ἄν, ταὐτὰ γὰρ ἂν λέγοιεν· εἴ τε μηδέτερος τὸν τοῦ πράγματος λέγοι λόγον, οὐδὲ τὴν ἀρχὴν ἂν λέγοιεν περὶ τούτου, οἱ δὲ μὴ λέγοντες περὶ αὐτοῦ τούτου οὐδ' ἂν ἀντιλέγοιεν περὶ αὐτοῦ· εἰ δ' ὁ μὲν λέγοι ὁ δὲ μή, οὐδ' οὕτως ἂν ἀντιλέγοιεν· ὁ γὰρ μὴ λέγων τὸν τοῦ πράγματος λόγον οὐδ' ὅλως ἄν τι λέγοι περὶ αὐτοῦ, ἀλλὰ περὶ ἐκείνου ὃ σημαίνει δι' ὧν λέγει· οὕτως δ' οὐδ' ἂν ἀντιλέγοι περὶ αὐτοῦ. τούτων δὲ οὕτως ἐχόντων οὐδ' ἂν ἀντιλέγειν εἴη. *David ad Categ. Brand.* 22b. 9.: Ἀντισθένους ὅτι οὐκ ἔστιν ἀντιλέγειν. *Doxop. ad Aphth.* II, p. 532. *Walz. Schol. ad Aphth.* ebend. p. 58. *Anon.* ebend. III, p. 740. *Isocr. Laus Hel.* 1.: καὶ καταγεγηράκασιν οἱ μὲν οὐ φάσκοντες οἷόν τ' εἶναι ψευδῆ λέγειν οὐδ' ἀντιλέγειν οὐδὲ δύο λόγω περὶ τῶν αὐτῶν πραγμάτων ἀντειπεῖν.

15) Nicht erschöpfend ist *Deycks De Megaricorum doctrina. Bonn.* 1827., durchaus verfehlt aber ist, was H. Ritter (Ueber d. Philosophie d. Megar. Schule, Rhein. Mus. 1828., S. 295—335. u. in s. Gesch. d. Philos.) gibt.

16) *Diog. L.* II, 108.: Λαμπρίας, Αἰσχίνης, Φοῖνιξ, Κρίτων, Ἀλκιβιάδης, Ἐρωτικός. Uebrigens wurde deren Aechtheit schon im Alterthume bezweifelt. *Diog. L.* II, 64.

wir jedoch gar Nichts schliessen können; von Eubulides wird eine Schrift gegen Aristoteles und eine über Diogenes erwähnt [17]), ihm übrigens schrieb die Schul-Tradition die Erfindung mehrerer berühmter Fangschlüsse zu, welche wir unten im Zusammenhange mit der megarischen Eristik überhaupt zu betrachten haben (s. Anm. 82—90); ein gewisser Kleinomachos von Thurii soll „als der erste über *ἀξιώματα* und *κατηγορήματα* und dergleichen" geschrieben haben [18]); von Alexinos, welcher wegen seiner eristischen Kunststücke bekanntlich vermöge eines Wortspieles auch *Ἐλεγξῖνος* genannt wurde, wird eine Schrift gegen den Stoiker Zeno, sowie Memorabilien erwähnt, in welchen er eine gehässige Gesinnung gegen Aristoteles zeigte [19]); auch von Diodoros Kronos, welcher als Dialektiker in besonders hohem Rufe stand, wird nur in Verbindung mit den Anekdoten über die Veranlassung seines Todes eine Schrift über ein von ihm nicht gelöstes Sophisma angeführt [20]); von Stilpo endlich, welcher ganz Griechenland zu dem „Megarisiren" verführte, werden neun Dialoge genannt, deren Einer wahrscheinlich gleichfalls gegen die aristotelische Philosophie gerichtet war [21]). Ichthyas, Apollonios Kronos und Thrasymachos von Korinth sind für uns leere Namen. — Wir betrachten nun die auf Logik bezügliche Lehre der Megariker in collectiver Weise als Gemeingut der ganzen Schule, indem wir eben darzuthun hoffen, dass alles Einzelne, was in der Ueberlieferung uns aufbewahrt ist, unmittelbar und wie von selbst aus Einem Grundprincipe fliesst, innerhalb dessen in Bezug auf die Lehre vom begrifflichen Wissen uns sicher keine Veränderung von Euklides bis Stilpo vor sich gegangen zu sein scheint; und wir werden dann, wo Einzelnes in bestimmter Weise einzelnen hervorragenden Megarikern zugeschrieben wird, diess in der gemeinsamen Entwicklung besonders hervorzuheben haben, wodurch sich höchstens so viel ergeben wird, dass in der doctrinären Zuspitzung der Grundsätze ein Diodoros und ein Stilpo eifriger

---

17) Letztere b. *Diog. L.* VI, 20., erstere ebend. II, 109., *Athen.* VIII, p. 354 *C.*, *Themist. Or.* 4., *Euseb. Praep. Ev.* XV, 2.

18) *Diog. L.* II, 112.: *Κλεινόμαχός τε ὁ Θούριος, ὃς πρῶτος περὶ ἀξιωμάτων καὶ κατηγορημάτων καὶ τῶν τοιούτων συνέγραψε.* Diese Notiz ist offenbar wie alle dergleichen in stoischer Terminologie geschrieben, und daher sicher nicht zu schliessen, dass schon der erste Schriftsteller über diesen Gegenstand das Urtheil *ἀξίωμα* und das Prädikat *κατηγόρημα* genannt habe. Bei *Suid. v. Πύρρων* heisst Kleinomachos ein Lehrer des Bryson.

19) *Diog. L.* II, 109.: *μεταξὺ δὲ ἄλλων ὄντων τῆς Εὐβουλίδου διαδοχῆς Ἀλεξῖνος ἐγένετο Ἠλεῖος, ἀνὴρ φιλονεικότατος, διὸ καὶ Ἐλεγξῖνος ἐπεκλήθη· διεφέρετο δὲ μάλιστα πρὸς Ζήνωνα.* ebend. 110.: *γέγραφε δὲ οὐ μόνον πρὸς Ζήνωνα, ἀλλὰ καὶ ἄλλα βιβλία καὶ πρὸς Ἔφορον τὸν ἱστοριογράφον.* Die *ἀπομνημονεύματα* mit einer hämischen Stelle gegen Aristoteles erwähnt *Euseb. Praep. Ev.* XV, 2. Einiges Einzelne, was betreffs seiner Lehre überliefert ist, s. unten Anm. 38. 42. 49. 105.

20) *Διαλεκτικώτατος* b. *Sext. Emp. adv. math.* I, 310., vgl. *Strabo* XIV, p. 658. u. XVII, p. 838. Ueber s. Tod *Diog. L.* II, 112.

21) *Diog. L.* II, 120.: *φέρονται δ' αὐτοῦ διάλογοι ἐννέα ψυχροί· Μόσχος, Ἀρίστιππος ἢ Καλλίας, Πτολεμαῖος, Χαιρεκράτης, Μητροκλῆς, Ἀναξιμένης, Ἐπιγένης, Πρὸς τὴν ἑαυτοῦ θυγατέρα, Ἀριστοτέλης.* Bei *Athen.* IV, p. 162 *C.* werden auch *Ἀπομνηνομεύματα* genannt. *Diog. L.* II, 113.: *τοσοῦτον δ' εὑρεσιλογίᾳ καὶ σοφιστείᾳ προῆγε τοὺς ἄλλους, ὥστε μικροῦ δεῆσαι πᾶσαν τὴν Ἑλλάδα ἀφορῶσαν εἰς αὐτὸν μεγαρίσαι.*

als Andere waren; sodann werden wir auch im Stande sein, die vielfachen megarischen Fangschlüsse auf das gleiche Motiv des Einen Grundprincipes zurückzuführen.

Die Megariker verstehen die sokratische Forderung als eine bereits erfüllte und das begriffliche Wissen als ein überall schon fertiges und abgeschlossenes, und indem sie die ideelle Conception eines Begriffes mit der rhetorisch-sprachlichen Bezeichnung des Dinges verwechseln, glauben sie dadurch ächte Sokratiker zu sein, dass sie mit der schroffsten Schärfe des Doctrinarismus dasjenige festhalten, was Sokrates als ein überall erst zu suchendes bezeichnet hatte. Sowie mit der bewussten Kraft der Intelligenz, welche den Begriff erfasst und festhält, sich der eitle und nur sich selbst gelten lassende Wunsch verknüpft, das je Erfasste unweigerlich für immer festzuhalten, so ist bereits wieder jener Particularismus zur Herrschaft gelangt, welcher mit der frivolsten Selbstüberhebung blind ist gegen die objective Fülle des Seienden und gegen die ursprüngliche Vereinigung der Gegensätze im menschlichen Erkennen. Dieser Particularismus aber ist das Grundprincip der Megariker. Indem dieselben das je einzeln Aufgegriffene, wie es eben durch den Sprach-Ausdruck abgegränzt vorliegt, als Begriff festhalten wollten, also die rhetorische Verallgemeinerung, welche am Worte haftet, mit dem lebendigen Begriffe verwechselten (die Wiederkehr dieser Auffassung bei den Stoikern s. unten Abschn. VI, Anm. 57—65.), gelangten sie dazu, dass sie im Interesse der schroffsten doctrinären Geltendmachung dieses isolirten Begriffes förmlich mit dem Kopfe gegen die Wand rannten und die Existenz aller Bewegung leugneten, da ja durch diese eine Veränderlichkeit des als unwandelbar fest genommenen Begriffes sich ergebe [22]). Und so fielen die Megariker in die Eleatischen Anschauungen zurück und bezeichneten das Seiende in schroffem Gegensatze gegen das Nicht-seiende ausschliesslich als das Eine mit Leugnung eines Ueberganges vom Nicht-Sein zum Sein (d. h. des Möglichen, s. unten Anm. 35), wobei sie ebenso wie Jene die sinnliche Wahrnehmung (*αἴσθησις*) in einen Gegensatz gegen die geistige Thätigkeit (*λόγος*) setzten [23]) und wohl namentlich in letzterem das begriffliche Wissen des Sokrates zu besitzen vermeinten. Und ich glaube, dass die vielbesprochenen „intelligiblen unkörperlichen Arten" (*εἴδη νοητὰ ἀσώματα*) der Megariker sich höchst einfach erklären und deren angebliche Verwandtschaft mit der platonischen Ideenlehre in Nichts verschwindet; ich halte nemlich jene sogenannten „Ideen" der

---

22) Die Belegstellen für diese Annahme, welche in ihrem Detail mehr der Geschichte der Philosophie überhaupt, als der Geschichte der Logik angehört, sind *Simpl. ad Phys. f.* 225 b. *Sext. Emp. adv. math.* X, 85, 112 ff., 119 ff. *pyrrh. hyp.* II, 245., III, 8.

23) *Euseb. Praep. Ev.* XIV, 17.: *ἄλλοι δὲ ἐγένοντο τούτοις τὴν ἐναντίαν φωνὴν ἀφιέντες· οἴονται γὰρ δεῖν τὰς μὲν αἰσθήσεις καὶ τὰς φαντασίας καταβάλλειν, αὐτῷ δὲ μόνον τῷ λόγῳ πιστεύειν· τοιαῦτα γάρ τινα πρότερον Ξενοφάνης καὶ Παρμενίδης καὶ Ζήνων καὶ Μέλισσος ἔλεγον, ὕστερον δ' οἱ περὶ Στίλπωνα καὶ τοὺς Μεγαρικούς· ὅθεν ἠξίουν οὗτοί γε τὸ ὂν ἓν εἶναι καὶ τὸ μὴ ὂν ἕτερον εἶναι μηδὲ γεννᾶσθαί τι μηδὲ φθείρεσθαι μηδὲ κινεῖσθαί τι παράπαν.* Plato Soph. p. 248 A. (s. Anm. 31.) *καὶ σώματι μὲν ἡμᾶς γενέσει δι' αἰσθήσεως κοινωνεῖν, διὰ λογισμοῦ δὲ ψυχῇ πρὸς τὴν ὄντως οὐσίαν, ἣν ἀεὶ κατὰ ταὐτὰ ὡσαύτως ἔχειν φατὲ, γένεσιν δὲ ἄλλοτε ἄλλως.*

Megariker für weiter Nichts, als für den Ausdruck jenes dürren Nominalismus, welcher uns so eben bei Antisthenes begegnete und, wie wir sehen werden, durch die ganze stoische Logik sich zieht [24]), jedesmal aber für die Lehre vom Urtheile zum rohesten Empirismus des Factischen sich wieder bekehren muss. Erwägen wir die Gesammtheit aller übrigen Notizen über die Megariker sowie deren philosophische Nachbarschaft, nemlich die gleichzeitigen Antistheneer und die nachfolgenden Stoiker, so wird auch die vielbestrittene platonische Stelle, auf welcher die megarischen Ideen beruhen sollen, in das rechte Licht gesetzt werden können. Zunächst nemlich ein sehr bequemer rhetorischer Doctrinarismus ist es schon, wenn irgend ein Collectiv-Begriff in abstracter Weise so festgehalten wird, dass ihm gegenüber jede specifische Verschiedenheit verwandter oder theilweise untergeordneter Begriffe dahinschwinden soll; in solcher Weise aber verfährt Euklides mit dem Begriffe *ἀγαθόν* gegenüber den Begriffen *φρόνησις*, *θεός*, *νοῦς* [25]). Dass aber hiebei die Verstandesschärfe, welche mit all ihrer Einseitigkeit auch den Eleaten und Sophisten Niemand absprechen wird, dem abstracten Erfassen zur Seite stand, sehen wir daraus, dass der nemliche Euklides jede Begriffsbestimmung, welche auf blosser Vergleichung (*παραβολή*) beruht, ausdrücklich verwarf [26]) — s. Abschn. I, Anm. 29 —; und hievon ist nur die volle Consequenz deutlich ausgesprochen, wenn Diodoros sagt, es gebe gar keine zweideutigen Worte, sondern höchstens dunkle, da ja Niemand, während er Eines ausspreche, Zwei oder Mehreres sage [27]); d. h. nach des Diodoros Ansicht liegt schon in dem Worte als solchem in völlig bestimmter Weise das significante Moment eines Begriffes [28]). Hie-

---

24) Wenn H. Ritter (Rh. Mus. a. a. O. S. 330.) sagt, dass die megarische Philosophie der Richtung der stoischen Philosophie in den wichtigsten Punkten ganz entgegengesetzt war, so darf dann die Logik und Erkenntniss-Theorie nicht zu den wichtigsten Punkten gerechnet werden; daraus aber, dass zwei bodenlose Schwätzer, wie z. B. Alexinos und Zeno, über Einen Punkt rabulistisch Beweis und Gegenbeweis gegeneinander stellen, folgt doch kein principieller Gegensatz, zumal da bei den Megarikern sowie bei den Stoikern überhaupt mehr rhetorisches Geklimper als Philosophie sich zeigt.

25) *Diog. L.* II, 106.: *οὗτος* (*sc. Εὐκλείδης*) *ἓν τὸ ἀγαθὸν ἀπεφαίνετο πολλοῖς ὀνόμασι καλούμενον, ὁτὲ μὲν γὰρ φρόνησιν ὁτὲ δὲ θεὸν καὶ ἄλλοτε νοῦν καὶ τὰ λοιπά.*

26) Ebend. 107.: *καὶ τὸν διὰ παραβολῆς λόγον ἀνῄρει λέγων, ἤτοι ἐξ ὁμοίων αὐτὸν ἢ ἐξ ἀνομοίων συνίστασθαι, καὶ εἰ μὲν ἐξ ὁμοίων, περὶ αὐτὰ δεῖν μᾶλλον ἢ οἷς ὅμοιά ἐστιν ἀναστρέφεσθαι, εἰ δ' ἐξ ἀνομοίων, παρέλκειν* (*παρολκή* ist stoischer Ausdruck, s. Abschn. VI, Anm. 204.) *τὴν παράθεσιν.*

27) *Gell.* XI, 12.: *Diodorus autem, cui Crono cognomentum fuit, nullum, inquit, verbum est ambiguum, nec quisquam ambiguum dicit aut sentit, neque aliud dici videri debet, quam quod se dicere sentit is, qui dicit; at quum ego, inquit, aliter sensi, tu aliud accepisti, obscure magis dictum quam ambigue videri potest; ambigui enim verbi natura illa esse debuit, ut qui id diceret, duo vel plura diceret, nemo autem duo vel plura dicit, qui se sentit unum dicere.*

28) *Ammon. ad Ar. d. interpr. f.* 28 b.: *οὐκ ἀποδεξόμεθα τὸν διαλεκτικὸν Διόδωρον πᾶσαν οἰόμενον φωνὴν σημαντικὴν εἶναι, καὶ πρὸς πίστιν τούτου καλέσαντα τῶν ἑαυτοῦ τινὰ οἰκετῶν τῷ συλλογιστικῷ συνδέσμῳ „Ἀλλὰ μήν", καὶ ἄλλον ἄλλῳ συνδέσμῳ.* Das Beispiel von dem Sklaven, welcher *Ἀλλαμήν* genannt wurde, ist schlagend; vgl. bes. *Plato Crat.* p. 384 *D.*: *ὅτι ἄν τίς τῳ θῆται ὄνομα, τοῦτο εἶναι καὶ τὸ ὀρθόν, κἂν αὖθίς γε ἕτερον μεταθῆται, ἐκεῖνο δὲ μηκέτι καλῇ, οὐδὲν ἧττον τὸ ὕστερον ὀρθῶς ἔχειν τοῦ

mit aber stehen wir doch sicher auf einem Nominalismus der Lehre vom Begriffe, wie wir denselben auch bei den *λεκτὰ* oder *ἐννοήματα* der Stoiker treffen werden (Abschn. VI, Anm. 60), und ebenso sehr befinden wir uns durch das von der Eindeutigkeit der Worte Gesagte auf dem Standpunkte des Antisthenes, welcher das *ἀντιλέγειν* und eigentlich überhaupt das Urtheil aufhob. Und auch ausdrücklich wird von den Megarikern überliefert, dass sie durch ihre Isolirung der Begriffe die Substanzen, welche die Träger mehrerer Qualitäten sind, eben nach der Zahl dieser zerrissen [29]), sowie insbesondere dass Stilpo wegen dieser Trennung jede Bildung von Urtheilen geradezu als einen Irrthum bezeichnete [30]). Halten wir nun dieses Alles mit dem bei Plato angegebenen zusammen, so schwindet der Nimbus einer megarischen Ideenlehre völlig. Dort nemlich wird nur gesagt [31]), dass es ausser den Eleaten und He-

---

προτέρου κειμένου, ὥςπερ τοῖς οἰκέταις ἡμεῖς μετατιθέμεθα· οὐ γὰρ φύσει ἑκάστῳ πεφυκέναι ὄνομα οὐδὲν οὐδενὶ, ἀλλὰ νόμῳ καὶ ἔθει τῶν ἐθισάντων τε καὶ καλούντων.

29) *Simpl. ad Phys. f.* 26 a.: *διὰ δὲ τὴν περὶ ταῦτα ἄγνοιαν καὶ οἱ Μεγαρικοὶ κληθέντες φιλόσοφοι λαβόντες ὡς ἐναργῆ πρότασιν, ὅτι ὧν οἱ λόγοι ἕτεροι ταῦτα ἕτερά ἐστι καὶ ὅτι τὰ ἕτερα κεχώρισται ἀλλήλων, ἐδόκουν δεικνύναι αὐτὸν αὑτοῦ κεχωρισμένον ἕκαστον· ἐπεὶ γὰρ ἄλλος μὲν λόγος Σωκράτους μουσικοῦ, ἄλλος δὲ Σωκράτους λευκοῦ, εἴη ἂν καὶ Σωκράτης αὐτὸς αὑτοῦ κεχωρισμένος.*

30) *Plut. adv. Colot.* 22.: *τραγῳδίαν ἐπάγει τῷ Στίλπωνι* (sc. *ὁ Κολώτης*) *καὶ τὸν βίον ἀναιρεῖσθαί φησιν ὑπ' αὐτοῦ λέγοντος, ἕτερον ἑτέρου μὴ κατηγορεῖσθαι.* ebend. 23.: *οὐ μὴν ἀλλὰ τὸ ἐπὶ τοῦ Στίλπωνος τοιοῦτόν ἐστιν· εἰ περὶ ἵππου τὸ τρέχειν κατηγοροῦμεν, οὔ φησι ταὐτὸν εἶναι τῷ περὶ οὗ κατηγορεῖται τὸ κατηγορούμενον, ἀλλ' ἕτερον μὲν ἀνθρώπῳ τοῦ τί ἦν εἶναι τὸν λόγον, ἕτερον δὲ τῷ ἀγαθῷ* (diess ist sogar das nemliche Beispiel, welches wir oben, Anm. 10., in der antistheneischen Lehre trafen), *καὶ πάλιν τὸ ἵππον εἶναι τοῦ τρέχοντα εἶναι διαφέρειν· ἑκατέρου γὰρ ἀπαιτούμενοι τὸν λόγον οὐ τὸν αὐτὸν ἀποδίδομεν ὑπὲρ ἀμφοῖν· ὅθεν ἁμαρτάνειν τοὺς ἕτερον ἑτέρου κατηγοροῦντας· εἰ μὲν γὰρ ταὐτόν ἐστι τῷ ἀνθρώπῳ τὸ ἀγαθὸν καὶ ἵππῳ τὸ τρέχειν, πῶς καὶ σιτίου καὶ φαρμάκου τὸ ἀγαθὸν καὶ, νὴ Δία, πάλιν λέοντος καὶ κυνὸς τὸ τρέχειν κατηγοροῦμεν; εἰ δ' ἕτερον, οὐκ ὀρθῶς ἄνθρωπον ἀγαθὸν καὶ ἵππον τρέχειν λέγομεν.* Der vernünftige Standpunkt, dass *ἀγαθὸν* etwas Anderes ist, wenn es von *ἄνθρωπος*, und etwas Anderes, wenn es von *φάρμακον* prädicirt wird (s. z. B. *Arist. phys. ausc.* VII, 4. 248 b. 7. betreffs des *ὀξύ*), liegt natürlich hier nicht vor, sondern nur die Marotte, die Begriffe zu isoliren; diess geht aus dem *ἁμαρτάνειν τοὺς ἕτερον ἑτέρου κατηγοροῦντας* deutlich hervor.

31) *Soph.* p. 245 *E.*: *τοὺς μὲν τοίνυν διακριβολογουμένους ὄντος τε πέρι καὶ μὴ πάνυ μὲν οὐ διεληλύθαμεν, ὅμως δὲ ἱκανῶς ἐχέτω· τοὺς δὲ ἄλλως λέγοντας αὖ θεατέον, ἵν' ἐκ πάντων εἰδῶμεν ὅτι τὸ ὂν τοῦ μὴ ὄντος οὐδὲν εὐπορώτερον εἰπεῖν ὅτι ποτ' ἐστίν.* Der Zusammenhang des ganzen Dialoges zeigt, dass die *ἄλλως λέγοντες* (*ἄλλως* bedeutet hier eben Nichts anderes, als was es immer bedeutet, zumal wenn es enge mit *αὖ* verbunden ist) jene sind, welche die Frage über Seiendes und Nicht-seiendes in Bezug auf die Erkenntnisslehre anders, also in anderer Weise als die Eleaten und Herakliteer, besprachen. Und nachdem unter diesen die Materialisten charakterisirt werden, wird dann (p. 246 *B.*) fortgefahren: *τοιγαροῦν οἱ πρὸς αὐτοὺς ἀμφισβητοῦντες* (dass diese eben die Megariker seien, hat völlig richtig zuerst Schleiermacher bemerkt, und vergeblicher Scharfsinn wurde darauf verschwendet, diess zu widerlegen; nur hat man andrerseits dann zu viel Merkwürdiges in dieser Stelle gesucht oder gefunden) *μάλα εὐλαβῶς ἄνωθεν ἐξ ἀοράτου ποθὲν ἀμύνονται, νοητὰ ἄττα καὶ ἀσώματα εἴδη βιαζόμενοι τὴν ἀληθινὴν οὐσίαν εἶναι· τὰ δὲ ἐκείνων σώματα καὶ τὴν λεγομένην ὑπ' αὐτῶν ἀλήθειαν κατὰ σμικρὰ διαθραύοντες ἐν τοῖς λόγοις*

rakliteern auch noch Andere gebe, welche die Frage über das Seiende und Nicht-seiende in anderer Weise besprechen, und unter diesen hielten die Einen nur das äusserlich Körperliche für ein Seiendes (die Protagoreer und die Kyrenaiker), diesen aber seien Jene entgegengesetzt, welche „sehr vorsichtig hoch von oben herab und vom Standpunkte des Nicht-sichtbaren aus sich schützen und mit aller Gewalt es durchsetzen wollen, dass irgend vom Denken ergriffene und unkörperliche Artbegriffe die wahre Wesenheit seien“; und zwar sei diese letztere Secte nicht so roh als die erstere durchaus materialistische. Diese Anspielung Plato's nun auf die Megariker enthält nach dem Obigen für uns weder etwas Neues noch etwas Auffallendes, denn ein vom Denken ergriffenes oder zu ergreifendes, d. h. ein *νοητόν*, ist doch wohl jenes, was Sache des *λόγος* im Gegensatze gegen die *αἴσθησις* ist (Anm. 23); ist aber ferner letztere von ersterem schroff getrennt, so müssen die *νοητὰ* zuverlässig *ἀσώματα* sein — nannten ja auch sogar die materialistisch rohen Stoiker ihr *λεκτὸν* das einzige Unkörperliche (Abschn. VI, Anm. 51) —, und endlich dass hiebei von den Artbegriffen, *εἴδη*, die Rede ist, zeigen die obigen Beispiele (Anm. 29 u. 30) deutlich genug. Ja ganz natürlich musste, je schroffer die Consequenz dieses Nominalismus gezogen wurde, sogar eine ausdrückliche Polemik gegen die platonische Ideenlehre und ihren Realismus — um hiemit die mittelalterliche Terminologie zu wählen — hervortreten, da das Benennen und Aussprechen eines Dinges nur in dem Momente, in welchem es vor uns liegt, vor sich gehen und nur auf dieses einzelne Individuum, welches eben vor uns liegt, sich beziehen könne, nicht aber bloss eine transsccndente ewige Idee zum Prädikate des Dinges machen dürfe [32]). Auch diesen rohesten und zersplitterten, auf das schlechthin momentane Factum angewiesenen, Empirismus wer-

---

γένεσιν ἀντ' οὐσίας φερομένην τινὰ προςαγορεύουσιν …… παρὰ μὲν τῶν ἐν εἴδεσιν αὐτὴν (τ. *οὐσίαν*) *τιθεμένων ῥᾷον* (sc. *λόγον λαβεῖν*), *ἡμερώτεροι γάρ, παρὰ δὲ τῶν εἰς σῶμα πάντα ἑλκόντων βίᾳ χαλεπώτερον.* Und wenn man nun in den weiter unten (p. 248 *A.*) auf die nemlichen Megariker bezüglichen Worten *πρὸς δὲ τοὺς ἑτέρους ἴωμεν, τοὺς τῶν εἰδῶν φίλους* den Ausdruck „*εἰδῶν φίλους*“ immer mit „Freunde der Ideenlehre“ übersetzt hat, so ist diess eben falsch, denn in seiner Beziehung auf das Vorhergehende heisst dieser Ausdruck nur „die Freunde der Artbegriffe“ oder „die Freunde der von ihnen aufgestellten Artbegriffe“ oder noch deutlicher „diejenigen, welche in ihre Artbegriffe verliebt oder vergafft sind“. Hierauf folgen dann die oben, Anm. 23., schon angeführten Worte: *καὶ σώματι μὲν ἡμᾶς γενέσει δι' αἰσθήσεως κοινωνεῖν, διὰ λογισμοῦ δὲ ψυχῇ πρὸς τὴν ὄντως οὐσίαν*, und weiter unten (p. 249 *D.*) sagt noch Plato zusammenfassend: *τῷ δὴ φιλοσόφῳ καὶ ταῦτα μάλιστα τιμῶντι πᾶσα, ὡς ἔοικεν, ἀνάγκη διὰ ταῦτα μήτε τῶν ἓν ἢ καὶ τὰ πολλὰ εἴδη λεγόντων τὸ πᾶν ἑστηκὸς ἀποδέχεσθαι, τῶν τε αὖ πανταχῇ τὸ ὂν κινούντων μηδὲ τὸ παράπαν ἀκούειν, ἀλλὰ κ.τ.λ.*

32) Diess ist der richtige und nun völlig passende Sinn der Stelle bei *Diog. L.* II, 119.: *δεινὸς δὲ ἄγαν ὢν* (sc. *Στίλπων*) *ἐν τοῖς ἐριστικοῖς ἀνῄρει καὶ τὰ εἴδη* (d. h. hier „die platonischen Ideen“, vgl. Abschn. VI, Anm. 62.) *καὶ ἔλεγε τὸν λέγοντα ἄνθρωπον εἶναι μηδένα* (zu ergänzen *λέγειν*), *οὔτε γὰρ τόνδε λέγειν οὔτε τόνδε· τί γὰρ μᾶλλον τόνδε ἢ τόνδε; οὔτε ἄρα τόνδε. καὶ πάλιν· τὸ λάχανον οὐκ ἔστι τὸ δεικνύμενον, λάχανον μὲν γὰρ ἦν πρὸ μυρίων ἐτῶν, οὐκ ἄρα ἐστὶ τοῦτο λάχανον*, d. h. man könne nur sagen *οὗτος ὁ ἄνθρωπός ἐστιν οὗτος ὁ ἄνθρωπος* oder *τοῦτο τὸ λάχανόν ἐστι τοῦτο τὸ λάχανον.* Der Beleg hievon in den unten zu erwähnenden Sophismen, Anm. 85—88.; also nur *A est A*, s. oben Anm. 14.

den wir in der Stoa wieder treffen (Abschn. VI, Anm. 144 u. 166). Dass aber diesen die Megariker in dem nemlichen Athemzuge, in welchem sie unkörperliche Artbegriffe als das wahre Sein bezeichneten, gleichfalls aussprachen, bezeugt eben jene platonische Stelle [33]), indem dort gesagt wird, dass sie die Körper jener Artbegriffe als eine stets fliessende Entstehung bezeichneten und hiebei die von ihnen selbst angenommene begriffliche Wahrheit wieder allmälig bis in das Kleinste zersplittern. So auch konnte Diodoros es näher zu begründen versuchen, dass für das Urtheil schlechthin nur das jeweilig Factische als wahr gelten könne; er hob nemlich, sowie die Bewegung, so auch folgerichtig den Begriff der Möglichkeit überhaupt auf, denn war einmal der Reichthum der Verbindungen, welche eine Substanz mit den Prädikaten eingehen kann, mit Füssen getreten, so fiel jeder mögliche Uebergang von einem Potenziellen zu einem Actuellen natürlich weg [34]) — s. Abschn. I, Anm. 27 —, und es blieb nur der äusserste Fatalismus des je einzeln Geschehenen oder Geschehenden übrig; hiebei aber wird mit aller Unverschämtheit des Doctrinarismus diese Aufhebung des Begriffes der Möglichkeit selbst als die Definition des Möglichen dargeboten. Diodoros nemlich sagt: „Möglich ist, was entweder stattfindet oder was stattfinden wird“ oder mit anderen Worten „Nichts ist möglich, was weder wahr ist noch wahr sein wird“ [35]); und diese ganze Auffassung wird in einem

---

33) in den oben, Anm. 31., aus p. 246 *B.* angeführten Worten *τὰ δὲ ἐκείνων σώματα* u. s. f.

34) *Arist. Metaph.* Θ, 3, 1046 b. 29.: *εἰσὶ δέ τινες οἵ φασιν, οἷον οἱ Μεγαρικοί, ὅταν ἐνεργῇ μόνον δύνασθαι, ὅταν δὲ μὴ ἐνεργῇ οὐ δύνασθαι, οἷον τὸν μὴ οἰκοδομοῦντα οὐ δύνασθαι οἰκοδομεῖν, ἀλλὰ τὸν οἰκοδομοῦντα ὅταν οἰκοδομῇ· ὁμοίως δὲ καὶ ἐπὶ τῶν ἄλλων.* *Alex. ad Metaph.* p. 540, 1. *Bon.* *Μεγαρικοὺς λέγοι ἂν τοὺς περὶ Εὐκλείδην, οὗτος γὰρ εἰς τὰ Μέγαρα τὸ διδασκαλεῖον εἶχε .... ἔλεγον γὰρ ὅτι ὁ οἰκοδόμος ὅταν οἰκοδομῇ, τότε καὶ τὴν τοῦ οἰκοδομεῖν ἔχει δύναμιν καὶ δύναται οἰκοδομεῖν, ὅταν δὲ μὴ οἰκοδομῇ, οὐ δύναται οὔτε μὴν ἔχει τὴν τοιαύτην δύναμιν, διὰ τὸ ταὐτὸν εἶναι τὴν δύναμιν τῇ ἐνεργείᾳ· ὁμοίως δὲ καὶ ἐπὶ τῶν ἄλλων.*

35) *Alex. ad Anal. pr. f.* 72 b. *ed. Flor.*: *δυνατὸν λέγειν καὶ περὶ τῶν δυνατῶν, τοῦ τε ὃ Διοδώρῳ λέγεται, ἤγουν ὃ ἔστιν ἢ ἔσται· τὸ γάρ τι ὂν ἢ ἐσόμενον πάντως δυνατὸν μόνον ἐκεῖνος ἐτίθετο· τὸ γὰρ ἐμὲ ἐν Κορίνθῳ γενέσθαι δυνατὸν κατ᾽ αὐτὸν, εἰ ἦν ἐν Κορίνθῳ ἢ πάντως μέλλοιμι ἔσεσθαι· εἰ δὲ μὴ γενοίμην, οὐδὲ δυνατὸν ἦν· καὶ τὸ παιδίον γενέσθαι γραμματικὸν, εἰ ἔσοιτο.* Plut. d. Stoic. Rep. 46.: *εἰ γὰρ οὐκ ἔστι δυνατὸν, ὅπερ ἢ ἔστιν ἀληθὲς ἢ ἔσται κατὰ Διόδωρον, ἀλλὰ κ.τ.λ.* *Cic. d. fato* 7.: *At hoc, Chrysippe, minime vis, maximeque tibi de hoc ipso cum Diodoro certamen est; ille enim id solum fieri posse dicit, quod aut sit verum aut futurum sit verum, et quidquid futurum sit, id dicit fieri necesse esse, et quidquid non sit futurum, id negat fieri posse.* Ebend. 9.: *sed ad illam Diodori contentionem quam περὶ δυνατῶν appellant revertamur, in qua quid valeat id quod fieri possit inquiritur; placet igitur Diodoro, id solum fieri posse, quod aut verum sit aut verum futurum sit.* Ebend. *Fam.* IX, 4.: *περὶ δυνατῶν me scito κατὰ Διόδωρον κρίνειν; quapropter, si venturus es, scito necesse esse te venire, sin autem non es, τῶν ἀδυνάτων est te venire; nunc vide, utra te κρίσις magis delectet, Χρυσιππείανε an haec.* (Warum hierin Chrysippos mit Diodoros in Conflict kam, s. Abschn. VI, Anm. 164 f.). Nur ein Bruchstück einer lexicalischen Distinction, welche Diodorus zur Unterstützung seiner Ansicht vornahm, scheint zu sein, was bei *Philop. ad An. pr. f.* XLIII a. überliefert ist: *Διόδωρος δὲ καὶ ἄλλα τινὰ τοῦ δυνατοῦ σημαινόμενα εἶναί φησιν· φησὶ γὰρ δυνατὸν εἶναι ἢ τὸ ἐκβεβηκὸς ἤδη, ὅπερ ἔφαμεν ἡμεῖς ὑπάρχον, ἢ τὸ δυνάμενον ἐκβῆναι μηδέποτε δὲ*

banalen Schul-Lehrsatze, dem sogenannten *κυριεύων*, präcisirt, indem letztere Definition des Möglichen daraus erwiesen wird, dass einerseits alles bereits Geschehene nothwendig wahr sei und andrerseits aus Möglichem nicht Unmögliches folgen könne [36]. Eben dieser Fatalismus des Factischen, welcher alles Leben einer Causalität ausschliesst, wurde daher von Diodoros auch zum Kriterium des hypothetischen Urtheiles gemacht, da dasselbe nur dann wahr sei, wenn nie eine Möglichkeit bestehe oder bestanden habe, dass es von einem wahren Vordersatze in einen falchen Nachsatz übergehe [37], wobei wieder nur die fatalistisch nothwendige Wahrheit der beiden Theile des Conditional-Satzes zu Grunde gelegt wird. — So führte die bornirte Isolirung des Begriffes in jenen tiefsten Fragen der Logik, welche eine Begründung in der „Philosophie überhaupt" erfordern, zu den widersinnigsten Behauptungen, welche aber mit dem frivolsten Leichtsinne des Theorien-Machens als logische Gesetze promulgirt werden.

Sicher aber waren die Megariker der festen Ueberzeugung, dass sie mit dieser ganzen particular abstracten Auffassung des Begriffes wirklich der sokratischen Forderung eines begrifflichen Wissens genügten, und während sie in allem Einzelnen unrettbar in die Sophistik zurückfielen, glaubten sie wohl eine innere Berechtigung ihrer Behauptungen in der vermeintlichen Festigkeit ihres Standpunktes zu besitzen; darum machte auch der Doctrinarismus, mit welchem sie von ihrem ersten Ausgangspunkte an den vereinzelten sprachlichen Begriff hervorhoben, sich der Art geltend, dass sie nicht nur unbeirrt von aller vernünftigen Erfahrung sondern auch allseitig und planmässig darthun wollten, wie sehr man überall in unlösbare Widersprüche verwickelt werde, wenn man nicht ihre Grundsätze der gänzlichen Vereinzelnung des Begriffes festhalte. Diess nemlich scheint mir die Basis aller logischen Kunststücke der Megariker zu sein, wenn auch dieselben aus erklärlichen Gründen mit der ganzen Petulanz und Eitelkeit Derjenigen auftreten, welche sich dadurch merkwürdig machen wollen, dass sie absichtlich gegen den gesunden Menschen-Verstand verstossen. Solche Betriebsamkeit wurde

---

ἐκβεβηκός. Wie aber H. Ritter (Rh. Mus. a. a. O. S. 311) in der Definition des *δυνατὸν* als desjenigen *ὃ ἔστιν ἢ ἔσται* einen Widerspruch mit des Diodoros Leugnung des Werdens habe finden können, ist mir unbegreiflich; denn *ἔσεσθαι* ist ja doch nicht identisch mit *γίγνεσθαι*.

36) *Alex.* a. a. O. fährt fort: *οὐ εἰς κατασκευὴν καὶ ὁ κυριεύων ἠρώτητο λόγος ὑπὸ Διοδώρου.* *Arrian. Epict.* II, 19, 1.: *ὁ κυριεύων λόγος ἀπὸ τοιούτων τινῶν ἀφορμῶν ἠρωτῆσθαι φαίνεται· κοινῆς γὰρ οὔσης μάχης τοῖς τρισὶ τούτοις πρὸς ἄλληλα, τῷ „πᾶν παρεληλυθὸς ἀληθὲς ἀναγκαῖον εἶναι" καὶ τῷ „δυνατῷ ἀδύνατον μὴ ἀκολουθεῖν" καὶ τῷ „δυνατὸν εἶναι ὃ οὔτ' ἔστιν ἀληθὲς οὔτ' ἔσται", συνιδὼν τὴν μάχην ταύτην ὁ Διόδωρος τῇ τῶν πρώτων δυοῖν πιθανότητι συνεχρήσατο πρὸς παράστασιν τοῦ μηδὲν εἶναι δυνατὸν ὃ οὔτ' ἔστιν ἀληθὲς οὔτ' ἔσται.* (Vgl. Abschn. VI, Anm. 166 ff.). Erwähnt wird dieser *κυριεύων* noch b. *Plut. d. comm. not. adv. Stoic.* 24. *Quaest. symp.* I, 1, 5. *d. san. tuenda* 20. *Lucian. Vit. auct.* 22. *Themist. Or.* 2., überall jedoch ohne nähere Angabe.

37) *Sext. Emp. adv. math.* VIII, 115.: *Διόδωρος δὲ ἀληθὲς εἶναί φησι συνημμένον, ὅπερ μήτε ἐνεδέχετο μήτε ἐνδέχεται ἀρχόμενον ἀπ' ἀληθοῦς λήγειν ἐπὶ ψεῦδος· ὅπερ μάχεται τῇ Φίλωνος θέσει.* ebend. I, 310.: *διαλεκτικώτατος ἦν ὁ Κρόνος καὶ ἐδίδασκε πῶς κριτέον ἐστὶ τὸ ὑγιὲς συνημμένον.* Vgl. Abschn. VI, Anm. 145.

auch natürlich in Griechenland angestaunt, denn rhetorischer Doctrinarismus war ja eine wesentliche Erquickung der griechischen Nation, und es werden die Megariker ganz insbesondere als die wahren Künstler der Rede, als die eigentlichen Dialektiker, bezeichnet[38]), und es bleibt auch später noch diese Benennung für diejenigen, welche in verwandter Weise einseitig mit logischer Technik sich beschäftigten (s. Abschn. VI, Anm. 56 u. Abschn. VII, Anm. 2). Eben aber wegen der Art und Weise, in welcher diese Logik geübt wurde, gelten als gleichbedeutende Bezeichnungen der Megariker die Ausdrücke „Dialektiker" und „Eristiker" — die begriffliche Unterscheidung dieser beiden unter sich und von dem Apodeiktischen bei Plato und Aristoteles s. Abschn. III, Anm. 28—35 und Abschn. IV, Anm. 25—47 —; und sowie ja auch schon unter den Titeln der Schriften des Antisthenes uns das Wort *Ἐριστικός* begegnet (s. oben Anm. 8), so wird insbesondere Euklides in der Tradition als Eristiker geschildert[39]), der eigentlichen Fang- und Trug-Schlüsse gar nicht zu gedenken, welche selbstverständlicher Weise dem Eristischen angehören. Aber es erhält bei den Megarikern das Sophistisch-Eristische ein logisches Motiv, welchem es dienstbar ist[40]) — wenn auch in Folge des Principes ein verkehrtes Motiv —, und hierin liegt ihr Unterschied einerseits von den Sophisten und andrerseits von den Stoikern, welch letztere die Lehre von den Trug-Schlüssen als einen eigenen selbstständigen und in sich berechtigten Theil der Logik betrachteten, dabei aber in ängstlicher Fürsorge um ihren faulen psychologischen Empirismus das Hauptgewicht auf die Auflösung der Sophismen legten und hiedurch bewiesen, dass sie nicht einmal die eigene Wiege ihrer Logik mehr zu verstehen im Stande waren (s. Abschn. VI, Anm. 211 u. 218); bei den Megarikern ja ist es ein aus dem Missverständnisse der sokratischen Lehre fliessender skeptischer Zug, welcher sich feindlich gegen die Vervielfältigung des Substrates in einer Mehrheit seiner Prädikate und gegen den Wechsel des Begriffes im Laufe von Uebergängen oder Veränderungen widersetzt, wobei eben diese Skepsis dazu dienen soll, dass die abstract begriffliche Auffassung des vereinzelt Wirklichen bestärkt und erhärtet werde. Was hingegen den Unterschied der Megariker von den Sophisten betrifft, so sage ich ja nur, dass bei den ersteren das sophistische Material ein logisches Motiv erhielt, und weiter will meine Behauptung auch nicht gehen, denn gerade in der Art und Weise, wie dieses logische Motiv ein verkehrtes war, nemlich in dem Particularismus des rhetorisch festgehaltenen Begriffes, liegt das innigste Zusammentreffen der Megariker mit der Manier und auch mit der Bodenlosigkeit der Sophisten, nur diente bei den letzteren das von ihnen aufgewendete Mate-

---

38) So Eubulides b. *Plut.* X *orat.* VIII, 21., *Athen.* X, p. 437 *D.*, *Phot. Bibl.* p. 493., Alexinos b. *Athen.* XV, p. 696 *E.*, Diodoros s. Anm. 20 u. 28.

39) *Diog. L.* II, 30.: *ὁρῶν δ'* (*sc. Σωκράτης*) *Εὐκλείδην ἐσπουδακότα περὶ τοὺς ἐριστικοὺς λόγους, ὦ Εὐκλείδη, ἔφη, σοφισταῖς μὲν δυνήσῃ χρῆσθαι, ἀνθρώποις δ' οὐδαμῶς.* Ebend. 107 aus dem Sillographen Timon: *ἀλλ' οὔ μοι τούτων φλεδόνων μέλει .... οὐδ' ἐριδάντεω Εὐκλείδου, Μεγαρεῦσιν ὃς ἔμβαλε λύσσαν ἐρισμοῦ.*

40) *Sext. Emp. adv. math.* VII, 13.: *περὶ δὲ τὸ λογικὸν κατηνέχθησαν μέρος οἱ περὶ Πανθοίδην καὶ Ἀλεξῖνον καὶ Εὐβουλίδην καὶ Βρύσωνα Διονυσόδωρόν τε καὶ Εὐθύδημον.*

rial nicht ausdrücklich bewusst einer fixen „logischen“ Annahme der Tendenz, sondern dem particularen Rechthaben und der doctrinären Eitelkeit überhaupt. Darum ist Stoff und Form der Fang-Schlüsse der Megariker bis zur völligen Unterschiedslosigkeit ebenso beschaffen wie bei jenen der Sophisten, und man konnte von den ersteren ganz die nemlichen Anwendungen machen wie von den letzteren; und dennoch sind die Megariker nicht den Sophisten schlechthin gleichzustellen oder gar beizuzählen, sondern sie sind Sokratiker, allerdings in einer Weise, wie eben Antisthenes gleichfalls ein Sokratiker ist, nemlich sie hatten von Sokrates nur gelernt, einen nicht sokratischen Standpunkt mit Bewusstsein festzuhalten und nach einem einheitlichen erkenntniss-theoretischen Zuschnitte auszuführen.

Dass zu den Trug- und Fang-Schlüssen überhaupt eine grosse, wenn auch einseitige, Schärfe des distinctiven Verstandes gehöre, ist kaum nöthig zu bemerken, und es tritt uns auch die abgemessenste und wortkargste Präcision des Ausdruckes bei den eristischen Kunststücken, welche immer in fragender Form gestellt wurden (*ἐρωτᾶν* ist der stehende Ausdruck), sogleich darin entgegen, dass keine andere Antwort von Seite des Gefragten zugelassen wurde, als bloss das einfache Ja oder Nein[41]), was sich in der Ueberlieferung z. B. namentlich an Alexinos knüpft[42]); natürlich wurde hiedurch die Isolirung eines Begriffes oder eines begrifflich zu fassenden Faktums von allen übrigen wesentlichen oder unwesentlichen Beziehungen bezweckt und erreicht. Ferner ist wohl zur allgemeinen megarischen Gewohnheit geworden, was von dem Gründer der Schule berichtet wird, dass er bei Widerlegungen seine Einwände nicht gegen die Prämissen, sondern gegen den Schlusssatz gekehrt habe[43]); es liegt ja hierin wieder ein Herausreissen einer Behauptung aus ihrem begründenden Zusammenhange, und sowie hier dann nur die Verneinung dem Schlusssatze entgegengestellt wurde, so wurde

---

41) *Isocr. d. permut.* 45.: *ἄλλοι δέ τινες περὶ τὰς ἐρωτήσεις καὶ τὰς ἀποκρίσεις γεγόνασιν, οὓς ἀντιλογικοὺς καλοῦσιν.* *Arist. Soph. El.* 17, 175 b. 7.: *εἰ δὲ διελὼν ἤρετο τὸ ὁμώνυμον ἢ τὸ ἀμφίβολον, οὐκ ἂν ἄδηλος ἦν ὁ ἔλεγχος, ὅ τ' ἐπιζητοῦσι νῦν μὲν ἧττον πρότερον δὲ μᾶλλον οἱ ἐριστικοὶ, τὸ ἢ ναὶ ἢ οὒ ἀποκρίνεσθαι τὸν ἐρωτώμενον, ἐγίνετ' ἄν· νῦν δὲ διὰ τὸ μὴ καλῶς ἐρωτᾶν τοὺς πυνθανομένους ἀνάγκη προσαποκρίνεσθαί τι τὸν ἐρωτώμενον διορθοῦντα τὴν μοχθηρίαν τῆς προτάσεως, ἐπεὶ διελομένου γε ἱκανῶς ἢ ναὶ ἢ οὒ ἀνάγκη λέγειν τὸν ἀποκρινόμενον.* ebend. 176 a. 14.: *εἰ οὖν μὴ δεῖ πρὸς δύο ἐρωτήσεις μίαν ἀπόκρισιν διδόναι, φανερὸν ὅτι οὐδ' ἐπὶ τῶν ὁμωνύμων τὸ ναὶ ἢ οὒ λεκτέον.* *Top.* VIII, 7, 160 a. 32.: *πλειόνων γὰρ ὄντων τῶν ὑπὸ ταὐτὸν ὄνομα ἢ λόγον ῥᾳδία ἡ ἀμφισβήτησις, ἐὰν δὲ καὶ σαφὲς ᾖ καὶ ἁπλοῦν τὸ ἐρωτώμενον, ἢ ναὶ ἢ οὒ ἀποκριτέον.* *Alex. ad Soph. El. f.* 50 a. u. öfter (18 a., 35 b., 48 a., 51 a., 68 b.). Vgl. Abschn. VI, Anm. 138.

42) *Diog. L.* II, 135.: *ὥστε Ἀλεξίνου ποτὲ διερωτήσαντος εἰ πέπαυται τὸν πατέρα τύπτων „ἀλλ' οὔτ' ἔτυπτον“ φάναι* (sc. *τὸν Μενέδημον*) *„οὔτε πέπαυμαι“, πάλιν τ' ἐκείνου λέγοντος „ἐχρῆν εἰπόντα ναὶ ἢ οὒ λῦσαι τὴν ἀμφιβολίαν“, „γελοῖον, εἶπε, τοῖς ὑμετέροις νόμοις ἀκολουθεῖν ἐξὸν ἐν πύλαις ἀντιβῆναι.“* S. Anm. 105.

43) Ebend. *ταῖς τε ἀποδείξεσιν ἐνίστατο οὐ κατὰ λήμματα, ἀλλὰ κατ' ἐπιφοράν.* In Bezug auf die Terminologie, welche in dieser Notiz die gewöhnliche stoische ist (s. Abschn. VI, Anm. 175 f.), darf natürlich auf Euklides hieraus Nichts geschlossen werden.

andrerseits zur Erhärtung einer Behauptung von den Eristikern der indirecte Beweis angewendet (wie auch Aristoteles den *ἔλεγχος* als *συλλογισμὸς δι᾽ ἀποφάσεως* definirt), und es blieb dem apagogischen Verfahren dieses sein Uebergewicht auch noch bei den Stoikern erhalten, s. Abschn. VI, Anm. 203. Als Beispiel dieser indirecten Methode, von welcher Aristoteles selbst sagt, dass sie bei syllogistisch verschlungenen Beweisen schwierig sei[44]), kann folgender Schluss dienen:

> Wenn eine Mauer darum nicht athmet, weil sie kein Thier ist, so würde sie athmen, wenn sie ein Thier wäre. Nun aber athmen viele Thiere, z. B. die Insecten, nicht. Also ist die Mauer nicht darum nicht-athmend, weil sie kein Thier ist. Also ist die Mauer ein Thier, auch wenn sie nicht athmet[45]).

Hier nemlich kann man bei Verneinung des Schlusssatzes zweifeln, welcher Theil desselben oder welche Beziehung seiner zwei Theile aufgehoben werden solle (vgl. Abschn. IV, Anm. 665).

Indem wir aber nun die megarischen Sophismen im Einzelnen betrachten, werden wir zunächst ausser denjenigen, welche von der Tradition in ganz bestimmter Weise den Megarikern überhaupt oder Einzelnen aus ihnen zugewiesen werden, auch jene beiziehen müssen, für welche die Ueberlieferung bis zu den Schriften des Aristoteles hinaufreicht; denn wenn dieser bei Besprechung der sophistischen Beweise wiederholt angibt, dass Ein und dasselbe Sophisma die Einen so und Andere anders lösten[46]), so können hiemit ja doch nur Bestrebungen gemeint sein, welche in die Zeit höchstens der späteren Megariker fallen. Und wenn ich auch gerne zugebe, dass manche oder selbst viele dieser Trugschlüsse schon von den Sophisten oder andrerseits auch von Antistheneern ersonnen oder angewendet worden sein können, so ist einmal aus unseren Quellen eine Ausscheidung in dieser Beziehung gar nicht möglich, und dann glaube ich auch, dass in der That nicht so ausserordentlich viel hierauf ankömmt, denn im einzelnen Materiale treffen die Sophisten und die in die Sophistik zurückgefallenen Antistheneer und Megariker eben schlechthin zusammen; und so mag nun hier, da wir

---

44) *Soph. El.* 33, 182 b. 33.: *ἀπορία δ᾽ ἐστὶ διττή, ἡ μὲν ἐν τοῖς συλλελογισμένοις ὅ τι ἀνέλῃ τις τῶν ἐρωτημάτων, ἡ δ᾽ ἐν τοῖς ἐριστικοῖς πῶς εἴπῃ τις τὸ προταθέν· διόπερ ἐν τοῖς συλλογιστικοῖς οἱ δριμύτεροι λόγοι ζητεῖν μᾶλλον ποιοῦσιν .... μάλιστα μὲν οὖν ὁ τοιοῦτος δριμὺς ὁ ἐξ ἴσου τὸ συμπέρασμα ποιῶν τοῖς ἐρωτήμασι, δεύτερος δ᾽ ὁ ἐξ ἁπάντων ὁμοίων, οὗτος γὰρ ὁμοίως ποιήσει ἀπορεῖν ὁποῖον τῶν ἐρωτημάτων ἀναιρετέον, τοῦτο δὲ χαλεπὸν, ἀναιρετέον μὲν γὰρ, ὅτι δ᾽ ἀναιρετέον, ἄδηλον.*

45) *Alex.* z. d. St. *f.* 73 a.: *ἀπορία, φησὶν, ἐστὶν ἐν τοῖς συλλελογισμένοις λόγοις, τί ἀνελόντων ἐλεχθήσεται τὸ ψεῦδος, ὡς ἐπὶ τοῦδε· „εἰ οὐδεὶς τοῖχος ἀναπνεῖ διὰ τὸ μὴ ζῷον εἶναι, εἰ ζῷα ἦσαν ἀνέπνεον ἂν οἱ τοῖχοι, ὥστε εἴ τι ζῷον, ἀναπνεῖ· ἀλλὰ μύρμηκες μέλιτται καὶ ὅλα τὰ ἔντομα ζῷα ὄντα οὐκ ἀναπνεῖ· οὐκ ἄρα ὁ τοῖχος, διότι οὐκ ἐστὶ ζῷον, οὐκ ἀναπνεῖ· ὥστε ἐστὶν τοῖχος ζῷον, κἂν μὴ ἀναπνῇ.“*

46) *Soph. El.* 20, 177 b. 8.: *ὅτι οὐ πάντες οἱ ἔλεγχοι παρὰ τὸ διττὸν, καθάπερ τινές φασιν.* ebend. 177 b. 27.: *λύουσι δέ τινες τοῦτον καὶ ἄλλως.* 22, 178 b. 10.: *λύουσι μὲν οὖν τινὲς λέγοντες.* 24, 179 b. 7.: *λύουσι δέ τινες ἀναιροῦντες τὴν ἐρώτησιν.* 179 b. 34.: *ἁμαρτάνουσι καὶ οἱ λύοντες, ὅτι.* 179 b. 38.: *ἔνιοι δὲ καὶ τῷ διττῷ λύουσι τοὺς συλλογισμούς.* 30, 181 b. 19.: *ἐμπίπτουσι μὲν οὖν οὗτοι καὶ εἰς ἄλλας λύσεις.*

oben im I. Abschn. wohl nicht über die bestimmte, an einzelne Sophisten anknüpfende, Tradition hinausgehen durften, eine Richtung der logischen Technik theils ergänzend theils collectiv geschildert werden, für welche ein fester Abschluss der Ueberlieferung jedenfalls in Aristoteles vorliegt. Eine abermalige Erweiterung oder Vermehrung, welche in einzelnen Einfällen der Stoiker besteht, werden wir unten, Abschn. VI, Anm. 212—218, treffen. Andrerseits aber wollen wir auch versuchen, die megarischen Sophismen in die richtige Beziehung zu den oben angegebenen Ansichten der Megariker überhaupt zu stellen, und hievon mag nun auch die Reihenfolge, in welcher wir sie betrachten, bedingt sein.

Hatten die Megariker in ihrem Bestreben nach Präcision jede gleichnissweise Bestimmung ausgeschlossen (Anm. 26), so konnten sie auch veranlasst sein zu zeigen, welcher Missbrauch mit Schlüssen aus einer Gleichstellung getrieben werden könne:

> Was zu Athen gehört, ist Besitzthum Athens, und ebenso bei allem Uebrigen.
> Der Mensch aber gehört zu den Thieren.
> Also ist der Mensch Besitzthum der Thiere. [47]

oder:

> Die Empfindung ist in dem Empfindenden, nicht in dem Empfundenen.
> Also ebenso ist die Bewegung in dem Bewegenden, nicht in dem Bewegten. [48]

Das gleiche gilt von Schlüssen, welche auf einem Comparative des Mehr oder Minder beruhen, und es karrikirte auf diese Art Alexinos einen Beweis des Zeno von der Vortrefflichkeit der Welt folgendermassen:

> Das Grammatische ist besser als das Nicht-Grammatische, und so bei Allem.
> Die Welt aber ist das beste von Allem.
> Also ist die Welt grammatisch. [49]

---

47) *Arist. Soph. El.* 17, 176 b. 1.: *ὁ ἔλεγχος, οἷον ἆρ' ὃ ἂν ᾖ Ἀθηναίων, κτῆμά ἐστιν Ἀθηναίων; ναί. ὁμοίως δὲ καὶ ἐπὶ τῶν ἄλλων. ἀλλὰ μὴν ὁ ἄνθρωπός ἐστι τῶν ζῴων; ναί. κτῆμα ἄρα ὁ ἄνθρωπος τῶν ζῴων.* *Alex. ad Soph. El. f.* 51 a. Ueber das *ὅμοιον* vgl. *Arist. Top.* II, 10.

48) *Alex.* a. a. O. f. 58 a.: *ἐνίσταντο οἱ σοφισταὶ λέγοντες· οὐ λέγομεν ὁρᾷ ὁρᾶται ὅρασις καὶ ἀκούει ἀκούεται ἄκουσις, ἀλλὰ μὴν ὅρασις ἐν τῷ ὁρῶντι καὶ ἡ ἄκουσις ἐν τῷ ἀκούοντι, καὶ ἡ κίνησις ἄρα ἐν τῷ κινοῦντι.* Man sieht dass hier der Gleichstellungsschluss auf der Ableitungs-Endung des Substantives beruht.

49) Zeno hatte nemlich, wie *Cic. Nat. D.* III, 9 berichtet, geschlossen: *quod ratione utitur, melius est, quam id quod ratione non utitur; nihil autem mundo melius; ratione igitur mundus utitur;* die Erwiderung des Alexinos b. *Sext. Emp. adv. math.* IX, 108.: *ἀλλ' ὅ γε Ἀλεξῖνος τῷ Ζήνωνι παρέβαλε τρόπῳ τῷδε· τὸ ποιητικὸν τοῦ μὴ ποιητικοῦ καὶ τὸ γραμματικὸν τοῦ μὴ γραμματικοῦ κρεῖττόν ἐστι, καὶ τὸ κατὰ τὰς ἄλλας τέχνας θεωρούμενον κρεῖττόν ἐστι τοῦ μὴ τοιούτου· οὐδὲ ἓν δὲ κόσμου κρεῖττόν ἐστιν· ποιητικὸν ἄρα καὶ γραμματικόν ἐστιν ὁ κόσμος. πρὸς ἣν ἀπαντῶντες παραβολὴν οἱ Στωικοί φασιν ὅτι Ζήνων τὸ καθάπαξ κρεῖττον εἴληφεν, τουτέστι τὸ λογικὸν τοῦ μὴ λογικοῦ καὶ τὸ νοερὸν τοῦ μὴ νοεροῦ καὶ τὸ ἔμψυχον τοῦ μὴ ἐμψύχου, ὁ δὲ Ἀλεξῖνος οὐκέτι, οὐ γὰρ ἐν τῷ καθάπαξ τὸ ποιητικὸν τοῦ μὴ ποιητικοῦ καὶ τὸ γραμματικὸν τοῦ μὴ γραμματικοῦ κρεῖττον, ὥστε μεγάλην ἐν τοῖς λόγοις θεωρεῖσθαι διαφοράν.* Ueber das *μᾶλλον* u. *ἧττον* vgl. *Arist.*

Und wurde ferner selbst das Bestehen einer Zweideutigkeit in Bezug auf begriffliche Auffassung geleugnet (Anm. 27), so konnten Sophismen, welche auf einem Doppelsinne eines Wortes beruhen, hier nur die Bedeutung haben, auf die Nothwendigkeit der grössten Präcision hinzuweisen. Beispiele hievon sind Schlüsse, welche auf einem zweifachen von *βαδίζειν* abhängigen Accusative oder auf einem nicht absolut genau gebrauchten Objects-Accusative bei *πίνειν* [50]) oder auf der Zweideutigkeit eines sog. Accus. c. Inf. [51]) oder auf möglicher Verwechslung der Feminin-Form mit dem Neutrum Plural [52]) oder selbst auf Vermengung des spiritus asper und lenis [53]) beruhen.

So führte auch die hiemit zusammenhängende Auffassung, dass in dem Worte als solchem der Begriff liege (Anm. 28) zu mehreren Trugschlüssen, welche darauf hinweisen, dass nur Ein Begriff in die je einzelnen Worte verlegt werden dürfe, wenn man nicht in schlagende Widersprüche verwickelt werden wolle. So z. B. ganz entsprechend dem Sophisma des Euthydemos, dass die Wissenden lernen (Abschn. I, Anm. 61 f.), der Fangschluss, dass das Böse gut ist, wo als Mittelbegriff das doppelsinnige *τὸ δέον* (Mangel und Seinsollendes) dient [54]), oder dass die homerische Poesie eine geometrische Figur ist, weil sie ein *κύκλος* (Sagenkreis und Kreis) ist [55]) oder dass Homer ist (d. h. existirt),

---

Top. II, 10. u. bes. *Rhet.* II, 23, 1397 b. 12.: *ἄλλος ἐκ τοῦ μᾶλλον καὶ ἧττον, οἷον „εἰ μηδ᾽ οἱ θεοὶ πάντα ἴσασι, σχολῇ οἵ γε ἄνθρωποι.“ τοῦτο γάρ ἐστιν, εἰ ᾧ μᾶλλον ἂν ὑπάρχοι μὴ ὑπάρχει, δῆλον ὅτι οὐδ᾽ ᾧ ἧττον κτλ.*

50) *Arist. Soph. El.* 22, 178 b. 31.: *καὶ ἆρ᾽ ὃ βαδίζει τις πατεῖ; βαδίζει δὲ τὴν ἡμέραν ὅλην. ἢ οὐχ ὃ βαδίζει ἀλλ᾽ ὅτε βαδίζει εἴρηκεν, οὐδ᾽ ὅταν τὴν κύλικα πίνειν, ὃ πίνει ἀλλ᾽ ἐξ οὗ.* *Alex. ad Soph. El. f.* 60 b.: *ἆρ᾽ ὃ πέπωκέ τις, ἐκεῖνο πέπωκε; ναί. πέπωκε δὲ κύλικα. πέπωκεν ἄρα τὴν κύλικα.*

51) *Arist. S. E.* 4, 166 a. 6.: *παρὰ δὲ τὴν ἀμφιβολίαν οἱ τοιοίδε· τὸ βούλεσθαι λαβεῖν με τοὺς πολεμίους.*

52) *Alex. ad Soph. El. f.* 14 a.: *ἐν μὲν ὁμιλίᾳ καὶ διαλέξει οὐκ ἀπατήσει ποτὲ ὁ λέγων „ἑταίρα χρυσία εἰ φοροίη, δημοσία ἔστω“, εἴληπται γὰρ ὁ λέγων παροξυτόνως τὸν λόγον ἐξενεγκὼν ἢ τυχὸν καὶ προπαροξυτόνως καὶ οὐκ ἂν σοφίσαιτό ποτε τὸν ἠκροαμένον ..... εἰ δ᾽ ἐν γραφῇ εἴη κείμενον τὸ „δημοσια“ οὐδένα τόνον ἔχον, τότε δῆτα καὶ τὸν παραλογισμὸν παρέχει.*

53) *Arist. S. E.* 21, 177 b. 37.: *ἆρά γ᾽ ἐστὶ τὸ οὗ καταλύεις οἰκία; ναί. οὐκοῦν τὸ οὐ καταλύεις τοῦ καταλύεις ἀπόφασις; ναί. ἔφησας δ᾽ εἶναι τὸ οὗ καταλύεις οἰκίαν· ἡ οἰκία ἄρα ἀπόφασις.* ebend. 20, 177 b. 3.: *οὐ γὰρ ὁ αὐτὸς λόγος λόγος γίνεται διαιρούμενος, εἴπερ μὴ καὶ τὸ ὄρος καὶ ὅρος τῇ προσῳδίᾳ λεχθὲν σημαίνει ἕτερον· ἀλλ᾽ ἐν μὲν τοῖς γεγραμμένοις τὸ αὐτὸ ὄνομα, ὅταν ἐκ τῶν αὐτῶν στοιχείων γεγραμμένον ᾖ καὶ ὡσαύτως.* *Poet.* 25, 1461 a. 22.: *κατὰ δὲ προσῳδίαν, ὥσπερ Ἱππίας ἔλυεν ὁ Θάσιος τὸ „δίδομεν δέ οἱ“ καὶ „τὸ μὲν οὗ καταπύθεται ὄμβρῳ.“* *Alex.* a. a. O.: *ἆρ᾽ ἕστηκεν ὄρος; τί δὲ „ζῷον λογικὸν ἐπιστήμης δεκτικόν“ οὐχ ὅρος; ἕστηκεν ἄρα τὸ ζῷον λογικὸν ἐπιστήμης δεκτικόν.* ebend. f. 62 a.: *οἷόν ἐστι τὸ „οὗ καταπύθεται ὄμβρῳ“.* vgl. ebend. f. 55 a. u. f. 57 a.

54) *Arist.* 4, 165 b. 34.: *ὅτι τὰ κακὰ ἀγαθά· τὰ γὰρ δέοντα ἀγαθὰ, τὰ δὲ κακὰ δέοντα· διττὸν γὰρ τὸ δέον τό τ᾽ ἀναγκαῖον ὃ συμβαίνει πολλάκις καὶ ἐπὶ τῶν κακῶν, ἔστι γὰρ κακόν τι ἀναγκαῖον, καὶ τἀγαθὰ δὲ δέοντά φαμεν εἶναι.* 19, 177 a. 23.: *τὰ δέοντα πρακτέον ἐστὶν ἃ, ἐστὶ δ᾽ ἃ οὔ· τὰ γὰρ δέοντα λέγεται πολλαχῶς.*

55) Ebend. 10, 171 a. 10.: *ὅτι ἡ Ὁμήρου ποίησις σχῆμα.* *Alex. f.* 33 b.: *τὰ ἔπη κύκλος, ὁ κύκλος σχῆμα, τὰ ἔπη σχῆμα.*

weil er Dichter ist [56]). Auch wurde auf die Zweideutigkeit hingewiesen, welche im grammatischen Numerus eines Wortes liegen kann —

Jemand hat den Plato und den Sokrates geschlagen.
Plato aber und Sokrates ist ein Mensch.
Jener also hat Einen Menschen geschlagen [57]) —

oder darin liegen muss, wenn von einer Mehrheit Etwas theilweise prädicirt wird, z. B. wenn von mehreren Dingen gesagt wird, dass sie theils gut theils schlecht sind, ist es zweifelhaft, ob jedes derselben theils gut theils schlecht, oder ob einige gut und andere schlecht seien [58]). Ja dieses Bestreben nach einer dem Begriffe entsprechenden Schärfe des Sprachausdruckes, durch welche allein Wort und Begriff sich gegenseitig decken könne, wirft sich sogar selbst auf die grammatischen Flexionsformen, und indem die Megariker auch in diesen einen abstract isolirten Begriff erblicken, wird z. B. der Widerspruch hervorgehoben, welcher zwischen der passiven Form von *αἰσθάνεσθαι* und der activen Form von *ὁρᾶν* besteht, während doch beide der gleichen Begriffessphäre angehören, denn eben in Folge jener Form könne man beweisen, dass Thun und Leiden das nemliche sei [59]). Auf dem gleichen Grunde beruhen mehrere Sophismen, welche theils die Gleichheit der Form zweier verschiedener Casus [60]), theils die verschiedene Bedeutung Eines Casus [61]),

56) *Arist. d. interpr.* 11, 21 a. 25.: Ὅμηρός ἐστί τι, οἷον ποιητής· ἆρ' οὖν καὶ ἔστιν, ἢ οὔ; κατὰ συμβεβηκὸς γὰρ κατηγορεῖται τοῦ Ὁμήρου τὸ ἔστιν· ὅτι γὰρ ποιητής ἐστιν, ἀλλ' οὐ καθ' αὑτὸ κατηγορεῖται κατὰ τοῦ Ὁμήρου τὸ ἔστιν.

57) *Soph. El.* 5, 168 a. 5.: ἆρ' οὗτος καὶ οὗτός ἐστιν ἄνθρωπος; ὥστ' ἄν τις τύπτῃ τοῦτον καὶ τοῦτον, ἄνθρωπον ἀλλ' οὐκ ἀνθρώπους τυπτήσει. *Alex. f.* 22 a.: ὁ δεῖνα Σωκράτην καὶ Πλάτωνα τύπτει· ὁ Σωκράτης καὶ ὁ Πλάτων ἄνθρωπός ἐστιν. ὁ δεῖνα ἄρα ἄνθρωπον ἀλλ' οὐκ ἀνθρώπους τύπτει.

58) *Arist.* 6, 168 a. 7.: ὧν τὰ μέν ἐστιν ἀγαθὰ τὰ δ' οὐκ ἀγαθὰ, πάντα ἀγαθὰ ἢ οὐκ ἀγαθά; ὁπότερον γὰρ ἂν φῇ, ἔστι μὲν ὡς ἔλεγχον ἢ ψεῦδος φαινόμενον δόξειεν ἂν ποιεῖν· τὸ γὰρ φάναι τῶν μὴ ἀγαθῶν τι εἶναι ἀγαθὸν ἢ τῶν ἀγαθῶν μὴ ἀγαθὸν ψεῦδος. ebend. 30, 181 b. 9.: εἰ τὸ μέν ἐστιν ἀγαθὸν τὸ δὲ κακὸν, ὅτι ταῦτα ἀληθὲς εἰπεῖν ἀγαθὸν καὶ κακὸν καὶ πάλιν μήτ' ἀγαθὸν μήτε κακόν· οὐκ ἔστι γὰρ ἑκάτερον ἑκάτερον, ὥστε ταὐτὸ ἀγαθὸν καὶ κακὸν καὶ οὔτ' ἀγαθὸν οὔτε κακόν.

59) Ebend. 22, 178 a. 12.: ἆρ' ἔστι τι τῶν πάσχειν ποιεῖν τι; οὔ. οὐκοῦν τὸ τέμνεται καίεται αἰσθάνεται ὁμοίως λέγεται καὶ πάντα πάσχειν τι σημαίνει· πάλιν δὲ τὸ λέγειν τρέχειν ὁρᾶν ὁμοίως ἀλλήλοις λέγεται· ἀλλὰ μὴν τό γ' ὁρᾶν αἰσθάνεσθαί τι ἐστὶν, ὥστε καὶ πάσχειν τι ἅμα καὶ ποιεῖν. *Alex. f.* 10 b.: τοῦ γὰρ ὁρῶ καὶ λέγω ὁμοίως ἐκφερομένου, φασὶν οἱ σοφισταὶ, ἆρα οὐχὶ τὸ ὁρᾶν καὶ λέγειν ὁμοίως λέγεται; ναί. ἔστι δὲ τὸ λέγειν καὶ ἐνεργεῖν· καὶ τὸ ὁρᾶν ἄρα. ἀλλὰ μὴν ἔστι καὶ πάσχειν τὸ ὁρᾶν. vgl. ebend. *f.* 15 a., 42 b., 57 b.

60) *Arist.* 4, 166 a. 7.: ἆρ' ὅ τις γινώσκει, τοῦτο γινώσκει; καὶ γὰρ τὸν γινώσκοντα καὶ τὸ γινωσκόμενον ἐνδέχεται ὡς γινώσκοντα σημῆναι τούτῳ τῷ λόγῳ. καὶ ἆρα ὃ ὁρᾷ τις, τοῦτο ὁρᾷ· ὁρᾷ δὲ τὸν κίονα, ὥστε ὁρᾷ ὁ κίων. *Alex. f.* 12 a.: ἆρα ὃ γινώσκει τις, τοῦτο γινώσκει; γινώσκει δέ τις λίθον, γινώσκει ἄρα ὁ λίθος. πάλιν ἆρ' οὖν ὁρᾷ, ὃ ὁρᾷ τις; ναί. ὁρᾷ δέ τις ξύλον· ὁρᾷ ἄρα τὸ ξύλον. ebend. *f.* 45 a.: ἆρά γε ἐπίσταταί τι; ναί. τί δὲ, τὸ ἐπιστάμενον ἐπιστήμην ἔχει; ναί. ἀλλὰ μὴν τὸ τρίγωνον ἐπίσταται, ἐπιστήμην ἄρα ἔχει.

61) *Arist.* 20, 177 a. 37.: ἆρ' ᾧ εἶδες σὺ τοῦτον τυπτόμενον, τούτῳ ἐτύπτετο οὗτος, καὶ ᾧ ἐτύπτετο, τούτῳ σὺ εἶδες; *Alex. f.* 47 a.: ἆρα ᾧ εἶδες σὺ τοῦτον τυπτόμενον, τούτῳ ἐτύπτετο οὗτος; εἰ οὖν οὕτω ἐρωτηθείη

theils die Construction des Acc. c. Inf. 62), theils die des sog. Nom. c. Inf. 63) betreffen, zuweilen aber auch in zweckloses Tändeln ausarten 64), sowie überhaupt hier die Veranlassung zu den albernsten Wortwitzen gegeben war 65).

Tiefer aber wieder greifen jene Trugschlüsse, welche mit der Art und Weise zusammenhängen, wie das Substrat in seine einzelnen Prädicate zersplittert worden war (Anm. 29), z. B. dass ein einzelner Mensch, wenn er etwas Anderes als der Mensch überhaupt ist, darum selbst von sich selbst verschieden sei 66), ingleichen, wenn er bald dieses bald jenes

---

ὁ λόγος, συλλογισθείη ἄν, καὶ ὁ ἀποκρινόμενος φησὶν ὅτι ναί, τούτων δὲ δοθέντων εἰ ἐπάξομεν, ἀλλὰ μὴν εἶδες τοῦτον τῷ ὀφθαλμῷ τυπτόμενον, συναχθήσεται τὸ, ἔτυπτεν ἄρα τῷ ὀφθαλμῷ.

62) *Arist.* 19, 177 a. 17.: οἷον ἐν τῷ τὸν τυφλὸν ὁρᾶν. *Alex. f.* 54 a.: ἆρ' ἔστι τυφλὸν ὁρᾶν; οὔ. τί δὲ, ὅταν τυφλὸν ὁρᾷς, οὐ τυφλὸν ὁρᾷς; ἔστιν ἄρα τυφλὸν ὁρᾶν. Auf dem nemlichen beruht der so oft angeführte und schon dem Euthydemos (s. Abschn. I, Anm. 66.) zugeschriebene Schluss ἔστι σιγῶντα λέγειν.

63) *Arist.* 4, 166 a. 11.: ἆρα ὃ σὺ φῂς εἶναι, τοῦτο σὺ φῂς εἶναι; φῂς δὲ λίθον εἶναι, σὺ ἄρα φῂς λίθος εἶναι. Ebenso in einer Anekdote über Stilpo b. *Diog. L.* II, 100.: Στίλπωνος αὐτὸν ἐρωτήσαντος οὕτως „ἆρά γε, Θεόδωρε, ὃ εἶναι φῂς“, τοῦτο καὶ εἶ; ἐπινεύσαντος δὲ „φῂς δ' εἶναι θεόν“; τοῦ δ' ὁμολογήσαντος „θεὸς εἶ ἄρα“ ἔφη· δεξαμένου δὲ ἀσμένως γελάσας φησίν· „ἀλλ', ὦ μόχθηρε, τῷ λόγῳ τούτῳ καὶ κολοιὸς ἂν ὁμολογήσειας εἶναι καὶ ἄλλα μύρια“. *Alex. f.* 12 a.

64) *Arist.* 32, 182 a. 10.: ἆρ' ὃ λέγεις ἀληθῶς, καὶ ἔστι τοῦτο ἀληθῶς; φῂς δ' εἶναί τι λίθον· ἔστιν ἄρα τι λίθον. 182 a. 28.: ἆρ' ἀληθές ἐστιν εἰπεῖν ὅτι ἔστιν αὕτη, ὅπερ εἶναι φῂς αὐτήν; εἶναι δὲ φῂς ἀσπίδα· ἔστιν ἄρα αὕτη ἀσπίδα ..... (31.) οὐδ' εἰ ὃ φῂς εἶναι τοῦτον, ἔστιν οὗτος, φῂς δ' εἶναι Κλέωνα, ἔστιν ἄρα οὗτος Κλέωνα .... (34.) ἆρ' ἐπίστασαι τοῦτο; τοῦτο δ' ἐστὶ λίθος· ἐπίστασαι ἄρα λίθος .... (38.) ἆρ' οὗ ἐπιστήμην ἔχεις, ἐπίστασαι τοῦτο; ἐπιστήμην δ' ἔχεις λίθου· ἐπίστασαι ἄρα λίθου. 22, 178 b. 29.: ἆρ' ὃ μανθάνει ὁ μανθάνων, τοῦτ' ἔστιν ὃ μανθάνει; μανθάνει δέ τις τὸ βραδὺ ταχύ. *Alex. f.* 60 b.: τοιοῦτόν ἐστι τὸ σόφισμα καὶ οὕτω προήγετο κατὰ τὴν ἐρώτησιν· ἆρ' ὃ μανθάνει τις, τοῦτο ἔστιν ὃ μανθάνει; ναί. μανθάνει δέ τις τὸ βραδὺ ταχύ. ἔσται ἄρα τὸ βραδὺ ταχύ. Vgl. Abschn. VI, Anm. 220.

65) *Arist.* 33, 182 b. 19.: καθαρὸς ὁ Βορέας; οὐ δῆτα· ἀπεκτόνηκε γὰρ τὸν πτωχὸν καὶ τὸν ὠνούμενον. *Alex. f.* 72 b.: ἀλλὰ καὶ τὸ καθαρὸς σημαίνει μὲν καὶ ὑγιεινὸς (καθαρὸς γὰρ Βορέας ὁ ὑγιεινὸς λέγεται), σημαίνει δὲ καὶ τὸ ἀμόλυντον καὶ ἄχραντον. *Arist.* ebend. 182 b. 20.: ἆρ' Εὔαρχος; οὐ δῆτα, ἀλλ' Ἀπολλωνίδης. (wahrscheinlich zu erklären: „Ist dieser Euarchos?“ „Nein er ist nicht εὔαρχος, d. h. kein guter Beamter, sondern er ist ἀπολλωνίδης, d. h. Verderber). Ebend. 182 b. 18.: ποτέρα τῶν βοῶν ἔμπροσθεν (d. h. „früher“ oder „von Vornen“) τέξεται; οὐδετέρα, ἀλλ' ὄπισθεν ἄμφω. Ebend. 182 b. 16.: ἀνὴρ ἐφέρετο κατὰ κλίμακος δίφρον, καὶ ὅπου στέλλεσθε; πρὸς τὴν κεραίαν (diess scheint mir so zu erklären: Es trägt Jemand eben einen Wagen oder sei es z. B. ein Schlitten-Gestell, über eine Leiter herab; ein Vorübergehender nun, welcher hieraus schliesst, dass jener eine Reise oder Spazierfahrt vorhabe, frägt ihn „Wohin soll's gehen?“ Jener antwortet: „An der Leiterstange herunter“.) Ebend. 20, 177 b. 20.: ἆρ' ἀληθὲς εἰπεῖν νῦν ὅτι σὺ γέγονας; γέγονας ἄρα νῦν (vgl. Anm. 102.). *Rhet.* II, 24, 1401 a. 13.: ὡς τὸ φάναι σπουδαῖον εἶναι μῦν, ἀφ' οὗ γ' ἐστὶν ἡ τιμιωτάτη πασῶν τελετή· τὰ γὰρ μυστήρια πασῶν τιμιωτάτη τελετή.... ἢ ὅτι τὸ μηδένα εἶναι κύνα ἀτιμότατόν ἐστιν, ὥστε τὸ κύνα δῆλον ὅτι τίμιον ..... καὶ τὸ τὸν λόγον εἶναι σπουδαιότατον, ὅτι οἱ ἀγαθοὶ ἄνδρες οὐ χρημάτων ἀλλὰ λόγου εἰσὶν ἄξιοι.

66) *Arist.* 5, 166 b. 32.: οἷον εἰ ὁ Κορίσκος ἕτερον ἀνθρώπου, αὐτὸς αὑτοῦ ἕτερος, ἔστι γὰρ ἄνθρωπος, ἢ εἰ Σωκράτους ἕτερος, ὁ δὲ Σωκράτης ἄνθρωπος, ἕτερον ἀνθρώπου φασὶν ὡμολογηκέναι. 30, 181 b. 13.: καὶ εἰ

Prädikat an sich habe [67]), daher namentlich in letzterer Beziehung das vereinzelte Vorhandensein irgend eines Prädikates nur durch Hinzufügung des demonstrativen Pronomens zum Substrate begriffsmässig ausgedrückt werden könne [68]). Auch musste darum nothwendig einerseits bei Begriffen von Qualitäten, welche ausschliesslich an Ein Substrat gebunden sind, sowie überhaupt bei allen Merkmalen ein zwei- oder mehr-maliges Wiederholen der Sprach-Bezeichnung sich ergeben, z. B. Schielend ist nur schielender Blick, also ist schielender Blick ein schielender-Blick-Blick u. s. f. und z. B. Mensch ist Mensch und hellfarbig, also Mensch ist hellfarbiger Mensch und aus dem gleichen Grunde Mensch ist hellfarbiger hellfarbiger Mensch u. s. f. [69]); und andrerseits musste bei Substraten, welche zugleich mehrere Prädikate an sich haben, ein Widerspruch hervorgehoben werden, sobald diese abstract genommen nicht zugleich bestehen zu können schienen; so diente hiezu z. B. der mit dem Namen „ὁ Ἰνδός" bezeichnete Schluss, durch welchen darauf hingewiesen wurde, dass bei dem Mohren die schwarze Farbe der Haut und die weisse Farbe der Zähne kein sicheres Urtheil zulassen, ob der Mohr überhaupt schwarz oder nicht schwarz sei [70]); ja selbst auf die arithmetischen Bestandtheile einer Summe konnte diess übertragen werden, so dass z. B. Fünf zugleich eine gerade und eine ungerade Zahl sein müsse, weil es aus Zwei und Drei bestehe [71]).

ἕκαστον αὐτὸ αὑτῷ ταὐτὸν, καὶ ἄλλου ἕτερον· ἐπεὶ δ' οὐκ ἄλλοις ταὐτὰ ἀλλ' αὑτοῖς, καὶ ἕτερα αὐτῶν, ταὐτὰ ἑαυτοῖς ἕτερα καὶ ταὐτά. *Alex. f.* 17 b.: οὐχὶ τὸ ὂν ἕτερόν ἐστιν ἀνθρώπου, οὐχὶ καὶ ἵππου καὶ βοὸς καὶ οὐρανοῦ καὶ γῆς καὶ ἁπλῶς πάντων τῶν ὄντων; ναί. τὸ ἕτερον τῶν ὄντων μὴ ὄν. τὸ ὂν ἄρα μὴ ὄν. Vgl. Abschn. VI, Anm. 213.

67) *Arist.* 22, 178 b. 39.: καὶ ἐπὶ τοῦ Κορίσκος καὶ Κορίσκος μουσικὸς, πότερον ταὐτὸν ἢ ἕτερον;

68) Ebend. 17, 175 b. 17.: ἐπὶ γὰρ τῶν ὁρατῶν ἀναγκαῖον ὃ ἔφησεν ἀποφῆσαι ὄνομα καὶ ὃ ἀπέφησε φῆσαι· ὡς γὰρ διορθοῦνταί τινες, οὐδὲν ὄφελος· οὐ γὰρ Κορίσκον φασὶν εἶναι μουσικὸν καὶ ἄμουσον, ἀλλὰ τοῦτον τὸν Κορίσκον μουσικὸν καὶ τοῦτον τὸν Κορίσκον ἄμουσον.

69) Ebend. 13, 173 b. 5.: καὶ ὅσων ἡ οὐσία οὐκ ὄντων πρός τι ὅλως, ὧν εἰσιν ἕξεις ἢ πάθη ἤ τι τοιοῦτον, ἐν τῷ λόγῳ αὐτῶν προσδηλοῦται κατηγορουμένων ἐπὶ τούτοις, οἷον τὸ περιττὸν ἀριθμὸς μέσον ἔχων· ἔστι δ' ἀριθμὸς περιττός· ἔστιν ἄρα ἀριθμὸς ἀριθμὸς μέσον ἔχων· καὶ εἰ τὸ σιμὸν κοιλότης ῥινός ἐστιν, ἔστι δὲ ῥὶς σιμή, ἔστιν ἄρα ῥὶς ῥὶς κοίλη. *D. interpr.* 11, 20 b. 37.: κατὰ γὰρ τοῦ ἀνθρώπου καὶ τὸ ἄνθρωπος ἀληθὲς καὶ τὸ λευκὸν ὥστε καὶ τὸ ἅπαν· πάλιν εἰ τὸ λευκὸν, αὐτὸ καὶ τὸ ἅπαν, ὥστε ἔσται ἄνθρωπος λευκὸς λευκὸς καὶ τοῦτο εἰς ἄπειρον. Vgl. *Metaph. Z*, 5, 1030 b. 32.

70) *Soph. El.* 5, 167 a. 7.: οἷον εἰ ὁ Ἰνδὸς ὅλος μέλας ὢν λευκός ἐστι τοὺς ὀδόντας· λευκὸς ἄρα καὶ οὐ λευκός ἐστιν. ..... οἷον εἰ λαβὼν τὸν Αἰθίοπα εἶναι μέλανα τοὺς ὀδόντας ἔροιτ' εἰ λευκός· εἰ οὖν ταύτῃ λευκὸς, ὅτι μέλας καὶ οὐ μέλας οἴοιτο διειλέχθαι συλλογιστικῶς τελειώσας τὴν ἐρώτησιν. *Alex. f.* 4 a.: ἆρά γε ὁ Αἰθίοψ μέλας; ναί. ἀλλὰ μὴν τοὺς ὀδόντας οὐ μέλας· ὥστε ὁ αὐτὸς καὶ μέλας καὶ οὐ μέλας. (ebenso *f.* 65 a.). Dass „ὁ Ἰνδός" die technische Bezeichnung wurde, sehen wir aus *Plut. d. sanit. tuenda* 20.: ὅταν τὸν Ἰνδὸν ἀναλύειν ἢ διαλέγεσθαι περὶ τοῦ Κυριεύοντος ἐν δείπνῳ μέλλωμεν. Ebenhieher gehört auch z. B. *Arist.* 26, 181 a. 5.: οὐχ ὁμολογητέον ὡς ἀδύνατον τὸ αὐτὸ εἶναι διπλάσιον καὶ μὴ διπλάσιον. ebend. 5, 167 a. 29.: ὅτι ταὐτὸ διπλάσιον καὶ οὐ διπλάσιον· τὰ γὰρ δύο τοῦ μὲν ἑνὸς διπλάσια, τῶν δὲ τριῶν οὐ διπλάσια.

71) Ebend. 4, 166 a. 33.: ὅτι τὰ πέντ' ἐστὶ δύο καὶ τρία καὶ περιττὰ

Insbesondere aber musste von diesem Standpunkte aus gezeigt werden, wie sehr man sich in Widersprüche verwickeln könne, wenn man die Verbindung eines Substrates mit einem einzelnen seiner Prädikate festhalten wolle, statt eben jedes Prädikat in seiner Einzelnheit zu nehmen; und so finden wir auch eine Anzahl von Sophismen, welche grundsätzlich mit der obigen Leugnung der Berechtigung des Urtheiles (Anm. 30) zusammenhängen. Z. B. die Frage, ob es einen guten schlechten Schuster geben könne, wobei die beiden Prädikate aus verschiedenen Gebieten genommen sind [72]); oder der Fangschluss vom Diebe [73]):

Der Dieb will nichts Schlechtes bekommen
Etwas Gutes zu bekommen, ist etwas Gutes
Also will der Dieb Gutes.
oder: Der Dieb will stehlen
Das Stehlen ist ein Uebel
Also will der Dieb ein Uebel
Also ist es unwahr, dass Niemand ein Uebel wünsche.

Ferner die Frage, ob Recht oder Unrecht vorzuziehen sei in Beziehung auf ungerechte Verurtheilung zum Tode [74]); oder die Frage, ob man Gerechtes oder Ungerechtes sprechen müsse, in Bezug auf die Erzählung eines erlittenen Unrechtes [75]); oder die Hinweisung darauf, dass auch das unrichtige Urtheil des Richters formell giltig sei, also das Nemliche recht und unrecht sein könne [76]) — wie sehr hier die Rhetorik hereinspielt, sieht Jedermann —. Der gleichen Art ist der Fangschluss [77]):

καὶ ἄρτια. 10, 171 a. 35.: *ἆρα ἴσαι αἱ μονάδες ταῖς δυάσιν ἐν τοῖς τέτταρσιν;* Alex. f. 35 a.: *ἆρά γε αἱ ἐν ταῖς τέσσαρσι μονάδες ἴσαι εἰσὶ ταῖς δυσὶν δυάσιν, ἤγουν ἆρα αἱ δ' μονάδες ἴσαι εἰσὶ ταῖς δυσὶ δυάσι; λέγω οὐχ ἑκάστην τῶν μονάδων ἴσην τῇ δυάδι, ἀλλ' ὁμοῦ τὰς τέσσαρας μονάδας ἴσας ταῖς δυσὶ δυάσιν.*

72) Arist. 20, 177 b. 14.: *ἆρ' ἔστιν ἀγαθὸν ὄντα σκυτέα μοχθηρὸν εἶναι; εἴη δ' ἄν τις ἀγαθὸς ὢν σκυτεὺς μοχθηρός, ὥστ' ἔσται ἀγαθὸς σκυτεὺς μοχθηρός.* D. interpr. 11, 20 b. 35.: *οὐχὶ, εἰ σκυτεὺς καὶ ἀγαθὸς, καὶ σκυτεὺς ἀγαθός.* Alex. f. 17 a, 56 a.

73) Soph. El. 25, 180 b. 18.: *ὁμοίως δὲ καὶ ὁ τοῦ κλέπτου λόγος· οὐ γὰρ εἰ κακόν ἐστιν ὁ κλέπτης, καὶ τὸ λαβεῖν ἐστὶ κακόν· οὔκουν τὸ κακὸν βούλεται, ἀλλὰ τἀγαθόν· τὸ γὰρ λαβεῖν ἀγαθὸν ἀγαθόν* (ich halte die Worte *ὁ τοῦ κλέπτου λόγος* für die technische Bezeichnung des Sophisma's). Alex. f. 65 b.: *ἆρά γε βούλεταί τις τὸ ἑαυτοῦ κακόν; οὔ. τί δὲ, τὸ κλέπτειν κακόν; ναί. βούλεται δὲ ὁ κλέπτης κλέπτειν; ναί. τὸ ἑαυτοῦ ἄρα βούλεται κακόν.*

74) Arist. 25, 180 b. 21.: *ἆρα τὸ δίκαιον τοῦ ἀδίκου καὶ τὸ δικαίως τοῦ ἀδίκως αἱρετώτερον; ἀλλ' ἀποθανεῖν ἀδίκως αἱρετώτερον.* Rhet. II, 23, 1397 a. 20.: *ἄλλος ἐκ τῶν ὁμοίων πτώσεων· ὁμοίως γὰρ δεῖ ὑπάρχειν ἢ μὴ ὑπάρχειν, οἷον ὅτι τὸ δίκαιον οὐ πᾶν ἀγαθόν· καὶ γὰρ ἂν τὸ δικαίως· νῦν δ' οὐχ αἱρετὸν τὸ δικαίως ἀποθανεῖν.* Alex. f. 66 a.

75) Arist. 180 b. 26.: *πότερα δεῖ κρίνειν τὸν τὰ δίκαια λέγοντα ἢ τὸν τὰ ἄδικα; ἀλλὰ μὴν καὶ τὸν ἀδικούμενον δίκαιόν ἐστιν ἱκανῶς λέγειν ἃ ἔπαθεν· ταῦτα δ' ἦν ἄδικα.* Alex. f. 176., f. 66 b., f. 67 a.

76) Arist. 180 b. 23.: *ἆρα δίκαιόν ἐστι τὰ αὑτοῦ ἔχειν ἕκαστον; ἃ δ' ἄν τις κρίνῃ κατὰ δόξαν τὴν αὑτοῦ κἂν ᾖ ψευδής, κύριά ἐστιν ἐκ τοῦ νόμου· τὸ αὐτὸ ἄρα δίκαιον καὶ οὐ δίκαιον.*

77) Arist. 24, 179 a. 34.: *ἆρ' ὁ ἀνδριὰς σόν ἐστιν ἔργον, ἢ σὸς ὁ κύων πατήρ;* Alex. f. 62 b.: *ἆρά γε ὁ ἀνδριὰς ἔργον ἐστί; ναί. ἆρά γε σός ἐστι; ναί. σὸν ἄρα ἔργον ἐστὶν ὁ ἀνδριάς.*

Diese Bildsäule ist ein Kunstwerk
Sie ist aber Dein
Also ist sie Dein Kunstwerk.

oder in der nemlichen Weise wie das Sophisma vom Hunde (Abschn. I, Anm. 70), auch von einem Sklavenkinde oder einem Haussklaven, welcher Kinder hat [78]). Auch wird die Möglichkeit eines Widerspruches gezeigt, welcher in Folge einer mittelbaren Verknüpfung mehrerer Prädikate eintreten kann, z. B. Wer bei Nacht herumgeht, ist ein Räuber [79]); und diess wird auch für jene Fälle angewendet, in welchen die Verknüpfung durch ein bloss grammatisches Casus-Verhältniss vermittelt wird, z. B. dass das Böse darum gut sein müsse, weil die auf das Böse sich beziehende Wissenschaft ein Gut sei [80]). Ja selbst Prädicate, welche aus dem Umkreise der grammatischen Kategorien genommen sind, konnten hiezu verwendet werden [81]).

Insoferne aber die Megariker durch ihre particulare und isolirte Auffassung des Begriffes veranlasst oder genöthigt waren, nur das jeweilig in einem einzelnen Momente factisch Bestehende als das durch den sprachlichen Begriff aufgefasste anzuerkennen (Anm. 32), so wollten sie in gleicher Tendenz wie bei ihren übrigen Fangschlüssen eben auch nachweisen, in welch unlösbare Widersprüche man verwickelt werde, wenn man den je einzelnen Bestand in Verbindung und Zusammenhang mit Anderem bringen wolle. Diess nemlich ist das Motiv mehrerer im Alterthume zu einer gewissen Berühmtheit gelangter Sophismen, nemlich des *Ψευδόμενος, Ἐγκεκαλυμμένος, Διαλανθάνων, Ἠλέκτρα, Κερατίνης*, welche sämmtlich in der Tradition dem Eubulides zugeschrieben werden [82]).

Der *Ψευδόμενος* lautete [83]):

Lügt man dann, wenn man sagt, dass man lüge?

---

78) *Arist.* 24, 179 b. 14.: εἰ ὅδε ἐστὶ πατήρ, ἐστὶ δὲ σός. 180 a. 5.: ἆρ' ἐστὶ τοῦτο σόν; ναί. ἔστι δὲ τοῦτο τέκνον· σὸν ἄρα τοῦτο τέκνον. *Alex. f.* 63 a.: ἆρά γε οὗτος τέκνον ἐστί; ναί. ἆρά γε οὗτος τούτου ἐστί; ναί. οὗτος ἄρα τούτου τέκνον ἐστί.

79) *Arist.* 5, 167 b. 9.: βουλόμενοι γὰρ δεῖξαι ὅτι μοιχός, τὸ ἑπόμενον ἔλαβον, ὅτι καλλωπιστὴς ἢ ὅτι νύκτωρ ὁρᾶται πλανώμενος. Ebenso *Rhet.* II, 14, 1401 b. 24. *Alex. f.* 20 a.: ἐπειδὴ γὰρ ἕπεται τῷ κλέπτῃ τὸ νύκτωρ πλανᾶσθαι, ἀντιστρέφοντες οἱ σοφισταὶ λέγουσι καὶ ὁ νύκτωρ πλανώμενος κλέπτης ἐστί. ebenso *f.* 25 b. Vgl. Abschn. VI, Anm. 186.

80) *Arist.* 24, 108 a. 8.: τὸ εἶναι τῶν κακῶν τι ἀγαθόν· ἡ γὰρ φρόνησίς ἐστιν ἐπιστήμη τῶν κακῶν. 20, 177 b. 16.: ἆρ' ὧν αἱ ἐπιστῆμαι σπουδαῖαι, σπουδαῖα τὰ μαθήματα; τοῦ δὲ κακοῦ σπουδαῖον τὸ μάθημα· σπουδαῖον ἄρα μάθημα τὸ κακόν· ἀλλὰ μὴν καὶ κακὸν καὶ μάθημα τὸ κακόν, ὥστε κακὸν μάθημα τὸ κακόν· ἀλλ' ἐστὶ κακῶν σπουδαία ἐπιστήμη. *Alex. f.* 56 a., 63 b., 74 a.

81) *Arist.* 4, 166 b. 11.: οἷον τὸ ἄρρεν θῆλυ ἢ τὸ θῆλυ ἄρρεν ἢ τὸ μεταξὺ θάτερον τούτων. *Alex. f.* 15 a.: οὐχὶ τὸ ἄρρεν οὐδέτερον; οὐχὶ τὸ θῆλυ οὐδέτερον; τὸ ἄρρεν ἄρα θῆλυ. *f.* 62 b.: ἆρά γε ὅδε ἵππος; ναί. ἆρά γε λευκός; ναί. ὅδε ἄρα λευκός· τί δέ, τὸ λευκὸν δισύλλαβον; ναί. ὁ ἵππος ἄρα δισύλλαβος.

82) *Diog. L.* II, 108.: τῆς δὲ Εὐκλείδου διαδοχῆς ἐστι καὶ Εὐβουλίδης ὁ Μιλήσιος, ὃς καὶ πολλοὺς ἐν διαλεκτικῇ λόγους ἠρώτησε, τόν τε ψευδόμενον καὶ τὸν διαλανθάνοντα καὶ Ἠλέκτραν καὶ ἐγκεκαλυμμένον καὶ σωρείτην καὶ κερατίνην καὶ φαλακρόν.

83) *Arist. S. E.* 25, 180 a. 35.: ἆρ' ἐνδέχεται τὸν αὐτὸν ἅμα εὐορκεῖν καὶ ἐπιορκεῖν; .... οὔτ' εἰ εὐορκεῖ τόδε ἢ τῇδε, ἀνάγκη καὶ εὐορκεῖν, ὁ δ' ὀμόσας ἐπιορκήσειν εὐορκεῖ ἐπιορκῶν τοῦτο μόνον, εὐορκεῖ δὲ οὔ .... ὅμοιος

oder: Schwört derjenige einen Meineid, welcher eben schwört, dass er einen Meineid schwöre?

Natürlich liegt die Lösung darin, dass hier „Lügen" und „Meineid schwören" in jener speciellen Modification, welche sie durch dieses bestimmte Aussprechen hier erhalten, in eine gleichstellende Verbindung mit dem gewöhnlicheren und allgemeineren Sinne, welchen jene Worte haben, gebracht werden; eine solche Verbindung aber hielten die Megariker, welche ja die Existenz des Urtheiles aufhoben, ein für allemal für unstatthaft, und so dient dieser Fangschluss ihrer Tendenz.

Der *Ἐγκεκαλυμμένος*, als dessen Erfinder von Einigen auch Diodoros genannt wurde [84]), lautete [85]):

Kennst Du diesen verhüllten Menschen? Nein. Er ist aber Dein Vater; also kennst Du Deinen Vater nicht.

δ' ὁ λόγος καὶ περὶ τοῦ ψεύδεσθαι τὸν αὐτὸν ἅμα καὶ ἀληθεύειν· ἀλλὰ διὰ τὸ μὴ εἶναι εὐθεώρητον, ποτέρως ἂν ἀποδοίη τὸ ἁπλῶς ἀληθεύειν ἢ ψεύδεσθαι, δύσκολον φαίνεται· κωλύει δ' αὐτὸν οὐδὲν ἁπλῶς μὲν εἶναι ψευδῆ, πῇ δ' ἀληθῆ ἤ τινός, καὶ εἶναι ἀληθῆ τινά, ἀληθῆ δὲ μή. Alex. ad S. E. f. 65 b.: *ἆρά γε ἐνδέχεται τὸν αὐτὸν ἅμα καὶ ψεύδεσθαι καὶ ἀληθεύειν; οὔ. ἀλλὰ μὴν ὁ λέγων „ἐγὼ ψεύδομαι" ἅμα καὶ ψεύδεται καὶ ἀληθεύει· ψεῦδος ἄρα τὸ οὐκ ἐνδέχεται τὸν αὐτὸν ἅμα καὶ ἀληθεύειν καὶ ψεύδεσθαι.* f. 65 a.: *ἆρ' ἐνδέχεται τὸν αὐτὸν ἅμα εὐορκεῖν καὶ ἐπιορκεῖν; ὁ δὲ ὀμόσας ἐπιορκήσειν ἐπιώρκησεν, ὥστε εὐόρκησεν· ἠλήθευσε γὰρ πεποιηκὼς ὃ ποιεῖν ὤμοσεν, ὀμόσας γὰρ ἐπιορκήσειν ἐπιώρκησεν· ὁ αὐτὸς ἄρα ἅμα ἐπιορκεῖ καὶ εὐορκεῖ.* (ebenso f. 18 a. u. 30 a.). Cic. Acad. II, 29.: *si te mentiri dicis idque verum dicis, mentiris an verum dicis? haec scilicet inexplicabilia dicitis.* Gell. XVIII, 2.: *quaesitum id quoque ibi est, quae esset huius quoque sophismatis resolutio: cum mentior et mentiri me dico, mentior an verum dico?* Erwähnt ist der *Ψευδόμενος* auch noch b. *Arist. Eth. Nic.* VII, 3, 1146 a. 21. (*ἔτι ὁ σοφιστικὸς λόγος ψευδόμενος ἀπορία*). *Cic. Div.* II, 4. *Sen. Ep.* 45. *Non. v. increpo. Athen.* IX, p. 401 *E.* (wo die Notiz, dass Philetas in Folge fruchtloser Versuche der Auflösung dieses Sophisma's gestorben sei). *Plut. d. comm. not. adv. St.* 2. u. 24. Ganz ähnlich ist die Frage, ob man zugleich Einem glauben und nicht glauben (*πείθεσθαι* und *ἀπειθεῖν*) könne. *Arist.* a. a. O. *Alex. f.* 65 a.

84) *Diog. L.* II, 111.: *ἦν δὲ καὶ οὗτος* (sc. *Διόδωρος*) *διαλεκτικός, πρῶτος δόξας εὑρηκέναι τὸν ἐγκεκαλυμμένον καὶ κερατίνην λόγον κατά τινας.*

85) *Arist. S. E.* 24, 179 a. 33.: *ἆρ' οἶδας τὸν προσιόντα ἢ τὸν ἐγκεκαλυμμένον;* *Alex. ad S. E. f.* 62 b.: *ἆρ' οἶδας τὸν προσιόντα καὶ κεκαλυμμένον; οὔ. εἶτα ἀφελόντες τὸ περικάλυμμα, τί δέ, οἶδας τοῦτον; ναί. τὸν αὐτὸν ἄρα οἶδας καὶ οὐκ οἶδας.* f. 48 b.: *περικαλύψαντες τὸν μουσικὸν Κορίσκον* (s. Anm. 88.) *ὀθόνῃ ἢ ἄλλῳ τινὶ οἱ σοφισταὶ ἠρώτων· ἆρ' οἶδας ὅτι Κορίσκος μουσικός ἐστι; ναί. τί δέ, οἶδας τὸν κεκαλυμμένον ὅστις ἐστίν; οὔ. εἶτα ἀφελόντες τὸ περικάλυμμα, τί δέ, οἶδας, ἔλεγον, τοῦτον ὅστις ἐστίν; ναί. οἶδας ἄρα τοῦτον καὶ ὅτι μουσικός ἐστιν, ἀλλὰ μὴν καὶ οὐκ οἶδας, ὃν γὰρ ἠγνόεις ὅτε περικεκαλυμμένος ἦν, ὅστις ἦν, τοῦτον οὐδὲ εἰ ἦν μουσικὸς ἐγίνωσκες· οἶδας ἄρα τὸν αὐτὸν καὶ μουσικὸν καὶ μὴ μουσικὸν ἤτοι μουσικὸν καὶ ἄμουσον, ὥστε ὃ ἀπέφησας ἀπ' αὐτοῦ ὄνομα τὸ μουσικός, τοῦτο κατέφησας κατ' αὐτοῦ. πάλιν· ἆρ' οἶδας τὸν κεκαλυμμένον ὅστις ἐστίν; οὔ. εἶτα ἀποκαλύψαντες, τί δέ, οἶδας τοῦτον; ναί· Κορίσκος γάρ ἐστιν. ἀλλὰ μὴν ἔφησας αὐτὸν καὶ μὴ Κορίσκον, ὃν γὰρ ὅλως ἠγνόεις τίς ἐστιν, οὐδὲ εἰ Κορίσκος ἐστὶν ἐγίνωσκες, ὥστε τὸ αὐτὸ ὄνομα κατέφησας κατ' αὐτοῦ καὶ ἀπέφησας.* *Lucian. Vit. auct.* 22.: *ΧΡΥΣ. τὸν δ' αὖ ἐγκεκαλυμμένον καὶ πάνυ θαυμαστὸν ἀκούσῃ λόγον· ἀπόκριναι γάρ μοι, τὸν πατέρα οἶσθα τὸν σεαυτοῦ; ΑΓ. ναί. ΧΡ. τί οὖν; ἤν σοι παραστήσας τινὰ ἐγκεκαλυμμένον ἔρωμαι, τοῦτον οἶσθα; τί φήσεις; ΑΓ. δηλαδὴ ἀγνοεῖν. ΧΡ. ἀλλὰ μὴν αὐτὸς οὗτος ἦν ὁ πατὴρ ὁ σός· ὥστε εἰ τοῦτον ἀγνοεῖς, δῆλος εἶ τὸν πατέρα τὸν σὸν ἀγνοῶν.* (Erwähnt ist dieses Sophisma auch b. *Themist. Or.* 1.)

oder ebenso

Kennst Du diesen von Ferne herankommenden Menschen? Nein. u. s. w.

Der *Διαλανθάνων*, über welchen wir in Bezug auf die Megariker nicht näher unterrichtet sind, scheint nur durch den Wort-Ausdruck sich unterschieden zu haben, insoferne statt *ἆρ' οἶδας τὸν ἐγκεκαλυμμένον* gesagt wurde *ἆρ' οἶδας τὸν διαλανθάνοντα*, sowie in der so eben angeführten Form dieses Sophisma's das *ἆρ' οἶδας τὸν προσιόντα*. Betreffs einer eigenthümlichen Anwendung, welche der *Διαλανθάνων* vielleicht bei den Stoikern fand, s. Abschn. VI, Anm. 210.

Sicher aber wissen wir, dass auch der Fangschluss, welcher *Ἠλέκτρα* hiess, durchaus nur eine verschiedene Ausdrucksweise des *Ἐγκεκαλυμμένος* war; er bezog sich nemlich darauf, dass Elektra bei der Rückkehr ihres Bruders Orestes allerdings wohl wusste, dass Orestes ihr Bruder sei, aber nicht wusste, dass der vor ihr stehende Mann ihr Bruder Orestes sei [86]).

Ebenfalls ja nur eine verschiedene Wendung hievon ist die Frage [87]):

Weisst Du, um was ich Dich fragen will? Nein. Weisst Du, dass die Tugend ein Gut ist? Ja. Aber eben um diess ja wollte ich Dich fragen.

Die Lösung aller dieser Sophismen ist die nemliche wie oben bei dem *Ψευδόμενος*; nemlich es handelt sich hier um ein einzelnes jeweilig gerade stattfindendes Prädikat, welches ausser Zusammenhang mit anderen Prädikaten des nemlichen Substrates betrachtet werden soll, z. B. beim *Ἐγκεκαλυμμένος* ist die Begriffsbestimmung des Verhülltseins der factische Grund einer Aussage, und der Gefragte musste die ihm vorgelegte Frage natürlich bejahen, nemlich: „Ja, ich kenne ihn, d. h. ich kenne ganz gewiss, dass es ein Verhüllter ist". Dass aber Verwirrung entstehe, sobald man ein derartiges einzelnes Prädikat mit anderen in Verbindung bringe, wollen eben die Megariker zeigen, da ja von der Kenntniss Einer Bestimmung gar Nichts in Bezug auf andere folge [88]).

---

86) *Lucian.* a. a. O.: *ΑΓ. τίνα τοῦτον τὸν ἐγκεκαλυμμένον ἢ τίνα τὴν Ἠλέκτραν λέγεις; ΧΡ. Ἠλέκτραν μὲν ἐκείνην τὴν πάνυ, τὴν Ἀγαμέμνονος, ἣ τὰ αὐτὰ οἶδέ τε ἅμα καὶ οὐκ οἶδε· παρεστῶτος γὰρ αὐτῇ τοῦ Ὀρέστου ἔτι ἀγνῶτος οἶδε μὲν Ὀρέστην ὅτι ἀδελφὸς αὐτῆς, ὅτι δὲ οὗτος Ὀρέστης ἀγνοεῖ.*

87) *Arist.* a. a. O.: *ἆρ' οἶδας ὃ μέλλω σε ἐρωτᾶν; Alex. f.* 62 b.: *ἆρ' οἶδας ὃ μέλλω σε ἐρωτᾶν; οὔ. ἆρ' οἶδας, ὅτι ἡ ἀρετὴ ἀγαθόν; ναί. τοῦτο δέ σε μέλλω ἐρωτᾶν. οἶδας ἄρα ὃ μέλλω σε ἐρωτᾶν.*

88) *Arist.* 26, 181 a. 9.: *ἆρ' ὁ εἰδὼς ἕκαστον ὅτι ἕκαστον, οἶδε τὸ πρᾶγμα; καὶ ὁ ἀγνοῶν ὡσαύτως; εἰδὼς δέ τις τὸν Κορίσκον ὅτι Κορίσκος, ἀγνοοίη ἂν ὅτι μουσικὸς, ὥστε ταὐτὸ ἐπίσταται καὶ ἀγνοεῖ. Metaph. Ε*, 2, 1026 b. 15.: *εἰσὶ γὰρ οἱ τῶν σοφιστῶν λόγοι περὶ τὸ συμβεβηκὸς ὡς εἰπεῖν μάλιστα πάντων, πότερον ἕτερον ἢ ταὐτὸν μουσικὸν καὶ γραμματικὸν, καὶ μουσικὸς Κόρισκος καὶ Κόρισκος, καὶ εἰ πᾶν ὃ ἂν ᾖ, μὴ ἀεὶ δὲ, γέγονεν, ὥστ' εἰ μουσικὸς ὢν γραμματικὸς γέγονε καὶ γραμματικὸς ὢν μουσικὸς, καὶ ὅσοι δὴ ἄλλοι τοιοῦτοι τῶν λόγων εἰσίν. Alex. ad Metaph.* p. 414, 24. *ed. Bon.*: *ὅτι δὲ οἱ τῶν σοφιστῶν λόγοι πάντες περὶ τὸ συμβεβηκὸς καὶ τὸ μὴ ὂν εἰσι, δῆλον· ἐρωτῶσι γὰρ, πότερον ταὐτόν ἐστι τὸ γραμματικὸν τῷ μουσικῷ ἢ οὔ· εἰ μὲν οὖν ἐρεῖς ὅτι οὔ, ἀποκρίνονται λέγοντες· ὁ Σωκράτης γραμματικός ἐστιν· ἔστι δὲ ὁ γραμματικὸς Σωκράτης ὁ αὐτὸς τῷ Σωκράτει· ἀλλ' ὁ Σωκράτης καὶ μουσικός ἐστιν· ἔστιν ἄρα ὁ μουσικὸς Σωκράτης*

Hiemit ist hinter all diesen Fangschlüssen Nichts weiter zu suchen, als der Ausdruck jenes Nominalismus, welcher mit dem particularsten Empirismus Hand in Hand gehen muss [89]).

Das gleiche Verhältniss liegt auch dem *Κερατίνης* zu Grunde, welcher lautet [90]):

Was Du nicht verloren hast, hast Du noch
Du hast Hörner nicht verloren
Also hast Du Hörner.

Denn auch hier handelt es sich darum, zu zeigen, dass die Verbindung eines vereinzelten Begriffes (z. B. des Habens) mit den oft unzählig verschiedenen Beziehungen, in welche er treten kann, nur Verwirrung bringe, und also nur das je einzelne Stattfinden einer einzelnen solchen Verbindung eine Sicherheit gewähre. Den Beleg für die Richtigkeit dieser Erklärung enthalten mehrere andere verwandte Fangschlüsse, welche nur Variationen des gleichen Thema's sind, wie z. B.

Mit dem Auge, welches man nicht hat, kann man nicht sehen.
Nun aber hat der Mensch nicht Ein Auge
Also kann er nicht sehen [91])

ὁ αὐτὸς τῷ Σωκράτει· ὁ μουσικὸς ἄρα Σωκράτης ὁ αὐτός ἐστι τῷ γραμματικῷ Σωκράτει· εἰ δὲ τοῦτο, καὶ τὸ μουσικὸν ταὐτόν ἐστι τῷ γραμματικῷ. Ψεῦδος ἄρα ὅτι τὸ μουσικὸν οὐ ταὐτόν ἐστι τῷ γραμματικῷ. ταὐτὸν ἄρα. καὶ πάλιν εἰ τὸ μουσικὸν ἕτερόν ἐστι τοῦ γραμματικοῦ, καὶ ὃ γραμματικὸς Σωκράτης ἕτερος ἔσται τοῦ μουσικοῦ Σωκράτους· ὁ Σωκράτης ἄρα ἕτερός ἐστιν αὐτὸς ἑαυτοῦ. S. Abschn. I, Anm. 52.

89) Wenn H. Ritter (Rh. M. a. a. O. S. 334.) zuletzt sogar eine symbolische Deutung des *Ψευδόμενος* und des *Ἐγκεκαλυμμένος* gibt, der Art dass der „Lügner“ die Sinne und der „Verhüllte“ die Wahrheit bezeichne, so enthält diess nicht bloss einen Verstoss gegen die Geschichte der Philosophie, sondern auch ein Misskennen des menschlichen Geistes überhaupt; denn wann hat je eine symbolische Auffassung sich so der syllogistischen Form bedient, dass sie die Form des Syllogismus selbst (ich sage nicht, den Inhalt in syllogistischer Form) als ihren Ausdruck gewählt hätte?

90. *Diog. L.* VII, 187., woselbst zwar von Fangschlüssen des Chrysippus die Rede ist: *εἴ τι οὐκ ἀπέβαλες, τοῦτο ἔχεις· κέρατα δὲ οὐκ ἀπέβαλες· κέρατα ἄρα ἔχεις,* jedoch folgt unmittelbar der Zusatz: *οἱ δὲ Εὐβουλίδου τοῦτό φασιν.* Dass auch Diodoros als Erfinder genannt wurde, s. Anm. 84. *Gell.* XVI, 2.: *quidquid non perdidisti, habeasne an non habeas, postulo ut aias aut neges; utrumcumque breviter responderit, capietur; nam si habere se negaverit, quod non perdidit, colligetur oculos eum non habere, quos non perdidit, sin vero se habere dixerit, colligetur eum habere cornua, quae non perdidit; rectius igitur cautiusque ita respondebitur: quidquid habui, id habeo, si id non perdidi. Diog. L.* VI, 39.: *πρὸς τὸν συλλογισάμενον, ὅτι κέρατα ἔχει, ἁψάμενος τοῦ μετώπου* (sc. *Διογένης*), *ἐγὼ μὲν, ἔφη, οὐχ ὁρῶ. Sen. Ep.* 45.: *ceterum qui interrogatur an cornua habeat, non est tam stultus, ut frontem suam tentet, nec rursus tam ineptus aut hebes, ut non habere se nesciat, quod tu illi subtilissima collectione* (der Dummheit des Seneca muss man diess zu Gute halten) *persuaseris.* Eine eigenthümliche Form dieses Sophisma's steht b. *Sext. Emp. pyrrh. hyp.* II, 241.: *εἰ οὐχὶ καὶ καλὰ κέρατα ἔχεις καὶ κέρατα ἔχεις, κέρατα ἔχεις· οὐχὶ δὲ καλὰ κέρατα ἔχεις καὶ κέρατα ἔχεις· κέρατα ἄρα ἔχεις.* (*οὐχὶ καὶ — καὶ* ist die Form des disjunctiven Urtheiles, die sog. *ἀποφατικὴ συμπλοκή* — s. Abschn. V, Anm. 71 u. VI, Anm. 182 — also: „Entweder hast Du schöne Hörner oder Hörner überhaupt, also jedenfalls Hörner.“)

91) *Arist. S. E.* 22, 178 b. 8.: *ἆρ᾽ ᾗ μὴ ἔχει χειρὶ τύπτοι ἄν; ἢ ᾧ μὴ ἔχει ὀφθαλμῷ ἴδοι ἄν; οὐ γὰρ ἔχει ἕνα μόνον. Alex. ad S. E. f.* 59 b.: *ἆρ*

oder: Was man zuerst gehabt hat und später nicht mehr hat, hat man verloren.

Wer von zehn Würfeln einen verloren hat, hat später nicht mehr zehn

Also hat dieser zehn Würfel verloren [92])

oder: Wer zwei Würfel hat, hat nicht Einen Würfel

Gibt dieser nun Einen Würfel, so gibt er, was er nicht hat [93]).

Bei allen diesen Sophismen ist das leitende das Gefühl der Unsicherheit, welche dadurch entsteht, dass das „Haben" an mehrere und mancherlei Objects- und quantitative Verhältnisse geknüpft wird, wogegen die Präcision des abstract Vereinzelten eine sichere Zuflucht gewährt, da sie sich auf die Mannigfaltigkeit der Verbindungen gar nicht einlässt.

Mit dem Motive dieser Fangschlüsse nun hängt auch die eine Seite des *Σωρείτης* und des *Φαλακρός* zusammen, deren andere Seite aber schon der Leugnung des Möglichen und des Werdens (Anm. 34) angehört; beide werden gleichfalls dem Eubulides zugeschrieben, s. Anm. 82. Der Sorites lautete [94]):

Nichtwahr, Zwei sind wenige? und auch Drei, und auch Vier? u. s. f. bis Zehn?

Zwei aber sind wenige

Also auch Zehn sind wenige

und wahrscheinlich wurde er in die Frage gekleidet:

Wie viele Getreidekörner machen einen Haufen?

woraus dann der Name Sorites (σῶρος, Haufen) folgte [95]); und nur eine

---

εἰκὸς τύπτειν τινὰ, ᾗ μὴ ἔχει χειρί; οὔ. ὁ δὲ μὴ ἔχων μίαν χεῖρα, ἀλλὰ δύο, ἔτυψε τῇ μιᾷ· ἔτυψε λοιπὸν ᾗ οὐκ ἔχει χειρί.

92) *Arist.* a. a. O. 178 a. 29.: *εἰ ὅ τις ἔχων ὕστερον μὴ ἔχει, ἀπέβαλεν· ὁ γὰρ ἕνα μόνον ἀποβαλὼν ἀστράγαλον οὐχ ἕξει δέκα ἀστραγάλους. Alex. f.* 58 a.: *ἆρ' ὅ τις ἔχων μὴ ἔχει, ἀπέβαλε; ναί. ἀλλὰ μὴν ὁ δέκα ἔχων ἀστραγάλους καὶ ἀποβαλὼν τὸν ἕνα, οὐκέτι ἔχει δέκα· εἰ δὲ οὐκ ἔχει δέκα, εἶχε δὲ τοὺς δέκα, ἀπέβαλεν ἄρα τοὺς δέκα.*

93) *Arist.* 178 a. 37.: *ὅτι δοίη ἄν τις ὃ μὴ ἔχει· οὐ γὰρ ἔχει ἕνα μόνον ἀστράγαλον* (ebenso 23, 179 a. 21 u. 10, 171 a. 9.). *Alex. f.* 58 b.: *ἆρα δοίη ἄν τις ὃ μὴ ἔχει; οὔ. ὁ δὲ οὐκ ἔχει μόνον ἕνα ἀστράγαλον, δέδωκε δὲ ἕνα· δέδωκεν ἄρα ὃ οὐκ εἶχε, μὴ ἔχων γὰρ ἕνα δέδωκεν ἕνα.*

94) *Arist.* 24, 179 a. 35.: *ἆρα τὰ ὀλιγάκις ὀλίγα ὀλίγα; Alex. f.* 61 b.: *τὸ σόφισμα τὸ ὅτι τὰ ἑκατὸν καὶ πολλὰ καὶ ὀλίγα συμπεραινόμενον, ὅτι πᾶς ἀριθμὸς καὶ πολὺς καὶ ὀλίγος. f.* 62 b.: *ἆρά γε τὰ ὀλιγάκις ὀλίγα ὀλίγα; ναί. ἀλλὰ μὴν τὰ ἑκατὸν πρὸς τὰ δεκάκις μύρια ὀλιγάκις ἐστὶν ὀλίγα, τὰ ἑκατὸν ἄρα ὀλίγα. ἀλλὰ μὴν καὶ πολλά. Diog. L.* VII, 82.: *οὐχὶ τὰ μὲν δύο ὀλίγα ἐστίν; οὐχὶ δὲ καὶ τὰ τρία; οὐχὶ δὲ καὶ ταῦτα μὲν, οὐχὶ δὲ καὶ τέσσαρα; καὶ οὕτω μέχρι τῶν δέκα. τὰ δὲ δύο ὀλίγα ἐστὶ, καὶ τὰ δέκα ἄρα. Pers. Sat.* VI, 78.: *Rem duplica. feci. iam triplex. iam mihi quarto, iam decies redit in rugam; depunge ubi sistam. Inventus, Chrysippe, tui finitor acervi.* (In diesen beiden letzteren Stellen wird Chrysippus als Erfinder des Sorites bezeichnet; s. Abschn. VI, Anm. 210.)

95) *Cic. Acad.* II, 28.: *philosophia primo progressu festive tradit elementa loquendi et ambiguorum intelligentiam concludendique rationem, tum paucis additis venit ad soritas, lubricum sane et periculosum locum, quod tu modo dicebas esse vitiosum interrogandi genus .....* (29:) *quid ergo? istius vitii num nostra culpa est? rerum natura nullam nobis dedit cognitionem finium, ut ulla in re statuere possimus, quatenus; nec hoc in acervo tritici solum, unde nomen est, sed nulla omnino in re minutatim interrogati, dives pauper, clarus obscurus sit, multa pauca,*

andere Ausdrucksweise hievon war der *Φαλακρός*, welcher die Frage ausgesprochen zu haben scheint:

> Wie viele Haare müssen vom Haupte ausgerissen werden, um einen Kahlkopf zu bewirken? [96])

Einerseits also ist auch hier die Verbindung, in welcher manche Begriffe nothwendig mit quantitativen Verhältnissen stehen, als Hinderniss strenger Abstraction hervorgehoben; andrerseits aber wurde der Sorites ausdrücklich dazu angewendet, um die Annahme einer progressiv wirkenden Kraftthätigkeit zu widerlegen; und er diente hiemit jener Isolirung des Begriffes, welche von jeder Entwicklung oder jeder durch Möglichkeit bedingten Entstehung absehen wollte, sowie ja auch die Continuität der Bewegung überhaupt aufgehoben war, sobald schlechthin nur das in je einzelnen Momenten Bestehende eine Bedeutung hatte. In diesem Sinne nemlich knüpfte sich der Sorites an die Frage, wie ein Stein durch herabfallende Wassertropfen ausgehöhlt werden könne, in folgender Form [97]):

> Brächte der erste Tropfen eine Wirkung hervor, so müsste es bemerkbar sein; bewirkt aber der erste Nichts, so auch der zweite, dritte u. s. f. bis zum letzten; wie also ist der Stein doch hohl geworden?

Diesem nun völlig entsprechend ist eine Beweisführung des Diodoros gegen die Existenz der Bewegung [98]); dieselbe beruht darauf, dass jeder

---

magna parva, longa brevia, lata angusta, quanto aut addito aut demto certum respondeamus, non habemus; at vitiosi sunt soritae. Divin. II, 4.: *quemadmodum soriti resistas? quem, si necesse sit, latino verbo liceat acervalem appellare.* Acad. II, 16.: *cum aliquid minutatim et gradatim additur aut demitur, soritas hos vocant, quia acervum efficiunt uno addito grano.* Sen. d. Benef. V, 19.: *sorites ille inexplicabilis, cui difficile est modum imponere, quia paullatim surrepit et non desinit serpere.* Erwähnt ist der Sorites b. *Sen. Ep.* 50. *Quintil.* I, 10. *Lucian. Lapith.* 23. u. öfter.

96) *Hor. Ep.* II, 1, 45.: *utor permisso caudaeque pilos ut equinae paullo etiam vello, et demo unum, demo etiam unum, dum cadat elusus ratione ruentis acervi, qui redit ad fastos et virtutem aestimat annis.*

97) *Arist. phys. ausc.* VIII, 3, 253 b. 14.: ἔστι δ' ὅμοιος ὁ λόγος τῷ περὶ τοῦ τὸν σταλαγμὸν κατατρίβειν καὶ τὰ ἐκφυόμενα τοὺς λίθους διαιρεῖν. *Simpl. ad phys. f.* 276 a.: ἐπιστῆσαι δὲ ἐν τούτοις χρὴ πότερον ἐκείνου μνημονεύει νῦν τοῦ σωρείτου καλουμένου παρὰ τοῖς σοφισταῖς λόγου, ὡς ἐπὶ τῶν καταφερομένων τοῦ ὕδατος ῥανίδων ἐρωτᾶται· εἰ γὰρ ἡ πρώτη μηδὲν ἔδρασεν, φησὶν,. εἰς τὸ κοιλᾶναι τὴν πέτραν, οὐδὲ ἡ δευτέρα· εἰ δὲ μὴ αὕτη, οὐδὲ ἡ τρίτη, ὥστε οὐδὲ ἡ ἐσχάτη· πῶς οὖν „πέτρην κοιλαίνει ῥανὶς ὕδατος ἐνδελεχείῃ;“ (diess nemlich ist der Vers des Epikers Chörilos). τούτου οὖν ἄρα μέμνηται....ἢ ἄλλου ἐπὶ ἀθρόας ὕδατος καταφορᾶς ἐρωτωμένου οὕτως· εἰ τὸ τοσόνδε ὕδωρ ἅμα κατενεχθὲν τοσόνδε τῆς πέτρας ἀφεῖλεν, ἆρα καὶ τὸ ἥμισυ αὐτοῦ τὸ ἥμισυ ἀφεῖλε καὶ ὁ εἷς σταλαγμὸς τὸ ἀνάλογον; *Schol. ad Lucian. Lapith.* 23. IV, p. 254. *Jacob.*: ὁ μέντοι σωρείτης σοφιστικός ἐστι λόγος ἐκ τῆς κατὰ μικρὸν, ὥς φασιν, ἐρωτήσεως ἐπάγων κατὰ τὴν ἔκλυσιν τῶν φαντασιῶν ἐπ' ἄδηλον ἢ ψεῦδος προφανές· ἐρωτῶσι γὰρ, πότερον ἡ πρώτη ῥανὶς ἔδρασέ τι εἰς τὴν πέτραν ἢ οὔ· εἰ γὰρ ἔδρασε, πῶς οὐχ ὁρατὸν τὸ πάθος; εἰ δὲ μὴ, οὐδὲ ἡ δευτέρα, οὐδὲ ἡ ἐσχάτη, πῶς ἡ κοιλότης ἐγένετο τῆς πέτρας; *Arist. Rhet.* II, 24, 1401 a. 30.: καὶ ἐπεὶ τὸ δὶς τοσοῦτον νοσῶδες, μηδὲ τὸ ἓν φάναι ὑγιεινὸν εἶναι· ἄτοπον γὰρ εἰ τὰ δύο ἀγαθὰ ἓν κακόν ἐστιν.

98) *Sext. Emp. adv. math.* X, 112—117.: κομίζει δὲ (sc. Διόδωρος) καὶ ἄλλους τινὰς λόγους οὐχ οὕτως ἐμβριθεῖς ἀλλὰ σοφιστικωτέρους...... δι-

Körper aus unendlich vielen Theilen bestehe, sowie dass, wenn je es eine Bewegung gebe, sie vorerst in der Mehrzahl der Theile (*κατ' ἐπικράτειαν*) wirken müsse und dann erst vollständig alle Theile ergreifen könne (*κατ' εἰλικρίνειαν*), sowie z. B. von den Haupthaaren zuerst einige und zuletzt alle grau werden, oder sowie ein Haufen (*σῶρος*) entstehe; und glaube man nun beweisen zu können, dass bei drei Theilen, wovon zwei bewegt und einer unbewegt sei, der unbewegte durch Ueberwältigung gleichfalls zu einem bewegten werde, und dann ebenso bei vieren der unbewegte vierte, u. s. f. bis zu 10000, so sei diess falsch, weil unter diesen 10000 ja eben 9998 nacheinander als unbewegte hinzugekommen seien, 9998 aber doch nicht von den 2 ursprünglich bewegten durch Ueberwältigung (Mehrzahl, *ἐπικράτεια*) zur Bewegung gebracht werden können; also gebe es keine Bewegung durch Mehrzahl der Theile, und noch weniger eine Bewegung aller Theile, also gar keine Bewegung.

Diese nemliche Tendenz nun, das Werden und die Bewegung und die Möglichkeit überhaupt zu leugnen, haben noch mehrere einzelne uns überlieferte Fangschlüsse; so z. B. der Nachweis, es sei die Behauptung unwahr, dass Alles entweder ein Gewordenes oder ein Ewiges sein müsse; denn der Gebildete sei sprachkundig, ohne es erst eigens geworden zu sein und ohne es ewig zu sein [99]), oder diejenigen Sophismen, welche zeigen sollten, dass durch den Begriff der Möglichkeit oder Fähigkeit neben dem der Wirklichkeit oder Ausübung nur Verwirrung entstehe, nemlich [100]):

τῆς δὲ οὔσης κινήσεως, μιᾶς μὲν τῆς κατ' ἐπικράτειαν δευτέρας δὲ τῆς κατ' εἰλικρίνειαν, καὶ κατ' ἐπικράτειαν μὲν ὑπαρχούσης ἐφ' ἧς τῶν πλειόνων κινουμένων μερῶν τοῦ σώματος ὀλίγα ἠρεμεῖ, κατ' εἰλικρίνειαν δὲ ἐφ' ἧς πάντα κινεῖται τὰ τοῦ σώματος μέρη, δοκεῖ τούτων τῶν δυοῖν κινήσεων ἡ κατ' ἐπικράτειαν προηγεῖσθαι τῆς κατ' εἰλικρίνειαν ...... ὃν τρόπον ἵνα τις κατ' εἰλικρίνειαν γένηται πολιός, ὀφείλει κατ' ἐπικράτειαν προπεπολιῶσθαι, καὶ ἵνα τις κατ' εἰλικρίνειαν ληφθῇ σωρός, ὀφείλει κατ' ἐπικράτειαν γεγονέναι σωρός ..... οὐχὶ δέ γε ἔστι τις κατ' ἐπικράτειαν κίνησις ὡς παραστήσομεν, τοίνυν οὐδ' ἡ κατ' εἰλικρίνειαν γενήσεται· ὑποκείσθω γὰρ ἐκ τριῶν ἀμερῶν συνεστὼς σῶμα δυοῖν μὲν κινουμένων ἑνὸς δὲ ἀκινητίζοντος· τοῦτο γὰρ ἡ κατ' ἐπικράτειαν ἀπαιτεῖ κίνησις. οὐκοῦν εἰ προσθείημεν τέταρτον ἀμερὲς ἀκινητίζον τούτῳ τῷ σώματι, πάλιν γενήσεται κίνησις ..... καὶ οὕτω μέχρι μυρίων ἀμερῶν προέρχεται ὁ Διόδωρος δεικνὺς ὅτι ἀνυπόστατός ἐστιν ἡ κατ' ἐπικράτειαν κίνησις· ἄτοπον γάρ, φησί, τὸ λέγειν κατ' ἐπικράτειαν κινεῖσθαι σῶμα ἐφ' οὗ ἐννακισχίλια ἐννακόσια ἐνενήκοντα ὀκτὼ κινητίζει ἀμερῆ καὶ δύο μόνον κινεῖται. ὥστε οὐδὲν κατ' ἐπικράτειαν κινεῖται· εἰ δὲ τοῦτο, οὐδὲ κατ' εἰλικρίνειαν, ᾧ ἕπεται τὸ μηδὲν κινεῖσθαι.

99) *Arist. Top.* I, 11, 104 b. 25.: *οἷον ὅτι οὐ πᾶν τὸ ὂν ἤτοι γενόμενόν ἐστιν ἢ ἀΐδιον, καθάπερ οἱ σοφισταί φασιν· μουσικὸν ὄντα γραμματικὸν εἶναι οὔτε γενόμενον οὔτε ἀΐδιον ὄντα.*

100) *Arist. S. E.* 20, 177 b. 21 : *ἆρ' ὡς δύνασαι καὶ ἃ δύνασαι, οὕτως καὶ ταῦτα ποιήσαις ἄν; οὐ κιθαρίζων δ' ἔχεις δύναμιν τοῦ κιθαρίζειν· κιθαρίσαις ἂν ἄρα οὐ κιθαρίζων.* Alex. ad S. E. *f.* 13 a.: *ἆρά γε ὁ μὴ γράφων δύναται γράφειν; ναί. ὁ δὲ Πλάτων οὐ γράφει. ὁ Πλάτων ἄρα γράφει .....* ebend.: *ὁ ἓν μόνον δυνάμενος φέρειν δύναται καὶ πολλὰ φέρειν; ναί. ἀλλὰ μὴν ὁ Ἀλκιβιάδης ἓν μόνον φέρει. ὁ Ἀλκιβιάδης ἄρα πολλὰ φέρει.* Arist. 4, 166 a. 26.: *ὡς δυνατὸν τὸ καθήμενον βαδίζειν καὶ μὴ γράφοντα γράφειν, καὶ τοῦθ' ὡσαύτως ἄν τις συνθῇ τὸ μὴ γράφοντα γράφειν· σημαίνει γὰρ ὡς ἔχει δύναμιν τοῦ μὴ γράφων γράφειν· ἐὰν δὲ μὴ συνθῇ,*

Wozu und wie du die Fähigkeit hast, diess thust du auch, und zwar eben so.
Auch wenn du nicht singst, hast du die Fähigkeit, zu singen.
Also kann es eintreten, dass du singst, während du nicht singst

oder ebenso bei dem Uebergange vom Sitzen zum Stehen u. dgl., z. B.

Der Sitzende stand auf.
Wer aufstand, steht.
Also der Sitzende steht

oder auch bei einer mehr lockeren Verknüpfung der Möglichkeit, z. B.

Der Sitzende schreibt
Sokrates sitzt
Also Sokrates schreibt [101]).

Erklärlicher Weise nahmen solche Sophismen auch die Richtung, dass sie die Continuität der Zeit aufhoben, indem Widersprüche bei der Berücksichtigung zweier Zeitabschnitte nachgewiesen wurden (dass auch die Stoiker das Perfectum in das Präsens zogen, s. Abschn. VI, Anm. 136, 153 u. 161); so z. B. wird daraus, dass eine Behauptung früher wahr war, jetzt aber diess nicht mehr ist, geschlossen, dass damals eine zugleich wahre und falsche Behauptung aufgestellt wurde [102]), oder ganz ähnlich wird gefolgert, dass man haben könne, was man nicht bekommen hat, wenn nemlich in dem Gegenstande eine Aenderung stattfand [103]), oder es wird durch einen Analogie-Schluss dargethan, dass man zugleich etwas thun und es gethan haben könne [104]); eben hieher auch gehört die dem Alexinos zugeschriebene Frage:

Hast Du aufgehört, Deinen Vater zu schlagen? [105])

da hier der Antwortende eben durch den Zusammenhang zwischen Aufhören und früherem Stattfinden irre geleitet werden soll.

So also besteht zwischen diesen sämmtlichen Sophismen ein innerer Zusammenhang unter sich und mit der bei den Megarikern einmal vorliegenden einseitigen Auffassung des begrifflichen Wissens.

Endlich nun auch die Elisch-Eretrische Schule theilte die Grundsätze, welche wir bei den Antistheneern und Megarikern finden. Auch hier begegnet uns in den Annahmen des Menedemus die nemliche abstrakte Fassung von Collectiv-Begriffen wie oben (Anm. 25), wobei

---

ὅτι ἔχει δύναμιν, ὅτε οὐ γράφει, τοῦ γράφειν. ebend. 165 b. 38.: τὸν αὐτὸν καθῆσθαι καὶ ἑστάναι καὶ κάμνειν καὶ ὑγιαίνειν· ὅσπερ γὰρ ἀνίστατο, ἕστηκεν, καὶ ὅσπερ ὑγιάζετο, ὑγιαίνει· ἀνίστατο δ' ὁ καθήμενος καὶ ὑγιάζετο ὁ κάμνων. *Alex. f.* 11 b.: οὐχὶ ὁ καθήμενος ἀνίσταται; ναί. τί δὲ, οὐχ ὁ ἀνιστάμενος ἕστηκε; καὶ πῶς γὰρ οὔ; ὁ ἄρα καθήμενος ἕστηκε. (ebenso *f.* 12 b., 13 a., 23 b. u. öfters). *f.* 19 a.: ὁ κοιμώμενος ὄψιν ἔχει, ὁ ἔχων ὄψιν ὁρᾷ, ὁ κοιμώμενος ἄρα ὁρᾷ.

101) *Arist. Top.* VIII, 10, 160 b. 26.: ἐάν τις λάβῃ τὸν καθήμενον γράφειν, Σωκράτη δὲ καθῆσθαι· συμβαίνει γὰρ ἐκ τούτων Σωκράτη γράφειν.

102) *Arist. S. E.* 22, 178 b. 24.: ἆρ' ὃ γέγραπται, ἔγραφέ τις; γέγραπται δὲ νῦν ὅτι σὺ κάθησαι, ψευδὴς λόγος· ἦν δ' ἀληθὴς, ὅτ' ἐγράφετο· ἅμα ἄρα ἐγράφετο ψευδὴς καὶ ἀληθής. Vgl. d. Schluss v. Anm. 65.

103) Ebend. 178 b. 14.: ὅτι ἐνδέχεται ὃ μὴ ἔλαβεν, ἔχειν, οἷον οἶνον λαβόντα ἡδὺν, διαφθαρέντος ἐν τῇ λήψει, ἔχειν ὀξύν.

104) Ebend. 178 a. 9.: ἆρ' ἐνδέχεται τὸ αὐτὸ ἅμα ποιεῖν τε καὶ πεποιηκέναι; οὔ. ἀλλὰ μὴν ὁρᾶν γέ τι ἅμα καὶ ἑωρακέναι τὸ αὐτὸ καὶ κατὰ ταὐτὸ ἐνδέχεται. Vgl. Anm. 59.

105) *Diog. L.* II, 135. in der schon oben Anm. 42. angeführten Stelle.

das specifische Wesen verwandter Begriffe ebenfalls vernichtet wird [106]; ebenso aber traf derselbe andrerseits in der schroffsten Isolirung der einzelnen Begriffe wieder fast wörtlich mit den Megarikern und Antistheneern zusammen [107], und wenn die Eretrier die Existenz allgemeiner Qualitäten leugneten, dieselben aber nur in ihrem einzelnen concreten Vorkommen anerkennen wollten [108], so stehen sie auf jenem nemlichen Nominalismus der factischen Empirie, in welchen die Megariker verfielen, und schwerlich waren auch sie Freunde der platonischen Ideenlehre. Dabei aber galt es auch bei ihnen nur die nominalistische Festhaltung des Begriffes, denn auch sie liessen keine Vielheit von Prädikaten für Ein Substrat zu, sondern blieben ausdrücklich bei dem „A est A" stehen [109]. Und diesen Sinn, dass in dem Reichthume und der Verschiedenheit der Verhältnisse eine Gefährdung des abstracten Begriffes erblickt wurde, hat es wohl, wenn Menedemus, wie berichtet wird, sowohl alle zusammengesetzten als auch sogar das verneinende Urtheil überhaupt verwarf [110]. War er aber wirklich ein Feind der sophistischen Kunststücke der Megariker [111], so verschmähte er eben nur die von jenen gebrauchten Mittel einer allseitigen Geltendmachung des abstract begrifflichen Standpunktes.

---

106) *Plut. d. virt. mor.* 2.: *Μενέδημος μὲν ὁ ἐξ Ἐρετρίας ἀνῄρει τῶν ἀρετῶν καὶ τὸ πλῆθος καὶ τὰς διαφορὰς, ὡς μιᾶς οὔσης καὶ χρωμένης πολλοῖς ὀνόμασι· τὸ γὰρ αὐτὸ σωφροσύνην καὶ ἀνδρείαν καὶ δικαιοσύνην λέγεσθαι καθάπερ βροτὸν καὶ ἄνθρωπον.*

107) *Diog. L.* II, 134.: *καὶ δὴ καὶ τόδε ἐρωτᾶν εἰώθει* (sc. *Μενέδημος*)· *τὸ ἕτερον τοῦ ἑτέρου ἕτερόν ἐστι; ναί. ἕτερον δέ ἐστι τὸ ὠφελεῖν τοῦ ἀγαθοῦ; ναί. οὐκ ἄρα τὸ ἀγαθὸν ὠφελεῖν ἐστί.* vgl. Anm. 29, 30 u. 10.

108) *Simpl. ad Categ. f.* 56 A. *ed. Basil.*: *καὶ οἱ ἀπὸ τῆς Ἐρετρίας ἀνῄρουν τὰς ποιότητας ὡς οὐδαμῶς ἐχούσας τι κοινὸν οὐσιῶδες, ἐν δὲ τοῖς καθ' ἕκαστον καὶ συνθέτοις ὑπαρχούσας.* vgl. Anm. 13 u. 32.

109) *Simpl. ad. phys. f.* 20 a.: *οἱ δὲ ἐκ τῆς Ἐρετρίας οὕτω τὴν ἀπορίαν ἐφοβήθησαν ὡς λέγειν μηδὲν κατὰ μηδενὸς κατηγορεῖσθαι, ἀλλ' αὐτὸ καθ' αὑτὸ ἕκαστον λέγεσθαι, οἷον ὁ ἄνθρωπος ἄνθρωπος καὶ τὸ λευκὸν λευκόν.* vgl. Anm. 30.

110) *Diog. L.* II, 135.: *ἀνῄρει δὲ* (sc. *Μενέδημος*), *φασὶ, καὶ τὰ ἀποφατικὰ τῶν ἀξιωμάτων, καταφατικὰ τιθεὶς, καὶ τούτων τὰ ἁπλᾶ προσδεχόμενος τὰ οὐχ ἁπλᾶ ἀνῄρει λέγων συνημμένα καὶ συμπεπλεγμένα* (letztere Worte sind entschieden wieder nur stoische Terminologie; s. Abschn. VI, Anm. 124 ff.). Vielleicht ist auch hieher zu beziehen, dass Menedemus es gewesen sein soll, welcher das Verbum *ἔστι* durch andere Verbalformen ersetzt wissen wollte, so dass z. B. *λελεύκωται* statt *λευκός ἐστι* gesagt werde. *Philop. ad Ar. phys. ausc. fol.* b'' a.: *οἱ δὲ τὴν λέξιν μετερρύθμιζον, ὅτι ὁ ἄνθρωπος οὐ λευκός ἐστιν, ἀλλὰ λελεύκωται, οὐδὲ βαδίζων ἐστὶν, ἀλλὰ βαδίζει, ἵνα μὴ τὸ ἔστι προσάπτοντες πολλὰ εἶναι ποιῶσι τὸ ἕν* (*Ar. phys. ausc.* I, 2, 185 b. 28.), *ὡς Μενέδημος ὁ Ἐρετριεύς.*

111) Ebend. in der schon oben Anm. 42. angeführten Anekdote die Worte: *γελοῖον, τοῖς ὑμετέροις νόμοις ἀκολουθεῖν ἐξὸν ἐν πύλαις ἀντιβῆναι.* Wenn hingegen ebend. 134. von ihm gesagt wird: *ἦν δὲ καὶ δυσκατανόητος ὁ Μενέδημος καὶ ἐν τῷ συνθέσθαι δυσανταγώνιστος ἐστρέφετό τε πρὸς πάντα καὶ εὑρεσιλόγει ἐριστικώτατός τε, καθά φησιν Ἀντισθένης ἐν Διαδοχαῖς, ἦν*, so könnte sich dieser Widerspruch dadurch lösen, dass wir annehmen, Menedemus selbst habe die schärfste Verstandes-Präcision im Ausdrucke besessen, dieselbe hingegen nicht positiv zu Fangschlüssen u. dgl. anwenden wollen.

III. ABSCHNITT.

PLATO UND DIE AELTERE AKADEMIE.

Man sagt gewöhnlich, Plato habe den umfassendsten und vollendetsten Ausbau der Lehre des Sokrates gegeben. Diess ist richtig, insoferne man einerseits hiebei eine Vergleichung des Plato mit den übrigen nächsten Sokratikern im Sinne hat — seine Ueberlegenheit über jene bedarf nicht erst nachgewiesen zu werden —, und auch andrerseits insoferne man den damaligen Umkreis nationaler Anschauungen und Geistesrichtungen der Griechen ins Auge fasst; denn nach Massgabe der abgegränzten oder einseitigen Eigenthümlichkeit des griechischen Alterthumes brachte Plato in der That den dem Hellenischen Geiste angemessensten Höhepunkt der Speculation. Aber diess wird wohl Niemand behaupten, dass es überhaupt keine umfassendere und vollendetere Ausbildung des sokratischen Standpunktes geben könne, als die in der platonischen Philosophie vorliegende. Denn selbst schon dem Platoniker Aristoteles gegenüber erscheint Plato als befangen und einseitig; Aristoteles leidet weniger an jenen specifisch griechischen Eigenthümlichkeiten, welche der allseitigen Umsicht hinderlich sind, und er steht in Bezug auf die Erkenntniss-Frage und die Auffassung des Denkens dem allgemein menschlichen Standpunkte des Sokrates näher. Plato aber bleibt, während er, mächtig angeregt durch Sokrates, die früheren speculativen Auffassungen des Seienden in seiner Dialektik abschliesst und idealisirt, zugleich in den poetisch unbestimmten oder überschwenglichen Anschauungen der ursprünglich dorischen Richtung befangen.

Darum ist die Art und Weise, wie bei Plato die aristotelische Logik vorbereitet wird — aber nicht mehr als nur vorbereitet —, so eigenthümlich. Der von Sokrates angeregte Trieb, dass die Erkenntniss-Objecte vermittelst des Intelligiblen mit Bewusstsein desselben erfasst werden, ist dem Plato und Aristoteles gemeinsam; aber das Wie, und hiemit der Inhalt der logischen Annahmen, ist der grosse Differenzpunkt zwischen beiden. Aristoteles ist Platoniker und wäre ohne Plato unverständlich, und beide, Plato sowie Aristoteles, sind Sokratiker, und dennoch vertreten sie den durchgreifendsten Gegensatz, welcher im Gebiete des Intelligiblen als solchen möglich ist, den Gegensatz von Idee und Begriff. Sokrates hatte dem Particularismus der Sophistik jene Begriffsbestimmung gegenübergestellt, in welcher das Allgemeine nicht ohne das Einzelne sein, aber in demselben als Allgemeines sich behaupten sollte; und dieses Allgemeine wurde zur Platonischen Idee und zum

Aristotelischen Begriffe, welch beiden als das durch sie zu Erkennende das Gebiet des Vielen und der mannigfaltigen Concretheit gegenüberliegt. Eben aber um die richtige Verknüpfung der Grundgegensätze des Einen und Vielen, also um den Grundsatz aller Dialektik, mühen sich beide, Plato und Aristoteles, und darum ist die ganze Anlage der platonisch-aristotelischen Logik eine derartige, dass sie von den allgemeinen Principien der Philosophie überhaupt bedingt wird, oder — um mich schulmässiger auszudrücken — dass Logik und Metaphysik in inniger Verbindung stehen. Nur erfasste Plato jenen Gegensatz zwischen Einheit und Vielheit als einen durch irdisch-menschliches Wissen nie zu überwältigenden, und er will das Ansichseiende selbst als eine Vielheit der Einheit in einer transscendenten, daher überschwenglichen und poetischen, Identität aus der Welt der Wahrnehmung retten, so dass er eine überzeitlichräumliche Einheit mehr ahnt und beschreibt, als nachweist; Aristoteles hingegen sucht jenem Gegensatze wenigstens jene Seite abzugewinnen, welche das menschliche Denken, wie es einmal ist und wirkt, zu einer Identität zusammenzuführen vermag, und er daher kehrt mit dem Selbstvertrauen der Logik wieder in die Vielheit als solche zurück, indem er sie als Seiendes begrifflich zu machen sucht, so dass er innerhalb der Voraussetzung der Gegensätzlichkeit durch die Formen des Verstandes die Zeiträumlichkeit selbst verständig zu machen bemüht ist. Bei beiden demnach ist der Weg ein Zurückgehen des Selbstbewusstseins in sich, eine Operation des Denkens, mit welcher beide ein Allgemeines suchen; aber die Auffassung des Selbstbewusstseins ist eine verschiedene. Bei Plato nemlich liegt die Quelle des Wissens in dem poetisch gefassten Mittelwesen einer Identität, in der „Seele" — *ψυχή* —, welche in völlig unvermittelter Weise an dem Allgemeinen Theil hat, nicht aber in einem logisch selbst thätigen „Verstande" — *νοῦς*, daher selbst die Bedeutung des Wortes *νοῦς* bei ihm fast synonym mit *ψυχή* ist [1]); in diesem mythisch-dichterischen Mitteldinge zwischen allgemeinem Sein und concreter Besonderung bleibt Plato auch befangen, d. h. er fühlt wohl auf das lebhafteste den „aufwärts strebenden" Zug, welcher auch aller Poesie zu Grunde liegt, und er verleiht jenem Mittelwesen allerdings den Beruf, zum Idealen aufzusteigen, aber die erste ursprüngliche Auffassung der erkennenden Seele ist schon derartig dem Concreten entrückt und entfremdet, dass es zuletzt selbst an den Mitteln jenes Aufsteigens gebre-

1) Wie sich von selbst versteht, gehört hieher die ganze platonische *ἀνάμνησις*, sowie die Mythen im *Phaedr.* und *d. Rep.* VII.; von einzelnen Stellen: *Phaedr.* p. 245., *Phaed.* p. 79., *Parm.* p. 132 *A.*, *Theaet.* p. 186—189., *Soph.* p. 263 *D.* Alle Besonnenen — wozu natürlich unsere modernen Neuplatoniker nicht zu rechnen sind — werden zugeben, dass ein Philosoph, welcher Träumereien und phantastische Uebertragungen aus der Sinnenwelt in das intelligible Gebiet als Philosophie darbietet, wie diess Plato in Betreff der nicht irdischen Existenzweise der Seele thut, keinen Sinn für ein Princip des concreten menschlichen Erkennens haben kann. Und wenn wir oben bemerkten, dass Sokrates eine durchweg pädagogische Persönlichkeit war, so ist hingegen Plato unpädagogisch; oder welche Bedeutung soll denn jenes bei ihm bis zum Ekel oft wiederholte „Abstreifen der Sinnlichkeit und der verwerflichen leiblichen Augen und Ohren" für den werdenden Menschen, für das Kind haben, welches doch hoffentlich erst menschlich sehen und menschlich hören lernen muss?

chen muss, und daher alle endliche Erledigung der wichtigsten Fragen eben wieder nur in Poesie und Mythus gegeben werden kann. Aus dem gleichen Grunde überwiegt bei Plato auch in der Darstellung das künstlerische Motiv über die concret verständige Anordnung; das exaltirte Ueberheben über alle concreten Darstellungsmittel ist eben nach Menschen-Mass nicht ausführbar, das organisch besonnene und umsichtige Beherrschen derselben aber ist bei dem mythisch-poetischen Grundzuge für Plato nicht möglich, und so gelangt er über die unmittelbar künstlerisch dramatische Gestaltung nie ganz hinaus, so dass selbst dialektisch schärfere Auffassungen und Erörterungen sich in ein solches Gewand kleiden müssen [2]).

Jene Stufe aber, bis zu welcher die logische Seite der Forderung des Sokrates bei einer nur künstlerisch abrundenden Concentrirung der vorsokratischen Speculation geführt werden konnte, hat sie auch wirklich bei Plato erreicht. Derselbe setzt nemlich die Selbsterkenntniss und das begriffsmässige Erkennen, auf welche Sokrates gedrungen hatte, in die ursprünglichen idealen „Anschauungen" der Seele, welche mit dem Leibe behaftet an den sinnfälligen Dingen sich nur zu jenen zurückerheben soll. So wird die physikalische und die ethisch-praktische Richtung in eine poetisch unmittelbare Vereinigung mit dem Eleatischen Einheits-Bestreben gebracht und das reine ungetrübte Erfassen des einheitlichen und des mannigfaltigen Seins als ein vorsinnlicher Ausgangspunkt und als übersinnliches Ziel der aufwärts strebenden Seele bezeichnet. Die ursprüngliche Idealität als solche ist der Form nach Eine, und es wird bei Plato der Philosophie Genüge gethan, wenn nur mit Allem bis zu jener aufwärts fortgeschritten wird. So umfasst wohl die platonische Speculation Alles, was schon in der vorsokratischen Zeit in die Philosophie war beigezogen worden, aber der Einen poetisch erfassten Forderung des Idealismus gegenüber trägt Nichts eine Berechtigung eines selbstständigen und gesonderten Auftretens in sich, und für das platonische System ist daher weder die äussere Natur (Physik) von den Interessen des menschlichen Handelns (Ethik), noch diese beiden von der Auffassung und Durchführung der obersten Wissens-Principien (Dialektik) selbstständig als Theile getrennt, sondern das idealistische Erkennen der Seele als solches ist es, was bei einem bloss inhaltlichen Ueberwiegen bald des einen bald des anderen jener drei Momente als der eigentliche Kern und Impuls des platonischen Systemes bezeichnet werden muss [3]). Am wenigsten daher kann innerhalb des Dialektischen, welches ja eben die idealen „Anschauungen" zu erhärten hat, geschieden werden, was der

---

2) So ist z. B. die in die Untersuchungen über das Wissen im *Theaet*. p. 172—177. mitten eingeschobene salbungsreiche Digression, deren Tendenz und Zusammenhang für das Ganze übrigens Jedermann alsbald bemerkt, eben doch etwas Ungehöriges, woferne man nicht das dramatische oder selbst dramatisch-rhetorische Motiv zur Hauptsache machen will. Nun aber gibt es für den Menschen nicht zwei Hauptsachen an Einem Dinge zugleich. Für uns hier aber gilt als Hauptfrage das logische Motiv, und nach diesem, nicht nach stilistischen Reizen, haben wir hier den Plato zu beurtheilen.

3) Richtig drückten sich schon die Alten (z. B. *Sext. Emp. adv. math.* VII, 16.) so aus, Plato habe die übliche Dreitheilung in Dialektik, Physik, Ethik nur der Potenz nach, nicht actuell, gehabt.

Gegenstand und welches die Entstehung des schauenden Erkennens sei, d. h. die ontologischen Erörterungen sind mit den logischen und diese mit jenen am meisten verflochten. Wenn schon die Darstellung irgend eines Theiles der platonischen Philosophie überhaupt auf sämmtliche Schriften Platos hingewiesen ist, so ist diess um so mehr bei jenem, was man „platonische Logik" nennen müsste, der Fall. Uebrigens bin ich mir dessen wohl bewusst, dass ich in Bezug auf die Menge desjenigen, was ich als Logik Plato's bezeichnen zu dürfen glaube, auf Widerspruch stossen kann; und ich bemerke daher nur, dass ich mit Absicht und nach wiederholter Ueberlegung weggelassen habe, was man vielleicht vermissen wird. Denn ich musste versuchen, nur dasjenige hier hervorzuheben, in welchem platonische Ueberzeugungen betreffs einer „Theorie" der Logik liegen; nicht Alles aber, was bei Aristoteles in dieser Beziehung theoretisch gestaltet ist und zugleich in Plato's Philosophie irgendwo vorkömmt, hat bei letzterem schon eine Geltung für die „Logik" (z. B. die Begriffe des Möglichen und Nothwendigen finden sich auch bei Plato, ich habe sie aber nicht beigezogen, weil sie bei Plato mit der Logik Nichts zu schaffen haben; ebenso auch bei Anderem).

Zunächst haben wir die Art und Weise zu betrachten, wie bei Plato die sokratische Forderung des begrifflichen Erkennens jenem subjectiven Particularismus der sophistischen Richtung und jenem Verstosse, welchen dieselbe gegen das Gemeinsame (τὰ κοινά) und gegen das Allgemeine (τὸ καθόλου) begangen hatte, gegenübertritt. Das Bestreben nemlich, die Grundgegensätze des Einen und Vielen für das Erkennen richtig zu verknüpfen, muss, wenn es im Einzelnen zur Verwirklichung gebracht werden soll, nothwendig schon an sich mit der Neigung zu einem voreiligen Vereinzelnen in den Kampf treten, und es ist erklärlich, dass diess um so häufiger und eindringlicher gefordert war, je mehr die Sophisten ihr particulares Rechthaben zur Geltung brachten. Daher baut sich der Idealismus Plato's, gerade insoferne er der Geschichte der Logik angehört, vorerst überwiegend vermittelst einer polemischen Gestaltung auf, in welcher jedoch die positive Seite des logischen Processes schon wesentlich erscheint, da jene Versöhnung der Gegensätze, welche dem poetischen Idealismus als die wahre und richtige erscheint, nur selbst im Vergleiche mit der unwahren und vermeintlichen dargestellt werden kann. In dieser methodischen Grundlegung der wahren Dialektik (oder Apodeiktik) im Gegensatze gegen die bloss rhetorische Schein-Dialektik stimmen auch Plato und Aristoteles völlig überein, denn des letzteren Differenz gegen Plato betrifft den Inhalt der Apodeiktik selbst; nur ist bei Plato die polemische Seite gereizter und gleichsam schmerzhafter, als bei Aristoteles, welcher diesen Verhältnissen schon klarer, ruhiger und objectiver gegenübersteht. Es verhält sich in dieser Beziehung mit dem διαλέγεσθαι bei Plato ebenso wie mit der Poesie, gegen welche er gleichfalls feindselig auftritt, während er in beiden selbst noch befangen ist; denn sowie Plato oft eine blumenreiche poetische Sprache führt und zuweilen sogar ein poetischer Mythus die Stelle der Philosophie vertritt, so widmet er an manchen Stellen auch dem Rhetorischen eine überflüssig ausgedehnte Betrachtung oder lässt seine Gegner ihre Ansicht in künstlerisch gebildeter oder rhetorisch-sophistischer Darlegung aussprechen. In beiden Fällen aber beurkundet er nur, dass es an der organisch verstandesmässigen und präcisen Formirung der Philosophie noch gebricht.

Durch Vernunft-Erkenntniss — *λογισμοί* — wohnt, wie sich Plato ausdrückt, der Philosoph stets im Gebiete der Idee [4]), und indem im Menschen stets zwei einander entgegenstrebende Richtungen bestehen [5]), wandelt jener den heiligen goldenen Weg der Vernunft-Erkenntniss [6]) und in dieser besitzt er, da er keinerlei leibliche Sinneswahrnehmung ihr ankleben lässt, das wahre Wissen [7]). So wird diese ideale Stufe dadurch erreicht, dass das ihr gegenüberliegende Gebiet der blossen Meinung — *δόξα* — verlassen wird; und es handelt sich daher darum, welches die Bedeutung des Meinens in Bezug auf die zu erreichende Vernunft-Erkenntniss sei. Es dreht sich, sagt Plato, die Meinung um alles menschliche Fühlen und Wissen in der Weise, dass sie eben zu einer wahren und falschen Meinung wird, je nachdem sie in gerader Richtung die eigenthümliche Form der Objecte ergreift und sammelt, oder etwa hiebei krumme Seitenwege einschlägt [8]), und in dieser realen Möglichkeit von Wahrheit und Irrthum steht die Meinung in der Mitte zwischen dem Seienden und dem Nichtseienden, zwischen Erkennen und Nicht-Erkennen [9]). Sie ist der innerliche Vorgang, durch welchen in der Seele

---

4) *Soph.* p. 254 A.: *ὁ δέ γε φιλόσοφος τῇ τοῦ ὄντος ἀεὶ διὰ λογισμῶν* (man beachte den Gebrauch des Plurales) *προςκείμενος ἰδέᾳ διὰ τὸ λαμπρὸν αὖ τῆς χώρας οὐδαμῶς εὐπετὴς ὀφθῆναι.* (Da alle derartigen Auffassungen sich durch sämmtliche Schriften Plato's ziehen und an sehr vielen Stellen in mancherlei Variationen ausgesprochen werden, so wähle ich hier, bis wir bei specieller logischen Vorschriften ankommen, nur solche Belegstellen aus, welche durch ihre Ausdrucksweise besonders hervortreten; Mehreres findet sich leicht in den Handbüchern d. Gesch. d. Philos.).

5) *Rep.* X, p. 604 A.: *οὐκοῦν τὸ μὲν ἀντιτείνειν διακελευόμενον λόγος καὶ νόμος ἐστὶ, τὸ δὲ ἕλκον ἐπὶ τὰς λύπας αὐτὸ τὸ πάθος; Ἀληθῆ. Ἐναντίας δὲ ἀγωγῆς γιγνομένης ἐν τῷ ἀνθρώπῳ περὶ τὸ αὐτὸ ἅμα δύο τινέ φαμεν ἐν αὐτῷ ἀναγκαῖον εἶναι.*

6) *Legg.* I, p. 644 f.: *μιᾷ γάρ φησιν ὁ λόγος δεῖν τῶν ἕλξεων ξυνεπόμενον ἀεὶ καὶ μηδαμῇ ἀπολειπόμενον ἐκείνης ἀνθέλκειν τοῖς ἄλλοις νεύροις ἕκαστον, ταύτην δ' εἶναι τὴν τοῦ λογισμοῦ ἀγωγὴν χρυσῆν καὶ ἱεράν ..... τὴν δὲ μαλακὴν ἅτε χρυσῆν οὖσαν, τὰς δὲ ἄλλας παντοδαποῖς εἴδεσιν ὁμοίας .... ἅτε γὰρ τοῦ λογισμοῦ καλοῦ μὲν ὄντος, πράου δὲ καὶ οὐ βιαίου, δεῖσθαι ὑπηρετῶν αὐτοῦ τὴν ἀγωγὴν, ὅπως ἂν ἡμῖν τὸ χρυσοῦν γένος νικᾷ τἆλλα γένη.*

7) *Phaedo* p. 65 f.: *μήτε τὴν ὄψιν παρατιθέμενος ἐν τῷ διανοεῖσθαι μήτε τιν' ἄλλην αἴσθησιν ἐφέλκων μηδεμίαν μετὰ τοῦ λογισμοῦ, ἀλλ' αὐτῇ καθ' αὑτὴν εἰλικρινεῖ τῇ διανοίᾳ χρώμενος.* *Phaedr.* p. 247 C.: *ἡ γὰρ ἀχρώματός τε καὶ ἀσχημάτιστος καὶ ἀναφὴς οὐσία ὄντως οὖσα ψυχῆς κυβερνήτῃ μόνῳ θεατῇ νῷ χρῆται, περὶ ἣν τὸ τῆς ἀληθοῦς ἐπιστήμης γένος τοῦτον ἔχει τὸν τόπον.* Vgl. *Tim.* p. 52.

8) *Theaet.* p. 194 B.: *περὶ μὲν ὧν μὴ οἶδέ τις μηδὲ ᾔσθετο πώποτε, οὐκ ἔστιν, ὡς ἔοικεν, οὔτε ψεύδεσθαι οὔτε ψευδὴς δόξα, εἴ τι νῦν ἡμεῖς ὑγιὲς λέγομεν, περὶ δὲ ὧν ἴσμεν τε καὶ αἰσθανόμεθα, ἐν αὐτοῖς τούτοις στρέφεται καὶ ἑλίττεται ἡ δόξα ψευδὴς καὶ ἀληθὴς γιγνομένη, καταντικρὺ μὲν καὶ κατὰ τὸ εὐθὺ τὰ οἰκεῖα συνάγουσα ἀποτυπώματα καὶ τύπους ἀληθὴς, εἰς πλάγια δὲ καὶ σκολιὰ ψευδής.*

9) *Rep.* V, p. 477 A.: *εἰ δὲ δή τι οὕτως ἔχει ὡς εἶναί τε καὶ μὴ εἶναι, οὐ μεταξὺ ἂν κέοιτο τοῦ εἰλικρινῶς ὄντος καὶ τοῦ αὖ μηδαμῇ ὄντος ..... οὐκοῦν ἐπὶ μὲν τῷ ὄντι γνῶσις ἦν, ἀγνωσία δ' ἐξ ἀνάγκης ἐπὶ τῷ μὴ*

selbst eine Bejahung oder Verneinung gedacht wird, sowie der äussere von der blossen Sinneswahrnehmung abhängige Eindruck die vielheitliche Phantasie ist, und insoferne nun alle menschliche Rede eine Mischung der inneren Meinung und der äusseren Wahrnehmung ist, so enthält das Reden selbst den Dual von Wahr und Falsch [10]), und wegen dieser Vereinigung des Inneren und Aeusseren oder des Einen und Vielen ist der *λόγος* das grösste Moment der Philosophie, er allein verhindert die Zersplitterung in das particular Einzelne und dient selbst der Verflechtung der Ideen, daher eben das *ἓν* und *πολλὰ* das unvergängliche Attribut aller Rede ist [11]). Hat Plato hiedurch einen festen Boden gegen den Particularismus der Sophisten und Megariker gewonnen, welche von jener angeblichen Unverträglichkeit des *ἓν* und *πολλὰ* aus zur zersplittertsten Isolirung des Begriffes gelangt waren (s. Abschn. I, Anm. 13, 52 u. 58 u. Abschn. II, Anm. 30 u. 42), so ist andrerseits für ihn zum Behufe der aufwärts steigenden Richtung des Erkennens hiemit ein erster wesentlicher Schritt dadurch gegeben, dass die „Seele" eben in jener Vermischung des Einen und Vielen vorerst ein Gemeinsames oder Gemeinschaftliches — *κοινά* — ergreift; durch ihre eigene innere Thätigkeit nemlich erwägt sie gewisse gemeinsame, von mehreren Dingen geltende, Bestimmungen, wie z. B. Sein, Nichtsein, Aehnlichkeit, Unähnlichkeit, Einerleiheit, Verschiedenheit, Gerad, Ungerad, und Alles dergleichen [12]), womit sie allerdings noch kein begrifflich Allgemeines (*καθό-*

ὄντι, ἐπὶ τῷ μεταξὺ δὲ τούτῳ μεταξύ τι καὶ ζητητέον ἀγνοίας τε καὶ ἐπιστήμης, εἴ τι τυγχάνει ὂν τοιοῦτον; Πάνυ μὲν οὖν. Ἆρ' οὖν λέγομέν τι δόξαν εἶναι.

10) *Soph.* p. 263 f.: *οὐκοῦν διάνοια μὲν καὶ λόγος ταὐτὸν, πλὴν ὁ μὲν ἐντὸς τῆς ψυχῆς πρὸς αὑτὴν διάλογος ἄνευ φωνῆς γιγνόμενος τοῦτ' αὐτὸ ἡμὶν ἐπωνομάσθη, διάνοια; Πάνυ μὲν οὖν. Τὸ δέ γ' ἀπ' ἐκείνης ῥεῦμα διὰ τοῦ στόματος ἰὸν μετὰ φθόγγου κέκληται λόγος. Ἀληθῆ. Καὶ μὴν ἐν λόγοις αὐτὸ ἴσμεν ὄν. Τὸ ποῖον; Φάσιν τε καὶ ἀπόφασιν. Ἴσμεν. Ὅταν οὖν τοῦτο ἐν ψυχῇ κατὰ διάνοιαν ἐγγίνηται μετὰ σιγῆς, πλὴν δόξης ἔχεις ὅτι προςείπῃς αὐτό; Καὶ πῶς; Τί δ' ὅταν μὴ καθ' αὑτὴν ἀλλὰ δι' αἰσθήσεως παρῇ τινι τὸ τοιοῦτον αὖ πάθος, ἆρ' οἷόν τε ὀρθῶς εἰπεῖν ἕτερόν τι πλὴν φαντασίαν; Οὐδέν. Οὐκοῦν ἐπείπερ λόγος ἀληθὴς ἦν καὶ ψευδής, τούτων δ' ἐφάνη διάνοια μὲν αὐτῆς πρὸς ἑαυτὴν ψυχῆς διάλογος, δόξα δὲ διανοίας ἀποτελεύτησις, φαίνεται δὲ ὃ λέγομεν σύμμιξις αἰσθήσεως καὶ δόξης, ἀνάγκη δὴ καὶ τούτων τῷ λόγῳ ξυγγενῶν ὄντων ψευδῆ τε αὐτῶν ἔνια καὶ ἐνίοτε εἶναι.* *Theaet.* p. 206 *D.*: *οὐκοῦν τοῦτό γε πᾶς ποιεῖν δυνατὸς θᾶττον ἢ σχολαίτερον, τὸ ἐνδείξασθαι τί δοκεῖ περὶ ἑκάστου αὐτῷ, ὁ μὴ ἐνεὸς ἢ κωφὸς ἀπ' ἀρχῆς.*

11) *Soph.* p. 260 *A.*: *πρὸς τὸ τὸν λόγον ἡμῖν τῶν ὄντων ἕν τι γενῶν εἶναι· τούτου γὰρ στερηθέντες τὸ μὲν μέγιστον φιλοσοφίας ἂν στερηθεῖμεν .... ἀφῃρέθημεν δ' ἂν εἰ συνεχωρήσαμεν μηδεμίαν εἶναι μῖξιν μηδενὶ πρὸς μηδέν.* ebend. p. 259 *E.*: *καὶ γάρ, ὦ 'γαθέ, τό γε πᾶν ἀπὸ παντὸς ἐπιχειρεῖν ἀποχωρίζειν ἄλλως τε οὐκ ἐμμελὲς καὶ δὴ καὶ παντάπασιν ἀμούσου τινὸς καὶ ἀφιλοσόφου. Τί δή; Τελεωτάτη πάντων λόγων ἐστὶν ἀφάνισις τὸ διαλύειν ἕκαστον ἀπὸ πάντων, διὰ γὰρ τὴν ἀλλήλων τῶν εἰδῶν συμπλοκὴν ὁ λόγος γέγονεν ἡμῖν.* *Phileb.* p. 15 *D.*: *φαμέν που ταὐτὸν ἓν καὶ πολλὰ ὑπὸ λόγων γιγνόμενα περιτρέχειν πάντῃ καθ' ἕκαστον τῶν λεγομένων ἀεὶ καὶ πάλαι καὶ νῦν· καὶ τοῦτο οὔτε μὴ παύσηταί ποτε οὔτε ἤρξατο νῦν, ἀλλ' ἐστὶ τὸ τοιοῦτον, ὡς ἐμοὶ φαίνεται, τῶν λόγων αὐτῶν ἀθάνατόν τι καὶ ἀγήρων πάθος ἐν ἡμῖν.*

12) *Theaet.* p. 185 *C.*: *ἡ δὲ δὴ διὰ τίνος δύναμις τό τ' ἐπὶ πᾶσι κοινὸν καὶ τὸ ἐπὶ τούτοις δηλοῖ σοι, ᾧ τὸ ἔστιν ἐπονομάζεις καὶ τὸ οὐκ ἔστι καὶ*

λου) besitzt, sondern zum erkennenden Wissen gelangt sie erst, wenn sie in Betreff jenes Gemeinsamen wieder die sammelnde und zusammenfassende Vernunftthätigkeit übt [13]). Solches aber würde durch die Sinnes-Wahrnehmung nie gewonnen, hingegen bekömmt, sobald man so verfährt, die abbildliche und nachahmende Thätigkeit des Meinens den Charakter des Bewussten [14]), und in dem Bestreben, die sinnliche Wahrnehmung soweit als nur möglich zurückzudrängen, soll zuletzt sogar das „Wort“ selbst abgestreift werden, um zur Idee und zur Wahrheit zu gelangen [15]). So bezieht sich bei Plato allerdings das Wissen auch auf die zeitliche Erscheinung, unterscheidet sich aber eben hiedurch von dem genauen, festen, wahren Wissen, zu welchem es sich erheben soll [16]). Diese Erhebung, der Weg zum eigentlichen Wissen, wird bekanntlich im Theätet gegliedert und erscheint auch wieder am Ende des 6. Buches der Republik in der Abfolge der vier Stufen: *εἰκασία*, *πίστις*, *διάνοια*, *νόησις*, deren zwei mittlere eben die Entwicklung der *δόξα* im *λόγος* enthalten.

In dieser letzteren Entwicklung aber beruht die methodische Gestaltung des logischen Momentes, zunächst in wissenschaftlich begründeter Polemik gegen die Sophistik, und sodann in der Darlegung des Verfahrens, welches durch den ideal aufwärts strebenden Gang bedingt ist.

Der an sich ganz unbestimmte allgemeine Trieb des *διαλέγεσθαι*, wie er von Zeno an zu einer allerdings einseitigen Bethätigung des Denkens angewendet worden war, enthält jedenfalls auch einen Grundzug

---

ἃ νῦν δὴ ἠρωτῶμεν περὶ αὐτῶν ..... οὐσίαν λέγεις καὶ τὸ μὴ εἶναι καὶ ὁμοιότητα καὶ ἀνομοιότητα καὶ τὸ ταὐτόν τε καὶ τὸ ἕτερον, ἔτι δὲ ἕν τε καὶ τὸν ἄλλον ἀριθμὸν περὶ αὐτῶν, δῆλον δὲ ὅτι καὶ ἄρτιόν τε καὶ περιττὸν ἐρωτᾷς καὶ τἆλλα ὅσα τούτοις ἕπεται, διὰ τίνος ποτὲ τῶν τοῦ σώματος τῇ ψυχῇ αἰσθανόμεθα ..... ἔγωγε οὐκ ἂν ἔχοιμι εἰπεῖν, πλήν γ' ὅτι μοι δοκεῖ τὴν ἀρχὴν οὐδ' εἶναι τοιοῦτον οὐδὲν τούτοις ὄργανον ἴδιον ὥςπερ ἐκείνοις, ἀλλ' αὐτὴ δι' αὑτῆς ἡ ψυχὴ τὰ κοινά μοι φαίνεται περὶ πάντων ἐπισκοπεῖν.

13) Ebend. p. 186 *D.*: *ἐν μὲν ἄρα τοῖς παθήμασιν οὐκ ἔνι ἐπιστήμη, ἐν δὲ τῷ περὶ ἐκείνων* (d. h. *περὶ τῶν κοινῶν*) *συλλογισμῷ· οὐσίας γὰρ καὶ ἀληθείας ἐνταῦθα μὲν ὡς ἔοικε δυνατὸν ἅψασθαι, ἐκεῖ δὲ ἀδύνατον.*

14) *Soph.* p. 267 *B.*: *τῶν μιμουμένων οἱ μὲν εἰδότες ὃ μιμοῦνται τοῦτο πράττουσιν οἱ δ' οὐκ εἰδότες· καίτοι τίνα μείζω διαίρεσιν ἀγνωσίας τε καὶ γνώσεως θήσομεν.* Rep. VII, p. 532 A.: *οὗτος ἤδη αὐτός ἐστιν ὁ νόμος ὃν τὸ διαλέγεσθαι περαίνει· ὃν καὶ ὄντα νοητὸν μιμοῖτ' ἂν ἡ τῆς ὄψεως δύναμις*, worauf das so oft vorkommende Gleichniss von der Uebung, in die Sonne zu schauen, folgt.

15) *Crat.* p. 438 *D.*: *ἄλλ' ἄττα ζητητέα πλὴν ὀνομάτων ἃ ἡμῖν ἐμφανιεῖ ἄνευ ὀνομάτων ὁπότερα τούτων ἐστὶν ἀληθῆ, δείξαντα δῆλον ὅτι τὴν ἀλήθειαν τῶν ὄντων.* s. Anm. 52.

16) *Lach.* p. 199 A.: *ξυμφῄς περὶ τῶν αὐτῶν τὴν αὐτὴν ἐπιστήμην καὶ ἐσομένων καὶ γιγνομένων καὶ γεγονότων ἐπαΐειν ..... οὐ γὰρ μελλόντων μόνον πέρι ἀγαθῶν τε καὶ κακῶν ἐπαΐει, ἀλλὰ καὶ γιγνομένων καὶ γεγονότων καὶ πάντως ἐχόντων ὥςπερ αἱ ἄλλαι ἐπιστῆμαι.* Phileb. p. 59 A.: *οὐκοῦν οὐ περὶ τὰ ὄντα ἀεὶ, περὶ δὲ τὰ γιγνόμενα καὶ γενησόμενα καὶ γεγονότα ἡμῶν ὁ τοιοῦτος ἀνῄρηται τὸν πόνον; Ἀληθέστατα. Τούτων οὖν τι σαφὲς ἂν φαῖμεν τῇ ἀκριβεστάτῃ ἀληθείᾳ γίγνεσθαι, ὧν μήτε ἔσχε μηδὲν πώποτε κατὰ ταὐτὰ μήθ' ἕξει μήτε εἰς τὸ νῦν παρὸν ἔχει; Καὶ πῶς; Περὶ οὖν τὰ μὴ κεκτημένα βεβαιότητα μηδ' ἡντινοῦν πῶς ἄν ποτε βέβαιον γίγνοιθ' ἡμῖν καὶ ὁτιοῦν;*

der wissenschaftlichen Erörterung überhaupt in sich [17]). Es ist das Bestreben, Rechenschaft zu geben und zu fordern sowohl über die Naturobjecte unseres Erkennens als auch über alles Erkannte überhaupt, ein Bestreben, wodurch wir über die bloss objective Richtigkeit und Wahrheit unserer Aussagen hinaus zu dem eigentlichen Erkennen als solchen gelangen, daher auch dieses Bestreben selbst wieder Gegenstand eines Studiums wird, um methodisch geregelt wirken zu können, und hiebei der Weg von dem Leichteren und Kleineren zu dem Höchsten und Grössten le iten muss [18]). Es verwirft hiemit Plato die *δόξα*, welche in unseren Aussagen sich ausspricht, durchaus nicht etwa skeptisch, ja er sagt sogar ausdrücklich, dass Gedächtniss, Verstand, Wissen, wahre Meinung, sämmtlich zur nemlichen Idee gehören [19]), nur das Verharren in der ungeprüften Meinung, in dem bloss Wahrscheinlichen (*εἰκός*), und jene Unwissenheit, welche ein Wissen zu besitzen wähnt, während sie keines besitzt, ist ihm das Verwerfliche [20]). Jenes Prüfen aber und jenes Rechenschaft Geben beruhen in einem vergleichenden und sichtenden Urtheilen — *κρίνειν*, *διακρίνειν* —, welches offenbar auf obige *κοινὰ* sich bezieht [21]), und in diesem Sinne heisst sogar das Wort ein beleh-

---

17) In diesem Sinne hebt Plato im *Theaet.* p. 179 *E. f.* entschieden den Mangel des Dialectischen an der überwiegend sensualen Ionischen Naturphilosophie hervor, welcher es darum an jeder wissenschaftlichen Fundirung gebreche.

18) *Phaedo* p. 76 *B.*: *τί δέ; τόδε ἔχεις ἑλέσθαι καὶ πῇ σοι δοκεῖ περὶ αὐτοῦ; ἀνὴρ ἐπιστάμενος περὶ ὧν ἐπίσταται ἔχοι ἂν δοῦναι λόγον ἢ οὔ;* *Theaet.* p. 202 *B.*: *ὅταν μὲν οὖν ἄνευ λόγου τὴν ἀληθῆ δόξαν τινός τις λάβῃ, ἀληθεύειν μὲν αὐτοῦ τὴν ψυχὴν περὶ αὐτό, γινώσκειν δ' οὔ· τὸν γὰρ μὴ δυνάμενον δοῦναί τε καὶ δέξασθαι λόγον ἀνεπιστήμονα εἶναι περὶ τούτου, προςλαβόντα δὲ λόγον δυνατόν τε ταῦτα πάντα γεγονέναι καὶ τελέως πρὸς ἐπιστήμην ἔχειν.* *Phaedr.* p. 270 *E.*: *ἀλλ' οὐ μὴν ἀπεικαστέον τόν γε τέχνῃ μετιόντα ὁτιοῦν τυφλῷ οὐδὲ κωφῷ, ἀλλὰ δῆλον ὡς ἄν τῴ τις τέχνῃ λόγους διδῷ, τὴν οὐσίαν δείξει ἀκριβῶς τῆς φύσεως τούτου, πρὸς ὃ τοὺς λόγους προςοίσει.* *Polit.* p. 286 *A.*: *διὸ δεῖ μελετᾶν λόγον ἑκάστου δυνατὸν εἶναι δοῦναι καὶ δέξασθαι· τὰ γὰρ ἀσώματα κάλλιστα ὄντα καὶ μέγιστα λόγῳ μόνῳ, ἄλλῳ δ' οὐδενὶ σαφῶς δείκνυται, τούτων δ' ἕνεκα πάντ' ἐστὶ τὰ νῦν λεγόμενα· ῥᾴων δ' ἐν τοῖς ἐλάττοσιν ἡ μελέτη παντὸς πέρι μᾶλλον ἢ περὶ τὰ μείζω.* *Soph.* p. 218 *D.*: *τὸ πρότερον ἐν σμικροῖς καὶ ῥᾴοσι δεῖ μελετᾶν πρὶν ἐν αὐτοῖς τοῖς μεγίστοις.*

19) *Phileb.* p. 60 *D.*: *εἰ δέ γε παρηνέχθημεν τότε, νῦν ὁστιςοῦν ἐπαναλαβὼν ὀρθότερον εἰπάτω, μνήμην καὶ φρόνησιν καὶ ἐπιστήμην καὶ ἀληθῆ δόξαν τῆς αὐτῆς ἰδέας τιθέμενος.* Ebend. p. 39 *A.*: *ὅταν μὲν ἀληθῆ γράφῃ* (sc. *ἡ μνήμη*), *τοῦτο τὸ πάθημα δόξα τε ἀληθὴς καὶ λόγοι ἀπ' αὐτοῦ ξυμβαίνουσιν ἀληθεῖς ἐν ἡμῖν γεγονέναι.*

20) Die Polemik gegen solches Scheinwissen zieht sich bekanntlich durch sämmtliche Schriften Plato's.

21) *Phileb.* p. 41 *E.*: *εἰ τὸ βούλημα ἡμῖν τῆς κρίσεως τούτων ἐν τοιούτοις τισὶ* (d. h. allerdings hier in ethischer Beziehung auf *ἡδονὴ* und *λύπη*) *διαγνῶναι βούλεται ἑκάστοτε, τίς τούτων πρὸς ἀλλήλους μείζων καὶ τίς ἐλάττων καὶ τίς μᾶλλον καὶ τίς σφοδροτέρα* (das *μᾶλλον* und *ἧττον* u. dgl. gehört eben zu jenen *κοινά*, s. Anm. 12.). *Rep.* II, p. 376 *B.*: *ᾗ, ἦν δ' ἐγώ, ὄψιν οὐδενὶ ἄλλῳ φίλην καὶ ἐχθρὰν διακρίνει* (sc. *ὁ φύλαξ*) *ἢ τῷ τὴν μὲν καταμαθεῖν τὴν δὲ ἀγνοῆσαι· καίτοι πῶς οὐκ ἂν φιλομαθὲς εἴη συνέσει τε καὶ ἀγνοίᾳ ὁριζόμενον τό τε οἰκεῖον καὶ τὸ ἀλλότριον; .... ἀλλὰ μέντοι, εἶπον ἐγώ, τό γε φιλομαθὲς καὶ φιλόσοφον ταὐτόν.* Ebend. X, p. 582 *A.*: *τίνι χρὴ κρίνεσθαι τὰ μέλλοντα καλῶς κριθήσεσθαι; ἆρ' οὐκ ἐμπειρίᾳ καὶ φρονήσει καὶ λόγῳ, ἢ τούτων ἔχοι ἄν τις βέλτιον κριτήριον;* worauf im Folgenden der Philosoph als Beurtheiler der verschiedenen Lebensweisen näher bezeichnet wird.

rendes und unterscheidendes Werkzeug [22]). So dient dem Heranbilden dieses Bestrebens die wahre Rhetorik als wahre Unterrichtungs- und Ueberredungs-Kunst; denn sie ist auf Einsicht in die psychischen Begabungen begründet und versteht es hiedurch, den beiden Seiten, sowohl dem einheitlichen Ansich als auch dem bunten Vielen, das passende zuzutheilen; insoweit sie aber eben noch in dem Gebiete der Worte weilt, gehört sie jener Mittelstufe zwischen sinnlicher Wahrnehmung und reinem Erkennen an, und muss sich abbildlicher und beispielsweiser Ausdrücke bedienen, denn sie ist nur ein entwickelndes Verfahren, noch nicht das gewonnene reine Wissen selbst [23]); aber in der Function des Ueberredens und im Zusammenhange mit ihrer psychischen Wirkung gehört sie zur Politik [24]), da ja Plato bekanntlich den Staat auf der Stufenfolge der Seelenkräfte construirt. In solcher Weise zieht Plato auch die Rhetorik, in welcher das particulare Rechthaben an Stelle des begrifflichen Rechenschaft-Gebens sich schon breit gemacht hatte, gleichfalls wie alles Uebrige in seinen idealen Monismus hinein, wo sie überhaupt nur dem sehnsüchtig nach Oben strebenden Verlaufe dienen kann; eben darum aber stellt sich so häufig in den Schriften Plato's selbst wieder die rhetorische Darlegung des Gegenstandes ein. Eine ganz andere, weit mehr organisirte, Weise, den sophistischen Rhetorismus für die Logik zu überwinden und dabei doch der Rhetorik ihre Stelle im Systeme anzuweisen, werden wir allerdings bei Aristoteles finden.

Die überhaupt bestehende Nothwendigkeit nun, dass das menschliche Erkennen nur innerhalb jener Mischung und Mittelstufe, welche in dem Aussagen und Sprechen beruht, sich entwickeln kann, erscheint dem überschwenglich idealistischen Plato an sich schon als ein Hemmniss oder gleichsam als ein Uebel, und zugleich bot insbesondere der Missbrauch, welcher von den Sophisten mit einseitig rhetorischem Rechthaben getrieben worden war, Veranlassung genug dar, das Unwahre und Unsittliche in der Anwendung des Dialectischen vom Wahren und Guten ausdrücklich zu scheiden. Dabei aber ist Plato von dem ganzen **διαλέγεσθαι**

---

22) *Crat.* p. 388 *B.*: *ἆρ' οὖν διδάσκομέν τι ἀλλήλους καὶ τὰ πράγματα διακρίνομεν ἢ ἔχει; Πάνυ γε. Ὄνομα ἄρα διδασκαλικόν τι ἐστὶν ὄργανον καὶ διακριτικὸν τῆς οὐσίας, ὥςπερ κερκὶς ὑφάσματος.*

23) Bekanntlich ist die Schilderung dieser wahren Rhetorik Gegenstand des *Phaedrus*, s. dort z. B. bes. p. 261. u. 276 f. In Betreff des *παράδειγμα*, wovon *Polit.* p. 277 *C.* gesagt wird *χαλεπὸν, ὦ δαιμόνιε, μὴ παραδείγμασι χρώμενον ἱκανῶς ἐνδείκνυσθαί τι τῶν μειζόνων· κινδυνεύει γὰρ ἡμῶν ἕκαστος οἷον ὄναρ εἰδὼς ἅπαντα πάντ' αὖ πάλιν ὥςπερ ὕπαρ ἀγνοεῖν*, s. die entsprechende Auffassung bei Aristoteles im folg. Abschn. Anm. 46.

24) *Phaedr.* p. 261 *A.*: *ἆρ' οὖν οὐ τὸ μὲν ὅλον ἡ ῥητορικὴ ἂν εἴη τέχνη ψυχαγωγία τις διὰ λόγων οὐ μόνον ἐν δικαστηρίοις καὶ ὅσοι ἄλλοι δημόσιοι σύλλογοι, ἀλλὰ καὶ ἐν ἰδίοις ἡ αὐτὴ σμικρῶν τε καὶ μεγάλων πέρι* (über dieses *ἴδιον* im Gegensatze der *δημόσιοι σύλλογοι* vgl. auch *Theaet.* p. 172—76.). Ebend. p. 271 *C.*: *ἐπειδὴ λόγου δύναμις τυγχάνει ψυχαγωγία οὖσα, τὸν μέλλοντα ῥητορικὸν ἔσεσθαι ἀνάγκη εἰδέναι ψυχὴ ὅσα εἴδη ἔχει.* *Polit.* p. 304 *D.*: *τὸ δ' εἴτε διὰ πειθοῦς εἴτε διά τινος βίας δεῖ πράττειν πρός τινας ὁτιοῦν ἢ καὶ τὸ παράπαν ἔχειν, τοῦτ' αὖ ποίᾳ προςθήσομεν ἐπιστήμῃ; Τῇ τῆς πειστικῆς ἀρχούσῃ καὶ λεκτικῆς. Εἴη δ' ἂν οὐκ ἄλλη τις, ὡς οἶμαι, πλὴν ἡ τοῦ πολιτικοῦ δύναμις. Κάλλιστ' εἴρηκας. Καὶ τοῦτο μὲν ἔοικε ταχὺ κεχωρίσθαι πολιτικῆς τὸ ῥητορικὸν, ὡς ἕτερον εἶδος ὄν, ὑπηρετοῦν μὴν ταύτῃ.*

überhaupt, wie es zu den damaligen Zeiterscheinungen gehörte, so sehr befangen, dass er es wohl idealisirend anwendet, aber eben doch anwendet; er nennt ja auch den Dialektiker denjenigen, welcher zu fragen und zu antworten versteht [25]), und wenn auch hiebei jene verständige Frage, von welcher Baco von Verulam sagt, dass sie schon das halbe Wissen sei [26]), nicht schlechthin ausgeschlossen sein sollte, so ist es bei Plato dem Principe nach doch nicht die forschende Frage, sondern nur die in einem Zwiegespräche erscheinende, welche jedenfalls durch den rhetorischen Ausdruck gefärbt ist; und es kömmt Plato, welcher doch stets von der Erde weg sich in den Himmel sehnt, nie von der dramatischen, aus den Anschauungen seiner Zeit aufgegriffenen, Form eines Dialoges weg, welcher bei aller künstlerischen Verflechtung oft widerlich genug ist [27]). Je mehr aber Plato in solchem Dialektischen selbst befangen ist, desto entschiedener und gereizter weist er die extremen Anwendungen desselben ab. Nemlich von dem formalen Berührungspunkte aus, welchen die platonische Dialogform mit der sophistischen Praxis gemein hat, führt eine Stufenfolge abwärts bis zu jenem an sich verwerflichen Getriebe, dessen Bekämpfung ein Hauptgegenstand der Darstellungsweise Plato's ist; und ebenso hingegen werden wir von der Mittelstufe des *διαλέγεσθαι* aus auf jenem goldenen Wege aufwärts geleitet zum Erfassen der Idee selbst.

Zunächst ist das Fragen und Antworten bei dem Sokratiker Plato, wie sich von selbst versteht, ein Erproben oder ein versuchendes Experimentiren, durch welches die Haltbarkeit einer Aussage überhaupt geprüft wird, — eine *πεῖρα* — [28]), und in solcher Weise dient diese Methode im Allgemeinen dem logischen Verfahren Plato's, welches wir unten als das hauptsächlich Dichotomische zu beschreiben haben werden, indem sie auf gegenseitige Zugeständnisse eines bestimmten festen Ausgangspunktes und auf die Consequenzen dieser Zugeständnisse führt. Insoweit es aber hiebei vielfach unvermeidlich ist, auf die einzelne prägnante Schärfe einer Wortbedeutung einzugehen, stellt sich nothwendig

---

25) *Crat.* p. 390 *C.*: *τὸν δ' ἐρωτᾶν καὶ ἀποκρίνεσθαι ἐπιστάμενον ἄλλο τι σὺ καλεῖς ἢ διαλεκτικόν;* *Meno* p. 75 *D.*: *ἔστι δ' ἴσως τὸ διαλεκτικώτερον μὴ μόνον τἀληθῆ ἀποκρίνεσθαι, ἀλλὰ καὶ δι' ἐκείνων ὧν ἂν προσομολογῇ εἰδέναι ὁ ἐρωτώμενος.* *Gorg.* p. 454 *B.*: *τοῦ ἑξῆς ἕνεκα περαίνεσθαι τὸν λόγον ἐρωτῶ, οὐ σοῦ ἕνεκα, ἀλλ' ἵνα μὴ ἐθιζώμεθα ὑπονοοῦντες προαρπάζειν ἀλλήλων τὰ λεγόμενα, ἀλλὰ σὺ τὰ σαυτοῦ κατὰ τὴν ὑπόθεσιν ὅπως ἂν βούλῃ περαίνῃς.*

26) *d. augm. scient.* V, 3.

27) Das Widerliche liegt nicht bloss in der Form jener Stellen, wo die Antwortenden bloss wie jene chinesischen Figürchen nickend Ja sagen, sondern auch im Principe darum, weil der Fragende durchweg von vorneherein mit einer Superiorität ausgerüstet ist, für welche der Antwortende allein da ist. Wirklich genussreich ist ein wissenschaftliches Zwiegespräch nur, wenn jeder der beiden Sprechenden zugleich höher und tiefer als der andere steht, z. B. wenn dem Einen das empirische Material und dem Anderen die speculative Gliederung zur Hand ist.

28) z. B. *Phileb.* p. 13 *C.*: *πειρασόμεθα δὲ καὶ ἐροῦμεν ἅπερ οἱ πάντων φαυλότατοί τε καὶ περὶ λόγους ἅμα νέοι.* *Protag.* p. 342 *A.*: *εἰ βούλει λαβεῖν μου πεῖραν ὅπως ἔχω, ὃ σὺ λέγεις τοῦτο, περὶ ἐπῶν.* *Theaet.* p. 191 *B.*: *ἐν τῷ τοιούτῳ ἐχόμεθα, ἐν ᾧ ἀνάγκη πάντα μεταστρέφοντα λόγον βασανίζειν.* *Gorg.* p. 448. u. sonst noch oft.

ein zugespitztes Hervorheben von Gegensätzen oder ein *ἀντιλέγειν* ein, welches anderweitig ebensowohl dem bloss sophistischen Motive als Grundlage dienen kann, hier aber durchaus um des Ernstes der Wissenschaft und des wahren Erkennens willen betrieben wird. Eben in dem *ἀντιλέγειν* daher liegt die Grenzscheide, und es kömmt bei demselben in der That nur auf die Absicht des Gebrauches an (die sokratische Einheit von Wissen und Tugend); sobald nemlich das *ἀντιλέγειν* als Selbstzweck betrachtet wird, so wird es Sache des dialektischen Fechtens, ein blosses *ἀγωνιστικὸν*, welches vom Streben des Philosophen weit abliegt [29]), und sowie hiezu die bewusste Vorliebe für ein blosses Kämpfen mit Worten, also die Streit- und Zank-Sucht, das *ἐριστικὸν* und *φιλονεικὲς*, kömmt, so sind jene Grundgegensätze des Einen und Vielen wegen Mangels einer ächt dialektischen Vermittlung bereits zerrissen und einseitig so sehr isolirt, dass die wahre Mittelstufe entschwindet [30]), wobei dann sogar das persönliche Motiv den sachlichen Gegenstand der Erörterung verdrängen kann, und hiemit noch ein doppeltes *φιλονεικὲς* zu scheiden ist, nemlich der Streit gegen die Sache und der Streit gegen die Person [31]). Auch in ersterem aber ist das Verfahren, welches der realen Möglichkeit einer Vermittlung der Gegensätze verlustig gegangen ist, bereits die Sophistik, welche darauf abzielt, nur Worte durch Worte zu verjagen [32]) und sich hiebei an vereinzelte Aehnlichkeiten, also an das zersplitterte *κοινόν*, anklammert, wodurch mit der Entgegensetzung des *ἓν* und *πολλὰ* jener dialektische Unfug getrieben wird [33]), welchen wir in den vorhergehenden zwei Abschnitten als das Hauptmotiv darzustellen hatten. We-

---

29) *Theaet.* p. 164 C.: ἀντιλογικῶς ἐοίκαμεν πρὸς τὰς τῶν ὀνομάτων ὁμολογίας ἀνομολογησάμενοι καὶ τοιούτῳ τινὶ περιγενόμενοι τοῦ λόγου ἀγαπᾶν, καὶ οὐ φάσκοντες ἀγωνισταὶ ἀλλὰ φιλόσοφοι εἶναι λανθάνομεν ταὐτὰ ἐκείνοις τοῖς δεινοῖς ἀνδράσι ποιοῦντες.

30) *Phileb.* p. 16 f.: οἱ δὲ νῦν τῶν ἀνθρώπων σοφοὶ ἓν μὲν, ὅπως ἂν τύχωσι, καὶ πολλὰ θᾶττον καὶ βραδύτερον ποιοῦσι τοῦ δέοντος, μετὰ δὲ τὸ ἓν ἄπειρα εὐθύς· τὰ δὲ μέσα αὐτοὺς ἐκφεύγει, οἷς διακεχώρισται τό τε διαλεκτικῶς πάλιν καὶ τὸ ἐριστικῶς ἡμᾶς ποιεῖσθαι πρὸς ἀλλήλους τοὺς λόγους. *Phaedo* p. 91 A.: ὡς κινδυνεύω ἔγωγε ἐν τῷ παρόντι περὶ αὐτοῦ τούτου οὐ φιλοσόφως ἔχειν, ἀλλ' ὥσπερ οἱ πάνυ ἀπαίδευτοι φιλονείκως· καὶ γὰρ ἐκεῖνοι ὅταν περί του ἀμφισβητήσωσιν, ὅπῃ μὲν ἔχει περὶ ὧν ἂν ὁ λόγος ᾖ οὐ φροντίζουσιν, ὅπως δὲ ἃ αὐτοὶ ἔθεντο ταῦτα δόξει τοῖς παροῦσι τοῦτο προθυμοῦνται.

31) *Gorg.* p. 457. die ganze Rede des Sokrates, bes. die Stelle: φοβοῦμαι οὖν διελέγχειν σε, μή με ὑπολάβῃς οὐ πρὸς τὸ πρᾶγμα φιλονεικοῦντα λέγειν, τοῦ καταφανὲς γενέσθαι, ἀλλὰ πρὸς σέ.

32) *Soph.* p. 232 D.: ἀτὰρ δὴ τὸ τῆς ἀντιλογικῆς τέχνης ἆρ' οὐκ ἐν κεφαλαίῳ περὶ πάντων πρὸς ἀμφισβήτησιν ἱκανή τις δύναμις ἔοικ' εἶναι; *Theaet.* p. 154 D.: οὐκοῦν εἰ μὲν δεινοὶ καὶ σοφοὶ ἐγώ τε καὶ σὺ ἦμεν, πάντα τὰ τῶν φρενῶν ἐξητακότες, ἤδη ἂν τὸ λοιπὸν ἐκ περιουσίας ἀλλήλων ἀποπειρώμενοι, ξυνελθόντες σοφιστικῶς εἰς μάχην τοιαύτην ἀλλήλων τοὺς λόγους τοῖς λόγοις ἐκρούομεν.

33) *Soph.* p. 231 A.: τὸν δὲ ἀσφαλῆ δεῖ πάντων μάλιστα περὶ τὰς ὁμοιότητας ἀεὶ ποιεῖσθαι τὴν φυλακήν· ὀλισθηρότατον γὰρ τὸ γένος. *Phileb.* p. 14 D.: μὴ δεῖν τῶν τοιούτων ἅπτεσθαι, παιδαριώδη καὶ ῥᾴδια καὶ σφόδρα τοῖς λόγοις ἐμπόδια ὑπολαμβανόντων γίγνεσθαι, ἐπεὶ μηδὲ τὰ τοιάδε, ὅταν τις ἑκάστου τὰ μέλη τε καὶ ἅμα διελὼν τῷ λόγῳ, πάντα ταῦτα τὸ ἓν ἐκεῖνο εἶναι διομολογησάμενος, ἐλέγχῃ καταγελῶν ὅτι τέρατα διηνάγκασται, φάναι, τό τε ἓν ὡς πολλά ἐστι καὶ ἄπειρα καὶ τὰ πολλὰ ὡς ἓν μόνον.

gen dieses Verstosses nun, welchen die Sophistik gegen die Aufgabe der wahren Dialektik, nemlich gegen die Vereinigung der Gegensätze begeht, bezeichnet sie Plato als die Wissenschaft des Nichtseienden, des blossen Scheines und der particularen Meinung, als ein Verfahren, in welchem sich der Widerspruch verkörpert, Etwas und zugleich Nichts zu sagen [34]), und insoferne das Nichtseiende auch eine ethische Bedeutung hat, erscheint die Sophistik hiemit als etwas sittlich Verwerfliches. In solchem Sinne dann stellt Plato den Sophisten im gleichnamigen Dialoge als das schlechte Extrem der innern urtheilenden und unterscheidenden sowie der äusseren wahrnehmenden und nachahmenden Thätigkeit der Seele dar. So auch ist die sophistische Rhetorik im Gegensatze gegen obige wahre Rhetorik eine bloss auf blendende Ueberredung abzielende Technik, welche dem Lehren und der Wahrheit gegenübersteht, ein Ueberreden nach dem blossen Scheine, welches auch den politischen Leidenschaften fröhnt und so zur verwerflichen politischen Rhetorik führt [35]).

Ist so bei Plato durch dessen idealistisches Streben nach Vereinigung der Gegensätze die Einsicht gewonnen, dass die abstract begriffliche Isolirung des Wortes ein principieller Abweg sei, und war hiedurch eine polemische Abwehr des missbräuchlichen Agonistischen und Eristischen geboten, so gelangt andrerseits auch die positive Annahme über die Art und Weise, in welcher das *διαλέγεσθαι* zum Speculativen hinauf sich entwickle, zu einer gewissen Gestaltung, wenn auch die Gesetze der Erkenntniss-Formen noch nicht systematisch gesondert oder ausgeführt sind. Am allerwenigsten aber kann davon die Rede sein, dass Plato hiebei irgend von einem formalen Grundsatze oder einer Mehrheit solcher Grundsätze ausgegangen sei. Eine arge Täuschung ist es, zu glauben, dass das principium identitatis et contradictionis oberstes logisches Princip des Plato sei. Der Ausspruch, dass derjenige, welcher im Gebiete der blossen Meinung verharrt, leicht dessen überführt werden könne, dass

---

34) *Soph.* p. 254 *A.*: der Sophist ist *ὁ ἀποδιδράσκων εἰς τὴν τοῦ μὴ ὄντος σκοτεινότητα τριβῇ προσαπτόμενος αὐτῆς διὰ τὸ σκοτεινὸν τοῦ τόπου κατανοῆσαι χαλεπός.* Ebend. p. 233 *C.*: *δοξαστικὴν ἄρα τινὰ περὶ πάντων ἐπιστήμην ὁ σοφιστὴς ἡμῖν, ἀλλ' οὐκ ἀλήθειαν, ἔχων ἀναπέφανται.* Ebend. p. 236 f.: *τὸ γὰρ φαίνεσθαι τοῦτο καὶ δοκεῖν, εἶναι δὲ μή, καὶ τὸ λέγειν ἄττα, ἀληθῆ δὲ μή, πάντα ταῦτά ἐστι μεστὰ ἀπορίας ἀεὶ ἐν τῷ πρόσθεν χρόνῳ καὶ νῦν· ὅπως γὰρ εἰπόντα χρὴ ψευδῆ λέγειν ἢ δοξάζειν ὄντως εἶναι, καὶ τοῦτο φθεγξάμενον ἐναντιολογίᾳ μὴ συνέχεσθαι, παντάπασι χαλεπόν ...... ὑποθέσθαι τὸ μὴ ὂν εἶναι, ψεῦδος γὰρ οὐκ ἂν ἄλλως ἐγίγνετο ὄν.*

35) *Rep.* III, p. 396 *B.*: *εἰ ἄρ', ἦν δ' ἐγώ, μανθάνω ὃ σὺ λέγεις, ἔστι τι εἶδος λέξεώς τε καὶ διηγήσεως ἐν ᾧ ἂν διηγοῖτο ὁ τῷ ὄντι καλὸς κἀγαθός, ὁπότε τι δέοι αὐτὸν λέγειν, καὶ ἕτερον αὖ ἀνόμοιον τούτῳ εἶδος οὗ ἂν ἔχοιτο ἀεὶ καὶ ἐν ᾧ διηγοῖτο ὁ ἐναντίως ἐκείνῳ φύς τε καὶ τραφείς.* *Phileb.* p. 58 *A.*: *ἤκουον μὲν ἔγωγε τοῦτ', ὦ Σώκρατες, ἑκάστοτε Γοργίου πολλάκις, ὡς ἡ τοῦ πείθειν πολὺ διαφέροι πασῶν τεχνῶν.* *Gorg.* p. 454 *E.*: *ποτέραν οὖν ἡ ῥητορικὴ πειθὼ ποιεῖ ..... ἐξ ἧς τὸ πιστεύειν γίγνεται ἄνευ τοῦ εἰδέναι ἢ ἐξ ἧς τὸ εἰδέναι; ..... ἡ ῥητορικὴ ἄρα, ὡς ἔοικε, πειθοῦς δημιουργός ἐστι πιστευτικῆς, ἀλλ' οὐ διδασκαλικῆς.* *Phaedr.* p. 260 *A.*: *οὐκ εἶναι ἀνάγκην τῷ μέλλοντι ῥήτορι ἔσεσθαι τὰ τῷ ὄντι δίκαια μανθάνειν, ἀλλὰ τὰ δόξαντα ἂν πλήθει οἵπερ δικάσουσιν, οὐδὲ τὰ ὄντως ἀγαθὰ ἢ καλά, ἀλλ' ὅσα δόξει· ἐκ γὰρ τούτων εἶναι τὸ πείθειν, ἀλλ' οὐκ ἐκ τῆς ἀληθείας.* Vgl. *Rep.* VI, p. 493.

die Meinung oft bei dem nemlichen Gegenstande und selbst den nemlichen Beziehungen desselben mit sich selbst in Widerspruch gerathe [36]), enthält ja nur den einheitlichen Trieb des Erkennens überhaupt, welcher gleichsam als medicina mentis gegen das subjectiv particulare Gutdünken wirkt. Will man diess mit obigem Schul-Ausdrucke bezeichnen, so ist allerdings das princ. exclusi tertii hierin schon mitenthalten, nemlich eben das Ausschliessen der Unentschiedenheit und Unbestimmtheit. Aber so wenig es von Letzterem eine Ausnahme ist, wenn z. B. von einem *οὔτε ἀγαθὸν οὔτε κακόν* gesprochen wird [37]), ebenso sehr ist es gerade eine Hauptaufgabe, welche sich Plato stellen musste, die Coexistenz der Gegensätze nachzuweisen, wie diess bekanntlich im Philebus und besonders im Parmenides geschieht. Das princ. ident. et contr. in dem Sinne, wie es von den Stoikern an die Heerde der gewöhnlichen Logiker versteht, würde für Plato zum geraden Gegentheile seiner Ansicht werden, nemlich zu einer völlig unterschiedslosen Einheit auch innerhalb der uns zugänglichen Welt [38]). Zu einem hievon durchaus verschiedenen Gebiete gehört der platonische Monismus der Idee überhaupt, welcher zwar manche äussere Aehnlichkeit mit jenem Schul-Principe herbeiführt, aber darum noch nicht als erster Grundsatz der Logik betrachtet werden kann. Dahin gehören namentlich jene schwachen Beweise der Unsterblichkeit der Seele im Phädon, welche darauf beruhen, dass der Begriff nicht sein Gegentheil in sich aufnehmen könne, oder was im 4. Buche der Republik zum Behufe der Unterscheidung der Seelenkräfte oder zur Begründung der Arbeits-Theilung gesagt wird; es ist derartiges nur eine Folge der Ideenlehre, insoferne in derselben die Einheit zu einer transscendenten gemacht und nur hiefür die Mannigfaltigkeit des Werdens ausgeschlossen wird. Hingegen für das *διαλέγεσθαι* als solches fordert Plato einen festen Anhalts-Punkt, welcher gleichsam als ein sprachliches

---

36) *Soph.* p. 230 *B.*: *διερωτῶσιν ὧν ἂν οἴηταί τίς τι πέρι λέγειν λέγων μηδέν, εἶθ' ἅτε πλανωμένων τὰς δόξας ῥᾳδίως ἐξετάζουσι καὶ συνάγοντες δὴ τοῖς λόγοις εἰς ταὐτὸν τιθέασι παρ' ἀλλήλας, τιθέντες δὲ ἐπιδεικνύουσιν αὐτὰς αὑταῖς ἅμα περὶ τῶν αὐτῶν πρὸς τὰ αὐτὰ κατὰ ταὐτὰ ἐναντίας.* So ist diess ein Wegräumen der Hindernisse, welche in der Buntheit der *δόξαι* liegen, und es wirkt hiemit als *ἔλεγχος*: *διὰ ταῦτα δὴ πάντα ἡμῖν καὶ τὸν ἔλεγχον λεκτέον, ὡς ἄρα μεγίστη καὶ κυριωτάτη τῶν καθάρσεών ἐστι, καὶ τὸν ἀνέλεγκτον αὖ νομιστέον τὰ μέγιστα ἀκάθαρτον εἶναι.* Dieses *καθαρτικὸν* aber gehört hiemit eben zu obigem *διακριτικόν*, s. Anm. 21. Eine andere Stelle, welche man zuweilen hieher zieht (*Soph.* p. 259 *D.*: *τὸ δὲ ταὐτὸν ἕτερον ἀποφαίνειν ἁμῇ γέ πῃ καὶ τὸ θάτερον ταὐτὸν κ. τ. λ.*), hat mit dem sog. *princ. id. et contr.* Nichts zu schaffen, sondern bezieht sich auf jene Tändeleien, durch welche die Sophisten und Megariker das Urtheil wankend machen wollten.

37) z. B. *Lysis* p. 216. u. *Gorg.* p. 467.

38) Ja Plato selbst lässt z. B. *Theaet.* p. 158 f. sehr deutlich durchblicken, dass das isolirte *princ. id.*, in Folge dessen eben nur von dem einzelnen Dinge oder Zustande ausgesagt werden könne, dass es dieses einzelne Ding oder dieser Zustand sei, gerade am besten mit der Sensual-Theorie des Protagoras sich vertrage. In der That hatten wir auch schon in den beiden vorhergehenden Abschnitten Fingerzeige genug dafür, dass das *A est A* das eigentliche Terrain jener unspeculativen Annahmen ist, welche in einer Verquickung des dürrsten Formalismus und rohesten Empirismus sich bewegen. Von der Stoa an begleitet uns dann stets diese Trivialität.

principium ident. et contr. bezeichnet werden müsste, aber eben darum von jenem angeblichen logischen Grundgesetze gänzlich verschieden ist. Plato nemlich verlangt das Zugeständniss des schlichten einfachen Grundsatzes einer jeden Erörterung, dass durch die einzelnen Worte in der Rede irgend ein Bestimmtes und Eines bezeichnet werden müsse, wenn es überhaupt ein Reden geben solle [39]).

Von diesem letzteren allgemein menschlichen Axiome aus, welches gleichfalls gegen die sophistischen Taschenspielerkünste gerichtet ist, können wir nun in die nähere Entwicklung der positiven Angaben eintreten, welche das methodische Verfahren des aufwärts gerichteten Erkennens entwickeln und hiemit dasjenige enthalten, was man platonische Logik nennen mag.

Insoferne die Vereinigung des Allgemeinen und des Besonderen, auf welche Sokrates gedrungen hatte, bei Plato aus dem *διαλέγεσθαι* sich erheben soll, erkennt derselbe mit Recht an, dass ein Ausdruck jener Verbindung im Urtheile vorliege, und in diesem Sinne unterscheidet er an dem menschlichen Sprechen dasjenige, was unverknüpft gesagt wird — *ἄνευ συμπλοκῆς λεγόμενα* — und jenes, was in der Verknüpfung vermittelst eines Urtheiles ausgesprochen wird — *κατὰ συμπλοκὴν λεγόμενα* —; ersteres sei ein blosses Benennen der Dinge, letzteres allein aber ein Reden, in welchem über Gegenwärtiges, Vergangenes oder Zukünftiges etwas ausgesagt werde und, ebenso wie in den factischen Dingen, das Verhältniss eines wechselseitigen Zusammenpassens oder Nichtzusammenpassens bestehe, und wenn ein Satz die factisch bestehende Objectivität so ausspreche, wie sie ist, sei er wahr, wenn nicht, falsch [40]); daher wird auch hier der durch das Urtheilen vermittelte ob-

---

39) *Soph.* p. 237 *D.*: *καὶ τοῦτο ἡμῖν που φανερὸν, ὡς καὶ τὸ τὶ τοῦτο ῥῆμα ἐπὶ ὄντι λέγομεν ἑκάστοτε· μόνον γὰρ αὐτὸ λέγειν ὥσπερ γυμνὸν καὶ ἀπηρημωμένον ἀπὸ τῶν ὄντων ἁπάντων ἀδύνατον. ἢ γάρ; Ἀδύνατον· Ἆρα τῇδε σκοπῶν ξύμφῃς ὡς ἀνάγκη τὸν τὶ λέγοντα ἕν γε τὶ λέγειν; Οὕτως. Ἑνὸς γὰρ δὴ τό γε τὶ φήσεις σημεῖον εἶναι, τὸ δὲ τινὲ δυοῖν, τὸ δὲ τινὲς πολλῶν; Πῶς γὰρ οὔ; Τὸν δὲ δὴ μὴ τὶ λέγοντα ἀναγκαιότατον, ὡς ἔοικε, παντάπασι μηδὲν λέγειν. Ἀναγκαιότατον μὲν οὖν.* Ebend. p. 263 *D.*: *μηδενὸς δὲ ὢν οὐδ' ἂν λόγος εἴη τὸ παράπαν· ἀπεφήναμεν γὰρ ὅτι τῶν ἀδυνάτων ἦν λόγον ὄντα μηδενὸς εἶναι λόγον.* *Parm.* p. 147 *D.*: *ἐάν τε ἅπαξ ἐάν τε πολλάκις ταὐτὸν ὄνομα φθέγξῃ, πολλὴ ἀνάγκη σὲ ταὐτὸν καὶ λέγειν ἀεί.* *Theaet.* p. 190 *B.*: *σκόπει εἴ ποτ' ἐπεχείρησας σεαυτὸν πείθειν ὡς παντὸς μᾶλλον τὸ ἕτερον ἕτερόν ἐστιν ἢ πᾶν τοὐναντίον οὐδ' ἐν ὕπνῳ πώποτε ἐτόλμησας εἰπεῖν πρὸς σεαυτὸν ὡς παντάπασιν ἄρα τὰ περιττὰ ἄρτιά ἐστιν ἤ τι ἄλλο τοιοῦτον. . . . . . οὐκοῦν εἰ τὸ λέγειν πρὸς ἑαυτὸν δοξάζειν ἐστὶν* (s. Anm. 10 f.), *οὐδεὶς ἀμφότερά γε λέγων καὶ δοξάζων καὶ ἐφαπτόμενος ἀμφοῖν τῇ ψυχῇ εἴποι ἂν καὶ δοξάσειεν ὡς τὸ ἕτερον ἕτερόν ἐστιν.*

40) *Soph.* p. 262 *B.*: *οἷον βαδίζει τρέχει καθεύδει καὶ τἄλλα ὅσα πράξεις σημαίνει ῥήματα, κἂν πάντα τις ἐφεξῆς αὔτ' εἴπῃ, λόγον οὐδέν τι μᾶλλον ἀπεργάζεται . . . . οὐκοῦν καὶ πάλιν ὅταν λέγηται λέων ἔλαφος ἵππος ὅσα τε ὀνόματα τῶν τὰς πράξεις αὖ πραττόντων ὠνομάσθη, καὶ κατὰ ταύτην δὴ τὴν συνέχειαν οὐδείς πω ξυνέστη λόγος· οὐδεμίαν γὰρ οὔτε οὕτως οὔτ' ἐκείνως πρᾶξιν οὐδ' ἀπραξίαν οὐδὲ οὐσίαν ὄντος οὐδὲ μὴ ὄντος δηλοῖ τὰ φωνηθέντα, πρὶν ἄν τις τοῖς ὀνόμασι τὰ ῥήματα περάσῃ· τότε δ' ἥρμοσέ τε καὶ λόγος ἐγένετο εὐθὺς ἡ πρώτη συμπλοκὴ, σχεδὸν τῶν λόγων ὁ πρῶτος καὶ σμικρότατος . . . . ὅταν εἴπῃ τις „ἄνθρωπος μανθάνει", λόγον εἶναι φῂς τοῦτον ἐλάχιστόν τε καὶ πρῶτον; . . . δηλοῖ γὰρ

jective Thatbestand dem blossen Wortemachen gegenübergestellt[41]). Das Wort selbst ist eine auf psychologischen Vorgängen beruhende Nachahmung des objectiv Bestehenden, wobei die innere Annahme wie in einem Spiegelbilde ausgedrückt wird[42]); und indem das Reden aus dieser Stufe der Nachahmung und diesem Elemente der Vielheit zu dem Ansichseienden und Einen sich erheben soll, muss aus dem flüssigeren Verbum (*ῥῆμα*) das constantere Substantivum (*ὄνομα*) werden, und es bezeichnen innerhalb der Veränderlichkeit und des steten Flusses der Objectivität die Substantiva das Wesen (*οὐσία*) des Seienden, wenn auch immer noch als Abbilder, so doch in der einheitlichen Ruhe des Erkennens[43]); in diesem Sinne auch will Plato im Cratylus zeigen, dass die Worte richtige Abbilder der Ideen sein sollen. Jedenfalls aber erkennen wir hieraus, dass — um uns schroff schulmässig auzudrücken — in der platonischen Logik das Urtheil dem Begriffe vorausgehe.

Hier aber, in dem Aussprechen der Urtheile, musste im Gegensatze gegen den sophistischen Particularismus des Begriffes gerade jenes obige Gemeinsame — *τὰ κοινά* — (Anm. 12) hervorgehoben werden, nemlich gemeinsame Bestimmungen, welche, da sie von mehreren Wesenheiten gelten, als gemeinschaftliche Prädicate in Urtheile erscheinen und hiedurch zu umfassenderen Gesichtspunkten sich gestalten, nach welchen eine Mehrheit von Gegenständen betrachtet werden kann oder muss. So findet sich bei Plato eine erste Spur der aristotelischen Kategorien. Es sind nemlich jene *κοινὰ*, welche in der antinomischen Begründung der Ideenlehre im Parmenides immer als dasjenige erscheinen, was doch noch

---

ἤδη που τότε περὶ τῶν ὄντων ἢ γιγνομένων ἢ γεγονότων ἢ μελλόντων, καὶ οὐκ ὀνομάζει μόνον, ἀλλά τι περαίνει, συμπλέκων τὰ ῥήματα τοῖς ὀνόμασι· διὸ λέγειν τε αὐτὸν ἀλλ' οὐ μόνον ὀνομάζειν εἴπομεν, καὶ δὴ καὶ τῷ πλέγματι τούτῳ τὸ ὄνομα ἐφθεγξάμεθα λόγον .... οὕτω δὴ καθάπερ τὰ πράγματα τὰ μὲν ἀλλήλοις ἥρμοττε τὰ δ' οὔ, καὶ περὶ τὰ τῆς φωνῆς αὖ σημεῖα τὰ μὲν οὐχ ἁρμόττει τὰ δὲ ἁρμόττοντα αὐτῶν λόγον ἀπειργάσατο. *Theaet.* p. 202 *B.*: *ὀνομάτων γὰρ συμπλοκὴν εἶναι λόγου οὐσίαν· οὕτω δὴ τὰ μὲν στοιχεῖα ἄλογα καὶ ἄγνωστα εἶναι, αἰσθητὰ δὲ, τὰς δὲ συλλαβὰς γνωστάς τε καὶ ῥητὰς καὶ ἀληθεῖ δόξῃ δοξαστάς.* *Crat.* p. 431 *B.*: *εἰ δὲ ῥήματα καὶ ὀνόματα ἔστιν οὕτω τιθέναι, ἀνάγκη καὶ λόγους· λόγος γάρ που, ὡς ἐγῷμαι, ἡ τοιούτων σύνθεσίς ἐστιν.* Ebend. p. 385 *B.*: *οὐκοῦν εἴη ἂν λόγος ἀληθὴς, ὁ δὲ ψευδὴς; Πάνυ γε. Ἆρ' οὖν οὗτος ὃς ἂν τὰ ὄντα λέγῃ ὡς ἔστιν, ἀληθὴς, ὡς δ' ἂν ὡς οὐκ ἔστι, ψευδής; Ναί.*

41) *Soph.* p. 218 *C.*: *δεῖ δὲ ἀεὶ παντὸς πέρι τὸ πρᾶγμα αὐτὸ μᾶλλον διὰ λόγων ἢ τοὔνομα μόνον συνομολογήσασθαι χωρὶς λόγου.*

42) *Theaet.* p. 206 *C.*: *τὸ μὲν πρῶτον εἴη ἂν τὸ τὴν αὐτοῦ διάνοιαν ἐμφανῆ ποιεῖν διὰ φωνῆς μετὰ ῥημάτων τε καὶ ὀνομάτων ὥςπερ εἰς κάτοπτρον ἢ ὕδωρ τὴν δόξαν ἐκτυπούμενον εἰς τὴν διὰ τοῦ στόματος ῥοήν* (*κάτοπτρον* u. *ὕδωρ* sind bekanntlich stehende Gleichnisse für das niederere Gebiet des Erkennens). *Crat.* p. 423 *B.*: *ὄνομ' ἄρ' ἐστὶν, ὡς ἔοικε, μίμημα φωνῆς ἐκείνου ὃ μιμεῖται καὶ ὀνομάζει ὁ μιμούμενος τῇ φωνῇ ὃ ἂν μιμῆται.* Ebend. p. 430 *B.*: *οὐκοῦν καὶ τοὔνομα ὁμολογεῖς μίμημά τι εἶναι τοῦ πράγματος;*

43) *Crat.* p. 399 *B.*, woselbst in Bezug auf die Ableitung des Wortes *ἄνθρωπος* aus *ἀναθρεῖ* gesagt wird: *ἐκ γὰρ ῥήματος ὄνομα γέγονεν*, u. ebend. p. 436 *E.*: *ὡς τοῦ παντὸς ἰόντος τε καὶ φερομένου καὶ ῥέοντός φαμεν σημαίνειν ἡμῖν τὴν οὐσίαν τὰ ὀνόματα.* ebend. p. 387 *C.*: *οὐκοῦν τοῦ λέγειν μόριον τὸ ὀνομάζειν· ὀνομάζοντες γάρ που λέγουσι τοὺς λόγους.* So ist auch *Polit.* p. 271 *τοὔνομα* und *λόγος* synonym gebraucht.

als real mögliches Prädicat übrig bleiben muss, mag das Eine und Seiende oder das Viele und Nichtseiende angenommen werden, so z. B. Ganz, Theil, Begränzt, Unbegränzt, Bewegung, Ruhe, Einerlei, Verschiedenerlei, Aehnlich, Unähnlich, Gleich, Ungleich, Zeitlich, Unzeitlich, Räumlich, Unräumlich u. s. f.[44]), wobei überall die Forderung durchblickt, dass die entsprechenden Gegensätze gleichmässig die Möglichkeit haben müssen, als Prädikate aufzutreten. Und dass eben derartige Bestimmungen, welche eine Vereinbarung des Gegensätzlichen vermittelst des prädicirenden Urtheiles enthalten, nicht durch die vereinzelte blosse Sinneswahrnehmung erreicht werden, sondern der höheren Thätigkeit der „Seele" anheimfallen, wird deutlich genug im Theätet[45]) ausgesprochen. Plato bedient sich solcher gemeinsamer Bestimmungen überall gleichsam in propädeutischer Weise zur Darlegung dessen, dass ein höheres Allgemeines in der Vielheit der einzelnen Erscheinungen walte, nirgends aber scheidet er eine bestimmte Zahl der hauptsächlicheren aus, daher wir hier nur einen noch völlig unbestimmten Keim der aristotelischen Kategorien vorfinden. Nur Einiges nimmt bereits eine festere Ausdrucksweise an, z. B. wenn die Qualität im Unterschiede vom Wesensbegriffe hervorgehoben wird[46]), oder wenn die Quantität bei dem Begriffe des Ganzen erwogen wird[47]); ja in Bezug auf das Thun und Leiden (*ποιεῖν — πάσχειν*) finden wir sogar schon das später constant übliche Beispiel *τέμνειν, καίειν*[48]). Die Relation ferner (*πρός τι*) zieht sich durch den ganzen Plato, nicht bloss oft gelegentlich in Fragen, sondern auch zur Erörterung objectiver Verhältnisse, welchen das Relative einwohnt, besonders im ganzen Philebus; ja sogar fast könnte man sagen, dass Plato schon eine Begriffsbestimmung dieser Kategorie versucht habe[49]). Man könnte selbst sagen, dass diese platonischen Keime der aristoteli-

---

44) *Parm.* p. 137 ff.:

45) p. 184 f., s. bes. d. Stelle in obiger Anm. 12.

46) *Theaet.* p. 182 *A.*: *ἴσως οὖν ἡ ποιότης ἅμα ἀλλόκοτόν τε φαίνεται ὄνομα καὶ οὐ μανθάνεις ἀθρόον λεγόμενον.* *Gorg.* p. 448 *E.*: *ἀλλ' οὐδεὶς ἠρώτα ποία τις εἴη ἡ Γοργίου τέχνη, ἀλλὰ τίς καὶ ὅντινα δέοι καλεῖν τὸν Γοργίαν.* *Rep.* IV, p. 438 *B.*: *ὅσα γ' ἐστὶ τοιαῦτα οἷα εἶναί του, τὰ μὲν ποιὰ ἄττα ποιοῦ τινός ἐστιν, ὡς ἐμοὶ δοκεῖ, τὰ δ' αὐτὰ ἕκαστα αὐτοῦ ἑκάστου μόνον.*

47) *Soph.* p. 245 *D.*: *καὶ μὴν οὐδ' ὁποσονοῦν τι δεῖ τὸ μὴ ὅλον εἶναι· ποσὸν γάρ τι ὄν, ὁπόσον ἂν ᾖ, τοσοῦτον ὅλον ἀναγκαῖον αὐτὸ εἶναι.* Auch in Bezug auf das *μᾶλλον* und *ἧττον*, das *σφόδρα* und *ἠρέμα* wird das *ποσὸν* besprochen *Phileb.* p. 24 *C.*

48) *Gorg.* p. 476 *B.*: *ἆρα τοῦτο πάσχον ὃ τὸ ποιοῦν ποιεῖ καὶ τοιοῦτον οἷον ποιεῖ τὸ ποιοῦν; λέγω δὲ τὸ τοιόνδε· ..... οὐκοῦν καὶ εἰ κάει τις, ἀνάγκη τι κάεσθαι. Πῶς γὰρ οὔ; Καὶ εἰ σφόδρα γε κάει ἢ ἀλγεινῶς, οὕτω κάεσθαι τὸ καόμενον ὡς ἂν τὸ κᾶον κάῃ. Πάνυ γε. Οὐκοῦν καὶ εἰ τέμνει τι, ὁ αὐτὸς λόγος· τέμνεται γάρ τι. Ναί. Καὶ εἰ μέγα γε ἢ βαθὺ τὸ τμῆμα ἢ ἀλγεινόν, τοιοῦτον τμῆμα τέμνεται τὸ τεμνόμενον, οἷον τὸ τέμνον τέμνει.* Vgl. *Crat.* p. 387 *A.* *Soph.* p. 248 *C.*

49) *Soph.* p. 255 *C.*: *τὸ δ' ἕτερον ἀεὶ πρὸς ἕτερον ..... νῦν δὲ ἀτεχνῶς ἡμῖν ὅ τί περ ἂν ἕτερον ᾖ, συμβέβηκεν ἐξ ἀνάγκης ἑτέρου τοῦτο ὅπερ ἐστὶν εἶναι.* *D. Rep.* IV, p. 438 *A.* (es ist überhaupt von Beispielen relativer Begriffe die Rede): *ἀλλὰ μέντοι, ἦν δ' ἐγώ, ὅσα γ' ἐστὶ τοιαῦτα οἷα εἶναί του, τὰ μὲν ποιὰ ἄττα ποιοῦ τινός ἐστιν, ὡς ἐμοὶ δοκεῖ τὰ δ' αὐτὰ ἕκαστα αὐτοῦ ἑκάστου μόνον.* Dass auf diese zwei Stellen im Sinne einer Kategorien-Bestimmtheit sich selbst spätere Peripatetiker beriefen, s. Abschn. IX, Anm. 31.

schen Kategorien gerade in ihrer Unbestimmtheit noch viel weiter greifen, als die spätere Reduction auf eine bestimmte Zahl der hauptsächlichen es duldete; wenigstens spielen Begriffe wie *ταὐτότης* — *ἑτερότης* oder *μᾶλλον* — *ἧττον* oder *ὑπερβολή* — *ἔλλειψις* eine ebenso bedeutende Rolle wie die vorgenannten in gleicher Anwendung, ja es heissen sogar ausdrücklich die Begriffe Sein, Ruhe, Bewegung (*ὄν*, *στάσις*, *κίνησις*) die höchsten Geschlechter des Seienden [50]; s. betreffs der Bewegung d. folg. Abschn. Anm. 315 — 21. Ein wichtiger Anhaltspunkt für die Entstehung und Bedeutung der aristotelischen Kategorien bleibt uns, dass diese gemeinsamen Prädicate bei Plato eben nur *κοινά*, kein *καθόλου*, sind.

Aber über dieselben hinaus soll die Seele durch vernunftgemässes Zusammenfassen sich erheben — s. oben Anm. 13 — und hiedurch das wahre Erkennen erreichen, d. h. die Vernunft-Thätigkeit steigt vom Urtheile zur „Idee" empor, welche aus dem *διαλέγεσθαι* als Einheit des Wissens resultiren soll; die zusammenfassende Ueberschau der gegenseitig verwandten Eigenthümlichkeiten der einzelnen Wissenschaften bildet die Probe der dialektischen Begabung [51]. Die Idee geht in der Reinheit ihres Ansich über das Wort selbst hinaus, wenn sie auch durch Fixirung des Wortes in menschlich möglicher Weise erreicht wird [52]; das unmittelbare Schauen des reinen Lichtes ja ist die exaltirte Stufe, auf welche als letztes Ziel Plato überall hinweist [53]. Es ist die platonische Idee die noch ungesichtete Indifferenz dessen, was bei Aristoteles als Substanz und als Begriff auftritt, daher die logischen Functionen noch keine Selbstständigkeit erhalten, sondern im Ganzen nur das Abstreifen des particular Empirischen im Dienste der Idee geschildert werden kann.

Die Idee ist das Eine, Einheitliche des vielen Gleichnamigen, welches wir durch sie unter Ein Wort vereinigen, indem wir es hiedurch mit einem einheitlichen geistigen Stempel ausprägen und zugleich von dem Verwandten und der Vielheit überhaupt aussondern; und es wird dieses einigende Zusammenführen ausdrücklich durch das Wort *ὁρίζεσθαι* und hiemit die Idee als *ὅρος* bezeichnet [54], so dass hierin der vorbild-

---

50) *Soph.* p. 254 *D.*: *μέγιστα μὴν τῶν γενῶν, ἃ νῦν δὴ διῇμεν, τό τε ὂν αὐτὸ καὶ στάσις καὶ κίνησις.*

51) *Rep.* VII, p. 537 *C.*: *τὰ χύδην μαθήματα παισὶν ἐν τῇ παιδείᾳ γενόμενα τούτοις συνακτέον εἰς σύνοψιν οἰκειότητος ἀλλήλων τῶν μαθημάτων καὶ τῆς τοῦ ὄντος φύσεως* (diess sind aber wieder *κοινά*)· *μόνη γοῦν, εἶπεν, ἡ τοιαύτη μάθησις βέβαιος ἐν οἷς ἂν ἐγγένηται καὶ μεγίστη γε, ἦν δ' ἐγώ, πεῖρα διαλεκτικῆς φύσεως καὶ μή.*

52) s. Anm. 15. *Crat.* p. 386 *E.*: *δῆλον δὴ ὅτι αὐτὰ αὑτῶν οὐσίαν ἔχοντά τινα βέβαιόν ἐστι τὰ πράγματα, οὐ πρὸς ἡμᾶς οὐδὲ ὑφ' ἡμῶν, ἑλκόμενα ἄνω καὶ κάτω τῷ ἡμετέρῳ φαντάσματι, ἀλλὰ καθ' αὑτὰ πρὸς τὴν αὑτῶν οὐσίαν ἔχοντα ᾗπερ πέφυκεν.* *Euthyphr.* p. 11 *E.*: *ἐβουλόμην ἄν μοι τοὺς λόγους μένειν καὶ ἀκινήτους ἱδρῦσθαι μᾶλλον ἢ πρὸς τῇ Δαιδάλου τέχνῃ τὰ Ταντάλου χρήματα γενέσθαι.* *Parmen.* p. 135 *D.*: *ἠγάσθην εἰπόντος ὅτι οὐκ εἴας ἐν τοῖς ὁρωμένοις οὐδὲ περὶ ταῦτα τὴν πλάνην ἐπισκοπεῖν, ἀλλὰ περὶ ἐκεῖνα ἃ μάλιστά τις ἂν λόγῳ λάβοι καὶ εἴδη ἂν ἡγήσαιτο εἶναι.*

53) Es ist bekannt genug, wie durchgehends Plato das Gleichniss des Sonnenlichtes in dieser Beziehung anwendet. In solchem Sinne ist dann *νοῦς* und *ἀλήθεια* das Nemliche, *Phileb. p.* 65.

54) *Rep.* X, 576 *A.*: *εἶδος γάρ πού τι ἓν ἕκαστον εἰώθαμεν τίθεσθαι περὶ ἕκαστα τὰ πολλὰ οἷς ταὐτὸν ὄνομα ἐπιφέρομεν.* *Phaedr.* p. 265 *D.*: *εἰς μίαν τε ἰδέαν συνορῶντα* (s. Anm. 51.) *ἄγειν τὰ πολλαχῇ διεσπαρμένα,*

liche Keim der aristotelischen Lehre deutlich ersichtlich ist; auch hat ja die platonische Idee die Bedeutung des Ansich (*καθ' αὐτό*) und des Allgemeinen (*καθόλου*), welch beides in dem aristotelischen Begriffe sich wieder vereinigt findet [55]). Bekannt ist, dass bei Plato das Verhältniss der einzelnen Dinge zu der ihnen zu Grunde liegenden Idee als ein Theilhaben bezeichnet wird, so dass jene nur durch dieses Theilnehmen sind, was sie sind. Eben hiedurch aber wird an jenem *ὁρίζεσθαι* die menschliche Denkthätigkeit bedeutend geschmälert, da nur eine Mehrheit poetisch objectiver Urwesenheiten vorliegt, in welche das Einzelne durch ein blosses Zusammenfassen des Gleichartigen umgesetzt wird, daher der Platonismus mehr der Faulheit des mystischen Schwärmers fröhnt, als dass er zur emsigen Durchforschung der Merkmale und Inhärenzien irgend reize. Manche wichtige Fragen, welche erst Aristoteles vermöge seines tiefsten Principes der Unterscheidung zwischen Potenz und Entelechie genügend erörtern konnte, sind darum bei Plato höchstens berührt, werden aber dann sogleich durch jenes unbestimmte Theilhaben (*μετέχειν, μεταλαμβάνειν*) mehr verwischt als beantwortet. So z. B., insoferne die Idee als die Allgemeinheit auch das Ganze oder die Totalität des Einzelnen sein soll, zieht sich die wichtige Untersuchung betreffs der Einheit des Ansichseienden und betreffs des Verhältnisses der Theile zum Ganzen völlig in das ontologische Gebiet und hiemit in die Polemik gegen die Eleaten hinüber [56]). Oder die für die Logik doch unumgängliche Frage, wie sich die Einheit des Begriffes oder der Definition innerhalb der Vielheit der Merkmale oder selbst der Unterarten behaupte, wird nur

---

ἵν' ἕκαστον ὁριζόμενος δῆλον ποιῇ περὶ οὗ ἀεὶ διδάσκειν ἐθέλῃ. *Polit.* p. 308 *C.*: *πᾶσα ἐπιστήμη πανταχοῦ .... πάντ' εἰς ἓν αὐτὰ ξυνάγουσα μίαν τινὰ δύναμιν καὶ ἰδέαν δημιουργεῖ.* *Phileb.* p. 34 *D.*: *πρὸς τί ποτε ἄρα ταὐτὸν βλέψαντες οὕτω πολὺ διαφέροντα ταῦθ' ἑνὶ ὀνόματι προσαγορεύομεν;* *Theaet.* p. 147 *D.*: *ἡμῖν οὖν εἰςῆλθέ τι τοιοῦτον, ἐπειδὴ ἄπειροι τὸ πλῆθος αἱ δυνάμεις ἐφαίνοντο, πειραθῆναι ξυλλαβεῖν εἰς ἕν, ὅτῳ πάσας ταύτας προςαγορεύσομεν τὰς δυνάμεις.* *Phaedr.* p. 237 *C.*: *ὁμολογίᾳ θέμενοι ὅρον εἰς τοῦτ' ἀποβλέποντες καὶ ἀναφέροντες τὴν σκέψιν ποιώμεθα.* *Phileb.* p. 26 *D.*: *καίτοι πολλά γε καὶ τὸ ἄπειρον παρέσχετο γένη, ὅμως δ' ἐπισφραγισθέντα τῷ τοῦ μᾶλλον καὶ ἐναντίου γένει ἓν ἐφάνη.* *Polit.* p. 258 *C.*: *χωρὶς ἀφελόντας ἀπὸ τῶν ἄλλων ἰδέαν αὐτῇ* (sc. *τῇ πολιτικῇ*) *μίαν ἐπισφραγίσασθαι καὶ ταῖς ἄλλαις ἐκτροπαῖς ἓν ἄλλο εἶδος ἐπισημηναμένους.* *Phileb.* p. 25 *A.*: *κατὰ τὸν ἔμπροσθεν λόγον, ὃν ἔφαμεν, ὅσα διέσπασται καὶ διέσχισται συναγαγόντας χρῆναι κατὰ δύναμιν μίαν ἐπισημαίνεσθαί τινα φύσιν.* ebend. p. 29 *B.*: *ἐν ἑνὶ δὲ λαβὼν περὶ πάντων νόει ταὐτόν.* ebend. p. 16 *D.*: *δεῖ οὖν ἡμᾶς τούτων οὕτω διακεκοσμημένων ἀεὶ μίαν ἰδέαν περὶ παντὸς ἑκάστοτε θεμένους ζητεῖν, εὑρήσειν γὰρ ἐνοῦσαν.*

55) *Phileb.* p. 53 *D.*: *ἐστὸν δή τινε δύο, τὸ μὲν αὐτὸ καθ' αὑτό, τὸ δὲ ἀεὶ ἐφιέμενον ἄλλου.* *Euthyphr.* p. 5 *C.*: *ἢ οὐ ταὐτόν ἐστιν ἐν πάσῃ πράξει τὸ ὅσιον αὐτὸ αὑτῷ καὶ τὸ ἀνόσιον αὖ τοῦ μὲν ὁσίου παντὸς ἐναντίον, αὐτὸ δ' αὑτῷ ὅμοιον καὶ ἔχον μίαν τινὰ ἰδέαν κατὰ τὴν ἀνοσιότητα πᾶν ὅτι περ ἂν μέλλῃ ἀνόσιον εἶναι.* *Gorg.* p. 453 *A.*: *εἴπερ τις ἄλλος ἄλλῳ διαλέγεται βουλόμενος εἰδέναι αὐτὸ τοῦτο περὶ ὅτου ὁ λόγος ἐστί.* *Meno* p. 72 *C.*: *οὕτω δὴ καὶ περὶ τῶν ἀρετῶν, κἂν εἰ πολλαὶ καὶ παντοδαπαί εἰσιν, ἕν γέ τι εἶδος ταὐτὸν ἅπασαι ἔχουσι δι' ὃ εἰσιν ἀρεταί, εἰς ὃ καλῶς που ἔχει ἀποβλέψαντα τὸν ἀποκρινάμενον τῷ ἐρωτήσαντι ἐκεῖνο δηλῶσαι ὃ τυγχάνει οὖσα ἀρετή.* Ebenso betreffs der *ἀνδρία* *Lach.* p. 191. und betreffs der *γραμματικὴ* *Phileb.* p. 18.

56) *Soph.* p. 244 ff. u. *Parm.* p. 129 ff. vgl. *Theaet.* p. 204.

durch die Hinweisung darauf beschwichtigt, dass verschiedene Bestimmungen die Fähigkeit haben, an einander gegenseitig Theil zu nehmen und in Gemeinschaft zu stehn [57]); darum findet sich auch bei Plato nirgends eine begriffsmässige Scheidung zwischen wesentlichen Merkmalen und jenem, was Aristoteles als *συμβεβηκὸς* bezeichnet [58]); werden ja doch auch die gegen den protagoreischen Sensualismus gerichteten Erwägungen, dass Ein und der nemliche Mensch bald grösser bald kleiner als ein Anderer sein könne, in einer speculativ völlig nutzlosen Lösung vermittelst jenes Theilhabens erledigt [59]). Aus dem gleichen Grunde hat dasjenige, was Aristoteles artmachenden Unterschied nennt, hier noch keine prägnante logische Gestaltung gefunden, sondern die differentia specifica, welche als Idee selbst wieder eine Allgemeinheit sein muss, so dass eben eine Idee eine Mehrheit von Ideen unter sich hat, ist den Unterschieden überhaupt, welche irgend zwischen den gemeinsamen Eigenthümlichkeiten der Dinge bestehen, völlig gleichgestellt [60]). Ebenso ist es nur ein kümmerlicher Anfang der bei Aristoteles weitgreifenden Untersuchungen, wenn Plato einmal gelegentlich bemerkt, dass jeder Artbegriff ein Theil des höhern Ganzen, nicht aber jeder Theil ein Artbegriff sei [61]). Die schwächste Seite aber bietet das Theilhaben der Dinge an den Ideen jedenfalls durch die unerklärte mystische Causalität dar, vermittelst deren die Ideen metaphysisch die Ursache des Seienden sein sollen; und wenn auch Plato in solchem Sinne von einer den Dingen wesentlich einwohnenden Potenz — *δύναμις* — spricht [62]) und in onto-

---

57) *Soph.* p. 251 *A.*: *λέγωμεν δὴ καθ' ὅν τινά ποτε τρόπον πολλοῖς ὀνόμασι ταὐτὸν τοῦτο ἑκάστοτε προσαγορεύομεν. .... λέγομεν ἄνθρωπον δήπου πόλλ' ἄττα ἐπονομάζοντες, τά τε χρώματα ἐπιφέροντες αὐτῷ καὶ τὰ σχήματα καὶ μεγέθη καὶ κακίας καὶ ἀρετὰς, ἐν οἷς πᾶσι καὶ ἑτέροις μυρίοις οὐ μόνον ἄνθρωπον αὐτὸν εἶναί φαμεν, ἀλλὰ καὶ ἀγαθὸν καὶ ἕτερα ἄπειρα καὶ τἆλλα δὴ κατὰ τὸν αὐτὸν λόγον οὕτως ἓν ἕκαστον ὑποθέμενοι πάλιν αὐτὸ πολλὰ καὶ πολλοῖς ὀνόμασι λέγομεν.* Die Antwort hierauf: *πότερον μήτε τὴν οὐσίαν κινήσει καὶ στάσει προσάπτωμεν μήτε ἄλλο ἄλλῳ μηδὲν μηδενὶ, ἀλλ' ὡς ἄμικτα ὄντα καὶ ἀδύνατα μεταλαμβάνειν ἀλλήλων οὕτως αὐτὰ ἐν τοῖς παρ' ἡμῖν λόγοις τιθῶμεν; ἢ πάντα εἰς ταὐτὸν ξυνάγωμεν ὡς δυνατὰ ἐπικοινωνεῖν ἀλλήλοις; ἢ τὰ μὲν τὰ δὲ μή;*

58) Höchstens als annähernde Bezeichnung für das aristotelische *συμβεβηκὸς* kann genommen werden *Soph.* p. 247 *A.*: *ἀλλὰ μὴν τό γε δυνατόν τῳ παραγίγνεσθαι καὶ ἀπογίγνεσθαι πάντως εἶναί τι φήσουσιν.*

59) *Theaet.* p. 155. *Phaedo p.* 96.

60) *Polit.* p. 285 *A.*: *διὰ δὲ τὸ μὴ κατ' εἴδη συνειθίσθαι σκοπεῖν διαιρουμένους ταῦτά τε τοσοῦτον διαφέροντα συμβάλλουσιν εὐθὺς εἰς ταὐτὸν ὅμοια νομίσαντες καὶ τοὐναντίον αὖ τούτου δρῶσιν ἕτερα οὐ κατὰ μέρη διαιροῦντες, δέον, ὅταν μὲν τὴν τῶν πολλῶν τις πρότερον αἴσθηται κοινωνίαν, μὴ προαφίστασθαι πρὶν ἂν ἐν αὐτῇ τὰς διαφορὰς ἴδῃ πάσας, ὁπόσαι περ ἐν εἴδεσι κεῖνται, τὰς δ' αὖ παντοδαπὰς ἀνομοιότητας, ὅταν ἐν πλήθεσιν ὀφθῶσι, μὴ δυνατὸν εἶναι δυςωπούμενον παύεσθαι, πρὶν ἂν σύμπαντα τὰ οἰκεῖα ἐντὸς μιᾶς ὁμοιότητος ἕρξας γένους τινὸς οὐσίᾳ περιβάληται.*

61) Ebend. p. 263 *B.*: *ὡς εἶδος μὲν ὅταν ᾖ του, καὶ μέρος αὐτὸ ἀναγκαῖον εἶναι τοῦ πράγματος ὅτου περ ἂν εἶδος λέγηται, μέρος δὲ εἶδος οὐδεμία ἀνάγκη· ταύτῃ με ἢ ἐκείνῃ μᾶλλον ἀεὶ φάθι λέγειν.* Daher wird *μόρια ἀρετῆς* in dem Sinne von *εἴδη ἀρετῆς* gebraucht, wo es den *ὀνόματα πολλὰ τῆς μιᾶς* gegenübersteht, *Protag.* p. 329. u. 349.

62) *Soph.* p. 248 *C.*: *ἱκανὸν ἔθεμεν ὅρον που τῶν ὄντων, ὅταν τῳ παρῇ ἡ τοῦ πάσχειν ἢ δρᾶν καὶ πρὸς τὸ σμικρότατον δύναμις.* *Charm. p.* 186 *C.*:

logischer Bedeutung den nothwendigen Wechselverkehr zwischen dem constanten Einen und dem variablen Vielen (im Parmenides) und die Vereinigung von Ruhe und Bewegung (im Philebus) hervorhebt, ja wenn er sogar einmal das Erkennen der Idee ausdrücklich im Gegensatze gegen die blosse Empirie ein Erkennen der Ursache nennt[63]), so ist bei ihm doch in logischer Beziehung die Ursache ein leeres Wort (die metaphysischen Schwächen der platonischen Causalität haben wir hier nicht zu untersuchen). Und darin ist auch die Blösse gegeben für Aristoteles, welchem die bewegende Ursache und der Uebergang vom Potenziellen zum Actuellen der letzte ontologische und logische Erklärungsgrund ist. Mit Recht kann Aristoteles sagen, die Ideenlehre sei unbrauchbar für das individuelle Werden, in welchem der Begriff der Form wirke, richtig sei dabei wohl, dass es so viele Ideen als Naturwesenheiten geben müsse[64]), aber die Causalität bleibe ohne alles apodeiktische Streben als eine blosse Hypothese stehen[65]); allerdings sei die Substanz etwas Anderes, als die concrete Erscheinung des Wesens im Individuum, und insoferne sei sie zu trennen, Plato aber habe Substanz und Attribut zusammengeworfen, er habe das bloss prädicative *καθόλου* zur Idee gemacht, während, was nicht Substanz ist, Prädicat sein müsse; darum sei die Ideenlehre in eben dem Masse, als sie das Werden nicht erkläre, auch „Nichts für den Begriff", ein Geschwätz, dem vergleichbar, wenn Jemand die kleineren Zahlen nicht zählen könnend mit den grösseren zu Recht zu kommen glaube, eine vorgefasste Meinung, welche eigensinnig festgehalten den Zweckbegriff und das Ziel aus dem Auge verliere[66]).

ὅ τί περ ἂν τὴν ἑαυτοῦ δύναμιν πρὸς ἑαυτὸ ἔχῃ, οὐ καὶ ἐκείνην ἕξει τὴν οὐσίαν πρὸς ἣν ἡ δύναμις αὐτοῦ ἦν; So hat auch Jedes die ihm eigenthümliche *ἀρετὴ* und deren *στέρησις*, *Rep.* I, p. 353.

63) *Gorg.* p. 465 A.: *τέχνην δὲ αὐτὸ οὔ φημι εἶναι, ἀλλ' ἐμπειρίαν, ὅτι οὐκ ἔχει λόγον οὐδένα ὧν προφέρει ὁποῖ' ἄττα τὴν φύσιν ἐστίν, ὥστε τὴν αἰτίαν ἑκάστου μὴ ἔχειν εἰπεῖν.* Davon kann keine Rede sein, dass hierin auch nur eine Spur des *principium causalitatis* liege.

64) *Metaph.* *Z*, 8, 1033 b. 26.: *φανερὸν ἄρα, ὅτι ἡ τῶν εἰδῶν αἰτία, ὡς εἰώθασί τινες λέγειν τὰ εἴδη, εἰ ἔστιν ἄττα παρὰ τὰ καθ' ἕκαστα, πρός τε τὰς γενέσεις καὶ οὐσίας οὐδὲν χρήσιμα, οὐδ' ἂν εἶεν διά γε ταῦτα οὐσίαι καθ' αὑτάς.* ebend. *Λ*, 3, 1070 a. 9.: *οὐσίαι δὲ τρεῖς· ἡ μὲν ὕλη τόδε τι οὖσα τῷ φαίνεσθαι ..... ἡ δὲ φύσις τόδε τι, εἰς ἥν, καὶ ἕξις τις· ἔτι τρίτη ἡ ἐκ τούτων ἡ καθ' ἕκαστα ..... διὸ δὴ οὐ κακῶς ὁ Πλάτων ἔφη ὅτι εἴδη ἔστιν ὁπόσα φύσει, εἴπερ ἔστιν εἴδη ἄλλα τούτων ..... τὰ μὲν οὖν κινοῦντα αἴτια ὡς προγεγενημένα ὄντα, τὰ δὲ ὡς ὁ λόγος ἅμα ..... φανερὸν δὴ ὅτι οὐδὲν δεῖ διά γε ταῦτ' εἶναι τὰς ἰδέας.*

65) Ebend. *Λ*, 8, 1073 a. 17.: *ἡ μὲν γὰρ περὶ τὰς ἰδέας ὑπόληψις οὐδεμίαν ἔχει σκέψιν ἰδίαν .... δι' ἣν δ' αἰτίαν τοσοῦτον τὸ πλῆθος τῶν ἀριθμῶν, οὐδὲν λέγεται μετὰ σπουδῆς ἀποδεικτικῆς.* *d. gen. et corr.* II, 9, 355 b. 9.: *οἱ μὲν ᾠήθησαν αἰτίαν εἶναι πρὸς τὸ γίνεσθαι τὴν τῶν εἰδῶν φύσιν ..... ὑποτίθεται ὡς ἐστὶ τῶν ὄντων τὰ μὲν εἴδη τὰ δὲ μεθεκτικὰ τῶν εἰδῶν καὶ ὅτι εἶναι μὲν ἕκαστον λέγεται κατὰ τὸ εἶδος, γίνεσθαι δὲ κατὰ τὴν μετάληψιν καὶ φθείρεσθαι κατὰ τὴν ἀποβολήν, ὥστ' εἰ ταῦτ' ἀληθῆ, τὰ εἴδη οἴεται ἐξ ἀνάγκης αἰτίαν εἶναι καὶ γενέσεως καὶ φθορᾶς.*

66) *Metaph.* *Z*, 16, 1040 b. 27.: *ὥστε δῆλον ὅτι οὐδὲν τῶν καθόλου ὑπάρχει παρὰ τὰ καθ' ἕκαστα χωρίς, ἀλλ' οἱ τὰ εἴδη λέγοντες τῇ μὲν ὀρθῶς λέγουσι χωρίζοντες αὐτά, εἴπερ οὐσίαι εἰσί, τῇ δ' οὐκ ὀρθῶς, ὅτι τὸ ἓν ἐπὶ πολλῶν εἶδος λέγουσιν.* *Anal. post.* I, 22, 83 a. 33.: *ὅσα δὲ μὴ οὐσίαν σημαίνει, δεῖ κατά τινος ὑποκειμένου κατηγορεῖσθαι καὶ μὴ εἶναί*

So bleibt auch in der That bei Plato für die Logik keine weitere Bedeutung der Idee übrig, als dass dieselbe durch jenes einigende Zusammenfassen des Gleichartigen gesucht werden muss, wobei eben zunächst von den gemeinsamen Bestimmungen (*κοινά, κοινωνεῖν*) ausgegangen wird [67]). Es soll das Denken sich hierin ebenso wie bei dem Gebrauche der Worte selbst über das empirisch Einzelne erheben, um von einer ideellen Allgemeinheit aus von oben herab dasselbe zu beherrschen. Allerdings liegt in diesem Verfahren der Absicht noch eine Identität des Allgemeinen und des Besondern, und es wird daher auch von einem doppelten Wege, dem einen welcher von Unten nach Oben und dem anderen welcher von Oben nach Unten führt, gesprochen, — eine Zweiheit, deren glückliche Vermittlung der in die Menschheit gefallene Prometheus-Funke sei [68]) —, aber auch hier ist es nur eine transscendente mythisch-poetische Einheit, welche über das empirisch Einzelne mit Gewalt dominirt und nur durch die nothgedrungene *μέθεξις* mit demselben verbunden ist. Soll ein noch nicht Bekanntes durch Erfahrung vorgeführt werden, so wird es sogleich durch die Anschauungen des Aehnlichen und Unähnlichen (d. h. eben durch jene *κοινά*) in das Gebiet der Ideen umgesetzt, sowie diess auch durch obiges Zusammenfassen unter Einem Namen (s. Anm. 54) geschieht; ein wissentlich „vermittelnder" Weg ist hiebei natürlich nicht möglich, sondern dieses Umsetzen der Empirie in

---

τι λευκόν, ὃ οὐχ ἕτερόν τι ὂν λευκόν ἐστι· τὰ γὰρ εἴδη χαιρέτω, τερετίσματα γάρ ἐστι, καὶ εἰ ἔστιν, οὐδὲν πρὸς τὸν λόγον ἐστίν· αἱ γὰρ ἀποδείξεις περὶ τῶν τοιούτων εἰσίν. *Metaph. A*, 9, 990 b. 1.: οἱ δὲ τὰς ἰδέας αἰτίας τιθέμενοι πρῶτον μὲν ζητοῦντες τωνδὶ τῶν ὄντων λαβεῖν τὰς αἰτίας ἕτερα τούτοις ἴσα τὸν ἀριθμὸν ἐκόμισαν, ὥσπερ εἴ τις ἀριθμῆσαι βουλόμενος ἐλαττόνων μὲν ὄντων οἴοιτο μὴ δυνήσεσθαι, πλείω δὲ ποιήσας ἀριθμοίη. *d. coel.* III, 7, 306 a. 12.: ταὐτὸ ποιεῖν ἐοίκασι τοῖς τὰς θέσεις ἐν τοῖς λόγοις διαφυλάττουσιν· ἅπαν γὰρ ὑπομένουσι τὸ συμβαῖνον ὡς ἀληθεῖς ἔχοντες ἀρχάς· ὥσπερ οὐκ ἐνίας δέον κρίνειν ἐκ τῶν ἀποβαινόντων καὶ μάλιστα ἐκ τοῦ τέλους· τέλος δὲ τῆς μὲν ποιητικῆς τὸ ἔργον, τῆς δὲ φυσικῆς τὸ φαινόμενον ἀεὶ κυρίως κατὰ τὴν αἴσθησιν.

67) *Soph.* p. 253 D.: οὐκοῦν ὅ γε τοῦτο δυνατὸς δρᾶν μίαν ἰδέαν διὰ πολλῶν, ἑνὸς ἑκάστου κειμένου χωρίς, πάντῃ διατεταμένην ἱκανῶς διαισθάνεται καὶ πολλὰς ἑτέρας ἀλλήλων ὑπὸ μιᾶς ἔξωθεν περιεχομένας, καὶ μίαν αὖ δι' ὅλων πολλῶν ἐν ἑνὶ ξυνημμένην καὶ πολλὰς χωρὶς πάντῃ διωρισμένας· τοῦτο δ' ἔστιν, ᾗ τε κοινωνεῖν ἕκαστα δύναται καὶ ὅπῃ μή, διακρίνειν κατὰ γένος ἐπίστασθαι.

68) *Phaedr.* p. 265 D.: εἰς μίαν τε ἰδέαν συνορῶντα ἄγειν τὰ πολλαχῇ διεσπαρμένα, ἵν' ἕκαστον ὁριζόμενος δῆλον ποιῇ περὶ οὗ ἂν ἀεὶ διδάσκειν ἐθέλῃ ..... τὸ πάλιν κατ' εἴδη δύνασθαι τέμνειν, κατ' ἄρθρα, ᾗ πέφυκε, καὶ μὴ ἐπιχειρεῖν καταγνύναι μέρος μηδὲν κακοῦ μαγείρου τρόπῳ χρώμενον. *Phileb.* p. 16 C.: θεῶν μὲν εἰς ἀνθρώπους δόσις, ὥς γε καταφαίνεται ἐμοί, ποθὲν ἐκ θεῶν ἐρρίφη διά τινος Προμηθέως ἅμα φανοτάτῳ τινὶ πυρί, καὶ οἱ μὲν παλαιοὶ κρείττονες ἡμῶν καὶ ἐγγυτέρω θεῶν οἰκοῦντες ταύτην φήμην παρέδοσαν, ὡς ἐξ ἑνὸς μὲν καὶ ἐκ πολλῶν ὄντων τῶν ἀεὶ λεγομένων εἶναι, πέρας δὲ καὶ ἀπειρίαν ἐν ἑαυτοῖς ξύμφυτον ἐχόντων· δεῖν οὖν ἡμᾶς τούτων οὕτω διακεκοσμημένων ἀεὶ μίαν ἰδέαν περὶ παντὸς ἑκάστοτε θεμένους ζητεῖν, εὑρήσειν γὰρ ἐνοῦσαν· ἐὰν οὖν καταλάβωμεν, μετὰ μίαν δύο, εἴ πως εἰσί, σκοπεῖν, εἰ δὲ μή, τρεῖς ἤ τινα ἄλλον ἀριθμόν, καὶ τῶν ἓν ἐκείνων ἕκαστον πάλιν ὡσαύτως, μέχρι περ ἂν τὸ κατ' ἀρχὰς ἓν μὴ ὅτι ἓν καὶ πολλὰ καὶ ἄπειρά ἐστι μόνον ἴδῃ τις, ἀλλὰ καὶ ὁπόσα. Vgl. *Arist. Eth. Nic.* I, 2, 1095 a. 32.

die richtige Meinung ist die einzige, aber auch kümmerliche Spur der aristotelischen Epagoge [69]).

Eben dadurch aber dass ein derartiger Weg von Unten nach Oben nur gleichsam abgenöthigt ist, fällt mehr Gewicht auf die von Oben nach Unten durchzuführende Allgemeinheit; und es gestaltet sich diess zu einer Gliederung eines höheren Gattungsbegriffes in seine Arten und Unterarten, welche an ihm „Theil haben", aber sämmtlich schon wieder Producte jener Umsetzung des empirischen Details sind. Für dieses Verfahren nun gibt auch Plato in gewissem Sinne Regeln, indem er dieselben zu ihrer Veranschaulichung in Dialoge einkleidet, welche nach dieser Methode der Eintheilung fortschreitend ihren Gegenstand entwickeln; es sind diess der Sophistes, der Theätet und insbesondere der Politikos [70]). Es solle nämlich zunächst ein vorläufiger Begriff des Gegenstandes bloss hypothetisch gesetzt werden [71]), wobei die qualitativen Bestimmungen desselben noch ausser Ansatz bleiben [72]); dieses ganze hypothetische Feststellen aber müsse überwunden und von diesem Charakter des Vorläufigen befreit werden [73]), wozu eben als Erprobung die antinomische

---

69) *Polit.* p. 278 *A.* (die Stelle spricht von Kindern, welche lesen lernen; eine Parallele, die man auch wieder erkennt in *Soph.* p. 253 *A.*: *σχεδὸν οἷον τὰ γράμματα πεπονθότ' ἂν εἴη· καὶ γὰρ ἐκείνων τὰ μὲν ἀναρμοστεῖ που πρὸς ἄλληλα, τὰ δὲ ξυναρμόττει*): *ἀνάγειν πρῶτον ἐπ' ἐκεῖνα ἐν οἷς ταὐτὰ ταῦτα ὀρθῶς ἐδόξαζον, ἀναγαγόντας δὲ τιθέναι παρὰ τὰ μήπω γιγνωσκόμενα καὶ παραβάλλοντας ἐνδεικνύναι τὴν αὐτὴν ὁμοιότητα καὶ φύσιν ἐν ἀμφοτέραις οὖσαν ταῖς συμπλοκαῖς, μέχρι περ ἂν πᾶσι τοῖς ἀγνοουμένοις τὰ δοξαζόμενα ἀληθῶς παρατιθέμενα δειχθῇ, δειχθέντα δὲ παραδείγμαθ' οὕτω γιγνόμενα, ποιήσῃ τῶν στοιχείων ἕκαστον πάντων ἐν πάσαις ταῖς συλλαβαῖς, τὸ μὲν ἕτερον ὡς τῶν ἄλλων ἕτερον ὄν, τὸ δὲ ταὐτὸν ὡς ταὐτὸν ἀεὶ κατὰ ταὐτὰ ἑαυτῷ προσαγορεύεσθαι.*

70) Ebend. p. 285 *D.*: *τί δ' αὖ; νῦν ἡμῖν ἡ περὶ τοῦ πολιτικοῦ ζήτησις ἕνεκ' αὐτοῦ τούτου προβέβληται μᾶλλον ἢ τοῦ περὶ πάντα διαλεκτικωτέροις γίγνεσθαι; καὶ τοῦτο δῆλον ὅτι τοῦ περὶ πάντα.* ebend. p. 279 *A.*: *τί δῆτα; παράδειγμά τις ἂν ἔχον τὴν αὐτὴν πολιτικὴν πραγματείαν σμικρότατον παραθέμενος ἱκανῶς ἂν εὕροι τὸ ζητούμενον.*

71) *Phaedr.* p. 237 *B.*: *περὶ παντός, ὦ παῖ, μία ἀρχὴ τοῖς μέλλουσι καλῶς βουλεύεσθαι· εἰδέναι δεῖ περὶ οὗ ἂν ᾖ ἡ βουλή, ἢ παντὸς ἁμαρτάνειν ἀνάγκη· τοὺς δὲ πολλοὺς λέληθεν ὅτι οὐκ ἴσασι τὴν οὐσίαν ἑκάστου.* *Phaedo* p. 100 *A.*: *ἀλλ' οὖν δὴ ταύτῃ γε ὥρμησα καὶ ὑποθέμενος ἑκάστοτε λόγον ὃν ἂν κρίνω ἐρρωμενέστατον εἶναι, ἃ μὲν ἄν μοι δοκῇ τούτῳ ξυμφωνεῖν, τίθημι ὡς ἀληθῆ ὄντα, καὶ περὶ αἰτίας καὶ περὶ τῶν ἄλλων ἁπάντων, ἃ δ' ἂν μή, ὡς οὐκ ἀληθῆ .....* (p. 101 *D.*) *εἰ δέ τις αὐτῆς τῆς ὑποθέσεως ἔχοιτο, χαίρειν ἐῴης ἂν καὶ οὐκ ἀποκρίναιο ἕως ἂν τὰ ἀπ' ἐκείνης ὁρμηθέντα σκέψαιο, εἴ σοι ἀλλήλοις ξυμφωνεῖ ἢ διαφωνεῖ· ἐπειδὴ δὲ ἐκείνης αὐτῆς δέοι σε διδόναι λόγον, ὡσαύτως ἂν διδοίης ἄλλην αὖ ὑπόθεσιν ὑποθέμενος ἥ τις τῶν ἄνωθεν βελτίστη φαίνοιτο, ἕως ἐπί τι ἱκανὸν ἔλθοις.* *Meno* p. 87 *B.*: *ἐπειδὴ οὐκ ἴσμεν οὔθ' ὅ τί ἐστιν οὔθ' ὁποῖόν τι, ὑποθέμενοι αὐτὸ σκοπῶμεν εἴτε διδακτὸν εἴτε οὐ διδακτόν ἐστιν* (sc. *ἡ ἀρετή*). Ueberall scheint hier nur die Unmittelbarkeit eines experimentirenden Umsetzens in die Idee vorzuliegen.

72) *Meno* p. 61 *B.*: *ὃ δὲ μὴ οἶδα τί ἐστι πῶς ἂν ὁποῖόν γέ τι εἰδείην;* *Euthyphr.* p. 11 *A.*: *κινδυνεύεις .... τὴν μὲν οὐσίαν μοι αὐτοῦ οὐ βούλεσθαι δηλῶσαι, πάθος δέ τι περὶ αὐτοῦ λέγειν.*

73) *Protag.* p. 331 *C.*: *μή μοι, ἦν δ' ἐγώ· οὐδὲν γὰρ δέομαι τὸ „εἰ βούλει" τοῦτο καὶ „εἴ σοι δοκεῖ" ἐλέγχεσθαι, ἀλλ' ἐμέ τε καὶ σέ· τὸ δ' ἐμέ τε καὶ σὲ τοῦτο λέγω οἰόμενος οὕτω τὸν λόγον βέλτιστ' ἂν ἐλέγχεσθαι, εἴ τις τὸ „εἰ" ἀφέλοι αὐτοῦ.*

Erwägung nach den Gegensätzen von Sein und Nichtsein dient [74]). Sowie aber schon jener erste Begriff durch ein Aufgreifen der Unterschiede und durch das Festhalten eines Gemeinsamen (*κοινόν, κοινότης*) gewonnen war [75]), so wird er nun auch weiter in der nemlichen Weise durchgeführt, indem er sowohl von anderen Gattungsbegriffen nach dem gegensätzlichen Momente der Einerleiheit und Verschiednerleiheit abgegränzt als auch innerhalb seiner selbst ebenso nach Artbegriffen getheilt wird, so dass ein steter Wechselverkehr zwischen Theilen und Zusammenführen (*διαίρεσις* und *συναγωγή*) sich fortspinnt; und in dem genauen Einhalten der schärfsten Unterschiede bei dieser abwärts gerichteten Eintheilung sieht Plato die eigentliche Dialektik und die wahre Rhetorik [76]); ja es wird hiedurch öfters das Gebiet des *διαλέγεσθαι* selbst, d. h. der Sprachschatz, in Folge der geforderten Präcision verbessert oder wenigstens gefunden, dass für irgend einen Gattungs- oder Art-Begriff der schlagend genaue Ausdruck fehle [77]), sowie es sich andrerseits von selbst versteht, dass hiebei das von den Sophisten missbräuchlich benützte Schielen sinnverwandter Bedeutungen nunmehr im Dienste dieser ernsten Dialektik durch scharfe Distinction hinweggeräumt wird. Durch den Begriff der Einerleiheit und Verschiednerleiheit aber und vermittelst des hierauf beruhenden Gegensatzes muss sich diese Eintheilung nothwendig

---

74) *Parmen.* p. 135 *E.*: *χρὴ δὲ καὶ τόδε ἔτι πρὸς τούτῳ ποιεῖν, μὴ μόνον εἰ ἔστιν ἕκαστον ὑποθέμενον σκοπεῖν τὰ συμβαίνοντα ἐκ τῆς ὑποθέσεως, ἀλλὰ καὶ εἰ μή ἐστι τὸ αὐτὸ τοῦτο ὑποτίθεσθαι, εἰ βούλει μᾶλλον γυμνασθῆναι.* Vgl. *Gorg.* p. 472.

75) *Theaet.* p. 208 *D.*: *ἔστι δὲ ὅπερ ἄρτι ἐλέγομεν, ὡς ἄρα τὴν διαφορὰν ἑκάστου ἂν λαμβάνῃς ᾗ τῶν ἄλλων διαφέρει, λόγον, ὥς φασί τινες, λήψει· ἕως δ' ἂν κοινοῦ τινος ἐφάπτῃ, ἐκείνων πέρι σοι ἔσται ὁ λόγος ὧν ἂν ἡ κοινότης ᾖ ..... ὃς δ' ἂν μετ' ὀρθῆς δόξης περὶ ὁτουοῦν τῶν ὄντων τὴν διαφορὰν τῶν ἄλλων προσλάβῃ, αὐτοῦ ἐπιστήμων γεγονὼς ἔσται οὗ πρότερον ἦν δοξαστής.* Vgl. Anm. 95.

76) *Soph.* p. 253 *D.*: *τὸ κατὰ γένη διαιρεῖσθαι καὶ μήτε ταὐτὸν εἶδος ἕτερον ἡγήσασθαι μήθ' ἕτερον ὂν ταὐτόν, μῶν οὐ τῆς διαλεκτικῆς φήσομεν ἐπιστήμης εἶναι;* *Phaedr.* p. 266 *B.* (vgl. d. Stelle in Anm. 68.): *τούτων δὴ ἔγωγε ἐραστής, ὦ Φαῖδρε, τῶν διαιρέσεων καὶ συναγωγῶν, ἵν' οἷός τε ὦ λέγειν τε καὶ φρονεῖν .... καὶ μέντοι καὶ τοὺς δυναμένους αὐτὸ δρᾶν, εἰ μὲν ὀρθῶς ἢ μὴ προσαγορεύω, θεὸς οἶδε, καλῶ δὲ οὖν μέχρι τοῦδε διαλεκτικούς.* ebend. p. 273 *D.*: *ὡς ἐὰν μή τις τῶν τε ἀκουσομένων τὰς φύσεις διαριθμήσηται καὶ κατ' εἴδη τε διαιρεῖσθαι τὰ ὄντα καὶ μιᾷ ἰδέᾳ δυνατὸς ᾖ καθ' ἓν ἕκαστον περιλαμβάνειν, οὔ ποτ' ἔσται τεχνικὸς λόγων πέρι καθ' ὅσον δυνατὸν ἀνθρώπῳ.* *Polit.* p. 286 f.: *πολὺ δὲ μάλιστα καὶ πρῶτον τὴν μέθοδον αὐτὴν τιμᾶν τοῦ κατ' εἴδη δυνατὸν εἶναι διαιρεῖν .... διαλεκτικωτέρους ἀπειργάζετο καὶ τῆς τῶν ὄντων λόγῳ δηλώσεως εὑρετικωτέρους.* *Phileb.* p. 17 *D.*: *ἀλλ', ὦ φίλε, ἐπειδὰν λάβῃς τὰ διαστήματα ὁπόσ' ἐστὶ τὸν ἀριθμὸν .... καὶ ὁποῖα, καὶ τοὺς ὅρους τῶν διαστημάτων καὶ τὰ ἐκ τούτων ὅσα συστήματα γέγονεν .... καὶ ἅμα ἐννοεῖν ὡς οὕτω δεῖ περὶ παντὸς ἑνὸς καὶ πολλῶν σκοπεῖν· ὅταν γὰρ ταῦτά τε λάβῃς οὕτω, τότε ἐγένου σοφός, ὅταν τε ἄλλο τῶν ὄντων ὁτιοῦν ταύτῃ σκοπούμενος ἕλῃς, οὕτως ἔμφρων περὶ τοῦτο γέγονας.* *Soph.* p. 253 *C.*: *ξυνακολουθεῖν αὐτῷ διαιροῦντας ἀεὶ τὴν ὑποδεχομένην αὐτὸν μοῖραν, ἕως περ ἂν ληφθῇ· πάντως οὔτε οὗτος οὔτε ἄλλο γένος οὐδὲν μή ποτε ἐκφυγὸν ἐπεύξηται τὴν τῶν οὕτω δυναμένων μετιέναι καθ' ἕκαστά τε καὶ ἐπὶ πάντα μέθοδον.*

77) So wird z. B. *Gorg.* p. 464 *B.* gesagt, dass das Wort für die oberste gemeinschaftliche Gattung von *ἰατρική* und *γυμναστική* fehle, ebenso *Soph.* p. 219 f. von dem einen Theile der *θηρευτική*.

als eine Zweitheilung — Dichotomie — gestalten [78]), und diese sehen wir denn auch bei Plato wirklich in den oben genannten Dialogen durchaus geübt [79]); sie enthält aber eben wegen des Motives der Gegensätzlichkeit das Antinomische schon in sich, und es dürfte schwerlich die Antinomie als ein zweites methodisches Verfahren Plato's neben der Dichotomie bezeichnet werden [80]), denn selbst schon die Möglichkeit einer antinomischen Gegenüberstellung scheint auf einer vorher aufgefassten Zweitheilung beruhen zu müssen. Uebrigens kann eine Dichotomie auch nach zwei verschiedenen Gesichtspunkten angestellt werden und hiedurch zu einer Viertheilung sich gestalten [81]), nur aber bei gänzlicher Unausführbarkeit soll sie durch eine buntere Theilung *κατὰ μέλη* ersetzt werden dürfen [82]), und die Theilung überhaupt muss so ruhig und gelassen als möglich Schritt vor Schritt fortgeführt werden [83]).

Ist die Theilung bei dem Letzten als ihrem Ziele angelangt, so resultirt aus der Dichotomie die Definition [84]), wovon wir das deutlichste Beispiel an den letzten Zeilen des Sophistes haben, welche das ganze

78) *Protag.* p. 332 *C.*: *ἑνὶ ἑκάστῳ τῶν ἐναντίων ἓν μόνον ἐστὶν ἐναντίον καὶ οὐ πολλά.* In diesem Sinne ist die *ἀντίθεσις οὐδὲν ἧττον οὐσία αὐτοῦ τοῦ ὄντος*, *Soph.* p. 258 *B.* Hiedurch auch wird das von den Sophisten missbräuchlich angewendete *ἀντιλέγειν* im Dienste der Dialektik geadelt, und es fliesst hieraus die Praxis des apagogischen Beweises, welchen in den platonischen Dialogen Sokrates oft genug an den Sophisten übt; theoretisch ist derselbe natürlich bei Plato gleichfalls nicht festgestellt.

79) *Polit.* p. 262 *A.*: *μὴ σμικρὸν μόριον ἓν πρὸς μεγάλα καὶ πολλὰ ἀφαιρῶμεν μηδὲ εἴδους χωρίς, ἀλλὰ τὸ μέρος ἅμα εἶδος ἐχέτω· κάλλιστον μὲν γὰρ ἀπὸ τῶν ἄλλων εὐθὺς διαχωρίζειν τὸ ζητούμενον, ἂν ὀρθῶς ἔχῃ .... ἀλλὰ γὰρ λεπτουργεῖν οὐκ ἀσφαλές, διὰ μέσων δὲ ἀσφαλέστερον ἰέναι τέμνοντας, καὶ μᾶλλον ἰδέαις ἄν τις προστυγχάνοι.* *Gorg.* p. 500 *C.*: *ἴσως οὖν βέλτιστόν ἐστιν .... διαιρεῖσθαι, διελομένους δὲ καὶ ὁμολογήσαντας ἀλλήλοις, εἰ ἔστι τούτω διττὼ τὼ βίω, σκέψασθαι τί τε διαφέρετον ἀλλήλοιν καὶ ὁπότερον βιωτέον αὐτοῖν.* *Polit.* p. 258 *D.*: *τὰς ἐπιστήμας ὡς οὔσας δύο εἴδη διανοηθῆναι .... ταύτῃ τοίνυν συμπάσας ἐπιστήμας διαίρει τὴν μὲν πρακτικὴν προσειπὼν τὴν δὲ μόνον γνωστικήν.* Vielerlei Unfug floss später aus der Nachahmung dieser Manier.

80) Anders stellt die Sache dar Brandis, Gesch. d. gr. röm. Phil. II, 1, S. 260 ff.

81) *Soph.* p. 265 *E.*: *τέμνε δὴ δυοῖν οὔσαιν δίχα ἑκατέραν αὖθις .... οἷον τότε μὲν κατὰ πλάτος τέμνων τὴν ποιητικὴν πᾶσαν, νῦν δὲ αὖ κατὰ μῆκος ...... τέτταρα μὴν αὐτῆς οὕτω τὰ πάντα μέρη γίγνεται.*

82) *Polit.* p. 287 *C.*: *κατὰ μέλη τοίνυν αὐτὰς οἷον ἱερεῖον διαιρώμεθα, ἐπειδὴ δίχα ἀδυνατοῦμεν· δεῖ γὰρ εἰς τὸν ἐγγύτατα ὅτι μάλιστα τέμνειν ἀριθμὸν ἀεί.*

83) *Phaedr.* p. 265 *D.* (Anm. 68). *Polit.* p. 264 *A.* das Sprüchwort *οὐχ ἡσυχῶς διαιροῦντας ἠνυκέναι βραδύτερον.*

84) *Polit.* p. 268 *D.*: *καὶ τὸ λοιπὸν δή, καθάπερ ἐν τοῖς πρόσθεν, μέρος ἀεὶ μέρους ἀφαιρουμένους ἐπ' ἄκρον ἀφικνεῖσθαι τὸ ζητούμενον.* *Phaedr.* p. 277 *B.*: *πρὶν ἄν τις τό τε ἀληθὲς ἑκάστων εἰδῇ περὶ ὧν λέγει ἢ γράφει, κατ' αὐτό τε πᾶν ὁρίζεσθαι δυνατὸς γένηται, ὁρισάμενός τε πάλιν κατ' εἴδη μέχρι τοῦ ἀτμήτου τέμνειν ἐπιστηθῇ.* So wird auch *Soph.* p. 221 *A.* nach einer langen Dichotomie gesagt: *τὸν λόγον περὶ αὐτὸ τοὔργον εἰλήφαμεν ἱκανῶς* und in gleichem Sinne *Polit.* p. 268 *B.*: *πῶς οὖν ἡμῖν ὁ λόγος ὀρθὸς φανεῖται καὶ ἀκέραιος;* In dieser Weise wird der Begriff der Gerechtigkeit *Rep.* I, p. 331. und der der *σωφροσύνη* *Charm.* p. 163. gesucht. So ist dann *οὐσία* und *λόγος* das nemliche, z. B. *Phaedr.* p. 245 *E.*: *ψυχῆς οὐσίαν τε καὶ λόγον τοῦτον αὐτόν τις λέγων* (d. h. *τὸ αὐτὸ αὑτὸ κινοῦν*) *οὐκ αἰσχυνεῖται.*

Vorige zusammenfassen. So ist das dichotomische Verfahren Plato's allerdings ein Keim der aristotelischen Syllogistik, und Plato nennt es selbst ein *συλλογίζεσθαι*[85]; es ist gleichsam die erhöhte erste Conception der Idee, welche ihre Wirksamkeit in den Arten und Unterarten hat und nun durch ihr Gebiet abwärts hindurchgeführt ist. Aber diese Methode bringt die Gefahr mit sich, welche einer jeden blossen Tabula logica anklebt, und namentlich für die Definition stellt sich schon augenscheinlich das Addiren einer abwärts gehenden Reihenfolge von Art-Begriffen ein. Jene in der Realität auftretende Kreuzung, nach welcher wesentliche und sog. unwesentliche Attribute oder Merkmale mehreren Substanzen angehören, kann auf solche Weise nie zur Erkenntniss kommen, denn es fehlt überhaupt sowohl an der lebendigen Copula zwischen Substanz und Attribut als auch an der nöthigen Unterscheidung zwischen diesen beiden (s. oben Anm. 66). Aristoteles kann daher auch von seiner Auffassung des Syllogismus aus, in welchem der Begriff als der die Causalität enthaltende Mittelbegriff seine Wirksamkeit erweist, dem platonischen Verfahren keine Geltung als einer Methode des Denkens einräumen, und er bemerkt richtig, dass die Dichotomie der Gattungs- und Art-Begriffe für die Syllogistik Nichts bedeute, denn dieselbe postulire bloss und mache das Allgemeine zum Mittelbegriffe[86], auch könne sie nicht dazu dienen, eine Definition zu erhärten, da sie den Begriff überhaupt gar nicht treffe[87]; nur einen praktischen, gleichsam pädagogischen Werth kann Aristoteles dem eintheilenden Verfahren zuschreiben[88], denn es fällt dasselbe für ihn in das blosse *διαλεκτικὸν* im Gegensatze gegen das *ἀποδεικτικόν*, weil Plato's Idee eben Nichts mit der Logik zu schaffen hat und in ihrer abstracten Reinheit einer weiteren Bewegung nicht theilhaft werden kann, sondern eben als Gattungsbegriff, an welchem die Arten „Theil haben", stehen bleibt. Kurz Plato konnte mit seiner Idee als Begriff nicht mehr in den Satz als Urtheil zurückkehren, nachdem sie das Gebiet des Wortes in fast schmerzhafter Abstraction von sich abzustreifen gesucht hat, und diese Idee bleibt daher in logischer Beziehung, was sie ist, ein Abstractum der Gattung; für die Logik ist die Ideenlehre ein caput mortuum.

---

85) *Polit.* p. 280 A.: *τὸ μετὰ τοῦτο δὴ συλλογισώμεθα κ. τ. λ.* Diess sind auch die *ἀληθεῖς συλλογισμοὶ*, welche *Phileb.* p. 11. neben *φρονεῖν*, *νοεῖν*, *ὀρθὴ δόξα* genannt werden. *Crat.* p. 412 A.: *ξύνεσις οὕτω μὲν δόξειεν ἂν ὥςπερ συλλογισμὸς εἶναι*, worauf die grässliche Etymologie des Wortes *ξυνίεσθαι* von *ξυνιέναι*=*ξυμπορεύεσθαι* folgt.

86) *Anal. pr.* I, 31, 46 a. 31.: *ὅτι δὲ ἡ διὰ τῶν γενῶν διαίρεσις μικρόν τι μόριόν ἐστι τῆς εἰρημένης μεθόδου, ῥᾴδιον ἰδεῖν· ἔστι γὰρ ἡ διαίρεσις οἷον ἀσθενὴς συλλογισμός· ὃ μὲν γὰρ δεῖ δεῖξαι, αἰτεῖται, συλλογίζεται δὲ ἀεὶ τῶν ἄνωθεν* ...... (62) *ἡ δὲ διαίρεσις τοὐναντίον βούλεται, τὸ γὰρ καθόλου λαμβάνει μέσον.*

87) *Anal. post.* II, 5, 91 b. 36.: *συλλογισμὸν δ' οὐ λέγει ὁ ἐκ τῆς διαιρέσεως ἐκλέγων τὸν ὁρισμόν· ὥςπερ γὰρ ἐν τοῖς συμπεράσμασι τοῖς ἄνευ τῶν μέσων* (d. h. Induction), *ἐάν τις εἴπῃ, ὅτι τούτων ὄντων ἀνάγκη τοδὶ εἶναι, ἐνδέχεται ἐρωτῆσαι τὸ διὰ τί, οὕτω καὶ ἐν τοῖς διαιρετικοῖς λόγοις* ..... *ἐρεῖ γὰρ καὶ δείξει τῇ διαιρέσει, ὡς οἴεται, ὅτι πᾶν ἢ θνητὸν ἢ ἀθάνατον· ὁ δὲ τοιοῦτος λόγος ἅπας οὐκ ἐστὶν ὁρισμός.*

88) *Anal. pr.* II, 21., welches ganze Capitel von der Täuschung handelt, welche durch Ueberspringen der Mittelglieder entsteht.

Was für die Syllogistik aus Plato's Methode der Eintheilung folgen könnte, ist eigentlich nur die sog. erste Figur, insoferne in ihr der Minor als Art unter den Medius und dieser als Art unter den Major fällt; die dritte Figur hingegen, in welcher der Medius zweimal Subject ist, wird am wenigsten in Betracht kommen können, da ein Aussagen zweier Prädicate von dem nemlichen Subjecte nutzlos ist, so lange man nicht erkannt hat, ob nicht das eine von beiden als Art unter das andere falle, was aber dann eben wieder nur in der ersten Figur ausgedrückt werden könnte; die zweite Figur aber, in welcher der Medius beidemal Prädicat ist, hätte insoferne wieder eine höhere Bedeutung, als der Medius hiebei zu dem höheren Allgemeinen wird, welches verschiedene Arten umfasst und hiemit als jene Idee sich zeigt, an welcher die Arten Theil haben. Natürlich aber gilt diess Alles nur eben für eine Tabula logica eines bestimmten Gebietes, nicht aber für einen Schluss, welcher die Realität und deren Causalität enthalten soll.

So erscheint uns Plato keineswegs als ein allseitiger oder umfassender Durchbildner des Sokratischen Anthropologismus für die Logik; denn soweit er in Ueberschwenglichkeit das menschliche Mass des Erkennens übersteigt, ebenso weit bleibt er unter der erreichbaren Aufgabe des Denk-Processes zurück.

Von den Bestrebungen der älteren Akademie sind wir gerade in Bezug auf Logik allzu wenig unterrichtet, um das ihren Vertretern Eigenthümliche angeben zu können, was insbesondere insoferne zu beklagen ist, als sicher mannigfache Wechselbeziehungen mit der aristotelischen Logik ersichtlich sein müssten.

Unter den Werken des Speusippus, welche Diogenes Laertius anführt [89]), sind allerdings mehrere, welche entschieden logischen Inhaltes waren, nemlich: *Διάλογοι τῶν περὶ τὴν πραγματείαν ὁμοίων ι'* [90]), *Διαιρέσεις καὶ πρὸς τὰ ὅμοια ὑποθέσεις*, *Περὶ γενῶν καὶ εἰδῶν παραδειγμάτων*, vielleicht auch *Περὶ φιλοσοφίας α'* und *Φιλόσοφος α'*, — aber von seinen logischen Grundsätzen erfahren wir nur, dass er überhaupt zum Behufe des Erkennens das der Behandlung nach Aehnliche zusammenzufassen suchte [91]), wobei ich es für wahrscheinlich halten möchte, dass Speusippus, welcher auch sonst ja von der Ideologie seines Lehrers nachliess, sich gerade auf jene gemeinsamen Bestimmungen — *κοινά* —, welche wir bei Plato als eine Vorstufe der idealen Erkenntniss trafen, geworfen und diese im Sinne eines wissenschaftlichen Empirismus ausgebildet habe [92]). Jedenfalls musste Speusippus von seinen Bestrebungen betreffs des Aehnlichen aus auch auf Untersuchungen über

---

89) *Diog. L.* IV, 4 f.

90) Krische, Forschungen I, p. 253. schlägt vor, in diesem Titel entweder *διάλογοι* zu streichen oder zu schreiben: *Διάλογοι. Τῶν περὶ τὴν πρ. κ. τ. λ.*

91) *Diog. L.* a. a. O. 2.: *οὗτος πρῶτος, καθά φησι Διόδωρος ἐν ἀπομνημονευμάτων πρώτῳ, ἐν τοῖς μαθήμασιν ἐθεάσατο τὸ κοινὸν καὶ συνῳκείωσε καθόσον ἦν δυνατὸν ἀλλήλοις.*

92) Zahlreiche Anführungen aus der Speusippischen Schrift *Ὅμοια* bei Athenäus zeigen eine ausgedehnte Kenntniss in der Pflanzen- und Thier-Geschichte; es werden dortselbst besonders ähnliche Species theils als ähnliche aufgeführt theils um Verwechslung abzuschneiden von einander unterschieden.

vieldeutige und sinnverwandte Worte geführt werden [93]). Dass derselbe aber überhaupt dem Empirismus näher stand, ersehen wir nicht bloss daraus, dass er ausdrücklich eine wissenschaftliche Sinneswahrnehmung — *ἐπιστημονικὴ αἴσθησις* — anerkannte [94]), sondern insbesondere auch aus der von ihm aufgestellten Forderung, dass, wer irgend Etwas definiren wolle, Alles wissen müsse, da zur völligen Bestimmung die Kenntniss sämmtlicher Unterschiede aller übrigen Dinge nöthig sei [95]), — ein Extrem, bei welchem es gleichfalls (wie oben bei Plato, Anm. 60) an dem richtigen Verständnisse des artmachenden Unterschiedes gebricht. — Unter den *Διαιρέσεις* haben wir uns vielleicht eintheilende Tabellen einzelner Wissensgebiete zu denken, was gleichfalls eine empiristische Ausführung der platonischen Dichotomie wäre [96]).

Unter den äusserst zahlreichen Schriften des Xenokrates [97]) gehörten wohl der Logik an: *Περὶ τοῦ ἐναντίου β', Περὶ τοῦ ψεύδους α', Περὶ εἰδῶν α', Περὶ ἰδεῶν α', Περὶ ἐπιστήμης α', Τῶν περὶ τὴν διάνοιαν η', Λύσις τῶν περὶ τοὺς λόγους ι', Περὶ γενῶν καὶ εἰδῶν α', Διαιρέσεις η', Τῆς περὶ τὸ διαλέγεσθαι πραγματείας βιβλία ιδ' μ' α'*

93) *Simpl. ad Categ. f.* 9. *Δ. ed. Basil.*: *Σπεύσιππον τοίνυν ἱστορεῖ Βοηθὸς τοιαύτην διαίρεσιν παραλαμβάνειν τὰ ὀνόματα πάντα περιλαμβάνουσαν· τῶν γὰρ ὀνομάτων, φησὶ, τὰ μὲν ταὐτώνυμά ἐστι τὰ δὲ ἑτερώνυμα, καὶ τῶν ταὐτωνύμων τὰ μὲν ὁμώνυμά ἐστι τὰ δὲ συνώνυμα, κατὰ τὴν τῶν παλαιῶν συνήθειαν ἀκουόντων ἡμῶν τὰ συνώνυμα· τῶν δὲ ἑτερωνύμων πάλιν τὰ μέν ἐστιν ἰδίως ἑτερώνυμα τὰ δὲ πολυώνυμα τὰ δὲ παρώνυμα. ἀλλὰ περὶ μὲν τῶν ἄλλων ἀποδέδοται, πολυώνυμα δέ ἐστι τὰ διάφορα καὶ πολλὰ λεγόμενα ὀνόματα καθ' ἑνὸς πράγματος, ὅταν εἷς καὶ ὁ αὐτὸς αὐτῶν ᾖ λόγος, ὥσπερ ἄορ ξίφος φάσγανον μάχαιρα· ἑτερώνυμα δέ ἐστι τὰ καὶ τοῖς ὀνόμασι καὶ τοῖς πράγμασι καὶ τοῖς λόγοις ἕτερα.*

94) *Sext. Emp. adv. math.* VII, 145.: *Σπεύσιππος δὲ, ἐπεὶ τῶν πραγμάτων τὰ μὲν αἰσθητὰ τὰ δὲ νοητὰ, τῶν μὲν νοητῶν κριτήριον ἔλεξεν εἶναι τὸν ἐπιστημονικὸν λόγον, τῶν δὲ αἰσθητῶν τὴν ἐπιστημονικὴν αἴσθησιν, ἐπιστημονικὴν δὲ αἴσθησιν ὑπείληφε καθεστάναι τὴν μεταλαμβάνουσαν τῆς κατὰ τὸν λόγον ἀληθείας.*

95) *Arist. An. post.* II, 13, 97 a. 6.: *οὐδὲν δὲ δεῖ τὸν ὁριζόμενον καὶ διαιρούμενον ἅπαντα εἰδέναι τὰ ὄντα· καίτοι ἀδύνατόν φασί τινες εἶναι τὰς διαφορὰς εἰδέναι τὰς πρὸς ἕκαστον μὴ εἰδότα ἕκαστον.* *Anon. ad An. post.* b. *Philop. ad An. post. f.* 111 b.: *Σπευσίππου ταύτην τὴν δόξαν Εὔδημος εἶναι λέγει τὴν ὅτι ἀδύνατόν ἐστιν ὁρίσασθαί τι τῶν ὄντων μὴ πάντα τὰ ὄντα εἰδότα.* *Philop. ad An. post. f.* 926.: *μετεχείρει ὁ Σπεύσιππος ἀναιρῆσαι καὶ τὴν διαίρεσιν καὶ τοὺς ὁρισμούς· ἐπεχείρει γὰρ οὕτω δεικνύειν καὶ ὡς οὐκ ἔστιν ἀποδοῦναι ὁρισμόν τινος, λέγων ὡς ὁ θέλων δι' ὁρισμοῦ παραστῆσαι τὴν φύσιν τοῦ ἀνθρώπου ἢ τοῦ ἵππου ἢ ἄλλου τινὸς ὀφείλει γινώσκειν πάντα τὰ ὄντα καὶ τὰς διαφορὰς αὐτῶν καθ' ἃς διαφέρουσιν ἀλλήλων· οὕτω γὰρ παρίσταται ἡ φύσις τοῦ ἀνθρώπου ἢ τοῦ ἵππου ἢ ἄλλου τινὸς ἐν τῷ χωρίζεσθαι τῶν ἄλλων πάντων.* *Themist. ad Anal. post. f.* 13 a.: *Σπεύσιππος δὲ οὐ καλῶς λέγει φάσκων ἀναγκαῖον εἶναι τὸν ὁριζόμενον πάντα εἰδέναι· δεῖ μὲν γὰρ, φησὶν, γινώσκειν τὰς διαφορὰς αὐτοῦ πάσας αἷς τῶν ἄλλων διενήνοχεν· ἀδύνατον δὲ εἰδέναι τὰς διαφορὰς τὰς πρὸς ἕκαστον μὴ εἰδότας αὐτὸ ἕκαστον.* Vgl. oben Anm. 75. u. Abschn. IV, Anm. 700.

96) Auf ähnliche Producte scheint *Arist. d. part. an.* I, 2, 642 b. 10. hinzuweisen: *ἔτι δὲ προσήκει μὴ διασπᾶν ἕκαστον γένος, οἷον τοὺς ὄρνιθας τοὺς μὲν ἐν τῇδε τοὺς δὲ ἐν ἄλλῃ διαιρέσει, καθάπερ ἔχουσιν αἱ γεγραμμέναι διαιρέσεις· ἐκεῖ γὰρ τοὺς μὲν μετὰ τῶν ἐνύδρων συμβαίνει διῃρῆσθαι τοῖς δὲ ἐν ἄλλῳ γένει.*

97) b. *Diog. L.* IV, 11—14.

β ψ′ μ′(?), μετὰ τοῦτο βιβλία ιε′, Περὶ μαθημάτων τῶν περὶ τὴν λέξιν, Τῶν περὶ τὴν διάνοιαν ἄλλα βιβλία δύο, Ἐναντίων α′. Von seinen Annahmen aber ist uns betreffs der Logik, welche er bereits schroff von Ethik und Physik trennte [98]), nur die einzige Notiz überliefert, dass er bloss zwei Kategorien, nemlich die des Ansich (καθ' αὑτό) und die der Relation (πρός τι) anerkannte [99]), was er wohl sicher polemisch gegen Aristoteles aussprach.

Polemo endlich vernachlässigte bereits die Logik gegenüber der Ethik [100]).

---

98) *Sext. Emp. adv. math.* VII, 16. u. 147.

99) *Simpl. ad Categ. f.* 15 *E.*: οἱ γὰρ περὶ Ξενοκράτην καὶ Ἀνδρόνικον πάντα τῷ καθ' αὑτὸ καὶ τῷ πρός τι περιλαμβάνειν δοκοῦσιν, ὥστε περιττὸν εἶναι κατ' αὐτοὺς τοσοῦτον τῶν γενῶν πλῆθος.

100) *Diog. L.* IV, 18.: δεῖν ἐν τοῖς πράγμασι γυμνάζεσθαι καὶ μὴ ἐν τοῖς διαλεκτικοῖς θεωρήμασιν.

IV. ABSCHNITT.

ARISTOTELES.

Wenn wir hiemit in die Darstellung jener logischen Theorie eintreten, welche in Folge des eigenthümlichen Ganges unserer abendländischen Culturgeschichte eine fast ausschliessliche Herrschaft über alle Bestrebungen auf diesem Gebiete ausübte, so wird uns hiefür einerseits aus dem bisher Betrachteten ein hinreichender Nachweis vorliegen, dass auch die aristotelische Logik ihre historischen Voraussetzungen und Vorbedingungen in der geistigen Entwicklung der Griechen überhaupt besitze und daher immerhin noch der kritischen Frage unterworfen sei, wie weit ihrem absoluten Werthe die griechische Eigenthümlichkeit Eintrag thue, und andrerseits wird uns ein Gegenstand wahrer Bewunderung sein, mit welch grossartiger Conception Aristoteles eine Logik entfalte, welche den tiefsten Kern des allgemein-menschlichen Denkens überhaupt — nicht bloss des griechischen Denkens — richtig trifft und zugleich im unlösbarsten Zusammenhange mit der gesammten Speculation ihres Urhebers steht. Gerade die feinsten und tiefsten Momente aber, durch welche die aristotelische Logik mit Recht beanspruchen darf, den eminentesten Erscheinungen der menschlichen Culturgeschichte beigefügt zu werden, fanden bald nicht mehr das richtige Verständniss, sondern nachdem von dieser tief philosophisch gedachten Logik das äusserlich handgreifliche und mehr technische Material theils herausgerissen und excerpirt, theils mit leicht erkaufter technischer Fertigkeit erweitert und dann wieder excerpirt worden war, diente die nun sogenannte Logik fast ausschliesslich nur einer Schul-Dressur, und die hohlsten Köpfe, welche diese Dressur sich selbst angeeignet hatten, pflanzten dieselbe auf die Jüngeren fort; so kam es, dass in dieser Erbfolge der trivialen Logiker fast Jeder nur seinen Vormann vor Augen hatte, dabei aber mit unbeschreiblicher Naivität doch Aristoteles als der ursprüngliche Urheber dieser Logik galt; es gieng ja mit Aristoteles ähnlich wie mit dem Neuen Testamente. Gerade jene Punkte aber, welche von der aristotelischen Logik, während sie ihre Herrschaft in der Schule ausübte, verloren gingen oder abgestreift wurden, und welche eine Berufung der formalen Logik auf Aristoteles unmöglich machen, müssen in der Geschichte der Logik um so entschiedener hervorgehoben werden, da in dem ganzen Verlaufe unserer abendländischen Cultur bis zum heutigen Tage die aristotelische Logik ausser der Hegel'schen die einzige philosophisch-wissenschaftliche ist.

Aristoteles erfasst den sokratischen Imperativ nach seiner intensiven Geltung und nach seinem extensiven Gehalte, und indem er, hiezu mit der äussersten Begabung des Verstandes ausgerüstet, in solcher Weise an die platonische Philosophie als Schüler hintritt und aus derselben hervorgeht, gestaltet er sie auf das Umfassendste um. Der wesentlichste Unterschied zwischen ihm und seinem Lehrer beruht in der Form und Methode der Speculation, gleichsam in der Manipulation des Denkens, und hiernach gestaltet sich auch das Product dieser Thätigkeit verschieden. Aristoteles erkennt als den Inhalt der sokratischen Forderung einer Selbsterkenntniss nicht ein ruhendes Anschauen objectiver Ideal-Wesenheiten, sondern er erfasst den Begriff einer schlechthin thätigen Kraftäusserung, welche aus einem Stoffe den Endzweck verwirklicht, und sowie ihm der Uebergang von einem potenziellen Sein zur Entelechie überhaupt das oberste Princip und der letzte Erklärungsgrund ist, so bewahrt er in diesem Sinne auch dem menschlichen Denken die selbsteigene Verwirklichung; der Begriff der „Entwicklung“ ist es, welcher als das gemeinsame Band um alle Theile der aristotelischen Philosophie sich schlingt. So steht Aristoteles von vorneherein nicht auf dem poetischen Schauen oder auf dem unbestimmten Beisammensein einer Dualität in der menschlichen Seele — *ψυχή*, s. Abschn. III, Anm. 1 —, und er erzählt uns keine Märchen oder Phantasien von dem Zustande der Seele vor und nach diesem Leben, sondern er ergreift die Activität des Denkens — *νοῦς* —, und er eifert uns an, durch das Denken eines jedweden Gegenstandes, auch des Denkens selbst, uns zu bemeistern. Er erkennt nur die thätige Entwicklung an, für welche alles relativ ruhende Expansive nur die Geltung eines potenziellen Seins hat, während das wahre actuelle Sein in dem vollendeten Zwecke der intensiven Verwirklichung beruht. Hiemit vollzieht Aristoteles wirklich die sokratische Forderung, insoferne dieselbe auf den Wechselverkehr zwischen der subjectiv idealen Allgemeinheit und der objectiv realen Besonderheit gerichtet ist, und indem er so den factischen Bestand des „Dass“ zugleich mit der geistigen Verwirklichung, mit dem „Warum“, anzuerkennen vermag, entrückt er den intelligiblen Grund des Erfahrungsmässigen nicht in die beschauliche Ruhe einer Ideenwelt, sondern weist das Warum innerhalb des Dass als dessen eigentliche thätige Wirklichkeit nach, und erkennt die Einsicht in das Warum, in welches die Allgemeinheit und die Nothwendigkeit zusammenlaufen, als das einzige Kriterium des Wissens an. Während daher bei Plato das Theoretische nur dem Umfange nach der Inbegriff der Vollkommenheit des Seienden überhaupt ist, gestaltet es sich hier dem Wesen nach als die lebendige Wirklichkeit des gesammten Seienden in all seiner Besonderung. In diesem Unterschiede der Form der Speculation zwischen Plato und Aristoteles liegt die umfassende Basis aller Differenzen zwischen beiden, nemlich die Umsetzung der „Idee“ in den „Begriff“; hiemit aber ist die Möglichkeit gegeben, dass das Intelligible in das Empirische einkehre, und zwar in das Empirische sowohl der gesammten uns zugänglichen objectiven Dinge und Thatsachen als auch der eigenen inneren Vorgänge des subjectiven Denkens selbst. In Folge aber des Begriffes der Entwicklung und Verwirklichung muss sich bei Aristoteles auch die philosophische Auffassung selbst in ihrem Gesammt-Gebiete gliedern, und es müssen diejenigen Theile der Philosophie, welche Aristoteles nach seiner Anschauungsweise als wesentlich organische betrachtete (wir sagen hiemit durchaus nicht, dass Aristoteles eine für alle Zeiten giltige und richtige Eintheilung der Philosophie aufstelle), bei ihm auch als selbstständige Glieder der Gesammt-Speculation auftreten. So erhält auch die Logik ihre eigene gesonderte Darstellung, während sie mit ihren tiefsten Agentien auf das innigste mit der „ersten Philosophie“, d. h. der sogenannten Metaphysik verwachsen ist. Dass die Logik bei Aristoteles weder dem *Πρακτικὸν* noch dem *Ποιητικὸν*, sondern dem Gebiete des *Θεωρητικὸν* zufalle — eine nähere Erörterung der aristotelischen Eintheilung der Philosophie gehört nicht hieher —, braucht kaum bemerkt zu werden; aber auch welcherlei ihre Stellung innerhalb des Theoretischen und welcherlei ihr Verhältniss zu anderen Theilen desselben sei, können wir nicht bereits hier ausschütten, sondern in der Entwicklung der aristotelischen Logik selbst werden wir gehörigen Ortes auf die Erledigung dieser Frage geführt werden.

Was nun zunächst die Schriften des Aristoteles betrifft, in welchen er die Theorie der Logik behandelte, so ist auch hier wie bei den übrigen aristotelischen Werken in Folge der nicht ungetrübten Ueberlieferung [1]) uns weder Alles erhalten noch hat dasjenige, was auf uns gekommen ist, sämmtlich die Gestalt, in welcher es aus den Händen des Aristoteles hervorging. Es ist bekannt, dass die uns erhaltenen logischen Bücher des Aristoteles in ihrer Gesammtheit den Namen *Ὄργανον* tragen, eine Bezeichnung [2]), welche nicht nachweisbar über die Zeit der Commentatoren hinaufreicht (die betreffenden Stellen s. Abschn. XI) und schwerlich auf die ersten Zusammensteller der aristotelischen Werke, wie einen Hermippus oder Andronikos, zurückzuführen sein dürfte. Wir werden unten, Anm. 176 ff. u. 711, einzelne Aussprüche des Aristoteles anzugeben haben, durch welche wohl die mit gewissen Schul-Ueberzeugungen zusammenhängende Annahme der späteren Peripatetiker (s. Abschn. IX, Anm. 4 ff.) unterstützt wurde, die Logik habe keine andere Bedeutung, als dass sie Werkzeug der übrigen theoretischen und praktischen Philosophie sei, was besonders polemisch gegen die Stoiker (s. Abschn. VI, Anm. 29 f.) und gegen die Akademiker (s. Abschn. VII, Anm. 5) wiederholt ausgesprochen wird. So viel ist sicher, dass jene Wissenschaftslehre, welche, wie wir sehen werden, in der zweiten Analytik von Aristoteles entwickelt wird, zunächst Veranlassung zu einer derartigen Meinung geben konnte; beachtenswerth scheint daher eine Notiz, welche in einer Münchner Handschrift in einem anonymen Commentare der zweiten Analytik sich findet, dass dieses Werk des Aristoteles wegen seines Inhaltes *ὄργανον* genannt worden sei [3]), und es wäre immerhin möglich, dass von da aus diese Bezeichnung auf die gesammten logischen Bücher übergegangen sei; jedenfalls aber wird zwischen der

1) S. hierüber Brandis Gr. Röm. Phil. II, 2, S. 66—97.

2) Ueber den Gebrauch des Wortes *ὄργανον* bei Aristoteles selbst s. *Waitz Ar. Org.* II, p. 294.

3) *λέγεται δὲ ἡ ἀποδεικτικὴ ἐπιστήμη ὄργανον, ἐξ ἧς καὶ τὸ ὅλον βιβλίον ὄργανον ἐκλήθη.* S. *O. Mielach, Diss. inaug. d. nomine Organi Arist. Aug. Vind.* 1838, p. 13 f.

Ansicht, dass die Logik Werkzeug sei, und zwischen der förmlichen Namensbezeichnung der Gesammtheit der logischen Schriften noch sehr zu unterscheiden sein.

Dieser nun einmal Organon genannte Gesammt-Complex enthält bekanntlich die Bücher in folgender Anordnung: *Κατηγορίαι*, *Περὶ Ἑρμηνείας*, *Ἀναλυτικὰ πρότερα* zwei Bücher, *Ἀναλυτικὰ ὕστερα* zwei Bücher, *Τοπικά* acht Bücher, *Σοφιστικοὶ Ἔλεγχοι*. Natürlich ist keine Rede davon, dass diese Reihenfolge von Aristoteles selbst herrühre, sondern sie ist Product späterer Schul-Thätigkeit. Zumal was vor Allem die erste der genannten Schriften, die Kategorien, betrifft, werden wir später (bereits von den Stoikern an, s. Abschn. VI, Anm. 44, 110 u. öfters) die Bodenlosigkeit und jämmerlich niedrige Stufe philosophischer Begabung hinreichend kennen lernen (Abschn. XI), von welcher aus stets die Nothwendigkeit einer Vorausstellung der Kategorien ausgesprochen und bis zum Ekel wiederholt wird; nur aus der trivialen Schul-Ansicht, dass vom Einfachsten allmälig zum Zusammengesetzten fortzuschreiten sei, floss es, dass man die Kategorien an die Spitze des Organons stellte. Aber auch abgesehen von dem Platze in der Reihenfolge, welchen wir füglich den antiken Scholastikern zu Gute halten können, scheint die Schrift durchaus nicht unbedenklich dem Aristoteles zuzuschreiben. Dass Aristoteles ein Buch dieses Inhaltes verfasste, ist durch ein äusseres Zeugniss in den zwei Schriften-Verzeichnissen [4]) bestätigt, und auch, wenn man bei dem bekannten Zustande jener Verzeichnisse auf sie wenig Gewicht legen will, aus inneren Gründen sicher nicht unwahrscheinlich, da Aristoteles anderwärts bei verschiedenen Gelegenheiten die Kategorien anwendet (über ihre Bedeutung und ihr Verhältniss zur arist. Logik überhaupt werden wir unten zu sprechen haben, Anm. 332—358). Auch sind, was den Inhalt der uns erhaltenen Schrift betrifft, alle einzelnen Aussprüche und Lehrsätze als einzelne durchaus nicht in Widerspruch mit anderen sicher aristotelischen Schriften oder Stellen, mit Ausnahme der völlig platten Angabe (c. 14), dass es sechs Arten der Bewegung gebe. Aber die Art und Weise, in welcher hier abgerissene Trümmer zusammengestoppelt, nicht einmal aneinandergeflickt, vorliegen (vergeblich bemühen sich die einen der Commentatoren Anderen gegenüber [5]) einen Zusam-

---

4) *Diog. L.* V, 27. u. b. *Anon. Menag.* Aber es kannte bereits Adrastos ausser dem uns erhaltenen Buche noch ein zweites von gleichem Titel; *Simpl. ad Cat. f.* 4 *Z.*: *ἱστορεῖ δὲ ὁ Ἄδραστος ἐν τῷ Περὶ τῆς τάξεως τῶν Ἀριστοτέλους συγγραμμάτων, ὅτι φέρεται καὶ ἄλλο τῶν Κατηγοριῶν βιβλίον ὡς Ἀριστοτέλους καὶ αὐτὸ ὂν βραχὺ καὶ σύντομον κατὰ τὴν λέξιν καὶ διαιρέσεσιν ὀλίγαις διαφερόμενον, ἀρχὴν δὲ ἔχον „Τῶν ὄντων τὸ μέν ἐστι“*. Vielleicht war jenes das ächte.

5) *Simpl. ad Cat. f.* 95 *Z.*: *τινὲς μὲν γάρ, ὧν καὶ Ἀνδρόνικός ἐστι, παρὰ τὴν πρόθεσιν τοῦ βιβλίου προσκεῖσθαί φασιν ὑπό τινος ταῦτα* (nemlich v. c. 10. an) *τοῦ τὸ τῶν Κατηγοριῶν βιβλίον Πρὸ τῶν Τόπων ἐπιγράψαντος, οὐκ ἐννοοῦντες οὗτοι πόσην χρείαν οὐ τῇ Τοπικῇ πραγματείᾳ μόνον ἀλλὰ καὶ τῷ περὶ τῶν κατηγοριῶν λόγῳ εἰςάγει τὰ εἰρημένα· ἄλλοις δὲ καὶ Πορφυρίῳ ἀρέσκει πρὸς σαφήνειαν συντελεῖν τὰ θεωρήματα ταῦτα.* *Ammon. ad Cat. f.* 126 a.: *ὅτι μὲν οὐκ ἔστιν ἀπηρτημένον τὸ τμῆμα τοῦτο τοῦ σκοποῦ τῶν κατηγοριῶν, ὥς τινες ἐνόμισαν, δῆλον μὲν ἐκ τῶν εἰρημένων, καὶ ἐξ αὐτοῦ δὲ τοῦ συνεχοῦς τῆς φράσεως.* Auch fehlt es weder an geschwätzigen Wiederholungen (z. B. 2 a.—3 b., 5 b. 16. u. 27, 7 a.) noch an verdäch-

menhang nachzuweisen), scheint mir des Aristoteles unwürdig und mit Einem Worte das Buch, so wie es ist, zu schlecht zu sein, um von Aristoteles herzurühren. Ich glaube, dass es einer Zeit angehört, in welcher man bereits Abgötterei mit den Kategorien trieb, weil man sie für einen sehr bequemen von Aristoteles erfundenen Kasten hielt, in welchem omne scibile hübsch sauber in Fächer gebracht werden könne, denn für den Schul-Betrieb konnte es ja nichts Erfreulicheres geben, als wenn man alles Seiende in zehn Prädicaten erschöpfen dürfte (über die Zehnzahl s. unten Anm. 354 ff.). Aber derjenige, welcher die Zusammenstellung machte, schöpfte aus aristotelischer Quelle, und er — oder wahrscheinlicher wieder ein Anderer — fügte zu den Kategorien, deren vier letzte ihn entweder langweilten oder, was wahrscheinlicher ist, in Bezug auf Quellen-Material im Stiche liessen (die fünfte und sechste Kategorie, *ποῦ* und *πότε*, hätten ja ohnediess zu weit geführt!), auch noch ein paar andere nutzbare Sachen hinzu, so gleich zu Anfang eine Notiz über Synonym und Homonym, dann den Abschnitt über die Gegensätze und zuletzt die sog. Post-Prädicamente (*πρότερον*, *ἅμα*, *κίνησις*, *ἔχειν*). Von den verschiedenen Ueberschriften, welche man dem Buche schon im späteren Alterthume gab [6]), weist die Bezeichnung *Κατηγορίαι δέκα* auf die Schul-Marotte betreffs einer Zehnzahl hin, die Bezeichnungen *Περὶ τῶν γενῶν τοῦ ὄντος* und *Περὶ τῶν δέκα γενῶν* aber lassen schliessen, dass schon stoische Schul-Terminologie (s. Abschn. VI, Anm. 80) sich fest gesetzt hatte, endlich die Bezeichnung *Πρὸ τῶν Τοπικῶν* gehört dem Streite über die Reihenfolge an. — Das Buch *Περὶ Ἑρμηνείας*, welches im Ganzen dasjenige enthält, was wir die Lehre vom Urtheile zu nennen pflegen, wurde zwar schon von Andronikos wegen vermeintlicher Widersprüche mit den Büchern über die Seele dem Aristoteles abgesprochen (s. Abschn. IX, Anm. 45.), jedoch, wie bereits Alexander Aphrod. zeigte, in dieser Beziehung mit Unrecht, denn der Inhalt dieser Schrift erweist sich überhaupt als unzweifelhaft ächt und ist auch durch deutliche Beziehungen, welche auf denselben bei Theophrast sich finden, gewährleistet; aber die Anordnung und die Form der Darstellung lässt, wie wir sehen werden, ausserordentlich viel zu wünschen übrig, und wer nach den Proben hievon, welche sich uns unten aufdrängen werden (Anm. 203 f., 225, 242, u. bes. 235) noch glauben will, dass dieser Inhalt aristotelischer Doctrin

---

tigen Ausdrücken z. B. 4a. 12. *προενεγκεῖν*, 4a. 28. u. b. 4. *παραδέχεσθαι* u. dgl. Ja, wenn ich nicht sehr irre, ist das Buch nicht vor dem Auftreten des Chrysippus von irgend einem Peripatetiker fabricirt worden, denn wie hätte man vor Chrysippus überhaupt nur Veranlassung gehabt zu fragen, ob das *πρός τι* das nemliche sei wie das *πρός τι πὼς ἔχον* (s. Abschn. VI, Anm. 81. u. 106 ff. u. Abschn. IX, Anm. 12. u. 30.), eine Erörterung, welche *Cat.* 7, 8a. 32—b. 1. noch dazu mit der sehr schulmässigen Wendung steht, ob die vorher aufgestellte Definition wohl genügend sei (*ἱκανῶς ἀποδέδοται*, 8a. 29—31.). Der Ausdruck *πρός τι πὼς ἔχειν* findet sich in den gesammten Werken des Aristoteles nirgends mehr. Und hätten wir hiemit die Spur wenigstens einer Kenntniss der stoischen Kategorienlehre, so bekäme auch dasjenige, was *Cat.* 8, 8b. 28. u. 35. von *ἕξις* und *διάθεσις* gesagt ist, eine eigenthümliche Beleuchtung durch das unten Abschn. VI, Anm. 92. u. 96. erörterte. Vgl. auch Anm. 417. u. 476., durch welche hoffentlich der Glaube an eine aristotelische Autorschaft des Buches völlig verschwinden kann.

6) *Simpl.* a. a. O. *f.* 4 *Γ*. *David* b. *Brand. Schol.* p. 30a. 4., *Anon.* ebend. p. 32b. 31.

in solcher Art und Weise von Aristoteles selbst sei niedergeschrieben worden, dem gönnen wir gerne diese Stärke des Glaubens. Ueber allen Zweifel ächt sind die übrigen Schriften des Organons, nemlich die erste Analytik (über den Namen Ἀναλυτικά s. unten Anm. 104), welche die Lehre vom Schlusse entwickelt, und die zweite, deren Inhalt man als aristotelische Wissenschaftslehre bezeichnen kann, sowie die Topik, welche den Syllogismus im Gebiete der blossen Meinung verfolgt, und in ganz engem Anschlusse an sie die Σοφιστικοὶ Ἔλεγχοι, welche Waitz wohl nicht mit Unrecht gleich als neuntes Buch der Topik bezeichnet. Die gänzliche Verschiedenheit des Gebietes, auf welchem die drei letztgenannten Hauptwerke liegen, macht es höchst schwierig, über die Reihenfolge derselben eine sichere Annahme zu fassen; denn die zweite Analytik, welche in der That eine höhere Einheit der Logik und der sog. Metaphysik bildet, könnte ebendarum sowohl zwischen diese beide als auch vor beiden gestellt werden; die Topik hingegen mit den sophistischen Widerlegungen zeigt sich als Mittelglied zwischen Logik und Rhetorik und kann daher ihren organischen Platz weder vor der ersten Analytik noch nach der zweiten finden. Keinenfalls scheint mir etwa von Aristoteles selbst eine derartige Anordnung, wie wir sie jetzt im Organon vor uns haben, ausgegangen zu sein, und ich glaube überhaupt, dass man nach der ganzen Anlage des aristotelischen Systemes auf eine bloss lineare Abfolge der einzelnen Werke verzichten und vielmehr die Gruppen, welche zugleich nach verschiedenen Seiten sich abzweigen, ins Auge fassen müsse. Auch über die zeitliche Abfolge, in welcher die Bücher des Organons von Aristoteles verfasst worden sein mögen, wird sich in Folge der so mannigfachen Wechselbeziehungen kaum ein unbestreitbares Resultat erzielen lassen [7]).

Ausser diesen uns erhaltenen Werken nun hatte Aristoteles auch noch andere Schriften logischen Inhaltes verfasst. In den auf uns gekommenen, bekanntlich höchst verwirrten, Verzeichnissen der aristotelischen Werke werden wohl sämmtliche Bücher des Organons, welche wir besitzen, aufgeführt, aber vielfach mit abweichender Bücherzahl oder auch unter anderen Titeln, welche sich dann auf einzelne Abschnitte grösserer Werke beziehen [8]), ein Umstand, welcher wie für die aristote-

---

7) Brandis, Ueber die Reihenfolge d. Bücher des Organons, Abhdl. d. Berl. Akad. 1833. sucht nachzuweisen, dass die Logik früher als die beiden Analytiken, und das Buch *π. Ἑρμην.* später als alle diese geschrieben sei.

8) Bekanntlich haben wir drei solche Verzeichnisse, eines bei *Diog. L.* V, 22 ff., eines von dem sog. *Anonymus Menagii* (auch bei *Buhle Arist.* I, p. 61 ff. oder b. *Didot Arist.* p. 13.) und ein drittes in d. *Biblioth. Arab. Hisp. Escurial. Mich. Casiri* I, p. 304 ff. *Κατηγορίαι* und *π. Ἑρμην.* stehen bei allen Dreien übereinstimmend unter eben dieser Bezeichnung; betreffs der ersten Analytik steht bei *Diog. Προτέρων Ἀναλυτικῶν α' β' γ' δ' ε' ς' ζ' η'*, beim *Anon. Ἀναλυτικῶν προτέρων θ'* und dann wieder *Προτέρων Ἀναλυτικῶν β'*, beim Araber hingegen *Analyticorum priorum II;* betreffs der zweiten Analytik bei *Diog. Ἀναλυτικῶν ὑστέρων μεγάλων α' β'*, beim *Anon. Ἀναλυτικῶν ὑστέρων β'*, beim Araber *Analyticorum posteriorum II.* Die Topik hingegen scheint verschiedentlich zertheilt zu sein (s. Brandis, Gr. Röm. Phil. II, 2, p. 79.), insofern wahrscheinlich *Τὰ πρὸ τῶν τόπων α'* bei *Diog.* und b. *Anon.* das erste Buch derselben und *Ὅροι πρὸ τῶν τοπικῶν α' β' γ' δ' ε' ς' ζ'* bei *Diog.* mit Streichung des *πρὸ* (nach Brandis' Vorschlag) die übrigen sieben Bücher bedeutet, sowie ferner vielleicht unter

lischen Schriften überhaupt so auch für die Gruppe der Logik einen jeden Schluss betreffs des Verlornen völlig unsicher macht. Von den hieher gehörigen Werken, welche erwähnt werden, dürften einer näheren Erörterung der Wissenschaftslehre gedient haben: *Περὶ ἐπιστημῶν α′* (Diog. u. Anon.), *Ὑπὲρ ἐπιστήμης α′* (Diog., wenn nicht Doppelgänger des so eben genannten), *Περὶ δόξης* (Anon.), *Περὶ τῆς ἐν τοῖς μαθήμασιν οὐσίας* (Anon.); der Lehre vom Urtheile würde angehören *Περὶ λέξεως α′β′* (Diog.; *Περὶ λέξεως καθαρᾶς α′* Anon.), wenn darunter nicht das dritte Buch der Rhetorik zu verstehen ist; sodann die bei Simplic. ad Cat. so oft angeführte Schrift *Περὶ τῶν Ἀντικειμένων*, aus welcher nach des Simplicius Angabe besonders die Stoiker schöpften, und das Buch *Περὶ ἐναντίων α′* (Diog. u. Anon.), welches schwerlich mit dem Buche *ι* (X) der Metaphysik identisch sein dürfte [9]. Einen Abschnitt der Lehre vom Begriffe bildete sicher die Schrift *Περὶ εἰδῶν καὶ γενῶν α′* (Diog.) oder *Περὶ εἰδῶν α′* (Anon.); schwieriger ist es mit den *Διαιρέσεις ἑπτακαίδεκα* (Diog., woneben derselbe *Διαιρετικῶν α′* und abermals *Διαιρετικὸν α′* anführt) wenigstens in Folge dessen, was der Araber über diese Bücher berichtet [10]), zumal da auch wieder *Διαιρέσεις σοφιστικαὶ δ′* (Diog. oder *α′* Anon.) genannt werden. Der Lehre vom Schlusse, also dem Inhalte der ersten Analytik, müssen angehört haben: *Συλλογισμῶν α′β′* (Diog., welcher nochmals *Συλλογισμοὶ α′* anführt; beim Anon. *Συλλογισμῶν α′* und dann wieder *Συλλογισμῶν β′*) und *Συλλογιστικῶν καὶ ὅροι α′* (Diog.) oder *Συλλογιστικῶν ὅρων α′* (Anon.), woferne nicht etwa doch die ersteren selbst die erste Analytik bedeuten. Auf den Inhalt dessen nun, was *Anal. post.* II, 14—18 von Lösung wissenschaftlicher Probleme gesagt wird, und zugleich auf den Inhalt der ganzen Topik scheint sich eine grosse Zahl von Schriften bezogen zu haben, deren Titel schwer in völligen Einklang zu bringen sind: zunächst *Περὶ προβλημάτων α′* (Diog.) und *Προβλημάτων μεθοδικά* (Anon.) und *Μεθοδικὰ α′β′γ′δ′ε′ς′ζ′η′*; diese aber werden ausdrücklich als verwandt bezeichnet [11]) mit folgenden: *Ὑπομνήματα ἐπιχειρηματικὰ γ′* (Diog.)

---

den Bezeichnungen *Τοπικὸν πρὸς τοὺς ὅρους α′ β′ πάθη α′* bei *Diog.* und *Τοπικὸν πρὸς τοὺς ὅρους καὶ πάθη α′* beim *Anon.* und *Topicorum ad definitiones I.* beim Araber wieder das sechste und siebente Buch, und ingleichen unter *Περὶ ἐρωτήσεως καὶ ἀποκρίσεως α′ β′* bei *Diog.* und *Περὶ ἐρωτήσεως καὶ ἀποκρίσεως α′* beim *Anon.* wieder das achte Buch zu suchen ist; sicher scheint unter *Περὶ ἰδίων α′* bei *Diog.* das fünfte Buch der Topik gemeint zu sein. Die *Σοφιστ. Ἔλεγχ.* sind eigens genannt bei *Anon.* *Ἐλέγχων σοφιστικῶν ἢ περὶ ἐριστικῶν νικῶν.*

9) Denn eben dort 3, 1054 a. 30. verweist *Arist.* selbst auf seine *Διαίρεσις τῶν ἐναντίων*; auch *Met. Γ*, 2, 1004 a. 2. citirt er *Ἐκλογὴ ἐναντίων.* Sehr in Verwirrung geräth die Sache durch einen Büchertitel beim Araber: *De contrariis I, i. e. ratiocinationes epicherematicae*, wornach die Schrift *Περὶ ἐναντίων* zu jener grossen confusen Masse jener Bücher gehört haben müsste, welche dem Bereiche der Topik näher liegen; s. sogleich unten.

10) *Divisiones XVI. ibi Aristoteles disserit de temporis et animae divisionibus, ut et de voluptate, de agente, patiente et actu, de amore ac de bonorum s. felicitatum genere, ubi de bono quod animae inest, de bono quod est extra animam ac denique de bonitate et malitia, ubi de variis disciplinis et artibus.* Also etwa eine Art Encyclopädie?? vgl. auch d. folg. Anm.

11) *Simpl. ad Categ. f.* 16 A.: *ἢ πρὸς τοῦτο Ἀριστοτέλης ἐν τοῖς ὑπομνήμασιν ἀπεκρίνατο· καὶ γὰρ ἐν τοῖς Μεθοδικοῖς καὶ ἐν τοῖς Ὑπομνήμασι*

oder *Ὑπομνημάτων ἐπιχειρηματικῶν γ'* (Anon.) oder *Commentationes titulo Hypomnemata* (Arab.) und *Ἐπιχειρημάτων β'* (Diog. u. Anon.) oder *Quaesita epicherematica* (Arab.), welche auch sonst noch erwähnt werden [12]; hieran aber schlossen sich wohl an die *Θέσεις ἐπιχειρηματικαὶ πέντε καὶ εἴκοσι* (Diog. u. Anon.), welche vielleicht identisch sind mit *De contradictoriis* beim Araber [13]. Dem eigentlichen Inhalte der Topik gehörten wohl an: ***De locis unde argumenta petenda sint, II*** (Arab.) und ***Descriptio definitionum topicarum III*** (ebend.) und ***De differentiis topicis II*** (ebend.) und ***De propositionum sensu II*** (ebend.); eher der Topik als der Lehre vom Urtheile dürften daher auch zuzuweisen sein: *Προτάσεις α'* (bei Diog. zweimal, b. Anon. *Προτάσεων α'*), zumal da auch *Προτάσεις ἐριστικαί δ'* (Diog. u. Anon.) genannt werden, welche uns den Uebergang bilden können zum Gebiete der *Σοφ. Ἔλεγχοι*, wozu gehören: *Σοφιστικῆς α'* (Anon.), *Περὶ ἐριστικῶν α'β'* (Diog.), *Λύσεις ἐριστικαί δ'* (Diog. u. Anon.), *Ἐνστάσεις α'* (Diog. u. Anon.), ***De demonstrationibus ac de propositionibus controversis IV*** (Arab.) und, wenn es ächt war, das Buch *Παρὰ τὴν λέξιν* (s. Anm. 11).

Um nun die aristotelische Logik selbst darzustellen, werden wir die Bücher des uns erhaltenen Organons weder übersetzen noch bloss excerpiren, sondern wir werden versuchen müssen, das Ganze zugleich auch mit seinen inneren Triebfedern und mannigfaltigen gegenseitigen Wechselbeziehungen zu entwickeln. Zu diesem Behufe werden wir zunächst angeben, wie Aristoteles mit seinem Lehrer Plato darin zusammentreffe, dass er grundsätzlich von dem Gebiete des Dialektischen als dem der blossen Meinung die Aufgabe und den Zweck des Apodeiktischen, in welchem das wahre Wissen beruhe, scharf getrennt hält; sodann werden wir die Grundzüge eben dieser Apodeiktik näher entwickeln und dortselbst den tiefen inneren Zusammenhang erkennen, in welchem bei Aristoteles die Logik mit den Principien der Philosophie überhaupt steht; und hierauf erst wird jener Verwirklichungs-Process vorzuführen sein, in welchem aus dem potenziell Stofflichen des menschlichen Redens die actuelle Form des definitorischen Wissens resultirt; in dieser Beziehung aber wird zuerst die Lehre vom Urtheile entwickelt werden und dann die Bedeutung und Stellung der Kategorien gezeigt werden müssen, worauf die Lehre vom Begriffe und dessen wesentlichen Momenten folgt, welcher sodann ein erneutes bereichertes Leben im Syllogismus erweist, und nach diesem Ablaufe von Urtheil,

---

καὶ ἐν ταῖς Διαιρέσεσι καὶ ἐν ἑτέρῳ ὑπομνήματι ὃ ἐπιγράφεται Παρὰ τὴν λέξιν, ὅπερ εἰ καί τισιν οὐ δοκεῖ γνήσιον Ἀριστοτέλους, ἀλλὰ τινός ἐστι πάντως τῶν ἀπὸ σχολῆς. ἐν τούτοις προθεὶς τὰς κατηγορίας ἐπάγει κτλ. vgl. d. folg. Anm.

12) *Arist. d. memor.* 2, 451 a. 19.: *ὅσα ἐν τοῖς ἐπιχειρηματικοῖς λόγοις ἐστὶν ἀληθῆ, δεῖ τιθέναι ὡς ὑπάρχοντα.* Hiezu *Themist. ad Ar. d. Memor. f.* 97 a.: *ὅσα ἐν τοῖς ἐπιχειρηματικοῖς λόγοις καὶ προβληματικοῖς ἡμῖν* (d. h. *Ἀριστοτέλει*) *ἀποδέδεικται. Philop. ad An. post. f.* 51 b.: *ὥςπερ καὶ ἐν τῷ δευτέρῳ τῶν Λογικῶν ἐπιχειρημάτων λαμβάνει τοῦτο κτλ.*

13) *De contradictoriis, ubi docet contradictorii antecedentia ex ipso adversarii esse argumento petenda s. in ipsum retorquenda, XXXIX.* Diess vgl. mit *Alex. Aphr. ad Top.* p. 16.: *καὶ ἔστι βιβλία τοιαῦτα Ἀριστοτέλει τε καὶ Θεοφράστῳ γεγραμμένα ἔχοντα τὴν εἰς τὰ ἀντικείμενα δι' ἐνδόξων ἐπιχείρησιν.*

Begriff, Schluss wird die Form des **definitorischen** Wissens selbst zu erörtern sein. Endlich hierauf wird das durch diese Apodeiktik wieder gestützte und von ihr durchzogene Dialektische, nemlich die **Topik** und die sophistischen Widerlegungen zu betrachten sein.

Aristoteles, der Begründer einer strenge abgeschlossenen wissenschaftlichen Lehre vom apodeiktischen Wissen, war am tiefsten von der Ueberzeugung durchdrungen, dass zum Behufe des höchsten erreichbaren menschlichen Wissens alle Urgegensätze von Idealem und Realem, Geist und Materie, Form und Stoff, Einheit und Vielheit, Begriff und Erscheinung u. dgl. in ihrem Beisammensein zu erfassen seien, und wir glauben, dass ihm das Gefühl dieser Nothwendigkeit aus einem richtigen Verständnisse des sokratischen Imperatives erwachsen sei. Sowie aber Sokrates selbst genöthigt war, bei seiner Forderung der Begriffsbestimmung als einer Identität des Allgemeinen und Besonderen zumeist gegen den Particularismus der Sophisten zu kämpfen, und sowie Plato fast unablässig der particularen Meinung und der rhetorisch-sophistischen Dialektik des Scheines gegenübertritt, um aus dem *διαλέγεσθαι*, welches an sich der Wahrheit und Falschheit fähig ist, das wahre Wissen nach seiner Weise zu entwickeln, ebenso spricht auch Aristoteles scharf die Trennung dieser zwei Gebiete aus, welche er durch die Worte *διαλεκτικόν* und *ἀποδεικτικόν* bezeichnet, und er verfolgt das erstere in der nemlichen Stufenleiter wie Plato bis zu seinem äussersten und verwerflichen Extreme. (Vgl. für das Folgende überhaupt Abschn. III, Anm. 4—35.) Nur ist bei Aristoteles die polemische Seite solcher Erwägungen weit einfacher und ruhiger als bei Plato, sowie die Angabe jener Abstufungen verständig präciser; ja er steht dem Gebiete des Dialektischen so sehr frei und objectiv gegenüber, dass er gerade in der Topik demselben wieder eine Stütze vermittelst des Apodeiktischen verleihen kann. Dass Aristoteles auf jene Kehrseite des *διαλέγεσθαι*, welche dem Apodeiktischen gegenüberliegt, so vielfach eingieng, haben wir sicher nur dem zuzuschreiben, dass er Schüler Plato's ist, wenn auch gleichzeitige Bestrebungen der Antistheneer und Megariker den alten Particularismus der Sophisten erneuten. Und in dieser Beziehung daher zeigt sich Aristoteles als Kind seiner Zeit und seiner Nation, denn dass wesentlich und an sich nothwendig die Theorie der Logik nur an ihrem Widerspiele sich hervorarbeiten könne, wird wohl Niemand behaupten; auch fällt ja z. B. das *πειραστικὸν* des *διαλέγεσθαι* an sich dem Gebiete der Pädagogik zu, oder z. B. die blosse Wahrscheinlichkeit ist, so lange sie nicht dem Calcul unterworfen ist, logisch werthlos, ist sie aber jenes, so tritt sie wieder als Thatsache des Wissens auf, oder hinwiederum Lappalien, wie die Mehrzahl der Fangschlüsse sind, wird die wahre Logik überhaupt gar nicht berücksichtigen.

Jede Wissenschaft umfasst die ihrem Gebiete angehörigen entsprechenden Gegensätze zugleich, und so hat die Philosophie als die höchste Wissenschaft des Seienden überhaupt die Gegensätzlichkeit, welche sämmtlich auf Sein und Nichtsein, Eines und Vieles, sich reducirt, zu betrachten und auf das Seiende zurückzuführen [14]. Auf solche Ver-

---

14) *Metaph.* *Γ*, 2, 1003 b. 34.: *περὶ ὧν τὸ τί ἐστι τῆς αὐτῆς ἐπιστήμης*

knüpfung der Gegensätze in dem Seienden zielen alle unsere Vernunftschlüsse ab, und insoferne drehen sich Philosophie, Dialektik und Sophistik um das Nemliche, sich nur der Art und Weise nach unterscheidend, denn die Philosophie erkennt, die Dialektik aber experimentirt, die Sophistik hingegen ist nur Schein [15]). Nemlich eben für diese Verknüpfung der Gegensätze treten als Unterschiede zwei Hauptmomente auseinander: einerseits das Intelligible, Allgemeine, und andrerseits das sinnlich Wahrnehmbare, Viele, Einzelne, Zufällige [16]), hierin aber beruht der Unterschied zwischen Apodeiktischem und Dialektischem, und jeder zu einem Vernunftschlusse dienliche Satz ist entweder apodeiktisch oder dialektisch, ersteres, wenn er wahr ist und auf Principien beruht, letzteres, wenn er nur als vorläufige Frage über Bejahung oder Verneinung gilt und im Falle der Annahme nur auf Wahrscheinlichkeit Anspruch macht [17]). Hiemit aber steht auch die „Philosophie" auf Seite des apodeiktischen Syllogismus allein gegenüber dem Dialektischen in seinen

---

τῷ γένει θεωρῆσαι, λέγω δ' οἷον περὶ ταὐτοῦ καὶ ὁμοίου καὶ τῶν ἄλλων τῶν τοιούτων καὶ τῶν τούτοις ἀντικειμένων· σχεδὸν δὲ πάντα ἀνάγεται τἀναντία εἰς τὴν ἀρχὴν ταύτην...... (1004 a. 17.) ὥστε καὶ τἀντικείμενα τοῖς εἰρημένοις τό τε ἕτερον καὶ ἀνόμοιον καὶ ἄνισον καὶ ὅσα ἄλλα λέγεται ἢ κατὰ ταῦτα ἢ κατὰ πλῆθος καὶ τὸ ἕν, τῆς εἰρημένης γνωρίζειν ἐπιστήμης, ὧν ἐστι καὶ ἡ ἐναντιότης, διαφορὰ γάρ τις ἡ ἐναντιότης, ἡ δὲ διαφορὰ ἑτερότης· ὥστ' ἐπειδὴ πολλαχῶς τὸ ἓν λέγεται, καὶ ταῦτα πολλαχῶς μὲν λεχθήσεται, ὅμως δὲ μιᾶς ἅπαντά ἐστι γνωρίζειν...... (31) φανερὸν οὖν.... ὅτι μιᾶς περὶ τούτων καὶ τῆς οὐσίας ἐστὶ λόγον ἔχειν.... καὶ ἔστι τοῦ φιλοσόφου περὶ πάντων δύνασθαι θεωρεῖν· εἰ γὰρ μὴ τοῦ φιλοσόφου, τίς ἔσται ὁ ἐπισκεψόμενος εἰ ταὐτὸ Σωκράτης καὶ Σωκράτης καθήμενος, ἢ εἰ ἓν ἑνὶ ἐναντίον ἢ τί ἐστι τὸ ἐναντίον ἢ ποσαχῶς λέγεται; ὁμοίως δὲ καὶ περὶ τῶν ἄλλων τῶν τοιούτων...... (b. 27) ἔτι τῶν ἐναντίων ἡ ἑτέρα συστοιχία στέρησις, καὶ πάντα ἀνάγεται εἰς τὸ ὂν καὶ τὸ μὴ ὂν καὶ ἓν καὶ πλῆθος, οἷον στάσις τοῦ ἑνός, κίνησις δὲ τοῦ πλήθους· τὰ δ' ὄντα καὶ τὴν οὐσίαν ὁμολογοῦσιν ἐξ ἐναντίων σχεδὸν ἅπαντες συγκεῖσθαι· πάντες γοῦν τὰς ἀρχὰς ἐναντίας λέγουσιν.

15) ebend. 1004 b. 17.: οἱ γὰρ διαλεκτικοὶ καὶ σοφισταὶ ταὐτὸν μὲν ὑποδύονται σχῆμα τῷ φιλοσόφῳ, ἡ γὰρ σοφιστικὴ φαινομένη μόνον σοφία ἐστὶ καὶ οἱ διαλεκτικοὶ διαλέγονται περὶ ἁπάντων, κοινὸν δὲ πᾶσι τὸ ὄν ἐστιν· διαλέγονται δὲ περὶ τούτων δῆλον ὅτι διὰ τὸ τῆς φιλοσοφίας εἶναι αὐτὰ οἰκεῖα· περὶ μὲν γὰρ τὸ αὐτὸ γένος στρέφεται ἡ σοφιστικὴ καὶ ἡ διαλεκτικὴ τῇ φιλοσοφίᾳ, ἀλλὰ διαφέρει τῆς μὲν τῷ τρόπῳ τῆς δυνάμεως τῆς δὲ τοῦ βίου τῇ προαιρέσει· ἔστι δὲ ἡ διαλεκτικὴ πειραστικὴ περὶ ὧν ἡ φιλοσοφία γνωριστική, ἡ δὲ σοφιστικὴ φαινομένη, οὖσα δ' οὔ. Anal. pr. II, 23, 68 b. 9.: ὅτι δ' οὐ μόνον οἱ διαλεκτικοὶ καὶ ἀποδεικτικοὶ συλλογισμοὶ διὰ τῶν προειρημένων γίνονται σχημάτων, ἀλλὰ καὶ οἱ ῥητορικοὶ καὶ ἁπλῶς ἡτισοῦν πίστις καὶ ἡ καθ' ὁποιανοῦν μέθοδον, νῦν ἂν εἴη λεκτέον.

16) *Anal. post.* I, 24, 86 a. 22.: μάλιστα δὲ δῆλον ὅτι ἡ καθόλου κυριωτέρα, ὅτι τῶν προτάσεων τὴν μὲν προτέραν ἔχοντες ἴσμεν πως καὶ τὴν ὑστέραν καὶ ἔχομεν δυνάμει..... ὁ δὲ ταύτην ἔχων τὴν πρότασιν τὸ καθόλου οὐδαμῶς οἶδεν οὔτε δυνάμει οὔτ' ἐνεργείᾳ· καὶ ἡ μὲν καθόλου νοητή, ἡ δὲ κατὰ μέρος εἰς αἴσθησιν τελευτᾷ.

17) *Anal. pr.* I, 1, 24 a. 28.: ὥστε ἔσται συλλογιστικὴ μὲν πρότασις ἁπλῶς κατάφασις ἢ ἀπόφασίς τινος κατά τινος τὸν εἰρημένον τρόπον, ἀποδεικτικὴ δὲ ἐὰν ἀληθὴς ᾖ καὶ διὰ τῶν ἐξ ἀρχῆς ὑποθέσεων εἰλημμένη, διαλεκτικὴ δὲ πυνθανομένῳ μὲν ἐρώτησις ἀντιφάσεως, συλλογιζομένῳ δὲ λῆψις τοῦ φαινομένου καὶ ἐνδόξου.

verschiedenen vielen Formen und Anwendungen [18]). Das Apodeiktische nemlich enthält die Wahrheit und geleitet den Weg zum wahren auf Grundsätzen beruhenden Wissen, das Dialektische hingegen enthält nur Wahrscheinlichkeit und verweilt auf dem Standpunkte des Meinens [19]), im Apodeiktischen liegt das allgemein Nothwendige, nicht anders sein Könnende, im Dialektischen hingegen die unbestimmte Möglichkeit des anders sein Könnenden, das eigentlich Zufällige [20]), der apodeiktische Satz spricht seinen Inhalt in fester Abgränzung und Bestimmtheit aus, der dialektische hingegen enthält nur eine Frage über einen noch nicht bestimmten Bestand oder eine beliebig willkürliche Annahme der einen von beiden Möglichkeiten [21]). In solchem Sinne unterscheidet Aristoteles

---

18) *Top.* VIII, 11, 162 a. 15.: ἔστι δὲ φιλοσόφημα μὲν συλλογισμὸς ἀποδεικτικὸς, ἐπιχείρημα δὲ συλλογισμὸς διαλεκτικὸς, σόφισμα δὲ συλλογισμὸς ἐριστικὸς, ἀπόρημα δὲ συλλογισμὸς διαλεκτικὸς ἀντιφάσεως.

19) *Top.* I, 1, 100 a. 27.: ἀπόδειξις μὲν οὖν ἐστὶν, ὅταν ἐξ ἀληθῶν καὶ πρώτων ὁ συλλογισμὸς ᾖ ἢ ἐκ τοιούτων ἃ διά τινων πρώτων καὶ ἀληθῶν τῆς περὶ αὐτὰ γνώσεως τὴν ἀρχὴν εἴληφεν· διαλεκτικὸς δὲ συλλογισμὸς ὁ ἐξ ἐνδόξων συλλογιζόμενος. Ebend. 14, 105 b. 30.: πρὸς μὲν οὖν φιλοσοφίαν κατ᾽ ἀλήθειαν περὶ αὐτῶν πραγματευτέον, διαλεκτικῶς δὲ πρὸς δόξαν. *An. pr.* I, 30, 46 a. 8.: κατὰ μὲν ἀλήθειαν ἐκ τῶν κατ᾽ ἀλήθειαν διαγεγραμμένων ὑπάρχειν, εἰς δὲ τοὺς διαλεκτικοὺς συλλογισμοὺς ἐκ τῶν κατὰ δόξαν προτάσεων. Ebend. II, 16, 65 a. 35.: ἔστι δὲ τὸ ἐν ἀρχῇ αἰτεῖσθαι ἐν μὲν ταῖς ἀποδείξεσι τὰ κατ᾽ ἀλήθειαν οὕτως ἔχοντα, ἐν δὲ τοῖς διαλεκτικοῖς τὰ κατὰ δόξαν. *Anal. post.* I, 19, 81 b. 18.: κατὰ μὲν οὖν δόξαν συλλογιζομένοις καὶ μόνον διαλεκτικῶς δῆλον ὅτι τοῦτο μόνον σκεπτέον, εἰ ἐξ ὧν ἐνδέχεται ἐνδοξοτάτων γίνεται ὁ συλλογισμός. *Top.* I, 20, 104 a. 4.: οὐ γὰρ πᾶσαν πρότασιν οὐδὲ πᾶν πρόβλημα διαλεκτικὸν θετέον· οὐδεὶς γὰρ ἂν προτείνειε νοῦν ἔχων τὸ μηδενὶ δοκοῦν οὐδὲ προβάλοι τὸ πᾶσι φανερὸν ἢ τοῖς πλείστοις· τὰ μὲν γὰρ οὐκ ἔχει ἀπορίαν τὰ δ᾽ οὐδεὶς ἂν θείη· ἔστι δὲ πρότασις διαλεκτικὴ ἐρώτησις ἔνδοξος ἢ πᾶσιν ἢ τοῖς πλείστοις ἢ τοῖς σοφοῖς καὶ τούτοις ἢ πᾶσιν ἢ τοῖς πλείστοις ἢ τοῖς μάλιστα γνωρίμοις, μὴ παράδοξος..... εἰσὶ δὲ προτάσεις διαλεκτικαὶ καὶ τὰ τοῖς ἐνδόξοις ὅμοια καὶ τἀναντία κατ᾽ ἀντίφασιν τοῖς δοκοῦσιν ἐνδόξοις εἶναι προτεινόμενα καὶ ὅσαι δόξαι κατὰ τέχνας εἰσὶ τὰς εὑρημένας.

20) *Metaph.* Ζ, 15, 1039 b. 31.: εἰ οὖν ἥ τ᾽ ἀπόδειξις τῶν ἀναγκαίων καὶ ὁ ὁρισμὸς ἐπιστημονικὸς, καὶ οὐκ ἐνδέχεται, ὥςπερ οὐδ᾽ ἐπιστήμην ὁτὲ μὲν ἐπιστήμην ὁτὲ δ᾽ ἄγνοιαν εἶναι, ἀλλὰ δόξα τὸ τοιοῦτόν ἐστιν, οὕτως οὐδ᾽ ἀπόδειξιν οὐδ᾽ ὁρισμὸν, ἀλλὰ δόξα ἐστὶ τοῦ ἐνδεχομένου ἄλλως ἔχειν, δῆλον ὅτι οὐκ ἂν εἴη αὐτῶν οὔτε ὁρισμὸς οὔτ᾽ ἀπόδειξις. Ebend. Δ, 5, 1015 b. 7.: ἔτι ἡ ἀπόδειξις τῶν ἀναγκαίων, ὅτι οὐκ ἐνδέχεται ἄλλως ἔχειν, εἰ ἀποδέδεικται ἁπλῶς· τούτου δ᾽ αἴτια τὰ πρῶτα, εἰ ἀδύνατον ἄλλως ἔχειν ἐξ ὧν ὁ συλλογισμός. *Anal. post.* I, 6, 75 a. 20.: τὸ συμβεβηκὸς γὰρ ἐνδέχεται μὴ ὑπάρχειν· περὶ τοιούτου γὰρ λέγω συμβεβηκότος..... δεῖ δ᾽ ἐρωτᾶν οὐχ ὡς ἀναγκαῖον εἶναι διὰ τὰ ἠρωτημένα, ἀλλ᾽ ὅτι λέγειν ἀνάγκη τῷ ἐκεῖνα λέγοντι, καὶ ἀληθῶς λέγειν, ἐὰν ἀληθῶς ᾖ ὑπάρχοντα. *Rhet.* I, 2.: τὸ δὲ καθ᾽ ἕκαστον ἄπειρον καὶ οὐκ ἐπιστήμη.

21) *Anal. pr.* I, 1, 24 a. 22.: διαφέρει δὲ ἡ ἀποδεικτικὴ πρότασις τῆς διαλεκτικῆς, ὅτι ἡ μὲν ἀποδεικτικὴ λῆψις θατέρου μορίου τῆς ἀντιφάσεώς ἐστιν, οὐ γὰρ ἐρωτᾷ ἀλλὰ λαμβάνει ὁ ἀποδεικνύων, ἡ δὲ διαλεκτικὴ ἐρώτησις ἀντιφάσεώς ἐστιν (vgl. Anm. 17). *Anal. post.* I, 2, 72 a. 8.: πρότασις δ᾽ ἐστὶν ἀποφάνσεως τὸ ἕτερον μόριον, ἓν καθ᾽ ἑνὸς, διαλεκτικὴ μὲν ἡ ὁμοίως λαμβάνουσι ὁποτερονοῦν, ἀποδεικτικὴ δὲ ἡ ὡρισμένως θάτερον, ὅτι ἀληθές. *Anal. pr.* II, 16, 64 b. 32.: ἡ γὰρ ἀπόδειξις ἐκ πιστοτέρων τε καὶ προτέρων ἐστί. Ebend. I, 13, 32 b. 18.: ἐπιστήμη δὲ καὶ συλλογισμὸς ἀποδεικτικὸς τῶν μὲν ἀορίστων οὐκ ἔστι διὰ τὸ ἄτακτον εἶναι τὸ μέσον.

zwischen einem wissenschaftlichen und einem dialektischen Schliessen überhaupt; das letztere ist immer an einen Anderen, einen Mitmenschen, gerichtet und daher von dessen Beistimmung zu den Prämissen abhängig, der Philosoph hingegen forscht an und für sich, unbekümmert um jene äussere Zustimmung, woferne nur die Basis seiner Schlüsse wahr und in sich principienmässig ist [22]); aber an die Sprache, den λόγος, ist auch die Wissenschaft und ihr Betrieb geknüpft; der λόγος ist daher dem Apodeiktischen und Dialektischen gemeinsam, er ja umfasst in gleicher Weise wie das menschliche Wissen selbst die Grundgegensätze von Sein und Nichtsein (vgl. Abschn. III, Anm. 11), und kein Wissen ist ohne Sprache [23]). Eben darum aber, weil in der Sprache das wahre feste Wissen und die unbestimmte Meinung zusammentreffen, ist die Uebung des Dialektischen auch dem Philosophen förderlich, denn dasselbe ist eine Geistes-Gymnastik in der Prüfung der Meinung, sowohl der eigenen als der fremden, es lehrt uns Genauigkeit und Schärfe des Sprachausdruckes, und es steigert methodisch den wissenschaftlichen Takt, denn wer von Anderen durch Schlüsse leicht getäuscht werden kann, wird auch sich selbst häufig täuschen [24]). So hat Plato's λόγος ἔμψυχος hier

---

22) *Top.* VIII, 1, 155 b. 7.: μέχρι μὲν οὖν τοῦ εὑρεῖν τὸν τόπον ὁμοίως τοῦ φιλοσόφου καὶ τοῦ διαλεκτικοῦ ἡ σκέψις, τὸ δ' ἤδη ταῦτα τάττειν καὶ ἐρωτηματίζειν ἴδιον τοῦ διαλεκτικοῦ· πρὸς ἕτερον γὰρ πᾶν τὸ τοιοῦτον, τῷ δὲ φιλοσόφῳ καὶ ζητοῦντι καθ' ἑαυτὸν οὐδὲν μέλει, ἐὰν ἀληθῆ μὲν ᾖ καὶ γνώριμα δι' ὧν ὁ συλλογισμός, μὴ θῇ δ' αὐτὰ ὁ ἀποκρινόμενος διὰ τὸ σύνεγγυς εἶναι τοῦ ἐξ ἀρχῆς καὶ προορᾶν τὸ συμβησόμενον· ἀλλ' ἴσως κἂν σπουδάσειεν ὅτι μάλιστα γνώριμα καὶ σύνεγγυς εἶναι τὰ ἀξιώματα· ἐκ τούτων γὰρ οἱ ἐπιστημονικοὶ συλλογισμοί. ebend. b. 27.: ἐπειδὴ πᾶσα ἡ τοιαύτη πραγματεία πρὸς ἕτερόν ἐστι.

23) *Metaph.* Θ, 2, 1046 b. 7.: αἴτιον δὲ ὅτι λόγος ἐστὶν ἡ ἐπιστήμη, ο δὲ λόγος ὁ αὐτὸς δηλοῖ τὸ πρᾶγμα καὶ τὴν στέρησιν, πλὴν οὐχ ὡσαύτως, καὶ ἔστιν ὡς ἀμφοῖν, ἔστι δ' ὡς τοῦ ὑπάρχοντος μᾶλλον· ὥστ' ἀνάγκη καὶ τὰς τοιαύτας ἐπιστήμας εἶναι μὲν τῶν ἐναντίων, εἶναι δὲ τοῦ μὲν καθ' αὑτὰς τοῦ δὲ μὴ καθ' αὑτάς· καὶ γὰρ ὁ λόγος τοῦ μὲν καθ' αὑτό, τοῦ δὲ τρόπον τινὰ κατὰ συμβεβηκός· ἀποφάσει γὰρ καὶ ἀναφορᾷ δηλοῖ τὸ ἐναντίον. *Anal. post.* II, 19, 100 b. 10.: ἐπιστημη δ' ἅπασα μετὰ λόγου ἐστίν.

24) *Top.* I, 2, 101 a. 26.: ... εἰπεῖν πρὸς πόσα τε καὶ τίνα χρήσιμος ἡ πραγματεία· ἔστι δὴ πρὸς τρία, πρὸς γυμνασίαν, πρὸς τὰς ἐντεύξεις, πρὸς τὰς κατὰ φιλοσοφίαν ἐπιστήμας· ὅτι μὲν οὖν πρὸς γυμνασίαν χρήσιμος, ἐξ αὐτῶν καταφανές ἐστι· μέθοδον γὰρ ἔχοντες ῥᾷον περὶ τοῦ προτεθέντος ἐπιχειρεῖν δυνησόμεθα· πρὸς δὲ τὰς ἐντεύξεις, διότι τὰς τῶν πολλῶν κατηριθμημένοι δόξας οὐκ ἐκ τῶν ἀλλοτρίων ἀλλ' ἐκ τῶν οἰκείων δογμάτων ὁμιλήσομεν πρὸς αὐτούς μεταβιβάζοντες ὅτι ἂν μὴ καλῶς φαίνωνται λέγειν ἡμῖν· πρὸς δὲ τὰς κατὰ φιλοσοφίαν ἐπιστήμας, ὅτι δυνάμενοι πρὸς ἀμφότερα διαπορῆσαι ῥᾷον ἐν ἑκάστοις κατοψόμεθα τἀληθές τε καὶ τὸ ψεῦδος· ἔτι δὲ πρὸς τὰ πρῶτα τῶν περὶ ἑκάστην ἐπιστήμην ἀρχῶν· ἐκ μὲν γὰρ τῶν οἰκείων τῶν κατὰ τὴν προτεθεῖσαν ἐπιστήμην ἀρχῶν ἀδύνατον εἰπεῖν τι περὶ αὐτῶν, ἐπειδὴ πρῶται αἱ ἀρχαὶ ἁπάντων εἰσί, διὰ δὲ τῶν περὶ ἕκαστα ἐνδόξων ἀνάγκη περὶ αὐτῶν διελθεῖν· τοῦτο δ' ἴδιον ἢ μάλιστα οἰκεῖον τῆς διαλεκτικῆς ἐστιν· ἐξεταστικὴ γὰρ οὖσα πρὸς τὰς ἁπασῶν τῶν μεθόδων ἀρχὰς ὁδὸν ἔχει. *Soph. El.* 16, 175 a. 5.: χρήσιμοι μὲν οὖν εἰσι (sc. αἱ ἐρωτήσεις) πρὸς μὲν φιλοσοφίαν διὰ δύο· πρῶτον μὲν γὰρ ὡς .... παρὰ τὴν λέξιν ἄμεινον ἔχειν ποιοῦσι πρὸς τὸ ποσαχῶς ἕκαστον λέγεται, καὶ ποῖα ὁμοίως καὶ ποῖα ἑτέρως ἐπί τε τῶν πραγμάτων συμβαίνει καὶ ἐπὶ τῶν ὀνομάτων· δεύτερον δὲ πρὸς τὰς καθ' αὑτὸν ζητήσεις· ὁ γὰρ ὑφ' ἑτέρου ῥᾳδίως παραλογιζόμενος καὶ τοῦτο μὴ

nur das unmittelbar gegenwärtige dramatische Auftreten, d. h. eben das *ἔμψυχον* des Dialoges, verloren, und das *διαλέγεσθαι* wirkt als *διαλεκτικὴ τέχνη* fort, wohl in einen Gegensatz gegen *ἀποδεικτική* gesetzt, aber doch eine willkommene Dienerin der letzteren. Hier aber eben liesse sich noch fragen, erstens ob eine so angewandte Geistes-Gymnastik, welche den Wissens-Inhalt verabsäumen muss, nöthig sei, zweitens ob, wenn diess der Fall wäre, sie durch eine „Theorie“ des Dialektischen ermöglicht werde, und drittens ob nicht, falls dieses beides wirklich bejaht würde, hiefür eine anderweitige Disciplin, nemlich die Erziehungs-Wissenschaft, Sorge zu tragen habe.

Das Gebiet des D i a l e k t i s c h e n hiemit ist die Meinung; die Meinung aber ist an sich eine doppeldeutige Macht, sie bezieht sich ebensowohl auf das Ewige und Allgemeine wie auf das Einzelne und Sinnliche, und ihr wesentliches Merkmal ist, dass sie wahr oder falsch sein kann; nur als wahre Meinung kann sie zu einem Wissen führen [25]. Das Erproben aber, ob eine Meinung sich als wahr behaupten könne, fällt in Bezug auf die formelle Seite dem Dialektischen anheim. Der Dialektiker nemlich ist es, welcher das Gemeinschaftliche an den Dingen, d. h. gemeinsame Gesichts-Punkte, *τὰ κοινά* (natürlich im Unterschiede von *τὸ καθόλου*), aufsucht und erfasst (vgl. Abschn. III, Anm. 12), wobei er das bestimmte Wissen der einzelnen Wissenschaften als einzelner den derselben Kundigen überlässt [26], aber eben doch wegen des relativ allgemeineren Gehaltes dem Syllogismus näher steht, als dem auf Sammlung des Einzelnen gerichteten inductorischen Verfahren [27],

---

αἰσθανόμενος κἂν αὐτὸς ὑφ' αὑτοῦ τοῦτο πάθοι πολλάκις· τρίτον δὲ τὸ λοιπὸν ἔτι πρὸς δόξαν, τὸ περὶ πάντα γεγυμνάσθαι δοκεῖν καὶ μηδενὸς ἀπείρως ἔχειν.

25) *Eth. Nic.* III, 4, 1111 b. 31.: *ἡ μὲν γὰρ δόξα δοκεῖ περὶ πάντα εἶναι, καὶ οὐδὲν ἧττον περὶ τὰ ἀΐδια καὶ τὰ ἀδύνατα ἢ τὰ ἐφ' ἡμῖν, καὶ τῷ ψευδεῖ καὶ ἀληθεῖ διαιρεῖται, οὐ τῷ κακῷ καὶ ἀγαθῷ, ἡ προαίρεσις δὲ τούτοις μᾶλλον ..... καὶ προαιρούμεθα μὲν λαβεῖν ἢ φυγεῖν ἤ τι τῶν τοιούτων, δοξάζομεν δὲ τί ἐστιν ἢ τίνι συμφέρει ἢ πῶς ..... καὶ ἡ μὲν προαίρεσις ἐπαινεῖται τῷ εἶναι οὗ δεῖ μᾶλλον ἢ τῷ ὀρθῶς, ἡ δὲ δόξα τῷ ὡς ἀληθῶς, καὶ προαιρούμεθα μὲν ἃ μάλιστα ἴσμεν ἀγαθὰ ὄντα, δοξάζομεν δὲ ἃ οὐ πάνυ ἴσμεν.* Ebend. VII, 5, 1147 a. 25.: *ἡ μὲν γὰρ καθόλου δόξα, ἡ δ' ἑτέρα περὶ τῶν καθ' ἕκαστά ἐστιν, ὧν αἴσθησις ἤδη κυρία. D. anim.* III, 3, 428 a. 19.: *γίνεται γὰρ δόξα καὶ ἀληθὴς καὶ ψευδής· ἀλλὰ δόξῃ μὲν ἕπεται πίστις.... ἔτι πάσῃ μὲν δόξῃ ἀκολουθεῖ πίστις, πίστει δὲ τὸ πεπεῖσθαι, πειθοῖ δὲ λόγος.*

26) *Soph. El.* 9, 170 a. 34.: *δῆλον οὖν ὅτι οὐ πάντων τῶν ἐλέγχων ἀλλὰ τῶν παρὰ τὴν διαλεκτικὴν ληπτέον τοὺς τόπους· οὗτοι γὰρ κοινοὶ πρὸς ἅπασαν τέχνην καὶ δύναμιν· καὶ τὸν μὲν καθ' ἑκάστην ἐπιστήμην ἔλεγχον τοῦ ἐπιστήμονός ἐστι θεωρεῖν, εἴ τε μὴ ὢν φαίνεται εἴ τ' ἔστι, διὰ τί ἐστι· τὸν δ' ἐκ τῶν κοινῶν καὶ ὑπὸ μηδεμίαν τέχνην τῶν διαλεκτικῶν.* ebend. b. 8.: *ὥστε φανερὸν ὅτι τοῦ διαλεκτικοῦ ἔστι τὸ δύνασθαι λαβεῖν παρ' ὅσα γίνεται διὰ τῶν κοινῶν ἢ ὢν ἔλεγχος ἢ φαινόμενος ἔλεγχος καὶ ἢ διαλεκτικὸς ἢ φαινόμενος διαλεκτικὸς ἢ πειραστικός.* ebend. 11, 171 b. 6.: *ὁ μὲν οὖν κατὰ τὸ πρᾶγμα θεωρῶν τὰ κοινὰ διαλεκτικός, ὁ δὲ τοῦτο φαινομένως ποιῶν σοφιστικός.*

27) *Top.* VIII, 2, 157 a. 18.: *χρηστέον δ' ἐν τῷ διαλέγεσθαι τῷ μὲν συλλογισμῷ πρὸς τοὺς διαλεκτικοὺς μᾶλλον ἢ πρὸς τοὺς πολλούς, τῇ δ' ἐπαγωγῇ τοὐναντίον πρὸς τοὺς πολλοὺς μᾶλλον.* ebend. 14, 164 a. 12.: *τὴν δὲ γυμνασίαν ἀποδοτέον τῶν μὲν ἐπακτικῶν πρὸς νέον, τῶν δὲ συλλογισμῶν πρὸς ἔμπειρον.*

Insoferne aber jene *κοινὰ* sich im Gebiete der Meinung bewegen, welche ja erst zu erproben ist, wird das Dialektische ein untersuchendes und experimentirendes — *πειραστικόν* —, welches einem affectirten Wissen durch die Forderung, Ja oder Nein zu sagen (vgl. Abschn. II, Anm. 41), auf die Spur kommen will [28]), denn ein dialektischer Satz ist eben jener, auf welchen Ja oder Nein zu antworten ist [29]); darum dient hiezu die dialektische Widerlegung, d. h. der *ἔλεγχος*, welcher Schlüsse an die Verneinung des so eben zugestandenen oder erreichten anknüpft [30]). So ist der Dialektiker derjenige, welcher Sätze aufstellt (*πρότασις*), indem er ein Vieles unter eine Einheit führt, und hinwiederum Einwände beibringt (*ἔνστασις*), indem er eine Einheit in ein Vieles zerspaltet [31]), — also er bewegt sich um das *Ἓν καὶ Πολλά* (vgl. Abschn. I, Anm. 52. u. Abschn. III, Anm. 11) und überhaupt um die Gegensätzlichkeit als solche, d. h. um die unverknüpften Gegensätze [32]). Darum gehört das absichtliche Hervorheben von Schwierigkeiten und deren nachfolgende Lösung — *ἀπόρημα* — dem Dialektiker an [33]), und derselbe ist hiemit, wenn er auch dem Sophisten verwandt und benachbart ist, doch vermöge des Forschungstriebes und der Fähigkeit, Rechenschaft zu geben und zu fordern, dem Wissen näher gerückt [34]), und steht dadurch im Gegensatze gegen den bloss contentiösen Streiter, den *ἐριστικὸς* oder

---

28) *Soph. El.* 11, 171 b. 3.: *ἔτι τὸ φάναι ἢ ἀποφάναι ἀξιοῦν οὐ δεικνύντος ἐστὶν, ἀλλὰ πεῖραν λαμβάνοντος· ἡ γὰρ πειραστική ἐστι διαλεκτική τις καὶ θεωρεῖ οὐ τὸν εἰδότα ἀλλὰ τὸν ἀγνοοῦντα καὶ προσποιούμενον· ὁ μὲν οὖν κατὰ τὸ πρᾶγμα θεωρῶν τὰ κοινὰ διαλεκτικὸς, ὁ δὲ τοῦτο φαινομένως ποιῶν σοφιστικός· καὶ συλλογισμὸς ἐριστικὸς καὶ σοφιστικός ἐστιν εἷς μὲν ὁ φαινόμενος συλλογισμὸς, περὶ ὧν ἡ διαλεκτικὴ πειραστική ἐστι, κἂν ἀληθὲς τὸ συμπέρασμα ᾖ· τοῦ γὰρ διὰ τί ἀπατητικός ἐστι· καὶ ὅσοι μὴ ὄντες κατὰ τὴν ἑκάστου μέθοδον παραλογισμοὶ δοκοῦσιν εἶναι κατὰ τὴν τέχνην.*

29) *Top.* VIII, 2, 158 a. 16.: *ἔστι γὰρ πρότασις διαλεκτικὴ, πρὸς ἣν ἔστιν ἀποκρίνασθαι ναί ἢ οὔ.*

30) *Anal. pr.* II, 20, 66 b. 11.: *ὁ γὰρ ἔλεγχος ἀντιφάσεως συλλογισμός.* *Soph. El.* 1, 165 a. 2.: *ἔλεγχος δὲ συλλογισμὸς μετ' ἀντιφάσεως τοῦ συμπεράσματος.*

31) *Top.* VIII, 14, 164 b. 3.: *ἔστι γὰρ ὡς ἁπλῶς εἰπεῖν διαλεκτικὸς ὁ προτατικὸς καὶ ἐνστατικός· ἔστι δὲ τὸ μὲν προτείνεσθαι ἓν ποιεῖν τὰ πλείω, δεῖ γὰρ ἐν ὅλῳ ληφθῆναι πρὸς ὃ ὁ λόγος, τὸ δ' ἐνίστασθαι τὸ ἓν πολλὰ, ἢ γὰρ διαιρεῖ ἢ ἀναρεῖ τὸ μὲν διδοὺς τὸ δ' οὒ τῶν προτεινομένων.*

32) *Rhet.* I, 1355 a. 33.: *τῶν μὲν οὖν ἄλλων τεχνῶν οὐδεμία τἀναντία συλλογίζεται, ἡ δὲ διαλεκτικὴ καὶ ἡ ῥητορικὴ μόναι τοῦτο ποιοῦσιν, ὁμοίως γὰρ εἰσιν ἀμφότεραι τῶν ἐναντίων.* *Soph. El.* 15, 174 b. 19.: *ἔτι καθάπερ καὶ ἐν τοῖς ῥητορικοῖς καὶ ἐν τοῖς ἐλεγκτικοῖς ὁμοίως τὰ ἐναντιώματα θεωρητέον.* ebend. 2, 165 b. 3.: *διαλεκτικοὶ* (sc. *λόγοι*) *δ' οἱ ἐκ τῶν ἐνδόξων συλλογιστικοὶ ἀντιφάσεως.*

33) *Top.* VIII, 162 a. 17.: *ἔστι δὲ ἀπόρημα συλλογισμὸς διαλεκτικὸς ἀντιφάσεως.*

34) *Soph. El.* 34, 183 a. 37.: *προειλόμεθα μὲν οὖν εὑρεῖν δύναμίν τινα συλλογιστικὴν περὶ τοῦ προβληθέντος ἐκ τῶν ὑπαρχόντων ὡς ἐνδοξοτάτων· τοῦτο γὰρ ἔργον ἐστὶ τῆς διαλεκτικῆς καθ' αὑτὴν καὶ τῆς πειραστικῆς· ἐπεὶ δὲ προσκατασκευάζεται πρὸς αὐτὴν διὰ τὴν τῆς σοφιστικῆς γειτνίασιν, ὡς οὐ μόνον πεῖραν δύναται λαβεῖν διαλεκτικῶς ἀλλὰ καὶ ὡς εἰδὼς, διὰ τοῦτο οὐ μόνον τὸ λεχθὲν ἔργον ὑπεθέμεθα τῆς πραγματείας, τὸ λόγον δύνασθαι λαβεῖν, ἀλλὰ καὶ ὅπως λόγον ὑπέχοντες φυλάξομεν τὴν θέσιν ὡς δι' ἐνδοξοτάτων ὁμοιοτρόπως.*

ἀγωνιστικὸς, bei welchem nicht der Gegenstand der Erörterung, sondern das Streiten selbst den Zweck bildet[35]). In dem Sinne eines kritischen Erwägens fremder Aussprüche üben daher alle Menschen, auch die Ungebildeten, bis zu einem gewissen Grade die erprobende Dialektik, indem sie hiebei eben von gemeinsamen Gesichtspunkten ausgehen[36]).

Scheidet man daher aus dem gesammten *διαλέγεσθαι* die unterrichtende Rede (*διδασκαλικόν*), bei welcher der Lernende nur passiv sich hingibt, von vorneherein aus, so bleibt als der wesentliche Theil das *διαλεκτικὸν* mit seinen gegensätzlichen Schlüssen aus dem Wahrscheinlichen, und soweit dieses letztere hiebei nach seiner Probehaltigkeit für das Wissen untersucht wird, wirkt das *πειραστικόν;* ist aber das Wahrscheinliche selbst oder das Schliessen überhaupt ein lediglich scheinbares, so bleibt es beim *ἐριστικόν*[37]). Dieses letztere ist daher jener dem Unwahren angehörige Zweig des Dialektischen, welcher auf das scheinbar Wahrscheinliche um des blossen Sieges im Wortstreite willen gerichtet ist oder auch in der Form des Schliessens nur auf einem Scheine beruht, und demnach auch Trug und Ungerechtigkeit als Mittel nicht verschmäht[38]). So hat dieses Eristische, indem es nicht bloss die Nichtwissenden der Unwissenheit überführt, sondern auch den Wis-

---

35) *Top.* VIII, 5, 159 a. 32.: *ἐν δὲ ταῖς διαλεκτικαῖς συνόδοις τοῖς μὴ ἀγῶνος χάριν ἀλλὰ πείρας καὶ σκέψεως τοὺς λόγους ποιουμένοις οὐ διήρθρωταί πω τίνος δεῖ στοχάζεσθαι τὸν ἀποκρινόμενον ..... ἀνάγκη δὴ τὸν ἀποκρινόμενον ὑπέχειν λόγον θέμενον ἤτοι ἔνδοξον ἢ ἄδοξον θέσιν ἢ μηδέτερον καὶ ἤτοι ἁπλῶς ἔνδοξον ἢ ἄδοξον ἢ ὡρισμένως.* ebend. 11, 161 a. 33.: *δεῖ δὲ τὸν καλῶς μεταβιβάζοντα διαλεκτικῶς καὶ μὴ ἐριστικῶς μεταβιβάζειν, καθάπερ τὸν γεωμέτρην γεωμετρικῶς, ἄν τε ψεῦδος ἄν τ' ἀληθὲς ᾖ τὸ συμπεραινόμενον.*

36) *Soph. El.* 11, 172 a. 30.: *διὸ πάντες καὶ οἱ ἰδιῶται τρόπον τινὰ χρῶνται τῇ διαλεκτικῇ καὶ πειραστικῇ· πάντες γὰρ μέχρι τινὸς ἐπιχειροῦσιν ἀνακρίνειν τοὺς ἐπαγγελλομένους· ταῦτα δ' ἐστὶ τὰ κοινά.*

37) Ebend. 2, 165 a. 38.: *ἔστι δὴ τῶν ἐν τῷ διαλέγεσθαι λόγων τέτταρα γένη, διδασκαλικοὶ καὶ διαλεκτικοὶ καὶ πειραστικοὶ καὶ ἐριστικοί. διδασκαλικοὶ μὲν οἱ ἐκ τῶν οἰκείων ἀρχῶν ἑκάστου μαθήματος καὶ οὐκ ἐκ τῶν τοῦ ἀποκρινομένου δοξῶν συλλογιζόμενοι, δεῖ γὰρ πιστεύειν τὸν μανθάνοντα, διαλεκτικοὶ δὲ οἱ ἐκ τῶν ἐνδόξων συλλογιστικοὶ ἀντιφάσεως, πειραστικοὶ δ' οἱ ἐκ τῶν δοκούντων τῷ ἀποκρινομένῳ καὶ ἀναγκαίων εἰδέναι τῷ προσποιουμένῳ ἔχειν τὴν ἐπιστήμην, ἐριστικοὶ δ' οἱ ἐκ τῶν φαινομένων ἐνδόξων μὴ ὄντων δὲ συλλογιστικοὶ ἢ φαινόμενοι συλλογιστικοί.* Bezeichnend für die aristotelische Zeit und ein Fortschritt gegen Plato ist hiebei die Ausscheidung der unterrichtenden Rede; vgl. ebend. 10, 171 b. 1.: *ὅτι ἕτερον τὸ διδάσκειν τοῦ διαλέγεσθαι, καὶ ὅτι δεῖ τὸν μὲν διδάσκοντα μὴ ἐρωτᾶν ἀλλ' αὐτὸν δῆλα ποιεῖν, τὸν δ' ἐρωτᾶν.* *Top.* VIII, 3, 159 a. 11. u. 5, 159 a. 29.

38) *Top.* I, 1, 100 b. 24.: *ἐριστικὸς δ' ἐστὶ συλλογισμὸς ὁ ἐκ φαινομένων ἐνδόξων μὴ ὄντων δέ, καὶ ὁ ἐξ ἐνδόξων ἢ φαινομένων ἐνδόξων φαινόμενος.* ebend. VIII, 12, 162 b. 3.: *ψευδὴς δὲ λόγος καλεῖται τετραχῶς, ἕνα μὲν τρόπον ὅταν φαίνηται συμπεραίνεσθαι μὴ συμπεραινόμενος, ὃς καλεῖται ἐριστικὸς συλλογισμός, κτλ.* *Soph. El.* 11, 171 b. 8.: *ὥστε ὅ τε περὶ τῶνδε φαινόμενος συλλογισμὸς ἐριστικὸς λόγος καὶ ὁ κατὰ τὸ πρᾶγμα φαινόμενος συλλογισμὸς, κἂν ᾖ συλλογισμὸς, ἐριστικὸς λόγος· φαινόμενος γάρ ἐστι κατὰ τὸ πρᾶγμα, ὥστ' ἀπατητικὸς καὶ ἄδικος· ὥσπερ γὰρ ἡ ἐν ἀγῶνι ἀδικία εἶδός τι ἔχει καὶ ἔστιν ἀδικομαχία τις, οὕτως ἐν ἀντιλογίᾳ ἀδικομαχία ἡ ἐριστική ἐστιν· ἐκεῖ τε γὰρ οἱ πάντως νικᾶν προαιρούμενοι πάντων ἅπτονται καὶ ἐνταῦθα οἱ ἐριστικοί* (betreffs des *προαιρεῖσθαι* s. Anm. 41.).

senden an sich selbst irre macht, für die Logik die nemliche Bedeutung wie die Sophistik, welch letztere ebenfalls ein scheinbares Wissen ist, und nur durch den ethischen Nebenzug der Gewinnsucht von dem contentiösen Disputiren sich unterscheidet [39]). In diesem Sinne wird die Sophistik wesentlich als jene Dialektik bezeichnet, welche sich auf dem Gebiete des blossen *συμβεβηκὸς* bewegt, hiebei aber nicht unwillkürlich oder unverschuldet in dieser niederen Stufe verweilt, wie diess bei den gewöhnlichen unwissenden Menschen der Fall ist [40]), sondern vorsätzlich und mit berechneter Absicht um der Täuschung Anderer willen so verfährt, so dass das Kriterium des Sophisten die ethische That des freien Willens, das des Dialektikers die intellectuelle Befähigung des Denkvermögens ist [41]). Der verwerflichste Grad des Sophistischen ist das *συκοφαντεῖν* [42]).

So also ist bei Aristoteles von dem Apodeiktischen und mithin von der eigentlichen Theorie der Logik die Praxis und Theorie des Dialektischen abgetrennt, und ebenso wie die Dialektik ist nun auch die Rhetorik von der Logik in der Weise getrennt, dass bei aller Ausscheidung der gemeinsame im *λόγος* (oben Anm. 23) beruhende Stamm, von welchem aus Verschiedenes sich abzweigt, noch deutlich genug erkennbar ist. Die Rhetorik nemlich theilt einerseits zugleich mit der Dialektik die Behandlung des Gemeinsamen, nemlich jener *κοινὰ* im Gegensatze gegen das empirisch Einzelne und gegen das Special-Wissen der einzelnen Disciplinen [43]), und sie bezieht sich ebenso wie die Dialektik nur auf

---

39) *Soph. El.* 11, 171 b. 25.: *οἱ μὲν οὖν τῆς νίκης αὐτῆς χάριν τοιοῦτοι ἐριστικοὶ ἄνθρωποι καὶ φιλέριδες δοκοῦσιν εἶναι, οἱ δὲ δόξης χάριν τῆς εἰς χρηματισμὸν σοφιστικοί· ἡ γὰρ σοφιστική ἐστιν, ὥςπερ εἴπομεν, χρηματιστική τις ἀπὸ σοφίας φαινομένης, διὸ φαινομένης ἀποδείξεως ἐφίενται.* Ebend. 8, 169 b. 20. u. 1, 165 a. 21.: *ὁ σοφιστὴς χρηματιστὴς ἀπὸ φαινομένης σοφίας ἀλλ' οὐκ οὔσης.* Dieses sind auch *οἱ περὶ τοὺς ἐριστικοὺς λόγους μισθαρνοῦντες* ebend. 34, 183 b. 36. *Eth. Nic.* X, 10, 1180 b. 35.

40) *Anal. post.* I, 2, 71 b. 9.: *ἀλλὰ μὴ τὸν σοφιστικὸν τρόπον τὸν κατὰ συμβεβηκός. Top.* V, 4, 133 b. 15.: *ἐπεὶ δὲ τὸ ταὐτὸν καὶ τὸ ἕτερον πολλαχῶς λέγεται, ἔργον ἐστὶ σοφιστικῶς λαμβάνοντι ἑνὸς ἀποδοῦναι καὶ μόνου τινὸς τὸ ἴδιον· τὸ γὰρ ὑπάρχον τινὶ ᾧ συμβέβηκέ τι, καὶ τῷ συμβεβηκότι ὑπάρξει λαμβανομένῳ μετὰ τοῦ ᾧ συμβέβηκεν, οἷον τὸ ὑπάρχον ἀνθρώπῳ καὶ λευκῷ ἀνθρώπῳ ὑπάρξει, ἂν ᾖ λευκὸς ἄνθρωπος, καὶ τῷ λευκῷ δὲ ἀνθρώπῳ ὑπάρχον καὶ ἀνθρώπῳ ὑπάρξει.* Hiezu bes. die in Abschn. II, Anm. 88. angeführten Stellen des Arist. u. Alex. Vgl. *Anal. post.* I, 5, 74 a. 28., *Top.* II, 5, 111 b. 32. und die *σοφιστικαὶ ἐνοχλήσεις d. interpr.* 6, 17 a. 36. Betreffs der Unwissenden *Soph. El.* 6, 168 b. 6.: *ἀλλὰ παρὰ τοῦτο καὶ οἱ τεχνῖται καὶ ὅλως οἱ ἐπιστήμονες ὑπὸ τῶν ἀνεπιστημόνων ἐλέγχονται· κατὰ συμβεβηκὸς γὰρ ποιοῦνται τοὺς συλλογισμοὺς πρὸς τοὺς εἰδότας.*

41) *Top.* IV, 5, 126 a. 30.: *ὁρᾶν δὲ καὶ εἴ τι τῶν ψεκτῶν εἰς δύναμιν ἢ τὸ δυνατὸν ἔθηκεν, οἷον τὸν σοφιστὴν ἢ διάβολον ἢ κλέπτην τὸν δυνάμενον τὰ ἀλλότρια ὑφαιρεῖσθαι ἢ δυνάμενον διαβάλλειν ἢ σοφίζεσθαι· οὐδεὶς γὰρ τῶν εἰρημένων τῷ δυνατὸς εἶναί τι τούτων τοιοῦτος λέγεται· δύναται μὲν γὰρ καὶ ὁ θεὸς καὶ ὁ σπουδαῖος τὰ φαῦλα δρᾶν, ἀλλ' οὐκ εἰσὶ τοιοῦτοι, πάντες γὰρ οἱ φαῦλοι κατὰ προαίρεσιν λέγονται. Rhet.* I, 1, 1355 b. 17.: *ὁ γὰρ σοφιστικὸς οὐκ ἐν τῇ δυνάμει ἀλλ' ἐν τῇ προαιρέσει· πλὴν ἐνταῦθα μὲν ἔσται ὁ μὲν κατὰ τὴν ἐπιστήμην ὁ δὲ κατὰ τὴν προαίρεσιν ῥήτωρ, ἐκεῖ δὲ σοφιστὴς μὲν κατὰ τὴν προαίρεσιν, διαλεκτικὸς δὲ οὐ κατὰ τὴν προαίρεσιν ἀλλὰ κατὰ τὴν δύναμιν.* Vgl. Abschn. III, Anm. 34.

42) *Top.* VI, 2, 139 b. 26., ebend. VIII, 2, 157 a. 32. *Soph. El.* 15, 174 b. 9.

43) *Rhet.* III, 1, 1404 a. 1.: *ἀλλ' ὅλης οὔσης πρὸς δόξαν τῆς πραγματείας*

das dem Wahren Aehnliche, das Wahrscheinliche[44]; aber andererseits bildet sie die Kehrseite der Dialektik, insoferne sie das Wahrscheinliche und Glaubhafte im Hinblicke auf die Charaktere und Empfindungen der Menschen (*ἤθη* und *πάθη*) zum Gegenstande hat[45]. So wird in der Rhetorik die Induction zum *παράδειγμα* und der Syllogismus zum *ἐνθύμημα*[46]; aber eben insoferne das Enthymema ein Syllogismus ist, dieser aber zur Dialektik gehört, ist darum die Rhetorik ein Zweig des Stammes der ganzen Dialektik, zugleich jedoch durch den Gegenstand verwachsen mit der Politik; darum ist auch das Ziel der Rhetorik und des guten Rhetors nicht, zu überreden, sondern das *πιθανὸν* zu kennen und zu wissen[47].

Ist nun auf diese Art bei Aristoteles in grosser Uebereinstimmung mit Plato das Gebiet des Dialektischen ausgeschieden und die ihm zufallende Thätigkeit und Bedeutung festgestellt, so tritt andrerseits die aristotelische Apodeiktik an Stelle jenes nur wenig abgegränzten und häufig unbestimmten Verfahrens, durch welches bei Plato im Zusammenhange mit der Ideenlehre das Wissen sich über die sinnliche Wahrnehmung

---

τῆς περὶ τὴν ῥητορικήν (vgl. *Top.* I, 3, 101 b. 5.). Ebend. I, 1.: *ἡ ῥητορική ἐστιν ἀντίστροφος τῇ διαλεκτικῇ· ἀμφότεραι γὰρ περὶ τοιούτων τινῶν εἰσὶν, ἃ κοινὰ τρόπον τινὰ ἁπάντων ἐστὶ γνωρίζειν καὶ οὐδεμιᾶς ἐπιστήμης ἀφωρισμένης.* ebend. 1355 a. 27.: *ἀλλ' ἀνάγκη διὰ τῶν κοινῶν ποιεῖσθαι τὰς πίστεις καὶ τοὺς λόγους, ὥςπερ καὶ ἐν τοῖς Τοπικοῖς ἐλέγομεν περὶ τῆς πρὸς τοὺς πολλοὺς ἐντεύξεως.* ebend. 2, 1358 a. 10.: *λέγω γὰρ διαλεκτικούς τε καὶ ῥητορικοὺς συλλογισμοὺς εἶναι περὶ ὧν τοὺς τόπους λέγομεν, οὗτοι δ' εἰσὶν οἱ κοινῇ περὶ δικαίων κτλ.* ...... (29.) *καθάπερ οὖν καὶ ἐν τοῖς Τοπικοῖς καὶ ἐνταῦθα διαιρετέον τῶν ἐνθυμημάτων τά τε εἴδη καὶ τοὺς τόπους ἐξ ὧν ληπτέον· λέγω δ' εἴδη μὲν τὰς καθ' ἕκαστον γένος ἰδίας προτάσεις, τόπους δὲ τοὺς κοινοὺς ὁμοίως πάντων.*

44) Ebend. I, 1, 1355 a. 14.: *τό τε γὰρ ἀληθὲς καὶ τὸ ὅμοιον τῷ ἀληθεῖ τῆς αὐτῆς ἐστι δυνάμεως ἰδεῖν .... διὸ πρὸς τὰ ἔνδοξα στοχαστικῶς ἔχειν τοῦ ὁμοίως ἔχοντος καὶ πρὸς τὴν ἀλήθειάν ἐστιν.* ebend. b. 15.: *πρὸς δὲ τούτοις ὅτι τῆς αὐτῆς τό τε πιθανὸν καὶ τὸ φαινόμενον ἰδεῖν πιθανὸν, ὥςπερ καὶ ἐπὶ τῆς διαλεκτικῆς συλλογισμόν τε καὶ φαινόμενον συλλογισμόν.*

45) Ebend. 2, 1356 a. 1.: *τῶν δὲ διὰ τοῦ λόγου ποριζομένων πίστεων τρία εἴδη ἐστίν· αἱ μὲν γάρ εἰσιν ἐν τῷ ἤθει τοῦ λέγοντος, αἱ δὲ ἐν τῷ τὸν ἀκροατὴν διαθεῖναί πως, αἱ δὲ ἐν αὐτῷ τῷ λόγῳ ..... διὰ μὲν οὖν τοῦ ἤθους, ὅταν οὕτω λεχθῇ ὁ λόγος ὥστε ἀξιόπιστον ποιῆσαι τὸν λέγοντα ...... διὰ δὲ τῶν ἀκροατῶν, ὅταν εἰς πάθος ὑπὸ τοῦ λόγου προαχθῶσιν.*

46) *Anal. post.* I, 1, 71 a. 9.: *ὡς δ' αὕτως καὶ οἱ ῥητορικοὶ συμπείθουσιν· ἢ γὰρ διὰ παραδειγμάτων ὅ ἐστιν ἐπαγωγὴ, ἢ δι' ἐνθυμημάτων ὅπερ ἐστὶ συλλογισμός.* *Rhet.* I, 2, 1356 b. 3.: *ἔστι γὰρ τὸ μὲν παράδειγμα ἐπαγωγή, τὸ δ' ἐνθύμημα συλλογισμός.* Vgl. *Anal. pr.* II, 24. u. 27., woselbst *παράδειγμα* und *ἐνθύμημα* vom Standpunkte der Dialektik aus begründet werden.

47) *Rhet.* I, 1, 1355 a. 6.: *ἔστι δ' ἀπόδειξις ῥητορικὴ ἐνθύμημα .... τὸ δ' ἐνθύμημα συλλογισμός τις, περὶ δὲ συλλογισμοῦ ὁμοίως ἅπαντος τῆς διαλεκτικῆς ἐστὶν ἰδεῖν.* 2, 1356 a. 25.: *ὥστε συμβαίνει τὴν ῥητορικὴν οἷον παραφυές τι τῆς διαλεκτικῆς εἶναι καὶ τῆς περὶ τὰ ἤθη πραγματείας, ἣν δίκαιόν ἐστι προσαγορεύειν πολιτικήν ..... ἔστι γὰρ μόριόν τι τῆς διαλεκτικῆς καὶ ὁμοίωμα.* ebend. 1, 1355 b. 10.: *καὶ ὅτι οὐ τὸ πεῖσαι ἔργον αὐτῆς, ἀλλὰ τὸ ἰδεῖν τὰ ὑπάρχοντα πιθανὰ περὶ ἕκαστον.* Vgl. *Top.* VI, 12, 149 b. 26. Jedermann weiss, wie Aristoteles von solchem Standpunkte aus seine Theorie der Rhetorik demjenigen gegenüberstellte, was die Lügen-Rhetorik des Sophisten Isokrates enthielt.

hinaus erheben und wo möglich das Ziel des Erkennens erreichen sollte. Wie Aristoteles diese Aufgabe löste, d. h. welcher Gestalt die aristotelische Logik sei, haben wir nun darzustellen.

Die Apodeiktik sucht und entwickelt das *καθόλου* des menschlichen Denkens. Hierin beruht das Verhältniss der Logik zur *πρώτη φιλοσοφία*, insoferne die erstere von der letzteren getrennt eine eigene Disciplin bildet und zugleich in so tiefer Uebereinstimmung mit jener sich entwickelt, dass sie schlechthin auf keinerlei anderen Grundsätzen beruht, als auf jenen, welche eben die sogenannten metaphysischen sind. Getrennt ist die Logik, insoweit das menschliche Denken etwas anderes ist, als die objective Wesenheit überhaupt (s. Anm. 112 f.); insoweit aber letztere nur durch das Denken des Menschen Eigenthum und Produkt wird und hiemit die Erkenntniss als die Identität des Subjectiven und Objectiven auftritt, ist Erkenntniss-Princip und Seins-Princip Ein und das nemliche. Wir werden sehen, dass bei Aristoteles der „Begriff" dieses Eine Princip ist (wie bei Plato es die Idee gewesen war), und zwar dass nur der Begriff, Nichts anderweitiges, das Princip der aristotelischen Logik ist; dieser aber vermittelt materiell das Erkennen und formell das Denken, er enthält als „schöpferischer Begriff" den aristotelischen Grundsatz der „Entwicklung", d. h. des Ueberganges vom Potenziellen zum Actuellen, und hierin steht er als unentreissbare Einheit von Logik und Metaphysik fest, er ist die Grundsäule beider, und vermittelst seiner tritt auch die Logik selbst als lebendiger Entwicklungs-Process auf. Und somit müssen wir nun auch obigen Satz, dass die Apodeiktik das *καθόλου* des menschlichen Denkens suche und entwickle, selbst zu entfalten und nach seinem ganzen Inhalte und Umfange darzulegen versuchen, denn die Apodeiktik ist es, welche zum Wissen als solchen führt, indem sie in innigster und durchgängiger Uebereinstimmung mit den obersten Grundsätzen der Philosophie die Operation des Denkens entwickelt, durch welche dasselbe zum menschlich erreichbaren festen Wissen wird. Das „Wissen" aber und das „Gewusste" hat im Gegensatze gegen die Meinung und deren Gebiet den grundwesentlichen Charakter, dass es allgemein (*καθόλου*) und auf Nothwendigkeit begründet (*δι' ἀναγκαίων*) ist; das Nicht-anders-sein-können (*οὐκ ἐνδέχεσθαι ἄλλως ἔχειν*) ist das Kriterium, ob Wissen vorhanden sei oder nicht; denn falls Etwas zwar wahr und factisch wirklich ist, dabei aber auch anders sein könnte, als es eben ist, so besteht betreffs desselben noch kein Wissen, ja nicht einmal ein unbewiesenes Wissen, weil hiezu dann selbst für eine unmittelbare Annahme die nöthige Festigkeit (s. unten Anm. 161—174 u. 653) gebricht, sondern nur ein blosses Meinen, auf welchem unmittelbare nicht-nothwendige Annahmen beruhen [48]; daher kann es be-

48) *Anal. post.* I, 33, 88 b. 30.: *τὸ δ' ἐπιστητὸν καὶ ἐπιστήμη διαφέρει τοῦ δοξαστοῦ καὶ δόξης, ὅτι ἡ μὲν ἐπιστήμη καθόλου καὶ δι' ἀναγκαίων, τὸ δ' ἀναγκαῖον οὐκ ἐνδέχεται ἄλλως ἔχειν· ἔστι δέ τινα ἀληθῆ μὲν καὶ ὄντα, ἐνδεχόμενα δὲ καὶ ἄλλως ἔχειν· δῆλον οὖν ὅτι περὶ μὲν ταῦτα ἐπιστήμη οὐκ ἔστιν (εἴη γὰρ ἂν ἀδύνατα ἄλλως ἔχειν τὰ δυνατὰ ἄλλως ἔχειν), ἀλλὰ μὴν οὐδὲ νοῦς (λέγω γὰρ νοῦν ἀρχὴν ἐπιστήμης), οὐδ' ἐπιστήμη ἀναπόδεικτος (τοῦτο δ' ἐστὶν ὑπόληψις τῆς ἀμέσου προτάσεως)· ἀληθὴς δ' ἐστὶ νοῦς καὶ ἐπιστήμη καὶ δόξα καὶ τὸ διὰ τούτων λεγόμενον· ὥστε λείπεται δόξαν εἶναι περὶ τὸ ἀληθὲς μὲν ἢ ψεῦδος, ἐνδεχόμενον δὲ καὶ*

treffs Ein und des nemlichen Gegenstandes nicht zugleich Meinen und Wissen geben [49]). Das Wissen soll von seiner ersten Veranlassung, welche in dem „Sich wundern" liegt, hinweg dazu gelangen, dass es über sein Object sich nicht mehr wundere, indem es die Einsicht in die nothwendigen Ursachen erreicht hat; dann wird es den Anforderungen entsprechen, welche man an dasselbe macht, dass es nemlich so weit möglich Alles umfasse, dass es auch das Schwierige erkenne, dass es die grösste Genauigkeit und meiste Lehrkraft habe, dass es um seiner selbst willen angestrebt werde und als das ursprünglichste über die einzelnen Disciplinen herrsche, kurz dass es die ersten Principien und Ursachen erkenne [50]). Vgl. unten, Anm. 115—130.

Dazu nun, dass diese Stufe, soweit sie nur erreichbar ist, verwirklicht werde und die Apodeiktik ihre Aufgabe erfülle, besitzt der Mensch seinem Wissen nach die Real-Potenz. Schon der thierische Organismus ist vermittelst der Sinnes-Wahrnehmung mit einer beurtheilenden Kraft ausgerüstet, und ein Theil wenigstens der Thiere besitzt die Fähigkeit, in der Seele die Sinneseindrücke festzuhalten, ein Beharren der Wahrnehmung (*μονὴ αἰσθήσεως*), und aus der sinnlichen Wahrnehmung entsteht so das Gedächtniss [51]); ja unter den Sinnen selbst als solchen ragen die einen über die übrigen hervor, nemlich das Sehen durch den Reichthum der vermittelst desselben wahrnehmbaren Unterschiede, und das Hören als Bedingung des Lernens, da Gelehrigkeit auch bei den Thieren vom Gehörs-Sinne abhängt; jedoch hat das Hören eben als Mittel des Lernens und Verstehens einen noch unentbehrlicheren Zusammenhang mit der begründenden Rede, als das Sehen, und unter den Verstümmelten sind die Blinden vernünftiger als die Taubstummen [52]).

ἄλλως ἔχειν· τοῦτο δ' ἐστὶν ὑπόληψις τῆς ἀμέσου προτάσεως καὶ μὴ ἀναγκαίας ..... πρὸς δὲ τούτοις οὐδεὶς οἴεται δοξάζειν, ὅταν οἴηται ἀδύνατον ἄλλως ἔχειν, ἀλλ' ἐπίστασθαι. Ebend. 4, 73 a. 21.: *ἐπεὶ δ' ἀδύνατον ἄλλως ἔχειν οὗ ἐστὶν ἐπιστήμη ἁπλῶς, ἀναγκαῖον ἂν εἴη τὸ ἐπιστητὸν τὸ κατὰ τὴν ἀποδεικτικὴν ἐπιστήμην.* S. auch Anm. 82.

49) Ebend. 33, 89 a. 38.: *φανερὸν δ' ἐκ τούτων ὅτι οὐδὲ δοξάζειν ἅμα τὸ αὐτὸ καὶ ἐπίστασθαι ἐνδέχεται.*

50) *Metaph. A*, 2, 982 a. 8.: *ὑπολαμβάνομεν δὴ πρῶτον μὲν ἐπίστασθαι πάντα τὸν σοφὸν ὡς ἐνδέχεται, μὴ καθ' ἕκαστον ἔχοντα ἐπιστήμην αὐτῶν· εἶτα τὸν τὰ χαλεπὰ γνῶναι δυνάμενον καὶ μὴ ῥᾴδια ἀνθρώπῳ γινώσκειν τοῦτον σοφὸν (τὸ γὰρ αἰσθάνεσθαι πάντων κοινόν, διὸ ῥᾴδιον καὶ οὐ σοφόν)· ἔτι τὸν ἀκριβέστερον καὶ τὸν διδασκαλικώτερον τῶν αἰτίων σοφώτερον εἶναι περὶ πᾶσαν ἐπιστήμην· καὶ τῶν ἐπιστημῶν δὲ τὴν αὑτῆς ἕνεκεν καὶ τοῦ εἰδέναι χάριν αἱρετὴν οὖσαν μᾶλλον εἶναι σοφίαν ἢ τὴν τῶν ἀποβαινόντων ἕνεκεν, καὶ τὴν ἀρχικωτέραν τῆς ὑπηρετούσης μᾶλλον εἶναι σοφίαν.* .... (69) *δεῖ γὰρ ταύτην τῶν πρώτων ἀρχῶν καὶ αἰτιῶν εἶναι θεωρητικήν* ...... (983 a. 12) *ἄρχονται μὲν γάρ, ὥσπερ εἴπομεν, ἀπὸ τοῦ θαυμάζειν πάντες εἰ οὕτως ἔχει ..... δεῖ δὲ εἰς τοὐναντίον καὶ τὸ ἄμεινον κατὰ τὴν παροιμίαν ἀποτελευτῆσαι .... οὐδὲν γὰρ ἂν οὕτω θαυμάσειεν ἀνὴρ γεωμετρικὸς ὡς εἰ γένοιτο ἡ διάμετρος μετρητή.*

51) *Anal. post.* II, 19, 99 b. 34.: *φαίνεται δὲ τοῦτό γε πᾶσιν ὑπάρχον τοῖς ζῴοις· ἔχει γὰρ δύναμιν σύμφυτον κριτικήν, ἣν καλοῦσιν αἴσθησιν· ἐνούσης δ' αἰσθήσεως τοῖς μὲν τῶν ζῴων ἐγγίνεται μονὴ τοῦ αἰσθήματος, τοῖς δ' οὐκ ἐγγίνεται· ὅσοις μὲν οὖν μὴ ἐγγίνεται, οὐκ ἔστι τούτοις γνῶσις ἔξω τοῦ αἰσθάνεσθαι, ἐν οἷς δ' ἔνεστιν αἰσθανομένοις ἔχειν ἔτι ἐν τῇ ψυχῇ.*

52) *Metaph. A*, 1, 980 a. 25.: *τὸ ὁρᾶν αἱρούμεθα ἀντὶ πάντων ὡς εἰπεῖν*

Der Mensch aber besitzt noch ein Weiteres; bei dem Menschen wird aus dem Gedächtnisse die Erfahrung (*ἐμπειρία*), indem Ein ruhendes Allgemeines in der Seele festgehalten wird, und von hier aus wirkt die schaffende Thätigkeit (*τέχνη*) und vernunftgemässe Erwägung (*λογισμός*) zum Behufe des Wissens fort [53]). Der Mensch hat eine vernünftige Seele, und die mit Vernunft ausgerüstete Seite derselben, das *λόγον ἔχον*, ist von Anbeginn und stets theils auf das Gebiet des Andersseinkönnenden theils auf jenes des Nichtandersseinkönnenden gerichtet [54]). Die gemeinschaftliche und einheitliche Wurzel aber dieser beiderseitigen Richtung ist der *νοῦς*, welcher eben hiedurch Princip des Wissens ist [55]).

Die Art und Weise nun, wie diesen *νοῦς* Aristoteles fasst, gibt uns einen wesentlichen Anhaltungs-Punkt für die ganze Entwicklung der Apodeiktik, denn wir werden — wohl wahrscheinlich hiebei im Sinne des Aristoteles verfahrend — nur explicit Sämmtliches herausholen dürfen, was implicit in dieser ursprünglichen Grundlegung der Function des *νοῦς* enthalten ist. Der *νοῦς* ist für die Seele, was das Auge für den Kör-

---

τῶν ἄλλων· αἴτιον δ' ὅτι μάλιστα ποιεῖ γνωρίζειν τι ἡμᾶς αὕτη τῶν αἰσθήσεων καὶ πολλὰς δηλοῖ διαφοράς ..... (b. 21.) *φρόνιμα μὲν ἄνευ τοῦ μανθάνειν, ὅσα μὴ δύναται τῶν ψόφων ἀκούειν, οἷον μέλιττα, καὶ εἴ τι τοιοῦτον ἄλλο γένος ζῴων ἐστι· μανθάνει δ' ὅσα πρὸς τῇ μνήμῃ καὶ ταύτην ἔχει τὴν αἴσθησιν.* d. sens. 1, 437 a. 2.: *πολλὰς γὰρ εἰςαγγέλλουσι διαφορὰς* (sc. *αἱ αἰσθήσεις*) *ἐξ ὧν ἥ τε τῶν νοητῶν ἐγγίνεται φρόνησις καὶ ἡ τῶν πρακτῶν· αὐτῶν δὲ τούτων πρὸς μὲν τὰ ἀναγκαῖα κρείττων ἡ ὄψις καὶ καθ' αὑτήν, πρὸς δὲ νοῦν καὶ κατὰ συμβεβηκὸς ἡ ἀκοή· διαφορὰς μὲν γὰρ πολλὰς εἰςαγγέλλει καὶ παντοδαπὰς ἡ τῆς ὄψεως δύναμις .... ἡ δ' ἀκοὴ τὰς τοῦ ψόφου διαφορὰς μόνον, ὀλίγοις δὲ καὶ τὰς τῆς φωνῆς· κατὰ συμβεβηκὸς δὲ πρὸς φρόνησιν ἡ ἀκοὴ πλεῖστον συμβάλλεται μέρος, ὁ γὰρ λόγος αἴτιός ἐστι τῆς μαθήσεως ἀκουστὸς ὤν, οὐ καθ' αὑτὸν ἀλλὰ κατὰ συμβεβηκός .... διόπερ φρονιμώτεροι τῶν ἐκ γενετῆς ἐστερημένων εἰσὶν ἑκατέρας τῆς αἰσθήσεως οἱ τυφλοὶ τῶν ἐνεῶν καὶ κωφῶν.*

53) *An. post.* a. a. O. wird fortgefahren: *πολλῶν δὲ τοιούτων γινομένων ἤδη διαφορά τις γίνεται, ὥστε τοῖς μὲν γίνεσθαι λόγον ἐκ τῆς τῶν τοιούτων μονῆς, τοῖς δὲ μή· ἐκ μὲν οὖν αἰσθήσεως γίνεται μνήμη, ὥςπερ λέγομεν, ἐκ δὲ μνήμης πολλάκις τοῦ αὐτοῦ γινομένης ἐμπειρία· αἱ γὰρ πολλαὶ μνῆμαι τῷ ἀριθμῷ ἐμπειρία μία ἐστίν· ἐκ δ' ἐμπειρίας ἢ ἐκ παντὸς ἠρεμήσαντος τοῦ καθόλου ἐν τῇ ψυχῇ, τοῦ ἑνὸς παρὰ τὰ πολλά, ὃ ἂν ἐν ἅπασιν ἓν ἐνῇ ἐκείνοις τὸ αὐτό, τέχνης ἀρχὴ καὶ ἐπιστήμης, ἐὰν μὲν περὶ γένεσιν, τέχνης, ἐὰν δὲ περὶ τὸ ὄν, ἐπιστήμης.* *Metaph.* a. a. O. 980 b. 26.: *τὰ μὲν οὖν ἄλλα ταῖς φαντασίαις ζῇ καὶ ταῖς μνήμαις, ἐμπειρίας δὲ μετέχει μικρόν, τὸ δὲ τῶν ἀνθρώπων γένος καὶ τέχνῃ καὶ λογισμοῖς· γίνεται δ' ἐκ τῆς μνήμης ἐμπειρία τοῖς ἀνθρώποις· αἱ γὰρ πολλαὶ μνῆμαι τοῦ αὐτοῦ πράγματος μιᾶς ἐμπειρίας δύναμιν ἀποτελοῦσιν· καὶ δοκεῖ σχεδὸν ἐπιστήμῃ καὶ τέχνῃ ὅμοιον εἶναι ἡ ἐμπειρία.* Vgl. Anm. 90.

54) *Eth. Nic.* VI, 2, 1139 a. 6.: *καὶ ὑποκείσθω δύο τὰ λόγον ἔχοντα, ἓν μὲν ᾧ θεωροῦμεν τὰ τοιαῦτα τῶν ὄντων ὅσων αἱ ἀρχαὶ μὴ ἐνδέχονται ἄλλως ἔχειν, ἓν δὲ ᾧ τὰ ἐνδεχόμενα· πρὸς γὰρ τὰ τῷ γένει ἕτερα καὶ τῶν τῆς ψυχῆς μορίων ἕτερον τῷ γένει τὸ πρὸς ἑκάτερον πεφυκός, εἴπερ καθ' ὁμοιότητά τινα καὶ οἰκειότητα ἡ γνῶσις ὑπάρχει αὐτοῖς· λεγέσθω δὲ τούτων τὸ μὲν ἐπιστημονικὸν τὸ δὲ λογιστικόν* (das *λογιστικὸν* liegt dem Dialektischen näher, sowie das *ἐπιστημονικὸν* dem Apodeiktischen).

55) *Anal. post.* I, 33, 88 b. 36.: *λέγω γὰρ νοῦν ἀρχὴν ἐπιστήμης.* Ebend. II, 19, 100 b. 15.: *νοῦς ἂν εἴη ἐπιστήμης ἀρχή.* *Eth. Nic.* VI, 6, 1141 a. 7.: *λείπεται νοῦν εἶναι τῶν ἀρχῶν.* Betreffs des Verhältnisses zwischen *νοῦς* und *φρόνησις* s. meine Schrift: Ueber die dianoetischen Tugenden in d. Nik. Ethik des Arist. München 1852, S. 10 ff.

per ist[56]), er ist die unmittelbare Einheit in der Duplicität unseres Wesens, denn er erfasst einerseits das transscendente Eine, Göttliche[57]), und andrerseits ist er es auch, welcher das Einzelne, Viele ergreift[58]), ja es wird in diesem Sinne, d. h. von einem wahrhaften Anthropologismus aus, selbst die Sinneswahrnehmung ausdrücklich *νοῦς* genannt[59]); und indem so der *νοῦς* der geistige Sinn für die beiderseitigen Urtheile ist, sowohl für jene, welche ein Ewiges und Ursprüngliches aussprechen, als auch für jene, welche auf das Gebiet des Vergänglichen sich beziehen, so kann er mit Recht der Anfang und das Ende, das wahre *A* und *Ω*, des Apodeiktischen genannt werden[60]). Aber eben da er so die Realpotenz des Wissens ist, so erfasst er, was er erfasst, als ein Unmittelbares, d. h. als einen ersten Ausgangspunkt eines sich hieran erst vermittelnden Wissens, und er steht daher vom ersten Beginne seiner Function an bereits jener Richtung gegenüber, welche auf das Sinnliche und bloss Mögliche als solches hingewendet wäre[61]). Nemlich vermöge des *νοῦς* wird während und innerhalb der Sinneswahrnehmung das *καθόλου* ergriffen und das Gleichartige in einer einheitlichen allgemeinen Annahme ausgeprägt[62]), denn es „denkt" die Seele die begrifflichen Formen (*τὰ*

---

56) *Eth. Nic.* I, 4, 1096 b. 29.: *ὡς γὰρ ἐν σώματι ὄψις, ἐν ψυχῇ νοῦς.*

57) Ebend., wo fortgefahren wird: *ὁμοίως δὲ καὶ περὶ τῆς ἰδέας· εἰ γὰρ καὶ ἔστιν ἕν τι τὸ κοινῇ κατηγορούμενον ἀγαθὸν ἢ χωριστόν τι αὐτὸ καθ' αὑτό, δῆλον ὡς οὐκ ἂν εἴη πρακτὸν οὐδὲ κτητὸν ἀνθρώπῳ· νῦν δὲ τοιοῦτόν τι ζητεῖται.*

58) Ebend. VI, 12, 1143 a. 26.: *λέγομεν γὰρ γνώμην καὶ σύνεσιν καὶ φρόνησιν καὶ νοῦν ἐπὶ τοὺς αὐτοὺς ἐπιφέροντες γνώμην ἔχειν καὶ νοῦν ἤδη καὶ φρονίμους καὶ συνετούς· πᾶσαι γὰρ αἱ δυνάμεις αὗται τῶν ἐσχάτων εἰσὶ καὶ τῶν καθ' ἕκαστον.*

59) Ebend. b. 4.: *ἐκ τῶν καθ' ἕκαστα γὰρ τὸ καθόλου· τούτων οὖν ἔχειν δεῖ αἴσθησιν, αὕτη δ' ἐστὶ νοῦς.* Es ist diess der völlig richtige Grundsatz, dass des Menschen Sehen und Hören u. s. f. als menschliches eben ein höheres ist, als der blosse Act des Sinnes-Werkzeuges als solcher; d. h. mit anderen Worten, der Mensch muss auch das Sehen lernen.

60) Ebend. a. 36.: *καὶ γὰρ τῶν πρώτων ὅρων καὶ τῶν ἐσχάτων νοῦς ἐστι καὶ οὐ λόγος, καὶ ὁ μὲν κατὰ τὰς ἀποδείξεις τῶν ἀκινήτων ὅρων καὶ πρώτων, ὁ δ' ἐν ταῖς πρακτικαῖς τοῦ ἐσχάτου καὶ ἐνδεχομένου καὶ τῆς ἑτέρας προτάσεως· ἀρχαὶ γὰρ τοῦ οὗ ἕνεκα αὗται· ἐκ τῶν καθ' ἕκαστα γὰρ τὸ καθόλου· τούτων οὖν ἔχειν δεῖ αἴσθησιν, αὕτη δ' ἐστὶ νοῦς. διὸ καὶ φυσικὰ δοκεῖ εἶναι ταῦτα, καὶ φύσει σοφὸς μὲν οὐδείς, γνώμην δὲ ἔχων καὶ σύνεσιν καὶ νοῦν. σημεῖον δ' ὅτι καὶ ταῖς ἡλικίαις οἰόμεθα ἀκολουθεῖν, καὶ ἥδε ἡ ἡλικία νοῦν ἔχει καὶ γνώμην, ὡς τῆς φύσεως αἰτίας οὔσης· διὸ καὶ ἀρχὴ καὶ τέλος νοῦς· ἐκ τούτων γὰρ αἱ ἀποδείξεις καὶ περὶ τούτων.*

61) Ebend. 9, 1142 a. 23.: *ὅτι δ' ἡ φρόνησις οὐκ ἐπιστήμη, φανερόν· τοῦ γὰρ ἐσχάτου ἐστὶν, ωςπερ εἴρηται, τὸ γὰρ πρακτὸν τοιοῦτον· ἀντίκειται μὲν δὴ τῷ νῷ· ὁ μὲν γὰρ νοῦς τῶν ὅρων, ὧν οὐκ ἔστι λόγος, ἡ δὲ τοῦ ἐσχάτου, οὗ οὐκ ἔστιν ἐπιστήμη, ἀλλ' αἴσθησις.*

62) *Anal. post.* II, 19, 100 a. 15.: *στάντος γὰρ τῶν ἀδιαφόρων ἑνός, πρῶτον μὲν ἐν τῇ ψυχῇ καθόλου, καὶ γὰρ αἰσθάνεται μὲν τὸ καθ' ἕκαστον, ἡ δ' αἴσθησις τοῦ καθόλου ἐστὶν, οἷον ἀνθρώπου, ἀλλ' οὐ Καλλίου ἀνθρώπου, πάλιν δ' ἐν τούτοις ἵσταται, ἕως ἂν τὰ ἀμερῆ στῇ καὶ τὰ καθόλου, οἷον τοιονδὶ ζῷον, ἕως ζῷον, καὶ ἐν τούτῳ ὡςαύτως.* Metaph. *A*, 1, 981 a. 5.: *γίνεται δὲ τέχνη* (s. Anm. 53. u. 68.), *ὅταν ἐκ πολλῶν τῆς ἐμπειρίας ἐννοημάτων μία καθόλου γένηται περὶ τῶν ὁμοίων ὑπόληψις.* Phys. ausc. VII, 3, 247 b. 9.: *ἡ δ' ἐξ ἀρχῆς λῆψις τῆς ἐπιστήμης γένεσις οὐκ ἔστιν· τῷ γὰρ ἠρεμῆσαι τὴν διάνοιαν ἐπίστασθαι καὶ φρονεῖν λέγομεν.* Vgl. Anm. 90.

εἴδη) in den sinnlichen Eindrücken [63]); und somit wurzelt die begriffliche Form in der Seele, welche das „Organ“ hiefür ist [64]). Der *νοῦς* ist das für die begriffliche Form und für die innere Wesenheit der Dinge Empfängliche [65]), er ist jenes Princip, durch welches wir die Begriffe erkennen [66]), und vermöge der hiezu von ihm ausgehenden formbildenden Thätigkeit kann er selbst die Form der begrifflichen Formen (*εἶδος εἰδῶν*) genannt werden [67]). Die Bewegung, welche von jenem ersten Anfange und der ersten erfassten begrifflichen Form ausgeht, ist das Denken, und so entsteht durch die schaffende Thätigkeit der Seele alles dasjenige, wovon die begriffliche Form in der Seele ist, indem das Denken in seiner Bewegung zu einem Letzten, Abschliessenden hinstrebt [68]).

So also setzt der *νοῦς*, sobald er nur thätig auftritt, von vorneherein das sinnlich Wahrnehmbare in das Begriffliche um, aber er ist auch eben darum an die Erfahrung gebunden. Die Seele kann nicht ohne die sinnlichen Eindrücke denken und der active *νοῦς* überhaupt nicht ohne den passiven thätig sein [69]), denn da kein Ding schlechthin von der sinnlich wahrnehmbaren räumlich ausgedehnten Grösse getrennt ist, so bewegt sich das Intelligible in den wahrnehmbaren Formen, und nicht bloss die Betrachtung der äusseren Facta sowie selbst die Mathematik sind an die Wahrnehmung geknüpft, da ohne diese es kein Lernen und kein Verständniss gibt, sondern selbst das rein Theoretische muss zugleich die Eindrücke betrachten [70]). Aus der Wahrnehmung und inner-

---

63) *D. an.* III, 7, 431 a. 14.: *τῇ δὲ διανοητικῇ ψυχῇ τὰ φαντάσματα οἷον αἰσθήματα ὑπάρχει* ..... (62.) *τὰ μὲν οὖν εἴδη τὸ νοητικὸν ἐν τοῖς φαντάσμασι νοεῖ.*

64) Ebend. 8, 431 b. 29.: *οὐ γὰρ ὁ λίθος ἐν τῇ ψυχῇ, ἀλλὰ τὸ εἶδος· ὥστε ἡ ψυχὴ ὥσπερ ἡ χείρ ἐστιν· καὶ γὰρ ἡ χεὶρ ὄργανόν ἐστιν ὀργάνων.* Vielleicht trug auch diese Stelle dazu bei, dass die Logik als Organon bezeichnet wurde, s. unten Anm. 176 ff.

65) Ebend. 4, 429 a. 15.: *δεκτικὸν δὲ τοῦ εἴδους*, sc. *τὸ μόριον τὸ τῆς ψυχῆς ᾧ γινώσκει τε ἡ ψυχὴ καὶ φρονεῖ. Metaph. Λ*, 7, 1072 b. 22.: *τὸ γὰρ δεκτικὸν τοῦ νοητοῦ καὶ τῆς οὐσίας νοῦς* (s. Anm. 101.).

66) *Anal. post.* I, 3, 72 b. 23.: *οὐ μόνον ἐπιστήμην ἀλλὰ καὶ ἀρχήν ἐπιστήμης εἶναί τινά φαμεν, ᾗ τοὺς ὅρους γνωρίζομεν.* Vgl. Anm. 55.

67) *D. an.* III, 8, 432 a. 2.: *καὶ ὁ νοῦς εἶδος εἰδῶν καὶ ἡ αἴσθησις εἶδος αἰσθητῶν.*

68) *Metaph. Z*, 7, 1032 b. 1.: *ἀπὸ τέχνης δὲ γίνεται ὅσων τὸ εἶδος ἐν τῇ ψυχῇ· εἶδος δὲ λέγω τὸ τί ἦν εἶναι ἑκάστου καὶ τὴν πρώτην οὐσίαν ..... οἷον ὑγίεια ..... ἡ δ' ὑγίεια ὁ ἐν τῇ ψυχῇ λόγος καὶ ἐν τῇ ἐπιστήμῃ· γίνεται δὴ τὸ ὑγιὲς νοήσαντος οὕτως· ἐπειδὴ τοδὶ ὑγίεια, ἀνάγκη, εἰ ὑγιὲς ἔσται, τοδὶ ὑπάρξαι, οἷον ὁμαλότητα, εἰ δὲ τοῦτο, θερμότητα· καὶ οὕτως ἀεὶ νοεῖ, ἕως ἂν ἀνάγῃ εἰς τοῦτο ὃ αὐτὸς δύναται ἔσχατον ποιεῖν· εἶτα ἤδη ἡ ἀπὸ τούτου κίνησις ποίησις καλεῖται ἡ ἐπὶ τὸ ὑγιαίνειν.* ..... (15.) *τῶν δὲ γενέσεων καὶ κινήσεων ἡ μὲν νόησις καλεῖται ἡ δὲ ποίησις, ἡ μὲν ἀπὸ τῆς ἀρχῆς καὶ τοῦ εἴδους νόησις, ἡ δ' ἀπὸ τοῦ τελευταίου τῆς νοήσεως ποίησις.*

69) *D. an.* III, 7, 431 a. 14.: *τῇ δὲ διανοητικῇ ψυχῇ τὰ φαντάσματα οἷον αἰσθήματα ὑπάρχει .... διὸ οὐδέποτε νοεῖ ἄνευ φαντάσματος ἡ ψυχή.* Ebend. 5, 430 a. 24.: *ὁ δὲ παθητικὸς νοῦς φθαρτός, καὶ ἄνευ τούτου οὐδὲν νοεῖ.*

70) Ebend. 8, 432 a. 3.: *ἐπεὶ δὲ οὐδὲ πρᾶγμα οὐδέν ἐστι παρὰ τὰ μεγέθη, ὡς δοκεῖ, τὰ αἰσθητὰ κεχωρισμένον, ἐν τοῖς εἴδεσι τοῖς αἰσθητοῖς τὰ νοητά ἐστι, τά τε ἐν ἀφαιρέσει λεγόμενα, καὶ ὅσα τῶν αἰσθητῶν ἕξεις καὶ πάθη. καὶ διὰ τοῦτο οὔτε μὴ αἰσθανόμενος μηδὲν οὐδὲν ἂν μάθοι οὐδὲ ξυνείη, ὅταν τε θεωρῇ, ἀνάγκη ἅμα φάντασμά τι θεωρεῖν, τὰ γὰρ φαντάσματα ὥσπερ αἰσθήματά ἐστι, πλὴν ἄνευ ὕλης.*

halb derselben besitzen wir das *καθόλου*, denn die Sinnes-Empfindung ist wohl particular, aber zugleich in ihr denken wir allgemein; und manche wissenschaftliche Untersuchung würde sogleich entschieden, wenn uns die Einsicht vermittelst der Sinne verstattet wäre [71]), d. h. weil unsere Sinne an zeit-räumliche Gränzen gebunden sind, ist auch unser Wissen beschränkt. Ja es ist überhaupt schlechterdings unmöglich, ohne Wahrnehmung zum Wissen zu gelangen, und das *καθόλου* kann ohne Induction gar nicht erreicht werden, die Induction aber fusst auf der Wahrnehmung [72]). Der *νοῦς* in unserer Seele kann wegen seiner Verflechtung mit den Sinnen gerade dasjenige nicht sogleich oder schon zu Anfang seiner Thätigkeit erblicken, was in dem inneren Wesen der objectiven Natur das Hellste und Glänzendste ist, er ist vergleichbar den Augen der nächtlichen Thiere, welche nicht in das Tageslicht blicken können [73]). Für den Menschen ist eben das Sinnenfällige und das Einzelnwesen das kenntlichere, insoferne die Kenntniss desselben früher eintritt; erst später gelangt er zu jenem, was als das Ansichsein der Dinge das allgemeinste und wesentlich erste ist [74]); ja darum wird ausdrück-

---

71) *Anal. post.* I, 31, 88 a. 4.: ἐκ γὰρ τῶν καθ' ἕκαστα πλειόνων τὸ καθόλου δῆλον ...... (11) ἔστι μέντοι ἔνια ἀναγόμενα εἰς αἰσθήσεως ἔκλειψιν ἐν τοῖς προβλήμασιν· ἔνια γὰρ εἰ ἑωρῶμεν οὐκ ἂν ἐζητοῦμεν, οὐχ ὡς εἰδότες τῷ ὁρᾶν, ἀλλ' ὡς ἔχοντες τὸ καθόλου ἐκ τοῦ ὁρᾶν· οἷον εἰ τὴν ὕελον τετρυπημένην ἑωρῶμεν καὶ τὸ φῶς διιὸν, δῆλον ἂν ἦν καὶ διὰ τί καίει, τὸ ὁρᾶν μὲν χωρὶς ἐφ' ἑκάστης, νοῆσαι δ' ἅμα ὅτι ἐπὶ πασῶν οὕτως. Ebend. II, 2, 90 a. 25.: ζητοῦμεν γὰρ μὴ ᾐσθημένοι, οἷον τῆς ἐκλείψεως, εἰ ἔστιν ἢ μή· εἰ δ' ἦμεν ἐπὶ τῆς σελήνης, οὐκ ἂν ἐζητοῦμεν οὔτ' εἰ γίνεται οὔτε διὰ τί, ἀλλ' ἅμα δῆλον ἦν ἄν· ἐκ γὰρ τοῦ αἰσθέσθαι καὶ τὸ καθόλου ἐγένετο ἂν ἡμῖν εἰδέναι· ἡ μὲν γὰρ αἴσθησις, ὅτι νῦν ἀντιφράττει, καὶ γὰρ δῆλον ὅτι νῦν ἐκλείπει· ἐκ δὲ τούτου τὸ καθόλου ἂν ἐγένετο.

72) Ebend. I, 18, 81 a. 38.: φανερὸν δὲ καὶ ὅτι, εἴ τις αἴσθησις ἐκλέλοιπεν, ἀναγκὴ καὶ ἐπιστήμην τινὰ ἐκλελοιπέναι, ἣν ἀδύνατον λαβεῖν, εἴπερ μανθάνομεν ἢ ἐπαγωγῇ ἢ ἀποδείξει· ἔστι δ' ἡ μὲν ἀπόδειξις ἐκ τῶν καθόλου, ἡ δ' ἐπαγωγὴ ἐκ τῶν κατὰ μέρος· ἀδύνατον δὲ τὰ καθόλου θεωρῆσαι μὴ δι' ἐπαγωγῆς ..... ἐπαχθῆναι δὲ μὴ ἔχοντας αἴσθησιν ἀδύνατον· τῶν γὰρ καθ' ἕκαστον ἡ αἴσθησις, οὐ γὰρ ἐνδέχεται λαβεῖν αὐτῶν τὴν ἐπιστήμην· οὔτε γὰρ ἐκ τῶν καθόλου ἄνευ ἐπαγωγῆς, οὔτε δι' ἐπαγωγῆς ἄνευ τῆς αἰσθήσεως. S. Anm. 75.

73) *Metaph.* α, 1.: 993 b. 9.: ὥσπερ γὰρ καὶ τὰ τῶν νυκτερίδων ὄμματα πρὸς τὸ φέγγος ἔχει τὸ μεθ' ἡμέραν, οὕτω καὶ τῆς ἡμετέρας ψυχῆς ὁ νοῦς πρὸς τὰ τῇ φύσει φανερώτατα πάντων. Die Ausdrucksweise in dieser Stelle ist etwas stark weltschmerzlich und eher platonisch als aristotelisch; das Buch α der Metaphysik gibt überhaupt Stoff zu manchem Bedenken.

74) *Anal. post.* I, 2, 71 b. 33.: πρότερα δ' ἐστὶ καὶ γνωριμώτερα διχῶς· οὐ γὰρ ταὐτὸν πρότερον τῇ φύσει καὶ πρὸς ἡμᾶς πρότερον, οὐδὲ γνωριμώτερον καὶ ἡμῖν γνωριμώτερον· λέγω δὲ πρὸς ἡμᾶς μὲν πρότερα καὶ γνωριμώτερα τὰ ἐγγύτερον τῆς αἰσθήσεως, ἁπλῶς δὲ πρότερα καὶ γνωριμώτερα τὰ πορρώτερον· ἔστι δὲ πορρωτάτω μὲν τὰ καθόλου μάλιστα, ἐγγυτάτω δὲ τὰ καθ' ἕκαστα· καὶ ἀντίκειται ταῦτ' ἀλλήλοις. *Phys. ausc.* I, 5, 189 a. 5.: τὸ μὲν γὰρ καθόλου κατὰ τὸν λόγον γνώριμον, τὸ δὲ καθ' ἕκαστον κατὰ τὴν αἴσθησιν· ὁ μὲν γὰρ λόγος τοῦ καθόλου, ἡ δ' αἴσθησις τοῦ κατὰ μέρος. Ebend. I, 1, 184 a. 16.: πέφυκε δ' ἐκ τῶν γνωριμωτέρων ἡμῖν ἡ ὁδὸς καὶ σαφεστέρων ἐπὶ τὰ σαφέστερα τῇ φύσει καὶ γνωριμώτερα· οὐ γὰρ ταὐτὰ ἡμῖν τε γνώριμα καὶ ἁπλῶς· διόπερ ἀνάγκη τὸν τρόπον τοῦτον προάγειν ἐκ τῶν ἀσαφεστέρων μὲν τῇ φύσει ἡμῖν δὲ σαφεστέρων ἐπὶ τὰ σαφέστερα τῇ φύσει καὶ γνωριμώτερα· ἔστι δ' ἡμῖν πρῶτον δῆλα καὶ σαφῆ τὰ συγκεχυμένα μᾶλλον, ὕστερον δ' ἐκ τούτων γνώ-

lich die Induction (Näheres über dieselbe in Anm. 643 f.) als das Frühere bezeichnet [75]; sie ist eben jene *ἐμπειρία*, von welcher wir oben, Anm. 53, sahen, dass sie zunächst an das noch sensuale Moment des Gedächtnisses sich anknüpft, und inhaltlich ist dieselbe überwiegend dem Einzelnen zugewendet, sowie andrerseits die schaffende Thätigkeit des Geistes dem Allgemeinen [76]). Dass jedoch dieses nur ein relatives Uebergewicht dem Inhalte nach sei, und die formelle Function des Denkens als einheitliches Band beider wirken müsse, erkennen wir daraus, dass einerseits durch das Erfassen des Allgemeinen das Einzelne wenigstens der Potenz nach schon mitgegeben ist und daher in manchen Fällen auch wirklich in ihm bereits enthalten sein kann [77]), sowie hingegen andrerseits vor der Gefahr gewarnt wird, welche durch einseitiges Festhalten einer aufgefassten Allgemeinheit dem richtigen oder vollständigen Wissen des Einzelnen droht [78]).

Und wie weit überhaupt Aristoteles bei aller Hinlenkung des *νοῦς* auf die Erfahrung doch von jedem gewöhnlichen Empirismus entfernt sei, spricht er selbst auf das deutlichste aus. Das Gebiet des sinnlich Wahrnehmbaren als solchen ist das dem steten Wechsel des Entstehens und Vergehens unterworfene [79]), es trägt den Charakter der Menge und des

---

ριμα τὰ στοιχεῖα καὶ αἱ ἀρχαὶ διαιροῦσι ταῦτα. Wenn hier dann sogleich fortgefahren wird: *διὸ ἐκ τῶν καθόλου ἐπὶ τὰ καθ᾽ ἕκαστα δεῖ προιέναι*, so enthält dieses durchaus keinen Widerspruch, denn die unmittelbar folgenden Worte (*τὸ δὲ καθόλου ὅλον τί ἐστι*) zeigen, dass hier *καθόλου* ein überhaupt allgemeineres Ganzes bezeichnet, welches eben wegen dieses „Ueberhaupt“ den Sinnen näher liegt und erst durch Zergliederung auf die einzelnen wesentlichen Theile und Ursachen hinführt.

75) *Anal. post.* II, 19, 100 b. 3.: *δῆλον δὴ ὅτι ἡμῖν τὰ πρῶτα ἐπαγωγῇ γνωρίζειν ἀναγκαῖον.* *Eth. Nic.* VI, 3, 1139 b. 26.: *ἐκ προγινωσκομένων δὲ πᾶσα διδασκαλία .... ἡ μὲν γὰρ δι᾽ ἐπαγωγῆς ἡ δὲ συλλογισμῷ· ἡ μὲν δὴ ἐπαγωγὴ ἀρχή ἐστι καὶ τοῦ καθόλου, ὁ δὲ συλλογισμὸς ἐκ τῶν καθόλου· εἰσὶν ἄρα ἀρχαὶ ἐξ ὧν ὁ συλλογισμός, ὧν οὐκ ἔστι συλλογισμός· ἐπαγωγή ἄρα.* Vgl. Anm. 87.

76) *Metaph.* *A*, 1, 981 a. 15.: *ἡ μὲν ἐμπειρία τῶν καθ᾽ ἕκαστόν ἐστι γνῶσις, ἡ δὲ τέχνη τῶν καθόλου .....* (630) *ὁ μὲν ἔμπειρος τῶν ὁποιανοῦν ἐχόντων αἴσθησιν εἶναι δοκεῖ σοφώτερος, ὁ δὲ τεχνίτης τῶν ἐμπείρων.*

77) *Anal. post.* I, 24, 86 a. 23.: *μάλιστα δὲ δῆλον ὅτι ἡ καθόλου κυριωτέρα, ὅτι τῶν προτάσεων τὴν μὲν προτέραν ἔχοντες ἴσμεν πως καὶ τὴν ὑστέραν καὶ ἔχομεν δυνάμει, οἷον εἴ τις οἶδεν ὅτι πᾶν τρίγωνον δυσὶν ὀρθαῖς, οἶδέ πως καὶ τὸ ἰσοσκελὲς ὅτι δύο ὀρθαῖς, δυνάμει, καὶ εἰ μὴ οἶδε τὸ ἰσοσκελὲς ὅτι τρίγωνον· ὁ δὲ ταύτην ἔχων τὴν πρότασιν τὸ καθόλου οὐδαμῶς οἶδεν οὔτε δυνάμει οὔτε ἐνεργείᾳ· καὶ ἡ μὲν καθόλου νοητή, ἡ δὲ κατὰ μέρος εἰς αἴσθησιν τελευτᾷ.* Ebend. I, 1, 71 a. 17.: *ἔστι δὲ γνωρίζειν τὰ μὲν πρότερον γνωρίζοντα, τῶν δὲ καὶ ἅμα λαμβάνοντα τὴν γνῶσιν, οἷον ὅσα τυγχάνει ὄντα ὑπὸ τὸ καθόλου ὧν ἔχει τὴν γνῶσιν ..... ἐνίων γὰρ τοῦτον τὸν τρόπον ἡ μάθησίς ἐστι, καὶ οὐ διὰ τοῦ μέσου τὸ ἔσχατον γνωρίζεται, ὅσα ἤδη τῶν καθ᾽ ἕκαστα τυγχάνει ὄντα καὶ μὴ καθ᾽ ὑποκειμένου τινός.*

78) Ebend. 13, 79 a. 3.: *οὗτοι γὰρ ἔχουσι τῶν αἰτίων τὰς ἀποδείξεις, καὶ πολλάκις οὐκ ἴσασι τὸ ὅτι, καθάπερ οἱ τὸ καθόλου θεωροῦντες πολλάκις ἔνια τῶν καθ᾽ ἕκαστον οὐκ ἴσασι δι᾽ ἀνεπισκεψίαν.* *Metaph.* *A*, 1, 981 a. 21.: *ἐὰν οὖν ἄνευ τῆς ἐμπειρίας ἔχῃ τις τὸν λόγον καὶ τὸ καθόλου μὲν γνωρίζῃ τὸ δ᾽ ἐν τούτῳ καθ᾽ ἕκαστον ἀγνοεῖ, πολλάκις διαμαρτήσεται τῆς θεραπείας.*

79) *Metaph.* *Γ*, 5, 1010 b. 29.: *ὁ γὰρ περὶ ἡμᾶς τοῦ αἰσθητοῦ τόπος ἐν φθορᾷ καὶ γενέσει διατελεῖ μόνος ὤν.*

Theilbaren im Gegensatze gegen das Eine und Untheilbare an sich[80]), und in dieser doppelten Eigenschaft entbehrt es der nothwendigsten und wesentlichsten Bestimmung, welche für die Apodeiktik und das Wissen besteht, nemlich des *καθόλου*. Die sinnliche Wahrnehmung ist beschränkt auf einen einzelnen individuellen Gegenstand, sowie nach Ort und Zeit, und vermittelst des Wahrnehmens als solchen allein besitzen wir noch kein Wissen, und von demjenigen, was vergänglich ist, kann, soweit es vergänglich ist, keine apodeiktische Begründung bestehen, denn das wissenschaftliche Erkennen fordert Einheit und Allgemeinheit[81]). Ebenso weist auch schon der blosse Gesichtspunkt des Nichtandersseinkönnens (oben Anm. 48) den gesammten Umkreis des vereinzelten sinnlich Wahrgenommenen auf das Gebiet des Meinens hinüber und schliesst ihn vom begründenden Erkennen aus[82]); und endlich klebt der Mangel des Warum gegenüber dem Dass wesentlich allen Sinnes-Wahrnehmungen an, so dass auch darum sie nie als ein Wissen bezeichnet werden dürfen[83]); nur ähnlich ja dem Denken und Sprechen ist das Wahrnehmen[84]).

Wenn nun weder durch den *νοῦς* allein noch durch die Wahrnehmung allein das menschliche Wissen zu Stande kömmt, so bleibt nur übrig, dass entweder es überhaupt kein Wissen für den Menschen gibt, oder dass die Vereinigung jener beider die Quelle des wissenschaftlichen Erkennens ist. Dass ersteres nicht die Ansicht des Aritoteles sei, welcher das Leben des *θεωρητικὸς* als das höchste und beste bezeichnet und die glückliche Existenzweise desselben schildert, ist von vorneherein klar; und dass letzteres nur in der Entwicklung des *νοῦς*, welchen wir

---

80) Ebend. *ι*, 3, 1054 b. 27.: *διὰ τὸ μᾶλλον αἰσθητὸν τὸ πλῆθος εἶναι καὶ τὸ διαιρετὸν ἢ τὸ ἀδιαίρετον, ὥστε τῷ λόγῳ πρότερον τὸ πλῆθος τοῦ ἀδιαιρέτου διὰ τὴν αἴσθησιν.*

81) *Anal. post.* I, 31, 87 b. 28.: *οὐδὲ δι' αἰσθήσεως ἔστιν ἐπίστασθαι· εἰ γὰρ καὶ ἔστιν ἡ αἴσθησις τοῦ τοιοῦδε καὶ μὴ τοῦδέ τινος, ἀλλ' αἰσθάνεσθαί γε ἀναγκαῖον τόδε τι καὶ ποῦ καὶ νῦν· τὸ δὲ καθόλου καὶ ἐπὶ πᾶσιν ἀδύνατον αἰσθάνεσθαι· οὐ γὰρ τόδε οὐδὲ νῦν, οὐ γὰρ ἂν ἦν καθόλου· ἐπεὶ οὖν αἱ μὲν ἀποδείξεις καθόλου, ταῦτα δ' οὐκ ἔστιν αἰσθάνεσθαι, φανερὸν ὅτι οὐδ' ἐπίστασθαι δι' αἰσθήσεως ἔστιν.* Ebend. 8, 75 b. 24.: *οὐκ ἔστιν ἄρα ἀπόδειξις τῶν φθαρτῶν οὐδ' ἐπιστήμη ἁπλῶς, ἀλλ' οὕτως ὥςπερ κατὰ συμβεβηκὸς, ὅτι οὐ καθόλου αὐτοῦ ἐστὶν ἀλλὰ ποτὲ καὶ πῶς.* *Metaph.* *B*, 4, 999 b. 26.: *εἴτε γὰρ μὴ ἔστι τι παρὰ τὰ καθ' ἕκαστα, τὰ δὲ καθ' ἕκαστα ἄπειρα, τῶν ἀπείρων πῶς ἐνδέχεται λαβεῖν ἐπιστήμην; ᾗ γὰρ ἕν τι καὶ ταὐτὸν καὶ ᾗ καθόλου τι ὑπάρχει, ταύτῃ πάντα γνωρίζομεν.*

82) *Metaph.* *Z*, 15, 1039 b. 27.: *διὰ τοῦτο δὲ καὶ τῶν οὐσιῶν τῶν αἰσθητῶν τῶν καθ' ἕκαστα οὔθ' ὁρισμὸς οὔτ' ἀπόδειξίς ἐστιν, ὅτι ἔχουσιν ὕλην ἧς ἡ φύσις τοιαύτη ὥστ' ἐνδέχεσθαι καὶ εἶναι καὶ μή· διὸ φθαρτὰ πάντα τὰ καθ' ἕκαστα αὐτῶν· εἰ οὖν ἥ τ' ἀπόδειξις τῶν ἀναγκαίων καὶ ὁ ὁρισμὸς ἐπιστημονικὸς, καὶ οὐκ ἐνδέχεται, ὥςπερ οὐδ' ἐπιστήμην ὁτὲ μὲν ἐπιστήμην ὁτὲ δ' ἄγνοιαν εἶναι, ἀλλὰ δόξα τὸ τοιοῦτόν ἐστιν, οὕτως οὐδ' ἀπόδειξιν οὐδ' ὁρισμὸν, ἀλλὰ δόξα ἐστὶ τοῦ ἐνδεχομένου ἄλλως ἔχειν, δῆλον ὅτι οὐκ ἂν εἴη αὐτῶν οὔτε ὁρισμὸς οὔτε ἀπόδειξις.*

83) Ebend. *A*, 1, 981 b. 10.: *ἔτι δὲ τῶν αἰσθήσεων οὐδεμίαν ἡγούμεθα εἶναι σοφίαν· καίτοι κυριώταταί γ' εἰσὶν αὗται τῶν καθ' ἕκαστα γνώσεις* (s. unten Anm. 156). *ἀλλ' οὐ λέγουσι τὸ διὰ τί περὶ οὐδενὸς, οἷον διὰ τί θερμὸν τὸ πῦρ, ἀλλὰ μόνον ὅτι θερμόν.*

84) *D. an.* III, 7, 431 a. 8.: *τὸ μὲν οὖν αἰσθάνεσθαι ὅμοιον τῷ φάναι μόνον καὶ νοεῖν.* Vgl. Anm. 67.

als ursprünglichen einheitlichen Ausgangspunkt der Dualität oben schon kennen lernten, sich verwirklichen werde, lässt sich sowohl erwarten als auch finden wir es durch des Aristoteles eigene Angaben bestätigt. Ist der *νοῦς* jene unmittelbare Einheit, so repräsentirt er, wie sich von selbst versteht, hiebei zugleich das ideale Moment, und zwar beruht dieses nicht in einem passiven Schauen, sondern es ist nach aristotelischer Anschauungsweise eine Thätigkeit und hiemit das Bewirkende in dem Verlaufe einer Entwicklung, welche von einem Potenziellen zu einem Actuellen fortschreitet. Und so treffen wir auch hier den bei Aristoteles so oft wiederkehrenden Grundzug, dass in einer Entwicklung das innere wahre Wesen von einem Stadium aus, in welchem es noch vom Stofflichen überschüttet ist, sich durch Entfaltung des äusseren Momentes bereichert, um zuletzt in durchgebrochener Actualität sich selbst wieder zu erreichen, — „Zuwachs in sich selbst hinein" (*ἐπίδοσις ἐφ' ἑαυτό*) —. Jede schaffende Thätigkeit überhaupt ist eine Potenz (*δύναμις*), diejenige aber, welche von einer Vernunft ausgeübt wird, unterscheidet sich von den übrigen nicht bloss dadurch, dass sie zugleich ein entsprechendes Gegensatzpaar umfasst (s. oben Anm. 14), sondern auch darin, dass ihr Potenzielles immer wieder auf einem vorhergehenden Actuellen (*προενεργεῖν*) beruht [85]. So steht der active *νοῦς* (*ποιητικὸς νοῦς*) mit seiner ursprünglichen Actualität dem passiven, receptiven *νοῦς* gegenüber, er ist in seinem Wesen keinen Einwirkungen von Aussen her preisgegeben und hat seine Thätigkeit ausschliesslich eben in dem Denken, welches seine Unabhängigkeit auch darin erweist, dass es innerhalb seiner Objecte keinen Grad-Unterschied empfindet, sondern vielmehr bei heftigeren Veranlassungen, im Gegensatze gegen die Sinnesorgane, seine Thätigkeit steigert [86]. Eben aber, da er im menschlichen Wesen an ein anderes Moment, an das der sinnlichen Wahrnehmung gebunden ist, so ist er es, welcher durch seine Actualität den zum Wissen führenden Vermittlungs-Process beleben muss; denn wenn blosse Erfahrung und Induction das Frühere sind (oben, Anm. 75), ja selbst die ersten Gedanken sich kaum von sinnlichen Eindrücken unterscheiden [87], so ist das Wissen nicht schon von vorneherein ein fertiges, sondern es entsteht erst als solches. So beruht aller Zuwachs des Wissens, d. h. jedes Lernen und

---

85) *Metaph.* Θ, 2, 1046 b. 2.: *διὸ πᾶσαι αἱ τέχναι καὶ αἱ ποιητικαὶ ἐπιστῆμαι δυνάμεις εἰσίν· ἀρχαὶ γὰρ μεταβλητικαί εἰσιν ἐν ἄλλῳ ἢ ἄλλο· καὶ αἱ μὲν μετὰ λόγου πᾶσαι τῶν ἐναντίων αἱ αὐταί, αἱ δ' ἄλογοι μία ἑνός, οἷον τὸ θερμὸν τοῦ θερμαίνειν μόνον, ἡ δὲ ἰατρικὴ νόσου καὶ ὑγιείας.* Ebend. 5, 1047 b. 33.: *τὰς μὲν* (sc. *δυνάμεις*) *ἀνάγκη προενεργήσαντας ἔχειν, ὅσαι ἔθει καὶ λόγῳ.* *Eth. Nic.* V, 1, 1129 a. 13.: *δύναμις μὲν γὰρ καὶ ἐπιστήμη δοκεῖ τῶν ἐναντίων ἡ αὐτὴ εἶναι.*

86) *D. an.* III, 4, 429 a. 15.: *ἀπαθὲς ἄρα δεῖ εἶναι ..... ἀνάγκη ἄρα, ἐπεὶ πάντα νοεῖ, ἀμιγῆ εἶναι .... ὁ ἄρα καλούμενος τῆς ψυχῆς νοῦς (λέγω δὲ νοῦν ᾧ διανοεῖται καὶ ὑπολαμβάνει ἡ ψυχή) οὐδέν ἐστιν ἐνεργείᾳ τῶν ὄντων πρὶν νοεῖν· διὸ οὐδὲ μεμῖχθαι εὔλογον αὐτὸν τῷ σώματι .....* (31.) *ἡ μὲν γὰρ αἴσθησις οὐ δύναται αἰσθάνεσθαι ἐκ τοῦ σφόδρα αἰσθητοῦ ...., ἀλλ' ὁ νοῦς ὅταν τι νοήσῃ σφόδρα νοητόν, οὐχ ἧττον νοεῖ τὰ ὑποδεέστερα, ἀλλὰ καὶ μᾶλλον· τὸ μὲν γὰρ αἰσθητικὸν οὐκ ἄνευ σώματος, ὁ δὲ χωριστός.* Vgl. Anm. 97.

87) Ebend. 8, 432 a. 12.: *τὰ δὲ πρῶτα νοήματα τίνι διοίσει τοῦ μὴ φαντάσματα εἶναι; ἢ οὐδὲ τἆλλα φαντάσματα, ἀλλ' οὐκ ἄνευ φαντασμάτων.*

jeder Unterricht, auf einem bereits vorhandenen Erkenntniss-Acte, welcher selbst wieder auf dem einen oder anderen der beiden Hauptmomente, nemlich entweder auf Induction oder auf apodeiktischem Apriorischen, begründet sein kann, und auch diese beiden abermals berufen sich auf eine schon vorhandene Einsicht [88]). Diese letztere aber ist einerseits ein Wissen und andrerseits nicht, es ist nemlich eben ein Wissen bloss der Potenz nach, und es löst sich hiedurch der sophistische Einwand (Abschn. I, Anm. 63), dass man beim Lernen ja doch nur lerne, was man bereits wisse, denn die Art des Wissens ist verschieden, da das eine potenziell und das andere actuell ist [89]). In dem Wesen des Menschen nemlich liegt es begründet, dass derselbe die Erkenntniss der unmittelbaren Ausgangspunkte weder als fertige besitzt, noch sie ihm aus gänzlicher Unwissenheit und ohne eine gewisse Befähigung seinerseits gleichsam plötzlich emporschiesst, sondern der Mensch hat die habituelle Potenz hiezu, welche aber als solche nicht eine höhere Stufe sein darf, als jene unmittelbaren Erkenntnisse selbst einnehmen; aus der an sich niederern Stufe der Sinneswahrnehmung demnach jene einzelnen Erkenntnisse zu schöpfen, ist der Mensch befähigt, denn in der menschlichen Sinneswahrnehmung wirkt eine Einheit und ein Haltmachen, vergleichbar dem auf der Wirkung Einzelner beruhenden Stillestehen einer bereits zur Flucht gewendeten Schlachtreihe [90]). Jene habituelle Befähigung aber hängt einerseits vielfach mit der ganzen Begabung und den Gewöhnungen des einzelnen Menschen zusammen [91]), und wer in dem apodeiktischen Wissen

---

88) *Anal. post.* I, 1, 71 a. 1.: *Πᾶσα διδασκαλία καὶ πᾶσα μάθησις διανοητικὴ ἐκ προϋπαρχούσης γίνεται γνώσεως.... ὁμοίως δὲ καὶ περὶ τοὺς λόγους οἵ τε διὰ συλλογισμῶν καὶ οἱ δι' ἐπαγωγῆς· ἀμφότεροι γὰρ διὰ προγινωσκομένων ποιοῦνται τὴν διδασκαλίαν, οἱ μὲν λαμβάνοντες ὡς παρὰ ξυνιέντων, οἱ δὲ δεικνύντες τὸ καθόλου διὰ τοῦ δῆλον εἶναι τὸ καθ' ἕκαστον.* Ebend. 18, 81 a. 40.: *μανθάνομεν ἢ ἐπαγωγῇ ἢ ἀποδείξει.* Vgl. Anm. 75.

89) Ebend. 1, 71 a. 24.: *πρὶν δ' ἐπαχθῆναι ἢ λαβεῖν συλλογισμὸν τρόπον μέν τινα ἴσως φατέον ἐπίστασθαι, τρόπον δ' ἄλλον οὔ· ὃ γὰρ μὴ ᾔδει εἰ ἔστιν ἁπλῶς, τοῦτο πῶς ᾔδει ὅτι δύο ὀρθὰς ἔχει ἁπλῶς; ἀλλὰ δῆλον ὡς ὡδὶ μὲν ἐπίσταται, ὅτι καθόλου ἐπίσταται, ἁπλῶς δ' οὐκ ἐπίσταται· εἰ δὲ μή, τὸ ἐν τῷ Μένωνι ἀπόρημα συμβήσεται· ἢ γὰρ οὐδὲν μαθήσεται ἢ ἃ οἶδεν......* (b.7.) *ἄτοπον γὰρ οὐκ εἰ οἶδέ πως ὃ μανθάνει, ἀλλ' εἰ ὡδί, οἷον ᾗ μανθάνει καὶ ὥς.* *Metaph.* Θ, 8, 1050 a. 1.: *καὶ τὸν μανθάνοντα ἀνάγκη ἔχειν τι τῆς ἐπιστήμης ἴσως.* Vgl. Anm. 96.

90) *Anal. post.* II, 19, 99 b. 31.: *φανερὸν τοίνυν ὅτι οὔτ' ἔχειν οἷόν τε* (sc. *τὴν γνῶσιν τῶν ἀμέσων*), *οὔτ' ἀγνοοῦσι καὶ μηδεμίαν ἔχουσιν ἕξιν ἐγγίνεσθαι· ἀνάγκη ἄρα ἔχειν μέν τινα δύναμιν, μὴ τοιαύτην δ' ἔχειν ἣ ἔσται τούτων τιμιωτέρα κατ' ἀκρίβειαν .....* (100 a. 10.) *οὔτε δὴ ἐνυπάρχουσιν ἀφωρισμέναι αἱ ἕξεις οὔτ' ἀπ' ἄλλων ἕξεων γίνονται γνωστικωτέρων, ἀλλ' ἀπὸ αἰσθήσεως, οἷον ἐν μάχῃ τροπῆς γενομένης ἑνὸς στάντος ἕτερος ἔστη, εἶθ' ἕτερος, ἕως ἐπὶ ἀρχὴν ἦλθεν* (Gleichnisse sind selten bei Aristoteles). *ἡ δὲ ψυχὴ ὑπάρχει τοιαύτη οὖσα οἵα δύνασθαι πάσχειν τοῦτο.* *Probl.* XXX, 14, 956 b. 39.: *ὅτι ἡ αἴσθησις καὶ ἡ διάνοια τῷ ἠρεμεῖν τὴν ψυχὴν ἐνεργεῖ· ὃ καὶ ἡ ἐπιστήμη δοκεῖ εἶναι, ὅτι τὴν ψυχὴν ἵστησιν.* Ebenso etymologisirend: *Phys. ausc.* VII, 3, 247 b. 10.: *τῷ γὰρ ἠρεμῆσαι καὶ στῆναι τὴν διάνοιαν ἐπίστασθαι καὶ φρονεῖν λέγομεν.* Vgl. auch Anm. 53. u. 62.

91) *Metaph.* α, 3, 994 b. 32.: *αἱ δ' ἀκροάσεις κατὰ τὰ ἔθη συμβαίνουσιν· ὡς γὰρ εἰώθαμεν, οὕτως ἀξιοῦμεν λέγεσθαι, καὶ τὰ παρὰ ταῦτα οὐχ ὅμοια φαίνεται, ἀλλὰ διὰ τὴν ἀσυνήθειαν ἀγνωστότερα καὶ ξενικώτερα. τὸ γὰρ σύνηθες γνωριμώτερον.*

Genügendes leisten will, muss eine scharfe Concentrirung des Denkens (ἀγχίνοια) und einen glücklichen Takt, das Richtige zu treffen (εὐστοχία), besitzen [92]). Andrerseits aber wird jene Fähigkeit auch durch jedweden, selbst den geringfügigen, Beitrag intelligibler Thätigkeit der Mitmenschen gestärkt und gefördert [93]), und es lässt sich in diesem Sinne auch in der Geschichte ein Fortschritt des Wissens der Menschen überhaupt bemerken [94]).

Ist hiemit das Wissen seinem Wesen nach auf eine Entwicklung aus einem Potenziellen hingewiesen, so wird es, wie schon bemerkt, hiebei nur durch die Thätigkeit des νοῦς zum Standpunkte des Actuellen hingeführt, denn dieser ist es, welcher überall bis zu einem erreichbaren Letzten denkt [95]). Hiedurch erst wird er ein wissender, und ist er dieses, so kann er sich selbst denken; diess ist der Entwicklungs-Process, welchen der νοῦς verwirklicht und an sich selbst erfährt, dass er von dem potenziellen Sich-Selbst-Denken zum actuellen Sich-Selbst-Denken fortschreitet [96]). Nemlich in dem Denken ist der νοῦς in potenzieller Weise das Gedachte selbst, bis er es eben wirklich denkt, denn dann ist er es in actueller Weise; so ist er vergleichbar einer Schreibtafel, auf welcher actuell noch Nichts geschrieben ist, vergleichbar aber auch in seiner schaffenden, rein activen und unvermischten, Thätigkeit, durch welche er das Gewusste wird, dem Lichte, welches die potenziell vorliegenden Farben actuell heraustreten macht [97]), — man sieht hieraus, wie lächerlich es wäre, jene aristotelische „Schreibtafel" mit der „Wachstafel" des Locke'schen Empirismus zu verwechseln —. So ist das actuelle Wissen identisch mit dem Objecte, das potenzielle aber geht nur bei dem Einzelnen der Zeit nach voraus, denn an sich denkt der νοῦς immer unablässig [98]). Das

---

92) *Anal. post.* I, 34, 89 b. 10.: ἡ δ' ἀγχίνοιά ἐστιν εὐστοχία τις ἐν ἀσκέπτῳ χρόνῳ τοῦ μέσου (d. h. des Mittelbegriffes in den Schlüssen), οἷον εἴ τις ἰδὼν ὅτι ἡ σελήνη τὸ λαμπρὸν ἀεὶ ἔχει πρὸς τὸν ἥλιον, ταχὺ ἐνενόησε διὰ τί τοῦτο, ὅτι διὰ τὸ λαμπρὸν ἀπὸ τοῦ ἡλίου. κτλ. *D. part. anim.* I, 1, 639 a. 4.: πεπαιδευμένου γάρ ἐστι κατὰ τρόπον τὸ δύνασθαι κρῖναι εὐστόχως τί καλῶς ἢ μὴ καλῶς ἀποδίδωσιν ὁ λέγων.

93) *Metaph.* α, 1, 993 b. 11.: οὐ μόνον δὲ χάριν ἔχειν δίκαιον τούτοις ὧν ἄν τις κοινώσαιτο ταῖς δόξαις, ἀλλὰ καὶ τοῖς ἔτι ἐπιπολαιοτέρως ἀποφηναμένοις· καὶ γὰρ οὗτοι συνεβάλοντό τι, τὴν γὰρ ἕξιν προήσκησαν ἡμῶν.

94) *Metaph.* *A*, 1, gegen das Ende.

95) Ebend. *Z*, 7, 1032 b. 8.: καὶ οὕτως ἀεὶ νοεῖ, ἕως ἂν ἀγάγῃ εἰς τοῦτο ὃ αὐτὸς δύναται ἔσχατον ποιεῖν.

96) *D. an.* III, 4, 429 b. 6.: ὅταν δ' οὕτως ἕκαστα γένηται ὡς ἐπιστήμων λέγεται ὁ κατ' ἐνέργειαν (sc. νοῦς), τοῦτο δὲ συμβαίνει, ὅταν δύνηται ἐνεργεῖν δι' αὑτοῦ, ἔστι μὲν ὁμοίως καὶ τότε δυνάμει πως, οὐ μὴν ὁμοίως καὶ πρὶν μαθεῖν ἢ εὑρεῖν (vgl. Anm. 89.). καὶ αὐτὸς δὲ αὑτὸν τότε δύναται νοεῖν.

97) Ebend. b. 30.: ὅτι δυνάμει πώς ἐστι τὰ νοητὰ ὁ νοῦς, ἀλλ' ἐντελεχείᾳ οὐδὲν, πρὶν ἂν νοῇ· δεῖ δ' οὕτως ὥςπερ ἐν γραμματείῳ ᾧ μηδὲν ὑπάρχει ἐντελεχείᾳ γεγραμμένον· ὅπερ συμβαίνει ἐπὶ τοῦ νοῦ. καὶ αὐτὸς δὲ νοητός ἐστιν ὥςπερ τὰ νοητά. Ebend. 5, 430 a. 14.: καὶ ἔστιν ὁ μὲν τοιοῦτος νοῦς τῷ πάντα γίνεσθαι, ὁ δὲ πάντα ποιεῖν, ὡς ἕξις τις, οἷον τὸ φῶς· τρόπον γάρ τινα καὶ τὸ φῶς ποιεῖ τὰ δυνάμει ὄντα χρώματα ἐνεργείᾳ χρώματα. καὶ οὗτος ὁ νοῦς χωριστὸς καὶ ἀπαθὴς καὶ ἀμιγὴς τῇ οὐσίᾳ ὢν ἐνεργείᾳ. Vgl. Anm. 86.

98) Ebend. 430 a. 20.: τὸ δ' αὐτό ἐστιν ἡ κατ' ἐνέργειαν ἐπιστήμη τῷ πράγματι, ἡ δὲ κατὰ δύναμιν χρόνῳ προτέρα ἐν τῷ ἑνὶ, ὅλως δὲ οὐ χρόνῳ,

Wissen überhaupt demnach ist gewissermassen das Gewusste [99]); wo aber und wieweit das Stoffliche überwunden ist, tritt diese Identität des Denkens und des Objectes actuell auf [100]), denn bei dem Untheilbaren, Einen, Nichtandersseinkönnenden, rein Actuellen, Ewigen gibt es keine Täuschung und keine zweideutige Möglichkeit des Wahr- und Falsch-Seins, bei dem actuell Begrifflichen, Nichtzusammengesetzten, bei dem reinen Sein besteht nur die Möglichkeit entweder des „Berührens" oder des Nicht-Berührens, d. h. entweder des Erfassens und hiemit Wissens oder des Nicht-Erfassens und hiemit der Unwissenheit; zwischen diesen in der Mitte liegt Nichts, und es hat der *νοῦς*, wenn er den Wesens-Begriff erfasst, in der nemlichen Weise Recht, wie das einzelne Sinnes-Organ, für welches der einzelne Eindruck ein unweigerliches unabweisbares Factum ist [101]). Das oberste Princip muss eben gegensatzlos d. h. unstofflich einheitlich sein, da es sonst auch einen Gegensatz des höchsten Wissens gäbe [102]). Und indem der *νοῦς* in dem Denken dieses höchsten Einen sich selbst denkt, erreicht er das Ziel und den Zweck seiner Actualität; er denkt das Ansich und denkt hiebei sich selbst in einer Theilnahme an dem Gedachten, so dass Denken und Gedachtes identisch sind; in solcher Thätigkeit erweist er seine Ewigkeit, und er schafft Lust durch jede Art seines Auftretens; so ist das *θεωρεῖν* das beste und glückseligste [103]).

ἀλλ' οὐχ ὁτὲ μὲν νοεῖ ὁτὲ δὲ οὐ νοεῖ. Mit den nemlichen Worten ebend. 7, 431 a. 1. *Metaph. Λ*, 7, 1072 b. 21.: *ὥστε ταὐτὸν νοῦς καὶ νοητόν.*

99) *D. an.* III, 8, 431 b. 22.: *ἔστι δ' ἡ ἐπιστήμη μὲν τὰ ἐπιστητά πως.*

100) Ebend. 4, 430 a. 3.: *ἐπὶ μὲν γὰρ τῶν ἄνευ ὕλης τὸ αὐτό ἐστι τὸ νοοῦν καὶ τὸ νοούμενον· ἡ γὰρ ἐπιστήμη ἡ θεωρητικὴ καὶ τὸ οὕτως ἐπιστητὸν τὸ αὐτό ἐστιν ..... ἐν δὲ τοῖς ἔχουσιν ὕλην δυνάμει ἕκαστόν ἐστι τῶν νοητῶν, ὥστ' ἐκείνοις μὲν οὐχ ὑπάρξει νοῦς, ἄνευ γὰρ ὕλης δύναμις ὁ νοῦς τῶν τοιούτων, ἐκείνῳ δὲ τὸ νοητὸν ὑπάρξει.*

101) Ebend. 6, 430 a. 26.: *ἡ μὲν οὖν τῶν ἀδιαιρέτων νόησις ἐν τούτοις, περὶ ἃ οὐκ ἔστι τὸ ψεῦδος· ἐν οἷς δὲ καὶ τὸ ψεῦδος καὶ τὸ ἀληθὲς, σύνθεσίς τις ἤδη νοημάτων ὥςπερ ἓν ὄντων.* *Metaph. Θ*, 10, 1051 b. 15.: *περὶ δὲ τὰ ἀδύνατα ἄλλως ἔχειν οὐ γίνεται ὁτὲ μὲν ἀληθὲς ὁτὲ δὲ ψεῦδος, ἀλλ' ἀεὶ ταὐτὰ ἀληθῆ καὶ ψευδῆ· περὶ δὲ δὴ τὰ ἀσύνθετα τί τὸ εἶναι ἢ μὴ εἶναι καὶ τὸ ἀληθὲς καὶ τὸ ψεῦδος; οὐ γάρ ἐστι σύνθετον .... ἢ ὥςπερ οὐδὲ τὸ ἀληθὲς ἐπὶ τούτων τὸ αὐτὸ, οὕτως οὐδὲ τὸ εἶναι, ἀλλ' ἔστι τὸ μὲν ἀληθὲς τὸ δὲ ψεῦδος, τὸ μὲν θιγεῖν καὶ φάναι ἀληθὲς, οὐ γὰρ ταὐτὸ κατάφασις καὶ φάσις, τὸ δ' ἀγνοεῖν μὴ θιγγάνειν· ἀπατηθῆναι γὰρ περὶ τὸ τί ἐστιν οὐκ ἔστιν ἀλλ' ἢ κατὰ συμβεβηκός· ὁμοίως δὲ καὶ περὶ τὰς μὴ συνθέτας οὐσίας· οὐ γὰρ ἔστιν ἀπατηθῆναι. καὶ πᾶσαί εἰσιν ἐνεργείᾳ, οὐ δυνάμει· ἐγίνοντο γὰρ ἂν καὶ ἐφθείροντο· νῦν δὲ τὸ ὂν αὐτὸ οὐ γίνεται οὐδὲ φθείρεται· ἔκ τινος γὰρ ἂν ἐγίνετο. ὅσα δή ἐστιν ὅπερ εἶναί τι καὶ ἐνεργείᾳ, περὶ ταῦτα οὐκ ἔστιν ἀπατηθῆναι ἀλλ' ἢ νοεῖν ἢ μή ..... φανερὸν δὲ καὶ ὅτι περὶ τῶν ἀκινήτων οὐκ ἔστιν ἀπάτη κατὰ τὸ ποτὲ, εἴ τις ὑπολαμβάνει ἀκίνητα.* *D. an.* III, 6, 430 b. 26.: *ἔστι δ' ἡ μὲν φάσις τι κατά τινος, ὥςπερ ἡ κατάφασις, καὶ ἀληθὴς ἢ ψευδὴς πᾶσα· ὁ δὲ νοῦς οὐ πᾶς, ἀλλ' ὁ τοῦ τί ἐστι κατὰ τὸ τί ἦν εἶναι ἀληθὴς καὶ οὐ τὶ κατά τινος· ἀλλ' ὥςπερ τὸ ὁρᾶν τοῦ ἰδίου ἀληθὲς, εἰ δ' ἄνθρωπος τὸ λευκὸν ἢ μὴ, οὐκ ἀληθὲς ἀεὶ, οὕτως ἔχει ὅσα ἄνευ ὕλης.*

102) *Metaph. Λ*, 10, 1075 b. 20.: *καὶ τοῖς μὲν ἄλλοις ἀνάγκη τῇ σοφίᾳ καὶ τῇ τιμιωτάτῃ ἐπιστήμῃ εἶναί τι ἐναντίον, ἡμῖν δ' οὔ· οὐ γάρ ἐστιν ἐναντίον τῷ πρώτῳ οὐδέν, παντα γὰρ τὰ ἐναντία ὕλην ἔχει καὶ δυνάμει ταῦτά ἐστι .....* (1076 a. 3.) *τὰ δὲ ὄντα οὐ βούλεται πολιτεύεσθαι κακῶς· „οὐκ ἀγαθὸν πολυκοιρανίη, εἷς κοίρανος".*

103) Ebend. 7, 1072 b. 14.: *διαγωγὴ δ' ἐστὶν οἵα ἡ ἀρίστη μικρὸν χρό-*

Das Gesammte nun, was zwischen jenem ersten Stadium, in welchem der *νοῦς* unmittelbare Quelle der beiderseitigen Ausgangspunkte ist, und zwischen dieser letzten Stufe des einheitlich Höchsten liegt, fällt in Bezug auf die Form und Operation des Denkens dem Apodeiktischen anheim. Und da bei dem einzelnen Gedachten die der Zeit nach vorhergehenden Producte des Denkens stets ein Potenzielles und Stoffliches und Zusammengesetzes sind (Anm. 53, 75, 98), so ist der Grundzug des apodeiktischen Verfahrens, dass dieselben allmälig auf ein Actuelles, begrifflich Ursächliches und Einfaches zurückgeführt und in derartige Principien aufgelöst werden (*ἀναλύειν*). Darum bezeichnet Aristoteles die Apodeiktik als *Ἀναλυτικὰ* und ihre Methode als *ἀναλυτικῶς*, indem er diese Benennung den Worten *Λογικὰ* und *λογικῶς* sogar ausdrücklich gegenübersetzt, insoferne letztere dem Gebiete des Dialektischen näher liegen[104]); und es ist kein Zweifel, dass auch die uns überlieferte Ueberschrift der entsprechenden Bücher auf Aristoteles selbst zurückzuführen sei. Ueber die technische Bedeutung von *Λογική* s. Abschn. IX, Anm. 9 f.

Indem die Thätigkeit des Denkens, wie wir sahen, von ihrem ersten Auftreten an auf die Vielheit der Erscheinung und sinnlichen Wahrnehmung hingewiesen ist, so bildet sich in dieser Beziehung ein Erwägen und Annehmen [105]), welches in Worten ausgesprochen wird (*φάσις*); und es ist diess jene Stufe der intellectuellen Thätigkeit, welche noch mit dem Kundgeben und Aussprechen irgend einer Ansicht oder Meinung überhaupt zusammenfällt [106]), aber in ihrer von dem *νοῦς* herrührenden

---

νον ἡμῖν· οὕτω γὰρ ἀεὶ ἐκεῖνό ἐστιν (ἡμῖν μὲν γὰρ ἀδύνατον), ἐπεὶ καὶ ἡδονὴ ἡ ἐνέργεια τούτου· καὶ διὰ τοῦτο ἐγρήγορσις αἴσθησις νόησις ἥδιστον, ἐλπίδες δὲ καὶ μνῆμαι διὰ ταῦτα· ἡ δὲ νόησις ἡ καθ' αὑτὴν τοῦ καθ' αὑτὸ ἀρίστου, καὶ ἡ μάλιστα τοῦ μάλιστα· αὑτὸν δὲ νοεῖ ὁ νοῦς κατὰ μετάληψιν τοῦ νοητοῦ· νοητὸς γὰρ γίνεται θιγγάνων καὶ νοῶν, ὥστε ταὐτὸν νοῦς καὶ νοητόν· τὸ γὰρ δεκτικὸν τοῦ νοητοῦ καὶ τῆς οὐσίας νοῦς· ἐνεργεῖ δὲ ἔχων. ὥστ' ἐκεῖνο μᾶλλον τούτου ὃ δοκεῖ ὁ νοῦς θεῖον ἔχειν, καὶ ἡ θεωρία τὸ ἥδιστον καὶ ἄριστον. *D. an.* III, 5, 430 a. 22.: *χωρισθεὶς δ' ἐστὶ μόνον τοῦθ' ὅπερ ἐστὶν* (*sc.* *ὁ νοῦς*), *καὶ τοῦτο μόνον ἀθάνατον καὶ ἀΐδιον.* *Eth. Nic.* X, 7.

104) *Anal. pr.* I, 38, 49 a. 19.: *οὕτω μὲν οὖν γίνεται ἀνάλυσις.* Ebend. 32, 47 a. 4.: *ἔτι δὲ τοὺς γεγενημένους* (*sc.* *συλλογισμούς*) *ἀναλύομεν εἰς τὰ προειρημένα σχήματα.* *Anal. post.* II, 5, 91 b. 13.: *ἐν τῇ ἀναλύσει τῇ περὶ τὰ σχήματα* (*Anal. pr.* I, 31.) *εἴρηται.* *Metaph.* *Γ*, 3, 1005 b. 4.: *δι' ἀπαιδευσίαν τῶν ἀναλυτικῶν* (s. Anm. 178.). Der Gegensatz zwischen *λογικῶς* und *ἀναλυτικῶς* erhellt am deutlichsten aus *Anal. post.* I, 21, 82 b. 35.: *λογικῶς μὲν θεωροῦσιν ὧδε φανερὸν* und 22, 84 a. 7.: *λογικῶς μὲν οὖν ἐκ τούτων ἄν τις πιστεύσειε περὶ τοῦ λεχθέντος, ἀναλυτικῶς δὲ διὰ τῶνδε φανερὸν συντομώτερον,* sowie ebend. 24, 86 a. 22.: *ἀλλὰ τῶν μὲν εἰρημένων ἔνια λογικά ἐστι,* und 32, 88 a. 19.: *πρῶτον μὲν λογικῶς θεωροῦσιν,* woselbst überall das *λογικὸν* als eine Betrachtung aus äusseren allgemeinen Gründen, wie sie im Reden überhaupt gang und gebe sind, dem wissenschaftlichen auf die inneren Principien gerichteten Beweise gegenübergestellt wird. Die Stellen betreffs des Sprachgebrauches des Wortes *λογικῶς* überhaupt s. b. *Waitz, Org.* II, p. 353 f. Eigene Anführungen der Analytiken unter eben diesem Titel bei Aristoteles sind: *Top.* VIII, 11, 162 a. 11., ebend. 13, 162 b. 32. *Soph. El.* 2, 165 b. 9. *Metaph.* *Z*, 8, 1037 b. 8. *Eth. Nic.* VI, 4, 1139 b. 27. u. 32.

105) *D. an.* III, 4, 429 a. 23.: *λέγω δὲ νοῦν ᾧ διανοεῖται καὶ ὑπολαμβάνει ἡ ψυχή.*

106) *Eth. Nic.* VI, 10, 1142 b. 11.: *δόξης δ' ὀρθότης ἀλήθεια· ἅμα δὲ καὶ ὥρισται ἤδη πᾶν οὗ δόξα ἐστίν ..... καὶ γὰρ ἡ δόξα οὐ ζήτησις ἀλλὰ φάσις τις ἤδη.*

Ursprünglichkeit dem Begehren und der Willensrichtung noch ebenso vorangeht wie dem auf bestimmte Erkenntniss gerichteten Bestreben [107]). Zu jener Kundgebung im Allgemeinen erzeugen die factisch bestehenden Dinge und Verhältnisse einen ihnen ähnlichen Eindruck in der Seele, und der unter Mitmenschen als gangbar geltende Ausdruck für diese ist das Wort [108]); die menschliche Rede muss aus Worten bestehen, welche jedoch sogleich eine allgemeinere Geltung haben und gemeinsame Bezeichnungen (*κοινά*) sind, daher dieselben auch für die weitere Entwicklung des Wissens den Charakter jener noch unvermittelten Stufe des Denkens, aus welcher sie entsprungen sind, noch insoweit an sich tragen, als bei ihnen es unbestimmt ist, ob sie die concrete Total-Erscheinung eines Dinges oder die begriffliche Form desselben bezeichnen [109]). Es enthält die menschliche Rede, und mit ihr die Seele, den für alles Wissen wesentlichen Grundzug der Gegensätzlichkeit (Anm. 14 u. 85.) in den Functionen des Bejahens und Verneinens [110]), fällt aber hiemit, insoferne sie sich auf das Gebiet der zusammengesetzten, nicht-einfachen Wesenheiten bezieht und sie selbst auch aus einer Verflechtung von Erzeugnissen der Denkthätigkeit besteht, in die doppelte Möglichkeit des Wahr-seins und des Falsch-seins (vgl. Abschn. III, Anm. 10), wobei sie sowohl auf bereits Vorhandenes als auch auf Künftiges sich beziehen kann und daher den Begriff der Zeit mitenthält [111]). Dieses Wahr-sein und Falsch-sein aber, d. h. diese ganze Art eines Seins, nach welcher man Seiendes als wahr und Nicht-seiendes als falsch bezeichnet, und welche auf Zusammensetzung und Trennung und dem hierauf sich beziehenden Verhältnisse von Bejahung und Verneinung beruht, insoferne der eine bestehende Verbindung Bejahende wahr und der sie Verneinende falsch spricht, sowie der eine bestehende Trennung durch Verneinung Ausdrückende wahr und der sie als eine Verbindung Bejahende falsch, — diese ganze Art und Weise

---

107) *Metaph.* *Λ*, 7, 1072 a. 29.: *ὀρεγόμεθα δὲ διότι δοκεῖ μᾶλλον ἢ δοκεῖ διότι ὀρεγόμεθα, ἀρχὴ γὰρ ἡ νόησις.* *D. an.* III, 7, 431 b. 8.: *καὶ ὅταν εἴπῃ ὡς ἐκεῖ τὸ ἡδὺ ἢ τὸ λυπηρὸν, ἐνταῦθα φεύγει ἢ διώκει.*

108) *D. interpr.* 1, 16 a. 3.: *ἔστι μὲν οὖν τὰ ἐν τῇ φωνῇ τῶν ἐν τῇ ψυχῇ παθημάτων σύμβολα .... ὧν μέντοι ταῦτα σημεῖα πρώτως, ταὐτὰ πᾶσι παθήματα τῆς ψυχῆς, καὶ ὧν ταῦτα ὁμοιώματα, πράγματα ἤδη ταὐτά.* Ebend. 2, 16 a. 27.: *κατὰ συνθήκην, ὅτι φύσει τῶν ὀνομάτων οὐδέν ἐστιν, ἀλλ' ὅταν γένηται σύμβολον, ἐπεὶ δηλοῦσί γέ τι καὶ οἱ ἀγράμματοι ψόφοι, οἷον θηρίων, ὧν οὐδέν ἐστιν ὄνομα.* Vgl. Anm. 171.

109) *Metaph.* *Z*, 15, 1040 a. 9.: *ἀναγκαῖον δ' ἐξ ὀνομάτων εἶναι τὸν λόγον (ὄνομα δ' οὐ ποιήσει ὁ ὁριζόμενος, ἄγνωστον γὰρ ἔσται), τὰ δὲ κείμενα κοινὰ πᾶσιν· ἀνάγκη ἄρα ὑπάρχειν καὶ ἄλλῳ ταῦτα.* Ebend. *H*, 3, 1043 a. 29.: *δεῖ δὲ μὴ ἀγνοεῖν ὅτι ἐνίοτε λανθάνει πότερον σημαίνει τὸ ὄνομα τὴν σύνθετον οὐσίαν ἢ τὴν ἐνέργειαν καὶ τὴν μορφήν.*

110) Ebend. *Θ*, 2, 1046 b. 13.: *καὶ γὰρ ὁ λόγος τοῦ μὲν καθ' αὑτὸ, τοῦ δὲ τρόπον τινὰ κατὰ συμβεβηκός· ἀποφάσει γὰρ καὶ ἀποφορᾷ δηλοῖ τὸ ἐναντίον ..... λόγος γάρ ἐστιν ἀμφοῖν μὲν, οὐχ ὁμοίως δὲ, καὶ ἐν ψυχῇ ἣ ἔχει κινήσεως ἀρχήν.* *Eth. Nic.* VI, 1, 1139 a. 21.: *ἔστι δ' ὅπερ ἐν διανοίᾳ κατάφασις καὶ ἀπόφασις, τοῦτ' ἐν ὀρέξει δίωξις καὶ φυγή.* Vgl. bes. Anm. 327 ff.

111) *D. an.* III, 6, 430 a. 27.: *ἐν οἷς δὲ καὶ τὸ ψεῦδος καὶ τὸ ἀληθὲς, σύνθεσις ἤδη νοημάτων ὥσπερ ἓν ὄντων ..... ἂν δὲ γινομένων ἢ ἐσομένων, τὸν χρόνον προσεννοῶν καὶ συντιθείς .....* (b. 26.) *ἔστι δ' ἡ μὲν φάσις τὶ κατά τινος, ὥσπερ ἡ κατάφασις, καὶ ἀληθὴς ἢ ψευδὴς πᾶσα.* Ebend. 8, 432 a. 11.: *συμπλοκὴ γὰρ νοημάτων ἐστὶ τὸ ἀληθὲς ἢ ψεῦδος.*

also eines Seins fällt, da sie nur in dem menschlichen Reden auftritt, dem Menschen-Subjecte, welches den objectiven Bestand so oder so ausspricht, anheim; es besteht dieses Sein nur im menschlichen Denken, nicht in den Dingen, es drückt kein objectives Dasein als objectives aus und ist verschieden von dem eigentlichen Sein, denn es beruht auf einem durch das Object angeregten Vorgange im Denken [112]); der objective Bestand der Dinge ist unabhängig von des Menschen bejahenden oder verneinenden Aussagen über ihn, und nicht, weil wir Menschen Etwas meinen oder aussagen, besteht es objectiv, sondern wir meinen es und sagen es aus, weil es objectiv besteht [113]). So also weist Aristoteles für den ganzen Fortschritt, welchen das Wissen vom bloss Wahren zum Nothwendigen und Allgemeinen zu nehmen hat, auf unablässige Beachtung der Erfahrung hin [114]), macht aber den Menschen und dessen Denken verantwortlich für das gesammte Wahr-sein oder Nicht-wahrsein. Uebrigens dürfen wir uns nicht verhehlen, dass wir hier die aristotelische Logik bei einem bedeutenden Verstosse treffen, indem dieselbe die Bejahung und die Verneinung als zwei gleichberechtigte Seiten des Aussagens hinstellt, denn wenn das bejahende Urtheil ein Abbild einer Verbindung in den Objecten und das verneinende in gleicher Weise ein Abbild einer Trennung ist, so wird hiebei betreffs der Trennung bereits eine Negation in die objective Realität verlegt; ein solch positiv factischer Bestand aber des Negativen bleibt um so unerklärter, je mehr das ganze Gebiet des Aussagens überhaupt gerade dem menschlichen Subjecte zugewiesen wird; des Menschen Rede ja ist es, welche durch

112) *Metaph. E,* 4, 1027 b. 18.: *τὸ δὲ ὡς ἀληθὲς ὄν, καὶ μὴ ὂν ὡς ψεῦδος, ἐπειδὴ περὶ σύνθεσίν ἐστι καὶ διαίρεσιν, τὸ δὲ σύνολον περὶ μερισμὸν ἀντιφάσεως, τὸ μὲν γὰρ ἀληθὲς τὴν κατάφασιν ἐπὶ τῷ συγκειμένῳ ἔχει, τὴν δ' ἀπόφασιν ἐπὶ τῷ διῃρημένῳ, τὸ δὲ ψεῦδος τούτου τοῦ μερισμοῦ τὴν ἀντίφασιν ..... οὐ γάρ ἐστι τὸ ψεῦδος καὶ τὸ ἀληθὲς ἐν τοῖς πράγμασιν, οἷον τὸ μὲν ἀγαθὸν ἀληθὲς, τὸ δὲ κακὸν εὐθὺς ψεῦδος, ἀλλ' ἐν διανοίᾳ, περὶ δὲ τὰ ἁπλᾶ καὶ τὰ τί ἐστιν οὐδ' ἐν τῇ διανοίᾳ* (hierüber s. Anm. 101.) ..... *ἐπεὶ δὲ ἡ συμπλοκή ἐστι καὶ ἡ διαίρεσις ἐν διανοίᾳ ἀλλ' οὐκ ἐν τοῖς πράγμασι, τὸ δ' οὕτως ὂν ἕτερον ὂν τῶν κυρίως ..... τὸ μὲν ὡς συμβεβηκὸς καὶ τὸ ὡς ἀληθὲς ὂν ἀφετέον· τὸ γὰρ αἴτιον τοῦ μὲν ἀορίτου τοῦ δὲ τῆς διανοίας τι πάθος, καὶ ἀμφότερα περὶ τὸ λοιπὸν γένος τοῦ ὄντος, καὶ οὐκ ἔξω δηλοῦσιν οὖσάν τινα φύσιν τοῦ ὄντος.* Hiezu d. Stelle in Anm. 170., sowie in Bezug auf die verschiedene Weise des Seins Anm. 298 ff.

113) *D. interpr.* 9, 18 b. 37.: *δῆλον γὰρ ὅτι οὕτως ἔχει τὰ πράγματα, κἂν μὴ ὁ μὲν καταφήσῃ τι ὁ δὲ ἀποφήσῃ· οὐ γὰρ διὰ τὸ ἀποφαθῆναι ἢ καταφαθῆναι ἔσται ἢ οὐκ ἔσται, οὐδ' εἰς μυριοστὸν ἔτος μᾶλλον ἢ ἐν ὁποσῳοῦν χρόνῳ.* *Cat.* 12, 14 b. 18.: *ἔστι δὲ ὁ μὲν ἀληθὴς λόγος οὐδαμῶς αἴτιος τοῦ εἶναι τὸ πρᾶγμα, τὸ μέντοι πρᾶγμα φαίνεταί πως αἴτιον τοῦ εἶναι ἀληθῆ τὸν λόγον· τῷ γὰρ εἶναι τὸ πρᾶγμα ἢ μὴ ἀληθὴς ὁ λόγος ἢ ψευδὴς λέγεται.* *Metaph. Θ,* 10, 1051 b. 1.: *τὸ δὲ κυριώτατα ὂν ἀληθὲς ἢ ψεῦδος, τοῦτο δ' ἐπὶ τῶν πραγμάτων ἐστὶ τῷ συγκεῖσθαι ἢ διῃρῆσθαι, ὥστε ἀληθεύει μὲν ὁ τὸ διῃρημένον οἰόμενος διῃρῆσθαι καὶ τὸ συγκείμενον συγκεῖσθαι, ἔψευσται δὲ ὁ ἐναντίως ἔχων ἢ τὰ πράγματα, πότ' ἔστιν ἢ οὐκ ἔστι τὸ ἀληθὲς λεγόμενον ἢ ψεῦδος ..... οὐ γὰρ διὰ τὸ ἡμᾶς οἴεσθαι ἀληθῶς σὲ λευκὸν εἶναι εἶ σὺ λευκὸς, ἀλλὰ διὰ τὸ σὲ εἶναι λευκὸν ἡμεῖς οἱ φάντες τοῦτο 'ληθεύομεν.* *Phys. ausc.* III, 8, 208 a. 18.: *ἀλλ' οὐ διὰ τοῦτο ἔξω τοῦ ἄστεός τίς ἐστιν ἢ τοῦ τηλικοῦδε μεγέθους ὃ ἔχομεν, ὅτι νοεῖ τις, ἀλλ' ὅτι ἔστιν.*

114) Ja Aristoteles sagt, das gewusste Object sei Mass der Wissenschaft, nicht umgekehrt. *Metaph. ι,* 6, 1057 a. 10.

ein Verneinen und Wegschaffen (*ἀποφάσει καὶ ἀπορᾷ*, Anm. 110) den Gegensatz ausdrückt. Die Frage aber, wie dieser reale Gegensatz zur sprachlichen Verneinung sich bedingend verhalte, wird uns auch in der Lehre vom Urtheile als ungelöst erscheinen (Anm. 194 ff. 223 f.). Kurz Aristoteles nimmt die Negation in gleicher Weise wie das Subject und Prädikat als eine vorgefundene auf (einen klaren Beleg hievon werden wir unten, Anm. 152, treffen), ohne sie irgend zu construiren; hierin aber erkennen wir deutlich, dass die aristotelische Philosophie eben doch nur innerhalb des antiken idealen Objectivismus verweilt, welcher bei einer poetischen (Plato) oder begrifflich verstandesmässigen (Aristoteles selbst) Verklärung der Objectivität sich beruhigt, wohingegen der objective Idealismus (wohl unsere jetzige Aufgabe der Philosophie) in den Wurzeln der Subjectivität das Object bereits besitzen und in der Entfaltung dieses seines Eigenthumes die Selbstentwicklung des menschlich möglichen Wissens erreichen würde.

Ist aber dieses Sein, welches in Folge der Denkthätigkeit in den menschlichen Aussagen auftritt, nemlich das Wahr-sein und Falsch-sein, ein von dem eigentlichen und objectiven Sein verschiedenes, so ist gewiss auch die Apodeiktik eine von der Ontologie und sog. Metaphysik verschiedene und selbstständige Wissenschaft; sie entwickelt nemlich, wie in jenen subjectiven Vorgängen das Wahre sich zum Allgemeinen, Ansichseienden, Nothwendigen, Ursächlichen erhebe. — Nur in dem *καθόλου* beruht die Kraft des menschlichen Wissens, vermöge deren es als ein Alles umfassendes auftreten kann, aber am weitesten ab von den Sinnen liegt, was am meisten *καθόλου* ist [115]), denn eine Einheit nur kann das Umfassende sein, diese Einheit aber ist für das Wissen und die Apodeiktik der *νοῦς* [116]); und es verfolgt daher auch das Apodeiktische keinerlei äussere Zwecke, sondern zielt nur auf die innere begründende Rede innerhalb der Seele des Menschen ab, diese aber ist oft unweigerlich und durch keinen Einwand widerlegbar [117]). Das Wissen bezweckt sich selbst, es ist verschieden von der ganzen äusseren Sphäre des Entstehens und Vergehens, es hat nicht die Aufgabe, irgend ein Aeusseres bewegend zu veranlassen, sondern es erzeugt nur sich selbst, und aus dem *θεωρεῖν* wird nur wieder ein *θεωρεῖν* [118]). Diesem unabhängigen und nur sich selbst bezweckenden Wissen dient nun die Apodeiktik, indem sie das *καθόλου* der auf Einheit beruhenden und nach Einheit stre-

---

115) *Metaph.* *A*, 2, 982 a. 21.: *τὸ μὲν πάντα ἐπίστασθαι τῷ μάλιστα ἔχοντι τὴν καθόλου ἐπιστήμην ἀναγκαῖον ὑπάρχειν· οὗτος γὰρ οἶδέ πως πάντα τὰ ὑποκείμενα· σχεδὸν δὲ καὶ χαλεπώτατα ταῦτα γνωρίζειν τοῖς ἀνθρώποις τὰ μάλιστα καθόλου· πορρωτάτω γὰρ τῶν αἰσθήσεών ἐστι.*

116) *Anal. post.* I, 23, 84 b. 35.: *ἔστι δὲ ἓν ..... καὶ ὥςπερ ἐν τοῖς ἄλλοις ἡ ἀρχὴ ἁπλοῦν .... ἐν δ' ἀποδείξει καὶ ἐπιστήμῃ ὁ νοῦς.*

117) Ebend. 10, 76 b. 24.: *οὐ γὰρ πρὸς τὸν ἔξω λόγον ἡ ἀπόδειξις, ἀλλὰ πρὸς τὸν ἐν τῇ ψυχῇ, ἐπεὶ οὐδὲ συλλογισμός· ἀεὶ γὰρ ἔστιν ἐνστῆναι πρὸς τὸν ἔξω λόγον, ἀλλὰ πρὸς τὸν ἔσω λόγον οὐκ ἀεί.* (Hieraus entwickelt sich die Lehre vom *λόγος ἐνδιάθετος*.)

118) *Eth. Nic.* VI, 13, 1143 b. 19.: *ἡ μὲν γὰρ σοφία οὐδὲν θεωρεῖ ἐξ ὧν ἔσται εὐδαίμων ἄνθρωπος· οὐδεμιᾶς γάρ ἐστι γενέσεως.* Ebend. 2, 1139 a. 36.: *διάνοια δ' αὐτὴ οὐδὲν κινεῖ, ἀλλ' ἡ ἕνεκά του καὶ πρακτική.* Ebend. X, 7, 1177 b. 1.: *δόξαι τ' ἂν αὐτὴ μόνη* (sc. *ἡ φιλοσοφία*) *δι' αὐτὴν ἀγαπᾶσθαι· οὐδὲν γὰρ ἀπ' αὐτῆς γίνεται παρὰ τὸ θεωρῆσαι.*

benden intelligiblen Thätigkeit entwickelt. Es wurzelt nemlich alles apodeiktische Verfahren überhaupt auf einem Wahren und Ersten und Unmittelbaren und Kenntlicheren und Ursprünglicheren und Ursächlichen, woraus Etwas geschlossen wird [119]), oder, kürzer ausgedrückt, es ist dasselbe ein Schluss, welcher die Ursache und das Warum nachweist [120]), oder mit anderen Worten noch kürzer, es ist ein „wissenschaftlicher Schluss“ [121]); ausgedrückt aber wird die Ursache eben durch das *καθόλου* [122]). Und insoferne die wahre Ursächlichkeit das Nothwendige ist, geht jedes apodeiktische Verfahren und jede wissenschaftliche Bestimmung auf ein Nothwendiges, und ersteres wird demnach nun auch bezeichnet als ein „Schluss aus Nothwendigem“ [123]). Nur aber durch diese eben erwähnten Momente allein kömmt Wissen oder Wissenschaft zu Stande, denn nur insoferne ein Eines, sich selbst Gleiches, Allgemeines vorliegt, besteht ein Erkennen [124]), und überall ist irgend eine Einheit das Mass des Erkennens selbst [125]). Das Wissen ist ja wesentlich ein Erkennen der nothwendigen Ursachen [126]), und sowie jede Wissenschaft mehr oder weniger die genauen und einfachen Principien und Ursachen betrifft [127]), so muss der Philosoph eben diese in Bezug auf die Wesenheiten überhaupt besitzen [128]). Die genaue und ursprüngliche Wissenschaft ist eben jene, welche zugleich das Dass und das Warum, d. h. die factische Wahrheit und deren Ursache, enthält; ein solches Wissen ist die *σοφία*, welche auch von der wahren Lehrkraft beseelt ist, denn dann ist die Stufe erreicht, in welcher definitorisch gesprochen wird [129]). Eben darum aber, weil dieses begründete

---

119) *Anal. post.* I, 2, 71 b. 20.: *ἀνάγκη τὴν ἀποδεικτικὴν ἐπιστήμην ἐξ ἀληθῶν τ' εἶναι καὶ πρώτων καὶ ἀμέσων καὶ γνωριμωτέρων καὶ προτέρων καὶ αἰτίων τοῦ συμπεράσματος.*

120) Ebend. 24, 85 b. 23.: *ἡ ἀπόδειξις μέν ἐστι συλλογισμὸς δεικτικὸς αἰτίας καὶ τοῦ διὰ τί.*

121) Ebend. 2, 71 b. 18.: *ἀπόδειξιν δὲ λέγω συλλογισμὸν ἐπιστημονικόν.*

122) Ebend. 31, 88 a. 5.: *τὸ δὲ καθόλου τίμιον, ὅτι δηλοῖ τὸ αἴτιον.*

123) *Metaph. Z*, 15, 1039 b. 31.: *ἥ τ' ἀπόδειξις τῶν ἀναγκαίων καὶ ὁ ὁρισμὸς ἐπιστημονικός.* *Anal. post.* I, 4, 73 a. 24.: *ἐξ ἀναγκαίων ἄρα συλλογισμός ἐστιν ἡ ἀπόδειξις.*

124) Ebend. *B*, 4, 999 a. 26.: *εἴτε γὰρ μὴ ἔστι τι παρὰ τὰ καθ' ἕκαστα, τὰ δὲ καθ' ἕκαστα ἄπειρα, τῶν ἀπείρων πῶς ἐνδέχεται λαβεῖν ἐπιστήμην; ᾗ γὰρ ἕν τι καὶ ταὐτὸν καὶ ᾗ καθόλου τι ὑπάρχει, ταύτῃ πάντα γνωρίζομεν.*

125) Ebend. *ι*, 1, 1052 b. 24.: *ἐντεῦθεν δὲ καὶ ἐν τοῖς ἄλλοις λέγεται μέτρον ᾧ πρώτῳ τε ἕκαστον γινώσκεται καὶ τὸ μέτρον ἑκάστου ἕν.*

126) *Anal. post.* I, 2, 71 b. 9.: *ἐπίστασθαι δὲ οἰόμεθ' ἕκαστον ἁπλῶς, ἀλλὰ μὴ τὸν σοφιστικὸν τρόπον τὸν κατὰ συμβεβηκὸς* (Anm. 40.), *ὅταν τήν τ' αἰτίαν οἰώμεθα γινώσκειν δι' ἣν τὸ πρᾶγμά ἐστιν, ὅτι ἐκείνου αἰτία ἐστὶ, καὶ μὴ ἐνδέχεσθαι τοῦτ' ἄλλως ἔχειν.*

127) *Metaph. E*, 1, 1025 b. 5.: *καὶ ὅλως δὲ πᾶσα ἐπιστήμη διανοητικὴ ἢ μετέχουσά τι διανοίας περὶ αἰτίας καὶ ἀρχάς ἐστιν ἢ ἀκριβεστέρας ἢ ἁπλουστέρας.*

128) Ebend. *Γ*, 2, 1003 b. 18.: *τῶν οὐσιῶν ἂν δέοι τὰς ἀρχὰς καὶ τὰς αἰτίας ἔχειν τὸν φιλόσοφον.*

129) *Anal. post.* I, 27, 87 a. 31 : *ἀκριβεστέρα δ' ἐπιστήμη ἐπιστήμης καὶ προτέρα ἥ τοῦ ὅτι καὶ διότι ἡ αὐτὴ, ἀλλὰ μὴ χωρὶς τοῦ ὅτι τῆς τοῦ διότι.* *Metaph. A*, 1, 981 a. 27.: *ὡς κατὰ τὸ εἰδέναι μᾶλλον ἀκολουθοῦσαν τὴν σοφίαν πᾶσιν· τοῦτο δ' ὅτι οἱ μὲν τὴν αἰτίαν ἴσασιν οἱ δ' οὔ· οἱ μὲν γὰρ ἔμπειροι τὸ ὅτι μὲν ἴσασι, διότι δ' οὐκ ἴσασιν, οἱ δὲ τὸ διότι καὶ τὴν αἰτίαν γνωρίζουσιν ..... ὅλως τε σημεῖον τοῦ εἰδότος τὸ δύνασθαι διδά-*

Wissen sich nur auf die Thätigkeit des Apodeiktischen stützt, das Apodeiktische aber wesentlich das Motiv des Nothwendigen in sich enthält [130]), wird das Zufällige als solches wegen der ihm einwohnenden Unfähigkeit zu einer apodeiktischen Begründung auch nicht Gegenstand eines Wissens sein können, denn jeder Schluss bezieht sich nur auf dasjenige, dessen Bestehen oder im Wechsel des Werdens eintretendes Entstehen entweder allgemein und nothwendig oder wenigstens meistentheils stattfindet; sowie wir daher oben, Anm. 79—84, in Bezug auf die intelligible Thätigkeit überhaupt sahen, dass die Sinneswahrnehmung als solche kein Wissen sei, so wird hier betreffs der apodeiktischen Begründung der gesammte Umkreis des *συμβεβηκὸς* aus diesem Gebiete ausgeschieden, denn auch das begründete Wissen kann sich nur auf ein entweder immer oder wenigstens meistentheils Bestehendes beziehen, von jenem hingegen sind auch die Ursachen gleichfalls ein blosses *συμβεβηκός* [131]). Vgl. oben Anm. 48—50 über das „Meistentheils" s. Anm. 272 ff.

Frägt es sich nun, welche wesentliche Bedeutung für dieses begründende apodeiktische Verfahren, durch welches wir zum sichern und festen Wissen gelangen, jenes *καθόλου* selbst habe, so spricht sich Aristoteles deutlich genug hierüber aus. *Καθόλου* ist, was *κατὰ παντὸς* und zugleich *καθ' αὑτὸ* oder *ᾗ αὐτὸ* besteht, d. h. folgendes: *Κατὰ παντὸς* ist, was von Jedem und immer gilt (in der Präposition *κατά* liegt bekanntlich das Motiv des Prädicirens), also was ohne Ausnahme allgemein ausgesagt wird. *Καθ' αὑτὸ* aber ist erstens dasjenige, was ein wesentlicher Bestandtheil des Seins und Begriffes eines Dinges ist

---

σκειν ἐστί. Ebend. *α*, 1, 993 b. 23.: *οὐκ ἴσμεν δὲ τὸ ἀληθὲς ἄνευ τῆς αἰτίας.* Ebend. *Z*, 1, 1028 a. 36.: *καὶ εἰδέναι τότ' οἰόμεθα ἕκαστον μάλιστα, ὅταν τί ἐστι γνῶμεν.*

130) *Anal. post.* I, 6, 74 b. 13.: .... *ἀρχὴν θεμένοις ὅτι ἡ ἀπόδειξις ἀναγκαῖόν ἐστι, καὶ εἰ ἀποδέδεικται, οὐχ οἷόν τ' ἄλλως ἔχειν· ἐξ ἀναγκαίων ἄρα δεῖ εἶναι τὸν συλλογισμόν· ἐξ ἀληθῶν μὲν γὰρ ἔστι καὶ μὴ ἀποδεικνύντα συλλογίσασθαι, ἐξ ἀναγκαίων δ' οὐκ ἔστιν ἀλλ' ἢ ἀποδεικνύντα· τοῦτο γὰρ ἤδη ἀποδείξεώς ἐστιν ...... ὁ μὴ ἔχων λόγον τοῦ διὰ τί οὔσης ἀποδείξεως οὐκ ἐπιστήμων.*

131) Ebend. 30, 87 b. 19.: *τοῦ δ' ἀπὸ τύχης οὐκ ἔστιν ἐπιστήμη δι' ἀποδείξεως· οὔτε γὰρ ὡς ἀναγκαῖον, οὔθ' ὡς ἐπὶ τὸ πολὺ τὸ ἀπὸ τύχης ἐστὶν, ἀλλὰ τὸ παρὰ ταῦτα γινόμενον· ἡ δ' ἀπόδειξις θατέρου μόνον· πᾶς γὰρ συλλογισμὸς ἢ δι' ἀναγκαίων ἢ διὰ τῶν ὡς ἐπὶ τὸ πολὺ προτάσεων.* Ebend. II, 12, 96 a. 8.: *ἔστι δ' ἔνια μὲν γινόμενα καθόλου, ἀεί τε γὰρ καὶ ἐπὶ παντὸς οὕτως ἢ ἔχει ἢ γίνεται, τὰ δὲ ἀεὶ μὲν οὔ, ὡς ἐπὶ τὸ πολὺ δέ .... τῶν δὴ τοιούτων ἀνάγκη καὶ τὸ μέσον* (d. h. der Mittelbegriff im Schlusse) *ὡς ἐπὶ τὸ πολὺ εἶναι.* *Metaph.* E, 2, 1026 b. 3.: *περὶ τοῦ κατὰ συμβεβηκὸς λεκτέον, ὅτι οὐδεμία ἔστι περὶ αὐτὸ θεωρία* .... (27) *ἐπεὶ οὖν ἐστὶν ἐν τοῖς οὖσι τὰ μὲν ἀεὶ ὡσαύτως ἔχοντα καὶ ἐξ ἀνάγκης, οὐ τῆς κατὰ τὸ βίαιον λεγομένης ἀλλ' ἣν λέγομεν τῷ μὴ ἐνδέχεσθαι ἄλλως, τὰ δ' ἐξ ἀνάγκης μὲν οὐκ ἔστιν οὐδ' ἀεὶ, ὡς δ' ἐπὶ τὸ πολὺ, αὕτη ἀρχὴ καὶ αὕτη αἰτία ἐστὶ τοῦ εἶναι τὸ συμβεβηκός· ὃ γὰρ ἂν ᾖ μήτ' ἀεὶ μήθ' ὡς ἐπὶ τὸ πολὺ, τοῦτό φαμεν συμβεβηκὸς εἶναι* ...... (1027 a. 7) *τῶν γὰρ κατὰ συμβεβηκὸς ὄντων ἢ γινομένων καὶ τὸ αἴτιόν ἐστι κατὰ συμβεβηκός* ..... (20) *ὅτι δ' ἐπιστήμη οὐκ ἔστι τοῦ συμβεβηκότος, φανερόν· ἐπιστήμη μὲν γὰρ πᾶσα ἢ τοῦ ἀεὶ ἢ τοῦ ὡς ἐπὶ τὸ πολύ.* *Anal. post.* I, 6, 75 a. 18.: *τῶν δὲ συμβεβηκότων .... οὐκ ἔστιν ἐπιστήμη ἀποδεικτική.* *Eth. Nic.* VI, 5, 1140 a. 33.: *εἴπερ ἐπιστήμη μὲν μετ' ἀποδείξεως, ὧν δ' ἀρχαὶ ἐνδέχονται ἄλλως ἔχειν, τούτων μή ἐστιν ἀπόδειξις κτλ.*

(z. B. Linie bei Dreieck), sowie dasjenige, was ein wesentliches, ausschliessliches, Substrat für den Begriff eines Merkmales ist (z. B. Linie bei Krumm oder Gerad), und zweitens dasjenige, was nicht in prädicativer Weise als Eigenschaft ausgesagt wird, sondern als individuelle Substanz in der Vielheit der möglichen Prädikate sich gleich bleibt (z. B. Mensch bleibt sich gleich in den Prädikaten Gehend und Weiss, Gehend hingegen kann nur als ein vom Gehen Verschiedenes auch Weiss sein), und drittens dasjenige, was in Bezug auf Causalität ausschliesslich vermittelst seiner selbst (*δι' αὐτό*) ein Stattfinden zur Folge hat (z. B. Geschlachtet werden und Sterben); mit diesem „an sich" bestehenden nothwendigen Causalnexus aber trifft auch die erste Bedeutung des *καθ' αὐτό* zusammen (denn es entsteht kein Dreieck, wenn nicht Linien dasind, und es gibt keine Linie, welche nicht sogleich den Bestand des Prädikates Krumm oder Gerad herbeiführte). In der Vereinigung aber des *κατὰ παντός* und des *καθ' αὐτό* beruht es, dass das *καθόλου* das Nothwendige ist. So ausdrücklich Aristoteles [132]). Erwägen wir nun dieses genau, so eröffnet sich uns die volle richtige Einsicht in das Wesen der aristotelischen Apodeiktik, und wir gewinnen einen festen Punkt für die weitere Darstellung, welcher allerdings durch manche Rückbeziehungen im Folgenden sich uns erst noch mehr bestätigen und auch inhaltlich ausbauen wird, aber doch hier eben an das *καθόλου* nothwendig angeknüpft werden muss und uns von da aus auch der Mühe überheben wird, auf das gewöhnlich übliche Gerede über Stellung und Be-

---

132) *Anal. post.* I, 4, 73 a. 28.: *κατὰ παντὸς μὲν οὖν τοῦτο λέγω, ὃ ἂν ᾖ μὴ ἐπὶ τινὸς μὲν τινὸς δὲ μή, μηδὲ ποτὲ μὲν ποτὲ δὲ μή* .... (34) *καθ' αὑτὰ δ' ὅσα ὑπάρχει τε ἐν τῷ τί ἐστιν, οἷον τριγώνῳ γραμμὴ καὶ γραμμῇ στιγμή, ἡ γὰρ οὐσία αὐτῶν ἐκ τούτων ἐστὶ καὶ ἐν τῷ λόγῳ τῷ λέγοντι τί ἐστιν ἐνυπάρχει· καὶ ὅσοις τῶν ἐνυπαρχόντων αὐτοῖς αὐτὰ ἐν τῷ λόγῳ ἐνυπάρχουσι τῷ τί ἐστι δηλοῦντι, οἷον τὸ εὐθὺ ὑπάρχει γραμμῇ καὶ τὸ περιφερές, καὶ τὸ περιττὸν καὶ ἄρτιον ἀριθμῷ* ...... (b.5) *ἔτι ὃ μὴ καθ' ὑποκειμένου λέγεται ἄλλου τινός, οἷον τὸ βαδίζειν ἕτερόν τι ὂν βαδίζον ἐστὶ καὶ λευκόν, ἡ δ' οὐσία καὶ ὅσα τόδε τι σημαίνει οὐχ ἕτερόν τι ὄντα ἐστὶν ὅπερ ἐστίν· τὰ μὲν δὴ μὴ καθ' ὑποκειμένου καθ' αὑτὰ λέγω, τὰ δὲ καθ' ὑποκειμένου συμβεβηκότα* (vgl. Anm. 364). *ἔτι δ' ἄλλον τρόπον τὸ δι' αὑτὸ ὑπάρχον ἑκάστῳ καθ' αὑτὸ* ..... (16) *τὰ ἄρα λεγόμενα ἐπὶ τῶν ἁπλῶς ἐπιστητῶν καθ' αὑτὰ οὕτως ὡς ἐνυπάρχειν τοῖς κατηγορουμένοις ἢ ἐνυπάρχεσθαι δι' αὑτά τέ ἐστι καὶ ἐξ ἀνάγκης* ..... (26) *καθόλου δὲ λέγω ὃ ἂν κατὰ παντός τε ὑπάρχῃ καὶ καθ' αὑτὸ καὶ ᾗ αὐτό· φανερὸν ἄρα ὅτι ὅσα καθόλου, ἐξ ἀνάγκης ὑπάρχει τοῖς πράγμασιν.* Dass in den letzteren Worten *ᾗ αὐτὸ* nur synonym mit *καθ' αὑτό* gebraucht ist, erhellt aus einem sogleich folgenden Beispiele: (29) *οἷον καθ' αὑτὴν τῇ γραμμῇ ὑπάρχει στιγμὴ καὶ τὸ εὐθὺ, καὶ γὰρ ᾗ γραμμή.* Nur scheinbar ergibt sich aus *An. post.* I, 24. ein Unterschied zwischen *καθ' αὑτό* und *ᾗ αὐτό*; dort nemlich wird die Frage, ob der allgemeine oder der particulare Syllogismus vorzuziehen sei, nach beiden Seiten erörtert, und bei Darlegung der Ansicht, dass das *καθ' αὑτό* dem Individuellen näher liege und daher den particularen Schluss vorziehen lasse, wird die Bezeichnung *καθ' αὑτό* im Gegensatze von *κατ' ἄλλο* gebraucht; hingegen bei Entwicklung der natürlich dem Aristoteles selbst angehörigen Ueberzeugung, dass das *καθ' αὑτό* doch das Allgemeine enthalte und daher auf einen Vorzug des allgemeinen Syllogismus hinführe, wird die Bezeichnung *ᾗ αὐτό* gewählt, welche aus sprachlichen Gründen sich da empfehlen musste, weil sie mehr das innere wesentliche allgemeine Sein ausdrückt, wohingegen in *κατά* mehr die Richtung der Bezugnahme liegt. Es ist diese Bemerkung betreffs des Sprachgebrauches nöthig wegen Theophrast's, s. Abschn. V, Anm. 76.

deutung der aristotelischen Logik näher einzugehen. (Dass unsere Schulmeister, welche *Logicam* dociren, keine Berechtigung haben, über Aristoteles irgend etwas zu sagen, ist von selbst klar; aber auch in wissenschaftlichen Werken scheint derselbe in dieser Beziehung mannigfach nicht die richtige Auffassung gefunden zu haben.)

Das *κατὰ παντός* enthält die Allgemeingültigkeit der Urtheile [133]; es bezieht sich also jedenfalls auf jene Verbindung zwischen einem Subjecte und einem Prädicate, welche um wahr zu sein, einer Verbindung in der objectiven Realität entsprechen muss; dass hierunter auch die Allgemeingültigkeit eines verneinenden Urtheiles mitenthalten ist, versteht sich von selbst, denn einer bestehenden Unvereinbarkeit in der Realität entspricht der Satz-Ausdruck des Nicht-verbunden-seins, d. h. das negative Urtheil (doch über diesen Punkt s. auch unten Anm. 216 ff.). Also vermöge des *κατὰ παντός* soll die menschliche Aussage sich über die empirische Einzelnheit erheben und für ihren Umkreis mit Nothwendigkeit und ausnahmslos gelten. Das *καθ' αὑτό* hingegen steht mit der einen Seite auf der begrifflichen Grundlage des Seienden, mag der Begriff eines Dinges in Bezug auf seine wesentlichen Bestandtheile oder der Begriff einer Inhärenz in Bezug auf ihren wesentlichen Träger gedacht werden; in diesen beiden Beziehungen aber waltet auch die nothwendige und ursprüngliche Causalität des Entstehens, vermöge welcher das dem Begriffe Adäquate wird. Und mit der anderen Seite steht das *καθ' αὑτό* auf der individuellen Substanz, welche in ihrer bestimmt abgeschlossenen Concretion sich treu bleibt, während sie mannigfache anderweitige Bestimmungen als Prädicate an sich tragen kann, zu welchen sie dann das Substrat und Subject ist. Hierin liegt, wie wir sehen werden, die Basis der sogenannten Kategorien-Lehre des Aristoteles (Anm. 302 ff.). Also das *καθ' αὑτό* umfasst die individuelle Substanz als Subject und zugleich die ursächliche Thätigkeit des Begriffes, welche als schöpferische in den Dingen und in den wesentlichen Inhärenzien wirkt. Was aber von der als Subject des Urtheiles auftretenden individuellen Substanz in dem Urtheile mit Ausnahmslosigkeit und nothwendiger Allgemeinheit ausgesagt werden soll, kann nur, mag es ein wesentlicher Bestandtheil und höherer Begriff oder mag es eine wesentliche Inhärenz sein, ausschliesslich auf der die nothwendige Causalität enthaltenden Thätigkeit des schöpferischen Begriffes beruhen, da es ausserdem an dem Nexus des Nothwendigen und Wesentlichen, und mithin an der Allgemeingültigkeit gebräche. So also muss sich die Allgemeinheit der Aussage (*κατὰ παντός*) mit der Auffassung des schöpferischen an dem Subjecte wirkenden Begriffes (*καθ' αὑτό*) vereinigen, um so mit dem Nachweise der Nothwendigkeit ausgerüstet als *καθόλου* auftreten zu können. Nicht genügend ja ist das blosse Wahrsein und die Unmittelbarkeit, wenn nicht das *καθ' αὑτό* hinzutritt [134]); denn erst hiedurch wird das

133) Man beachte nur, dass Arist. a. a. O. 73 a. 29. als Beispiel hiefür ein Urtheil, nemlich das sog. *Dictum de omni*, gibt: *οἷον εἰ κατὰ παντὸς ἀνθρώπου ζῷον, εἰ ἀληθὲς τόνδ' εἰπεῖν ἄνθρωπον, ἀληθὲς καὶ ζῷον, καὶ εἰ νῦν θάτερον, καὶ θάτερον.*

134) *Anal. post.* I, 9, 75 b. 37.: *ἐπεὶ δὲ φανερὸν ὅτι ἕκαστον ἀποδεῖξαι οὐκ ἔστιν ἀλλ' ἢ ἐκ τῶν ἑκάστου ἀρχῶν, ἂν τὸ δεικνύμενον ὑπάρχῃ ᾗ*

καθόλου verwirklicht, welches dann die Ursächlichkeit enthält und hiemit zu einem Einfachen, zu einem abschliessenden Ziele und Principe führt [135]); was *καθόλου* ist, ist ewige Wahrheit, das eigentliche Gebiet des Philosophen [136]). Hat aber das *καθόλου* diese eben entwickelte Geltung, so ist klar, dass es die eigenschaftliche Form des Wissens ist, welche diesem durch die vermittelnde Begründung erwächst; denn durch die Verbindung, in welche hiebei das Urtheil mit dem schöpferischen Begriffe gebracht wird, ist das *καθόλου* wesentlich selbst mit dem Bestande des Prädicirens überhaupt verflochten, und es bedingen sich wechselseitig die Existenz allgemeiner Prädikate und die des *καθόλου* [137]); ja in letzterer Beziehung läuft man betreffs des *καθόλου* sogar leicht Gefahr, sich zu täuschen, wenn Nichts höheres als das bloss Individuelle erreicht werden kann oder es in der Sprache an einem allgemeineren Namen gebricht [138]). Etwa selbst aber eine individuelle Substanz oder Subject ist das *καθόλου* natürlich nicht; es ist keine *οὐσία*, sondern ein Qualitatives (*τοιόνδε*), wie Aristotleles ausdrücklich dieses ausspricht [139]). Somit also ist das *καθόλου* des menschlichen Denkens, welches die Apodeiktik sucht und entwickelt, eine qualitative Bestimmtheit der Form desselben, und die Apodeiktik hat demnach sicher ein formelles Wirken, aber das *καθόλου* beruht nach dem Obigen darin, dass das Urtheil vom schöpferischen Begriffe durchdrungen wird, und es ist daher jene formelle Thätigkeit keine andere als diejenige, welche der schöpferische Wesensbegriff in metaphysischer Bedeutung seinerseits an dem Stofflichen übt, um dasselbe

---

ἐκεῖνο, οὐκ ἔστι τὸ ἐπίστασθαι τοῦτο, ἂν ἐξ ἀληθῶν καὶ ἀναποδείκτων δειχθῇ καὶ ἀμέσων ...... διὸ καὶ ἐπ' ἄλλων ἐφαρμόττουσιν οἱ λόγοι οὐ συγγενῶν· οὐκοῦν οὐχ ᾗ ἐκεῖνο ἐπίσταται, ἀλλὰ κατὰ συμβεβηκός.

135) Ebend. 24, 85 b. 23.: *ἔτι εἰ ἡ ἀπόδειξις μέν ἐστι συλλογισμὸς δεικτικὸς αἰτίας καὶ τοῦ διὰ τί, τὸ καθόλου δ' αἰτιώτερον· ᾧ γὰρ καθ' αὑτὸ ὑπάρχει τι, τοῦτο αὐτὸ αὑτῷ αἴτιον· τὸ δὲ καθόλου πρῶτον· αἴτιον ἄρα τὸ καθόλου· ὥστε καὶ ἡ ἀπόδειξις βελτίων, μᾶλλον γὰρ τοῦ αἰτίου καὶ τοῦ διὰ τί ἐστιν· ἔτι μέχρι τούτου ζητοῦμεν τὸ διὰ τί καὶ τότε οἰόμεθα εἰδέναι, ὅταν μὴ ᾖ ὅτι τι ἄλλο τοῦτο ἢ γινόμενον ἢ ὄν· τέλος γὰρ καὶ πέρας τὸ ἔσχατον ἤδη οὕτως ἐστίν.*

136) Ebend. 8, 75 b. 21.: *φανερὸν δὲ καὶ ἐὰν ὦσιν αἱ προτάσεις καθόλου ἐξ ων ὁ συλλογισμὸς, ὅτι ἀνάγκη καὶ τὸ συμπέρασμα ἀΐδιον εἶναι τῆς τοιαύτης ἀποδείξεως καὶ τῆς ἁπλῶς εἰπεῖν ἀποδείξεως.* Metaph. *E*, 1, 1026 a. 10.: *εἰ δέ τί ἐστιν ἀΐδιον καὶ ἀκίνητον καὶ χωριστὸν, φανερὸν ὅτι θεωρητικῆς τὸ γνῶναι.*

137) *Anal. post.* I, 11, 77 a. 6.: *εἴδη μὲν οὖν εἶναι ἢ ἕν τι παρὰ τὰ πολλὰ οὐκ ἀνάγκη, εἰ ἀπόδειξις ἔσται, εἶναι μέντοι ἓν κατὰ πολλῶν ἀληθὲς εἰπεῖν ἀνάγκη· οὐ γὰρ ἔσται τὸ καθόλου, ἂν μὴ τοῦτο ᾖ.*

138) Ebend. 5, 74 a. 3.: *δεῖ δὲ μὴ λανθάνειν ὅτι πολλάκις συμβαίνει διαμαρτάνειν καὶ μὴ ὑπάρχειν τὸ δεικνύμενον πρῶτον καθόλου, ᾗ δοκεῖ δείκνυσθαι καθόλου πρῶτον· ἀπατώμεθα δὲ ταύτην τὴν ἀπάτην, ὅταν ἢ μηδὲν ᾖ λαβεῖν ἀνώτερον παρὰ τὸ καθ' ἕκαστον ἢ τὰ καθ' ἕκαστα, ἢ ᾖ μὲν, ἀλλ' ἀνώνυμον ᾖ ἐπὶ διαφόροις εἴδει πράγμασιν, ἢ τυγχάνῃ ὂν ὡς ἐν μέρει ὅλον ἐφ' ᾧ δείκνυται.*

139) *Metaph. B*, 6, 1003 a. 8.: *εἰ μὲν γὰρ καθόλου* (sc. *αἱ ἀρχαί*), *οὐκ ἔσονται οὐσίαι· οὐδὲν γὰρ τῶν κοινῶν τόδε τι σημαίνει, ἀλλὰ τοιόνδε, ἡ δ' οὐσία τόδε τι.* Ebend. *Z*, 13, 1038 b. 34.: *ἔκ τε δὴ τούτων θεωροῦσι φανερὸν ὅτι οὐδὲν τῶν καθόλου ὑπαρχόντων οὐσία ἐστὶ, καὶ ὅτι οὐδὲν σημαίνει τῶν κοινῇ κατηγορουμένων τόδε τι, ἀλλὰ τοιόνδε,* — denn, wird hinzugefügt, ausserdem kömmt man zu dem *τρίτος ἄνθρωπος* (s. Abschn. I, Anm. 48 ff.).

als ein von der begrifflichen Form durchdrungenes zur Erreichung des substanziellen Zweckes zu führen. Somit erhellt bereits hieraus, dass der Begriff das Real-Princip der aristotelischen Logik sei.

Auf solcher Basis wird uns nun auch die weitere Entwicklung in Bezug auf das begründende Verfahren des Apodeiktischen verständlich sein und zugleich bei jedem Schritte neue Belege für das oben Gesagte enthalten. — Bei jedem apodeiktischen Verfahren ist Dreierlei zu unterscheiden: Erstens eine Gattung der Wissens-Objecte, irgend ein Gebiet, welches Gegenstand und Product einer Wissenschaft werden soll, und welches daher der Process des begründenden Apodeiktischen betrifft — *γένος* oder *περὶ ὃ ἀποδείκνυται* —; zweitens das Gesammte, was diesem generellen Objecte wesentlich an sich (*καθ' αὑτό*) zukömmt, und wovon eben das, dass es ein wesentlich und nothwendig Zukommendes ist, durch die Begründung gezeigt werden soll — *καθ' αὑτὰ ὑπάρχοντα* oder *ἃ ἀποδείκνυται* —; drittens gewisse gemeinsame Axiome, von welchen als Anhaltspunkten der in menschlicher Rede sich bewegenden Beweisführung ausgegangen werden muss — *κοινὰ ἀξιώματα* oder *ἐξ ὧν ἀποδείκνυται* — [140]. Unter diesen Dreien nun ist zunächst die „Gattung" das individuell abgegränzte Gebiet, auf welchem die Einheit irgend einer bestimmten Wissenschaft beruht [141], und so viele Gattungen es gibt, so viele Wissenschaften gibt es, da zu jeder Gattung Ein Wahrnehmungs-Sinn und Eine Wissenschaft gehört [142]; in der Gattung liegt das der einzelnen Wissenschaft speciell eigene Princip bedingt, denn jenes individuell bestimmte Auftreten eines in sich substanziell abgeschlossenen Gebietes der Objectivität hat die dasselbe betreffende Wissenschaft als principiellen Ausgangspunkt anzuerkennen, und in dieser Beziehung heisst die Gattung selbst das Princip [143]; also liegt es in dem Gebiete und Gegenstande des Wissens (d. h. in dem *περὶ ὅ*) begründet, dass es eigenthümliche Principien (*ἴδιαι ἀρχαί*) der Wissenschaft gibt [144]. So-

140) *Anal. post.* I, 7, 75 a. 39.: *τρία γάρ ἐστι τὰ ἐν ταῖς ἀποδείξεσιν, ἓν μὲν τὸ ἀποδεικνύμενον τὸ συμπέρασμα· τοῦτο δ' ἐστὶ τὸ ὑπάρχον γένει τινὶ καθ' αὑτό· ἓν δὲ τὰ ἀξιώματα· ἀξιώματα δ' ἐστὶν ἐξ ὧν· τρίτον τὸ γένος τὸ ὑποκείμενον, οὗ τὰ πάθη καὶ τὰ καθ' αὑτὰ συμβεβηκότα δηλοῖ ἡ ἀπόδειξις.* *Metaph.* B, 2, 997 a. 6.: *δεήσει τι γένος εἶναι ὑποκείμενον καὶ τὰ μὲν πάθη τὰ δ' ἀξιώματ' αὐτῶν .... ἀνάγκη γὰρ ἔκ τινων εἶναι καὶ περί τι καὶ τινῶν τὴν ἀπόδειξιν ...... (19) εἴπερ πᾶσα ἀποδεικτικὴ περί τι ὑποκείμενον θεωρεῖ τὰ καθ' αὑτὰ συμβεβηκότα ἐκ τῶν κοινῶν δοξῶν.*

141) *Anal. post.* I, 28, 87 a. 37.: *μία δ' ἐπιστήμη ἐστὶν ἡ ἑνὸς γένους, ὅσα ἐκ τῶν πρώτων σύγκειται καὶ μέρη ἐστὶν ἢ πάθη τούτων καθ' αὑτά.*

142) *Metaph.* Γ, 2, 1083 b. 19.: *ἅπαντος δὲ γένους καὶ αἴσθησις μία ἑνὸς καὶ ἐπιστήμη.*

143) *Anal. post.* a. a. O. wird fortgefahren: *ἑτέρα δ' ἐπιστήμη ἐστὶν ἑτέρας, ὅσων αἱ ἀρχαὶ μήτ' ἐκ τῶν αὐτῶν μήθ' ἕτεραι ἐκ τῶν ἑτέρων.* *Metaph.* B, 3, 998 b. 4.: *ᾗ δ' ἕκαστον μὲν γνωρίζομεν διὰ τῶν ὁρισμῶν, ἀρχαὶ δὲ τὰ γένη τῶν ὁρισμῶν εἰσιν, ἀνάγκη καὶ τῶν ὁριστῶν ἀρχὰς εἶναι τὰ γένη ...... (14) ὅτι μάλιστα ἀρχαὶ τὰ γένη εἰσί ..... (27) ἀλλὰ μὴν εἰ μὴ γένη, οὐδ' ἀρχαὶ ἔσονται, εἴπερ ἀρχαὶ τὰ γένη.*

144) *Anal. post.* I, 32, 88 a. 18.: *τὰς δ' αὐτὰς ἀρχὰς ἁπάντων εἶναι τῶν συλλογισμῶν ἀδύνατον ..... (31) ἕτεραι γὰρ πολλῶν τῷ γένει αἱ ἀρχαί ..... (b. 25) δέδεικται γὰρ ὅτι ἄλλαι ἀρχαὶ τῷ γένει εἰσὶν αἱ τῶν διαφόρων τῷ γένει· αἱ γὰρ ἀρχαὶ διτταί, ἐξ ὧν τε καὶ περὶ ὅ· αἱ μὲν οὖν ἐξ ὧν κοιναί, αἱ δὲ περὶ ὃ ἴδιαι.*

nach ist, um auf Obiges zurückzublicken, in der „Gattung" dasjenige repräsentirt, was wir dort als die individuell bestimmte Substanz zu bezeichnen hatten; sie ist das individuell an sich seiende Substrat und in dieser ihrer Unmittelbarkeit das Subject der gleichfalls unmittelbaren principiellen Aussagen. Hingegen das „an sich Zukommende" (*τὰ καθ' αὑτὰ ὑπάρχοντα*) ist der ganze Umkreis dessen, was überhaupt in Urtheilen von diesem Subjecte nach dessen innerem begrifflichen Wesen und mit jener Nothwendigkeit, welche auf der causalen Thätigkeit des schöpferischen Begriffes beruht, ausgesagt werden kann. Und den begründenden Nachweis nun, dass alle solche Prädikate, mögen sie innere Wesens-Bestandtheile oder Inhärenzien betreffen, wirklich mit begriffsmässiger Nothwendigkeit und Allgemeinheit jenem Substrate angehören, — diesen Nachweis liefert das apodeiktische Verfahren, dessen Zweck die Einsicht in das „an sich Zukommen" ist [145]), und welches daher von dem einheitlichen Grundzuge, dass der schöpferische Begriff mit Nothwendigkeit alles wirkt, was er wirkt, überall bei allen Wissens-Objecten geleitet wird, deren Vielheit und Getheiltsein in einzelne Gattungen den apodeiktischen Trieb nicht berührt [146]). Hat aber das apodeiktische Verfahren diese seine Aufgabe erfüllt, d. h. sind an einer Gattung (*γένος*) alle sie betreffenden allgemeinen Urtheile (*κατὰ παντός*) mit der Einsicht in das nothwendige Ansichsein (*καθ' αὑτό*) dieser prädicirenden Verbindungen durchzogen, so ist das *καθόλου* des Wissens in Bezug auf jene Gattung erreicht.

Also das „Zukommende" (*τὰ ὑπάρχοντα*) ist der Gegenstand der apodeiktischen Thätigkeit, insoferne von ihm begründet und nachgewiesen werden soll, dass es wesentlich und mit begriffsmässiger Nothwendigkeit einem Substrate, in welchem der principielle Ausgangspunkt einer Wissenschaft liegt, zukomme. Somit wird jene an der Spitze stehende Gattung, um deren sämmtliche wesentlich nothwendige Prädikate es sich handelt, nicht selbst demonstrirt, sondern sie bildet das noch unmittelbare Princip; d. h. es wird sowohl das Verständniss der Wortbedeutung als auch die objective Existenz dieses Principes, welches das Substrat ist, schlechthin vorausgesetzt oder ponirt (inwieferne diess mit den aristotelischen Kategorien zusammenhänge, wird unten, Anm. 331 ff., zu zeigen sein); hingegen von demjenigen, was in begriffsmässig nothwendigem Zusammenhange mit diesem Substrate stehen soll, darf nur die Wortbedeutung schlechthin vorausgesetzt oder ponirt werden, denn die Existenz desselben, welche eben in jenem Zusammenhange besteht, ist ja gerade

---

145) *Anal. post.* I, 6, 74 b. 5.: *εἰ οὖν ἐστὶν ἡ ἀποδεικτικὴ ἐπιστήμη ἐξ ἀναγκαίων ἀρχῶν (ὃ γὰρ ἐπίσταται, οὐ δυνατὸν ἄλλως ἔχειν), τὰ δὲ καθ' αὑτὰ ὑπάρχοντα ἀναγκαῖα τοῖς πράγμασιν .... φανερὸν ὅτι ἐκ τοιούτων τινῶν ἂν εἴη ὁ ἀποδεικτικὸς συλλογισμός· ἅπαν γὰρ ἢ οὕτως ὑπάρχει ἢ κατὰ συμβεβηκός, τὰ δὲ συμβεβηκότα οὐκ ἀναγκαῖα* .... 75 a. 28.: *ἐπεὶ δ' ἐξ ἀνάγκης ὑπάρχει περὶ ἕκαστον γένος ὅσα καθ' αὑτὰ ὑπάρχει καὶ ᾗ ἕκαστον, φανερὸν ὅτι περὶ τῶν καθ' αὑτὰ ὑπαρχόντων αἱ ἐπιστημονικαὶ ἀποδείξεις καὶ ἐκ τῶν τοιούτων εἰσίν.* Ebend. 22, 84 a. 11.: *ἡ μὲν γὰρ ἀπόδειξίς ἐστι τῶν ὅσα ὑπάρχει καθ' αὑτὰ τοῖς πράγμασιν.*

146) *Anal. pr.* I, 30, 46 a. 2.: *ἡ μὲν οὖν ὁδὸς κατὰ πάντων ἡ αὐτὴ καὶ περὶ φιλοσοφίαν καὶ περὶ τέχνην ὁποιανοῦν καὶ μάθημα· δεῖ γὰρ τὰ ὑπάρχοντα καὶ οἷς ὑπάρχει περὶ ἑκάτερον ἀθρεῖν, κτλ.*

dasjenige, was nachgewiesen werden muss; also von dem *περὶ ὅ* wird Bedeutung und Sein ponirt, von dem *ἅ* wird die Bedeutung ponirt, das Sein demonstrirt [147]). Somit ist, was die Gattung oder das Substrat betrifft, das Princip jedesmal gerade das nicht demonstrativ bewiesene und das unerweisbare, denn eben weil es keine weitere Begründung mehr hinter sich hat, ist es das Erste, wenn gleich es oft schwierig ist, zu entscheiden, ob man wirklich auf einem solchen ersten Principe des Gegenstandes stehe [148]); also das Unmittelbare, nemlich diess unbeweisbare Erste innerhalb der betreffenden Gattung, ist Princip [149]), und insoferne die Existenz des Substrates schlechthin ponirt wird, die Bedeutung der Wortbezeichnung desselben aber vorausgesetzt werden muss, bedarf es hier nur eben des unmittelbaren Verstehens des Begriffes [150]). Da aber dieser unmittelbare Ausgangspunkt, welcher in dem Substrate beruht, ausgesprochen werden muss und hiemit als Subject in Verbindung mit einem prädicativen Zukommenden tritt, dessen Wortbedeutung jedoch gleichfalls ponirt wird, so sind „unmittelbare Urtheile“ (*ἄμεσοι προτάσεις*) der Ausdruck für jenes principielle Substrat; dieselben treten dann

---

147) *Anal. post.* I, 10, 76 a. 31.: *λέγω δ' ἀρχὰς ἐν ἑκάστῳ γένει ταύτας, ἃς ὅτι ἔστι μὴ ἐνδέχεται δεῖξαι· τί μὲν οὖν σημαίνει καὶ τὰ πρῶτα καὶ τὰ ἐκ τούτων, λαμβάνεται· ὅτι δ' ἔστι, τὰς μὲν ἀρχὰς ἀνάγκη λαμβάνειν, τὰ δ' ἄλλα δεικνυναι......* (b.3) *ἔστι δ' ἴδια μὲν καὶ ἃ λαμβάνεται εἶναι, περὶ ἃ ἡ ἐπιστήμη θεωρεῖ τὰ ὑπάρχοντα καθ' αὑτά.... τὰ δὲ τούτων πάθη καθ' αὑτὰ, τί μὲν σημαίνει ἕκαστον, λαμβάνουσιν,..... ὅτι δ' ἔστι, δεικνύουσι διά τε τῶν κοινῶν καὶ ἐκ τῶν ἀποδεδειγμένων.... πᾶσα γὰρ ἀποδεικτικὴ ἐπιστήμη περὶ τρία ἐστὶν, ὅσα τε εἶναι τίθεται, ταῦτα δ' ἐστὶ τὸ γένος, οὗ τῶν καθ' αὑτὰ παθημάτων ἐστὶ θεωρητικὴ, καὶ τὰ κοινὰ λεγόμενα ἀξιώματα, ἐξ ὧν πρώτων ἀποδείκνυσι, καὶ τρίτον τὰ πάθη, ὧν τί σημαίνει ἕκαστον λαμβάνει.* Metaph. *E*, 1, 1025 b. 8.: *πᾶσαι αὗται* (sc. *ἐπιστῆμαι διανοητικαὶ*) *περὶ ὄν τι καὶ γένος τι περιγραψάμενοι περὶ τούτου πραγματεύονται, ἀλλ' οὐχὶ περὶ ὄντος ἁπλῶς οὐδὲ ᾗ ὄν, οὐδὲ τοῦ τί ἐστιν οὐδένα λόγον ποιοῦνται· ἀλλ' ἐκ τούτου αἱ μὲν αἰσθήσει ποιήσασαι αὐτὸ δῆλον, αἱ δ' ὑπόθεσιν λαβοῦσαι τὸ τί ἐστιν οὕτω τὰ καθ' αὑτὰ ὑπάρχοντα τῷ γένει περὶ ὅ εἰσιν ἀποδεικνύουσιν ἢ ἀναγκαιότερον ἢ μαλακώτερον· διόπερ φανερὸν ὅτι οὐκ ἔστιν ἀπόδειξις οὐσίας οὐδὲ τοῦ τί ἐστιν ἐκ τῆς τοιαύτης ἐπαγωγῆς, ἀλλά τις ἄλλος τρόπος τῆς δηλώσεως· ὁμοίως δὲ οὐδ' εἰ ἔστιν ἢ μὴ ἔστι τὸ γένος περὶ ὃ πραγματεύονται οὐδὲν λέγουσι, διὰ τὸ τῆς αὐτῆς εἶναι διανοίας τό τε τί ἐστι δῆλον ποιεῖν καὶ εἰ ἔστιν.*

148) *Anal. post.* I, 9, 76 a. 4.: *ἕκαστον δ' ἐπιστάμεθα μὴ κατὰ συμβεβηκὸς, ὅταν κατ' ἐκεῖνο γινώσκωμεν καθ' ὃ ὑπάρχει, ἐκ τῶν ἀρχῶν τῶν ἐκείνου ᾗ ἐκεῖνο.....* (16) *φανερὸν καὶ ὅτι οὐκ ἔστι τὰς ἑκάστου ἰδίας ἀρχὰς ἀποδεῖξαι· ἔσονται γὰρ ἐκεῖναι ἁπάντων ἀρχαὶ καὶ ἐπιστήμη ἡ ἐκείνων κυρία πάντων· καὶ γὰρ ἐπίσταται μᾶλλον ὁ ἐκ τῶν ἀνωτέρων αἰτίων εἰδὼς, ἐκ τῶν προτέρων γὰρ οἶδεν, ὅταν ἐκ μὴ αἰτιατῶν εἰδῇ αἰτίων.....* (26) *χαλεπὸν γὰρ τὸ γνῶναι εἰ ἐκ τῶν ἑκάστου ἀρχῶν ἴσμεν ἢ μή.*

149) Ebend. 28, 87 b. 1.: *ὅταν εἰς τὰ ἀναπόδεικτα ἔλθῃ· δεῖ γὰρ αὐτὰ ἐν τῷ αὐτῷ γένει εἶναι τοῖς ἀποδεδειγμένοις.* Ebend. 24, 86 a. 14.: *τὸ γὰρ καθόλου μᾶλλον δεικνύναι ἐστὶ τὸ διὰ μέσου δεικνύναι ἐγγυτέρω ὄντος τῆς ἀρχῆς· ἐγγυτάτω δὲ τὸ ἄμεσον, τοῦτο δ' ἀρχή.* Ebend. II, 19, 99 b. 20.: *οὐκ ἐνδέχεται ἐπίστασθαι δι' ἀποδείξεως μὴ γινώσκοντι τὰς πρώτας ἀρχὰς τὰς ἀμέσους.*

150) Anm. 147. *Anal. post.* I, 1, 71 a. 11.: *διχῶς δ' ἀναγκαῖον προγινώσκειν· τὰ μὲν γὰρ ὅτι ἔστι, προϋπολαμβάνειν ἀναγκαῖον, τὰ δὲ τί τὸ λεγόμενόν ἐστι, ξυνιέναι δεῖ, τὰ δ' ἄμφω.* Ebend. 10, 76 b. 36.: *τοὺς δ' ὅρους μόνον ξυνίεσθαι δεῖ.*

in scharfer unzweideutiger Fassung als die Elemente und als die uranfängliche Einheit für die weitere begründende Vermittlung an die Spitze [151]); ja selbst negativ können solche erste unmittelbare Sätze ausgedrückt sein, ohne dass sie hiedurch an principieller Ursprünglichkeit den affirmativen nachstehen [152]) — so sehr diese Annahme auffallen muss, so ist sie doch durch die Art und Weise, wie Aristoteteles die Negation überhaupt ohne tieferes Eingehen in ihr Wesen behandelt (s. oben S. 118 f. u. unten Anm. 224), begründet —; jedenfalls aber müssen die principiellen unmittelbaren Urtheile am klarsten erkannt und am treuesten festgehalten werden, daher auch die Einsicht in die Unwahrheit ihres Gegentheiles erforderlich ist [153]), wodurch jedoch, wie sich von selbst versteht, noch keinerlei apodeiktischer Beweis für diese Urtheile gegeben ist, sondern eben nur die feste und unweigerliche Annahme unmittelbarer Sätze ist, was „unbewiesenes Wissen" heisst, so dass hier die Gegensätze „Wissen" und „Unbewiesen-sein" sich vereinigen [154]). Derlei erste Sätze daher sind jeder einzelnen Wissenschaft in Folge der Vielheit und Verschiedenheit der Gattungen speciell eigenthümlich, und für sie hat die Einzeln-Wissenschaft als solche nicht einzustehen, da sie auf den Principien als unbewiesenen fest beruhend erst von da aus weiter baut und daher Einwände gegen das Princip selbst nicht zu widerlegen braucht; hingegen verantwortlich ist jede Wissenschaft für Alles, was sie von den ersten unmittelbaren Sätzen an und aus diesen schliesst [155]).

Nemlich damit jedes Wissen von den ersten unmittelbaren Principien aus seine unentbehrliche apodeiktische Vermittlung erreiche, muss das gesammte „an sich Zukommende" durch den Beweis seiner begriff-

---

151) *Anal. post.* I, 2, 72 a. 7.: *ἀρχὴ δ' ἐστὶν ἀποδείξεως πρότασις ἄμεσος, ἄμεσος δὲ ἧς μή ἐστιν ἄλλη προτέρα ..... ἀποδεικτικὴ δὲ ἡ ὡρισμένως θάτερον, ὅτι ἀληθές.* Ebend. 23, 84 b. 22.: *αἱ γὰρ ἄμεσοι προτάσεις στοιχεῖα ...... (35) ἔστι δ' ἕν, ὅταν ἄμεσον γένηται καὶ μία πρότασις ἁπλῶς ἡ ἄμεσος ...... (39) ἐν συλλογισμῷ τὸ ἓν πρότασις ἄμεσος.*

152) Ebend. 23, 84 b. 28.: *καὶ ὥςπερ ἔνιαι ἀρχαί εἰσιν ἀναπόδεικτοι, ὅτι ἔστι τόδε τοδὶ καὶ ὑπάρχει τόδε τῳδὶ, οὕτω καὶ ὅτι οὐκ ἔστι τόδε τοδὶ οὐδ' ὑπάρχει τόδε τῳδὶ, ὥσθ' αἱ μὲν εἶναί τι αἱ δὲ μὴ εἶναί τι ἔσονται ἀρχαί.* Ebend. 25, 86 b. 30.: *ἔτι εἰ ἀρχὴ συλλογισμοῦ ἡ καθόλου πρότασις ἄμεσος, ἔστι δ' ἐν μὲν τῇ δεικτικῇ καταφατική ἐν δὲ τῇ στερητικῇ ἀποφατικὴ ἡ καθόλου πρότασις κτλ.* Hierauf beruht auch ebend. c. 15.

153) Ebend. 2, 72 a. 37.: *τὸν δὲ μέλλοντα ἕξειν τὴν ἐπιστήμην τὴν δι' ἀποδείξεως οὐ μόνον δεῖ τὰς ἀρχὰς μᾶλλον γνωρίζειν καὶ μᾶλλον αὐτοῖς πιστεύειν ἢ τῷ δεικνυμένῳ, ἀλλὰ μηδ' ἄλλο αὐτῷ πιστότερον εἶναι μηδὲ γνωριμώτερον τῶν ἀντικειμένων ταῖς ἀρχαῖς, ἐξ ὧν ἔσται συλλογισμὸς ὁ τῆς ἐναντίας ἀπάτης.*

154) Ebend. 33, 88 b. 36.: *ἐπιστήμη ἀναπόδεικτος, τοῦτο δ' ἐστὶν ὑπόληψις τῆς ἀμέσου προτάσεως.*

155) Ebend. 12, 77 a. 36.: *εἰ .... προτάσεις καθ' ἑκάστην ἐπιστήμην ἐξ ὧν ὁ συλλογισμὸς ὁ καθ' ἑκάστην, εἴη ἄν τι ἐρώτημα ἐπιστημονικὸν, ἐξ ὧν ὁ καθ' ἑκάστην οἰκεῖος γίνεται συλλογισμός· δῆλον ἄρα ὅτι οὐ πᾶν ἐρώτημα γεωμετρικὸν ἂν εἴη οὐδ' ἰατρικὸν, ὁμοίως δὲ καὶ ἐπὶ τῶν ἄλλων· ἀλλ' ἐξ ὧν δείκνυταί τι περὶ ὧν ἡ γεωμετρία ἐστίν .... ὁμοίως δὲ καὶ τῶν ἄλλων. καὶ περὶ μὲν τούτων καὶ λόγον ὑφεκτέον ἐκ τῶν γεωμετρικῶν ἀρχῶν καὶ συμπερασμάτων, περὶ δὲ τῶν ἀρχῶν λόγον οὐχ ὑφεκτέον τῷ γεωμέτρῃ ᾗ γεωμέτρης.* *Phys. ausc.* I, 2, 185 a. 14.: *οὐδὲ λύειν ἅπαντα προςήκει, ἀλλ' ἢ ὅσα ἐκ τῶν ἀρχῶν τις ἐπιδεικνὺς ψεύδεται, ὅσα δὲ μὴ, οὔ.*

lichen Nothwendigkeit und Allgemeinheit befestigt werden. Hiezu aber ist Erfahrung die erste Vorbedingung, und die Induction ist der unmittelbare, eben erst seine Vermittlung erwartende, Anfang des Apodeiktischen (Anm. 72 u. 75); somit ist unerlässlich nothwendig, dass eben auch alles einer Gattung an sich Zukommende beigeschafft werde, d. h. dass das aposteriorische Material (*ἱστορία*) in ausgedehntestem Masse und lückenlosester Vollständigkeit, auch mit Einschluss des von Anderen bereits Gefundenen, vorliege, um an diesem Stoffe das apodeiktische Verfahren üben zu können [156]). So ist das Dass ein Princip, welches, wenn seine Erscheinungsweise eine hinreichend erschöpfende wäre, sogar das Warum überflüssig machen würde [157]). Muss aber diese beiden das menschliche Wissen erst zusammenführen und liegt in der gegenseitigen Durchdringung beider die Entstehung und der Bestand der Wissenschaft überhaupt (Anm. 129), so kann der Zweck der hierauf gerichteten Apodeiktik nur dadurch erreicht werden, dass für alle jene Prädikate, welche das an sich Zukommende ausdrücken, die Berechtigung in ihrem begrifflichen Verhältnisse nachgewiesen wird, der Art dass einerseits sowohl die wesentlichen Bestandtheile als auch die Inhärenzien in dieser ihrer begrifflichen Bestimmtheit erscheinen, und andrerseits die ursächliche Nothwendigkeit dieser Bestimmtheit in der schöpferischen Thätigkeit des Begriffes erkannt werde, kurz der Art dass an dem *καθ' αὑτὸ ὑπάρχον* eben das *καθ' αὑτό* (s. oben Anm. 133 f.) sich herausstelle. Die gesammten Functionen des Begriffes in Bezug auf Bestandtheile und Merkmale und schöpferischen Zweck sind es, welche in dem apodeiktischen Verfahren die Grundlage bilden, nach welcher durch fortgesetztes Prädiciren die wechselseitige Unter- und Ueber-Ordnung des Seins und der Causalität betreffs der *ὑπάρχοντα* erprobt wird. Aber in diesem Verfahren verliert das hiedurch entstehende Wissen seine ursprüngliche Einheit nicht, sondern eben jene einheitliche Gränze, welche dem *καθόλου* einwohnt (Anm. 135), behauptet sich in dem fortgesetzten Wechselverkehre der das Object betreffenden wesentlichen Urtheile und führt zu einem letzten Schlusssteine der Vermittlung des von Anfang her noch Unvermittelten. Denn sowohl betreffs des begrifflichen Seins findet das fortgesetzte Prädiciren seinen Stillstand nach Unten wie nach Oben, und es gibt ein letztes äusserstes Subject und ein letztes höchstes Prädikat [158]),

---

156) *Anal. pr.* I, 30, 46a. 5.: *δεῖ γὰρ τὰ ὑπάρχοντα καὶ οἷς ὑπάρχει περὶ ἑκάτερον ἀθρεῖν καὶ τούτων ὡς πλείστων εὐπορεῖν* .... (17.) *διὸ τὰς μὲν ἀρχὰς τὰς περὶ ἕκαστον ἐμπειρίας ἐστὶ παραδοῦναι* .... (22.) *ὥστε ἂν ληφθῇ τὰ ὑπάρχοντα περὶ ἕκαστον, ἡμέτερον ἤδη τὰς ἀποδείξεις ἑτοίμως ἐμφανίζειν· εἰ γὰρ μηδὲν κατὰ τὴν ἱστορίαν παραλειφθείη τῶν ἀληθῶς ὑπαρχόντων τοῖς πράγμασιν, ἕξομεν περὶ ἅπαντος οὗ μὲν ἔστιν ἀπόδειξις, ταύτην εὑρεῖν καὶ ἀποδεικνύναι, οὗ δὲ μὴ πέφυκεν ἀπόδειξις, τοῦτο ποιεῖν φανερόν.* *Hist. an.* I, 6, 491 a. 11.: *οὕτω γὰρ κατὰ φύσιν ἐστὶ ποιεῖσθαι τὴν μέθοδον ὑπαρχούσης τῆς ἱστορίας τῆς περὶ ἕκαστον.* *Rhet.* I, 4, 1359 b. 30.: *ταῦτα δ' οὐ μόνον ἐκ τῆς περὶ τὰ ἴδια ἐμπειρίας ἐνδέχεται συνορᾶν, ἀλλ' ἀναγκαῖον καὶ τῶν παρὰ τοῖς ἄλλοις εὑρημένων ἱστορικὸν εἶναι.* Vgl. auch die in Anm. 147. angeführte Stelle *Metaph. E*, 1.

157) *Eth. Nic.* I, 2, 1095 b. 6.: *ἀρχὴ γὰρ τὸ ὅτι, καὶ εἰ τοῦτο φαίνοιτο ἀρκούντως, οὐδὲν προςδεήσει τοῦ διότι.*

158) *Anal. post.* I, 19—23. (82 a. 21.: *ὅτι μὲν οὖν τὰ μεταξὺ οὐκ ἐνδέχεται ἄπειρα εἶναι, εἰ ἐπὶ τὸ κάτω καὶ τὸ ἄνω ἵστανται αἱ κατηγορίαι, δῆλον·*

als auch betreffs der begrifflichen Causalität geht der Nachweis nicht ins Unbegränzte, weder nach Oben noch nach Unten, und es gibt eine erste und eine letzte Ursache [159]). Somit ist weder Alles apodeiktisch erweisbar noch hört darum der Bestand der Wissenschaft überhaupt auf, sondern es gibt ein erstes noch nicht Vermitteltes und ein letztes nicht mehr Vermittelbares; was dazwischen liegt, ist die apodeiktische Vermittlung, deren Anfang und Princip daher nicht gleichfalls eine apodeiktische Vermittlung sein kann, sondern der *νοῦς*, welcher das erste und das letzte Unmittelbare ergreift (Anm. 55 ff. u. 101), ist als Organ der Begriffe das Princip [160]).

Solcher Art also ist die Thätigkeit des Apodeiktischen betreffs des *γένος περὶ ὃ ἀποδείκνυται* und betreffs der *καθ' αὑτὰ ὑπάρχοντα ἃ ἀποδείκνυται*. Was nun das dritte der oben (Anm. 140) namhaft gemachten Momente, nemlich die *κοινὰ ἀξιώματα ἐξ ὧν ἀποδείκνυται*, betrifft, so haben diese „gemeinsamen Axiome" im Vergleiche mit dem Principe der Dialektik, welches ja das *καθόλου* ist, von vorneherein eine sehr niedere Stellung, wie schon daraus erhellt, dass sie überall bloss als ein gemeinsames — *κοινά* — bezeichnet, ja sogar zuweilen direkt nur allgemeine Meinungen — *δόξαι* — genannt werden [161]). Es

---

λέγω δ' ἄνω μὲν τὴν ἐπὶ τὸ καθόλου μᾶλλον, κάτω δὲ τὴν ἐπὶ τὸ κατὰ μέρος. 83 b. 28.: *ἀνάγκη ἄρα εἶναί τι οὗ πρῶτόν τι κατηγορεῖται καὶ τούτου ἄλλο, καὶ τοῦτο ἵστασθαι, καὶ εἶναί τι ὃ οὐκέτι οὔτε κατ' ἄλλου προτέρου οὔτε κατ' ἐκείνου ἄλλο πρότερον κατηγορεῖται.* 84 a. 37.: *ὥστ' εἰ τοῦτ' εἰς ἄπειρον ἐνδέχεται ἰέναι, ἐνδέχοιτ' ἂν δύο ὅρων ἄπειρα μεταξὺ εἶναι μέσα· ἀλλὰ τοῦτ' ἀδύνατον, εἰ ἵστανται αἱ κατηγορίαι ἐπὶ τὸ ἄνω καὶ τὸ κάτω.*)

159) Ebend. II, 11. u. 12. (95 b. 14.: *ἀνάγκη γὰρ καὶ ἐν τούτοις τὸ μέσον καὶ τὸ πρῶτον ἄμεσα εἶναι* ..... (31.) *ἀρχὴ δὲ καὶ ἐν τούτοις ἄμεσος ληπτέα.*) Ebend. I, 13, 78 b. 3.: *ἔστι τοῦ διότι ὁ συλλογισμός· εἴληπται γὰρ τὸ πρῶτον αἴτιον.* *Metaph. α*, 2.

160) *Anal. post.* I, 3, 72 b. 5.: *ἐνίοις μὲν οὖν διὰ τὸ δεῖν τὰ πρῶτα ἐπίστασθαι οὐ δοκεῖ ἐπιστήμη εἶναι, τοῖς δ' εἶναι μέν, πάντων μέντοι ἀποδείξεις εἶναι· ὧν οὐδέτερον οὔτ' ἀληθὲς οὔτ' ἀναγκαῖον* ..... (18.) *ἡμεῖς δέ φαμεν οὔτε πᾶσαν ἐπιστήμην ἀποδεικτικὴν εἶναι, ἀλλὰ τὴν τῶν ἀμέσων ἀναπόδεικτον· καὶ τοῦθ' ὅτι ἀναγκαῖον φανερόν· εἰ γὰρ ἀνάγκη μὲν ἐπίστασθαι τὰ πρότερα καὶ ἐξ ὧν ἡ ἀπόδειξις, ἵσταται δέ ποτε τὰ ἄμεσα, ταῦτ' ἀναπόδεικτα ἀνάγκη εἶναι· ταῦτά τ' οὖν οὕτω λέγομεν καὶ οὐ μόνον ἐπιστήμην ἀλλὰ καὶ ἀρχὴν ἐπιστήμης εἶναί τινά φαμεν, ᾗ τοὺς ὅρους γνωρίζομεν.* Ebend. 22, 84 a. 30.: *δῆλον ἤδη καὶ τῶν ἀποδείξεων ὅτι ἀνάγκη ἀρχάς τε εἶναι καὶ μὴ πάντων εἶναι ἀπόδειξιν* .... *εἰ γὰρ εἰσὶν ἀρχαί, οὔτε πάντ' ἀπόδεικτα οὔτ' εἰς ἄπειρον οἷόν τε βαδίζειν.* *Metaph. Γ*, 6, 1011 a. 13.: *ἀποδείξεως γὰρ ἀρχὴ οὐκ ἀπόδειξίς ἐστιν.* *Anal. post.* II, 19, 100 b. 8.: *ἐπεὶ* .... *ἀληθῆ ἀεὶ ἐπιστήμη καὶ νοῦς καὶ οὐδὲν ἐπιστήμης ἀκριβέστερον ἄλλο γένος ἢ νοῦς, αἱ δ' ἀρχαὶ τῶν ἀποδείξεων γνωριμώτεραι, ἐπιστήμη δ' ἅπασα μετὰ λόγου ἐστί, τῶν ἀρχῶν ἐπιστήμη μὲν οὐκ ἂν εἴη, ἐπεὶ δ' οὐδὲν ἀληθέστερον ἐνδέχεται εἶναι ἐπιστήμης ἢ νοῦν, νοῦς ἂν εἴη τῶν ἀρχῶν, ἔκ τε τούτων σκοποῦσι καὶ ὅτι ἀποδείξεως ἀρχὴ οὐκ ἀπόδειξις, ὥστ' οὐδ' ἐπιστήμης ἐπιστήμη· εἰ οὖν μηδὲν ἄλλο παρ' ἐπιστήμην γένος ἔχομεν ἀληθές, νοῦς ἂν εἴη ἐπιστήμης ἀρχή.*

161) Ebenso wie schon in der obigen Stelle (Anm. 140.) treffen wir in sämmtlichen sogleich anzuführenden die Bezeichnung *κοινά*; *Metaph. B*, 2, 996 b. 28. heissen die Axiome *κοιναὶ „δόξαι"*, *ἐξ ὧν ἅπαντες δεικνύουσιν* (vgl. Anm. 165.), und nur an dieser Stelle wird im Verlaufe (997 a. 13.) in Bezug auf sie das Wort *καθόλου* gebraucht, welches jedoch in dieser Verbindung mit *δόξα* an sich die technische Bedeutung verliert, welche es sonst für die Apodeiktik hat. Vgl. auch d. Schluss d. Anm. 74.

nehmen an den Axiomen alle einzelnen Wissenschaften, abgesehen von den ihnen eigenthümlichen Principien, gemeinsam Theil, denn dieselben sind Grundsätze, welche man überhaupt schon zur Wissenschaft und zu jedem Lernen mitbringen muss, gewisse gemeingültige Annahmen, deren Kenntniss vorausgesetzt wird, und von welchen dann je nach dem Gegenstande der einzelnen Disciplinen von vorneherein Anwendung gemacht wird, so dass in dieser Beziehung selbst diese gemeinsamen Axiome sich je nach den Wissenschaften modificiren, wie z. B. von dem Satze, dass Gleiches auf gleiche Weise verändert sich gleich bleibt, welcher Satz der Gattung des quantitativ bestimmten Seins angehört, wohl mehr der Mathematiker, und z. B. von dem Satze, dass das Nemliche nicht zugleich sein und nicht sein könne, oder z. B. dass man Jedes entweder bejahen oder verneinen müsse, auch bald Dieser bald Jener je nach dem Inhalte seiner Wissenschaft Gebrauch machen wird [162]). So ist nun auch für die Apodeiktik und ihre Thätigkeit, welche sie an den *ὑπάρχοντα* übt, dasjenige ein dergleichen Axiom, von welchem am meisten vorausgesetzt werden muss, dass es überhaupt bei dem Erkennen sich einfinde, und welches eine Täuschung am meisten ausschliesst, daher es schlechthin Jeder zum Erkennen bereits mitbringen muss [163]). Diess aber ist, dass jede Annahme betreffs eines *ὑπάρχον* von vorneherein in sich feststehe, und dass es hiemit — im Gegensatze gegen den Ausgangspunkt man-

162) *Anal. post.* I, 10, 76 a. 37.: *ἔστι δ' ὧν χρῶνται ἐν ταῖς ἀποδεικτικαῖς ἐπιστήμαις τὰ μὲν ἴδια ἑκάστης ἐπιστήμης τὰ δὲ κοινὰ, κοινὰ δὲ κατ' ἀναλογίαν, ἐπεὶ χρήσιμόν γε ὅσον ἐν τῷ ὑπὸ τὴν ἐπιστήμην γένει .... κοινὰ δὲ οἷον τὰ ἴσα ἀπὸ ἴσων ἂν ἀφέλῃ, ὅτι ἴσα τὰ λοιπά· ἱκανὸν δ' ἕκαστον τούτων ὅσον ἐν τῷ γένει· ταὐτὸ γὰρ ποιήσει, κἂν μὴ κατὰ πάντων λάβῃ ἀλλ' ἐπὶ μεγεθῶν μόνον, τῷ δ' ἀριθμητικῷ ἐπ' ἀριθμῶν ......* (b.20) *ὥςπερ οὐδὲ τὰ κοινὰ οὐ λαμβάνει τί σημαίνει τὸ ἴσα ἀπὸ ἴσων ἀφελεῖν, ὅτι γνώριμον.* Ebend. 2, 72 a. 16.: *ἣν δ'* (sc. *θέσιν*) *ἀνάγκη ἔχειν τὸν ὁτιοῦν μαθησόμενον, ἀξίωμα· ἔστι γὰρ ἔνια τοιαῦτα.* Ebend. 11, 77 a. 26.: *ἐπικοινωνοῦσι δὲ πᾶσαι αἱ ἐπιστῆμαι ἀλλήλαις κατὰ τὰ κοινά· κοινὰ δὲ λέγω οἷς χρῶνται ὡς ἐκ τούτων ἀποδεικνύντες ..... οἷον ὅτι ἅπαν φάναι ἢ ἀποφάναι ἢ ὅτι ἴσα ἀπὸ ἴσων ἢ τῶν τοιούτων ἄττα.* Ebend. 32, 88 a. 36.: *ἀλλ' οὐδὲ τῶν κοινῶν ἀρχῶν οἷόν τ' εἶναί τινας, ἐξ ὧν ἅπαντα δειχθήσεται· λέγω δὲ κοινὰς οἷον τὸ πᾶν φάναι ἢ ἀποφάναι· τὰ γὰρ γένη τῶν ὄντων ἕτερα καὶ τὰ μὲν τοῖς ποσοῖς τὰ δὲ τοῖς ποιοῖς ὑπάρχει μόνοις, μεθ' ὧν δείκνυται διὰ τῶν κοινῶν.* *Metaph. B*, 2, 996 b. 28.: *λέγω δὲ ἀποδεικτικὰς τὰς κοινὰς δόξας, ἐξ ὧν ἅπαντες δεικνύουσιν, οἷον ὅτι πᾶν ἀναγκαῖον ἢ φάναι ἢ ἀποφάναι καὶ ἀδύνατον ἅμα εἶναι καὶ μὴ εἶναι, καὶ ὅσα ἄλλαι τοιαῦται προτάσεις .....* (997 a. 3) *τί μὲν γὰρ ἕκαστον τούτων τυγχάνει ὂν, καὶ νῦν γνωρίζομεν· χρῶνται γοῦν ὡς γιγνωσκομένοις αὐτοῖς καὶ ἄλλαι τέχναι.* Ebend. *Γ*, 3, 1005 a. 20.: *περὶ τῶν ἐν τοῖς μαθήμασι καλουμένων ἀξιωμάτων ...... ἅπασι γὰρ ὑπάρχει τοῖς οὖσιν, ἀλλ' οὐ γένει τινὶ χωρὶς ἰδίᾳ τῶν ἄλλων· καὶ χρῶνται μὲν πάντες, ὅτι τοῦ ὄντος ἐστὶν ᾗ ὄν, ἕκαστον δὲ τὸ γένος ὄν· ἐπὶ τοσοῦτον δὲ χρῶνται, ἐφ' ὅσον αὐτοῖς ἱκανὸν, τοῦτο δ' ἐστὶν, ὅσον ἐπέχει τὸ γένος περὶ οὗ φέρουσι τὰς ἀποδείξεις ......* (b.4) *δεῖ γὰρ περὶ τούτων ἥκειν προεπισταμένους, ἀλλὰ μὴ ἀκούοντας ζητεῖν.*

163) *Metaph. Γ*, 3, 1005 b. 8.: *προςήκει δὲ τὸν μάλιστα γνωρίζοντα περὶ ἕκαστον γένος ἔχειν λέγειν τὰς βεβαιοτάτας ἀρχὰς τοῦ πράγματος .... βεβαιοτάτη δ' ἀρχὴ πασῶν περὶ ἣν διαψευσθῆναι ἀδύνατον· γνωριμωτάτην τι γὰρ ἀναγκαῖον εἶναι τὴν τοιαύτην (περὶ γὰρ ἃ μὴ γνωρίζουσιν, ἀπατῶνται πάντες) καὶ ἀνυπόθετον ..... ὃ δὲ γνωρίζειν ἀναγκαῖον τῷ ὁτιοῦν γνωρίζοντι, καὶ ἥκειν ἔχοντα ἀναγκαῖον.*

cher sophistischer Fechterkünste — unmöglich sei, dass Ein und der Nemliche betreffs Ein und des Nemlichen zugleich dessen Vorhandensein und dessen Nichtvorhandensein annehme [164]); und auf diesen gemeingültigen Grundsatz als letzten und festesten geht jedes apodeiktische Verfahren zurück [165]). Somit ist also der letzte Anhaltspunkt, von welchem aus die apodeiktische Begründung anhebt — woferne sie wirklich je so weit zurückgreifen müsste — eigentlich Nichts anderes, als was wir oben schon kennen lernten, dass nemlich das menschliche Denken vom ersten Anfange an den Stoff der Empirie einheitlich fixirt (Anm. 53 u. 90) und vermöge der Kraft des die Gegensätze in sich vereinigenden *νοῦς* das so Aufgefasste in Urtheilen entschieden bejahend oder verneinend ausspricht (Anm. 105 u. 110), oder mit anderen Worten, es ist diess der schon oben (Anm. 153) erwähnte Grundsatz, dass an den ersten unmittelbaren Urtheilen mit Entschiedenheit und Ueberzeugung von der Unwahrheit des Gegentheiles festgehalten werden müsse. Wegen solch unmittelbarer Selbstverständlichkeit wird dieser letzte Anhaltspunkt auch bei keinem apodeiktischen Verfahren als solcher angewendet, d. h. keine direkte Beweisführung hebt je mit dem Satze, dass das Nemliche nicht zugleich stattfinden und nicht stattfinden könne, als oberstem Obersatze an, sondern nur der indirekte Beweis läuft darauf hinaus, dass man bei Annahme des Gegentheiles des Schlusssatzes auf einen Widerspruch mit der ersten zu Grunde liegenden Behauptung komme, und eben darum ist dann auch hier jener oberste Grundsatz auf das vorliegende Object (*γένος*) beschränkt [166]), d. h. z. B. der Mathematiker kann vielleicht bei einem apagogischen Beweise darauf zurückkommen, dass z. B. Parallel-Linien eben Parallel-Linien sind, aber auch er geht nicht noch weiter zurück bis zu jenem allgemeingültigen Satze, dass das Nemliche nicht zugleich sei und nicht sei.

Somit sehen wir hier schon, dass es sich bei diesem Axiome um ein schlechthin Vorauszusetzendes, vor aller Beweisführung Liegendes handelt, welches jeder Mensch als solcher zu jedem Wissen überhaupt be-

---

164) Ebend. 1005 b. 19.: *τὸ γὰρ αὐτὸ ἅμα ὑπάρχειν τε καὶ μὴ ὑπάρχειν ἀδύνατον τῷ αὐτῷ κατὰ τὸ αὐτό, καὶ ὅσα ἄλλα προσδιορισαίμεθ' ἄν, ἔστω προσδιωρισμένα πρὸς τὰς λογικὰς δυσχερείας, αὕτη δὴ πασῶν ἐστὶ βεβαιοτάτη τῶν ἀρχῶν .... ἀδύνατον γὰρ ὁντινοῦν ταὐτὸν ὑπολαμβάνειν εἶναι καὶ μὴ εἶναι ..... εἰ δὲ μὴ ἐνδέχεται ἅμα ὑπάρχειν τῷ αὐτῷ τἀναντία, προσδιωρίσθω δ' ἡμῖν καὶ ταύτῃ τῇ προτάσει τὰ εἰωθότα, ἐναντία δ' ἐστὶ δόξα δόξῃ ἡ τῆς ἀντιφάσεως, φανερὸν ὅτι ἀδύνατον ὑπολαμβάνειν τὸν αὐτὸν εἶναι καὶ μὴ εἶναι τὸ αὐτό.*

165) Ebend. 1005 b. 32.: *διὸ πάντες οἱ ἀποδεικνύντες εἰς ταύτην 'νάγουσιν ἐσχάτην δόξαν* (also auch hier „*δόξα*“)· *φύσει γὰρ ἀρχὴ καὶ τῶν ἄλλων ἀξιωμάτων αὕτη πάντων* ...... (4, 1006 a. 4) *ὅτι βεβαιοτάτη αὕτη τῶν ἀρχῶν πασῶν.*

166) *Anal. post.* I, 11, 77 a. 10.: *τὸ δὲ μὴ ἐνδέχεσθαι ἅμα φάναι καὶ ἀποφάναι οὐδεμία λαμβάνει ἀπόδειξις, ἀλλ' ἢ ἐὰν δέῃ δεῖξαι καὶ τὸ συμπέρασμα οὕτως* ...... (22) *τὸ δ' ἅπαν φάναι ἢ ἀποφάναι ἡ εἰς τὸ ἀδύνατον ἀπόδειξις λαμβάνει, καὶ ταῦτα οὐδ' ἀεὶ καθόλου, ἀλλ' ὅσον ἱκανόν, ἱκανὸν δ' ἐπὶ τοῦ γένους· λέγω δ' ἐπὶ τοῦ γένους οἷον περὶ ὃ γένος τὰς ἀποδείξεις φέρει* ..... (29) *εἴ τις καθόλου πειρῷτο δεικνύναι τὰ κοινά, οἷον ὅτι ἅπαν φάναι καὶ ἀποφάναι ἢ ὅτι ἴσα ἀπὸ ἴσων ἢ τῶν τοιούτων ἄττα· ἡ δὲ διαλεκτικὴ οὐκ ἔστιν οὕτως ὡρισμένων τινῶν οὐδὲ γένους ἑνός τινος.*

reits mitbringen muss, nicht aber um ein einfältiges principium identitatis et contradictionis, welches in seiner beliebten formalen Fassung gerade jeden Vermittlungs-Process und jede Entwicklung ausschliesst. Und dass wir es auch in der That hier nur mit jener ersten Voraussetzung zu thun haben, welche in der ursprünglichen Fixirung des Wahrnehmbaren durch den *νοῦς* und in dem diesem *νοῦς* eigenthümlichen Begriffs-Sinne beruht, sehen wir deutlich aus der Beweisführung, durch welche Aristoteles selbst jenes Axiom stützt. Dass jener letzte unmittelbare Ausgangspunkt nicht direkt durch einen etwa noch höheren Satz bewiesen werden könne, und es eine Thorheit und Rohheit wäre, solchen Beweis zu fordern, versteht sich von selbst [167]). Nur apagogisch also ist eine Widerlegung des Gegentheiles möglich, und hiefür eben ist die principielle Voraussetzung nicht etwa das objective Sein und Nichtsein, sondern nur dass der Gegner mit seinen Worten überhaupt „irgend etwas Bestimmtes sagen wolle und, was er sagt, für ihn und Andere irgend eine bestimmte Bedeutung habe", denn sobald diess zugegeben ist, liegt ein fester Anhaltspunkt des Beweises vor, da wenn irgend ein Bestimmtes gesagt wird, es eben darum, weil es ein Bestimmtes ist, Nichts anderes als dieses Bestimmte, also auch nicht sein Gegentheil, ist [168]). Mithin, wie gesagt, nur jene allgemein menschliche Function, auf welcher es beruht, dass der Mensch denkt und spricht, — also sogar die gemeinschaftliche Quelle des Dialektischen und des Apodeiktischen — ist der Sinn dieses vermeintlichen Principium's ident. et contrad., welches dem Aristoteles in formaler Geltung aufzubürden, nur Sache der gröblichsten Unkenntniss sein kann. Es weist ja Aristoteles auch in der weiteren Begründung dieser höchsten Voraussetzung zunächst auf jenes nemliche Moment hin, welches wir oben (Anm. 107 ff.) als Ausgangspunkt der Vermittlung des Denkens anzugeben hatten, nemlich darauf, dass der significante Ausdruck der menschlichen Rede das objective Sein der Dinge aufgreift, dass, falls nicht hiebei das Wesen der Objecte erfasst wäre, entweder überhaupt es nur transitorisch Eigenschaftliches in den menschlichen Aussagen gäbe oder schlechthin Alles Ein und dasselbe wäre, und insbesondere dass bei Leugnung jenes Grundsatzes das bejahende und verneinende Urtheil überhaupt aufgehoben wird [169]). Steht aber

---

167) *Metaph.* a. a. O. 1006 a. 5.: *ἀξιοῦσι δὴ καὶ τοῦτο ἀποδεικνύναι τινὲς δι' ἀπαιδευσίαν· ἔστι γὰρ ἀπαιδευσία τὸ μὴ γινώσκειν τίνων δεῖ ζητεῖν ἀπόδειξιν καὶ τίνων οὐ δεῖ· ὅλως μὲν γὰρ ἁπάντων ἀδύνατον ἀπόδειξιν εἶναι, εἰς ἄπειρον γὰρ ἂν βαδίζοι, ὥστε μηδ' οὕτως εἶναι ἀπόδειξιν· εἰ δέ τινων μὴ δεῖ ζητεῖν ἀπόδειξιν, τίνα ἀξιοῦσιν εἶναι μᾶλλον τοιαύτην ἀρχὴν οὐκ ἂν ἔχοιεν εἰπεῖν.*

168) Ebend. 1006 a. 11.: *ἔστι δ' ἀποδεῖξαι ἐλεγκτικῶς καὶ περὶ τούτου ὅτι ἀδύνατον, ἂν μόνον τὶ λέγῃ ὁ ἀμφισβητῶν· ἂν δὲ μηδὲν, γελοῖον τὸ ζητεῖν λόγον πρὸς τὸν μηδενὸς ἔχοντα λόγον* ..... (18) *ἀρχὴ δὲ πρὸς ἅπαντα τὰ τοιαῦτα οὐ τὸ ἀξιοῦν ἢ εἶναί τι λέγειν ἢ μὴ εἶναι (τοῦτο μὲν γὰρ τάχ' ἄν τις ὑπολάβοι τὸ ἐξ ἀρχῆς αἰτεῖν), ἀλλὰ τὸ σημαίνειν γε τὶ καὶ αὑτῷ καὶ ἄλλῳ· τοῦτο γὰρ ἀναγκη, εἴπερ λέγοι τι· εἰ γὰρ μὴ, οὐκ ἂν εἴη τῷ τοιούτῳ λόγος οὔτ' αὐτῷ πρὸς αὑτὸν οὔτε πρὸς ἄλλον· ἂν δέ τις τοῦτο διδῷ, ἔσται ἀπόδειξις· ἤδη γάρ τι ἔσται ὡρισμένον.*

169) Ebend. 1006 b. 11.: *ἔστω δὴ, ὥςπερ ἐλέχθη κατ' ἀρχάς, σημαῖνόν τι τὸ ὄνομα καὶ σημαῖνον ἕν· οὐ δὴ ἐνδέχεται τὸ ἀνθρώπῳ εἶναι σημαίνειν ὅπερ μὴ εἶναι ἀνθρώπῳ, εἰ τὸ ἄνθρωπος σημαίνει μὴ μόνον καθ'*

Bejahung und Verneinung in eben jener Beziehung zum Wahr-sein und Falsch-sein, welche an dem objectiven Bestande einer Verbindung oder Trennung gemessen wird (Anm. 112), so liegt hierin schon von selbst, dass es zwischen Wahr- und Falsch-sein, und hiemit zwischen Bejahung und Verneinung Nichts mittleres geben kann [170]); und es fällt daher bei Aristoteles das sogenannte principium exclusi tertii — wenn wir uns dieser scholastischen Bezeichnungen hier für Etwas bedienen dürfen, was ihnen wesentlich ganz ferne liegt — völlig mit dem sog. princ. ident. et contrad. zusammen. Immer aber wird hiebei in Uebereinstimmung mit dem subjectiven Ursprunge, welchen das menschliche Urtheilen hat, erst an das im subjectiven Reden und Annehmen bestehende Verhältniss der gleiche Grundsatz betreffs der Objectivität angeknüpft [171]); denn die Basis der Geltung jenes obersten Axiomes bleibt immer die begriffliche Festigkeit, welche vermöge des menschlichen νοῦς den Wortbezeichnungen einwohnen muss [172]). Wer demnach diesen ganzen sichersten und festesten Ausgangspunkt verlässt oder leugnet, hebt all sein eigenes Reden und Denken selbst auf und vernichtet alles und jedes menschliche Wissen [173]); darum auch verbindet Aristoteles mit der Er-

---

ἑνὸς ἀλλὰ καὶ ἕν .... (22) εἰ δὲ μὴ σημαίνει ἕτερον τὸ ἄνθρωπος καὶ τὸ μὴ ἄνθρωπος, δῆλον ὅτι καὶ τὸ μὴ εἶναι ἀνθρώπῳ τοῦ εἶναι ἀνθρώπῳ ...... (1007 a. 21) πάντα γὰρ ἀνάγκη συμβεβηκέναι φάσκειν αὐτοῖς, καὶ τὸ ὅπερ ἀνθρώπῳ εἶναι ἢ ζῴῳ εἶναι τί ἦν εἶναι μὴ εἶναι ..... (b. 18) ἔτι εἰ ἀληθεῖς αἱ ἀντιφάσεις ἅμα κατὰ τοῦ αὐτοῦ πᾶσαι, δῆλον ὡς ἅπαντα ἓν ἔσται ...... (1008 a. 2) ταῦτά τε οὖν συμβαίνει τοῖς λέγουσι τὸν λόγον τοῦτον καὶ ὅτι οὐκ ἀνάγκη ἢ φάναι ἢ ἀποφάναι· εἰ γὰρ ἀληθές ἐστιν ὅτι ἄνθρωπος καὶ οὐκ ἄνθρωπος, δῆλον ὅτι καὶ οὔτ' ἄνθρωπος οὔτ' οὐκ ἄνθρωπος ἔσται.

170) Ebend. 7, 1011 b. 23.: ἀλλὰ μὴν οὐδὲ μεταξὺ ἀντιφάσεως ἐνδέχεται εἶναι οὐδέν, ἀλλ' ἀνάγκη ἢ φάναι ἢ ἀποφάναι ἓν καθ' ἑνὸς ὁτιοῦν· δῆλον δὲ πρῶτον μὲν ὁρισαμένοις τί τὸ ἀληθὲς καὶ ψεῦδος· τὸ μὲν γὰρ λέγειν τὸ ὂν μὴ εἶναι ἢ τὸ μὴ ὂν εἶναι ψεῦδος, τὸ δὲ τὸ ὂν εἶναι καὶ τὸ μὴ ὂν μὴ εἶναι ἀληθές, ὥστε καὶ ὁ λέγων τοῦτο εἶναι ἢ μὴ ἀληθεύσει ἢ ψεύσεται· ἀλλ' οὔτε τὸ ὂν λέγεται μὴ εἶναι ἢ εἶναι οὔτε τὸ μὴ ὄν. *Anal. post.* I, 2, 72 a. 16.: ἀντίφασις δὲ ἀντίθεσις ἧς οὐκ ἔστι μεταξὺ καθ' αὑτήν· μόριον δ' ἀντιφάσεως τὸ μὲν τὶ κατά τινος κατάφασις, τὸ δὲ τὶ ἀπό τινος ἀπόφασις. S. Anm. 192.

171) *Met.* a. a. O. 6, 1011 b. 16.: ἐπεὶ δ' ἀδύνατον τὴν ἀντίφασιν ἀληθεύεσθαι ἅμα κατὰ τοῦ αὐτοῦ, φανερὸν ὅτι οὐδὲ τἀναντία ἅμα ὑπάρχειν ἐνδέχεται τῷ αὐτῷ. *Soph. El.* 1, 165 a. 6.: ἐπεὶ γὰρ οὐκ ἔστιν αὐτὰ τὰ πράγματα διαλέγεσθαι φέροντας, ἀλλὰ τοῖς ὀνόμασιν ἀντὶ τῶν πραγμάτων χρώμεθα συμβόλοις (s. Anm. 108.), τὸ συμβαῖνον ἐπὶ τῶν ὀνομάτων καὶ ἐπὶ τῶν πραγμάτων ἡγούμεθα συμβαίνειν, καθάπερ ἐπὶ τῶν ψήφων τοῖς λογιζομένοις. *Anal. post.* I, 4, 73 b. 23.: εἰ ἀνάγκη φάναι ἢ ἀποφάναι, ἀνάγκη καὶ τὰ καθ' αὑτὰ ὑπάρχειν.

172) *Met.* a. a. O. 7, 1012 a. 21.: ἀρχὴ δὲ πρὸς ἅπαντας τούτους ἐξ ὁρισμοῦ· ὁρισμὸς δὲ γίνεται ἐκ τοῦ σημαίνειν τι ἀναγκαῖον εἶναι αὐτούς· ὁ γὰρ λόγος, οὗ τὸ ὄνομα σημεῖον, ὁρισμὸς γίνεται. Ebend. 8, 1012 b. 5.: ἀλλὰ πρὸς ἅπαντας τοὺς τοιούτους λόγους αἰτεῖσθαι δεῖ ..... οὐκ εἶναί τι ἢ μὴ εἶναι (vgl. Anm. 168.), ἀλλὰ σημαίνειν τι, ὥστε ἐξ ὁρισμοῦ διαλεκτέον λαβόντας τί σημαίνει τὸ ψεῦδος ἢ τὸ ἀληθές.

173) Ebend. 1012 b. 13.: συμβαίνει δὴ καὶ τὸ θρυλλούμενον πᾶσι τοῖς τοιούτοις λόγοις, αὐτοὺς ἑαυτοὺς ἀναιρεῖν. Ebend. 4, 1006 b. 7.: τὸ γὰρ μὴ ἓν τι σημαίνειν οὐδὲν σημαίνειν ἐστίν, μὴ σημαινόντων δὲ τῶν ὀνομάτων ἀνῄρηται τὸ διαλέγεσθαι πρὸς ἀλλήλους, κατὰ δὲ τὴν ἀλήθειαν καὶ πρὸς αὑτόν· οὐδὲν γὰρ ἐνδέχεται νοεῖν μὴ νοοῦντα ἕν.

örterung dieses Axiomes aus leicht erklärlichen Gründen eine ausführliche Polemik gegen die sensuale Erkenntniss-Theorie des Protagoras, da dieselbe das Denken mit dem Wahrnehmen und das Seiende mit dem Wahrnehmbaren verwechsle, und daher das Erkennen an eine Macht preisgebe, welche Alles zu einem Relativen herabwürdige und überhaupt an sich keines Principes fähig sei [174]).

Wollte man nun selbst mit Vermeidung der jedenfalls verfehlten Bezeichnungen „princ. id. et contr.“ und „princ. excl. tert.“ doch sagen, es sei der Grundsatz, dass das Nemliche nicht zugleich sein und nicht sein könne und dass es zwischen Bejahung und Verneinung Nichts mittleres gebe, ein Princip oder sogar „das Princip“ der aristotelischen Logik, so wäre diess eben so lächerlich, wie wenn man wegen der dem schöpferischen Begriffe einwohnenden Causalität dem Aristoteles das princ. causalitatis zuschreiben würde. Wohl ein erkenntniss-theoretisches Princip mag man jenes Axiom nennen, woferne man es richtig versteht; für die Logik aber ist es eine Voraussetzung, denn die Logik muss doch wohl voraussetzen, dass es ein in Worten ausgesprochenes menschliches Denken gibt; diess aber wird Niemand ein „Princip“ der Logik nennen. Hingegen enthält gerade wieder diese Voraussetzung nothwendiger Weise dasjenige in sich, was als Princip der Logik für diese heraustreten muss, nemlich das begriffliche Schaffen des *νοῦς*. Und dass in der That der Begriff das Princip der aristotelischen Logik sei, werden wir wohl nach dem bisher schon Gesagten (bes. Anm. 140 ff.) nicht noch besonders beweisen müssen, sogar wenn es auch Aristoteles nicht selbst ausdrücklich sagen würde [175]); vgl. auch Anm. 372 ff.; denn wem nicht einleuchtend ist, dass die ganze Thätigkeit des Apodeiktischen, welche ja das gesammte Zukommende oder Stattfindende (überhaupt *ὑπάρχον*) zum Gegenstande hat, nur auf den Functionen des Begriffes betreffs der Weise des Seins und betreffs der nothwendigen Ursache beruhen kann, dieser mag füglich, ohne dass wir es sehr beklagen, unsere ganze bisher gegebene Entwicklung verwerfen oder in Abrede stellen.

In dem Begriffe aber besitzt die aristotelische Logik auch ein Princip, welches zugleich das der sog. Metaphysik ist. Denn — um mit den möglichst kurzen Worten dasjenige auszudrücken, was über den uns hier obliegenden Gegenstand hinausreicht — der höchste und umfassendste Grundsatz der aristotelischen Ontologie ist: Alles Seiende ist, was es ist, dadurch, dass an einem Stofflichen die begriffliche Form vermittelst der von ihr bedingten bewegenden Ursache sich selbst und hiemit den Zweck des Seienden erreicht. In diesem Sinne aber die schöpferische Causalität und das explicit gewordene ausgebreitete Dasein des Begriffes an allen erfahrungsmässigen Objecten zu erkennen ist Aufgabe des Wissens; Aufgabe der Apodeiktik oder Logik aber ist, zu entwickeln, wie innerhalb des ausgesprochenen menschlichen Denkens eine derartige begriffsmässige Existenz des Vorhandenen begründend nachgewiesen werden könne. Darum hat die Logik zunächst das ausgespro-

---

174) Ebend. Cap. 5. u. 6.

175) *D. part. anim.* I, 1, 639 b. 15.: *ἀρχὴ δ᾽ ὁ λόγος ὁμοίως ἔν τε τοῖς κατὰ τέχνην καὶ ἐν τοῖς φύσει συνεστηκόσιν.* *Metaph.* *M*, 4, 1078 b. 24.: *ἀρχὴ δὲ τῶν συλλογισμῶν τὸ τί ἐστιν.*

chene Denken selbst — das Urtheil — und dessen ihm wesentliche Bestimmungen, sodann die Functionen des Begriffes zu entwickeln, um hierauf die Art und Weise anzugeben, wie in den Urtheilen der irgend einen Umkreis beherrschende Begriff sich behaupte und bewähre (darum ist die Syllogistik bei Aristoteles kein leeres Spiel). Somit ist die aristotelische allgemeine Form oder, wenn man will, Formel, dass „unter der Form des Begriffes gedacht werde“, sowie die platonische entsprechend, dass unter der Form der Idee gedacht werde. Die Frage daher, ob die aristotelische Logik formal sei oder nicht, haben wir hiemit schon beantwortet: sie ist formal gerade insoweit, als das menschliche Denken eine Form ist, und sie ist nicht formal gerade insoweit, als das Denken das Gedachte ist. Sämmtliche vier Principien, welche in obigem höchsten ontologischen Grundsatze enthalten sind, nemlich Stoff, Form, bewegende Ursache, Zweck (oder das Dass, das Was, das Ob, das Warum) liegen im Mittelbegriffe des Syllogismus, so dass eben in dem Principe der Logik, welches der Begriff ist, die Identität des Formalen und des Nichtformalen beruht. — Haben wir diese Einsicht in das Wesen der aristotelischen Logik gewonnen, so können wir uns füglich der Mühe überheben, auf alle einzelnen Ansichten, welche über dieselbe schon geäussert wurden, näher einzugehen, und wir hoffen, im Geiste und Sinne des Aristoteles zu verfahren, wenn wir die Hauptgruppen der Logik selbst als die fortschreitende „Entwicklung“ des begrifflichen Wissens anerkennen und somit in dem Urtheile den Stoff, in dem Begriffe die Form, im Syllogismus die bewegende Ursache, und in der Definition den erreichten begrifflichen Zweck erblicken.

Endlich auch, was die Stellung und das Verhältniss der aristotelischen Logik zu den übrigen philosophischen Disciplinen betrifft, werden wir in Folge des bisher Gesagten eine wenigstens nicht hin und her schwankende Ansicht aussprechen können. Zunächst ja ist es schon ein höchst vergebliches Unternehmen, wenn man noch heutzutage immer die sämmtlichen Wissenschaften an Einem Faden die eine hübsch hinter der anderen anreihen will, zumal wenn man sich hiebei wie weiland Reichsfreiherr Christian Wolff in höchst ärgerliche Conflicte zwischen methodus studendi und methodus demonstrationis verwickeln lässt; doch in Bezug auf die Logik lief ja diese ganze Frage vor und nach Wolff stets recht bequem auf des Mephistopheles „Mein theurer Freund, ich rath' euch drum Zuerst Collegium logicum“ hinaus. Dass bereits die Schulmeister des späteren Alterthumes, inficirt von dem Blödsinn der stoischen Philosophie, um jeden Preis die Logik voraustellen wollten, ist ebenso erklärlich, als dass dieselben sich sogar um Belegstellen aus des Aristoteles eigenen Werken umsahen, aus welchen hervorgehen sollte, dass die Logik eben nur ein Werkzeug (ὄργανον), sei, vermittelst dessen man zum Wissen überhaupt gelange, und dass hiemit für die Schul-Dressur dieses unvermeidliche Instrument den ersten Platz einnehme, da ja nur vermittelst der Schule und nach der Schule das Wissen erst recht losgehen könne. Denn diesen Leuten sowie allen ihren Nachtretern müssen wir es zu Gute halten, wenn sie für die reale metaphysische Seite der aristotelischen Logik eben durchaus kein geistiges Auge haben; und selbst die besten unter ihnen mochten leicht durch den Inhalt der zweiten Analytik, welche zeigt, wie durch das apodeiktische Verfahren das sichere Wissen erreicht werde, sich täuschen lassen und zu der Annahme gelangen, die ganze Analytik überhaupt sei nur als Mittel zum Zweck da (s. oben, Anm. 3); liess sich dieses dann allenfalls durch eigene Aussprüche des Aristoteles scheinbar bestätigen, so war die Sache fertig. In den uns erhaltenen aristotelischen Schriften möchten es ausser einer Stelle in den Büchern über die Seele, woselbst diese als Werkzeug der Begriffe mit der Hand verglichen wird [176]), besonders noch zwei andere sein, welche als Stütze derartiger Annahmen beigebracht werden könnten. Die eine derselben hat — wenn wir auf die Bedenken betreffs der Aechtheit des Buches *α* der Metaphysik, in welchem sie steht, hier völlig verzichten wollen — jedenfalls den meisten Schein für sich, da sie ausspricht, man müsse für wissenschaftliche Untersuchungen schon vorher darin gebildet und unterrichtet sein, in welcher Form jede Doctrin überhaupt annehmbar sei, da es ungereimt wäre, zu gleicher Zeit eine Wissenschaft und die Art und Weise der Wissenschaft zu suchen [177]). Jedoch einerseits stehen diese Worte dort im Zusammenhange mit der allgemeinen Bemerkung, dass überhaupt viel von der Begabung des Lernenden abhänge und der eine diese der andere eine andere Darstellungsweise vorziehe, und es fällt diess sonach mit demjenigen zusammen, was wir schon oben (Anm. 91 ff.) betreffs des wissenschaftlichen Taktes anzuführen hatten, und andrerseits haben wir eben darum keine Veranlassung, unter dieser vorangehenden Bildung etwas Anderes zu suchen, als das dialektische Element, welches ja von Aristoteles selbst als förderlich für den Philosophen bezeichnet wird (Anm. 24); eine Nöthigung, hiebei an die Apodeiktik zu denken, liegt sicher nicht vor. Bei der zweiten Stelle hingegen scheint mehr das auffallen zu müssen und weniger verzeihlich zu sein, dass sie selbst von Neueren noch als ein Beleg für die Voranstellung der Analytiken angeführt wird, denn sie bezieht sich gar nicht auf den Gesammt-Inhalt der Apodeiktik, sondern nur auf jenes oberste Axiom, dass die Annahmen betreffs des Seienden nicht zugleich ihr eigenes Gegentheil enthalten dürfen; und dass dieses Axiom als letzte Voraussetzung allerdings Jeder schon zum Wissen mitbringen müsse, hatten wir oben hinreichende Belege vorzubringen (Anm. 162); mehr aber steht in jener Stelle nicht [178]). Endlich noch zwei weitere Stellen, welche

176) *D. an.* III, 8, 431 b. 29.: *οὐ γὰρ ὁ λίθος ἐν τῇ ψυχῇ, ἀλλὰ τὸ εἶδος· ὥστε ἡ ψυχὴ ὥσπερ ἡ χείρ ἐστιν· καὶ γὰρ ἡ χεὶρ ὄργανόν ἐστιν ὀργάνων.* s. Anm. 64 ff.

177) *Met. α*, 3, 995 a. 12.: *διὸ δεῖ πεπαιδεῦσθαι πῶς ἕκαστα ἀποδεκτέον ὡς ἄτοπον ἅμα ζητεῖν ἐπιστήμην καὶ τρόπον ἐπιστήμης.*

178) Es sind nemlich die Worte *Metaph. Γ*, 3, 1005 b. 2.: *ὅσα δ' ἐγχειροῦσι τῶν λεγόντων τινὲς περὶ τῆς ἀληθείας, ὃν τρόπον δεῖ ἀποδέχεσθαι, δι' ἀπαιδευσίαν τῶν ἀναλυτικῶν τοῦτο δρῶσιν· δεῖ γὰρ περὶ τούτων ἥκειν προεπισταμένους, ἀλλὰ μὴ ἀκούοντας ζητεῖν.* Dieser Satz aber ist in Bezug auf die *ἀξιώματα* überhaupt und insbesondere in Bezug auf die sogleich folgende längere Erörterung des obersten Axiomes (der Selbst-Identität der Annahmen betreffs des Seienden) gesagt, und in den angeführten Worten bezieht sich daher *περὶ τούτων* keineswegs auf *ἀναλυτικ'*, sondern auf das früher vorhergegangene *ἀξιώματα*, ebenso wie *περὶ αὐτῶν* 1004 a. 30. und *περὶ τούτων* 1005 b. 1. Der Sinn obiger Worte also ist: „Was aber Einige in Bezug auf die Methode des wahren Wissens sagen, beruht auf Ungebildetheit und Unkenntniss betreffs der Apodeiktik; denn aus-

wir in Anm. 711 anführen werden, konnten erst in jener Zeit zu einer derartigen Annahme benützt werden, aber damals auch den Ausschlag geben, als man bereits die Hauptsache der Logik in die Topik verlegt hatte; doch hierüber s. unten, Abschn. IX, Anm. 4 ff.

Haben wir hiemit keinen ganz entschiedenen Anhaltspunkt aus Worten des Aristoteles selbst, und gewähren auch die Citate keine Sicherheit, da dieselben, selbst wenn sie überall als unbestreitbar gelten könnten, nur einen Schluss auf die Abfassungs-Zeit zuliessen[179]), so möchte ich allerdings von vorneherein nicht leugnen, dass der Entwicklungsgang, welchen die rhetorisch-dialektische Bildung bei den Griechen vor Aristoteles und in dessen eigener Zeit nahm, leicht dazu führen konnte, den Unterricht in der Dialektik und selbst in der Apodeiktik dem Betriebe der eigentlichen Philosophie und der einzelnen philosophischen Disciplinen vorauszuschicken (hieraus ja entstand auch in der That zuletzt jene traditionelle Reihenfolge der Wissenschaften im späteren Alterthume); — aber eine andere Frage ist, ob die aristotelische Logik in einer Weise von ihrem Urheber aufgefasst und durchgeführt worden sei, dass sie ausschliesslich nur propädeutisch wirken sollte und hiernach ihre wesentliche Stellung im Systeme bedingt wäre. Diese Frage, glaube ich, ist entschieden zu verneinen. Die Logik des Aristoteles hat ihren Zweck in sich selbst und in ihrem eigenen Gegenstande, ganz in gleicher Weise wie die philosophische Betrachtung der organischen Natur oder des menschlichen Ethos; ihre Principien fallen ebenso wie die der übrigen Wissenschaften in letzter Instanz dem Philosophen und der *πρώτη φιλοσοφία* anheim[180]), und sie steht daher auch hierin jenen gleich. Sie enthält aber auch in dem Nachweise, dass die vier Ursachen sämmtlich im Mittelbegriffe liegen, schon Grundsätze jener obersten Philosophie, und so wenig man sie darum derselben etwa erst nachfolgen lassen darf, ebenso sehr muss man anerkennen, dass sie sowie alle anderen Zweige des Theoretischen in nothwendiger Wechselbeziehung eben zu anderen stehe, und also eine ausschliessliche lineare Abfolge der Wissenschaften auch in Bezug auf sie nicht anwendbar ist, weil eine solche überhaupt dem menschlichen Wissen widerspricht. Es ist die aristotelische wissenschaftliche Logik eine philosophisch begründete Darstellung

---

serdem müsste ihnen bekannt sein, dass man die obersten Axiome schon zum Wissen mitbringen müsse und sie nicht erst beim Lernen des Wissens suchen dürfe", d. h. jene Einigen hatten behauptet, dass das wahre Wissen nur erreicht werde, wenn Alles und Jedes bewiesen sei, also es kein unbeweisbares Erstes gebe (s. Anm. 160.); diess aber zu behaupten, ist jene *ἀπαιδευσία*, von welcher auch die in Anm. 167. angeführte Stelle spricht. Also spricht die Stelle nur davon, dass die Apodeiktik das Vorhandensein unmittelbarer nothwendig mitzubringender Axiome nachweist.

179) Denn wenn in der Metaphysik und der Ethik auf die Analytik vermittelst *εἴρηται* hingewiesen ist, so folgt für die wissenschaftliche Reihenfolge hieraus ebenso wenig, als wenn in gleicher Weise *d. interpr.* 1, 16 a. 8. die Bücher über die Seele und *Anal. post.* II, 12, 95 b. 11. das sechste Buch der Physik citirt wird.

180) *Metaph.* *Γ*, 2, 1005 b. 5.: *ὅτι μὲν οὖν τοῦ φιλοσόφου καὶ τοῦ περὶ πάσης τῆς οὐσίας θεωροῦντος ᾗ πέφυκεν, καὶ περὶ τῶν συλλογιστικῶν ἀρχῶν ἐστὶν ἐπισκέψασθαι, δῆλον.* Ebend. *B*, 2, 997 a. 13.: *καθόλου γὰρ μάλιστα καὶ πάντων ἀρχαὶ τὰ ἀξιώματά ἐστιν* (s. Anm. 161.)· *εἴ τ' ἐστὶ μὴ τοῦ φιλοσόφου, τίνος ἔσται περὶ αὐτῶν ἄλλου τὸ θεωρῆσαι τὸ ἀληθὲς καὶ τὸ ψεῦδος;*

der Thätigkeit des menschlichen Denkens, durch welche dasselbe zu seinem erreichbaren Ziele gelangt; in diesem Gegenstande besitzt die Logik ihren selbstständigen Werth, und darin allein, dass dieses ihr Object die Form des Denkens ist, liegt an sich noch keine Berechtigung, sie jenen Wissenschaften vor- oder nach-zusetzen, welche den Inhalt des Gedachten entwickeln, so lange nicht eine weit tiefere Frage, nemlich die Alternative zwischen Subjectivismus und Objectivismus überhaupt, vollständig ausgekämpft ist, denn in jener Wissenschaft, welche die Form des Denkens erörtert, ist ja eben diese subjective Form der Gedanken-Inhalt und steht, insoferne sie Gegenstand der Betrachtung ist, den anderweitigen objectiven Gegenständen gleich. Dass aber Aristoteles jene methodische Grundfrage endgültig entschieden habe, wird Niemandem zu behaupten in den Sinn kommen, da bei Aristoteles überhaupt diese Frage als solche nicht aufgeworfen wird, sondern er von vorneherein hierin unbefangen auf einem Objectivismus steht, welchen er allerdings wohl zur grösstmöglichen Vollendung führte. Aber sowie er darum überhaupt das Wissen nur nach den Gegenständen desselben eintheilen konnte und diess auch unleugbar that, so steht ihm auch das menschliche Denken, wie es ist, als ein objectiv gegebenes Factum da, von welchem er in gleicher Weise wie von den übrigen Gegenständen Begriff und Grund erforscht; dass aber gerade bei diesem Zweige der Forschung jene Principien, vermöge deren das Denken alle seine Objecte zu seinem Eigenthume erhebt, selbst als Begriff und Grund auftreten, liegt eben im Gegenstande dieses Zweiges. So macht die Logik neben der Mathematik und der Physik und der πρώτη φιλοσοφία, also innerhalb des Theoretischen überhaupt, schlechthin auf eine gegenständliche Selbstständigkeit Anspruch und kann, wenn auch die äussere geschichtliche Veranlassung ihrer Entstehung in dem Rhetorisch-Dialektischen liegt, nunmehr in ihrer rein wissenschaftlichen Begründung und Durchführung nicht den Zweck haben, blosse Geistes-Gymnastik zu sein und nur als vorbereitendes Werkzeug dem übrigen Wissen zu dienen (ersteres, das Motiv der Uebung, schied ja Aristoteles eben als Dialektik vom Apodeiktischen bereits aus). Ja auch der selbstverständliche Umstand, dass jede Wissenschaft nur durch Schlüsse und apodeiktisches Verfahren zu Stande kömmt, begründet natürlich noch kein Verhältniss der Dienstbarkeit für die Theorie des Schliessens und für die Apodeiktik; denn das Schliessen wohl ist dienstbar, die Theorie desselben aber ist, weil sie Theorie ist, eine Special-Wissenschaft mit selbstständigem Gegenstande wie jede andere gleichfalls. Darum beruft sich Aristoteles auch nie auf die Syllogistik als einen bloss werkzeuglichen Mechanismus, nie sagt er, diess oder jenes werde nach dem so oder so vielten Modus dieser oder jener Schlussfigur bewiesen. Solche Verweisungen auf die Logik treffen wir erst bei Galenus, zu dessen Zeit eben die Schul-Auffassung schon jede tiefere Einsicht verdrängt hatte. — Somit, glaube ich, steht die aristotelische Logik schlechthin parallel den übrigen Zweigen des Theoretischen, dabei ihres Inhaltes wegen mehr als andere Zweige einen engen Anschluss an die Metaphysik. fordernd. Dass innerhalb dieser auf Objectivismus beruhenden Gleichstellung der theoretischen Disciplinen einen Vorrang und hiemit eine Priorität in Folge schulmässiger Anschauungen aus vermeintlich praktischem Bedürfnisse gerade die Logik erhielt, ist von der nacharistotelischen Zeit an geschichtliches Factum (wäre — wenn es erlaubt ist, von solcher leeren Möglichkeit zu sprechen — nach Aristoteles sogleich die Zeit des Paracelsus gefolgt, so würde wohl sicher die Physik den Vorausritt erhalten haben); und dass wir heutzutage das philosophische System mit der Erkenntniss-Theorie und der philosophischen Logik eröffnen (von der formalen Logik rede ich natürlich hiebei nicht), ist für uns eine innere philosophische Nothwendigkeit. Keines dieser beiden aber darf schlechthin vollgültig auf Aristoteles übertragen oder angewendet werden, bei welchem eben nur die Wissenschaft nach damals erreichbarem Masse in ihrer erschöpften Gegenständlichkeit sich ausbreitete.

DAS URTHEIL.

Dass das Urtheil auf einem Vorgange in der Seele des Menschen beruht und die innerhalb des Stattfindenden factisch bestehende Verbindung oder Trennung in Bezug auf Vorhandenes und auch Künftiges entsprechend durch Bejahung oder Verneinung ausspricht und eben hierin das unvermeidliche Attribut des Wahr- und Falsch-seins besitzt, wurde bereits oben, Anm. 108—113., entwickelt. Es kann demnach, da die einzelnen Worte, mögen sie dem declinirbaren oder dem conjugirbaren Theile des Sprachschatzes angehören, wohl significante Erzeugnisse des Denkens sind, aber in dieser Vereinzeltheit kein objectives Stattfinden ausdrücken, nur durch die Verbindung eines substantivischen Wortes mit irgend einem Verbum als Ausdruck eines den Zeitbegriff wenigstens nicht ausschliessenden Stattfindens dasjenige entstehen, was als wahr oder falsch auftritt [181]). Das zeitlose Nomen ist hiezu das Subject, und zwar nur wenn es in keinem Casus obliquus steht; das die Zeit mit ausdrückende Verbum, welches für sich isolirt betrachtet einem Nomen gleichstünde, hat wesentlich die Function, eine Verbindung anzuzeigen und hiemit als Prädicat von Etwas ausgesagt zu werden [182]). Also nur durch die Verflechtung von Nomen und Verbum kömmt jenes Reden zu Stande, welches ein Urtheil — *ἀπόφανσις* — heisst, denn anderweitige Verbindungen von Worten, wie z. B. die Vereinigung der Bestandtheile

181) *D. interpr.* 1, 16 a. 12.: *περὶ γὰρ σύνθεσιν καὶ διαίρεσίν ἐστι τὸ ψεῦδός τε καὶ τὸ ἀληθές· τὰ μὲν οὖν ὀνόματα αὐτὰ καὶ τὰ ῥήματα ἔοικε τῷ ἄνευ συνθέσεως καὶ διαιρέσεως νοήματι, οἷον τὸ ἄνθρωπος ἢ τὸ λευκὸν, ὅταν μὴ προςτεθῇ τι· οὔτε γὰρ ψεῦδος οὔτε ἀληθές πω· σημεῖον δ' ἐστὶ τοῦδε· καὶ γὰρ ὁ τραγέλαφος* (vgl. *Phys. ausc.* IV, 1, 208 a. 30.) *σημαίνει μέν τι, οὔπω δὲ ἀληθὲς ἢ ψεῦδος, ἐὰν μὴ τὸ εἶναι ἢ μὴ εἶναι προςτεθῇ, ἢ ἁπλῶς ἢ κατὰ χρόνον.*

182) Ebend. 2, 16 a. 19.: *ὄνομα ..... ἄνευ χρόνου.* a. 32.: *τὸ δὲ Φίλωνος ἢ Φίλωνι καὶ ὅσα τοιαῦτα, οὐκ ὀνόματα ἀλλὰ πτώσεις ὀνόματος ..... ὅτι μετὰ τοῦ ἔστιν ἢ ἦν ἢ ἔσται οὐκ ἀληθεύει ἢ ψεύδεται, τὸ δὲ ὄνομα ἀεί.* 3, 16 b. 6.: *ῥῆμα δέ ἐστι τὸ προσσημαῖνον χρόνον .... καὶ ἀεὶ τῶν καθ' ἑτέρου λεγομένων σημεῖόν ἐστι.* b. 19.: *αὐτὰ μὲν οὖν καθ' αὑτὰ λεγόμενα τὰ ῥήματα ὀνόματά ἐστι καὶ σημαίνει τι, ἵστησι γὰρ ὁ λέγων τὴν διάνοιαν καὶ ὁ ἀκούσας ἠρέμησεν* (s. Anm. 90.), *ἀλλ' εἰ ἔστιν ἢ μή, οὔπω σημαίνει .... αὐτὸ μὲν γὰρ οὐδέν ἐστι, προσσημαίνει δὲ σύνθεσίν τινα, ἣν ἄνευ τῶν συγκειμένων οὐκ ἔστι νοῆσαι.*

einer Definition, können wohl Etwas bezeichnen und sind ein Sagen — φάσις, aber noch nicht ein Urtheil, welches entweder wahr oder falsch ist [183]); und um ein solches Verhältniss des Urtheilens zu begründen muss auch das Verbum gleichfalls in dem Modus der Bestimmtheit, d. h. in keinem Modus obliquus, stehen, denn z. B. das Gebet ist kein Urtheil [184]).

Ein Urtheil ist ein einheitliches, wenn es entweder inhaltlich irgend etwas Eines ausdrückt oder durch äussere Verknüpfung in einer Einheit bewahrt wird [185]); wie sich von selbst versteht, ist die erstere dieser zwei Arten der Einheitlichkeit die der Logik zunächst zufallende, denn sie weist auf die Einheit des Begriffes und auf das καθ' αὑτό (oben S. 123) hin. Nemlich nicht bloss das Subject muss auf einer klaren und unzweideutigen Einheit der Namensbezeichnung beruhen, da eine willkürliche Uebertragung eines Namens (wenn man z. B. ein Pferd und einen Menschen mit dem gleichen Worte bezeichnete) wenigstens jedenfalls eine Mehrheit von Urtheilen hervorrufen würde [186]), sondern auch überhaupt muss sowohl das Subject als das Prädicat, falls sie durch eine Vereinigung mehrerer Worte ausgedrückt werden, eben den wesentlichen Inbegriff dieser Mehrheit bilden, gerade wie dieselbe auch für die objective Entstehung des betreffenden Dinges das constituirende ist [187]); darum dürfen weder einzelne Bestimmungen, welche dem Dinge bloss zukommen können — συμβεβηκότα —, zu einer solchen Vereinigung verbunden werden, wie diess z. B. in dem Sophisma vom guten Schuster (Abschn. II, Anm. 72) geschieht, denn solche bilden zusammen keine begriffliche Einheit, noch auch darf überhaupt das Merkmal mit demjenigen, welchem es als solches einwohnt, als Ein Begriff vereinigt werden, wie diess bei der sophistischen endlosen Wiederholung solcher Bestimmungen (Abschn. II, Anm. 69) der Fall ist [188]), sondern eben nur die Vereinigung

183) Ebend. 4, 16 b. 26.: λόγος δέ ἐστι φωνὴ σημαντική..... ὡς φάσις, ἀλλ' οὐχ ὡς κατάφασις· λέγω δὲ, οἷον ἄνθρωπος σημαίνει μέν τι, ἀλλ' οὐχ ὅτι ἔστιν ἢ οὐκ ἔστιν· ἀλλ' ἔσται κατάφασις ἢ ἀπόφασις, ἐάν τι προστεθῇ. 5, 17 a. 9.: ἀνάγκη δὲ πάντα λόγον ἀποφαντικὸν ἐκ ῥήματος εἶναι ἢ πτώσεως ῥήματος· καὶ γὰρ ὁ τοῦ ἀνθρώπου, ἐὰν μὴ τὸ ἔστιν ἢ ἦν ἢ ἔσται ἤ τι τοιοῦτον προστεθῇ, οὔπω λόγος ἀποφαντικός. Poet. 20, 1457 a. 24.: οὐ γὰρ ἅπας λόγος ἐκ ῥημάτων καὶ ὀνομάτων σύγκειται, οἷον ὁ τοῦ ἀνθρώπου ὁρισμὸς, ἀλλ' ἐνδέχεται ἄνευ ῥημάτων εἶναι λόγον.

184) D. interpr. 4, 17 a. 2.: ἀποφαντικὸς δὲ οὐ πᾶς, ἀλλ' ἐν ᾧ τὸ ἀληθεύειν ἢ ψεύδεσθαι ὑπάρχει· οὐκ ἐν ἅπασι δὲ ὑπάρχει, οἷον ἡ εὐχὴ λόγος μὲν, ἀλλ' οὔτε ἀληθὴς οὔτε ψευδής.

185) Ebend. 5, 17 a. 15.: ἔστι δὲ εἷς λόγος ἀποφαντικὸς ἢ ὁ ἓν δηλῶν ἢ ὁ συνδέσμῳ εἷς, πολλοὶ δὲ οἱ πολλὰ καὶ μὴ ἓν ἢ οἱ ἀσύνδετοι.

186) Ebend. 8, 18 a. 18.: εἰ δὲ δυοῖν ἓν ὄνομα κεῖται, ἐξ ὧν μή ἐστιν ἕν, οὐ μία κατάφασις, οἷον εἴ τις θεῖτο ὄνομα ἱμάτιον ἵππῳ καὶ ἀνθρώπῳ, τὸ ἔστιν ἱμάτιον λευκόν αὕτη, οὐ μία κατάφασις οὐδὲ κατάφασις μία· οὐδὲν γὰρ διαφέρει τοῦτο εἰπεῖν ἢ ἔστιν ἵππος καὶ ἄνθρωπος λευκός.

187) Ebend. 11, 20 b. 13.: τὸ δὲ ἓν κατὰ πολλῶν ἢ πολλὰ καθ' ἑνὸς καταφάναι ἢ ἀποφάναι, ἐὰν μὴ ἕν τι ᾖ τὸ ἐκ τῶν πολλῶν δηλούμενον, οὐκ ἔστι κατάφασις μία οὐδὲ ἀπόφασις· λέγω δὲ ἓν οὐκ ἐὰν ὄνομα ἓν ᾖ κείμενον, μὴ ᾖ δὲ ἕν τι ἐξ ἐκείνων, οἷον ὁ ἄνθρωπος ἴσως ἐστὶ καὶ ζῷον καὶ δίπουν καὶ ἥμερον ἀλλὰ καὶ ἕν τι γίνεται ἐκ τούτων, ἐκ δὲ τοῦ λευκοῦ καὶ τοῦ ἀνθρώπου καὶ τοῦ βαδίζειν οὐχ ἕν.

188) Ebend. 21 a. 7.: τῶν δὴ κατηγορουμένων καὶ ἐφ' οἷς κατηγορεῖσθαι συμβαίνει, ὅσα μὲν λέγεται κατὰ συμβεβηκὸς ἢ κατὰ τοῦ αὐτοῦ ἢ θάτερον

der wesentlichen Merkmale unter sich kann als Einheit an die Stelle des Dinges selbst gesetzt werden. Endlich auch würde die Einheit des Urtheiles gestört werden, wenn in dem Subjecte Bestimmungen enthalten wären, welche einen Gegensatz involviren gegen denjenigen Begriff, aus dessen Sphäre das Prädicat entnommen ist, z. B. wenn von dem Leichname Mensch oder ein wesentliches Merkmal des Menschen prädicirt würde[189]), denn dann würde das Urtheil eben nicht etwas Eines ausdrücken. Kurz in allem Diesem erkennen wir nun schon, dass das Urtheil dem Principe der Logik, nemlich dem Begriffe, dienstbar sein muss, und es wird auch von Aristoteles selbst deutlich genug ausgesprochen, dass das Kriterium der begriffsmässigen Einheit und Wahrheit des Urtheiles dann hervortritt, wann aus den Worten Begriffe werden und es sich erweist, ob gemäss dem *καϑ' αὑτό* prädicirt werde oder nicht[190]).

Das Urtheil betrifft stets ein Stattfinden oder ein Nichtstattfinden, und so ist es entweder ein bejahendes (*κατά τινος, κατάφασις*) oder ein verneinendes (*ἀπό τινος, ἀπόφασις*), je nachdem eben in einer bestimmten Zeit Etwas stattfindet oder nicht. Nun aber kann diese Aussage dem Factischen entweder entsprechen oder nicht, und es kann sowohl für die gegenwärtige als auch für die übrige Zeit ein Stattfindendes als nichtstattfindend ausgesagt werden und umgekehrt; somit lässt sich alles Bejahte verneinen und alles Verneinte bejahen, und es liegt jeder Bejahung eine Verneinung und jeder Verneinung eine Bejahung gegenüber; dieses Gegenüberliegen ist der Widerspruch (*ἀντίφασις*), welcher daher natürlich auf das nemliche Subject und Prädicat sich beziehen muss[191]). Jedenfalls aber fällt diese Art des Gegenüberliegens (*ἀντικεῖσϑαι*) lediglich der subjectiven Thätigkeit des Menschen anheim, denn sie findet sich überhaupt, insoferne sie eben das Widersprechen ist, nur im menschlichen Sprechen und Aussagen; und da es nun ausser dem Widerspruche auch noch manches anderweitige Gegenüberliegende (*ἀντικείμενα*) gibt,

---

κατὰ ϑατέρου, ταῦτα οὐκ ἔσται ἕν, οἷον ἄνϑρωπος λευκός ἐστι καὶ μουσικός, ἀλλ' οὐχ ἓν τὸ λευκὸν καὶ τὸ μουσικόν ..... (16.) *ἔτι οὐδ' ὅσα ἐνυπάρχει ἐν τῷ ἑτέρῳ· διὸ οὔτε τὸ λευκὸν πολλάκις οὔτε ὁ ἄνϑρωπος ἄνϑρωπος ζῷόν ἐστιν ἢ δίπουν· ἐνυπάρχει γὰρ ἐν τῷ ἀνϑρώπῳ. τὸ ζῷον καὶ τὸ δίπουν.*

189) Ebend. 21 a. 21.: *ἀλλ' ὅταν μὲν ἐν τῷ προςκειμένῳ τῶν ἀντικειμένων τι ἐνυπάρχῃ ᾧ ἕπεται ἀντίφασις, οὐκ ἀληϑὲς ἀλλὰ ψεῦδος, οἷον τὸν τεϑνεῶτα ἄνϑρωπον ἄνϑρωπον εἰπεῖν, ὅταν δὲ μὴ ἐνυπάρχῃ, ἀληϑές.*

190) Ebend. 21 a. 29.: *ὥστε ἐν ὅσαις κατηγορίαις μήτε ἐναντιότης ἔνεστιν, ἐὰν λόγοι ἀντ' ὀνομάτων λέγωνται καὶ καϑ' ἑαυτὰ κατηγορεῖται καὶ μὴ κατὰ συμβεβηκός, ἐπὶ τούτων τὸ τὶ καὶ ἁπλῶς ἀληϑὲς ἔσται εἰπεῖν.*

191) Ebend. 5, 17 a. 20.: *ἡ μὲν ἁπλῆ ἐστὶν ἀπόφανσις, οἷον τὶ κατά τινος ἢ τὶ ἀπό τινος* ..... *ἔστι δὲ ἡ μὲν ἁπλῆ ἀπόφανσις φωνὴ σημαντικὴ περὶ τοῦ ὑπάρχειν τι ἢ μὴ ὑπάρχειν, ὡς οἱ χρόνοι διῄρηνται.* 6, 17 a. 25.: *κατάφασις δέ ἐστιν ἀπόφανσις τινὸς κατά τινος, ἀπόφασις δέ ἐστιν ἀπόφανσις τινὸς ἀπό τινος· ἐπεὶ δὲ ἔστι καὶ τὸ ὑπάρχον ἀποφαίνεσϑαι ὡς μὴ ὑπάρχον καὶ τὸ μὴ ὑπάρχον ὡς ὑπάρχον καὶ τὸ ὑπάρχον ὡς ὑπάρχον καὶ τὸ μὴ ὑπάρχον ὡς μὴ ὑπάρχον, καὶ περὶ τοὺς ἐκτὸς δὲ τοῦ νῦν χρόνου ὡςαύτως, ἅπαν ἂν ἐνδέχοιτο καὶ ὃ κατέφησέ τις ἀποφῆσαι καὶ ὃ ἀπέφησε καταφῆσαι· ὥστε δῆλον ὅτι πάσῃ καταφάσει ἐστὶν ἀπόφασις ἀντικειμένη καὶ πάσῃ ἀποφάσει κατάφασις· καὶ ἔστω ἀντίφασις τοῦτο, κατάφασις καὶ ἀπόφασις αἱ ἀντικείμεναι· λέγω δὲ ἀντικεῖσϑαι τὴν τοῦ αὐτοῦ κατὰ τοῦ αὐτοῦ.*

so steht, mag es sich mit jenen anderen Arten verhalten wie es wolle (gehörigen Ortes wird diess Alles zu entwickeln sein) vorläufig für das Widersprechen so viel fest, dass in Folge der unerlässlichen Bestimmtheit und sicheren Abgränzung der menschlichen Annahmen (Anm. 168—170) es zwischen Bejahung und Verneinung kein Mittleres geben könne, sowie dass in der Beziehung der Aussage auf das Object das Wahr- und Falsch-sein ebenso exclusiv sich gegenüberliegen [192]).

Dieses ganze Motiv nun, dass Bejahung und Verneinung wesentlich dem Aussagen und Urtheilen einwohnen, ist bei Aristoteles so festgewurzelt, dass er das Vorhandensein einer negativen Ausdrucksweise im Sprachschatze von vorneherein als bestehendes Factum aufnimmt und hiedurch schwerlich irgend im Stande ist, das Verhältniss zwischen sprachlicher Verneinung (*ἀπόφασις*) und realem Gegensatze (*ἐναντίον*) zur Klarheit zu bringen. Allerdings werden wir alsbald zu entwickeln haben, dass die Verneinung den Gegensatz wirklich ergreift und hiemit im Urtheile ausser dem Widerspruche (*ἀντίφασις*) auch noch eine andere Art des Gegenüberliegens, nemlich eben der Gegensatz (*ἐναντίον*), selbst erscheint; aber gerade hierin liegt die Schwierigkeit, denn wenn wir auch jenen Grundzug werden völlig ins Reine bringen können, dass das Widersprechen mit der einen Seite dem *κατὰ παντός* sich zuwendet und mit der anderen Seite als Verneinung dem *καθ' αὑτό* angehört, also mit diesen beiden Seiten zusammen dem *καθόλου* dient (wie wir ja oben Anm. 132 ff. sahen, dass das *καθόλου* aus dem *κατὰ παντός* und dem *καθ' αὑτό* bestehe), so wird uns bei Aristoteles immer unerklärt bleiben, wie denn das Verneinen überhaupt dazu komme, den realen Gegensatz auszudrücken. Nemlich Aristoteles nimmt nicht nur an, dass die Negation, d. h. das „Nicht“, zu dem die Verbindung ausdrückenden Verbum gestellt werden könne, was dann als ein „unbestimmmtes Verbum“ (*ἀόριστον ῥῆμα*) zu bezeichnen sei [193]) — diese wesentliche Stellung der Negation sowie den Grund dieses Unbestimmtseins werden wir unten zu erörtern haben (Anm. 207 f.) —, sondern er geht auch mit der Function des „Nicht“ wirklich soweit, dass er von vorneherein die Möglich-

---

192) Ausser den schon in Anm. 170. angeführten Stellen: *Metaph.* ι, 3, 1054 a. 23.: *ἐπεὶ οὖν αἱ ἀντιθέσεις τετραχῶς καὶ οὔτε κατὰ στέρησιν λέγεται θάτερον* (sc. *τὸ ἓν καὶ τὰ πολλά*), *ἐναντία ἂν εἴη, καὶ οὔτε ὡς ἀντίφασις οὔτε ὡς τὰ πρός τι λεγόμενα.* Ebend. *Δ*, 4, 1018 a. 20.: *ἀντικείμενα λέγεται ἀντίφασις καὶ τἀναντία καὶ τὰ πρός τι καὶ στέρησις καὶ ἕξις.* Ebend. ι, 5, 1055 a. 38.: *εἰ δὴ ἀντίκειται μὲν ἀντίφασις καὶ στέρησις καὶ ἐναντιότης καὶ τὰ πρός τι, τούτων δὲ πρῶτον ἀντίφασις, ἀντιφάσεως δὲ μηδέν ἐστι μεταξὺ, τῶν δὲ ἐναντίων ἐνδέχεται, ὅτι μὲν οὐ ταὐτὸν ἀντίφασις καὶ τἀναντία δῆλον.* Ebend. 7, 1057 a. 33.: *τῶν δ' ἀντικειμένων ἀντιφάσεως μὲν οὐκ ἔστι μεταξύ· τοῦτο γάρ ἐστιν ἀντίφασις, ἀντίθεσις ἧς ὁτῳοῦν θάτερον μόριον πάρεστιν οὐκ ἐχούσης οὐδὲν μεταξύ.* *Phys. ausc.* V, 3, 227 a. 8.: *τὰ δ' ἀντικείμενα τά τε ἐναντία καὶ τὰ κατὰ ἀντίφασιν, ἀντιφάσεως δ' οὐδὲν ἀνὰ μέσον.* *Cat.* 10, 11 b. 17.: *λέγεται δὲ ἕτερον ἑτέρῳ ἀντικεῖσθαι τετραχῶς, ἢ ὡς πρός τι ἢ ὡς τὰ ἐναντία ἢ ὡς στέρησις καὶ ἕξις ἢ ὡς κατάφασις καὶ ἀπόφασις.* Ebend. 13 a. 17.: *ὅσα δὲ ὡς κατάφασις καὶ ἀπόφασις ἀντίκειται...., ἐπὶ μόνων τούτων ἀναγκαῖον ἀεὶ τὸ μὲν ἀληθὲς τὸ δὲ ψεῦδος αὐτῶν εἶναι.*

193) *D. interpr.* 3, 16 b. 12.: *τὸ δὲ οὐχ ὑγιαίνει καὶ τὸ οὐ κάμνει οὐ ῥῆμα λέγω· προσσημαίνει μὲν γὰρ χρόνον καὶ ἀεὶ κατά τινος ὑπάρχει, τῇ δὲ διαφορᾷ ὄνομα οὐ κεῖται, ἀλλ' ἔστω ἀόριστον ῥῆμα.* S. Anm. 199.

keit einer Verbindung desselben mit dem Nomen aufstellt, was dann die entsprechende Bezeichnung „unbestimmtes Nomen" (*ἀόριστον ὄνομα*) tragen soll [194]. Kömmt nun eine Combination dieser letzteren Art, wie z. B. Nicht-Gut, Nicht-weiss u. dgl., im Prädicate vor, so dass sie zusammen mit dem „ist" gleichsam das Verbum vertritt (s. Anm. 201), so wird uns schon in dieser Beziehung die Frage aufstossen, wie sich denn solches zum realen Gegensatze, z. B. Bös, Schwarz u. dgl., verhalte (Anm. 224). Noch unlösbarer aber ist, wie es Aristoteles wohl rechtfertigen könne, dass er solche negative Begriffe, z. B. Nicht-Mensch, auch zum Subjecte der Urtheile macht, und wie dann dieses sich mit dem Begriffe des Gegensatzes vereinbare. Denn einerseits können Substanzen keinen Gegensatz haben (Anm. 325 u. 472), und andrerseits muss doch das Unbestimmtsein solcher Subjecte, wie z. B. Nicht-Mensch, sogleich aufgegeben werden, wenn im Prädicate irgend Etwas von ihnen ausgesagt werden soll; auch bleibt ja real z. B. nach Abzug alles desjenigen, was Mensch ist, ein wenn auch noch so grosser, doch stets positiver Rest des Seienden übrig, welcher als solcher gleichfalls eine Einheit ist [195]; ist aber nun dieser ganze positive Rest ein Gegensatz (*ἐναντίον*) gegen Mensch? als Wesenheit gewiss nicht. Aber auch eine Verneinung (*ἀπόφασις*) ist es nicht, denn das Verneinen beruht ja nur im Prädiciren, welches entweder *κατά τινος* oder *ἀπό τινος* ist, nicht aber im Subjecte. Und endlich auch ein Widerspruch (*ἀντίφασις*) ist es nicht, denn derjenige, welcher von Nicht-Mensch etwas aussagt; widerspricht ja jenem nicht, welcher von Mensch etwas aussagt (die noch übrigen Arten des Gegenüberliegens, nemlich Privation und Relation, berühren ja nicht das Urtheil als Urtheil). Was also denn ist Nicht-Mensch im Verhältnisse zu Mensch, vorausgesetzt dass beide als Subject eines Urtheiles stehen? Zuletzt doch ein Gegensatz; aber nur als Summe der Gegensätze der wesentlichen Merkmale, nicht selbst als Substanz vgl. Anm. 328. Folglich wiederholt sich hier erstens die obige Schwierigkeit, inwieferne negative Prädicate zugleich reale Gegensätze seien, und zweitens erhebt sich die Frage, wie hernach diese Mehrheit realer Gegensätze in Einem negativen Begriffe sprachlich erscheine. Die Basis aber aller dieser für die Logik an sich unerlässlichen Erörterungen, nemlich die Entscheidung des Verhältnisses zwischen Verneinung und Gegensatz, fehlt von vorneherein, sobald das Vorhandensein der Negation als ein objectives aufgerafft wird. Dass aber Aristoteles so verfährt, zeigt sich an den von ihm zu Grunde gelegten Bestimmungen über das Wesen des Urtheiles, wie wir dieselben im bisherigen nun schon sahen, sowie eben an jener Art und Weise, in welcher die Negation mit den Bestandtheilen des Urtheiles verbunden wird. Und wenn daher auch Aristoteles bei Gelegenheit der Angabe, dass der positive Syllogismus dem negativen vorzuziehen sei, sagt, dass die Bejahung kenntlicher und ursprünglicher als die Verneinung sei, ebenso wie diess auch vom Sein im Vergleiche mit Nichtsein gelte [196], so ist

194) Ebend. 2, 16 a. 30.: *τὸ δ' οὐκ ἄνθρωπος οὐκ ὄνομα· οὐ μὴν οὐδὲ κεῖται ὄνομα ὅ τι δεῖ καλεῖν αὐτό· οὔτε γὰρ λόγος οὔτε ἀπόφασίς ἐστιν· ἀλλ' ἔστω ὄνομα ἀόριστον.* S. gleichfalls Anm. 199.

195) Ebend. 10, 19 b. 9.: *ἓν γάρ πως σημαίνει καὶ τὸ ἀόριστον.*

196) *Anal. post.* I, 25, 86 b. 33.: *ἡ δὲ καταφατικὴ τῆς ἀποφατικῆς προ-*

einerseits hiemit eben nur ausgedrückt, dass der Objectivismus positiv verfährt, und andrerseits die Untersuchung darüber, wie die Verneinung dazu komme, das vorher Bejahte zu verneinen, und ob etwa in dem Affirmativen selbst ein Motiv des Negativen liege, gerade eher abgeschnitten als angebahnt. Darum darf auch auf Obiges kein Gewicht gelegt werden, dass Nomen und Verbum durch Hinzutreten der Negation ihre positive Bestimmtheit verlieren, d. h. ἀόριστα werden, denn diese Unbestimmtheit muss augenblicklich der Bestimmtheit des Negativ-seins weichen, sobald der Gegensatz zwischen Bejahung und Verneinung überhaupt nur nach seinem objectiven Auftreten betrachtet werden soll. Vgl. überhaupt Anm. 326—30. Es scheint, dass Aristoteles aus dem rhetorisch-dialektischen Treiben seiner Nation die Entgegensetzung des Ja und Nein als eine unmittelbar gegebene erbte und in solcher Fassung sie auch in die Apodeiktik hinüberzog, denn wenn er jenes Ja und Nein auch von dem sophistischen und sensualistischen Motive durch die Grundlegung einer intelligiblen Festigkeit der Annahmen reinigte und läuterte, so bleibt ihm von da weg die Verneinung in gleicher Geltung neben der Bejahung unerörtert stehen, und es leidet hiedurch seine Logik an einer namentlich für die Lehre vom Urtheile sehr fühlbaren Schwäche, welche erklärlicher Weise bei dem pfuscherischen Betriebe der Logik, wie er nach Aristoteles eintrat und fortan wirkte, gar nicht einmal gefühlt wurde. — Auf dieser Grundlage nun ist die Lehre vom Urtheile folgende.

Die factischen Dinge, über welche im Urtheile Etwas ausgesagt d. h. bejaht oder verneint wird, sind entweder solche, deren Namensbezeichnung zugleich eine allgemeine auf mehrere gleichartige Wesen sich erstreckende Gültigkeit involvirt, wie z. B. Mensch, oder solche, bei deren Namensbezeichnung diess nicht der Fall ist, wie z. B. Kallias 197), — eine Unterscheidung, in welcher wir leicht einerseits die unmittelbar empirische Wahrnehmung, das Eins der Erfahrung, und andrerseits die unmittelbar begriff-schaffende Thätigkeit des Denkens, das Allgemeine des Begriffes, wiedererkennen. Bei denjenigen Subjecten eines Urtheiles nun, welche eine Allgemeinheit unter sich enthalten, kann die im Urtheile ausgesprochene Bejahung oder Verneinung entweder sich ausdrücklich auf alle unter jenes Subject fallende Wesenheiten beziehen, zu welchem Behufe dann das Wort „Alle" zum Subjecte gesetzt wird, denn dieses Wort drückt nicht aus, dass das Subject eine Allgemeinheit sei, sondern eben nur dass das über das Subject ausgesagte allgemein gelten solle, — oder es bezieht sich die Bejahung oder Verneinung ausdrücklich nur auf einige jener im Subjecte umfassten Wesenheiten, zu welchem Behufe das Wort „Einige" dem Subjecte beigefügt wird, — oder endlich es ist unbestimmt gelassen, wie weit diese Beziehung der Bejahung oder Ver-

---

τέρα καὶ γνωριμωτέρα· διὰ γὰρ τὴν κατάφασιν ἡ ἀπόφασις γνώριμος, καὶ προτέρα ἡ κατάφασις ὥςπερ καὶ τὸ εἶναι τοῦ μὴ εἶναι. Vgl. Anm. 110.

197) *D. interpr.* 7, 17 a. 37.: ἐπεὶ δ' ἐστὶ τὰ μὲν καθόλου τῶν πραγμάτων τὰ δὲ καθ' ἕκαστον, λέγω δὲ καθόλου μὲν ὃ ἐπὶ πλειόνων πέφυκε κατηγορεῖσθαι, καθ' ἕκαστον δὲ ὃ μὴ, οἷον ἄνθρωπος μὲν τῶν καθόλου, Καλλίας δὲ τῶν καθ' ἕκαστον, ἀνάγκη δὲ ἀποφαίνεσθαι ὡς ὑπάρχει τι ἢ μὴ ὁτὲ μὲν τῶν καθόλου τινὶ ὁτὲ δὲ τῶν καθ' ἕκαστον.

neinung betreffs der unter das Subject fallenden Wesenheiten reichen solle, wobei dann das Subject ohne einen die Quantität ausdrückenden Zusatz bleibt; bei denjenigen Subjecten hingegen, welche einzelne Individuen sind, kann ohnediess nur einfache Bejahung oder Verneinung stattfinden. Somit ergeben sich als Arten des Urtheiles [198]):

allgemein bejahend — allgemein verneinend,
particular bejahend — particular verneinend,
unbestimmt bejahend — unbestimmt verneinend,
individuell bejahend — individuell verneinend.

Und es versteht sich von selbst, dass wenn Bejahung und Verneinung zugleich an der oben angegebenen Einheit des Urtheiles Theil haben, d. h. zu Ein und der nemlichen Aussage als ein Gegenüberliegendes gehören sollen, dann auch die Allgemeinheit oder Nicht-Allgemeinheit des Subjectes und des Aussagens bei beiden entsprechend gleich sein muss [199]).

Wenn aber nun jedes Urtheil wenigstens aus einem Nomen und einem Verbum bestehen muss, und sowohl das Nomen entweder allein oder in Verbindung mit der Negation stehen kann als auch beim Verbum das Gleiche der Fall ist — s. Anm. 193 f. —, so sind zunächst die einfachsten Formen des Urtheiles diejenigen, welche nur aus einem Nomen und einem Verbum bestehen, welch letzteres zugleich die Fähigkeit hat, die Zeit mit auszudrücken; und es ist bei dieser Einfachheit der

198) So schlicht und plan nun ist die Eintheilung der Urtheile allerdings nirgends bei Arist. selbst dargelegt, sondern wir müssen uns in *D. interpr.* 7., woraus wir diese Angaben zu entnehmen haben, vielfach nur an die Beispiele halten, zumal da dortselbst auch schon Dinge behandelt werden, welche wir erst weiter unten besprechen können, so namentlich das Verhältniss von Widerspruch und Gegensatz. Die Belege der Eintheilung demnach sind: 17 b. 5.: *λέγω δὲ ἐπὶ τοῦ καθόλου ἀποφαίνεσθαι καθόλου, οἷον πᾶς ἄνθρωπος λευκός, οὐδεὶς ἄνθρωπος λευκός*.... (9.) *λέγω δὲ τὸ μὴ καθόλου ἀποφαίνεσθαι ἐπὶ τῶν καθόλου, οἷον ἔστι λευκὸς ἄνθρωπος, οὐκ ἔστι λευκὸς ἄνθρωπος· καθόλου γὰρ ὄντος τοῦ ἄνθρωπος οὐχ ὡς καθόλου κέχρηται τῇ ἀποφάνσει· τὸ γὰρ πᾶς οὐ τὸ καθόλου σημαίνει ἀλλ' ὅτι καθόλου·* (vgl. 10, 20 a. 9.: *τὸ γὰρ πᾶς οὐ τὸ καθόλου σημαίνει, ἀλλ' ὅτι καθόλου*)· *ἐπὶ δὲ τοῦ κατηγορουμένου καθόλου κατηγορεῖν τὸ καθόλου οὐκ ἔστιν ἀληθές· οὐδεμία γὰρ κατάφασις ἀληθὴς ἔσται, ἐν ᾗ τοῦ κατηγορουμένου καθόλου τὸ καθόλου κατηγορεῖται, οἷον ἔστι πᾶς ἄνθρωπος πᾶν ζῷον*..... (19.) *οὐδεὶς ἄνθρωπος λευκός, ἔστι τις ἄνθρωπος λευκός* ..... (28.) *ὅσαι ἐπὶ τῶν καθ' ἕκαστα, οἷον ἔστι Σωκράτης λευκός, οὐκ ἔστι Σωκράτης λευκός*.... (31.) *ὅτι ἔστιν ἄνθρωπος λευκὸς καὶ ὅτι οὐκ ἔστιν ἄνθρωπος λευκός* ..... (34.) *δόξειε δ' ἂν ἐξαίφνης ἄτοπον εἶναι διὰ τὸ φαίνεσθαι σημαίνειν τὸ οὐκ ἔστιν ἄνθρωπος λευκὸς ἅμα καὶ ὅτι οὐδεὶς ἄνθρωπὸς λευκός· τὸ δὲ οὔτε ταὐτὸν σημαίνει οὔθ' ἅμα ἐξ ἀνάγκης* ..... (18 a. 2.) *ἔστι Σωκράτης λευκός, οὐκ ἔστι Σωκράτης λευκός* .... (4.) *τῇ δὲ πᾶς ἄνθρωπος λευκός ἡ οὐ πᾶς ἄνθρωπος λευκός* (hierüber, d. h. über den Widerspruch, s. unten), *τῇ δὲ τὶς ἄνθρωπος λευκός ἡ οὐδεὶς ἄνθρωπος λευκός, τῇ δὲ ἔστιν ἄνθρωπος λευκός ἡ οὐκ ἔστιν ἄνθρωπος λευκός* (hieraus geht klar hervor, dass particulares und unbestimmtes Urtheil zweierlei ist) ..... (8, 18 a. 15.) *πᾶς ἄνθρωπος λευκός ἐστιν, οὐκ ἔστι πᾶς ἄνθρωπος λευκός, ἔστιν ἄνθρωπος λευκός, οὐκ ἔστιν ἄνθρωπος λευκός, οὐδεὶς ἄνθρωπος λευκός, ἔστι τις ἄνθρωπος λευκός.*

199) Ebend. 7, 17 b. 38.: *φανερὸν δὲ ὅτι καὶ μία ἀπόφασις μιᾶς καταφάσεως· τὸ γὰρ αὐτὸ δεῖ ἀποφῆσαι τὴν ἀπόφασιν ὅπερ κατέφησεν ἡ κατάφασις, καὶ ἀπὸ τοῦ αὐτοῦ, ἢ τῶν καθ' ἕκαστά τινος ἢ ἀπὸ τῶν καθόλου τινὸς, ἢ ὡς καθόλου ἢ ὡς μὴ καθόλου.*

ursprünglichsten Urtheilsformen offenbar (wie alsbald aus dem Gegensatze erhellen wird) um die Zwei-Zahl der Hauptbestandtheile — Nomen und Verbum — zu thun; daher es auch gleichgültig ist, welches Verbum zur Darstellung des Schema's angewendet werde[200]), denn das Verbum „ist" ist eben bei anderen Verbis nebst einem anderweitigen Bestandtheile in die Verbalform derselben verschlungen[201]), und jene anderen Verba stehen demnach dem Verbum „ist" darin ganz gleich, dass sie eben als zweiter und zugleich letzter Hauptbestandtheil zum Subjecte hinzutreten; sonach ist, wenn etwa auch zur Darstellung des Schema's das Verbum „ist" gewählt wird, nicht an den sogenannten Existenzial-Satz zu denken, sondern es ist eben ein Urtheil, welches abgesehen von der Negation nur aus zwei Theilen besteht. Somit werden als die einfachsten Sätze folgende bezeichnet[202]):

A ist	A ist nicht
Nicht-A ist	Nicht-A ist nicht
Alles A ist	Alles A ist nicht
Alles Nicht-A ist	Alles Nicht-A ist nicht[203]).

Wenn aber nun das Urtheil drei Bestandtheile hat, d. h. „ist" als dritter neben zwei anderen steht (*τρίτον προσκατηγορεῖται*) und demnach weder ganz allein noch vermittelst jener Verflechtung in einem anderen Verbum das Prädicat bildet[204]), so ist zunächst eine genaue

200) Ebend. 10, 19b. 5.: *ἐπεὶ δέ ἐστι τὶ κατά τινος ἡ κατάφασις σημαίνουσα, τοῦτο δέ ἐστιν ἢ ὄνομα ἢ τὸ ἀνώνυμον, ἓν δὲ δεῖ εἶναι καὶ καθ' ἑνὸς τὸ ἐν τῇ καταφάσει, τὸ δὲ ὄνομα εἴρηται καὶ τὸ ἀνώνυμον πρότερον* (Anm. 194.), *τὸ γὰρ οὐκ ἄνθρωπος ὄνομα μὲν οὐ λέγω ἀλλ' ἀόριστον ὄνομα, ἓν γάρ πως σημαίνει καὶ τὸ ἀόριστον, ὥςπερ καὶ τὸ οὐχ ὑγιαίνει οὐ ῥῆμα ἀλλ' ἀόριστον ῥῆμα, ἔσται πᾶσα κατάφασις καὶ ἀπόφασις ἢ ἐξ ὀνόματος καὶ ῥήματος ἢ ἐξ ἀορίστου ὀνόματος καὶ ῥήματος· ἄνευ δὲ ῥήματος οὐδεμία κατάφασις οὐδὲ ἀπόφασις· τὸ γὰρ ἔστιν ἢ ἔσται ἢ ἦν ἢ γίνεται ἢ ὅσα ἄλλα τοιαῦτα, ῥήματα ἐκ τῶν κειμένων ἐστί, προσσημαίνει γὰρ χρόνον.*

201) Ebend. 20a. 3.: *ἐφ' ὅσων δὲ τὸ ἔστι μὴ ἁρμόττει, οἷον ἐπὶ τοῦ ὑγιαίνει καὶ βαδίζει, ἐπὶ τούτων τὸ αὐτὸ ποιεῖ οὕτω τιθέμενον ὡς ἂν εἰ τὸ ἔστι προςήπτετο.* Anal. pr. I, 46, 51b. 13.: *τὸ γὰρ ἐπίσταται τἀγαθὸν ἢ ἔστιν ἐπιστάμενος τἀγαθὸν οὐδὲν διαφέρει, οὐδὲ τὸ δύναται βαδίζειν ἢ ἔστι δυνάμενος βαδίζειν.* D. interpr. 12, 21b. 9.: *οὐδὲν γὰρ διαφέρει εἰπεῖν ἄνθρωπον βαδίζειν ἢ ἄνθρωπον βαδίζοντα εἶναι.* Vgl. Anm. 302.

202) *D. interpr.* a. a. O. (Anm. 200.) wird fortgefahren 19b. 15.: *ὥστε πρώτη ἔσται κατάφασις καὶ ἀπόφασις τὸ ἔστιν ἄνθρωπος — οὐκ ἔστιν ἄνθρωπος, εἶτα ἔστιν οὐκ ἄνθρωπος — οὐκ ἔστιν οὐκ ἄνθρωπος, πάλιν ἔστι πᾶς ἄνθρωπος — οὐκ ἔστι πᾶς ἄνθρωπος, ἔστι πᾶς οὐκ ἄνθρωπος — οὐκ ἔστι πᾶς οὐκ ἄνθρωπος· καὶ ἐπὶ τῶν ἐκτὸς δὲ χρόνων ὁ αὐτὸς λόγος.*

203) Man sieht leicht, dass diese Tafel in Bezug auf obige Eintheilung nicht vollzählig ist, da nur das unbestimmte und das allgemeine Urtheil genannt sind; und in Folge der mannigfachen Verwirrung und Unklarheit, welche in dem Buche *D. interpr.* herrscht, wovon wir uns bald öfter überzeugen werden, müssen wir wahrscheinlich diesen Mangel nicht der aristotelischen Lehre, sondern dem Schicksale der aristotelischen Schrift zuweisen (vgl. Anm. 235.). Zu den obigen einfachen Urtheilsformen kommen demnach noch folgende hinzu:

Einiges A ist	Einiges A ist nicht
Einiges Nicht-A ist	Einiges Nicht-A ist nicht
Dieses A ist	Dieses A ist nicht
Dieses Nicht-A ist	Dieses Nicht-A ist nicht.

204) *D. interpr.* a. a. O. wird fortgefahren 19b. 19.: *ὅταν δὲ τὸ ἔστι τρί-*

Bestimmung des Verhältnisses zwischen Bejahung und Verneinung nöthig. Es kömmt nemlich Alles darauf an, ob die Urtheile „A ist nicht B“ und „A ist Nicht-B“ das Nemliche ausdrücken, und falls nicht, welches von beiden die Verneinung des Urtheiles „A ist B“ sei [205]). Nun verhält sich das Urtheil

A ist B zu A ist Nicht-B

ebenso wie

A weiss B zu A weiss Nicht-B

und wie A kann B zu A kann Nicht-B,

aber hiebei ist zwischen dem Wissen und Können einerseits und dem im Urtheile als solchen ausgedrückten Stattfinden andrerseits eben der Unterschied, dass das Wissen und Können einer Sache zugleich auch das Wissen und Können des Gegentheiles ist (denn wer die Fähigkeit hat, zu gehen, hat auch die Fähigkeit, nicht zu gehen, und wer das Gute weiss, weiss auch das Nicht-Gute), hingegen das in Bejahung und Verneinung ausgedrückte Gegentheil des Stattfindens nie zugleich dem nemlichen Subjecte zukommen kann. Also die gegenseitige Exclusivität zwischen bestimmter Bejahung und bestimmter Verneinung im Urtheile als Urtheile (s. Anm. 192) entscheidet hier, und sobald demnach das Können und Wissen in einem prädicirenden Urtheile vorkommen, handelt es sich eben deswegen nur um ein Stattfinden oder Nicht-stattfinden des Könnens oder Wissens, nicht aber um den einen oder anderen der beiden Fälle, welche im Wissen und Können zugleich involvirt sind. Also [206]) in Bezug auf das ein Stattfinden oder Nicht-stattfinden ausdrückende Urtheil ist

A weiss nicht B völlig verschieden von A weiss Nicht-B

und A kann nicht B völlig verschieden von A kann Nicht-B

und ebenso A ist nicht B völlig verschieden von A ist Nicht-B.

Sowie nemlich in dem „A kann Nicht-B“ die reale positive Basis das „A kann“ ist, ebenso auch das „A ist“ in dem „A ist Nicht-B“, und es gibt hiemit für das Nicht-B ein bestimmtes Substrat oder Subject (z.

τον προςκατηγορῆται, ἤδη διχῶς λέγονται αἱ ἀντιθέσεις· λέγω δὲ οἷον ἔστι δίκαιος ἄνθρωπος, τὸ ἔστι τρίτον φημὶ συγκεῖσθαι ὄνομα ἢ ῥῆμα ἐν τῇ καταφάσει. Da aber nun in dem hierauf Folgenden Anderweitiges, den Widerspruch und Gegensatz betreffendes, verflochten ist, so verlassen wir jetzt dieses Cap. der Schrift *D. interpr.* um zunächst das Nöthige aus der ersten Analytik zu entwickeln und dortselbst (Anm. 211.) auf die nächste Fortsetzung dieser obigen Worte, welche noch dazu eine Berufung auf die Analytik enthält, zurückzukommen und dann erst noch später (Anm. 235.) neuerdings auf die grosse Lückenhaftigkeit und Unvollständigkeit dieses Capitels hinzuweisen.

205) *Anal. pr.* I, 46, 51b. 5.: *διαφέρει δέ τι .... τὸ ὑπολαμβάνειν ἢ ταὐτὸν ἢ ἕτερον σημαίνειν τὸ μὴ εἶναι τοδὶ καὶ εἶναι μὴ τοῦτο, οἷον τὸ μὴ εἶναι λευκὸν τῷ εἶναι μὴ λευκόν· οὐ γὰρ ταὐτὸν σημαίνει.*

206) Ebend. 51b. 10.: *ὁμοίως γὰρ ἔχει τὸ δύναται βαδίζειν πρὸς τὸ δύναται οὐ βαδίζειν τῷ ἔστι λευκὸν πρὸς τὸ ἔστιν οὐ λευκόν, καὶ τὸ ἐπίσταται τἀγαθὸν πρὸς τὸ ἐπίσταται τὸ οὐκ ἀγαθόν ....* (16.) *εἰ οὖν τὸ οὐκ ἔστι δυνάμενος βαδίζειν ταὐτὸ σημαίνει καὶ ἔστι δυνάμενος οὐ βαδίζειν ἢ μὴ βαδίζειν, ταὐτά γε ἅμα ὑπάρξει ταὐτῷ, ὁ γὰρ αὐτὸς δύναται καὶ βαδίζειν καὶ μὴ βαδίζειν καὶ ἐπιστήμων τἀγαθοῦ καὶ τοῦ μὴ ἀγαθοῦ ἐστι· φάσις δὲ καὶ ἀπόφασις οὐχ ὑπάρχουσιν αἱ ἀντικείμεναι ἅμα τῷ αὐτῷ· ὥςπερ οὖν οὐ ταὐτό ἐστι τὸ μὴ ἐπίστασθαι τἀγαθὸν καὶ ἐπίστασθαι τὸ μὴ ἀγαθὸν, οὐδ' εἶναι μὴ ἀγαθὸν καὶ μὴ εἶναι ἀγαθὸν ταὐτόν.*

B. Subject des Prädicates Nicht-gut ist eben alles Böse, oder Subject des Prädicates Nicht-gleich ist das Ungleiche); hingegen in dem „A ist nicht B" ist die reale Basis des Stattfindens eben aufgehoben oder verneint, d. h. es ist gesagt, dass für diese Verbindung das Substrat gerade kein Substrat ist[207]). Darum gilt die Alternative zwischen „A ist B" und „A ist nicht B" oder mit anderen Worten das disjunctive Urtheil „A ist oder ist nicht B" für alle möglichen Substrate, und selbst wenn auch das Substrat A gar nicht existirt, so ist wohl die erste Hälfte der Alternative unwahr, hingegen die zweite sicher wahr, so dass diese Verneinung, welche in gänzlicher Aufhebung der Verbindung überhaupt besteht, auch für nicht-seiende Subjecte gilt[208]). Hingegen die Alternative zwischen „A ist B" und „A ist Nicht-B" oder mit anderen Worten das disjunctive Urtheil „A ist B oder Nicht-B" gilt nicht von allen Substraten, sondern nur für einen positiv bestimmten Umkreis, und z. B. „A ist nicht-weisses Holz" gilt jedenfalls und nur von einem Holze, hingegen „A ist nicht weisses Holz" kann von vielem anderen gleichfalls gelten. Hiemit ist das Urtheil „A ist Nicht-B" keine Verneinung, sondern ein bejahendes Urtheil, welchem daher wie allen bejahenden Urtheilen ein verneinendes gegenübergestellt werden kann, welches lautet „A ist nicht Nicht-B"; die verneinende Form hingegen liegt in der Aufhebung der Verbindung und die Verneinung von „A ist B" lautet „A ist nicht B"[209]). Hiemit ergeben sich folgende vier Urtheils-Formen, deren Gegenüberliegen und Zusammengehören sich auch äusserlich durch die Anordnung darstellen lässt:

I A ist B	II A ist nicht B
IV A ist nicht Nicht-B	III A ist Nicht-B

---

207) Ebend. 51 b. 25.: *οὐδὲ τὸ εἶναι μὴ ἴσον καὶ τὸ μὴ εἶναι ἴσον* (sc. *ταὐτόν ἐστι*)· *τῷ μὲν γὰρ ὑπόκειταί τι τῷ ὄντι μὴ ἴσῳ, καὶ τοῦτ' ἐστι τὸ ἄνισον τῷ δ' οὐδέν.*

208) Ebend. wird fortgefahren 51 b. 27.: *διόπερ ἴσον μὲν ἢ ἄνισον οὐ πᾶν, ἴσον δ' ἢ οὐκ ἴσον πᾶν.* Cat. 10, 13 b. 27.: *ἐπὶ δέ γε τῆς καταφάσεως καὶ τῆς ἀποφάσεως ἀεὶ ἐάν τε ᾖ ἐάν τε μὴ ᾖ, τὸ ἕτερον ἔσται ψεῦδος καὶ τὸ ἕτερον ἀληθές· τὸ γὰρ νοσεῖν Σωκράτην καὶ τὸ μὴ νοσεῖν Σωκράτην ὄντος τε αὐτοῦ φανερὸν ὅτι τὸ ἕτερον αὐτῶν ἀληθὲς ἢ ψεῦδος, καὶ μὴ ὄντος ὁμοίως, τὸ μὲν γὰρ νοσεῖν μὴ ὄντος ψεῦδος, τὸ δὲ μὴ νοσεῖν ἀληθές.* D. interpr. 3, 16 b. 14.: *ἀλλ' ἔστω ἀόριστον ῥῆμα* (Anm. 193.), *ὅτι ὁμοίως ἐφ' ὁτουοῦν ὑπάρχει καὶ ὄντος καὶ μὴ ὄντος.*

209) Die so eben angeführten Worte *ἴσον ἢ ἄνισον οὐ πᾶν.* Phys. ausc. III, 4, 202 b. 32.: *εἰ καὶ μὴ πᾶν ἐστιν ἄπειρον ἢ πεπερασμένον, οἷον πάθος ἢ στιγμή, τῶν γὰρ τοιούτων ἴσως οὐδὲν ἀναγκαῖον ἐν θατέρῳ τούτων εἶναι.* Anal. pr. a. a. O. 51 b. 28.: *ἔτι τὸ ἔστιν οὐ λευκὸν ξύλον καὶ οὐκ ἔστι λευκὸν ξύλον οὐχ ἅμα ὑπάρχει· εἰ γάρ ἐστι ξύλον οὐ λευκὸν, ἔσται ξύλον· τὸ δὲ μὴ ὂν λευκὸν ξύλον οὐκ ἀνάγκη ξύλον εἶναι· ὥστε φανερὸν ὅτι οὐκ ἔστι τοῦ ἔστιν ἀγαθόν τὸ ἔστιν οὐκ ἀγαθόν ἀπόφασις* (ebend. 51 b. 8.: *οὐδ' ἔστιν ἀπόφασις τοῦ εἶναι λευκὸν τὸ εἶναι μὴ λευκόν*)· *εἰ οὖν κατὰ παντὸς ἑνὸς ἢ φάσις ἢ ἀπόφασις ἀληθὲς, εἰ μή ἐστιν ἀπόφασις, δῆλον ὡς κατάφασις ἄν πως εἴη· καταφάσεως δὲ πάσης ἀπόφασίς ἐστι· καὶ ταύτης ἄρα τὸ οὐκ ἔστιν οὐκ ἀγαθόν.....* (52 a. 24.) *δῆλον ὅτι ἕτερον σημαίνει τὸ ἔστιν οὐ λευκόν καὶ οὐκ ἔστι λευκόν καὶ τὸ μὲν κατάφασις τὸ δ' ἀπόφασις.* Ebend. I, 3, 25 b. 23.: *τὸ δὲ ἔστιν οἷς ἂν προσκατηγορῆται, κατάφασιν ἀεὶ ποιεῖ καὶ πάντως, οἷον τὸ ἔστιν οὐκ ἀγαθόν ἢ ἔστιν οὐ λευκόν ἢ ἁπλῶς τὸ ἔστιν οὐ τοῦτο.* Metaph. Γ, 7, 1012 a. 15.: *ὅταν ἐρομένου εἰ λευκόν ἐστιν εἴπῃ ὅτι οὔ, οὐδὲν ἄλλο ἀποπέφυκεν ἢ τὸ εἶναι, ἀπόφασις δὲ τὸ μὴ εἶναι.*

und hiebei nun gestaltet sich das Verhältniss folgendermassen[210]: von jedwedem Substrate gilt entweder I oder II, aber nie diese beiden Urtheile zugleich von dem nemlichen Substrate, und ebenso gilt von jedem entweder III oder IV, nie aber beide zugleich; hingegen von jedem Substrate, von welchem III gilt, gilt auch II, nicht immer aber umgekehrt, und von jedem Substrate, von welchem I gilt, gilt auch IV, nicht immer aber umgekehrt; ferner I und III können nie von dem nemlichen Substrate gelten, wohl aber zuweilen II und IV (denn wenn z. B. die Zeit nicht weiss ist, d. h. mit dem Weiss-sein Nichts zu schaffen hat, so ist sie auch nicht nicht-weiss). Und ebenso verhalten sich diese vier Formen auch, wenn an Stelle des Nicht-B vermittelst Eines Wortes jenes reale Substrat gesetzt wird, welches als Subject zu dem Prädikate Nicht-B existirt, also z. B. Bös statt Nicht-gut (Anm. 207), nemlich[211]:

---

210) *Anal. pr.* I, 46, 51b. 36.: *ἔχει δὲ τάξιν τήνδε πρὸς ἄλληλα· ἔστω τὸ εἶναι ἀγαθὸν ἐφ' οὗ Α, τὸ δὲ μὴ εἶναι ἀγαθὸν ἐφ' οὗ Β, τὸ δὲ εἶναι μὴ ἀγαθὸν ἐφ' οὗ Γ ὑπὸ τὸ Β, τὸ δὲ μὴ εἶναι μὴ ἀγαθὸν ἐφ' οὗ Δ ὑπὸ τὸ Α. παντὶ δὴ ὑπάρξει ἢ τὸ Α ἢ τὸ Β, καὶ οὐδενὶ τῷ αὐτῷ· καὶ ἢ τὸ Γ ἢ τὸ Δ, καὶ οὐδενὶ τῷ αὐτῷ· καὶ ᾧ τὸ Γ, ἀνάγκη τὸ Β παντὶ ὑπάρχειν· εἰ γὰρ ἀληθὲς εἰπεῖν ὅτι οὐ λευκὸν, καὶ ὅτι οὐκ ἔστι λευκὸν ἀληθές· ἀδύνατον γὰρ ἅμα εἶναι λευκὸν καὶ εἶναι μὴ λευκὸν ἢ εἶναι ξύλον οὐ λευκὸν καὶ εἶναι ξύλον λευκὸν, ὥστ' εἰ μὴ ἡ κατάφασις, ἡ ἀπόφασις ὑπάρξει· τῷ δὲ Β τὸ Γ οὐκ ἀεί· ὃ γὰρ ὅλως μὴ ξύλον, οὐδὲ ξύλον ἔσται οὐ λευκόν· ἀνάπαλιν τοίνυν, ᾧ τὸ Α, τὸ Δ παντί· ἢ γὰρ τὸ Γ ἢ τὸ Δ· ἐπεὶ δ' οὐχ οἷόν τε ἅμα εἶναι μὴ λευκὸν καὶ λευκὸν, τὸ Δ ὑπάρξει· κατὰ γὰρ τοῦ ὄντος λευκοῦ ἀληθὲς εἰπεῖν ὅτι οὐκ ἔστιν οὐ λευκόν· κατὰ δὲ τοῦ Δ οὐ παντὸς τὸ Α· κατὰ γὰρ τοῦ ὅλως μὴ ὄντος ξύλου οὐκ ἀληθὲς τὸ Α εἰπεῖν, ὡς ἔστι ξύλον λευκόν· ὥστε τὸ Δ ἀληθὲς, τὸ δ' Α οὐκ ἀληθὲς, ὅτι ξύλον λευκόν· δῆλον δ' ὅτι καὶ τὸ ΑΓ οὐδενὶ τῷ αὐτῷ καὶ τὸ Β καὶ τὸ Δ ἐνδέχεται τινὶ τῷ αὐτῷ ὑπάρξαι.*

211) Ebend. 52a 15.: *ὁμοίως δ' ἔχουσι καὶ αἱ στερήσεις πρὸς τὰς κατηγορίας ταύτῃ τῇ θέσει· ἴσον ἐφ' οὗ τὸ Α, οὐκ ἴσον ἐφ' οὗ Β, ἄνισον ἐφ' οὗ Γ, οὐκ ἄνισον ἐφ' οὗ Δ.* (Darüber, dass diese bejahenden Ausdrücke eines Negativen, wie z. B. Ungleich, *στέρησις* heissen, s. unten Anm. 326 ff.). In Bezug nun auf diese zwei Tafeln der Urtheile, bei welchen die Verneinung sowohl in dem „ist nicht“ als auch in dem „Nicht-B“ oder dessen gleichbedeutendem affirmativen Ausdrucke beruhen kann, enthält die oben (Anm. 204.) einstweilen verlassene Stelle *D. interpr.* 10. gleichfalls eine Zusammenstellung, und zwar, wie gesagt, mit Berufung auf die Analytik, nemlich es folgt dort 19b. 22.: *ὥστε διὰ τοῦτο τέτταρα ἔσται ταῦτα, ὧν τὰ μὲν δύο πρὸς τὴν κατάφασιν καὶ ἀπόφασιν ἕξει κατὰ τὸ στοιχοῦν ὡς αἱ στερήσεις, τὰ δὲ δύο οὔ· λέγω δ' ὅτι τῷ ἔστιν ἢ τῷ δικαίῳ προσκείσεται ἢ τῷ οὐ δικαίῳ, ὥστε καὶ ἡ ἀπόφασις· τέτταρα οὖν ἔσται· νοοῦμεν δὲ τὸ λεγόμενον ἐκ τῶν ὑπογεγραμμένων. ἔστι δίκαιος ἄνθρωπος· ἀπόφασις τούτου, οὐκ ἔστι δίκαιος ἄνθρωπος. ἔστιν οὐ δίκαιος ἄνθρωπος· τούτου ἀπόφασις, οὐκ ἔστιν οὐ δίκαιος ἄνθρωπος. τὸ γὰρ ἔστιν ἐνταῦθα καὶ τὸ οὐκ ἔστι τῷ δικαίῳ προσκείσεται καὶ τῷ οὐ δικαίῳ· ταῦτα μὲν οὖν, ὥσπερ ἐν τοῖς Ἀναλυτικοῖς εἴρηται, οὕτω τέτακται.* Da es sich hier, wo das *ἔστι* als dritter Bestandtheil des Satzes steht, darum handelt, dass die Negation sowohl mit dem *ἔστι* selbst als auch mit dem *B* verbunden sein kann, so ist wohl jedenfalls mit Unrecht von Waitz statt des handschriftlichen *δικαίῳ* sämmtliche vier Male in dieser Stelle auf die Auctorität der Commentatoren hin *ἀνθρώπῳ* gesetzt, und auch die von Waitz gegebene Erklärung, welche dazu führt, dass die angegebenen Beispiele von Sätzen Existenzial-Sätze seien, dürfte nur eine gezwungene sein; ebenso ist die den Text erläuternde Figur (*τὸ ὑπογεγραμμένον*) von Waitz unrichtig gestellt; denn dass die Reihenfolge der Sätze im Texte, welche dem allmäligen Hinzufügen der Negation zu den Satz-Theilen folgt, eben eine andere ist als die Anordnung in der Figur, welche auf die logische Abfolge der Urtheile

I′ A ist gut	II′ A ist nicht gut
IV′ A ist nicht böse	III′ A ist böse.

Wenn daher von einem gewissen Umkreise von Substraten den einen ein gewisses Prädicat zukömmt und den andern nicht, so ist die eigentlich verneinende Form als Ausdruck für den Mangel einer allgemeingültigen Verbindung völlig wahr, nemlich „Nicht ist alles A B“, hingegen durchaus falsch wäre die Aussage vermittelst des bejahenden Nicht-B, nemlich „Alles A ist Nicht-B“; und überhaupt auch ist nun klar, dass das Urtheil „Alles A ist B“ nicht verneint werde durch „Alles A ist Nicht-B“, sondern durch „Nicht ist alles A B“[212]).

Aus diesen Grundsätzen nun geht klar hervor, dass Aristoteles für die Möglichkeit, dass B oder Nicht-B von A ausgesagt werde, ein reales Substrat eben in A selbst als nothwendig vorauszusetzend anerkennt, indem das Stattfinden des Nicht-B nicht identisch ist mit dem Nichtstattfinden jener ganzen Sphäre, deren beide Erscheinungsweisen das B und das Nicht-B sind[213]). Hiedurch aber verstehen wir nun einerseits schon vorläufig sehr wohl, wie oben das Urtheil „A ist B“ mit den Urtheilen „A weiss B“ und „A kann B“ u. s. f. gleichgestellt wurde (Näheres unten, Anm. 252 ff.), denn ausser jener Gleichmässigkeit, in welcher wir oben diese drei Urtheile als Urtheile trafen, erhellt uns nun, dass der Begriff einer die Gegensätze zugleich umfassenden Potenz sowie beim Können und Wissen nun als vorauszusetzender auch den objectiven Inhalt des Urtheiles „A ist B“ trifft, weil die einmal bestehende Verbindung des Substrates A mit einer gewissen Sphäre von Attributen es ist, welche die Möglichkeit offen lässt, dass B oder Nicht-B eintrete (z. B. die Handlungen sind wesentlich verknüpft mit den Prädicaten Sittlich oder Nicht-sittlich), hingegen bei nicht vorhandener derartiger Verbindung auch die darin enthaltene doppelte Möglichkeit wegfällt (z. B. der pythagoreische Lehrsatz ist wesentlich nicht verknüpft mit jenen Prädicaten). Steckt hiemit in der inhaltlichen Berechtigung des Wortes „ist“

---

sieht, ist gerade durch die Worte *οὕτω τέτακται* ausgesprochen (d. h. „diese hier bloss aufgezählten Urtheile haben in der Figur diese bestimmte Gruppirung“). Die Figur ist keine andere als die in der Analytik, nemlich:

I *ἔστι δίκαιος ἄνθρωπος* — *οὐκ ἔστι δίκαιος ἄνθρωπος* II

IV(od.IV′) *οὐκ ἔστιν οὐ δίκαιος ἄνθρωπος* — *ἔστιν οὐ δίκαιος ἄνθρωπος* III(od.III′)

so dass die durch Striche verbundenen Urtheile immer einander entgegengesetzt sind. Der Satz aber *ὧν τὰ μὲν δύο* etc. hat, wie Waitz richtig bemerkt, folgenden Sinn in Bezug auf die oben aus der Analytik angegebenen zwei Tafeln: „Von diesen vier Urtheilen verhalten sich in Bezug auf logische Abfolge (*κατὰ τὸ στοιχοῦν*) zwei, nemlich IV und III zu dem bejahenden I und zu dem verneinenden II gerade so wie IV′ und III′, denn IV und IV′ sind beide eine Folge von I, da wovon I gilt, auch IV gilt, und ebenso ist II eine Folge von III und von III′, da wovon III gilt, auch II gilt; hingegen die anderen zwei, nemlich I und II verhalten sich selbstverständlicher Weise nicht so.“ Vgl. ausser Anm. 287. auch bes. Abschn. V, Anm. 30.

212) *An. pr.* a. a. O. 52 a. 18.: *καὶ ἐπὶ πολλῶν δὲ, ὧν τοῖς μὲν ὑπάρχει τοῖς δ᾽ οὐχ ὑπάρχει ταὐτὸ, ἡ μὲν ἀπόφασις ὁμοίως ἀληθεύοιτ᾽ ἂν, ὅτι οὐκ ἔστι λευκὰ πάντα ἢ ὅτι οὐκ ἔστι λευκὸν ἕκαστον· ὅτι δ᾽ ἔστιν οὐ λευκὸν ἕκαστον ἢ πάντα ἐστὶν οὐ λευκὰ, ψεῦδος· ὁμοίως δὲ καὶ τοῦ ἔστι πᾶν ζῷον λευκόν οὐ τὸ ἔστιν οὐ λευκὸν ἅπαν ζῷον ἀπόφασις, ἄμφω γὰρ ψευδεῖς, ἀλλὰ τὸ οὐκ ἔστι πᾶν ζῷον λευκόν.*

213) Ebend. 52 b. 32.: *οὐ ταὐτὸ δ᾽ ἐστὶ τὸ οὐκ ἀγαθὸν τῷ οὔτ᾽ ἀγαθὸν οὔτ᾽ οὐκ ἀγαθόν.*

gleichfalls der Begriff einer Potenz, welche den Gegensatz als einen später heraustretenden, vorerst noch bloss möglichen, enthält, so gewinnen wir nun auch eine Einsicht darein, warum Aristoteles aus inneren wissenschaftlichen Gründen in die Lehre vom Urtheile den Begriff des Möglichen und des Nothwendigen beiziehen und die Urtheile der Möglichkeit sowie die Urtheile der Nothwendigkeit näher untersuchen musste [214]), denn in dem realen Substrate, welches schon von vorneherein erforderlich ist, dass nur überhaupt entweder B oder Nicht-B mit A verknüpft sein könne, also darin dass vermittelst des „ist“ das A mit einer die Möglichkeit von B und Nicht-B zugleich umfassenden Sphäre verknüpft ist, liegt der Begriff des Möglichen und der innere an sich seiende allgemeine Grund dieses Möglichen ist das Nothwendige. — Hiemit aber möge nur die innere Verknüpfung dessen, was wir unten betreffs der Möglichkeits- und Nothwendigkeits-Urtheile zu entwickeln haben, ausgesprochen sein; denn vorerst müssen wir den Begriff der Verneinung noch weiter in seinen Functionen verfolgen.

Wir sahen nemlich im Bisherigen, dass die eigentliche Verneinung in der Aufhebung der Verbindung vermittelst des „ist nicht“ beruht, sowie dass das „ist Nicht-B“ eine Bejahung enthalte, es also eine verneinende Ausdrucksweise gibt, welche eine positive bejahende Geltung hat. Also Bejahung und Verneinung betreffen wesentlich ein Stattfinden und beziehungsweise ein Nichtstattfinden, und Aristoteles sagt auch ausdrücklich, dass das Verhältniss des Widerspruches (*ἀντίφασις*), nemlich das Verhältniss des Bejahens und Verneinens, dem Sein und Nicht-sein sowie der in Sein und Nicht-sein vor sich gehenden Veränderung, nemlich dem Entstehen und Vergehen entspreche. Und wenn nun Aristoteles an eben jenen Stellen, in welchen er diess ausspricht, diesem Verhältnisse das der realen Gegensätze (*ἐναντία*) gegenüberstellt, in welchen sich alle übrigen drei Arten der Veränderung (Raumbewegung, qualitative Aenderung, quantitative Zu- und Ab-nahme) bewegen [215]), so wird man uns einerseits hoffentlich vorläufig

---

214) Es ist diess eine Einsicht, welche freilich nicht gewonnen wird, wenn man zur Darstellung der aristotelischen Lehre vom Urtheile das Buch *D. interpr.* bloss excerpirt.

215) *Phys. ausc.* VI, 10, 241 a. 26.: *μεταβολὴ δ' οὐκ ἔστιν οὐδεμία ἄπειρος· ἅπασα γὰρ ἦν ἔκ τινος εἴς τι, καὶ ἡ ἐν ἀντιφάσει καὶ ἡ ἐν ἐναντίοις· ὥστε τῶν μὲν κατ' ἀντίφασιν ἡ φάσις καὶ ἡ ἀπόφασις πέρας, οἷον γενέσεως μὲν τὸ ὄν, φθορᾶς δὲ τὸ μὴ ὄν, τῶν δ' ἐν τοῖς ἐναντίοις τὰ ἐναντία, ταῦτα γὰρ ἄκρα τῆς μεταβολῆς.* Ebend. 5, 235 b. 13.: *ἐπεὶ οὖν μία τῶν μεταβολῶν ἡ κατ' ἀντίφασιν, ὅτε μεταβέβληκεν ἐκ τοῦ μὴ ὄντος εἰς τὸ ὄν, ἀπολέλοιπε τὸ μὴ ὄν.* Ebend. 9, 240 a. 26.: *ὁμοίως δὲ καὶ ἐπὶ τοῦ ὄντος καὶ ἐπὶ τοῦ μὴ ὄντος καὶ τῶν ἄλλων τῶν κατ' ἀντίφασιν.* Ebend. V, 2, 225 b. 24.: *αὕτη γὰρ ἡ κίνησις ἐξ ἄλλου εἴδους εἰς ἄλλο ἐστὶ μεταβολή· καὶ ἡ γένεσις δὲ καὶ ἡ φθορὰ ὡσαύτως, πλὴν αἱ μὲν εἰς ἀντικείμενα ὡδί, ἡ δὲ κίνησις οὐχ ὁμοίως.* Ebend. 1, 224 b. 28.: *ἡ δὲ μὴ κατὰ συμβεβηκὸς* (sc. *μεταβολή*) *οὐκ ἐν ἅπασιν, ἀλλ' ἐν τοῖς ἐναντίοις καὶ ἐν τοῖς μεταξὺ καὶ ἐν ἀντιφάσει* ..... 225 a. 34.: *μεταβολαὶ δὲ τρεῖς αἱ εἰρημέναι, τούτων δὲ αἱ κατὰ γένεσιν καὶ φθορὰν οὐ κινήσεις, αὗται δ' εἰσὶν αἱ κατ' ἀντίφασιν.* Vgl. auch Anm. 228. Ich muss hier aus der aristot. Physik als etwas Bekanntes voraussetzen, dass der Begriff der Veränderung im weiteren Sinne vier Arten umfasst, nemlich: Entstehen und Vergehen, Raumbewegung, qualitative Aenderung, quantitative Zu- und Ab-nahme; hingegen Veränderung im engeren Sinne, d. h. Bewegung umfasst von diesen vieren nur die letztern drei. S. meine *Symb. crit. in Ar. phys. ausc.* p. 7 ff. u. meine Ausgabe d. Physik S. 506. Anm. 1.

zugeben, dass wir in den oben vorgekommenen Prädikaten B und Nicht-B, welche ja beide als gleich positiv bezeichnet wurden, und geschweige denn erst in den von vorneherein positiv ausgedrückten derartigen Prädicaten wie z. B. Gut und Bös oder Gleich und Ungleich, ganz entschieden reale Gegensätze vor uns hatten. Aber anderseits eben darum, weil dieselben positiv sind oder sogar positiv ausgedrückt werden, die Gegensätze aber dem Widerspruche gegenüberliegen, sollten wir erwarten, dass die realen Gegensätze an sich mit dem Bejahen und Verneinen Nichts zu schaffen hätten, zumal da es bei dem Widerspruche nie ein Mittleres gibt, bei den Gegensätzen aber diess der Fall ist (s. Anm. 192), — kurz wir sollten erwarten, dass es wohl widersprechende Urtheile und entgegengesetzte Begriffe, nicht aber dass es entgegengesetzte Urtheile und widersprechende Begriffe gebe. Also die Schwierigkeit, welche sich uns in Folge der obigen Bedeutung der Verneinung herausstellt, ist, wie die sprachliche Verneinung, welche ihren wesentlichen Umkreis in dem Nichtstattfinden hat, dazukomme, den realen Gegensatz der Begriffe, welche im Subjecte und im Prädicate auftreten können, auszudrücken, und umgekehrt, wie ein real positives Gegensatzpaar dazu komme, in zwei Urtheilen, deren eines ein Stattfinden und das andere ein Nichtstattfinden ausspricht, und welche sich also als Bejahung und Verneinung einander gegenüberliegen, ausgedrückt zu werden. Oder kürzer ausgedrückt: die Schwierigkeit liegt in dem Positiv-werden der Negation und dem Negativ-werden der Position. Diese Schwierigkeit aber kann nicht gelöst werden, sobald man die Negation als ein fertiges Factum naiv aus dem Sprachschatze aufrafft; und hierin also liegt die Blösse der aristotelischen Lehre vom Urtheile. Hätte nicht unsere ganze Schultradition bis zur neuesten Zeit unablässig ebenso naiv getreulich diese nemliche Blösse wiedergekäut, so wäre wohl jene colossale Escamotage, welche als rastlose Springfeder der Hegel'schen Logik zu Grunde liegt, unterblieben.

Wir haben nun zur weiteren Entwicklung wieder an jene Verneinung anzuknüpfen, welche wir oben zuletzt trafen; es tritt nemlich als Bejahung und Verneinung gegenüber:

A ist B und A ist nicht B

Alles A ist B und Nicht ist alles A B, d. h. es ist nicht wahr, dass alles A B ist [216]).

Von hier aus aber müssen wir nun unterscheiden. Dass das Urtheil, wenn es je im Dienste des apodeiktischen Verfahrens verwendet werden soll, dem *καθόλου* zugewendet sein muss, und dass dieses *καθόλου* in der Vereinigung des *κατὰ παντός* und des *καθ' αὑτό* erreicht wird, kann in Folge der oben (Anm. 132 ff.) gegebenen Entwicklung uns feststehen, und wir werden es demnach auch erklärlich finden, dass

---

216) Für diese Form der Verneinung, welche gleichsam nur durch das vorausgeschickte „Nicht ist" (*οὐκ ἔστι*) eine Verwahrung gegen prätendirte Richtigkeit des bejahenden Urtheiles einlegt, ist natürlich bei einer Sprache, welche völlige Freiheit in der Wortstellung hat, es gleichgültig, wie im bejahenden Urtheile die Worte aufeinander folgen. *D. interpr.* 10, 20 b. 1.: *μετατιθέμενα δὲ τὰ ὀνόματα καὶ τὰ ῥήματα ταὐτὸν σημαίνει, οἷον ἔστι λευκὸς ἄνθρωπος, ἔστιν ἄνθρωπος λευκός· εἰ γὰρ μὴ τοῦτό ἐστι, τοῦ αὐτοῦ πλείους ἔσονται ἀποφάσεις* κ. τ. λ.

die beiden Momente, welche zusammen das *καθόλου* bewirken, ja eine wesentliche Rolle in der Lehre vom Urtheile spielen müssen. Es scheidet sich nemlich auch wirklich jene so eben angegebene Form der Verneinung gerade bei allen jenen Urtheilen, deren Subject nicht das vereinzelte Individuum ist (Anm. 197), nach zwei Richtungen in eine verschiedene Function aus (das Einzeln-Individuum als solches steht ja dem *καθόλου* gegenüber, und es kann nur, insoweit es an der Allgemeinheit Theil hat, Gegenstand des Wissens sein).

Insoferne nemlich ein Urtheil, dessen Subject eine Allgemeinheit unter sich befasst, auf die für das apodeiktische Wissen unentbehrliche Allgemeingültigkeit (*κατὰ παντός*) Anspruch macht, tritt die Verneinung mit der einen ihrer beiden Functionen auf, indem sie dazu dient, dieser Form der Allgemeingültigkeit zu widersprechen, und es verbindet sich daher die Negation, d. h. das Wort „nicht", mit jenem Worte, welches das Zeichen der Allgemeingültigkeit ist, d. h. mit dem „Alle". Die gleiche Wirkung hat die Verneinung auch dann, wenn die beanspruchte Allgemeingültigkeit des bejahenden Urtheiles auf einen Theil dessen, was unter das Subject fällt, beschränkt ist und als Zeichen hievon das Wort „Einige" gebraucht ist; dann nemlich wird auch dieser letzte Rest der Allgemeingültigkeit verneint, und die Vereinigung des „nicht" mit „Einige" kann nur die Bedeutung von „Kein" haben (es wird also hiebei nicht die Beschränkung der Allgemeingültigkeit negirt, wornach das „nicht Einige" auf das „Alle" hinauskäme, sondern die in „Einige" noch steckende Allgemeingültigkeit selbst wird negirt; ein klarer Beleg dafür, dass es sich um das Auftreten des *κατὰ παντός* handelt). Diese Function der Verneinung heisst Widerspruch (*ἀντίφασις*), und es liegen sich demnach widerspruchsweise (*ἀντιφατικῶς*) die Urtheile gegenüber [217]:

Alles A ist B	Nicht Alles A ist B
Einiges A ist B	Kein A ist B

Insoferne aber ein Urtheil, dessen Subject eine Allgemeinheit unter

217) *D. interpr.* 7, 17 b. 16.: *ἀντικεῖσθαι μὲν οὖν κατάφασιν ἀποφάσει λέγω ἀντιφατικῶς τὴν τὸ καθόλου σημαίνουσαν τῷ αὐτῷ ὅτι οὐ καθόλου, οἷον πᾶς ἄνθρωπος λευκός — οὐ πᾶς ἄνθρωπος λευκός, οὐδεὶς ἄνθρωπος λευκός — ἔστι τις ἄνθρωπος λευκός.* Hiernach zwar könnte es scheinen, als müsse von der Reciprocität des Widerspruches bei dem letztern obiger zwei Paare von Urtheilen Gebrauch gemacht werden, so dass geordnet würde:

Alles A ist B	Nicht alles A ist B
Kein A ist B	Einiges A ist B

wornach für das particulare Urtheil ein eigenes Motiv nicht nöthig wäre, und gemeinschaftlich für beide Paare das Motiv bloss in dem „Allgemein — Nicht allgemein" liege. Aber abgesehen davon, dass wenn die Reciprocität überhaupt berücksichtigt werden soll, man dann beide Paare in ihrer Reciprocität betrachten muss, man hiebei aber jedenfalls mit dem „Nicht alles A ist B" in Widersprüche verwickelt wird, ist ein klarer Beleg für die von uns oben gegebene Begründung und Anordnung nicht bloss die a. a. O. alsbald folgende Stelle: 18 a. 4.: *τῇ δὲ πᾶς ἄνθρωπος λευκός ἢ οὐ πᾶς ἄνθρωπος λευκός, τῇ δὲ τὶς ἄνθρωπος λευκός ἢ οὐδεὶς ἄνθρωπος λευκός*, sondern auch namentlich die in der folg. Anm. aus *Anal. pr.* anzuführende Zusammenstellung des *ἀντιφατικόν* und *ἐναντίον*, sowie die in der Syllogistik hievon gemachte Anwendung. Ferner noch wird wohl auch zugegeben werden, dass von der bejahenden Form als Grundlage auszugehen ist, wenn untersucht werden soll, wie ihr verschiedene verneinende Formen verschieden gegenüber liegen.

sich befasst, neben dem Anspruche auf völlige oder beschränkte Allgemeingültigkeit zugleich auch das zweite für das apodeiktische Wissen unentbehrliche Moment an sich tragen will, nemlich dass dasjenige, was es vom Subjecte als Stattfindendes aussagt, wirklich wesentlich (*καθ' αὑτό*) an dem Subjecte stattfinde, tritt die Verneinung mit der anderen ihrer beiden Functionen auf, indem sie dazu dient, dieses Stattfinden zu verneinen, und hiemit concreter Weise den Gegensatz desselben, also das Nichtstattfinden, auszusprechen. Diese Function der Verneinung heisst daher die des Gegensatzes (*ἐναντίον*), und es liegen sich gegensätzlich (*ἐναντίως*) die Urtheile gegenüber [218]):

Alles A ist B	Alles A ist nicht B, d. h. Kein A ist B (s. unten Anm. 225—233)
Einiges A ist B	Einiges A ist nicht B

Wird aber von Subjecten, welche eine Allgemeinheit enthalten, in unbestimmter Weise (Anm. 198) Etwas prädicirt, so ist auch die entsprechende Verneinung gleich unbestimmt; die Art und Weise aber, wie dann Bejahung und Verneinung einander gegenüberliegen, ist keinenfalls die des Gegensatzes, wenn auch der Inhalt des Ausgesagten ein gegensätzlicher sein kann; demnach gehört das Verhältniss von Urtheilen wie z. B. „Thier ist weiss — Nicht ist Thier weiss" mehr dem Widerspruche, als dem Gegensatze an [219]).

So also verhält es sich bei Subjecten, welche in sich eine Allgemeinheit enthalten. Dass hingegen bei Urtheilen, deren Subject eine nur individuelle Geltung hat, ein Widerspruch in dem Sinne, dass durch denselben die Allgemeingültigkeit verneint würde, nicht auftreten kann, versteht sich von selbst. Hier daher kann die Verneinung nur entweder die schon oben angegebene Bedeutung haben, dass die Verbindung zwischen Subject und Prädicat überhaupt aufgehoben wird, und also das Urtheil auch bei der Nicht-Existenz des Subjectes gilt (s. Anm. 208), —

---

218) Ebend. 17 b. 3.: *ἐὰν μὲν οὖν καθόλου ἀποφαίνηται ἐπὶ τοῦ καθόλου ὅτι ὑπάρχει τι ἢ μή, ἔσονται ἐναντίαι αἱ ἀποφάνσεις ... οἷον πᾶς ἄνθρωπος λευκός, οὐδεὶς ἄνθρωπος λευκός* ..... (20) *ἐναντίως δὲ τὴν τοῦ καθόλου κατάφασιν καὶ τὴν τοῦ καθόλου ἀπόφασιν, οἷον πᾶς ἄνθρωπος δίκαιος — οὐδεὶς ἄνθρωπος δίκαιος.* Ebend. 10, 20 a. 26.: *ἐπὶ δὲ τῶν καθόλου οὐκ ἀληθὴς ἡ ὁμοίως λεγομένη, ἀληθὴς δὲ ἡ ἀπόφασις, οἷον ἆρά γε πᾶς ἄνθρωπος σοφός; οὔ. πᾶς ἄρα ἄνθρωπος οὐ σοφός· τοῦτο γὰρ ψεῦδος. ἀλλὰ τὸ οὐ πᾶς ἄρα ἄνθρωπος σοφός ἀληθές· αὕτη δέ ἐστιν ἡ ἀντικειμένη, ἐκείνη δὲ ἡ ἐναντία.* So werden auch *ἀντικείμεναι* und *ἐναντίαι προτάσεις* als coordinirte Gegensätze unterschieden, wobei dann *ἀντικείμεναι* identisch mit *ἀντιφατικῶς ἀντικείμεναι* gebraucht ist; so *Anal. pr.* I, 17, 36 b. 39. Der gleiche Sprachgebrauch ist in der kurzen Zusammenstellung der widersprechenden und der entgegengesetzten Urtheile ebend. II, 8, 59 b. 9.: *λέγω δ' ἀντικεῖσθαι μὲν τὸ παντὶ τῷ οὐ παντὶ καὶ τὸ τινὶ τῷ οὐδενὶ, ἐναντίως δὲ τὸ παντὶ τῷ οὐδενὶ καὶ τὸ τινὶ τῷ οὐ τινὶ ὑπάρχειν* (dass hier *οὐ τινὶ ὑπάρχειν* natürlich in dem Sinne von *τινὶ μὴ ὑπάρχειν* steht, zeigt klar die Anwendung, welche für die Umkehrung eines Syllogismus hievon ebend. 60 a. 5. gemacht wird). Vgl. auch Anm. 223.

219) *D. interpr.* 7, 17 b. 7.: *ὅταν δὲ ἐπὶ τῶν καθόλου μέν, μὴ καθόλου δέ, αὗται μὲν οὐκ εἰσὶν ἐναντίαι, τὰ μέντοι δηλούμενα ἔστιν εἶναι ἐναντία ποτέ· λέγω δὲ ... οἷον ἔστι λευκὸς ἄνθρωπος, οὐκ ἔστι λευκὸς ἄνθρωπος.* Ebend. 18 a. 6. folgt auf die unmittelbar vorhergehenden (18 a. 4.) Widerspruchs-Urtheile (Anm. 217.) sogleich: *τῇ δὲ ἔστιν ἄνθρωπος λευκός ἡ οὐκ ἔστιν ἄνθρωπος λευκός.*

und es mag diess als ein Verhältniss der blossen Bejahung und Verneinung wohl Widerspruch heissen —, oder die Verneinung muss den concreten Gegensatz vermittelst des Nicht-B bei positivem „ist“ aussprechen, wobei, falls das Subject nicht existirt, beide entgegengesetzte Urtheile gleich falsch sind [220]).

So also tritt jenes an sich noch unbestimmte Verneinen, welches darin liegt, dass einem Urtheile überhaupt ein „Nein“ oder ein „Nicht ist“ gegenübergestellt wird, nun nach zwei bestimmten Seiten auseinander, und sowie, wenn das Urtheil in Frage-Form gestellt ist und darauf mit Nein geantwortet wird, es sich erst entscheiden muss, wie das Nein zu nehmen sei (in zwei Stellen in Anm. 218 u. 220 steht selbst die Frage-Form), so betrifft auch das „Nicht ist“ entweder die Form der Allgemeingültigkeit (das *κατὰ παντός*) und ist dann Widerspruch, oder es betrifft den Inhalt des wesentlichen Stattfindens (das *καθ᾽ αὑτό*) und ist dann Gegensatz. Ein drittes neben Widerspruch und Gegensatz ist allerdings das „ist nicht“ (*οὐκ ἔστι*) als „unbestimmtes Verbum“ (*ἀόριστον ῥῆμα*, Anm. 193); aber dasselbe erweist sich schon dadurch, dass es ein unbestimmtes genannt wird, als unverträglich mit dem nach Festigkeit strebenden Wissen, und insbesondere ja kann es darum, weil es sich gegen Existenz und Nicht-Existenz des Subjectes gleichgültig verhält (Anm. 208), gar nicht zum Ausdrucke des concreten realen Stattfindens dienen. Fällt demnach dieses dritte für das apodeiktische Wissen hinweg, und bleiben als mögliche Functionen der Verneinung zum Behufe des Wissens nur Widerspruch und Gegensatz übrig, so wird in dem Urtheile „A ist nicht B“ das „ist nicht“ sich wohl bequemen müssen, dem realen Gegensatze „ist Nicht-B“ näher zu treten, wenn nicht gar in denselben umzuschlagen. Dass diess der Fall ist, werden wir nun Schritt vor Schritt beobachten können und hiebei die Unlösbarkeit der Schwierigkeit einsehen, in welche Aristoteles durch unmotivirtes Aufnehmen der Negation geräth.

Zunächst ist klar, dass der Gegensatz zweier Urtheile concret real genommen werden muss, denn er ist auf dasjenige gerichtet, was wirklich factisch an sich (*καθ᾽ αὑτό*) stattfindet oder nichtstattfindet, und je nachdem das Urtheil dieses objectiv an sich Seiende trifft oder nicht, ist es wahr oder falsch; daher gegensätzliche Urtheile nicht bloss nicht beide zugleich wahr sein können, sondern auch nicht beide zugleich falsch (welch letzteres nur der Fall ist, wenn die Existenz oder Nicht-Existenz des Subjectes als gleichgültig betrachtet wird; s. oben), d. h. weil es sich um ein factisches Subject handelt, muss von zwei gegensätzlichen Urtheilen jedenfalls das eine oder das andere wahr sein. Diess Verhältniss aber, dass weder beide zugleich wahr, noch beide zugleich

220) Ebend. 10, 20 a. 24.: *ἐπὶ μὲν τῶν καθ᾽ ἕκαστον, εἰ ἀληθὲς ἐρωτηθέντα ἀποφῆσαι, ὅτι καὶ καταφῆσαι ἀληθές· οἷον ἆρά γε Σωκράτης σοφός; οὔ. Σωκράτης ἄρα οὐ σοφός.* Ebend. 7, 17 b. 26.: *ὅσαι μὲν οὖν ἀντιφάσεις τῶν καθόλου εἰσὶ καθόλου, ἀνάγκη τὴν ἑτέραν ἀληθῆ εἶναι ἢ ψευδῆ, καὶ ὅσαι ἐπὶ τῶν καθ᾽ ἕκαστα, οἷον ἔστι Σωκράτης λευκός — οὐκ ἔστι Σωκράτης λευκός.* Cat. 10, 13 b. 14.: *τὸ γὰρ ὑγιαίνειν Σωκράτην τῷ νοσεῖν Σωκράτην ἐναντίον ἐστίν· ἀλλ᾽ οὐδ᾽ ἐπὶ τούτων ἀναγκαῖον ἀεὶ θάτερον μὲν ἀληθὲς θάτερον δὲ ψεῦδος εἶναι· ὄντος μὲν γὰρ Σωκράτους ἔσται τὸ μὲν ἀληθὲς τὸ δὲ ψεῦδος, μὴ ὄντος δὲ ἀμφότερα ψευδῆ.*

falsch sein können, sondern das eine wahr sein muss, kann sich, da die realen Gegensätze in den factischen Subjecten sehr verschiedentlich vertheilt sind, nur soweit erstrecken als factisch ein Gegensatz wirklich an einem ganz bestimmten Gebiete allseitig und ausschliesslich herrscht; also findet dieses Verhältniss nur Statt bei allgemeinen Urtheilen und bei individuellen Urtheilen (da bei letzteren eben Gebiet und Individuum sich denken), nicht aber bei particularen Urtheilen (denn die Gegensätze können auch particular vertheilt sein, und daher „Einiges A ist B" zugleich wahr sein mit „Einiges A ist nicht B"); bei unbestimmten Urtheilen fehlt es natürlich von vorneherein an der Bestimmtheit und hiemit, wie wir sahen (Anm. 219), auch am Gegensatze[221]. Sobald daher zwei einander entgegengesetzte allgemeine Urtheile widerspruchsweise verneint werden, hört mit der Allgemeingültigkeit sogleich auch wieder die Gegensätzlichkeit auf, und es besteht hiemit keine Ausschliesslichkeit mehr in Bezug auf Wahr und Falsch, da beide widerspruchsweisen Verneinungen der entgegengesetzten Urtheile zugleich wahr sein können, nemlich: „Nicht alles A ist B" als Widerspruch von „Alles A ist B" und „Einiges A ist B" als Widerspruch von „Kein A ist B"[222]. Eben aber wegen der für das Wissen erforderlichen gegenseitigen Ausschliesslichkeit des Wahrseins und Falsch-seins muss das Hauptgewicht auf den Gegensatz allgemeiner Urtheile fallen, und der Umstand, dass es auch gegensätzliche particulare Urtheile gibt, wird für die Auffassung des factischen Bestehens der Gegensätze füglich sehr in den Hintergrnnd treten, denn die zwei gegensätzlichen Urtheile „Einiges A ist B" und „Einiges A ist nicht B" besagen eigentlich doch das Nemliche, dass eben der reale Gegensatz particular vertheilt ist, und sie unterscheiden sich daher, obwohl sie Gegensätze sind, doch nur durch den Wortlaut von einander; demnach kann, wenn auch in der Syllogistik zur Umkehrung der Schlüsse von diesem Gegensatze particularer Urtheile Gebrauch gemacht wird, doch für das Princip der auf Exclusivität von Wahr und Falsch beruhenden Gegensätzlichkeit von demselben Umgang genommen werden und daher, da das individuelle Urtheil als individuelles von selbst ohnediess kein Wissen

221) *D. interpr.* 7, 17 b. 22.: *διὸ ταύτας μὲν* (*sc. τὰς ἐναντίας*, Anm. 218.) *οὐχ οἷόν τε ἅμα ἀληθεῖς εἶναι* ... (26.) *ὅσαι μὲν οὖν ἀντιφάσεις τῶν καθόλου εἰσὶ καθόλου, ἀνάγκη τὴν ἑτέραν ἀληθῆ εἶναι ἢ ψευδῆ, καὶ ὅσαι δὲ ἐπὶ τῶν καθ' ἕκαστα, οἷον ἔστι Σωκράτης λευκός — οὐκ ἔστι Σωκράτης λευκός· ὅσαι δὲ ἐπὶ τῶν καθόλου μέν, μὴ καθόλου δέ, οὐκ ἀεὶ ἡ μὲν ἀληθὴς ἡ δὲ ψευδής· ἅμα γὰρ ἀληθές ἐστιν εἰπεῖν ὅτι ἔστιν ἄνθρωπος λευκὸς καὶ ὅτι οὐκ ἔστιν ἄνθρωπος λευκός.* Ebend. 9, 18 a. 28.: *ἐπὶ μὲν οὖν τῶν ὄντων καὶ γενομένων* (diess ist doch gewiss unzweideutig der factische Bestand) *ἀνάγκη τὴν κατάφασιν ἢ τὴν ἀπόφασιν ἀληθῆ ἢ ψευδῆ εἶναι, καὶ ἐπὶ μὲν τῶν καθόλου ὡς καθόλου ἀεὶ τὴν μὲν ἀληθῆ τὴν δὲ ψευδῆ εἶναι, καὶ ἐπὶ τῶν καθ' ἕκαστα, ὥςπερ εἴρηται, ἐπὶ δὲ τῶν καθόλου μὴ καθόλου λεχθέντων οὐκ ἀνάγκη.* Hiezu die vorige u. d. folg. Anm.

222) Ebend. 17 b. 23.: *τὰς δὲ ἀντικειμένας αὐταῖς* (*sc. ταῖς ἐναντίαις*) *ἐνδέχεται ἐπὶ τοῦ αὐτοῦ, οἷον οὐ πᾶς ἄνθρωπος λευκός καὶ ἔστι τις ἄνθρωπος λευκός.* Ebend. 10, 20 a. 16.: *ἐπεὶ δὲ ἐναντία ἀπόφασίς ἐστι τῇ ἅπαν ἐστὶ ζῷον δίκαιον ἡ σημαίνουσα ὅτι οὐδέν ἐστι ζῷον δίκαιον, αὗται μὲν φανερὸν ὅτι οὐδέποτε ἔσονται οὔτε ἀληθεῖς ἅμα οὔτε ἐπὶ τοῦ αὐτοῦ, αἱ δὲ ἀντικείμεναι ταύταις ἔσονταί ποτε, οἷον οὐ πᾶν ζῷον δίκαιον καὶ ἔστι τι ζῷον δίκαιον.*

begründet, die Gegensätzlichkeit in eminenter Weise den entgegengesetzten allgemeinen Urtheilen zugewiesen werden [223]).

Sind wir aber positiv für den Gegensatz der Urtheile auf jenen fest bestimmten in dieser Weise faktischen Bestand der realen Gegensätze, welcher irgend ein Gebiet ganz und ausschliesslich beherrscht, hingewiesen, so ist klar, dass wir uns hiemit eigentlich bei dem Gegensatze der Begriffe und ihrer wesentlichen Merkmale befinden, so dass wir die Frage erneuern müssen, wie denn überhaupt von entgegengesetzten Urtheilen gesprochen werden könne. Und wird diese Frage so beantwortet, dass entgegengesetzt eben jene Urtheile seien, welche bei gleichem Subjecte entgegengesetzte Prädicate haben, so muss für den Gegensatz der Urtheile das negative „ist nicht B" sich völlig in das positive „ist Nicht-B" hinüberziehen, und die Frage, wie denn die Negation dazu komme, in ein Positives sich zu verwandeln oder wenigstens als Ausdruck des Positiven zu dienen, wird um so schwieriger, da es auch sprachlich nicht an bejahenden Bezeichnungen für jenes Nicht-B fehlt, wie z. B. Ungleich für Nicht-gleich und Bös für Nicht-gut; neben all diesem aber soll doch festgehalten werden, dass nicht Alles, was nicht B ist, darum auch schon Nicht-B ist (Anm. 210). So viel ist sicher, dass zum Behufe des Ueberganges von „ist nicht B" in „ist Nicht-B" jedenfalls die Gegenüberstellung der sprachlichen Bejahung und Verneinung einerseits und der realen Gegensätze andrerseits, d. h. die Gegenüberstellung der *ἀντίφασις* und der *ἐναντία*, wie wir sie oben (Anm. 215 u. 192) trafen, Etwas von ihrer Schärfe verlieren muss, oder mit anderen Worten, dass Verneinung und Gegensatz eben überhaupt einander näher rücken müssen. Und diess ist nun auch in der That der Fall. Denn erstens verlieren die realen Gegensätze, sobald und insoferne sie in einem Paare entgegengesetzter Urtheile auftreten, ihr zwischen ihnen in der beweglichen Realität stets liegendes Mittlere; es ist physikalischer Grundsatz des Aristoteles, dass alle concreten auf Bewegung beruhenden Vorgänge in den Gegensätzen und deren Mitteldingen vor sich gehen, nur zwischen dem Sein und Nicht-sein aber kein Mittelding liege, daher diess letztere Verhältniss dem der Bejahung und Verneinung entspreche; wie aber nun die Gegensätzlichkeit selbst in zwei entgegengesetzten Urtheilen ausgesprochen wird, so erhält sie die jedes Mittelding abweisende Exclusivität des Bejahens und Verneinens (Anm. 221), so dass hiemit die Form des menschlichen Sprechens und Urtheilens den realen Gegensätzen, welche an sich den steten realen Veränderungen

---

223) *Anal. pr.* II, 15, 63 b. 23.: *λέγω δ' ἀντικειμένας εἶναι προτάσεις κατὰ μὲν τὴν λέξιν τέσσαρας, οἷον τὸ παντὶ τῷ οὐδενὶ καὶ τὸ παντὶ τῷ οὐ παντὶ καὶ τὸ τινὶ τῷ οὐδενὶ καὶ τὸ τινὶ τῷ οὐ τινὶ, κατ' ἀλήθειαν δὲ τρεῖς, τὸ γὰρ τινὶ τῷ οὐ τινὶ κατὰ τὴν λέξιν ἀντίκειται μόνον· τούτων δ' ἐναντίας μὲν τὰς καθόλου, τὸ παντὶ τῷ μηδενὶ ὑπάρχειν, οἷον τὸ πᾶσαν ἐπιστήμην εἶναι σπουδαίαν τῷ μηδεμίαν εἶναι σπουδαίαν, τὰς δ' ἄλλας ἀντικειμένας.* Ebend. 64 a. 38.: *ἐπεὶ δὲ τῶν καταφάσεων αἱ ἀντιθέσεις τρεῖς, ἑξαχῶς συμβαίνει τἀντικείμενα λαμβάνειν, ἢ παντὶ καὶ μηδενὶ ἢ παντὶ καὶ μὴ παντὶ ἢ τινὶ καὶ μηδενὶ, καὶ τοῦτο ἀντιστρέψαι ἐπὶ τῶν ὅρων.* So also besteht, wenn wir jene principielle Bedeutung der Gegensätzlichkeit erwägen, kein Widerspruch zwischen der oben, Anm. 218, aus *Anal. pr.* II, 8. angegebenen Zusammenstellung und dem hier Angeführten.

als Substrat dienen, darum ein bestimmtes Gepräge aufdrücken, weil das menschliche ausgesprochene Denken einen positiven factischen Bestand mit exclusiver Bestimmtheit festhält; d. h. es ist der Grundsatz: weil die Aussage nicht „zugleich" ihr eigenes Gegentheil sein kann, so finden auch die Gegensätze nicht „zugleich" in der Realität Statt (Anm. 171). Und zweitens ergreift auch die Verneinung, wo sie auf reale Gegensätze trifft, eben diesen factischen Bestand; Aristoteles muss nothgedrungen jene Voraussetzung, dass in dem „ist" ein Potenzielles liegt (Anm. 213 f.), als blosse Voraussetzung behandeln, und er muss sich auf den Standpunkt stellen, dass jene Möglichkeit, ob A überhaupt in Verbindung mit einer gewissen Sphäre von Attributen trete, bereits entschieden sei, und innerhalb dieser wirklich mit ihm verbundenen Sphäre nur die Gegensätzlichkeit von B und Nicht-B noch offen stehe. Nur so lässt sich bei der oben, S. 149 f., angegebenen Tafel der Urtheile der Grundsatz erklären, dass von jedem Substrate, von welchem das Urtheil III gilt, auch das Urtheil II gelte, nicht aber immer umgekehrt von jedem, von welchem II gilt, auch III gelte. Nemlich nur insoferne als objectiv abgegränzter factischer Bestand gilt, dass A ein Nicht-B ist, kann gesagt werden, dass in dieser bestimmten Abgränzung es für diesen factischen Bestand in keiner Verbindung mit B stehe; denn würde auf jene ursprüngliche Potenz und Voraussetzung Rücksicht genommen, so müsste gesagt werden, dass dasjenige, was Nicht-B ist (Urtheil III), gerade vorerst die Möglichkeit an sich haben muss, überhaupt B oder Nicht-B zu sein, also keinenfalls von ihm ausgesagt werden darf, dass es mit B überhaupt Nichts zu schaffen hat (Urtheil II); und wird hingegen zugestanden, dass nicht nothwendig von Allem, wovon II gilt, auch III gelte, so hat dann II nur den Sinn, dass eben für diesen factischen Bestand A ausser Verbindung mit B sei, und hieraus überhaupt gar Nichts weiteres entnommen werden dürfe, unter andern also auch nicht das, dass es Nicht-B sei. Gestehen wir nun auch gerne zu, dass Aristoteles gerade durch jene Basis, auf welcher es ihm geboten war, das Möglichkeits-Urtheil und das Nothwendigkeits-Urtheil zu behandeln (Anm. 213 f. 236 ff.), höchst berechtigt war, das Urtheil des blossen Stattfindens von jenen Voraussetzungen zu trennen, so fällt andrerseits gerade die Frage um so schwerer ins Gewicht, wie denn nun ohne Bezugnahme auf die ursprüngliche Potenz der Verbindung oder Nicht-Verbindung doch sogleich das Nicht, welches der Ausdruck des Nicht-verbunden-seins ist, zur Bildung einer als positiv geltenden Bezeichnung, nemlich des Nicht-B dienen könne, oder mit anderen Worten, wie zwei Urtheile, welche entgegengesetztes positives Stattfinden ausdrücken, einander so gegenübergestellt werden können, dass das eine ein Stattfinden und das andere ein Nicht-stattfinden ausspreche. Und diese Frage ist nicht ergründet, sondern abgeschnitten, wenn das Nicht mit jedem beliebigen Begriffe von vorneherein sich verbinden kann. Ein solches Verfahren aber führt gerade dann, wenn das concret positive Stattfinden, und nicht die demselben vorauszusetzende Real-Potenz des Verbunden-seins und Nicht-verbunden-seins überhaupt, ins Auge gefasst wird, zu Conflicten, welche auf dieser Basis des concreten Bestandes sich nicht lösen lassen; denn die realen Gegensätze würden nur dann mit den sprachlichen Bezeichnungen, deren eine Hälfte das Nicht bildet, völlig zusammenfallen, wenn in der Realität Alles dichotomisch auseinanderläge[224]). Sollte der Platoniker Aristoteles doch nicht von allen Einflüssen des dichotomischen Verfahrens, welches er zwar für die Apodeiktik tadelt (Abschn. III, Anm. 86 ff.), sich völlig frei gehalten haben? Und ist wirklich auch er hievon inficirt, so nimmt er allerdings an einer allgemein griechischen Denkweise Theil; denn in rascher und oft übereilter Aufstellung und bannaler Festhaltung von Gegensätzen entwickelte sich ja die ganze griechische Naturphilosophie, und selbst für sog. exacte Wissenschaften, wie z. B. für Mathematik und Medicin, haben bei den Griechen gewisse Gegensatz-Paare (Gerad — Ungerad, Warm — Kalt u. dgl.) eine Geltung, welche über Gebühr sich ausbreitet und der besonnenen Forschung selbst hinderlich wird. Ein solches Gegensatz-Paar aber für die Logik ist das Ja- und Nein-sagen, und darin, dass Aristoteles dasselbe bereitwillig von vorneherein aufnimmt, erweist er sich gleichfalls als Grieche.

Gerade aber, weil Aristoteles die Bejahung und Verneinung als wesentlichen Dual des menschlichen Sprechens von vorneherein aufstellt, bei den factisch concreten Gegensätzen aber durch das Uebergehen des „ist nicht B" in das „ist Nicht-B" und hiemit durch die positive Geltung der Negation ihm jene Exclusivität des Wahr- und Falsch-seins, welche eben auf das Bejahen und Verneinen sich bezieht, abhanden zu kommen droht, so ist es erklärlich, dass er bemüht sein muss, dennoch die Bejahung und Verneinung als die Urtheilsform auch für die realen Gegensätze zu retten. Ein Zeugniss dieser Bemühung nun ist jene merkwürdige Untersuchung über die Frage, ob der eigentliche Gegensatz des Urtheiles

Alles A ist gut

das Urtheil Kein A ist gut oder das Urtheil Alles A ist böse sei, und ebenso auch entsprechend bei dem individuellen Urtheile[225]).

Dass hiebei das particulare Urtheil nicht in Betracht kömmt, ist in

---

224) Z. B. „A ist nicht-blau" kann nur unter gewissen Voraussetzungen als Gegensatz von „A ist blau" gelten, wenn nemlich, abgesehen von der allgemeineren Voraussetzung, dass A überhaupt mit der Sphäre der Farben in Verbindung sein muss, diese Bestimmtheit der Qualität concret für A so verengt ist, dass nur das Blau-sein, nicht aber Roth-sein u. dgl. in Betracht kommen kann; hingegen „A ist nicht-warm" ist, abgesehen von jener allgemeineren Voraussetzung, dass A überhaupt mit der Sphäre der Temperatur in Verbindung sein muss, jedenfalls Gegensatz von „A ist warm". (Sind diese zwei Paare von Urtheilen als Gegensätze ausgesprochen, so bleibt natürlich beiden gemeinsam, dass es viele Zwischen-Abstufungen, d. h. Mittelglieder der Gegensätze gibt, sowohl in dem Blau-sein als auch in dem Warmsein.) Darum folgt z. B. aus dem Urtheile: „die Krähe ist nicht blau und nicht schwarz" ganz gewiss das Urtheil „die Krähe ist blauschwarz", hingegen aus dem Urtheile „heute ist das Wetter nicht nass und nicht kalt" folgt sicherlich nicht „heute ist das Wetter nass-kalt".

225) Es bildet diese Untersuchung ein mit dem Vorhergehenden durchaus nicht verbundenes Anhängsel am Schlusse (Cap. 14.) des Buches *D. interpr.* und scheint eben als eine vorzüglich wichtige Erörterung aus irgend einer logischen Schrift des Aristoteles entnommen und noch hieher geflickt worden zu sein. So beginnt mit der Angabe des Thema's 23 a. 27. *πότερον δὲ ἐναντία ἐστὶν ἡ κατάφασις τῇ ἀποφάσει ἢ ἡ κατάφασις τῇ καταφάσει καὶ ὁ λόγος τῷ λόγῳ ὁ λέγων ὅτι πᾶς ἄνθρωπος δίκαιος τῷ οὐδεὶς ἄνθρωπος δίκαιος, ἢ τὸ πᾶς ἄνθρωπος δίκαιος τῷ πᾶς ἄνθρωπος ἄδικος, οἷον ἔστι Καλλίας δίκαιος — οὐκ ἔστι Καλλίας δίκαιος — Καλλίας ἄδικός ἐστι· ποτέρα δὴ ἐναντία τούτων;*

jenem begründet, was wir oben (Anm. 223) betreffs des Gegensatzes anzugeben hatten; und dass das Prädicat „Bös", nicht aber „Nicht-gut", gewählt ist, hat seinen Grund, wie wir auch sogleich sehen werden, darin, dass in dem gleich schon bejahenden Sprach-Ausdrucke des Gegensatzes eine noch grössere Entfernung vom Motive der Verneinung liegt, als in dem Nicht-B, welches zwar gleichfalls positive Geltung, aber wenigstens noch negative Form hat. Es wird die Frage, welches von jenen beiden Urtheilen dem bejahenden „Alles ist gut" entgegengesetzt sei, zu Gunsten des ersteren, des „Kein A ist gut" entschieden, und hiemit ausgesprochen, dass für den Standpunkt des Urtheiles als Urtheiles die Verneinung aufrecht zu halten sei und das „ist nicht B" sich nicht völlig in das positive „ist Nicht-B" hinüberziehen dürfe. Nemlich es wird die Untersuchung zunächst, was beachtenswerth ist, auf das ursprüngliche Meinen zurückgeführt, und bemerkt, dass nur dann in den zwei bejahenden Formen die Gegensätzlichkeit beruhen könnte, wenn das Meinen des Entgegengesetzten eben hiedurch auch das entgegengesetzte Meinen wäre [226]); und indem nun in Bezug auf die drei Meinungen,

die wahre Meinung, dass das Gute gut ist,
die verneinende falsche Meinung, dass das Gute nicht gut ist,
die den Gegensatz meinende Meinung, dass das Gute bös ist,

die Frage erneuert wird, welche von den beiden letzteren der ersten entgegengesetzt sei, wird vor Allem darauf hingewiesen, dass die Meinung ja gerade die Gegensätze zugleich umfasse und daher das Meinen des Entgegengesetzten nicht ein entgegengesetztes Meinen sei, hingegen es darauf ankomme, ob die Meinung in entgegengesetzter Weise (*ἐναντίως*) sich kundgebe [227]). Und indem sodann bemerkt wird, dass es eben zahllose, sämmtlich nicht hiehergehörige, Meinungen geben könne, welche ein Nichtstattfindendes als stattfindend und umgekehrt bezeichnen würden, so ist deutlich genug gesagt, dass die dritte der obigen Meinungen, welche ein factisches Stattfinden ausspricht, gleichfalls wegzufallen habe, zumal da ausdrücklich ausgesprochen wird, es handle sich hier um das Motiv der Täuschung zwischen Wahr und Falsch, diess aber sei das nemliche wie bei dem Entstehen und Vergehen, nemlich Sein und Nicht-sein (vgl. oben Anm. 215); und da nun das Gute an sich eben das Gute sei, und erst nach blossem jeweiligen Vorkommen (*κατὰ συμβεβηκός*) auch als Nicht-Böses bezeichnet werden könne, so betreffe das Wahr-sein und Falsch-sein wesentlich eben das Gut-sein und Nicht-gut-sein [228]); folglich sei die zweite der obigen Meinungen in höherem

---

226) Am ebenangef. Orte 22 a. 36.: *εἰ δὲ μὴ ἐκεῖ* (sc. *ἐν τῇ διανοίᾳ*) *ἡ τοῦ ἐναντίου δόξα ἐναντία ἐστὶν, οὐδὲ ἡ κατάφασις τῇ καταφάσει ἔσται ἐναντία, ἀλλ' ἡ εἰρημένη ἀπόφασις.*

227) 23 a. 28.: *ὥστε σκεπτέον ποία δόξα ἀληθὴς ψευδεῖ δόξῃ ἐναντία, πότερον ἡ τῆς ἀποφάσεως ἢ ἡ τὸ ἐναντίον εἶναι δοξάζουσα· λέγω δὲ ὧδε· ἔστι τις δόξα ἀληθὴς τοῦ ἀγαθοῦ ὅτι ἀγαθὸν, ἄλλη δὲ ὅτι οὐκ ἀγαθὸν ψευδὴς, ἑτέρα δὲ ὅτι κακόν .... τὸ μὲν δὴ τούτῳ οἴεσθαι τὰς ἐναντίας δόξας ὡρίσθαι τῷ τῶν ἐναντίων εἶναι, ψεῦδος· τοῦ γὰρ ἀγαθοῦ ὅτι ἀγαθὸν καὶ τοῦ κακοῦ ὅτι κακὸν ἡ αὐτὴ ἴσως καὶ ἀληθὴς ἔσται .... ἀλλ' οὐ τῷ ἐναντίων εἶναι ἐναντία, ἀλλὰ μᾶλλον τῷ ἐναντίως.*

228) 23 b. 10.: *τῶν μὲν δὴ ἄλλων οὐδεμίαν θετέον, οὔτε ὅσαι ὑπάρχειν τὸ μὴ ὑπάρχον δοξάζουσι οὔθ' ὅσαι μὴ ὑπάρχειν τὸ ὑπάρχον, ἄπειροι*

Grade falsch und hiemit auch in höherem Grade gegensätzlich gegen die erste, als es etwa die dritte sei [229]); ausserdem ja sei auch die dritte schon viel complicirter (συμπεπλεγμένη), weil sie den Inhalt der zweiten bereits involvire [230]); ferner sei bei den Substanzen, welche gegensatzlos sind, gleichfalls die verneinende Meinung die entgegengesetzte, z. B. einen Menschen für keinen Menschen zu halten [231]); endlich wird gezeigt, dass auch umgekehrt die wahre Meinung, dass das Nicht-Gute nicht gut sei, ihren unwahren Gegensatz weder in der Meinung, dass das Nicht-Gute schlecht sei, finden könne (denn dann wären ja Gegensätze gleich wahr), noch in der Meinung, dass dasselbe nicht schlecht sei (denn diess kann darum kein Gegensatz sein, weil es Nicht-Gutes geben kann, welches deshalb noch nicht schlecht ist); sondern nur in der Meinung, dass das Nicht-Gute gut sei, beruhe der eigentliche Gegensatz der Meinung, dass das Nicht-Gute nicht gut ist [232]). Liege hiemit die Gegensätzlichkeit der Meinungs-Aussage in dem Verhältnisse des Bejahens und Verneinens, nemlich in dem Gut-sein und Nicht-gut-sein, nicht in dem realen Gegensatze Gut-sein und Bös-sein, so mache hierin die Allgemeinheit der Aussage keinen Unterschied, denn die Bezeichnung „Alles" drücke nur aus, dass die Behauptung von Allem gelte, was immer nur unter das Subject fällt, und sonach seien die Gegensätze: „Alles Gute ist gut" und „Kein Gutes ist gut", und ebenso „Alles A ist gut" und „Kein A ist gut" [233]).

Was aber sehen wir hieraus? Dass je mehr für die gegensätzlichen Urtheile die sprachliche Bejahung und Verneinung als Motiv gerettet werden soll, und je mehr die gegensätzliche Auffassungs-Weise (das ἐναντίως) dem realen Gegensatze (dem ἐναντίον) und dem factischen Stattfinden oder Nicht-stattfinden gegenübergestellt wird, so dass das eine dem Sein und Nicht-sein oder dem Entstehen und Vergehen entspricht, das andere hingegen den factisch gegensätzlichen Attributen der

---

γὰρ ἀμφότεραι .... ἀλλ' ἐν ὅσαις ἐστὶν ἡ ἀπάτη· αὗται δὲ ἐξ ὧν αἱ γενέσεις· ἐκ τῶν ἀντικειμένων δὲ αἱ γενέσεις, ὥστε καὶ αἱ ἀπάται· εἰ οὖν τὸ ἀγαθὸν καὶ ἀγαθὸν καὶ οὐ κακόν ἐστι, καὶ τὸ μὲν καθ' ἑαυτὸ τὸ δὲ κατὰ συμβεβηκὸς, συμβέβηκε γὰρ αὐτῷ οὐ κακῷ εἶναι, μᾶλλον δὲ ἑκάστου ἀληθὴς ἡ καθ' ἑαυτὸ, καὶ ψευδὴς εἴπερ ἀληθής.

229) 23 b. 20.: ὥστε μᾶλλον ἂν εἴη ψευδὴς τοῦ ἀγαθοῦ ἡ τῆς ἀποφάσεως ἢ ἡ τοῦ ἐναντίου δόξα .... εἰ οὖν ἐναντία μὲν τούτων ἡ ἑτέρα, ἐναντιωτέρα δὲ ἡ τῆς ἀντιφάσεως, δῆλον ὅτι αὕτη ἂν εἴη ἐναντία.

230) 23 b. 25.: ἡ δὲ τοῦ ὅτι κακὸν τὸ ἀγαθὸν συμπεπλεγμένη ἐστί· καὶ γὰρ ὅτι οὐκ ἀγαθὸν ἀνάγκη ἴσως ὑπολαμβάνειν τὸν αὐτόν.

231) 23 b. 27.: ἔτι δὲ καὶ ἐπὶ τῶν ἄλλων ὁμοίως δεῖ ἔχειν .... ὅσοις δὲ μή ἐστιν ἐναντία, περὶ τούτων ἔστι μὲν ψευδὴς ἡ τῇ ἀληθεῖ ἀντικειμένη, οἷον ὁ τὸν ἄνθρωπον οὐκ ἄνθρωπον οἰόμενος διέψευσται.

232) 23 b. 35.: τῇ οὖν τοῦ μὴ ἀγαθοῦ ὅτι οὐκ ἀγαθὸν ἀληθεῖ οὔσῃ δόξῃ τίς ἂν εἴη ἡ ἐναντία; οὐ γὰρ δὴ ἡ λέγουσα ὅτι κακόν· ἅμα γὰρ ἄν ποτε εἴη ἀληθὴς, οὐδέποτε δὲ ἀληθὴς ἀληθεῖ ἐναντία· ἔστι γάρ τι μὴ ἀγαθὸν κακὸν, ὥστε ἐνδέχεται ἅμα ἀληθεῖς εἶναι· οὐδ' αὖ ἡ ὅτι οὐ κακόν· ἀληθὴς γὰρ καὶ αὕτη, ἅμα γὰρ καὶ ταῦτα ἂν εἴη. λείπεται οὖν τῇ τοῦ μὴ ἀγαθοῦ ὅτι οὐκ ἀγαθὸν ἐναντία ἡ τοῦ μὴ ἀγαθοῦ ὅτι ἀγαθόν.

233) 24 a. 2.: φανερὸν δὲ ὅτι οὐδὲν διοίσει οὐδ' ἂν καθόλου τιθῶμεν τὴν κατάφασιν .... ἡ γὰρ τοῦ ἀγαθοῦ ὅτι ἀγαθὸν, εἰ καθόλου τὸ ἀγαθὸν, ἡ αὐτή ἐστι τῇ ὅτι ὃ ἂν ᾖ ἀγαθὸν δοξαζούσῃ ὅτι ἀγαθόν .... (b.2.) δῆλον ὅτι καὶ καταφάσει ἐναντία μὲν ἀπόφασις ἡ περὶ τοῦ αὐτοῦ καθόλου, οἷον τῇ ὅτι πᾶν ἀγαθὸν ἀγαθὸν ἢ ὅτι πᾶς ἄνθρωπος ἀγαθὸς ἡ ὅτι οὐδὲν ἢ οὐδείς.

bereits daseienden Substrate, — kurz je mehr jene geforderte Annäherung des Widerspruches und des Gegensatzes im Sinne einer überwiegenden Hinneigung zu ersterem wieder zurückgenommen wird, desto mehr es ein ungelöstes Räthsel bleiben muss, nicht bloss warum das „Bös", wenn es factisch stattfindet, gleichbedeutend mit „Nicht-Gut", hingegen doch wieder das „Nicht-Gut" nicht jedesmal gleich „Bös" sei, sondern überhaupt wie die Verneinung irgend mit dem realen Gegensatze zusammentreffen könne. S. auch unten Anm. 326—30. Dass aber, wenn über das Stattfindende gesprochen werden soll, die Verneinung doch wirklich mit dem Gegensatze zusammentreffen muss, haben wir theils oben, gerade wo es sich um die Begriffsbestimmung der Gegensätzlichkeit der Urtheile selbst handelte, hinreichend gesehen, theils geht es klar aus der von Aristoteles selbst wieder angegebenen Abfolge von Urtheilen hervor (s. Anm. 210 f.); hiemit auch trifft zusammen, wenn ausdrücklich gesagt wird, das Urtheil „Kein A ist B" sei eine logische Folge des Urtheiles „Alles A ist Nicht-B" und ebenso „Nicht alles A ist Nicht-B" eine Folge des Urtheiles „Einiges A ist B", oder wenn in Bezug auf begriffliche Bestimmtheit das „wesentlich Nicht-Mensch sein" und das „wesentlich Mensch nicht sein" gleichmässig als Verneinungen dem „wesentlich Mensch sein" gegenübergestellt werden[234]); man vergleiche nun solches, abgesehen von seiner wirklich unbestrittenen Richtigkeit, in Bezug auf das Princip der Verneinung und des Gegensatzes mit demjenigen, was wir so eben betreffs der drei Urtheile „Alles A ist gut", „Kein A ist gut", „Alles A ist böse" zu entwickeln hatten. — Somit sind wir in der Einsicht in diesen wunden Fleck der aristotelischen Logik, als dessen Ursache wir nun schon oft das objective Aufraffen der Negation bezeichneten, nur bestärkt worden.

Wollte man nun in Folge dieser gesammten Unterscheidung zwischen Widerspruch (*ἀντίφασις*) und Gegensatz (*ἐναντίον*), welche sich bei den aus drei Bestandtheilen bestehenden Urtheilen als nöthig zeigte (Anm. 204 f.), eben für diese dreitheiligen Urtheile die erschöpfende Tabelle aller möglichen Formen gerade so entwerfen, wie wir es oben vorher (Anm. 203) bei den zweitheiligen Urtheilen, dort schon theilweise ergänzend, gethan haben, so würde — falls man Lust hat, weit über das Mass dessen, was uns von der aristotelischen Doctrin betreffs des Urtheiles erhalten ist, vermitteltst leichter Ergänzung hinauszugehen[235]) — zu diesem Behufe das combinatorische Verfahren

234) Ebend. 10, 20 a. 20.: *ἀκολουθοῦσι δὲ αὗται, τῇ μὲν πᾶς ἄνθρωπος οὐ δίκαιός ἐστιν ἡ οὐδεὶς ἐστιν ἄνθρωπος δίκαιος, τῇ δὲ ἔστι τις ἄνθρωπος δίκαιος ἡ ἀντικειμένη ὅτι οὐ πᾶς ἄνθρωπός ἐστιν οὐ δίκαιος.* Ebendahin gehört auch, wenn gesagt wird, das Urtheil „Alles Nicht-A ist nicht B" sei identisch mit dem Urtheile „Kein A ist nicht B"; ebend. 20 a. 39.: *τὸ δὲ πᾶς οὐ δίκαιος οὐκ ἄνθρωπος τῷ οὐδεὶς δίκαιος οὐκ ἄνθρωπος ταὐτὸν σημαίνει.* *Metaph. Γ*, 4, 1007 a. 23.: *εἰ γὰρ ἔσται τι ὅπερ ἀνθρώπῳ εἶναι, τοῦτο οὐκ ἔσται μὴ ἀνθρώπῳ εἶναι ἢ μὴ εἶναι ἀνθρώπῳ, καίτοι αὗται ἀποφάσεις τούτου ..... εἰ δ' ἔσται αὐτῷ τὸ ὅπερ ἀνθρώπῳ εἶναι ὅπερ μὴ ἀνθρώπῳ εἶναι ἢ ὅπερ μὴ εἶναι ἀνθρώπῳ* (s. Anm. 365).

235) *D. interpr.* 10. wird nur ein Anlauf hiezu gemacht, und auch dasjenige, was dort gegeben ist, entbehrt gänzlich der nöthigen klaren und erschöpfenden Distinction; nemlich nachdem die oben, Anm. 211., angegebene Tafel und beziehungsweise Figur entwickelt ist, wird dieselbe allerdings auf das allgemeine Urtheil über-

in der That auf platter Hand liegen. Zunächst nemlich müsste obige Tafel (Anm. 210 f.) der Urtheile, in welcher die doppelte Art der Entgegensetzung vermittelst des „ist nicht“ und vermittelst des „Nicht-B“ erscheint, in gleicher Weise für das Subject Nicht-A wiederholt werden (ein Auseinanderhalten der Tafel I, II, u. s. f. und der Tafel I′, II′, u. s. f. wäre unnöthig, da das Nicht-B mit dem für dasselbe gewählten affirmativen Ausdrucke doch zusammenfällt); sodann aber müsste diese so verdoppelte Tafel wieder noch dreimal in verschiedener Weise wiederholt werden, denn die in ihr enthaltenen Urtheile wären als unbestimmte zu betrachten, und es müssten daher die nemlichen Formen auch noch für das allgemeine, für das particulare, und für das individuelle Urtheil aufgezählt werden; und endlich noch wären unter der so gewonnenen Anzahl alle unbestimmten und alle allgemeinen und alle particularen Urtheile wieder besonders herauszuheben und mit der ihnen zukommenden widerspruchsweisen Verneinung zu versehen.

Sowie aber Aristoteles schon dazu geführt worden war, hinter der concreten Wirklichkeit des Stattfindens oder Nichtstattfindens eine Real-Potenz anzuerkennen, durch welche bedingt ist, ob ein Substrat überhaupt eine Verbindung eingehen könne, in welcher noch die Entscheidung einer gegensätzlichen Erscheinungsweise für das wirkliche Stattfinden oder Nichtstattfinden schlummert (Anm. 213 f.), so enthält ja andrerseits auch das Verbum, dieser unerlässliche Bestandtheil des Urtheiles, die Fähigkeit in sich, zum Ausdrucke der Zeit zu dienen (Anm. 111, 181, 191, 200); und in Bezug auf die Zeit steht das bereits wirklich vorliegende Vorhandensein eines Stattfindens, sei es in der gegenwärtigen Zeit

---

tragen, aber, obwohl mit *ὁμοίως δὲ ἔχει* an das Vorhergegangene angeknüpft wird, erscheint hier sogleich, wohl veranlasst durch das „Alle“ die widerspruchsweise Verneinung an Stelle der gegensätzlichen (19b. 32.: *ὁμοίως δὲ ἔχει κἂν καθόλου τοῦ ὀνόματος ᾖ ἡ κατάφασις, οἷον πᾶς ἐστὶν ἄνθρωπος δίκαιος· ἀπόφασις τούτου, οὐ πᾶς ἐστὶν ἄνθρωπος δίκαιος. πᾶς ἐστὶν ἄνθρωπος οὐ δίκαιος — οὐ πᾶς ἐστὶν ἄνθρωπος οὐ δίκαιος*), worauf freilich sogleich die Bemerkung nöthig ist, dass die in der Figur diametral an den Linien sich gegenüberliegenden Urtheile in Bezug auf die Möglichkeit des zugleich Wahr-seins sich gerade nicht mehr so verhalten wie in der vorhergegangenen Tafel (*πλὴν οὐχ ὁμοίως τὰς κατὰ διάμετρον ἐνδέχεται συναληθεύειν, ἐνδέχεται δὲ ποτέ*). Hierauf wird jene ursprüngliche Tafel auf Urtheile, welche Nicht-A zum Subjecte haben, übertragen (19b. 38.: *ἔστι δίκαιος οὐκ ἄνθρωπος — οὐκ ἔστι δίκαιος οὐκ ἄνθρωπος. ἔστιν οὐ δίκαιος οὐκ ἄνθρωπος — οὐκ ἔστιν οὐ δίκαιος οὐκ ἄνθρωπος*), sodann aber sogleich, ohne dass selbst nur hiefür die Form des allgemeinen Urtheiles angegeben wird, hinzugefügt, dass hiemit die Zahl der Gegenüberstellungen erschöpft sei (20a. 1.: *πλείους δὲ τούτων οὐκ ἔσονται ἀντιθέσεις*). Dennoch aber wird hierauf, noch dazu mit einem unmotivirten Rückfalle in das bloss zweitheilige Urtheil (wo statt des „ist“ irgend ein beliebiges Verbum steht, s. Anm. 200.), sogleich wieder einem allgemeinen Urtheile mit dem Subjecte A ein allgemeines Urtheil mit dem Subjecte Nicht-A gegenübergestellt (20a. 6.: *ὑγιαίνει πᾶς ἄνθρωπος — οὐχ ὑγιαίνει πᾶς ἄνθρωπος, ὑγιαίνει πᾶς οὐκ ἄνθρωπος — οὐχ ὑγιαίνει πᾶς οὐκ ἄνθρωπος*) und dabei von der widerspruchsweisen Verneinung gänzlich geschwiegen. Wenn wir es daher auch gar nicht wagen wollen zu entscheiden, ob Aristoteles wirklich irgendwo in einer Schrift über das Urtheil die erschöpfende Möglichkeit aller Combinationen entwickelt habe — für unwahrscheinlich halte ich es wenigstens sicher nicht —, so ist so viel gewiss, dass eine solche Confusion und stümperhafte Eilfertigkeit, wie sie in diesem Cap. der Schrift *D. interpr.* vorliegt, wohl Niemand dem Aristoteles aufbürden wird.

oder noch aus der vergangenen Zeit, demjenigen gegenüber, welches erst von der Zukunft erwartet wird. Während bei dem bereits vorhandenen Stattfinden stets das eine von zwei entgegengesetzten Urtheilen wahr sein muss (Anm. 221), besteht in Bezug auf Künftiges weder diese Alternative, noch lässt sich behaupten, dass keines der beiden entgegengesetzten Urtheile wahr sei, denn wäre eines von beiden nothwendig wahr, so gäbe es in allem Seienden und Werdenden nur Nothwendigkeit, nie aber einen Zufall, und wäre jedes von beiden nothwendig falsch, so müsste ein Künftiges weder eintreten noch nicht eintreten [236]). Dass aber nicht Alles nach bindender Nothwendigkeit sich ereigne, und demnach weder bei allen allgemeinen noch bei allen individuellen Subjecten die Aussage eines Stattfindens oder Nichtstattfindens mit exclusiver Geltung auftreten kann, zeigt sich schon darin, dass es für den Menschen ein Sich-berathen in Bezug auf Künftiges gibt [237]), und jene Nothwendigkeit, welche wir in unseren von der Objectivität abhängigen (Anm. 113) Urtheilen aussprechen, beruht nur darin, dass in dem Bereiche des uns bereits vorliegenden Stattfindens Etwas ausnahmslos immer stattfindet, was dann wohl, wenn ein solcher Ausspruch wirklich wahrheitsgemäss ist, auch für die Zukunft gelten muss [238]). Es gibt eben bei Demjenigen, was nicht ausnahmslos immer seine Thätigkeit manifestirt, eine Möglichkeit (*δυνατόν*) eines Seins oder Nicht-Seins und eines Geschehens oder Nicht-geschehens (z. B. ein Kleid kann später zerschnitten werden, oder, wenn es vorher schon abgetragen wird, dann auch nicht mehr zerschnitten werden), so dass Bejahung und Verneinung gleich wahr sind, und wenn hiebei auch ein Gradunterschied obwaltet, da Manches wenigstens meistentheils (*ὡς ἐπὶ τὸ πολύ* — s. Anm. 271 ff. —) eintritt, so bleibt nichtsdestoweniger doch die Möglichkeit eines Geschehens oder Nicht-geschehens [239]). Das

---

236) Ebend. 9, 18 a. 28 : *ἐπὶ μὲν οὖν τῶν ὄντων καὶ γενομένων ἀνάγκη τὴν κατάφασιν ἢ τὴν ἀπόφασιν ἀληθῆ ἢ ψευδῆ εἶναι ..... ἐπὶ δὲ τῶν καθ' ἕκαστα καὶ μελλόντων οὐχ ὁμοίως· εἰ γὰρ .... ἀνάγκη ἀληθεύειν τὸν ἕτερον αὐτῶν .....* (b. 5.) *οὐδὲν ἄρα οὔτε ἔστιν οὔτε γίνεται οὔτε ἀπὸ τύχης οὔθ' ὁπότερ' ἔτυχεν ....* (17.) *ἀλλὰ μὴν οὐδ' ὡς οὐδέτερόν γε ἀληθὲς ἐνδέχεται λέγειν, οἷον ὅτι οὔτε ἔσται οὔτε οὐκ ἔσται ....* (24.) *δέοι γὰρ ἂν μήτε γενέσθαι ναυμαχίαν μήτε μὴ γενέσθαι.*

237) Ebend. 18 b. 27.: *εἴπερ πάσης καταφάσεως καὶ ἀποφάσεως ἢ ἐπὶ τῶν καθόλου λεγομένων ὡς καθόλου ἢ ἐπὶ τῶν καθ' ἕκαστον ἀνάγκη τῶν ἀντικειμένων εἶναι τὴν μὲν ἀληθῆ τὴν δὲ ψευδῆ, μηδὲν δὲ ὁπότερ' ἔτυχεν εἶναι ἐν τοῖς γινομένοις, ἀλλὰ πάντα εἶναι καὶ γίνεσθαι ἐξ ἀνάγκης, ὥστε οὔτε βουλεύεσθαι δέοι ἂν οὔτε πραγματεύεσθαι, ὡς ἐὰν μὲν τοδὶ ποιήσωμεν, ἔσται τοδί, ἐὰν δὲ μὴ τοδί, οὐκ ἔσται τοδί.*

238) Ebend. 19 a. 1.: *ὥστε εἰ ἐν ἅπαντι χρόνῳ οὕτως εἶχεν ὥστε τὸ ἕτερον ἀληθεύεσθαι, ἀναγκαῖον ἦν τοῦτο γενέσθαι καὶ ἕκαστον τῶν γενομένων ἀεὶ οὕτως εἶχεν ὥστε ἐξ ἀνάγκης γενέσθαι· ὅ τε γὰρ ἀληθῶς εἶπέ τις ὅτι ἔσται, οὐχ οἷόν τε μὴ γενέσθαι, καὶ τὸ γινόμενον ἀληθὲς ἦν εἰπεῖν ὅτι ἀεὶ ἔσται.*

239) Ebend. 19 a. 9.: *ὅτι ὅλως ἔστιν ἐν τοῖς μὴ ἀεὶ ἐνεργοῦσι τὸ δυνατὸν εἶναι καὶ μὴ ὁμοίως, ἐν οἷς ἄμφω ἐνδέχεται, καὶ τὸ εἶναι καὶ τὸ μὴ εἶναι, ὥστε καὶ τὸ γενέσθαι καὶ τὸ μὴ γενέσθαι· καὶ πολλὰ ἡμῖν δῆλά ἐστιν οὕτως ἔχοντα, οἷον ὅτι τουτὶ τὸ ἱμάτιον δυνατόν ἐστι διατμηθῆναι καὶ οὐ διατμηθήσεται, ἀλλ' ἔμπροσθεν κατατριβήσεται, ὁμοίως δὲ καὶ τὸ μὴ διατμηθῆναι δυνατόν .....* (19.) *τὰ μὲν ὁπότερ' ἔτυχε, καὶ οὐδὲν μᾶλλον ἡ κατάφασις ἢ ἡ ἀπόφασις ἀληθής, τὰ δὲ μᾶλλον μὲν καὶ ὡς ἐπὶ τὸ πολὺ θάτερον, οὐ μὴν ἀλλ' ἐνδέχεται γενέσθαι καὶ θάτερον, θάτερον δὲ μή.*

wohl ist nothwendig, dass das Seiende ist, wann es ist, und das Nichtseiende nicht ist, wann es nicht ist, nicht aber ist nothwendig, dass sämmtliches Seiende überhaupt schon da sei oder sämmtliches Nichtseiende überhaupt nicht da sei, d. h. es ist nothwendig, dass es eine Alternative im Sein und im Entstehen gibt, aber keines der beiden Glieder der Alternative ist das Nothwendige [240]). Wo daher solche Möglichkeit im Factischen besteht, da ist auch wegen der Abhängigkeit des Urtheiles von der Objectivität bei dem Urtheile wohl nothwendig, dass der eine der beiden Gegensätze wahr sei, aber welcher von beiden es sei, ist durch keine Nothwendigkeit begründet, sondern höchstens ein Mehr oder Minder der Wahrscheinlichkeit kann für den einen der beiden obwalten [241]). So ist in dem Gebiete desjenigen, was in der Zeit sich ereignet, die Möglichkeit thätig, und so wie wir dieselbe in Bezug auf das künftig Eintretende anerkennen, so gieng sie auch demjenigen, was zeitlich jetzt stattfindet, in der Vergangenheit vorher, und das Möglichsein berührt demnach alle unsere Urtheile, welche sich auf das Gebiet des Entstehens und Vergehens und überhaupt der Veränderung beziehen; nur ist hiebei festzuhalten, dass insoferne Etwas bereits factisch eingetreten ist, die Möglichkeit jedenfalls durch den Uebergang zur Wirklichkeit sich schon entschieden haben muss, und daher in dieser Beziehung nicht mehr von einer Möglichkeit des Geschehen-seins als solcher gesprochen werden kann, sondern wohl von der Möglichkeit, dass Etwas jetzt ist oder künftig sein wird [242]).

Insoferne aber nun der aristotelische Begriff des Möglichen zu untersuchen ist, so könnte sich hiebei eine einflussreiche Schwierigkeit dadurch zu erheben scheinen, dass Aristoteles zur Bezeichnung des Möglichen sich bald des Wortes *δυνατόν* und bald des Wortes *ἐνδεχόμενον* bedient; und es hat fast den Anschein, als hätte man sich schon ziem-

---

240) Ebend. 19 a. 23.: *τὸ μὲν οὖν εἶναι τὸ ὂν ὅταν ᾖ καὶ τὸ μὴ ὂν μὴ εἶναι ὅταν μὴ ᾖ ἀνάγκη· οὐ μὴν οὔτε τὸ ὂν ἅπαν ἀνάγκη εἶναι οὔτε τὸ μὴ ὂν μὴ εἶναι ..... (28.) εἶναι μὲν ἢ μὴ εἶναι ἅπαν ἀνάγκη καὶ ἔσεσθαί γε ἢ μή, οὐ μέντοι διελόντα γε εἰπεῖν θάτερον ἀναγκαῖον.*

241) Ebend. 19 a. 33.: *ὥστ' ἐπεὶ ὁμοίως οἱ λόγοι ἀληθεῖς ὥςπερ τὰ πράγματα, δῆλον ὅτι ὅσα οὕτως ἔχει ὥστε ὁπότερ' ἔτυχε καὶ τὰ ἐναντία ἐνδέχεσθαι, ἀνάγκη ὁμοίως ἔχειν καὶ τὴν ἀντίφασιν, ὅπερ συμβαίνει ἐπὶ τοῖς μὴ ἀεὶ οὖσιν ἢ μὴ ἀεὶ μὴ οὖσιν· τούτων γὰρ ἀνάγκη μὲν θάτερον μόριον τῆς ἀντιφάσεως ἀληθὲς εἶναι ἢ ψεῦδος, οὐ μέντοι τόδε ἢ τόδε ἀλλ' ὁπότερ' ἔτυχε, καὶ μᾶλλον μὲν ἀληθῆ τὴν ἑτέραν, οὐ μέντοι ἤδη ἀληθῆ ἢ ψευδῆ.*

242) *Anal. post.* II, 12, 95 a. 10.: *τὸ δ' αὐτὸ αἴτιόν ἐστι τοῖς γινομένοις καὶ τοῖς γεγενημένοις καὶ τοῖς ἐσομένοις ὅπερ καὶ τοῖς οὖσι, τὸ γὰρ μέσον αἴτιον* (s. unten Anm. 677.). *πλὴν τοῖς μὲν οὖσιν ὄν, τοῖς δὲ γινομένοις γινόμενον, τοῖς δὲ γεγενημένοις γεγενημένον καὶ ἐσομένοις ἐσόμενον. D. coel.* I, 12, 283 b. 13.: *οὐδεμία γὰρ δύναμις τοῦ γεγονέναι ἐστὶν, ἀλλὰ τοῦ εἶναι ἢ ἔσεσθαι.* Was wir bisher seit Anm. 236. aus *D interpr.* 9. betreffs des Möglichen anzugeben hatten, entbehrt dort einerseits eines jeden Zusammenhanges mit dem Vorhergehenden und Nachfolgenden, da die Lehre von den Möglichkeits- und Nothwendigkeits-Urtheilen erst Cap. 12. u. 13. folgt, und andrerseits suchen wir in ihm vergeblich eine begriffliche Entwickelung des Möglichen, geschweige denn des innigst sich anschliessenden Nothwendigen. Wir müssen daher in dieser Beziehung uns vorerst anderweitig aus aristotelischen Schriften unterrichten, um hernach (Anm. 280 ff.) die Lehre von jenen beiden Arten des Urtheiles wieder aus dem Buche *D. interpr.* zu schöpfen.

lich daran gewöhnt, diese beiden aristotelischen Begriffe so zu unterscheiden, dass das *δυνατόν* das physisch Mögliche und das *ἐνδεχόμενον* das logisch Mögliche sei, wobei dann, nachdem einmal so distinguirt war, Nichts anderes übrig blieb als zu behaupten, Aristoteles habe wie so mancher andere Philosoph diese zwei Begriffe gleichfalls öfters confundirt. Jedoch vor Allem würde man sich, anstatt von vorneherein einen Dualismus des Möglichen selbst zu begründen, besser so ausdrücken, dass das *ἐνδεχόμενον* mehr der logischen Conception anheim fällt und das *δυνατόν* mehr der Real-Potenz des Factischen; denn gerade bei dem Objectivismus der aristotelischen Philosophie, welcher ja das Urtheilen vom factischen Stattfinden abhängig macht, kann die vom Denken ergriffene Möglichkeit eben keine andere sein als die in der Realität auftretende, und ein Dualismus, wie er in der geschmacklosen oder einfältigen Unterscheidung des *principium causalitatis* und des *principium rationis sufficientis* zu Tage kömmt, ist dem Aristoteles ferne. Allerdings ist *δύναμις* oder *δυνατὸν* ein Potenzielles oder eine Kraft, insoferne dabei zum Actus oder zur Entelechie hingestrebt wird, hingegen *ἐνδεχόμενον* ist schon etymologisch dasjenige, was in sich aufnimmt oder zulässt und verstattet, dass Etwas an ihm sei, und wenn von einem Subjecte gesagt wird „*ἐνδέχεται εἶναι τοδί*", so heisst dieses, dass das Subject als Substrat irgend eine attributive Bestimmung als statthafte in sich zulasse. Aber das ist es ja eben, dass bei Aristoteles das Urtheilen, um zum wissenschaftlichen *καθόλου* zu gelangen, neben dem *κατὰ παντός* auch das *καθ' αὑτό* enthalten muss, in dem *καθ' αὑτό* aber liegt dasjenige, was für den Begriff statthaft sein kann, diess aber ist durch die schöpferische Thätigkeit des Begriffes bedingt, und somit ist das Statthafte (*ἐνδεχόμενον*) Nichts anderes als das in der Real-Potenz Liegende (*δυνατόν*), und umgekehrt. Nemlich eben weil das Wissen auch vergängliche Objecte als gewusste zu seinem eigenen Produkte machen muss, so hat es diesem Statthaften und Möglichen forschend nachzugehen, und wird mit diesem Bestreben zum Ziele gelangt sein, sobald es die immer und ausnahmslos wirkende Nothwendigkeit der Causalität des Begriffes (oben, S. 125 ff.) erkannt hat [243]). Darum wird uns die nun anzustellende Untersuchung unmittelbar vom Möglichen auf das Nothwendige, und von diesem zurück wieder zum Möglichen führen, und es ist hiebei keine Rede davon, dass wir etwa zweierlei Mögliches zu besprechen hätten, sondern im Gegentheile werden viele der anzuführenden Stellen zeigen, dass *ἐνδεχόμενον* und *δυνατόν* wirklich gleichbedeutend gebraucht sind,

---

243) Eine Logik, welche hübsch sauber zwischen logischer und physischer Möglichkeit distinguirt, würde freilich sagen, es sei z. B. bei einer Zahlen-Lotterie logisch möglich, dass in hundert aufeinanderfolgenden Ziehungen ununterbrochen stets die ersten fünf Nummern in ihrer arithmetischen Reihenfolge gezogen werden, und sie wird wahrscheinlich auch nicht sagen können, warum es physisch nicht möglich sei, geschweige denn erst, warum es logisch und physisch gleich unmöglich sei; einer solchen Logik mag es allerdings gut anstehen, auch den Unsinn oder ein naturwidriges Wunder für logisch möglich zu halten, und ist man einmal davon so recht fest überzeugt, so stellt sich der Glaube an die physische Möglichkeit schon von selbst ein. Dass es doch etwas köstliches um das Wort „denkbar" ist, ersieht man auch aus der Hegel'schen Logik.

ohne dass hiedurch Aristoteles vermittelst einer Confusion ein Sacrilegium an der Logik der Schul-Zöpfe begangen habe.

Schon aus dem Obigen (Anm. 240 f.) ist klar, dass das Mögliche ein zwischen dem Sein und Nicht-sein in der Mitte stehendes ist[244]; das ist eben das Statthafte, dass dasjenige, was bloss die Möglichkeit hat, Etwas zu sein, dieses nicht ist, und umgekehrt dass es das ist, wozu es die blosse Möglichkeit hat, es auch nicht zu sein, d. h. von dem Möglichen ist es statthaft, dass es sowohl ist als auch nicht ist[245]. Und ist demnach in Bezug auf das Urtheilen das Mögliche dasjenige, dessen Gegentheil nicht nothwendig unwahr ist, oder dasjenige, von welchem es statthaft ist, dass es wahr sei[246], so ist es in Bezug auf das Stattfinden dasjenige, welches den principiellen Grundzug der Veränderung überhaupt, mag sie in ihm selbst oder vermittelst seiner in einem Anderen vor sich gehen, in sich enthält, und dasjenige, wovon es statthaft ist, dass es nicht sei, ist das Vergängliche[247]; denn bei dem Unveränderlichen, Ewigen ist ja das Statthaft-sein schon das Sein selbst und mit ihm identisch, daher es Nichts gibt, was bloss möglicherweise und der Potenz nach ein Ewiges wäre, und hiemit bei dem Ewigen von dem Möglich-sein oder Statthaft-sein als solchem gar nicht gesprochen werden kann[248]. Insoferne aber das Gebiet des Veränderlichen hiemit der Wirkungskreis des Möglichen ist, beruht in dem Möglichen der gegenseitige Wechselverkehr des Thuns und Leidens[249]. Innerhalb die-

---

244) *D. coel.* a. a. O. 282 a. 13.: *τὸ αὐτὸ ἄρ' ἔσται δυνατὸν εἶναι καὶ μή, καὶ τοῦτ' ἔστιν ἀμφοῖν μέσον.*

245) *Metaph.* Θ, 3, 1047 a. 20.: *ἐνδέχεται δυνατὸν μέν τι εἶναι μὴ εἶναι δὲ καὶ δυνατὸν μὴ εἶναι εἶναι δέ, ὁμοίως δὲ καὶ ἐπὶ τῶν ἄλλων κατηγοριῶν δυνατὸν βαδίζειν ὂν μὴ βαδίζειν καὶ μὴ βαδίζον δυνατὸν εἶναι βαδίζειν.* Ebend. 8, 1050 b. 11.: *τὸ ἄρα δυνατὸν εἶναι ἐνδέχεται καὶ εἶναι καὶ μὴ εἶναι· τὸ αὐτὸ ἄρα δυνατὸν καὶ εἶναι καὶ μὴ εἶναι.* Ebend. 1049 b. 13.: *τῷ γὰρ ἐνδέχεσθαι ἐνεργῆσαι δυνατόν ἐστι τὸ πρώτως δυνατόν.*

246) Ebend. Δ, 12, 1019 b. 28.: *τὸ δυνατόν, ὅταν μὴ ἀναγκαῖον ᾖ τὸ ἐναντίον ψεῦδος εἶναι* (hier also gerade wo von Wahr- und Falsch-sein die Rede ist, steht *δυνατόν*) .... *τὸ μὲν οὖν δυνατὸν ἕνα μὲν τρόπον, ὡς εἴρηται, τὸ μὴ ἐξ ἀνάγκης ψεῦδος σημαίνει, ἕνα δὲ τὸ ἀληθὲς εἶναι, ἕνα δὲ τὸ ἐνδεχόμενον ἀληθὲς εἶναι.*

247) Ebend. 1019 a. 32.: *λεγομένης δὲ τῆς δυνάμεως τοσαυταχῶς καὶ τὸ δυνατὸν ἕνα μὲν τρόπον λεχθήσεται τὸ ἔχον κινήσεως ἀρχὴν ἢ μεταβολῆς, καὶ γὰρ τὸ στατικὸν δυνατόν τι, ἐν ἑτέρῳ ἢ ᾗ ἕτερον, ἕνα δὲ ἐὰν ἔχῃ τι αὐτοῦ ἄλλο δύναμιν τοιαύτην, ἕνα δὲ ἐὰν ἔχῃ μεταβάλλειν ἐφ' ὁτιοῦν δύναμιν εἴτ' ἐπὶ τὸ χεῖρον εἴτ' ἐπὶ τὸ βέλτιον, καὶ γὰρ τὸ φθειρόμενον δοκεῖ δυνατὸν εἶναι φθείρεσθαι ἢ οὐκ ἂν φθαρῆναι εἰ ἦν ἀδύνατον.* Ebend. Θ, 8, 1050 b. 13.: *τὸ δ' ἐνδεχόμενον μὴ εἶναι φθαρτὸν ἢ ἁπλῶς ἢ τοῦτο αὐτὸ ὃ λέγεται ἐνδέχεσθαι μὴ εἶναι ἢ κατὰ τόπον ἢ κατὰ ποσὸν ἢ ποιόν, ἁπλῶς δὲ τὸ κατ' οὐσίαν.* Vgl. Anm. 268.

248) *Phys. ausc.* III, 4, 203 b. 30.: *ἐνδέχεσθαι γὰρ ἢ εἶναι οὐδὲν διαφέρει ἐν τοῖς ἀϊδίοις.* *Metaph.* Θ, 8, 1050 b. 7.: *τὰ μὲν γὰρ ἀΐδια πρότερα τῇ οὐσίᾳ τῶν φθαρτῶν, ἔστι δ' οὐδὲν δυνάμει ἀΐδιον.* *D. mot. anim.* 4, 700 a. 3.: *τὸ γὰρ ὅλως ἀκίνητον ὑπ' οὐδενὸς ἐνδέχεται κινηθῆναι.* Diess in Bezug auf das Himmelsgebäude nachzuweisen, ist auch Zweck und Inhalt von *D. coel.* I, 12. Sicher wäre es ein sonderbares Ewiges, welches mit der „logischen Möglichkeit“ Nichts zu schaffen hätte; auf diesen Widersinn aber kömmt man, wenn *ἐνδεχόμενον* blos jenes logisch Mögliche bedeuten soll.

249) *Metaph.* Θ, 1, 1046 a. 9.: *ὅσαι δὲ* (sc. *δυνάμεις*) *πρὸς τὸ αὐτὸ εἶδος, πᾶσαι ἀρχαί τινές εἰσι καὶ πρὸς πρώτην μίαν λέγονται, ἥ ἐστιν ἀρχὴ με-*

ser Sphäre aber ist allerdings zu unterscheiden zwischen Möglichkeiten, welche auf Vernunft-Gebrauch beruhen, und Möglichkeiten, bei welchen die Vernunft-Thätigkeit eines Berathens ausgeschlossen ist; nemlich die ersteren, wie z. B. das Wissen, umfassen die Gegensätze zugleich (vgl. Anm. 206), die letzteren hingegen nicht, denn z. B. das Warme kann nur warm machen, nicht aber kalt machen [250]). Aber in Bezug auf die Verwirklichung der Möglichkeit als solcher, d. h. in Bezug auf die Kraft, vermöge deren es zu einem wirklichen Stattfinden kömmt, stehen beide Arten der Möglichkeit einander gleich; nemlich beide treten, weil sie vermögende Potenzen sind, welche zum Actus streben, in Wirklichkeit, sobald sie nicht gehindert sind, d. h. die Hindernisslosigkeit wird in der That das entscheidende. Die vernunftlose Potenz, welche nur Eines vermag, muss aus Nothwendigkeit wirksam auftreten, sobald sie nicht gehindert ist; die vernünftige Potenz tritt wirksam auf, sobald das bestimmte Verlangen hiezu in der Willensrichtung da ist; ist aber dieses da, so ist in so weit eine innere Hindernisslosigkeit schon mitgegeben, denn sobald die vernünftige Potenz will, muss sie, weil sie es will, es thun, und in dem Wollen ist sie ungehindert; hier also besteht die Nothwendigkeit der Freiheit; gleichzeitig demnach wird auch die vernünftige Potenz die von ihr umfassten Gegensätze nicht in die existente Wirklichkeit treten lassen, denn sie determinirt sich durch den Willens-Entschluss zu dem einen der beiden, für welch beide sie aber die Fähigkeit hat [251]). Also die vernunftlose Potenz muss Etwas wirken und die vernünftige Potenz will Etwas wirken, z. B. das Feuer, welches nur warm-machen, nicht aber nicht-warm-machen kann, muss eben warm-machen, und der Mensch, welcher die Fähigkeit hat, sowohl ein Haus zu bauen als auch ebenso nicht ein Haus zu bauen, will eben ein Haus bauen; dass in diesen beiden Fällen es zu einem gewissen Stattfinden kommen soll und zu diesem die Real-Potenz vorliegt, ist das beiden Fällen gemeinschaftliche. Nun aber muss dieses Potenz-sein zum Behufe der Verwirklichung in Beziehung zur äusseren Wirklichkeit (der Welt

---

ταβολῆς ἐν ἄλλῳ ἢ ᾗ ἄλλο· ἡ μὲν γὰρ τοῦ παθεῖν ἐστὶ δύναμις ἡ ἐν αὐτῷ τῷ πάσχοντι ἀρχὴ μεταβολῆς παθητικῆς ὑπ' ἄλλου ἢ ᾗ ἄλλο ..... (26) ἡ δ' ἐν τῷ ποιοῦντι οἷον τὸ θερμὸν καὶ ἡ οἰκοδομική.

250) Ebend. 2, 1046 b. 5.: καὶ αἱ μὲν μετὰ λόγου πᾶσαι τῶν ἐναντίων αἱ αὐταί, αἱ δ' ἄλογοι μία ἑνός, οἷον τὸ θερμὸν τοῦ θερμαίνειν μόνον, ἡ δὲ ἰατρικὴ νόσου καὶ ὑγιείας.

251) Ebend. 5, 1047 b. 35.: ἐπεὶ δὲ .... τὰ μὲν κατὰ λόγον δύναται κινεῖν καὶ αἱ δυνάμεις αὐτῶν μετὰ λόγου, τὰ δ' ἄλογα καὶ αἱ δυνάμεις ἄλογοι, κἀκείνας μὲν ἀνάγκη ἐν ἐμψύχῳ εἶναι ταύτας δ' ἐν ἀμφοῖν, τὰς μὲν τοιαύτας δυνάμεις ἀνάγκη, ὅταν ὡς δύνανται τὸ ποιητικὸν καὶ τὸ παθητικὸν πλησιάζωσι, τὸ μὲν ποιεῖν τὸ δὲ πάσχειν, ἐκείνας δ' οὐκ ἀνάγκη· αὗται μὲν γὰρ πᾶσαι μία ἑνὸς ποιητική, ἐκεῖναι δὲ τῶν ἐναντίων· ὥστε ἅμα ποιήσει τἀναντία· τοῦτο δὲ ἀδύνατον· ἀνάγκη ἄρα ἕτερόν τι εἶναι τὸ κύριον· λέγω δὲ τοῦτο ὄρεξιν ἢ προαίρεσιν· ὁποτέρου γὰρ ἂν ὀρέγηται κυρίως, τοῦτο ποιήσει, ὅταν ὡς δύναται ὑπάρχῃ καὶ πλησιάζῃ τῷ παθητικῷ· ὥστε τὸ δυνατὸν κατὰ λόγον ἅπαν ἀνάγκη, ὅταν ὀρέγηται, οὗ τ' ἔχει τὴν δύναμιν καὶ ὡς ἔχει, τοῦτο ποιεῖν· εἰ δὲ μή, ποιεῖν οὐ δυνήσεται· τὸ γὰρ μηδενὸς τῶν ἔξω κωλύοντος προσδιορίζεσθαι οὐδὲν ἔτι δεῖ· τὴν γὰρ δύναμιν ἔχει ὡς ἔστι δύναμις τοῦ ποιεῖν, ἔστι δ' ὡς οὐ πάντως ἀλλ' ἐχόντων πως, ἐν οἷς ἀφορισθήσεται καὶ τὰ ἔξω κωλύοντα. (s. d. folg. Anm.)

des Mannigfaltigen und der Vielheit) treten, und hier in dieser äusseren Umgebung kann sich jener Verwirklichung ein Hinderniss entgegenstellen (z. B. für den Willen, ein Haus zu bauen oder einen Kranken zu heilen, kann sich in Bezug auf Verwirklichung von aussen her ein Hinderniss im Baumateriale oder in der Beschaffenheit des Kranken erheben, und ebenso kann dem naturnothwendigen Entwicklungstriebe des Samens ein Hinderniss von aussen her entgegentreten), und die Hindernisslosigkeit in diesem Sinne ist daher für die Verwirklichung einer jeden Potenz, mag sie vernunftlos oder vernünftig sein, eine unerlässliche Bedingung [252]). So also erklärt es sich, dass, da ja das Möglich-sein nur in dem Gebiete des Veränderlichen, Mannigfachen und Vielheitlichen, nicht aber in dem Gebiete des Ewigen auftritt, jede Potenz überhaupt zugleich die Möglichkeit der Affirmation und der Negation, d. h. des Seins und Nicht-seins (Anm. 215 u. 192) ist, denn das ist eben das Mögliche, dass es auch nicht zur actuellen Wirklichkeit kommen kann, und alle Veränderung im Gebiete des Veränderlichen dreht sich um die Möglichkeit des Stattfindens oder Nichtstattfindens und Seins oder Nichtseins, nur hängt sie bei der vernünftigen Potenz von dem Eintritte des Entschlusses ab, die vernunftlose Potenz hingegen umfasst vermöge eines Vorhandenseins oder Nichtvorhandenseins in sich jenes Verhältniss von Affirmation und Negation [253]); das aber, dass zugleich Affirmatives und Negatives stattfinde, ist für jede Möglichkeit das Unwahre (Anm. 170, 192) und unmöglich [254]). Hiemit nun besitzen wir gewiss die völlige Einsicht, warum oben (Anm. 206—214) die drei Urtheile „A weiss“, „A kann“, „A ist“ einander gleichgestellt waren, insoferne es sich für das Stattfindende um einen Uebergang

---

252) Ebend. 7, 1049 a. 1.: *ἡ γῆ ἆρ᾽ ἐστὶν ἄνθρωπος δυνάμει; ἢ οὔ, ἀλλὰ μᾶλλον ὅταν ἤδη γένηται σπέρμα, καὶ οὐδὲ τότε ἴσως, ὥςπερ οὐδὲ ὑπὸ ἰατρικῆς ἅπαν ἂν ὑγιασθείη οὐδ᾽ ἀπὸ τύχης, ἀλλ᾽ ἔστι τι ὃ δυνατόν ἐστι καὶ τοῦτ᾽ ἐστὶν ὑγιαῖνον δυνάμει. ὅρος δὲ τοῦ μὲν ἀπὸ διανοίας ἐντελεχείᾳ γιγνομένου ἐκ τοῦ δυνάμει ὄντος, ὅταν βουληθέντος γίγνηται μηδενὸς κωλύοντος τῶν ἐκτὸς, ἐκεῖ δ᾽ ἐν τῷ ὑγιαζομένῳ, ὅταν μηδὲν κωλύῃ τῶν ἐν αὐτῷ· ὁμοίως δὲ δυνάμει καὶ οἰκία, εἰ μηδὲν κωλύῃ τῶν ἐν τούτῳ καὶ τῇ ὕλῃ τοῦ γίγνεσθαι οἰκίαν, οὐδ᾽ εἰ ἔστιν ὃ δεῖ προςγενέσθαι ἢ ἀπογενέσθαι ἢ μεταβαλεῖν, τοῦτο δυνάμει οἰκία. καὶ ἐπὶ τῶν ἄλλων ὡσαύτως ὅσων ἔξωθεν ἡ ἀρχὴ τῆς γενέσεως, καὶ ὅσων δὴ ἐν αὐτῷ τῷ ἔχοντι, ὅσα μηδενὸς τῶν ἔξωθεν ἐμποδίζοντος ἔσται δι᾽ αὑτοῦ· οἷον τὸ σπέρμα οὔπω· δεῖ γὰρ ἐν ἄλλῳ καὶ μεταβάλλειν· ὅταν δ᾽ ἤδη διὰ τῆς αὑτοῦ ἀρχῆς ᾖ τοιοῦτον, ἤδη τοῦτο δυνάμει· ἐκεῖνο δὲ ἑτέρας ἀρχῆς δεῖται, ὥςπερ ἡ γῆ οὔπω ἀνδριὰς δυνάμει.* Phys. ausc. II, 8, 199 a. 9.: *ὡς πράττεται οὕτω πέφυκε καὶ ὡς πέφυκεν οὕτω πράττεται ἕκαστον, ἂν μή τι ἐμποδίζῃ.* Näher erörtert wird diese Hindernisslosigkeit *Phys. ausc.* VIII, 4.

253) *Metaph.* Θ, 8, 1050 b. 8.: *πᾶσα δύναμις ἅμα τῆς ἀντιφάσεώς ἐστιν· τὸ μὲν γὰρ μὴ δυνατὸν ὑπάρχειν οὐκ ἂν ὑπάρξειεν οὐδενὶ, τὸ δυνατὸν δὲ πᾶν ἐνδέχεται μὴ ἐνεργεῖν* (*D. coel.* I, 12, 281 b. 15.: *τοῦ μὲν οὖν καθῆσθαι καὶ ἑστάναι ἅμα ἔχει τὴν δύναμιν, ὅτι ὅτε ἔχει ἐκείνην καὶ τὴν ἑτέραν· ἀλλ᾽ οὐχ ὥστε ἅμα καθῆσθαι καὶ ἑστάναι*) ..... (b.25) *οὐ γὰρ περὶ τὴν δύναμιν τῆς ἀντιφάσεως αὐτοῖς* (sc. *τοῖς ἀϊδίοις*) *οἷον τοῖς φθαρτοῖς ἡ κίνησις, ὥστε ἐπίπονον εἶναι τὴν συνέχειαν τῆς κινήσεως* .... (30) *αἱ δ᾽ ἄλλαι δυνάμεις, ἐξ ὧν διώρισται, πᾶσαι τῆς ἀντιφάσεώς εἰσιν· τὸ γὰρ δυνάμενον ὡδὶ κινεῖν δύναται καὶ μὴ ὡδὶ ὅσαι γε κατὰ λόγον, αἱ δ᾽ ἄλογοι τῷ παρεῖναι καὶ μὴ τῆς ἀντιφάσεως ἔσονται αἱ αὐταί.*

254) *D. coel.* a. a. O. 281 b. 12.: *τὸ δ᾽ ἅμα ἑστάναι καὶ καθῆσθαι καὶ τὴν διάμετρον σύμμετρον εἶναι, οὐ μόνον ψεῦδος ἀλλὰ καὶ ἀδύνατον.*

von der Potenz zum Stattfinden handelt, und dass somit das „weiss“, „kann“, „ist“ den Fall betrifft, in welchem das Stattfinden wirklich eingetreten ist, hingegen das „weiss nicht“, „kann nicht“, „ist nicht“ jenen Fall, in welchem der Uebergang von Potenz zum Stattfinden irgend gehindert wurde und demnach ein Nichtstattfinden vorliegt. Das Stattfinden oder Nichtstattfinden aber ist Object des Urtheiles (Anm. 112 u. 144 f.). So wird jeder angebliche dualistische Unterschied zwischen logischer und physischer Möglichkeit bei Aristoteles gebührender Weise hoffentlich in sein Nichts aufgelöst sein.

Mit dem Begriffe des Möglichen ist zugleich der seines Gegensatzes, des Unmöglichen, gegeben, und ersterer kann daher auch wieder durch letzteren vermittelst des Gegensatzes selbst bestimmt werden. Es ist das Unmögliche zunächst jenes, von welchem es überhaupt gar nicht statthaft ist, dass es irgend in Wirklichkeit trete[255]; und ist hiemit bei dem Unmöglichen die zum Stattfinden führende Potenz selbst aufgehoben oder verneint, so ist nicht bloss das Stattfinden unwahr (denn diess kann ja auch der Fall sein, wenn ein Mögliches nur eben nicht zur Wirklichkeit kam), sondern das Nichtstattfinden desjenigen, wovon die Möglichkeit verneint ist, ist nothwendig und immer wahr, und es ist daher das Unmögliche dasjenige, dessen Gegentheil nothwendig wahr ist; so dass das Unmögliche sich als ein Zweig des Unwahren erweist, nemlich als das nothwendig Unwahre, und sonach Unwahr-sein und Unmöglich-sein nicht identisch genommen werden dürfen, denn, wo eine Möglichkeit eines Stattfindens oder Nichtstattfindens vorliegt, kann das eine von beiden sehr wohl unwahr sein, ohne darum unmöglich zu sein[256]; hingegen darf man nicht, um etwa dem Begriffe der Unmöglichkeit zu entgehen, dasjenige, was nie zur Verwirklichung gelangen wird, ein Mögliches nennen, und es ist unstatthaft in solcher Absicht zu sagen, dass Etwas wohl möglich sei, aber nie wirklich sein werde; denn wenn Etwas nicht nothwendiger Weise möglich ist, kann es sehr wohl unmög-

---

255) *Phys. ausc.* VI, 10, 241 b. 3.: *τὸ ἀδύνατον τμηθῆναι οὕτω τῷ μὴ ἐνδέχεσθαι τμηθῆναι, πλεοναχῶς γὰρ λέγεται τὸ ἀδύνατον, οὐκ ἐνδέχεται τὸ οὕτως ἀδύνατον τέμνεσθαι, οὐδ' ὅλως τὸ ἀδύνατον γενέσθαι γίνεσθαι, οὐδὲ τὸ μεταβάλλειν ἀδύνατον ἐνδέχοιτ' ἂν μεταβάλλειν εἰς ὃ ἀδύνατον μεταβάλλειν.* *D. coel.* I, 7, 274 b. 13.: *ἀδύνατον γὰρ γίνεσθαι ὃ μὴ ἐνδέχεται γίνεσθαι.* Ebend. 11, 281 a. 4.: *λέγεται δὲ καὶ τὸ ἀγένητον τὸ ἀδύνατον καὶ τὸ μὴ δυνάμενον γενέσθαι οὕτως ὥστε πρότερον μὲν μὴ εἶναι ὕστερον δὲ εἶναι, οἷον τὴν διάμετρον σύμμετρον.*

256) *Metaph.* Δ, 12, 1019 b. 23.: *ἀδύνατον μὲν οὗ τὸ ἐναντίον ἐξ ἀνάγκης ἀληθές, οἷον τὸ τὴν διάμετρον σύμμετρον εἶναι ἀδύνατον, ὅτι ψεῦδος τὸ τοιοῦτον, οὗ τὸ ἐναντίον οὐ μόνον ἀληθές, ἀλλὰ καὶ ἀνάγκη ἀσύμμετρον εἶναι· τὸ ἄρα σύμμετρον οὐ μόνον ψεῦδος ἀλλὰ καὶ ἐξ ἀνάγκης ψεῦδος· τὸ δ' ἐναντίον τούτῳ τὸ δυνατὸν, ὅταν μὴ ἀναγκαῖον ᾖ τὸ ἐναντίον ψεῦδος εἶναι, οἷον τὸ καθῆσθαι ἄνθρωπον δυνατὸν, οὐ γὰρ ἐξ ἀνάγκης τὸ μὴ καθῆσθαι ψεῦδος.* Ebend. Θ, 4, 1047 b. 12.: *οὐ γὰρ δή ἐστι ταὐτὸ τό τε ψεῦδος καὶ τὸ ἀδύνατον· τὸ γὰρ σὲ ἑστάναι νῦν ψεῦδος μὲν, οὐκ ἀδύνατον δέ.* *D. coel.* I, 12, 281 b. 3.: *τὸ γὰρ ἀδύνατον καὶ τὸ ψεῦδος οὐ ταὐτὸ σημαίνει ..... (8) οὐ δὴ ταὐτόν ἐστι ψεῦδός τέ τι εἶναι ἁπλῶς καὶ ἀδύνατον ἁπλῶς· τὸ γὰρ σὲ μὴ ἑστῶτα φάναι ἑστάναι ψεῦδος μὲν, οὐκ ἀδύνατον δέ· ὁμοίως δὲ καὶ τὸ τὸν κιθαρίζοντα μὲν μὴ ᾄδοντα δὲ ᾄδειν φάναι ψεῦδος, ἀλλ' οὐκ ἀδύνατον.* Vgl. Anm. 254.

lich sein[257]). Da hiemit das Unmögliche als das nothwendig Unwahre dasjenige ist, was nie die reale Voraussetzung eines Stattfindens sein kann und daher auch nie vorausgesetzt werden darf, so ist dieses Verhältniss von Wichtigkeit für die Annahme von Voraussetzungen überhaupt, da ja das Mögliche und Unmögliche sowie das Wahre und Unwahre immer entweder schlechthin an sich oder voraussetzungsweise ausgesprochen wird, wobei namentlich in Betreff des Unwahren sehr zu unterscheiden ist, ob es bloss nach dem factischen Stattfinden ein Unwahres oder ob es nothwendig unwahr, d. h. unmöglich, sei[258]). Denn das Unmögliche kann nur wieder von einem Unmöglichen die Voraussetzung sein, und aus Unmöglichem ergibt sich Unmögliches[259]); aber aus dem Möglichen kann wohl, da in ihm ja auch die Möglichkeit des Nicht-Eintretens der Verwirklichung, also die Möglichkeit des Nichtstattfindens liegt, ein factisch Unwahres folgen[260]), nie jedoch kann aus dem Möglichen ein nothwendig Unwahres, d. h. ein Unmögliches folgen; und in Bezug auf das Unmögliche bestimmt sich demnach das Mögliche als dasjenige, dessen Verwirklichung keine Unmöglichkeit zur Folge hat[261]), oder mit anderen Worten: das Mögliche oder das Statthafte ist jenes nicht nothwendig Seiende, bei welchem die Annahme des wirklichen Stattfindens nicht auf ein Unmögliches führt[262]).

Aber dieses ganze Verhältniss nun, dass ein Potenzielles dem Actuellen als Voraussetzung vorhergeht, muss, wenn überhaupt ein apodeiktisches Wissen erreicht werden soll, auf einen nothwendigen und ausnahmslos geltenden Bestand des Causalnexus zurückgeführt werden; denn

---

257) *Metaph.* Θ, 4, 1047 b. 4.: *οὐκ ἐνδέχεται ἀληθὲς εἶναι τὸ εἰπεῖν ὅτι δυνατὸν μὲν τοδὶ, οὐκ ἔσται δέ· ὥστε τὰ ἀδύνατα εἶναι ταύτῃ διαφεύγειν· λέγω δὲ οἷον εἴ τις φαίη δυνατὸν τὴν διάμετρον μετρηθῆναι, οὐ μέντοι μετρηθήσεσθαι, μὴ λογιζόμενος τὸ ἀδύνατον εἶναι, ὅτι οὐδὲν κωλύει δυνατόν τι ὂν εἶναι ἢ γενέσθαι, μὴ εἶναι δὲ μηδ' ἔσεσθαι* ..... (16) *εἰ γὰρ μὴ ἀνάγκη δυνατὸν εἶναι, οὐδὲν κωλύει μὴ εἶναι δυνατὸν εἶναι.* In diesem Sinne wäre wohl auch das Leere und das Unbegränzte ein Mögliches (ebend. 6, 1048 b. 9.: *ἄλλως δὲ καὶ τὸ ἄπειρον καὶ τὸ κενὸν καὶ ὅσα τοιαῦτα λέγεται δυνάμει κτλ.*); aber eben weil beide nie wirklich stattfinden können, sind sie unmöglich, denn das Unbegränzte kann nie in Wirklichkeit erschöpft werden (*Phys. ausc.* VIII, 10, u. III, 4 ff., betreffs des Leeren ebend. IV, 6 ff.); Weiteres gehört nicht hieher.

258) *D. coel.* a. a. O. 281 b. 4.: *ἔστι δὲ τὸ ἀδύνατον καὶ τὸ δυνατὸν καὶ τὸ ψεῦδος καὶ τὸ ἀληθὲς τὸ μὲν ἐξ ὑποθέσεως, λέγω δ' οἷον τὸ τρίγωνον ἀδύνατον δύο ὀρθὰς ἔχειν, εἰ τάδε, καὶ ἡ διάμετρος σύμμετρος, εἰ τάδε, ἔστι δ' ἁπλῶς καὶ δυνατὰ καὶ ἀδύνατα καὶ ψευδῆ καὶ ἀληθῆ* ..... (14) *οὐ δὴ ταὐτόν ἐστιν ὑποθέσθαι ψεῦδος καὶ ἀδύνατον.*

259) Ebend. 281 b. 15.: *συμβαίνει δ' ἀδύνατον ἐξ ἀδυνάτου.*

260) *Phys. ausc.* VIII, 5, 256 b. 11.: *ἐὰν οὖν θῶμεν τὸ δυνατὸν εἶναι, οὐδὲν ἀδύνατον συμβήσεται, ψεῦδος δ' ἴσως.*

261) *Metaph.* Θ, 3, 1047 a. 24.: *ἔστι δὲ δυνατὸν τοῦτο, ᾧ ἐὰν ὑπάρξῃ ἡ ἐνέργεια, οὗ λέγεται ἔχειν τὴν δύναμιν, οὐδὲν ἔσται ἀδύνατον· λέγω δ' οἷον, εἰ δυνατὸν καθῆσθαι καὶ ἐνδέχεται καθῆσθαι* (hier ist Unterschied und Gleichheit von *δυνατὸν* und *ἐνδεχόμενον* doch deutlich genug ausgesprochen), *τούτῳ ἐὰν ὑπάρξῃ τὸ καθῆσθαι, οὐδὲν ἔσται ἀδύνατον.*

262) Ebend. 4, 1047 b. 10.: *εἰ καὶ ὑποθοίμεθα εἶναι ἢ γεγονέναι, ὃ οὐκ ἔστι μὲν δυνατὸν δὲ, ὅτι οὐδὲν ἔσται ἀδύνατον.* *Phys. ausc.* VII, 1, 243 a. 1.: *τοῦ γὰρ ἐνδεχομένου τεθέντος οὐδὲν ἄτοπον ἔδει συμβαίνειν.* *Anal. pr.* I, 13, 32 a. 18.: *λέγω δ' ἐνδέχεσθαι καὶ τὸ ἐνδεχόμενον, οὗ μὴ ὄντος ἀναγκαίου, τεθέντος δ' ὑπάρχειν, οὐδὲν ἔσται διὰ τοῦτ' ἀδύνατον.*

Object und Product der Apodeiktik (s. oben Anm. 20, 48, 54, 101, 130, 132) ist das Nothwendige als das Nichtandersseinkönnende oder als dasjenige, von welchem es nicht statthaft ist, dass es bald so bald anders sich verhalte [263]). Ist aber das Nothwendige auf diese Weise gerade wesentlich dem Möglichen und Statthaften gegenübergestellt, insoferne ihm eben kein Möglich-sein oder Statthaft-sein eines anderweitigen Stattfindens einwohnen soll, so ist allerdings das Nothwendige im eigentlichsten Sinne das Ewige, Einfache, Unveränderliche, von welchem wir oben (Anm. 248) sahen, dass es frei ist von allem bloss Potenziellen [264]); es ist demnach an sich jene reine Region des einfachen Einen Seins, welche der *νοῦς* nur zu berühren vermag (Anm. 101). Aber da das menschliche Wissen eben auf das erfahrungsmässige Viele und Vergängliche angewiesen ist (Anm. 69—78) und dieses Gebiet durch die Einsicht in die Nothwendigkeit zu einem Gewussten wird, so ist in diesem gesammten Umkreise des gegenseitigen Thuns und Leidens (Anm. 249) — um von einer anderen Bedeutung des Wortes „Nothwendig" ganz abzusehen, in welcher es die Vergewaltigung (*βία*) bezeichnet und dem oben erwähnten Eintritte eines Hindernisses der Verwirklichung entspricht [265]) — die vom Wissen zu suchende Nothwendigkeit eben die, dass der Nexus zwischen potenzieller Voraussetzung und actuell wirklichem Stattfinden ein nothwendiger ist. Auf diesem Gebiete daher ist das Nothwendige dasjenige, was als vorauszusetzende Ursache nothwendig vorliegen muss, wenn ein bestimmtes Stattfinden wirklich auftreten soll [266]);

---

263) *Metaph.* *Δ*, 5, 1015 b. 7.: *ἔτι ἡ ἀπόδειξις τῶν ἀναγκαίων, ὅτι οὐκ ἐνδέχεται ἄλλως ἔχειν, εἰ ἀποδέδεικται ἁπλῶς· τούτου δ' αἴτια τὰ πρῶτα, εἰ ἀδύνατον ἄλλως ἔχειν ἐξ ὧν ὁ συλλογισμός.* Ebend. *Γ*, 4, 1006 b. 28.: *ἀνάγκη τοίνυν εἴ τι ἔστιν ἀληθὲς εἰπεῖν ὅτι ἄνθρωπος, ζῷον εἶναι δίπουν· τοῦτο γὰρ ἦν ὃ ἐσήμαινε τὸ ἄνθρωπος· εἰ δ' ἀνάγκη τοῦτο, οὐκ ἐνδέχεται μὴ εἶναι τὸ αὐτὸ ζῷον δίπουν· τοῦτο γὰρ σημαίνει τὸ ἀνάγκη εἶναι τὸ ἀδύνατον εἶναι μὴ εἶναι ἄνθρωπον.* Ebend. 5, 1010 b. 28.: *τὸ γὰρ ἀναγκαῖον οὐκ ἐνδέχεται ἄλλως καὶ ἄλλως ἔχειν, ὥστ' εἴ τι ἔστιν ἐξ ἀνάγκης, οὐχ ἕξει οὕτω τε καὶ οὐχ οὕτως.* Ebend. *E*, 2, 1026 b. 29.: *ἣν* (sc. *ἀνάγκην*) *λέγομεν τῷ μὴ ἐνδέχεσθαι ἄλλως.*

264) Ebend. *Δ*, 5, 1015 b. 11.: *ὥστε τὸ πρῶτον καὶ κυρίως ἀναγκαῖον τὸ ἁπλοῦν ἐστίν· τοῦτο γὰρ οὐκ ἐνδέχεται πλεοναχῶς ἔχειν, ὥστε οὐδὲ ἄλλως καὶ ἄλλως, ἤδη γὰρ πλεοναχῶς ἂν ἔχοι· εἰ ἄρα ἔστιν ἄττα ἀΐδια καὶ ἀκίνητα, οὐδὲν ἐκείνοις ἐστὶ βίαιον οὐδὲ παρὰ φύσιν.* *Eth. Nic.* VI, 2, 1139 b. 23.: *τὰ γὰρ ἐξ ἀνάγκης ὄντα ἁπλῶς πάντα ἀΐδια, τὰ δ' ἀΐδια ἀγένητα καὶ ἄφθαρτα.*

265) *Metaph.* *Δ*, 5, 1015 a. 26.: *ἔτι τὸ βίαιον καὶ ἡ βία* (sc. *ἀναγκαῖον λέγεται*)*· τοῦτο δ' ἐστὶ τὸ παρὰ τὴν ὁρμὴν καὶ τὴν προαίρεσιν ἐμποδίζον καὶ κωλυτικόν· τὸ γὰρ βίαιον ἀναγκαῖον λέγεται.* Ebend. *E*, 2, 1026 b. 28.: *ἐξ ἀνάγκης, οὐ τῆς κατὰ τὸ βίαιον λεγομένης.* Ebend. *Λ*, 7, 1072 b. 11.: *τὸ γὰρ ἀναγκαῖον τοσαυταχῶς, τὸ μὲν βίᾳ ὅτι παρὰ τὴν ὁρμήν, τὸ δὲ οὗ οὐκ ἄνευ τὸ εὖ, τὸ δὲ μὴ ἐνδεχόμενον ἄλλως ἀλλ' ἁπλῶς.* Mehreres über die Vergewaltigung *Phys. ausc.* V, 6 u. VIII, 4.

266) *D. gen. anim.* V, 3, 782 a. 22.: *τίνων δ' ὑπαρχόντων καὶ διὰ τίνας ἀνάγκας συμβαίνει τούτων ἕκαστον, δηλῶσαι τῆς μεθόδου τῆς νῦν ἐστίν.* *Top.* II, 4, 111 b. 17.: *σκοπεῖν δ' ἐπὶ τοῦ προκειμένου, τίνος ὄντος τὸ προκείμενόν ἐστιν ἢ τί ἐστιν ἐξ ἀνάγκης εἰ τὸ προκείμενόν ἐστι.* *D. somn.* 2, 455 b. 26.: *λέγω δ' ἐξ ὑποθέσεως τὴν ἀνάγκην, ὅτι εἰ ζῷον ἔσται ἔχον τὴν αὑτοῦ φύσιν, ἐξ ἀνάγκης τιν' ὑπάρχειν αὐτῷ δεῖ, καὶ τούτων ὑπαρχόντων ἕτερα ὑπάρχειν.* Nach einer anderen, nicht mehr hieher gehörigen, Seite hin ist dieses Nothwendige das teleologisch Nothwendige, was zur Erreichung

also eben das voraussetzungsweise Nothwendige gehört dem Vergänglichen an, sowie das schlechthin Nothwendige dem Ewigen [267]). Nemlich in dem Bereiche der Dinge, deren Nothwendigkeit nicht die des Ewigen ist, sondern deren stoffliche Ursache die Möglichkeit des Seins und Nichtseins ist, d. h. innerhalb dessen, was dem Entstehen und Vergehen unterworfen ist [268]), beruht das Nothwendige darin, dass ein bestimmtes Entstehen oder Vergehen ausnahmlos immer stattfindet, und also unter bestimmten Voraussetzungen das Nicht-Eintreten eine Unmöglichkeit, ein nothwendig Unwahres, ist [269]); und dass eine solche Festigkeit auch innerhalb des Veränderlichen besteht und das Verhältniss einer nothwendigen Voraussetzung für das Einzelne nicht von Glied zu Glied ins Unbegränzte fort sich zurückschiebe, liegt in den höchsten Wesenheiten der sinnlich wahrnehmbaren Welt, nemlich in der ewigen Natur und Bewegung des Himmelsgebäudes, begründet [270]), — kurz es gibt auch quali-

---

des Zweckes (des *εὖ*) unerlässlich stattfinden muss. *Metaph. Δ*, 5, 1015 a. 20 ff. Vgl. die vorige u. d. folg. Anm.

267) *D. part. anim.* I, 1, 639 b. 21.: *τὸ δ' ἐξ ἀνάγκης οὐ πᾶσιν ὑπάρχει τοῖς κατὰ φύσιν ὁμοίως, εἰς ὃ πειρῶνται πάντες σχεδὸν τοὺς λόγους ἀνάγειν οὐ διελόμενοι ποσαχῶς λέγεται τὸ ἀναγκαῖον· ὑπάρχει δὲ τὸ μὲν ἁπλῶς τοῖς ἀϊδίοις τὸ δ' ἐξ ὑποθέσεως καὶ τοῖς ἐν γενέσει πᾶσιν, ὥςπερ ἐν τοῖς τεχναστοῖς, οἷον οἰκίᾳ καὶ τῶν ἄλλων ὁτῳοῦν τῶν τοιούτων.* Ebend. 642 a. 1.: *εἰσὶν ἄρα δύ' αἰτίαι αὗται, τό θ' οὗ ἕνεκα καὶ τὸ ἐξ ἀνάγκης· πολλὰ γὰρ γίνεται, ὅτι ἀνάγκη· ἴσως δ' ἂν τις ἀπορήσειε ποίαν λέγουσιν ἀνάγκην οἱ λέγοντες ἐξ ἀνάγκης· τῶν μὲν γὰρ δύο τρόπων οὐδέτερον οἷόν τε ὑπάρχειν τῶν διωρισμένων ἐν τοῖς κατὰ φιλοσοφίαν· ἔστι δ' ἔν γε τοῖς ἔχουσι γένεσιν ἡ τρίτη, λέγομεν γὰρ τὴν τροφὴν ἀναγκαῖόν τι κατ' οὐδέτερον τούτων τῶν τρόπων, ἀλλ' ὅτι οὐχ οἷόν τ' ἄνευ ταύτης εἶναι· τοῦτο δ' ἐστὶν ὥςπερ ἐξ ὑποθέσεως· ὥςπερ γὰρ ἐπεὶ δεῖ σχίζειν τῷ πελέκει, ἀνάγκη σκληρὸν εἶναι, εἰ δὲ σκληρὸν, χαλκοῦν ἢ σιδηροῦν, οὕτως καὶ ἐπεὶ τὸ σῶμα ὄργανον, ἕνεκά τινος γὰρ ἕκαστον τῶν μορίων, ὁμοίως δὲ καὶ τὸ ὅλον, ἀνάγκη ἄρα τοιονδὶ εἶναι καὶ ἐκ τοιωνδὶ, εἰ ἐκεῖνο ἔσται.*

268) *D. gen. et corr.* II, 9, 335 a. 32.: *ὡς μὲν οὖν ὕλη τοῖς γενητοῖς ἐστὶν αἴτιον τὸ δυνατὸν εἶναι καὶ μὴ εἶναι· τὰ μὲν γὰρ ἐξ ἀνάγκης ἐστὶν, οἷον τὰ ἀΐδια, τὰ δ' ἐξ ἀνάγκης οὐκ ἔστιν· τούτων δὲ τὰ μὲν ἀδύνατον μὴ εἶναι, τὰ δὲ ἀδύνατον εἶναι διὰ τὸ μὴ ἐνδέχεσθαι παρὰ τὸ ἀναγκαῖον ἄλλως ἔχειν· ἔνια δὲ καὶ εἶναι καὶ μὴ εἶναι δυνατὰ, ὅπερ ἐστὶ τὸ γενητὸν καὶ φθαρτόν· ποτὲ μὲν γὰρ ἔστι τοῦτο, ποτὲ δ' οὐκ ἔστιν.* Vgl. Anm. 247.

269) *D. interpr.* 9, 18 b. 11.: *εἰ δὲ ἀεὶ ἀληθὲς ἦν εἰπεῖν ὅτι ἔστιν ἢ ἔσται, οὐχ οἷόν τε τοῦτο μὴ εἶναι οὐδὲ μὴ ἔσεσθαι· ὃ δὲ μὴ οἷόν τε μὴ γενέσθαι, ἀδύνατον μὴ γενέσθαι, ὃ δὲ ἀδύνατον μὴ γενέσθαι, ἀνάγκη γενέσθαι.* S. Anm. 289.

270) *D. gen. et corr.* II, 11, 337 b. 21.: *καὶ εἰ τὸ πρότερον, καὶ τὸ ὕστερον τοίνυν ἀνάγκη, ἀλλ' οὐ δι' ἐκεῖνο, ἀλλ' ὅτι ὑπέκειτο ἐξ ἀνάγκης ἐσόμενον· ἐν οἷς ἄρα τὸ ὕστερον ἀνάγκη εἶναι, ἐν τούτοις ἀντιστρέφει καὶ ἀεὶ τοῦ προτέρου γενομένου ἀνάγκη γενέσθαι τὸ ὕστερον· εἰ μὲν οὖν εἰς ἄπειρον εἶσιν ἐπὶ τὸ κάτω, οὐκ ἔσται ἀνάγκη τὸ ὕστερον τόδε γενέσθαι ἁπλῶς, ἀλλ' οὐδ' ἐξ ὑποθέσεως, ἀεὶ γὰρ ἕτερον ἔμπροσθεν ἀνάγκη ἔσται δι' ὃ ἐκεῖνο ἀνάγκη γενέσθαι· ὥστ' εἰ μή ἐστιν ἀρχὴ τοῦ ἀπείρου, οὐδὲ πρῶτον ἔσται οὐδὲν, δι' ὃ ἀναγκαῖον ἔσται γενέσθαι. ἀλλὰ μὴν οὐδ' ἐν τοῖς πέρας ἔχουσι τοῦτ' ἔσται εἰπεῖν ἀληθῶς, ὅτι ἁπλῶς ἀνάγκη γενέσθαι .... ὅταν γὰρ γένηται, εἰ μὴ ἀεὶ τοῦτο ἀνάγκη γίνεσθαι, συμβήσεται ἀεὶ εἶναι τὸ ἐνδεχόμενον μὴ ἀεὶ εἶναι· ἀλλὰ δεῖ τῇ γενέσει ἀεὶ εἶναι, εἰ ἐξ ἀνάγκης αὐτοῦ ἐστὶν ἡ γένεσις, τὸ γὰρ ἐξ ἀνάγκης καὶ ἀεὶ ἅμα· ὃ γὰρ εἶναι ἀνάγκη, οὐχ οἷόν τε μὴ εἶναι, ὥστ' εἰ ἔστιν ἐξ ἀνάγκης, ἀΐδιόν ἐστι, καὶ εἰ ἀΐδιον, ἐξ ἀνάγκης· καὶ εἰ ἡ γένεσις τοίνυν ἐξ ἀνάγκης, ἀΐδιος ἡ γένεσις τούτου,*

tativ nach dem Wesen bestimmte und in sicherer Ordnung festgestellte Thätigkeiten der Natur [271]). Darum hat das von Natur aus Bestehende den Charakter entweder des Allgemeinen oder wenigstens des meistentheils (ὡς ἐπὶ τὸ πολὺ) Stattfindenden [272]); nemlich eben weil die einzelnen Erscheinungen und Wesen der Natur, abgesehen von jenen ihren obersten Agentien, dem Gebiete des Veränderlichen angehören, so tritt an die Stelle der stricten schlechthin nothwendig herrschenden Allgemeinheit der Begriff des Meistentheils. Und allerdings ist dieses Meistentheils-Stattfinden eben darum das Nicht-Nothwendige, ja in ihm liegt, weil es nicht schlechthin ausnahmslos ist, die Quelle des Zufälligen, denn innerhalb des voraussetzungsweisen Nothwendigen gibt es Ursachen, deren Eintritt vom Zufalle abhängt [273]); aber dennoch ist in demjenigen, was auch anders sich verhalten kann und daher als ein bloss Statthaftes zu bezeichnen ist, das Meistentheils die erreichbare Allgemeinheit, und hiemit die wesentliche Erscheinungsweise der Natur-Dinge, daher es, wenn auch die stringente Nothwendigkeit hier im Stiche lässt, sehr verwandt mit dem πεφυκός, d. h. der Naturbestimmtheit der Dinge, ist [274]). Lässt sich demnach das gesammte factische Stattfinden in ein nothwendiges und ein meistentheils eintretendes und ein zufällig geschehendes ein-

---

καὶ εἰ ἀΐδιος, ἐξ ἀνάγκης. Näher begründet wird die ewige Bewegung des Himmels *Phys. ausc.* VIII, 7 ff. *D. Coel.* I, 2 ff. und insbesondere als die den Wechsel ewig bedingende Bewegung die der Ekliptik *D. gen. et corr.* II, 10. Vgl. *Metaph.* *Λ*, 8.

271) *D. gen. anim.* V, 1, 778 b. 2.: οὐ διὰ τὸ γίνεσθαι ἕκαστον ποιόν τι διὰ τοῦτο ποιόν τι ἐστὶν, ὅσα τεταγμένα καὶ ὡρισμένα ἔργα τῆς φύσεώς ἐστιν, ἀλλὰ μᾶλλον διὰ τὸ εἶναι τοιαδὶ γίνεται τοιαῦτα· τῇ γὰρ οὐσίᾳ ἡ γένεσις ἀκολουθεῖ καὶ τῆς οὐσίας ἕνεκά ἐστιν, ἀλλ' οὐχ αὕτη τῇ γενέσει. *D. part. an.* I, 1, 641 b. 18.: τὸ γοῦν τεταγμένον καὶ τὸ ὡρισμένον πολὺ μᾶλλον φαίνεται ἐν τοῖς οὐρανίοις ἢ περὶ ἡμᾶς, τὸ δ' ἄλλοτ' ἄλλως καὶ ὡς ἔτυχε περὶ τὰ θνητὰ μᾶλλον.

272) *D. part. an.* III, 2, 663 b. 28.: ἢ γὰρ ἐν τῷ παντὶ ἢ ὡς ἐπὶ τὸ πολὺ τὸ κατὰ φύσιν ἐστίν.

273) *Metaph. E*, 2, 1026 b. 27.: ἐπεὶ οὖν ἐστὶν ἐν τοῖς οὖσι τὰ μὲν ἀεὶ ὡσαύτως ἔχοντα καὶ ἐξ ἀνάγκης ... τὰ δ' ἐξ ἀνάγκης μὲν οὐκ ἔστιν οὐδ' ἀεὶ, ὡς δ' ἐπὶ τὸ πολὺ, αὕτη ἀρχὴ καὶ αὕτη αἰτία ἐστὶ τοῦ εἶναι τὸ συμβεβηκός· ὃ γὰρ ἂν ᾖ μήτ' ἀεὶ μήθ' ὡς ἐπὶ τὸ πολὺ, τοῦτό φαμεν συμβεβηκὸς εἶναι ..... (1027 a. 8.) ὥστ' ἐπειδὴ οὐ πάντα ἐστὶν ἐξ ἀνάγκης καὶ ἀεὶ ἢ ὄντα ἢ γινόμενα, ἀλλὰ τὰ πλεῖστα ὡς ἐπὶ τὸ πολὺ, ἀνάγκη εἶναι τὸ κατὰ συμβεβηκὸς ὄν· οἷον οὔτ' ἀεὶ οὔθ' ὡς ἐπὶ τὸ πολὺ ὁ λευκὸς μουσικός ἐστιν, ἐπεὶ δὲ γίνεταί ποτε, κατὰ συμβεβηκὸς ἔσται ... ὥστε ἡ ὕλη ἔσται αἰτία ἡ ἐνδεχομένη παρὰ τὸ ὡς ἐπὶ τὸ πολὺ ἄλλως τοῦ συμβεβηκότος. Ebend. 3, 1027 b. 11.: δῆλον ἄρα ὅτι μέχρι τινὸς βαδίζει ἀρχῆς, αὕτη δ' οὐκέτι εἰς ἄλλο· ἔσται οὖν ἡ τοῦ ὁπότερ' ἔτυχεν αὕτη, καὶ αἴτιον τῆς γενέσεως αὐτῆς οὐδέν. *Rhet.* I, 2, 1357 a. 27.: τὰ δ' ὡς ἐπὶ τὸ πολὺ συμβαίνοντα καὶ ἐνδεχόμενα ἐκ τοιούτων ἀνάγκη ἑτέρων συλλογίζεσθαι, τὰ δ' ἀναγκαῖα ἐξ ἀναγκαίων. Vgl. Anm. 239.

274) *D. gen. anim.* IV, 8, 777 a. 19.: ἐν γὰρ τοῖς μὴ ἀδυνάτοις ἄλλως ἔχειν ἀλλ' ἐνδεχομένοις τὸ κατὰ φύσιν ἐστὶ τὸ ὡς ἐπὶ τὸ πολύ. *Anal. pr.* I, 13, 32 b. 5.: τὸ ὡς ἐπὶ τὸ πολὺ γίνεσθαι καὶ διαλείπειν τὸ ἀναγκαῖον, οἷον τὸ πολιοῦσθαι ἄνθρωπον ἢ τὸ αὐξάνεσθαι ἢ φθίνειν, ἢ ὅλως τὸ πεφυκὸς ὑπάρχειν· τοῦτο γὰρ οὐ συνεχὲς μὲν ἔχει τὸ ἀναγκαῖον διὰ τὸ μὴ ἀεὶ εἶναι ἄνθρωπον, ὄντος μέντοι ἀνθρώπου ἢ ἐξ ἀνάγκης ἢ ὡς ἐπὶ τὸ πολύ ἐστιν. Ebend. 3, 25 b. 14.: ὅσα δὲ τῷ ὡς ἐπὶ πολὺ καὶ τῷ πεφυκέναι λέγεται ἐνδέχεσθαι, καθ' ὃν τρόπον διορίζομεν τὸ ἐνδεχόμενον.

theilen[275]), und fällt letzteres als solches aus dem Bereiche des apodeiktischen Wissens hinaus (Anm. 131), so erklärt sich nun wohl, wie gesagt werden könne, jeder Syllogismus beruhe entweder auf nothwendigen oder auf meistentheils gültigen Prämissen, und letzteres sei als das auf Natur-Bestimmtheit beruhende Statthafte gerade ein Haupt-Gegenstand der begründenden Schlüsse und Erwägungen[276]).

In solchem Sinne also muss das Statthafte und Mögliche als ein in seiner Art nothwendiges erkannt werden; denn sowie das Unmögliche nicht bloss jenes nothwendig Unwahre (Anm. 256) bezeichnen kann, sondern auch innerhalb der Naturbestimmtheit und des meistentheils Geschehenden dasjenige bedeutet, was nicht leicht geschieht, und daher bei dem derartigen Unmöglichen, welches sich auf die Veränderung überhaupt bezieht, der Gradunterschied und der Grund des naturbestimmten Unmöglich-seins untersucht werden muss, denn z. B. nicht in gleicher Weise heissen ein Kind und ein Mann und ein Verschnittener zeugungsunfähig[277]), so ist ebenso auch bei dem Statthaften zu erwägen, dass es theils eben darum ein Statthaftes ist, weil eine innere stringente Nothwendigkeit der Grund seines Bestehens ist, theils aber ja gerade in dem Gebiete sich bewegt, welches als das Veränderliche das Nicht-nothwendige ist, wobei das Naturbestimmte in der Einzelnheit nur als das meistentheils wirkende auftritt und in dieser Beziehung dem an sich Nothwendigen gegenüberliegt und mit dem Nicht-nothwendigen gleiche Geltung hat, wenn selbst aus keinem anderen Grunde, so schon darum, weil das meistentheils Geschehende von dem Dasein eines Substrates abhängt, dieses aber nicht nothwendig immer und überall vorliegt[278]); von

---

275) *Top.* II, 6, 112 b. 1.: τῶν πραγμάτων τὰ μὲν ἐξ ἀνάγκης ἐστὶ τὰ δ᾽ ὡς ἐπὶ τὸ πολὺ τὰ δ᾽ ὁπότερ᾽ ἔτυχεν.

276) *Anal. post.* I, 30, 87 b. 22.: πᾶς γὰρ συλλογισμὸς ἢ δι᾽ ἀναγκαίων ἢ διὰ τῶν ὡς ἐπὶ τὸ πολὺ προτάσεων. *Anal. pr.* I, 13, 32 b. 18.: ἐπιστήμη δὲ καὶ συλλογισμὸς ἀποδεικτικὸς τῶν μὲν ἀορίστων οὐκ ἔστι διὰ τὸ ἄτακτον εἶναι τὸ μέσον, τῶν δὲ πεφυκότων ἔστι καὶ σχεδὸν οἱ λόγοι καὶ αἱ σκέψεις γίνονται περὶ τῶν οὕτως ἐνδεχομένων· ἐκείνων δ᾽ ἐγχωρεῖ μὲν γενέσθαι συλλογισμὸν, οὐ μὴν εἴωθέ γε ζητεῖσθαι.

277) *D. coel.* I, 11, 280 b. 12.: τὸ δ᾽ ἀδύνατον λέγεται διχῶς· ἢ γὰρ τῷ μὴ ἀληθὲς εἶναι εἰπεῖν ὅτι γένοιτ᾽ ἂν, ἢ τῷ μὴ ῥᾳδίως μηδὲ ταχὺ ἢ καλῶς. *Metaph.* Δ, 12, 1019 b. 15.: ἀδυναμία δ᾽ ἐστὶ στέρησις δυνάμεως καὶ τῆς τοιαύτης ἀρχῆς αρσις τις οἷα εἴρηται ἢ ὅλως ἢ τῷ πεφυκότι ἔχειν ἢ καὶ ὅτε πέφυκεν ἤδη ἔχειν· οὐ γὰρ ὁμοίως ἂν φαῖμεν ἀδύνατον εἶναι γεννᾶν παῖδα καὶ ἄνδρα καὶ εὐνοῦχον.

278) *Anal. pr.* I, 3, 25 a. 37.: ἐπὶ δὲ τῶν ἐνδεχομένων, ἐπειδὴ πολλαχῶς λέγεται τὸ ἐνδέχεσθαι, καὶ γὰρ τὸ ἀναγκαῖον καὶ τὸ μὴ ἀναγκαῖον καὶ τὸ δυνατὸν ἐνδέχεσθαι λέγομεν .... (b. 4) ὅσα μὲν ἐνδέχεσθαι λέγεται τῷ ἐξ ἀνάγκης ὑπάρχειν ἢ τῷ μὴ ἐξ ἀνάγκης ὑπάρχειν, ὁμοίως, οἷον εἴ τις φαίη τὸν ἄνθρωπον ἐνδέχεσθαι μὴ εἶναι ἵππον (hier sieht man die etymologische Geltung des ἐνδέχεσθαι, insofern es die begriffsmässige Zulassung einer Bestimmung an ein Substrat bedeutet) ἢ τὸ λευκὸν μηδενὶ ἱματίῳ ὑπάρχειν· τούτων γὰρ τὸ μὲν ἐξ ἀνάγκης οὐχ ὑπάρχει, τὸ δὲ οὐκ ἀνάγκη ὑπάρχειν ..... (14) ὅσα δὲ τῷ ὡς ἐπὶ πολὺ καὶ τῷ πεφυκέναι λέγεται ἐνδέχεσθαι, καθ᾽ ὃν τρόπον διορίζομεν τὸ ἐνδεχόμενον κτλ. Ebend. 13, 32 a. 28.: ἔσται ἄρα τὸ ἐνδεχόμενον οὐκ ἀναγκαῖον καὶ τὸ μὴ ἀναγκαῖον ἐνδεχόμενον ...... (b. 15.) τὸ μὲν πεφυκὸς εἶναι τῷ μὴ ἐξ ἀνάγκης ὑπάρχειν (sc. ἀντιστρέφει), οὕτω γὰρ ἐνδέχεται μὴ πολιοῦσθαι ἄνθρωπον. Mit Unrecht sieht hierin Waitz (*Org.* I. p. 404.) einen Widerspruch oder Mangel an richtiger Erwägung des

da aus aber erstreckt sich dann das Statthafte abwärts bis zum gänzlich Unbestimmbaren und Zufälligen (Anm. 273), welches als solches sich der Begründung entzieht [279]).

Hiernach also sind die Verhältnisse zu untersuchen, welche in Bezug auf Bejahung und Verneinung und Abfolge bei jenen Urtheilen obwalten, welche nicht das factische Stattfinden einer Verbindung zwischen Subject und Prädicat, sondern entweder die Möglichkeit oder Unmöglichkeit oder die Nothwendigkeit einer solchen Verbindung aussprechen. Es sind diess demnach Urtheile von der Form:

A hat die Möglichkeit, B zu sein
A hat die Unmöglichkeit, B zu sein
A hat die Nothwendigkeit, B zu sein [280]).

ἐνδεχόμενον, denn die oben Anm. 274 angeführten Worte zeigen deutlich, dass es dem πεφυκὸς vor Allem darum an der Nothwendigkeit gebricht, weil es von dem nicht-nothwendigen Dasein des Substrates bedingt ist, und daher sein Eintreten in der That ein blosses ἐνδεχόμενον ist, findet aber das Eintreten wirklich statt, dann zeigt sich die selbst nur mehr oder weniger stringente Nothwendigkeit der Naturbestimmtheit.

279) Ebend. 32 b. 4.: τὸ ἐνδέχεσθαι κατὰ δύο λέγεται τρόπους, ἕνα μὲν τὸ ὡς ἐπὶ τὸ πολὺ γίνεσθαι .... (10.) ἄλλον δὲ τὸ ἀόριστον, ὃ καὶ οὕτως καὶ μὴ οὕτως δυνατὸν, οἷον τὸ βαδίζειν ζῷον ἢ τὸ βαδίζοντος γενέσθαι σεισμὸν ἢ ὅλως τὸ ἀπὸ τύχης γινόμενον· οὐδὲν γὰρ μᾶλλον οὕτως πέφυκεν ἢ ἐναντίως.... (17.) τὸ δ' ἀόριστον (*sc.* ἀντιστρέφει) τῷ μηδὲν μᾶλλον οὕτως ἢ ἐκείνως. Näheres über den Zufall *Phys. ausc.* II, 4 ff.

280) Es widerspräche dem deutschen Idiome zu sehr und wäre hiedurch unverständlich, wenn man sagen wollte „A ist möglich B zu sein" oder „A ist nothwendig B zu sein"; durch die Adverbien „möglicherweise" und „nothwendigerweise" aber auszuhelfen, wie ich es unten bei der Darstellung der Syllogismen gethan habe, war hier unthunlich, weil es sich hier auch um das Nicht-Möglich-sein und Nicht-nothwendig-sein der Verbindungen handelt (was in der Syllogistik wegfällt), und hiebei wegen des deutschen Sprachgebrauches statt „nicht möglicherweise", welches Jedermann identisch nähme mit „nothwendigerweise", überall gleich „unmöglicherweise" gesetzt werden müsste, was wegen der besonderen Behandlung des Unmöglich-seins der Verbindungen wieder nicht angeht. Uebrigens habe ich im Folgenden das Subject A als überflüssig und das Prädicat B als gleichgültig überall weggelassen und der Kürze wegen bloss gesetzt „hat die Möglichkeit zu sein" u. s. f., was hiemit die entsprechende Uebersetzung des aristotelischen δυνατὸν εἶναι u. s. f. sein möge. Denn dass bei Arist. in dieser Lehre von den Möglichkeits- und Nothwendigkeits-Urtheilen die Ausdrücke δυνατὸν εἶναι, δυνατὸν μὴ εἶναι, μὴ δυνατὸν εἶναι u. s. f. die Stelle des ganzen Prädicirten, also der sog. Copula und des sog. Prädicates zusammen, einnehmen und dabei also immer an Sätze zu denken ist wie z. B. ἄνθρωπος δυνατός ἐστι (oder ἐνδέχεται) δίκαιος εἶναι, ἄνθρωπος ἐνδέχεται οὐ δίκαιος εἶναι, ἄνθρωπος οὐκ ἐνδέχεται δίκαιος εἶναι, ist in der That der Schlüssel zur Erklärung des ganzen betreffenden Abschnittes *D. interpr.* 12 f. Und kaum erklärlich ist es, wie Waitz sich irre leiten liess (denn wenn Ritter, dessen Darstellung der aristotelischen Philosophie überhaupt von Anfang bis zu Ende unbrauchbar ist und auch auf das neueste Werk über Aristoteles besser keinen Einfluss ausgeübt hätte, Unrichtiges angibt, so ist diess ebenso erklärlich, wie wenn Biese Hegel'sche Fehlgriffe zu Dutzenden macht), und der aristotelischen Doctrin den schlimmsten Irrthum einer Missachtung der Stellung der Negation vorwirft (*Org.* I, p. 359.); denn sowie das „hat die Möglichkeit" u. dgl. die Stelle der sog. Copula einnimmt (s. Anm. 283.), so ist die Verneinung von *A* δυνατόν ἐστι *B* εἶναι eben *A* οὐ δυνατόν ἐστι *B* εἶναι oder *A* δυνατὸν οὐκ ἐστὶ *B* εἶναι oder *A* οὐκ ἐνδέχεται *B* εἶναι; jenes ἐστί aber ist in den

Soll nun hier festgestellt werden, welches die diesen Urtheilen gegenüberliegende Verneinung sei, so darf man sich durch das bei den Urtheilen des Stattfindens bestehende Verhältniss nicht täuschen lassen; denn gienge man davon aus, dass dort die Negation, d. h. das „Nicht" zum Behufe einer Verneinung sich mit der Bezeichnung des Seins verband, und würde man demnach z. B. auch bei den eine Möglichkeit aussprechenden Urtheilen das „Nicht" zu dem „Sein" setzen und hiedurch die Verneinung gegenübergestellt zu haben glauben, so dass also das „hat die Möglichkeit, nicht zu sein" die Verneinung des „hat die Möglichkeit, zu sein" wäre, so käme man darauf hinaus, dass Bejahung und Verneinung zugleich wahr wären, denn das Mögliche beruht ja gerade darin, dass die Möglichkeit des Seins und des Nicht-seins vorliegt, so dass die angebliche Verneinung „hat die Möglichkeit, nicht zu sein" ja gerade das Nemliche besagen würde, wie die Bejahung „hat die Möglichkeit, zu sein". Demnach ist die wirkliche Verneinung dieses Urtheiles das „hat nicht die Möglichkeit, zu sein", und so auch bei den übrigen dergleichen Urtheilen[281]). Man muss sich nemlich, um jener irrthümlichen Auffassung zu entgehen, die Sache gerade so vorstellen, als wäre bei den Möglichkeits- u. dgl. Urtheilen das im Prädicate ausgesagte Sein jenes Subject, von welchem die Möglichkeit prädicirt würde, d. h. ebenso wie das Urtheil „A ist" gewiss nur durch „A ist nicht" verneint wird, nicht aber durch „Nicht-A ist", ebenso wird der Bestand der Möglichkeit des B-Seins gewiss nicht durch das Aussprechen der Möglichkeit des Nicht-B-Seins verneint, sondern nur durch das Aussprechen der Nicht-Möglichkeit des B-Seins[282]); und somit nehmen nun bei diesen Urtheilen die Ausdrücke „hat die Möglichkeit" u. s. f., sei es allein und hiemit bejahend oder sei es in Verbindung mit dem „nicht" und hiemit verneinend, die Stelle jenes „ist" oder „ist nicht" ein, und es ist z. B.

Ausdrücken *τὸ δυνατὸν εἶναι*, welche eigentlich *τὸ δυνατὸν εἶναι εἶναι* heissen müssten (vgl. wo *τὸ ἐνδέχεσθαι εἶναι* steht), aus erklärlichen Gründen weggelassen.

281) *D. interpr.* 12, 21 a. 38.: *εἰ γὰρ .... αὗται ἀλλήλαις ἀντίκεινται ἀντιφάσεις, ὅσαι κατὰ τὸ εἶναι καὶ μὴ εἶναι τάττονται, οἷον τοῦ εἶναι ἄνθρωπον ἀπόφασις τὸ μὴ εἶναι ἄνθρωπον, οὐ τὸ εἶναι μὴ ἄνθρωπον ....* (b. 10.) *ὥστε εἰ οὕτως πανταχοῦ, καὶ τοῦ δυνατὸν εἶναι ἀπόφασις ἔσται τὸ δυνατὸν μὴ εἶναι, ἀλλ' οὐ τὸ μὴ δυνατὸν εἶναι· δοκεῖ δὲ τὸ αὐτὸ δύνασθαι καὶ εἶναι καὶ μὴ εἶναι .... ὥστε ὑπάρξει αὐτῷ καὶ ἡ ἀπόφασις .....* (17.) *ἀλλὰ μὴν ἀδύνατον κατὰ τοῦ αὐτοῦ ἀληθεύεσθαι τὰς ἀντικειμένας φάσεις· οὐκ ἄρα τοῦ δυνατὸν εἶναι ἀπόφασίς ἐστι τὸ δυνατὸν μὴ εἶναι ....* (23.) *ἔστιν ἄρα ἀπόφασις τοῦ δυνατὸν εἶναι τὸ μὴ δυνατὸν εἶναι .... καὶ ἐπὶ τῶν ἄλλων δὲ ὁμοιοτρόπως.*

282) Ebend. 21 b. 27.: *γίνεται γὰρ ὥςπερ ἐπ' ἐκείνων τὸ εἶναι καὶ τὸ μὴ εἶναι προσθέσεις, τὰ δ' ὑποκείμενα πράγματα τὸ μὲν λευκὸν τὸ δ' ἄνθρωπος, οὕτως ἐνταῦθα τὸ μὲν εἶναι καὶ μὴ εἶναι ὡς ὑποκείμενον γίνεται, τὸ δὲ δύνασθαι καὶ τὸ ἐνδέχεσθαι προσθέσεις διορίζουσαι, ὥςπερ ἐπ' ἐκείνων τὸ εἶναι καὶ μὴ εἶναι, τὸ ἀληθὲς καὶ τὸ ψεῦδος, ὁμοίως αὗται ἐπὶ τοῦ εἶναι δυνατὸν καὶ εἶναι οὐ δυνατόν ....* (22 a. 8.) *καὶ καθόλου δέ, ὥςπερ εἴρηται, τὸ μὲν εἶναι καὶ μὴ εἶναι δεῖ τιθέναι ὡς τὰ ὑποκείμενα, κατάφασιν δὲ καὶ ἀπόφασιν ταῦτα ποιοῦντα πρὸς τὸ εἶναι καὶ μὴ εἶναι συντάττειν.*

ein Möglichkeits-Urtheil bejahend, sobald nur das „hat die Möglichkeit“ ohne Negation steht, mögen die übrigen Bestandtheile des Urtheiles affirmativ oder negativ sein [283]). Also wird

hat die Möglichkeit, zu sein	verneint durch	hat nicht die Möglichkeit, zu sein
hat die Möglichkeit, nicht zu sein		hat nicht die Möglichkeit, nicht zu sein
hat die Nothwendigkeit, zu sein		hat nicht die Nothwendigkeit, zu sein
hat d. Nothwendigk., nicht zu sein		hat nicht die Nothwendigkeit, nicht zu sein
hat die Unmöglichkeit, zu sein		hat nicht die Unmöglichkeit, zu sein
hat d. Unmöglichk., nicht zu sein		hat nicht d. Unmöglichk., nicht zu sein [284]).

Sowie nun hier die widerspruchsweise Verneinung in dem an Stelle der sog. Copula tretenden Bestandtheile liegt, der reale Gegensatz aber in dem „zu sein“ und „nicht zu sein“, so wird auch das

hat immer die Möglichkeit, zu sein

verneint durch

hat nicht immer die Möglichkeit, zu sein;

sein Gegensatz aber ist:

hat immer die Möglichkeit, nicht zu sein,

und dessen Verneinung:

hat nicht immer die Möglichkeit, nicht zu sein [285]).

Soll nun bei diesen Urtheilen ihre Abfolge, nach welcher sie der Reihe nach von einander abhängen, untersucht werden, so ergibt sich, wenn man hiebei von dem Möglichen als Möglichen ausgeht, folgende Anordnung der Reihen, in welchen die vier obersten Urtheile obiges Verhältniss der Verneinung und des Gegensatzes enthalten, und dasjenige, was unter diese je vier geschrieben ist, den Gang der Abfolge ausdrückt [286]).

---

283) *Anal. pr.* I, 13, 32 b. 1.: τὸ γὰρ ἐνδέχεσθαι τῷ εἶναι ὁμοίως τάττεται. Ebend. 3, 25 b. 20.: τὸ ἐνδέχεσθαι μηδενὶ ἢ τινὶ μὴ ὑπάρχειν καταφατικὸν ἔχει τὸ σχῆμα.

284) *D. interpr.* 12, 21 b. 23.: ἀπόφασις τοῦ δυνατὸν εἶναι τὸ μὴ δυνατὸν εἶναι .... (34.) τοῦ δὲ δυνατὸν μὴ εἶναι ἀπόφασις τὸ οὐ δυνατὸν μὴ εἶναι .... (22 a. 2.) ὁμοίως δὲ καὶ τοῦ ἀναγκαῖον εἶναι ἀπόφασις .... τὸ μὴ ἀναγκαῖον εἶναι, τοῦ δὲ ἀναγκαῖον μὴ εἶναι τὸ μὴ ἀναγκαῖον μὴ εἶναι, καὶ τοῦ ἀδύνατον εἶναι .... τὸ μὴ ἀδύνατον εἶναι, τοῦ δὲ ἀδύνατον μὴ εἶναι τὸ οὐκ ἀδύνατον μὴ εἶναι.

285) *D. coel.* I, 12, 282 a. 4.: ἡ ἀπόφασις τοῦ μὲν ἀεὶ δυναμένου εἶναι τὸ μὴ ἀεὶ δυνάμενον εἶναι, τὸ δ᾽ ἀεὶ δυνάμενον μὴ εἶναι ἐναντίον, οὐ ἀπόφασις τὸ μὴ ἀεὶ δυνάμενον μὴ εἶναι.

286) *D. interpr.* 13, 22 a. 14.: καὶ αἱ ἀκολουθήσεις δὲ κατὰ λόγον γίνονται οὕτω τιθεμένοις· τῷ μὲν γὰρ δυνατῷ εἶναι τὸ ἐνδέχεσθαι εἶναι, καὶ τοῦτο ἐκείνῳ ἀντιστρέφει, καὶ τὸ μὴ ἀδύνατον εἶναι καὶ τὸ μὴ ἀναγκαῖον εἶναι· τῷ δὲ δυνατῷ μὴ εἶναι καὶ ἐνδεχομένῳ μὴ εἶναι τὸ μὴ ἀναγκαῖον μὴ εἶναι καὶ τὸ οὐκ ἀδύνατον μὴ εἶναι· τῷ δὲ μὴ δυνατῷ εἶναι καὶ μὴ ἐνδεχομένῳ εἶναι τὸ ἀναγκαῖον μὴ εἶναι καὶ τὸ ἀδύνατον εἶναι· τῷ δὲ μὴ δυνατῷ μὴ εἶναι καὶ μὴ ἐνδεχομένῳ μὴ εἶναι τὸ ἀναγκαῖον εἶναι καὶ τὸ ἀδύνατον μὴ εἶναι· θεωρείσθω δὲ ἐκ τῆς ὑπογραφῆς ὡς λέγομεν. In der nun folgenden Tafel habe ich nur oben das ἐνδεχόμενον nicht eigens neben dem δυνατὸν aufgeführt, denn es fallen beide an sich zusammen, und auch in den eben angeführten Worten erscheinen beide gemeinschaftlich als dasjenige, welchem erst die andern beiden folgen.

I. hat die Möglichkeit, zu sein	I'. hat nicht die Möglichkeit, zu sein
II. hat nicht die Unmöglichkeit, zu sein	II'. hat die Unmöglichkeit, zu sein
III. hat nicht die Nothwendigkeit, zu sein	III'. hat die Nothwendigkeit, nicht zu sein
1. hat die Möglichkeit, nicht zu sein	1'. hat nicht d. Möglichk., nicht zu sein
2. hat nicht die Unmöglichkeit, nicht zu sein	2'. hat d. Unmöglichkeit, nicht zu sein
3. hat nicht die Nothwendigkeit, nicht zu sein	3'. hat die Nothwendigkeit, zu sein.

Dass nun hier bei I—I' und II—II', sowie bei 1—1' und 2—2' das Verhältniss der Abfolge zwischen I und II und zwischen 1 und 2 dazu führen muss, dass Bejahung und Verneinung beziehungsweise ihren Platz tauschen und also für die Abfolge nicht Bejahung unter Bejahung noch Verneinung unter Verneinung stehen kann, hat Nichts auffallendes und ist ganz in Uebereinstimmung mit dem oben (Anm. 210 f.) bei den Urtheilen des Stattfindens angegebenen[287]). Aber in Betreff der Urtheile III—III' und 3—3' erhebt sich die Schwierigkeit, dass sie überhaupt gar nicht in dem Verhältnisse von Bejahung und Verneinung zu einander stehen, denn z. B. was nothwendigerweise nicht ist (III'), ist jedenfalls Etwas, wovon es nicht nothwendig ist, dass es ist (III), so dass beides (III und III') zugleich wahr sein kann, also von wechselseitiger Verneinung keine Rede ist[288]). Die Ursache aber, warum sich diese Schwierigkeit erheben muss, liegt darin, dass bei dieser Abfolge von dem Möglichen schlechthin als bloss Möglichem ausgegangen wurde, und hiebei, wie wir sehen werden, jene Seite des Möglichen, mit welcher es auf dem Nothwendigen wurzelt (Anm. 271), ausser Ansatz blieb. Nemlich schon wenn man von dem Unmöglichen aus mit der Abfolge auf das Nothwendige übergehen will, also von II—II' und 2—2' aus, nicht aber von I—I' und 1—1' aus, auf III—III' und 3—3' gelangen will, zeigt sich, dass gerade das Unmögliche in seinen Gegensätzen mit dem Nothwendigen zusammenfällt, denn dasjenige, wovon es unmöglich ist, dass es sei, muss nothwendig nicht sein, und dasjenige, wovon es unmöglich ist, dass es nicht sei, muss nothwendig sein[289]), also wohl Abfolge von II' zu III' und von 2' zu 3'. Aber nicht ebenso kann das Nicht-unmögliche, also das Mögliche, mit dem Nicht-nothwendigen zusammenfallen, also nicht ebenso eine Abfolge von II zu III und von 2 zu 3 bestehen, denn das Nothwendige muss ja möglich sein, weil es ausserdem ein unmögliches wäre, was Widersinn ist[290]). Andrerseits aber kann dennoch

---

287) Ebend. 22a. 32.: *τὸ μὲν οὖν ἀδύνατον καὶ οὐκ ἀδύνατον τῷ ἐνδεχομένῳ καὶ δυνατῷ καὶ οὐκ ἐνδεχομένῳ καὶ μὴ δυνατῷ ἀκολουθεῖ μὲν ἀντιφατικῶς, ἀντεστραμμένως δέ· τῷ μὲν γὰρ δυνατῷ εἶναι ‘ ἀπόφασις τοῦ ἀδυνάτου, τῇ δὲ ἀποφάσει ἡ κατάφασις· τῷ γὰρ οὐ δυνατῷ εἶναι τὸ ἀδύνατον εἶναι· κατάφασις γὰρ τὸ ἀδύνατον εἶναι, τὸ δ' οὐκ ἀδύνατον ἀπόφασις.* Vgl. Anm. 209.

288) Ebend. 22a. 38.: *τὸ δ' ἀναγκαῖον πῶς, ὀπτέον. φανερὸν δὴ ὅτι οὐχ οὕτως ἔχει, ἀλλ' αἱ ἐναντίαι ἕπονται· αἱ δ' ἀντιφάσεις χωρίς· οὐ γάρ ἐστιν ἀπόφασις τοῦ ἀνάγκη μὴ εἶναι τὸ οὐκ ἀνάγκη εἶναι· ἐνδέχεται γὰρ ἀληθεύεσθαι ἐπὶ τοῦ αὐτοῦ ἀμφοτέρας· τὸ γὰρ ἀναγκαῖον μὴ εἶναι οὐκ ἀναγκαῖον εἶναι.*

289) Ebend. 22b. 4.: *ἐναντίως τὸ ἀδύνατον τῷ ἀναγκαίῳ ἀποδίδοται τὸ αὐτὸ δυνάμενον· εἰ γὰρ ἀδύνατον εἶναι, ἀναγκαῖον τοῦτο οὐχὶ εἶναι ἀλλὰ μὴ εἶναι· εἰ δὲ ἀδύνατον μὴ εἶναι, τοῦτο ἀνάγκη εἶναι.* S. Anm. 269.

290) Eb. 22b. 11.: *τὸ μὲν γὰρ ἀναγκαῖον εἶναι δυνατὸν εἶναι· εἰ γὰρ*

weder das Mögliche eine Folge des Nothwendigen sein, weil ja der Möglichkeit die Nicht-Unmöglichkeit und die Nicht-Nothwendigkeit folgt und also dann auch das Nicht-nothwendige eine Folge des Nothwendigen wäre, noch kann umgekehrt das Nothwendige eine Folge des Möglichen sein, denn wenn die Nothwendigkeit, sei es des Seins oder des Nichtseins, besteht, so ist ja die Möglichkeit, welche beides umfasst, schon aufgehoben [291]). Es bleibt daher nur übrig, dass die Nicht-Nothwendigkeit des Nicht-seins eine Folge der Möglichkeit des Seins ist, d. h. dass 3 eine Folge von I, sowie III eine Folge von 1, ist, also III und 3 ihre Stellen tauschen; hiedurch aber ist dann auch das Verhältniss von Bejahung und Verneinung hergestellt, denn 3 ist die Verneinung von III′, sowie III die Verneinung von 3′ [292]).

Hiemit aber ist dann zugleich auch obige Unrichtigkeit beseitigt, dass das Mögliche ohne Weiteres das Nicht-nothwendige wäre (I, II, III), wie wenn es gar kein Mögliches gäbe, welches mit der Nothwendigkeit selbst zusammenträfe; denn in der That kann das Mögliche eine Folge des Nothwendigen sein. Nemlich selbst abgesehen davon dass, falls das Nothwendige nicht auch möglich wäre, es eben unmöglich sein müsste (Anm. 290), besitzt nicht jede Möglichkeit die Macht, zwei entgegengesetzte Wirkungen hervorzubringen, denn unter den vernunftlosen Potenzen kann z. B. das Feuer nicht nicht-warm machen, sondern insoweit es als Feuer existirt, muss es nothwendig warm machen, und in dieser Nothwendigkeit liegt seine Potenz (von dem möglichen Eintreten eines äusseren Hindernisses, Anm. 252, ist hier, wo es sich bloss um die innere Nothwendigkeit handelt, mit Recht abgesehen); ebenso aber verhält es sich bei Allem, was immer seine Thätigkeit manifestirt (Anm. 271), d. h. es gibt Möglichkeiten, welche immer und nothwendig wirken [293]). Und es

---

μή, ἡ ἀπόφασις ἀκολουθήσει, ἀνάγκη γὰρ ἢ φάναι ἢ ἀποφάναι· ὥστ' εἰ μὴ δυνατὸν εἶναι, ἀδύνατον εἶναι· ἀδύνατον ἄρα εἶναι τὸ ἀναγκαῖον εἶναι, ὅπερ ἄτοπον.

291) Eb. 22b. 14.: *ἀλλὰ μὴν τῷ γε δυνατὸν εἶναι τὸ οὐκ ἀδύνατον εἶναι ἀκολουθεῖ, τούτῳ δὲ τὸ μὴ ἀναγκαῖον εἶναι· ὥστε συμβαίνει τὸ ἀναγκαῖον εἶναι μὴ ἀναγκαῖον εἶναι ὅπερ ἄτοπον· ἀλλὰ μὴν οὐδὲ τὸ ἀναγκαῖον εἶναι ἀκολουθεῖ τῷ δυνατῷ εἶναι οὐδὲ τὸ ἀναγκαῖον μὴ εἶναι .... ἅμα γὰρ δυνατὸν εἶναι καὶ μὴ εἶναι· εἰ δ' ἀνάγκη εἶναι ἢ μὴ εἶναι, οὐκ ἔσται δυνατὸν ἄμφω.*

292) Eb. 22b. 22.: *λείπεται τοίνυν τὸ οὐκ ἀναγκαῖον μὴ εἶναι ἀκολουθεῖν τῷ δυνατὸν εἶναι .... καὶ γὰρ αὕτη γίνεται ἀντίφασις τῇ ἑπομένῃ τῷ οὐ δυνατῷ εἶναι· ἐκείνῳ γὰρ ἀκολουθεῖ τὸ ἀδύνατον εἶναι καὶ ἀναγκαῖον μὴ εἶναι, οὗ ἡ ἀπόφασις τὸ οὐκ ἀναγκαῖον μὴ εἶναι.* Hiemit nun stimmt auch überein *Anal. pr.* I, 13, 32a. 23.: *τὸ γὰρ οὐκ ἐνδέχεται ὑπάρχειν καὶ ἀδύνατον ὑπάρχειν καὶ ἀνάγκη μὴ ὑπάρχειν ἤτοι ταὐτά ἐστιν ἢ ἀκολουθεῖ ἀλλήλοις, ὥστε καὶ τὰ ἀντικείμενα τούτοις, τὸ ἐνδέχεται ὑπάρχειν καὶ οὐκ ἀδύνατον ὑπάρχειν καὶ οὐκ ἀνάγκη μὴ ὑπάρχειν, ἤτοι ταὐτὰ ἔσται ἢ ἀκολουθοῦντα ἀλλήλοις· κατὰ παντὸς γὰρ ἡ φάσις ἢ ἡ ἀπόφασίς ἐστιν.*

293) *D. interpr.* 13, 22b. 29.: *ἀπορήσειε δ' ἄν τις εἰ τῷ ἀναγκαῖον εἶναι τὸ δυνατὸν εἶναι ἕπεται· εἴ τε γὰρ μὴ ἕπεται, ἡ ἀντίφασις ἀκολουθήσει, τὸ μὴ δυνατὸν εἶναι, καὶ εἴ τις ταύτην μὴ φήσειεν εἶναι ἀντίφασιν, ἀνάγκη λέγειν τὸ δυνατὸν μὴ εἶναι· ἅπερ ἄμφω ψευδῆ κατὰ τοῦ ἀναγκαῖον εἶναι* .... (36.) *φανερὸν δὴ ὅτι οὐ πᾶν τὸ δυνατὸν ἢ εἶναι ἢ βαδίζειν καὶ τὰ ἀντικείμενα δύναται, ἀλλ' ἔστιν ἐφ' ὧν οὐκ ἀληθές, πρῶτον ἐπὶ τῶν μὴ κατὰ λόγον δυνατῶν, οἷον τὸ πῦρ θερμαντικὸν καὶ ἔχει δύναμιν ἄλογον* ..... *τὸ πῦρ οὐ δυνατὸν θερμαίνειν καὶ μή· οὐδ' ὅσα ἄλλα ἐνεργεῖ ἀεί.*

bedeutet demnach das „Möglich“ theils Potenzen, welche sofort auch gleich actuell auftreten müssen, theils Potenzen, deren actuelles Auftreten wohl irgend einmal stattfinden kann; bei ersteren daher ist es richtig, dass das Nothwendige ein Mögliches ist, bei letzteren nicht[294]). Jenes actuell Nothwendige aber ist das Princip des Seins und Nicht-seins der Dinge, es ist jene ewige Actualität, welche allem Potenziellen vorhergeht; denn das Seiende ist theils reiner Actus (die ersten und höchsten Wesenheiten), theils Actus verbunden mit Potenziellem (die Wesenheit der in Entstehen und Vergehen begriffenen Naturdinge), theils bloss ein Potenzielles (das Zufällige). So muss alles Uebrige als Folge des actuell Nothwendigen betrachtet und erwogen werden[295]).

Kaum nöthig ist es, zu bemerken, dass wir hiemit die Nothwendigkeit des begriffsmässigen Ansichseins, d. h. des *καθ' αὑτό*, an welches wir nur schon oft erinnern mussten, als das reale Agens des Potenziellen innerhalb der Welt der Veränderungen vor uns haben. Und somit werden wir die sichere Einsicht gewonnen haben, dass diese ganze Verbindung, in welche die Urtheile des Stattfindens mit den Möglichkeits- und Nothwendigkeits-Urtheilen gebracht werden, nur dazu dient, hinter das Stattfinden, welches als solches momentan und transitorisch ist, mit dem Aussprechen der realen und nothwendigen Causalität zurückzugehen. Dass des Menschen denkendes Sprechen und ausgesprochenes Denken über den bloss momentanen Bestand hinausreicht und auch in die Ursächlichkeit desselben vermittelst der Urtheile des Möglichen und des Nothwendigen zurückgreift, liegt in der Idealität des *νοῦς*, welcher die Quelle aller Urtheils-Formation ist. Dass die beliebte Eintheilung der Urtheile in assertorische, problematische (!) und apodiktische mit dem Sinne und der Absicht des Aristoteles Nichts zu schaffen hat, ist klar; sie passt allerdings zu jener Unnatur der Logik, mit welcher man seit der Zeit des einfältigen und begriffslosen Chrysippus die Lehre vom Begriffe vorausstellte. Die aristotelische Lehre vom Urtheile enthält in ihrer gesammten unzerstückbaren Entwicklung das Material, welches der Objects-Sinn des *νοῦς* zur Erörterung der Functionen des Begriffes darbietet.

DIE KATEGORIEN.

Fast möchte uns der Unfug, welchen eine verkommene und tief gesunkene Zeit mit der Kategorien-Tafel trieb, schon von vorneherein die

---

294) Ebend. 23 a. 7.: *τὸ μὲν γὰρ δυνατὸν οὐχ ἁπλῶς λέγεται, ἀλλὰ τὸ μὲν ὅτι ἀληθὲς ὡς ἐνεργείᾳ ὄν, οἷον δυνατὸν βαδίζειν ὅτι βαδίζει, καὶ ὅλως δυνατὸν εἶναι ὅτι ἤδη ἔστι κατ' ἐνέργειαν ὃ λέγεται εἶναι δυνατόν, τὸ δὲ ὅτι ἐνεργήσειεν ἄν, οἷον δυνατὸν εἶναι βαδίζειν ὅτι βαδίσειεν ἄν....* (15.) *τὸ μὲν οὖν οὕτω δυνατὸν οὐκ ἀληθὲς κατὰ τοῦ ἀναγκαίου ἁπλῶς εἰπεῖν, θάτερον δὲ ἀληθές.*

295) Ebend. 23 a. 18.: *καὶ ἔστι δὴ ἀρχὴ ἴσως τὸ ἀναγκαῖον καὶ μὴ αναγκαῖον πάντων ἢ εἶναι ἢ μὴ εἶναι, καὶ τὰ ἄλλα ὡς τούτοις ἀκολουθοῦντα ἐπισκοπεῖν δεῖ. φανερὸν δὴ .... ὅτι τὸ ἐξ ἀνάγκης ὂν κατ' ἐνέργειάν ἐστιν, ὥστε εἰ πρότερα τὰ ἀΐδια, καὶ ἐνέργεια δυνάμεως προτέρα. καὶ τὰ μὲν ἄνευ δυνάμεως ἐνέργειαί εἰσιν, οἷον αἱ πρῶται οὐσίαι, τὰ δὲ μετὰ δυνάμεως, ἃ τῇ μὲν φύσει πρότερα τῷ δὲ χρόνῳ ὕστερα, τὰ δὲ οὐδέποτε ἐνέργειαί εἰσιν ἀλλὰ δυνάμεις μόνον.*

Ueberzeugung aufdrängen, dass die aristotelischen Kategorien entweder nicht zu den tiefsten und gediegensten Seiten der aristotelischen Logik gehören, oder ihr Verhältniss von den Späteren gänzlich verkannt worden sei, oder endlich dass diess beides zugleich der Fall sei; denn die Erscheinung kehrt ja so mannigfach in der Culturgeschichte wieder, dass das Widersinnigste in der Doctrin das zäheste und ausgebreitetste Leben erweist, sei es dass der Widersinn schon ursprünglich vorlag oder selbst erst hineingetragen worden war; gibt es ja sogar in der Culturgeschichte grosser Epochen und Nationen eine eigene Disciplin, welche den speciellen Beruf hat, das Unbegreifbare als solches begrifflich zu machen, oder z. B. wie lange brauchte in der Geschichte der Medicin der Begriff der Panacee bis zu seinem Verschwinden. Und wenn wir nun sehen werden, wie im Mittelalter die Kategorien, ganz abgesehen von ihrer ontologischen Geltung, mit einer wahren Wunderkraft für die Logik ausgerüstet werden, so mag wohl die Untersuchung nöthig sein, ob diess als ursprünglicher Unsinn in den aristotelischen Kategorien selbst liege, oder ob sie nur von der nächsten und späteren Zeit in unsinniger Weise aufgefasst worden seien, und ob und wieweit sie selbst hiezu Veranlassung gaben.

Bei der Entwicklung der aristotelischen Annahmen betreffs der Kategorien[296]) haben wir die Aufgabe zu zeigen, was bei Aristoteles die Kategorien als Kategorien seien, d. h. welche Bedeutung für die aristotelische Logik der Umstand habe, dass überhaupt von Kategorien gesprochen wird. Und für diese Untersuchung können und müssen wir von der uns erhaltenen Schrift, welche den Titel *Κατηγορίαι* führt, ganz abgesehen von allen Fragen über Aechtheit und Unächtheit (meine Vermuthung hierüber s. oben Anm. 5), völlig Umgang nehmen, denn erstens gibt dieselbe über die Bedeutung der Kategorien als solcher auch nicht die geringste Auskunft, und zweitens fällt dasjenige, was dort betreffs der einzelnen Erscheinungen innerhalb der Kategorien ausgesprochen ist, durchaus der Lehre vom Begriffe anheim (und auch selbst in dieser Beziehung könnten wir genanntes Buch füglich entbehren, da wir mit wenigen Ausnahmen die Hauptsache des darin Enthaltenen auch anderweitig aus besser beglaubigten Schriften des Aristoteles erfahren). Also, — um nicht missverstanden zu werden —, ich sage nicht, dass die Kategorien-Lehre in die Lehre vom Begriffe gehöre, sondern ich sage, dass die logischen Functionen jener Momente, welche irgendwie in je-

296) S. Trendelenburg, Geschichte der Kategorienlehre. Berl. 1846. und nun in jüngster Zeit besonders Bonitz, Ueber die Kategorien des Aristoteles, in d. Sitzungsberichten d. phil.-hist. Cl. d. Wiener Akad. d. Wissensch. Bd. X, S. 591—645. Den einander gegenüberstehenden Ueberzeugungen, welche in diesen beiden Schriften niedergelegt sind, Schritt vor Schritt bei Darlegung meiner Ansicht, welche von beiden abweicht, durch theilweise Beschränkungen oder einzelne Widerlegungen zu folgen, verbietet mir theils das nothwendig zu haltende Mass der Ausdehnung theils der Umstand, dass ich die gleichmässige Darstellungsweise nicht gerne stören möchte; zu dem ja auch würde die principielle Auffassung, welche ich für die aristotelische Logik von Anfang bis zu Ende durchzuführen versuche, in dem Falle, dass sie eine innere Begründung in sich selbst trüge, einer detaillirten Darlegung abweichender Meinungen leichter entbehren können, im entgegengesetzten Falle aber durch dieselbe auch Nichts gewinnen.

nem Buche zusammengestellt sich finden, in der Lehre vom Begriffe den ihnen wissenschaftlich gebührenden Ort finden, und dass hievon die Frage zu trennen ist, wie denn Aristoteles überhaupt dazu kam, von solch sogenannten Kategorien zu sprechen. Und will man nun die Gesammtheit der Ansichten, durch welche Aristoteles wirklich hiezu gelangte, die aristotelische Kategorien-Lehre nennen, so streite ich nicht mehr um das Wort; aber wollte ich den mittelalterlichen und modernen Scholastikern zum Trotze — denn das Jucken nach Aufstellung einer „Kategorien-Tafel“ hat bis zum heutigen Tage noch nicht aufgehört — den Ausdruck völlig ultrirt scharf wählen, so würde ich sagen, dass es gar keine aristotelische Kategorien-Lehre gebe, sondern wohl eine aristotelische Lehre vom Begriffe, in welcher dasjenige, was durch die Schule in das Zerrbild einer Kategorien-Tafel gebracht worden war, seine Erörterung findet.

Die Frage also ist: welche Bedeutung hat es überhaupt, wenn Aristoteles von Kategorien spricht? — Nur vorausgeschickt möge die Bemerkung werden, dass *κατηγορεῖν* bei Aristoteles an fast unzähligen Stellen stets „aussagen“, und zwar „Etwas über Etwas aussagen“ heisst, daher *τὸ καϑ' οὗ* (sc. *κατηγορεῖται*) das Subject und *τὸ ὃ* (sc. *κατηγορεῖται*) oder *τὸ κατηγορούμενον* das Prädikat eines Satzes bedeutet. Hieraus mag man wohl schliessen, dass wir mit den Kategorien in dieser Beziehung (aber, wie wir sehen werden, auch nur in dieser) uns noch in der Nachbarschaft der Lehre vom Urtheile befinden; im Uebrigen jedoch soll diese Bemerkung über die Wortbedeutung von *κατηγορεῖν* [297]) lediglich als faktische Notiz vorausgeschickt sein, ohne dass wir irgend durch Folgerungen hieraus uns für das Princip binden lassen. Sollte das Princip, falls wir welches durch mannigfache Erwägungen finden können, uns wieder hierauf zurückführen, so würde dann leicht das Etymologische sich mit dem Wesentlichen vereinigen.

Aristoteles unterscheidet ausdrücklich dreierlei Sein (mit Ausschluss des Zufälligen); nemlich ausser jenem Sein der Dinge, welches wir oben als das im menschlichen Urtheilen auftretende, d. h. als das Wahr- und beziehungsweise Falsch sein, trafen (Anm. 112 f.), und welches in Anbetracht der gegenseitigen Exclusivität des Wahren und Falschen als Kern der Geltung der Urtheile auftritt, ist ein zweites Sein dasjenige, welches in der Objectivität an dem steten Entwicklungsprocesse von Potenziellem zu Actuellem sich thätig erweist; und ein drittes Sein endlich ist dasjenige, welches „nach den Formen des Aussagens oder der einzelnen Aussagungs-weisen“ (*κατὰ τὰ σχήματα τῆς κατηγορίας* oder *κατὰ τὰ σχήματα τῶν κατηγοριῶν*) besteht, und z. B. ein bestimmtes individuelles Sein oder ein bestimmtes Quale oder Quantum oder ein örtlich oder zeitlich bestimmtes Sein oder dergleichen „bezeichnet“ [298]); die gleiche

297) Näheres b. *Waitz*, *Org.* I, p. 266 ff. u. 285. Trendelenburg a. a. O. S. 3 ff.

298) *Metaph. E.* 2, 1026 a. 33.: *ἀλλ' ἐπεὶ τὸ ὂν τὸ ἁπλῶς λεγόμενον λέγεται πολλαχῶς, ὧν ἓν μὲν ἦν τὸ κατὰ συμβεβηκὸς, ἕτερον δὲ τὸ ὡς ἀληϑὲς καὶ τὸ μὴ ὂν ὡς τὸ ψεῦδος, παρὰ ταῦτα δ' ἐστὶ τὰ σχήματα τῆς κατηγορίας, οἷον τὸ μὲν τὶ τὸ δὲ ποιὸν τὸ δὲ ποσὸν τὸ δὲ ποῦ τὸ δὲ ποτὲ καὶ εἴ τι ἄλλο σημαίνει τὸν τρόπον τοῦτον, ἔτι παρὰ ταῦτα πάντα τὸ δυνάμει καὶ ἐνεργείᾳ, ἐπεὶ δὴ πολλαχῶς λέγεται τὸ ὂν, πρῶτον περὶ τοῦ*

Unterscheidung gilt in entsprechender Weise auch für das Nicht-sein [299]); s. hierüber unten Anm. 325—329. Und wenn nun nicht immer diese drei Arten des Seins sämmtlich nebeneinander aufgezählt werden, sondern je nach Bedürfniss namentlich von der ersten derselben, dem Sein des Wahr- und Falsch-Seins, Umgang genommen wird, und also nur die letzteren beiden erwähnt werden [300]), so erhalten wir hierüber den völlig genügenden Aufschluss, dass jene Verbindung oder Trennung, welche im Urtheile mit Bezug auf Wahr- und Falsch-sein ausgesprochen wird, ja nur Sache des menschlichen Denkens ist, und daher etwas Verschiedenes von dem „eigentlichen Seienden“ (*κυρίως ὄντα*) ist, weil ja die individuelle oder qualitative oder quantitative oder dergleichen Bestimmtheit des Seienden durch das Denken erst in das Verhältniss einer Verbindung oder Trennung gebracht werden [301]). Und so wird denn auch da, wo es sich ganz besonders um die Unterscheidung der drei Arten des Seienden handelt, ausdrücklich bemerkt, dass dasjenige, was von den Formen des Aussagens bezeichnet wird, nemlich das individuell oder qualitativ oder quantitativ oder örtlich oder zeitlich Bestimmte und die bestimmte Einwirkung eines Thuns oder Leidens, als das eigentliche An-sich-sein der Dinge (*καθ' αὑτά*) „bezeichnet wird“, weil es ja gleich-

---

κατὰ συμβεβηκὸς λεκτέον ὅτι οὐδεμία ἐστὶ περὶ αὐτὸ θεωρία. (Auf die einzelnen Ausdrücke wie z. B. *σχήματα τῆς κατηγορίας* oder *σημαίνει*, welche in dieser und den übrigen folgenden Stellen gebraucht sind, werden wir im Verlaufe besonders zurückkommen; desgleichen werden wir in Anm. 356. eine Zusammenstellung geben müssen, wie viele und welche der einzelnen Kategorien an jeder Stelle namhaft gemacht werden.) Vgl. Anm. 302.

299) Ebend. *Θ*, 10, 1051 a. 34.: *ἐπεὶ δὲ τὸ ὂν λέγεται καὶ τὸ μὴ ὂν τὸ μὲν κατὰ τὰ σχήματα τῶν κατηγοριῶν, τὸ δὲ κατὰ δύναμιν ἢ ἐνέργειαν τούτων ἢ τἀναντία, τὸ δὲ κυριώτατα ὂν ἀληθὲς ἢ ψεῦδος, κτλ.* (das Wort *κυριώτατα* gehört hier nicht zu *ὄν*, sondern zu *ἀληθὲς ἢ ψεῦδος*, in dem Sinne: „dasjenige, was in eigentlichster Weise als wahr seiendes oder falsch seiendes auftritt“; es wird nemlich in den sogleich folgenden Worten auf dieses eigentliche Wahr- und Falsch-sein näher eingegangen; somit steht diese Stelle nicht in Widerspruch mit der unten, Anm. 301., anzuführenden). Ebend. *N*, 2, 1089 a. 26.: *ἀλλ' ἐπειδὴ τὸ μὲν κατὰ τὰς πτώσεις μὴ ὂν ἰσαχῶς ταῖς κατηγορίαις λέγεται, παρὰ τοῦτο δὲ τὸ ὡς ψεῦδος λέγεται μὴ ὄν, καὶ τὸ κατὰ δύναμιν, ἐκ τούτου κτλ.* (dass das hier vorkommende Wort *πτῶσις* bei Arist. nicht die speciell in der Grammatik technische Bedeutung „Casus“ hat, sondern überhaupt jede Modification bezeichnet, welche das ausgesprochene Wort oder ein ausgesprochener Satz, ja selbst ein Syllogismus, durch mancherlei Abänderung erfahren kann, hat Bonitz a. a. O. S. 613 f. gezeigt; und *τὸ κατὰ τὰς πτώσεις μὴ ὂν* ist demnach jenes Nicht-seiende, welches in den verschiedenen sprachlichen — ich sage nicht: grammatischen — Modificationen des Aussagens, d. h. eben in den Kategorien, erscheint).

300) Ebend. *Θ*, 1, 1045 b. 32.: *ἐπεὶ δὲ λέγεται τὸ ὂν τὸ μὲν τὸ τὶ ἢ ποιὸν ἢ ποσὸν, τὸ δὲ κατὰ δύναμιν καὶ ἐντελέχειαν καὶ κατὰ τὸ ἔργον, διορίσωμεν κτλ.* *D. an.* I, 1, 402 a. 22.: *πρῶτον δ' ἴσως ἀναγκαῖον διελεῖν ἐν τίνι τῶν γενῶν καὶ τί ἐστι* (sc. *ἡ ψυχή*), *λέγω δὲ πότερον τόδε τε καὶ οὐσία ἢ ποιὸν ἢ ποσὸν ἢ καί τις ἄλλη τῶν διαιρεθεισῶν κατηγοριῶν, ἔτι δὲ πότερον τῶν ἐν δυνάμει ὄντων ἢ μᾶλλον ἐντελέχειά τις· διαφέρει γὰρ οὔ τι σμικρόν.*

301) *Metaph. E*, 4, 1027 b. 29.: *ἐπεὶ δὲ ἡ συμπλοκή ἐστι καὶ ἡ διαίρεσις ἐν τῇ διανοίᾳ ἀλλ' οὐκ ἐν τοῖς πράγμασι, τὸ δ' οὕτως ὂν ἕτερον ὂν τῶν κυρίως, ἢ γὰρ τὸ τί ἐστιν ἢ ὅτι ποιὸν ἢ ὅτι ποσὸν ἢ εἴ τι ἄλλο συνάπτει ἢ διαιρεῖ ἡ διάνοια.*

gültig ist, ob man sagt „der Mensch ist krank" und „der Mensch ist gehend" oder ob man sagt „der Mensch krankt" und „der Mensch geht"; denn jedenfalls bezeichnet dann doch ein solches „ist" eben das Nemliche wie jene Bestimmtheiten, d. h. das bestimmte Sein liegt gerade in solcher Bestimmtheit [302]).

Hiemit wissen wir nun vollständig, wo wir uns befinden, — nemlich auf der Bezeichnung des objectiven Thatbestandes, insoferne in ihm die Dinge irgend eine Bestimmtheit an sich (*καθ' αὑτό*) tragen und jenes Bestimmte sind, als welches sie „bezeichnet" werden. So handelt es sich hiebei nicht mehr um die Funktionen des Urtheiles in Allgemeingültigkeit oder Nicht-allgemeingültigkeit und in Bejahung oder Verneinung (Verhältniss von Wahr und Falsch), sondern es tritt das Ausgesagte als Bestimmtheit des objectiv Seienden aus dem Urtheile heraus, und hebt sich aus demselben als irgend ein objectives bestimmtes Sein hervor [303]). Es erhält also dasjenige, was wir oben (Anm. 132—157) von dem *καθ' αὑτό* in seiner Verbindung mit dem *κατὰ παντός*, woraus das *καθόλου* resultirt, zu sagen hatten, jetzt jene Seite der Betrachtung, in welcher die Urtheils-form des *κατὰ παντός* unberücksichtigt bleiben muss und der factische Bestand des bestimmten Seienden als objectiver den Gegenstand bildet; und vorläufig steht uns soviel fest, dass wir in den Kategorien keinenfalls ein *καθόλου* suchen dürfen (vgl. Anm. 139). In ihrer Trennung aber von jener ersten Art des Seins, dem Wahr- und Falsch-Sein, sind die beiden anderen Arten des Seins als selbst zusammengehörige innigst mit einander verbunden. Nemlich jene Art des Seins, welche in dem Entwicklungsprocesse von Potenziellem zu Actuellem auftritt, ist es gerade, welche hiedurch zur Bestimmtheit des durch die Formen des Aussagens bezeichneten Seins gelangt [304]). Es ist die Möglichkeit überhaupt in gleicher Weise auf ein individuell bestimmtes

---

302) Ebend. *Δ*, 7, 1017 a. 22.: *καθ' αὑτὰ δὲ εἶναι λέγεται ὅσαπερ σημαίνει τὰ σχήματα τῆς κατηγορίας· ὁσαχῶς γὰρ λέγεται, τοσαυταχῶς τὸ εἶναι σημαίνει· ἐπεὶ οὖν τῶν κατηγορουμένων τὰ μὲν τί ἐστι σημαίνει τὰ δὲ ποιὸν τὰ δὲ ποσὸν τὰ δὲ πρός τι τὰ δὲ ποιεῖν ἢ πάσχειν τὰ δὲ ποῦ τὰ δὲ ποτέ, ἑκάστῳ τούτων τὸ εἶναι ταὐτὸ σημαίνει· οὐδὲν γὰρ διαφέρει τὸ ἄνθρωπος ὑγιαίνων ἐστὶν ἢ τὸ ἄνθρωπος ὑγιαίνει, ἢ τὸ ἄνθρωπος βαδίζων ἐστὶν ἢ τέμνων τοῦ ἄνθρωπος βαδίζει ἢ τέμνει, ὁμοίως δὲ καὶ ἐπὶ τῶν ἄλλων. ἔτι τὸ εἶναι σημαίνει καὶ τὸ ἔστιν ὅτι ἀληθές, τὸ δὲ μὴ εἶναι ὅτι οὐκ ἀληθὲς ἀλλὰ ψεῦδος ὁμοίως ἐπὶ καταφάσεως καὶ ἀποφάσεως .... ἔτι τὸ εἶναι σημαίνει καὶ τὸ ὂν τὸ μὲν δυνάμει τὸ δ' ἐντελεχείᾳ τῶν εἰρημένων τούτων.*

303) So werden allerdings richtig die Kategorien als *τὰ ἄνευ συμπλοκῆς λεγόμενα* bezeichnet, *Cat.* 2, 1 a. 16.: *τῶν λεγομένων τὰ μὲν κατὰ συμπλοκὴν λέγεται, τὰ δ' ἄνευ συμπλοκῆς· τὰ μὲν οὖν κατὰ συμπλοκὴν οἷον ἄνθρωπος τρέχει, ἄνθρωπος νικᾷ· τὰ δ' ἄνευ συμπλοκῆς οἷον ἄνθρωπος, βοῦς, τρέχει, νικᾷ.* Ebend. 4, 1 b. 25.: *τῶν κατὰ μηδεμίαν συμπλοκὴν λεγομένων ἕκαστον ἤτοι οὐσίαν σημαίνει ἢ ποσὸν ἢ ποιὸν ἢ πρός τι ἢ ποῦ ἢ ποτὲ ἢ κεῖσθαι ἢ ἔχειν ἢ ποιεῖν ἢ πάσχειν.*

304) Es erhellt diess zum Theile schon aus den so eben angeführten Stellen (Anm. 299.) *τὸ δὲ κατὰ δύναμιν ἢ ἐνέργειαν τούτων*, d. h. des gerade vorher genannten Seins, welches *κατὰ τὰ σχήματα τῶν κατηγοριῶν* besteht, und (Anm. 302.) *τὸ μὲν δυνάμει τὸ δ' ἐντελεχείᾳ τῶν εἰρημένων τούτων* (ebenso); noch bestimmter aber ist es in den sogleich folgenden Stellen ausgesprochen.

Sein und auf jede der übrigen Kategorien gerichtet [305]), d. h. das ganze Verhältniss des Potenziell- und Actuell-Seins bewegt sich in dem individuell Bestimmten und dem qualitativ oder quantitativ Bestimmten und den übrigen derartigen Seins-Kategorien und ausserhalb dieses irgend so bestimmten Seins besteht gar keine Veränderung, hingegen jede solche Gattung (*γένος*) des Bestimmtseins enthält die Doppeltheit des Potenziellen und Actuellen in sich, so dass es so viele Arten der Veränderung als Arten des Seins gibt, und zugleich besteht eine jede derselben nach zwei Richtungen hin, nemlich nach den in ihr möglichen Gegensätzen [306]). Darum ist auch einerseits die Bezeichnung des Sprach-Ausdruckes für das Werden (*τὶ γίνεσθαι*) oder Entstehen (*ἁπλῶς γίνεσθαι*) durch die Kategorien als eine verschiedene bestimmt, insoferne man das Wort „Entstehen“ gebraucht, wenn ein individuell Bestimmtes das Product des realen Processes ist (z. B. die Pflanze entsteht), hingegen das Wort „Werden“, wenn eine andere, qualitative oder dergleichen, Bestimmtheit das Resultat ist (z. B. der Mensch wird ein Gebildeter); immer jedoch, bei der individuellen sowie bei jeder anderen Bestimmtheit kann nur das auf der positiven und affirmativen Seite Liegende, nicht hingegen ein Negatives wie z. B. Ungebildet, als das Entstandene oder Gewordene bezeichnet werden [307]); denn andrerseits ist eben auch das Resultat eines Ueberganges von Potenziellem zu Actuellem in der Realität wirklich ein positiv, affirmativ Bestimmtes, und so wie das an sich gänzlich unbestimmte, aber der Bestimmung fähige Stoffliche durch den Verwirklichungs-Process die Bestimmtheit erlangt, dass es ein individuell bestimmtes Wesen wird, und daher die Wesens-Bestimmtheit (*οὐσία*) ein Prädicat ist, welches vom Stoffe als dem Substrate oder Subjecte ausge-

---

305) *Metaph.* Θ, 4, 1047 a. 20.: *ἐνδέχεται δυνατὸν μέν τι εἶναι μὴ εἶναι δὲ καὶ δυνατὸν μὴ εἶναι εἶναι δέ, ὁμοίως δὲ καὶ ἐπὶ τῶν ἄλλων κατηγοριῶν δυνατὸν βαδίζειν ὂν μὴ βαδίζειν καὶ μὴ βαδίζον δυνατὸν εἶναι βαδίζειν.*

306) *Phys. ausc.* III, 1, 200 b. 26.: *ἔστι δὴ τὸ μὲν ἐντελεχείᾳ μόνον τὸ δὲ δυνάμει τὸ δὲ δυνάμει καὶ ἐντελεχείᾳ* (dass so zu lesen ist, s. meine Ausg. d. Physik, S. 202.) *τὸ μὲν τόδε τι τὸ δὲ τοσόνδε τὸ δὲ τοιόνδε καὶ ἐπὶ τῶν ἄλλων τῶν τοῦ ὄντος κατηγοριῶν ὁμοίως ....* (32.) *οὐκ ἔστι δὲ κίνησις παρὰ τὰ πράγματα· μεταβάλλει γὰρ τὸ μεταβάλλον ἀεὶ ἢ κατ' οὐσίαν ἢ κατὰ ποσὸν ἢ κατὰ ποιὸν ἢ κατὰ τόπον· κοινὸν δ' ἐπὶ τούτων οὐδὲν ἔστι λαβεῖν, ὥς φαμὲν* (hierüber s. unten, Anm. 322 f.), *ὃ οὔτε τόδε οὔτε ποσὸν οὔτε ποιὸν οὔτε τῶν ἄλλων κατηγορημάτων οὐδέν· ὥστ' οὐδὲ κίνησις οὐδὲ μεταβολὴ οὐδενὸς ἔσται παρὰ τὰ εἰρημένα μηδενός γε ὄντος παρὰ τὰ εἰρημένα· ἕκαστον δὲ διχῶς ὑπάρχει πᾶσιν, οἷον τὸ τόδε, τὸ μὲν γὰρ μορφὴ αὐτοῦ, τὸ δὲ στέρησις, καὶ κατὰ τὸ ποιόν, τὸ μὲν γὰρ λευκὸν τὸ δὲ μέλαν, καὶ κατὰ τὸ ποσὸν τὸ μὲν τέλειον τὸ δ' ἀτελές, ὁμοίως δὲ καὶ κατὰ τὴν φορὰν τὸ μὲν ἄνω τὸ δὲ κάτω ἢ τὸ μὲν κοῦφον τὸ δὲ βαρύ. ὥστε κινήσεως καὶ μεταβολῆς ἔστιν εἴδη τοσαῦτα ὅσα τοῦ ὄντος· διῃρημένου δὲ καθ' ἕκαστον γένος τοῦ μὲν ἐντελεχείᾳ τοῦ δὲ δυνάμει, κτλ.* Betreffs aber des hiemit zusammenhängenden Beweises, dass es doch nur vier Arten der Veränderung gibt, s. unten Anm. 319 f.

307) *D. gen. et corr.* I, 3, 319 a. 9.: *τί ποτε μανθάνον μὲν οὐ λέγεται ἁπλῶς γίνεσθαι ἀλλὰ γίνεσθαι ἐπιστῆμον, τὸ δὲ φυόμενον γίνεσθαι· ταῦτα δὲ διώρισται ταῖς κατηγορίαις· τὰ μὲν γὰρ τόδε τι σημαίνει τὰ δὲ τοιόνδε τὰ δὲ ποσόν· ὅσα οὖν μὴ οὐσίαν σημαίνει, οὐ λέγεται ἁπλῶς ἀλλὰ τὶ γίνεσθαι· οὐ μὴν ἀλλ' ὁμοίως ἐν πᾶσι γένεσις μὲν κατὰ τὰ ἐν τῇ ἑτέρᾳ συστοιχίᾳ λέγεται, οἷον ἐν μὲν οὐσίᾳ ἐὰν πῦρ ἀλλ' οὐκ ἐὰν γῆ, ἐν δὲ τῷ ποιῷ ἐὰν ἐπιστῆμον ἀλλ' οὐχ ὅταν ἀνεπιστῆμον.* Vgl. Anm. 314.

sagt wird, so ist ebenso die qualitative oder quantitative oder jede andere dergleichen Bestimmtheit eine Bestimmtheit des individuellen Wesens und hiemit ein Prädicat, welches von der individuellen Wesenheit als dem Subjecte ausgesagt wird; und die Kategorien sind daher überhaupt (sei es die Aussage der individuellen Wesens-Bestimmtheit oder sei es eine der übrigen) dasjenige, wodurch das Seiende bestimmt ist[308]).

Natürlich nun tritt das Stoffliche, eben weil es in keinerlei Weise bestimmt ist, völlig in den Hintergrund, und von Bedeutung bleibt nur das Verhältniss der bereits selbst schon bestimmten individuellen Wesenheit zu den übrigen Bestimmtheiten, deren Träger sie ist, denn dasjenige, welchem nicht das Sein einer individuell bestimmten Substanz zukömmt, kann noch weniger irgend eine anderweitige Bestimmtheit an sich haben, weil es ja ausserdem trennbare Zustände gäbe[309]). Während die übrigen Bestimmtheiten gar keine gesonderte Existenz haben, sondern nur als Kategorien oder Prädicate der individuellen Substanz auftreten können, „erscheint" (*ἐμφαίνεται*) diese letztere in jenen, und nur durch die individuelle Wesenheit, weil diese selbst ein bereits bestimmtes Substrat ist, erhalten auch die übrigen Kategorien ein mehr individuell bestimmtes Auftreten[310]). Darum müssen einerseits alle übrigen Kategorien, nemlich das qualitativ und das quantitativ oder sonst dergleichen Bestimmte, auf die individuelle Substanz als das in erster und ursprünglichster Bedeutung Seiende zurückgeführt werden[311]), und eben weil jenes erste

---

308) *Metaph.* *Z*, 3, 1029 a. 20.: *λέγω δ' ὕλην ἣ καθ' αὑτὴν μήτε τὶ μήτε ποσὸν μήτε ἄλλο μηδὲν λέγεται οἷς ὥρισται τὸ ὄν· ἔστι γάρ τι καθ' οὗ κατηγορεῖται τούτων ἕκαστον, ᾧ τὸ εἶναι ἕτερον καὶ τῶν κατηγοριῶν ἑκάστῃ· τὰ μὲν γὰρ ἄλλα τῆς οὐσίας κατηγορεῖται, αὕτη δὲ τῆς ὕλης, ὥστε τὸ ἔσχατον καθ' αὑτὸ οὔτε τὶ οὔτε ποσὸν οὔτε ἄλλο οὐδέν ἐστιν.* So schwindet alle Schwierigkeit, welche man von jeher darin gefunden hat, dass die individuelle Substanz (*οὐσία*) selbst eine Kategorie ist und in dem Kategorie-Sein den übrigen Kategorien gleich steht. Ebend. *Γ*, 4, 1007 b. 28.: *τὸ γὰρ δυνάμει ὂν καὶ μὴ ἐντελεχείᾳ τὸ ἀόριστόν ἐστι.* Vgl. Anm. 314.

309) *D. gen. et. corr.* I, 3, 317 b. 8.: *ᾧ δὲ μὴ ὑπάρχει οὐσία μηδὲ τόδε, δῆλον ὡς οὐδὲ τῶν ἄλλων οὐδεμία κατηγοριῶν, οἷον οὔτε ποιὸν οὔτε ποσὸν οὔτε τὸ ποῦ· χωριστὰ γὰρ ἂν εἴη τὰ πάθη τῶν οὐσιῶν.*

310) *Metaph.* *Z*, 1, 1028 b. 20.: *διὸ κἂν ἀπορήσειέ τις πότερον τὸ βαδίζειν καὶ τὸ ὑγιαίνειν καὶ τὸ καθῆσθαι ἕκαστον αὐτῶν ὂν ἢ μὴ ὄν, ὁμοίως δὲ καὶ ἐπὶ τῶν ἄλλων ὁτουοῦν τῶν τοιούτων· οὐδὲν γὰρ αὐτῶν ἐστὶν οὔτε καθ' αὑτὸ πεφυκὸς οὔτε χωρίζεσθαι δυνατὸν τῆς οὐσίας, ἀλλὰ μᾶλλον, εἴ περ, τὸ βαδίζον τῶν ὄντων τι καὶ τὸ καθήμενον καὶ τὸ ὑγιαῖνον· ταῦτα δὲ μᾶλλον φαίνεται ὄντα, διότι ἐστί τι τὸ ὑποκείμενον αὐτοῖς ὡρισμένον, τοῦτο δ' ἐστὶν ἡ οὐσία καὶ τὸ καθ' ἕκαστον, ὅπερ ἐμφαίνεται ἐν τῇ κατηγορίᾳ τῇ τοιαύτῃ· τὸ ἀγαθὸν γὰρ ἢ τὸ καθήμενον οὐκ ἄνευ τούτου λέγεται· δῆλον οὖν ὅτι διὰ ταύτην κἀκείνων ἕκαστόν ἐστιν .... (33) τῶν μὲν γὰρ ἄλλων κατηγορημάτων οὐδὲν χωριστὸν, αὕτη δὲ μόνη.* (Ich ziehe auch diese Stelle bei, da ich hoffe zeigen zu können, dass eine Unterscheidung eines weiteren und engeren Gebrauches des Wortes *κατηγορία* unhaltbar ist). Ebend. *N*, 2, 1089 b. 24.: *ἐπὶ μὲν οὖν τῶν ἄλλων κατηγοριῶν ἔχει τινὰ καὶ ἄλλην ἐπίστασιν πῶς πολλά· διὰ γὰρ τὸ μὴ χωριστὰ εἶναι τῷ τὸ ὑποκείμενον πολλὰ γίνεσθαι καὶ εἶναι ποιά τε πολλὰ εἶναι καὶ ποσά· καίτοι δεῖ γέ τινα εἶναι ὕλην ἑκάστῳ γένει, πλὴν χωριστὴν ἀδύνατον τῶν οὐσιῶν.*

311) Ebend. *Θ*, 1, 1045 b. 27.: *περὶ μὲν οὖν τοῦ πρώτως ὄντος καὶ πρὸς ὃ πᾶσαι αἱ ἄλλαι κατηγορίαι τοῦ ὄντος ἀναφέρονται εἴρηται, περὶ τῆς οὐσίας· κατὰ γὰρ τὸν τῆς οὐσίας λόγον λέγεται τἆλλα ὄντα τό τε ποσὸν καὶ τὸ ποιὸν καὶ τἆλλα τὰ οὕτως λεγόμενα, πάντα γὰρ ἕξει τὸν τῆς*

Seiende in Verbindung oder Zusammensetzung mit den übrigen Bestimmtheiten, welchen es zu Grunde liegt, tritt, können nur hiedurch vermöge einer blossen Folge diese eigentlich bloss prädicativen übrigen Kategorien, nemlich das Quale und das Quantum und das Wo und das Wann und die Bewegung selbst, gewissermassen (*πῶς*) gleichfalls als ein Substanzielles betrachtet werden [312]); andrerseits aber ist klar, dass unter allen übrigen Bestimmtheiten diejenige, welche bloss ein gegenseitiges Verhalten ausspricht, nemlich die Kategorie des Relativen (*πρός τι*), am wenigsten einen Anspruch auf eigenes substanzielles Sein hat, da sie nur als ein Zustand des bereits qualitativ oder quantitativ Bestimmten gelten kann und überhaupt schon fast an das *συμβεβηκὸς* hinstreift [313]).

Hiemit nun müssen wir, wenn dem Substrate die qualitative, quantitative, relative, örtliche und zeitliche Bestimmung gegenübergestellt wird, oder wenn zusammen die individuelle Substanz und die eben genannten übrigen Kategorien nebst der Bestimmtheit des Thuns oder Leidens als ein umfassendes Eintheilungsgebiet (*διῄρηνται*) bezeichnet werden [314]), hierin das Product eines Verwirklichungs-Processes der Bestimmtheit überhaupt erkennen. Denn sowie wir schon im Bisherigen auf die Bezeichnung „Zustand“ (*πάθος*, Anm. 309 u. 313) und sogar auf die Bewegung selbst (*κίνησις*, Anm. 312) stiessen, so sagt Aristoteles, völlig hiemit übereinstimmend, ausdrücklich, dass eben die qualitativen Bestimmtheiten und die Bewegungen und sämmtliches derartige es ist, was wegen seiner Untrennbarkeit von der Substanz keinen Anspruch auf selbstständige Substanzialität hat [315]), oder noch deutlicher, dass diese un-

---

οὐσίας λόγον. Die Priorität der *οὐσία* ist auch noch ausgesprochen in den Stellen Anm. 312—318.

312) Ebend. *Z*, 4, 1029 b. 23.: *ἐπεὶ δ' ἔστι καὶ κατὰ τὰς ἄλλας κατηγορίας σύνθετα, ἔστι γάρ τι ὑποκείμενον ἑκάστῳ οἷον τῷ ποιῷ καὶ τῷ ποσῷ καὶ τῷ ποτὲ καὶ τῷ ποῦ καὶ τῇ κινήσει, σκεπτέον ἆρ' ἔστι λόγος τοῦ τί ἦν εἶναι ἑκάστῳ αὐτῶν* ..... (1030 a. 18.) *καὶ γὰρ τὸ τί ἐστιν ἕνα μὲν τρόπον σημαίνει τὴν οὐσίαν καὶ τὸ τόδε τι, ἄλλον δὲ ἕκαστον τῶν κατηγορουμένων, ποσὸν, ποιὸν καὶ ὅσα ἄλλα τοιαῦτα· ὥςπερ γὰρ καὶ τὸ ἔστιν ὑπάρχει πᾶσιν ἀλλ' οὐχ ὁμοίως, ἀλλὰ τῷ μὲν πρώτως τοῖς δ' ἑπομένως, οὕτω καὶ τὸ τί ἐστιν ἁπλῶς μὲν τῇ οὐσίᾳ, πὼς δὲ τοῖς ἄλλοις.*

313) Ebend. *N*, 1, 1088 a. 23.: *τὸ δὲ πρός τι πάντων ἥκιστα φύσις τις ἢ οὐσία τῶν κατηγοριῶν ἐστι καὶ ὑστέρα τοῦ ποιοῦ καὶ ποσοῦ, καὶ πάθος τι τοῦ ποιοῦ τὸ πρός τι.* *Eth. Nic.* I, 4, 1096 a. 20.: *τὸ δὲ καθ' αὑτὸ καὶ ἡ οὐσία πρότερον τῇ φύσει τοῦ πρός τι· παραφυάδι γὰρ τοῦτ' ἔοικε καὶ συμβεβηκότι τοῦ ὄντος.* Vgl. Anm. 345.

314) *Phys. ausc.* I, 7, 190 a. 31.: *πολλαχῶς δὲ λεγομένου τοῦ γίνεσθαι καὶ τῶν μὲν οὐ γίνεσθαι ἀλλὰ τόδε τι γίνεσθαι, ἁπλῶς δὲ γίνεσθαι τῶν οὐσιῶν μόνον* (vgl. Anm. 307.), *κατὰ μὲν τἆλλα φανερὸν ὅτι ἀνάγκη ὑποκεῖσθαί τι τὸ γινόμενον* (vgl. Anm. 308). *καὶ γὰρ ποσὸν καὶ ποιὸν καὶ πρὸς ἕτερον καὶ ποτὲ καὶ ποῦ γίνεται ὑποκειμένου τινὸς διὰ τὸ μόνην τὴν οὐσίαν μηδενὸς κατ' ἄλλου λέγεσθαι ὑποκειμένου, τὰ δ' ἄλλα πάντα κατὰ τῆς οὐσίας.* Ebend. V, 1, 225 b. 5.: *εἰ οὖν αἱ κατηγορίαι διῄρηνται οὐσίᾳ καὶ ποιότητι καὶ τῷ ποῦ καὶ τῷ πότε καὶ τῷ πρός τι καὶ τῷ ποσῷ καὶ τῷ ποιεῖν ἢ πάσχειν, κτλ.*

315) *Metaph.* *Λ*, 1, 1096 a. 19.: *καὶ γὰρ εἰ ὡς ὅλον τι τὸ πᾶν, ἡ οὐσία πρῶτον μέρος, καὶ εἰ τῷ ἐφεξῆς, κἂν οὕτω πρῶτον ἡ οὐσία, εἶτα τὸ ποιόν, εἶτα τὸ ποσόν· ἅμα δ' οὐδ' ὄντα ὡς εἰπεῖν ἁπλῶς ταῦτα, οἷον ποιότητες καὶ κινήσεις ἢ τὸ οὐ λευκὸν καὶ τὸ οὐκ εὐθύ· λέγομεν γοῦν εἶναι καὶ ταῦτα, οἷον ἔστιν οὐ λευκόν· ἔτι οὐδὲν τῶν ἄλλων χωριστόν.*

selbstständigen blossen Prädicate überhaupt die Zustände und die Bewegungen und das Relative und das Sichverhalten und die wechselseitigen Verhältnisse seien, welche insgesammt die individuelle Substanz erfährt (*πέπονθε*) und hiebei als Substrat beharrt [316]), oder endlich ebenso, dass mit Ausnahme der individuellen Substanz selbst alles Uebrige nur insoferne ausgesagt wird, als es Qualitäten oder Quantitäten oder Zustände oder sonst Etwas dergleichen enthält, was eben die Substanz betrifft [317]). Demnach hat es gar Nichts auffallendes, sondern kann im Gegentheile nun von uns sehr wohl verstanden werden, wenn Aristoteles die Bestimmtheiten des Seienden, d. h. die Kategorien, überhaupt auf folgende drei reducirt: individuelle Substanz (*οὐσία*), Product eines Vorganges oder Zustand (*πάθος*), relatives Sichverhalten gegenseitig (*πρός τι*) — die letzteren beiden untrennbar von der ersteren —, und wenn dann eben in dieses Auftreten der Bestimmtheit als einen mannigfachen Uebergang vom Potenziellen zum Actuellen die Vielheit des Seienden verlegt wird [318]). Also haben wir die sämmtlichen Bestimmtheiten des objectiv bestehenden Seienden als Producte eines die Verwirklichung herbeiführenden Vorganges zu betrachten, sowohl die Bestimmtheit der individuellen Substanz, welche aus dem bloss Stofflichen verwirklicht wird, als auch die übrigen Bestimmtheiten, in welchen die Substanz erscheint (*ἐμφαίνεται*). Ein schlagender Beweis für die Richtigkeit dieser Auffassung ist jene ganze Argumentation, welche Aristoteles führt, um zu zeigen, dass es nur vier Arten der Veränderung geben kann. Nemlich von den aus jener Beweisführung (Phys. ausc. V, 1 f.) oben, Anm. 314, aufgezählten Kategorien fällt das Relative schon aus den obigen Gründen, da es am wenigsten substanziell ist und jede andere Bestimmtheit bereits voraussetzt — abgesehen von

---

316) Ebend. *B*, 5, 1001 b. 29.: *τὰ μὲν γὰρ πάθη καὶ αἱ κινήσεις καὶ τὰ πρός τι καὶ αἱ διαθέσεις καὶ οἱ λόγοι οὐδενὸς δοκοῦσιν οὐσίαν σημαίνειν· λέγονται γὰρ πάντα καθ' ὑποκειμένου τινὸς καὶ οὐδὲν τόδε τι· ἃ δὲ μάλιστ' ἂν δόξειε σημαίνειν οὐσίαν, ὕδωρ καὶ γῆ καὶ πῦρ, ἐξ ὧν τὰ σύνθετα σώματα συνέστηκε, τούτων θερμότητες μὲν καὶ ψυχρότητες καὶ τὰ τοιαῦτα πάθη οὐκ οὐσίαι, τὸ δὲ σῶμα τὸ ταῦτα πεπονθὸς μόνον ὑπομένει ὡς ὄν τι καὶ οὐσία τις οὖσα.*

317) Ebend. *Z*, 1, 1028 a. 13.: *τοσαυταχῶς δὲ λεγομένου τοῦ ὄντος φανερὸν ὅτι τούτων πρῶτον ὂν τὸ τί ἐστιν, ὅπερ σημαίνει τὴν οὐσίαν· ὅταν γὰρ εἴπωμεν ποῖόν τι τόδε, ἢ ἀγαθὸν λέγομεν ἢ κακὸν, ἀλλ' οὐ τρίπηχυ ἢ ἄνθρωπον· ὅταν δὲ τί ἐστιν, οὐ λευκὸν οὐδὲ θερμὸν οὐδὲ τρίπηχυ, ἀλλ' ἄνθρωπον ἢ θεόν· τὰ δ' ἄλλα λέγεται ὄντα τῷ τοῦ οὕτως ὄντος τὰ μὲν ποσότητας εἶναι τὰ δὲ ποιότητας τὰ δὲ πάθη τὰ δὲ ἄλλο τι τοιοῦτον.*

318) Ebend. *N*, 2, 1089 b. 20. (woselbst gegen Plato bemerkt wird, derselbe hätte, wenn er die Vielheit des Seins überhaupt, nicht bloss die Vielheit einzelner Gattungen desselben, erklären wollte, den Begriff der *δύναμις* nicht so vernachlässigen dürfen, wie er es überall gethan): *πολύ τε μᾶλλον .... εἰ ἐζήτει τὸ πῶς πολλὰ τὰ ὄντα, μὴ τὰ ἐν τῇ αὐτῇ κατηγορίᾳ ζητεῖν, πῶς πολλαὶ οὐσίαι ἢ πολλὰ ποιὰ, ἀλλὰ πῶς πολλὰ τὰ ὄντα· τὰ μὲν γὰρ οὐσίαι, τὰ δὲ πάθη, τὰ δὲ πρός τι· ἐπὶ μὲν οὖν τῶν ἄλλων κατηγοριῶν ἔχει τινὰ καὶ ἄλλην ἐπίστασιν πῶς πολλά· διὰ γὰρ τὸ μὴ χωριστὰ εἶναι τῷ τὸ ὑποκείμενον πολλὰ γίνεσθαι καὶ εἶναι ποιά τε πολλὰ εἶναι καὶ ποσά· καίτοι δεῖ γέ τινα εἶναι ὕλην ἑκάστῳ γένει, πλὴν χωριστὴν ἀδύνατον τῶν οὐσιῶν· ἀλλ' ἐπὶ τῶν τόδε τι ἔχει τινὰ λόγον, πῶς πολλὰ τὸ τόδε τι, εἰ μὴ ἔσται καὶ τόδε τι καὶ φύσις τις τοιαύτη· αὕτη δέ ἐστιν ἐκεῖθεν μᾶλλον ἡ ἀπορία, πῶς πολλαὶ ἐνεργείᾳ οὐσίαι, ἀλλ' οὐ μία.*

anderen Gründen [319]) — von vorneherein weg, sowie gleichfalls die zeitliche Bestimmtheit, da die Zeit selbst erst Mass der Veränderung ist; und nachdem dann ausführlich gezeigt wird, dass es keine Veränderung der Veränderung, d. h. keinen Vorgang des Vorganges, gibt, fällt hiedurch die Kategorie des Thuns oder Leidens gleichfalls weg, und es bleibt nur übrig, dass es eine Veränderung in Bezug auf die individuelle Wesenheit selbst (Entstehen und Vergehen), eine Veränderung in Bezug auf die qualitative Bestimmtheit (qualitative Aenderung), sowie eine in Bezug auf die quantitative Bestimmtheit (quantitative Zu- und Ab-nahme), und endlich eine Veränderung in Bezug auf die örtliche Bestimmtheit (Raumbewegung) gibt [320]). Hiemit ist die ganze allseitig nach Qualität und Quantität und Ort determinirte in der Zeit auftretende Wesens-Individualität in dieser ihrer gesammten Bestimmtheit ein Product einer Veränderung, d. h. eines Ueberganges von Potenziellem zu Actuellem (Anm. 306), und dieses so in jeder Beziehung bereits bestimmte Wesen erweist dann diese seine Bestimmtheit auch in einem bestimmten relativen Verhalten zu anderen und in einem gleichfalls bestimmten Auftreten seiner eigenen Thätigkeit oder abermaligen Veränderung; und wir wissen hiemit gewiss, dass die in den obigen Stellen (Anm. 312, 315, 316) unter den Kategorien vorkommende „Bewegung" sowie die eben dort (Anm. 309, 313, 316, 317) genannten „Zustände" Nichts anderes bedeuten, als das so eben (und Anm. 314) erwähnte Auftreten eines bestimmten „Thuns oder Leidens" [321]); hiezu noch die Stelle in Anm. 323. Auf diese Weise hätten wir mit den scholastischen und vielfach jetzt noch üblichen Auffassungen der aristotelischen Kategorien und namentlich mit der beliebten Zehn-Zahl derselben schon jetzt so ziemlich aufgeräumt; denn eigentlich wären wir hiemit auf nur drei Haupt-Katego-

---

319) *Phys. ausc.* V, 2, 225 b. 11.: *οὐδὲ δὴ τῷ πρός τι* (*sc. κίνησίς ἐστιν*)· *ἐνδέχεται γὰρ θατέρου μεταβάλλοντος ἀληθεύεσθαι θάτερον μηδὲν μεταβάλλειν, ὥστε κατὰ συμβεβηκὸς ἡ κίνησις αὐτῶν.*

320) Ebend. 1, 224 b. 28.: *ἡ δὲ μὴ κατὰ συμβεβηκὸς* (*sc. μεταβολή*) *οὐκ ἐν ἅπασιν, ἀλλ' ἐν τοῖς ἐναντίοις καὶ ἐν τοῖς μεταξὺ καὶ ἐν ἀντιφάσει* ..... 225 a. 12.: *ἡ μὲν οὖν οὐκ ἐξ ὑποκειμένου εἰς ὑποκείμενον μεταβολὴ κατ' ἀντίφασιν γένεσίς ἐστιν, ἡ μὲν ἁπλῶς ἁπλῆ ἡ δὲ τὶς τινός* (s. Anm. 307) ..... (34) *ἐπεὶ δὲ πᾶσα κίνησις μεταβολή τις, μεταβολαὶ δὲ τρεῖς αἱ εἰρημέναι, τούτων δ' αἱ κατὰ γένεσιν καὶ φθορὰν οὐ κινήσεις, αὗται δ' εἰσὶν αἱ κατ' ἀντίφασιν, ἀνάγκη τὴν ἐξ ὑποκειμένου εἰς ὑποκείμενον μεταβολὴν κίνησιν εἶναι μόνην.* 2, 225 b. 15.: *οὐκ ἔστι κινήσεως κίνησις οὐδὲ γενέσεως γένεσις οὐδ' ὅλως μεταβολὴ μεταβολῆς* ...... 226 a. 22.: *ἐπεὶ δὲ οὔτε οὐσίας* (denn diess ist eben *γένεσις*, diese aber keine *κίνησις*; s. Anm. 215.) *οὔτε τοῦ πρός τι οὔτε τοῦ ποιεῖν καὶ πάσχειν, λείπεται κατὰ τὸ ποιὸν καὶ τὸ ποσὸν καὶ τὸ ποῦ κίνησιν εἶναι μόνον.* S. überhaupt z. d. ganzen Stelle meine Ausg. S. 506 ff. *Metaph.* *Λ*, 2, 1069 b. 9.: *αἱ μεταβολαὶ τέτταρες, ἢ κατὰ τὸ τί ἢ κατὰ τὸ ποιὸν ἢ ποσὸν ἢ ποῦ, καὶ γένεσις μὲν ἡ ἁπλῆ καὶ ἡ φθορὰ ἡ κατὰ τόδε, αὔξησις δὲ καὶ φθίσις ἡ κατὰ τὸ ποσόν, ἀλλοίωσις δὲ ἡ κατὰ τὸ πάθος, φορὰ δὲ ἡ κατὰ τόπον.*

321) Um die Meinungen der Commentatoren, welche in ihrem angeborenen Talente des Missverstehens oder Nicht-verstehens sich um die Frage bemühen, ob die *κίνησις* zu den Kategorien gehöre, haben wir uns hier so wenig zu bekümmern als um übrige falsche Auffassungen, welche die aristotelische Lehre später so häufig fand. In jenem Sinne, wie das spätere Alterthum das Wesen der Kategorien auffasste oder vielmehr durch Formalismus todt schlug, gehört die Bewegung freilich nicht unter dieselben.

rien gekommen: erstens die individuelle Wesens-Bestimmtheit, zweitens bestimmtes zuständliches Auftreten, theils als Resultat eines der allseitigen Bestimmtheit vorhergehenden Vorganges, theils als eigene Manifestation des individuell bestimmten Daseins, und drittens wechselseitig relatives Verhalten der vielen Bestimmtheiten überhaupt. Doch wir wollen, da noch sehr Vieles zu untersuchen ist, nicht zu weit vorgreifen.

So viel ist sicher, dass das factisch bestehende Seiende nur vermittelst jener Momente, welche in den Kategorien ausgesagt werden, seine volle concrete Bestimmtheit erhält, weil der die Verwirklichung herbeiführende Process nicht ausserhalb der factischen Dinge ist (Anm. 306); und in diesem Sinne spricht Aristoteles auch deutlich aus, dass an diesem Bestande eines mannigfachen Bestimmt-seins sich durchaus keinerlei unbestimmt Gemeinsames erfassen lasse, welches nicht eben irgend eine bestimmte Kategorie unter den bestehenden mehreren wäre, und dass es hiemit kein Seiendes gebe, welches neben, d. h. neben ausserhalb der Kategorien liege [322]). Daher ist es sicher nicht zu wundern, wenn Aristoteles diese concrete Bestimmtheit der individuellen Substanz und der übrigen Kategorien der platonischen Ideenlehre gegenüberstellt und bemerkt, dass, sowie überhaupt das *καθόλου* als solches nie ein individuelles Wesen sein kann, so auch die allgemeinen Bezeichnungen „Seiend“ und „Eines“, welche wohl von der individuellen Substanz gelten, nie selbst eine individuelle Substanz sein können, sondern dass dieselben auch in den übrigen Gattungen der Kategorien, in den Zuständen, in den qualitativen und den quantitativen Bestimmtheiten, und in den Bewegungen, stets beide in gleicher Weise dem Prädicate angehören, und sonach das Eins ebensowenig als das Seiende neben ausserhalb der Kategorien liegt [323]). So liegt in den Kategorien, und nur in ihnen, die Bestimmt-

---

322) *Phys. ausc.* III, 1, 200 b. 32.: *οὐκ ἔστι δὲ κίνησις παρὰ τὰ πράγματα, μεταβάλλει γὰρ τὸ μεταβάλλον ἀεὶ ἢ κατ' οὐσίαν ἢ κατὰ ποσὸν ἢ κατὰ ποιὸν ἢ κατὰ τόπον· κοινὸν δ' ἐπὶ τούτων οὐδὲν ἔστι λαβεῖν, ὡς φαμὲν, ὃ οὔτε τόδε οὔτε ποσὸν οὔτε ποιὸν οὔτε τῶν ἄλλων κατηγορημάτων οὐδέν· ὥστ' οὐδὲ κίνησις οὐδὲ μεταβολὴ οὐδενὸς ἔσται παρὰ τὰ εἰρημένα μηδενός γ' ὄντος παρὰ τὰ εἰρημένα.* Fälschlich hat man diese Stelle so verstanden, als sei in derselben gesagt, dass es ausser den erwähnten Kategorien keine anderen Kategorien gebe. Dasselbe gilt von den fast gleichlautenden Worten *Metaph.* Λ, 4, 1070 a. 33.: *ἀπορήσειε γὰρ ἄν τις πότερον ἕτεραι ἢ αἱ αὐταὶ ἀρχαὶ καὶ στοιχεῖα τῶν οὐσιῶν καὶ τῶν πρός τι καὶ καθ' ἑκάστην δὴ τῶν κατηγοριῶν ὁμοίως .... παρὰ γὰρ τὴν οὐσίαν καὶ τἄλλα τὰ κατηγορούμενα οὐδέν ἐστι κοινόν*, und es ist keine Rede davon, dass hiemit Aristoteles das Bewusstsein ausspreche, er habe wirklich eine erschöpfende Kategorientafel aufgestellt, sondern er setzt nur die Bestimmtheit der Concretion einem vagen Gemeinsamen, welches irgendwo in einer Ideenwelt herumflattere, entgegen.

323) *Metaph.* ι, 2, 1053 b. 16.: *εἰ δὲ μηδὲν τῶν καθόλου δυνατὸν οὐσίαν εἶναι, ... οὐδ' αὐτὸ τοῦτο οὐσίαν ὡς ἕν τι παρὰ τὰ πολλὰ δυνατὸν εἶναι, κοινὸν γὰρ, ἀλλ' ἢ κατηγόρημα μόνον, δῆλον ὡς οὐδὲ τὸ ἕν· τὸ γὰρ ὂν καὶ τὸ ἓν καθόλου κατηγορεῖται μάλιστα πάντων· ὥστε οὔτε τὰ γένη φύσεις τινὲς καὶ οὐσίαι χωρισταὶ τῶν ἄλλων εἰσὶν οὔτε τὸ ἓν γένος ἐνδέχεται εἶναι διὰ τὰς αὐτὰς αἰτίας δι' ἅςπερ οὐδὲ τὸ ὂν οὐδὲ τὴν οὐσίαν .....* (1054 a. 4.) *ὁ δ' αὐτὸς λόγος καὶ ἐπὶ τῶν ἄλλων γενῶν· ὥστ' εἴπερ καὶ ἐν τοῖς πάθεσι καὶ ἐν τοῖς ποιοῖς καὶ ἐν τοῖς ποσοῖς καὶ ἐν κινήσει ἀριθμῶν ὄντων καὶ ἑνός τινος ἐν ἅπασιν ὅ τε ἀριθμὸς τινῶν καὶ τὸ ἕν τι ἕν, ἀλλ' οὐχὶ τοῦτο αὐτὸ αὐτοῦ ἡ οὐσία, καὶ ἐπὶ τῶν οὐσιῶν ἀνάγκη ὡσαύτως ἔχειν .....* (13) *ὅτι δὲ ταὐτὸ σημαίνει πως τὸ ἓν καὶ τὸ ὄν, δῆλον τῷ τε*

heit des Seienden, und es hat jede dieser mehreren Bestimmtheiten ihr eigenes Wesen, welches von ihr selbst oder von den unter sie fallenden Dingen ausgesagt werden kann, denn wird z. B. von einem Menschen Mensch oder lebendes Wesen prädicirt, so ist hiemit das Wesen der individuellen Substanz bezeichnet, oder wird von der weissen Farbe Weiss oder Farbe prädicirt, so ist das Wesen der Qualität bezeichnet, oder wird von einer ellengrossen Grösse Ellengross oder Grösse prädicirt, so ist das Wesen der Quantität bezeichnet, u. s. f. Wird hingegen derlei von irgend einem Anderweitigen prädicirt, so ist nicht das Wesen der einzelnen Kategorie bezeichnet, sondern dieselbe dient dann nur als Prädicat [324]).

Jedoch könnte betreffs dieser Bestimmtheit sich ein Bedenken erheben wegen der realen Gegensätze, welche ja bei dem die Kategorien-Bestimmtheit hervorrufenden Verwirklichungsprocesse nothwendig in dem Bereiche der Möglichkeit liegen müssen (Anm. 305 f.); und es frägt sich nun, wie überhaupt auch das Nichtseiende den Kategorien anheim fallen könne (Anm. 299), und insbesondere ob wirklich jene Beispiele, welche die in Anm. 306 angeführte Stelle gibt, nemlich Nicht-Gestaltung der entstehen sollenden individuellen Substanz oder (qualitativ) das Schwarze oder (quantitativ) das Unvollständige, mit den Kategorien in eine Verbindung gebracht werden dürfen. In Bezug nun auf die individuelle Substanz, welche ja gegensatzlos ist [325]), und deren Entstehen und Vergehen überhaupt dem Verhältnisse von Bejahung und Verneinung entspricht und daher gleichfalls keinen realen Gegensatz enthält (s. oben, Anm. 192 u. 215), sind wir hierüber völlig im Klaren, denn an und für sich schon wird dasjenige, was eben noch jeder Bestimmtheit entbehrt, wie z. B. die Nichtgestaltung, sicher nicht als eine Bestimmtheit bezeichnet werden, und hiemit auch nicht als Kategorie auftreten können, und ausserdem ist diess durch die oben, Anm. 307, angeführte Stelle bestätigt, nach welcher nur das auf positiver Seite Liegende als Resultat eines Werdens

---

παρακολουθεῖν ἰσαχῶς ταῖς κατηγορίαις καὶ μὴ εἶναι ἐν μηδεμιᾷ, οἷον οὔτ' ἐν τῇ τί ἐστιν οὔτ' ἐν τῇ ποῖον, ἀλλ' ὁμοίως ἔχει ὥσπερ τὸ ὄν, καὶ τῷ μὴ προσκατηγορεῖσθαι ἕτερόν τι τὸ εἷς ἄνθρωπος τοῦ ἄνθρωπος, ὥσπερ οὐδὲ τὸ εἶναι παρὰ τὸ τί ἢ ποιὸν ἢ ποσὸν, καὶ τὸ ἑνὶ εἶναι τὸ ἑκάστῳ εἶναι. Ebend. *Γ*, 2, 1003 b. 26.: *ταὐτὸ γὰρ εἷς ἄνθρωπος καὶ ὢν ἄνθρωπος καὶ ἄνθρωπος καὶ οὐχ ἕτερόν τι δηλοῖ κατὰ τὴν λέξιν ἐπαναδιπλούμενον τὸ εἷς ἔστιν ἄνθρωπος καὶ ἔστιν ἄνθρωπος ..... καὶ οὐδὲν ἕτερον τὸ ἓν παρὰ τὸ ὄν.*

324) *Top.* I, 9, 103 b. 27.: *ὁ τὸ τί ἐστι σημαίνων ὁτὲ μὲν οὐσίαν σημαίνει ὁτὲ δὲ ποιὸν ὁτὲ δὲ τῶν ἄλλων τινὰ κατηγοριῶν· ὅταν μὲν γὰρ ἐκκειμένου ἀνθρώπου φῇ τὸ ἐκκείμενον ἄνθρωπον εἶναι ἢ ζῷον, τί ἐστι λέγει καὶ οὐσίαν σημαίνει· ὅταν δὲ χρώματος λευκοῦ ἐκκειμένου φῇ τὸ ἐκκείμενον λευκὸν εἶναι ἢ χρῶμα, τί ἐστι λέγει καὶ ποιὸν σημαίνει· ὁμοίως δὲ καὶ ἐὰν πηχυαίου μεγέθους ἐκκειμένου φῇ τὸ ἐκκείμενον πηχυαῖον εἶναι ἢ μέγεθος* (dass *ἢ μέγεθος* zu lesen ist, und nicht bloss *μέγεθος*, zeigt der Zusammenhang), *τί ἐστιν ἐρεῖ καὶ ποσὸν σημαίνει· ὁμοίως δὲ καὶ ἐπὶ τῶν ἄλλων. ἕκαστον γὰρ τῶν τοιούτων ἐάν τε αὐτὸ περὶ αὐτοῦ λέγηται ἐάν τε τὸ γένος περὶ τούτου, τί ἐστι σημαίνει· ὅταν δὲ περὶ ἑτέρου, οὐ τί ἐστι σημαίνει, ἀλλὰ πυσὸν ἢ ποιὸν ἢ τινα τῶν ἄλλων κατηγοριῶν.*

325) *Phys. ausc.* V, 2, 225 b. 10.: *κατ' οὐσίαν δ' οὐκ ἔστι κίνησις* (s. Anm. 215 u. 320.) *διὰ τὸ μηδὲν εἶναι οὐσίᾳ τῶν ὄντων ἐναντίον.*

bezeichnet werden soll. Weniger entschieden hingegen steht die Sache bei den realen Gegensätzen, welche die übrigen Kategorien betreffen. Denn einerseits wird mit völliger Bestimmtheit ausgesprochen, dass die Begriffe der Einerleiheit und Verschiednerleiheit (*ταὐτὸν* und *ἕτερον*) und der Gegensätzlichkeit (*ἐναντίον*) in jeder Kategorie, z. B. im Sichverhalten oder im Thun und dergleichen, auftreten und nach Massgabe der einzelnen Kategorien sich modificiren [326]), sowie dass bei dem bloss Stofflichen, welches einer jeden Kategorien-Bestimmtheit entbehrt (Anm. 308 f.), in Folge hievon auch die verneinenden Bestimmungen wegfallen, welche ausserdem sich wenigstens je nach Vorkommniss (*κατὰ συμβεβηκός*) einstellen müssten [327]); und in den oben angeführten Stellen erscheinen wirklich auch das Nicht-Weisse und das Ungerade (Anm. 315) und die Kälte (Anm. 316) als Beispiele von qualitativen Bestimmtheiten oder Zuständen. Andrerseits hingegen lässt es sich kaum für wahrscheinlich halten, dass verneinende Bestimmungen, welche doch eine Aufhebung der Bestimmtheit involviren, als concrete Bestimmtheiten gelten sollten, und es ist ersichtlich, dass wir uns hiemit bei jenem Conflicte befinden, welchen wir oben (S. 159.) ausführlicher als einen von Aristoteles nicht gelösten nachweisen mussten, bei dem Conflicte zwischen sprachlicher Verneinung und realem Gegensatze, welcher namentlich hier wieder wegen der den Gegensatz affirmativ ausdrückenden Bezeichnungen (z. B. Nicht-Warm, Kalt) fühlbar werden muss. Allerdings muss die positive Bestimmtheit als leitender Gesichtspunkt durchbrechen, und es wird fast im Widerspruche mit Obigem ausdrücklich bemerkt, dass die Verschiednerleiheit und das Ungleiche und das Nicht-seiende und dergleichen sämmtlich wegen seines privativen Gehaltes (*στέρησις*, s. unten Anm. 401 ff.) ein Unbestimmtes (*ἀόριστον*) sei und daher nicht als Kategorien-Bestimmtheit auftreten könne [328]), wodurch jene früher erwähnte Bedeu-

---

326) *Metaph. Γ*, 2, 1004 a. 25.: *ἐπεὶ δὲ πάντα πρὸς τὰ πρῶτα ἀναφέρεται, οἷον ὅσα ἓν λέγεται πρὸς τὸ πρῶτον ἕν, ὡσαύτως φατέον καὶ περὶ ταὐτοῦ καὶ ἑτέρου καὶ τῶν ἐναντίων ἔχειν· ὥστε διελόμενον ποσαχῶς λέγεται ἕκαστον οὕτως ἀποδοτέον πρὸς τὸ πρῶτον ἐν ἑκάστῃ κατηγορίᾳ, πῶς πρὸς ἐκεῖνο λέγεται· τὰ μὲν γὰρ τῷ ἔχειν ἐκεῖνα, τὰ δὲ τῷ ποιεῖν, τὰ δὲ κατ' ἄλλους λεχθήσεται τοιούτους τρόπους.* Wenn Bonitz in der Anm. 296. angeführten Schrift, S. 620. u. in s. Ausg. d. Metaph. z. d. Stelle annimmt, es sei hier *κατηγορία* in einer weit allgemeineren Bedeutung zu nehmen, so dass es bloss das Aussprechen des Wortes *ἐναντίον* bezeichne, so wird diess nicht bloss durch die Beziehung auf *ἔχειν* und *ποιεῖν*, sondern noch mehr durch folgende Stelle gleichen Inhaltes widerlegt: *Δ*, 10, 1018 a. 35.: *ἐπεὶ δὲ τὸ ἓν καὶ τὸ ὂν πολλαχῶς λέγεται, ἀκολουθεῖν ἀνάγκη καὶ τἆλλα ὅσα κατὰ ταῦτα λέγεται, ὥστε καὶ τὸ ταὐτὸν καὶ τὸ ἕτερον καὶ τὸ ἐναντίον, ὥστ' εἶναι ἕτερον καθ' ἑκάστην κατηγορίαν.* Vgl. Anm. 336.

327) Ebend. *Z*, 3, 1029 a. 20.: *λέγω δ' ὕλην ἣ καθ' αὑτὴν μήτε τὶ μήτε ποσὸν μήτε ἄλλο μηδὲν λέγεται οἷς ὥρισται τὸ ὄν* .... (24) *ὥστε τὸ ἔσχατον καθ' αὑτὸ οὔτε τὶ οὔτε ποσὸν οὔτε ἄλλο οὐδέν ἐστιν· οὐδὲ δὴ αἱ ἀποφάσεις· καὶ γὰρ αὗται ὑπάρξουσι κατὰ συμβεβηκός.*

328) *Phys. ausc.* III, 2, 201 b. 19.: *δῆλον δὲ σκοποῦσιν ὡς τιθέασιν αὐτὴν* (sc. *τὴν κίνησιν*) *ἔνιοι, ἑτερότητα καὶ ἀνισότητα καὶ τὸ μὴ ὂν φάσκοντες εἶναι τὴν κίνησιν* ..... (24.) *αἴτιον δὲ τοῦ εἰς ταῦτα τιθέναι ὅτι ἀόριστόν τι δοκεῖ εἶναι ἡ κίνησις, τῆς δ' ἑτέρας συστοιχίας αἱ ἀρχαὶ διὰ τὸ*

tung des unbestimmten Nomens oder Verbums (*ἀόριστον ὄνομα* oder *ῥῆμα*, Anm. 193 u. 194) eine Bestätigung erhält; aber es wird hiedurch jene Frage über das Verhältniss zwischen Negation und Gegensatz ebenso wenig gefördert, als dadurch dass, wie wir so eben sahen, die negative Bestimmtheit als ein *συμβεβηκὸς* bezeichnet wird (vgl. Anm. 110 u. 196), oder dadurch dass das Warme eine bestimmte Kategorie, das Kalte aber eine Privation genannt wird [329]), denn gerade die Schwierigkeit bleibt, wie denn z. B. das Nicht-Gleiche das positiv Ungleiche sei u. dgl., und noch dazu müsste ja der negativ ausgedrückte Gegensatz, wenn er ein blosses *συμβεβηκὸς* wäre, eben darum aus dem Wissen überhaupt hinausfallen (Anm. 131). Hingegen liegt in der positiven und affirmativen Bestimmtheit der Kategorien jedenfalls das begründet, dass das bejahende Urtheil (namentlich in der Syllogistik) durchgängig eine *κατηγορικὴ πρότασις* und das verneinende eine *στερητικὴ πρότασις* genannt wird [330]).

Ist uns aus dem Bisherigen die oben zu Anfang (Anm. 303) hingestellte Behauptung klar geworden, dass wir uns mit den Kategorien auf dem Gebiete des objectiv factischen Bestandes befinden, und haben wir nachweisen können, dass es sich hiebei um die Bezeichnung oder Aussage der concreten Bestimmtheit dieses factischen Bestandes handelt, so müssen wir uns wohl fast unwillkürlich daran erinnern, dass wir diesem ganzen Verhältnisse bereits oben einmal begegnet sind, wo wir die Aufgabe des apodeiktischen Wissens überhaupt zu entwickeln hatten. Wir trafen nemlich dort als den objectiven Bestand, welcher der Gegenstand des Wissens ist, die Gattungen (*γένη*) des Seienden als substanziell abgeschlossene Gebiete der Objectivität, deren jedes ein individuell bestimmtes Auftreten hat, wodurch es begründet ist, dass es mehrere verschiedene Einzeln-Wissenschaften gibt, da die Principien desjenigen, was der Gattung nach verschieden ist, selbst von einander verschieden sein müssen (Anm. 140 — 144). Ja wir trafen dort (Anm. 162) in Bezug auf die gemeinsamen Axiome sogar schon die zwei Gebiete des qualitativ Bestimmten und des quantitativ Bestimmten als Beispiele verschiedener Gattungen (*γένη*), nach welchen sich selbst jene obersten Voraussetzungen des Wissens modificiren [331]). Und wenn hiemit schon wenigstens

---

στερητικαὶ εἶναι ἀόριστοι· οὔτε γὰρ τόδε οὔτε τοιόνδε οὐδεμία αὐτῶν ἐστιν, ὅτι οὐδὲ τῶν ἄλλων κατηγοριῶν.

329) *D. gen. et corr.* I, 3, 318 b. 16.: *τὸ μὲν θερμὸν κατηγορία τις καὶ εἶδος, ἡ δὲ ψυχρότης στέρησις.*

330) Z. B. *Anal. pr.* I, 2, 25 a. 7 u. 12. wird für *καταφατική* und *ἀποφατική* sogleich substituirt *κατηγορική* und *στερητική*. Einen Beleg für diesen Ursprung der Bezeichnung gibt, wenn sogar *κατηγορία* und *στέρησις* selbst statt der entsprechenden Benennung der *κατηγορικὴ* und *στερητικὴ πρότασις* gebraucht wird, ebend. 46, 52 a. 15.: *ὁμοίως δ᾿ ἔχουσι καὶ αἱ στερήσεις πρὸς τὰς κατηγορίας ταύτῃ τῇ θέσει.*

331) Von den dortselbst, Anm. 162, angeführten Stellen gehören nun namentlich hieher: *Anal. post.* I, 11, 77 a. 26.: *ἐπικοινωνοῦσι δὲ πᾶσαι αἱ ἐπιστῆμαι ἀλλήλαις κατὰ τὰ κοινά· κοινὰ δὲ λέγω οἷς χρῶνται ὡς ἐκ τούτου ἀποδεικνύντες .... οἷον ὅτι ἅπαν φάναι ἢ ἀποφάναι ἢ ὅτι ἴσα ἀπ᾿ ἴσων ἢ τῶν τοιούτων ὄντα.* Ebend. 32, 88 a. 36.: *ἀλλ᾿ οὐδὲ τῶν κοινῶν ἀρχῶν οἷόν τ᾿ εἶναί τινας, ἐξ ὧν ἅπαντα δειχθήσεται· λέγω δὲ κοινὰς οἷον τὸ πᾶν φά-*

wahrscheinlich ist, dass die in jener Beziehung zum Apodeiktischen auftretenden Gattungen eben wirklich die Kategorien des allseitig bestimmten Seins seien, und wenn ferner ebendort theils auf das nothwendige Vorausgehen der umfassendsten aposteriorischen Detail-Kenntniss hingewiesen wird (Anm. 156), theils aber der entschiedene Grundsatz aufgestellt ist, dass die objectiv bestimmte Existenz der Gattung und zugleich das Verständniss der „Wortbezeichnung" für dieselbe, letztere aber auch für das der Gattung Zukommende, schlechthin vorausgesetzt wird (Anm. 147), so beruht eben in diesem Verhältnisse eines vorläufigen bestimmten Feststehens die Grundlage derjenigen Seite und Bedeutung der Kategorien, welche wir nun zu erörtern haben.

Sowie schon Plato als Ausdruck davon, dass unser Erkennen in der unmittelbaren Vielheit der sinnlichen Wahrnehmung nicht selbst zerfliesse und verrinne, auf gemeinsame Bestimmungen (*τὰ κοινά*) hingewiesen hatte (s. d. vorigen Abschn. Anm. 12 u. 44 ff.), ebenso erblickt Aristoteles in der Vielheit der concreten Erscheinung gemeinsam auszusagende Bestimmtheiten; aber indem Aristoteles überhaupt kein unbestimmt allgemeines Eines und Seiendes neben oder ausser dem concret Bestehenden, sondern nur in diesem, anerkennen kann (oben Anm. 322 f. u. vorig. Abschn. Anm. 64—66), so bewahrt er das von ihm erfasste Gemeinsame eben als Bestimmtheit, welche nur an dem concret Seienden haften und nur als solche von demselben ausgesagt werden kann; kurz es treffen bei Aristoteles in diesem „Gemeinsamen" die concrete Gattungs-Bestimmtheit des objectiv Seienden und die dem zerfahrenen Sensualismus gegenübergestellte unweigerliche Festigkeit des menschlichen Aussagens (Anm. 164 ff. u. bes. 172 ff.) zusammen. Hiemit habe ich das Princip der aristotelischen Kategorien ausgesprochen. So nennt Aristoteles jene Bestimmtheiten, welche wir im Bisherigen von ihrer concreten mit dem allgemeinen Verwirklichungs-Processe des Seienden zusammenhängenden Seite zu betrachten hatten, ausdrücklich selbst „gemeinsame Prädicate" — *κοινῇ κατηγορούμενα* — [332]), und es sind, wie wir sogleich sehen werden, dieselben das Nemliche, was er auch „Gattungen" — *γένη* — nennt. Inwieferne dieselben aber *κοινὰ* sind (dass sie kein *καθόλου* sind, sahen wir bereits oben Anm. 302 u. 303), bei scharf durchgegriffener Scheidung aber die *κοινὰ* dem Dialektischen, sowie das *καθόλου* dem Apodeiktischen, anheim fallen (Anm. 26 u. 28, sowie 48, 122, 132), so liegen die Kategorien dem Dialektischen näher

---

ναι ἢ ἀποφάναι· τὰ γὰρ γένη τῶν ὄντων ἕτερα καὶ τὰ μὲν τοῖς ποσοῖς τὰ δὲ τοῖς ποιοῖς ὑπάρχει μόνοις, μεθ' ὧν δείκνυται διὰ τῶν κοινῶν. Hieraus ist klar, dass der Satz, dass Gleiches auf gleiche Weise verändert sich gleich bleibt, jener „Gattung" des Seienden angehört, welche in dem quantitativ Bestimmten besteht.

332) *Metaph. Z*, 14, 1038 b. 35.: *φανερὸν ὅτι οὐδὲν τῶν καθόλου ὑπαρχόντων οὐσία ἐστὶ, καὶ ὅτι οὐδὲν σημαίνει τῶν κοινῇ κατηγορουμένων τόδε τι, ἀλλὰ τοιόνδε.* Ebend. *B*, 6, 1003 a. 8.: *εἰ μὲν γὰρ καθόλου, οὐκ ἔσονται οὐσίαι, οὐδὲν γὰρ τῶν κοινῶν τόδε τι σημαίνει, ἀλλὰ τοιόνδε, ἡ δ' οὐσία τόδε τι· εἰ δ' ἔσται τόδε τι καὶ ἐκθέσθαι τὸ κοινῇ κατηγορούμενον, πολλὰ ἔσται ζῷα ὁ Σωκράτης αὐτός τε καὶ ὁ ἄνθρωπος καὶ τὸ ζῷον, εἴπερ σημαίνει ἕκαστον τόδε τι καὶ ἕν.*

als dem Apodeiktischen, für welch letzteres die Festigkeit der Wortbezeichnung eine Voraussetzung ist, und es darf uns daher durchaus nicht wundern, wenn die in ihrer objectiven Geltung auf den Verwirklichungs-Process überhaupt gegründete und hiemit real angelegte Kategorien-Bestimmtheit nun mit jener Seite, nach welcher sie sich auf die unmittelbare Festigkeit des Aussagens und der Bezeichnung bezieht, in das Gebiet der menschlichen Rede gehört; s. Anm. 354. So haben denn auch wirklich die Kategorien („*κατηγορίαι*", „*κατηγορεῖν*") als Kategorien ihre Aufgabe in eben diesem letzteren Gebiete; insoferne sie hingegen die objectiven Bestimmtheiten des factisch Seienden als solchen sind, sind sie zugleich objectiver, als die blosse Aussage oder Bezeichnung ist, denn dann sind sie Prädicate ihres eigenen bestimmten Wesens (Anm. 324), und diese Geltung, dass die Kategorien-Bestimmtheit das Wesen trifft, gehört der Lehre vom schöpferischen Begriffe an, in welche wir allerdings schon im Bisherigen wegen der objectiven Seite der Kategorien theilweise hinübergreifen mussten. Aber insoferne die Kategorien eben Kategorien sind, gestalten sie sich — scharf ausgedrückt — zu *τόποι* des *λόγος*, und diese nun eigentliche Bedeutung der Kategorien als solcher haben wir jetzt zu erörtern.

Ausser jenen Stellen, welche schon bisher (Anm. 300, 306, 310, 324) anzuführen waren, und in welchen die Bezeichnung *γένος* gleichbedeutend mit „Kategorie" auftrat [333]), finden sich noch mehrfache Belege dafür, dass unter den Kategorien die Gattungs-Bestimmtheiten, welche von den Dingen prädicirt werden, zu verstehen seien. So wird öfters ausdrücklich bemerkt, dass der Gattung nach (*γένει*) dasjenige verschieden sei, was eine andere Form der Aussage (*σχῆμα κατηγορίας*) als Bezeichnung an sich trägt [334]), so dass diese beiden hiemit sich decken müssen, sowie überhaupt auch sonst die Gruppirung der Kategorie (*συστοιχία τῆς κατηγορίας*) ganz identisch mit Gattung genommen wird [335]). Und

---

333) *Phys. ausc.* III, 1, 201 a. 10. (Anm. 306.) *διῃρημένου δὲ καθ' ἕκαστον γένος τοῦ μὲν ἐντελεχείᾳ τοῦ δὲ δυνάμει.* *Metaph.* *N*, 2, 1089 b. 27. (Anm. 310.) *δεῖ γέ τινα εἶναι ὕλην ἑκάστῳ γένει.* *Top.* I, 9, 103 b. 36. (Anm. 324.) *ἐάν τε αὐτὸ περὶ αὐτοῦ λέγηται ἐάν τε τὸ γένος περὶ τούτου, τί ἐστι σημαίνει.* *D. an.* I, 1, 402 a. 23. (Anm. 300.) *ἐν τίνι τῶν γενῶν καὶ τί ἐστιν*, woselbst namentlich *γένος* identisch ist mit *διαιρεθεῖσαι κατηγορίαι.*

334) *Metaph.* *ι*, 3, 1054 b. 28.: *γένει μὲν* (sc. *διαφέρει*) *ὧν μὴ ἔστι κοινὴ ἡ ὕλη μηδὲ γένεσις εἰς ἄλληλα, οἷον ὅσων ἄλλο σχῆμα τῆς κατηγορίας ... λέγεται δὲ γένος ὃ ἄμφω ταὐτὸ λέγονται κατὰ τὴν οὐσίαν τὰ διάφορα.* Ebend. *Δ*, 28, 1024 b. 10.: *ἕτερα δὲ τῷ γένει λέγεται ὧν ἕτερον τὸ πρῶτον ὑποκείμενον καὶ μὴ ἀναλύεται θάτερον εἰς θάτερον μηδ' ἄμφω εἰς ταὐτόν, οἷον τὸ εἶδος καὶ ἡ ὕλη ἕτερον τῷ γένει καὶ ὅσα καθ' ἕτερον σχῆμα κατηγορίας τοῦ ὄντος λέγεται· τὰ μὲν γὰρ τί ἐστι σημαίνει τῶν ὄντων τὰ δὲ ποιόν τι τὰ δ' ὡς διῄρηται πρότερον* (7, 1017 a. 22, Anm. 302)*· οὐδὲ γὰρ ταῦτα ἀναλύεται οὔτ' εἰς ἄλληλα οὔτ' εἰς ἕν τι.* Ebend. 6, 1016 b. 33.: *γένει δ' ἓν ὧν τὸ αὐτὸ σχῆμα τῆς κατηγορίας.*

335) Ebend. *ι*, 3, 1054 b. 34.: *πάντα γὰρ διαφέροντά τε φαίνεται καὶ ταῦτα οὐ μόνον ἕτερα ὄντα, ἀλλὰ τὰ μὲν τὸ γένος ἕτερα, τὰ δ' ἐν τῇ αὐτῇ συστοιχίᾳ τῆς κατηγορίας, ὥστ' ἐν ταὐτῷ γένει καὶ ταὐτὰ τῷ γένει.* Ebend. 8, 1058 a. 13.: *διὸ καὶ ἐν τῇ αὐτῇ συστοιχίᾳ πάντα τὰ ἐναντία τῆς κατηγορίας, ὅσα εἴδει διάφορα καὶ μὴ γένει, ἕτερά τε ἀλλήλων μάλιστα* (betreffs der *ἐναντία* s. Anm. 326 ff.). Darum muss auch im Syllogismus der

wenn schon überhaupt die Gattungen, sei es die ersten und höchsten oder sei es die äussersten und letzten, es sind, welche als Prädicate (*κατηγορούμενα*) auftreten [336]), so werden eben die allgemeinsten und umfassendsten Prädicate jene obersten Gattungen sein; und in diesem Sinne daher nennt Aristoteles die Kategorien das „Erste" (*τὰ πρῶτα*) überhaupt [337]). Eben hierin aber liegt es, dass allerdings nicht jedwede einzelne sogenannte Gattung der Dinge, welche selbst als ein concret Bestimmtes und hiemit als Substrat und Subject mannigfacher Prädicate auftritt, etwa sofort eine Kategorie ist, sondern umfassende Prädicate, welche als gemeinsame Bestimmtheiten dem Seienden zukommen, müssen die Kategorien sein, d. h., um mich so auszudrücken, ja nicht das concret Bestimmte, sondern die concreten Bestimmtheiten sind die Kategorien; und wenn auch, wie wir sehen werden, gerade in dem Gebiete der Rede und der Namensbezeichnung dieser Unterschied vielfach an Schärfe verlieren und in Uebergängen sich verwischen muss, so dass irgend eine Bestimmtheit, welche noch nicht das umfassendste Prädicat in ihrer Art ist und daher immer noch als Subject für jenes höchste Prädicat auftreten kann, dennoch für einen relativen Umkreis wirklich als allgemeinste Bestimmtheit und Kategorie gilt (Belege hiefür s. unten Anm. 342—48), so bleibt doch das der leitende Gesichtspunkt, dass die obersten Gattungen in einer gemeinsamen concreten Bestimmtheit beruhen müssen, welche dem von ihnen umfassten concreten Seienden als ihrem Substrate zukömmt, und demnach von demselben als dem Subjecte in prädicativer Weise ausgesagt wird. Darum ist auch, sowie nicht jedwede Gattung, ebenso wenig jedwedes Prädicat eine Kategorie, sondern die gemeinsamsten Gattungs-Prädicate sind die Kategorien, d. h. Gattungs-Bestimmtheiten, welche nicht mehr als Subjecte höherer Prädicate betrachtet werden, sondern die Bestimmtheit als eine gemeinsam umfassende prädicativ aussagen. Sonach werden auch ausdrücklich die Gattungen der in der prädicativen Namensbezeichnung liegenden Aussage (*γένη τῶν κατὰ τοὔνομα κατηγοριῶν*) von den substanziellen Gattungen der als Subjecte unter die Namensbezeichnung fallenden Wesen (*γένη τῶν ὑπὸ τὸ αὐτὸ ὄνομα*) unterschieden; z. B. nemlich kann in ersterer Beziehung das Prädicat „Gut"

Mittelbegriff *ἐκ τῆς αὐτῆς συστοιχίας* wie die beiden anderen Termini sein, *Anal. pr.* II, 21, 66 b. 27—35., welch nothwendiges Verhältniss an einer anderen Stelle (ebend. I, 23, 41 a. 4.) auch so ausgesprochen wird: *τὸ μέσον πρὸς ἑκάτερον ἔχει πως ταῖς κατηγορίαις.* Vgl. *Phys. ausc.* VII, 1, 242 b. 4.: *γένει δ' ἡ αὐτὴ κίνησις ἡ ἐν τῇ αὐτῇ κατηγορίᾳ τῆς οὐσίας ἢ τοῦ γένους.* In gleicher Weise ist *προσηγορία* identisch mit *γένος*, *Metaph. N*, 2, 1088 a. 11.: *εἰ δ' ἄνθρωπος καὶ λευκὸν καὶ βαδίζον, ἥκιστα μὲν ἀριθμὸς τούτων διὰ τὸ ταὐτῷ πάνθ' ὑπάρχειν καὶ ἑνὶ κατὰ τὸν ἀριθμόν, ὅμως δὲ γενῶν ἔσται ὁ ἀριθμὸς ὁ τούτων ἢ τινος ἄλλης τοιαύτης προσηγορίας.*

336) *Metaph. B*, 3, 998 b. 15.: *πότερον δεῖ νομίζειν τὰ πρῶτα τῶν γενῶν ἀρχὰς ἢ τὰ ἔσχατα κατηγορούμενα ἐπὶ τῶν ἀτόμων;*

337) Ebend. *Z*, 9, 1034 b. 8. (wo es sich darum handelt, dass die Form nicht entsteht): *οὐ μόνον δὲ περὶ τῆς οὐσίας ὁ λόγος δηλοῖ τὸ μὴ γίνεσθαι τὸ εἶδος, ἀλλὰ περὶ πάντων ὁμοίως τῶν πρώτων κοινὸς ὁ λόγος, οἷον ποσοῦ ποιοῦ καὶ τῶν ἄλλων κατηγοριῶν .... (12.) ἀεὶ γὰρ δεῖ προϋπάρχειν τὴν ὕλην καὶ τὸ εἶδος, οὕτως καὶ ἐπὶ τοῦ τί ἐστι καὶ ἐπὶ τοῦ ποιοῦ καὶ ποσοῦ καὶ τῶν ἄλλων ὁμοίως κατηγοριῶν.*

unter die substanzielle Bestimmtheit fallen als Gott oder Geist, oder unter die quantitative, denn in dieser Beziehung ist das Mass das Gute, oder unter die Zeit-Bestimmtheit, denn da ist es das Zeitgemässe, oder unter das Relative als das Nützliche, oder unter die örtliche Bestimmtheit als die richtige Lebensweise, oder wieder in mannigfacher Geltung unter das Qualitative, und ebenso gehört „Hell“ sowohl zur Farbe als auch zur Stimme, hinwiederum „Spitz“ sowohl zur körperlichen Form als auch zum musikalischen Tone und auch zur Geometrie; in letzterer Beziehung gehört z. B. Bock sowohl zur Gattung der Thiere als auch zur Gattung der Handwerker-Geräthe; eigentlich prädicative Bestimmtheiten aber hiebei sind nur die in der ersteren Beziehung auftretenden[338]). Mit dieser Unterscheidung stimmt auch völlig überein, wenn zum Behufe der Definition irgend einer umfassenden concreten Gesammtheit die Vorschrift gegeben wird, man solle zunächst diese substanzielle Gattung in ihre letzten nicht mehr theilbaren Individuen zerlegen und die Definition dieser einzelnen Wesen versuchen, dann aber jene substanzielle Gattung selbst erfassen und sehen, wohin sie gehöre, nemlich ob sie z. B. zu dem qualitativ Bestimmten, oder zu dem quantitativ Bestimmten gehöre, worauf man dann erst das derselben eigenthümlich Zukommende in Folge der gemeinsamen Axiome eben dieser Gattung zu erwägen habe[339]). So

---

338) *Top.* I, 15, 107 a. 3.: *σκοπεῖν δὲ καὶ τὰ γένη τῶν κατὰ τοὔνομα κατηγοριῶν εἰ ταὐτά ἐστιν ἐπὶ πάντων· εἰ γὰρ μὴ ταὐτὰ, δῆλον ὅτι ὁμώνυμον τὸ λεγόμενον, οἷον τὸ ἀγαθὸν ἐν ἐδέσματι μὲν τὸ ποιητικὸν ἡδονῆς, ἐν ἰατρικῇ δὲ τὸ ποιητικὸν ὑγιείας, ἐπὶ δὲ ψυχῆς τὸ ποιὰν εἶναι οἷον σώφρονα ἢ ἀνδρείαν ἢ δικαίαν, ὁμοίως δὲ καὶ ἐπὶ τοῦ ἀνθρώπου· ἐνιαχοῦ δὲ τὸ ποτὲ οἷον τὸ ἐν τῷ καιρῷ ἀγαθὸν, ἀγαθὸν γὰρ λέγεται τὸ ἐν τῷ καιρῷ· πολλάκις δὲ τὸ ποσὸν οἷον ἐπὶ τοῦ μετρίου, λέγεται γὰρ καὶ τὸ μέτριον ἀγαθόν· ὥστε ὁμώνυμον τὸ ἀγαθόν. ὡσαύτως δὲ καὶ τὸ λευκὸν ἐπὶ σώματος μὲν χρῶμα, ἐπὶ δὲ φωνῆς τὸ εὐήκοον· παραπλησίως δὲ καὶ τὸ ὀξὺ, οὐ γὰρ ἐπὶ πάντων τὸ αὐτὸ λέγεται, φωνὴ μὲν γὰρ ὀξεῖα ἡ ταχεῖα ... γωνία δ' ὀξεῖα ἡ ἐλάσσων ὀρθῆς, μάχαιρα δὲ ἡ ὀξυγώνιος. σκοπεῖν δὲ καὶ τὰ γένη τῶν ὑπὸ τὸ αὐτὸ ὄνομα, εἰ ἕτερα καὶ μὴ ὑπ' ἄλληλα* (vgl. Anm. 334.), *οἷον ὄνος τό τε ζῷον καὶ τὸ σκεῦος, ἕτερος γὰρ ὁ κατὰ τοὔνομα λόγος αὐτῶν.* Wenn Bonitz a. a. O. S. 604 in dieser Stelle nur einen Unterschied zwischen Eigenschaften und Dingen anerkennt, so scheint mir diess zu eng, weil nicht jedes Prädicat sofort bloss „Eigenschaft“ sein kann, sondern auch die substanzielle Bestimmtheit prädicirt wird; auch wird meine Auffassung dieser Stelle wohl durch dasjenige bestätigt werden, was nun im Nächsten zu erörtern ist. Obige Unterscheidung des *ἀγαθὸν* aber steht ausführlicher *Eth. Nic.* I, 4, 1096 a. 23.: *τἀγαθὸν ἰσαχῶς λέγεται τῷ ὄντι, καὶ γὰρ ἐν τῷ τί λέγεται, οἷον ὁ θεὸς καὶ ὁ νοῦς, καὶ ἐν τῷ ποιῷ αἱ ἀρεταὶ καὶ ἐν τῷ ποσῷ τὸ μέτριον καὶ ἐν τῷ πρός τι τὸ χρήσιμον καὶ ἐν χρόνῳ καιρὸς καὶ ἐν τόπῳ δίαιτα καὶ ἕτερα τοιαῦτα.* Der Doppelgänger dieser Stelle in der Eudemischen Ethik (I, 8, 1217 b. 26.) kann, wo es sich um ächt aristotelische Stellen handelt, nicht berücksichtigt werden.

339) *Anal. post.* II, 13, 96 b. 15.: *χρὴ δὲ, ὅταν ὅλον τι πραγματεύηταί τις, διελεῖν τὸ γένος εἰς τὰ ἄτομα τῷ εἴδει τὰ πρῶτα .... μετὰ δὲ τοῦτο λαβόντα τί τὸ γένος, οἷον πότερον τῶν ποσῶν ἢ τῶν ποιῶν, τὰ ἴδια πάθη θεωρεῖν διὰ τῶν κοινῶν πρώτων.* Was hiebei die *ἴδια πάθη* und die *κοινὰ πρῶτα* betrifft, so sind wir in unserer Erklärung hinreichend durch das oben, Anm. 147 ff. u. 162., Gesagte gestützt. Die Stelle *D. part. an.* I, 1, 639 a. 15. u. b. 3., welche Bonitz S. 597. zum Behufe einer anderen Erklärung beizieht, enthält keinen Gegensatz zwischen *γένος* und *κοινά*, sondern zwischen Individuen und *κοινά*. Uns

also ist auch hier die concrete Gattung von dem als Kategorie auftretenden allgemeinsten Gattungs-Prädicate unterschieden.

Ist nun hiebei allerdings ein sehr relativer Boden betreten, weil vielfach ein Gattungs-Prädicat in substanzieller Fassung wieder zum Subjecte und Substrate werden kann, und ist eben wegen der Relativität der *κοινὰ* und des Dialektischen überhaupt hievon auch die Folge, dass die Gränze der Kategorien-Bestimmtheit nach abwärts zu sich nicht angeben lässt, wie diess sowohl aus den eben erwähnten Beispielen (Anm. 338) bereits erhellt als auch sogleich im Folgenden sich ausführlicher bestätigen wird, so bietet doch für jedes Auftreten der Kategorien, mögen sie von jenen obersten allgemeinsten Gattungen gelten oder sich weiter herab auf niedrere Gattungen erstrecken, jedenfalls die unweigerliche Festigkeit der Namens-Bezeichnung und Wortbedeutung einen sicheren Anhaltspunkt innerhalb dieser *κοινὰ* dar, sowie ja Aristoteles auch den Grundsatz, dass die Aussagen überhaupt in einer festen Bestimmtheit des Wortes beruhen müssen, den sensualistischen Annahmen gegenüberstellte (Anm. 168), welche nicht einmal zum Festhalten der *κοινὰ*, geschweige denn zu einem *καθόλου* gelangen können.

So sind in dieser Beziehung jene Bestimmtheiten des Seins, von welchen wir oben zeigten, dass sie in dem objectiven Thatbestande auf dem allgemeinen Verwirklichungs-Processe beruhen, nun bestimmte Bezeichnungen, welche das Seiende „bedeutet" (*σημαίνει*), und welche in ihrer festen Bestimmtheit für die Rede als dasjenige bestehen, als was sie ausgesagt werden (*λέγονται*); und es wird hiemit in den Kategorien aus dem Urtheile das prädicative Verhältniss herausgehoben, um es in Bezug auf diese Bestimmtheit zu untersuchen. Dass die Kategorien diese Geltung einer festen Bestimmtheit der Wort-Bezeichnung wirklich besitzen, erhellt aus der Art und Weise, wie theils in den schon bisher angeführten Stellen die Ausdrücke *σημαίνει* und *λέγεται* gebraucht sind [340]), theils

---

hingegen können gerade die dortigen Worte 639 b. 3.: *δεῖ μὴ διαλεληθέναι πῶς ἐπισκεπτέον, λέγω δὲ πότερον κοινῇ κατὰ τὸ γένος πρῶτον, εἶτα ὕστερον περὶ τῶν ἰδίων θεωρητέον* nur gleichfalls zur Bestätigung dienen, dass obiges *κοινῇ* (Anm. 332.) als Prädicat eben mit dem *γένος* als Prädicate zusammenfalle.

340) *Metaph. E*, 2, 1026 a. 26. (Anm. 298.): *τὰ σχήματα τῆς κατηγορίας οἷον τὸ μὲν τὶ τὸ δὲ ποιὸν τὸ δὲ ποσὸν τὸ δὲ ποῦ τὸ δὲ ποτὲ καὶ εἴ τι ἄλλο σημαίνει τὸν τρόπον τοῦτον.* Ebend. *Δ*, 7, 1017 a. 23. (Anm. 302.): *ὅσαπερ σημαίνει τὰ σχήματα τῆς κατηγορίας, ὁσαχῶς γὰρ λέγεται, τοσαυταχῶς τὸ εἶναι σημαίνει ..... ἑκάστῳ τούτων τὸ εἶναι ταὐτὸ σημαίνει.* *D. gen. et corr.* I, 3, 319 a. 12. (Anm. 307.): *τὰ μὲν γὰρ τόδε τι σημαίνει τὰ δὲ τοιόνδε τὰ δὲ ποσόν· ὅσα οὖν μὴ οὐσίαν σημαίνει, οὐ λέγεται ἁπλῶς γίνεσθαι.* *Metaph. Z*, 3, 1029 a. 20. (Anm. 308.): *ὕλην ἣ καθ' αὑτὴν μήτε τὶ μήτε ποσὸν μήτε ἄλλο μηδὲν λέγεται οἷς ὥρισται τὸ ὄν.* Ebend. *Θ*, 1, 1045 b. 29. (Anm. 311.): *κατὰ τὸν τῆς οὐσίας λόγον λέγεται τἆλλα ὄντα τό τε ποσὸν καὶ τὸ ποιὸν καὶ τἆλλα τὰ οὕτως λεγόμενα.* Ebend. *Z*, 4, 1030 a. 18. (Anm. 312.): *τὸ τί ἐστιν ἕνα μὲν τρόπον σημαίνει τὴν οὐσίαν καὶ τὸ τόδε τι, ἄλλον δὲ ἕκαστον τῶν κατηγορουμένων.* Ebend. *B*, 5, 1001 b. 29. (Anm. 316.): *τὰ μὲν γὰρ πάθη .... οὐδενὸς δοκοῦσιν οὐσίαν σημαίνειν, λέγονται γὰρ πάντα καθ' ὑποκειμένου .... ἃ δὲ μάλιστ' ἂν δόξειε σημαίνειν οὐσίαν.* Ebend. *Z*, 1, 1028 a. 13. (Anm. 317.): *τοσαυταχῶς λεγομένου τοῦ ὄντος .... πρῶτον ὂν τὸ τί ἐστιν, ὅπερ σημαίνει τὴν οὐσίαν ..... τὰ δ' ἄλλα λέγεται ὄντα τῷ κτλ.* Ebend. *Δ*, 38, 1024 b. 12. (Anm. 334.): *ὅσα καθ' ἕτερον σχῆμα*

aber noch weit ausdrücklicher gelehrt wird, dass die Kategorien die mehrfachen bestimmten Bedeutungen des Wortes „Seiend“ (*ὄν*), welches an und für sich ein vieldeutiger Ausdruck (ein *πολλαχῶς λεγόμενον*) ist, enthalten[341]. Dass aber gerade diese Bestimmtheit der Bezeichnung, in welcher die Kategorien eine formale Bedeutung für die menschliche Aussage haben, sich nicht auf jene Gattungs-Bestimmtheiten beschränkt, welche überhaupt als die allgemeinsten von allen gelten müssen, sondern auch für Gattungs-Bestimmtheiten gilt, welche in einem relativen Umkreise des Seienden als gemeinsame auftreten, sehen wir deutlich aus Folgendem. Zunächst ja wird schon, wenn die Vieldeutigkeit des Seienden in bestimmte Gruppen von prädicativen Bezeichnungen gebracht ist, die objective Mannigfaltigkeit des Seins in verschiedener Weise diese Prädicate als ihre Bestimmtheiten an sich tragen, und es muss daher die Abgränzung einer festen Geltung jener Bezeichnungen des Seins in die Vielheit des Seienden selbst hineingezogen werden, wodurch eine Festigkeit der Namens-Bezeichnung entsteht, welche bereits viel weiter abwärts in dem vielheitlichen Reichthume der Dinge und Worte liegt. Ein Beispiel hievon ist jene Distinction der Gattungen prädicativer Namens-Bezeichnungen, welche wir oben (Anm. 338) betreffs des Guten sahen, woraus sich eine bestimmte feste Abgränzung der Wort-Bezeichnung des Masses, des Nützlichen, u. s. f. ergeben muss; oder ebenso verhält es sich mit der Eintheilung der Veränderung (Anm. 320), wodurch die Festigkeit der Namens-Bezeichnung des Entstehens, der Raumbewegung u. s. f. erwächst. Und nun werden derartige gemeinsame Bestimmtheiten, welche dann einem gewissen Umkreise des Seienden zukommen und als dessen Gattungs-Prädicate ausgesprochen werden müssen, wohl mit Recht in Bezug auf die sichere und bestimmte Abgränzung der Bezeichnung jenen Gattungs-Bestimmtheiten gleichgestellt werden, welche das allgemeiner Seiende überhaupt betreffen; also was die Festigkeit der Namens-Bezeichnung und das objective Bestehen dieser Bestimmtheit in einer Gattung des Seienden betrifft, kann sehr wohl auch für ein relativ minder Gemeinsames der Ausdruck Kategorie gebraucht werden; die formelle Bedeutung derselben ist die gleiche wie bei den obersten Gattungen; ja wenn überhaupt Aussagen stattfinden sollen, so wird eine derartige Gattungs-Bestimmtheit gerade abwärts sich nothwendig erstrecken müssen. Und so finden wir denn auch — um selbst davon abzusehen, dass z. B. „Gehen“ (*βαδίζειν*) gerade wie eine der mehreren Kategorien aufgeführt

---

κατηγορίας τοῦ ὄντος λέγεται, τὰ μὲν γὰρ τί ἐστι σημαίνει τῶν ὄντων τὰ δὲ κτλ. Ebenso mehrmals *λέγεται Top.* I, 15. (Anm. 338.); hiezu *σημαίνειν* unten Anm. 352. u. 354.

341) *Metaph. Z*, 1, 1028 a. 10.: *Τὸ ὂν λέγεται πολλαχῶς .... σημαίνει γὰρ τὸ μὲν τί ἐστι καὶ τόδε τι τὸ δὲ ὅτι ποιὸν ἢ ποσὸν ἢ τῶν ἄλλων ἕκαστον τῶν οὕτω κατηγορουμένων.* Ebend. *N*, 2, 1089 a. 7.: *τὸ ὂν πολλαχῶς, τὸ μὲν γὰρ ὅτι οὐσίαν σημαίνει τὸ δὲ ὅτι ποιὸν τὸ δ' ὅτι ποσὸν καὶ τὰς ἄλλας δὴ κατηγορίας.* *D. an.* I, 5, 410 a. 13.: *πολλαχῶς λεγομένου τοῦ ὄντος, σημαίνει γὰρ τὸ μὲν τόδε τι τὸ δὲ ποσὸν ἢ ποιὸν ἢ καί τινα ἄλλην τῶν διαιρεθεισῶν κατηγοριῶν.* *Anal. pr.* I, 35, 48 b. 2.: *ὁσαχῶς τὸ εἶναι λέγεται καὶ τὸ ἀληθὲς εἰπεῖν αὐτὸ τοῦτο, τοσαυταχῶς οἴεσθαι χρὴ σημαίνειν καὶ τὸ ὑπάρχον.*

wird [342]) — ausdrücklich die Bezeichnung „Kategorie" für Gattungs-Bestimmtheiten, welche weiter abwärts in der Vielheit des Seienden auftreten; so heisst der Gang der Thiere (*πορεία*) eine Kategorie, welche dann weiter in mehrere Unterarten sich theilt [343]), oder ebenso werden Länge (*μῆκος*), Breite (*πλάτος*), Zahl (*ἀριθμός*), Farbe (*χρόα*), bei welchen deutlich ist, wie sie eine Stufe unterhalb der quantitativen und qualitativen Bestimmtheit liegen, Kategorien genannt [344]), oder das Doppelte (*διπλάσιον*) heisst eine Kategorie des Relativen bei Gelegenheit der Bemerkung, dass die Kategorien des *πρός τι* überhaupt nie isolirt ausgesprochen werden dürfen, wenn nicht Missverständnisse entstehen sollen, wodurch auch in Uebereinstimmung mit Obigem (Anm. 313) die Kategorie der Relation als jene erscheint, in welcher das *σημαίνειν* an sich die wenigste Bestimmtheit hat [345]); ebenso ist das Kunstproductsein (*ἀπὸ τέχνης εἶναι*) eine bestimmt abgegränzte Gattung des Seienden und wird hiemit als Kategorie bezeichnet [346]); in gleicher Weise steht daher Nichts im Wege, dass selbst das Stoff-sein und Form-sein zu demjenigen gezählt werden, was in verschiedener Kategorie bezeichnet wird und hiemit der Gattung nach verschieden ist, denn unter dem Seienden wird Manches dem Stofflichen (z. B. die Triebe für die Ethik) und Vieles der Gestaltung (z. B. die Seele) angehören [347]), und ebensowenig ist es daher zu wundern, wenn die Gattungen des Möglich-seienden und des Nothwendig-seienden als „die übrigen Kategorien" dem überhaupt bloss Stattfindenden beigeordnet werden [348]), denn für die Lehre vom Urtheile oder vom Schlusse sind eben diess Gattungen ihrer Objecte, sowie Anderes für andere Wissenschaften Gattung ist. Fassen wir aber nun diese Beispiele, welche uns in dem zuletzt Entwickelten theils direct als Kategorien theils in unmittelbarer Beziehung zu denselben begegneten, zusammen, so erhält der oben erwähnte Begriff der „Gattung" in Bezug auf die Gesondertheit der einzelnen Wissenschaften nun gewiss seine richtige Auffassung; nemlich z. B. die Raumbewegung, die qualitative Aenderung, das Wachsen, das

---

342) *Metaph.* Θ, 4, 1047 a. 21. (Anm. 305.): *ὁμοίως δὲ καὶ ἐπὶ τῶν ἄλλων κατηγοριῶν δυνατὸν βαδίζειν ὂν μὴ βαδίζειν.*

343) *D. part. an.* I, 1, 639 a. 27.: *πολλάκις ἀναγκασθήσεται περὶ τῶν αὐτῶν λέγειν, ὅσα ταὐτὰ μὲν ὑπάρχει τοῖς εἴδει διαφέρουσι τῶν ζῴων, αὐτὰ δὲ μηδεμίαν ἔχει διαφοράν· ἕτερα δ᾿ ἴσως ἐστὶν οἷς συμβαίνει τὴν μὲν κατηγορίαν ἔχειν τὴν αὐτὴν, διαφέρειν δὲ τῇ κατ᾿ εἶδος διαφορᾷ, οἷον ἡ τῶν ζῴων πορεία, οὐ γὰρ φαίνεται μία τῷ εἴδει· διαφέρει γὰρ πτῆσις καὶ νεῦσις καὶ βάδισις καὶ ἕρψις.*

344) *Metaph.* N, 6, 1039 b. 18.: *ἐν ἑκάστῃ γὰρ τοῦ ὄντος κατηγορίᾳ ἐστὶ τὸ ἀνάλογον, ὡς εὐθὺ ἐν μήκει οὕτως ἐν πλάτει τὸ ὁμαλὸν ἴσως, ἐν ἀριθμῷ τὸ περιττὸν, ἐν δὲ χρόᾳ τὸ λευκόν.*

345) *Soph. El.* 31, 181 b. 26.: *φανερὸν ὡς οὐ δοτέον τῶν πρός τι λεγομένων σημαίνειν τι χωριζομένας καθ᾿ αὑτὰς τὰς κατηγορίας, οἷον διπλάσιον ἄνευ τοῦ διπλάσιον ἡμίσεος.*

346) *Phys. ausc.* II, 1, 192 b. 16.: *κλίνη δὲ καὶ ἱμάτιον καὶ εἴ τι τοιοῦτον ἄλλο γένος ἐστὶν, ᾗ μὲν τετύχηκε τῆς κατηγορίας ἑκάστης καὶ καθ᾿ ὅσον ἐστὶν ἀπὸ τέχνης, οὐδεμίαν ὁρμὴν ἔχει μεταβολῆς ἔμφυτον.*

347) *Metaph.* Δ, 28, 1024 b. 12.: *οἷον τὸ εἶδος καὶ ἡ ὕλη ἕτερον τῷ γένει καὶ ὅσα καθ᾿ ἕτερον σχῆμα κατηγορίας τοῦ ὄντος λέγεται.*

348) *Anal. pr.* I, 24, 41 b. 31.: *ἐπισκέψασθαι δὲ δεῖ καὶ τὰς ἄλλας κατηγορίας* u. ebend. 29, 45 b. 35.: *ὁμοίως δὲ καὶ ἐπὶ τῶν ἄλλων κατηγοριῶν.*

Entstehen, das Stoffliche, die Gestaltung, das Nützliche, das Mass, die Tugend, die Lebensweise, der Gang der Thiere, die Länge und Breite, die Zahl, die Farbe, das Multiplum, das Kunstproduct, das Mögliche, das Nothwendige, u. dgl. sind sämmtlich sicher ebenso sehr an und für sich abgegränzte Gegenstände einzelner Disciplinen, als auch einige derselben von Aristoteles selbst in solcher Geschlossenheit wirklich behandelt wurden; und wir können jetzt verstehen, in welcher Art und Weise der Ausspruch, dass in den Gattungen die eigenthümlichen Principien der einzelnen Wissenschaften beruhen (Anm. 140 ff.), mit den Kategorien darum in einen Zusammenhang trete, weil die Kategorien gleichfalls Gattungen sind (Anm. 333 ff.). Somit wäre sowohl dieser Punkt ins Reine gebracht als auch, wie ich glaube, gezeigt, dass nicht zwischen einer engeren technischen und einer weiteren allgemeinen Bedeutung des Wortes *κατηγορία* zu scheiden sei; denn die Forderung einer fest stehenden Bestimmtheit der Namens-Bezeichnung für die Gattungs-Prädicate muss in dem Gebiete der Rede und der dortselbst nöthigen Auffassung des Gemeinsamen (der *κοινά*) nothwendig sich in die Vielheit der Concretion des Seienden herab erstrecken, soweit allgemeine Gattungs-Bestimmtheiten dem Seienden inhäriren; zugleich auch haben wir erreicht, dass wir über den bestehenden etymologischen Zusammenhang zwischen *κατηγορία* und *κατηγορεῖν* kein Wort mehr zu verlieren brauchen [349]).

Gerade aber als bestimmte Gattungs-Prädicate von feststehender Namensbezeichnung sind die Kategorien für den *λόγος*, zu welchem sie als Kategorien gehören, eben Gesichtspunkte oder *τόποι* der Bestimmtheit selbst. Sie bewahren vor einer allgemeinen Unbestimmtheit, welche leicht dasjenige als schlechthin gültig ausspricht, was nur in irgend einer speciellen Bestimmtheit zu nehmen ist [350]). Auch dienen die Kategorien in solcher Function als Hülfsmittel zur Bestimmung von Gattung und Art, insoferne man darauf aufmerksam sein muss, dass diese beiden eben unter die gleiche Eintheilungsgruppe gehören müssen [351]). Und erklärlicher Weise ist das Festhalten von Kategorien gerade da sehr nothwendig, wo die Verschiedenheit von Gattungs-Bestimmtheiten durch sprachliche Formen des Ausdruckes verwischt ist und daher in gleicher Geltung genommen werden könnte, was nicht gleiche Geltung hat, wie z. B. *τέμνομαι* und *αἰσθάνομαι* betreffs der Sprach-form sich gleichstehen,

---

349) Gleichbedeutend sind die Ausdrücke *κατηγορίαι* in den Stellen Anm. 305, 307, 310, 311, 312, 313, 322, 323, 338, und *κατηγορήματα* in Anm. 306, und *κατηγορούμενα* in Anm. 312 u. 322, und *σχήματα κατηγορίας* oder *κατηγοριῶν* in Anm. 298, 299, 302.

350) *Top.* I, 5, 102 a. 24.: *εἰ δ' ἄρα τι καὶ λέγοιτο τῶν τοιούτων ἴδιον, οὐχ ἁπλῶς ἀλλὰ ποτὲ ἢ πρός τι ἴδιον ῥηθήσεται· τὸ μὲν γὰρ ἐκ δεξιῶν εἶναι ποτὲ ἴδιόν ἐστι, τὸ δὲ δίπουν πρός τι ἴδιον τυγχάνει λεγόμενον, οἷον τῷ ἀνθρώπῳ πρὸς ἵππον καὶ κύνα.* *Anal. pr.* I, 38, 49 a. 27.: *οὐχ ἡ αὐτὴ δὲ θέσις τῶν ὅρων, ὅταν ἁπλῶς τι συλλογισθῇ καὶ ὅταν τόδε τι ἢ πῇ ἢ πῶς.*

351) *Top.* IV, 1, 120 b. 36.: *ἔτι εἰ μὴ ἐν τῇ αὐτῇ διαιρέσει τὸ γένος καὶ τὸ εἶδος, ἀλλὰ τὸ μὲν οὐσία τὸ δὲ ποιὸν ἢ τὸ μὲν πρός τι τὸ δὲ ποιόν* .....(121 a. 6.) *καθόλου δ' εἰπεῖν, ὑπὸ τὴν αὐτὴν διαίρεσιν δεῖ τὸ γένος τῷ εἴδει εἶναι· εἰ γὰρ τὸ εἶδος οὐσία, καὶ τὸ γένος, καὶ εἰ ποιὸν τὸ εἶδος καὶ τὸ γένος ποιόν τι .... ὁμοίως δὲ καὶ ἐπὶ τῶν ἄλλων.*

aber dennoch das erstere der Gattung des Leidens, das letztere der Gattung des Thuns angehört[352]); mit einer derartigen Vermengung aber der Unterschiede trieb die Sophistik absichtlichen Unfug (s. in Bezug auf dieses Beispiel Abschn. II, Anm. 59), welchem Aristoteles eben die Festigkeit der Gattungs-Bestimmtheit gegenüberstellt. Allerdings kömmt die Bewahrung der Kategorien-Bestimmtheit hiebei in Berührung mit der Sprach-form überhaupt (*σχῆμα τῆς λέξεως*), insoferne oft Unterschiede festgehalten werden müssen, wo die Sprache keinen Unterschied äusserlich kenntlich macht[353]); aber eben darum werden wir eher zu der Ansicht gelangen müssen, dass die allgemeine Forderung der Bestimmtheit der Wortbezeichnung auf den concreten Sprachschatz distinguirend einwirkt, als zu der umgekehrten, dass die grammatische Distinction, welche ja gerade, wie wir in obigem Beispiele sahen, den Kategorien zuwider laufen kann, die bewirkende Ursache zur Aufstellung der Kategorien-Bestimmtheit gewesen sei. In dem Sinne aber, dass eine specielle Bestimmtheit des sprachlichen Ausdruckes den Gattungs-Unterschied fixiren muss, und in keinem anderen Sinne, ist von den Kategorien auch in der obigen Distinction des Guten (Anm. 338) Anwendung gemacht, weil eben das Wort „Gut" einerseits ein ebenso vieldeutiger Ausdruck ist wie das Wort „Seiend" und andrerseits das Gut-sein vielfach in die concreten Bestimmtheiten des Seins verflochten ist. Eine ontologische Anwendung der Kategorien hingegen in einer Weise, dass etwa bei jeder Disciplin der Gegenstand nach denselben eingetheilt und diese Eintheilung der Behandlung desselben zu Grund gelegt würde, können wir in Folge des bisher Gesagten doch wohl nie und nirgends erwarten; auch darf uns in dieser Beziehung obige Ableitung der vier Arten der Veränderung (Anm. 320) nicht als Einwand entgegengehalten werden, als seien dort doch die Kategorien ein rein ontologisch objectiver Massstab; denn aus erklärlichen Gründen verbindet sich dort mit der sprachlichen Distinction der entsprechenden vier Gattungs-Prädicate die objective Grundlage darum, weil die Kategorien-Bestimmtheit überhaupt Resultat eines Verwirklichungs-Processes, d. h. einer Veränderung, ist.

Haben hiemit die Kategorien in dem Sinne einer Festigkeit der Gattungs-Bezeichnung eine sprachliche Bedeutung und erstrecken sie sich in diesem Zusammenhange mit dem *κοινὸν* und mit dem Dialektischen auch abwärts, so dass, wie wir in obigen Beispielen sahen, überhaupt

---

352) *Soph. El.* 22, 178 a. 4.: *δῆλον δὲ καὶ τοῖς παρὰ τὸ ὡςαύτως λέγεσθαι τὰ μὴ ταὐτὰ πῶς ἀπαντητέον, ἐπείπερ ἔχομεν τὰ γένη τῶν κατηγοριῶν, ὁ μὲν γὰρ ἔδωκεν ἐρωτηθεὶς μὴ ὑπάρχειν τι τούτων ὅσα τί ἐστι σημαίνει, ὁ δ' ἔδειξεν ὑπάρχον τι τῶν πρός τι ἢ ποσῶν, δοκούντων δὲ τί ἐστι σημαίνειν διὰ τὴν λέξιν, οἷον ἐν τῷδε τῷ λόγῳ· ἆρ' ἐνδέχεται τὸ αὐτὸ ἅμα ποιεῖν τε καὶ πεποιηκέναι; οὔ. ἀλλὰ μὴν ὁρᾶν γέ τι ἅμα καὶ ἑωρακέναι τὸ αὐτὸ καὶ κατὰ ταὐτὸ ἐνδέχεται. ἆρ' ἔστι τι τῶν πάσχειν ποιεῖν τι; οὔ. οὐκοῦν τὸ τέμνεται καίεται αἰσθάνεται ὁμοίως λέγεται καὶ πάντα πάσχειν τι σημαίνει.*

353) Ebend. 4, 166 b. 10.: *οἱ δὲ παρὰ τὸ σχῆμα τῆς λέξεως συμβαίνουσιν, ὅταν τὸ μὴ ταὐτὸ ὡςαύτως ἑρμηνεύηται, οἷον τὸ ἄρρεν θῆλυ ἢ τὸ θῆλυ ἄρρεν ἢ τὸ μεταξὺ θάτερον τούτων ἢ πάλιν τὸ ποιὸν ποσὸν ἢ τὸ ποσὸν ποιὸν ἢ τὸ ποιοῦν πάσχον ἢ τὸ διακείμενον ποιεῖν καὶ τἄλλα ... ἔστι γὰρ τὸ μὴ τῶν ποιεῖν ὂν ὡς τῶν ποιεῖν τι τῇ λέξει σημαίνειν.*

allgemeine Gattungs-Prädicate als Kategorien auftreten so muss andrerseits, wenn es für den Menschen je zu einem begründeten Wissen des vielheitlich Seienden und vielheitlich Ausgesprochenen kommen soll, dieses ganze Gebiet sich dem einheitlichen und ein Ziel setzenden Masse des apodeiktischen Erkennens (Anm. 135) fügen. Jenes Festhalten von Gattungs-Bestimmtheiten, welches darum auf einem relativen Boden steht, weil das Gattungs-Prädicat in substanzieller Fassung wieder Substrat und Subject werden kann, darf sich in dieser dem menschlichen Reden anklebenden Relativität nicht ins Endlose und Unbegränzte fortschieben, sondern im Interesse des Apodeiktischen muss es letzte Subjecte und letzte Prädicate geben (Anm. 158). Und hiemit kommen wir auf jene ersten und höchsten Gattungs-Bestimmten (Anm. 337) zurück; denn sowie, da das Unbegränzte überhaupt im Denken nicht erschöpft werden kann, bei den Wesenheiten eine Gränze sowohl nach Oben als auch nach Unten bestehen muss, so gilt das gleiche auch von demjenigen, was von ihnen prädicirt wird; diess aber ist eben entweder die substanzielle oder eine der übrigen Bestimmtheiten. Nicht ins Unbegränzte also darf sich die Zahl der Kategorien verlaufen, weder nach Unten, denn hier geriethe man auf das *συμβεβηκὸς*, noch aber auch nach Oben, sondern gerade die obersten und allgemeinsten müssen in einer begränzten Zahl vorliegen, also „begränzt sind die Gattungen der Kategorien". Hiebei aber ist allerdings nicht eine bestimmte Anzahl, kein bestimmtes Zahlwort, z. B. etwa sechs oder acht oder zehn oder dgl., namhaft gemacht, sondern eigentlich nur gesagt, dass überhaupt eine begränzte Anzahl angenommen werden müsse, und es ist daher weit mehr nur die Unbegränztheit abgewiesen; und zwar in einer Beweisführung, welche ausdrücklich eine sprachliche (*λογικῶς*), nicht eine logische (*ἀναλυτικῶς*) genannt wird (s. Anm. 104); auch erscheinen hiebei jene nemlichen Bestimmtheiten aufgezählt, welche wir in der obigen Entwicklung schon einige Male theils zusammen theils einzeln trafen, nemlich die individuelle Substanz und dann die qualitative, die quantitative, die örtliche, die zeitliche, die relative Bestimmtheit, und endlich die des Thuns oder Leidens [354]). Wollen

354) *Anal. post.* I, 22, 82 b. 37.: *ἐπὶ μὲν οὖν τῶν ἐν τῷ τί ἐστι κατηγορουμένων δῆλον· εἰ γὰρ ἔστιν ὁρίσασθαι ἢ εἰ γνωστὸν τὸ τί ἦν εἶναι, τὰ δ' ἄπειρα μὴ ἔστι διελθεῖν, ἀνάγκη πεπεράνθαι τὰ ἐν τῷ τί ἐστι κατηγορούμενα* ..... (83 a. 18.) *ὑποκείσθω δὴ τὸ κατηγορούμενον κατηγορεῖσθαι ἀεὶ, οὗ κατηγορεῖται, ἁπλῶς ἀλλὰ μὴ κατὰ συμβεβηκός· οὕτω γὰρ αἱ ἀποδείξεις ἀποδεικνύουσιν· ὥστε ἢ ἐν τῷ τί ἐστιν ἢ ὅτι ποιὸν ἢ ποσὸν ἢ πρός τι ἢ ποιοῦν ἢ πάσχον ἢ ποῦ ἢ ποτὲ, ὅταν ἓν καθ' ἑνὸς κατηγορηθῇ* ...... (39.) *ἢ γάρ τοι ὡς οὐσία κατηγορηθήσεται οἷον ἢ γένος ὂν ἢ διαφορὰ τοῦ κατηγορουμένου· ταῦτα δὲ δέδεικται ὅτι οὐκ ἔσται ἄπειρα οὔτ' ἐπὶ τὸ κάτω οὔτ' ἐπὶ τὸ ἄνω* ..... (b. 6.) *τὰ δ' ἄπειρα οὐκ ἔστι διεξελθεῖν νοοῦντα, ὥστ' οὔτ' ἐπὶ τὸ ἄνω οὔτ' ἐπὶ τὸ κάτω ἄπειρα* .... (10.) *οὐδὲ μὴν τοῦ ποιοῦ ἢ τῶν ἄλλων οὐδὲν, ἂν μὴ κατὰ συμβεβηκὸς κατηγορηθῇ, πάντα γὰρ ταῦτα συμβέβηκε καὶ κατὰ τῶν οὐσιῶν κατηγορεῖται. ἀλλὰ δὴ ὅτι οὐδ' εἰς τὸ ἄνω ἄπειρα ἔσται· ἑκάστου γὰρ κατηγορεῖται ὃ ἂν σημαίνῃ ἢ ποιόν τι ἢ ποσόν τι ἤ τι τῶν τοιούτων ἢ τὰ ἐν τῇ οὐσίᾳ· ταῦτα δὲ πεπέρανται καὶ τὰ γένη τῶν κατηγοριῶν πεπέρανται· ἢ γὰρ ποιὸν ἢ ποσὸν ἢ πρός τι ἢ ποιοῦν ἢ πάσχον ἢ ποῦ ἢ ποτέ.* Es ist, wie bemerkt, für die ganze Stellung der Kategorien sehr zu beachten, dass diess sämmtlich in der

wir dieselben durchaus zählen, so haben wir noch die Wahl, Thun und Leiden als Eines oder als zwei zu zählen — vernünftiger ist natürlich ersteres —, und wir erhalten demnach sieben oder acht oberste Kategorien. Die bestimmte Zahl nun ist an sich um so mehr höchst gleichgültig, da wir oben eine noch strengere Reduction auf drei Haupt-Kategorien trafen (Anm. 318); und es wird sich hiebei jeder vernünftige Mensch ebenso begnügen wie bei jenen sieben oder acht, denn letztere sind ja auch implicit in den dreien enthalten, und in beiden Fällen ist sicher der Forderung entsprochen, dass die Zahl der Kategorien nur nicht unbegränzt sei. Und steht nun in einer anderen Stelle wirklich sogar ein bestimmtes Zahlwort, nemlich zehn [355]), so ist auch dieses an sich höchst gleichgültig und durchaus nichts Merkwürdiges, denn es sind dort eben den obigen acht (wofern wir dort acht, und nicht sieben, zählen) noch zwei specielle Bestimmtheiten, welche dem allseitig determinirten Auftreten des concreten Seins angehören, nemlich das Haben und das Liegen, darum beigefügt, weil hieran manche topische Distinction des Sprachschatzes in Bezug auf das Verbum sich knüpfen kann; und wir würden es ebenso wenig für irgend etwas Merkwürdiges halten, wenn aus der oben öfters vorgekommenen Gattungs-Bestimmtheit des „Zustandes" irgend eine andere specielle Kategorie, z. B. das Mögliche oder Nothwendige, beigezogen wäre, oder wenn z. B. im Interesse der Topik auch das Masculinum und Femininum (vgl. Anm. 353) hinzugefügt wäre; kurz für jede irgend vernünftige Auffassung dessen, was bei Aristoteles die Kategorien bedeuten, wäre es gänzlich gleichgültig, wenn hier auch die Ziffer siebzehn oder achtzehn und hiemit siebzehn oder achtzehn speciell aufgezählte Kategorien stünden, denn immer wäre diess noch eine begränzte Zahl. Als wichtiger und ursprünglicher müsste man jedenfalls jene sieben oder acht, und als noch wichtiger und noch ursprünglicher jene drei bezeichnen; auf jene sieben oder acht würde auch im Ganzen eine vergleichende Zusammenstellung aller jener aristotelischen Stel-

---

mit den Worten *λογικῶς μὲν θεωροῦσιν ὧδε φανερὸν* (82 b. 35.) beginnenden Argumentation steht; erst 84 a. 8. folgt *ἀναλυτικῶς δέ*.

355) *Top.* I, 9, 103 b. 20.: *μετὰ τοίνυν ταῦτα δεῖ διορίσασθαι τὰ γένη τῶν κατηγοριῶν .... ἔστι δὲ ταῦτα τὸν ἀριθμὸν δέκα, τί ἐστι, ποσόν, ποιόν, πρός τι, ποῦ, ποτὲ, κεῖσθαι, ἔχειν, ποιεῖν, πάσχειν· ἀεὶ γὰρ τὸ συμβεβηκὸς καὶ τὸ γένος καὶ τὸ ἴδιον καὶ ὁ ὁρισμὸς ἐν μιᾷ τούτων τῶν κατηγοριῶν ἔσται· πᾶσαι γὰρ αἱ διὰ τούτων προτάσεις ἢ τί ἐστιν ἢ ποιὸν ἢ ποσὸν ἢ τῶν ἄλλων τινὰ κατηγοριῶν σημαίνουσιν.* Dass hier kein so überaus grosses Gewicht auf das Wort *ἀριθμός* zu legen sei, zeigt eine andere Stelle (*Meteor.* IV, 8., s. Anm. 406.), in welcher gleichfalls von der Zahl der körperlichen Gegensätze die Rede ist, und dann achtzehn derselben genannt werden, sicher dort ebensowenig als hier mit der Absicht einer erschöpfenden Aufzählung. Auf eine Aeusserlichkeit aber muss ich bei dieser Stelle doch aufmerksam machen; es stehen nemlich hier die Kategorien gegen den constanten Gebrauch sämmtlicher übrigen Stellen ohne Conjunction schlechthin neben einander; allerdings brauche ich, da diese asynartetische Diction sehr wohl als Schul-Manier bezeichnet werden könnte, nicht so weit zu gehen, die betreffenden Worte für unächt und später eingesetzt zu erklären; denn auch wenn sie unbeanstandet im Texte bleiben, bringen sie in meine Beweisführung oder in meine Ueberzeugung keinerlei Störung.

len führen, in welchen die Kategorien ausführlicher erwähnt werden[356]). Doch, wie gesagt, an sich ist dieses ganze Obwalten einer bestimmten Drei- oder Sieben- oder dgl. Zahl so völlig gleichgültig, dass man Verdruss und Ekel über die Worte empfinden muss, welche man hierüber verschwendet.

Aber für irgend einen peripatetischen Schulmeister, welcher an speculativer Begabung wohl dem grossen Haufen jener, welche formale Logik dociren, gleichstehen mochte, musste es ein wahrhaft glücklicher Fund sein, dass Aristoteles endlich einmal, wie man sagt, mit der Farbe herausgerückt war und doch deutlich ausgesprochen hatte, wie viele Kategorien es denn eigentlich gebe, und zwar gerade „zehn", also zugleich eine heilige pythagoreische Zahl! Und noch dazu stand ja jene Notiz von der Zehnzahl gerade in der Topik, welche überhaupt dem rhetorischen Schulbetriebe der Dialektik näher liegt und in dieser Beziehung sogar dem stümperhaften Schwätzer Cicero Gelegenheit darbot, als ächter Commis Voyageur zur Abwechslung einmal auch in Logik zu machen. So war denn nun auch wohl nichts Eiligeres zu thun, als jene heilige Zehn in ein aus aristotelischen Worten zusammengetragenes Schul-Compendium oder einen logischen Katechismus zu bringen, und diess mag

356) Aus den gesammten Stellen ergibt sich folgender Ueberblick:

Arist. Stelle	Obige Anm.	οὐσία	ποιόν	ποσόν	ποῦ	ποτέ	ποιεῖν	πάσχειν	ἔχειν	κεῖσθαι	πρός τι
1089b. 20	318	οὐσία	πάθη								πρός τι
1001b. 29	316	οὐσία	πάθη καὶ κινήσεις καὶ διαθέσεις καὶ λόγοι								πρός τ.
1069a. 19	315	οὐσία	ποιότητες	ποσόν	κινήσεις						
1054a. 4	323	οὐσία	ποιόν	ποσόν	πάθη καὶ κίνησις						
1028a. 13	317	οὐσία	ποιότητες	ποσότητες	τὰ δὲ πάθη τὰ δὲ ἄλλο τι τοιοῦτον						
402a. 22	300	οὐσία	ποιόν	ποσόν	ἄλλη τις τῶν διαιρεθεισῶν κατηγοριῶν						
410a. 13	341	τόδε τι	ποιόν	ποσόν	ἄλλη τις τῶν διαιρεθεισῶν κατηγοριῶν						
1028a. 10	341	τί ἐστι	ποιόν	ποσόν	ἕκαστον τῶν ἄλλων τῶν οὕτω κατηγορουμένων						
200b. 26	306	τόδε τι	τοιόνδε	τοσόνδε	αἱ ἄλλαι τοῦ ὄντος κατηγορίαι						
1034b. 8	337	οὐσια	ποιόν	ποσόν	αἱ ἄλλαι κατηγορίαι						
1989a. 7	341	οὐσία	ποιόν	ποσόν	αἱ ἄλλαι κατηγορίαι						
1045b. 27	311	οὐσία	ποιόν	ποσόν	τἄλλα						
1027b. 29	301	τί ἐστιν	ποιόν	ποσόν	ἄλλο τι						
1045b. 32	300	τί	ποιόν	ποσόν							
319a. 9	307	τόδε τι	τοιόνδε	ποσόν							
120b. 36	351	οὐσία	ποιόν	τὰ ἄλλα							πρός τι
317b. 8	309	οὐσία	ποιόν	ποσόν	ποῦ						
1029b. 23	312	οὐσία	ποιόν	ποσόν	ποῦ	ποτέ	κίνησις				
1026a. 33	298	τί	ποιόν	ποσόν	ποῦ	ποτέ	ἄλλο τι				
190a. 31	314	οὐσία	ποιόν	ποσόν	ποῦ	ποτέ					πρὸς ἕτερον
1096a. 23	338	τί	ποιόν	ποσόν	τόπος	χρόνος					πρός τι
178a. 4	352	τί ἐστι		ποσόν			ποιεῖν	πάσχειν			πρός τι
166b. 10	352		ποιόν	ποσόν			ποιεῖν	πάσχειν	διακείμενον		
1004a. 30	326						ποιεῖν		ἔχειν		
1017a. 22	302	τί ἐστι	ποιόν	ποσόν	ποῦ	ποτέ	ποιεῖν ἢ πάσχειν				πρός τι
225b. 5	314	οὐσία	ποιότης	ποσόν	ποῦ	ποτέ	ποιεῖν ἢ πάσχειν				πρός τι
82b. 37	354	οὐσία	ποιόν	ποσόν	ποῦ	ποτέ	ποιοῦν ἢ πάσχον		.		πρός τι
103b. 20	355	τί ἐστι	ποιόν	ποσόν	ποῦ	ποτέ	ποιεῖν	πάσχειν	ἔχειν	κεῖσθαι	πρός τι

die erste Veranlassung zur Entstehung jenes Büchleins, welches *Κατηγορίαι* überschrieben ist, gewesen sein, wobei jedoch ein ironisch neckendes Geschick es fügte, dass gegen den Schluss des Buches die unbefleckte Reinheit der heiligen Zahl gar ärgerlich getrübt wurde, indem eine andere schulmeisterliche Hand nicht bloss eine nutzbare Zusammenstellung aristotelischer Lehrsätze über den Gegensatz, sondern auch noch die sogenannten Postprädicamente (*πρότερον*, *ἅμα*, *κίνησις*) hinflickte; in diese letzteren aber drängte sich sogar das *ἔχειν* zum zweitenmale ein, nachdem es freilich in dem ursprünglichen Katechismus (Cat. 9) schmachvoll kurz und karg weggekommen war. Seinen uranfänglichen Zusammenhang mit der Topik aber erweist dieses Compendium deutlich darin, dass es mit Erklärungen über Homonym und Synonym anhebt, worin ja auch in der aristotelischen Topik die Kategorien einen vorzüglichen Wirkungskreis gefunden hatten (vgl. Anm. 338 u. 352); und wir werden noch später Gelegenheit haben zu sehen, wie dieses Wechselverhältniss zwischen Kategorien und Topik zur Stütze der Ansicht benützt wird, dass letztere unmittelbar nach ersteren folgen müsse (Abschn. IX, Anm. 2 f.).

Wir haben hingegen aus unbestreitbar ächten Schriften des Aristoteles eine Einsicht in das Wesen und die Bedeutung der aristotelischen Kategorien zu erreichen gesucht, welche durch keine schulmässige Auffassung getrübt ist. Falls es Jemandem ein recht grosses Vergnügen bereitet, auch nach den Resultaten dieser Untersuchung noch von den „zehn Kategorien" des Aristoteles zu sprechen, so müssen wir ihm diese kindische Freude wohl gönnen; es gibt auch noch sehr viele Menschen, welche an Barbara, Celarent, Darii, u. s. f. eine wahrlich herzige Freude haben. Wir sind zu einem Resultate gekommen, nach welchem die aristotelischen Kategorien weder auf die Grammatik als ihren ursprünglichen Entstehungsgrund zurückgeführt werden dürfen, noch auch dieselben als Kategorien eine ontologische Bedeutung haben. Fragen wir, wie Aristoteles überhaupt dazu gekommen sei, von Kategorien zu sprechen, und welche Geltung dieselben bei ihm haben, so ist unsere Antwort hierauf folgende: Aristoteles geht im Gegensatze gegen Plato davon aus, dass die Allgemeinheit in der Concretion des Seienden sich verwirkliche und in dieser Realität von dem menschlichen Denken und Sprechen ergriffen werde; der Verwirklichungsprocess des concret Seienden ist der Uebergang vom Unbestimmten, jeder Bestimmung aber Fähigen, zum allseitig Bestimmten, welchem demnach die Bestimmtheit überhaupt als eine selbst concret gewordene einwohnt und ebenso in des Menschen Rede von ihm ausgesagt wird. Das grundwesentliche Ergebniss der Verwirklichung ist sonach: die zeitlich-räumlich concret auftretende und hiemit individuell gewordene Substanzialität in einer dem Zustande der Concretion entsprechenden Erscheinungsweise; diese letztere umfasst das ganze habituelle Dasein und Wirken der concreten Substanz, welche in der Welt der räumlichen Ausdehnung und numerären Vielheit erscheint. Die ontologische Basis demnach der Kategorien ist der in die Concretion führende Verwirklichungsprocess der Bestimmtheit überhaupt[357]); aber diese Ba-

357) Von dieser Basis der Kategorien gilt nun wahrlich weder was Kant noch

sis sind nicht die Kategorien selbst, sondern als Kategorie fungirt die Bestimmtheit nur insoferne als sie mit der ihren Bestand auffassenden Bestimmtheit der menschlichen Aussage zusammentrifft, und so haben die Kategorien als Kategorien eine sprachliche Bedeutung, denn die Bestimmtheit der Namens-Bezeichnung des Gattungs-Prädicates soll der Ausdruck und die Auffassung der concreten Bestimmtheiten sein, in welchen der Verwirklichungs-Process bis in die Vielheit des Seienden hinunter sich absetzt. Hierin liegt einerseits der Grund der Forderung, dass es unter den Prädicaten letzte und höchste Gattungs-Bestimmtheiten geben müsse, und andrerseits der Grund dessen, dass es sich bei den Kategorien nicht um Wahr- und Falsch-sein, sondern eben nur um die Festigkeit der prädicativen Gattungs-Bestimmtheit handelt, welche dann in dem Sprachschatze, auf dem Gebiete des Dialektischen, ihre mannigfache Bethätigung findet.

Sowie aber nun jene ontologische Basis der Kategorien und die sprachliche Function derselben nicht mehr auseinandergehalten wurden, d. h. sowie man glaubte, die sprachlichen Gattungs-Prädicate seien eben die ontologischen Bestimmtheiten selbst, so war hiemit das Missverständniss und jene unsinnige Auffassung eröffnet, welche zu den abenteuerlichen Annahmen betreffs der Kategorien im Mittelalter führte. Andrerseits aber ist auch die aristotelische Anschauung selbst nicht von allem und jedem Bedenken frei zu sprechen; denn sobald man jene obersten drei Haupt-Kategorien verlässt, welche eigentlich doch selbst wieder auf den noch tieferen Grundsatz zurückleiten, dass der Verwirklichungsprocess überhaupt die einzige Kategorie sei, und sobald man mit den Kategorien in die Vielheit des concret Seienden näher herabsteigt, so ist abwärts schwer eine Gränze festzustellen, und selbst wenn auch diess der Fall wäre, so droht die Gefahr, dass die Bestimmtheit überhaupt lediglich in die Festigkeit der Namensbezeichnung auslaufe und so das Sprachliche ein missliches Uebergewicht über das objectiv Seiende erhalte [358]; d. h.

---

was Hegel über dieselben sagt. Kant WW. herausg. v. Hartenst. II, S. 111.: „Es war ein eines scharfsinnigen Mannes würdiger Anschlag des Aristoteles, diese Grundbegriffe aufzusuchen. Da er aber kein Principium hatte, so raffte er sie auf, wie sie ihm aufstiessen, und trieb deren zuerst zehn auf, die er Kategorien (Prädicamente) nannte. In der Folge glaubte er noch ihrer fünfe aufgefunden zu haben, die er unter dem Namen der Postprädicamente hinzufügte" Hegel WW. XIV, S. 361.: „Diesen Prädicabilien fügt Aristoteles dann noch fünf Postprädicamente hinzu; doch stellt er sie sämmtlich nur so nebeneinander". Allerdings sind beide, Kant und Hegel, durch ihre Unkenntniss im Detail der Geschichte der Philosophie zu entschuldigen, eine Unkenntniss, welche bei Kant naiv, bei Hegel aber natürlich sehr vornehm auftritt. Aber das, dass die Substanz (οὐσία) zeitlich-räumlich bestimmt (ποῦ, ποτέ) mit einer eigenschaftlichen Determination (ποιόν) in der Welt des Zählbaren und Messbaren (ποσόν) auftritt und sich innerhalb des vielen Seienden nach ihrer Bestimmtheit wirksam zeigt (ποιεῖν — πάσχειν, πρός τι), ist hoffentlich weder aufgerafft noch bloss zusammengestellt; und es wird auch Niemand diese Anschauung aus der Grammatik oder den Redetheilen gelernt haben. Aufgerafft ist wohl, dass in jener Stelle in der Topik aus topischem Interesse gerade noch zwei specielle Bestimmtheiten genannt werden, welche ebenso leicht um mehrere andere hätten vermehrt werden können; noch mehr aufgerafft aber sind die Postprädicamente, über welche wir freilich nach Obigem höchst beruhigt sein können.

358) So sind auch zuweilen in der That bei Aristoteles manche Untersuchungen mehr sprachlich als real, so dass sie die Schwierigkeiten des objectiven Thatbe-

der Umstand, dass es zu einem Festhalten mehrerer Klassen von Aussagen kam, beruht schon auf einer Geltung des dialektischen Gebietes, welcher wir vom Standpunkte unserer Philosophie aus wohl die volle Berechtigung absprechen müssen; es ist, wenn immerhin ein idealisirtes und in letzter Basis auf Philosophie beruhendes Schematisiren, doch immer ein Schematisiren des λόγος und eine Nachwirkung des rhetorisch-dialektischen Treibens der Griechen überhaupt. Darum ist eine nothwendige Folge, dass die Kategorien als solche einen vorzüglichen Tummelplatz in der dialektischen Topik erhalten müssen, und so trägt das Auftreten der Kategorien bei Aristoteles allerdings einige Mitschuld an dem späteren Entstehen einer nominalistischen Ontologie und hiedurch mittelbar an dem Unfuge, welcher mit den Kategorien getrieben wurde. — Jener nemliche Trieb der griechischen Geistesentwicklung, welcher schon bei dem Uebergange vom Mythus in die Naturphilosophie theogonische Begriffe in qualitative Bestimmtheiten des materiell Seienden umsetzte, und welcher in dem Mythus selbst bereits überwiegend attributive Bestimmungen des allgemein einheitlichen Idealen, d. h. Göttlichen, in einzelne plastisch begriffliche Persönlichkeiten gegossen hatte, so dass eben vom Mythus aus ein Weg zu doctrinärem Theoretisiren ermöglicht war (wohingegen die nordische Mythologie mehr an dem ethisch persönlichen Thun und Treiben der Götter festhält und schwerlich je zu einer Natur-Philosophie geführt hätte, sondern dem Ethos näher zu liegen scheint) — dieser nemliche Trieb also des Plasticirens und doctrinären Abrundens wirkt in dem rhetorisch-dialektischen Festhalten der einzelnen Bestimmtheiten des Seienden fort, und es erhalten hiedurch die prädicativen Attribute als solche eine Selbstständigkeit, welche entsprechend jener Art des Polytheismus sehr leicht zu einer Viel-Wesenheit des Seienden führen kann und auch bei den Stoikern sich zu einer förmlichen ontologischen Pneumatologie gestaltet (s. Abschn. VI, Anm. 90, 96, 105), wenn auch Aristoteles dieses selbstständige Auftreten der Prädicate als solcher gebührender Weise auf das Gebiet des Dialektischen beschränkt, ohne jedoch, wie wir sahen, hiebei das Ontologische je gänzlich ausschliessen zu können.

DER BEGRIFF.

Wenn der Begriff das Princip der aristotelischen Logik ist (s. oben S. 135) und in demselben darum zugleich die philosophische Grundlage des Apodeiktischen beruht, so dass hier das logische und das ontologische Moment zusammentreffen — sowie diess in entsprechender Weise auch bei der platonischen Idee der Fall gewesen war, nur mit dem Unterschiede, dass letztere zu keinem entfalteten Entwicklungsprocesse des Denkens führen konnte —, so muss unsere Untersuchung über die ari-

standes nicht lösen, sondern eigentlich nur auf Rectificirung oder Distinction des Sprachgebrauches hinauslaufen; so z. B. die Unterscheidungen des „in Etwas sein" (*Phys. ausc.* IV, 3.), die Erörterungen über das Haltmachen (ebend. V, 6.) oder über qualitative Aenderung (ebend VII, 3.) u. dgl.; dasselbe gilt von der Auffassung der Zahlwörter (ebend. III, 7. u. IV, 14.). S. meine Anmerkungen zu diesen Stellen der Physik in m. Ausg.

stotelische Lehre vom Begriffe, über welche uns keine ausschliesslich specielle Schrift des Aristoteles erhalten ist, nothwendig auch die metaphysische Geltung des begrifflichen Denkens in sich einschliessen, insoferne hier der Nachweis zu geben ist, dass der aristotelische Objectivismus das Seiende vermöge des schöpferischen Wesens-Begriffes denkt (sowie der platonische Objectivismus das Gleiche durch die mythisch-poetische Idee angestrebt hatte). Aber eben darum haben wir andrerseits auf jene Functionen dieses Wesens-Begriffes hier nicht einzugehen, in welchen er als rein ontologischer in dem objectiv Seienden weiter zu verfolgen wäre, sondern es handelt sich hier darum, wie nach der Ueberzeugung des Aristoteles der Begriff die Form sei, unter welcher der Mensch das Seiende sub specie aeterni denkt; d. h. unsere Aufgabe ist hier die Identität des logischen und des ontologischen Momentes.

Die Form des apodeiktischen Denkens, wie es durch die Kraft des *νοῦς* von seinem ersten Stadium an bis zur Erreichung seines Zieles auftritt, ist das *καθόλου* (Anm. 71, 90, 115 f., 135 f.), und in eben diesem *καθόλου* hat das Seiende die formelle Bestimmtheit seines wesentlichen Seins; dieses wesentliche Sein aber ist es, welches an dem Seienden jeder Art vermöge des Begriffes erfasst wird. Ausdrücke, durch welche Aristoteles dieses gesammte begriffliche Moment in seinen verschiedenen Verhältnissen bezeichnet, sind: *ὅρος*, auch *ὁρισμός*, *λόγος*, *οὐσία*, *τὸ τί ἐστι*, *ὅπερ ὄν*, *τὸ τί ἦν εἶναι*, *εἶδος*, deren Zusammengehörigkeit sowie gegenseitiger Unterschied im Verlaufe der Untersuchung selbst erhellen wird[359].

Insoferne alles Seiende seine Bestimmtheit seines Seins erfüllt, handelt es sich bei der begrifflichen Auffassung dieses Seins nicht um das Aussagen oder Bezeichnen dessen, was das Seiende an sich (*καθ'*

359) Ich kann unmöglich weder bereits hier die Distinction dieser Bezeichnungen vornehmen, da diess zu endlosen Wiederholungen führen würde, noch auch ist es wegen der innigsten Wechselbeziehungen derselben möglich, die Entwicklung der Lehre vom Begriffe etwa im Hinblicke auf diese Ausdrücke anzuordnen; hingegen werde ich am Schlusse Anm. 535. wieder eine Zusammenstellung des in den einzelnen Stellen vorkommenden Wortgebrauches geben; und andrerseits werde ich die schärfste Consequenz in der Wahl der deutschen Ausdrücke einhalten. In letzterer Beziehung scheint die meisten Schwierigkeiten das *τὸ τί ἦν εἶναι* darzubieten; s. über dasselbe Trendelenburg i. Rhein. Mus. 1828., II, S. 457 ff.; es drückt dasjenige Sein (*εἶναι*) des Dinges aus, welches dem ursprünglichen Was (*τί ἦν*) entspricht (nur möchte ich in Bezug auf das in *τὸ τί ἦν εἶναι* enthaltene *τί ἦν* den Umstand hervorheben, dass hier wahrscheinlich nicht die philosophische Speculation allein das bedingende war, sondern auch die volksthümlich übliche Ausdrucksweise mitwirkte; ein Beleg hiefür sind die vielen Stellen bei Aristophanes, in welchen die Frage z. B. „*τοῦτο τί ἦν τὸ πρᾶγμα;*" sich gar nicht auf ein Vergangenes bezieht, sondern ein unmittelbar Gegenwärtiges betrifft); ich übersetze im Folgenden *τὸ τί ἦν εἶναι* mit „schöpferischer Wesensbegriff", hingegen das der concreten Bestimmtheit näher liegende *τὸ τί ἐστι* mit „das begriffliche Sein", *ὅπερ ὄν* aber mit „das eigentliche Sein", ferner *οὐσία* mit „Wesenheit", *εἶδος* mit „begriffliche Form" oder „Artbegriff" (hier muss bei dem weiten Umfange des griechischen Wortes nach Massgabe des deutschen Sprachgebrauches durch eine Unterscheidung nachgeholfen werden, je nachdem *εἶδος* näher der schaffenden Formgebung liegt oder in ein Verhältniss mit *γένος* gesetzt ist; das Zusammentreffen von Beidem liegt in dem *εἰδοποιόν*, d. h. der Art-bildenden begrifflichen Form); endlich übersetze ich *ὅρος* mit „Begriff", *λόγος* mit „ausgesprochener Begriff", *ὁρισμός* mit „Definition".

αὐτό) ist, sondern eben um das Sein dieses An-sich-seins; dieses ist, wenn es auch gleichfalls den Sprach-Ausdruck nicht entbehren kann, etwas vom Urtheile verschiedenes, s. Anm. 183. Es ist demnach der Begriff (*ὅρος*) dasjenige, in welches das Urtheil aufgelöst wird, ganz abgesehen davon, ob in dem Urtheile das „ist" und „ist nicht" eine Verbindung oder eine Trennung enthält, und es ist also sowohl das Subject als auch das Prädicat eines Urtheiles nach dieser Auflösung ein Begriff [360]). Von diesem isolirten Begriffe wird kein Sein oder Nicht-sein prädicativ ausgesagt, noch berührt ihn das dem Urtheile zukommende Verhältniss der allgemein oder particular gültigen Aussage, sondern er bedarf an und für sich nur schlechthin verstanden zu werden [361]). Und auch bei demjenigen, was an diesem isolirten Begriffe das Denken denkt, bleibt jedes etwa bloss prädicative Sein ferne, denn sobald Etwas von einem Anderen ausgesagt wird, ist es ja nicht als dasjenige erfasst, was es in seinem bestimmten eigentlichen Sein ist; sondern nur jener ausgesprochene Begriff (*λόγος*), in welchem das von ihm selbst ausgedrückte nicht wieder vorkömmt, ist der Ausdruck des schöpferischen Wesensbegriffes (*τὸ τί ἦν εἶναι*), und umgekehrt gibt es einen schöpferischen Wesensbegriff nur da, wo der ausgesprochene Begriff die Bestimmtheit der Definition (*ὁρισμός*) enthält, d. h. von einem Seienden als ursprünglich ersten gilt, was nicht der Fall sein kann, wenn bloss Etwas von einem Anderen ausgesagt wird [362]). Was daher den auch für das Aussprechen des Begriffes nie entbehrlichen Sprach-Ausdruck betrifft, so ist der schöpferische Wesensbegriff eben dasjenige, was als das Ansichsein (*καθ' αὐτό*) des Seienden ausgesprochen wird, denn derselbe ist jenes, was das Seiende in seinem eigentlichen Sein ist, und der vollständige Sprach-Ausdruck des die Wesenheit selbst seienden schöpferischen Wesensbegriffes ist die Definition, welche demnach selbst das Ansich des Seienden betrifft [363]). Hiemit befinden wir uns hier bei der Wirksamkeit und dem Auftreten desjenigen, was wir bereits oben, Anm. 132, vor-

---

360) *Anal. pr.* I, 1, 24 b. 16.: *ὅρον δὲ καλῶ εἰς ὃν διαλύεται ἡ πρότασις, οἷον τό τε κατηγορούμενον καὶ τὸ καθ' οὗ κατηγορεῖται, ἢ προστιθεμένου ἢ διαιρουμένου τοῦ εἶναι καὶ μὴ εἶναι.* Diese Bezeichnung des Begriffes als *ὅρος* bleibt dann für die ganze Syllogistik bestehen, insoferne in dieser das Wechselverhältniss der Begriffe in verwandten Urtheilen untersucht wird, s. unten Anm. 550.

361) *Anal. post.* I, 10, 76 b. 35.: *οἱ μὲν οὖν ὅροι οὐκ εἰσὶν ὑποθέσεις, οὐδὲν γὰρ εἶναι ἢ μὴ εἶναι λέγονται, ἀλλ' ἐν ταῖς προτάσεσίν αἱ ὑποθέσεις, τοὺς δ' ὅρους μόνον ξυνίεσθαι δεῖ, τοῦτο δ' οὐχ ὑπόθεσις, εἰ μὴ καὶ τὸ ἀκούειν ὑπόθεσίν τις εἶναι φήσει.....* (77 a. 3.) *ἔτι τὸ αἴτημα καὶ ὑπόθεσις πᾶσα ἢ ὡς ὅλον ἢ ὡς ἐν μέρει, οἱ δ' ὅροι οὐδέτερον τούτων.* Ueber das Verhältniss der *ὑπόθεσις* s. Anm. 652.

362) *Metaph. Z*, 4, 1029 b. 19.: *ἐν ᾧ ἄρα μὴ ἐνέσται λόγῳ αὐτὸ λέγοντι αὐτό, οὗτος ὁ λόγος τοῦ τί ἦν εἶναι ἑκάστῳ.....* (1030 a. 4.) *ὅταν δ' ἄλλο κατ' ἄλλου λέγηται, οὐκ ἔστιν ὅπερ τόδε τι.....* (6.) *ὥστε τὸ τί ἦν εἶναι ἐστὶν ὅσων ὁ λόγος ἐστὶν ὁρισμός· ὁρισμὸς δ' ἐστὶν οὐκ ἂν ὄνομα λόγῳ ταὐτὸ σημαίνῃ* (s. Anm. 686.) .... (10.) *ἀλλ' ἐὰν πρώτου τινὸς ῇ· τοιαῦτα δ' ἐστὶν ὅσα λέγεται μὴ τῷ ἄλλο κατ' ἄλλου λέγεσθαι.*

363) Ebend. 1029 b. 13.: *καὶ πρῶτον εἴπωμεν ἔνια περὶ αὐτοῦ λογικῶς* (s. Anm. 104.), *ὅτι ἔστι τὸ τί ἦν εἶναι ἑκάστῳ ὃ λέγεται καθ' αὐτό.....* (1030 a. 3.) *ὅπερ γὰρ τόδε τι ἐστὶ τὸ τί ἦν εἶναι.* Ebend. *H*, 1, 1042 a. 17.: *ἐπεὶ δὲ τὸ τί ἦν εἶναι οὐσία, τούτου δὲ λόγος ὁ ὁρισμός, διὰ τοῦτο περὶ ὁρισμοῦ καὶ περὶ τοῦ καθ' αὐτὸ διώρισται.*

läufig als das *καθ' αὑτό* hatten kennen lernen; die dortselbst angeführte Stelle zeigte uns, dass ein Ansichseiendes erstens alles dasjenige sei, was zum begrifflichen Sein und ausgesprochenen Begriffe eines Seienden und was als Substrat zum ausgesprochenen Begriffe des Seins eines Merkmales gehört, und zweitens dasjenige, was nicht prädicativ auftritt, sondern in der Vielheit der möglichen Prädicate sich gleich bleibt, und welchem gegenüber das prädicative Sein eben als bloss je vorkommendes (*κατὰ συμβεβηκός*) erscheint. Jene erstere Geltung des Ansichseins nun enthält allerdings eine Doppeltheit in sich, da sie sich sowohl auf das Seiende als auch auf die Merkmale bezieht; aber da in dem ausgesprochenen Begriffe desjenigen, was in dem begrifflichen Sein der Merkmale einwohnt, also in dem Begriffe des Substrates, wieder begriffsmässige Bestandtheile einwohnen, so liegt für jene Doppeltheit gerade ein einheitlicher Träger in dem begrifflichen Sein des Substrates, und nie wird die Summe der Merkmale und Bestandtheile über dieses Ansichsein des Substrates hinaus überschlagen, sondern in demselben liegt die bestimmte Abgränzung [364]). Darum trifft diese Bestimmtheit des Ansichseins, unter dessen Form das menschliche Denken den Bestand des Seienden denkt, mit der nothwendig vorauszusetzenden Bestimmtheit des Auffassens überhaupt (Anm. 163—173) zusammen, und wer diese letztere leugnet, hebt die Wesenheit und das eigentliche Sein sowie den schöpferischen Wesensbegriff und den ausgesprochenen Begriff auf, denn der Sinn eines Ausdruckes für die Wesenheit ist nur der, dass das begriffliche und wesentliche Sein Nichts anderes als eben die ausgedrückte Wesenheit sei [365]); begriffliche Form und Wesenheit sind es ja überhaupt, nach welchen (*καθ' ὅ*) Etwas benannt wird [366]).

Die Form dieser Bestimmtheit des Ansichseins ist das *καθόλου*, welches wir oben, Anm. 132—139, als die Vereinigung des *κατὰ παντός*

---

364) *Anal. post.* I, 22, 84 a. 11.: *ἡ μὲν γὰρ ἀπόδειξίς ἐστι τῶν ὅσα ὑπάρχει καθ' αὑτὰ τοῖς πράγμασιν· καθ' αὑτὰ δὲ διττῶς· ὅσα τε γὰρ ἐν ἐκείνοις ἐνυπάρχει ἐν τῷ τί ἐστι καὶ οἷς αὐτὰ ἐν τῷ τί ἐστιν ὑπάρχουσιν αὐτοῖς, οἷον τῷ ἀριθμῷ περιττόν, ὃ ὑπάρχει μὲν ἀριθμῷ, ἐνυπάρχει δ' αὐτὸς ὁ ἀριθμὸς ἐν τῷ λόγῳ αὐτοῦ, καὶ πάλιν πλῆθος ἢ τὸ διαιρετὸν ἐν τῷ λόγῳ τοῦ ἀριθμοῦ ἐνυπάρχει. τούτων δ' οὐδέτερα ἐνδέχεται ἄπειρα εἶναι* ..... (22.) *ἀλλὰ μὴν ἀνάγκη γε πάντα ὑπάρχειν τῷ πρώτῳ οἷον τῷ ἀριθμῷ κἀκείνοις τὸν ἀριθμόν, ὥστ' ἀντιστρέφοντα ἔσται ἀλλ' οὐχ ὑπερτείνοντα. οὐδὲ μὴν ὅσα ἐν τῷ τί ἐστιν ἐνυπάρχει, οὐδὲ ταῦτα ἄπειρα, οὐδὲ γὰρ ἂν εἴη ὁρίσασθαι.*

365) *Metaph.* Γ, 4, 1007 a. 20.: *ὅλως δ' ἀναιροῦσιν οἱ τοῦτο λέγοντες οὐσίαν καὶ τὸ τί ἦν εἶναι· πάντα γὰρ ἀνάγκη συμβεβηκέναι φάσκειν αὐτοῖς καὶ τὸ ὅπερ ἀνθρώπῳ εἶναι ἢ ζῴῳ εἶναι τί ἦν εἶναι μὴ εἶναι· εἰ γὰρ ἔσται τι ὅπερ ἀνθρώπῳ εἶναι, τοῦτο οὐκ ἔσται μὴ ἀνθρώπῳ εἶναι ἢ μὴ εἶναι ἀνθρώπῳ, καίτοι αὗται ἀποφάσεις τούτου* (s. hierüber Anm. 234.)· *ἓν γὰρ ἦν ὁ ἐσήμηνε καὶ ἦν τοῦτο τινὸς οὐσία· τὸ δ' οὐσίαν σημαίνειν ἐστὶν ὅτι οὐκ ἄλλο τι τὸ εἶναι αὐτῷ· εἰ δ' ἔσται αὐτῷ τὸ ὅπερ ἀνθρώπῳ εἶναι ὅπερ μὴ ἀνθρώπῳ εἶναι ἢ ὅπερ μὴ εἶναι ἀνθρώπῳ, ἄλλο τι ἔσται· ὥστ' ἀναγκαῖον αὐτοῖς λέγειν ὅτι οὐδενὸς ἔσται τοιοῦτος λόγος, ἀλλὰ πάντα κατὰ συμβεβηκός.*

366) Ebend. Δ, 18, 1022 a. 14.: *τὸ δὲ καθ' ὃ λέγεται πολλαχῶς, ἕνα μὲν τρόπον τὸ εἶδος καὶ ἡ οὐσία ἑκάστου πράγματος, οἷον καθὸ ἀγαθός, αὐτὸ ἀγαθόν, ἕνα δὲ κτλ.*

und des *καθ᾽ αὐτό* trafen. Es ist jeder Begriff immer ein *καθόλου*[367]), und die begriffliche Form umfasst in einheitlicher Abgränzung das gesammte unter sie fallende[368]); das Gleiche gilt natürlich von dem ausgesprochenen Begriffe[369]) sowie von der Definition[370]). Aber während alles *καθόλου* erfasste nothwendig ein Ansichseiendes (*καθ᾽ αὐτό*) sein muss[371]), gilt natürlich diess nicht auch umgekehrt, denn zu dem *καθ᾽ αὐτό* muss erst das *κατὰ παντός* hinzutreten, um hiedurch das *καθόλου* zu erzeugen; und so ist auch die in dem *καθόλου* bestehende Form der Bestimmtheit des begrifflichen Ansichseins eben Sache des Denkens selbst, welches in seiner ganzen Thätigkeit von Anfang bis zu Ende durch das *καθόλου* getragen ist; diese Denkform ist nicht das objective Ansichseiende selbst, kein *καθόλου* ist eine substanzielle Wesenheit, sondern vermöge dieser die Form der Allgemeingültigkeit (das *κατὰ παντός*) involvirenden Bestimmtheit wird das *καθόλου* als solches überhaupt prädicirt[372]); und es ist so auch der Begriff, während er an sich das in seinem Sein bestimmte Subject und Substrat ist, zugleich jenes Prädicat, welches von der unter ihn fallenden Vielheit prädicirt wird[373]). Die Einheit des ausgesprochenen Begriffes und der begrifflichen Form ist jene, welche vermöge des Erkennens und Wissens besteht, und diese vom Denken bedingte Einheit begründet das *καθόλου*, sowie sie für das Erkennen selbst als Mass wirkt[374]). So ist die unerlässliche Einheit-

---

367) *Anal. post.* II, 13, 97 b. 26.: *ἀεὶ δ᾽ ἐστὶ πᾶς ὅρος καθόλου· οὐ γὰρ τινὶ ὀφθαλμῷ λέγει τὸ ὑγιεινὸν ὁ ἰατρὸς ἀλλ᾽ ἢ παντὶ ἢ εἴδει ἀφορίσας.*

368) *Metaph. A*, 1, 981 a. 5.: *γίνεται δὲ τέχνη, ὅταν ἐκ πολλῶν τῆς ἐμπειρίας ἐννοημάτων μία καθόλου γένηται περὶ τῶν ὁμοίων ὑπόληψις· τὸ μὲν γὰρ ἔχειν ὑπόληψιν ὅτι Καλλίᾳ κάμνοντι τήνδε τὴν νόσον τοδὶ συνήνεγκε καὶ Σωκράτει καὶ καθ᾽ ἕκαστον οὕτω πολλοῖς, ἐμπειρίας ἐστίν· τὸ δ᾽ ὅτι πᾶσι τοῖς τοιοῖσδε κατ᾽ εἶδος ἓν ἀφορισθεῖσι κάμνουσι τήνδε τὴν νόσον συνήνεγκεν οἷον τοῖς φλεγματώδεσιν ἢ χολώδεσιν ἢ πυρέττουσι καύσῳ, τέχνης.* Ueber diesen Uebergang von der Empirie zum Wissen vermöge des *καθόλου* s. oben Anm. 53, 62 f. 90.

369) Ebend. *Z*, 10, 1035 b. 34.: *ὁ δὲ λόγος ἐστὶ τοῦ καθόλου.* Ebend. *Δ*, 3, 1014 b. 9.: *τὰ καλούμενα γένη καθόλου καὶ ἀδιαίρετα, εἷς γάρ ἐστι λόγος αὐτῶν.*

370) Ebend. *Z*, 11, 1036 a. 28.: *τοῦ γὰρ καθόλου καὶ τοῦ εἴδους ὁ ὁρισμός.*

371) Ebend. *Δ*, 9, 1017 b. 35.: *τὰ γὰρ καθόλου καθ᾽ αὑτὰ ὑπάρχει, τὰ δὲ συμβεβηκότα οὐ καθ᾽ αὑτὰ ἀλλ᾽ ἐπὶ τῶν καθ᾽ ἕκαστα ἁπλῶς λέγεται.*

372) Ebend. *Z*, 13, 1038 b. 8.: *ἔοικε γὰρ ἀδύνατον εἶναι οὐσίαν εἶναι ὁτιοῦν τῶν καθόλου λεγομένων ..... τὸ δὲ καθόλου κοινὸν, τοῦτο γὰρ λέγεται καθόλου ὃ πλείοσιν ὑπάρχειν πέφυκεν ..... (15.) ἔτι οὐσία λέγεται τὸ μὴ καθ᾽ ὑποκειμένου, τὸ δὲ καθόλου καθ᾽ ὑποκειμένου τινὸς λέγεται ἀεί.* Hiezu Anm. 139.

373) *Anal. post.* I, 11, 77 a. 5.: *εἴδη μὲν οὖν εἶναι ἢ ἕν τι παρὰ τὰ πολλὰ οὐκ ἀνάγκη, εἰ ἀπόδειξις ἔσται, εἶναι μέντοι ἓν κατὰ πολλῶν ἀληθὲς εἰπεῖν ἀνάγκη· οὐ γὰρ ἔσται τὸ καθόλου, ἂν μὴ τοῦτο ᾖ.* Vgl. Anm. 323.

374) *Metaph. ι*, 1, 1052 a. 29.: *τὰ μὲν δὴ οὕτως ἓν ἢ συνεχὲς ἢ ὅλον* (d. h. das der Bewegung nach Eins seiende), *τὰ δὲ ὧν ἂν ὁ λόγος εἷς ᾖ, τοιαῦτα δ᾽ ὧν ἡ νόησις μία· τοιαῦτα δὲ ὧν ἀδιαίρετος, ἀδιαίρετος δὲ τοῦ ἀδιαιρέτου εἴδει ἢ ἀριθμῷ· ἀριθμῷ μὲν οὖν τὸ καθ᾽ ἕκαστον ἀδιαίρετον, εἴδει δὲ τὸ τῷ γνωστῷ καὶ τῇ ἐπιστήμῃ, ὥσθ᾽ ἓν ἂν εἴη πρῶτον τὸ ταῖς οὐσίαις αἴτιον τοῦ ἑνός· λέγεται μὲν οὖν τὸ ἓν τοσαυταχῶς, τό τε συνεχὲς φύσει καὶ τὸ ὅλον, καὶ τὸ καθ᾽ ἕκαστον καὶ τὸ καθόλου· πάντα δὲ ταῦτα ἓν τῷ ἀδιαίρετον εἶναι τῶν μὲν τὴν κίνησιν τῶν δὲ τὴν νόησιν ἢ τὸν λόγον* ..... (b. 24) *ἐντεῦθεν δὲ καὶ ἐν τοῖς ἄλλοις λέγεται μέτρον ᾧ πρώτῳ τι ἕκαστον γιγνώσκεται καὶ τὸ μέτρον ἑκάστου ἕν.*

lichkeit der Denkthätigkeit (*νόησις*) überhaupt das Motiv des begrifflichen *καθόλου*, vermöge dessen das Ansichsein (*καθ' αὑτό*) für je sein Gebiet mit unweigerlicher Allgemeingültigkeit auftreten muss [375]); wo die untheilbare Denkthätigkeit den schöpferischen Wesensbegriff denkt, ist auch der ausgesprochene Begriff Einer, und in jeder Beziehung, in welcher ein solches selbst wieder untheilbares *καθόλου* erfasst ist, ist sofort eine begriffliche Einheit gegeben, z. B. an dem Objecte „Mensch" kann das Denken die mehreren einheitlichen Bestimmtheiten „Mensch", „lebendes Wesen", „Grösse" u. dgl. erfassen, und in jeder dieser Beziehungen ist ein begrifflich Eines gedacht [376]). In solcher Weise sind uns jene Grundsätze des Apodeiktischen, welche wir oben als dessen Ausgangspunkte zu erwähnen hatten, nun für das Princip der begrifflichen Auffassung verständlich, nemlich dass die begriffliche Form in der Seele ist (Anm. 64) und in derselben als ausgesprochener Begriff auftritt (Anm. 68), da der *νοῦς* selbst die begrifflichen Formen denkt (Anm. 63) und als das für dieselben empfängliche Organ (Anm. 65) eben jenes Princip ist, durch welches wir Begriffe erkennen (Anm. 66); und vermöge seiner Thätigkeit ist der *νοῦς* selbst die begriffliche Form der begrifflichen Formen (Anm. 67). Und es ist hiemit sowohl hoffentlich ein neuer Beleg dafür gegeben, dass der Begriff, und Nichts anderes als der Begriff, das Princip der aristotelischen Logik sei, als auch können wir von solcher Einsicht aus das Geschwätz aller Derjenigen völlig unberücksichtigt lassen, welche stets wiederholen, die aristotelische Philosophie sei eben doch nur ein Empirismus. Aristoteles ist Empirist gerade so weit, als der Mensch überhaupt in der vielheitlichen Welt der äusseren Erfahrung steht; das Princip aber, dass das menschliche Denken in dieser Erfahrung sofort das begrifflich Allgemeine setzt, ist wohl unbestreitbar ein ideales; allerdings ist dieser aristotelische Idealismus weder so poetisch oder kindisch noch so bequem oder schmeichelhaft als der platonische, die Entscheidung aber, welcher Idealismus von beiden der philosophische sei, kann nicht schwer fallen, woferne nur zugegeben wird, dass es sich für den Menschen, wie er einmal ist, um einen Verwirklichungsprocess der Philosophie und um eine selbstschaffende Thätigkeit des Denkens handelt [377]). Dass aber Aristoteles eine Selbstentwicklung

---

375) Hierin beruht jenes Verdienst der aristotelischen Logik, nach welchem jede Logik überhaupt zu jeder Zeit streben müsste; und es dürfte hier jedenfalls ein richtigerer Standpunkt eingenommen werden, als bei Hegels Anundfürsichsein.

376) Ebend. *Δ*, 6, 1016 a. 32.: *ἔτι δὲ ἓν λέγεται ὅσων ὁ λόγος ὁ τὸ τί ἦν εἶναι λέγων ἀδιαίρετος πρὸς ἄλλον τὸν δηλοῦντα τί ἦν εἶναι τὸ πρᾶγμα .... οὕτω γὰρ καὶ τὸ ηὐξημένον καὶ φθῖνον ἕν ἐστιν, ὅτι ὁ λόγος εἷς, ὥσπερ ἐπὶ τῶν ἐπιπέδων ὁ τοῦ εἴδους εἷς· ὅλως δὲ ὧν ἡ νόησις ἀδιαίρετος ἡ νοοῦσα τὸ τί ἦν εἶναι καὶ μὴ δύναται χωρίσαι μήτε χρόνῳ μήτε τόπῳ μήτε λόγῳ, μάλιστα ταῦτα ἓν καὶ τούτων ὅσα οὐσίαι· καθόλου γὰρ ὅσα μὴ ἔχει διαίρεσιν, ᾗ μὴ ἔχει, ταύτῃ ἓν λέγεται, οἷον εἰ ᾗ ἄνθρωπος μὴ ἔχει διαίρεσιν, εἷς ἄνθρωπος, εἰ δ' ᾗ ζῷον, ἓν ζῷον, εἰ δὲ ᾗ μέγεθος, ἓν μέγεθος.*

377) Weltschmerzliche Gottseligkeit und pharisäischer Hochmuth haben das Wissen noch nie viel gefördert. Alle platonische oder sonstige Schwärmerei, welche sich passiv der Anschauung hingibt, dass die Wahrheit dem Menschen irgend woher als fertige dargeboten werde, gehört dem Gebiete der für den Menschen ebenso unentbehrlichen Poesie und jener Thätigkeit an, welche den symbolischen Mythus

der Denkthätigkeit von einem ersten Stadium an bis zu einem letzten wesentlich erreichbaren Ziele anerkennt, sahen wir gleichfalls schon oben, Anm. 85—103; und so ist ihm auch die ursprüngliche Conception der Begriffe ein erstes Unmittelbares, welches auf keinem etwa bereits vorhergegangenen apodeiktischen Verfahren beruht und daher auch, insoferne es Begriff ist, nicht apodeiktisch demonstrirt wird, sondern gerade als das Unmittelbare und keiner weiteren Vermittlung Fähige im Syllogismus zwischen die einer Vermittlung bedürftigen noch unvermittelten Momente in Mitte (als sog. Mittelbegriff) hineintritt [378]). Eben aber als ein keiner weiteren Vermittlung Fähiges ist der Begriff das erste Unmittelbare und das letzte Unmittelbare, als letztes Unmittelbares aber ist er die Definition, und der Verwirklichungsprocess des definitorischen Wissens besteht darin, dass „aus dem ausgesprochenen Begriffe die Definition entsteht" [379]); in diesem letzteren Sinne heisst dann die Wesenheit und der schöpferische Wesensbegriff das Ziel und die Gränze (vgl. Anm. 135) des Erkennens und eben darum auch des concreten Seienden [380]). So ist ausgesprochner Begriff und Definition bei allem Zusammentreffen im Inhalte doch durch die Form des Erkenntnissprocesses zweierlei [381]), denn es liegt eben der Syllogismus zwischen beiden. Ueber dieses Verhältniss jedoch, soweit es die Wechselbeziehung von Syllogismus, Begriff und Definition betrifft, wird das Nähere erst unten bei der Darstellung des definitorischen Wissens zu erörtern sein.

Die Grundlage ist jenes begriffliche Sein, welches der Ausdruck einer concreten Wesenheit ist, denn in der individuell bestimmten Wesenheit ist die Potenzialität des bloss Stofflichen überwunden und die actuelle Bestimmtheit hervorgetreten (Anm. 308 ff.); ja es erhält auch jede

---

überhaupt schafft. Sobald aber die Producte dieses poetischen Schaffens mehr sein wollen als sie sind, d. h. sobald sie als Philosophie selbst dargeboten oder gar als Norm und Regulativ der Philosophie aufgedrungen werden, muss der philosophisch begriffliche Impuls auf seine eigene Selbstthätigkeit und die Wirklichkeit des Seienden zum Behufe eines selbsterzeugten Verwirklichungsprocesses des Wissens hinweisen. Dass aber in dieser Beziehung es unserer Zeit, welche der Resultate der deutschen Philosophie sich doch so gerne rühmt, noch sehr an der nöthigen Unbefangenheit fehlt, zeigt der aus Hegel's Dialektik entsprungene moderne Neuplatonismus, welcher nur eine Philosophie der pharisäischen Suffisance und frömmelnden Eitelkeit ist. Wessen Sinn aber nach dieser Richtung hin steht, der wird die aristotelische Philosophie ebenso wenig begreifen können, als sie Schleiermacher je begriffen hat; und auf solchem Wege entstehen dann historische Zerrbilder wie z. B. die Ritter'sche Darstellung des aristotelischen Systemes.

378) *Metaph. B*, 2, 997 a. 31.: *οὐ δοκεῖ δὲ τοῦ τί ἐστιν ἀπόδειξις εἶναι.* Ebend. *E*, 1.: *φανερὸν ὅτι οὐκ ἔστιν ἀπόδειξις οὐσίας οὐδὲ τοῦ τί ἐστιν ἐκ τῆς τοιαύτης ἐπαγωγῆς, ἀλλά τις ἄλλος τρόπος τῆς δηλώσεως.* *Anal. post.* II, 4, 91 a. 12.: *τοῦ δὲ τί ἐστι πότερον ἔσται συλλογισμὸς καὶ ἀπόδειξις ἢ οὐκ ἔστι, καθάπερ νῦν ὁ λόγος ὑπέθετο; ὁ μὲν γὰρ συλλογισμὸς τὶ κατὰ τινὸς δείκνυσι διὰ τοῦ μέσου* ..... (25.) *εἰ δὴ τὸ τί ἐστι καὶ τὸ τί ἦν εἶναι ἄμφω ἔχει, ἐπὶ τοῦ μέσου ἔσται πρότερον τὸ τί ἦν εἶναι* (ausführlicher ist diese Stelle unten, Anm. 682 ff.., zu betrachten).

379) *Metaph. Γ*, 7, 1012 a. 22.: *ὁρισμὸς δὲ γίνεται ἐκ τοῦ σημαίνειν τι ἀναγκαῖον εἶναι αὐτούς· ὁ γὰρ λόγος, οὗ τὸ ὄνομα σημεῖον, ὁρισμός γίνεται.*

380) Ebend. *Δ*, 17, 1022 a. 8.: *(πέρας λέγεται) καὶ ἡ οὐσία ἑκάστου καὶ τὸ τί ἦν εἶναι ἑκάστῳ, τῆς γνώσεως γὰρ τοῦτο πέρας· εἰ δὲ γνώσεως, καὶ τοῦ πράγματος.*

381) Ebend. *B*, 3, 998 b. 12.: *ὁ μὲν γὰρ λόγος τῆς οὐσίας εἷς· ἕτερος δ' ἔσται ὁ διὰ τῶν γενῶν ὁρισμὸς καὶ ὁ λέγων ἐξ ὧν ἔστιν ἐνυπαρχόντων.*

anderweitige Bestimmtheit nur durch ihre Verbindung mit einer Wesenheit selbst den Charakter eines wesenhaften Seins; auf eine solche Verbindung aber als eine nothwendige ist jede andere Bestimmtheit hingewiesen, denn dieselbe kann nie für sich getrennt bestehen und hat daher nur eine prädicative Geltung für die ursprüngliche Wesens-Bestimmtheit; die individuell bestimmte Wesenheit hingegen ist eben darum die erste und ursprünglichste sowie der Zeit nach, so auch in Bezug auf den ausgesprochenen Begriff und das Erkennen, weil sie allein für sich bestehen kann und ihr ausgesprochener Begriff in dem aller anderen Bestimmungen vorkommen muss, so dass im Vergleiche mit den letzteren das eigentliche Wissen auf dem Wesenheits-Begriffe ruht; daher bedeutet auch die alte und stets bestrittene Frage, was das Seiende sei, Nichts anderes als, was die Wesenheit sei [382]). Die Wesenheit in ihrer Unabhängigkeit und Selbstständigkeit ist dasjenige, was in der Realität jeder weiteren Bestimmung zu Grunde liegt (*ὑποκείμενον*) und im Urtheile als Subject (*καθ' οὗ*) der Prädicate auftritt [383]). Auf ein letztes zu Grunde liegendes muss Alles zurückgehen [384]); insoferne aber unter demselben nur entweder das Stoffliche, welches der Verwirklichung überhaupt zu Grunde liegt, oder die in individueller Wesenheit bestimmte Grundlage

---

382) Ebend. *Z*, 1, 1028 a. 14.: *πρῶτον ὂν τὸ τί ἐστιν, ὅπερ σημαίνει τὴν οὐσίαν ..... (18.) τὰ δ' ἄλλα λέγεται ὄντα τῷ τοῦ οὕτως ὄντος τὰ μὲν ποσότητας εἶναι τὰ δὲ ποιότητας τὰ δὲ πάθη τὰ δὲ ἄλλο τι τοιοῦτον· διὸ κἂν ἀπορήσειέ τις πότερον τὸ βαδίζειν καὶ τὸ ὑγιαίνειν καὶ τὸ καθῆσθαι ἕκαστον αὐτῶν ὂν ἢ μὴ ὂν .... οὐδὲν γὰρ αὐτῶν ἐστιν οὔτε καθ' αὑτὸ πεφυκὸς οὔτε χωρίζεσθαι δυνατὸν τῆς οὐσίας, ἀλλὰ μᾶλλον, εἴπερ, τὸ βαδίζον τῶν ὄντων τι καὶ τὸ καθήμενον καὶ τὸ ὑγιαῖνον· ταῦτα δὲ μᾶλλον φαίνεται ὄντα, διότι ἔστι τὶ τὸ ὑποκείμενον αὐτοῖς ὡρισμένον, τοῦτο δ' ἐστὶν ἡ οὐσία καὶ τὸ καθ' ἕκαστον ὅπερ ἐμφαίνεται ἐν τῇ κατηγορίᾳ τῇ τοιαύτῃ .... ὥστε τὸ πρώτως ὂν καὶ οὐ τὶ ὂν ἀλλ' ὂν ἁπλῶς ἡ οὐσία ἂν εἴη. πολλαχῶς μὲν οὖν λέγεται τὸ πρῶτον· ὅμως δὲ πάντων ἡ οὐσία πρῶτον καὶ λόγῳ καὶ γνώσει καὶ χρόνῳ· τῶν μὲν γὰρ ἄλλων κατηγορημάτων οὐδὲν χωριστὸν, αὕτη δὲ μόνη· καὶ τῷ λόγῳ δὲ τοῦτο πρῶτον, ἀνάγκη γὰρ ἐν τῷ ἑκάστου λόγῳ τὸν τῆς οὐσίας ὑπάρχειν, καὶ εἰδέναι τότ' οἰόμεθα ἕκαστον μάλιστα, ὅταν τί ἐστιν ὁ ἄνθρωπος γνῶμεν ἢ τὸ πῦρ, μᾶλλον ἢ τὸ ποιὸν ἢ τὸ ποσὸν ἢ τὸ ποῦ, ἐπεὶ καὶ αὐτῶν τούτων τότε ἕκαστον ἴσμεν, ὅταν τί ἐστι τὸ ποσὸν ἢ τὸ ποιὸν γνῶμεν. καὶ δὴ καὶ τὸ πάλαι τε καὶ νῦν καὶ ἀεὶ ζητούμενον καὶ ἀεὶ ἀπορούμενον, τί τὸ ὄν, τοῦτό ἐστι τίς ἡ οὐσία.* Was die hiebei vorkommende Kategorien-Bestimmtheit betrifft, so ist dieselbe in dem Obigen, wo wir die ontologische Grundlage der Kategorien entwickelten, hinreichend erörtert.

383) *Phys. ausc.* I, 2, 185 a. 31.: *οὐδὲν γὰρ τῶν ἄλλων χωριστόν ἐστι παρὰ τὴν οὐσίαν, πάντα γὰρ καθ' ὑποκειμένου τῆς οὐσίας λέγεται.* Ebend. 7, 190 a. 34.: *καὶ γὰρ ποσὸν καὶ ποιὸν καὶ πρὸς ἕτερον καὶ ποτὲ καὶ ποῦ γίνεται ὑποκειμένου τινὸς διὰ τὸ μόνην τὴν οὐσίαν μηδενὸς κατ' ἄλλου λέγεσθαι ὑποκειμένου, τὰ δ' ἄλλα πάντα κατὰ τῆς οὐσίας.* *Metaph. B*, 5, 1002 a. 1.: *θερμότητες μὲν καὶ ψυχρότητες καὶ τὰ τοιαῦτα πάθη οὐκ οὐσίαι, τὸ δὲ σῶμα τὸ τοιαῦτα πεπονθὸς μόνον ὑπομένει ὡς ὄν τι καὶ οὐσία τις οὖσα* Ebend. *Z*, 3, 1029 a. 28.: *τὸ χωριστὸν καὶ τὸ τόδε τι ὑπάρχειν δοκεῖ μάλιστα τῇ οὐσίᾳ.* *Cat.* 5, 2 b. 15.: *αἱ πρῶται οὐσίαι διὰ τοῖς ἄλλοις ἅπασιν ὑποκεῖσθαι καὶ πάντα ἄλλα κατὰ τούτων κατηγορεῖσθαι ἢ ἐν ταύταις εἶναι διὰ τοῦτο μάλιστα οὐσίαι λέγονται.* Ebend. 3 a. 7.: *κοινὸν δὲ κατὰ πάσης οὐσίας τὸ μὴ ἐν ὑποκειμένῳ εἶναι.*

384) *D. inc. anim.* 10, 709 b. 27.: *ἅπαντα γὰρ εἰς τὸ ὑποκείμενον μέχρι τινὸς καὶ οἷον εἰς ὑπεῖκον προέρχεται.*

aller zuständlichen Bestimmungen verstanden werden kann [385]), ersteres aber bloss als stoffliches Sein das gänzlich unbestimmte ist (Anm. 308), so bleibt als das der Bestimmtheit des Denkens adäquate *ὑποκείμενον* nur die bestimmte Wesenheit selbst übrig. In solchem Sinne heisst eine Wesenheit sowohl überhaupt alles dasjenige, was in Folge seiner substanziell selbstständigen Erscheinungs-Weise nicht prädicativ, sondern als Subject ausgesprochen wird, als auch insbesondere die innere begrifflich wesentliche Grundlage solcher Substanzen, nemlich theils die Causalität ihres Seins, theils die wesentlich constituirenden Merkmale, theils eben der schöpferische Wesensbegriff selbst, welcher als Definition ausgesprochen wird [386]). Darum versteht es sich von selbst, dass der Wesenheits-Begriff nicht selbst eine jener trennbaren Bestimmtheiten sein kann, und dass er, während er Substrat und Subject einer jeden weiteren Bestimmung ist, als allgemeingültiges Prädicat aller jener einzelnen Wesen auftritt, deren inneres Sein er constituirt, wohingegen der ausgesprochene Begriff der übrigen Bestimmtheiten, welche ja trennbar sind, nie als Prädicat der individuellen Wesenheit gelten kann, sondern nur die Namensbezeichnung jener Kategorien von der Wesenheit prädicirt werden kann; und ebenso versteht es sich von selbst, dass jene Wesenheit in eminentestem Sinne eine Wesenheit ist, welche überhaupt gar nie Prädicat, sondern stets nur Subject, sein kann [387]). Wegen des Erfordernisses aber der individuell begrifflichen Bestimmtheit kann es einen schöpferischen Wesensbegriff nur da und in so weit geben, insoferne ein Seiendes vermöge der begrifflichen Form aus der relativen Unbestimmtheit eines generellen Seins herausgetreten ist und hiemit als specieller Art-

---

385) *Metaph.* *Z*, 13, 1038 b. 4.: *περὶ τοῦ τί ἦν εἶναι καὶ τοῦ ὑποκειμένου, ὅτι διχῶς ὑπόκειται, ἢ τόδε τι ὂν ὥςπερ τὸ ζῷον τοῖς πάθεσιν, ἢ ὡς ὕλη τῇ ἐντελεχείᾳ.*

386) Ebend. *Δ*, 8, 1017 b. 10.: *οὐσία δὲ λέγεται τά τε ἁπλᾶ σώματα.... ἅπαντα δὲ ταῦτα λέγεται οὐσία ὅτι οὐ καθ' ὑποκειμένου λέγεται ἀλλὰ κατὰ τούτων τὰ ἄλλα· ἄλλον δὲ τρόπον ὃ ἂν ᾖ αἴτιον τοῦ εἶναι ἐνυπάρχον ἐν τοῖς τοιούτοις ὅσα μὴ λέγεται καθ' ὑποκειμένου, οἷον ἡ ψυχὴ τῷ ζῴῳ· ἔτι ὅσα μόρια ἐνυπάρχοντά ἐστιν ἐν τοῖς τοιούτοις ὁρίζοντά τε καὶ τόδε τι σημαίνοντα, ὧν ἀναιρουμένων ἀναιρεῖται τὸ ὅλον ..... ἔτι τὸ τί ἦν εἶναι οὗ ὁ λόγος ὁρισμὸς καὶ τοῦτο οὐσία λέγεται ἑκάστου· συμβαίνει δὴ κατὰ δύο τρόπους τὴν οὐσίαν λέγεσθαι, τό θ' ὑποκείμενον ἔσχατον ὃ μηκέτι κατ' ἄλλου λέγεται, καὶ ὃ ἂν τόδε τι ὂν καὶ χωριστὸν ᾖ, τοιοῦτον δὲ ἑκάστου ἡ μορφὴ καὶ τὸ εἶδος.*

387) *Cat.* 2, 2 a. 20.: *τῶν ὄντων τὰ μὲν καθ' ὑποκειμένου τινὸς λέγεται, ἐν ὑποκειμένῳ δὲ οὐδενί ἐστιν, οἷον ἄνθρωπος καθ' ὑποκειμένου μὲν λέγεται τοῦ τινὸς ἀνθρώπου, ἐν ὑποκειμένῳ δὲ οὐδενί ἐστι .....* (b. 3.) *τὰ δὲ οὔτ' ἐν ὑποκειμένῳ ἐστὶν οὔτε καθ' ὑποκειμένου λέγεται, οἷον ὁ τὶς ἄνθρωπος καὶ ὁ τὶς ἵππος.* Ebend. 5, 2 a. 12.: *οὐσία δέ ἐστιν ἡ κυριώτατά τε καὶ πρώτως καὶ μάλιστα λεγομένη, ἣ μήτε καθ' ὑποκειμένου τινὸς λέγεται μήτ' ἐν ὑποκειμένῳ τινί ἐστιν, οἷον ὁ τὶς ἄνθρωπος ἢ ὁ τὶς ἵππος* ..... (19.) *φανερὸν δὲ ἐκ τῶν εἰρημένων ὅτι τῶν καθ' ὑποκειμένου λεγομένων ἀναγκαῖον καὶ τοὔνομα καὶ τὸν λόγον κατηγορεῖσθαι τοῦ ὑποκειμένου, οἷον ὁ ἄνθρωπος καθ' ὑποκειμένου λέγεται τοῦ τινὸς ἀνθρώπου ..... καὶ ὁ λόγος δὲ ὁ τοῦ ἀνθρώπου κατὰ τοῦ τινὸς ἀνθρώπου κατηγορηθήσεται ....* (27.) *τῶν δ' ἐν ὑποκειμένῳ ὄντων ἐπὶ μὲν τῶν πλείστων οὔτε τοὔνομα οὔθ' ὁ λόγος κατηγορεῖται τοῦ ὑποκειμένου· ἐπ' ἐνίων δὲ τοὔνομα μὲν οὐδὲν κωλύει κατηγορεῖσθαί ποτε τοῦ ὑποκειμένου, τὸν δὲ λόγον ἀδύνατον.* Vgl. 3 a. 16.

begriff das Subject der prädicativen Gattungsbestimmtheit ist [388]). Dieser Grundsatz umfasst eigentlich den Kern und die Entwicklung der ganzen weiteren Lehre vom Begriffe, welche wir nun zu betrachten haben.

Nemlich der ursprüngliche Ausgangspunkt der Artbegriffe, vermöge deren als der begrifflichen Formen wir das Wissen des Seienden erfassen, ist die Gattung [389]), und wegen dieser principiellen Bedeutsamkeit der Gattung kann gesagt werden, dass in einem anderen Sinne als in dem eigentlich zumeist üblichen die Gattung in höherem Grade Wesenheit sei als die Artbegriffe, und das prädicative Allgemeine in höherem Grade als das im Subjecte auftretende Einzelne [390]). Es ist die Gattung als solche einerseits das noch nicht bestimmt Seiende und insoferne das Negative, welches völlig dem Stofflichen entspricht, und andrerseits ist sie eben darum die Quelle der Entstehung der Artbegriffe bis zum Individuellen herab [391]); sie ist jenes, was den artmachenden Unterschieden als Substrat zu Grunde liegt und demnach auch im ausgesprochenen Begriffe die erste Grundlage bildet [392]). So ist für Aristoteles jedenfalls der Umstand, dass es Gattungen (*γένη*) gibt, das Entscheidende für die Determination des Seienden sowie für den Bestand eines mehrfach verschiedenen Wissens (Anm. 140 ff.), in welchem der einheitliche menschliche Wissenstrieb sich entfalten muss; und in diesem Sinne setzt Aristoteles die Bestimmtheit der Gattung dem nebelhaften und vagen „Sein" und „Eins" der platonischen Philosophie gegenüber, welches ja nur eine prädicative Geltung, nie aber als solches eine substanzielle Bestimmtheit haben kann (in ähnlicher Weise frägt es sich ja auch, ob bei Hegel's reinem Sein sich noch etwas Begriffliches denken lasse; Hegel kokettirt nicht umsonst mit Plotinus). „Seiend" und „Eins", sagt Aristoteles, können unmöglich Gattungen der seienden Wesen sein, denn es müssen ja doch für jede Gattung die artbildenden Unterschiede als einheitliche bestehen; nun aber käme es, da jene beiden von Allem wohl als Prädicate gelten, darauf hinaus, dass an dem specifischen Unterschiede entweder der Artbegriff von der Gattung oder die Gattung ohne Artbegriffe

388) *Metaph. Z*, 4, 1030 a. 11.: *οὐκ ἔσται ἄρα οὐδενὶ τῶν μὴ γένους εἰδῶν ὑπάρχον τὸ τί ἦν εἶναι, ἀλλὰ τούτοις μόνον· ταῦτα γὰρ δοκεῖ οὐ κατὰ μετοχὴν λέγεσθαι καὶ πάθος οὐδ' ὡς συμβεβηκός.*

389) Ebend. *B*, 3, 998 b. 7.: *κἂν εἰ ἔστι τὴν τῶν ὄντων λαβεῖν ἐπιστήμην τὸ ιῶν εἰδῶν λαβεῖν καθ' ἃ λέγονται τὰ ὄντα, τῶν γε εἰδῶν ἀρχαὶ τὰ γένη εἰσίν.*

390) Ebend. *H*, 1, 1042 a. 14.: *ἔτι ἄλλως* (sc. *οὐσίαι*) *τὸ γένος μᾶλλον τῶν εἰδῶν καὶ τὸ καθόλου τῶν καθ' ἕκαστον.* *Cat.* 13, 15 a. 4.: *τὰ δὲ γένη τῶν εἰδῶν ἀεὶ πρότερά ἐστιν.*

391) *Metaph. ι*, 8, 1058 a. 23.: *ἡ γὰρ ὕλη ἀποφάσει δηλοῦται, τὸ δὲ γένος ὕλη οὗ λέγεται γένος, μὴ ὡς τὸ τῶν Ἡρακλειδῶν ἀλλ' ὡς τὸ ἐν τῇ φύσει.* Ebend. *Δ*, 24, 1023 a. 26.: *τὸ ἔκ τινος εἶναι λέγεται ἕνα μὲν τρόπον ἐξ οὗ ἐστὶν ὡς ὕλης, καὶ τοῦτο διχῶς, ἢ κατὰ τὸ πρῶτον γένος ἢ κατὰ τὸ ὕστατον εἶδος, οἷον ἔστι μὲν ὡς ἅπαντα τὰ τηκτὰ ἐξ ὕδατος, ἔστι δ' ὡς ἐκ χαλκοῦ ὁ ἀνδριάς.*

392) Ebend. *Δ*, 28, 1024 a. 36.: *ἔτι δὲ* (sc. *γένος λέγεται*) *ὡς τὸ ἐπίπεδον τῶν σχημάτων γένος τῶν ἐπιπέδων καὶ τὸ στερεὸν τῶν στερεῶν· ἕκαστον γὰρ τῶν σχημάτων τὸ μὲν ἐπίπεδον τοιονδί, τὸ δὲ στερεόν ἐστι τοιονδί· τοῦτο δ' ἐστὶ τὸ ὑποκείμενον ταῖς διαφοραῖς· ἔτι ὡς ἐν τοῖς λόγοις τὸ πρῶτον ἐνυπάρχον, ὃ λέγεται ἐν τῷ τί ἐστι, τοῦτο γένος οὗ διαφοραὶ λέγονται αἱ ποιότητες.*

prädicirt würde; und somit könnte, falls jene beiden eine Gattung wären, kein artbildender Unterschied ein Seiendes oder Eines sein [393]). Seiend und Eins sind ja kein *καθόλου*, sie sind wohl ein allgemein gültiges Prädicat (ein *κατὰ παντός*), aber um *καθόλου* zu sein, gebricht ihnen gerade die Substanzialität des Ansichseins (das *καθ᾽ αὑτό*), welche die Gattung bereits in Anspruch nehmen muss [394]); sofort vom ersten Augenblicke an bestehen ja Seiend und Eins als Prädicate nur insoferne es determinirte Gattungen des Seienden gibt, d. h. sie haben sogleich schon Gattungen als ihre substanzielle Entfaltung und Grundlage; ein Seiendes heissen eben im Hinblicke auf die Verwirklichung der Bestimmtheit theils die Wesenheiten, theils deren Zustände, theils der Weg der Verwirklichung selbst; die Wesenheit eines jeden Wesens ist ein eigentlich Seiendes und ist Eine, und eben das begriffliche Sein der Artbegriffe des Seienden und Einen in diesem Sinne betrachtet auch Eine und die nemliche Wissenschaft, nemlich die Wissenschaft des Seienden als solchen [395]). Darum kann auch Aristoteles nicht etwa den Unterschied und den Gegensatz darein legen, dass irgend in einer höheren Region das reine Sein und reine Eins des Seienden als anmuthiges Schaustück für verzückte Seelen (am besten vor diesem Leben oder nach dem Tode) sich befinde, hienieden aber im irdischen Jammerthale Alles durch Vielheit und Sinnlichkeit entstellt und schmutzig sei, sondern in der Bestimmtheit des Seienden und der Wesenheit, wie sie das menschliche Denken denkt, muss um der Bestimmtheit willen die sie schaffende Unterscheidung und Gegensätzlichkeit grundwesentlich vorliegen; denn nur dann auch gibt es einen apodeiktischen Nachweis der Causalität. „Die platonischen Ideen sind Nichts für den auszusprechenden Wesensbegriff (*οὐδὲν πρὸς τὸν λόγον*), sie sind ein Geschwätz, mit welchem man die Unfähigkeit eines Detail-Wissens verhüllt“ (s. Abschn. III, Anm. 66).

Selbst wieder ein Verwirklichungsprocess also führt zu dem das begriffliche Sein enthaltenden Artbegriffe, und es muss diese Entwicklung, welche von dem noch relativ unbestimmten Gattung-Sein zu dem durch die begriffliche Form determinirten Auftreten der substanziellen Wesenheit fortschreitet, in sich selbst das Motiv der Verschied-

---

393) Ebend. *B*, 3, 998 b. 22.: *οὐχ οἷόν τε δὲ τῶν ὄντων οὔτε τὸ ἓν οὔτε δὲ τὸ ὂν εἶναι γένος· ἀνάγκη μὲν γὰρ τὰς διαφορὰς ἑκάστου γένους καὶ εἶναι καὶ μίαν εἶναι ἑκάστην, ἀδύνατον δὲ κατηγορεῖσθαι ἢ τὰ εἴδη τοῦ γένους ἐπὶ τῶν οἰκείων διαφορῶν ἢ τὸ γένος ἄνευ τῶν αὐτοῦ εἰδῶν· ὥστ᾽ εἴπερ τὸ ἓν γένος ἢ τὸ ὄν, οὐδεμία διαφορὰ οὔτε ὂν. οὔτε ἓν ἔσται.* Ebend. *H*, 6, 1045 b. 5.: *εὐθὺς γὰρ ἕκαστόν ἐστιν ὄν τι καὶ ἕν τι, οὐχ ὡς ἐν γένει τῷ ὄντι καὶ τῷ ἑνὶ οὐδ᾽ ὡς χωριστῶν ὄντων παρὰ τὰ καθ᾽ ἕκαστα.*

394) Ebend. *Γ*, 2, 1005 a. 9.: *εἰ μή ἐστι τὸ ὂν ἢ τὸ ἓν καθόλου καὶ ταὐτὸ ἐπὶ πάντων ἢ χωριστὸν, ὥςπερ ἴσως οὐκ ἔστιν.*

395) Ebend. 1003 b. 5.: *οὕτω δὲ καὶ τὸ ὂν λέγεται πολλαχῶς μὲν, ἀλλ᾽ ἅπαν πρὸς μίαν ἀρχήν· τὰ μὲν γὰρ ὅτι οὐσίαι ὄντα λέγεται, τὰ δ᾽ ὅτι πάθη οὐσίας, τὰ δ᾽ ὅτι ὁδὸς εἰς οὐσίαν* ..... (15.) *δῆλον οὖν ὅτι καὶ τὰ ὄντα μιᾶς θεωρῆσαι ᾗ ὄντα* .... (32.) *ἔτι δ᾽ ἡ ἑκάστου οὐσία ἕν ἐστιν οὐ κατὰ συμβεβηκὸς, ὁμοίως δὲ καὶ ὅπερ ὄν τι, ὥσθ᾽ ὅσα περ τοῦ ἑνὸς εἴδη, τοσαῦτα καὶ τοῦ ὄντος ἐστίν· περὶ ὧν τὸ τί ἐστι τῆς αὐτῆς ἐπιστήμης τῷ γένει θεωρῆσαι* .... (1004 a. 4.) *ὥστε ἀναγκαῖον εἶναι πρώτην τινὰ καὶ ἐχομένην αὐτῶν, ὑπάρχει γὰρ εὐθὺς γένη ἔχοντα τὸ ὂν καὶ τὸ ἕν.*

nerleiheit enthalten, da die substanzielle Wesenheit eben in Mitte anderer vieler Wesenheiten sich als dasjenige behauptet, was sie ist, und hierin in geschlossner Identität auftritt. Auf das Identische und Nicht-identische und auf das Aehnliche und Nicht-ähnliche ist jeder Gegensatz überhaupt zu reduciren [396]); da aber nun das Nemliche nie actuell zugleich sein Gegensatz sein kann, wohl aber potenziell [397]), und da ferner die eigentliche Identität des Seienden nur in der begrifflichen Wesenheit liegt und dort als individuelle Einheit (*ἑνότης*) erscheint [398]), so ist klar, dass die Verschiedenheit und Gegensätzlichkeit der einzelnen individuellen Wesenheiten ihren Grund nur darin haben kann, dass eine Real-Potenz vorliegt, aus welcher die explicite Gegensätzlichkeit sich überhaupt entwickeln kann, und dass demnach keine leere und unterschiedlose Identität das Princip des vielfach determinirten Seins ist. Es frägt sich demnach, wie diese Möglichkeit des Identischen und Nicht-identischen sich entfaltet, und es wird sich zeigen, dass die begriffliche Form als Artbegriff selbst bereits eine Stufe der erreichten Actualität ist, zu welcher das potenzielle Sein des überwiegend stofflichen Gattungs-Begriffes sich determinirt.

Insofern überhaupt vier Arten eines Gegenüberliegens unterschieden werden, nemlich erstens das Verhältniss der Bejahung und Verneinung, zweitens das des Gegensatzes, drittens das des Entblösstseins, viertens das des Relativen (s. Anm. 192.), so wird sich in Bezug auf jene Reduction unter das Identische und Nicht-identische herausstellen, welche die Bedeutung eines jeden dieser vier Momente für den Verwirklichungsprocess des determinirten Begriffes vom potenziellen Stadium an bis zu jener Actualität sei, in welcher das in seiner Identität sich selbst Behauptende als die bestimmte substanzielle Wesenheit resultirt. Relativ nun gegen Anderes ist überhaupt Jedwedes, was ist, verschieden von Jedwedem, ohne dass hiebei irgend bestimmt vorliege, worin oder wornach es ein verschiedenes sei; für die Bestimmtheit des begrifflichen Denkens aber ist eben eine derartige Determination unweigerlich nothwendig, und eine Folge hievon ist daher, dass man von jener ganz unbestimmten und vagen Verschiednerleiheit (*ἑτερότης*) sehr wohl den „Un-

---

396) Ebend. 1003 b. 33.: *ὥστ' ὅσα περ τοῦ ἑνὸς εἴδη, τοσαῦτα καὶ τοῦ ὄντος ἐστίν· περὶ ὧν τὸ τί ἐστι τῆς αὐτῆς ἐπιστήμης τῷ γένει θεωρῆσαι, λέγω δ' οἷον περὶ ταὐτοῦ καὶ ὁμοίου καὶ τῶν ἄλλων τῶν τοιούτων καὶ τῶν τούτοις ἀντικειμένων· σχεδὸν δὲ πάντα ἀνάγεται τἀναντία εἰς τὴν ἀρχὴν ταύτην* ..... (1004 a. 17.) *ὥστε καὶ τἀντικείμενα τοῖς εἰρημένοις, τό τε ἕτερον καὶ ἀνόμοιον καὶ ἄνισον καὶ ὅσα ἄλλα λέγεται ἢ κατὰ ταῦτα ἢ κατὰ πλῆθος καὶ τὸ ἕν, τῆς εἰρημένης γνωρίζειν ἐπιστήμης, ὧν ἐστὶ καὶ ἡ ἐναντιότης.*

397) Ebend. 5, 1009 a. 35.: *δυνάμει μὲν γὰρ ἐνδέχεται ἅμα ταὐτὸ εἶναι τὰ ἐναντία, ἐντελεχείᾳ δ' οὔ.*

398) Ebend. ι, 3, 1054 a. 29.: *ἔστι δὲ τοῦ μὲν ἑνὸς ..... τὸ ταὐτὸ καὶ ὅμοιον καὶ ἴσον, τοῦ δὲ πλήθους τὸ ἕτερον καὶ ἀνόμοιον καὶ ἄνισον· λεγομένου δὲ τοῦ ταὐτοῦ πολλαχῶς ἕνα μὲν τρόπον κατ' ἀριθμὸν λέγομεν ἐνίοτε αὐτὸ, τὸ δ' ἐὰν καὶ λόγῳ καὶ ἀριθμῷ ἓν ᾖ, οἷον σὺ σαυτῷ καὶ τῷ εἴδει καὶ τῇ ὕλῃ ἕν· ἔτι δ' ἐὰν ὁ λόγος ὁ τῆς πρώτης οὐσίας εἷς ᾖ .... ἀλλ' ἐν τούτοις ἡ ἰσότης ἑνότης.* Ebend. *Δ*, 9, 1018 a. 4.: *καὶ τὰ μὲν οὕτως (κατὰ συμβεβηκός) λέγεται ταὐτὰ, τὰ δὲ καθ' αὑτὰ ὥςπερ καὶ τὸ ἕν· καὶ γὰρ ὧν ἡ ὕλη μία ἢ εἴδει ἢ ἀριθμῷ ταὐτὰ λέγεται καὶ ὧν ἡ οὐσία μία· ὥστε φανερὸν ὅτι ἡ ταυτότης ἑνότης τίς ἐστιν.*

terschied“ (*διαφορά*) auseinander halte. Dasjenige nemlich, was sich „unterscheidet“ (*το διάφορον*), unterscheidet sich von Etwas in Bezug auf ein Etwas, so dass irgend ein Identisches für zwei Dinge vorliegen muss, nach welchem dieselben sich voneinander unterscheiden; diess Identische aber ist entweder Gattung oder Art, denn Alles unterscheidet sich entweder der Gattung nach oder dem Artbegriffe nach; und zwar unterscheidet sich der Gattung nach dasjenige, welchem kein gemeinsames stoffliches Sein zu Grunde liegt, dem Artbegriffe nach aber nur Solches, dessen Gattung Eine und die nemliche ist; Gattung daher ist dasjenige, was als die identische Bezeichnung der Wesenheit für zwei unterschiedene Wesen gilt, d. h. das gemeinschaftliche Wesenheits-Prädicat dessen, was dem Artbegriffe nach sich unterscheidet [399]). So liegt in der Gattung für die Wesenheits-Bestimmtheit des Artbegriffes ein Stoffliches, und in diesem beruht die Möglichkeit des Gegensatzes überhaupt; die Gattung nemlich als Stoff ist das für den Unterschied Empfängliche (*δεκτικόν*), und dieser Unterschied kann sich innerhalb der einheitlichen nemlichen Potenzialität Einer Gattung bis zum directen Gegensatze steigern [400]). Die erste und ursprünglichste Gegensätzlichkeit aber überhaupt ist „Ansichhaben“ und „Entblösstsein“ (*ἕξις* und *στέρησις*), und im Hinblicke auf diese beiden wird ursprünglich jeder anderweitige Gegensatz ausgesagt; jene erste Gegensätzlichkeit aber ist stets in je Einer Gattung [401]). Das Entblösstsein ist ein Verhältniss der Bejahung und Verneinung, indem die Real-Potenz in ihrer Verwirklichung als aufgehobene oder negirte erscheint, sei es schlechthin oder sei es in Bezug auf eine speciell vorliegende Natur-Bestimmtheit (*πεφυκός*); in letzterem Falle ist es dann ein selbst speciell determinirtes Unvermögen, welches mit dem zur Aufnahme der Bestimmtheit fähigen Stofflichen ver-

---

399) Ebend. *ι*, 3, 1054 b. 18.: *τὸ μὲν οὖν ἕτερον ἢ ταὐτὸ διὰ τοῦτο πᾶν πρὸς πᾶν λέγεται, ὅσα λέγεται ἓν καὶ ὄν* .... (22.) *τὸ μὲν οὖν ἕτερον καὶ ταὐτὸν οὕτως ἀντίκειται, διαφορὰ δὲ καὶ ἑτερότης ἄλλο· τὸ μὲν γὰρ ἕτερον καὶ οὗ ἕτερον οὐκ ἀνάγκη εἶναι τινὶ ἕτερον, πᾶν γὰρ ἢ ἕτερον ἢ ταὐτὸ ὅ τι ἂν ᾖ ὄν· τὸ δὲ διάφορον τινὸς τινὶ διάφορον, ὥστ᾽ ἀνάγκη ταὐτὸ τὶ εἶναι ᾧ διαφέρουσιν· τοῦτο δὲ τὸ ταὐτὸ ἢ γένος ἢ εἶδος· πᾶν γὰρ τὸ διαφέρον διαφέρει ἢ γένει ἢ εἴδει, γένει μὲν οὖν ὧν μή ἐστι κοινὴ ἡ ὕλη μηδὲ γένεσις εἰς ἄλληλα, οἷον ὅσων ἄλλο σχῆμα τῆς κατηγορίας, εἴδει δὲ ὧν τὸ αὐτὸ γένος· λέγεται δὲ γένος ὃ ἄμφω ταὐτὸ λέγονται κατὰ τὴν οὐσίαν τὰ διάφορα.*

400) Ebend. 4, 1055 a. 29.: *καὶ τὰ ἐν ταὐτῷ δεκτικῷ πλεῖστον διαφέροντα ἐναντία· ἡ γὰρ ὕλη ἡ αὐτὴ τοῖς ἐναντίοις, καὶ τὰ ὑπὸ τὴν αὐτὴν δύναμιν πλεῖστον διαφέροντα. D. somn.* 1, 453 b. 27.: *ἀεὶ γὰρ τὰ ἐναντία καὶ ἐπὶ τῶν ἄλλων καὶ ἐν τοῖς φυσικοῖς ἐν τῷ αὐτῷ δεκτικῷ φαίνεται γινόμενα καὶ τοῦ αὐτοῦ ὄντα πάθη, λέγω δ᾽ οἷον ὑγίεια καὶ νόσος καὶ κάλλος καὶ αἶσχος καὶ ἰσχὺς καὶ ἀσθένεια καὶ ὄψις καὶ τυφλότης καὶ ἀκοὴ καὶ κωφότης.*

401) *Metaph.* a. a. O. 1055 a. 33.: *πρώτη δὲ ἐναντίωσις ἕξις καὶ στέρησίς ἐστιν· οὐ πᾶσα δὲ στέρησις, πολλαχῶς γὰρ λέγεται ἡ στέρησις, ἀλλ᾽ ἥτις ἂν τελεία ᾖ· τὰ δ᾽ ἄλλα ἐναντία κατὰ ταῦτα λεχθήσεται τὰ μὲν τῷ ἔχειν τὰ δὲ τῷ ποιεῖν ἢ ποιητικὰ εἶναι τὰ δὲ τῷ λήψεις εἶναι καὶ ἀποβολαὶ τούτων ἢ ἄλλων ἐναντίων. Phys. ausc.* I, 6, 189 b. 26.: *ἀεὶ γὰρ ἐν ἑνὶ γένει μία ἐναντίωσίς ἐστιν, πᾶσαί τε αἱ ἐναντιώσεις ἀνάγεσθαι δοκοῦσιν εἰς μίαν. Anal. post.* I, 4, 73 b. 21.: *ἔστι γὰρ τὸ ἐναντίον ἢ στέρησις ἢ ἀντίφασις ἐν τῷ αὐτῷ γένει, οἷον ἄρτιον τὸ μὴ περιττὸν ἐν ἀριθμοῖς ἢ ἕπεται.* Hiezu die Beispiele in der vorigen Anm.

flochten ist [402]). Darum heisst gerade in Bezug auf die durch eine Bewegung vermittelte Verwirklichung der Zustand der Ruhe ein Entblösstsein in dem für Bewegung empfänglichen Wesen, und zwar mit dem nemlichen Beisatze, dass irgend eine specielle Natur-Bestimmtheit zu einer gewissen Bewegung vorliegen muss; erklärlicher Weise mischt sich in dieses Entblösstsein auch das Motiv der Trägheits-Kraft (*vis inertiae*), durch welche bewirkt wird, dass eine Bewegung nicht leicht, sondern nur mit Mühe und zur Noth sich realisirt [403]). Diese Negation der Real-Potenz nun, oder dieses Unvermögen, wird in der Sprache durch das sog. α privativum ausgedrückt [404]). Je nachdem nun in dem für beides Empfänglichen das affirmative Ansichhaben [405]) oder das negative Entblösstsein oder Unvermögen vorliegt, besteht eben bereits ein „Unterschied" zwischen den concreten Wesen [406]). Somit wird das

---

402) *Metaph.* a. a. O. 1055 b. 3.: ἡ δὲ στέρησις ἀντίφασίς τίς ἐστιν, ἢ γὰρ τὸ ἀδύνατον ὅλως ἔχειν ἢ ὃ ἂν πεφυκὸς ἔχειν μὴ ἔχῃ, ἐστέρηται ἢ ὅλως ἢ πως ἀφορισθέν· πολλαχῶς γὰρ ἤδη τοῦτο λέγομεν .... ὥστ' ἔστιν ἡ στέρησις ἀντίφασίς τις ἢ ἀδυναμία διορισθεῖσα ἢ συνειλημμένη τῷ δεκτικῷ. Ebend. 10, 1058 b. 27.: στέρησις γὰρ ἀδυναμία διωρισμένη. Ebend. Θ, 1, 1046 a. 29.: καὶ ἡ ἀδυναμία καὶ τὸ ἀδύνατον ἡ τῇ τοιαύτῃ δυνάμει ἐναντία στέρησίς ἐστιν, ὥστε τοῦ αὐτοῦ καὶ κατὰ τὸ αὐτὸ πᾶσα δύναμις ἀδυναμία· ἡ δὲ στέρησις λέγεται πολλαχῶς· καὶ γὰρ τὸ μὴ ἔχον καὶ τὸ πεφυκὸς ἂν μὴ ἔχῃ ἢ ὅλως ἢ ὅτε πέφυκεν καὶ ἢ ὡδὶ οἷον παντελῶς ἢ κἂν ὁπωσοῦν· ἐπ' ἐνίων δὲ ἂν πεφυκότα ἔχειν μὴ ἔχῃ βίᾳ, ἐστερῆσθαι ταῦτα λέγομεν. Ebend. Δ, 12, 1019 b. 16.: ἀδυναμία δ' ἐστὶ στέρησις δυνάμεως καὶ τῆς τοιαύτης ἀρχῆς ἄρσις τις οἷα εἴρηται ἢ ὅλως ἢ τῷ πεφυκότι ἔχειν ἢ καὶ ὅτε πέφυκεν ἤδη ἔχειν. Ebend. 22, 1022 b. 22.: στέρησις λέγεται ἕνα μὲν τρόπον ἂν μὴ ἔχῃ τι τῶν πεφυκότων ἔχεσθαι κἂν μὴ αὐτὸ ᾖ πεφυκὸς ἔχειν, οἷον φυτὸν ὀμμάτων ἐστερῆσθαι λέγεται· ἕνα δὲ ἂν πεφυκὸς ἔχειν ἢ αὐτὸ ἢ τὸ γένος μὴ ἔχῃ, οἷον ἄλλως ἄνθρωπος ὁ τυφλὸς ὄψεως ἐστέρηται καὶ ἀσπάλαξ, τὸ μὲν κατὰ τὸ γένος τὸ δὲ καθ' αὑτό· ἔτι ἂν πεφυκὸς καὶ ὅτε πέφυκεν ἔχειν μὴ ἔχῃ .... ὁμοίως δὲ καὶ ἐν ᾧ ἂν ᾖ καὶ καθ' ὃ καὶ πρὸς ὃ καὶ ὡς ἂν μὴ ἔχῃ πεφυκός· ἔτι ἡ βιαία ἑκάστου ἀφαίρεσις στέρησις λέγεται.

403) *Phys. ausc.* V, 2, 226 b. 10.: ἀκίνητον δ' ἐστὶ τό τε ὅλως ἀδύνατον κινηθῆναι, ὥσπερ ὁ ψόφος ἀόρατος, καὶ τὸ ἐν πολλῷ χρόνῳ μόλις κινούμενον ἢ τὸ βραδέως ἀρχόμενον ὃ λέγεται δυσκίνητον, καὶ τὸ πεφυκὸς μὲν κινεῖσθαι καὶ δυνάμενον, μὴ κινούμενον δὲ τότε ὅτε πέφυκε καὶ οὗ καὶ ὥς, ὅπερ ἠρεμεῖν καλῶ τῶν ἀκινήτων μόνον· ἐναντίον γὰρ ἠρεμία κινήσει, ὥστε στέρησις ἂν εἴη τοῦ δεκτικοῦ. Ebend. VI, 3, 234 a. 32.: ἠρεμεῖν γὰρ ἐλέγομεν τὸ πεφυκὸς κινεῖσθαι μὴ κινούμενον ὅτε πέφυκε καὶ οὗ καὶ ὥς. Ebend. 8, 239 a. 13.: τότε γὰρ ἔφαμεν ἠρεμεῖν ὅτε καὶ ἐν ᾧ πεφυκὸς κινεῖσθαι μὴ κινεῖται τὸ πεφυκός. *Metaph.* Δ, 22, 1023 a. 2.: ἔτι (στέρησις λέγεται) τῷ μὴ ῥᾳδίως ἢ τῷ μὴ καλῶς, οἷον τὸ ἄτμητον οὐ μόνον τῷ μὴ τέμνεσθαι ἀλλὰ καὶ τῷ μὴ ῥᾳδίως ἢ μὴ καλῶς.

404) *Metaph.* Δ, 22, 1022 b. 32.: καὶ ὁσαχῶς δὲ αἱ ἀπὸ τοῦ ᾱ ἀποφάσεις λέγονται, τοσαυταχῶς καὶ αἱ στερήσεις λέγονται· ἄνισον μὲν γὰρ τῷ μὴ ἔχειν ἰσότητα πεφυκὸς λέγεται, ἀόρατον δὲ καὶ τῷ ὅλως μὴ ἔχειν χρῶμα καὶ ἄπουν καὶ τῷ μὴ ἔχειν ὅλως πόδας καὶ τῷ φαύλως· ἔτι καὶ τῷ μικρὸν ἔχειν οἷον τὸ ἀπύρηνον, τοῦτο δ' ἐστὶ τῷ φαύλως πως ἔχειν. S. sogleich Anm. 406.

405) Ebend. 23, 1023 a. 11.: ἕνα δὲ (sc. τρόπον λέγεται τὸ ἔχειν) ἐν ᾧ ἄν τι ὑπάρχει ὡς δεκτικῷ, οἷον ὁ χαλκὸς ἔχει τὸ εἶδος τοῦ ἀνδριάντος καὶ τὴν νόσον τὸ σῶμα (also sogar νόσος, insofern es affirmative Geltung hat, Gegenstand des ἔχειν).

406) *Meteor.* IV, 8, 385 a. 10.: εἴπωμεν δὲ πρῶτον τὸν ἀριθμὸν αὐτῶν, ὅσα κατὰ δύναμιν καὶ ἀδυναμίαν λέγεται· ἔστι δὲ τάδε· πηκτὸν ἄπηκτον,

Entblösstsein, da es hiebei in Folge der ursprünglich vorliegenden Naturbestimmtheit selbst schon als ein determinirtes Entblösstsein auftritt, „gewissermassen“ vermittelst der positiven Gegensätze erkannt, welche ja in den mit dem *α* privat. zusammengesetzten Worten oder noch mehr in directen Ausdrücken (z. B. Bös) schon positiv bezeichnet sind [407]). Müssen wir hiebei nun allerdings einerseits anerkennen, dass Aristoteles gerade durch den Begriff der Natur-Bestimmtheit (des *πεφυκός*) fest an dem Grundsatze halten kann, dass die Position früher als die Negation ist, so sind wir andrerseits in Bezug auf jene Schwierigkeit, welche wir in der Lehre vom Urtheile öfters zu berühren hatten (S. 144 und 159), um keinen Schritt weiter gekommen, denn es ist hiemit nicht erklärt, wie die Wortbezeichnung, wenn auch nur bei gewissen Voraussetzungen, dazukomme, von dem negativen „Nicht-gut“ in das affirmative „Bös“ sich umzusetzen; und auch die folgende nähere Entwicklung dieses Verhältnisses der *στέρησις* und ihres Ueberganges zur *διαφορὰ* lässt diese Frage ungelöst, denn wir erfahren nur soviel, dass je nach Bestand des *πεφυκὸς* das Umsetzen des Entblösstseins in den positiven Gegensatz eintreten müsse, so dass die Negation zuletzt in unerklärter Weise in die Objectivität fällt.

Es entsteht nemlich sonach jede Determination in der Entwicklung des Stofflichen insoferne aus Gegensätzen, als sie entweder aus dem affirmativen Ansichhaben der begrifflichen Form oder aus dem Entblösstsein von einer solchen Formgebung entsteht, und folglich ist jede Gegensätzlichkeit ein Entblösstsein, aber nicht umgekehrt jedes Entblösstsein eine Gegensätzlichkeit, denn das Entblösstsein kann sowohl schlechthin als auch in Bezug auf eine speciell im Stofflichen liegende Natur-Bestimmtheit bestehen, und nur in letzterem Falle ist es ein positiver Gegensatz, welcher stets das Entblösstsein von dem anderen entsprechenden Gegensatze in sich enthält [408]). Darum liegt allerdings zwischen Bejahung und Verneinung nie Etwas in Mitte, bei manchem Entblösstsein aber kann zwischen den zwei Gegensätzen Etwas in Mitte liegen; nemlich z. B. Alles ist ausschliesslich entweder gleich oder nicht gleich, aber

---

τηκτὸν ἄτηκτον, μαλακτὸν ἀμάλακτον, τεγκτὸν ἄτεγκτον, καμπτὸν ἄκαμπτον, κατακτὸν ἀκάτακτον, θραυστὸν ἄθραυστον, θλαστὸν ἄθλαστον, πλαστὸν ἄπλαστον, πιεστὸν ἀπίεστον, ἑλκτὸν ἀνελκτόν, ἐλατὸν ἀνήλατον, σχιστὸν ἄσχιστον, τμητὸν ἄτμητον, γλίσχρον ψαθυρὸν, πιλητὸν ἀπίλητον, καυστὸν ἄκαυστον, θυμιατὸν ἀθυμίατον. τὰ μὲν οὖν πλεῖστα σχεδὸν τῶν σωμάτων τούτοις διαφέρει τοῖς πάθεσιν.

407) *D. an.* III, 6, 430 b. 20.: ἡ δὲ στιγμὴ καὶ πᾶσα διαίρεσις καὶ τὸ οὕτω ἀδιαίρετον δηλοῦται ὥςπερ ἡ στέρησις, καὶ ὅμοιος ὁ λόγος ἐπὶ τῶν ἄλλων, οἷον πῶς τὸ κακὸν γνωρίζει ἢ τὸ μέλαν· τῷ ἐναντίῳ γάρ πως γνωρίζει.

408) *Metaph.* ι, 5, 1055 b. 11.: εἰ δὴ αἱ γενέσεις τῇ ὕλῃ ἐκ τῶν ἐναντίων, γίνονται δὲ ἢ ἐκ τοῦ εἴδους καὶ τῆς τοῦ εἴδους ἕξεως ἢ ἐκ στερήσεώς τινος τοῦ εἴδους καὶ τῆς μορφῆς, δῆλον ὅτι ἡ μὲν ἐναντίωσις στέρησις ἂν τις εἴη πᾶσα, ἡ δὲ στέρησις ἴσως οὐ πᾶσα ἐναντιότης· αἴτιον δ' ὅτι πολλαχῶς ἐνδέχεται ἐστερῆσθαι τὸ ἐστερημένον ..... πᾶσα γὰρ ἐναντίωσις ἔχει στέρησιν θατέρου τῶν ἐναντίων· ἀλλ' οὐχ ὁμοίως πάντα· ἀνισότης μὲν γὰρ ἰσότητος, ἀνομοιότης δὲ ὁμοιότητος, κακία δὲ ἀρετῆς. διαφέρει δὲ ὥςπερ εἴρηται, τὸ μὲν γὰρ ἐὰν μόνον ᾖ ἐστερημένον, τὸ δ' ἐὰν ᾖ ποτὲ ἢ ἔν τινι, οἷον ἂν ἐν ἡλικίᾳ τινὶ ἢ τῷ κυρίῳ ἢ πάντῃ.

nicht Alles ist sofort entweder gleich oder ungleich, und es gibt also Etwas, was weder gleich noch ungleich ist, sowie es auch Menschen gibt, welche weder gut noch bös sind; hingegen insoweit das zu Grunde liegende Stoffliche schon eine feste Bestimmtheit hat, ist das Entblösstsein sofort schon positiver Gegensatz, wie z. B. die Zahl ist nothwendig entweder gerade oder ungerade [409]). Vgl. oben Anm. 212 f. So also sind die beiden Extreme für die Veränderung überhaupt die Gegensätze und der eine der beiden Gegensätze ist stets ein Entblösstsein [410]); hiemit gibt es, inwieferne diese erste ursprünglichste Gegensätzlichkeit, welche in dem Ansichhaben und dem Entblösstsein beruht, in der Verwirklichung auftritt, auch negative Wesenheiten und negative begriffliche Formen, welche nemlich ihre Wesenheit in dem Entblösstsein besitzen, z. B. Krankheit [411]), und ebenso gibt es wieder ein Uebergehen aus dieser negativen Bestimmtheit in den Gegensatz derselben, z. B. der Genesende entsteht aus Stoff und Entblösstsein [412]). So heisst auch Negatives, sei es Wesenheit oder Uebergang zur Wesenheit, in gleicher Weise wie Affirmatives ein Seiendes [413]).

Das Motiv der Alternative beruht überhaupt in dem Verhältnisse des Gegenüberliegens (*ἀντικείμενον*), mag hiebei ein Entblösstsein oder ein positiver Gegensatz ausgesprochen sein, denn das Gegenüberliegende kann nicht zu gleicher Zeit an dem Nemlichen stattfinden [414]); und es muss die Alternative auch allenfalls bei drei Gliedern, wie z. B. bei „Gleich, Grösser, Kleiner" gesucht werden, wobei sich zeigen wird, dass das „Gleich" die auf Entblösstsein beruhende Verneinung der vereinigten beiden anderen zusammen ist [415]). Aber eben auf die in dem

---

409) Ebend. 1055 b. 8.: *διὸ ἀντιφάσεως μὲν οὐκ ἔστι μεταξύ, στερήσεως δέ τινος ἔστιν· ἴσον μὲν γὰρ ἢ οὐκ ἴσον πᾶν, ἴσον δ' ἢ ἄνισον οὐ πᾶν, ἀλλ' εἴπερ, μόνον ἐν τῷ δεκτικῷ τοῦ ἴσου* ..... (23.) *διὸ τῶν μὲν ἔστι μεταξύ, καὶ ἔστιν οὔτε ἀγαθὸς ἄνθρωπος οὔτε κακός, τῶν δὲ οὐκ ἔστιν, ἀλλ' ἀνάγκη εἶναι ἢ περιττὸν ἢ ἄρτιον, ὅτι τὰ μὲν ἔχει τὸ ὑποκείμενον ὡρισμένον, τὰ δ' οὔ.*

410) Ebend. 1055 b. 16.: *ἐξ ὧν γὰρ αἱ μεταβολαὶ ἐσχάτων, ἐναντία ταῦτα* ..... (26.) *ὥστε φανερὸν ὅτι ἀεὶ θάτερον τῶν ἐναντίων λέγεται κατὰ στέρησιν.* Ebend. *Γ*, 2, 1004 b. 27.: *τῶν ἐναντίων ἡ ἑτέρα συστοιχία στέρησις, καὶ πάντα ἀνάγεται εἰς τὸ ὂν καὶ τὸ μὴ ὂν καὶ ἓν καὶ πλῆθος, οἷον στάσις τοῦ ἑνός, κίνησις δὲ τοῦ πλήθους.*

411) Ebend. *Z*, 7, 1032 b. 1.: *εἶδος δὲ λέγω τὸ τί ἦν εἶναι ἑκάστου καὶ τὴν πρώτην οὐσίαν· καὶ γὰρ τῶν ἐναντίων τρόπον τινὰ τὸ αὐτὸ εἶδος· τῆς γὰρ στερήσεως οὐσία ἡ οὐσία ἡ ἀντικειμένη, οἷον ὑγίεια νόσου· ἐκείνης γὰρ ἀπουσίᾳ δηλοῦται ἡ νόσος.*

412) Ebend. 1033 a. 9.: *γίνεται* (sc. *ὁ ὑγιαίνων*) *ἐκ τῆς στερήσεως καὶ τοῦ ὑποκειμένου ὃ λέγομεν τὴν ὕλην, οἷον καὶ ὁ ἄνθρωπος καὶ ὁ κάμνων γίνεται ὑγιής· μᾶλλον μέντοι λέγεται γίνεσθαι ἐκ τῆς στερήσεως, οἷον ἐκ κάμνοντος ὑγιὴς ἢ ἐξ ἀνθρώπου.*

413) Ebend. *Γ*, 2, 1003 b. 6.: *τὰ μὲν γὰρ ὅτι οὐσίαι ὄντα λέγεται τὰ δ' ὅτι πάθη οὐσίας τὰ δ' ὅτι ὁδὸς εἰς οὐσίαν ἢ φθοραὶ ἢ στερήσεις ἢ ποιότητες ἢ ποιητικὰ ἢ γεννητικὰ οὐσίας ἢ τῶν πρὸς τὴν οὐσίαν λεγομένων ἢ τούτων τινὸς ἀποφάσεις ἢ οὐσίας.*

414) Ebend. *ι*, 5, 1055 b. 32.: *τὸ γὰρ „πότερον" ἀεὶ ἐν ἀντιθέσει λέγομεν, οἷον πότερον λευκὸν ἢ μέλαν καὶ πότερον λευκὸν ἢ οὐ λευκόν* .... *τὰ γὰρ ἀντικείμενα μόνα οὐκ ἐνδέχεται ἅμα ὑπάρχειν.*

415) Ebend. 1056 a. 3.: *εἰ δὴ ἐν τοῖς ἀντικειμένοις ἀεὶ τοῦ ποτέρου ἡ ζήτησις, λέγεται δὲ πότερον μεῖζον ἢ ἔλαττον ἢ ἴσον, τίς ἐστιν ἡ ἀντίθεσις πρὸς ταῦτα τοῦ ἴσου;* .... (17.) *ἀμφοῖν ἄρα ἀπόφασις στερητική· διὸ καὶ*

Stofflichen schon vorliegende Naturbestimmtheit kömmt Alles an; so ist z. B. bei demjenigen, was weder weiss noch schwarz ist, also dem Weissen und Schwarzen zugleich als Entblösstseins-Verneinung (*ἀπόφασις στερητική*) gegenüberliegt, wieder die Natur-Bestimmtheit einer Mehrheit von Farben vorhanden; und es darf daher hier am allerwenigsten aus einer Gleichmässigkeit des Sprachausdruckes Etwas gefolgert werden, denn wenn z. B. auch zwischen Gut und Bös dasjenige in Mitte liegt, was weder gut noch bös ist, so ist darum nicht dasjenige, was weder Schuh noch Hand ist, etwa ein Mittelding zwischen Schuh und Hand [416]). Demnach versteht es sich von selbst, dass, wo die Naturbestimmtheit der Gegensätze schon völlig determinirt ist und eine nothwendige Alternative des Stattfindens vorliegt, es kein Mittelding gibt, hingegen wo jenes nicht der Fall ist, jedenfalls Mitteldinge bestehen, denn Ansichhaben und Entblösstsein beruhen auf jener Naturbestimmtheit, von welcher daher Alles bedingt ist; eben darum ja ist nicht jedes Entblösstsein schon ein Gegensatz, denn bei Gesensätzen besteht entweder bereits die nothwendige Alternative, wo nemlich kein Mittelding da ist, oder es ist die Möglichkeit mehrerer Mittelstufen da, in beiden Fällen also muss das Entblösstsein schon gleichfalls vorerst seine bestimmte Determination gefunden haben; darum ist auch bei jenem Verhältnisse zwischen Ansichhaben und Entblösstsein, welches noch nicht zum positiven Gegensatze sich determinirt hat, sowohl bei dem Vorhandensein des Substrates keine nothwendige Alternative, als sind beim Nichtvorhandensein des Substrates beide, sowohl das Ansichhaben als auch das Entblösstsein, unwahr [417]).

πρὸς ἀμφότερα τὸ πότερον λέγεται, πρὸς δὲ θάτερον οὔ, οἷον πότερον μεῖζον ἢ ἴσον, ἢ πότερον ἴσον ἢ ἔλαττον, ἀλλ᾽ ἀεὶ τρία.

416) Ebend. 1056 a. 20.: *οὐ στέρησις δὲ ἐξ ἀνάγκης, οὐ γὰρ πᾶν ἴσον ὃ μὴ μεῖζον ἢ ἔλαττον, ἀλλ᾽ ἐν οἷς πέφυκεν ἐκεῖνα· ἔστι δὴ τὸ ἴσον τὸ μήτε μέγα μήτε μικρὸν, πεφυκὸς δὲ μέγα ἢ μικρὸν εἶναι, καὶ ἀντίκειται ἀμφοῖν ὡς ἀπόφασις στερητικὴ, διὸ καὶ μεταξύ ἐστιν .... ἀλλὰ μᾶλλον τὸ μήτε λευκὸν μήτε μέλαν· ἓν δὲ οὔτε τοῦτο λέγεται, ἀλλ᾽ ὡρισμένα πως τὰ χρώματα ἐφ᾽ ὧν λέγεται στερητικῶς ἡ ἀπόφασις αὕτη, ἀνάγκη γὰρ ἢ φαιὸν ἢ ὠχρὸν εἶναι ἢ τοιοῦτόν τι ἄλλο· ὥστε οὐκ ὀρθῶς ἐπιτιμῶσιν οἱ νομίζοντες ὁμοίως λέγεσθαι πάντα, ὥστε ἔσεσθαι ὑποδήματος καὶ χειρὸς μεταξὺ τὸ μήτε ὑπόδημα μήτε χεῖρα, εἴπερ καὶ τὸ μήτε ἀγαθὸν μήτε κακὸν τοῦ ἀγαθοῦ καὶ κακοῦ, ὡς πάντων ἐσομένου τινὸς μεταξύ.*

417) Cat. 10, 11 b. 38: *ὅσα δὲ τῶν ἐναντίων τοιαῦτά ἐστιν ὥστε ἐν οἷς πέφυκε γίνεσθαι ἢ ὧν κατηγορεῖται ἀναγκαῖον αὐτῶν θάτερον ὑπάρχειν, τούτων οὐδέν ἐστιν ἀνὰ μέσον· ὧν δέ γε μὴ ἀναγκαῖον θάτερον ὑπάρχειν, τούτων ἔστι τι ἀνὰ μέσον πάντως* ..... 12 a. 26.: *στέρησις δὲ καὶ ἕξις λέγεται μὲν περὶ ταὐτόν τι οἷον ἡ ὄψις καὶ ἡ τυφλότης περὶ ὀφθαλμόν· καθόλου δὲ εἰπεῖν, ἐν ᾧ ἡ ἕξις πέφυκε γίνεσθαι περὶ τοῦτο λέγεται ἑκάτερον αὐτῶν· ἐστερῆσθαι δὲ τότε λέγομεν ἕκαστον τῶν τῆς ἕξεως δεκτικῶν, ὅταν ἐν ᾧ πέφυκεν ὑπάρχειν καὶ ὅτε πέφυκεν ἔχειν μηδαμῶς ὑπάρχῃ* ..... 13 a. 2.: *ἐπὶ τῆς στερήσεως καὶ τῆς ἕξεως οὐδέτερον τῶν εἰρημένων ἀληθές· οὔτε γὰρ ἀεὶ τῷ δεκτικῷ ἀναγκαῖον θάτερον αὐτῶν ὑπάρχειν, τὸ γὰρ μήπω πεφυκὸς ὄψιν ἔχειν οὔτε τυφλὸν οὔτε ὄψιν ἔχον λέγεται .... ἀλλ᾽ οὐδ᾽ ὧν τι ἔστιν ἀνὰ μέσον* .... (13.) *ἐπὶ δέ γε τῶν ἐναντίων, ὧν ἔστι τι ἀνὰ μέσον, οὐδέποτε ἀναγκαῖον ἦν παντὶ θάτερον ὑπάρχειν ἀλλὰ τισὶ καὶ τούτοις ἀφωρισμένως τὸ ἕν· ὥστε δῆλον ὅτι κατ᾽ οὐδέτερον τῶν τρόπων ὡς τὰ ἐναντία ἀντίκειται τὰ κατὰ στέρησιν καὶ ἕξιν ἀντικείμενα* ..... 13 b. 20.: *ἐπὶ δὲ τῆς στερήσεως καὶ τῆς ἕξεως μὴ ὄντος τε ὅλως οὐδέτερον ἀληθὲς ὄντος τε οὐκ ἀεὶ θάτερον ἀληθὲς θάτε-*

Also die in dem Stofflichen (d. h., wie wir sogleich sehen werden, in der Gattung) bereits vorliegende Natur-Bestimmtheit ist das Entscheidende; denn wo bei mehreren Gliedern durch das Poniren des Einen eine gemeinschaftliche Verneinung der übrigen gegeben ist, da bestehen eben vermöge einer ursprünglichen Bestimmtheit Mitteldinge, welche sofort eine anderweitige Gattung bedingen, denn dann ist das zu Grunde liegende nicht ein Eines; also z. B. das Gleich-sein ist bereits eine andere Gattung als das Grösser-oder-Kleiner-sein, denn es ist hier schon beiderseits eine Determination des Wesens eingetreten, und es besteht nicht ein „Unterschied" zwischen Gleich-sein und Grösser-sein, denn letzteres gehört schon in die Gattung des Ungleich-seins, sondern wohl zwischen Gleich-sein und Ungleich-sein [418]). Aber diese Mitteldinge, welche eine Gattungs-Verschiedenheit zur Folge haben, müssen selbst auf ursprünglichen Gegensätzen beruhen (z. B. eben Gleich und Ungleich, oder höher hinauf „Gleich" und „Weder Gleich noch Ungleich"; diess ist gerade die vorliegende Naturbestimmtheit), und somit gehören sie selbst wieder unter die nemliche höhere Gattung, unter welche jene Gegensätze gehören, deren Mitteldinge sie sind; und in diesem Bestande von ursprünglichen Gegensätzen und Mitteldingen beruht der Verwirklichungs-Process und die Veränderung überhaupt; sowie die Gegensätze und die Mitteldinge sämmtlich zur nemlichen höheren Gattung gehören, so bleibt auch der Process der Veränderung innerhalb der nemlichen Gattung; hiezu also muss es ein Gegenüberliegen überhaupt geben, da aber das nach Affirmation und Negation Gegenüberliegende kein Mittelding besitzen kann, und das Gegenüberliegen des Relativen jeder Bestimmtheit entbehrt, so bleibt nur das Gegenüberliegen des Gegensatz-seins und hiemit von dem Entblösstsein jenes übrig, welches durch specielle Determination selbst ein Gegensatz geworden ist [419]). Also der Verwirklichungs-Process und die Ver-

---

ρον δὲ ψεῦδος· τὸ γὰρ ὄψιν ἔχειν Σωκράτην τῷ τυφλὸν εἶναι Σωκράτην ἀντίκειται ὡς στέρησις καὶ ἕξις καὶ ὄντος τε οὐκ ἀναγκαῖον θάτερον ἀληθὲς εἶναι ἢ ψεῦδος, ὅτε γὰρ μήπω πέφυκεν ἔχειν ἀμφότερα ψευδῆ, μὴ ὄντος τε ὅλως τοῦ Σωκράτους καὶ οὕτω ψευδῆ ἀμφότερα. Es ist überhaupt zu bemerken, dass in dem Buche *Κατηγορίαι* in Folge seiner wahrscheinlichen an die Topik anknüpfenden Entstehung jene ontologische Seite der *στέρησις*, mit welcher sie zum positiven Gegensatze selbst hinüberführt, fast gänzlich in den Hintergrund tritt; darum kömmt der Verfasser jenes Buches auch zu dem Ausspruche, dass es vom Entblösstsein weg keinen Uebergang zur Position gebe (13a. 32.: *ἀπὸ μὲν γὰρ τῆς ἕξεως ἐπὶ τὴν στέρησιν γίνεται μεταβολή, ἀπὸ δὲ τῆς στερήσεως ἐπὶ τὴν ἕξιν ἀδύνατον· οὔτε γὰρ τυφλὸς γενόμενός τις πάλιν ἀνέβλεψεν οὔτε φαλακρὸς ὢν πάλιν κωμήτης ἐγένετο οὔτε νωδὸς ὢν ὀδόντας ἔφυσεν*), was in directem Widerspruche mit dem oben Anm. 412. angeführten ist.

418) *Metaph. ι*, 5, 1056a. 35.: *ἡ μὲν γὰρ ἀντικειμένων συναπόφασίς ἐστιν ὧν ἔστι μεταξύ τι καὶ διάστημά τι πέφυκεν εἶναι· τῶν δ' οὐκ ἔστι διαφορά· ἐν ἄλλῳ γὰρ γένει ὧν αἱ συναποφάσεις, ὥστ' οὐχ ἓν τὸ ὑποκείμενον.*

419) Ebend. 7, 1057a. 18.: *ἐπεὶ δὲ τῶν ἐναντίων ἐνδέχεται εἶναί τι μεταξὺ καὶ ἐνίων ἔστιν, ἀνάγκη ἐκ τῶν ἐναντίων εἶναι τὰ μεταξύ· πάντα γὰρ τὰ μεταξὺ ἐν τῷ αὐτῷ γένει ἐστὶ καὶ ὧν ἐστὶ μεταξύ· μεταξὺ μὲν γὰρ ταῦτα λέγομεν εἰς ὅσα μεταβάλλειν ἀνάγκη πρότερον τὸ μεταβάλλον* ..... (26.) *μεταβάλλειν δ' ἐξ ἄλλου γένους εἰς ἄλλο γένος οὐκ ἔστιν ἀλλ' ἢ κατὰ συμβεβηκός* .... *ἀνάγκη ἄρα τὰ μεταξὺ καὶ αὐτοῖς καὶ ὧν μεταξύ εἰσιν ἐν τῷ αὐτῷ γένει εἶναι· ἀλλὰ μὴν πάντα γε τὰ μεταξύ ἐστιν ἀντι-*

änderung sind fixirt nach den Gegensätzen und Mitteldingen, je nachdem dieselben durch die ursprüngliche Natur-Bestimmtheit dargeboten sind, denn nicht beliebig ist alles „Weder — noch“ ein Mittelding (Anm. 416), so dass es etwa auch ein Mittelding zwischen Pferd und Mensch gäbe, sondern die äussersten Gegensätze liegen determinirt vor und von ihnen hängen die Mittelstufen ab, welche in dem Veränderungs-Processe sich auch selbstständig absetzen und hiedurch gleichsam an Stelle der Extreme treten können[420]). Und sowie es nun je nach der ursprünglichen Bestimmtheit Gattungen gibt, in welchen die Verneinung sofort schon den positiven Gegensatz mit sich bringt, z. B. das Ungerade bei der Zahl[421]), so geht überhaupt die blosse Verneinung nur auf ein Stattfinden, welches entweder schlechthin oder in Bezug auf eine bestimmte Gattung besteht, bei dem Entblösstsein hingegen liegt schon irgend ein bestimmtes stofflich Natürliches zu Grunde, und so ist der „Unterschied“ positiv neben der Verneinung vorhanden, nemlich das determinirte Entblösststein, d. h. die Gegensätzlichkeit ist ein Unterschied, der Unterschied aber eben eine Species der Verschiednerleiheit[422]).

Nemlich die Gegensätzlichkeit, d. h. das positiv determinirte Entblösstsein, ist der „grösste Unterschied“ oder der „vollendete Unterschied“[423]); kurz die Gegensätze sind dasjenige, was innerhalb der

---

κειμένων τινῶν· ἐκ τούτων γὰρ μόνων καθ᾽ αὑτὰ ἔστι μεταβάλλειν· διὸ ἀδύνατον εἶναι μεταξὺ μὴ ἀντικειμένων .... τῶν δ᾽ ἀντικειμένων ἀντιφάσεως μὲν οὐκ ἔστι μεταξύ .... τῶν δὲ λοιπῶν τὰ μὲν πρός τι τὰ δὲ στέρησις τὰ δ᾽ ἐναντία ἐστίν· τῶν δὲ πρός τι ὅσα μὴ ἐναντία, οὐκ ἔχει μεταξύ, αἴτιον δ᾽ ὅτι οὐκ ἐν τῷ αὐτῷ γένει ἐστίν ..... εἰ δ᾽ ἐστὶν ἐν ταὐτῷ γένει τὰ μεταξὺ, ὥςπερ δέδεικται, καὶ μεταξὺ ἐναντίων, ἀνάγκη αὐτὰ συγκεῖσθαι ἐκ τούτων τῶν ἐναντίων.

420) Ebend. *Γ*, 7, 1011 b. 30.: *ἔτι ἤτοι τὸ μεταξὺ ἔσται τῆς ἀντιφάσεως ὥςπερ τὸ φαιὸν μέλανος καὶ λευκοῦ, ἢ ὡς τὸ μηδέτερον ἀνθρώπου καὶ ἵππου· εἰ μὲν οὖν οὕτως, οὐκ ἂν μεταβάλλοι, ἐκ μὴ ἀγαθοῦ γὰρ εἰς ἀγαθὸν μεταβάλλει ἢ ἐκ τούτου εἰς μὴ ἀγαθόν· νῦν δ᾽ ἀεὶ φαίνεται· οὐ γὰρ ἔστι μεταβολὴ ἀλλ᾽ ἢ εἰς τὰ ἀντικείμενα καὶ μεταξύ. Phys. ausc.* V, 1, 224 b. 30.: *ἐκ δὲ τοῦ μεταξὺ μεταβάλλει, χρῆται γὰρ αὐτῷ ὡς ἐναντίῳ ὄντι πρὸς ἑκάτερον, ἔστι γάρ πως τὸ μεταξὺ τὰ ἄκρα.* Ebend. 3, 226 b. 23.: *μεταξὺ δ᾽ εἰς ὃ πέφυκε πρῶτον ἀφικνεῖσθαι τὸ μεταβάλλον ἢ εἰς ὃ ἔσχατον μεταβάλλει κατὰ φύσιν συνεχῶς μεταβάλλον. D. gen. et corr.* I, 7, 324 a. 7.: *φανερὸν ὅτι παθητικὰ καὶ ποιητικὰ ἀλλήλων ἐστὶ τά τ᾽ ἐναντία καὶ τὰ μεταξύ· καὶ γὰρ ὅλως φθορὰ καὶ γένεσις ἐν τούτοις. Cat.* 10, 13 a. 18.: *ἐπὶ μὲν τῶν ἐναντίων ὑπάρχοντος τοῦ δεκτικοῦ δυνατὸν εἰς ἄλληλα μεταβολὴν γενέσθαι.*

421) *Metaph. Γ*, 7, 1012 a. 9.: *ἔτι ἐν ὅσοις γένεσιν ἡ ἀπόφασις τὸ ἐναντίον ἐπιφέρει, καὶ ἐν τούτοις ἔσται, οἷον ἐν ἀριθμοῖς.*

422) Ebend. 2, 1004 a. 10.: *ἀπόφασιν δὲ καὶ στέρησιν μιᾶς ἔστι θεωρῆσαι διὰ τὸ ἀμφοτέρως θεωρεῖσθαι τὸ ἕν, οὗ ἡ ἀπόφασις ἢ ἡ στέρησις· ἢ γὰρ ἁπλῶς λέγομεν ὅτι οὐχ ὑπάρχει ἐκεῖνο ἤ τινι γένει· ἔνθα μὲν οὖν τῷ ἑνὶ ἡ διαφορὰ πρόσεστι παρὰ τὸ ἐν τῇ ἀποφάσει, ἀπουσία γὰρ ἡ ἀπόφασις ἐκείνου ἐστὶν, ἐν δὲ τῇ στερήσει καὶ ὑποκειμένη τις φύσις γίνεται καθ᾽ ἧς λέγεται ἡ στέρησις* ..... (21.) *διαφορὰ γάρ τις ἡ ἐναντιότης, ἡ δὲ διαφορὰ ἑτερότης.*

423) Ebend. *ι*, 4, 1055 a. 3.: *ἐπεὶ δὲ διαφέρειν ἐνδέχεται ἀλλήλων τὰ διαφέροντα πλεῖον καὶ ἔλαττον, ἔστι τις καὶ μεγίστη διαφορὰ καὶ ταύτην λέγω ἐναντίωσιν* ..... (16.) *ὅτι μὲν οὖν ἡ ἐναντιότης ἐστὶ διαφορὰ τέλειος, ἐκ τούτων δῆλον.* Ebend. 8, 1058 a. 11.: *ἡ γὰρ ἐναντιότης ἦν διαφορὰ τελεία. D. part. an.* I, 3, 643 a. 31.: *διαφορὰ γὰρ ἀλλήλοις τἀντικείμενα, οἷον λευκότης καὶ μελανία καὶ εὐθύτης καὶ καμπυλότης.*

nemlichen Gattung und innerhalb des für sie Empfänglichen am meisten sich unterscheidet oder am weitesten von einander absteht [424]), und hiemit haben wir, nachdem sich uns das Entblösstsein in den bestimmten Gegensatz umgesetzt hat, zu dem schon oben Anm. 400. erreichten Standpunkte zurückzukehren und den Verwirklichungsprocess zu betrachten, in welchem das stoffliche Sein der Gattung zur begrifflichen Form des Artbegriffes sich determinirt. Nemlich die Gattung ist ein Früheres als die Gegensätze, und die gegensätzlichen Unterschiede, welche bewirken, dass die Gegensätze als Artbegriffe der Gattung auftreten, sind gleichfalls ein Früheres; so besteht in der Naturbestimmtheit der stofflich vorliegenden Gattung ein Artbegriff-erzeugender Unterschied (differentia specifica), und die Artbegriffe entstehen aus der Gattung und den Unterschieden, ingleichem besteht auch das Uebrige, nemlich die Mitteldinge, aus der Gattung und den Unterschieden [425]); es sind nemlich die Unterschiede nicht immer selbst schon die ersten Gegensätze, und es ist daher die Aufgabe, zu suchen, woraus die Mitteldinge entstehen; denn Alles, was innerhalb der nemlichen Gattung auftritt, besteht entweder aus demjenigen, was an und für sich ohne den Stoff, welcher potenziell es vereinigt, nicht zusammensetzbar ist, oder es ist selbst ein solches, d. h. alles zu einer Gattung Gehörende besteht entweder aus unverträglichen Gegensätzen oder ist selbst einer von zwei unverträglichen Gegensätzen; in diesen unverträglichen Gegensätzen aber bewegt sich alle Veränderung, auch jene, welche Mittelstufen durchläuft, und diese sind es eben, was aus jenen besteht; somit liegen allem innerhalb Einer Gattung Auftretenden die obersten ursprünglichen Gegensätze der Gattung selbst zu Grunde [426]). So ist dasjenige, was dem Artbegriffe nach ver-

---

424) *Met.* a. a. O. 4, 1055 a. 27.: *τούτων δ' αὕτη μεγίστη καὶ τὰ ἐν ταὐτῷ γένει πλεῖστον διαφέροντα ἐναντία, μεγίστη γὰρ διαφορὰ τούτων ἡ τέλειος, καὶ τὰ ἐν ταὐτῷ δεκτικῷ πλεῖστον διαφέροντα ἐναντία· ἡ γὰρ ὕλη ἡ αὐτὴ τοῖς ἐναντίοις καὶ τὰ ὑπὸ τὴν αὐτὴν δύναμιν πλεῖστον διαφέροντα.* Ebend. *Δ*, 10, 1018 a. 25.: *ἐναντία λέγεται τά τε μὴ δυνατὰ ἅμα τῷ αὐτῷ παρεῖναι τῶν διαφερόντων κατὰ γένος, καὶ τὰ πλεῖστον διαφέροντα τῶν ἐν τῷ αὐτῷ γένει, καὶ τὰ πλεῖστον διαφέροντα τῶν ἐν ταὐτῷ δεκτικῷ, καὶ τὰ πλεῖστον διαφέροντα τῶν ὑπὸ τὴν αὐτὴν δύναμιν, καὶ ὧν ἡ διαφορὰ μεγίστη ἢ ἁπλῶς ἢ κατὰ γένος ἢ κατ' εἶδος.* *Cat.* 6, 6 a. 17.: *τὰ γὰρ πλεῖστον ἀλλήλων διεστηκότα τῶν ἐν τῷ αὐτῷ γένει ἐναντία ὁρίζονται.* *Meteor.* II, 6, 363 a. 30.: *ὑποκείσθω δὲ πρῶτον ἐναντία κατὰ τόπον εἶναι τὰ πλεῖστον ἀπέχοντα κατὰ τόπον ὥςπερ κατ' εἶδος ἐναντία τὰ πλεῖστον ἀπέχοντα κατὰ τὸ εἶδος.*

425) *Metaph.* ι, 7, 1057 b. 5.: *καὶ εἰ μὲν γένος ἔσται οὕτως ὥστ' εἶναι πρότερόν τι τῶν ἐναντίων, αἱ διαφοραὶ πρότεραι ἐναντίαι ἔσονται αἱ ποιήσασαι τὰ ἐναντία εἴδη ὡς γένους, ἐκ γὰρ τοῦ γένους καὶ τῶν διαφορῶν τὰ εἴδη. .... ἀλλὰ μὴν τὰ γ' ἐναντίως διαφέροντα μᾶλλον ἐναντία, καὶ τὰ λοιπὰ καὶ τὰ μεταξὺ ἐκ τοῦ γένους ἔσται καὶ τῶν διαφορῶν.*

426) Ebend. wird fortgefahren 1057 b. 13.: *οἷον ὅσα χρώματα τοῦ λευκοῦ καὶ μέλανός ἐστι μεταξύ, ταῦτα δεῖ ἐκ τοῦ γένους λέγεσθαι, ἔστι δὲ γένος τὸ χρῶμα, καὶ ἐκ διαφορῶν τινῶν· αὗται δ' οὐκ ἔσονται τὰ πρῶτα ἐναντία· εἰ δὲ μή, ἔσται ἕκαστον ἢ λευκὸν ἢ μέλαν· ἕτεραι ἄρα· μεταξὺ ἄρα τῶν πρώτων ἐναντίων αὗται ἔσονται ..... ὥστε ταῦτα πρῶτα ζητητέον ὅσα ἐναντία μὴ ἐν γένει ἐκ τίνος τὰ μεταξὺ αὐτῶν· ἀνάγκη γὰρ τὰ ἐν ταὐτῷ γένει ἐκ τῶν ἀσυνθέτων τῷ γένει συγκεῖσθαι ἢ ἀσύνθετα εἶναι· τὰ μὲν οὖν ἐναντία ἀσύνθετα ἐξ ἀλλήλων ὥστ' ἀρχαί· τὰ δὲ μεταξὺ ἢ πάντα ἢ οὐδέν· ἐκ δὲ τῶν ἐναντίων γίνεταί τι ὥστ' ἔσται μεταβολὴ εἰς τοῦτο πρὶν*

schieden ist, ein bestimmtes von einem anderen Bestimmten Verschiedenes, und was dem Artbegriffe nach verschieden ist, gehört der nemlichen Gattung an; das Eine Gemeinsame dabei ist eben die Gattung in der Weise, dass dieses Gemeinsame in den Artbegriffen eben seine bestimmte Verschiedenheit findet; und in dieser bestimmten Verschiedenheit beruht jetzt das Ansichsein (*καθ' αὑτό*) des Artbegriffes [427]). Unterschied einer Gattung ist jene Verschiedenheit, durch welche die Gattung selbst zu einem Verschiedenen gemacht wird, jene Verschiedenheit aber ist eben die Gegensätzlichkeit [428]). So kann gesagt werden, ein sich Unterscheidendes sei dasjenige, was verschieden ist, während es zugleich ein Nemliches ist, oder dasjenige, was in seiner Wesenheit eine Verschiedenheit enthält, also auch die Gegensätze selbst, und um so mehr jenes, was einer verschiedenen Gattung angehört [429]), sowie auch dass alle Gegensätze entweder in der nemlichen Gattung oder in entgegengesetzten Gattungen auftreten oder selbst Gattungen sind [430]).

Bei demjenigen daher, was schon der Gattung nach einen Unterschied in sich enthält, ist keinerlei Vermittlungsweg, denn solches hat einen zu grossen ursprünglichen Abstand und ist incommensurabel, und es hat dasjenige, was innerhalb Einer Gattung liegt, in Bezug auf das ausserhalb derselben Stehende keinen Unterschied [431]). Was aber dem Artbegriffe nach sich unterscheidet, hat seine Entstehung aus den ersten ursprünglichsten und darum grössten Gegensätzen, welche daher auch das abschliessende Ziel des vollendeten Unterschiedes herbeiführt [432]); und es kann darum weder Eines mehrere Gegensätze haben, noch kann es Un-

---

ἢ εἰς αὐτά· ἑκατέρου γὰρ καὶ ἧττον ἔσται καὶ μᾶλλον· μεταξὺ ἄρα ἔσται καὶ τοῦτο τῶν ἐναντίων· καὶ τἆλλα ἄρα πάντα σύνθετα τὰ μεταξύ ..... ἐπεὶ δ' οὐκ ἔστιν ἕτερα πρότερα ὁμογενῆ τῶν ἐναντίων, ἅπαντ' ἂν ἐκ τῶν ἐναντίων εἴη τὰ μεταξὺ, ὥστε καὶ τὰ κάτω πάντα καὶ τἀναντία καὶ τὰ μεταξὺ ἐκ τῶν πρώτων ἐναντίων ἔσονται.

427) Ebend. 8, 1057 b. 35.: *τὸ δ' ἕτερον τῷ εἴδει τινὸς τὶ ἕτερόν ἐστι καὶ δεῖ τοῦτο ἀμφοῖν ὑπάρχειν .... ἀνάγκη ἄρα ἐν γένει τῷ αὐτῷ εἶναι τὰ ἕτερα τῷ εἴδει· τὸ γὰρ τοιοῦτον γένος καλῶ ὃ ἄμφω ἓν ταὐτὸ λέγεται μὴ κατὰ συμβεβηκὸς ἔχον διαφορὰν εἴθ' ὡς ὕλη ὂν εἴτ' ἄλλως· οὐ μόνον γὰρ δεῖ τὸ κοινὸν ὑπάρχειν, οἷον ἄμφω ζῷα, ἀλλὰ καὶ ἕτερον ἑκατέρῳ τοῦτο αὐτὸ τὸ ζῷον, οἷον τὸ μὲν ἵππον τὸ δὲ ἄνθρωπον· διὸ τοῦτο τὸ κοινὸν ἕτερον ἀλλήλων ἐστὶ τῷ εἴδει· ἔσται δὴ καθ' αὑτὰ τὸ μὲν τοιονδὶ ζῷον τὸ δὲ τοιονδί.*

428) Ebend. 1058 a. 6.: *ἀνάγκη ἄρα τὴν διαφορὰν ταύτην ἑτερότητα τοῦ γένους εἶναι· λέγω γὰρ γένους διαφορὰν ἑτερότητα ἣ ἕτερον ποιεῖ τοῦτο αὐτό· ἐναντίωσις τοίνυν ἔσται αὕτη.*

429) Ebend. *Δ*, 9, 1018 a. 12.: *διάφορα δὲ λέγεται ὅσ' ἕτερά ἐστι τὸ αὐτό τι ὄντα .... ἔτι ὧν ἕτερον τὸ γένος, καὶ τὰ ἐναντία, καὶ ὅσα ἔχει ἐν τῇ οὐσίᾳ τὴν ἑτερότητα.*

430) *Cat.* 11, 14 a. 19.: *ἀνάγκη δὲ πάντα τὰ ἐναντία ἢ ἐν τῷ αὐτῷ γένει εἶναι η ἐν τοῖς ἐναντίοις γένεσιν ἢ αὐτὰ γένη εἶναι.*

431) *Metaph.* *ι*, 4, 1055 a. 6.: *τὰ μὲν γὰρ γένει διαφέροντα οὐκ ἔχει ὁδὸν εἰς ἄλληλα ἀλλ' ἀπέχει πλέον καὶ ἀσύμβλητα* ..... (26.) *πρὸς τὰ ἔξω τοῦ γένους οὐκ ἔστι διαφορά.*

432) Ebend. 1055 a. 8.: *τοῖς δ' εἴδει διαφέρουσιν αἱ γενέσεις ἐκ τῶν ἐναντίων εἰσὶν ὡς ἐσχάτων· τὸ δὲ τῶν ἐσχάτων διάστημα μέγιστον ὥστε καὶ τὸ τῶν ἐναντίων· ἀλλὰ μὴν τό γε μέγιστον ἐν ἑκάστῳ γένει τέλειον .... τέλος γὰρ ἔχει ἡ τελεία διαφορὰ, ὥςπερ καὶ τἆλλα τῷ τέλος ἔχειν λέγεται τέλεια.*

terschiede des den Gegensatz bedingenden Entblösstseins geben[433]). Alle Gegensätze aber, welche einen artbegrifflichen Unterschied begründen, sind in der gleichen Gruppe von Kategorien, d. h. in der gleichen Gattung (Anm. 335), und die Verschiedenheit der Artbegriffe beruht auf einer individuell und untheilbar bestimmten wesentlichen Gegensätzlichkeit innerhalb Einer Gattung; dem Artbegriffe nach identisch hingegen ist alles dasjenige, was in seiner individuellen und untheilbaren Bestimmtheit keine solche Gegensätzlichkeit mehr enthält[434]); relativ in Bezug auf die Gattung aber besteht zwischen dieser und dem Artbegriffe kein Verhältniss der Identität oder Verschiednerleiheit, und noch weniger erstreckt sich solches über die Eine Gattung hinaus, denn die Gegensätzlichkeit muss der Unterschied desjenigen sein, von welchem sich Etwas dem Artbegriffe nach unterscheidet[435]); und andrerseits kann das Verhältniss der Gattung zu den auf den Unterschieden beruhenden Artbegriffen nicht als ein Theilhaben bezeichnet werden, da ausserdem, weil ja die Unterschiede Gegensätze sind, die Gattung zu gleicher Zeit an Gegensätzen Theil hätte; wohl hingegen muss selbstverständlicher Weise der Artbegriff und das durch ihn determinirte Individuum an der Gattung Theil haben[436]).

Sowie sich nun so die Gattung vermöge des artbildenden Unterschiedes zum Artbegriffe determinirt hat, so ist die begriffliche Wesenheit erreicht, deren bestimmtes Sein in dem ausgesprochenen Begriffe erfasst und in der Definition auseinandergelegt wird; denn die Definition enthält Nichts anderes als die oberste erste Gattung und die Unterschiede; die übrigen niedreren Gattungen aber sind eben die Verflechtung jener höchsten Gattung mit den Unterschieden, wobei es gleichgültig ist, durch

---

433) Ebend. 1055 a. 19.: *οὐκ ἐνδέχεται ἑνὶ πλείω ἐναντία εἶναι· οὔτε γὰρ τοῦ ἐσχάτου ἐσχατώτερον εἴη ἄν τι οὔτε τοῦ ἑνὸς διαστήματος πλείω δυοῖν ἔσχατα.* *D. part. an.* I, 3, 642 b. 22.: *οὐκ ἔστι δὲ διαφορὰ στερήσεως ᾗ στέρησις· ἀδύνατον γὰρ εἴδη εἶναι τοῦ μὴ ὄντος, οἷον τῆς ἀποδίας ἢ τοῦ ἀπτέρου ὥςπερ πτερώσεως καὶ ποδῶν.*

434) *Metaph.* ι, 8, 1058 a. 13.: *διὸ καὶ ἐν τῇ αὐτῇ συστοιχίᾳ πάντα τὰ ἐναντία τῆς κατηγορίας, ὅσα εἴδει διάφορα καὶ μὴ γένει ἕτερά τε ἀλλήλων μάλιστα· τελεία γὰρ ἡ διαφορὰ καὶ ἅμα ἀλλήλοις οὐ γίνεται· ἡ ἄρα διαφορὰ ἐναντίωσίς ἐστιν. τοῦτο ἄρα ἐστὶ τὸ ἑτέροις εἶναι τῷ εἴδει τὸ ἐν ταὐτῷ γένει ὄντα ἐναντίωσιν ἔχειν ἄτομα ὄντα· ἐν γὰρ τῇ διαιρέσει καὶ ἐν τοῖς μεταξὺ γίνονται ἐναντιώσεις πρὶν εἰς τὰ ἄτομα ἐλθεῖν.* Ebend. *Δ*, 10, 1018 a. 38.: *ἕτερα δὲ τῷ εἴδει λέγεται ὅσα τε ταὐτοῦ γένους ὄντα μὴ ὑπάλληλά ἐστι καὶ ὅσα ἐν τῷ αὐτῷ γένει ὄντα διαφορὰν ἔχει καὶ ὅσα ἐν τῇ οὐσίᾳ ἐναντίωσιν ἔχει, καὶ τὰ ἐναντία ἕτερα τῷ εἴδει ἀλλήλων ἢ πάντα ἢ τὰ λεγόμενα πρώτως, καὶ ὅσων ἐν τῷ τελευταίῳ τοῦ γένους εἴδει οἱ λόγοι ἕτεροι, οἷον ἄνθρωπος καὶ ἵππος ἄτομα τῷ γένει, οἱ δὲ λόγοι ἕτεροι αὐτῶν, καὶ ὅσα ἐν τῇ αὐτῇ οὐσίᾳ ὄντα ἔχει διαφοράν· ταὐτὰ δὲ τῷ εἴδει τὰ ἀντικειμένως λεγόμενα τούτοις.*

435) Ebend. ι, 8, 1058 a. 21.: *πρὸς τὸ καλούμενον ὂν γένος οὔτε ταὐτὸν οὔτε ἕτερον τῷ εἴδει οὐδέν ἐστι τῶν ὡς γένους εἰδῶν προσηκόντων ..... οὐδὲ πρὸς τὰ μὴ ἐν ταὐτῷ γένει, ἀλλὰ διοίσει τῷ γένει ἐκείνων, εἴδει δὲ τῶν ἐν ταὐτῷ γένει, ἐναντίωσιν γὰρ ἀνάγκη εἶναι τὴν διαφορὰν οὗ διαφέρει εἴδει, αὕτη δ᾽ ὑπάρχει τοῖς ἐν ταὐτῷ γένει οὖσι μόνοις.*

436) Ebend. *Z*, 12, 1037 b. 19.: *τὸ γὰρ γένος οὐ δοκεῖ μετέχειν τῶν διαφορῶν, ἅμα γὰρ ἂν τῶν ἐναντίων τὸ αὐτὸ μετεῖχεν, αἱ γὰρ διαφοραὶ ἐναντίαι, αἷς διαφέρει τὸ γένος.* *Top.* IV, 2, 122 b. 21.: *πᾶν γὰρ τὸ μετέχον τοῦ γένους ἢ εἶδος ἢ ἄτομόν ἐστιν.*

wieviele Glieder dieses durchgehe; denn diese Mittelglieder verflechten sich neuerdings mit Unterschieden bis herab zu dem nicht mehr Theilbaren; nur versteht es sich von selbst, dass bloss jene Unterschiede ins Auge gefasst werden, welche das Ansichsein betreffen, denn ausser diesen giebt es auch noch viele andere, welche mit dem substanziellen Wesen Nichts zu schaffen haben [437]). Und da nun die Gattung nicht ausserhalb ihrer begrifflich determinirten Arten besteht, sondern als stoffliches Sein derselben vorliegt, so ist die Definition eben der in Folge der Art-Unterschiede ausgesprochene Begriff; hiebei muss daher der Unterschied stets wieder in seine Unterschiede getheilt werden, bis man zu einem Unterschiedslosen gelangt, und es ergeben sich hiedurch eben so viele Artbegriffe als es Unterschiede sind; der letzte Unterschied ist die Wesenheit und die begriffliche Form des so determinirten Seienden, welche in der Definition ausgesprochen wird; insoferne also kein Unterschied mehr weiter vorliegt, ist die bestimmte Wesenheit als solche herausgetreten [438]). Die Gattung ist hiebei die Grundlage für die artbildenden Unterschiede und für die Artbegriffe selbst, sie ist dasjenige, was als Prädicat von den mehreren unter sie fallenden Wesen, welche dem Artbegriffe nach sich unterscheiden, in dem begrifflichen Sein derselben ausgesagt wird, und es gilt darum von allem, von welchem ein artmachender Unterschied gilt, auch die entsprechende Gattung, natürlich aber nicht umgekehrt [439]); so ist die Gattung als ge-

---

437) *Met.* a. a. O. 1037 b. 29.: *οὐδὲν γὰρ ἕτερόν ἐστιν ἐν τῷ ὁρισμῷ πλὴν τό τε πρῶτον λεγόμενον γένος καὶ αἱ διαφοραί· τὰ δ' ἄλλα γένη ἐστὶ τό τε πρῶτον καὶ μετὰ τούτου αἱ συλλαμβανόμεναι διαφοραί, οἷον τὸ πρῶτον ζῷον, τὸ δ' ἐχόμενον ζῷον δίπουν, καὶ πάλιν ζῷον δίπουν ἄπτερον· ὁμοίως δὲ κἂν διὰ πλειόνων λέγεται· ὅλως δ' οὐδὲν διαφέρει διὰ πολλῶν ἢ ὀλίγων λέγεσθαι, ὥστ' οὐδὲ δι' ὀλίγων ἢ διὰ δυοῖν· τοῖν δυοῖν δὲ τὸ μὲν διαφορὰ τὸ δὲ γένος, οἷον τοῦ ζῷον δίπουν τὸ μὲν ζῷον γένος, διαφορὰ δὲ θάτερον* Ebend. *B*, 3, 998 b. 28.: *ἔτι καὶ τὰ μεταξὺ συλλαμβανόμενα μετὰ τῶν διαφορῶν ἔσται γένη μέχρι τῶν ἀτόμων.* *Anal. post.* II, 13, 97 a. 12.: *πολλαὶ γὰρ διαφοραὶ ὑπάρχουσι τοῖς αὐτοῖς τῷ εἴδει, ἀλλ' οὐ κατ' οὐσίαν οὐδὲ καθ' αὑτά.* *D. part. an.* I, 3, 643 a. 27.: *ἔτι διαιρεῖν χρὴ τοῖς ἐν τῇ οὐσίᾳ καὶ μὴ τοῖς συμβεβηκόσι καθ' αὑτὸ, οἷον εἴ τις τὰ σχήματα διαιροίη ὅτι τὰ μὲν δυσὶν ὀρθαῖς ἴσας ἔχει τὰς γωνίας, τὰ δὲ πλείοσιν· συμβεβηκὸς γάρ τι τῷ τριγώνῳ τὸ δυσὶν ὀρθαῖς ἴσας ἔχειν τὰς γωνίας.* Ebend. IV, 12, 693 b. 13.: *τῷ δ' ὄρνιθι ἐν τῇ οὐσίᾳ τὸ πτητικόν ἐστιν.*

348) *Metaph.* a. a. O. wird fortgefahren 1038 a. 5.: *εἰ οὖν τὸ γένος ἁπλῶς μὴ ἔστι παρὰ τὰ ὡς γένους εἴδη, ἢ εἰ ἔστι μὲν ὡς ὕλη δ' ἐστίν, ἡ μὲν γὰρ φωνὴ γένος καὶ ὕλη, αἱ δὲ διαφοραὶ τὰ εἴδη καὶ τὰ στοιχεῖα ἐκ ταύτης ποιοῦσιν, φανερὸν ὅτι ὁ ὁρισμός ἐστιν ὁ ἐκ τῶν διαφορῶν λόγος.* (vgl. ebend. 15, 1040 a. 20.: *οὐκ ἔσται τὸ γένος παρὰ τὰ εἴδη· εἰ δ' ἔσται, καὶ ἡ διαφορά*). *ἀλλὰ μὴν καὶ δεῖ γε διαιρεῖσθαι τὴν τῆς διαφορᾶς διαφοράν, οἷον ζῴου διαφορὰ τὸ ὑπόπουν, πάλιν τοῦ ζῴου τοῦ ὑπόποδος τὴν διαφορὰν δεῖ εἰδέναι ᾗ ὑπόπουν* ..... (16.) *καὶ οὕτως ἀεὶ βούλεται βαδίζειν ἕως ἂν ἔλθῃ εἰς τὰ ἀδιάφορα· τότε δ' ἔσονται τοσαῦτα εἴδη ποδὸς ὅσαιπερ αἱ διαφοραὶ καὶ τὰ ὑπόποδα ζῷα ἴσα ταῖς διαφοραῖς· εἰ δὴ ταῦτα οὕτως ἔχει, φανερὸν ὅτι ἡ τελευταία διαφορὰ ἡ οὐσία τοῦ πράγματος ἔσται καὶ ὁ ὁρισμός* ..... (25.) *ἐὰν μὲν δὴ διαφορᾶς διαφορὰ γίνηται, μία ἔσται ἡ τελευταία τὸ εἶδος καὶ ἡ οὐσία* .... (28.) *ὥστε φανερὸν ὅτι ὁ ὁρισμὸς λόγος ἐστὶν ὁ ἐκ τῶν διαφορῶν καὶ τούτων τῆς τελευταίας κατά γε τὸ ὀρθόν.* *Anal. post.* a. a. O. 97 a. 18.: *φανερὸν γὰρ ὅτι ἂν οὕτω βαδίζων ἔλθῃ εἰς ταῦτα ὧν μηκέτι ἐστὶ διαφορὰ, ἕξει τὸν λόγον τῆς οὐσίας.* *D. part. an.* I, 4, 644 a. 24.: *οὐσίαι μέν εἰσι τὰ ἔσχατα εἴδη, ταῦτα δὲ κατὰ τὸ εἶδος ἀδιάφορα.*

439) *Top.* I, 5, 102 a. 31.: *γένος δ' ἐστὶ τὸ κατὰ πλειόνων καὶ διαφε-*

meinschaftliches Prädicat das allgemeine umfassende Ganze, und andrerseits kann sie auch wieder ein Theil des Artbegriffes oder der begrifflichen Form heissen, weil ja sie und der artmachende Unterschied jenes sind, aus welchem die begriffliche Wesenheit besteht [440]. Auch versteht es sich darum von selbst, dass der artmachende Unterschied weder bereits der Artbegriff selbst ist, denn nur an dem Stoffe als solchem ist er die begriffliche Form, noch an der Gattung Theil hat, wohl aber letzteres bei dem aus jenen beiden bestehenden Artbegriffe der Fall ist (Anm. 436); hingegen muss in gleicher Weise die Gattung von dem nicht unter sie Fallenden und der artmachende Unterschied von dem unter sie Fallenden getrennt werden [441]; der artmachende Unterschied ist ja, abgesehen von der Naturbestimmtheit der Gattung, dasjenige, wodurch die individuelle Bestimmtheit der Wesenheit herbeigeführt wird, und er ist daher mit letzterer so enge verbunden, dass auch sein begriffliches Sein von der individuellen Wesenheit selbst prädicirt wird; hiedurch eben unterscheidet er sich von der blossen Inhärenz, welche als unselbstständige Eigenschaft an den Wesenheiten vorkömmt [442]. Wo in der Naturbestimmtheit der Gattung eine Mehrheit artmachender Unterschiede besteht, ergeben sich auch mehrere coordinirte Artbegriffe von gleicher Berechtigung [443], und andrerseits kann ebenso bei der abwärts gehenden Stu-

---

ρόντων τῷ εἴδει ἐν τῷ τί ἐστι κατηγορούμενον. *Metaph.* Δ, 4, 1014 b. 12.: ᾧ μὲν γὰρ ἡ διαφορὰ ὑπάρχει, καὶ τὸ γένος ἀκολουθεῖ, ᾧ δὲ τὸ γένος, οὐ παντὶ ἡ διαφορά.

440) *Metaph.* Δ, 26, 1023 b. 29.: τὸ μὲν γὰρ καθόλου καὶ τὸ ὅλως λεγόμενον ὡς ὅλον τι ὂν οὕτως ἐστὶ καθόλου ὡς πολλὰ περιέχον τῷ κατηγορεῖσθαι καθ' ἑκάστου καὶ ἓν ἅπαντα εἶναι ὡς ἕκαστον, οἷον ἄνθρωπον ἵππον θεόν, ὅτι ἅπαντα ζῷα. Ebend. 24, 1023 a. 35.: τὰ δὲ (*sc.* ἔκ τινος λέγεται) ὡς ἐκ τοῦ μέρους τὸ εἶδος, οἷον ὁ ἄνθρωπος, ἐκ τοῦ δίποδος καὶ ἡ συλλαβὴ ἐκ τοῦ στοιχείου. Ebend. 25, 1023 b. 19.: ἔτι (*sc.* μέρος λέγεται) εἰς ἃ διαιρεῖταί τι ἢ ἐξ ὧν σύγκειται τὸ ὅλον ἢ τὸ εἶδος ἢ τὸ ἔχον τὸ εἶδος .... ἔτι τὰ ἐν τῷ λόγῳ τῷ δηλοῦντι ἕκαστον καὶ ταῦτα μόρια τοῦ ὅλου· διὸ τὸ γένος τοῦ εἴδους καὶ μέρος λέγεται, ἄλλως δὲ τὸ εἶδος τοῦ γένους μέρος. *Cat.* 5, 2 b. 19.: ὑπόκειται γὰρ τὸ εἶδος τῷ γένει, τὰ μὲν γὰρ γένη κατὰ τῶν εἰδῶν κατηγορεῖται; τὰ δὲ εἴδη κατὰ τῶν γενῶν οὐκ ἀντιστρέφει.

441) *Top.* IV, 2, 122 b. 19.: διαφορὰ γὰρ ἀριθμοῦ τὸ περιττόν, οὐκ εἶδός ἐστιν· οὐδὲ δοκεῖ μετέχειν ἡ διαφορὰ τοῦ γένους, πᾶν γὰρ τὸ μετέχον τοῦ γένους ἢ εἶδος ἢ ἄτομόν ἐστιν, ἡ δὲ διαφορὰ οὔτε εἶδος οὔτε ἄτομόν ἐστιν· δῆλον οὖν ὅτι οὐ μετέχει τοῦ γένους ἡ διαφορά, ὥστ' οὐδὲ τὸ περιττὸν εἶδος ἂν εἴη ἀλλὰ διαφορά, ἐπειδὴ οὐ μετέχει τοῦ γένους. Ebend. VI, 3, 140 a. 27.: δεῖ γὰρ τὸ μὲν γένος ἀπὸ τῶν ἄλλων χωρίζειν, τὴν δὲ διαφορὰν ἀπό τινος τῶν ἐν τῷ αὐτῷ γένει. *D. part. an.* I, 3, 643 a. 24.: ἔστι δ' ἡ διαφορὰ τὸ εἶδος ἐν τῇ ὕλῃ.

442) *Cat.* 5, 3 a. 25.: καὶ ὁ λόγος δὲ κατηγορεῖται ὁ τῆς διαφορᾶς καθ' οὗ ἂν λέγηται ἡ διαφορά, οἷον εἰ τὸ πεζὸν κατὰ ἀνθρώπου λέγεται, καὶ ὁ λόγος ὁ τοῦ πεζοῦ κατηγορηθήσεται τοῦ ἀνθρώπου. Ebend. 3 a. 22.: ἡ διαφορὰ τῶν μὴ ἐν ὑποκειμένῳ ἐστίν· τὸ γὰρ πεζὸν καὶ τὸ δίπουν καθ' ὑποκειμένου μὲν λέγεται τοῦ ἀνθρώπου, ἐν ὑποκειμένῳ δὲ οὐκ ἐστίν. Ebend. 3 a. 33.: ὑπάρχει δὲ ταῖς οὐσίαις καὶ ταῖς διαφοραῖς τὸ πάντα συνωνύμως ἀπὸ τούτων λέγεσθαι· πᾶσαι γὰρ αἱ ἀπ' αὐτῶν κατηγορίαι ἤτοι κατὰ τῶν ἀτόμων κατηγοροῦνται ἢ κατὰ τῶν εἰδῶν.

443) Ebend. 13, 14 b. 33.: καὶ τὰ ἐκ τοῦ αὐτοῦ δὲ γένους ἀντιδιῃρημένα ἀλλήλοις ἅμα τῇ φύσει λέγεται· ἀντιδιῃρῆσθαι δὲ λέγεται ἀλλήλοις τὰ κατὰ τὴν αὐτὴν διαίρεσιν, οἷον τὸ πτηνὸν τῷ πεζῷ καὶ τῷ ἐνύδρῳ· ταῦτα γὰρ

fenfolge der Determination der niedreren Gattungen Ein Artbegriff in mehreren Gattungen, welche sich subordinirt sind, zugleich bestehen [444]). Daher eben, weil es artmachende Unterschiede gibt, welche selbst wieder Artbegriffe innerhalb ihrer besitzen, eine vielfache Kreuzung bei der Eintheilung der Wesen zu betrachten ist, indem häufig Ein und dasselbe Wesen unter mehrere Gattungen fallen wird, je nachdem dieser oder jener artmachende Unterschied durchgeführt wird, so dass das zuletzt nicht mehr theilbare Individuum, welches eben doch seinen ihm eigenthümlichen artmachenden Unterschied besitzen muss, keinenfalls durch die blosse Methode der stets nach abwärts fortgesetzten Dichotomie erreicht werden kann [445]); hingegen wird namentlich ein richtiger Blick in die Natur darauf führen, dass Ein artmachender Unterschied in mehreren Gattungen, welche als niedrere unter Eine höhere fallen, sich nach dem Motive des Mehr und Minder oder des höheren und niedreren Grades entfaltet, und dass er hingegen in anderen Gattungen, welche jenen ersteren coordinirt sind, unter einem analogen Art-Unterschiede gleichfalls wieder zu erkennen ist, denn z. B. die Schuppen sind für die Fische das Nemliche wie die Federn für die Vögel [446]).

So also erkennt Aristoteles eine ontologische Entstehung des Artbegriffes oder der begrifflichen Form selbst als solcher an, und wir sehen, wie tief das innerste Princip der aristotelischen Philosophie, nemlich der Uebergang vom Potenziellen zum Actuellen, auch hier eingreift, denn der Umstand, dass es in dem Seienden überhaupt zu einer begrifflichen Bestimmtheit kömmt, ist bei Aristoteles selbst wieder Resultat eines Verwirklichungs-Processes, indem aus dem noch relativ unbestimmten und stofflichen Sein der Gattung sich die Wesenheit der individuell bestimmten Art erhebt. Dadurch aber, dass in das stofflich potenzielle Sein der Gattung die Naturbestimmtheit einer verschiedentlichen Möglichkeit

---

ἀλλήλοις ἀντιδιήρηται ἐκ τοῦ αὐτοῦ γένους, τὸ γὰρ ζῷον διαιρεῖται εἰς ταῦτα, εἴς τε τὸ πτηνὸν καὶ τὸ πεζὸν καὶ τὸ ἔνυδρον, καὶ οὐδέν γε τούτων πρότερον ἢ ὕστερόν ἐστιν, ἀλλ᾽ ἅμα τῇ φύσει τὰ τοιαῦτα δοκεῖ εἶναι.

444) *Top.* IV, 2, 122 b. 39.: ἀεὶ γὰρ ἡ διαφορὰ ἐπ᾽ ἴσης ἢ ἐπὶ πλεῖον τοῦ εἴδους λέγεται. *Cat.* 3, 1 b. 20.: τῶν δέ γε ὑπ᾽ ἄλληλα γενῶν οὐδὲν κωλύει τὰς αὐτὰς διαφορὰς εἶναι, τὰ γὰρ ἐπάνω τῶν ὑπ᾽ αὐτὰ γενῶν κατηγορεῖται.

445) *D. part. an.* I, 3, 642 b. 26.: τῶν δὲ διαφορῶν αἱ μὲν καθόλου εἰσὶ καὶ ἔχουσιν εἴδη, οἷον πτερότης .... (30.) χαλεπὸν μὲν οὖν διαλαβεῖν καὶ εἰς τοιαύτας διαφορὰς ὧν ἔστιν εἴδη, ὥσθ᾽ ὁτιοῦν ζῷον ἐν ταύταις ὑπάρχειν καὶ μὴ ἐν πλείοσι ταὐτὸν, οἷον πτερωτὸν καὶ ἄπτερον, ἔστι γὰρ ἄμφω ταὐτὸν, οἷον μύρμηξ καὶ λαμπυρὶς καὶ ἕτερά τινα ..... (643 a. 11.) ὥστ᾽ ἀναγκαῖον, εἰ ἴδιοι αἱ διαφοραὶ εἰς ἃς ἅπαντα ἐμπίπτει τὰ ἄτομα, μηδεμίαν αὐτῶν εἶναι κοινήν· εἰ δὲ μὴ, ἕτερα ὄντα εἰς τὴν αὐτὴν βαδιεῖται· δεῖ δ᾽ οὔτε τὸ αὐτὸ καὶ ἄτομον εἰς ἑτέραν καὶ ἑτέραν ἰέναι διαφορὰν τῶν διῃρημένων οὔτε εἰς τὴν αὐτὴν ἕτερα, καὶ ἅπαντα εἰς ταύτας· φανερὸν τοίνυν ὅτι οὐκ ἔστι λαβεῖν τὰ ἄτομα εἴδη ὡς διαιροῦνται οἱ εἰς δύο διαιροῦντες τὰ ζῷα ἢ καὶ ἄλλο ὁτιοῦν γένος· καὶ γὰρ κατ᾽ ἐκείνους ἀναγκαῖον ἴσας τὰς ἐσχάτας εἶναι διαφορὰς τοῖς ζῴοις πᾶσι τοῖς ἀτόμοις τῷ εἴδει.

446) Ebend. 4, 644 a. 16.: ὅσα μὲν γὰρ διαφέρει τῶν γενῶν καθ᾽ ὑπεροχὴν καὶ τὸ μᾶλλον καὶ τὸ ἧττον, ταῦτα ὑπέζευκται ἑνὶ γένει, ὅσα δ᾽ ἔχει τὸ ἀνάλογον, χωρίς· λέγω δ᾽ οἷον ὄρνις ὄρνιθος διαφέρει τῷ μᾶλλον ἢ καθ᾽ ὑπεροχὴν, τὸ μὲν γὰρ μακρόπτερον τὸ δὲ βραχύπτερον, ἰχθύες δ᾽ ὄρνιθος τῷ ἀνάλογον, ὃ γὰρ ἐκείνῳ πτερὸν, θατέρῳ λεπίς.

verlegt wird, aus welcher die actuelle Determination des begrifflich bestimmten Seins fliesst, hat Aristoteles jedenfalls das gewonnen, dass er das feste und sichere Princip des factischen Daseins und der factischen Entwicklung dem rohen Blödsinne einer *Tabula logica* entgegenstellen kann; hingegen muss Aristoteles eben in Folge jener Natur-Bestimmtheit, welche dem Sein der Gattung einwohnt, also in Folge des *πεφυκός*, in einer weiter nicht mehr motivirbaren Weise die Negation in das Sein selbst verlegen, denn nur dadurch kann die *στέρησις* zum *ἐναντίον* werden. Und müssen wir hiemit neuerdings darauf hinweisen, dass die aristotelische Philosophie eben nur ein Objectivismus ist, welcher allerdings von dem platonischen durch die Umsetzung der Idee in den Begriff sich unterscheidet, so sprechen wir hiedurch deutlich genug aus, dass gerade in dieser tiefsten ontologischen Begründung der aristotelischen Lehre vom Begriffe eine Veranlassung zu dem Bedenken vorliegt, ob die griechische objectivistische Anschauungsweise wirklich als die allein berechtigte betrachtet werden müsse, und ob nicht vielmehr es eine nothwendige Aufgabe des wahren objectiven Idealismus sei, mit der Durchführung der ganzen unzerstückten Subjectivität des menschlichen Denkens, in welchem allein für uns der Ideal-Realismus liegen kann, auch für die Logik Ernst zu machen. Darum ist es so lächerlich, wenn gerade Diejenigen, welche von objectivistisch platonischer Schwärmerei inficirt sind, sich über Aristoteles moquiren und die Producte ihres Missverstehens der aristotelischen Philosophie als Tadel derselben promulgiren; denn dasjenige, was an den Principien des Aristoteles heutzutage von einem vernunftgemässen Standpunkte aus zu tadeln ist, findet in unsäglich höherem Grade eben bei Plato zumeist Statt. Wenn wir uns hingegen anstrengen, mit einem so sehr als möglich unbefangenen historischen Blicke die Geschichte der Philosophie zu betrachten, und wenn wir dann erkennen, dass der ganze antike Objectivismus eben doch nur ein Objectivismus ist, so glauben wir mehr Recht zu besitzen, die wunde Stelle des aristotelischen Systemes aufzudecken und insoferne einen Tadel gegen Aristoteles auszusprechen, als alle Schleiermacherianer und modernen Neuplatoniker, welche den Aristoteles so gerne als einen „Schulmeister“ stigmatisiren; bei gewissen Richtungen lässt sich, sobald sie in bestimmter Formulirung auftreten wollen, sehr wohl fragen, ob sie nicht die unerträglichste Schulmeisterei von allen seien.

Von dem Punkte aus nun, an welchem aus dem stofflichen Sein der Gattung sich die Wesens-Bestimmtheit des Artbegriffes herausgehoben hat, müssen wir weiter untersuchen, welche Bedeutung für Aristoteles dieses Factum, dass es ein Sein des Artbegriffes gibt, besitze. Es ist, wie wir sahen (Anm. 438), mit dem äussersten artmachenden Unterschiede die begriffliche Determination in der individuellen Wesenheit zu Tage getreten, und in diesem Sinne ist der Artbegriff oder die begriffliche Form (was nun eben wegen der begrifflichen Determination gleichbedeutend ist) der schöpferische Wesensbegriff und die ursprüngliche Wesenheit des bestimmten Seienden[447]; er kann daher

447) *Metaph. Z,* 7, 1032 b. 1.: *εἶδος δὲ λέγω τὸ τί ἦν εἶναι ἑκάστου καὶ τὴν πρώτην οὐσίαν.*

selbst als die zunächst liegende Gattung bezeichnet werden, in welche als erste, abgesehen von höheren bloss prädicativen Gattungen, ein Seiendes gestellt wird [448]). Es ist aber diese durch den Artbegriff erreichte individuelle Bestimmtheit eben jene Einheit, bis zu welcher der Mensch im Erkennen der Wesenheit vordringt, und das im ausgesprochenen Begriffe bezeichnete Sein fällt mit dem des Artbegriffes oder der schöpferischen Form zusammen [449]). Einheit und Untheilbarkeit überhaupt liegen, im Vergleiche mit dem bloss numerären Eins der Einzelnheit, ursprünglich und wesentlich in jener begrifflichen Bestimmtheit des Seins, welche allgemein (*καθόλου*) von einem bestimmten Umkreise des Seienden gilt [450]); und wenn daher auch von einer Einheit mehrerer Wesen im Hinblicke auf einen einheitlichen ihnen zu Grunde liegenden Stoff oder, was hiemit fast zusammenfällt, im Hinblicke auf die allgemeinere Gattung derselben gesprochen werden kann, so ist eben doch dasjenige im höchsten Grade ein Eines, dessen schöpferischer Wesens-Begriff oder dessen ausgesprochener Begriff durch ein einheitliches und untheilbares Denken erfasst wird und hiemit selbst ein Einer ist [451]). Die eigentliche Einheit ist die der individuellen Wesenheit, welche durch den letzten nicht mehr theilbaren Artbegriff determinirt ist (Anm. 438); ihr gegenüber ist die numeräre Einheit die der empirischen Einzelnheit, und es besteht eine Stufenfolge bis zur unbestimmtesten vagsten Einheit, welche die der blossen Analogie ist; nemlich Alles, was der Zahl nach Eins ist, ist auch dem Artbegriffe nach Eins, nicht aber umgekehrt, und ebenso ist Alles dem Artbegriffe nach Einheitliche auch der Gattung nach Eins, und Alles der Gattung nach Einheitliche auch der Analogie nach Eins, nie aber umgekehrt [452]). Die

---

448) Ebend. 1033 a. 3.: *τὸ εἶδος* (*sc.* *τοῦ χαλκοῦ κύκλου*) *ὅτι σχῆμα τοιόνδε, καὶ τοῦτό ἐστι τὸ γένος εἰς ὃ πρῶτον τίθεται.*

449) Ebend. *ι*, 1, 1053 a. 18.: *οὕτω δὴ πάντων μέτρον τὸ ἕν, ὅτι γνωρίζομεν ἐξ ὧν ἐστιν ἡ οὐσία διαιροῦντες ἢ κατὰ τὸ ποσὸν ἢ κατὰ τὸ εἶδος· καὶ διὰ τοῦτο τὸ ἓν ἀδιαίρετον, ὅτι τὸ πρῶτον ἑκάστων ἀδιαίρετον.* *Phys. ausc.* I, 7, 190 a. 16.: *τὸ γὰρ εἴδει λέγω καὶ λόγῳ ταὐτόν.*

450) *Metaph.* *B*, 3, 999 a. 1.: *ἀλλὰ μὴν καὶ εἰ μᾶλλόν γε ἀρχοειδὲς τὸ ἕν ἐστιν, ἓν δὲ τὸ ἀδιαίρετον, ἀδιαίρετον δὲ ἅπαν ἢ κατὰ τὸ ποσὸν ἢ κατὰ τὸ εἶδος, πρότερον δὲ τὸ κατ' εἶδος, τὰ δὲ γένη διαιρετὰ εἰς εἴδη, μᾶλλον ἂν ἓν τὸ ἔσχατον εἴη κατηγορούμενον.* Ebend. 4, 999 b. 33.: *τὸ γὰρ ἀριθμῷ ἓν ἢ τὸ καθ' ἕκαστον λέγειν διαφέρει οὐδέν· οὕτω γὰρ λέγομεν τὸ καθ' ἕκαστον τὸ ἀριθμῷ ἕν, καθόλου δὲ τὸ ἐπὶ τούτων.*

451) Ebend. *Δ*, 6, 1016 a. 17.: *ἔτι ἄλλον τρόπον ἓν λέγεται τῷ τὸ ὑποκείμενον τῷ εἴδει εἶναι ἀδιάφορον, ἀδιάφορον δ' ὧν ἀδιαίρετον τὸ εἶδος κατὰ τὴν αἴσθησιν* ..... (24.) *λέγεται δ' ἓν καὶ ὧν τὸ γένος ἓν διαφέρον ταῖς ἀντικειμέναις διαφοραῖς· καὶ ταῦτα λέγεται ἓν πάντα, ὅτι τὸ γένος ἓν τὸ ὑποκείμενον ταῖς διαφοραῖς, οἷον ἵππος ἄνθρωπος κύων ἕν τι, ὅτι πάντα ζῷα καὶ τρόπον δὴ παραπλήσιον ὥςπερ ἡ ὕλη μία* .... (32.) *ἔτι δὲ ἓν λέγεται ὅσων ὁ λόγος ὁ τὸ τί ἦν εἶναι λέγων ἀδιαίρετος πρὸς ἄλλον τὸν δηλοῦντα τί ἦν εἶναι τὸ πρᾶγμα* .... *ὅλως δὲ ὧν ἡ νόησις ἀδιαίρετος ἡ νοοῦσα τὸ τί ἦν εἶναι καὶ μὴ δύναται χωρίσαι μήτε χρόνῳ μήτε τόπῳ μήτε λόγῳ, μάλιστα ταῦτα ἓν καὶ τούτων ὅσα οὐσίαι.*

452) Ebend. 1016 b. 8.: *τὰ δὲ πρώτως λεγόμενα ἕν, ὧν ἡ οὐσία μία* ..... (32.) *ἀριθμῷ μὲν* (*sc.* *ἕν*) *ὧν ἡ ὕλη μία* (vgl. Anm. 478 ff.), *εἴδει δ' ὧν ὁ λόγος εἷς, γένει δ' ὧν τὸ αὐτὸ σχῆμα τῆς κατηγορίας, κατ' ἀναλογίαν δὲ ὅσα ἔχει ὡς ἄλλο πρὸς ἄλλο· ἀεὶ δὲ τὰ ὕστερα τοῖς ἔμπροσθεν ἀκολουθεῖ, οἷον ὅσα ἀριθμῷ καὶ εἴδει ἕν, ὅσα δ' εἴδει οὐ πάντα ἀριθμῷ· ἀλλὰ*

begriffliche Einheit, welche auf der begrifflichen Form und einem nicht mehr in Unterschiede zerfallenden Artbegriffe beruht, ist die Einheit der individuell bestimmten Wesenheit, und in dieser nur ist auch der schöpferische Wesens-Begriff Einer, d. h. dem Artbegriffe oder der begrifflichen Form nach ist dasjenige Eines, was für die individuell bestimmte Wesenheit und für das Erkennen derselben die Ursache des Eins-seins ist [453]). So wird auch die Frage, wie denn die Wesenheit in ihrer individuellen Bestimmtheit Eine sei, und wie also dasjenige, was im ausgesprochenen Begriffe erfasst und in der Definition auseinandergelegt wird, dennoch Eines sei, d. h. wie z. B. *ζῷον δίπουν* eine Einheit, und nicht ein Mehreres sei [454]), vermittelst eben jenes ontologischen Verwirklichungsprocesses gelöst, da das eine Stoff und das andere Gestaltung, das erstere potenziell und das letztere actuell sei, die den Eintritt der Verwirklichung aber herbeiführende Ursache eben in dem schöpferischen Wesensbegriffe liege, denn äusserster Stoff und Gestaltung seien der Potenz nach das Nemliche, sowie Potenz und Actus selbst gewissermassen Eins seien, die Actualität der Gestaltung aber trete durch die Ursache ein, durch welche die Potenz zum Actus geführt werde [455]).

Und hiemit haben wir nun den Begriff als schöpferischen Wesensbegriff, d. h. als Causalität des bestimmten Seins, zu betrachten. Wesenheit und begriffliche Form sind die Actualität [456]), und darum liegt in denselben auch die wahre letzte Ursächlichkeit des Stoffes selbst, welcher das Passive und Potenzielle ist; Ursächlichkeit ist ja überhaupt auch jenes, in Bezug worauf (*καθ' ὅ*) Etwas in seinem Ansich bezeich-

---

γένει πάντα ἓν ὅσαπερ καὶ εἴδει, ὅσα δὲ γένει οὐ πάντα εἴδει ἀλλ' ἀναλογίᾳ· ὅσα δὲ ἓν ἀναλογίᾳ, οὐ πάντα γένει.

453) *Top.* I, 7, 103 a. 10.: *εἴδει δὲ* (sc. *ἕν*) *ὅσα πλείω ὄντα ἀδιάφορα κατὰ τὸ εἶδός ἐστι καθάπερ ἄνθρωπος ἀνθρώπῳ καὶ ἵππος ἵππῳ, τὰ γὰρ τοιαῦτα τῷ εἴδει λέγεται ταὐτὰ ὅσα ὑπὸ ταὐτὸ εἶδος* ..... (25.) *κυριώτατα μὲν καὶ πρώτως ὅταν ὀνόματι ἢ ὅρῳ τὸ ταὐτὸν ἀποδοθῇ.* *Metaph.* *Z*, 13, 1038 b. 14.: *ὧν γὰρ μία ἡ οὐσία καὶ τὸ τί ἦν εἶναι ἕν, καὶ αὐτὰ ἕν.* Ebend. *ι*, 1, 1052 a. 32.: *ἀριθμῷ μὲν οὖν* (sc. *ἕν*) *τὸ καθ' ἕκαστον ἀδιαίρετον, εἴδει δὲ τὸ τῷ γνωστῷ καὶ τῇ ἐπιστήμῃ, ὥσθ' ἓν ἂν εἴη πρῶτον τὸ ταῖς οὐσίαις αἴτιον τοῦ ἑνός.*

454) *Metaph.* *Z*, 12, 1037 b. 11.: *διὰ τί ποτε ἕν ἐστιν οὗ τὸν λόγον ὁρισμὸν εἶναί φαμεν, οἷον τοῦ ἀνθρώπου τὸ ζῷον δίπουν, ἔστι γὰρ οὗτος αὐτοῦ λόγος, διὰ τί δὴ τοῦτο ἕν ἐστιν ἀλλ' οὐ πολλὰ ζῷον καὶ δίπουν;* ..... (24.) *δεῖ δέ γε ἓν εἶναι ὅσα ἐν τῷ ὁρισμῷ, ὁ γὰρ ὁρισμὸς λόγος τίς ἐστιν εἷς καὶ οὐσίας, ὥσθ' ἑνός τινος δεῖ αὐτὸν εἶναι λόγον, καὶ γὰρ ἡ οὐσία ἕν τι καὶ τόδε τι σημαίνει, ὥς φαμεν.*

455) Ebend. *H*, 6, 1045 a. 23.: *εἰ δ' ἐστὶν, ὥςπερ λέγομεν, τὸ μὲν ὕλη τὸ δὲ μορφὴ καὶ τὸ μὲν δυνάμει τὸ δ' ἐνεργείᾳ, οὐκέτι ἀπορία δόξειεν ἂν εἶναι τὸ ζητούμενον* ..... (31.) *οὐδὲν γάρ ἐστιν αἴτιον ἕτερον τοῦ τὴν δυνάμει σφαῖραν ἐνεργείᾳ εἶναι σφαῖραν, ἀλλὰ τοῦτ' ἦν τὸ τί ἦν εἶναι ἑκατέρῳ* .... (b. 18.) *ἔστι δ' ὥςπερ εἴρηται, καὶ ἡ ἐσχάτη ὕλη καὶ ἡ μορφὴ ταὐτὸ καὶ δυνάμει, τὸ δὲ ἐνεργείᾳ· ὥστε ὅμοιον τὸ ζητεῖν τοῦ ἑνὸς τί αἴτιον καὶ τοῦ ἓν εἶναι· ἓν γάρ τι ἕκαστον καὶ τὸ δυνάμει καὶ τὸ ἐνεργείᾳ ἕν πώς ἐστιν· ὥστε αἴτιον οὐδὲν ἄλλο πλὴν εἴ τι ὡς κινῆσαν ἐκ δυνάμεως εἰς ἐνέργειαν.* Vgl. *Θ*, 6, 1048 b. 8.: *τὰ μὲν γὰρ ὡς κίνησις πρὸς δύναμιν τὰ δ' ὡς οὐσία πρός τινα ὕλην.*

456) Ebend. *Θ*, 8, 1050 b. 2.: *ὥστε φανερὸν ὅτι ἡ οὐσία καὶ τὸ εἶδος ἐνέργειά ἐστιν.*

net wird [457]); und in diesem Sinne, insoferne nemlich die reale Causalität durch den Begriff ausgesprochen wird, kann gesagt werden, der schöpferische Wesensbegriff sei in Bezug auf sprachliche Bezeichnung die Ursächlichkeit des Seins [458]). In dieser Causalität ist der principielle Anfang und das endzweckliche Sein und wahre Actualität des bestimmten Seienden vereinigt [459]). Sowie daher der schöpferische Wesensbegriff als Ursächlichkeit einerseits als das in der begrifflichen Form liegende Urmuster (*παράδειγμα*) des Seienden bezeichnet wird, so beruht andrerseits in eben dieser und in dem Begriffe und der Wesenheit überhaupt der Endzweck und das durch die Entstehung zu erreichende Ziel des Seienden [460]). Und da aus der Wesenheit, welche die einwohnende begriffliche Form ist, in Vereinigung mit dem Stoffe die concrete Totalität (*τὸ σύνολον*; Näheres über das *σύνολον* sogleich unten) des bestimmten Seienden entsteht [461]), so ist alles Entstehen überhaupt nur um der Wesenheit willen, nicht aber umgekehrt die Wesenheit um des Entstehens willen, denn in der Verwirklichung des Entstehens ist das der Natur nach Frühere und Ursprünglichere der Begriff, welcher am Schlusse des Processes als der Endzweck im concreten Sein resultirt [462]). So ist die Wesenheit für das Entstehen des bestimmten Seienden das thatkräftige und actuell wirksame, welches in seiner bestimmten Individualität stets schon mit vorausgegangener Actualität den Bestand des ebenso bestimmten Daseins hervorruft, so dass, da die Wesenheit mit dem begrifflich bezeichnenden Worte ausgedrückt wird, gesagt

---

457) Ebend. *Z*, 17, 1041 b. 7.: *ὥστε τὸ αἴτιον ζητεῖται τῆς ὕλης· τοῦτο δ' ἐστὶ τὸ εἶδος ᾧ τί ἐστιν· τοῦτο δ' ἡ οὐσία* .... (27.) *οὐσία δ' ἑκάστου μὲν τοῦτο, τοῦτο γὰρ αἴτιον πρῶτον τοῦ εἶναι.* Ebend. *Δ*, 18, 1022 a. 19.: *ὅλως δὲ τὸ καθὸ ἰσαχῶς καὶ τὸ αἴτιον ὑπάρξει.*

458) Ebend. *Z*, 17, 1041 a. 27.: *φανερὸν τοίνυν ὅτι ζητεῖ τὸ αἴτιον· τοῦτο δ' ἐστὶ τὸ τί ἦν εἶναι ὡς εἰπεῖν λογικῶς· ὃ ἐπ' ἐκείνων μέν τινος ἕνεκα, οἷον ἴσως ἐπ' οἰκίας ἢ κλίνης, ἐπ' ἐνίων δὲ τί ἐκίνησε πρῶτον* (vgl. Anm. 455.), *αἴτιον γὰρ τοῦτο.*

459) Ebend. *Θ*, 8, 1050 a. 8.: *τὸ μὲν γὰρ ἤδη ἔχει τὸ εἶδος, τὸ δ' οὔ· καὶ ὅτι ἅπαν ἐπ' ἀρχὴν βαδίζει τὸ γινόμενον καὶ τέλος· ἀρχὴ γὰρ τὸ οὗ ἕνεκα, τοῦ τέλους δ' ἕνεκα ἡ γένεσις* (vgl. Anm. 462.), *τέλος δ' ἡ ἐνέργεια, καὶ τούτου χάριν ἡ δύναμις λαμβάνεται.*

460) Ebend. *Δ*, 2, 1013 a. 26.: *ἄλλον δὲ* (sc. *τρόπον λέγεται αἴτιον*) *τὸ εἶδος καὶ τὸ παράδειγμα, τοῦτο δ' ἐστὶν ὁ λόγος τοῦ τί ἦν εἶναι καὶ τὰ τούτου γένη, οἷον τοῦ διὰ πασῶν τὰ δύο πρὸς ἓν καὶ ὅλως ὁ ἀριθμός, καὶ τὰ μέρη τὰ ἐν τῷ λόγῳ.* Ebend. 4, 1015 a. 7.: *φύσις δὲ ἥ τε πρώτη ὕλη καὶ αὕτη διχῶς, ἢ ἡ πρὸς αὐτὸ πρώτη ἢ ἡ ὅλως πρώτη* ..... (10.) *καὶ τὸ εἶδος καὶ ἡ οὐσία, τοῦτο δ' ἐστὶ τὸ τέλος τῆς γενέσεως.* Ebend. 17, 1022 a. 6.: *τὸ τέλος ἑκάστου* (sc. *πέρας λέγεται*) .... *καὶ ἡ οὐσία ἑκάστου καὶ τὸ τί ἦν εἶναι ἑκάστῳ.* *D. part. an.* I, 1, 639 b. 14.: *φαίνεται δὲ πρώτη* (sc. *ἀρχή*) *ἣν λέγομεν ἕνεκά τινος· λόγος γὰρ οὗτος, ἀρχὴ δ' ὁ λόγος ὁμοίως ἔν τε τοῖς κατὰ τέχνην καὶ ἐν τοῖς φύσει συνεστηκόσιν.* *Meteor.* IV, 2, 379 b. 25.: *τὸ δὲ τέλος τοῖς μὲν ἡ φύσις ἐστὶ, φύσις δὲ ἣν λέγομεν ὡς εἶδος καὶ οὐσίαν.*

461) *Metaph. Z*, 11, 1037 a. 29.: *ἡ οὐσία γάρ ἐστι τὸ εἶδος τὸ ἐνὸν, ἐξ οὗ καὶ τῆς ὕλης ἡ σύνολος λέγεται οὐσία.*

462) *D. part. an.* I, 1, 640 a. 18.: *ἡ γὰρ γένεσις ἕνεκα τῆς οὐσίας ἐστὶν, ἀλλ' οὐχ ἡ οὐσία ἕνεκα τῆς γενέσεως.* Ebend. II, 1, 646 a. 25.: *ἐναντίως ἐπὶ τῆς γενέσεως ἔχει καὶ τῆς οὐσίας· τὰ γὰρ ὕστερα τῇ γενέσει πρότερα τὴν φύσιν ἐστὶ καὶ πρῶτον τὸ τῇ γενέσει τελευταῖον.* *D. gen. an.* V, 1, 778 b. 5.: *τῇ γὰρ οὐσίᾳ ἡ γένεσις ἀκολουθεῖ καὶ τῆς οὐσίας ἕνεκά ἐστιν, ἀλλ' οὐχ αὕτη τῇ γενέσει.* Vgl. Anm. 459.

werden kann, alles Entstehende entstehe aus Gleichnamigem, wofür bei Aristoteles das stehende Beispiel ist „ein Mensch erzeugt einen Menschen“ [463]).

Der Stoff nun hat für diese durch die begriffliche Form eintretende Determination die Real-Potenz in der oben schon erörterten Weise in sich; nemlich er hat die doppelte Möglichkeit der positiven Bestimmtheit und der in dem Entblösstsein liegenden negativen Bestimmtheit, d. h. er ist das eine je nach dem Bestande der begrifflichen Form und des Ansichhabens, und er ist das andere je nach dem Bestande des Entblösstseins; und es darf uns hiebei das dem Entstehen gegenüberliegende Vergehen nicht irre machen, denn z. B. der Wein ist nicht schon der Potenz nach Essig, sondern es wird solches, z. B. auch der Leichnam aus dem Leibe, ebenso wie aus dem Tage die Nacht, nemlich aus Stoff und Entblösstsein, so dass bei solchen Dingen der Verlauf des Processes eben auf das bloss Stoffliche mit Verlust der positiven Gestaltung zurückgeht und das Vergehen des früheren Wesens ein nur nach Vorkommniss eintretendes ist, denn z. B. aus dem Leichname entstehen, sobald in ihm das bloss Stoffliche existent geworden ist, ja neuerdings Thiere [464]). Somit bestehen drei Principien, nemlich der Stoff und zwei in der

---

463) *Metaph.* *Z*, 9, 1034 b. 16.: *ἀλλ' ἴδιον τῆς οὐσίας ἐκ τούτων λαβεῖν ἔστιν ὅτι ἀνάγκη προϋπάρχειν ἑτέραν οὐσίαν ἐντελεχείᾳ οὖσαν ἣ ποιεῖ, οἷον ζῷον εἰ γίνεται ζῷον.* *D. gen. an.* IV, 3, 767 b. 32.: *γεννᾷ δὲ καὶ τὸ καθ' ἕκαστον καὶ τὸ γένος, ἀλλὰ μᾶλλον τὸ καθ' ἕκαστον, τοῦτο γὰρ ἡ οὐσία.* *Metaph.* *Θ*, 8, 1050 a. 23.: *ἀλλὰ τούτων πρότερα τῷ χρόνῳ ἕτερα ὄντα ἐνεργείᾳ ἐξ ὧν ταῦτα ἐγένετο· ἀεὶ γὰρ ἐκ τοῦ δυνάμει ὄντος γίνεται τὸ ἐνεργείᾳ ὂν ὑπὸ ἐνεργείᾳ ὄντος, οἷον ἄνθρωπος ἐξ ἀνθρώπου* ..... (b. 5.) *τοῦ χρόνου ἀεὶ προλαμβάνει ἐνέργεια ἑτέρα πρὸ ἑτέρας ἕως τῆς τοῦ ἀεὶ κινοῦντος πρώτως.* *D. part. an.* I, 1, 640 a. 24.: *τὸ ποιῆσαν πρότερον ὑπῆρχεν οὐ μόνον τῷ λόγῳ ἀλλὰ καὶ τῷ χρόνῳ· γεννᾷ γὰρ ὁ ἄνθρωπος ἄνθρωπον, ὥστε διὰ τὸ ἐκεῖνον τοιόνδ' εἶναι ἡ γένεσις τοιάδε συμβαίνει τῳδί.* *Metaph.* *Λ*, 3, 1070 a. 21.: *τὰ μὲν οὖν κινοῦντα αἴτια ὡς προγεγενημένα ὄντα τὰ δ' ὡς ὁ λόγος ἅμα.* Ebend. 5, 1071 a. 18.: *πάντων δὴ πρῶται ἀρχαὶ τὸ ἐνεργείᾳ πρῶτον τοδὶ καὶ ἄλλο ὃ δυνάμει· ἐκεῖνα μὲν οὖν τὰ καθόλου οὐκ ἔστιν· ἀρχὴ γὰρ τὸ καθ' ἕκαστον τῶν καθ' ἕκαστον, ἄνθρωπος μὲν γὰρ ἀνθρώπου καθόλου· ἀλλ' οὐκ ἔστιν οὐδείς, ἀλλὰ Πηλεὺς Ἀχιλλέως, σοῦ δὲ ὁ πατήρ.* Ebend. 3, 1070 a. 5.: *ἑκάστη ἐκ συνωνύμου γίνεται οὐσία, τὰ γὰρ φύσει οὐσίαι καὶ τἆλλα* ..... (8.) *ἄνθρωπος γὰρ ἄνθρωπον γεννᾷ.* Ebend. *Z*, 9, 1034 a. 22.: *τρόπον τινὰ πάντα γίνεται ἐξ ὁμωνύμου.* Ebend. 7, 1032 a. 23.: *τὸ γὰρ γινόμενον ἔχει φύσιν οἷον φυτὸν ἢ ζῷον, καὶ ὑφ' οὗ, ἡ κατὰ τὸ εἶδος λεγομένη φύσις ἡ ὁμοειδής· αὕτη δ' ἐν ἄλλῳ, ἄνθρωπος γὰρ ἄνθρωπον γεννᾷ.* Ebend. 8, 1033 b. 30.: *ἐπὶ μὲν δή τινων καὶ φανερὸν ὅτι τὸ γεννῶν τοιοῦτον μὲν οἷον τὸ γεννώμενον, οὐ μέντοι τὸ αὐτό γε οὐδ' ἓν τῷ ἀριθμῷ ἀλλὰ τῷ εἴδει, οἷον ἐν τοῖς φυσικοῖς, ἄνθρωπος γὰρ ἄνθρωπον γεννᾷ.* Diess nemliche Beispiel findet sich öfters in der Physik und sonst.

464) *Metaph.* *H*, 5, 1044 b. 29.: *ἔχει δ' ἀπορίαν πῶς πρὸς τἀναντία ἡ ὕλη ἡ ἑκάστου ἔχει* .... (32.) *ἢ τοῦ μὲν καθ' ἕξιν καὶ κατὰ τὸ εἶδος ὕλη τοῦ δὲ κατὰ στέρησιν καὶ φθορὰν τὴν παρὰ φύσιν· ἀπορία δέ τις ἔστι καὶ διὰ τί ὁ οἶνος οὐχ ὕλη τοῦ ὄξους οὐδὲ δυνάμει ὄξος, καίτοι γίνεται ἐξ αὐτοῦ ὄξος, καὶ ὁ ζῶν δυνάμει νεκρός. ἢ οὔ, ἀλλὰ κατὰ συμβεβηκὸς αἱ φθοραί, ἡ δὲ τοῦ ζῴου ὕλη αὐτὴ κατὰ φθορὰν νεκροῦ δύναμις καὶ ὕλη καὶ τὸ ὕδωρ ὄξους· γίνεται γὰρ ἐκ τούτων ὥσπερ ἐξ ἡμέρας νύξ· καὶ ὅσα δὴ οὕτω μεταβάλλει εἰς ἄλληλα, εἰς τὴν ὕλην δεῖ ἐπανελθεῖν, οἷον εἰ ἐκ νεκροῦ ζῷον, εἰς τὴν ὕλην πρῶτον, εἶθ' οὕτω ζῷον, καὶ τὸ ὄξος εἰς ὕδωρ, εἶθ' οὕτως οἶνος.*

Gegensätzlichkeit sich bewegende, begriffliche Form und Entblösstsein; diese zwei treten in jeder Gattung je nach der ihr einwohnenden Naturbestimmtheit auf (z. B. aus der Luft als Stoff und dem Lichte als Form oder der Finsterniss als Entblösstsein entstehen Tag und Nacht, oder ebenso aus Oberfläche und Weiss oder Schwarz die Farben). Nun gehört aber zum Eintritte der Verwirklichung noch ausserdem eine bewegende Ursache, und insoferne gibt es vier Principien oder Ursachen, unter welchen dann jene ersten drei besser als „Elemente" (*στοιχεῖα*) zu bezeichnen sind, denn als Principien. Da aber das Bewegende eben wieder Nichts anderes ist als der schöpferische Begriff (Anm. 455 u. 463), so sind im Hinblicke hierauf doch wieder nur drei Ursachen oder Principien zu zählen [465]). Ja insoferne das bestimmte Entblösstsein eigentlich nur die Abwesenheit der entsprechenden bestimmten Gestaltung ist, so lässt sich die Zahl der Principien selbst auf zwei reduciren, nemlich auf das zu Grunde liegende Stoffliche und die Gestaltung überhaupt [466]), sowie andrerseits an der Gestaltung auch das besonders hervorgehoben werden kann, dass sie als begriffliche Form die bewegende Ursache und zugleich der Endzweck des bestimmten Daseins ist, wornach sich die öfters bei Aristoteles erwähnte Vierzahl der Principien ergiebt: Stoff, Form, bewegende Ursache, Zweck; natürlich werden hievon die letzteren drei an dem ersten, dem Stoffe, realisirt [467]).

In verschiednem Sinne also sind Stoff und schöpferischer Begriff eine Wesenheit; letzterer ist eben begrifflich trennbar, er ist die Actualität, welche als solche an dem bestimmten Seienden vom Stoffe prädicirt wird [468]). Weder der Stoff aber noch die Form ist in letzter In-

---

465) Ebend. *Λ*, 2, 1069 b. 32.: *τρία δὴ τὰ αἴτια καὶ τρεῖς αἱ ἀρχαί, δύο μὲν ἡ ἐναντίωσις, ἧς τὸ μὲν λόγος καὶ εἶδος τὸ δὲ στέρησις, τὸ δὲ τρίτον ἡ ὕλη.* Ebend. 4, 1070 b. 16.: *τούτων μὲν οὖν ταῦτα στοιχεῖα καὶ ἀρχαί, ἄλλων δ' ἄλλα, πάντων δὲ οὕτω μὲν εἰπεῖν οὐκ ἔστιν, τῷ ἀνάλογον δέ, ὥςπερ εἴ τις εἴποι ὅτι ἀρχαί εἰσι τρεῖς, τὸ εἶδος καὶ ἡ στέρησις καὶ ἡ ὕλη· ἀλλ' ἕκαστον τούτων ἕτερον περὶ ἕκαστον γένος ἐστίν, οἷον ἐν χρώματι λευκόν, μέλαν, ἐπιφάνεια· φῶς, σκότος, ἀήρ, ἐκ δὲ τούτων ἡμέρα καὶ νύξ· ἐπεὶ δὲ οὐ μόνον τὰ ἐνυπάρχοντα αἴτια, ἀλλὰ καὶ τῶν ἐκτὸς οἷον τὸ κινοῦν, δῆλον ὅτι ἕτερον ἀρχὴ καὶ στοιχεῖον, αἴτια δ' ἄμφω· καὶ εἰς ταῦτα διαιρεῖται ἡ ἀρχή· τὸ δ' ὡς κινοῦν ἢ ἱστὰν ἀρχή τις καὶ οὐσία* ..... (30.) *ἐπεὶ δὲ τὸ κινοῦν ἐν μὲν τοῖς φυσικοῖς ἀνθρώποις ἄνθρωπος, ἐν δὲ τοῖς ἀπὸ διανοίας τὸ εἶδος ἢ τὸ ἐναντίον, τρόπον τινὰ τρία αἴτια ἂν εἴη, ὡδὶ δὲ τέτταρα.*

466) *Phys. ausc.* I, 7, 191 a. 4.: *καὶ δῆλόν ἐστιν ὅτι δεῖ ὑποκεῖσθαί τι τοῖς ἐναντίοις καὶ τἀναντία δύο εἶναι· τρόπον δέ τινα ἄλλον οὐκ ἀναγκαῖον, ἱκανὸν γὰρ ἔσται τὸ ἕτερον τῶν ἐναντίων ποιεῖν τῇ ἀπουσίᾳ τὴν μεταβολήν* ..... (12.) *μία μὲν οὖν ἀρχὴ αὕτη* (sc. *ἡ ὑποκειμένη φύσις*), *οὐχ οὕτω μία οὖσα οὐδὲ οὕτως ἓν ὡς τὸ τόδε τι, μία δὲ ἧ ὁ λόγος, ἔτι δὲ τὸ ἐναντίον τούτῳ ἡ στέρησις. ταῦτα δὲ πῶς δύο καὶ πῶς πλείω, εἴρηται ἐν τοῖς ἄνω.*

467) *Metaph. Α*, 3. u. *Η*, 4. *Phys. ausc.* II, 3. *Anal. post.* II, 2.

468) *Metaph. Η*, 1, 1042 a. 12.: *ἄλλας δὲ δὴ συμβαίνει ἐκ τῶν λόγων οὐσίας εἶναι τὸ τί ἦν εἶναι καὶ τὸ ὑποκείμενον* ..... (26.) *ἔστι δ' οὐσία τὸ ὑποκείμενον, ἄλλως μὲν ἡ ὕλη, ὕλην δὲ λέγω ἣ μὴ τόδε τι οὖσα ἐνεργείᾳ δυνάμει ἐστὶ τόδε τι, ἄλλως δ' ὁ λόγος καὶ ἡ μορφή, ὃ τόδε τι ὂν τῷ λόγῳ χωριστόν ἐστιν.* Ebend. 2, 1043 a. 5.: *καὶ ὡς ἐν ταῖς οὐσίαις τὸ τῆς ὕλης κατηγορούμενον αὐτὴ ἡ ἐνέργεια, καὶ ἐν τοῖς ἄλλοις ὁρισμοῖς μάλιστα.* Auch der Stoff heisst daher ein *καθ' ὅ*, insoferne er ja die bestimmte Grundlage

stanz dasjenige, was entsteht, und gibt kein Entstehen des Stoffes und kein Entstehen der begrifflichen Form, sondern alles, was einen Verwirklichungsprocess zu durchlaufen hat, ist schon ein bestimmtes Stoffliches, welches durch die bewegende Ursache in die bestimmte begriffliche Form übergeht [469]); die letzteren beiden aber, die bewegende Ursache und die begriffliche Form, sind, wie wir sahen, das Nemliche. Und sowie die Möglichkeit der positiven Determination durch die Gestaltung und der negativen Bestimmtheit vermöge des Entblösstseins gleichmässig vorliegt (Anm. 464), so versteht es sich von selbst, dass auch das Entblösstsein, welches die Abwesenheit der entsprechenden positiven Gestaltung ist (Anm. 466), als bewegende Ursache wirken kann, und in dieser Beziehung gewissermassen selbst als Form auftritt, sowie es ja überhaupt, wie wir sahen, selbst ein bereits speciell determinirtes Entblösstsein ist [470]). Hingegen das durch diesen Verwirklichungs-Process Entstehende ist die Vereinigung von Stoff und begrifflicher Form; und es ist somit nun eine dreifache Bedeutung der Wesenheit zu unterscheiden: als Stoff, als begriffliche Form, als Vereinigung beider; diese Vereinigung aber wird in der concreten Totalität (dem *σύνολον*) eines bestimmten Seienden existent; und dieses Existent-Werden ist das Entstehen [471]). Ist so die bestimmte Existenz eines Seienden determinirt, sei es durch das positive Ansichhaben oder durch das negative Entblösstsein, so ist das hiemit bestehende concrete Wesen das Substrat einer jeden weiteren Veränderung, welche, da die Veränderung des Entstehens und Vergehens (s. oben Anm. 464) durch die Existenz des Wesens schon zu einem entscheidenden Abschlusse gelangt ist, nun nur mehr entweder in der örtlichen oder in der qualitativen oder in der quantitativen Veränderung bestehen kann (Anm. 215); jede dieser drei letzteren Arten der Veränderung aber

---

des Seins ist; ebend. *Δ*, 18, 1022 a. 16.: *ἕνα δὲ (sc. τρόπον λέγεται τὸ καθ' ὅ) ἐν ᾧ πρώτῳ πέφυκε γίνεσθαι, οἷον τὸ χρῶμα ἐν τῇ ἐπιφανείᾳ.*

469) Ebend. *Λ*, 3, 1069 b. 35.: *οὐ γίνεται οὔτε ἡ ὕλη οὔτε τὸ εἶδος, λέγω δὲ τὰ ἔσχατα· πᾶν γὰρ μεταβάλλει τὶ καὶ ὑπό τινος καὶ εἴς τι· ὑφ' οὗ μὲν, τοῦ πρώτου κινοῦντος· ὃ δὲ, ἡ ὕλη· εἰς ὃ δὲ, τὸ εἶδος· εἰς ἄπειρον οὖν εἶσιν, εἰ μὴ μόνον ὁ χαλκὸς γίνεται στογγύλος ἀλλὰ καὶ τὸ στρογγύλον ἢ ὁ χαλκός· ἀνάγκη δὴ στῆναι.* Ebend. *Z*, 8, 1033 b. 5.: *φανερὸν ἄρα ὅτι οὐδὲ τὸ εἶδος ἢ ὁτιδήποτε χρὴ καλεῖν τὴν ἐν τῷ αἰσθητῷ μορφὴν, οὐ γίνεται οὐδ' ἔστιν αὐτοῦ γένεσις οὐδὲ τὸ τί ἦν εἶναι.*

470) Ebend. *Δ*, 2, 1013 b. 15.: *ἄμφω δὲ, καὶ ἡ παρουσία καὶ ἡ στέρησις, αἴτια ὡς κινοῦντα.* *Phys. ausc.* II, 1, 193 b. 19.: *ἡ δέ γε μορφὴ καὶ ἡ φύσις διχῶς λέγεται· καὶ γὰρ ἡ στέρησις εἶδός πώς ἐστιν.* Es ist demnach keine Rede davon, dass hiebei Aristoteles „merkwürdiger Weise mit den Worten spiele", wie Ritter (Gesch. d. Phil. III, S. 148.) meint, sondern eher davon, dass Ritter merkwürdiger Weise mit Aristoteles gespielt hat.

471) *Metaph.* *Z*, 8, 1033 b. 16.: *φανερὸν δὴ ἐκ τῶν εἰρημένων ὅτι τὸ μὲν ὡς εἶδος ἢ οὐσία λεγόμενον οὐ γίνεται, ἡ δὲ σύνοδος ἡ κατὰ ταύτην λεγομένη γίνεται, καὶ ὅτι ἐν παντὶ τῷ γενομένῳ ὕλη ἔνεστι καὶ ἔστι τὸ μὲν τόδε τὸ δὲ τόδε.* Ebend. 3, 1029 a. 2.: *τοιοῦτον δὲ τρόπον μέν τινα ἡ ὕλη λέγεται, ἄλλον δὲ τρόπον ἡ μορφὴ, τρίτον δὲ τὸ ἐκ τούτων· λέγω δὲ τὴν μὲν ὕλην οἷον τὸν χαλκὸν, τὴν δὲ μορφὴν τὸ σχῆμα τῆς ἰδέας, τὸ δὲ ἐκ τούτων τὸν ἀνδριάντα τὸ σύνολον.* Ebend. *Δ*, 2, 1013 b. 21.: *ὡς τὸ ἐξ οὗ αἴτιά ἐστιν· τούτων δὲ τὰ μὲν ὡς τὸ ὑποκείμενον, οἷον τὰ μέρη, τὰ δὲ ὡς τὸ τί ἦν εἶναι τό τε ὅλον καὶ ἡ σύνθεσις καὶ τὸ εἶδος.* *D. an.* II, 2, 414 a. 14.: *τριχῶς γὰρ λεγομένης τῆς οὐσίας ..... ὧν τὸ μὲν εἶδος τὸ δὲ ὕλη τὸ δὲ ἐξ ἀμφοῖν, τούτων δ' ἡ μὲν ὕλη δύναμις τὸ δὲ εἶδος ἐντελέχεια.*

ist durch die realen Gegensätze (*ἐναντία*) bedingt, und das concrete Wesen ist daher das Substrat der an ihm möglichen Gegensätze; einen Gegensatz aber der Wesenheit selbst als solcher gibt es nicht[472]), denn insoferne z. B. auch, was wir oben trafen, Tag und Nacht als concrete Wesenheiten betrachtet werden, beruhen diese ja auf dem Verhältnisse zwischen Ansichhaben und Entblösstsein, also auf dem Verhältnisse zwischen Sein und Nicht-sein oder zwischen Affirmation und Negation (Anm. 192 u. 215.), und sind also insoferne keine Gegensätze. Natürlich aber befinden wir uns hiebei wieder auf der oft erwähnten Schwierigkeit, welche von der aristotelischen Auffassung aus nie gelöst werden kann; denn das Entblösstsein musste, wie wir sahen, ja doch den Charakter einer bestimmten Gegensätzlichkeit annehmen, und auch anderwärts sahen wir schon die Nothwendigkeit (S. 158 f.), dass die Kluft zwischen Widerspruch und Gegensatz gemildert werden müsse; d. h. sowie die Negation in einer weiter nicht erklärbaren Weise in die Naturbestimmtheit der Realität fällt, wie diess z. B. bei den Begriffen Tag und Nacht geschehen muss, so ist dieses Zusammentreffen von Widerspruch und Gegensatz ebenso unmotivirt als andrerseits das schroffe Auseinanderhalten beider.

So also ist die Wesenheit Princip des Seienden in der Entstehung desselben[473]); und so findet die Wesenheit, welche wir oben (Anm. 438) selbst als eine schliessliche Determination des unbestimmten Gattung-seins vermittelst des letzten und äussersten artmachenden Unterschiedes trafen, nun hierin ihre concrete Verwirklichung, d. h. das, dass überhaupt Wesenheit ist, existirt nur hiedurch in der Wirklichkeit, und die concret in einem individuellen Dasein auftretende Wesenheit ist die wirkliche Wesenheit; das in ihr existent werdende allgemein gültige Ansichsein (das *καθόλου*) ist jene obige durch den fortschreitenden Artbegriff determinirte innere Wesenheit oder der schöpferische Wesensbegriff, welchen unser auf Allgemeinheit und Einheit gerichtetes Denken an dem Individuum denkt und ausspricht; nicht aber ist jener innere Wesensbegriff die wirklich gewordene individuelle Wesenheit selbst[474]). Darum tritt hervor, dass diesem in der Wirklichkeit individuellen Sein (*τόδε τι*) gegenüber die Wesenheit als schöpferischer Begriff kein Individuum ist, und dass insbesondere der artmachende Unterschied im Vergleiche mit dem Individuum nur eine qualitative Determination der Wesenheit ist, durch welche dieselbe die Bestimmtheit erlangt, vermöge deren sie als specieller Artbegriff das wirkliche Sein der concreten We-

---

472) *Phys. ausc.* I, 6, 189 a. 29.: *οὐδενὸς γὰρ ὁρῶμεν τῶν ὄντων οὐσίαν τἀναντία* .... (32.) *ἔτι οὐκ εἶναί φαμεν οὐσίαν ἐναντίαν οὐσίᾳ.* Ebend. V, 2, 225 b. 10.: *κατ' οὐσίαν δ' οὐκ ἔστι κίνησις διὰ τὸ μηδὲν εἶναι οὐσίᾳ τῶν ὄντων ἐναντίον.* *Cat.* 5, 3 b. 24.: *ὑπάρχει δὲ ταῖς οὐσίαις καὶ τὸ μηδὲν αὐταῖς ἐναντίον εἶναι.*

473) *Metaph. Z*, 10, 1034 a. 31.: *ὥστε ὥςπερ ἐν τοῖς συλλογισμοῖς πάντων ἀρχὴ ἡ οὐσία, ἐκ γὰρ τοῦ τί ἐστιν οἱ συλλογισμοί εἰσιν, ἐνταῦθα δὲ αἱ γενέσεις.*

474) Ebend. 1035 b. 27.: *ὁ δ' ἄνθρωπος καὶ ὁ ἵππος καὶ τὰ οὕτως ἐπὶ τῶν καθ' ἕκαστα, καθόλου δέ, οὐκ ἔστιν οὐσία, ἀλλὰ σύνολόν τι ἐκ τουδὶ τοῦ λόγου καὶ τῆςδε τῆς ὕλης ὡς καθόλου· καθ' ἕκαστον δ' ἐκ τῆς ἐσχάτης ὕλης ὁ Σωκράτης ἤδη ἐστὶν, καὶ ἐπὶ τῶν ἄλλων ὁμοίως.*

senheit bedingt[475]). Der Verfasser der Schrift *Κατηγορίαι* legt sich dieses Verhältniss mit aller Schulmässigkeit ganz bequem zurecht, indem er die Wesenheiten gleich numerirt und das Individuum als „erste Wesenheit“ (*πρώτη οὐσία*), die Artbegriffe hingegen als „zweite Wesenheiten“ (*δεύτεραι οὐσίαι*) bezeichnet, mit der ausdrücklichen Bemerkung, dass die im Artbegriffe bestehende Wesenheit nicht ein Eines bezeichne, sondern als Prädicat mehrerer Individuen gelte, ja überhaupt eigentlich nur eine qualitative Wesenheit (*ποιὰ οὐσία*) sei[476]). Dass keine Wesenheit als solche ein Relatives sein könne, ist uns auch ohne die Beweisführung, welche hierüber in eben jenem Buche sowohl für die erste als auch für die zweite Wesenheit gegeben wird[477]), aus allem Bisherigen längst ersichtlich und kaum erwähnenswerth, da das Relative an sich die Aufhebung der substanziellen Bestimmtheit des Seins oder Denkens ist.

Hingegen erheben sich wegen dieser Verflechtung mit dem Stofflichen, welche der schöpferische Begriff in dem Existentwerden des concreten von ihm bestimmten Seienden erleidet, mehrere ebenso wichtige als schwierige Momente für die Lehre vom Begriffe, und wir haben nun zu untersuchen, wie Aristoteles den Wesens-Begriff, dessen eigene

---

475) *Top.* IV, 2, 122 b. 16.: *οὐδεμία γὰρ διαφορὰ σημαίνει τί ἐστιν, ἀλλὰ μᾶλλον ποιόν τι, καθάπερ τὸ πεζὸν καὶ τὸ δίπουν.* Ebend. 6, 128 a. 26.: *ἡ μὲν διαφορὰ ποιότητα τοῦ γένους ἀεὶ σημαίνει.* *Phys. ausc.* V, 2, 226 a. 27.: *λέγω δὲ ποιὸν οὐ τὸ ἐν τῇ οὐσίᾳ, καὶ γὰρ ἡ διαφορὰ ποιότης, ἀλλὰ κτλ.* *Metaph.* *Δ*, 14, 1020 b. 1.: *ἕνα μὲν δὴ τρόπον τοῦτον λέγεται ἡ ποιότης διαφορὰ οὐσίας .....* (13.) *σχεδὸν δὴ κατὰ δύο τρόπους λέγοιτ' ἂν τὸ ποιὸν καὶ τούτων ἕνα τὸν κυριώτατον· πρώτη μὲν γὰρ ποιότης ἡ τῆς οὐσίας διαφορά.* Ebend. 28, 1024 b. 4.: *ἔτι ὡς ἐν τοῖς λόγοις τὸ πρῶτον ἐνυπάρχον, ὃ λέγεται ἐν τῷ τί ἐστι, τοῦτο γένος, οὗ διαφοραὶ λέγονται αἱ ποιότητες.*

476) *Cat.* 5, 2 a. 12.: *οὐσία δέ ἐστιν ἡ κυριώτατά τε καὶ πρώτως καὶ μάλιστα λεγομένη, ἣ μήτε καθ' ὑποκειμένου τινὸς λέγεται μήτ' ἐν ὑποκειμένῳ τινί ἐστιν, οἷον ὁ τὶς ἄνθρωπος ἢ ὁ τὶς ἵππος· δεύτεραι δὲ οὐσίαι λέγονται, ἐν οἷς εἴδεσιν αἱ πρῶται οὐσίαι λεγόμεναι ὑπάρχουσι, ταῦτά τε καὶ τὰ τῶν εἰδῶν τούτων γένη, οἷον ὁ τὶς ἄνθρωπος ἐν εἴδει μὲν ὑπάρχει τῷ ἀνθρώπῳ, γένος δὲ τοῦ εἴδους ἐστὶ τὸ ζῷον. δεύτεραι οὖν αὗται λέγονται οὐσίαι.* Ebend. 3 b. 13.: *τῶν δὲ δευτέρων οὐσιῶν φαίνεται μὲν ὁμοίως τῷ σχήματι τῆς προσηγορίας τόδε τι σημαίνειν, ὅταν εἴπῃ ἄνθρωπον ἢ ζῷον, οὐ μὴν ἀληθές γε, ἀλλὰ μᾶλλον ποιόν τι σημαίνει· οὐ γάρ ἕν ἐστι τὸ ὑποκείμενον ὥςπερ ἡ πρώτη οὐσία, ἀλλὰ κατὰ πολλῶν ὁ ἄνθρωπος λέγεται καὶ τὸ ζῷον· οὐχ ἁπλῶς δὲ ποιόν τι σημαίνει ὥςπερ τὸ λευκόν, οὐδὲν γὰρ ἄλλο σημαίνει τὸ λευκὸν ἀλλ' ἢ ποιόν· τὸ δὲ εἶδος καὶ τὸ γένος περὶ οὐσίαν τὸ ποιὸν ἀφορίζει, ποιὰν γάρ τινα οὐσίαν σημαίνει.* Man sieht hier handgreiflich, wie gewisse Grundzüge, welche tief ontologisch bei Aristoteles gedacht waren, in der Schule verknöcherten und nur mehr formale Bedeutung hatten. Der Ausdruck *δεύτεραι οὐσίαι* kömmt in den gesammten Schriften des Aristoteles auch nicht ein einziges Mal vor; und was Aristoteles *πρώτη οὐσία* nenne, werden wir bald sehen (Anm. 485. u. 488.).

477) Ebend. 7, 8 a. 13.: *ἔχει δὲ ἀπορίαν πότερον οὐδεμία οὐσία τῶν πρός τι λέγεται, καθάπερ δοκεῖ, ἢ τοῦτο ἐνδέχεται κατά τινας τῶν δευτέρων οὐσιῶν· ἐπὶ μὲν γὰρ τῶν πρώτων οὐσιῶν ἀληθές ἐστιν .....* (b. 13.) *φανερὸν ὅτι ἀναγκαῖόν ἐστιν, ὃ ἂν εἰδῇ τις τῶν πρός τι ἀφωρισμένως, κἀκεῖνο πρὸς ὃ λέγεται ἀφωρισμένως εἰδέναι· τὴν δέ γε κεφαλὴν καὶ τὴν χεῖρα καὶ ἕκαστον τῶν τοιούτων, αἵ εἰσιν οὐσίαι, αὐτὸ μὲν ὅπερ ἐστὶν ὡρισμένως ἔστιν εἰδέναι, πρὸς ὃ δὲ λέγεται, οὐκ ἀναγκαῖον ....* (19.) *ὥστε οὐκ ἂν εἴη ταῦτα τῶν πρός τι· εἰ δὲ μή ἐστι ταῦτα τῶν πρός τι, ἀληθὲς ἂν εἴη λέγειν ὅτι οὐδεμία οὐσία τῶν πρός τι ἐστίν.*

Entwicklung und schaffende ursächliche Kraft wir bisher kennen lernten, in der Concretion des Seienden selbst behandle. Zunächst ja schon ist klar, dass jene Wesenheit, welche in der concreten Totalität eines bestimmten Wesens, d. h. in dem *σύνολον*, individuell auftritt, ebensosehr eine vergängliche ist, als sie ja auch durch den Verwirklichungsprocess des individuellen Werdens entstanden war, wohingegen es von dem Begriff oder der begrifflichen Form kein Entstehen und Vergehen gibt [478]). Es beruht das Gebiet des concret natürlich Seienden auf der Doppeltheit von Stoff und Wesenheit, wobei letztere die bewegende Ursache und zugleich der Endzweck ist, und bei extremer Scheidung ist der Stoff Nichts weiter als eben nur Stoff, und die Wesenheit nur der Begriff [479]). Die Form der Vereinigung, welche im concreten Sein Statt hat, besteht nicht aus dem Stofflichen selbst, sondern es ist dabei ein Etwas neben dem Stoffe, und das concret natürliche Entstehen, insoferne es in der Gestaltung beruht, ist vollgültiger und eigentlicher als insoferne es im Stoffe liegt [480]). Ja, wenn je irgendwo, kann man bei dem Gebiete der dem Entstehen und Vergehen unterworfenen concreten Natur-Wesen sagen, dass die individuelle Bestimmtheit neben der concret aus Stoff und Form vereinigten einzelnen Wesenheit bestehe, denn es ist zu scheiden der Stoff und die individuell begrifflich bestimmte Entstehung und das concret einzelne Individuum; hingegen bei demjenigen, was durch schaffende Thätigkeit des Menschen entsteht, z. B. Haus oder Gesundheit, ist die individuelle Bestimmtheit gar nicht ausserhalb der concreten Erscheinung, und es ist hier eine andere Weise des Seins, denn der Begriff des Hauses oder der Gesundheit geht von der Seele oder dem Denken des sie schaffenden Menschen erst aus, um nur in der Concretion des Seins zu erscheinen [481]). Hingegen ist bei den

478) *Metaph. Z*, 15, 1039 b. 20.: ἐπεὶ δ' ἡ οὐσία ἑτέρα τό τε σύνολον καὶ ὁ λόγος, λέγω δὲ ὅτι ἡ μὲν οὕτως ἐστὶν οὐσία σὺν τῇ ὕλῃ συνειλημμένος ὁ λόγος, ἡ δ' ὁ λόγος ὅλως, ὅσαι μὲν οὖν οὕτω λέγονται, τούτων μὲν ἔστι φθορά, καὶ γὰρ γένεσις· τοῦ δὲ λόγου οὐκ ἔστιν ὥστε φθείρεσθαι, οὐδὲ γὰρ γένεσις .... ἀλλ' ἄνευ γενέσεως καὶ φθορᾶς εἰσὶ καὶ οὐκ εἰσίν.

479) *D. part. an.* I, 1, 641 a. 25.: τῆς φύσεως διχῶς λεγομένης καὶ οὔσης τῆς μὲν ὕλης τῆς δ' ὡς οὐσίας, καὶ ἔστιν αὕτη ὡς ἡ κινοῦσα καὶ ὡς τὸ τέλος. *Meteor.* IV, 12, 390 a. 5.: εἰ τὰ ἔσχατα ληφθείη, ἡ μὲν ὕλη οὐδὲν ἄλλο παρ' αὐτήν, ἡ δ' οὐσία οὐδὲν ἄλλο ἢ ὁ λόγος, τὰ δὲ μεταξὺ ἀνάλογον τῷ ἐγγὺς εἶναι ἕκαστον·

480) *Metaph. H*, 3, 1043 b. 7.: οὐ γάρ ἐστιν ἡ σύνθεσις οὐδ' ἡ μῖξις ἐκ τούτων ὧν ἐστι σύνθεσις ἢ μῖξις· ὁμοίως δὲ οὐδὲ τῶν ἄλλων οὐδέν, οἷον εἰ ὁ οὐδὸς θέσει, οὐκ ἐκ τοῦ οὐδοῦ ἡ θέσις ἀλλὰ μᾶλλον οὗτος ἐξ ἐκείνης ..... ἀλλὰ τὶ δεῖ εἶναι ὃ παρὰ ταῦτά ἐστιν, εἰ ταῦθ' ὕλη, οὔτε δὲ στοιχεῖον οὔτ' ἐκ στοιχείου, ἀλλ' ἡ οὐσία. *D. part. an.* I, 1, 640 b. 28.: ἡ γὰρ κατὰ τὴν μορφὴν φύσις κυριωτέρα τῆς ὑλικῆς φύσεως.

481) *Metaph. Λ*, 3, 1070 a. 9.: οὐσίαι δὲ τρεῖς, ἡ μὲν ὕλη τοδὶ οὖσα τῷ φαίνεσθαι ..... ἡ δὲ φύσις καὶ τόδε τι, εἰς ἥν, καὶ ἕξις τις, ἔτι τρίτη ἡ ἐκ τούτων ἡ καθ' ἕκαστα, οἷον Σωκράτης ἢ Καλλίας. ἐπὶ μὲν οὖν τινῶν τὸ τόδε τι οὐκ ἔστι παρὰ τὴν συνθέτην οὐσίαν, οἷον οἰκίας τὸ εἶδος, εἰ μὴ ἡ τέχνη· οὐδ' ἔστι γένεσις καὶ φθορὰ τούτων, ἀλλ' ἄλλον τρόπον εἰσὶ καὶ οὐκ εἰσὶν οἰκία τε ἡ ἄνευ ὕλης καὶ ὑγίεια καὶ πᾶν τὸ κατὰ τέχνην· ἀλλ' εἴπερ, ἐπὶ τῶν φύσει. Ebend. *Z*, 7, 1032 b. 5.: ἡ δ' ὑγίεια ὁ ἐν τῇ ψυχῇ λόγος καὶ ἐν τῇ ἐπιστήμῃ ..... (15.) τῶν δὲ γενέσεων καὶ κινήσεων ἡ μὲν νόησις καλεῖται ἡ δὲ ποίησις, ἡ μὲν ἀπὸ τῆς ἀρχῆς καὶ τοῦ εἴδους νόησις ἡ δ' ἀπὸ τοῦ τελευταίου τῆς νοήσεως ποίησις ..... (21.) τὸ δὴ

Naturdingen die begriffliche Wesenheit an das Stoffliche gekettet und mit diesem verflochten; alle natürliche Wesenheit verhält sich in Bezug auf begriffliche Auffassung wie der Begriff des „Schielenden“, denn Schielen ist eine bestimmte Form des Auges, und der Begriff des Schielens kann gar nicht gedacht werden ohne dass man zugleich das schlechthin Stoffliche, nemlich das Auge, denkt; so ist bei allen Begriffen von Naturwesen stets der Stoff zugleich zu denken, während z. B. der Begriff des „Hohlen“ durchaus nicht einen bestimmten Stoff zugleich denken heisst, sondern eine blosse Form enthält, welche gegen die Materie, an welcher sie vorkömmt, gleichgültig ist (dieser beiderseitige Vergleich für die an einen Stoff geknüpfte Form und für die reine Form kehrt bei Aristoteles stets wieder); in dieser Verflechtung mit dem Stoffe aber erreicht die schaffende Thätigkeit der begrifflichen Form bei den Naturdingen eben nur die Stufe des „Meistentheils“ (s. oben Anm. 272 ff.), d. h. in der Natur erscheint die begriffsmässige Wesenheit (*οὐσία κατὰ τὸν λόγον*) nur als meistentheils durchgreifend und sich selbst verwirklichend, nicht aber schlechthin nothwendig ausnahmslos[482]. Die Natur ist eben überhaupt die Wesenheit in dem Vergänglichen, und diese mit dem Stoffe verflochtene Wesenheit wird daher auch von dem Mehr und Minder, d. h. von der Möglichkeit einer Gradabstufung berührt, während die begriffliche Wesenheit als begriffliche kein Mehr und Minder an sich haben kann[483]. Es erscheint bei den Naturdingen die begriffliche

---

ποιοῦν καὶ ὅθεν ἄρχεται ἡ κίνησις τοῦ ὑγιαίνειν, ἐὰν μὲν ἀπὸ τέχνης, τὸ εἶδός ἐστι τὸ ἐν τῇ ψυχῇ.

482) *Metaph. E*, 1, 1025 b. 26.: *ἡ φυσικὴ θεωρητική τις ἂν εἴη, ἀλλὰ θεωρητικὴ περὶ τοιοῦτον ὂν ὅ ἐστι δυνατὸν κινεῖσθαι καὶ περὶ οὐσίαν τὴν κατὰ τὸν λόγον ὡς ἐπὶ τὸ πολὺ, οὐ χωριστὴν μόνον*.... (30.) *τῶν δ᾽ ὁριζομένων καὶ τῶν τί ἐστι τὰ μὲν οὕτως ὑπάρχει ὡς τὸ σιμὸν τὰ δ᾽ ὡς τὸ κοῖλον* (ich habe oben *σιμόν* nicht wörtlich mit „stumpfnasig“ übersetzt, sondern wählte als analog „Schielend“, weil in dem Worte „stumpfnasig“ die Bezeichnung jenes stofflichen Bestandtheiles auch im Sprachausdrucke erscheint, was bei *σιμόν* hingegen ebenso wenig als z. B. bei „schielend“ der Fall ist). *διαφέρει δὲ ταῦτα ὅτι τὸ μὲν σιμὸν συνειλημμένον ἐστὶ μετὰ τῆς ὕλης, ἔστι γὰρ τὸ μὲν σιμὸν κοίλη ῥίς, ἡ δὲ κοιλότης ἄνευ ὕλης αἰσθητῆς.* *Phys. ausc.* I, 3, 186 b. 22.: *ἐν δὲ τῷ σιμῷ ὑπάρχει ὁ λόγος ὁ τῆς ῥινὸς ᾗ φαμεν συμβεβηκέναι τὸ σιμόν.*

483) *Metaph. H*, 3, 1043 b. 22.: *τὴν γὰρ φύσιν μόνην ἄν τις θείη τὴν ἐν τοῖς φθαρτοῖς οὐσίαν* ..... (1044 a. 10.) *καὶ ὥςπερ οὐδὲ ὁ ἀριθμὸς ἔχει τὸ μᾶλλον καὶ ἧττον, οὐδ᾽ ἡ κατὰ τὸ εἶδος οὐσία, ἀλλ᾽ εἴπερ, ἡ μετὰ τῆς ὕλης.* Ebend. *Γ*, 4, 1008 b. 32.: *τό γε μᾶλλον καὶ ἧττον ἔνεστιν ἐν τῇ φύσει τῶν ὄντων.* *D. part. an.* I, 4, 644 b. 11.: *τὰ γὰρ μόρια διαφέρουσι τούτων οὐ τῇ ἀνάλογον ὁμοιότητι, οἷον ἐν ἀνθρώπῳ καὶ ἰχθύι πέπονθεν ὀστοῦν πρὸς ἄκανθαν, ἀλλὰ μᾶλλον τοῖς σωματικοῖς πάθεσιν, οἷον μεγέθει μικρότητι, μαλακότητι σκληρότητι, λειότητι τραχύτητι καὶ τοῖς τοιούτοις, ὅλως δὲ τῷ μᾶλλον καὶ ἧττον.* *Hist. an.* I, 1, 486 a. 21.: *τὰ δὲ* (sc. *μόρια*) *ταὐτὰ μέν ἐστιν, διαφέρει δὲ καθ᾽ ὑπεροχὴν καὶ ἔλλειψιν ὅσων τὸ γένος ἐστὶ ταὐτόν* ..... *διαφέρει δὲ σχεδὸν τὰ πλεῖστα τῶν μορίων ἐν αὐτοῖς παρὰ τὰς τῶν παθημάτων ἐναντιώσεις οἷον χρώματος καὶ σχήματος τῷ τὰ μὲν μᾶλλον αὐτὰ πεπονθέναι τὰ δὲ ἧττον, ἔτι δὲ πλήθει καὶ ὀλιγότητι καὶ μεγέθει καὶ σμικρότητι καὶ ὅλως ὑπεροχῇ καὶ ἐλλείψει.* *Cat.* 5, 2 b. 26.: *τῶν πρώτων οὐσιῶν οὐδὲν μᾶλλον ἕτερον ἑτέρου οὐσία ἐστίν, οὐδὲν γὰρ μᾶλλον ὁ τὶς ἄνθρωπος οὐσία ἢ ὁ τὶς βοῦς.* Ebend. 3 b. 36.: *ἑκάστη οὐσία τοῦθ᾽ ὅπερ ἐστὶν, οὐ λέγεται μᾶλλον καὶ ἧττον, οἷον εἰ ἔστιν αὕτη ἡ οὐσία ἄνθρωπος, οὐκ ἔσται μᾶλλον καὶ ἧττον ἄνθρωπος οὔτε αὐτὸς ἑαυτοῦ οὔτε ἕτερος*

Form immer nur in und an einem Stofflichen, vergleichbar einem ehernen Kreise, welcher in seinem ausgesprochenen Begriffe den Stoff enthält, und eben der begriffsmässig gestaltete Stoff ist Gegenstand des Physikers, welcher daher die sinnlich wahrnehmbaren Wesen auch gar nicht definiren kann ohne hiebei auf die in der Materie liegenden Bewegungen einzugehen [484]).

Somit gibt es von der concreten Totalität, welche in dem entstandenen einzelnen wirklichen Individuum erscheint, keinen ausgesprochenen Begriff und keine Definition, insoweit dieselben als einzelne Individuen vergänglich nnd insoweit sie mit dem an sich unbestimmten Stofflichen verflochten sind, und es gilt dieses auch von dem einzelnen Individuum unter den intelligiblen, nemlich mathematischen, Wesenheiten, denn das einzelne als einzelnes kann eben nur wahrgenommen werden, sei es vermittelst der Sinne oder vermittelst des Gedankens; hingegen von der individuell bestimmten Concretion gibt es, wenn sie auch mit dem Stofflichen verknüpft ist, dennoch einen ausgesprochenen Begriff und eine Definition, insoweit eine erste ursprüngliche und begriffliche Wesenheit (*πρώτη οὐσία*) es ist, welche mit dem Stoffe sich vereinigt, denn alle Begriffsbestimmung und Definition geht auf das allgemein gültige Ansichsein, d. h. auf das *καθόλου*, und auf die begriffliche Form, dieses Ansich aber und diese Form sind die Causalität der Concretion [485]); die

---

ἑτέρου (auch hier erkennen wir ein schulmässiges Egalisiren, da der von Arist. hervorgehobene Unterschied zwischen *οὐσία κατὰ τὸ εἶδος* und *οὐσία μετὰ ὕλης* gänzlich vernachlässigt ist).

484) *Metaph. Z*, 11, 1036 b. 3.: *οἷον τὸ τοῦ ἀνθρώπου εἶδος ἀεὶ ἐν σαρξὶ φαίνεται καὶ τοῖς ὀστοῖς καὶ τοῖς τοιούτοις μέρεσιν* ..... (28.) *αἰσθητὸν γάρ τι τὸ ζῷον καὶ ἄνευ κινήσεως οὐκ ἔστιν ὁρίσασθαι, διὸ οὐδ' ἄνευ τῶν μερῶν ἐχόντων πως* ..... (1037 a. 14.) *τρόπον τινὰ τῆς φυσικῆς καὶ δευτέρας φιλοσοφίας ἔργον ἡ περὶ τὰς αἰσθητὰς οὐσίας θεωρία· οὐ γὰρ μόνον περὶ τῆς ὕλης δεῖ γνωρίζειν τὸν φυσικὸν, ἀλλὰ καὶ τῆς κατὰ τὸν λόγον, καὶ μᾶλλον.* Ebend. 7, 1033 a. 5.: *ὁ δὴ χαλκοῦς κύκλος ἔχει ἐν τῷ λόγῳ τὴν ὕλην.* Ebend. *E*, 1, 1025 b. 34.: *εἰ δὴ πάντα τὰ φυσικὰ ὁμοίως τῷ σιμῷ λέγονται, οἷον ῥὶς ὀφθαλμὸς πρόσωπον σὰρξ ὀστοῦν, ὅλως ζῷον, φύλλον ῥίζα φλοιὸς, ὅλως φυτὸν, οὐδενὸς γὰρ ἄνευ κινήσεως ὁ λόγος αὐτῶν, ἀλλ' ἀεὶ ἔχει ὕλην, δῆλον πῶς δεῖ ἐν τοῖς φυσικοῖς τὸ τί ἐστι ζητεῖν καὶ ὁρίζεσθαι.* In diesem Sinne ist die Aufzählung von Natur-Wesenheiten zu verstehen *D. coel.* III, 1, 298 a. 28.: *τῶν φύσει λεγομένων τὰ μέν ἐστιν οὐσίαι τὰ δ' ἔργα καὶ πάθη τούτων, λέγω δ' οὐσίας μὲν τά τε ἁπλᾶ σώματα οἷον πῦρ καὶ γῆν καὶ τὰ σύστοιχα τούτοις, καὶ ὅσα ἐκ τούτων οἷον τόν τε σύνολον οὐρανὸν καὶ τὰ μόρια αὐτοῦ, καὶ πάλιν τά τε ζῷα καὶ τὰ φυτὰ καὶ τὰ μόρια τούτων· πάθη δὲ καὶ ἔργα τάς τε κινήσεις τὰς τούτων ἑκάστου καὶ τῶν ἄλλων ὅσων ἐστὶν αἴτια ταῦτα κατὰ τὴν δύναμιν τὴν ἑαυτῶν, ἔτι δὲ τὰς ἀλλοιώσεις καὶ τὰς εἰς ἄλληλα μεταβάσεις.*

485) *Metaph. Z*, 10, 1036 a. 2.: *τοῦ δὲ συνόλου ἤδη, οἷον κύκλου τουδὶ, τῶν καθ' ἕκαστά τινος ἢ αἰσθητοῦ ἢ νοητοῦ, λέγω δὲ νοητοὺς μὲν οἷον τοὺς μαθηματικοὺς, αἰσθητοὺς δὲ οἷον τοὺς χαλκοῦς καὶ ξυλίνους, τούτων δὲ οὐκ ἔστιν ὁρισμὸς, ἀλλὰ μετὰ νοήσεως ἢ αἰσθήσεως γνωρίζονται.* Ebend. 11, 1036 a. 28.: *τοῦ γὰρ καθόλου καὶ τοῦ εἴδους ὁ ὁρισμός.* Ebend. 1037 a. 26.: *ταύτης* (sc. *τῆς συνόλης οὐσίας*) *δέ γ' ἔστι πως λόγος καὶ οὐκ ἔστιν· μετὰ μὲν γὰρ τῆς ὕλης οὐκ ἔστιν, ἀόριστον γὰρ, κατὰ τὴν πρώτην δ' οὐσίαν ἔστιν, οἷον ἀνθρώπου ὁ τῆς ψυχῆς λόγος* (s. unten Anm. 488.)· *ἡ οὐσία γάρ ἐστι τὸ εἶδος τὸ ἐνὸν, ἐξ οὗ καὶ τῆς ὕλης ἡ σύνολος λέγεται οὐσία, οἷον ἡ κοιλότης· ἐκ γὰρ ταύτης καὶ τῆς ῥινὸς σιμὴ ῥὶς καὶ ἡ σιμότης ἐστί.* Ebend. 15, 1039 b. 27.: *διὰ τοῦτο δὲ καὶ τῶν οὐσιῶν τῶν καθ' ἕκαστα οὔθ'*

stoffliche Grundlage allein für sich aber entzieht sich jeder Begriffsbestimmung überhaupt, sie kann nur durch Analogien klar gemacht und gewusst werden, indem man sie als etwas Analoges betrachtet, wie z. B. in den Producten der schaffenden Thätigkeit sich das Material verhält [486]).

Insoferne also von dem Stofflichen abgesehen wird, und insoferne der schöpferische Wesensbegriff eben die Wesenheit ohne Stoff ist, wird auch das bestimmte Dasein identisch sein mit dem begrifflichen Sein; das ursprüngliche Ansichsein der Wesenheit ohne Stoff ist sofort und ohne Weiteres der schöpferische Wesensbegriff und das eigentliche Sein und die Einheit, so dass jene unnöthige Verdopplung der Wesenheit, welche durch die Ideenlehre herbeigeführt wird, füglich entbehrt werden kann [487]). Bei einer solchen Wesenheit ohne Stoff besteht der schöpferische Wesensbegriff vermöge der begrifflichen Form und vermöge der Actualität an sich, und so ist z. B. bei der Seele, welche die begriffliche Form und Wesenheit und der schöpferische Wesensbegriff für den Leib ist, ihr concretes Dasein identisch mit ihrem Wesensbegriffe, d. h. Seele und Seele-Sein ist das nemliche, nicht aber ist Mensch und Mensch-Sein das nemliche; ebenso aber verhält es sich bei allen ersten und ursprünglichen Wesenheiten (*πρῶται οὐσίαι*), welche nemlich unabhängig vom Stoffe sind [488]). Nur würde, da eine solche ursprüngliche Wesenheit weder aus bloss prädicativen allgemeinen Bestimmtheiten, welche ein qualitatives Sein bezeichnen (Anm. 475), noch actuell aus mehreren anderen actuellen Wesenheiten zusammengesetzt sein kann, und folglich schlechthin unzusammengesetzt sein muss, hieraus folgen, dass es von derselben keinen Begriff und keinen ausgesprochenen

---

ὁρισμὸς οὔτ' ἀπόδειξίς ἐστιν, ὅτι ἔχουσιν ὕλην ἧς ἡ φύσις τοιαύτη ὥστ' ἐνδέχεσθαι καὶ εἶναι καὶ μή, διὸ φθαρτὰ πάντα τὰ καθ' ἕκαστα αὐτῶν.

486) *Phys. ausc.* I, 7, 191 a. 8.: *ἡ δ' ὑποκειμένη φύσις ἐπιστητὴ κατ' ἀναλογίαν· ὡς γὰρ πρὸς ἀνδριάντα χαλκὸς ἢ πρὸς κλίνην ξύλον ἢ πρὸς τῶν ἄλλων τι τῶν ἐχόντων μορφὴν ἡ ὕλη καὶ τὸ ἄμορφον ἔχει πρὶν λαβεῖν τὴν μορφήν, οὕτως αὕτη πρὸς οὐσίαν ἔχει καὶ τὸ τόδε τι καὶ τὸ ὄν.* Vgl. Anm. 695.

487) *Metaph. Z*, 7, 1032 b. 14.: *λέγω δ' οὐσίαν ἄνευ ὕλης τὸ τί ἦν εἶναι.* Ebend. 6, 1031 b. 11.: *ἀνάγκη ἄρα ἓν εἶναι τὸ ἀγαθὸν καὶ ἀγαθῷ εἶναι καὶ καλὸν καὶ καλῷ εἶναι, ὅσα μὴ κατ' ἄλλο λέγεται, ἀλλὰ καθ' αὑτὰ καὶ πρῶτα· καὶ γὰρ τοῦτο ἱκανὸν ἐὰν ὑπάρχῃ, κἂν μὴ ᾖ εἴδη .....* (31.) *καίτοι τί κωλύει καὶ νῦν εἶναι ἔνια εὐθὺς τί ἦν εἶναι, εἴπερ οὐσία τὸ τί ἦν εἶναι; ἀλλὰ μὴν οὐ μόνον ἕν, ἀλλὰ καὶ ὁ λόγος ὁ αὐτὸς αὐτῶν.* Ebend. *H*, 6, 1045 a. 36.: *ὅσα δὲ μὴ ἔχει ὕλην μήτε νοητὴν μήτε αἰσθητήν, εὐθὺς ὅπερ ἕν τι ἐστὶν ἕκαστον ὥσπερ καὶ ὅπερ ὄν τι.* Ebend. *Z*, 13, 1038 b. 30.: *ὅλως δὲ συμβαίνει, εἰ ἔστιν οὐσία ὁ ἄνθρωπος καὶ ὅσα οὕτω λέγεται, μηδὲν τῶν ἐν τῷ λόγῳ εἶναι μηδενὸς οὐσίαν μηδὲ χωρὶς ὑπάρχειν αὐτῶν μηδ' ἐν ἄλλῳ, λέγω δ' οἷον οὐκ εἶναί τι ζῷον παρὰ τὰ τινὰ οὐδ' ἄλλο τῶν ἐν τοῖς λόγοις οὐδέν.*

488) Ebend. *H*, 3, 1043 b. 1.: *τὸ γὰρ τί ἦν εἶναι τῷ εἴδει καὶ τῇ ἐνεργείᾳ ὑπάρχει· ψυχὴ μὲν γὰρ καὶ ψυχῇ εἶναι ταὐτόν, ἀνθρώπῳ δὲ καὶ ἄνθρωπος οὐ ταὐτόν, εἰ μὴ καὶ ἡ ψυχὴ ἄνθρωπος λεχθήσεται.* Ebend. *Z*, 10, 1036 a. 14.: *ἡ τῶν ζῴων ψυχή, τοῦτο γὰρ οὐσία τοῦ ἐμψύχου, ἡ κατὰ τὸν λόγον οὐσία καὶ τὸ εἶδος καὶ τὸ τί ἦν εἶναι τῷ τοιῷδε σώματι.* Ebend. 11, 1037 a. 33.: *ὅτι τὸ τί ἦν εἶναι καὶ ἕκαστον ἐπὶ τινῶν μὲν ταὐτόν, ὥσπερ ἐπὶ τῶν πρώτων οὐσιῶν, οἷον καμπυλότης καὶ καμπυλότητι εἶναι* (s. Anm. 482.), *εἰ πρώτη ἐστίν, λέγω δὲ πρώτην ἣ μὴ λέγεται τῷ ἄλλο ἐν ἄλλῳ εἶναι καὶ ὑποκειμένῳ ὡς ὕλῃ.*

Begriff und keine Definition geben könne [489]); und in der That ist es unmöglich, ewige Wesenheiten zu definiren, zumal wenn sie bloss in Einem concreten Individuum erscheinen, wie z. B. Sonne und Mond, denn bei den schlechthin einfachen Wesenheiten gibt es Nichts zu suchen [490]), sie können nur „berührt“ werden oder nicht (s. oben Anm. 101).

So also fallen die zwei Extreme, das schlechthin empirisch Einzelne und das schlechthin ewig Einfache, aus dem Gebiete des menschlichen ausgesprochenen Begriffes und der Definition hinaus, und es bleibt als Gegenstand für die Thätigkeit des Begriffes der Umkreis des Zusammengesetzten übrig, sowie ja auch schon die menschliche Wortbezeichnung eine zweideutige Macht ist, welche theils das concret wirklich Individuelle und theils die begriffliche Form ausdrückt [491]). Und in dieser wesentlichen Bestimmtheit des menschlichen Forschens und denkenden Suchens, nach welcher es auf die Mittelstufe zwischen dem empirisch Einzelnen und dem ewig Einfachen, d. h. auf das Gebiet des Zusammengesetzten hingewiesen ist, liegt es auch begründet, dass der Begriff vermittelst des Syllogismus sich durch die ganze Stufenleiter der zusammengesetzten Wesenheiten nach Oben und Unten hindurcharbeiten muss, um zum definitorischen Wissen zu führen. Von der zusammengesetzten Wesenheit, mag sie eine sinnlich wahrnehmbare oder eine intelligible sein, gibt es für den Menschen einen Begriff und ein Aussprechen desselben, denn bei Allem, was nicht der schöpferische Wesensbegriff selbst ist, also auch z. B. bei mathematischen Wesenheiten, ist gleichfalls ein Stoffliches vorhanden, und der Stoff selbst ist überhaupt entweder ein sinnlich wahrnehmbarer oder ein im Gedanken vorhandener; hingegen von den ersten, nicht mehr zusammengesetzten, Bestandtheilen der verbundenen Wesenheiten ist kein definitorisch ausgesprochener Begriff möglich, weil derselbe selbst gleichsam aus einem Stofflichen und aus Gestaltung bestehen muss [492]). So sind auch in den unserem ausgesprochenen

---

489) Ebend. *Z*, 13, 1039 a. 3.: *ἀδύνατον γὰρ οὐσίαν ἐξ οὐσιῶν εἶναι ἐνυπαρχουσῶν ὡς ἐντελεχείᾳ* ..... (14.) *εἰ γὰρ μήτε ἐκ τῶν καθόλου οἷόν τ' εἶναι μηδεμίαν οὐσίαν διὰ τὸ τοιόνδε ἀλλὰ μὴ τόδε τι σημαίνειν, μήτ' ἐξ οὐσιῶν ἐνδέχεται ἐντελεχείᾳ εἶναι μηδεμίαν οὐσίαν σύνθετον, ἀσύνθετον ἂν εἴη οὐσία πᾶσα, ὥστ' οὐδὲ λόγος ἂν εἴη οὐδεμιᾶς οὐσίας· ἀλλὰ μὴν δοκεῖ γε πᾶσι καὶ ἐλέχθη πάλαι ἢ μόνον εἶναι οὐσίας ὅρον ἢ μάλιστα· νῦν δ' οὐδὲ ταύτης· οὐδενὸς ἄρα ἔσται ὁρισμός· ἢ τρόπον μέν τινα ἔσται, τρόπον δέ τινα οὔ.*

490) Ebend. 15, 1040 a. 28.: *ὅτι ἀδύνατον ὁρίσασθαι ἐν τοῖς ἀϊδίοις, μάλιστα δὲ ὅσα μοναχά, οἷον ἥλιος ἢ σελήνη.* Ebend. 17, 1041 b. 9.: *φανερὸν τοίνυν ὅτι ἐπὶ τῶν ἁπλῶν οὐκ ἔστι ζήτησις οὐδὲ δίδαξις, ἀλλ' ἕτερος τρόπος τῆς ζητήσεως τῶν τοιούτων.*

491) Ebend. *H*, 3, 1043 a. 29.: *δεῖ δὲ μὴ ἀγνοεῖν ὅτι ἐνίοτε λανθάνει πότερον σημαίνει τὸ ὄνομα τὴν σύνθετον οὐσίαν ἢ τὴν ἐνέργειαν καὶ τὴν μορφήν, οἷον ἡ οἰκία πότερον σημεῖον τοῦ κοινοῦ ὅτι σκέπασμα ἐκ πλίνθων καὶ λίθων ὡδὶ κειμένων ἢ τῆς ἐνεργείας καὶ τοῦ εἴδους ὅτι σκέπασμα, καὶ γραμμὴ πότερον δυὰς ἐν μήκει ἢ ὅτι δυάς, καὶ ζῷον πότερον ψυχὴ ἐν σώματι ἢ ψυχή, αὕτη γὰρ οὐσία καὶ ἐνέργεια σώματός τινος.*

492) Ebend. 1043 b. 28.: *ὥστ' οὐσίας ἔστι μὲν ἧς ἐνδέχεται εἶναι ὅρον καὶ λόγον, οἷον τῆς συνθέτου, ἐάν τε αἰσθητὴ ἐάν τε νοητὴ ᾖ· ἐξ ὧν δ' αὕτη πρώτων, οὐκ ἔστιν, εἴπερ τὶ κατὰ τινὸς σημαίνει ὁ λόγος ὁ ὁριστικὸς καὶ δεῖ τὸ μὲν ὥσπερ ὕλην εἶναι τὸ δὲ ὡς μορφήν.* Ebend. *Z*, 11, 1036 b. 35.: *ἔσται γὰρ ὕλη ἐνίων καὶ μὴ αἰσθητῶν καὶ παντὸς ὃ μή ἐστι τί ἦν*

Begriffe zugänglichen Naturwesen vielerlei Unterschiede der Gestaltung, indem der Stoff theils durch eine Zusammensetzung, theils durch Lage, theils durch Zeit- oder Ort-Bestimmtheit, theils durch die verschiedenen Zustände des sinnlich Wahrnehmbaren und überhaupt durch die Extreme des Mehr und Minder (Anm. 483) determinirt wird, so dass man die Gattungen dieser Unterschiede erfassen muss, denn sie sind die Principien des Seins des Einzelnen, und wenn je überhaupt die Wesenheit die Causalität ist, so ist in diesen die Ursache des einzelnen Seienden zu suchen [493]. Es gruppiren sich ja auch diese Unterschiede nach der überhaupt bestehenden doppelten Möglichkeit der Determination (Anm. 408 u. 470), indem die einen derselben mehr eine positive individuelle Bestimmtheit enthalten und hiemit mehr zu einer concreten Wesenheit führen, die anderen hingegen dem Entblösstsein näher liegen und ein Nicht-sein bewirken (vgl. Anm. 406); und es ist hiedurch der Stoff selbst mehr oder minder wesenheitlich oder nicht wesenheitlich [494]. So sind jenes artmachende Unterschiede für die Entstehung concreter Naturwesen, denn in ihnen liegt die Actualität der Bestimmtheit und auf ihnen beruht der ausgesprochene Begriff des concreten Seienden; jener Begriff daher, welcher vermittelst solcher artmachender Unterschiede erfasst und ausgesprochen wird, gehört zur begrifflichen Form und Actualität, jener aber, welcher auf den materiellen Inhärenzien beruht, gehört zum Stoffe [495].

εἶναι· κύκλου μὲν οὖν οὐκ ἔσται τοῦ καθόλου, τῶν δὲ καθ' ἕκαστα ἔσται μέρη ταῦτα ..... ἔστι γὰρ ἡ ὕλη ἡ μὲν αἰσθητὴ ἡ δὲ νοητή· δῆλον δὲ καὶ ὅτι ἡ μὲν ψυχὴ οὐσία ἡ πρώτη (Anm. 488.), *τὸ δὲ σῶμα ὕλη, ὁ δ' ἄνθρωπος ἢ τὸ ζῷον τὸ ἐξ ἀμφοῖν ὡς καθόλου.* Ebend. *H*, 6, 1045 a. 34.: *ἀεὶ τοῦ λόγου τὸ μὲν ὕλη τὸ δ' ἐνέργειά ἐστιν.*

493) Ebend. *H*, 2, 1042 b. 15.: *φαίνονται δὲ πολλαὶ διαφοραὶ οὖσαι, οἷον τὰ μὲν συνθέσει λέγεται τῆς ὕλης, ὥσπερ ὅσα κράσει καθάπερ μελίκρατον, τὸ δὲ δεσμῷ οἷον φάκελος, τὰ δὲ κόλλῃ οἷον βιβλίον, τὰ δὲ γόμφῳ οἷον κιβώτιον, τὰ δὲ πλείοσι τούτων, τὰ δὲ θέσει οἷον οὐδὸς καὶ ὑπέρθυρον, ταῦτα γὰρ τῷ κεῖσθαί πως διαφέρει, τὰ δὲ χρόνῳ οἷον δεῖπνον καὶ ἄριστον, τὰ δὲ τόπῳ οἷον τὰ πνεύματα, τὰ δὲ τοῖς τῶν αἰσθητῶν πάθεσιν οἷον σκληρότητι καὶ μαλακότητι καὶ πυκνότητι καὶ μανότητι καὶ ξηρότητι καὶ ὑγρότητι, καὶ τὰ μὲν ἐνίοις τούτων τὰ δὲ πᾶσι τούτοις, καὶ ὅλως τὰ μὲν ὑπεροχῇ τὰ δὲ ἐλλείψει. ὥστε δῆλον ὅτι καὶ τὸ ἔστι τοσαυταχῶς λέγεται .....* (32.) *ληπτέα οὖν τὰ γένη τῶν διαφορῶν, αὗται γὰρ ἀρχαὶ ἔσονται τοῦ εἶναι .....* (1043 a. 2.) *φανερὸν δὴ ἐκ τούτων ὅτι εἴπερ ἡ οὐσία αἰτία τοῦ εἶναι ἕκαστον, ὅτι ἐν τούτοις ζητητέον τί τὸ αἴτιον τοῦ εἶναι τούτων ἕκαστον.*

494) *D. gen. et corr.* I, 3, 318 b. 13.: *διοίσει τὸ ἁπλῶς τι γίνεσθαι καὶ φθείρεσθαι τοῦ μὴ ἁπλῶς ..... τῇ ὕλῃ ὁποία τις ἂν ᾖ· ἧς μὲν γὰρ μᾶλλον αἱ διαφοραὶ τόδε τι σημαίνουσι, μᾶλλον οὐσία, ἧς δὲ στέρησιν, μὴ ὄν .....* (35.) *διὰ γὰρ τὸ τὴν ὕλην διαφέρειν ἢ τῷ οὐσίαν εἶναι ἢ τῷ μή, ἢ τῷ τὴν μὲν μᾶλλον τὴν δὲ μή, ἢ τῷ τὴν μὲν μᾶλλον αἰσθητὴν εἶναι τὴν ὕλην ἐξ ἧς καὶ εἰς ἥν, τὴν δὲ ἧττον εἶναι.*

495) *Metaph. H*, 3, 1043 a. 12.: *φανερὸν δὴ ἐκ τούτων ὅτι ἡ ἐνέργεια ἄλλη ἄλλης ὕλης καὶ ὁ λόγος, τῶν μὲν γὰρ ἡ σύνθεσις τῶν δ' ἡ μῖξις τῶν δ' ἄλλο τι τῶν εἰρημένων· διὸ τῶν ὁριζομένων οἱ μὲν λέγοντες τί ἐστιν οἰκία, ὅτι λίθοι πλίνθοι ξύλα, τὴν δυνάμει οἰκίαν λέγουσιν, ὕλη γὰρ ταῦτα· οἱ δὲ ἀγγεῖον σκεπαστικὸν σωμάτων καὶ χρημάτων ἤ τι καὶ ἄλλο τοιοῦτον προσθέντες τὴν ἐνέργειαν λέγουσιν .....* (19.) *ἔοικε γὰρ ὁ μὲν διὰ τῶν διαφορῶν λόγος τοῦ εἴδους καὶ τῆς ἐνεργείας εἶναι, ὁ δ' ἐκ τῶν ἐνυπαρχόντων τῆς ὕλης μᾶλλον.*

Somit entscheidet sich auch die Frage, ob in dem ausgesprochenen Begriffe eines Dinges der ausgesprochene Begriff seiner Theile enthalten sein müsse und inwieferne; denn z. B. in dem Begriffe des Kreises kömmt der der Segmente nicht als ein in ihm enthaltener vor, wohl aber ist diess bei dem Begriffe der Sylbe mit dem der Buchstaben der Fall, während doch beiden das gemeinschaftlich ist, dass der Kreis in Segmente und die Sylbe in Buchstaben getheilt wird [496]). Es ist nemlich hiebei zu unterscheiden, was Theil der Wesenheit sei. Bei denjenigen Wesen, deren Sein dem „Schielend" (Anm. 482) entspricht, ist der Stoff Theil der Wesenheit, bei jenen hingegen nicht, deren Sein dem „Hohl" entspricht; um die begriffliche Form aber handelt es sich, wie dieselbe mit dem Stofflichen verflochten ist oder nicht, und so sind die Buchstaben ein Theil der begrifflichen Form der Sylbe, die Segmente aber sind stoffliche Theile des Kreises [497]). In die stofflichen Theile löst sich das concret wirkliche Individuum auch wieder bei seinem Vergehen auf, und es kömmt daher darauf an, wie die Concretion an das Stoffliche gekettet sei; ist letzteres der Fall, so gehören die stofflichen Theile zum ausgesprochenen Begriffe des Ganzen, denn von der concreten Verkettung des Stoffes und Begriffes im Individuum sind die stofflichen Theile auch die causalen Principien, von der begrifflichen Form selbst aber sind sie weder Theil noch Princip [498]). In die begrifflichen Theile aber, d. h. in die Theile der begrifflichen Form, wird der ausgesprochene Begriff des Ganzen getheilt, und z. B. der Begriff des rechten Winkels enthält nicht den des spitzen Winkels als Theil in sich, sondern umgekehrt der des spitzen den des rechten; und indem man so zwischen Theilen der begrifflichen Form und Theilen des Stoffes und Theilen der Concretion scheiden muss, sind die begrifflichen Theile die ursprünglicheren und

---

496) Ebend. *Z*, 10, 1034 b. 22.: *ἀπορεῖται ἤδη πότερον δεῖ τὸν τῶν μερῶν λόγον ἐνυπάρχειν ἐν τῷ τοῦ ὅλου λόγῳ ἢ οὔ· ἐπ' ἐνίων μὲν γὰρ φαίνονται ἐνόντα, ἐπ' ἐνίων δ' οὔ· τοῦ μὲν γὰρ κύκλου ὁ λόγος οὐκ ἔχει τὸν τῶν τμημάτων, ὁ δὲ τῆς συλλαβῆς ἔχει τὸν τῶν στοιχείων· καίτοι διαιρεῖται καὶ ὁ κύκλος εἰς τὰ τμήματα ὥςπερ καὶ ἡ συλλαβὴ εἰς τὰ στοιχεῖα.*

497) Ebend. 1034 b. 34.: *ἐξ ὧν δ' ἡ οὐσία ὡς μερῶν, τοῦτο σκεπτέον. εἰ οὖν ἐστὶ τὸ μὲν ὕλη τὸ δ' εἶδος τὸ δ' ἐκ τούτων καὶ οὐσία ἥ τε ὕλη καὶ τὸ εἶδος καὶ τὸ ἐκ τούτων, ἔστι μὲν ὡς καὶ ἡ ὕλη μέρος τινὸς λέγεται, ἔστι δ' ὡς οὔ, ἀλλ' ἐξ ὧν ὁ τοῦ εἴδους λόγος· οἷον τῆς μὲν κοιλότητος οὐκ ἔστι μέρος ἡ σάρξ, αὕτη γὰρ ἡ ὕλη ἐφ' ἧς γίνεται, τῆς δὲ σιμότητος μέρος, καὶ τοῦ μὲν συνόλου ἀνδριάντος μέρος ὁ χαλκὸς, τοῦ δ' ὡς εἶδος λεγομένου ἀνδριάντος οὔ. λεκτέον γὰρ τὸ εἶδος καὶ ᾗ εἶδος ἔχει ἕκαστον, τὸ δ' ὑλικὸν οὐδέποτε καθ' αὑτὸ λεκτέον· διὸ ὁ μὲν τοῦ κύκλου λόγος οὐκ ἔχει τὸν τῶν τμημάτων, ὁ δὲ τῆς συλλαβῆς τὸν τῶν στοιχείων· τὰ μὲν γὰρ στοιχεῖα τοῦ λόγου μέρη τοῦ εἴδους καὶ οὐχ ὕλη, τὰ δὲ τμήματα οὕτως μέρη ὡς ὕλη ἐφ' οἷς ἐπιγίνεται.*

498) Ebend. 1035 a. 17.: *καὶ γὰρ ἡ γραμμὴ οὐκ εἰ διαιρουμένη εἰς τὰ ἡμίση φθείρεται ἢ ὁ ἄνθρωπος εἰς τὰ ὀστᾶ καὶ νεῦρα καὶ σάρκας, διὰ τοῦτο καὶ εἰσὶν ἐκ τούτων οὕτως ὡς ὄντων τῆς οὐσίας μερῶν, ἀλλ' ὡς ἐξ ὕλης, καὶ τοῦ μὲν συνόλου μέρη, τοῦ εἴδους δὲ καὶ οὗ ὁ λόγος οὐκέτι, διόπερ οὐδ' ἐν τοῖς λόγοις. τῶν μὲν οὖν ἐνέσται ὁ τῶν τοιούτων μερῶν λόγος, τῶν δ' οὐ δεῖ ἐνεῖναι, ἂν μὴ ᾖ τοῦ συνειλημμένου· διὰ γὰρ τοῦτο ἔνια μὲν ἐκ τούτων ὡς ἀρχῶν ἐστιν εἰς ἃ φθείρονται, ἔνια δ' οὐκ ἔστιν ..... (30.) ὥστ' ἐκείνων μὲν ἀρχαὶ καὶ μέρη τὰ ὑφ' αὐτὰ, τοῦ δ' εἴδους οὔτε μέρη οὔτ' ἀρχαὶ ταῦτα.*

früheren, die stofflichen Theile aber die abgeleiteteren und späteren [499]). Darum versteht es sich auch von selbst, dass der artmachende Unterschied nur in dem Begriffe und der Wesenheit jenes Dinges, an welchem er gesucht wird, beruhen und nie über die begriffliche Bestimmtheit und Abgränzung hinaus etwa in eine höhere, relativ unbestimmtere, Gattung gelegt werden darf [500]), sowie andrerseits klar ist, dass auch die Gattungsbegriffe wesentlich begriffliche Bestandtheile besitzen [501]).

Bei demjenigen Wesen daher, dessen Sein in der Verkettung der begrifflichen Form und des Stoffes beruht, wird eben dieses concret Individuelle, nicht aber die Wesenheit selbst, in die stofflichen Theile getheilt, welche ja untrennbar mit ihm verbunden sind; daher z. B. die Hand, um Hand zu sein, Fleisch und Blut und Leben haben muss und eine todte oder eherne Hand nur den Namen mit der wirklichen gemein hat [502]). Es besitzen diese stofflichen Theile aber erklärlicher Weise nur die Geltung eines potenziellen Seins (denn die Actualität liegt ja in der begrifflichen Form), und es wird auch sprachlich diese Potenzialität durch Stoff-Adjectiva ausgedrückt, mit welchen man bis zu einem äussersten zurückgehen kann und hiedurch auf den ursprünglichsten Stoff selbst gelangt [503]). Auf diesem Wege löst Aristoteles auch die Frage,

---

499) Ebend. 1035 b. 4.: *ὅσα μὲν γὰρ τοῦ λόγου μέρη καὶ εἰς ἃ διαιρεῖται ὁ λόγος, ταῦτα πρότερα ἢ πάντα ἢ ἔνια· ὁ δὲ τῆς ὀρθῆς λόγος οὐ διαιρεῖται εἰς ὀξείας λόγον, ἀλλὰ τῆς ὀξείας εἰς ὀρθήν* ..... (11.) *ὥσθ' ὅσα μὲν μέρη ὡς ὕλη καὶ εἰς ἃ διαιρεῖται ὡς ὕλην, ὕστερα, ὅσα δὲ ὡς τοῦ λόγου καὶ τῆς οὐσίας τῆς κατὰ τὸν λόγον, πρότερα ἢ πάντα ἢ ἔνια* ..... (31.) *μέρος μὲν οὖν ἐστὶ καὶ τοῦ εἴδους, εἶδος δὲ λέγω τὸ τί ἦν εἶναι, καὶ τοῦ συνόλου τοῦ ἐκ τοῦ εἴδους καὶ τῆς ὕλης καὶ τῆς ὕλης αὐτῆς. ἀλλὰ τοῦ λόγου μέρη τὰ τοῦ εἴδους μόνον ἐστὶν, ὁ δὲ λόγος ἐστὶ τοῦ καθόλου.* Ebend. 11, 1037 a. 24.: *ἐν μὲν τῷ τῆς οὐσίας λόγῳ τὰ οὕτω μόρια ὡς ὕλη οὐκ ἐνέσται.*

500) *Phys. ausc.* IV, 14, 224 a. 6.: *ταὐτὸ γὰρ λέγεται οὗ μὴ διαφέρει διαφορᾷ, ἀλλ' οὐχὶ οὗ διαφέρει, οἷον τρίγωνον τριγώνου διαφορᾷ διαφέρει, τοιγαροῦν ἕτερα τρίγωνα, σχήματος δὲ οὔ, ἀλλ' ἐν τῇ αὐτῇ διαιρέσει καὶ μιᾷ.*

501) *Metaph. B*, 3, 998 a. 21.: *περὶ τῶν ἀρχῶν πότερον δεῖ τὰ γένη στοιχεῖα καὶ ἀρχὰς ὑπολαμβάνειν ἢ μᾶλλον ἐξ ὧν ἐνυπαρχόντων ἐστὶν ἕκαστον πρώτων, κτλ.*

502) Ebend. *Z*, 10, 1035 b. 20.: *τὸ δὲ σῶμα καὶ τὰ τούτου μόρια ὕστερα ταύτης τῆς οὐσίας, καὶ διαιρεῖται εἰς ταῦτα ὡς εἰς ὕλην οὐχ ἡ οὐσία ἀλλὰ τὸ σύνολον· τοῦ μὲν οὖν συνόλου πρότερα ταῦτ' ἔστιν ὥς, ἔστι δ' ὡς οὔ· οὐδὲ γὰρ εἶναι δύναται χωριζόμενα, οὐδὲ γὰρ ὁ πάντως ἔχων δάκτυλος ζῴου, ἀλλ' ὁμώνυμος ὁ τεθνεώς.* *D. part. an.* I, 1, 640 b. 33.: *καὶ ὁ τεθνεὼς ἔχει τὴν αὐτὴν τοῦ σχήματος μορφήν, ἀλλ' ὅμως οὐκ ἔστιν ἄνθρωπος· ἔτι δ' ἀδύνατον εἶναι χεῖρα ὁπωσοῦν διακειμένην οἷον χαλκῆν ἢ ξυλίνην, πλὴν ὁμωνύμως.* *D. an.* II, 1, 412 b. 20.: *ὁ δ' ὀφθαλμὸς ὕλη ὄψεως, ἧς ἀπολειπούσης οὐκ ἔστιν ὀφθαλμὸς πλὴν ὁμωνύμως, καθάπερ ὁ λίθινος καὶ ὁ γεγραμμένος.* *Polit.* I, 2, 1253 a. 21.: *ἀναιρουμένου γὰρ τοῦ ὅλου οὐκ ἔσται ποὺς οὐδὲ χείρ, εἰ μὴ ὁμωνύμως, ὥςπερ εἴ τις λέγει τὴν λιθίνην, διαφθαρεῖσα γὰρ ἔσται τοιαύτη.* Hieran knüpft sich auch der Begriff des *κολοβόν* *Metaph. Δ*, 27.

503) *Metaph. Z*, 16, 1040 b. 5.: *φανερὸν δ' ὅτι καὶ τῶν δοκουσῶν εἶναι οὐσιῶν αἱ πλεῖσται δυνάμεις εἰσὶ τά τε μόρια τῶν ζῴων, οὐδὲν γὰρ κεχωρισμένον αὐτῶν ἐστὶν.* Ebend. *Θ*, 7, 1049 a. 18.: *ἔοικε δὲ ὃ λέγομεν εἶναι οὐ τόδε ἀλλ' ἐκείνινον, οἷον τὸ κιβώτιον οὐ ξύλον ἀλλὰ ξύλινον, οὐδὲ τὸ ξύλον γῆ ἀλλὰ γήϊνον, πάλιν ἡ γῆ εἰ οὕτως μὴ ἄλλο ἀλλ' ἐκείνινον, ἀεὶ ἐκεῖνο δυνάμει ἁπλῶς τὸ ὕστερόν ἐστι* ..... (24.) *εἰ δέ τί ἐστι πρῶτον, ὃ μηκέτι κατ' ἄλλο λέγεται ἐκείνινον, τοῦτο πρώτη ὕλη.*

warum Männlich und Weiblich wohl Gegensätze seien, aber durch dieselben doch keine Art-Verschiedenheit begründet werde, und also Mann und Weib sich nicht dem Artbegriffe nach unterscheiden; nemlich nur jene Gegensätzlichkeit, welche der begrifflichen Form und dem ausgesprochenen Begriffe angehört, bewirkt einen artmachenden Unterschied, die im Stoffe haftende Gegensätzlichkeit aber nicht; und somit ist wohl eben die concret wirkliche Individualität bei Mann und Weib verschieden, weil diese Gegensätzlichkeit in dem Stoffe liegt, der begrifflichen Form nach aber besteht kein artmachender Unterschied [504]). Hingegen ist z. B. die individuelle Concretion des Menschen und des Pferdes begrifflich verschieden, wenn gleich beiden die begriffliche Form „lebendes Wesen" gemeinsam ist und sie in dieser Beziehung dem Artbegriffe nach identisch sind, denn es wird eben hiebei der Stoff selbst ein verschiedener, weil noch weitere artmachende Unterschiede einwirken und in Folge dieser auch der ausgesprochene Begriff ein verschiedener ist [505]).

So also ist, wie wir nun bisher sahen, die Bestimmtheit der Wesenheit der eigentlich schlechthin geltende und ursprüngliche Gegenstand der begrifflichen Auffassung und hiemit auch des definitorischen Aussprechens des Begriffes, denn der schöpferische Wesensbegriff liegt in ursprünglicher Geltung bei der Wesenheit vor [506]). Diese primäre Wesenhaftigkeit gilt sowohl bei jenen Wesenheiten, welche dem einheitlichen Ewigen angehören und in dieser Beziehung über die reale Determination in menschlicher Begriffsbestimmung hinausreichen, als auch bei jenen, welche in dem Gebiete des Zusammengesetzten auftreten; denn die individuelle Wesens-Bestimmtheit selbst ist das beiden gemeinschaftliche, wenn auch zwischen dem Ewigen und dem Vergänglichen ein Gegensatz besteht, welcher keinenfalls auf einem blossen je nach Vorkommniss eintretenden Zustande beruht, sondern das eigentliche Sein selbst trifft [507]). Nun aber besitzt die individuell bestimmte Wesenheit, zu-

---

504) Ebend. *ι*, 9, 1058 a. 29.: *ἀπορήσειε δ' ἄν τις διὰ τί γυνὴ ἀνδρὸς οὐκ εἴδει διαφέρει ἐναντίου τοῦ θήλεος καὶ τοῦ ἄρρενος ὄντος, τῆς δὲ διαφορᾶς ἐναντιώσεως* ..... (37.) *ἐπειδή ἐστι τὸ μὲν λόγος τὸ δ' ὕλη, ὅσαι μὲν ἐν τῷ λόγῳ εἰσὶν ἐναντιότητες εἴδει ποιοῦσι διαφοράν, ὅσαι δ' ἐν τῷ συνειλημμένῳ τῇ ὕλῃ οὐ ποιοῦσιν* ..... (b. 5.) *ὡς ὕλη γὰρ ὁ ἄνθρωπος, οὐ ποιεῖ δὲ διαφορὰν ἡ ὕλη* ..... (8.) *ἀλλὰ τὸ σύνολον· ἕτερον μέν, εἴδει δ' οὐχ ἕτερον, ὅτι ἐν τῷ λόγῳ οὐκ ἔστιν ἐναντίωσις* ..... (21.) *τὸ δὲ ἄρρεν καὶ θῆλυ τοῦ ζῴου οἰκεῖα μὲν πάθη, ἀλλ' οὐ κατὰ τὴν οὐσίαν ἀλλ' ἐν τῇ ὕλῃ καὶ τῷ σώματι.*

505) Ebend. 1058 b. 15.: *πότερον δ' ἡ ὕλη οὐ ποιεῖ ἕτερα τῷ εἴδει οὖσά πως ἑτέρα ἢ ἔστιν ὡς ποιεῖ; διὰ τί γὰρ ὁδὶ ὁ ἵππος τουδὶ ἀνθρώπου ἕτερος τῷ εἴδει; καίτοι σὺν τῇ ὕλῃ οἱ λόγοι αὐτῶν. ἢ ὅτι ἔνεστιν ἐν τῷ λόγῳ ἐναντίωσις, καὶ γὰρ τοῦ λευκοῦ ἀνθρώπου καὶ μέλανος ἵππου· καὶ ἔστι γε εἴδει, ἀλλ' οὐχ ᾗ ὁ μὲν λευκὸς ὁ δὲ μέλας, ἐπεὶ καὶ εἰ ἄμφω λευκὰ ἦν, ὅμως ἂν ἦν εἴδει ἕτερα.* *Top.* V, 4, 133 b. 1.: *ταὐτόν ἐστι τῷ εἴδει ἄνθρωπος καὶ ἵππος.*

506) *Metaph. Z*, 4, 1030 b. 4.: *ἐκεῖνο δὲ φανερὸν ὅτι ὁ πρώτως καὶ ἁπλῶς ὁρισμὸς καὶ τὸ τί ἦν εἶναι τῶν οὐσιῶν ἐστίν.*

507) Ebend. *ι*, 10, 1058 b. 26.: *ἀλλὰ τῶν ἐναντίων τὰ μὲν κατὰ συμβεβηκὸς ὑπάρχει ἐνίοις* ..... *τὰ δὲ ἀδύνατον, ὧν ἐστὶ καὶ τὸ φθαρτὸν καὶ τὸ ἄφθαρτον· οὐδὲν γάρ ἐστι φθαρτὸν κατὰ συμβεβηκός, τὸ μὲν γὰρ συμβεβηκὸς ἐνδέχεται μὴ ὑπάρχειν, τὸ δὲ φθαρτὸν τῶν ἐξ ἀνάγκης ὑπαρχόντων ἐστὶν οἷς ὑπάρχει.* *D. part. an.* I, 5, 644 b. 22.: *τῶν οὐσιῶν ὅσαι φύσει*

mal die unserem Wissen und Forschen zugängliche, vielfache Momente, welche selbst keine substanziellen Wesenheiten, sondern eben nur Bestimmungen der individuellen Substanz sind; und wir sahen in dieser Beziehung schon oben (Anm. 475), dass der artmachende Unterschied gegenüber der individuellen Wesens-Bestimmtheit als ein Qualitatives bezeichnet werden musste. Ausser diesem aber tritt die individuelle Wesenheit auch noch ferner in ihrem bestimmten Dasein mit mehrfachen Determinationen auf, welche durch die Wesenheit bedingt, aber nicht die Wesenheit selbst sind; d. h. die Wesenheit hat Inhärenzien an sich, welche nur durch den Wesenheits-Begriff desjenigen, woran sie vorkommen, verstanden werden können, aber nie selbstständige Wesen sind; und in dieser substanziellen Unselbstständigkeit besitzen diese Inhärenzien die Möglichkeit zum Uebergange bis in das schlechthin Zufällige hinab. Mit Einem Worte, es steht dem substanziellen Sein der individuell bestimmten Wesenheit das ganze Gebiet desjenigen gegenüber, was an ihr vorkömmt und an ihr vorkommen kann; und es ist nun die Frage, wie dieses Gebiet des Vorkommenden zur begrifflichen Bestimmtheit sich verhalte.

Zunächst ist klar, dass bei dem Vorkommenden (*συμβεβηκός*) überhaupt schöpferischer Begriff und concretes Dasein am weitesten auseinander liegen, denn ist z. B. das Weisse ein an den Dingen vorkommendes, so ist, wann dieses Vorkommniss eintritt, sowohl das Substrat ein Weisses als auch das an ihm Vorkommende ist seinerseits gleichfalls weiss, denn es ist eben das Weisse; und natürlich ist hiebei das Substrat nicht das nemliche mit dem Weiss-sein selbst, d. h. das Substrat ist ja nicht das wesentliche Sein des Weissen [508]). Nun aber ist zu unterscheiden; denn das Vorkommende bezeichnet einerseits dasjenige, was einem Substrate als Eigenschaft zukommen und auch nicht zukommen kann, und andrerseits hat es eine dem Begriffe überhaupt näher liegende Bedeutung; nemlich in letzterer Beziehung heisst ein Vorkommendes dasjenige, in dessen Begriff das Substrat enthalten ist (z. B. Geradlinig), sowie jenes, in welchem der Begriff des Substrates enthalten ist (z. B. Schielend) und ferner dasjenige, was ein Bestandtheil eines definitorischen Begriffes ist, aber in der Weise, dass in seinem Begriffe der Begriff des Ganzen nicht enthalten ist (z. B. Zweifüssig beim Menschen); in keiner Bedeutung aber ist das Vorkommende ein eigentliches substanzielles Sein, denn letzteres hat sein Ansichsein gerade darin, dass es kein an

---

συνεστᾶσι, τὰς μὲν ἀγενήτους καὶ ἀφθάρτους εἶναι τὸν ἅπαντα αἰῶνα, τὰς δὲ μετέχειν γενέσεως καὶ φθορᾶς. Dass dieser Dualismus, welcher in vielen Beziehungen bei der aristotelischen Philosophie hervorbricht, dessen Erörterung aber weiter nicht hieher gehört, eben auf dem Objectivismus der Anschauungen des Aristoteles beruht, ist kaum nöthig besonders zu bemerken.

508) *Metaph. Z*, 6, 1031 b. 22.: *τὸ δὲ κατὰ συμβεβηκὸς λεγόμενον, οἷον τὸ μουσικὸν ἢ λευκόν, διὰ τὸ διττὸν σημαίνειν, οὐκ ἀληθὲς εἰπεῖν ὡς ταὐτὸ τὸ τί ἦν εἶναι καὶ αὐτό· καὶ γὰρ ᾧ συμβέβηκε λευκὸν καὶ τὸ συμβεβηκός, ὥστ' ἔστι μὲν ταὐτόν, ἔστι δ' οὐ ταὐτό, τὸ τί ἦν εἶναι καὶ αὐτό, τὸ μὲν γὰρ ἀνθρώπῳ καὶ τὸ λευκῷ ἀνθρώπῳ οὐ ταὐτό, τῷ πάθει δὲ ταὐτό.* Ebend. *Γ*, 4, 1007 a. 31.: *τούτῳ γὰρ διώρισται οὐσία καὶ τὸ συμβεβηκός· τὸ γὰρ λευκὸν τῷ ἀνθρώπῳ συμβέβηκεν, ὅτι ἔστι μὲν λευκὸς ἀλλ' οὐχ ὅπερ λευκόν.*

einem Anderen vorkommendes ist [509]). In den letzteren Bedeutungen des Vorkommenden, welche mit dem Begriffe in eine Beziehung gesetzt sind, erkennen wir nun augenblicklich dasjenige wieder, was wir oben (Anm. 133 ff.) als *τὰ καθ' αὑτὰ ὑπάρχοντα* hatten kennen lernen, und es wird mit diesem auch ausdrücklich die eine Seite des *συμβεβηκὸς* identificirt, während die andere Seite desselben das schlechthin Zufällige ist [510]). So wird dieses „an sich zukommende" oder „an sich vorkommende", wofür das stehende Beispiel die Winkelsumme im Dreiecke ist, auch als *τὰ καθ' αὑτὰ συμβεβηκότα* bezeichnet, oder es wird hiefür auch der Ausdruck *ἴδια πάθη* oder *τὰ καθ' αὑτὰ πάθη* gewählt und z. B. gesagt, die Zahl habe als solche ihr an sich zukommende Bestimmtheiten oder Zustände das Gerade und Ungerade u. dgl. [511]). Kurz wir befinden uns hier bei der gesammten Kategorien-Bestimmtheit jeder Art (natürlich mit Ausnahme der individuellen Substanz selbst), insoferne dieselbe in einem begrifflichen Zusammenhange mit der Wesenheit steht und nicht als particulare Zufälligkeit ausserhalb des Wissens-Gebietes liegt; und nun sahen wir ja schon oben (a. a. O.), dass gerade das *καθ' αὑτὸ ὑπάρχον* der eigentliche Gegenstand dés apodeiktischen Verfahrens ist, und wir müssen daher erwarten, dass die begriffliche Auffassung in irgend einer Weise auch auf die attributiven Bestimmtheiten, d. h. auf die übrigen Kategorien überhaupt sich erstrecken wird.

Von vorneherein steht fest, dass alle dergleichen zuständlichen Bestimmtheiten keine individuellen Wesenheiten sind, und dass auch die begriffliche Einheit nicht den übrigen Kategorien, sondern in ursprüng-

---

509) *Phys. ausc.* I, 3, 186 b. 18.: *συμβεβηκός τε γὰρ λέγεται τοῦτο, ὃ ἐνδέχεται ὑπάρχειν καὶ μὴ ὑπάρχειν, ἢ οὗ ἐν τῷ λόγῳ ὑπάρχει τὸ ᾧ συμβέβηκεν, ἢ ἐν ᾧ ὁ λόγος ὑπάρχει ᾧ συμβέβηκεν, οἷον τὸ μὲν καθῆσθαι ὡς χωριζόμενον, ἐν δὲ τῷ σιμῷ ὑπάρχει ὁ λόγος ὁ τῆς ῥινὸς ᾗ φαμεν συμβεβηκέναι τὸ σιμόν· ἔτι ὅσα ἐν τῷ ὁριστικῷ λόγῳ ἔνεστιν ἢ ἐξ ὧν ἐστὶν, ἐν τῷ λόγῳ τῷ τούτων οὐκ ἐνυπάρχει ὁ λόγος ὁ τοῦ ὅλου, οἷον ἐν τῷ δίποδι ὁ τοῦ ἀνθρώπου ἢ ἐν τῷ λευκῷ ὁ τοῦ λευκοῦ ἀνθρώπου* ..... (33.) *ἀλλὰ τὸ ὅπερ ὄν τι ἔστω μηδενὶ συμβεβηκός.*

510) *Metaph. Δ*, 30, 1025 a. 14.: *συμβεβηκὸς λέγεται ὃ ὑπάρχει μέν τινι καὶ ἀληθὲς εἰπεῖν, οὐ μέντοι οὔτ' ἐξ ἀνάγκης οὔτ' ἐπὶ τὸ πολὺ, οἷον εἴ τις ὀρύττων φυτῷ βόθρον εὗρε θησαυρόν* ..... (30.) *λέγεται δὲ καὶ ἄλλως συμβεβηκὸς, οἷον ὅσα ὑπάρχει ἑκάστῳ καθ' αὑτὸ μὴ ἐν τῇ οὐσίᾳ ὄντα, οἷον τῷ τριγώνῳ τὸ δύο ὀρθὰς ἔχειν· καὶ ταῦτα μὲν ἐνδέχεται ἀΐδια εἶναι, ἐκείνων δὲ οὐδέν.*

511) *Anal. post.* I, 6, 75 a. 18.: *τῶν δὲ συμβεβηκότων μὴ καθ' αὑτὰ, ὃν τρόπον διωρίσθη τὰ καθ' αὑτὰ, οὐκ ἔστιν ἐπιστήμη ἀποδεικτική.* Ebend. 7, 75 b. 1.: *τὸ ὑποκείμενον οὗ τὰ πάθη καὶ τὰ καθ' αὑτὰ συμβεβηκότα δηλοῖ ἡ ἀπόδειξις.* Vgl. *Metaph. Γ*, 1, 1003 a. 21.: *ἔστιν ἐπιστήμη τις ἣ θεωρεῖ τὸ ὂν ᾗ ὂν καὶ τὰ τούτῳ ὑπάρχοντα καθ' αὑτό* ..... (24.) *μέρος αὐτοῦ τι ἀποτεμόμεναι περὶ τούτου θεωροῦσι τὸ συμβεβηκός.* Ebend. *B*, 1, 995 b. 19.: *πότερον περὶ τὰς οὐσίας ἡ θεωρία μόνον ἐστὶν ἢ καὶ περὶ τὰ συμβεβηκότα καθ' αὑτὰ ταῖς οὐσίαις.* Ebend. *Γ*, 2, 1004 b. 5.: *ἐπεὶ οὖν τοῦ ἑνὸς ᾗ ἓν καὶ τοῦ ὄντος ᾗ ὂν ταῦτα καθ' αὑτά ἐστι πάθη* ..... (10.) *ἐπεὶ ὥςπερ ἔστι καὶ ἀριθμοῦ ᾗ ἀριθμὸς ἴδια πάθη, οἷον περιττότης ἀρτιότης, συμμετρία ἰσότης, ὑπεροχὴ ἔλλειψις, καὶ ταῦτα καὶ καθ' αὑτοὺς καὶ πρὸς ἀλλήλους ὑπάρχει τοῖς ἀριθμοῖς.* Das Beispiel von der Winkelsumme ausser in d. vorigen Anm. auch *Anal. post.* I, 4, 73 b. 31.; ebend. 5, 74 a. 25. *Top.* II, 3, 110 b. 22. und sonst öfters.

lichem Sinne nur der Wesenheit zukömmt [512]). Dennoch aber muss in ähnlicher Weise wie der schöpferische Wesensbegriff zur Concretion des Einzelnen sich mit dem Stoffe verbindet, so auch die Begriffsbestimmung mit dem Momente eines Zusatzes sich vereinigen, insoferne die individuelle Wesenheit mit den Kategorien-Bestimmtheiten eine Verbindung oder Zusammensetzung eingeht [513]). Nemlich der schöpferische Wesensbegriff und die Definition müssen in doppelter Bedeutung genommen werden wie das Sein und das „Ist" selbst, welche beide ja entweder die substanzielle Wesenheit oder die Kategorien-Bestimmtheit enthalten und bezeichnen, nur mit dem Unterschiede, dass die Wesenheit das ursprüngliche, die Kategorien-Bestimmtheit hingegen das abgeleitete und eine blosse Folge ist; somit also gibt es ein begriffliches Sein auch bei Qualität und Quantität u. dgl., aber eben nicht schlechthin und ursprünglich als einen schöpferischen Wesensbegriff, sondern als einen schöpferischen Qualitäts- (oder Quantitäts- u. dgl.) Begriff, also z. B. ein *τὸ ποιῷ τί ἦν εἶναι* [514]). Bei allen Bestimmtheiten, zu deren Begriff die Namensbezeichnung oder der Begriff des Substrates gehört, wie z. B. zu Schielend das Auge oder zu Gleich die Quantität oder zu Weiblich der thierische Leib u. dgl., und überall demnach, wo die Bestimmtheit dem Substrate „an sich" zukömmt, ist eben das Motiv eines Zusatzes wesentlich, und für diese Bestimmtheiten ist daher auch der schöpferische Begriff und die Definition mit diesem Zusatze versehen; und insoferne also gibt es in gewisser Weise — allerdings nicht schlechthin — auch Begriff und Definition der Kategorien-Bestimmtheiten [515]). Von

---

512) *Metaph. B*, 5, 1001 b. 32.: *ἃ δὲ μάλιστ' ἂν δόξειε σημαίνειν οὐσίαν, ὕδωρ καὶ γῆ καὶ πῦρ ..... τούτων θερμότητες μὲν καὶ ψυχρότητες καὶ τὰ τοιαῦτα πάθη οὐκ οὐσίαι.* Ebend. *Z*, 3, 1029 a. 15.: *τὸ γὰρ ποσὸν οὐκ οὐσία, ἀλλὰ μᾶλλον ᾧ ὑπάρχει ταῦτα πρώτῳ, ἐκεῖνό ἐστιν ἡ οὐσία.* Ebend. *Δ*, 6, 1016 b. 7.: *τὰ μὲν οὖν πλεῖστα ἓν λέγεται τῷ ἕτερόν τι ἢ ποιεῖν ἢ πάσχειν ἢ ἔχειν ἢ πρός τι εἶναι ἕν, τὰ δὲ πρώτως λεγόμενα ἕν, ὧν ἡ οὐσία μία.*

513) Ebend. *Z*, 4, 1029 b. 23.: *ἐπεὶ δ' ἔστι καὶ κατὰ τὰς ἄλλας κατηγορίας σύνθετα, ἔστι γάρ τι ὑποκείμενον ἑκάστῳ οἷον τῷ ποιῷ καὶ τῷ ποσῷ καὶ τῷ πότε καὶ τῷ ποῦ καὶ τῇ κινήσει, σκεπτέον ἆρ' ἔστι λόγος τοῦ τί ἦν εἶναι ἑκάστῳ αὐτῶν καὶ ὑπάρχει καὶ τούτοις τὸ τί ἦν εἶναι, οἷον λευκῷ ἀνθρώπῳ τί ἦν λευκῷ ἀνθρώπῳ ..... ἢ τὸ οὐ καθ' αὑτὸ λέγεται διχῶς, καὶ τούτου ἐστὶ τὸ μὲν ἐκ προσθέσεως τὸ δὲ οὔ· τὸ μὲν γὰρ τῷ αὐτὸ ἄλλῳ προσκεῖσθαι λέγεται ὃ ὁρίζεται, οἷον εἰ τὸ λευκῷ εἶναι ὁριζόμενος λέγοι λευκοῦ ἀνθρώπου λόγον· τὸ δὲ τῷ ἄλλο αὐτῷ, οἷον εἰ σημαίνοι τὸ ἱμάτιον λευκὸν ἄνθρωπον, ὁ δὲ ὁρίζοι τὸ ἱμάτιον ὡς λευκόν· τὸ δὲ λευκὸς ἄνθρωπος ἔστι μὲν λευκόν, οὐ μέντοι τί ἦν λευκῷ εἶναι.*

514) Ebend. 1030 a. 17.: *ἢ καὶ ὁ ὁρισμὸς ὥςπερ καὶ τὸ τί ἐστι πλεοναχῶς λέγεται· καὶ γὰρ τὸ τί ἐστιν ἕνα μὲν τρόπον σημαίνει τὴν οὐσίαν καὶ τὸ τόδε τι, ἄλλον δὲ ἕκαστον τῶν κατηγορουμένων, ποιὸν ποσὸν καὶ ὅσα ἄλλα τοιαῦτα· ὥςπερ γὰρ καὶ τὸ ἔστιν ὑπάρχει πᾶσιν ἀλλ' οὐχ ὁμοίως, ἀλλὰ τῷ μὲν πρώτως τοῖς δ' ἑπομένως, οὕτω καὶ τὸ τί ἐστιν ἁπλῶς μὲν τῇ οὐσίᾳ πὼς δὲ τοῖς ἄλλοις· καὶ γὰρ τὸ ποιὸν ἐροίμεθ' ἂν τί ἐστιν, ὥστε καὶ τὸ ποιὸν τῶν τί ἐστι μὲν ἀλλ' οὐχ ἁπλῶς .....* (29.) *καὶ τὸ τί ἦν εἶναι ὁμοίως ὑπάρξει πρώτως μὲν καὶ ἁπλῶς τῇ οὐσίᾳ, εἶτα καὶ τοῖς ἄλλοις, ὥςπερ καὶ τὸ τί ἐστιν, οὐχ ἁπλῶς τί ἦν εἶναι, ἀλλὰ ποιῷ ἢ ποσῷ τί ἦν εἶναι.*

515) Ebend. 5, 1030 b. 16.: *ἐκ προσθέσεως γὰρ ἀνάγκη δηλοῦν· λέγω δ' οἷον ἔστι ῥὶς καὶ κοιλότης, καὶ σιμότης τὸ ἐκ τῶν δυοῖν λεγόμενον τῷ*

selbst versteht es sich, dass auch bei den übrigen Kategorien ebenso wie bei der individuellen Wesenheit die begriffliche Form nicht selbst entsteht, sondern immer ein Stoffliches vorliegen muss; wenn aber zur concreten Verwirklichung der begrifflichen Form bei der Wesenheit ein bereits vorher thätiges anderes Individuum erforderlich war, so ist diess bei den übrigen Kategorien-Bestimmtheiten nicht der Fall, sondern für ihre concrete Verwirklichung genügt schon ein potenzielles Vorhandensein ihrer begrifflichen Form [516]). In solchem Sinne, dass es gewissermassen Begriffe auch des zuständlichen Seins gibt und ihnen ein Potenzielles zu Grunde liegt, heissen daher z. B. die einzelnen Kräfte Begriffe, in welchen der ausgesprochene Begriff der ursprünglichen Potenzialität enthalten ist [517]).

Unter den Kategorien-Bestimmtheiten überhaupt muss die des Qualitativen ganz besonders in den Vordergrund treten und in mancher Beziehung als eine ganz umfassende Determinations-Weise erscheinen. Sie besitzt für den individuellen Wesensbegriff schon darin eine hohe Wichtigkeit, dass ja der artmachende Unterschied selbst eine qualitative Determination ist (Anm. 475), und es ist hiedurch selbstverständlich, dass ihr die Gestaltung und selbst die äussere Form der bestimmten Concretion zufällt [518]). Es beruht aber diese qualitative Bestimmtheit auf einem Verwirklichungs-Processe und darum, wie wir sahen (Anm. 402—406), auf einer Naturbestimmtheit, welche in einem Vermögen oder Un-

---

τόδε ἐν τῷδε, καὶ οὐ κατὰ συμβεβηκός γε οὔθ᾽ ἡ κοιλότης οὔθ᾽ ἡ σιμότης πάθος τῆς ῥινὸς, ἀλλὰ καθ᾽ αὑτὴν ..... (21.) ἀλλ᾽ ὡς τὸ ἄρρεν τῷ ζῴῳ καὶ τὸ ἴσον τῷ ποσῷ καὶ πάνθ᾽ ὅσα λέγεται καθ᾽ αὑτὰ ὑπάρχειν· ταῦτα δ᾽ ἐστὶν ἐν ὅσοις ὑπάρχει ἢ ὁ λόγος ἢ τοὔνομα οὗ ἐστι τοῦτο τὸ πάθος καὶ μὴ ἐνδέχεται δηλῶσαι χωρίς ..... ὥστε τούτων τὸ τί ἦν εἶναι καὶ ὁ ὁρισμὸς ἢ οὐκ ἔστιν οὐδενὸς ἢ ἔστιν ἄλλως καθάπερ εἰρήκαμεν ..... (1031a. 1.) δῆλον τοίνυν ὅτι μόνης τῆς οὐσίας ἐστὶν ὁ ὁρισμός· εἰ γὰρ καὶ τῶν ἄλλων κατηγοριῶν, ἀνάγκη ἐκ προσθέσεως εἶναι οἷον τοῦ ποιοῦ καὶ περιττοῦ ..... (8.) εἰ δ᾽ εἰσὶ καὶ τούτων ὅροι, ἤτοι ἄλλον τρόπον εἰσὶν ἢ, καθάπερ ἐλέχθη, πολλαχῶς λεκτέον εἶναι τὸν ὁρισμὸν καὶ τὸ τί ἦν εἶναι.

516) Ebend. 9, 1034b. 9.: ἀεὶ γὰρ δεῖ προϋπάρχειν τὴν ὕλην καὶ τὸ εἶδος, οὕτως καὶ ἐπὶ τοῦ τί ἐστι καὶ ἐπὶ τοῦ ποιοῦ καὶ ποσοῦ καὶ τῶν ἄλλων ὁμοίως κατηγοριῶν· οὐ γὰρ γίνεται τὸ ποιὸν ἀλλὰ τὸ ποιὸν ξύλον, οὐδὲ τὸ ποσὸν ἀλλὰ τὸ ποσὸν ξύλον ἢ ζῷον· ἀλλ᾽ ἴδιον τῆς οὐσίας ..... ὅτι ἀνάγκη προϋπάρχειν ἑτέραν οὐσίαν ἐντελεχείᾳ οὖσαν ἣ ποιεῖ, οἷον ζῷον εἰ γίνεται ζῷον· ποιὸν δ᾽ ἢ ποσὸν οὐκ ἀνάγκη ἀλλ᾽ ἢ δυνάμει μόνον. Ebend. *H*, 5, 1044b. 21.: ἔνια ἄνευ γενέσεως καὶ φθορᾶς ἔστι καὶ οὐκ ἔστι, οἷον αἱ στιγμαὶ, εἴπερ εἰσὶ, καὶ ὅλως τὰ εἴδη καὶ αἱ μορφαὶ, οὐ γὰρ τὸ λευκὸν γίνεται ἀλλὰ τὸ ξύλον λευκόν.

517) Ebend. Θ, 1, 1046a. 9.: ὅσαι δὲ (sc. δυνάμεις) πρὸς τὸ αὐτὸ εἶδος, πᾶσαι ἀρχαί τινές εἰσι καὶ πρὸς πρώτην μίαν λέγονται ..... ἡ μὲν γὰρ τοῦ παθεῖν ἐστι δύναμις ..... ἡ δ᾽ ἕξις ἀπαθείας ..... (15.) ἐν γὰρ τούτοις ἔνεστι πᾶσι τοῖς ὅροις ὁ τῆς πρώτης δυνάμεως λόγος.

518) *Cat.* 8, 10a. 11.: τέταρτον δὲ γένος ποιότητος σχῆμά τε καὶ ἡ περὶ ἕκαστον ὑπάρχουσα μορφὴ, ἔτι δὲ πρὸς τούτοις εὐθύτης καὶ καμπυλότης καὶ εἴ τι τούτοις ὅμοιόν ἐστιν. Die schulmässige Numerirung und Behandlungsweise der Kategorien überhaupt, wie sie in dem Buche *Κατηγορίαι* erscheint, kann ich nicht berücksichtigen, sowie es sich von selbst versteht, dass ich diese Schrift hier nur benütze, soweit sie dazu dienen kann, die ächt aristotelische Auffassung der Kategorien-Bestimmtheit und ihrer Bedeutung für die Lehre vom Begriffe darzustellen.

vermögen auftritt [519]); und wenn schon der artmachende Unterschied sein qualitatives Moment in Folge einer Gegensätzlichkeit besizt (Anm. 425—436), so muss um so mehr die Qualität der individuellen Wesenheit, in welcher die Verwirklichung des Entstehens bereits abgeschlossen ist, in den Gegensätzen sich bewegen (Anm. 472), und die Wesenheit ist somit das eigentliche Substrat der qualitativen Gegensätze [520]). Da aber hiebei die individuelle Wesenheit nur in einer Verflechtung mit dem Stofflichen auftreten kann, woferne sie concret sein soll, und in dieser Concretion überhaupt das Meistentheils und die Gradabstufung des Mehr und Minder waltet (Anm. 482 f.), so ist auch für die qualitative Bestimmtheit das Mehr und Minder ein wesentliches Merkmal [521]). Eben darum aber tritt bei der Qualität an Stelle der Identität und Einheit, welche dem substanziell bestimmten Sein angehört, die blosse Aehnlichkeit, ein Begriff, welcher ebensowenig substanzielle Bestimmtheit hat als die Qualität selbst, denn ähnlich heisst dasjenige, was bei gleicher concreter Wesenheit einen Unterschied an sich hat, oder jenes, bei welchem eine mögliche Gradabstufung nicht factisch da ist, oder jenes, was in dem gleichen qualitativen Zustande nach Einer oder mehreren Beziehungen sich befindet; jedenfalls aber ist hiebei die Aehnlichkeit und Unähnlichkeit an ein Qualitatives gebunden [522]). Es umfasst aber

---

519) Ebend. 9 a. 14.: *ἕτερον δὲ γένος ποιότητος καθ᾽ ὃ πυκτικοὺς ἢ δρομικοὺς ἢ ὑγιεινοὺς ἢ νοσώδεις λέγομεν καὶ ἁπλῶς ὅσα κατὰ δύναμιν φυσικὴν ἢ ἀδυναμίαν λέγεται.*

520) Ebend. 5, 4 a. 10.: *μάλιστα δὲ ἴδιον τῆς οὐσίας δοκεῖ εἶναι τὸ ταὐτὸν καὶ ἓν ἀριθμῷ ὂν τῶν ἐναντίων εἶναι δεκτικόν.* Ebend. 8, 10 b. 12.: *ὑπάρχει δὲ καὶ ἐναντιότης κατὰ τὸ ποιὸν, οἷον δικαιοσύνη ἀδικίᾳ ἐναντίον καὶ λευκότης μελανίᾳ καὶ τἆλλα δὲ ὡσαύτως, καὶ τὰ κατ᾽ αὐτὰς ποιὰ λεγόμενα οἷον τὸ ἄδικον τῷ δικαίῳ καὶ τὸ λευκὸν τῷ μέλανι.*

521) Ebend. 5, 4 a. 1.: *τὸ λευκὸν ἕτερον ἑτέρου μᾶλλόν ἐστι λευκὸν καὶ καλὸν ἕτερον ἑτέρου μᾶλλον καλὸν, καὶ ἧττον λέγεται.* Ebend. 8, 10 b. 26.: *ἐπιδέχεται δὲ τὸ μᾶλλον καὶ τὸ ἧττον τὰ ποιά· λευκὸν γὰρ μᾶλλον καὶ ἧττον ἕτερον ἑτέρου λέγεται καὶ δίκαιον ἕτερον ἑτέρου μᾶλλον.* Einfältig ist es, wenn im Folgenden (11 a. 5.: *τρίγωνον δὲ καὶ τετράγωνον οὐ δοκεῖ τὸ μᾶλλον ἐπιδέχεσθαι οὐδὲ τῶν ἄλλων σχημάτων οὐδέν*) diesem die geometrische Gestaltung gegenübergestellt wird, denn z. B. Dreieck ist ja doch hoffentlich individuelle Substanz, dreieckig aber kann ein Ding gleichfalls in einer Gradabstufung, d. h. mehr oder minder, sein.

522) *Metaph. ι*, 3, 1054 b. 3.: *ὅμοια δὲ ἐὰν μὴ ταὐτὰ ἁπλῶς ὄντα μηδὲ κατὰ τὴν οὐσίαν ἀδιάφορα τὴν συγκειμένην κατὰ τὸ εἶδος ταὐτὰ ᾖ, οἷον τὸ μεῖζον τετράγωνον τῷ μικρῷ ὅμοιον καὶ αἱ ἄνισοι εὐθεῖαι, αὗται γὰρ ὅμοιαι μὲν, αἱ αὐταὶ δὲ ἁπλῶς οὔ· τὰ δ᾽ ἐὰν τὸ αὐτὸ εἶδος ἔχοντα, ἐν οἷς τὸ μᾶλλον καὶ ἧττον ἐγγίνεται, μήτε μᾶλλον ᾖ μήτε ἧττον· τὰ δ᾽ ἐὰν τὸ αὐτὸ πάθος καὶ ἓν τῷ εἴδει, οἷον τὸ λευκὸν σφόδρα καὶ ἧττον ὅμοιά φασιν εἶναι ὅτι ἓν τὸ εἶδος αὐτῶν· τὰ δ᾽ ἐὰν πλείω ἔχῃ ταὐτὰ, ἢ ἕτερα ἢ ἁπλῶς ἢ τὰ πρόχειρα, οἷον καττίτερος ἀργύρῳ, χρυσὸς δὲ πυρὶ ᾗ ξανθὸν καὶ πυρρόν.* Ebend. *Δ*, 9.: *ὅμοια λέγεται τά τε πάντῃ ταὐτὸ πεπονθότα καὶ τὰ πλείω ταὐτὰ πεπονθότα ἢ ἕτερα καὶ ὧν ἡ ποιότης μία, καὶ καθ᾽ ὅσα ἀλλοιοῦσθαι ἐνδέχεται τῶν ἐναντίων, τούτων τὸ πλείω ἔχον ἢ κυριώτερα ὅμοιον τούτῳ· ἀντικειμένως δὲ τοῖς ὁμοίοις τὰ ἀνόμοια.* *Cat.* 8, 11 a. 15.: *ὅμοια δὲ καὶ ἀνόμοια κατὰ μόνας τὰς ποιότητας λέγεται· ὅμοιον γὰρ ἕτερον ἑτέρῳ οὐκ ἔστι κατ᾽ ἄλλο οὐδὲν ἢ καθ᾽ ὃ ποιόν ἐστιν· ὥστε ἴδιον ἂν εἴη τῆς ποιότητος τὸ ὅμοιον καὶ ἀνόμοιον λέγεσθαι κατ᾽ αὐτήν.* Ebend. 6, 6 a. 32.: *ἡ διάθεσις οὐ πάνυ ἴση τε καὶ ἄνισος λέγεται, ἀλλὰ μᾶλλον ὁμοία, καὶ τὸ λευκὸν ἴσον τε καὶ ἄνισον οὐ πάνυ, ἀλλ᾽ ὅμοιον.*

die Qualität jeden eigenschaftlichen Zustand überhaupt, und es ist z. B. selbst das Quantitative einer solchen Zuständlichkeit fähig, insoferne die Zahlen geometrisch als Quadrat- oder Kubus- oder Rechteck-Zahlen auftreten; bei den individuellen Wesenheiten führen ohnediess alle Zustände, welche auf dem Wechsel der Veränderung oder gegenseitigen Einwirkung des Thuns und Leidens beruhen, zu qualitativen Bestimmtheiten, und eine Qualität der Bewegung oder Thätigkeit selbst ist die Trefflichkeit oder Schlechtigkeit derselben; von selbst versteht sich aber hiebei, dass an aller Einwirkung des gegenseitigen Thuns und Leidens die Gegensätzlichkeit und das Mehr und Minder haftet [523]). So heisst Zustand überhaupt jede auf Veränderung sich beziehende Qualität und deren actuelles Auftreten und concrete Veränderung selbst, und es mögen jene Qualitäten passive genannt werden, welche auf einem an dem Substrate sich ergebenden Vorgange beruhen [524]); in dieser Beziehung ist es erklärlich, dass der Zustand als eine mehr transitorische Qualität bezeichnet wird, wohingegen das „Ansichhaben", welches wir schon oben (Anm. 401, 408, 464) in seiner die Wesenheit bestimmenden Kraft kennen lernten, das positive und actuelle Auftreten der Naturbestimmtheit ist, welches daher für die Existenz der Wesenheit mehr den Charakter einer dauernden Qualität haben muss und in dieser Beziehung sich andrerseits wieder von dem Disponirtsein unterscheidet, für welches zuweilen gleichfalls die Bezeichnung „An sich haben" gebraucht wird [525]). Eben

---

523) *Metaph.* Δ, 14, 1020 b. 1.: *ἕνα μὲν δὴ τροπον τοῦτον λέγεται ἡ ποιότης διαφορὰ οὐσίας* (s. Anm. 475.), *ἕνα δὲ ὡς τὰ ἀκίνητα καὶ τὰ μαθηματικά, ὥςπερ οἱ ἀριθμοὶ ποιοί τινες* ..... (5.) *οὗτοι δ' εἰσὶν οἱ ποσάκις ποσοὶ ἢ ποσάκις ποσάκις ποσοὶ καὶ ὅλως ὃ παρὰ τὸ ποσὸν ὑπάρχει ἐν τῇ οὐσίᾳ* ..... (9.) *ἔτι ὅσα πάθη τῶν κινουμένων οὐσιῶν, οἷον θερμότης καὶ ψυχρότης καὶ λευκότης καὶ μελανία καὶ βαρύτης καὶ κουφότης καὶ ὅσα τοιαῦτα καθ' ἃ λέγονται καὶ ἀλλοιοῦσθαι τὰ σώματα μεταβαλλόντων· ἔτι κατ' ἀρετὴν καὶ κακίαν καὶ ὅλως τὸ κακὸν καὶ ἀγαθόν* ..... (18.) *ἀρετὴ δὲ καὶ κακία τῶν παθημάτων μέρος τι· διαφορὰς γὰρ δηλοῦσι τῆς κινήσεως καὶ τῆς ἐνεργείας, καθ' ἃς ποιοῦσιν ἢ πάσχουσιν καλῶς ἢ φαύλως τὰ ἐν κινήσει ὄντα· τὸ μὲν γὰρ ὡδὶ δυνάμενον κινεῖσθαι ἢ ἐνεργεῖν ἀγαθόν, τὸ δ' ὡδὶ καὶ ἐναντίως μοχθηρόν.* *Cat.* 9, 11 b. 1.: *ἐπιδέχεται δὲ καὶ τὸ ποιεῖν καὶ τὸ πάσχειν ἐναντιότητα καὶ τὸ μᾶλλον καὶ τὸ ἧττον.*

524) *Metaph.* Δ, 21, 1022 b. 15.: *πάθος λέγεται ἕνα μὲν τρόπον ποιότης καθ' ἣν ἀλλοιοῦσθαι ἐνδέχεται, οἷον τὸ λευκὸν καὶ τὸ μέλαν καὶ γλυκὺ καὶ πικρὸν καὶ βαρύτης καὶ κουφότης καὶ ὅσα ἄλλα τοιαῦτα· ἕνα δὲ αἱ τούτων ἐνέργειαι καὶ ἀλλοιώσεις ἤδη.* *Cat.* 8, 9 a. 28.: *τρίτον δὲ γένος ποιότητος παθητικαὶ ποιότητες καὶ πάθη· ἔστι δὲ τὰ τοιάδε οἷον γλυκύτης τε καὶ πικρότης καὶ στρυφνότης καὶ πάντα τὰ τούτοις συγγενῆ, ἔτι δὲ θερμότης καὶ ψυχρότης καὶ λευκότης καὶ μελανία* ..... (b. 9.) *λευκότης δὲ καὶ μελανία καὶ αἱ ἄλλαι χροαὶ οὐ τὸν αὐτὸν τρόπον τοῖς εἰρημένοις παθητικαὶ ποιότητες λέγονται, ἀλλὰ τῷ αὐτὰς ἀπὸ πάθους γεγονέναι* ..... (19.) *ὅσα μὲν ουν τῶν τοιούτων συμπτωμάτων ἀπό τινων παθῶν δυςκινήτων καὶ παραμονίμων τὴν ἀρχὴν εἴληφε, ποιότητες λέγονται.*

525) *Cat.* 8, 9 b. 28.: *ὅσα δὲ ἀπὸ ῥᾳδίως διαλυομένων καὶ ταχὺ ἀποκαθισταμένων γίνεται, πάθη λέγεται.* *Metaph.* Δ, 23, 1023 a. 8.: *τὸ ἔχειν λέγεται πολλαχῶς, ἕνα μὲν τρόπον τὸ ἄγειν κατὰ τὴν αὐτοῦ φύσιν ἢ κατὰ τὴν αὐτοῦ ὁρμήν* ..... *ἕνα δ' ἐν ᾧ ἄν τι ὑπάρχῃ ὡς δεκτικῷ, οἷον ὁ χαλκὸς ἔχει τὸ εἶδος τοῦ ἀνδριάντος καὶ τὴν νόσον τὸ σῶμα* (vgl. Anm. 412. u. 470.). Ebend. 20, 1022 b. 4.: *ἕξις δὲ λέγεται ἕνα μὲν τρόπον οἷον ἐνέργειά τις τοῦ ἔχοντος καὶ ἐχομένου ὥςπερ πρᾶξίς τις ἢ κίνησις* ..... (10.) *ἄλλον*

mit dem letzteren aber, nemlich mit dem Disponirtsein, streift die Qualität auch an die örtliche Bestimmtheit der concreten Wesenheit, denn ausser der bestimmten Disposition einer Kraft oder Gestaltung ist auch die örtliche Lage, wie wir sahen (Anm. 493), oft das die Wesenheit bestimmende [526]); wir dürfen uns ja in dieser Beziehung nur erinnern, wie die aristotelische Natur-Philosophie den Bestand der vier materiellen Elemente an die Gegensätzlichkeit des Raumes und Ortes knüpft. Andrerseits aber ist der Verwirklichungsprocess der allseitigen qualitativen Bestimmtheit ein in der Zeit vorsichgehender, und es sind demnach auch zeitliche Bestimmtheiten zu beachten, sowie z. B. in der oben Anm. 493 angeführten Stelle das Mittagsessen und das Abendessen als Begriffe erscheinen, welche in ihrem wesentlichen Sein durch die Zeit bestimmt sind; in solcher Weise ist sowohl das Früher und Später von einem Einflusse, indem die Entfernung der einzelnen Abschnitte oder Stufen des Verwirklichungsprocesses von dem Anfangspunkte desselben auf die qualitative Bestimmtheit überhaupt von Einfluss sein kann [527]), als auch wird eine in der Zeit transitorische Bestimmtheit eines Dinges, was nemlich ein Ding gerade irgend einmal ist (*ὅ ποτε ὄν*), von dem eigentlichen und wesentlichen Sein des Dinges zu scheiden sein [528]). Natürlich sage ich hiemit nicht, dass etwa die Zeit als Kategorie unter die Kategorie der Qualität gehöre, sondern indem ich jede Abschachtlung und Numerirung der Kategorien von der aristotelischen Anschauung ausgeschlossen wissen möchte, halte ich für den Grundzug der Ansicht des Aristoteles das, dass die mannigfaltige Determination des qualitativen Seins bei den sinnlich wahrnehmbaren Wesenheiten in Raum und Zeit sich manifestiren muss und hieraus auch der Bestand einzelner speciell örtlicher und einzelner speciell zeitlicher Bestimmtheiten folgt.

δὲ τρόπον ἕξις λέγεται διάθεσις καθ' ἣν εὖ ἢ κακῶς διάκειται τὸ διακείμενον, καὶ ἢ καθ' αὑτὸ ἢ πρὸς ἄλλο, οἷον ἡ ὑγίεια ἕξις τις, διάθεσις γάρ ἐστι τοιαύτη. Cat. 8, 8b. 26.: *ἓν μὲν οὖν εἶδος ποιότητος ἕξις καὶ διάθεσις λεγέσθωσαν, διαφέρει δὲ ἕξις διαθέσεως τῷ πολυχρονιώτερον εἶναι καὶ μονιμώτερον.*

526) *Metaph. Δ*, 19, 1022b. 1.: *διάθεσις λέγεται τοῦ ἔχοντος μέρη τάξις ἢ κατὰ τόπον ἢ κατὰ δύναμιν ἢ κατ' εἶδος· θέσιν γὰρ δεῖ τινα εἶναι, ὥσπερ καὶ τοὔνομα δηλοῖ διάθεσις.*

527) Ebend. 11, 1018b. 9.: *πρότερα καὶ ὕστερα λέγεται ἔνια ὡς ὄντος τινὸς πρώτου καὶ ἀρχῆς ἐν ἑκάστῳ γένει* (s. Anm. 493.) *τῷ ἐγγύτερον ἀρχῆς τινος ὡρισμένης ἢ ἁπλῶς καὶ τῇ φύσει ἢ πρός τι ἢ ποῦ ἢ ὑπό τινων, οἷον τὰ μὲν κατὰ τόπον τῷ εἶναι ἐγγύτερον ἢ φύσει τινὸς τόπου ὡρισμένου .... ἢ πρὸς τὸ τυχὸν, τὸ δὲ πορρώτερον ὕστερον· τὰ δὲ κατὰ χρόνον, τὰ μὲν γὰρ τῷ πορρωτέρω τοῦ νῦν ..... τὰ δὲ τῷ ἐγγυτέρω τοῦ νῦν .....* (20.) *τὰ δὲ κατὰ κίνησιν, τὸ γὰρ ἐγγύτερον τοῦ πρώτου κινήσαντος πρότερον οἷον παῖς ἀνδρὸς, ἀρχὴ δὲ καὶ αὕτη τις ἁπλῶς· τὰ δὲ κατὰ δύναμιν, τὸ γὰρ ὑπερέχον τῇ δυνάμει πρότερον καὶ τὸ δυνατώτερον.* Phys. ausc. VIII, 7, 260b. 17.: *λέγεται δὲ πρότερον, οὗ τε μὴ ὄντος οὐκ ἔσται τἆλλα, ἐκεῖνο δ' ἄνευ τῶν ἄλλων, καὶ τὸ τῷ χρόνῳ καὶ τὸ κατ' οὐσίαν.*

528) *Phys. ausc.* IV, 11, 219a. 20.: *ἔστι δὲ τὸ πρότερον καὶ ὕστερον αὐτῶν ἐν τῇ κινήσει, ὃ μέν ποτε ὂν κίνησίς ἐστι, τὸ μέντοι εἶναι αὐτῷ ἕτερον καὶ οὐ κίνησις .....* (b. 12.) *τὸ δὲ νῦν ἔστι μὲν ὡς τὸ αὐτὸ, ἔστι δ' ὡς οὐ τὸ αὐτό· ᾗ μὲν γὰρ ἐν ἄλλῳ καὶ ἄλλῳ, ἕτερον, τοῦτο δ' ἦν αὐτῷ τὸ νῦν, ᾗ δὲ ὅ ποτε ὂν ἐστὶ τὸ νῦν, τὸ αὐτό .....* (18.) *τοῦτο δὲ ὃ μέν ποτε ὂν τὸ αὐτὸ, ἢ στιγμὴ γὰρ ἢ λίθος ἤ τι ἄλλο τοιοῦτόν ἐστι, τῷ λόγῳ δὲ ἄλλο* (s. m. Anm. z. d. St. in meiner Ausg.).

Die Kategorie der Quantität hat ihre ontologische und begriffliche Basis darin, dass sie auf dem Gegensatze gegen die Untheilbarkeit und Einheit der begrifflichen Wesenheit beruht. Während die Intensität des Seins und des Begriffes in der unentreissbaren Einheitlichkeit liegt, ist die Expansion des concreten Daseins nothwendig theilbar und vielheitlich [529]). Das Quantitative ist das in seine individuellen Einheiten theilbare, sei es nach Discretion und Zahl oder nach Continuität und Ausdehnung; die Wesenheiten als theilbare Wesenheiten sind quantitative Wesenheiten, und so ist die concrete Zahl oder die Linie eine Wesenheit; weil und insoferne diess aber Wesenheiten sind, haben sie als Wesenheiten weder die Gegensätzlichkeit noch das Mehr und Minder an sich [530]). Qualitative zuständliche Bestimmtheiten aber, welche an diesen quantitativen Wesenheiten an sich vorkommen, sind das Viel und Wenig und das Grösser und Kleiner und das Gleich und Ungleich und ebenso die Gegensätze der geometrischen Form [531]). So gelangt in dem Quantitativen das Denken zu selbst geschaffenen Wesenheiten; es sind jene, deren Stoff schon ein nicht sinnlich wahrnehmbarer, sondern ein gedachter ist (Anm. 492). Wenn Raum und Zeit als messbar und zählbar oder als gemessen und gezählt dem Quantitativen zufallen, so ist darum noch keine Rede davon, dass dieselben als Kategorien unter die Kategorie der Quantität fallen, ebensowenig als sie wegen der örtlichen

---

529) Ebend. III, 7, 207 a. 33.: *κατὰ λόγον δὲ συμβαίνει καὶ τὸ κατὰ πρόσθεσιν μὲν μὴ εἶναι δοκεῖν ἄπειρον οὕτως ὥστε παντὸς ὑπερβάλλειν μεγέθους, ἐπὶ τὴν διαίρεσιν δὲ εἶναι· περιέχεται γὰρ ὡς ἡ ὕλη ἐντὸς καὶ τὸ ἄπειρον, περιέχει δὲ τὸ εἶδος· εὐλόγως δὲ καὶ τὸ ἐν μὲν τῷ ἀριθμῷ εἶναι ἐπὶ τὸ ἐλάχιστον πέρας, ἐπὶ δὲ τὸ πλεῖστον ἀεὶ παντὸς ὑπερβάλλειν πλήθους, ἐπὶ δὲ τῶν μεγεθῶν τοὐναντίον ἐπὶ μὲν τὸ ἔλαττον παντὸς ὑπερβάλλειν μεγέθους, ἐπὶ δὲ τὸ μεῖζον μὴ εἶναι μέγεθος ἄπειρον.* S. m. Ausg. S. 492 f. Anm. 28.

530) *Metaph. Δ*, 13, 1020 a. 7.: *ποσὸν λέγεται τὸ διαιρετὸν εἰς ἐνυπάρχοντα, ὧν ἑκάτερον ἢ ἕκαστον ἕν τι καὶ τόδε τι πέφυκεν εἶναι· πλῆθος μὲν οὖν ποσόν τι ἂν ἀριθμητὸν ᾖ, μέγεθος δὲ ἂν μετρητὸν ᾖ· λέγεται δὲ πλῆθος μὲν τὸ διαιρετὸν δυνάμει εἰς μὴ συνεχῆ, μέγεθος δὲ τὸ εἰς συνεχῆ* ...... (17.) *τῶν δὲ καθ᾽ αὑτὰ τὰ μὲν κατ᾽ οὐσίαν ἐστίν, οἷον ἡ γραμμὴ ποσόν τι, ἐν γὰρ τῷ λόγῳ τῷ τί ἐστι λέγοντι τὸ ποσὸν ἐνυπάρχει.* Ebend. 25, 1023 b. 12.: *μέρος λέγεται ἕνα μὲν τρόπον εἰς ὃ διαιρεθείη ἂν τὸ ποσὸν ὁπωσοῦν.* Ebend. *B*, 2, 997 a. 27.: *λέγω δ᾽ οἷον εἰ τὸ στερεὸν οὐσία τίς ἐστι καὶ γραμμαὶ καὶ ἐπίπεδον.* *Cat.* 6, 4 b. 20.: *τοῦ δὲ ποσοῦ τὸ μέν ἐστι διωρισμένον τὸ δὲ συνεχὲς καὶ τὸ μὲν ἐκ θέσιν ἐχόντων πρὸς ἄλληλα τῶν ἐν αὐτοῖς μορίων συνέστηκε, τὸ δὲ οὐκ ἐξ ἐχόντων θέσιν.* Ebend. 5 b. 11.: *ἔτι τῷ ποσῷ οὐδέν ἐστιν ἐναντίον.* Ebend. 6 a. 19.: *οὐ δοκεῖ δὲ τὸ ποσὸν ἐπιδέχεσθαι τὸ μᾶλλον καὶ τὸ ἧττον.*

531) *Metaph. Δ*, 13, 1020 a. 19.: *τὰ δὲ πάθη καὶ ἕξεις τῆς τοιαύτης ἐστὶν οὐσίας, οἷον τὸ πολὺ καὶ τὸ ὀλίγον καὶ μακρὸν καὶ βραχὺ καὶ πλατὺ καὶ στενὸν καὶ βαθὺ καὶ ταπεινὸν καὶ βαρὺ καὶ κοῦφον καὶ τἆλλα τὰ τοιαῦτα· ἔστι δὲ καὶ τὸ μέγα καὶ τὸ μικρὸν καὶ τὸ μεῖζον καὶ ἔλαττον καὶ καθ᾽ αὑτὰ καὶ πρὸς ἄλληλα λεγόμενα τοῦ ποσοῦ πάθη καθ᾽ αὑτά.* *Cat.* 6, 6 a. 26.: *ἴδιον δὲ μάλιστα τοῦ ποσοῦ τὸ ἴσον τε καὶ ἄνισον λέγεσθαι.* Ebend. 5 b. 14.: *οὐδὲν γάρ ἐστιν αὐτῶν* (sc. *τῶν ποσῶν*) *ἐναντίον, εἰ μὴ τὸ πολὺ τῷ ὀλίγῳ φαίη τις εἶναι ἐναντίον ἢ τὸ μέγα τῷ μικρῷ· τούτων δὲ οὐδέν ἐστι ποσὸν ἀλλὰ μᾶλλον τῶν πρός τι· οὐδὲν γὰρ αὐτὸ καθ᾽ αὑτὸ μέγα λέγεται ἢ μικρὸν, ἀλλὰ τῷ πρὸς ἕτερον ἀναφέρεσθαι* (d. h. Gross und Klein sind nicht selbst quantitative Wesenheiten, sondern quantitative Eigenschaften).

und zeitlichen Bestimmtheit der Wesenheit zur Qualität gehören. Man soll überhaupt die läppische Auffassung, mit welcher die alten Commentatoren immer auf eine schulmässige Abschachtlung der Kategorien abzielen und sich überall stossen, wo Etwas zu tief ist, um formal todtgeschlagen zu werden, nicht doch auch heutzutage noch als Massstab adoptiren, um z. B. die Frage aufzuwerfen, wie denn Zeit und Raum eigene Kategorien sein können, wenn sie unter die Quantität fallen. Ob bei jenen corrupten Schulzöpfen Etwas „schon von Alters her" Controverse gewesen sei, geht uns für die Darstellung der aristotelischen Lehre Nichts an; soweit wir später überhaupt die Pflicht haben werden, den Unverstand jener Zeit zu schildern, wird das Nöthige dort vorzubringen sein. Man sollte sich doch in Bezug auf Raum und Zeit, welche für alle erfahrungsmässigen Wesenheiten eine unerlässliche Bedingung des Auftretens, also insoferne allgemein umfassende Kategorien sind, daran erinnern, dass bei Aristoteles der eine Gegensatz des Raumes, nemlich das Oben, zum physikalischen Agens aller materiellen Vorgänge gemacht wird, sowie dass die Zeit als gezählte und gemessene völlig dem menschlichen Subjecte anheimfällt, und als Objectives an ihr nur die Bewegung übrig bleibt, deren ursprünglichste eben die Raumbewegung ist, so dass der Verwirklichungsprocess des concret Seienden jene Kategorie ist — wenn denn durchaus von Kategorien gesprochen werden soll —, unter welche Raum und Zeit wesentlich gehören [532]).

Die Kategorie des Relativen endlich, von welcher wir schon oben (Anm. 313.) sahen, dass sie von aller Substanzialität und Bestimmtheit am weitesten abliegt, ist gänzlich auf die jeweilig obwaltenden Umstände angewiesen, und in Ermanglung einer eigenen Bestimmtheit kann sie je nach der Sachlage überall erscheinen, denn sie kann ebenso wohl bei dem Verwirklichungsprocesse der Wesenheit an dem Verhältnisse des Entblösstseins, als an dem wechselseitigen Einwirken der concret bestehenden Wesenheiten in den qualitativen Bestimmtheiten vermittelst eines Thuns und Leidens, sowie an den Zuständen und dem Sichverhalten überhaupt, und in gleicher Weise wieder an den quantitativen Wesenheiten und andrerseits auch an dem Verhältnisse der Identität und des Gegensatzes, ja auch an dem Wissen und Wahrnehmen selbst, — also überall gedacht werden; das Relative kann die Gegensätzlichkeit und das Mehr und Minder in sich enthalten oder auch wieder nicht [533]). Kurz diese Kategorie muss

---

532) Vgl. m. Ausg. d. Physik, S. 503 f. Anm. 41, 43 u. 48.

533) *Metaph. Δ*, 15, 1020 b. 26.: *πρός τι λέγεται τὰ μὲν ὡς διπλάσιον πρὸς ἥμισυ καὶ τριπλάσιον πρὸς τριτημόριον καὶ ὅλως ..... ὑπερέχον πρὸς ὑπερεχόμενον· τὰ δ' ὡς τὸ θερμαντικὸν πρὸς τὸ θερμαντὸν ..... καὶ ὅλως ποιητικὸν πρὸς τὸ παθητικὸν· τὰ δ' ὡς τὸ μετρητὸν πρὸς τὸ μέτρον καὶ ἐπιστητὸν πρὸς ἐπιστήμην καὶ αἰσθητὸν πρὸς αἴσθησιν ......* (1021 a. 9.) *καὶ ἔτι τὸ ἴσον καὶ ὅμοιον καὶ ταὐτὸ κατ' ἄλλον τρόπον .....* (15.) *τὰ δὲ ποιητικὰ καὶ παθητικὰ κατὰ δύναμιν ποιητικὴν καὶ παθητικὴν καὶ ἐνεργείας τὰς τῶν δυνάμεων .....* (25.) *ἔτι ἔνια κατὰ στέρησιν δυνάμεως ὥςπερ τὸ ἀδύνατον καὶ ὅσα οὕτω λέγεται οἷον τὸ ἀόρατον.* Ebend. *ι*, 7, 1057 a. 37.: *τῶν δὲ πρός τι ὅσα μὴ ἐναντία, οὐκ ἔχει μεταξύ· αἴτιον δὲ ὅτι οὐκ ἐν τῷ αὐτῷ γένει ἐστίν· τί γὰρ ἐπιστήμης καὶ ἐπιστητοῦ μεταξύ; ἀλλὰ μεγάλου καὶ μικροῦ. Top.* IV, 4, 125 a. 32.: *τῶν δὲ πρός τι λεγομένων τὰ μὲν ἐξ ἀνάγκης ἐν ἐκείνοις ἢ περὶ ἐκεῖνά ἐστι πρὸς ἅ ποτε τυγχάνει λεγόμενα .....* (37.) *τὰ δ' οὐκ ἀνάγκη μὲν ἐν ἐκείνοις ὑπάρχειν πρὸς ἅ*

zumeist aus der Begriffs-Bestimmtheit hinausfallen, und wenn von ihr gesagt wird, sie liege theils in dem Motive der Gradabstufung zwischen Mehr und Minder, theils in den Vorgängen der Veränderung überhaupt [534]), so ist sie mit Recht dem Gebiete des Transitorischen und Haltlosen als solchen zugewiesen, und es muss jeder Versuch eine begriffsmässige Eintheilung des Relativen aufzustellen, als ein Selbstwiderspruch mit dem wesentlichen Charakter desselben bezeichnet werden, denn wo es keine Bestimmtheit giebt, ist auch keine zu suchen.

Hiemit haben wir die begriffliche Wesenheit des Seienden und den Begriff, unter welchem das Denken dieselbe denkt, sowohl als Resultat als auch als Agens eines Verwirklichungs-Processes, welcher in der individuellen Wesenheit noch auf die begriffliche Erkennbarkeit der übrigen Bestimmtheiten derselben hinüberleitet, kennen lernen [535]), und wir

---

ποτε λέγεται, ἐνδέχεται δέ ..... (b. 1.) τὰ δὲ ἁπλῶς οὐκ ἐνδέχεται ἐν ἐκείνοις ὑπάρχειν πρὸς ἅ ποτε τυγχάνει λεγόμενα, οἷον τὸ ἐναντίον ἐν τῷ ἐναντίῳ οὐδὲ τὴν ἐπιστήμην ἐν τῷ ἐπιστητῷ. *Cat.* 7, 6 a. 36.: πρός τι δὲ τὰ τοιαῦτα λέγεται ὅσα αὐτὰ ἅπερ ἐστὶν ἑτέρων εἶναι λέγεται ἢ ὁπωσοῦν ἄλλως πρὸς ἕτερον ..... (b. 5.) ἡ γὰρ ἕξις τινὸς ἕξις λέγεται καὶ ἡ ἐπιστήμη τινὸς ἐπιστήμη καὶ ἡ θέσις τινὸς θέσις καὶ τὰ ἄλλα δὲ ὡσαύτως ..... (15.) ὑπάρχει δὲ καὶ ἐναντιότης ἐν τοῖς πρός τι ..... (17.) οὐ πᾶσι δὲ τοῖς πρός τι ὑπάρχει τὸ ἐναντίον ..... (20.) δοκεῖ δὲ καὶ τὸ μᾶλλον καὶ τὸ ἧττον ἐπιδέχεσθαι τὰ πρός τι ..... (24.) οὐ πάντα δὲ ἐπιδέχεται τὸ μᾶλλον καὶ ἧττον.

534) *Phys. ausc.* III, 1, 200 b. 28.: τοῦ δὲ πρός τι τὸ μὲν καθ' ὑπεροχὴν λέγεται καὶ κατ' ἔλλειψιν, τὸ δὲ κατὰ τὸ ποιητικὸν καὶ παθητικὸν καὶ ὅλως κινητικόν τε καὶ κινητόν.

535) Durch die hiebei vorgeführten Stellen mag auch ersichtlich geworden sein, inwieferne die oben, Anm. 359., angegebenen Bezeichnungen des begrifflichen Seins oder des vom Menschen gedachten Begriffes sich wechselseitig berühren und theilweise ergänzen. Es stehen nemlich in unmittelbarer Verbindung: ὅρος, λόγος, τί ἦν εἶναι, ὁρισμός, οὐσία in Anm. 492 u. 515.; λόγος, τί ἦν εἶναι, ὁρισμός, ὅπερ ὄν, οὐσία Anm. 363.; λόγος, τί ἦν εἶναι, ὁρισμός, οὐσία, εἶδος Anm. 386.; λόγος, ὁρισμός, οὐσία, εἶδος, τί ἐστι Anm. 484.; λόγος, τί ἦν εἶναι, οὐσία, τί ἐστι, ὅπερ ὄν Anm. 365.; ὅρος, τί ἦν εἶναι, οὐσία, εἶδος Anm. 453 u. 488.; ὅρος, λόγος, ὁρισμός οὐσία Anm. 489.; λόγος, τί ἦν εἶναι, ὁρισμός, οὐσία Anm. 467.; λόγος, τί ἦν εἶναι, οὐσία, εἶδος Anm. 499, 451 u. 460.; λόγος, τί ἦν εἶναι, ὁρισμός, ὅπερ ὄν Anm. 362.; λόγος, τί ἦν εἶναι, οὐσία, ὅπερ ὄν Anm. 487.; λόγος, ὁρισμός, οὐσία, εἶδος Anm. 438.; λόγος, οὐσία, τί ἐστι, ὅπερ ὄν Anm. 132.; λόγος, τί ἦν εἶναι, ὁρισμός Anm. 513.; λόγος, ὁρισμός, οὐσία Anm. 454.; λόγος, ὁρισμός, εἶδος Anm. 495.; λόγος, ὁρισμός, τί ἐστι Anm. 364.; λόγος, οὐσία, τί ἐστι Anm. 382.; λόγος, οὐσία, εἶδος Anm. 398, 449, 452, 465, 497, 498.; τί ἦν εἶναι, ὁρισμός, οὐσία Anm. 506.; τί ἦν εἶναι, οὐσία, τί ἐστι Anm. 378.; τί ἦν εἶναι, οὐσία, εἶδος Anm. 411, 447 u. 471.; τί ἦν εἶναι, οὐσία, ὅπερ ὄν Anm. 508.; ὁρισμός, οὐσία, τί ἐστι Anm. 514.; οὐσία, τί ἐστι, εἶδος Anm. 457.; ὅρος, λόγος Anm. 516.; ὅρος, εἶδος Anm. 367.; λόγος, τί ἦν εἶναι Anm. 376.; λόγος, ὁρισμός Anm. 379, 381 u. 509.; λόγος, οὐσία Anm. 479.; λόγος, εἶδος Anm. 68, 374, 440, 505.; τί ἦν εἶναι, οὐσία Anm. 380.; τί ἦν εἶναι, εἶδος Anm. 388 u. 469.; οὐσία, εἶδος Anm. 65, 366, 456, 462, 463, 481, 483.; οὐσία, τί ἐστι Anm. 473.; οὐσία, ὅπερ ὄν Anm. 395. Hiezu vereinzelt: ὅρος Anm. 66, 360, 361.; λόγος Anm. 362, 364, 365, 369, 387, 466, 528.; τί ἦν εἶναι Anm. 385 u. 458.; ὁρισμός Anm. 370 u. 437.; οὐσία Anm. 383, 387, 437, 471, 482, 492, 502, 512, 520, 522.; τί ἐστι Anm. 392, 439 u. 516.; ὅπερ ὄν Anm. 509.; εἶδος Anm. 63, 64, 67, 368, 374.; εἶδος als begriffliche Form Anm. 408, 448, 461, 462, 464, 470, 516.; εἶδος als Artbegriff Anm. 389, 390, 391, 393, 399, 427, 432, 434, 435, 437, 438, 440, 441, 450, 504, 505, 516, 517, 522.

haben nun noch zu untersuchen, wie der Begriff in einer Rückkehr in das Urtheil eine neue Verwirklichung für das menschliche Denken erhält und dort zum definitorischen Wissen sich abschliessend gestaltet.

DER SYLLOGISMUS.

In dem Begriffe denkt der Mensch die Wesenheit des Seienden, und Alles was als eine objective wirkliche Wesenheit in den menschlichen Aussagen und Urtheilen auftritt, ist durch den Begriff in seinem begrifflichen Sein erfasst, gleichviel ob es in einem Urtheile das Subject oder das Prädicat bildet, denn innerhalb der mannigfachen Bestimmtheit der concreten Wesenheit ist auch da, wo überwiegend ein prädicatives Verhältniss zu walten scheint, ein begriffsmässiges Sein der Gegenstand und das Product der denkenden Auffassung, sobald nur die Verknüpfung des Substanziellen mit einem Zukommenden oder Vorkommenden eine an sich bestehende ist, und vermöge des Motives eines Zusatzes (Anm. 513—515) gibt es eine begriffliche Wesenheit auch ausserhalb der Kategorie der individuellen Substanz, welche wesentlich dazu berufen ist, Substrat und Subject zu sein; und ist so die begriffliche Bestimmtheit nicht ausschliesslich dem Subjecte eigen, sondern besteht sie auch für prädicative Kategorien-Bestimmtheiten, so verhält sie sich an sich gegen das Subject- oder Prädicat-sein gleichgültig, und die begriffliche Fassung ergreift daher überhaupt das uns zugängliche Seiende abgesehen oder, wenn man will, isolirt vom Urtheile. Nun aber ist alles menschliche Erkennen einerseits an die Sprache und das urtheilende Aussagen geknüpft (Anm. 23 u. 105 ff.), und andrerseits auf das *καθόλου*, d. h. das allgemeine und nothwendige Ansichsein als letztes erreichbare Ziel hingewiesen (Anm. 48 u. 115 ff.); und es muss darum in ersterer Beziehung das Erfassen des begrifflichen Seins wieder in das Urtheil zurückkehren, um dort zum ausgesprochenen Wissen zu führen, und in letzterer Beziehung ist eben das begriffliche Sein, welches selbst ein *καθόλου* ist, indem es als das allgemeingültige Ansich den unter ihn fallenden Umkreis des Seienden mit Nothwendigkeit beherrscht und mit seiner schöpferischen Kraft durchdringt, überall durchzuführen. Ist diesen beiden Beziehungen Genüge gethan, so ist das auf Einsicht in die causale Nothwendigkeit des principiellen Ansichseins beruhende Wissen erreicht. Es enthält hiezu die begriffliche Wesenheit oder der Begriff eines Seienden in seinen eigenen Voraussetzungen den höheren hinter ihm liegenden Gattungsbegriff und den artmachenden Unterschied, also seine wesentlichen Bestandtheile in sich selbst; und sowie der Begriff schon in dem artmachenden Unterschiede qualitative Bestimmtheiten und Inhärenzien, welche sich mannigfach kreuzen (Anm. 475 u. 443 ff.), besitzt, so ist er andrerseits der Träger jener Inhärenzien, welche ohne den Begriff der individuellen Wesenheit als ihres Substrates nicht gedacht werden können (Anm. 509 ff. u. 515). Somit ist der Begriff, sei es der einer individuellen Wesenheit oder der einer Inhärenz, zugleich das Prädicat des durch ihn Determinirten und das Subject seiner eigenen weiteren wesentlichen Determination. Gattung demnach, Umkreis der qualitativen Bestimmtheit des Artbegriffes, individuelle Wesenheit, weitere Bestimmtheit der Wesenheit in der Concretion, — Alles dieses ist an den Begriff geknüpft, und so durchlebt und durchzieht der Begriff sein ganzes bestimmtes Gebiet; indem wir aber alle dieses bestimmte Gebiet betreffenden Urtheile in diese ihre wesentliche Beziehung zum Begriffe setzen, erreichen wir die begriffliche Einsicht in dieses Gebiet, durch welche wir das Ansichsein und den Nexus der Nothwendigkeit in Allgemeingültigkeit erkennen. So also muss die an sich zerstreute Wahrnehmung und Aussage betreffs eines Gebietes gesammelt (*συλλογίζεσθαι*) und eben hiebei unter die Einheitlichkeit des ausgesprochenen Begriffes (*λόγος*) gebracht werden, und zwar sowohl die Urtheile des blossen Stattfindens als auch die der Möglichkeit und die der Nothwendigkeit eines Stattfindens müssen erschöpfend unter den Einen begrifflichen Gesichtspunkt zusammengebracht werden, gerade um die Nothwendigkeit jener Potenzialität, welche im Begriffe liegt, zu erkennen und jene Möglichkeit, welche nur bis zur Wahrscheinlichkeit reicht, hievon auszuscheiden, d. h. es muss „Schlüsse" geben und der „Syllogismus" ist nothwendig, wenn je von dem einmal gefassten Begriffe aus ein definitorisches Wissen erreicht werden soll; der Syllogismus ist der Weg vom Begriffe zur Definition (Anm. 380 f.). Wie dieser Weg zum Ziele des Definitorischen wirklich hinführe, wird später zu erörtern sein; zunächst liegt uns ob, den Weg des Syllogismus selbst zu untersuchen und darzustellen; hiezu aber sind wir durch die auf uns gekommenen aristotelischen Werke weit mehr begünstigt, als wir es bei allem Bisherigen waren, denn die Syllogistik des Aristoteles ist uns vollständig in Einem ihr speciell gewidmeten Werke, in der ersten Analytik, in unbestreitbar ächter Gestalt erhalten.

Da die vielen zerstreuten Urtheile, welche wir als unsere Annahmen betreffs Eines Gebietes aussprechen, in völliger Vereinzeltheit vorliegen, so kömmt eben dadurch, dass sie im Hinblicke auf einen gemeinschaftlichen Begriff gesammelt und mit einander in Verbindung gebracht werden, etwas Neues hinzu, was vor dem einigenden Schlusse nicht dagewesen war, nemlich die vom Begriffe bedingte Vereinigung selbst. Und in dieser Beziehung auf einen einigenden Begriff, also auf das Princip der aristotelischen Logik, erhält bei Aristoteles das Wort *συλλογίζεσθαι* oder *συλλογισμός*, welches an sich eine unbestimmtere Bedeutung hat [536]), jenen specifisch technischen Sinn, in welchem es sich von da an in der Logik überhaupt eingebürgert hat. Somit wird in Folge der dem Begriffe einwohnenden Nothwendigkeit der einigenden Verknüpfung und in Bezug auf die dieser Einigung sich darbietenden und bereits vorliegenden Urtheile der Syllogismus definirt als „dasjenige Erzeugniss des ausgesprochenen Urtheilens, in welchem, sobald irgend Behauptungen

---

536) In jener allgemeineren Bedeutung eines geistigen Sammelns, in welcher wir *συλλογίζεσθαι* bei Plato trafen (Abschn. III, Anm. 50—54, 85.), steht dieses Wort b. Arist. *Poet.* 4, 1448 b. 15.: *διὰ γὰρ τοῦτο χαίρουσι τὰς εἰκόνας ὁρῶντες, ὅτι συμβαίνει θεωροῦντας μανθάνειν καὶ συλλογίζεσθαι τί ἕκαστον, οἷον ὅτι οὗτος ἐκεῖνος.* Und mit dem bei Plato gleichfalls in diesem Sinne üblichen Worte *συνάγειν* ist es zusammengestellt *Rhet.* I, 2, 1357 a. 8.: *ἐνδέχεται δὲ συλλογίζεσθαι καὶ συνάγειν τὰ μὲν ἐκ συλλελογισμένων πρότερον τὰ δ' ἐξ συλλογίστων.*

aufgestellt sind, eben vermöge des Stattfindens derselben mit Nothwendigkeit etwas Anderweitiges als jenes bereits Vorliegende sich ergibt“ [537]). In der Causalität des Begriffes allein, welche allerdings sehr bald nach Aristoteles in stets sich steigerndem Grade eine Verkümmerung erfuhr, besitzt Aristoteles die treibende Kraft des Syllogismus, und wir werden sehen, wie gerade der Mittelbegriff es ist, in welchem das Leben aller Syllogistik sich concentrirt; sobald aber diese Realität und ontologische Macht des Mittelbegriffes misskannt wurde, konnte es im Zusammenhange mit der allgemeinen und gänzlichen Corruption, welche die Logik unter den Händen der blödsinnigen Stoa erfuhr, dazu kommen, dass der Skepticismus sich gegen das Princip aller Syllogistik mit der ebenso pöbelhaften als einfältigen Bemerkung kehrte, dass ja der Schlusssatz nichts Anderes enthalte, als was schon vorher in den Prämissen gestanden war (s. Abschn. VII, Anm. 9 ff.); dieses Andere oder dieser Ueberschuss aber, welchen der Schlusssatz über den Inhalt der Prämissen besitzt, ist gerade der Begriff als Mittelbegriff oder die durch ihn bedingte begriffliche und nothwendige Einheit. Mit Recht aber muss jene Behauptung der Skeptiker jeden Augenblick gegen die Syllogistik der formalen Logik gewendet werden, weil dieselbe gleichfalls keinen Begriff vom Begriffe hat, und daher an Sinnlosigkeit dem Stoicismus gleichsteht, an Eitelkeit aber denselben wo möglich noch überbietet, insoferne sie sogar heutzutage noch als unweigerliche Vorhalle der philosophischen Speculation sich präsentiren möchte.

Soll nun diese Einigung vermittelst einer begrifflichen Causalität durch irgend ein Gebiet durchgeführt werden und sollen hiezu die mannigfaltigsten Urtheile, welche auf die Gattungsbegriffe oder auf höhere Artbegriffe, auf artmachende Unterschiede und deren Kreuzung, auf wesentliche Inhärenzien u. s. f. sich beziehen können, in der Weise verbunden werden, dass in Folge ihres Statthabens ein anderweitiges Neues sich ergiebt, welches auf jene Einigung vermöge eines gemeinschaftlichen Begrifflichen Bezug hat, und muss es hiebei im Interesse des apodeiktischen Wissens auf die vollständige oder relative Allgemeingültigkeit ankommen, so wird schon in dieser Beziehung durch eine Umkehrung der Urtheile eine Einsicht gewonnen, welche ohne die vorgenommene Umkehrung oft mangeln kann, da namentlich das Verhältniss der Unterordnung zwischen Gattungs- und Art-Begriffen und der Umkreis, wie weit qualitative Bestimmtheiten eines artmachenden Unterschiedes oder einer Inhärenz sich erstrecken und ob sie mit anderen Unterschieden sich decken oder nicht, durch Umkehrung eines Urtheiles erprobt werden kann; ausserdem aber ist es zur Form der Verknüpfung von Urtheilen auch nöthig, dass ein Prädicat als Subject genommen, also ein Urtheil umgekehrt wird, da ja der die Einigung wirkende Begriff in seiner vermittelnden Thätigkeit zugleich nach unten zu Prädicat nach oben zu Sub-

537) *Anal. pr.* I, 1, 24 b. 18.: *συλλογισμὸς δέ ἐστι λόγος ἐν ᾧ τεθέντων τινῶν ἕτερόν τι τῶν κειμένων ἐξ ἀνάγκης συμβαίνει τῷ ταῦτα εἶναι. Top.* I, 1, 100 a. 25.: *ἔστι δὴ συλλογισμὸς λόγος ἐν ᾧ τεθέντων τινῶν ἕτερόν τι τῶν κειμένων ἐξ ἀνάγκης συμβαίνει διὰ τῶν κειμένων. Soph. El.* 1, 165 a. 1.: *ὁ μὲν γὰρ συλλογισμὸς ἐκ τινῶν ἐστι τεθέντων ὥστε λέγειν ἕτερον ἐξ ἀνάγκης τι τῶν κειμένων διὰ τῶν κειμένων.*

ject sein muss. Auf diese Weise steht die Umkehrung der Urtheile im Dienste der Einsicht in die Functionen des Begriffes, und hiedurch auch im Dienste der Syllogistik; sowie sie aber von diesem ihrem Zwecke losgerissen und im Sinne der formalen Logik der Lehre vom Urtheile einverleibt wird, ist sie eine leere Spielerei und ein sinnloses Tändeln mit dem Urtheile.

Was nemlich das Urtheil betrifft, in welches der Begriff in der Syllogistik zurückkehrt, so fällt im Interesse des apodeiktischen Wissens allerdings das Hauptgewicht auf die Form der Allgemeingültigkeit, sei es der Bejahung oder der Verneinung, und das *κατὰ παντός* und *κατὰ μηδενός* (das *Dictum de omni* und *Dictum de nullo*), ist, wie wir sehen werden, dem particularen Urtheile vorzuziehen; aber entbehrt kann auch das letztere nicht werden, da in dem uns zugänglichen Seienden die Determination selbst, theils die der artmachenden Unterschiede theils die der wesentlichen Inhärenzien, ein particulares Aussagen begründet. Und es ist somit bei dem Urtheile überhaupt, sowohl wenn es ein Stattfinden als auch wenn es eine Möglichkeit oder eine Nothwendigkeit des Stattfindens ausspricht, zu unterscheiden: das allgemein bejahende, das allgemein verneinende, das particular bejahende, das particular verneinende [538]); nemlich das der Quantität nach unbestimmte Urtheil fällt wegen dieser Unbestimmtheit für den auf bestimmtes Wissen abzielenden Syllogismus von vornherein weg, das individuelle Urtheil aber gehört seinem Inhalte nach dem Vereinzelten der empirischen Wahrnehmung an und der Form nach fällt es mit dem allgemeinen Urtheile zusammen, weil ja, was von dem einzelnen Individuum ausgesagt wird, doch von demselben als ganzem gilt; nach keiner dieser beiden Seiten daher ist eine Veranlassung, das individuelle Urtheil in der Syllogistik eigens zu behandeln.

Die Umkehrung nun verhält sich bei obigen vier Arten der Urtheile zunächst, insoferne es Urtheile des Stattfindens sind, folgendermassen: das allgemein verneinende Urtheil ist umkehrbar, das allgemein bejahende aber lässt sich nur in ein particular bejahendes umkehren; das particular bejahende muss nothwendig auch als umgekehrtes gelten, bei dem particular verneinenden hingegen besteht keine solche Nothwendigkeit [539]). Der Beweis für die Umkehrbarkeit des allgemein verneinenden Urtheiles ist folgender: Wenn kein B A ist, ist auch kein A B; denn gesetzt, einiges A, nemlich z. B. jene A, welche C sind, wären B, so würde,

---

538) *Anal. pr.* I, 1, 24 b. 26.: *τὸ δὲ ἐν ὅλῳ εἶναι ἕτερον ἑτέρῳ καὶ τὸ κατὰ παντὸς κατηγορεῖσθαι θατέρου θάτερον ταὐτόν ἐστιν· λέγομεν δὲ τὸ κατὰ παντὸς κατηγορεῖσθαι, ὅταν μηδὲν ᾖ λαβεῖν τῶν τοῦ ὑποκειμένου, καθ' οὗ θάτερον οὐ λεχθήσεται· καὶ τὸ κατὰ μηδενὸς ὡσαύτως. ἐπεὶ δὲ πᾶσα πρότασίς ἐστιν ἢ τοῦ ὑπάρχειν ἢ τοῦ ἐξ ἀνάγκης ὑπάρχειν ἢ τοῦ ἐνδέχεσθαι ὑπάρχειν, τούτων δὲ αἱ μὲν καταφατικαὶ αἱ δὲ ἀποφατικαὶ καθ' ἑκάστην πρόσρησιν, πάλιν δὲ τῶν καταφατικῶν καὶ ἀποφατικῶν αἱ μὲν καθόλου αἱ δὲ ἐν μέρει αἱ δὲ ἀδιόριστοι, κτλ.*

539) Ebend. 2, 25 a. 5.: *τὴν μὲν ἐν τῷ ὑπάρχειν καθόλου στερητικὴν ἀνάγκη τοῖς ὅροις ἀντιστρέφειν ..... (7.) τὴν δὲ κατηγορικὴν ἀντιστρέφειν μὲν ἀναγκαῖον, οὐ μὴν καθόλου ἀλλ' ἐν μέρει ..... (10.) τῶν δὲ ἐν μέρει τὴν μὲν καταφατικὴν ἀντιστρέφειν ἀνάγκη κατὰ μέρος ..... (12.) τὴν δὲ στερητικὴν οὐκ ἀναγκαῖον.*

weil ja C dann unter die B gehörte, eben jener Theil der B, welcher C ist, gerade darum auch A sein, und es wäre hiemit unrichtig, dass kein B A ist (z. B. wenn kein Gut eine Vergnügung ist, ist auch keine Vergnügung ein Gut, denn gesetzt z. B. die geistigen Vergnügungen wären Güter, so wäre jener Theil der Güter, welcher eine geistige Vergnügung wäre, eben hiemit jedenfalls eine Vergnügung, und es also nicht wahr, dass kein Gut eine Vergnügung ist); dieser Beweis beruht also darauf, dass der in einer individuellen Bestimmtheit determinirte allgemeinere Begriff in eben dieser Individualisirung als Substrat und Subject dieser Determination auftritt, d. h. z. B. wenn die Fische Thiere sind, so sind jene Thiere, welche in dem Fisch-sein ihre individuelle Bestimmtheit haben, eben Fische [540]). Ist diese Umkehrbarkeit des allg. vern. Urtheiles erwiesen, so ergibt sich von hieraus der Beweis für die particulare Umkehrung des allgemein bejahenden: Ist alles A B, so ist einiges B A, denn gesetzt, kein B wäre A, so wäre auch kein A B, was gegen die Voraussetzung ist; und ganz ebenso für die Umkehrung des particular bejahenden [541]). Völlig dieselben Gesetze gelten auch für die Umkehrung der Nothwendigkeits-Urtheile [542]).

Hingegen bei den Möglichkeits-Urtheilen ist mancherlei zu erwägen, und wir werden sogleich sehen, dass im Zusammenhange mit den früheren Angaben betreffs des Möglichen (Anm. 244—262.) auch hier ein besonderes Gewicht auf die begriffliche Bestimmtheit fällt, insoferne dieselbe bei den veränderlichen Dingen auf einem Meistentheils und einer meistentheils wirkenden Naturbestimmtheit beruht. Zunächst ist nach dem obigen Begriffe des Möglichen und Statthaften klar, dass alle Möglichkeits-Urtheile sich mit denjenigen vertauschen lassen, welche die Möglichkeit des Gegentheiles aussprechen, nemlich „A hat die Möglichkeit, zu sein" mit „A hat die Möglichkeit, nicht zu sein", und „Alles A hat die Möglichkeit, zu sein" mit „Nicht Alles A hat die Möglichkeit, zu sein" oder mit „Kein A hat die Möglichkeit, zu sein", und ebenso „Einiges A hat die Möglichkeit, zu sein" mit „Nicht einiges A hat die Möglichkeit, zu sein"; denn darin beruht eben das Mögliche, dass von zwei Gegensätzen beide stattfinden können, und also keine Nothwendigkeit, weder für das Stattfinden des Prädicates noch für die Allgemeingültigkeit des Urtheiles selbst, besteht [543]). Nun aber hat, wie wir

---

540) Ebend. 25 a. 15.: *εἰ οὖν μηδενὶ τῶν B τὸ A ὑπάρχει, οὐδὲ τῶν A οὐδενὶ ὑπάρξει τὸ B. εἰ γὰρ τινὶ οἷον τῷ Γ, οὐκ ἀληθὲς ἔσται τὸ μηδενὶ τῶν B τὸ A ὑπάρχειν· τὸ γὰρ Γ τῶν B τι ἐστίν.* Es zeigt dieser Beweis, welchen Aristoteles als Grundlage für die Umkehrung der übrigen Urtheile vorausschickt, deutlich die principielle Geltung, welche die begriffliche Bestimmtheit des Seins in der aristotelischen Lehre besitzt, und er ist daher sowohl an sich zu beachten, als auch wegen der bereits bei Theophrast eintretenden Verschlechterung der Auffassung, s. d. folg. Abschn. Anm. 40.

541) 25 a. 17.: *εἰ δὲ παντὶ τὸ A τῷ B, καὶ τὸ B τινὶ τῷ A ὑπάρχει· εἰ γὰρ μηδενὶ, οὐδὲ τὸ A οὐδενὶ τῷ B ὑπάρξει· ἀλλ' ὑπέκειτο παντὶ ὑπάρχειν* ..... (20.) *εἰ γὰρ τὸ A τινὶ τῶν B, καὶ τὸ B τινὶ τῶν A ἀνάγκη ὑπάρχειν· εἰ γὰρ μηδενὶ, οὐδὲ τὸ A οὐδενὶ τῶν B.*

542) 3, 25 a. 27.: *τὸν αὐτὸν δὲ τρόπον ἕξει καὶ ἐπὶ τῶν ἀναγκαίων προτάσεων.*

543) Ebend. 13, 32 a. 29.: *συμβαίνει δὲ πάσας τὰς κατὰ τὸ ἐνδέχεσθαι προτάσεις ἀντιστρέφειν ἀλλήλαις· λέγω δὲ οὐ τὰς καταφατικὰς ταῖς ἀπο-*

oben sahen, das Mögliche oder Statthafte mehrere verschiedene Bedeutungen, von welchen jedoch die des gänzlich Unbestimmbaren und Zufälligen aus dem Gebiete des Erkennens und Schliessens von vornherein hinausfällt[544]). Und was nun die eigentliche Umkehrung der Möglichkeits-Urtheile, nicht deren Vertauschung mit der Möglichkeit des Gegentheiles, betrifft, so verhält es sich bei den bejahenden Möglichkeits-Urtheilen genau ebenso wie bei den bejahenden Urtheilen des Stattfindens[545]). Bei den verneinenden aber ist zu unterscheiden. Insoferne nemlich ein Nicht-sein allgemein oder particular als statthaft ausgesagt wird, kann eine solche Aussage entweder darauf beruhen, dass eine Nothwendigkeit vorliegt, wie z. B. „der Mensch hat die Möglichkeit, ein Pferd nicht zu sein" oder „kein Mensch hat die Möglichkeit, ein Pferd zu sein", weil eben das Nicht-Pferd-sein dem Menschen nothwendig ist, oder es kann eine solche Aussage darauf beruhen, dass eben keine Nothwendigkeit vorliegt, wie z. B. „Kleid hat die Möglichkeit, weiss nicht zu sein" oder „Möglicherweise ist kein Kleid weiss", weil eben keine Nothwendigkeit des Weiss-seins für das Kleid besteht; und ebenso nun auch bei particularen Aussagen. Nun scheinen solche Urtheile allgemein verneinend oder particular verneinend zu sein; und man wird daher sagen können, dass die verneinenden Möglichkeits-Urtheile, sowohl allgemeine als auch particulare, umkehrbar sind, da wenn kein Mensch ein Pferd sein kann, auch kein Pferd ein Mensch sein kann, und ebenso, wenn möglicherweise kein Kleid weiss ist, auch möglicherweise kein Weisses ein Kleid ist. Nun aber haben die Möglichkeits-Urtheile immer bejahende Form, so lange nicht das „Nicht" bei dem „hat die Möglichkeit" steht, und eben darum ist bei jenen Möglichkeits-Urtheilen, welche auf dem Nicht-Nothwendigen, d. h. auf dem eigentlichen Gebiete des Möglichen, beruhen, dieses Verhältniss des Nicht-Nothwendigen wohl zu erwägen, denn bei jenen anderen, welche auf Nothwendigkeit beruhen, ist die Nothwendigkeit die Ursache der Umkehrbarkeit, da, wenn nothwendigerweise kein Mensch die Möglichkeit hat, ein Pferd zu sein, ebenso nothwendig auch das Umgekehrte gilt. Bei dem Nicht-Nothwendigen aber kann von jener Umkehrung auch nur insoferne gesprochen werden, als man das rein Formale an der Möglichkeit ins Auge fasst und mit einseitiger Hervorhebung des Umstandes, dass keine zwingende Nothwendigkeit besteht,

---

φατικαῖς, ἀλλ' ὅσαι καταφατικὸν ἔχουσι τὸ σχῆμα κατὰ τὴν ἀντίθεσιν, οἷον τὸ ἐνδέχεσθαι ὑπάρχειν τῷ ἐνδέχεσθαι μὴ ὑπάρχειν, καὶ τὸ παντὶ ἐνδέχεσθαι τῷ ἐνδέχεσθαι μηδενὶ καὶ μὴ παντί, καὶ τὸ τινὶ τῷ μὴ τινί· τὸν αὐτὸν δὲ τρόπον καὶ ἐπὶ τῶν ἄλλων· ἐπεὶ γὰρ τὸ ἐνδεχόμενον οὐκ ἔστιν ἀναγκαῖον, τὸ δὲ μὴ ἀναγκαῖον ἐγχωρεῖ μὴ ὑπάρχειν, φανερὸν ὅτι κτλ.

544) Ebend. b. 10.: τὸ ἀόριστον, ὃ καὶ οὕτως καὶ μὴ οὕτως δυνατόν, οἷον τὸ βαδίζειν ζῷον ἢ τὸ βαδίζοντος γενέσθαι σεισμὸν ἢ ὅλως τὸ ἀπὸ τύχης γινόμενον ..... (18.) ἐπιστήμη δὲ καὶ συλλογισμὸς ἀποδεικτικὸς τῶν μὲν ἀορίστων οὐκ ἔστι διὰ τὸ ἄτακτον εἶναι τὸ μέσον.

545) Ebend. 3, 25 a. 37.: ἐπὶ δὲ τῶν ἐνδεχομένων, ἐπειδὴ πολλαχῶς λέγεται τὸ ἐνδέχεσθαι, καὶ γὰρ τὸ ἀναγκαῖον καὶ τὸ μὴ ἀναγκαῖον καὶ τὸ δυνατὸν ἐνδέχεσθαι λέγομεν, ἐν μὲν τοῖς καταφατικοῖς ὁμοίως ἕξει κατὰ τὴν ἀντιστροφὴν ἐν ἅπασιν· εἰ γὰρ τὸ A παντὶ ἢ τινὶ τῷ B ἐνδέχεται, καὶ τὸ B τινὶ τῷ A ἐνδέχοιτο ἄν· εἰ γὰρ μηδενί, οὐδ' ἂν τὸ A οὐδενὶ τῷ B. δέδεικται γὰρ τοῦτο πρότερον.

bloss darauf Gewicht legt, dass Etwas sein kann und auch nicht sein kann. Hingegen für jene reale Möglichkeit, welche in dem uns zugänglichen Veränderungs-Processe der seienden Dinge waltet, gilt jene Umkehrung gerade nicht; es handelt sich nemlich um jene dem apodeiktischen Erkennen noch ergreifbare Möglichkeit, welche in den Dingen nach ihrer Naturbestimmtheit „meistentheils" wirksam und ihren Zweck erreichend auftritt, wenn sie auch nicht mit schlechthin ausnahmsloser Nothwendigkeit walten kann; und wenn auch daher in diesem Sinne das „Meistentheils" und die Potenzialität der Naturbestimmtheit ein Nichtnothwendiges ist, so ist doch diese reale Möglichkeit das einzige dem apodeiktischen Verfahren zugängliche Mögliche, welches eben in dem Meistentheils noch eine Anknüpfung und einen Verkehr mit irgend einer Nothwendigkeit der Entwicklung besitzt. Mit diesem positiven Factor aber trifft nun auch die bejahende Form jener obigen Möglichkeits-Urtheile zusammen, und es ist hiemit das Urtheil „Möglicherweise ist kein A B", welches durch das „kein A" einem allgemein verneinenden Urtheile des Stattfindens gleicht, nicht umkehrbar, wohl hingegen ist umkehrbar das particulare „Möglicherweise ist einiges A nicht B" [546]). So wird nun auch die Nichtumkehrbarkeit jener allgemeinen Möglichkeits-Urtheile, welche ein Nicht-sein als statthaft aussagen, im Hinblicke auf jene reale Möglichkeit erwiesen: Wenn möglicherweise kein B A ist, so ist darum nicht nothwendig, dass möglicherweise kein A B sei; denn gesetzt, es wäre möglicherweise kein A B, so müsste nach dem Begriffe des Möglichen und der in ihm enthaltenen Möglichkeit des Gegentheiles (Anm. 543) ebenso sehr auch möglicherweise alles A B sein; diess aber widerspricht der Möglichkeit, dass gar kein B A ist; denn wenn letzteres möglich ist, so kann hiebei die Möglichkeit, dass alles A jedenfalls B wäre, nicht bestehen [547]); ferner kann ja, wenn möglicherweise kein

---

546) Den Beleg gibt 3, 25 b. 3—21., eine höchst schwierige Stelle, deren Verständniss ich nun durch Obiges gesichert zu haben glaube; sie lautet: *ἐν δὲ τοῖς ἀποφατικοῖς οὐχ ὡσαύτως, ἀλλ' ὅσα μὲν ἐνδέχεσθαι λέγεται τῷ ἐξ ἀνάγκης ὑπάρχειν ἢ τῷ μὴ ἐξ ἀνάγκης ὑπάρχειν, ὁμοίως, οἷον εἴ τις φαίη τὸν ἄνθρωπον ἐνδέχεσθαι μὴ εἶναι ἵππον ἢ τὸ λευκὸν μηδενὶ ἱματίῳ ὑπάρχειν· τούτων γὰρ τὸ μὲν ἐξ ἀνάγκης οὐχ ὑπάρχει, τὸ δὲ οὐκ ἀνάγκη ὑπάρχειν, καὶ ὁμοίως ἀντιστρέφει ἡ πρότασις· εἰ γὰρ ἐνδέχεται μηδενὶ ἀνθρώπῳ ἵππον, καὶ ἄνθρωπον ἐγχωρεῖ μηδενὶ ἵππῳ· καὶ εἰ τὸ λευκὸν ἐγχωρεῖ μηδενὶ ἱματίῳ, καὶ τὸ ἱμάτιον ἐγχωρεῖ μηδενὶ λευκῷ· εἰ γάρ τινι ἀνάγκη, καὶ τὸ λευκὸν ἱματίῳ τινὶ ἔσται ἐξ ἀνάγκης· τοῦτο γὰρ δέδεικται πρότερον. ὁμοίως δὲ καὶ ἐπὶ τῆς ἐν μέρει ἀποφατικῆς. ὅσα δὲ τῷ ὡς ἐπὶ πολὺ καὶ τῷ πεφυκέναι λέγεται ἐνδέχεσθαι,. καθ' ὃν τρόπον διορίζομεν τὸ ἐνδεχόμενον, οὐχ ὁμοίως ἕξει ἐν ταῖς στερητικαῖς ἀντιστροφαῖς, ἀλλ' ἡ μὲν καθόλου στερητικὴ πρότασις οὐκ ἀντιστρέφει, ἡ δὲ ἐν μέρει ἀντιστρέφει. τοῦτο δὲ ἔσται φανερὸν, ὅταν περὶ τοῦ ἐνδεχομένου λέγωμεν* (die betreffende Stelle sogleich in d. folg. Anm.). *νῦν δὲ τοσοῦτον ἡμῖν ἔστω πρὸς τοῖς εἰρημένοις δῆλον, ὅτι τὸ ἐνδέχεσθαι μηδενὶ ἢ τινὶ μὴ ὑπάρχειν καταφατικὸν ἔχει τὸ σχῆμα· τὸ γὰρ ἐνδέχεται τῷ ἔστιν ὁμοίως τάττεται.* Vgl. 13, 32 b. 5.: *τὸ ὡς ἐπὶ τὸ πολὺ γίνεσθαι καὶ διαλείπειν τὸ ἀναγκαῖον, οἷον τὸ πολιοῦσθαι ἄνθρωπον ἢ τὸ αὐξάνεσθαι ἢ φθίνειν ἢ ὅλως τὸ πεφυκὸς ὑπάρχειν, τοῦτο γὰρ οὐ συνεχὲς μὲν ἔχει τὸ ἀναγκαῖον διὰ τὸ μὴ ἀεὶ εἶναι ἄνθρωπον, ὄντος μέντοι ἀνθρώπου ἢ ἐξ ἀνάγκης ἢ ὡς ἐπὶ τὸ πολύ ἐστιν.*

547) 17, 36 b. 35.: *πρῶτον οὖν δεικτέον ὅτι οὐκ ἀντιστρέφει τὸ ἐν τῷ*

B A ist, doch sehr wohl einiges A gerade aus Nothwendigkeit nicht B sein, wenn z. B. möglicherweise alle Menschen auch nicht weiss sein können (sowie sie möglicherweise weiss sein können), so ist darum es nicht wahr, dass möglicherweise kein Weisses ein Mensch sei, denn gerade nothwendigerweise ja ist vieles Weisse kein Mensch [548]); so also wird hier die begriffsmässige Nothwendigkeit der Naturbestimmtheit einem bloss formalen Bestande der Möglichkeit der Inhärenzien gegenübergestellt. Ferner darf man eine Umkehrbarkeit jener Urtheile nicht etwa aus folgender Argumentation erweisen wollen: „Zugegeben dass, falls möglicherweise kein B A ist, dann es falsch sei zu sagen, möglicherweise sei kein A B, so werde eben das Gegentheil des letzteren wahr sein, nemlich dass unmöglicherweise kein A B sei, d. h. dass nothwendigerweise einiges A B sein müsse, woraus dann folge, dass nothwendigerweise auch umgekehrt einiges B A ist; so dass hiemit, da es ja möglich sein soll, dass gar kein B A ist, aus den Consequenzen jenes Zugeständnisses eine Unmöglichkeit sich ergebe und daher das Zugeständniss selbst unrichtig sei;“ diese Argumentation nemlich ist darum falsch, weil die Aussage, dass unmöglicherweise kein A B ist, nicht bloss jenes bedeutet, dass nothwendigerweise einiges A B ist, sondern auch das, dass nothwendigerweise einiges A nicht B ist; denn gerade von demjenigen, was einigen A nothwendig nicht zukömmt, ist es falsch zu sagen, es könne möglicherweise allen A nicht zukommen, gerade so wie es von jenem, was einigen A nothwendig zukömmt, falsch ist zu sagen, es könne möglicherweise allen A zukommen; und nimmt man nun jene Bedeutung des „Unmöglicherweise ist kein A B“, in welcher es soviel ist als „Nothwendigerweise ist einiges A nicht B“, so schwindet jene angebliche widerspruchsvolle Consequenz des obigen Zugeständnisses, und es muss wirklich als richtig zugegeben werden, dass, falls möglicherweise kein B A ist, darum nicht nothwendig es sei, dass möglicherweise kein A B ist. Somit zeigt sich auch auf diese Weise die Nichtumkehrbarkeit jenes Urtheiles [549]). Man sieht, dass auch

---

ἐνδέχεσθαι στερητικόν, οἷον εἰ τὸ A ἐνδέχεται μηδενὶ τῷ B, οὐκ ἀνάγκη καὶ τὸ B ἐνδέχεσθαι μηδενὶ τῷ A. κείσθω γὰρ τοῦτο καὶ ἐνδεχέσθω τὸ B μηδενὶ τῷ A ὑπάρχειν· οὐκοῦν ἐπεὶ ἀντιστρέφουσιν αἱ ἐν τῷ ἐνδέχεσθαι καταφάσεις ταῖς ἀποφάσεσι καὶ αἱ ἐναντίαι καὶ αἱ ἀντικείμεναι, τὸ δὲ B τῷ A ἐνδέχεται μηδενὶ ὑπάρχειν, φανερὸν ὅτι καὶ παντὶ ἐνδέχοιτο ἂν τὸ B τῷ A ὑπάρχειν. τοῦτο δὲ ψεῦδος, οὐ γὰρ εἰ τόδε τῷδε παντὶ ἐνδέχεται, καὶ τόδε τῷδε ἀναγκαῖον. ὥστ' οὐκ ἀντιστρέφει τὸ στερητικόν.

548) 37 a. 4.: *ἔτι δ' οὐδὲν κωλύει τὸ μὲν A τῷ B ἐνδέχεσθαι μηδενί, τὸ δὲ B τινὶ τῶν A ἐξ ἀνάγκης μὴ ὑπάρχειν, οἷον τὸ μὲν λευκὸν παντὶ ἀνθρώπῳ ἐνδέχεται μὴ ὑπάρχειν, καὶ γὰρ ὑπάρχειν, ἄνθρωπον δ' οὐκ ἀληθὲς εἰπεῖν ὡς ἐνδέχεται μηδενὶ λευκῷ· πολλοῖς γὰρ ἐξ ἀνάγκης οὐχ ὑπάρχει, τὸ δ' ἀναγκαῖον οὐκ ἦν ἐνδεχόμενον.*

549) 37 a. 9.: *ἀλλὰ μὴν οὐδ' ἐκ τοῦ ἀδυνάτου δειχθήσεται ἀντιστρέφον, οἷον εἴ τις ἀξιώσειεν, ἐπεὶ ψεῦδος τὸ ἐνδέχεσθαι τὸ B τῷ A μηδενὶ ὑπάρχειν, ἀληθὲς τὸ μὴ ἐνδέχεσθαι μηδενί· φάσις γὰρ καὶ ἀπόφασις· εἰ δὲ τοῦτ' ἀληθὲς ἐξ ἀνάγκης τινὶ τῶν A τὸ B ὑπάρχειν, ὥστε καὶ τὸ A τινὶ τῶν B, τοῦτο δ' ἀδύνατον. οὐ γὰρ εἰ μὴ ἐνδέχεται μηδενὶ τὸ B τῷ A, ἀνάγκη τινὶ ὑπάρχειν· τὸ γὰρ μὴ ἐνδέχεσθαι μηδενὶ διχῶς λέγεται, τὸ μὲν εἰ ἐξ ἀνάγκης τινὶ ὑπάρχει, τὸ δ' εἰ ἐξ ἀνάγκης τινὶ μὴ ὑπάρχει· τὸ γὰρ ἐξ ἀνάγκης τινὶ τῶν A μὴ ὑπάρχον οὐκ ἀληθὲς εἰπεῖν ὡς παντὶ ἐνδέ-*

hier das Hauptgewicht auf jene Nothwendigkeit fällt, nach welcher einiges A eben nicht B ist.

So dient die Lehre von der Umkehrbarkeit der Urtheile jenem Wege des vermittelnden Erkennens, auf welchem der begriffsmässig nothwendige Zusammenhang des Seienden erkannt wird, d. h. der Syllogismus.

In jener Verknüpfung der Urtheile unter eine begriffliche Einheit nun, d. h., wie wir aus obiger Definition des Syllogismus sahen, in dem Syllogismus selbst, zeigt sich die stete Beziehung auf den Begriff schon in der von Aristoteles gewählten Terminologie, indem die Bezeichnung ὅρος, welches der Ausdruck für den vom Satzverhältnisse unabhängigen Begriff ist (Anm. 360.), für die im Syllogismus verbundenen Momente die constant übliche wird; und zwar heisst der die Einigung bewirkende Begriff der Mittelbegriff — *μέσος* oder *τὸ μέσον* —, und im Vergleiche mit ihm die anderen *τὰ ἄκρα*, von diesen aber derjenige, unter welchen der Mittelbegriff fällt, der höhere, sog. Major, — *τὸ μεῖζον* sc. *ἄκρον* —, und jener, welcher unter den Mittelbegriff fällt, der niedrere, sog. Minor— *τὸ ἔλαττον* sc. *ἄκρον*; der letztere wird wegen seiner Verwandtschaft mit dem weiter nicht mehr theilbaren Individuellen auch der äusserste Begriff — *τὸ ἔσχατον* (ebenso wie wir oben, Anm. 438 u. 452., diess vom letzten artmachenden Unterschiede und der hiedurch resultirenden individuellen Wesenheit sahen) — genannt [550]).

Es ist nemlich — und hierin liegt der Grund der Terminologie *μεῖζον* und *ἔλαττον* — das eigentliche und wesentliche Verhältniss, sowie die ursprüngliche Aufgabe des Syllogismus, dass er zwei Urtheile, welche irgend einem Gebiete der Objecte des Erkennens angehören, deren eines aber relativ weiter oben in dem prädicativ Allgemeineren und das andere relativ weiter unten in den individuelleren Subjecten sich bewegt, vermittelst Einer begrifflichen Einheit zusammenführt, so dass dieser jene beiden vermittelnde Begriff in dem ersteren derselben das Subject und zugleich in dem letzteren derselben das Prädicat ist; und dieses ursprüngliche und eigentliche Verhältniss der Function des Syllogismus bezeichnet Aristoteles als die „erste Figur" (*σχῆμα πρῶτον*). Diesem gegenüber sind es uneigentliche Verhältnisse, bei welchen nur unter gewissen Beschränkungen und nur mit Zurückführung auf die erste Figur geschlossen werden kann, wenn der die Vermittlung bedingende Begriff in beiden Urtheilen Prädicat ist — „zweite Figur" (*σχῆμα δεύτερον*) — oder wenn derselbe in

---

χεται μὴ ὑπάρχειν, ὥςπερ οὐδὲ τὸ τινὶ ὑπάρχον ἐξ ἀνάγκης ὅτι παντὶ ἐνδέχεται ὑπάρχειν ..... (26.) *δῆλον οὖν ὅτι πρὸς τὸ οὕτως ἐνδεχόμενον καὶ μὴ ἐνδεχόμενον, ὡς ἐν ἀρχῇ διωρίσαμεν, οὐ μόνον τὸ ἐξ ἀνάγκης τινὶ ὑπάρχειν ἀλλὰ καὶ τὸ ἐξ ἀνάγκης τινὶ μὴ ὑπάρχειν ληπτέον· τούτου δὲ ληφθέντος οὐδὲν συμβαίνει ἀδύνατον, ὥστ' οὐ γίνεται συλλογισμός. φανερὸν οὖν ἐκ τῶν εἰρημένων ὅτι οὐκ ἀντιστρέφει τὸ στερητικόν.*

550) 1, 24b. 16.: *ὅρον δὲ καλῶ εἰς ὃν διαλύεται ἡ πρότασις, οἷον τό τε κατηγορούμενον καὶ τὸ καθ' οὗ κατηγορεῖται ἢ προστιθεμένου ἢ διαιρουμένου τοῦ εἶναι καὶ μὴ εἶναι.* 4, 25b. 35.: *καλῶ δὲ μέσον μὲν ὃ καὶ αὐτὸ ἐν ἄλλῳ καὶ ἄλλο ἐν τούτῳ ἐστὶν, ὃ καὶ τῇ θέσει γίνεται μέσον· ἄκρα δὲ τὸ αὐτό τε ἐν ἄλλῳ ὂν καὶ ἐν ᾧ ἄλλο ἐστίν.* 26 a. 21.: *λέγω δὲ μεῖζον μὲν ἄκρον ἐν ᾧ τὸ μέσον ἐστίν, ἔλαττον δὲ τὸ ὑπὸ τὸ μέσον ὄν.* 25 b. 32.: *ὥστε τὸν ἔσχατον ἐν ὅλῳ εἶναι τῷ μέσῳ*, und so häufig *τὸ ἔσχατον* Bezeichnung des Minor.

beiden Urtheilen Subject ist — „dritte Figur" (σχῆμα τρίτον). Was diese Dreizahl betrifft, s. auch unten Anm. 581. Es kann nicht scharf genug darauf hingewiesen werden, wie sehr bei Aristoteles die erste Figur nicht bloss der Reihenfolge nach, sondern auch an Werth und Bedeutung wirklich die erste sei, so dass von einer Gleichstellung der übrigen keine Rede sein kann.

Die Frage aber, warum einfältige Spielereien, wie z. B. die sog. Galenische vierte Figur, sich bei Aristoteles nicht finden, werfen wir natürlich gar nicht auf; die Entstehung solcher Dinge wird sich uns im Verlaufe der Geschichte von selbst ergeben, und wir können selbstverständlicher Weise nicht die Aufgabe haben, bei jedem Schritte der aristotelischen Logik eigens anzugeben, dass dieser oder jener Unsinn sich bei Aristoteles nicht finde, sondern indem wir es der weiteren Darstellung überlassen müssen, die Entstehung aller scholastischen Auswüchse und alles logischen Unverstandes gehörigen Ortes anzugeben, werden wir uns wohl vor einer leider noch so häufigen Ausdrucksweise hüten, mit welcher man das Nichtvorhandensein eines derartigen verstandlosen Krames bei Aristoteles als ein „Noch nicht" bezeichnet; so z. B. wenn man sagt „Aristoteles behandle nur den kategorischen Schluss und lasse die hypothetischen und disjunctiven Schlüsse unerörtert", oder wenn man vollends sich so ausdrückt, dass in Bezug auf letztgenannte Schlüsse „unleugbar eine Lücke in der Schlusslehre des Aristoteles sich finde, welche seine Schüler im Wetteifer mit den Stoikern (!) auszufüllen bestrebt waren", so sind derartige Aussprüche kaum begreiflich. Ist denn unsere ganze heutzutage existirende Culturstufe und wissenschaftliche Forschung so sehr im Schulzopfe grau geworden, dass man wirklich glaubt, der hypothetische und disjunctive Schluss habe eine „logische" Berechtigung der Existenz? Oder, sollte man in der That einen derartigen Anspruch jener Syllogismen für gegründet halten, so müsste man doch einsehen, dass wenigstens Aristoteles, für dessen Syllogistik die Begriffs-Bestimmtheit der Lebensnerv ist, dieselben nicht anerkennen kann, und er also bei Uebergehung derselben sich keiner Lückenhaftigkeit schuldig gemacht hat. Ja wohl, in der Geschichte der Logik erscheinen nach Aristoteles auch jene Schlüsse — und wir werden sehen, auf welch sauberem Boden sie wachsen und gedeihen —, ebenso gut als in der Geschichte der Medicin die *transfusio sanguinis* und Mithridat und die Panacee auftreten, aber Niemand wird sagen, dass z. B. bei Hippokrates hier „unleugbar eine Lücke sich finde", weil in dessen Pathologie und Therapie jene Gegenstände nicht erörtert sind. — Indem wir uns hiemit eine von scholastischen Anschauungen nicht getrübte Auffassung der aristotelischen Logik bewahrt wissen wollen, wenden wir uns zur Darstellung der Syllogistik des Aristoteles selbst.

Aristoteles entwickelt, unter welchen bestimmten Bedingungen und in welchen Fällen in jenen drei „Figuren" ein Schluss gemacht werden könne, und zwar untersucht er diese Verhältnisse sowohl in Bezug auf die Urtheile des Stattfindens als auch in Bezug auf die Möglichkeits- und Nothwendigkeits-Urtheile.

Was zunächst die Urtheile des Stattfindens betrifft, so ergeben sich, wie wir sehen werden, mit logischer Nothwendigkeit vier Schlussweisen in der ersten Figur, ebenso viele in der zweiten, und sechs in der dritten Figur. Ich stelle dieselben, lediglich zum Behufe einer äusseren Erleichterung in der Darstellung, gleich hier sämmtlich zusammen, um hierauf ihre Gründe und Gesetze anzugeben. Es sind demnach folgende

Syllogismen aus Urtheilen des Stattfindens:

I.

1.	2.	3.	4.
Alles B ist A	Kein B ist A	Alles B ist A	Kein B ist A
Alles C ist B	Alles C ist B	Einiges C ist B	Einiges C ist B
Alles C ist A	Kein C ist A	Einiges C ist A	Einiges C ist nicht A.

II.

1.	2.	3.	4.
Kein B ist A	Alles B ist A	Kein B ist A	Alles B ist A
Alles C ist A	Kein C ist A	Einiges C ist A	Einiges C ist nicht A
Kein C ist B	Kein C ist B	Einiges C ist nicht B	Einiges C ist nicht B.

III.

1.	2.	3.
Alles C ist A	Kein C ist A	Einiges C ist A
Alles C ist B	Alles C ist B	Alles C ist B
Einiges B ist A	Einiges B ist nicht A	Einiges B ist A

4.	5.	6.
Alles C ist A	Einiges C ist nicht A	Kein C ist A
Einiges C ist B	· Alles C ist B	Einiges C ist B
Einiges B ist A	Einiges B ist nicht A	Einiges B ist nicht A.

Wenn nemlich (erste Figur) drei Begriffe sich so verhalten, dass der niedere unter den ganzen mittleren fällt und der mittlere unter den ganzen höheren fällt oder nicht fällt, ist ein vollkommner Schluss möglich; wenn hingegen der mittlere von dem niedern nicht prädicirt werden kann, d. h. der sog. Untersatz verneinend ist, besteht, mag der sog. Obersatz bejahend oder verneinend sein, kein Schluss, denn es gebricht dann an der Nothwendigkeit der Verknüpfung. Ist eines der beiden Urtheile particular, sei es bejahend oder verneinend, oder die Quantität bei Bejahung oder Verneinung unbestimmt gelassen, so ist aus dem gleichen Grunde ein Schluss nur möglich, wenn solches im Untersatze der Fall ist, nie aber, wenn im Obersatze. Verneinend daher darf nur der Obersatz, particular nur der Untersatz sein. Geschlossen aber werden kann in dieser Figur sowohl bejahend als auch verneinend, und sowohl allgemein als auch particular[551]).

551) 4, 25 b. 32.: *ὅταν οὖν τρεῖς ὅροι οὕτως ἔχωσι πρὸς ἀλλήλους ὥστε τὸν ἔσχατον ἐν ὅλῳ εἶναι τῷ μέσῳ καὶ τὸν μέσον ἐν ὅλῳ τῷ πρώτῳ ἢ εἶναι ἢ μὴ εἶναι, ἀνάγκη τῶν ἄκρων εἶναι συλλογισμὸν τέλειον* .... 26 a. 2.: *εἰ δὲ τὸ μὲν πρῶτον παντὶ τῷ μέσῳ ὑπάρχει, τὸ δὲ μέσον μηδενὶ τῷ ἐσχάτῳ ὑπάρχει, οὐκ ἔσται συλλογισμὸς τῶν ἄκρων, οὐδὲν γὰρ ἀναγκαῖον συμβαίνει τῷ ταῦτα εἶναι* ..... (9.) *οὐδ᾽ ὅταν μήτε τὸ πρῶτον τῷ μέσῳ μήτε τὸ μέσον τῷ ἐσχάτῳ μηδενὶ ὑπάρχῃ, οὐδ᾽ οὕτως ἔσται συλλογισμός* ..... (17.) *εἰ δ᾽ ὁ μὲν καθόλου τῶν ὅρων ὁ δ᾽ ἐν μέρει πρὸς τὸν ἕτερον, ὅταν μὲν τὸ καθόλου τεθῇ πρὸς τὸ μεῖζον ἄκρον ἢ κατηγορικὸν ἢ στερητικὸν, τὸ δὲ ἐν μέρει πρὸς τὸ ἔλαττον κατηγορικὸν, ἀνάγκη συλλογισμὸν*

Wenn hingegen (zweite Figur) der Mittelbegriff in beiden Urtheilen Prädicat ist, und der höhere und niedere nur dadurch sich unterscheiden, dass der erstere näher und der letztere entfernter vom Mittelbegriffe liegt, so ist keinenfalls ein vollkommener Schluss möglich; sondern, wenn beide Urtheile allgemein sind, besteht zunächst gar kein Schluss, wenn beide bejahend oder beide verneinend sind; ist aber das eine derselben verneinend, so ist auch dann ein Schluss nur möglich, indem dieses allgemein verneinende Urtheil (sei es in II 1 der Obersatz oder in II 2 der Untersatz) umgekehrt und dann nach I 2 geschlossen wird, natürlich bei II 2 mit Umstellung der Prämissen, welche ja bei dem Charakter der zweiten Figur ganz gleichgültig ist[552]). Ist eines der beiden Urtheile particular, so ist ein particular verneinender Schluss möglich, wenn das particulare Urtheil in der sog. Qualität dem allgemeinen entgegengesetzt ist, d. h. verneinend, wenn jenes bejahend, und umgekehrt; denn ist das eine allgemein verneinend und das andere particular bejahend (II 3), so wird ersteres umgekehrt und nach I 4 geschlossen, daher wegen dieser Umkehrung das particulare Urtheil in II 3 der Untersatz sein muss; ist aber das eine allgemein bejahend und das andere particular verneinend (II 4), so muss die Beweiskraft des Schlusses apagogisch gezeigt werden; denn gesetzt es wäre (II 4) unrichtig, dass einiges C nicht B ist, und also anzunehmen, alles C sei B, so würde, da alles B A ist, nach I 1 auch alles C gleichfalls A sein, was aber der anderen Prämisse, dass einiges C nicht A ist, widerspricht; ebenso apagogisch kann auch II 3 erwiesen werden. So besitzen alle Schlussweisen dieser Figur die Beweiskraft nicht unmittelbar in sich selbst, sondern es müssen anderweitige Mittel, wie die Zurückführung

---

εἶναι τέλειον, ὅταν δὲ πρὸς τὸ ἔλαττον ἢ καὶ ἄλλως πως ἔχωσιν οἱ ὅροι, ἀδύνατον ..... (28.) *ὁμοίως δὲ καὶ εἰ ἀδιόριστον* ..... *ὁ γὰρ αὐτὸς ἔσται συλλογισμὸς ἀδιορίστου τε καὶ ἐν μέρει ληφθέντος· ἐὰν δὲ πρὸς τὸ ἔλαττον ἄκρον τὸ καθόλου τεθῇ ἢ κατηγορικὸν ἢ στερητικὸν, οὐκ ἔσται συλλογισμὸς οὔτε ἀποφατικοῦ οὔτε καταφατικοῦ τοῦ ἀδιορίστου ἢ κατὰ μέρος ὄντος* ..... (39.) *οὐδ' ὅταν τὸ μὲν πρὸς τῷ μείζονι ἄκρῳ καθόλου γένηται ἢ κατηγορικὸν ἢ στερητικὸν, τὸ δὲ πρὸς τῷ ἐλάττονι στερητικὸν κατὰ μέρος, οὐκ ἔσται συλλογισμὸς ἀδιορίστου τε καὶ ἐν μέρει ληφθέντος* ...... (b. 31.) *πάντα τὰ προβλήματα δείκνυται διὰ τούτου τοῦ σχήματος, καὶ γὰρ τὸ παντὶ καὶ τὸ μηδενὶ καὶ τὸ τινὶ καὶ τὸ μὴ τινὶ ὑπάρχειν· καλῶ δὲ τὸ τοιοῦτον σχῆμα πρῶτον.* 7, 29 a. 27.: *τὸ ἀδιόριστον ἀντὶ τοῦ κατηγορικοῦ τοῦ ἐν μέρει τιθέμενον τὸν αὐτὸν ποιήσει συλλογισμὸν ἐν ἅπασι τοῖς σχήμασιν.*

552) 5, 26 b. 34.: *ὅταν δὲ τὸ αὐτὸ τῷ μὲν παντὶ τῷ δὲ μηδενὶ ὑπάρχῃ ἢ ἑκατέρῳ παντὶ ἢ μηδενὶ, τὸ μὲν σχῆμα τὸ τοιοῦτον καλῶ δεύτερον, μέσον δὲ ἐν αὐτῷ λέγω τὸ κατηγορούμενον ἀμφοῖν, ἄκρα δὲ καθ' ὧν λέγεται τοῦτο, μεῖζον δὲ ἄκρον τὸ πρὸς τῷ μέσῳ κείμενον, ἔλαττον δὲ τὸ πορρωτέρω τοῦ μέσου* ..... 27 a. 1.: *τέλειος μὲν οὖν οὐκ ἔσται συλλογισμὸς οὐδαμῶς ἐν τούτῳ τῷ σχήματι, δυνατὸς δ' ἔσται καὶ καθόλου καὶ μὴ καθόλου τῶν ὅρων ὄντων· καθόλου μὲν οὖν ὄντων ἔσται συλλογισμὸς, ὅταν τὸ μέσον τῷ μὲν παντὶ τῷ δὲ μηδενὶ ὑπάρχῃ, ἂν πρὸς ὁποτερῳοῦν ᾖ τὸ στερητικόν· ἄλλως δὲ οὐδαμῶς. κατηγορείσθω γὰρ τὸ M τοῦ μὲν N μηδενὸς, τοῦ δὲ Ξ παντός· ἐπεὶ οὖν ἀντιστρέφει τὸ στερητικὸν, οὐδενὶ τῷ M ὑπάρξει τὸ N, τὸ δέ γε M παντὶ τῷ Ξ ὑπέκειτο· ὥστε τὸ N οὐδενὶ τῷ Ξ· τοῦτο γὰρ δέδεικται πρότερον. πάλιν εἰ τὸ M τῷ μὲν N παντὶ τῷ δὲ Ξ μηδενὶ, οὐδὲ τῷ Ξ τὸ N οὐδενὶ ὑπάρξει* ..... (12.) *γεγένηται γὰρ πάλιν τὸ πρῶτον σχῆμα.*

auf die erste Figur oder ein apagogischer Nachweis zu Hülfe genommen werden; auch hat diese zweite Figur die Beschränkung, dass nie bejahend, sondern stets nur verneinend geschlossen werden kann[553]).

Wenn aber endlich (dritte Figur) der Mittelbegriff in beiden Urtheilen Subject ist, und der höhere und der niedere sich dadurch unterscheiden, dass der erstere entfernter vom Mittelbegriffe und der letztere näher an demselben liegt, so ist gleichfalls ein vollkommner Schluss nicht möglich; sondern, wenn beide Urtheile allgemein sind, besteht zunächst gar kein Schluss, wenn beide verneinend sind, oder wenn der Untersatz allein verneinend ist; sind aber beide bejahend (III 1), so ist auch dann ein Schluss nur möglich, indem der Untersatz particular umgekehrt und dann nach I 3 geschlossen wird, oder indem man die Schlussfähigkeit jener zwei allgemein bejahenden Urtheile durch das sogenannte „Heraussetzen" (ἔκθεσις) zeigt, d. h. irgend ein C abgesondert betrachtet, welches ja dann als Subject sowohl des A als auch des B sich zeigt, so dass A jedenfalls auch von einigem B als Prädicat gelten muss, nemlich von jenem B, welches das Prädicat des herausgenommenen C ist (vgl. in Bezug auf die ἔκθεσις auch Abschn. V, Anm. 50); auch wenn der Untersatz allein bejahend ist (III 2), muss derselbe particular umgekehrt und dann nach I 4 geschlossen werden[554]). Ist das

---

553) 27 a. 26.: *ἐὰν δὲ πρὸς τὸν ἕτερον ᾖ καθόλου τὸ μέσον, ὅταν μὲν πρὸς τὸν μείζω γένηται καθόλου ἢ κατηγορικῶς ἢ στερητικῶς, πρὸς δὲ τὸν ἐλάττω κατὰ μέρος καὶ ἀντικειμένως τῷ καθόλου, λέγω δὲ τὸ ἀντικειμένως, εἰ μὲν τὸ καθόλου στερητικὸν, τὸ ἐν μέρει καταφατικὸν, εἰ δὲ κατηγορικὸν τὸ καθόλου, τὸ ἐν μέρει στερητικὸν, ἀνάγκη γίνεσθαι συλλογισμὸν στερητικὸν κατὰ μέρος· εἰ γὰρ τὸ M τῷ μὲν N μηδενὶ τῷ δὲ Ξ τινὶ ὑπάρχει, ἀνάγκη τὸ N τινὶ τῷ Ξ μὴ ὑπάρχειν· ἐπεὶ δὲ ἀντιστρέφει τὸ στερητικὸν, οὐδενὶ τῷ M ὑπάρξει τὸ N· τὸ δέ γε M ὑπέκειτο τινὶ τῷ Ξ ὑπάρχειν· ὥστε τὸ N τινὶ τῷ Ξ οὐχ ὑπάρξει· γίνεται γὰρ συλλογισμὸς διὰ τοῦ πρώτου σχήματος. πάλιν εἰ τῷ μὲν N παντὶ τὸ M, τῷ δὲ Ξ τινὶ μὴ ὑπάρχει, ἀνάγκη τὸ N τινὶ τῷ Ξ μὴ ὑπάρχειν· εἰ γὰρ παντὶ ὑπάρχει, κατηγορεῖται δὲ καὶ τὸ M παντὸς τοῦ N, ἀνάγκη τὸ M παντὶ τῷ Ξ ὑπάρχειν, ὑπέκειτο δὲ τινὶ μὴ ὑπάρχειν .....* (b. 9.) *ὅταν μὲν οὖν ἀντικείμενον ᾖ τὸ καθόλου τῷ κατὰ μέρους, εἴρηται πότ' ἔσται καὶ πότ' οὐκ ἔσται συλλογισμός· ὅταν δὲ ὁμοιοσχήμονες ὦσιν αἱ προτάσεις, οἷον ἀμφότεραι στερητικαὶ ἢ καταφατικαὶ οὐδαμῶς ἔσται συλλογισμός .....* (28 a. 4.) *δῆλον δὲ καὶ ὅτι πάντες ἀτελεῖς εἰσὶν οἱ ἐν τούτῳ τῷ σχήματι συλλογισμοὶ, πάντες γὰρ ἐπιτελοῦνται προςλαμβανομένων τινῶν, ἃ ἢ ἐνυπάρχει τοῖς ὅροις ἐξ ἀνάγκης ἢ τίθενται ὡς ὑποθέσεις, οἷον ὅταν διὰ τοῦ ἀδυνάτου δεικνύωμεν, καὶ ὅτι οὐ γίνεται καταφατικὸς συλλογισμὸς διὰ τούτου τοῦ σχήματος, ἀλλὰ πάντες στερητικοὶ καὶ οἱ καθόλου καὶ οἱ κατὰ μέρος.*

554) 6, 28 a. 10.: *ἐὰν δὲ τῷ αὐτῷ τὸ μὲν παντὶ τὸ δὲ μηδενὶ ὑπάρχῃ ἢ ἄμφω παντὶ ἢ μηδενὶ, τὸ μὲν σχῆμα τὸ τοιοῦτον καλῶ τρίτον, μέσον δ' ἐν αὐτῷ λέγω καθ' οὗ ἄμφω τὰ κατηγορούμενα, ἄκρα δὲ τὰ κατηγορούμενα, μεῖζον δ' ἄκρον τὸ πορρώτερον τοῦ μέσου, ἔλαττον δὲ τὸ ἐγγύτερον ..... τέλειος μὲν οὖν οὐ γίνεται συλλογισμὸς οὐδ' ἐν τούτῳ τῷ σχήματι, δυνατὸς δ' ἔσται καὶ καθόλου καὶ μὴ καθόλου τῶν ὅρων ὄντων πρὸς τὸ μέσον. καθόλου μὲν οὖν ὄντων, ὅταν καὶ τὸ Π καὶ τὸ P παντὶ τῷ Σ ὑπάρχῃ, ὅτι τινὶ τῷ P τὸ Π ὑπάρξει ἐξ ἀνάγκης· ἐπεὶ γὰρ ἀντιστρέφει τὸ κατηγορικόν ..... γίνεται γὰρ συλλογισμὸς διὰ τοῦ πρώτου σχήματος. ἔστι δὲ καὶ διὰ τοῦ ἀδυνάτου καὶ τῷ ἐκθέσθαι ποιεῖν τὴν ἀπόδειξιν· εἰ γὰρ ἄμφω παντὶ τῷ Σ ὑπάρχει, ἂν ληφθῇ τι τῶν Σ οἷον τὸ N, τούτῳ καὶ τὸ Π καὶ τὸ P ὑπάρξει, ὥστε τινὶ τῷ P τὸ Π ὑπάρξει. καὶ ἂν τὸ μὲν P παντὶ τῷ Σ τὸ δὲ Π μηδενὶ ὑπάρχῃ ..... ὁ γὰρ αὐτὸς τρό-*

eine der beiden Urtheile particular, so ist ein Schluss erweislich, wenn beide bejahend sind (III 3 und III 4); denn das particulare Urtheil wird umgekehrt und dann nach I 3 geschlossen, wozu nur, wenn der Obersatz das particulare Urtheil ist (III 3), auch noch die Prämissen vertauscht werden müssen; nie aber darf, wenn das eine Urtheil particular ist, der Untersatz verneinend sein; ist hingegen der Obersatz verneinend und dieser zugleich das particulare Urtheil (III 5), so ist ein particular verneinender Schluss möglich; denn gesetzt, es wäre falsch, dass einiges B nicht A ist, und es wäre demnach alles B A, so müsste, da alles C B ist, auch alles C A sein, was eben dem Obersatze widerspricht; ist endlich der verneinende Obersatz das allgemeine Urtheil (III 6), so wird durch Umkehrung des Untersatzes nach I 4 geschlossen. So besitzen auch bei dieser Figur die möglichen Schlussweisen ihre Beweiskraft nicht in sich, sondern erlangen sie durch anderweitige Mittel; auch hat diese dritte Figur die Beschränkung, dass nie allgemein, sondern stets nur particular geschlossen werden kann[555]).

Bei allen drei Figuren aber überhaupt ist zu bemerken, dass, wenn die Unmöglichkeit des Schliessens bei gleicher sog. Qualität der Prämissen sich ergab, schlechterdings gar Nichts geschlossen werden kann, hingegen bei ungleicher Qualität der Prämissen, sobald die verneinende allgemein ist, immer noch durch Vertauschung der Prämissen ein Schluss erreicht werden kann, in welchem jedoch selbstverständlicher Weise nicht der höhere Begriff von dem niederen, sondern umgekehrt der niedere von dem höheren prädicirt wird; z. B.

Alles B ist A	oder	Einiges B ist A
Kein C ist B		Kein C ist B
Einiges A ist nicht C		Einiges A ist nicht C

woselbst durch Vertauschung des Untersatzes mit dem Obersatze es mög-

---

πος τῆς ἀποδείξεως ἀντιστραφείσης τῆς ΡΣ προτάσεως ..... (30.) ἐὰν δὲ τὸ μὲν Ρ μηδενὶ τὸ δὲ Π παντὶ ὑπάρχῃ τῷ Σ, οὐκ ἔσται συλλογισμός ..... (33.) οὐδ' ὅταν ἄμφω κατὰ μηδενὸς τοῦ Σ λέγηται, οὐκ ἔσται συλλογισμός.

555) 28 b. 5.: ἐὰν δ' ὁ μὲν ᾖ καθόλου πρὸς τὸ μέσον ὁ δ' ἐν μέρει, κατηγορικῶν μὲν ὄντων ἀμφοῖν ἀνάγκη γίνεσθαι συλλογισμὸν, ἂν ὁποτεροσοῦν ᾖ καθόλου τὸν ὅρων· εἰ γὰρ τὸ μὲν Ρ παντὶ τῷ Σ τὸ δὲ Π τινὶ, ἀνάγκη τὸ Π τινὶ τῷ Ρ ὑπάρχειν· ἐπεὶ γὰρ ἀντιστρέφει τὸ καταφατικὸν, ὑπάρξει τὸ Σ τινὶ τῷ Π, ὥστ' ἐπεὶ τὸ μὲν Ρ παντὶ τῷ Σ, τὸ δὲ Σ τινὶ τῷ Π, καὶ τὸ Ρ τινὶ τῷ Π ὑπάρξει· ὥστε τὸ Π τινὶ τῷ Ρ. πάλιν εἰ τὸ μὲν Ρ τινὶ τῷ Σ τὸ δὲ Π παντὶ ὑπάρχει, ἀνάγκη τὸ Π τινὶ τῷ Ρ ὑπάρχειν, ὁ γὰρ αὐτὸς τρόπος τῆς ἀποδείξεως ..... (15.) ἐὰν δ' ὁ μὲν ᾖ κατηγορικὸς ὁ δὲ στερητικὸς, καθόλου δὲ ὁ κατηγορικὸς, ὅταν μὲν ὁ ἐλάττων ᾖ κατηγορικὸς, ἔσται συλλογισμός· εἰ γὰρ τὸ Ρ παντὶ τῷ Σ τὸ δὲ Π τινὶ μὴ ὑπάρχει, ἀνάγκη τὸ Π τινὶ τῷ Ρ μὴ ὑπάρχειν. εἰ γὰρ παντὶ, καὶ τὸ Ρ παντὶ τῷ Σ καὶ τὸ Π παντὶ τῷ Σ ὑπάρξει· ἀλλ' οὐχ ὑπῆρχεν ..... (22.) ὅταν δ' ὁ μείζων ᾖ κατηγορικὸς, οὐκ ἔσται συλλογισμός ..... (31.) ἐὰν δ' ὁ στερητικὸς ᾖ καθόλου τῶν ὅρων, ὅταν μὲν ὁ μείζων ᾖ στερητικὸς ὁ δὲ ἐλάττων κατηγορικὸς, ἔσται συλλογισμός εἰ γὰρ τὸ Π μηδενὶ τῷ Σ τὸ δὲ Ρ τινὶ ὑπάρχει τῷ Σ, τὸ Π τινὶ τῷ Ρ οὐχ ὑπάρξει, πάλιν γὰρ ἔσται τὸ πρῶτον σχῆμα τῆς ΡΣ προτάσεως ἀντιστραφείσης. ὅταν δὲ ὁ ἐλάττων ᾖ στερητικὸς, οὐκ ἔσται συλλογισμός ..... (29 a. 14.) φανερὸν δὲ καὶ ὅτι πάντες ἀτελεῖς εἰσὶν οἱ ἐν τούτῳ τῷ σχήματι συλλογισμοὶ, πάντες γὰρ τελειοῦνται προσλαμβανομένων τινῶν, καὶ ὅτι συλλογίσασθαι τὸ καθόλου διὰ τούτου τοῦ σχήματος οὐκ ἔσται οὔτε στερητικὸν οὔτε καταφατικόν.

lich wird, dass die Thätigkeit des Schliessens beginne[556]); natürlich aber sind solches keine eigenen berechtigten Schlussweisen, denn in solcher Anordnung vor der Vornahme der Vertauschung sind die Prämissen eben einfach Nichts für den Syllogismus; alle jene Fälle aber, in welchen erst noch etwas bewerkstelligt werden muss, ehe von einem Schliessen überhaupt die Rede sein kann, als eigene Schlussweisen zu bezeichnen, konnte nur Jenen einfallen, welche die Syllogistik des Aristoteles verbessern oder bereichern wollten, während sie den Zweck und das Princip der aristotelischen Lehre bereits nicht mehr verstanden; s. Abschn. V, Anm. 46.

Vollkommene Schlüsse aber sind allein die der ersten Figur, und alle übrigen erhalten durch diese erst ihre Beweiskraft, sei es vermöge einer vorerst vorgenommenen Umstellung oder sei es vermöge eines apagogischen Beweises, weil im letzteren Falle von der Ponirung des Unrichtigen aus doch in der ersten Figur geschlossen wird. Als letzte Grundlage aller Syllogismen müssen I 1 und I 2 angesehen werden; denn zunächst erhalten durch sie II 1 und II 2 ihre Beweiskraft, dann aber auch II 3 und II 4, sobald man sie apagogisch nachweist; ferner I 3 und I 4 können, abgesehen von ihrer eigenen inneren Beweiskraft, apagogisch durch II 1 u. II 2 nachgewiesen werden, und da nun diese letzteren auf I 1 und I 2 beruhen, so können auch I 3 und I 4 auf I 1 und I 2 reducirt werden; III 1 und III 2 haben ihren Grund entweder gleichfalls sofort in I 1 und I 2 oder sie finden ihn wie III 3, III 4, III 5 und III 6 in I 3 und I 4, und hiemit mittelbar wieder in I 1 und I 2. Hiemit sind die „allgemeinen" Schlussweisen der ersten Figur, oder mit anderen Worten das *κατὰ παντός* und *κατὰ μηδενός* die Basis der gesammten Schlüsse[557]).

So also verhält es sich mit Syllogismen, welche aus zwei Urtheilen des Stattfindens bestehen. Eben die nemlichen Schlussweisen aber gelten auch, wenn beide Prämissen Urtheile der Nothwendigkeit sind, denn

---

556) 7, 29 a. 19.: *δῆλον δὲ καὶ ὅτι ἐν ἅπασι τοῖς σχήμασιν, ὅταν μὴ γίνηται συλλογισμὸς, κατηγορικῶν μὲν ἢ στερητικῶν ἀμφοτέρων ὄντων τῶν ὅρων οὐδὲν ὅλως γίνεται ἀναγκαῖον, κατηγορικοῦ δὲ καὶ στερητικοῦ καθόλου ληφθέντος τοῦ στερητικοῦ ἀεὶ γίνεται συλλογισμὸς τοῦ ἐλάττονος ἄκρου πρὸς τὸ μεῖζον, οἷον εἰ τὸ μὲν Α παντὶ τῷ Β ἢ τινὶ τὸ δὲ Β μηδενὶ τῷ Γ. ἀντιστρεφομένων γὰρ τῶν προτάσεων ἀνάγκη τὸ Γ τινὶ τῷ Α μὴ ὑπάρχειν. ὁμοίως δὲ κἀπὶ τῶν ἑτέρων σχημάτων· ἀεὶ γὰρ γίνεται διὰ τῆς ἀντιστροφῆς συλλογισμός.*

557) 29 a. 30.: *φανερὸν δὲ καὶ ὅτι πάντες οἱ ἀτελεῖς συλλογισμοὶ τελειοῦνται διὰ τοῦ πρώτου σχήματος· ἢ γὰρ δεικτικῶς ἢ διὰ τοῦ ἀδυνάτου περαίνονται πάντες, ἀμφοτέρως δὲ γίνεται τὸ πρῶτον σχῆμα* ..... (b. 1.) *ἔστι δὲ καὶ ἀναγαγεῖν πάντας τοὺς συλλογισμοὺς εἰς τοὺς ἐν τῷ πρώτῳ σχήματι καθόλου συλλογισμούς· οἱ μὲν γὰρ ἐν τῷ δευτέρῳ φανερὸν ὅτι δι᾽ ἐκείνων τελειοῦνται, πλὴν οὐχ ὁμοίως πάντες, ἀλλ᾽ οἱ μὲν καθόλου τοῦ στερητικοῦ ἀντιστραφέντος, τῶν δ᾽ ἐν μέρει ἑκάτερος διὰ τῆς εἰς τὸ ἀδύνατον ἀπαγωγῆς. οἱ δ᾽ ἐν τῷ πρώτῳ οἱ κατὰ μέρος ἐπιτελοῦνται μὲν καὶ δι᾽ αὐτῶν, ἔστι δὲ καὶ διὰ τοῦ δευτέρου σχήματος δεικνύναι εἰς ἀδύνατον ἀπάγοντας* ..... (20.) *οἱ δ᾽ ἐν τῷ τρίτῳ καθόλου μὲν ὄντων τῶν ὅρων εὐθὺς ἐπιτελοῦνται δι᾽ ἐκείνων τῶν συλλογισμῶν, ὅταν δ᾽ ἐν μέρει ληφθῶσι, διὰ τῶν ἐν μέρει συλλογισμῶν τῶν ἐν τῷ πρώτῳ σχήματι* ..... *φανερὸν οὖν ὅτι πάντες ἀναχθήσονται εἰς τοὺς ἐν τῷ πρώτῳ σχήματι καθόλου συλλογισμούς.*

die Umkehrung sowie alle übrigen Verhältnisse bleiben sich gleich; nur muss bei jenen Schlüssen, welche eine particular verneinende Prämisse enthalten, d. h. bei II 4 und III 5, der Nachweis ihrer Beweiskraft durch obiges Verfahren des Heraussetzens (*ἔκθεσις*) gegeben werden, indem man eben irgend ein C, welchem das Prädikat A nothwendiger Weise nicht zukömmt, abgesondert betrachtet und dann wie oben verfährt [558]). Es wäre also hier die obige Uebersicht der Schlussweisen zu wiederholen, nur mit dem Unterschiede, dass sämmtliche Urtheile den Beisatz „nothwendiger Weise" hätten.

Sind hingegen beide Prämissen Möglichkeits-Urtheile, so ergeben sich folgende

Syllogismen aus zwei Möglichkeits-Urtheilen:

I.

1. Möglicherweise ist alles B A
Mögl.w. ist alles C B
————
Mögl.w. ist alles C A

2. Mögl.w. ist kein B A
Mögl.w. ist alles C B
————
Mögl.w. ist kein C A

3. Mögl.w. ist alles B A
Mögl.w. ist kein C B d. h. Mögl.w. ist alles C B
————
Mögl.w. ist alles C A

4. Mögl.w. ist kein B A d. h. Mögl.w. ist alles B A
Mögl.w. ist kein C B d. h. Mögl.w. ist alles C B
————
Mögl.w. ist alles C A

5. Mögl.w. ist alles B A
Mögl.w. ist einiges C B
————
Mögl.w. ist einiges C A

6. Mögl.w. ist kein B A
Mögl.w. ist einiges C B
————
Mögl.w. ist einiges C nicht A

7. Mögl.w. ist alles B A
Mögl.w. ist einiges C nicht B d. h. Mögl.w. ist einiges C B
————
Mögl.w. ist einiges C A

II.

keine mögliche Schlussweise.

III.

1. Mögl.w. ist alles C A
Mögl.w. ist alles C B, also Mögl.w. ist einiges B C
————
Mögl.w. ist einiges B A

---

558) 8, 29 b. 36.: *ἐπὶ μὲν οὖν τῶν ἀναγκαίων σχεδὸν ὁμοίως ἔχει καὶ ἐπὶ τῶν ὑπαρχόντων· ὡσαύτως γὰρ τιθεμένων τῶν ὅρων ἔν τε τῷ ὑπάρχειν καὶ τῷ ἐξ ἀνάγκης ὑπάρχειν ἢ μὴ ὑπάρχειν ἔσται τε καὶ οὐκ ἔσται συλλογισμός* ..... (30 a. 6.) *ἐν δὲ τῷ μέσῳ σχήματι ὅταν ᾖ τὸ καθόλου καταφατικὸν τὸ δ' ἐν μέρει στερητικὸν, καὶ πάλιν ἐν τῷ τρίτῳ ὅταν τὸ μὲν καθόλου κατηγορικὸν τὸ δ' ἐν μέρει στερητικὸν, οὐχ ὁμοίως ἔσται ἡ ἀπόδειξις, ἀλλ' ἀνάγκη ἐκθεμένους ᾧ τινὶ ἑκάτερον μὴ ὑπάρχει, κατὰ τοῦτον ποιεῖν τὸν συλλογισμόν.*

2. Mögl.w. ist kein C A
Mögl.w. ist alles C B, also Mögl.w. ist einiges B C
Mögl.w. ist einiges B nicht A

3. Mögl.w. ist kein C A
Mögl.w. ist kein C B, d. h. Mögl.w. ist alles C B
Mögl.w. ist einiges B nicht A

4. Mögl.w. ist einiges C A
Mögl.w. ist alles C B
Mögl.w. ist einiges B A

5. Mögl.w. ist alles C A
Mögl.w. ist einiges C B, also Mögl.w. ist einiges B C
Mögl.w. ist einiges B A

6. Mögl.w. ist einiges C nicht A, d. h. Mögl.w. ist einiges C A
Mögl.w. ist alles C B
Mögl.w. ist einiges B A

7. Mögl.w. ist kein C A, d. h. Mögl.w. ist alles C A
Mögl.w. ist einiges C B
Mögl.w. ist einiges B A

8. Mögl.w. ist kein C A, d. h. Mögl.w. ist alles C A
Mögl.w. ist einiges C nicht B, d. h. Mögl.w. ist einiges C B
Mögl.w. ist einiges B A

Nemlich, was hiebei die erste Figur betrifft, sind I 1 und I 2 aus dem Begriffe des Möglichen und den entsprechenden Modi der Schlüsse des Stattfindens klar, und sie sind vollkommene Schlüsse; I 3 wird durch die Vertauschung des Möglichkeits-Urtheiles mit seinem Gegentheile (Anm. 543) auf I 1 zurückgeführt, und ebenso auch I 4; I 5 und I 6 aber sind wieder vermöge des Begriffes der Möglichkeit und der entsprechenden Schluss-Modi des Stattfindens (dort I 3 und I 4) vollkommene Schlüsse; der Vertauschung hingegen bedarf wieder I 7, um hiedurch auf I 5 zurückzukommen [559]). In der zweiten Figur hingegen ist ein Schluss aus

559) 14, 32 b. 38.: *ὅταν οὖν τὸ Α παντὶ τῷ Β ἐνδέχηται καὶ τὸ Β παντὶ τῷ Γ, συλλογισμὸς ἔσται τέλειος ὅτι τὸ Α παντὶ τῷ Γ ἐνδέχεται ὑπάρχειν· τοῦτο δὲ φανερὸν ἐκ τοῦ ὁρισμοῦ* ..... (33 a. 1.) *ὁμοίως δὲ καὶ εἰ τὸ μὲν Α ἐνδέχεται μηδενὶ τῷ Β, τὸ δὲ Β παντὶ τῷ Γ, ὅτι τὸ Α ἐνδέχεται μηδενὶ τῷ Γ* ..... (5.) *ὅταν δὲ τὸ Α παντὶ τῷ Β ἐνδέχηται, τὸ δὲ Β ἐνδέχηται μηδενὶ τῷ Γ, διὰ μὲν τῶν εἰλημμένων προτάσεων οὐδεὶς γίνεται συλλογισμός, ἀντιστραφείσης δὲ τῆς ΒΓ κατὰ τὸ ἐνδέχεσθαι γίνεται ὁ αὐτὸς ὅσπερ πρότερον* ..... (12.) *ὁμοίως δὲ καὶ εἰ πρὸς ἀμφοτέρας τὰς προτάσεις ἡ ἀπόφασις τεθείη μετὰ τοῦ ἐνδέχεσθαι* ..... (21.) *ἐὰν δ' ἡ μὲν καθόλου τῶν προτάσεων ἡ δ' ἐν μέρει ληφθῇ, πρὸς μὲν τὸ μεῖζον ἄκρον κειμένης τῆς καθόλου συλλογισμὸς ἔσται τέλειος· εἰ γὰρ τὸ Α παντὶ τῷ Β ἐνδέχεται, τὸ δὲ Β τινὶ τῷ Γ, τὸ Α τινὶ τῷ Γ ἐνδέχεται· τοῦτο δὲ φανερὸν ἐκ τοῦ ὁρισμοῦ τοῦ ἐνδέχεσθαι παντί. πάλιν εἰ τὸ Α ἐνδέχεται μηδενὶ τῷ Β, τὸ δὲ Β τινὶ τῶν Γ ἐνδέχεται ὑπάρχειν, ἀνάγκη τὸ Α ἐνδέχεσθαι τινὶ τῶν Γ μὴ ὑπάρχειν, ἀπόδειξις δ' ἡ αὐτή. ἐὰν δὲ* ..... (29.) *τὸ μὲν Α παντὶ τῷ Β ἐνδέχηται, τὸ δὲ Β τινὶ τῷ Γ ἐνδέχηται μὴ ὑπάρχειν, διὰ μὲν τῶν εἰλημμένων προτάσεων οὐ γίνεται φανερὸς συλλογισμός, ἀντιστραφείσης δὲ τῆς ἐν μέρει.*

zwei Möglichkeits-Urtheilen gänzlich unstatthaft, weil in derselben nur verneinend und nur durch Umkehrung geschlossen werden kann, das allgemein verneinende Möglichkeits-Urtheil aber nicht umkehrbar ist (Anm. 546 ff.), seine Vertauschung mit dem Gegentheile aber es bejahend machen und hiedurch den verneinenden Schluss der zweiten Figur nicht zulassen würde [560]). In der dritten Figur aber ist kein Schluss ein vollkommener, sondern III 1 wird durch particulare Umkehrung des allgemeinen Untersatzes auf I 5 reducirt, ebenso III 2 auf I 6; III 3 aber durch Vertauschung mit dem Gegentheile auf I 2; III 4 geht durch Umkehrung des Obersatzes und Umstellung der Prämissen auf I 5 zurück, sowie eben dahin durch Umkehrung des Untersatzes III 5 und gleichfalls durch Vertauschung mit dem Gegentheile im Obersatze nebst Umstellung der Prämissen III 6 und ebenso durch entsprechendes Verfahren auch III 7 und III 8; so dass hier überall die Schlusskraft auf anderweitiger Beihilfe beruht [561]).

Nun aber kann dieses Verhältniss der sog. Modalität der Urtheile in einem Schlusse auch ein ungleiches sein, d. h. unter gewissen Bedingungen wird ein Syllogismus auch möglich sein, wenn die eine Prämisse ein Urtheil des Stattfindens, die andere aber ein Urtheil der Nothwendigkeit oder der Möglichkeit ist, und ebenso wenn die eine ein Urtheil der Möglichkeit und die andere ein Urtheil der Nothwendigkeit.

Und zwar zunächst, wenn in der einen Prämisse ein Stattfinden und in der andern eine Nothwendigkeit des Stattfindens ausgesprochen ist, ergeben sich folgende

Syllogismen aus einem Urtheile des Stattfindens und einem Urtheile der Nothwendigkeit:

I.

1.	Nothwend.-weise ist alles	B	A	2.	Nothw.w. ist kein	B	A
	Alles	C ist	B		Alles	C ist	B
	Nothw.w. ist alles	C	A		Nothw.w. ist kein	C	A

560) 17, 36 b. 27.: *ἐν δὲ τῷ δευτέρῳ σχήματι ὅταν μὲν ἐνδέχεσθαι λαμβάνωσιν ἀμφότεραι αἱ προτάσεις, οὐδεὶς ἔσται συλλογισμὸς οὔτε κατηγορικῶν οὔτε στερητικῶν τιθεμένων οὔτε καθόλου οὔτε κατὰ μέρος .....* 37 b. 16.: *φανερὸν οὖν ὅτι ἀμφοτέρων τῶν προτάσεων κατὰ τὸ ἐνδέχεσθαι τιθεμένων οὐδεὶς γίνεται συλλογισμός.*

561) 20, 39 a. 14.: *ἔστωσαν δὴ πρῶτον ἐνδεχόμεναι καὶ τὸ Α καὶ τὸ Β παντὶ τῷ Γ ἐνδεχέσθω ὑπάρχειν· ἐπεὶ οὖν ἀντιστρέφει τὸ καταφατικὸν ἐπὶ μέρους, τὸ δὲ Β παντὶ τῷ Γ ἐνδέχεται, καὶ τὸ Γ τινὶ τῷ Β ἐνδέχοιτ' ἄν· ὥστ' εἰ τὸ μὲν Α παντὶ τῷ Γ ἐνδέχεται, τὸ δὲ Γ τινὶ τῶν Β, καὶ τὸ Α τινὶ τῶν Β ἐνδέχεται, γίνεται γὰρ τὸ πρῶτον σχῆμα. καὶ εἰ τὸ μὲν Α ἐνδέχεται μηδενὶ τῷ Γ ὑπάρχειν, τὸ δὲ Β παντὶ τῷ Γ, ἀνάγκη τὸ Α τινὶ τῷ Β ἐνδέχεσθαι μὴ ὑπάρχειν, ἔσται γὰρ πάλιν τὸ πρῶτον σχῆμα διὰ τῆς ἀντιστροφῆς. εἰ δ' ἀμφότεραι στερητικαὶ τεθείησαν .....* (26.) *εἰ γὰρ τὸ Α καὶ τὸ Β τῷ Γ ἐνδέχεται μὴ ὑπάρχειν, ἐὰν μεταληφθῇ τὸ ἐνδέχεσθαι μὴ ὑπάρχειν, πάλιν ἔσται τὸ πρῶτον σχῆμα διὰ τῆς ἀντιστροφῆς. εἰ δ' ὁ μὲν ἔστι καθόλου τῶν ὅρων ὁ δ' ἐν μέρει, τὸν αὐτὸν τρόπον ἐχόντων τῶν ὅρων ὅνπερ ἐπὶ τοῦ ὑπάρχειν, ἔσται τε καὶ οὐκ ἔσται συλλογισμός· ἐνδεχέσθω γὰρ τὸ μὲν Α παντὶ τῷ Γ, τὸ δὲ Β τινὶ τῷ Γ ὑπάρχειν. ἔσται δὴ πάλιν τὸ πρῶτον σχῆμα τῆς ἐν μέρει προτάσεως ἀντιστρα-*

3.	Nothw.w. ist alles B A	4.	Nothw.w. ist kein B A
	Einiges C ist B		Einiges C ist B
	Nothw.w. ist einiges C A		Nothw.w. ist einiges C nicht A

II.

1.	Nothw.w. ist kein B A	2.	Alles B ist A
	Alles C ist A		Nothw.w. ist kein C A
	Nothw.w. ist kein C B		Nothw.w. ist kein C B

3.	Nothw.w. ist kein B A
	Einiges C ist A
	Nothw.w. ist einiges C nicht B.

III.

1.	Nothw.w. ist alles C A	2.	Alles C ist A
	Alles C ist B		Nothw.w. ist alles C B
	Nothw.w. ist einiges B nicht A		Nothw.w. ist einiges B A
3.	Nothw.w. ist kein C A	4.	Einiges C ist A
	Alles C ist B		Nothw.w. ist alles C B
	Nothw.w. ist einiges B nicht A		Nothw.w. ist einiges B A
5.	Nothw.w. ist alles C A	6.	Nothw.w. ist kein C A
	Einiges C ist B		Einiges C ist B
	Nothw.w. ist einiges B A		Nothw.w. ist einiges B nicht A.

Bei diesen Schlüssen nemlich erstreckt sich die Nothwendigkeit auch auf den Schlusssatz in der ersten Figur nur dann, wenn der Obersatz das Nothwendigkeits-Urtheil ist, mag er bejahend oder verneinend sein (I 1 und I 2); wäre der Untersatz das Nothwendigkeits-Urtheil, so fehlte ja gerade für die Prädicirung des höheren Begriffes vom niederen der Nexus des Nothwendigen; ist das eine Urtheil particular, so muss aus dem gleichen Grunde das allgemeine das Nothwendigkeits-Urtheil sein (I 3 und I 4), sowohl bei bejahendem als auch bei verneinendem Obersatze [562]).

φείσης· εἰ γὰρ τὸ A παντὶ τῷ Γ, τὸ δὲ Γ τινὶ τῶν B, τὸ A τινὶ τῶν B ἐνδέχεται. καὶ εἰ πρὸς τῷ B Γ τεθείη τὸ καθόλου, ὡσαύτως. ὁμοίως δὲ καὶ εἰ τὸ μὲν A Γ στερητικὸν εἴη, τὸ δὲ B Γ καταφατικόν· ἔσται γὰρ πάλιν τὸ πρῶτον σχῆμα διὰ τῆς ἀντιστροφῆς. εἰ δ' ἀμφότεραι στερητικαὶ τεθείησαν, ἡ μὲν καθόλου ἡ δ' ἐν μέρει, δι' αὐτῶν μὲν τῶν εἰλημμένων οὐκ ἔσται συλλογισμὸς, ἀντιστραφεισῶν δ' ἔσται, καθάπερ ἐν τοῖς πρότερον.

562) 9, 30 a. 15.: *συμβαίνει δέ ποτε καὶ τῆς ἑτέρας προτάσεως ἀναγκαίας οὔσης ἀναγκαῖον γίνεσθαι τὸν συλλογισμὸν, πλὴν οὐχ ὁποτέρας ἔτυχεν, ἀλλὰ τῆς πρὸς τὸ μεῖζον ἄκρον, οἷον εἰ τὸ μὲν A τῷ B ἐξ ἀνάγκης εἴληπται ὑπάρχον ἢ μὴ ὑπάρχον, τὸ δὲ B τῷ Γ ὑπάρχον μόνον· οὕτως γὰρ εἰλημμένων τῶν προτάσεων ἐξ ἀνάγκης τὸ A τῷ Γ ὑπάρξει ἢ οὐχ ὑπάρξει· ἐπεὶ γὰρ παντὶ τῷ B ἐξ ἀνάγκης ὑπάρχει ἢ οὐχ ὑπάρχει τὸ A, τὸ δὲ Γ τι τῶν B ἐστὶ, φανερὸν ὅτι καὶ τῷ Γ ἐξ ἀνάγκης ἔσται θάτερον τούτων. εἰ δὲ τὸ μὲν A B μή ἐστιν ἀναγκαῖον, τὸ δὲ B Γ ἀναγκαῖον, οὐκ ἔσται τὸ συμπέρασμα ἀναγκαῖον ..... (27.) ἐνδέχεται γὰρ τοιοῦτον εἶναι ὃ B ᾧ ἐγχωρεῖ τὸ A μηδενὶ ὑπάρχειν ..... (33.) ἐπὶ δὲ τῶν ἐν μέρει συλλογισμῶν, εἰ μὲν τὸ καθόλου ἐστὶν ἀναγκαῖον, καὶ τὸ συμπέρασμα ἔσται ἀναγκαῖον, εἰ δὲ τὸ κατὰ μέρος, οὐκ ἀναγκαῖον οὔτε στερητικῆς οὔτε κατηγορικῆς οὔσης τῆς καθόλου προτάσεως.*

In der zweiten Figur hingegen ist der Schlusssatz nur dann ein Nothwendigkeits-Urtheil, wenn das verneinende Urtheil das Nothwendigkeits-Urtheil ist, und es reduciren sich dann durch Umkehrung II 1 und II 2 ebenso wie bei den Schlüssen des Stattfindens auf I 2; ist das eine Urtheil particular, so erscheint gleichfalls die Nothwendigkeit nur dann im Schlusssatze, wenn das verneinende Urtheil allgemein und ein Nothwendigkeits-Urtheil ist; somit ist nur mehr II 3 möglich, welches auf I 4 zurückgeht[563]). In der dritten Figur hingegen ist der Schlusssatz ein Nothwendigkeits-Urtheil bei allgemeinen Prämissen und bejahender Form beider, sobald nur eine der beiden Prämissen, gleichviel welche, ein Nothwendigkeits-Urtheil ist; ist hingegen die eine verneinend, so muss diese das Nothwendigkeits-Urtheil sein; und so reducirt sich III 1 durch particulare Umkehrung des Untersatzes auf I 3, und eben dahin auch III 2 durch particulare Umkehrung des Obersatzes und Umstellung der Prämissen; III 3 aber durch particulare Umkehrung des Untersatzes auf I 4; ist das eine Urtheil aber particular, so ist der Schlusssatz bei bejahender Form beider ein Nothwendigkeits-Urtheil, wenn die allgemeine Prämisse das Nothwendigkeits-Urtheil ist, und III 4 geht durch Umkehrung des Obersatzes und Umstellung der Prämissen auf I 3, III 5 aber bloss durch Umkehrung des Untersatzes ebenfalls auf I 3 zurück; ist aber noch dazu die eine Prämisse verneinend, so muss die allgemein verneinende das Nothwendigkeits-Urtheil sein, und es reducirt sich III 6 durch Umkehrung des Untersatzes auf I 4; ist hingegen das bejahende Urtheil, sei es allgemein oder particular, oder das particular verneinende Urtheil ein Nothwendigkeits-Urtheil, so erstreckt sich die Nothwendigkeit nie auf den Schlusssatz[564]).

---

563) 10, 30b. 7.: *ἐπὶ δὲ τοῦ δευτέρου σχήματος, εἰ μὲν ἡ στερητικὴ πρότασίς ἐστιν ἀναγκαία, καὶ τὸ συμπέρασμα ἔσται ἀναγκαῖον, εἰ δ' ἡ κατηγορικὴ, οὐκ ἀναγκαῖον. ἔστω γὰρ πρῶτον ἡ στερητικὴ ἀναγκαία, καὶ τὸ Α τῷ μὲν Β μηδενὶ ἐνδεχέσθω, τὸ δὲ Γ ὑπαρχέτω μόνον· ἐπεὶ οὖν ἀντιστρέφει τὸ στερητικὸν, οὐδὲ τὸ Β τῷ Α οὐδενὶ ἐνδέχεται· τὸ δὲ Α παντὶ τῷ Γ ὑπάρχει, ὥστ' οὐδενὶ τῷ Γ τὸ Β ἐνδέχεται· τὸ γὰρ Γ ὑπὸ τὸ Α ἐστίν. ὡςαύτως δὲ κἂν εἰ πρὸς τῷ Γ τεθῇ τὸ στερητικόν· εἰ γὰρ τὸ Α μηδενὶ τῷ Γ ἐνδέχεται, οὐδὲ τὸ Γ οὐδενὶ τῷ Α ἐγχωρεῖ· τὸ δὲ Α παντὶ τῷ Β ὑπάρχει, ὥστ' οὐδενὶ τῶν Β τὸ Γ ἐνδέχεται· γίνεται γὰρ τὸ πρῶτον σχῆμα πάλιν* ..... (31a. 1.) *ὁμοίως δ' ἕξει καὶ ἐπὶ τῶν ἐν μέρει συλλογισμῶν. ὅταν μὲν γὰρ ἡ στερητικὴ πρότασις καθόλου τ' ᾖ καὶ ἀναγκαία, καὶ τὸ συμπέρασμα ἔσται ἀναγκαῖον· ὅταν δὲ ἡ κατηγορικὴ καθόλου, ἡ δὲ στερητικὴ κατὰ μέρος, οὐκ ἔσται τὸ συμπέρασμα ἀναγκαῖον. ἔστω δὴ πρῶτον ἡ στερητικὴ καθόλου τε καὶ ἀναγκαία, καὶ τὸ Α τῷ μὲν Β μηδενὶ ἐνδεχέσθω ὑπάρχειν, τῷ δὲ Γ τινὶ ὑπαρχέτω· ἐπεὶ οὖν ἀντιστρέφει τὸ στερητικὸν, οὐδὲ τὸ Β τῷ Α οὐδενὶ ἐνδέχοιτ' ἂν ὑπάρχειν· τὸ δέ γε Α τινὶ τῶν Γ ὑπάρχει, ὥστ' ἐξ ἀνάγκης τινὶ τῶν Γ οὐχ ὑπάρξει τὸ Β.*

564) 11, 31a. 18.: *ἐν δὲ τῷ τελευταίῳ σχήματι καθόλου μὲν ὄντων τῶν ὅρων πρὸς τὸ μέσον καὶ κατηγορικῶν ἀμφοτέρων τῶν προτάσεων, ἂν ὁποτερονοῦν ᾖ ἀναγκαῖον, καὶ τὸ συμπέρασμα ἔσται ἀναγκαῖον· ἐὰν δὲ τὸ μὲν ᾖ στερητικὸν τὸ δὲ κατηγορικὸν, ὅταν μὲν τὸ στερητικὸν ἀναγκαῖον ᾖ, καὶ τὸ συμπέρασμα ἔσται ἀναγκαῖον, ὅταν δὲ τὸ κατηγορικὸν, οὐκ ἔσται ἀναγκαῖον. ἔστωσαν γὰρ ἀμφότεραι κατηγορικαὶ πρῶτον αἱ προτάσεις, καὶ τὸ Α καὶ τὸ Β παντὶ τῷ Γ ὑπαρχέτω, ἀναγκαῖον δ' ἔστω τὸ ΑΓ. ἐπεὶ οὖν τὸ Β παντὶ τῷ Γ ὑπάρχει, καὶ τὸ Γ τινὶ τῷ Β ὑπάρξει διὰ τὸ ἀντιστρέφειν τὸ καθόλου τῷ κατὰ μέρος* ..... (30.) *γίνεται οὖν τὸ πρῶτον σχῆμα. ὁμοίως δὲ δειχθήσεται καὶ εἰ τὸ ΒΓ ἐστὶν ἀναγκαῖον* ..... (34.)

Spricht hingegen die eine Prämisse ein Stattfinden und die andere eine Möglichkeit des Stattfindens aus, so ergeben sich folgende

Syllogismen aus einem Urtheile des Stattfindens und einem Urtheile der Möglichkeit:

I.

1. Mögl.w. ist alles B A
Alles C ist B
Mögl.w. ist alles C A

2. Mögl.w. ist kein B A
Alles C ist B
Mögl.w. ist kein C A

3. Alles B ist A
Mögl.w. ist alles C B
Mögl.w. ist alles C A

4. Kein B ist A
Mögl.w. ist alles C B
Mögl.w. ist kein C A

5. Alles B ist A
Mögl.w. ist kein C B, d. h. Mögl.w. ist alles C B
Mögl.w. ist alles C A

6. Kein B ist A
Mögl.w. ist kein C B, d. h. Mögl.w. ist alles C B
Mögl.w. ist kein C A

7. Mögl.w. ist alles B A
Einiges C ist B
Mögl.w. ist einiges C A

8. Mögl.w. ist kein B A
Einiges C ist B
Mögl.w. ist einiges C nicht A

9. Alles B ist A
Mögl.w. ist einiges C B
Mögl.w. ist einiges C A

10. Kein B ist A
Mögl.w. ist einiges C B
Mögl.w. ist einiges C nicht A

11. Alles B ist A
Mögl.w. ist einiges C nicht B, d. h. Mögl.w. ist einiges C B
Mögl.w. ist einiges C A

12. Kein B ist A
Mögl.w. ist einiges C nicht B, d. h. Mögl.w. ist einiges C B
Mögl.w. ist einiges C nicht A.

πάλιν ἔστω τὸ μὲν ΑΓ στερητικὸν, τὸ δὲ ΒΓ καταφατικὸν, ἀναγκαῖον δὲ τὸ στερητικόν· ἐπεὶ οὖν ἀντιστρέφει τινὶ τῷ Β τὸ Γ, τὸ δὲ Α οὐδενὶ τῷ Γ ἐξ ἀνάγκης, οὐδὲ τῷ Β τινὶ ὑπάρξει ἐξ ἀνάγκης τὸ Α· τὸ γὰρ Β ὑπὸ τὸ Γ ἐστίν ..... (b. 12.) εἰ δ' ὁ μὲν καθόλου ὁ δ' ἐν μέρει, κατηγορικῶν μὲν ὄντων ἀμφοτέρων, ὅταν τὸ καθόλου γένηται ἀναγκαῖον, καὶ τὸ συμπέρασμα ἔσται ἀναγκαῖον ..... (16.) εἰ οὖν ἀνάγκη τὸ Β παντὶ τῷ Γ ὑπάρχειν, τὸ δὲ Α ὑπὸ τὸ Γ ἐστὶν, ἀνάγκη τὸ Β τινὶ τῷ Α ὑπάρχειν· εἰ δὲ τὸ Β τῷ Α τινὶ, καὶ τὸ Α τῷ Β τινὶ ὑπάρχειν ἀναγκαῖον· ἀντιστρέφει γάρ· ὁμοίως δὲ καὶ εἰ τὸ ΑΓ εἴη ἀναγκαῖον καθόλου ὄν· τὸ γὰρ Β ὑπὸ τὸ Γ ἐστίν. εἰ δὲ τὸ ἐν μέρει ἐστὶν ἀναγκαῖον, οὐκ ἔσται τὸ συμπέρασμα ἀναγκαῖον ..... (33.) εἰ δ' ὁ μὲν κατηγορικὸς ὁ δὲ στερητικὸς τῶν ὅρων, ὅταν μὲν ᾖ τὸ καθόλου στερητικόν τε καὶ ἀναγκαῖον, καὶ τὸ συμπέρασμα ἔσται ἀναγκαῖον· εἰ γὰρ τὸ Α τῷ Γ μηδενὶ ἐνδέχεται, τὸ δὲ Β τινὶ τῷ Γ ὑπάρχει, τὸ Α τινὶ τῷ Β ἀνάγκη μὴ ὑπάρχειν. ὅταν δὲ τὸ καταφατικὸν ἀναγκαῖον τεθῇ ἢ καθόλου ὂν ἢ ἐν μέρει, ἢ τὸ στερητικὸν κατὰ μέρος, οὐκ ἔσται τὸ συμπέρασμα ἀναγκαῖον.

II.

1. Kein B ist A
Mögl.w. ist alles C A
Mögl.w. ist kein C B

2. Mögl.w. ist alles B A
Kein C ist A
Mögl.w. ist kein C B

3. Kein B ist A
Mögl.w. ist kein C A, d. h. Mögl.w. ist alles C A
Mögl.w. ist kein C B

4. Mögl.w. ist kein B A, d. h. Mögl.w. ist alles B A
Kein C ist A
Mögl.w. ist kein C B

5. Kein B ist A
Mögl.w. ist e. C A
Mögl.w. ist e. C nicht B

6. Kein B ist A
Mögl. w. ist e. C nicht A, d.h. Mögl.w. ist e. C A
Mögl.w. ist e. C nicht B.

III.

1. Alles C ist A
Mögl.w. ist alles C B
Mögl.w. ist einiges B A

2. Mögl.w. ist alles C A
Alles C ist B
Mögl.w. ist einiges B A

3. Kein C ist A
Mögl.w. ist alles C B
Mögl.w. ist einiges B nicht A

4. Mögl.w. ist kein C A
Alles C ist B
Mögl.w. ist einiges B nicht A

5. Alles C ist A
Mögl.w. ist kein C B, d. h. Mögl.w. ist alles C B
Mögl.w. ist einiges B A

6. Kein C ist A
Mögl.w. ist kein C B, d. h. Mögl.w. ist alles C B
Mögl.w. ist einiges B nicht A

7. Mögl.w. ist einiges C A
Alles C ist B
Mögl.w. ist einiges B A

8. Mögl.w. ist alles C A
Einiges C ist B
Mögl.w. ist einiges B A

9. Alles C ist A
Mögl.w. ist einiges C B
Mögl.w. ist einiges B A

10. Kein C ist A
Mögl.w. ist einiges C B
Mögl.w. ist einiges B nicht A

11. Mögl.w. ist kein C A
Einiges C ist B
Mögl.w. ist einiges B nicht A

12. Mögl.w. ist einiges C nicht A
Alles C ist B
Mögl.w. ist einiges B nicht A.

Was nemlich bei solchen Schlüssen zunächst die erste Figur betrifft, so sind vollkommne Schlüsse, in welchen der Schlusssatz als Möglichkeits-Urtheil auftritt, nur möglich, wenn der Obersatz das Möglichkeits-Urtheil ist; ist es hingegen der Untersatz, so sind die Schlüsse unvollkommen, da sie einer anderweitigen Beihilfe bedürfen, und ausserdem enthält dann, wenn verneinend geschlossen werden muss, die Möglichkeit, wie wir sehen werden, nicht mehr jenen auf Natur-Bestimmtheit und dem Meistentheils beruhenden Zug des Nothwendigen, sondern kann schlechthin nur formal als das Nicht-Nothwendige gelten. Vollkommne Schlüsse also sind I 1 und I 2; sie beruhen auf dem Begriffe der Möglichkeit und den entsprechenden Schlussweisen des Stattfindens [565]). Für den Nachweis der übrigen aber ist vorläufig daran zu erinnern, dass wenn zwischen zwei stattfindenden Momenten ein Nexus der nothwendigen Folge besteht, auch von der Möglichkeit des bedingenden auf die Möglichkeit des bedingten geschlossen werden muss, sowie dass bei Berücksichtigung der Möglichkeit in den Aussagen und Urtheilen (vgl. Anm. 257 ff.) aus einer Voraussetzung, welche zwar Etwas nicht Stattfindendes, also Unwahres, aber dennoch nicht Unmögliches ausspricht, gleichfalls nur ein factisch Unwahres, aber nicht Unmögliches folgt [566]). Somit wird I 3 apagogisch erwiesen, denn gesetzt es wäre unmöglicherweise alles C A, so würde dann sich ergeben, dass aus einer factisch unwahren, aber nicht unmöglichen, Voraussetzung ein Unmögliches folgte; denn macht man hier die wohl factisch unwahre, aber eben nicht unmögliche Voraussetzung, dass alles C B sei, und hiezu also, es könne unmöglicherweise alles C A sein, d. h. es sei nothwendigerweise kein C A, so ist nach III 3 der Syllogismen, welche aus einem Nothwendigkeits-Urtheile und einem Urtheile des Stattfindens bestehen, nothwendigerweise einiges B nicht A, was dem Obersatze von I 3 widerspricht und hiemit unmöglich ist; also ist die Voraussetzung, dass unmöglicherweise alles C A sei, falsch. Und ebenso wird I 4 apagogisch erwiesen vermittelst der Annahme, es sei unmöglicherweise kein C A, d. h. aber es sei nothwendigerweise einiges C A, welche Annahme dann ganz wie so eben als unstatthaft sich zeigt [567]).

---

565) 15, 33 b. 25.: *ἐὰν δ' ἡ μὲν ὑπάρχειν ἡ δ' ἐνδέχεσθαι λαμβάνηται τῶν προτάσεων, ὅταν μὲν ἡ πρὸς τὸ μεῖζον ἄκρον ἐνδέχεσθαι σημαίνῃ, τέλειοί τ' ἔσονται πάντες οἱ συλλογισμοὶ καὶ τοῦ ἐνδέχεσθαι κατὰ τὸν εἰρημένον διορισμόν, ὅταν δ' ἡ πρὸς τὸ ἔλαττον, ἀτελεῖς τε πάντες, καὶ οἱ στερητικοὶ τῶν συλλογισμῶν οὐ τοῦ κατὰ τὸν διορισμὸν ἐνδεχομένου, ἀλλὰ τοῦ μηδενὶ ἢ μὴ παντὶ ἐξ ἀνάγκης ὑπάρχειν ..... ἐνδεχέσθω γὰρ τὸ Α παντὶ τῷ Β, τὸ δὲ Β παντὶ τῷ Γ κείσθω ὑπάρχειν· ἐπεὶ οὖν ὑπὸ τὸ Β ἐστὶ τὸ Γ, τῷ δὲ Γ παντὶ ἐνδέχεται τὸ Α, φανερὸν ὅτι καὶ τῷ Γ παντὶ ἐνδέχεται. γίνεται δὴ τέλειος συλλογισμός· ὁμοίως δὲ καὶ στερητικῆς οὔσης τῆς ΑΒ προτάσεως τῆς δὲ ΒΓ καταφατικῆς καὶ τῆς μὲν ἐνδέχεσθαι τῆς δ' ὑπάρχειν λαμβανούσης τέλειος συλλογισμὸς ὅτι τὸ Α ἐνδέχεται μηδενὶ τῷ Γ ὑπάρχειν.*

566) 34 a. 5.: *πρῶτον δὲ λεκτέον ὅτι εἰ τοῦ Α ὄντος ἀνάγκη τὸ Β εἶναι, καὶ δυνατοῦ ὄντος τοῦ Α δυνατὸν ἔσται τὸ Β ἐξ ἀνάγκης* ..... (12.) *δεῖ δὲ λαμβάνειν μὴ μόνον ἐν τῇ γενέσει τὸ ἀδύνατον καὶ δυνατόν, ἀλλὰ καὶ ἐν τῷ ἀληθεύεσθαι καὶ ἐν τῷ ὑπάρχειν* ..... (25.) *φανερὸν ὅτι ψεύδους ὑποτεθέντος καὶ μὴ ἀδυνάτου καὶ τὸ συμβαῖνον διὰ τὴν ὑπόθεσιν ψεῦδος ἔσται καὶ οὐκ ἀδύνατον.*

567) 34 a. 34.: *διωρισμένων δὴ τούτων ὑπαρχέτω τὸ Α παντὶ τῷ Β, τὸ δὲ Β παντὶ τῷ Γ ἐνδεχέσθω. ἀνάγκη οὖν τὸ Α παντὶ τῷ Γ ἐνδέχεσθαι ὑπάρχειν. μὴ γὰρ ἐνδεχέσθω, τὸ δὲ Β παντὶ τῷ Γ κείσθω ὡς ὑπάρχον, τοῦτο δὲ ψεῦδος μέν, οὐ μέντοι ἀδύνατον. εἰ οὖν τὸ μὲν Α μὴ ἐνδέχεται τῷ Γ, τὸ δὲ Β παντὶ ὑπάρχει τῷ Γ, τὸ Α οὐ παντὶ τῷ Β ἐνδέχεται· γίνεται γὰρ συλλογισμὸς διὰ τοῦ τρίτου σχήματος. ἀλλ' ὑπέκειτο παντὶ ἐνδέχεσθαι ὑπάρχειν. ἀνάγκη ἄρα τὸ Α παντὶ τῷ Γ ἐνδέχεσθαι, ψεύδους γὰρ τεθέντος καὶ οὐκ ἀδυνάτου τὸ συμβαῖνόν ἐστιν ἀδύνατον* ..... (b. 19.) *πάλιν ἔστω στερητικὴ πρότασις καθόλου ἡ ΑΒ καὶ εἰλήφθω τὸ μὲν Α*

Aber eben hierin ist klar, dass dieser verneinende unvollkommne Schluss bloss die formale Möglichkeit erfasst, da ja in der Voraussetzung des Gegentheils der Begriff der Nothwendigkeit erscheint, und also der erreichte Schluss nur von jenem Möglichen gelten kann, welches den Gegensatz des Nothwendigen bildet; dieser Abfall von dem auf Naturbestimmtheit ruhenden Möglichen zeigt sich auch sogleich, sobald man für I 4 ein concretes Beispiel wählt, nemlich etwa:

Kein denkendes Wesen ist ein Rabe
Mögl.w. sind alle Menschen denkende Wesen

Mögl.w. ist kein Mensch ein Rabe

wobei ja sogar nothwendigerweise kein C A ist; so dass also diese den blossen Gegensatz gegen das Nothwendige bildende Möglichkeit den factischen Bestand des naturgemäss Nothwendigen nicht trifft [568]). Man sieht hieraus, wie sehr Aristoteles jedes blosse Spielen mit formal gefassten Begriffen zurückweist, und wie sehr er gerade bei dem Möglichkeits-Begriffe, welcher einem Formalismus am meisten ausgesetzt ist, auf der Forderung der Real-Potenz beharrt (vgl. hingegen Abschn. V, Anm. 41 u. 51 f.). Ist hingegen bei allgemeinen Prämissen der Untersatz allgemein verneinend und zugleich er das Möglichkeits-Urtheil (I 5 und I 6), so kann nur durch Vertauschung des Untersatzes mit seinem Gegentheile geschlossen werden, und es fällt dann I 5 mit I 3 und I 6 mit I 4 wieder zusammen [569]). Wenn in der ersten Figur die eine Prämisse particular ist, so sind auch dann vollkommne Schlüsse möglich, falls der allgemeine Obersatz, sei es bejahend oder verneinend, das Möglichkeits-Urtheil ist; und so beruhen I 7 und I 8 auf dem Möglichkeits-Begriffe und auf den entsprechenden Schlussweisen (I 3 u. I 4) des Stattfindens. Wenn hingegen der particulare Untersatz das Möglichkeits-Urtheil ist, so muss die

---

μηδενὶ τῷ B ὑπάρχειν, τὸ δὲ B παντὶ ἐνδεχέσθω ὑπάρχειν τῷ Γ. τούτων οὖν τεθέντων ἀνάγκη τὸ A ἐνδέχεσθαι μηδενὶ τῶν Γ ὑπάρχειν. μὴ γὰρ ἐνδεχέσθω, τὸ δὲ B τῷ Γ κείσθω ὑπάρχον, καθάπερ πρότερον. ἀνάγκη δὴ τὸ A τινὶ τῷ B ὑπάρχειν, γίνεται γὰρ συλλογισμὸς διὰ τοῦ τρίτου σχήματος. τοῦτο δὲ ἀδύνατον.

568) 34 b. 27.: οὗτος οὖν ὁ συλλογισμὸς οὐκ ἔστι τοῦ κατὰ τὸν διορισμὸν ἐνδεχομένου, ἀλλὰ τοῦ μηδενὶ ἐξ ἀνάγκης· αὕτη γάρ ἐστιν ἡ ἀντίφασις τῆς γενομένης ὑποθέσεως, ἐτέθη γὰρ ἐξ ἀνάγκης τὸ A τινὶ τῷ Γ ὑπάρχειν ..... (31.) ἔτι δὲ καὶ ἐκ τῶν ὅρων φανερὸν ὅτι οὐκ ἔσται τὸ συμπέρασμα ἐνδεχόμενον. ἔστω γὰρ τὸ μὲν A κόραξ, τὸ δ' ἐφ' ᾧ B διανοούμενον, ἐφ' ᾧ δὲ Γ ἄνθρωπος· οὐδενὶ δὴ τῷ B τὸ A ὑπάρχει, οὐδὲν γὰρ διανοούμενον κόραξ· τὸ δὲ B παντὶ ἐνδέχεται τῷ Γ. παντὶ γὰρ ἀνθρώπῳ τὸ διανοεῖσθαι· ἀλλὰ τὸ A ἐξ ἀνάγκης οὐδενὶ τῷ Γ. οὐκ ἄρα τὸ συμπέρασμα ἐνδεχόμενον.

569) 35 a. 3.: ἐὰν δὲ τὸ στερητικὸν τεθῇ πρὸς τὸ ἔλαττον ἄκρον ἐνδέχεσθαι σημαῖνον, ἐξ αὐτῶν μὲν τῶν εἰλημμένων προτάσεων οὐδεὶς ἔσται συλλογισμός, ἀντιστραφείσης δὲ τῆς κατὰ τὸ ἐνδέχεσθαι προτάσεως ἔσται, καθάπερ ἐν τοῖς πρότερον· ὑπαρχέτω γὰρ τὸ A παντὶ τῷ B, τὸ δὲ B ἐνδεχέσθω μηδενὶ τῷ Γ. οὕτω μὲν οὖν ἐχόντων τῶν ὅρων οὐδὲν ἔσται ἀναγκαῖον· ἐὰν δ' ἀντιστραφῇ τὸ BΓ καὶ ληφθῇ τὸ B παντὶ τῷ Γ ἐνδέχεσθαι, γίνεται συλλογισμὸς ὥςπερ πρότερον· ὁμοίως γὰρ ἔχουσιν οἱ ὅροι τῇ θέσει. τὸν αὐτὸν δὲ τρόπον καὶ στερητικῶν ὄντων ἀμφοτέρων τῶν διαστημάτων, ἐὰν τὸ μὲν AB μὴ ὑπάρχῃ, τὸ δὲ BΓ μηδενὶ ἐνδέχεσθαι σημαίνῃ. δι' αὐτῶν μὲν γὰρ τῶν εἰλημμένων οὐδαμῶς γίνεται τὸ ἀναγκαῖον, ἀντιστραφείσης δὲ τῆς κατὰ τὸ ἐνδέχεσθαι προτάσεως ἔσται συλλογισμός.

Schlusskraft, falls derselbe bejahend ist (I 9 und I 10), wieder wie oben apagogisch erwiesen werden; falls er aber verneinend ist (I 11 und I 12), muss durch Vertauschung des Möglichkeits-Urtheiles mit seinem Gegentheile eben auf I 9 und I 10 zurückgegangen werden [570]).

In der zweiten Figur sind Schlüsse möglich, wenn die bejahende Prämisse das Möglichkeits-Urtheil und die verneinende das Urtheil des Stattfindens ist, wobei II 1 durch Umkehrung des Obersatzes, II 2 aber durch diese und Vertauschung der Prämissen auf I 4 sich reduciren. Sind beide verneinend, so muss das verneinende Möglichkeits-Urtheil mit seinem Gegentheile vertauscht werden, und es gehen II 3 und II 4 durch die entsprechenden Vornahmen gleichfalls auf I 4 zurück. Ist eine der beiden Prämissen particular und die verneinende das Urtheil des Stattfindens, so muss sie das allgemeine Urtheil sein (denn das particular verneinende Urtheil des Stattfindens ist nicht umkehrbar), und es reducirt sich II 5 auf I 10; sind aber beide verneinend, so muss das Möglichkeits-Urtheil wieder mit seinem Gegentheile vertauscht werden, wodurch II 6 gleichfalls auf I 10 reducirt wird [571]).

In der dritten Figur ist bei allgemeinen Prämissen III 1 durch Umkehrung des Untersatzes auf I 9 zu reduciren, und ebenso III 2 auf I 7, sowie III 3 auf I 10 und III 4 auf I 8; ist aber der Untersatz verneinend, so tritt, wenn er das Möglichkeits-Urtheil ist, wieder die Vertauschung mit seinem Gegentheile ein, und es gehen dann III 5 und III 6 auf III 1 und III 3 zurück. Die gleichen entsprechenden Veränderungen sind vorzunehmen, wenn eine der Prämissen particular ist, mö-

---

570) 35 a. 30.: *ἐὰν δὲ τὸ μὲν καθόλου τὸ δ' ἐν μέρει ληφθῇ τῶν διαστημάτων, ὅταν μὲν πρὸς τὸ μεῖζον ἄκρον καθόλου τεθῇ καὶ ἐνδεχόμενον, εἴτ' ἀποφατικὸν εἴτε καταφατικὸν, τὸ δ' ἐν μέρει καταφατικὸν καὶ ὑπάρχον, ἔσται συλλογισμὸς τέλειος, καθάπερ καὶ καθόλου τῶν ὅρων ὄντων. ἀπόδειξις δ' ἡ αὐτὴ ἣ καὶ πρότερον. ὅταν δὲ καθόλου μὲν ᾖ τὸ πρὸς τὸ μεῖζον ἄκρον, ὑπάρχον δὲ καὶ μὴ ἐνδεχόμενον, θάτερον δ' ἐν μέρει καὶ ἐνδεχόμενον, ἐάν τ' ἀποφατικαὶ ἐάν τε καταφατικαὶ τεθῶσιν ἀμφότεραι, ἐάν τε ἡ μὲν ἀποφατικὴ ἡ δὲ καταφατική, πάντως ἔσται συλλογισμὸς ἀτελής· πλὴν οἱ μὲν διὰ μὲν τοῦ ἀδυνάτου δειχθήσονται οἱ δὲ διὰ τῆς ἀντιστροφῆς τῆς τοῦ ἐνδέχεσθαι, καθάπερ ἐν τοῖς πρότερον. ἔσται δὲ συλλογισμὸς διὰ τῆς ἀντιστροφῆς καὶ ὅταν ἡ μὲν καθόλου πρὸς τὸ μεῖζον τεθεῖσα σημαίνῃ τὸ ὑπάρχειν ἢ μὴ ὑπάρχειν, ἡ δ' ἐν μέρει στερητικὴ οὖσα τὸ ἐνδέχεσθαι λαμβάνῃ.*

571) 18, 37 b. 23.: *ὅταν δ' ἡ μὲν καταφατικὴ ἐνδέχεσθαι ἡ δὲ στερητικὴ ὑπάρχειν, ἔσται συλλογισμός· εἰλήφθω γὰρ τὸ Α τῷ μὲν Β μηδενὶ ὑπάρχειν, τῷ δὲ Γ παντὶ ἐνδέχεσθαι· ἀντιστραφέντος οὖν τοῦ στερητικοῦ τὸ Β τῷ Α οὐδενὶ ὑπάρξει, τὸ δὲ Α παντὶ τῷ Γ ἐνεδέχετο· γίνεται δὴ συλλογισμὸς ὅτι ἐνδέχεται τὸ Β μηδενὶ τῷ Γ διὰ τοῦ πρώτου σχήματος. ὁμοίως δὲ καὶ εἰ πρὸς τῷ Γ τεθείη τὸ στερητικόν. ἐὰν δ' ἀμφότεραι μὲν ὦσι στερητικαί, σημαίνῃ δ' ἡ μὲν μὴ ὑπάρχειν ἡ δ' ἐνδέχεσθαι μὴ ὑπάρχειν, δι' αὐτῶν μὲν τῶν εἰλημμένων οὐδὲν συμβαίνει ἀναγκαῖον, ἀντιστραφείσης δὲ τῆς κατὰ τὸ ἐνδέχεσθαι προτάσεως γίνεται συλλογισμὸς ὅτι τὸ Β τῷ Γ ἐνδέχεται μηδενὶ ὑπάρχειν, καθάπερ ἐν τοῖς πρότερον ....* (39) *τὸν αὐτὸν δὲ τρόπον ἕξει κἀπὶ τῶν ἐν μέρει συλλογισμῶν .....* (38 a. 2.) *ὅταν δὲ τὸ στερητικὸν* (sc. *ὑπάρχον*), *ἔσται διὰ τῆς ἀντιστροφῆς, καθάπερ ἐν τοῖς πρότερον. πάλιν ἐὰν ἄμφω μὲν τὰ διαστήματα στερητικὰ ληφθῇ, καθόλου δὲ τὸ μὴ ὑπάρχειν, ἐξ αὐτῶν μὲν τῶν προτάσεων οὐκ ἔσται τὸ ἀναγκαῖον, ἀντιστραφέντος δὲ τοῦ ἐνδέχεσθαι, καθάπερ ἐν τοῖς πρότερον, ἔσται συλλογισμός.*

gen beide bejahend oder die allgemeine verneinend und die particulare bejahend sein, indem III 7 und III 9 auf I 9, III 8 aber auf I 7, sowie III 10 auf I 10 und III 11 auf I 8 sich reduciren; ist aber der Obersatz particular verneinend und zugleich das Möglichkeits-Urtheil (III 12), so tritt wieder der apagogische Nachweis ein [572]).

Spricht aber endlich die eine Prämisse eine Möglichkeit und die andere eine Nothwendigkeit des Stattfindens aus, so ergeben sich folgende

Syllogismen aus einem Urtheile der Möglichkeit und einem Urtheile der Nothwendigkeit:

I.

1.	Nothw.w.	ist alles	B	A		2.	Mögl.w.	ist alles	B	A
	Mögl.w.	ist alles	C	B			Nothw.w.	ist alles	C	B
	Mögl.w.	ist alles	C	A			Mögl.w.	ist alles	C	A
3.	Nothw.w.	ist kein	B	A		4.	Mögl.w.	ist kein	B	A
	Mögl.w.	ist alles	C	B			Nothw.w.	ist alles	C	B
		Kein	C ist	A			Möglw.	ist kein	C	A
5.	Nothw.w.	ist alles	B	A						
	Mögl.w.	ist kein	C	B,	d. h.		Mögl.w.	ist alles	C	B
							Mögl.w.	ist alles	C	A
6.	Nothw.w.	ist kein	B	A						
	Mögl.w.	ist kein	C	B,	d. h.		Mögl.w.	ist alles	C	B
							Mögl.w.	ist kein	C	A
7.	Nothw.w.	ist alles	B	A		8.	Mögl.w.	ist alles	B	A
	Mögl.w.	ist einiges	C	B			Nothw.w.	ist einiges	C	B
	Mögl.w.	ist einiges	C	A			Mögl.w.	ist einiges	C	A
9.	Nothw.w.	ist kein	B	A		10.	Mögl.w.	ist kein	B	A
	Mögl.w.	ist einiges	C	B			Nothw.w.	ist einiges	C	B
		Einiges	C ist nicht	A			Mögl.w.	ist einiges	C nicht	A

572) 21, 39 b. 10.: *ἔστωσαν γὰρ πρῶτον κατηγορικοὶ, καὶ τὸ μὲν Α παντὶ τῷ Γ ὑπαρχέτω, τὸ δὲ Β παντὶ ἐνδεχέσθω ὑπάρχειν· ἀντιστραφέντος οὖν τοῦ ΒΓ τὸ πρῶτον ἔσται σχῆμα καὶ τὸ συμπέρασμα ὅτι ἐνδέχεται τὸ Α τινὶ τῶν Β ὑπάρχειν* ..... (16.) *ὁμοίως δὲ καὶ εἰ τὸ μὲν ΒΓ ὑπάρχειν τὸ δὲ ΑΓ ἐνδέχεσθαι, καὶ εἰ τὸ μὲν ΑΓ στερητικὸν τὸ δὲ ΒΓ κατηγορικὸν, ὑπάρχοι δ' ὁποτερονοῦν, ἀμφοτέρως ἐνδεχόμενον ἔσται τὸ συμπέρασμα* ..... (22.) *εἰ δὲ τὸ στερητικὸν τεθείη πρὸς τὸ ἔλαττον ἄκρον ἢ καὶ ἄμφω ληφθείη στερητικὰ, δι' αὐτῶν μὲν τῶν κειμένων οὐκ ἔσται συλλογισμὸς, ἀντιστραφέντων δ' ἔσται, καθάπερ ἐν τοῖς πρότερον. εἰ δ' ἡ μὲν καθόλου τῶν προτάσεων ἡ δ' ἐν μέρει, κατηγορικῶν μὲν οὐσῶν ἀμφοτέρων ἢ τῆς μὲν καθόλου στερητικῆς τῆς δ' ἐν μέρει καταφατικῆς, ὁ αὐτὸς τρόπος ἔσται τῶν συλλογισμῶν. πάντες γὰρ περαίνονται διὰ τοῦ πρώτου σχήματος, ὥστε φανερὸν ὅτι τοῦ ἐνδέχεσθαι καὶ οὐ τοῦ ὑπάρχειν ἔσται ὁ συλλογισμός· εἰ δ' ἡ μὲν καταφατικὴ καθόλου ἡ δὲ στερητικὴ ἐν μέρει, διὰ τοῦ ἀδυνάτου ἔσται ἡ ἀπόδειξις. ὑπαρχέτω γὰρ τὸ μὲν Β παντὶ τῷ Γ, τὸ δὲ Α ἐνδεχέσθω τινὶ τῷ Γ μὴ ὑπάρχειν· ἀνάγκη δὴ τὸ Α ἐνδέχεσθαι τινὶ τῷ Β μὴ ὑπάρχειν· εἰ γὰρ παντὶ τῷ Β τὸ Α ὑπάρχει ἐξ ἀνάγκης, τὸ δὲ Β παντὶ τῷ Γ κεῖται ὑπάρχειν, τὸ Α παντὶ τῷ Γ ἐξ ἀνάγκης ὑπάρξει· τοῦτο γὰρ δέδεικται πρότερον· ἀλλ' ὑπέκειτο τινὶ ἐνδέχεσθαι μὴ ὑπάρχειν.*

11. Nothw.w. ist alles B A
Mögl.w. ist einiges C nicht B, d. h. Mögl.w. ist einiges C B
——————
Mögl.w. ist einiges C A

12. Nothw.w. ist kein B A
Mögl.w. ist einiges C nicht B, d. h. Mögl.w. ist einiges C B
——————
Einiges C ist nicht A.

II.

1. Nothw.w. ist kein B A
Mögl.w. ist alles C A
——————
Kein C ist B

2. Mögl.w. ist alles B A
Nothw.w. ist kein C A
——————
Kein C ist B

3. Nothw.w. ist kein B A
Mögl.w. ist kein C A, d. h. Mögl.w. ist alles C A
——————
Kein C ist B

4. Mögl.w. ist kein B A, d. h. Mögl.w. ist alles B A
Nothw.w. ist kein C A
——————
Kein C ist B

5. Nothw.w. ist kein B A
Mögl.w. ist einiges C A
——————
Einiges C ist nicht B

6. Nothw.w. ist kein B A
Mögl.w. ist einiges C nicht A, d. h. Mögl.w. ist einiges C A
——————
Einiges C ist nicht B.

III.

1. Nothw.w. ist alles C A
Mögl.w. ist alles C B
——————
Mögl.w. ist einiges B A

2. Mögl.w. ist alles C A
Nothw.w. ist alles C B
——————
Mögl.w. ist einiges B A

3. Mögl.w. ist kein C A
Nothw.w. ist alles C B
——————
Mögl.w. ist einiges B nicht A

4. Nothw.w. ist kein C A
Mögl.w. ist alles C B
——————
Einiges B ist nicht A

5. Nothw.w. ist alles C A
Mögl.w. ist kein C B, d. h. Mögl.w. ist alles C B
——————
Mögl.w. ist einiges B A

6. Mögl.w. ist einiges C A
Nothw.w. ist alles C B
——————
Mögl.w. ist einiges B A

7. Nothw.w. ist alles C A
Mögl.w. ist einiges C B
——————
Mögl.w. ist einiges B A

8. Mögl.w. ist alles C A
Nothw.w. ist einiges C B
——————
Mögl.w. ist einiges B A

9. Mögl.w. ist einiges C nicht A, d. h. Mögl.w. ist einiges C A
Nothw.w. ist alles C B
——————
Mögl.w. ist einiges B A

10.	Mögl.w.	ist kein	C	A
	Nothw.w.	ist einiges	C	B
	Mögl.w.	ist einiges	B nicht	A

11.	Nothw.w.	ist kein	C	A
	Mögl.w.	ist einiges	C	B
		Einiges	B ist nicht	A

12.	Nothw.w.	ist einiges	C	A				
	Mögl.w.	ist kein	C	B,	d. h. Mögl.w.	ist alles	C	B
					Mögl.w.	ist einiges	B	A.

Bei einer solchen Combination von Urtheilen nemlich ist in der ersten Figur ein vollkommner Schluss nur möglich, wenn der Untersatz das Nothwendigkeits-Urtheil ist. Sind die Prämissen bejahend, so ist der Schlusssatz nur ein Möglichkeits-Urtheil. So ist I 1 ein unvollkommner Schluss, denn er kann nur durch die nemlichen Mittel bewiesen werden wie I 3 bei den aus Urtheilen des Stattfindens und Möglichkeits-Urtheilen bestehenden Syllogismen; hingegen I 2 ist ein vollkommner Schluss, welcher die Beweiskraft in sich selbst enthält [573]). Ist aber die sog. Qualität der Prämissen ungleich, und zwar die verneinende das Nothwendigkeits-Urtheil, so ist der Schlusssatz kein Möglichkeits-Urtheil; diess zeigt der apagogische Beweis des Syllogismus I 3, denn gesetzt es wäre unrichtig, dass kein C A ist, und also anzunehmen, dass alles oder einiges C A sei, so würde, da in Folge des Obersatzes kein B A sein kann, und also auch kein A B, hiemit kein B, oder wenigstens nicht alles B, C sein können, was dem Untersatze widerspricht, welcher sagt, dass alles C B sein könne; somit ist jener Schlusssatz, dass kein C A ist, richtig und er enthält auch, dass möglicherweise kein C A ist, also involvirt er in dem von ihm ausgesprochenen Stattfinden auch die Möglichkeit [574]). Ein vollkommner Schluss hingegen, aber nur ein Schluss auf die Möglichkeit ist I 4; bei I 5 und I 6 muss wieder im Untersatze die Vertauschung mit dem Gegentheile eintreten, und ersteres reducirt sich hiedurch auf I 1, letzteres aber eben auf I 3 und hat hiemit ein Urtheil des Stattfindens als Schlusssatz [575]). Entsprechend verhält es sich, wenn die eine Prämisse particu-

573) 16, 35 b. 23.: *ὅταν δ' ἡ μὲν ἐξ ἀνάγκης ὑπάρχειν ἡ δ' ἐνδέχεσθαι σημαίνῃ τῶν προτάσεων, ὁ μὲν συλλογισμὸς ἔσται τὸν αὐτὸν τρόπον ἐχόντων τῶν ὅρων καὶ τέλειος, ὅταν πρὸς τῷ ἐλάττονι ἄκρῳ τεθῇ τὸ ἀναγκαῖον* ..... (37.) *ὅτι μὲν οὖν καταφατικῶν ὄντων τῶν ὅρων οὐ γίνεται τὸ συμπέρασμα ἀναγκαῖον, φανερόν. ὑπαρχέτω γὰρ τὸ A παντὶ τῷ B ἐξ ἀνάγκης, τὸ δὲ B ἐνδεχέσθω παντὶ τῷ Γ. ἔσται δὴ συλλογισμὸς ἀτελὴς ὅτι ἐνδέχεται τὸ A παντὶ τῷ Γ ὑπάρχειν. ὅτι δ' ἀτελής, ἐκ τῆς ἀποδείξεως δῆλον· τὸν αὐτὸν γὰρ τρόπον δειχθήσεται ὅνπερ κἀπὶ τῶν πρότερον* (Anm. 567.). *πάλιν τὸ μὲν A ἐνδεχέσθω παντὶ τῷ B ὑπάρχειν, τὸ δὲ B παντὶ τῷ Γ ὑπαρχέτω ἐξ ἀνάγκης. ἔσται δὴ συλλογισμὸς ὅτι τὸ A παντὶ τῷ Γ ἐνδέχεται ὑπάρχειν, ἀλλ' οὐχ ὅτι ὑπάρχει, καὶ τέλειος ἀλλ' οὐκ ἀτελής, εὐθὺς γὰρ ἐπιτελεῖται διὰ τῶν ἐξ ἀρχῆς προτάσεων.*

574) 36 a. 7.: *εἰ δὲ μὴ ὁμοιοσχήμονες αἱ προτάσεις, ἔστω πρῶτον ἡ στερητικὴ ἀναγκαία, καὶ τὸ μὲν A μηδενὶ ἐνδεχέσθω τῷ B ἐξ ἀνάγκης, τὸ δὲ B παντὶ τῷ Γ ἐνδεχέσθω. ἀνάγκη δὴ τὸ A μηδενὶ τῷ Γ ὑπάρχειν. κείσθω γὰρ ὑπάρχειν ἢ παντὶ ἢ τινί. τῷ δὲ B ὑπέκειτο μηδενὶ ἐνδέχεσθαι. ἐπεὶ οὖν ἀντιστρέφει τὸ στερητικόν, οὐδὲ τὸ B τῷ A οὐδενὶ ἐνδέχεται· τὸ δέ γε A τῷ Γ ἢ παντὶ ἢ τινὶ κεῖται ὑπάρχειν. ὥστ' οὐδενὶ ἢ οὐ παντὶ τῷ Γ τὸ B ἐνδέχοιτ' ἂν ὑπάρχειν· ὑπέκειτο δὲ παντὶ ἐξ ἀρχῆς. φανερὸν δ' ὅτι καὶ τοῦ ἐνδέχεσθαι μὴ ὑπάρχειν γίνεται συλλογισμός, εἴπερ καὶ τοῦ μὴ ὑπάρχειν.*

575) 36 a. 17.: *πάλιν ἔστω ἡ καταφατικὴ πρότασις ἀναγκαία, καὶ τὸ*

lar ist; denn auch hier ist der Schlusssatz ein Urtheil des Stattfindens, wenn die verneinende Prämisse das Nothwendigkeits-Urtheil ist (I 9 und I 12), hingegen geht der Schlusssatz nur auf eine Möglichkeit, wenn das particular bejahende (I 8 und I 10) oder das allgemein bejahende (I 7 und I 11) das Nothwendigkeits-Urtheil ist [576]).

In der zweiten Figur hingegen ist, wenn die verneinende Prämisse das Nothwendigkeits-Urtheil ist, der Schlusssatz stets ein Urtheil des Stattfindens, welches wie oben die Möglichkeit schon in sich involvirt; ist die bejahende das Nothwendigkeits-Urtheil, so besteht kein Schluss. Es reducirt sich II 1 durch Umkehrung des Obersatzes auf I 3, und eben dahin durch entsprechendes Verfahren auch II 2; sind beide Prämissen verneinend, so wird das Möglichkeits-Urtheil mit seinem Gegensatze vertauscht, und es gehen somit II 3 und II 4 gleichfalls auf I 3 zurück. Ist der Untersatz particular, so wird, wenn er bejahend ist, der Obersatz umgekehrt und hiemit bei II 5 nach I 9 geschlossen; ist er verneinend, so wird er mit seinem Gegensatze vertauscht, und so II 6 ebenfalls auf I 9 reducirt [577]).

μὲν Α ἐνδεχέσθω μηδενὶ τῶν Β ὑπάρχειν, τὸ δὲ Β παντὶ τῷ Γ ὑπαρχέτω ἐξ ἀνάγκης. ὁ μὲν οὖν συλλογισμὸς τέλειος, ἀλλ' οὐ τοῦ μὴ ὑπάρχειν ἀλλὰ τοῦ ἐνδέχεσθαι μὴ ὑπάρχειν ..... (25.) ἐὰν δὲ πρὸς τῷ ἐλάττονι ἄκρῳ τεθῇ τὸ στερητικὸν, ὅταν μὲν ἐνδέχεσθαι σημαίνῃ, συλλογισμὸς ἔσται διὰ τῆς ἀντιστροφῆς, καθάπερ ἐν τοῖς πρότερον.

576) 36 a. 32.: *τὸν αὐτὸν δὲ τρόπον ἕξει κἀπὶ τῶν ἐν μέρει συλλογισμῶν. ὅταν γὰρ ᾖ τὸ στερητικὸν ἀναγκαῖον, καὶ τὸ συμπέρασμα ἔσται τοῦ μὴ ὑπάρχειν, οἷον εἰ τὸ μὲν Α μηδενὶ τῶν Β ἐνδέχεται ὑπάρχειν, τὸ δὲ Β τινὶ τῶν Γ ἐνδέχεται ὑπάρχειν, ἀνάγκη τὸ Α τινὶ τῶν Γ μὴ ὑπάρχειν· εἰ γὰρ παντὶ ὑπάρχει, τῷ δὲ Β μηδενὶ ἐνδέχεται, οὐδὲ τὸ Β οὐδενὶ τῷ Α ἐνδέχεται ὑπάρχειν· ὥστ' εἰ τὸ Α παντὶ τῷ Γ ὑπάρχει, οὐδενὶ τῶν Γ τὸ Β ἐνδέχεται· ἀλλ' ὑπέκειτο τινὶ ἐνδέχεσθαι. ὅταν δὲ τὸ ἐν μέρει καταφατικὸν ἀναγκαῖον ᾖ τὸ ἐν τῷ στερητικῷ συλλογισμῷ, οἷον τὸ ΒΓ, ἢ τὸ καθόλου ἐν τῷ κατηγορικῷ, οἷον τὸ ΑΒ, οὐκ ἔσται τοῦ ὑπάρχειν συλλογισμός· ἀπόδειξις δ' ἡ αὐτὴ ἣ καὶ ἐπὶ τῶν πρότερον.*

577) 19, 38 a. 14.: *τῆς μὲν στερητικῆς ἀναγκαίας οὔσης ἔσται συλλογισμὸς οὐ μόνον ὅτι ἐνδέχεται μὴ ὑπάρχειν, ἀλλὰ καὶ ὅτι οὐχ ὑπάρχει, τῆς δὲ καταφατικῆς οὐκ ἔσται. κείσθω γὰρ τὸ Α τῷ μὲν Β ἐξ ἀνάγκης μηδενὶ ὑπάρχειν, τῷ δὲ Γ παντὶ ἐνδέχεσθαι· ἀντιστραφείσης οὖν τῆς στερητικῆς οὐδὲ τὸ Β τῷ Α οὐδενὶ ὑπάρξει· τὸ δὲ Α παντὶ τῷ Γ ἐνεδέχετο· γίνεται δὴ πάλιν διὰ τοῦ πρώτου σχήματος ὁ συλλογισμὸς ὅτι τὸ Β τῷ Γ ἐνδέχεται μηδενὶ ὑπάρχειν· ἅμα δὲ δῆλον ὅτι οὐδ' ὑπάρχει τὸ Β οὐδενὶ τῶν Γ. κείσθω γὰρ ὑπάρχειν. οὐκοῦν εἰ τὸ Α τῷ Β μηδενὶ ἐνδέχεται, τὸ δὲ Β ὑπάρχει τινὶ τῶν Γ, τὸ Α τῶν Γ τινὶ οὐκ ἐνδέχεται· ἀλλὰ παντὶ ὑπέκειτο ἐνδέχεσθαι. τὸν αὐτὸν δὲ τρόπον δειχθήσεται καὶ εἰ πρὸς τῷ Γ τεθείη τὸ στερητικόν ..... (b. 6.) ἐὰν δ' ὁμοιοσχήμονες ὦσιν αἱ προτάσεις, στερητικῶν μὲν οὐσῶν ἀεὶ γίνεται συλλογισμὸς ἀντιστραφείσης τῆς κατὰ τὸ ἐνδέχεσθαι προτάσεως, καθάπερ ἐν τοῖς πρότερον· εἰλήφθω γὰρ τὸ Α τῷ μὲν Β ἐξ ἀνάγκης μὴ ὑπάρχειν, τῷ δὲ Γ ἐνδέχεσθαι μὴ ὑπάρχειν· ἀντιστραφεισῶν οὖν τῶν προτάσεων τὸ μὲν Β τῷ Α οὐδενὶ ὑπάρξει, τὸ δὲ Α παντὶ τῷ Γ ἐνδέχεται· γίνεται δὴ τὸ πρῶτον σχῆμα. κἂν εἰ πρὸς τῷ Γ τεθείη τὸ στερητικὸν, ὡςαύτως ..... (24.) ὁμοίως δ' ἕξει κἀπὶ τῶν ἐν μέρει συλλογισμῶν· ὅταν μὲν γὰρ ᾖ τὸ στερητικὸν καθόλου τε καὶ ἀναγκαῖον, ἀεὶ συλλογισμὸς ἔσται καὶ τοῦ ἐνδέχεσθαι καὶ τοῦ μὴ ὑπάρχειν, ἀπόδειξις δὲ διὰ τῆς ἀντιστροφῆς ..... (31.) ὅταν δὲ ἀμφότεραι μὲν στερητικαὶ, καθόλου δὲ καὶ ἀναγκαία ᾖ τὸ μὴ ὑπάρχειν σημαίνουσα ..... ἀντιστραφείσης τῆς κατὰ τὸ ἐνδέχεσθαι προτάσεως ἔσται συλλογισμὸς, καθάπερ ἐν τοῖς πρότερον.*

In der dritten Figur ist, wenn beide Prämissen bejahend sind, der Schlusssatz stets ein Möglichkeits-Urtheil, und ebenso wenn, falls eine verneinend ist, die bejahende das Nothwendigkeits-Urtheil ist; hingegen wenn die verneinende das Nothwendigkeits-Urtheil ist, spricht der Schlusssatz wieder ein Stattfinden aus, in welchem die Möglichkeit involvirt ist. Durch die entsprechenden Vornahmen reduciren sich dann III 1 und III 2 und III 5 auf I 7, sowie III 3 auf I 10; III 4 aber, welches auf I 9 zurückgeht, muss als Schlusssatz ein Urtheil des Stattfindens haben. Das gleiche Verhältniss besteht auch, wenn die eine Prämisse particular ist; es sind dann III 6 und III 7 wieder auf I 7, sowie III 8 auf I 8 und III 10 auf I 10 zu reduciren; III 9 geht durch Vertauschung des Obersatzes mit seinem Gegentheile gleichfalls auf I 7 zurück, sowie III 12 durch das gleiche Verfahren mit dem Untersatze auf I 8; III 11 aber erhält durch Zurückführung auf I 9 wieder ein Urtheil des Stattfindens als Schlusssatz [578]).

So hat Aristoteles durch diese combinirten Syllogismen, welche alsbald von den nächsten Peripatetikern vermittelst schulmässiger Regeln egalisirt und ihrer philosophischen Grundlage, welche im Möglichkeits-Begriffe beruht, beraubt wurden, später aber eine gänzliche Vernachlässigung erfuhren, die vollständige Durchführung eines Grundgedankens gegeben, welcher für die Syllogistik unerlässlich ist, sobald nur zugegeben wird, dass der Syllogismus die oben angegebene Aufgabe hat, Urtheile unter eine begriffliche Einheit zusammenzuführen. Jener eines Aristoteles würdige Grundgedanke ist, dass das blosse Stattfinden als solches das vereinzelte Factum des empiristischen Wahrnehmens bildet,

---

578) 22, 40 a. 5.: *κατηγορικῶν μὲν ὄντων τῶν ὅρων ἀεὶ τοῦ ἐνδέχεσθαι ἔσται συλλογισμός, ὅταν δ' ᾖ τὸ μὲν κατηγορικὸν τὸ δὲ στερητικόν, ἐὰν μὲν ᾖ τὸ καταφατικὸν ἀναγκαῖον, τοῦ ἐνδέχεσθαι μὴ ὑπάρχειν, ἐὰν δὲ τὸ στερητικόν, καὶ τοῦ ἐνδέχεσθαι μὴ ὑπάρχειν καὶ τοῦ μὴ ὑπάρχειν .....* (11.) *ἔστωσαν δὴ κατηγορικοὶ πρῶτον οἱ ὅροι, καὶ τὸ μὲν Α παντὶ τῷ Γ ὑπαρχέτω ἐξ ἀνάγκης, τὸ δὲ Β παντὶ ἐνδεχέσθω ὑπάρχειν· ἐπεὶ οὖν τὸ μὲν Α παντὶ τῷ Γ ἀνάγκη, τὸ δὲ Γ τινὶ τῷ Β ἐνδέχεται, καὶ τὸ Α τινὶ τῷ Β ἐνδεχόμενον ἔσται καὶ οὐχ ὑπάρχον· οὕτω γὰρ συνέπιπτεν ἐπὶ τοῦ πρώτου σχήματος. ὁμοίως δὲ δειχθήσεται καὶ εἰ τὸ μὲν ΒΓ τεθείη ἀναγκαῖον, τὸ δὲ ΑΓ ἐνδεχόμενον. πάλιν ἔστω τὸ μὲν κατηγορικὸν τὸ δὲ στερητικόν, ἀναγκαῖον δὲ τὸ κατηγορικόν. καὶ τὸ μὲν Α ἐνδεχέσθω μηδενὶ τῶν Γ ὑπάρχειν, τὸ δὲ Β παντὶ ὑπαρχέτω ἐξ ἀνάγκης. ἔσται δὴ πάλιν τὸ πρῶτον σχῆμα .....* (25.) *εἰ δ' ἡ στερητικὴ πρότασις ἀναγκαία, τὸ συμπέρασμα ἔσται καὶ ὅτι ἐνδέχεται τινὶ μὴ ὑπάρχειν καὶ ὅτι οὐχ ὑπάρχει. κείσθω γὰρ τὸ Α τῷ Γ μὴ ὑπάρχειν ἐξ ἀνάγκης, τὸ δὲ Β παντὶ ἐνδέχεσθαι. ἀντιστραφέντος οὖν τοῦ ΒΓ καταφατικοῦ τὸ πρῶτον ἔσται σχῆμα καὶ ἀναγκαία ἡ στερητικὴ πρότασις .....* (33.) *ὅταν δὲ τὸ στερητικὸν τεθῇ πρὸς τὸ ἔλαττον ἄκρον, ἐὰν μὲν ἐνδεχόμενον, ἔσται συλλογισμὸς μεταληφθείσης τῆς προτάσεως, καθάπερ ἐν τοῖς πρότερον, ἐὰν δ' ἀναγκαῖον, οὐκ ἔσται .....* (39.) *ὁμοίως δ' ἕξει καὶ εἰ ὁ μὲν καθόλου τῶν ὅρων ὁ δ' ἐν μέρει πρὸς τὸ μέσον. κατηγορικῶν μὲν γὰρ ὄντων ἀμφοτέρων τοῦ ἐνδέχεσθαι καὶ οὐ τοῦ ὑπάρχειν ἔσται συλλογισμός, καὶ ὅταν τὸ μὲν στερητικὸν ληφθῇ τὸ δὲ καταφατικόν, ἀναγκαῖον δὲ τὸ καταφατικόν. ὅταν δὲ τὸ στερητικὸν ἀναγκαῖον, καὶ τὸ συμπέρασμα ἔσται τοῦ μὴ ὑπάρχειν· ὁ γὰρ αὐτὸς τρόπος ἔσται τῆς δείξεως καὶ καθόλου καὶ μὴ καθόλου τῶν ὅρων ὄντων .....* (b. 8.) *ὅταν δὲ τὸ στερητικὸν καθόλου ληφθὲν τεθῇ πρὸς τὸ ἔλαττον ἄκρον, ἐὰν μὲν ἐνδεχόμενον, ἔσται συλλογισμὸς διὰ τῆς ἀντιστροφῆς, ἐὰν δ' ἀναγκαῖον, οὐκ ἔσται.*

und dass daher jenes begriffliche Moment, welches nach Menschen-Mass auch dieser Wahrnehmung einwohnt, noch einer weiteren Vermittlung bedürftig ist, denn das Wissen als solches kann sich nur bei der Einsicht in die Nothwendigkeit der principiellen Ursächlichkeit begnügen; darum muss das Stattfinden nach der ihm einwohnenden Potenzialität des Verwirklichungs-Processes überhaupt gefragt und untersucht werden, denn nur durch die Real-Potenz des Seienden hindurch führt der Weg zur ursprünglichen Nothwendigkeit des Principiellen, nur aber Aussagen, welche diese allgemeine Nothwendigkeit als eine allgemein gültige aussprechen, können als Sätze des Wissens und der Wissenschaft gelten. Dass aber das dem Menschen zugängliche Seiende nicht das Transscendente als solches ist, sondern das in der Vielheit und Materialität erscheinende Begriffliche, ist ein wesentliches Attribut des Menschen-Seins überhaupt; und in dieser unserem Wissen als Gegenstand sich darbietenden Existenz-Weise ist es begründet, dass die Nothwendigkeit des an sich transscendenten Begrifflichen in die materielle Verwirklichung fällt, und dort eben nicht als die abstracte reine Einheit auftritt, sondern an eine stoffliche Naturbestimmtheit gebunden nur vermöge des „Meistentheils" sich verwirklicht, so dass das schlechthin Ausnahmslose nicht Sache dieser Erscheinungsweise der Wesenheit ist, derselben aber hiemit auch ein Verwirklichungs-Process der begrifflichen Vollkommenheit selbst zufällt; diesen aber zu erforschen ist die wissenschaftliche Verwirklichung der menschlichen Erfahrung selbst, denn wir erkennen dann die begriffliche Nothwendigkeit des empirischen Seins gerade so weit, als sie demselben einwohnt; die Verzückung hingegen in das abstract reine und in sich schlechthin nothwendige Eins der transscendenten Wesenheit können wir den Mystikern und den ächten Hegelianern füglich überlassen. Denn dass jenes „Meistentheils" es ist, in welchem die Nothwendigkeit innerhalb des erfahrungsmässigen Seins auftritt, verleiht uns sowohl die Zuversicht als auch die Bescheidenheit unseres Wissens. Dass aber das Meistentheils eben nicht das abstract und schlechthin Nothwendige, und in dieser Beziehung also ein Nicht-Nothwendiges ist, und dass folglich innerhalb des erfahrungsmässigen materiellen und vielheitlichen Seins die Nothwendigkeit als Nicht-Nothwendigkeit auftritt, diess ist nur eine andere Ausdrucksweise für die Vergänglichkeit des Seienden; der Ausdruck ist gleichgültig, das Factum aber steht fest, dass der Mensch zum Behufe des menschlichen Wissens das Nothwendige im Nicht-Nothwendigen zu suchen hat, und hiebei auf die Real-Potenz und den Verwirklichungs-Process des Seienden hingewiesen ist. Diess erkannte Aristoteles richtig (vgl. auch Anm. 660), und ihn musste daher die Ueberzeugung durchdringen, dass das menschliche Aussagen von dem objectiv empirischen Stattfinden durch die Real-Potenz hindurch zur begrifflichen Nothwendigkeit gelangen müsse und dass daher für die Zusammenführung aller ein Gebiet betreffenden Urtheile sowohl Urtheile des Stattfindens als auch Möglichkeits- und Nothwendigkeits-Urtheile aufzubringen und unter eine begriffliche Einheit zu vereinigen sind; darum mussten für die Syllogistik, welche die Formen jenes Zusammenführens entwickelt, auch die Fälle und syllogistischen Verhältnisse aller hierin möglichen Combinationen untersucht werden, gerade hiebei aber jene Auffassung des Möglichkeits-Begriffes bewahrt bleiben, welche in der Verwirklichung des Meistentheils den dem vergänglichen Sein zukommenden Zug des Nothwendigen enthält [579]).

Jeder Schluss überhaupt aber, sei er welcher Art er wolle, hat seine letzte Basis in den allgemeinen Schlussweisen der ersten Figur (s. oben Anm. 557); denn das Schliessen kann nur entweder direkt demonstrativ (*δεικτικῶς*) oder voraus voraussetzungsweise (*ἐξ ὑποθέσεως*) — zu diesem letzteren aber gehört der apagogische Beweis — verfahren [580]). Im ersteren Falle muss, wenn die Verbindung oder Nichtverbindung eines Prädicates mit einem Subjecte vermittelst eines Syllogismus nachgewiesen werden soll, unerlässlich noch ein zweites Urtheil hinzugenommen werden, welches mit jedem jener beiden Begriffe, nemlich sowohl mit dem Subjects- als auch mit dem Prädicats-Begriffe vermöge ihrer generellen Kategorien-Bestimmtheit in einer Beziehung steht, d. h. es muss irgend ein Mittleres ergriffen werden, welches als gemeinsames Band jener zwei Begriffe wirkt, was es nur thun kann, wenn es entweder zugleich für den einen Subject und für den anderen Prädicat oder für beide das Prädicat oder für beide das Subject ist; und hieraus entsteht die Dreizahl der Figuren, in deren Einer jede Demonstration sich bewegen muss; diese aber haben, wie wir oben a. a. O. zu zeigen hatten, ihre Basis in jenen allgemeinen Schlussweisen der ersten Figur [581]); selbstverständlicher Weise ist es für das Princip dieses Verfahrens völlig gleichgültig, ob Eines oder mehrere Mittelglieder aufgebracht werden, um das gemeinsame Band zwischen einem Subjects-Begriffe und einem mit ihm zu verknüpfenden Prädicatsbegriffe zu erreichen [582]), so dass man sehr Unrecht hat, wenn man hierin eine Erwähnung des sog. Sorites bei Aristoteles sehen will, denn umgekehrt gerade dafür, dass Aristoteles diesen Sorites nicht erwähnt, weil er ihm aus sehr vernünftigen Gründen keine eigenthümliche syllogistische Function zuschreiben kann, ist diese Stelle

---

579) Dass in dieser Beziehung die Naturbestimmtheit und das Nicht-Nothwendige an den zwei Stellen *Anal. pr.* I, 3. u. 13. durchaus nicht in widersprechender Weise behandelt sind, haben wir bereits oben, Anm. 278. gezeigt.

580) 23, 40b. 17.: *ὅτι μὲν οὖν οἱ ἐν τούτοις τοῖς σχήμασι συλλογισμοὶ τελειοῦνταί τε διὰ τῶν ἐν τῷ πρώτῳ σχήματι καθόλου συλλογισμῶν καὶ εἰς τούτους ἀνάγονται, δῆλον ἐκ τῶν εἰρημένων· ὅτι δ' ἁπλῶς πᾶς συλλογισμὸς οὕτως ἕξει, νῦν ἔσται φανερόν* ..... (23.) *ἀνάγκη δὴ πᾶσαν ἀπόδειξιν καὶ πάντα συλλογισμὸν ἢ ὑπάρχον τι ἢ μὴ ὑπάρχον δεικνύναι καὶ τοῦτο ἢ καθόλου ἢ κατὰ μέρος, ἔτι ἢ δεικτικῶς ἢ ἐξ ὑποθέσεως, τοῦ δ' ἐξ ὑποθέσεως μέρος τὸ διὰ τοῦ ἀδυνάτου.*

581) 40b. 30.: *εἰ δὴ δέοι τὸ A κατὰ τοῦ B συλλογίσασθαι ἢ ὑπάρχον ἢ μὴ ὑπάρχον, ἀνάγκη λαβεῖν τὶ κατὰ τινός* ..... (36.) *ὥστε προσληπτέον καὶ ἑτέραν πρότασιν* ..... (41a. 2.) *ὅλως γὰρ εἴπομεν ὅτι οὐδεὶς οὐδέποτε ἔσται συλλογισμὸς ἄλλου κατ' ἄλλου μὴ ληφθέντος τινὸς μέσου, ὃ πρὸς ἑκάτερον ἔχει πως ταῖς κατηγορίαις* ..... (11.) *ὥστε ληπτέον τι μέσον ἀμφοῖν ὃ συνάψει τὰς κατηγορίας, εἴπερ ἔσται τοῦδε πρὸς τόδε συλλογισμός. εἰ οὖν ἀνάγκη μὲν τὶ λαβεῖν πρὸς ἄμφω κοινὸν, τοῦτο δ' ἐνδέχεται τριχῶς, ἢ γὰρ τὸ A τοῦ Γ καὶ τὸ Γ τοῦ B κατηγορήσαντας ἢ τὸ Γ κατ' ἀμφοῖν ἢ ἄμφω κατὰ τοῦ Γ, ταῦτα δ' ἐστὶ τὰ εἰρημένα σχήματα, φανερὸν ὅτι πάντα συλλογισμὸν ἀνάγκη γίνεσθαι διὰ τούτων τινὸς τῶν σχημάτων.*

582) 41a. 18.: *ὁ γὰρ αὐτὸς λόγος καὶ εἰ διὰ πλειόνων συνάπτοι πρὸς τὸ B, ταὐτὸ γὰρ ἔσται σχῆμα καὶ ἐπὶ τῶν πολλῶν.*

ein deutlicher Beleg; s. auch unten Anm. 587. Im letzteren Falle aber, nemlich bei voraussetzungsweisem Verfahren, muss das Schliessen als solches gleichfalls auf eine der wesentlichen Weisen des Syllogismus eingehen, denn das apagogische Verfahren gelangt eben doch nur durch eine syllogistische Schlussweise auf den von ihm beabsichtigten Widerspruch, und hiedurch führt es den Beweis der ursprünglichen zu beweisenden Behauptung vermittelst einer Voraussetzung, da ja das Gegentheil des zu Beweisenden der Inhalt der Voraussetzung ist; insoferne aber der Weg, welcher hiebei zum offenkundig Unmöglichen führt, ein syllogistischer ist, muss auch der apagogische Beweis auf einer jener drei Figuren beruhen. Das Gleiche aber gilt von jedem voraussetzungsweisen Verfahren überhaupt, denn der Schluss als Syllogismus beruht hiebei stets nur auf dem in bestimmt factischer Weise, d. h. gerade nicht mehr voraussetzungsweise, Angenommenen, die ursprüngliche zu beweisende Behauptung aber wird eben nur dadurch erhärtet, dass man sich jenes zugestehen lässt oder sonst in einer Weise es so voraussetzt, als wäre es unbestritten factisch richtig; also insoferne geschlossen wird, muss bei jedem voraussetzungsweisen Schlusse überhaupt gleichfalls eine der syllogistischen Figuren wirken 583). D. h. Aristoteles ist vernünftig genug, keinen eignen Voraussetzungs-Schluss als solchen anzuerkennen, denn der Syllogismus ist Verknüpfung zweier begriffsmässig zusammenhängender Urtheile, solange aber und insoferne ein Urtheil nur als Voraussetzung auftritt, hat es gar keinen wissenschaftlichen Werth; damit aber, ob ein Urtheil Voraussetzung sei oder nicht, und ob diese von Vielen oder Wenigen zugestanden werde oder nicht, hat die Syllogistik als solche Nichts zu schaffen. S. auch unten Anm. 605. Dass die Bornirtheit späterer Generationen das Umspringen von einer noch in verschiedenen Zweifeln schwebenden Aussage in ein zuversichtliches Annehmen gleichfalls einen Syllogismus nannte, werden wir im Verlaufe der Geschichte wohl sehen, aber uns hoffentlich hiedurch die Einsicht nicht trüben lassen, dass Aristoteles sehr gut wusste, was er mit der Syllogistik wolle und welche Function er ihr zuweisen müsse.

Ist hiemit alles Schliessen jeder Art auf jene drei Figuren hingewiesen, und reduciren sich sämmtliche in denselben auftretenden Schluss-

---

583) 41 a. 23.: *πάντες γὰρ οἱ διὰ τοῦ ἀδυνάτου περαίνοντες τὸ μὲν ψεῦδος συλλογίζονται, τὸ δ' ἐξ ἀρχῆς ἐξ ὑποθέσεως δεικνύουσιν, ὅταν ἀδύνατόν τι συμβαίνῃ τῆς ἀντιφάσεως τεθείσης* ..... (32.) *ὥστ' ἐπεὶ τοῦ ψεύδους γίνεται συλλογισμὸς δεικτικὸς ἐν τοῖς εἰς τὸ ἀδύνατον ἀπαγομένοις, τὸ δ' ἐξ ἀρχῆς ἐξ ὑποθέσεως δείκνυται, τοὺς δὲ δεικτικοὺς πρότερον εἴπομεν ὅτι διὰ τούτων περαίνονται τῶν σχημάτων, φανερὸν ὅτι καὶ οἱ διὰ τοῦ ἀδυνάτου συλλογισμοὶ διὰ τούτων ἔσονται τῶν σχημάτων. ὡςαύτως δὲ καὶ οἱ ἄλλοι πάντες οἱ ἐξ ὑποθέσεως· ἐν ἅπασι γὰρ ὁ μὲν συλλογισμὸς γίνεται πρὸς τὸ μεταλαμβανόμενον* (was aus diesem *μεταλαμβανόμενον* unter den Händen der Schüler des Aristoteles geworden sei, wird der nächste Abschnitt zeigen), *τὸ δ' ἐξ ἀρχῆς περαίνεται δι' ὁμολογίας ἤ τινος ἄλλης ὑποθέσεως.* Nachdem schon Waitz, *Org.* I, p. 433., den gewöhnlichen Tadel, dass Aristoteles die hypothetischen Schlüsse übergangen habe, völlig richtig als einen unbegreiflichen bezeichnet hatte, muss es gerechte Verwunderung erregen, wenn Brandis, Gr. R. Phil. II, 2, 1. S. 178. u. bes. 186., wieder wie Ritter von einer Lückenhaftigkeit der aristotelischen Syllogistik spricht.

weisen auf die allgemeinen der ersten Figur als ihre letzte Basis [584]), so ist eine weitere auf sämmtlichen Schlussweisen beruhende gemeinschaftliche Eigenthümlichkeit aller Schlüsse überhaupt, dass stets wenigstens Eine Prämisse allgemein und ebenso wenigstens Eine Prämisse bejahend sein muss; ein allgemeiner Schlusssatz aber kann sich nur ergeben, wenn beide Prämissen allgemein sind, hingegen muss er nicht nothwendig dann ein allgemeines Urtheil sein, denn auch wenn beide Prämissen allgemein sind, kann der Schlusssatz particular sein; ferner muss stets die Qualität sowie die sog. Modalität (d. h. ob Urtheil des Stattfindens oder der Möglichkeit oder der Nothwendigkeit) wenigstens in Einer Prämisse die nemliche sein wie im Schlusssatze [585]). Ferner gehören zu jedem Schlusse nothwendig drei Begriffe, und nicht mehr als drei; denn wenn durch mehrere Mittelbegriffe geschlossen wird, so sind es eben auch mehrere Schlüsse; die drei Begriffe aber müssen in zwei Urtheilen auftreten. Nimmt man daher eine Mehrzahl von Urtheilen, welche zu Einer längeren Beweisführung gehören, als selbstständige Prämissen je ihres Syllogismus, so wird die Beweisführung stets aus einer geraden Zahl von Urtheilen (2 n) und aus der dieser geraden Zahl zunächst folgenden ungeraden Zahl von Begriffen (2 n + 1), sowie aus der halben Zahl von Schlusssätzen (n) bestehen, nemlich z. B.

B A	D C	F E	H G
C B	E D	G F	I H
C A	E C	G E	I G

sind 8 Urtheile, 9 Begriffe, 4 Schlusssätze [586]). Hingegen wenn durch Voranschiebung mehrerer syllogistisch geordneter Begriffe (*διὰ προσυλλογισμῶν*) oder durch Einschiebung mehrerer continuirlich auf einander folgender Mittelbegriffe (*διὰ πλειόνων μέσων συνεχῶν*) geschlossen wird, d. h. wenn z. B. in der Reihe

---

584) 41 b. 1.: *εἰ δὲ τοῦτ' ἀληθὲς, πᾶσαν ἀπόδειξιν καὶ πάντα συλλογισμὸν ἀνάγκη γίνεσθαι διὰ τριῶν τῶν προειρημένων σχημάτων. τούτου δὲ δειχθέντος δῆλον ὡς ἅπας τε συλλογισμὸς ἐπιτελεῖται διὰ τοῦ πρώτου σχήματος καὶ ἀνάγεται εἰς τοὺς ἐν τούτῳ καθόλου συλλογισμούς.*

585) 24, 41 b. 6.: *ἔτι τε ἐν ἅπαντι δεῖ κατηγορικόν τινα τῶν ὅρων εἶναι καὶ τὸ καθόλου ὑπάρχειν* ..... (22.) *φανερὸν οὖν ὅτι ἐν ἅπαντι δεῖ τὸ καθόλου ὑπάρχειν καὶ ὅτι τὸ μὲν καθόλου ἐξ ἁπάντων τῶν ὅρων καθόλου δείκνυται, τὸ δ' ἐν μέρει καὶ οὕτως κἀκείνως, ὥστ' ἐὰν μὲν ᾖ τὸ συμπέρασμα καθόλου, καὶ τοὺς ὅρους ἀνάγκη καθόλου εἶναι, ἐὰν δ' οἱ ὅροι καθόλου, ἐνδέχεται τὸ συμπέρασμα μὴ εἶναι καθόλου. δῆλον δὲ καὶ ὅτι ἐν ἅπαντι συλλογισμῷ ἢ ἀμφοτέρας ἢ τὴν ἑτέραν πρότασιν ὁμοίαν ἀνάγκη γίνεσθαι τῷ συμπεράσματι· λέγω δ' οὐ μόνον τῷ καταφατικὴν εἶναι ἢ στερητικὴν, ἀλλὰ καὶ τῷ ἀναγκαίαν ἢ ὑπάρχουσαν ἢ ἐνδεχομένην.*

586) 25, 41 b. 36.: *δῆλον δὲ καὶ ὅτι πᾶσα ἀπόδειξις ἔσται διὰ τριῶν ὅρων καὶ οὐ πλειόνων* ..... (39.) *πλείω γὰρ μέσα τῶν αὐτῶν οὐδὲν εἶναι κωλύει, τούτων δ' ὄντων οὐχ εἷς ἀλλὰ πλείους εἰσὶν οἱ συλλογισμοί* ..... (42 a. 32.) *τούτου δ' ὄντος φανεροῦ, δῆλον ὡς καὶ ἐκ δύο προτάσεων καὶ οὐ πλειόνων· οἱ γὰρ τρεῖς ὅροι δύο προτάσεις, εἰ μὴ προςλαμβάνοιτο* ..... *πρὸς τὴν τελείωσιν τῶν συλλογισμῶν* ..... (b. 1.) *κατὰ μὲν οὖν τὰς κυρίας προτάσεις λαμβανομένων τῶν συλλογισμῶν, ἅπας ἔσται συλλογισμὸς ἐκ προτάσεων μὲν ἀρτίων ἐξ ὅρων δὲ περιττῶν, ἑνὶ γὰρ πλείους οἱ ὅροι τῶν προτάσεων· ἔσται δὲ καὶ τὰ συμπεράσματα ἡμίση τῶν προτάσεων.*

B A
C B
D C
E D
F E

vor dem Syllogismus $\begin{smallmatrix} E & D \\ F & E \end{smallmatrix}$ noch die Begriffe A B C, welche nicht in der Mitte zwischen F und D, sondern ausserhalb ihrer liegen, syllogistisch vorangeschickt werden (*διὰ προσυλλογισμῶν*), oder wenn in jener nemlichen Reihe zwischen die syllogistisch zu vermittelnden Begriffe F und A, oder beziehungsweise zwischen die zwei Urtheile F E und B A, die mehreren Mittelbegriffe C D E syllogistisch aneinander hängend eingereiht werden (*διὰ πλειόνων μέσων συνεχῶν*), so bleibt sich im Vergleiche mit dem Vorigen wohl das gleich, dass die Zahl der Begriffe um Eins grösser ist als die der Urtheile, aber keine von beiden ist an das Gerade- oder Ungerade-sein gebunden, sondern überhaupt sind es $n + 1$ Begriffe, wenn es n Urtheile sind; so dass natürlich, wenn n eine gerade Zahl ist, $n + 1$ eine ungerade ist und auch umgekehrt; was hingegen die Zahl der Schlusssätze betrifft, so ist dann ein ganz anderes Verhältniss, denn sobald ein neuer Begriff hinzugesetzt wird (sei es voran oder als neuer Mittelbegriff), so ist hiemit eine Anzahl von Schlusssätzen hinzugefügt, welche um Eins kleiner ist als die Zahl der schon vorher dagewesenen Begriffe; nemlich z. B in der Reihe

D C
E D
F E

sind schon die Schlusssätze E C, F D, F C involvirt, und kömmt nun z. B. noch der Begriff B prosyllogistisch hinzu, so lautet die Reihe

C B
D C
E D
F E

und in Folge der vorher schon dagewesenen vier Begriffe kommen zu obigen drei Schlusssätzen hiemit noch folgende drei: D B, E B, F B hinzu, also kommen, wenn n Begriffe schon vorher da waren, $n - 1$ Schlusssätze hinzu; natürlich ebenso auch, wenn der neue Begriff nicht prosyllogistisch, sondern als neuer Mittelbegriff eingeschoben wird [587].

---

587) 42 b. 5.: *ὅταν δὲ διὰ προσυλλογισμῶν περαίνηται ἢ διὰ πλειόνων μέσων συνεχῶν, οἷον τὸ ΑΒ διὰ τῶν ΓΔ, τὸ μὲν πλῆθος τῶν ὅρων ὡσαύτως ἑνὶ ὑπερέξει τὰς προτάσεις (ἢ γὰρ ἔξωθεν ἢ εἰς τὸ μέσον τεθήσεται ὁ παρεμπίπτων ὅρος, ἀμφοτέρως δὲ συμβαίνει ἑνὶ ἐλάττω εἶναι τὰ διαστήματα, αἱ δὲ προτάσεις ἴσαι τοῖς διαστήμασιν), οὐ μέντοι ἀεὶ αἱ μὲν ἄρτιαι ἔσονται οἱ δὲ περιττοί, ἀλλ' ἐναλλάξ, ὅταν μὲν αἱ προτάσεις ἄρτιαι, περιττοὶ οἱ ὅροι, ὅταν δ' οἱ ὅροι ἄρτιοι, περιτταὶ αἱ προτάσεις· ἅμα γὰρ τῷ ὅρῳ μία προστίθεται πρότασις, ἂν ὁποθενοῦν προστεθῇ ὁ ὅρος ..... (16.) τὰ δὲ συμπεράσματα οὐκέτι τὴν αὐτὴν ἕξει τάξιν οὔτε πρὸς τοὺς ὅρους οὔτε πρὸς τὰς προτάσεις· ἑνὸς γὰρ ὅρου προστιθεμένου συμπεράσματα προστεθήσεται ἑνὶ ἐλάττω τῶν προϋπαρχόντων ὅρων· πρὸς μόνον γὰρ τὸν ἔσχατον οὐ ποιεῖ συμπέρασμα, πρὸς δὲ τοὺς ἄλλας πάντας, οἷον*

So erwägt Aristoteles die Zahl der Urtheile und Begriffe in einer längeren Beweisführung, und die erstere wird sich stets zur letzteren arithmetisch verhalten wie n zu n+1, gleichviel ob die einzelnen Syllogismen wirklich gesondert vollzogen sind oder nicht; sind sie aber nicht gesondert vollzogen, so bleibt bei continuirlich syllogistischer Reihenfolge der Begriffe auch die Möglichkeit jeden einzelnen als Unterbegriff auftretenden der Reihe nach mit allen anderen Prädicaten, mit Ausnahme seines eigenen, als Oberbegriffen zu verbinden und so eine Anzahl von Schlusssätzen zu gewinnen, welche mit der Zahl der Urtheile in der Progression der sogenannten Trigonalzahlen steigt. Somit ist auch hier der sog. Sorites sicher nicht als eine eigene Schlussweise bezeichnet, sondern Aristoteles weist nur darauf hin, dass bei einer längeren Argumentation, in welcher natürlich die Begriffe jedenfalls innerlich in fortlaufendem Zusammenhange sein müssen, man auch die besondere Absetzung aller einzelnen Syllogismen und Schlusssätze unterlassen kann, dann aber eben, weil die einzelnen Schlüsse nicht getrennt sind, in der ganzen Reihe auf- und ab-wärts die Vereinigung eines Unterbegriffes und eines Oberbegriffes in grosser Mannigfaltigkeit eröffnet ist und eine weit grössere Zahl von Schlusssätzen, falls man sie alle vollziehen will, sich ergibt, ein Verhältniss, welches sich gleich bleibt, mag die Reihe eine sog. prosyllogistische oder ein sog. Sorites sein. Für das Schliessen selbst also und für den in der längeren Argumentation beabsichtigten letzten Schlusssatz ändert sich gar Nichts, denn bei vernünftiger Auffassung ist jede längere Argumentation inhaltlich schon ein sog. Sorites; nur für die Zahl der einzelnen in der Argumentation steckenden Schlusssätze ist ein Unterschied, je nachdem die Beweisführung bereits in einzelne Syllogismen abgesetzt und hiemit das Auf- und Abwärts-Steigen der Verknüpfung ausgeschlossen ist, oder letzteres noch als vollziehbar übrig bleibt.

Mit dieser Hinweisung auf die Verflechtung mehrerer einzelner Syllogismen zum Behufe einer längeren Argumentation, welche irgend eine Behauptung in einem Wissensgebiete zur sichern Gewissheit führen soll, schliesst die Theorie des Syllogismus, indem sie eben in dieser letzten Erwägung einerseits die in der Dreizahl der Begriffe liegende principielle Function des Syllogismus wiederholt vor Augen führt, andrerseits aber auch schon auf die Vielheit von Urtheilen hinweist, welche in dem empirischen Wissen vorliegen und einer syllogistischen Zusammenführung zum Behufe des wissenschaftlichen Wissens bedürfen. Was von hieran folgt, gehört der Praxis der Syllogistik an, und es handelt sich in Bezug auf dieselbe um die Frage, wie das menschliche auf Wissenschaft gerichtete Denken für einen gegebenen Gegenstand stets in dem erfor-

---

εἰ τῷ ΑΒΓ προςκείσεται τὸ Δ, εὐθὺς καὶ συμπεράσματα δύο πρόςκειται τό τε πρὸς τὸ Α καὶ τὸ πρὸς τὸ Β. ὁμοίως δὲ κἀπὶ τῶν ἄλλων. κἂν εἰς τὸ μέσον δὲ παρεμπίπτῃ, τὸν αὐτὸν τρόπον, πρὸς ἕνα γὰρ μόνον οὐ ποιήσει συλλογισμόν. ὥστε πολὺ πλείω τὰ συμπεράσματα καὶ τῶν ὅρων ἔσται καὶ τῶν προτάσεων. Diese schwierige Stelle dürfte hiemit so erklärt sein, dass Alles in derselben ebenso klar als richtig sich verhält; eine andere Erklärung hat Waitz z. d. St., aber selbst bereits nicht ohne alles Bedenken, gegeben; Waitz scheint darin geirrt zu haben, dass er übersah, wie bei Arist. für diese Untersuchung betreffs der Zahl der impliciten Schlusssätze der sog. Prosyllogismus und der sog. Sorites völlig gleichgestellt sind.

derlichen reichen Masse die betreffenden Syllogismen bilden, hiernach die Beweisführung entwickeln und hiebei sich vor Irrthum bewahren könne. Inhaltlich stellen sich demnach hier viele Erwägungen ein, welche die spätere Schul-Theorie unter der Bezeichnung „Angewandte Logik“ vereinigte; aber der Form nach verhält sich bei Aristoteles die Sache nicht so, dass die Theorie des Syllogismus nun in dem Materiale der Urtheile ihren äusseren praktischen Vollzug erfahre, etwa wie man von der executiven Durchführung des positiven Rechtes in der äusseren Vielheit der Verhältnisse spricht, sondern eher gewissermassen umgekehrt ist die Frage die, wie die äussere Vielheit des Urtheilens und Aussagens praktisch angewendet werden müsse, wenn sie der wissenschaftlichen Form des Beweisens, welche im Syllogismus liegt, genügen soll.

Für die Praxis der Syllogistik in diesem Sinne ist zunächst von vornherein klar, dass unter den einer wissenschaftlichen Beweisführung unterworfenen Aufgaben oder „Problemen“ (*πρόβλημα*) diejenigen leichter zum Ziele eines genügenden Nachweises gebracht werden können, für welche der Schlusssatz nicht bloss nach Einer Figur oder Einer Schlussweise, sondern eben nach mehreren, erreicht werden kann; und insoferne es sich hier um den Wechselverkehr eines positiven Nachweises (*κατασκευάζειν*) und einer auf Beweis beruhenden Widerlegung (*ἀνασκευάζειν*) handelt, ist klar, dass in Bezug auf dieses Beides die Fülle der anwendbaren Schlussweisen den entgegengesetzten Erfolg hat; und es ist z. B. eine allgemein bejahende Behauptung am schwersten zu erweisen, da für sie nur ein einziger Schlussmodus (I 1) vorliegt, hingegen am leichtesten zu widerlegen, weil eine Menge Schlussweisen es gibt, welche auf ein particular verneinendes Urtheil als Schlusssatz führen (I 4, II 3, II 4, III 2, III 5, III 6); so in entsprechender Weise bei Behauptungen jeder Art, daher das Widerlegen überhaupt leichter ist als das Beweisen [588]). Da aber nun eben jene relative Fülle von Schlussweisen aus der Theorie des Syllogismus feststeht, und dort nachgewiesen ist, welcherlei Prämissen auf einen so oder so bestimmten Schlusssatz führen, so handelt es sich nun darum, wie zu einem beabsichtigten Schlusssatze die erforderlichen beweisenden Prämissen gefunden werden [589]).

---

588) 26, 42 b. 27.: *ἐπεὶ δ᾽ ἔχομεν περὶ ὧν οἱ συλλογισμοὶ καὶ ποῖον ἐν ἑκάστῳ σχήματι καὶ ποσαχῶς δείκνυται, φανερὸν ἡμῖν ἐστι καὶ ποῖον πρόβλημα χαλεπὸν καὶ ποῖον εὐεπιχείρητον· τὸ μὲν γὰρ ἐν πλείοσι σχήμασι καὶ διὰ πλειόνων πτώσεων περαινόμενον ῥᾷον, τὸ δ᾽ ἐν ἐλάττοσι καὶ δι᾽ ἐλαττόνων δυςεπιχειρητότερον* ..... (40.) *φανερὸν οὖν ὅτι τὸ καθόλου κατηγορικὸν κατασκευάσαι μὲν χαλεπώτατον, ἀνασκευάσαι δὲ ῥᾷστον, ὅλως δ᾽ ἐστὶν ἀναιροῦντι μὲν τὰ καθόλου τῶν ἐν μέρει ῥᾴω* ..... (43 a. 10.) *ὅλως τε οὐ δεῖ λανθάνειν ὅτι ἀνασκευάσαι μὲν δι᾽ ἀλλήλων ἔστι καὶ τὰ καθόλου διὰ τῶν ἐν μέρει καὶ ταῦτα διὰ τῶν καθόλου, κατασκευάσαι δ᾽ οὐκ ἔστι διὰ τῶν κατὰ μέρος τὰ καθόλου, δι᾽ ἐκείνων δὲ ταῦτ᾽ ἔστιν. ἅμα δὲ δῆλον ὅτι καὶ τὸ ἀνασκευάζειν ἐστὶ τοῦ κατασκευάζειν ῥᾷον.*

589) 43 a. 16.: *πῶς μὲν οὖν γίνεται πᾶς συλλογισμὸς καὶ διὰ πόσων ὅρων καὶ προτάσεων καὶ πῶς ἐχουσῶν πρὸς ἀλλήλας, ἔτι δὲ ποῖον πρόβλημα ἐν ἑκάστῳ σχήματι καὶ ποῖον ἐν πλείοσι καὶ ποῖον ἐν ἐλάττοσι δείκνυται, δῆλον ἐκ τῶν εἰρημένων. πῶς δ᾽ εὐπορήσομεν αὐτοὶ πρὸς τὸ τιθέμενον ἀεὶ συλλογισμῶν καὶ διὰ ποίας ὁδοῦ ληψόμεθα τὰς περὶ ἕκαστον ἀρχάς, νῦν ἤδη λεκτέον. οὐ γὰρ μόνον ἴσως δεῖ τὴν γένεσιν θεωρεῖν τῶν συλλογισμῶν, ἀλλὰ καὶ τὴν δύναμιν ἔχειν τοῦ ποιεῖν.*

Insoferne von den Objecten, über welche wir Urtheile aussprechen, einige derartig sind, dass sie nur Subject, nie aber Prädicat eines Satzes sein können, und andere derartig, dass sie nur prädicirt werden können, andere aber endlich sowohl Subject als auch Prädicat sein können, so ist erklärlich, dass die letzteren es sind, welche fast jede Begründung und Beweisführung überhaupt betrifft; und es sind daher für solche Objecte in Folge der schon oben zu Anfang (S. 263) angegebenen Aufgabe des Syllogismus die Urtheile so auszuwählen, dass zunächst der Gegenstand selbst und dessen Begriffsbestimmung (d. h. Gattung und artmachender Unterschied), sowie das ihm eigenthümlich Zukommende zu Grunde gelegt, sodann aber auch dasjenige hervorgehoben wird, was eine nothwendige Abfolge seiner selbst, oder jenes, dessen nothwendige Abfolge er selbst ist, sowie endlich jenes, was ihm nicht zukommen kann [590]). Innerhalb dieser Urtheile bestimmt sich dann die Auswahl, je nachdem ein allgemein oder particular bejahender oder ein allgemein oder particular verneinender Satz zu beweisen ist, da ja der Syllogismus in einer der bestimmten Schlussweisen der drei Figuren sich bewegen muss, und alle, welche abseits von diesem Zwecke liegen, unbrauchbar sind; auch versteht es sich wegen der Function des Mittelbegriffes von selbst, dass jene Momente, in welchen die zwei Begriffe des zu beweisenden Urtheiles zusammentreffen und identisch sind, nicht aber jene, in welchen sie differiren, ins Auge zu fassen sind [591]). Die gleichen Motive der Auswahl der Prämissen bestehen auch für das apagogische Verfahren, denn dasselbe ist, wie wir schon oben sahen, von dem Puncte an, wo das Gegentheil des zu Beweisenden vorausgesetzt wurde, gleichfalls demonstrativ und hiemit an die syllogistischen Formen gebunden; und ebenso auch überhaupt jedes voraussetzungsweise Verfahren, denn von dem Stadium der ponirten Voraussetzung an ist es bereits syllogistisch; von selbst aber ist klar, dass hiebei die Auswahl

---

590) 27, 43 a. 25.: *ἁπάντων δὴ τῶν ὄντων τὰ μέν ἐστι τοιαῦτα ὥστε κατὰ μηδενὸς ἄλλου κατηγορεῖσθαι ἀληθῶς καθόλου ..... κατὰ δὲ τούτων ἄλλα, ... τὰ δ' αὐτὰ μὲν κατ' ἄλλων κατηγορεῖται, κατὰ δὲ τούτων ἄλλα πρότερον οὐ κατηγορεῖται, τὰ δὲ καὶ αὐτὰ ἄλλων καὶ αὐτῶν ἕτερα ......* (38.) *κατὰ μὲν οὖν τούτων οὐκ ἔστιν ἀποδεῖξαι κατηγορούμενον ἕτερον, πλὴν εἰ μὴ κατὰ δόξαν, ἀλλὰ ταῦτα κατ' ἄλλων· οὐδὲ τὰ καθ' ἕκαστα κατ' ἄλλων, ἀλλ' ἕτερα κατ' ἐκείνων. τὰ δὲ μεταξὺ δῆλον ὡς ἀμφοτέρως ἐνδέχεται· καὶ γὰρ αὐτὰ κατ' ἄλλων καὶ ἄλλα κατὰ τούτων λεχθήσεται, καὶ σχεδὸν οἱ λόγοι καὶ αἱ σκέψεις εἰσὶ μάλιστα περὶ τούτων. δεῖ δὴ τὰς προτάσεις περὶ ἕκαστον οὕτως ἐκλαμβάνειν, ὑποθέμενον αὐτὸ πρῶτον καὶ τοὺς ὁρισμούς τε καὶ ὅσα ἴδια τοῦ πράγματός ἐστιν, εἶτα μετὰ τοῦτο ὅσα ἕπεται τῷ πράγματι καὶ πάλιν οἷς τὸ πρᾶγμα ἀκολουθεῖ καὶ ὅσα μὴ ἐνδέχεται αὐτῷ ὑπάρχειν.*

591) 28, 43 b. 39.: *κατασκευάζειν μὲν οὖν βουλομένοις κατά τινος ὅλου τοῦ μὲν κατασκευαζομένου βλεπτέον εἰς τὰ ὑποκείμενα .....* (43.) *ἣν δὲ μὴ ὅτι παντὶ ἀλλ' ὅτι τινὶ .....* (44 a. 2.) *ὅταν δὲ μηδενὶ δέῃ ὑπάρχειν .....* (9.) *ἐὰν δὲ τινὶ μὴ ὑπάρχειν .....* (b. 6.) *δῆλον δὲ καὶ ὅτι διὰ τῶν τριῶν ὅρων καὶ τῶν δύο προτάσεων ἡ σκέψις καὶ διὰ τῶν προειρημένων σχημάτων οἱ συλλογισμοὶ πάντες .....* (25.) *φανερὸν δὲ καὶ ὅτι αἱ ἄλλαι σκέψεις τῶν κατὰ τὰς ἐκλογὰς ἄχρειοι πρὸς τὸ ποιεῖν συλλογισμόν .....* (38.) *δῆλον δὲ καὶ ὅτι ὁποῖα ταὐτὰ ληπτέον τὰ κατὰ τὴν ἐπίσκεψιν καὶ οὐχ ὁποῖα ἕτερα ἢ ἐναντία, πρῶτον μὲν ὅτι τοῦ μέσου χάριν ἡ ἐπίβλεψις, τὸ δὲ μέσον οὐχ ἕτερον ἀλλὰ ταὐτὸν δεῖ λαβεῖν.*

der Prämissen eben im Hinblicke auf das in veränderter Geltung (d. h. als factisch gewiss) Angenommene veranstaltet werden muss. Endlich auch ist die Auswahl der Prämissen in gleicher Weise bedingt bei allen Möglichkeits- und Nothwendigkeits-Schlüssen. Kurz für alle Syllogismen überhaupt gibt es keinen anderen Weg[592]). Und in solchem Sinne ist dieser syllogistische Weg für alle Wissenschaften und alle Kenntnisse, sowie für jede Technik und für die Philosophie selbst Ein und der nemliche, denn er ordnet zum Behufe des Beweises die Subjecte und Prädicate der empirischen Urtheile[593]). Im Vergleiche aber mit diesem syllogistischen Verfahren ist die platonische Methode der Eintheilung nur ein ganz geringfügiger Theil derselben, gleichsam wie ein schwacher Syllogismus; denn sie postulirt gerade das zu Beweisende und schliesst stets nur auf etwas der Gattung nach höher Liegendes; der Mittelbegriff, welcher den Kern aller Syllogistik bildet, muss ja unter den Oberbegriff fallen und darf nicht von dem ganzen Umfange desselben gelten, die Methode der Eintheilung aber macht gerade das allgemein Prädicative (d. h. den Oberbegriff) zum Mittelbegriffe und ist hiedurch eben für jenen Zweck, für welchen sie bei Plato empfohlen wird, untauglich[594]).

Sind nun auf diese Weise Urtheile beigeschafft und hiemit materiell der Schluss gegeben, so handelt es sich noch darum, den Schluss auf die nach den syllogistischen Gesetzen vorliegenden Schlussweisen auch formell zurückzuführen. Und zu diesem Behufe sind die Urtheile zunächst darnach zu untersuchen, ob etwas Unentbehrliches fehle oder etwas Entbehrliches beigefügt sei; sodann ist zu sehen, ob die zwingende Nothwendigkeit der Folge wirklich in den Prämissen und den in ihnen enthaltenen Begriffen, und nicht bloss in der Form des Schliessens liege, denn wohl ist jeder Syllogismus ein Zwingendes, aber nicht alles Zwin-

592) 29, 45 a. 23.: *τὸν αὐτὸν δὲ τρόπον ἔχουσι καὶ οἱ εἰς τὸ ἀδύνατον ἄγοντες συλλογισμοὶ τοῖς δεικτικοῖς* ..... (26.) *ὃ γὰρ δείκνυται δεικτικῶς, καὶ διὰ τοῦ ἀδυνάτου ἔστι συλλογίσασθαι διὰ τῶν αὐτῶν ὅρων, καὶ ὃ διὰ τοῦ ἀδυνάτου, καὶ δεικτικῶς* ..... (b. 16.) *ἐν δὲ τοῖς ἄλλοις συλλογισμοῖς τοῖς ἐξ ὑποθέσεως, οἷον ὅσοι κατὰ μετάληψιν ἢ κατὰ ποιότητα* (über diese s. d. folg. Abschn. Anm. 74.), *ἐν τοῖς ὑποκειμένοις, οὐκ ἐν τοῖς ἐξ ἀρχῆς ἀλλ' ἐν τοῖς μεταλαμβανομένοις ἔσται ἡ σκέψις, ὁ δὲ τρόπος ὁ αὐτὸς τῆς ἐπιβλέψεως* ..... (28.) *τὸν αὐτὸν δὲ τρόπον καὶ ἐπὶ τῶν ἀναγκαίων καὶ τῶν ἐνδεχομένων· ἡ γὰρ αὐτὴ σκέψις καὶ διὰ τῶν αὐτῶν ὅρων ἔσται τῇ τάξει τοῦ τ' ἐνδέχεσθαι καὶ τοῦ ὑπάρχειν ὁ συλλογισμός* ..... (36.) *φανερὸν οὖν ἐκ τῶν εἰρημένων οὐ μόνον ὅτι ἐγχωρεῖ διὰ ταύτης τῆς ὁδοῦ γίνεσθαι πάντας τοὺς συλλογισμούς, ἀλλὰ καὶ ὅτι δι' ἄλλης ἀδύνατον.*

593) 30, 46 a. 3.: *ἡ μὲν οὖν ὁδὸς κατὰ πάντων ἡ αὐτὴ καὶ περὶ φιλοσοφίαν καὶ περὶ τέχνην ὁποιανοῦν καὶ μάθημα· δεῖ γὰρ τὰ ὑπάρχοντα καὶ οἷς ὑπάρχει περὶ ἑκάτερον ἀθρεῖν καὶ τούτων ὡς πλείστων εὐπορεῖν, καὶ ταῦτα διὰ τῶν τριῶν ὅρων σκοπεῖν ἀνασκευάζοντα μὲν ὡδὶ κατασκευάζοντα δὲ ὡδί.*

594) 31, 46 a. 31.: *ὅτι δ' ἡ διὰ τῶν γενῶν διαίρεσις μικρόν τι μόριόν ἐστι τῆς εἰρημένης μεθόδου, ῥᾴδιον ἰδεῖν· ἔστι γὰρ ἡ διαίρεσις οἷον ἀσθενὴς συλλογισμός· ὃ μὲν γὰρ δεῖ δεῖξαι αἰτεῖται, συλλογίζεται δ' ἀεί τι τῶν ἄνωθεν* ..... (39.) *ἐν μὲν οὖν ταῖς ἀποδείξεσιν, ὅταν δέῃ τι συλλογίσασθαι ὑπάρχειν, δεῖ τὸ μέσον, δι' οὗ γίνεται ὁ συλλογισμὸς, καὶ ἧττον ἀεὶ εἶναι καὶ μὴ καθόλου τοῦ πρώτου τῶν ἄκρων· ἡ δὲ διαίρεσις τοὐναντίον βούλεται, τὸ γὰρ καθόλου λαμβάνει μέσον* ..... (b. 35.) *φανερὸν οὖν ὅτι οὔτε πρὸς πᾶσαν σκέψιν ἁρμόζει τῆς ζητήσεως ὁ τρόπος οὔτ' ἐν οἷς μάλιστα δοκεῖ πρέπειν ἐν τούτοις ἐστὶ χρήσιμος.*

gende ein Syllogismus; d. h. es kömmt eben darauf an, ob die zwingende Folge im Mittelbegriffe liege, und dieser bestimmt ja dann auch nach seiner Stellung und seinem Verhältnisse der Bejahung oder Verneinung u. s. f. die für das bestimmte Problem zulässige Schlussweise [595]). Ferner muss das quantitative Verhältniss der Prämissen beachtet werden, ob nicht etwa ein Satz als allgemein genommen sei, welcher es nicht ist [596]), dann auch die Formulirung der Begriffe, ob z. B. Gesundheit statt Gesund u. dgl. gesetzt sei [597]), wobei der Umstand zu berücksichtigen ist, dass ein Begriff oft nicht durch Ein Wort ausgedrückt werden kann [598]); überhaupt muss man auf die Art und Weise der Aussage in den Prämissen aufmerksam sein, denn es ist nicht nöthig, dass die Begriffe stets im Nominative stehen, und sowohl im Untersatze als auch im Obersatze und selbst in allen beiden kann das „ist" mit einem sog. Casus obliquus verbunden sein, während die Begriffe als solche stets im Nominativ auszusprechen sind [599]). Nähere Bestimmungen, welche eine Beziehung oder Beschränkung auf ein Anderweitiges enthalten, ge-

---

595) 32, 46 b. 40.: *πῶς δ' ἀνάξομεν τοὺς συλλογισμοὺς εἰς τὰ προειρημένα σχήματα, λεκτέον ἂν εἴη μετὰ ταῦτα, λοιπὸν γὰρ ἔτι τοῦτο τῆς σκέψεως. εἰ γὰρ τήν τε γένεσιν τῶν συλλογισμῶν θεωροῖμεν καὶ τοῦ εὑρίσκειν ἔχοιμεν δύναμιν, ἔτι δὲ τοὺς γεγενημένους ἀναλύοιμεν εἰς τὰ προειρημένα σχήματα, τέλος ἂν ἔχοι ἡ ἐξ ἀρχῆς πρόθεσις* ..... (47 a. 18.) *σκεπτέον οὖν εἴ τι περίεργον εἴληπται καί τι τῶν ἀναγκαίων παραλέλειπται, καὶ τὸ μὲν θετέον τὸ δ' ἀφαιρετέον, ἕως ἂν ἔλθῃ εἰς τὰς δύο προτάσεις.* ..... (22.) *ἔνιοι δὲ λανθάνουσι καὶ δοκοῦσι συλλογίζεσθαι διὰ τὸ ἀναγκαῖόν τι συμβαίνειν ἐκ τῶν κειμένων* ..... (31.) *ἀπατώμεθα δ' ἐν τοῖς τοιούτοις διὰ τὸ ἀναγκαῖόν τι συμβαίνειν ἐκ τῶν κειμένων, ὅτι καὶ ὁ συλλογισμὸς ἀναγκαῖόν τι* ..... *ὁ μὲν γὰρ συλλογισμὸς πᾶς ἀναγκαῖόν τι, τὸ δ' ἀναγκαῖον οὐ πᾶν συλλογισμός* ..... (37.) *ἀλλὰ πρῶτον ληπτέον τὰς δύο προτάσεις, εἶθ' οὕτω διαιρετέον εἰς τοὺς ὅρους, μέσον δὲ θετέον τῶν ὅρων τὸν ἐν ἀμφοτέραις ταῖς προτάσεσι λεγόμενον* ..... (b. 11.) *φανερὸν ὡς οὐκ εἰς ἅπαντα τὰ σχήματα βλεπτέον ἀλλ' ἑκάστου προβλήματος εἰς τὸ οἰκεῖον· ὅσα δ' ἐν πλείοσι περαίνεται, τῇ τοῦ μέσου θέσει γνωριοῦμεν τὸ σχῆμα.*

596) 33, 47 b. 15.: *πολλάκις μὲν οὖν ἀπατᾶσθαι συμβαίνει* ..... (17.) *παρὰ τὸν ὁμοιότητα τῆς τῶν ὅρων θέσεως* ..... (38.) *αὕτη μὲν οὖν ἡ ἀπάτη γίνεται ἐν τῷ παρὰ μικρόν· ὡς γὰρ οὐδὲν διαφέρον εἰπεῖν τόδε τῷδε ὑπάρχειν ἢ τόδε τῷδε παντί, συγχωροῦμεν.*

597) 34, 47 b. 40.: *πολλάκις δὲ διαψεύδεσθαι συμπεσεῖται παρὰ τὸ μὴ καλῶς ἐκτίθεσθαι τοὺς κατὰ τὴν πρότασιν ὅρους, οἷον εἰ τὸ μὲν Α εἴη ὑγίεια, τὸ δ' ἐφ' ᾧ Β νόσος, ἐφ' ᾧ δὲ Γ ἄνθρωπος* ..... *δόξειεν ἂν οὖν συμβαίνειν μηδενὶ ἀνθρώπῳ ἐνδέχεσθαι ὑγίειαν ὑπάρχειν. τούτου δ' αἴτιον τὸ μὴ καλῶς ἐκκεῖσθαι τοὺς ὅρους κατὰ τὴν λέξιν.*

598) 35, 48 a. 29.: *οὐ δεῖ δὲ τοὺς ὅρους ἀεὶ ζητεῖν ὀνόματι ἐκτίθεσθαι, πολλάκις γὰρ ἔσονται λόγοι οἷς οὐ κεῖται ὄνομα.*

599) 36, 48 b. 10.: *συμβαίνει δ' ὁτὲ μὲν ἐπὶ τοῦ μέσου τὸ πρῶτον λέγεσθαι, τὸ δὲ μέσον ἐπὶ τοῦ τρίτου μὴ λέγεσθαι, οἷον εἰ ἡ σοφία ἐστὶν ἐπιστήμη, τοῦ δ' ἀγαθοῦ ἐστὶν ἡ σοφία ἐπιστήμη, συμπέρασμα ὅτι τοῦ ἀγαθοῦ ἐστιν ἐπιστήμη* ..... (15.) *ὁτὲ δὲ τὸ μὲν μέσον ἐπὶ τοῦ τρίτου λέγεται, τὸ δὲ πρῶτον ἐπὶ τοῦ μέσου οὐ λέγεται.* ..... (20.) *ἔστι δὲ ὅτε μήτε τὸ πρῶτον κατὰ τοῦ μέσου μήτε τοῦτο κατὰ τοῦ τρίτου* ..... (39.) *ἁπλῶς γὰρ τοῦτο λέγομεν κατὰ πάντων, ὅτι τοὺς μὲν ὅρους ἀεὶ θετέον κατὰ τὰς κλήσεις τῶν ὀνομάτων, οἷον ἄνθρωπος ἢ ἀγαθὸν ἢ ἐναντία, οὐκ ἀνθρώπου ἢ ἀγαθοῦ ἢ ἐναντίων, τὰς δὲ προτάσεις ληπτέον κατὰ τὰς ἑκάστου πτώσεις* ..... 37, 49 a. 6.: *τὸ δ' ὑπάρχειν τόδε τῷδε καὶ τὸ ἀληθεύεσθαι τόδε κατὰ τοῦδε τοσαυταχῶς ληπτέον ὁσαχῶς αἱ κατηγορίαι διῄρηνται.*

hören zum Oberbegriffe, nicht zum Mittelbegriffe, und überhaupt ist zu unterscheiden, ob Etwas schlechthin oder unter einer gewissen Restriction geschlossen wird [600]); aber so einfach als möglich und, wenn es irgend angeht, in einzelnen Worten sind die Begriffe auszudrücken, und namentlich bei den prädicativ gestellten der Gebrauch des Artikels zu beachten [601]), womit zusammenhängt, dass man überhaupt auf die Allgemeingültigkeit der Prämissen aufmerksam sein muss, denn das Urtheil, dass alles dasjenige, welches B ist, auch A sei, ist nicht identisch mit dem Urtheile, dass alles dasjenige, was mit Allgemeingültigkeit B ist, auch A sei [602]). Handelt es sich um eine längere Argumentation, so versteht sich von selbst, dass die einzelnen Syllogismen und Schlusssätze, aus welchen sie besteht, verschiedenen Figuren und Schlussweisen angehören können [603]); soll aber durch einen Schluss eine Definition erreicht werden, so müssen die einzelnen Bestandtheile derselben, nicht die ganze, als Ober- oder Mittel- oder Unter-Begriff eines Syllogismus gesetzt werden [604]). Voraussetzungen hingegen oder bei dem apagogischen Beweise das angenommene Gegentheil einer Behauptung (s. oben Anm. 583) können natürlich nicht syllogistisch formulirt werden, denn dieselben sind gleichsam vertragsmässig vorläufig zugestanden, und der Syllogismus beginnt ja erst nach der geforderten oder gestatteten Annahme der Voraussetzung [605]). Lässt sich aber ein gegebenes Problem nach mehreren Schlussweisen durchführen, so besteht in Folge der Gesetze derselben wieder eine wechselseitige Möglichkeit der Zurückführung dieser Einem Gegenstande dienenden Schlussweisen auf einander; nemlich es können reducirt werden: I 2 und I 4 auf II 1 und II 3, II 1 und II 2 und II 3 auf I 2 und I 4, II 4 aber nie auf I, hingegen I 3 und I 4

---

600) 38, 49 a. 11.: *τὸ δ' ἐπαναδιπλούμενον ἐν ταῖς προτάσεσι πρὸς τῷ πρώτῳ ἄκρῳ θετέον, οὐ πρὸς τῷ μέσῳ· λέγω δ' οἷον εἰ γένοιτο συλλογισμὸς ὅτι τῆς δικαιοσύνης ἐστὶν ἐπιστήμη ὅτι ἀγαθόν, τὸ ὅτι ἀγαθὸν ἢ ᾗ ἀγαθὸν πρὸς τῷ πρώτῳ θετέον ..... (27.) οὐχ ἡ αὐτὴ δὲ θέσις τῶν ὅρων, ὅταν ἁπλῶς τι συλλογισθῇ καὶ ὅταν τόδε τι ἢ πῇ ἢ πῶς.*

601) 39, 49 b. 3.: *δεῖ δὲ καὶ μεταλαμβάνειν ἃ τὸ αὐτὸ δύναται, ὀνόματα ἀντ' ὀνομάτων καὶ λόγους ἀντὶ λόγων καὶ ὄνομα καὶ λόγον, καὶ ἀεὶ ἀντὶ τοῦ λόγου τοὔνομα λαμβάνειν ..... (10.) ἐπεὶ δ' οὐ ταὐτόν ἐστι τὸ εἶναι τὴν ἡδονὴν ἀγαθὸν καὶ τὸ εἶναι τὴν ἡδονὴν τὸ ἀγαθόν, οὐχ ὁμοίως θετέον τοὺς ὅρους.*

602) 41, 49 b. 14.: *οὐκ ἔστι δὲ ταὐτὸν οὔτ' εἶναι οὔτ' εἰπεῖν, ὅτι ᾧ τὸ B ὑπάρχει, τούτῳ παντὶ τὸ A ὑπάρχει, καὶ τὸ εἰπεῖν τὸ ᾧ παντὶ τὸ B ὑπάρχει, καὶ τὸ A παντὶ ὑπάρχει· οὐδὲν γὰρ κωλύει τὸ B τῷ Γ ὑπάρχειν, μὴ παντὶ δέ.*

603) 42, 50 a. 5.: *μὴ λανθανέτω δ' ἡμᾶς ὅτι ἐν τῷ αὐτῷ συλλογισμῷ οὐχ ἅπαντα τὰ συμπεράσματα δι' ἑνὸς σχήματός εἰσιν, ἀλλὰ τὸ μὲν διὰ τούτου τὸ δὲ δι' ἄλλου.*

604) 43, 50 a. 11.: *τούς τε πρὸς ὁρισμὸν τῶν λόγων, ὅσοι πρὸς ἕν τι τυγχάνουσι διειλεγμένοι τῶν ἐν τῷ ὅρῳ, πρὸς ὃ διείλεκται, θετέον ὅρον, καὶ οὐ τὸν ἅπαντα λόγον· ἧττον γὰρ συμβήσεται ταράττεσθαι διὰ τὸ μῆκος.*

605) 44, 50 a. 16.: *ἔτι δὲ τοὺς ἐξ ὑποθέσεως συλλογισμοὺς οὐ πειρατέον ἀνάγειν· οὐ γὰρ ἔστιν ἐκ τῶν κειμένων ἀνάγειν, οὐ γὰρ διὰ συλλογισμοῦ δεδειγμένοι εἰσὶν, ἀλλὰ διὰ συνθήκης ὡμολογημένοι πάντες ..... (29.) ὁμοίως δὲ καὶ ἐπὶ τῶν διὰ τοῦ ἀδυνάτου περαινομένων· οὐδὲ γὰρ τούτους οὐκ ἔστιν ἀναλύειν, ἀλλὰ τὴν μὲν εἰς τὸ ἀδύνατον ἀπαγωγὴν ἔστιν συλλογισμῷ γὰρ δείκνυται, θάτερον δ' οὐκ ἔστιν.*

auf III 4 und III 6, dann III 1 und III 2 und III 3 und III 4 auf I 3 und I 4, III 5 aber nie auf I, hingegen wieder II 3 auf III 6, II 4 aber nie auf III, und ebenso III 2 und III 6 wohl auf II 3, III 5 aber nie auf II[606]). Endlich muss in Bezug auf die Formulirung der Prämissen und Syllogismen die grösste Aufmerksamkeit auf die Stellung der Negation verwendet werden, da es ja, wie wir oben (Anm. 205 ff.) sahen, hievon abhängt, ob ein Urtheil verneinend sei oder nicht[607]).

Sind nun auf diese Weise aus dem Materiale der Urtheile Syllogismen formulirt worden, so sind zunächst noch weitere Eigenthümlichkeiten dieser letzteren zu verfolgen, insoferne entweder in ihnen selbst schon die Veranlassung vorliegt, dass ein Schliessen innerhalb ihres Inhaltes sich noch in anderen Beziehungen bethätige, oder insoferne eine solche Fortsetzung syllogistischer Thätigkeit durch anderweitige besondere Vornahmen aus den formulirten Schlüssen hervorgerufen wird, was sämmtlich dazu dient, dass das syllogistische Verfahren auf irgend einem Gebiete des Wissens sich so vollständig als möglich ausbaue und durcharbeite. Sodann aber sind auch jene Eigenthümlichkeiten zu erwägen, welche einen Einfluss auf die Stärke der Beweiskraft und die wissenschaftliche Festigkeit des Inhaltes der Syllogismen ausüben. Es sind alle diese Erörterungen, welche den formellen Bestand der Syllogistik sowie die hievon abhängende Formulirung der Urtheile zu Schlüssen bereits voraussetzen, der Gegenstand des zweiten Buches der ersten Analytik, und wir haben uns für die Darstellung nun an dieses ebenso anzuschliessen, wie im bisherigen an das erste Buch derselben.

Zunächst ist klar, dass alle Syllogismen, deren Schlusssatz umkehrbar ist, durch die wirklich vorgenommene Umkehrung desselben noch ein Weiteres als Resultat des Schliessens darbieten; eine Erweiterung des Erschliessbaren, welche eben wegen der Umkehrung nur bei jenen

---

606) 45, 50 b. 5.: *ὅσα δ' ἐν πλείοσι σχήμασι δείκνυται τῶν προβλημάτων, ἢν ἐν θατέρῳ συλλογισθῇ, ἔστιν ἀναγαγεῖν τὸν συλλογισμὸν εἰς θάτερον, οἷον τὸν ἐν τῷ πρώτῳ στερητικὸν εἰς τὸ δεύτερον καὶ τὸν ἐν τῷ μέσῳ εἰς τὸ πρῶτον, οὐχ ἅπαντας δὲ ἀλλ' ἐνίους· ἔσται δὲ φανερὸν ἐν τοῖς ἑπομένοις· εἰ γὰρ τὸ Α μηδενὶ τῶν Β, τὸ δὲ Β παντὶ τῷ Γ, τὸ Α οὐδενὶ τῷ Γ. οὕτω μὲν οὖν τὸ πρῶτον σχῆμα, ἐὰν δ' ἀντιστραφῇ τὸ στερητικὸν, τὸ μέσον ἔσται ..... ὁμοίως δὲ καὶ εἰ μὴ καθόλου ἀλλ' ἐν μέρει ὁ συλλογισμός .... (17.) τῶν δ' ἐν τῷ δευτέρῳ συλλογισμῶν οἱ μὲν καθόλου ἀναχθήσονται εἰς τὸ πρῶτον, τῶν δ' ἐν μέρει ἅτερος μόνον ..... (25.) ἐὰν δ' ἐν μέρει ᾖ ὁ συλλογισμὸς, ὅταν μὲν ᾖ τὸ στερητικὸν πρὸς τῷ μείζονι ἄκρῳ, ἀναχθήσεται εἰς τὸ πρῶτον ..... (30.) ὅταν δὲ τὸ κατηγορικὸν, οὐκ ἀναλυθήσεται ..... (33.) πάλιν οἱ μὲν ἐν τῷ τρίτῳ σχήματι οὐκ ἀναλυθήσονται πάντες εἰς τὸ πρῶτον, οἱ δ' ἐν τῷ πρώτῳ πάντες εἰς τὸ τρίτον* .... (51 a. 1.) *τῶν δ' ἐν τῷ τελευταίῳ σχήματι συλλογισμῶν εἷς μόνος οὐκ ἀναλύεται εἰς τὸ πρῶτον, ὅταν μὴ καθόλου τεθῇ τὸ στερητικὸν, οἱ δ' ἄλλοι πάντες ἀναλύονται* ..... (26.) *τῶν δ' ἐν τῷ μέσῳ σχήματι ἅτερος μὲν ἀναλύεται ἅτερος δ' οὐκ ἀναλύεται εἰς τὸ τρίτον, ὅταν μὲν γὰρ ᾖ τὸ καθόλου στερητικὸν, ἀναλύεται* ..... (34.) *καὶ οἱ ἐκ τοῦ τρίτου δὲ σχήματος ἀναλυθήσονται εἰς τὸ μέσον, ὅταν ᾖ καθόλου τὸ στερητικόν* ..... (37.) *ἐὰν δ' ἐπὶ μέρους ᾖ τὸ στερητικὸν, οὐκ ἀναλυθήσεται.*

607) 46, 51 b. 5.: *διαφέρει δέ τι ἐν τῷ κατασκευάζειν ἢ ἀνασκευάζειν τὸ ὑπολαμβάνειν ἢ ταὐτὸν ἢ ἕτερον σημαίνειν τὸ μὴ εἶναι τοδὶ καὶ εἶναι μὴ τοῦτο* u. s. f. Der Inhalt des Folgenden ist schon oben Anm. 205—214. bei der Lehre vom Urtheile angeführt worden.

Syllogismen nicht stattfindet, welche einen particular verneinenden Schlusssatz haben[608]). Ferner muss bei allen allgemeinen Syllogismen, seien sie bejahend oder verneinend, der Schlusssatz nicht bloss von dem Unterbegriffe, sondern auch von Allem jenen gelten, was unter den Unterbegriff und was unter den Mittelbegriff fällt; bei den particularen hingegen gilt der Schlusssatz nur von allem demjenigen, was unter den Mittelbegriff fällt, denn betreffs des Unterbegriffes gebricht es ja gerade wegen der Particularität an der Nothwendigkeit[609]).

Ueberhaupt aber ist in Bezug auf die Wahrheit des durch einen Syllogismus Erschliessbaren zu bedenken, dass die Prämissen selbst sowohl wahr als falsch sein können; und wenn einerseits feststeht, dass aus wahren Prämissen bei richtiger Schlussform nur Wahres folgen kann, so sind andrerseits die Fälle zu erwägen, in welchen bei richtiger Form aus falschen Prämissen Wahres folgen kann[610]). Was hiebei die erste Figur betrifft, so kann bei den allgemeinen Schlussmodi der Schlusssatz wahr sein, wenn beide Prämissen falsch sind, sei es dass dieselben als directes Gegentheil des Wahren oder sei es dass sie bloss beziehungsweise falsch sind; ist hingegen nur die eine der beiden Prämissen falsch, so kann der Schlusssatz nicht wahr sein, sobald der Obersatz die falsche Prämisse und zwar ein schlechthin falsches Urtheil ist, wohl hingegen kann der Schlusssatz wahr sein, wenn der falsche Obersatz nur beziehungsweise falsch ist; und ebenso, wenn der Untersatz das falsche Urtheil ist, sei es schlechthin oder beziehungsweise falsch. Auch bei den particularen Schlussweisen kann der Schlusssatz wahr sein, wenn beide Prämissen falsch sind, mag es der Obersatz schlechthin oder nur beziehungsweise sein; ebenso aber auch, wenn die eine der beiden Prämissen, sei es Obersatz oder Untersatz, schlechthin oder beziehungsweise falsch ist. Denn ist der Obersatz schlechthin falsch, so muss, wenn der Untersatz den Unterbegriff in richtiger Weise als wahres Urtheil unter den Mittelbegriff subsumirt, hiedurch auch das Verhältniss des Unterbegriffes zum Oberbegriffe unrichtig, d. h. der Schlusssatz falsch sein; ist aber der Untersatz particular und folglich in ihm keine stringente Nothwendigkeit, oder ist der Obersatz nur beziehungsweise unrichtig, oder gibt bloss der Untersatz eine falsche Subsumption, so kann zufälliger Weise durch einen entgegengesetzten

608) *Anal. pr.* II, 1, 53 a. 3.: *ἐπεὶ δ' οἱ μὲν καθόλου τῶν συλλογισμῶν εἰσιν οἱ δὲ κατὰ μέρος, οἱ μὲν καθόλου πάντες ἀεὶ πλείω συλλογίζονται, τῶν δ' ἐν μέρει οἱ μὲν κατηγορικοὶ πλείω, οἱ δ' ἀποφατικοὶ τὸ συμπέρασμα μόνον· αἱ μὲν γὰρ ἄλλαι προτάσεις ἀντιστρέφονται, ἡ δὲ στερητικὴ οὐκ ἀντιστρέφει.*

609) Ebend. 53 a. 16.: *ἔστι δὲ περὶ τῶν καθόλου καὶ ἄλλως εἰπεῖν· ὅσα γὰρ ἢ ὑπὸ τὸ μέσον ἢ ὑπὸ τὸ συμπέρασμά ἐστιν, ἁπάντων ἔσται ὁ αὐτὸς συλλογισμὸς, ἐὰν τὰ μὲν ἐν τῷ μέσῳ τὰ δ' ἐν τῷ συμπεράσματι τεθῇ ..... (24.) ὁμοίως δὲ καὶ εἰ στερητικὸς ὁ συλλογισμός ..... (34.) ἐπὶ δὲ τῶν ἐν μέρει τῶν μὲν ὑπὸ τὸ συμπέρασμα οὐκ ἔσται τὸ ἀναγκαῖον, οὐ γὰρ γίνεται συλλογισμὸς, ὅταν αὕτη ληφθῇ ἐν μέρει, τῶν δ' ὑπὸ τὸ μέσον ἔσται πάντων.*

610) 2, 53 b. 4.: *ἔστι μὲν οὖν οὕτως ἔχειν ὥστ' ἀληθεῖς εἶναι τὰς προτάσεις δι' ὧν ὁ συλλογισμὸς, ἔστι δ' ὥστε τὴν μὲν ἀληθῆ τὴν δὲ ψευδῆ. τὸ δὲ συμπέρασμα ἢ ἀληθὲς ἢ ψεῦδος ἐξ ἀνάγκης. ἐξ ἀληθῶν μὲν οὖν οὐκ ἔστι ψεῦδος συλλογίσασθαι, ἐκ ψευδῶν δ' ἔστιν ἀληθές.*

Fehler im Obersatze sich dieses ausgleichen, oder es können die bei Particularität oder bloss beziehungsweiser Unwahrheit offen bleibenden Fälle zufällig zusammen treffen, und so ein Schlusssatz entstehen, welcher wahr ist[611]). Aus den gleichen Gründen kann in der zweiten Figur bei den allgemeinen Schlussweisen der Schlusssatz wahr sein, sowohl wenn beide Prämissen schlechthin falsch und wenn beide beziehungsweise falsch sind, als auch wenn die eine der beiden falsch ist, sei es schlechthin oder beziehungsweise; ebenso bei den particularen Schlussweisen, sowohl wenn beide Prämissen falsch sind, als auch wenn der Untersatz überhaupt falsch ist und wenn der Obersatz schlechthin falsch ist[612]). Und ebenso kann in der dritten Figur der Schlusssatz wahr sein, sowohl wenn beide Prämissen schlechthin oder beziehungsweise falsch sind, als auch wenn diess bei einer derselben, gleichviel welcher, der Fall ist[613]). Demnach ist gewiss, dass, wenn der Schlusssatz falsch ist, in den Prämissen die Ursache liegen muss, insoferne beide oder die eine selbst falsch sein müssen, dass aber aus der Wahrheit des Schlusssatzes nicht auf Wahrheit der Prämissen geschlossen werden kann; denn überhaupt verhält es sich bei dem Causalnexus der Nothwendigkeit — und ein solcher besteht ja zwischen Prämissen und Schlusssatz — in der Weise, dass nur von dem Nichtvorhandensein des Bedingten auf das Nichtvorhandensein des Bedingenden geschlossen werden kann, nicht aber vom Vorhandensein des letzteren auf das des ersteren[614]).

Eine weitere absichtliche Ausführung aber desjenigen, was in einem Syllogismus implicirt schon enthalten ist, liegt in dem sogenannten Cirkel-Beweise (*κύκλῳ καὶ ἐξ ἀλλήλων δείκνυσθαι*). Da dieses Verfahren

---

611) 53 b. 25.: *ἐκ ψευδῶν δ' ἀληθὲς ἔστι συλλογίσασθαι καὶ ἀμφοτέρων τῶν προτάσεων ψευδῶν οὐσῶν καὶ τῆς μιᾶς, ταύτης δ' οὐχ ὁποτέρας ἔτυχεν ἀλλὰ τῆς δευτέρας, ἐάνπερ ὅλην λαμβάνῃ ψευδῆ, μὴ ὅλης δὲ λαμβανομένης ἔστιν ὁποτερασοῦν* ..... (45 a. 2.) *ἐὰν δ' ἡ ἑτέρα τεθῇ ψευδής, τῆς μὲν πρώτης ὅλης ψευδοῦς οὔσης, οἷον τῆς ΑΒ, οὐκ ἔσται τὸ συμπέρασμα ἀληθές, τῆς δὲ ΒΓ ἔσται* ..... (18.) *μὴ ὅλης δὲ λαμβανομένης ἔσται* ..... (28.) *ἐὰν δ' ἡ μὲν ΑΒ πρότασις ὅλη ληφθῇ ἀληθές, ἡ δὲ ΒΓ ὅλη ψευδής, ἔσται συλλογισμὸς ἀληθής* ..... (b. 2.) *καὶ εἰ μὴ ὅλη ψευδὴς ἡ ΒΓ ἀλλ' ἐπί τι, καὶ οὕτως ἔσται τὸ συμπέρασμα ἀληθές* ..... (17.) *ἐπὶ δὲ τῶν ἐν μέρει συλλογισμῶν ἐνδέχεται καὶ τῆς πρώτης προτάσεως ὅλης οὔσης ψευδοῦς τῆς δ' ἑτέρας ἀληθοῦς ἀληθὲς εἶναι τὸ συμπέρασμα, καὶ ἐπί τι ψευδοῦς οὔσης τῆς πρώτης τῆς δ' ἑτέρας ἀληθοῦς, καὶ τῆς μὲν ἀληθοῦς τῆς δ' ἐν μέρει ψευδοῦς, καὶ ἀμφοτέρων ψευδῶν.*

612) 3, 55 b. 3.: *ἐν δὲ τῷ μέσῳ σχήματι πάντως ἐγχωρεῖ διὰ ψευδῶν ἀληθὲς συλλογίσασθαι, καὶ ἀμφοτέρων τῶν προτάσεων ὅλων ψευδῶν λαμβανομένων καὶ ἐπί τι ἑκατέρας καὶ τῆς μὲν ἀληθοῦς τῆς δὲ ψευδοῦς οὔσης ὅλης, ὁποτερασοῦν ψευδοῦς τιθεμένης, καὶ εἰ ἡ μὲν ἁπλῶς ἀληθὴς ἡ δ' ἐπί τι ψευδής, καὶ ἐν τοῖς καθόλου καὶ ἐπὶ τῶν ἐν μέρει συλλογισμῶν.*

613) 4, 56 b. 4.: *ἔσται δὲ καὶ ἐν τῷ ἐσχάτῳ σχήματι διὰ ψευδῶν ἀληθές, καὶ ἀμφοτέρων ψευδῶν οὐσῶν ὅλων καὶ ἐπί τι ἑκατέρας, καὶ τῆς μὲν ἑτέρας ἀληθοῦς ὅλης τῆς δ' ἑτέρας ψευδοῦς, καὶ τῆς μὲν ἐπί τι ψευδοῦς τῆς δ' ὅλης ἀληθοῦς, καὶ ἀνάπαλιν, καὶ ὁσαχῶς ἄλλως ἐγχωρεῖ μεταλαβεῖν τὰς προτάσεις.*

614) 57 a. 36.: *φανερὸν οὖν ὅτι ἂν μὲν ᾖ τὸ συμπέρασμα ψεῦδος, ἀνάγκη ἐξ ὧν ὁ λόγος ψευδῆ εἶναι ἢ πάντα ἢ ἔνια, ὅταν δ' ἀληθές, οὐκ ἀνάγκη ἀληθὲς εἶναι οὔτε τὶ οὔτε πάντα* ..... (40.) *αἴτιον δ' ὅτι ὅταν δύο ἔχῃ οὕτω πρὸς ἄλληλα ὥστε θατέρου ὄντος ἐξ ἀνάγκης εἶναι θάτερον, τούτου μὴ ὄντος μὲν οὐδὲ θάτερον ἔσται, ὄντος δ' οὐκ ἀνάγκη εἶναι θάτερον.*

darin besteht, dass die eine Prämisse aus dem Schlusssatze in Verbindung mit der umgekehrten anderen Prämisse erwiesen wird, so hängt hiebei Alles von der Umkehrbarkeit ab, denn wo diese nicht besteht, muss die andere Prämisse in unbewiesener Weise als umgekehrte benützt werden; aber auch, wenn wirklich umgekehrt werden darf, beruht die Beweiskraft des Cirkel-Schlusses doch nur auf der Annahme der Geltung des Schlusssatzes [615]). Was hiebei die erste Figur betrifft, so kann bei I 1 keine der beiden Prämissen auf diese Art erwiesen werden; bei I 2 hingegen beide, nur muss, wenn der Obersatz durch Verbindung des Schlusssatzes mit dem Untersatze syllogistisch bewiesen werden soll, der allgemeine Untersatz als allgemein umkehrbar genommen werden; soll hingegen der Untersatz durch Cirkelschluss bewiesen werden, so muss der allgemeine verneinende Obersatz so gewendet werden, dass B das Prädicat von allem Nicht-A ist; bei den particularen Schlussweisen der ersten Figur kann gleichfalls die allgemeine Prämisse auf diese Art nicht bewiesen werden, die particulare aber in I 3 und I 4 in der nemlichen doppelten Weise, wie so eben bei den allgemeinen Schlussmodi [616]). In der zweiten Figur kann bei II 1 und II 2 nur die verneinende Prämisse, nie die bejahende, durch Cirkelschluss bewiesen werden, und bei der particularen Schlussweise nur die particulare Prämisse, und zwar nur wenn die allgemeine bejahend ist, also nur in II 4, ausserdem nicht, und auch die allgemeine Prämisse nicht [617]). In der dritten Figur kann in III 1 und III 2 keine von beiden Prämissen so erwiesen werden, in den übrigen Schlussweisen aber nur die particulare, und diese in III 4 und III 6 nur durch obige Art der Umkehrung [618]).

---

615) 5, 57 b. 18.: *τὸ δὲ κύκλῳ καὶ ἐξ ἀλλήλων δείκνυσθαί ἐστι τὸ διὰ τοῦ συμπεράσματος καὶ τοῦ ἀνάπαλιν τῇ κατηγορίᾳ τὴν ἑτέραν λαβόντα πρότασιν συμπεράνασθαι τὴν λοιπήν, ἣν ἐλάμβανεν ἐν θατέρῳ συλλογισμῷ* ..... (32.) *ἐν μὲν οὖν τοῖς μὴ ἀντιστρέφουσιν ἐξ ἀναποδείκτου τῆς ἑτέρας προτάσεως γίνεται ὁ συλλογισμός* ..... (35.) *ἐν δὲ τοῖς ἀντιστρέφουσιν ἔστι πάντα δεικνύναι δι' ἀλλήλων* ..... (58 a. 15.) *συμβαίνει δὲ καὶ ἐν τούτοις αὐτῷ τῷ δεικνυμένῳ χρῆσθαι πρὸς τὴν ἀπόδειξιν* ..... *ὥστε τῷ συμπεράσματι χρώμεθα πρὸς τὴν ἀπόδειξιν.*

616) 58 a. 22.: *ἔστω τὸ μὲν B παντὶ τῷ Γ ὑπάρχειν, τὸ δὲ A οὐδενὶ τῶν B. συμπέρασμα ὅτι τὸ A οὐδενὶ τῶν Γ. εἰ δὴ πάλιν δεῖ συμπεράνασθαι ὅτι τὸ A οὐδενὶ τῶν B, ὃ πάλαι ἔλαβεν, ἔσται τὸ μὲν A μηδενὶ τῷ Γ, τὸ δὲ Γ παντὶ τῷ B. οὕτω γὰρ ἀνάπαλιν ἡ πρότασις. εἰ δ' ὅτι τὸ B τῷ Γ δεῖ συμπεράνασθαι, οὐκέθ' ὁμοίως ἀντιστρεπτέον τὸ AB* .... *ἀλλὰ ληπτέον, ᾧ τὸ A μηδενὶ ὑπάρχει, τὸ B παντὶ ὑπάρχειν* ..... (36.) *ἐπὶ δὲ τῶν ἐν μέρει συλλογισμῶν τὴν μὲν καθόλου πρότασιν οὐκ ἔστιν ἀποδεῖξαι διὰ τῶν ἑτέρων, τὴν δὲ κατὰ μέρος ἔστιν* ..... (b. 6.) *εἰ δὲ στερητικὸς ὁ συλλογισμὸς* ..... *τὴν δ' ἐν μέρει ἔστιν, ἐὰν ὁμοίως ἀντιστραφῇ τὸ AB ὥςπερ κἀπὶ τῶν καθόλου, οἷον ᾧ τὸ A τινὶ μὴ ὑπάρχει, τὸ B τινὶ ὑπάρχειν.*

617) 6, 58 b. 13.: *ἐν δὲ τῷ δευτέρῳ σχήματι τὸ μὲν καταφατικὸν οὐκ ἔστι δεῖξαι διὰ τούτου τοῦ τρόπου, τὸ δὲ στερητικὸν ἔστιν* ..... (27.) *ἢν δὲ μὴ καθόλου ὁ συλλογισμὸς ᾖ, ἡ μὲν ἐν ὅλῳ πρότασις οὐ δείκνυται διὰ τὴν αὐτὴν αἰτίαν ἥνπερ εἴπομεν καὶ πρότερον, ἡ δ' ἐν μέρει δείκνυται, ὅταν ᾖ τὸ καθόλου κατηγορικόν.*

618) 7, 58 b. 39.: *ἐπὶ δὲ τοῦ τρίτου σχήματος ὅταν μὲν ἀμφότεραι αἱ προτάσεις καθόλου ληφθῶσιν, οὐκ ἐνδέχεται δεῖξαι δι' ἀλλήλων* ..... (59 a. 3.) *ἐὰν δ' ἡ μὲν ᾖ καθόλου ἡ δ' ἐν μέρει* ..... *ὅταν μὲν οὖν ἀμφότεραι κατηγορικαὶ ληφθῶσι καὶ τὸ καθόλου γένηται πρὸς τῷ ἐλάττονι ἄκρῳ,*

Das Gegentheil des Cirkel-Beweises ist die Umkehrung des Syllogismus (*ἀντιστρέφειν συλλογισμόν*), welche darin besteht, dass statt des Schlusssatzes das ihm Gegenüberliegende, entweder das widerspruchsweise oder das gegensätzlich Gegenüberliegende, genommen und dieses Gegentheil des Schlusssatzes mit der einen der beiden Prämissen in Verbindung gebracht wird, um hiedurch die andere aufzuheben [619]). In der ersten Figur wird bei I 1 und I 2 hiedurch jedenfalls die eine Prämisse aufgehoben, nur mit dem selbstverständlichen Unterschiede, dass, wenn der Schlusssatz in sein widerspruchsweises Gegentheil umgesetzt wurde, auch die Aufhebung der Prämisse nur eine widerspruchsweise, und keine gegensätzliche ist. Bei I 3 und III 4 aber wird wohl bei dem widerspruchsweisen Gegentheile des Schlusssatzes jede von beiden Prämissen aufgehoben, bei dem gegensätzlichen Gegentheile des Schlusssatzes aber keine von beiden [620]). In der zweiten Figur kann bei II 1 und II 2 betreffs des Obersatzes nur ein widerspruchsweises Gegentheil, nie ein gegensätzliches, erreicht werden, weil in diesen Schlussweisen nach der Umsetzung des Schlusssatzes in sein Gegentheil, wenn der Untersatz bestehen bleibt, nur in der dritten Figur, d. h. nur particular, geschlossen werden kann; betreffs des Untersatzes aber wird sowohl das widerspruchsweise Gegentheil erreicht als auch das gegensätzliche, je nachdem der Schlusssatz in ersteres oder in letzteres umgesetzt worden war. Bei II 3 und II 4 aber wird, wenn der Schlusssatz in seinen Gegensatz umgesetzt wurde, keine der beiden Prämissen aufgehoben; hingegen beide, wenn jener in seinen Widerspruch verwandelt wurde [621]). In der dritten Figur wird überhaupt bei gegensätzlichem Gegentheile des Schlusssatzes keine der beiden Prämissen aufgehoben, bei widerspruchsweisem aber beide [622]).

ἔσται, ὅταν δὲ πρὸς θατέρῳ, οὐκ ἔσται ..... (18.) *καὶ ὅταν ᾖ ἡ μὲν κατηγορικὴ ἡ δὲ στερητική, καθόλου δ' ἡ στερητική, δειχθήσεται ἡ ἑτέρα* ..... (24.) *ὅταν δ' ἡ στερητικὴ καθόλου γένηται, οὐ δείκνυται ἡ ἑτέρα, εἰ μὴ ὥσπερ ἐπὶ τῶν πρότερον, ἐὰν ληφθῇ, ᾧ τοῦτο τινὶ μὴ ὑπάρχει, θάτερον τινὶ ὑπάρχειν.*

619) 8, 59 b. 1.: *τὸ ἀντιστρέφειν ἐστὶ τὸ μετατιθέντα τὸ συμπέρασμα ποιεῖν τὸν συλλογισμὸν ὅτι ἢ τὸ ἄκρον τῷ μέσῳ οὐχ ὑπάρχει ἢ τοῦτο τῷ τελευταίῳ. ἀνάγκη γὰρ τοῦ συμπεράσματος ἀντιστραφέντος καὶ τῆς ἑτέρας μενούσης προτάσεως ἀναιρεῖσθαι τὴν λοιπήν· εἰ γὰρ ἔσται, καὶ τὸ συμπέρασμα ἔσται. διαφέρει δὲ τὸ ἀντικειμένως ἢ ἐναντίως ἀντιστρέφειν τὸ συμπέρασμα· οὐ γὰρ ὁ αὐτὸς γίνεται συλλογισμὸς ἑκατέρως ἀντιστραφέντος.*

620) 59 b. 25.: *ἐὰν δ' ἀντικειμένως ἀντιστραφῇ τὸ συμπέρασμα, καὶ οἱ συλλογισμοὶ ἀντικείμενοι καὶ οὐ καθόλου ἔσονται* ..... (37.) *ἐπὶ δὲ τῶν ἐν μέρει συλλογισμῶν ὅταν μὲν ἀντικειμένως ἀντιστρέφηται τὸ συμπέρασμα, ἀναιροῦνται ἀμφότεραι αἱ προτάσεις, ὅταν δ' ἐναντίως, οὐδετέρα.*

621) 9, 60 a. 15.: *ἐν δὲ τῷ δευτέρῳ σχήματι τὴν μὲν πρὸς τῷ μείζονι ἄκρῳ πρότασιν οὐκ ἔστιν ἀνελεῖν ἐναντίως, ὁποτερωσοῦν τῆς ἀντιστροφῆς γινομένης· ἀεὶ γὰρ ἔσται τὸ συμπέρασμα ἐν τῷ τρίτῳ σχήματι, καθόλου δ' οὐκ ἦν ἐν τούτῳ συλλογισμός. τὴν δ' ἑτέραν ὁμοίως ἀναιρήσομεν τῇ ἀντιστροφῇ, λέγω δὲ τὸ ὁμοίως, εἰ μὲν ἐναντίως ἀντιστρέφεται, ἐναντίως, εἰ δ' ἀντικειμένως, ἀντικειμένως* ..... (32.) *εἰ δ' ἐστὶν ἐπὶ μέρους ὁ συλλογισμός, ἐναντίως μὲν ἀντιστρεφομένου τοῦ συμπεράσματος οὐδετέρα τῶν προτάσεων ἀναιρεῖται, καθάπερ οὐδ' ἐν τῷ πρώτῳ σχήματι, ἀντικειμένως δ' ἀμφότεραι.*

622) 10, 60 b. 6.: *ἐπὶ δὲ τοῦ τρίτου σχήματος ὅταν μὲν ἐναντίως ἀντιστρέφηται τὸ συμπέρασμα, οὐδετέρα τῶν προτάσεων ἀναιρεῖται κατ' οὐδένα τῶν συλλογισμῶν, ὅταν δ' ἀντικειμένως, ἀμφότεραι καὶ ἐν ἅπασιν.*

Verwandt mit der Umkehrung des Syllogismus ist der Syllogismus eines sich ergebenden Unmöglichen (*ὁ διὰ τοῦ ἀδυνάτου συλλογισμός*), d. h. die sog. *deductio ad absurdum;* nemlich er hat mit jener wohl die Umsetzung des Schlusssatzes in sein Gegentheil gemein, aber er unterscheidet sich dadurch, dass bei der Umkehrung schon ein Syllogismus vorher vorliegt und in Bezug auf diesen also ein zweiter gemacht wird, welcher die eine Prämisse aufhebt, wohingegen bei dem apagogischen Verfahren Nichts als vorausgegangen betrachtet wird, daher auch letzteres Verfahren, d. h. der Syllogismus eines Unmöglichen, sofort das Gegentheil des Schlusssatzes als ein schon an sich wahres Urtheil annimmt und durch einen von da an geführten Syllogismus die Unmöglichkeit dieses Gegentheiles zeigt[623]). Ein allgemein bejahendes Urtheil nun kann in der ersten Figur nicht apagogisch erwiesen werden, wohl aber ein particular bejahendes und ein allgemein verneinendes und ein particular verneinendes; nie aber darf hiezu das gegensätzliche Gegentheil der Behauptung vorausgesetzt werden (welches bei einem particular verneinenden Urtheile sogar zur Selbstaufhebung des apagogischen Beweises führen würde), sondern nur das widerspruchsweise Gegentheil; denn um letzteres handelt es sich ja auch, da, wenn die Verneinung einer Behauptung als unrichtig sich zeigt, die Bejahung derselben wahr sein muss, wohingegen der positive Gegensatz durchaus nicht bei Allem wahr sein muss, wenn das ihm Entgegengesetzte bei Keinem wahr ist[624]). In der zweiten und dritten hingegen können sämmtliche Urtheile, sowohl die allgemeinen als auch die particularen und sowohl die bejahenden als auch die verneinenden, apagogisch erwiesen werden, sobald nur ihr widerspruchsweises, nicht ihr gegensätzliches, Gegentheil vorausgesetzt wird[625]). Das Verhältniss des apagogischen Verfahrens zum directen

---

623) 11, 61 a. 18.: *ὁ δὲ διὰ τοῦ ἀδυνάτου συλλογισμὸς δείκνυται μέν, ὅταν ἡ ἀντίφασις τεθῇ τοῦ συμπεράσματος καὶ προςληφθῇ ἄλλη πρότασις (γίνεται δ' ἐν ἅπασι τοῖς σχήμασιν, ὅμοιον γάρ ἐστι τῇ ἀντιστροφῇ), πλὴν διαφέρει τοσοῦτον ὅτι ἀντιστρέφεται μὲν γεγενημένου συλλογισμοῦ καὶ εἰλημμένων ἀμφοῖν τῶν προτάσεων, ἀπάγεται δ' εἰς ἀδύνατον οὐ προομολογηθέντος τοῦ ἀντικειμένου πρότερον, ἀλλὰ φανεροῦ ὄντος ὅτι ἀληθές.*

624) 61 a. 34.: *τὰ μὲν οὖν ἄλλα προβλήματα πάντα δείκνυται διὰ τοῦ ἀδυνάτου ἐν ἅπασι τοῖς σχήμασι, τὸ δὲ καθόλου κατηγορικὸν ἐν μὲν τῷ μέσῳ καὶ τῷ τρίτῳ δείκνυται, ἐν δὲ τῷ πρώτῳ οὐ δείκνυται* ..... (b. 10.) *τὸ δέ γε τινὶ καὶ τὸ μηδενὶ καὶ μὴ παντὶ δείκνυται* ..... (18.) *φανερὸν οὖν ὅτι τὸ ἀντικείμενον ὑποθετέον* ..... (33.) *πρὸς δὲ τὸ μὴ παντὶ δεῖξαι ὑπάρχον τῷ B τὸ A, ὑποθετέον παντὶ ὑπάρχειν* ..... (39.) *ἐὰν δὲ μὴ παντὶ ἀλλὰ τινὶ ὑπάρχειν ὑπάρχειν ὑποτεθῇ, οὐ δείκνυται ὅτι οὐ παντὶ ἀλλ' ὅτι οὐδενί* ..... (62 a. 11.) *φανερὸν οὖν ὅτι οὐ τὸ ἐναντίον ἀλλὰ τὸ ἀντικείμενον ὑποθετέον ἐν ἅπασι τοῖς συλλογισμοῖς· οὕτω γὰρ τὸ ἀναγκαῖον ἔσται καὶ τὸ ἀξίωμα ἔνδοξον· εἰ γὰρ κατὰ παντὸς ἢ φάσις ἢ ἀπόφασις, δειχθέντος ὅτι οὐχ ἡ ἀπόφασις, ἀνάγκη τὴν κατάφασιν ἀληθεύεσθαι* ..... (17.) *τὸ δ' ἐναντίον οὐδετέρως ἁρμόττει ἀξιοῦν· οὔτε γὰρ ἀναγκαῖον, εἰ τὸ μηδενὶ ψεῦδος, τὸ παντὶ ἀληθὲς, οὔτ' ἔνδοξον ὡς εἰ θάτερον ψεῦδος, ὅτι θάτερον ἀληθές.*

625) 12, 62 a. 20.: *φανερὸν οὖν ὅτι ἐν τῷ πρώτῳ σχήματι τὰ μὲν ἄλλα προβλήματα πάντα δείκνυται διὰ τοῦ ἀδυνάτου, τὸ δὲ καθόλου καταφατικὸν οὐ δείκνυται· ἐν δὲ τῷ μέσῳ καὶ τῷ ἐσχάτῳ καὶ τοῦτο δείκνυται* ..... (b. 2.) *φανερὸν οὖν ὅτι πάντες οἱ συλλογισμοὶ γίνονται διὰ τοῦ μέσου σχήματος.* 13, 62 b. 5.: *ὁμοίως δὲ καὶ διὰ τοῦ ἐσχάτου* ..... (25.) *φανερὸν οὖν ὅτι ἐν ἅπασι τοῖς διὰ τοῦ ἀδυνάτου συλλογισμοῖς τὸ ἀντικείμενον*

beruht darin, dass letzteres von zugestandenen Sätzen ausgeht, ersteres aber auf etwas zugestandnermassen Unwahres hinstrebt; zwei Urtheile sind es bei jedem dieser beiden Verfahren, welche beigezogen werden; bei dem directen Verfahren sind es die Prämissen, bei dem apagogischen hingegen das Gegentheil des Schlusssatzes und die eine der beiden Prämissen. Daher kann Alles, was direct erschlossen wird, auch apagogisch bewiesen werden, und umgekehrt; nemlich, was in der ersten Figur apagogisch geschlossen wird, kann, wenn die zu beweisende Behauptung verneinend ist, in der zweiten, wenn aber jene bejahend ist, in der dritten Figur direct bewiesen werden; und alles, was in der zweiten Figur apagogisch, in der ersten direct; und was in der dritten apagogisch nachgewiesen wird, kann, wenn das zu Beweisende bejahend ist, in der ersten, wenn aber jenes verneinend, in der zweiten Figur direct geschlossen werden [626]).

Wurde so bei der Umkehrung des Syllogismus und bei dem Syllogismus des beabsichtigten Unmöglichen der Schlusssatz in sein Gegentheil umgesetzt, so kann das gleiche auch mit den Prämissen geschehen, wobei gleichfalls das Gegentheil entweder widerspruchsweise oder gegensätzlich genommen werden kann. In der ersten Figur nun kann aus keinerlei Umsetzung der Prämissen in ihr Gegentheil ein Schlusssatz erreicht werden, wohl aber in der zweiten bei beiderlei Gegentheile, nemlich sowohl bei dem widerspruchsweisen als auch bei dem gegensätzlichen; in der dritten Figur kann aus dem Gegentheile der Prämissen wohl kein bejahender Schlusssatz gewonnen werden, stets aber ein verneinender. Von selbst versteht sich, dass aus dem widerspruchsweisen Gegentheile der Prämissen kein wahrer Schlusssatz folgen, sondern wohl ein Widerspruch einer gemachten Voraussetzung erreicht werden kann; überhaupt ja müssen, wenn Widersprechendes über Ein und den nemlichen Gegenstand erschlossen werden soll, entweder mehrere, d. h. wenigstens zwei, Syllogismen gemacht werden, oder es muss der Widerspruch schon in den Prämissen selbst liegen [627]).

ὑποθετέον· δῆλον δὲ καὶ ὅτι ἐν τῷ μέσῳ σχήματι δείκνυταί πως τὸ καταφατικὸν καὶ ἐν τῷ ἐσχάτῳ τὸ καθόλου.

626) 14, 62b. 29.: *διαφέρει δὲ ἡ εἰς τὸ ἀδύνατον ἀπόδειξις τῆς δεικτικῆς τῷ τιθέναι ὃ βούλεται ἀναιρεῖν, ἀπάγουσα εἰς ὁμολογούμενον ψεῦδος· ἡ δὲ δεικτικὴ ἄρχεται ἐξ ὁμολογουμένων θέσεων. λαμβάνουσι μὲν οὖν ἀμφότεραι δύο προτάσεις ὁμολογουμένας, ἀλλ' ἡ μὲν ἐξ ὧν ὁ συλλογισμός, ἡ δὲ μίαν μὲν τούτων, μίαν δὲ τὴν ἀντίφασιν τοῦ συμπεράσματος .....* (39.) *ἅπαν δὲ τὸ δεικτικῶς περαινόμενον καὶ διὰ τοῦ ἀδυνάτου δειχθήσεται καὶ τὸ διὰ τοῦ ἀδυνάτου δεικτικῶς διὰ τῶν αὐτῶν ὅρων. ὅταν μὲν γὰρ ὁ συλλογισμὸς ἐν τῷ πρώτῳ σχήματι γένηται, τὸ ἀληθὲς ἔσται ἐν τῷ μέσῳ ἢ τῷ ἐσχάτῳ, τὸ μὲν στερητικὸν ἐν τῷ μέσῳ, τὸ δὲ κατηγορικὸν ἐν τῷ ἐσχάτῳ. ὅταν δ' ἐν τῷ μέσῳ ὁ συλλογισμός, τὸ ἀληθὲς ἐν τῷ πρώτῳ ἐπὶ πάντων τῶν προβλημάτων. ὅταν δ' ἐν τῷ ἐσχάτῳ ὁ συλλογισμός, τὸ ἀληθὲς ἐν τῷ πρώτῳ καὶ τῷ μέσῳ, τὰ μὲν καταφατικὰ ἐν τῷ πρώτῳ, τὰ δὲ στερητικὰ ἐν τῷ μέσῳ.*

627) 15, 63b. 22.: *ἐν ποίῳ δὲ σχήματι ἔστιν ἐξ ἀντικειμένων προτάσεων συλλογίσασθαι καὶ ἐν ποίῳ οὐκ ἔστιν, ὧδ' ἔσται φανερόν .....* (31.) *ἐν μὲν οὖν τῷ πρώτῳ σχήματι οὐκ ἔστιν ἐξ ἀντικειμένων προτάσεων συλλογισμὸς οὔτε καταφατικὸς οὔτε ἀποφατικός .....* (40.) *ἐν δὲ τῷ μέσῳ σχήματι καὶ ἐκ τῶν ἀντικειμένων καὶ ἐκ τῶν ἐναντίων ἐνδέχεται γίνεσθαι συλλογισμόν .....* (64a. 20.) *ἐν δὲ τῷ τρίτῳ σχήματι καταφατικὸς μὲν*

Alle diese bisher betrachteten Eigenthümlichkeiten der aus vorliegenden Urtheilen formulirten Syllogismen waren nun selbst derartig, dass sie in der Verschiedenheit der drei Figuren ihre Function auseinanderlegten, und in dieser Beziehung mit den einzelnen Gesetzen der Form des Syllogismus selbst in einem wesentlichen Zusammenhange standen. Sie dienten dazu, innerhalb des in den Prämissen vorhandenen Materiales mit syllogistischer Thätigkeit weiter zu bauen und hiedurch namentlich jenes Verhältniss, in welchem Unterbegriff, Mittelbegriff und Oberbegriff zu einem sie vereinigenden Syllogismus stehen, so allseitig als möglich klar zu machen. Daher insbesondere jene Eigenthümlichkeiten, welche wir von dem Cirkelbeweise an zu betrachten hatten, eine Function besitzen, welche der dem Syllogismus vorhergehenden Umkehrung der Urtheile völlig analog ist. Ganz anders hingegen verhält es sich mit demjenigen, was uns nun von der aristotelischen Syllogistik noch zu betrachten übrig ist. Es kommen nemlich noch jene Eigenthümlichkeiten des Schlusses in Erwägung, welche bei dem Schliessen überhaupt allen syllogistischen Verbindungen gemeinsam und in dieser Beziehung gegen die einzelnen Figuren indifferent sind, dabei aber einen Einfluss auf die Stärke der Beweiskraft ausüben und somit auf jene Momente hinweisen, welche betreffs der Annehmbarkeit und wissenschaftlichen Glaubenswürdigkeit eines gemachten Schlusses eine Nachhilfe oder auch eine Abhilfe nöthig machen.

Zunächst kömmt hiebei in Betracht die erschlichene Annahme des obersten Ausgangspunktes (*τὸ ἐν ἀρχῇ αἰτεῖσθαι*), die sog. *petitio principii*, welche darin besteht, dass dasjenige, was nicht schon durch sich selbst klar ist, als ein durch sich selbst klares aufgezeigt wird; diess geschieht in jedem Syllogismus dann, wenn der Obersatz oder der Untersatz nicht an sich gewisser ist als der Schlusssatz, was stets der Fall sein wird, wenn durch die Verbindung der drei Begriffe des Schlusses zweimal das Nemliche als Prädicat Eines Subjectes oder als Subject zweier Prädicate ausgesagt wird, also der Schlusssatz nichts Neues aus den Prämissen erst abgeleitetes darbieten kann [628]).

συλλογισμὸς οὐδέποτ' ἔσται ἐξ ἀντικειμένων προτάσεων ..... ἀποφατικὸς δὲ ἔσται καὶ καθόλου καὶ μὴ καθόλου τῶν ὅρων ὄντων ..... (b. 7.) φανερὸν δὲ καὶ ὅτι ἐκ ψευδῶν μὲν ἔστιν ἀληθὲς συλλογίσασθαι, καθάπερ εἴρηται πρότερον, ἐκ δὲ τῶν ἀντικειμένων οὐκ ἔστιν ..... (13.) δῆλον δὲ καὶ ὅτι ἐν τοῖς παραλογισμοῖς οὐδὲν κωλύει γίνεσθαι τῆς ὑποθέσεως ἀντίφασιν ..... (17.) δεῖ δὲ κατανοεῖν ὅτι οὕτω μὲν οὐκ ἔστιν ἐναντία συμπεράνασθαι ἐξ ἑνὸς συλλογισμοῦ ..... (21.) ἀλλ' ἢ προσλαβεῖν δεῖ τὴν ἀντίφασιν ..... (24.) ἢ ἐκ δύο συλλογισμῶν.

628) 16, 64 b. 28.: τὸ δ' ἐν ἀρχῇ αἰτεῖσθαι καὶ λαμβάνειν ἔστι μὲν, ὡς ἐν γένει λαβεῖν, ἐν τῷ μὴ ἀποδεικνύναι τὸ προκείμενον, τοῦτο δ' ἐπισυμβαίνει πολλαχῶς ..... (33.) τούτων μὲν οὖν οὐδέν ἐστι τὸ αἰτεῖσθαι τὸ ἐξ ἀρχῆς. ἀλλ' ἐπεὶ τὰ μὲν δι' αὑτῶν πέφυκε γνωρίζεσθαι τὰ δὲ δι' ἄλλων, αἱ μὲν γὰρ ἀρχαὶ δι' αὑτῶν, τὰ δ' ὑπὸ τὰς ἀρχὰς δι' ἄλλων, ὅταν μὴ τὸ δι' αὑτοῦ γνωστὸν δι' αὑτοῦ τις ἐπιχειρῇ δεικνύναι, τότ' αἰτεῖται τὸ ἐξ ἀρχῆς ..:. (65 a. 26.) εἰ οὖν ἐστὶ τὸ ἐν ἀρχῇ αἰτεῖσθαι τὸ δι' αὑτοῦ δεικνύναι τὸ μὴ δι' αὑτοῦ δῆλον, τοῦτο δ' ἐστὶ τὸ μὴ δεικνύναι, ὅταν ὁμοίως ἀδήλων ὄντων τοῦ δεικνυμένου καὶ δι' οὗ δείκνυσιν ἢ τῷ ταὐτὰ τῷ αὐτῷ ἢ τῷ ταὐτὸν τοῖς αὐτοῖς ὑπάρχειν, ἐν μὲν τῷ μέσῳ σχήματι καὶ τρίτῳ ἀμφοτέρως ἂν ἐνδέχοιτο τὸ ἐν ἀρχῇ αἰτεῖσθαι, ἐν δὲ κατηγορικῷ συλλογισμῷ ἔν τε τῷ τρίτῳ καὶ τῷ πρώτῳ· ὅταν δ' ἀποφατικῶς, ὅταν τὰ αὐτὰ ἀπὸ τοῦ αὐτοῦ, καὶ οὐχ ὁμοίως ἀμφότεραι αἱ προτάσεις, ὡσαύτως δὲ καὶ ἐν τῷ μέσῳ.

Ferner ist auch der Ausgangspunkt einer Beweisführung in Bezug auf die aus ihm gezogenen Folgen zu beachten; und namentlich ist bei dem apagogischen Verfahren der Einwand, dass das beabsichtigte Unmögliche nicht aus der Voraussetzung folge (*μὴ παρὰ τοῦτο*), das sog. *non per hoc*, von Wichtigkeit; dieser Einwand wirft sich natürlich zunächst auf einen etwa bestehenden Mangel in der Verknüpfung der Prämissen des apagogischen Beweises; aber wenn auch derselbe in dieser Beziehung untadelhaft ist, so kann doch der ursprüngliche nothwendig einzuhaltende Ausgangspunkt vernachlässigt sein, indem entweder weiter oben oder weiter unten, als derselbe in der That liegt, die Voraussetzung genommen wird, von welcher aus dann das Unmögliche erschlossen wird. Dass jener Einwand nur giltig ist, wenn der apagogische Beweis in den anfänglichen Begriffen sich bewegt, nie aber vorgebracht werden kann, wenn eine andere Reihe von Begriffen zur Apagoge gewählt wurde, versteht sich von selbst[629]). Ueberhaupt ja muss, wenn ein Schlusssatz falsch ist, die Ursache in den Prämissen liegen, und es ist daher die ursprüngliche Unwahrheit (*πρῶτον ψεῦδος*), aus welcher das Falsche erschlossen wurde, in den Prämissen aufzusuchen[630]). Darum muss, solange Beweis gegen Beweis gestellt werden soll, derjenige, welcher den Beweis führt, bei seinem Gegner so wenig als möglich zulassen, dass derselbe in den Sätzen zweimal den nemlichen Begriff ausspreche, denn dadurch würde das Mittel zu einem Gegenbeweise herbeigeschafft; der Beweisende selbst aber muss so sehr als möglich in den Sätzen Einen Begriff zweimal unterbringen, ohne dass der Gegner diess bemerkt[631]). Hingegen eine wirkliche Widerlegung (*ἔλεγχος*) kann erst eintreten, wenn ein Syllogismus schon vorliegt und das Nöthige zugestanden ist, denn Widerlegung ist ein Syllogismus des widerspruchsweisen Gegentheiles, und dieses kann nur erreicht werden, wenn das im Schlusse des Gegners zu Grunde Gelegte dem Schlusssatze desselben entgegengesetzt ist[632]).

---

629) 17, 65 a. 38.: *τὸ δὲ μὴ παρὰ τοῦτο συμβαίνειν τὸ ψεῦδος, ὃ πολλάκις ἐν τοῖς λόγοις εἰώθαμεν λέγειν, πρῶτον μέν ἐστιν ἐν τοῖς εἰς τὸ ἀδύνατον συλλογισμοῖς, ὅταν πρὸς ἀντίφασιν ᾖ τούτου ὃ ἐδείκνυτο τῇ εἰς τὸ ἀδύνατον.* ..... (b. 13.) *ὁ μὲν οὖν φανερώτατος τρόπος ἐστὶ τοῦ μὴ παρὰ τὴν θέσιν εἶναι τὸ ψεῦδος, ὅταν ἀπὸ τῆς ὑποθέσεως ἀσύναπτος ᾖ ἀπὸ τῶν μέσων πρὸς τὸ ἀδύνατον ὁ συλλογισμός* ..... (21.) *ἄλλος δὲ τρόπος, εἰ συνεχὲς μὲν εἴη τὸ ἀδύνατον τῇ ὑποθέσει, μὴ μέντοι δι' ἐκείνην συμβαίνοι· τοῦτο γὰρ ἐγχωρεῖ γενέσθαι καὶ ἐπὶ τὸ ἄνω καὶ ἐπὶ τὸ κάτω λαμβάνοντι τὸ συνεχὲς* ..... (66 a. 1.) *φανερὸν οὖν ὅτι τοῦ ἀδυνάτου μὴ πρὸς τοὺς ἐξ ἀρχῆς ὅρους ὄντος οὐ παρὰ τὴν θέσιν συμβαίνει τὸ ψεῦδος.*

630) 18, 66 a. 16.: *ὁ δὲ ψευδὴς λόγος γίνεται παρὰ τὸ πρῶτον ψεῦδος, ἢ γὰρ ἐκ τῶν δύο προτάσεων ἢ ἐκ πλειόνων πᾶς ἐστι συλλογισμός.*

631) 19, 66 a. 25.: *πρὸς δὲ τὸ μὴ κατασυλλογίζεσθαι παρατηρητέον, ὅταν ἄνευ τῶν συμπερασμάτων ἐρωτᾷ τὸν λόγον, ὅπως μὴ δοθῇ δὶς ταὐτὸν ἐν ταῖς προτάσεσιν, ἐπειδήπερ ἴσμεν ὅτι ἄνευ μέσου συλλογισμὸς οὐ γίνεται, μέσον δ' ἐστὶ τὸ πλεονάκις λεγόμενον* ..... (33.) *χρὴ δ' ὅπερ φυλάττεσθαι παραγγέλλομεν ἀποκρινομένους, αὐτοὺς ἐπιχειροῦντας πειρᾶσθαι λανθάνειν.*

632) 20, 66 b. 4.: *ἐπεὶ δ' ἔχομεν πότε καὶ πῶς ἐχόντων τῶν ὅρων γίνεται συλλογισμὸς, φανερὸν καὶ πότ' ἔσται καὶ πότ' οὐκ ἔσται ἔλεγχος. πάντων μὲν γὰρ συγχωρουμένων ἢ ἐναλλὰξ τιθεμένων τῶν ἀποκρίσεων* ..... *ἐγχωρεῖ γίνεσθαι ἔλεγχον* ..... (9.) *ὥστ' εἰ τὸ κείμενον εἴη ἐναντίον τῷ συμπεράσματι, ἀνάγκη γίνεσθαι ἔλεγχον· ὁ γὰρ ἔλεγχος 'ντιφάσεως συλλογισμός· εἰ δὲ μηδὲν συγχωροῖτο, ἀδύνατον γίνεσθαι ἔλεγχον.*

Beruhte in diesen beiden bei dem Schlusse zu erwägenden Eigenthümlichkeiten desselben jenes Moment, welches auf die Stärke der Beweiskraft und die wissenschaftliche Geltung eines bestimmten einzelnen Syllogismus einen Einfluss äussert, noch auf der syllogistischen Formulirung überhaupt als einer bereits veranstalteten, so ist hingegen ein grosses anderweitiges Gebiet dasjenige, in welchem der Schluss wohl potenziell vorliegt, aber actuell nicht formulirt ist, nemlich das Gebiet des blossen Annehmens und des selbst gewöhnlichen Gespräches, woselbst wohl viele Schlüsse gemacht, angenommen und ausgesprochen werden, ohne dass sie jedoch eigentlich als Syllogismen bezeichnet werden können. Hier also handelt es sich um ein Verknüpfen von Urtheilen, welches zwar Wahrheit in sich enthalten kann, aber in einer syllogistisch noch unvermittelten Form sich bewegt; und für dieses Gebiet nur ist anzugeben, wie das syllogistische Princip in ihm doch schon im Keime vorliege, wenn es auch andrerseits mannigfach entstellt und verdunkelt sein mag. Erklärlicher Weise aber betritt hier die Syllogistik bereits ein Gränzgebiet, welches an die Rhetorik und die rhetorische Beweisführung streift [633].

Was hiebei vor Allem das Meinen und das unmittelbare Annehmen selbst (ὑπόληψις) betrifft, so ist dieses an sich wohl syllogistisch formlos und eben hiedurch einem Mangel an festem begründetem Wissen und hiemit dem Irrthume preisgegeben, andrerseits jedoch gibt es auch Fälle, in welchen selbst bei dem blossen Annehmen eine Täuschung nicht möglich ist; und es frägt sich daher, wie im Einzelnen das Meinen zur syllogistischen Wahrheit sich verhalte. Zunächst scheint hauptsächlich eine Täuschung einzutreten, wenn Ein und dasselbe Prädicat mehreren Subjecten ursprünglich zukömmt, und hiebei der Bestand der einen solchen Verbindung unbemerkt bleibt; jedoch ist hier zu unterscheiden. Gehören nemlich die Prädicate zu Mittelbegriffen, welche in Ein und der nemlichen Reihe bleiben, d. h. ist z. B. der factische Bestand dessen, worüber die Meinung ausgesprochen wird, folgender

B ist A
C ist B
D ist C,

so ist A Prädicat von B und von C und von D; und hier nun ist selbst bei dem Meinen eine Täuschung unmöglich, denn Niemand kann da zugleich meinen, B sei A und kein C sei A, denn sobald der Mittelbegriff C nur in der Annahme überhaupt auftritt, ist ja ein Wissen, dass von ihm der Oberbegriff gilt, schon vorhanden. Hingegen wenn verschiedene Reihen vorliegen und der Gegenstand der Meinung sich folgender Art verhält

B ist A
C ist A,
und hinwiederum D ist B
D ist C,

woraus die Schlüsse $\begin{array}{c} \text{B A} \\ \text{D B} \\ \hline \text{D A} \end{array}$ und $\begin{array}{c} \text{C A} \\ \text{D C} \\ \hline \text{D A} \end{array}$ sich ergeben,

---

633) In solcher Weise ist meines Erachtens der Inhalt des zweiten Buches der ersten Analytik in Hauptgruppen zu unterscheiden, und ich halte daher die bei den Alten sowie bei Neueren angegebenen Eintheilungen für unrichtig.

so ist abermals keine Täuschung der Art möglich, dass man zugleich meine, einerseits es seien die beiden Mittelbegriffe B und C Prädicate von D sowie A Prädicat von B, und andrerseits es sei doch kein C A; hingegen wohl ist jene Täuschung möglich, dass man einerseits annimmt, B sei A und D sei B, andrerseits aber doch kein C sei A, oder überhaupt, dass man von obigen zwei Syllogismen wohl die beiden Prämissen des einen annimmt, zugleich aber die des anderen misskennt, oder dass man die beiden Obersätze jener zwei Syllogismen annimmt, ihre Untersätze aber misskennt [634]). Eben diese letztere Täuschung aber ist die nemliche, welcher wir dadurch ausgesetzt sind, dass wir wohl allgemeine Obersätze wissen, aber das Einzelne sich uns entzieht, weil es entweder der empirischen Wahrnehmung nicht bereits vorschwebt, oder weil wir einen bekannten Obersatz mit einem zu ihm gehörigen gleichfalls bekannten Untersatze gar nicht verbinden, d. h. auf dem Boden des blossen Annehmens eben noch nicht actuell syllogistisch denken; denn das Wissen hat in dieser Beziehung die dreifache Bedeutung, entweder dass wir die allgemeinen Obersätze wissen, oder die speciellen Untersätze, oder dass wir actuell beide verbinden und hiedurch das wirkliche eigentliche Wissen besitzen [635]).

Eine zweite Art der Täuschung aber, welche aus dem blossen Annehmen sich ergibt, besteht darin, dass man reale Gegensätze für identisch hält; diesem Irrthume aber wird dadurch abgeholfen, dass in einem hierauf gebauten Schlusse auf das allseitigste die Umkehrung der Urtheile

---

634) 21, 66 b. 18.: *συμβαίνει δ' ἐνίοτε, καθάπερ ἐν τῇ θέσει τῶν ὅρων ἀπατώμεθα, καὶ κατὰ τὴν ὑπόληψιν γίνεσθαι τὴν ἀπάτην, οἷον εἰ ἐνδέχεται τὸ αὐτὸ πλείοσι πρώτοις ὑπάρχειν καὶ τὸ μὲν λεληθέναι τινὰ καὶ οἴεσθαι μηδενὶ ὑπάρχειν, τὸ δὲ εἰδέναι. ἔστω γὰρ τὸ Α τῷ Β καὶ τῷ Γ καθ' αὑτὰ ὑπάρχον καὶ ταῦτα παντὶ τῷ Δ ὡςαύτως. εἰ δὴ τῷ μὲν Β τὸ Α παντὶ οἴεται ὑπάρχειν καὶ τοῦτο τῷ Δ, τῷ δὲ Γ τὸ Α μηδενὶ, καὶ τοῦτο τῷ Δ παντὶ, τοῦ αὐτοῦ κατὰ ταὐτὸν ἕξει ἐπιστήμην καὶ ἄγνοιαν. πάλιν εἴ τις ἀπατηθείη περὶ τὰ ἐκ τῆς αὐτῆς συστοιχίας, οἷον εἰ τὸ Α ὑπάρχει τῷ Β, τοῦτο δὲ τῷ Γ καὶ τὸ Γ τῷ Δ, ὑπολαμβάνοι δὲ τὸ Α παντὶ τῷ Β ὑπάρχειν καὶ πάλιν μηδενὶ τῷ Γ. ἅμα γὰρ εἴσεταί τε καὶ οὐχ ὑπολήψεται ὑπάρχειν* ..... (34.) *ὅπερ ἀδύνατον. ἐπὶ δὲ τοῦ πρότερον λεχθέντος, εἰ μὴ ἐκ τῆς αὐτῆς συστοιχίας τὸ μέσον, καθ' ἑκάτερον μὲν τῶν μέσων ἀμφοτέρας τὰς προτάσεις οὐκ ἐγχωρεῖ ὑπολαμβάνειν, οἷον τὸ Α τῷ μὲν Β παντὶ, τῷ δὲ Γ μηδενὶ, ταῦτα δ' ἀμφότερα παντὶ τῷ Δ* .... (67 a. 5.) *οὕτω μὲν οὖν οὐκ ἐνδέχεται ὑπολαβεῖν, καθ' ἑκάτερον δὲ τὴν μίαν ἢ κατὰ θάτερον ἀμφοτέρας οὐδὲν κωλύει, οἷον τὸ Α παντὶ τῷ Β καὶ τὸ Β τῷ Δ, καὶ πάλιν τὸ Α μηδενὶ τῷ Γ.*

635) 67 a. 8.: *ὁμοία γὰρ ἡ τοιαύτη καὶ ὡς ἀπατώμεθα περὶ τὰ ἐν μέρει, οἷον εἰ τῷ Β παντὶ τὸ Α ὑπάρχει, τὸ δὲ Β τῷ Γ παντὶ, τὸ Α παντὶ τῷ Γ ὑπάρξει· εἰ οὖν τις οἶδεν ὅτι τὸ Α, ᾧ τὸ Β, ὑπάρχει παντὶ, οἶδε καὶ ὅτι τῷ Γ. ἀλλ' οὐδὲν κωλύει ἀγνοεῖν τὸ Γ ὅτι ἔστιν* ..... (22.) *οὐδαμοῦ γὰρ συμβαίνει προεπίστασθαι τὸ καθ' ἕκαστον, ἀλλ' ἅμα τῇ ἐπαγωγῇ λαμβάνειν τὴν τῶν κατὰ μέρος ἐπιστήαην ὥςπερ ἀναγνωρίζοντας* ..... (28.) *ἐνδέχεται* ..... *ἔχειν μὲν τὴν καθόλου, ἀπατᾶσθαι δὲ τῇ κατὰ μέρος* ..... (36.) *οὐ γὰρ ἐπίσταται ὅτι τὸ Α τῷ Γ, μὴ συνθεωρῶν τὸ καθ' ἑκάτερον, ὥστε δῆλον ὅτι καὶ εἰ τὸ μὲν οἶδε τὸ δὲ μὴ οἶδεν, ἀπατηθήσεται· ὅπερ ἔχουσιν αἱ καθόλου. πρὸς τὰς κατὰ μέρος ἐπιστήμας· οὐδὲν γὰρ τῶν αἰσθητῶν ἔξω τῆς αἰσθήσεως γενόμενον ἴσμεν, οὐδ' ἂν ᾐσθημένοι τυγχάνωμεν, εἰ μὴ ὡς τῷ καθόλου καὶ τῷ ἔχειν τὴν οἰκείαν ἐπιστήμην, ἀλλ' οὐχ ὡς τῷ ἐνεργεῖν· τὸ γὰρ ἐπίστασθαι λέγεται τριχῶς, ἢ ὡς τῇ καθόλου ἢ ὡς τῇ οἰκείᾳ ἢ ὡς τῷ ἐνεργεῖν.*

geübt und so das Wechselverhältniss der Begriffe auf das erschöpfendste vor Augen gestellt wird, indem bei angenommener Umkehrbarkeit eines Schlusssatzes auch der Mittelbegriff mit den beiden anderen Begriffen umkehrbare Urtheile bilden muss, so dass durch fortgesetzte Combination der Wechselbeziehungen der Begriffe sich auch da Unterschiede ergeben, wo bei der blossen Meinung sich die Gegensätze zu verwischen drohen und Verwechslungen eintreten [636]). Es sind nemlich folgende Fälle besonders zu beachten: Wenn alles B A, und alles C B ist, so muss, falls der hieraus sich ergebende Schlusssatz „alles C ist A" umkehrbar und also alles A C sein soll, gleichfalls auch vermittelst des als Mittelbegriff genommenen C dann alles A B, und vermittelst des Mittelbegriffes A ebenso alles B C sein; in der nemlichen Weise folgt auch bei verneinendem Schlusssatze aus der Umkehrung des Obersatzes die des Schlusssatzes und aus der Umkehrung sowohl des Untersatzes als auch des Schlusssatzes die des Obersatzes [637]). Ferner, wenn die zwei Ur-

---

636) 67 b. 12.: *ὁ δ' ὑπολαμβάνων τὸ ἀγαθῷ εἶναι κακῷ εἶναι, τὸ αὐτὸ ὑπολήψεται ἀγαθῷ εἶναι καὶ κακῷ εἶναι. ἔστω γὰρ τὸ μὲν ἀγαθῷ εἶναι ἐφ' οὗ Α, τὸ δὲ κακῷ εἶναι ἐφ' οὗ Β, πάλιν δὲ τὸ ἀγαθῷ εἶναι ἐφ' οὗ Γ. ἐπεὶ οὖν ταὐτὸν ὑπολαμβάνει τὸ Β καὶ τὸ Γ, καὶ εἶναι τὸ Γ τὸ Β ὑπολήψεται καὶ πάλιν τὸ Β τὸ Α εἶναι ὡσαύτως, ὥστε καὶ τὸ Γ τὸ Α* ..... 22, 67 b. 27.: *ὅταν δ' ἀντιστρέφῃ τὰ ἄκρα, ἀνάγκη καὶ τὸ μέσον ἀντιστρέφειν πρὸς ἄμφω* u. s. f. Das hiefür gebrauchte Beispiel *ἀγαθόν* und *κακόν* führt dann zur Berücksichtigung des *αἱρετόν* und *φευκτόν* (68 a. 25.), und berührt hiemit schon einen der Rhetorik besonders eigenthümlichen Gesichtspunkt, sowie ja auch das von *c.* 23 an Folgende schon ganz auf rhetorischem Gebiete seinen Gegenstand hat. Wir werden sogleich sehen (Anm. 637—641.), dass die ganze weitläufige Darlegung der Umkehrungen und Wechselbeziehungen der Begriffe, welche in *c.* 22 steht, nur zur Erörterung der *ὑπόληψις*, dass *ἀγαθὸν* und *κακὸν* das Nemliche sei, gehört, und dass hiemit die Worte, welche zu Anfang von *c.* 23 stehen (68 b. 8.: *πῶς μὲν οὖν ἔχουσιν οἱ ὅροι κατὰ τὰς ἀντιστροφὰς καὶ τὸ φευκτότεροι ἢ αἱρετώτεροι εἶναι, φανερόν*), sich noch ganz enge an die letzten Worte von *c.* 22 anschliessen.

637) 67 b. 28.: *εἰ γὰρ τὸ Α κατὰ τοῦ Γ διὰ τοῦ Β ὑπάρχει, εἰ ἀντιστρέφει καὶ ὑπάρχει, ᾧ τὸ Α, παντὶ τὸ Γ, καὶ τὸ Β τῷ Α ἀντιστρέφει καὶ ὑπάρχει, ᾧ τὸ Α, παντὶ τὸ Β διὰ μέσου τοῦ Γ, καὶ τὸ Γ τῷ Β ἀντιστρέφει διὰ μέσου τοῦ Α. καὶ ἐπὶ τοῦ μὴ ὑπάρχειν ὡσαύτως, οἷον εἰ τὸ Β τῷ Γ ὑπάρχει, τῷ δὲ Β τὸ Α οὐχ ὑπάρχει, οὐδὲ τὸ Α τῷ Γ οὐχ ὑπάρξει.* Die nun folgenden höchst schwierigen Worte dürften vielleicht folgendermassen zu erklären sein: (34.) *εἰ δὴ τὸ Β τῷ Α ἀντιστρέφει, καὶ τὸ Γ τῷ Α ἀντιστρέψει· ἔστω γὰρ τὸ Β μὴ ὑπάρχον τῷ Α· οὐδ' ἄρα τὸ Γ, παντὶ γὰρ τῷ Γ τὸ Β ὑπῆρχεν*, d. h. wenn in dem Syllogismus

Kein B ist A
Alles C ist B
———————
Kein C ist A

der Obersatz umgekehrt wird, so kann nach II 2 geschlossen werden, dass kein A C ist, also auch der Schlusssatz sich dann umkehrt; (37.) *καὶ εἰ τῷ Β τὸ Γ ἀντιστρέφει, καὶ τῷ Α ἀντιστρέφει, καθ' οὗ γὰρ ἅπαντος τὸ Β, καὶ τὸ Γ*, d. h. wird der Untersatz vollständig umgekehrt, so dass auch alles B C ist, so führt diess in Verbindung mit dem Schlusssatze nach I 2 auch zur Umkehrung des Obersatzes; nemlich in den Worten *καὶ τῷ Α ἀντιστρέφει* wäre dann *Β* als Subject zu nehmen; (38.) *καὶ εἰ τὸ Γ πρὸς τὸ Α ἀντιστρέφει, καὶ τὸ Β ἀντιστρέφει· ᾧ γὰρ τὸ Β, τὸ Γ. ᾧ δὲ τὸ Α, τὸ Γ οὐχ ὑπάρχει*, d. h. wird endlich der Schlusssatz umgekehrt, so führt dieser mit dem dann gleichfalls umzukehrenden Untersatze nach II 2 abermals zur Umkehrung des Obersatzes; nemlich in den Worten *καὶ τὸ Β ἀντιστρέφει* ist aus dem Vordersatze zu ergänzen *πρὸς τὸ Α.* Anders Waitz z. d. St.

theile „Alles A ist B“ und „Alles C ist D“ umkehrbar, die zwei Begriffe A und C aber derartig sind, dass Jedwedes entweder unter A oder unter C fallen muss, d. h. dieselben gegenseitig ihr widerspruchsweises Gegentheil sind (C nemlich soviel als Nicht-A ist), so müssen auch B und D ebenso sich gegenseitig als Widerspruch verhalten [638]); und umgekehrt folgt, wenn die Begriffe A und B, sowie C und D paarweise als gegenseitige Widersprüche in eben dieser Weise sich verhalten, aus der Umkehrbarkeit des Urtheiles „Alles A ist C“ auch die Umkehrbarkeit des Urtheiles „Alles B ist D“ [639]). Ferner, wenn A als Prädicat von allem B und allem C und ausschliesslich nur von diesen beiden Subjecten gilt, zugleich aber Alles C B ist, so muss das Urtheil „Alles B ist A“ umkehrbar sein; und umgekehrt, wenn alles C ausschliesslich die zwei Prädicate A und B an sich hat, dabei aber das Urtheil „Alles C ist B“ umkehrbar ist, so muss auch alles B A sein [640]). Demnach wird, falls bei einem Gegensatz-Paare, welches in zwei verschiedenen Erscheinungsweisen auftritt und hiedurch bei dem Standpunkte des blossen Meinens und Annehmens leicht eine Verwechslung hervorrufen kann, nur wenigstens Ein Moment für die verschiedenen Erscheinungsweisen festgehalten wird, der Nachweis sich ergeben, dass auch da, wo Verwechslung droht, der Gegensatz festzuhalten und hiemit das blosse Meinen und Annehmen zu berichtigen sei. Gesetzt nemlich, es sei z. B. A das grosse Gut, B das grosse Uebel, C das kleine Gut, D das kleine Uebel, so wird das gewöhnliche Sprüchwort, dass von zwei Uebeln das kleinere zu wählen sei, zu der „Meinung“ oder „Annahme“ führen, das kleine Uebel sei ein Gut, oder die Kleinheit des Uebels sei ein grosses Gut; diese Annahme nun, welche das Gegensätzliche für identisch nimmt, ist durch folgende Erwägung zu berichtigen und hiedurch die Gegensätzlichkeit aufrecht zu halten: A und B sind Gegentheile, und jedenfalls A wünschenswerther als B; ebenso sind C und D Gegentheile, hiebei aber jedenfalls D wünschenswerther als C; und sowie nun das Wünschenswerther-Sein für beide Erscheinungsweisen festgehalten und zugegeben wird, dass ein Gut, sei es gross oder klein oder beides vereinigt, wünschenswerther ist als ein Uebel, sei es gross oder klein oder beides

---

638) 68 a. 3.: *πάλιν εἰ τὸ Α καὶ τὸ Β ἀντιστρέφει καὶ τὸ Γ καὶ τὸ Δ ὡςαύτως, ἅπαντι δ' ἀνάγκη τὸ Α ἢ τὸ Γ ὑπάρχειν, καὶ τὸ Β καὶ Δ οὕτως ἕξει ὥστε παντὶ θάτερον ὑπάρχειν· ἐπεὶ γὰρ ᾧ τὸ Α, τὸ Β, καὶ ᾧ τὸ Γ, τὸ Δ, παντὶ δὲ τὸ Α ἢ τὸ Γ καὶ οὐχ ἅμα, φανερὸν ὅτι καὶ τὸ Β ἢ τὸ Δ παντὶ καὶ οὐχ ἅμα.*

639) 68 a. 11.: *πάλιν εἰ παντὶ μὲν τὸ Α ἢ τὸ Β καὶ τὸ Γ ἢ τὸ Δ, ἅμα δὲ μὴ ὑπάρχει, εἰ ἀντιστρέφει τὸ Α καὶ τὸ Γ, καὶ τὸ Β καὶ τὸ Δ ἀντιστρέφει· εἰ γὰρ τινὶ μὴ ὑπάρχει τὸ Β, ᾧ τὸ Δ, δῆλον ὅτι τὸ Α ὑπάρχει· εἰ δὲ τὸ Α, καὶ τὸ Γ, ἀντιστρέφει γάρ· ὥστε ἅμα τὸ Γ καὶ Δ, τοῦτο δ' ἀδύνατον.*

640) 68 a. 16.: *ὅταν δὲ τὸ Α ὅλῳ τῷ Β καὶ τῷ Γ ὑπάρχῃ καὶ μηδενὸς ἄλλου κατηγορῆται, ὑπάρχῃ δὲ καὶ τὸ Β παντὶ τῷ Γ, ἀνάγκη τὸ Α καὶ τὸ Β ἀντιστρέφειν· ἐπεὶ γὰρ κατὰ μόνων τῶν ΒΓ λέγεται τὸ Α, κατηγορεῖται δὲ τὸ Β καὶ αὐτὸ αὐτοῦ καὶ τοῦ Γ, φανερὸν ὅτι καθ' ὧν τὸ Α, καὶ τὸ Β λεχθήσεται πάντων πλὴν αὐτοῦ τοῦ Α. πάλιν ὅταν τὸ Α καὶ τὸ Β ὅλῳ τῷ Γ ὑπάρχῃ, ἀντιστρέφῃ δὲ τὸ Γ τῷ Β, ἀνάγκη τὸ Α παντὶ τῷ Β ὑπάρχειν· ἐπεὶ γὰρ παντὶ τῷ Γ τὸ Α, τὸ δὲ Γ τῷ Β διὰ τὸ ἀντιστρέφειν, καὶ τὸ Α παντὶ τῷ Β ὑπάρξει.*

vereinigt, d. h. sowie festgehalten wird, dass die Vereinigung von A und C wünschenswerther ist als die von B und D, so bleibt hiedurch auch der sichere Standpunkt, dass durch das Wünschenswerther-Sein die Verwechslung von A und D, d. h. von Gut und Uebel, vermieden wird. Nemlich stünden sich A und D gleich, so müssten sich auch B und C gleich stehen, und folglich auch die Vereinigung von A und C und die von B und D; wäre hingegen gar D wünschenswerther als A, d. h. das kleine Uebel in höherem Grade ein Gut als das grosse Gut, so müsste auch B weniger ein Uebel sein, als das kleine Gut C, und da nun das Wünschenswerther-Sein sich bei Gut und Uebel der Grösse nach umkehrt (d. h. das grössere Gut wünschenswerther ist als das kleinere, hingegen das kleinere Uebel wünschenswerther als das grössere), so würde demnach die Vereinigung dieses angeblichen grösseren Gutes D und des folglich geringeren Uebels B, also die Vereinigung von B und D, wünschenswerther sein, als die Vereinigung des angeblich kleineren Gutes A und des folglich grösseren Uebels C; nun ist aber zugegeben und festgehalten, dass die Vereinigung von A und C wünschenswerther ist als die von B und D; folglich steht D dem A weder gleich, noch ist es etwa selbst in höherem Grade ein Gut als A; also ist D in geringerem Grade ein Gut als A, und der wesentliche im Wünschenswerther-Sein beruhende Unterschied zwischen Gut und Uebel bleibt auch bei der Kleinheit des Uebels, wo er einer Verwechslung in dem Meinen ausgesetzt sein konnte, bestehen [641]).

So also ist das blosse Meinen und Annehmen, um zu verhüten, dass es als falsche Meinung stehen bleibe, durch den Syllogismus zu zügeln und zu rectificiren, einerseits durch wirklich actuelle Vereinigung eines allgemeineren Satzes und einer speciellen Wahrnehmung, wenn das Meinen die Gefahr in sich hat, dass man auf halbem Wege stehen bleibe, und andrerseits durch Erwägung der Wechselbeziehung der Begriffe vermittelst mannigfacher Umkehrung der Urtheile, wenn dem Meinen die Gefahr einwohnt, dass man direct das Gegensätzliche in irgend einer Beziehung für identisch hält. Diese beiderseitige Täuschung aber auf dem

---

641) 68 a. 25.: *ὅταν δὲ δυοῖν ὄντοιν τὸ Α τοῦ Β αἱρετώτερον ᾖ, ὄντων ἀντικειμένων, καὶ τὸ Δ τοῦ Γ ὡςαύτως, εἰ αἱρετώτερα τὰ ΑΓ τῶν ΒΔ, τὸ Α τοῦ Δ αἱρετώτερον. ὁμοίως γὰρ διωκτὸν τὸ Α καὶ φευκτὸν τὸ Β· ἀντικείμενα γάρ· καὶ τὸ Γ τῷ Δ, καὶ γὰρ ταῦτα ἀντίκειται. εἰ οὖν τὸ Α τῷ Δ ὁμοίως αἱρετὸν, καὶ τὸ Β τῷ Γ φευκτὸν, ἑκάτερον γὰρ ἑκατέρῳ ὁμοίως, φευκτὸν διωκτῷ. ὥστε καὶ τὰ ἄμφω τὰ ΑΓ τοῖς ΒΔ. ἐπεὶ δὲ μᾶλλον, οὐχ οἷόν τε ὁμοίως, καὶ γὰρ ἂν τὰ ΒΔ ὁμοίως ἦσαν. εἰ δὲ τὸ Δ τοῦ Α αἱρετώτερον, καὶ τὸ Β τοῦ Γ ἧττον φευκτὸν, τὸ γὰρ ἔλαττον τῷ ἐλάττονι ἀντίκειται· αἱρετώτερον δὲ τὸ μεῖζον ἀγαθὸν καὶ ἔλαττον κακὸν ἢ τὸ ἔλαττον ἀγαθὸν καὶ μεῖζον κακόν· καὶ τὸ ἅπαν ἄρα τὸ ΒΔ αἱρετώτερον τοῦ ΑΓ. νῦν δ' οὐκ ἔστιν. τὸ Α ἄρα αἱρετώτερον τοῦ Δ καὶ τὸ Γ ἄρα τοῦ Β ἧττον φευκτόν.* Waitz scheint in der Erklärung dieser ganzen Stelle darin geirrt zu haben, dass er umgekehrt C als Species des Uebels und D als Species des Gutes nahm. Ein arges Versehen aber ist es, wenn Brandis (Gesch. d. gr. r. Ph. II, 2, 1. S. 214.) diese ganze letztere Erörterung so versteht, als betreffe sie „Folgerungen, welche sich aus dem Vorzuge eines Begriffes vor einem anderen ergeben"; denn dass dabei von einem Vorzuge, d. h. von dem Wünschenswerther-Sein, die Rede war, ist nur durch die schon *c.* 21, 67 b. 12. (Anm. 636.) gebrauchten und hier noch im Auge behaltenen Beispiele „Gut" und „Uebel" hervorgerufen.

Gebiete der blossen Annahmen weist darauf hin, dass dasselbe überhaupt der syllogistischen Thätigkeit noch bedürftig ist.

Hingegen sobald selbst innerhalb der Meinungen und Annahmen, wie sie in dem menschlichen Sprechen im Allgemeinen vorkommen, irgend eine Beglaubigung (*πίστις*) mit Anspruch auf Geltung und Billigung auftritt, so liegt bereits implicit und potenziell irgend ein syllogistisches Verhältniss zu Grunde [642]). In dieser Beziehung liegt für das Wissen wesentlich das Hauptgewicht auf jener Beglaubigung, welche aus der sinnlichen Wahrnehmung unmittelbar fliesst und dem apodeiktischen Verfahren schon als eine gewisse feste Stufe vorausgeht, nemlich auf der Induction (*ἐπαγωγή*). Denn es gibt überhaupt nur die zwei Wege, welche Anspruch darauf haben, dass wir in Folge derselben einer Behauptung Glauben schenken, den Syllogismus und die Induction; dass letztere dem unmittelbaren Meinen und dem Gebiete der sinnlichen Wahrnehmung angehört und hiedurch dem vermittelnden Syllogismus vorausgeht, sahen wir bereits oben, Anm. 75 f. und 88. Aber gerade insoweit die Induction Motiv der Beglaubigung ist, hat auch sie eine implicite syllogistische Grundlage, insoweit sie aber unmittelbares Meinen ist, ist sie kein explicit actueller Syllogismus. Ihr syllogistischer Werth ist, dass sie vermittelst des Unterbegriffes den Oberbegriff als Prädicat des Mittelbegriffes aufzeigt; wenn nemlich an sich

Alles B ist A
Alles C ist B
―――――――
Alles C ist A

bestände, so zeigt die Induction vermittelst des C, dass B A ist, z. B. wenn A das Langlebige, B aber das Gallenlose ist und C die einzelnen langlebigen Thiere bezeichnet, so schliesst die Induction eigentlich folgendermassen:

Alles C ist A
Alles C ist B
―――――――
Alles B ist A,

d. h. sie nimmt in einem Schlusse der dritten Figur den allgemeinen Untersatz als schlechthin umkehrbar (s. Anm. 640), und gelangt hiedurch in der dritten Figur auf einen allgemeinen Schlusssatz; daher besteht sie syllogistisch nur dann zu Recht, wenn jener Untersatz wirklich so umgekehrt werden kann, d. h. z. B. wenn wirklich alle langlebigen Thiere ohne Ausnahme wenig Galle haben [643]). Darum hat die Induction da ihre

---

642) 23, 68 b. 10.: *ὅτι δ' οὐ μόνον οἱ διαλεκτικοὶ καὶ ἀποδεικτικοὶ συλλογισμοὶ διὰ τῶν προειρημένων γίνονται σχημάτων, ἀλλὰ καὶ οἱ ῥητορικοὶ καὶ ἁπλῶς ἡτισοῦν πίστις καὶ καθ' ὁποιανοῦν μέθοδον, νῦν ἂν εἴη λεκτέον.*

643) 68 b. 13.: *ἅπαντα γὰρ πιστεύομεν ἢ διὰ συλλογισμοῦ ἢ ἐξ ἐπαγωγῆς. ἐπαγωγὴ μὲν οὖν ἐστι καὶ ὁ ἐξ ἐπαγωγῆς συλλογισμὸς τὸ διὰ τοῦ ἑτέρου θάτερον ἄκρον τῷ μέσῳ συλλογίσασθαι, οἷον εἰ τῶν ΑΓ μέσον τὸ Β, διὰ τοῦ Γ δεῖξαι τὸ Α τῷ Β ὑπάρχον· οὕτω γὰρ ποιούμεθα τὰς ἐπαγωγάς· οἷον ἔστω τὸ Α μακρόβιον, τὸ δ' ἐφ' ᾧ Β τὸ χολὴν μὴ ἔχον, ἐφ' ᾧ δὲ τὸ Γ τὸ καθ' ἕκαστον μακρόβιον, οἷον ἄνθρωπος καὶ ἵππος καὶ ἡμίονος. τῷ δὴ Γ ὅλῳ ὑπάρχει τὸ Α, πᾶν γὰρ τὸ ἄχολον μακρόβιον, ἀλλὰ καὶ τὸ Β τὸ μὴ ἔχειν χολὴν παντὶ ὑπάρχει τῷ Γ. εἰ οὖν ἀντιστρέφει τὸ Γ τῷ Β*

Stelle, wo es an einem Mittelbegriffe für einen Syllogismus gebricht, d. h. eben bei den Unmittelbaren, und so ist sie gleichsam ein Gegenstück des Syllogismus, sowie die unmittelbare Erfahrung ja gleichfalls das Gegenstück des apodeiktischen Wissens ist; und aus dem gleichen Grunde dient die Induction dem Motive der sinnenfälligen Deutlichkeit und der unwiderstehlichen Glaubhaftigkeit des äusseren Eindruckes, wodurch sie auch der grossen Masse der Menschen im Allgemeinen näher liegt; der Syllogismus hingegen hat die Ursprünglichkeit des Ansichseins für sich und dient der erkennenden Einsicht mit der unwiderstehlich zwingenden Gewalt des Allgemeinen, wodurch er die Form der Wissenschaft ist, und er liegt den Bestrebungen des Wissens näher, sowie er thatkräftiger im Widerlegen der Einwände auftritt [644]).

Auch dem Schliessen vermittelst eines Beispieles (*παράδειγμα*) liegt dieses nemliche syllogistische Verhältniss zu Grunde; nur benützt dieses nicht einmal den Unterbegriff selbst, sondern nur ein demselben Aehnliches, und sowie es auf die bei der Induction noch angestrebte Ausnahmslosigkeit verzichtet, so bewegt es sich auch nur in dem Verhältnisse coordinirter Theile zu einander, nicht aber in dem der Subsumption des logisch Subordinirten [645]).

Verwandt mit dem Beispiele ist die Hinführung auf Bekannteres (*ἀπαγωγή*, natürlich nicht zu verwechseln mit der Hinführung auf ein Unmögliches, der *εἰς τὸ ἀδύνατον ἀπαγωγή*); sie wird angewendet, wenn bei völlig sicherem Bestande des Obersatzes der Untersatz keine Gewissheit, sondern nur Wahrscheinlichkeit besitzt und demnach hierin dem gleichfalls nur wahrscheinlichen Schlusssatze gleichsteht oder höchstens an Wahrscheinlichkeit übertrifft; und in solchen Fällen, sowie wenn bei einer längeren Beweisführung es an der nöthigen Menge der Mittelbegriffe gebricht, wird dann zur Verdeutlichung auf andere schon bekannte Fälle hingewiesen [646]).

καὶ μὴ ὑπερτείνει τὸ μέσον, ἀνάγκη τὸ Α τῷ Β ὑπάρχειν. δέδεικται γὰρ πρότερον (22, 68 a. 21., Anm. 640.), *ὅτι ἂν δύο ἄττα τῷ αὐτῷ ὑπάρχῃ καὶ πρὸς θάτερον αὐτῶν ἀντιστρέφῃ τὸ ἄκρον, ὅτι τῷ ἀντιστρέφοντι καὶ θάτερον ὑπάρξει τῶν κατηγορουμένων. δεῖ δὲ νοεῖν τὸ Γ τὸ ἐξ ἁπάντων τῶν καθ' ἕκαστον συγκειμένων, ἡ γὰρ ἐπαγωγὴ διὰ πάντων.*

644) 68 b. 30.: *ἔστι δ' ὁ τοιοῦτος συλλογισμὸς τῆς πρώτης καὶ ἀμέσου προτάσεως· ὧν μὲν γὰρ ἔστι μέσον, διὰ τοῦ μέσου ὁ συλλογισμὸς, ὧν δὲ μὴ ἔστι, δι' ἐπαγωγῆς· καὶ τρόπον τινὰ ἀντίκειται ἡ ἐπαγωγὴ τῷ συλλογισμῷ· ὁ μὲν γὰρ διὰ τοῦ μέσου τὸ ἄκρον τῷ τρίτῳ δείκνυσιν, ἡ δὲ διὰ τοῦ τρίτου τὸ ἄκρον τῷ μέσῳ. φύσει μὲν οὖν πρότερος καὶ γνωριμώτερος ὁ διὰ τοῦ μέσου συλλογισμὸς, ἡμῖν δ' ἐναργέστερος ὁ διὰ τῆς ἐπαγωγῆς.* Vgl. *Top.* I, 12, 105 a. 13.: *ἐπαγωγὴ δὲ ἡ ἀπὸ τῶν καθ' ἕκαστον ἐπὶ τὰ καθόλου ἔφοδος* ..... (16.) *ἔστι δ' ἡ μὲν ἐπαγωγὴ πιθανώτερον καὶ σαφέστερον καὶ κατὰ τὴν αἴσθησιν γνωριμώτερον καὶ τοῖς πολλοῖς κοινὸν, ὁ δὲ συλλογισμὸς βιαστικώτερον καὶ πρὸς τοὺς ἀντιλογικοὺς ἐνεργέστερον.*

645) 24, 68 b. 38.: *παράδειγμα δ' ἐστὶν ὅταν τῷ μέσῳ τὸ ἄκρον ὑπάρχον δειχθῇ διὰ τοῦ ὁμοίου τῷ τρίτῳ.* ..... (69 a. 13.) *φανερὸν οὖν ὅτι τὸ παράδειγμά ἐστιν οὔτε ὡς μέρος πρὸς ὅλον οὔτε ὡς ὅλον πρὸς μέρος, ἀλλ' ὡς μέρος πρὸς μέρος, ὅταν ἄμφω μὲν ᾖ ὑπὸ ταὐτὸ, γνώριμον δὲ θάτερον. καὶ διαφέρει τῆς ἐπαγωγῆς, ὅτι ἡ μὲν ἐξ ἁπάντων τῶν ἀτόμων τὸ ἄκρον ἐδείκνυεν ὑπάρχειν τῷ μέσῳ καὶ πρὸς τὸ ἄκρον οὐ συνῆπτε τὸν συλλογισμὸν, τὸ δὲ καὶ συνάπτει καὶ οὐκ ἐξ ἁπάντων δείκνυσιν.*

646) 25, 69 a. 20.: *ἀπαγωγὴ δ' ἐστὶν ὅταν τῷ μὲν μέσῳ τὸ πρῶτον δῆλον ᾖ ὑπάρχον, τῷ δ' ἐσχάτῳ τὸ μέσον ἄδηλον μὲν, ὁμοίως δὲ πιστὸν*

Auch die eigentliche Beweisführung, wie sie in der Rhetorik üblich ist, enthält potenziell den Syllogismus als Basis in sich; denn soll der Einwand (ἔνστασις) syllogistische Bedeutung haben, so muss er als Prämisse einer Prämisse entgegengesetzt werden, und da derselbe ein widerspruchsweises Gegentheil des Schlusssatzes bezweckt, so kann derselbe nur in der ersten und dritten Figur geltend gemacht werden; denn diese allein haben die Fähigkeit, dass Schlusssätze, welche sich widerspruchsweise gegenüberliegen, in ihnen sich ergeben, wogegen in der zweiten Figur kein bejahender Schlusssatz möglich ist, und also auch einem verneinenden kein bejahender gegenübergestellt werden kann. Ist demnach ein Einwand ein allgemeines Urtheil, sei es bejahend oder verneinend, so findet er seine syllogistische Form in der ersten Figur; ist er ein particulares Urtheil, so in der dritten Figur[647]).

Ebenso ist andrerseits auch bei der positiven Argumentation innerhalb des Wahrscheinlichen (εἰκός), auf welchem die rhetorische Praxis beruht, zu unterscheiden; denn das schlechthin bloss Wahrscheinliche als solches ist lediglich Sache der völlig unmotivirten Meinung; stützt sich hingegen die Wahrscheinlichkeit auf ein Zeichen oder sog. Indicium (σημεῖον), so beruht solches schon auf einem Nexus der Causalität und enthält hiemit ein syllogistisches Motiv. Auf beidem nun, sowohl auf dem bloss Wahrscheinlichen als auch auf dem Indicium, beruht das der Rhetorik angehörige Enthymema[648]). Eine syllogistische Bedeutung aber hat nur das Indicium, denn dasselbe ist eigentlich ein Mittelbegriff, und kann ebenso vielfach auftreten, als die Zahl der möglichen Stellungen des Mittelbegriffes ist, d. h. in sämmtlichen drei Figuren kann aus dem Indicium geschlossen werden; nur fehlt es selbstverständlicher Weise in der zweiten und dritten Figur an der zwingenden Beweiskraft des Indiciums, und in diesen beiden Figuren, wo das Indicium an sich Nichts beweist, ist daher auch jeder auf demselben beruhende Schluss sogleich widerlegbar. Hingegen wenn der Mittelbegriff wirklich die mittlere Stellung einnimmt, d. h. in der ersten Figur, kann der auf dem Indicium beruhende Syllogismus nicht sofort aus formalen Gründen aufgehoben werden, denn sobald der im Indicium angenommene Causal-Nexus wirklich factisch richtig ist, so ist wegen der Allgemeinheit des

---

ἢ μᾶλλον τοῦ συμπεράσματος, ἔτι ἂν ὀλίγα ᾖ τὰ μέσα τοῦ ἐσχάτου καὶ τοῦ μέσου. πάντως γὰρ ἐγγύτερον εἶναι συμβαίνει τῆς ἐπιστήμης.

647) 26, 69 a. 37.: ἔνστασις δ' ἐστὶ πρότασις προτάσει ἐναντία ..... (b. 1.) φέρεται δὲ ἡ ἔνστασις διχῶς καὶ διὰ δύο σχημάτων, διχῶς μὲν ὅτι ἢ καθόλου ἢ ἐν μέρει πᾶσα ἔνστασις, ἐκ δύο δὲ σχημάτων ὅτι ἀντικείμεναι φέρονται τῇ προτάσει, τὰ δ' ἀντικείμενα ἐν τῷ πρώτῳ καὶ τῷ τρίτῳ σχήματι περαίνονται μόνοις. ..... (19.) ἁπλῶς γὰρ ἐν πᾶσι καθόλου μὲν ἐνιστάμενον πρὸς τὸ καθόλου τῶν προτεινομένων τὴν ἀντίφασιν εἰπεῖν ..... οὕτω δ' ἀνάγκη τὸ πρῶτον εἶναι σχῆμα ..... (24.) ἐν μέρει δέ, πρὸς ὃ ἐστι καθόλου καθ' οὗ λέγεται ἡ πρότασις ..... καὶ γίνεται τὸ τρίτον σχῆμα.

648) 27, 70 a. 3.: εἰκὸς δὲ καὶ σημεῖον οὐ ταὐτόν ἐστιν, ἀλλὰ τὸ μὲν εἰκός ἐστι πρότασις ἔνδοξος· ὃ γὰρ ὡς ἐπὶ τὸ πολὺ ἴσασιν οὕτω γινόμενον ἢ μὴ γινόμενον ἢ ὂν ἢ μὴ ὄν, τοῦτ' ἐστὶν εἰκός ..... σημεῖον δὲ βούλεται εἶναι πρότασις ἀποδεικτικὴ ἀναγκαία ἢ ἔνδοξος· οὗ γὰρ ὄντος ἔστιν ἢ οὗ γενομένου πρότερον ἢ ὕστερον γέγονε τὸ πρᾶγμα, τοῦτο σημεῖόν ἐστι τοῦ γεγονέναι ἢ εἶναι. ἐνθύμημα μὲν οὖν ἐστι συλλογισμὸς ἐξ εἰκότων ἢ σημείων.

Obersatzes in der ersten Figur in der That der Schlusssatz erwiesen [649]). Und ein solches Indicium heisst dann Beweismittel (*τεκμήριον*); somit muss man entweder sagen, Beweismittel sei jene Species des Indiciums, welche wegen innerer Nothwendigkeit des Causal-Nexus unlösbar ist, oder man muss Indicium und Beweismittel von vornherein trennen, und unter ersterem einen Mittelbegriff der zweiten oder dritten Figur, unter letzterem aber den Mittelbegriff der ersten Figur verstehen [650]). Somit erhält auch hier betreffs der syllogistischen Basis der rhetorischen Argumentation die erste Figur die ihr gebührende principielle Stellung.

DAS DEFINITORISCHE WISSEN.

Der Syllogismus besitzt seine reale und ontologische Basis im Begriffe, und hiedurch hat er den Zweck, das vermittelte apodeiktische Wissen des Seienden zu erzeugen, indem der Wesensbegriff als die nothwendige schöpferische Causalität desjenigen, was in dem Schlusse zusammengeführt wurde, erkannt wird. Die Einsicht in das Was und in das Warum des Was ist das Ziel, nach welchem das menschliche Wissen strebt. Wo und wieweit es einen vermittelnden Weg vom Begriffe zur Definition gibt, ist es der Syllogismus, vermittelst dessen wir jene Einsicht erlangen. Wo kein Vermitteln mehr vorhergeht und kein Vermitteln mehr nachfolgt, hat der Syllogismus seinen Anfang und sein Ende. Indem der Syllogismus dieses letzte nicht mehr Vermittelbare, welches aber als vermittelndes Band für das Uebrige wirkt, nemlich den Mittelbegriff, besitzt, ist er mehr als eine blosse Form; er hat wohl eine Form und formelle Gesetze, aber diese sind die Form jenes Inhaltes, welcher als schöpferischer Wesensbegriff in dem Seienden und dessen Bestimmtheiten wirkt. Und die Art und Weise nun, wie dieses inhaltliche Moment des Syllogismus innerhalb der Form desselben zum Behufe der Erreichung des apodeiktischen Wissens auftritt, haben wir in dem Folgenden zu untersuchen; es wird sich zeigen, dass diese Function des Syllogismus in ihrem innersten Kerne mit dem definitorischen Wissen selbst zusammenfällt, und die Eigenschaften und Erscheinungsweisen des letzteren werden uns hiernach den Abschluss der logischen Theorie des Aristoteles herbeiführen. Die Hauptquelle für diese Erörterungen ist die zweite Analytik, deren Verlaufe in den hieher gehörigen Hauptpunkten (abgesehen von Vielem, was aus diesen Büchern schon oben in Bezug auf die aristotelische Wissenschaftslehre zu benützen war) wir

---

649) 70 a. 11.: *λαμβάνεται δὲ τὸ σημεῖον τριχῶς, ὁσαχῶς καὶ τὸ μέσον ἐν τοῖς σχήμασιν· ἢ γὰρ ὡς ἐν τῷ πρώτῳ ἢ ὡς ἐν τῷ μέσῳ ἢ ὡς ἐν τῷ τρίτῳ* ..... (28.) *οὕτω μὲν οὖν γίνονται συλλογισμοί, πλὴν ὁ μὲν διὰ τοῦ πρώτου σχήματος ἄλυτος, ἂν ἀληθὴς ᾖ, καθόλου γάρ ἐστιν, ὁ δὲ διὰ τοῦ ἐσχάτου λύσιμος, κἂν ἀληθὲς ᾖ τὸ συμπέρασμα διὰ τὸ μὴ εἶναι καθόλου μηδὲ πρὸς τὸ πρᾶγμα τὸν συλλογισμόν* ..... (34.) *ὁ δὲ διὰ τοῦ μέσου σχήματος ἀεὶ καὶ πάντως λύσιμος.*

650) 70 b. 1.: *ἢ δὴ οὕτω διαιρετέον τὸ σημεῖον, τούτων δὲ τὸ μέσον* (d. h. wo das *μέσον* wirklich *μέσον* ist) *τεκμήριον ληπτέον, τὸ γὰρ τεκμήριον τὸ εἰδέναι ποιοῦν φασιν εἶναι, τοιοῦτο δὲ μάλιστα τὸ μέσον, ἢ τὰ μὲν ἐκ τῶν ἄκρων σημεῖον λεκτέον, τὰ δ' ἐκ τοῦ μέσου τεκμήριον, ἐνδοξότατον γὰρ καὶ μάλιστα ἀληθὲς τὸ διὰ τοῦ πρώτοι σχήματος.*

auch folgen müssen, nur zuweilen Ergänzungen aus der Metaphysik hinzufügend.

Die syllogistische Form allein genügt nicht, um Wissen zu erzeugen, denn ein Syllogismus als solcher kann auch bestehen, ohne dass er das Principielle, Unmittelbare und Ursächliche enthält, das apodeiktische Wissen hingegen ist nur durch solches erreichbar und die Causalität der Nothwendigkeit kann nur durch apodeiktisches Verfahren erwiesen werden; darum ist wohl aller apodeiktische Beweis ein Syllogismus, aber nicht auch umgekehrt[651]). Um jenes Unmittelbare und Ursächliche handelt es sich demnach für die ganze Untersuchung betreffs der realen Seite des Schliessens, durch welche es den Bestand des apodeiktischen Wissens erzeugt.

Zunächst ist festzuhalten, dass es überhaupt einen unmittelbaren Ausgangspunkt der Syllogismen gibt; es ist solches entweder ein Axiom (*ἀξίωμα*), welches als schlechthin unbeweisbares Erforderniss Jeder zur Erreichung eines Wissens überhaupt schon mitbringen muss (s. Anm. 161—174), oder eine aufgestellte Behauptung (*θέσις*), welche als unbeweisbar an die Spitze gestellt wird und von dem Lernenden nicht schon bereits im Denken mitgebracht werden muss; wird hiebei die Alternative eines Seins oder Nichtseins innerhalb des realen Bestandes der Verbindungen als entschieden angenommen und hiemit an die Spitze gestellt, dass Etwas sei oder Etwas nicht sei, so ist jene Behauptung eine Voraussetzung (*ὑπόθεσις*); und insoferne die Voraussetzung dem äusseren Rede-Ausdrucke angehört, und hiedurch an einen Mitmenschen gerichtet ist, kann sie entweder Etwas voraussetzen, was im Allgemeinen mit vorläufigen Annahmen und Meinungen des sie Hörenden übereinstimmt, oder Etwas, was in den Ansichten desselben entweder gar nicht oder selbst gegentheilig vorlag; in diesem letzteren Falle heisst die Voraussetzung ein Postulat (*αἴτημα*); in beiden Fällen aber kann sie ein allgemeines oder ein particulares Urtheil sein, und sie gehört überhaupt dem die Existenz des Daseienden aussprechenden Urtheile an. Wenn hingegen die an die Spitze gestellte Behauptung auf jene Alternative des Seins oder Nichtseins nicht eingeht, so ist sie eine Definition (*ὁρισμός*), denn diese ponirt das „Was" eines Dinges, ohne das „Dass" beizuziehen; sie ist folglich eine Behauptung, aber keine Voraussetzung; dass der Begriff, welcher ja kein Urtheil ist, sondern aus dem Urtheile sich erst hervor-

---

651) *Anal. post.* I, 2, 71 b. 20.: *ἀνάγκη καὶ τὴν ἀποδεικτικὴν ἐπιστήμην ἐξ ἀληθῶν τ' εἶναι καὶ πρώτων καὶ ἀμέσων καὶ γνωριμωτέρων καὶ προτέρων καὶ αἰτίων τοῦ συμπεράσματος· οὕτω γὰρ ἔσονται καὶ αἱ ἀρχαὶ οἰκεῖαι τοῦ δεικνυμένου· συλλογισμὸς μὲν γὰρ ἔσται καὶ ἄνευ τούτων, ἀπόδειξις δ' οὐκ ἔσται, οὐ γὰρ ποιήσει ἐπιστήμην.* Ebend. 6, 74 b. 16.: *ἐξ ἀληθῶν μὲν γὰρ ἔστι καὶ μὴ ἀποδεικνύντα συλλογίσασθαι, ἐξ ἀναγκαίων δ' οὐκ ἔστιν ἀλλ' ἢ ἀποδεικνύντα, τοῦτο γὰρ ἤδη ἀποδείξεώς ἐστιν.* *Anal. pr.* I, 4, 25 b. 30.: *ἡ μὲν γὰρ ἀπόδειξις συλλογισμός τις, ὁ συλλογισμὸς δὲ οὐ πᾶς ἀπόδειξις.* In Bezug auf die formelle Seite aber sind eben die Gesetze und Schlussweisen der drei Figuren die elementaren Bestandtheile aller apodeiktischen Schlüsse. *Metaph. Δ*, 3, 1014 a. 37.: *αἱ γὰρ πρῶται ἀποδείξεις καὶ ἐν πλείοσιν ἀποδείξεσιν ἐνυπάρχουσαι, αὗται στοιχεῖα τῶν ἀποδείξεων λέγονται· εἰσὶ δὲ τοιοῦτοι συλλογισμοὶ οἱ πρῶτοι ἐκ τῶν τριῶν δι' ἑνὸς μέσου.*

hebt (Anm. 360 ff.), weder eine Voraussetzung noch ein Postulat ist, versteht sich von selbst [652]). Wie die Definition sich zu diesem Charakter des Voraussetzungsweisen verhalte und wann und wie sie sich von demselben befreie, werden wir später sehen.

Jedenfalls aber muss jenes Unmittelbare, auf welches der apodeiktische Beweis als seinen Ausgangspunkt sich stützt, ein Stattfindendes oder Bestehendes in eminentem Sinne sein, denn es muss die Berechtigung, dass vermittelst seiner Etwas erwiesen und erkannt werde, in sich selbst tragen, und diess kann es nur, wenn es als die Causalität des aus ihm Folgenden besteht [653]). Daher bewegt sich auch das apodeiktische Verfahren nicht in einem Kreise, weil unmöglich das Nemliche in Bezug auf das Nemliche zugleich das Ursprüngliche und das Abgeleitete sein kann; und wer behauptet, der apodeiktische Beweis drehe sich im Kreise, kömmt eben nur darauf, dass wenn A ist, A ist; so aber kann man freilich dann Alles „beweisen"; nur bei Wenigem besteht wirklich ein solches Verhältniss, nemlich nur da, wo Subject und Prädicat vertauscht werden kann (*ἀντικατηγορούμενα*), d. h. bei Merkmalen, welche Einer Wesenheit speciell eigenthümlich sind; bei allem Uebrigen aber ist es ebenso sehr eine hohle und leere Formel als eine Unmöglichkeit, dass man auf jene Identität sich stütze [654]). Der apodeiktische

---

652) *An. post.* I, 2, 72 a. 14.: *ἀμέσου δ' ἀρχῆς συλλογιστικῆς θέσιν μὲν λέγω ἣν μὴ ἔστι δεῖξαι μηδ' ἀνάγκη ἔχειν τὸν μαθησόμενόν τι, ἣν δ' ἀνάγκη ἔχειν τὸν ὁτιοῦν μαθησόμενον, ἀξίωμα ..... θέσεως δὲ ἡ μὲν ὁποτερονοῦν τῶν μορίων τῆς ἀποφάνσεως λαμβάνουσα, οἷον λέγω τὸ εἶναί τι ἢ τὸ μὴ εἶναί τι, ὑπόθεσις, ἡ δ' ἄνευ τούτου ὁρισμός· ὁ γὰρ ὁρισμὸς θέσις μέν ἐστι, τίθεται γὰρ ὁ ἀριθμητικὸς μονάδα τὸ ἀδιαίρετον εἶναι κατὰ τὸ ποσὸν, ὑπόθεσις δ' οὐκ ἐστί, τὸ γὰρ τί ἐστι μονὰς καὶ τὸ εἶναι μονάδα οὐ ταὐτόν.* Ebend. 10, 76 b. 27.: *ὅσα μὲν οὖν δεικτὰ ὄντα λαμβάνει αὐτὸς μὴ δείξας, ταῦτ' ἐὰν μὲν δοκοῦντα λαμβάνῃ τῷ μανθάνοντι, ὑποτίθεται, καὶ ἔστιν οὐχ ἁπλῶς ὑπόθεσις ἀλλὰ πρὸς ἐκεῖνον μόνον, ἂν δὲ ἢ μηδεμιᾶς ἐνούσης δόξης ἢ καὶ ἐναντίας ἐνούσης λαμβάνῃ τὸ αὐτὸ, αἰτεῖται· καὶ τούτῳ διαφέρει ὑπόθεσις καὶ αἴτημα, ἔστι γὰρ αἴτημα τὸ ὑπεναντίον τοῦ μανθάνοντος τῇ δόξῃ ἢ ὃ ἄν τις ἀποδεικτὸν ὂν λαμβάνῃ καὶ χρῆται μὴ δείξας. οἱ μὲν οὖν ὅροι οὐκ εἰσὶν ὑποθέσεις, οὐδὲν γὰρ εἶναι ἢ μὴ λέγονται, ἀλλ' ἐν ταῖς προτάσεσιν αἱ ὑποθέσεις ..... (77 a. 3.) ἔτι τὸ αἴτημα καὶ ὑπόθεσις πᾶσα ἢ ὡς ὅλον ἢ ὡς ἐν μέρει, οἱ δ' ὅροι οὐδέτερον τούτων.* *Metaph.* *Δ*, 1, 1013 a. 14.: *ἔτι ὅθεν γνωστὸν τὸ πρᾶγμα πρῶτον, καὶ αὕτη ἀρχὴ λέγεται τοῦ πράγματος, οἷον τῶν ἀποδείξεων αἱ ὑποθέσεις.*

653) *An. post.* a. a. O. 72 a. 25.: *ἐπεὶ δὲ δεῖ πιστεύειν τε καὶ εἰδέναι τὸ πρᾶγμα τῷ τοιοῦτον ἔχειν συλλογισμὸν ὃν καλοῦμεν ἀπόδειξιν, ἔστι δ' οὗτος τῷ τάδ' εἶναι ἐξ ὧν ὁ συλλογισμὸς, ἀνάγκη μὴ μόνον προγινώσκειν τὰ πρῶτα ἢ πάντα ἢ ἔνια, ἀλλὰ καὶ μᾶλλον· ἀεὶ γὰρ δι' ὃ ὑπάρχει ἕκαστον, ἐκεῖνο μᾶλλον ὑπάρχει.*

654) Ebend. 3, 72 b. 25.: *κύκλῳ δ' ὅτι ἀδύνατον ἀποδείκνυσθαι ἁπλῶς, δῆλον, εἴπερ ἐκ προτέρων δεῖ τὴν ἀπόδειξιν εἶναι καὶ γνωριμωτέρων· ἀδύνατον γάρ ἐστι τὰ αὐτὰ τῶν αὐτῶν ἅμα πρότερα καὶ ὕστερα εἶναι .....* (32.) *συμβαίνει δὲ τοῖς λέγουσι κύκλῳ τὴν ἀπόδειξιν εἶναι οὐ μόνον τὸ νῦν εἰρημένον, ἀλλ' οὐδὲν ἄλλο λέγειν ἢ ὅτι τοῦτ' ἔστιν εἰ τοῦτ' ἔστιν· οὕτω δὲ πάντα ῥᾴδιον δεῖξαι .....* (73 a. 4.) *ὥστε συμβαίνει λέγειν τοὺς κύκλῳ φάσκοντας εἶναι τὴν ἀπόδειξιν οὐδὲν ἕτερον πλὴν ὅτι τοῦ Α ὄντος τὸ Α ἔστιν, οὕτω δὲ πάντα δεῖξαι ῥᾴδιον· οὐ μὴν ἀλλ' οὐδὲ τοῦτο δυνατὸν, πλὴν ἐπὶ τούτων ὅσα ἀλλήλοις ἕπεται ὥςπερ τὰ ἴδια .....* (16.) *τὰ δὲ μὴ ἀντικατηγορούμενα οὐδαμῶς ἔστι δεῖξαι κύκλῳ, ὥστ' ἐπειδὴ ὀλίγα τοιαῦτα ἐν ταῖς ἀποδείξεσι, φανερὸν ὅτι κενόν τι καὶ ἀδύνατον τὸ λέγειν ἐξ ἀλλήλων εἶναι τὴν ἀπόδειξιν καὶ διὰ τοῦτο πάντων ἐνδέχεσθαι εἶναι ἀπό-*

Beweis muss ja das *καθόλου* in dem ursprünglichen Ansichsein des Dinges als solchen ergreifen, und was z. B. von dem Dreiecke als allgemein geltend bewiesen werden soll, muss auf dem ursprünglichen allgemeinen Sein des Dreieckes als solchen beruhen [655]).

Diese Nothwendigkeit des ursprünglich allgemein Gültigen aber erlangt der Syllogismus vermöge des Mittelbegriffes; nemlich es kann der Schlusssatz allerdings zufälliger Weise ein nothwendiger sein, wenn auch der Mittelbegriff nicht nothwendig ist, ebenso wie aus falschen Prämissen auch zufälliger Weise ein wahrer Schlusssatz folgen kann, aber umgekehrt, wenn der Mittelbegriff die Nothwendigkeit enthält, so enthält sie stets auch der Schlusssatz [656]). So liegt das begriffliche *καθόλου* im Mittelbegriffe, und hierin enthält dieser das dem Gegenstande als solchem eigenthümliche Princip, denn blosse Wahrheit und Unmittelbarkeit und Unbeweisbarkeit genügt nicht, wenn nicht das begriffliche Ansichsein hinzukömmt [657]). Somit zeigt sich uns hier schon der Mittelbegriff als jenes Unmittelbare und Letzte, auf welchem die Vermittlung des Uebrigen beruht, und wenn ferner gesagt wird, dieses unmittelbare an sich und durch sich Nothwendige sei weder Voraussetzung noch Postulat [658]), so bleibt nur entweder das Erfassen des Begriffes oder jene Voranstellung einer Behauptung, welche die Definition ist (Anm. 652), übrig, und es spielt hiemit auch hier bereits das Definitorische herein. Das substanzielle Wesen ist ja Princip des Syllogismus, und der schöpferische Wesensbegriff eines Gegenstandes wird bei der wissenschaftlichen Forschung über denselben als der Grund des ihm Zukommenden ausgesprochen werden [659]). Sind aber in solchem Sinne die Prämissen

---

δειξιν. Von den corrupten Anschauungen der Stoa an ist allerdings diese Hohlheit und Leerheit sogar zum Principe der sich so nennenden Logik gemacht worden; dessenungeachtet aber glauben die Vertreter der formalen Logik sich doch auf Aristoteles als ihren Patron berufen zu dürfen.

655) Ebend. 5, 74 a. 11.: *τούτου πρώτου καθόλου ἡ ἀπόδειξις· λέγω δὲ τούτου πρώτου, ᾗ τοῦτο, ἀπόδειξιν, ὅταν ᾖ πρώτου καθόλου· εἰ οὖν τις δείξειεν ὅτι αἱ ὀρθαὶ οὐ συμπίπτουσι, δόξειεν ἂν τούτου εἶναι ἡ ἀπόδειξις διὰ τὸ ἐπὶ πασῶν εἶναι τῶν ὀρθῶν· οὐκ ἔστι δέ, εἴπερ μὴ ὅτι ὡδὶ ἴσαι γίνεται τοῦτο ἀλλ' ᾗ ὁπωσοῦν ἴσαι· καὶ εἰ τρίγωνον μὴ ἦν ἄλλο ἢ ἰσοσκελές, ᾗ ἰσοσκελὲς ἂν ἐδόκει ὑπάρχειν.* 6, 75 a. 28.: *ἐπεὶ δ' ἐξ ἀνάγκης ὑπάρχει περὶ ἕκαστον γένος ὅσα καθ' αὑτὰ ὑπάρχει καὶ ᾗ ἕκαστον, φανερὸν ὅτι περὶ τῶν καθ' αὑτὰ ὑπαρχόντων αἱ ἐπιστημονικαὶ ἀποδείξεις καὶ ἐκ τῶν τοιούτων εἰσίν.*

656) Ebend. 75 a. 1.: *ὅταν μὲν οὖν τὸ συμπέρασμα ἐξ ἀνάγκης ᾖ, οὐδὲν κωλύει τὸ μέσον μὴ ἀναγκαῖον εἶναι, δι' οὗ ἐδείχθη· ἔστι γὰρ τὸ ἀναγκαῖον καὶ μὴ ἐξ ἀναγκαίου συλλογίσασθαι, ὥςπερ καὶ ἀληθὲς μὴ ἐξ ἀληθῶν· ὅταν δὲ τὸ μέσον ἐξ ἀνάγκης, καὶ τὸ συμπέρασμα ἐξ ἀνάγκης.*

657) 11, 77 a. 8.: *ἐὰν δὲ τὸ καθόλου μὴ ᾖ, τὸ μέσον οὐκ ἔσται, ὥστ' οὐδ' ἀπόδειξις.* 9, 75 b. 37.: *ἐπεὶ δὲ φανερὸν ὅτι ἕκαστον ἀποδεῖξαι οὐκ ἔστιν ἀλλ' ἢ ἐκ τῶν ἑκάστου ἀρχῶν, ἂν τὸ δεικνύμενον ὑπάρχῃ ᾗ ἐκεῖνο, οὐκ ἔστι τὸ ἐπίστασθαι τοῦτο, ἂν ἐξ ἀληθῶν καὶ ἀναποδείκτων δειχθῇ καὶ ἀμέσων· ἔστι γὰρ οὕτω δεῖξαι, ὥςπερ Βρύσων τὸν τετραγωνισμόν* (s. m. Ausg. d. Physik, S. 471.), *κατὰ κοινόν τε γὰρ δεικνύουσιν οἱ τοιοῦτοι λόγοι, ὃ καὶ ἑτέρῳ ὑπάρξει.*

658) 10, 76 b. 23.: *οὐκ ἔστι δ' ὑπόθεσις οὐδ' αἴτημα, ὃ ἀνάγκη εἶναι δι' αὑτὸ καὶ δοκεῖν ἀνάγκη.*

659) *Metaph. Z*, 9, 1034 a. 31.: *ἐν τοῖς συλλογισμοῖς πάντων ἀρχὴ ἡ οὐσία, ἐκ γὰρ τοῦ τί ἐστιν οἱ συλλογισμοί εἰσιν. D. part. an.* 1, 1, 640 a.

eines Syllogismus allgemein und treffen sie das nothwendige Ansichsein, so ist der Schlusssatz ewig und von immerwährender Geltung; von dem Wesenheiten selbst aber, welche der Gegenstand unserer Schlüsse sind, haben die einen ein immerwährendes Sein, die Mehrzahl der übrigen aber ist vergänglich; und betreffs der ersteren und ihrer Gründe besitzen wir nur wenige Mittel der Betrachtung, bei den letzteren hingegen erscheint die Allgemeingültigkeit des Nothwendigen nur in dem Meistentheils, und sind daher auch unsere über dieselben erreichbaren Schlüsse wohl einerseits von immerwährender Geltung, insoferne das Meistentheils ein Nothwendiges ist, andrerseits aber auch nur von particularer Bedeutung, insoferne das Meistentheils nicht das schlechthin Nothwendige ist[660]).

Stofflich nun hat der Syllogismus seine specielle Bestimmtheit in den einzelnen Gattungen des Seienden, und die Begriffe, welche der Schluss zusammenführt, müssen daher, wie sich von selbst versteht, der nemlichen Gattung angehören. Hiernach bestimmt sich dann auch die verschiedene Art und Weise, in welcher eine Behauptung gegen eine specielle Wissenschaft verstösst; und es ist z. B. ein aus der Musik entnommenes Urtheil darum ein ungeometrisches, weil es einer anderen Wissenschaft angehört, hingegen die Behauptung, dass Parallel-Linien sich schneiden, ist ungeometrisch, weil sie einen positiven Gegensatz gegen die Geometrie selbst enthält; eine in letzterer Beziehung sich kundgebende Unwissenheit ist die dem Wissen eigentlich entgegengesetzte, jene andere nicht[661]). Wegen dieser Gebundenheit an das stofflich

---

33.: *διὸ μάλιστα μὲν λεκτέον ὡς ἐπειδὴ τοῦτ' ἦν τὸ ἀνθρώπῳ εἶναι, διὰ τοῦτο ταῦτ' ἔχει ..... εἰ δὲ μή, ὅτι ἐγγύτατα τούτου καὶ ἢ ὅλως ὅτι ἀδύνατον ἄλλως ἢ καλῶς γε οὕτως, ταῦτα δ' ἕπεται· ἐπεὶ δ' ἐστὶ τοιοῦτον, τὴν γένεσιν ὡδὶ καὶ τοιαύτην συμβαίνειν ἀναγκαῖον.*

660) *An. post.* a. a. O. 8, 75 b. 21.: *φανερὸν δὲ καὶ ἐὰν ὦσιν αἱ προτάσεις καθόλου ἐξ ὧν ὁ συλλογισμός, ὅτι ἀνάγκη καὶ τὸ συμπέρασμα ἀΐδιον εἶναι τῆς τοιαύτης ἀποδείξεως καὶ τῆς ἁπλῶς εἰπεῖν ἀποδείξεως· οὐκ ἔστιν ἄρα ἀπόδειξις τῶν φθαρτῶν οὐδ' ἐπιστήμη ἁπλῶς .....* (33.) *αἱ δὲ τῶν πολλάκις γινομένων ἀποδείξεις καὶ ἐπιστῆμαι, οἷον σελήνης ἐκλείψεως, δῆλον ὅτι ᾗ μὲν τοιοῦδ' εἰσίν, ἀεὶ εἰσιν, ᾗ δ' οὐκ ἀεί, κατὰ μέρος εἰσίν.* *D. part. an.* I, 5, 644 b. 22.: *τῶν οὐσιῶν ὅσαι φύσει συνεστᾶσι, τὰς μὲν ἀγενήτους καὶ ἀφθάρτους εἶναι τὸν ἅπαντα αἰῶνα, τὰς δὲ μετέχειν γενέσεως καὶ φθορᾶς· συμβέβηκε δὲ περὶ μὲν ἐκείνας τιμίας οὔσας καὶ θείας ἐλάττους ἡμῖν ὑπάρχειν θεωρίας, καὶ γὰρ ἐξ ὧν ἄν τις σκέψαιτο περὶ αὐτῶν καὶ περὶ ὧν εἰδέναι ποθοῦμεν, παντελῶς ἐστιν ὀλίγα τὰ φανερὰ κατὰ τὴν αἴσθησιν ..... ὅμως δὲ διὰ τὴν τιμιότητα τοῦ γνωρίζειν ἥδιον ἢ τὰ παρ' ἡμῖν ἅπαντα.*

661) *An. post.* I, 7, 75 b. 10.: *ἐκ γὰρ τοῦ αὐτοῦ γένους ἀνάγκη τὰ ἄκρα καὶ τὰ μέσα εἶναι.* Ebend. 9, 76 a. 8.: *ὥστ' εἰ καθ' αὑτὸ κἀκεῖνο ὑπάρχει ᾧ ὑπάρχει, ἀνάγκη τὸ μέσον ἐν τῇ αὐτῇ συγγενείᾳ εἶναι.* Ebend. 12, 77 a. 40.: *δῆλον ἄρα ὅτι οὐ πᾶν ἐρώτημα γεωμετρικὸν ἂν εἴη οὐδ' ἰατρικόν, ὁμοίως δὲ καὶ ἐπὶ τῶν ἄλλων· ἀλλ' ἐξ ὧν ἢ δείκνυταί τι περὶ ὧν ἡ γεωμετρία ἐστὶν ἢ ἐκ τῶν αὐτῶν δείκνυται τῇ γεωμετρίᾳ, ὥςπερ τὰ ὀπτικά· ὁμοίως δὲ καὶ ἐπὶ τῶν ἄλλων .....* (b. 21.) *οἷον τὸ μουσικόν ἐστιν ἐρώτημα ἀγεωμέτρητον περὶ γεωμετρίας, τὸ δὲ τὰς παραλλήλους συμπίπτειν οἴεσθαι γεωμετρικόν πως καὶ ἀγεωμέτρητον ἄλλον τρόπον. διττὸν γὰρ τοῦτο, ὥςπερ τὸ ἄρρυθμον καὶ τὸ μὲν ἕτερον ἀγεωμέτρητον τῷ μὴ ἔχειν ὥςπερ τὸ ἄρρυθμον, τὸ δ' ἕτερον τῷ φαύλως ἔχειν· καὶ ἡ ἄγνοια αὕτη καὶ ἡ ἐκ τῶν τοιούτων ἀρχῶν ἐναντία.*

Viele muss daher ein Einwand gegen Prämissen, welche auf Induction beruhen, gleichfalls nur nach dem Verfahren des Inductorischen gerichtet werden [662]); und wenn hiemit auch jenes unächte Verfahren, mit welchem die Induction in der dritten Figur schliesst (Anm. 643), wegen der Unentbehrlichkeit der Empirie geduldet werden muss, so bleibt andrerseits ein bejahender Schlusssatz in der zweiten Figur ohne Ausnahme unmöglich [663]). Soll hingegen eine Beweisführung erweitert und in fortschreitender Linie durch das Gebiet einer Gattung durchgeführt werden, so hilft eine Vermehrung der Mittelbegriffe innerhalb des Ober- und Unter-Begriffes Nichts, sondern das empirische Material des in der Gattung Stattfindenden muss an den vorliegenden Mittelbegriff von der Seite herein angeschlossen und folglich neue Ober- und Unter-Begriffe gesucht werden [664]).

Aber eben innerhalb dieses empirischen Stoffes muss das apodeiktische Verfahren vermittelst des Syllogismus den begrifflichen Grund und die Nothwendigkeit des Seienden nachweisen, und der wesentliche Unterschied des Wissens liegt darin, ob das Warum erreicht sei oder nicht. Innerhalb Ein und der nemlichen Wissenschaft kann das Warum fehlen, entweder weil gar kein Unmittelbares ergriffen wurde, oder weil das zum Nachweise benützte Unmittelbare nur den äusserlich sinnenfälligen Grund, nicht aber die begriffliche Nothwendigkeit enthielt; z. B. in dem Schlusse:

das nicht Flimmernde ist nahe
die Planeten flimmern nicht
—————————
die Planeten sind nahe

ist bloss das Dass, nicht aber das Warum ausgesprochen, weil das „nicht flimmern" nicht der begriffliche Grund des Nahe-seins ist; hingegen in dem Schlusse:

das Nahe flimmert nicht
die Planeten sind nahe
—————————
die Planeten flimmern nicht

ist die real begriffliche Ursache zum Mittelbegriffe gemacht und hiedurch die Einsicht in das Warum erreicht; wo aber das Nicht-ursächliche das

662) Ebend. 77 b. 34.: *οὐ δεῖ δ' ἔνστασιν εἰς αὐτὸ φέρειν, ἂν ᾖ ἡ πρότασις ἐπακτική· ὥςπερ γὰρ οὐδὲ πρότασίς ἐστιν ἣ μή ἐστιν ἐπὶ πλειόνων, οὐ γὰρ ἔσται ἐπὶ πάντων, ἐκ τῶν καθόλου δ' ὁ συλλογισμὸς, δῆλον ὅτι οὐδ' ἔνστασις· αἱ αὐταὶ γὰρ προτάσεις καὶ ἐνστάσεις.*

663) 77 b. 40.: *συμβαίνει δ' ἐνίους ἀσυλλογίστως λέγειν διὰ τὸ λαμβάνειν ἀμφοτέροις τὰ ἑπόμενα, οἷον καὶ ὁ Καινεὺς ποιεῖ, ὅτι τὸ πῦρ ἐν τῇ πολλαπλασίᾳ ἀναλογίᾳ· καὶ γὰρ τὸ πῦρ ταχὺ γεννᾶται, ὡς φησὶ, καὶ αὕτη ἡ ἀναλογία· οὕτω δ' οὐκ ἔστι συλλογισμός· ἀλλ' εἰ τῇ ταχίστῃ ἀναλογίᾳ ἕπεται ἡ πολλαπλάσιος καὶ τῷ πυρὶ ταχίστη ἐν τῇ κινήσει ἀναλογία.*

664) 78 a. 14.: *αὔξεται δ' οὐ διὰ τῶν μέσων, ἀλλὰ τῷ προςλαμβάνειν, οἷον τὸ A τοῦ B, τοῦτο δὲ τοῦ Γ, πάλιν τοῦτο τοῦ Δ, καὶ τοῦτ' εἰς ἄπειρον· καὶ εἰς τὸ πλάγιον, οἷον τὸ A καὶ κατὰ τοῦ Γ καὶ κατὰ τοῦ E, οἷον ἔστιν ἀριθμὸς ποσὸς ἢ καὶ ἄπειρος τοῦτο ἐφ' ᾧ A, ὁ περιττὸς ἀριθμὸς ποσὸς ἐφ' οὗ B, ἀριθμὸς περιττὸς ἐφ' οὗ Γ. ἔστιν ἄρα τὸ A κατὰ τοῦ Γ. καὶ ἔστιν ὁ ἄρτιος ποσὸς ἀριθμὸς ἐφ' οὗ Δ, ὁ ἄρτιος ἀριθμὸς ἐφ' οὗ E. ἔστιν ἄρα τὸ A κατὰ τοῦ E.*

sinnlich kenntlichere ist, oder wo der Mittelbegriff ausserhalb der Causalität steht, wie z. B.:

das Thier athmet
die Mauer ist kein Thier
―――――――――――――
die Mauer athmet nicht

(denn hier liegt der Mittelbegriff aussen, weil nicht jedes Thier athmet; vgl. über diesen Schluss Abschn. II, Anm. 45), da erreicht man nur das Dass, nicht aber das Warum; daher enthält z. B. der eben angeführte Schluss nur in folgender Form wirklich das Warum:

Alles Athmende ist Thier
Keine Mauer ist Thier
―――――――――――――
Keine Mauer athmet.

Also das Unmittelbare muss die begriffliche Causalität sein und diese die Stelle des Mittelbegriffes einnehmen [665]). Andrerseits aber ist es wohl auch statthaft, dass eine specielle Wissenschaft nur das Dass entwickelt und für sie das begriffliche Warum in einer höheren Wissenschaft liegt, wie z. B. die Gründe der Optik in der Geometrie erledigt werden [666]).

Ist so der Mittelbegriff der Träger des begrifflichen *καθόλου* und der nothwendigen Causalität, so erhellt hieraus auch ein ontologisches Uebergewicht der ersten Schlussfigur über die beiden anderen, welches jenem formellen Vorzuge, den diese Figur besitzt (Anm. 557), völlig entspricht. Nur in der ersten Figur kann ja allgemein bejahend geschlos-

---

665) 13, 78 a. 22.: *τὸ δ᾽ ὅτι διαφέρει καὶ τὸ διότι ἐπίστασθαι πρῶτον μὲν ἐν τῇ αὐτῇ ἐπιστήμῃ, καὶ ἐν ταύτῃ διχῶς, ἕνα μὲν τρόπον ἐὰν μὴ δι᾽ ἀμέσων γίνηται ὁ συλλογισμὸς, οὐ γὰρ λαμβάνεται τὸ πρῶτον αἴτιον, ἡ δὲ τοῦ διότι ἐπιστήμη κατὰ τὸ πρῶτον αἴτιον, ἄλλον δὲ εἰ δι᾽ ἀμέσων μὲν, ἀλλὰ μὴ διὰ τοῦ αἰτίου ἀλλὰ τῶν ἀντιστρεφόντων διὰ τοῦ γνωριμωτέρου· κωλύει γὰρ οὐδὲν τῶν ἀντικατηγορουμένων γνωριμώτερον εἶναι ἐνίοτε τὸ μὴ αἴτιον, ὥστ᾽ ἔσται διὰ τούτου ἡ ἀπόδειξις, οἷον ὅτι ἐγγὺς οἱ πλάνητες διὰ τὸ μὴ στίλβειν· ἔστω ἐφ᾽ ᾧ Γ πλάνητες, ἐφ᾽ ᾧ Β τὸ μὴ στίλβειν, ἐφ᾽ ᾧ Α τὸ ἐγγὺς εἶναι. ἀληθὲς δὴ τὸ Β κατὰ τοῦ Γ εἰπεῖν, οἱ γὰρ πλάνητες οὐ στίλβουσιν· ἀλλὰ καὶ τὸ Α κατὰ τοῦ Β, τὸ γὰρ μὴ στίλβον ἐγγύς ἐστι· τοῦτο δ᾽ εἰλήφθω δι᾽ ἐπαγωγῆς ἢ δι᾽ αἰσθήσεως· ἀνάγκη οὖν τὸ Α τῷ Γ ὑπάρχειν, ὥστ᾽ ἀποδέδεικται ὅτι οἱ πλάνητες ἐγγύς εἰσιν. οὗτος οὖν ὁ συλλογισμὸς οὐ τοῦ διότι ἀλλὰ τοῦ ὅτι ἐστίν.* ..... (39.) *ἐγχωρεῖ δὲ καὶ διὰ θατέρου θάτερον δειχθῆναι, καὶ ἔσται τοῦ διότι ἡ ἀπόδειξις, οἷον ἔστω τὸ Γ πλάνητες, ἐφ᾽ ᾧ Β τὸ ἐγγὺς εἶναι, τὸ Α τὸ μὴ στίλβειν· ὑπάρχει δὴ καὶ τὸ Β τῷ Γ, ὥστε καὶ τῷ Γ τὸ Α τὸ μὴ στίλβειν. καὶ ἔστι τοῦ διότι ὁ συλλογισμὸς, εἴληπται γὰρ τὸ πρῶτον αἴτιον* ..... (b. 11.) *ἐφ᾽ ὧν δὲ τὰ μέσα μὴ ἀντιστρέφει καὶ ἔστι γνωριμώτερον τὸ ἀναίτιον, τὸ ὅτι μὲν δείκνυται, τὸ διότι δ᾽ οὔ· ἔτι ἐφ᾽ ὧν τὸ μέσον ἔξω τίθεται, καὶ γὰρ ἐν τούτοις τοῦ ὅτι καὶ οὐ τοῦ διότι ἡ ἀπόδειξις* ..... *οἷον διὰ τί οὐκ ἀναπνέει ὁ τοῖχος; ὅτι οὐ ζῷον· εἰ γὰρ τοῦτο τοῦ μὴ ἀναπνέειν αἴτιον, ἔδει τὸ ζῷον εἶναι αἴτιον τοῦ ἀναπνεῖν* ..... (23.) *ὁ δὲ συλλογισμὸς γίνεται τῆς τοιαύτης αἰτίας ἐν τῷ μέσῳ σχήματι· οἷον ἔστω τὸ Α ζῷον, ἐφ᾽ οὗ τὸ Β τὸ ἀναπνεῖν, ἐφ᾽ ᾧ Γ τοῖχος. τῷ μὲν οὖν Β παντὶ ὑπάρχει τὸ Α, πᾶν γὰρ τὸ ἀναπνέον ζῷον, τῷ δὲ Γ οὐδενὶ, ὥστε οὐδὲ τὸ Β τῷ Γ οὐδενί· οὐκ ἄρα ἀναπνεῖ ὁ τοῖχος.*

666) 78 b. 34.: *ἄλλον δὲ τρόπον διαφέρει τὸ διότι τοῦ ὅτι τὸ δι᾽ ἄλλης ἐπιστήμης ἑκάτερον θεωρεῖν· τοιαῦτα δ᾽ ἐστὶν ὅσα οὕτως ἔχει πρὸς ἄλληλα ὥστ᾽ εἶναι θάτερον ὑπὸ θάτερον, οἷον τὰ ὀπτικὰ πρὸς γεωμετρίαν.*

sen werden, das begriffliche Sein aber ist positiv und ist allgemein; aber auch auf das Warum und die begriffliche Causalität wird entweder überhaupt nur in der ersten Figur oder wenigstens meistentheils in ihr geschlossen [667]). So dass also jener Fall, in welchem der Mittelbegriff die ihm wesentlich gebührende mittlere Stellung wirklich einnimmt, mit seiner ontologischen Bedeutung zusammentrifft.

Vermöge dieser Geltung des Mittelbegriffes nun muss Alles auf jene erste, an die Spitze des Syllogismus gestellte, Behauptung, d. h. auf den Obersatz ankommen, ob derselbe bereits ein unmittelbares oder ein noch der Vermittlung fähiges Urtheil sei, nemlich ob zwischen Subject und Prädicat des Obersatzes, d. h. zwischen Mittelbegriff und Oberbegriff, kein neuer vermittelnder Begriff mehr eingeschoben werden könne oder ob ein solcher noch einsetzbar sei. Insoferne es also sowohl unmittelbare als auch vermittlungsfähige Obersätze gibt, ist zunächst beiden gemeinschaftlich, dass ihr factischer Bestand, d. h. die in ihnen aufgestellte Entscheidung der Alternative zwischen Sein und Nichtsein (Anm. 652), dadurch für die Ueberzeugung bekräftigt und von einem Schwanken oder einer Täuschung ferngehalten wird, dass man das widerspruchsweise Gegentheil dieses factischen Bestandes als unstatthaft erkennt. Darum ist zu beachten, in welcher Beziehung alle jene Schlüsse fehlerhaft wären, durch welche man auf das widerspruchsweise Gegentheil jener Obersätze gelangen würde.

Was nun in dieser Beziehung zuerst die unmittelbaren Obersätze betrifft, so ist solches sowohl für den Fall dass sie bejahend, als auch für den Fall dass sie verneinend sind, zu betrachten; denn es gibt, ebenso wie bei den vermittlungsfähigen, auch unter den unmittelbaren verneinende; wo nemlich gewisse Gruppen von Wesenheiten gegenseitig gar keine Berührung haben und nie wechselseitig voneinander Subject und Prädicat sein können, wird sich eine verneinende Behauptung darbieten, welche als eine unmittelbare an die Spitze gestellt werden kann [668]). Mag nun die an die Spitze gestellte unmittelbare Behauptung bejahend oder verneinend sein, so muss ein allenfalls sich einstellendes motivirtes Misskennen derselben (*ἄγνοια κατὰ διάθεσιν*), durch die Einsicht in die Täuschung selbst zerstreut werden. Gesetzt nemlich, es würde dem unmittelbaren verneinenden Urtheile „B ist nicht A" ein Syllogismus ge-

---

667) 14, 79a. 17.: *τῶν δὲ σχημάτων ἐπιστημονικὸν μάλιστα τὸ πρῶτόν ἐστιν* ..... (21.) *ἢ γὰρ ὅλως ἢ ὡς ἐπὶ τὸ πολὺ καὶ ἐν τοῖς πλείστοις διὰ τούτου τοῦ σχήματος ὁ τοῦ διότι συλλογισμός* ..... (24.) *εἶτα τὴν τοῦ τί ἐστιν ἐπιστήμην διὰ μόνου τούτου θηρεῦσαι δυνατόν· ἐν μὲν γὰρ τῷ μέσῳ σχήματι οὐ γίνεται κατηγορικὸς συλλογισμός, ἡ δὲ τοῦ τί ἐστιν ἐπιστήμη καταφάσεως· ἐν δὲ τῷ ἐσχάτῳ γίνεται μὲν ἀλλ' οὐ καθόλου, τὸ δὲ τί ἐστι τῶν καθόλου ἐστίν.*

668) 15, 79a. 33.: *ὥςπερ δὲ ὑπάρχειν τὸ A τῷ B ἐνεδέχετο ἀτόμως, ουτω καὶ μὴ ὑπάρχειν ἐγχωρεῖ· λέγω δὲ τὸ ἀτόμως ὑπάρχειν ἢ μὴ ὑπάρχειν τὸ μὴ εἶναι αὐτῶν μέσον* (so ist hier *ἀτόμως* von dem letzten unmittelbaren Urtheile ganz entsprechend jener Bedeutung gebraucht, in welcher *ἄτομα* in der Lehre vom Begriffe, — Anm. 445., — bei dem letzten nicht mehr theilbaren Artunterschiede vorkam). *οὕτω γὰρ οὐκέτι ἔσται κατ' ἄλλο τὸ ὑπάρχειν ἢ μὴ ὑπάρχειν* ..... (b. 6.) *ὅτι δ' ἐνδέχεται τὸ B μὴ εἶναι ἐν ᾧ ὅλῳ ἐστὶ τὸ A ἢ πάλιν τὸ A ἐν ᾧ τὸ B, φανερὸν ἐκ τῶν συστοιχιῶν, ὅσαι μὴ ἐπαλλάττουσιν ἀλλήλαις.*

genübergestellt, dessen Schlusssatz lauten würde „B ist A“, so müssten in demselben entweder beide Prämissen oder wenigstens der Untersatz falsch sein; und gesetzt, es würde dem unmittelbaren bejahenden Urtheile „B ist A“ ein Syllogismus mit dem Schlusssatze „B ist nicht A“ gegenübergestellt, so müsste in demselben, wenn er in der ersten Figur sich bewegte, entweder beide Prämissen oder wenigstens die eine der beiden, gleichviel welche, falsch sein, und wenn in der zweiten Figur, entweder beide beziehungsweise falsch oder wenigstens die eine der beiden, gleichviel welche, schlechthin falsch[669]). Sind hingegen jene an die Spitze gestellten Obersätze vermittlungsfähige Urtheile, sei es dass sie bejahend oder dass sie verneinend sind, so kann ein Syllogismus, durch welchen ihr widerspruchsweises Gegentheil ihnen gegenübergestellt werden wollte, entweder den wirklich zu ihrer Vermittlung passenden Mittelbegriff oder einen fremdartigen und hiemit bereits falschen Mittelbegriff enthalten; im ersteren Falle würde sein Obersatz falsch sein müssen, und im letzteren entweder beide Prämissen oder wenigstens eine von beiden, gleichviel welche; in der zweiten Figur müsste eben irgend eine der beiden Prämissen falsch sein[670]).

Besteht nun für das Urtheil „B ist A“ ein Vermittelndes, d. h. ein Mittelbegriff zwischen dem Subjecte und dem Prädicate desselben, so ist dasselbe apodeiktisch erweisbar, und jenes Unmittelbare, welches als das Vermittelnde zwischen jene zwei Begriffe tritt, bildet die elementaren Bestandtheile des apodeiktischen Beweises; besteht hingegen kein Mittelbegriff mehr für jenes Urtheil, so ist es selbst bereits ein Unmittelbares und Principielles, und auf ein Solches zielt der zum letzten Principe führende Weg ab, denn der Mittelbegriff muss stets verdichtet werden, bis er Einer und untheilbar wird; dann ist derselbe jenes Un-

---

669) 16, 79 b. 23.: *ἄγνοια δ' ἡ μὴ κατ' ἀντίφασιν ἀλλὰ κατὰ διάθεσιν λεγομένη ἔστι μὲν ἡ διὰ συλλογισμοῦ γινομένη ἀπάτη, αὕτη δ' ἐν μὲν τοῖς πρώτοις ὑπάρχουσιν ἢ μὴ ὑπάρχουσι συμβαίνει διχῶς· ἢ γὰρ ὅταν ἁπλῶς ὑπολάβῃ ὑπάρχειν ἢ μὴ ὑπάρχειν, ἢ ὅταν διὰ συλλογισμοῦ λάβῃ τὴν ὑπόληψιν. τῆς μὲν οὖν ἁπλῆς ὑπολήψεως ἁπλῆ ἡ ἀπάτη, τῆς δὲ διὰ συλλογισμοῦ πλείους. μὴ ὑπαρχέτω γὰρ τὸ Α μηδενὶ τῶν Β ἀτόμως. οὐκοῦν ἐὰν συλλογίζηται ὑπάρχειν τὸ Α τῷ Β, μέσον λαβὼν τὸ Γ, ἠπατημένος ἔσται διὰ συλλογισμοῦ. ἐνδέχεται μὲν οὖν ἀμφοτέρας τὰς προτάσεις εἶναι ψευδεῖς, ἐνδέχεται δὲ τὴν ἑτέραν μόνην ..... (40.) ἀλλὰ καὶ τὴν ἑτέραν ἐνδέχεται ἀληθῆ λαμβάνειν, οὐ μέντοι ὁποτέραν ἔτυχεν, ἀλλὰ τὴν ΑΓ ..... (80 a. 6.) ἡ μὲν οὖν τοῦ ὑπάρχειν ἀπάτη διὰ τούτων τε καὶ οὕτω γίνεται μόνως, οὐ γὰρ ἐν ἄλλῳ σχήματι τοῦ ὑπάρχειν συλλογισμός· ἡ δὲ τοῦ μὴ ὑπάρχειν ἔν τε τῷ πρώτῳ καὶ ἐν τῷ μέσῳ σχήματι ..... (11.) ἐνδέχεται μὲν οὖν ἀμφοτέρων ψευδῶν οὐσῶν ..... (14.) ἐνδέχεται δὲ καὶ τῆς ἑτέρας ψευδοῦς οὔσης καὶ ταύτης ὁποτέρας ἔτυχεν ..... (27.) ἐν δὲ τῷ μέσῳ σχήματι ὅλας μὲν εἶναι τὰς προτάσεις ἀμφοτέρας ψευδεῖς οὐκ ἐνδέχεται ..... (33.) ἐπί τι δ' ἑκατέραν οὐδὲν κωλύει ψευδῆ εἶναι.*

670) 17, 80 b. 17.: *ἐν δὲ τοῖς μὴ ἀτόμως ὑπάρχουσιν ἢ μὴ ὑπάρχουσιν, ὅταν μὲν διὰ τοῦ οἰκείου μέσου γίνηται τοῦ ψευδοῦς ὁ συλλογισμός, οὐχ οἷόν τε ἀμφοτέρας ψευδεῖς εἶναι τὰς προτάσεις, ἀλλὰ μόνον τὴν πρὸς τῷ μείζονι ἄκρῳ ..... (26.) ὁμοίως δὲ καὶ εἰ ἐξ ἄλλης συστοιχίας ληφθείη τὸ μέσον ..... ὥσθ' ἡ μὲν ἀεὶ ἀληθὴς ἡ δ' ἀεὶ ψευδής ..... (33.) ὅταν μὲν ὑπὸ τὸ Α ᾖ τὸ μέσον, τῷ δὲ Β μηδενὶ ὑπάρχῃ, ἀνάγκη ψευδεῖς εἶναι ἀμφοτέρας. ..... (81 a. 5.) διὰ δὲ τοῦ μέσου σχήματος γινομένης τῆς ἀπάτης, ἀμφοτέρας μὲν οὐκ ἐνδέχεται ψευδεῖς εἶναι τὰς προτάσεις ὅλας ..... (9.) τὴν ἑτέραν δ' ἐγχωρεῖ, καὶ ὁποτέραν ἔτυχεν.*

mittelbare, durch welches die letzte und äusserste Vermittlung bewerkstelligt wird[671]). Auf diesem letzten Principiellen und Unmittelbaren beruht dann der Vorzug des allgemeinen Beweises vor dem particularen und des bejahenden vor dem verneinenden und des directen vor dem apagogischen. Nemlich insoferne man wohl glauben könnte, das particulare Schliessen sei dem allgemeinen vorzuziehen, da ja das Singuläre kenntlicher sei und dem Wissen näher liege, aus dem Allgemeinen hingegen leicht die irrthümliche Annahme von allgemeinen Wesenheiten neben und ausser den individuellen sich ergeben könne, so ist hingegen zu bedenken, dass das Singuläre eben doch nur unter der Form der Allgemeinheit gewusst wird, jene irrige Folgerung aber, welche zur Ideenlehre führen würde, gar nicht nöthig ist; der allgemeine Schluss ist daher vorzuziehen, weil er mehr die Causalität des Nothwendigen in sich enthält, und weil er das Ansichsein ohne Rücksicht auf Anderes ergreift, sich dabei von der unbegränzten Vielheit des Einzelnen fernhaltend und dem Unmittelbaren näher stehend, und weil er den particularen Schluss bereits in sich involvirt[672]). Der bejahende Schluss aber ist dem verneinenden vorzuziehen, weil er einfacher und schneller erreichbar ist, indem er wenigere Voraussetzungen und Postulate bedarf, ferner weil, wenn beide Prämissen verneinend sind, überhaupt gar nicht geschlossen werden kann und daher nur bei bejahenden Prämissen eine fortgesetzte Vermehrung und Verdichtung des Mittelbegriffes möglich ist, bei verneinenden aber nicht, sodann weil die Beweiskraft des verneinenden Schlusses durch den bejahenden erwiesen wird, nicht aber umgekehrt, und weil die Bejahung überhaupt kenntlicher und principieller als die Verneinung ist[673]). Endlich in gleicher Weise ist auch das di-

---

671) 23, 84 b. 19.: *φανερὸν δὲ καὶ ὅτι, ὅταν τὸ Α τῷ Β ὑπάρχῃ, εἰ μὲν ἔστι τι μέσον, ἔστι δεῖξαι ὅτι τὸ Α τῷ Β ὑπάρχει. καὶ στοιχεῖα τούτου ἐστὶ ταῦτα καὶ τοσαῦθ᾽ ὅσα μέσα ἐστίν· αἱ γὰρ ἄμεσοι προτάσεις στοιχεῖα ἢ πᾶσαι ἢ αἱ καθόλου. εἰ δὲ μή ἐστιν, οὐκέτι ἔστιν ἀπόδειξις, ἀλλ᾽ ἡ ἐπὶ τὰς ἀρχὰς ὁδὸς αὕτη ἐστίν* ..... (34.) *ἀλλ᾽ ἀεὶ τὸ μέσον πυκνοῦται, ἕως ἀδιαίρετα γένηται καὶ ἕν· ἔστι δ᾽ ἕν, ὅταν ἄμεσον γένηται καὶ μία πρότασις ἁπλῶς ἡ ἄμεσος.*

672) 24, 85 a. 20.: *δόξειε μὲν οὖν τάχ᾽ ἂν τισιν ὡδὶ σκοποῦσιν ἡ κατὰ μέρος* (sc. *ἀπόδειξις*) *εἶναι βελτίων. εἰ γὰρ καθ᾽ ἣν μᾶλλον ἐπιστάμεθα ἀπόδειξιν βελτίων ἀπόδειξις* ..... *μᾶλλον δ᾽ ἐπιστάμεθα ἕκαστον, ὅταν αὐτὸ εἰδῶμεν καθ᾽ αὑτὸ ἢ ὅταν κατ᾽ ἄλλο* ..... (26.) *ἡ δὲ καθόλου ὅτι ἄλλο, οὐχ ὅτι αὐτὸ τετύχηκεν, ἐπιδείκνυσιν* ..... (30.) *βελτίων ἂν ἡ κατὰ μέρος ἀπόδειξις εἴη. ἔτι εἰ τὸ μὲν καθόλου μή ἐστί τι παρὰ τὰ καθ᾽ ἕκαστα, ἡ δ᾽ ἀπόδειξις δόξαν ἐμποιεῖ εἶναί τι τοῦτο καθ᾽ ὃ ἀποδείκνυσι καί τινα φύσιν ὑπάρχειν ἐν τοῖς οὖσι ταύτην* ..... (b. 3.) *χείρων ἂν εἴη ἡ καθόλου τῆς κατὰ μέρος* ..... (13.) *ὁ καθόλου εἰδὼς μᾶλλον οἶδεν ᾗ ὑπάρχει ἢ τὸ κατὰ μέρος. βελτίων ἄρα ἡ καθόλου τῆς κατὰ μέρος* ..... (18.) *ἔτι τε οὐδεμία ἀνάγκη ὑπολαμβάνειν τι εἶναι τοῦτο παρὰ ταῦτα, ὅτι ἓν δηλοῖ* ..... (23.) *ἔτι εἰ ἡ ἀπόδειξις μέν ἐστι συλλογισμὸς δεικτικὸς αἰτίας καὶ τοῦ διὰ τί, τὸ καθόλου δ᾽ αἰτιώτερον* ..... (27.) *ἔτι μέχρι τούτου ζητοῦμεν τὸ διὰ τί καὶ τότε οἰόμεθα εἰδέναι, ὅταν μὴ ᾖ ὅτι τι ἄλλο τοῦτο ἢ γινόμενον ἢ ὄν* ..... (86 a. 3.) *ἔτι ὅσῳ ἂν μᾶλλον κατὰ μέρος ᾖ, εἰς τὰ ἄπειρα ἐμπίπτει, ἡ δὲ καθόλου εἰς τὸ ἁπλοῦν καὶ τὸ πέρας* ..... (22.) *μάλιστα δὲ δῆλον ὅτι ἡ καθόλου κυριωτέρα, ὅτι τῶν προτάσεων τὴν μὲν προτέραν ἔχοντες ἴσμεν πως καὶ τὴν ὑστέραν καὶ ἔχομεν δυνάμει.*

673) 25, 86 a. 32.: *ὅτι δ᾽ ἡ δεικτικὴ τῆς στερητικῆς, ἐντεῦθεν δῆλον· ἔστω γὰρ αὕτη ἡ ἀπόδειξις βελτίων τῶν ἄλλων τῶν αὐτῶν ὑπαρχόντων*

recte Schlussverfahren dem apagogischen vorzuziehen, da es auf dem der Natur nach Früheren beruht[674]). Wurzelt so der direct und allgemein bejahende Ausdruck des vermittelnden Wissens auf der principiellen Geltung des unmittelbar Begrifflichen und Nothwendigen, so begründet andrerseits die intelligible Einheit dieses Principes auch den Bestand einer einheitlichen Wissenschaft, insoferne das letzte Unerweisbare und Unmittelbare jener nemlichen und Einen Gattung angehören muss, welche der Gegenstand einer bestimmten speciellen Wissenschaft ist, d. h. Ein letzter Mittelbegriff kann nicht mehreren Gattungen angehören, wohl aber können zu einer Mehrheit von Schlüssen zum Behufe der Erreichung Eines Schlusssatzes mehrere Mittelbegriffe aus ihren je entsprechenden Gattungen beigezogen werden[675]).

In dem Mittelbegriffe als dem letzten erreichbaren Unmittelbaren, durch welches wir das Vermittlungsfähige vermitteln, beruht insgesammt Alles, was wir durch das apodeiktische Verfahren zum Behufe eines wirklichen Wissens suchen. Wir suchen aber überall jene vier Principien, nemlich das Dass und das Ob und das Warum und das Was, d. h. den Stoff und die bewegende Ursache und den Zweck und das begriffliche Sein, deren Zusammentreffen in dem schöpferischen Wesens-Begriffe wir oben als den Inbegriff der ontologischen Bedeutung und Function des Begriffes kennen lernten. Und in allen diesen vier Beziehungen ist im Syllogismus und in dem apodeiktischen Verfahren überhaupt der Mittelbegriff der Gegenstand dieses Suchens, denn betreffs des Dass und des Ob suchen wir das actuelle Dasein des Mittelbegriffes und betreffs des Warum und Was das begriffliche Sein desselben; alle vier

---

ἡ ἐξ ἐλαττόνων αἰτημάτων ἢ ὑποθέσεων ἢ προτάσεων· εἰ γὰρ γνώριμοι ὁμοίως, τὸ θᾶττον γνῶναι διὰ τούτων ὑπάρξει, τοῦτο δ' αἱρετώτερον..... (b. 10.) ἔτι ἐπειδὴ δέδεικται ὅτι ἀδύνατον ἀμφοτέρων οὐσῶν στερητικῶν τῶν προτάσεων γενέσθαι συλλογισμὸν, ἀλλὰ τὴν μὲν δεῖ τοιαύτην εἶναι, τὴν δ' ὅτι ὑπάρχει, ἔτι πρὸς τούτῳ δεῖ τόδε λαβεῖν· τὰς μὲν γὰρ κατηγορικὰς αὐξανομένης τῆς ἀποδείξεως ἀναγκαῖον γίνεσθαι πλείους, τὰς δὲ στερητικὰς ἀδύνατον πλείους εἶναι μιᾶς ἐν ἅπαντι συλλογισμῷ ..... (27.) εἰ δὴ γνωριμώτερον δι' οὗ δείκνυται καὶ πιστότερον, δείκνυται δ' ἡ μὲν στερητικὴ διὰ τῆς κατηγορικῆς, αὕτη δὲ δι' ἐκείνης οὐ δείκνυται, προτέρα καὶ γνωριμωτέρα οὖσα καὶ πιστοτέρα βελτίων ἂν εἴη ..... (33.) ἡ δὲ καταφατικὴ τῆς ἀποφατικῆς προτέρα καὶ γνωριμωτέρα· διὰ γὰρ τὴν κατάφασιν ἡ ἀπόφασις γνώριμος καὶ προτέρα ἡ κατάφασις ὥςπερ καὶ τὸ εἶναι τοῦ μὴ εἶναι ..... (38.) ἔτι ἀρχαιοδεστέρα, ἄνευ γὰρ τῆς δεικνυούσης οὐκ ἔστιν ἡ στερητική.

674) 26, 87 a. 1.: ἐπεὶ δ' ἡ καταφατικὴ τῆς στερητικῆς βελτίων, δῆλον ὅτι καὶ τῆς εἰς τὸ ἀδύνατον ἀγούσης ..... (14.) ὅταν μὲν οὖν ᾖ τὸ συμπέρασμα γνωριμώτερον ὅτι οὐκ ἔστιν, ἡ εἰς τὸ ἀδύνατον γίνεται ἀπόδειξις, ὅταν δ' ἡ ἐν τῷ συλλογισμῷ, ἡ ἀποδεικτική· φύσει δὲ προτέρα ἡ ὅτι τὸ Α τῷ Β ἢ ὅτι τὸ Α τῷ Γ. πρότερα γάρ ἐστι τοῦ συμπεράσματος ἐξ ὧν τὸ συμπέρασμα, ἔστι δὲ τὸ μὲν Α τῷ Γ μὴ ὑπάρχειν συμπέρασμα, τὸ δὲ Α τῷ Β ἐξ οὗ τὸ συμπέρασμα.

675) 28, 87 a. 38.: μία δ' ἐπιστήμη ἐστὶν ἡ ἑνὸς γένους, ὅσα ἐκ τῶν πρώτων σύγκειται καὶ μέρη ἐστὶν ἢ πάθη τούτων καθ' αὑτά ..... (b. 1.) τούτου δὲ σημεῖον, ὅταν εἰς τὰ ἀναπόδεικτα ἔλθῃ· δεῖ γὰρ αὐτὰ ἐν τῷ αὐτῷ γένει εἶναι τοῖς ἀποδεδειγμένοις ..... (5.) πλείους δ' ἀποδείξεις εἶναι τοῦ αὐτοῦ ἐγχωρεῖ οὐ μόνον ἐκ τῆς αὐτῆς συστοιχίας λαμβάνοντι μὴ τὸ συνεχὲς μέσον ..... ἀλλὰ καὶ ἐξ ἑτέρας.

Ursachen hiemit liegen in dem Mittelbegriffe [676]). Wenn auch in dem Gebiete des uns zugänglichen Seienden die stete Veränderung des Entstehens und Vergehens besteht, so ist dennoch auch dort der Mittelbegriff das wirksame, indem er in den einzelnen Zeiten in actuelle Wirklichkeit tritt; der gleichartige Mittelbegriff ist auch in den Ereignissen ein Unmittelbares, und insoferne die Wirkung später ist, muss aus dem Späteren auf das Frühere zurückgeschlossen werden, nicht aber umgekehrt vom Früheren auf das Spätere; wo aber in dem Eintreten der Ereignisse ein Cirkel zwischen Ursache und Wirkung besteht, wird der Cirkel auch in dem Nachweise des causalen Mittelbegriffes erscheinen, und wo dort nur das Meistentheils vorliegt, hat auch der Nachweis nur die Geltung des Meistentheils [677]). In solchem Sinne sind alle wissenschaftlichen „Probleme" nach dem Mittelbegriffe zu lösen, und auch ihre Einheitlichkeit beruht auf der Einheit des Mittelbegriffes; dieser ist in jedem Probleme als die begriffliche Causalität des Gesuchten nachzuweisen [678]).

So also enthält der Obersatz, von welchem wir oben als der an die Spitze gestellten Behauptung zu handeln hatten, in dem Mittelbegriffe stets das Princip des Gesuchten, und insoferne in dem Mittelbegriffe der begriffliche Grund des Oberbegriffes liegt, entsteht alles wirkliche Wis-

---

676) II, 1, 89 b. 23.: *τὰ ζητούμενά ἐστιν ἴσα τὸν ἀριθμὸν ὅσαπερ ἐπιστάμεθα, ζητοῦμεν δὲ τέτταρα, τὸ ὅτι, τὸ διότι, εἰ ἔστι, τί ἐστιν.* 2, 89 b. 37.: *ζητοῦμεν δέ, ὅταν μὲν ζητῶμεν τὸ ὅτι ἢ τὸ εἰ ἔστιν ἁπλῶς, ἆρ' ἔστι μέσον αὐτοῦ ἢ οὐκ ἔστιν, ὅταν δὲ γνόντες ἢ τὸ ὅτι ἢ εἰ ἔστιν, ἢ τὸ ἐπὶ μέρος ἢ τὸ ἁπλῶς, πάλιν τὸ διὰ τί ζητῶμεν ἢ τὸ τί ἐστι, τότε ζητοῦμεν τί τὸ μέσον.* 11, 94 a. 20.: *ἐπεὶ δὲ ἐπίστασθαι οἰόμεθα ὅταν εἰδῶμεν τὴν αἰτίαν, αἰτίαι δὲ τέτταρες, μία μὲν τὸ τί ἦν εἶναι, μία δὲ τὸ τίνων ὄντων ἀνάγκη τοῦτ' εἶναι, ἑτέρα δὲ ἥ τι πρῶτον ἐκίνησε, τετάρτη δὲ τὸ τίνος ἕνεκα, πᾶσαι αὗται διὰ τοῦ μέσου δείκνυνται· τό τε γὰρ οὗ ὄντος τοδὶ ἀνάγκη εἶναι μιᾶς μὲν προτάσεως ληφθείσης οὐκ ἔστι, δυοῖν δὲ τοὐλάχιστον, τοῦτο δ' ἐστὶν, ὅταν ἓν μέσον ἔχωσιν· τούτου οὖν ἑνὸς ληφθέντος τὸ συμπέρασμα ἀνάγκη εἶναι* ..... (35.) *ἀλλὰ μὴν καὶ τὸ τί ἦν εἶναι αἴτιον δέδεικται τὸ μέσον.*

677) 12, 95 a. 10.: *τὸ δ' αὐτὸ αἴτιόν ἐστι τοῖς γινομένοις καὶ τοῖς γεγενημένοις καὶ τοῖς ἐσομένοις ὅπερ καὶ τοῖς οὖσι, τὸ γὰρ μέσον αἴτιον, πλὴν τοῖς μὲν οὖσιν ὄν, τοῖς δὲ γινομένοις γινόμενον, τοῖς δὲ γεγενημένοις γεγενημένον καὶ ἐσομένοις ἐσόμενον* ..... (27.) *ἔστι δὴ ἀπὸ τοῦ ὕστερον γεγονότος ὁ συλλογισμὸς, ἀρχὴ δὲ καὶ τούτων τὰ γεγονότα, διὸ καὶ ἐπὶ τῶν γινομένων ὡσαύτως· ἀπὸ δὲ τοῦ πρότερον οὐκ ἔστιν* ..... (b. 13.) *περὶ μὲν οὖν τοῦ πῶς ἂν ἐφεξῆς γινομένης τῆς γενέσεως ἔχοι τὸ μέσον τὸ αἴτιον ἐπὶ τοσοῦτον εἰλήφθω· ἀνάγκη γὰρ καὶ ἐν τούτοις τὸ μέσον καὶ τὸ πρῶτον ἄμεσα εἶναι* ..... (38.) *ἐπεὶ δ' ὁρῶμεν ἐν τοῖς γινομένοις κύκλῳ τινὰ γένεσιν οὖσαν, ἐνδέχεται τοῦτο εἶναι, εἴπερ ἕποιντο ἀλλήλοις τὸ μέσον καὶ οἱ ὅροι, ἐν γὰρ τούτοις τὸ ἀντιστρέφειν ἐστίν· δέδεικται δὲ τοῦτο ἐν τοῖς πρώτοις, ὅτι ἀντιστρέφει τὰ συμπεράσματα· τὸ δὲ κύκλῳ τοῦτό ἐστιν* ..... (96 a. 8.) *ἔστι δ' ἔνια μὲν γινόμενα καθόλου* ..... *τὰ δ' ἀεὶ μὲν οὔ, ὡς ἐπὶ τὸ πολὺ δέ* ..... *τῶν δὴ τοιούτων ἀνάγκη καὶ τὸ μέσον ὡς ἐπὶ τὸ πολὺ εἶναι.*

678) 14, 98 a. 1.: *πρὸς δὲ τὸ ἔχειν τὰ προβλήματα λέγειν δεῖ τάς τε ἀνατομὰς καὶ τὰς διαιρέσεις, οὕτω δὲ διαλέγειν ὑποθέμενον τὸ γένος τὸ κοινὸν ἁπάντων* .... 15, 98 a. 24.: *τὰ δ' αὐτὰ προβλήματά ἐστι τὰ μὲν τῷ τὸ αὐτὸ μέσον ἔχειν* ..... (29.) *τὰ δὲ τῷ τὸ μέσον ὑπὸ τὸ ἕτερον μέσον εἶναι διαφέρει τῶν προβλημάτων* ..... 17, 99 a. 3.: *ὁ γὰρ λόγος τοῦ ἄκρου τὸ μέσον ἐστίν.*

sen durch die Begriffsbestimmung, d. h. durch die Definition [679]). Wir sahen dort (Anm. 652), dass die Definition als der Voraussetzung coordinirt bezeichnet, ihr Unterschied von derselben aber darein gelegt worden war, dass sie auf das Dasein oder Nicht-Dasein nicht eingeht, sondern das Was und das begriffliche Sein ausspricht; und es wird sich nun zeigen, dass es darauf ankömmt, ob der die begriffliche Causalität enthaltende Mittelbegriff sich bereits durch sein von ihm beherrschtes Gebiet durchgearbeitet hat oder nicht. Es ist nemlich die Definition entweder der Ausgangspunkt eines apodeiktischen Beweises oder selbst ein apodeiktischer Beweis, welcher nur in der Form der Aufstellung der Behauptung sich unterscheidet, oder endlich ist die Definition der Schlusssatz eines apodeiktischen Beweises [680]). Diess nun ist näher zu erörtern.

Identisch sind Definition und apodeiktischer Beweis keinenfalls, denn erstere spricht das begriffliche Sein ausschliesslich nur allgemein bejahend aus, letzterer aber kann auch verneinend und particular sein, und auch gibt es nicht einmal von Allem, was in der ersten Figur allgemein bejahend erschlossen wird, eine Definition, z. B. der Bestand der Winkelsumme im Dreiecke kann nicht definirt werden; denn Beweisbares wissen heisst ja eben den Beweis haben, so dass, wenn jenes Sache einer Definition wäre, es gerade nicht als Gegenstand eines Beweises gewusst würde; aus dem gleichen Grunde ist aber auch nicht alles Definirbare beweisbar, denn ausserdem würde ja der Definirende ein Beweisbares wissen, ohne den Beweis zu haben [681]). Ferner spricht die Definition nicht das Dasein oder Nicht-Dasein und überhaupt nicht ein Stattfinden oder Nichtstattfinden aus, sondern diess zu erweisen ist gerade Sache des Syllogismus, wohingegen die Definition die substanzielle Wesenheit und das begriffliche Sein enthält, was eben der Beweis eines Stattfindens schon voraussetzt; jenes Dass aber, welches durch den Beweis demonstrirt wird, ist nicht schon etwa als ein Theil in dem begrifflichen Sein enthalten. Demnach gibt es von Ein und dem Nemlichen als solchen nicht zugleich Definition und apodeiktischen Beweis, und es sind diese beiden auch unter sich nicht das nemliche [682]). Gäbe es

---

679) 17, 99 a. 21.: *ἔστι δὲ τὸ μέσον λόγος τοῦ πρώτου ἄκρου, διὸ πᾶσαι αἱ ἐπιστῆμαι δι' ὁρισμοῦ γίνονται.*

680) I, 8, 75 b. 31.: *ἐστὶν ὁ ὁρισμὸς ἢ ἀρχὴ ἀποδείξεως ἢ ἀπόδειξις θέσει διαφέρουσα ἢ συμπέρασμά τι ἀποδείξεως.*

681) II, 3, 90 b. 3.: *ὁ μὲν γὰρ ὁρισμὸς τοῦ τί ἐστιν εἶναι δοκεῖ, τὸ δὲ τί ἐστιν ἅπαν καθόλου καὶ κατηγορικόν· συλλογισμοὶ δ' εἰσὶν οἱ μὲν στερητικοὶ οἱ δ' οὐ καθόλου* ..... (7.) *εἶτα οὐδὲ τῶν ἐν τῷ πρώτῳ σχήματι κατηγορικῶν ἁπάντων ἐστὶν ὁρισμὸς οἷον ὅτι πᾶν τρίγωνον δυσὶν ὀρθαῖς ἴσας ἔχει· τούτου δὲ λόγος, ὅτι τὸ ἐπίστασθαί ἐστι τὸ ἀποδεικτὸν τὸ ἀπόδειξιν ἔχειν, ὥστ' εἰ ἐπὶ τῶν τοιούτων ἀπόδειξίς ἐστι, δῆλον ὅτι οὐκ ἂν εἴη αὐτῶν καὶ ὁρισμός* ..... (19.) *τί δ', οὗ ὁρισμὸς, ἆρα παντὸς ἀπόδειξίς ἐστιν ἢ οὔ;* ..... (21.) *ὥστ' εἴπερ τὸ ἐπίστασθαι τὸ ἀποδεικτὸν ἐστὶ τὸ τὴν ἀπόδειξιν ἔχειν, συμβήσεταί τι ἀδύνατον, ὁ γὰρ τὸν ὁρισμὸν ἔχων ἄνευ τῆς ἀποδείξεως ἐπιστήσεται.*

682) Ebend. 90 b. 14.: *οὐδὲν γὰρ πώποτε ὁρισάμενοι ἔγνωμεν οὔτε τῶν καθ' αὑτὸ ὑπαρχόντων οὔτε τῶν συμβεβηκότων· ἔτι εἰ ὁ ὁρισμὸς οὐσίας τις γνωρισμὸς, τά γε τοιαῦτα φανερὸν ὅτι οὐκ οὐσίαι* (vgl. *Metaph. B*, 2, 996 b. 14.: *πολλαχῶς γὰρ ἐπισταμένων τὸ αὐτὸ μᾶλλον μὲν εἰδέναι φαμὲν τὸν τῷ εἶναι γνωρίζοντα τί τὸ πρᾶγμα ἢ τῷ μὴ εἶναι, αὐτῶν δὲ τούτων ἕτερον ἑτέρου μᾶλλον, καὶ μάλιστα τὸν τί ἐστιν, ἀλλ' οὐ τὸν πόσον ἢ*

von dem begrifflichen Sein, welches als das begriffsmässige Eigenthümliche in der Definition prädicirt wird, einen Beweis, so würde diess zu unnöthiger Verdopplung führen, da es ja jedenfalls schon vorher im Mittelbegriffe enthalten sein müsste und hiemit in Bezug auf die Form des Beweises ein Erschleichen des Ausgangspunktes vorläge [683]). Auch durch die Methode der Eintheilung wird eine Definition nicht bewiesen, denn vermittelst der Eintheilung kann wohl mancherlei Richtiges und Wahres zusammengeführt werden, ohne dass dasselbe nothwendig schon das begriffliche Sein selbst enthalte; nützlich mag die Eintheilung wohl sein, um Nichts auszulassen, aber ein Beweis liegt in ihr ebenso wenig als in der Induction, denn sie schliesst eben auch ohne Mittelbegriff [684]). Noch auch endlich kann die Definition etwa dadurch einen apodeiktischen Nachweis erhalten, dass man mit Voraussetzung des Wesenheits-Begriffes eines Gegenstandes die Definition der Definition selbst zum Obersatze eines Syllogismus macht, also z. B. schliesst:

Die Vereinigung d. Eigenthümlichkeiten des begrifflichen Seins ist d. schöpferische Wesensbegriff
Diess und Jenes ist die Vereinigung der Eigenthümlichkeiten des begrifflichen Seins

---

Diess und Jenes ist der schöpferische Wesensbegriff

denn auch so noch ist das begriffliche Sein des Gegenstandes doch schon vorher im Mittelbegriffe da; und ausserdem bedarf man hier die Definition der Definition ebenso wenig, als man zu einem concreten Syllogismus die Definition des Syllogismus nöthig hat. Beruht der angebliche Beweis einer Definition bloss auf Voraussetzung, so ist sie jedenfalls schon im Mittelbegriffe erschlichen. Und überhaupt bleibt sowohl bei der Eintheilung als auch bei diesem letzteren Verfahren gerade die

---

ποῖον ἢ τί ποιεῖν ἢ πάσχειν πέφυκεν) ..... (30.) ὁρισμὸς μὲν γὰρ τοῦ τί ἐστι καὶ οὐσίας, αἱ δ' ἀποδείξεις φαίνονται πᾶσαι ὑποτιθέμεναι καὶ λαμβάνουσαι τὸ τί ἐστιν ..... (33.) ἔτι πᾶσα ἀπόδειξις τὶ κατὰ τινὸς δείκνυσιν, οἷον ὅτι ἔστιν ἢ οὐκ ἔστιν, ἐν δὲ τῷ ὁρισμῷ οὐδὲν ἕτερον ἑτέρου κατηγορεῖται ..... (91 a. 5.) ταῦτα δὲ πρὸς ἄλληλα οὐκ ἔχει οὕτως τὸ ὅτι ἔστι καὶ τί ἐστιν, οὐ γάρ ἐστι θατέρου θάτερον μέρος .... . (8.) ὥστε ὅλως τοῦ αὐτοῦ οὐδενὸς ἐνδέχεται ἄμφω ἔχειν, ὥστε δῆλον ὡς οὐδὲ ὁρισμὸς καὶ ἀπόδειξις οὔτε τὸ αὐτὸ ἂν εἴη οὔτε θάτερον ἐν θατέρῳ. Metaph. *E*, 1, 1025 b. 14.: *φανερὸν ὅτι οὐκ ἔστιν ἀπόδειξις οὐσίας οὐδὲ τοῦ τί ἐστιν.*

683) An. post. a. a. O. 4, 91 a. 15.: *τὸ δὲ τί ἐστιν ἴδιόν τε καὶ ἐν τῷ τί ἐστι κατηγορεῖται· ταῦτα δ' ἀνάγκη ἀντιστρέφειν ..... (21.) εἰ δὲ μὴ οὕτω τις λήψεται διπλώσας, οὐκ ἀνάγκη ἔσται τὸ Α τοῦ Γ κατηγορεῖσθαι ἐν τῷ τί ἐστιν ..... (25.) εἰ δὴ τὸ τί ἐστι καὶ τὸ τί ἦν εἶναι ἄμφω ἔχει, ἐπὶ τοῦ μέσου ἔσται πρότερον τὸ τί ἦν εἶναι ..... (37.) οἷον εἴ τις ἀξιώσειε ψυχὴν εἶναι τὸ αὐτὸ αὑτῷ αἴτιον τοῦ ζῆν, τοῦτο δ' ἀριθμὸν αὐτὸν αὑτὸν κινοῦντα· ἀνάγκη γὰρ αἰτῆσαι τὴν ψυχὴν ὅπερ ἀριθμὸν εἶναι αὐτὸν αὑτὸν κινοῦντα.*

684) 5, 91 b. 12.: *ἀλλὰ μὴν οὐδ' ἡ διὰ τῶν διαιρέσεων ὁδὸς συλλογίζεται ..... (24.) τί γὰρ κωλύει τοῦτο ἀληθὲς μὲν τὸ πᾶν εἶναι κατὰ τοῦ ἀνθρώπου, μὴ μέντοι τὸ τί ἐστι μηδὲ τὸ τί ἦν εἶναι δηλοῦν; ..... (28.) ἐνδέχεται δὲ ..... τὸ ἐφεξῆς τῇ διαιρέσει ποιεῖν αἰτούμενον τὸ πρῶτον καὶ μηδὲν παραλείπειν ..... (31.) ἀλλὰ συλλογισμὸς ὅμως οὐκ ἔνεστιν, ἀλλ' εἴπερ, ἄλλον τρόπον γνωρίζειν ποιεῖ· καὶ τοῦτο μὲν οὐδὲν ἄτοπον, οὐδὲ γὰρ ὁ ἐπάγων ἴσως ἀποδείκνυσιν, ἀλλ' ὅμως δηλοῖ τι ..... (36.) ὥσπερ γὰρ ἐν τοῖς συμπεράσμασι τοῖς ἄνευ τῶν μέσων, ἐάν τις εἴπῃ ὅτι τούτων ὄντω ἀνάγκη τοδὶ εἶναι, ἐνδέχεται ἐρωτῆσαι διὰ τί, οὕτως καὶ ἐν τοῖς διαιρετικοῖς ὅροις.*

wichtige Frage noch stets übrig, warum denn die Vereinigung der Eigenthümlichkeiten ein Eines sei [685]).

So also scheint der Definirende das substanzielle Wesen und das begriffliche Sein in keiner Weise beweisen zu können, weder durch Syllogismus noch durch Induction; und andrerseits soll die Existenz gleichfalls gewusst werden, denn es gibt Namensbezeichnungen, deren Sinn sehr wohl verständlich ist, welche aber doch ein nicht Existirendes ausdrücken; begriffliches Sein aber und Existenz ist zweierlei. Und wenn nun das „Sein“, welches wie alles übrige Stattfinden durch einen Syllogismus erwiesen wird, in der Definition nicht liegt, und der Definirende dasselbe folglich gar nicht zu wissen nöthig hätte, so würde nun, da der Definirende das begriffliche Sein nicht nachweist, nur übrig bleiben, dass in der Definition eine blosse Namenserklärung gegeben werde; Namen aber gibt es auch von Nichtseiendem und dieselben können selbst beliebig gewählt werden, und doch müsste nach jener Consequenz jedes Aussprechen schon ein Definiren sein [686]).

Hiegegen aber nun ist zu erwägen, dass das begriffliche Sein die Ursache des Ob, d. h. der Existenz, ist, wenn diese actuell da ist; und gibt es nun eine erweisbare Ursache, so muss sie der Mittelbegriff enthalten; dann also liegt das begriffliche Sein selbst im Mittelbegriffe, und in solchem Sinne ist auch da, wo es einen apodeiktischen Beweis gibt, die Definition das Wissen [687]). Natürlich ist diess kein Beweis selbst des

685) 6, 92 a. 6.: *ἀλλ᾽ ἆρα ἔστι καὶ ἀποδεῖξαι τὸ τί ἐστι κατ᾽ οὐσίαν, ἐξ ὑποθέσεως δὲ, λαβόντα τὸ μὲν τί ἦν εἶναι τὸ ἐκ τῶν ἐν τῷ τί ἐστιν ἴδιον, ταδὶ δὲ ἐν τῷ τί ἐστι μόνα, καὶ ἴδιον τὸ πᾶν; τοῦτο γάρ ἐστι τὸ εἶναι ἐκείνῳ. ἢ πάλιν εἴληφε τὸ τί ἦν εἶναι καὶ ἐν τούτῳ; ἀνάγκη γὰρ διὰ τοῦ μέσου δεῖξαι. ἔτι ὥςπερ οὐδ᾽ ἐν συλλογισμῷ λαμβάνεται τί ἐστι συλλελογίσθαι, ... οὕτως οὐδὲ τὸ τί ἦν εἶναι δεῖ ἐνεῖναι ἐν τῷ συλλογισμῷ ..... (20.) κἂν ἐξ ὑποθέσεως δὲ δεικνύῃ ..... (24.) καὶ γὰρ ἐνταῦθα λαβὼν τὸ τί ἦν εἶναι δείκνυσι ..... (27.) πρὸς ἀμφοτέρους δὲ, τόν τε κατὰ διαίρεσιν δεικνύντα καὶ πρὸς τὸν οὕτω συλλογισμὸν, τὸ αὐτὸ ἀπόρημα· διὰ τί ἔσται ὁ ἄνθρωπος ζῷον δίπουν πεζὸν, ἀλλ᾽ οὐ ζῷον καὶ πεζόν;*

686) 7, 92 a. 34.: *πῶς οὖν δὴ ὁ ὁριζόμενος δείξει τὴν οὐσίαν ἢ τὸ τί ἐστιν; οὔτε γὰρ ὡς ἀποδεικνὺς ἐξ ὁμολογουμένων εἶναι δῆλον ποιήσει .... οὔθ᾽ ὡς ὁ ἐπάγων διὰ τῶν καθ᾽ ἕκαστα δήλων ὄντων ..... (b. 5.) τὸ γὰρ μὴ ὂν οὐδεὶς οἶδεν ὅ τι ἐστὶν, ἀλλὰ τί μὲν σημαίνει ὁ λόγος ἢ τὸ ὄνομα, ὅταν εἴπω τραγέλαφος, τί δ᾽ ἐστὶ τραγέλαφος, ἀδύνατον εἰδέναι ..... (10.) τὸ δὲ τί ἐστιν ἄνθρωπος καὶ τὸ εἶναι ἄνθρωπον ἄλλο. εἶτα καὶ δι᾽ ἀποδείξεώς φαμεν ἀναγκαῖον εἶναι δείκνυσθαι ἅπαν ὅτι ἔστιν, εἰ μὴ οὐσία εἴη, τὸ δ᾽ εἶναι οὐκ οὐσία οὐδενὶ, οὐ γὰρ γένος τὸ ὄν· ἀπόδειξις ἄρ᾽ ἔσται ὅτι ἔστιν .... (26.) εἰ ἄρα ὁ ὁριζόμενος δείκνυσιν ἢ τί ἐστιν ἢ τί σημαίνει τοὔνομα, εἰ μή ἐστι μηδαμῶς τοῦ τί ἐστιν, εἴη ἂν ὁ ὁρισμὸς λόγος ὀνόματι τὸ αὐτὸ σημαίνων· ἀλλ᾽ ἄτοπον· πρῶτον μὲν γὰρ καὶ μὴ οὐσιῶν ἂν εἴη καὶ τῶν μὴ ὄντων, σημαίνειν γὰρ ἔστι καὶ τὰ μὴ ὄντα. ἔτι πάντες οἱ λόγοι ὁρισμοὶ ἂν εἶεν· εἴη γὰρ ἂν ὄνομα θέσθαι ὁποιῳοῦν λόγῳ, ὥστε ὅρους ἂν διαλεγοίμεθα πάντες καὶ ἡ Ἰλιὰς ὁρισμὸς ἂν εἴη.* Metaph. *Z*, 4, 1030 a. 7.: *ὁρισμὸς δ᾽ ἐστὶν οὐκ ἂν ὄνομα λόγῳ ταὐτὸ σημαίνῃ, πάντες γὰρ ἂν εἶεν οἱ λόγοι ὅροι, ἔσται γὰρ ὄνομα ὁτῳοῦν λόγῳ ταὐτὸν, ὥστε καὶ ἡ Ἰλιὰς ὁρισμὸς ἔσται, ἀλλ᾽ ἐὰν πρώτου τινὸς ᾖ.* Ebend. *H*, 6, 1045 b. 25.: *ἔστι γὰρ αὕτη ἡ ἀπορία ἡ αὐτὴ κἂν εἰ ὁ ὅρος εἴη ἱματίου ὁ στρογγύλος χαλκός· εἴη γὰρ ἂν σημεῖον τοὔνομα τοῦτο τοῦ λόγου.*

687) *An. post.* a. a. O. 8, 93 a. 4.: *ταὐτὸν τὸ εἰδέναι τί ἐστι καὶ τὸ εἰδέναι τὸ αἴτιον τοῦ εἰ ἔστι· λόγος δὲ τούτου, ὅτι ἔστι τι τὸ αἴτιον ..... εἰ τοίνυν ἐστὶν ἄλλο καὶ ἐνδέχεται ἀποδεῖξαι, ἀνάγκη μέσον εἶναι τὸ αἴτιον*

begrifflichen Seins selbst, sondern letzteres wird eben nur hiebei syllogistisch ausgesprochen, d. h. der Syllogismus liegt im Aussprechen (es ist ein λογικὸς συλλογισμός); nemlich der schöpferische Wesensbegriff ist nicht ohne das Dasein, und für das begriffliche Wissen ist das Ob unentbehrlich in Bezug auf das Was; das Was und das Ob ist Sache der nemlichen Denkthätigkeit [688]). Jenes Dass oder Ob aber, ohne welches das Was nicht gesucht werden kann, liegt dem Menschen in verschiedener Weise vor, so zwar dass in Manchem das Was schon theilweise mit enthalten ist, woferne nemlich das Dass nicht in bloss äusserlich zufälliger, sondern in wissenschaftlicher Weise ergriffen wird. Wenn z. B. in dem Schlusse

Das Dazwischentreten eines Körpers vor das Licht bewirkt Verfinsterung
Der Mond erfährt ein Dazwischentreten eines Körpers vor die Sonne

---

Der Mond erfährt Mondfinsternisse

das Dasein des Mittelbegriffes gesucht wird, so wird hiemit der begriffliche Grund der Monds-Finsterniss gesucht; ist jener Mittelbegriff der letzte erreichbare, d. h. ein Unmittelbares, so ist zugleich das Dass und das Warum gegeben; also um jenen Mittelbegriff handelt es sich, ob wirklich z. B. ein Dazwischentreten eines Körpers, oder hingegen etwa ein Verlöschen oder dgl. als Mittelbegriff existire [689]). So ist der Mittelbegriff das Was oder das begriffliche Sein des Oberbegriffes, und indem er diess ist, enthält er den begrifflichen Grund desselben; gleichbedeutend ist es, zu sagen „Was ist der Donner? Ein Löschen des Feuers in der Wolke“ und „Warum donnert es? Weil Feuer in einer Wolke gelöscht wird“; in beiden Ausdrucksweisen ist der Mittelbegriff der ausgesprochene Begriff des Oberbegriffes, und hierin liegt ja das

..... (9.) εἷς μὲν δὴ τρόπος ἂν εἴη ὁ νῦν ἐξητασμένος τὸ δι' ἄλλου τὸ τί ἐστι δείκνυσθαι, τῶν τε γὰρ τί ἐστιν ἀνάγκη τὸ μέσον εἶναι τί ἐστι καὶ τῶν ἰδίων ἴδιον. Metaph. *B*, 2, 996 b. 19.: ἔτι δὲ καὶ ἐν τοῖς ἄλλοις τὸ εἰδέναι ἕκαστον, καὶ ὧν ἀποδείξεις εἰσὶ, τότ' οἰόμεθα ὑπάρχειν, ὅταν εἰδῶμεν τί ἐστιν, οἷον τί ἐστι τὸ τετραγωνίζειν, ὅτι μέσης εὕρεσις· ὁμοίως δὲ καὶ ἐπὶ τῶν ἄλλων. Ebend. 3, 998 b. 4.: ἕκαστον μὲν γνωρίζομεν διὰ τῶν ὁρισμῶν.

688) An. p. a. a. O. 93 a. 14.: οὗτος μὲν οὖν ὁ τρόπος ὅτι οὐκ ἂν εἴη ἀπόδειξις, εἴρηται πρότερον, ἀλλ' ἔστι λογικὸς συλλογισμὸς τοῦ τί ἐστιν· ..... ὥςπερ γὰρ τὸ διότι ζητοῦμεν ἔχοντες τὸ ὅτι, ἐνίοτε δὲ καὶ ἅμα δῆλα γίνεται, ἀλλ' οὔτε πρότερόν γε τὸ διότι δυνατὸν γνωρίσαι τοῦ ὅτι, δῆλον ὅτι ὁμοίως καὶ τὸ τί ἦν εἶναι οὐκ ἄνευ τοῦ ὅτι ἐστὶν, ἀδύνατον γὰρ εἰδέναι τί ἐστιν ἀγνοοῦντας εἰ ἔστιν. Metaph. *E*, 1, 1025 b. 17.: διὰ τὸ τῆς αὐτῆς εἶναι διανοίας τό τε τί ἐστι δῆλον ποιεῖν καὶ εἰ ἔστιν.

689) An. p. 93 a. 21.: τὸ δ' εἰ ἔστιν ὁτὲ μὲν κατὰ συμβεβηκὸς ἔχομεν ὁτὲ δ' ἔχοντές τι αὐτοῦ τοῦ πράγματος ..... (24.) ὅσα μὲν οὖν κατὰ συμβεβηκὸς οἴδαμεν ὅτι ἔστιν, ἀναγκαῖον μηδαμῶς ἔχειν πρὸς τὸ τί ἐστιν, οὐδὲ γὰρ ὅτι ἔστιν, ἴσμεν· τὸ δὲ ζητεῖν τί ἐστι μὴ ἔχοντας ὅτι ἔστι, μηδὲν ζητεῖν ἐστιν· καθ' ὅσων δ' ἔχομέν τι, ῥᾷον· ὥστε ὡς ἔχομεν ὅτι ἔστιν, οὕτως ἔχομεν καὶ πρὸς τὸ τί ἐστιν. ὧν οὖν ἔχομέν τι τοῦ τί ἐστιν, ἔστω πρῶτον μὲν ὧδε· ἔκλειψις ἐφ' οὗ τὸ *A*, σελήνη ἐφ' οὗ *Γ*, ἀντίφραξις *Γ* ἐφ' οὗ *B*. τὸ μὲν οὖν πότερον ἐκλείπει ἢ οὔ, τὸ *B* ζητεῖν ἐστιν, ἆρ' ἔστιν ἢ οὔ, τοῦτο δ' οὐδὲν διαφέρει ζητεῖν ἢ εἰ ἔστι λόγος αὐτοῦ ..... (b. 3.) δήλου δ' ὄντος ὅτι τὸ *A* τῷ *Γ* ὑπάρχει, ἀλλὰ διὰ τί ὑπάρχει, τὸ ζητεῖν τὸ *B* τί ἐστι, πότερον ἀντίφραξις ἢ στροφὴ τῆς σελήνης ἢ ἀπόσβεσις.

Definiren[690]). In dieser Weise gibt es allerdings keinen Syllogismus oder apodeiktischen Beweis des begrifflichen Seins selbst, wohl aber wird dieses vermittelst des Syllogismus zur Klarheit gebracht, und das definitorische Wissen als Erkenntniss des begrifflichen Seins besteht nicht ohne den apodeiktischen Beweis, und in diesem ist die begriffliche Ursächlichkeit mitenthalten; betreffs der letzteren ist eben nur der Unterschied, ob die im Schlusse ergriffene Causalität sofort schon eine unmittelbare und folglich das Princip selbst ist, oder ob sie noch mittelbar und daher eines letzten Unmittelbaren erst bedürftig ist[691]).

Jetzt also ist uns die oben angegebene Unterscheidung betreffs der Definition (Anm. 680) klar. Nemlich einerseits drückt dieselbe nur das Was der Namensbezeichnung aus und ist blosse Wort-Definition; diese Festigkeit der Wortbedeutung aber ist nur eine unentbehrliche Vorbedingung zur Entstehung der eigentlichen Definition[692]). Diese letztere ist der ausgesprochene Begriff, welcher das Warum enthält, und dieser Begriff ist „gleichsam" ein apodeiktischer Beweis des begrifflichen Seins, sich nur durch die Form der Aufstellung der Behauptung unterscheidend, denn in obigem Beispiele ist die Antwort auf die Frage „Warum donnert es?" ein Syllogismus und die Antwort auf die Frage „Was ist Donner?" eine Definition; darum muss, wie in dem Schlusse (Anm. 677), aus der Ursache als dem Früheren auf die Wirkung als das Spätere geschlossen werden, wenn die Definition den schöpferischen Wesensbegriff treffen soll[693]). Endlich, wird die dem apodeiktischen Be-

---

690) 93 b. 6.: *τοῦτο δ' ἐστὶν ὁ λόγος τοῦ ἑτέρου ἄκρου .... τί ἐστι βροντή; πυρὸς ἀπόσβεσις ἐν νέφει. διὰ τὸ ἀποσβέννυσθαι τὸ πῦρ ἐν τῷ νέφει .... (12.) καὶ ἔστι γε λόγος τὸ Β τοῦ Α τοῦ πρώτου ἄκρου.* Ebend. 2, 90 a. 14.: *ἐν ἅπασι γὰρ τούτοις φανερόν ἐστιν ὅτι τὸ αὐτό ἐστι τὸ τί ἐστι καὶ διὰ τί ἐστιν. τί ἐστιν ἔκλειψις; στέρησις φωτὸς ἀπὸ σελήνης ὑπὸ γῆς ἀντιφράξεως. διὰ τί ἐστιν ἔκλειψις, ἢ διὰ τί ἐκλείπει ἡ σελήνη; διὰ τὸ ἀπολείπειν τὸ φῶς ἀντιφραττούσης τῆς γῆς. τί ἐστι συμφωνία; λόγος ἀριθμῶν ἐν ὀξεῖ ἢ βαρεῖ. διὰ τί συμφωνεῖ τὸ ὀξὺ τῷ βαρεῖ; διὰ τὸ λόγον ἔχειν ἀριθμῶν τὸ ὀξὺ καὶ τὸ βαρύ.* Metaph. *Z*, 17, 1041 a. 23.: *τὶ ἄρα κατὰ τινὸς ζητεῖ διὰ τί ὑπάρχει· ὅτι δ' ὑπάρχει, δεῖ δῆλον εἶναι, εἰ γὰρ μὴ οὕτως, οὐδὲν ζητεῖ· οἷον διὰ τί βροντᾷ; διὰ τί ψόφος γίνεται ἐν τοῖς νέφεσιν; ἄλλο γὰρ οὕτως κατ' ἄλλου ἐστὶ τὸ ζητούμενον.* Ebend. 12, 1037 b. 25.: *ὁ γὰρ ὁρισμὸς λόγος τίς ἐστιν εἷς καὶ οὐσίας, ὥσθ' ἑνὸς δεῖ αὐτὸν εἶναι λόγον.*

691) *An. p.* a. a. O. 93 b. 15.: *ὡς μὲν τοίνυν λαμβάνεται τὸ τί ἐστι καὶ γίνεται γνώριμον, εἴρηται, ὥστε συλλογισμὸς μὲν τοῦ τί ἐστιν οὐ γίνεται οὐδ' ἀπόδειξις, δῆλον μέντοι διὰ συλλογισμοῦ καὶ δι' ἀποδείξεως, ὥστε οὔτ' ἄνευ ἀποδείξεως ἔστι γνῶναι τὸ τί ἐστιν, οὗ ἐστιν αἴτιον ἄλλο, οὔτ' ἔστιν ἀπόδειξις αὐτοῦ .....* 9, 93 b. 21.: *ἔστι δὲ τῶν μὲν ἕτερόν τι αἴτιον, τῶν δ' οὐκ ἔστιν, ὥστε δῆλον ὅτι καὶ τῶν τί ἐστι τὰ μὲν ἄμεσα καὶ ἀρχαί εἰσιν, ἃ καὶ εἶναι καὶ τί ἐστιν ὑποθέσθαι δεῖ ἢ ἄλλον τρόπον φανερὰ ποιῆσαι.*

692) 10, 93 b. 29.: *ὁρισμὸς δ' ἐπειδὴ λέγεται εἶναι λόγος τοῦ τί ἐστι, φανερὸν ὅτι ὁ μέν τις ἔσται λόγος τοῦ τί σημαίνει τὸ ὄνομα ἢ λόγος ἕτερος ὀνοματώδης.* Metaph. *Γ*, 7. 1012 a. 22.: *ὁρισμὸς δὲ γίνεται ἐκ τοῦ σημαίνειν τι ἀναγκαῖον εἶναι αὐτοὺς* (d. h. die Gegner der primitiven Festigkeit der Aussage; s. Anm. 164 ff.). *ὁ γὰρ λόγος, οὗ τὸ ὄνομα σημεῖον, ὁρισμὸς γίνεται.*

693) *An. p.* a. a. O. 93 b. 38.: *ἄλλος δ' ἐστὶν ὅρος λόγος ὁ δηλῶν διὰ τί ἐστιν, ὥστε ὁ μὲν πρότερος σημαίνει μὲν, δείκνυσι δ' οὔ, ὁ δ' ὕστερος*

weise im Wesen gleichstehende Definition ohne den Mittelbegriff des Syllogismus ausgesprochen, so tritt sie als ein Schlusssatz eines Syllogismus auf; wo hingegen ein weiterer Mittelbegriff nicht mehr besteht, da ist die Definition eine als unbeweisbar aufgestellte Behauptung betreffs des begrifflichen Seins [694]). Bei den obersten und allgemeinsten Begriffen, welche wegen dieses ihres umfassenden Characters fast nie Subject, also auch nicht Mittelbegriff im Obersatze sein können, müssen wir daher auf die Definition verzichten, und wir können dieselben nur durch Analogie klar machen, wie z. B. den Stoff (s. Anm. 486) oder die Energie selbst [695]).

So also ist die Definition das Aussprechen des schöpferischen Wesensbegriffes [696]); und es erreicht in ihr der Trieb des apodeiktischen Wissens sein Ziel. Soweit der schöpferische Wesensbegriff erreicht werden kann, ist durch denselben die begriffliche Causalität erkannt, und die Einsicht in diese primitive Ursächlichkeit wird in dem Syllogismus vermittelst des Mittelbegriffes erreicht. Ueber den schöpferischen Wesensbegriff hinauszugehen, ist nicht möglich, und so ist dieser das letzte Unmittelbare, mit welchem die vermittelnde Thätigkeit des Mittelbegriffes sich abschliesst; durch dasselbe aber wird syllogistisch das Vermittlungsfähige vermittelt. In solcher Weise dient der Syllogismus dem definitorischen Wissen, während er andrerseits von der Definition als seinem Ausgangspunkte ausgeht; erst aber dann, wenn sich ein solch erster

---

φανερὸν ὅτι ἔσται οἷον ἀπόδειξις τοῦ τί ἐστι, τῇ θέσει διαφέρων τῆς ἀποδείξεως· διαφέρει γὰρ εἰπεῖν διὰ τί βροντᾷ καὶ τί ἐστι βροντή· ἐρεῖ γὰρ οὕτω μὲν διότι ἀποσβέννυται τὸ πῦρ ἐν τοῖς νέφεσι· τί δ' ἐστὶ βροντή; ψόφος ἀποσβεννυμένου πυρὸς ἐν νέφεσιν. ὥστε ὁ αὐτὸς λόγος ἄλλον τρόπον λέγεται καὶ ὡδὶ μὲν ἀπόδειξις συνεχής, ὡδὶ δὲ ὁρισμός. Top. IV, 4, 141 b. 19.: *εἰσὶ δὲ τῶν τοιούτων ὁρισμῶν ὅ τε τῆς στιγμῆς καὶ ὁ τῆς γραμμῆς καὶ ὁ τοῦ ἐπιπέδου· πάντες γὰρ διὰ τῶν ὑστέρων τὰ πρότερα δηλοῦσιν· τὸ μὲν γὰρ γραμμῆς τὸ δ' ἐπιπέδου τὸ δὲ στερεοῦ φασι πέρας εἶναι. οὐ δεῖ δὲ λανθάνειν ὅτι τοὺς οὕτως ὁριζομένους οὐκ ἐνδέχεται τὸ τί ἦν εἶναι τῷ ὁριζομένῳ δηλοῦν, ἐὰν μὴ τυγχάνῃ ταὐτὸν ἡμῖν τε γνωριμώτερον καὶ ἁπλῶς γνωριμώτερον, εἴπερ δεῖ μὲν διὰ τοῦ γένους καὶ τῶν διαφορῶν ὁρίζεσθαι τὸν καλῶς ὁριζόμενον, ταῦτα δὲ τῶν ἁπλῶς γνωριμωτέρων καὶ προτέρων τοῦ εἴδους ἐστίν.* Metaph. Θ, 9, 1051 a. 22.: *εὑρίσκεται δὲ καὶ τὰ διαγράμματα ἐνεργείᾳ, διαιροῦντες γὰρ εὑρίσκουσιν· εἰ δ' ἦν διῃρημένα, φανερὰ ἂν ἦν, νῦν δ' ἐνυπάρχει δυνάμει· διὰ τί δύο ὀρθαὶ τὸ τρίγωνον; ὅτι αἱ περὶ μίαν στιγμὴν γωνίαι ἴσαι δύο ὀρθαῖς· εἰ οὖν ἀνῆκτο ἡ παρὰ τὴν πλευρὰν, ἰδόντι ἂν ἦν εὐθὺς δῆλον.*

694) An. p. a. a. O. 94 a. 7.: *ἔτι ἐστὶν ὅρος βροντῆς ψόφος ἐν νέφεσι· τοῦτο δ' ἐστὶ τῆς τοῦ τί ἐστιν ἀποδείξεως συμπέρασμα. ὁ δὲ τῶν ἀμέσων ὁρισμὸς θέσις ἐστὶ τοῦ τί ἐστιν ἀναπόδεικτος.*

695) Metaph. Θ, 6, 1048 a. 31.: *ἔστι δ' ἡ ἐνέργεια τὸ ὑπάρχειν τὸ πρᾶγμα ..... (35.) δῆλον δ' ἐπὶ τῶν καθ' ἕκαστα τῇ ἐπαγωγῇ ὃ βουλόμεθα λέγειν, καὶ οὐ δεῖ παντὸς ὅρον ζητεῖν ἀλλὰ καὶ τὸ ἀνάλογον συνορᾶν, ὅτι ὡς τὸ οἰκοδομοῦν πρὸς τὸ οἰκοδομικὸν καὶ τὸ ἐγρηγορὸς πρὸς τὸ καθεῦδον κτλ.*

696) Ebend. Δ, 8, 1017 b. 22.: *τὸ τί ἦν εἶναι οὗ ὁ λόγος ὁρισμὸς, καὶ τοῦτο οὐσία λέγεται ἑκάστου.* Ebend. H, 1, 1042 a. 17.: *τὸ τί ἦν εἶναι οὐσία, τούτου δὲ λόγος ὁ ὁρισμός.* Ebend. Z, 6, 1031 b. 6.: *ἐπιστήμη γὰρ ἑκάστου ἐστὶν ὅταν τὸ τί ἦν ἐκείνῳ εἶναι γνῶμεν.* Meteor. IV, 12, 390 b. 17.: *οὕτω γὰρ ἴσμεν ἕκαστον διὰ τί καὶ τί ἐστιν, ἐὰν τὴν ὕλην ἢ τὸν λόγον ἔχωμεν, μάλιστα δ' ὅταν ἄμφω τῆς τε γενέσεως καὶ φθορᾶς καὶ πόθεν ἡ ἀρχὴ τῆς κινήσεως.*

definitorischer Ausgangspunkt durch das ganze Gebiet, welches derselbe beherrscht, durchgearbeitet hat, ist die durch apodeiktische Vermittlung sich ergebende Wissenschaft entstanden, denn dann sind nicht bloss Syllogismen gebildet worden, sondern jener oberste unmittelbare Begriff ist apodeiktisch als die begriffliche Causalität durchgeführt. Das definitorische Wissen also ist mehr, als die formelle Seite der Syllogistik bietet; aber die Realität, welche der Syllogismus im Mittelbegriffe besitzt, ist das Agens der Definition; denn sobald die Definition mehr als eine blosse Namenserklärung ist — und sie muss mehr sein —, erkennt sie den Mittelbegriff als schöpferische Causalität. Die reale Function des Syllogismus also, welche uns zur Definition geleitete, trifft nun mit dieser selbst zusammen, d. h. die ontologische Bedeutung des Mittelbegriffes ist, dass er schöpferischer Wesensbegriff ist, oder mit andern Worten der Syllogismus als ontologischer ist die Definition, und umgekehrt.

Auf solcher Basis beruht nun endlich auch, was Aristoteles betreffs der Praxis des Definirens angibt [697]). Zunächst nemlich ist von demjenigen, was dem Gegenstande der Definition zukömmt, alles jenes hervorzunehmen, was weiter als das zu Definirende reicht, aber dabei innerhalb der Gattung desselben bleibt, und diess ist so lange fortzusetzen, bis all dieses Herausgenommene zusammen nicht mehr weiter reicht als das zu Definirende; so nemlich wird das Nothwendige und Allgemeingültige gewonnen [698]). Ist der Gegenstand der Definition ein Ganzes, so muss man die Gattung in ihre nicht mehr theilbaren Arten theilen und diese zu definiren suchen, und hierauf die Kategorien-Bestimmtheit der Gattung selbst ergreifen und hiernach das eigenthümlich Zukommende vermittelst der gemeinsamen Axiome dieser Gattung erwägen, denn für das Ganze besteht das eigenthümlich Zukommende eben insoferne, als es seinem individuell Einzelnen zukömmt [699]). Hiezu nun ist namentlich die Eintheilung nach den artmachenden Unterschieden praktisch nützlich, damit Nichts ausgelassen werde; man muss aber genau die Reihenfolge derselben einhalten, wie sich dieselben nach einander abwärts schichten,

---

697) *An. post.* a. a. O. 13, 96a. 20.: *πῶς μὲν οὖν τὸ τί ἐστιν εἰς τοὺς ὅρους ἀποδίδοται καὶ τίνα τρόπον ἀπόδειξις ἢ ὁρισμὸς ἔστιν αὐτοῦ ἢ οὐκ ἔστιν, εἴρηται πρότερον· πῶς δὲ δεῖ θηρεύειν τὰ ἐν τῷ τί ἐστι κατηγορούμενα, νῦν λέγωμεν.*

698) 96a. 24.: *τῶν δὴ ὑπαρχόντων ἀεὶ ἑκάστῳ ἔνια ἐπεκτείνει ἐπὶ πλέον, οὐ μέντοι ἔξω τοῦ γένους, λέγω δὲ ἐπὶ πλέον ὑπάρχειν, ὅσα ὑπάρχει μὲν ἑκάστῳ καθόλου, οὐ μὴν ἀλλὰ καὶ ἄλλῳ* ..... (32.) *τὰ δὴ τοιαῦτα ληπτέον μέχρι τούτου, ἕως τοσαῦτα ληφθῇ πρῶτον, ὧν ἕκαστον μὲν ἐπὶ πλέον ὑπάρξει, ἅπαντα δὲ μὴ ἐπὶ πλέον· ταύτην γὰρ ἀνάγκη οὐσίαν εἶναι τοῦ πράγματος* ..... (b. 1.) *ὅτι ἀναγκαῖα μέν ἐστι τὰ ἐν τῷ τί ἐστι κατηγορούμενα, τὰ καθόλου δὲ ἀναγκαῖα.*

699) 96b. 15.: *χρὴ δέ, ὅταν ὅλον πραγματεύηταί τις, διελεῖν τὸ γένος εἰς τὰ ἄτομα τῷ εἴδει τὰ πρῶτα, οἷον ἀριθμὸν εἰς τριάδα καὶ δυάδα, εἶθ' οὕτως ἐκείνων ὁρισμοὺς πειρᾶσθαι λαμβάνειν, οἷον εὐθείας γραμμῆς καὶ κύκλου καὶ ὀρθῆς γωνίας, μετὰ δὲ τοῦτο λαβόντα τί τὸ γένος, οἷον πότερον τῶν ποσῶν ἢ τῶν ποιῶν, τὰ ἴδια πάθη θεωρεῖν διὰ τῶν κοινῶν πρώτων* (s. Anm. 339.) *τοῖς γὰρ συντιθεμένοις ἐκ τῶν ἀτόμων τὰ συμβαίνοντα ἐκ τῶν ὁρισμῶν ἔσται δῆλα διὰ τὸ ἀρχὴν εἶναι πάντων τὸν ὁρισμὸν καὶ τὸ ἁπλοῦν καὶ τοῖς ἁπλοῖς καθ' αὑτὰ ὑπάρχειν τὰ συμβαίνοντα μόνοις, τοῖς δ' ἄλλοις κατ' ἐκεῖνα.*

und das Hauptgewicht fällt natürlich auf den ersten und allgemeinsten artmachenden Unterschied; jedoch keineswegs ist, wie Speusippus meinte (Abschn. III, Anm. 95), hiezu nöthig, dass man bereits alles Seiende schlechthin wisse, denn nicht jeder Unterschied begründet eine Wesens-Verschiedenheit, und viele Unterschiede daher müssen unberücksichtigt bleiben [700]). Wo aber kein artmachender Unterschied mehr ergriffen werden kann, da ist der ausgesprochene Begriff der substanziellen Wesenheit erreicht. So sind die Gattungen der Ausgangspunkt der Definition; indem aber die artmachenden Unterschiede bis zum letzten nicht mehr weiter theilbaren hinab hinzukommen, und in der Vereinigung derselben mit der Gattung die actuell auftretende Definition besteht, so spricht diese eben die begrifflichen Bestandtheile des zu Definirenden aus [701]); eine nothwendige Folge aber ist, was wir oben schon sahen (Anm. 485—495), dass es einerseits von dem vereinzelt Individuellen als vereinzeltem keine Definition gibt, und andrerseits das menschliche Definiren bei dem schlechthin Einfachen und Ewigen Nichts zu suchen hat, sondern in dem Gebiete des Zusammengesetzten der eigentliche Gegenstand unserer Definitionen vorliegt.

Darum also muss bei einem auf die Definition gerichteten Eintheilen erstens Alles festgehalten werden, was in dem begrifflichen Sein des Gegenstandes von ihm ausgesagt wird, zweitens muss dieses nach der Reihenfolge geordnet werden, und drittens ist zu sehen, dass dasselbe erschöpfend sei. Hievon ist das erstere gleichsam ein Syllogismus, welcher im Schlusssatze das Stattfinden oder das Dass enthält; das zweite beruht darin, dass das Verhältniss der Abfolge eingehalten wird, indem dasjenige, was Allen folgt, ohne dass ihm Alles folge, voranzustellen und so abwärts fortzuschreiten ist; das dritte aber ist eben die Eintheilung des ersten [702]). Das letzte Erreichbare hiebei aber hat dann keinen

---

700) 96 b. 25.: *αἱ δὲ διαιρέσεις αἱ κατὰ τὰς διαφορὰς χρήσιμοί εἰσιν εἰς τὸ οὕτω μετιέναι ..... (30.) διαφέρει δέ τι τὸ πρῶτον καὶ ὕστερον τῶν κατηγορουμένων κατηγορεῖσθαι, οἷον εἰπεῖν ζῷον ἥμερον δίπουν ἢ δίπουν ζῷον ἥμερον ..... (35.) ἔτι πρὸς τὸ μηδὲν παραλιπεῖν ἐν τῷ τί ἐστιν οὕτω μόνως ἐνδέχεται ..... (97 a. 1.) πρώτη δὲ διαφορά ἐστι ζῴου, εἰς ἣν ἅπαν ζῷον ἐμπίπτει ..... (6.) οὐδὲν δὲ δεῖ τὸν ὁριζόμενον καὶ διαιρούμενον ἅπαντα εἰδέναι τὰ ὄντα, καίτοι ἀδύνατόν φασί τινες εἶναι τὰς διαφορὰς εἰδέναι τὰς πρὸς ἕκαστον μὴ εἰδότα ἕκαστον, ἄνευ δὲ τῶν διαφορῶν οὐκ εἶναι ἕκαστον εἰδέναι ..... (11.) οὐ γὰρ κατὰ πᾶσαν διαφορὰν ἕτερον, πολλαὶ γὰρ διαφοραὶ ὑπάρχουσι τοῖς αὐτοῖς τῷ εἴδει, ἀλλ' οὐ κατ' οὐσίαν οὐδὲ καθ' αὑτά.*

701) 97 a. 18.: *φανερὸν γὰρ ὅτι ἂν οὕτω βαδίζων ἔλθῃ εἰς ταῦτα ὧν μηκέτι διαφορά, ἕξει τὸν λόγον τῆς οὐσίας.* Metaph. *B*, 3, 998 b. 4.: *ἢ δ' ἕκαστον μὲν γνωρίζομεν διὰ τῶν ὁρισμῶν, ἀρχαὶ δὲ τὰ γένη τῶν ὁρισμῶν εἰσιν, ἀνάγκη καὶ τῶν ὁριστῶν ἀρχὰς εἶναι τὰ γένη ..... (12.) ὁ μὲν γὰρ λόγος τῆς οὐσίας εἷς, ἕτερος δ' ἔσται ὁ διὰ τῶν γενῶν ὁρισμὸς καὶ ὁ λέγων ἐξ ὧν ἔστιν ἐνυπαρχόντων.* Ebend. *Z*, 12, 1037 b. 29.: *οὐδὲν γὰρ ἕτερόν ἐστιν ἐν τῷ ὁρισμῷ πλὴν τό τε πρῶτον λεγόμενον γένος καὶ αἱ διαφοραί, τὰ δ' ἀλλα γένη ἐστὶ τό τε πρῶτον καὶ μετὰ τούτου αἱ συλλαμβανόμεναι διαφοραί ..... (1038 a. 8.) φανερὸν ὅτι ὁ ὁρισμός ἐστιν ὁ ἐκ τῶν διαφορῶν λόγος ..... (19.) φανερὸν ὅτι ἡ τελευταία διαφορὰ ἡ οὐσία τοῦ πράγματος ἔσται καὶ ὁ ὁρισμός ..... (25.) ἐὰν μὴ διαφορᾶς διαφορὰ γίνηται, μία ἔσται ἡ τελευταία τὸ εἶδος καὶ ἡ οὐσία.*

702) *An. post.* a. a. O. 97 a. 27.: *εἰς δὲ τὸ κατασκευάζειν ὅρον διὰ τῶν διαιρέσεων τριῶν δεῖ στοχάζεσθαι τοῦ λαβεῖν τὰ κατηγορούμενα ἐν τῷ τί*

artmachenden Unterschied mehr, oder es ist zusammen mit dem äussersten Unterschiede sofort identisch mit dem concreten Dinge [703]). Hiebei muss besonders auf die Aehnlichkeiten und das Unterschiedslose gesehen werden, ob Solches Allen gemeinsam sei; und diess Nemliche muss auch bei den dem Gegenstande der Definition coordinirten Arten geschehen, bis man zu Einem letzten gelangt; darum muss man von dem Specielleren zum Allgemeineren aufsteigen [704]), was schon wegen des Umstandes nöthig ist, weil bei dem Allgemeinen eine blosse Gleichheit der Namensbezeichnung bei begrifflicher Verschiedenheit leichter sich versteckt, hingegen bei dem Specielleren eher bemerkt wird. Ausserdem versteht es sich auch von selbst, dass im Sprachausdrucke die erforderliche Deutlichkeit der Distinction herrschen muss und keine metaphorischen Ausdrucksweisen statthaft sind [705]).

DIE TOPIK.

Die wissenschaftliche Aufgabe der Logik ist gelöst, insoweit aus dem Standpunkte des unmittelbaren Urtheilens der vom menschlichen Denken erfasste Begriff sich zum Behufe der Vermittlung hervorgehoben und diese auch durch den Schluss so actuell erreicht hat, dass er als definitorisches Wissen des begrifflichen Seins und schöpferischen Wesensbegriffes der Dinge ausgesprochen wird.

Und wenn nun Aristoteles mit dieser wissenschaftlich philosophischen Auffassung der Analytik wieder in jenes Gebiet des Dialektischen zurückkehrt, aus welchem von den Bestrebungen der Eleaten und Sophisten an eine so oder so beschaffene logische Theorie sich entwickelt hatte, so erkennen wir hierin sicher jene verstandesmässige Ueberlegenheit der aristotelischen Auffassung, durch welche dieselbe ferne von jeder krampfhaften Gereiztheit gerade befähigt war, auch Gebiete und Bestrebungen, welche niederer als die eigentliche Speculation selbst stehen, begrifflich zu untersuchen und von dem ihnen adäquaten Begriffe aus theoretisch

---

ἐστι, καὶ ταῦτα τάξαι τί πρῶτον ἢ δεύτερον, καὶ ὅτι ταῦτα πάντα. ἔστι δὲ τούτων ἓν πρῶτον διὰ τοῦ δύνασθαι ὥςπερ πρὸς συμβεβηκὸς συλλογίσασθαι ὅτι ὑπάρχει καὶ διὰ τοῦ γένους κατασκευάσαι. τὸ δὲ τάξαι ὡς δεῖ ἔσται, ἐὰν τὸ πρῶτον λάβῃ· τοῦτο δ᾽ ἔσται, ἐὰν ληφθῇ ὃ πᾶσιν ἀκολουθεῖ, ἐκείνῳ δὲ μὴ πάντα, ἀνάγκη γὰρ εἶναί τι τοιοῦτον, ληφθέντος δὲ τούτου ἤδη ἐπὶ τῶν κάτω ὁ αὐτὸς τρόπος ..... (35.) ὅτι δ᾽ ἅπαντα ταῦτα, φανερὸν ἐκ τοῦ λαβεῖν τό τε πρῶτον κατὰ διαίρεσιν, ὅτι ἅπαν ἢ τόδε ἢ τόδε ζῷον, ὑπάρχει δὲ τόδε, καὶ πάλιν τούτου ὅλου τὴν διαφοράν.

703) 97 a. 38.: τοῦ δὲ τελευταίου μηκέτι εἶναι διαφορὰν ἢ καὶ εὐθὺς μετὰ τῆς τελευταίας διαφορᾶς τοῦ συνόλου μὴ διαφέρειν εἴδει τοῦτο.

704) 97 b. 7.: ζητεῖν δὲ δεῖ ἐπιβλέποντα ἐπὶ τὰ ὅμοια καὶ ἀδιάφορα, πρῶτον τί ἅπαντα ταὐτὸν ἔχουσιν, εἶτα πάλιν ἐφ᾽ ἑτέροις, ἃ ἐν ταὐτῷ μὲν γένει ἐκείνοις, εἰσὶ δὲ αὑτοῖς μὲν ταὐτὰ τῷ εἴδει, ἐκείνων δ᾽ ἕτερα ..... (12.) ἕως ἂν εἰς ἕνα ἔλθῃ λόγον, οὗτος γὰρ ἔσται τοῦ πράγματος ὁρισμός ..... (28.) διὸ δεῖ ἀπὸ τῶν καθ᾽ ἕκαστα ἐπὶ τὰ καθόλου μεταβαίνειν.

705) 97 b. 30.: καὶ γὰρ αἱ ὁμωνυμίαι λανθάνουσι μᾶλλον ἐν τοῖς καθόλου ἢ ἐν τοῖς ἀδιαφόροις. ὥςπερ δὲ ἐν ταῖς ἀποδείξεσι δεῖ τό γε συλλελογίσθαι ὑπάρχειν, οὕτω καὶ ἐν τοῖς ὅροις τὸ σαφές· τοῦτο δ᾽ ἔσται, ἐὰν διὰ τῶν καθ᾽ ἕκαστον εἰρημένων ἢ τὸ ἐν ἑκάστῳ γένει ὁρίζεσθαι χωρὶς, οἷον τὸ ὅμοιον μὴ πᾶν ἀλλὰ τὸ ἐν χρώμασι καὶ σχήμασι ..... (37.) εἰ δὲ μὴ διαλέγεσθαι δεῖ μεταφοραῖς, δῆλον ὅτι οὐδ᾽ ὁρίζεσθαι οὔτε μεταφοραῖς οὔτε ὅσα λέγεται μεταφοραῖς.

zu construiren. Aber inhaltlich müsste, nachdem Aristoteles einmal das Dialektische von dem Apodeiktischen ausgeschieden, die Darstellung der aristotelischen Logik betreffs jener theoretischen Gestaltung des Dialektischen sich eben mit der Angabe begnügen, dass die Rückkehr des philosophisch logischen Princips in das Gebiet des dialektischen Redens gerade das Gegenstück des Apodeiktischen und der Analytik bildet, so zwar dass, wenn nicht etwa auch die ganze Theorie der Rhetorik in die Untersuchung über die Logik beigezogen werden soll, auch die Topik gleichfalls ausgeschieden bleiben müsste und nur das Motiv ihrer Ausscheidung anzugeben wäre, insoferne ja überhaupt wir oben gleich Anfangs (Anm. 25 — 47) den Unterschied des gesammten Dialektischen von dem Apodeiktischen entwickeln mussten.

Auch der Umstand, dass die Topik allerdings sich von der Theorie der Rhetorik noch unterscheidet, indem sie nicht, wie jene, den Zuhörer als solchen und dessen Gemüthsbewegungen zum Behufe der Kenntniss und Erzeugung der Wahrscheinlichkeit im Auge hat, sondern dass die Topik nur zum Zwecke der Beweisführung und Gegenbeweisführung, also im Interesse der Praxis des Syllogismus, erforderliche Gesichtspunkte erörtert, — auch dieser Umstand könnte uns noch nicht veranlassen, auf die Darstellung der Topik irgend näher einzugehen; denn das wissenschaftliche Princip auch der syllogistischen Praxis, welches im Mittelbegriffe und dessen Verhältniss zum Ober- und Unter-Begriffe beruht, war, soweit es wissenschaftlich ist, bereits oben zu erörtern. Hingegen gerade unsere Aufgabe, die Geschichte der Logik zu entwickeln, macht es nöthig, dass wir wenigstens angeben, was denn Aristoteles in der Topik hauptsächlich behandle. Denn wir werden sehen, dass nach Aristoteles die philosophische Grundlage der Logik alsbald nicht mehr verstanden und auch nicht mehr beachtet wurde, sondern die Logik in ihren ursprünglichen hellenischen Entstehungsgrund zurückfiel, nemlich in das Gebiet des Dialektischen überhaupt, aus welchem die platonisch-aristotelische Philosophie die in ihm verschütteten speculativen Principien herausgearbeitet hatte. Die hellenisch-antike Grundrichtung des Rhetorismus und Doctrinarismus acceptirte mit Freuden in leichtfertiger Bequemlichkeit zu ihrem Zwecke die von Aristoteles gegebenen Erörterungen über Begriff und Syllogismus, konnte aber eben zu ihrem Zwecke nur das äusserlich Formale brauchen, und liess daher das innerlich Wesentliche ruhig seitab liegen. So merkten die Rhetoren und Schullehrer der Rhetorik bald, dass in der aristotelischen Topik eben die Praxis der Argumentation eine Stütze finde, welche auf den Syllogismus zurückführt; und hiedurch kam es, dass man nicht bloss in der Weise wie Cicero in der Topik bereits die ganze Logik zu besitzen glaubte, sondern auch im geschichtlichen Verlaufe der logischen Anschauungen überhaupt an die Topik einerseits die Kategorien-Lehre und hiedurch mittelbar die Lehre vom Begriffe, andrerseits aber die rhetorische Syllogistik und hiedurch mittelbar die Lehre vom Schlusse angeknüpft wurde. Kurz, — wenn ich der geschichtlichen Entwicklung mit dem bestimmten Ausdrucke schon vorgreifen soll —, um der *Quinque voces* willen muss der Inhalt der aristotelischen Topik der Haupt-Sache nach hier angegeben werden.

Der Zweck der Topik ist, eine Methode zu geben, nach welcher für jedes vorgelegte Problem ein Syllogismus aus wahrscheinlichen Prämissen gebildet werden könne und man bei Begründung seiner eigenen Ansicht davor gesichert sei, dass man sich nicht selbst in Widersprüche verwickle; und sowie hier das Motiv des Dialektischen, nemlich das Wahrscheinliche, inhaltlich als Grundzug auftritt, so beabsichtigt auch die Form dieser ganzen Erörterung keine begriffsmässige Genauigkeit der Begründung, sondern nur eine allgemeine Kenntnissnahme des hieher gehörigen nach seinen hauptsächlichen Umrissen [706]).

Bestandtheil aller unserer Begründungen, insoferne dieselben auf Sätzen und Urtheilen beruhen, und Gegenstand aller syllogistischen Beweisführung ist nun entweder die Gattung eines Dinges, mit welcher auch der artmachende Unterschied als ein genereller auf gleiche Linie zu stellen ist, oder das dem Dinge speciell Eigenthümliche, oder endlich das ihm je nach Vorkommniss Zukommende; das speciell Eigenthümliche aber ist wieder doppelt, nemlich entweder ist es die Definition des Dinges als die Bezeichnung seines schöpferischen Wesensbegriffes, oder es ist ein ihm ausschliesslich zukommendes einzelnes Merkmal [707]). Somit ergeben sich als Gegenstände, auf welche sich diese methodische Betrachtung der äusseren Praxis des Schliessens erstrecken muss: erstens die Definition (ὅρος oder ὁρισμός), welche ein den schöpferischen Wesensbegriff bezeichnender Satz ist, zweitens das eigenthümliche Merkmal (ἴδιον), welches, insoferne es Einem Wesen ausschliesslich zukömmt, ein umkehrbares Urtheil begründet, drittens die Gattung (γένος), welche als das mehreren der Art nach verschiedenen Wesen zukommende Prädicat zum begrifflichen Sein derselben gehört, viertens das je nach Vorkommniss Zukommende (συμβεβηκός) als dasjenige, was keines der vorigen drei ist und daher durch keine begriffliche Nothwendigkeit mit dem Wesen stets verbunden ist, sondern ihm sowohl zukommen als auch nicht zukommen kann [708]). Diese sämmtlichen vier Momente, ausser-

---

706) *Top.* I, 1, 100 a. 1.: *ἡ μὲν πρόθεσις τῆς πραγματείας μέθοδον εὑρεῖν, ἀφ' ἧς δυνησόμεθα συλλογίζεσθαι περὶ παντὸς τοῦ προτεθέντος προβλήματος ἐξ ἐνδόξων καὶ αὐτοὶ λόγον ὑπέχοντες μηδὲν ἐροῦμεν ὑπεναντίον* ..... (101 a. 19.) *καθόλου δ' εἰπεῖν περὶ πάντων τῶν εἰρημένων καὶ τῶν μετὰ ταῦτα ῥηθησομένων ἐπὶ τοσοῦτον ἡμῖν διωρίσθω, διότι περὶ οὐδενὸς αὐτῶν τὸν ἀκριβῆ λόγον ἀποδοῦναι προαιρούμεθα, ἀλλ' ὅσον τύπῳ περὶ αὐτῶν βουλόμεθα διελθεῖν παντελῶς ἱκανὸν ἡγούμενοι κατὰ τὴν προκειμένην μέθοδον τὸ δύνασθαι γνωρίζειν ὁπωσοῦν ἕκαστον αὐτῶν.*

707) Ebend. 4, 101 b. 11.: *πρῶτον οὖν θεωρητέον ἐκ τίνων ἡ μέθοδος· εἰ δὴ λάβοιμεν πρὸς πόσα καὶ ποῖα καὶ ἐκ τίνων οἱ λόγοι καὶ πῶς τούτων εὐπορήσομεν, ἔχοιμεν ἂν ἱκανῶς τὸ προκείμενον. ἔστι δ' ἀριθμῷ ἴσα καὶ τὰ αὐτὰ, ἐξ ὧν τε οἱ λόγοι καὶ περὶ ὧν οἱ συλλογισμοί· γίνονται μὲν γὰρ οἱ λόγοι ἐκ τῶν προτάσεων, περὶ ὧν δὲ οἱ συλλογισμοὶ, τὰ προβλήματά ἐστι. πᾶσα δὲ πρότασις καὶ πᾶν πρόβλημα ἢ γένος ἢ ἴδιον ἢ συμβεβηκὸς δηλοῖ· καὶ γὰρ τὴν διαφορὰν ὡς οὖσαν γενικὴν ὁμοῦ τῷ γένει τακτέον. ἐπεὶ δὲ τοῦ ἰδίου τὸ μὲν τί ἦν εἶναι σημαίνει, τὸ δ' οὐ σημαίνει, διῃρήσθω τὸ ἴδιον εἰς ἄμφω τὰ προειρημένα μέρη καὶ καλείσθω τὸ μὲν τὸ τί ἦν εἶναι σημαῖνον ὅρος, τὸ δὲ λοιπὸν κατὰ τὴν κοινὴν περὶ αὐτῶν ἀποδοθεῖσαν ὀνομασίαν προσαγορευέσθω ἴδιον.*

708) 5, 101 b. 37.: *λεκτέον δὲ τί ὅρος, τί ἴδιον, τί γένος, τί συμβεβηκός. ἔστι δ' ὅρος μὲν λόγος ὁ τὸ τί ἦν εἶναι σημαίνων.* ..... (102 a. 18.) *ἴδιον δ' ἐστὶν ὃ μὴ δηλοῖ μὲν τὸ τί ἦν εἶναι, μόνῳ δ' ὑπάρχει καὶ ἀντικατη-*

halb deren kein Urtheil oder Satz möglich ist, bewegen sich eben darum innerhalb der Kategorien-Bestimmtheit, an welche all unser Aussagen geknüpt ist [709]). An diese vier aber reiht sich wegen der für jede Aussage unweigerlich nöthigen Festigkeit noch als ein die Form der Auffassung und des Aussprechens betreffendes Moment die Identität (*ταὐτόν*) an, vermöge welcher ein Gegenstand selbst wieder nach verschiedenen Seiten und Beziehungen hin als der nemliche bezeichnet wird [710]).

In dieser von Aristoteles selbst an die Spitze der Topik gestellten vorläufigen Angabe des Inhaltes derselben erkennen wir allerdings sogleich wieder jene Basis, welche auch von Seiten einer philosophisch speculativen Auffassung der Logik zu Grunde liegt, nemlich einerseits den schöpferischen Wesensbegriff, welcher durch den Verwirklichungsprocess des potenziellen Gattung-Seins in den artmachenden Unterschieden sein actuelles Dasein erreicht und hierauf als substanzielle Wesenheit der Träger sowohl der nothwendig an ihn gebundenen Bestimmtheiten als auch der bloss möglichen Eigenschaften und Zustände ist, und andrerseits jenen Grundzug der festen und sicheren Bestimmtheit der Aussage überhaupt, welchen Jeder zum Wissen bereits mitbringen muss; aber die Behandlung dieser Gegenstände in der Topik geht hier, wo es sich um das Gebiet des Wahrscheinlichen und der äusseren Vielheit der dialektischen Rede handelt, auf jenen inneren Zusammenhang nicht ein, sondern indem dieser und die gesammte begriffsmässige Construction und Erörterung jener Momente einem anderen Zweige des Wissens, nemlich der Apodeiktik oder Analytik, anheim fällt, gehen hier jene Hauptgruppen der Betrachtungs-Gegenstände auch äusserlich neben- und hinter- einander her (darum empfahl sich wegen dieser Aeusserlichkeit auch die Topik dem späteren Schulbetriebe so sehr); und es werden bei jeder einzelnen derselben eine Menge Gesichtspunkte (*τόποι*) bemerklich gemacht und selbst ohne bestimmte begriffliche Abfolge aufgezählt, nach welchen wir bei der Bildung von Schlüssen sowohl uns selbst vor der Täuschung bewahren, welche durch die Mannigfaltigkeit des äusseren Seins und des äusseren Sprachschatzes entstehen kann, als auch das Vorhandensein einer solchen Täuschung in den von einem Gegner vorgebrachten Beweisen erkennen und in unserer Widerlegung aufzeigen können; so dass hier nur die Rück-

---

γορεῖται τοῦ πράγματος ..... (31.) *γένος δ' ἐστὶ τὸ κατὰ πλειόνων καὶ διαφερόντων τῷ εἴδει ἐν τῷ τί ἐστι κατηγορούμενον.* ..... (b. 4.) *συμβεβηκὸς δέ ἐστιν ὃ μηδὲν τῶν τούτων ἐστὶ, μήτε ὅρος μήτι ἴδιον μήτε γένος, ὑπάρχει δὲ τῷ πράγματι, καὶ ὃ ἐνδέχεται ὑπάρχειν ὁτῳοῦν ἑνὶ καὶ τῷ αὐτῷ καὶ μὴ ὑπάρχειν.*

709) 8, 103 b. 2.: *ὅτι δ' ἐκ τῶν πρότερον εἰρημένων οἱ λόγοι καὶ διὰ τούτων καὶ πρὸς ταῦτα, μία μὲν πίστις ἡ διὰ τῆς ἐπαγωγῆς* ..... (6.) *ἄλλη δὲ πίστις ἡ διὰ συλλογισμοῦ.* 9, 103 b. 20.: *μετὰ τοίνυν ταῦτα δεῖ διορίσασθαι τὰ γένη τῶν κατηγοριῶν, ἐν οἷς ὑπάρχουσιν αἱ ῥηθεῖσαι τέτταρες· εἰσὶ δὲ ταῦτα τὸν ἀριθμὸν δέκα, τί ἐστι, ποσόν, ποιόν, πρός τι, ποῦ, ποτέ, κεῖσθαι, ἔχειν, ποιεῖν, πάσχειν. ἀεὶ γὰρ τὸ συμβεβηκὸς καὶ τὸ γένος καὶ τὸ ἴδιον καὶ ὁ ὁρισμός ἐν μιᾷ τούτων τῶν κατηγοριῶν ἔσται· πᾶσαι γὰρ αἱ διὰ τούτων προτάσεις ἢ τί ἐστιν ἢ ποιὸν ἢ ποσὸν ἢ τῶν ἄλλων τινὰ κατηγοριῶν σημαίνουσιν.*

710) 7, 103 a. 6.: *πρῶτον δὲ πάντων περὶ ταὐτοῦ διοριστέον, ποσαχῶς λέγεται· δόξειε δ' ἂν τὸ ταὐτὸν ὡς τύπῳ λαβεῖν τριχῇ διαιρεῖσθαι· ἀριθμῷ γὰρ ἢ εἴδει ἢ γένει τὸ ταὐτὸν εἰώθαμεν προσαγορεύειν.*

sicht auf den äusseren Zweck der Beweisführung waltet, und daher auch erklärlicher Weise vielfach Erwägungen beigezogen werden müssen, welche lediglich einer sprachlichen und selbst bloss grammatischen Distinction anheim fallen.

In solcher Weise wird zunächst festgestellt, welche Sätze und Probleme überhaupt der auf das Wahrscheinliche gerichteten Dialektik angehören und in Bezug auf die Praxis des Dialektischen als disputabel betrachtet werden können (I, 10 f.), und hierauf, nachdem auch für dieses Gebiet Induction und Syllogismus als die zwei möglichen Beweismittel bezeichnet werden (I, 12), wird angegeben, dass wir als „Werkzeuge" — *ὄργανα* —[711]) für die dialektischen Syllogismen folgende vier Punkte besitzen: erstens das Ergreifen und Auffinden der Prämissen, zweitens die Unterscheidung einer vorliegenden Vieldeutigkeit des Sprachausdruckes und Unterscheidung der verschiedenen Kategorien-Bestimmtheiten, drittens das Auffinden der Gattungs- und Art-Unterschiede, viertens das Auffinden der Aehnlichkeiten bei verschiedenen Gattungen (I, 13—18). Sodann folgen die obigen Hauptgegenstände der Topik, und zwar zuerst die Aufzählung der Gesichtspunkte betreffs des je nach Vorkommniss Zukommenden (II, 1—11), welches noch insbesondere in Beziehungen erwogen wird, welche ganz besonders der praktischen Rhetorik nahe liegen (III, 1—6); sodann die Gesichtspunkte betreffs der Gattung (IV, 1—6), hierauf jene betreffs der eigenthümlichen nothwendigen Merkmale (V, 1—9), dann jene betreffs der Definition (VI, 1—14), und endlich jene betreffs der Identität, welche namentlich in nähere Beziehung zur Definition gebracht wird (VII, 1—5).

Hierauf wird die Form der dialektischen Argumentation selbst näher untersucht, insoferne es bei derselben vielfach auf die äussere Anordnung

711) 13, 105a. 20.: *τὰ μὲν οὖν γένη περὶ ὧν τε οἱ λόγοι καὶ ἐξ ὧν, καθάπερ ἔμπροσθεν εἴρηται, διωρίσθω· τὰ δ' ὄργανα δι' ὧν εὐπορήσομεν τῶν συλλογισμῶν ἐστὶ τέτταρα· ἓν μὲν τὸ προτάσεις λαβεῖν, δεύτερον δὲ ποσαχῶς ἕκαστον λέγεται δύνασθαι διελεῖν, τρίτον τὰς διαφορὰς εὑρεῖν, τέταρτον δὲ ἡ τοῦ ὁμοίου σκέψις.* In Folge dieser Stelle konnte ja selbst die Logik als ein Werkzeug (*ὄργανον*) der dialektisch-rhetorischen Argumentation bezeichnet werden, denn in diesen hier aufgezählten vier Werkzeugen liegt sowohl der materielle Reichthum der Urtheile, als auch die Distinction der Kategorien (15, 106a. 2.: *τὸ δὲ ποσαχῶς πραγματευτέον μὴ μόνον ὅσα λέγεται καθ' ἕτερον τρόπον* ..... (6.) *ἀλλ' ὅτι καὶ τὰ μὲν τῷ αὐτὰ ποιά τινα εἶναι, τὰ δὲ τῷ ποιητικά τινος καὶ οὐ τῷ ποιὰ αὐτά τινα εἶναι, ὡσαύτως δὲ καὶ ἐπὶ τῶν ἄλλων*) und die Erwägung der Gattung und artmachenden Unterschiede; und namentlich ist es ja, wie wir sehen werden, die an die *Quinque voces* sich anschliessende Lehre vom Begriffe, welche fast ausschliesslich von denjenigen tractirt wird, welche am meisten dafür schwärmen, dass die Logik bloss Organon und Nichts weiter sei. Eine hiemit verwandte Stelle ist ebend. 11, 104b. 1.: *πρόβλημα δ' ἐστὶ διαλεκτικὸν θεώρημα τὸ συντεῖνον ἢ πρὸς αἵρεσιν καὶ φυγὴν ἢ πρὸς ἀλήθειαν καὶ γνῶσιν ἢ αὐτὸ ἢ ὡς συνεργὸν πρός τι ἕτερον τῶν τοιούτων ..... ἔνια μὲν γὰρ τῶν προβλημάτων χρήσιμον εἰδέναι πρὸς τὸ ἑλέσθαι ἢ φυγεῖν, οἷον πότερον ἡ ἡδονὴ αἱρετὸν ἢ οὔ, ἔνια δὲ πρὸς τὸ εἰδέναι μόνον, οἷον πότερον ὁ κόσμος ἀΐδιος ἢ οὔ, ἔνια δὲ αὐτὰ μὲν καθ' αὑτὰ πρὸς οὐδέτερον τούτων, συνεργὰ δέ ἐστι πρός τινα τῶν τοιούτων, πολλὰ γὰρ αὐτὰ μὲν καθ' αὑτὰ οὐ βουλόμεθα γνωρίζειν, ἑτέρων δ' ἕνεκα, ὅπως διὰ τούτων ἄλλο τι γνωρίσωμεν.* Und dass hieran allen Ernstes sich die Annahme knüpfte, dass die Logik Werkzeug sei, werden wir unten, Abschn. IX, Anm. 4 ff., sehen.

der Sätze ankömmt (VIII, 1), und auch Induction und Syllogismus eine verschiedene äussere Wirkung besitzen (VIII, 2), sowie überhaupt die ersten Ausgangspunkte von besonderer Bedeutung sind (c. 3); hieran schliesst sich eine Erörterung betreffs des Fragens und Antwortens an (c. 4—9), worauf die äussere dialektische Lösung falscher Syllogismen (c. 10) mit Beiziehung des gegen den Gegner ausgesprochenen Tadels (c. 11) folgt, woran sich Bemerkungen über Deutlichkeit und Irrthümlichkeit der Schlüsse überhaupt anreihen (c. 12); die dialektische Geltung des Erschleichens des Ausgangspunktes, der sog. *petitio principii* (c. 13) und der Umkehrung der Syllogismen (c. 14) bilden den Schluss dieser Erörterungen.

Das Buch *Soph. Elenchi* endlich schliesst sich innigst an das zuletzt Angegebene an; sein Gegenstand ist die agonistische Rede (c. 2), in welcher entweder eine Widerlegung oder ein Nachweis des Falschen oder ein Paradoxon oder Solökismus oder Tautologie beabsichtigt wird (c. 3). Die Widerlegung bezieht sich entweder auf den Sprachausdruck, insoferne Homonymes oder Amphibolie oder Zusammensetzung oder Trennung der Worte oder Prosodie oder eine Redefigur ihr Gegenstand ist (c. 4), oder sie bezieht sich, abgesehen vom sprachlichen Ausdrucke, auf inhaltliche Momente, insoferne sie sich entweder in dem bloss je nach Vorkommniss Bestehenden oder in Mangel an Unterscheidung der Kategorien-Bestimmtheit oder in einer Unkenntniss des syllogistischen Verfahrens, sog. *ignoratio elenchi*, oder in Erschleichung des Ausgangspunktes oder in einer Umkehrung oder falscher Angabe des Causalnexus oder in Vermengung mehrerer Fragen bewegt (c. 5), was sich eigentlich sämmtlich auf das eine hievon, nemlich auf die Unkenntniss des syllogistischen Verfahrens reducirt (c. 6 f.); eben hieraus folgen auch die sophistischen Widerlegungen selbst, insoferne sie gegen das Form-Princip des Dialektischen verstossen (c. 8 f.); man darf nemlich die Beweisführungen nicht so eintheilen, dass die einen auf das Wort und die anderen auf den Sinn gerichtet seien, sondern die Ursache der sophistischen Widerlegungen liegt entweder im Syllogismus oder im Widerspruche oder in beiden zugleich (c. 10), und es ist die Stufenfolge von der untersuchenden Rede bis hinab zur eristischen zu beachten (c. 11). Nachdem dann hierauf erörtert ist, was die übrigen der obigen Momente seien, nemlich was der Nachweis des Falschen und was das Paradoxon (c. 12), was die Tautologie (c. 13), und was der Solökismus (c. 14), und ausserdem, wie es sich mit dem Fragen und Antworten verhalte (c. 14 f.), folgt die Angabe praktischer Vorschriften zum Behufe der Lösung sophistischer Widerlegungen in Bezug auf ihre obigen verschiedenen Formen (c. 17—32), und allgemeine Bemerkungen über Schwierigkeit oder Leichtigkeit der Lösung sowie über die dialektische Methode des Rechenschaftgebens überhaupt und über den Mangel einer logischen Theorie in der voraristotelischen Zeit bilden den Schluss dieser der Dialektik gewidmeten Untersuchungen.

V. ABSCHNITT.

DIE AELTEREN PERIPATETIKER.

Die nächsten Nachfolger des Aristoteles stehen am Anfange jenes zweiten Theiles der antiken Kulturgeschichte, welcher in allen Beziehungen den Mangel einer wahren Produktivität als wesentlichstes Merkmal an sich trägt. Die durchgehende Neigung des Griechenthumes zum Theoretisiren wird hiedurch, je weniger sie von einem einheitlichen originellen Grundgedanken getragen ist, um so eigensinniger und particulärer; ein förmlich constituirtes Schulen-Wesen wird nun auch darum in viel höherem Grade ein Lebens-Element, weil der frühere politische Wirkungskreis des rhetorischen Doctrinarismus von der macedonischen Zeit an verschwunden war. Und wenn schon bei Aristoteles die Kluft zwischen Theorie und Praxis in der Lobpreisung des Lebens des Theoretikers fühlbar genug hervortritt, so wird nunmehr auch factisch dem äusseren Leben gegenüber die Selbstbefriedigung in der Theorie gesucht und gefunden; ja für den Einzelnen gestaltet sich hiebei die Ansicht, dass derjenige, welcher eine andere theoretische Anschauungsweise hat, auch gar nicht richtig und gut leben könne, und nur in dem Sinne einer solchen Alleinseligmachungslehre darf es verstanden werden, wenn gewöhnlich gesagt wird, nach Aristoteles in den Sekten sei die griechische Philosophie eine praktische geworden; ferner aber auch betrachtet derjenige, welcher irgend einer theoretischen Lebens-Ueberzeugung huldigt, die ganze Zahl Jener, welche zur Theorie sich nicht erheben, als gar nicht ebenbürtig; und sowie sich mit diesem Gegensatze zwischen den „Weisen" und dem „unwissenden Pöbel" die Philosophie einerseits dem wahren Volksleben und seinen Aeusserungen gänzlich entfremdet und in die Schule sich zurückzieht, so erwächst andrerseits eine wahrhaft schauerliche Menge von „Philosophen", denn bald gibt es fast so viele Philosophen, als Schulmeister sind, was nur die Erscheinung des bekannten Grundsatzes ist, dass mit der Abnahme der Intension die Zunahme der Extension, und umgekehrt, verbunden ist. Diese beiden Grundzüge aber, nemlich die Intoleranz gegen Andersgesinnte und der Doctrinarismus der Wissenden den Laien gegenüber, erhalten sich, sowie sie in der antiken Kultur entstanden sind, auch als formelle Macht für die Verbreitung und Verarbeitung des nach-antiken Ideenkreises in der abendländischen Kulturgeschichte.

Im Gefolge der einreissenden Schul-Manier aber stellen sich besonders zwei Erscheinungen ein: erstens eine Art Arbeitstheilung, —

allerdings nicht in dem Sinne jener anspruchlosen Emsigkeit, welche in dem bescheidenen Bewusstsein, den ganzen Umfang des empirischen Wissens doch nicht umfassen zu können, in stiller Abgeschlossenheit irgend einen einzelnen Zweig bis in seine feinsten Wurzeln verfolgt, — sondern hier sind es im Zusammenhange mit den Grundeigenschaften des griechischen Geistes der bequeme Leichtsinn des doctrinären Abschliessens und die Eitelkeit des Selbstbefriedigung suchenden Hanges, welche den Betrieb der einzelnen empirischen Wissenschaften begründen, wobei es jedoch an allem wahren Forschungstriebe, welcher ja doch überall nur mit eigenen Augen sehen will, insoferne gänzlich gebricht, als nur die litterarischen Producte Anderer zur Grundlage genommen, nach Umständen erweitert oder excerpirt, jedenfalls aber nach vorgefassten theoretischen Ansichten zur doctrinären Abschachtelung benützt werden, wobei das Dociren einer fertigen Construction und das Zurschautragen einer zugespitzten Büchergelehrsamkeit selbst bei den Besten den Sinn für objective Forschung trüben. Sowie aber durch die Schuleinrichtungen (z. B. in Alexandria) der Betrieb einzelner Disciplinen äusserlich zum particularen Lebens-Interesse geworden war, so wirkt auch innerlich hier die Arbeitstheilung zum gänzlichen Verluste des Gefühles einer Zusammengehörigkeit aller Disciplinen, und es zerbröckeln sich die Haupt-Theile der Philosophie selbst (nemlich Logik, Physik, Ethik), welche Aristoteles während und neben ihrer Unterscheidung durch das Eine in allen festgehaltene Princip des Ueberganges von Potenz zum Actus innigst verbunden hatte, nun zu mehreren nebeneinander herlaufenden Zweigen, für deren jeden jetzt ein eigenes Princip an die Spitze gepflanzt wird; und die Arbeit des Geistes liegt dann bei solcher Theilung derselben gerade nicht mehr in der Bewahrung der höheren wahrhaft philosophischen Einheit, sondern in Aufwendung des Detail-Scharfsinnes auf eine förmliche Casuistik aller einzelnen Möglichkeiten von Fällen und Erwägungen, kurz die zersplitterte Vielheit tritt als Hinderniss der Tiefe und als Förderung der subjectiven Eitelkeit auf. Die zweite Eigenschaft aber, welche einem derartigen Schulbetriebe der Wissenschaft anklebt, beruht darin, dass eine wahre Sucht nach dem Handgreiflichen, dem in die Augen Springenden, oder selbst dem Piquanten sich bemerklich macht; es lehrt und lernt sich Solches ja leichter; das Piquante, wie es in der Merkwürdigkeitskrämerei der ganzen nach-aristotelischen Naturkunde erscheint, wirkt sinnenreizend auf das Gedächtniss und geht leicht, mit den gehörigen Zusätzen vermehrt, von Hand zu Hand; das Handgreifliche aber kann selbst von dem Einfältigen ohne Mühe auswendig gelernt werden, und wenn noch überdiess einige praktische Verfahrungsregeln beigefügt sind, so kann ein Jeder ohne wissenschaftlichen Trieb, geschweige denn philosophischen Sinn, zu besitzen, mit der Kenntniss der zehn Kategorien und der vierzehn Schlussmodi ein Schulmeister im Fach der Philosophie werden.

So sind auch für die Logik diese beiden kulturgeschichtlichen Erscheinungen der nach-aristotelischen Zeit, — nemlich einerseits die *Lostrennung* der Logik von jenem Verbande, in welchem sie bei Aristoteles mit der Philosophie überhaupt steht, zugleich mit der Virtuosität eines particulären *Scharfsinnes*, und andrerseits die Hervorhebung der *handgreiflichen*, zur Entstehung eines Katechismus geeigneten, Theile, — der nächste Anlass des Ueberganges von der aristotelischen Logik zur formalen Logik des Mittelalters. Es liegen die ersten Keime der ganzen Entartung der Logik entschieden hier in jeder Beziehung schon vor.

Die Ueberlieferung bei den Autoren des späteren Alterthumes, besonders bei den Commentatoren der aristotelischen Schriften, bietet uns in Betreff der ersten Peripatetiker, des *Theophrastus* und *Eudemus*, ein zwar vereinzeltes, aber doch hinreichendes Material dar, um die Abweichungen der logischen Theorie derselben von den aristotelischen Grundsätzen erkennen zu können, da wir aus der Behandlungsweise mancher Einzelnheiten mit Nothwendigkeit und Sicherheit auf die des Ganzen schliessen müssen, wenn wir auch nicht mehr im Stande sind, letzteres vollständig aus den Fragmenten herzustellen; hingegen müssen wir darauf verzichten, einen wesentlichen Unterschied zwischen der Logik des Theophrastus und jener des Eudemus aufzufinden, da gerade bei den hauptsächlichsten Punkten beide in der Ueberlieferung neben einander genannt werden. Beide verhielten sich zur logischen Theorie ihres Lehrers mehr nur commentirend, und waren mehr auf Erweiterung und Ausbeutung derselben bedacht, als dass sie eine selbstständige Grundüberzeugung über Wesen und Bedeutung der Logik gehabt hätten; daher liegen auch die Unterschiede zwischen ihrer und der aristotelischen Lehre eigentlich nur in einer ihnen selbst unbewussten Schwäche der philosophischen Anschauung betreffs einer einheitlichen Systematik des Wissens, und etwa eine förmliche Polemik gegen Aristoteles erscheint nur bei ganz vereinzelten Nebenpunkten, wo ein vermeintlich oder wirklich grösserer Scharfsinn eine andere Fassung oder Vervollständigung eines Lehrsatzes zu fordern schien. In diesem vorwaltenden Schüler-Verhältnisse, in welchem die Peripatetiker gegen die Lehre des Aristoteles verharrten und dieselbe nur erweiternd und erklärend fortpflanzten, liegt es auch begründet, dass innerhalb der peripatetischen Schule keine grossen Differenzen betreffs der Logik auftraten [1]), ein Umstand, welcher noch in der Opposition des Alexander Aphrod. und anderer Commentatoren gegen die stoische Logik erscheint und für eine gewisse schulmässige Reinheit der logischen Katechismen im Anfange des Mittelalters günstig wirkt (s. unten Abschn. IX u. XI.). Theophrastus und Eudemus scheinen in ihren logischen Schriften völlig nach Art der Commentatoren auch dem Verlaufe und der Reihenfolge der aristotelischen genau gefolgt zu sein [2]). In Betreff der logischen Schriften des *Theophrastus* finden

---

1) *Galen. d. propr. libr.* 11, XIX, p. 41. *ed. Kühn*: *ἀλλήλοις μὲν λέγω διαφέρεσθαι τοὺς φιλοσόφους ἐν τῇ λογικῇ θεωρίᾳ τοὺς Περιπατητικούς τε καὶ Στωϊκοὺς καὶ Πλατωνικούς· ἑαυτῶν δὲ πάλιν ἰδίᾳ τοὺς καθ᾽ ἑκάστην αὐτῶν· μικρὰ μὲν δή πώς ἐστιν ἡ παρὰ τοῖς Περιπατητικοῖς διαφωνίᾳ, μεγάλη δὲ παρὰ τοῖς Στωϊκοῖς καὶ Πλατωνικοῖς.*

2) Natürlich so, wie sie eben die Werke ihres Lehrers aus erster Hand und unzweifelhaft in der von jenem selbst ausgehenden Anordnung vor sich hatten. Von einer Voranstellung der Kategorien und einem Uebergange von diesen durch die Lehre vom Satze (*π. Ἑρμην.*) zur Analytik, wie wir eine solche Reihenfolge später bei den Stoikern entstehen und dann aus theoretisch-pädagogischen Gründen fortbestehen sehen werden (s. unten, Abschn. VI, Anm. 55. u. Abschn. IX, Anm. 2—9.), findet sich hier noch durchaus keine sichere Spur.

wir ausser den zweifelhaften nur bei Ammonius und David genannten Büchern *Κατηγορίαι* und *Περὶ Ἑρμηνείας* [3]) noch eine grosse Anzahl anderer in dem planlosen Verzeichnisse bei Diogenes Laert. V, 2, 42—50, dessen Angaben theilweise auch anderweitig bestätigt werden: *Περὶ καταφάσεως καὶ ἀποφάσεως α'* [4]). *Πρώτων προτάσεων ιη'. Περὶ τοῦ ψευδομένου γ'* [5]). *Περὶ λέξεως α'* [6]). *Περὶ προθέσεως καὶ διηγήματος. Διαιρέσεις β'. Περὶ τῶν διαφορῶν α'* [7]). *Διορισμῶν γ'. Πρὸς τοὺς ὁρισμοὺς α'. Ἀναλυτικῶν προτέρων γ'* [8]). *Ἀναλυτικῶν ὑστέρων ζ'* [9]). *Ἀναλυτικῶν ἐπιτομή α'. Τίνες οἱ τρόποι τοῦ ἐπίστασθαι. Περὶ σημείων α'* [10]). *Περὶ ἀναλύσεως συλλογισμῶν α'. Περὶ συλλογισμῶν λύσεως α'. Λύσεις α'. Ἀνηγμένων τόπων β'* [11]). *Περὶ κρίσεως συλλο-*

---

3) *Ammon. ad Categ. f.* 9 b.: *καὶ γὰρ μαθηταὶ αὐτοῦ (sc. Ἀριστοτέλους) Εὔδημος καὶ Φανίας καὶ Θεόφραστος κατὰ ζῆλον τοῦ διδασκάλου γεγραφήκασι Κατηγορίας καὶ περὶ Ἑρμηνείας καὶ Ἀναλυτικήν. David prolegg. ad Porph. Isag. Brandis Scholia* p. 18 a. 34.: *ἔγραψε γὰρ καὶ Θεόφραστος καὶ Εὔδημος περὶ Κατηγοριῶν κατὰ μίμησιν τοῦ οἰκείου διδασκάλου.* Die Notiz ist an sich ebenso vag als schulmässig; namentlich aber steht in Betreff einer Schrift *Κατηγορίαι* das Stillschweigen des Simplicius entgegen, worauf schon Brandis im Rhein. Mus. 1827., S. 270. hingewiesen hat.

4) Dem Inhalte nach ist diese Schrift (ein bei *Diog. L.* noch eigens genanntes Buch *περὶ ἀποφάσεως* scheint eine fehlerhafte Verdopplung des Einen Werkes) wohl sicher identisch mit der oben genannten *περὶ Ἑρμηνείας*; sie wird bei *Alex. Aphr.* am häufigsten erwähnt und wurde sowohl von Galenus (*Gal. d. propr. libr.* 11, XIX, p. 42. *ed. Kühn*) als auch von Porphyrius commentirt. *Boeth. ad Ar. d. interpr.* p. 291. (*ed. Basil.* 1570.): *et Theophrastus quidem in eo libro, quem de affirmatione et negatione composuit, de enunciativa oratione tractavit.*

5) s. unten b. Anm. 90.

6) Auch bei *Dion. Hal. d. comp. verb.* p. 212. *Schaef.* erwähnt, und in Betracht des Inhaltes der gleichnamigen Eudemischen Schrift (s. unten Anm. 15.) wohl ebensowohl logischen als rhetorischen Inhaltes. Vielleicht schloss sich hieran die mehr grammatische Schrift *Περὶ τῶν τοῦ λόγου στοιχείων* (s. unten Anm. 22.) an.

7) Obwohl die Betrachtung des logischen Unterschiedes bei Theophr. in dessen Theorie eine Rolle spielt (s. unten Anm. 82. u. 85.), so wäre es doch möglich, dass diese von Diog. angeführte Schrift identisch mit jener bei *Athen.* VII, p. 317 *F.* erwähnten *περὶ τῶν κατὰ τόπους διαφορῶν*, und mithin naturwissenschaftlichen Inhaltes wäre.

8) Auch bei *Simpl. d. Coel. f.* 137 b. und öfters bei *Alex. Aphr.* erwähnt, auch b. *Suid. s. v. Θεοφρ.*

9) Auch b. *Suid.* a. a. O. und b. *Galen. d. Hipp. et Plat.* II, 2, V, p. 213 *K.*: *γεγράφθαι δὲ λέγω ὑπὲρ αὐτῆς (sc. τῆς διαλεκτικῆς μεθόδου) ἄριστα τοῖς παλαιοῖς φιλοσόφοις τοῖς περὶ Θεόφραστόν τε καὶ Ἀριστοτέλην κατὰ τῶν δευτέρων ἀναλυτικῶν βιβλίων.* aus welch letzterer Stelle wir sehen, dass diese aristotelische Bezeichnung und Abtheilung der eigentlich logischen Bücher in der peripatetischen Schule völlig üblich geworden war.

10) Die erstere dieser beiden Schriften war dem Inhalte nach wohl verwandt mit *Arist. Anal. post.* II, 19., sowie die letztere, wenn sie nicht zur Rhetorik gehört, vielleicht jene Bedeutung des *σημεῖον* behandelte, welche Arist. ebend. c. 17. u. *An. pr.* II, 27. betreffs der Lösung der Probleme erwähnt. Ob die Notiz beim *Anonym. ad Anal. post. f.* 113 a. (b. *Philop. ad An. post. Venetiis* 1524.) *Θεόφραστος δὲ καὶ ἐπραγματεύσατο περὶ τῆς συναγωγῆς τῶν ὁμοίων προβλημάτων* von einer eigenen Schrift oder nur von jenem Abschnitte der zweiten Analytik, welcher den Kapp. 14—18. in *An. post.* II. entsprach, zu verstehen sei, lässt sich wohl schwer entscheiden.

11) Dass von diesen vier letztgenannten bei Diog. aufgeführten Titeln die ersten drei Eine und dieselbe Schrift bezeichnen, ist mehr als wahrscheinlich; dass hingegen die *Ἀναλύσεις* verschieden waren von den *Ἀνηγμένοι τόποι*, bezeugt *Alex.*

γισμῶν α΄. Ὁριστικὰ μερὶ λέξεως συλλογισμῶν. Τὰ πρὸ τῶν τόπων α΄. Τοπικῶν β΄ [12]). Ἀγωνιστικὸν τῆς περὶ τοὺς ἐριστικοὺς λόγους θεωρίας. Σοφισμάτων β΄ [13]). Θέσεις κδ΄ [14]). Von den Werken des **Eudemus** gehörten, um von der so eben (Anm. 3) besprochenen Notiz bei Ammonius und David abzusehen, dem Gebiete der Logik zunächst dessen Ἀναλυτικὰ an [15]), dann aber besonders die Schrift Περὶ λέξεως [16]), in welcher er die grammatischen und logischen Functionen des Satzes behandelte; sie bestand aus zwei Büchern, deren erstes Galenus commentirte [17]). Der Freund des Theophrastus, *Phanias*, wird ausser in der oben, Anm. 3, angeführten Stelle nirgends mehr in Bezug auf Logik genannt; seine Thätigkeit lag mehr auf dem Gebiete der Geschichte und Naturforschung. Dass aber selbst *Straton*, dessen materialistische Richtung in besonderer Hervorhebung der Physik bekannt genug ist, den logischen Untersuchungen nicht gänzlich fern stand, werden wir unten, Anm. 39 u. 78, sehen [18]).

Versuchen wir es, uns an den Gang der Entwicklung, welchen wir für die aristotelische Logik einschlugen, zu halten, so begegnen wir zunächst auch bei Theophrast jenem Grundgegensatze, welcher zwischen der dialektischen Rede oder Begründung und der apodeiktischen Rede oder Begründung besteht; nur scheint, wenn die Aussage der Berichter-

---

ad Anal. pr. f. 140 a. (*ed. Flor.*): οὐ ταὐτὸν δέ ἐστιν ἀνάγειν τε λόγους εἰς τὰ σχήματα, ὡς ἔχει τὰ Θεοφράστου δύο τὰ ἐπιγραφόμενα „Ἀνηγμένων λόγων εἰς τὰ σχήματα“ (es ist wohl auch bei Diog. zu schreiben Ἀνηγμένων λόγων), καὶ μέθοδον ὑπογράψαι δι᾽ ἧς πάντα τὰ προβλήματα ἀναλύειν καὶ ἀνάγειν δυνησόμεθα· ὁ μὲν γὰρ τὴν μέθοδον τοῦ ἀνάγειν καὶ τὴν ἐπιστήμην ἔχων οἷός τέ ἐστι καὶ τοὺς μήπω γνωρίμους ἀνάγειν, ὁ δέ τινας ἔχων ἀνηγμένους τούτους ἂν ἀνάγοι μόνους ὡς ἂν ἔχων τήρησιν ἀναίτιον ἀλλ᾽ οὐκ ἐπιστήμην· ὑπογράφει δὲ τὴν αὐτὴν ταύτην μέθοδον καὶ Θεόφραστος ἐν τῷ ἐπιγραφομένῳ περὶ Ἀναλύσεως συλλογισμῶν. Uebrigens müssen diese beiden Schriften nur eine ausführlichere Erörterung des bei *Arist. Anal. pr.* I, 32—46. Gesagten gewesen sein.

12) Auch bei *Simpl. ad Categ. f.* 105 *A.* und mehrmals bei *Alex.* erwähnt.

13) Diese letzteren beiden entsprachen wohl dem letzten Abschnitte der aristotelischen Topik, d. h. den Σοφιστικοὶ Ἔλεγχοι.

14) Diog. erwähnt zweimal Θέσεις, einmal κδ΄ und das andere Mal γ΄. *Alex. ad Top.* p. 16.: θέσεώς τινος τεθείσης εἰς ταύτην γυμνάζοντες αὑτῶν τὸ πρὸς τὰς ἐπιχειρήσεις εὑρετικὸν ἐπεχείρουν (sc. οἱ ἀρχαῖοι) κατασκευάζοντές τε καὶ ἀνασκευάζοντες δι᾽ ἐνδόξων τὸ κείμενον· καὶ ἔστι βιβλία τοιαῦτα Ἀριστοτέλει τε καὶ Θεοφράστῳ γεγραμμένα ἔχοντα τὴν εἰς τὰ ἀντικείμενα δι᾽ ἐνδόξων ἐπιχείρησιν. *Theo Progymn.* 2, 1, p. 165. *Walz.*: παραδείγματα δὲ τῆς τῶν θέσεων γυμνασίας λαβεῖν ἔστι παρά τε Ἀριστοτέλους καὶ Θεοφράστου· πολλὰ γάρ ἐστιν αὐτῶν βιβλία Θέσεων ἐπιγραφόμενα. Auch *Athen.* IV, p. 130 *D.* erwähnt sie.

15) *Alex. ad Top.* p. 70.: ὅτι δὲ οἰκειότερον τῷ διαλεκτικῷ τὸ ἀνασκευάζειν τοῦ κατασκευάζειν, ἐν τῷ πρώτῳ τῶν ἐπιγραφομένων Εὐδημείων Ἀναλυτικῶν (ἐπιγράφεται δὲ αὐτὸ καὶ Εὐδήμου ὑπὲρ τῶν Ἀναλυτικῶν) οὕτως λέγεται, ὅτι κτλ.

16) *Alex. ad Metaph.* p. 63, 15. *ed. Bonitz. Alex. ad Top.* p. 38. *Alex. ad An. pr. f.* 7 b. *ed. Flor. Brand. Schol.* p. 146 a. 25. In Betreff einer Stelle b. *Galen.* π. τ. παρὰ τ. λέξιν σοφισμ. s. unten Anm. 92.

17) Π. τ. ἰδίων βιβλ. 11, XIX, p. 42. *ed. Kühn.*

18) Von den bei *Diog. L.* V, 3. erwähnten Schriften des Straton dürften hieher gehören: Τόπων προοίμια, Περὶ τοῦ συμβεβηκότος, Περὶ τοῦ ὅρου, Περὶ τοῦ μᾶλλον καὶ ἧττον, Περὶ τοῦ προτέρου καὶ ὑστέρου, Περὶ τοῦ προτέρου γένους, Περὶ τοῦ ἰδίου.

statter[19]) wörtlich zu nehmen ist, bereits hier die von Aristoteles geforderte Erhebung des Dialektischen zum Apodeiktischen zu wenig berücksichtigt und daher eine schroffe schulmässige Abtheilung des *λόγος* in zwei Arten in der Weise sich einzustellen, dass die eine ein Verhältniss zu Personen habe und die Lüge gar nicht ausschliesse, während die andere ein Verhältniss zu den Dingen habe und da dann nur die Wahrheit bezwecke, sowie andrerseits die Sache des Ansehen hat, als trete bei dem Apodeiktischen schon sehr stark die bloss factisch empirische „Belehrung" über die Dinge an Stelle der begrifflichen Forschung über das Wesen (s. unten, Abschn. IX, Anm. 10 u. 49 f., Abschn. XI, Anm. 143 ff.).

Jene Bedeutung nun, welche die Lehre vom *Urtheile* darin hat, dass sie eine nothwendige Vorbereitung zur Syllogistik ist, musste bei dem allgemeinen Bestreben, die ganze Möglichkeit aller Fälle zu erschöpfen, dazu führen, dass auch in Betreff des Satzes alle möglichen Betrachtungsweisen angestellt wurden und derselbe hiedurch für die Theorie in eine mehr selbstständige Stellung gerieth, bei welcher seine eigentlich logische Function gegen die grammatische zurückzutreten anfing. So rührt wahrscheinlich schon von Theoprast jene etwas spitzfindige Unterscheidung zwischen Urtheil (*ἀπόφανσις*) und Prämisse (*πρότασις*) her, gemäss welcher ein Satz bei gleichem materiellen Inhalte einerseits ein Urtheil heisse, insoferne er entweder wahr oder falsch ist, und andrerseits eine Prämisse, insoferne er entweder bejahend oder verneinend ist, so dass also hier, während bei Aristoteles jede *ἀπόφανσις*, sobald sie Bestandtheil eines Syllogismus ist, *πρότασις* heisst, das Hauptgewicht auf die sog. Qualität der Prämisse, nemlich auf jene Form des Bejahenden oder Verneinenden gelegt ist, welche neben der Quantität der Urtheile für die Regeln oder sog. Gesetze betreffs der Conclusio als bedingend erscheint. Dass diese Auffassung auf Theophrast zurückzuführen sein dürfte, schliessen wir wohl mit Recht aus dem Umstande, dass Alexander, welcher dieselbe überliefert, daran die Bemerkung anknüpft, es scheine auch schon Theophrast eine mehrfache Bedeutung der *πρότασις* im Auge gehabt zu haben[20]). Ferner hatte Theophrast, wie der

---

19) *Ammon. ad Ar. d. interpr. f.* 53.: *διττῆς γὰρ οὔσης τῆς τοῦ λόγου σχέσεως, καθὰ διώρισεν ὁ φιλόσοφος Θεόφραστος τῆς τε πρὸς τοὺς ἀκροωμένους, οἷς καὶ σημαίνει τι, καὶ τῆς πρὸς τὰ πράγματα, ὑπὲρ ὧν ὁ λέγων πεῖσαι προτίθεται τοὺς ἀκροωμένους, περὶ μὲν τὴν σχέσιν αὐτοῦ τὴν πρὸς τοὺς ἀκροατὰς καταγίνονται ποιητικὴ καὶ ῥητορική ....., τῆς δέ γε πρὸς τὰ πράγματα τοῦ λόγου σχέσεως ὁ φιλόσοφος προηγουμένως ἐπιμελήσεται τό τε ψεῦδος διελέγχων καὶ τὸ ἀληθὲς ἀποδεικνύς.* Anon. Cod. Coisl. b. *Brand. Schol.* 94 a. 16.: *μόνος* (leg. *μόνας*) *γάρ, φησὶν ὁ Θεόφραστος, τοῦ λόγου σχέσεις ἔχοντος τὴν μὲν πρὸς τοὺς ἀκροατὰς τὴν δὲ πρὸς τὰ πράγματα, τὴν μὲν πρὸς τοὺς ἀκροατὰς ποιηταὶ καὶ ῥήτορες διώκουσι, τὴν δὲ πρὸς τὰ πράγματα φιλόσοφοι.*

20) *Alex. ad. An. pr. f.* 5 b. *ed. Flor.*: *καὶ γὰρ εἰ ταὐτὸν κατὰ τὸ ὑποκείμενον πρότασίς τε καὶ ἀπόφανσις, ἀλλὰ τῷ λόγῳ τε* (leg. *δὲ*) *διαφέρει· καθόσον μὲν γὰρ ἢ ἀληθής ἐστιν ἢ ψευδής, ἀπόφανσίς ἐστι, καθόσον δὲ καταφατικὸς ἢ ἀποφατικὸς λέγεται πρότασις· ἢ ὁ μὲν ἀποφαντικὸς λόγος ἐν τῷ ἀληθὴς ἢ ψευδὴς εἶναι ἁπλῶς τὸ εἶναι ἔχει, ἡ δὲ πρότασις ἤδη ἐν τῷ πως ἔχειν ταῦτα· διὸ αἱ μὴ ὁμοίως ἔχουσαι αὐτὰ λόγοι μὲν οἱ αὐτοί, προτάσεις δὲ οὐχ αἱ αὐταί· .....ὅμοιον τούτοις καὶ τὸ λόγος ἀποφαντικός*

nemliche Alexander ausdrücklich sagt, überhaupt weitläufiger, als es in der aristotelischen Schrift. περὶ Ἑρμηνείας der Fall ist, in seinem Werke περὶ Καταφάσεως alle möglichen Verhältnisse des Satzes behandelt[21]). Und da war nun wohl die Veranlassung gegeben, dass in einer eigenthümlichen Vermischung von Grammatik und Logik das philosophische Princip der letzteren, inwieferne es den Zusammenhang mit der sog. Metaphysik enthält, übersehen und die Aufgabe der Logik in der Kenntniss der Formen als solcher erblickt wurde. So bezeichnen die Peripatetiker gerne sich selbst und den Meister ihrer Schule als die Begründer der Grammatik, welche ihnen als eine ganz besonders logische Disciplin gilt[22]). Und gerade für Theophrast mochte es nahe liegen, auch die Verhältnisse der Bestandtheile des Satzes in ihrer bloss formellen Bedeutung zu untersuchen, was er wohl in der Schrift Περὶ τῶν λόγου στοιχείων that, welche vielleicht der Ausgangspunkt der späteren Unterscheidung zwischen σημαντικὴ φωνὴ und blosser λέξις (s. unten Abschn. IX Anm. 48 ff.) war[23]). Bezeichnend für eine mehr grammatische Behandlungsweise der logischen Fragen ist es wohl, wenn auch Eudemus die wichtige Controverse über den τρίτος ἄνθρωπος (s. oben S. 18 f.)

τινος περί τινος, εἰ μὴ ἄρα οὗτος κοινότερος, ὅτι ἐν αὐτῷ οὔπω συμπαρείληπται οὔτε ἡ κατάφασις οὔτε ἡ ἀπόφασις· ὡς δὲ πολλαχῶς λεγομένης τῆς προτάσεως ἔοικε καὶ Θεόφραστος ἐν τῷ περὶ Καταφάσεως φρονεῖν.

21) Zu *Arist. An. pr.* I, 37. p. 49 a. 6.: wo es betreffs der Reduction der Schlüsse auf die drei Figuren heisst: τὸ δ' ὑπάρχειν τόδε τῷδε καὶ τὸ ἀληθεύεσθαι τόδε κατὰ τοῦδε τοσαυταχῶς ληπτέον ὁσαχῶς αἱ κατηγορίαι διῄρηνται, καὶ ταύτας ἢ πῇ ἢ ἁπλῶς, ἔτι ἁπλᾶς ἢ συμπεπλεγμένας· ὁμοίως δὲ καὶ τὸ μὴ ὑπάρχειν· ἐπισκεπτέον δὲ ταῦτα καὶ διοριστέον βέλτιον, bemerkt *Alex.* a. a. O. *f.* 151 a.: ἀλλὰ καὶ περὶ τῶν ἄλλων, ὧν τὰ κεφάλαια ἐκτίθεται· καὶ αὐτὸς μὲν γὰρ ἐν τῷ περὶ Ἑρμηνείας, ἐπὶ πλέον δὲ ὁ Θεόφραστος ἐν τῷ περὶ Καταφάσεως περὶ τούτων λέγει.

22) *Bekk. Anecd.* p. 729.: διττὴ δ' ἐστὶν ἡ γραμματική· ἡ μὲν περὶ τοὺς χαρακτῆρας καὶ τὰς τῶν στοιχείων ἐκφωνήσεις καταγίνεται, ἥτις καὶ γραμματικὴ λέγεται παλαιά, οὖσα καὶ πρὸ τῶν Τρωικῶν, σχεδὸν δὲ καὶ ἅμα τῇ φύσει προελθοῦσα· ἡ δὲ περὶ τὸν ἑλληνισμόν, ἥτις καὶ νεωτέρα ἐστίν, ἀρξαμένη μὲν ἀπὸ Θεογένους, τελεσθεῖσα δὲ παρὰ τῶν Περιπατητικῶν, Πραξιφάνους τε καὶ Ἀριστοτέλους· καὶ τῆς μὲν τέλος τὸ εὖ ἀναγιγνώσκειν, τῆς δὲ τὸ εὖ γράφειν (Praxiphanes war ein Schüler des Theophrastus, unter Θεογένους aber steckt wohl der Name des Theodektes; s. *Classen, d. gramm. gr. prim.* p. 9.). Ebend. p. 730. γραμματική ἐστιν ἐπειρία] ἐνταῦθα γενόμενος Πτολεμαῖος ὁ Περιπατητικὸς καὶ ἄλλοι τινὲς ἐγκαλοῦσι Διονυσίῳ ἐμπειρίαν εἰρηκότι τὴν λογικωτάτην γραμματικήν, ἥτις — ἐμπειρία φημὶ — τῶν ὡσαύτως ἐχόντων πραγμάτων ἐστὶ τήρησίς τε καὶ μνήμη ἄλογος.

23) *Simpl. ad Cat. f.* 3 *B. ed. Bas.*: αὗται δὲ (sc. αἱ κατηγορίαι) εἰσὶν αἱ ἁπλαῖ φωναὶ αἱ σημαντικαὶ τῶν πραγμάτων καθὸ σημαντικαί εἰσιν, ἀλλ' οὐ καθὸ μὲν γὰρ λέξεις ἁπλῶς· καθὸ μὲν γὰρ λέξεις, ἄλλας ἔχουσι πραγματείας, ἃς ἐν τῷ περὶ τοῦ λόγου στοιχείῳ (wohl zu lesen ἐν τῷ περὶ τῶν τοῦ λόγου στοιχείων) ὅ τε Θεόφραστος ἀνακινεῖ καὶ οἱ περὶ αὐτὸν γεγραφότες, οἷον πότερον ὄνομα καὶ ῥῆμα τοῦ λόγου στοιχεῖα ἢ καὶ ἄρθρα καὶ σύνδεσμοι καὶ ἄλλα τινά (λέξεως δὲ καὶ ταῦτα μέρη, λόγου δὲ ὄνομα καὶ ῥῆμα), καὶ τίς ἡ κυρία λέξις, τίς δὲ ἡ μεταφορική, καὶ τίνα τὰ πάθη αὐτῆς, οἷον τί ἀποκοπή, τί συγκοπή, τί ἀφαίρεσις, τίνες αἱ ἁπλαῖ, τίνες αἱ σύνθετοι, τίνες αἱ ὑποσύνθετοι, καὶ ὅσα τοιαῦτα, καὶ ὅσα περὶ ἰδεῶν εἴρηται, τί τὸ σαφὲς ἐν ταῖς λέξεσι, τί τὸ μεγαλοπρεπές, τί τὸ ἡδὺ καὶ πιθανόν· καθὸ μέντοι σημαντική ἐστιν ἡ λέξις, κατὰ τὰ γένη τῶν ὄντων ἀφορίζεται κτλ.

gerade in der Schrift *περὶ Λέξεως* behandelte, woselbst dann wahrscheinlich auch die Frage betreffs der stofflichen und begrifflichen Theile eines Ganzen (Abschn. IV. Anm. 496 ff.) von ihm erörtert wurde [24]). In Betreff der Eintheilung der Fragesätze bei Eudemus s. unten Anm. 91. und in Betreff der Syllogismen Anm. 92.

Im Zusammenhange mit diesem grammatischen Bestreben sind die Grundzüge jener Erweiterungen oder Aenderungen, welche die aristotelische Logik unter den Händen der ersten Peripatetiker erfuhr, eine oft sehr weit getriebene Distinction und ein ausschliessliches Ausgehen von der äusseren Form des Urtheiles mit Vernachlässigung des Begriffes. Erstere hat zwar ihren Grund in der auch bei Aristoteles reichlich angewendeten Unterscheidung vieldeutiger Bezeichungen (*πολλαχῶς λεγόμενα*), hier aber wird sie zuweilen schon zum Selbstzwecke gemacht und verliert daher den höheren allgemeinen Zusammenhang, in dessen Diensten sie doch stehen sollte. So hat es für die Lehre vom Urtheile und dessen Beziehung zum Syllogismus sicher einen sehr störenden Einfluss, wenn Theophrast im allgemein bejahenden oder allgemein verneinenden Urtheile das Wort „Alle" in der Weise als ein vieldeutiges nimmt, dass es die durch dasselbe zusammengefassten Wesen sowohl in ihrer Gesammtheit als auch gerade in ihrer summirten Einzelnheit bedeuten könne, also z. B. unter „alle Dreiecke" sowohl die Allgemeinheit des Dreieck-Seins als auch die gesammten empirisch einzelnen Dreiecke verstanden werden könnten. Wenn nun auch diese Ansicht des Theophrast nicht in dessen Schrift *περὶ Καταφάσεως*, sondern in einem eigenen Buche *περὶ τῶν Ποσαχῶς* enthalten war, welches natürlich an das Buch *Δ* der aristot. Metaphysik erinnert, so sieht man doch deutlich, dass hiedurch gerade das Leben und Wesen des allgemeinen Urtheiles, vermittelst dessen das Denken eine begriffliche Allgemeinheit gegenüber der schlechthin vereinzelten Empirie erfasst, vernichtet ist; aber was die Hauptsache dabei zu sein scheint, diese Distinction hat eine sophistisch-rhetorische Bedeutung und kann zu Spielereien gebraucht werden, z. B. dass von einem Dinge, von welchem Jemand nicht weiss, dass es ein Dreieck sei, er auch die Winkelsumme nicht wisse, derselbe hiemit trotz der Kenntniss des bekannten Lehrsatzes doch nicht von „allen" Dreiecken ihn wisse. Anderes hinwiederum, was aus jenem Buche des Theophrast über die Verbindung zweier Begriffe zu einem Urtheile berichtet wird, dass nemlich durch dieselbe eine vorher nicht vorhandene Zweideutigkeit entstehen oder eine vorhandene gehoben werden könne, stimmt fast wört-

---

24) *Alex. ad Metaph.* p. 63, 15. *ed. Bon.*, woselbst nach der Angabe verschiedener Begründungen des *τρίτος ἄνθρωπος* gesagt wird: *τῇ μὲν οὖν πρώτῃ τοῦ τρίτου ἀνθρώπου ἐξηγήσει ἄλλοι τε κέχρηνται καὶ Εὔδημος σαφῶς ἐν τοῖς περὶ Λέξεως.* Die Notiz in Betreff der Untersuchungen über den Theilbegriff steht ebend. p. 483, 14.: *εἰπὼν* (sc. *Ἀριστ.*) *πρότερον ὅτι ἐπὶ μὲν τῷ τῆς συλλαβῆς λόγῳ λαμβάνεται τὰ στοιχεῖα διὰ τὸ μὴ εἶναι ὕλης μέρη ἀλλ' εἴδους, ἐπὶ δὲ τοῦ κύκλου οὐ λαμβάνεται τὰ ἡμικύκλια, ὅτι ἔνυλά εἰσι καὶ μέρη ὕλης, συνεῖδεν ἔνστασίν τινα δυναμένην πρὸς τὸν λόγον φέρεσθαι. ..... ἔφθημεν δὲ ἡμεῖς εἰπόντες ὅτε περὶ τῆς συλλαβῆς ἔλεγεν, ὅπως τὰ μὲν ἡμικύκλια ὕλης εἰσὶ μέρη, τὰ δὲ στοιχεῖα οὐκ εἰσίν· καὶ οἶμαι καὶ ταῦτα ἐκείνοις ἔδει συντάττεσθαι, καὶ ἴσως ὑπὸ μὲν Ἀριστοτέλους συντέτακται ....., ὑπὸ δὲ τοῦ Εὐδήμου κεχώρισται.*

lich mit *Arist. Soph. El.* 4 überein[25]). Uebrigens in Betreff des Verstosses gegen den Begriff s. auch Anm. 76.

Eine Erweiterung scheint die aristotelische Lehre vom Urtheile bei den ersten Peripatetikern zunächst schon durch die Hervorhebung der Existenzial-Sätze erfahren zu haben; während nemlich bei Aristoteles das ἔστι und οὐκ ἔστι jedem anderen Verbum gleichsteht, und nur in Bezug auf die Stellung der Negation Untersuchungen nöthig sind, falls das „ist" mit einem anderweitigen prädicativen Worte verbunden wird und das Urtheil dann drei Bestandtheile hat (Abschn. IV, Anm. 200 ff.), legte Eudemus einmal ein besonderes Gewicht darauf, dass in dem Existenzial-Satze das ἔστι wirklich selbst schon Prädikat und mithin einer der beiden Termini (ὅροι) des Urtheiles sei[26]), wodurch er manchen ontologischen Anschauungen oder Controversen späterer Zeit vorgearbeitet haben mag; dann aber auch scheint er selbst für das aus Subject, Prädicat und Copula bestehende Urtheil eine ähnliche Ansicht geltend gemacht zu haben, nemlich dass in solchen Sätzen das ἔστι nicht bloss, wie Aristoteles sich ausdrückt, als dritter Bestandtheil im prädicirenden Urtheile auftritt (τρίτον προςκατηγορεῖται), sondern dass es auch da irgendwie als ein selbst Prädicirtes bezeichnet werden könne[27]). Andrerseits aber scheint

---

25) *Alex. ad Top.* p. 83.: διττοῦ γὰρ ὄντος τοῦ „ἐπίσταμαι πάντα τὸν τὰς πλείους εἰληφότα ψήφους ὅτι νενίκηκεν" — ἢ γὰρ καθὸ ὥρισται τοῦτο καθόλου ἢ ὅτι τοὺς καθ' ἕκαστον πάντας, ὅπερ οὐχ οἷόν τε, χρὴ ἐπὶ τοῦτο ἄγοντας δεικνύναι „καὶ μὴν τόνδε οὐκ οἶδας ὅτι νενίκηκεν, οὐκ ἄρα πάντας τοὺς νενικηκότας καὶ τὰς πλείους εἰληφότας ψήφους ἐπίστασαι". ὅμοιον τοῦτο, οὗ καὶ αὐτοῦ Θεόφραστος ἐν τῷ Περὶ τῶν ποσαχῶς μέμνηται, οἷον ἐπίστασθαι πᾶν τρίγωνον ὅτι δυσὶν ὀρθαῖς ἴσας ἔχει τὰς τρεῖς γωνίας· ἢ γὰρ ὡς καθόλου ἢ ὡς καθ' ἕκαστα πάντα· ἀνασκευάζειν οὖν θέλοντας τὸ ὅτι ὁ γεωμέτρης ἐπίσταται πᾶν τρίγωνον δυσὶν ὀρθαῖς ἴσας ἔχον τὰς τρεῖς γωνίας, χρὴ ἐπὶ τὰ καθ' ἕκαστα μετάγειν τὸν λόγον (καὶ γὰρ τοῦτο σημαίνεται), καὶ λαβόντας ὅτι ὃ μὴ εἶδέ τις ὅτι ἐστὶ τρίγωνον, οὐδ' εἰ δυσὶν ὀρθαῖς ἴσας ἔχει οἶδε, τόδε τι προχειρισαμένους λέγειν ὅτι τοῦτο δὲ οὐκ οἶδεν· οὐκ ἄρα εἰ δυσὶν ὀρθαῖς ἴσας ἔχειν οἶδεν· οὐ πᾶν ἄρα οἶδεν. Ebend. p. 189.: ἔστι γάρ τινα ἃ καθ' αὑτὰ μὲν λεγόμενα πλείω σημαίνει, συντεθέντα δὲ οὐκέτι, ὡς ἐν τῷ περὶ τοῦ Πολλαχῶς Θεόφραστος φησίν· ἐν γὰρ τῷ ἐπίστασθαι γράμματα τὸ συναμφότερον ἀμφίβολον μηδετέρου τῶν ὀνομάτων ὁμωνύμου ὄντος καθ' αὑτό· καὶ τὸ τὸν Δίωνα τὸν Πλάτωνα τύπτειν, τὰ μὲν γὰρ ὀνόματα ἁπλᾶ, ὁ δὲ ἐξ αὐτῶν συγκείμενος λόγος ἀμφίβολος. πάλιν ἐν τῷ ἀετὸς πέτεται, κύων ὑλακτεῖ τὰ μὲν ὀνόματα ὁμώνυμα, οἱ δὲ λόγοι ἁπλοῖ.

26) *Schol. cod. Par.* b. *Brand.* 146 a. 19.: σύνηθές ἐστι τῷ Ἀριστοτέλει προσκατηγορούμενον λέγειν τὸ ἔστιν, οἷον ἄνθρωπος φιλοσοφῶν ἐστί· συγκατηγορεῖται γὰρ ἰδοὺ τὸ ἔστι κατὰ τοῦ ἀνθρώπου μετὰ τοῦ φιλοσοφεῖν· ὅπερ δή ἐστιν ὃ οὐ βούλονται οἱ περὶ Ἀλέξανδρον λέγειν ὅρον οὐδὲ μέρος προτάσεως, ἀλλὰ συνθέσεως ἢ διαιρέσεως μηνυτικὸν μόριον τῶν ἐν τῇ προτάσει ὅρων .... Ἀριστοτέλης μὲν οὖν οὕτω φρονεῖ περὶ τοῦ ἔσται καὶ Ἀλέξανδρος· Εὔδημος δὲ ἐν τῷ πρώτῳ περὶ Λέξεως δείκνυσι διὰ πλειόνων ὅτι τὸ ἔστιν ἐν ταῖς ἁπλαῖς προτάσεσι κατηγορεῖται καὶ ὅρος ἐστίν, οἷον Σωκράτης ἔστι, Σωκράτης οὐκ ἔστι.

27) *Alex. ad An. pr. f.* 7 b. (ed. Flor.): ὑπὲρ τοῦ ἐνδείξασθαι ὅτι ταῦτα, τὸ εἶναι ἢ μὴ εἶναι, οὐ μόριά ἐστι τῆς προτάσεως οὐδὲ ὅροι, ἀλλ' ἔστιν ἔξωθεν τῶν ὅρων καὶ τὸ εἶναι καὶ τὸ μὴ εἶναι, ἢ προστιθέμενα τοῖς κατηγορουμένοις ὅροις ἔξωθεν ἐν τῇ τῶν προτάσεων εἰς τοὺς ὅρους διαιρέσει ἢ χωριζόμενα αὐτῶν· οὐδὲ γὰρ πλέον ὡς πρὸς τὴν εἰς τοὺς ὅρους τῶν προτάσεων διαίρεσιν ποιεῖ ταῦτα προστιθέμενα ἢ ἀφαιρούμενα· δοκοῦσι

auch in Betreff der Quantität der Urtheile Theophrast das partikulare Urtheil in einer solchen Weise als dritte coordinirte Art von dem allgemeinen und individuellen abgesondert zu haben, dass es mit dem unbestimmten zusammenfällt, da er an ihm nur dessen Unbestimmtheit in Bezug auf die Individuen, von welchen es eben gerade gelte, hervorhob [28]), wohl ohne zu bemerken, welche Bedeutung es inhaltlich für Erforschung der Inhärenzien und selbst der sog. Accidenzien habe, eine Erwägung, welche bei Aristoteles die Ursache davon sein dürfte, dass das particulare Urtheil bei ihm erst für die Lehre vom Syllogismus wegen der Umkehrung der Urtheile eine eigentliche Bedeutung erhält, aus welch letzterem Grunde dann wieder im Mittelalter in der formalen Logik das individuelle Urtheil ganz in den Hintergrund tritt und bloss vom allgemeinen und particularen die Rede ist. — Einen eigenthümlichen Zusatz erhält die logische Theorie vom Urtheile bei Theophrast dadurch, dass nach dessen Ansicht sogar das Prädicat eine Bestimmung der Quantität an sich haben soll [29]), da ein Urtheil, dessen Prädicat quantitativ unbestimmt sei, eine Zweideutigkeit enthalte und selbst sein eigenes Gegentheil nicht ausschliesse (z. B. „Cajus hat Wissenschaft“ könne, wenn nicht gesagt sei, ob „alle“ oder „einige“, zugleich wahr sein mit „Cajus hat nicht Wissenschaft“); doch sieht man sogleich, dass diese Forderung das Wesen des Prädicates gar nicht trifft, sondern nur von

---

γὰρ οἱ ὅροι εἶναι τῆς „Σωκράτης λευκός ἐστι“ τὸ Σωκράτης καὶ τὸ λευκός ..... ἢ ἄτοπον τὸ μηδ᾽ ὅλως λέγειν τὸ ἔστιν ἐν ταῖς οὕτως ἐχούσαις προτάσεσι κατηγορεῖσθαι, καὶ ταῦτα Εὐδήμου ἐν τῷ πρώτῳ Λέξεως δεικνύντος τοῦτο διὰ πλειόνων. Es lässt sich diese Bemerkung Alexanders, welche den aus Subject, Prädicat und Copula bestehenden Satz betrifft, durchaus nicht mit dem Scholion der vorigen Anm., welches vom Existenzial-Satze spricht, als identisch nehmen, so sehr man aus äusseren Gründen solches wünschen möchte. S. übrigens auch Anm. 91.

28) *Ammon. ad Ar. d. interpr. f.* 72b.: *διαφέρουσι δὲ τῶν καθ᾽ ἕκαστα αἱ μερικαὶ τῷ τὰς μὲν καθ᾽ ἕκαστα ἐπί τινος ἑνὸς ὡρισμένου ποιεῖσθαι τὴν ἀπόφανσιν, οἷον Σωκράτους, τὰς δὲ μερικὰς, εἰ καὶ πρὸς ἕν τι βλέπουσαι ἀποφαίνοιντο, μηδὲν ὡρισμένον σημαίνειν, ἀλλ᾽ ἐπί τινος τοῦ τυχόντος δύνασθαι ἀληθεύειν ..... διόπερ ὀρθῶς ὁ Θεόφραστος τὴν μὲν καθ᾽ ἕκαστα ὡρισμένην καλεῖ, τὴν δὲ μερικὴν ἀόριστον· καὶ ἀντιδιαιρεῖται πρὸς μὲν τὴν ἁπλῶς καθόλου ἡ καθ᾽ ἕκαστα, πρὸς δὲ τὴν καθόλου ὡς καθόλου ἡ μερική. Schol.* b. *Waitz Org.* I, p. 40.: *Θεόφραστος μερικὴν ἀπροσδιόριστον ἐκάλεσεν.* Diese Unbestimmtheit des part. Urtheiles fand Theophr. darin, dass erstens das Urtheil „Einige A sind B“ sowohl gilt, wenn wirklich alle A B sind, als auch wenn einige derselben nicht B sind, und zweitens das Urtheil „die eine Hälfte der A ist B“ sowohl gilt, wenn wirklich nur eine Hälfte der A, als auch wenn beide Hälften derselben B sind. Diess ist wohl der Sinn der etwas dunkeln Stelle bei *Alex. ad An. pr. f.* 26b.: *ἐμνημόνευσε τοῦ οὕτως ἀδιορίστου καὶ Θεόφραστος ἐν τῷ περὶ Καταφάσεως· τὸ γὰρ εἶναί τι τούτων καὶ τὸ τὸ ἕτερον εἶναι ἀδιόριστα λέγει, τὸ μὲν εἶναί τι τούτων, ὅτι καὶ πάντων ὄντων ἀληθὲς καὶ τῶν μὲν ὄντων τῶν δὲ μή· τὸ δὲ τὸ ἕτερον εἶναι, ὅτι καὶ τοῦτο ἀληθὲς καὶ ἀμφοτέρων ὄντων καὶ τοῦ ἑτέρου μόνου. Boeth. ad Ar. d. interpr.* p. 340.: *commodissime Theophrastus huiusmodi particulares propositiones, quales „sunt quidam homo iustus“, particulares indefinitas vocavit.* S. auch unten Anm. 34.

29) *Schol. Cod. Ambros.* b. *Waitz Org.* I, p. 40.: *φησὶν ὁ Θεόφραστος, ὅτι ἐπί τινων, ἐὰν μὴ ὁ προσδιορισμὸς ᾖ καὶ ἐπὶ τοῦ κατηγορουμένου, ἡ ἀντίφασις συναληθεύσει, οἷον, φησὶν, ἐὰν λέγωμεν „Φαινίας ἔχει ἐπιστήμην“ „Φαινίας οὐκ ἔχει ἐπιστήμην“, δύναται ἀμφότερα εἶναι ἀληθῆ.*

einem sophistisch-rhetorischen Interesse aus hereingezogen ist. Wenn man aber so verfährt, so kann man in Allem und Jedem, selbst im allereinzelnsten Individuellen, eine Vieldeutigkeit aufspüren, läuft aber dabei Gefahr, vor lauter *πολλαχῶς λεγόμενα* sowohl *τὰ κοινὰ* als auch *τὰ καθόλου* des menschlichen Denkens zu verlieren; darum haben auch die Peripatetiker die eigentliche Speculation im Alterthume nicht gefördert.

Bei der Lehre vom bejahenden und verneinenden Urtheile hatte Aristoteles die Verbindung der Negation mit dem Subjecte oder mit dem Prädicate als etwas Unbestimmtes (*ἀόριστον*) bezeichnet, dabei aber genau die bejahende oder verneinende Geltung untersucht, je nachdem die sprachliche Negation, d. h. das „Nicht", mit dem Prädicate oder mit dem „ist" verbunden wird (Abschn. IV, Anm. 204 ff.). Theophrast nun griff an diesen Erörterungen das äusserlich Formelle auf, welches bei dem räumlichen Untereinanderschreiben der verschiedenen Arten der Urtheile in die Augen springt, und er nannte in Folge hievon jene Urtheile, bei welchen das „Nicht" mit dem Prädicate verbunden ist, gleichviel ob mit der sog. Copula „ist" noch eine weitere Negation verbunden ist oder nicht, nun „Urtheile aus Versetzung" (*προτάσεις ἐκ μεταθέσεως*), weil, wenn jene vier Urtheile, deren Verhältniss wir oben, Abschn. IV, Anm. 211, ausführlich zu erörtern hatten, nach ihrer logischen Abfolge geordnet werden sollen, dann nicht diejenigen, in welchen *ἔστι* enthalten ist, untereinander zu stehen kommen, noch jene, in welchen *οὐκ ἔστι* vorkömmt, sondern stets je eines mit *ἔστι* und je eines mit *οὐκ ἔστι*, so dass von den Reihen der bejahenden und verneinenden Urtheile herüber und hinüber versetzt werden muss, um die logische Abfolge herzustellen [30]. Und während Theophrast nun allerdings auf das gleiche

30) *Steph. ad Ar. d. interpr.* b. *Waitz, Org.* I, p. 41.: *ὁ Θεόφραστος ἐκ μεταθέσεως ἐκάλεσεν τὴν πρότασιν ἢ διὰ τὸ μετατίθεσθαι τὴν οὐ ἄρνησιν ἐκ τοῦ ἔστι τρίτου προσκατηγορουμένου ἐπὶ τὸν κατηγορούμενον ἢ ὅτι μετατίθεται αὐτῶν ἡ τάξις ἐν τῷ διαγράμματι.* Von diesen zwei Gründen, warum wohl Theophrast jene Urtheile *τὰς ἐκ μεταθέσεως* genannt habe, halte ich nemlich den letzteren, dass sie wegen Versetzung „in der Figur" so genannt worden seien, für den richtigen. Am deutlichsten ist dieses Motiv ausgesprochen in *Schol. Cod. Laur.* b. *Waitz, Org.* I, p. 41.: *κείσθωσαν γὰρ ὡς ἐν διαγράμματι αἱ προτάσεις στοιχηδὸν καὶ γενέσθωσαν ὡς δύο σειραὶ καὶ ἐν τῇ μιᾷ γεγράφθω ἡ ἁπλῆ κατάφασις ἡ „ἄνθρωπος δίκαιός ἐστιν", ἐν δὲ τῇ δευτέρᾳ ἡ ἁπλῆ ἀπόφασις ἡ „ἄνθρωπος δίκαιος οὐκ ἔστιν". ζητηθήτω οὖν πρῶτον, ποία τῶν ἐκ μεταθέσεως προτάσεων ἀκολουθήσει τῇ ἁπλῇ καταφάσει ἤγουν συναληθεύσει, καὶ ἐκείνη γραφέσθω ὑπὸ ταύτην· ἡ μὲν οὖν ἐκ μεταθέσεως κατάφασις οὐ συναληθεύσει· πῶς γὰρ ἡ „ἄνθρωπος οὐ δίκαιός ἐστι" συναληθεύσει τῇ „ἄνθρωπος δίκαιός ἐστι". λείπεται οὖν ὅτι ἡ ἀπόφασις συναληθεύει ἡ „ἄνθρωπος οὐ δίκαιος οὐκ ἔστιν". ὃς γὰρ ἄνθρωπος δίκαιός ἐστιν. κείσθω οὖν αὕτη ἐν τῷ διαγράμματι καὶ ὑπὸ μὲν τὴν ἁπλῆν ἀπόφασιν κείσθω ἡ ἐκ μεταθέσεως κατάφασις, ὑπὸ δὲ τὴν ἁπλῆν κατάφασιν, ὡς εἴπομεν, ἡ ἐκ μεταθέσεως ἀπόφασις. λέγουσιν οὖν ὅτι διὰ τοῦτο καὶ ἐκ μεταθέσεως ὠνομάσθησαν αἱ τοιαῦται προτάσεις, ὅτι μετετέθησαν κτλ.* Und nun ist auch verständlich *Ammon. ad Ar. d. interpr. f.* 128 b.: *τῶν δὴ γιγνομένων ἐν ταῖς νῦν προκειμέναις ἡμῖν προτάσεσι δύο ἀπροσδιορίστων ἀντιφάσεων τὴν μὲν ἑτέραν* (nemlich *„οὐκ ἔστι δίκ. ἄνθρ."*) *καλεῖ ὁ Ἀριστοτέλης ἁπλῆν τὴν ὡρισμένον τὸ κατηγορούμενον ἔχουσαν ὡς κατ' αὐτὸ τοῦτο τῆς ἑτέρας ἁπλουστέραν οὖσαν, τὴν δὲ ἑτέραν* (nemlich

Resultat wie Aristoteles kam, dass jene Urtheile, in welchen die Negation nicht zur Copula gehört, als affirmative zu betrachten seien, ist hier das Motiv hievon bereits ein völlig äusserliches schulmässiges[31]). So zieht sich die Logik allmälig von der philosophischen Geltung des Begriffes in die grammatische Function des Urtheiles hinüber (wie diess in Bezug auf derlei Urtheile bei den Stoikern sich fortbildete, s. d. folg. Abschn. Anm. 121 u. bes. 135). Es hat aber nun auch die schon bei Aristoteles betreffs der Syllogistik empfohlene Achtsamkeit in Bezug auf die Stellung der Negation im Satze hiedurch einen technischen Ausdruck gefunden[32]), welcher auch in der späteren peripatetischen Schule völlig als recipirt erscheint[33]). — Bei dem particular verneinenden Urtheile fand Theophrast eine Distinction für nöthig zwischen der Form „Nicht Alle" und der Form „Einige nicht", da der bejahende Sinn eines Urtheiles der ersteren Art von Mehreren das Prädicat aussage, während ein Urtheil der letzteren Art den bejahenden Sinn habe, dass das Prädicat nur wenigstens von Einem Individuum gelte[34]); hiernach wäre also

---

„οὐκ ἔστιν οὐ δίκ. ἄνθρ.") ἀόριστον διὰ τὸ ἀόριστον εἶναι τὸ ἐν αὐτῇ κατηγορούμενον· ὁ μέντοι ἑταῖρος αὐτοῦ Θεόφραστος ὀνομάζει αὐτὴν ἐκ μεταθέσεως ...... ἐκτιθέμενος οὖν ἐπὶ διαγράμματος τὰς προτάσεις, ὅπερ καὶ ἡμεῖς ὑπετάξαμεν, καὶ ὑπὸ τὴν ἁπλῆν κατάφασιν τάξας τὴν ἀόριστον ἀπόφασιν, ἀναγκαίως λοιπὸν ὑπὸ τὴν ἀπόφασιν τὴν ἁπλῆν τίθησι τὴν ἀόριστον κατάφασιν· διὸ καὶ ἐκάλεσεν αὐτὰς Θεόφραστος ἐκ μεταθέσεως, ὅτι μετατέθειται αὐτῶν ἐν τῷ διαγράμματι ἡ τάξις.

31) *Joann.* b. *Brand. Schol.* p. 120 a. Anm.: ὁ κατηγορούμενος ὅρος τὸ οὐ προςλαμβάνων ἀρνητικὸν μόριον οὐ ποιεῖ ἀποφατικὸν ἀλλὰ μᾶλλον καταφατικόν, καὶ καταφατικὸν οὐχ ἁπλῶς, ἀλλ' ἣν οἱ περὶ Θεόφραστον ἐκ μεταθέσεως λέγουσιν, ἀόριστον δὲ Ἀριστοτέλης. Es sagt in Bezug auf die Form des Urtheiles, welche für die Lehre von der Umkehrung das entscheidende ist, Aristoteles *An. pr.* I, 3, 25 b. 20. das nemliche: ὅτι τὸ ἐνδέχεσθαι μηδενὶ ἢ τινὶ μὴ ὑπάρχειν καταφατικὸν ἔχει τὸ σχῆμα· τὸ γὰρ ἐνδέχεται τῷ ἔστιν ὁμοίως τάττεται, τὸ δὲ ἔστιν, οἷς ἂν προςκατηγορῆται, κατάφασιν ἀεὶ ποιεῖ καὶ πάντως, οἷον τὸ ἔστιν οὐκ ἀγαθόν ἢ ἔστιν οὐ λευκόν ἢ ἁπλῶς τὸ ἔστιν οὐ τοῦτο. Aber dem Aristoteles bleibt daneben die Betrachtung des Begriffes bestehen, bei Theophrast hingegen ist gerade das zu beachten, dass er, wie der Ausdruck ἐκ μεταθέσεως bezeugt, von der Form des Urtheiles ausgieng und demnach für diese Urtheile eine eigene Species schaffen zu müssen glaubte. S. auch unten Anm. 54.

32) *Alex. ad An. pr. f.* 163 b. *ed. Flor.*: πρὸς τὸ συλλογίζεσθαι καὶ κατασκευάζειν τι ἢ ἀνασκευάζειν δύνασθαι διὰ συλλογισμοῦ διαφέρειν φησὶ τὸ εἰδέναι διακρίνειν καὶ χωρίζειν τὰς προτάσεις τὰς ἀποφατικὸν μὲν ἐχούσας τὸ σχῆμα, οὔσας δὲ καταφατικάς, ἀπὸ τῶν ἀποφάσεων· λέγει δὲ περὶ προτάσεων ἃς Θεόφραστος κατὰ μετάθεσιν λέγει.

33) *Ammon. ad Ar. d. interpr. f.* 127—136. *Schol. Cod. Par.* b. *Waitz Org.* I, p. 41.: ὁ μὲν Ἀριστοτέλης ἐξ ἀορίστου τοῦ κατηγορουμένου καλεῖ ταύτας τὰς ἐκ μεταθέσεως. *Philop. ad An. pr. f.* XC b.: ἐπὶ σαφέστερον ὑπόδειγμα μετάγει τὸν λόγον δεικνὺς ὅτι οὐκ ἔστι ταὐτὸν ἡ ἁπλῆ ἀπόφασις τῇ ἐκ μεταθέσεως καταφάσει. *ib. f.* XCI a.: προύκειτο μὲν διδάξαι ὅτι τῆς ἁπλῆς καταφάσεως οὐκ ἔστιν ἀπόφασις ἡ ἐκ μεταθέσεως κατάφασις, ὡς χρησιμεύοντος ἡμῖν τούτου εἰς τὰς τῶν συλλογισμῶν ἀναλύσεις, ἵνα μὴ καταφατικὸν ἐκ μεταθέσεως πρόβλημα οἠθέντες ἀποφατικὸν εἶναι, εἰς ἀποφατικὸν ἀναλύειν συλλογισμὸν πειραθῶμεν.

34) *Schol. Cod. Par.* b. *Brand.* p. 145 a. 30.: τὸ „μὴ παντὶ ὑπάρχειν" καὶ τὸ „τινὶ μὴ ὑπάρχειν" ὁ μὲν Ἀλέξανδρος, ὡς καὶ ὁ παρὼν Φιλόπονος, οἴεται μόνῃ τῇ προφορᾷ διαφέρειν· ὁ δὲ Θεόφραστος καὶ τῷ σημαινομένῳ· τὸ μὲν γὰρ μὴ παντὶ ὑπάρχειν δηλοῖ τὸ πλείοσιν ὑπάρχειν, τὸ δὲ τινὶ μὴ

letzteres Urtheil dem individuellen näher gerückt und auch hier eine Absonderung des eigentlich particularen versucht (s. oben Anm. 28), wenn auch sicher nicht zum Vortheile einer richtigen Einsicht in das Wesen der Quantität der Urtheile.

Auch in Betreff der Modalität des Urtheiles (Abschn. IV, Anm. 236 ff.) ist uns eine Erweiterung der Theorie überliefert, welche Theophrast in consequenter Verfolgung der formellen Verhältnisse des Urtheiles dadurch vornahm, dass er auch bei dem Urtheile der Nothwendigkeit den Unterschied zwischen einem einfachen (ἁπλῶς) und einem näher bestimmten (προςδιορίστως) Urtheile hervorhob [35]) und hiedurch eine formelle Conformität mit jener Betrachtung herstellte, welche in Bezug auf die Quantität der Urtheile schon bei Aristoteles jenen nemlichen Unterschied bedingt hatte. Und mit Zuversicht dürfen wir darauf schliessen, dass Theophrast auch bei dem Urtheile der Möglichkeit, abgesehen von der unten, Anm. 41, anzuführenden Aenderung des Begriffes der Möglichkeit, das Gleiche gethan habe, wenn auch keine bestimmte hierauf bezügliche Nachricht uns überliefert ist.

In Folge aber derartiger reicherer Distinctionen konnte Theophrast auch die verschiedenen Arten und Weisen der Entgegensetzung der Urtheile, von welcher im letzten Cap. der aristotelischen Schrift *d. interpr.* die Rede ist (s. Abschn. IV, Anm. 225), mehr in das Detail verfolgen, und wir wissen, dass Theophrast diess ebenfalls am Schlusse seiner Schrift περὶ Καταφάσεως gethan habe, also schon diese Reihenfolge der Abschnitte bei Aristoteles vor sich hatte und an sie sich hielt [36]). Ueberhaupt aber scheint schon bei den früheren Peripatetikern eine stark for-

---

ὑπάρχειν τὸ ἑνί· καὶ διὰ τοῦτο ἔστιν εὑρεῖν τὸν Ἀριστοτέλην προτάττοντα τὸ μὴ παντὶ ἐπάγειν τὸ τινὶ μὴ ὑπάρχειν, ἢ καὶ τὸ (leg. *τῷ*) *τινὶ μὴ ὑπάρχειν ἐπιφέρειν ἐνίοτε τὸ „ἢ μὴ πάντα", κατὰ τὴν μεγαλεπήβολον τοῦ Θεοφράστου ἔννοιαν τοῦτο ποιοῦντα.* Allerdings möchte man sich versucht fühlen, in diesem Scholion die Worte *πλείοσι* und *ἑνί* ihre Stelle tauschen zu lassen, so dass *μὴ παντὶ ὑπάρχειν* den Sinn von *ἑνὶ ὑπάρχειν* und *τινὶ μὴ ὑπάρχειν* den Sinn von *πλείοσιν ὑπάρχειν* hätte; jedoch scheint die Notiz gesichert, dass Theophrast irgend einen Unterschied bei dem part. vern. Urtheile aufstellte.

35) *Alex. ad An. pr. f.* 15 a.: *ἐπὶ δὲ τοῦ ἀναγκαίου τὸ μέν ἐστιν ἀναγκαῖον ἁπλῶς τὸ δὲ μετὰ διορισμοῦ λέγεται, ὡς τὸ „ἄνθρωπος ἐξ ἀνάγκης παντὶ γραμματικῷ ἔστ' ἂν ᾖ γραμματικός"· αὕτη οὐχ ἁπλῶς ἐστιν ἡ πρότασις ἀναγκαία· δέδειχε δὲ αὐτῶν τὴν διαφορὰν καὶ Θεόφραστος· οὐ γὰρ ἀεὶ γραμματικός ἐστιν, ἀλλ' οὐδὲ ἄνθρωπος γραμματικός· ἐπεὶ τοίνυν διαφέρει, δεῖ ἡμᾶς εἰδέναι ὅτι περὶ τῶν ἁπλῶς καὶ κυρίως ἀναγκαίων τὸν λόγον ποιεῖται νῦν ὁ Ἀριστοτέλης.*

36) Zu der Stelle *Ar. Top.* III, 6, 120 a. 28., wo gesagt wird, die Behauptung, dass die Klugheit allein unter den Tugenden zur Wissenschaft zu rechnen sei, könne in viererlei Weise widerlegt werden (durch den Nachweis, dass jede Tugend Wissenschaft sei, oder dass keine es sei, oder dass auch noch andere ausser der Klugheit es seien, oder endlich dass die Klugheit nicht Wissenschaft sei), gibt *Alex.* p. 150. die Nutzanwendung für den Fall der Behauptung, dass irgend drei bestimmte Tugenden zur Wissenschaft zu rechnen seien, und sagt: *ἀλλὰ καὶ εἰ κείμενον εἴη τρεῖς μόνας τάσδε τινὰς ἀρετὰς ἐπιστήμας εἶναι, πενταχῶς ἂν ἀναιροῖτο κατὰ τὸν ὑφηγούμενον τρόπον· καὶ γὰρ διὰ τοῦ πᾶσα καὶ διὰ τοῦ οὐδεμία καὶ διὰ τοῦ πλείους καὶ διὰ τοῦ ἐλάττους καὶ δι' αὐτοῦ οὐ καὶ αὗται αἱ τρεῖς, αἳ ἦσαν ὠνομασμέναι ἐν τῷ προβλήματι. περὶ τούτων καὶ Θεόφραστος ἐπὶ τέλει τοῦ περὶ Καταφάσεως δοκεῖ πεποιῆσθαι λόγον.*

melle, scharfe Entgegensetzung des bejahenden und verneinenden Urtheiles in Bezug auf ausschliessliche Wahrheit oder Falschheit des einen oder anderen üblich gewesen zu sein; hiemit aber musste sich wohl auch eine schon mehr schulmässige Fassung des sog. *principium identitatis et contradictionis* einstellen, von dessen Unbeweisbarkeit ja auch Theophrast gerade in dem Buche *περὶ Καταφάσεως* sprach, und auf eine solche unleugbare Verknöcherung des Begriffes der Gegensätze und eine derartige formelle Exclusivität bezieht sich auch eine uns überlieferte Polemik gegen die Peripatetiker von Epikurischer Seite her [37]); ja vielleicht sogar lagen hier schon die Keime zu dem später üblichen Kunst-Ausdrucke vor, welcher von einer *μάχη τέλειος* oder *μάχη ἀτελὴς* zwischen zwei Urtheilen spricht; s. Abschn. VI, Anm. 156, Abschn. VIII, Anm. 51, Abschn. X, Anm. 31 u. 51 f.

Insoweit mit der näheren Betrachtung des Urtheiles sich eine Aufmerksamkeit auf gewisse allgemeinere Gruppen von Prädicaten, d. h. auf die ***Kategorien***, herausgestellt hatte, mochten wohl auch diese in der Schule und für die Schule in eine eigene Uebersicht gebracht worden sein, eine Möglichkeit, welche wir immerhin für einen späteren Ursprung der Schrift *Κατηγορίαι* in Anspruch nehmen (Abschn. IV, Anm. 5 u. 356 f.); jedoch mag es mit der Entstehungszeit dieser sich verhalten wie es wolle, so ist soviel gewiss, dass wir bei den nächsten Aristotelikern keinerlei bestimmte Abweichung von dem Inhalte jenes Compen-

---

37) *Alex. ad Metaph.* p. 229, 26. *ed. Bon.*: *ὡς γὰρ εἶπε Θεόφραστος ἐν τῷ περὶ Καταφάσεως, βίαιος καὶ παρὰ φύσιν ἡ τούτου τοῦ ἀξιώματος* (d. h. *ὅτι μὴ οἷόν τε τὸ αὐτὸ ἅμα εἶναί τε καὶ μὴ εἶναι*) *ἀπόδειξις*. *Joann. Sic. schol. ad Hermog.* VI, p. 201. *ed. Walz* (die Sache geht von dem bei den Rhetoren so oft erwähnten Räthsel aus: *ὄρνιθα δ' οὐκ ὄρνιθα ἐπὶ ξύλου δὲ καὶ οὐ ξύλου καθημένην λίθῳ καὶ οὐ λίθῳ βαλὼν διώλεσε*): *οἱ Περιπατητικοὶ οἱ περὶ Πλάτωνα ..... λέγουσιν· ἐπὶ παντὸς πράγματος ἢ ἡ κατάφασις ἢ ἡ ἀπόφασις χωρίζει τὸ ἀληθὲς καὶ τὸ ψεῦδος· εἰ μὲν γὰρ ἡ κατάφασις ψευδής, ἡ ἀπόφασις ἀληθής, εἰ δὲ αὕτη ψευδής, ἐκείνη πάντως ἀληθής, εἰ ἐστὶ προσδιωρισμένη, τουτέστιν εἰ ἔχει τὸν πᾶς προσδιορισμὸν ἢ τὸν οὐ πᾶς ἢ τὸν τὶς ἢ τὸν οὐδείς, οἷον πᾶς ἄνθρωπος λευκός ἐστι, ψευδής ἐστιν· οὐ πᾶς ἄνθρωπος λευκός ἐστιν, ἀληθής ἐστιν· ἡ γὰρ πᾶς καὶ τὶς προτάσεις καταφάσεών εἰσιν, ἡ δὲ οὐ πᾶς καὶ οὐδεὶς ἀποφάσεις· καὶ μερίζουσι τὸ ἀληθὲς καὶ τὸ ψεῦδος κατὰ τὸν ῥηθέντα κάνονα· κατάφασις δέ ἐστι λόγος ὁ τὸ ὄν τινι ἢ μὴ ὂν ὑπάρχειν αὐτῷ λέγων, οἷον πᾶς ἄνθρωπος λευκός, τὶς ἄνθρωπος λευκός· ἀπόφασις δὲ ὁ τὸ μὴ ὄν τινι ἢ ὂν μὴ εἶναι λέγων, οἷον οὐδεὶς ἄνθρωπος λευκός (ψεῦδος), οὐ πᾶς ἄνθρωπος λευκός (τὸ ὂν ὡς ὄν)· τούτων οὕτω διηυκρινημένων ἀνθίσταται Πλάτωνι ὁ Επίκουρος φάσκων· ψεῦδός ἐστι τὸ εἶναι πᾶν πρᾶγμα κατὰ τὴν κατάφασιν ἢ ἀπόφασιν ἀληθὲς ἢ ψευδές· ἰδοὺ γάρ, εἰσί τινα τῶν ὄντων ἐφ' ὧν ἀπροσδιόριστοι, τουτέστιν αἱ μὴ ἔχουσαι τῶν προρρηθέντων προσδιορισμῶν τινα, οὔτε ἀληθεύουσιν οὔτε ψεύδονται, ἀλλὰ καὶ τὰ ἀμφότερα πάσχουσιν· ἡ γὰρ νυκτερὶς ὄρνις μέν ἐστι διότι ἵπταται, οὐκ ὄρνις δὲ διότι ζῳοτοκεῖ καὶ θυλάζει, ἀλλ' οὐκ ὠοτοκεῖ καὶ πωάζει· ὁ δὲ νάρθηξ ξύλον διότι καίεται καὶ θάμνος ἐστὶν, οὐ ξύλον δὲ διότι σομφῶδές ἐστιν· οὕτω καὶ ἡ κισσηρὶς λίθος καὶ οὐ λίθος, τὸ μὲν ὅτι λίθου ἐστὶν εἶδος καὶ ἀπὸ κρημνῶν, τὸ δὲ ὅτι τὰ τοῦ λίθου οὐ σώζει. ταῦτα μὲν Ἐπίκουρος ἐπ' ἀνατροπῇ τῶν τοῦ Πλάτωνος.* So schulmeisterlich einfältig diese ganze Auseinandersetzung ist, so enthält sie doch das Richtige, dass bei einseitiger Hervorhebung der Form des Urtheiles die Auffassung des Begriffes Schaden leitet.

diums finden. Denn wenn Theophrast für die Naturphilosophie die Bewegung nicht bloss nach den drei Kategorien der Qualität, Quantität und des Raumes (oder der Substanz noch als vierter, insoferne Entstehen und Vergehen nebst den drei Arten der Bewegung unter den höheren Begriff der Veränderung fallen) eingetheilt und betrachtet wissen wollte, sondern annahm, dass auch in Bezug auf die übrigen Kategorien Bewegung stattfinde, und wenn auch Eudemus das gleiche Bedenken betreffs der Kategorie des Wann äusserte [38]), so gehört solches zunächst nicht der logischen, sondern der physikalischen Theorie an; wohl aber müssen wir hierin in Bezug auf die Anwendung des Inhaltes des genannten Compendiums eine grössere Schulmässigkeit erkennen, in Folge deren die Kategorien gleichsam zum mnemotechnischen Schema werden, durch dessen Festhaltung man bei Behandlung eines Gegenstandes sicher gehe, keine Seite desselben vergessen zu haben. Auch wenn Straton das πρότερον und ὕστερον, welche ja ebenfalls *Categ.* c. 12 besprochen werden, in einer eigenen Monographie (ἐν μονοβίβλῳ) behandelte und hauptsächlich sprachliche Distinctionen dabei vorbrachte [39]), so kann Solches wohl aus dem gleichen Bestreben entstanden sein, durch welches die Schrift *Κατηγορίαι* hervorgerufen wurde; eine Förderung aber der Kategorienlehre dürfte man auch hier höchstens in der Extension eines reicheren oder spitzfindigeren Betriebes einer einmal eingeschlagenen Richtung erblicken. Eine andere und weit grössere Bedeutsamkeit der Kategorien werden wir erst bei den Stoikern und vom Stoicismus an abwärts finden.

Reichhaltiger noch als für das Bisherige fliessen unsere Quellen über die Fortbildung der Logik bei den ersten Peripatetikern in Bezug auf den Haupttheil derselben, welchen Aristoteles in der ersten Analytik behandelte, nemlich in Bezug auf die Lehre vom *Syllogismus;* hier ja auch fanden Theophrast und Eudemus nicht bloss oftmals eine vermeintliche Vervollständigung oder Erweiterung, sondern zuweilen auch eine Aenderung in der Begründung der aristotelischen Lehre für nöthig, und es haben uns auch die Commentatoren, wie es scheint, wenigstens die Hauptpunkte dieser Abweichung überliefert.

Die Lehre von der Umkehrung der Urtheile muss natürlich als fester Anhaltspunkt der Syllogistik vorausgehen, und so entwickelt auch Aristoteles jene vorher (s. Abschn. IV, Anm. 538), um dann sogleich die Theorie der Schlussfiguren folgen zu lassen. Im Interesse nun einer schon mehr schulmässigen Behandlung der Logik konnte und musste es wohl liegen, jene festen Grundsätze der Umkehrung so unbestreitbar und zugleich so fasslich als möglich hinzustellen; und so haben denn auch an Stelle des apagogischen Beweises, welchen Aristoteles für die vollkommne Umkehrbarkeit des allgemein verneinenden Urtheiles führt, Theophrast und Eudemus eine bequeme schulgerechte Formel gewählt. Von jenem tief in das Wesen des Gattungs- und Art-Begriffes zurück-

38) Beides bei *Simpl. ad phys. f.* 94 *A.*

39) *Simpl. ad Cat. f.* 106 *A.* u. 107 *A. ed. Bas.* Mit den dort angeführten, von Strato aufgestellten, verschiedenen Bedeutungen des πρότερον u. ὕστερον kann man die von *Arist. phys. ausc.* VIII, 7. u. *Metaph. Δ*, 11. namhaft gemachten vergleichen.

gehenden Grunde, welchen wir oben (Abschn. IV, Anm. 540) aus Aristoteles für diese Umkehrung anzugeben hatten, ist nun keine Spur mehr sichtbar, wenn Theophrast und Eudemus sich auf die Form des Urtheiles werfend sagen, bei dem allgemein verneinenden Urtheile seien eben Subjects- und Prädicats-Begriff von einander schlechthin getrennt und abgesondert, und was einmal getrennt sei, sei eben getrennt, und ohne Beweis sei daher klar, dass solches überhaupt nicht gegenseitig von einander prädicirt werden könne[40]). Man sieht, die Logik fängt schon an, bequem zu werden; und es scheint Theophrast in der That nur noch einen Schritt gehabt zu haben zu jener geistreichen Erfindung des Zittauer Rectors Christ. Weise im 17. Jahrh., welcher für die Dressur stupider Köpfe bei der Lehre vom Begriffe jene beliebten Kreise anwendete, durch welche ja eine „Getrenntheit" jener Art gar klar versinnlicht werden kann.

Diese nemliche formale Auffassung aber führte auch eine Aenderung in Bezug auf die Umkehrbarkeit der Urtheile der Möglichkeit herbei. Zugleich nemlich mit einer Aenderung des Begriffes des Möglichen stellte sich die Veranlassung ein, das Urtheil der Möglichkeit in gleicher Weise nur nach seiner formellen Seite zu betrachten. Im Gegensatze gegen die aristotelische Definition des Möglichen und Statthaften (Abschn. IV, Anm. 244 ff.) findet Theophrast das Eigenthümliche des Möglichen darin, dass die Annahme seiner nur eben nicht vorhandenen Existenz zu keinem Widersinne führe, und er glaubt hierin den specifischen Unterschied des Möglichen vom Nothwendigen und Wirklichen gefunden zu haben, wovon es nur ein anderer Ausdruck ist, wenn das Nicht-nothwendige als dasjenige bezeichnet wird, aus welchem Nichts, weder ein Nicht-wirkliches noch ein Unmögliches, gefolgert werden kann; und mit einer schlechthin formalen Auffassung jener Erörterungen, welche wir bei Aristoteles (Abschn. IV, Anm. 286) betreffs der Abfolge dieser Urtheile trafen, gelangt Theophrast dazu, zwischen dem Nicht-möglichen und Nothwendigen sowie andrerseits zwischen dem Nichtnothwendigen und Möglichen keinen anderen Unterschied zu finden, als dass die Sprachform in dem einen eben bejahend und in dem andern verneinend ist[41]).

---

40) *Alex. ad An. pr. f.* 13 a.: Θεόφραστος μὲν καὶ Εὔδημος ἁπλούστερον ἔδειξαν τὴν καθόλου ἀποφατικὴν ἀντιστρέφουσαν ἑαυτῇ· τὴν γὰρ καθόλου ἀποφατικὴν ὠνόμασαν καθόλου στερητικὴν, τὴν δὲ δεῖξιν οὕτως ποιοῦνται· κείσθω τὸ Α κατὰ μηδενὸς τοῦ Β. εἰ δὲ κατὰ μηδενὸς, ἀπέζευκται· καὶ τὸ Β ἄρα παντὸς ἀπέζευκται τοῦ Α. εἰ δὲ τοῦτο, κατ' οὐδενὸς αὐτοῦ. οὕτως μὲν οὖν ἐκεῖνοι, ὁ δὲ Ἀριστοτέλης δοκεῖ προσχρώμενος τῇ εἰς ἀδύνατον ἀπαγωγῇ ἀντιστρέφουσαν αὐτὴν δεικνύναι. *ib. f.* 14 b.: ἄμεινον δὲ λέγειν περὶ τὰ εἰρημένα δεικτικὸν εἶναι τοῦ δεῖν ἀπεζεῦχθαι καὶ τὸ Β τοῦ Α, εἰ τὸ Α τοῦ Β ἀπέζευκται, ὃ οἱ περὶ Θεόφραστον ὡς ἐναργὲς ὂν λαμβάνουσι χωρὶς δείξεως. *Philop. ad An. pr. f.* XIII b.: οἱ δὲ τοῦ Ἀριστοτέλους ἑταῖροι, οἱ περὶ τὸν Θεόφραστον καὶ Εὔδημον, σαφέστερον καὶ ἁπλούστερον τοῦτο κατασκευάζουσι· φασὶ γὰρ ὅτι εἰ τὸ Α κατὰ μηδενός ἐστι τοῦ Β, πάντων τῶν μερῶν αὐτοῦ κεχώρισται· τὸ δὲ κεχωρισμένον κεχωρισμένου κεχώρισται· ὥστε καὶ τὸ Β οὐδενὶ τῷ Α ὑπάρξει· τὸ γὰρ κεχωρισμένον τῶν πρός τι ἐστὶν, τινὸς γάρ ἐστι κεχωρισμένον, τὰ δὲ πρός τι πρὸς ἀντιστρέφοντα λέγεται· εἰκότως ἄρα καὶ τὸ Β οὐδενὶ τῷ Α ὑπάρχει.

41) Mit den Worten des Arist., welche lauten (32 a. 18): λέγω δ' ἐνδέχεσθαι καὶ τὸ ἐνδεχόμενον, οὗ μὴ ὄντος ἀναγκαίου, τεθέντος δ' ὑπάρχειν,

Hiemit aber fällt nun allerdings aller reale Boden weg, welchen Aristoteles für den Begriff des Möglichen in dessen Zusammenhang mit dem Nothwendigen besitzt, und es fällt auch jene Unterscheidung des Möglichen weg, welche Aristoteles aufstellt, indem dasselbe entweder auf nothwendigem Causalnexus, oder auf einer meistentheils eintretenden Causalität oder auf einem unbestimmten Sein-Können beruhen könne; in Folge dieser Unterscheidung aber hatte Aristoteles den syllogistischen Werth der dritten Art der Möglichkeits-Urtheile von vorneherein verneint, für die ersten beiden aber den Grundsatz aufgestellt, dass alle solche Möglichkeits-Urtheile ihrem entsprechenden verneinenden insoferne gleich sind, als nur das „Nicht" nicht zum Verbum der Möglichkeit selbst (d. h. nicht zu dem *ἐνδέχεται*) gehört[42]), und er hatte ferner gelehrt, dass bei dem auf Nothwendigkeit beruhenden Möglichkeits-Urtheile sowohl das allgemein verneinende als auch das particular verneinende vollständig umgekehrt werden könne, hingegen bei dem auf der blossen Wahrscheinlichkeit des „Meistentheils" beruhenden das allgemein verneinende nicht umgekehrt werden könne (Abschn. IV, Anm. 546). Alles

---

οὐδὲν ἔσται διὰ τοῦτ᾽ ἀδύνατον, bekennt sich Alexander selbst (*f.* 61 b.) nicht einverstanden, indem er sagt: *εἴη δ᾽ ἂν οὖν κυρίως ἐνδεχόμενον, ὃ μὴ ἔστι μὲν, τεθὲν δ᾽ εἶναι, οὐδὲν ἀδύνατον ἑπόμενον ἔχει· καὶ εἴη ἂν τοῦτο ὡς κυριώτερον εἰρηκὼς περὶ αὐτοῦ „οὗ μὴ ὄντος, τεθέντος δ᾽ ὑπάρχειν", τὸ γὰρ μὴ ὂν οὐδ᾽ ἀναγκαῖον.* und er fährt dann fort: *ὁ γοῦν Θεόφραστος ἐν τῷ πρώτῳ τῶν προτέρων Ἀναλυτικῶν* (also an der entsprechenden Stelle wie bei Arist.) *λέγων περὶ τῶν ὑπὸ τοῦ ἀναγκαίου σημαινομένων οὕτως γράφει· „τρίτον τὸ ὑπάρχον· ὅτε γὰρ ὑπάρχει, τότε οὐχ οἷόν τε μὴ ὑπάρχειν· ἴδιον δὲ τοῦ ἐνδεχομένου τὸ τὸ μὴ ὂν ὑποτίθεσθαι εἶναι, ἐπεὶ καὶ τὸ ἀναγκαῖον καὶ τὸ ὑπάρχον ἂν λάβῃ τις εἶναι, οὐκ ἀδύνατόν τι ἀκολουθήσει, καὶ ἔσται ἐφαρμόζων ὁ λόγος καὶ τῷ ἀναγκαίῳ καὶ τῷ ὑπάρχοντι· διὸ ἴδιον τοῦ ἐνδεχομένου τὸ μὴ ὑπάρχον αὐτὸ ὡς ὑπάρχον ὑποτεθὲν μηδὲν ἀδύνατον ἔχειν ἑπόμενον." ᾧ γὰρ ἀδύνατόν τι ὑποτεθέντι ἕπεται, ἀδύνατον τοῦτο, δυνατῷ δὲ ὑποτεθέντι οὐκέτι ἀδύνατον, ὡς δείξει. ὡς εἶναι ἴδιον αὐτοῦ οὐ τὸ μὴ ὑπάρχειν, ἀλλ᾽ ὅταν μὴ ὑπάρχον ὑποτεθῇ ὑπάρχειν, μηδὲν συμβαίνειν ἀδύνατον. Boeth. ad Ar. d. interpr.* p. 428.: *an magis illud dicendum est, quod sicut se in affirmationibus habet, ita quoque in negationibus, ut Theophrastus acutissime perspexit; fuit enim consequentia in affirmativis, ut necessitatem et esse consequeretur et possibilitas, possibilitatem vero nec esse sequeretur nec necessitas; idem quoque penitus perspicientibus in negationibus apparebit; veniens namque negatio in necessario faciensque huiusmodi negationem, quae dicit „non necesse est. esse", vim necessitatis infringit et totam propositionem ad possibile ducit .... recte ergo fractam necessitatem et ad possibile perductam cum negatio dicit, non necesse esse, nec non esse nec non contingere esse consequitur ..... hic oritur quaestio subdifficilis, nam si necessitatem sequitur possibilitas, non necesse autem possibilitati confine est, cur necesse esse non sequatur id quod dicimus non necesse esse, nam si possibilitas sequitur necessitatem, non necesse autem esse sequitur possibilitatem, sequi debet necessitatem ergo id quod non necesse esse praedicamus; quae hoc modo dissolvitur: non possibile esse, quanquam vim habeat necessitatis, differt tamen a necessitate, quod illa affirmativam habet speciem, illud vero negativam, sic etiam possibile esse et non necesse esse differunt eo tantum, quod illud est affirmativum, illud vero negativum, cum vis eadem significationis sit ..... et hanc quidem huius solutionem quaestionis Theophrastus vir doctissimus reperit.*

42) Nemlich dass das *ἐνδέχεσθαι ὑπάρχειν* sich vertauschen lasse mit *ἐνδέχεσθαι μὴ ὑπάρχειν*, und das *ἐνδέχεσθαι παντὶ ὑπάρχειν* mit *ἐνδέχεσθαι μηδενὶ καὶ μὴ παντὶ ὑπάρχειν*, und das *ἐνδέχεσθαι τινὶ ὑπάρχειν* mit *ἐνδέχεσθαι μὴ τινὶ ὑπάρχειν.* (Abschn. IV, Anm. 283 u. 543.)

diess nun wird von Theophrast und Eudemus sehr bequem egalisirt, weil nur mehr die Form des Urtheiles ins Auge gefasst wird, und dieselben finden, dass die ganze Lehre von der Umkehrung der Möglichkeits-Urtheile bei Aristoteles sich nicht richtig verhalte, da ja, wenn man das Möglichkeits-Urtheil überhaupt in sein verneinendes Gegentheil umkehren lasse, eben der nemliche Grund auch dafür spreche, das allgemein verneinende Möglichkeits-Urtheil überhaupt jedenfalls umkehren zu lassen [43]; dieser „nemliche Grund" aber ist Nichts anderes, als dass nur die formelle Verbindung eines Subjectes mit der als ganz unbestimmt gefassten Möglichkeit einer prädicativen Bestimmung (welche also dasein oder nicht dasein, und Allen oder nicht Allen oder Keinen, und Einigen oder nicht Einigen zukommen kann) in Betracht gezogen wird. Dieser Grund, welcher besonders mit dem auch sonst noch öfter erwähnten Lehrsatze, dass das allgemein verneinende Möglichkeits-Urtheil überhaupt wie jedes andere *allgemein verneinende Urtheil umkehrbar sei* [44], *in* Verbindung gebracht wird, stimmt nun völlig mit der oben (Anm. 40) angeführten formellen Auffassung des verneinenden assertorischen Urtheiles zusammen, da auch hier nur die Möglichkeit der „Getrenntheit" eines Subjectes von der Verbindung mit einem Prädikate beachtet und hiemit der formalistische Standpunkt deutlich zum Principe gemacht wird [45].

---

43) *Alex. ad An. pr. f.* 62 b.: *δεῖ μέντοι εἰδέναι ὅτι ἡ τοιαύτη τῶν προτάσεων ἀντιστροφὴ οὐκ ἔστιν ὑγιὴς κατὰ τοὺς περὶ Θεόφραστον, οὐδὲ χρῶνται αὐτῇ· τὸ γὰρ αὐτὸ αἴτιον τοῦ τήν τε καθόλου ἀποφαντικὴν ἐνδεχομένην ἀντιστρέφειν αὐτῇ λέγειν παραπλησίως τῇ τε ὑπαρχούσῃ καὶ τῇ ἀναγκαίᾳ, καὶ τοῦ ἀντιστρέφειν τὰς καταφατικὰς ἐνδεχομένας ταῖς ἀποφατικαῖς ἐνδεχομέναις, ὃ ἀξιοῖ Ἀριστοτέλης.* S. auch unten Anm. 53.

44) *Alex.* ebend. *f.* 17 a.: *Ἀριστοτέλης μὲν οὖν διὰ ταῦτα τὴν καθόλου ἀποφατικὴν ἐνδεχομένην οὔ φησιν ἀντιστρέφειν αὐτῇ* (*l. αὑτῇ*), *Θεόφραστος δὲ καὶ ταύτην ὁμοίως ταῖς ἄλλαις ἀποφατικαῖς φησὶν ἀντιστρέφειν. Schol. Cod. Par. b. Brand.* 150 a. 7 ... *καὶ ταύτην εἶναι λέγει* (sc. *Ἀλέξανδρος*) *τὴν κυρίως αἰτίαν τοῦ μὴ πρὸς ἑαυτὴν ἀντιστρέφειν τὴν καθόλου ἀποφατικὴν* (sc. *ἐνδεχομένην*). *Θεόφραστος δέ φησι καὶ ταύτην ὁμοίως ταῖς καθόλου ἀποφατικαῖς πρὸς ἑαυτὴν ἀντιστρέφειν.*

45) *Alex.* ebend. *f.* 87 b.: *περὶ ποίας δὲ ἀντιστροφῆς λέγει, ἐδήλωσε παραθέμενος τοὺς ὅρους· περὶ γὰρ τῆς κατὰ τὴν ὑπαλλαγὴν τῶν ὅρων, οὐ περὶ τῆς εἰς τὴν κατάφασιν μεταλήψεως· ἐκείνη γὰρ ἀντιστρέφειν κεῖται. Θεόφραστος μέντοι καὶ Εὔδημος .... ἀντιστρέφειν φασὶ καὶ τὴν καθόλου ἀποφατικὴν αὐτῇ, ὥςπερ ἀντέστρεφε καὶ ἡ ὑπάρχουσα καθόλου ἀποφατικὴ καὶ ἡ ἀναγκαία· ὅτι δὲ ἀντιστρέφει, δείκνυσιν οὕτως· „εἰ* (für *εἰ* ist wohl *ἔστω* zu lesen) *τὸ A ἐνδέχεται τῷ B μηδενὶ· ἐπεὶ δὲ ἐνδέχεται τὸ A τῷ B μηδενὶ, ὅτε ἐνδέχεται μηδενὶ, τότε ἐνδέχεται ἀπεζεῦχθαι τὸ A πάντων τῶν τοῦ B· εἰ δὲ τοῦτο, ἔσται καὶ τὸ B τῶν A ἀπεζευγμένον· εἰ δὲ τοῦτο, καὶ τὸ B ἐνδέχεται τῷ A μηδενί." ἔοικε δὲ Ἀριστοτέλης βέλτιον αὐτῶν λέγειν μὴ φάσκων ἀντιστρέφειν τὴν καθόλου ἀποφατικὴν ἐνδεχομένην ἑαυτῇ τὴν κατὰ τὸν διορισμόν· οὐ γὰρ εἴ τι τινὸς ἀπέζευκται, ἤδη καὶ ἐνδεχομένως ἀπέζευκται αὐτοῦ.* Die ausführlichste Notiz hierüber aber findet sich in einer Stelle eines anonymen Commentators, welche *Minas* in s. Ausg. der *pseudogalenischen Εἰςαγωγὴ Διαλεκτική* gelegentlich in seinen Anmerkungen (p. 100) mittheilt: *περὶ τῆς καθόλου ἀποφατικῆς ἐπὶ τῆς ἐνδεχομένης ὕλης Θεόφραστος διηνέχθη πρὸς Ἀριστοτέλην καὶ Εὔδημος, οἷς καὶ τῶν νῦν σχεδὸν πάντες κατακολουθοῦσιν· ἀντιστρέφειν γάρ φασι καὶ ἐπὶ τῆς ἐνδεχομένης ὕλης πρὸς ἑαυτὴν ὥςπερ καὶ ἐπὶ τῆς ὑπαρχούσης καὶ ἀναγκαίας· καὶ τοῦτο ἐμπεδῶσαι πειρῶνται δυσὶν ἐπιχειρήμασι, διά τε δείξεως ἐκθετικῆς καὶ τῆς εἰς ἀδύνατον ἀγωγῆς· ἡ μὲν οὖν ἐκθετικὴ δεῖξίς ἐστι τοιαύτη· εἰ ἐν-*

Den nemlichen schlechthin formalen Charakter hat es auch, wenn Theophrast (und mit ihm wahrscheinlich auch Eudemus) in der eigentlichen Lehre vom Syllogismus bei der ersten Figur die Zahl der vier aristotelischen Schluss-Modi auf neun erhöhte und die hinzugefügten fünf den ersten vier ganz gleichstellte. Es hatte nemlich auch Aristoteles, wie es sich von selbst versteht, eingesehen, dass in Bezug auf die Anwendung des Resultates eines Syllogismus alle Schlusssätze wegen ihrer möglichen Umkehrbarkeit — also nur mit Ausnahme des particular verneinenden Schlusssatzes — mehr in sich enthalten, als sie so schon, ohne umgekehrt zu werden, aussprechen, da ja ein allgemeiner Schlusssatz von Allem, was im Unter-, und von Allem, was im Mittel-Begriffe enthalten ist, gilt, sowie ein particular bejahender Schlusssatz von Allem, was im Mittel-Begriffe enthalten ist (Abschn. IV, Anm. 609); und ebenso hatte Aristoteles anerkannt, dass in allen drei Schlussfiguren unter den unsyllogistischen, d. h. zur Bildung eines Schluss-Modus unfähigen, Combinationen von Urtheilen noch solche sind, welche wenigstens in irgend einer Weise den Oberbegriff mit dem Unterbegriff in eine Verbindung bringen, nemlich dass, wenn die Qualität der Prämissen ungleich, eine der beiden aber allgemein verneinend ist, durch die nöthige Umkehrung und Vertauschung der Prämissen ein Schlusssatz erreicht werden kann, welcher aber den Unterbegriff vom Oberbegriffe prädicirt (Abschn. IV, Anm. 608). Diese beiden von Aristoteles schon ausgesprochenen Möglichkeiten nun eines vom Wesen des Syllogismus abseits liegenden Verfahrens brachte Theophrast zur Verwirklichung, und stellte die so gewonnenen ausserwesentlichen Schlussmodi den wesentlichen aristotelischen gleich; ob die fünf neu hinzukommenden schon von Theophrast technisch als *συλλογισμοὶ κατ' ἀνάκλασιν* oder als *ἀντανακλώμενοι* bezeichnet worden seien, mag bezweifelt werden; in der späteren Tradition wohl erscheint jener Name. Jedenfalls aber hat Theophrast es als schulmässige Regel ausgesprochen, dass in der ersten Figur neun Schlussmodi seien, welche er denn nun auch der Reihe nach numerirt aufzählt[46]). Die ersten vier sind die aristotelischen:

1. Alles B ist A	2. Kein B ist A	3. Alles B ist A	3. Kein B ist A
Alles C ist B	Alles C ist B	Einiges C ist B	Einiges C ist B
Alles C ist A	Kein C ist A	Einiges C ist A	Einiges C ist nicht A.

δέχεται τὸ λευκὸν ἐν μηδενὶ εἶναι ἀνθρώπῳ, ἐνδέχεται τὸ λευκὸν ἀπεζεῦχθαι παντὸς ἀνθρώπου, καὶ ὁ ἄνθρωπος ἀπεζευγμένος παντὸς ἔσται λευκοῦ. ἡ δὲ εἰς ἀδύνατον δεῖξίς ἐστιν αὕτη· ἐπεὶ ψεῦδος τὸ ἐνδέχεσθαι μηδενὶ λευκῷ τὸν ἄνθρωπον εἶναι, ὥςπερ μηδενὶ ἀνθρώπῳ ἐνδέχεται τὸ λευκὸν, ἀληθὲς ἔσται τὸ μὴ ἐνδέχεσθαι μηδενὶ λευκῷ τὸν ἄνθρωπον εἶναι, κατάφασις γὰρ καὶ ἀπόφασις ταῦτα· εἰ δὲ τοῦτο ἀληθὲς, καὶ ἐξ ἀνάγκης τινὶ λευκῷ ὑπάρχειν τὸν ἄνθρωπον ἀληθές· αἱ γὰρ τοῦ ἐνδεχομένου προτάσεις πρὸ τοῦ τρόπου λαβοῦσαι τὴν ἄρνησιν ἰσοδυναμοῦσι ταῖς ἀναγκαίαις· ἐὰν δὲ ἀληθὲς ᾖ τὸ ἐξ ἀνάγκης τινὶ λευκῷ ὑπάρχει ὁ ἄνθρωπος, καὶ τὸ λευκὸν ἐξ ἀνάγκης ὑπάρχει τινί· ὑπέκειτο δὲ καὶ ἐνδέχεσθαι μηδενὶ ἀνθρώπῳ τὸ λευκόν· τὸ αὐτὸ ἄρα καὶ ἐνδέχεται μηδενὶ καὶ ἐξ ἀνάγκης τινὶ τὸ αὐτό· ὅπερ ἐστὶν ἀντίφασις.

46) Die Hauptbelegstellen hierüber sind: *Alex. ad An. pr. f.* 27 b.: *αὐτὸς μὲν* (sc. *Ἀριστοτέλης*) *τούτους τοὺς ἐγκειμένους συλλογισμοὺς δ' ἔδειξε προηγουμένως ἐν τῷ πρώτῳ σχήματι γινομένους, Θεόφραστος δὲ προστίθησιν*

Die nächsten drei beruhen auf der oben erwähnten Umkehrung der Schlusssätze und sind daher drei, weil der Schlusssatz von 4 nicht umkehrbar ist, also:

5. Alles B ist A	6. Kein B ist A	7. Alles B ist A
Alles C ist B	Alles C ist B	Einiges C ist B
Einiges A ist C	Kein A ist C	Einiges A ist C.

ἄλλους πέντε τοῖς τέσσαρσι τούτοις οὐκέτι τελείους οὐδ' ἀναποδείκτους ὄντας (ἀναπόδεικτοι heissen in der späteren Schulsprache jene Schlussmodi, welche keines weiteren Beweises, dass sie syllogistisch sind, bedürfen). ὧν μνημονεύει καὶ Ἀριστοτέλης, τῶν μὲν ἐν τούτῳ τῷ βιβλίῳ προελθὼν (I, 7), τῶν δὲ ἐν τῷ μετὰ τοῦτο τῷ δευτέρῳ κατ' ἀρχὰς (II, 1), τῶν μὲν τριῶν τῶν κατὰ ἀντιστροφὴν τῶν συμπερασμάτων γινομένων, τοῦ τε πρώτου ἀναποδείκτου καὶ τοῦ δευτέρου καὶ τοῦ τρίτου, ἐν τῷ δευτέρῳ κατὰ τὰς ἀρχὰς, ἐν οἷς ζητεῖ εἰ ἐνδέχεται πλείονα συμπεράσματα γενέσθαι ἐπὶ τοῖς αὐτοῖς κειμένοις, τῶν δὲ καταλειπομένων δύο ἐν τούτοις οἷς λέγει ὅτι τῶν ἀσυλλογίστων συζυγιῶν αἱ μὲν ὁμοιοσχήμονες (d. h. wo beide Prämissen gleiche Qualität haben) τέλειοί εἰσιν ἀσυλλόγιστοι, ἐν δὲ ταῖς ἀσυλλογίστοις ταῖς ἐχούσαις τὸ ἀποφατικὸν καθόλου καὶ οὔσαις ἀνομοιοσχήμοσι συνάγεταί τι ἀπὸ τοῦ ἐλάττονος ὅρου πρὸς τὸν μείζονα· αὗται δέ εἰσιν ἐν πρώτῳ σχήματι δύο συμπλοκαί, ἥ τε ἐκ καθόλου καταφατικῆς τῆς μείζονος καὶ καθόλου ἀποφατικῆς τῆς ἐλάττονος, καὶ ἡ ἐξ ἐπὶ μέρους καταφατικῆς τῆς μείζονος καὶ καθόλου ἀποφατικῆς τῆς ἐλάττονος ..... ὧν τὸν μὲν ὄγδοον τὸν δὲ ἔνατον Θεόφραστος λέγει· συνάγεται δὲ ἀντιστρεφομένων ἀμφοτέρων τῶν προτάσεων ἐπὶ μέρους ἀποφατικὸν ἀπὸ τοῦ ἐλάττονος ὅρου πρὸς τὸν μείζονα συμπέρασμα. ebend. f. 42b.—43a.: ὅσαι μὲν καθ' ἕκαστον σχῆμα ὁμοιοσχήμονες οὖσαι συζυγίαι ἦσαν ἀσυλλόγιστοι, αὗται πρὸς τῷ τὸ προκείμενον δεικνύναι οὐδ' ἄλλο τι δεικνύουσιν οὐδὲ συνάγουσιν· ὅσαι δὲ ἀνομοιοσχήμονες οὖσαι ἀσυλλόγιστοί εἰσι καθ' ἕκαστον σχῆμα ἔχουσαι τὸ ἀποφατικὸν καθόλου, πρὸς μὲν τὴν τοῦ προκειμένου δεῖξίν εἰσιν ἀσυλλόγιστοι, ἄλλο μέντοι ἐξ αὐτῶν ἔστι συλλογίσασθαι καὶ δεῖξαι .... ἀνομοιοσχήμονες δὲ καὶ κατὰ τὸ ποιὸν διαφέρουσαι, ἔχουσαι τὸ καθόλου ἀποφατικὸν, ἦσαν ἀσυλλόγιστοι ἐν μὲν πρώτῳ σχήματι ἥ τε ἐκ καθόλου καταφατικῆς τῆς μείζονος καὶ καθόλου ἀποφατικῆς τῆς ἐλάττονος, καὶ ἡ ἐξ ἐπὶ μέρους καταφατικῆς τῆς μείζονος καὶ καθόλου ἀποφατικῆς τῆς ἐλάττονος ...... εἰλήφθω γὰρ πρῶτον ἐν πρώτῳ σχήματι ἀσυλλόγιστος οὖσα ἡ συζυγία ἡ ἔχουσα τὸ Α παντὶ τῷ Β, τὸ Β οὐδενὶ τῷ Γ· ἐν γὰρ ταύτῃ τοῦ μὲν Α πρὸς τὸ Γ οὐδεμία συναγωγὴ γίνεται .... συνάγεται μέντοι συλλογιστικῶς ἀπὸ τοῦ ἐλάττονος ὅρου πρὸς τὸν μείζονα· ἀντιστραφεισῶν γὰρ ἀμφοτέρων τῶν προτάσεων γίνεται τὸ Γ τῷ Β οὐδενὶ, τὸ Β τῷ Α τινὶ .... ἐξ ὧν συνάγεται τὸ Γ τινὶ τῷ Α μὴ ὑπάρχειν, τὴν μὲν μείζονα χώραν τοῦ Γ λαβόντος ἐν τῷ συμπεράσματι, τὴν δὲ ἐλάττονα τοῦ Α, ἀνάπαλιν ἢ ἔκειντο ...... ἐκ μὲν οὖν τῆς συζυγίας ταύτης τοῦτό τε τὸ προκείμενον καὶ (add. ἄλλο τι) οὕτως δέδεικται· ἡ ἑτέρα δὲ ἡ τὴν μὲν μείζονα ἐπὶ μέρους ἔχουσα καταφατικὴν, τὴν δὲ ἐλάττονα καθόλου ἀποφατικὴν κατὰ ἀντιστροφὴν ἀμφοτέρων τῶν προτάσεων δείκνυσι καὶ αὐτὴ τὸ Γ τινὶ τῷ Α μὴ ὑπάρχειν, ἀνάπαλιν ἢ ἦσαν οἱ ὅροι κείμενοι ληφθέντων αὐτῶν· οὗτοι εἰσὶν οἱ δύο συλλογισμοὶ τελευταῖοι τῶν πέντε οὓς Θεόφραστος προστιθεὶς τοῖς ἐν πρώτῳ σχήματι κειμένοις τέσσαρσιν ἐννέα λέγει γίνεσθαι συλλογισμοὺς ἐν πρώτῳ σχήματι, ὄντες τελευταῖοι διότι οὐδ' ὅλως οὗτοι τὸ προκείμενον δεικνύουσιν ὡς οἱ πρὸ αὐτῶν τρεῖς ἀντιστρεφομένου τοῦ συμπεράσματος. τῶν δὲ καταλειπομένων τριῶν τῶν κατ' ἀντιστροφὴν τῶν συμπερασμάτων γινομένων, τοῦ τε πρώτου καὶ τοῦ δευτέρου καὶ τοῦ τρίτου τῶν ἐν πρώτῳ σχήματι, μνημονεύει καὶ αὐτὸς Ἀριστοτέλης ἀρχόμενος τοῦ δευτέρου τῶν Προτέρων Ἀναλυτικῶν ...., οἱ πρὸ τούτων τῶν δύο ἔχουσι τὴν τάξιν παρὰ Θεοφράστῳ. Schol. Anon. b. Brand. 188a. 4.: ἐννέα φησὶν ὁ Θεόφραστος εἶναι συλλογισμοὺς ἐν α' σχήματι· φαίνεται δὲ καὶ Ἀριστοτέλης τῶν ἐννέα μεμνημένος, τεσσάρων μὲν τῶν ἀναποδείκτων, τριῶν δὲ

Der achte und neunte Schlussmodus aber beruhen auf jenen Prämissen ungleicher Qualität, deren eine allgemein verneinend ist, nemlich:

8. Alles B ist A
Kein C ist B

was durch Umkehrung der Prämissen und dann Vertauschung derselben nun die Form erhält

Kein B ist C
Einiges A ist B
———————
Einiges A ist nicht C.

und ebenso 9. Einiges B ist A
Kein C ist B

was durch die gleiche Manipulation die Form erhält

Kein B ist C
Einiges A ist B
———————
Einiges A ist nicht C.

Man sieht bei diesen Theophrastischen neun Schlussmodi der ersten Figur auf den ersten Blick, durch welch platt formale Auffassung die letzten fünf entstanden und alle neun dann einander gleich gestellt seien; denn durch 5 und 7 wird aller wesentliche Unterschied zwischen 1 und 2 verwischt, 6 aber ist neben 2 schlechthin werthlos, 8. und 9 hingegen könnten höchstens als technisches Mittel, um ein Problem auf 4 zu reduciren, eine Bedeutung haben, keinenfalls aber als eigene Schlussmodi. Uebrigens sind diese beiden, nemlich 8 und 9, von der scholastischen Logik recipirt und als die der ersten Figur angehörigen „indirecten Syllogismen" bezeichnet worden (s. Abschn. XII, Anm. 136). Wichtiger aber für die Entwicklung der Logik überhaupt ist die Schwäche, ja sogar der Mangel des logischen Principes, welcher hier offenbar vorliegt; denn während bei Aristoteles die real wahre Verbindung des Ober- und Unter-Begriffes

---

οὓς ἐνταῦθα παραδίδωσι κατὰ ἀντιστροφὴν τῶν συμπερασμάτων τῶν τριῶν, τὸ γὰρ τοῦ τετάρτου οὐκ ἀντιστρέφει, τῶν δὲ λοιπῶν δύο ἐμνημόνευσεν ἐν τῷ α' βιβλίῳ, ἔνθα ἔλεγεν ὅτι τῶν ἀσυλλογίστων συζυγιῶν αἱ ἀνομοιοσχήμονας ἔχουσαι τὰς προτάσεις καὶ καθόλου τὴν ἀποφατικὴν ποιοῦσι συλλογισμὸν ἄλλου τινὸς παρὰ τὸ προκείμενον. Ganz ungenau ist *Appul. d. interpr.* p. 280. *Oud.*, wenn er sagt: *verum Aristoteles in prima formula quatuor solos indemonstrabiles prodit, Theophrastus et ceteri quinque enumerant, nam propositionem iungentes indefinitam colligunt quoque illationem indefinitam;* noch dazu da er selbst, p. 273 f. völlig jene obigen neun Theophrastischen Schlussmodi aufzählt und erklärt. *Boeth. d. syll. categ.* p. 594 (ed. *Bas.* 1570): *sed Theophrastus vel Eudemus super hos quatuor quinque alios modos addunt ..... ceteros vero quinque modos Theophrastus et Eudemus addiderunt .....* (p. 595) *Theophrastus et Eudemus principium capientes ad alios in prima figura syllogismos adiiciendos animum adiecere, qui sunt huiusmodi qui κατὰ ἀνάκλασιν vocantur, id est per refractionem quandam conversionemque propositionis; et est quintus modus ex duabus universalibus affirmationibus particularem colligens affirmativam .... sextus modus est primae figurae, qui fit ex universali negativa et universali affirmativa universalem conclusionem per conversionem colligens .... septimus modus primae figurae est, qui ex universali affirmativa et particulari affirmativa per conversionem particularem colligit affirmativam ...... octavus modus primae figurae est, quoties ex universali affirmatione et universali negatione particulariter colligitur ..... nonus modus primae figurae est, qui ex particulari affirmativa et universali negativa particularem colligit negativam per conversionem.* *Philop. ad An. pr. f.* XXI b.: ἔτι δὲ παρὰ τούτους εἰσὶν οἱ καλούμενοι ἀντανακλώμενοι, οἳ καὶ ἐκ τούτων γίνονται μόνου τοῦ συμπεράσματος ἀντιστρέφοντός κατὰ τὴν οἰκείαν ἀντιστροφὴν, οἷον εἰ τὸ συμπέρασμά ἐστι καθόλου ἀποφατικὸν, ἔσται ὁ ἀντανακλώμενος ὧδε· λίθος κατ' οὐδενὸς ζῴου· ζῷον κατὰ παντὸς ἀνθρώπου· λίθος κατ' οὐδενὸς ἀνθρώπου καὶ ἄνθρωπος κατ' οὐδενὸς λίθου. Vgl. Abschn. X, Anm. 14.

mit dem Mittelbegriffe, wie dieselbe in den Prämissen determinirt vorliegt, der reale Grund davon ist, dass es vier und nur jene vier Schlussmodi in der ersten Figur gibt, wird hier diese Determination der Begriffe verlassen und nur mit der Form der Urtheile und des Schlusssatzes getändelt, für welches Spiel dann allerdings diejenigen Formen, welche als selbstverständlich noch in einem Schlusssatze stecken können, oder diejenigen, welche auf Umwegen eine Verbindung zwischen den Begriffen erst herstellen, als gleichberechtigt mit den wesentlichen Formen erscheinen, denn getändelt wird eben mit allen. Den Nachweis aber, dass diese fünf theophrastischen Schlussweisen der ersten Figur das Original der sog. vierten galenischen Figur sind, s. Abschn. IX, Anm. 100.

Auffallend nun wäre es nur, wenn Theophrast, nachdem er in der ersten Figur die „indirecten Syllogismen" den übrigen Schlussmodi gleichgesetzt, das Nemliche nicht auch in der zweiten und dritten Figur gethan hätte. Alexander entwickelt an jener nemlichen Stelle, welche uns so eben hauptsächlich als Quelle betreffs der ersten Figur gedient hat, ganz richtig die sog. indirecten Syllogismen auch für die beiden übrigen Figuren, nemlich Einen für die zweite:

Einiges B ist A
Kein C ist A

was in derselben Weise wie oben die Form erhält

Kein A ist C
Einiges A ist B
――――――
Einiges B ist nicht C

(zusammenfallend mit dem 6. Modus der III. Figur).

und zwei für die dritte:

Alles C ist A
Kein C ist A

und

Einiges C ist A
Kein C ist B

welche beide durch Umkehrung und Vertauschung der Prämissen die Form erhalten

Kein B ist C
Einiges A ist C
――――――
Einiges A ist nicht B

(zusammenfallend mit dem 3. Modus der II. Figur).

Aber derselbe erwähnt hiebei[47]) des Theophrastes mit keinem Worte

47) a. a. O. *f.* 42 b. — 43 a.: *ἐν δὲ τῷ δευτέρῳ* (sc. *ἀνομοιοσχήμων ἐστὶ*) *ἡ τὴν μείζονα ἔχουσα ἐπὶ μέρους καταφατικήν, τὴν δὲ ἐλάττονα καθόλου ἀποφατικήν· ἐν δὲ τῷ τρίτῳ αἱ τὴν μὲν μείζονα ἢ καθόλου ἢ κατὰ μέρος καταφατικὴν ἔχουσαι, τὴν δὲ ἐλάττονα καθόλου ἀποφατικήν ...... καὶ ἡ ἐν τῷ δευτέρῳ δὲ σχήματι ἀσυλλόγιστος οὖσα συμπλοκὴ ἐξ ἐπὶ μέρους καταφατικῆς τῆς μείζονος καὶ καθόλου ἀποφατικῆς τῆς ἐλάττονος, πρὸς μὲν τὸ ἀπὸ τοῦ μείζονος ὅρου πρὸς τὸν ἐλάττονα ὅρον δεῖξαί τι συναγόμενον ἀσυλλόγιστός ἐστιν, ἀπὸ δὲ τοῦ ἐλάττονος πρὸς τὸν μείζονα συνάγει ἀντιστραφείσης τῆς καθόλου ἀποφατικῆς τῆς ἐλάττονος καὶ τὴν μείζονα χώραν μεταλαβόντος τοῦ ἐλάττονος ὅρου ..... ἐξ ὧν συνάγεται ὁ τὴν ἀρχὴν ὑποτεθεὶς ἐλάττων τινὶ μὴ ὑπάρχειν τῷ τὴν ἀρχὴν ὑποτεθέντι μείζονι· ἀλλὰ καὶ αἱ ἐν τῷ τρίτῳ σχήματι συζυγίαι δύο, ἥ τε ἐκ καθόλου καταφατικῆς τῆς μείζονος καὶ καθόλου ἀποφατικῆς τῆς ἐλάττονος, καὶ ἡ ἐξ ἐπὶ μέρους μὲν καταφατικῆς τῆς μείζονος, καθόλου δὲ ἀποφατικῆς τῆς ἐλάττονος, πρὸς τὸ προκείμενον ἀσυλλόγιστοι οὖσαι ἀνάπαλιν καὶ αὗται συλλογίζονται ἐπὶ μέρους ἀποφατικὸν ἀμφότεραι ἀπὸ τοῦ ἐλάττονος ὅρου πρὸς τὸν μείζονα κατ' ἀντιστροφὴν καὶ αὗται τῆς μείζονος προτάσεως καταφατικῆς.*

mehr, was ich jedoch dadurch erklären möchte, dass in jener ganzen Stelle es dem Alexander nur um vollständige Ausführung des Inhaltes von An. pr. I, 7. zu thun war, wo Aristoteles nur für die erste Figur die indirecte Schlussweise erwähnt, für die übrigen aber nur angedeutet hatte, so dass demnach die Erwähnung Theophrast's bei der ersten Figur für Alexander nicht die Hauptsache, sondern nur eine gelegentliche gewesen wäre, und also in Bezug auf die zweite und dritte Figur nicht ein Beweis aus dem Stillschweigen genommen werden dürfte; im Gegentheile glaube ich, dass Theophrast überhaupt jene sog. indirecten Syllogismen ausgeführt und daher die je entsprechenden auch der zweiten und dritten Figur beigefügt habe.

Ausserdem ist uns überliefert, dass Theophrast in der dritten Figur die von Aristoteles angenommene Reihenfolge der Schlussmodi änderte, indem er den dritten, weil derselbe in Bezug auf den Nachweis seiner Berechtigung zweier Umkehrungen bedarf, mit dem vierten, welcher nur Eine Umkehrung nöthig hat, den Platz tauschen liess, und ebenso den fünften mit dem sechsten, weil ersterer nur apagogisch nachgewiesen werden könne[48]; was wohl ebenfalls eine grössere Aufmerksamkeit auf die technische Form der Behandlung des Syllogismus, als auf die wesentliche Verbindung der Begriffe desselben beurkundet. Höchstwahrscheinlich war es auch schon Theophrast, welcher in der nemlichen dritten Figur den ersten Schlussmodus wegen der Umkehrung des Schlusssatzes verdoppelte,

Alles C ist A	Alles C ist A
Alles C ist B	Alles C ist B
Einiges B ist A	Einiges A ist B

und letztere Form als siebenten Schlussmodus dieser Figur zählte[49];

---

48) *Schol. Cod. Reg. b. Brand.* 155 b. 8.: *ὁ δέ γε Θεόφραστος ὁ τοῦ Ἀριστοτέλους μαθητὴς καὶ Ἀλέξανδρος ὁ ἀμφοτέρων ἐξηγητὴς ἑτέραν τάξιν παραδεδώκασιν ἀφεωρακότες πρὸς τὸν τρόπον τῆς ἀποδείξεως. τὴν γὰρ παρ' ἡμῖν τρίτην τὴν ἔχουσαν τὴν ἐλάττονα παντὶ τὴν δὲ μείζονα τινὶ, τετάρτην τάττει ὡς δεομένην δύο ἀντιστροφῶν, τὴν δὲ παρ' ἡμῖν τετάρτην τρίτην τάττει ὡς μιᾶς καὶ μόνης δεομένην ἀντιστροφῆς, καὶ πάλιν τὴν πέμπτην τὴν παντὶ καὶ οὐ παντὶ ἕκτην τάττει ὡς χηρεύουσαν τῆς κρείττονος πασῶν ἀποδείξεως τῆς ἐπ' εὐθεῖαν, μόνον δὲ διὰ τῆς εἰς ἀδύνατον ἀπαγωγῆς δεικνυμένης, τὴν δ' ἕκτην τὴν τινὶ καὶ οὐδενὶ πέμπτην τάττει ὡς κατ' ἄμφω δεικνυμένην καὶ ἐπ' εὐθείας καὶ δι' ἀδυνάτου.* Einen anderen, weniger passenden, Grund dieser Aenderung der Reihenfolge vermuthet in Betreff des 3. u. 4. Modus *Philop. ad An. pr. f.* XXVIII b.: *τοῦτον δὲ τὸν συλλογισμὸν οἱ περὶ Θεόφραστον τέταρτον ἔταξαν, ὅτι ἐδεήθη δύο ἀντιστροφῶν, Ἀριστοτέλης δὲ τρίτον, καὶ ἴσως διότι ἐν τρίτῳ σχήματι ἡ ἐλάττων ἣν πρότασις ἡ κῦρος ἔχουσα μάλιστα· ἀδιαφόρως γὰρ ἐν αὐτῷ ἔχει ἡ μείζων καὶ κατὰ τὸ ποσὸν καὶ κατὰ τὸ ποιὸν, ἡ δὲ ἐλάττων πάντως τῷ ποσῷ κεκοσμῆσθαι βούλεται, καὶ παρ' αὐτὴν ἢ συλλογιστικαὶ ἢ ἀσυλλόγιστοι γίνονται αἱ συμπλοκαὶ τῶν προτάσεων.* ebend. *f.* XXX a.: *ἰστέον δὲ ὅτι τοῦτον τὸν τρόπον Θεόφραστον πέμπτον τάττουσι προτάττοντες αὐτὸν τοῦ προειρημένου, διότι οὗτος μὲν δι' ἀντιστροφῆς κατασκευάζεται, ἐκεῖνος δὲ διὰ μόνης τῆς ἀδυνάτου ἀπαγωγῆς.*

49) Wenigstens schreibt *Appul. d. interpr.* p. 276. *Oud.* diese Verdopplung dem Theophrast zu: *in tertia formula primus modus est, qui conducit ex dedicativis universalibus dedicativum particulare tam directim quam reflexim, ut „omne*

es wäre auch diess nur völlig analog dem obigen bei der ersten Figur angewendeten Verfahren.

Noch entschiedener aber liegt die mangelhafte und unphilosophische Auffassung des Begriffes in jenem Theile der Analytik zu Tage, in welchem Theophrast und Eudemus, entsprechend dem betreffenden Abschnitte des aristotelischen Werkes, die Lehre von denjenigen Syllogismen entwickeln, welche aus Urtheilen der Nothwendigkeit oder aus Urtheilen der Möglichkeit oder aus Combinationen von Möglichkeits- und Nothwendigkeits-Urtheilen unter sich oder mit Urtheilen des Stattfindens bestehen. Von untergeordneter Bedeutung zwar ist es, dass Theophrast betreffs des aus zwei Nothwendigkeits-Urtheilen bestehenden Syllogismus für den vierten Modus der zweiten Figur und für den fünften Modus der dritten Figur in der Art der Begründung derselben von Aristoteles abwich [50]). Hingegen gross und durchgreifend ist die Differenz, welche sich bei den aus verschiednerlei Urtheilen combinirten Syllogismen zeigt. Nemlich schon bei jenen, welche aus einem Urtheile des Stattfindens und einem Urtheile

---

iustum honestum, omne iustum bonum, quoddam igitur honestum bonum" vel sic „quoddam igitur bonum honestum"; quippe non interest, quam ex utraque propositione facias particulam subiectivam, quoniam non interest, utram prius enuncies; ideo non recte arbitratus est Theophrastus, propter hoc non unum modum hunc, sed duos esse (dieser Tadel ist um so einfältiger, als Appulejus selbst die nemliche Verdopplung in der ersten Figur angewendet hatte; s. Anm. 46.). *Alex. ad An. pr. f.* 37 a. b. hingegen spricht nur von *τινὲς*, welche auf diese Weise sieben Modi der dritten Figur angenommen hätten: *δύναται δὲ καὶ τῆς μείζονος ἀντιστραφείσης γενέσθαι, ἀλλὰ δεήσει καὶ τὸ συμπέρασμα ἀντιστρέφειν· διὸ καὶ τοῦτόν τινες τὸν συλλογισμὸν προστιθέντες ὡς ἄλλον τοῦ πρὸ αὐτοῦ ἑπτά φασιν εἶναι τοὺς ἐν τούτῳ τῷ σχήματι συλλογισμούς.*

50) Es sind nemlich jene zwei Modi folgende:

II, 4.	Nothw. ist Alles B A	und III, 5.	Nothw. ist Einiges C nicht A
	Nothw. ist Einiges C nicht A		Nothw. ist Alles C B
	Nothw. ist Einiges C nicht B		Nothw. ist Einiges B nicht A

und Arist. hatte deren Berechtigung durch jenes Verfahren, welches er den Beweis vermittelst *ἔκθεσις* nennt, nachgewiesen, nemlich wenn in II, 4 jenes einige C, von welchem A nothwendig nicht prädicirt wird, z. B. D ist, so erhält man

II, 2.	Nothw. ist Alles B A
	Nothw. ist Alles D nicht A
	Nothw. ist Alles D nicht B

wofür sich nun wieder mit Substituirung des „Einiges C" für D obiger Schlusssatz ergibt; ebenso entsprechend bei III, 5. Theophrast hingegen wollte den Beweis apagogisch führen, und da nun das dann anzunehmende Gegentheil des Schlusssatzes (Nothw. ist Einiges C nicht B) nur lauten kann „Möglicherweise ist Alles C B", so war hiedurch Theophrast in das Gebiet der aus Möglichkeits- und Nothwendigkeits-Urtheilen combinirten Syllogismen hinübergerathen und musste den Beweis obiger zwei Modi auch auf die Besprechung jener Syllogismen verschieben. *Alex. ad An. pr. f.* 48 b.: *ὁ μέντοι Θεόφραστος ἐν τῷ πρώτῳ τῶν αὐτοῦ Προτέρων Ἀναλυτικῶν περὶ τούτων λέγων οὐ χρῆται τῷ δι' ἐκθέσεως τρόπῳ πρὸς τὴν δεῖξιν τοῦ συλλογιστικὰς εἶναι τὰς προκειμένας συμπλοκάς, ἀλλ' ὑπερέθετο τὸν περὶ αὐτῶν λόγον ὡς δεόμενον μὲν τῆς εἰς ἀδύνατον ἀπαγωγῆς, μηδέπω δὲ ὄντος προδήλου τοῦ συμβαίνοντος διὰ τὸ μῖξιν γίνεσθαι προτάσεων μηδ' εἶναι γνώριμον τὸ ἐκ τῶν μίξεων συναγόμενον.* Kaum lässt sich ein anderer Grund dieser verschiedenen Behandlungsweise des nemlichen Gegenstandes bei Theophrast denken, als bloss die schulmeisterliche Caprice, sich durch Abweichungen von Aristoteles gescheid zu machen.

der Nothwendigkeit bestehen, stellten Theophrast und Eudemus den Grundsatz, dass der Schlusssatz dem schwächeren Theile der Prämissen folge („*Conclusio sequitur partem debiliorem*“) auch hier als gültig auf und leugneten, da das Urtheil des Stattfindens schwächer als ein Urtheil der Nothwendigkeit sei, zunächst aus diesem rein formellen Grunde, dass in den genannten combinirten Syllogismen je der Schlusssatz ein Nothwendigkeits-Urtheil sein könne, während bei Aristoteles gerade in allen als syllogistisch anerkannten Verbindungen jener Art diess der Fall ist, und natürlich auch die ganze Bedeutung des Umstandes, dass die eine Prämisse ein Nothwendigkeits-Urtheil ist, wegfiele, wenn jedesmal der Begriff der Nothwendigkeit eliminirt würde; ebensowenig kennt Aristoteles jene schulmässige Regel betreffs des Schlusssatzes in solcher Anwendung, sondern er sagt, dass die eine der beiden Prämissen jedenfalls die gleiche Modalität wie der Schlusssatz haben müsse (Abschn. IV, Anm. 585), d. h. dass wenn man z. B. ein Nothwendigkeits-Urtheil als Schlusssatz haben wolle, man auch Prämissen suchen müsse, deren wenigstens eine ebenfalls ein Nothwendigkeits-Urtheil ist. Nun aber gaben Theophrast und Eudemus für ihre Ansicht, dass aus der Verbindung eines Urtheiles des Stattfindens und eines Urtheiles der Nothwendigkeit immer nur ein Urtheil des Stattfindens folge, auch eine angeblich begriffliche und materielle Begründung [51]), welche allerdings der Art ist, dass man beim Lesen

51) Die ganzen Grundzüge dieser Lehre des Theophr. u. Eud. gibt wohl am besten *Alex. ad An. pr. f.* 49a.: *οἱ δέ γε ἑταῖροι αὐτοῦ* (sc. *Ἀριστοτέλους*) *οἱ περὶ Εὔδημόν τε καὶ Θεόφραστον οὐχ οὕτως λέγουσιν, ἀλλά φασιν ἐν πάσαις ταῖς ἐξ ἀναγκαίας τε καὶ ὑπαρχούσης συζυγίας, ἐὰν ὦσι κείμεναι συλλογιστικῶς, ὑπάρχον γίγνεσθαι τὶ συμπέρασμα, τοῦτο λαμβάνοντες ἔκ τε τοῦ ἐν πάσαις ταῖς συμπλοκαῖς τὸ συμπέρασμα ἀεὶ τῷ ἐλάττονι καὶ χείρονι τῶν κειμένων ἐξομοιοῦσθαι. ἄν τε γὰρ ἐκ καταφατικῆς καὶ ἀποφατικῆς προτάσεως συνάγηται, ἀποφατικὸν τὸ συμπέρασμα, ἄν τε καθόλου καὶ ἐπὶ μέρους, ἐπὶ μέρους καὶ τὸ συμπέρασμα. τὸν αὐτὸν δὴ τρόπον καὶ ἐν ταῖς μίξεσιν ἔχειν. ὑπάρχον γὰρ γίνεσθαι ἐκ τῆς ἐν ταῖς ἐξ ἀναγκαίας καὶ ὑπαρχούσης συμπλοκαῖς τῷ ἔλαττον εἶναι τὸ ὑπάρχον τοῦ ἀναγκαίου. ἀλλὰ καὶ τῷ λόγῳ τοῦτο δεικνύουσιν. εἰ γὰρ τὸ Β τῷ Γ ὑπάρχει μὲν παντὶ, οὐ μὴν ἐξ ἀνάγκης, ἐνδέχεται ποτε αὐτό καὶ ἀποζευχθῆναι αὐτοῦ. ὅτε δὴ τὸ Β τοῦ Γ ἀπέζευκται, τότε καὶ τὸ Α αὐτοῦ ἀποζευχθήσεται. εἰ δὲ τοῦτο, οὐκ ἐξ ἀνάγκης αὐτῷ ὑπάρξει. ἀλλὰ καὶ ἐπὶ τῆς ὕλης δεικνύουσι τοῦτο ἔχον οὕτως· λαβόντες γὰρ τὴν μείζονα καθόλου ἀναγκαίαν ἀποφατικὴν ἢ καταφατικὴν καὶ τὴν ἐλάττονα καθόλου καταφατικὴν ὑπάρχουσαν δεικνύουσιν ὑπάρχον γινόμενον τὸ συμπέρασμα· τὸ γὰρ ζῷον παντὶ ἀνθρώπῳ ἐξ ἀνάγκης. ὁ ἄνθρωπος παντὶ κινουμένῳ ὑπαρχέτω. οὐκέτι τὸ ζῷον παντὶ κινουμένῳ ἐξ ἀνάγκης. ἔτι τὸ μὲν ἐπιστήμην ἔχειν κατὰ παντὸς γραμματικοῦ ἐξ ἀνάγκης. τὸ δὲ γραμματικὸν κατὰ παντὸς ἀνθρώπου ὑπαρχόντως. οὐκέτι τὸ ἐπιστήμην ἔχειν κατὰ παντὸς ἀνθρώπου ἐξ ἀνάγκης. καὶ τὸ μὲν κινεῖσθαι διὰ σκελῶν κατὰ παντὸς περιπατοῦντος ἐξ ἀνάγκης. τὸ δὲ περιπατεῖν παντὶ ἀνθρώπῳ ὑπαρχέτω. οὐκέτι δὴ τὸ κινεῖσθαι παντὶ ἀνθρώπῳ ἐξ ἀνάγκης. καὶ τοῦτο εἰκότως γίνεσθαι δοκεῖ· εἰ γὰρ ὁ μείζων ἄκρος τῷ ἐλάττονι διὰ τοῦ μέσου ὅρου ἐπιφέρεται, ὅπως ἂν ὁ μέσος ἔχῃ πρὸς τὸν ἐλάττονα, οὕτως ἔχει καὶ ὁ μείζων πρὸς τὸν ἔσχατον· διὰ γὰρ τούτου ἐπιφέρεται ὁ μείζων τῷ ἐσχάτῳ, ὥστε ὡς ἂν οὗτος ἔχῃ πρὸς τὸν ἔσχατον, δι' ὃν ὁ μείζων ἅπτεται τῷ ἐσχάτῳ, οὕτως ἕξει καὶ ὁ μείζων πρὸς τὸν ἔσχατον.* und (betreffs eines negativen Untersatzes) *ib. f.* 52a. *Θεόφραστος δὲ ὅτι μὴ ἀναγκαῖον γίνεται τὸ συμπέρασμα ἐν τῇ τοιαύτῃ συμπλοκῇ οὕτω λέγει· εἰ γὰρ τὸ μὲν Β τῷ Γ ἐξ ἀνάγκης, τὸ δὲ Α τῷ Β μὴ ἐξ ἀνάγκης, τὸ δὲ μὴ ἐξ ἀνάγκης κἂν χωρισθείη, φανερὸν ὡς τοῦ Β χωριζόμενον καὶ τοῦ Γ χωρισθήσεται τὸ Α, ὥστ' οὐκ*

derselben kaum seinen Augen traut, aber sie gibt uns eine klare Einsicht darein, wie schon die ersten Peripatetiker das „Stattfinden" (ὑπάρχειν) auffassten. Es wird nemlich hiebei das in einem Urtheile des Stattfindens ausgesprochene Stattfinden einer Verbindung eines Prädicates mit einem Subjecte von vornherein als ein nicht nothwendiges, also nur jeweiliges oder irgend vorkommendes genommen, welches eben darum auch nicht dasein kann; und könne demnach eine solche Verbindung zwischen einem gegebenen Prädicate und einem Subjecte eben auch nicht stattfinden, so könne also auch ersteres vom letzteren „getrennt" sein (Anm. 40 u. 45), und getrennt auch demnach von dem Subjecte des Untersatzes könne z. B. in der ersten Figur das allgemeinere Prädicat des Obersatzes sein, unter welches das gegebene Prädicat nothwendig falle. Dieser Begriff des Stattfindens spricht sich aber auch in den gewählten materiellen Beispielen aus, nemlich z. B. für den 1. Modus der I. Figur: es sei ein Urtheil der Nothwendigkeit als Obersatz, dass alles Gehen eine Bewegung vermittelst der Schenkel ist, ein Urtheil des Stattfindens hingegen als Untersatz sei, dass alle Menschen gehen; und da nun letzteres ein blosses Stattfinden und keine Nothwendigkeit sei, so bestehe auch keine nothwendige Verbindung, sondern wieder nur die des Stattfindens, zwischen dem Subjecte Mensch und dem Prädicate Schenkelbewegung. Man sieht, es ist kaum möglich, den Begriff des Stattfindens hohler und formaler zu fassen, als hier geschicht; ja man wende diese Auffassung nur auf

---

ἐξ ἀνάγκης διὰ τῶν κειμένων. ᾧ δειχθέντι προστίθησιν· ὡςαύτως δὲ καὶ ἡ ἀναγκαία ἡ μείζων· ἐπεὶ γὰρ τὸ μέσον οὐκ ἐξ ἀνάγκης, κἂν χωρισθείη, τούτου δὲ χωριζομένου καὶ τὸ μεῖζον· ἐὰν γάρ τις οὕτως λάβῃ, καθ᾽ οὗ τὸ Β καὶ τὸ Α ἐξ ἀνάγκης, ὥςπερ ἀναγκαίας ἀμφοτέρας λαμβάνει· μὴ γὰρ οὕτως λαβόντος ψεῦδος. διὰ γοῦν τούτων δείκνυσιν ὁ Θεόφραστος ὅτι ἐν αἷς μίξεσιν ὑπάρχουσα καὶ ἀναγκαία ἐστὶν, ὁποτέρα ἂν αὐτῶν ἀναγκαία ᾖ, ὑπάρχον τὸ συμπέρασμα. Das nemliche gibt auch, nur nach seiner Weise geschwätziger, *Philop. ad An. pr. f.* XXXII b.—XXXIV a.; nur fügt derselbe noch eine Beweisführung der Gegner des Aristoteles bei, durch welche dieselben zeigen, dass für jene Syllogismen ein apagogischer Beweis nicht bloss die Berechtigung eines Nothwendigkeits-Urtheiles im Schlusssatze, sondern ebenso gut auch die eines Möglichkeits-Urtheiles und eines Urtheiles des Stattfindens darlegen könne (*f.* XXXIII a.): *πρὸς δὲ τὴν τοῦ ἀδυνάτου δεῖξιν οὕτως ἀνίστανται, ὅτι τούτῳ τῷ τρόπῳ δείξομεν οὐ μόνον ἀναγκαῖον καὶ καταφατικὸν συναγόμενον, ἀλλὰ καὶ τὸ καθόλου καταφατικὸν ὑπάρχον, καὶ ἔτι τὸ καθόλου καταφατικὸν ἐνδεχόμενον. λέγω γὰρ, φασὶν, ὅτι συνάγεται συμπέρασμα τὸ Α παντὶ τῷ Γ ὑπάρχειν· εἰ γὰρ τοῦτο ψεῦδος, ἀληθὲς τὸ μὴ παντὶ ὑπάρχειν τὸ Α τῷ Γ· ἐπεὶ τοίνυν τὸ Α τῷ Γ οὐ παντὶ ὑπάρχει, ὑπέκειτο δὲ τὸ Β τῷ Γ παντὶ ὑπάρχειν, τὸ ἄρα Α οὐ παντὶ τῷ Β ὑπάρξει (γίνεται γὰρ τὸ γ᾽ σχῆμα ἐκ τῶν δύο ὑπαρχουσῶν προτάσεων), ἦν δὲ καὶ ἐξ ἀνάγκης παντί· τὸ ἄρα Α τῷ Β καὶ ἐξ ἀνάγκης παντὶ ὑπάρχει καὶ οὐ παντὶ ὑπάρχει, ὅπερ ἀδύνατον. ἀλλὰ δεῖ, φασὶ, καὶ τὸ καθόλου τὸ ἐνδεχόμενον δυνατὸν συναγαγεῖν, λέγω γὰρ ὅτι οὕτως ἐχουσῶν τῶν προτάσεων· συνάγεται τὸ Α τῷ Γ ἐνδέχεσθαι παντὶ ὑπάρχειν· εἰ γὰρ τοῦτο ψεῦδος, ἀληθὲς τὸ ἀνάγκῃ μὴ παντί· ἐπεὶ τοίνυν τὸ μὲν Α τῷ Γ ἀνάγκῃ μὴ παντὶ ὑπάρχειν, τὸ δὲ Β τῷ Γ παντὶ ὑπῆρχεν, τὸ ἄρα Α τῷ Β ἢ ἐξ ἀνάγκης οὐ παντὶ ἢ ὑπάρχει οὐ παντὶ (τοῦτο γὰρ ποτέρως ἔχει, ἔτι ἀμφισβητήσιμον), ἦν δὲ καὶ ἐξ ἀνάγκης παντὶ τῷ Γ τὸ Α· τὸ αὐτὸ ἄρα τῷ αὐτῷ καὶ ἐξ ἀνάγκης παντὶ καὶ ὑπάρχει οὐ παντὶ ἢ ἀνάγκῃ οὐ παντὶ, ὅπερ ἀδύνατον. ὥστε, φασὶν, ἡ εἰς ἄτοπον ἀπαγωγὴ οὐδὲν ἧττον δείξει καθόλου καταφατικὸν ἀναγκαῖον συνάγεσθαι τὸ συμπέρασμα, ἢ ἐνδεχόμενον καθόλου καταφατικὸν ἢ ὑπάρχον καθόλου καταφατικόν.*

den einfachen Syllogismus an, welcher aus zwei Urtheilen des Stattfindens besteht, so fällt auch dort alle verbindliche Kraft des Schliessens weg, weil ja überall und stets das Prädicat vom Subjecte auch getrennt sein kann. Kurz, wie wir oben gesehen haben, dass der Begriff des Möglichen von seiner Beziehung zum Nothwendigen losgerissen ist und das Möglichkeits-Urtheil hiemit nur den Sinn einer jeden beliebigen fingirten Voraussetzung hat, so ist hier das Stattfinden zum blossen aristotelischen *συμβεβηκὸς* gemacht und jedenfalls der ganz vereinzelten Empirie anheimgegeben, so dass das allgemeine Ergreifen einer realen Verbindung zwischen Subject und Prädicat unmöglich ist. Es wird also einerseits die Möglichkeit nur in der problematischen Form des Urtheiles erblickt, nicht aber darin, dass objectiv in den Dingen die reale Möglichkeit vorliegt, mit einem Prädicate verbunden zu sein oder auch nicht, und andrerseits wird ebenso das wirkliche Stattfinden nur in die Form eines jeweiligen Aussprechens verlegt, nicht aber in den objectiven Bestand der Verbindungen zwischen Substanzen und Attributen; welcherlei Auffassung aber wird dann folgerichtig für die Nothwendigkeit übrig bleiben? doch wohl nur die mathematische Nothwendigkeit; und hiemit ja steht die ganze formale Logik eigentlich schon vor uns. So kann sich allerdings dann auch eine schulmässige Annahme einer Abstufung einstellen, dass nemlich die Möglichkeit schwächer als die Wirklichkeit, und die Wirklichkeit schwächer als die Nothwendigkeit sei, und so eine Rangordnung zwischen den entsprechenden Urtheilen bestehe; diess ist eben die Entartung in der Speculation, welche die aristotelische *δύναμις* schon längst vergessen hat. — Natürlich werden diese Grundsätze von Theophrast und Eudemus auch auf diejenigen Syllogismen angewendet, welche aus einem Urtheile des Stattfindens und einem Möglichkeits-Urtheile combinirt sind; und es wird auch da in Folge des Principes, dass der Schlusssatz der schwächeren Prämisse folge, gelehrt, dass der Schlusssatz darum stets ein Möglichkeits-Urtheil sein müsse, weil eine der beiden Prämissen, beliebig welche von beiden, ein Möglichkeits-Urtheil sei [52]), daher hier ebenfalls die von Aristoteles gemachten Unterschiede zwischen unbedingt syllogistischen und bedingt syllogistischen Schlussweisen wegfallen. Ausserdem wird noch erwähnt, dass Theophrast bei den combinirten Syllogismen dieser Art für den 12. Modus der III. Figur eine Aenderung in der Begründung desselben vornahm [53]), aus welcher jedoch auch klar

---

52) *Alex.* ebend. *f.* 68 b.: *Θεόφραστος μὲν οὖν καὶ Εὔδημος οἱ ἑταῖροι αὐτοῦ καὶ ἐν τῇ ἐξ ἐνδεχομένης καὶ ὑπαρχούσης μίξει φασὶν ἔσεσθαί τι συμπέρασμα ἐνδεχόμενον, ὁποτέρα ἂν τῶν προτάσεων ἐνδεχομένη λειφθῇ, χεῖρον γὰρ πάλιν τὸ ἐνδεχόμενον τοῦ ὑπάρχοντος ..... οἱ μέντοι περὶ Θεόφραστον καὶ ταύτας ἐνδεχομένας λέγοντες εἰκότως ἐνδεχόμενόν φασι συμπέρασμα καὶ ἐν ταῖς τοιαύταις γίνεσθαι συμπλοκαῖς· οὐ γίνονται δὲ τέλειοι ἐν οἷς ἡ ἐλάττων ἐστὶν ἐνδεχομένη.*

53) *Alex.* ebend. *f.* 100 b.: *Θεόφραστος δὲ οὐ ποιεῖται ἁπλῶς διὰ τῆς εἰς ἀδύνατον ἀπαγωγῆς τὴν δεῖξιν τῆς προειρημένης συζυγίας, ἀλλὰ πρῶτον τὸ ἐνδέχεται τινὶ μή εἰς τὸ μὴ ὑπάρχειν τινὶ μεταλαβὼν, οὐκ ὂν ἀδύνατον, καὶ ποιήσας δύο ὑπαρχούσας, τὴν μὲν ἐπὶ μέρους ἀποφατικὴν τὴν μεταληφθεῖσαν, τὴν δὲ καθόλου καταφατικὴν τὴν κειμένην, φησὶ συμπέρασμα ἔσεσθαι τὸ τὸ A ἐνδέχεσθαι τινὶ τῷ B μὴ ὑπάρχειν· εἰ γὰρ μὴ, τὸ ἀντικείμενον τὸ παντὶ ἐξ ἀνάγκης τὸ τὸ A τῷ B· καὶ οὕτως διὰ τῆς*

die schlimmen Folgen des vorhin Bemerkten in die Augen springen; Aristoteles nemlich hatte die Berechtigung jenes Modus

Mögl.w.	ist Einiges	C	nicht	A
Es	ist Alles	C		B
Mögl.w.	ist Einiges	B	nicht	A

einfach apagogisch nachgewiesen, Theophrast jedoch setzt zuerst den Obersatz in das angeblich gleichbedeutende Urtheil „Es ist Einiges C nicht A" um, und führt dann, nachdem er so zwei Urtheile des Stattfindens erhalten hat, den übrigen Nachweis doch noch apagogisch weiter; als Grund aber dafür, dass jener Obersatz in der angegebenen Weise geändert wird, gibt Theophrast an, dass es ja eben nach dem Wortlaute des Obersatzes nicht unmöglich sei, dass einiges C nicht A sei, und dass man sich ja in keinen Widerspruch verwickle, wenn man das Nicht-Unmögliche als stattfindend setze. So formell also wird mit jenen tiefsten Begriffen geschaltet, und so muss sich die Objectivität nach den beliebigen Formen der Urtheile hudeln lassen. Aus solchen Einzelnheiten erkennt man deutlich, wie es schon damals mit der Logik aussah. — Endlich wird von Theophrast der Grundsatz, dass der Schlusssatz von der schwächeren Prämisse abhänge, auch noch auf jene Syllogismen angewendet, welche aus einem Möglichkeits-Urtheile und einem Nothwendigkeits-Urtheile combinirt sind, und hier musste dann die Aufrechthaltung der Lehre, dass in allen solchen Syllogismen der Schlusssatz ein Möglichkeits-Urtheil sei, polemisch besonders gegen jene Modi gewendet sein, in welchen Aristoteles mit Recht als Schlusssatz nur ein Urtheil des Stattfindens annimmt (z. B. bei 3, 6, 9 u. 12 der I. Fig.). Der Beweis nun, dass auch in diesen Modi der Schlusssatz ein Möglichkeits-Urtheil sein müsse, führt Theophrast apagogisch [54]), und zwar auch hier vermittelst einer bloss formalen Auffassung des Gegensatzes zweier Urtheile; nemlich indem er z. B. in I, 3

εἰς ἀδύνατον ἀπαγωγῆς εὑρὼν δυνατόν τι ἑπόμενον· συνάγεται γὰρ τὸ Α τῷ Γ παντὶ ὑπάρχον, ὡς ἔκειτο τινὶ μὴ ὑπάρχειν, ἐπεὶ οὐ παρὰ τὴν ὑπόθεσιν τὸ ἀδύνατον ἀπήντηκεν, ἡ γὰρ ὑπόθεσις οὐκ ἦν ἀδύνατος λαμβάνεσθαι διὰ τὸ ἐξ ἀνάγκης παντὶ τεθῆναι· τὸ ἄρα ἀντικείμενον τοῦ ἐξ ἀνάγκης παντὶ, τοῦτο δέ ἐστι τὸ ἐνδέχεσθαι τινὶ μή. Billig fragen wir auch hier, wozu denn überhaupt jene formale Spielerei als Vorbereitung des doch noch nöthigen apagogischen Beweises dienen solle.

54) *Philop. ad An. pr. f.* LI a.: *οἱ μέντοι περὶ Θεόφραστον καὶ ἐπὶ ταύτης τῆς συζυγίας ἐνδεχόμενον λέγουσιν εἶναι τὸ συμπέρασμα, ἵνα καὶ ἐνταῦθα τῇ χείρονι τῶν προτάσεων ἕπηται τὸ συμπέρασμα· καὶ τοῦτο δεικνύουσιν τῇ εἰς ἀδύνατον ἀπαγωγῇ οὕτως· ἔστωσαν γὰρ αἱ προτάσεις οὕτως ὡς εἴπομεν, λέγω ὅτι συνάγουσι τὸ Α ἐνδέχεται τῷ Γ μηδενί. εἰ γὰρ τοῦτο ψεῦδος, ἔσται ἀληθὲς τὸ οὐκ ἐνδέχεται μηδενὶ, ὅπερ ταὐτόν ἐστι τῷ ἀνάγκη τινί. ἐπεὶ οὖν ἀντιστρέφει ἡ μερικὴ καταφατικὴ, καὶ τὸ Γ ἄρα τινὶ τῶν Α ἐξ ἀνάγκης ὑπάρχει· εἰ τοίνυν τὸ μὲν Β κεῖται ἐνδέχεσθαι παντὶ τῷ Γ, τὸ δὲ Γ τινὶ τῶν Α ἐξ ἀνάγκης ὑπάρχειν ὑπόκειται, τὸ ἄρα Β τινὶ ἐνδέχεται τῶν Α. ἐπεὶ τοίνυν ὑπέκειτο ἐξ ἀρχῆς τὸ Α τῶν Β ἐξ ἀνάγκης μηδενὶ, καὶ τὸ Β ἄρα τῷ Α ἐξ ἀνάγκης οὐδενί· ὑπέκειτο δὲ καὶ ἐνδέχεσθαι τινὶ, ὅπερ ἀδύνατον· τὸ δὲ ἀδύνατον ἠκολούθησε διὰ τὸ ὑποθέσθαι ἡμᾶς τὸ Α τῷ Γ οὐκ ἐνδέχεσθαι μηδενὶ, ὅπερ ἐστὶ ταὐτὸν τῷ ἀνάγκη τινί· ψεῦδος ἄρα τοῦτο, ἀληθὲς δὲ τὸ ἀντιφατικῶς ἀντικείμενον τὸ ἐνδέχεται μηδενί· τοῦτο ἄρα ἔστι τὸ συναγόμενον.*

Nothw.w. ist Alles B nicht A
Mögl.w. ist Alles C B

statt: „Es ist Alles C nicht A" schliessen will: „Mögl.w. ist Alles C nicht A", nimmt er als den zum Behufe des apagogischen Beweises aufzustellenden Gegensatz des letzteren Schlusssatzes das Urtheil „Es ist nicht möglich, dass Alles C nicht A ist" d. h. „Nothwendig ist einiges C A", während der richtige reale Gegensatz des Urtheiles „Mögl.w. ist Alles C nicht A" nach aristotelischen Grundsätzen das Urtheil „Mögl.w. ist einiges C A" wäre; mit jener anderen Umsetzung in den Gegensatz aber führt dann Theophrast leicht den apagogischen Beweis zu Ende, durch welchen er obige Annahme stützt. Völlig deutlich aber sieht man hieraus wieder, dass dabei an die reale, objectiv den Dingen einwohnende Möglichkeit gar nicht gedacht ist, sondern nur an die Form eines problematisch hingestellten Urtheiles, denn nur für diese bildet die Nothwendigkeit einen Gegensatz, für jene aber nicht.

Die bedeutendsten Erweiterungen nun wohl, welche die Syllogistik durch die nächsten Schüler des Aristoteles erfahren hat, liegt in der Entwickelung der Lehre vom *hypothetischen und disjunctiven Schlusse*. Aristoteles hatte, wie oben (Abschn. IV, Anm. 580 ff.) bemerkt wurde, den hypothetischen Schluss gar nicht als berechtigt anerkennen können, da durch Alles dasjenige, was auf blossem Zugeständnisse oder einer erst noch anderweitig zu beweisenden Voraussetzung beruht, das apodiktische Wissen nicht gefördert wird, wenn auch in dem Gebiet des Dialektischen häufig solche Verflechtungen von Urtheilen vorkommen mögen. Theophrast aber und Eudemus hatten auch hier an der dialektischen Bedeutung Grund genug, derlei Verbindungen ihrer Form wegen eigens zu betrachten und insoferne den übrigen Syllogismen gleichzustellen; doch gingen sie hierin noch nicht so weit, als die formale Logik des Mittelalters, sondern bei ihnen nimmt der hypothetische und disjunctive Schluss genau eine Mittelstellung ein zwischen der Ansicht des Aristoteles, welcher mit vollem Rechte an dem Unwerthe jener Syllogismen festhält, und zwischen der Auffassung der formalen Logik, welche bloss auf das „Wenn" und das „Oder" sich wirft. Nemlich Theophrast und Eudemus gingen eben davon aus, dass, wie Aristoteles sagt, ein Zugeständniss oder eine anderweitige Voraussetzung als feststehender Satz zu einem Urtheile hinzutreten müsse, welches uns gerade dadurch, dass es hypothetisch oder disjunctiv ist, in Ungewissheit lässt; und jene verschiedenen Arten und Weisen nun, oder jene Formen, unter welchen ein derartiger fester Satz „dazugenommen werden" könne oder müsse, sind hier dann der Gegenstand der Theorie der hypothetischen und disjunctiven Schlüsse. Also nicht die Form des Obersatzes, wie in der formalen Logik, sondern die Form der Verbindung eines dergleichen unbestimmten Obersatzes mit einem diese Unbestimmtheit aufhebenden Untersatze ist hier das Motiv der Behandlung solcher Syllogismen. Und hierauf beruht auch folgender wesentliche bis in die letzten Stadien der antiken Logik fortlebende Unterschied dieser Theorie des hypothetischen und disjunctiven Schlusses von der im Mittelalter üblich gewordenen Theorie: nemlich es findet sich keine Spur jener Auffassung, dass der disjunctive Schluss als dritte Species neben dem kategorischen als erster und dem hypothetischen als zweiter Species coordinirt stehe, sondern der disjunctive Schluss und der im engeren Sinne hypothetisch genannte Schluss sind zusammen die beiden Unterarten, welche gemeinschaftlich unter das im weiteren Sinne so genannte Hypothetische fallen, weil nemlich die Voraussetzung in beiden Fällen die „Hinzunahme" eines als fest geltenden Satzes bedarf; so dass hier, wenn auch das allzu grosse Gewicht, welches auf die äussere Form statt auf die innere Beweiskraft gelegt wird, getadelt werden muss, doch noch jener zulässige Grund vorliegt, dass in der Logik von der Form gesprochen werde, in welcher eine Voraussetzung überwunden wird, wogegen der Blödsinn der Stoiker und der formalen Logik dem blossen Dasein einer Voraussetzung und der Form derselben einen selbstständigen logischen Werth beilegte und so die logische Unbestimmtheit, welche in dem Wenn und Oder liegt, gar nicht mehr merkte. — Jene Auffassung nun des hypothetischen und disjunctiven Schlusses bei Theophrast und Eudemus wird uns durch folgendes Detail klar werden.

Zunächst nemlich sind jene Syllogismen auszuscheiden, welche Theophrast als Schlüsse *κατὰ πρόςληψιν* bezeichnete, eine Benennung welche wegen des bei den Stoikern für den hypothetischen Schluss üblich gewordenen technischen Ausdruckes *πρόςληψις* manche Verwirrung in die Ueberlieferung gebracht hat (s. Anm. 67). Die von Theophrast so benannten Schlüsse stehen wegen jenes „Hinzunehmens" eines anderweitigen Gliedes in innerer Beziehung mit der Geltung, welche der hypothetische Syllogismus bei ihm hat, aber der Form nach bilden sie ein Mittelglied zwischen dem kategorischen und hypothetischen Schlusse. Die Sache ist folgende: schon Aristoteles hatte gelehrt, dass das Urtheil „Alles, dessen Prädicat A ist, hat auch B als Prädicat" zum Zwecke eines zu bildenden Syllogismus in dem Sinne genommen werde, als hiesse es „Alles, dessen allgemeines Prädicat A ist, hat auch B als Prädicat", und dass demnach ein Prädicat, ohne als allgemeines ausgesprochen zu sein, doch als allgemeines genommen werde, woferne ein Schluss erreicht werden wolle (Abschn. IV, Anm. 602). In der Art und Weise nun, wie in solchen Fällen ein Prädicat als allgemein geltend genommen und hiedurch eine festere Bestimmung gewonnen wird, erblickte Theophrast eine eigene Form des Schliessens und eine Verbindung von Urtheilen wie z. B.

Von Allen, wovon A gilt, gilt auch B
Von C aber gilt A

Von C gilt B

nannte er, allerdings mit dem Zugeständnisse, dass Solches nur der Redeform nach sich vom Kategorischen unterscheide, einen Syllogismus *κατὰ πρόςληψιν*, insoferne hier Etwas, was in dem unbestimmteren Obersatze nicht ausgesprochen war, hinzugenommen wird, also das „Von C aber gilt A" eine *πρόςληψις* ist [55]). Ja, welch selbstständige Geltung

55) *Alex. ad An. pr. f.* 107 a., woselbst in Bezug auf den Unterschied zwischen *προςλαμβανόμενον* und *μεταλαμβανόμενον* (s. Anm. 65.) von dem ersteren ge-

Theophrast auch hier der Form der Verbindung der Urtheile zuwies, sehen wir daraus, dass er diese Schlüsse *κατὰ πρόςληψιν* in drei Arten eintheilte, welche den drei Figuren des kategorischen Schlusses entsprechen, nemlich:

I Von Allem, wovon A gilt, gilt B
II Alles, was von A gilt, gilt auch von B
III Von Allem, wovon A gilt, gilt auch B

wobei er dann diese äussere Form in Betreff ihrer inneren Geltung auf die entsprechende kategorische Figur zurückführte[56]).

---

sagt wird: *προςλαμβανόμενον δὲ λέγουσιν, ἐφ' ὧν τοῖς κειμένοις ἔξωθέν τι προστίθεται, δυνάμει πως ἐν αὐτοῖς περιεχόμενον, οὐ μὴν ἐνεργείᾳ, ὡς ἔχει ἐπὶ τῶν κατὰ πρόςληψιν γιγνομένων συλλογισμῶν· ἐν γὰρ τῷ „καθ' οὗ τὸ B, κατ' ἐκείνου τὸ A, κατὰ δὲ τοῦ Γ τὸ B" ἔξωθεν τὸ „κατὰ δὲ τοῦ Γ τὸ B" προςείληπται, οὐ γὰρ ἔκειτο ἐνεργείᾳ ἐν τῇ προτάσει τῇ „καθ' οὗ τὸ B, κατ' ἐκείνου τὸ A" τὸ κατὰ τοῦ Γ τὸ B λέγεσθαι.* Ebend. *f.* 155 b.: *ὃ λέγει* (sc. *Ἀριστ.*), *τοιοῦτόν ἐστιν, ὅτι ἐν ταῖς τοιαύταις προτάσεσιν, αἳ δυνάμει τοὺς τρεῖς ὅρους ἐν αὑταῖς ἔχουσιν, ὁποῖαί εἰσιν ἃς ἐξέθετο νῦν — ὁποῖαί εἰσιν αἱ κατὰ πρόςληψιν ὑπὸ Θεοφράστου λεγόμεναι, αὗται γὰρ τοὺς τρεῖς ὅρους ἔχουσί πως· ἐν γὰρ τῇ „καθ' οὗ τὸ B παντὸς, κατ' ἐκείνου καὶ τὸ A παντός" ἐν τοῖς δύο ὅροις τῷ τε B καὶ τῷ A τοῖς ὡρισμένοις ἤδη πως περιείληπται καὶ ὁ τρίτος, καθ' οὗ τὸ B κατηγορεῖται, πλὴν οὐχ ὁμοίως ἐκείνοις ὡρισμένος φανερός —, ἐν δὴ ταῖς τοιαύταις προτάσεσιν, αἳ τῇ λέξει μόνον τῶν κατηγορικῶν διαφέρειν δοκοῦσιν, ὡς ἔδειξεν ἐν τῷ περὶ Καταφάσεως Θεόφραστος, φησὶν ὅτι ἡ οὕτως λαμβανομένη ὅτι „καθ' οὗ τὸ B παντὸς, κατ' ἐκείνου τὸ A παντός" σημαίνει καθ' ὧν τὸ B λέγεται, κατὰ πάντων τούτων λέγεσθαι καὶ τὸ A· τοῦτο γὰρ ἐδείχθη· διὸ εἰ μὲν εἴη τῷ B τὸ „κατὰ παντός" προςκείμενον, καὶ τὸ A κατὰ παντὸς ἔσται τοῦ B. οὕτως δὲ καὶ καθ' ὧν κατηγορεῖται τὸ B, κατηγορηθήσεται καὶ τὸ A. εἰ δὲ μὴ εἴη τῷ B τὸ „κατὰ παντός" προςκείμενον ἐν τῇ κατὰ πρόςληψιν προτάσει, ἀλλ' ἀδιορίστως λαμβάνοιτο, οὐκέτι τὸ A κατὰ παντὸς κατηγορηθήσεται τοῦ B ......* (*f.* 156 a.) *ὁ μέντοι Θεόφραστος ἐν τῷ περὶ Καταφάσεως τὴν „καθ' οὗ τὸ B, τὸ A" ὡς ἴσον δυναμένην λαμβάνει τῇ „καθ' οὗ παντὸς τὸ B, κατ' ἐκείνου παντὸς τὸ A"* (Diess letztere ist eben auch die oben angegebene Auffassung des Arist.). Ziemlich richtig bezeichnet das Verhältniss dieser Syllogismen zu den kategorischen und hypothetischen *Philop. ad An. pr. f.* CII a.: *εἰδέναι δεῖ ὅτι ἐπὶ τῶν κατὰ πρόςληψιν συλλογισμῶν ὁ εἷς ὅρος ἀόριστος ὢν ὕστερον ὁρίζεται. „ᾧ τὸ A οὐδενὶ, τούτῳ τὸ B παντί"· ἰδοὺ ἀόριστον ἐλάβομεν τὸν ἔσχατον ὅρον, ὕστερον δὲ ὁρίζεται, ὅταν εἴπωμεν „τῷ δὲ Γ τὸ A οὐδενὶ, τούτῳ οὐκοῦν τὸ B παντί." κοινωνοῦσι δὲ οἱ κατὰ πρόςληψιν συλλογισμοὶ τοῖς τε κατηγορικοῖς καὶ τοῖς ὑποθετικοῖς, ὁμοίως δὲ διαφέρουσιν. καὶ τοῖς κατηγορικοῖς μὲν κοινωνοῦσιν ὅτι ὁ εἰς τὰ τρία σχήματα κατὰ πρόςληψιν* (s. d. folgende Anm.) *τρεῖς ἔχει ὅρους· διαφέρει δὲ ὅτι εἷς ὅρος πάντως τὸ πρῶτον ἀόριστόν ἐστι καὶ ὀφείλουσιν ἐξ ὁμολογίας προσεῖναι αἱ προτάσεις· τῶν δὲ ὑποθετικῶν κοινωνοῦσι, καθὸ οὐ συμπέρασμα συνάγουσιν ἀλλὰ πρότασιν, λέγοντες τούτῳ τὸ B παντὶ, ὥστε εἶναι παντὶ τῷ Γ τὸ B, ὥσπερ καὶ οἱ ὑποθετικοί· διαφέρουσι δὲ καθὸ κοινωνοῦσι τοῖς κατηγορικοῖς.* *Schol. Anon. b. Brand.* 190 a. 18.: *αὕτη ἐστὶν ἡ κατὰ πρόςληψιν πρότασις· κατὰ πρόςληψιν δέ καλεῖται ὅτι τοῦ ἐν τῇ συνθέτῳ προτάσει ἀορίστου ὅρου, τουτέστι τοῦ μέσου, ὁρισθέντος τε καὶ προςληφθέντος ὁ συλλογισμὸς ἐπιτελεῖται καὶ γνώριμον ἐπιφέρεται τὸ συμπέρασμα. ἔοικε δὲ ἡ τοιαύτη πρότασις ὑποθετικῷ συλλογισμῷ τῷ συνημμένῳ.* *Ps.-Galen. Εἰς. διαλ.* p. 57.: *ἔτι δὲ καὶ περὶ τῶν κατὰ πρόςληψιν ὀνομαζομένων συλλογισμῶν οἱ ἐκ τοῦ Περιπάτου γεγράφασιν ὡς χρησίμων.*

56) *Schol. Anon. b. Brand.* 189 b. 43.: *ὑπογράφει οὖν ἡμῖν εἶδος ἕτερον προτάσεων, ὅπερ ὁ Θεόφραστος καλεῖ κατὰ πρόςληψιν. σύγκειται δὲ αἱ*

Dieses nemliche Verhältniss nun, dass zu einer unbestimmteren Aussage ein bestimmterer Satz „hinzugenommen" wird, liegt bei den nächsten Nachfolgern des Aristoteles auch der Lehre von den hypothetischen und disjunctiven Schlüssen zu Grunde; nur heisst dieses Hinzunehmen hier nicht *πρόςληψις*, sondern *μετάληψις*, welche Benennung, wie wir sogleich sehen werden, ihren guten Grund hat. Schon Aristoteles selbst hatte (*An. pr.* I, 23 u. 29. Abschn. IV, Anm. 583 u. 592) den Ausdruck *τὸ μεταλαμβανόμενον* von jenen Schlüssen gebraucht, welche auf einer unbestimmten Voraussetzung beruhen, und welche er *συλλογισμοὺς ἐξ ὑποθέσεως* nannte, und es hatte das *μεταλαμβάνεσθαι* schon bei ihm entschieden den Sinn, dass irgend Etwas an der mit Unsicherheit und Unbestimmtheit ausgedrückten Voraussetzung nun „in andrer Wendung („*μετα*-") dazugenommen werden" müsse, um auf dieses hin zu einem Schlusse gelangen zu können. (Eine weitere Ausführung der verschiedenen Arten solcher Voraussetzungen, welche Aristoteles selbst einmal *An. pr.* I, 44 verspricht, vermissten bereits die Commentatoren.) Aber jedenfalls bestand Aristoteles auf der Ansicht, dass, wenn auch ein Bestandtheil einer Voraussetzung in bestimmterer Fassung hinzugenommen werde, doch das Ganze der Voraussetzung auf einem blossen Zugeständnisse beruhe (z. B. der Bestand des Causalnexus zwischen Vorder- und Nach-Satz in einem hypothetischen Urtheile oder die erschöpfte Möglichkeit in einem disjunctiven Urtheile muss eben kurzweg zugestanden werden, wenn je ein Schluss erreicht werden soll), und darum hat diese ganze precäre Art der Aussage für Aristoteles keinen apodiktischen Werth. Theophrast hingegen legte auch hier, absehend von der Bedeutung des Apodiktischen, alles Gewicht auf die Form einer solchen Verbindung von Urtheilen, wenn er gleich selbst zugestand, dass auch die hinzugenommene bestimmtere Aussage selbst entweder wieder eine blosse Voraussetzung und eines Inductions- oder syllogistischen Beweises bedürftig sein oder auf klarem Augenschein beruhen könne [57]), und es

---

τοιαῦται προτάσεις ἐξ ἀορίστου τοῦ μέσου καὶ ὡρισμένων τῶν ἄκρων δύο ὅρων, οἷον ἐν μὲν τῷ α' σχήματι, ὃ κατὰ τοῦ Γ, κατ' ἐκείνου τὸ Α· ἐν δὲ τῷ δευτέρῳ, ὃ κατὰ τοῦ Α, τοῦτο καὶ κατὰ τοῦ Β· ἐν δὲ τῷ γ', καθ' οὗ τὸ Α, κατ' ἐκείνου τὸ Β. δοκοῦσιν οὖν αἱ τοιαῦται προτάσεις μὴ εἶναι ἁπλαῖ ἀλλὰ δυνάμει περιληπτικαὶ εἶναι συλλογισμοῦ· λέγει δὲ ὁ Θεόφραστος ὅτι δυνάμει ἴση ἐστὶ τῇ κατηγορικῇ· οὐδὲν γὰρ διαφέρειν τὸ λέγειν „τὸ Α κατ' οὐδενὸς τοῦ Β" τοῦ λέγειν „καθ' οὗ τὸ Β παντὸς, κατ' οὐδενὸς ἐκείνου τὸ Α" ἢ πάλιν τὸ λέγειν „τὸ Α κατὰ παντὸς τοῦ Β" τοῦ λέγειν „καθ' οὗ τὸ Β παντὸς, κατ' ἐκείνου καὶ τὸ Α παντός". In jener Stelle des Aristoteles (*An. pr.* II, 5, 58 b. 10), auf welche sich diese Erklärung des Anonymus bezieht, ist Waitz mit Recht dem *Cod.* A gefolgt, welcher die in allen übrigen Handschrr. enthaltenen Worte *διὰ προςλήψεως δ' ἔστιν* allein auslässt; denn *πρόςληψις* hat eben bei Arist. noch nicht jene technische Bedeutung wie bei Theophrast.

57) *Alex. ad An. pr. f.* 160 a.: *καὶ Θεόφραστος ἐν τῷ πρώτῳ τῶν Προτέρων Ἀναλυτικῶν λέγει τὸ προςλαμβανόμενον* (Alex. gebraucht hier in Folge eines unten, Anm. 68, zu erwähnenden Umstandes *προςλαμβανόμενον* gleichbedeutend mit *μεταλαμβανόμενον*, und es steht auch letzteres Wort in dem Satze vorher, wo von der nemlichen Sache in Bezug auf die aristotelische Lehre die Rede ist) *ἢ δι' ἐπαγωγῆς τίθεσθαι ἢ καὶ αὐτὸ ἐξ ὑποθέσεως ἢ δι' ἐναργίας ἢ διὰ συλλογισμῶν*. S. auch Anm. 69. Uebrigens bleibt Theophrast in Gebrauch und Bedeutung des Wortes *ἀξίωμα* dem Aristoteles noch treu, insoferne

suchten Theophrast und Eudemus die möglichen Fälle betreffs der Voraussetzungen und der für sie hinzuzunehmenden bestimmteren Aussagen in eine Theorie zu bringen. Dass die hieraus fliessende Lehre vom hypothetischen und disjunctiven Syllogismus wirklich auf Theophrast und Eudemus als ihre Urheber zurückzuführen sei, müssen wir einerseits aus einer Stelle bei Alexander Aphr. schliessen, in welcher derselbe sämmtliche nun von uns näher zu besprechende Arten von Voraussetzungs-Schlüssen aufführt und die Bemerkung, dass sie von Aristoteles nicht behandelt worden seien, direct mit der Nennung jener beiden Peripatetiker in Verbindung bringt[58]), — zumal wenn wir hiemit die Notiz zusammenhalten, dass über jene Schlüsse die Schüler des Aristoteles, nemlich Theophrast und Eudemus und deren Genossen, sowie später auch die Stoiker, umfangreiche Bücher geschrieben haben[59]) —, und andrerseits daraus, dass die Eine Art solcher Schlüsse mit aller Bestimmtheit in der Tradition an den Namen des Theophrastos geknüpft ist (s. Anm. 61 u. 69), derselbe also wohl sicher auch die übrigen in gleicher Weise behandelt haben wird. Wer jedoch hartnäckig es nicht glauben wollte, dass diese Voraussetzungsschlüsse wirklich den älteren

---

er dasselbe eben auf die unbewiesenen Voraussetzungen, deren Zugeständniss von selbst zugemuthet wird, beschränkt. *Themist. ad An. post. f.* 2 a.: *ὁ γὰρ Θεόφραστος οὕτως ὁρίζεται τὸ ἀξίωμα „τὸ ἀξίωμά ἐστι δόξα τις, ἡ μὲν ἐν τοῖς ὁμογενέσιν, ἐὰν ἴσα ἀπ' ἴσων, ἡ δὲ ἁπλῶς ἐν ἅπασιν", οἷον τὴν κατάφασιν ἢ τὴν ἀπόφασιν, ταῦτα γὰρ καθάπερ σύμφυτα καὶ κοινὰ πᾶσι* (Diess verglichen mit Arist. *An. post.* I, 2, 72 a. 17. 7, 75 a. 42. 10, 76 b. 14. *Metaph. B,* 2, 997 a. 5), so dass hier noch *ἀξίωμα* einen Unterschied, oder vielmehr Gegensatz, von *πρότασις* bildet, wohingegen bei den Stoikern *ἀξίωμα* schlechthin das Urtheil bedeutet.

58) Ebend. *f.* 160 b.: *Εἰπὼν* (sc. *Ἀριστ.*) *περὶ τῶν ἐξ ὁμολογίας καὶ τῶν διὰ τῆς εἰς ἀδύνατον ἀπαγωγῆς λέγει καὶ ἄλλους πολλοὺς ἐξ ὑποθέσεως περαίνεσθαι, περὶ ὧν ὑπερτίθεται μὲν ὡς ἐρῶν ἐπιμελέστερον, οὐ μὴν φέρεται αὐτοῦ σύγγραμμα περὶ αὐτῶν. Θεόφραστος δ' αὐτῶν ἐν τοῖς ἰδίοις Ἀναλυτικοῖς μνημονεύει, ἀλλὰ καὶ Εὔδημος καί τινες ἄλλοι τῶν ἑταίρων αὐτοῦ. λέγοι δ' ἂν τούς τε διὰ συνεχῶν, ὃ καὶ συνημμένον λέγεται* (Anm. 70), *καὶ τῆς προςλήψεως ὑποθετικοὺς* (Anm. 55 u. 56), *καὶ τοὺς διὰ τοῦ διαιρετικοῦ τε καὶ συνεζευγμένου* (Anm. 72) *ἢ καὶ τοὺς διὰ ἀποφατικῆς συμπλοκῆς* (Anm. 71). *εἰ ἄρα οὗτοι τῶν προειρημένων, παρὰ τοὺς εἰρημένους εἶεν ἂν καὶ οἱ ἐξ ἀναλογίας* (Anm. 61) *καὶ οὓς λέγουσι κατὰ ποιότητα τοὺς ἀπὸ τοῦ μᾶλλον καὶ ἧττον καὶ ὁμοίως* (Anm. 74), *καὶ εἴ τινες ἄλλαι τῶν ἐξ ὑποθέσεως διαφοραὶ προτάσεων εἰσί.*

59) *Philop. ad An. pr. f.* LX a.: *ἐπειδὴ δὲ ὁ μὲν Ἀριστοτέλης τοσοῦτον εἰπὼν περὶ τῶν ὑποθετικῶν ἐπαύσατο καὶ οὐδὲν ἡμᾶς περὶ αὐτῶν ἐδίδαξεν, ἀλλὰ τὴν πᾶσαν σπουδὴν περὶ τοῦ κατηγορικοῦ συλλογισμοῦ ἐποιήσατο, ἅτε δὴ τούτων μὲν τελείων ὄντων καὶ μηδενὸς ἔξωθεν δεομένων, τῶν δὲ ὑποθετικῶν δεομένων τῶν κατηγορικῶν, εἴπωμεν ἡμεῖς βραχέα περὶ αὐτῶν. ἰστέον γὰρ ὅτι πολυστίχους πραγματείας περὶ τούτων κατεβάλοντν οἵ τε μαθηταὶ τοῦ Ἀριστοτέλους οἱ περὶ Θεόφραστον καὶ Εὔδημον καὶ τοὺς ἄλλους καὶ ἔτι οἱ Στωϊκοί.* worauf dann die Darlegung des in Anm. 70—72 von uns Entwickelten folgt. Merkwürdig ist die Art und Weise, wie *Boeth. d. Syll. hypoth.* p. 606. (*ed. Basil.* 1570.) zwischen Theophrast und Eudemus unterscheidet: *de hypotheticis syllogismis saepe quaerebas, in quibus ab Aristotele nihil est conscriptum; Theophrastus vero, vir omnis doctrinae capax rerum tantum summas exsequitur, Eudemus latiorem docendi graditur viam, sed ita ut veluti quaedam semina sparsisse, nullum tamen frugis videatur extulisse proventum.* Betreffs eines späteren solchen *proventus frugis* aber s. Abschn. IX, Anm. 5.

Peripatetikern angehören, könnte sich hievon wohl aus der läppischen Weise überzeugen, in welcher diese Syllogismen von den Stoikern in die sogenannten *ἀναπόδεικτοι* (s. Abschn. VI, Anm. 182 f.) verwandelt werden, da jener stoische Unsinn offenbar auf einem verstandlosen Ausschreiben einer älteren Doctrin beruhen muss, diese aber keine andere als eben die peripatetische sein kann. Wir dürfen wohl mit Sicherheit annehmen, dass in Folge des commentirenden Verfahrens in der Theophrastischen Analytik die Lehre von den Voraussetzungsschlüssen gerade an jener Stelle eingefügt war, welche dem 23. Cap. des I. Buches der aristotelischen Analytik entsprach (vgl. Anm. 57, 59, 61, 69).

Die Neigung der ältesten Peripatetiker nun, die blosse Form des Voraussetzungs-Urtheiles zum Ausgangspunkte für die Aufstellung einer eigenen Schluss-Form zu machen, erkennen wir deutlich in jenen Syllogismen, welche *δι' ὅλου* (oder *δι' ὅλων*) *ὑποθετικοὶ* oder *διὰ τριῶν ὑποθετικοὶ* hiessen[60]. Es sind diess nemlich Schlüsse, welche aus zwei Conditional-Sätzen bestehen, und durch welche ein oberer Conditional-Nexus mit einem unteren vermittelst eines mittleren verbunden werden soll, also in der Form:

Wenn A ist, ist B
Wenn B ist, ist C
―――――――――
Wenn A ist, ist C

60) *Philop.* ebend.: *καθόλου πᾶς συλλογισμὸς ἢ τὸ ἔστιν ἢ τὸ οὐκ ἔστι δείκνυσιν ἢ τίνος ὄντος τί ἔστιν ἢ τί οὐκ ἔστιν ἢ τίνος μὴ ὄντος τί ἔστιν ἢ τί οὐκ ἔστιν. οἱ μὲν οὖν τίνος ὄντος ἢ μὴ ὄντος τί οὐκ ἔστιν ἢ τί ἔσιι δεικνύντες οὗτοι καλοῦνται διὰ τριῶν καὶ δι' ὅλων ὑποθετικοί· δι' ὅλων μὲν ὅτι πᾶσαι αἱ παραλαμβανόμεναι προτάσεις ὑποθετικαί· διὰ τριῶν δὲ ὅτι τοὐλάχιστον οὗτοι οἱ συλλογισμοὶ διὰ τριῶν ὑποθέσεων περαίνονται, οἷον βούλομαι δεῖξαι ὅτι τῇ ὑποθέσει τῇ λεγούσῃ ἀγαθὸν εἶναι τὸν θεὸν ἀκολουθεῖ τὸ ἀΐδιον εἶναι τό πᾶν· ἐπειδὴ οὖν δύο ταύτας ὑποθέσεις βούλομαι δεῖξαι ἑπομένας ἀλλήλαις, πᾶσα ἀνάγκη δι' ἑτέρου τοῦτο κατασκευάσαι, ἐπεὶ, εἰ αὐτόθεν τοῦτο λάβοιμεν, τὸ ἐν ἀρχῇ πάλιν αἰτησόμεθα· οὐκοῦν χρεία ἡμῖν πλειόνων ἢ τοὐλάχιστον ἄλλης μιᾶς ὑποθέσεως, δι' ἧς μέσης ταύτας ἀλλήλαις συνάψομεν, οἷον ἵνα εἴπωμεν οὕτως· εἰ ὁ θεὸς ἀγαθὸς, ἀγαθοποιεῖ· εἰ ἀγαθοποιεῖ, ἀΐδια ποιεῖ· εἰ ὁ θεὸς ἄρα ἀγαθὸς, ἀΐδια ποιεῖ. ὁμοίως ἔχουσι καὶ οἱ τίνος ὄντος τί οὐκ ἔστι κατασκευάζοντες, οἷον εἰ ὁ θεὸς ἀγαθὸς, δίκαιος· εἰ δίκαιος, εἰσὶ τὰ* (der gedruckte Text hat falsch: *οιον εἰ ὁ θεὸς δίκαιος, ἀγαθός· εἰ ἀγαθὸς, εἰσὶ τὰ*) *ἐν ᾅδου δικαιωτήρια· εἰ δὲ τοῦτο, οὐκ εἰσὶ θνηταὶ αἱ ψυχαὶ τῶν ἀνθρώπων· εἰ ὁ θεὸς ἄρα ἀγαθὸς, οὐκ εἰσὶ θνηταὶ αἱ τῶν ἀνθρώπων ψυχαί. ἔτι τίνος μὴ ὄντος τί ἔστιν ἢ τί οὐκ ἔστιν, οἷον ὡς ἐπὶ τῶν αὐτῶν· εἰ μὴ ἐστὶν ἄδικον τὸ θεῖον, εἰσὶ τὰ ἐν ᾅδου δικαιωτήρια· εἰ τοῦτο, ἀθάνατοι αἱ τῶν ἀνθρώπων ψυχαὶ καὶ οὐκ εἰσὶ θνηταί· εἰ μὴ ἐστὶν ἄρα ἄδικον τὸ θεῖον, ἀθάνατοί εἰσιν αἱ τῶν ἀνθρώπων ψυχαὶ καὶ οὐκ εἰσὶ θνηταί. σκόπει δὲ ὅτι διὰ πάντων τούτων ὅτι οὐ τὸ εἶναί τι ἁπλῶς ἢ μὴ εἶναι κατεσκευάσαμεν, ἀλλ' ὅτι τῷδε ὑποτεθέντι τόδε ἀκολουθεῖ, καὶ ἐπειδὴ οὐδαμοῦ τὸ εἶναι τόδε ἢ μὴ εἶναι ἀπεδείξαμεν, εἰκότως δι' ὅλου ὑποθετικαὶ καλοῦνται.* Ebend. *f.* CI a: *πρῶτον διὰ τοῦ διὰ τριῶν συλλογισμοῦ, οἷον εἰ τοῦ Α λευκοῦ ὄντος, ἀνάγκη τὸ Β μέγα εἶναι, τοῦ δὲ Β μεγάλου, ἀνάγκη τὸ Γ μὴ εἶναι λευκὸν, ὥστε τοῦ Α ὄντος λευκοῦ τὸ Γ μὴ εἶναι λευκόν. οὗτος μὲν ὁ διὰ τοῦ διὰ τριῶν συλλογισμός ..... διὰ τριῶν δὲ ἐκλήθη δτι λαμβάνει τοὺς ὅρους καὶ τὸν ἐλάττονα ἄκρον ὑποθετικὸν καὶ τὸν μείζονα. οὔτε οὖν ὑποθετικὸς ὁ συλλογισμὸς ὅτι ἔχει τρεῖς ὅρους οὔτε κατηγορικὸς ὅτι ὑποθετικαί εἰσιν αἱ προτάσεις. διὰ τοῦτο διὰ τριῶν ἐκλήθη.*

und es rechtfertigt sich die Bezeichnung *δι' ὅλου ὑποθετικὸς συλλογισμός* dadurch, dass die Hypothesis durch die beiden Prämissen bis in den Schlusssatz hinein sich fortsetzt, wobei natürlich die Form eines solchen Schliessens unverändert bleibt, wenn auch die einzelnen Glieder der Prämissen negativ sind; es geht also der Schluss nur auf den Conditional-Nexus zwischen irgend einem Vorhandensein oder Nichtvorhandensein und irgend einem anderen Vorhandensein und Nichtvorhandensein (*τίνος ὄντος ἢ μὴ ὄντος τί ἔστιν ἢ οὐκ ἔστιν*). Die Bezeichnung *διὰ τριῶν ὑποθετικὸς* hingegen beruht in der Gleichmässigkeit, in welche betreffs der Form dieser Conditional-Schluss mit dem kategorischen gebracht worden war. Und zwar gerade in dieser letzteren Beziehung hat Theophrast, welcher diese Voraussetzungs-Schlüsse *συλλογισμοὺς κατ' ἀναλογίαν* nannte (etwa in dieser Benennung abweichend von Eudemus oder Anderen?), die Theorie derselben ausgebildet[61]); nemlich er reducirte,

---

61) Die Hauptstelle hierüber ist *Alex. ad An. pr. f.* 134 a—b.; nur entwickelt Alexander die drei Figuren dieser Voraussetzungs-Schlüsse zuerst nach seiner Ansicht (welche mit der aristotelischen Reihenfolge der drei Figuren des kategorischen Schlusses übereinstimmt), und fügt dann erst hinzu, dass hier Theophrast die zweite Figur zur dritten gemacht habe und umgekehrt; nemlich: *δόξουσι γὰρ οἱ δι' ὅλων ὑποθετικοὶ, οὓς Θεόφραστος κατὰ ἀναλογίαν λέγει, οἷοί εἰσιν οἱ διὰ τριῶν λεγόμενοι, μηκέτι ὑποπίπτειν τῇ διὰ τῆς ἐκλογῆς* (sc. *τῶν ὅρων*. An. pr. I, 29.) *δείξει· λέγει δὲ αὐτοὺς ὁ Θεόφραστος κατὰ ἀναλογίαν, ἐπειδὴ αἵ τε προτάσεις ἀνάλογοι καὶ τὸ συμπέρασμα ταῖς προτάσεσιν· ἐν πᾶσι γὰρ αὐτοῖς ὁμοιότης ἐστίν .... ἀνάγονται μέντοι καὶ οἱ δι' ὅλων ὑποθετικοὶ εἰς τὰ τρία τὰ προειρημένα σχήματα ἄλλῳ τρόπῳ, ὡς καὶ Θεόφραστος δέδειχεν ἐν τῷ πρώτῳ τῶν Προτέρων Ἀναλυτικῶν. ἔστι δὲ δι' ὅλων ὑποθετικὸς τοιοῦτος· εἰ τὸ Α, τὸ Β· εἰ τὸ Β, τὸ Γ· εἰ ἄρα τὸ Α, τὸ Γ· τούτων γὰρ καὶ τὸ συμπέρασμα ὑποθετικὸν, οἷον εἰ ἄνθρωπός ἐστι, ζῷόν ἐστιν· εἰ ζῷόν ἐστιν, οὐσία ἐστίν· εἰ ἄρα ἄνθρωπός ἐστιν, οὐσία ἐστίν. ἐπεὶ τοίνυν δεῖ καὶ ἐν τούτοις μέσον τινὰ ὅρον εἶναι, καθ' ὃν συνάπτουσιν αἱ προτάσεις ἀλλήλαις (ἄλλως γὰρ ἀδύνατον καὶ ἐπὶ τούτων συνακτικὴν συζυγίαν γίνεσθαι), οὗτος ὁ μέσος τριχῶς καὶ ἐν ταῖς τοιαύταις συζυγίαις τεθήσεται. Ὅταν μὲν γὰρ ἐν ᾗ μὲν τῶν προτάσεων λήγῃ ἐν ᾗ δὲ ἄρχεται, τὸ πρῶτον ἔσται σχῆμα· οὕτως γὰρ ἕξει ὡς καὶ ὅτε τοῦ μὲν τῶν ἄκρων κατηγοροῖτο τῷ δὲ ὑπέκειτο· ἀνάλογον γὰρ τὸ μὲν λήγειν καὶ ἕπεσθαι τῷ κατηγορεῖσθαι, τὸ δὲ ἄρχεσθαι τῷ ὑποκεῖσθαι, ὑπόκειται γάρ πως τῷ ἐπιφερομένῳ αὐτῷ. οὕτως γὰρ ληφθέντος τοῦ μέσου συμπέρασμα ἔσται, ὃ ἄρχεται ἀφ' οὗ ἤρχετο καὶ ἡ πρώτη πρότασις, λήγει δὲ εἰς ὃ ἔληγεν ἡ δευτέρα, τὴν μὲν τοῦ κατηγορουμένου χώραν ἐν τῷ συμπεράσματι τοῦ ἑπομένου λαμβάνοντος, τὴν δὲ τοῦ ὑποκειμένου τοῦ ἡγουμένου· οἷον· εἰ τὸ Α, τὸ Β εἰ τὸ Β, τὸ Γ· εἰ ἄρα τὸ Α, τὸ Γ. δύναται ἐπὶ τῇ τοιαύτῃ συζυγίᾳ καὶ ἀνάπαλιν ληφθῆναι τὸ συμπέρασμα, ὥστε μὴ ἑπόμενον εἶναι ἀλλ' ἡγούμενον, οὐ μὴν ἁπλῶς ἀλλὰ σὺν ἀντιθέσει· συναχθέντος γὰρ τοῦ „εἰ τὸ Α, τὸ Γ" συνάγεται καὶ τὸ „εἰ μὴ τὸ Γ, οὐδὲ τὸ Α". Εἰ δὲ ἀπὸ διαφόρων ἀρχόμεναι αἱ ὑποθετικαὶ προτάσεις λήγοιεν εἰς ταὐτὸ, ἔσται τὸ τοιοῦτον σχῆμα δεύτερον, ἀνάλογον ὂν τῷ ἐν τοῖς κατηγορικοῖς δευτέρῳ, ἐν οἷς ὁ μέσος ὅρος ἀμφοτέρων τῶν ἄκρων κατηγορεῖτο· ἐπεὶ γὰρ ἐν τοῖς ὑποθετικοῖς τὸ ἑπόμενον κατηγορουμένου χώραν ἔχει, ὅταν ταῖς δύο προτάσεσι ταὐτὸν ἑπόμενον λαμβάνηται, τὸ πρῶτον* (l. *δεύτερον*) *ἔσται σχῆμα· συλλογιστικὴ δὲ ἡ συζυγία, ἐὰν ἀντικειμένως ἑπόμενον ἑκατέρῳ τῶν ἡγουμένων λαμβάνηται· οἷον· εἰ τὸ Α, τὸ Γ· εἰ τὸ Β, οὐ τὸ Γ· τὸ γὰρ Γ μέσος ὢν ὅρος ἀντικειμένως εἴληπται ἑπόμενος τοῖς ἡγουμένοις τῷ τε Α καὶ τῷ Β, διὸ καὶ συνάγεται οὕτως ληφθέντων τὸ εἰ θάτερον τῶν ἀρχομένων, οὐ θάτερον· εἰ γὰρ τὸ Α, τὸ Γ· εἰ τὸ Γ, οὐ τὸ Β· εἰ ἄρα τὸ Α, οὐ τὸ Β, οἷον· εἰ ἄνθρωπος, ζῷον· εἰ λίθος, οὐ*

wie den Schluss *κατὰ πρόςληψιν*, so auch diesen auf die drei Figuren des kategorischen Schlusses, wornach sich ihm ergab:

I Wenn A ist, so ist B
Wenn B ist, so ist C
―――――――――――――――
Wenn A ist, so ist C
oder
Wenn C nicht ist, so ist auch A nicht

(Dem aufmerksamen Beobachter kann es nicht entgehen, dass hier der Mittelbegriff — das Vorhandensein des B — die nemliche Stellung hat, welche er in der sogenannten vierten Galenischen Figur einnimmt; wir werden diese Eigenthümlichkeit unten (Abschn. X, Anm. 19 u. 39) wieder treffen und dort aus einer Gleichgültigkeit betreffs der Gattung der Prämissen erklären müssen.)

II Wenn A ist, so ist B
Wenn A nicht ist, so ist C
―――――――――――――――
Wenn B ist, so ist C nicht
oder
Wenn C ist, so ist B nicht

(Warum hier Theophrast von dem Grundsatze des kategorischen Schlusses, dass in der II. Figur der Mittelbegriff beidemal Prädicat und in der III. beidemal Subject ist, abwich, lässt sich kaum errathen; dass er es that, ist mit aller Bestimmtheit überliefert.)

III Wenn A ist, so ist B
Wenn C ist, so ist B nicht
―――――――――――――――
Wenn A ist, so ist C nicht
oder
Wenn C ist, so ist A nicht.

Möglich ist es dass Theophrast selbst die einzelnen verschiedenen Schlussmodi in diesen drei Figuren untersuchte [62]; wir können es je-

---

ζῷον· εἰ ἄρα ἄνθρωπος, οὐ λίθος. Εἰ δέ γε ἀπὸ τοῦ αὐτοῦ ἀρχόμεναι αἱ προτάσεις λήγοιεν εἰς ἕτερα, ἔσται ἀνάλογον τοῦτο τὸ σχῆμα τῷ τρίτῳ· τὸ γὰρ ἡγούμενον ὑποκειμένου χώραν ἔχον ἐν ἀμφοτέραις ταῖς προτάσεσι ταὐτόν ἐστιν· ὅταν δὴ ἀντικειμένως τοῦτο ληφθῇ, συνακτικὸν ἔσται, οἷον· εἰ τὸ Α, τὸ Β· εἰ οὐ τὸ Α, τὸ Γ· συναχθήσεται γὰρ εἰ μὴ θάτερον τῶν ληγόντων, θάτερον· εἰ γὰρ οὐ τὸ Β, τὸ Γ· ἢ εἰ οὐ τὸ Γ, τὸ Β, οἷον· εἰ ἄνθρωπος, λογικόν· εἰ μὴ ἄνθρωπος, ἄλογον· εἰ μὴ λογικὸν ἄρα, ἄλογον. ταύτῃ τε οὖν ὅμοιαι ἐν τούτοις αἱ συμπλοκαὶ ταῖς ἐν τοῖς κατηγορικοῖς σχήμασιν οὖσαι εἰκότως ἂν εἰς ἐκείνας ἀνήγοντο, καὶ ἔτι ἡ γένεσις ἐπὶ τοῖς κατηγορικοῖς τῷ δευτέρῳ καὶ τρίτῳ σχήματι ἀπὸ τῶν ἀντιστροφῶν τῶν ἐν τῷ πρώτῳ προτάσεων, οὕτως δὲ καὶ ἐπὶ τούτοις τοῖς σχήμασι. ...... Θεόφραστος μέντοι ἐν τῷ πρώτῳ τῶν Ἀναλυτικῶν δεύτερον σχῆμα λέγει ἐν τοῖς δι' ὅλων εἶναι ὑποθετικοῖς εἶναι (l. ἐκεῖνο), ἐν ᾧ ἀρχόμεναι ἀπὸ τοῦ αὐτοῦ αἱ προτάσεις λήγουσιν εἰς ἕτερα, τρίτον δὲ, ἐν ᾧ ἀπὸ διαφόρων ἀρχόμεναι λήγουσιν εἰς ταὐτόν· ἀνάπαλιν δ' ἡμεῖς ἐξεθέμεθα. Vgl. die Stelle des *Alcinous* in Abschn. X, Anm. 79.

62) Höchstens könnte man Etwas dergleichen aus einer Stelle des Philoponus schliessen, welcher übrigens gleichfalls die von Alexander vorgezogene aristotelische Reihenfolge der II und III Figur einhält; derselbe berichtet nemlich die Reduction dieser Voraussetzungsschlüsse auf die drei kategorischen Figuren folgendermassen

doch um so mehr dem Leser selbst überlassen, dieselben aus der Tabelle der kategorischen Schlussmodi sich zusammenzustellen, da wir ja keinen sicheren Anhaltspunkt haben, ein solches Detail schon dem Theophrast zuzuschreiben. Jedenfalls aber darf man das Ganze nur als ein syllogistisches Spiel mit den Conditionalsätzen bezeichnen, und Alexander[63]) hat völlig Recht, wenn er diese Schlüsse als für die Apodeiktik zwecklose verwirft.

War nun hier schon die blosse Form der Voraussetzungs-Urtheile eine Veranlassung gewesen, um syllogistische Combinationen solcher Urtheile aufzustellen, so sind es hingegen die eigentlichen hypothetischen und disjunctiven Schlüsse, welche die in einer Voraussetzung liegende Unsicherheit und Unbestimmtheit durch Hinzunahme eines bestimmter gefassten Theiles der Voraussetzung überwinden und aufheben sollen; und es werden demnach zu diesem Behufe die Formen der Verbindung eines solchen hinzuzunehmenden Theiles mit der Voraussetzung untersucht. Hier also hat das *μεταλαμβάνειν* oder die *μετάληψις* ihr eigentliches Feld. Es soll nemlich hiebei nicht bloss auf einen Conditional-Nexus (*τίνος ὄντος ἢ μὴ τί ἔστιν ἢ οὔκ*), sondern wirklich auf ein Vorhandensein oder Stattfinden, auf ein *τί ἔστιν ἢ οὐκ ἔστι*, geschlossen wer-

---

(*ad An. pr. f.* LXXV a.): *δι᾽ ὅλου δὲ ὑποθετικοὺς ἐκάλει ὁ Θεόφραστος τοὺς καὶ τὰς προτάσεις καὶ τὸ συμπέρασμα ἐξ ὑποθέσεως λαμβάνοντας, οἷον· εἰ τὸ Α, καὶ τὸ Β· εἰ δὲ τὸ Β, καὶ τὸ Γ· εἰ τὸ Α ἄρα, καὶ τὸ Γ· σκόπει γὰρ ὅτι καὶ τὸ συμπέρασμα ἐξ ὑποθέσεως εἴληπται ..... ἔλεγε δὲ ὁ Θεόφραστος, ὅτι δύνανται καὶ οὗτοι ὑπὸ τὰ τρία σχήματα ἀνάγεσθαι· ὅταν γὰρ εἴπωμεν „εἰ τὸ Α, καὶ τὸ Β· εἰ τὸ Β, καὶ τὸ Γ“, εἶτα συμπεράνωμεν „εἰ τὸ Α ἄρα, καὶ τὸ Γ“, ἀναλογεῖ τὸ μὲν Α ἐλάττονι ὅρῳ καὶ ὑποκειμένῳ, τὸ δὲ Β μέσῳ, κατηγορουμένῳ μὲν τοῦ Α, ὑποκειμένῳ δὲ τῷ Γ, ὅπερ ἀναλογεῖ μείζονι ὅρῳ, ὥστε καὶ οὕτως ἔσται τὸ πρῶτον σχῆμα. Γίνεται πάλιν τὸ δεύτερον, ὅταν οὕτως εἴπω· εἰ τὸ Α, καὶ τὸ Β· εἰ μὴ τὸ Γ, οὐδὲ τὸ Β· εἰ μὴ τὸ Α ἄρα, οὐδὲ τὸ Γ. Ὁμοίως καὶ τὸ τρίτον οὕτως· εἰ μὴ τὸ Β, οὐδὲ τὸ Α· εἰ τὸ Β, καὶ τὸ Γ· εἰ μὴ τὸ Α ἄρα, οὐδὲ τὶ τῶν Γ. δυνατὸν δὲ καὶ κατηγορικὰς λαβεῖν ἀμφοτέρας.* Hiernach wäre bei Theophrast (welcher ja diese aristotelische Anordnung umkehrte):

II. Wenn A nicht ist, so ist auch B nicht
Wenn A ist, so ist C
———
Wenn B nicht ist, so ist auch einiges C nicht

und III. Wenn A ist, so ist B
Wenn C nicht ist, so ist auch B nicht
———
Wenn A nicht ist, so ist auch C nicht

in welch beiden wir jedenfalls bei gleichen Figuren andere Schlussmodi vor uns haben, als die obigen sind. Oder sollte diese ganze Abweichung vom Berichte Alexander's auf der Ungeschicklichkeit des Philoponus beruhen?

63) *ad An. pr. f.* 107 b.: *ἄχρηστον γὰρ πρὸς δεῖξιν καὶ θέσιν τοῦ εἶναι τὶ τὸ δι᾽ ὅλων ὑποθετικὸν τῶν συλλογισμῶν εἶδος, οὔτε γὰρ ὑπάρχειν τὶ τινὶ οὔτε μὴ ὑπάρχειν οὔτε καθόλου οὔτε ἐπὶ μέρους δείκνυται δι᾽ αὐτῶν ..... διὸ καὶ ἡ διὰ τριῶν ἀγωγὴ ὑγιὴς μὲν ἂν εἴη, ὡς δείκνυται, οὐ μὴν συλλογιστικὴ ἂν ἁπλῶς λέγοιτο.* Ebend. *f.* 134 a.: *ἢ οὐδὲ συλλογισμοὶ κυρίως καὶ ἁπλῶς ἐκεῖνοι, ἀλλὰ τὸ ὅλον τοῦτο ἐξ ὑποθέσεως συλλογισμοί, οὐδὲν γὰρ εἶναι ἢ μὴ εἶναι δεικνύουσιν· οἱ μὲν γὰρ προειρημένοι ἐξ ὑποθέσεως* (d. h. die nun sogleich zu betrachtenden eigentlichen hypothetischen und disjunctiven Schlüsse) *καὶ συλλογισμοί, δεικνύουσι γὰρ τὶ ὑπάρχειν ἢ μὴ ὑπάρχειν· οἱ δὲ τοιοῦτοι μηδὲν τοιοῦτον δεικνύοντες οὐκέτι οὐδὲ ἁπλῶς συλλογισμοί.*

den; die Voraussetzung aber enthält in dieser Beziehung wesentlich eine Unbestimmtheit in sich, indem sie irgend ein Stattfinden entweder an eine Bedingung knüpft, deren Vorhandensein ungewiss ist, oder innerhalb seiner selbst eine Möglichkeit mehrerer Fälle offen lässt, unter welchen es wieder ungewiss ist, welcher eben vorhanden sei, d. h. die Voraussetzung (*ὑπόθεσις*) ist entweder ein Conditionalsatz (*ἀκολουθία*) oder ein disjunctiver Satz (*διάζευξις*), in beiden Fällen aber enthält sie kein bestimmtes Stattfinden [64]), sondern dieses wird erst durch *μεταλαμβανόμενον* erreicht, indem entweder der bedingungsweise ausgesprochene Vordersatz des Conditional-Urtheiles nur in factisch bestimmter Fassung dazu genommen wird, oder die im disjunctiven Urtheile noch unbestimmte Möglichkeit mehrerer Fälle durch eine factisch bestimmte Aufstellung Eines Falles oder einiger Fälle aufgehoben wird, um durch dieses hinzugenommene Urtheil auch betreffs der übrigen Fälle irgend etwas Bestimmtes aussagen zu können; immer aber beruht die *μετάληψις* darauf, dass Etwas, was in dem unbestimmteren Obersatze schon ausgesprochen war, nun wiederum, aber nur in anderer factischer Fassung, dazugenommen wird [65]); und ausdrücklich ist überliefert, dass dieser technische Ausdruck (*τὸ μεταλαμβανόμενον*) nicht bloss von dem factisch ge-

---

64) *Philop. ad An. pr. f.* LX b.: *περὶ δὲ τῶν ὑποθετικῶν οὕτως εἴπωμεν· τῶν τὸ εἶναι ἢ μὴ εἶναι κατασκευαζόντων ὑποθετικῶν οἱ μὲν ἀκολουθίαν κατασκευάζουσιν οἱ δὲ διάζευξιν* (worauf die sogleich anzugebende Darlegung der Schlussfiguren für beide folgt) u. ebend. *διάζευξιν δὲ λέγομεν τὴν ἐν διαιρέσει ὑπόθεσιν. Boeth. d. syll. hypoth.* p. 607.: *hypothesis namque, unde hypothetici syllogismi accepere vocabulum, duobus, ut Eudemo placet, modis dicitur: aut enim tale acquiritur aliquid per quandam inter se consentientium conditionem, quod fieri nullo modo possit, ut ad suum terminum ratio perducatur, aut in conditione posita consequentia vi coniunctionis vel disiunctionis ostenditur.*

65) So unterscheidet sich *μετάληψις* wesentlich von der *πρόςληψις*, s. Anm. 55.; nemlich auch Alexander sagt betreffs des *μεταλαμβανόμενον* in der ebendort bezeichneten Stelle: *διαφέρειν δὲ δοκεῖ κατὰ τοὺς ἀρχαίους* (s. Anm. 68.) *τὸ μεταλαμβανόμενον τοῦ προςλαμβανομένου· ἐφ' ὧν μὲν γὰρ ἐν τοῖς εἰλημμένοις ἔγκειταί τε καὶ ἔστι τὸ μεταλαμβανόμενον, οὐ μὴν οὕτως οὐδὲ τοιοῦτον οἷον λαμβάνεται, ἐπὶ τούτων τὸ λαμβανόμενον μεταλαμβανόμενόν ἐστιν· οὐ γὰρ ἔξωθεν προστίθεται, ἀλλὰ κείμενον ἄλλως μεταλαμβάνεται εἰς ἄλλο· ἐν γὰρ τῷ „εἰ ἡμέρα ἐστὶ, φῶς ἐστί“ τὸ „ἡμέρα ἔστιν“, — ὁ προςλαμβανόμενον οἱ νεώτεροι* (s. Anm. 68.) *λέγουσιν —, ἔγκειται μὲν, οὐ μὴν τοιοῦτον οἷον λαμβάνεται· τίθεται μὲν γὰρ ἐν τῷ συνημμένῳ ἐν ὑποθέσει τε καὶ ἀκολουθίᾳ, λαμβάνεται δὲ ὡς ὑπάρχον, ἐπειδὴ τούτων καὶ τῶν τοιούτων μετάληψιν γίνεσθαι λέγουσι· τὸ γὰρ κείμενον, οὐχ ὡς κεῖται λαμβανόμενον, μεταλαμβανόμενον γίνεται· κείμενον γὰρ ἐν σχέσει καὶ ἀκολουθίᾳ καὶ ὑποθέσει μεταλαμβάνεται εἰς ὕπαρξιν. προςλαμβανόμενον δὲ λέγουσιν κ. τ. λ.* (oben Anm. 55.). Hiezu *Alex. f.* 133 a., welcher zur Erklärung von *Arist. An. pr.* I, 29, 45 b. 15. sagt: *ἐν δὲ τοῖς ἄλλοις τοῖς ἐξ ὑποθέσεως τοῖς παρὰ τοὺς δι' ἀδυνάτου, οἷον ὅσοι κατὰ μετάληψιν ἢ κατὰ ποιότητα* (über diese s. Anm. 74.) *εἰσὶ τῶν ὑποθετικῶν ....., οὐδὲ ἐπὶ τούτων ἡ ἐκλογὴ, ὃν προειρήκαμεν τρόπον, ἔσται, ἀλλ' ἐπὶ τῶν μεταλαμβανομένων ἢ τὸ „ἐν τοῖς ὑποκειμένοις οὐκ ἐν τῷ ἐξ ἀρχῆς“ ἴσόν ἐστι τῷ οὐκ ἐν τοῖς ἐξ ἀρχῆς ὑποκειμένοις, ἀλλ' ἐν τοῖς μεταλαμβανομένοις, καὶ ἐπὶ τούτων ἡ ζήτησις ἔσται· ἐν γὰρ τῷ ὑποθετικῷ τῷ εἰ ἡ ψυχὴ ἀεικίνητος, ἀθάνατός ἐστι τὴν προειρημένην ἐκλογὴν ποιήσομεν οὐ ζητοῦντες τίνα ἕπεται τῷ ἀεικίνητον εἶναι τὴν ψυχὴν ....., ἀλλὰ ληψόμεθα τοὺς ἐν τῇ μεταλήψει ἢ προςλήψει ὅρους ..... λέγοι δ' ἂν „κατὰ μετάληψιν μὲν τοὺς κατὰ πρόςληψιν λεγομένους, οἵ εἰσι μικτοί* (hierüber s. Anm. 73.).

fassten Vordersatze eines Conditional-Urtheiles, sondern auch von dem als factisch herausgehobenen Gliede der Disjunction eines disjunctiven Urtheiles gilt [66]).

Was nun die Formen dieses Verfahrens der *μετάληψις* betrifft, so unterscheiden sich dieselben allerdings, je nachdem der unbestimmte Obersatz conditional oder disjunctiv ist, aber es werden die fünf sich ergebenden Schlussfiguren doch insoferne einander gleichgestellt und auch fortlaufend numerirt, als sie sämmtlich eben Voraussetzungs-Schlüsse (*ὑποθετικοὶ συλλογισμοί*) sind. Zunächst ist uns in Betreff jener Fälle, in welchen der Obersatz conditional ist, die Terminologie der älteren Peripatetiker überliefert; nemlich in dem Schlusse:

Wenn A ist, so ist B
Nun aber ist A
―――――――――
Also ist B

heisst das „Wenn A ist" das *ἡγούμενον*, das „so ist B" das *ἑπόμενον*, das ganze „Wenn A ist, so ist B" das *συνημμένον*, das „Nun aber ist A" die *μετάληψις*, das „Also ist B" das *συμπέρασμα* [67]). Diese Terminologie aber änderten die Stoiker (s. Abschn. VI, Anm. 175) und nannten dasjenige, was hier *μετάληψις* geheissen hatte, nun *πρόςληψις*, wodurch in den Berichten jene oben erwähnte mannigfache Verwirrung entstand [68]). Uebrigens zeigt hiebei Theophrast eine auf die bloss sprach-

---

66) *Alex. ad An. pr. f.* 133 b.: *ἐξ ὑποθέσεως γὰρ καὶ οἱ διαιρετικοί, οἳ καὶ αὐτοὶ ἐν τοῖς κατὰ μετάληψιν ἐξ ὑποθέσεως.*

67) *Philop. ad An. pr. f.* LX a.: *οἱ μὲν Περιπατητικοὶ τῇ κοινῇ συνηθείᾳ κεχρημένοι τὰ μὲν πράγματα αὐτὸ τοῦτο πράγματα ὠνόμασαν, καὶ τὰ νοήματα ὡςαύτως, ὁμοίως δὲ καὶ τὰς φωνάς, ἔτι δὲ τὸ ἡγούμενον ἐν τοῖς ὑποθετικοῖς συλλογισμοῖς αὐτὸ τοῦτο ἡγούμενον, καὶ τὸ ἑπόμενον ὡςαύτως, οἷον τὸ „εἰ ἡμέρα ἐστί" τοῦτο ἡγούμενον, τὸ δὲ „ἥλιος ὑπὲρ γῆν" τοῦτο ἑπόμενον, ἕπεται γὰρ τῷ πρώτῳ τὸ δεύτερον, τὸ δὲ ὅλον τοῦτο τὸ „εἰ ἡμέρα ἐστίν, ἥλιος ὑπὲρ γῆν ἐστί" τοῦτο συνημμένον διὰ τὸ συνῆφθαι ταῦτα ἀλλήλοις, τὸ δὲ „ἀλλὰ μὴν ἡμέρα ἐστί" τοῦτο οἱ Περιπατητικοὶ μετάληψιν καλοῦσι διὰ τὸ μεταλαμβάνεσθαι ἐκ δευτέρου, ἤδη γὰρ ἐλήφθη ἐν τῷ ἡγουμένῳ, τὸ δὲ „ἥλιος ἄρα ὑπὲρ γῆν" τοῦτο συμπέρασμα. οὕτω μὲν οὖν οἱ Περιπατητικοί.*

68) Ebend.: *οἱ δὲ Στωϊκοὶ ..... ὠνόμασαν ..... τὴν δὲ μετάληψιν πρόςληψιν, καὶ ἔμεινε τοῦτο ἐν τῇ συνηθείᾳ.* Ebend. LXXIV b.: *εἴπωμεν δὲ ἤδη ὅτι ὅπερ οἱ Στωϊκοὶ πρόςληψιν ἐκάλουν, τοῦτο οἱ Περιπατητικοὶ μετάληψιν ἔλεγον,* *Alex. f.* 133 a.: *ὃ γὰρ οἱ νεώτεροι πρόςληψιν λέγουσι, τοῦτο οἱ περὶ Ἀριστοτέλην μετάληψιν εἰώθασι λέγειν* (s. auch Anm. 65.). Und sowie die stoische Logik überhaupt in den Schulen einheimischer wurde, so kam auch dieser stoische Sprachgebrauch zu allgemeiner Geltung, was auch die eben angeführten Worte *καὶ ἔμεινε τοῦτο ἐν τῇ συνηθείᾳ* deutlich genug aussprechen; daher nun kömmt es, dass Philoponus und Alexander, auch wenn sie über die peripatetische Logik berichten, das Wort *πρόςληψις* oder *προςλαμβάνειν* völlig abwechselnd neben *μετάληψις* und *μεταλαμβάνειν* gebrauchen, ja sogar innerhalb etlicher Zeilen ganz beliebig variiren (z. B. *Philop. f.* LX b. u. c., *Alex. f.* 160 a. u. öfters; einen Beleg hievon gibt auch der Schluss der Anm. 73.). Sowie aber in den eben angeführten Worten Alexanders *οἱ νεώτεροι* und *οἱ περὶ Ἀριστοτέλην* einander gegenübergestellt sind, so haben wir auch an anderen Stellen, wo wir dem Gegensatze zwischen *οἱ νεώτεροι* und *οἱ ἀρχαῖοι* begegnen, bei *οἱ ἀρχαῖοι* an die nächsten Aristoteliker, bei *οἱ νεώτεροι* aber an die Stoiker oder an die in der Logik stoisirenden späteren Peripatetiker zu denken. Es ist ja diess auch ein allgemeiner Gebrauch der Schriftsteller des späteren Alterthumes (z. B. der Rhetoren und ihrer Scholiasten, selbst

liche Form gerichtete Aufmerksamkeit, welche schon ziemlich an die Manier der Stoiker oder späteren Peripatetiker streift, wenn er nemlich den Unterschied hervorhebt, dass bei derartigen Obersätzen der Vordersatz (*τὸ ἡγούμενον*) entweder mit *εἰ*, oder, wenn er unbestritten augenfällig ist (s. Anm. 57), mit *ἐπεὶ* beginnen kann [69]. — Die Schlussfiguren aber nun, in welchen von einer unbestimmteren Voraussetzung aus durch Hinzunahme eines bestimmter gefassten Theiles derselben auf ein Stattfinden oder Nichtstattfinden (*τί ἔστιν ἢ οὐκ ἔστιν*) geschlossen werden kann, sind folgende. Erstens wenn die Voraussetzung ein Conditional-Satz ist, so kann [70]) entweder der Vordersatz desselben als factisch bestimmt dazu genommen werden, wodurch der Nachsatz desselben gleichfalls als ein factisches Stattfinden resultirt und hiemit als Schlusssatz erscheint, also:

I Wenn A ist, so ist B
A aber ist
————————
Auch B ist

oder es kann der Nachsatz als bestimmt factisch nicht stattfindend dazu genommen werden, wodurch auch die Aufhebung des factischen Bestandes des Vordersatzes als Schluss resultirt:

II Wenn A ist, so ist B
B ist nicht
————————
Auch A ist nicht.

Zweitens wenn die Voraussetzung ein disjunctiver Satz ist, so können die Glieder der Disjunction entweder Gegensätze sein oder nicht, und sind sie Gegensätze, so können dieselben entweder Mittelglieder zwischen sich haben oder nicht, und haben sie Mittelglieder zwischen sich, so können diese entweder in unbegränzter oder in begränzter

---

des Galenus, auch des Eustathius u. dgl. sowie der Scholiasten überhaupt), dass sie unter jenen Litteratur-Erscheinungen, welche sie als *τοὺς ἀρχαίους* bezeichnen, nur solche verstehen, welche nicht über die aristotelische Zeit heruntergehen. Vgl. jedoch auch Abschn. IX, Anm. 4.

69) *Simpl. ad Ar. d. Coel. f.* 137 b.: *Ἐν τοῖς ὑποθετικοῖς ἐν οἷς τὸ ἡγούμενον οὐ μόνον ἀληθές ἐστιν ἀλλὰ καὶ ἐναργὲς καὶ ἀναμφίλεκτον, ἀντὶ τοῦ „εἰ“ συνδέσμου τῷ „ἐπεί“ χρῶνται παρασυναπτικῷ ἀντὶ τοῦ συναπτικοῦ· διὸ τὸ τοιοῦτον ἀξίωμα οἱ νεώτεροι παρασυναπτικὸν καλοῦσι· καὶ Θεόφραστος δὲ ἐν τῷ πρώτῳ τῶν Προτέρων Ἀναλυτικῶν τὴν αἰτίαν τῆς τοιαύτης χρήσεως ἐδήλωσε.* Mit Recht wohl schliessen wir aus dieser bestimmten Notiz, dass auch die nähere Ausführung der fünf hypothetischen Schlussfiguren von dem nemlichen Theophrast schon gemacht worden sei. S. Abschn. VI, Anm. 126.

70) *Philop. ad An. pr. f.* LX b.: *τῶν τὸ εἶναι ἢ μὴ εἶναι κατασκευαζόντων ὑποθετικῶν οἱ μὲν ἀκολουθίαν κατασκευάζουσιν οἱ δὲ διάζευξιν. καὶ τῶν ἀκολούθως κατασκευαζόντων οἱ μὲν τῇ θέσει τοῦ ἡγουμένου κατασκευάζουσι τὸ ἑπόμενον, οἱ δὲ τῇ ἀναιρέσει τοῦ ἑπομένου ἀναιροῦσι καὶ τὸ ἡγούμενον· οἷον εἰ τὸ προσιὸν ἄνθρωπός ἐστι, καὶ ζῷόν ἐστι· ἀλλὰ μὴν ἄνθρωπός ἐστι· καὶ ζῷον ἄρα ἐστί. καὶ ἔστιν οὗτος πρῶτος τρόπος τῶν ὑποθετικῶν ὁ ἐξ ἀκολουθίας τῇ θέσει τοῦ ἡγουμένου κατασκευάζων τὸ ἑπόμενον. πάλιν εἰ τὸ προσιὸν ἄνθρωπός ἐστι, καὶ ζῷόν ἐστιν· ἀλλὰ μὴν οὐκ ἐστὶ ζῷον· οὐδὲ ἄνθρωπος ἄρα ἐστίν· οὗτος δεύτερος τρόπος τῶν ὑποθετικῶν ὁ ἐξ ἀκολουθίας τῇ ἀναιρέσει τοῦ ἑπομένου ἀναιρῶν καὶ τὸ ἡγούμενον.*

Anzahl vorhanden sein; und sind nun die Glieder der Disjunction keine Gegensätze oder sind sie solche Gegensätze, welche unbegränzt viele Mittelglieder zwischen sich zulassen, so kann hier, eben weil nicht alle Möglichkeiten erschöpft werden können, zu keinem bestimmten Stattfinden oder Nichtstattfinden gelangt werden, sondern es muss die Voraussetzung so gefasst werden, dass sie nur ausdrückt, dass die Glieder der Disjunction nicht zusammen oder zugleich existiren können, worauf dann durch Hinzunahme des factisch bestimmten Stattfindens des Einen Gliedes die übrigen als mit ihm nicht zugleich verträglich abgewiesen werden, also:

III A ist nicht zugleich B und C und D u. s. f.
A ist B
———————————
A ist weder C noch D u. s. f.

Diese Figur heisst daher auch ein Schluss „vermittelst verneinender Satzverbindung“ — *δι' ἀποφατικῆς συμπλοκῆς* — [71]). Allerdings bliebe auch hier noch eine Schlussform denkbar, welche durch Verneinung Eines Gliedes der Disjunction die Möglichkeit der übrigen offen liesse und so allmälig die unbestimmte Vielheit der möglichen Fälle verringern würde; es findet sich aber eine solche Form nicht erwähnt. Sind hingegen die Glieder der Disjunction solche Gegensätze, welche gar kein Mittelglied oder eine begränzte Anzahl von Mittelgliedern zwischen sich haben, so kann die Voraussetzung disjunctiv ausgesprochen bleiben, und es wird

---

71) Ebend.: *τῶν δὲ διάζευξιν κατασκευαζόντων οἱ μὲν λαμβάνονται ἐπὶ τῶν μὴ ἀντικειμένων οἱ δὲ ἐπὶ τῶν ἀντικειμένων, καὶ ἐπὶ τῶν ἀντικειμένων ἢ τῶν ἐμμέσων ἢ τῶν ἀμέσων, καὶ τῶν ἐμμέσων ἢ τῶν ὡρισμένα ἐχόντων τὰ ἔμμεσα ἢ τῶν ἀόριστα, καὶ ἐπὶ τῶν ἀμέσων ἢ τῶν κατὰ τὰ ἐναντία ἢ τῶν καθ' ἕξιν ἢ στέρησιν ἢ τῶν κατὰ κατάφασιν καὶ ἀπόφασιν. διάζευξιν δὲ λέγομεν τὴν ἐν διαιρέσει ὑπόθεσιν, οἷον· εἰ πᾶς ἀριθμὸς ἢ ἄρτιός ἐστιν ἢ περιττός· εἰ ἡ ψυχὴ ἢ θνητή ἐστιν ἢ ἀθάνατος· εἰ ἡ διάμετρος τῇ πλευρᾷ ἢ σύμμετρος ἢ ἀσύμμετρος. ἔχουσι γὰρ ταῦτα τὸν „ἢ“ διαζευκτικὸν σύνδεσμον. τῶν οὖν κατὰ διάζευξιν ὑποθετικῶν συλλογισμῶν τῶν ἢ ἐπὶ τῶν μὴ ἀντικειμένων λαμβανομένων ἢ ἐπὶ τῶν ἐμμέσων ἀντικειμένων καὶ ἀόριστα ἐχόντων τὰ ἔμμεσα οὐ δεῖ τὴν ὑπόθεσιν κατὰ διαίρεσιν προάγειν, οἷον ὅτι τὸ προσιὸν ἢ ἄνθρωπος ἢ κύων ἢ ἵππος ἤ τι τοιοῦτόν ἐστι (ταῦτα δὲ οὐκ ἀντικείμενα), ἢ πάλιν ὅτι τὸ προσιὸν ἢ λευκόν ἐστιν ἢ μέλαν ἢ φαιὸν ἢ ἐρυθρὸν ἤ τι τοιοῦτον (ταῦτα δὲ ἔμμεσα ἀντικείμενα καὶ ἀόριστα)· εἰ γὰρ κατὰ διαίρεσιν ποιησόμεθα τὴν ὑπόθεσιν, οὔτε τὴν διαίρεσιν ὑγιᾶ ποιήσομεν, οὐ γὰρ δυνατὸν πᾶσιν ἐπεξελθεῖν ἢ τοῖς μὴ ἀντικειμένοις ἢ τοῖς ἐμμέσοις καὶ ἀορίστοις ἀντικειμένοις, οὔτε δυνάμεθα ἐν τῷ συμπεράσματι τῇ τοῦ ἑνὸς ἀναιρέσει τὸ λοιπὸν εἰςαγαγεῖν· ἀλλὰ δεῖ τῇ τῶν λοιπῶν πάντων ἀναιρέσει τὸ καταλειπόμενον συναγαγεῖν, τοῦτο δὲ ἀδύνατον, οὐ γὰρ δυνατὸν ἐξαριθμήσασθαι πάντα· ἐὰν εἴπω ὅτι τὸ προσιὸν ἢ ἀνθρωπός ἐστιν ἢ ἵππος ἤ τι τοιοῦτον, ψεύδομαι, δυνατὸν γὰρ ἄλλο τι εἶναι· ὁμοίως δὲ καὶ ὅτι τὸ προσιὸν ἢ λευκόν ἐστιν ἢ μέλαν, δυνατὸν γὰρ ἢ φαιὸν ἢ ὠχρὸν εἶναι. ἀλλὰ καὶ τὸ πᾶσιν ἐπεξελθεῖν ἢ χαλεπὸν ἢ ἀδύνατον. ἀλλ' οὐδὲ ἐν τῷ συμπεράσματι δυνάμεθα εἰπεῖν οὕτως· ἀλλὰ μὴν οὐχ ἵππος, ἄνθρωπος ἄρα. πῶς οὖν δεῖ ποιεῖν; δεῖ μετὰ ἀποφάσεως ποιεῖσθαι τὴν διαίρεσιν· „τὸ προσιὸν οὐχὶ καὶ ἄνθρωπός ἐστι καὶ ἵππος ἐστίν·“ ἀληθεύομεν δὲ οὕτω λέγοντες· εἶτα τῇ ὑποθέσει τοῦ ἑνὸς ἀναιρεῖν τὰ λοιπά· ἀλλὰ μὴν ἄνθρωπός ἐστιν· οὐκ ἔστιν ἄρα ἵππος· καὶ ἔστιν οὗτος τρίτος τρόπος τῶν ὑποθετικῶν ὁ ἐξ ἀποφατικῆς συμπλοκῆς τῇ ὑποθέσει τοῦ ἑνὸς ἀναιρῶν τὰ λοιπά.*

dann entweder durch die factisch bestimmte Annahme des Einen Gliedes das Stattfinden des anderen oder der anderen aufgehoben:

IV	A ist entweder B oder C		A ist entweder B oder C oder D
	A ist B	oder	A ist B
	———————		———————
	A ist nicht C		A ist weder C noch D

oder es wird durch das factische Nichtstattfinden des Einen Gliedes oder mehrerer Glieder das Stattfinden des Einen übrigbleibenden als factisch gesetzt:

V	A ist entweder B oder C		A ist entweder B oder C oder D
	A ist nicht B	oder	A ist weder B noch C
	———————		———————
	A ist C		A ist D.

Uebrigens können auch diese beiden Figuren dadurch auf die III. reducirt werden, dass der Obersatz die Form der „verneinenden Satzverbindung“ erhält [72]).

Ausser diesen fünf Figuren der Voraussetzungsschlüsse hoben die älteren Peripatetiker auch noch jenen Fall besonders hervor, wenn das factische Stattfinden des Vordersatzes einer conditionalen Voraussetzung selbst erst wieder durch einen Syllogismus erwiesen wird (während der Conditional-Nexus zwischen Vordersatz und Nachsatz von vornherein als zugegeben gilt), d. h. also, wenn das *μεταλαμβανόμενον* in der Form eines kategorischen Schlusses auftritt; und weil daher solche Schlüsse ausser jener Hinzunahme, welche den Voraussetzungs-Schlüssen eigenthümlich ist, auch noch einen kategorischen Syllogismus enthalten, so

72) Ebend.: *ἐὰν δὲ ἐπὶ τῶν ἀμέσων ἀντικειμένων ποιώμεθα τὴν διαίρεσιν ἢ ἐπὶ τῶν ἐμμέσων ὡρισμένα δὲ ἐχόντων τὰ ἔμμεσα, γίγονται δύο τρόποι ὑποθετικῶν συλλογισμῶν. ἀμέσων μὲν οἷον· ὁ ἀριθμὸς ἢ περιττός ἐστιν ἢ ἄρτιος. ἡ διάμετρος τῇ πλευρᾷ ἢ σύμμετρος ἢ ἀσύμμετρος. ἐμμέσων δὲ ὡρισμένων, ὡς ὅταν λαβόντες δύο μεγέθη λέγωμεν ὅτι τόδε τοῦδε ἢ ἴσόν ἐστιν ἢ μεῖζον ἢ ἔλαττον, ἢ ἀγαθὸν ἢ κακὸν ἢ οὐδέτερον, τοῦ δὲ οὐδετέρου δυναμένου πάλιν τέμνεσθαι ἢ εἰς τὸ δεκτικὸν ἀνὰ μέρος ἑκάτερον τῶν ἀντικειμένων ἢ εἰς τὸ μηδέτερον τούτων δεχόμενον. γίγνονται οὖν ἐκ τούτων, ὡς εἶπον, ἕτεροι δύο τρόποι ὑποθετικοί· τέταρτος μὲν ὁ ἐκ διαζευκτικοῦ τῇ ὑποθέσει τοῦ ἑνὸς ἀναιρῶν τὸ λοιπὸν ἢ τὰ λοιπά· πέμπτος δὲ ὁ ἐκ διαζευκτικοῦ τῇ ἀναιρέσει τοῦ ἑνὸς ἢ τῶν λοιπῶν τὸ καταλειπόμενον εἰςάγων. παράδειγμα τοῦ μὲν πρώτου· ἡ πλευρὰ τῇ πλευρᾷ ἢ ἴση ἐστὶν ἢ μείζων ἢ ἐλάττων· ἀλλὰ μὴν ἴση ἐστίν· οὐκ ἄρα μείζων οὐδὲ ἐλάττων. ὁ πέντε ἀριθμὸς ἢ περιττός ἐστιν ἢ ἄρτιος· ἀλλὰ μὴν περιττός· οὐκ ἄρα ἄρτιος. τοῦ δὲ δευτέρου· ἡ διάμετρος τῇ πλευρᾷ ἢ σύμμετρός ἐστιν ἢ ἀσύμμετρος· ἀλλὰ μὴν σύμμετρος οὐκ ἐστίν· ἀσύμμετρος ἄρα. ἡ πλευρὰ τῇ πλευρᾷ ἢ ἴση ἐστὶν ἢ μείζων ἢ ἐλάττων· ἀλλὰ μὴν οὔτε μείζων οὔτε ἐλάττων· ἴση ἄρα. ἰστέον δὲ ὅτι δυνάμεθα καὶ τὸν τέταρτον τρόπον καὶ τὸν πέμπτον ἐξ ἀποφατικῆς συμπλοκῆς ποιῆσαι· λέγω γὰρ οὕτως, ὅτι ἡ διάμετρος τῇ πλευρᾷ οὐχὶ καὶ σύμμετρος καὶ ἀσύμμετρος· καὶ ὅτι ἡ γραμμὴ τῇ γραμμῇ οὐκ ἴση καὶ μείζων καὶ ἐλάττων. λέγω οὖν ὅτι ὅταν οὕτω προφερώμεθα, τὸν τρίτον τρόπον ποιοῦμεν· πλὴν περιττὸν τὸ οὕτω προφέρεσθαι ὅταν ἐξ ὧν ἢ διαιρετικῶς προφέρεσθαι. ὥστε διακέκρινται οἱ ὑποθετικοὶ τρόποι μάλιστα μὲν τοῖς πράγμασιν, ὡς ἤδη διείλομεν, ἔπειτα καὶ τῷ σχήματι τῆς ἀναγωγῆς αὐτῆς καὶ τῆς προφορᾶς· εἰ δὲ τοῦτο, οὐδὲν θαυμαστὸν, καὶ τὸν τέταρτον καὶ τὸν πέμπτον διῃρημένον οὐ πραγματειωδῶς, ἐπειδὰν προφερώμεθα μετὰ συμπλοκῆς ἀποφάσεως, τρίτον λέγειν εἶναι τρόπον.*

hiessen sie „Gemischte" (*μικτοί*). Es waren diess [73]) also Schlüsse von der Form:

Wenn A B ist, so ist C
Alles M ist B
Alles A ist M
———————
Alles A ist B
———————
Also ist C

Endlich gehören noch hieher die sogenannten „Qualitäts-Schlüsse" (*συλλογισμοὶ κατὰ ποιότητα*), welche schon Aristoteles erwähnt (Abschn. IV, Anm. 592), sie aber natürlich ebenso wie die Schlüsse *κατὰ μετάληψιν*, welchen er sie gleichstellt, nicht als apodictische Schlüsse gelten lässt. Wohl aber werden wir daraus, dass Aristoteles offenbar diese Bezeichnung als eine übliche schon vorfand, mit Recht schliessen müssen, dass die nächsten Peripatetiker es schwerlich versäumt haben werden, auch diese Syllogismen nach ihrer formellen Beschaffenheit zu untersuchen. Auch hier aber ist es wieder die *μετάληψις*, nemlich das Hinzunehmen eines in veränderter Geltung gefassten Theiles der Voraussetzung, durch welches diese Schlüsse ihre Verwandtschaft mit den bisher betrachteten übrigen Voraussetzungs-Schlüssen erweisen. Es enthält nemlich hier der Obersatz in Form eines Conditional-Urtheiles eine Gradabstufung oder Gleichstellung in der Geltung eines eigenschaftlichen Prädicates (einer *ποιότης*), an welches Prädicat die Geltung eines höheren allgemei-

73) *Alex. ad. An. pr. f.* 106 b. — 107 a.: *δι' ὑποθέσεως δὲ ἄλλης, ὡς εἶπον, εἶεν ἂν καὶ οὓς οἱ νεώτεροι συλλογισμοὺς μόνους βούλονται λέγειν· οὗτοι δ' εἰσὶν οἱ διὰ τροπικοῦ* (diess ist die stoische Bezeichnung für *συνημμένον*, s. Abschn. VI, Anm. 175), *ὥς φασι, καὶ τῆς προςλήψεως* (s. Anm. 68) *γινόμενοι, τοῦ τροπικοῦ ἢ συνημμένου ὄντος* (die obigen Figuren I u. II) *ἢ διεζευγμένου* (die obigen III, IV, V) *ἢ συμπεπλεγμένου, οὓς οἱ ἀρχαῖοι* (s. Anm. 68.) *λέγουσι μικτοὺς ἐξ ὑποθετικῆς προτάσεως καὶ δεικτικῆς τουτέστι κατηγορικῆς. εἰ γὰρ εἴη ὑποκείμενον συνεχὲς καὶ συνημμένον τὸ „εἰ ἐπιστήμη ἐστὶν ἀρετὴ, διδακτή ἐστιν ἀρετή", εἶτα δεικνύοιτο ὅτι ἐπιστήμη ἐστὶν ἡ ἀρετὴ, δεδειγμένον ἂν εἴη ὅτι καὶ διδακτή· οὕτως γὰρ ἂν προςληφθείη ὡς οὕτως ἔχον, εἰ δειχθοίη ὅτι ἐπιστήμη. ὁ μὲν οὖν συλλογισμὸς πάλιν ἂν εἴη πρὸς τοῦτο καὶ τούτου κατηγορικὸς, οἷον „πᾶσα ἕξις ἀμετάπτωτος ἀπὸ ἀληθοῦς εἰς ψεῦδος ἐπιστήμη· ἡ δ' ἀρετὴ ἕξις ἀμετάπτωτος ἀπὸ ἀληθοῦς εἰς ψεῦδος· ἡ ἀρετὴ ἄρα ἐπιστήμη". οὐδὲ γὰρ ἄλλως ἂν τεθείη ὅτι ἡ ἀρετὴ ἐπιστήμη ἐστὶ, διὰ συλλογισμοῦ, εἰ μὴ διὰ κατηγορικοῦ συλλογισμοῦ, δειχθέντος δὲ τούτου διὰ συλλογισμοῦ τὸ ἐξ ἀρχῆς γίνεται κατασκευαζόμενον διὰ τὴν ὑπόθεσιν· ὑπετέθη γὰρ ἐν τῷ συνεχεῖ τὸ εἰ ἀρετὴ ἐπιστήμη ἐστὶ διδακτὴν αὐτὴν εἶναι· εἰ γὰρ εἴη τὸ προςλαμβανόμενον δείξεως μὴ δεόμενον ἀλλὰ φανερὸν καὶ γνώριμον ὡς τὸ συνημμένον, οὐδὲ συλλογισμὸς ἂν ἔτι ὁ λόγος εἴη ὁ τοιοῦτος· οὐδὲ γὰρ χρείαν συλλογισμοῦ τινα τὴν ἀρχὴν τὸν τοιοῦτον παρέχεσθαι λόγον οἷόν τε· δεῖ γὰρ τὸν συλλογισμὸν δεικνύναι ὃ ἄνευ τοῦ συλλογίσασθαι οὐκ ἔστι γνώριμον. τὸ μὲν οὖν συνημμένον ὡς γνώριμον ἐν τοῖς ὑποθετικοῖς, ἃ τροπικὰ λέγουσι, λαμβάνεταί τε καὶ τίθεται, ἐν οἷς γε οὕτως ἔχει· λείπεται δὲ τὸ προςλαμβανόμενον ἀμφιδοξούμενον εἶναι καὶ δεόμενον δείξεως.* Ebend. *f.* 108 a.: *τοὺς δὲ κατὰ πρόςληψιν, οἷοί εἰσιν οἱ μικτοὶ, ἰδίως κατὰ μετάληψιν, ὡς προϊόντος τοῦ λόγου μαθησόμεθα* (diess bezieht sich auf die oben, Anm. 65, angeführte Stelle *f.* 133 a.). Wenn aber nun jene *ἀρχαῖοι* die „gemischten" hypothetischen Schlüsse behandelten, so werden wohl auch obige fünf Figuren der nichtgemischten den nemlichen zuzuweisen sein.

neren Prädicates geknüpft ist (z. B. wenn das in stärkerem Grade Nützliche kein wahres Gut ist, so ist auch das in schwächerem Grade Nützliche kein wahres Gut, — oder, wenn das in schwächerem Grade Nützliche wünschenswerth ist, so ist es auch das in stärkerem Grade, — oder, wenn zwei Dinge in gleichem Grade nützlich sind, sind sie auch in gleichem Grade ein Gut), worauf in der *μετάληψις* von zwei Subjecten diese Gradabstufung oder Gleichstellung in der Geltung eines Prädicates als factisch bestimmt ausgesprochen, und dann in dem Schlusssatze von dem einen der beiden auf das andere je nach Massgabe des Obersatzes geschlossen wird. Hiemit [74]) ergeben sich von selbst für diese Qualitäts-Schlüsse vier Figuren: erstens aus dem stärkeren Grade (*ἀπὸ τοῦ μᾶλλον*), bloss verneinend:

---

74) Ebend. *f.* 108 a.: *εἶεν δ' ἂν ἐν τοῖς ἐξ ὑποθέσεως καὶ οἱ ἀπὸ τοῦ μᾶλλον καὶ τοῦ ὁμοίου καὶ τοῦ ἧττον· καὶ γὰρ ἐν τούτοις τὸ μὲν ὑποτίθεται τὸ δὲ μεταλαμβάνεται, πρὸς ὃ καὶ συλλογισμοῦ κατηγορικοῦ χρεία· πάντες γὰρ ἐξ ὑποθέσεως, ἐν οἷς μεταλαμβάνεταί τι, ἐν τούτοις δὲ μετάληψις γίνεται· οἷον εἰ τὸ μᾶλλον ἀγαθὸν τινὸς ὂν μή ἐστιν εὐδαιμονίας ποιητικὸν, οὐδὲ τὸ ἧττον· ὑγίεια δὲ μᾶλλον ἀγαθὸν οὖσα πλούτου οὐκ ἔστιν εὐδαιμονίας ποιητικόν· τοῦτο γὰρ μεταλαμβάνεταί τε καὶ δεῖται κατηγορικῆς δείξεως. ὁμοίως καὶ ἐπὶ τοῦ, εἰ τὸ ἧττον δι' αὑτὸ αἱρετόν ἐστι, καὶ τὸ μᾶλλον· πλοῦτος δὲ ἧττον ἀγαθὸν ὂν ὑγιείας δι' αὑτὸν αἱρετόν ἐστι· πάλιν γὰρ τὸ μεταλαμβανόμενον καὶ δεόμενον δείξεως κατηγορικῆς τοῦτο. τοιοῦτος καὶ ὁ ἀπὸ τοῦ ὁμοίου. λέγει δ' ἰδίως ὁ Ἀριστοτέλης τοὺς ἀπὸ τοῦ μᾶλλον καὶ τοῦ ἧττον καὶ τοῦ ὁμοίου κατὰ ποιότητα.* Ebend. *f.* 133 a—b.: *κατὰ ποιότητα δὲ λέγονται οἱ ἀπὸ τοῦ μᾶλλον καὶ ἧττον καὶ ὁμοίου δεικνύντες, ἐπειδὴ ταῦτα, τὸ ὅμοιον καὶ τὸ μᾶλλον καὶ τὸ ἧττον, τῷ ποιῷ παρακολουθεῖ· οἳ καὶ αὐτοὶ γίνονται κατὰ μετάληψιν, καὶ γὰρ ἐπὶ τῶν οὕτως δεικνυμένων ἄλλο μὲν ὑποτίθεται ἄλλου δὲ ἡ δεῖξις καὶ ὁ συλλογισμὸς γίνεται, ὃ καὶ αὐτὸ μεταλαμβανόμενον λέγει· ὁ γὰρ δεικνὺς ὅτι μὴ ἔστιν ἐν τῷ πλουτεῖν τὸ εὐδαιμονεῖν διὰ τοῦ ὅτι μηδ' ἐν τῷ ὑγιαίνειν, ὑποτίθεται μὲν, εἰ ὃ μᾶλλον δόξει αὔταρκες εἶναι πρὸς εὐδαιμονίαν, τοῦτο μή ἐστιν αὔταρκες, οὐδὲ τὸ ἧττον ἐκείνου εἴη ἂν αὔταρκες· ὑγίεια δὲ τὸ πλούτου μᾶλλον δοκοῦν εἶναι αὔταρκες πρὸς εὐδαιμονίαν οὐκ ἐστὶν αὔταρκες· οὐδ' ἄρα ὁ πλοῦτος .... καὶ τοιοῦτοι μὲν οἱ ἀπὸ τοῦ μᾶλλον ὄντες ἀνασκευαστικοί· οἱ δὲ ἀπὸ τοῦ ἧττον εἰσὶ μὲν ἔμπαλιν ἔχοντες τούτοις, κατασκευαστικοὶ γάρ εἰσιν· ἔχουσι δὲ οὕτως· εἰ τὸ ἧττον ἀγαθὸν ἀγαθόν ἐστι, καὶ τὸ μᾶλλον ἀγαθὸν ἀγαθὸν ἂν εἴη· ἀλλὰ μὴν ὑγίεια ἀρετῆς ἧττον οὖσα ἀγαθὸν ἀγαθόν ἐστι· καὶ ἡ ἀρετὴ ἄρα ...... ὁ δὲ ἀπὸ τοῦ ὁμοίου πρὸς ἄμφω χρήσιμος καὶ πρὸς ἀνασκευὴν καὶ πρὸς κατασκευήν· τῶν γὰρ ὁμοίως ἐχόντων εἰ θάτερον ἔχοι αὐτὸ, καὶ θάτερον ἂν ἔχοι, καὶ εἰ μὴ ἔχοι πάλιν θάτερον, οὐδ' ἂν τὸ ἕτερον ἔχοι .... οἷον, εἰ ὁμοίως οὖσα ἡ εὐγένεια τῷ πλούτῳ αἱρετὸν ἀγαθόν ἐστι, καὶ ὁ πλοῦτος αἱρετὸν ἀγαθόν· ἡ δὲ εὐγένεια ὁμοίως οὖσα αἱρετὴ τῷ πλούτῳ ἀγαθόν ἐστι ...... οὐκοῦν καὶ ἐπὶ τῶν τοιούτων συλλογισμῶν, οὓς κατὰ ποιότητα λέγειν αὐτοῖς ἔθος, ἐπὶ τῶν κατὰ μετάληψιν ὁ συλλογισμὸς, ἀλλ' οὐ τῶν ὑποκειμένων, γίνεται, ἀλλὰ τῶν μεταλαμβανομένων.* Philop. ad An. pr. *f.* LXXIV b.: *κατὰ ποιότητα δὲ ἐκεῖνοι λέγονται ὅσοι ἐκ τοῦ μᾶλλον ἐπιχειροῦσιν ἢ ἐκ τοῦ ἧττον ἢ ἐκ τοῦ ὁμοίου· εἰσὶ δὲ οἱ μὲν ἐκ τοῦ μᾶλλον ἀνασκευαστικοὶ, οἱ δὲ ἐκ τοῦ ἧττον κατασκευαστικοὶ, οἱ δ' ἐκ τοῦ ὁμοίου πρὸς ἑκάτερα ἐπίσης ἔχουσιν· οἷον ἐκ τοῦ μᾶλλον· εἰ ὑγίεια μᾶλλον ἀγαθὸν ἢ ὁ πλοῦτος, οὐκ ἀγαθὸν δὲ πάντως ἡ ὑγίεια, οὐδὲ ὁ πλοῦτος ἄρα. ἐκ δὲ τοῦ ἧττον· εἰ ἡ ὑγίεια ἧττον ἀγαθὸν δοκοῦσα εἶναι τῆς ἀρετῆς ὅμως ἀγαθόν ἐστι, καὶ ἡ ἀρετὴ ἄρα ἀγαθόν. ἐκ δὲ τοῦ ὁμοίου κατασκευάζομεν οὕτως· εἰ ὁμοίως ἡ ἰσχὺς καὶ τὸ κάλλος σώματός εἰσιν ἀρεταὶ, ἀγαθὸν δὲ ἡ ἰσχὺς, καὶ τὸ κάλλος ἄρα. πάλιν ἀνασκευάζομεν· εἰ ὁμοίως ἄμφω σώματος, οὐκ ἀγαθὸν δὲ ἡ ἰσχὺς, οὐδὲ τὸ κάλλος ἄρα.*

Wenn das stärkere A nicht B ist, ist auch das schwächere A nicht B
C ist ein stärkeres A, als D, und ist doch nicht B

Also ist auch das schwächere A, nemlich D, nicht B

zweitens aus dem geringeren Grade (ἀπὸ τοῦ ἧττον), bloss bejahend:

Wenn das schwächere A schon B ist, ist auch das stärkere A B
C ist ein schwächeres A, als D, und ist doch schon B

Also ist auch das stärkere A, nemlich D, B

drittens aus dem gleichen Grade (ἀπὸ τοῦ ὁμοίου), a.) bejahend:

Wenn die gleichstarken A B sind, sind sie auch gleichstarke B
C ist ein gleichstarkes A wie D, und ist auch B

Also ist auch das andere gleichstarke A, nemlich D, ein gleichstarkes B

b.) verneinend:

Wenn die gleichstarken A nicht B sind, sind sie auch gleichsehr nicht B
C ist ein gleichstarkes A wie D, und ist nicht B

Also ist auch das andere gleichstarke A, nemlich D, gleichsehr nicht B.

Man sieht, wie auch hier nur die Aufmerksamkeit auf die äussere Form dazu führen konnte, aus Solchem eine eigene Species von Schlüssen zu machen, denn jener Zusammenhang zwischen den zwei Prädicaten A und B muss bei allen diesen Schlussweisen von vornherein als zugegeben genommen werden, er aber ist es ja gerade, in welchem allein die logische Bedeutsamkeit liegen kann, daher die Schlusskraft auf einem ganz anderen Momente beruht, als auf jener äusseren Ausdrucksweise der Voraussetzung und des μεταλαμβανόμενον. Sollte nun aber in diesen Schlüssen κατὰ ποιότητα uns vielleicht ein blosser herausgerissener Theil einer Syllogistik erhalten sein, welche wirklich bereits die Syllogismen nach den Kategorien eintheilte, und also auch Syllogismen des ποσὸν, Syllogismen des ποῦ, des πότε, u. s. f. aufstellte? Wenigstens werden wir weiter unten, Abschn. X, Anm. 25 u. bes. 44—48, eine solche Syllogistik kennen lernen. Für ganz unmöglich möchte ich es nicht halten, dass Theophrast, welcher auch in die physikalische Lehre von der Bewegung sämmtliche Kategorien einbauen wollte (oben, Anm. 38), vielleicht in gleicher Weise auch für die Lehre vom Syllogismus die Kategorien als Norm und Agens aufgestellt hätte.

Dass Theophrast den Inhalt jener Abschnitte, in welchen Aristoteles nach der Lehre vom Schlusse die Reduction aller Beweisführung auf die drei Figuren des kategorischen Schlusses bespricht (*An. pr.* I. 32—46), in eigenen selbstständigen Schriften behandelte, haben wir schon oben, Anm. 11, angegeben.

So also hat die gesammte Lehre vom Schlusse bei den älteren Peripatetikern manche Erweiterung, jedenfalls aber eine starke Entfremdung von ihrem eigentlichen logischen Principe, welches in der schöpferischen Kraft des Mittelbegriffes beruht, erlitten; und es sind diess Entartungen der aristotelischen Lehre, welche, wie wir sehen werden, vielfach massgebend und bestimmend auf die weitere Ausbildung oder Verbildung der Syllogistik wirken. Dass jene Hervorhebung der äusseren Redeform nicht ganz ausserhalb einer Beziehung auf rhetorische Zwecke stand, finden wir wohl auch durch eine Bemerkung bestätigt, welche uns aus der „Eudemischen Analytik" überliefert ist, woselbst nemlich gesagt wird, dass für den Dialektiker jene Syllogismen, welche auf einen verneinenden Schlusssatz führen (*τὸ ἀνασκευάζειν*) passender seien, als diejenigen, welche bejahend schliessen (*τὸ κατασκευάζειν*), denn die letzteren Fälle seien die geringfügigeren [75]).

Ist uns hiemit ein ziemlich reiches Material in Bezug auf jene Bestrebungen der nächsten Peripatetiker überliefert, welche den ersten selbst mehr auf die Formen des apodictischen Wissens gerichteten Theil der aristotelischen Logik betrafen, so erhalten wir anderntheils nur durch höchst kärgliche Notizen eine Kunde darüber, wie etwa auch der Inhalt der *zweiten Analytik* des Aristoteles behandelt worden sei; und wahrscheinlich war in dieser Beziehung in der That auch sehr Weniges von Abweichungen oder Erweiterungen zu berichten, denn Theophrast und Eudemus werden wohl in diesen Abschnitten, welche das Princip des apodictischen Wissens betreffen, sich bloss commentirend verhalten haben, während dort, wo die Behandlung der Form einen Uebergang zur grammatischen Form und eine Verwechslung der wesentlichen Form mit dem äusserlich Formalen herbeiführen konnte, ein gewisser Umkreis einer selbstständigen auf dieser Verwechslung beruhenden Behandlungsweise übrig geblieben war.

So sind es denn auch nur ein paar Einzelnheiten, welche wir in dieser Beziehung anzuführen im Stande sind. So wird berichtet, dass, während Aristoteles, wo er von dem allgemein Gültigen (*κατὰ παντός*) und dem An-und-für-sich (*καθ' αὑτό*) als Principien des Apodictischen spricht, ausdrücklich bemerkt, es sei zwischen den Ausdrucksweisen *καθ' αὑτό* und *ᾗ αὐτό* kein Unterschied (Abschn. IV, Anm. 132), hier Theophrast eine Verschiedenheit erblickte, indem die Bezeichnung „als solches" (*ᾗ αὐτό*) sich auf die specielleren Art-Bestimmungen eines Dinges, die Bezeichnung „an und für sich" (*καθ' αὑτό*) hingegen sich auf den dem Dinge einwohnenden höheren Gattungsbegriff beziehe, und daher ein Ding wohl manches an und für sich sein könne, ohne es darum auch als solches zu sein; so z. B. komme dem Dreiecke überhaupt die Winkelsumme sowohl an und für sich als auch als solchem zu, hingegen dem gleichschenkligen Dreiecke komme sie bloss an und für sich, nicht aber als solchem zu [76]). Natürlich ist diese spitzfindige Unterschei-

---

75) *Alex. ad Top.* p. 70.: *ὅτι δὲ οἰκειότερον τῷ διαλεκτικῷ τὸ ἀνασκευάζειν τοῦ κατασκευάζειν, ἐν τῷ πρώτῳ τῶν ἐπιγραφομένων Εὐδημείων Ἀναλυτικῶν (ἐπιγράφεται δὲ αὐτὸ καὶ Εὐδήμου ὑπὲρ τῶν Ἀναλυτικῶν) οὕτως λέγεται, οτι ὁ διαλεκτικὸς ἃ μὲν κατασκευάζει μικρά ἐστιν, τὸ δὲ πολὺ τῆς δυνάμεως αὐτοῦ πρὸς τὸ ἀναιρεῖν τι ἐστί.*

76) *Philop. ad An. post. f.* 17b.: *ἰστέον τοίνυν ὅτι ὁ μὲν Ἀριστοτέλης ἐν τούτοις τὸ αὐτό φησιν εἶναι τὸ καθ' αὑτὸ καὶ τὸ ᾗ αὐτό· εἴ τι μὲν γὰρ ᾗ αὐτὸ, τοῦτο καὶ καθ' αὑτό· οἱ δὲ περὶ τὸν Θεόφραστον διαφέρειν ταῦτα λέγουσι, καθολικώτερον γὰρ εἶναι τὸ καθ' αὑτὸ τοῦ ᾗ αὐτό· εἴ τι μὲν γὰρ ᾗ αὐτὸ, τοῦτο καὶ καθ' αὑτὸ, οὐκ εἴ τι δὲ καθ' αὑτὸ, πάντως καὶ ᾗ αὐτό· τῷ γὰρ τριγώνῳ ᾗ τρίγωνόν ἐστιν ὑπάρχει τὸ τὰς τρεῖς γωνίας δυσὶν ὀρθαῖς ἴσας ἔχειν, ἀλλὰ καὶ καθ' αὑτό· τῷ δὲ ἰσοσκελεῖ καθ' αὑτὸ μὲν ὑπάρχει, οὐκέτι δὲ ᾗ αὐτό· οὐ γὰρ ᾗ ἰσοσκελὲς ὑπάρχει αὐτῷ τὸ τὰς τρεῖς*

dung einerseits wirklich nur eine willkührliche grammatische, andrerseits aber liegt ihr jene nemliche Schwäche, welche wir oben, Anm. 25, sahen, zu Grunde, da hiebei die Art und Weise, wie der Gattungsbegriff gerade nur in den verschiedenen Art-Determinationen sein Leben erweisen kann, übersehen ist. Hingegen in Bezug auf eine Principien-Frage erkennen wir in Theophrast wieder nur den Commentator, wenn derselbe es rechtfertigt, dass Aristoteles im zweiten Buche der zweiten Analytik von der Definition handelt, da diess nicht bloss gelegentlich geschehe, sondern durch den Verlauf der Untersuchung selbst gefordert sei [77]). In Betreff jenes Abschnittes gegen das Ende der zweiten Analytik, welcher von den Problemen handelt, s. oben Anm. 10.

Hingegen musste wieder die *Topik* ein freieres Feld für jene Bestrebungen darbieten, welche mehr den grammatischen Redeformen zugewendet waren; und hier begegnen wir ausser Theophrast und Eudemus auch dem Physiker Strato, von welchem man sogar fast vermuthen möchte, er habe die Topik vollständig durchgearbeitet; denn es ist uns in Betreff irgend eines ganz vereinzelten Topus (es ist der 34. unter den bei Aristoteles in Bezug auf die Gattung namhaft gemachten; IV, 4, 125 a. 5) die Notiz von einer (allerdings ungeschickten) Veränderung überliefert, welche Strato bei der Umkehrung relativer Begriffe mit den von Aristoteles angegebenen Regeln vornahm [78]), in einer Weise, dass sich nicht

---

γωνίας δυσὶν ὀρθαῖς ἴσας ἔχειν· εἰ γὰρ τοῦτο, οὐκ ἂν τῷ ἰσοπλεύρῳ ἢ σκαληνῷ ὑπῆρχεν, ἐπεὶ μὴ ἰσοσκελῆ, ἀλλ' ᾗ ἁπλῶς τρίγωνά ἐστιν. ταῦτα μὲν οἱ περὶ Θεόφραστον, ὁ μέντοι Ἀριστοτέλης εὑρὼν ἐπί τινων ταῦτα συντρέχοντα ταὐτὸν εἶναι ἔφη ἄμφω.

77) *Schol. cod. Par. b. Brand.* p. 240 a. 46.: νῦν ἐν τῷ δευτέρῳ βιβλίῳ τῆς ἀποδεικτικῆς ἥκει (*sc.* Ἀριστ.) καὶ περὶ τοῦ μέσου διαληψόμενος, τὸ γὰρ κῦρος ἐν συλλογισμῷ τὸ μέσον ἐστίν· ἐπεὶ δὲ τὸ μέσον ἐν ἀποδείξει κυριώτερον τὸ εἰδικόν ἐστιν αἴτιον, εἰδικὸν δὲ αἴτιον ὁ ὁρισμός, ζητεῖ περὶ ὁρισμοῦ οὐ κατὰ προηγούμενον λόγον, ὡς Ἀλεξάνδρῳ δοκεῖ τῷ Ἀφροδισιεῖ, ὃς καὶ τὸν Θεόφραστον αὐτὸν ἐπιφέρεται μάρτυρα, ἀλλὰ κατὰ δεύτερον λόγον καὶ κατὰ συμβεβηκὸς ζητεῖ περὶ ὁρισμοῦ.

78) Der Topus bei Arist. lautet: *Πάλιν εἰ ὁμοίως τὰ πρός τι κατὰ τὰς πτώσεις λεγόμενα μὴ ὁμοίως ἀντιστρέφει, καθάπερ ἐπὶ τοῦ διπλασίου καὶ τοῦ πολλαπλασίου· ἑκάτερον γὰρ τούτων τινὸς καὶ αὐτὸ καὶ κατὰ τὴν ἀντιστροφὴν λέγεται· τινὸς γὰρ καὶ τὸ ἥμισυ καὶ τὸ πολλοστημόριον· ὡσαύτως δὲ καὶ ἐπὶ τῆς ἐπιστήμης καὶ τῆς ὑπολήψεως· αὗται γὰρ τινὸς καὶ ἀντιστρέφει ὁμοίως· τό τε ἐπιστητὸν καὶ τὸ ὑποληπτὸν τινί. εἰ οὖν ἐπί τινων μὴ ὁμοίως ἀντιστρέφει, δῆλον ὅτι οὐ γένος θάτερον θατέρου.* Hiezu nun bemerkt Alexander (*ad Top.* p. 173.): ὁ μέντοι Στράτων προστίθησί τινα τῷ τόπῳ τούτῳ καὶ ἄλλον. εἰ αὐτὰ μὲν πρὸς ὁμοίας πτώσεις λέγοιτο, τό τε ἀποδοθὲν γένος καὶ τὸ εἶδος, τῶν δὲ πρὸς ἃ ταῦτα λέγεται τὸ μὲν ἀντιστρέφει τὸ δὲ μή, οὔ φησι τὸ τεθὲν ἔσεσθαι γένος. καὶ παραδείγμασι δὲ χρῆται τοῦ τόπου τῇ τε ἐλλείψει καὶ τῇ ἐνδείᾳ· εἰ γάρ τις γένος τῆς ἐλλείψεως τὴν ἔνδειαν λέγει, ἐπεὶ ἑκάτερον μὲν αὐτῶν πρὸς τὴν αὐτὴν ἀποδίδοται πτῶσιν (ἥ τε γὰρ ἔλλειψις τινὸς, τῆς γὰρ ὑπεροχῆς, καὶ ἡ ἔνδεια ὁμοίως τινὸς, τοῦ γὰρ ἱκανοῦ), οὐκέτι δὲ ἀμφότερα πρὸς ἃ ἑκάτερον αὐτῶν λέγεται ἀντιστρέφει· ἡ μὲν γὰρ ὑπεροχὴ καὶ αὐτὴ τινός, ἐλλείψεως γάρ, τὸ δὲ ἱκανὸν οὐκέτι ἀντιστρέφει, οὐ γὰρ λέγεται τὸ ἱκανὸν ἐνδείας ἱκανόν, ὥστε οὐκ ἂν εἴη ἡ ἔνδεια τῆς ἐλλείψεως γένος. ἀλλ' οὗτός γε καινοτομῆσαί τι βουληθεὶς ὀλίγον ἀναιρεῖ μεῖζόν τι, τὸ γὰρ πάντα πρὸς τὸ γένος ἀντιστρέφοντα λέγεσθαι κινεῖ· αἴτιον δὲ αὐτῷ τῆς πλάνης τὸ μὴ δεόντως λαβεῖν τὴν ἔνδειαν πρὸς τὸ ἱκανὸν λέγεσθαι, καὶ γὰρ ἔνδεια δέοντός ἐστιν ἔνδεια· καὶ πρὸς τοῦτο λέγεται πρός τι.

recht absehen lässt, wie Strato gerade auf diesen Topus verfallen sei, wenn er nicht die Topik überhaupt bearbeitete, wofür eine Bestätigung in der bei Diog. Laert. (s. oben Anm. 18) sich findenden Erwähnung einer Schrift *Τόπων προοίμια* liegen mag.

Theophrast aber scheint es zunächst gewesen zu sein, welcher den Begriff des *τόπος* selbst zuerst technisch formulirte [79]), wobei er noch dazu die Neuerung machte, dass er als gemeinschaftliche Quelle mehrerer ihrem Inhalte nach verwandter Topen ein *παράγγελμα* annahm, d. h. einen „Zuruf", in welchem wir nur eine schulmässige bequemere Rubrik erkennen können, die behufs rhetorischer Zwecke dazu dienen mochte, die verschiedenen Möglichkeiten der Behandlung einer Thesis immer im Gedächtnisse zu haben [80]). Offenbar aber hat Theophrast in seiner Topik, ebenso wie Aristoteles in dem ersten Buche der Topik that, vorerst im Allgemeinen den Inhalt des in den einzelnen topischen Regeln dann speciell Ausgeführten entwickelt; und wenn wir die Nachricht beachten, dass Einige auch schon bei der aristotelischen Topik das erste Buch von den übrigen abtrennen und ihm die Ueberschrift *πρὸ τῶν Τόπων* geben wollten [81]), so sehen wir einerseits hieraus, dass das Compendium topischer Regeln, welche in den übrigen Büchern aufgestellt werden, zu rhetorischen Zwecken als die Hauptsache betrachtet und hingegen das erste Buch als „Einleitung" genommen wurde; andrerseits aber erhält uns so auch die Erwähnung einer Theophrastischen Schrift *Τὰ πρὸ τῶν Τόπων* bei Diogenes Laertius (s. Anm. 12) eine besondere

---

79) *Alex. ad Top.* p. 5.: *ἔστι γὰρ ὁ τόπος ὥς λέγει Θεόφραστος ἀρχή τις ἢ στοιχεῖον ἀφ' οὗ λαμβάνομεν τὰς περὶ ἕκαστον ἀρχὰς ἐπιστήσαντες τὴν διάνοιαν τῇ περιγραφῇ μὲν ὡρισμένως (ἢ γὰρ περιλαμβάνει τὰ κοινά τε καὶ καθόλου, ἅ ἐστι τὰ κύρια τῶν συλλογισμῶν ἢ δύναταί γε ἐξ αὐτῶν τὰ τοιαῦτα δείκνυσθαί τε καὶ λαμβάνεσθαι), τοῖς δὲ καθ' ἕκαστα ἀορίστως· ἀπὸ τούτων γὰρ ὁρμώμενον ἔστιν εὐπορεῖν προτάσεως ἐνδόξου πρὸς τὸ προκείμενον· τοῦτο γὰρ ἀρχή.* Ebend. p. 67.: *ὁρίζεται ὁ Θεόφραστος τὸν τόπον ..... οὕτως· τόπος ἐστὶν ἀρχή τις ἢ στοιχεῖον ἀφ' οὗ λαμβάνομεν τὰς περὶ ἕκαστον ἀρχὰς τῇ περιγραφῇ μὲν ὡρισμένως τοῖς δὲ καθ' ἕκαστα ἀορίστως.* Vgl. auch die oben, Anm. 14., angeführte Stelle des Alex. *ad Top.* p. 16.

80) Ebend. p. 72.: *δεῖ μὴ ἀγνοεῖν ὅτι Θεόφραστος διαφέρειν λέγει παράγγελμα καὶ τόπον· παράγγελμα μὲν γάρ ἐστι τὸ κοινότερον καὶ καθολικώτερον ἁπλούστερον λεγόμενον, ἀφ' οὗ ὁ τόπος εὑρίσκεται· ἀρχὴ γὰρ τόπου τὸ παράγγελμα ὥσπερ ὁ τόπος ἐπιχειρήματος· οἷον παράγγελμα μὲν τὸ οὕτω λεγόμενον, ὅτι δεῖ ἐπιχειρεῖν ἀπὸ τῶν ἐναντίων, ἀπὸ τῶν συστοίχων, τόπος δὲ „εἰ τὸ ἐναντίον πολλαχῶς, καὶ τὸ ἐναντίον" ἢ „εἰ τὸ ἐναντίον τῷ ἐναντίῳ ὑπάρχει, καὶ τῷ ἐναντίῳ ὑπάρχει τὸ ἐναντίον" καὶ πάλιν „ὡς ἓν τῶν συστοίχων, οὕτω καὶ τὰ λοιπά". ὁ γὰρ τόπος πρότασις ἤδη τις ἀπὸ τοῦ παραγγέλματος γεγονυῖα. ταύτην δέ, λέγω, τὴν διαφορὰν παραγγέλματός τε καὶ τρόπου εἰδὼς ὁ Θεόφραστος τὰ τοιαῦτα ὁμοῖός ἐστιν ὁ πρῶτος εἰρημένος τόπος* (*Top.* II, 2, 109 a. 34.), *παραγγέλματα λέγει καὶ τόπους παραγγελματικούς· τὸ γὰρ „ἐπιβλέπειν δεῖ εἰ τὸ κατ' ἄλλον τινὰ τρόπον ὑπάρχον ὡς συμβεβηκὸς ἀποδέδωκε" παραγγελματικόν· τόπος δ' ἂν ἀπ' αὐτοῦ εἴη ὁ λέγων „εἰ τὸ ὡς συμβεβηκὸς ἀποδεδομένον κατ' ἄλλον τινὰ τρόπον ὑπάρχει, οὐ καλῶς ἀποδέδοται" ἢ ἔτι προσεχέστερον „εἰ τὸ ὡς συμβεβηκὸς ἀποδεδομένον γένος εἴη ἢ πάλιν ὅρος ἢ ἴδιον". ὁ μέντοι Ἀριστοτέλης τόπους καὶ τὰ τοιαῦτα καλεῖ κ. τ. λ.* Die Bezeichnung *τόπος παραγγελματικός* ist dann auch in der Schule ganz üblich geworden.

81) *Schol. cod. Par.* b. *Brand.* p. 252 a. 47.: *ἀξιοῦσι δέ τινες τὸ πρῶτον βιβλίον μὴ Τοπικὰ ἀλλὰ πρὸ τῶν Τόπων ἐγγράφεσθαι.*

Bedeutung, mit welcher wir auch den oben angeführten Titel des Buches des Strato werden in Verbindung bringen müssen. Nun aber nahm Theophrast auch materiell mit dem Inhalte eben jener Einleitung, d. h. des ersten Buches der aristotelischen Topik, eine Aenderung vor, welche für die spätere Geschichte der Logik von entscheidendem Einflusse war. Aristoteles nemlich hatte die Ansicht zu Grunde gelegt (*Top.* I, 4—9), dass jeder topisch zu behandelnde Satz nur enthalten könne: die Gattung (*γένος*), zu welcher aber auch der Unterschied (*διαφορά*) gehört, dann das Eigenthümliche entweder als Definition (*ὅρος*) oder als eigenthümliches Merkmal (*ἴδιον*), und das bloss je Vorkommende (*συμβεβηκός*), und ferner hatte er ausgesprochen, dass überall das Identische (*ταὐτόν*) in Betracht zu ziehen sei; und in den folgenden Büchern behandelt er auch das Detail dieser Gesichtspunkte in der Reihenfolge: *συμβεβηκός* im II. u. III. Buche, *γένος* und *διαφορά* im IV. Buche, *ἴδιον* im V. B., *ὅρος* im VI. B., *ταὐτόν* im VII. B. Theophrast hingegen behauptete erstens, dass das Identische unter die Gattung gehöre [82]), und war ihm dasselbe so als selbstständiger Gesichtspunkt weggefallen und dafür in innige Verbindung mit dem *γένος* getreten, so musste eben darum die *διαφορὰ* als Gegensatz des seine Identität in sich enthaltenden *γένος* mehr selbstständig hervortreten; und zweitens trennte er das *συμβεβηκός* insoferne vom *ὅρος* ab, als es unter denselben sich nicht bringen lasse [83]). Somit hätten wir bei Theophrast wohl folgende Anordnung der Hauptgesichtspunkte: *ὅρος, γένος, διαφορά, ἴδιον, συμβεβηκός*, und nehmen wir dieses mit dem formellen Umstande zusammen, dass die Entwicklung dieser allgemeineren Gesichtspunkte als Einleitung abgetrennt wurde, so stehen wir bereits völlig auf der Stufe der *Quinque voces* oder der *Εἰσαγωγὴ* des Porphyrius, welcher von *γένος, εἶδος, διαφορά, ἴδιον, συμβεβηκός* ausgeht; und insoferne eine derartige Auffassung solcher topischer Gesichtspunkte sich an die Kategorien anschliessen soll, wie diess bekanntlich in genannter Schrift des Porphyrius auch der Fall ist, so ist die Ansicht des Adrastus, dass die Topik unmittelbar nach den Kategorien gestellt werden solle [84]), eigentlich eine ganz folgerichtige, und sie dürfte der schon bei Theophrast vorliegenden Auffassung der Einleitung der Topik nicht sehr ferne stehen. Somit scheint uns also selbst jene schulmässigste Behandlung der Logik, wie sie im Gefolge der *Quinque voces* auftritt, auf Theophrast als ihre erste Quelle zurückzuleiten; und vielleicht dürfen wir auch aus einigen Titeln von Schriften des Strato (s. Anm. 18), wie *Περὶ τοῦ συμβεβηκότος, Περὶ τοῦ ὅρου,· Περὶ τοῦ προτέρου γένους, Περὶ τοῦ ἰδίου*, schliessen, dass in der frühesten peripatetischen Schule überhaupt schon einzelne der später sogenannten *Quinque voces* ausführlicher besprochen wurden.

---

82) *Alex. ad Top.* p. 25.: *δεῖ δὲ μὴ ἀγνοεῖν ὅτι Θεόφραστος τὰ περὶ ταὐτοῦ προβλήματα ὑποτάσσει τοῖς γενικοῖς ὥςπερ καὶ τὰ ἀπὸ τῶν διαφορῶν· λέγει γάρ· καὶ τὴν διαφορὰν καὶ τὴν ταὐτότητα γενικὰ θῶμεν.*

83) Ebend. p. 30.: *καὶ Θεόφραστος δὲ ἐν τοῖς αὐτοῦ Τοπικοῖς, καθὸ μίαν μέθοδον παραδιδόναι σπουδάσας ἐχώρισε μὲν τῶν ἄλλων τὸ συμβεβηκὸς ὡς μὴ ὑπαγόμενον τῷ ὅρῳ, τὰ ἄλλα δὲ πειρασθεὶς τῷ ὁρισμῷ ὑποτάσσειν ἀσαφεστέραν ἐποίησε τὴν πραγματείαν.*

84) s. Abschn. IX, Anm. 2 f.

Dass nun Theophrast, wenn er das Identische (ταὐτὸν) mehr in die Gattung hineinzog, ganz besonders den Unterschied (διαφορά) in seiner Art-machenden Bedeutung (εἰδοποιόν) hervorheben oder das Nicht-Identische in der numerären Vielheit anerkennen musste, versteht sich von selbst, und in diesem liegt auch noch keine principielle Abweichung von Aristoteles [85]), wenn auch hiebei das Streben nach fortgesetzter Theilung in alle Unterarten, also nach einer *Tabula logica* stärker hervortreten mochte [86]); hingegen mussten hiedurch jene Gattungen, welche einen Gegensatz gegen andere Gattungen bilden, schroffer von denselben getrennt werden (s. oben Anm. 40), wodurch die obersten Gegensätze, ebenso wie das Identische, selbst den Charakter von Gattungen erhalten, welche unter keine höhere gemeinschaftliche Gattung mehr fallen können, weil sie ja gar Nichts miteinander gemein haben sollen [87]), und so wird jener natürlich von Aristoteles (z. B. *Metaph.* *Δ*, 10) auch vorgesehene Fall, dass die Gegensätze Gattungsbegriffe sein können, hier zur Hauptsache und zum Wesentlichen der Gegensätzlichkeit gemacht [88]), eine Auffassung mit welcher das scholastische *principium exclusi tertii* sich sehr befreunden kann.

Als vereinzelte Ueberlieferung betreffs der Topik des Theophrast haben wir anzugeben, dass derselbe in der Unterscheidung der Topen bei den relativen Begriffen, wo wir oben Anm. 78 eine Neuerung des Strato sahen, mit Aristoteles übereingestimmt zu haben scheint [89]). Ob

---

85) *Galen.* πρὸς Λύκον, 4. XVIII, 1, p. 217. *ed. Kühn*: ὁ μὲν γὰρ Πλάτων οἴεται δυνατὸν εἶναι, καθάπερ γε καὶ Ἀριστοτέλης καὶ Θεόφραστος, ἕτερον ἑτέρῳ ταὐτὸν ὂν τῷ γένει τοσαύτην ὅμως ἔχειν τὴν ἐν εἴδει διαφορὰν ὡς ἐναντιώτατον ἔχειν. und Θεραπ. μέθοδ. II, 7. X, p. 137.: ἐνὸν ἀκοῦσαι λέγοντος Ἀριστοτέλους τε καὶ Θεοφράστου, δύνασθαί τι τῷ μὲν εἴδει ταὐτὸν ὑπάρχειν ἕτερον ἑτέρῳ, τῷ δ' ἀριθμῷ μὴ ταὐτόν (ebenso p. 142).

86) *Galen. Meth. Ther.* I, 3. X, p. 26.: εἶτ' Ἀριστοτέλους τε καὶ Πλάτωνος οὕτω μέγα καὶ χαλεπὸν εἶναι νομιζόντων εἰς τὰς οἰκείας διαφορὰς ἀκριβῶς τὰ γένη τέμνειν καὶ μετ' αὐτοὺς Θεοφράστου τε καὶ τῶν ἄλλων φιλοσόφων ἐξεργάζεσθαι πειρωμένων τὸν τρόπον ὡς οὔπω κατωρθωμένον οὐδὲ παρ' ἐκείνοις κ. τ. λ.

87) *Simpl. ad Cat. f.* 105 *A.*: Θεόφραστος δὲ ἐν τοῖς ἑαυτοῦ Τοπικοῖς τάδε γέγραφεν ἀπορώτερον ἔτι ποιοῦντα τὸν λόγον· ἐπεὶ δὲ ἐναντίαι τῶν ἐναντίων αἱ ἀρχαὶ, δῆλον ὅτι οὐδὲ ἐν ἑνὶ γένει ταῦτα, καθάπερ οὐδὲ τὸ ἀγαθὸν καὶ τὸ κακὸν καὶ κίνησις καὶ στάσις, εἴη δ' ἂν καὶ ὑπεροχὴ καὶ ἔλλειψις ἐναντία γε καὶ ἀρχαὶ, καὶ εἶδος καὶ στέρησις.

88) *Alex. ad Metaph.* p. 342, 27. *ed. Bon.*: καὶ ἡ ἀρετὴ δὲ καὶ ἡ κακία οὕτως ἐναντία, γένη γὰρ καὶ αὐτὰ, εἰ καὶ μὴ ὑπὸ κοινόν ἐστι γένος· καὶ ὅλως τὰ ἐναντία γένη, οἷον τὸ ἀγαθὸν ἢ κακὸν, ἐναντία γὰρ γένη τὸ ἀγαθὸν καὶ τὸ κακὸν, ὡς αὐτὸς ἐν ταῖς Κατηγορίαις (c. 11, 14 a. 20.) καὶ ἐν τῷ τετάρτῳ τῶν Τοπικῶν (IV, 3.) καὶ Θεόφραστος ἐν τῷ πρώτῳ τῶν Τοπικῶν, ἃ οὐχ οἷά τε τῶν ὑπ' αὐτὰ ἅμα τινὶ ὑπάρξαι· τοιαῦτα καὶ τὰ ὑπὸ τὴν κίνησιν καὶ στάσιν, καὶ ὅσα πλεῖστον διαφέρει τῶν ἐν τῷ αὐτῷ γένει ἐναντία, ὡς καὶ τὸν ὁρισμὸν ἀποδιδόναι τῶν ἐναντίων σύνηθες· οὕτω λευκὸν καὶ μέλαν ἐναντία, γλυκὺ καὶ πικρόν.

89) Ebend. p. 373, 2.: ὅτι δὲ λέγεται (sc. τὰ πρός τι) πρὸς ταῦτα ἐν οἷς ἔστιν, ὑπὸ μὲν Θεοφράστου ἐν τῷ Β τῶν Τοπικῶν οὕτως εἴρηται· ὧν μὲν γὰρ ἕκαστα λέγεται, καὶ ὑπάρχει τούτοις, ὥσπερ ἡ συμμετρία καὶ ἡ ἕξις καὶ ἡ σύνθεσις· μνήμη δὲ καὶ ὕπνος καὶ ὑπόληψις οὐδενὶ τῶν ἀψύχων οὐδὲ ἡ ἑτέρου κίνησις ἄλλῳ· διὸ δὴ καθ' ἕκαστα διοριστέον. Diess verglichen mit der von Alexander selbst gleich hierauf angeführten Stelle des Aristoteles *Top.* IV, 4, 125 a. 33.

die uns berichtete Eintheilung der *γνῶμαι* in *παράδοξοι*, *ἔνδοξοι* und *ἀμφισβητούμεναι*[90]), welche allerdings dem Inhalte der aristotelischen *Soph. El.* 12 u. bes. 17, 176 b. 18 entsprechen könnte, wirklich aus einer der oben, Anm. 12, angeführten Schriften oder aus rhetorischen Werken des Theophrast entnommen sei, muss wohl dahingestellt bleiben. Hingegen die von Diogenes Laertius erwähnte Schrift des Theophrastus *Περὶ τοῦ ψευδομένου* betraf doch sicher jenen berühmten Fang-Schluss der Megariker (Abschn. II, Anm. 83), und nicht etwa bloss den Inhalt von *Soph. El.* c. 11.

Aber auch Eudemus beschäftigte sich mit dem Inhalte der Topik und selbst der *Soph. El.*; nur scheint derselbe die sämmtlichen dahingehörigen Punkte, sowie ja manches andere (s. oben Anm. 24), in sein Werk *περὶ Λέξεως* hineingezogen zu haben. Von Einem-Abschnitte der aristotelischen Topik wissen wir diess letztere gewiss; Aristoteles nemlich behandelt im VIII. Buche, Kap. 4 — 9, die Bedeutung der Frage und Antwort für die Topik, und beruft sich *d. interpr.* 11, 20b. 26, wo er auf die ,,dialektische Frage" zu sprechen kömmt, selbst auf jene ausführlichere Darstellung in der Topik; Eudemus aber entwickelte in dem Buche *περὶ Λέξεως* seine ihm eigenthümliche Eintheilung der Fragen; er unterscheidet nemlich[91]) erstens Fragen, in welchen nach demjenigen gefragt wird, was an einem als bekannt gesetzten Subjecte vorkommen kann, oder an welchem Subjecte etwas als bekannt Gesetztes vorkomme, also Fragen nach *συμβεβηκότα*, d. h. ausserwesentlichen Prädikaten (wie auch schon Theophrast das *συμβεβηκός* verstand, s.

90) *Greg. Cor. ad Hermog. d. meth.* VII, p. 1154. *ed. Walz*: κατὰ γὰρ τὸν Θεόφραστον γνώμη ἐστὶ καθόλου ἀπόφανσις ἐν τοῖς πρακτέοις· εἰσὶ δὲ τούτων αἱ μὲν παράδοξοι αἱ δὲ ἔνδοξοι αἱ δὲ ἀμφισβητούμεναι. καὶ αἱ μὲν παράδοξοι δέονται κατασκευῶν οἵα ἐστὶν αὕτη· χρὴ δ' οὔποθ' ὅστις ἀρτίφρων πέφυκ' ἀνὴρ, Παῖδας περισσῶς ἐκδιδάσκεσθαι σοφούς (Eur. Med. v. 297.) τὰς δὲ ἐνδόξους χρὴ λέγειν ἄνευ ἀποδείξεως, οἷον· ἀνδρὶ δ' ὑγιαίνειν ἄριστόν ἐστι· τῶν δὲ μὴ παραδόξων μὲν ἀδήλων δὲ καὶ ἀμφιβόλων προστιθέναι δεῖ τὰς αἰτίας σὺν ἀποφθέγμασιν, οἷον εἴ τις λέγει, ὅπερ Στησίχορος εἶπεν (vgl. Arist. *Rhet.* III, 11, 1412 a. 22), ὅτι οὐ δεῖ ὑβριστὰς εἶναι, ὅπως μὴ οἱ τέττιγες αὐτοῖς χαμόθεν ᾄδωσιν· ἐὰν γὰρ ὦσιν οἱ ὑβρίζοντες δυνατώτεροι, δενδροτομήσουσι τὴν χώραν ἅπασαν τοσοῦτον ὥστε μηδὲ τοὺς τέττιγας ἔχειν ἔνθα καθεσθέντες ᾄσουσι.

91) *Alex. ad Top.* p. 38.: ἔστι γὰρ εἴδη πλείω τῶν ἐρωτήσεων· οὐ γὰρ μόνον ἐρώτησις προτάσεων γίνεται, ἀλλ' ὡς Εὔδημος ἐν τοῖς περὶ Λέξεως διῄρηκεν, οἱ ἐρωτῶντες ἢ περὶ συμβεβηκότος ἐρωτῶσιν, ἢ γὰρ προθέντες τι καὶ ὁρίσαντες πυνθάνονται τὸ τούτῳ συμβεβηκὸς, ὡς οἱ ἐρωτῶντες τίς τοῦ πυρὸς ἡ κατὰ φύσιν κίνησις ἢ τί Σωκράτει συμβέβηκεν, ἢ ἔμπαλιν τὸ μὲν συμβεβηκὸς ὁρίζουσί τε καὶ λαμβάνουσι ἐν τῇ ἐρωτήσει, ᾧ δὲ τοῦτο συμβέβηκεν ἀξιοῦσι μαθεῖν, ὡς ὁ ἐρωτῶν τίνι τὸ λευκὸν ἢ τὸ μέλαν τῶν ζῴων συμβέβηκε, καὶ τί τῶν ἀγαθῶν δι' αὑτό ἐστιν αἱρετὸν, καὶ τίς ἐστιν ὁ καθήμενος· καὶ τοῦτο μὲν ἓν εἶδος ἐρωτήσεως, ἄλλο δὲ περὶ οὐσίαν, ὅταν προενεγκάμενοί τι τί ποτέ ἐστι τοῦτο διὰ τῆς ἐρωτήσεως ἐξετάζωμεν, ὡς ὁ ἐρωτῶν τί ἐστιν ἄνθρωπος, ὁ γὰρ οὕτως ἐρωτῶν τὴν οὐσίαν τοῦ πράγματος ἀξιοῖ, ἀλλ' οὐχ ὃ συμβέβηκεν αὐτῷ μαθεῖν· τρίτον εἶδος ἐρωτήσεώς ἐστιν ὅταν περὶ προτάσεώς τις τὴν ἐρώτησιν ποιῆται, εἶτα ἀπόκρισιν αὐτῆς αἰτῶν τὸ ἕτερον τῆς ἀντιφάσεως μέρος προτείνῃ, οἷον ἆρά γε ὁ κόσμος σφαιροειδής; ὑπὸ τοῦτο τὸ εἶδος τῆς ἐρωτήσεώς ἐστι καὶ ἡ διαλεκτικὴ πρότασις, οὐ γὰρ πᾶσα ἐρώτησις πρότασις διαλεκτική ἐστιν, ἐν ἐρωτήσει μέντοι ἡ πρότασις ἡ διαλεκτική.

Anm. 83), dann zweitens solche, in welchen nach der Substanz, also nach dem Begriffe, gefragt wird, und drittens diejenigen, in welchen nach der in einem Satze auszusprechenden Verbindung eines Subjectes mit einem Prädikate gefragt wird. So also ist auch hier (wie oben Anm. 27) das formal gefasste Verhältniss von Subject, Prädicat und Copula das Hauptmotiv der Betrachtung. Es ist uns aber auch noch die Nachricht einer zweiten Aenderung erhalten, welche Eudemus in dem Gebiete der topischen Lehren des Aristoteles vornahm[92]; diese aber bezieht sich durchaus auf den Inhalt von *Soph. El.* 4 u. 19—23, wo Aristoteles von dem *ἔλεγχος παρὰ τὴν λέξιν* handelt; und wenn daher auch Eudemus von den Sophismen *παρὰ τὴν λέξιν* in dem Buche *περὶ Λέξεως* sprach — nemlich der Berichterstatter dieser Abweichung, Galenus, lässt uns im Ungewissen, in welcher Schrift desselben sie enthalten sei —, so muss Eudemus in dasselbe den ganzen Schatz der bereits grammatisch-rhetorisch gewordenen Theile der Logik hineingeschoben haben. Jene Aenderung aber besteht darin, dass Eudemus die von Aristoteles (*Soph. El.* 4) aufgezählten sechs Veranlassungen eines Sophisma *παρὰ τὴν λέξιν*, nemlich *ὁμωνυμία, ἀμφιβολία, σύνθεσις, διαίρεσις, προςῳδία, σχῆμα τῆς λέξεως*, auf die drei höheren, gleichsam mehr philosophisch sein sollenden, Hauptmotive *ἐνέργεια, δύναμις, φαντασία* redu-

92) Ich glaube, dass, wer die Schreibweise des Galenus kennt, es mir nicht als einen voreiligen Schluss vorwerfen werde, wenn ich die Zurückführung dieser eigenthümlichen Eintheilung auf Eudemus als ihren Urheber aus dem Umstande folgere, dass Galenus (*π. τ. παρὰ τ. λέξιν σοφισμ.* 3. XIV, p. 589—93. *ed. Kühn*), indem er den Grund angeben will, warum Aristoles obige sechs Arten aufzähle, zunächst jene Eintheilung vorführt, und dann, nachdem er bei dem zweiten Gliede derselben ziemlich weitschweifig geworden war, für das dritte Glied sich die Mühe weiterer Beispiele spart, dabei aber unmittelbar anknüpfend sagt, die Beispiele könne man aus Eudemus und Anderen nehmen: *Δεικτέον δὲ μετὰ τοῦτ' ἂν εἴη, διὰ τί τὸ παρὰ τὸ διττὸν τοσαυταχῶς, ὁσαχῶς Ἀριστοτέλης φησὶ, συνίσταται· εἰ δὲ καὶ τοῦτο μέλλει καλῶς εὑρεθήσεσθαι, ληπτέον πρότερον ὅτι ποτέ ἐστι λόγος τε καὶ ἐκ λόγων, λόγοι γὰρ καὶ αἱ προτάσεις· .... ἔσται δὴ λόγος ... σύνθεσις ὀνομάτων· ..... ἀνάγκη τὸ διττὸν ἢ ἔν τινι τούτων εἶναι τῶν ὀνομάτων ἢ ἐν αὐτῷ τῷ λόγῳ, τρίτον γὰρ οὐδὲν ἔχομεν ὅπως συσταίη ......, καὶ τοῦτο ἢ ἐνεργείᾳ ἢ δυνάμει ἢ φαντασίᾳ, παρὰ ταῦτα γὰρ οὐδὲν ἕτερόν τις εὕροι ὑπάρχον ἢ λεγόμενον ..... πάντα δὲ ταῦτα συλλαβόντες ἔχουσιν οἱ εἰρημένοι τρόποι· ἐνεργείᾳ μὲν γὰρ τὸ διττὸν ἔχουσι παρά τε τὴν ὁμωνυμίαν καὶ τὴν ἀμφιβολίαν, καὶ ἐν ὀνόματι μὲν ὁ παρὰ τὴν ὁμωνυμίαν, ἐν λόγῳ δὲ ὁ παρὰ τὴν ἀμφιβολίαν, ἐνεργείᾳ δὲ ὅτι τῷ ὄντι δύο σημαίνουσι· δυνάμει δ' ὁπότε τῇ προσῳδίᾳ γίγνονται διττοὶ καὶ παρὰ τὴν σύνθεσιν καὶ διαίρεσιν, οὗτοι γὰρ οὐ σημαίνουσι πλείω ἀλλὰ πάντως ἓν διά τε τὸ ἑκάτερον ἐνδέχεσθαι διττοὶ λέγονται· διὸ καὶ δυνάμει φαμὲν αὐτοὺς, τοιοῦτο γὰρ τὸ δυνάμει ..... ἐν μὲν οὖν ὀνόμασιν ἡ προςῳδία ποιεῖ τὸ διττόν ..... ἐν δὲ λόγῳ διότι σύνθεσις καὶ διαίρεσις διττὸν ποιεῖ ....* (p. 593.) *ἐπεὶ δὲ ἔχομεν τὸ ἐνεργείᾳ τε καὶ δυνάμει, λείπεται φαντασίᾳ· τοῦτο δέ ἐστι τὸ παρὰ τὸ σχῆμα τῆς λέξεως .... φαίνεται γὰρ καὶ τὸ ὄνομα διττὸν οὐχ οὕτως ἔχον καὶ ὁ λόγος ὁμοίως καὶ οὐ τοσοῦτον καθ' ἕκαστον τῶν προειρημένων· τὰ παραδείγματα λάβοι τις ἂν ἔκ τε τῶν καὶ* (l. *τοῦ*) *Εὐδήμου κἀξ ἄλλων· ἐπεὶ δ' οὖν ἔχομεν πάντας κατειλεγμένους τοὺς τρόπους, ἂν* (l. *οἷς ἂν*) *γένοιτό τι διττὸν, ἔχομεν πάντα τὰ παρὰ τὴν λέξιν σοφίσματα.* Sollte übrigens auch obiger Schluss nicht zugegeben werden, so sieht man doch, dass Beispiele der Sophismen *παρὰ τὴν λέξιν* aus Eudemus zu holen waren, derselbe also jedenfalls auch diesen Theil der rhetorischen Logik bearbeitete.

cirte, indem die Homonymie und Amphibolie Folge eines Verhältnisses der *ἐνέργεια*, Zusammensetzung aber und Trennung und Prosodie Folge einer *δύναμις*, und die Redeform Sache der *φαντασία* seien. Man sieht, dass der aristotelische Physiker Eudemus schulmässig consequenter sein will, als sein Lehrer.

Endlich ist noch als ein Erzeugniss der älteren peripatetischen Schule die Theorie des Räthsels zu erwähnen, welche Klearchos von Soli, als ein Schüler des Aristoteles, aufstellte; denn dass das Räthsel in naher Verwandtschaft mit den Problemen überhaupt und den Fangschlüssen insbesondere steht, springt von selbst in die Augen; und sowie nun in der aristotelischen Topik die Lösung dieser theoretisch begründet wird, so ist der Versuch einer gleichen Behandlung des Räthsels als Erweiterung oder Ergänzung jenes Verfahrens zu bezeichnen, welche im Zusammenhange mit den litterarhistorischen und grammatischen Bestrebungen jener Zeit überhaupt steht. Der Gedanke, das Räthsel in den Bereich jener Untersuchungen beizuziehen, ist völlig richtig, denn wenn ein Räthsel überhaupt Sinn und Bedeutung haben soll, so muss es eine logische Aufgabe sein [93]; auch war der Gebrauch, welchen die „gebildeten" Griechen im socialen Leben von dem Räthsel machten, völlig derselbe wie in Bezug auf die Sophismen jeder Art, und es gehörte dasselbe bekanntlich zur geselligen Unterhaltung bei Tische oder zu den *quaestiones convivales* überhaupt [94]. Die eigentlich logische Bedeutung des Räthsels aber scheint erst damals gefühlt worden zu sein, als man anfing, das Wort *γρῖφος* in speciell technischem Sinne dem allgemeineren *αἴνιγμα* gegenüberzustellen [95], und es wird daher auch, wenigstens in einer späteren Notiz, das logische Räthsel als der ursprünglichste und wesentlichste *γρῖφος* bezeichnet [96]. Klearchos nun scheint jedenfalls der erste

93) Eben Klearchos bezeichnete in seiner Schrift *Περὶ παροιμιῶν* das Räthsel als Gegenstand der Philosophie; bei *Athen.* X, p. 457 C.: *τῶν γρίφων ἡ ζήτησις οὐκ ἀλλοτρία φιλοσοφίας ἐστὶ, καὶ οἱ παλαιοὶ τὴν τῆς παιδείας ἀπόδειξιν ἐν τούτοις ἐποιοῦντο.* Die aristotelische Definition des Räthsels lautet: *αἰνίγματος γὰρ ἰδέα αὕτη ἐστὶ, τὸ λέγοντα ὑπάρχοντα ἀδύνατα συνάψαι* (*Poet.* 22, 1458a. 26.).

94) Vgl. *Gell.* XVIII, 2. *Macrob. Sat.* VII, 3. *Pollux.* VI, 107.

95) Bei *Plato, Rep.* V, 479 B., wo jenes, oben Anm. 37. angeführte, Räthsel erwähnt wird, ist nicht *γρῖφος*, wohl aber der logische Ausdruck *ἐπαμφοτερίζειν* neben *αἴνιγμα* gebraucht: *τοῖς ἐν ταῖς ἑστιάσεσιν, ἔφη, ἐπαμφοτερίζουσιν ἔοικε καὶ τῷ τῶν παίδων αἰνίγματι τῷ περὶ τοῦ εὐνούχου τῆς βολῆς πέρι τῆς νυκτερίδος.*

96) *Athen.* X, p. 453 B.: *ἀρχαιότατος δ' ἐστὶ λογικὸς γρῖφος καὶ τῆς τοῦ γριφεύειν φύσεως οἰκειότατος· „τί πάντες οὐκ ἐπιστάμενοι διδάσκομεν;" καὶ „τί ταὐτὸν οὐδαμοῦ καὶ πανταχοῦ;" καὶ πρὸς τούτοις „τί ταὐτὸν ἐν οὐρανῷ καὶ ἐπὶ γῆς καὶ ἐν θαλάττῃ;" τοῦτο δ' ἐστὶν ὁμωνυμία, καὶ γὰρ ἄρκτος καὶ ὄφις καὶ ἀετὸς καὶ κύων ἐστὶν ἐν οὐρανῷ καὶ ἐν γῇ καὶ ἐν θαλάττῃ· τὸ δὲ χρόνον σημαίνει, ἅμα γὰρ παρὰ πᾶσιν ὁ αὐτὸς καὶ οὐδαμοῦ διὰ τὸ μὴ ἐν ἑνὶ τόπῳ τὴν φύσιν ἔχειν· τὸ δὲ προάγον ἐστὶ ψυχὰς ἔχειν, τοῦτο γὰρ οὐδεὶς ἡμῶν ἐπιστάμενος διδάσκει τὸν πλησίον* (es könnten jedoch diese Worte eben aus der Schrift des Klearchos selbst genommen sein). Die Beispiele zeigen auf das deutlichste den logischen Charakter des Räthsels; übrigens bezieht sich auf das erste derselben schon *Aristoph. Vesp.* 20., noch dazu mit Anwendung des Wortes *γρῖφος*: *οὐδὲν ἄρα γρίφου διαφέρει Κλεώνυμος, πῶς δὴ, προσερεῖ τις τοῖσι συμπόταις λέγων, ὅτι ταὐτὸν ἐν γῇ τ' ἀπέβαλεν κἀν οὐρανῷ κἀν τῇ θαλάττῃ θηρίον τὴν ἀσπίδα.*

gewesen zu sein, welcher das Räthsel wissenschaftlich in seiner Schrift *Περὶ γρίφων* [97]) behandelte. Ueberliefert ist uns aus derselben zunächst die Definition, welche Klearchos von dem *γρῖφος* aufstellte; es sei nemlich *γρῖφος* ein scherzhaftes, um einer Belohnung oder Strafe willen gegebenes Problem, welches auffordert, das Aufgegebene durch Suchen vermittelst des Nachdenkens zu finden [98]). Von der näheren theoretischen Entwicklung des Räthsels bei Klearchos jedoch scheint uns nur ein kleiner Theil berichtet zu sein, und zwar ein Theil, welcher den logischen *γρῖφος* gerade am allerwenigsten betrifft. Es wird nemlich gesagt [99]), er habe sieben Arten des *γρῖφος* angenommen, von den dreien aber, welche hierauf angeführt werden, *ἐν γράμματι*, *ἐν συλλαβῇ*, *ἐν ὀνόματι*, enthält die erste nur die Aufgabe, z. B. Fischnamen, welche mit A beginnen, zu nennen, die zweite die Aufgabe, einen Vers zu sagen, welcher mit einer angegebenen Sylbe beginnt oder schliesst, die dritte die Aufgabe, irgend eigene Namen zu nennen, welche eine bestimmte Bedingung in Bezug auf ihre Bestandtheile erfüllen. Somit bildet den Inhalt des Räthsels hier nur die Probe einer gewissen Gelehrsamkeit oder einer Raschheit des Gedächtnisses. Unter den übrigen vier Arten, von welchen wir jedoch Nichts erfahren, wird wohl der *λογικὸς γρῖφος* eine der bedeutenderen gewesen sein. Dass es übrigens auch bei den Sophismen der Megariker nicht an grammatischer Aeusserlichkeit und tändelnden Wortwitzen gebrach, sahen wir oben Abschn. II, Anm. 52 f., 59—65, 81; und vielleicht hat auch Klearchos in seiner Theorie des Räthsels zufolge der Manier seiner Zeit wieder mehr Gewicht auf die formale Seite des Wortes gelegt, als er sollte.

---

97) B. *Athen.* VII, p. 275 B. u. öfters genannt; dieselbe liegt wohl der ganzen längeren Entwicklung, welche Athenäus X, p. 448—459. gibt, zu Grunde. Casaubonus in den *Animadverss.* zu der ganzen Stelle greift vielfach fehl.

98) Ebend. X, p. 448 C.: *γρῖφος πρόβλημα ἐπιπαιστικὸν προστακτικὸν τοῦ διὰ ζητήσεως εὑρεῖν τῇ διανοίᾳ τὸ προβληθὲν, τιμῆς ἢ ἐπιζημίου χάριν εἰρημένον.* Spätere Definitionen s. Abschn. VIII, Anm. 18.

99) *Athen.* fährt ebend. fort: *ἐν δὲ τῷ Περὶ γρίφων ὁ αὐτὸς Κλέαρχός φησιν ἑπτὰ εἴδη εἶναι γρίφων· ἐν γράμματι μὲν, οἷον ἐροῦμεν ἀπὸ τοῦ ἄλφα ὡς ὄνομά τι ἰχθύος ἢ φυτοῦ, ὁμοίως δὲ κἂν ἔχειν τι κελεύῃ τῶν γραμμάτων ἢ μὴ ἔχειν ..... ἐν συλλαβῇ δὲ λέγονται γρῖφοι, οἷον ἐροῦμεν ἔμμετρον ὁτιδήποτε οὗ ἡγεῖται βα, οἷον βασιλεὺς, ἢ ὧν ἔχει τελευτὴν τὸ ναξ, ὡς Καλλιάναξ, ἢ ὧν τὸν λέοντα καθηγεῖσθαι, οἷον Λεωνίδης, ἢ ἔμπαλιν τελικὸν εἶναι, οἷον Θρασυλέων· ἐν ὀνόματι δὲ, οἷον ἐροῦμεν ὀνόματα ἁπλᾶ ἢ σύνθετα δισύλλαβα, οὗ μορφή τις ἐμφαίνεται τραγικὴ ἢ πάλιν ταπεινὴ, ἢ ἄθεα ὀνόματα, οἷον Κλεώνυμος, ἢ θεοφόρα, οἷον Διονύσιος, καὶ τοῦτο ἤτοι ἐξ ἑνὸς θεοῦ ἢ πλειόνων, οἷον Ἑρμαφρόδιτος, ἢ ἀπὸ Διὸς ἄρχεσθαι, Διοκλῆς, ἢ Ἑρμοῦ, Ἑρμόδωρος, ἢ λήγειν, εἰ τύχοι, εἰς νικος. οἱ δὲ μὴ εἰπόντες οἷς προσετάττετο ἔπινον τὸ ποτήριον. καὶ ὁ μὲν Κλέαρχος οὕτως ὡρίσατο.*

VI. ABSCHNITT.

DIE STOIKER.

Es liegt in der sogenannten Sekten-Philosophie nur ein Fortwuchern jener Auffassung vor, welche in der vorsokratischen Philosophie bei den Sophisten und unmittelbar nach Sokrates bei den einseitigen Sokratikern auf die rhetorische Darlegung der praktischen Interessen gerichtet war. Sowie sich der Sinn der Griechen einmal von den objectiv poetischen Kosmogonien und der hieraus fliessenden physikalischen Lehre, welche die Elemente des stofflich natürlichen Seins zu entwickeln suchte, abgewendet hatte, so trat die hellenische Virtuosität der plastischen Formenbildung auf dem Gebiete der subjectiven Aeusserungen des Menschen und seiner Handlungen mit jener ganz einseitigen und verrannten Selbstständigkeit auf, aus welcher die Sophistik floss. Allerdings nun war in Folge der Ueberzeugungen des Sokrates, welche selbst von dem Principe des Handelns ausgingen, dabei aber eine wahrhaft allgemein-menschliche Forderung aussprachen, zunächst die platonische Philosophie erwachsen, welche den Standpunkt des subjectiven Principes mit dem objectiv kosmischen der früheren Naturphilosophie zu vereinbaren suchte, ja es war wieder hieraus das aristotelische System geflossen, welches den die menschliche Intelligenz betreffenden Theil der sokratischen Forderung stärker betonte, als bei Plato geschehen war, — aber während so aus dem schlechthin allgemeinen, über die Engherzigkeit der Nationalität hinausreichenden Principe des Sokrates die höchste im Griechenthum erreichbare Stufe der Speculation sich erhob, lebte der tiefgewurzelte subjective Rhetorismus, welcher eines jeden allgemeineren und höheren Principes der Auffassung entbehrt, immer fort, und es nimmt derselbe, indem er nach Aristoteles von der Oberfläche der platonisch-aristotelischen Entwicklung schöpft, nur die Maske einer Speculation an. Es kann diese einzig historische Auffassung betreffs der Sekten-Philosophie, nemlich dass dieselbe nur ein Rückfall in den rhetorischen Doctrinarismus der subjectiven Praxis ist, nicht oft genug ausgesprochen werden, da ja in Folge des beliebten „Construirens" der Geschichte noch so häufig die völlig unhistorische Annahme sich findet, dass die antike Speculation in Einem aufwärts fortschreitenden Faden bis zu Plotin sich abspinne, bei welch letzterem erst „der Geist sich selbst erreiche", wobei natürlich die durchweg pöbelhaften Bestrebungen der Skeptiker als das Moment des höchst ehrwürdigen „Zweifels" gefasst werden und die einer pharisäischen Eitelkeit fröhnenden Phantastereien der Neuplatoniker jenem Stadium angehören sollen, in welchem das Absolute in der Menschen-Geschichte

„sich selbst bezweckt". Hat man sich aber eine unbefangene Auffassung der Geschichte bewahrt, so wird man von aller dergleichen Tendenzmacherei frei sein und in den Erscheinungen des späteren griechisch-römischen Alterthumes nur das erblicken, was sie sind, nemlich die Folgen der schlimmeren und verwerflicheren Theile eines hervorragenden aber einseitigen Talentes, mit welchem die griechische Nation von Anfang an ausgerüstet war.

Darum beruhen auch in Bezug auf die Logik alle Verschlechterungen, welche uns von hier an durchgreifend begegnen, nicht mehr, wie bei den älteren Peripatetikern, in einer unbewussten Schwäche der Speculation in Bezug auf Zusammenhang und Bedeutung der aristotelischen Gesammt-Philosophie, sondern in den positiven Verstössen einer Richtung, welche bloss den subjectiv-practischen Bedürfnissen durch doctrinäres Gerede genügen will, und für welche daher das platonisch-aristotelische Princip einer mit der Philosophie überhaupt verknüpften Logik gar nicht vorhanden ist. Aber, so werthlos alles stoische Geschwätz über diese Dinge an sich ist, ebenso einflussreich wurde es wegen des mit demselben verbundenen schulmässigen Schematismus leider für die ganze abendländische Culturgeschichte, in welcher noch bis in die neueste Zeit herab die unwissenschaftliche Schul-Grammatik und die unwissenschaftliche Schul-Logik auf jene Erscheinungen des späteren Alterthums als ihre Quelle zurückweisen.

Von dem *Epikureismus* hat die Geschichte der Logik sehr wenig zu berichten, denn sein überwiegendes Bestreben nach unmittelbar sinnlicher Gewissheit und seine ethische Lebens-Maxime, welche auf ungestörte Ruhe innerhalb des Genusses der Aussenwelt gerichtet war, konnten ein theoretisches Bewusstsein der logischen Functionen nicht zulassen. Wenn daher die Epikureer auch die bereits schulmässig üblich gewordene Dreitheilung der Philosophie in Logik, Physik, Ethik annahmen [1]), so hat die Logik, soweit sie das erkenntniss-theoretische Moment betrifft, nur die Aufgabe, dem Sensualismus zu dienen, und die hierüber aufgestellten Regeln bilden die von den Epikureern so genannte Kanonik, welche daher auch nicht mit Unrecht näher an die Physik gerückt wurde [2]). Der schlechthin transitorische Charakter aber, welchen nach epikureischer Lehre die Sinnes- Eindrücke haben müssen, konnte natürlich den Syllogismen oder Definitionen keine grosse Bedeutsamkeit einräumen, und es wird daher die Dialektik als überflüssiges Beiwerk verworfen [3]). Aus

1) *Diog. L.* X, 29.: ..... *περὶ τῆς διαιρέσεως τῆς κατ' αὐτὸν* (sc. *'Επίκουρον*) *φιλοσοφίας· διαιρεῖται τοίνυν εἰς τρία, τό τε κανονικὸν καὶ φυσικὸν καὶ ἠθικόν.*

2) Ebend. 30.: *τὸ μὲν οὖν κανονικὸν ἐφόδους ἐπὶ τὴν πραγματείαν ἔχει καὶ ἔστιν ἐνὶ τῷ ἐπιγραφομένῳ Κάνων* ..... *εἰώθασι μέντοι τὸ κανονικὸν ὁμοῦ τῷ φυσικῷ συντάττειν, καλοῦσι δὲ αὐτὸ περὶ κριτηρίου καὶ ἀρχῆς καὶ στοιχειωτικόν.* Sen. ep. 89.: *Epicurei duas partes philosophiae putaverunt esse, naturalem atque moralem; rationalem removerunt, deinde ..... ipsi quoque locum, quem de iudicio et regula appellant, alio nomine rationalem induxerunt, sed cum accessionem esse naturalis partis existimant.*

3) *Cic. d. fin.* I, 7, 22.: *in altera philosophiae parte ..... quae λογικὴ dicitur, iste vester plane, ut mihi quidem videtur, inermis ac nudus est; tollit definitiones, nihil de dividendo ac partiendo docet, non quomodo efficiatur concludaturque ratio, tradit, non qua vi captiosa solvantur, ambigua distinguantur, docet. Diog.*

demselben Motive eines beständigen Wechsels der sinnlichen Wahrnehmung geht es auch hervor, wenn Epikur dem ***principium identitatis*** oder ***exclusi tertii*** keine objective Geltung zuschreiben konnte [4]), worin wir allerdings, da einmal die platonisch-aristotelische Auffassung der Zusammengehörigkeit der Gegensätze entschwunden war, einen gesunden naturwüchsigen Sinn gegen die Schul-Tyrannei der Dialektiker anerkennen müssen; s. auch Abschn. V, Anm. 37. An sich ehrenwerth ist wohl auch der Anlauf, welchen die epikureische Lehre dazu nimmt, in der Wortbildung die zur Entstehung des Begriffes erforderliche Festigkeit zu erblikken (vgl. Abschn. I, Anm. 29 u. Abschn. II, Anm. 6), und so auf der Sprache als Ausgangspunkt des Logischen zu stehen [5]); natürlich aber ist keine Rede davon, dass dieser vernünftige Standpunkt von den Epikureern irgend philosophisch benutzt worden wäre, da er bei ihnen im Gegentheile mehr einer Bequemlichkeit der Speculation dient (vgl. Abschn. II, Anm. 6); nur polemisch gegen die Stoa wurde diese Auffassung angewendet, indem die Epikureer jene Existenz-Weise, welche das **λεκτὸν** bei den Stoikern hat, leugneten [6]).

L. X, 31.: *τὴν διαλεκτικὴν δὲ ὡς παρέλκουσαν ἀποδοκιμάζουσιν.* *Sext. Emp. adv. math.* VII, 14.: *τινὲς τὸν Ἐπίκουρον τάττουσιν ὡς καὶ τὴν λογικὴν θεωρίαν ἐκβάλλοντα.*

4) Diese Auffassung nemlich allein kann das richtige factische Verhältniss sein, welches den einfältigen Worten Cicero's, *d. nat. d.* I, 25., zu Grunde liegt; derselbe drückt sich nemlich in seiner gewöhnlichen puerilen Weise folgendermassen aus: *idem facit (sc. Epicurus) contra dialecticos; a quibus quum traditum sit, in omnibus disiunctionibus, in quibus „aut etiam — aut non" poneretur, alterutrum verum esse, pertimuit, ne si concessum esset huiusmodi aliquid „aut vivet cras aut non vivet Epicurus", alterutrum fieret necessarium, totum hoc „aut etiam — aut non" negavit esse necessarium; quo quid dici potest obtusius?*

5) *Diog. L.* a. a. O.: *τὴν διαλεκτικὴν δὲ ὡς παρέλκουσαν ἀποδοκιμάζουσι· ἀρκεῖν γὰρ τοὺς φυσικοὺς χωρεῖν κατὰ τοὺς τῶν πραγμάτων φθόγγους* ..... (33.) *ἅμα γὰρ τῷ ῥηθῆναι ἄνθρωπος εὐθὺς κατὰ πρόληψιν καὶ ὁ τύπος αὐτοῦ νοεῖται προηγουμένων τῶν αἰσθήσεων· παντὶ οὖν ὀνόματι τὸ πρώτως ὑποτεταγμένον ἐναργές ἐστι, καὶ οὐκ ἂν ἐζητήσαμεν τὸ ζητούμενον, εἰ μὴ πρότερον ἐγνώκειμεν αὐτό* ..... *οὐδ᾽ ἂν ὠνομάσαμέν τι μὴ πρότερον αὐτοῦ κατὰ πρόληψιν τὸν τύπον αὐτοῦ μαθόντες· ἐναργεῖς οὖν εἰσιν αἱ προλήψεις καὶ τὸ δοξαστὸν ἀπὸ προτέρου τινὸς ἐναργοῦς ἤρτηται, ἐφ᾽ ὃ ἀναφέροντες λέγομεν* ..... (37.) *πρῶτον μὲν οὖν τὰ ὑποτεταγμένα τοῖς φθόγγοις δεῖ εἰληφέναι, ὅπως ἂν τὰ δοξαζόμενα ἢ ζητούμενα ἢ ἀπορούμενα ἔχωμεν εἰς ταῦτα ἀνάγοντες ἐπικρίνειν καὶ μὴ ἄκριτα πάντα ἡμῖν εἰς ἄπειρον ἀποδεικνύωσιν ἢ κενοὺς φθόγγους ἔχωμεν.* (38.) *ἀνάγκη γὰρ τὸ πρῶτον ἐννόημα καθ᾽ ἕκαστον φθόγγον βλέπεσθαι καὶ μηδὲν ἀποδείξεως προσδεῖσθαι.* *Sext. Emp. adv. math.* VIII, 336.: *ἐκ φωνῆς συνέστηκεν ἡ ἀπόδειξις, ὡς τοῖς Ἐπικουρείοις εἴρηται.* Ebend. 9.: *ὁ δὲ Ἐπίκουρος τὰ μὲν αἰσθητὰ πάντα ἔλεγεν ἀληθῆ καὶ ὄντα· οὐ διήνεγκε γὰρ ἀληθὲς εἶναί τι λέγειν ἢ ὑπάρχον. ἔνθεν καὶ ὑπογράφων τἀληθὲς καὶ ψεῦδος, ἔστι, φησίν, ἀληθὲς τὸ οὕτως ἔχον ὡς λέγεται ἔχειν, καὶ ψεῦδός ἐστι, φησί, τὸ οὐχ οὕτως ἔχον ὡς λέγεται ἔχειν.*

6) *Plut. adv. Col.* 15.: *τοῦτο δὲ καὶ τοῖς νεωτέροις συμβέβηκε· πολλὰ γὰρ καὶ μεγάλα πράγματα τῆς τοῦ ὄντος ἀποστεροῦσι προσηγορίας, τὸ κενόν, τὸν χρόνον, τὸν τόπον, ἁπλῶς τὸ τῶν λεκτῶν γένος, ἐν ᾧ καὶ τἀληθῆ πάντα ἔνεστι· ταῦτα γὰρ ὄντα μὲν μὴ εἶναι, τινὰ δ᾽ εἶναι λέγουσι.* *Sext. Emp. pyrrh. hyp.* II, 107.: *οἱ μὲν Ἐπικούρειοί φασι μὴ εἶναί τι λευκόν.* *adv. math.* VIII, 13.: *οἱ δὲ περὶ τὸν Ἐπίκουρον* ..... *δύο μόνον ἀπολείποντες, σημαῖνόν τε καὶ τυγχάνον* (s. unten Anm. 48.), *φαίνονται* ..... *περὶ τῇ*

Die Schule der *Stoiker* hingegen, welche ja einerseits schon durch das Verhältniss, in welchem ihr Stifter Zeno zu Stilpo stand, auf die Megariker zurückweist und andrerseits bekanntlich an die Antistheneer anknüpft, musste ein ganz besonderes Gewicht auf Gewandtheit in logischer Technik legen, um hiedurch ihren Dogmatismus zu stützen, zumal da, wenigstens zur Zeit der grössten Ausbildung der stoischen Lehre, eine gewisse Allseitigkeit der doctrinären Construction prätendirt wurde und daher auch eine Entwickelung der Form des Doctrinarismus selbst sich einstellte. Die Schulmässigkeit demnach des Dogmatismus und im Gefolge derselben die ächt doctrinäre Einbildung, dass nur derjenige ein richtiges Urtheil über die Dinge und im Handeln fällen könne, welcher auch schulmässig denken gelernt habe, dürften die Ursache davon sein, dass gerade in der Stoa die Logik in Verbindung mit grammatisch-rhetorischer Theorie eine besondere Ausbildung fand. In Bezug auf die Grundprincipien aber treffen wir hier nur eine Erneuerung jener Logik, welche wir im II. Abschnitte schon kennen gelernt haben.

Was zunächst die litterarische Thätigkeit der Stoiker auf dem Gebiete der Logik betrifft, so stehen auch hier Alle an Productivität weit hinter Chrysippus zurück. Von Zeno werden erwähnt: *Περὶ λέξεων, Περὶ οὐσίας, Περὶ σημείων, Περὶ λόγου, Τεχνικαὶ λύσεις* [7]; Philo, ein Schüler des Diodoros Kronos und Mitschüler Zeno's schrieb *Περὶ σημασιῶν* und *Περὶ τρόπων*, wogegen Chrysippus polemisirte[8]. Während Aristo die Logik nebst der Physik förmlich aus der Philosophie strich und nur die Ethik übrig liess[9], scheint hinwiederum besonders Kleanthes der logischen Doctrin seines Schülers Chrysippus vorgearbeitet zu haben; von ihm nämlich werden uns genannt: *Περὶ ἐπιστήμης, Περὶ διαλεκτικῆς, Περὶ ἰδίων, Περὶ κατηγορημάτων, Περὶ λόγου γ', Περὶ μεταλήψεως, Περὶ δυνατῶν* [10]. Ueber alles Mass hinaus aber gieng die Schreibseligkeit des Chrysippus, eines Menschen, dessen bodenlose Geschwätzigkeit wir hinreichend aus der Polemik erkennen, welche in den Werken des Galenus oft sehr einlässlich gegen ihn geführt wird; eine entsetzlich verkommene und verwahrloste Zeit musste es sein, welche einen so hohlen Kopf, wie Chrysippus war, als den grössten Dialektiker bezeichnen konnte. Er schrieb 311 Bücher logischen Inhaltes, wovon Diogenes Laert. ein confuses und corruptes Verzeichniss gibt[11], welches jedoch ursprünglich auf einer früheren Sich-

---

φωνῇ τὸ ἀληθὲς καὶ ψεῦδος ἀπολείπειν. ebend. 258.: *ὁρῶμεν δὲ ὡς εἰσί τινες οἱ ἀνηρηκότες τὴν ὕπαρξιν τῶν λεκτῶν ..... οἷον οἱ Ἐπικούρειοι.*

7) Alles bei *Diog. L.* VII, 4, 39, 40. u. 134. In Betreff der *σημεῖα* in der stoischen Theorie s. unten Anm. 151 ff. *λόγος* ist die Beweistheorie s. Anm. 171.

8) Ebend. 191. u. 194. Vgl. *Sext. Emp. pyrrh. hyp.* II, 110. u. *adv. math.* VIII, 113.

9) *Diog. L.* VII, 160. *Sext. Emp. adv. math.* VII, 11. *Sen. ep.* 84.

10) Die b. *Athen.* XI, p. 467. u. 471. erwähnte Schrift *Περὶ μεταλήψεως* scheint mehr den grammatischen Untersuchungen über logische Bedeutung der Worte angehört zu haben; *Περὶ δυνατῶν* ist angeführt b. *Arrian. Epict.* II, 19; die übrigen erwähnt *Diog. L.* VII, 175.; dass das Buch *π. κατηγορ.* die *λεκτὰ* (s. unten Anm. 47 ff.) betraf, berichtet *Clem. Al.* VIII, 784.

11) VII, 189—198. Die Sammlung der Fragmente des Chrysippus von *Baguet* (in den *Annales Acad. Lovan. Vol.* IV, 1822.), welche häufig als Quelle angeführt

tung und Zusammenstellung der chrysippischen Werke beruhen muss. Diese Aufzählung nemlich der logischen Schriften des Chrysippus lautet: *Ἐπεὶ δὲ ἐνδοξότατα βιβλία ἐστὶν αὐτῷ, ἔδοξέ μοι καὶ τὴν πρὸς εἶδος ἀναγραφὴν αὐτῶν ἐνταῦθα καταχωρίσαι· καὶ ἔστι τάδε· Λογικοῦ τόπου· Θέσεις, Λογικὰ καὶ τῶν τοῦ φιλοσόφου σκεμμάτων, Ὅρων διαλεκτικῶν πρὸς Μητρόδωρον ϛʹ, Περὶ τῶν κατὰ τὴν διαλεκτικὴν ὀνομάτων πρὸς Ζήνωνα αʹ* 12), [190] *Τέχνη διαλεκτικὴ πρὸς Ἀρισταγόραν αʹ, Συνημμένων πιθανῶν πρὸς Διοσκουρίδην δʹ. Λογικοῦ τόπου τοῦ περὶ τὰ πράγματα· σύνταξις* 13) *πρώτη· Περὶ ἀξιωμάτων αʹ, Περὶ τῶν οὐχ ἁπλῶν ἀξιωμάτων αʹ, Περὶ τοῦ συμπεπλεγμένου πρὸς Ἀθηνάδην αʹβʹ, Περὶ ἀποφατικῶν πρὸς Ἀρισταγόραν γʹ, Περὶ τῶν καταγορευτικῶν πρὸς Ἀθηνόδωρον αʹ, Περὶ τῶν κατὰ στέρησιν λεγομένων πρὸς Θέαρον αʹ, Περὶ τῶν ἀορίστων ἀξιωμάτων πρὸς Δίωνα αʹβʹγʹ, Περὶ τῆς διαφορᾶς τῶν ἀορίστων δʹ, Περὶ τῶν κατὰ χρόνους λεγομένων βʹ, Περὶ συντελικῶν ἀξιωμάτων βʹ. σύνταξις δευτέρα· Περὶ ἀληθοῦς διεζευγμένου πρὸς Γοργιππίδην αʹ, Περὶ ἀληθοῦς συνημμένου πρὸς Γοργιππίδην δʹ,* [191] *Αἵρεσις πρὸς Γοργιππίδην αʹ, Πρὸς τὸ περὶ ἀκολούθων αʹ, Περὶ τοῦ διὰ τριῶν πάλιν πρὸς Γοργιππίδην αʹ, Περὶ δυνατῶν πρὸς Κλεῖτον δʹ* 14), *Πρὸς τὸ περὶ σημασιῶν Φίλωνος αʹ, Περὶ τοῦ τίνα ἐστὶ τὰ ψευδῆ αʹ. σύνταξις τρίτη· Περὶ προσταγμάτων βʹ, Περὶ ἐρωτήσεως βʹ, Περὶ πεύσεως δʹ, Ἐπιτομὴ περὶ ἐρωτήσεως καὶ πεύσεως αʹ, Περὶ ἀποκρίσεως δʹ, Ἐπιτομὴ περὶ ἀποκρίσεως αʹ, Περὶ ζητήσεως. σύνταξις τετάρτη· Περὶ τῶν κατηγορημάτων πρὸς Μητρόδωρον ιʹ, Περὶ ὀρθῶν καὶ ὑπτίων πρὸς Φίλαρχον αʹ, Περὶ τῶν συναμμάτων πρὸς Ἀπολλωνίδην αʹ, Πρὸς Πάσυλον περὶ κατηγορημάτων.* [192] *σύνταξις πέμπτη· Περὶ τῶν πέντε πτώσεων αʹ, Περὶ τῶν κατὰ τὸ ὑποκείμενον ὡρισμένων ἐκφορῶν αʹ, Περὶ παρεμφάσεως πρὸς Στησαγόραν βʹ, Περὶ τῶν προσηγορικῶν βʹ. Λογικοῦ τόπου περὶ τὰς λέξεις καὶ τὸν κατ' αὐτὰς λόγον· σύνταξις πρώτη· Περὶ τῶν ἑνικῶν καὶ πληθυντικῶν ἐκφορῶν ϛʹ, Περὶ λέξεων πρὸς Σωσιγένην καὶ Ἀλέξανδρον εʹ, Περὶ τῆς κατὰ τὰς λέξεις ἀνωμαλίας πρὸς Δίωνα δʹ* 15), *Περὶ τῶν πρὸς τὰς φωνὰς σωρειτῶν λόγων γʹ, Περὶ σολοικιζόντων λόγων πρὸς Διονύσιον αʹ, Λόγοι παρὰ τὰς συνηθείας αʹ, Λέξεις πρὸς Διονύσιον αʹ. σύνταξις δευτέρα· Περὶ τῶν στοιχείων τοῦ λόγου καὶ τῶν λεγομένων εʹ,* [193]

---

wird, ist höchst unvollständig, da sämmtliche reichhaltigen Stellen und Notizen, welche bei den Commentatoren sich finden, in derselben fehlen.

12) Auch erwähnt b. *Gal. d. puls. diff.* II, 4. VIII, p. 579. *ed. Kühn.*

13) Mit Unrecht hat man *σύνταξις* als ein zu dem Titel einer Schrift (*Λογικοῦ τόπου τοῦ περὶ τὰ πράγματα σύνταξις πρώτη*) gehöriges Wort genommen; denn die folgende Numerirung mehrerer *συντάξεις* als Unterabtheilungen der verschiedenen *λογικοὶ τόποι* (über diesen Gebrauch des Wortes *τόπος* s. Anm. 40.) zeigt deutlich, dass es nur von den Gruppen zu verstehen ist, in welche die Bücher des Chrysippus gebracht worden waren; vgl. auch *Arrian. Epict.* II, 17.: *οὐδ' ἐγγὺς ἐσόμεθα τοῦ προκόψαι, κἂν πάσας τὰς συναγωγὰς καὶ τὰς συντάξεις τὰς Χρυσίππου μετὰ τῶν Ἀντιπάτρου καὶ Ἀρχεδήμου διέλθωμεν.* — In Bezug auf die sogleich folgende Schrift *περὶ ἀποφατικῶν* s. Anm. 138.

14) *Plut. d. Stoic. repugn.* 44. *ed. R. d. orac. def.* 28. *Arr. Epict.* II, 19. *Cic. ad Fam.* IX, 4. s. unten Anm. 162 f.

15) *Varro L. L.* IX, p. 456. *Speng.* ..... *fretus Chrysippo homine acutissimo, qui reliquit sex libros περὶ τῆς ἀνωμαλίας.*

Περὶ τῆς συντάξεως τῶν λεγομένων δ′ [16]), Περὶ τῆς συντάξεως τῶν στοιχείων τῶν λεγομένων πρὸς Φίλιππον γ′, Περὶ τῶν στοιχείων τοῦ λόγου πρὸς Νικίαν α′, Περὶ τοῦ πρὸς ἕτερα λεγομένου α′. σύνταξις τρίτη· Πρὸς τοὺς μὴ διαιρουμένους β′, Περὶ ἀμφιβολιῶν πρὸς Ἀπολλᾶν δ′, Περὶ τῶν τροπικῶν ἀμφιβολιῶν α′, Περὶ συνημμένης τροπικῆς ἀμφιβολίας β′, Πρὸς τὸ περὶ ἀμφιβολιῶν Πανθοίδου β′, Περὶ τῆς εἰς τὰς ἀμφιβολίας εἰςαγωγῆς ε′, Ἐπιτομὴ τῶν πρὸς Ἐπικράτην ἀμφιβολιῶν α′, Συνημμένα πρὸς τὴν εἰςαγωγὴν τῶν εἰς τὰς ἀμφιβολίας β′. Λογικοῦ τόπου πρὸς (l. περὶ) τοὺς λόγους καὶ τοὺς τρόπους· σύνταξις πρώτη· Τέχνη λόγων καὶ τρόπων πρὸς Διοσκουρίδην ε′, [194] Περὶ τῶν λόγων γ′, Περὶ τρόπων συστάσεως πρὸς Στησαγόραν β′, Σύγκρισις τῶν τροπικῶν ἀξιωμάτων α′, Περὶ ἀντιστρεφόντων λόγων καὶ συνημμένων α′, Πρὸς Ἀγάθωνα ἢ περὶ τῶν ἑξῆς προβλημάτων α′, Περὶ τοῦ τὰ συλλογιστικὰ τινὸς μετ᾽ ἄλλου τε καὶ μετ᾽ ἄλλων α′, Περὶ τῶν ἐπιφορῶν πρὸς Ἀρισταγόραν α′, Περὶ τοῦ τάττεσθαι τὸν αὐτὸν λόγον ἐν πλείοσι τρόποις α′, Πρὸς τὰ ἀντειρημένα τῷ τὸν αὐτὸν λόγον ἐν συλλογιστικῷ καὶ ἀσυλλογίστῳ τετάχθαι τρόπῳ β′, Πρὸς τὰ ἀντειρημένα ταῖς τῶν συλλογισμῶν ἀναλύσεσι γ′, Πρὸς τὸ περὶ τρόπων Φίλωνος πρὸς Τιμόστρατον α′, Λογικὰ συνημμένα πρὸς Τιμοκράτην καὶ Φιλομαθῆ, Εἰς τὰ περὶ λόγων καὶ τρόπων α′. [195] σύνταξις δευτέρα· Περὶ τῶν περαινόντων λόγων πρὸς Ζήνωνα α′, Περὶ τῶν πρώτων καὶ ἀναποδείκτων συλλογισμῶν πρὸς Ζήνωνα α′, Περὶ τῆς ἀναλύσεως τῶν συλλογισμῶν α′, Περὶ τῶν παρελκόντων λόγων πρὸς Πάσυλον β′, Περὶ τῶν εἰς τοὺς συλλογισμοὺς θεωρημάτων α′, Περὶ συλλογισμῶν εἰςαγωγικῶν πρὸς Ζήνωνα α′, Τῶν πρὸς εἰςαγωγὴν τρόπων πρὸς Ζήνωνα γ′, Περὶ τῶν κατὰ ψευδῆ σχήματα συλλογισμῶν ε′, Λόγοι συλλογιστικοὶ κατὰ ἀνάλυσιν ἐν τοῖς ἀναποδείκτοις α′, (Τροπικὰ ζητήματα πρὸς Ζήνωνα καὶ Φιλομαθῆ α′· τοῦτο δοκεῖ ψευδεπίγραφον). σύνταξις τρίτη· (Περὶ τῶν μεταπιπτόντων λόγων πρὸς Ἀθηνάδην α′, ψευδεπίγραφον), [196] (Λόγοι μεταπίπτοντες πρὸς τὴν μεσότητα, ψευδεπίγραφα), Πρὸς τοὺς Ἀμεινίου διαζευκτικοὺς α′. σύνταξις τετάρτη· Περὶ ὑποθέσεων πρὸς Μελέαγρον γ′, Λόγοι ὑποθετικοὶ εἰς τοὺς νόμους πρὸς Μελέαγρον πάλιν α′, Λόγοι ὑποθετικοὶ πρὸς εἰςαγωγὴν β′, Λόγοι ὑποθετικοὶ θεωρημάτων β′, Λύσις τῶν Ἡδύλου ὑποθετικῶν β′, (Λύσις τῶν Ἀλεξάνδρου ὑποθετικῶν γ′, ψευδεπίγραφα), Περὶ ἐκθέσεων πρὸς Λαοδάμαντα α′. σύνταξις πέμπτη· Περὶ τῆς εἰς τὸν ψευδόμενον εἰςαγωγῆς πρὸς Ἀριστοκρέοντα α′, Λόγοι ψευδόμενοι πρὸς εἰςαγωγὴν α′, Περὶ τοῦ ψευδομένου πρὸς Ἀριστοκρέοντα ς′. σύνταξις ἕκτη· Πρὸς τοὺς νομίζοντας καὶ ψευδῆ καὶ ἀληθῆ εἶναι α′, [197] Πρὸς τοὺς διὰ τομῆς διαλύοντας τὸν ψευδόμενον λόγον πρὸς Ἀριστοκρέοντα β′, Ἀποδείξεις πρὸς τὸ μὴ δεῖν τέμνειν τὰ ἀόριστα α′, Πρὸς τὰ ἀντειρημένα τοῖς κατὰ τῆς τομῆς τῶν ἀορίστων πρὸς Πάσυλον γ′, Λύσις κατὰ τοὺς ἀρχαίους πρὸς Διοσκουρίδην α′, Περὶ τῆς τοῦ ψευδομένου λύσεως πρὸς Ἀριστοκρέοντα γ′, Λύσις τῶν Ἡδύλου ὑποθετικῶν πρὸς Ἀριστοκρέοντα καὶ Ἀπολλᾶν α′. σύνταξις ἑβδόμη· Πρὸς τοὺς φάσκοντας τὰ λήμματα ἔχειν ψευδῆ τὸν ψευδόμενον λόγον α′, Περὶ ἀποφάσκοντος πρὸς τὸν

---

16) *Dion. Hal. d. comp. verb.* p. 72. *Schaef.* S. Anm. 168.

Ἀριστοκρέοντα β΄, Λογοι ἀποφάσκοντες πρὸς γυμνασίαν α΄, Περὶ τοῦ παρὰ μικρὸν λόγου πρὸς Στησαγόραν β΄, Περὶ τῶν εἰς τὰς ὑπολήψεις λόγων καὶ ἡσυχαζόντων πρὸς Ὀνήτορα β΄, [198] *Περὶ τοῦ ἐγκεκαλυμμένου πρὸς Ἀριστόβουλον β΄, Περὶ τοῦ διεληλυθότος πρὸς Ἀθηνάδην α΄. σύνταξις ὀγδόη· Περὶ τοῦ οὔτιδος πρὸς Μενεκράτην η΄, Περὶ τῶν ἐξ ἀορίστου καὶ ὡρισμένου λόγων πρὸς Πάσυλον β΄, Περὶ οὔτιδος λόγου πρὸς Ἐπικράτην α΄. σύνταξις ἐννάτη· Περὶ τῶν σοφισμάτων πρὸς Ἡρακλείδην καὶ Πόλλιν β΄, Περὶ τῶν ἀπόρων διαλεκτικῶν λόγων πρὸς Διοσκουρίδην ε΄, Πρὸς τὸ Ἀρκεσιλάου μεθόδιον πρὸς Σφαῖρον α΄. σύνταξις δεκάτη· Κατὰ τῆς συνηθείας πρὸς Μητρόδωρον ς΄, Περὶ τῆς συνηθείας πρὸς Γοργιππίδην ζ΄. Λογικοῦ τόπου τὰ τῶν προειρημένων τεττάρων διαφορῶν ἐκτὸς ὄντα καὶ περιέχοντα σποράδην καὶ οὐ σωματικῶς ζητήσεις λογικάς· Περὶ τῶν καταλεγομένων ζητημάτων ἐννέα καὶ τριάκοντα. Ὁμοῦ τὰ πάντα τοῦ λογικοῦ ἕνδεκα καὶ τριακόσια.* Es ist hier ein gewisser Plan der Anordnung bei aller Verwirrung doch unverkennbar, und wir gewinnen die eben in den letzten Worten hier erwähnten vier verschiedenen Gruppen (*τέσσαρες διαφοραί*), wenn wir nur annehmen, dass die obige erste Gruppe „*Λογικοῦ τόπου*" im Allgemeinen einen einleitenden Ueberblick der Dialektik geben sollte, worauf die zweite *τὰ πράγματα*, die dritte *τὰς λέξεις*, die vierte *τοὺς λόγους* betraf, und also noch vermischte Einzeln-Schriften folgten, welche ausserhalb dieser vier Haupt-Theile lagen, und daher auch nicht gruppenweise (*οὐ σωματικῶς*, denn so ist wohl sicher statt *οὐ σωματικάς* zu lesen) zusammengestellt waren. Ueber die ganze Anordnung s. unten Anm. 42—55. Aber einerseits ist die Zahl der hier genannten logischen Bücher, auch wenn wir die 8 unächten (*ψευδεπίγραφα*) einrechnen, nicht 311, sondern nur 302, und andrerseits sind in der sogleich darauf folgenden Aufzählung der Schriften ethischen Inhaltes (*Ἠθικοῦ λόγου*) mehrere Bücher logischen Inhaltes mitgenannt (§. 200—202), deren einige selbst zu den bedeutenderen gehört zu haben scheinen; so kommen nemlich zu den obigen noch folgende: *Περὶ εἰδῶν καὶ γενῶν πρὸς Γοργιππίδην β΄, Περὶ τῶν διαιρέσεων α΄, Περὶ τῶν ἐναντίων πρὸς Διονύσιον β΄, Πιθανὰ πρὸς τὰς διαιρέσεις καὶ τὰ γένη καὶ τὰ εἴδη, Περὶ τῶν ἐναντίων α΄, Περὶ τοῦ πῶς ἕκαστα λέγομεν καὶ διανοούμεθα α΄* [17]*), Περὶ τῶν ἐννοιῶν πρὸς Λαοδάμαντα β΄, Περὶ ὑπολήψεως πρὸς Πυθώνακτα γ΄, Ἀποδείξεις πρὸς τὸ μὴ δοξάσειν τὸν σοφὸν α΄, Περὶ καταλήψεως καὶ ἐπιστήμης καὶ ἀγνοίας δ΄, Περὶ λόγου β΄, Περὶ τῆς χρήσεως τοῦ λόγου πρὸς Λεπτίναν* [18]*), Περὶ τοῦ ἐγκρίνειν τοὺς ἀρχαίους τὴν διαλεκτικὴν σὺν ταῖς ἀποδείξεσι πρὸς Ζήνωνα β΄, Περὶ τῆς διαλεκτικῆς πρὸς Ἀριστοκρέοντα δ΄, Περὶ τῶν ἀντιδιαλεγομένων τοῖς διαλεκτικοῖς γ΄.* Hiemit aber kommen wir, selbst mit Ausschluss jener 8 unächten, schon auf die Zahl 324, so dass der Bericht des Diogenes, hier wie überall, für eine Genauigkeit im Einzelnen durchaus keinen Anhalt gibt. Ausserdem werden ja auch noch logische Schriften des Chrysippus genannt, welche

---

17) Wozu ein gewisser Aristocles vier Bücher Commentare schrieb; *Suid. s. v. Aristocles.*

18) Oefters erwähnt b. *Plut. d. stoic. repugn.* 9. u. 10.

bei Diogenes gänzlich fehlen, nemlich: *Περὶ οὐσίας*[19]), *Λογικῶς ζητούμενα*[20]), *Πρώτη περὶ συλλογισμῶν εἰςαγωγή*[21]); auch darf aus dem Titel einer Schrift Plutarch's *Περὶ τοῦ πρώτου ἑπομένου πρὸς Χρύσιππον*[22]) geschlossen werden, dass auch von Chrysippus selbst ein Buch *Περὶ τοῦ πρώτου ἑπομένου* existirte. In dieser grossen Masse von Schriften nun hat Chrysippus sicher den ganzen Schatz der vorliegenden Dialektik verarbeitet, und auf ihr concentrirt sich auch bei den Berichterstattern alle Auctorität der logischen Theorie[23]). Materiell Neues in der Logik hat Chrysippus eigentlich nicht geschaffen, denn er wiederholt nur das bei den Peripatetikern schon Vorhandene sowie die von den Megarikern aufgebrachten Einzelnheiten; seine Thätigkeit besteht darin, dass er in der Behandlungsweise des Materials zu einem bemitleidenswerthen Grade von Plattheit, Trivialität und schulmässiger Abschachtelung heruntersank, oder darin, dass er für jede mögliche Einzelnheit, z. B. für die Spielereien der Trug- und Fang-Schlüsse, einen eigenen technischen Ausdruck schuf; Nomenclatur, Schematismus in Eintheilungen, Aufpflanzungen formaler lebensunfähiger Regeln, — dies ist die starke Seite des Chrysippus[24]), und hiedurch ist er allerdings der Mann seiner Zeit, denn er ist ein Prototyp aller Bornirtheit der Schulfuchserei; als ein wahres Glück aber ist es zu betrachten, dass bereits nicht mehr in das Mittelalter hinüber sich die Werke des Chrysippus erhalten haben, denn in diesem ausgedehnten Moraste des Formalismus wäre der ohnehin nur schwache Trieb eines selbst-eigenen Sehens und Hörens sicher erst vollends erstickt. — Von den nächsten Stoikern nach Chrysippus werden wieder nur wenige logische Schriften erwähnt, nemlich von Diogenes von Seleucia *Περὶ φωνὴν τέχνη*, *Διαλεκτικὴ τέχνη*[25]), wohl blosse Compendien, von Antipater *Περὶ λέξεων καὶ τῶν λεγομένων*, *Περὶ ὅρων*, *Περὶ οὐσίας*, *Περὶ δυνατῶν*[26]), von Archedemus *Περὶ φωνῆς*, *Περὶ*

---

19) *Plut. d. Stoic. repugn.* 37.: „*ἐν τῷ τρίτῳ περὶ οὐσίας*".

20) *Galen. d. pass. an.* 11. IV, p. 820. *ed. Kühn.*

21) *Sext. Emp. adv. math.* VIII, 223.; vielleicht identisch mit der b. *Gal. d. propr. libr.* 16, XIX, p. 47 K. genannten *συλλογιστικὴ πρώτη*.

22) Im Verzeichnisse des Lamprias b. *Fabr. Bibl. gr.* V, p. 159. *Harl.*

23) „Selbst die Götter könnten keine andere Dialektik, als die Chrysippische, haben". *Diog. L.* VII, 180.: *οὕτω δ' ἐπίδοξος ἐν τοῖς διαλεκτικοῖς ἐγένετο ὥστε δοκεῖν τοὺς πλείους, ὅτι εἰ παρὰ θεοῖς ἦν ἡ διαλεκτική, οὐκ ἂν ἦν ἄλλη ἢ ἡ Χρυσίππειος.*

24) Gut drückt diess schon Galenus aus, *d. puls. diff.* II, 10. VIII, p. 631.: *ἡ αἵρεσις αὐτῶν* (sc. *τῶν Στωϊκῶν*) *θᾶττον πόλιν ἢ δόγμα φησὶ χρῆναι προδιδόναι, ἀλλ' ἐὰν σιωπήσῃς νομοθετούντων καὶ μηδ' ὅλως ἀντείπῃς, εἶτ' ἐπιτρέψῃς περί τινος διαλέγεσθαι, παραχρῆμα ταῖς ἑαυτῶν νομοθεσίαις ἐναντία φθέγγονται. πολὺ δὲ τοῦτ' ἐστὶ παρὰ τῷ προπάππῳ τῆς αἱρέσεως αὐτῶν Χρυσίππῳ· νομοθετεῖ γὰρ ὀνόματα πλεῖον ἢ Σόλων Ἀθηναίοις ἔστη ἐν τοῖς ἄξοσι νομίσματα, συγχεῖ δ' αὐτὸς πρῶτος αὐτά· καὶ εἰ ἔροιο τοὺς διαδόχους αὐτοῦ τῆς νομοθεσίας, τί δή ποτε οὐκ ἐμμένει τοῖς ἑαυτοῦ παραγγέλμασι, „καταχρῆται" φασίν ..... νυνὶ δὲ τὸ δεινότατον οὔτε γεννηθεὶς Ἀθήνησιν οὔτε τραφείς, ἀλλὰ χθὲς καὶ πρώτως ἥκων ἐκ Κιλικίας πρὶν ἀκριβῶς αὐτὸν ἐκμαθεῖν ἡντιναοῦν Ἑλλάδα φωνήν, Ἀθηναίοις ὑπὲρ ὀνομάτων ἐπιχειρεῖ νομοθετεῖν.*

25) *Diog. L.* VII, 55—58. u. 71.

26) *Περὶ δυνατῶν* b. *Arr. Epict.* II, 19, die übrigen b. *Diog. L.* VII, 57, 60 u. 150. Dass einige Eigenthümlichkeiten in der Syllogistik auf Antipater zurückgeführt wurden, werden wir unten, Anm. 186, sehen.

στοιχείων, *Περὶ δυνατῶν*[27]), von Posidonius *Περὶ κριτηρίου*, *Εἰςαγωγὴ περὶ λέξεως*[28]).

Insoferne die stoische Lehre eine allseitige doctrinäre Feststellung der menschlichen Ansichten und Ueberzeugungen zum Behufe ihrer richtigen praktischen Verwirklichung bezweckt, nahm sie auch den vorliegenden Stoff speculativer Untersuchungen Anderer auf, und namentlich musste die in der platonisch-aristotelischen Philosophie sich darbietende Concentration des griechischen Denkens für die Stoiker ein gelegener Fund sein, denn eigenes Erforschen der Dinge oder eigenes Ringen nach Principien war nicht ihre Sache, sondern sie fanden es erklärlicher Weise bequemer, ein bereits vorgefundenes Wissen schulmässig zu schematisiren und in einen Katechismus zu bringen. So griffen sie denn auch die vorliegende Dreitheilung der Philosophie in „Logik, Physik, Ethik" in völlig schulmässiger Weise auf, indem sie, was natürlich immer das bequemste ist, den Eintheilungs-Gesichtspunkt nach dem Gegenstande nahmen und in dieser Beziehung zu einer schlechthin coordinirten Gleichstellung jener drei Theile gelangten. Sie argumentirten nemlich so, dass der Gegenstand einer Wissenschaft jedenfalls Theil derselben sei und daher, wenn er nicht als Theil unter eine höhere Abtheilung falle, selbst als eine solche Abtheilung den übrigen Abtheilungen gleichstehend unter die Wissenschaft überhaupt gehören müsse; darum sei die Logik, da sie weder zur theoretischen Betrachtung des Seienden noch zur praktischen Disciplin gehöre, diesen beiden als dritte Abtheilung des Wissens gleichzuordnen[29]). Es mag allerdings diese formulirte

---

27) *Π. δυν.* b. *Arr.* a. a. O., die beiden anderen b. *Diog. L.* 55, 134 u. 139.

28) *Diog. L.* 60 u. 154.

29) *Philop. ad. Anal. pr. f.* IV a.: *ζητητέον πότερον μέρος ἐστὶν ἢ ὄργανον ἡ λογική τε καὶ διαλεκτικὴ πραγματεία τῆς φιλοσοφίας .... οἱ μὲν γὰρ Στωϊκοὶ ἄντικρυς μέρος αὐτὴν ἀπεφαίνοντο, τοῖς ἄλλοις δύο μέρεσι τῆς φιλοσοφίας αὐτὴν ἀντιδιαιροῦντες ...... καὶ οἱ μὲν Στωϊκοὶ τοιούτῳ τινὶ λόγῳ τὸ εἶναι αὐτῆς μέρος κατασκευάζουσι· περὶ ὃ καταγίνεται, φασὶ, τέχνη τις ἢ ἐπιστήμη, εἰ μὴ ἀναφέροιτο εἰς ἑτέραν τέχνην ἢ εἰς ἐπιστήμην ὡς μέρος ἢ μόριον, αὐτῆς ἐκείνης μέρος ἐστὶν ἢ μόριον. εἰ τοίνυν ἡ φιλοσοφία καταγίνεται περὶ τὴν λογικὴν μέθοδον, ἥτις οὐκ ἀνάγεται εἰς ἑτέραν τέχνην ἢ ἐπιστήμην ὡς μέρος ἢ μόριον, ἡ λογικὴ ἄρα τῆς φιλοσοφίας ἐστὶ μέρος ἢ μόριον. μόριον μὲν* (l. *μὲν ἑτέρας*) *οὐκ ἔστιν, οὔτε γὰρ τοῦ θεωρητικοῦ οὔτε τοῦ πρακτικοῦ μέρος ἐστίν· τὸ γὰρ μόριόν τινος καὶ τῆς ὕλης κοινωνεῖ καὶ τοῦ σκοποῦ ἐκείνῳ οὗ ἐστι μόριον· τῷ μὲν οὖν πρακτικῷ οὐ κοινωνεῖ· τούτου γὰρ ὕλη τὰ ἀνθρώπινα πράγματα καὶ μετριοπάθεια, σκοπὸς δὲ τὸ περὶ ταῦτα αἱρετόν πως καὶ φευκτόν, ἡ δὲ λογικὴ ὕλην μὲν ἔχει τὰς προτάσεις, σκοπὸν δὲ τὸ διὰ τῆς τοιᾶςδε συνθέσεως τῶν προτάσεων τῶν ἑπομένων τι ἐξ ἀνάγκης δεικνύναι συναγόμενον, ὃ οὐκ ἐστὶ τοῦ πρακτικοῦ τέλος, ἀλλ' ὡς εἶπον ἡ μετριοπάθεια ἢ τὸ ἁπλῶς ἀγαθόν· καὶ οὕτως μὲν ἡ λογικὴ οὐκ ἐστὶ μόριον τοῦ πρακτικοῦ. ἀλλ' οὐδὲ μὴν τοῦ θεωρητικοῦ· τούτου γὰρ ὕλη μὲν τὰ θεῖα, τέλος δὲ ἡ περὶ ταῦτα θεωρία. εἰ δὲ μήτε τοῦ θεωρητικοῦ μήτε τοῦ πρακτικοῦ ἐστι μέρος, οὐκ ἔσται ἄρα τῆς φιλοσοφίας μόριον; λείπεται οὖν ἀντιδιαιρεῖσθαι τῷ θεωρητικῷ καὶ πρακτικῷ τὴν λογικὴν καὶ μέρος εἶναι τῆς φιλοσοφίας. καὶ οὕτω μὲν οἱ Στωϊκοί.* Alex. ad Anal. pr. f. 2 a.: *οἱ μὲν οὖν μέρος αὐτὴν λέγοντες ἠνέχθησαν ἐπὶ τοῦτο, διότι ὥςπερ περὶ τὰ ἄλλα, ἃ ὁμολογεῖται πρὸς ἁπάντων μέρη φιλοσοφίας εἶναι, ἡ φιλοσοφία καταγίνεται ἔργον ποιουμένη τήν τε εὕρεσιν αὐτῶν καὶ τὴν τάξιν τε καὶ τὴν σύστασιν, οὕτω δὴ καὶ περὶ τὴν πραγματείαν τήνδε· οὖσα δὲ ταύτης ἔργον οὐδετέρου τῶν*

Beweisführung, dass die Logik Theil (*μέρος*) der Philosophie sei, durch die Polemik gegen die späteren Peripatetiker (s. unten Abschn. IX, Anm. 4.) hervorgerufen worden sein, da diese nach einer anderen Seite der Schulmässigkeit hin die Logik nur als Werkzeug (*ὄργανον*) der Philosophie gelten liessen[30]; aber andrerseits hängt eine Gleichstellung der Theile der Philosophie bei den Stoikern in der That auch mit ihrer pantheistischen Anschauung zusammen, denn diese fordert durchweg eine gleichmässige Zusammengehörigkeit und Unterordnung des Einzelnen unter eine abstract höhere Einheit, und in diesem Sinne wohl sprachen einige Stoiker es auch aus, dass keiner der drei Theile einen Vorzug vor den andern haben solle, sondern alle drei gemischt seien[31]; die gleiche Bedeutung haben auch die theilweise läppischen Gleichnisse, durch welche von den Stoikern das gegenseitige Verhältniss der drei Theile der Philosophie versinnlicht wurde, denn es liegt denselben sämmtlich ein in sich abgeschlossenes Ganze zu Grunde, welches eben durch das gleichmässige Beisammensein seiner Bestandtheile in seiner Totalität erhalten wird[32]. Sowie aber der Pantheismus in der Stoa nicht der

---

λοιπῶν τῆς φιλοσοφίας μερῶν μόριόν ἐστιν, οὔτε τοῦ θεωρητικοῦ οὔτε τοῦ πρακτικοῦ· ἄλλο γὰρ τό τε ὑποκείμενον ταύτῃ κἀκείνων ἑκατέρᾳ καὶ διαφέρουσα ἡ πρόθεσις καθ᾽ ἑκάστην αὐτῶν, οἷς δὲ διαφέροντα ἐκεῖνα ἀλλήλων ἀντιδιαιρεῖται ἀλλήλοις, τούτοις καὶ ἡ μέθοδος αὕτη ἑκατέρας ἐκείνων διαφέρουσα εὐλόγως ἀντιδιαιρεῖται αὐτοῖς· καὶ γὰρ τῷ ὑποκειμένῳ διαφέρουσα ἐκείνων, ἀξιώματα γὰρ καὶ προτάσεις τὰ ὑποκείμενα ταύτῃ, καὶ τῷ τέλει καὶ τῇ προθέσει, ἡ γὰρ ταύτης πρόθεσις τὸ διὰ τῆς ποιᾶς συνθέσεως τῶν προτάσεων ἐκ τῶν τιθεμένων τε καὶ συγχωρουμένων ἐξ ἀνάγκης τι συναγόμενον δεικνύναι, ὃ οὐδετέρας ἐκείνων τέλος.

30) *Schol. Cod. Par. b. Brand.* p. 140 b. 3.: *οἱ μὲν οὖν Στωϊκοὶ μέρος αὐτὴν τῆς φιλοσοφίας εἶναι βουλόμενοι κατασκευάζουσιν οὕτως· φασὶ γὰρ ὅτι ὃ ἄλλης τέχνης οὔτε μέρος οὔτε μόριόν ἐστι, τοῦτο τῆς χρωμένης ἢ μέρος ἢ μόριον ὑπάρχει· ἀλλὰ μὴν ἡ λογικὴ μόριον οὐκ ἔστιν, οὔτε γὰρ ὑπὸ τὸ θεωρητικὸν ἀνάγεται οὔτε ὑπὸ τὸ πρακτικόν· μέρος ἄρα ὑπάρξει* (es ist diess nur aus obiger Stelle des Philoponus verständlich). *λαμβάνονται οἱ Περιπατητικοὶ τῶν Στωϊκῶν λέγοντες ὅτι καὶ ἀτελῶς καὶ ψευδῶς προηγάγετε τὸν λόγον, ἀτελῶς μὲν ὅτι ἔδει εἰπεῖν ὑμᾶς οὕτως· ὃ ἄλλης τέχνης οὔτε μέρος οὔτε μόριον οὔτε ὄργανόν ἐστι, τοῦτο τῆς χρωμένης ἢ μέρος ἢ μόριον ἢ ὄργανόν ἐστιν· ἀλλὰ καὶ ψευδῶς· ὅτι μὲν γὰρ μόριον οὐκ ἐστὶν ὑμεῖς ἐδείξατε, διότι οὔτε ὑπὸ τὸ θεωρητικὸν οὔτε ὑπὸ τὸ πρακτικὸν ἀνάγεται· ἀλλ᾽ οὐδὲ μέρος ἐστίν, οὔτε γὰρ θεωρητικὸν οὔτε πρακτικόν ἐστι· λείπεται οὖν ἕτερόν τι αὐτὴν εἶναι. εἰ οὖν μήτε μέρος μήτε μόριόν ἐστιν, ὄργανον ἄρα ἐστίν· οὕτως μὲν οὖν οἱ Περιπατητικοὶ ἀνατρέπουσι τὸ ἐπιχείρημα τῶν Στωϊκῶν. οὐκ ἀνέχονται δὲ οἱ Στωϊκοὶ ἀλλὰ δεικνύουσιν ὅτι οὐδὲ ὄργανόν ἐστι· φασὶ γὰρ ὅτι οὐδεμία τέχνη τὸ οἰκεῖον ὄργανον ποιεῖ· πῶς οὖν λέγετε ὄργανον εἶναι τῆς φιλοσοφίας τὴν λογικήν; ψευδὲς γὰρ τοῦτο, πῶς γὰρ τὸ οἰκεῖον ὄργανον ποιήσει; λέγουσι δὲ οἱ Περιπατητικοὶ ὅτι ψευδὴς ὁ λόγος, πολλαὶ γὰρ τέχναι τὰ οἰκεῖα ὄργανα ποιοῦσιν· ἰδοὺ γὰρ ἡ χαλκευτικὴ τὸ οἰκεῖον ὄργανον ποιεῖ τὸν ἄκμονα.* Ein grosser Irrthum daher ist es, wenn Ritter, Gesch. d. Phil. III, S. 520. sagt, bei den Stoikern erscheine die Logik nur als Werkzeug für die übrigen Theile der Philosophie. Aus einer gewissen Art von Ausführlichkeit und Breite eines Buches folgt eben durchaus noch nicht seine Zuverlässigkeit, — eine Bemerkung, welche sich bei dem ganzen Ritter'schen Werke leider oft aufdrängt.

31) *Diog. L.* VII, 40.: *καὶ οὐδὲν μέρος τοῦ ἑτέρου προκεκρίσθαι, καθά τινες αὐτῶν φασιν, ἀλλὰ μεμῖχθαι αὐτά· καὶ τὴν παράδοσιν μικτὴν ἐποίουν.*

32) Ebend. 39 f.: *τριμερῆ φασιν εἶναι τὸν κατὰ φιλοσοφίαν λόγον· εἶναι γὰρ αὐτοῦ τὸ μέν τι φυσικὸν τὸ δὲ ἠθικὸν τὸ δὲ λογικόν· οὕτω δὲ πρῶ-*

Ausgangspunkt der Philosophie, sondern nur im Gefolge und Dienste des Doctrinarismus der Praxis ist, so wird bei aller schematisirenden Gleichstellung natürlich in Bezug auf die Nützlichkeit auch die Logik jenem allgemeinen praktischen Zwecke untergeordnet, welchen allein ja der stoische Weise sucht, und es werden so die drei Theile des Wissens als drei Tugenden bezeichnet 33); hiebei aber musste der stoische Grundsatz, dass der Weise in Uebereinstimmung mit der Natur lebe (ὁμολογουμένως τῇ φύσει ζῆν), auch die theoretische Auffassung des objectiven Seins hereinziehen, und es wird hiedurch die gegenseitige Stellung von Physik und Ethik zweifelhaft 34), daher sich innerhalb der

---

τος διεῖλε Ζήνων ὁ Κιτιεὺς ἐν τῷ περὶ λόγου καὶ Χρύσιππος ἐν τῷ α΄ περὶ λόγου καὶ ἐν τῇ α΄ τῶν φυσικῶν καὶ Ἀπολλόδωρος καὶ Σύλλος ἐν τῷ πρώτῳ τῶν εἰς τὰ δόγματα εἰςαγωγῶν καὶ Εὔδρομος ἐν τῇ ἠθικῇ στοιχειώσει καὶ Διογένης ὁ Βαβυλώνιος καὶ Ποσειδώνιος· ταῦτα δὲ τὰ μέρη ὁ μὲν Ἀπολλόδωρος τόπους καλεῖ, ὁ δὲ Χρύσιππος καὶ Εὔδρομος εἴδη, ἄλλοι γένη. εἰκάζουσι δὲ ζῴῳ τὴν φιλοσοφίαν, ὀστοῖς μὲν καὶ νεύροις τὸ λογικὸν προςομοιοῦντες, τοῖς δὲ σαρκώδεσι τὸ φυσικὸν, τῇ δὲ ψυχῇ τὸ ἠθικόν· ἢ πάλιν ὠῷ, τὰ μὲν γὰρ ἐκτὸς εἶναι τὸ λογικὸν, τὰ δὲ μετὰ ταῦτα τὸ ἠθικὸν, τὰ δ' ἐσωτάτω τὸ φυσικόν· ἢ ἀγρῷ παμφόρῳ, τὸν μὲν περιβεβλημένον φραγμὸν τὸ λογικὸν, τὸν δὲ καρπὸν τὸ ἠθικὸν, τὴν δὲ γῆν ἢ τὰ δένδρα τὸ φυσικόν· ἢ πόλει καλῶς τετειχισμένῃ καὶ κατὰ λόγον διοικουμένῃ. *Sext. Emp. adv. math.* VII, 17—19.: ὁμοιοῦσι τὴν φιλοσοφίαν παγκάρπῳ ἀλωῇ, ἵνα τῇ μὲν ὑψηλότητι τῶν φυτῶν εἰκάζηται τὸ φυσικὸν, τῷ δὲ νοστίμῳ τῶν καρπῶν τὸ ἠθικὸν, τῇ δὲ ὀχυρότητι τῶν τειχῶν τὸ λογικόν· οἱ δὲ ὠῷ φασιν αὐτὴν εἶναι παραπλήσιον· ἔοικε γὰρ τῇ μὲν λεκίθῳ, ἥν τινες νεοττὸν ὑπάρχειν λέγουσι, τὰ ἠθικά, τῷ δὲ λευκῷ, ὃ δὴ τροφή ἐστι τῆς λεκίθου, τὰ φυσικὰ, τῷ δὲ ἔξωθεν ὀστρακώδει τὰ λογικά· ὁ δὲ Ποσειδώνιος, ἐπεὶ τὰ μὲν μέρη τῆς φιλοσοφίας ἀχώριστά ἐστιν ἀλλήλων, τὰ δὲ φυτὰ τῶν καρπῶν ἕτερα θεωρεῖται καὶ τὰ τείχη τῶν φυτῶν κεχώρισται, ζῴῳ μᾶλλον εἰκάζειν ἠξίου τὴν φιλοσοφίαν, αἵματι μὲν καὶ σαρξὶ τὸ φυσικὸν, ὀστέοις δὲ καὶ νεύροις τὸ λογικὸν, ψυχῇ δὲ τὸ ἠθικόν.

33) *Sen. ep.* 89.: *philosophia studium virtutis est, sed per ipsam virtutem. Plut. plac. phil.* I, *prooem.*: οἱ μὲν οὖν Στωϊκοὶ ἔφασαν τὴν μὲν σοφίαν εἶναι θείων τε καὶ ἀνθρωπίνων ἐπιστήμην, τὴν δὲ φιλοσοφίαν ἄσκησιν τέχνης ἐπιτηδείου, ἐπιτήδειον δ' εἶναι μίαν καὶ ἀνωτάτω τὴν ἀρετήν, ἀρετὰς δὲ τὰς γενικωτάτας τρεῖς, φυσικὴν, ἠθικὴν, λογικήν· δι' ἣν αἰτίαν καὶ τριμερής ἐστιν ἡ φιλοσοφία, ἧς τὸ μὲν φυσικὸν, τὸ δὲ ἠθικὸν, τὸ δὲ λογικόν· καὶ φυσικὸν μὲν ὅταν περὶ κόσμου ζητῶμεν καὶ τῶν ἐν κόσμῳ, ἠθικὸν δὲ τὸ κατησχολημένον περὶ τὸν ἀνθρώπινον βίον, λογικὸν δὲ τὸ περὶ τὸν λόγον, ὃ καὶ διαλεκτικὸν καλοῦσιν. *Diog. L.* VII, 46.: αὐτὴν δὲ τὴν διαλεκτικὴν ἀναγκαίαν εἶναι καὶ ἀρετὴν ἐν εἴδει περιέχουσαν ἀρετὰς τήν τε ἀπροπτωσίαν ἐπιστήμην τοῦ πότε δεῖ συγκατατίθεσθαι καὶ μή, τὴν δὲ ἀνεικαιότητα ἰσχυρὸν λόγον πρὸς τὸ εἰκὸς ὥστε μὴ ἐνδιδόναι αὐτῷ, τὴν δὲ ἀνελεγξίαν ἰσχὺν ἐν λόγῳ ὥστε μὴ ἀπάγεσθαι ὑπ' αὐτοῦ εἰς τὸ ἀντικείμενον, τὴν δὲ ἀματαιότητα ἕξιν ἀναφέρουσαν τὰς φαντασίας ἐπὶ τὸν ὀρθὸν λόγον (diess ist das elende Zerrbild der dianoetischen Tugenden des Aristoteles, es ist die „logische Tugend" der Verstandes-Dressur, welche auch durch jede Jesuiten-Logik bezweckt wurde).

34) *Plut. d. Stoic. repugn.* 9.: οὐ γάρ ἐστιν ἄλλως οὐδ' οἰκειότερον ἐπελθεῖν ἐπὶ τὸν τῶν ἀγαθῶν καὶ κακῶν λόγον οὐδ' ἐπὶ τὰς ἀρετὰς οὐδ' ἐπὶ εὐδαιμονίαν, ἀλλ' ἢ ἀπὸ τῆς κοινῆς φύσεως καὶ ἀπὸ τῆς τοῦ κόσμου διοικήσεως ..... δεῖ γὰρ τούτοις συνάψαι τὸν περὶ ἀγαθῶν καὶ κακῶν λόγον οὐκ οὔσης ἄλλης ἀρχῆς αὐτῶν ἀμείνονος οὐδ' ἀναφορᾶς οὐδ' ἄλλου τινὸς ἕνεκεν τῆς φυσικῆς θεωρίας παραληπτῆς οὔσης ἢ πρὸς τὴν περὶ ἀγαθῶν ἢ κακῶν διάστασιν. γίνεται τοίνυν ἅμα πρόσω καὶ ὀπίσω τῶν ἠθικῶν ὁ φυσικὸς λόγος κατὰ Χρύσιππον.

Schule überhaupt Controversen über die Anordnung der Theile erheben; immer jedoch überwiegt hiebei die Voranstellung der Logik [35]). Aus dieser Gestaltung der äusseren Anordnung der Wissenschaften bei den Stoikern in Verbindung mit den Auffassungen der Peripatetiker entstand der auf viele Jahrhunderte nachwirkende Schulzwang, dass die Logik die erste Disciplin sei, und wir werden sehen (Abschn. XI, Anm. 125), dass in Folge jenes letzten praktischen Zweckes aller Wissenschaft wirklich die ewige Seligkeit von der Kenntniss der Kategorien abhängig gemacht wird.

Darüber nun, wie jene erste Disciplin, die Logik, oder wie die Stoiker sie stets bezeichneten, die Dialektik, im Einzelnen ausgeführt und namentlich wie alle ihre Unterabtheilungen gegenseitig geordnet wurden, lässt sich bis zu einem gewissen Grade eine Gewissheit und richtige Einsicht erreichen, woferne man nur die quellenmässige Untersuchung mit der nöthigen historischen Unbefangenheit und mit dem Verständnisse der den Stoikern vorausgehenden und nachfolgenden Entwickelung der Logik führt [36]). Betreffs einzelner Controversen innerhalb der stoischen Schule, besonders über die Anordnung einzelner Abschnitte, sind wir allerdings durch unsere Quellen zu wenig unterrichtet, um Alles genau festzustellen oder die Entwickelungsarten der Logik bei allen einzelnen Stoikern angeben zu können, und wir müssen uns daher begnügen, die stoische Lehre

---

35) Ebend.: ὁ Χρύσιππος οἴεται δεῖν τῶν λογικῶν πρῶτον ἀκροᾶσθαι τοὺς νέους, δεύτερον δὲ τῶν ἠθικῶν, μετὰ δὲ ταῦτα τῶν φυσικῶν, ὡσαύτως δὲ τούτοις τὸν περὶ θεῶν λόγον ἔσχατον παραλαμβάνειν. πολλαχοῦ δὲ τούτων ὑπ' αὐτοῦ λεγομένων ἀρκέσει παραθέσθαι τὰ ἐν τῷ τετάρτῳ Περὶ βίων ἔχοντα κατὰ λέξιν οὕτω· πρῶτον μὲν οὖν δοκεῖ μοι κατὰ τὰ ὀρθῶς ὑπὸ τῶν ἀρχαίων εἰρημένα τρία γένη τῶν τοῦ φιλοσόφου θεωρημάτων εἶναι, τὰ μὲν λογικά, τὰ δὲ ἠθικά, τὰ δὲ φυσικά· εἶτα τούτων δεῖ προτάττεσθαι πρῶτα μὲν τὰ λογικά, δεύτερα δὲ τὰ ἠθικά, τρίτα δὲ τὰ φυσικά, τῶν δὲ φυσικῶν ἔσχατος εἶναι ὁ περὶ τῶν θεῶν λόγος. *Sext. Emp. adv. math.* VII, 22.: οἱ δὲ ἀπὸ τῆς Στοᾶς καὶ αὐτοὶ ἄρχειν μέν φασι τὰ λογικά, δευτερεύειν δὲ τὰ ἠθικά, τελευταῖα δὲ τετάχθαι τὰ φυσικά· πρῶτον μὲν γὰρ δεῖν κατησφαλίσθαι τὸν νοῦν εἰς δυσέκκρουστον τῶν παραδιδομένων φυλακήν, ὀχυρωτικὸν δὲ εἶναι τῆς διανοίας τὸν διαλεκτικὸν τόπον· δεύτερον δὲ ὑπογράφειν τὴν ἠθικὴν θεωρίαν πρὸς βελτίωσιν τῶν ἠθῶν, ἀκίνδυνος γὰρ ἡ παραδοχὴ ταύτης ἐπὶ προϋποκειμένῃ τῇ λογικῇ δυνάμει· τελευταίαν δὲ ἐπάγειν τὴν φυσικὴν θεωρίαν, θειοτέρα γάρ ἐστι καὶ βαθυτέρας δεῖται τῆς ἐπιστάσεως. Ebend. *pyrrh. hyp.* II, 13.: οἱ Στωϊκοὶ τοίνυν καὶ ἄλλοι τινὲς τρία μέρη τῆς φιλοσοφίας εἶναι λέγουσι, λογικὸν φυσικὸν ἠθικόν, καὶ ἄρχονταί γε τῆς διδασκαλίας ἀπὸ τοῦ λογικοῦ, καίτοι πολλῆς περὶ τοῦ πόθεν ἄρχεσθαι δεῖ στάσεως γεγενημένης. *Diog. L.* VII, 40 f.: ἄλλοι δὲ πρῶτον μὲν τὸ λογικὸν τάττουσι, δεύτερον δὲ τὸ φυσικὸν καὶ τρίτον τὸ ἠθικόν, ὧν ἐστι Ζήνων ἐν τῷ περὶ λόγου καὶ Χρύσιππος καὶ Ἀρχέδημος καὶ Εὔδρομος· ὁ γὰρ Πτολεμαεὺς Διογένης ἀπὸ τῶν ἠθικῶν ἄρχεται, ὁ δ' Ἀπολλόδωρος δεύτερα τὰ ἠθικά, Παναίτιος δὲ καὶ Ποσειδώνιος ἀπὸ τῶν φυσικῶν ἄρχονται, καθά φησι Φανίας ὁ Ποσειδωνίου γνώριμος ἐν τῷ πρώτῳ τῶν Ποσειδωνείων σχολῶν, ὁ δὲ Κλεάνθης ἓξ μέρη φησί, διαλεκτικὸν ῥητορικὸν ἠθικὸν πολιτικὸν φυσικὸν θεολογικόν, ἄλλοι δὲ οὐ τοῦ λόγου ταῦτα μέρη φασίν, ἀλλ' αὐτῆς τῆς φιλοσοφίας, ὡς Ζήνων ὁ Ταρσεύς.

36) Was *Petersen, Philosophiae Chrysippeae fundamenta. Hamb.* 1827. gibt, ist wegen Grundlegung einer unrichtigen vorgefassten Meinung und durchweg gewaltsam erzwungener Durchführung derselben völlig unbrauchbar.

im Allgemeinen, wie sie wohl hauptsächlich aus der Hand des Chrysippus hervorging, darzulegen.

Das rhetorisch demonstrative Verfahren ist der Grundzug der stoischen Dialektik, und es bleibt daher hier mit gänzlicher Misskennung des philosophischen Unterschiedes, welcher bei Plato und Aristoteles zwischen dem Dialektischen und dem Apodeiktischen bestand, nur ein ganz äusserliches Merkmal zur Abscheidung der Rhetorik von der Dialektik übrig; die Stoiker nemlich sagen, sowohl die Rhetorik als auch die Dialektik sei die Wissenschaft des richtigen Sprechens, nur bewege sich die erstere in fortlaufender Peroration, die letztere aber in Frage und Antwort; und zur Versinnlichung dieses Unterschiedes fehlt es auch hier nicht an einem albernen Beispiele [37]). Hiebei wird natürlich das „richtige" (εὖ oder ὀρθῶς) Sprechen in dem Sinne von „Wahres (ἀληθές, s. unten Anm. 116 u. 137) sprechen", und Wissenschaft in dem Sinne von Technik genommen [38]), und es heisst dann die Dialektik wohl die Wissenschaft desjenigen, was wahr oder falsch oder keines von beiden (!) ist [39]), aber dem inneren Wesen nach sind Rhetorik und Dialektik identisch, und letztere bleibt daher vermöge ihrer bloss rhetorischen Geltung

---

37) *Diog. L.* VII, 42.: *τήν τε ῥητορικὴν ἐπιστήμην οὖσαν τοῦ εὖ λέγειν περὶ τῶν ἐν διεξόδῳ λόγων καὶ τὴν διαλεκτικὴν τοῦ ὀρθῶς διαλέγεσθαι περὶ τῶν ἐν ἐρωτήσει καὶ ἀποκρίσει λόγων. Sen. ep.* 89.: *omnis oratio aut continua est aut inter respondentem et interrogantem divisa; hanc διαλεκτικὴν, illam ῥητορικὴν placuit vocari. Schol. ad Hermog.* VII, p. 105. *Walz*: *ὅρος Στωϊκῶν· ῥητορική ἐστιν ἐπιστήμη τοῦ εὖ λέγειν. Sop. ad Hermog.* V, p. 15. *Walz*: *οἱ δὲ Στωϊκοὶ ἀντίστροφον τῇ διαλεκτικῇ αὐτὴν* (sc. *τὴν ῥητορικήν*) *καλοῦσιν*, was allerdings dem Wortlaute nach mit der ersten Zeile der aristotelischen Rhetorik übereinstimmt, aber das *ἀντίστροφον* liegt eben hier schlechthin in einem Aeusserlichen. *Cic. d. fin.* II, 6, 17.: *Tum ille, finem, inquit, interrogandi, si videtur; quod quidem ego a principio me malle dixeram, hoc ipsum providens dialecticas captiones. Rhetorice igitur, inquam, nos mavis quam dialectice disputare? Quasi vero, inquit, perpetua oratio rhetorum solum, non etiam philosophorum sit. Zenonis est, inquam, hoc Stoici, omnem vim loquendi, ut iam ante Aristoteles, in duas tributam esse partes; rhetoricam palmae, dialecticam pugno similem esse dicebat, quod latius loquerentur rhetores, dialectici autem compressius. Orat.* 23, 113.: *disputandi ratio et loquendi dialecticorum sit, oratorum autem dicendi et ornandi; Zeno quidem ille, a quo disciplina Stoicorum est, manu demonstrare solebat, quid inter has artes interesset; nam cum compresserat digitos pugnumque fecerat, dialecticam aiebat eiusmodi esse; cum autem diduxerat et manum dilataverat, palmae illius similem eloquentiam esse dicebat. Quint. Inst.* II, 20, 7.: *itaque cum duo sint genera orationis, altera perpetua quae rhetorice dicitur, altera concisa quae dialectice, quas quidem Zeno adeo coniunxit, ut hanc compressae in pugnum manus, illam explicitae diceret similem.* Vgl. Abschn. VIII, Anm. 2. u. 25.

38) *Anon. Prolegg. ad Hermog.* VII, p. 8. *Walz*: *οἱ μὲν γὰρ αὐτὴν* (sc. *τὴν ῥητορικήν*) *ἐκάλεσαν ἐπιστήμην ἀπὸ τοῦ μείζονος, ὁριζόμενοι ἐπιστήμην τοῦ εὖ λέγειν, οἱ Στωϊκοὶ δὲ τὸ εὖ λέγειν ἔλεγον τὸ ἀληθῆ λέγειν. Alex. ad Ar. Top.* p. 3.: *οἱ μὲν ἀπὸ τῆς Στοᾶς ὁριζόμενοι τὴν διαλεκτικὴν ἐπιστήμην τοῦ εὖ λέγειν ὁρίζονται, τὸ δὲ εὖ λέγειν ἐν τῷ ἀληθῆ καὶ προσήκοντα λέγειν εἶναι τιθέμενοι, τοῦτο δὲ ἴδιον ἡγούμενοι τοῦ φιλοσόφου κατὰ τῆς τελεωτάτης φιλοσοφίας φέρουσιν αὐτὸ καὶ διὰ τοῦτο μόνος ὁ φιλόσοφος κατ' αὐτοὺς διαλεκτικός. Sext. Emp. pyrrh. hyp.* III, 188.: *τέχνην δὲ εἶναί φασι σύστημα ἐκ καταλήψεων συγγεγυμνασμένων.*

39) *Diog. L.* a. a. O.: *ὅθεν καὶ οὕτως αὐτὴν ὁρίζονται, ἐπιστήμην ἀληθῶν καὶ ψευδῶν καὶ οὐδετέρων.* ebend. 62.: *διαλεκτικὴ δέ ἐστιν, ὥς φησι Ποσειδώνιος, ἐπιστήμη ἀληθῶν καὶ ψευδῶν καὶ οὐδετέρων.*

in jenem Standpunkte befangen, aus welchem Plato und Aristoteles erst das Apodeiktische im Gegensatze gegen das bloss Dialektische herausheben mussten, während hier in der Stoa dasjenige, was dem Apodeiktischen entsprechen sollte, seinerseits ebenfalls, wie wir sehen werden, nur in einen subjectiven sensual-psychologischen Vorgang hineingezogen wird. Ja selbst aus einem scheinbar unbedeutenden Umstande sieht man, wie sehr die rhetorische Technik und deren Kunst-Ausdrücke überhaupt für die wissenschaftliche Behandlung von Einfluss waren; einige Stoiker nemlich nannten die Haupttheile der Philosophie selbst nicht etwa *μέρη*, sondern geradezu *τόπους* [40]), und z. B. Diogenes Laërt. folgt diesem Sprachgebrauche durchgängig.

Sowie nun die Stoiker die bloss nach äusserlicher Betrachtungsweise abgetrennte Rhetorik ebenso äusserlich weiter eintheilten, so verfuhren sie in gleicher Weise auch mit der Dialektik. Die oberste und Haupt-Abtheilung ist die in die Lehre vom Sprach-Ausdrucke, durch welchen die Dinge bezeichnet werden — *φωνή* —, und in die Lehre von demjenigen, was durch den Sprach-Ausdruck bezeichnet wird, — *σημαινόμενα* —, und diese beiden zerfielen dann in eine Masse Unterabtheilungen [41]). In Ganzen ist die Basis dieser obersten Zweitheilung eine völlig formale Auffassung des bei Plato und Aristoteles in lebendiger Bedeutung auftretenden Grundsatzes, dass alles Wissen nur innerhalb der menschlichen Rede, des menschlichen *λόγος*, auftreten kann. Allerdings nemlich wird Jedermann zugestehen, dass an der menschlichen Sprache zwei Momente zu unterscheiden sind, das phonologische des der leiblichen Natürlichkeit angehörigen Lautes und das intelligible der aus dem Geiste hervorgehenden significanten Bedeutsamkeit; aber die Stoiker, für welche die Lehre von der *φωνὴ* der erste Theil der Dialektik war [42]), gingen hiefür wohl bis zu den physikalischen Entstehungsgründen des Lautes zurück [43]); hingegen von diesem Punkte an hatten sie natürlich keinen Begriff von der Aufgabe einer Sprach-Philosophie oder von der Nothwendigkeit, in die bildende Werkstätte der Sprache einzudringen, um den Wechselverkehr jener beiden Momente einzusehen, sondern sie glaubten an den vierundzwanzig Buchstaben des Alphabetes die einfachsten Elemente, und hiemit den richtigen Anfangspunkt zu besitzen, da aus den Buchstaben die

---

40) Ebend. 39.: *ταῦτα δὲ τὰ μέρη ὁ μὲν Ἀπολλόδωρος τόπους καλεῖ, ὁ δὲ Χρύσιππος καὶ Εὔδρομος εἴδη, ἄλλοι γένη.*

41) Ebend. 43.: *τὴν διαλεκτικὴν διαιρεῖσθαι εἴς τε τὸν περὶ τῶν σημαινομένων καὶ τῆς φωνῆς τόπον.* u. 62.: *τυγχάνει δ' αὐτὴ, ὡς ὁ Χρύσιππός φησι, περὶ σημαίνοντα καὶ σημαινόμενα.* Sen. ep. 89.: *διαλεκτικὴ in duas partes dividitur: in verba et significationes, id est, in res quae dicuntur et vocabula quibus dicuntur: ingens deinde sequitur utriusque divisio; itaque hoc loco finem faciam et „summa sequar vestigia rerum", alioqui si voluero facere partium partes, quaestionum liber fiet.* Es ist zu bedauern, dass Seneca diese *ingens divisio* nicht angibt, denn abschreiben hätte er, ein so einfältiger Mensch er auch ist, dieselbe doch wohl können.

42) *Diog. L.* VII, 55 : *τῆς δὲ διαλεκτικῆς θεωρίας συμφώνως δοκεῖ τοῖς πλείστοις ἀπὸ τοῦ περὶ φωνῆς ἐνάρχεσθαι τόπου.*

43) Ebend.: *ἔτι δὲ φωνὴ ἀὴρ πεπληγμένος ἢ τὸ ἴδιον αἰσθητὸν ἀκοῆς.* *Sext. Emp. adv. math.* VI, 39 ff. *Nemes. nat. hom.* 6. *Pollux.* II, 4, 26. *Gell.* V, 15. *Plut. plac. phil.* IV, 20.

Worte, und aus den Worten die Sätze zusammengesetzt seien[44]), etwa wie man aus farbigen Steinchen eine Figur und aus mehreren Figuren einen Mosaikboden zusammensetzen kann; und so gelangten sie dazu, in der weiteren Entwickelung der Lehre von der *φωνή* nur jene äussere handgreifliche Form zu behandeln, welche die Worte dadurch haben, dass sie eben Worte sind, und nach diesem äusserlichen Gesichtspunkte stellten sie Eintheilungen der Worte in die sogenannten verschiedenen Redetheile und Eintheilungen der Flexionsformen auf, sowie natürlich die gleiche Behandlungsweise auch die grammatischen Satzformen betraf[45]), — kurz die Stoiker wurden durch diesen Theil ihrer Dialektik die eigentlichen Ausbildner jener erbärmlichen Behandlungsweise der Grammatik, welche dann durch die Schulen des Mittelalters sich in unserer Kulturgeschichte noch bis in die neueste Zeit fortschleppte; ein Gegenstand, welcher für uns hier ausser dem Felde der Betrachtung liegt, da nur das in die eigentliche Logik hieraus hinüberspielende am gehörigen Orte beizuziehen sein wird. Ausser den derartigen grammatischen Schematismen gehörte zur Lehre von der *φωνή* auch die Betrachtung nicht bloss der ungewöhnlichen und etwa falschen Wortformen (z. B. der Solökismen und Barbarismen) und der durch die Form der Worte entstehenden Amphibolien, sondern auch der poetischen und rhythmischen Formen und zuletzt selbst der musikalischen Composition[46]), und es weisen daher auch die im späteren Alterthume üblichen Compendien der Metrik und Musik vielfach auf den stoischen Schulbetrieb als ihre Quelle zurück, sowie andrerseits hier schon der Anfang jener späteren empörenden Auffassung vorliegt, dass die Poesie ebenso wie die Sophistik eine Species des *ψευδὴς λόγος* sei (s. Abschn. XI, Anm. 122 f. u. 145).

Ist so die Betrachtung der Form und der Formen des Wortes als solchen der eine Theil der Dialektik, so wird diesem nun ebenso formal die Lehre von dem *σημαινόμενον* als zweiter an die Seite gestellt, welcher den Umstand betrifft, dass durch die Worte Etwas bezeichnet wird (vgl. Abschn. II, Anm. 28); hier also hat das Wort ein Verhältniss zu den Dingen — *τὰ πράγματα* —, und während man die blossen Worte nur als Töne „hervorbringt", werden hingegen die factischen Dinge in der

---

44) *Diog. L.* 56 f. *Dion. Halic. d. comp. v.* p. 154. *Schaef. Galen. π. Ἱππ. κ. Πλ. δογμ.* VIII, 3. V, p. 670 K.

45) Ebend. 57.: Es fehlt in dieser Beziehung noch an einer umfassenden und kritischen Darstellung der stoischen Betriebsamkeit, denn — um von Gräfenhan's sogenannter „Geschichte der Philologie" nicht zu reden — auch Rud. Schmidt, *Stoicorum Grammatica.* Halle 1839. ist nicht erschöpfend, bei Lersch hingegen (Sprachphilosophie der Alten) gebricht es sowohl an Quellenstudium als auch an Kritik, welche beide durch affectirt geistreiches Reden sich eben nicht ersetzen lassen.

46) *Diog. L.* 44.: *εἶναι δὲ τῆς διαλεκτικῆς ἴδιον τόπον καὶ τὸν προειρημένον περὶ αὐτῆς τῆς φωνῆς, ἐν ᾧ δείκνυται ἡ ἐγγράμματος φωνὴ καὶ τίνα τὰ τοῦ λόγου μέρη καὶ περὶ σολοικισμοῦ καὶ βαρβαρισμοῦ καὶ ποιημάτων καὶ ἀμφιβολιῶν καὶ περὶ ἐμμελοῦς φωνῆς καὶ περὶ μουσικῆς καὶ περὶ ὅρων κατά τινας καὶ διαιρέσεων καὶ λέξεων* (über den letzteren Zusatz s. Anm. 53.). Ausführlicher werden alle diese Gegenstände der Lehre von der *φωνὴ* bei Diog. wieder 57—62. besprochen, wo ausser der Angabe der Redetheile neben Solökismus und Barbarismus auch die *ὑπογραφὴ* und fünf *ἀρεταὶ λόγου* (*ἑλληνισμὸς, σαφήνεια, συντομία, πρέπον, κατασκευή*) vorkommen.

Rede „ausgesprochen“ und es ergiebt sich hiemit der stoische Begriff des „Ausgesprochenen“ — τὰ λεκτά —, worin das eigentliche Gebiet der Logik beruht [47]); in diesem „λεκτόν“ (vgl. Abschn. I, Anm. 51) aber erkennen wir schlagend die formale Verknöcherung des platonisch-aristotelischen „λόγος“ ἔμψυχος oder „διαλεκτικόν“. Nemlich den Stoikern ist dieses „Ausgesprochene“ nicht das Ding selbst, sondern nur eben der Sprach-Ausdruck für dasselbe, also was man die Bedeutung des Wortes nennen kann, deren Verständniss von der Kenntniss einer speciellen Sprache abhängt und mit dem blossen Schalle noch nicht gegeben ist; das Ding aber in seiner factischen Objectivität bleibt dabei „ausserhalb“ [48]); noch aber auch ist das Ausgesprochene der Gedanke, denn dieser ist Nichts, als der subjective Eindruck in einer mit Denkvermögen ausgerüsteten Seele [49]). Das λεκτὸν also ist ein Mittleres zwischen Ding und Gedanke [50]), und insoferne an dieses λεκτὸν dann, wie wir sehen werden, die logischen Functionen geknüpft werden, befinden wir uns entschieden auf dem Standpunkte des Nominalismus (vgl. Abschn. II, Anm. 31); es ist ja auch nach der Ansicht der Stoiker das λεκτὸν das einzige Unkörperliche — ἀσώματον — [51]), denn bekanntlich gilt denselben alles Seiende als ein Körperliches und nur das Körperliche als ein Seiendes, daher nicht bloss selbstverständlicher Weise die factischen Dinge körperlich sind, son-

47) Ebend. 57.: *προφέρονται μὲν γὰρ αἱ φωναὶ, λέγεται δὲ τὰ πράγματα, ἃ δὴ καὶ λεκτὰ τυγχάνει.*

48) *Sext. Emp. adv. math.* VIII, 11. .... *οἱ ἀπὸ τῆς Στοᾶς τρία φάμενοι συζυγεῖν ἀλλήλοις, τό τε σημαινόμενον καὶ τὸ σημαῖνον καὶ τὸ τυγχάνον, ὧν σημαῖνον μὲν εἶναι τὴν φωνὴν, οἷον τὴν Δίων, σημαινόμενον δὲ αὐτὸ τὸ πρᾶγμα τὸ ὑπ' αὐτῆς δηλούμενον καὶ οὗ ἡμεῖς μὲν ἀντιλαμβανόμεθα τῇ ἡμετέρᾳ παραφισταμένου διανοίᾳ, οἱ δὲ βάρβαροι οὐκ ἐπαΐουσι καίπερ τῆς φωνῆς ἀκούοντες, τυγχάνον δὲ τὸ ἐκτὸς ὑποκείμενον, ὥςπερ αὐτὸς ὁ Δίων.*

49) *Plut. plac. phil.* IV, 11.: *ἔστι δὲ νόημα φάντασμα διανοίας λογικοῦ ζῴου, τὸ γὰρ φάντασμα ἐπειδὰν λογικῇ προςπίπτῃ ψυχῇ, τότε ἐννόημα καλεῖται εἰληφὸς τοὔνομα παρὰ τὸν νοῦν· διόπερ τοῖς ἄλλοις ζῴοις οὐ προςπίπτει φαντάσματα· ὅσα δὲ καὶ τοῖς θεοῖς καὶ ἡμῖν γε, ταῦτα φαντάσματα μόνον ἐστὶν, ὅσα δὲ ἡμῖν, ταῦτα καὶ φαντάσματα κατὰ γένος καὶ ἐννοήματα κατ' εἶδος.* *Sext. Emp.* a. a. O. 70.: *λεκτὸν δὲ ὑπάρχειν φασὶ τὸ κατὰ λογικὴν φαντασίαν ὑφιστάμενον, λογικὴν δὲ εἶναι φαντασίαν καθ' ἣν τὸ φαντασθὲν ἔστι λόγῳ παραστῆσαι.*

50) *Ammon. ad Ar. d. interpr. f.* 15 b.: *ἡμᾶς ὁ Ἀριστοτέλης διδάσκει διὰ τούτων τίνα ἐστὶ τὰ προηγουμένως καὶ προσεχῶς ὑπ' αὐτῶν* (sc. *τῶν ὀνομάτων καὶ ῥημάτων*) *σημαινόμενα, καὶ ὅτι τὰ νοήματα, διὰ δὲ τούτων μέσων τὰ πράγματα, καὶ οὐδὲν ἕτερον δεῖν παρὰ ταῦτα ἐπινοεῖν μέσον τοῦ τε νοήματος καὶ τοῦ πράγματος, ὅπερ οἱ ἀπὸ τῆς Στοᾶς ὑποτιθέμενοι λεκτὸν ἠξίουν ὀνομάζειν.*

51) *Sext. Emp.* fährt in der oben Anm. 48. angeführten Stelle fort: *τούτων δὲ δύο μὲν εἶναι σώματα καθάπερ τὴν φωνὴν καὶ τὸ τυγχάνον, ἓν δὲ ἀσώματον ὥςπερ τὸ σημαινόμενον πρᾶγμα καὶ λεκτὸν, ὅπερ ἀληθές τε γίνεται ἢ ψεῦδος.* Ebend. *pyrrh. hyp.* III, 52.: *εἰ μὲν γὰρ λεκτόν ἐστιν ὁ λόγος καὶ ἀσώματος, ὡς οἱ Στωϊκοί φασιν, ὁ λέγων κ. τ. λ.* *Sen. ep.* 117.: *Sunt naturae corporum, tanquam hic homo est, hic equus; has deinde sequuntur motus animorum enuntiativi corporum; hi habent proprium quiddam et a corporibus seductum, tanquam video Catonem ambulantem; hoc sensus ostendit, animus credit; corpus est quod video, cui et oculos et animum intendi; dico deinde, Cato ambulat; non corpus quidem est quod nunc loquor, sed enuntiativum quiddam de corpore, quod alii effatum vocant alii enuntiatum alii edictum.*

dern auch der Eindruck der Wahrnehmung als solcher (*φαντασία*) und darum auch die Wissenschaft, ja sogar auch die Wahrheit (*ἀλήθεια*) selbst im Unterschiede von dem Wahren (*τὸ ἀληθές*), welch letzteres eben in dem *λεκτὸν* liegt und daher ebenfalls unkörperlich ist [52]).

Hieraus nun erwächst für diesen Abschnitt der Dialektik, nemlich für die Lehre von dem *σημαινόμενον*, folgende Eintheilung (deren vollständiger Nachweis allerdings erst durch die Darlegung des ganzen Materiales gegeben wird): Zunächst da das *λεκτὸν* eben doch einerseits in einer Beziehung zum factisch Objectiven — *τὰ πράγματα* — steht und andrerseits von einer jedesmaligen Bethätigung des Denkvermögens innerhalb der Wahrnehmung abhängt, so musste es in dieser Beziehung um die Erreichung einer sensualen Festigkeit zu thun sein, und es wird daher die Logik psychologisch gestützt. Nun aber ergreift das Denkvermögen in dem *λεκτὸν* gerade nicht das körperlich Concrete oder einzeln sinnliche Ding, sondern das Abstracte und abstract Allgemeine (d. h. wenn bei den älteren Peripatetikern die Lehre vom Begriffe misskannt war, so ist sie hier positiv corrupt in ihrer ersten Anlage); dieses Allgemeine aber steht zu dem Einzelnen immer in dem Verhältnisse der Gattung oder des abstracten Gattungsbegriffes, unter welchen das Einzelnere als Art oder Artbegriff fällt, und es wird daher diese Unterordnung durch die möglichst erschöpfte Theilung und Unterabtheilung untersucht, wobei das je abstract Allgemeinere als das je Einfachere betrachtet wird. Somit werden hier die *λεκτά*, noch immer nicht ausser allem Zusammenhange mit den ihnen entsprechenden factischen Dingen, als Begriffe behandelt, und es tritt also die Lehre vom Begriffe in dieser abstract formalen Auffassung voraus, — eine schulmässig doctrinäre Behandlungsweise, welche ihren Einfluss noch bis zum modernen subjectiven Idealismus herab erstreckt —; nur jene Stoiker wohl, welche mehr Gewicht auf jene Function des *λεκτὸν* legten, dass es die Bedeutsamkeit des sprachlichen Lautes enthält (s. oben Anm. 48), konnten die Lehre von Begriff, Gattung und Art in den ersten Hauptabschnitt der Logik, nemlich in die Lehre von der *φωνή* hineinziehen [53]). Jenes Bestreben aber der fortgesetzten Division und Subdivision musste auf die Aufstellung oberster Gattungsbegriffe — *γενικώτατα* — hinleiten, welche unter keine noch höhere Gattung, als unter den allerallgemeinsten Begriff des Etwas fallen; und so erscheint auch die erste nominalistische Ontologie in der stoischen Kategorienlehre. Insoferne aber nun die *λεκτά* als Begriffe noch vereinzelt ausgesprochen werden, sind sie weder wahr noch falsch, sondern Wahrheit und

---

52) *Sext. Emp. pyrrh. hyp.* II, 81.: *λέγεται διαφέρειν τῆς ἀληθείας τὸ ἀληθὲς τριχῶς, οὐσίᾳ συστάσει δυνάμει· οὐσίᾳ μὲν ἐπεὶ τὸ μὲν ἀληθὲς ἀσώματόν ἐστιν, ἀξίωμα γάρ ἐστι καὶ λεκτὸν, ἡ δὲ ἀλήθεια σῶμα, ἔστι γὰρ ἐπιστήμη πάντων ἀληθῶν ἀποφαντικὴ, ἡ δὲ ἐπιστήμη πῶς ἔχον ἡγεμονικὸν ὥςπερ καὶ ἡ πῶς ἔχουσα χεὶρ πυγμὴ, τὸ δὲ ἡγεμονικὸν σῶμα, ἔστι γὰρ κατ' αὐτοὺς πνεῦμα· συστάσει δὲ κ. τ. λ.* Ebend. *adv. math.* VII, 38.: *τὴν δὲ ἀλήθειαν οἴονταί τινες, καὶ μάλιστα οἱ ἀπὸ τῆς Στοᾶς, διαφέρειν τἀληθοῦς κατὰ τρεῖς τρόπους, οὐσίᾳ τε καὶ συστάσει καὶ δυνάμει, οὐσίᾳ μὲν παρόσον ἡ μὲν ἀλήθεια σῶμά ἐστι, τὸ δὲ ἀληθὲς ἀσώματον ὑπῆρχεν· καὶ εἰκότως, φασὶν, τουτὶ μὲν γὰρ ἀξίωμά ἐστι, τὸ δὲ ἀξίωμα λεκτὸν, τὸ δὲ λεκτὸν ἀσώματον.*

53) S. Anm. 46.

Falschheit des „Ausgesprochenen" nebst dem gesammten Verhältnisse aller Gegensätzlichkeit entsteht erst in der Satzverbindung — λέξις —, und alle derartige Betrachtung ist Gegenstand der Lehre vom Urtheile; insoferne aber eigentlich erst hier in Bezug auf Wahr und Falsch sich die Frage über ein Kriterium zu erheben scheint, ist zu bemerken, dass dieselbe in jener psychologischen Basis der Logik bereits erledigt sein musste, denn es bleibt den Stoikern zuletzt kein anderes Kriterium, als eben die subjective Festigkeit der Ueberzeugung. Möglich wäre es, dass eben jene Stoiker, welche den Begriff und die Untersuchung über Art und Gattung dem Abschnitte von der φωνή zuwiesen, eben erst hier beim Beginne der Lehre vom Urtheile die Grundsätze betreffs des Kriterium entwickelten, d. h. diese rückten dann überhaupt den psychologischen Theil näher an das Urtheil. Andere hingegen stellten, wohl veranlasst durch die Polemik gegen die Akademiker, die Lehre vom Kriterium in specieller Darstellung an den Anfang der Dialektik überhaupt [54]). Nach der Lehre vom Urtheile folgte dann natürlich die Lehre vom Schlusse als der Zusammensetzung mehrerer Urtheile zum Behufe eines Beweises — λόγος — und hiezu die Sophismen aller Art. So hat die Logik, wenn wir von der ontologischen Kategorienlehre absehen, hier schon jene später üblich gebliebene Gestaltung angenommen [55]). Sie soll für den Stoiker das Wissen betreffs des Wahren und Falschen entwickeln und ihn fähig machen, dasselbe überall zu beurtheilen; für die doctrinäre

---

54) Ein solches Verhältniss verschiedener Standpunkte liegt wohl dem Berichte des Diogenes zu Grunde: VII, 41 f.: *τὸ δὲ λογικὸν μέρος φασὶν ἔνιοι εἰς δύο διαιρεῖσθαι ἐπιστήμας, εἰς ῥητορικὴν καὶ εἰς διαλεκτικήν· τινὲς δὲ καὶ εἰς τὸ ὁρικὸν εἶδος τὸ περὶ κανόνων καὶ κριτηρίων, ἔνιοι δὲ τὸ ὁρικὸν περιαιροῦσι· τὸ μὲν οὖν περὶ κανόνων καὶ κριτηρίων παραλαμβάνουσι πρὸς τὸ τὴν ἀλήθειαν εὑρεῖν, ἐν αὐτῷ γὰρ τὰς τῶν φαντασιῶν διαφορὰς ἀπευθύνουσι· καὶ τὸ ὁρικὸν δὲ ὁμοίως πρὸς ἐπίγνωσιν τῆς ἀληθείας, διὰ γὰρ τῶν ἐννοιῶν τὰ πράγματα λαμβάνεται.* Ebend. 49.: *ἀρέσκει τοῖς Στωϊκοῖς τὸν περὶ φαντασίας καὶ αἰσθήσεως προτάττειν λόγον, καθότι τὸ κριτήριον, ᾧ ἡ ἀλήθεια τῶν πραγμάτων γινώσκεται, κατὰ γένος φαντασία ἐστὶ καὶ καθότι ὁ περὶ συγκαταθέσεως καὶ ὁ περὶ καταλήψεως καὶ νοήσεως λόγος προάγων τῶν ἄλλων οὐκ ἄνευ φαντασίας συνίσταται.* Wenn *Sext. Emp. pyrrh. hyp.* II, 13. seine Widerlegung der Dogmatiker mit der Lehre vom Kriterium beginnt, so ist diess ganz seinem skeptischen Standpunkte gemäss, hieraus aber auf eine allgemein übliche Anordnung bei den Stoikern Nichts zu schliessen.

55) So gibt auch *Diog. L.* VII, 43. im Allgemeinen den Inhalt des zweiten Hauptabschnittes der Dialektik an: *τὴν διαλεκτικὴν διαιρεῖσθαι εἴς τε τὸν περὶ τῶν σημαινομένων καὶ τῆς φωνῆς τόπον· καὶ τὸν μὲν τῶν σημαινομένων εἴς τε τὸν περὶ τῶν φαντασιῶν τόπον καὶ τῶν ἐκ τούτων ὑφισταμένων λεκτῶν, ἀξιωμάτων καὶ αὐτοτελῶν* (wohl ausgefallen *καὶ ἐλλιπῶν*), *καὶ κατηγορημάτων καὶ τῶν ὁμοίων, ὀρθῶν καὶ ὑπτίων, καὶ γενῶν καὶ εἰδῶν, ὁμοίως δὲ καὶ λόγων καὶ τρόπων καὶ συλλογισμῶν καὶ τῶν παρὰ τὴν φωνὴν καὶ τὰ πράγματα σοφισμάτων.* Er selbst aber folgt in seinem Excerpte (57—62.) Jenen, welche den Begriff und Gattung und Art in der Lehre von der *φωνή* behandelten, daher er auch §. 62., wo er *πράγματα* und *σημαινόμενα* zusammenfasst, sagt: *ἐν δὲ τῷ περὶ τῶν πραγμάτων καὶ τῶν σημαινομένων τόπῳ τέτακται ὁ περὶ λεκτῶν καὶ αὐτοτελῶν καὶ ἀξιωμάτων καὶ συλλογισμῶν λόγος καὶ ὁ περὶ ἐλλιπῶν τε καὶ κατηγορημάτων καὶ ὀρθῶν καὶ ὑπτίων.* Hingegen liegt wohl obige Vereinigung von Lehrgegenständen in der Dialektik dem zu Grunde, was *Sext. Emp. pyrrh. hyp.* II, 213. sagt: *ἐπεὶ δέ τινες τῶν δογματικῶν τὴν διαλεκτικὴν εἶναί φασιν ἐπιστήμην συλλογιστικὴν ἐπαγωγικὴν ὁριστικὴν διαιρετικὴν κ. τ. λ.*

Begründung seiner Ansichten aber fällt ihm das Hauptgewicht auf die Syllogistik [56]). Durch die Art und Weise aber, in welcher die Stoiker die Logik ausbildeten, rechtfertigt sich auch der üblich gewordene Sprachgebrauch, dass unter *Διαλεκτικοὶ* in der späteren Zeit hauptsächlich nur die Stoiker gemeint sind, und namentlich Sextus Empirikus, welcher uns hier eine Hauptquelle sein wird, nimmt *Στωϊκοί* und *Διαλεκτικοί* wie gleichbedeutende Worte, da er andere ähnliche Richtungen (z. B. Megarisches) immer vermittelst der eigenen speciellen Namen ausscheidet. Vgl. auch Abschn. II, Anm. 38 u. Abschn. VII, Anm. 2.

Der erste Theil nun, welcher den zur Bildung des *λεκτὸν* mitwirkenden p s y c h o l o g i s c h e n Vorgang darstellt, berührt uns hier nicht, denn erstens enthält er gar nicht ein logisches Princip, und zweitens kann die Logik, wenn sie einmal, wie hier der Fall ist, formal geworden ist, mit jedem anderweitigen Standpunkte betreffs der Erkenntnissweise, auch mit dem des Mysticismus und der Inspiration, zusammenbestehen, so dass hier kein organischer Zusammenhang zwischen der Erkenntnisstheorie und den logischen Gesetzen vorliegt; nur diess haben diese beiden unter sich und auch mit den übrigen Theilen der Philosophie gemein, dass Alles auf einer oberflächlichen Schematisirung und dem leichtfertigsten Doctrinarismus beruht. Abgesehen demnach von der grob sinnlichen Erklärungsweise der Wahrnehmung (der Vergleichung der Seele mit einer Wachstafel) und von der eben so roh materialistischen Annahme über Entstehung der Gemein-Vorstellungen (*κοιναὶ ἔννοιαι*) durch Vergleichung u. s. f., — abgesehen auch davon, dass in der *συγκατάθεσις* und der eigentlichen *κατάληψις* diese Erkenntnisstheorie sich auf die einfältigste Weise in einem Zirkel bewegt, da die Begriffe dann wahr sein sollen, wenn sie aus richtiger Wahrnehmung in der richtigen Art geschlossen sind, die Wahrnehmungen aber dann richtig sein sollen, wann sie einen richtigen Begriff veranlassen, — abgesehen endlich von dem hieraus folgenden Schwanken zwischen angebornen Ideen und dem gröbsten Empirismus, kann uns hier aus all dem rhetorisch aufgestutzten Gerede über derlei nur jene frivole Arroganz des Subjectes von Bedeutung sein, mit welcher dasselbe innerhalb der Wahrnehmung dasjenige festhält, was es „mit Beifall ergriffen hat", mögen die Gemeinbegriffe selbst schon als fertige oder bloss die Kraft zu deren Formirung angeboren sein (denn um auch nur einzusehen, dass diess letztere eine Kern-Differenz der Erkenntniss-Theorie ist, war die Stoa eben zu unphilosophisch); in einem solchen Verfahren aber liegt die Basis der stoischen Lehre vom Begriffe.

---

56) *Diog.* 47.: *οὐκ ἄνευ δὲ τῆς διαλεκτικῆς θεωρίας τὸν σοφὸν ἄπτωτον ἔσεσθαι ἐν λόγῳ· τό τε γὰρ ἀληθὲς καὶ τὸ ψεῦδος διαγιγνώσκεσθαι ὑπ' αὐτῆς καὶ τὸ πιθανὸν τό τε ἀμφιβόλως λεγόμενον διευκρινεῖσθαι, χωρίς τε αὐτῆς οὐκ εἶναι ὁδῷ ἐρωτᾶν καὶ ἀποκρίνασθαι.* *Sext. Emp. pyrrh. hyp.* II, 229.: *εἰ γὰρ τῶν τε ἀληθῶν καὶ ψευδῶν λόγων, φασίν, ἔστιν αὕτη* (sc. *ἡ διαλεκτική*) *διαγνωστική.* ebend. 247.: *ἐπὶ τὴν τέχνην τὴν διαλεκτικήν φασιν ὡρμηκέναι οἱ διαλεκτικοὶ οὐχ ἁπλῶς ὑπὲρ τοῦ γνῶναι τί ἐκ τίνος συνάγεται, ἀλλὰ προηγουμένως ὑπὲρ τοῦ δι' ἀποδεικτικῶν λόγων τὰ ἀληθῆ καὶ τὰ ψευδῆ κρίνειν ἐπίστασθαι· λέγουσι γοῦν εἶναι τὴν διαλεκτικὴν ἐπιστήμην ἀληθῶν καὶ ψευδῶν καὶ οὐδετέρων.* *Diog. L.* VII, 45.: *εὐχρηστοτάτην δέ φασιν εἶναι τὴν περὶ τῶν συλλογισμῶν θεωρίαν.*

Nichts anderes nemlich, als die gewöhnlichste rhetorische Generalisirung des empirisch Einzelnen ist hier der Entstehungsgrund des Begriffes (s. Abschn. II, Anm. 22). Es ergreift ja nach der Annahme der Stoiker das Denken, welches erst in den Jahren der gereifteren Jugend nach den Sinneswahrnehmungen „sich sammeln" soll [57]), sogleich den Gattungsbegriff, wogegen die in den Arten liegende Gestaltung der unter den Gattungsbegriff fallenden Dinge dem Gebiete der Wahrnehmung angehört [58]). Wie sich von selbst versteht, enthält diese platte Auffassung, zumal bei der stoischen Unterscheidung zwischen *λόγος ἐνδιάθετος* und *λόγος προφορικός*, nur die wunderlichste Vermengung des gröbsten Materialismus und des formalsten Nominalismus [59]); s. Abschn. II, Anm. 12. Weil aber hiebei für die Thätigkeit des Denkens eben nur die abstracte Allgemeinheit der blossen Gattung, nicht der lebendige Wesensbegriff, ins Auge gefasst ist, so ist es nur consequent, wenn dann diese Gattungsbegriffe völlig schroff den concreten Dingen als Gegensatz gegenübergestellt werden; ausdrücklich nemlich wird gelehrt, dass die im Denken erfassten Begriffe (*τὰ ἐννοήματα*) keine Dinge seien, d. h. dass sie Nicht-Dinge (*οὔτινα*) seien [60]), oder in bestimmterer Ausdrucksweise, dass sie weder Dinge noch qualitativ bestimmte Wesen (*ποιά*) seien [61]), was dann bei einigen Berichterstattern nicht ohne Missverständniss der Sachlage so ausgedrückt wird, als hätten die Stoiker die platonischen Ideen *ἐννοήματα* genannt [62]). Am strengsten ist jene Consequenz wohl gezogen, wenn gesagt wird, die Gedanken-Begriffe hätten gar keine reale Existenz, sie seien *ἀνύπαρκτα* [63]); aber es scheint auch die hiemit sich

---

57) *Stob. Ecl.* I, 792. *Heeren*: *οἱ μὲν Στωϊκοὶ λέγουσι μὴ εὐθὺς ἐμφύεσθαι τὸν λόγον, ὕστερον δὲ συναθροίζεσθαι ἀπὸ τῶν αἰσθήσεων καὶ φαντασιῶν περὶ δεκατέσσαρα ἔτη.* So ist also auch hierin eine schulmässig feste Bestimmung aufgestellt.

58) *Joh. Damasc. Parall.* b. *Stob. ed. Gaisf.* IV, 432.: *Χρύσιππος τὸ μὲν γενικὸν ἡδὺ νοητὸν, τὸ δὲ εἰδικὸν καὶ προςπίπτον ἡδὺ* (so richtig Petersen für *ἤδη*) *αἰσθητόν.* *Cic. d. fin.* III, 10, 33.: *hoc quarto (sc. collatione rationis) boni notitia facta est; cum enim ab iis rebus quae sunt secundum naturam adscendit animus collatione rationis, tum ad notitiam boni pervenit.*

59) In drei Worte ist dieser Unsinn zusammengefasst b. *Diog. L.* VII, 54.: *ἐστὶ δ' ἡ πρόληψις ἔννοια φυσικὴ τῶν καθόλου*, — also *ἔννοια*, und doch *φυσικὴ*, und dann doch wieder *τῶν καθόλου*. Betreff des *λόγος ἐνδιάθετος* und *προφορικός*, welcher uns hier nicht weiter berührt, s. das Nähere bei Ed. Zeller in d. Theol. Jahrb. 1852, 2.

60) *Simpl. ad Cat. f.* 26 E. *ed. Bas.*: *οὔτινα τὰ κοινὰ παρ' αὐτοῖς λέγεται ..... ὁ γὰρ ἄνθρωπος οὔτις ἐστὶν, οὐ γὰρ ἐστὶ τὶς ὁ κοινός.* Ueber die hieran sich knüpfende syllogistische Spielerei s. unten Anm. 211.

61) *Diog. L.* VII, 61.: *ἐννόημα δέ ἐστι φάντασμα διανοίας οὔτε τὶ ὂν οὔτε ποιὸν, ὡςανεὶ δὲ τὶ ὂν καὶ ὡςανεὶ ποιὸν, οἷον γίνεται ἀνατύπωμα ἵππου καὶ μὴ παρόντος.* *Stob. Ecl.* I, 332.: *Ζήνων τὰ ἐννοήματά φησι μήτε τινὰ εἶναι μήτε ποιὰ, ὡςανεὶ δὲ τινὰ καὶ ὡςανεὶ ποιὰ φαντάσματα ψυχῆς.*

62) *Stob.* a. a. O. fährt fort: *ταῦτα δὲ ὑπὸ τῶν ἀρχαίων ἰδέας προςαγορεύεσθαι· τῶν γὰρ κατὰ τὰ ἐννοήματα ὑποπιπτόντων εἶναι τὰς ἰδέας οἷον ἀνθρώπων ἵππων, κοινότερον πάντων τῶν ζῴων καὶ τῶν ἄλλων ὁπόσων λέγουσιν ἰδέας εἶναι.* *Plut. plac. ph.* I, 10.: *οἱ ἀπὸ Ζήνωνος Στωϊκοὶ ἐννοήματα ἡμέτερα τὰς ἰδέας ἔφασαν.* Hingegen *Simpl.* a. a. O.: *καὶ γὰρ καὶ Χρύσιππος ἀπορεῖ περὶ τῆς ἰδέας, εἰ τόδε τὶ ῥηθήσεται.*

63) *Stob.* fährt fort: *ταύτας δὲ οἱ Στωϊκοὶ φιλόσοφοί φασιν ἀνυπάρκτους εἶναι· καὶ τῶν μὲν ἐννοημάτων μετέχειν ἡμᾶς, τῶν δὲ πτώσεων, ἃς*

erhebende Schwierigkeit innerhalb der Schule selbst zu Controversen geführt zu haben. Nemlich einerseits wird hervorgehoben, dass die Gattungs-Begriffe an dem Wahr und Falsch gar keinen Theil haben, dass sie weder wahr noch falsch sind, denn erst in der qualitativen Bestimmtheit der Art- und Unterart-Begriffe erhalten die concreten Dinge ein Prädicat, dessen Aussprechung wahr oder falsch sein kann [64]); andrerseits aber sind es gerade die *λεκτά*, welche in der Satz-Verbindung des Urtheiles das Wahre — *τὸ ἀληθὲς* im Gegensatze von *ἀλήθεια*, s. oben Anm. 51 u. 52 — enthalten (s. unten Anm. 109), und nun ist doch das Wort, insoferne es einen Gedanken-Begriff, ein *ἐννόημα*, ausspricht, ebenfalls mehr als eine blosse *φωνή*, d. h. es ist eben auch ein *λεκτόν*; das *λεκτόν* aber sowie das *ἀληθὲς* selbst sind beide *ἀσώματα*, also nach allgemein stoischem Grundsatze ein Nicht-seiendes. Wie soll sich da nun das Verhältniss gestalten, dass die einen *λεκτὰ* ganz ausserhalb des Wahr und Falsch stehen, die anderen *λεκτὰ* aber wenigstens wahr oder falsch sein können? oder soll wirklich die Nicht-Existenz, das *ἀνύπαρκτον* den beiderseitigen *λεκτὰ* in gleicher Weise zukommen? Dieser Punkt denn nun scheint es auch zu sein, über welchen der bei Sextus Empirikus erwähnte „endlose Streit" betreffs der Existenzweise (*ὕπαρξις*) des *λεκτὸν* bei den Stoikern sich erhob [65]); und vielleicht dürfen wir aus

---

δὴ προςηγορίας καλοῦσι, τυγχάνειν. Die letzteren Worte scheinen mir keiner Emendation zu bedürfen, woferne ihnen wohl der nemliche Sinn zu Grunde liegt, welchen die oben, Anm. 58., angeführten Worte des Damascenus enthalten, da das Prädicative der einzeln bestimmten Arten (*προςηγορία*, s. unten Anm. 113.) eben dem concreten Dinge als solchen (dem *τυγχάνον*, s. oben Anm. 48.), und hiemit der sinnlichen Wahrnehmung angehört, aus welcher wir es je nach zufälligem Befunde aufgreifen (*τυγχάνομεν*).

64) *Sext. Emp. adv. math.* VII, 246.: *οὔτε δὲ ἀληθεῖς οὔτε ψευδεῖς εἰσιν αἱ γενικαὶ* (sc. *φαντασίαι*)· *ὧν γὰρ τὰ εἴδη τοῖα ἢ τοῖα, τούτων τὰ γένη οὔτε τοῖα οὔτε τοῖα, οἷον τῶν ἀνθρώπων οἱ μέν εἰσιν ἕλληνες οἱ δὲ βάρβαροι, ἀλλ' ὁ γενικὸς ἄνθρωπος οὔτε ἕλλην ἐστὶν, ἐπεὶ πάντες ἂν οἱ ἐπ' εἴδους ἦσαν ἕλληνες, οὔτε βάρβαρος διὰ τὴν αὐτὴν αἰτίαν.*

65) Ebend. VIII, 262 ff.: *ἀλλ' ἔστω γε καὶ ἐκ περιουσίας συγκεχωρήσθω ἕνεκα τοῦ προβαίνειν τὴν ζήτησιν, ἐν ὑπάρξει τυγχάνειν τὰ λεκτὰ, καίπερ ἀνηνύτου καθεστώσης τῆς περὶ αὐτῶν μάχης· οὐκοῦν εἰ ταῦτα ἔστιν, ἤτοι σώματα ἢ ἀσώματα λέξουσιν εἶναι· καὶ σώματα μὲν οὐκ ἂν φαῖεν· εἰ δὲ ἀσώματα, ἤτοι ποιεῖ τι κατ' αὐτοὺς ἢ οὐδὲν ποιεῖ· καὶ ποιεῖν μὲν οὐκ ἂν ἀξιώσειαν, τὸ γὰρ ἀσώματον κατ' αὐτοὺς οὔτε ποιεῖν τι πέφυκεν οὔτε πάσχειν· μηδὲν δὲ ποιοῦντα οὐδὲ οὖ ἐστὶ σημεῖα* (über die *σημεῖα* s. unten Anm. 151.) *ἐνδείξεταί τι καὶ δηλώσει, τὸ γὰρ ἐνδείκνυσθαί τι καὶ δηλοῦν ἔστι ποιεῖν τι· ἄτοπον δέ γε τὸ σημεῖον μήτε ἐνδείκνυσθαι μήτε δηλοῦν· οὐκ ἄρα νοητόν ἐστιν οὐδὲ ἀξίωμα τὸ σημεῖον. ἄλλως τε, καθὼς ἐν πολλοῖς πολλάκις ὑπεδείξαμεν, ἃ μὲν σημαίνει ἃ δὲ σημαίνεται· σημαίνουσι μὲν αἱ φωναί, σημαίνεται δὲ τὰ λεκτὰ, ἐν οἷς ἔστι καὶ τὰ ἀξιώματα· πάντων δὲ τῶν ἀξιωμάτων σημαινομένων ἀλλὰ μὴ σημαινόντων οὐκ ἂν εἴη τὸ σημεῖον ἀξίωμα. πάλιν παρακεχωρήσθω τὰ λεκτὰ φύσιν ἔχειν ἀσώματον· ἀλλ' ἐπεὶ τὸ σημεῖον ἐν ὑγιεῖ συνημμένῳ* (s. unten Anm. 146.) *καθηγεῖσθαί φασι, δεήσει προεπικεκρίσθαι τὸ ὑγιὲς συνημμένον καὶ προεξητάσθαι, εἴτε τὸ κατὰ Φίλωνά ἐστι τὸ τοιοῦτον εἴτε κατὰ Διόδωρον ἢ τὴν συνάρτησιν ἢ ἄλλως πως κρινόμενον· πολλῶν γὰρ καὶ περὶ τούτου διαστάσεων οὐσῶν οὐκ ἔνεστι λαβεῖν βεβαίως τὸ σημεῖον ἀνεπικρίτου τυγχανούσης τῆς διαφωνίας.* Die Ursache des Streites scheint deutlich ausgesprochen zu sein in den kurz vorhergehenden (258.) Worten: *ὁρῶμεν δὲ ὡς εἰσί τινες οἱ ἀνῃρηκότες τὴν ὕπαρξιν τῶν λεκτῶν, καὶ οὐχ οἱ ἑτερόδοξοι μόνον οἷον οἱ Ἐπι-*

den Worten des Sextus, welche allerdings nur seiner skeptischen Tendenz dienen, schliessen, dass für jene *λεκτά*, welche in der Satzverbindung des Urtheiles auch auf die concreten Bestimmtheiten der Dinge eingehen müssen und hierin dann das Wahr oder Falsch enthalten, doch in höherem Grade eine Existenz beansprucht wurde (s. Anm. 109), weil das Wahr-sein einer Prämisse schon aus rhetorischem und syllogistischem Zwecke eben als ein seiendes ponirt werden musste, wohingegen für jene *λεκτὰ*, welche nur einen Gattungs-Begriff allein, ein blosses *ἐννόημα*, aussprechen, die reale Existenz in keiner Weise zugelassen worden wäre. So läge wieder in den *λεκτὰ* letzterer Art der dürrste Nominalismus, hingegen in den ersterer Art der gewöhnlichste materialistische Empirismus. Sollten wir aber auch mit dieser Vermuthung über jenen Streit zu weit gegangen sein, so erhellt doch jedenfalls, dass die Stoa keine Einsicht darin besitzt oder sucht, wie das Einzelne die Verwirklichung des Wesensbegriffes sei, sondern dass sie jene vorläufige Verallgemeinerung, welche im blossen Sprachausdrucke liegt, in völlig abstracter Fassung festhält und hierin das Einfache gegenüber der empirischen Vielheit zu besitzen glaubt.

Darum bleibt den Stoikern für die Lehre vom Begriffe auch Nichts weiter übrig, als dass sie diese empirische Vielheit durch fortgesetzte Einschachtlung in solche abstracte Art- und Gattungs-Begriffe zuletzt unter eine angebliche höchste Einheit, d. h. aber unter das hohlste, abstracteste, aller Bestimmtheit entbehrende, formal Allgemeine bringen und so das Fächerwerk einer *tabula logica* begründen. Ja selbst das Verfahren dieses fortgesetzten Eintheilens, wobei natürlich Gattungs- und Art-Begriff völlig formal gefasst werden, wurde wieder unter mehrere Rubriken gebracht, und so ist z. B. neben *διαίρεσις* noch von *ὑποδιαίρεσις*, *ἀντιδιαίρεσις*, *μερισμὸς* die Rede [66]), wobei zunächst die *ὑποδιαίρεσις* gar Nichts als die abwärts fortgesetzte *διαίρεσις* ist, der ärgste Formalismus aber in der Aufstellung der *ἀντιδιαίρεσις* als einer eigenen

---

κούρειοι, ἀλλὰ καὶ οἱ Στωϊκοὶ ὡς οἱ περὶ τὸν Βασιλείδην, οἷς ἔδοξε μηδὲν εἶναι ἀσώματον· τοίνυν ἐν ἐποχῇ φυλακτέον ἐστὶ τὸ σημεῖον. ἀλλ' ἀποδείξαντες, φασὶ, πρότερον τὴν τῶν λεκτῶν ὕπαρξιν ἕξομεν βεβαίαν καὶ τὴν τοῦ σημείου φύσιν. Aus der Erwähnung des Basilides, welcher der Lehrer des Marc Aurel war, sehen wir allerdings, dass die ausführlichere Controverse erst später, wohl wegen der Polemik gegen Akademiker und Skeptiker, sich als nothwendig erwies.

66) Planlos zwar in dieser Beziehung ist der Bericht bei *Diog. L.* VII, 60 f., aber zeigt doch die hohle und leere Auffassung des Gattungs- und Art-Begriffes: *γένος δέ ἐστι πλειόνων καὶ ἀναφαιρέτων* (wohl zu lesen *ἀναφορητῶν*) *ἐννοημάτων σύλληψις, οἷον ζῷον, τοῦτο γὰρ περιείληφε τὰ κατὰ μέρος ζῷα· ..... εἶδος δέ ἐστι τὸ ὑπὸ γένους περιεχόμενον, ὡς ὑπὸ τοῦ ζῴου ὁ ἄνθρωπος περιέχεται· γενικώτατον δέ ἐστιν ὃ γένος ὂν γένος οὐκ ἔχει, οἷον τὸ ὄν· εἰδικώτατον δέ ἐστιν ὃ εἶδος ὂν εἶδος οὐκ ἔχει, ὥσπερ ὁ Σωκράτης· διαίρεσις δέ ἐστι γένους ἡ εἰς τὰ προσεχῆ εἴδη τομὴ, οἷον τῶν ζῴων τὰ μέν ἐστι λογικὰ τὰ δὲ ἄλογα· ἀντιδιαίρεσις δέ ἐστι γένους εἰς εἶδος τομὴ κατὰ τοὐναντίον ὡς ἂν κατὰ ἀπόφασιν, οἷον τῶν ὄντων τὰ μέν ἐστιν ἀγαθὰ τὰ δ' οὐκ ἀγαθά· ὑποδιαίρεσις δέ ἐστι διαίρεσις ἐπὶ διαιρέσει, οἷον τῶν ὄντων τὰ μέν ἐστιν ἀγαθὰ τὰ δ' οὐκ ἀγαθὰ, τῶν δ' οὐκ ἀγαθῶν τὰ μέν ἐστι κακὰ τὰ δὲ ἀδιάφορα· μερισμὸς δέ ἐστι γένους εἰς τόπους κατάταξις (ὡς ὁ Κρίνις). οἷον τῶν ἀγαθῶν τὰ μέν ἐστι περὶ ψυχὴν τὰ δὲ περὶ σῶμα.*

Species vorliegt, da diese bloss darauf beruht, dass bei dichotomischer Theilung das Eine der beiden Eintheilungs-Glieder sprachlich als das contradictorische Gegentheil des anderen bezeichnet ist; hingegen durch den **μερισμὸς** betritt diese Manie des Eintheilens sogar das Gebiet der Inhärenzien, da hier die Attribute nach den Substanzen, an welchen sie vorkommen können, eingetheilt werden. Nach einem anderen Berichte nahmen die Stoiker viererlei Methoden des Eintheilens an; es könne nemlich eingetheilt werden: 1) das Wort in seine Bedeutungen, 2) das Ganze in seine Theile, 3) die Gattung in ihre Arten, 4) die Art in ihre Individuen [67]; hievon sind die dritte und vierte Methode eben die **διαίρεσις** und **ὑποδιαίρεσις**, die zweite ist entweder die arithmetische Theilung, oder sie könnte wohl auch dem obigen **μερισμὸς** entsprechen (da z. B. das ganze höchste Gut nach jener Weise in Theil-Güter gespalten wurde), die erste Methode aber, wie das Wort in seine Bedeutungen getheilt werde, wird uns wieder durch eine andere Notiz verständlich, in welcher acht Methoden des Eintheilens aufgezählt werden. Ein Grammatiker der späteren Zeit nemlich gibt bei Gelegenheit der Eintheilung der **προςῳδία** Folgendes [68]: 1) die Gattung in die Arten, 2) die Art in die Individuen,

---

67) *Sext. Emp. pyrrh. hyp.* II, 213.: *γίνεσθαι τοίνυν τὴν διαίρεσίν φασι τετραχῶς· ἢ γὰρ ὄνομα εἰς σημαινόμενα διαιρεῖσθαι ἢ ὅλον εἰς μέρη ἢ γένος εἰς εἴδη ἢ εἶδος εἰς τὰ καθ' ἕκαστον.* Sextus selbst versteht bei seiner skeptischen Widerlegung unter der Theilung des *ὅλον εἰς μέρη* nur die arithmetische (215—218).

68) *Bekk. Anecd.* p. 679.: *ζητητέον, κατὰ ποῖον τρόπον τῆς διαιρέσεως διαιρεῖται ἡ προςῳδία εἰς τέσσαρα· ὀκταχῶς γὰρ γίνεται ἡ διαίρεσις. ἔστι γὰρ καὶ ἀπὸ γένους εἰς εἴδη, ὡς τὸ ζῷον εἰς ἄνθρωπον καὶ ἵππον ἢ τὸ φυτὸν εἰς ἐλαίαν καὶ ἄμπελον. καὶ ἀπὸ εἴδους εἰς ἄτομα, ὡς ὁ ἄνθρωπος εἰς τοὺς κατὰ μέρος ἀνθρώπους, εἰς Σωκράτην καὶ Πλάτωνα. καὶ ἀπὸ ὅλου εἰς μέρη, καὶ αὕτη διχῶς· ἢ γὰρ εἰς ὁμοιομερῆ γίνεται ἡ διαίρεσις ἢ εἰς ἀνομοιομερῆ· καὶ εἰς ὁμοιομερῆ μὲν τέμνεται τὸ ὅλον, ὅταν καὶ τοῦ ὀνόματος τοῦ ὅλου καὶ ἀλλήλων μετέχωσι τὰ μέρη καὶ τοῦ ὁρισμοῦ, οἷον ὁ μέγας λίθος τέμνεται εἰς μικρὰ λιθίδια, ἅτινα ἔχει καὶ τὸ ὄνομα τοῦ ὅλου λίθου καὶ ἀλλήλων τὸν ὁρισμόν· καὶ πάλιν ὅταν τὴν φλέβα τέμῃς εἰς μικρὰς φλέβας, καὶ γὰρ ἑκάστη τούτων ὁμωνύμως τῷ ὅλῳ φλὲψ λέγεται· εἰς ἀνομοιομερῆ δὲ, ὡς ὅταν τὴν κεφαλὴν διέλωμεν εἰς ὦτα ῥῖνα ὀφθαλμούς· ταῦτα γὰρ οὔτε τῷ ὅλῳ ὁμωνύμως λέγομεν (οὔτε γὰρ τὰ ὦτα λέγονται κεφαλὴ οὔτε ἡ ῥὶν οὔτε οἱ ὀφθαλμοί) οὔτε δὲ ἀλλήλοις ὁμωνύμως λέγονται (οὔτε γὰρ τὸ οὖς λέγεται ῥὶν οὔτε ἡ ῥὶν ὀφθαλμός). ἀπὸ ὁμωνύμου δὲ φωνῆς εἰς διάφορα σημαινόμενα, ὡς ἡ κυὼν φωνὴ διαιρεῖται εἴς τε τὸν θαλάττιον κύνα καὶ τὸν χερσαῖον καὶ τὸν ἀστρῷον. ἀπὸ οὐσίας δὲ εἰς συμβεβηκότα, ὡς ὅταν εἴπωμεν ὅτι τῶν ἀνθρώπων οἱ μὲν λευκοὶ οἱ δὲ μέλανες· ἐνταῦθα γὰρ εἰς τὸ λευκὸν καὶ τὸ μέλαν, ἅτινα συμβεβηκότα εἰσὶν, ἐγένετο ἡ διαίρεσις. ἀπὸ συμβεβηκότος δὲ εἰς οὐσίας, ὡς ὅταν εἴπωμεν ὡς ὅτι τοῦ λευκοῦ τὸ μέν ἐστι χιὼν τὸ δὲ ψιμύθιον τὸ δὲ κύκνος· ἀπὸ γὰρ τοῦ λευκοῦ, ὅπερ ἐστὶ συμβεβηκὸς, ἐγένετο ἡ διαίρεσις εἰς χιόνα καὶ κύκνον καὶ ψιμύθιον, ἅτινα οὐσίαι εἰσίν. ἀπὸ συμβεβηκότος δὲ εἰς συμβεβηκότα, ὡς ὅταν εἴπωμεν ὅτι τῶν λευκῶν τὰ μέν ἐστι θερμὰ τὰ δὲ ψυχρὰ, καὶ θερμὰ μὲν ὡς ἐπὶ τῆς ἀσβέστου, ψυχρὰ δὲ ὡς ἐπὶ τῆς χιόνος· ἰδοὺ γὰρ ἐνταῦθα ἀπὸ τοῦ λευκοῦ, ὅπερ ἐστὶ συμβεβηκὸς, ἐγένετο ἡ διαίρεσις εἰς θερμὸν καὶ ψυχρὸν, ἅτινα καὶ αὐτὰ συμβεβηκότα εἰσίν. ἀφ' ἑνὸς δὲ καὶ πρὸς ἕν, ὡς ὅταν ἀπὸ τῆς ἰατρικῆς εἴπωμεν ἰατρικὸν βιβλίον, ἰατρικὸν φάρμακον, ὑγιεινὴ ἔμπλαστρος· πρὸς ἓν γὰρ πρᾶγμα, τὴν ὑγίειαν, ἀφορῶντες ὀνομάζομεν αὐτά.*

3) das Ganze in die Theile, und zwar (mit der üblichen Beiziehung der peripatetischen Unterscheidung) entweder in gleichnamige (ὁμοιομερῆ) oder in ungleichnamige (ἀνομοιομερῆ), 4) ein homonymes Wort in seine verschiedenen Bedeutungen, wie z. B. das Wort „Hund" ausser seiner gewöhnlichen Bedeutung auch den Seehund und das Hundsgestirn bezeichnen kann, 5) die Substanz in ihre Attribute (wobei durchgehends die qualitativen Attribute bereits als blosse συμβεβηκότα gefasst sind; s. unten Anm. 84), 6) das Attribut in die Substanzen, an welchen es vorkömmt, 7) Attribute in andere Attribute, welche an den Substanzen mit ihnen sich kreuzen können, 8) ein Attribut der Relation in das ihm zugehörende Relative (ἀφ' ἑνὸς καὶ πρὸς ἕν), wie z. B. in Bezug auf Gesundheit entweder eine ärztliche Schrift oder ein Trank oder ein Ueberschlag u. s. f. sein kann; hievon gehören 5 — 8 einer abermaligen Gliederung desjenigen an, was oben μερισμὸς hiess, und ausserdem ist die mathematische Körper-Theilung ausgeschieden, die arithmetische aber hiebei nicht ausdrücklich genannt. Mag nun auch gerade diese specielle Rubricirung verschiedener Eintheilungs-Methoden einem späteren Schulgebrauche angehören (vgl. Abschn. XII, Anm. 96), so fliesst sie doch nur aus einer von selbst sich ergebenden Erweiterung eines Verfahrens, welches im Principe der Stoa lag. Ueberhaupt ja zog sich erklärlicher Weise dieses ganze Fachwerk der Stoiker durchgängig in die Schulpraxis hinein, und wir werden sehen (Abschn. XI, Anm. 141), dass zur Zeit der Commentatoren alle Erläuterungsschriften in den Einleitungen die nöthige „Eintheilung" des Gegenstandes abhandeln, welche dann bald nach diesem bald nach jenem Gesichtspunkte vorgenommen wird. Die ganze Eintheilungs-Manie der Stoiker aber erinnert vielfach an die platonische Logik (vgl. Abschn. X, Anm. 74 f.), und es ist diess auch nicht der einzige Punkt, in welchem die Stoa mit Plato kokettirt.

Aus dieser Art und Weise aber, wie bei den Stoikern das formell Allgemeine des blossen Gattungsbegriffes in einer *tabula logica* nach oben und unten verfolgt wurde (vgl. Abschn. I, Anm. 38), ergab sich ein höchst entscheidendes Moment für die Lehre vom Begriffe: es musste nemlich hiebei die blosse Summe einiger aufeinander folgenden Glieder einer auf- oder ab-wärts fortgesetzten Theilung für dasjenige gehalten werden, wodurch man der Denkforderung schon Genüge gethan habe; d. h. das beliebte Addiren der sogenannten Merkmale zum Behufe der Erkenntniss eines Begriffes steht hier schon in vollster Blüthe vor uns, so z. B. wird der Begriff „Mensch" bereits förmlich durch Addition von „Thier" und „Sterblich" und „Vernünftig" gewonnen [69]. So verstehen die Stoiker

---

69) *Sext. Emp. adv. math.* VII, 276.: *καίτοι τινὲς τῶν συνετῶν εἶναι δοκούντων κατὰ τὴν δογματικὴν αἵρεσιν πρὸς τοῦτο ὑπαντῶντες φασὶν ὅτι ἕκαστον μὲν τῶν κατηριθμημένων* (nemlich *ζῷον, θνητόν* und *λογικόν*) *οὐκ ἔστιν ἄνθρωπος, πάντα δὲ εἰς τὸ αὐτὸ συναχθέντα ποιεῖ τοῦτον, οἷόν τι καὶ ἐπὶ μερῶν καὶ ὅλου θεωροῦμεν γινόμενον· ὡς γὰρ χεὶρ κατ' ἰδίαν οὐκ ἔστιν ἄνθρωπος, οὐδὲ κεφαλὴ οὐδὲ ποὺς οὐδὲ ἄλλο τι τῶν τοιούτων, ἀλλὰ τὸ ἐξ αὐτῶν σύνθετον ὅλον νοεῖται, οὕτω καὶ ὁ ἄνθρωπος οὔτε ζῷόν ἐστι ψιλῶς οὔτε λογικὸν κατ' ἰδίαν οὔτε θνητὸν κατὰ περιγραφήν, ἀλλὰ τὸ ἐξ ἁπάντων ἄθροισμα, τουτέστι ζῷον ἅμα καὶ θνητὸν καὶ λογικόν.* Ein in

dasjenige, was Aristoteles artmachenden Unterschied genannt hatte! aber sie sind es, aus deren Doctrin diese bequeme Manier begrifflicher Erkenntniss übermächtig in die formale Logik des Mittelalters sich fortpflanzte. Insoferne aber nun hier bloss addirt wird, steht die nächst höhere Gattung, unter welche der Begriff fällt, nemlich das sog. *genus proximum*, als der eine Summand den artmachenden Unterschieden, welche ja auch nur Summanden sind, hiemit völlig gleich, und es wird demnach in einer solchen Gesammt-Summe das eigenthümliche Wesen, d. h. das *ἴδιον*, des Dinges erblickt; und während Aristoteles in Betreff des *ἴδιον* ausdrücklich den schöpferischen Wesens-Begriff (*τὸ τί ἦν εἶναι*) von den blossen eigenthümlichen Merkmalen unterschieden hatte und nur für letztere, welche ein unkehrbares Urtheil begründen, die Bezeichnung *τὰ ἴδια* gelten liess (*Top.* I, 4 u. 5), wird hier bei den Stoikern gerade der Begriff in die Summe der *ἴδια*, also in das Bereich des Urtheiles, hineingezogen. Daher ist es dem Sinne nach gleichlautend, wenn die einen Stoiker den Begriff als Angabe des Eigenthümlichen, andere aber als ein vermöge der Umkehrung nothwendig gebundenes Urtheil definirten, oder auch wenn in Bezug auf diese Umkehrung die Forderung hervorgehoben wird, dass der Begriff weder zu eng noch zu weit sein dürfe [70]; jedenfalls nemlich war hiebei das innere Wesen und das eigentliche Sein des Dinges als dessen substanzieller Grund vernachlässigt, und in der That wollten von dieser rhetorischen Oberflächlichkeit aus einige Stoiker sogar den Aristoteles schulmeistern, indem sie in dem Ausdruck *τὸ τί ἦν εἶναι* das *εἶναι* für überflüssig erklärten, d. h. dem aristotelischen schöpferischen Wesens-Begriffe gerade das entzogen, wodurch er von der äusseren im Urtheile vorliegenden Zersplitterung sich unterscheidet [71]. Mit einem Worte, es ist hier Begriff mit Definition ver-

---

mancherlei Variationen bei den Commentatoren häufig vorkommendes Beispiel hiefür ist:

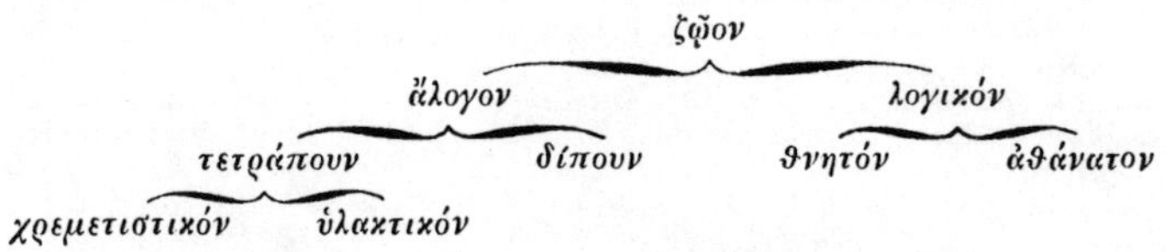

Addirt man hier z. B. *ζῷον, ἄλογον, τετράπουν, χρεμετιστικόν*, so gibt die Summe *ἵππος*; addirt man *ζῷον, ἄλογον, τετράπουν, ὑλακτικόν*, so gibt die Summe *κυών*, u. dgl.

70) *Bekk. Anecd.* p. 647.: *ὁ δὲ Χρύσιππος λέγει ὅτι ὅρος ἐστὶν ἡ τοῦ ἰδίου ἀπόδοσις, τουτέστιν ὁ τὸ ἴδιον ἀποδιδούς ..... ὁ δὲ Ἀντίπατρος ὁ Στωϊκὸς λέγει· ὅρος ἐστὶ λόγος κατ' ἀνάγκην ἐκφερόμενος, τουτέστι κατ' ἀντιστροφήν· καὶ γὰρ ὁ ὅρος ἀντιστρέφειν θέλει.* *Diog. L.* VII, 60.: *ὅρος δέ ἐστιν, ὥς φησιν Ἀντίπατρος ἐν τῷ πρώτῳ περὶ ὅρων, λόγος κατὰ ἀνάλυσιν ἀπαρτιζόντως ἐκφερόμενος, ἤ, ὡς Χρύσιππος ἐν τῷ περὶ ὅρων, καὶ* (wohl statt *καὶ* zu lesen: *ἰδίου*) *ἀπόδοσις.*

71) Völlig richtig *Alex. ad Ar. Top.* p. 24.: *οὐ μάτην δὲ οὐδὲ ἐκ περισσοῦ τῷ „ἦν“ τὸ „εἶναι“ πρόσκειται ἀλλ' ἀναγκαίως ..... οὐκ ἄρα αὔταρκες τὸ „ἦν“, ὥς τινες ἡγοῦνται, ὧν δοκεῖ πρῶτος μὲν Ἀντισθένης εἶναι, εἶτα δὲ καὶ τῶν ἀπὸ τῆς Στοᾶς τινὲς, ἀλλὰ εὐλόγως τὸ „εἶναι“ πρόσκειται· ὁ γὰρ τί ἐστι τὸ εἶναι αὐτῷ δηλῶν λόγος οὐκ ἔστιν ὁ τὸ γένος ἢ ἄλλο τι τῶν ἐν τῷ τί ἐστι κατηγορῶν αὐτοῦ· οὐ γὰρ τοῦτό ἐστι τὸ εἶναι τῷ εἴδει τὸ γένος*

wechselt und umgekehrt, weil es an einem Verständnisse für die objective Wesenheit fehlt, und als scholastischer Ersatz hiefür der Subjectivismus der bloss rhetorischen Abstraction sich einstellt. Dass aber wirklich die Definition mit dem Begriffe verwechselt sei, kann doch wohl nicht deutlicher ausgesprochen sein, als wenn ausdrücklich gelehrt wird, dass der Begriff (ὅρος) einerseits für das denkende Ergreifen (κατάληψις) und andrerseits für die demonstrative Belehrung (διδασκαλία) unentbehrlich sei [72]; denn andemonstrirt kann doch wohl nur jene Addition werden. Darum erkennen auch die Stoiker noch eine populärere Form der Definition, nemlich den bloss beschreibenden Umriss (ὑπογραφή), als berechtigt an, welcher sich von jener durch den viel geringeren Grad der Präcision unterscheidet [73]; dass hierin die Stoiker auch dem bodenlosen Schwätzen eine gebührende Stelle in ihrem Schematismus einräumten, darf natürlich nicht auffallen. Die Verwechselung aber von Begriff und Definition kehrt ebenfalls mannigfach in der formalen Logik des Mittelalters wieder.

Dieser ganze hohle Formalismus, welcher bei den Stoikern in der Auffassung des Begriffes vorliegt, erweist sich vollends in ihrer **Kategorienlehre** [74], und zwar innerhalb dieser, wie sich erwarten lässt, noch am meisten bei der Kategorie der Qualität. Zunächst nemlich war es durch jenen Schematismus der fortgesetzten Eintheilung gefordert, dass man zu einem höchsten allgemeinsten Gattungs-Begriffe hinauf-, und zu einem äussersten Artbegriffe, welcher in das Individuum ausläuft, hinabsteige [75]. Da aber der Stoiker an dem Individuum weiter gar Nichts zu betrachten fand, als dass es eben unter irgend einen Artbegriff ge-

---

αὐτοῦ κατηγορεῖσθαι, ὅτι μὴ ταὐτόν ἐστι τὸ εἶδος τῷ γένει τῷ αὐτοῦ· καὶ ἔστιν ἴσον τὸ εἰρημένον τῷ λόγος ὁ τῆς τοῦ πράγματος οὐσίας δηλωτικὸς καὶ καθό ἐστιν αὐτῷ τὸ εἶναι. οἱ δὲ λέγοντες ὅρον εἶναι λόγον κατὰ ἀνάλυσιν ἀπαρτιζόντως ἐκφερόμενον (ἀνάλυσιν μὲν λέγοντες τὴν ἐξάπλωσιν τοῦ ὁριστοῦ καὶ κεφαλαιωδῶς, ἀπαρτιζόντως δὲ τὸ μήτε ὑπερβάλλειν μήτε ἐνδεῖν) οὐδὲν ἂν λέγοιεν τὸν ὅρον διαφέρειν τῆς τοῦ ἰδίου ἀποδόσεως· λόγος γὰρ καὶ τὸ ζῷον γελαστικὸν καὶ ἀπερίττως τε καὶ ἀνελλιπῶς σημαίνει τὸν ἄνθρωπον (οὔτε γὰρ ἐπὶ πλέον οὔτε ἐπ᾽ ἔλαττόν ἐστι τοῦ ἀνθρώπου)· ἀλλὰ πλεῖστον ὁρισμοῦ ὁ διὰ τοῦ ἰδίου λόγος ἀποδιδόμενος διαφέρει, ὅτι μὴ σημαίνει ἐν τίνι ἐστὶ τὸ εἶναι τῷ ἀνθρώπῳ· ὅτι γὰρ μὴ ἐν τῷ γελαστικῷ τῷ ἀνθρώπῳ τὸ εἶναι, δῆλον ἐκ τοῦ τὰς καθό ἐστιν ἕκαστον ἐνεργείας ταῦτα τελειοῦν αὐτό, οὐκ ἔστι δὲ τελειότης ἀνθρώπου τὸ γελᾶν.

72) *Sext. Emp. pyrrh. hyp.* II, 205.: *πρὸς πολλὰ τοίνυν χρησιμεύειν τοὺς ὅρους τῶν δογματικῶν δοκούντων δύο τὰ ἀνωτάτω κεφάλαια περιληπτικὰ πάσης ἧς λέγουσιν ἀναγκαιότητος αὐτῶν ἴσως εὑρήσεις· ἢ γὰρ ὡς πρὸς κατάληψιν ἢ ὡς πρὸς διδασκαλίαν ἐν πᾶσι δεικνύουσι τοὺς ὅρους ἀναγκαίους.*

73) *Diog. L.* VII, 60.: *ὑπογραφὴ δέ ἐστι λόγος τυπωδῶς εἰςάγων εἰς τὰ πράγματα, ἢ ὅρος ἁπλούστερον τὴν* (vielleicht zu lesen *κατὰ τὴν*) *τοῦ ὅρου δύναμιν προςενηνεγμένος.* S. auch unten Anm. 169. u. 195.

74) S. Trendelenburg, Gesch. d. Kateg. S. 219—31., u. Zeller, d. Phil. d. Griech. III, S. 59—66., von welch beiden ich aber in wesentlichen Punkten abweichen zu müssen glaube.

75) *Sext. Emp. pyrrh. hyp.* I, 138.: *τῶν τε ὄντων τὰ μέν ἐστιν ἀνωτάτω γένη κατὰ τοὺς δογματικούς, τὰ δ᾽ ἔσχατα εἴδη, τὰ δὲ γένη καὶ εἴδη.* *Diog. L.* VII, 61.: *γενικώτατον δέ ἐστιν ὃ γένος ὂν γένος οὐκ ἔχει, οἷον τὸ ὄν, εἰδικώτατον δέ ἐστιν ὃ εἶδος ὂν εἶδος οὐκ ἔχει, ὥςπερ ὁ Σωκράτης.*

hört, so wendet sich das Eintheilen stets überwiegend aufwärts, und es handelt sich daher eigentlich nur um den obersten Gattungsbegriff. Als solcher nun ergab sich sehr leicht das ὄν, da eben Alles ein seiendes Ding ist, wozu man am Ende selbst das Unkörperliche noch beiziehen konnte, da es ja wenigstens das Sein des Unkörperlich-Seins hat, also insoferne auch „ist" [76]); aber eben in Folge der sensualen und materialistischen Annahmen, nach welchen ja nur das concret Körperliche als eigentlich Seiendes gelten soll, scheint hiefür die Ausdrucks-Weise gebraucht worden zu sein, dass Alles eben ein Ding, ein τὶ, sei; so dass in diesem Sinne als höchster Gattungsbegriff ὄν oder τὶ (als gleichbedeutend) aufgestellt wurde [77]), daher denn auch folgerichtig der Gedanke als solcher dem Dinge gegenüber ein Nicht-Ding (οὔτι) hiess, s. oben Anm. 60. Aber eben darum mag die grosse Schwierigkeit gefühlt worden sein, welche sich nun einstellte, weil ja doch wenigstens für die Gedanken-Verbindungen die Existenz des Wahr-Seins (τὸ ἀληθές, s. oben Anm. 51 f. u. 65) in Anspruch genommen wurde; und höchst wahrscheinlich wurde durch Polemik gegen die Akademiker, welche sich ja an dieses Nichts-sein der Gedanken anklammern und hieraus einen Beleg für ihre eigene Annahme von der Unerreichbarkeit der Wahrheit ziehen konnten, es nöthig, mit dem τὶ eine Escamotage vorzunehmen, wornach das τὶ nun sowohl das Seiende (Körperliche) als auch das Nicht-seiende (Unkörperliche, Intelligible) umfassen sollte und also selbst als aller-oberster Gattungsbegriff aufgestellt wurde [78]). Natürlich hielt man dann diesen ödesten aller Begriffe, bei welchem schlechthin Nichts mehr zu denken ist, diesen wahren Deck-Mantel der Denkfaulheit, welcher nur die Vermengung des Nominalismus und Materialismus beurkundet, schulmässig

---

76) *Diog. L.* a. a. O. *Sen. Ep.* 58.: *quod est, aut corporale est aut incorporale; hoc ergo genus est primum et antiquissimum et, ut ita dicam, generale; cetera genera quidem sunt, sed specialia, tanquam homo genus est.*

77) *Schol. cod. Urb. ad Cat.* b. *Brand.* p. 34b. 10.: *κατὰ πάντων γὰρ τῶν ὄντων φέρεται ταῦτα, κατὰ μὲν Πλάτωνα τὸ ἕν, κατὰ Ἀριστοτέλη τὸ ὄν, κατὰ δὲ τοὺς Στωϊκοὺς τὸ τί.*

78) Dass die stoische Lehre wirklich diesen Verlauf nahm, bezeugt deutlich *Alex. ad Top.* p. 155.: οὕτω δεικνύοις ἂν ὅτι μὴ καλῶς τὸ τὶ οἱ ἀπὸ τῆς Στοᾶς γένος τοῦ ὄντος τίθενται· εἰ γὰρ τὶ, δῆλον ὅτι καὶ ὄν, εἰ δὲ ὄν, τὸν τοῦ ὄντος ἀναδέχοιτο ἂν λόγον· ἀλλ' ἐκεῖνοι νομοθετήσαντες αὐτοῖς τὸ ὂν κατὰ σωμάτων μόνων λέγεσθαι διαφεύγοιεν ἂν τὸ ἠπορημένον· διὰ τοῦτο γὰρ τὸ τὶ γενικώτερον αὐτοῦ φασιν εἶναι κατηγορούμενον οὐ κατὰ σωμάτων μόνον ἀλλὰ καὶ ἀσωμάτων. ἀλλ' ἐπεὶ γενικώτατον τὸ τὶ, εἴη ἂν ὑπ' αὐτὸ καὶ τὸ ἕν· ἀλλ' ἔστι καὶ τοῦ τινὸς αὐτοῦ τὸ ἓν κατηγορῆσαι, ὥστε οὐ γένος τὸ τὶ τοῦ ἑνὸς, ἐπιδεχόμενον αὐτοῦ τὸν λόγον. *Sen.* a. a. O. fährt fort: *Stoici volunt superponere huic etiam aliud genus magis principale, de quo statim dicam, si prius illud genus, de quo locutus sum, merito primum poni docuero, quum sit rerum omnium capax. ..... primum genus Stoicis quibusdam Quiddam videtur; sed quare videatur subiiciam: in rerum, inquiunt, natura quaedam sund quaedam non sunt; et haec autem quae non sunt, rerum natura complectitur, quia animo succurrunt, tanquam Centauri, Gigantes, et quidquid aliud falsa cogitatione formatum habere aliquam imaginem coepit, quamvis non habeat substantiam.* (Dass hier bloss fingirte Begriffe als Gedanken-Producte bezeichnet sind, beruht auf gewissen verbreiteten Schul-Ueberzeugungen der späteren Zeit überhaupt, — s. Abschn. XI, Anm. 145. —, und darum auf Missverständniss der eigentlichen stoischen Lehre.)

fest [79]). In Bezug aber auf jenes *τὶ*, welches als das Körperliche und Seiende eben doch der alleinige handgreifliche Gegenstand der schematisirenden Denkthätigkeit ist (s. oben Anm. 57 f. bes. 59), musste nun natürlich von den Stoikern jenes Motiv einer *Tabula logica* geltend gemacht werden, und dieselben stellen denn auch eine Anzahl oberste Gattungsbegriffe (*γενικώτατα*) der seienden Dinge auf, zu welchem Behufe sie die traditionell gewordenen aristotelischen Kategorien, welche sie allen Ernstes für *πρῶτα γένη* in ihrem Sinne halten, aufraffen, dieselben aber „auf wenigere zusammenziehen" wollen [80]). Natürlich hängt die objectiv ontologische Fassung dieser Kategorien der Stoiker mit ihrer Physik zusammen; aber jene Rohheit des Materialismus und jener plumpe Hylozoismus der stoischen Natur-Philosophie, vermittelst dessen dieselbe in der Lehre von den *λόγοι σπερματικοὶ* als den artbildenden Kräften und Mächten sich bereits mit der neuplatonischen Dämonologie nachbarlichst berührt, ist nicht Gegenstand unserer hier anzustellenden Betrachtungen, sondern für die Geschichte der Logik ist nur das von Bedeutung, wie bei den Stoikern die Kategorientafel überhaupt zu einer ontologischen wurde, und dann insbesondere wie dieselbe neben dem Materialismus des Inhaltes im Dienste des dürrsten Nominalismus einer schematisirenden Eintheilung steht, — kurz wir haben nachzuweisen, dass und wie hier die erste nominalistische Ontologie sich bildete.

Die Stoiker nemlich stellen für jenes *τὶ* folgende vier allgemeinen Gattungsbegriffe auf [81]): *ὑποκείμενα* (Substrate), *ποιὰ* (Qualitatives überhaupt), *πὼς ἔχοντα* (bestimmte Modificationen), *πρός τι πὼς ἔχοντα* (bestimmte relative Modificationen). Dieselben aber sind nur der in die Ontologie hinübergespielte Abklatsch jener die *Tabula logica* bedingenden Methode, innerhalb deren dann hier der übrige Materialismus ebenso gut sich breit macht, als diess z. B. nach Umständen auch der äusserste Spiritualismus könnte (denn das schlechthin Formale kann jeden Inhalt aufnehmen, weil es an sich gar keinen hat). Vor Allem ja sind diese vier Kategorien bei den Stoikern nicht coordinirte Gruppen, unter deren je Eine ein Ding so fiele, dass es dann unter die übrigen drei eben nicht fiele, sondern ein allseitig determinirtes concretes Ding muss grade unter alle vier fallen [82]), d. h. es kann Nichts ein *πρός τι πὼς ἔχον*

---

79) *Sext. Emp. pyrrh. hyp.* II, 86.: *καὶ μὴν τὸ τὶ, ὅπερ φασὶν εἶναι πάντων γενικώτατον, κ. τ. λ.* ebend. *adv. math.* X, 234.: *πρὸς τοὺς ἀπὸ τῆς Στοᾶς ..... φάσκοντας τῶν τινῶν τὰ μὲν εἶναι σώματα τὰ δὲ ἀσώματα.* *Plotin. Enn.* VI, 1, 25.: *κοινὸν τὶ καὶ ἐπὶ πάντων ἓν γένος λαμβάνουσι.*

80) *Simpl. ad Cat. f.* 16 *Δ.*: *οἱ Στωϊκοὶ εἰς ἐλάττονα συστέλλειν ἀξιοῦσι τὸν τῶν πρώτων γενῶν ἀριθμὸν καί τινα ἐν τοῖς ἐλάττοσιν ὑπηλλαγμένα παραλαμβάνουσι, ποιοῦνται γὰρ τὴν τομὴν εἰς τέσσαρα, εἰς ὑποκείμενα καὶ ποιὰ καὶ πὼς ἔχοντα καὶ πρός τι πὼς ἔχοντα.* Die stoische Bezeichnung *γενικώτατα* steht öfters bei *Simpl.* (z. B. *f.* 51 *B.* *τὰ γενικώτατα καὶ ἀρχηγικώτατα γένη*), auch b. *M. Aurel.* *'πρ. ἑαυτ.* VI, 14.

81) *Simpl.* a. a. O. *Plotin. Enn.* VI, 1, 25.: *πρὸς δὲ τοὺς τέτταρας τιθέντας καὶ τετραχῶς διαιροῦντας εἰς ὑποκείμενα καὶ ποιὰ καὶ πὼς ἔχοντα καὶ πρός τι πὼς ἔχοντα καὶ κοινὸν τὶ ἐπ' αὐτῶν τιθέντας καὶ ἑνὶ γένει περιλαμβάνοντας τὰ πάντα, ὅτι μὲν κοινὸν τὶ καὶ ἐπὶ πάντων ἓν γένος λαμβάνουσι, πολλὰ ἂν τις λέγοι.*

82) *Plut. adv. Stoic. d. comm. not.* 44.: *ἐπεὶ τέτταρά γε ποιοῦσιν ὑποκείμενα περὶ ἕκαστον, μᾶλλον δὲ τέτταρα ἕκαστον ἡμῶν.*

sein, wenn es nicht vorerst ein πὼς ἔχον ist, und Nichts kann ein πὼς ἔχον sein, wenn es nicht vorerst ein ποιὸν ist, und Nichts ein ποιὸν, wenn nicht vorerst ein ὑποκείμενον [83]). Also ist das ὑποκείμενον entweder kein ποιὸν (d. h. es ist ἄποιον) oder es ist ein ποιόν, u. s. f., und hiemit sind wir auf dem obigen Standpunkte angekommen, dass im Ganzen ein höherer (d. h. leererer und unbestimmterer) Gattungsbegriff als sog. *genus proximum* zu einem eine nähere Bestimmung enthaltenden Artbegriffe als sogenannter *differentia specifica* addirt werden muss, dass aber ein Ding seinem Begriffe nach vollständig erschöpft wird, wenn alle auf Einer Linie einer Eintheilung abwärts auf einander folgenden Glieder der Theilung zusammenaddirt werden (s. oben Anm. 69). Eben dieses Motiv nun erscheint ontologisch (und zwar in Bezug auf den Inhalt der Ontologie materialistisch) in der Aufeinanderfolge obiger vier Kategorien. Nemlich einerseits sollen dieselben wohl paarweise so gruppirt werden, dass die ersten beiden, das ὑποκείμενον und das ποιὸν, zusammen das concrete Ding in seiner wesentlichen Gestaltung bilden, und die letzteren beiden, das πὼς ἔχον, und das πρός τι πὼς ἔχον, zusammen den Umkreis der anderweitigen jeweiligen Eigenschaften ausmachen, andrerseits aber sollen auch diese letzteren nur als Unterabtheilungen oder Theilungsglieder der ersteren erscheinen. Hiemit hätten wir auf der einen Seite concrete Wesenheiten, deren Eigenthümlichkeit (ἴδιον) in der Summe gewisser wesentlicher Bestimmungen liegt, welche aber in gleicher Weise als Dinge die Träger der anderweitigen Eigenschaften und als Begriffe die grammatischen Subjecte der Urtheile sind, und auf der anderen Seite die jeweiligen Zustände oder Verhältnisse, welche in den Urtheilen ausgesprochen werden [84]), beides zusammen aber soll in der schematisirenden Unterordnung der fortgesetzten Eintheilung erhalten werden, da ja in dieser allein das Denken den factischen Bestand der Dinge ergreift, d. h. beiderlei Bestimmungen, also alle vier Kategorien, sind eben doch nur λεκτὰ, höchstens mit dem Unterschiede, dass die ersten zwei mehr jenem λεκτὸν angehören, welches die wesentlichen Bestimmungen zum Begriffe addirt, die letzten zwei

---

83) Dass die vier Kategorien auf diese Weise untereinander hineingeschoben sind, bezeugen *Simpl. ad Cat. f.* 43 A.: ἕπεται δὲ αὐτοῖς κἀκεῖνο ἄτοπον τὸ σύνθετα ποιεῖν τὰ γένη ἐκ προτέρων τινῶν καὶ δευτέρων ὡς τὸ πρός τι ἐκ ποιοῦ καὶ τοῦ πρός τι, und *Plotin.* a. a. O. 29.: ἄτοπος ἡ διαίρεσις ἐν θατέρῳ τῶν εἰδῶν θάτερον τιθεῖσα. Auch erhellt es z. B. aus dem Ausdrucke ποιὰ ὕλη, s. Anm. 89.

84) d. h. wir haben einerseits οὐσία oder ὑποκείμενον und andrerseits συμβεβηκότα. *Galen.* Ὅτι αἱ ποιότ. ἀσωμ. 8. XIX, p. 481 *ed. K.* τί δὲ καὶ αὐτοὶ βουλόμενοι λέγουσιν οὐσίας τε καὶ συμβεβηκότα, εἰ καὶ αὐτά φασι σώματα κ. τ. λ. *Simpl. f.* 47 Δ.: ὁ δὲ τὴν στάσιν καὶ τὴν κάθισιν μὴ προσποιούμενος ἔοικε Στωϊκῇ τινι συνηθείᾳ συνέπεσθαι οὐδὲν ἄλλο ἢ τὸ ὑποκείμενον εἶναι νομίζων, τὰς δὲ περὶ αὐτὸ διαφορὰς ἀνυποστάτους ἡγούμενος καὶ πὼς ἔχοντα αὐτὰ ἀποκαλῶν ὡς ἐν τοῖς ὑποκειμένοις ἔχοντα αὐτὸ τοῦτο τὸ πὼς ἔχειν. Dass ὑποκείμενον, wie in dieser Stelle, auch sonst als Bezeichnung für das concrete aus Stoff und Form bestehende Ding von den Stoikern gebraucht wurde, lehrt die sogleich in d. folg. Anm. anzuführende Stelle; dass aber die hier genannten Beispiele στάσις und κάθισις zu den συμβεβηκότα gehören, werden wir unten in der Lehre vom Urtheile sehen, wo das mit den συμβεβηκότα eben innigst zusammenhängende „σύμβαμα“ zu besprechen sein wird (Anm. 114. in Verbindung mit 102 u. 103).

aber mehr jenen *λεκτὰ*, welche das Urtheil begründen; der Umstand aber, dass sie sämmtlich so zum Gebiete des *λεκτὸν* gehören, d. h. der rhetorisch nominalistische Grundzug der stoischen Logik, bewirkt den Gesichtspunkt, nach welchem alle in eine gleichmässig auf alle sich erstreckende Eintheilung eingeschachtelt werden. — Dass dieses sich so verhalte, muss nun die nähere Betrachtung der einzelnen vier Kategorien zeigen.

Die erste und die zweite Kategorie sind in ihrer Verbindung beide eine „Bezeichnung" für das *ὑποκείμενον*, insoferne dasselbe als ein Concretes den anderweitigen Bestimmungen zu Grunde liegt; und zwar ist die erste ursprünglichste Bezeichnung (*πρῶτον σημαινόμενον*, also ein *λεκτόν*) desselben die, dass es qualitätslose Materie, d. h. eben die erste Kategorie, ist, und hiezu die zweite die, dass es ein Qualitatives, d. h. eben die zweite Kategorie, ist [85]. Die erste Kategorie also ist das *ὑποκείμενον* im engeren ursprünglicheren Sinne, nemlich das bloss Stoffliche, insoferne es ein qualitativ gänzlich unbestimmtes ist [86]; und sowie dieses unbestimmte Stoffliche in Bezug auf den dämonisch schaffenden *λόγος σπερματικὸς* ein *ἄλογον* heisst [87], so entspricht es auch logisch dem abstracten Gattungsbegriffe, welcher als solcher noch keinerlei qualitative Bestimmtheit enthält [88], d. h. es ist innerhalb des *τὶ* das *genus remotissimum* oder jener erste Summand, welcher allein eben noch keine Summe gibt, sondern hiezu der artmachenden Unterschiede bedarf, um mit diesen zusammen einen „Begriff" zu bilden. Darum wird zu dieser ersten und leersten Kategorie das Fehlende hinzugenommen, und es ist die zweite Kategorie, durch welche das gewünschte „Zusammengesetzte" entsteht, das *ποιὸν* eben als qualitativer Stoff — *ποιὰ ὕλη* — [89]; durch das *ποιὸν* also allein kann der Artbegriff hinzukommen, d. h. in dem *ποιὸν* liegt die artbildende Kraft, welche dann in dem an Dämonologie streifenden Materialismus der Stoa dem viel miss-

---

85) *Simpl. ad Cat. f.* 12 *A.*: *διττὸν, φησὶν* (*sc. ὁ Πορφύριος*), *ἐστὶ τὸ ὑποκείμενον οὐ μόνον κατὰ τοὺς ἀπὸ τῆς Στοᾶς ἀλλὰ καὶ τοὺς πρεσβυτέρους· ἥ τε γὰρ ἄποιος ὕλη, ἣν δυνάμει καλεῖ ὁ Ἀριστοτέλης, πρῶτόν ἐστι τοῦ ὑποκειμένου σημαινόμενον, καὶ δεύτερον ὃ κοινῶς ποιὸν ἢ ἰδίως ὑφίσταται, ὑποκείμενον γὰρ καὶ ὁ χαλκός ἐστι καὶ ὁ Σωκράτης τοῖς ἐπιγινομένοις ἢ κατηγορουμένοις κατ' αὐτῶν.* (Die *κατηγορήματα* gehören bei den Stoikern eben zum Urtheile, s. unten Anm. 112). *Plut. adv. St. d. comm. not.* 44.: *ὡς δύο ἡμῶν ἕκαστός ἐστιν ὑποκείμενα, τὸ μὲν οὐσία, τὸ δὲ ποιότης.* S. Anm. 92.

86) Ausser der eben angeführten Stelle des *Simpl. b. Galen.* a. a. O. 6, p. 478.: *πῶς ἔτι λέγουσι μόνην τὴν πρώτην ὕλην ἀΐδιον τὴν ἄποιον, οὐχὶ δὲ καὶ τὰς ἄλλας ποιότητας καὶ πάντα τὰ συμβαίνοντα; Plotin.* VI, 1, 25.: *ὑποκείμενα μὲν γὰρ πρῶτα τάξαντες καὶ τὴν ὕλην ἐνταῦθα τῶν ἄλλων προτάξαντες.* S. auch Anm. 90.

87) *Plut. adv. St. d. comm. not.* 48.: *ὁ θεὸς δὲ εἴπερ οὐκ ἐστὶν ἀσώματος οὐδ' ἄϋλος, ὡς ἀρχῆς μετέσχηκε τῆς ὕλης· εἰ μὲν γὰρ ἓν καὶ ταὐτὸν ἡ ὕλη καὶ ὁ λόγος, οὐκ ευ τὴν ὕλην ἄλογον ἀποδεδώκασι, εἰ δ' ἕτερα, καὶ ἀμφοτέρων ἄν τις ὁ θεὸς εἴη ταμίας.*

88) *Sext. Emp. adv. math.* VII, 246.: *ὧν γὰρ τὰ εἴδη τοῖα ἢ τοῖα, τούτων τὰ γένη οὔτε τοῖα οὔτε τοῖα.* S. oben, Anm. 64.

89) *Plotin.* VI, 1, 29.: *εἰ δὲ τὰ ποιὰ ὕλην ποιὰν λέγοιεν, πρῶτον μὲν οἱ λόγοι αὐτοῖς ἔνυλοι 'λλ' οὐκ ἐν ὕλῃ γενόμενοι σύνθετόν τι ποιήσουσιν.* (S. den Ausdruck *σύνθετον* auch in der Stelle des *Simpl.* Anm. 83.)

brauchten *πνεῦμα* oder den *λόγοι σπερματικοὶ* zugewiesen wurde [90]). Aber auch wieder für das *ποιὸν* unterscheiden die Stoiker mehrere „Bezeichnungen" (*σημαινόμενα*, also ebenfalls *λεκτά*); die erstere Bezeichnung nemlich ist das Qualitative ganz im Allgemeinen überhaupt, wodurch ein Wesen, wenn auch momentan, gerade ein Unterscheidendes an sich hat; die zweite Bezeichnung ist jenes Qualitative, womit ein Wesen bleibend verknüpft ist; dieses Qualitative zweiter Art aber ist wieder doppelt: entweder ist es primär im Wesen liegend und bedarf daher für seine äusseren (secundären) Erscheinungsweisen auch eine anderweitige Veranlassung (z. B. Weinliebend, Verständig), oder es ist secundär und erscheint in den Aeusserungen des primären, von dessen Vorhandensein es abhängt (z. B. Weintrinkend, Verständig-redend); ob demnach ein Ding als ein solch Qualitatives in secundärem Sinne bezeichnet werden könne, hängt von anderweitigen Zuthaten ab; nicht hingegen hängt es von dergleichen ab, wenn ein Ding als ein solch Qualitatives im primären Sinne bezeichnet wird, sondern hier ist das „Qualitative" eine innere wesentliche „Qualität", d. h. dieses *ποιὸν* ist *ποιότης* [91]). Eine solche Qualität nun ist die bleibende Bestimmtheit eines Wesens, welche in der innigsten Verknüpfung und Durchdringung gar vieler, sinnlich nicht unterscheidbarer, einzelner Bestimmtheiten beruht, durch welche dasselbe, so lange es nur existirt, sich von allen übrigen Wesen unterscheidet;

---

90) *Plut. d. Stoic. rep.* 43.: *τὴν ὕλην ἀργὸν ἐξ ἑαυτῆς καὶ ἀκίνητον ὑποκεῖσθαι ταῖς ποιότησιν ἀποφαίνουσι, τὰς δὲ ποιότητας πνεύματα οὔσας καὶ τόνους ἀερώδεις, οἷς ἂν ἐγγένωνται μέρεσι τῆς ὕλης, εἰδοποιεῖν ἕκαστα καὶ σχηματίζειν. Diog. L.* VII, 148.: *ἔστι δὲ φύσις ἕξις ἐξ αὑτῆς κινουμένη κατὰ σπερματικοὺς λόγους ἀποτελοῦσά τε καὶ συνέχουσα τὰ ἐξ αὑτῆς ἐν ὡρισμένοις χρόνοις καὶ τοιαῦτα δρῶσα ἀφ' οἵων ἀπεκρίθη.* Also namentlich die in der Zeugung vermittelte Erhaltung der Species (s. unten Anm. 92 u. 96.) fällt den *λόγοι σπερματικοὶ* zu. Das Nähere über diese und über das *πνεῦμα* gehört der Naturphilosophie an.

91) *Simpl. ad Cat. f.* 55 *A.*: *τῶν δὲ Στωϊκῶν τινες τριχῶς τὸ ποιὸν ἀφοριζόμενοι τὰ μὲν δύο σημαινόμενα ἐπιπλέον τῆς ποιότητος λέγουσι, τὸ δὲ ἓν ἤτοι τοῦ ἑνὸς μέρος συναπαρτίζειν αὐτῇ φασι· λέγουσι γὰρ ποιὸν καθ' ἓν μὲν σημαινόμενον πᾶν τὸ κατὰ διαφορὰν εἴτε κινούμενον εἴη εἴτε ἐχόμενον καὶ εἴτε δυσαναλύτως εἴτε εὐαναλύτως ἔχει· κατὰ τοῦτο δὲ οὐ μόνον ὁ φρόνιμος καὶ ὁ πὺξ προτείνων ἀλλὰ καὶ ὁ τρέχων ποιοί. καθ' ἕτερον δὲ καθ' ὃ οὐκέτι τὰς κινήσεις περιελάμβανον ἀλλὰ μόνον τὰς σχέσεις, ὃ δὴ καὶ ὡρίζοντο τὸ ἰσχόμενον κατὰ διαφοράν, οἷός ἐστιν ὁ φρόνιμος καὶ ὁ προβεβλημένος· καὶ τούτων δὲ τῶν ἐμμόνως ἰσχομένων κατὰ διαφορὰν οἱ μὲν ἀπηρτισμένως κατὰ τὴν ἐκφορὰν αὐτῶν καὶ τὴν ἐπίνοιάν εἰσι τοιοῦτοι, οἱ δὲ οὐκ ἀπηρτισμένως· καὶ τούτους μὲν παρῃτοῦντο, τοὺς δὲ ἀπαρτίζοντας καὶ ἐμμόνως ὄντας κατὰ διαφορὰν ποιοὺς ἐτίθεντο· ἀπαρτίζειν δὲ κατὰ τὴν ἐκφορὰν ἔλεγον τοὺς τῇ ποιότητι συνεξισουμένους, ὡς τὸν γραμματικὸν καὶ τὸν φρόνιμον· οὔτε γὰρ πλεονάζει οὔτε ἐλλείπει τούτων ἑκάτερος παρὰ τὴν ποιότητα, ὁμοίως δὲ καὶ ὁ φίλοψος καὶ ὁ φίλοινος· οἱ μέντοι περὶ τῆς ἐνεργείας τοιοῦτοι, ὥσπερ ὁ ὀψοφάγος καὶ ὁ οἰνόφλυξ ἔχοντες μέρη τοιαῦτα, δι' ὧν ἀπολαύουσιν, οὕτως λέγονται· διὸ καὶ εἰ μέν τις ὀψοφάγος, καὶ φίλοψος πάντως, εἰ δὲ φίλοψος, οὐ πάντως ὀψοφάγως, ἐπιλειπόντων γὰρ τῶν μερῶν δι' ὧν ὀψοφαγεῖ, τῆς μὲν ὀψοφαγίας ἀπολέλυται, τὴν δὲ φίλοψον ἕξιν οὐκ ἀνῄρηκε. τριχῶς οὖν τοῦ ποιοῦ λεγομένου ἡ ποιότης κατὰ τὸ τελευταῖον ποιὸν συναπαρτίζει πρὸς τὸ ποιόν· διὸ καὶ ὅταν ὁρίζωνται τὴν ποιότητα σχέσιν ποιοῦ, οὕτως ἀκουστέον τοῦ ὅρου ὡς τοῦ τρίτου ποιοῦ παραλαμβανομένου, μοναχῶς μὲν γὰρ ἡ ποιότης λέγεται κατ' αὐτοὺς τοὺς Στωϊκούς, τριχῶς δὲ ὁ ποιός.*

und diese wesentliche qualitative Bestimmtheit als solche ist keiner qualitativen Aenderung unterworfen, sondern sie lässt nur eine quantitative Zu-oder-Ab-nahme ihrer Intensität (Wachsthum, Zeugung, Erhaltung der Species, Tod — sämmtlich Erscheinungen des *λόγος σπερματικός*) zu, wogegen der ihr nach Oben zu Grunde liegende abstract einfache Gattungs- oder Wesens-Begriff keiner solchen quantitativen Steigerung fähig ist, wohl aber durch sein Eingehen in verschiedene determinirte Unter-Arten qualitativ geändert wird [92]). Nun aber hängt die schärfere Bestimmtheit dieser Wesens-Qualität eben von der grösseren Menge jener einzelnen Bestimmungen ab, welche in ihr sich vereinigen; und die Stoiker unterschieden daher zwischen einer gemeinsamen Qualität (*κοινῶς ποιόν*) und einer speciell eigenthümlichen Qualität (*ἰδίως ποιόν*), indem sie von der ersteren als einem qualitativen Gattungs-Begriffe (z. B. Eisen, Thier) abwärts bis zum einzelnen Individuum (z. B. Dion, Theon, welch beide Namen auch in der Rhetorik das stehende Beispiel sind) herunterstiegen [93]). Natürlich musste dann bei dem concret Individuellen am stärksten das Verhältniss hervorgehoben werden, dass es zwar nicht der abstracte Gattungs- oder Wesens-Begriff selbst sei, aber doch auch hinwiederum nicht ausserhalb desselben liege [94]). Wie aber dieses Verhältniss der

---

92) *Stob. Ecl.* I, p. 432 ff.: *Ποσειδώνιος δὲ φθορὰς καὶ γενέσεις τέτταρας εἶναι ἐκ τῶν ὄντων εἰς τὰ ὄντα γιγνομένας, τὴν μὲν γὰρ ἐκ τῶν οὐκ ὄντων καὶ τὴν εἰς οὐκ ὄντα.... ἀπέγνωσεν ὡς ἀνύπαρκτον οὖσαν, τῶν δὲ ἐκ ὄντων εἰς ὄντα γιγνομένων μεταβολῶν τὴν μὲν εἶναι κατὰ διαίρεσιν τὴν δὲ κατ' ἀλλοίωσιν τὴν δὲ κατὰ σύγχυσιν τὴν δὲ ἐξ ὅλων λεγομένην κατ' ἀνάλυσιν· τούτων δὲ τὴν κατ' ἀλλοίωσιν περὶ τὴν οὐσίαν γίγνεσθαι, τὰς δὲ ἄλλας τρεῖς περὶ τοὺς ποιοὺς λεγομένους τοὺς ἐπὶ τῆς οὐσίας γιγνομένους* (die Stoiker sagen nemlich statt *τὸ ποιὸν* auch *ὁ ποιός*, sc. *λόγος*, s. Anm. 96). *ἀκολούθως δὲ τούτοις καὶ τὰς γενέσεις συμβαίνειν, τὴν γὰρ οὐσίαν οὔτ' αὔξεσθαι οὔτε μειοῦσθαι κατὰ πρόσθεσιν ἢ ἀφαίρεσιν, ἀλλὰ μόνον ἀλλοιοῦσθαι καθάπερ ἐπ' ἀριθμῶν καὶ μέτρων συμβαίνει, ἐπὶ δὲ τῶν ἰδίως ποιῶν, οἷον καὶ Δίωνος καὶ Θέωνος, καὶ αὐξήσεις καὶ μειώσεις γίγνεσθαι. διὸ καὶ παραμένειν τὴν ἑκάστου ποιότητα ἀπὸ τῆς γενέσεως μέχρι τῆς ἀναιρέσεως, ὡς ἐπὶ τῶν ἀναίρεσιν δεχομένων ζῴων καὶ φυτῶν καὶ τῶν τούτοις παραπλησίων.* *Plut. adv. St. d. comm. not.* 44.: *ὡς δύο ἡμῶν ἕκαστός ἐστιν ὑποκείμενα, τὸ μὲν οὐσία τὸ δὲ ποιότης* (dass *ποιότης*, welches in den Handschrr. fehlt, die einzig richtige Ergänzung der Lücke ist, erhellt eben aus der Stelle des Stobäus; Wyttenbach ergänzte *ποιόν*, Petersen aber mit gänzlichem Missverständnisse *ὄν*)· *καὶ τὸ μὲν ἀεὶ ῥεῖ καὶ φέρεται μήτ' αὐξόμενον μήτε μειούμενον μήτε ὅλως, οἷόν ἐστι, διαμένον, τὸ δὲ διαμένον, τὸ δὲ διαμένει καὶ αὐξάνεται καὶ μειοῦται καὶ πάντα πάσχει τἀναντία θατέρῳ, συμπεφυκὸς καὶ συνηρμοσμένον καὶ συγκεχυμένον καὶ τῆς διαφορᾶς τῇ αἰσθήσει μηδαμοῦ παρέχον ἅψασθαι.*

93) *Simpl. ad. Cat. f.* 12 *Δ*: *ὃ κοινῶς ποιὸν ἢ ἰδίως ὑφίσταται, ὑποκείμενον γὰρ καὶ ὁ χαλκός ἐστι καὶ ὁ Σωκράτης τοῖς ἐπιγινομένοις ἢ κατηγορουμένοις κατ' αὐτῶν* (s. Anm. 85). *Syrian. ad Arist. Metaph. f.* 21 b. *Bagol.*: *Stoici quoque communia qualia in propriis qualibus reponunt*, wovon aber der griechische Text (nach Brandis' Mittheilung bei Petersen, S. 90.) eben lautet: *καὶ οἱ Στωϊκοὶ δὲ τοὺς κοινοὺς ποιοὺς πρὸ τῶν ἰδίων ποιῶν ἀποτίθενται.*

94) *Stob.* fährt in der eben angeführten Stelle, in welcher schon die Beispiele Dion und Theon diese Beziehung haben, dann fort: *ἐπὶ δὲ τῶν ἰδίως ποιῶν δύο μὲν εἶναί φησι τὰ δεκτικὰ μόρια, τὸ μέν τι κατὰ τὴν τῆς οὐσίας ὑπόστασιν, τὸ δέ τι κατὰ τὴν τοῦ ποιοῦ* (*τὸ γάρ, ὡς πολλάκις λέγομεν, τὴν αὔξησιν καὶ τὴν μείωσιν ἐπιδέχεσθαι*), *μὴ εἶναί τε ταὐτὸ τό τε ποιὸν ἰδίως καὶ τὴν οὐσίαν ἐξ ἧς ἐστι τοῦτο, μὴ μέντοι γε οὐδ' ἕτερον, ἀλλὰ μόνον*

concret-machenden Qualität überhaupt gemeint sei, und dass dasselbe nur mit jenem Addiren der Merkmale, durch welches der „eigenthümliche Begriff" erreicht wird, in einer Beziehung stehe, erhellt deutlich daraus, dass erstens die Qualität als ein „ergänzender Theil" des abstracten Wesens-Begriffes, d. h. eben als jener erforderliche zweite Summand, bezeichnet wird [95]), und zweitens dass ebenso ausdrücklich gesagt wird, die Qualität überhaupt „laufe als ein untrennbarer Unterschied auf den Gedankenbegriff (*ἐννόημα*) und die Eigenthümlichkeit des Dinges (*ἰδιότης*) hinaus" [96]). Somit also kommen wir glücklich wieder bei dem nominalistischen *ἐννόημα* (s. oben Anm. 61) an und erkennen, dass die zwei ersten Kategorien nur der *Tabula logica* der wesentlichen art-bildenden Merkmale dienen, und hiemit jenes *λεκτὸν* begründen, welches der Begriff ist (*ὅρος*, s. Anm. 69—71).

Insoferne aber nun jene Qualität überhaupt eine Vereinigung oder, wie der Ausdruck auch lautet, ein Zusammenfluss (*συγκεχυμένον*, Anm. 92) mehrerer qualitativer Bestimmungen ist, so beherrscht dieselbe alle diese einzelnen, welche ihr ja „untergeordnet" sind, d. h. sie beherrscht zunächst jene oben erwähnten secundären Qualitäten und sodann auch

---

οὐ ταυτὸ, διὰ τὸ καὶ μέρος εἶναι τῆς οὐσίας καὶ τὸν αὐτὸν ἐπέχειν τόπον, τὰ δ' ἕτερα τινῶν λεγόμενα δεῖν καὶ τόπῳ κεχωρίσθαι καὶ μηδ' ἐν μέρει θεωρεῖσθαι. τὸ δὲ μὴ εἶναι ταὐτὸ τό τε κατὰ τὸ ἰδίως ποιὸν καὶ τὸ κατὰ τὴν οὐσίαν δῆλον εἶναί φησιν ὁ Μνήσαρχος .... εἰ γάρ τις πλάσας ἵππον, λόγου χάριν, συνθλάσειεν, ἔπειτα κύνα ποιήσειεν, εὐλόγως ἂν ἡμᾶς ἰδόντας εἰπεῖν ὅτι τοῦτ' οὐκ ἦν πάλαι, νῦν δ' ἐστί· ὥσθ' ἕτερον εἶναι τὸ ἐπὶ τοῦ ποιοῦ λεγόμενον τό τε ἐπὶ τῆς οὐσίας.

95) *Simpl.* a. a. O.: *ἐπὶ δὲ τοῦ δευτέρου ὑποκειμένου οὐ πᾶν χρῶμα οὐδὲ πᾶσα ποιότης ἐν ὑποκειμένῳ* (d. h. ein sog. unwesentliches Merkmal), *ἀλλ' ὅταν μὴ συμπληρωτικαί εἰσι τῆς οὐσίας· τὸ γοῦν λευκὸν ἐπὶ μὲν τοῦ ἐρίου ἐν ὑποκειμένῳ, ἐπὶ δὲ τῆς χιόνος οὐκ ἐν ὑποκειμένῳ, ἀλλὰ συμπληροῖ τὴν οὐσίαν ὡς μέρος καὶ ὑποκείμενον μᾶλλόν ἐστι μετὰ τῆς οὐσίας· ὁμοίως δὲ καὶ ἡ θερμότης τῆς μὲν τοῦ πυρὸς οὐσίας μέρος ἐστὶν, ἐν ὑποκειμένῳ δὲ γίνεται τῷ σιδήρῳ, ἐπειδὴ καὶ γίνεται καὶ ἀπογίνεται ἐν τῷ σιδήρῳ ἄνευ τῆς τοῦ σιδήρου φθορᾶς.* Diese Beispiele zeigen schlagend den Unterschied zwischen den bleibenden, das Wesen constituirenden, Qualitäten und den vorübergehenden oder ausserwesentlichen (s. Anm. 91.); von den ersteren gelten nun auch aus der soeben angeführten Stelle des Stobäus die Worte: *μὴ μέντοι γε οὐδ' ἕτερον, ἀλλὰ μόνον οὐ ταὐτὸ, διὰ τὸ καὶ μέρος εἶναι τῆς οὐσίας.* Hiezu *Sext. Emp. adv. math.* IX, 336: *οἱ δὲ Στωϊκοὶ οὔτε ἕτερον τοῦ ὅλου τὸ μέρος οὔτε τὸ αὐτό φασιν ὑπάρχειν· ἡ γὰρ χεὶρ οὔτε ἡ αὐτὴ τῷ ἀνθρώπῳ ἐστὶν, οὐ γάρ ἐστιν ἄνθρωπος, οὔτε ἑτέρα παρὰ τὸν ἄνθρωπον, σὺν αὐτῇ γὰρ ὁ ἄνθρωπος νοεῖται ἄνθρωπος.* Wie körperliche Theile ja addirten die Stoiker auch die Merkmale (s. Anm. 69, wo ebenfalls *χεὶρ* als Beispiel vorkömmt). Eine Probe hievon ist *Alex. Aphr. ad Top.* p. 96: *Πρόδικος δὲ* (s. Abschn. I, Anm. 38.) *ἐπειρᾶτο ἑκάστῳ τῶν ὀνομάτων τούτων ἴδιόν τι σημαινόμενον ὑποτάσσειν, ὥσπερ καὶ οἱ ἀπὸ τῆς Στοᾶς, χαρὰν μὲν λέγοντες εὔλογον ἔπαρσιν, ἡδονὴν δὲ ἄλογον ἔπαρσιν, τέρψιν δὲ τὴν δι' ὤτων ἡδονὴν, εὐφροσύνην δὲ τὴν διὰ λόγων· νομοθετούντων δέ ἐστι τοῦτο.*

96) *Simpl.* ebend. *f.* 57 *E.*: *οἱ δὲ Στωϊκοὶ τὸ κοινὸν τῆς ποιότητος το ἐπὶ τῶν σωμάτων λέγουσι διαφορὰν εἶναι οὐσίας οὐκ ἀποδιαληπτὴν καθ' ἑαυτὴν, ἀλλ' εἰς ἐννόημα καὶ ἰδιότητα ἀπολήγουσαν, οὔτε χρόνῳ οὔτε ἰσχύι εἰδοποιουμένην, ἀλλὰ τῇ ἐξ αὐτῆς τοιουτότητι καθ' ἣν ποιοῦ ὑφίσταται γένεσις.* Hiernach darf es uns nun nicht wundern, dass bloss jenes, in welches die Qualität „ausläuft", ins Auge gefasst wurde und daher für *ποιὸν* sich auch die Bezeichnung *ὁ ποιὸς sc. λόγος* einstellte, zumal da diese wieder mit dem mystisch materialistischen *λόγος σπερματικὸς* sich berührt.

Alles, was den durch sie constituirten Wesen zustossen kann (*συμπτώματα*), und sie ist hiemit die oberste centralisirende Kraft für alle dergleichen untergeordnete wirkende Kräfte [97]), — eine Auffassung, welche einerseits wieder an jene Hierarchie thätiger Dämonen streift, und andrerseits ihren Reflex in der fatalistischen Ethik, z. B. betreffs der Krankheiten u. dgl. (s. unten Anm. 208), erhält. — Hiemit werden mehrere qualitative Bestimmungen je nach ihrem Abhängigkeits-Verhältnisse ineinander hineingeschachtelt [98]), so dass den Stoikern mit Recht vorgeworfen werden kann, es gebe bei ihnen Qualitäten der Qualitäten [99]). Jene höhere Qualität nun, welche die je herrschende ist, heisst *ἕξις*, die von ihr beherrschten aber heissen *ἐκτά*, und zwar soll, was bezeichnend ist, letzterer Ausdruck nur von qualitativen Bestimmungen jener Dinge gebraucht werden, welche wirklich concret nur als Ein Individuum auftreten können, d. h. bei welchen jene Vereinigung oder jener Zusammenfluss auch materialistisch verwirklicht ist, wogegen bei anderen Dingen, wie z. B. bei einem Heere oder einem Chore, ein bloss Qualitatives überhaupt stattfinden soll [100]). Aber da in jenen abgeleiteten oder untergeordneten

---

97) *Simpl. f.* 58 *A.*: *εἰ μὲν γάρ, ὡς οἱ Στωϊκοὶ ἀποδιδόασι, δύναμίς ἐστιν ἡ πλειόνων ἐποιστικὴ συμπτωμάτων, ὡς ἡ φρόνησις τοῦ τε φρονίμως περιπατεῖν καὶ τοῦ φρονίμως διαλέγεσθαι, ἔσονται κατὰ τὸν τοιοῦτον διορισμὸν καὶ αἱ νῦν λεγόμεναι ἀδυναμίαι δυνάμεις, καὶ γὰρ αἱ ἀτεχνίαι πλείονα διαπτώματα ἐπιφέρουσιν· εἰ μέντοι κατ᾽ ἄλλην διάταξιν τῶν Στωϊκῶν λέγοιτο δύναμις ἡ πλειόνων ἐποιστικὴ συμπτωμάτων καὶ κατακρατοῦσα τῶν ὑποτασσομένων* (diess ist das eigentlich übliche Wort für die Unter-Ordnung unter eine Eintheilung) *ἐνεργειῶν, καὶ οὕτως κ. τ. λ.*

98) *Plut. adv. St. d. c. not.* 36.: *ἐκεῖνα δ᾽ ὄντως παρὰ τὴν ἔννοιάν ἐστιν, ἃ λέγουσιν οὗτοι καὶ πλάττουσιν, ἐπὶ μιᾶς οὐσίας δύο ἰδίως γενέσθαι ποιοὺς καὶ τὴν αὐτὴν οὐσίαν ἕνα ποιὸν ἰδίως ἔχουσαν ἐπιόντος ἑτέρου δέχεσθαι καὶ διαφυλάττειν ὁμοίως ἀμφοτέρους.* Physikalisch gestaltet sich diess zur Leugnung der Undurchdringlichkeit der Materie und zur rohesten Einschachtelung der Körper in Körper. *Plut.* a. a. O. 37. *Stob. Ecl.* I, p. 376.

99) *Simpl.* a. a. O. *f.* 70 *E.*: *καὶ οἱ Στωϊκοὶ δὲ ποιότητας ποιοτήτων ποιοῦσιν ἑαυτῶν ποιοῦντες ἐκτὰς ἕξεις.*

100) *Simpl. f.* 55 *E.*: *καὶ οἱ Στωϊκοὶ δὲ κατὰ τὰς αὐτῶν ὑποθέσεις τὴν αὐτὴν ἂν ἀπορίαν προσαγάγοιεν τῷ λέγοντι λόγῳ, κατὰ ποιότητα πάντα τὰ ποιὰ λέγεσθαι· τὰς γὰρ ποιότητας ἐκτὰ λέγοντες οὗτοι ἐπὶ τῶν ἡνωμένων μόνων ἐκτὰ ἀπολείπουσιν, ἐπὶ δὲ τῶν κατὰ συναφὴν, οἷον νεὼς, καὶ ἐπὶ τῶν κατὰ διάστασιν, οἷον στρατοῦ, μηδὲν εἶναι ἐκτὸν μηδὲ εὑρίσκεσθαι πνευματικόν τι ἓν ἐπ᾽ αὐτῶν μηδὲ ἕνα λόγον ἔχον ὥστε ἐπί τινα ὑπόστασιν ἐλθεῖν μιᾶς ἕξεως· τὸ δὲ ποιὸν καὶ ἐν τοῖς ἐκ συναπτομένων θεωρεῖται καὶ ἐν τοῖς ἐκ διεστώτων· ὡς γὰρ εἷς γραμματικὸς ἐκ ποιᾶς ἀναλήψεως καὶ συγγυμνασίας ἐμμόνως ἔχει κατὰ διαφορὰν, οὕτως καὶ ὁ χορὸς ἐκ ποιᾶς μελέτης ἐμμόνως ἔχει κατὰ διαφοράν· διὸ ποιὰ μὲν ὑπάρχει διὰ τὴν κατάταξιν καὶ τὴν πρὸς ἑνὸς ἔργου συνέργειαν, δίχα δὲ ποιότητος ἐστὶ ποιά· ἕξις γὰρ ἐν τούτοις οὐκ ἔστιν, οὐδὲ γὰρ ὅλως ἐν διεστώσαις οὐσίαις καὶ μηδεμίαν ἐχούσαις συμφυῆ πρὸς ἀλλήλας ἕνωσίν ἐστι ποιότης ἢ ἕξις· εἰ δὲ ποιοῦ ὄντος οὐκ ἔστι ποιότης, οὐ συναπαρτίζειν* (s. dieses Wort auch in der oben, Anm. 91., angeführten Stelle) *ταῦτα ἀλλήλοις φαῖεν ἄν, οὐδὲ δυνατόν ἐστι διὰ τοῦ ποιοῦ τὴν ποιότητα ἀποδίδοσθαι.* Auch knüpft sich hieran noch eine formale Distinction zwischen *ἕξις* und *διάθεσις*, insoferne die erstere eine quantitative Steigerung zulässt (s. oben Anm. 92.), letztere aber jener Zustand ist, welcher kein Mehr oder Minder verträgt. Ebend *f.* 61 *B.*: *καὶ γὰρ τὰς μὲν ἕξεις ἐπιτείνεσθαί φασι δύνασθαι καὶ ἀνίεσθαι, τὰς δὲ διαθέσεις ἀνεπιτάτους εἶναι καὶ ἀνέτους.* Galen. *Εἰςαγ.* 9. XIV, p. 697 *K.*:

Qualitäten die Dinge vielfach auch in Beziehung zu anderen Complexen von Qualitäten treten, so können manche qualitative Bestimmungen eines Dinges, obwohl sie nur aus der artbildenden Gesammt-Qualität und dem specifischen Unterschiede desselben fliessen, dennoch ihm bloss in Bezug auf andere Wesen, also nicht an und für sich, zukommen; d. h. einige *ποιά* oder *ἑκτά* sind *πρός τι*, wie z. B. Süss oder Bitter oder Wahrnehmend; aber dieses Relative, welches an specifische Qualitäten des Dinges gebunden ist und nur den Gegensatz gegen allseitige Isolirung des Dinges von den übrigen bildet, ist etwas ganz anderes, als die vierte Kategorie, welche *πρός τι πὼς ἔχον* heisst, denn diese enthält Bestimmungen, welche mit der specifischen Differenz Nichts mehr zu schaffen haben; daher wird auch, insoferne das *πρός τι* und das *πρός τι πὼς ἔχον* als nebeneinander bestehend gelten, gesagt, das erstere sei wohl eine nothwendige Folge des letzteren, nicht aber umgekehrt[101]).

Eben aber jene untergeordneten Qualitäten sind, so lange sie nicht unter die je herrschende höhere oder namentlich unter die artbildende Wesens-Qualität gebracht sind, bloss vereinzelte Prädicate, welche, während sie unter ein höheres Ganze gehören, doch eben nebeneinander isolirt bestehen; sie sind gegenüber der concentrirten qualitativen Wesens-Bestimmtheit ein blosses „irgendwie Sichverhalten" oder blosse qualitative einzelne Modificationen. Und so bringen die Stoiker unter diese ebenso weite als bequeme dritte Kategorie des *πὼς ἔχον* alle möglichen Prädicate, deren lockerer und entfernter Zusammenhang mit der obersten artbildenden *ἕξις* schon in dem Sprach-Ausdrucke „*πὼς*" sich erweist, indem die *πὼς ἔχοντα* nur die vorläufige Aussage enthalten, dass ein Ding eben in irgend einer Weise gerade eine qualitative Bestim-

---

πνεύματα δὲ κατὰ τοὺς παλαιοὺς δύο ἐστὶ, τό τε ψυχικὸν καὶ τὸ φυσικὸν, οἱ δὲ Στωϊκοὶ καὶ τρίτον εἰσάγουσι τὸ ἑκτικὸν ὃ καλοῦσιν ἕξιν.

101) *Simpl. f.* 42 *E.*: *οἱ δὲ Στωϊκοὶ ἀνθ᾽ ἑνὸς γένους δύο κατὰ τὸν τόπον τοῦτον ἀριθμοῦνται, τὰ μὲν ἐν τοῖς πρός τι τιθέντες τὰ δὲ ἐν τοῖς πρός τι πὼς ἔχουσι, καὶ τὰ μὲν πρός τι ἀντιδιαιροῦσι τοῖς καθ᾽ αὑτὰ, τὰ δὲ πρός τι πὼς ἔχοντα τοῖς κατὰ διαφορὰν, πρός τι μὲν λέγοντες τὸ γλυκὺ καὶ πικρὸν καὶ τὰ τοιαῦτα καὶ ὅσα τοιῶσδε διατίθησι, πρός τι δὲ πὼς ἔχοντα οἷον δεξιὸν, πατέρα, καὶ τὰ τοιαῦτα· κατὰ διαφορὰν δέ φασι τὰ κατά τι εἶδος χαρακτηριζόμενα· ὥςπερ οὖν ἄλλη τῶν καθ᾽ αὑτὰ ἔννοια καὶ ἄλλη τῶν κατὰ διαφορὰν, οὕτως ἄλλα μὲν τὰ πρός τι ἐστὶν ἄλλα δὲ τὰ πρός τι πὼς ἔχοντα ..... εἰ δὲ δεῖ σαφέστερον μεταλαβεῖν τὰ λεγόμενα, πρός τι μὲν λέγουσιν ὅσα κατ᾽ οἰκεῖον χαρακτῆρα διακείμενά πως ἀπονεύει πρὸς ἕτερον, πρός τι δὲ πὼς ἔχοντα ὅσα πέφυκε συμβαίνειν τινὶ καὶ μὴ συμβαίνειν ἄνευ τῆς περὶ αὐτὰ μεταβολῆς καὶ ἀλλοιώσεως μετὰ τοῦ πρὸς τὸ ἐκτὸς ἀποβλέπειν, ὥστε ὅταν μὲν κατὰ διαφοράν τι διακείμενον πρὸς ἕτερον νεύσῃ, πρός τι μόνον τοῦτο ἔσται, ὡς ἡ ἕξις καὶ ἡ ἐπιστήμη καὶ ἡ αἴσθησις, ὅταν δὲ μὴ κατὰ τὴν ἐνοῦσαν διαφορὰν, κατὰ ψιλὴν δὲ τὴν πρὸς ἕτερον σχέσιν θεωρῆται, πρός τι πὼς ἔχον ἔσται, ὁ γὰρ υἱὸς καὶ ὁ δεξιὸς ἔξωθεν τινῶν προσδέονται πρὸς τὴν ὑπόστασιν· διὸ καὶ μηδεμιᾶς γιγνομένης περὶ αὐτὰ μεταβολῆς γένοιτ᾽ ἂν οὐκέτι πατὴρ τοῦ υἱοῦ ἀποθανόντος, ὁ δὲ δεξιὸς τοῦ παρακειμένου μεταστάντος· τὸ δὲ γλυκὺ καὶ πικρὸν οὐκ ἂν ἀλλοῖα γένοιτο, εἰ μὴ συμμεταβάλλοι καὶ ἡ περὶ αὐτὰ δύναμις· εἰ τοίνυν καὶ μηδὲν αὐτὰ παθόντα μεταβάλλοι κατὰ τὴν τοῦ ἄλλου πρὸς αὐτὰ σχέσιν, δηλονότι ἐν τῇ σχέσει μόνῃ τὸ εἶναι ἔχει καὶ οὐ κατά τινα διαφορὰν τὰ πρός τι πὼς ἔχοντα.* Ebend. *f.* 43 *B.*: *ὡς οἱ Στωϊκοὶ λέγουσι, τῷ μὲν πρός τι πὼς ἔχοντι τὸ πρός τι ἕπεται, τῷ δὲ πρός τι οὐκέτι τὸ πρός τι πὼς ἔχον.*

mung an sich habe, daher auch hiefür statt des obigen *ἑκτὸν* der unbestimmtere Ausdruck *σχέσις* gebraucht wurde [102]). Darum fallen unter diese Kategorie nach der von den Stoikern beabsichtigten Vereinfachung der aristotelischen Kategorien (s. oben Anm. 80) mit Ausnahme der Substanz, in welche ja der artbildende Theil der Qualität hier hineingezogen ist, eigentlich alle übrigen aristotelischen, wobei noch von den spätesten syncretistischen Peripatetikern besonders getadelt wird, dass ja die Kategorie der Quantität keine eigene Stelle erhält [103]). Ausdrücklich aber wird diesen abgeleiteten und untergeordneten Qualitäten die Substanzialität abgesprochen, da sie nicht selbstständige Substrate, mithin ja bloss Prädicate, sein können [104]); und so nun ist es uns, da die aristotelischen Kategorien des Wo und des Wann ebenfalls unter diese *πὼς ἔχοντα* fallen müssen, völlig verständlich, dass die Stoiker den Ort und die Zeit gerade so wie das *λεκτὸν* als ein Unkörperliches bezeichnen [105]), d. h.

---

102) Ebend. *f.* 61 *B.*: *τὰς μὲν γὰρ σχέσεις ταῖς ἐπικτήτοις καταστάσεσι χαρακτηρίζεσθαι, τὰς δὲ ἕξεις ταῖς ἐξ ἑαυτῶν ἐνεργείαις.* und *f.* 54 *Γ.*: *καὶ ἡ μὲν ἀρχὴ τοῦ ὀνόματος τοῦ ἑκτοῦ ἀπὸ τῶν ἕξεων παρήχθη, ὕστερον δὲ ἐπιδιέτεινε τοὔνομα καὶ ἐπὶ τὰς σχέσεις, οἷον προβολὴν, κάθισιν, ἐπί τε τὰς κινήσεις οἷα ἐστὶν ἡ περιπάτησις, ἐπί τε τὰς συνθέτους ἐκ κινήσεων καὶ σχέσεων καταστάσεις οἷα ἡ ὄρχησις εἴη.*

103) Ebend. *f.* 16 *Δ.*: *ποιοῦνται γὰρ τὴν τομὴν εἰς τέσσαρα, εἰς ὑποκείμενα καὶ ποιὰ καὶ πὼς ἔχοντα καὶ πρός τι πὼς ἔχοντα· καὶ δῆλον ὅτι πλεῖστα παραλείπουσι· τό τε γὰρ ποσὸν ἀντικρὺς καὶ τὰ ἐν χρόνῳ καὶ ἐν τόπῳ· εἰ γὰρ τὸ πὼς ἔχον νομίζουσιν αὐτοῖς τὰ τοιαῦτα περιλαμβάνειν, ὅτι τὸ πέρυσι ὂν ἤτοι ἐν λυκείῳ ἢ τὸ καθῆσθαι ἢ τὸ ὑποδεδέσθαι διάκειταί πως κατά τι τούτων, πρῶτον μὲν πολλῆς οὔσης τῆς ἐν τούτοις διαφορᾶς ἀδιάρθρωτος ἡ τοῦ πὼς ἔχειν κοινότης ἐκφέρεται κατ᾽ αὐτῆς· ἔπειτα τὸ κοινὸν τοῦτο πὼς ἔχειν καὶ τῷ ὑποκειμένῳ ἁρμόσει καὶ τῷ ποσῷ μάλιστα.* Plotin. VI, 1, 30.: *πῶς δὲ ἓν τὸ πὼς ἔχον πολλῆς διαφορᾶς ἐν αὐτοῖς οὔσης; πῶς γὰρ τὸ τρίπηχυ καὶ τὸ λευκὸν εἰς ἓν τοῦ μὲν ποσοῦ τοῦ δὲ ποιοῦ ὄντος; πῶς δὲ τὸ ποτὲ καὶ τὸ πού; πῶς δὲ ὅλως πὼς ἔχοντα τὸ χθὲς καὶ τὸ πέρυσι καὶ τὸ ἐν λυκείῳ καὶ ἀκαδημίᾳ; καὶ ὅλως πὼς δὲ ὁ χρόνος πὼς ἔχων; οὔτε γὰρ αὐτὸς οὔτε τὰ ἐν αὐτῷ τῷ χρόνῳ οὔτε τὰ ἐν τῷ τόπῳ οὔτε ὁ τόπος· τὸ δὲ ποιεῖν πῶς πὼς ἔχον ἐπεὶ οὐδ᾽ ὁ ποιῶν πὼς ἔχων ἀλλὰ μᾶλλον πὼς ποιῶν ἢ ὅλως οὐκ ὢν ἀλλὰ ποιῶν μόνον; καὶ ὁ πάσχων οὐ πὼς ἔχων ἀλλὰ μᾶλλον πὼς πάσχων ἢ ὅλως πάσχων οὕτως, ἴσως δ᾽ ἂν μόνον ἁρμόσει ἐπὶ τοῦ κεῖσθαι τὸ πὼς ἔχον καὶ ἐπὶ τοῦ ἔχειν οὐ πὼς ἔχον ἀλλὰ ἔχον.*

104) *Simpl.* a. a. O. *f.* 44 *Δ.*: *ὁ δὲ τὴν στάσιν καὶ τὴν κάθισιν μὴ προσποιούμενος ἔοικε Στωϊκῇ τινι συνηθείᾳ συνέπεσθαι οὐδὲν ἄλλο ἢ τὸ ὑποκείμενον εἶναι νομίζων, τὰς δὲ περὶ αὐτὸ διαφορὰς ἀνυποστάτους ἡγούμενος καὶ πὼς ἔχοντα αὐτὰ ἀποκαλῶν ὡς ἐν τοῖς ὑποκειμένοις ἔχοντα αὐτὸ τοῦτο τὸ πὼς ἔχειν.* Hingegen sahen wir oben, Anm. 85., dass dieses substanzielle Sein (*τὸ ὑποκείμενον εἶναι*) gerade der ersten und zweiten Kategorie gleichmässig zugeschrieben wurde.

105) *Sext. Emp. adv. math.* X, 218.: *τῶν δὲ ἀσωμάτων τέσσαρα εἴδη καταριθμοῦνται, ὡς λεκτὸν καὶ κενὸν καὶ τόπον καὶ χρόνον.* u. 227.: *ἐκεῖνοι μὲν γὰρ, ὡς λέλεκται, ἀσώματόν τι καθ᾽ αὐτὸ νοούμενον ὑπεστήσαντο τὸν χρόνον.* *Stob. Ecl.* I, p. 392.: *τὸ ἀσώματον ἄπειρον, ὅ τε γὰρ χρόνος ἄπειρος καὶ τὸ κενόν.* *Diog. L.* VII, 140 f.: *ἔξωθεν δὲ αὐτοῦ* (sc. *τοῦ κόσμου*) *περικεχυμένον εἶναι τὸ κενὸν ἄπειρον, ὅπερ ἀσώματον εἶναι, ἀσώματον δὲ τὸ οἷόν τε κατέχεσθαι ὑπὸ σωμάτων οὐ κατεχόμενον ...... ἔτι δὲ καὶ τὸν χρόνον ἀσώματον, διάστημα ὄντα τῆς τοῦ κόσμου κινήσεως.* Aber in Betreff der eigentlichen Qualitäten, der *ποιὰ* und namentlich der *ποιότης*, hielten natürlich die Stoiker strenge an dem Grundsatze, dass sie Körper seien; der Widerlegung dieser Lehre hat bekanntlich Galenus eine eigene Schrift gewidmet.

alle derartigen Bestimmungen haben keinen Anspruch auf eine concret materielle Existenz, und hierin also fallen die substanziellen πώς ἔχοντα mit den λεκτὰ zusammen. Während demnach jenes λεκτὸν, welches den Begriff ausspricht, eben auf die materiell substanzirten selbstständigen Wesen sich bezieht und hierin die Subjecte der Sätze ergreift, sind die πὼς ἔχοντα als unsubstanzielle nichts weiteres als blosse λεκτὰ und sie bilden die Prädicate der Sätze. Wenn aber solch untergeordnete Modificationen nicht einmal mehr auf die artbildenden Qualitäten als ihre ursprünglichen Veranlasser zurückgeführt werden können, sondern ihr Hervortreten erst durch das Verhältniss eines Dinges zu einem anderen ausser ihm und durch Veränderungen jenes anderweitigen Dinges bedingt ist, so sind dann solche qualitative Bestimmungen blosse relative Modificationen. Und diese vierte Kategorie des πρός τι πὼς ἔχον (z. B. Rechts und Links, oder Vaterschaft) enthält demnach den weitesten Abstand von der Wesens-Qualität [106]) und muss daher gänzlich einer substanziellen Existenz entbehren. Ist aber dieses Relative auf solche Weise von den körperlichen Substanzen als solchen völlig getrennt, so kann es nur dem Bereiche des Gedachten zufallen [107]), und allerdings musste dann in diese Auffassung auch das obige Relative, das blosse πρός τι, hereingezogen werden, insoweit es ja auch als ein Relatives zu bezeichnen ist. Und diesen Ausweg ergriffen auch einige Stoiker, da sich bei der verschiedenen ontologischen Stellung des πρός τι und des πρός τι πὼς ἔχον hierüber eine Schwierigkeit erheben musste; sie sagten nemlich, diese beiden Arten des Relativen seien ja doch auf den gleichen Sprachausdruck und die nemliche Bezeichnung zu reduciren [108]). Hierin aber haben wir um so mehr einen Beleg für die bloss nominalistische Fassung der dritten und vierten Kategorie überhaupt. — Hiemit haben sich uns die stoischen Kategorien als eine blosse *Tabula logica* der Subjecte und Prädicate erwiesen. (Einzelne spätere stoische Controversen, welche sich an die peripatetische Kategorientafel anknüpfen, s. Abschn. IX, Anm. 17 ff.)

Nach einer solchen abstract formalen Behandlungsweise der Lehre vom Begriffe versteht es sich nun schon von selbst, dass auch die Lehre vom Urtheile den nemlichen Formalismus als Grundcharakter an sich tragen muss. Nemlich wenn auch nach der Ansicht der Stoiker erst in dem

---

106) Die Belegstelle hiefür s. Anm. 101. Hiezu ebend. *f.* 44 *B.*: καὶ οὐ καλῶς οἱ Στωϊκοὶ νομίζουσι πάσης τῆς κατὰ διαφορὰν ἰδιότητος ἀπηλλάχθαι τὰ πρός τι πὼς ἔχοντα, διότι πέφυκε συμβαίνειν καὶ ἀποσυμβαίνειν μηδεμιᾶς μεταβολῆς περὶ αὐτὰ γενομένης.

107) *Sext. Emp. adv. math.* VIII, 454.: ὑπογράφοντες γὰρ τὸ πρός τι συμφώνως φασί· πρός τι ἐστὶ τὸ πρὸς ἑτέρῳ νοούμενον. εἰ δέ γε ὑπάρξεως μετεῖχεν, οὐκ ἂν οὕτως αὐτὸ ἀπεδίδοσαν, ἀλλ' ἐκείνως μᾶλλον· πρός τι ἐστὶ τὸ πρὸς ἑτέρῳ ὑπάρχον. οὐκ ἄρα ὑπόκειταί τι ἐν τοῖς οὖσι τὸ πρός τι.

108) *Simpl.* a. a. O. *f.* 44 *B.*: περὶ δὲ τοῦ τί κοινὸν ἐπὶ πάντων τῶν πρός τι τοσαύτην ἐχόντων διαφορὰν, τινὲς λύουσι λέγοντες, ὅτι εἰς μίαν ὁμοιότητα λέξεως ἀνάγεται καὶ σημασίας ἰδιότητα καὶ διὰ τοῦτο τὸ κοινὸν ἐπ' αὐτοῖς λέγεται κατὰ τὰς ὁπωσοῦν ἐνθεωρουμένας κοινότητας τῶν σημασιῶν, ὡς τὸ ἑτέρου λέγεσθαι ἢ ὁπωσοῦν πρὸς ἕτερον λέγεσθαι εἴτε τῷ ἑτέρου εἶναι ἢ ἄλλο πρὸς αὐτὸ πὼς ἔχειν.

Urtheile das Wahr oder Falsch auftreten kann [109]), so hat diese Auffassung nur eine Bedeutung für das Moment des Rhetorischen und Doctrinären, nicht aber wie bei Aristoteles für das philosophische Erkennen; denn hier handelt es sich nicht um die Einsicht in das concrete Leben, welches der Begriff im Individuum vermittelst der Attribute und Merkmale erweist, sondern alle Betrachtung wirft sich nun auf die äussere Erscheinungsweise des Urtheiles als solchen, daher die bloss grammatischen Verhältnisse desselben gänzlich in den Vordergrund treten und auch den Eintheilungs-Gesichtspunkt bedingen, so dass zuletzt, wo es auf die Frage über Wahr und Falsch ankömmt, wieder nur die widerlichste Verquickung des dürrsten Formalismus und des plumpsten Empirismus zu Tag treten kann, und sich auch Erwägungen einstellen, welche auf derartiger Basis nur der Rhetorik angehören.

In Folge des oben erwähnten Motives, dass von einem angeblich Einfachsten durch blosses Zusammensetzen aufwärts gestiegen werden könne, theilen die Stoiker die Urtheile (ἀξιώματα) zunächst in mangelhafte (ἐλλιπῆ) und vollständige (αὐτοτελῆ) ein [110]), und wenn nun unter den ersteren diejenigen Sätze verstanden werden, welche bloss aus einem Verbum bestehen (z. B. γράφει) und daher bei einer über alles Mass oberflächlichen Anschauung für subjectslose Sätze gehalten werden können [111]), so erkennen wir hierin eine wahre Bornirtheit des Formalismus, denn Jedermann sieht ein, dass das Wort „er schreibt“ entweder als Conjugationsform des Verbums „Schreiben“ oder eben als ein durchaus vollständiger Satz gedacht wird (ist ja doch z. B. für

109) *Sext. Emp. adv. math.* VII, 244.: τῶν δὲ πιθανῶν ἢ ἀπιθάνων φαντασιῶν αἱ μὲν εἰσιν ἀληθεῖς αἱ δὲ ψευδεῖς αἱ δὲ ἀληθεῖς καὶ ψευδεῖς αἱ δὲ οὔτε ἀληθεῖς οὔτε ψευδεῖς. ἀληθεῖς μὲν οὖν εἰσὶν, ὧν ἔστιν ἀληθῆ κατηγορίαν ποιήσασθαι ὡς τοῦ „ἡμέρα ἐστίν“ ἐπὶ τοῦ παρόντος ἢ τοῦ „φῶς ἔστι“, ψευδεῖς δὲ ὧν ἔστι ψευδῆ κατηγορίαν ποιήσασθαι ὡς τοῦ κεκλάσθαι τὴν κατὰ βυθοῦ κώπην ἢ μύουρον εἶναι τὴν στοὰν, ἀληθεῖς δὲ καὶ ψευδεῖς, ὁποία προσέπιπτεν Ὀρέστῃ κατὰ μανίαν ἀπὸ τῆς Ἠλέκτρας .... καὶ πάλιν εἴ τις ἀπὸ Δίωνος ζῶντος κατὰ τοὺς ὕπνους ὡς ἀπὸ παρεστῶτος ὀνειροπολεῖται ψευδῆ καὶ διάκενον ἑλκυσμόν· οὔτε δὲ ἀληθεῖς οὔτε ψευδεῖς εἰσιν αἱ γενικαί (es folgen nun die in Anm. 64. angeführten Worte). Eben dasselbe, dass ἀληθὲς u. ψεῦδος erst im Satze liege, enthalten auch in den obigen Stellen (Anm. 51 u. 52) die Worte: τὸ σημαινόμενον πρᾶγμα καὶ λεκτὸν, ὅπερ ἀληθές τε γίνεται ἢ ψεῦδος, und τὸ μὲν ἀληθὲς ἀσώματόν ἐστιν, ἀξίωμα γάρ ἐστι καὶ λεκτόν. Hieher gehört auch *Schol. ad Il.* β, 349 (*Bekk.* p. 71): ψεῦδος] ἀντὶ τοῦ ψευδής· ταῦτα δὲ παρὰ τοῖς Στωϊκοῖς λεκτὰ καλεῖται τὰ πρὸς τὴν σημασίαν δι' ἄλλων φερόμενα. *Cic. Acad.* II, 29, 95.: *nempe fundamentum dialecticae est, quidquid enuntietur — id autem appellant* ἀξίωμα, *quod est quasi effatum — aut verum esse aut falsum.* ebend. 30.: *illa definitio, effatum esse id, quod aut verum aut falsum sit. Tusc.* I, 7, 14.: *id ergo est pronuntiatum, quod est verum aut falsum. Varro L. L.* VI, p. 232. *Speng.: loqui ab loco dictum, quod qui primo dicitur iam fari, et vocabula et reliqua verba dicit, antequam suo quidque loco ea dicere potest; hunc Chrysippus negat loqui, sed ut loqui; quare ut imago hominis non sit homo, sic in corvis, cornicibus, pueris primitus incipientibus fari, verba non esse verba, quod non loquantur; igitur is loquitur, qui suo loco quodque verbum sciens ponit, et istum prolocutum, quum in animo habuit, extulit loquendo.* Uebrigens s. Anm. 136 ff.

110) *Sext. Emp. adv. math.* VIII, 70.: τῶν δὲ λεκτῶν τὰ μὲν ἐλλιπῆ καλοῦσι τὰ δὲ αὐτοτελῆ. *Diog. L.* VII, 63.: τῶν δὲ λεκτῶν τὰ μὲν λέγουσιν εἶναι αὐτοτελῆ οἱ Στωϊκοὶ τὰ δ' ἐλλιπῆ. Vgl. Abschn. VIII, Anm. 45.

111) *Diog. L.* a. a. O.: ἐλλιπῆ μὲν οὖν ἐστι τὰ ἀναπάρτιστον ἔχοντα

den lateinisch Redenden der Vocal I, sobald er eben als significanter Ausdruck beabsichtigt ist, ein ganz vollkommener Satz (vgl. jedoch Abschn. XI, Anm. 76 u. bes. Abschn. XII, Anm. 30 u. 62). Ueberhaupt nun wird auf diese Weise den „mangelhaften Urtheilen" der ganze Sprachschatz des Verbums zugetheilt, welches *κατηγόρημα* heisst [112]); im Gegensatze aber hievon wird jedes Substantivum, welches Prädicat eines Satzes sein kann (also alle Substantive mit Ausnahme der Eigennamen), sowie das Adjectivum eine *προςηγορία* oder ein *προςηγορικόν* genannt [113]), da ja diese erst noch des Verbums *ἐστί* zur Bildung eines Satzes bedürfen. Bei all diesem aber hat die Geschichte der Logik nur den Unverstand zu registriren, mit welchem das Prädicat von dem Subjecte formal losgerissen ist, während doch ersteres entweder den höheren Gattungsbegriff oder den factischen Reichthum der Inhärenzien für letzteres enthält. Gleichgültig auch ist für die Logik die eine von zwei stoischen Eintheilungen des Verbums in Activ, Passiv, u. dgl. (Anm. 112). Hingegen eine zweite Eintheilung gibt wenigstens durch die bei ihr gewählte Terminologie wieder einen Blick in die unbegriffliche Auffassungsweise des Verhältnisses der Prädicate überhaupt; es wird nemlich das Verbum geradezu auch ein *σύμβαμα* genannt, und dann je nach dem Verhältnisse des Casus, in welchem die Substantive stehen, zwischen einem *σύμβαμα* und einem *παρασύμβαμα*, ja selbst einem *ἀσύμβαμα*, unterschieden [114]).

τὴν ἐκφορὰν, οἷον „γράφει"· ἐπιζητοῦμεν γάρ, τίς; αὐτοτελῆ δ' ἐστὶ τὰ ἀπηρτισμένην ἔχοντα τὴν ἐκφορὰν, οἷον „γράφει Σωκράτης".

112) Ebend., woselbst die ganze Stelle über das Verbum lautet: *ἐν μὲν οὖν τοῖς ἐλλιπέσι λεκτοῖς τέτακται τὰ κατηγορήματα, ἐν δὲ τοῖς αὐτοτελέσι τὰ ἀξιώματα καὶ οἱ συλλογισμοὶ καὶ τὰ ἐρωτήματα καὶ τὰ πύσματα. ἔστι δὲ τὸ κατηγόρημα τὸ κατά τινος ἀγορευόμενον ἢ πρᾶγμα συντακτὸν περί τινος ἢ τινων, ὡς οἱ περὶ Ἀπολλόδωρόν φασιν, ἢ λεκτὸν ἐλλιπὲς συντακτὸν ὀρθῇ πτώσει πρὸς ἀξιώματος γένεσιν· τῶν δὲ κατηγορημάτων τὰ μέν ἐστι συμβάματα οἷον τὸ διὰ πέτρας πλεῖν* (über das Verderbniss dieser Worte s. sogleich Anm. 114). *καὶ τὰ μέν ἐστι τῶν κατηγορημάτων ὀρθὰ, ἃ δ' ὕπτια, ἃ δ' οὐδέτερα· ὀρθὰ μὲν οὖν ἐστι τὰ συντασσόμενα μιᾷ τῶν πλαγίων πτώσεων πρὸς κατηγορήματος γένεσιν, οἷον „ἀκούει, ὁρᾷ, διαλέγεται". ὕπτια δέ ἐστι τὰ συντασσόμενα τῷ παθητικῷ μορίῳ, οἷον „ἀκούομαι, ὁρῶμαι". οὐδέτερα δ' ἐστὶ τὰ μηδετέρως ἔχοντα, οἷον „φρονεῖν, περιπατεῖν". ἀντιπεπονθότα δέ ἐστιν ἐν τοῖς ὑπτίοις ἀνύπτια ὄντα· ἐνεργήματα δέ ἐστιν, οἷον „κείρεται", ἐμπεριέχει γὰρ ἑαυτὸν ὁ κειρόμενος.* Suid. v. *κατηγόρημα.* Cic. Tusc. IV, 9, 21.: *distinguunt illud etiam, ut libido sit earum rerum, quae dicuntur de quodam aut quibusdam, quae κατηγορήματα dialectici appellant, ut habere divitias, capere honores.* Plut. Quaest. Plat. 10, 2.: *ἀξίωμα προςηγόρευον, ὃ πρῶτον λέγοντες ἀληθεύουσιν ἢ ψεύδονται· τοῦτο δ' ἐξ ὀνόματος καὶ ῥήματος συνέστηκεν, ὧν τὸ μὲν πρῶτον πτῶσιν οἱ διαλεκτικοὶ τὸ δὲ κατηγόρημα καλοῦσιν.*

113) *Sext. Emp. pyrrh. hyp.* III, 14.: *καὶ γὰρ ἐν τούτῳ διαπεφωνήκασιν οἱ μὲν προσηγοριῶν αἴτιον εἶναι τὸ αἴτιον φάσκοντες, οἷον τῆς χύσεως, οἱ δὲ κατηγορημάτων, οἷον τοῦ χεῖσθαι.* Bekk. Anecd. p. 842.: *οἱ Στωϊκοὶ ὀνόματα μὲν τὰ κύρια ἔλεγον, τὰ δὲ προσηγορικὰ οὐκ ὀνόματα· καί φασιν ὡς διάφορος ἡ κλίσις κυρίων καὶ προσηγοριῶν· Πάρις γὰρ Πάριδος ὅτι κύριον, μάντις δὲ μάντιος ὅτι προσηγορικόν· .... ἔτι τὰ κύρια λέγουσι μὴ ἔχειν θηλυκὰ, τὰ προσηγορικὰ δέ.* Diog. L. VII, 58.: *ἔστι δὲ προσηγορία μὲν κατὰ τὸν Διογένην μέρος λόγου σημαῖνον κοινὴν ποιότητα, οἷον ἄνθρωπος, ἵππος· ὄνομα δέ ἐστι μέρος λόγου δηλοῦν ἰδίαν ποιότητα, οἷον Διογένης, Σωκράτης.* S. Anm. 63. u. d. Bücher-Verz. des Chrysippus (192).

114) *Ammon. ad Ar. d. interpr. f.* 36 b.: *ἂν μὲν οὖν ὀνόματός τι κατη-*

Die grammatische Anschauung, welche hiebei zu Grunde liegt, ist nun ebenso einfältig wie alles Uebrige, was zur stoischen Grammatik gehört; in Bezug auf die Logik aber erkennen wir hierin eben die bloss formale Auffassung des aristotelischen *συμβεβηκός*, indem gerade der Name *σύμβαμα* es deutlich ausspricht, dass jedes mögliche durch ein Verbum ausgedrückte Prädicat als ein ausserwesentliches Ereigniss für das Subject genommen wird, so dass von den stoischen Kategorien nicht bloss das *πὼς ἔχον* und *πρός τι πὼς ἔχον*, sondern auch ein Theil das *ποιὸν* unter das *συμβεβηκὸς* fällt.

Erst aber an den sogenannten vollständigen Urtheilen kann sich die eigentliche Lehre vom Urtheile entwickeln. Ja in diese zieht sich sogar der Syllogismus hinein, wenn gesagt wird, derselbe falle eben auch unter die *αὐτοτελῆ λεκτά* (Anm. 112. z. Anf.), und wenn wir schon bei den Peripatetikern eine starke Hinneigung zur grammatisch-rhetorischen Form des Urtheiles mit Hintansetzung des Begriffes hervorzuheben hatten, so steigert sich hier dieses Verhältniss noch weit mehr. Es thei-

---

γορηθὲν ἀπόφανσιν ποιῇ, κατηγόρημα καὶ σύμβαμα παρ᾽ αὐτοῖς ὀνομάζεται, σημαίνει γὰρ ἄμφω ταὐτόν, ὡς τὸ περιπατεῖ, οἷον Σωκράτης περιπατεῖ· ἂν δὲ πτώσεως, παρασύμβαμα, ὡςανεὶ παρακείμενον τῷ συμβάματι καὶ ὂν οἷον παρακατηγόρημα, ὡς ἔχει τὸ μεταμέλει, οἷον Σωκράτει μεταμέλει. Apoll. *π. συντάξ.* III, 32.: *οὐ μὴν τοῖς προκειμένοις τὸ τοιοῦτον σύνεστι· μεταμέλει γὰρ Σωκράτει καὶ ἔτι μέλει, τῆς ὀρθῆς οὐ συνούσης, διὸ καὶ παρασυμβάματα αὐτὰ ἐκάλεσαν αἱ ἀπὸ τῆς Στοᾶς τῶν ἄλλων ῥημάτων κατὰ τὰς συμβαινούσας διαθέσεις παρ᾽ αὐτοῖς συμβαμάτων προσαγορευομένων ἢ καὶ ἔτι κατηγορημάτων· καὶ τὸ μὲν ἀπαρτίζον τὴν διάνοιαν παρασύμβαμα, λέγω τὸ μέλει Σωκράτει, τὸ δὲ ἐλλεῖπον ἧττον ἢ παρασύμβαμα, λέγω δὴ τὸ μέλει καὶ καταμέλει* (ebenso nannten die Stoiker auch einen Satz wie *Πλάτων φιλεῖ* wegen Mangels des Objectes ein *ἔλαττον ἢ κατηγόρημα.* Ammon. a. a. O.). Ebend. I, 8.: *ἅπαξ γὰρ ἐκεῖνο ἔστι διαλαβεῖν, ὡς πᾶν ἀπαρέμφατον ὄνομά ἐστι ῥηματικὸν, εἴ γε καὶ οἱ ἀπὸ τῆς Στοᾶς αὐτὸ μὲν καλοῦσι ῥῆμα, τὸ δὲ περιπατεῖ ἢ γράφει κατηγόρημα ἢ σύμβαμα.* Suid. v. *σύμβαμα*: *σύμβαμα κατὰ γραμματικοὺς πρότασις ἐξ ὀνόματος καὶ ῥήματος αὐτοτελῆ διάνοιαν ἀπαρτίζουσα, οἷον Ἰωάννης περιπατεῖ, παρασύμβαμα δὲ πρότασις ἐξ ὀνόματος καὶ ῥήματος οὐκ αὐτοτελῆ διάνοιαν ἀπαρτίζουσα, οἷον Ἰωάννῃ μέλει· φήσας γὰρ Ἰωάννης περιπατεῖ οὐδενὸς ἄλλου ἔχρηζε, εἰπὼν δὲ Ἰωάννῃ μέλει, περὶ τίνος παρέλειψεν εἰπεῖν.* Verwirrt und unrichtig ist der Bericht bei *Priscian.* XVIII, p. 1118, welcher übrigens allein das *ἀσύμβαμα* enthält: *sciendum, quod has quidem constructiones, quae per nominativum absolvuntur, Stoici ἀξιώματα vel συμβάματα, it est dignitates vel congruitates, vocabant, ut „ego Priscianus scribo, Apollonius ambulat, Cato philosophatur"; illas vero quibus transitiones ab alia ad aliam fiunt personam, in quibus necesse est cum nominativo etiam obliquum aliquem casum proferri, παρασυμβάματα dicebant, hoc est minus quam congruitates, ut „Cicero patriam servat"* (diess Beispiel ist falsch); *quando vero ex duobus obliquis constructio fit, ἀσυμβάματα, id est incongruitates, dicebant, ut „placet mihi venire ad te", sive nominibus ipsis tantum, sive verbis hoc exigentibus.* Aus diesen Stellen ist auch klar, dass die obigen (Anm. 112.) Worte bei Diogenes *τῶν δὲ κατηγορημάτων τὰ μέν ἐστι συμβάματα, οἷον τὸ διὰ πέτρας πλεῖν* corrupt und namentlich lückenhaft sind; denn es fehlt wenigstens das *παρασύμβαμα*, und auch das Beispiel ist nicht das traditionelle; daher auch die Ergänzung Aldobrandini's *τὰ μέν ἐστι συμβάματα ὡς τὸ πλεῖν, οἷον Σωκράτης πλεῖ, τὰ δὲ παρασυμβάματα ὡς τὸ διὰ πέτρας πλεῖν* ungenügend ist, zumal da sie gegen den Begriff des *παρασύμβαμα* verstösst. Erwähnt ist der Unterschied zwischen *σύμβαμα* u. *παρασύμβαμα* auch b. *Lucian. Βίων πρᾶσ.* 21.

len die Stoiker von vornherein das Urtheil nach der Modalität des Ausdruckes ein, indem sie von dem eigentlichen ἀξίωμα, an welches dann die logischen Betrachtungen betreffs des Wahr und Falsch besonders geknüpft werden, noch eine Mehrzahl von Sätzen als coordinirte Arten unterscheiden, nemlich [115]): zwei Arten des fragenden Satzes (ἐρώτημα und πύσμα), einen befehlenden (προστακτικόν), einen beschwörenden (ὁρκικόν), einen betenden (ἀρατικόν), voraussetzenden (ὑποθετικόν), einen verdeutlichenden (ἐκθετικόν), einen anredenden (προσαγο-

115) *Diog. L.* VII, 66 f.: *διαφέρει δὲ ἀξίωμα καὶ ἐρώτημα καὶ πύσμα, προστακτικὸν καὶ ὁρκικὸν καὶ ἀρατικὸν καὶ ὑποθετικὸν καὶ προσαγορευτικὸν καὶ πρᾶγμα ὅμοιον ἀξιώματι. ἀξίωμα μὲν γάρ ἐστιν ὃ λέγοντες ἀποφαινόμεθα, ὅπερ ἢ ἀληθές ἐστιν ἢ ψεῦδος· ἐρώτημα δέ ἐστι πρᾶγμα αὐτοτελὲς μὲν ὡς καὶ τὸ ἀξίωμα, αἰτητικὸν δὲ ἀποκρίσεως, οἷον „ἆρά γε ἡμέρα ἐστί"; τοῦτο δὲ οὔτε ἀληθές ἐστιν οὔτε ψεῦδος, ὥστε τὸ μὲν ἡμέρα ἐστὶν ἀξίωμά ἐστι, τὸ δὲ ἆρά γε ἡμέρα ἐστίν; ἐρώτημα· πύσμα δέ ἐστι πρᾶγμα πρὸς ὃ συμβολικῶς οὐκ ἔστιν ἀποκρίνεσθαι ὡς ἐπὶ τοῦ ἐρωτήματος „ναί", ἀλλὰ εἰπεῖν „οἰκεῖ ἐν τῷδε τόπῳ". προστακτικὸν δέ ἐστι πρᾶγμα ὃ λέγοντες προστάσσομεν, οἷον „σὺ μὲν βάδιζε τὰς ἐπ' Ἰνάχου ῥοάς"· προσαγορευτικὸν δέ ἐστι πρᾶγμα ὃ εἰ λέγοι τις, προσαγορεύοι ἄν, οἷον „Ἀτρείδη κύδιστε, ἄναξ ἀνδρῶν Ἀγάμεμνον". ὅμοιον δέ ἐστιν ἀξιώματι ὃ τὴν ἐκφορὰν ἔχον ἀξιωματικὴν παρά τινος μορίου πλεονασμὸν ἢ πάθος ἔξω πίπτει τοῦ γένους τῶν ἀξιωμάτων, οἷον „καλός γ' ὁ παρθενών", „ὡς Πριαμίδῃσιν ἐμφερὴς ὁ βουκόλος"· ἔστι δὲ καὶ ἐπαπορητικόν τι πρᾶγμα διενηνοχὸς ἀξιώματος, ὃ εἰ λέγοι τις, ἀποροίη ἄν· „ἆρ' ἔστι συγγενές τι λύπη καὶ βίος;"* (in den Beispielen ist eine Lücke, da *ὁρκικὸν*, *ἀρατικὸν* und *ὑποθετικὸν* fehlen). *Sext. Emp. adv. math.* VIII, 70—73.: *τῶν δὲ αὐτοτελῶν πλείους εἶναί φασι· καὶ γὰρ προστακτικὰ καλοῦσί τινα, ἅπερ προστάσσοντες λέγομεν, οἷον „δεῦρ' ἴθι νύμφα φίλη", καὶ ἀποφαντικά, ἅπερ ἀποφαινόμενοί φαμεν, οἷον „ὁ Δίων περιπατεῖ", καὶ πύσματα, ἅπερ λέγοντες πυνθανόμεθα, οἷον „ποῦ οἰκεῖ Δίων;" ὀνομάζεται δέ τινα παρ' αὐτοῖς καὶ ἀρατικά, ἅπερ λέγοντες ἀρώμεθα „ὧδέ σφ' ἐγκέφαλος χαμάδις ῥέοι ὡς ὅδε οἶνος" καὶ εὐκτικά, ἅπερ λέγοντες εὐχόμεθα „Ζεῦ πάτερ Ἴδηθεν μεδέων κύδιστε μέγιστε, δὸς νίκην Αἴαντι καὶ ἀγλαὸν εὖχος ἀρέσθαι". προσαγορεύουσι δέ τινα τῶν αὐτοτελῶν καὶ ἀξιώματα, ἅπερ λέγοντες ἤτοι ἀληθεύομεν ἢ ψευδόμεθα· ἔστι δέ τινα καὶ πλείονα ἢ ἀξιώματα, οἷον τὸ μὲν τοιοῦτο „Πριαμίδῃσιν ἐμφερὴς ὁ βουκόλος" ἀξίωμά ἐστιν, ἢ γὰρ ἀληθεύομεν λέγοντες αὐτὸ ἢ ψευδόμεθα, τὸ δὲ οὕτως ἔχον „ὡς Πριαμίδαισιν ἐμφερὴς ὁ βουκόλος" πλέον τι ἀξιώματός ἐστι καὶ οὐκ ἀξίωμα.* *Anon. Cod. Coisl. ad Ar. d. interpr.* bei *Brand. Schol.* p. 93 a. 22.: *πενταχῶς ὁ λόγος· εὐκτικός, κλητικός, προστακτικός, ἐρωτηματικός, καὶ ἀποφαντικός* (d. h. der Commentator ist Peripatetiker, s. unten Abschn. IX., Anm. 53.)..... *εἰ δὲ εὑρίσκονται καὶ ἄλλοι παρὰ τοῖς Στωϊκοῖς, οἵτινές εἰσιν οὗτοι· ἐκθετικός „ἐκκείσθω εὐθεῖα γραμμή", ὑποθετικός „ὑποκείσθω τὴν γῆν κέντρου λόγον ἔχειν πρὸς τὸν οὐρανόν", ἀλλὰ καὶ αὐτοὶ εἰς τούτους ἀνάγονται*......(b. 20.) *καλοῦσι δὲ οἱ μὲν Στωϊκοὶ τὸν ἀποφαντικὸν ἀξίωμα, τὸν δὲ κλητικὸν προσαγορευτικόν, τὸν δὲ εὐκτικὸν ἀρατικόν, καὶ προστιθέασι τούτοις ἄλλα εἴδη· διαπορητικόν, ὁμοτικὸν ἤτοι ἀπομοτικὸν καὶ κατομοτικόν, ὑποθετικόν, ἐκθετικόν, θαυμαστικόν, ἀφηγηματικὸν ὅμοιον ἀξιώματι.* Hiezu bes. noch die Stelle des *Ammon.* in Anm. 117. Ferner *Excerpt. Herod.* b. *Cramer Anecd. Ox.* III, p. 267.: *τίθενται τοίνυν αὐτὴν τὴν ὑποθετικὴν οἱ Στωϊκοὶ ἄλλην ἔγκλισιν ἀπὸ* (*l.* *πρὸς*) *τὰς ε' ἐγκλίσεις, ὁμοίως καὶ τὴν ἀνακριτικὴν ἤγουν ἐρωτηματικήν, οἷον „ποῖ ἔβη Ἀνδρομάχη;" ὡς παρ' ἐκείνοις ἑπτά εἰσιν αἱ ἐγκλίσεις.* Ebend. I, p. 104. Mehrere Büchertitel im Schriften-Verzeichnisse des Chrysippus (191.) betreffen besonders das fragende Urtheil. Zur Lehre vom beschwörenden Urtheile gehört die b. *Stob. Flor.* XXVIII, 15. angeführte Unterscheidung zwischen *ἀληθορκεῖν* und *εὐορκεῖν*, welche Chrysippus aufstellte. Vgl. Abschn. X, Anm. 4.

ϱευτικόν), einen wundernden (θαυμαστικόν), einen zweifelnden (ἐπαποϱητικόν), einen beschreibenden dem ἀξίωμα ähnlichen (ὅμοιον ἀξιώματι). Hierin nun wäre allerdings, obwohl z. B. der Prohibitiv- und der befürchtende Satz u. dgl. fehlen, doch völlig wie bei den sogleich unten folgenden zusammengesetzten Urtheilen der Anlauf zu einer völlig auf grammatischer Syntax beruhenden logischen Lehre vom Urtheile genommen; diese Consequenz jedoch wurde zum Glücke unserer abendländischen Culturgeschichte nie gezogen, so nahe es auch läge und eine so folgenrichtige Forderung es auch wäre, dass man alle syntaktischen Modalitäten des Urtheiles völlig in gleicher Weise wie das hypothetische und das disjunctive, welche bekanntlich allein in der Tradition bestehen blieben, nach ihren sämmtlichen möglichen Formen und Verbindungen untersuchte. Der grosse Haufe der sogenannten Logiker, von deren Schriften oder Vorlesungen man ja auch noch heutzutage nach allgemein verbreiteter Ansicht die „Verstandesbildung" der Jugend erwartet, ist allerdings entschuldbar einerseits durch die crasseste Unwissenheit in Bezug auf die geschichtliche Entwickelung der Logik und andrerseits durch die lokkende Bequemlichkeit der Ueberzeugung, dass ja die Logik überhaupt in ihren Formen eine „fertige" und „abgeschlossene" Disciplin sei; und so mag wohl auch der Widersinn, dass von den syntaktischen Modalitäten des Urtheiles gerade zwei, und zwar coordinirt neben dem kategorischen behandelt werden, sich noch gar lange in der Schul-Logik fortschleppen. Uns aber eröffnet sich hier die Einsicht, dass die Stoiker die Logik in die grammatische Syntax und die grammatische Syntax in die Logik hineinzogen, natürlich aber wegen gänzlicher Unfähigkeit sowohl ihres grammatischen als auch ihres logischen Principes auch nicht zu einer consequenten Durchführung dieser Verquickung gelangen; und wir werden sehen, wie die grammatische Auffassung der Partikeln selbst in den Syllogismus hineinspielt, und wie in Folge des gleichen Motives auch die Lehre der älteren Peripatetiker betreffs der Voraussetzungs-Urtheile und Voraussetzungs-Schlüsse (s. oben Abschn. V.) neben einigen anderen grammatisch-rhetorischen Functionen des Satzes behandelt wird, um später dann unter den Händen der Schul-Tradition zu dem zu werden, was sie eben geworden.

Während nun bei dieser Eintheilung das ἀξίωμα darum vor den übrigen ihm coordinirten Arten einen Vorzug für sich in Anspruch nimmt, weil in ihm allein ein ἀληθὲς oder ψεῦδος ausgesprochen wird [116]),

---

116) Ausser dem in den so eben angeführten Stellen hierüber enthaltenen noch *Diog. L.* 65.: *ἀξίωμα δέ ἐστιν ὅ ἐστιν ἀληθὲς ἢ ψεῦδος ἢ πϱᾶγμα αὐτοτελὲς ἀποφαντὸν ὅσον ἐφ' ἑαυτῷ ἢ καταφαντὸν, ὡς ὁ Χϱύσιππός φησιν ἐν τοῖς διαλεκτικοῖς ὅϱοις, οἷον „ἡμέϱα ἐστί, Δίων πεϱιπατεῖ." ὠνόμασται δὲ τὸ ἀξίωμα ἀπὸ τοῦ ἀξιοῦσθαι ἢ ἀθετεῖσθαι, ὁ γὰϱ λέγων „ἡμέϱα ἐστίν" ἀξιοῦν δοκεῖ τὸ ἡμέϱαν εἶναι· οὔσης μὲν οὖν ἡμέϱας ἀληθὲς γίνεται τὸ πϱοκείμενον ἀξίωμα, μὴ οὔσης δὲ ψεῦδος.* u. ebend. 68.: *οὔτε δὲ ἀληθῆ ἐστιν οὔτε ψευδῆ τὰ ἐϱωτήματα καὶ τὰ πύσματα καὶ τὰ τούτοις παϱαπλήσια τῶν ἀξιωμάτων ἢ ἀληθινῶν ἢ ψευδῶν ὄντων. Sext. Emp.* a. a. O. 74.: *πλὴν ἱκανῆς οὔσης ἐν τοῖς λεκτοῖς διαφοϱᾶς, ἵνα τι, φασὶν, ἀληθὲς ᾖ ἢ ψεῦδος, δεῖ αὐτὸ πϱὸ παντὸς λεκτὸν εἶναι, εἶτα καὶ αὐτοτελὲς καὶ οὐ κοινῶς ὁποιονδήποτε οὖν ἀλλ' ἀξίωμα· μόνον γὰϱ τοῦτο, καθὼς πϱοεῖπον, λέγοντες ἤτοι ἀληθεύομεν ἢ ψευδόμεθα. Suid. v. ἀξίωμα. Gell.* XVIII, 8. S. *Simpl.* in d. folg. Anm.

so scheinen allerdings einige Stoiker wenigstens eine Zurückführung der übrigen Sätze auf das ἀξίωμα beabsichtigt zu haben, insoferne nemlich erstere ebenfalls fähig seien, das Moment des Wahren und Falschen in sich zu enthalten; es scheint nemlich hiebei die Annahme leitend gewesen zu sein, dass von dem ἀξίωμα die übrigen Satz-Arten sich durch einen Ueberschuss (πλεονάζειν) an Partikeln oder grammatischen Functionen unterscheiden, und daher wegen der weniger einfachen Form dem Wahren bloss ähnlich, nicht aber selbst wahr seien [117]). Jedenfalls aber ist es demnach das ἀξίωμα, an welches die logische Lehre vom Urtheile sich knüpft, denn auf jenes müssen ja die übrigen Arten reducirt werden, woferne sie an dem Wahr und Falsch Theil haben. Mit steter Beibehaltung der fortlaufenden Stufenleiter vom Einfacheren zum Zusammengesetzteren glauben nun die Stoiker vor Allem nichts Nothwendigeres thun zu müssen, als die Urtheile in „einfache" (ἁπλᾶ) und „nicht einfache" (οὐχ ἁπλᾶ) einzutheilen [118]), wobei die Begriffsbestimmung des einfachen Urtheiles, welches eben nur aus Substantivum und Verbum besteht, eigentlich nur im Hinblicke auf das nicht einfache gestellt ist; es wird nemlich als das einfache jenes bezeichnet, welches in keinerlei Weise zusammengesetzt

117) *Ammon. ad Ar. d. interpr. f.* 4 a.: καλοῦσι δὲ οἱ Στωϊκοὶ τὸν μὲν ἀποφαντικὸν λόγον ἀξίωμα, τὸν δὲ εὐκτικὸν ἀρατικόν, τὸν δὲ κλητικὸν προσαγορευτικόν, προστιθέντες τούτοις ἕτερα πέντε λόγων εἴδη σαφῶς ὑπό τινα τῶν ἀπηριθμημένων ἀναφερόμενα· λέγουσι γὰρ τὸ μέν τι εἶναι ὀμοτικόν, οἷον „ἴστω νῦν τόδε γαῖα", τὸ δὲ ἐκθετικόν, οἷον „ἔστω εὐθεῖα γραμμὴ ἥδε, τὸ δὲ ὑποθετικόν, οἷον „ὑποκείσθω τὴν γῆν κέντρον εἶναι τῆς τοῦ ἡλίου σφαίρας", τὸ δὲ ὅμοιον ἀξιώματι, οἷον „ὡς ὡραΐζεται ἡ τύχη ἐν τοῖς βίοις", ἅπερ ἅπαντα δεκτικὰ ὄντα ψεύδους τε καὶ ἀληθείας ὑπάγοιντο ἂν τῷ ἀποφαντικῷ, τοῦ μὲν ὀμοτικοῦ τῇ μαρτυρίᾳ τοῦ θεοῦ πλεονάσαντος τῆς ἀποφάνσεως, τοῦ δ' ὁμοίου τῷ ἀξιώματι τῇ τοῦ „ὡς" ἐπιτατικοῦ ἐπιρρήματος προσθήκῃ· πέμπτον δέ τι πρὸς τούτοις εἶναί φασι τὸ ἐπαπορητικὸν οἷον „Λάος πάρεστι τί ποτ' ἀγγελῶν ἄρα;" ὅπερ ἐναργῶς ταὐτὸν ὂν τυγχάνει τῷ ἐρωτηματικῷ πλὴν ὅτι προστίθησι τὴν πρότασιν τῆς ἐρωτήσεως. Der ganze Zusammenhang dieser Stelle nebst der durchgängigen Art und Weise des Ammonius zeigt deutlich, dass die Worte ἅπερ ἅπαντα δεκτικὰ ὄντα ψεύδους τε καὶ ἀληθείας u. s. f. nur aus dem Munde stoischer Anschauungen gesprochen sind; ganz entschieden ja drücken sich in dieser Beziehung die Peripatetiker aus, s. Absch. IX., Anm. 54. *Simpl. ad Categ. f.* 103 *A. ed Basil.*, woselbst die Stoiker dem Nikostratus (s. unten Abschn. XI., Anm. 9.), welcher das Wahr- oder Falsch-Sein für alle Arten der Sätze in Anspruch nahm, folgendes entgegenstellen: χωρὶς δὲ τούτων, φασί, πάλαι λέλυται ταῦτα ἐν ταῖς ἐξηγήσεσι τοῦ ὅρου τοῦ ἀξιώματος τοῦ ἀφοριζομένου τὸ ἀξίωμα, ὅ ἐστιν ἀληθὲς ἢ ψεῦδος· οὐ γὰρ τὸ ὀμοτικὸν οἷόν τε ἀληθὲς εἶναι ἢ ψευδές, ἀλλ' εὐορκεῖν μὲν ἢ ἐπιορκεῖν ἐν τοῖς ὅρκοις εἰκός, ἀληθεύειν δὲ ἢ ψεύδεσθαι ἐν αὐτοῖς οὐχ οἷόν τε, κἂν περὶ ἀληθῶν ὀμόσῃ τις ἢ ψευδῶν· καὶ τὸ θαυμαστικὸν δὲ πλεονάζον τῷ θαύματι παρὰ τὸ ἀξίωμα καὶ τὸ ψεκτικὸν τῷ μωμίμῳ οὔτε ἀληθές ἐστιν ἢ ψευδές, ἀλλὰ ὅμοια ἀληθέσιν ἢ ψευδέσιν. ἀλλ' αὗται μὲν ἀπὸ τῆς Στωϊκῆς ἀκριβείας ἔστωσαν αἱ λύσεις.

118) *Sext. Emp. adv. math.* VIII, 93 *f.*: τῶν γὰρ ἀξιωμάτων πρώτην σχεδὸν καὶ κυριωτάτην ἐκφέρουσι διαφορὰν οἱ διαλεκτικοὶ καθ' ἣν τὰ μέν ἐστιν αὐτῶν ἁπλᾶ τὰ δ' οὐχ ἁπλᾶ. καὶ ἁπλᾶ μὲν ὅσα μήτ' ἐξ ἑνὸς ἀξιώματος δὶς λαμβανομένου συνέστηκεν μήτ' ἐξ ἀξιωμάτων διαφερόντων διά τινος ἢ τινῶν συνδέσμων (der Sinn aller dieser negativen Merkmale wird unten, Anm. 122, klar werden), οἷον „ἡμέρα ἐστίν, νὺξ ἔστιν, Σωκράτης διαλέγεται", πᾶν ὃ τῆς ὁμοίας ἐστὶν ἰδέας· ὥσπερ γὰρ τὸν στήμονα ἁπλοῦν λέγομεν καίπερ ἐκ τριχῶν συνεστῶτα, ἐπεὶ οὐκ ἐκ στημόνων, οἵτινές εἰσιν ὁμογενεῖς, πέπλεκται, οὕτως ἁπλᾶ λέγεται ἀξιώματα, ἐπεὶ οὐκ ἐξ ἀξιωμάτων

ist. Was nun die fortgesetzte Unter-Eintheilung der einfachen Urtheile betrifft, so scheinen die Stoiker zunächst das Verhältniss der Quantität bloss in die grössere oder geringere individuelle Bestimmtheit verlegt zu haben, was völlig mit der stoischen Entwickelung des Begriffes (s. Anm. 69) und der Wesens-Bestimmtheit (s. Anm. 93) in Einklang ist; es tritt nemlich bei ihnen hierin die Eintheilung in „bestimmte" (ὡρισμένα), „unbestimmte" (ἀόριστα) und „mittlere" (μέσα) Urtheile in den Vordergrund [119]), und in Bezug auf die Frage über Wahr und Falsch knüpft sich hieran dann das quantitative Moment, s. unten Anm. 139. Die Eintheilung der einfachen Urtheile aber nach ihrer logischen Qualität trägt schlechthin nur das Gepräge der äusserlichsten grammatischen Auffassung; nemlich neben dem bejahenden, welches selbst wieder je nach der grösseren Bestimmtheit in ein überhaupt bejahendes (κατηγορικόν) und ein demonstrativ bejahendes (καταγορευτικόν) zerfällt, erscheint das verneinende bloss nach den jeweiligen negativen Sprach-Ausdrücken eingetheilt, je nachdem nemlich die gewöhnliche Negation „Nicht" gebraucht wird (ἀποφατικόν), oder ein allgemein verneinendes Wort, z. B. „Niemand" (ἀρνητικόν), oder ein mit dem α *privativum* zusammengesetztes Wort (στερητικόν), wozu noch als ein wahrhaft unübersteigbarer Unsinn das „überverneinende" Urtheil (ὑπεραποφατικόν) kömmt, nemlich jenes, in welchem zwei Negationen sich aufheben und eine Affirmation bewirken! [120])

συνέστηκεν ἀλλ' ἐξ ἄλλων τινῶν· οἷον τὸ „ἡμέρα ἐστίν" ἁπλοῦν ἐστι παρόσον οὔτε ἐκ τοῦ αὐτοῦ ἐστιν ἀξιώματος δὶς λαμβανομένου οὔτε ἐκ διαφερόντων συνέστηκεν, ἐξ ἄλλων δὲ τινῶν συγκέκριται οἷον τοῦ ἡμέρα καὶ τοῦ ἔστιν, καὶ μὴν οὐδὲ σύνδεσμός ἐστιν ἐν αὐτῷ. *Diog. L.* VII, 68.: τῶν ἀξιωμάτων τὰ μέν ἐστιν ἁπλᾶ τὰ δ' οὐχ ἁπλᾶ, ὥς φασιν οἱ περὶ Χρύσιππον ἢ Ἀρχέδημον καὶ Ἀθηνόδωρον καὶ Ἀντίπατρον καὶ Κρίνιν. ἁπλᾶ μὲν οὖν ἐστι τὰ συνεστῶτα ἐξ ἀξιώματος μὴ διαφορουμένου (*l.* διφορουμένου, s. unten Anm. 122.) ἢ (*l.* ἢ μὴ) ἐξ ἀξιωμάτων, οἷον τὸ „ἡμέρα ἐστίν."

119) *Sext. Emp.* a. a. O. 96 f.: τῶν δὲ ἁπλῶν τινὰ μὲν ὡρισμένα ἐστὶν τινὰ δὲ ἀόριστα τινὰ δὲ μέσα, ὡρισμένα μὲν τὰ κατὰ δεῖξιν ἐκφερόμενα, οἷον „οὗτος περιπατεῖ, οὗτος κάθηται"· δείκνυμι γάρ τινα τῶν ἐπὶ μέρους ἀνθρώπων· ἀόριστα δέ ἐστι κατ' αὐτοὺς ἐν οἷς ἀόριστόν τι κυριεύει μόριον, οἷον „τὶς κάθηται"· μέσα δὲ τὰ οὕτως ἔχοντα „ἄνθρωπος κάθηται" ἢ „Σωκράτης περιπατεῖ". τὸ μὲν οὖν „τὶς περιπατεῖ" ἀόριστόν ἐστιν, ἐπεὶ οὐκ ἀφώρικέ τινα τῶν ἐπὶ μέρους περιπατούντων, κοινῶς γὰρ ἐφ' ἑκάστου αὐτῶν ἐκφέρεσθαι· τὸ δὲ „οὗτος κάθηται" ὡρισμένον ἐστὶν, ἐπείπερ ἀφώρικε τὸ δεικνύμενον πρόσωπον· τὸ δὲ „Σωκράτης κάθηται" μέσον ὑπῆρχεν, ἐπείπερ οὔτε ἀόριστόν ἐστιν, ἀφώρικε γὰρ τὸ εἶδος, οὔτε ὡρισμένον, οὐ γὰρ μετὰ δείξεως ἐκφέρεται, ἀλλ' ἔοικε μέσον ἀμφοτέρων ὑπάρχειν τοῦ τε ἀορίστου καὶ τοῦ ὡρισμένου. Bei *Diog. L.* 70. ist auch hier eine Lücke, denn er spricht bloss von dem ἀόριστον, nemlich: ἀόριστον δέ ἐστι τὸ συνεστὸς ἐξ ἀορίστου μορίου ἢ ἀορίστων, οἷον, „τὶς περιπατεῖ, ἐκεῖνος κινεῖται." Eine hieran sich knüpfende dumme Spielerei s. Anm. 216.

120) *Diog. L.* 69 f.: ἐν δὲ τοῖς ἁπλοῖς ἀξιώμασίν ἐστι τὸ ἀποφατικὸν καὶ τὸ ἀρνητικὸν καὶ τὸ στερητικὸν καὶ τὸ κατηγορικὸν καὶ τὸ καταγορευτικὸν καὶ τὸ ἀόριστον (s. vorige Anm.) ...... καὶ ἀξιώματος ἀποφατικὸν μὲν, οἷον „οὐχὶ ἡμέρα ἐστίν". εἶδος δὲ τούτου τὸ ὑπεραποφατικόν· ὑπεραποφατικὸν δέ ἐστιν ἀποφατικὸν ἀποφατικοῦ, οἷον „οὐχὶ ἡμέρα οὐκ ἐστί", τίθησι δὲ τὸ „ἡμέρα ἐστί". ἀρνητικὸν δέ ἐστι τὸ συνεστὸς ἐξ ἀρνητικοῦ μορίου καὶ κατηγορήματος, οἷον „οὐδεὶς περιπατεῖ." στερητικὸν δέ ἐστι τὸ συνεστὸς ἐκ στερητικοῦ μορίου καὶ ἀξιώματος κατὰ δύναμιν, οἷον „ἀφιλάνθρωπός ἐστιν οὗτος". κατηγορικὸν δέ ἐστι τὸ συνεστὸς ἐκ πτώσεως

Gerade aber dieses Hervorheben des negativen Ausdruckes eines Satzes musste die Stoiker dahin führen, nur jenes Urtheil als ein verneinendes gelten zu lassen, in welchem die Negation eben zu dem Satze selbst als solchen gehört, d. h. wo dieselbe entweder das Subject verneint oder die Verbindung desselben mit einem Prädicate aufhebt, also zum Verbum oder zur Copula gehört [121]), wohingegen ein Urtheil, in welchem die Negation ausschliesslich bloss einen Bestandtheil des Prädicates ausmacht, für die Stoiker auch aus Gründen, welche unten, Anm. 135, anzugeben sein werden, eigentlich gar keine Geltung hat.

Diese einfachen Urtheile nun sind durchweg nur im Dienste der „nicht einfachen", denn an diese letzteren lehnt sich, selbst abgesehen von dem durchgängigen Grundzuge eines Uebergehens vom Einfachen zum Zusammengestzten, bei den Stoikern jener Theil der Syllogistik an, welcher, wie wir sehen werden, aus Gründen des Rhetorismus den ursprünglichen und hauptsächlichen kategorischen Schluss fast völlig absorbirt. Das zusammengesetzte Urtheil nun wird dadurch gewonnen, dass entweder Ein und das nemliche einfache zweimal genommen wird, oder zwei verschiedene einfache verbunden werden, jedenfalls aber eine verknüpfende Partikel hinzutritt (das übliche Beispiel für die zwei Fälle ist: „Wenn es Tag ist, ist es Tag" und „Wenn es Tag ist, scheint die Sonne"); und es wird daher auch das „nicht einfache" Urtheil als jenes definirt, welches aus einem zweimal gesetzten einfachen (διφορούμενον) oder verschiedenen einfachen (διάφορα ἀξιώματα) besteht, und wobei Eine oder mehrere Conjunctionen (σύνδεσμοι) einwirken [122]). Durchweg

---

ὀρθῆς καὶ κατηγορήματος, οἷον „Δίων περιπατεῖ"· καταφορευτικὸν δέ ἐστι τὸ συνεστὸς ἐκ πτώσεως ὀρθῆς δεικτικῆς καὶ κατηγορήματος, οἷον „οὗτος περιπατεῖ." Hiemit stimmen mehrere Bücher-Titel im Schriften-Verzeichnisse des Chrysippus (190.) überein.

121) *Appul. d. interpr.* p. 266. *Oud.*: *At Stoici hanc quoque dedicativam putant, cum inquiunt „evenit cuidam voluptati bonum non esse"* (das Beispiel ist schlagend vermöge der affirmativen Copula *evenit*, d. h. συμβαίνει); *ergo dedicat, quid evenerit ei, id est, quid sit; idcirco dedicativa, inquiunt, est, quia ei, in quo negavit esse, dedicat id, quod non videtur esse. Solum autem abdicativum vocant, cui negativa particula praeponitur.* (Einfältig ist die Widerlegung dieser Auffassung, welche Appulejus gibt: *verum hi quidem cum in aliis tum in hac re vincuntur, si qui ita rogaverit „quod nullam substantiam habet, non est"; cogentur enim secundum quod dicunt, confiteri esse quod non est, quod nullam substantiam habet*). Ebend. p. 278.: *at Stoici quidem tantum negativa particula praeposita putant illationem recusari vel ex propositionibus alteram tolli, utpote: „omnis, non omnis; quidam, non quidam."* Daher muss das von Diogenes (vorige Anm.) gegebene Beispiel des στερητικὸν entweder dadurch entschuldigt werden, dass ἀφιλάνθρωπος als Subject voraus steht, oder das Beispiel ist nachlässig hingeschrieben und müsste genauer etwa heissen ἀφιλάνθρωπός ἐστι γλισχρός oder dgl. *Boeth. ad Ar. d. interpr.* p. 383. (*ed. Bas.* 1570): *si ergo, quemadmodum Stoici volunt, ad nomina negationes ponentur, ut esset „non homo ambulat" negatio, ambiguum esse posset, cum dicimus „non homo", an infinitum nomen esset, an vero finitum cum negatione coniunctum.*

122) *Sext. Emp. adv. math.* VIII, 95., woselbst der Gegensatz gegen die ἁπλᾶ (s. oben Anm. 118.) folgendermassen ausgedrückt wird: οὐχ ἁπλᾶ δὲ ἐτύγχανε τὰ οἷον διπλᾶ, καὶ ὅσα δ' ἐξ ἀξιώματος δὶς λαμβανομένου ἢ ἐξ ἀξιωμάτων διαφερόντων συνέστηκε διὰ συνδέσμου τε ἢ συνδέσμων, οἷον „εἰ ἡμέρα ἐστίν, ἡμέρα ἔστιν· εἰ νὺξ ἔστι, σκότος ἔστιν· καὶ ἡμέρα ἔστι καὶ φῶς ἔστι· ἤτοι ἡμέρα ἔστιν ἢ νὺξ ἔστιν". Ebend. 108.: καὶ δὴ οὐχ ἁπλᾶ μέν

also von bloss grammatischem Standpunkte aus sahen die Stoiker in dem Auftreten einer Conjunction die alleinige Möglichkeit einer Verknüpfung (*συμπλοκή*) der Urtheile [123]). Darum denn nun bildet auch bloss die je einzelne Art der Conjunction das leitende Motiv für die weitere Eintheilung dieser zusammengesetzten Urtheile, welche hiernach, je nachdem *εἰ* oder *ἐπεί* oder *καί* oder ein disjunctives *ἤ* oder *διότι* oder ein vergleichendes *ἤ* die Verknüpfung bewirkt, entweder ein hypothetisches Urtheil (*συνημμένον* und *παρασυνημμένον*) oder ein copulatives (*συμπεπλεγμένον*) oder ein disjunctives (*διεζευγμένον*) oder ein causales (*αἰτιῶδες*) oder ein vergleichendes (*διασαφοῦν τὸ μᾶλλον ἢ τὸ ἧττον*) sein können [124]). Unter diesen nun ragen neben aller übrigen grammatischen Gleichstellung das hypothetische und das disjunctive darum mehr hervor, weil die Peripatetiker den Voraussetzungsschluss besonders bearbeitet hatten; warum jedoch durch jene diess geschehen sei, sahen die Stoiker so wenig ein, dass sie einerseits diese syntaktischen Functionen den übrigen coordiniren, und andrerseits doch wieder mit denselben in die plumpeste objective Geltung des hypothetischen und disjunctiven Verhältnisses hineingerathen und so auch hier wieder jene Vermengung des äussersten Formalismus und rohesten Empirismus erweisen.

Was nemlich die erstere, formal syntaktische, Seite betrifft, so ist ihre Lehre folgende: Das hypothetische Urtheil, *τὸ συνημμένον*, ist jenes nicht einfache Urtheil, in welchem die Verknüpfung durch „Wenn" (*εἰ*)

ἐστιν ἀξιώματα τὰ ἀνώτερον προειρημένα, ἅπερ ἐξ ἀξιώματος διαφορουμένου (l. *διφορουμένου*) *ἢ ἀξιωμάτων διαφερόντων συνέστηκε καὶ ἐν οἷς σύνδεσμος ἢ σύνδεσμοι ἐπικρατοῦσιν.* *Diog. L.* VII, 68.: *οὐχ ἁπλᾶ δέ ἐστι τὰ συνεστῶτα ἐξ ἀξιώματος διαφορουμένου* (l. *διφορουμένου*) *ἢ ἐξ ἀξιωμάτων· ἐξ ἀξιώματος μὲν διαφορουμένου* (ebenso), *οἷον „εἰ ἡμέρα ἐστίν"* (natürlich ist zu lesen *εἰ ἡμέρα ἐστὶν, ἡμέρα ἔστιν*)· *ἐξ ἀξιωμάτων δὲ, οἷον „εἰ ἡμέρα ἐστὶ, φῶς ἔστι".* Was die hier und sonst noch oft vorkommende Schreibung *διαφορούμενον* betrifft, so widerspricht dieselbe vor Allem dem Sinne, da das darunter zu verstehende zusammengesetzte Urtheil einen Gegensatz bilden muss gegen das *ἐκ διαφόρων ἀξιωμάτων* bestehende, und die häufig genug vorkommenden traditionellen Beispiele zeigen deutlich, dass unter dem angeblichen *διαφορούμενον* Urtheile gemeint sind wie z. B. eben *εἰ ἡμέρα ἐστὶν, ἡμέρα ἔστιν* (s. auch die sogleich folgende Anm. 125.). Nun aber gibt Alexander bei Gelegenheit der Besprechung des hypothetischen Schlusses (s. Anm. 185.) die allein richtige Lesart *διφορούμενον* welche auch Bekker zum *Sext. Emp. pyrrh. hyp.* II, 112. als handschriftliche Variante aus der Chouetischen Ausgabe anführt; dieses Wort *διφορεῖν* nun ist bei den Grammatikern häufig üblich in der Bedeutung „das nemliche zweimal in verschiedenem Sinne vorbringen", wogegen *διαφορέω* „zerreissen, verzetteln, verdauen" heisst. Ich stelle demnach von nun an überall gleich stillschweigend das richtige *διφορούμενον* her.

123) *Dexipp. ad Categ.* b. *Brand. Schol.* p. 44a. 9.: *φαμὲν δὴ ὅτι μόνην συμπλοκὴν τὴν μετὰ συμπλεκτικοῦ συνδέσμου προφορὰν λέγοντες τοῖς Στωϊκοῖς ἐπακολουθοῦσιν, ὧν ἀρχαιότερος ὁ Ἀριστοτέλης καὶ τῇ τῶν πρεσβυτέρων συνηθείᾳ χρώμενος, οἵτινες τὴν τῶν πλειόνων μερῶν τοῦ λόγου σύνθεσιν συμπλοκὴν ὠνόμαζον· τὸ δὲ λέγειν ὅτι μετὰ συμπλοκῆς ὁ ἄνθρωπος ἢ ὁ βοῦς, διότι σύνθεσις ἐπ' αὐτῶν ἐστι συλλαβῶν καὶ στοιχείων, καὶ αὐτὸ οὐ καλῶς λέγεται· οὐ γὰρ τὴν τῶν στοιχείων σύνθεσιν ἀλλὰ τὴν τῶν μερῶν λόγου οἱ παλαιοὶ συμπλοκὴν ὀνομάζουσι.*

124) *Diog. L.* VII, 69.: *ἐν δὲ τοῖς οὐχ ἁπλοῖς τὸ συνημμένον καὶ τὸ παρασυνημμένον καὶ τὸ συμπεπλεγμένον καὶ τὸ διεζευγμένον καὶ τὸ αἰτιῶδες καὶ τὸ διασαφοῦν τὸ μᾶλλον καὶ τὸ διασαφοῦν τὸ ἧττον.* Auch hiefür s. das Bücher-Verz. des Chrysippus (190 f.).

bewerkstelligt ist, mag hiebei Ein einfaches Urtheil zweimal oder zwei verschiedene einfache Urtheile gesetzt sein; der grammatische Vordersatz heist *ἡγούμενον*, der grammatische Nachsatz *λῆγον*; der innere Sinn dieser Verknüpfung ist das Verhältniss einer Folge, einer *ἀκολουθία* [125]). Die Nebenart des hypothetischen Urtheiles, welche *παρασυνημμένον* heisst, unterscheidet sich von dieser durch die Conjunction „Da" (*ἐπεί*) — s. Abschn. V, Anm. 69 —; auch durch sie wird eine *ἀκολουθία* ausgedrückt, jedoch mit factischer Gewissheit des Vordersatzes [126]). Das copulative Urtheil, *τὸ συμπεπλεγμένον* ist das durch „Und" oder „Sowohl — als auch" (*καί, καὶ — καί*) bewirkte [127]). Das Disjunctive, *τὸ διεζευγμένον*,

125) *Diog. L.* 71.: *συνημμένον μέν ἐστιν, ὡς ὁ Χρύσιππος ἐν ταῖς Διαλεκτικαῖς φησι καὶ Διογένης ἐν τῇ Διαλεκτικῇ τέχνῃ, τὸ συνεστὸς διὰ τοῦ „εἰ„ συναπτικοῦ συνδέσμου· ἐπαγγέλλεται δὲ ὁ σύνδεσμος οὗτος ἀκολουθεῖν τὸ δεύτερον τῷ πρώτῳ, οἷον „εἰ ἡμέρα ἐστὶ, φῶς ἔστι".* *Sext. Emp. adv. math.* VIII, 109 ff.: ... *τὸ καλούμενον συνημμένον· τοῦτο τοίνυν συνέστηκεν ἐξ ἀξιώματος διφορουμένου ἢ ἐξ ἀξιωμάτων διαφερόντων διὰ τοῦ „εἰ" ἢ „εἴπερ" συνδέσμου, οἷον ἐκ διφορουμένου μὲν ἀξιώματος καὶ τοῦ εἰ συνδέσμου συνέστηκε τὸ τοιοῦτον συνημμένον „εἰ ἡμέρα ἐστὶν, ἡμέρα ἔστιν", ἐκ διαφερόντων δὲ ἀξιωμάτων καὶ διὰ τοῦ εἴπερ συνδέσμου τὸ οὕτως ἔχον „εἴπερ ἡμέρα ἐστὶ, φῶς ἔστιν". τῶν δὲ ἐν τῷ συνημμένῳ ἀξιωμάτων τὸ μετὰ τὸν εἰ ἢ τὸν εἴπερ σύνδεσμον τεταγμένον ἡγούμενόν τε καὶ πρῶτον καλεῖται, τὸ δὲ λοιπὸν λῆγόν τε καὶ δεύτερον, καὶ ἐὰν ἀντιστρόφως ἐκφέρηται τὸ ὅλον συνημμένον, οἷον οὕτως „φῶς ἔστιν, εἴπερ ἡμέρα ἐστίν"· καὶ γὰρ ἐν τούτῳ λῆγον μὲν καλεῖται τὸ „φῶς ἔστιν" καίπερ πρῶτον ἐξενεχθὲν, ἡγούμενον δὲ τὸ „ἡμέρα ἐστίν" καίπερ δεύτερον λεγόμενον, διὰ τὸ μετὰ τὸν εἴπερ σύνδεσμον τετάχθαι* (die hierauf bezügliche Stelle des *Philop.* s. unten Anm. 175.). *ἡ μὲν οὖν σύστασις τοῦ συνημμένου, ὡς ἐν συντόμῳ εἰπεῖν, ἐστὶ τοιαύτη, ἐπαγγέλλεσθαι δὲ δοκεῖ τὸ τοιοῦτον ἀξίωμα ἀκολουθεῖν τῷ ἐν αὐτῷ πρώτῳ τὸ ἐν αὐτῷ δεύτερον καὶ ὄντος τοῦ ἡγουμένου ἔσεσθαι τὸ λῆγον.* Gelegentliche Beispiele des *διφορούμενον* bei *Sext. Emp.* sind ebend. (294.): *τὸ διφορούμενον συνημμένον τὸ „εἰ ἔστι τι σημεῖον, ἔστι σημεῖον"* (vgl. ebend. 281.) und (466.): *τὸ συνημμένον τὸ „εἰ ἔστιν ἀπόδειξις, ἔστιν ἀπόδειξις" διφορούμενον καθεστὸς ἀληθές ἐστιν.* *Pseudo-Galen. Εἰσαγ. διαλεκτ.* ed. *Minas* p. 15.: *ἐπὶ δὲ τῆς κατὰ συνέχειαν ὑποθετικῆς προτάσεως, ἣν οἱ περὶ Χρύσιππον ὀνομάζουσι συνημμένον ἀξίωμα, κ. τ. λ.* *Galen. π. κρασ. κ. δυν. τ. ἁπλ. φαρμ.* II, 16, XI, p. 499 K. *τὴν δ' ὑποθετικὴν πρότασιν, ἣν οἱ περὶ τὸν Χρύσιππον ἀξίωμα συνημμένον ὀνομάζουσι, κ. τ. λ.* Vgl. Abschn. VIII, Anm. 49.

126) *Diog. L.* a. a. O.: *παρασυνημμένον δέ ἐστιν, ὡς ὁ Κρῖνις φησὶν ἐν τῇ Διαλεκτικῇ τέχνῃ, ἀξίωμα ὃ ὑπὸ τοῦ „ἐπεί" συνδέσμου παρασυνῆπται, ἀρχόμενον ἀπ' ἀξιώματος καὶ λῆγον εἰς ἀξίωμα, οἷον „ἐπεὶ ἡμέρα ἐστὶ, φῶς ἔστιν". ἐπαγγέλλεται δὲ ὁ σύνδεσμος ἀκολουθεῖν τε τὸ δεύτερον τῷ πρώτῳ καὶ τὸ πρῶτον ὑφεστάναι.*

127) *Diog. L.* 72.: *συμπεπλεγμένον δέ ἐστιν ἀξίωμα ὃ ὑπό τινων συμπλεκτικῶν συνδέσμων συμπέπλεκται, οἷον „καὶ ἡμέρα ἐστὶ καὶ φῶς ἔστι".* *Sext. Emp.* a. a. O. 124.: *τὸ γὰρ συμπεπλεγμένον ἐξ ἁπλῶν ὀφείλει ἢ οὐκ ἐξ ἁπλῶν ἢ ἐκ μικτῶν συνεστάναι ..... οἷον τὸ „ἡμέρα ἐστὶ καὶ φῶς ἔστιν".* Ein gelegentliches Beispiel hievon ebend. 217.: *ἕπεται τῷ συμπεπλεγμένῳ .... τῷ τὰ φαινόμενα πᾶσι τοῖς ὁμοίως διακειμένοις παραπλησίως φαίνεται καὶ τὰ σημεῖά ἐστι φαινόμενα" κ. τ. λ.* *Ps.-Galen.* a. a. O. p. 13.: *ἀλλ' οἱ περὶ Χρύσιππον κἀνταῦθα τῇ λέξει μᾶλλον ἢ τῷ πράγματι προσέχουσι τὸν νοῦν καὶ ἅπαντα τὰ διὰ τῶν συμπλεκτικῶν καλουμένων συνδέσμων συνιστάμενα, κἂν ἐκ μαχομένων ἢ ἀκολούθων, συμπεπλεγμένα καλοῦσιν,* d. h. den Stoikern genügte für ihre Eintheilung der zusammengesetzten Urtheile das blosse Vorhandensein des *καί*, um ein Urtheil ein *συμπεπλεγμένον* zu nennen, mochten die zwei verbundenen Urtheile unter sich in einer *ἀκολουθία* oder einer *μάχη* (s. unten Anm. 157.) stehen; hingegen der Verfasser jener *Εἰςαγωγὴ Δια-*

ist durch die Conjunction „Oder“ oder „Entweder — oder“ (ἤ, ἤτοι — ἤ) bedingt und der innere Sinn dieser Zusammensetzung ist das Verhältniss einer wechselseitigen Ausschliessung 128); übrigens muss gerade die grammatische Auffassung der Partikel „ἤ“ bei den Stoikern noch manche anderweitige Arten von Urtheilen neben dem disjunctiven hervorgerufen haben; denn nicht bloss das sogleich zu erwähnende, eine Gradabstufung vergleichende Urtheil hängt mit dieser nemlichen Partikel zusammen, sondern es wird auch an dieselbe ausdrücklich ein „erklärendes“ (*διασαφητικόν*) oder „widerlegendes“ (*ἐλεγκτικόν*) Urtheil geknüpft 129); und ausserdem werden wir unten noch ein *παραδιεζευγμένον* oder *παρασυνεζευγμένον* treffen; die Belegstellen für dasselbe sowie die hierüber aufgestellten Regeln, welche möglicherweise späteren Ursprunges sein können, s. Abschn. VIII, Anm. 51 u. Abschn. X, Anm. 38 u. 53. Das causale Urtheil ferner, *τὸ αἰτιῶδες*, ist durch die Conjunction „Weil“ (*διότι*) bewirkt, und es soll sich seinem inneren Sinne nach auf den fatalistischen Causalnexus beziehen 130). Endlich das vergleichende Urtheil, *τὸ διασαφοῦν τὸ μᾶλλον καὶ τὸ ἧττον*, entsteht durch Hinzufügung des „Mehr“ oder „Minder“ zu der Partikel „Als“ — ἤ — 131).

λεκτ. will nur solche *συμπεπλεγμένα* nennen, bei welchen weder *ἀκολουθία* noch *μάχη* besteht, z. B. *Δίων περιπατεῖ καὶ Θέων διαλέγεται.*

128) *Diog. L.* 72.: *διεζευγμένον δέ ἐστιν ὃ ὑπὸ τοῦ „ἤτοι“ διαζευκτικοῦ συνδέσμου διέζευκται, οἷον „ἤτοι ἡμέρα ἐστὶν ἢ νὺξ ἔστιν“. ἐπαγγέλλεται δὲ ὁ σύνδεσμος οὗτος τὸ ἕτερον τῶν ἀξιωμάτων ψεῦδος εἶναι.* Ps.-*Galen.* a. a. O. p. 37.: *καλοῦσι δὲ τὰς μὲν κατὰ συνέχειαν οἱ Στωϊκοὶ συνημμένα ἀξιώματα, τὰς δὲ κατὰ διαίρεσιν διεζευγμένα.* Ein Beispiel b. *Sext. Emp.* a. a. O. 281 ff. ist: *ἤτοι οὐδέν ἐστι σημεῖον ἢ ἔστιν.*

129) *Homer. Epimer. b. Cramer Anecd. Ox.* I, p. 188 f.: *ἤ] σύνδεσμος ψιλούμενος καὶ ὀξυνόμενος σημαίνει τρία· ἢ διαζευκτικός ἐστιν ἢ ὑποδιαζευκτικὸς ἢ διασαφητικός· διαζευκτικὸς μέν ἐστιν, ὅταν τὰ ἐν τῇ συντάξει διίστων, οἷον „ἠὲ νέος ἠὲ παλαιός· ἢ ἡμέρα ἐστὶν ἢ νύξ.“ ὑποδιαζευκτικὸς δὲ ὁ διάφορα πράγματα τιθεὶς καὶ μηδέτερον ἐν τῇ αἰτήσει διαιρῶν, οἷον „δός μοι χρυσὸν ἢ ἄργυρον ἢ λίθους τιμίους“. διασαφητικὸς δέ ἐστιν, ὅταν τῶν δύο προτεθέντων τὸ ἓν εἴρηται, οἷον „κρεῖσσον ἐν γῇ πενέσθαι ἢ πλουτοῦντα πλεῖν“ καὶ „θέλω τύχης σταλαγμὸν ἢ φρενῶν πίθον· ῥανὶς φρενῶν μοὶ μᾶλλον ἢ βυθὸς τύχης“* (Diess ist also offenbar das die Gradabstufung vergleichende Urtheil, *τὸ διασαφητικὸν τοῦ μᾶλλον* oder *τοῦ ἧττον*; Anm. 131). *τί διαφέρουσιν ἀλλήλων; ὅτι ὁ μὲν διαζευκτικὸς τὸ ἕτερον μόνον τῶν ὑποκειμένων αἱρεῖται, τὸ δὲ ἕτερον ἀναιρεῖται „ἢ ἡμέρα ἐστὶν ἢ νύξ“ (τὸ ἕτερον μόνον, οὐ δύναται γὰρ ἀμφότερα) „ἢ ἕστηκα ἢ καθέζομαι· ἢ πλουτῶ ἢ πένομαι“· ὁ δὲ παραδιαζευκτικὸς καὶ ἀμφότερα δύναται παραλαμβάνειν, ἐπειδὰν οὕτω λέγωμεν „ἐρέσσων ἤτ᾽ ἐπισπᾶται τὴν κώπην ἢ ἀπωθεῖται“ (ἀμφότερα γὰρ ποιεῖ) „ἠὲ νέος ἠὲ παλαιός“ (ἀμφοτέρων γὰρ αἱρεῖται τὴν γνώμην, ὅθεν ζητοῦμεν ἐκεῖ, ποδαπός ἐστιν) „ἢ λάθετ᾽ ἢ οὐκ ἐνόησε.“ ἔστι δὲ καὶ διασαφητικὸς ὁ ἐλεγκτικὸς καλούμενος παρὰ τοῖς Στωϊκοῖς· οὕτως λύσεις· „βούλομ᾽ ἐγὼ λαὸν σόον ἔμμεναι ἢ ἀπολέσθαι“, ἔστι γὰρ „ἤπερ ἀπολέσθαι“, ἐν ἤθει δὲ λέγεται ὑπὸ τοῦ Ἀγαμέμνονος. κ. τ. λ.* Vgl. überhaupt *Apollon. b. Bekk. Anecd.* p. 480—494.

130) *Diog. L.* a. a. O.: *αἰτιῶδες δέ ἐστιν ἀξίωμα τὸ συντασσόμενον διὰ τοῦ „διότι“, οἷον „διότι ἡμέρα ἐστί, φῶς ἔστι“· οἱονεὶ γὰρ αἴτιόν ἐστι τὸ πρῶτον τοῦ δευτέρου.*

131) Ebend.: *διασαφοῦν δὲ τὸ μᾶλλον ἀξίωμά ἐστι τὸ συνταττόμενον ὑπὸ τοῦ διασαφοῦντος τὸ μᾶλλον συνδέσμου καὶ μεταξὺ τῶν ἀξιωμάτων τασσομένου, οἷον „μᾶλλον ἡμέρα ἐστὶν ἢ νὺξ ἔστιν“· διασαφοῦν δὲ τὸ ἧττον ἀξίωμά ἐστι τὸ ἐναντίον τῷ προκειμένῳ, οἷον „ἧττον νὺξ ἔστιν ἢ ἡμέρα ἐστίν“* (s. Anm. 129).

— Da aber nun diese „nicht einfachen" Urtheile bloss als Producte einer mannigfachen Zusammensetzung einfacher Urtheile betrachtet wurden, die einfachen selbst aber, wie wir sahen, nach verschiedenen Eintheilungsgründen in mehrerlei Arten sich unterscheiden, so entstand bei den Stoikern leicht das Gelüste, dieses ganze Verhältniss gerade so zu behandeln, wie man etwa auch aus mehreren verschiedenfarbigen Dreiecken mancherlei Figuren zusammensetzen und, wie man sagt, sich stundenlang hiemit unterhalten kann, — kurz die Stoiker geriethen bereits auf den Einfall, die Zahl aller möglichen Combinationen einfacher Urtheile zur Entstehung nicht-einfacher zu suchen, und sie berechneten, dass für 10 bejahende Urtheile es 101049 (oder nach anderer Lesart 103049 — was das richtige sei, möge nachrechnen, wer Lust hat —) Combinationen gebe, für 10 verneinende aber 310952 Combinationen [132]).

Die Frage aber in Betreff des logischen Werthes der Urtheile, nemlich in wie weit dieselben wahr oder falsch seien (s. Anm. 109), bezieht sich zwar allerdings zunächst auf die einfachen Urtheile, aber auch hier wieder soll sie nur den Erwägungen über die Verbindung mehrerer Urtheile dienen, um so dann in Folge des immer fortgesetzten Zusammensetzens zur Lehre vom Syllogismus zu führen. Vor Allem nun ist der ganze Standpunkt betreffs des *ἀληθὲς* und *ψεῦδος* schlechthin nur in das grammatische Verhältniss der Affirmation und Negation, nemlich in das des sogenannten Contradictorischen, verlegt, und es verhält sich hiemit folgendermassen: Das Contradictorische, *τὸ ἀντικείμενον*, wird als dasjenige definirt, was im Vergleiche mit einem Anderen einen Ueberschuss an einer Negation hat, z. B. „es ist Tag" und „es ist nicht Tag" [133]); und indem die Stoiker ausdrücklich lehren, dass ausschliesslich nur das bejahende und das verneinende Urtheil gegenseitig in diesem Verhältnisse stehen [134]), setzen sie diesem Contradictorischen das Conträre, *τὸ ἐναντίον*, scharf gegenüber; weil sie nemlich ersteres völlig formal in der Weise nehmen, dass z. B. „Nicht-Tugend" auch etwa „Pferd" oder „Stein" sein könne und ebenso auch „Nicht-Laster" gleichfalls wieder „Pferd" oder „Stein" sein könne, so würde sich ihnen, falls sie eine

---

132) *Plut. Quaest. sympos.* VIII, 9, 3.: *καὶ Χρύσιππος τὰς ἐκ δέκα μόνων ἀξιωμάτων συμπλοκὰς* (s. Anm. 123.) *πλήθει φησὶν ἑκατὸν μυριάδας ὑπερβάλλειν· ἀλλὰ τοῦτο μὲν ἤλεγξεν Ἵππαρχος ἀποδείξας ὅτι τὸ μὲν καταφατικὸν περιέχει συμπεπλεγμένων μυριάδας δέκα καὶ πρὸς ταύταις χίλια τεσσαράκοντα ἐννέα, τὸ δ' ἀποφατικὸν αὐτοῦ μυριάδας τριάκοντα μίαν καὶ πρὸς ταύταις ἐννακόσια πεντήκοντα δύο. d. Stoic. repugn.* 29.: *ἀλλὰ μὴν αὐτὸς τὰς διὰ δέκα ἀξιωμάτων συμπλοκὰς πλήθει φησὶν ὑπερβάλλειν ἑκατὸν μυριάδας ...... Χρύσιππον δὲ πάντες ἐλέγχουσιν οἱ ἀριθμητικοὶ, ὧν καὶ Ἵππαρχός ἐστιν ἀποδεικνύων τὸ διάπτωμα τοῦ λογισμοῦ παμμέγεθες αὐτῷ γεγονὸς, εἴ γε τὸ μὲν καταφατικὸν ποιεῖ συμπεπλεγμένων ἀξιωμάτων μυριάδας δέκα καὶ πρὸς ταύταις τρισχίλια τεσσαράκοντα ἐννέα, τὸ δ' ἀποφατικὸν ἐνναχόσια πεντήκοντα δύο πρὸς τριάκοντα καὶ μιᾷ μυριάδι.*

133) *Sext. Emp. adv. math.* VIII, 89.: *φασὶ γάρ· ἀντικείμενά ἐστιν ὧν τὸ ἕτερον τοῦ ἑτέρου ἀποφάσει πλεονάζει, οἷον „ἡμέρα ἐστίν, οὐχ ἡμέρα ἐστίν". τοῦ γὰρ „ἡμέρα ἐστίν" ἀξιώματος τὸ „οὐχ ἡμέρα ἐστὶν" ἀποφάσει πλεονάζει τῇ „οὐχὶ" καὶ διὰ τοῦτ' ἀντικείμενόν ἐστιν ἐκείνῳ. Diog. L.* 73.: *ἔτι τῶν ἀξιωμάτων κατά τε ἀλήθειαν καὶ ψεῦδος ἀντικείμενα ἀλλήλοις ἐστὶν, ὧν τὸ ἕτερον τοῦ ἑτέρου ἐστὶν ἀποφατικὸν οἷον τὸ „ἡμέρα ἐστί" καὶ τὸ „οὐχ ἡμέρα ἐστί".*

134) *Simpl. ad Categ. f.* 102 Δ *ed. Basil.*: *οἱ γοῦν Στωϊκοὶ μόνα τὰ ἀποφατικὰ τοῖς καταφατικοῖς ἀντικεῖσθαι νομίζουσι.*

solche Verneinung als conträren Gegensatz (*ἐναντίον*) gelten liessen, ergeben, dass Ein und das nemliche Ding (z. B. Pferd) zweien Gegensätzen zugleich (z. B. sowohl der Tugend als auch dem Laster) entgegengesetzt wäre, daher sie eben auch in der Meinung, dass unter einen bejahend ausgesprochenen Begriff (z. B. Tugend) nur das ihm wirklich Gleichartige fallen könne, unter einen verneinend ausgesprochenen aber (z. B. Nicht-Tugend) in der That alles denkbare Uebrige fallen könne, hiernach die Verneinung und den Gegensatz schroff von einander trennen [135]; d. h. dem Stoiker ist für den Sprach-Ausdruck des einfachen Urtheiles der reale Gegensatz etwas schlechthin gleichgültiges, denn in dieser Beziehung existirt nur entweder Bejahung oder Verneinung; ein Urtheil daher, in welchem die Negation ausschliesslich zum Prädicate allein gehört, kann wegen vermeintlicher gänzlicher Unbestimmtheit (— das Kant'sche „unendliche Urtheil" —) für den Stoiker gar nicht in Betracht kommen (s. oben Anm. 121), denn dafür hat der sprachliche Formalismus keinen Sinn, dass durch Heraushebung Einer bestimmten Determination vermittelst der Negation (z. B. „nicht blau") ein ganz positiver Rest coordinirter Determinationen gesetzt ist (die Anfänge einer solchen Auffassung in Bezug auf derlei Urtheile bei den Peripatetikern s. im vorigen Abschn. Anm. 30 f.). So also bleibt das Verhältniss des *ἀντικεῖσθαι* ausschliesslich nur der bejahenden und verneinenden Form des einfachen Urtheiles zugewiesen, hingegen der reale Gegensatz, das *ἐναντίον*, wird dann in der plumpesten Weise, wie wir sehen werden, im disjunctiven Urtheile nachgeholt. Aber es wird nun dieses Verhältniss des Contradictorischen eben in Bezug auf Wahrheit und Unwahrheit der Urtheile zu dem blossen formalen Grundsatze, dass von zwei contradictorischen Gegentheilen nur das eine wahr sein, d. h. dass kein Urtheil zugleich wahr und falsch sein könne, also jedes Urtheil entweder wahr oder falsch sein müsse (vgl. oben Anm. 109, bes. die Stellen aus Cicero); und mit diesem so äusserlich bloss auf sprachlichen Formalismus gestützten *principium identitatis et contradictionis* wird so sehr Ernst gemacht, dass sogar eine Gefährdung desselben in hohem Grade daraus gefürchtet wird, wenn es etwa möglich wäre, dass irgend ein Ereigniss in Zukunft sowohl eintreten als auch nicht eintreten könnte [136];

---

135) Ebend. *f.* 102 *Z.*—103 *A.*: *καὶ οἱ ἀπὸ τῆς Στοᾶς δὲ διισχυρίζονται, ὅτι οὐδὲν τῶν κατὰ ἀπόφασιν λεγομένων οὐδενί ἐστιν ἐναντίον· ἦν γὰρ ἂν τῇ ἀρετῇ ἐναντία ἡ οὐκ ἀρετὴ καὶ τῇ κακίᾳ ἐναντία ἡ οὐ κακία, ὑπὸ μὲν τὴν οὐκ ἀρετὴν καὶ τῆς κακίας πιπτούσης καὶ ἄλλων πολλῶν, καὶ γὰρ λίθου καὶ ἵππου καὶ πάντων τῶν περὶ* (l. *παρὰ*) *τὴν ἀρετήν, ὑπὸ δὲ τὴν οὐ κακίαν καὶ τῆς ἀρετῆς καὶ τῶν ἄλλων πάντων· ἔσται οὖν ἑνὶ πάντα ἐναντία, καὶ τὰ αὐτὰ τῇ ἀρετῇ καὶ τῇ κακίᾳ ἐναντία (εἰ μὴ ἡ ἀρετὴ τῇ κακίᾳ ἐναντία, ἀλλ' ἡ οὐ κακία) συμβήσεται καὶ σπουδαίοις μέσα ἐναντία εἶναι καὶ φαύλοις· ἄτοπον δὲ τοῦτο, καὶ μάλιστα (εἰ καὶ τὰ αὐτὰ καὶ μὴ) καὶ τὸ δυοῖν ἐναντίων ὑφ' ὃ μὲν πάντα τὰ ὑποπίπτοντα ποιότητας εἶναι (ὡς ὑπὸ τὴν ἀρετὴν καὶ τὴν κακίαν), ὑφ' ὃ δὲ καὶ ποιότητας καὶ ποιὰ (ὡς ὑπὸ τὴν οὐκ ἀρετὴν καὶ τὴν οὐ κακίαν, ὑπὸ ταύτας γὰρ καὶ ποιότητες καὶ ποιὰ καὶ ἐνέργειαι καὶ πᾶν ὁτιοῦν ἐστι)· καὶ ἔστι τοῦτο ἀπεμφαῖνον. οὕτως μὲν οὖν καὶ παρὰ τοῖς Στωϊκοῖς διώρισται τά τε ἐναντία καὶ τὰ ἀντιφατικῶς ἀντικείμενα.*

136) *Cic. d. fato 10.: concludit enim Chrysippus hoc modo: si est motus sine causa, non omnis enuntiatio, quod ἀξίωμα dialectici appellant, aut vera aut falsa erit; causas enim efficientes quod non habebit, id nec verum nec falsum erit; om-*

über den Begriff der Möglichkeit s. unten Anm. 165 ff., bes. 168. Und verbindet sich so dieser Grundsatz des Contradictorischen mit dem stoischen Fatalismus, so wird andrerseits Jedermann zugestehen, dass derselbe für die Erkenntnisstheorie nur der Ausdruck des rohesten Objectivismus und faulsten Empirismus ist; eine Richtung letzterer Art aber ist in der ganzen stoischen Logik, wie wir bisher schon öfters zu bemerken hatten, mit dem schematisirenden Formalismus verquickt. Und so nun ist uns jetzt auch die stoische Definition des Wahr und Falsch verständlich: *ἀληθὲς* nemlich ist, was factisch besteht und ein contradictorisches Gegentheil hat, *ψεῦδος* hingegen ist, was factisch nicht besteht, aber auch ein contradictorisches Gegentheil hat [137]. Natürlich liegt hier in den Worten „was factisch besteht“ und „was factisch nicht besteht“ der allertrivialste Empirismus, welcher in dem blossen psychologischen Abklatsche der körperlich äusserlichen Dinge und Vorgänge schon die „Wahrheit“ zu besitzen vermeint (ebenso werden wir bei dem hypothetischen Urtheile das *σημεῖον* in gleicher Function treffen); hingegen in dem bei beiden gleichlautenden Zusatze, dass ein contradictorisches Verhältniss bestehen müsse, liegt der einseitige, sprachliche Formalismus, welcher den rhetorischen Ausdruck, in welchen Wahr und Falsch zusammenlaufen, für das objective Wesen des Seienden hält [138]. In Folge des Empirismus

---

nis autem enuntiatio aut vera aut falsa est; motus ergo sine causa nullus est; quod si ita est, omnia quae fiunt, causis fiunt antegressis; id si ita est, omnia fato fiunt; efficitur igitur, fato fieri, quaecunque fiant ...... itaque contendit omnes nervos Chrysippus, ut persuaderet, omne ἀξίωμα aut verum esse aut falsum. Ebend. c. 16.: *necesse est enim in rebus contrariis duabus (contraria autem hoc loco ea dico, quorum alterum ait quid, alterum negat), ex his igitur necesse est invito Epicuro, alterum verum esse alterum falsum; ut „sauciabitur Philocteta“ omnibus ante seculis verum fuit, „non sauciabitur“ falsum. Simpl. a. a. O. f.* 103 *B.*: *περὶ δὲ τῶν εἰς τὸν μέλλοντα χρόνον ἀντιφάσεων οἱ μὲν Στωϊκοὶ τὰ αὐτὰ δοκιμάζουσιν ἅπερ καὶ ἐπὶ τῶν ἄλλων· ὡς γὰρ τὰ περὶ τῶν παρόντων καὶ παρεληλυθότων ἀντικείμενα οὕτως καὶ τὰ μέλλοντα αὐτά τέ φασι καὶ τὰ μόρια αὐτῶν· ἢ γὰρ τὸ ἔσεται ἀληθές ἐστιν ἢ τὸ οὐκ ἔσεται, εἰ δεῖ ἤτοι ψευδῆ ἢ ἀληθῆ εἶναι, ὡρίσθαι γὰρ κατ' αὐτὰ τὰ μέλλοντα, καὶ εἰ μὲν ἔστι ναυμαχία αὔριον, ἀληθὲς εἰπεῖν ὅτι ἔσται, εἰ δὲ μή, ἔσται ψεῦδος τὸ εἰπεῖν ὅτι ἔσται· ἤτοι ἔσται ἢ οὐκ ἔσται· ἤτοι ἄρα ἀληθὲς ἢ ψεῦδος θάτερον.* Hiemit also wird das objective Wesen des Futurums und des Perfectums vernichtet und Alles in das Präsens gezogen; s. unten Anm. 153. u. 215.

137) *Sext. Emp. adv. math.* VIII, 10.: *ἀληθὲς γάρ ἐστι κατ' αὐτοὺς τὸ ὑπάρχον καὶ ἀντικείμενόν τινι, καὶ ψεῦδος τὸ μὴ ὑπάρχον καὶ ἀντικείμενόν τινι.* Ebend. 85.: *φασὶ γὰρ ἀληθὲς μὲν εἶναι ἀξίωμα ὃ ὑπάρχει τε καὶ ἀντίκειταί τινι, ψεῦδος δὲ ὃ οὐχ ὑπάρχει μὲν ἀντίκειται δέ τινι.* u. 88.: *εἰ ἀληθές ἐστι κατὰ τοὺς Στωϊκοὺς ὃ ὑπάρχει τε καὶ ἀντίκειταί τινι, καὶ ψεῦδος ὃ μὴ ὑπάρχει μὲν ἀντίκειται δέ τινι.* Die letzteren Worte will Th. Bergk (in s. sogleich anzuführenden Commentatio, S. 31.) mit Unrecht ändern in: *ὃ μὴ ὑπάρχει μηδὲ ἀντίκειταί τινι.* Vgl. auch *Augustin. c. Acad.* II, 5, 11.: *ex illa Stoici Zenonis definitione, qui ait id verum percipi posse, quod ita esset animo impressum ex eo unde esset, ut esse non posset ex eo unde non esset; quod brevius planiusque sic dicitur, his signis verum posse comprehendi, quae signa non potest habere quod falsum est.*

138) Einen Beleg dafür, wie geistlos formal dieser ganze Gegensatz zwischen Bejahung und Verneinung aufgefasst und auch in der Darlegung der Schuldoctrin durchgeführt wurde, gibt uns ein grösseres Fragment einer stoischen Schrift, welches aus einem Payprus des Pariser Museums zuerst Letronne (*Fragments inédits d'anciens poëtes grecs, tirés d'un papyrus appartenant au Musée Royal, avec la*

aber, welcher für alles Einzelne doch das Massgebende bleiben muss, ist es nun auch erklärlich, dass einerseits betreffs der Frage um die Wahr-

---

copie entière de ce papyrus etc. par M. Letronne. Paris, Didot Frères 1838), und dann Th. Bergk (*Commentatio de Chrysippi libris περὶ ἀποφατικῶν*. Jahresbericht über d. Gymnas. zu Cassel 1841) herausgab. Dass dieses Fragment von Chrysippus sei, hat Bergk mit sehr grosser Wahrscheinlichkeit dargethan; auch dass es der Schrift desselben περὶ ἀποφατικῶν angehöre, lässt sich nicht geradezu verneinen, obwohl bei der Schreibweise des Chrys. Solches ebensowohl in jedem anderen Buche desselben vorkommen konnte. Nur scheint mir dieses ganze Fragment bisher noch nicht völlig richtig behandelt worden zu sein. Es enthält nemlich dasselbe 24 Dichterstellen, welche sämmtlich vom Standpunkte der Logik aus betrachtet negative Urtheile sind, und bei allen wird dann erwogen, dass ihnen ein entsprechendes bejahendes Urtheil gegenüberliege, was mit der peinlichsten Gleichmässigkeit der Diction, fast jedesmal mit viermaliger Wiederholung der Dichterstelle, dargethan wird. (Bergk theilte entsprechend den poetischen Stellen das Fragment in 24 Capitel.) So z. B. Cap. 17. nach Bergk's Textes-Herstellung: εἰ ἀληθῶς Εὐριπίδης ἔλεγεν „οὐκ ἔστι τοῦ θρέψαντος ἥδιον πέδον", ἀντίκειται ἀξίωμα καταφατικὸν τῷ „οὐκ ἔστι τοῦ θρέψαντος ἥδιον πέδον." ναί. οὐκ ἀντίκειται ἀξίωμα καταφατικὸν τῷ „οὐκ ἔστι τοῦ θρέψαντος ἥδιον πέδον." ναί. οὐκ ἀληθῶς Εὐριπίδης ἔλεγεν „οὐκ ἔστι τοῦ θρέψαντος ἥδιον πέδον." Und in Folge der derartigen überall gleichmässigen Textes-Recension bezeichnet Bergk (S. 25.) als Grundlage der 24 mal wiederholten Doctrin den Lehrsatz: *si est negans pronuntiatum, huic oppositum est affirmans, sin minus, non est negans pronuntiatum*, was an sich der stoischen Lehre durchaus entspricht. Nun aber wurde diese Art der Constituirung des Textes in den 24 Capp. nur durch eine 32 malige Aenderung des nemlichen Wortes ermöglicht (vom 1. u. 2. sowie vom 15., 16. u. 24. Cap., welche grossentheils überhaupt nur errathen werden konnten, sehe ich hiebei ab). Es hat nemlich der Papyrus nach jenem in jedem Cap. zweimal vorkommenden ναί durchaus constant οὐ, auch wenn ein Vokal nachfolgt, nie οὐκ oder οὐχ, hingegen in den Worten der Dichterstellen hat er völlig richtig ebenso constant οὐκ, wo es einem Vokale vorhergeht; und bei solcher Gleichmässigkeit halte ich nun eine überall durchgeführte Aenderung für misslich. Hingegen glaube ich, zumal da im Papyrus stets ein Zwischenraum vor und nach ναί ist (wie Bergk S. 21 angibt), dass überall „ναί — οὔ" als der eingeschaltene Ausdruck des contradictorischen Gegentheiles (s. Abschn. II, Anm. 41.) zu betrachten und also z. B. obige Stelle Cap. 17. folgendermassen zu interpungiren ist: εἰ ἀληθῶς Εὐριπίδης ἔλεγεν „οὐκ ἔστι τοῦ θρέψαντος ἥδιον πέδον", ἀντίκειται ἀξίωμα καταφατικὸν τῷ „οὐκ ἔστι τοῦ θρέψαντος ἥδιον πέδον," — ναί — οὔ. ἀντίκειται ἀξίωμα καταφατικὸν τῷ „οὐκ ἔστι τοῦ θρέψαντος ἥδιον πέδον," — ναί — οὔ. ἀληθῶς Εὐρ. ἔλεγεν „οὐκ ἔστι τοῦ θρέψαντος ἥδιον πέδον." d. h. soll das negative Urtheil „οὐκ ἔστι etc." wahr sein; so muss ihm nach der Form des Ja und Nein ein bejahendes gegenüberliegen; es liegt ihm aber nach Ja und Nein ein solches gegenüber, also ist jenes negative Urtheil wahr. Völlig gleichlautend mit C. 17., natürlich mit Ausnahme der Dichterstellen, sind C. 3—8, 13 u. 18. Einen Beleg für meinen Erklärungsversuch gibt vielleicht C. 9.: εἰ ποιητής τις οὕτως ἀπεφήνατο „οὔ μοι ἔτ' εὐκελάδων ὕμνων μέλει οὐδ' ἔτι μόλπης", φάσις (d. h. Bejahung) ἐστὶν, ὅπερ οὕτω λεχθείη ἂν „μοὶ ἔτ' εὐκελ ......", — ναί — οὔ. φάσις ἐστὶν, ὅπερ οὕτω λεχθείη ἂν „μοὶ ἔτ' εὐκ .....", — ναί — οὔ. ποιητής τις οὕτως ἀπεφήνατο „οὔ μοι ἔτ' .....". εἰ ποιητής τις οὕτως ἀπεφήνατο „οὔ μοι ἔτ' .....", ἀντίκειται τῷ „οὔ μοι ἔτ' ....." ἀξίωμα καταφατικόν, — ναί — οὔ. ἀντίκειται τῷ „οὔ μοι ἔτ' ....." ἀξίωμα καταφατικόν, — ναί — οὔ. ποιητής τις οὕτως ἀπεφήνατο „οὔ μοι ἔτ' ....." In Cap. 11, 19, 20 u. 21. ist nur für die Einführung des bejahenden Urtheiles eine andere Ausdrucksform gewählt, im Uebrigen entsprechen sie genau den obigen; hingegen in Cap. 12 u. 22. wird nur umgekehrt vom entsprechenden bejahenden Urtheile auf die verneinende Dichterstelle übergegangen; etwas variirt ist diess in Cap. 14. Unklar ist Cap. 10, wo gesagt wird, Einem bejahenden lägen zwei verneinende Urtheile gegenüber, was aus dem Beispiele nicht hervorgeht. Vielleicht nannte der Verfasser jener Schrift das bejahende und verneinende Urtheil

heit das quantitative Verhältniss der Urtheile (s. oben Anm. 119) in den höheren oder geringeren Grad der individuell concretgewordenen Bestimmtheit verlegt wird, sowie dass andrerseits folgerichtig angenommen wird, dasjenige, was der individuell concreten Bestimmung ermangle, d. h. das *ἀόριστον*, könne eben darum zugleich die contradictorischen Gegentheile in sich vereinigen, — eine Auffassung, welche in einem schulmässig traditionell gewordenen Räthsel ihren Ausdruck fand [139]). Uebrigens sieht man leicht ein, dass nach dieser Definition des Wahr und Falsch in vollster Consequenz eigentlich als das einzige durchaus wahre Urtheil sich nur ergiebt A est A oder A non est non A, hingegen das Urtheil A est B entweder, weil A non est B, gleich als ein falsches bezeichnet werden muss, — oder aus der Logik hinausfällt. Vgl. Abschn. II, b. Anm. 14.

Noch stärker nun tritt diese unwissenschaftliche und verstandlose Behandlungsweise da hervor, wo auch für die „nicht einfachen" Urtheile Grundsätze aufgestellt werden, was wahr und was falsch sei; und es dürfte wohl kaum je irgend im Gebiete der Litteratur oder der menschlichen Geistesthätigkeit überhaupt Etwas aufgetreten sein, was an Nichtswürdigkeit und arrogantem Blödsinne diesem stoischen Geschwätze über die hypothetischen, disjunctiven, causalen und dergleichen Urtheile auch nur gleichkäme. — Was zunächst das hypothetische Urtheil, *τὸ συνημμένον*, betrifft, gingen die Stoiker selbst unter sich nach verschiedenen Ansichten auseinander, je nachdem sie sich auf eine der möglich gegebenen Auffassungsweisen warfen. Während nemlich im Allgemeinen überhaupt ein hypothetisches Urtheil dann als „richtig" (*ὑγιές*, diess ist nemlich der technische Ausdruck) bezeichnet wurde, wenn wirklich das Verhältniss einer Folge (*ἀκολουθία*, s. Anm. 125) bestehe [140]), konnte hiebei das Hauptgewicht entweder darauf gelegt werden, dass eben „zwei" Urtheile es sind, welche nebeneinandergestellt werden, oder darauf, dass ja eine „Anknüpfung" zwischen beiden bestehen solle; im ersteren Falle blieb

---

in ihrem Wechsel-Verhältniss „*ἀμφίβολοι διάλεκτοι*", wenigstens scheint mir so C. 23. zu erklären: *εἰ Σαπφὼ οὕτως ἀποφαινομένη „οὐκ οἶδ' ὅττι θέω· δύο μοι τὰ νοήματα" ἀπέφασκεν „οἶδ' ὅττι ....", εἰσὶν ἀμφίβολοι διάλεκτοι, — ναί — οὔ. εἰσὶν ἀμφίβολοι διάλεκτοι, — ναί — οὔ. Σαπφὼ οὕτως ἀποφαινομένη „οὐκ οἶδ' ὅττι ...." ἀπέφασκεν „οἶδ' ὅττι ....". εἰ Σαπφὼ οὕτως ἀπέφασκεν „οὐκ οἶδ' ...."* u. s. f. wieder wie oben.

139) *Sext. Emp. adv. math.* VIII, 98.: *γίνεσθαι δέ φασι τὸ ἀόριστον ἀληθὲς τὸ „τὶς περιπατεῖ" ἢ „τὶς κάθηται" ὅταν τὸ ὡρισμένον ἀληθὲς εὑρίσκηται τὸ „οὗτος κάθηται" ἢ „οὗτος περιπατεῖ"· μηδενὸς γὰρ τῶν ἐπὶ μέρους καθημένου οὐ δύναται ἀληθὲς εἶναι τὸ „τὶς κάθηται" ἀόριστον.* Joann. *Sicel. ad Hermog.* VI, p. 201. *Walz*: *ὁ δὲ τῶν Στωϊκῶν* (*sc. γρῖφος*, s. Abschn. V, Anm. 95 f.) *ὁ λέγων τὰ ἐναντία δέχεσθαι τὴν ἀπροσδιόριστον, ἀληθὲς καὶ ψεῦδος, ἀπὸ τῆς τῶν πραγμάτων γριφεύεται φύσεως, οἷον· ὄρνιθα δ' οὐκ ὄρνιθα, ὄρνιθα δ' ὅμως, τὴν νυκτερίδα, ἐπὶ ξύλου δὲ καὶ οὐ ξύλου καθημένην, ἐπὶ τοῦ νάρθηκος, λίθῳ καὶ οὐ λίθῳ βαλὼν διώλεσε, τῇ κισσήρει. ὡς ἂν δὲ καὶ αὐτὸς γνοίης τί ποτέ ἐστι τὸ λεγόμενον, ἄκουσον· οἱ Περιπατητικοὶ* u. s. f. (die nun folgenden Worte sind schon Abschn. V, Anm. 37. angeführt worden). Vgl. *Tryph. π. τρόπων.* VIII, p. 736. *Walz.*

140) *Sext. Emp. adv. math.* VIII, 112.: *κοινῶς μὲν γάρ φασιν ἅπαντες οἱ διαλεκτικοὶ ὑγιὲς εἶναι συνημμένον ὅταν ἀκολουθῇ τῷ ἐν αὐτῷ ἡγουμένῳ τὸ ἐν αὐτῷ λῆγον· περὶ δὲ τοῦ πότε ἀκολουθεῖ καὶ πῶς, στασιάζουσι πρὸς ἀλλήλους καὶ μαχόμενα τῆς ἀκολουθίας ἐκτίθενται κριτήρια.*

betreffs der Frage über Wahr und Falsch nur die rohe factische Wahrheit der beiden Bestandtheile, oder richtiger zu sagen Trümmer, des hypothetischen Urtheiles übrig, welch factische Wahrheit nun wieder entweder mehr empirisch oder mehr fatalistisch gefasst werden konnte; im letzteren Falle hingegen konnte entweder die sprachliche Satzverknüpfung oder die reale Verflechtung des Factischen hervorgehoben werden. Und so wurde denn nun auch zunächst das bloss formale Verhältniss der Combination von Wahr und Falsch (mit traditionell gewordenen Beispielen) auseinandergesetzt, und es ergab sich [141]):

Vordersatz	wahr,	Nachsatz	wahr,	z. B.	„Wenn es Tag ist, scheint die Sonne“.
„	falsch,	„	falsch,	„	„Wenn die Erde fliegt, hat die Erde Flügel“.
„	falsch,	„	wahr,	„	„Wenn die Erde fliegt, existirt die Erde“.
„	wahr,	„	falsch,	„	„Wenn die Erde existirt, fliegt die Erde“.
				oder	„Wenn es Tag ist, ist es Nacht“.

Von diesen vier Combinationen nun wurde bloss die vierte als eine unrichtige (*μοχθηρόν*) bezeichnet [142]), und zwar war es besonders Philo (s. oben Anm. 8), welcher diese Auffassung des hypothetischen Urtheiles vertrat und daher auch das richtige hypothetische Urtheil — *τὸ ὑγιὲς συνημμένον* — als dasjenige definirte, welches nicht von einem wahren Vordersatze zu einem falschen Nachsatze übergehe [143]). Dass aber hie-

141) Ebend. *pyrrh. hyp.* II, 105.: *τὸ γὰρ συνημμένον ἤτοι ἄρχεται ἀπὸ ἀληθοῦς καὶ λήγει ἐπὶ ἀληθὲς, οἷον „εἰ ἡμέρα ἐστὶ, φῶς ἔστιν“, ἢ ἄρχεται ἀπὸ ψεύδους καὶ λήγει ἐπὶ ψεῦδος, οἷον „εἰ πέταται ἡ γῆ, πτερωτή ἐστιν ἡ γῆ“, ἢ ἄρχεται ἀπὸ ἀληθοῦς καὶ λήγει ἐπὶ ψεῦδος, οἷον „εἰ ἔστιν ἡ γῆ, πέταται ἡ γῆ“, ἢ ἄρχεται ἀπὸ ψεύδους καὶ λήγει ἐπὶ ἀληθὲς, οἷον „εἰ πέταται ἡ γῆ, ἔστιν ἡ γῆ.“*

142) Ebend., wo fortgefahren wird: *τούτων δὲ μόνον τὸ ἀπὸ ἀληθοῦς ἀρχόμενον καὶ λῆγον ἐπὶ ψεῦδος μοχθηρὸν εἶναί φασιν, τὰ δ' ἄλλα ὑγιῆ.* *adv. math.* VIII, 449.: *τὸ γὰρ συνημμένον, ὡς ἔμπροσθεν ἐδείκνυμεν, ὑγιὲς ἀξιοῦσι τυγχάνειν, ὅταν ἀπ' ἀληθοῦς ἀρχόμενον ἐπ' ἀληθὲς ἢ ἀπὸ ψεύδους ἐπὶ ψεῦδος λήγῃ ἢ ἀπὸ ψεύδους ἐπ' ἀληθὲς, καὶ καθ' ἕνα τρόπον ψεῦδος, ὅταν ἀπ' ἀληθοῦς ἀρχόμενον ἐπὶ ψεῦδος λήγῃ.* Hiezu noch besonders die Stellen in Anm. 144 u. 149.

143) Ebend. *pyrrh. hyp.* II, 110.: *ὁ μὲν γὰρ Φίλων φησὶν ὑγιὲς εἶναι συνημμένον τὸ μὴ ἀρχόμενον ἀπὸ ἀληθοῦς καὶ λῆγον ἐπὶ ψεῦδος, οἷον ἡμέρας οὔσης καὶ ἐμοῦ διαλεγομένου τὸ „εἰ ἡμέρα ἐστὶν, ἐγὼ διαλέγομαι.“* *adv. math.* VIII, 113.: *οἷον ὁ μὲν Φίλων ἔλεγεν ἀληθὲς γίνεσθαι τὸ συνημμένον ὅταν μὴ ἄρχηται ἀπ' ἀληθοῦς καὶ λήγῃ ἐπὶ ψεῦδος, ὥστε τριχῶς μὲν γίνεσθαι κατ' αὐτὸν ἀληθὲς συνημμένον, καθ' ἕνα δὲ τρόπον ψεῦδος· καὶ γὰρ ὅταν ἀπ' ἀληθοῦς ἀρχόμενον ἐπ' ἀληθὲς λήγῃ, ἀληθές ἐστιν, ὡς τὸ „εἰ ἡμέρα ἐστὶ, φῶς ἔστιν“, καὶ ὅταν ἀπὸ ψεύδους ἀρχόμενον ἐπὶ ψεῦδος λήγῃ, πάλιν ἀληθὲς, οἷον τὸ „εἰ πέταται ἡ γῆ, πτέρυγας ἔχει ἡ γῆ“, ὡσαύτως δὲ καὶ τὸ ἀρχόμενον ἀπὸ ψεύδους ἐπ' ἀληθὲς δὲ λῆγον ἐστὶν ἀληθὲς, ὡς τὸ „εἰ πέταται ἡ γῆ, ἔστιν ἡ γῆ·“ μόνως δὲ γίνεται ψεῦδος ὅταν ἀρχόμενον ἀπὸ ἀληθοῦς λήγῃ ἐπὶ ψεῦδος, ὁποῖόν ἐστι τὸ „εἰ ἡμέρα ἐστὶ, νὺξ ἔστιν“, ἡμέρας γὰρ οὔσης τὸ μὲν „ἡμέρα ἐστίν“ ἀληθές ἐστιν, ὅπερ ἦν ἡγούμενον, τὸ δὲ „νὺξ ἔστιν“ ψεῦδός ἐστιν, ὅπερ ἦν λῆγον.*

bei der obwaltende Conditional-Nexus gar nicht in Betracht kam, und es als völlig gleichgültig genommen wurde, mochte derselbe auf Causalität oder auf Inhärenz oder auf Gattungs- und Art-Verhältniss u. s. w. beruhen, sondern dass bloss der jeweilige factische Bestand der beiden von einander losgerissenen Theile des Conditional-Satzes den Anhaltspunkt gab, ist theils schon aus obigen Beispielen auf den ersten Blick ersichtlich, theils aber ist diess sogar deutlich in den allerdings etwas carrikirten, aber richtigen, Consequenzen ausgesprochen, welche der Skeptiker Sextus Empirikus aus jenem Grundsatze folgert, nemlich nicht bloss, dass die Wahrheit des Satzes „Wenn es Tag ist, spreche ich" davon abhänge, ob ich wirklich gerade jetzt bei Tage spreche, sondern auch dass der Satz „Wenn es Nacht ist, spreche ich" wahr sei, sobald ich jetzt eben bei Tag schweige, also jener Satz die zweite der obigen vier Combinationen sei, endlich sogar, dass der Satz „Wenn es Nacht ist, ist es Tag" völlig wahr sei, sobald er bei Tag gesprochen werde, da er dann die dritte Combination sei [144]). Dieser Auffassung nun, durch welche die völlig particular empirische Wahrheit zum Kriterium gemacht wurde, trat eine andere entgegen, nach welcher die fatalistisch nothwendige Wahrheit der beiden Theile des Conditional-Satzes zu Grunde gelegt und das richtige hypothetische Urtheil als jenes definirt wurde, bei welchem nie eine Möglichkeit ist oder war, dass es von einem wahren Vordersatze in einen falschen Nachsatz übergehe. Diess aber ist keine andere Theorie des hypothetischen Urtheiles, als eben jene, welche wir schon

---

144) *adv. math.* VIII, 115 ff.: *τὸ γὰρ τοιοῦτον συνημμένον „εἰ ἡμέρα ἐστὶν, ἐγὼ διαλέγομαι" ἡμέρας οὔσης ἐπὶ τοῦ παρόντος κἀμοῦ διαλεγομένου κατὰ μὲν τὸν Φίλωνα ἀληθές ἐστιν, ἐπείπερ ἀπ' ἀληθοῦς ἀρχόμενον τοῦ „ἡμέρα ἐστίν" εἰς ἀληθὲς λήγει τὸ „ἐγὼ διαλέγομαι" .... πάλιν τὸ οὕτως ἔχον „εἰ νὺξ ἔστιν, ἐγὼ διαλέγομαι" ἡμέρας οὔσης καὶ σιωπῶντος ἐμοῦ κατὰ μὲν Φίλωνα ὡσαύτως ἀληθές, ἀπὸ γὰρ ψεύδους ἀρχόμενον ἐπὶ ψεῦδος λήγει .... ἀλλὰ δὴ καὶ τὸ „εἰ νὺξ ἔστιν, ἡμέρα ἐστίν" ἡμέρας οὔσης κατὰ μὲν Φίλωνα διὰ τοῦτ' ἀληθὲς ὅτι ἀπὸ ψεύδους ἀρχόμενον τοῦ „νὺξ ἔστιν" εἰς ἀληθὲς λήγει τὸ „ἡμέρα ἐστίν."* Dass aber diese Angabe nicht bloss aus einer skeptisch destructiven Tendenz geflossen ist, zeigt eine andere Stelle, in welcher eben dieser Standpunkl völlig objectiv als die eine der mehreren Ansichten über das hypothetische Urtheil geschildert wird, nemlich ebend. 245 ff.: *κρίσεις δὲ τοῦ ὑγιοῦς συνημμένου πολλὰς μὲν καὶ ἄλλας εἶναί φασιν, μίαν δ' ἐξ ἁπασῶν ὑπάρχειν καὶ ταύτην οὐχ ὁμόλογον τὴν ἀποδοθησομένην· πᾶν γὰρ συνημμένον ἢ ἀπὸ ἀληθοῦς ἀρχόμενον εἰς ἀληθὲς λήγει ἢ ἀπὸ ψεύδους ἀρχόμενον ἐπὶ ψεῦδος λήγει ἢ ἀπ' ἀληθοῦς ἐπὶ ψεῦδος ἢ ἀπὸ ψεύδους ἐπ' ἀληθές· ἀπὸ μὲν οὖν ἀληθοῦς ἀρχόμενον ἐπ' ἀληθὲς λήγει τὸ „εἰ εἰσὶ θεοί, προνοίᾳ θεῶν διοικεῖται ὁ κόσμος", ἀπὸ ψεύδους δὲ ἐπὶ ψεῦδος τὸ „εἰ πέταται ἡ γῆ, πτέρυγας ἔχει ἡ γῆ", ἀπὸ ψεύδους δὲ ἐπ' ἀληθὲς τὸ „εἰ πέταται ἡ γῆ, ἔστιν ἡ γῆ", ἀπὸ δὲ ἀληθοῦς ἐπὶ ψεῦδος τὸ „εἰ κινεῖται οὗτος, περιπατεῖ οὗτος" μὴ περιπατοῦντος μὲν αὐτοῦ, κινουμένου δέ.* (Diess letztere ist nun doch gewiss das nemliche, wie wenn das Urtheil „Wenn es Nacht ist, ist es Tag" nur bei Nacht falsch, bei Tag aber wahr sein soll). *τεσσάρων οὖν οὐσῶν τοῦ συνημμένου συζυγιῶν, ὅταν ἀπ' ἀληθοῦς τε ἄρχηται καὶ εἰς ἀληθὲς λήγῃ, ἢ ὅταν ἀπὸ ψεύδους ἐπὶ ψεῦδος, ἢ ὅταν ἀπὸ ψεύδους ἐπ' ἀληθὲς ἢ ἀναστρόφως ἀπ' ἀληθοῦς ἐπὶ ψεῦδος, κατὰ μὲν τοὺς πρώτους τρεῖς τρόπους φασὶν ἀληθὲς τοῦτο γίνεσθαι· ἐάν τε γὰρ ἀπ' ἀληθοῦς ἀρχόμενον ἐπ' ἀληθὲς λήγῃ, ἐστὶν ἀληθὲς, ἐάν τε ἀπὸ ψεύδους ἐπὶ ψεῦδος, πάλιν ἀληθὲς, ὡσαύτως δὲ κἂν ἀπὸ ψεύδους ἐπ' ἀληθές· καθ' ἕνα δὲ μόνον γίνεσθαι ψεῦδος, ὅταν ἀπ' ἀληθοῦς ἀρχόμενον λήγῃ ἐπὶ ψεῦδος.*

oben (Abschn. II, Anm. 37) bei dem Megariker Diodoros kennen lernten, nur wurde dieselbe in den Controversen der späteren Dialektiker wieder aufgenommen und, wie es scheint, namentlich der Lehre Philo's gegenüber gestellt [145]), auch mochte sie jenen Stoikern, welche etwa den Fatalismus auch consequenter für die Erkenntnisstheorie durchführen wollten, erwünscht sein. — Wurde aber nun hingegen das Bestehen einer Verknüpfung oder Verbindung zwischen Vordersatz und Nachsatz in den Vordergrund gestellt, so stand allerdings mit der ganzen übrigen stoischen Logik jener Standpunkt am meisten in Einklang, welcher alles Gewicht auf die sprachliche Satzverbindung legte und den Conditionalsatz gleichsam wie ein einfaches Urtheil betrachtete, in welchem der Vordersatz die Stelle des Subjectes und der Nachsatz die Stelle des Prädicates vertritt; da konnte dann mit aller bloss formalen Consequenz der obige Grundsatz betreffs der Wahrheit und Falschheit der einfachen Urtheile auch völlig auf die nicht einfachen hinübergetragen werden. Und so treffen wir denn auch wirklich folgende Bestimmung: ein hypothetisches Urtheil ist wahr, wenn das contradictorische Gegentheil seines Nachsatzes einen Gegensatz zum Vordersatze bildet, falsch hingegen, wenn nicht; hievon ist natürlich eine Folge, dass eigentlich nur das sogenannte *διφορούμενον* (s. oben) ein richtiges hypothetisches Urtheil ist [146]), und so sind wir, wie oben für das einfache Urtheil bei A est A, so hier für das hypothetische glücklich bei Si A est, A est angekommen. Dass aber diese mit der Lehre vom kategorischen Urtheile übereinstimmende Auffassung des Hypothetischen gerade von Chrysippus ausging, erhellt deutlich aus einer Stelle Cicero's [147]), und somit werden wir sie als

---

145) Als Beleg hiefür dienen gerade die so eben und im Abschn. II. angeführten Stellen des Sextus Emp., und offenbar stritten die Stoiker vielfach über diese Dinge mit ähnlicher Consequenzmacherei, wie wir sie so eben sahen. Vgl. *Cic. Acad.* II, 47, 143.: *In hoc ipso, quod in elementis dialectici docent, quomodo judicare oporteat, verum falsumne sit, si quid ita connexum est ut hoc „si dies est, lucet", quanta contentio est! aliter Diodoro, aliter Philoni, Chrysippo aliter placet; quid? cum Cleanthe doctore suo quam multis rebus Chrysippus dissidet* etc.

146) *Sext. Emp. pyrrh. hyp.* II, 111.: *οἱ δὲ τὴν συνάρτησιν εἰςάγοντες ὑγιὲς εἶναί φασι συνημμένον ὅταν τὸ ἀντικείμενον τῷ ἐν αὐτῷ λήγοντι μάχηται τῷ ἐν αὐτῷ ἡγουμένῳ· καθ' οὓς τὰ μὲν εἰρημένα συνημμένα* (d. h. die obigen vier Combinationen) *ἔστι μοχθηρὰ, ἐκεῖνο δὲ ἀληθὲς „εἰ ἡμέρα ἐστὶν, ἡμέρα ἔστιν."* *Diog. L.* VII, 73.: *συνημμένον οὖν ἀληθές ἐστιν, οὗ τὸ ἀντικείμενον τοῦ λήγοντος μάχεται τῷ ἡγουμένῳ, οἷον „εἰ ἡμέρα ἐστὶ, φῶς ἔστι"· τοῦτο ἀληθὲς, τὸ γὰρ „οὐχὶ φῶς" ἀντικείμενον τῷ λήγοντι μάχεται τῷ „ἡμέρα ἐστί". συνημμένον δὲ ψεῦδός ἐστιν, οὗ τὸ ἀντικείμενον τοῦ λήγοντος οὐ μάχεται τῷ ἡγουμένῳ, οἷον „εἰ ἡμέρα ἐστὶ, Δίων περιπατεῖ". τὸ γὰρ „οὐχὶ Δίων περιπατεῖ" οὐ μάχεται τῷ „ἡμέρα ἐστί".* (*Diog. L.* übrigens führt nur diese Auffassung allein, keine der übrigen an, und wir dürfen wohl auch hieraus schliessen, dass dieselbe die am meisten schulmässige war.)

147) *d. fato* 6, 12.: *Vigila, Chrysippe, ne tuam causam, in qua tibi cum Diodoro valente dialectico magna luctatio est, deferas; si enim est verum, quod ita connectitur „si quis oriente canicula natus est, in mari non morietur", illud quoque verum est: „si Fabius oriente canicula natus est, Fabius in mari non morietur"; pugnant* (diess ist das *μάχεσθαι*, vorige Anm.) *igitur haec inter se, Fabium oriente canicula natum esse, et Fabium in mari moriturum, et quoniam certum in Fabio ponitur, natum esse eum canicula oriente, haec quoque pugnant, et esse Fabium et in mari esse moriturum; ergo haec quoque coniunctio est ex repugnantibus „et est Fabius et in mari Fabius morietur", quod ut propositum est, ne fieri quidem potest.*

die eigentlich stoische zu betrachten haben. Insoferne aber die Urtheile als *λεκτὰ* doch in einer Beziehung zu den *πράγματα* stehen, und auch bei der Forderung, dass das contradictorische Gegentheil des Nachsatzes der „Gegensatz“ des Vordersatzes sei, eben der Gegensatz (*ἐναντίον, μάχη*) von selbst auf das Gebiet der factischen Dinge hinüberführt (s. oben Anm. 135. u. unten Anm. 159), so war es, falls man von dem blossen Si A est, A est überhaupt, sei es auch nur aus rhetorischen Zwecken, hinwegkommen wollte, nothwendig geboten, dass man auch auf die factische Verflechtung, welche zwischen dem factischen Inhalte des Vorder- und des Nach-Satzes bestehe, hinüberblickte. Und es machten nun sogar wieder einige Stoiker diesen factischen Nexus grundsätzlich zum Kriterium für die Frage über Wahrheit und Falschheit der hypothetischen Urtheile, indem sie die Bestimmung aufstellten, wahr sei jenes hypothetische Urtheil, dessen Nachsatz vom Vordersatze umfasst werde und also bereits in ihm enthalten sei, wornach bei voller Consequenz des Factischen hier das *διφορούμενον* wegen der Unmöglichkeit eines Umfassens bei Einem und demselben Dinge wieder durchweg ein falsches Urtheil wäre [148]). Aber einerseits scheint es, dass auch die strengere Chrysippische Lehre dieses Hinblickes auf die factische *ἀκολουθία* sich nicht ganz entschlagen konnte, wenigstens ist uns ein wahrscheinlich auf Chrysippus selbst zurückzuführender Schul-Lehrsatz erhalten, welcher im Zusammenhange mit obiger Viertheilung der hypothetischen Urtheile den factischen Bestand des Vorder- und Nach-Satzes auf das wundersamste mit dem theils logisch-sprachlichen theils selbst factischen Motive der Abfolge (*ἀκολουθία*) vermengt und völlig dem Obigen entsprechend den Grundsatz aufstellt, dass unter jenen vier Fällen nur der eine nie stattfinde, dass aus Wahrem Falsches folge, z. B. aus der Existenz der Erde folge nie, dass sie fliege, wohl hingegen aus dem Fluge derselben ihre Existenz [149]), — Beispiele, aus welchen doch hinreichend ersichtlich ist, dass sowohl das plumpeste empirische Kriterium vorliegt als auch an jedem Verständnisse des Causalnexus zwischen Wesen und Inhärenzien es gänzlich gebricht. Ganz ähnlich ja auch ist uns eine Bestimmung betreffs der Wahrheit und Falschheit des schon oben erwähnten *παρασυνημμένον* (einer Nebenart des hypothetischen) überliefert, welche ziemlich den sprachlichen und den factischen Standpunkt verbindet oder verwirrt [150]). Und andrerseits nun liegt inhaltlich jedenfalls der Uebergang vom sprachlich-grammatischen Motive in den plattesten Empiris-

---

148) *Sext. Emp.* a. a. O. 112.: *οἱ δὲ τῇ ἐμφάσει κρίνοντές φασιν ὅτι ἀληθές ἐστι συνημμένον οὗ τὸ λῆγον ἐν τῷ ἡγουμένῳ περιέχεται δυνάμει· καθ' οὓς τὸ „εἰ ἡμέρα ἐστὶν, ἡμέρα ἔστι“ καὶ πᾶν διφορούμενον συνημμένον ἴσως ψεῦδος ἔσται, αὐτὸ γάρ τι ἐν ἑαυτῷ περιέχεσθαι ἀμήχανον.*

149) *Diog. L.* 81.: *ἐπ' ἀληθεῖ δὲ ἀληθὲς ἕπεται κατὰ τοὺς Στωϊκοὺς, ὡς τῷ „ἡμέρα ἐστί“ τὸ „φῶς ἔστι“, καὶ ψεύδει ψεῦδος, ὡς τῷ „νὺξ ἔστι“ ψεύδει τὸ „σκότος ἐστί“, καὶ ψεύδει ἀληθὲς, ὡς τῷ „ἵπτασθαι τὴν γῆν“ τὸ „εἶναι τὴν γῆν“, ἀληθεῖ μέντοι ψεῦδος οὐκ ἀκολουθεῖ, τῷ γὰρ „εἶναι τὴν γῆν“ τὸ „πέτεσθαι τὴν γῆν“ οὐκ ἀκολουθεῖ.*

150) Ebend. 74.: *παρασυνημμένον δὲ ἀληθὲς μέν ἐστιν ὃ ἀρχόμενον ἀπὸ ἀληθοῦς εἰς ἀκόλουθον λήγει, οἷον „ἐπεὶ ἡμέρα ἐστὶν, ἥλιός ἐστιν ὑπὲρ γῆς“, ψεῦδος δὲ ἢ ἀπὸ ψεύδους ἄρχεται ἢ μὴ εἰς ἀκόλουθον λήγει, οἷον „ἐπεὶ νὺξ ἔστι, Δίων περιπατεῖ“, ἂν ἡμέρας οὔσης λέγηται.*

mus des Factischen in der ganzen Lehre von dem *σημεῖον*, deren praktische Anwendung für die Rhetorik mannigfach genug ist, uns aber hier nicht berührt. Hingegen in eine Beziehung zur Logik tritt dieselbe, insoferne zunächst das anzeigende Indicium (*ἐνδεικτικὸν σημεῖον*) von dem populär angewendeten bloss Erinnerung erweckenden Anzeichen (*ὑπομνηστικὸν σημεῖον*) geschieden wird [151]), ersteres aber in eine enge Verbindung mit dem hypothetischen Urtheile kömmt. Nemlich offenbar mit entschiedenem Anschlusse an die eben zuletzt erwähnte Auffassung des Conditional-Satzes, nach welcher der Nachsatz im Vordersatze enthalten sein soll, heisst nun geradezu *σημεῖον* der Vordersatz eines richtigen hypothetischen Urtheiles, insoferne er den Bestand des Nachsatzes aus sich heraus enthüllt (*ἐκκαλυπτικόν*), wofür das traditionell gewordene Beispiel ist „Wenn sie Milch hat, hat sie geboren“. Da aber nun das Indicium etwas Wahres und Wirkliches anzeigen soll, so kann es unter obigen vier Combinationen nur in der ersten seine Stelle haben, und es wird daher die Bedeutung des *σημεῖον* zusammengefasst so ausgedrückt, es sei dasselbe der den Nachsatz enthüllende Vordersatz (welcher nun technisch *προκαθηγούμενον* heisst) eines Conditionalsatzes, welcher aus einem wahren Vordersatze in einen wahren Nachsatz übergeht [152]). Wie sich von selbst versteht, ist hier in dem „aus sich enthüllen“ das gesammte factische Verhältniss des Causalnexus, welcher empirisch erkannt vorliegen muss, sowie in der Wahrheit des Vordersatzes das je-

---

151) *Sext. Emp. pyrrh. hyp.* II, 100.: *τῶν οὖν σημείων τὰ μέν ἐστι ὑπομνηστικὰ κατ' αὐτοὺς τὰ δ' ἐνδεικτικά· καὶ ὑπομνηστικὸν μὲν σημεῖον καλοῦσιν ὃ συμπαρατηρηθὲν τῷ σημειωτῷ δι' ἐναργείας ἅμα τῷ ὑποπεσεῖν ἐκείνου ἀδηλουμένου ἄγει ἡμᾶς εἰς ὑπόμνησιν τοῦ συμπαρατηρηθέντος αὐτῷ καὶ νῦν ἐναργῶς μὴ ὑποπίπτοντος, ὡς ἔχει ἐπὶ τοῦ καπνοῦ καὶ τοῦ πυρός· ἐνδεικτικὸν δέ ἐστι σημεῖον, ὡς φασὶν, ὃ μὴ συμπαρατηρηθὲν τῷ σημειωτῷ δι' ἐναργείας, ἀλλ' ἐκ τῆς ἰδίας φύσεως καὶ κατασκευῆς σημαίνει τὸ οὗ ἐστι σημεῖον, ὥςπεροῦν αἱ περὶ τὸ σῶμα κινησεις σημεῖά ἐστι τῆς ψυχῆς.* *adv. math.* VIII, 143.: *λέγεται τοίνυν τὸ σημεῖον διχῶς, κοινῶς τε καὶ ἰδίως· κοινῶς μὲν τὸ δοκοῦν τι δηλοῦν καθὸ καὶ τὸ πρὸς ἀνανέωσιν τοῦ συμπαρατηρηθέντος αὐτῷ πράγματος χρησιμεῦον εἰώθαμεν καλεῖν σημεῖον, ἰδίως δὲ τὸ ἐνδεικτικὸν τοῦ ἀδηλουμένου πράγματος.* ebend. 156. ... *περὶ τοῦ ἐνδεικτικοῦ, τοῦτο γὰρ ὑπὸ τῶν δογματικῶν φιλοσόφων καὶ τῶν λογικῶν ἰατρῶν ὡς δυνάμενον τὴν ἀναγκαιοτάτην αὐτοῖς παρέχειν χρείαν πέπλασται.*

152) Ebend. *adv. math.* VIII, 249.: *οὐκοῦν εἰ τὸ σημεῖον ἀληθὲς εἶναι δεῖ καὶ ἀληθοῦς παραστατικὸν, οὔτε ἐν τῷ ἀπὸ ψεύδους ἀρχομένῳ καὶ ἐπὶ ψεῦδος λήγοντι οὔτε ἐν τῷ ἀπὸ ψεύδους ἐπ' ἀληθὲς ὑποκείσεται· λείπεται οὖν ἐν ἐκείνῳ μόνον αὐτὸ τυγχάνειν τῷ ἀπὸ τοῦ ἀληθοῦς τε ἀρχομένῳ καὶ ἐπ' ἀληθὲς λήγοντι, ὡς ἂν καὶ αὐτοῦ ὑπάρχοντος καὶ τοῦ σημειωτοῦ συνυπάρχειν ὀφείλοντος αὐτῷ. τοίνυν ὅταν λέγηται τὸ σημεῖον ἀξίωμα εἶναι ἐν ὑγιεῖ συνημμένῳ καθηγούμενον, δεήσει ἐν μόνῳ ἀκούειν αὐτὸ καθηγούμενον συνημμένῳ τῷ ἀπ' ἀληθοῦς τε ἀρχομένῳ καὶ ἐπ' ἀληθὲς λήγοντι.* *pyrrh. hyp.* II, 101.: *ὅθεν καὶ ὁρίζονται τοῦτο τὸ σημεῖον οὕτως· σημεῖόν ἐστιν ἐνδεικτικὸν ἀξίωμα ἐν ὑγιεῖ συνημμένῳ προκαθηγούμενον ἐκκαλυπτικὸν τοῦ λήγοντος.* ebend. 106.: *προκαθηγούμενον δὲ λέγουσι τὸ ἐν συνημμένῳ ἀρχομένῳ ἀπὸ ἀληθοῦς καὶ λήγοντι ἐπὶ ἀληθὲς ἡγούμενον· ἐκκαλυπτικὸν δέ ἐστι τοῦ λήγοντος, ἐπεὶ τὸ „γάλα ἔχει αὕτη“ τοῦ „κεκύηκεν αὕτη“ δηλωτικὸν εἶναι δοκεῖ ἐν τούτῳ τῷ συνημμένῳ „εἰ γάλα ἔχει αὕτη, κεκύηκεν αὕτη“.* ebend. 115.: *τὸ μὲν γὰρ προκαθηγούμενον, ὡς φασὶν, ἐστὶ τὸ ἡγούμενον ἐν τοιούτῳ συνημμένῳ ὃ ἄρχεται ἀπὸ ἀληθοῦς καὶ λήγει ἐπὶ ἀληθές.*

weilig factische Bestehen von Zuständen, welche objectiv vorhanden sein müssen (*ὑπάρχειν*), herbeigezogen, und die obige formalistisch sprachliche Bestimmung betreffs der Wahrheit der hypothetischen Urtheile muss sich nun bequemen, doch wieder an die bloss empirisch factische Wahrheit zu appelliren. Die Rohheit des Empirismus, welcher an sich nur den jeweilig momentanen Bestand aufgreifen kann, bricht auch darin hervor, dass ausdrücklich gelehrt wird, jedes Indicium beziehe sich nur auf die Gegenwart, und nur mit Unrecht spreche man von Indicien für Vergangenes oder Künftiges, denn da sei ja eben das Vergangensein oder das Bevorstehen eines Zustandes der gegenwärtige Zustand selbst [153]). Natürlich aber heisst daneben doch wieder das *σημεῖον* ein Gedankenproduct (*νοητόν*) im Gegensatze gegen die bloss sinnliche Wahrnehmung [154]). Es muss eben nothwendig in diesem Theile des Gegenstandes der logischen Theorie der einseitige Ausgangspunkt oder die ursprüngliche Principlosigkeit noch deutlicher als im Uebrigen zu Tage kommen. Uebrigens ist leicht ersichtlich, dass diese ganze Lehre vom hypothetischen Urtheile den Keim desjenigen enthält, was später zum sogenannten *principium rationis sufficientis* sich gestaltete.

Es hatten nun die Stoiker in gleicher Weise auch für die übrigen der oben aufgezählten Arten der nicht-einfachen Urtheile formale Bestimmungen darüber aufgestellt, wann dieselben wahr und wann sie falsch seien. Und zwar ist uns in Betreff des copulativen Urtheiles, des *συμπεπλεγμένον*, überliefert, dass dasselbe als richtig (*ὑγιὲς*) galt, wenn sämmtliche durch „sowohl — als auch" verbundenen Glieder desselben der Wahrheit entsprechen, als falsch aber, wenn auch nur Eines unter jenen falsch ist [155]). Was das disjunctive Urtheil, *τὸ διεζευγμένον*, betrifft,

---

153) Ebend. *adv. math.* VIII, 254 ff.: *Ἔτι, φασὶ, τὸ σημεῖον παρὸν παρόντος εἶναι δεῖ σημεῖον· ἔνιοι γὰρ ἐξαπατώμενοι καὶ παρὸν παρῳχημένου θέλουσι εἶναι σημεῖον, ὡς ἐπὶ τοῦ „εἰ οὐλὴν ἔχει οὗτος, ἕσχηκεν οὗτος"· εἰ μὲν γὰρ οὐλὴν ἔχει, παρόν ἐστι, φαίνεται γὰρ, τὸ δὲ ἕλκος ἐσχηκέναι παρῳχημένον, οὐκέτι γὰρ ἔστιν ἕλκος· καὶ παρὸν μέλλοντος, ὡς τὸ περιεχόμενον τῷ τοιούτῳ συνημμένῳ „εἰ καρδίαν τέτρωται οὗτος, ἀποθανεῖται οὗτος"· τὸ μὲν γὰρ τραῦμα τῆς καρδίας εἶναί φασιν ἤδη, τὸν δὲ θάνατον μέλλειν. ἀγνοοῦσι δὴ οἱ τὰ τοιαῦτα λέγοντες ὅτι ἄλλ' ἔστι τὰ παρῳχημένα καὶ τὰ μέλλοντα, τὸ μέντοι σημεῖον καὶ σημειωτὸν κἀν τούτοις παρὸν παρόντος ἐστίν· ἔν τε γὰρ τῷ προτέρῳ τῷ „εἰ οὐλὴν ἔχει οὗτος, ἕλκος ἔσχηκεν οὗτος" τὸ μὲν ἕλκος γέγονεν ἤδη καὶ παρῴχηκεν, τὸ δὲ ἕλκος ἐσχηκέναι τοῦτον ἀξίωμα καθεστηκὸς ἐνέστηκεν περὶ γεγονότος τινὸς λεγόμενον* (also das Perfectum sowie auch das Futurum stehen dem Präsens gleich; s. oben Anm. 136. u. unten 161, sowie Abschn. II, Anm. 102.). *ἔν τε τῷ „εἰ καρδίαν τέτρωται οὗτος, ἀποθανεῖται οὗτος" ὁ μὲν θάνατος μέλλει, τὸ δὲ ἀποθανεῖσθαι τοῦτον ἀξίωμα ἐνέστηκεν περὶ μέλλοντος λεγόμενον, παρὸ καὶ νῦν ἐστὶν ἀληθές. ὥστε καὶ ἀξίωμά ἐστι τὸ σημεῖον καὶ ἐν ὑγιεῖ συνημμένῳ καθηγεῖται τῷ ἀρχομένῳ ἀπὸ ἀληθοῦς καὶ λήγοντι ἐπὶ ἀληθὲς, ἐκκαλυπτικόν τέ ἐστι τοῦ λήγοντος, καὶ διὰ παντὸς παρὸν παρόντος ἐστὶ σημεῖον.*

154) Ebend. 177.: *Ἐπίκουρος μὲν γὰρ καὶ οἱ προεστῶτες αὐτοῦ τῆς αἱρέσεως ἔλεξαν αἰσθητὸν εἶναι τὸ σημεῖον, οἱ δὲ ἀπὸ τῆς Στοᾶς νοητόν.* Darum ist das *σημεῖον* auch ähnlich wie der Begriff (s. oben Anm. 72.) lehrbar und lernbar; vgl. ebend. 203.

155) Ebend. 125.: *οὐ μὴν ἀλλὰ καὶ ὅταν λέγωσιν, ὑγιὲς εἶναι συμπεπλεγμένον τὸ πάντ' ἔχον ἐν αὐτῷ ἀληθῆ, οἷον τὸ „ἡμέρα ἐστὶ καὶ φῶς ἔστιν", ψεῦδος δὲ τὸ ἔχον ψεῦδος, πάλιν νομοθετοῦσιν αὐτοὶ αὐτοῖς· ἀκό-*

so wird uns zwar der seine Wahrheit oder Falschheit entscheidende Grundsatz nicht in strenger Formulirung angegeben; er muss aber wohl wenigstens in seiner einen Hälfte gelautet haben, ein disjunctives Urtheil sei wahr, wenn zwischen den in ihm disjungirten Gliedern ein vollständiger, gegenseitige Vernichtung bewirkender Gegensatz (eine *τέλειος μάχη*, s. unten Abschn. X., Anm. 31) bestehe [156]; hierin eben beruht sein Unterschied von dem *παραδιεζευγμένον*, s. Abschn. VIII, Anm. 51 u. Abschn. X, Anm. 38 u. 53. Darüber aber, wann dasselbe falsch sei, blieben wohl aus Gründen, welche uns bei der Lehre vom disjunctiven Schlusse erscheinen werden, manche Controversen übrig, von welchen uns jedoch nichts Näheres überliefert ist. Wohl aber ist uns ein Blick darein verstattet, wie sehr die Stoiker mit der ganzen Auffassung des disjunctiven Urtheiles in die Empirie des bloss factisch Gegebenen hineinfallen und aus derselben das Kriterium in Bezug auf Wahrheit oder Falschheit dieses Urtheiles entnehmen mussten. Das Gebiet des disjunctiven Urtheiles nemlich ist von vornherein der reale Gegensatz (*τὸ ἐναντίον*), welcher von dem bloss sprachlichen Widerspruche (*ἀντικείμενον*) scharf unterschieden wird — s. oben Anm. 135 —, und es wird daher in einem disjunctiven Urtheile ausgesprochen, dass zwei oder mehrere Dinge oder Zustände factisch nicht miteinander zusammenbestehen können, also in einem gegenseitigen Kampfe (*μάχη*) sich befinden [157]. Somit können die Gegensätze nur an den factischen Verhältnissen erkannt werden, in welchen der innere Grund jeder erscheinenden Gegensätzlichkeit liegen muss; und so verlegen denn auch die Stoiker den Gegensatz in die ursprünglichen qualitativen Bestimmtheiten der Dinge und in die ihnen einwohnenden unveränderlichen Eigenschaften (*ἕξεις*, s. oben Anm. 100), von welchen allein im eigentlichen Sinne gesagt werden solle, dass sie Gegensätze „seien“ (*ἐναντίον εἶναι*), wogegen die äusseren Erscheinungen dieser inneren Qualität nur als ein gegensätzliches „Sichverhalten“ (*ἐναντίως ἔχειν*) zu bezeichnen seien [158]; und aus dem gleichen Grunde wollen

---

λουθον γὰρ ἦν, εἰ ἀληθές ἐστι τὸ ἐκ πάντων ἀληθῶν σύνθετον εὐθὺς ἀληθὲς εἶναι καὶ τὸ ἐκ πάντων ψευδῶν συγκείμενον ψεῦδος, τὸ δὲ ἐκ ψευδῶν ἅμα καὶ ἀληθῶν μὴ μᾶλλον ἀληθὲς εἶναι ἢ ψεῦδος ..... (128.) *ἀλλ' ὥσπερ ἐν τῷ βίῳ, φασὶ, τὸ κατὰ μὲν τὰ πλεῖστα μέρη ὑγιὲς ἱμάτιον κατ' ὀλίγον δὲ διερρωγὸς οὐκ ἀπὸ τῶν πλείστων καὶ ὑγιῶν μερῶν ὑγιὲς εἶναι λέγομεν ἀλλ' ἀπὸ τοῦ ὀλίγου καὶ διερρωγότος διερρωγὸς, οὕτω καὶ τὸ συμπεπλεγμένον, κἂν ἓν μόνον ἔχῃ ψεῦδος, πλείονα δὲ ἀληθῆ, λεχθήσεται τὸ ὅλον ἀπὸ τοῦ ἑνὸς ψεῦδος.* Vgl. Abschn. VIII, Anm. 49.

156) Ebend. *pyrrh. hyp.* II, 191.: *τὸ γὰρ ὑγιὲς διεζευγμένον ἐπαγγέλλεται ἓν τῶν ἐν αὐτῷ ὑγιὲς εἶναι, τὸ δὲ λοιπὸν ἢ τὰ λοιπὰ ψεῦδος ἢ ψευδῆ μετὰ μάχης.* s. auch Anm. 4.

157) *Bekk. Anecd.* p. 484.: *μηδὲ τὸ πρὸς τῶν Στωϊκῶν λεγόμενον παραλείπωμεν, παρ' οἷς ἐστί τις διαφορὰ ἐν τοῖς κατὰ φύσιν διεζευγμένοις μαχομένου καὶ ἀντικειμένου· καὶ ἦν μαχόμενον τὸ μὴ δυνάμενον κατὰ τὸ αὐτὸ παραληφθῆναι, ὑπὲρ οὗ καὶ ἐν τοῖς προκειμένοις εἴρηται, „ἡμέρα ἐστὶν ἢ νὺξ ἔστιν, ἢ φθέγγομαι ἢ σιγῶ“, καὶ ἔτι τὰ τούτοις ὅμοια. ἀντικείμενον δὲ τὸ πλεονάζον ἀποφάσει, ὅπερ δυνάμει πάλιν μαχόμενον κ. τ. λ.*

158) *Simpl. ad Categ. f.* 98 E.: *τούτοις οὖν οἱ ἀπὸ τῆς Στοᾶς ἐχρήσαντο πᾶσι καὶ τοῖς ἄλλοις διορισμοῖς τοῖς περὶ τῶν ἐναντίων Ἀριστοτέλει κατὰ πόδας ἠκολούθησαν ἐκείνου τὰς ἀφορμὰς αὐτοῖς δεδωκότος ἐν τῷ περὶ τῶν Ἀντικειμένων συγγράμματι, ἃς ἐξειργάσαντο ἐν τοῖς αὐτῶν βιβλίοις· καὶ γὰρ καὶ τὰς ἕξεις ἐναντίας ὑπέλαβον ὡς ἐκεῖνος, οἷον φρόνησιν ἀφρό-*

sie lieber nur die sprachlich isolirten Bezeichnungen der Dinge als Gegensätze gelten lassen, nicht hingegen ganze Sätze, wenn dieselben auch Gegensätze enthalten, da ja hier dem factischen Zustande schon Fremdartiges beigefügt sei [159]). Kurz es kömmt also in der That darauf hinaus, dass z. B. „Tag" und „Nacht" *ἐναντία* seien, hingegen „Es ist Tag" und „Es ist Nacht" *ἀντικείμενα*; und das disjunctive Urtheil „Entweder ist es Tag oder es ist Nacht" kann ausschliesslich nur nach dem factischen Verhältnisse beurtheilt werden, hingegen das hypothetische Urtheil „Wenn es Tag ist, ist es Tag" fällt theilweise dem Sprachlichen anheim, da es ja dann wahr ist, wenn das contradictorische (d. h. sprachliche) Gegentheil des Nachsatzes einen Gegensatz zum Vordersatze bildet (s. Anm. 146); eben in diesem letzteren aber, dass jenes einen „Gegensatz" bilden soll, stürzt diese ganze so eben gemachte Unterscheidung zwischen contradictorischem Gegentheile und realem Gegensatze augenblicklich wieder in sich zusammen. Weitere Consequenzen betreffs der gänzlichen Verstandlosigkeit dieser Logik hieraus zu ziehen, überlassen wir füglich dem Leser selbst. Uebrigens liegt in jenem Grundsatze des gegenseitigen Kampfes (*μάχη*) der Gegensätze schon völlig das Motiv des nachmaligen *principium exclusi tertii*. — Endlich was noch das causale Urtheil, *τὸ αἰτιῶδες*, betrifft, so ist uns hier wieder die formale Bestimmung überliefert, dass dasselbe wahr sei, wenn aus seinem wahren Vordersatze factisch wirklich der Nachsatz folge, nicht aber der Vordersatz aus dem Nachsatze, hingegen falsch, wenn entweder der Vordersatz falsch sei oder keine oder eben die umgekehrte Folge bestehe [160]). Wie

---

νησιν, καὶ τὰ κατηγορήματα ὥςπερ τὸ φρονεῖν καὶ ἀφραίνειν, καὶ τὰς μεσότητας, οἷον τὸ φρονίμως ἢ ἀφρόνως· τοὺς μέντοι ποιοὺς καὶ πῶς ἔχοντας οὐκέτι ἐναντίους ὑπέλαβον ἀλλ' ἐναντίως ἔχειν καὶ τοῦτον τούτῳ, ἀλλὰ μέσως, τὸν φρόνιμον τῷ ἄφρονι λέγουσιν· ἐὰν δέ ποτε καὶ λέγωμεν τοῦτον τούτῳ ἐναντίον εἶναι, ἐπὶ τὰ ἄμεσα ποιούμεθα τὴν σημασίαν, ὥς φασιν· κυριώτατα μὲν οὖν ἐπὶ τῶν ἕξεων καὶ τῶν σχέσεων καὶ τῶν ἐνεργειῶν καὶ τῶν τούτοις παραπλησίων ἡ ἐναντίωσις θεωρεῖται, δεύτερον δὲ ὡς ἐναντία λέγεται τὰ κατηγορήματα καὶ τὰ κατηγορούμενά πως ἐκείνοις· προςάγει δὲ ἀμωςγέπως πρὸς τὰ ἐναντία καὶ τὸ φρονίμως καὶ ἀφρόνως· ὅλοις δὲ ἐν τοῖς πράγμασι τὰ ἐναντία θεωρεῖται, καὶ ἡ φρόνησις τῇ ἀφροσύνῃ ἀμέσως οὕτως ἐναντία λέγεται, οὐχ ἥδε τῇδε· τοιαύτης δὲ οὔσης τῆς Στωϊκῆς διδασκαλίας, κ. τ. λ.

159) Ebend. *f.* 98 *Z.*: *ὄντος δὲ δυνατοῦ τὸ αὐτὸ καὶ κατὰ ἀσύνθετον φωνὴν εἰπεῖν, οἷον φρόνησιν ἀφροσύνην, καὶ δι' ὅρου, οἷον ἐπιστήμην ἀγαθῶν καὶ κακῶν καὶ οὐδετέρων καὶ τὴν ἀφροσύνην ἄγνοιαν τῶν αὐτῶν, ζητοῦσι πότερόν ἐστι* (sc. *ἐναντία*) *τὰ κατὰ τὰ ἁπλᾶ μόνον ἢ κατὰ τοὺς ὅρους· καὶ ὅ γε Χρύσιππος ἐφίστησι, μήποτε τὰ προσηγορικὰ καὶ ἁπλᾶ μόνον ἐστὶν ἐναντία, τὰ δὲ οὐκ ἔστιν· πολλὰ γὰρ καὶ ἐν τούτοις συμπεριλαμβάνομεν καὶ μετὰ ἄρθρων καὶ μετὰ συνδέσμων καὶ ἄλλων δὴ μορίων ἐξηγητικῶν, ὧν ἕκαστον εἰς τὸν τῶν ἐναντίων λόγον ἀλλοτρίως ἂν παραλαμβάνοιτο· διὸ τὴν μὲν φρόνησιν τῇ ἀφροσύνῃ φησὶν εἶναι ἐναντίον, τὸν δὲ ὅρον τῷ ὅρῳ οὐκέτι ὁμοειδῶς ἐναντίον εἶναί φησιν.*

160) *Diog. L.* (in dessen verstümmeltem Berichte das *συμπεπλεγμένον* und *διεζευγμένον* in dieser Beziehung fehlen) VII, 74.: *αἰτιῶδες δὲ ἀληθὲς μέν ἐστιν ὃ ἀρχόμενον ἀπὸ ἀληθοῦς εἰς ἀκόλουθον λήγει, οὐ μὴν ἔχει τῷ λήγοντι τὸ ἀρχόμενον ἀκόλουθον, οἷον „διότι ἡμέρα ἐστὶ, φῶς ἔστι". τῷ μὲν γὰρ „ἡμέρα ἐστίν" ἀκολουθεῖ τὸ „φῶς ἔστι", τῷ δὲ „φῶς ἔστιν" οὐχ ἕπεται τὸ „ἡμέρα ἐστίν"* (dieses Beispiel für einen an sich schon einfältigen Lehrsatz könnte kaum einfältiger gewählt sein). *αἰτιῶδες δὲ ψεῦδός ἐστιν*

sehr hiebei der Formalismus den factischen Reichthum der Causalität beherrschen zu können vermeine, sehen wir daraus, dass z. B. der Satz „Weil es Nacht ist, geht Dion spazieren" von vornherein als ein falscher bezeichnet wird, wie wenn es keine Causalität eines gerade nächtlichen Spazierganges geben könne. Dennoch aber bildet auch hier in letzter Instanz nur die Empirie das Kriterium, und dass die ursprünglich formal sprachliche Auffassung hier als eine nicht mehr ausreichende verlassen wird, zeigt sich sowohl in der Definition der Ursache (Ursache ist dasjenige, bei dessen Anwesenheit die Wirkung eintritt), als auch in den läppischen Bestimmungen über „erschöpfende" Ursache (*συνεκτικὸν αἴτιον*), „Mitursache" (*συναίτιον*) und „beïhelfende" Ursache (*συνεργόν*), wobei in anderer Beziehung der Begriff der factischen Causalität wieder völlig ertödtet wird [161]). Ausserdem liegt hier, namentlich in dem Grundsatze, dass die causale Folge nicht umgekehrt werden könne (weil ja mehrere Ursachen die gleiche Wirkung haben können), auch schon das *principium causalitatis* vor, aber eben in Folge jener Begriffsverwirrung, welche beim hypothetischen Urtheile das formale und das empirische Moment verquickt hatte, gerade in einer Weise, dass es wie später im Mittelalter in Confusion mit dem obigen *princ. rationis sufficientis* gerathen muss (s. auch Anm. 201). — In Bezug auf das vergleichende Urtheil, *τὸ διασαφοῦν τὸ μᾶλλον ἢ τὸ ἧττον*, erfahren wir nichts Näheres; s. jedoch den Vergleichungs-Syllogismus bei Ps.-Galen. Abschn. X. Anm. 57—62; und dass auch die Stoiker das comparative Urtheil und den comparativen Schluss eigens behandelten, möchte man wohl aus der im II. Absch. Anm. 49 angeführten Stelle schliessen.

Alle diese Bestimmungen nun über *ἀληθὲς* und *ψεῦδος* beziehen sich auf das einfache wirkliche Stattfinden eines Dinges oder eines Zustandes, d. h. auf dasjenige, was bei Aristoteles und den Peripatetikern *τὸ ὑπάρχον* im Unterschiede von *ἐνδεχόμενον* und *ἀναγκαῖον* genannt worden war, und wir sahen häufig genug, dass in der Lehre vom hypothetischen, disjunctiven und causalen Urtheile auch bei Verhältnissen, welche an sich über das blosse Stattfinden hinausweisen und das Ge-

---

ὃ ἤτοι ἀπὸ ψεύδους ἄρχεται ἢ μὴ εἰς ἀκόλουθον λήγει ἢ ἔχει τῷ λήγοντι τὸ ἀρχόμενον ἀκόλουθον, οἷον „διότι νὺξ ἔστι, Δίων περιπατεῖ" (durch den Versuch, dieses letztere Beispiel etwa zu emendiren *νὺξ ἔστι, διότι Δίων περιπατεῖ*, würden wir die stoische Logik für verständiger halten, als sie ist).

161) *Sext. Emp. adv. math.* IX, 228.: *αἴτιόν ἐστιν, οὗ παρόντος γίνεται τὸ ἀποτέλεσμα.* *pyrrh. hyp.* III, 15.: *κοινότερον ἂν εἴη τὸ αἴτιον τοῦτο δι' ὃ ἐνεργοῦν γίνεται τὸ ἀποτέλεσμα· τούτων δὲ τῶν αἰτίων οἱ μὲν πλείους ἡγοῦνται τὰ μὲν συνεκτικὰ εἶναι τὰ δὲ συναίτια τὰ δὲ συνεργά, καὶ συνεκτικὰ μὲν ὑπάρχειν ὧν παρόντων πάρεστι τὸ ἀποτέλεσμα καὶ αἰρομένων αἴρεται καὶ μειουμένων μειοῦται (οὕτω γὰρ τὴν περίθεσιν τῆς στραγγάλης αἴτιον εἶναί φασι τοῦ πνιγμοῦ), συναίτιον δὲ ὃ τὴν ἴσην εἰςφέρεται δύναμιν ἑτέρῳ συναιτίῳ πρὸς τὸ εἶναι τὸ ἀποτέλεσμα (οὕτως ἕκαστον τῶν ἑλκόντων τὸ ἄροτρον βοῶν αἴτιον εἶναί φασι τῆς ὁλκῆς τοῦ ἀρότρου), συνεργὸν δὲ ὃ βραχεῖαν εἰςφέρεται δύναμιν καὶ πρὸς τὸ μετὰ ῥᾳστώνης ὑπάρχειν τὸ ἀποτέλεσμα, οἷον ὅταν δυοῖν βάρος τι βασταζόντων μόλις τρίτος τις προςελθὼν συγκουφίσῃ τοῦτο· ἔνιοι μέντοι καὶ παρόντα μελλόντων αἴτια ἔφασαν εἶναι ὡς τὰ προκαταρκτικά, οἷον τὴν ἐπιτεταμένην ἡλίωσιν πυρετοῦ, τινὲς δὲ ταῦτα παρῃτοῦντο, ἐπειδὴ τὸ αἴτιον πρός τι ὑπάρχον καὶ πρὸς τὸ ἀποτέλεσμα ὂν οὐ δύναται προηγεῖσθαι αὐτοῦ ὡς αἴτιον* (also wird sogar hier zuletzt Alles in das jeweilige Präsens gezogen, s. oben Anm. 153.).

präge einer anderweitigen, sei es bloss möglichen oder schlechthin nothwendigen, Verbindung an sich tragen, doch nur auf das jeweilige, oft bloss momentane Stattfinden zurückgegangen wurde. Nichtsdestoweniger aber behandelten die Stoiker auch jene anderen beiden Momente, nemlich das Mögliche und das Nothwendige. Allerdings fliessen hierüber unsere Quellen sehr kärglich, aber bei der den Stoikern durchweg eigenthümlichen Sucht nach einer gewissen schulmässigen Vollständigkeit, halte ich es für unzweifelhaft, dass dieselben schon um der Lehre von den combinirten Syllogismen willen ausführlich auch die Möglichkeits- und Nothwendigkeits-Urtheile als solche behandelten, zumal da von den Bestrebungen der älteren Peripatetiker her, welche doch sonst reich genug von der Stoa ausgebeutet wurden, hiezu eine Veranlassung vorlag. Die stoischen Schuldefinitionen des Möglichen, Unmöglichen, Nothwendigen, Nichtnothwendigen sind uns erhalten, und es schlugen dieselben, wie sich erwarten lässt, den bereits von den älteren Peripatetikern betretenen Weg ein. Nachdem nemlich dort schon die innere metaphysische Verbindung zwischen dem Wirklichen und Möglichen und Nothwendigen zerrissen worden war (s. Abschn. V, Anm. 41 u. 51), ist hier die bloss sprachlich-rhetorische Auffassung der Form, nach welcher die Urtheile als mögliche oder als nothwendige ausgesprochen werden, ja auch in allem Uebrigen zum ausschliesslichen Ausgangspunkte geworden. Hiernach gestaltet sich auch in Bezug auf diese Begriffe die formale Schuldoctrin, und die erwähnten Definitionen sind: Möglich ist, was die Fähigkeit hat, wahr zu sein, woferne äussere Umstände es nicht daran hindern, Unmöglich, was diese Fähigkeit nicht hat, Nothwendig ist, was wahr ist und hiebei entweder gar nicht die Fähigkeit hat, falsch zu sein, oder hieran durch äussere Umstände gehindert wird, Nichtnothwendig ist, was wahr ist und auch die Fähigkeit hat, falsch zu sein, woferne es an letzterem nicht durch äussere Umstände gehindert wird; und offenbar im Hinblicke auf diese Definitionen werden auch die Urtheile schulmässig in einer Weise eingetheilt, welche allerdings alles Mass des Erträglichen weit übersteigt, denn das Mögliche soll in das Nothwendige und Nichtnothwendige, und zugleich wieder das Nichtnothwendige in das Mögliche und Unmögliche zerfallen [162]).

162) *Diog. L.* 75.: ἔτι τε τὰ μέν ἐστι δυνατὰ τὰ δὲ ἀδύνατα καὶ τὰ μὲν ἀναγκαῖα τὰ δ᾽ οὐκ ἀναγκαῖα· δυνατὸν μὲν τὸ ἐπιδεκτικὸν τοῦ ἀληθὲς εἶναι τῶν ἐκτὸς μὴ ἐναντιουμένων εἰς τὸ ἀληθὲς εἶναι, οἷον „ζῇ Διοκλῆς“· ἀδύνατον δὲ ὃ μή ἐστιν ἐπιδεκτικὸν τοῦ ἀληθὲς εἶναι, οἷον „ἡ γῆ ἵπταται“· ἀναγκαῖον δέ ἐστιν ὅπερ ἀληθὲς ὂν οὐκ ἐστὶν ἐπιδεκτικὸν τοῦ ψεύδους εἶναι ἢ ἐπιδεκτικὸν μέν ἐστι, τὰ δ᾽ ἐκτὸς αὐτῷ ἐναντιοῦται πρὸς τὸ ψεῦδος εἶναι, οἷον „ἡ ἀρετὴ ὠφελεῖ“· οὐκ ἀναγκαῖον δέ ἐστιν ὃ καὶ ἀληθές ἐστιν καὶ ψεῦδος οἷόν τε εἶναι τῶν ἐκτὸς μηδὲν ἐναντιουμένων, οἷον τὸ „περιπατεῖ Δίων“. *Boeth. ad Ar. d. interpr.* p. 374.: *Stoici vero possibile quidem posuerunt, quod susceptibile esset verae praedicationis nihil his prohibentibus, quae cum extra sint, cum ipso tamen fieri contingunt; impossibile autem, quod nullam unquam suscipiat veritatem aliis extra eventum ipsius prohibentibus; necessarium, quod cum verum sit, falsam praedicationem nulla ratione suscipiat.* Ebend. p. 429.: *illud autem ignorandum non est, quod Stoicis universalius videatur esse possibile a necessario; dividunt enim enuntiationes hoc modo: enuntiationum, inquiunt, aliae sunt possibiles aliae impossibiles, possibilium aliae sunt necessariae aliae non necessariae, rursus non necessariarum aliae possibiles* etc.; *stulte atque improvide idem possibile et genus non necessarii et speciem constituentes.*

Die gänzliche Unklarheit in den Grundbegriffen springt namentlich bei den hindernden äusseren Umständen, wo dieselben zur Erklärung des Nothwendigen herbeigerufen werden, klar in die Augen. Darin aber, dass diese sämmtlichen vier Begriffe in eine unmittelbare Beziehung zu dem Wahr-Sein gesetzt werden, liegt in Folge der obigen Definition dessen, was wahr und falsch sei, eben wieder nur eine nominalistische Auffassung, welche wohl von dem oben erwähnten Philo auch in dieser Beziehung stärker betont wurde, wenn derselbe den Begriff der Möglichkeit bloss in die Tauglichkeit des Subjectes, irgend ein Prädicat an sich zu tragen, oder in die Vermischung des factischen Bestandes und dieser Tauglichkeit, verlegte [163]). Aber auch Chrysippus, welchem obige Schuldefinition zuzuschreiben sein wird, kam durch diesen bloss auf die Form des Urtheiles gestützten Begriff nicht bloss in Streit mit der streng fatalistischen Annahme des Megarikers Diodorus [164]), sondern auch in den entschiedensten Conflict mit seinen eigenen Behauptungen betreffs des Nothwendigen, sobald unter demselben nur irgend die innere Nothwendigkeit des Causalnexus verstanden werden sollte [165]). Dass nun auf solcher Basis die weitere Durchführung der Begriffe des Möglichen und Nothwendigen in der Lehre vom Urtheile an bedeutenden principiellen Schwächen leiden musste, wird uns auch durch eine Notiz bezeugt, welche bezüglich einer Anwendung des Möglichkeits-Begriffes auf das hypothetische Urtheil wahrhaft bodenlose Spielereien des Chrysippus berichtet. Derselbe will nemlich zeigen, dass in einem richtigen hypothetischen Urtheile es vorkommen könne, dass der Vordersatz möglich, der Nachsatz aber unmöglich sei, denn wenn bei dem Aussprechen des Satzes „Wenn Dion gestorben ist, ist dieser da gestorben" zugleich mit dem Finger auf Dion hingezeigt werde, sei der Vordersatz allerdings ein mög-

---

163) *Alex. Aphr. ad An. pr. f.* 72 b.: δυνατὸν λέγειν καὶ περὶ τῶν δυνατῶν ..... ὁμοίως καὶ περὶ τοῦ κατὰ τὸν Φίλωνα· ἣν δὲ τοῦτο κατὰ ψιλὴν λεγόμενον ἐπιτηδειότητα τοῦ ὑποκειμένου, κἂν ὑπό τινων ἔξωθεν ἀναγκαίων ᾖ γενέσθαι κεκωλυμένον· οὕτως τὸ ἄχυρον τὸ ἐν τῇ ἀτόμῳ (*l.* ἀρούρᾳ?) ἢ τὸ ἐν τῇ βυθῷ δυνατὸν ἔλεγε καυθῆναι ὂν ἐκεῖ καίτοι κωλυόμενον ὑπὸ τῶν περιεχόντων αὐτὸ ἐξ ἀνάγκης. *Philop. ad An. pr. f.* XLIII a.: ὁ δὲ Φίλων φησὶ δυνατὸν εἶναι ἢ τὸ ἐκβεβηκὸς ἢ τὸ δυνάμενον ἐκβῆναι μηδέποτε δὲ ἐκβαῖνον, ὥςπερ λέγομεν αἰσθητὸν εἶναι τὸ ἐν τῷ βυθῷ ὄστρακον.

164) *Cic. d. fato 7, 13.: at hoc, Chrysippe, minime vis maximeque tibi de hoc ipso cum Diodoro certamen est ..... tu et quae non sunt futura, posse fieri dicis, ut frangi hanc gemmam etiamsi id nunquam futurum sit, neque necesse fuisse Cypselum regnare Corinthi, quanquam id millesimo ante anno Apollinis oraculo editum esset.* Ebend *Fam.* IX, 14.: *Περὶ δυνατῶν me scito κατὰ Διόδωρον κρίνειν; quapropter, si venturus es, scito necesse esse te venire, sin autem non es, τῶν ἀδυνάτων est te venire; nunc vide, utra te κρίσις magis delectet, Χρυσιππεία ne an haec quam noster Diodotus non concoquebat; sed de his etiam rebus, otiosi cum erimus, loquemur; hoc etiam κατὰ Χρύσιππον δυνατὸν est.* In Betreff des Diodorus s. Abschn. II. Anm. 35.

165) *Plut. d. Stoic. rep.* 46.: ὁ δὲ τῶν δυνατῶν λόγος πρὸς τὸν τῆς εἱμαρμένης λόγον αὐτῷ πῶς οὐ μαχόμενός ἐστιν; εἰ γὰρ οὐκ ἔστι δυνατὸν ὅπερ ἢ ἔστιν ἀληθὲς ἢ ἔσται (κατὰ Διόδωρον), ἀλλὰ πᾶν τὸ ἐπιδεκτικὸν τοῦ γενέσθαι, κἂν μὴ μέλλῃ γενήσεσθαι, δυνατόν ἐστιν, ἔσται δὲ δυνατὰ πολλὰ τῶν μὴ καθ' εἱμαρμένην ἀνίκητον καὶ ἀνεκβίαστον καὶ περιγενητικὴν ἁπάντων, ἢ εἱμαρμένης δύναμιν ἀπόλλυσιν ἢ ταύτης οἵαν ἀξιοῖ Χρύσιππος οὔσης τὸ ἐπιδεκτικὸν τοῦ γενέσθαι πολλάκις εἰς τὸ ἀδύνατον ἐμπεσεῖται.

licher Fall, welcher einmal eintreten könne, hingegen gerade sobald der Vordersatz wirklich eingetreten sei, zeige sich der Nachsatz als eine Unmöglichkeit, weil dann das Subject desselben, nemlich der „Dieser", auf welchen mit dem Finger gezeigt werden könnte, gar nicht mehr existirt; ebenso sei es bei dem Urtheile „Wenn es Nacht ist, ist dieser heutige Tag nicht", woferne man dabei eben auf diesen heutigen Tag hinzeige [166]). Sowie aber dieses läppische Geschwätz offenbar durch die widersinnige Lehre, welche der sog. κυριεύων des Megarikers Diodoros enthielt (s. Abschn. II, Anm. 25 f.), hervorgerufen war, so scheint Derartiges überhaupt zu den beliebten Schul-Controversen der Stoiker gehört zu haben; wenigstens stritten Kleanthes nnd Antipater lebhaft für die Ansicht, dass es auch ein Mögliches gebe, welches weder jetzt noch in Zukunft wahr sei, und dass auf Mögliches nie Unmögliches folge, hingegen nicht alles bereits Geschehene nothwendig sei; Andere hingegen behaupteten gerade das Gegentheil, nemlich möglich sei, was weder jetzt noch in Zukunft wahr sei, alles bereits Geschehene aber sei nothwendig, und auf Mögliches könne Unmögliches folgen [167]). — Nun schliesse man von solch kläglichem Getriebe auf die ontologische Auffassung der erwähnten Begriffe zurück.

---

166) *Alex. Aphr. ad An. pr. f.* 70 a.: Χρύσιππος δὲ λέγων μηδὲν κωλύειν καὶ δυνατῷ ἀδύνατον ἕπεσθαι πρὸς μὲν τὴν ὑπ' Ἀριστοτέλους εἰρημένην δεῖξιν οὐδὲν λέγει, πειρᾶται δὲ διὰ παραδειγμάτων τινῶν οὐχ ὑγιῶς συγκειμένων δεικνύναι τοῦτο μὴ οὕτως ἔχον· φησὶ γὰρ ἐν τῷ συνημμένῳ τῷ „εἰ τέθνηκε Δίων, τέθνηκεν οὗτος" δεικνυμένου τοῦ Δίωνος ἀληθεῖ ὄντι τὸ μὲν ἡγούμενον τὸ „τέθνηκε Δίων" δυνατὸν εἶναι τῷ δύνασθαί ποτε ἀληθὲς γενέσθαι τὸ τεθνηκέναι Δίωνα, τὸ δὲ „τέθνηκεν οὗτος" ἀδύνατον, ἀποθανόντος γὰρ Δίωνος φθείρεσθαι τὸ ἀξίωμα τὸ „οὗτος τέθνηκε" μηκέτ' ὄντος τοῦ τὴν δεῖξιν ἀναδεχομένου, ἐπὶ γὰρ ζῶντος καὶ κατὰ ζῶντος ἡ δεῖξις· εἰ οὖν μὴ τεθνηκότος αὐτοῦ ἔτι τὸ οὗτος οἷόν τε μήτε πάλιν ὑφίσταται ὁ Δίων, τῷ δύνασθαι ἐπ' αὐτοῦ ῥηθῆναι τὸ „τέθνηκεν οὗτος", ἀδύνατον τὸ „τέθνηκεν οὗτος"· ἦν γὰρ οὐκ ἀδύνατον, εἰ ὕστερόν ποτε ἐδύνατο μετὰ τὸν θάνατον τοῦ Δίωνος, ἐφ' οὗ τὸ πρότερον ἐν τῷ συνημμένῳ, ὅτε ἔτι ἔζη ὁ Δίων, κατηγορεῖτο τὸ „τέθνηκεν οὗτος", κατηγορηθῆναι πάλιν τὸ οὗτος· ἐπεὶ δὲ μὴ οἷόν τε τοῦτο, ἀδύνατον ἂν εἴη τὸ „τέθνηκεν οὗτος" κατηγορηθῆναι πάλιν τοῦ „οὗτος". ἔτι ὅμοιον τούτῳ παρατίθεται καὶ τὸ „εἰ νὺξ ἔστιν, οὐκ ἔστιν αὕτη ἡμέρα" δεικνυμένης τῆς ἡμέρας· καὶ γὰρ ἐν τούτῳ τῷ συνημμένῳ ἀληθεῖ ὄντι, ὡς οἴεται, δυνατῷ ὄντι τῷ ἡγουμένῳ ἀδύνατον τὸ ἑπόμενον. *Philop. ad Anal. pr. f.* XLIIb: οἱ δὲ Στωϊκοὶ τῇ δείξει ταύτῃ ἀντειπεῖν μὴ δυνάμενοι διὰ παραδειγμάτων τινῶν ἐλέγχειν πειρῶνται τὸν τοῦ φιλοσόφου λόγον· δυνατὸν γὰρ τὸ τῷ δυνατῷ ἑπόμενον ἀδύνατον εἶναι· λέγω γὰρ οὕτω· τῷ „εἰ τέθνηκε Δίων" ἀκολουθεῖ τὸ „τέθνηκεν οὗτος". τὸ μὲν οὖν τεθνάναι Δίωνα δυνατὸν, τὸ δὲ τοῦτον τεθνάναι ἀδύνατον· ἕπεται δὲ πάντως τῷ Δίωνα τεθνάναι τὸ τεθνάναι τοῦτον· εἰ μὲν γὰρ ἀποθάνοι Δίων, πάντως καὶ οὗτος ὁ δεικνύμενος δηλονότι τέθνηκεν· αὐτὸ δὲ τὸ τοῦτον τεθνάναι ἀδύνατον· τὸ γὰρ τοῦτο δεικτικὸν ὑπάρχον ὄν τι πρᾶγμα σημαίνει, τὸ δὲ τεθνάναι μὴ ὄν, τὸ δὲ ὂν ἀδύνατον μὴ εἶναι, τὸ ἄρα τεθνάναι τοῦτον ἀδύνατον· τοῦτο δὲ ἀκολουθεῖ τῷ Δίωνα τεθνάναι δυνατῷ ὄντι· ἀδύνατον ἄρα δυνατῷ τινι ἀκολουθεῖ. πάλιν „εἰ ἔστι νὺξ, αὕτη ἡμέρα οὐκ ἔστι". τὸ δὲ ταύτην ἡμέραν μὴ εἶναι ἀδύνατον· ἕπεται ἄρα τῷ εἶναι νύκτα δυνατῷ ὄντι τὸ μὴ εἶναι ταύτην ἡμέραν ἀδύνατον ὄν· ταῦτα μὲν οἱ Στωϊκοί, ἡμεῖς δὲ κ. τ. λ.

167) *Arrian. Epict.* II, 19, 1.: κοινῆς γὰρ οὔσης μάχης τοῖς τρισὶ τούτοις πρὸς ἄλληλα, τῷ „πᾶν παρεληλυθὸς ἀληθὲς ἀναγκαῖον εἶναι" καὶ τῷ „δυνατῷ ἀδύνατον μὴ ἀκολουθεῖν" καὶ τῷ „δυνατὸν εἶναι ὃ οὔτ' ἔστιν ἀληθὲς οὔτ' ἔσται", συνιδὼν τὴν μάχην ταύτην ὁ Διόδωρος u. s. f. (s. Abschn.

Aus den Betrachtungen aber über Möglichkeit und Nothwendigkeit musste sich bei dem einmal eingenommenen Zwitter-Standpunkte auch die Frage ergeben, wann und wie etwa ein Urtheil aus dem Wahr-sein in das Falsch-sein umschlagen könne (μετάπτωσις, μεταπίπτοντα ἀξιώματα), wobei natürlich der Begriff einer in die Zukunft sich erstreckenden Entwicklung (vgl. oben Anm. 136) eben durch dieses „Umschlagen" ertödtet wird; und zwar schieden die Stoiker unter den einer solchen Veränderung ausgesetzten Urtheilen diejenigen besonders aus, bei welchen der Zeitpunkt des Umschlagens sich durchaus nicht vorher bestimmen oder abgränzen lasse — ἀπεριγράφως μεταπίπτοντα —, so z. B. werde für das Urtheil „Wenn Dion lebt, wird er leben" sicher eine Zeit eintreten, in welcher bei wahrem Vordersatze der Nachsatz nicht mehr wahr sei; wann aber jene Zeit eintreten werde, sei ungewiss. Hiebei braucht kaum bemerkt zu werden, dass wir uns vollständig auf dem Standpunkte des Sorites der Megariker (Abschn. II, Anm. 94 ff.) befinden. Vielleicht bildete zu dieser μετάπτωσις der Urtheile die ἀντιστροφὴ derselben in verwandter Behandlungsweise den entsprechenden Gegensatz, insoferne wohl jene Urtheile, welche einem derartigen Umschlagen nicht ausgesetzt sind, die umkehrbaren sind [168]). Doch von der Lehre über die ἀντιστροφὴ bei den Stoikern sind wir durchaus nicht näher unterrichtet und können daher nur die Vermuthung aussprechen, dass auch dieser Zweig der stoischen Logik an Albernheit nicht hinter den übrigen zurückgeblieben sein wird.

II, Anm. 36.) ... λοιπὸν δὲ ὁ μέν τις ταῦτα τηρήσει τοῖν δυοῖν, ὅτι „ἔστι τέ τι δυνατὸν, ὃ οὔτ' ἔστιν ἀληθὲς οὔτ' ἔσται" καὶ „δυνατῷ ἀδύνατον οὐκ ἀκολουθεῖ", οὐ πᾶν δὲ παρεληλυθὸς ἀληθὲς ἀναγκαῖόν ἐστι, καθάπερ οἱ περὶ Κλεάνθην φέρεσθαι δοκοῦσιν, οἷς ἐπίπολυ συνηγόρησεν Ἀντίπατρος· οἱ δὲ τἄλλα δύο, ὅτι „δυνατόν τ' ἐστιν ὃ οὔτ' ἔστιν ἀληθὲς οὔτ' ἔσται" καὶ „πᾶν παρεληλυθὸς ἀληθὲς ἀναγκαῖόν ἐστιν", δυνατῷ δ' ἀδύνατον ἀκολουθεῖ. τὰ τρία δ' ἐκεῖνα τηρῆσαι ἀμήχανον διὰ τὸ κοινὴν εἶναι αὐτῶν μάχην.

168) *Simpl. ad phys. f.* 305 a.: τὰ παρὰ τοῖς Στωϊκοῖς ἀξιώματα, ἃ μεταπίπτοντά τινες λέγουσιν ἀνεπιγράφως .... ἔστι δὲ ταῦτα τοιαῦτα „εἰ ζῇ Δίων, ζήσεται Δίων"· τοῦτο γὰρ εἰ καὶ ἀληθές ἐστι νῦν, ἀρχόμενον ἀπὸ ἀληθοῦς τοῦ „ζῇ Δίων" καὶ λῆγον εἰς ἀληθὲς τὸ „ζήσεται", ἀλλ' ἔσται ποτὲ, ὅτε τῆς προσλήψεως (s. unten Anm. 175.) ἀληθοῦς οὔσης τῆς „ἀλλὰ μὴν ζῇ Δίων" μεταπεσεῖται τὸ συνημμένον εἰς ψεῦδος τῷ ἔσεσθαί ποτε, ὅτε ἀληθοῦς ὄντος ἔτι τοῦ „ζῇ Δίων" οὐκ ἔσται ἀληθὲς τὸ „καὶ ζήσεται", οὗ μὴ ὄντος ἀληθοῦς τὸ ὅλον συνημμένον γίγνοιτ' ἂν ψεῦδος μεταπίπτον· οὐ γὰρ ἀεὶ ὅτε τὸ ζῇ ἀληθὲς, καὶ τὸ ζήσεται ἐπεὶ οὕτως ἀθάνατος ἂν εἴη ὁ Δίων· οὐ μὴν ἔσται ὁρίσαντας εἰπεῖν, πότε οὐκ ἀληθὲς ἔσται ζῶντος αὐτοῦ τὸ ζήσεται, δι' ὃ καὶ ἐν ἀνεπιγράφῳ καὶ ἀορίστῳ χρόνῳ λέγουσι γίγνεσθαι τὴν τῶν τοιούτων ἀξιωμάτων μετάπτωσιν. τοιοῦτον μὲν οὖν ἔστι τὸ ἀνεπιγράφως μεταπίπτειν λεγόμενον ἀξίωμα. *Diog. L.* 76.: καὶ ἄλλαι δέ εἰσι διαφοραὶ ἀξιωμάτων καὶ μεταπτώσεις αὐτῶν ἐξ ἀληθῶν εἰς ψεύδη καὶ ἀντιστροφαὶ περὶ ὧν ἐν πλάτει λέγομεν (dieser ausführliche Bericht aber steht bei Diogenes nirgends). Uebrigens besprach Chrysippus alle diese Fragen über Wahr und Falsch u. s. w. in der Schrift περὶ συντάξεως. *Dion. Hal. d. comp.* p. 72. *Schaef.*: ἃς δὲ Χρύσιππος καταλέλοιπε συντάξεις διττὰς ἐπιγραφὴν ἐχούσας περὶ τῆς συντάξεως τῶν τοῦ λόγου μερῶν, οὐ ῥητορικὴν θεωρίαν ἐχούσας ἀλλὰ διαλεκτικὴν .... ὑπὲρ ἀξιωμάτων συντάξεως ἀληθῶν τε καὶ ψευδῶν καὶ δυνατῶν καὶ ἀδυνάτων, ἐνδεχομένων τε καὶ μεταπιπτόντων καὶ ἀμφιβόλων καὶ ἄλλων τινῶν ὁμοιοτρόπων οὐδεμίαν οὔτε χρείαν οὔτ' ὠφέλειαν τοῖς πολιτικοῖς λόγοις συμβαλλομένων εἰς γοῦν ἡδονὴν ἢ κάλλος ἑρμηνείας ὧν δεῖ στοχάζεσθαι τὴν σύνθεσιν.

Endlich wurde noch in der Lehre vom Urtheile das „Glaubhafte“ (*πιθανόν*) und das „Wahrscheinliche“ (*εὔλογον*) behandelt [169]) und hiedurch eben so, wie wir es oben beim Begriffe sahen (Anm. 73), auch für das Urtheil auf das rhetorische Schwätzen eine bei den Stoikern sehr erklärliche Rücksicht genommen, Betrachtungen, welche sich bekanntlich auch in die „angewandte Logik“ der späteren Schulcompendien hineinzogen.

In engstem Anschlusse nun an jenen Theil der Lehre vom Urtheile, welcher die nicht-einfachen Urtheile zum Gegenstande hat, folgt die Lehre vom Schlusse, welche hiemit einen auf den ersten Blick höchst auffallenden Charakter annimmt, indem sie sich ihrem Wesen nach nur auf den hypothetischen und disjunctiven Schluss erstreckt. Jedoch es liess sich eigentlich schon von vornherein erwarten, dass die Stoiker bei ihrer durchgängigen Methode des Aufsteigens vom Einfachen zum Zusammengesetzten gerade in der Weise vom Urtheile zum Syllogismus fortschreiten würden, dass sie als Motiv des letzteren eine erneuerte Zusammensetzung der bereits zusammengesetzten Urtheile annehmen. Und sowie sie bei der Lehre von den nicht-einfachen Urtheilen eine ganz äusserlich grammatische Betrachtung der verschiedenen verbindenden Partikeln zu Grunde gelegt hatten, ebenso knüpft sich ihnen nun die „Hinzunahme“ eines neuen Bestandtheiles zu einem nicht-einfachen Urtheile gleichfalls an die grammatische Aeusserlichkeit einer Partikel; nemlich insoferne sie überhaupt keine Verbindung ohne eine verbindende Partikel annahmen (s. oben Anm. 123), nennen sie das „Aber ja“ (*δέ γε*), welches in dem Untersatze eines Voraussetzungsschlusses erscheint (z. B. Wenn es Tag ist, scheint die Sonne. Aber es ist ja Tag. Also scheint die Sonne), in dieser Beziehung eine „Hinzunahme-Conjunction“ (*προςληπτικὸς σύνδεσμος*), womit das ganze Gebiet der sogleich näher zu erörternden *πρόςληψις*, d. h. des hinzugenommenen Urtheiles bei Voraussetzungsschlüssen, zusammengefasst ist [170]). Dass aber nun wirklich in Folge des aufwärts steigenden Zusammensetzens und des grammatischen Standpunktes bloss die Lehre vom hypothetischen und disjunctiven Schlusse der Hauptinhalt der stoischen Syllogistik war und diese sich an die Lehre vom nicht-einfachen Urtheile anschloss, so dass der kategorische Schluss aus der Reihe fiel und vernachlässigt wurde, geht aus folgenden Angaben klar hervor. Erstens ist die Definition des Schlusses, welcher *λόγος* heisst und den Zweck hat, zu einer Beweisführung (*ἀπόδειξις*, s. unten Anm. 197 ff.) zu dienen, so gefasst, dass sie nur auf jene Syllogismen passt, welche wir bei den Peripatetikern als Voraussetzungsschlüsse trafen (s. Abschn. V, Anm. 67—72), was sich sowohl aus den in der Definition gebrauchten technischen Ausdrücken als auch aus den gewählten Beispielen

---

169) *Diog. L.* 75.: *πιθανὸν δέ ἐστιν ἀξίωμα τὸ ἄγον εἰς συγκατάθεσιν, οἷον „εἴ τίς τι ἔτεκεν, ἐκείνη ἐκείνου μήτηρ ἐστί“, ψεῦδος δὲ τοῦτο, οὐ γὰρ ὄρνις ᾠοῦ ἐστὶ μήτηρ* .... (76.) *εὔλογον δέ ἐστιν ἀξίωμα τὸ πλείονας ἀφορμὰς ἔχον εἰς τὸ ἀληθὲς εἶναι, οἷον „βιώσομαι αὔριον.“* Im Schriften-Verz. des Chrysippus (190.) *„συνημμένα πιθανά.“*

170) *Bekk. Anecd.* p. 518.: *καλούμενον γοῦν ἔστιν εὑρέσθαι παρὰ τοῖς Στωϊκοῖς τὸν „δέ γε“ ὄντα προςληπτικόν· τοὺς γὰρ ἀπὸ συναφῆς λόγους εἰς σχηματισμὸν μετιόντας ἡ τοιαύτη σύνταξις ἡ τῶν συνδέσμων ὑπάγει· „εἰ ἡμέρα ἐστὶ, φῶς ἔστιν· ἡμέρα δέ γε ἔστιν“, καὶ ἐπεὶ ἐν προςλήψει ἐγένετο ὁ λόγος, προςληπτικοὶ οἱ τοιοῦτοι σύνδεσμοι.*

ergibt; nemlich die Definition lautet: Syllogismus ist, was aus einer Annahme (λῆμμα) und einer Hinzunahme (πρόςληψις) und einer Folgerung (ἐπιφορὰ) besteht; das versinnlichende Beispiel aber ist immer das obige von Tag und Sonnenschein [171]). Zweitens haben wir das ausdrückliche Zeugniss Alexanders, dass „die Späteren" nur die Voraussetzungsschlüsse einzig und allein als Syllogismen gelten lassen wollten [172]). Hiezu kömmt drittens die bestimmte Notiz, dass gerade bei Chrysippus die fünf Figuren des Voraussetzungsschlusses, d. h. die sogenannten ἀναπόδεικτοι, s. Anm. 181—184, „am Anfange der ersten Einleitung der Syllogistik" behandelt waren [173]), also der kategorische Schluss keinenfalls voraustrat; dass derselbe aber auch nicht nachfolgte, erhellt einerseits aus dem Uebergehen vom hypothetischen συνακτικὸν (s. Anm. 178) in die Lehre von der Beweisführung (ἀπόδειξις, s. Anm. 199), und andrerseits aus der sogleich anzugebenden unbedeutenden Geltung, welche ihm noch übrig blieb. Ferner wenn Appulejus mitten in der Entwickelung der kategorischen Schlüsse eine Eigenthümlichkeit der Stoiker betreffs der Bezeichnung der Prämissen erwähnt, zur Veranschaulichung hievon aber plötzlich ein Beispiel eines hypothetischen Schlusses gibt (s. Anm. 177), so möchte man fast daraus schliessen, dass für das Gebiet des kategorischen Schlusses aus stoischen Schriften durchaus gar Nichts habe vorgebracht werden können. Ferner auch liegt in der Nachricht, dass die Peripatetiker

---

171) *Diog. L.* 76.: *λόγος δέ ἐστιν, ὡς οἱ περὶ τὸν Κρίνιν φασὶ, τὸ συνεστηκὸς ἐκ λήμματος καὶ προςλήψεως καὶ ἐπιφορᾶς, οἷον ὁ τοιοῦτος „εἰ ἡμέρα ἐστὶ, φῶς ἔστι· ἡμέρα δὲ ἔστι· φῶς ἄρα ἔστι."* Dass aber die technischen Ausdrücke *λῆμμα, πρόςληψις, ἐπιφορά* nur den Voraussetzungsschlüssen angehören, ist theils schon aus dem oben bei den Peripatetikern angegebenen ersichtlich, theils wird es sich in der sogleich zu erörternden Terminologie der stoischen Syllogistik (Anm. 175 f.) und in der ganzen Lehre von den sogenannten *ἀναπόδεικτοι* (Anm. 181—184.) deutlich genug zeigen. *Sext. Emp. pyrrh. hyp.* II, 135.: *ἔστιν οὖν, ὡς φασὶν, ἡ ἀπόδειξις* (s. Anm. 197.) *λόγος δι' ὁμολογουμένων λημμάτων κατὰ συναγωγὴν ἐπιφορὰν ἐκκαλύπτων ἄδηλον· σαφέστερον δὲ ὃ λέγουσιν ἔσται διὰ τούτων· λόγος ἐστὶ σύστημα ἐκ λημμάτων καὶ ἐπιφορᾶς*, worauf wieder obiges Beispiel in der Erklärung der Terminologie folgt, s. Anm. 176.

172) *Alex. ad An. pr. f.* 106 b.: *δι' ὑποθέσεως δὲ ἄλλης, ὡς εἶπεν, εἶεν ἂν καὶ οὓς οἱ νεώτεροι συλλογισμοὺς μόνους βούλονται λέγειν· οὗτοι δ' εἰσὶν οἱ διὰ τροπικοῦ, ὡς φασὶ* (s. Anm. 175.), *καὶ τῆς προςλήψεως γινόμενοι, τοῦ τροπικοῦ ἢ συνημμένου ὄντος ἢ διεζευγμένου ἢ συμπεπλεγμένου.* Dass aber hier unter den *νεώτεροι* (s. Abschn. V, Anm. 68.) nicht die späteren stoisirenden Peripatetiker zu verstehen sind, geht daraus hervor, dass diese gerade im kategorischen Schlusse wieder einige Erweiterungen vornahmen und theilweise auch denselben nach dem hypothetischen und disjunctiven behandelten (s. Abschn. IX, Anm. 67—71. u. Abschn. X. Anm. 34 u. 38.); es bleiben hiemit als diejenigen, welche den kategorischen Schluss ignoriren wollten, nur die Stoiker übrig.

173) *Sext. Emp. adv. math.* VIII, 223.: *ἀναπόδεικτοι λέγονται διχῶς, οἵ τε μὴ ἀποδεδειγμένοι καὶ οἱ μὴ χρείαν ἔχοντες ἀποδείξεως τῷ αὐτόθεν εἶναι περιφανὲς ἐπ' αὐτῶν τὸ ὅτι συνάγουσιν· ἐπεδείξαμεν δὲ πολλάκις ὡς κατὰ τὸ δεύτερον σημαινόμενον ταύτης ἠξίωνται τῆς προσηγορίας οἱ κατ' ἀρχὴν τῆς πρώτης περὶ συλλογισμῶν εἰςαγωγῆς παρὰ τῷ Χρυσίππῳ τεταγμένοι.* ebend. 428.: *ὅτι δ' ἀνεπίκριτόν ἐστι τὸ ὑγιὲς συνημμένον* (der Zusammenhang des Vorhergehenden und Nachfolgenden zeigt, dass der hypothetische Schluss, nicht das hypothetische Urtheil, gemeint sei), *αἱ εἰςαγωγαὶ τῶν Στωϊκῶν διδάσκουσιν, ἐν αἷς κ. τ. λ.*

am meisten sich des kategorischen Schlusses bedient hätten [174]), bei Erwägung des Umstandes, dass für die Geschichte der Logik in jener Zeit doch nur von Stoikern oder von Peripatetikern oder einer Mischung beider die Rede sein kann, hinreichend ein Fingerzeig dafür, dass die Stoiker wenig Gewicht auf den kategorischen Schluss legten. Und diess bestätigt sich wieder aus den gesammten uns erhaltenen Quellen dadurch, dass nirgends auch nur die geringste Spur einer Eigenthümlichkeit oder formell reicheren Entwickelung der Lehre vom kategorischen Schlusse irgend mit Bestimmtheit auf die Stoiker sich zurückführen lässt — an Gelegenheit aber zu einer scholastisch erschöpfenden Vervollständigung aller möglichen formalen Momente, namentlich in Bezug auf die Möglichkeits- und Nothwendigkeits- und combinirten Syllogismen, hätte es wahrlich nicht gefehlt —; wohl hingegen finden wir in allen Notizen, welche vom Syllogismus und der Beweis-Theorie der Stoiker handeln, als erläuternde Beispiele sonderbarerweise immer nur hypothetische oder disjunctive Schlüsse gegeben. Auch glaube ich wirklich, dass jene bloss logischen Gesetze, welche in den Formen des kategorischen Schlusses liegen, eben als logische für die Stoiker zu wenig grammatisches und rhetorisches Interesse darboten, wohingegen die oben angegebenen sicheren Anhaltspunkte entschieden besser zu einer Richtung passen, welche von der Lehre vom Urtheile weg nur auf die rhetorische Beweisführung zusteuert; und ich möchte fast die Vermuthung wagen, dass die Stoiker von den kategorischen Schlüssen hauptsächlich nur den ersten und zweiten Modus der ersten Figur, d. h. das später sogenannte *Dictum de omni* und *Dictum de nullo*, in ihren Bereich zogen, aber eben mit diesen beiden Grundsätzen in ihren übrigen rohen Empirismus verfielen, insoferne dabei das Wahr- oder Falsch-Sein des quantitativen Momentes der Urtheile in Betracht kam (s. oben Anm. 119 u. 138); mit diesem aber konnte sich dann manche Spielerei in Bezug auf die Umkehrung der Urtheile verknüpfen. Es wäre demnach vielleicht Manches, was als inhaltliches Moment den syllogistischen Formen in den aristotelischen kategorischen Schlüssen unterstellt ist, in der stoischen Lehre von der Wahrheit und von der Umkehrung der Urtheile enthalten gewesen; hingegen die Form des Schliessens fiele bei ihnen nur dem hypothetischen und disjunctiven Schlusse zu. Uebrigens sieht man aus dem Umstande, dass die Stoiker unter den mehreren von ihnen selbst namhaft gemachten nicht einfachen Urtheilen nur die vermittelst des „Wenn“ und des „Oder“ entstandenen auswählten, um sie durch eine „Hinzunahme“ neuerdings zusammenzusetzen, wieder deutlich ihren Unverstand und ihre Unfähigkeit zu selbsteigener Schöpfung. Sie merkten nemlich das Motiv der Voraussetzungsschlüsse der Peripatetiker gar nicht (dass dieselben nemlich dazu dienen, eine Voraussetzung als solche zu überwinden), was am deutlichsten aus dem blödsinnigen Tändeln mit den *διφορούμενοι* hervorgeht, sondern bei ihrem einfältigen Bestreben, mit fortwährender Zusammensetzung noch über die nicht-einfachen Urtheile hinauszugehen, machten sie die erwünschte Entdeckung,

---

174) Ebend. *pyrrh. hyp.* II, 163.: *παραπλήσια δὲ λέγειν ἔνεστι καὶ περὶ τῶν κατηγορικῶν καλουμένων συλλογισμῶν, οἷς μάλιστα χρῶνται οἱ ἀπὸ τοῦ Περιπάτου.*

dass derartige Zusammensetzungen, wie sie dieselben brauchen konnten, schon von Theophrast und Eudemus behandelt worden waren, und so schrieben sie — hier in der Logik wie sonst überall — das vermeintlich passende kurzweg ab, unbekümmert sowohl um den inneren Zusammenhang desselben als auch darum, welcherlei Consequenzen es eigentlich für sie selbst nach sich ziehen müsste. Daher war in dieser Beziehung nach den Stoikern für die in der Logik stoisirenden späteren Peripatetiker noch Etwas zu thun übrig, indem diese den einmal eingenommenen grammatisch formalen Standpunkt wenigstens etwas allseitiger consequent weiterführten.

Jedenfalls nun können wir, mag obige Vermuthung betreffs des kategorischen Schlusses gegründet sein oder nicht, Nichts anderes thun, als dass wir der auf die hypothetischen und disjunctiven Schlüsse beschränkten Ueberlieferung nun im Eizelnen folgen.

Zunächst was die Terminologie der Stoiker für diese Voraussetzungsschlüsse betrifft, so war dieselbe abweichend von der peripatetischen (s. Abschn. V. Anm 67). Bei den Stoikern nemlich hiess der die Voraussetzung enthaltende Obersatz, mochte er conditional oder disjunctiv sein, ein *τροπικόν*, der hinzugenommene Untersatz aber *πρόςληψις*, und der Schlusssatz *ἐπιφορά* [175]; dass die zwei Bestandtheile eines conditionalen Obersatzes *ἡγούμενον* und *λῆγον* hiessen, sahen wir schon oben Anm. 125; übrigens muss es auch üblich geworden sein, wegen des Wortstammes *λαμβάνω* in *πρόςληψις* auch den Obersatz eben im Unterschiede von der *προςληψις* selbst bloss ein *λῆμμα* zu nennen, ja es heissen sogar beide Prämissen kurzweg *λήμματα* [176]. Ausserdem führten

---

175) *Philop. ad An. pr. f.* LX a.: *οἱ δὲ Στωϊκοὶ καινότερον βαδίζοντες τὰ μὲν πράγματα τυγχάνοντα ὠνόμασαν .... τὸ δὲ ἡγούμενον καὶ αὐτοὶ ἡγούμενον ἐκάλεσαν, κατὰ τοῦτο γὰρ μόνον συμφωνοῦσι τοῖς Περιπατητικοῖς, τὸ δὲ ἑπόμενον λῆγον, τὸ δὲ συνημμένον τροπικὸν, διότι τρεπόμεθα ἐκ τοῦ ἡγουμένου εἰς τὸ ἑπόμενον „εἰ ἡμέρα ἐστὶν, ὁ ἥλιος ὑπὲρ γῆν ἐστί", τὴν δὲ μετάληψιν πρόςληψιν, καὶ ἔμεινε τοῦτο ἐν τῇ συνηθείᾳ* (s. Abschn. V, Anm. 68.) *τὸ δὲ συμπέρασμα ἐπιφορὰν, διότι τοῖς ἄλλοις πᾶσιν ἐπιφέρεται.* Dass die Bezeichnung *τροπικὸν* sich auch auf einen disjunctiven Obersatz bezog, erhellt aus der so eben Anm. 172. angeführten Stelle Alexanders, sowie ebend. *f.* 107 b.: *ὁ δ' αὐτὸς λόγος καὶ ἐπὶ τοῦ διαιρετικοῦ „ἤτοι τόδε ἢ τόδε", ὃ καὶ αὐτὸ ἐκ τροπικοῦ καὶ τῆς προςλήψεως λέγουσιν. Ps.-Galen. Εἰς. διαλ. ed. Minas* p. 19.: *διεζευγμένον ἐξ αὐτῶν ἔσται συμπέρασμα· κατὰ μέντοι τοὺς τοιούτους συλλογισμοὺς αἱ προτάσεις καλοῦνται ἡγεμονικαὶ τῶν προςλήψεων .... ἅπερ οἱ περὶ Χρύσιππον οὐχ ἡγεμονικὰ μόνον ἀλλὰ καὶ τροπικὰ τὰ τοιαῦτα τῶν ἀξιωμάτων ὀνομάζουσιν, ὡς ἂν ἐπ' αὐτοῖς ὅλου τοῦ συλλογισμοῦ πηγνυμένου ὡς ἐπὶ τρόπιδι ναῦς.* Ebenso dass auch in einem disjunctiven Schlusse der Untersatz *πρόςληψις* hiess, geht ausser eben diesen und den in Absch. V, Anm. 65—68. angeführten Stellen auch noch hervor aus *Alex. ad An. pr. f.* 9 a.: *ὃ ἀναγκαῖον καὶ τοὺς ἀπὸ τῆς Στοᾶς λέγειν εἴ γε ἐν τοῖς διαιρετικοῖς καὶ τοῖς διαζευκτικοῖς συλλογισμοῖς φασι τῇ προςλήψει θατέρου τῶν ἐν τῷ διεζευγμένῳ τὸ ἀντικείμενον ἕπεσθαι τοῦ λοιποῦ τῆς συλλογιστικῆς συμπλοκῆς.* Von *ἐπιφορά* aber hiessen sogar die im Schlusssatze üblichen Partikeln *ἐπιφορικοί. Bekk. Anecd.* p. 519; vgl. Anm. 170.

176) *Diog. L.* 76.: *λόγος δέ ἐστιν ... τὸ συνεστηκὸς ἐκ λήμματος καὶ προςλήψεως καὶ ἐπιφορᾶς, οἷον ὁ τοιοῦτος· „εἰ ἡμέρα ἐστὶ, φῶς ἔστι· ἡμέρα δὲ ἔστι· φῶς ἄρα ἔστι"· λῆμμα μὲν γάρ ἐστι τὸ „εἰ ἡμέρα ἐστὶ, φῶς ἔστι", πρόςληψις τὸ „ἡμέρα δὲ ἔστιν", ἐπιφορὰ δὲ τὸ „φῶς ἄρα ἔστι".*

die Stoiker auch zum Behufe der Schul-Theorie als kürzere Bezeichnung der Glieder eines Syllogismus die Ordinal-Zahlen ein (z. B. „wenn das Erste ist, ist das Zweite; das Erste aber ist; also ist das Zweite), wogegen die Peripatetiker aus den aristotelischen Schriften die Bezeichnung durch Buchstaben beibehielten; und es hatte diese Bezeichnungsweise bei den Stoikern wieder ihren technischen Ausdruck, nemlich *τρόπος*, sowie dann die Verbindung eines in Worten gesprochenen Obersatzes mit darauffolgenden Ordinal-Zahlen im Unter- und Schluss-Satze nun *λογοτρόπος* hiess [177]).

Die Theorie nun selbst ist folgende: Es werden die Schlüsse (*λόγοι*) eingetheilt in *συνακτικοὶ* (schlussfähige) und *ἀσύνακτοι* (nicht schlussfähige). Bei den ersteren nun erkennen wir sogleich das Motiv einer an die nicht-einfachen Urtheile angeknüpften erneuerten Zusammensetzung (selbst abgesehen von der Wortbedeutung des *συνάγειν*) besonders darin, dass zur Probe, ob ein Syllogismus wirklich *συνακτικὸς* sei, der Obersatz zusammen mit dem „hinzugenommenen" Untersatze, d. h. mit der *πρόςληψις*, in einen copulativen Satz verbunden werden und dieser copulative Satz dann als Vordersatz eines hypothetischen Urtheiles genommen werden soll, dessen Nachsatz der Schlusssatz des Syllogismus ist.

Sext. Emp. pyrrh. hyp. II, 135 f.: *λόγος ἐστὶ σύστημα ἐκ λημμάτων καὶ ἐπιφορᾶς· τούτου δὲ λήμματα μὲν εἶναι λέγεται τὰ πρὸς κατασκευὴν τοῦ συμπεράσματος συμφώνως λαμβανόμενα ἀξιώματα, ἐπιφορὰ δὲ ἢ συμπέρασμα τὸ ἐκ τῶν λημμάτων κατασκευαζόμενον ἀξίωμα, οἷον ἐν τούτῳ „εἰ ἡμέρα ἐστὶ, φῶς ἔστιν· ἀλλὰ μὴν ἡμέρα ἔστιν· φῶς ἄρα ἔστιν" τὸ μὲν „φῶς ἄρα ἔστιν" συμπέρασμά ἐστι, τὰ δὲ λοιπὰ λήμματα.* Ebend. *adv. math.* VIII, 302.: *λόγος δέ ἐστιν ὡς ἁπλούστερον εἰπεῖν τὸ συνεστηκὸς ἐκ λημμάτων καὶ ἐπιφορᾶς· λήμματα δὲ καλοῦμεν οὐ θέματά τινα ἃ συναρπάζομεν, ἀλλ' ἅπερ ὁ προσδιαλεγόμενος τῷ ἐμφανῆ εἶναι δίδωσι καὶ παραχωρεῖ· ἐπιφορὰ δὲ ἐτύγχανε τὸ ἐκ τούτων τῶν λημμάτων κατασκευαζόμενον· οἷον λόγος μέν ἐστι τὸ ὅλον τοῦτο σύστημα „εἰ ἡμέρα ἐστὶ, φῶς ἔστιν· ἀλλὰ μὴν ἡμέρα ἔστιν· φῶς ἄρα ἔστιν", λήμματα δὲ αὐτοῦ καθέστηκε τό τε „εἰ ἡμέρα ἐστὶ, φῶς ἔστιν" καὶ τὸ „ἀλλὰ μὴν ἡμέρα ἔστιν", ἐπιφορὰ δὲ τὸ „φῶς ἄρα ἔστιν".* *Diog. L.* 45.: *εἶναι δὲ τὸν λόγον αὐτὸν σύστημα ἐκ λημμάτων καὶ ἐπιφορᾶς.*

177) *Appul. d. interpr.* p. 279. *Oud.*: *Stoici porro pro litteris numeros usurpant, ut „si primum, secundum; atqui primum; secundum igitur."* *Diog. L.* a. a. O.: *τρόπος δέ ἐστιν οἱονεὶ σχῆμα λόγου, οἷον ὁ τοιοῦτος· „εἰ τὸ πρῶτον, τὸ δεύτερον· ἀλλὰ μὴν τὸ πρῶτον· τὸ ἄρα δεύτερον." λογοτρόπος δέ ἐστι τὸ ἐξ ἀμφοτέρων σύνθετον, οἷον „εἰ ζῇ Πλάτων, ἀναπνεῖ Πλάτων· ἀλλὰ μὴν τὸ πρῶτον· τὸ ἄρα δεύτερον." παρεισήχθη δὲ ὁ λογοτρόπος ὑπὲρ τοῦ ἐν ταῖς μακροτέραις συντάξεσι τῶν λόγων μηκέτι τὴν πρόςληψιν μακρὰν οὖσαν καὶ τὴν ἐπιφορὰν λέγειν, ἀλλὰ συντόμως ἐπενεγκεῖν „τὸ δὲ πρῶτον, τὸ ἄρα δεύτερον."* So gibt auch *Sext. Emp. adv. math.* VIII, 227., nachdem er von den fünf *ἀναπόδεικτοι* (s. sogleich Anm. 182.) die ersten drei entwickelt hat, für sie das Schema vermittelst der Ordinal-Zahlen: *οἱ μὲν οὖν λόγοι τοιοῦτοί τινές εἰσι, τρόποι δὲ αὐτῶν καὶ ὡσπερεὶ σχήματα ἐν οἷς ἠρώτηνται οἱ οὕτως ἔχοντες, τοῦ μὲν πρώτου ἀναποδείκτου „εἰ τὸ πρῶτον, τὸ δεύτερον· τὸ δέ γε* (über dieses *δέ γε* s. oben Anm. 170.) *πρῶτον· τὸ ἄρα δεύτερον", τοῦ δὲ δευτέρου „εἰ τὸ πρῶτον τὸ δεύτερον· οὐχὶ δέ γε τὸ δεύτερον· οὐκ ἄρα τὸ πρῶτον", τοῦ δὲ τρίτου „οὐχὶ καὶ τὸ πρῶτον καὶ τὸ δεύτερον· τὸ δέ γε πρῶτον· οὐκ ἄρα τὸ δεύτερον."* Vgl. d. Stelle b. *Ps.-Galen.* Anm. 189. und die des *Sext. Emp.* Anm. 190.

Nemlich [178]), indem ein hypothetischer Schluss hiefür als Beispiel gebraucht wird, soll z. B. der Syllogismus

Wenn das Erste ist, ist das Zweite
Das Erste ist
Also ist das Zweite

dann ein *συνακτικὸς* sein, wenn aus dem *τροπικὸν* und der *πρόςληψις* das copulative Urtheil (*τὸ συμπεπλεγμένον*) gebildet wird

Das Erste ist, und wenn das Erste ist, ist das Zweite

und hierauf dieses copulative Urtheil zum Vordersatze (*ἡγούμενον*) eines neuen hypothetischen Urtheiles, eines *συνημμένον*, gemacht wird, dessen Nachsatz die *ἐπιφορὰ* des Syllogismus ist

Wenn das Erste ist und, falls das Erste ist, auch das Zweite ist, so ist das Zweite

und dann also nach dieser Operation dieses letztere verflochtene hypothetische Urtheil als ein richtiges (*ὑγιές*, s. oben) sich erweist. Hieraus sieht man doch wohl deutlich, dass wir mit der Lehre von den Schlüssen (*λόγοι*) eigentlich nicht über die Lehre von den nicht-einfachen Urtheilen und deren empiristisches Kriterium hinausgekommen sind. In diesem beständigen Uebergehen aber von einem vermeintlichen Einfacheren zu einem vermeintlich Zusammengesetzteren und in dieser steten Einschachtlung liegt der Unterschied zwischen der stoischen Auffassung der Voraussetzungsschlüsse und dem denselben bei den älteren Peripatetikern doch noch zu Grunde liegenden Motive. — Statt *συνακτικοὶ* und *ἀσύνακτοι* ist ein anderer technischer Ausdruck auch *περαντικοὶ* und *ἀπέραντοι* [179]). — Natürlich verfolgen wir nun zuerst die schlussfähigen Schlüsse, um hernach von den *ἀσύνακτοι* oder *ἀπέραντοι* zu sprechen.

---

178) *Sext. Emp. pyrrh. hyp.* II, 137.: *τῶν δὲ λόγων οἱ μέν εἰσι συνακτικοὶ οἱ δὲ ἀσύνακτοι· συνακτικοὶ μὲν ὅταν τὸ συνημμένον τὸ ἀρχόμενον μὲν ἀπὸ τοῦ διὰ τῶν τοῦ λόγου λημμάτων συμπεπλεγμένου, λῆγον δὲ εἰς τὴν ἐπιφορὰν αὐτοῦ, ὑγιὲς ῇ· οἷον ὁ προειρημένος λόγος* (136, Anm. 176.) *συνακτικός ἐστιν, ἐπεὶ τῇ διὰ τῶν λημμάτων αὐτοῦ συμπλοκῇ ταύτῃ „ἡμέρα ἔστι καὶ, εἰ ἡμέρα ἐστὶ, φῶς ἔστιν“ ἀκολουθεῖ τὸ „φῶς ἔστιν“ ἐν τούτῳ τῷ συνημμένῳ „εἰ ἡμέρα ἔστι καὶ, εἰ ἡμέρα ἐστὶ, φῶς ἔστι, φῶς ἔστι“* (das zweite *φῶς ἔστι*, welches in den Handschriften und Ausgaben fehlt, ist selbstverständlicher Weise einzusetzen). *ἀσύνακτοι δὲ οἱ μὴ οὕτως ἔχοντες.* Ebend. *adv. math.* VIII, 303.: *τῶν δὲ λόγων οἱ μέν εἰσι συνακτικοὶ οἱ δὲ οὔ· καὶ συνακτικοὶ μὲν ἐφ᾽ ὧν συγχωρηθέντων ὑπάρχειν τῶν λημμάτων παρὰ τὴν τούτων συγχώρησιν ἀκολουθεῖν φαίνεται καὶ ἡ ἐπιφορὰ, ὡς εἶχεν ἐπὶ τοῦ μικρῷ πρόσθεν* (302, Anm. 176.) *ἐκτεθέντος· ἐπεὶ γὰρ συνέστηκεν ἐκ συνημμένου τοῦ „εἰ ἡμέρα ἐστὶ, φῶς ἔστιν“, ὅπερ ὑπισχνεῖτο ὄντος τοῦ ἐν αὐτῷ πρώτου ἀληθοῦς ἔσεσθαι καὶ τὸ δεύτερον τῶν ἐν αὐτῷ ἀληθὲς, καὶ ἔτι ἐκ τοῦ „ἡμέρα ἔστιν“, ὅπερ ἦν ἡγούμενον ἐν τῷ συνημμένῳ, φημὶ ὅτι δοθέντος μὲν ἀληθοῦς εἶναι τοῦ συνημμένου, ὥστε ἀκολουθεῖν τῷ ἐν αὐτῷ ἡγουμένῳ τὸ ἐν αὐτῷ λῆγον, δοθέντος δὲ ὑπάρχειν καὶ τοῦ πρώτου τῶν ἐν αὐτῷ τοῦ „ἡμέρα ἔστιν“, κατ᾽ ἀνάγκην συναχθήσεσθαι διὰ τὴν τούτων ὕπαρξιν καὶ τὸ δεύτερον τῶν ἐν αὐτῷ, τουτέστι τὸ „φῶς ἔστιν“, ὅπερ ἦν ἐπιφορά. καὶ δὴ οἱ μὲν συνακτικοὶ λόγοι τοιοῦτοί τινές εἰσι κατὰ τὸν χαρακτῆρα, ἀσύνακτοι δὲ ὑπάρχουσιν οἳ μὴ οὕτως ἔχουσιν.*

179) *Diog. L.* 77.: *τῶν δὲ λόγων οἱ μέν εἰσιν ἀπέραντοι οἱ δὲ περαντικοί.* Diess verglichen mit *Sext. Emp. adv. math.* VIII, 428 f. (*ἐπὶ τὴν τῶν περαινόντων καὶ ἀπεράντων χωρῶμεν τεχνολογίαν .... φασὶ τετραχῶς γίνεσθαι τὸν ἀπέραντον λόγον κ. τ. λ.*), woselbst die nemlichen Formen besprochen werden, welche sonst bei Sextus *ἀσύνακτοι* heissen; s. unten Anm. 204.

Die schlussfähigen Schlüsse, welche im eigentlichen Sinne die *συλλογιστικοὶ* heissen [180]), treten in mehreren bestimmten Formen auf, welche eben dadurch bedingt sind, dass nach dem Massstabe des eben angegebenen Grundsatzes der *λόγος* ein *συνακτικὸς* sein soll. Aber für das hiebei zu Grunde liegende Verhältniss einer Voraussetzung fanden ja die Stoiker schon einen Vorrath von Schlussmodi bei den Peripatetikern vor, und sie nehmen denselben bereitwillig ohne weitere Umsicht auf, indem sie die fünf Theophrastischen Voraussetzungsschlüsse als Grundformen betrachten, welche sich ja mit ihrer syntaktischen Auffassung der nicht-einfachen Urtheile vortrefflich vertrügen. Und es heissen nun diese Schlüsse bei den Stoikern *ἀναπόδεικτοι*, d. h. solche, welche für ihre Schlussfähigkeit keines weiteren Beweises mehr bedürfen, wohl aber die Grundlage der Beweiskraft anderweitiger Schlüsse bilden [181]). Es lauten also diese *ἀναπόδεικτοι*, an deren Fünfzahl besonders Chrysippus, alle Schlussweisen aus ihnen ableitend, strenge hielt, nach der Ausdrucksweise des obigen stoischen Schema's folgendermassen [182]):

I. Wenn das Erste ist, ist das Zweite
Das Erste aber ja ist
―――――――――――
Also ist das Zweite

II. Wenn das Erste ist, ist das Zweite
Nicht aber ja ist das Zweite
―――――――――――
Also ist das Erste nicht.

III. Nicht zugleich ist das Erste und das Zweite
Das Erste aber ja ist
―――――――――――
Also nicht ist das Zweite

IV. Entweder ist das Erste oder das Zweite
Das Erste aber ja ist
―――――――――――
Also nicht ist das Zweite

V. Entweder ist das Erste oder das Zweite
Nicht aber ja ist das Zweite
―――――――――――
Also ist das Erste.

---

180) Ebend. 78.: *τῶν δὲ περαντικῶν λόγων οἱ μὲν ὁμωνύμως τῷ γένει λέγονται περαντικοὶ* (über diese s. unten Anm. 194.), *οἱ δὲ συλλογιστικοί· συλλογιστικοὶ μὲν οὖν εἰσιν οἱ ἤτοι ἀναπόδεικτοι ὄντες ἢ ἀναγόμενοι ἐπὶ τοὺς ἀναποδείκτους κατά τι τῶν θεμάτων ἢ τινὰ, οἷον οἱ τοιοῦτοι „εἰ περιπατεῖ Δίων, κινεῖται ἄρα Δίων“.*

181) *Sext. Emp. pyrrh. hyp.* II, 156.: *οἱ θρυλούμενοι παρὰ τοῖς Στωϊκοῖς ἀναπόδεικτοι .... οὗτοι γάρ εἰσιν οὓς φασιν ἀποδείξεως μὲν μὴ δεῖσθαι πρὸς τὴν ἑαυτῶν σύστασιν, ἀποδεικτικοὺς δὲ ὑπάρχειν τοῦ καὶ τοὺς ἄλλους συνάγειν λόγους.* Die wohl von den Peripatetikern her überwiegende Bezeichnung „*ὑποθετικοὶ συλλ.*“ erscheint in mehreren Bücher-Titeln des Chrysippus (196.).

182) Ebend. 157 f.: *πολλοὺς μὲν ἀναποδείκτους ὀνειροπολοῦσιν, πέντε δὲ τούτους μάλιστα ἐκτίθενται, εἰς οὓς οἱ λοιποὶ πάντες ἀναφέρεσθαι δοκοῦσιν, πρῶτον τὸν ἐκ συνημμένου καὶ τοῦ ἡγουμένου τὸ λῆγον συνάγοντα, οἷον „εἰ ἡμέρα ἐστὶ, φῶς ἔστιν· ἀλλὰ μὴν ἡμέρα ἔστιν· φῶς ἄρα ἔστιν.“ δεύτερον τὸν ἐκ συνημμένου καὶ τοῦ ἀντικειμένου τοῦ λήγοντος τὸ ἀντικείμενον τοῦ ἡγουμένου συνάγοντα, οἷον „εἰ ἡμέρα ἐστὶ, φῶς ἔστιν· οὐκ ἔστι δὲ φῶς· οὐκ ἄρα ἡμέρα ἔστιν“. τρίτον τὸν ἐξ ἀποφατικοῦ συμπλοκῆς* (s. Abschn. V, Anm. 71.) *καὶ ἑνὸς τῶν ἐκ τῆς συμπλοκῆς τὸ ἀντικείμενον τοῦ λοιποῦ συνάγοντα, οἷον „οὐχὶ ἡμέρα ἔστι καὶ νὺξ ἔστιν· ἡμέρα δὲ ἔστιν·*

Hiebei nun braucht die gränzenlose Stupidität in der Trennung des IV. und V. Modus wohl nicht noch besonders hervorgehoben zu werden (der III. Modus ist aber nicht in zwei Fälle zerlegt!); bei Theophrast war allerdings auch ein bloss formaler Unterschied zwischen diesen beiden Modi, aber dort lag noch ein vernünftiger Grund hiezu vor. Eben Jeder, welcher bloss fremde Produkte abschreibt, läuft hiebei Gefahr,

---

οὐκ ἄρα νὺξ ἔστιν." τέταρτον τὸν ἐκ διεζευγμένου καὶ ἑνὸς τῶν διεζευγμένων τὸ ἀντικείμενον τοῦ λοιποῦ συνάγοντα, οἷον „ἤτοι ἡμέρα ἔστιν ἢ νὺξ ἔστιν· ἡμέρα δέ ἐστιν· οὐκ ἄρα νὺξ ἔστιν". πέμπτον τὸν ἐκ διεζευγμένου καὶ τοῦ ἀντικειμένου ἑνὸς τῶν ἐπεζευγμένων τὸ λοιπὸν συνάγοντα, οἷον „ἤτοι ἡμέρα ἔστιν ἢ νὺξ ἔστιν· οὐχὶ δὲ νὺξ ἔστιν· ἡμέρα ἄρα ἔστιν". *Diog. L.* 79 ff.: εἰσὶ δὲ καὶ ἀναπόδεικτοί τινες τῷ μὴ χρῄζειν ἀποδείξεως, ἄλλοι μὲν παρ' ἄλλοις, παρὰ δὲ τῷ Χρυσίππῳ πέντε, δι' ὧν πᾶς λόγος πλέκεται, οἵτινες λαμβάνονται ἐπὶ τῶν περαντικῶν καὶ ἐπὶ τῶν συλλογισμῶν καὶ ἐπὶ τῶν τροπικῶν· πρῶτος δέ ἐστιν ἀναπόδεικτος ἐν ᾧ πᾶς λόγος συντάσσεται ἐκ συνημμένου καὶ τοῦ ἡγουμένου, ἀφ' οὗ ἄρχεταί τι συνημμένον, καὶ τὸ λῆγον ἐπιφέρει, οἷον „εἰ τὸ πρῶτον, τὸ δεύτερον· ἀλλὰ μὴν τὸ πρῶτον· τὸ ἄρα δεύτερον". δεύτερος δ' ἐστὶν ἀναπόδεικτος ὁ διὰ συνημμένου καὶ τοῦ ἀντικειμένου τοῦ λήγοντος τὸ ἀντικείμενον τοῦ ἡγουμένου ἔχων συμπέρασμα, οἷον „εἰ ἡμέρα ἐστὶ, φῶς ἔστιν· ἀλλὰ μὴν νὺξ ἔστιν· οὐκ ἄρα ἡμέρα ἔστιν·" ἡ γὰρ πρόςληψις γίνεται ἐκ τοῦ ἀντικειμένου τῷ λήγοντι καὶ ἡ ἐπιφορὰ ἐκ τοῦ ἀντικειμένου τῷ ἡγουμένῳ. τρίτος δ' ἐστὶν ἀναπόδεικτος ὁ δι' ἀποφατικῆς συμπλοκῆς καὶ ἑνὸς τῶν ἐν τῇ συμπλοκῇ ἐπιφέρων τὸ ἀντικείμενον τοῦ λοιποῦ, οἷον „οὐχὶ τέθνηκε Πλάτων καὶ ζῇ Πλάτων· ἀλλὰ μὴν τέθνηκε Πλάτων· οὐκ ἄρα ζῇ Πλάτων". τέταρτος δέ ἐστιν ἀναπόδεικτος ὁ διὰ διεζευγμένου καὶ ἑνὸς τῶν ἐν τῷ διεζευγμένῳ τὸ ἀντικείμενον τοῦ λοιποῦ ἔχων συμπέρασμα, οἷον „ἤτοι τὸ πρῶτον ἢ τὸ δεύτερον· ἀλλὰ μὴν τὸ πρῶτον· οὐκ ἄρα τὸ δεύτερον". πέμπτος δέ ἐστιν ἀναπόδεικτος ἐν ᾧ πᾶς λόγος συντάσσεται ἐκ διεζευγμένου καὶ ἑνὸς τῶν ἐν τῷ διεζευγμένῳ ἀντικειμένου καὶ ἐπιφέρει τὸ λοιπὸν, οἷον „ἤτοι ἡμέρα ἔστιν ἢ νὺξ ἔστιν· οὐχὶ δὲ νὺξ ἔστιν· ἡμέρα ἄρα ἔστιν". *Ps.-Galen. Εἰς. Διαλ.* p. 17 ff.: ὀνομάζουσι δὲ τρόπον οἱ διαλεκτικοὶ τὰ τῶν λόγων σχήματα, οἷον ἐπὶ μὲν τοῦ ἑπομένου καὶ τοῦ ἡγουμένου τὸ λῆγον περαινόντων, ὃ (Minas gibt „περαίνοντα. ἐν ᾧ" und verdirbt die ganze Stelle wie überhaupt alle übrigen durch die sinnloseste Interpunktion) Χρύσιππος ὀνομάζει πρῶτον ἀναπόδεικτον, ὁ τοιοῦτος τρόπος ἐστίν· „εἰ τὸ α', τὸ β'· τὸ δὲ α'· τὸ ἄρα β'". ἐπὶ δὲ τοῦ ἐκ συνημμένου καὶ (fehlt b. Minas) ἀντικειμένου ἢ (fehlt b. M.) εἰς ὃ λήγει τὸ τοῦ ἡγουμένου ἀντικείμενον ἐπιφέροντος, ὃν καὶ αὐτὸς (Minas αὐτὸν) ὁ Χρύσιππος δεύτερον ἀναπόδεικτον ὀνομάζει, τοιοῦτός ἐστιν· „εἰ τὸ α', τὸ β'· οὐχὶ δὲ τὸ δεύτερον· οὐκ ἄρα τὸ πρῶτον", ὥςπερ γε καὶ ἐπὶ τοῦ τρίτου· κατὰ τοῦτον, ὃς ἐξ ἀποφατικοῦ συμπεπλεγμένου καὶ ἑνὸς τῶν ἐν αὐτῷ τὸ ἀντικείμενον τοῦ λοιποῦ παρέχει, τοιοῦτος ὁ τρόπος ἐστίν· „οὐχὶ τὸ α' καὶ τὸ β' (Minas gibt οὐχ ὑπὸ τοῦ α καὶ τοῦ β; Untersatz und Schlusssatz fehlen in der Handschrift; zu ergänzen ist τὸ δὲ α'· οὐκ ἄρα β')". ὁμοίως δὲ κἀπὶ τοῦ τετάρτου κατὰ τὸν αὐτὸν (Minas τῶν αὐτῶν), ὅσα ἐκ διεζευγμένου καὶ ἑνὸς τῶν ἐν αὐτῷ τοῦ λοιποῦ τὸ ἀντικείμενον ἐπιφέρει, τοιοῦτός τις ὁ τρόπος ἐστίν· „ἤτοι τὸ α' ἢ τὸ β'· τὸ δὲ α'· οὐκ ἄρα τὸ β'". καὶ τοίνυν κἀπὶ τοῦ πέμπτου, ὃς ἐκ διεζευγμένου (statt ὃς ἐκ διεζ. gibt Min. ὁ διεζευγμένος) καὶ τοῦ ἀντικειμένου ἑνὸς (Min. gibt ἐν ᾧ) τῶν ἐν αὐτῷ τὸ λοιπὸν ἐπιφέρει, τοιοῦτός ἐστιν ὁ τρόπος· „ἤτοι τὸ α' ἢ τὸ β' (das in d. Handschr. fehlende zu ergänzen: οὐχὶ δὲ τὸ β'· τὸ ἄρα α')". Diess zugleich eine Probe der Arbeit des Herrn Minoides Minas. — Vgl. *Sext. Emp. adv. math.* VIII, 223—226, woselbst nach der oben, Anm. 173, schon angegebenen Notiz, dass dieser Gegenstand am Anfange der Chrysippischen Syllogistik behandelt war, eine Darlegung der ersten drei ἀναπόδεικτοι mit jenen nemlichen Beispielen und dann (227.) deren Schema mit Zahlen (s. Anm. 177.) gegeben wird; ebenso ist der dritte und vierte ἀναπόδεικτος *pyrrh. hyp.* II, 201. angegeben. Vgl. auch Abschn. X, Anm. 68.

nur seine eigene Dummheit zur Schau zu tragen. Aber an der Fünfzahl der äusseren Formen — natürlich als an einem schulmässigen Anhaltspunkte — hielt Chrysippus so fest, dass er, während er die bei ihm doch nicht mehr trennbaren Modi IV und V wirklich trennt, eine andere für ihn eigentlich folgerichtig nothwendige Trennung unterlässt; nemlich Theophrast hatte für III, IV und V einen Unterschied gemacht, je nachdem die Disjunction zwei oder mehrere Glieder umfasst (s. Absch. V, Anm. 71 f.); diese auf factischen Verhältnissen beruhende Unterscheidung aber veranlasste den Chrysippus nicht zu einer Vermehrung der Figuren, sondern damit jene Fünfzahl nicht gestört werde, nennt er jene Fälle, in welchen die Disjunction auf mehrere Glieder sich erstreckt, nur einen *τέταρτος διὰ πλειόνων ἀναπόδεικτος* oder einen *πέμπτος διὰ πλειόνων ἀναπόδεικτος* [183]). Uebrigens machte sich gerade für jene Fälle, in welchen nur eine zweigliedrige Disjunction vorlag, der so ganz äusserlich formale Standpunkt betreffs des IV. und V. Modus noch in der stoischen Schule selbst auf eine eigenthümliche Weise geltend; es wurde nemlich einerseits die Unterschiedslosigkeit beider gefühlt und daher beide mit dem gleichen Namen „*ἐξ ἀντιφάσεως διαιρετικοὶ συλλογισμοί*“, d. h. contradictorisch disjunctive Schlüsse genannt, andrerseits aber wurde hervorgehoben, dass bei bloss dichotomischer Disjunction im IV. Modus das Factum, dass das Zweite nicht ist, ja eben mit dem zusammenfalle, dass das Erste ist, und ebenso im V. Modus das Factum, dass das Erste ist, mit jenem, dass das Zweite nicht ist, d. h. dass also in beiden der Schlusssatz mit dem Untersatze zusammenfalle, und es wurde daher gleichsam die neue Entdeckung verkündet, dass es auch Schlüsse gebe, in welchen die *ἐπιφορὰ* eben die *πρόςληψις* sei, während sie doch das der *πρόςληψις* entgegengesetzte Glied des *τροπικὸν* sein solle. Und gegen diesen grauenvollen Formalismus, welcher mitten in der Lehre vom Schlusse bloss den Wortausdruck statt des syllogistischen Verbandes im Auge hat, aber seinem inneren Kerne nach darauf beruht, dass die Stoiker überhaupt kein Verständniss von dem Zusammentreffen des sprachlichen Widerspruches (des Contradictorischen) und des realen Gegensatzes (des Conträren) haben konnten — s. oben b. Anm. 159 —, widersetzte sich noch später mit Recht Alexander, welcher darauf hinwies, dass es auf die Geltung der Sätze als Glieder eines Syllogismus, nicht aber auf ihren Wortlaut ankomme [184]).

---

183) *Sext. Emp. pyrrh. hyp.* I, 69.: *κατὰ δὲ τὸν Χρύσιππον τὸν μάλιστα πολεμοῦντα τοῖς ἀλόγοις ζῴοις καὶ τῆς ἀοιδίμου διαλεκτικῆς μετέχει* (sc. *ὁ κύων*)· *φησὶ γοῦν αὐτὸν ὁ προειρημένος ἀνὴρ ἐπιβάλλειν τῷ πέμπτῳ διὰ πλειόνων ἀναποδείκτων* (zu lesen *ἀναποδείκτῳ*), *ὅταν ἐπὶ τρίοδον ἐλθὼν καὶ τὰς δύο ὁδοὺς ἰχνεύσας δι' ὧν οὐ διῆλθε τὸ θηρίον, τὴν τρίτην μηδ' ἰχνεύσας εὐθέως ὁρμήσῃ δι' αὐτῆς· δυνάμει γὰρ τοῦτο αὐτὸν λογίζεσθαί φησιν ὁ ἀρχαῖος „ἤτοι τῇδε ἢ τῇδε ἢ τῇδε διῆλθε τὸ θηρίον· οὔτε δὲ τῇδε οὔτε τῇδε· τῇδε ἄρα“.*

184) *Alex. ad An. pr. f.* 8b.: *ὁ γὰρ ἐξ ἀντιφάσεως διαιρετικὸς συλλογισμὸς οὐχ ὡς ταὐτὸν τῷ μεταλαμβανομένῳ ἢ, ὡς οἱ νεώτεροί φασι, προςλαμβανομένῳ τὸ συμπέρασμα ἐπιφέρει· ὁ γὰρ λέγων „ἤτοι ἡμέρα ἐστὶν ἢ οὐκ ἔστιν ἡμέρα“, εἶτα πρασλαμβάνων τὸ ἕτερον τῶν ἐν τῷ διαιρετικῷ ἢ τὸ ἀποφατικὸν τὸ „ἀλλὰ μὴν οὐκ ἔστιν ἡμέρα“ ἢ τὸ καταφατικὸν τὸ „ἡμέρα ἔστιν“, ἔχει μὲν οὖν συναγόμενα ἢ τὸ „οὐκ ἄρα ἡμέρα ἐστίν“ ἢ τὸ „ἡμέρα ἄρα ἐστίν“, ὃ δοκεῖ ταὐτὸν εἶναι τῷ προσειλημμένῳ τῷ „ἀλλὰ*

An diese fünf *ἀναπόδεικτοι* nun aber schlossen sich wieder einige Betrachtungen und formale, in technischen Ausdrücken fixirte Bestimmungen an, welche auf dem nun schon öfter erwähnten Motive einer fortgesetzten Zusammensetzung beruhen. Und zwar zunächst wurde völlig entsprechend der Lehre vom nicht-einfachen Urtheile auch hier die Auffassung angewendet, dass die Zusammensetzung entweder durch öftere Wiederholung Ein und des nemlichen Einfachen oder durch Verbindung mehrerer verschiedener Einfacher erreicht werden können (s. Anm. 122). Hiernach werden bei diesen Schlüssen von den gewöhnlichen irgend eine wirkliche Folgerung enthaltenden diejenigen unterschieden, welche in blosser Wiederholung Ein und des nemlichen Satzes sich bewegen; es sind diess die *διφορούμενοι* und die *ἀδιαφόρως περαίνοντες*; es wird nemlich innerhalb der auf Wiederholung beruhenden Syllogismen abermals unterschieden zwischen *διφορούμενοι*, welche schlechthin in allen Theilen das Nemliche enthalten, z. B. „Wenn es Tag ist, ist es Tag; nun aber ist es Tag; also ist es Tag", und zwischen *ἀδιαφόρως περαίνοντες*, welche nur in dem Verhältnisse des Schlusssatzes zu den Prämissen diese unterschiedslose Wiederholung an sich haben, z. B. „Entweder ist es Tag, oder es ist Nacht; nun aber ist es Tag; also ist es Tag" [185]);

μὴν οὐκ ἔστιν ἡμέρα" ἢ τῷ „ἀλλὰ μὴν ἡμέρα ἐστίν". οὐ μὴν ὡς ταὐτὸν αὐτῷ ὂν ἐπιφέρεται ἀλλ' ὡς ἀντικείμενον τῷ ἑτέρῳ τῶν ἐν τῷ διαιρετικῷ. Ebend. *ad Top.* p. 8.: *οἱ δὲ ἐξ ἀντιφάσεως διαιρετικοὶ οὐ ταὐτὸν τῷν κειμένων τινὶ ἐπιφέρουσιν ἀλλὰ τὸ ἀντικείμενον τοῦ λοιποῦ λόγου, ᾧ συμβαίνει διὰ τὸ ἐκ τοιούτων εἶναι τὸ διαιρετικὸν, τὸ αὐτὸ γίνεσθαι τῇ προσλήψει.* Dass diese Auffassung den Stoikern angehöre, ist wohl daraus zu schliessen, dass sie Alexander mitten unter mancherlei anderen Sonderbarkeiten der stoischen Syllogistik bespricht (von letzteren ist weiter unten an ihrem Orte zu handeln).

185) *Alex. ad Top.* p. 7.: *οὐδὲ συλλογισμὸς οὖν ἔτι εἴη ἂν ὁ μὴ τὴν χρείαν σώζων τὴν τοῦ συλλογισμοῦ· τοιοῦτος δὲ λόγος ἐν ᾧ τὸ αὐτὸ συμπέρασμά τινι τῶν κειμένων, οἷοί εἰσι κατὰ τοὺς ἀπὸ τῆς Στοᾶς οἱ διφορούμενοί* (hier gibt der Text selbst das richtige, s. Anm. 122.) *τε καὶ οἱ διαφόρως* (dass zu lesen ist *ἀδιαφόρως*, geht sowohl aus dem Sinne als auch aus den sogleich anzuführenden Stellen, sowie aus Appulejus hervor, welcher es mit *non idem differenter* übersetzt) *περαίνειν ὑπ᾿ αὐτῶν λεγόμενοι. διφορούμενοι μὲν γάρ εἰσι κατ᾿ αὐτοὺς οἱ τοιοῦτοι „εἰ ἡμέρα ἐστὶν, ἡμέρα ἔστιν· ἀλλὰ μὴν ἡμέρα ἔστιν· ἡμέρα ἄρα ἔστιν"· διαφόρως* (ebenso: *ἀδιαφόρως*) *δὲ περαίνοντες ἐν οἷς τὸ συμπέρασμα ταὐτόν ἐστιν ἑνὶ τῶν λημμάτων, ὡς ἐπὶ τῶν τοιούτων „ἤτοι ἡμέρα ἔστιν ἢ φῶς ἔστιν· ἀλλὰ μὴν ἡμέρα ἔστιν. ἡμέρα ἄρα ἔστιν".* *Appul. d. interpr.* p. 272. *Oud.*: *quapropter supervacanei sunt moduli Stoicorum, non idem differenter peragentes, ut „dies est aut nox; atqui dies est", item idem geminantes „si dies est, dies est; dies igitur est". Alex. ad An. pr. f.* 8 b.: *τὸ γὰρ χρεῶδες οὐ παρέχεται τὸ „εἰ ἡμέρα ἐστίν· ἀλλὰ μὴν ἡμέρα ἔστιν· ἡμέρα ἄρα ἔστιν" καὶ ὅλως οἱ λεγόμενοι ὑπὸ τῶν νεωτέρων ἀδιαφόρως περαίνοντες· τοιοῦτοι δὲ καὶ οἱ διφορούμενοι* (gleichfalls schon richtig im Texte), *οἷός ἐστιν „εἰ ἡμέρα ἐστὶν, ἡμέρα ἔστιν· ἀλλὰ μὴν ἡμέρα ἔστιν· ἡμέρα ἄρα ἔστιν".* ebend. *f.* 9 a.: *ἀλλὰ μὴν οὐδὲ οἱ διφορούμενοι* (ebenso) *λεγόμενοι ὑπ᾿ αὐτῶν συλλογιστικοί.* ebend. *f.* 64 b.: *δι᾿ ἀχρηστίαν παρέλιπεν, οἷοί εἰσιν οἱ διφορούμενοι* (hier hat d. Text *διαφορ.*) *λόγοι ἢ ἀδιαφόρως περαίνοντες κ. τ. λ.* *Schol. cod. Par. ad Top.* b. *Brand.* p. 294 b. 25.: *ἀκολούθως δὲ τούτοις τὸ ἐν ἀρχῇ αἰτοῦνται καὶ οἱ κατὰ τοὺς Στωϊκοὺς ἀδιαφόρως συλλογιζόμενοι οὑτωσί· „εἰ ἡμέρα ἐστὶν, ἡμέρα ἔστιν· ἀλλὰ μὴν ἡμέρα ἔστιν· ἡμέρα ἔστιν."* *Anon. π. συλλογ.* b. *Philop. ad An. pr. ed. Ald. f.* XXXXII b.: *διὰ τοὺς διφόρους καλουμένους συλλογισμοὺς, οἵ-*

— hiemit also könnten *διφορούμενοι* nur im I. und II. Modus, *ἀδιαφόρως περαίνοντες* aber in allen fünf Modi vorkommen —; diesen beiden gegenüber hiessen die übrigen auf Verbindung verschiedener Sätze beruhenden Syllogismen doch wohl wahrscheinlich *διαφόρως περαίνοντες* oder *διαφερόντως περαίνοντες* (überliefert ist uns dieser technische Ausdruck nicht). — Diesem Documente der Geistes-Armuth reiht sich ein anderes an, in welchem der Grundsatz des Fortschreitens vom Einfachen zum Zusammengesetzten sogar in Mitte der Betrachtung eines zusammengesetzten Dinges — zusammengesetzt aber sind ja doch die Syllogismen — selbst noch rückwärts ausgedehnt wird, so dass allen Ernstes von „Schlüssen" gesprochen wird, welche nicht zusammengesetzt sind. Nemlich es soll als ein *μονολήμματος συλλογισμὸς*, d. h. als ein Syllogismus von bloss Einer Prämisse, gelten, wenn in einem hypothetischen Urtheile eben der Causalnexus hervorgehoben und hiemit aus dem Vordersatze der Nachsatz „geschlossen wird", was dann auch nicht mehr nothwendig in der hypothetischen Satzform geschehen muss, sondern auch ausgedrückt werden kann wie z. B. „Du athmest, also lebst Du" statt „Wenn Du athmest, lebst Du". Das Verdienst, die Chrysippische Logik mit diesem Lehrsatze bereichert zu haben, fällt dem Antipatros zu [186]); und es wurde

---

τινες τὸ αὐτὸ ταῖς προτάσεσιν ἔχουσι συμπέρασμα, οἷον „εἰ ἡμέρα ἐστὶν, ἡμέρα ἔστιν· ἀλλὰ μὴν ἡμέρα ἔστιν· ἡμέρα ἄρα ἔστιν." *Boeth. d. syll. cat.* p. 600. (*ed. Bas.* 1570.): *frequenter tales ab aliquibus fiunt syllogismi, ut ea quae proposuerunt, ipsa etiam in conclusione concludant, ut est hic: „si homo es, homo es; homo autem es; homo igitur es"; idem enim conclusit quod ante proposuit.*

186) *Appul.* a. a. O.: *licet Antipatro Stoico contra omnium sententiam videatur plena conclusio esse „vides, vivis igitur", cum sit illo modo plena: „si vides, vivis; atqui vides; vivis igitur"* (hier ist auch am deutlichsten der Zusammenhang des *μονολήμματος* mit dem hypothetischen Urtheile ausgedrückt). *Sext. Emp. pyrrh. hyp.* II, 167.: *εἰ δὲ οὐκ ἀρέσκει τισὶ λόγους μονολημμάτους εἶναι, οὐκ εἰσὶν ἀξιοπιστότεροι Ἀντιπάτρου ὃς οὐδὲ τοὺς τοιούτους λόγους ἀποδοκιμάζει.* *adv. math.* VIII, 443.: *τὸ μὲν γὰρ λέγειν μὴ ἀρέσκειν τῷ Χρυσίππῳ μονολημμάτους εἶναι λόγους .... Ἀντίπατρος γὰρ, τῶν ἐν τῇ Στωϊκῇ αἱρέσει ἐπιφανεστάτων ἀνδρῶν, ἔφη δύνασθαι καὶ μονολημμάτους λόγους συνίστασθαι.* *Alex. ad Top.* p. 6.: *οὓς γὰρ οἱ περὶ Ἀντίπατρον μονολημμάτους συλλογισμοὺς λέγουσιν, οὐκ εἰσὶ συλλογισμοὶ, ἀλλ' ἐνδεῶς ἐρωτῶνται, ὡς οὗτοι, „ἡμέρα ἔστι, φῶς ἄρα ἔστιν· ἀναπνεῖς, ζῇς ἄρα." .... τῷ οὖν γνωρίμῳ τοῦ συνημμένου καὶ ἐναργεῖ χρώμενοι ἢ τῷ τῆς καθόλου προτάσεως φανερῷ ἡγοῦνται δι' ἑνὸς τεθέντος συλλογίζεσθαί τι.* Ebend. *ad An. pr. f.* 8 a.: *οὐ γὰρ εἰσὶ συλλογισμοὶ οἱ λεγόμενοι ὑπὸ τῶν νεωτέρων μονολήμματοι .... οἱ δὲ μονολήμματοι λεγόμενοι δοκοῦσιν εἶναί ποτε συλλογισμοὶ τῷ τὴν ἑτέραν τῶν προτάσεων διὰ τὸ εἶναι γνώριμον τοὺς ἀκούοντας προστιθέναι· τὸ γὰρ „ἀναπνεῖς, ζῇς ἄρα" δοκεῖ συλλογισμὸς εἶναι, ὅτι παρ' αὑτοῦ προστίθησιν ὁ ἀκούσας τὴν δευτέραν πρότασιν εἶναι* (*l.* *οὖσαν*) *γνώριμον „ὁ ἀναπνέων ζῇ", ἐπεὶ εἴ γε μὴ ἦν γνώριμος αὕτη, οὐδεὶς ἂν συνεχώρει τὸ συμπέρασμα τὸ „ζῇς ἄρα" ἐπὶ τοῦ „ἀναπνεῖς", ἀλλ' ἀπῄτει τὴν αἰτίαν ...... ἐν γοῦν ταῖς ἀκολουθίαις καὶ ταῖς σχέσεσι καὶ συνεχέσι καὶ συνημμένοις τοῖς ὑγιέσιν ἐξ ἀνάγκης ἀκολουθεῖ τῷ ἡγουμένῳ τὸ ἑπόμενον· ἀλλ' οὐ συλλογισμὸς ἤδη τοῦτο, ἐν γὰρ τῷδε „εἰ ἡμέρα ἐστὶ, φῶς ἔστι" ἐξ ἀνάγκης ἕπετα τῷ ἡμέραν εἶναι τὸ φῶς εἶναι, ἀλλ' οὐ συλλογιστικῶς .... οὐδ' ἂν αἱ μὲν λέξεις ὦσι πλείους τῶν τιθεμένων, ταὐτὸν δὲ ταῦτα σημαίνει τῷ πρώτῳ, οὐδ' οὕτω συλλογισμὸς ἐκ τῶν τοιούτων ἔσται· καὶ γὰρ ὁ οὕτως ἔχων λόγος τῇ δυνάμει μονολήμματος „ἡμέρα ἔστιν, ἀλλὰ καὶ οὐχὶ οὐχ ἡμέρα ἔστι, φῶς ἄρα ἔστι", τὸ γὰρ „οὐχὶ οὐχ ἡμέρα ἔστι" τοῦ „ἡμέρα ἔστι" μόνῃ τῇ λέξει διαφέρει.* ebend. *f.* 9 b.: *ὅτι μὴ εἰσὶν*

nun das rhetorische Enthymema, ja selbst die verkümmertste Form desselben, mit dem „logischen" technischen Ausdrucke eines *συλλογισμὸς μονολήμματος* gestempelt, wie diess aus dem Berichte einer Schul-Anekdote über eine Rede des Demosthenes gegen Aeschines hervorgeht [187]). Diesem nicht-zusammengesetzten Syllogismus gegenüber mussten nun wohl die fünf *ἀναπόδεικτοι* jetzt sämmtlich *διλήμματοι* heissen, wie sie auch wirklich bei Ps.-Galen. genannt werden, s. Abschn, X, Anm. 37; jedoch erscheint der technische Ausdruck „Dilemma" in dem auch bei uns üblichen Sinne eigentlich nur in der Rhetorik (s. Abschn. VIII, Anm. 16 u. 62), und das rhetorische Dilemma, welches betreffs seiner logischen Geltung sich nur auf die drei letzten *ἀναπόδεικτοι* bezieht, mag wohl erst dazu Veranlassung gegeben haben, dass später in der syncretistischen Logik jene disjunctiven Schlussweisen, wenn auch ohne eine ausdrückliche technische Bezeichnung, eine besondere Bedeutung erhielten; s. Abschn. X, Anm. 53—56.

Sowie aber nun durch Antipatros die ununterbrochene Kette des Ueberganges vom Einfachen zum Zusammengesetzten nach Vornen zu (oder eigentlich rückwärts) hergestellt wurde, so setzte sich dieselbe von den fünf *ἀναπόδεικτοι* aus auch nach Hinten zu fort, oder vielmehr es strebte der Trieb des Zusammensetzens unaufhaltsam vorwärts. (Wenn es einmal *μονολήμματοι* und *διλήμματοι* gibt, warum soll es nicht auch *δεκαλήμματοι* u. s. f. geben?) Es werden nemlich die Grundsätze einer weiteren Verflechtung dieser Schlüsse angegeben und in dieser Beziehung die *ἀναπόδεικτοι* völlig entsprechend der Lehre vom Urtheile in „einfache" (*ἁπλοῖ*) und „nicht einfache" (*οὐχ ἁπλοῖ*) eingetheilt, wobei nemlich die obigen fünf eigentlichen *ἀναπόδεικτοι* als die einfachen gelten [188]); die „nicht-

---

οἱ λεγόμενοι μονολήμματοι συλλογισμοί· προσδέονται γὰρ καὶ ἐκεῖνοι ἔξωθέν τινος ὅρου καὶ προτάσεως πρὸς τὸ συμπέρασμα. Ebend. *ad Top.* p. 274.: *εἰ ἐλλείπει μὲν καὶ μὴ εἴη πάντα εἰλημμένα τὰ ἐφ' οἷς τὸ συμπέρασμα ἢ διὰ τὸ λεῖπον σφόδρα ἔνδοξόν τε καὶ γνώριμον· τοιοῦτος καὶ ὁ δοκῶν μονολήμματος „ἀναπνεῖς, ζῇς ἄρα"· γνώριμον γὰρ τὸ παραλειπόμενον τὸ „πᾶν ἀναπνέον ζῇ". τοιαῦτά ἐστι καὶ τὰ ἐνθυμήματα „οὗτοι κολάσεως ἄξιοι, ἱερόσυλοι γάρ". παρεῖται γὰρ τοὺς ἱεροσύλους ἀξίους εἶναι κολάσεως.* *Anon. π. συλλ.* b. *Philop. ad An. pr. ed. Ald. f.* XXXXII a.: *τοῦτο δὲ εἴρηται πρὸς διαστολὴν τῶν παρὰ τοῖς ῥήτορσι μονολημμάτων καλουμένων συλλογισμῶν, οἵτινες τὴν μίαν πρότασιν εἰπόντες, τὴν δὲ ἑτέραν παρασιγήσαντες, ἐπιφέρουσι τὸ συμπέρασμα, οἷον „ὁ δεῖνα νύκτωρ πλανᾶται, λῃστὴς ἄρα", παραλιμπάνουσι γὰρ τὴν ἄλλην πρότασιν τὴν λέγουσαν „πᾶς δὲ νύκτωρ πλανώμενος λῃστής ἐστιν, ὁ δεῖνα ἄρα λῃστής ἐστι".* Ueber letzteres Beispiel vgl. Abschn. II, Anm. 79. *Varro, Sat. Men.* 54, 1. (s. *Oehler* p. 157.): *Cui Celer δι' ἑνὸς λήμματος λόγος, Antipatri Stoici filius, rutro caput displanat.*

187) *Schol. cod. Par.* b. *Brand.* p. 147 b. 42.: *συμψήφους αὐτοῖς ἐποιοῦντο ἐκ τούτου τοὺς δικαστάς· οὕτως γὰρ Δημοσθένης ἐποίησεν· ἑκὼν παρατονίσας καὶ εἰπὼν παροξυτόνως „μίσθωτος" καὶ τῶν δικαστῶν διορθωσαμένων καὶ λεγόντων ὀξυτόνως „μισθωτός" ἀποβλέψας πρὸς Αἰσχίνην ἔφη „ἀκούεις ἃ λέγουσιν, Αἰσχίνη;" τὸ γὰρ ἑκουσίως αὐτὸν παρατονίσαι συμψήφους κατὰ Αἰσχίνου ἐποίησεν αὐτῷ τοὺς δικαστάς· διὰ ταύτας τὰς αἰτίας τοῖς μονολημμάτοις ἐκέχρηντο συλλογισμοῖς οἱ ῥήτορες.*

188) *Sext. Emp. adv. math.* VIII, 228 f.: *ἔτι χρὴ γινώσκειν ὅτι τῶν ἀναποδείκτων οἱ μέν εἰσιν ἁπλοῖ οἱ δὲ οὐχ ἁπλοῖ. ὧν ἁπλοῖ μέν εἰσιν οἱ αὐτόθεν σαφὲς ἔχοντες τὸ ὅτι συνάγουσιν, τουτέστι τὸ ὅτι συνεισάγεται αὐτῶν τοῖς λήμμασιν ἡ ἐπιφορά, ὁποῖοί εἰσιν οἱ ἐκκείμενοι· ἐὰν γὰρ ἐπὶ*

einfachen" aber werden nach jener stets wiederkehrenden Manier wieder eingetheilt in solche, welche aus gleichartigen Bestandtheilen (*ἐξ ὁμογενῶν*) und solche, welche aus ungleichartigen Bestandtheilen (*ἐξ ἀνομογενῶν*) bestehen; jedenfalls aber handelt es sich bei den nicht-einfachen darum, sie in die ihnen zu Grunde liegenden schlussfähigen (*συνακτικά*) Bestandtheile aufzulösen (*ἀναλύειν*). Hier aber zeigt sich bei der Auflösung der aus gleichartigen Theilen zusammengesetzten Schlüsse [189]) sogleich wieder jene nemliche Spielerei des Formalismus, welche den *μονολήμματοι* zu Grunde liegt, indem nemlich z. B. der erste Modus nur vermittelst der äusserlichsten Verdopplung selbst in zwei *ἀναπόδεικτοι* des ersten Modus aufgelöst wird, deren ersterer selbst sich zu einem *μονολήμματος* gestaltet, z. B. der Schluss „Wenn es Tag ist, ist es hell; es ist aber Tag; also ist es hell" wird als nicht-einfacher betrachtet und in seine einfachen Bestandtheile aufgelöst, deren erster ist „Wenn es Tag ist, ist es hell", der zweite aber „Wenn es Tag ist, ist es hell; es ist aber Tag; also ist es hell"; so dass auf diese Weise endlos mit der Verdopplung zurückgegangen werden könnte. Weniger sinnlos hingegen ist die Verflechtung und beziehungsweise Auflösung derjenigen Schlüsse, welche aus ungleichartigen *ἀναπόδεικτοι* zusammengesetzt sind [190]); denn wenn auch die Art der Verflechtung selbst nur im sprachlichen Periodenbaue

---

τοῦ πρώτου εὐθέως δῶμεν ἀληθὲς εἶναι τὸ „εἰ ἡμέρα ἐστὶ, φῶς ἔστι", λέγω δὲ τὸ ἀκολουθεῖν τῷ ἡμέραν εἶναι τὸ φῶς εἶναι, ὑποθώμεθα δὲ ἀληθὲς τὸ πρῶτον τὸ ἡμέραν εἶναι, ὅπερ ἦν ἡγούμενον ἐν τῷ συνημμένῳ, ἐξ ἀνάγκης ἀκολουθήσει καὶ τὸ φῶς εἶναι, ὅπερ ἦν συμπέρασμα τοῦ λόγου. οὐχ ἁπλοῖ δέ εἰσιν οἱ ἐκ τῶν ἁπλῶν πεπλεγμένοι καὶ ἔτι χρείαν ἔχοντες τῆς εἰς ἐκείνους ἀναλύσεως, ἵνα γνωσθῶσιν ὅτι καὶ αὐτοὶ συνάγουσιν.

189) Ebend. fährt fort (229—233.): *τούτων δὲ τῶν οὐχ ἁπλῶν οἱ μὲν ἐξ ὁμογενῶν εἰσὶ συνεστῶτες οἱ δὲ ἐξ ἀνομογενῶν, καὶ ἐξ ὁμογενῶν μὲν ὥςπερ οἱ ἐκ δυοῖν πρώτων ἀναποδείκτων πεπλεγμένοι ἢ ἐκ δυοῖν δευτέρων, ἐξ ἀνομογενῶν δὲ ὥςπερ οἱ ἐκ πρώτου ἀναποδείκτου συνεστῶτες ἢ ἐκ δευτέρου καὶ τρίτου καὶ κοινῶς οἱ τούτοις παραπλήσιοι. ἐξ ὁμογενῶν μὲν οὖν συνέστηκεν οἷον ὁ τοιοῦτος „εἰ ἡμέρα ἐστὶ, φῶς ἔστιν· ἀλλὰ μὴν ἡμέρα ἔστιν· φῶς ἄρα ἔστιν". πέπλεκται γὰρ ἐκ πρώτων δυοῖν ἀναποδείκτων, ὡς ἀναλύσαντες αὐτὸν εἰσόμεθα· γνωστέον γὰρ ὅτι θεώρημα διαλεκτικόν ἐστιν εἰς τὰς τῶν συλλογισμῶν ἀναλύσεις παραδιδόμενον τοιοῦτον „ὅταν τὰ τινὸς συμπεράσματος συνακτικὰ λήμματα ἔχωμεν, δυνάμει κἀκεῖνο ἐν τούτοις ἔχομεν τὸ συμπέρασμα, κἂν κατ' ἐκφορὰν μὴ λέγηται". ἐπεὶ οὖν δύο ἔχομεν λήμματα, τό τε συνημμένον τὸ „εἰ ἡμέρα ἐστὶν φῶς ἔστιν", ὅπερ ἄρχεται μὲν ἀπὸ ἁπλοῦ ἀξιώματος τοῦ „ἡμέρα ἔστιν", λήγει δὲ εἰς οὐχ ἁπλοῦν συνημμένον τὸ „εἰ ἡμέρα ἐστὶν, φῶς ἔστι", καὶ ἔτι τὸ ἡγούμενον ἐν αὐτῷ τὸ „ἡμέρα ἔστιν", ἐκ τούτων συναχθήσεται ἡμῖν πρώτῳ ἀναποδείκτῳ τὸ λῆγον ἐν ἐκείνῳ τῷ συνημμένῳ τὸ „εἰ ἄρα ἡμέρα ἔστιν, φῶς ἔστιν". τοῦτ' οὖν δυνάμει μὲν ἔχομεν ἐν τῷ λόγῳ συναγόμενον, κατὰ δὲ τὴν ἐκφορὰν παραλελειμμένον τάξαντες μετὰ τῆς τοῦ ἐκκειμένου λόγου προλήψεως (l. προςλήψεως) τῆς „ἡμέρα ἔστιν" ἕξομεν συναγόμενον τὸ „φῶς ἔστιν" πρώτῳ ἀναποδείκτῳ, ὅπερ ἦν ἐπιφορὰ τοῦ ἐκκειμένου λόγου. ὥστε δύο γίγνεσθαι πρώτους ἀναποδείκτους, ἕνα μὲν τοιοῦτον „εἰ ἡμέρα ἔστι, φῶς ἔστιν, ἕτερον δὲ τὸν τοιοῦτον „εἰ ἡμέρα ἐστὶν, φῶς ἔστιν· ἀλλὰ μὴν ἡμέρα ἔστιν· φῶς ἄρα ἔστιν".*

190) Ebend. fährt fort (234—236.): *τοιόςδε μὲν οὖν ἐστιν ὁ χαρακτὴρ τῶν ἐξ ὁμογενῶν τὴν πλοκὴν ἐχόντων λόγων· ἐξ ἀνομογενῶν δὲ λοιπόν ἐστι καθάπερ ὁ παρὰ τῷ Αἰνησιδήμῳ περὶ τοῦ σημείου ἐρωτηθεὶς, ἔχων δὲ οὕτως· „εἰ τὰ φαινόμενα ἅπασι τοῖς ὁμοίως διακειμένοις παραπλησίως φαίνεται καὶ τὰ σημεῖά ἐστι φαινόμενα, τὰ σημεῖα πᾶσι τοῖς ὁμοίως διακειμένοις παραπλησίως φαίνεται· τὰ δὲ φαινόμενα πᾶσι τοῖς ὁμοίως*

liegt und daher nur in einer rhetorischen Logik in Betracht kommen kann, so enthalten derartige Combinationen hier doch eine folgerichtige und nothwendig gebotene Weiterführung des einmal eingenommenen Standpunktes. Auf diese Weise wird z. B. der verflochtene Syllogismus

Wenn das Erste und zugleich das Zweite ist, ist das Dritte
Nicht aber ja ist das Dritte, wohl aber ja ist das Erste
―――――――――――――――――――――――――
Nicht also ist das Zweite

völlig richtig aufgelöst in einen *ἀναπόδεικτος* des II. Modus

Wenn das Erste und zugleich das Zweite ist, ist das Dritte
Nicht aber ja ist das Dritte
―――――――――――――――――――――――――
Nicht also zugleich ist das Erste und Zweite

und in einen *ἀναπόδεικτος* des III. Modus

Nicht zugleich ist das Erste und das Zweite
Das Erste aber ja ist
―――――――――――――――――――――――――
Nicht also ist das Zweite.

Natürlich konnte man mit dieser Combinirung noch mehrerer *ἀναπόδεικτοι* beliebig fortfahren, so lange man Lust hatte [191]). Es sind aber die aus ungleichartigen Bestandtheilen verflochtenen Syllogismen dieser Art offenbar die nemlichen, welche uns auch unter dem technischen Ausdrucke *οἱ ἐκ δύο τροπικῶν* (wenn sie aus zweien combinirt waren) oder *οἱ ἐκ τριῶν τροπικῶν* (wenn aus dreien) genannt werden; ein paar andere Schlussweisen hingegen, welche vielleicht hieher gehören könnten, kennen wir nicht näher da uns ausser ihrer technischen Bezeichnung

---

διακειμένοις παραπλησίως φαίνεται· τὰ δέ γε σημεῖα οὐ πᾶσι τοῖς ὁμοίως διακειμένοις παραπλησίως φαίνεται· οὐκ ἄρα φαινόμενά ἐστι τὰ σημεῖα". συνέστηκε γὰρ ὁ τοιοῦτος λόγος ἐκ δευτέρου τε ἀναποδείκτου καὶ τρίτου, καθὼς πάρεστι μαθεῖν ἐκ τῆς ἀναλύσεως, ἥτις σαφεστέρα μᾶλλον γενήσεται ἐπὶ τοῦ τρόπου (s. Anm. 177.) *ποιησαμένων ἡμῶν τὴν διδασκαλίαν, ἔχοντος οὕτως· „εἰ τὸ πρῶτον καὶ τὸ δεύτερον, τὸ τρίτον· οὐχὶ δέ γε τὸ τρίτον, ἀλλὰ καὶ τὸ πρῶτον· οὐκ ἄρα τὸ δεύτερον." ἐπεὶ γὰρ ἔχομεν συνημμένον ἐν ᾧ ἡγεῖται συμπεπλεγμένον τὸ πρῶτον καὶ τὸ δεύτερον, λήγει δὲ τὸ τρίτον, ἔχομεν δὲ καὶ τὸ ἀντικείμενον τοῦ λήγοντος τὸ „οὐ τὸ τρίτον", συναχθήσεται ἡμῖν καὶ τὸ ἀντικείμενον τοῦ ἡγουμένου τὸ „οὐκ ἄρα τὸ πρῶτον καὶ τὸ δεύτερον" δευτέρῳ ἀναποδείκτῳ. ἀλλὰ δὴ τοῦτο αὐτὸ κατὰ μὲν τὴν δύναμιν ἔγκειται τῷ λόγῳ, ἐπεὶ ἔχομεν τὰ συνεκτικὰ αὐτοῦ λήμματα, κατὰ δὲ τὴν προφορὰν παρεῖται. ἅπερ τάξαντες μετὰ τοῦ λειπομένου λήμματος τοῦ πρώτου ἕξομεν συναγόμενον τὸ συμπέρασμα τὸ „οὐκ ἄρα τὸ δεύτερον" τρίτῳ ἀναποδείκτῳ. ὥστε δύο εἶναι ἀναποδείκτους, ἕνα μὲν τοιοῦτον „εἰ τὸ πρῶτον καὶ τὸ δεύτερον, τὸ τρίτον· οὐχὶ δέ γε τὸ τρίτον· οὐκ ἄρα τὸ πρῶτον καὶ τὸ δεύτερον", ὅς ἐστι δεύτερος ἀναπόδεικτος, ἕτερον δὲ τρίτον τὸν οὕτως ἔχοντα „οὐχὶ τὸ πρῶτον καὶ τὸ δεύτερον· ἀλλὰ μὴν τὸ πρῶτον· οὐκ ἄρα τὸ δεύτερον."* Auf diese ganze Theorie des Bildens und Auflösens der Syllogismen überhaupt bezogen sich mehrere im Schriften-Verzeichnisse des Chrysippus (194 f.) genannte Bücher.

191) Eine Probe hievon b. *Sext. Emp.* a. a. O. 281 f. und hierauf (283.) zusammengefasst: *δύο γάρ ἐστιν ἐν τῷ λόγῳ συνημμένα καὶ ἓν διεζευγμένον· τούτων δὲ τὰ μὲν συνημμένα ὑπισχνεῖται τοῖς ἐν αὐτοῖς ἡγουμένοις ἀκολουθεῖν τὰ ἐν αὐτοῖς λήγοντα, τὸ δὲ διεζευγμένον ἓν ἔχει τῶν ἐν αὐτῷ ἀληθές, ὡς ἐὰν ἀμφότερα ᾖ ἀληθῆ ἢ ἀμφότερα ψευδῆ, ψεῦδος ἔσται τὸ ὅλον.*

Nichts überliefert ist [192]). Wie weit die Stoiker die Verflechtung von drei, vier, u. s. f. *ἀναπόδεικτοι* und deren Rückauflösung verfolgten, wissen wir nicht; wohl aber ist uns überliefert, dass auch bei den von ihnen noch entwickelten Combinationen nur die doctrinär schulmässige Vollständigkeit sie hiezu veranlasste, da gerade Antipatros selbst zugestand, dass praktisch sich die Verflechtungen weit einfacher lösen lassen; Chrysippus jedoch blieb jedenfalls seinem Genie getreu, wenn er trotz eines solchen Zugeständnisses doch drei Bücher über diese combinirten Syllogismen schrieb und noch dazu diesen drei Büchern den Titel „*Συλλογιστικαὶ ἄχρηστοι*“ gab [193]).

Insoferne aber gerade Chrysippus ausschliesslich nur die fünf *ἀναποδείκτους* zuliess und von den übrigen Stoikern strenge an der Lehre desselben festgehalten werden wollte, waren von den mehreren Arten der nicht-einfachen Urtheile nur der Conditional- und der disjunctive Satz zur Bildung von Syllogismen beigezogen, und also z. B. der Causal- und der vergleichende Satz ausgeschlossen; dennoch aber konnte es als nothwendig erscheinen, syllogistische Formen, welche auf jenen anderweitigen nicht-einfachen Urtheilen beruhen, aber schon von den älteren Peripatetikern waren geltend gemacht worden (wie z. B. die vergleichenden *συλλογισμοὶ κατὰ ποιότητα*, s. Abschn. V, Anm. 74), wieder beizuziehen. Und es scheint namentlich Posidonius in dieser Beziehung jene Schlussweisen erneuert zu haben, welche als Analogie-Schlüsse schon von den Sophisten und Megarikern waren benutzt worden; wenn

---

192) *Sext. Emp. pyrrh. hyp.* II, 2.: *ὥςπερ γὰρ ὁ μὴ εἰδώς, εἰ τύχοι, τί ἐστι τὸ καθ' ὃ περιαιρουμένου ἢ τὸ διὰ δύο τροπικῶν θεώρημα, οὐδὲ εἰπεῖν τι δύναται περὶ αὐτῶν.* Hiezu d. folg. Anm. Ob der Schlussmodus *τὸ καθ' ὃ περιαιρουμένου* auch zu den *ἀναπόδεικτοι* oder deren Combinationen gehöre, ist ungewiss; dem Wortlaute des technischen Ausdruckes nach könnte es auch der unten, Anm. 195, anzuführende *περαντικὸς* sein, oder etwa auch ein Schluss, welcher vorerst von einem überflüssigen Gliede (*παρέλκον*, s. Anm. 204.) gereinigt werden muss. Auch wenn bei *Alex. ad An. pr. f.* 64 b. gesagt wird: *δι' ἀχρηστίαν παρέλιπεν* (sc. *Ἀριστ.*), *οἷοί εἰσιν οἱ διφορούμενοι λόγοι ἢ ἀδιαφόρως περαίνοντες ἢ ἡ ἄπειρος ὕλη λεγομένη καὶ καθόλου τὸ θέμα τὸ δεύτερον καλούμενον παρὰ τοῖς νεωτέροις*, sind wir weder über *ἄπειρος ὕλη* noch über *δεύτερον θέμα* näher unterrichtet; sollte letzteres den zweiten Modus der *ἀναπόδεικτοι* bedeuten (s. d. folg. Anm.), so müsste *ἄπειρος ὕλη* eine specielle Art desselben sein.

193) *Galen. d. Hipp. et Plat. plac.* II, 3. V, p. 224. *ed.* K.: *νυνὶ δὲ πῶς μὲν οἱ διὰ δύο τροπικῶν ἢ τριῶν ἀναλύονται συλλογισμοὶ καὶ πῶς οἱ ἀδιαφόρως περαίνονται* (l. *περαίνοντες*) *ἢ τινες ἄλλοι τοιοῦτοι τῷ πρώτῳ καὶ δευτέρῳ θέματι προσχρώμενοι* (*θέμα* scheint hier soviel als *ἀναπόδεικτος* zu bedeuten), *πολλοῖς ἔστι συντυχεῖν ἠσκημένοις, ὥςπερ ἀμέλει καὶ ἐπ' ἄλλοις, ὅσοις διὰ τοῦ τρίτου θέματος ἢ τετάρτου συλλογισμοὺς ἀναλύουσι· καίτοι τούτων τοὺς πλείστους ἔνεστιν ἑτέρως ἀναλύειν συντομώτερον, ὡς Ἀντίπατρος ἔγραψεν πρὸς τῷ καὶ περιεργίαν εἶναι οὐ μικρὰν ἀχρήστου πράγματος ἅπασαν τὴν τῶν τοιούτων συλλογισμῶν συμπλοκὴν, ὡς αὐτὸς ὁ Χρύσιππος ἔργῳ μαρτυρεῖ μηδαμόθι τῶν ἑαυτοῦ συγγραμμάτων εἰς ἀπόδειξιν δόγματος ἐκείνων δεηθεὶς τῶν συλλογισμῶν ......* (p. 225.) *πρὸς μέντοι τοὺς Στωϊκοὺς ἀναγκαῖόν ἐστι μακρὸν ἀνίεσθαι λόγον ἀνθρώπους ἐν μὲν τοῖς ἀχρήστοις τῆς λογικῆς θεωρίας ἱκανῶς γεγυμνασμένους, ἐν δὲ τοῖς χρησίμοις ἀγυμναστοτάτους τε ἅμα καὶ μοχθηραῖς ὁδοῖς ἐπιχειρημάτων ἐντεθραμμένους.* *Ps.-Galen. Εἰς. Διαλ.* p. 58. *ed. Minas*: *διὰ τοῦτο οὖν οὐδὲ τοὺς ὑπὸ Χρυσίππου συντεθέντας ἐν ταῖς τρισὶ „Συλλογιστικαῖς ἀχρήστοις“ ἀποδεικτέον μοι νῦν ἐστιν ἀχρήστους ὄντας.*

aber derselbe diese Schlüsse als Syllogismen „*κατὰ δύναμιν ἀξιώματος*“ bezeichnete, so hatte er sicher hiebei die Stärke ihrer Beweiskraft im Sinne, indem er sie auf gewisse Axiome (insbesondere wohl mathematische Grundlehren) reducirte, von deren Geltung z. B. alle Proportional-Schlüsse abhängen [194]). Es ist uns dieses Bestreben einer Zurückführung der Schlusskraft auf feststehende Axiome auch darum von Interesse, weil wir sehen werden, dass später in ausgedehnterem Masse zum Behufe einer regelrechten Festigkeit allgemeine Axiome an die Spitze der Beweisführung überhaupt gestellt werden wollen; s. Abschn. IX, Anm. 81 u. Abschn. X, Anm. 60.

Uebrigens liess auch hier betreffs aller schlussfähigen Syllogismen die mit der Rhetorik kokettirende Logik der Stoiker noch eine eigene Species der *περαντικοὶ* zu, welche dazu bestimmt war, auch dem blossen Schwätzen den Eintritt in die Logik nicht ganz zu verwehren (ähnlich wie wir solches bei dem Begriffe, Anm. 73, und bei der Wahrheit der Urtheile, Anm. 168, sahen); nemlich im Unterschiede von den bisher nun behandelten eigentlich logischen *περαντικοὶ* hiessen „*περαντικοὶ* im engeren Sinne“ jene Syllogismen, welche wohl auf ein logisch und factisch richtiges Resultat gelangen, aber nicht in der schulmässig strengen Form sich bewegen, sondern im Sprachausdrucke oder der Anordnung der Glieder von derselben sich entfernen [195]).

Ist nun das Bisherige die Entwicklung der Formen der Schlüsse, so tritt hierauf auch hier ebenso wie in der Lehre vom Urtheile die Frage über Wahr und Falsch auf; und es tragen auch die auf die Syllogistik sich beziehenden logischen Lehrsätze betreffs des Wahren und Falschen den nemlichen Charakter wie dort bei dem Urtheile an sich, insoferne der extrem formale und der roh empirische Standpunkt auch hier getreulichst gepaart werden; zugleich aber hängt, wie sich von selbst ver-

---

194) *Ps.-Galen.* a. a. O. p. 57, woselbst nach der Entwicklung mehrerer Arten der Vergleichungs- und Analogie-Schlüsse (s. Abschn. X, Anm. 57 ff.) gesagt wird: *τοὺς δὲ τοιούτους ἅπαντας συλλογισμοὺς τῷ γένει μὲν ἐκ τῶν πρός τι ῥητέον, ἐν εἴδει δὲ κατ᾽ ἀξιώματος δύναμιν συνισταμένους, ὥςπερ καὶ Ποσειδώνιός φησιν ὀνομάζειν τούτους συνακτικοὺς κατὰ δύναμιν ἀξιώματος.* Höchst wahrscheinlich hierauf ist auch zu beziehen *Schol. ad Hermog. d. inv.* VII, p. 764. *Walz*: *συνέστηκε δὲ ὁ συλλογισμὸς ... ἐκ προτάσεως καὶ ἐκ τοῦ καθηγουμένου τῆς προτάσεως καὶ ἐκ τοῦ ἐπισυνδέοντος τὸ καθηγούμενον τῆς προτάσεως οὐδενὶ τῶν λοιπῶν τῆς αὐτῆς οὔσης· τῷ γὰρ συλλογισμῷ τῷ νῦν* (sc. *τῷ ῥητορικῷ*) *χρώμεθα ἀντὶ τοῦ συνακτικοῦ λόγου, οὐχ ὡς οἱ Στωϊκοὶ ἐπὶ τοῦ κατὰ δύναμιν τροπικοῦ προάγοντες.* Praktisch wendete Posidonius einen Vergleichungs-Schluss bei dem Beweise an, dass die Welt ein Organismus sei; *Diog. L.* VII, 143.: *τὸ γὰρ ζῷον τοῦ μὴ ζῴου κρεῖττον· οὐδὲν δὲ τοῦ κόσμου κρεῖττον· ζῷον ἄρα ὁ κόσμος.* S. Abschn. II, Anm. 49.

195) *Diog. L.* 78.: *τῶν δὲ περαντικῶν λόγων οἱ μὲν ὁμωνύμως τῷ γένει λέγονται περαντικοὶ, οἱ δὲ συλλογιστικοί ..... περαντικοὶ δέ εἰσιν εἰδικῶς οἱ συνάγοντες μὴ συλλογιστικῶς, οἷον οἱ τοιοῦτοι „ψεῦδός ἐστι τὸ ἡμέρα ἔστι καὶ νὺξ ἔστι· ἡμέρα δέ ἐστιν· οὐκ ἄρα νὺξ ἔστιν.“* *Ps.-Galen.*, welcher in der oben, Anm. 193, angeführten Stelle fortfährt: .... *ἀχρήστους ὄντας, ἑτέρωθι γὰρ ἔδειξα τοῦτο, καθάπερ καὶ τῶν* (wahrscheinl. zu lesen *ἐπὶ τῶν*) *περαντικῶν ὑπ᾽ αὐτοῦ κληθέντων, ἐδείχθη γάρ· καὶ τούτων ἔνιοι μὲν οὐκ ἴδιόν τι γένος ὄντες συλλογισμοῦ* (Minas *συλλογισμοί*), *ἀλλὰ πεπονθυίας λέξεως ἑρμηνευόμενοι* (Minas *ἑρμηνευομένου*), *ποτὲ μὲν κατ᾽ ἀκολουθοῦσαν* (wahrscheinl. zu lesen *ἀκολουθίας*) *ὑπέρθεσιν* —, die hierauf eintretende Lücke der Handschrift ergänzt Minas: *ποτὲ δὲ κατ᾽ ἄλλο τι πάθος.*

steht, für die Stoiker die rhetorische Wirkung der Syllogismen, d. h. die Beweis-Kraft derselben und die Methode des Beweisens überhaupt von dem Wahr-sein ab. Der stoische Grundsatz nun betreffs der Wahrheit oder Falschheit der Schlüsse lautet: Ein Syllogismus ist wahr, wenn er aus materiell wahren Prämissen formell richtig den Schlusssatz herbeiführt, falsch hingegen, sowohl wenn die Prämissen materiell falsch sind, als auch wenn formell unrichtig geschlossen wird; aus dem letzteren Grunde falsch also sind alle jene Syllogismen, welche nicht **συνακτικοὶ** oder nicht **περαντικοὶ** sind, d. h. sämmtliche **ἀπέραντοι** jeder Art, wie wir sie unten als den formellen Gegensatz der richtigen Schlüsse darzustellen haben. Aber eben wegen des materiellen Inhaltes der Prämissen, welcher factisch wahr oder falsch sein kann, werden demnach die formell richtigen **συνακτικοὶ** selbst in wahre und falsche eingetheilt, wobei dieses auf empirischer Wahrnehmung des Factischen beruhende Kriterium zwar noch ein berechtigtes ist, woferne es auf die **πρόληψις** des Syllogismus bezogen wird, jedenfalls aber den Standpunkt enthält, dass auch hier die jeweilige momentane Wahrheit der factischen Dinge oder Zustände den letzten Entscheidungsgrund gibt [196]), wobei natürlich nicht mehr von einem lebendigen Walten des Mittelbegriffes, wie bei Aristoteles, die Rede sein kann, wohl hingegen mit dieser Hohlheit und Verflachung das Gebiet der rhetorischen Praxis der Beweisführung am besten sich verträgt. In diesem Sinne daher auch werden jene **συνακτικοὶ**, welche wahr sind, noch des Näheren betreffs ihrer Fähigkeit zu einer „Beweisführung" (*ἀπόδειξις*) untersucht, wobei folgendes Schema angewendet wird [197]): die Schlüsse, welche wahr sind, führen entweder

---

196) *Diog. L.* 79.: *ἔτι τῶν λόγων οἱ μὲν ἀληθεῖς εἰσιν οἱ δὲ ψευδεῖς· ἀληθεῖς μὲν οὖν εἰσι λόγοι οἱ δι' ἀληθῶν συνάγοντες, οἷον „εἰ ἡ ἀρετὴ ὠφελεῖ, ἡ κακία βλάπτει", ψευδεῖς δέ εἰσιν οἱ τῶν λημμάτων ἔχοντές τι ψεῦδος ἢ ἀπέραντοι ὄντες, οἷον „εἰ ἡμέρα ἐστὶ, φῶς ἔστιν· ἡμέρα δὲ ἔστιν· ζῇ ἄρα Δίων."* *Sext. Emp. pyrrh. hyp.* II, 138 f.: *τῶν δὲ συνακτικῶν οἱ μέν εἰσιν ἀληθεῖς οἱ δὲ οὐκ ἀληθεῖς, ἀληθεῖς μὲν ὅταν μὴ μόνον τὸ συνημμένον ἐκ τῆς τῶν λημμάτων συμπλοκῆς καὶ τῆς ἐπιφορᾶς, ὡς προειρήκαμεν* (Anm. 178.), *ὑγιὲς ᾖ, ἀλλὰ καὶ τὸ συμπέρασμα καὶ τὸ διὰ τῶν λημμάτων αὐτοῦ συμπεπλεγμένον ἀληθὲς ὑπάρχῃ, ὅ ἐστιν ἡγούμενον ἐν τῷ συνημμένῳ· ἀληθὲς δὲ συμπεπλεγμένον ἐστὶ τὸ πάντα ἔχον ἀληθῆ, ὡς τὸ „ἡμέρα ἔστι καὶ εἰ ἡμέρα ἐστὶ, φῶς ἔστιν." οὐκ ἀληθεῖς δὲ οἱ μὴ οὕτως ἔχοντες· ὁ γὰρ τοιοῦτος λόγος ἡμέρας οὔσης „εἰ νὺξ ἔστι, σκότος ἔστιν· ἀλλὰ μὴν νὺξ ἔστιν· σκότος ἄρα ἔστιν" συνακτικὸς μέν ἐστιν, ἐπεὶ τὸ συνημμένον τοῦτο ὑγιές ἐστιν „εἰ νὺξ ἔστι καὶ, εἰ νὺξ ἔστι, σκότος ἔστι* (diese beiden Worte fehlen in den Handschrr. u. Ausgg.), *σκότος ἄρα ἔστιν", οὐ μέντοι ἀληθής· τὸ γὰρ ἡγούμενον συμπεπλεγμένον ψεῦδός ἐστι τὸ „νὺξ ἔστι καὶ, εἰ νὺξ ἔστι, σκότος ἔστι", ψεῦδος ἔχον ἐν ἑαυτῷ τὸ „νὺξ ἔστιν"· ψεῦδος γάρ ἐστι συμπεπλεγμένον τὸ ἔχον ἐν ἑαυτῷ ψεῦδος. ἔνθεν καὶ ἀληθῆ λόγον εἶναί φασι τὸν δι' ἀληθῶν λημμάτων ἀληθὲς συνάγοντα συμπέρασμα.*

197) *Sext. Emp.* führt fort (140—142.): *πάλιν δὲ τῶν ἀληθῶν λόγων οἱ μέν εἰσιν ἀποδεικτικοὶ οἱ δ' οὐκ ἀποδεικτικοί, καὶ ἀποδεικτικοὶ μὲν οἱ διὰ προδήλων ἄδηλόν τι συνάγοντες, οὐκ ἀποδεικτικοὶ δὲ οἱ μὴ τοιοῦτοι· οἷον ὁ μὲν τοιοῦτος λόγος „εἰ ἡμέρα ἐστὶ, φῶς ἔστιν· ἀλλὰ μὴν ἡμέρα ἔστιν· φῶς ἄρα ἔστιν" οὐκ ἐστὶν ἀποδεικτικός· τὸ γὰρ φῶς εἶναι, ὅπερ ἐστὶν αὐτοῦ συμπέρασμα, πρόδηλόν ἐστιν· ὁ δὲ τοιοῦτος „εἰ ἱδρῶτες ῥέουσι διὰ τῆς ἐπιφανείας, εἰσὶ νοητοὶ πόροι· ἀλλὰ μὴν ἱδρῶτες ῥέουσι διὰ τῆς ἐπιφανείας· εἰσὶν ἄρα νοητοὶ πόροι" ἀποδεικτικός ἐστι, τὸ συμπέρασμα*

von Bekanntem (*πρόδηλον*) auf Bekanntes und sind dann „nicht beweiskräftige" (*οὐκ ἀποδεικτικοί*), oder sie führen von Bekanntem auf Unbekanntes und sind dann „beweiskräftige" (*ἀποδεικτικοί*); letztere aber wieder sind entweder der Art, dass sie bloss von der Voraussetzung auf den Schlusssatz hinleiten (*ἐφοδευτικῶς*), oder der Art, dass sie zugleich aus der Voraussetzung den Schlusssatz enthüllen (*ἐκκαλυπτικῶς*); und letztere nun sind die eigentlich beweisenden. Erwägen wir aber hiebei, dass in der Lehre vom hypothetischen Urtheile das *σημεῖον* in seiner logischen Brauchbarkeit gleichfalls als ein *ἐκκαλυπτικὸν* bezeichnet worden war (Anm. 152.), so erhellt uns hier wieder ganz deutlich, dass der Grundzug der *ἀπόδειξεις* bei den Stoikern auf den Voraussetzungsschlüssen ruht; andrerseits auch sieht man, dass die *οὐκ ἀποδεικτικοὶ* näher den *διφορούμενοι* und *ἀδιαφόρως περαίνοντες*, die *ἀποδεικτικοὶ* aber näher den übrigen (*διαφόρως περαίνοντες*) Voraussetzungsschlüssen liegen. In Folge jenes Schema's demnach wird zusammenfassend die *ἀπόδειξις* als ein „enthüllend beweiskräftiger wahrer schlussfähiger Syllogismus" (*λόγος συνακτικὸς ἀληθὴς ἀποδεικτικὸς ἐκκαλυπτικός*), oder populärer als ein „aus dem Annehmbaren das weniger Annehmbare schliessender Syllogismus" bezeichnet [198]), und mit dem vollsten schulmässigen Doctrinarismus, besonders polemisch gegen die Skeptiker, auch der Beweis geführt, dass es eine Beweisführung gebe, nemlich: „mag es eine Beweisführung geben oder nicht, so gibt es eine Beweisführung; denn im ersteren Falle bedarf es keines Beweises mehr, dass es eine Beweisführung gebe, der zweite Fall aber kann nur als wahr angenommen werden, wenn er bewiesen ist; also giebt es auch dann eine Beweisführung, wenn bewiesen ist, dass es keine gibt." [199]).

ἔχων ἄδηλον τὸ „εἰσὶν ἄρα νοητοὶ πόροι". τῶν δὲ ἄδηλόν τι συναγόντων οἱ μὲν ἐφοδευτικῶς μόνον ἄγουσιν ἡμᾶς διὰ τῶν λημμάτων ἐπὶ τὸ συμπέρασμα, οἱ δὲ ἐφοδευτικῶς ἅμα καὶ ἐκκαλυπτικῶς· οἷον ἐφοδευτικῶς μὲν οἱ ἐκ πίστεως καὶ μνήμης ἠρτῆσθαι δοκοῦντες (diess erinnert an das ὑπομνηστικὸν σημεῖον, s. Anm. 151.), οἷός ἐστιν ὁ τοιοῦτος „εἴ τίς σοι θεῶν εἶπεν ὅτι πλουτήσει οὗτος, πλουτήσει οὗτος· οὑτοσὶ δὲ ὁ θεὸς (δείκνυμι δὲ καθ' ὑπόθεσιν τὸν Δία) εἶπε σοι ὅτι πλουτήσει οὗτος· πλουτήσει ἄρα οὗτος". συγκατατιθέμεθα γὰρ τῷ συμπεράσματι οὐχ οὕτως διὰ τὴν τῶν λημμάτων ἀνάγκην ὡς πιστεύοντες τῇ τοῦ θεοῦ ἀποφάσει (*l.* ἀποφάνσει). οἱ δὲ οὐ μόνον ἐφοδευτικῶς ἀλλὰ καὶ ἐκκαλυπτικῶς ἄγουσιν ἡμᾶς ἐπὶ τὸ συμπέρασμα, ὡς ὁ τοιοῦτος „εἰ ῥέουσι διὰ τῆς ἐπιφανείας ἱδρῶτες, εἰσὶ νοητοὶ πόροι· ἀλλὰ μὴν τὸ πρῶτον· τὸ δεύτερον ἄρα". τὸ γὰρ ῥεῖν τοὺς ἱδρῶτας ἐκκαλυπτικόν ἐστι τοῦ πόρους εἶναι διὰ τὸ παρειλῆφθαι ὅτι διὰ ναστοῦ σώματος ὑγρὸν οὐ δύναται φέρεσθαι. Fast wörtlich ebenso *adv. math.* VIII, 305—309.

198) Ebend. *pyrrh. hyp.* II, 135.: ἔστιν οὖν, ὥς φασιν, ἡ ἀπόδειξις λόγος δι' ὁμολογουμένων λημμάτων κατὰ συναγωγὴν ἐπιφορὰν ἐκκαλύπτων ἄδηλον. *adv. math.* VIII, 310.: τούτων δὴ οὕτως ἐχόντων ἡ ἀπόδειξις πρὸ παντὸς ὀφείλει λόγος εἶναι, δεύτερον συνακτικός, τρίτον καὶ ἀληθής, τέταρτον καὶ ἄδηλον ἔχων συμπέρασμα, πέμπτον καὶ ἐκκαλυπτόμενον τοῦτο ἐκ τῆς δυνάμεως τῶν λημμάτων. Vgl. ebend. 411—423. *Diog. L.* 45.: τὴν δὲ ἀπόδειξιν λόγον διὰ τῶν μᾶλλον καταλαμβανομένων τὸ ἧττον καταλαμβανόμενον περαίνοντα (so richtig P. Fabri für περὶ πάντων).

199) Ebend. *pyrrh. hyp.* II, 186.: εἰ ἔστιν ἀπόδειξις, ἔστιν ἀπόδειξις· εἰ οὐκ ἔστιν ἀπόδειξις, ἔστιν ἀπόδειξις· ἤτοι δὲ ἔστιν ἀπόδειξις ἢ οὐκ ἔστιν ἀπόδειξις· ἔστιν ἄρα ἀπόδειξις. *adv. math.* VIII, 463 f.: οἴονται γὰρ οἱ δογματικοὶ τῶν φιλοσόφων λόγον τὸν ἀξιοῦντα μὴ εἶναι ἀπόδειξιν αὐτὸν

Eben aber, je mehr bei den Stoikern die Beweisführung mit der hypothetischen und disjunctiven Schlussweise selbst zusammenhing, um so mehr mussten dieselben daran fest halten, dass es überhaupt Voraussetzungen gebe, deren Wahrheit eben dadurch erhärtet werde, dass dasjenige sich als wahr zeige, was als Schlusssatz aus den in Folge der Voraussetzung gemachten Annahmen folgt [200]). Durch diese colossale Verwirrung zwischen *principium causalitatis* und *principium rationis sufficientis* (s. oben Anm. 161) gelangten nun die Stoiker sogar noch dazu, die Parallele der Lehre vom Schlusse mit der Lehre vom Urtheile so weit treiben zu können, dass sie ausser dem Wahr-sein und Falsch-sein der Syllogismen auch von möglichen und nicht-möglichen, nothwendigen und nicht-nothwendigen Schlüssen sprachen [201]). Die Geschichte der Logik, glaube ich, wird sich gerne mit der blossen Notiz dieses Factums begnügen, ohne es im geringsten zu bedauern, dass uns ausser derselben durchaus nichts Näheres überliefert ist.

Für jene Schlüsse nun, welche aus formellen Gründen falsch sind, d. h. für sämmtliche *ἀπέραντοι*, welche als die nicht-schlussfähigen den Gegensatz gegen die bisher besprochenen bilden, ist es in Folge der einmal vorliegenden Auffassung des Wahr und Falsch, wie wir dieselbe in der Lehre vom Urtheile (Anm. 137 und besonders für das hypothetische Urtheil Anm. 146) trafen, nur consequent, wenn die Schluss-Unfähigkeit der Schlüsse in eben jenes unverstandene Mischlings-Verhältniss des Contradictorischen und Conträren verlegt und als *ἀπέραντοι* jene Schlüsse definirt werden, bei welchen das contradictorische Gegentheil des Schlusssatzes keinen realen Gegensatz gegen die Verbindung der Prämissen bildet [202]); und insoferne der apagogische Beweis in der That eine Probe der Beweiskraft der Schlüsse in dieser Beziehung ist, ver-

---

ὑφ' αὐτοῦ περιτρέπεσθαι καὶ δι' ὧν ἀναιρεῖ ταύτην, διὰ τούτων αὐτὴν ὁρίζειν. ὅθεν καὶ ἀντικαθιστάμενοι τοῖς σκεπτικοῖς φασιν, ὁ λέγων μηδὲν εἶναι ἀπόδειξιν ἤτοι ψιλῇ καὶ ἀναποδείκτῳ χρώμενος φάσει λέγει μηδὲν ὑπάρχειν ἀπόδειξιν ἢ λόγῳ τὸ τοιοῦτον ἀποδεικνύς· καὶ εἰ μὲν ψιλῇ φάσει χρώμενος, οὐδεὶς αὐτῷ πιστεύσει τῶν τὴν ἀπόδειξιν παραδεχομένων ψιλῇ φάσει χρωμένῳ, ἀλλὰ διὰ τῆς ἀντικειμένης ἐπισχεθήσεται φάσεως εἰπόντος τινὸς εἶναι ἀπόδειξιν· εἰ δὲ ἀποδεικνὺς τὸ μὴ εἶναι ἀπόδειξιν, τοῦτο γάρ φασιν, αὐτόθεν ὡμολόγησε τὸ εἶναι ἀπόδειξιν, ὁ γὰρ δεικνὺς λόγος τὸ μὴ εἶναι ἀπόδειξιν ἔστιν ἀπόδειξις τοῦ εἶναι ἀπόδειξιν· καὶ καθόλου ὁ κατὰ τῆς ἀποδείξεως λόγος ἤτοι ἀπόδειξίς ἐστιν ἢ οὐκ ἐστὶν ἀπόδειξις, καὶ εἰ μὲν οὐκ ἐστὶν ἀπόδειξις, ἄπιστός ἐστιν, εἰ δὲ ἐστὶν ἀπόδειξις, ἀπόδειξις ἔστιν.

200) Ebend. *adv. math.* VIII, 367.: *ἀλλ' οὐ δεῖ, φασὶ, πάντων ἀπόδειξιν αἰτεῖν, τινὰ δὲ καὶ ἐξ ὑποθέσεως λαμβάνειν, ἐπεὶ οὐ δυνήσεται προβαίνειν ἡμῖν ὁ λόγος, ἐὰν μὴ δοθῇ τι πιστὸν ἐξ αὐτοῦ τυγχάνειν.* ebend. 375.: *νὴ Δία, ἀλλ' εἰώθασιν ὑποτυγχάνοντες λέγειν ὅτι πίστις ἐστὶ τοῦ ἐρρῶσθαι τὴν ὑπόθεσιν τὸ ἀληθὲς εὑρίσκεσθαι ἐκεῖνο τὸ τοῖς ἐξ ὑποθέσεως ληφθεῖσιν ἐπιφερόμενον· εἰ γὰρ τὸ τούτοις ἀκολουθοῦν ἐστιν ὑγιὲς, κἀκεῖνα οἷς ἀκολουθεῖ ἀληθῆ καὶ ἀναμφίλεκτα καθέστηκεν.*

201) *Diog. L.* 79.: *καὶ δυνατοὶ δ' εἰσὶ λόγοι καὶ ἀδύνατοι καὶ ἀναγκαῖοι καὶ οὐκ ἀναγκαῖοι.*

202) Ebend. 77.: *τῶν δὲ λόγων οἱ μέν εἰσιν ἀπέραντοι οἱ δὲ περαντικοί· ἀπέραντοι μὲν ὧν τὸ ἀντικείμενον τῆς ἐπιφορᾶς οὐ μάχεται τῇ διὰ τῶν λημμάτων συμπλοκῇ, οἷον οἱ τοιοῦτοι „εἰ ἡμέρα ἐστὶ, φῶς ἐστι· ἡμέρα δὲ ἔστιν· περιπατεῖ ἄρα Δίων.* S. d. folg. Anm.

stehen wir nun die Notiz sehr wohl, dass die Stoiker ein grosses Gewicht auf den apagogischen Beweis gelegt und ihn die *prima constitutio* oder *primum expositum* genannt hätten [203]; vgl. Abschn. II, Anm. 43. Aber auch dieses Verhältniss der Schluss-Unfähigkeit wurde schulmässig in Rubriken gebracht, und wir finden folgende Aufzählung der Fälle [204]: ein Syllogismus sei *ἀπέραντος* entweder erstens dadurch, dass zwischen

---

203) *Appul. d. interpr.* p. 277. *Oud.*: *est et altera probatio communis omnium, etiam indemonstrabilium* (d. h. natürlich der *ἀναπόδεικτοι*), *quae dicitur „per impossibile" appellaturque ab Stoicis prima constitutio vel primum expositum, quod sic definiunt: „si ex duobus tertium quid colligitur, alterum eorum cum contrario illationes* (zu lesen *illationis*) *colligit, contrarium relinquit* (zu lesen *relinqui*) d. h. wenn aus zwei Prämissen Etwas als drittes geschlossen wird, so führt die eine derselben verbunden mit dem Gegentheile der *ἐπιφορὰ* zu dem Schlusse, dass nur der Gegensatz der anderen übrig bleibt. Ebend. p. 278.: *nec frustra constituerunt dialectici, eum verum modum esse, cuius adversum illationis cum altera acceptione tollit reliquam.*

204) *Sext. Emp. pyrrh. hyp.* II, 146—150.: *οἵ γε μὴν διαλεκτικοὶ φασιν ἀσύνακτον λόγον γίγνεσθαι ἤτοι παρὰ διάρτησιν ἢ παρὰ ἔλλειψιν ἢ παρὰ τὸ κατὰ μοχθηρὸν ἠρωτῆσθαι σχῆμα ἢ κατὰ παρολκήν. οἷον κατὰ διάρτησιν μὲν ὅταν μὴ ἔχῃ τὰ λήμματα ἀκολουθίαν πρὸς ἄλληλά τε καὶ τὴν ἐπιφοράν, ὡς ὁ τοιοῦτος „εἰ ἡμέρα ἐστὶ, φῶς ἔστιν· ἀλλὰ μὴν πυροὶ ἐν ἀγορᾷ πωλοῦνται· Δίων ἄρα περιπατεῖ"* (es ist doch eine empörende Dummheit, derlei in einer Lehre vom Syllogismus niederzuschreiben). *παρὰ δὲ παρολκὴν ὅταν εὑρίσκηται λῆμμα παρέλκον πρὸς τὴν τοῦ λόγου συναγωγήν, οἷον „εἰ ἡμέρα ἐστὶ, φῶς ἔστιν· ἀλλὰ μὴν ἡμέρα ἔστιν, ἀλλὰ καὶ Δίων περιπατεῖ· φῶς ἄρα ἔστιν." παρὰ δὲ τὸ ἐν μοχθηρῷ ἠρωτῆσθαι σχήματι ὅταν μὴ ᾖ τὸ σχῆμα τοῦ λόγου συνακτικὸν, οἷον ὄντων συλλογισμῶν, ὥς φασὶ, τούτων „εἰ ἡμέρα ἐστὶ, φῶς ἔστιν· ἀλλὰ μὴν ἡμέρα ἔστιν· φῶς ἄρα ἔστιν" „εἰ ἡμέρα ἐστὶ, φῶς ἔστιν· οὐχὶ δὲ φῶς ἔστιν· οὐκ ἄρα ἡμέρα ἔστιν" ὁ λόγος ἀσύνακτός ἐστιν οὗτος „εἰ ἡμέρα ἐστὶ, φῶς ἔστιν· ἀλλὰ μὴν φῶς ἔστιν· ἡμέρα ἄρα ἔστιν"· ἐπεὶ γὰρ ἐπαγγέλλεται τὸ συνημμένον ἐντὸς τοῦ ἐν αὐτῷ ἡγουμένου εἶναι καὶ τὸ λῆγον, εἰκότως τοῦ ἡγουμένου προσλαμβανομένου ἐπάγεται καὶ τὸ λῆγον καὶ τοῦ λήγοντος ἀναιρουμένου ἀναιρεῖται καὶ τὸ ἡγούμενον· εἰ γὰρ ἦν τὸ ἡγούμενον, ἦν ἂν καὶ τὸ λῆγον, τοῦ δὲ λήγοντος προσλαμβανομένου οὐ πάντως τίθεται καὶ τὸ ἡγούμενον· οὐδὲ γὰρ ὑπισχνεῖτο τὸ συνημμένον τῷ λήγοντι ἀκολουθεῖν τὸ ἡγούμενον, ἀλλὰ τῷ ἡγουμένῳ τὸ λῆγον μόνον. διὰ τοῦτο οὖν ὁ μὲν ἐκ συνημμένου καὶ τοῦ ἡγουμένου τὸ λῆγον συνάγων συλλογιστικὸς εἶναι λέγεται καὶ ὁ ἐκ συνημμένου καὶ τοῦ ἀντικειμένου τοῦ λήγοντος τὸ ἀντικείμενον τῷ ἡγουμένῳ συνάγων, ὁ δὲ ἐκ συνημμένου καὶ τοῦ λήγοντος τὸ ἡγούμενον εἰςάγων ἀσύνακτος ὡς ὁ προειρημένος, παρὸ καὶ ἀληθῶν ὄντων τῶν λημμάτων αὐτοῦ ψεῦδος συνάγει, ὅταν λυχνιαίου φωτὸς ὄντος νυκτὸς λέγηται· τὸ μὲν γὰρ „εἰ ἡμέρα ἐστὶ, φῶς ἔστι" συνημμένον ἀληθές ἐστιν καὶ ἡ „ἀλλὰ μὴν φῶς ἔστι" πρόςληψις, ἡ δὲ „ἡμέρα ἄρα" ἐπιφορὰ ψευδής. κατὰ παράλειψιν δέ ἐστι μοχθηρὸς λόγος ἐν ᾧ παραλείπεταί τι τῶν πρὸς τὴν συναγωγὴν τοῦ συμπεράσματος χρησιμευόντων· οἷον ὑγιοῦς ὄντος, ὡς οἴονται, τοῦ λόγου τούτου „ἤτοι ἀγαθός ἐστιν ὁ πλοῦτος ἢ κακὸς ἢ ἀδιάφορος· οὔτε δὲ κακός ἐστιν οὔτε ἀδιάφορος· ἀγαθὸς ἄρα ἐστίν", φαῦλός ἐστι παρὰ ἔλλειψιν οὗτος ὁ λόγος „ἤτοι ἀγαθός ἐστιν ὁ πλοῦτος ἢ κακός· οὐκ ἔστι δὲ κακός· ἀγαθὸς ἄρα ἐστίν."* Fast wörtlich ebenso *adv. math.* VIII, 429—434. Es braucht wohl nicht bemerkt zu werden, dass hier wieder in der blödsinnigsten Weise factische Causalität oder factische Disjunction mit dem formalen Momente des Syllogismus zusammengewürfelt ist. Die *παρολκὴ* übrigens erwähnt auch *Alex. ad Top.* p. 9.: *ἀλλὰ καὶ τοὺς παρέλκοντας· ἐν οἷς γὰρ λόγοις πρότασίς τις εἴληπται παρέλκουσα, οὗτοι οὐ διὰ τῶν κειμένων συνάγουσι τὸ συμπέρασμα, εἴ γε καὶ ἀφαιρεθείσης ἐκείνης ἔτι οἷόν τε τὸ αὐτὸ συνάγεσθαι* (auf diess letztere könnte sich vielleicht die oben erwähnte Schlussweise *καθ' ὃ περιαιρουμένου* beziehen, s. Anm. 192).

den Prämissen unter sich oder zwischen ihnen und dem Schlusssatze keinerlei Zusammenhang besteht — *διάρτησις* —, oder zweitens dadurch, dass ein überzähliges Glied ausserhalb des Zusammenhanges eingefügt ist — *παρολκή* —, oder drittens dass (namentlich bei Disjunction) ein nothwendiges Glied fehlt — *ἔλλειψις* —, oder viertens dadurch, dass die Schlussfolge selbst verletzt ist, z. B. von der Wirkung auf die Ursache geshlossen wird — *κατὰ μοχθηρὸν σχῆμα* —. Uebrigens scheinen in Bezug auf eine solche Aufzählung auch innerhalb der Schule Abweichungen stattgefunden zu haben; es wird uns wenigstens noch eine weitere Art falscher Schlüsse überliefert, welche *οἱ ἀμεθόδως περαίνοντες* heissen und den eben zuletzt genannten (*μοχθηρὸν σχῆμα*) entweder coordinirt oder subordinirt werden können; dieselben haben ihren syllogistischen Fehler darin, dass sie einen zu ihrer Beweis-Kraft unentbehrlichen höheren Obersatz weglassen und fortschliessen, wie wenn er bereits bewiesen wäre [205]). Auch waren vielleicht wieder als eigene Art die speciell so genannten *ἀσυλλόγιστοι* abgetrennt, welche ihren logischen Schlussfehler hinter einer äusserlich rhetorischen Scheinbarkeit versteckten [206]). Jedenfalls sehen wir, dass auch dieser Theil der Syllogistik von den Stoikern ohne allen Begriff betreffs des Wesens der Prämissen, des Mittelbegriffes, der Causalität u. dgl. in der einfältigsten Weise behandelt wurde.

Ein Hauptzweig der *ἀπέραντοι* aber waren sämmtliche *σοφίσματα*, d. h. alle absichtlichen Trug- und Fangschlüsse, welche, insoferne sie eben falsche Syllogismen — „*ψευδεῖς λόγοι*“ — sind, der Dialektik anheimfallen, da ja diese die Kunst der Unterscheidung von Wahr und

---

205) *Alex. ad An. pr..f.* 9 b. — 10 a.: *καθόλου γὰρ εἴ τι εἴη συναιρόμενον μὲν, οὐ μὴν ἐκ τῶν κειμένων ἀλλ' ἑτέρας προτάσεως προςλήψει, τὸ τοιοῦτον ἀναγκαῖον μὲν ῥηθήσεται, οὐ μὴν συλλογισμὸς ἤδη τοῦτο, ὁποῖοί εἰσι καὶ οἱ ἀμεθόδως περαίνοντες λόγοι παρὰ τοῖς Στωϊκοῖς, οἷον εἰ λέγει τις „τὸ πρῶτον τοῦ δευτέρου μεῖζον, τὸ δὲ δεύτερον τοῦ τρίτου, τὸ ἄρα πρῶτον τοῦ τρίτου μεῖζον· τοῦτο γὰρ ἀναγκαίως μὲν ἕπεται, οὐ μὴν καὶ συλλογισμῷ, εἰ μὴ προςληφθήσεταί τις ἔξωθεν πρότασις ἡ λέγουσα „τὸ τοῦ μείζονος μεῖζον καὶ τοῦ ἐλάττονος ἐκείνου μεῖζόν ἐστιν“ ..... καὶ ὅλως τοιοῦτον τὸ εἶδός ἐστι τῶν λόγων οὓς οἱ νεώτεροι λέγουσιν ἀμεθόδως περαίνοντας, οἷόν ἐστι καὶ τὸ „ἡμέρα ἔστιν· ἀλλὰ σὺ λέγεις ὅτι ἡμέρα ἔστιν· ἀληθεύεις ἄρα“· οὐ γὰρ συλλογισμὸς τοῦτο, ἔσται δὲ προστεθείσης τῆς καθόλου προτάσεως τῆς „ὁ τὸ ὂν εἶναι λέγων ἀληθεύει“.* (wahrscheinlich ist dieses specielle Beispiel eines *ἀμεθόδως περαίνων* besonders in der Schule festgehalten und dann unter dem technischen Ausdrucke „*ἀληθεύων*“ als Gegensatz des berühmten *ψευδόμενος* — s. Abschn. II, Anm. 83., den eigentlichen Sophismen beigezählt worden; vgl. bes. Abschn. X, Anm. 60.) ebend. f. 27 a. — b.: *ὅσοι δὲ ἡγοῦνται ἐκ δύο ἐπὶ μέρους συλλογιστικῶς τι συνάγεσθαι, ὡς οἱ τοὺς παρὰ τοῖς Στωϊκοῖς λεγομένους ἀμεθόδως περαίνοντας παρεχόμενοι εἰς δεῖξιν τούτου ..... πάντες γὰρ οὕτως συνάγουσι τῶν λεγομένων ὑπ' αὐτῶν ἀμεθόδως περαίνειν οἱ τὰς δύο προτάσεις ἐπὶ μέρους ἔχοντες.* Ebend. ad *Top.* p. 10.: *τοιοῦτοι δέ εἰσι λόγοι καὶ οἱ ὑπὸ τῶν ἀπὸ τῆς Στοᾶς λεγόμενοι ἀμεθόδως περαίνοντες· οὐ γὰρ εἰ τὸ α' ἴσον τῷ β', ὁμοίως δὲ καὶ τῷ γ' τὸ β' ἴσον, διὰ τοῦτο καὶ τὸ α' τῷ γ' ἴσον ἂν εἴη δεδειγμένον συλλογιστικῶς· οὐ γὰρ διὰ τῶν κειμένων τὸ ἀναγκαῖον, ἕπεται γὰρ τοῖς κειμένοις τοῦτο διὰ τὸ ἀληθὲς εἶναι τὸ καθόλου τὸ τὰ τῷ αὐτῷ ἴσα καὶ ἀλλήλοις εἶναι ἴσα.* Ps.-Galen. *Εἰς. διαλ.* p. 59.: *οὓς ἀμεθόδους ὀνομάζουσιν, οἷς οὐδενὸς ὄντος ὅλως μεθοδικοῦ λόγου συλλογιστέον.*

206) *Diog. L.* 78.: *ἀσυλλόγιστοι δ' εἰσὶν οἱ παρακείμενοι μὲν πιθανῶς τοῖς συλλογιστικοῖς, οὐ συνάγοντες δὲ, οἷον „εἰ ἵππος ἐστὶ Δίων, ζῷόν ἐστι Δίων· ἀλλὰ μὴν ἵππος οὐκ ἐστὶ Δίων· οὐκ ἄρα ζῷόν ἐστι Δίων.“*

Falsch ist (s. Anm. 56); und namentlich ist die Unterscheidung der verschiedenen Arten der Sophismen sowie die Technik ihrer möglichen Auflösung Sache des Dialektikers. Die schulmässige Definition des Sophisma's ist, dass es ein scheinbarer und listig verschlungener Schluss sei, in welchem ein falscher oder unklarer oder überhaupt unannehmbarer Schlusssatz als annehmbar erscheine [207]). Auf diesem ganzen Felde aber mussten die Stoiker, nachdem bei ihnen grundsätzlich das aristotelische Motiv des Apodeiktischen für die Logik überhaupt fehlt, nothwendig in das vom Apodeiktischen völlig entblösste Dialektische verfallen, und es bleibt daher ihnen nur jene nemliche rhetorische Behandlungsweise der Sophismen übrig, welche bereits in den vor- und neben-aristotelischen Bestrebungen der Sophisten und der Megariker aufgetreten war. Das Widerliche hiebei ist eben, dass hier hartnäckig einem Zweige der Dialektik mit aller Prätension eine Selbstständigkeit beigelegt wird, von welchem die platonisch-aristotelische Philosophie doch hinreichend erwiesen hatte, dass er in der Abtrennung vom Apodeiktischen nicht nur keinen wissenschaftlich logischen Werth, sondern auch auf dem Gebiete des Ethos die Bedeutung eines unsittlichen Momentes hat. Insoferne aber bei dieser Lehre von den Sophismen nur die sophistisch-rhetorische Technik und Praxis bedingend auf Inhalt und Zweck wirkt, musste einerseits nothwendig ein Verfahren eintreten, durch welches sämmtliche auf Sophismen bezügliche Einfälle Anderer zusammengerafft und als Eigenthum der Schule durch Schematisirung verarbeitetet wurden, so dass Produkte aus der Periode der Sophisten und Megariker zahlreich mit eigenen Erfindungen der Stoiker vermischt erscheinen; und andrerseits darf es nicht auffallen, dass hier innerhalb des zusammengewehten Materiales auch Sophismen vorkommen, welche der Form nach dem kategorischen Schlusse angehören, während derselbe, wie wir sahen, in der syllogistischen Doktrin der Stoa jedenfalls eine sehr untergeordnete Stellung einnimmt; hier ja bei den Sophismen war es überhaupt um gar kein logisch systematisches Motiv mehr zu thun, und wo auch daher eine kategorische Schlussform vorliegt, werden die betreffenden Trugschlüsse nicht um dieser willen behandelt, sondern eben nur darum, weil sie überhaupt Trugschlüsse sind.

In Einem Punkte jedoch scheint der eigentliche Schul-Kern der Stoa, nemlich gerade die Chrysippische Lehre, sich von der schlechthin formal

---

207) *Diog. L.* VII, 44.: καὶ τῶν παρὰ τὴν φωνὴν καὶ τὰ πράγματα σοφισμάτων, ὧν εἶναι ψευδομένους λόγους καὶ ἀληθεύοντας (s. Anm. 205.) καὶ ἀποφάσκοντας, σωρείτας τε καὶ τοὺς ὁμοίους τούτοις, ἐλλιπεῖς καὶ ἀπόρους καὶ περαίνοντας (wahrscheinlich zu lesen ἀμεθόδως περαίνοντας) καὶ ἐγκεκαλυμμένους, κερατίδας τε καὶ οὔτιδας καὶ θερίζοντας. *Sext. Emp. pyrrh. hyp.* II. 229 f.: οὐκ ἄτοπον δὲ ἴσως καὶ τῷ περὶ τῶν σοφισμάτων ἐπιστῆσαι λόγῳ διὰ βραχέων, ἐπεὶ καὶ εἰς τὴν τούτων διάλυσιν ἀναγκαίαν εἶναι λέγουσι τὴν διαλεκτικὴν οἱ σεμνύνοντες αὐτήν· εἰ γὰρ τῶν τε ἀληθῶν καὶ ψευδῶν λόγων, φασὶν ἔστιν αὕτη διαγνωστική, ψευδεῖς δὲ λόγοι καὶ τὰ σοφίσματα, καὶ τούτων ἂν εἴη διακριτικὴ λυμαινομένων τὴν ἀλήθειαν φαινομέναις πιθανότησιν· ὅθεν ὡς βοηθοῦντες οἱ διαλεκτικοὶ σαλεύοντι τῷ βίῳ καὶ τὴν ἔννοιαν καὶ τὰς διαφορὰς καὶ τὰς ἐπιλύσεις δὴ τῶν σοφισμάτων μετὰ σπουδῆς ἡμᾶς πειρῶνται διδάσκειν, λέγοντες σόφισμα εἶναι λόγον πιθανὸν καὶ δεδολιευμένον ὥστε προσδέξασθαι τὴν ἐπιφορὰν ἤτοι ψευδῆ ἢ ὡμοιωμένην ψευδεῖ ἢ ἄδηλον ἢ ἄλλως ἀπρόσδεκτον.

rhetorischen Auffassung der Sophisten und Megariker entfernt zu haben; und zwar ist diess jener Punkt, welchen wir auch bisher immer im Stoicismus neben dem Formalismus gleichsam als dessen getreuen Schatten herwandeln sahen, nemlich der Empirismus. Es macht sich dieser auch in der Lehre von den Sophismen insoferne geltend, als Chrysippus bei gewissen captiösen Schlüssen (so besonders beim Sorites) eine Politik des Zuwartens und Ruhigbleibens empfahl, um nicht zu rasch in den Conflict zwischen logischer Consequenz und sinnlichem Augenscheine zu verfallen, eine Taktik, welche auch gegenüber jenen Trugschlüssen geübt wurde, deren Prämissen bloss Sache ganz specieller Fachwissenschaften war [208]). So findet also auch hier das formell Technische seine Gränze oder vielmehr seinen eigenen Widerspruch in der factischen Empirie. Es erhielt dieses Verfahren selbst seinen technischen Ausdruck und wurde wohl als *ἡσυχάζων* (sc. *λόγος*) besonders dem Sorites, vielleicht sogar in einer eigenen Formulirung, gegenübergestellt; auf das Gebiet des praktischen Handelns aber angewendet ist diess der sogenannte *ἀργὸς λόγος*, welcher mit Verzicht auf jede casuistische Erörterung das fatalistische Nichts-thun und Gehen-lassen begründet, wie z. B. dass in einer Krankheit die Beiziehung eines Arztes überflüssig sei, da entweder Genesung oder Nicht-Genesung mit Nothwendigkeit durch das Schicksal feststehe [209]).

Es wurden die Sophismen nach der Schul-Theorie im Einklange mit den allgemeineren Grundsätzen der stoischen Dialektik eingetheilt in jene *παρὰ τὰ πράγματα* und jene *παρὰ φωνήν*, worin wir eben wieder die

---

208) *Sext. Emp. adv. math.* VII, 416.: *ἐπὶ γὰρ τοῦ σωρίτου τῆς ἐσχάτης καταληπτικῆς φαντασίας τῇ πρώτῃ ἀκαταλήπτῳ παρακειμένης καὶ δυσδιορίστου σχεδὸν ὑπαρχούσης φασὶν οἱ περὶ τὸν Χρύσιππον ὅτι ἐφ᾽ ὧν μὲν φαντασιῶν ὀλίγη τις οὕτως ἐστὶ διαφορά, στήσεται ὁ σοφὸς καὶ ἡσυχάσει, ἐφ᾽ ὧν δὲ πλείων προσπίπτει, ἐπὶ τούτων συγκαταθήσεται τῇ ἑτέρᾳ ὡς ἀληθεῖ.* pyrrh. hyp. II, 253.: *καὶ εἴ γε οἱ περὶ τὸν Χρύσιππον δογματικοὶ ἐν τῇ συνερωτήσει τοῦ σωρίτου προϊόντος τοῦ λόγου φασὶ δεῖν ἵστασθαι καὶ ἐπέχειν, ἵνα μὴ ἐκπέσωσιν εἰς ἀτοπίαν, πολὺ δήπου μᾶλλον ἂν ἡμῖν κ. τ. λ.* ebend. 236 ff.: *ὅσα μὲν σοφίσματα ἰδίως ἡ διαλεκτικὴ δύνασθαι δοκεῖ διελέγχειν, τούτων ἡ διάλυσις ἄχρηστός ἐστιν, ὅσων δὲ ἡ διάλυσις χρησιμεύει, ταῦτα ὁ μὲν διαλεκτικὸς οὐκ ἂν διαλύσειεν, οἱ δὲ ἐν ἑκάστῃ τέχνῃ τὴν ἐπὶ τῶν πραγμάτων παρακολούθησιν ἐσχηκότες· εὐθέως γοῦν* (nun folgt ein Beispiel eines medicinischen Trugschlusses) .... *ὁ μὲν διαλεκτικὸς οὐδὲν αν εἰπεῖν ἔχοι πρὸς διάλυσιν τοῦ λόγου καίτοι χρησίμην οὖσαν, ὁ δὲ ἰατρὸς διαλύσεται τὸ σόφισμα εἰδὼς ὅτι „παρακμή“ λέγεται διχῶς* .... (240.) — ebenso — *ὁ μὲν διαλεκτικὸς ἡσυχάσει, οἱ δὲ ἰατρὸς εἰδὼς κ. τ. λ.* *Cic. Acad.* II, 29, 93.: *placet enim Chrysippo, quum gradatim interrogetur, verbi causa, tria pauca sint anne multa, aliquanto prius, quam ad multa perveniat, quiescere, id est, quod ab iis dicitur ἡσυχάζειν.* Vgl. auch Anm. 222.

209) Sowie die Annahme eines eigenen *λόγος ἡσυχάζων* durch den Titel der Chrysippischen Schrift *Περὶ τῶν εἰς τὰς ὑπολήψεις λόγων καὶ ἡσυχαζόντων πρὸς Ὀνήτορα* (*Diog.* 198.) gerechtfertigt ist, so ist andrerseits der *ἀργὸς λόγος* durch bestimmte Ueberlieferung gesichert; *Cic. d. fato* 12, 28.: *nec nos impediet illa ignora ratio quae dicitur, appellatur enim quidam a philosophis ἀργὸς λόγος, cui si pareamus, nihil omnino agamus in vita; sic enim interrogant: si fatum tibi est, ex hoc morbo convalescere, sive tu medicum adhibueris sive non adhibueris, convalesces: item si fatum tibi est, ex hoc morbo non convalescere, sive tu medicum adhibueris sive non adhibueris, non convalesces; et alterutrum fatum est; medicum ergo adhibere nihil attinet.* S. oben Anm. 97. u. 136.

oft berührte Vermengung zweier Standpunkte erkennen. Von jenen nun, welche unter den der stoischen Dialektik in der Ueberlieferung zugeschriebenen Sophismen in die erstere Classe gehören, hatten wir einen Theil schon in der Logik der Megariker zu betrachten, nemlich den *Ψευδόμενος*, *Διαλανθάνων*, *'Εγκεκαλυμμένος*, *Σωρίτης*, *Κερατίνης* [210]), welche wohl auch ohne irgend eine Veränderung aus den Schriften der Megariker in die der Stoiker hinübergewandert waren (die sicher stoische Formulirung der Schul-Definition des Sorites s. Abschn. II, Anm. 97, in der Stelle des *Schol. ad Lucian.*). Insoferne wir aber eben in dieser Beziehung oben im II. Abschnitte nicht über die bestimmte Ueberlieferung hinausgehen durften, behandeln wir nun hier die übrigen, wobei wir allerdings die Möglichkeit offen lassen, dass auch noch das eine oder andere Sophisma von den Stoikern bloss aus Megarischer Doctrin abgeschrieben sei. Dass der geschwätzige Chrysippus über einzelne dieser Sophismen sogar ganze Monographien schrieb, sehen wir aus dem oben angeführten Bücher-Verzeichnisse desselben, in welchem besonders der *Ψευδόμενος* eine Hauptrolle spielt (196 f.); eine eigenthümliche Wendung des letzteren in lateinischer Form (*frustratorius*) s. Abschn. VIII, Am. 67. Es hatte jedoch die Betrachtung der Trugschlüsse gerade bei Chrysippus in Folge des eben angegebenen fatalistischen Momentes den eigenthümlichen Nebenzug, dass zum Behufe eines ungestört ruhigen Doctrinarismus hier das Hauptgewicht auf die Lösung derselben gelegt wurde. Es machte sich nemlich die Befürchtung geltend, es könne durch die Sophismen die *κατάληψις* Schaden leiden, und sowie Chrysippus aus diesem Grunde dem Redner die Vorsicht einprägte, so wenig als möglich Gegengründe in der eigenen Rede vorzubringen und zu beleuchten, hingegen nur die in der Gegenrede enthaltenen zu widerlegen, so sprach er ebenso betreffs der Trugschlüsse der Megariker die Besorgniss aus, dass durch sie die Ansichten und Ueberzeugungen gar zu leicht umgelenkt werden können, ja er bezeichnete die Be-

---

210) Die bei *Diog. L.* als Eigenthum stoischer Dialektik genannten Sophismen s. oben Anm. 206. und hiezu (82.) *καὶ ἄποροι δὲ τινές εἰσι λόγοι, ἐγκεκαλυμμένοι καὶ διαλεληθότες καὶ σωρεῖται καὶ κερατίδες καὶ οὔτιδες.* Den *Διαλανθάνων* der Megariker, welcher dort wohl ganz identisch mit dem *'Εγκεκαλυμμένος* ist (Abschn. II, Anm. 85.), wendeten vielleicht die Stoiker in etwas anderer Art an; sie nannten nemlich bei ihrer Annahme eines Fortschrittes (*προκοπή*) in der Weisheit denjenigen Weisen, welcher sich seiner bereits errungenen Stufe noch nicht bewusst ist, einen *διαλεληθὼς* (*Plut. d. Stoic. rep.* 19.: *ὅτι δὲ μάχεται τοῖς περὶ τὸν διαλεληθότα σοφὸν .... αἰσθητοῦ γὰρ ὄντος τοῦ ἀγαθοῦ καὶ μεγάλην πρὸς τὸ κακὸν διαφορὰν ἔχοντος, τὸν ἐκ φαύλου γινόμενον σπουδαῖον ἀγνοεῖν τοῦτο καὶ τῆς ἀρετῆς μὴ αἰσθάνεσθαι παρούσης, ἀλλ' οἴεσθαι τὴν κακίαν αὐτῷ παρεῖναι.* *Stob. Ecl. eth.* p. 234.: *γίγνεσθαι δὲ καὶ διαλεληθότα τινὰ σοφὸν νομίζουσι κατὰ τοὺς πρώτους χρόνους .... διὰ τὸ μὴ κρίνειν αὐτῷ παρεῖναι ὧν χρή*); und hiemit könnte jener Fangschluss die Form erhalten haben: „Ist jener ein Weiser, welcher es nicht bemerkt, dass er ein Weiser ist?“ Daraus würde sich auch die Wortform *Διαλεληθώς* für *Διαλανθάνων* erklären. Doch kann diess nur als Vermuthung ausgesprochen werden. Unter dem „*παρὰ μικρὸν λόγος*“ im Bücher-Verz. des Chrysippus (197.) ist wahrscheinlich der Sorites zu verstehen. — Uebrigens nahmen ja die Dialektiker auch die sophistischen Beweise gegen die Existenz der Bewegung oder des Werdens (vgl. Abschn. II, Anm. 97 f.) in ihren technischen Kram auf; vgl. *Sext. Emp. pyrrh. hyp.* II, 242 f.

weise eines Stilpo und Anderer geradezu als sophistische, welche eine Schmach jener Männer seien[211]). Hieraus aber erkennen wir einerseits, wie sehr die Stoiker grundsätzlich überhaupt dem Skepticismus, an welchen ja die megarische Schule sichtlich streifte (s. Abschn. II, Anm 40), abgeneigt waren, hingegen in einem Dogmatismus sich bewegten, welcher eben die unmittelbar sinnliche Gewissheit der wahrnehmenden *κατάληψις* sich nicht gerne trüben liess; und andrerseits ist es bei der überall hervorblickenden Verstandlosigkeit der Stoiker nicht zu wundern, wenn dieselben unfähig waren, mit dem ersten richtigen Griffe sogleich den Grund eines Sophisma's zu durchschauen und sie daher bändereiche Bücher über die Lösung desselben schrieben, natürlich ohne durch diese Extension den Mangel an Intension zu ersetzen.

Es bleiben hiemit hier folgende Sophismen zu erwähnen:

1.) der *Ἀποφάσκων*[212]):

Mensch ist nicht Sokrates
Sokrates ist Mensch
Sokrates ist nicht Sokrates

---

211) *Plut. d. Stoic. repugn.* 10, 1.: *τὸ πρὸς τὰ ἐναντία διαλέγεσθαι καθόλου μὲν οὔ φησιν (sc. Χρύσιππος) ἀποδοκιμάζειν, χρῆσθαι δὲ αὐτῷ παραινεῖ μετ' εὐλαβείας ὥςπερ ἐν τοῖς δικαστηρίοις μὴ μετὰ συνηγορίας ἀλλὰ διαλύοντας αὐτῶν τὸ πιθανόν· „τοῖς μὲν γὰρ ἐποχὴν ἄγουσι περὶ πάντων ἐπιβάλλει, φησί, τοῦτο ποιεῖν, καὶ συνεργόν ἐστι πρὸς ὃ βούλονται, τοῖς δ' ἐπιστήμην ἐνεργαζομένοις καθ' ἣν ὁμολογουμένως βιωσόμεθα, τὰ ἐναντία στοιχειοῦν καὶ καταστοιχίζειν τοὺς εἰςαγομένους ἀπ' ἀρχῆς μέχρι τέλους· ἐφ' ὧν καιρός ἐστι μνησθῆναι καὶ τῶν ἐναντίων λόγων διαλύοντας αὐτῶν τὸ πιθανὸν καθάπερ καὶ ἐν τοῖς δικαστηρίοις“....(8.) καίτοι ὅτι τοῦτο αὐτὸς φοβεῖται, σαφῶς ὑποδείκνυσιν ἐν τῷ τετάρτῳ Περὶ Βίων ταῦτα γράφων· „οὐχ ὡς ἔτυχε δὲ οὐδὲ τοὺς ἐναντίους ὑποδεικτέον λόγους οὐδὲ προςετέα τὰ ἐναντία πιθανά, ἀλλ' εὐλαβουμένους, μὴ καὶ περισπασθέντες ὑπ' αὐτῶν τὰς καταλήψεις ἀφῶσιν, οὔτε τῶν λύσεων ἱκανῶς ἂν ἀκοῦσαι δυνάμενοι καταλαμβάνοντές τε εὐαποσείστως· ἐπεὶ καὶ οἱ κατὰ συνήθειαν καταλαμβάνοντες καὶ τὰ αἰσθητὰ καὶ τὰ ἄλλα ἐκ τῶν αἰσθήσεων ῥαδίως προΐενται ταῦτα, καὶ ὑπὸ τῶν Μεγαρικῶν ἐρωτημάτων περισπώμενοι καὶ ὑπ' ἄλλων πλειόνων καὶ δυναμικωτέρων ἐρωτημάτων“ .... (11.) σκόπει γὰρ οἷα περὶ τοῦ Μεγαρικοῦ λόγου γέγραφεν ἐν τῷ Περὶ Λόγου Χρήσεως οὕτως· „οἷόν τι συμβέκηκε καὶ ἐπὶ τοῦ Στίλπωνος λόγου καὶ Μενεδήμου· σφόδρα γὰρ ἐπὶ σοφίᾳ γενομένων αὐτῶν ἐνδόξων, νῦν εἰς ὄνειδος αὐτῶν ὁ λόγος περιτέτραπται ὡς τῶν μὲν παχυτέρων τῶν δ' ἐκφανῶς σοφιζομένων.“* In Folge dieses Ausspruches des Chrysippus war nun die blödsinnige Herde seiner Schüler und Nachfolger sogleich dazu bereit, auch in dieser Beziehung nur eben den Chrysippus anzustaunen, über Alexinos aber sich lustig zu machen; ebend. *d. comm. not. adv. Stoic.* 10.: *παρὰ τὰς κοινάς ἐστιν ἐννοίας ....Χρύσιππον μὲν ὑπερεκπεπλῆχθαι, καταγελᾶν δ' Ἀλεξίνου.*

212) *Dekipp. ad Categ. b. Brand.* p. 45 b. 30.: *πῶς ἀπαντήσωμεν τοῖς ἐριστικοῖς, οἳ τὰ μὴ ὑπάρχοντα τῶν κατηγορουμένων λαμβάνοντες ὡς λεγόμενα κατ' αὐτοῦ ποιοῦσι πρὸς τῷ ὑποκειμένῳ τὸν τῆς ἀποφάσεως συλλογισμόν; οἷον ὁ ἄνθρωπος τοῦ Σωκράτους καθ' ὑποκειμένου κατηγορεῖται, κατὰ δὲ τοῦ ἀνθρώπου λέγεται τὸ μὴ εἶναι Σωκράτην, οὐκοῦν καὶ κατὰ Σωκράτους ῥηθείη ἂν τὸ μὴ εἶναι Σωκράτην· πάλιν γὰρ πρὸς τούτους ὑπολογιζόμεθα οὐχ ὡς οἱ Στωϊκοὶ λέγουσι τὴν τῶν ἀποφάσεων ὑπεξαίρεσιν, ἀλλ' ὡς Ἀριστοτέλης διδάσκει τὴν τῶν κατ' οὐσίαν ὑπαρχόντων λῆψιν, ἣν ἐκεῖνοι οὐ παρασωσάμενοι παραλογίζονται τὰ μὴ ὑπάρχοντα ὡς κατ' οὐσίαν προςλαμβάνοντες.* Ich halte es für gewiss, dass diess der b. *Diog. L.* 44. u. im Bücher-Verz. des Chrysippus (197.) genannte *ἀποφάσκων* ist.

die Lösung soll durch Wegnahme der Negation erfolgen.

2.) der *Οὔτις*[213]):

Wenn Jemand in Athen ist, ist dieser nicht in Megara
In Athen ist ein Mensch
———————————
Also ist kein Mensch in Megara

oder:

Was ich bin, bist du nicht
Ich bin ein Mensch
———————————
Du bist kein Mensch

3.) der *διάλληλος λόγος*[214]):

Wo wohnt Theon? Da, wo Dion.
Wo wohnt Dion? Da, wo Theon.

---

213) *Simpl. ad Categ. f.* 26 *E.*: *συμπαραληπτέον δὲ καὶ τὴν συνήθειαν τῶν Στωϊκῶν περὶ τῶν γενικῶν ποιῶν ... πῶς οὔτινα τὰ κοινὰ παρ' αὐτοῖς λέγεται* (s. Anm. 60.) *καὶ ὅπως παρὰ τὴν ἄγνοιαν τοῦ μὴ πᾶσιν οὐσίαν τόδε τι σημαίνειν καὶ τὸ παρὰ τὸν οὔτινα σόφισμα γίνεται παρὰ τὸ σχῆμα τῆς λέξεως* (diess letztere ist die Ansicht des Simplicius), *οἷον εἴ τίς ἐστιν ἐν Ἀθήναις, οὐκ ἐστὶν ἐν Μεγάροις· ὁ γὰρ ἄνθρωπος οὔτις ἐστὶν, οὐ γὰρ ἔστι τὶς ὁ κοινὸς, ὡς τινὰ δὲ αὐτὸν ἐλάβομεν ἐν τῷ λόγῳ, καὶ παρὰ τοῦτο τὸ ὄνομα τοῦτο ἔσχεν ὁ λόγος „οὔτις" κληθείς· τὸ αὐτὸ δὲ καὶ ἐπὶ τοῦδε τοῦ σοφίσματός ἐστιν· ὃ ἐγὼ εἰμὶ, σὺ οὐκ εἶ· ἄνθρωπος δέ εἰμι ἐγώ· ἄνθρωπος ἄρα σὺ οὐκ εἶ· καὶ γὰρ ἐπὶ τοῦδε τοῦ σοφίσματος τὸ μὲν ἐγὼ καὶ σὺ ἐπὶ τῶν ἀτόμων λέγεται, ὁ δὲ ἄνθρωπος ἐπ' οὐδενὶ τῶν ἐν μέρει· γέγονεν οὖν ἡ παραγωγὴ διότι τῷ οὔτινι ὡς τινὶ ἐχρήσαντο.* Das erste der beiden Beispiele gibt am besten *Ammon. ad Categ. f.* 58 b.: *οἱ Οὔτιδες παραλογισμοὶ κατὰ τὸν παρ' Ὁμήρῳ Ὀδυσσέα ἐν καιρῷ οὔτιν ἑαυτὸν καλέσαντα· οὔτινος παραλογισμοῦ παράδειγμα· εἴ τίς ἐστιν ἐν Ἀθήναις, οὗτος οὐκ ἐστὶν ἐν Μεγάροις· ἄνθρωπος δέ ἐστιν ἐν Ἀθήναις· ἄνθρωπος ἄρα οὐκ ἔστιν ἐν Μεγάροις. Eustath. ad Od.* p. 1634. *Rom.* erwähnt das Sophisma, aber ohne Beispiel. *Diog. L.* 82.: *οὔτις δέ ἐστι λόγος συνακτικὸς καὶ ἐξ ἀορίστου καὶ ὡρισμένου συνεστώς, πρόσληψιν δὲ καὶ ἐπιφορὰν ἔχων, οἷον „εἴ τίς ἐστιν ἐνταῦθα, οὐκ ἔστιν ἐκεῖνος ἐν Ῥόδῳ". Gell.* XVIII, 13.: *erant autem captiones ad hoc fere exemplum, tametsi latina oratione non satis scite ac paene etiam illepide exponuntur: Quod nix est, hoc grando non est; nix autem alba est; grando igitur alba non est. Item aliud non dissimile: Quod homo est, hoc non est equus; homo autem animal est; equus igitur animal non est ...... Libet autem dicere quam facete Diogenes sophisma id genus, quod supra dixi, a quodam dialectico ex Platonis diatriba per contumeliam propositum remuneratus sit; nam cum ita rogasset dialecticus ,,quod ego sum, id tu non es" et Diogenes annuisset atque ille addidisset ,,homo autem ego sum", cum id quoque adsensus esset, et contra dialecticus ita conclusisset ,,homo igitur tu non es", hoc quidem, inquit Diogenes, falsum est, et si verum id fieri vis, a me incipe.* Vgl. *Alex. ad Soph. El. f.* 25 b. u. 58 a. S. auch Abschn. II, Anm. 66. u. Abschn. VIII, Anm. 66.

214) *Schol. ad Hermog.* VII, p. 383. *Walz.*: *πῶς ἡ τοιαύτη ζήτησις δέξεται πέρας, ἐν ᾗ δι' ἀλλήλων τὰ τῆς ἀποδείξεως γίνεται; τὸ γὰρ τοιοῦτον διαμενεῖ ἀμφισβητούμενον, ὅπου γε καὶ παρὰ τοῖς Στωϊκοῖς καλεῖταί τις „διάλληλος λόγος", ὅς ἐστιν ἀναπόδεικτος* (d. h. hier „unerweisbar" oder „unlösbar"), *οἷον· ποῦ Θέων οἰκεῖ; ἔνθα Δίων. καὶ ποῦ Δίων; ἔνθα Θέων.* Ebend. p. 928.: *οἶδε τὴν διάλληλον δεῖξιν καὶ παρὰ τοῖς φιλοσόφοις διαβεβλημένην ὡς σφόδρα ἕωλον καὶ ἀναπόδεικτον· ποῦ οἰκεῖ Δίων; ὅπου οἰκεῖ Θέων· ποῦ δὲ Θέων; ὅπου Δίων.*

4.) der *θερίζων* 215):

Wenn du morgen dein Getraide schneidest, so ist diess nicht ein vielleicht Geschehendes
Wenn du morgen dein Getraide nicht schneidest, so i. diess ebenf. nicht e. vielleicht Geschehendes
Jedenfalls aber schneidest du entweder morgen dein Getraide oder du schneidest es nicht

---

Also gibt es kein vielleicht Geschehendes.

5.) der *ἄπορος* oder *κροκοδειλίτης* 216):

Ein Krokodil hat ein Kind geraubt und verspricht dem Vater desselben die Zurückgabe, wofern er errathe, welchen Entschluss betreffs der Rückgabe oder Nicht-Rückgabe das Krokodil gefasst habe. Räth nun der Vater auf Nicht-Rückgabe, so ist das Krokodil rathlos, was es thun solle, denn gibt es dem Vater das Kind zurück, so hat jener falsch gerathen und darf deswegen das Kind nicht bekommen, enthält es ihm aber dasselbe vor, so hat jener recht gerathen und soll deswegen das Kind bekommen. Räth der Vater aber auf Rückgabe, so setzt er sich der Gefahr aus, dass eben deswegen das Krokodil behaupte, den Entschluss der Nicht-Rückgabe gefasst zu haben, um wegen falschen Rathens das Kind ihm verweigern zu können. (In einer anderen Version sind statt des Krokodils Seeräuber genannt, was jedoch vom technischen Ausdrucke *κροκοδειλίτης* sich entfernt.)

6.) eine andere Wendung hievon, welche aber wenigstens später auch den eigenen Namen *ἀντιστρέφων* hat, ist folgende 217):

---

215) *Ammon. ad Ar. d. interpr. f.* 106 a.: *ἀναγκαῖον ἡγοῦμαι τῶν πάντα ἀναγκάζειν πειρωμένων λόγων τοὺς δοκοῦντας παρέχειν τινὰ τοῖς ἀκούουσιν ἀπορίαν ἐκθέσθαι .... ὁ μὲν λογικώτερος προάγεται ὡς ἐπί τινος ἡμῶν ἐνεργείας, οἷον τῆς κατὰ τὸ θερίζειν τὸν τρόπον τοῦτον· εἰ θεριεῖς, φησίν, οὐχὶ τάχα μὲν θεριεῖς τάχα δὲ οὐ θεριεῖς, ἀλλὰ πάντως θεριεῖς· καὶ εἰ μὴ θεριεῖς, ὡσαύτως οὐχὶ τάχα μὲν θεριεῖς τάχα δὲ οὐ θεριεῖς, ἀλλὰ πάντως οὐ θεριεῖς· ἀλλὰ μὴν ἐξ ἀνάγκης ἤτοι θεριεῖς ἢ οὐ θεριεῖς· ἀνῄρηται ἄρα τὸ τάχα, εἴπερ μήτε κατὰ τὴν ἀντίθεσιν τοῦ θεριεῖν πρὸς τὸ μὴ θεριεῖν ἔχει χώραν ἐξ ἀνάγκης τοῦ ἑτέρου τούτων ἐκβαίνοντος μήτε κατὰ τὸ ἑπόμενον ὁποτερῳοῦν τῶν ὑποθέσεων.* Nur erwähnt ist dieses Sophisma b. *Diog. L.* 44. und b. *Lucian. Βίων πρᾶσ.* 22.; übrigens versteht es sich von selbst, dass dasselbe nur jenem logischen Fatalismus dient, welcher den Begriff einer in der Zukunft eintretenden Entwicklung aufhebt, s. oben Anm. 136.

216) *Diog. L.* erwähnt den *ἄπορος* zweimal (44. u. 82.). *Schol. ad Hermog.* IV, p. 170. *Walz.*: *κατὰ τὸν ἄπορον ἐν κατηγορίᾳ ὃν καὶ κροκοδειλίτην φασὶν οἱ Στωϊκοί* .... ebend. p. 154. *καὶ ὁ κροκοδειλίτης ..... μαντέως θυγάτηρ ὑπὸ λησταῖς ἐγένετο· ἦλθεν ὁ μάντις αἰτῶν τὴν παῖδα, οἱ δὲ ὤμοσαν αὐτῷ δώσειν εἰ τἀληθῆ μαντεύσαιτο περὶ τοῦ πότερον λήψεται ἢ οὔ· ὁ δὲ „οὐ λήψομαι" ἔφη· καὶ βουλεύονται οἱ λησταί· εἰ γὰρ δοῖεν αὐτῷ τὴν κόρην, ψευδομένῳ δώσουσιν, ἔφη γὰρ „οὐ λήψομαι". εἰ δὲ μὴ δοῖεν, οὐκ εὐορκήσουσιν, ἀληθεύοντι μὴ πληροῦντες τὰς ὑποσχέσεις.* *Lucian. Βίων πρᾶσ.* 22.: *ΧΡ. τὰς τῶν λόγων πλεκτάνας, αἷς συμποδίζω τοὺς προσομιλοῦντας καὶ ἀποφράττω καὶ σιωπᾶν ποιῶ φιμὸν ἀτεχνῶς αὐτοῖς περιτιθείς· ὄνομα δὲ τῇ δυνάμει ταύτῃ ὁ ἀοίδιμος συλλογισμός. ΑΓ. Ἡράκλεις, ἄμαχόν τινα καὶ βίαιον λέγεις. ΧΡ. σκόπει γοῦν. ἔστι σοι παιδίον; ΑΓ. τί μήν; ΧΡ. τοῦτο ἤν πως κροκόδειλος ἁρπάσῃ πλησίον τοῦ ποταμοῦ πλαζόμενον εὑρών, κᾆτά σοι ἀποδώσειν ὑπισχνῆται αὐτό, ἢν εἴπῃς τἀληθὲς ὅ τι δέδοκται αὐτῷ περὶ τῆς ἀποδόσεως τοῦ βρέφους, τί φήσεις αὐτὸν ἐγνωκέναι. ΑΓ. δυςαπόκριτον ἐρωτᾷς· ἀπορῶ γὰρ ὃ πρότερον εἰπὼν ἀπολάβοιμι.* Vgl. Abschn. VIII, Anm. 65.

217) Vollständig gibt diesen Fangschluss, welcher aus begreiflichen Gründen in der Schultradition den Sophisten zugeschrieben wird, *Gell.* V, 10., welcher ihn aber den *ἀντιστρέφοντα* im weiteren Sinne beizählt: *Inter vitia argumentorum longe maximum esse vitium videtur, quae ἀντιστρέφοντα Graeci dicunt; ea quidem ex nostris non hercle nimis absurde reciproca appellaverunt; id autem vitium accidit*

A nimmt bei B rhetorisch-juristischen Unterricht und verspricht, den B hiefür zu bezahlen, woferne er (in Folge des genossenen Unterrichtes) in dem ersten von ihm geführten Processe den Sieg davon trage; nun aber bezahlt A nicht und übernimmt auch absichtlich keinen Process; daher droht B mit einer Klage gegen denselben und spricht die Gewissheit aus, dass er jedenfalls die Bezahlung erhalten werde, denn siege er selbst mit seiner Klage, so falle ihm die Bezahlung durch Richterspruch zu, siege aber A, so habe eben er, nemlich B, die Bezahlung in Folge des ursprünglichen Vertrages zu bekommen. Hierauf aber erwiedert A, dass dem B die Klage gar Nichts helfe, da eine Bezahlung keinenfalls erfolgen könne, denn siege B mit der Klage, so sei in Folge des ursprünglichen Vertrages keine Leistungspflicht für A da, siege aber A selbst, so falle die Leistungspflicht durch Richterspruch weg.

Wissenschaftliches Interesse für die Logik bieten natürlich diese Sophismen durchaus keines dar, da vom Standpunkte einer wirklichen begriffsmässigen Logik aus auch nicht einen Augenblick ein Zweifel über den denselben zu Grunde liegenden Fehler bestehen kann. Das nemliche gilt auch von anderen einfältigen Spielereien, die uns ohne ihren technischen Schul-Ausdruck überliefert sind[218]). Wenn wir erwägen, dass

hoc modo: cum argumentum propositum referri contra convertique in eum potest, a quo dictum est, et utrimque pariter valet, quale est pervulgatum illud, quo Protagoram sophistarum acerrimum usum esse ferunt adversus Euathlum discipulum suum. Lis namque inter eos et controversia super pacta mercede haec fuit. Euathlus adolescens dives eloquentiae discendae causarumque orandi cupiens fuit; is in disciplinam Protagorae sese dedit daturumque promisit mercedem grandem pecuniam, quantam Protagoras petiverat, dimidiumque eius dedit iam tunc statim priusquam disceret, pepigitque ut reliquum dimidium daret, quo primum die causam apud iudices orasset et vicisset. Postea cum diutule auditor assectatorque Protagorae fuisset et in studio quidem facundiae abunde promovisset, causas tamen non reciperet tempusque iam longum transcurreret et facere id videretur, ne reliquum mercedis daret, capit consilium Protagoras, ut tum existimabat, astutum; petere instituit ex pacto mercedem, litem cum Euathlo contestatur. Et cum ad iudices coniiciendae causae gratia venissent, tum Protagoras sic exorsus est: „disce, inquit, stultissime adolescens, utroque id modo fore, uti reddas quod peto, sive contra te pronuntiatum erit sive pro te; nam si contra te lis data erit, merces mihi ex sententia debebitur quia ego vicero, sin vero secundum te iudicatum erit, merces mihi ex pacto debebitur quia tu viceris“. Ad ea respondit Euathlus: „potui, inquit, huic tuae tam ancipiti captioni isse obviam, si verba non ipse facerem atque alieno patrono uterer; sed maius mihi in ista victoria prolubium est, cum te non in causa tantum sed in argumento quoque isto vinco; disce igitur tu quoque, magister sapientissime, utroque modo fore, uti non reddam quod petis sive contra me pronuntiatum fuerit sive pro me; nam si iudices pro causa mea senserint, nihil tibi ex sententia debebitur quia ego vicero, sin contra me pronuntiaverint, nihil tibi ex pacto debebo, quia non vicero“. Tum iudices dubiosum hoc inexplicabileque esse, quod utrimque dicebatur, rati ..... rem iniudicatam reliquerunt etc. Hingegen an den *κροκοδειλίτης* wird dieses Sophisma geknüpft bei *Schol. ad Hermog.* p. 180. *Walz*: *τὸν ἄπορον ἐν κατηγορίᾳ ὃν καὶ κροκοδειλίτην οἱ Στωϊκοὶ φασιν, οἷον Εὔαθλος συνέθετο Πρωταγόρᾳ τῷ σοφιστῇ δώσειν μισθὸν, εἰ τὴν πρώτην δίκην λέγων νικήσειεν· μαθὼν δὲ μὴ βουλόμενος λέγειν ὑπὸ τοῦ Πρωταγόρου τὸν μισθὸν ἀπαιτεῖται· ὁ δὲ ἀντιλέγει· εἴ τε γὰρ νικήσειεν οὐ δίκαιος δοῦναι κατὰ τὴν σύνταξιν, εἴ τε κληθείη ὡς μήπω μαθὼν οὐξ ἄξιος ἀπαιτεῖσθαι.* Vgl. Abschn. VIII, Anm. 64.

218) *Sext. Emp. pyrrh. hyp.* II, 230 f.: (an obige Definition des Sophisma's, Anm. 207, anknüpfend) *ὥστε προσδέξασθαι τὴν ἐπιφορὰν ἤτοι ψευδῆ ἢ ὡμοιωμένην ψευδεῖ ἢ ἄδηλον ἢ ἄλλως ἀπρόσδεκτον, οἷον ψευδῆ μὲν ὡς*

diese Dinge bei den Stoikern in völlig gleicher Linie mit den gleichfalls in die Schul-Theorie aufgenommenen Trugschlüssen der Sophisten und Megariker stehen, so liegt für uns hierin der deutlichste Beleg dafür, wie sehr die stoische Logik unter die aristotelische Lehre hinab oder hinter sie zurück in den blossen Standpunkt des Rhetorismus gefallen war, welcher nicht einmal mehr im Stande ist, das Motiv der megarischen Logik zu verstehen.

Darum zieht sich hier auch die Betrachtung des Sprach-Ausdruckes, insoferne in ihm Sophismen begründet sein können, gänzlich in die Rhetorik hinüber, und dasjenige, was bei Aristoteles Inhalt der Topik gewesen war, ist von dem Verbande mit logischen Principien getrennt. Die Zweideutigkeit, welche in einem Sprach-Ausdrucke liegen kann, wird für die Bildung von Trug- und Fang-Schlüssen als ein selbstständig berechtigtes Element betrachtet[219]), sowie gleichfalls der Solökismus[220]), und in das Verhältniss der *ἀμφιβολία*, innerhalb deren die Stoiker acht Arten unterscheiden, wird auch das der *παρωνυμία*, welches an sich der logischen Lehre vom Prädikate oder von den Inhärenzien angehören würde, beigezogen[221]). Uebrigens treffen

---

ἐπὶ τούτου τοῦ σοφίσματος ἔχει· „οὐδεὶς δίδωσι κατηγόρημα πιεῖν· κατηγόρημα δέ ἐστι τὸ ἀψίνθιον πιεῖν· οὐδεὶς ἄρα δίδωσιν ἀψίνθιον πιεῖν“, ἔτι δὲ ὅμοιον ψευδεῖ ὡς ἐπὶ τούτου· „ὃ μήτε ἐνεδέχετο μήτε ἐνδέχεται, τοῦτο οὐκ ἔστιν ἄτοπον· οὔτε δὲ ἐνεδέχετο οὔτε ἐνδέχεται τὸ ὁ ἰατρὸς, καθὸ ἰατρός ἐστι, φονεύει“· ἔτι δὲ ἄδηλον οὕτως· „οὐχὶ καὶ ἠρώτηκα τί σε πρῶτον καὶ οὐχὶ οἱ ἀστέρες ἄρτιοί εἰσιν· ἠρώτηκα δὲ τί σε πρῶτον· οἱ ἄρα ἀστέρες ἄρτιοί εἰσιν. ebend. 244.: *ἡ χιὼν ὕδωρ ἐστὶ πεπηγός· μέλαν δὲ τὸ ὕδωρ ἐστίν· μέλαινα ἄρα ἐστὶν ἡ χιών.* *Diog. L.* 186.: *ὁ δὴ φιλόσοφος* (sc. *Χρύσιππος*) *καὶ τοιούτους τινὰς ἠρώτα λόγους· „ὁ λέγων τοῖς ἀμυήτοις τὰ μυστήρια ἀσεβεῖ· ὁ δὲ ἱεροφάντης τοῖς ἀμυήτοις λέγει· ἀσεβεῖ ἄρα ὁ ἱεροφάντης.“* (vgl. ebend. II, 101.). *ἄλλο· „ὃ οὐκ ἔστιν ἐν τῇ πόλει, οὐδ' ἐν τῇ οἰκίᾳ· οὐκ ἔστι δὲ φρέαρ ἐν τῇ πόλει· οὐδ' ἄρα ἐν τῇ οἰκίᾳ.“ ἄλλο· „ἔστι τις κεφαλή, ἐκείνην δὲ οὐκ ἔχεις· ἔστι δέ γε τις κεφαλὴ ἣν οὐκ ἔχεις· οὐκ ἄρα ἔχεις κεφαλήν“ ..... καὶ πάλιν· „εἴ τι λαλεῖς, τοῦτο διὰ τοῦ στόματός σου διέρχεται· ἅμαξαν δὲ λαλεῖς· ἅμαξα ἄρα διὰ τοῦ στόματός σου διέρχεται.“*

219) *Eustath. ad Il. υ*, p. 1192, 45. *Rom.*: *τὸ δίγλωσσον ἐν ἐννοίαις δοκούσαις διαφέρεσθαι .... καὶ ζηλοῦσι τοῦτο μάλιστα μὲν οἱ διαλεκτικοί, ὧν καὶ Ζήνων ὁ περιᾳδόμενος καὶ οἱ ἐφεκτικοὶ καὶ ὁ τὰ δικτυακὰ δὲ μελετήσας, ὧν σκοπὸς τὰ ἀντικείμενα κατασκευάζειν, οἷον λουστέον τὸν πυρέττοντα διὰ τὰ καὶ τὰ, καὶ αὖ πάλιν μὴ λουστέον τὸν πυρέττοντα διὰ τὰ καὶ τά.* Zahlreiche Schriften über derlei Dinge sind im Bücher-Verz. des Chrysippus (193.) genannt.

220) Z. B. *Sext. Emp.* a. a. O. 231.: *ἔτι δὲ ἀπρόσδεκτον ἄλλως, ὡς οἱ λεγόμενοι σολοικίζοντες λόγοι, οἷον „ὃ βλέπεις, ἔστιν· βλέπεις δὲ φρενιτικόν· ἔστιν ἄρα φρενιτικόν. ὃ ὁρᾷς, ἔστιν· ὁρᾷς δὲ φλεγμαίνοντα τόπον· ἔστιν ἄρα φλεγμαίνοντα τόπον.“* Vgl. Abschn. II, Anm. 64.

221) *Galen. π. τ. παρὰ τ. λέξ. σοφισμ.* 4. XIV, p. 595 f. *Kühn*: *εἴρηται δέ τινα καὶ τοῖς Στωϊκοῖς .... τὰς δὲ διαφορὰς τῶν λεγομένων ἀμφιβολιῶν αὐτὰς ληπτέον· εἰσί γε πρὸς τῶν χαριεστέρων λεγομένων τὸν ἀριθμὸν η΄· μία μὲν ἣν κοινὴν ὀνομάζουσι τοῦ τε εἰρημένου καὶ τοῦ διαιρετοῦ, οἷα „ἐστὶν ἡ αὐλητρὶς παῖς οὖσα“, κοινὴ γὰρ αὕτη τοῦ τε „αὐλητρίς“ ὀνόματος καὶ τοῦ εἰρημένου· δευτέρα δὲ παρὰ τὴν ἐν τοῖς ἁπλῶς, οἷον „ἀνδρεῖος“, ἢ γὰρ χιτὼν ἢ ἄνθρωπος* (diess ist das *παρώνυμον*, s. d. folg. Anm.)· *τρίτη δὲ παρὰ τὴν ἐν τοῖς συνθέτοις ὁμωνυμίαν, οἷον „ἄνθρωπός ἐστιν“, ἀμφίβολος γὰρ ὁ λόγος εἴτε τὴν οὐσίαν εἴτε τὴν πτῶσιν εἶναι σημαίνει· τετάρτη δέ ἐστι παρὰ τὴν ἔλλειψιν ὡς „ὅ ἐστί σου“, καὶ γὰρ ἐλλείπει τὸ διὰ μέσου οἷον δεσπότου ἢ πατρός· πέμπτη δὲ παρὰ τὸν πλεονασμὸν ὥσπερ ἡ τοιαύτη „ἀπηγόρευσεν αὐτῷ μὴ πλεῖν“, τὸ γὰρ μὴ προσκείμενον*

wir auch hier den obigen Grundsatz des sich ruhig Verhaltens und Zuwartens (Anm. 208) in der dialektischen Erörterung, bis von selbst bei einer vorliegenden Zweideutigkeit die eine factische Seite derselben heraustrete [222]), womit die Andeutung zusammentrifft, dass in manchen Fällen auch bei der Amphibolie nur der Fachgelehrte eine Entscheidung geben könne [223]); und wohl aus dieser Bequemlichkeit des Empirismus, welche hier ihrerseits an das Epikureische Princip hinstreift (s. oben Anm. 5) erklärt es sich auch, dass einige Stoiker die Amphibolie aus der Lehre von den rhetorischen *στάσεις* auswerfen und bloss den Grammatikern zuweisen wollten [224]). Hiemit aber wären wir bei einem Selbstbekenntnisse der Stoa angelangt, wie sehr in ihr von vornherein eine nie erledigte Vermengung des Empirismus und Formalismus vorliege.

Ueberhaupt aber hört hier die Aufgabe einer Geschichte der Logik auf, und der ihr ursprünglich angehörige Gegenstand fällt der Geschichte der Rhetorik anheim. Von der Rhetorik selbst aber werden wir unten (Abschn. VIII.) zu sprechen haben, jedoch einzig und allein nur insoweit, als dieselbe zur Erhaltung und Verbreitung einiger logischer Keime, welche in ihr überschüttet und vergraben liegen, im Verlaufe der antiken Schul-Disciplin Etwas beiträgt.

ἀμφίδοξον ποιεῖ τὸ πᾶν εἴτε τὸ πλεῖν ἀπηγόρευσεν εἴτε τὸ μὴ πλεῖν· ἕκτην φασὶν εἶναι τὴν μηδὲν σαφοῦσαν τί μετὰ τίνος ἄσημον μόριον τέτακται ὡς ἐν τῷ „καὶ νῦν καὶ μὴ παρήλασε“, τὸ γὰρ στοιχεῖον ἂν μὴ γένοιτο διαζευκτικόν· ἑβδόμη δέ ἐστιν ἡ μὴ δηλοῦσα τί μετὰ τίνος τέτακται σημαντικὸν μόριον ὡς ἐν τῷ „πεντήκοντ' ἀνδρῶν ἑκατὸν λίπε δῖος Ἀχιλλεύς“· ὀγδόη ἡ μὴ δηλοῦσα τί ἐπὶ τί ἀναφέρεται ὡς ἐν τῷ „Δίων Θέων ἐστίν“· ἄδηλον γάρ ἐστιν εἴτε ἐπὶ τὴν ἀμφοτέρων ὕπαρξιν ἀναφέρεται εἴτε ἐπὶ τοιοῦτον οἷον ὁ Δίων Θέων ἐστὶν ἢ πάλιν· οἱ μὲν δὴ τρόποι πρὸς τῶν χαριεστέρων οὗτοι κατηρίθμηνται ...... (p. 597.) *καὶ μὴν καὶ τῆς ἐν λόγῳ ὁμωνυμίας ἀπ' αὐτῶν λεγομένης πλείους οἱ τρόποι· οἱ μὲν γὰρ τῇ παραθέσει τῶν ὁμοίων πτώσεων γίγνονται ὡς ἐν τῷ „εἴη μέλλει τὸν Σωκράτην νικῆσαι“, οἱ δὲ ἄλλοι τρόποι.* Auch das *συνώνυμον* wurde ganz äusserlich und vom Begriffe losgerissen aufgefasst. *Simpl. ad Cat. f.* 8 *Z.*: *οἰκειοτέρως δὲ ὁ Ἀριστοτέλης συνώνυμα κέκληκε ..... ἥπερ οἱ Στωϊκοὶ τὰ πολλὰ ἅμα ἔχοντα ὀνόματα, ὡς Πάρις καὶ Ἀλέξανδρος ὁ αὐτός, καὶ ἁπλῶς τὰ πολυώνυμα λεγόμενα.*

222) *Simpl. ad Cat. f.* 6 *Γ.*: *ἐν δὲ τοῖς παρωνύμοις συλλογισμοῖς ἡσυχάζειν οἱ διαλεκτικοὶ παρακελεύονται ἕως ἂν ἐπ' ἄλλο σημαινόμενον ὁ ἐρωτῶν ἐπαγάγῃ τὸ ὄνομα, οἷον εἴ τις ἐρωτᾷ εἰ ὁ χιτὼν ἀνδρεῖος, εἰ τύχοι ἀνδρεῖος ὤν, συγχωρήσομεν, κἂν δ' ἐρωτᾷ εἰ ὁ ἀνδρεῖος εὔψυχος, καὶ αὐτὸ συγχωρησόμεθα, ἀληθὲς γάρ· εἰ δὲ συναγάγῃ ὅτι ὁ χιτὼν εὔψυχος, ἐνταῦθα τὴν ὁμωνυμίαν τοῦ ἀνδρείου διαστειλασθαι καὶ δεῖξαι τὴν ἀνδρείαν ἤγουν τὴν εὐψυχίαν ὅτι ἄλλως μὲν ἐπὶ τοῦ χιτῶνος ἄλλως δὲ ἐπὶ τοῦ τὴν ἀνδρείαν ἔχοντος λέγεται.* Vgl. *Alex. ad Soph. El. f.* 3 b.

223) *Sext. Emp. pyrrh. hyp.* II, 256.: *εἰ γὰρ ἡ ἀμφιβολία λέξις ἐστὶ δύο καὶ πλείω σημαίνουσα καὶ αἱ λέξεις σημαίνουσι θέσει, ὅσας μὲν χρήσιμόν ἐστιν ἀμφιβολίας διαλύεσθαι, τουτέστι τὰς ἔν τινι τῶν ἐμπειριῶν, ταύτας οἱ καθ' ἑκάστην τέχνην ἐγγεγυμνασμένοι διαλύσονται τὴν ἐμπειρίαν ἔχοντες αὐτοὶ τῆς ὑπ' αὐτῶν πεποιημένης θετικῆς χρήσεως τῶν ὀνομάτων κατὰ τῶν σημαινομένων, ὁ δὲ διαλεκτικὸς οὐδαμῶς.*

224) *Schol. ad Hermog.* VII, p. 226. *Walz.*: *πρός τινων καὶ ἀπεβάλλετο* (*sc. ἡ ἀμφιβολία*) *τῶν στάσεων καθάπερ ὑπὸ Νέστορος τοῦ Στωϊκοῦ, οὐδεμία γὰρ στάσις, φασί, περὶ ποιότητα φωνῆς ἔχει τὴν ζήτησιν περὶ τόνου λέγω καὶ διαστάσεως συλλαβῶν, ἅπερ γραμματικοῖς δικαίως ἂν καταλείποιτο· ἔπειτα, φασίν, ἀσύστατα ἂν εἴη, οὐ γὰρ δυνατὸν πέρας ἢ λύσιν αὐτῆς εὑρεθῆναί τινα, ἰσάζει γὰρ τὰ λεγόμενα.*

VII. ABSCHNITT.

DIE NEUE AKADEMIE UND DER SKEPTICISMUS.

Dass die ganze Richtung der Akademischen Schule, welche in ihrem erneuten Auftreten hauptsächlich gegen die stoische Erkenntniss-Theorie polemisirte und dem Dogmatismus die Unmöglichkeit eines sicheren Wissens gegenüberstellte, keinen fördernden Einfluss auf Fortbildung der Logik ausüben konnte, ist von vorneherein klar, und es hat auch die Geschichte der Logik nur höchst Weniges über dieselbe zu berichten, und dieses Wenige enthält selbst nicht Punkte, welche irgend eine weitere Ausbildung der Logik beträfen, sondern kann höchstens zur Kenntniss dessen einen Beitrag geben, wie die damals bereits allgemein gewordene Logik aufgefasst wurde.

Durch die Polemik gegen die Stoa waren die Akademiker genöthigt, sich der gleichen Mittel wie jene zu bedienen, und an rhetorisch-logischer Schulpraxis standen dieselben ihren Gegnern sicher nicht nach; ja im Gegentheile war Karneades dem Chrysippus jedenfalls sowie an Verstand und allgemeiner Tüchtigkeit, so auch an dialektischer Schärfe weit überlegen. Jedoch gehört weder diese praktische Gewandtheit des Karneades in der Form der Beweisführung noch auch der Inhalt der Ansichten desselben, welche auf die Grundfragen der Erkenntniss-Theorie als solcher sich beziehen, hieher; nur mag in Bezug auf letzteren gelegentlich bemerkt werden, dass die von Karneades hervorgehobenen Motive des Zweifels durchaus nicht ohne Verdienst sind [1]). Wegen dieser dialektischen Fertigkeit, welche als gleiche Waffe gegen den durch Syllogistik aufgestutzten stoischen Dogmatismus selbst gekehrt wurde, ist es daher nicht zu wundern, wenn Kleitomachos, welcher bekanntlich den Ansichten seines Lehrers Karneades den äusseren schrift-

1) Ritter (Gesch. d. Phil. III, S. 694.) greift auch hier wie so oft fehl. Man muss doch anerkennen, dass es ein verdienstliches Werk war, der geckenhaften und süffisanten Faulheit des Stoicismus gegenüberzutreten; und die Bedeutung, welche die Wahrscheinlichkeit bei Karneades hat, ist ja gerade nicht das positive Moment der Plausibilität, welche für rhetorische Zwecke vorantritt, sondern das negative des Nicht-gewiss-Seins. Will man denn dagegen stets die Augen verschliessen, dass gewisse Richtungen in den ersten Jahrhunderten unserer Zeitrechnung gar nicht müde werden, über die Akademische Sekte zu schmähen, dabei aber zuweilen mit dem Stoicismus stark kokettiren? oder, wenn man es sieht, merkt man nicht, warum? Karneades hatte in Bezug auf die Erkenntniss-Theorie vielleicht mehr wissenschaftlichen Ernst als viele Neuere.

stellerischen Ausdruck verlieh, ganz besonders ein Dialektiker genannt und als Begründer einer Schule bezeichnet wird, welche eben diesen nemlichen Namen vielleicht nicht ohne absichtliche Beziehung auf die platonische Dialektik für sich wählte [2]). Natürlich war bei den Akademikern jede derartige Bestrebung hauptsächlich auf das negative Moment, nemlich auf die Widerlegung gegebener Beweise, gerichtet, und wohl in Bezug auf diese Tendenz schrieb Galenus ein eigenes Buch über Kleitomachos [3]). Auch wird uns diese dem akademischen Skepticismus dienende Uebung der Dialektik, zu welcher die fast sprüchwörtlich gewordenen *Θέσεις* der Akademiker gehörten, durch das vereinzelte Zeugniss bestätigt, dass Karneades und sein Schüler insbesondere sich des Sorites bedienten, um der Voreiligkeit des Dogmatismus und der stoischen *κατάληψις* entgegenzutreten, und dass sie dem Auskunftsmittel, welches Chrysippus vermittelst des *ἡσυχάζων* gegen den Sorites anwendete (Abschn. VI, Anm. 208 f.), unermüdet gerade die Unmöglichkeit einer festen Gränze oder eines Haltpunktes bei allen quantitativen und Steigerungs-Verhältnissen gegenüberstellten [4]).

Eine theoretische Ueberzeugung über Stellung und Bedeutung der Logik stellte sich bei den Akademikern, wenn auch nicht schon bereits unter Karneades, so doch später in jener Zeit ein, als derartige Schul-Controversen überhaupt sich mehr ausgebreitet hatten; und es traten hierin die Akademiker sowohl den Stoikern, welche die Logik als Theil,

---

2) *Diog. L. prooem.* 19.: *Ἀκαδημαϊκῆς μὲν οὖν τῆς ἀρχαίας προέστη Πλάτων ..... Διαλεκτικῆς Κλειτόμαχος Καρχηδόνιος.* Es hat etwas Komisches, wenn Lersch, Sprachphilos. d. Alten, II, S. IX, u. 49, mit dieser Notiz eine ungeheuere Entdeckung gemacht und eine „bisher unbeachtete philosophische Sekte" aus dem Dunkel seiner Forschungen hervorgezogen zu haben glaubt.

3) *Galen. π. τ. ἰδίων βιβλ.* 12.; XIX, p. 44. *ed K.*: *περὶ Κλειτομάχου καὶ τῶν τῆς ἀποδείξεως αὐτοῦ λύσεων ἕν.*

4) *Plut. d. fort. Alex.* 1.: *περὶ συλλογισμῶν οὐδὲν οὐδὲ περὶ ἀξιωμάτων ἔγραφεν (sc. Ἀλέξανδρος) οὐδ᾽ ἐν Λυκείῳ περίπατον ἔσχεν οὐδ᾽ ἐν Ἀκαδημίᾳ θέσεις εἶπεν· τούτοις γὰρ ὁρίζουσι φιλοσοφίαν οἱ λόγον αὐτὴν οὐκ ἔργον νομίζοντες.* *Sext. Emp. adv. math.* IX, 182.: *ἠρώτηνται δὲ ὑπὸ τοῦ Καρνεάδου καὶ σωριτικῶς τινὲς, οὓς ὁ γνώριμος αὐτοῦ Κλειτόμαχος ὡς σπουδαιοτάτους καὶ ἀνυτικωτάτους ἀνέγραψεν, ἔχοντας τὸν τρόπον· εἰ Ζεὺς θεός ἐστι, καὶ ὁ Ποσειδῶν θεός ἐστιν .... ὥστε εἰ ὁ Ζεὺς θεός ἐστι, καὶ ὁ Ποσειδῶν ἀδελφὸς ὢν τούτου θεὸς γενήσεται· εἰ δὲ ὁ Ποσειδῶν θεός ἐστι, καὶ ὁ Ἀχελῶος ἔσται θεός· εἰ δὲ ὁ Ἀχελῶος, καὶ ὁ Νεῖλος· εἰ ὁ Νεῖλος, καὶ πᾶς ποταμός· εἰ πᾶς ποταμὸς, καὶ οἱ ῥύακες ἂν εἶεν θεοί, καὶ εἰ οἱ ῥύακες, καὶ αἱ χαράδραι· οὐχὶ δὲ οἱ ῥύακες· οὐδὲ ὁ Ζεὺς ἄρα θεός ἐστιν· εἰ δέ γε ἦσαν θεοί, καὶ ὁ Ζεὺς ἦν ἂν θεός· οὐκ ἄρα θεοί εἰσιν.* (Hierauf folgen noch mehrere eben solche Beispiele.) 190.: *καὶ ἄλλους δὴ τοιούτους σωρίτας ἐρωτῶσιν οἱ περὶ τὸν Καρνεάδην εἰς τὸ μὴ εἶναι θεοὺς, ὧν τὸ γένος ἀπὸ τῶν προεκκειμένων αὐτάρκως γέγονε πρόδηλον.* Cic. Acad. II, 29, 92.: *quid ergo? istius vitii num nostra culpa est? rerum natura nullam nobis dedit cognitionem finium, ut ulla in re statuere possimus, quatenus; nec hoc in acervo tritici solum, unde nomen est, sed nulla omnino in re minutatim interrogati .... placet enim Chrysippo ... quiescere, id est, quod ab iis dicitur ἡσυχάζειν. Per me stertas licet, inquit Carneades, non modo quiescas. Sed quid proficit? sequitur enim qui te ex somno excitet et eodem modo interroget; quo in numero conticuisti, si ad eum numerum unum addidero, multane erunt? progrediere rursus quoad videbitur. Quid plura? hoc enim fateris neque ultimum te paucorum neque primum multorum respondere posse; cuius generis error ita manat, ut non videam, quo non possit accedere.*

als auch den Peripatetikern, welche sie als Werkzeug der Philosophie bezeichneten, entgegen und behaupteten, sie sei sowohl Theil als auch Werkzeug; nemlich insoferne die logischen Gesetze, z. B. die des Syllogismus, abstract seien und von allem Inhalte absehen, müsse die Logik als Werkzeug der Philosophie betrachtet werden, hingegen insoferne in und an den Denkobjecten eine formelle Begründung ausgeführt werde, gelte dieses logische Moment als Theil der Philosophie; ähnlich wie z. B. eine Elle als Mass Werkzeug sei, hingegen als gemessenes Stück eines concreten Dinges ein Theil desselben [5]). Es braucht kaum bemerkt zu werden, in welch hohem Grade diese Auffassung, selbst abgesehen von dem läppischen Beispiele, an Halbheit und Schwäche leide, denn wenn einerseits die syllogistisch formulirte Objectivität als solche ein Theil der Philosophie sein soll, so kann doch nicht andrerseits die Form das Werkzeug des Inhaltes sein. — Einige Controversen späterer Akademiker, welche sich auf die peripatetische Kategorien-Tafel beziehen, s. unten Abschn. IX, Anm. 20 ff.

Bekannt ist die Verwandtschaft, in welcher das Bestreben der neuen Akademie mit dem eigentlichen Skepticismus steht, von welchem jedoch Niemand erwarten wird, dass er die logische Theorie in irgend einer Beziehung gefördert habe, denn höchstens könnte die skeptische Destruction des Wissens überhaupt für die Praxis der Begriffsbestimmung und des Schliessens vortheilhaft in Bezug auf präcise Schärfe und di-

5) *Schol. Cod. Par.* b. *Brand. Schol.* 140 b. 31.: *οἱ Ἀκαδημαϊκοὶ δικασταὶ καθεζόμενοι φασὶν ὅτι καὶ μέρος ἐστὶ τῆς φιλοσοφίας ἡ λογικὴ καὶ ὄργανον· εἰ μὲν γὰρ ὑποθῇ τοὺς λόγους ἐξῃρημένους καὶ ἀποσπασθέντας ἐκ τῶν πραγμάτων, ὄργανόν ἐστιν, εἰ δὲ τοὺς λόγους λάβῃ συνόντας τοῖς πράγμασι, μέρος ὑπάρχειν· οἷον τί τὸ λεγόμενον; ἂν εἴπῃς ὅτι ἐκ δύο καθολικῶν καταφατικῶν καθολικὸν συνάγεται συμπέρασμα, ἐπειδὴ λόγους μόνους ἔλαβες μὴ ἐφαρμοσθέντας τοῖς πράγμασι, τότε ὄργανόν ἐστιν ἡ λογική· ἂν δὲ ἐπὶ αὐτῶν τῶν πραγμάτων λάβῃς τὸν λόγον καὶ εἴπῃς „ἡ ψυχὴ ἀεικίνητος, τὸ ἀεικίνητον αὐτοκίνητον, ἡ ψυχὴ ἄρα αὐτοκίνητος“ καὶ ἐπειδὴ ἐκ δύο καταφατικῶν καθολικῶν καὶ συμπέρασμα καθολικὸν συνήχθη περὶ αὐτῶν τῶν πραγμάτων, τοὺς γὰρ λόγους σὺν τοῖς πράγμασιν ἐλάβομεν, τότε ὡς μέρος δεῖ λαβεῖν τὴν λογικήν.* Philop. ad Anal. pr. f. IV a.: *οἱ δὲ ἀπὸ τῆς Ἀκαδημίας, ὧν ἐστι καὶ Πλάτων, καὶ μέρος καὶ ὄργανον φαίνονται λέγοντες* (sc. *τὴν λογικήν*) ..... (f. IV b.) *εἰπῶμεν καὶ περὶ τῆς τοῦ Πλάτωνος δόξης· οὗτος γὰρ καὶ μέρος καὶ ὄργανόν φησι τὴν διαλεκτικὴν οὐκ ἐναντία ἑαυτῷ δοξάζων οὐδὲ ἀντιφάσει περιπίπτων· ἀλλ᾽ ὅταν μὲν τὴν διαλεκτικὴν αὐτὴν καθ᾽ αὑτὴν χωρὶς ὕλης καὶ πραγμάτων λαμβάνῃ, τουτέστι τῷ λόγῳ καὶ τῇ διανοίᾳ γυμνὴν θεωρουμένην τῆς χρήσεως, τότε ὡς ὄργανον αὐτὴν λαμβάνει, ὅταν δὲ ἐν χρήσει καὶ γυμνασίᾳ πραγμάτων, τότε αὐτῷ τὴν τοῦ μέρους ἀναπληροῖ χρείαν, οἷον τὸ μὲν ἐκ δύο καθόλου καταφατικῶν συνάγεσθαι καθόλου καταφατικὸν συμπέρασμα, τοῦτο ἔσται αὐτῷ ὡς ὄργανον ὕλῃ μὴ πραττόμενον, ὅταν δὲ προσάπτοντες ὕλην λέγωμεν, οἷον „πᾶς ἄνθρωπος ζῷον· πᾶν ζῷον ἔμψυχον· πᾶς ἄνθρωπος ἄρα ἔμψυχος“, τότε ἔσται ὡς μέρος· καθάπερ ὁ πῆχυς καὶ μέρος ἐστὶν, ὅταν τὸ μετρούμενον μέρος τοῦ σώματος λέγωμεν, καὶ ὄργανον, ὅταν αὐτὸν καθ᾽ αὑτὸν τὸν μετροῦντα θεωρῶμεν, καὶ ἡ αὐτὴ ὀνομασία τοῦ μετροῦντος καὶ μετρουμένου· εἰ μὲν μεθ᾽ ὕλης λαμβάνοιτο, ἔσται μέρος τοῦ μετρουμένου, εἰ δὲ ἄνευ ὕλης, τουτέστιν αὐτὸ τὸ μέτρον, ἔσται ὄργανον. οὕτω καὶ ἡ διαλεκτικὴ παρὰ Πλάτωνι· ἐν μὲν γὰρ τῷ Φαίδρῳ καὶ Φαίδωνι μεθ᾽ ὕλης αὐτὴν ὡς μέρος λαμβάνει, ἐν δὲ τῷ Παρμενίδῃ ὡς ὄργανον ἄνευ ὕλης, καὶ ἁπλῶς μὲν ἄνευ ὕλης ἔσται ὡς κανὼν καὶ ὄργανον, ἐν πράγμασι δὲ καὶ μεθ᾽ ὕλης μέρος.*

stinctive Auffassung wirken. Jedoch gewissermassen als Negation der Logik selbst kann auch der Skepticismus nicht aus der Geschichte der Logik völlig ausgeschlossen werden. Und wir sahen in dieser Beziehung schon oben den durchgängig skeptischen Zug der megarischen Lehre, welcher die Verbindung eines Subjectes mit der Mannigfaltigkeit der Prädikate als unzulässig erklärt (Abschn. II, Anm. 40), und hiedurch die Bildung der Urtheile sowie mittelbar die gesammte Function der Logik principiell aufhebt. Mit den Megarikern aber, an deren dialektische Gewandtheit auch der Stifter der Stoa als Schüler Stilpo's anknüpft, steht in gleicher äusserer Verbindung auch der Skeptiker Pyrrho als Schüler eines Sohnes des Stilpo, während zugleich hier der innere Faden der skeptischen Richtung von der megarischen Schule zum Pyrrhonismus sich fortspinnt. Und wenn, wie wir sahen, schon mehrere Megariker ausdrücklich gegen Aristoteles polemisirten, so hatte diese spätere Gestaltung des durchgeführten Skepticismus an der stoischen Logik einen Gegenstand der Bekämpfung gefunden, welcher sicher leichter als die aristotelische Logik über den Haufen geworfen werden konnte; hier daher setzt der ausgebildete Pyrrhonismus das Geschäft der Akademiker in der Weise fort, dass er nicht bloss Gegenbeweise den Beweisen entgegenstellt, sondern auch das Vorhandensein und den Bestand einer Beweisführung überhaupt selbst wieder durch Beweise zu verneinen unternimmt. Dieser Versuch nun, die Logik vom Grunde aus aufzuheben, muss sowohl an sich in der Geschichte der Logik wenigstens erwähnt werden, als auch gibt er insbesondere einen Beleg dafür, wie tief die Logik unter den Händen der Stoiker gesunken war, so dass eine derartige Polemik sich so breit machen konnte, als sie wirklich es that; denn allerdings muss man gestehen, dass, wenn es keine andere Logik als die stoische und die formale gäbe, das Terrain höchst günstig wäre, um wirklich siegreich die ganze Existenz-Berechtigung der Logik überhaupt niederzukämpfen; und wir können weder Mitleid noch Unwillen darüber empfinden, wenn die bodenlos unvernünftige Logik der Stoa von dem gleichfalls bodenlosesten und in der That pöbelhaften Skepticismus eines Sextus Empirikus angegriffen wird, denn die formale Logik verdient kein besseres Schicksal, als dass sie verhöhnt und mit Füssen getreten wird. Insoferne aber bekanntlich die Ansichten des Pyrrho von ihrer weiteren Ausführung, welche ihnen durch die späteren Skeptiker zu Theil wurde, in allem Einzelnen nicht mehr getrennt werden können, und es sich hier auch nur um die Einsicht handelt, wie mit und nach dem Stoicismus eine Stufe der Logik erreicht war, welche einer allgemeinen Verwerfung der logischen Thätigkeit preisgegeben sein musste, so besprechen wir sogleich hier schon jene vollständigere Ausführung des Skepticismus, welche uns in den Schriften des Sextus Empirikus aus dem Anfange des dritten Jahrhunderts n. Chr. erhalten ist; denn das Auftreten der skeptischen Einwände gegen die Logik bildet wohl einen wesentlichen Abschnitt dem Stoicismus gegenüber, also in der Zeit des Pyrrho, nicht mehr aber in der späteren Entwicklung, sondern was dieser letzteren angehört, ist nur als ausführlichere Wiederholung früherer Ansichten zu betrachten.

Jene Polemik des Sextus Empirikus, welche gegen die stoische Erkenntniss-Theorie und insbesondere gegen die *κατάληψις* und das in diese verlegte Kriterium des Wissens gewendet ist, berührt uns hier nicht. Hingegen in Bezug auf die Lehre vom Begriffe erkennen wir sogleich, dass der Skeptiker gleichfalls die Ansichten der Stoa vor Augen hat und gewissermassen richtig die wirkliche Blösse derselben trifft. Wir sahen oben (Abschn. VI, Anm. 72), dass die Stoiker von vorneherein Begriff und Definition zusammengewürfelt hatten, und in dieser Beziehung hat der Einwand des Sextus Einiges für sich, wenn derselbe sagt, dass der Definirende ja doch nicht vermittelst der Begriffsbestimmung das Definirte in der *κατάληψις* erfasst, sondern diese schon vorhergegangen ist, so dass wegen der *κατάληψις* die Begriffsbestimmung sich ins Endlose zurückschiebt, und wir demnach überhaupt gar Nichts definiren können, oder andrerseits, wenn die Begriffsbestimmung zum Erfassen nothwendig sein soll, wir schlechthin Alles definiren müssen [6]. Noch stärker aber tritt jenes Motiv der Polemik hervor, wenn Sextus die Frage aufwirft, warum wir denn nicht stets in Definitionen sprechen, denn nach stoischer Lehre müssten wir jedenfalls z. B. statt „Hund" immer „bellendes vierfüssiges Thier" sagen [7]; vgl. Abschn. VI, Anm. 69. Wir wären auch in der That begierig zu hören, wie die formale Logik diesen Einwand widerlegen könnte. Es ist richtig, dass der angreifende Skeptiker ebenso wenig einen Begriff vom Begriffe hat, als der angegriffene Stoiker, aber der letztere ist dem Angriffe rettungslos preisgegeben. Eine andere Schwäche der stoischen Lehre vom Begriffe erkannten wir oben darin, dass nur das Motiv einer formalen *Tabula logica* zu Grunde gelegt war und hiebei das Hauptgewicht auf ein Addiren der begrifflichen Merkmale fiel. Auch hierauf nun gründet der Skeptiker einen Einwand, dass der Artbegriff ja weder an dem ganzen Gattungsbegriffe Theil haben könne, weil letzterer sich eben die Arten vertheile, noch auch an einem Theile desselben, weil dann z. B. Mensch nicht ein lebendes Wesen, sondern nur Theil des lebenden Wesens sei [8].

---

6) *Pyrrh. hyp.* II, 207.: *εὐθέως οὖν εἰ ὁ μὲν ἀγνοῶν τὸ ὁριστὸν οὐχ οἷός τέ ἐστι τὸ μὴ γινωσκόμενον αὐτῷ ὁρίσασθαι, ὁ δὲ γινώσκων εἶθ' ὁριζόμενος οὐκ ἐκ τοῦ ὅρου τὸ ὁριστὸν κατείληφεν ἀλλ' ἐπὶ προκατειλημμένῳ τούτῳ τὸν ὅρον ἐπισυντέθεικεν, πρὸς κατάληψιν τῶν πραγμάτων ὁ ὅρος οὐκ ἔστιν ἀναγκαῖος· καὶ γὰρ ἐπεὶ πάντα μὲν ὁρίζεσθαι θέλοντες καθάπαξ οὐδὲν ὁριζόμεθα διὰ τὴν εἰς ἄπειρον ἔκπτωσιν, τινὰ δὲ καταλαμβάνεσθαι καὶ δίχα τῶν ὅρων ὁμολογοῦντες οὐκ ἀναγκαίους πρὸς κατάληψιν τοὺς ὅρους ἀποφαίνομεν, καθ' ὃν τρόπον τὰ μὴ ὁρισθέντα κατελήφθη, δυναμένων ἡμῶν πάντα χωρὶς τῶν ὅρων καταλαμβάνειν ἢ καθάπαξ οὐδὲν ὁρισόμεθα ἢ οὐκ ἀναγκαίους τοὺς ὅρους ἀποφανοῦμεν.*

7) Ebend. 211.: *πῶς δὲ οὐκ ἂν εἴη γελοῖον τὸ λέγειν ὡς οἱ ὅροι χρησιμεύουσι πρὸς κατάληψιν ἢ διδασκαλίαν ἢ σαφήνειαν ὅλως ἀσάφειαν ἡμῖν ἐπεισκυκλοῦντες τοσαύτην; οἷον γοῦν, ἵνα τι καὶ παίξωμεν, εἴ τις παρά του βουλόμενος πυθέσθαι εἰ ἀπήντηται αὐτῷ ἄνθρωπος ἐπὶ ἵππου ὀχούμενος καὶ κύνα ἐφελκόμενος, τὴν ἐρώτησιν οὕτω ποιήσαιτο „ὦ ζῷον λογικὸν θνητὸν νοῦ καὶ ἐπιστήμης δεκτικὸν, ἀπήντησό σοι ζῷον γελαστικὸν πλατυώνυχον ἐπιστήμης πολιτικῆς δεκτικὸν ζῴῳ θνητῷ χρεμετιστικῷ τὰ σφαιρώματα ἐφηδριακὸς ἐφελκόμενον ζῷον τετράπουν ὑλακτικόν;" πῶς οὐκ ἂν εἴη καταγέλαστος εἰς ἀφασίαν οὕτω γνωρίμου πράγματος ἐμβαλὼν τὸν ἄνθρωπον διὰ τοὺς ὅρους;*

8) Ebend. 220.: *εἰ δὲ ἓν εἶναι λέγοιτο ἐν πᾶσι τοῖς εἴδεσιν αὐτοῦ τὸ γένος, ἤτοι ὅλου αὐτοῦ ἕκαστον εἶδος αὐτοῦ μετέχει ἢ μέρους αὐτοῦ. ἀλλ'*

Ferner in Bezug auf das Beweisverfahren, auf welches der dialektische Dogmatismus das Hauptgewicht legen musste, rächt sich die gänzliche Vernachlässigung der Induction, welche bei Aristoteles ihre wesentliche Stellung und Bedeutung als unweigerliche Vorstufe des apodeiktischen Verfahrens erhalten hatte, bei den Stoikern aber gar nicht in Betracht kommen konnte. So stellt Sextus der Möglichkeit eines Beweisens überhaupt die Bemerkung entgegen, dass der allgemeine Obersatz eines Syllogismus doch nur durch die vollständigste Induction gewonnen werden könne, diese aber den Schlusssatz bereits involvire, denn es könne z. B. der Obersatz „Alle Menschen sind lebende Wesen" gar nicht gültig ausgesprochen werden, wenn nicht der Schlusssatz „Sokrates ist ein lebendes Wesen" und der Untersatz „Sokrates ist Mensch" vorher schon vollständig erwogen sei, und es drehe sich hiemit der Syllogismus im Kreise, oder mit anderen Worten, der Schlusssatz liege schon lange in den Prämissen vor und gebe daher nichts Neues [9]). Diese Polemik gegen das Schliessen wird auch wieder so gewendet, dass wir die Folgen jenes stoischen Atomismus, welcher stets in die particulare Empirie zurückfallen muss, oder überhaupt die Folgen der Begriffslosigkeit der stoischen Logik darin erkennen, wenn mit aller Plumpheit das Bedenken geltend gemacht wird, dass bei dem Aussprechen des Obersatzes der Unter- und Schluss-Satz noch nicht, bei dem Aussprechen des Untersatzes aber der Obersatz oder bei dem Aussprechen des Schlusssatzes die beiden Prämissen schon nicht mehr vorhanden seien, also überhaupt die Theile des Syllogismus nicht coexistiren und daher auch das Ganze keinen Bestand habe [10]).

ὅλου μὲν οὐδαμῶς· ἀμήχανον γάρ ἐστιν ἕν τι ὑπάρχον ἄλλῳ καὶ ἄλλῳ κατὰ ταὐτὸ περιέχεσθαι οὕτως ὡς ὅλον ἐν ἑκάστῳ θεωρεῖσθαι τῶν ἐν οἷς εἶναι λέγεται. εἰ δὲ μέρους, πρῶτον μὲν οὐκ ἀκολουθήσει τῷ εἴδει τὸ γένος πᾶν, ὡς ὑπολαμβάνουσιν, οὐδὲ ὁ ἄνθρωπος ἔσται ζῷον ἀλλὰ μέρος ζῴου, οἷον οὐσία, οὔτε δὲ ἔμψυχος οὔτε αἰσθητική.

9) Ebend. 195 f.: ἡ πρότασις τοίνυν αὕτη „πᾶς ἄνθρωπος ζῷον" ἐκ τῶν κατὰ μέρος ἐπαγωγικῶς βεβαιοῦται, ἐκ γὰρ τοῦ Σωκράτην ἄνθρωπον ὄντα καὶ ζῷον εἶναι καὶ Πλάτωνα ὁμοίως καὶ Δίωνα καὶ ἕκαστον τῶν κατὰ μέρος δυνατὸν εἶναι δοκεῖ διαβεβαιοῦσθαι καὶ ὅτι πᾶς ἄνθρωπος ζῷόν ἐστιν, ὡς εἰ κἂν ἕν τι τῶν κατὰ μέρος ἐναντιούμενον φαίνοιτο τοῖς ἄλλοις, οὐκ ἔστιν ὑγιὴς ἡ καθόλου πρότασις, οἷον γοῦν, ἐπεὶ τὰ μὲν πλεῖστα τῶν ζῴων τὴν κάτω γένυν κινεῖ, μόνος δὲ ὁ κροκόδειλος τὴν ἄνω, οὐκ ἔστιν ἀληθὴς ἡ „πᾶν ζῷον τὴν κάτω γένυν κινεῖ" πρότασις (dass dieses Beispiel in der Schule traditionell wurde, werden wir unten sehen, Abschn. X. Anm. 17. u. Abschn. XI, Anm. 160). ὅταν οὖν λέγωσι „πᾶς ἄνθρωπος ζῷον, Σωκράτης δ' ἄνθρωπος, Σωκράτης ἄρα ζῷον", ἐκ τῆς καθόλου προτάσεως τῆς „πᾶς ἄνθρωπος ζῷον" τὴν κατὰ μέρος πρότασιν συνάγειν βουλόμενοι τὴν „Σωκράτης ἄρα ζῷον", ἣ δὴ βεβαιωτικὴ τῆς καθολικῆς προτάσεώς ἐστι κατὰ τὸν ἐπαγωγικὸν τρόπον, ὡς ὑπεμνήσαμεν, εἰς τὸν διάλληλον ἐμπίπτουσι λόγον (s. Abschn. IV, Anm. 214.) τὴν μὲν καθολικὴν πρότασιν δι' ἑκάστης τῶν κατὰ μέρος ἐκ τῆς καθολικῆς συλλογιστικῶς.

10) Ebend. 144.: οἷον γοῦν ὁ λόγος σύγκειται ἐξ ἀξιωμάτων, τὰ δὲ σύνθετα πράγματα οὐ δύναται ὑπάρχειν ἐὰν μὴ τὰ ἐξ ὧν συνέστηκεν ἀλλήλοις συνυπάρχῃ, ὡς πρόδηλον ἀπὸ κλίνης καὶ τῶν παραπλησίων, τὰ δὲ μέρη τοῦ λόγου ἀλλήλοις οὐ συνυπάρχει· ὅτε γὰρ λέγομεν τὸ πρῶτον λῆμμα, οὐδέπω ὑπάρχει οὔτε τὸ ἕτερον λῆμμα οὔτε ἡ ἐπιφορά· ὅτε δὲ τὸ δεύτερόν φαμεν, τὸ μὲν πρότερον λῆμμα οὐκέτι ὑπάρχει, ἡ δ' ἐπιφορὰ οὐδέπω ἔστιν· ὅτε δὲ τὴν ἐπιφορὰν προφερόμεθα, τὰ λήμματα αὐτῆς οὐκέτι ὑφέστηκεν. οὐ συνυπάρχει ἄρα ἀλλήλοις τὰ μέρη τοῦ λόγου, ὅθεν οὐδὲ ὁ λόγος ὑπάρχειν δόξει.

Aehnlich ist es, wenn gesagt wird, weder in der Vereinigung der Prämissen mit dem Schlusssatze könne der Beweis beruhen, weil diese Vereinigung an dem Schlusssatze ein noch Unbekanntes enthalte und hiedurch selbst unbekannt sei, noch auch bloss in den Prämissen, weil diese zusammen noch ein Unvollständiges seien [11]). Zumeist concentrirt Sextus seine Destruction des Beweisverfahrens darauf, dass, dasselbe ein Relatives sei; da nemlich durch den Beweis nur entweder Klares klar oder Unklares unklar oder Klares unklar oder Unklares klar gemacht werden könne, von diesen vier Fällen aber nur der letzte als möglich übrig bleibe, so zeige sich gerade da die Relativität, denn zwischen Prämissen und Schlusssatz sei nur ein wechselseitig relatives Bestehen, und bleibe hiemit immer nur Klares aus Unklarem und zugleich Unklares aus Klarem verständlich, d. h. Relatives, als Wechselbeziehung zweier Momente, sei aus sich selbst klar, und es werde hiemit durch den Beweis auch nicht Unklares klar gemacht; alles Relative aber sei unsubstanziell und bloss in den Gedanken vorhanden, und somit habe auch der Beweis kein substanzielles Dasein [12]). Während Sextus mit diesem letzteren den faulen Fleck des stoischen Nominalismus richtig trifft, wendet er andrerseits jene Relativität zu einem Einwande an, welchen er wahrhaft zum Ueberdrusse mit all seiner widerlich breiten Geschwätzigkeit häufig vorbringt. Nemlich das Indicium oder der Beweisgrund (*σημεῖον*), behauptet er, sei an sich stets ein Relatives [13]), das Beweisverfahren selbst aber sei ein

---

11) *Adv. math.* VIII, 386.: *ἤτοι οὖν τὸ πᾶν σύστημα, τουτέστι τὸ ἐκ τῶν λημμάτων καὶ τῆς ἐπιφορᾶς νοούμενον, ἀπόδειξις ην, ἢ τὰ μὲν λήμματα μόνον ἐστὶν ἀπόδειξις ἡ δὲ ἐπιφορὰ τὸ ἀποδεικνύμενον. ὁπότερον δ' ἂν εἴπωσι τούτων, σαλεύεται ἡ τῆς ἀποδείξεως ἐπίνοια. εἰ μὲν γὰρ τὸ σύνθετον ἔκ τε τῶν λημμάτων καὶ τῆς ἐπιφορᾶς ἐστιν ἀπόδειξις, ἀνάγκη ἄδηλόν τι περιέχουσαν τὴν ἀπόδειξιν εὐθὺς ἄδηλον εἶναι, τοιαύτην δὲ καθεστηκυῖαν δεῖσθαί τινος ἀποδείξεως, ὅπερ ἄτοπον* ..... (389.) *λείπεται τοίνυν τὸ ἐκ τῶν λημμάτων λέγειν μόνον ἀπόδειξιν εἶναι, ὅπερ ἦν εὔηθες· τοῦτο γὰρ οὐδὲ λόγος ἐστὶ τὴν ἀρχὴν, ἀλλὰ πρᾶγμα ἐλλιπὲς καὶ ἀδιανόητον, εἴγε οὐδείς φησι τῶν νοῦν ἐχόντων τὸ τοιοῦτον κατ' ἰδίαν „εἰ ἔστι κίνησις, ἔστι κενόν· ἀλλὰ μὴν ἔστι κίνησις“ ἢ λόγον εἶναι ἢ διάνοιάν τινα σώζειν.* Ebenso *Pyrrh. hyp.* II, 173 ff.

12) *Adv. math.* VIII, 391 ff.: *ἔτι ἡ ἀποδεικνύουσα ἀπόδειξις ἤτοι πρόδηλος οὖσα προδήλου ἐστὶν ἀπόδειξις ἢ ἄδηλος ἀδήλου ἢ ἄδηλος προδήλου ἢ πρόδηλος ἀδήλου. οὐδὲν δὲ τούτων, ὡς παραστήσομεν· οὐκ ἄρα ἔστι τι ἀπόδειξις. καὶ δὴ πρόδηλος μὲν προδήλου οὐ δύναται τυγχάνειν ἀπόδειξις* ..... *ἄδηλος δὲ ἀδήλου πάλιν οὐκ ἂν εἴη ἀπόδειξις* ..... *ὡσαύτως δὲ οὐδὲ ἄδηλος προδήλου* ..... (394.) *λείπεται λέγειν ὅτι πρόδηλος ἀδήλου, ὃ καὶ αὐτὸ τῶν ἀπόρων ἐτύγχανεν· εἰ γὰρ οὐ τῶν κατὰ περιγραφὴν καὶ ἀπολύτως νοουμένων ἐστὶν ἡ ἀπόδειξις ἀλλὰ τῶν πρός τι, τὰ δὲ πρός τι συγκαταλαμβάνεται ἀλλήλοις, τὰ δὲ συγκαταλαμβανόμενα οὐκ ἐξ ἀλλήλων ἐκκαλύπτεται ἀλλ' ἐξ αὐτῶν ἐστι πρόδηλα, οὐκ ἔσται ἡ ἀπόδειξις πρόδηλος ἀδήλου ἀπόδειξις διὰ τὸ κἀκεῖνο συγκαταλαμβανόμενον αὐτῇ δι' αὐτοῦ προσπίπτειν.* Ebend. 462.: *ἀλλ' εἴπερ τὰ πρός τι ἀνύπαρκτά ἐστι, πάντως καὶ ἡ ἀπόδειξις τῶν πρός τι οὖσα ἀνύπαρκτος γενήσεται· τὰ δέ γε πρός τι δέδεικται ἀνύπαρκτα* (453—461)· *καὶ ἡ ἀπόδειξις ἄρα τῶν ἀνυπάρκτων γενήσεται.* (Das Komische hiebei ist, dass, wie man aus allen diesen Stellen sieht, Sextus sich völlig genau in den Formen der Syllogistik bewegt, während er die Existenz derselben annulliren will.)

13) Ebend. 163.: *ἐπεὶ οὖν δύο εἰσὶ τῶν πραγμάτων διαφοραὶ, μία μὲν ἡ τῶν κατὰ διαφορὰν, δευτέρα δὲ ἡ τῶν πρός τι πὼς ἐχόντων, δεήσει καὶ τὸ σημεῖον τό γε ἐνδεικτικὸν ἤτοι τῶν κατὰ διαφορὰν ἢ τῶν πρός τι*

solches Indicium [14]), und darum schiebe sich die stets erneuerte Nothwendigkeit eines Indiciums für das Indicium, und also eines Beweises des Beweises ins Endlose fort, und man könne daher gar Nichts beweisen, weil jeder Beweis wieder bewiesen werden müsse [15]). Sodann sei auch unmöglich, die Wahrheit eines Schlusssatzes zu erkennen, denn man bewege sich auch hier in einem Kreise, weil man die falschen Schlüsse nur durch ihren Unterschied von den richtigen Schlüssen und diese nur in ihrem Unterschiede von jenen beurtheilen könne [16]).

Wenn man bei allen derartigen Einwänden die Hohlheit und den Unverstand der Auffassung auf den ersten Blick erkennt, und allerdings eine Indignation darüber empfinden muss, dass für solche Leute und überhaupt für jene Zeit Aristoteles wahrlich umsonst gedacht und geschrieben hat, so muss man andrerseits bedenken, dass eben die stoische Logik es war, welche durch ihre Principienlosigkeit für jede Polemik eine Blösse darbot und durch ihre Anmasslichkeit sogar hiezu reizen musste; und so dient uns das Wenige, was von den Ansichten des Skepticismus in die Geschichte der Logik beizuziehen ist, dazu, die bereits früher gewonnene Ueberzeugung von dem jämmerlichen Zustande, in welchem sich die Logik in Folge der stoischen Dialektik befand, zu bestärken.

ὑπάρχειν, τρίτη γὰρ μεταξὺ τούτων ἰδέα τῶν πραγμάτων οὐκ ἔστιν· ἀλλὰ τῶν κατὰ διαφορὰν μὲν οὐκ ἂν εἴη, ὡς αὐτόθεν συγκεχώρηται καὶ πρὸς τῶν ἑτεροδόξων· τοίνυν τῶν πρός τι γενήσεται.

14) Ebend. 277.: ἀνωμολόγηταί τε ἡ ἀπόδειξις τῷ γένει σημεῖον εἶναι, δηλωτικὴ γάρ ἐστι τοῦ συμπεράσματος, καὶ ἔσται ἡ διὰ τῶν λημμάτων αὐτῆς συμπλοκὴ σημεῖον τοῦ ὑπάρχειν τὸ συμπέρασμα. Ebend. 299.: ἀλλ' ἐπεὶ καὶ ἡ ἀπόδειξις δοκεῖ κατὰ γένος εἶναι σημεῖον καὶ διὰ τῶν ὁμολογουμένων λημμάτων ἐκκαλύπτειν τὸ ἀδηλούμενον συμπέρασμα, μή τι οἰκεῖόν ἐστι τῇ περὶ σημείου σκέψει καὶ τὴν περὶ αὐτῆς ζήτησιν συνάπτειν.

15) Ebend. 342.: ἵνα μὲν γὰρ ἡ γενικὴ ἀπόδειξις βεβαιωθῇ, τὴν εἰδικὴν ἡμᾶς ἔχειν δεῖ πιστὴν, ἵνα δὲ ἡ εἰδικὴ ὁμολογηθῇ, τὴν γενικὴν ἔχειν βέβαιον, ὥστε μήτε ἐκείνην πρὸ ταύτης ἔχειν δύνασθαι μήτε ταύτην πρὸ ἐκείνης ..... 347.: καὶ μὴν εἴπερ ἡ πρώτη ἀπόδειξις ἀποδείκνυται, ἤτοι ὑπὸ ζητουμένης ἀποδείξεως ἀποδείκνυται ἢ ὑπὸ ἀζητήτου· οὔτε δὲ ὑπὸ ἀζητήτου, πᾶσα γὰρ ἀπόδειξις τῆς πρώτης ὑπ' ἀμφισβήτησιν πεπτωκυίας ζητεῖται, οὔτε ὑπὸ ζητουμένης, πάλιν γὰρ ἐκείνη εἰ ζητεῖται, ὑπ' ἄλλης ἀποδείξεως ὀφείλει κατασταθῆναι, καὶ ἡ τρίτη ὑπὸ τετάρτης καὶ ἡ τετάρτη ὑπὸ πέμπτης καὶ τοῦτ' εἰς ἄπειρον .... 357.: καὶ ἵνα καθολικώτερον εἴπωμεν, τὰ λήμματα φαινόμενά ἐστι, τὰ δὲ φαινόμενα ἐζήτηται εἰ ὑπόκειται, τὰ δὲ ζητούμενα οὐκ αὐτόθεν ἐστὶ λήμματα, ἀλλ' ὀφείλει διά τινος βεβαιωθῆναι. Ebenso *Pyrrh. hyp.* II, 177—184.

16) *Adv. math.* VIII, 447.: εἰ δὲ κατὰ τοὺς Στωϊκοὺς τεσσάρων ὄντων τρόπων καθ' οὓς ἀπέραντος γίνεται λόγος, ἐδείξαμεν καθ' ἕκαστον αὐτῶν μὴ γινωσκομένους τοὺς ἀπεράντους λόγους, ἀκολουθήσει καὶ τὸν περαίνοντα ἄγνωστον εἶναι, τούτου δὲ μὴ γινωσκομένου καὶ ὁ ἀποδεικτικὸς ἔσται λόγος τῶν ἀνευρέτων .... 451.: ἤτοι οὖν πρόδηλόν ἐστι πρᾶγμα ἡ ἐπιφορὰ καὶ γινωσκόμενον ἡμῖν ἢ ἄδηλον καὶ ἄγνωστον. καὶ εἰ μὲν πρόδηλον καὶ γνωστὸν, οὐκέτι ἀποδεικτικὸς γίνεται ὁ λόγος ἐκ πάντων προδήλων συνεστιὼς, τοῦτο μὲν λημμάτων τοῦτο δὲ τῆς ἐπιφορᾶς. εἰ δὲ ἄδηλον, ἐξ ἀνάγκης ἀνεπίκριτον γίνεται τὸ συνημμένον· τὸ μὲν γὰρ ἀπὸ τίνος ἄρχεται γνώριμόν ἐστιν ἡμῖν, πρόδηλον γὰρ, τὸ δὲ εἰς τί λήγει ἀγνοεῖται διὰ τὴν ἀδηλότητα· μὴ ἐπιστάμενοι δὲ πότερον ἀληθὲς ἢ ψεῦδός ἐστι τὸ τοιοῦτον, οὐδ' ἐπικρίνειν δυνησόμεθα τὸ συνημμένον, ἀνεπικρίτου δὲ ὄντος αὐτοῦ καὶ ὁ λόγος γίνεται μοχθηρός.

VIII. ABSCHNITT.

DIE RHETORIK. UEBERGANG RHETORISCH-LOGISCHER LEHRE ZU DEN ROEMERN.

Jene Popularphilosophie, welche in überwiegend praktischer Richtung theils innerhalb der einzelnen Sekten selbst auftrat, theils vermöge eines dilettantischen Eklekticismus aus denselben sich heraushob, bewegte sich bekanntlich fast ausschliesslich in der Form einer rhetorischen Darlegung, welche nicht auf einen innerlich wissenschaftlichen Nachweis, sondern auf die äusserlich anregende Wahrscheinlichkeit abzielte. In dieser Beziehung war der gänzliche Rückfall zum ursprünglichen Rhetorismus der griechischen Geistesrichtung eigentlich schon in der Sekten-Philosophie vollendet; und sowohl in dem extensiv breiten Auftreten dieser als auch in manchen Verhältnissen des socialen und staatlichen Lebens sowie des geschäftlichen Verkehres war es begründet, dass rhetorische Schulbildung im Allgemeinen als unerlässliches Erforderniss betrachtet wurde. Eben aber weil der von Plato und Aristoteles so scharf betonte Unterschied zwischen Dialektik und Apodeiktik schon in Folge der Bodenlosigkeit des Stoicismus principiell wieder entschwunden, und durch letzteren die Logik selbst gleichfalls in den Rhetorismus verschlungen war, so klingen hinwiederum auch in der Rhetorik einzelne Errungenschaften der logischen Theorie aus früherer Zeit immer wieder nach, und gewisse Momente der rhetorisch gewordenen Logik erhalten sich auf diese Weise gleichsam unwillkürlich in der allgemein verbreiteten Schul-Rhetorik, wodurch eine mannigfache Veranlassung erwächst, dass die Erinnerung an Lehrsätze der Logik aufgefrischt oder die Anknüpfung derselben erleichtert wird. In diesem Sinne, aber auch nur in diesem, widmen wir hiemit der Rhetorik eine kurze Erörterung, denn sowohl an sich liegt die Geschichte derselben ausser unserem hier zu verfolgenden Zwecke (wir durften ja auch oben zu Anfang nur jene Seiten der Rhetorik beiziehen, in welchen Keime einer logischen Theorie sich zeigten), als auch kann es unsere Aufgabe nicht sein, die verschiedenen Einflüsse, welche die Logik auf andere Disciplinen ausübte, zu verfolgen, sondern es handelt sich uns hier eher umgekehrt um einen Einfluss der Rhetorik auf die Logik, insoferne in ersterer gewissermassen ein conservirendes Moment für die Lehrsätze der letzteren oder deren stete Erneuerung geschichtlich vorliegt.

Und wenn auch diese Wirkung der Rhetorik im Verlaufe der späteren Zeit für die Griechen weniger ein dringendes Bedürfniss zur Erhaltung der logischen Theorie war, weil der griechische Betrieb der Gelehrsamkeit immer noch ein theoretisches Interesse bewahrte, und dort, wie uns die folgenden Abschnitte zeigen werden, die Logik abgesehen von der Rhetorik in einer gewissen schulmässigen Weise stets fortgeführt wurde, so verhält es sich in dieser Beziehung ganz anders mit den Römern, welche ja bekanntlich den gesammten Umkreis der Spekulation überhaupt nur in der Form des Rhetorismus importirt erhielten und an den rhetorischen Abhub der griechischen Philosophie mit Hintansetzung mancher edleren National-Eigenthümlichkeit oft ebenso eitel als leichtfertig ihre Kräfte verschwendeten. In Rom trat jener Zweig der Philosophie, welchen Aristoteles Apodeiktik nennt, gar nicht selbstständig auf, sondern es beschränkt sich die Kenntniss der Logik zunächst nur auf dasjenige, was mit der Rhetorik verschmolzen ist; später wohl werden auch griechische Compendien der Logik übersetzt (wie wir diess z. B. bei Appulejus treffen werden); jedoch solches gehört bereits dem vollendeten Schulwesen des späteren Alterthumes überhaupt an. Aber in Folge des Entwicklungsganges, welchen die Culturgeschichte des Abendlandes nahm, tragen jene einzelnen rhetorisch-logischen Momente, welche schon Anfangs mit der Popularphilosophie von den Griechen auf die Römer übergingen, noch in anderer Beziehung ein geschichtliches Interesse an sich; nemlich in einigen Punkten gestaltete sich schon damals durch die Uebersetzung griechischer Compendien der Rhetorik jene Terminologie, welche später dann für die ganze folgende Geschichte der Logik festwurzelte.

Wir erwähnen hiemit nun jene Einzelnheiten aus der späteren griechischen sowie aus der römischen Rhetorik, welche theils direct logische Lehrsätze enthalten, theils denselben so nahe zu liegen scheinen, dass von ihnen aus eine Anknüpfung an die Logik unwillkürlich sich darbieten musste; dass Logisches in jene Schriften hineinspielte, ist uns ja auch durch die mehreren Stellen bezeugt, welche wir aus denselben schon im Bisherigen öfters als Quellen für unseren Gegenstand benützen mussten. Eben aber weil wir nur den ganzen Complex der Schul-Rhetorik als solchen überhaupt für ein förderndes oder erhaltendes Moment in der Geschichte der Logik halten können, innerhalb desselben aber keine fortschreitende Entwickelung der logischen Theorie anerkennen, so werden wir hiebei nicht die geschichtliche Abfolge der Verfasser rhetorischer Lehrbücher zu Grunde legen, sondern den Haupttheilen der in jener Zeit üblichen Theorie der Logik folgend jene Punkte namhaft machen, deren Erwähnung nöthig scheint; darum werden wir auch chronologisch hier über die nächstfolgenden Abschnitte hinausgreifen und Manches anführen, was aus rhetorischen Schriften der spätesten Jahrhunderte des Alterthumes genommen ist, denn einerseits neue Fortschritte brachte jene letzte Stufe auch in der Rhetorik nicht, und andrerseits soll uns nur das Vorhandensein der späteren Schul-Rhetorik im Allgemeinen hier als ein geschichtlich nicht einflussloses Factum gelten. Und insoferne auch diese rhetorisch-logischen Momente schon zur Zeit der sich verbreitenden Popularphilosophie vorgelegen sein müssen — denn die compilatorische Schreibseligkeit Cicero's fusst berits auf derartigen rhetorischen Producten als ihren Quellen —, so reihen wir diese Bemerkungen sogleich hier nach der Besprechung des Stoicismus und der Akademiker ein, indem wir es dann den folgenden Abschnitten überlassen, jene Entwicklung, welche die eigentliche Logik als selbstständige Disciplin erfuhr, ohne weitere Unterbrechung darzulegen; denn jene Auffassungen, welche z. B. bei Cicero sich finden und welche in den späteren griechischen und römischen Compendien der Rhetorik traditionell wurden, sind jedenfalls vor der Thätigkeit eines Tyrannio oder Andronikus entstanden, mit welchen Cicero ungefähr gleichzeitig ist.

Was hiebei zunächst die späteren griechischen Rhetoren betrifft, so versteht es sich allerdings von selbst, dass gewisse Dinge, wie z. B. *ἐνθύμημα, παράδειγμα, εἴκασμα, ἀντίθεσις, ἔνστασις, ὅρος, τεκμήριον, σημεῖον* u. dgl., welche wir bisher in engerer oder lockerer Verbindung mit logischen Functionen trafen, hier rein im Dienste der rhetorischen Technik erscheinen; sehen wir aber eben darum von ihnen ab, indem wir es der Geschichte der Rhetorik überlassen müssen, nachzuweisen, inwieweit eine logische Theorie auf dieselben influirte [1]), so mag uns vielleicht eher wegen der späteren constanten Schul-Tradition von Interesse sein, dass auch hier die stoische Auffassung der Dialektik (Abschn. VI, Anm. 37) zu Grunde liegt, insoferne derselben das in Frage und Antwort sich bewegende Zwiegespräch zugewiesen wird, wohingegen die Rhetorik in der zusammenhängenden Rede ihren Gegenstand habe [2]). Anderswo aber wird die Dialektik darum der Rhetorik gegenübergestellt, weil letztere nur das *πολιτικὸν*, erstere aber die *πράγματα* überhaupt zum Inhalte habe [3]); über eine hiemit verwandte eigenthümliche Auffassung des *λογικὸν* bei den Rhetoren s. d. folg. Abschn. Anm. 10, in Bezug auf die Commentatoren aber Abschn. XI, Anm. 143 ff. Oder wo *Λογικὴ* in allgemeinster Bedeutung an den menschlichen *λόγος* geknüpft wird, treffen wir die stoische Zweitheilung in *λ. ἐνδιάθετος* und *λ. προφορικός* [4]).

In Bezug auf die Lehre vom Begriffe mag erwähnt werden, dass, während uns überall und bei jeder Gelegenheit die stoische Verwechslung von Begriff und Definition sowie das beliebte Addiren der wesentlichen Merkmale begegnet, es auch an peripatetischen Anklängen nicht fehlt; denn um davon abzusehen, dass etwa auch das Verhältniss der

1) Westermann's Geschichte der Beredtsamkeit dürfte in dieser Beziehung schwerlich überall genügen.

2) *Doxop. Prolegg.* VI, p. 25. *Walz* (nach welchem ich auch in d. folgg. Anmkk. citire): *διαφέρει γὰρ διαλεκτικὴ ῥητορικῆς, ὅτι ἡ μὲν διαλεκτικὴ κατὰ πεῦσιν καὶ ἀπόκρισιν ποιεῖται τὴν ζήτησιν, ἡ ῥητορικὴ δὲ διεξοδικῶς περὶ τῶν πολιτικῶν πραγμάτων.* S. Anm. 26.

3) *Anon. Prolegg.* VI, p. 33.: *Ἰστέον ὅτι διαφέρει ἡ ῥητορικὴ τῆς διαλεκτικῆς τῇ τε ὕλῃ καὶ τοῖς ὀργάνοις· τῇ μὲν ὕλῃ ὅτι ἡ μὲν ῥητορικὴ ὕλην ἔχει τὰ πολιτικὰ, ἡ δὲ διαλεκτικὴ περὶ πάντων ἁπλῶς τῶν ὄντων, ὥς τισι δοκεῖ, διαλεχθήσεται.* In Bezug auf die *ὄργανα* wird dann (p. 37.) *συλλογισμὸς* und *ἐπαγωγὴ* der Dialektik, hingegen *ἐνθύμημα* und *παράδειγμα* der Rhetorik zugewiesen (aristotelisch; s. Abschn. IV, Anm. 46.).

4) *Sop. ad Hermog.* V, p. 1.: *Δίκαιον τοῖς λογικὴν ἐξετάζουσι τέχνην αὐτὸ τοῦτο ὅ τι ποτέ ἐστι λόγος ζητῆσαι· λόγος οὖν ἐστι κοινὸς ἔννοια ἀνθρωπίνη καθ' ἣν τὸ λογίζεσθαι καὶ δηλοῦν ἡμῖν περίεστιν ..... εἴδη δὲ αὐτοῦ δύο, προφορικὸς καὶ ἐνδιάθετος.* S. Abschn. VI, Anm. 59.

Homonymie beigezogen wird [5]), scheint wichtiger zu sein, wenn wir durch die Besprechung von *γένος*, *εἶδος*, *διαφορά*, *ἴδιον*, deren erstere drei namentlich im Dienste der Definition stehen, fast an die nachmalige Bedeutung der *quinque voces* (mit Ausnahme des *συμβεβηκός*) erinnert werden [6]). Erklärlicher Weise aber stellt sich gerade zum Behufe der Begriffsbestimmung auch hier wieder überall die stoische Marotte des Eintheilens in seinen verschiedenen Functionen ein, wie wir dieselben schon oben (Abschn. VI, Anm. 66 ff.) mit Beiziehung einer späteren Stelle darstellen mussten [7]), und es scheint namentlich dieses Haschen nach einer *Tabula logica* sich auch vermittelst der Rhetorik in der üblichen Schulmethode überhaupt erhalten zu haben.

Das Urtheil wird gleichfalls in stoischer Weise als das zusammengesetztere betrachtet, insoferne es aus zwei Theilen besteht, das einzelne Wort hingegen nur Einen Bestandtheil ausmacht [8]). Auch die stoische Bezeichnung des Attributes als *προσηγορικόν* (Abschn. VI, Anm. 113) findet sich [9]). Betreffs der Eintheilung der Urtheile (ebend. Anm. 115 f.)

---

5) *Theo Progymn.* 4. I, p. 186.: *ὁμώνυμα δέ ἐστιν ὧν φωνὴ μὲν καὶ ὄνομα τὸ αὐτὸ, ἕτερον δὲ τὸ σημαινόμενον ὑπὸ τῆς φωνῆς, οἷον παῖς. σημαίνει γὰρ καὶ τὸν υἱὸν καὶ τὸν καθ' ἡλικίαν παῖδα καὶ τὸν δοῦλον.*

6) *Anon. Prolegg. ad Herm.* IV, p. 18 f.: *μάθωμεν τί ἐστι γένος καὶ τί εἶδος καὶ τί διαφορά· εἶδός ἐστι τὸ κατὰ πλειόνων καὶ διαφερόντων τῷ ἀριθμῷ ἐν τῷ τί ἐστι κατηγορούμενον .....γένος δέ ἐστι τὸ κατὰ πλειόνων καὶ διαφερόντων τῷ εἴδει ἐν τῷ τί ἐστι κατηγορούμενον.....διαφορὰ δέ ἐστι τὸ κατὰ πλειόνων καὶ διαφερόντων τῷ εἴδει ἐν τῷ ὁποῖόν τί ἐστι κατηγορούμενον. ....ἀρετὴ δὲ ὅρου ἐστὶ τὸ εἶναι αὐτὸν ἀπὸ οὐσιωδῶν φωνῶν· οὐσιώδης δὲ φωνή ἐστιν ἧστινος χωρὶς οὐ δύναται εἶναι ἐκεῖνο, οὗ λέγεται εἶναι οὐσιώδης.* *Ruf. Rhet.* III, p. 455.: *τὰ δ' ἐκ τῶν πραγμάτων ἀπὸ οὐσίας καὶ ἰδιότητος· οὐσία δὲ τὸ κοινῶς καὶ γενικῶς θεωρούμενον ....ἰδιότης δὲ ὅταν τὸ ἴδιον τοῦ ὑποκειμένου πράγματος θεωρῶμεν.*

7) *Hermog. d. inv.* III, 10. III, p. 128.: *ἔστι δὲ ἡ ὑποδιαίρεσις ἡ τοῦ ἀθρόου πράγματος εἰς λεπτὸν τομὴ εὑρισκομένη πολλὴ καὶ γίνεται οὕτως, εἴ τις τὰ ἀπ' ἀρχῆς ἄχρι τέλους ὁρίσας ἑαυτῷ ὁλοσχερῶς καὶ ἀπαραλείπτως καθ' ἕκαστον ὄνομα τῶν λεγομένων ἐν αὐτοῖς δύναιτο ὑποδιαιρεῖν οὕτω πλάττων.* *Schol. Anon.* VII, p. 246.: *διαίρεσις, φασὶν, ἐστὶ τομὴ τοῦ περιέχοντος εἰς τὰ περιεχόμενα· καὶ εὖ γε τοῦ προκειμένου ὅρου, περιλαμβάνει γὰρ πᾶσαν κυρίως οὖσαν διαίρεσιν καὶ τὴν παρὰ φύσιν οὖσαν ἐλέγχει.* p. 769.: *ὑποδιαίρεσις δέ ἐστιν ἡ τοῦ ἀθρόου πράγματος εἰς λεπτὸν τομή· αὕτη δὲ γίνεται ἢ κατὰ ποσότητα ἢ ποιότητα ὅταν τὰ πολλὰ ὀλίγα ποιῶμεν ἢ τὰ μεγάλα τῶν ἐγκλημάτων εὐτελέστερα.* p. 772.: *ὑπομερισμὸς καὶ ὑποδιαίρεσις ταὐτόν ἐστιν.....γίνεται δὲ ἡ ὑποδιαίρεσις ἤτοι ὁ ὑπομερισμὸς ἢ ἀπὸ τοῦ μικροτέρου ἢ ἀπὸ τοῦ ὁμοίου ἢ ἀπὸ τοῦ μείζονος.* IV, p. 108.: *ἐν ταῖς ἐπιστημονικαῖς γὰρ διαιρέσεσιν αἱ ἐπὶ πλέον διαιρέσεις πρὸς τὰ μερικώτερα καὶ ἀπορώτερα χωροῦσιν.*

8) *Ruf. Rhet.* III, p. 459.: *πρότασις μὲν οὖν ἐστιν ἐν μὲν κατηγορίᾳ ἡ τοῦ ἐγκλήματος αἰτία, ἐν δὲ συμβουλῇ ἡ τῆς ἀξιώσεως δήλωσις.* *Anon. Prolegg. ad Herm.* IV, p. 17.: *ἰστέον ὅτι πάντα τὰ ὄντα ἢ διὰ μιᾶς λέξεως σημαίνονται, ἢ διὰ πλειόνων, καὶ ὅτε μὲν διὰ μιᾶς, ἀκούει τὸ τοιοῦτο ὄνομα, ὅτε δὲ διὰ πλειόνων, ἀκούει τὸ τοιοῦτο λόγος.* *Schol. ad Herm.* V, p. 591.: *διαφέρει πρότασις φράσεως, πρῶτον μὲν ὅτι ἡ πρότασις ἐξ ὀνόματός ἐστι καὶ ῥήματος, οἷον Σωκράτης περιπατεῖ, ἡ δὲ φράσις ἢ ὄνομα μόνον ἐστὶν ἢ ῥῆμα καθ' αὑτὸ, οἷον Σωκράτης Πλάτων γράφει περιπατεῖ, δεύτερον δὲ ὅτι ἡ μὲν πρότασις ἀληθεύει ἡ δὲ ψεύδεται, ἡ δὲ φράσις οὔτε ἀληθεύει οὔτε ψεύδεται.*

9) *Hermog. d. stat.* III, p. 3.: *τὰ ἁπλᾶ προσηγορικὰ, οἷον στρατηγὸς ῥήτωρ.* *Schol. z. d. St.* IV, p. 108 f.

und der Bevorzugung des *ἀποφαντικόν*, welches jedoch mit diesem peripatetischen Ausdrucke bezeichnet und wesentlich der *διήγησις* (*narratio*) zugewiesen wird, treffen wir gleichfalls Auffassungen der Schulmethode des Stoicismus [10]; in Bezug auf die sog. Quantität erscheint das allgemeine Urtheil in der rhetorischen Form der Sentenz [11], in Bezug auf die Qualität begegnen wir der Eintheilung in Bejahung und Verneinung und selbst einer Bemerkung über den Unterschied zwischen *ἀντικείμενον* und *ἐναντίον* [12]; ja sogar die Aequipollenz (s. Abschn. IX, Anm. 95) wird, freilich erst bei Aristides (Mitte des 2. Jahrh.), erwähnt und auf das Verhältniss der Abfolge des Gegensatzes bezogen [13].

Dass die Function des Schliessens hier nur dem rhetorischen Beweisverfahren dient, und auch die doppelte Form desselben als *κατασκευάζειν* und *ἀνασκευάζειν* keinen anderen Zweck hat, versteht sich von selbst [14]; es handelt sich hier überall nur um den sog. rhetorischen Syllogismus, und erst bei späten Commentatoren treffen wir die aristotelische Definition des Schlusses und hiebei eine Erwähnung der Induction, woneben jedoch auch wieder *συνάγειν* und *ἐπάγειν* in unwissenschaftlicher Weise vermengt werden [15]. Von Wichtigkeit aber ist uns das rhetorische

---

10) *Herm. Progymn.* 2. I, p. 17.: *σχήματα δὲ διηγημάτων πέντε· ὀρθὸν ἀποφαντικὸν, ἀποφαντικὸν ἐγκεκλιμένον, ἐλεγκτικὸν, ἀσύνδετον, συγκριτικόν.* Der stoische Unterschied zwischen *ἐρώτημα* und *πύσμα* wird öfters erwähnt: VII, p. 1133, VIII, p. 455, 678, 703.

11) *Greg. Cor.* VII, p. 1148.: *καθολικοὶ δὲ λόγοι λέγονται οἱ γνωμικοὶ οἳ καὶ εἰς πίστιν παραλαμβάνονται τῶν ἰδίων λόγων τουτέστι τῶν ἐπὶ μέρους.* Vgl. VIII, p. 548.

12) *Joann. Sic.* VI, p. 219.: *ἕτερον ἀπόφανσις καὶ ἕτερον ἀπόφασις καὶ κατάφασις· ἀπόφανσις μὲν οὖν λόγος καταφατικὸς ἢ ἀποφατικὸς περὶ τοῦ ὑπάρχειν τὶ τινὶ ἢ μὴ ὑπάρχειν.* *Anon.* VII, p. 1024.: *διαφέρει δὲ τὸ ἐναντίον τοῦ ἀντικειμένου ὅτι ἐν μὲν τῷ ἀντικειμένῳ ἔνεστι πρᾶγμα γεγονὸς ἢ μὴ γεγονὸς, οἷον ἠρίστευσεν, οὐκ ἠρίστευσεν, ἐν δὲ τῷ ἐναντίῳ δύο, λελοιπέναι τὴν τάξιν καὶ ἠριστευκέναι.*

13) *Aristid. Rhet.* IX, p. 376.: *χρὴ δὲ εἰδέναι ὅτι τῶν ἰσοδυναμούντων τὰ μὲν κατὰ τὸ ἀκόλουθον παρατίθεται τὰ δὲ κατὰ τὸ ἐναντίον τοῦ ἀκολούθου.*

14) *Ruf. Rhet.* III, p. 455.: *ἀπόδειξίς ἐστι τῶν ἀμφισβητουμένων ἐν τῇ ὑποθέσει τῶν πραγμάτων εἰς ὁμολογίαν ἀποκατάστασις· ἀποδείκνυται δ' ἕκαστον πραγμάτων ἐξ ἐπιχειρημάτων.* *Anon. Prolegg. ad Herm.* VII, p. 26.: *πίστις ἐστὶ λόγος κατασκευαστικὸς ἄγων τὸν ἀκροατὴν εἰς συγκατάθεσιν.* *Hermog. Progymn.* I, p. 27.: *ἀνασκευή ἐστιν ἀνατροπὴ τοῦ προτεθέντος πράγματος, κατασκευὴ δὲ τοὐναντίον βεβαίωσις.* Vgl. *Aphth. Prog.* I, p. 72. u. *Theo Prog.* I, p. 216 f.

15) *Anon. Prolegg. ad Herm.* VII, p. 36 f.: *ἐνθύμημα μὲν οὖν ἐστι συλλογισμὸς ἀτελὴς, παράδειγμα δέ ἐστιν ὅμοιον ὁμοίῳ γνώριμον ἀγνοουμένῳ· καὶ πάλιν συλλογισμός ἐστι λόγος ἐν ᾧ τεθέντων τινῶν ἕτερον ἐξ ἀνάγκης συμβαίνει παρὰ τὰ προκείμενα τῷ ταῦτα οὕτως ἔχειν, ἐπαγωγὴ δέ ἐστι μέθοδος ἐκ τῶν κατὰ μέρος τῶν καθόλου πιστωτική.* *Anon. Prolegg. Rhet.* VII, p. 37.: *ὁ συλλογισμὸς μὲν οὖν ἀπὸ τῶν καθόλου ἐπὶ τὰ κατὰ μέρος χωρεῖ, οἷον „πᾶσα προδοσία κακόν. προδότης δὲ Αἰσχίνης. οὐκοῦν καὶ Αἰσχίνης κακός". ἡ δ' ἐπαγωγὴ ἀπὸ τῶν μερικῶν ἐπὶ τὰ καθόλου, οἷον „ἄνθρωπος καὶ βοῦς καὶ ἵππος τὴν κάτω γένυν κινεῖ. οὐκοῦν καὶ πᾶν ζῷον." τοῦτο δ' οὐκ ἀληθὲς, οὐ γὰρ καὶ ὁ κροκόδειλος καὶ ὁ φοίνιξ τὸ ὄρνεον· τὰ μὲν γὰρ καθόλου τῶν μερικῶν διικνεῖται, τὰ δὲ μερικὰ οὐ πάντως τὸ καθόλου περιέχει* (betreffs des Beispieles der Induction vgl. Abschn. VII, Anm. 9. u. Abschn. X, Anm. 17.). *Schol. ad Aphth.* II, p. 36.: *συνάγειν γὰρ τὸ*

„Dilemma“ (*τὸ διλήμματον*), welches mit dieser Bezeichnung wohl aus der stoischen Logik (s. Abschn. VI, Anm. 187) ursprünglich enstanden sein mag, aber wahrscheinlich erst aus der Rhetorik in technischer Geltung in die Logik übergegangen ist (s. Abschn. X, Anm. 55 f.); es erscheint dasselbe bei den Rhetoren natürlich nicht logisch formulirt, sondern in der Satzform einer Frage, deren Beantwortung, mag sie bejahend oder verneinend ausfallen, stets zum Nachtheile des Gefragten gewendet wird; übrigens knüpft die Schul-Tradition diese captiöse Frage ähnlich wie andere Fangschlüsse (s. Abschn. VI, Anm. 216 f.) an eine Anekdote betreffs der ältesten Lehrer der Rhetorik [16]). Auch die Erwähnung der Analogieschlüsse, welche wir in der logischen Theorie schon oben sahen (Abschn. V, Anm. 74) und unten wieder treffen werden (Abschn. X, Anm. 62), ist uns eben darum bemerkenswerth [17]). Dass bei den Rhetoren auch jene Momente, welche zu sophistischen Schlüssen dienen können, wie z. B. *ἀμφιβολία, σολοικισμός, βαρβαρισμός* u. dgl., in rhetorischem Interesse besprochen werden, versteht sich von selbst.

Endlich müssen wir noch erwähnen, dass auch das Räthsel, welches wir oben (Abschn. V, Anm. 93 ff.) als Gegenstand der Logik trafen, seine Erörterung in der Theorie der Rhetorik fand, wobei jedoch das *αἴνιγμα* über den *γρῖφος* überwiegt oder meistens mit diesem zusammengeworfen wird [18]).

ἐπάγειν τὸ συμπέρασμά φασι καὶ συναγωγὴ καὶ συμπέρασμα ταὐτόν, ἡ μὲν ὅτι ἐκ δύο προτάσεων συνάγεται τὸ δὲ ὅτι πέρας ἐπιτίθησι τῷ λόγῳ. Vgl. ebend. p. 389. u. 481.

16) *Hermog. d. inv.* IV, 6. III, p. 167.: *τὸ δὲ διλήμματόν ἐστι σχῆμα μὲν λόγου, δριμύτητος δὲ δόξαν ἔχον καὶ ἀληθείας· ἔστι δὲ τοιοῦτον, ὅταν δύο ἐρωτήσεις ἐρωτῶντες τὸν ἀντίδικον πρὸς ἑκάτερον ὦμεν εἰς λύσιν παρεσκευασμένοι· δεῖ δὲ τὰς ἐρωτήσεις ἐναντίας ἀλλήλαις εἶναι ὡς πάντως ἢ ταύτην ἢ ἐκείνην ἀποκριθησομένου τοῦ ἐχθροῦ*..... (p. 177.) *τὸ δὲ διλήμματόν ἐστι τοιοῦτον, οἷον „πότερον παρῆς τούτοις γινομένοις καὶ συνευφραίνου ἢ οὐ παρῆς;“ ἐάν τε γὰρ εἴπῃ „παρήμην καὶ συνευφραινόμην“, παρεσκεύασται ὁ ῥήτωρ εἰπεῖν, πῶς οὖν κατηγορεῖς τούτων οἷς συνευφραίνου; ἐάν τε λέγῃ „οὐ παρήμην“, ἀπαντήσεται αὐτῷ, ὅτι δίκης ἄξιος τοῖς ἀγαθοῖς τῆς πόλεως μὴ παρών.* Schol. z. d. St. V, p. 429.: *δεῖ γὰρ ἐναντίας ἀλλήλαις εἶναι καὶ ἀμέσους, ἵνα κἂν θέλῃ κἂν μὴ θέλῃ θάτερον τῶν δύο ἀποκρίνηται.* Vgl. III, p. 705, VII, p. 834, VIII, p. 622. *Prolegg. ad Herm.* IV, p. 14.: *ἐν δὲ τῷ δικαστηρίῳ φησὶν ὁ Τισίας πρὸς τὸν Κόρακα τῷ διλημμάτῳ σχήματι χρησάμενος· διλήμματον δὲ σχῆμά ἐστι λόγος ἐκ δύο προτάσεων ἐναντίων τὸ αὐτὸ πέρας συνάγων· „ὦ Κόραξ, τί ἐπηγγείλω διδάσκειν;“ ὁ δὲ Κόραξ φησί „τὸ πείθειν ὃν ἂν θέλῃς“. πρὸς ταῦτα ὁ Τισίας· „εἰ μὲν τὸ πείθειν με ἐδίδαξας, ἰδοὺ πείθω σε μηδὲν λαμβάνειν, εἰ δὲ τὸ πείθειν με οὐκ ἐδίδαξας, καὶ οὕτως οὐδέν σοι παρέχω, ἐπειδὴ οὐκ ἐδίδαξάς με τὸ πείθειν“.*

17) *Schol. ad Herm.* VII, p. 1023.: *τὸ δὲ ὅμοιον διαφέρει τοῦ ἴσου, τὸ μὲν γὰρ ὅμοιον ποιότητος τὸ δὲ ἴσον πηλικότητος· καὶ Μινουκιανὸς ἐν τῷ Περὶ τῶν στάσεων δευτέρῳ ὡς εἴδη διάφορα τίθησι τό τε ἀπὸ τοῦ ὁμοίου καὶ τὸ ἀπὸ τοῦ ἴσου ἐν τῷ συλλογισμῷ.*

18) *Joann. Sic.* VI, p. 199.: *καὶ μὴν καὶ οἱ γρῖφοι σοφοὶ ὄντες τῆς αὐτῆς ἰδέας τῆς ἀσαφείας εἰσὶ τῆς ἐπαινουμένης καὶ τῶν ἐμφάσεων οὐ μὴν τῆς χειρίστης οἷον „εἶδον ἐγὼ πυρὶ χαλκὸν ἐπ᾽ ἀνέρι κολλήσαντα“, σημαίνει δὲ τὴν σικυίαν.* Anon. *Schol.* VII, p. 949.: *ἔοικε δὲ ταῖς ἐμφάσεσι καὶ τὰ αἰνίγματα καλούμενα ἤτοι γρῖφοι, οἷον „εἶδον ἐγὼ πυρί κτλ.“.* Anon. *d. trop.* VIII, p. 717.: *αἴνιγμα δέ ἐστι φράσις ἐπιτετηδευμένη εἰς ἀσάφειαν ὥστε ἐπικρύπτειν τὸ νοούμενον.* Vgl. *Tryph.* VIII, p. 733. *Greg. Cor.* VIII, p.

Eine kulturgeschichtlich grössere Bedeutung aber für den Uebergang der Logik in das Mittelalter besitzen jene rhetorisch-logischen Momente, welche in der sog. Blüthezeit der römischen Literatur sich breit machen; denn in ihnen lag doch die Vorbedingung und Veranlassung, dass später, wenn auch durch Vermittlung des Syncretismus, manche aristotelische Anschauungen in die lateinische Sprache umgesetzt wurden und sodann bei völliger Herrschaft des Schulwesens in den letzten Jahrhunderten des Altherthumes die Resultate der gesammten antiken Logik gewissermassen zusammengestellt jene Form annahmen, in welcher sie das lateinische Mittelalter beschäftigten. Der Uebergang griechischer Produkte in eine fremde Sprache und hiemit in den Anschauungskreis einer anderen Nation ist hier für uns die Hauptsache, denn inhaltlich haben die nachäffenden Römer auf diesem Gebiete gar Nichts selbstständig geschaffen. Aber auch selbst die Uebertragung konnte bei der Zwitterhaftigkeit des damaligen römischen Sinnes und bei der Erbärmlichkeit der griechischen Fabricate, welche übersetzt wurden, lange zu keiner Consequenz des Sprachausdruckes führen, und erst die späteste Schule wirkte formell fixirend; und ausserdem war schon zu Anfang von den übersetzenden Römern eine grosse Schwierigkeit in der eigenthümlichen Begabung ihrer Sprache selbst zu überwinden. Bekannt sind die Klagen, welche in letzterer Beziehung wiederholt von denjenigen ausgesprochen werden, welche sich bemühten, die Philosophie der Griechen ihren Landsleuten aufzudrängen oder mundgerecht zu machen [19]); und wenn Cicero in dieser Beziehung dem Varro als glücklichem Uebersetzer alles Lob ertheilt, so mag letzterer wohl jedenfalls tüchtiger und präciser als ersterer geschrieben haben. Varro wird als der erste gerühmt, in dessen Munde die Dialektik lateinisch sprach; in seinem encyclopädischen Werke *De novem diciplinis* war derselben ein eigenes Buch gewidmet, und auch in anderweitigen Schriften mochte er wohl Manches hierauf Bezügliche eingestreut haben [20]). Cicero, auf welchen wir für die ältere römische

---

776.: *αἴνιγμα δέ ἐστι φράσις διάνοιαν ἀποκεκρυμμένην καὶ σύνθετον πειρωμένη ποιεῖν.* *Georg. Choer.* VIII, p. 815.: *αἴνιγμά ἐστι λόγος σκοτεινὸν καὶ κεκαλυμμένον ἔχων ἐν ἑαυτῷ τὸ νοούμενον.* Nur *Schol. ad Aristid.* p. 508. *ed. Ald.* gibt einen Unterschied an: *γρῖφος δέ ἐστιν οὐχ ὡς ἔνιοί φασι ταὐτὸν τῷ αἰνίγματι· διαφέρουσι γὰρ ὅτι τὸ μὲν αἴνιγμα ὁμολογεῖ τις ἀγνοεῖν τὸν δὲ γρῖφον ἀγνοεῖ δοκῶν ἐπίστασθαι, οἷον αἴνιγμα μέν ἐστι τὸ „τί τρίπουν τί τετράπουν;“ ἐνταῦθα δῆλον τὸ ἐρώτημα· γρῖφος δὲ οἷον „Ἕκτορα τὸν Πριάμου Διομήδης ἔκτανεν ἀνήρ“. ἐνταῦθα δοκεῖ μὲν εἰδέναι τὸ ῥηθὲν, ἀγνοεῖ δὲ ὅτι Διομήδης ἦν ἀνὴρ ὁ Ἀχιλλεύς.* *Poll.* VI, 107.: *τῶν μέντοι συμποτικῶν αἴνιγμα καὶ γρῖφος τὸ μὲν παιδίαν εἶχεν ὁ δὲ γρῖφος καὶ σπουδήν.*

19) *Cic. Acad.* I, 3 u. 5. *Divin.* II. 2. *Lucr.* I, 137. *Sen. Ep.* 58. *Plin. Ep.* IV, 18, 1. *Quint. Inst.* II, 14, 1.

20) *Marc. Cap.* IV, 334 f. *Kopp*: *ac mox Dialectica, quanquam parum digne latine loqui posse crederetur, tamen promptiore fiducia restrictisque quadam obtutus vibratione luminibus etiam ante verba formidabilis, sic exorsa: Ni Varronis mei inter Latiales glorias celebrati mihi eruditio industriaque suppeteret, possem femina Doricae nationis apud Romuleae vocis examina aut admodum rudis aut satis barbara reperiri; quippe post Platonis aureum flumen atque Aristotelicam facultatem Marci Terentii prima me in latinam vocem pellexit industria ac fandi possibilitatem per scholas Ausonias comparavit.* *Cic. Acad.* I, 3, 9.: *omninoque latinis et litteris luminis et verbis attulisti .... philosophiamque multis locis inchoasti, ad impellendum*

Rhetorik fast ausschliesslich hingewiesen sind, kann wohl schwätzen, nie und nirgends aber das Wort beim Worte nehmen. Auch auf dem Gebiete, welches uns hier beschäftigt, zeigt sich die gänzliche Impotenz Cicero's, wenn er das Eine Mal sagt, man könne die Lehren der Peripatetiker „bequemer“ zur rhetorischen Technik anwenden, und das andere Mal eben den nemlichen Peripatetikern Unkenntniss der Dialektik vorwirft[21]. Ebenso ekelhaft als dieses Gewäsche ist die gränzenlose Unbestimmtheit in Uebersetzung griechischer technischer Ausdrücke, wovon wir uns sogleich überzeugen werden; das schauerlichste aber ist Cicero's Topik, auf deren Inhalt als solchen wir zum Glücke hier keinen Beruf haben näher einzugehen, insoferne er der Rhetorik angehört; doch Einzelnes daraus werden wir gelegentlich der Terminologie anführen müssen. Cicero ist in der That entweder so unwissend oder so frivol leichtfertig, dass er sich einbildet, er, der bodenlose Schwätzer, habe in seinen drei Büchern *de Oratore* die Rhetorik des Aristoteles und jene des Isokrates (allbekanntlich besteht der principiellste Gegensatz zwischen beiden) zusammen umfasst[22]. Ausser Cicero dienen uns, wie sich von selbst versteht, noch Quintilian und Gellius als hauptsächliche Quellen, um jene rhetorisch-logischen Einzelnheiten anzuführen, welche in der römischen Litteratur vorbereitend oder fördernd für die Einbürgerung der späteren lateinischen Schul-Logik wirken konnten. Auch hier aber folgen wir dem sachlichen Inhalte, nicht den litterarischen Persönlichkeiten. Unter den späteren römischen Rhetoren scheiden wir den Marius Victorinus hier aus, weil derselbe den Verfassern eigentlich logischer Compendien, welche wir im XII. Abschnitte besprechen werden, näher steht.

Von vorneherein begegnet uns überall der Inhalt und die Auffassung jener Theorie, welche die Stoiker als Dialektik bezeichneten; es ist das Wort *dialectica* und *dialecticus* neben Versuchen einer Uebersetzung eingebürgert; Cicero überträgt es häufig mit *ars* (oder *ratio* oder *scientia* — was für einen Schwätzer sämmtlich gleichbedeutend sein mag) *disserendi*, auch eine *disceptatrix* nennt er sie, Quintilian schlägt einmal *disputatrix* vor; stets aber wird als Gegenstand dieser

---

satis, ad edocendum parum; causam autem probabilem tu quidem affers; aut enim Graeca legere malent qui erunt eruditi, aut ne haec quidem qui illa nesciunt. 5, 18.: *valde enim amo nostra atque nostros meque ista delectant, quum latine dicuntur et isto modo.* Eine Stelle aus der Dialektik Varro's s. unten Anm. 25.; vgl. Anm. 45. Wenn Varro selbst bei Cicero, *Acad.* I, 2, 8, sagt: *et tamen in illis veteribus nostris, quae Menippum imitati ... quadam hilaritate conspersimus* (d. h. in den *Saturae Menippeae*), *multa admixta ex intima philosophia, multa dicta dialectice*, so können wir eine vereinzelte Bestätigung hievon sowohl in dem Titel einer Satura „*Λογομαχία*“ (bei Oehler p. 148.) als auch in einer Stelle finden, welche wir oben Abschn. VI, Anm. 186., unter den Quellen-Stellen anzuführen hatten.

21) *Brut.* 31, 119.: *quodsi omnia a philosophis essent petenda, Peripateticorum institutis commodius fingeretur oratio. Fin.* III, 12, 41.: *magna contentio, quam tractatam a Peripateticis mollius, est enim eorum consuetudo dicendi non satis acuta propter ignorationem dialecticae*, etc.

22) *Fam.* I, 9, 23.: *scripsi igitur Aristotelio more, quemadmodum quidem volui, tres libros in disputatione ac dialogo de Oratore ..... abhorrent enim a communibus praeceptis atque omnem antiquorum et Aristoteliam et Isocratiam rationem oratoriam complectuntur.* Ueberhaupt sind alle Stellen, in welchen Cicero den Namen des Aristoteles nennt, empörend wegen der Frechheit desjenigen, welcher ohne alle Fähigkeit eines Verständnisses sich ein Urtheil, sei es Lob oder Tadel, anmasst.

Doctrin das Eintheilen, das Definiren, das Erklären und Distinguiren, und namentlich das Beurtheilen des Wahren und Falschen bezeichnet; zumal Cicero klagt bitterlich, dass in der stoischen Dialektik nur das *iudicare* behandelt sei, das *invenire* aber gänzlich fehle, und hieraus floss sein heroischer Entschluss, eine Topik zu schreiben [23]). So war denn die aristotelische Logik doch auch einmal nutzbar gemacht, um unter stümperischen Händen zum Ausflicken stoischer Trödelwaaren verwendet zu werden. Es bildet die Topik das Mittel, durch welches die Rhetorik in gewissem Grade logisch aufgestutzt werden kann, sowie wir umgekehrt sehen werden (Abschn. IX, Anm. 7 ff.), dass die Logik, sobald das blosse Motiv der Argumentation für dieselbe in den Vordergrund tritt, vor Allem auf die Topik gestützt wird. Cicero selbst weiss nicht, wie er *τόπος* übersetzen solle; er wählt bald *locus* bald *sedes* bald *nota*; als brauchbare Werkzeuge giengen die Topen auch in die Rhetorik Quintilian's unter dem Namen *sedes* (oder *loci*) *argumentorum* über, und auch im Dialogus des Tacitus werden die *apti loci* der Peripatetiker erwähnt [24]).

---

23) *Cic. d. Or.* II, 38, 157.: *videsne Diogenem fuisse qui diceret artem se tradere bene disserendi et vera ac falsa diiudicandi quam verbo graeco διαλεκτικὴν appellaret? in hac arte, si modo est haec ars, nullum est praeceptum quomodo verum inveniatur, sed tantum est quomodo iudicetur; nam omne quod eloquimur sic ut id aut esse dicamus aut non esse, et si simpliciter dictum sit, suscipiunt dialectici, ut iudicent verumne sit an falsum, et si coniuncte sit elatum et adiuncta sint alia, iudicant rectene adiuncta sint et verane summa sit uniuscuiusque rationis et ad extremum ipsi se compungunt suis acuminibus et multa quaerendo reperiunt non modo ea quae iam non possint ipsi dissolvere, sed etiam quibus ante exorsa et potius detexta prope retexantur.* *Brut.* 41, 152.: *nisi eam praeterea didicisset artem, quae doceret rem universam tribuere in partes, latentem explicare definiendo, obscuram explanare interpretando, ambigua primum videre, deinde distinguere, postremo habere regulam qua vera et falsa iudicarentur et quae quibus propositis essent quaeque non essent consequentia ..... dialecticam mihi videris dicere.* *Tusc.* V, 25, 72.: *sequitur tertia quae per omnes partes sapientiae manat et funditur, quae rem definit, genera dispertit, sequentia adiungit, perfecta concludit, vera et falsa diiudicat, disserendi ratio et scientia.* *Acad.* II, 28, 91.: *dialecticam inventam esse dicitis veri et falsi disceptatricem et iudicem .... quid igitur iudicabit? quae coniunctio quae disiunctio vera sit, quid ambigue dictum sit, quid sequatur quamque rem, quid repugnet.* *Top.* 2, 6.: *cum omnis ratio diligens disserendi duas habeat partes, unam inveniendi alteram iudicandi ..... Stoici autem in altera elaboraverunt, iudicandi enim vias diligenter persecuti sunt ea scientia quam διαλεκτικὴν appellant; inveniendi autem quae τοπικὴ dicitur .... totam reliquerunt.* Vgl. *Orat.* 32, 115. *Quint. Inst.* XII, 2, 13.: *ita haec pars dialectica sive illam dicere malumus disputatricem, ut est utilis saepe et finitionibus et comprehensionibus et separandis quae sunt differentia et resolvenda ambiguitate distinguendo dividendo illiciendo implicando*, *ita* etc. I, 10, 37.: *iam primum ordo est geometriae necessarius ..... illa propositarum quaestionum conclusio non tota fere constat syllogismis? propter quod plures invenias qui dialecticae similem quam qui rhetoricae fateantur hanc artem.* II, 4, 41.: *his fere veteres facultatem dicendi exercuerunt assumpta tamen a dialecticis argumentandi ratione.* Wie Cicero *Boeth. ad Cic. Top.* p. 760 u. 762. *ed. Basil.* 1570.

24) *Cic. Top.* 2, 7.: *ut igitur earum rerum quae absconditae sunt demonstrato et notato loco facilis inventio est, sic cum pervestigare argumentum aliquod volumus, locos nosse debemus; sic enim appellatae ab Aristotele sunt eae quasi sedes e quibus argumenta promuntur, itaque licet definire, locum esse argumenti sedem.* *D. orat.* II, 36, 152.: *sed Aristoteles, is quem ego maxime admiror, posuit quosdam locos ex quibus omnis argumenti via non modo ad philosophorum disputationem sed etiam ad hanc orationem qua in causis utimur inveniretur.* Vgl. ebend. II,

Nach stoischer Weise wird aber auch bei den Römern (vgl. Anm. 2.) die Dialektik von der eigentlichen Rhetorik unterschieden, insoferne letztere in zusammenhängender Rede sich bewege [25]); und bei ersterer wird gleichfalls das *interrogare*, selbst in all jener zugespitzten Form, welche wir schon bei den Sophisten und Megarikern trafen, in den Vordergrund gestellt [26]). Uebrigens ist zu bemerken, dass gerade Cicero eben dieses Gebiet der Dialektik an zwei Stellen auch mit dem Worte *Λογικὴ* bezeichnet [27]); s. d. folg. Abschn. Anm. 9 f.

Gerade aber durch die Topik war aus Gründen, welche theils schon oben, Abschn. IV, Anm. 356 f., angegeben wurden, theils im folg. Abschn. a. a. O. erhellen werden, eine Veranlassung gegeben, auch auf die Kategorien hinüberzublicken; jedoch finden wir die peripatetische Kategorientafel zum erstenmale erst bei Quintilian, welcher, um *οὐσία* zu übersetzen, während er selbst anderwärts häufig das bei ihm zum erstenmale vorkommende Wort *substantia* gebraucht, dennoch mit Berufung auf Frühere sich des Wortes *essentia* bedient, für welch letzteres bei Seneca sogar Cicero als Auctorität angeführt wird [28]); *qualitas* gebraucht

---

39, 166. *Orat.* 14, 46.: *idemque* (*sc. Aristoteles*) *locos, sic enim appellat, quasi argumentorum notas tradidit, unde omnis in utramque partem traheretur oratio. Quint. Inst.* V, 10, 20.: *locos appello, non ut vulgo nunc intelliguntur in luxuriam et adulterium et similia, sed sedes argumentorum in quibus latent ex quibus sunt petenda.* Vgl. ebend. 100 u. 12, 17. *Tac. Dial.* 31.: *mutuabimur a Peripateticis aptos et in omnem disputationem paratos iam locos.*

25) *Cassiod. Dial.* 3. p. 536 b. *ed. Venet.* 1729.: *dialecticam et rhetoricam Varro in novem disciplinarum libris tali similitudine definivit: dialectica et rhetorica est quod in manu hominis pugnus astrictus et palma distensa, illa verba contrahens, ista distendens.* Ebenso *Isidor. Orig.* II, 23. Hiezu die Stellen Cicero's, Seneca's und Quintilian's, welche wir schon oben, Abschn. VI, Anm. 37, anführen mussten.

26) *Cic. Acad.* I, 4, 17.: *sed utrique* (d. h. *Peripatetici et Academici*) .... *certam quandam disciplinae formulam composuerunt .... illam autem Socraticam dubitationem de omnibus rebus et nulla affirmatione adhibita consuetudinem disserendi reliquerunt; ita facta est .... ars quaedam philosophiae.* Vgl. *Orat.* 32, 113. *Sen. Ep.* 48.: *scilicet nisi interrogationes vaferrimas struxero et conclusione falsa a vero nascens mendacium adstruxero, non potero a fugiendis petenda secernere.* vgl. *Ep.* 82. *Quint. Inst.* VII, 3, 14.: *quibusdam ne placet quidem omnino subtilis haec et ad morem dialecticorum formata conclusio, ut in disputationibus potius per argumenta verborum cavillatrix, quam in oratoris officio multum allatura momenti; licet enim valeat in sermone tantum, ut constrictum vinculis suis eum qui responsurus est vel tacere vel etiam invitum id quod sit contra cogat fateri; non eadem est tamen eius in causis utilitas. Gell.* XVI, 2, 1.: *legem esse aiunt disciplinae dialecticae, si de quapiam re quaeratur disputeturque atque ibi quid rogere, ut respondeas tum ne amplius quid dicas, quam id solum quod es rogatus aut aias aut neges; eamque legem qui non servent, ... disputandi morem atque rationem non tenere.*

27) *Cic. Fin.* I, 7, 22.: *iam in altera philosophiae parte quae est quaerendi ac disserendi, quae λογικὴ dicitur, iste vester plane, ut mihi quidem videtur, inermis ac nudus est; tollit definitiones, nihil de dividendo ac partiendo docet, non quomodo efficiatur concludaturque ratio, tradit, non qua via captiosa solvantur, ambigua distinguantur, ostendit, iudicia rerum in sensibus ponit* etc. *D. Fato* 1, 1.: *obscura quaestio est, quam περὶ δυνατῶν philosophi appellant, totaque est λογικὴ, quam rationem disserendi voco. Cur. Fortun. Rhet.* II, p. 72. *Capp.*: *omnis causa qualis est? aut impulsiva ut ira odium, aut ratiocinativa ut lucrum hereditas. impulsivam Graeci quid vocant? ὀρεκτικήν. quid ratiocinativam? λογικὴν αἰτίαν.*

28) *Quint. Inst.* III, 6, 23.: *ac primum Aristoteles elementa decem constituit circa quae versari videatur omnis quaestio; οὐσίαν, quam Flavius* (so richtig Spalding für *Plautus*) *essentiam vocat, neque sane aliud est eius nomen latinum, sed ea*

Cicero noch schüchtern und als ein „unerhörtes" Wort [29]), bei Quintilian steht dasselbe schon sehr häufig; *quantitas*, welches Quintilian gleichfalls oft anwendet, wird bei eben demselben aus Corn. Celsus angeführt [30]); *relatio* in technisch logischer Bedeutung findet sich neben *ad aliquid* ebenfalls zum erstenmale bei Quintilian [31]). Dass auch die Begriffe des Homonymen und Synonymen, welche mit den Kategorien in einer gewissen Beziehung stehen (s. Abschn. IV, Anm. 338. u. 352.), beigezogen wurden, ist uns gleichfalls ebendort bezeugt [32]).

Jene Momente nun, welche der Lehre vom Begriffe sich anreihen müssten, enthalten stets den stoischen Grundzug jener Verwechslung von Definition und Begriff; die *definitio*, welche der Redner anwenden kann, ist der Ausgangspunkt für die römische Uebertragung der stoischen Lehre vom Begriffe, und die Theorie der Rhetorik wirft sich sofort auf die rhetorische Auseinanderlegung der Begriffsbestimmung; bei Cicero, welcher die abgeschmackte schulmässige Behauptung ausspricht, dass jede Erörterung mit der Definition des Gegenstandes beginnen müsse, wird das Wesen der Definition bald in der Kürze des Ausdruckes, bald in der Angabe des eigentlichen Seins, bald in der Erklärung der eigenthümlichen Geltung oder Kraft des zu definirenden Dinges gefunden; Quintilian

---

quaeritur, an sit; qualitatem, cuius apertus intellectus est; quantitatem, quae dupliciter a posterioribus divisa est, quam magnum et quam multum sit; ad aliquid, unde ductae translatio et comparatio; post haec ubi et quando, deinde facere, pati, habere, quod est quasi armatum esse, vestitum esse; novissime κεῖσθαι, quod est compositum esse quodammodo, ut sedere, stare, iacere (vielleicht ist an dieser oft besprochenen Stelle zu lesen: *cubare, stare, iacere*). Ebend. II, 14, 2.: *et haec interpretatio non minus dura est, quam illa Flavii* (wie oben Spald.) *essentia atque entia. Sen. Ep.* 58.: *cupio, si fieri potest, propitiis auribus tuis essentiam dicere; sin minus, dicam et iratis; Ciceronem auctorem huius verbi habeo, puto, locupletem; si recentiorem quaeris, Fabianum disertum et elegantem orationis etiam ad nostrum fastidium nitidae; quid enim fiet, mi Lucili, quomodo dicetur οὐσία? Quint. Inst.* III, 6, 39.: *est etiam alia in duos dividendi status ratio, quae docet, aut de substantia controversiam esse aut de qualitate.* Ebend. VII, 2, 5.: *nam et substantia eius* (sc. *hominis*) *sub oculos venit, ut non possit quaeri, an sit.* II, 21, 1.: *sin hac appellatione verba ipsa significari putamus, nihil haec sine rerum substantia faciunt.* II, 14, 3.: *nos ipsam nunc volumus significare substantiam* etc.

29) *Acad.* I, 6, 24.: *neque materiam ipsam cohaerere potuisse, si nulla vi contineretur, neque vim sine aliqua materia .... sed quod ex utroque, id iam corpus et quasi qualitatem quandam nominabant; dabitis enim profecto, ut in rebus inusitatis .... utamur verbis interdum inauditis.* 7, 25.: *qualitates igitur appellavi, quas ποιότητας Graeci vocant, quod ipsum apud Graecos non est vulgi verbum, sed philosophorum ..... audebimus ergo, inquit, novis verbis uti te auctore, si necesse erit.*

30) III, 6, 38 f.: *Celsus Cornelius duos et ipse facit status generales .... qualitatem in rem et scriptum dividit; scripto quatuor partes legales exclusa translatione; quantitatem et mentis quaestionem coniecturae subiicit.*

31) VIII, 4, 21.: *illud quoque est ex relatione ad aliquid, quod non eius rei gratia dictum videtur, amplificationis genus.* vgl. Anm. 28.

32) VIII, 2, 13.: *quae vel vitanda apud iudicem ignarum significationum earum vel interpretanda sunt, sicut in his quae homonyma vocantur, ut, taurus animal sit, an mons, an signum in coelo, an nomen hominis, an radix arboris, nisi distinctum non intelligitur.* X, 1, 11.: *sunt autem alia huius naturae, ut idem pluribus vocibus declarent, ita ut nihil significationis, quo potius utaris intersit, ut ensis et gladius.*

hingegen hat von vorneherein nur die rhetorische Definition im Auge [33]; und diese letztere erscheint dann auch in den späteren Compendien nach Schul-Regeln aufgeführt [34]. Insoferne gesagt wird, die Definition solle das eigenthümliche Wesen ausdrücken, so erkennen wir in den Worten *proprium* oder *proprietas* leicht das peripatetische ἴδιον aus der aristotelischen Topik, während dasselbe zugleich nach ächt stoischer Weise (Abschn. VI, Anm. 93 ff.) mit der Kategorie der Qualität (oben Anm. 29.) zusammenfällt; und hinwiederum ebenso wird mit einer ausdrücklichen Berufung auf Aristoteles, welcher die Worte Symbole der Begriffe genannt habe, der stoische Nominalismus des Begriffes verquickt, indem als ein hauptsächliches Mittel der Begriffsbestimmung, insoweit dieselbe das *proprium* betreffe, die *notatio*, d. h. die etymologische Betrachtung des Wortes, bezeichnet wird [35]. Sowie aber die Begriffsbestimmung durch ein mehr logisches Verfahren gesucht werden soll, so befinden wir uns bei dem stoischen Motive des Eintheilens; und wenn auch bei gewöhnlicherer Schreibweise hiebei *species* und *pàrs* als synonym gebraucht werden [36], so wird doch in der rhetorischen Technik,

---

33) *Aut. ad Herenn.* IV, 25, 35.: *definitio est, quae rei alicuius proprias amplectitur potestates breviter et absolute. Cic. Off.* I, 2, 7.: *omnis enim quae ratione suscipitur de aliqua re institutio, debet a definitione proficisci, ut intelligatur, quid sit id de quo disputetur. Fin.* II, 2, 5.: *atqui haec patefactio quasi rerum opertarum, quum quid quidque sit aperitur, definitio est. D. orat.* I, 42, 189.: *est enim definitio earum rerum, quae sunt eius rei propriae quam definire volumus, brevis et circumscripta quaedam explicatio.* II, 39, 164.: *si res tota quaeritur, definitione universa vis explicanda est.* III, 29, 113.: *quam autem vim quaeque res habeat, definitio explicat, ut si quaeratur, quid sit sapientia. Orat.* 33, 116.: *est definitio oratio, quae quid sit id de quo agitur, ostendit quam brevissime. Top.* 5, 26.: *definitio est oratio quae id quod definitur, explicat quid sit. Quint. Inst.* VII, 3, 15.: *an, si non dixero „homo est animal mortale rationale", non potero expositis tot corporis animique proprietatibus latius oratione ducta vel a diis eum vel a mutis discernere? quid quod nec uno modo definitur res eadem?*

34) *Rutil. Lup. d. fig. sent.* 2. p. 9. *Capp.*: *Horismus* (ὁρισμός); *hoc schema fit, cum definimus aliquam rem nostrae causae ad utilitatem, neque tamen contra communem opinionem. Cur. Fortun. Rhet.* II, p. 74. *Capp.*: *definitio quot locis dividitur?* p. 77.: *definitio legalis quot locis dividitur?*

35) *Cic. Partt. oratt.* 12, 41.: *quid, definitionis quae ratio est et quae via? Non dubium est id quidem, quin definitio genere declaretur et proprietate quadam aut etiam communium frequentia, ex quibus proprium quid sit eluceat. Acad.* II, 18, 56.: *propter id quod dilucide docetur ..... singularum rerum singulas proprietates esse. Top.* 8, 35.: *multa etiam ex notatione sumuntur; ea est autem, cum ex vi nominis argumentum elicitur, quam Graeci* ἐτυμολογίαν *vocant, id est verbum ex verbo „veriloquium", nos autem novitatem verbi non satis apti fugientes genus hoc „notationem" appellamus, qui sunt verba rerum notae; itaque hoc idem Aristoteles* σύμβολον *appellat, quod latine est „nota". Quint. Inst.* I, 6, 29.: *ideoque in definitionibus assignatur etymologiae locus.* Ebend. V, 10, 58.: *proprium autem est aut quod soli accidit, ut homini sermo risus* (γελαστικόν ist das in der Schule übliche Beispiel vgl. z. B. auch *Lucian. Vit. auct.* 26.), *aut quod utique accidit, sed non soli, ut igni calefacere; et sunt eiusdem rei plura propria, ut ipsius ignis lucere calere; itaque quodcunque proprium deerit, solvet finitionem, non utique quodcunque erit, confirmabit; saepissime autem quid sit proprium cuiusque quaeritur, ut si per* ἐτυμολογίαν *dicatur „tyrannicidae proprium est tyrannum occidere."*

36) Z. B. *Varro R. R.* III, 3.: *eius disciplinae genera sunt tria ..... harum singula genera minimum in binas species dividi possunt, in prima parte ut sint ..... tertii generis item species duae .... de his sex partibus, ad ista tria genera* etc.

entsprechend demjenigen, was wir oben (Abschn. VI, Anm. 66 ff.) als *μερισμὸς* und *διαίρεσις* trafen, die *partitio*, welche das Ganze in Theile zerlegt, von der *divisio*, welche die Gattung in Arten theilt, unterschieden. Und betreffs der letzteren begegnen wir bei Cicero ausser den selbstverständlichen technischen Ausdrücken *genus* und *differentia* auch dem Worte *forma*, welches als Uebersetzung des griechischen *εἶδος* vorgeschlagen wird, da Cicero an dem Worte *species* aus rein grammatischen Gründen wegen der Pluralformen desselben Anstoss nimmt; ausserdem aber auch erscheint hier im Dienste der Lehre von der Eintheilung ein technisches Wort, welches fortan in die lateinische Logik sich einbürgerte, nemlich *notio* als Bezeichnung des Begriffes selbst und als Uebersetzung des stoischen *ἔννοια* [37]). Nun aber fallen in Cicero's Terminologie, oder vielmehr in dessen Gehirn, die Momente „Begriff, Idee, Artbegriff, Form, Definition" so bunt durcheinander, dass nicht nur bei einem häufigen Gebrauche des Wortes *notio* inhaltlich der Begriff mit der Definition verwechselt ist, sondern auch im Sprach-Ausdrucke *species* und *forma* und *notio* direkt als synonym gebraucht werden und hiebei jenes so eben verschmähte Wort *species* wieder anderwärts öfters zu Gnaden aufgenommen wird [38]); aber auch selbst in der Definition der

37) *Cic. Top.* 5, 28.: *atque etiam definitiones aliae sunt partitionum aliae divisionum; partitionum, cum res ea quae proposita est quasi in membra discerpitur, ut si quis ius civile dicat id esse quod in legibus, senatusconsultis, rebus iudicatis, iurisperitorum auctoritate, edictis magistratuum, more, aequitate consistat; divisionum autem definitio formas omnes complectitur, quae sub eo genere sunt quod definitur; hoc modo: abalienatio est eius rei quae mancipi est aut traditio alteri nexu aut in iure cessio, inter quos ea iure civili fieri possunt.* 6, 30.: *in partitione quasi membra sunt, ut corporis caput humeri manus latera crura pedes et cetera; in divisione formae, quas Graeci εἴδη vocant, nostri, si qui haec forte tractant, species appellant, non pessime id quidem, sed inutiliter ad mutandos casus in dicendo; nolim enim ne, si latine possit quidem dici, „specierum" et „speciebus" dicere, et saepe iis casibus utendum est, at „formis" et „formarum" velim ..... genus et formam definiunt hoc modo: genus est notio ad plures differentias pertinens, forma est notio cuius differentia ad caput generis et quasi fontem referri possit; notionem appello, quam Graeci tum ἔννοιαν tum πρόληψιν ..... formae sunt eae in quas genus sine ullius praetermissione dividitur, ut si quis ius in legem morem aequitatem dividat; formas qui putat idem esse quod partes, confundit artem et similitudine quadam conturbatus non satis acute quae sunt secernenda distinguit.* 8, 33.: *partitione sic utendum est, nullam ut partem relinquas .... quod idem in divisione vitiosum est; formarum enim certus est numerus quae cuique generi subiiciantur; partium distributio saepe est infinitior tanquam rivorum a fonte deductio.*

38) Fin. III, 6, 21.: *simul autem cepit intelligentiam vel notionem potius, quam appellant ἔννοιαν illi, viditque* etc. Ebend. 10, 33.: *quumque rerum notiones in animis fiant, si aut usu aliquid cognitum sit aut coniunctione aut similitudine aut collatione rationis, hoc quarto, quod extremum posui, boni notio facta est. Nat. D.* I, 16, 43.: *esse deos, quod in omnium animis eorum notionem impressisset ipsa natura. Tusc.* I, 24, 57.: *insitas et quasi consignatas in animis notiones, quas ἐννοίας vocant.* Ebend. V, 39, 114.: *sine varietate colorum licebat vivere beate, sine notione rerum non licebat.* Ebend. 10, 29.: *neque ulla alia huic verbo, quum beatum dicimus, subiecta notio est nisi secretis malis omnibus cumulata bonorum complexio. Acad.* I, 8, 30.: *hanc illi ἰδέαν appellabant iam a Platone ita nominatam, nos recte speciem possumus dicere. Orat.* 5, 18.: *insidebat in eius mente species eloquentiae, quam cernebat animo, reapse non videbat.* Ebend. 14, 43.: *excellentis eloquentiae speciem et formam adumbrabimus. Rep.* II, 29, 51.: *sit haec forma et species et origo tyranni* etc. *Off.* III, 20, 81.: *explica atque excute intelligentiam tuam, ut videas, quae sit in ea species, forma et notio viri boni.*

Gattung und des Artbegriffes bleibt sich Cicero nicht gleich, und für letzteren bedient er sich sogar wieder des Wortes *pars* neben *species* [39]). Uebrigens gieng erklärlicher Weise dieser ganze Complex von Auffassungen betreffs der Eintheilungs-Methode in die Schul-Regeln der späteren Rhetorik über, wobei nur bemerkt werden mag, dass sprachlich in der nachaugusteischen Zeit das Wort *species* vollständig das Uebergewicht erhält, inhaltlich aber auch hier die Begriffe *genus*, *species*, *differentia*, *proprium* an die *Quinque voces* streifen [40]); ja selbst auch der fünfte derselben, das *accidens*, fehlt nicht [41]). — Betreffs der Lehre von den Gegensätzen, soweit dieselbe auf Begriffe sich bezieht, sind bei Cicero die Einflüsse peripatetischer Lehre unverkennbar; in der Terminologie ist er so inconsequent wie überall. Das eine Mal nennt er *contrarium* den realen Gegensatz in aristotelischer Weise (Abschn. IV, Anm. 424.) und *disparatum* dasjenige, was sich wie A und Nicht-A verhält; ein anderes Mal hingegen ist ihm *contrarium* der allgemeine Gattungsbegriff des Gegenüberliegens überhaupt, entsprechend dem aristotelischen *ἀντικείμενον*, und er theilt es dann in jene vier Arten, welche wir auch bei Aristoteles trafen (Abschn. IV, Anm. 191 f.), wobei er dem *πρός τι*

---

39) *D. orat.* I, 42, 189.: *genus autem* (vgl. Anm. 37.) *est id quod sui similes communione quadam, specie autem differentes, duas aut plures complectitur partes; partes autem sunt quae generibus iis ex quibus manant subiiciuntur; omniaque quae sunt vel generum vel partium nomina, definitionibus quam vim habeant est exprimendum.* *D. Inv.* I, 22, 32.: *genus est, quod plures partes amplectitur, ut animal; pars est, quae subest generi, ut equus; sed saepe eadem res alii genus alii pars est, nam homo animalis pars est, Thebani aut Troiani genus.* vgl. 28, 42. *Orat.* 4, 16.: *nec vero sine philosophorum disciplina genus et speciem cuiusque rei cernere neque eam definiendo explicare nec tribuere in partes possumus nec iudicare quae vera quae falsa sint, neque cernere consequentia, repugnantia videre, ambigua distinguere.* Ebend. 33, 117.: *cum res postulabit, genus universum in species certas, ut nulla neque praetermittatur neque redundet, partietur ac dividet.*

40) *Sen. Ep.* 58.: *nunc enim primum illud genus quaerimus, ex quo ceterae species suspensae sunt, a quo nascitur omnis divisio, quo universa comprehensa sunt; invenietur autem, si coeperimus singula retro legere, sic enim perducemur ad primum ..... sic enim in species secabitur, ut dicamus „quod est, aut corporale est aut incorporale;" hoc ergo genus est primum et antiquissimum, ut ita dicam, generale; cetera genera quidem sunt, sed specialia, tanquam homo genus est.* *Quint. Inst.* VII, 1, 1.: *sit igitur ..... divisio rerum plurium in singulas, partitio singularum in partes discretus ordo et recta quaedam locatio prioribus sequentia annectens.* Ebend. V, 10, 55.: *finitioni subiecta maxime videntur genus, species, differens, proprium; ex his omnibus argumenta ducuntur; genus ad probandam speciem minimum valet, plurimum ad refellendam ..... itaque a genere perveniendum est ad ultimam speciem ..... contra species firmam probationem habet generis, infirmam refutationem .... nunquam itaque tolletur a specie genus, nisi omnes species quae sunt generi subiectae removeantur.* vgl. ebend. 62 f. *Gell.* IV, 1, 10.: *nam hoc quidem pervulgatum est, definitionem omnem ex genere et differentia consistere.* *Rutil. L. d. fig. sent.* I, p. 6. *Capp.*: *merismus* (*μερισμός*)*; hoc schema singulas res separatim disponendo et suum cuique proprium tribuendo* etc. *Cur. Fortun. Rhet.* II, p. 83. *Capp. Anon. Exc. Rhet.* p. 302.

41) *Quint. Inst.* III, 6, 36.: *idem Theodorus, qui de eo, an sit, et de accidentibus ei quod esse constat, id est περὶ οὐσίας καὶ συμβεβηκότων, existimat quaeri.* IV, 2, 130.: *sed hae quoque* (sc. *personae*) *interim cum suis accidentibus ponendae, cum id profuturum est.* V, 10, 23.: *ut omnia in haec duo partiamur, res atque personas, ut causa tempus locus occasio instrumentum modus et cetera rerum sint accidentia; personis autem non quidquid accidit exsequendum mihi est ..., sed unde argumenta sumi possunt.*

ἀντικείμενον keinen eigenen Namen gibt, das *ἐναντίον* aber *adversum*, das *στερητικὸν* mit einer Bemerkung über das privative „in-" ein *privans*, und das *ἀποφατικὸν negans* nennt [42]). Es hat die Betrachtung der Gegensätze für die Rhetorik nur einen Werth in Bezug auf die Lehre von der *refutatio*; und es stellt sich hiebei in der nachaugusteischen Zeit das Wort *contradictio* in juristisch-rhetorischer Bedeutung ein, sowie auch *opponere* und *oppositum* gebraucht wird. Jedoch liegt hier höchstens die Veranlassung zu der späteren technischen Fixirung vor, denn die Worte laufen noch ziemlich bunt durcheinander; theils finden wir als Unterarten des *contrarium* nun das *oppositum* (für *ἐναντίον*) und das *repugnans* (*ἀντιφατικόν*) und das *disparatum* (wie oben) und hiezu das *noxium*, theils sind *contrarium* und *privatio* und *oppositio* völlig synonym gebraucht; doch scheint zugleich *oppositum* für *ἀντικείμενον* technisch geworden zu sein [43]).

Für die Lehre vom Urtheile herrscht der stoische Standpunkt. Auch eine Spur der principiellen Ansicht der Stoiker, dass das Urtheil im Vergleiche mit den Begriffen ein Product einer Zusammensetzung sei, scheint uns überliefert zu sein [44]). Mit steter Beibehaltung der Bedeutung des stoischen *ἀξίωμα*, insoferne dasselbe in der Alternative des Wahr- oder Falsch-seins sein Wesen hat (Abschn. VI, Anm. 116.), bemühen sich die Römer in verschiedener Weise um die Uebersetzung dieses Wortes; Varro und sein Lehrer Aelius wählten *proloquium*, Andere *effatum*, welches auch bei Cicero sich findet; bei letzterem aber überwiegen neben allem Schwanken die Ausdrücke *pronuntiatum* und

---

42) *Cic. d. Inv.* 28, 42.: *contrarium est, quod positum in genere diverso ab eodem cui contrarium esse dicitur, plurimum distat, ut frigus calori, vitae mors; disparatum autem id est, quod ab aliqua re per oppositionem negationis separatur, hoc modo, sapere, non sapere. Top.* 11, 47.: *contrariorum genera plura; unum eorum quae in eodem genere plurimum differunt, ut sapientia stultitia; eodem autem genere dicuntur, quibus propositis occurrunt tamquam e regione quaedam contraria, ut celeritati tarditas, non debilitas ..... haec quae ex eodem genere contraria sunt, appellantur adversa, sunt etiam alia contraria, quae privantia licet appellemus latine, Graeci appellant* στερητικά; *praeposito enim „in" privatur verbum ea vi, quam haberet, si „in" praepositum non fuisset, dignitas indignitas, humanitas inhumanitas .... nam alia quoque sunt contrariorum genera, velut ea quae cum aliquo conferuntur, ut duplum simplum, multa pauca, longum breve, maius minus; sunt etiam illa valde contraria, quae appellantur negantia; ea* ἀποφατικὰ *Graeci e contrario aientibus, ut „si hoc est, illud non est."*

43) *Quint. Inst.* V, 13, 36.: *eadem adversus contradictiones nobis opposita praecepta sunt.* ebend. 50.: *at in scholis recte et contradictionibus occurremus.* ebend. 53.: *nostra confirmanda sunt primum, tum quae nostris opponuntur refutanda.* III, 6, 92.: *cum adversus unam intentionem plura opponuntur.* VII, 10, 12.: *singulis an universis opponenda refutatio.* VII, 11, 30.: *scio quosdam inani diligentia per minutissimas ista partes secuisse .....* (31.) *contrariorum quoque aliter accipi opposita, ut noctem luci, aliter noxia, ut frigidam febri, aliter repugnantia, ut verum falsa, aliter disparata, ut dura non duris; sed quid haec ad praesens propositum magnopere pertineant, non reperio.* IV, 2, 60.: *nam ne contraria aut sibi repugnantia in narratione dicamus*, etc. *Gell.* VI, 1, 3.: *nullum adeo contrarium est sine contrario altero ..... quid aliud iustitia est, quam iniustitiae privatio? quid item fortitudo intelligi posset, nisi ex ignaviae oppositione?* Ebend. V, 12, 10.: *„vesani" autem et „vecordes" ex una tantum parte dicti, quae privativa est, quam Graeci* κατὰ στέρησιν *dicunt.* Ebend. XVI, 8, 13.: *opposita, quae* ἀντικείμενα *Graeci dicunt.* Anon. *Exc. Rhet.* p. 302. *Capp.* Vgl. Anm. 51.

44) s. die Stelle aus *Varro L. L.* in Abschn. VI. Anm. 109.

besonders *enuntiatum* oder *enuntiatio*, woran sich auch Spätere hielten[45]). Die von peripatetischer Seite hereinkommende Bezeichnung *propositio* werden wir erst bei Appulejus und dann bei Boethius treffen; das Wort *iudicium* aber, welches bekanntlich im Mittelalter neben *enuntiatio* zur Geltung kömmt, streift bei Cicero und besonders bei Quintilian wohl sehr an diese Bedeutung hin, tritt aber nicht als technischer Ausdruck auf[46]). Dass übrigens auch die stoische Eintheilung der verschiedenen Satzarten, welche dem logischen Urtheile coordinirt stehen, in die römische Rhetorik ebenso wie in die griechische (Anm. 10.) Aufnahme fand, sehen wir daraus, dass der Unterschied zwischen *πύσμα* und *ἐρώτημα* noch bei einem späten Rhetor angeführt wird[47]). — In Bezug aber auf das sog. kategorische Urtheil und namentlich dessen Eintheilung in bejahende und verneinende scheint im Zusammenhange mit der Gegensätzlichkeit des Wahr- und Falschseins und mit der sophistisch zugespitzten Frage (Anm. 26.) die Bezeichnung *aio* und *nego*, welche Worte

45) *Gell.* XVI, 18, 2—8.: *in primo περὶ ἀξιωμάτων discendum, quae M. Varro alias profata alias proloquia appellat; commentarium De proloquiis L. Aelii docti hominis, qui magister Varronis fuit, studiose quaesivimus ..... sed in eo nihil edocenter neque ad instituendum explanate scriptum est ... redimus igitur necessario ad graecos libros, ex quibus accepimus ἀξίωμα esse his verbis: λεκτὸν αὐτοτελὲς ἀποφαντὸν ὅσον ἐφ' ἑαυτῷ. hoc ego supersedi vertere ..... sed M. Varro in libro De lingua latina quarto et vicesimo expeditissime ita finit: „proloquium est sententia, in qua nihil desideratur. Erit autem planius, quid istud sit, si exemplum eius dixerimus; ἀξίωμα igitur, sive id proloquium dicere placet, huiuscemodi est: „Hannibal Poenus fuit. Scipio Numantiam delevit. Milo caedis damnatus est. Neque bonum est voluptas neque malum.“ Et omnino quidquid ita dicitur plena atque perfecta verborum sententia, ut id necesse sit aut verum aut falsum esse, id a dialecticis ἀξίωμα appellatum est, a M. Varrone, sicuti dixi, proloquium, a M. autem Cicerone pronuntiatum, quo ille tamen vocabulo tantisper uti se testatus est, quoad melius, inquit, invenero. Appul. d. interpr.* p. 265. *Oud.*: *sola ex omnibus veritati aut falsitati obnoxia, quam vocat Sergius effatum, Varro proloquium, Cicero enuntiatum, Graeci protasin tum axioma. Cic. Tusc.* I, 7, 14.: *omne pronuntiatum, sic enim mihi in praesentia occurrit, ut appellarem ἀξίωμα, utar post alio, si invenero melius, id ergo est pronuntiatum, quod est verum aut falsum. Acad.* II, 29, 95.: *nempe fundamentum dialecticae est, quidquid enuntietur — id autem appellant ἀξίωμα, quod est quasi effatum — aut verum esse aut falsum. D. fat.* 1, 1.: *explicandaque vis est ratioque enuntiationum, quae Graeci ἀξιώματα vocant.* ebend. 9, 19.: *omne enuntiatum aut verum aut falsum esse.* 10, 20.: *non omnis enuntiatio, quod ἀξίωμα dialectici appellant, aut vera aut falsa erit.* 12, 27.: *an aliter haec enuntiatio vera esse non potest „capiet Numantiam Scipio.“* 28.: *nec si omne enuntiatum aut verum aut falsum est. Sen. Ep.* 117.: *dico deinde „Cato ambulat“; non corpus quidem est quod nunc loquor, sed enuntiativum quiddam de corpore, quod alii effatum vocant alii enuntiatum alii edictum. Quint. Inst.* VII, 3, 2.: *finitio igitur est rei propositae propria et dilucida et breviter comprehensa verbis enuntiatio.*

46) Z. B. *Cic. Tusc.* I, 1.: *meum semper iudicium fuit, omnia nostros aut invenisse* etc. *D. orat.* II, 28, 122.: *sine ulla dubitatione sic statuo et iudico, neminem omnium* etc. *Fam.* III, 4, 1.: *quod egomet multis argumentis iam antea iudicaram. Quint. Inst.* V, 11, 36.: *iudicia aut iudicationes vocant, non de quibus ex causa dicta sententia est ..... sed si quid ita visum gentibus, populis, sapientibus viris, claris civibus, illustribus poetis, referri potest.* VI, 5, 3.: *nec multum a iudicio credo distare consilium, nisi quod illud ostendentibus se rebus adhibetur, hoc latentibus .... et iudicium frequentissime certum est.* VI, 3, 6.: *varia hominum iudicia in eo, quod non ratione aliqua, sed motu animi quodam, nescio an enarrabili, iudicatur.*

47) *Aqu. Rom. d. fig. sent.* p. 18. *Capp.*

auch bei Plautus und sonst als volksthümlich erscheinen, auch technisch üblich geworden zu sein, so dass man *aientia* und *negantia* als Uebersetzung von *καταφατικόν* und *ἀποφατικόν* sagte [48]). Wir werden diese Worte noch bei Marcianus Capella in technischer Bedeutung finden, bei Appulejus aber *dedicativus* und *abdicativus* treffen, hingegen *affirmatio* und *negatio* erst bei Boethius. Auch für jene Arten des Urtheiles, von welchen wir sahen, dass sie bei den Stoikern fast ausschliesslich im Dienste der Syllogistik stehen, suchte man lateinische technische Ausdrücke; nemlich das *συνημμένον* (Abschn. VI, Anm. 125) wird *adiunctum* oder *connexum* genannt, und das *συμπεπλεγμένον* heisst *coniunctum* oder *copulatum*, wobei auch die formelle stoische Regel (ebendort Anm. 155) betreffs desselben erwähnt wird [49]). Von besonderer Wichtigkeit aber für die in der Rhetorik zweckdienlichen dilemmatischen Schlüsse (s. oben Anm. 16 u. unten 62) ist das *διεζευγμένον*, und schon bei Cicero finden wir die Bezeichnung *disiunctum* oder *disiunctio* vollständig eingebürgert [50]); bei Gellius aber ist die älteste Stelle für den technischen Ausdruck *disiunctivum proloquium*, und derselbe verknüpft auch mit der Angabe der formellen Regel des disjunctiven Urtheiles (Abschn. VI, Anm. 156) eine Notiz über das *παραδιεζευγμένον* (s. Abschn. X, Anm. 38 u. 53), welches eine unrichtige Disjunction enthalte, insoferne keine wirkliche oder vollständige Exclusivität zwischen den Gliedern bestehe [51]). Uebrigens verstehen wir nun sehr wohl, wie es gekommen sei, dass wir

---

48) *Cic. Top.* 11, 49. (s. Anm. 42.): *sunt etiam illa valde contraria quae appellantur negantia; ea ἀποφατικὰ Graeci e contrario aientibus. D. fat.* 16, 37.: *contraria autem hoc loco ea dico, quorum alterum ait quid alterum negat. Gell.* XVI, 2, 9.: *nam si ita ego istorum aliquem rogem „quidquid non perdidisti, habeasne an non habeas", postulo ut aias aut neges; utrumcunque breviter responderit, capietur.*

49) *Gell.* XVI, 8, 9.: *sed quod Graeci συνημμένον ἀξίωμα dicunt, alii nostrorum adiunctum alii connexum dixerunt; id connexum tale est „si Plato ambulat, Plato movetur. Si dies est, sol supra terras est"; item quod illi συμπεπλεγμένον, nos vel coniunctum vel copulatum dicimus, quod est eiuscemodi „P. Scipio Pauli filius et bis consul fuit et triumphavit et censura functus est et collega in censura L. Mummii fuit"; in omni autem coniuncto si unum est mendacium, etiamsi cetera vera sunt, totum esse mendacium dicitur.*

50) *Cic. Nat. D.* I, 25, 70.: *idem facit contra dialecticos, a quibus quum traditum sit, in omnibus disiunctionibus in quibus „aut etiam aut non" poneretur, alterutrum verum esse, pertimuit* etc. *D. fat.* 16, 37.: *necesse est enim in rebus contrariis duabus — contraria autem hoc loco ea dico quorum alterum ait quid alterum negat — ex his igitur necesse est invito Epicuro alterum verum esse alterum falsum. Acad.* II, 30, 97.: *dialectici sic statuunt, omne quod ita disiunctum sit quasi „aut etiam aut non" non modo verum esse sed etiam necessarium. Top.* 14, 56.: *quae conclusiones idcirco ratae sunt, quod in disiunctione plus uno verum esse non potest.*

51) *Gell.* V, 11, 8.: *non ratum id neque iustum disiunctivum esse ait, quoniam non necessum sit alterum ex duobus quae disiunguntur verum esse, quod in proloquio disiunctivo necessarium est.* Ebend. XVI, 8, 12.: *est item aliud quod Graeci διεζευγμένον ἀξίωμα, nos disiunctum dicimus; id huiuscemodi est „aut malum est voluptas aut bonum, aut neque bonum neque malum est"; omnia autem quae disiunguntur, pugnantia esse inter sese oportet, eorumque opposita, quae ἀντικείμενα Graeci dicunt, ea quoque ipsa inter sese adversa esse; ex omnibus quae disiunguntur unum esse verum debet, falsa cetera; quodsi aut nihil omnium verum aut omnia plurave quam unum vera erunt, aut quae disiuncta sunt non pugnabunt, aut quae opposita eorum sunt contraria inter sese*

noch bis zum heutigen Tage in unserer Logik mit zwitterhafter Kunstsprache das griechische Wort „hypothetisch“ und andrerseits das lateinische „disjunctiv“ gebrauchen; nemlich die Schultheorie der Stoiker, welche des Ausdruckes ὑποθετικόν in diesem Sinne sich nicht bedienten, ging eben vermittelst der Rhetorik früher zu den Römern über, und διεζευγμένον wurde dort schon früh mit *disiunctivum* übersetzt; hingegen erst nach der Thätigkeit der späteren Peripatetiker und Commentatoren wurden auch die theophrastischen Voraussetzungsschlüsse und hiemit das Wort ὑποθετικός den Römern bekannt, welches wohl Appulejus, wie wir sehen werden, mit *conditionalis* übersetzt, Boethius aber, auf welchem die mittelalterliche Logik beruht, als „*hypotheticus*“ gleich herübernimmt. Nicht ohne Zusammenhang wohl mit der juristisch-rhetorischen Anwendung des Dilemma's ist es, wenn für das disjunctive Urtheil auch die Bezeichnung *alternatio* („Alternative“) üblich wird, welches Wort in dieser Bedeutung zuerst in den Pandekten sich findet [52]).

Was die Syllogistik betrifft, so versteht sich von selbst, dass auch hier die rhetorische Form des Syllogismus, nemlich das Enthymema, seine Rolle spielt [53]), und auch die ἐπαγωγή, für welche das Wort *inductio* gewählt wird, hat in jener Weise, in welcher sie in der Rhetorik als Beispiel und Aehnlichkeit auftritt, keine logische Bedeutung, wenn auch Cicero in seiner läppischen Manier mit Aristoteles kokettirt und sagt, Alles werde entweder durch Induction oder durch Syllogismus bewiesen, wobei er dann eine höchst alberne Definition der Induction auskramt [54]).

---

non erunt, tunc id disiunctum mendacium est et appellatur παραδιεζευγμένον; *siculi hoc est in quo opposita non sunt contraria „aut curris aut ambulas aut stas“, nam ipsa quidem inter sese adversa sunt, sed opposita eorum non repugnant, non ambulare enim et non stare et non currere contraria inter sese non sunt, quoniam contraria ea dicuntur quae simul vera esse non queunt; possis enim simul eodemque tempore neque ambulare neque stare neque currere.*

52) *L.* 7, §. 4. *Dig. Iniur.* (47, 10.) *Ulp. certum eum dicere Labeo ait, qui dicat nomen iniuriae neque sub alternatione, puta „illud aut illud“, sed illam iniuriam se passum. L.* 2, §. 3. *Dig. Pec. const.* (13, 4.) *Ulp. proinde mixta inquit rerum alternatio locorum alternationi ex necessitate facit actoris electionem. L.* 9. *Dig. Serv. corr.* (11, 3.) *Ulp. qui cum extraneo egit, sive recepit sive corruperit, agere potest; qui cum socio, sine alternatione, id est, si corrupit.*

53) *Quint. Inst.* I, 10, 37.: *verum et orator, etiamsi raro, non tamen nunquam, probabit dialectice, nam et syllogismis, si res poscet, utetur et certe enthymemate qui rhetoricus est syllogismus.* V, 14, 1.: *habet enim (sc. enthymema) rationem et propositionem, non habet conclusionem; ita est ille imperfectus syllogismus. Cur. Fortun. Rhet.* II, p. 87. *Capp.: quo differt a se syllogismus philosophorum et enthymema rhetorum? syllogismus habet alte probationem, enthymema ex proximo; item quod syllogismus est plenus omnibus partibus probationis, enthymema non omnibus.*

54) *Cic. Top.* 10, 42.: *sunt enim similitudines, quae ex pluribus collationibus perveniunt quo volunt, ... haec ex pluribus perveniens quo vult appellatur inductio, quae graece* ἐπαγωγή *nominatur, qua plurimum est usus in sermonibus Socrates. D. inv.* I, 31, 51.: *omnis igitur argumentatio aut per inductionem tractanda est aut per ratiocinationem; inductio est oratio quae rebus non dubiis captat assensiones eius quicum instituta est, quibus assensionibus facit, ut illi dubia quaedam res propter similitudinem earum rerum quibus assensit, probetur. Quint. Inst.* V, 11, 2.: *nam idem (sc. Cicero) omnem argumentationem dividit in duas partes, inductionem et ratiocinationem, ut plerique Graecorum in* παραδείγματα *et* ἐπιχειρήματα, *dixeruntque* παράδειγμα ῥητορικὴν ἐπαγωγήν. *nam illa qua plurimum est Socrates usus, hanc habuit vim ..... id est inductio. Iul. Rufin. d. fig. sent.* p. 34. *Capp. Cur. Fortun. Rhet.* II, p. 87.

Der Schluss, insoweit derselbe der rhetorischen *argumentatio* dient, heisst bei Cicero *ratiocinatio* [55]), neben welchem Worte aber auch *conclusio* sowohl für den ganzen Schluss als auch für den Schlusssatz erscheint, und in gewöhnlicher Schreibweise erscheint das Verbum *concludere* sehr häufig, wofür als synonym auch *colligere* gebraucht wird; und diese sämmtlichen Bezeichnungen, namentlich aber auch *collectio*, gehen in die nachaugusteische Zeit über [56]); in dieser letzteren aber stellt sich auch die Anwendung des Wortes *syllogismus* ein, und im Zusammenhange mit dem Wesen des eigentlich logischen Schlusses und seines Unterschiedes von dem rhetorischen wird selbst von *apodixis* gesprochen [57]). Einen Beleg dafür, dass überhaupt der allmälig reichere Schulbetrieb den Römern auch die peripatetische Logik aufschloss, haben wir bei Gellius, welcher ausdrücklich die schulmässige Formulirung der Syllogismen erwähnt und einmal selbst die aristotelische Definition zu übersetzen versucht, sowie er anderswo einen Fehler gegen das apodeiktische Schlussverfahren erwähnt [58]). Solches haben wir als Vorbereitung zur Entstehung lateinischer Compendien der Logik zu betrachten.

55) *Cic. Inv.* I, 34, 57.: *ratiocinatio est oratio ex ipsa re probabile aliquid eliciens, quod expositum et per se cognitum sua se vi et ratione confirmet.* Ebend. II, 5, 18.: *ratiocinatio est autem diligens et considerata faciendi aliquid aut non faciendi excogitatio.*

56) Ebend. I, 29, 45.: *simplex autem conclusio ex necessaria consecutione conficitur. Divin.* II, 49, 103.: *conclusio autem rationis ea probanda est, in qua ex rebus non dubiis id quod dubitatur efficitur. Orat.* 35, 122.: *singulis argumentationibus ita concludendis, ut efficiatur quod sit consequens iis, quae sumentur ad quamque rem confirmandam. Acad.* II, 14, 44.: *nam concludi argumentum non potest nisi iis quae ad concludendum sumpta erunt ita probatis, ut falsa eiusdem modi nulla possint esse. D. orat.* II, 53, 215.: *demonstrando, id quod concludere illi velint, non effici ex propositis nec esse consequens. Quint. Inst.* V, 10, 2.: *certam quandam argumenti conclusionem vel ex consequentibus vel ex repugnantibus. Cic. Off.* II, 16, 57.: *bene etiam colligit, haec pueris .... esse grata. Hor. Sat.* II, 1, 51.: *sic collige mecum. Quint. Inst.* II, 20, 5.: *quod philosophi quidem multis et acutis conclusionibus colligunt.* IX, 2, 103.: *collectionem, qui apud illum (sc. Celsum) est συλλογισμός. Sen. Ep.* 45.: *quod tu illi subtilissima collectione persuaseris. Ep.* 85.: *qui prudens est .... sine tristitia est; qui sine tristitia est, beatus est; ergo prudens beatus est; huic collectioni .... respondent.*

57) *Sen. Ep.* 108.: *relictis ambiguitatibus et syllogismis et cavillationibus et ceteris acuminis irriti ludicris. Quint. Inst.* III, 6, 15.: *et in syllogismo tota ratiocinatio ab eo est qui intendit.* V, 10, 6.: *quidam epichirema rationem appellarunt, Cicero melius ratiocinationem, quanquam et ille nomen hoc duxisse magis a syllogismo videtur, nam et statum syllogisticum ratiocinativum appellat exemplisque utitur philosophorum, et quoniam est quaedam inter syllogismum et epichirema vicinitas, potest videri hoc nomine recte abusus; ἀπόδειξις est evidens probatio ..... quidam inesse epichiremati apodixin putant et esse partem eius confirmantem.* V, 14, 14.: *epichirema autem nullo differt a syllogismis, nisi quod illi et plures habent species et vera colligunt veris, epichirematis frequentior circa credibilia est usus.* III, 6, 43.: *ratiocinativus status, id est syllogismus.*

58) *Gell.* II, 8, 7.: *neque id ei negotium fuit (sc. Epicuro), syllogismum tanquam in scholis philosophorum cum numeris omnibus et cum suis finibus dicere .... sicuti etiam, quod conclusionem syllogismi non in fine posuit, sed in principio.* XV, 26.: *Aristoteles, quid syllogismus esset, his verbis definivit: λόγος, ἐν ᾧ τεθέντων τινῶν ἕτερόν τι τῶν κειμένων ἐξ ἀνάγκης συμβαίνει διὰ τῶν κειμένων. eius definitionis non videbatur habere incommode interpretatio facta hoc modo: syllogismus est oratio, in qua consensis quibusdam et concessis aliud quid, quam quae concessa sunt, per ea quae concessa sunt, necessario conficitur.* XVII, 5, 3.: *rhetoricus quidam sophista ..... usum esse existimabat*

Jene Lehre vom Schlusse aber, welche durch die rhetorische Theorie durchblickt, ist keine andere, als die stoische, welche wir oben (Abschn. VI, Anm. 182) in den sog. ἀναπόδεικτοι kennen lernten. Cicero übersetzt λήμματα mit *sumptiones*, πρόςληψις mit *assumptio*, ἐπιφορά mit *complexio*, gebraucht aber für den Obersatz das Wort *propositio*; wegen der möglichen Nöthigung aber, sowohl die *propositio* als auch die *assumptio* wieder zu beweisen, gelangt er auf fünf Bestandtheile der ganzen Beweisführung [59]). Ja es gibt Cicero sogar einmal die Formulirung jener stoischen Schlussweisen — allerdings einfältig genug ist es, dass er es in der Topik thut —, wobei wir als etwas Eigenthümliches nur zu erwähnen haben, einerseits dass Cicero bei der dritten Schlussweise unterscheidet, je nachdem im Obersatze zwei oder mehrere Glieder aufgezählt sind, wobei dann im ersteren Falle der Untersatz wieder entweder verneinend oder bejahend sein könne, welch letzte zwei Schlussweisen er eben von der dritten trennt und als sechste und siebente zählt (vgl. auch Abschn. XII, Anm. 13 u. 69.); und andrerseits dass er jene dritte als das ἐνθύμημα im engern Sinne bezeichnet; sprachlich mag bemerkt werden, dass er ἀποφατικὴ συμπλοκή durch *coniunctionum negantia* übersetzt [60]). Diese Schlussweisen sowie diese specielle Be-

---

argumento M. Tullium non probo neque apodictico, sed eiusdem quaestionis cuius esset ea ipsa res, de qua quaereretur, verbisque id vitium graecis appellabat, quod accepisset ἀμφιςβητούμενον ἀντὶ ὁμολογουμένου ..... *(5) argumenta autem censebat aut probabilia esse debere aut perspicua et minime controversa, idque apodixin vocari dicebat, cum ea quae dubia aut obscura sunt, per ea quae ambigua non sunt, illustrantur.*

59) *Cic. Divin.* II, 53, 108.: *sed demus tibi istas duas sumptiones, ea quae* λήμματα *appellant dialectici, sed nos latine loqui malumus; assumptio tamen, quam* πρόςληψιν *iidem vocant, non dabitur.* vgl. ebend. 51, 106. *Inv.* I, 36, 63.: *ea est huiusmodi: si, quo die ista caedes Romae facta est, ego Athenis eo die fui, in caede interesse non potui; hoc quia perspicue verum est, nihil attinet approbari; quare assumi statim oportet hoc modo: fui autem Athenis eo die; hoc si non constat, indiget approbationis, qua inducta complexio consequetur* .... (64.) *si quadam in argumentatione satis est uti assumptione et non oportet adiungere approbationem assumptioni, quadam autem in argumentatione infirma est assumptio, nisi adiuncta sit approbatio* .... 67.: *quinque sunt igitur partes eius argumentationis .... propositio .... propositionis approbatio .... assumptio per quam id quod ex propositione ad ostendendum pertinet, assumitur; assumptionis probatio ..... complexio per quam id quod conficitur ex omni argumentatione, breviter exponitur.* 40, 72.: *sunt autem qui putant nonnunquam posse complexione supersederi, cum id perspicuum sit quod conficiatur ex ratiocinatione. Quint. Inst.* V, 14, 5.: *epichirematos et quatuor et quinque et sex etiam factae sunt partes a quibusdam; Cicero maxime quinque defendit, ut sit propositio, deinde ratio eius, tum assumptio, et eius probatio, quinta complexio; quia vero interim et propositio non egeat rationis et assumptio probationis, nonnunquam etiam complexione opus non sit, et quadripertitam et tripertitam et bipertitam quoque fieri posse ratiocinationem.*

60) *Top* 13, 54.: *appellant autem dialectici eam conclusionem argumenti, in qua, cum primum assumpseris, consequitur id quod annexum est, primum conclusionis modum; cum id quod annexum est, negaris, ut id quoque cui fuerit annexum, negandum sit, secundus is appellatur concludendi modus; cum autem aliqua coniuncta negaris et ex iis unum aut plura sumpseris, ut quod relinquitur, tollendum sit, is tertius appellatur conclusionis modus; ex hoc illa rhetorum ex contrariis conclusa, quae ipsi* ἐνθυμήματα *appellant, non quin omnis sententia proprio nomine* ἐνθύμημα *dicatur, sed ..... sic, cum omnis sententia* ἐνθύμημα

deutung des Enthymema gingen auch in die spätere Rhetorik über [61]). Ferner erscheint auch das rhetorische Dilemma (s. oben Anm. 16), sonderbarer Weise gleichfalls mit dem Namen *complexio* bezeichnet [62]).

Endlich auch das Material der rhetorisch-sophistischen Kunststücke und Fangschlüsse fand reichlich bei den Römern Eingang. Das Wort *σόφισμα* wird ursprünglich durch *cavillatio* übersetzt, neben welchem aber auch die griechische Bezeichnung selbst gleich herübergenommen wird; auch *captio* wird gebraucht [63]). Es machten bekannlich derlei Spielereien auch bei den Römern einen Theil der gesellschaftlichen Unter-

---

dicatur, quia videtur ea quae ex contrariis conficitur, acutissima, sola proprie nomen commune possedit ..... (56.) reliqui dialecticorum modi plures sunt qui ex disiunctionibus constant: aut hoc aut illud, hoc autem, non igitur illud; itemque: aut hoc aut illud, non autem hoc, illud igitur ..... atque ex iis conclusionibus .... prior quartus, posterior quintus a dialecticis modus appellatur; deinde addunt coniunctionum negantiam, sic: non et hoc et illud, hoc autem, non igitur illud; hic modus est sextus; septimus autem: non et hoc et illud, non autem hoc, illud igitur. Ex iis modis conclusiones innumerabiles nascuntur, in quo est tota fere διαλεκτική.

61) *Quint. Inst.* V, 8, 5.: *nec ulla confirmatio nisi aut ex consequentibus aut ex repugnantibus* (diess ist die stoische ἀκολουθία oder μάχη, vgl. auch Abschn. X, Anm. 31 ff.) ..... *omnium probationum quadruplex ratio est, ut vel quia est aliquid, aliud non sit, ut „dies est, nox non est", vel quia est aliquid, et aliud sit „sol est super terram, dies est", vel quia aliquid non est, aliud sit „nox non est, dies est", vel quia aliquid non est, nec aliud sit „non est rationalis, nec homo est."* (Von den fünf stoischen ἀναπόδεικτοι fehlt hier der dritte, die übrigen vier sind in der Reihenfolge 4, 1, 5, 2 aufgezählt.) Ebend. VIII, 5, 9.: *enthymema quoque est omne quod mente concepimus, proprie tamen dicitur, quae est sententia ex contrariis, propterea quod eminere inter ceteras videtur. Jul. Rufin. d. fig. sent.* p. 35. *Capp.*: *enthymema fit, cum periodus orationis ex contrariis sententiis astringitur.*

62) *Cic. Inv.* I, 29, 45.: *complexio est, in qua, utrum concesseris, reprehenditur, ad hunc modum: si improbus est, cur uteris? si probus, cur accusas? Quint. Inst.* V, 10, 69.: *fit etiam ex duobus, quorum necesse est alterutrum, eligendi adversario potestas efficiturque, ut utrum elegerit noceat.* Vgl. *Ascon. ad Cic. Div. in Caec.* 14.

63) *Cic. d. Orat.* II, 54, 217.: *inveni autem ridicula et falsa multa Graecorum .... sed qui eius rei rationem quandam conati sunt artemque tradere, sic insulsi exstiterunt, ut nihil aliud eorum nisi ipsa insulsitas rideatur; quare mihi nullo videtur modo doctrina ista res posse tradi; etenim cum duo genera sint facetiarum, alterum aequabiliter in omni sermone fusum, alterum peracutum et breve, illa a veteribus superior cavillatio haec altera dicacitas nominata est.* Hier jedoch steht *cavillatio* nicht in völlig technischer Bedeutung, und auf eine verlorne Schrift Cicero's muss sich beziehen, was *Sen. Ep.* 111. sagt: *quid vocentur latine sophismata, quaesisti a me; multi tentaverunt illis nomen imponere, nullum haesit, videlicet quia res ipsa non recipiebatur a nobis nec in usu erat, nomini quoque repugnatum est; aptissimum tamen videtur mihi, quo Cicero usus est; cavillationes vocat, quibus quisquis se tradidit, quaestiunculas quidem vafras nectit. Quint. Inst.* IX, 1, 15.: *nam hi, quia verborum mutatio sensus quoque verteret, omnes figuras in verbis esse dixerunt, illi, quia verba rebus accommodarentur, omnes in sensibus; quarum utraque manifesta cavillatio est.* VII, 9, 4.: *ineptae sane cavillationis, ex qua tamen Graeci controversias ducunt.* VII, 4, 37.: *hinc moventur quidem mille iuris cavillationes. Cic. Acad.* II, 24, 75.: *quorum sunt contorta et aculeata quaedam σοφίσματα, sic enim appellantur fallaces conclusiunculae. Sen. Ep.* 45.: *idem de istis captionibus dico; quo enim nomine potius sophismata appellem? Gell.* VII, 3, 35.: *rem admodum insidiosam et sophisticam neque ad veritates magis quam ad captiones repertam.*

haltung aus, und wir finden in Folge dieses Umstandes mehreres Derartige überliefert; ein Lieblingsthema waren Schlüsse jener Art, welche wir oben (Abschn. VI, Anm. 217) unter dem Namen *ἀντιστρέφον* trafen, und welche in ihrer Verwandtschaft mit dem rhetorischen Dilemma namentlich auch eine juristische Wendung erhalten [64]); das Gleiche gilt von dem *ἄπορος* (Abschn. VI, Anm. 216) oder *inexplicabilis*, wobei ein Beispiel in Bezug auf die Majorität der Richter erwähnt wird [65]). Sodann als Aufgaben, welche beim Gastgelage gegeben wurden, erscheinen der *Κερατίνης* und der *Ψευδόμενος* (Abschn. II, Anm. 90 u. 83), ferner Schlüsse, welche die Continuität der Bewegung aufheben (ebendort, Anm. 99 ff. u. Abschn. VI, Anm. 210), auch das Sophisma von der Maus (Maus ist eine Sylbe; die Maus frisst Käse; also eine Sylbe frisst Käse) und mehrere, welche dem *Οὔτις* (Abschn. VI, Anm. 213) sich anschliessen, — alles Dinge, wobei wir nur die geistreiche Erbärmlichkeit bewundern können, welche bei dem Vorhandensein einer aristotelischen Logik an solchem Blödsinne ein Vergnügen fand [66]). Zum Theile bemerkenswerth

---

64) *Gell.* V, 11.: *Existimant quidam, etiam illud Biantis .... responsum consimile esse atque est Protagorion illud .... nam cum rogatus esset a quodam Bias, deberetne uxorem ducere an vitam vivere coelibem: ἤτοι, inquit, καλὴν ἕξεις ἢ αἰσχρὰν, καὶ εἰ καλὴν, ἕξεις κοινὴν, εἰ δὲ αἰσχρὰν, ἕξεις ποινήν· ἑκάτερον δὲ οὐκ ἀγαθόν· οὐ ληπτέον ἄρα. Sic autem hoc responsum convertunt: εἰ μὲν καλὴν ἕξω, οὐχ ἕξω ποινήν· εἰ δὲ αἰσχρὰν, οὐχ ἕξω κοινήν· γαμητέον ἄρα. Sed minime hoc esse videtur ἀντιστρέφον, quoniam ex altero latere conversum frigidius est infirmiusque; nam Bias proposuit, non esse ducendam uxorem propter alterutrum incommodum, quod necessario patiendum erit ei qui duxerit; qui convertit autem, non ab eo se defendit incommodo, quod adest, sed carere se altero dicit, quod non adest.* Ebend. IX, 16, 5.: *sicuti hanc quoque sententiam ponit ex huiuscemodi controversia: „vir fortis praemio quod optaverit donetur; qui fortiter fecerat, petit alterius uxorem in matrimonium et accepit; is deinde, cuia ea uxor fuerat, fortiter fecit; repetit eandem; contradicitur." eleganter, inquit, et probabiliter ex parte posterioris viri fortis uxorem sibi reddi postulantis hoc dictum est „si placet lex, redde; si non placet, redde." fugit autem Plinium, sententiolam istam, quam putavit esse argutissimam, vitio non carere, quod graece ἀντιστρέφον dicitur; et est vitium insidiosum et sub falsa lemmatis specie latens; nihilo enim minus converti ex contrario id ipsum adversus eundem potest, atque ita a priore illo viro forti si „dici placet lex, non reddo; si non placet, non reddo." Cur. Fortun. Rhet.* I, p. 55. *Capp.*: *quae est antistrephusa? quum actionem suam convertunt litigantes et neuter utitur sua priore sententia, sed adversarii sui.*

65) *Gell.* IX, 15, 6.: *exponit igitur tentamenti gratia controversiam parum consistentem, quod genus Graeci ἄπορον vocant; latine autem id non nimis incommode inexplicabile dici potest; ea controversia fuit huiuscemodi: „de reo septem iudices cognoscant eaque sententia sit rata, quam plures ex eo numero dixerint; cum septem iudices cognovissent, duo censuerunt reum exilio mulctandum, duo alii pecunia, tres reliqui capite puniendum; petitur ad supplicium ex sententia trium iudicum et contradicit."*

66) *Sen. Ep.* 45.: *Ceterum qui interrogatur an cornua habeat ..... Quid me detines in eo, quem tu ipse pseudomenon appellas.* Ebend. *Ep.* 48.: *nisi interrogationes vaferrimas struxero et conclusione falsa a vero nascens mendacium adstruxero ..... „mus syllaba est; mus autem caseum rodit; syllaba ergo caseum rodit" .... nisi forte acutior est illa collectio: „mus syllaba est; syllaba autem caseum non rodit; mus ergo caseum non rodit."* Gell. V, 13, 4.: *quaerebantur autem ... ἐνθυμήματα quaedam lepida et minuta .... quaesitum est, quando moriens moreretur, cum iam in morte esset, an tum etiam, cum in vita foret; et quando surgens surgeret, cum iam staret, an tum etiam, cum sederet; et qui artem disceret, quando*

hiebei ist höchstens ein einzelnes Sophisma, welches dem ψευδόμενος sehr verwandt ist und vielleicht *frustratorium* (s. d. folg. Anm.) hiess; es wurde dasselbe bereits von Ennius benützt [67]). Durch die praktisch rhetorische Anwendung aber, welche diese Sophistik auch bei Schulcontroversen der Juristen fand, kam es, dass die Namen ἄπορος, σωρείτης, ψευδόμενος und das Wort *cavillatio* in obiger technischer Bedeutung auch in den Pandekten erscheinen [68]). Dass im Dienste der Rhetorik auch die Begriffe *ambiguitas* (ἀμφιβολία), ὁμωνυμία, *soloecismus, barbarismus* u. dgl. besprochen werden, versteht sich von selbst [69]).

---

artifex fieret, cum iam esset, an tum, cum etiam non esset; utrum enim horum dices, absurde atque ridiculose dixeris, multoque absurdius esse videbitur, si aut utrumque esse dicas aut neutrum. Ebend. XVIII, 2, 9.: *tertio in loco hoc quaesitum est, in quibus verbis captionum istarum fraus esset, et quo pacto distingui resolvique possent: „quod non perdidisti, habes; cornua non perdidisti; habes igitur cornua;" item altera captio: „quod ego sum, id tu non es; homo igitur tu non es"; quaesitum id quoque ibi est, quae esset huius quoque sophismatis resolutio: „cum mentior et mentiri me dico, mentior an verum dico."* Ebend. 13, 5.: *erant autem captiones ad hoc fere exemplum, tametsi latina oratione non satis scite ac paene etiam illepide exponuntur: „quod nix est, hoc grando non est; nix autem alba est; grando igitur alba non est;" item aliud non dissimile: „quod homo est, non est hoc equus; homo autem animal est; equus igitur animal non est." Quint. Inst.* I, 10, 5.: *exquisitas interim ambiguitates, non quia Ceratinae aut crocodilinae possint facere sapientem, sed quia illum ne minimis quidem oporteat falli.*

67) *Gell.* XVIII, 2, 6 f.: *quaerebantur autem res huiuscemodi: aut sententia poetae veteris ... aut captionis sophisticae solutio .... itaque nuper quaesita esse memini ... quorum prima fuit enarratio horum versuum, qui sunt in satiris Qu. Ennii non multifariam verbo concinniter implicati, quorum exemplum hoc est:*

Nam qui lepide postulat alterum frustrari,
Quem frustratur, frustra eum dicit frustra esse;
Nam qui sese frustrari quem frustra sentit,
Qui frustratur, is frustra est, si non ille est frustra.

D. h. Wer durch eine Scherzlüge Jemanden täuschen will, sagt in einer Selbsttäuschung, dass Jener, welchen er täuscht, in einer Täuschung sich befinde; denn derjenige, welcher fühlt, dass er Jemanden nur dadurch täuscht, dass er selbst sich täuscht, ist eben als der Täuschende der Getäuschte, wenn Jener nicht der wirklich Getäuschte ist (denn der letztere sollte ja eben in die Täuschung gebracht werden, dass er der Getäuschte sei).

68) *L.* 177. *Dig. Verb. signif.* (50, 16.) *Ulp. Cavillatio,* σωρίτης. *Natura cavillationis quam Graeci* σωρίτην, *id est acervalem syllogismum, appellaverunt, haec est, ut ab evidenter veris per brevissimas mutationes disputatio ad ea quae evidenter falsa sunt, perducatur.* L. 88. *Dig. Leg. Falc.* (35, 2.) *Afric. De perplexitate. Qui quadringenta habebat, trecenta legavit, deinde fundum tibi dignum centum aureis sub hac conditione legavit, si legi Falcidiae in testamento suo locus non esset; quaeritur, quid iuris est. Dixi* τῶν ἀπόρων, *id est ex perplexis, hanc quaestionem esse, qui tractatus apud dialecticos* τοῦ ψευδομένου, *id est frustratorii* (s. d. vor. Anm.) *cavillatoriique dicitur; etenim quidquid constituerimus verum esse, falsum reperietur; namque si legatum tibi datum valere dicamus, legi Falcidiae locus erit, ideoque deficiente conditione non debebitur; rursus si, quia conditio deficiat, legatum valiturum non sit, legi Falcidiae locus non erit; porro si legi locus non sit, existente conditione legatum tibi debebitur* (die *Lex Falcidia* nemlich sichert dem Erben den vierten Theil der Erbschaft gegenüber einer übermässigen Belastung derselben durch Legate).

69) Ueber das *ambiguum* oder *ambiguitas* z. B. *Aut. ad Herenn.* I, 6. u. II, 12. *Cic. d. Or.* II, 26, 111. *Quint.* VII, 9, 1. *C. Fortun.* p. 69. *Capp. Gell.* XVIII, 7.; über ὁμωνυμία *Quint. Inst.* VII, 9, 2.; über *barbarismus Aut. ad Herenn.* IV, 12. *Quint.* I, 5, 6. *Gell.* XIII, 6, 14.; über *soloecismus Aut. ad Herenn.* IV, 12., *Quint.* I, 5, 36. *Gell.* V, 20.

IX. ABSCHNITT.

DIE SPAETEREN PERIPATETIKER.

Auch nach jener Ausbildung, welche die Logik durch die Stoiker im Sinne des Rhetorismus erhalten hatte, ruht das Hauptgewicht doch noch stets auf der peripatetischen Schule, und wenn dieselbe auch schon unter Theophrast und Eudemus einen Mangel an philosophischem Verständnisse in Bezug auf den inneren Kern der aristotelischen Logik sehr stark fühlen lässt, so sind es doch die Peripatetiker, welche wenigstens in einem gewissen Grade die Reinheit der äusseren Formen der von Aristoteles gegebenen logischen Theorie bewahren, und diese peripatetische Schultradition zieht sich neben einem bald eintretenden Syncretismus stoischer und aristotelischer Logik bis zum Schlusse des Alterthumes hindurch, so dass selbst noch Porphyrius, wie wir sehen werden, das ausdrückliche Geständniss ablegt, dass er in seiner Isagoge peripatetische Lehre entwickle.

Jedoch ist betreffs dieser Fortführung aristotelischer Doctrin abgesehen von einer durchgängigen Schwäche der eigentlich speculativen Auffassung zweierlei zu bemerken. Einmal standen diese Peripatetiker innerhalb der allgemeinen Richtung ihrer Zeit, insoferne auch sie den Einflüssen der Schul-Methode überhaupt, wie sich dieselbe überwiegend aus dem Stoicismus heraus ausgebildet und umfassend verbreitet hatte, unterlagen und so immerhin eine fremdartige Behandlungsweise an aristotelischen Stoff anlegten. Sodann aber war der Stoicismus ja selbst ohne eigene innere Production doch nur auf ein von Aristoteles und Theophrast her vorliegendes Material eingegangen, und verschiedene Controversen der Stoiker unter sich hatten schon Manches erörtert, was ebenso wohl unter den Peripatetikern Gegenstand der Untersuchung gewesen sein möchte; und war nun auch die Sekten-Feindschaft noch so stark, so führte doch schon die Polemik selbst es mit sich, dass von Seite der Peripatetiker man sich auf manche stoische Distinctionen und Aporien einlassen musste, und hiedurch schlichen sich nun selbst inhaltlich einige Auffassungen der Stoa in peripatetische Untersuchungen ein. Namentlich aber scheint in den beiden genannten Beziehungen die Topik, welche ja so leicht als gemeinschaftliches Band der Rhetorik und der Logik betrachtet werden konnte, im Stillen als Vermittlerin gewirkt zu haben.

So treffen wir hier natürlich noch keinen beabsichtigten Syncretismus der einzelnen Autoren, welche hiebei in Betracht kommen, sondern im Gegentheile die Tendenz derselben ist, die aristotelische Lehre zu fördern; aber es kann immer noch gefragt werden, ob sie diess in wirklich aristotelischem Sinne thaten, und hier liegen die Uebergänge zu mancher unwillkürlichen Unreinheit nahe. Sodann auch wird man wegen der Berührungspunkte, welche zwischen späteren stoischen und diesen peripatetischen Controversen bestehen, es wohl entschuldigen, wenn wir hier auch zwei Stoiker und einen Akademiker besprechen; denn einerseits wäre es nach dem Umfange dessen, was uns von denselben überliefert ist, in der That nicht der Mühe werth, ihnen im Hinblicke auf das chronologische Motiv an betreffender Stelle je einen eigenen Abschnitt zu widmen, und andrerseits bilden sie auch wirklich inhaltlich keine eigene Modification der logischen Theorie; nemlich die ganze Thätigkeit dieser späteren Peripatetiker ist nur eine commentirende, welche eben darum mit verschiedenen Controversen sich beschäftigt, so dass wir für gegenwärtigen Abschnitt ebenso wohl auch die Ueberschrift „die älteren Commentatoren" hätten wählen können; und an diesen commentirenden Erörterungen betheiligen sich nun auch in polemischer Absicht von stoischer Seite Athenodorus und Cornutus und von akademischer Seite Eudorus; aber was wir von denselben wissen, reiht sich der Methode nach als gleichartig an die Aporien der Peripatetiker an, und es kommen jene hier nicht so fast als Anhänger ihrer Sekten in Betracht, sondern als Gelehrte, welche an den Controversen über die aristotelischen Kategorien lebhaften Antheil nehmen.

Hauptsächlich im Anschlusse an das unter den aristotelischen Schriften uns erhaltene Buch, welches den Titel *Κατηγορίαι* führt, gehören zu diesen älteren Erklärern der Logik des Aristoteles [1]) der Zeitfolge nach zunächst Andronikus von Rhodus (um d. J. 50 v. Chr.), sodann als dessen Zeitgenossen oder höchstens etwas jünger als er die drei eben genannten Anhänger anderer Richtungen, dann Boethus von Sidon, der Schüler des Andronikus (um 30 v. Chr.), Alexander Aegäus (um 30 nach Chr.), Aspasius (um 110 n. Chr.) und Adrastus (um 130 n. Chr.); auch den Herminus und ebenso den Aristo werden wir wohl diesen früheren Commentatoren, welche von Späteren selbst als die Alten (οἱ ἀρχαῖοι) bezeichnet werden, beizählen dürfen, wenn sich auch ihre Zeit nicht genau bestimmen lässt. Uebrigens fliesst trotz mannigfacher Einzelnheiten die Tradition über die Genannten nicht so reichlich, dass wir in der Darstellung die Reihenfolge dieser einzelnen Autoren zu Grunde legen könnten, zumal da auch noch manche Eigenthümlichkeiten dieser späteren Peripatetiker ohne specielle Namen uns überliefert sind, so dass wir es vorziehen müssen, uns an die Abfolge der hauptsächlichen Theile der logischen Disciplin zu halten und hiebei die Einzelnen am betreffenden Orte stets wieder zu nennen. Am Schlusse dieses Abschnittes aber soll uns Galenus (131—200) den Uebergang zum eigentlichen Syncretismus bilden.

Vor Allem also würde diesem Abschnitte die Schrift *Κατηγορίαι*

1) S. Brandis, Ueber die griechischen Ausleger des Organons in d. Abhdll. d. phil. hist. Classe d. Berl.-Akad. 1833, S. 268—299. Zumpt, Ueber d. Bestand d. philos. Schulen in Athen, ebend. 1842, S. 96 ff.

anheim fallen, woferne dasjenige, was wir oben (Abschn. IV, Anm. 4 f. u. 417. u. 476.) über dieselben bemerkten, richtig ist; sie müssten jedenfalls vor jener bekannten Redaction der aristotelischen Werke, welche Tyrannio (um 70 v. Chr.) veranstaltete, verfasst worden sein, und nachdem ihre Aechtheit in der Schule theils gar nicht beanstandet, theils vertheidigt worden war, blieb sie fortan als der Ausgangspunkt und Gegenstand der ausgedehntesten Erörterungen und Schul-Controversen ein Buch vom höchsten culturgeschichtlichen Einflusse (in ähnlicher Weise wurde ja auch die unächte Schrift περὶ Κόσμου die Veranlassung fast unzähliger Notizen der späteren Tradition betreffs einer angeblichen πέμπτη οὐσία des Aristoteles). Das Buch Κατηγορίαι ist wohl sicher unter den Einflüssen der allgemein verbreiteten Schul-Methode entstanden, insoferne der Verfasser desselben davon ausgieng, dass unter eine bestimmt abgegränzte Zahl von obersten Begriffen die Gesammtheit aller Denk-Objecte rubricirt werden müsse; und es bot sich hiezu für eine schulmässige Behandlungsweise auch ein erwünschter äusserer Anknüpfungspunkt an jener oben (Abschn. IV, Anm. 355) angeführten Stelle der Topik dar. Auch scheint schon damals ein zweites Schul-Motiv, welches zugleich mit der Stoa sich ausbreitete, mitgewirkt zu haben, nemlich das Bestreben, dass man überall von dem Einfacheren zu dem Zusammengesetzten fortschreite, ein Grundsatz, welcher später, wie wir sehen werden (Abschn. XI), bis aufs Aeusserste mit einem wahren Schul-Formalismus festgehalten wird; und hiemit konnte in ächt schulmässiger Weise leicht die Erwägung in Verbindung gebracht werden, dass ja gerade in der Topik an jener Stelle die Kategorien als ein bereits Bekanntes angeführt und folglich vorausgesetzt zu sein scheinen, daher man wohl nichts Wichtigeres thun zu können glaubte, als dass man diese unentbehrliche Voraussetzung wirklich vor die Topik vorausstellte. So kam es wohl, dass in jenem Buche zunächst Begriffe, welche gleichfalls in der Topik eine grosse Rolle spielen, erörtert wurden, nemlich das Synonyme, Homonyme und Paronyme (Cat. 1), wobei selbst eine Anknüpfung an Bestrebungen des Speusippus (Abschn. III, Anm. 93) mitwirken konnte; an Erörterungen über das Verhältniss des Prädicirens (c. 2 u. 3) reiht sich dann die Aufzählung der zehn Kategorien an (c. 4), und nachdem die Kategorien der substanziellen Wesenheit (c. 5), der Quantität (c 6), der Relation (c .7), der Qualität in viererlei Species — ἕξις, διάθεσις, παθητικόν, σχῆμα — (c. 8) ausführlicher, die des Thuns und Leidens, des Wo und Wann, des Habens und Liegens, aber völlig kurz und karg (c. 9) besprochen sind, folgen Angaben über das Gegenüberliegen (c. 10) und den Gegensatz (c. 11), worauf am Schlusse des Buches wieder einige andere Begriffe, nemlich das Früher (c. 12), das Zugleich (c. 13), die Bewegung (c. 14), und das Haben (c. 15) nach ihren verschiedenen Wortbedeutungen aufgezählt werden.

Ueber die niedere Stufe der Speculation, auf welcher der Verfasser dieses Buches stand, und überhaupt über den höchst geringen Werth, welchen dasselbe an sich besitzt, uns weiter zu verbreiten, ist nicht nöthig, nachdem wir im IV. Abschnitte uns hierüber hinreichend äusserten. Aber eben ein durchgängiger Beleg für die fast ausschliessliche Herrschaft einer schulmässigen Behandlungsweise ohne alle Tiefe einer logischen

Theorie ist für diese ganze Epoche gerade der Umstand, dass in der Schule dieses Fächerwerk einer Kategorien-Tafel zum hauptsächlichen Gegenstande der Erklärung oder der Controversen gemacht wird; und von hier an gestaltet sich die sog. Kategorien-Lehre allmälig zu einem an Extension bedeutenden und gewaltigen Momente der Culturgeschichte; wenn wir schon oben bei den Stoikern in dieser Beziehung eine nominalistische Ontologie nachweisen konnten, so zieht sich dieses Motiv gerade im Zusammenhange mit stoischer Schul-Methode bis in die ontologischen Streitigkeiten des Mittelalters hinab, ja es wäre sogar eine schlimme Täuschung, wenn wir selbst heutzutage von den Einflüssen der Scholastik frei zu sein glaubten und nicht anerkennen würden, dass jeder Versuch, objectiv ontologische Kategorien zu construiren, doch nur auf jener übererbten Rumpelkammer des späteren Alterthums beruht.

Das grösste Gewicht in Bezug auf die inneren Fäden, an welche die ununterbrochene Tradition aristotelischer Logik geknüpft ist, muss ich auf den Zusammenhang legen, welcher zwischen der Kategorienlehre und der Topik besteht. Wir besitzen in dieser Beziehung die höchst schätzenswerthe Notiz, dass bereits Andronikus, der erste Commentator nach der von Tyrannio veranstalteten Recension der aristotelischen Werke, die Ansicht Einiger als eine schon vorliegende fand, dass das Buch *Κατηγορίαι* eigentlich die Ueberschrift *Πρὸ τῶν Τόπων* tragen solle; Andronikus nemlich sprach die Meinung aus, dass Alles, was in jenem Buche nach Cap. 9, also nach der Erörterung der eigentlichen Kategorien, folgt, von Jemandem hinzugefügt sein müsse, welcher eben die Kategorien vor die Topik gestellt wissen wollte [2]). Und es blieb diese Ansicht nicht vereinzelt, sondern gerade Adrastus, welcher noch von den späteren Commentatoren als ächter Peripatetiker bezeichnet wird, machte sie zu der seinigen, indem er in einer eigenen Schrift über die Reihenfolge der philosophischen Werke des Aristoteles die Topik unmittelbar nach den Kategorien folgen liess [3]). Dieser Zusammenhang aber (vgl. Abschn. V, Anm. 84) bleibt culturgeschichtlich für die Tradition und Verbreitung der aristotelischen Logik bewahrt, denn in der Topik ist die Veranlas-

---

2) *Simpl. ad Cat. f.* 95 *Z.*: *τινὲς μὲν γὰρ, ὧν καὶ Ἀνδρόνικός ἐστι, παρὰ τὴν πρόθεσιν τοῦ βιβλίου προςκεῖσθαί φασιν ὑπό τινος ταῦτα* (nemlich von c. 10 an) *τοῦ τὸ τῶν Κατηγοριῶν βιβλίον Πρὸ τῶν Τόπων ἐπιγράψαντος, οὐκ ἐννοοῦντες κτλ.* In einer anderen, und zwar etwas verdächtigen, Wendung, findet sich diese Notiz bei *Boeth. ad Ar. Praedic.* IV, p. 191. (*ed. Basil.* 1570.): *Andronicus hanc esse adiectionem Aristotelis non putat simulque illud arbitratur, idcirco ab eo fortasse hanc adiectionem* (*de oppositis et de his quae simul sunt et de priore et de motu et de aequivocatione habendi*) *non esse factam, quod hunc libellum ante Topica scripserit quodque haec ad illud opus non necessaria esse putaverit* (*sicut ipsae categoriae prosunt ad sensum Topicorum*), *non ignorans scilicet, quod sufficiente in Topicis, quantum ad argumenta pertinebat, et de his omnibus quae adiecta sunt et de praedicamentis fuisse propositum. Sed haec Andronicus.*

3) Ebend. *f.* 4 *Γ.*: *οὐχ ὁ τυχών ἐστιν ἀνὴρ ὁ μετὰ τὰς Κατηγορίας εὐθὺς τὰ Τοπικὰ τάξας βιβλία, ἀλλ' Ἄδραστος ὁ Ἀφροδισιεὺς ἀνὴρ τῶν γνησίων Περιπατητικῶν γεγονὼς ἐν τῷ περὶ τάξεως τῆς Ἀριστοτέλους φιλοσοφίας μετὰ τὴν τῶν Κατηγοριῶν βίβλον τὰ Τοπικὰ βούλεται τετάχθαι.* *Anon. prolegg. ad Cat.* b. *Brand.* 32b. 31.: *εἰδέναι δὲ δεῖ ὅτι ἓξ γεγόνασιν ἐπιγραφαὶ τῆς πραγματείας ταύτης ...... Πρὸ τῶν Τόπων, ὡς Ἄδραστος ὁ Ἀφροδισιεὺς τῷ τὰ τελευταῖα τῶν Κατηγοριῶν συγγενῶς ἔχειν πρὸς τοὺς Τόπους.*

sung der *Quinque Voces*, diese aber werden bei Porphyrius wieder das Mittel zu seiner auf den Kategorien beruhenden Lehre vom Begriffe.

War auf diese Weise die Topik in Folge einer allgemeinen Hinneigung an das rhetorisch Dialektische so sehr in den Vordergrund getreten, dass sie gewissermassen als dasjenige erscheint, welchem die Kategorienlehre und die hieran sich anschliessende Lehre vom Begriffe dienstbar ist, so steht eben hiemit die von dieser Zeit an durchgängige Anschauung der Peripatetiker in Zusammenhang, dass die Logik Werkzeug sei. Nemlich Alexander Aphrod. berichtet einerseits ausdrücklich, dass schon die Alten (*οἱ ἀρχαῖοι*), unter welchen wir wenigstens eben jene oben genannten späteren Peripatetiker zu verstehen haben, die Logik als *ὄργανον*, nicht aber als Theil, bezeichneten [4]; und andrerseits knüpft er gerade an eine Stelle der Topik jenen Grundsatz, dass die Logik als Werkzeug betrachtet werden müsse, weil ja Aristoteles dort jene Probleme als dialektische erkläre, welche als mittelbare Beihülfe zur Erkenntniss dienen [5]; so dass wir gewiss nicht irren, wenn wir diesen Grund eben jenen nemlichen Alten zuschreiben, denn von denselben sagt Alexander (Anm. 4), dass sie die Logik bis zu ihrer praktischen Anwendbarkeit fortführten, d. h. mit anderen Worten, dass sie hauptsächlich dem Gebiete des Dialektischen (im Gegensatze gegen das Apodeiktische) Rechnung trugen; von einem solchen Standpunkte aus musste aber freilich die logische Theorie der Probleme nur insoweit eine Geltung erhalten, als sie eine Beihülfe für die Aufgabe der Topik liefert. Darum wirft sich die Beweisführung für diese Stellung der Logik als eines Werkzeuges bei den Peripatetikern zur Abwehr der stoischen (Abschn. VI, Anm. 29 f.) und akademischen (Abschn. VII, Anm. 5) Ansicht nicht etwa auf jene Stelle in aristotelischen Schriften, welche wir oben, Abschn. IV, Anm. 176 ff., als mögliche Stützen einer solchen Auffassung anführen konnten, sondern auf die Topik und hierin hauptsächlich auf dieses Motiv des praktischen Anwendens, da, wenn die Logik ein Theil und Erzeug-

---

4) *Alex. Aphr. ad Anal. pr. f.* 2 b. *ed Flor.*; *εὐλόγως ὑπὸ τῶν ἀρχαίων, οἳ μέχρι χρείας προήγαγον τὴν λογικὴν πραγματείαν, ὄργανον αὐτὴν ἀλλ᾽ οὐ μέρος λέγεσθαι.* Die Bezeichnung *οἱ ἀρχαῖοι* würde uns sogar noch weiter zurück bis auf die älteren Peripatetiker führen (s. Abschn. V, Anm. 68.); jedoch, wenn es auch nicht schlechthin unmöglich sein sollte, dass diese Auffassung schon bald nach Aristoteles sich geltend machte, so wird sie wahrscheinlich erst später in der Polemik gegen Stoa und Akademie ausführlicher zu Tage getreten sein, so dass hiebei höchstens eine Berufung auf noch ältere Auctoritäten vorkommen mochte.

5) Zu *Top.* I, 11, 104b. 1, welche Stelle wir oben, Abschn. IV, Anm. 711, anführten, bemerkt nemlich *Alex. ad Top.* p. 41.: *ὅσα δὲ μήτε ὡς πρακτικὰ ζητεῖται μήτε τέλος ἔχει τὴν γνῶσιν τῆς ἐν αὐτοῖς ἀληθείας, ἀλλ᾽ ὡς συνεργὰ ἢ πρὸς τὴν τῶν αἱρετῶν τε καὶ μὴ γνῶσιν ἢ πρὸς τὴν τῶν ἀληθῶν τε καὶ ψευδῶν εὕρεσιν ζητεῖται, ταῦτα προβλήματα λογικά· ἡ γὰρ λογικὴ πραγματεία ὀργάνου χώραν ἔχει ἐν φιλοσοφίᾳ. ὅσα δὴ κατὰ ταύτην ζητεῖται, τοῦ πρὸς ἐκείνην χρησίμου ζητεῖται χάριν, ὁ γὰρ ζητῶν περὶ ἀντιστροφῆς, φέρε εἰπεῖν, προτάσεως ἢ περὶ συλλογιστικῆς ἢ ἀσυλλογίστου συζυγίας ὡς συνεργὰ ταῦτα καὶ συντελοῦντα πρὸς τὴν τῶν προειρημένων εὕρεσίν τε καὶ γνῶσιν ζητεῖ. σαφῶς δὲ καὶ ἐνταῦθα τὴν λογικὴν πραγματείαν ὄργανον εἶναι λέγει διὰ τὸ συνεργεῖν αὐτὴν πρὸς τὴν τῶν πρώτων ῥηθέντων εὕρεσίν τε καὶ γνῶσιν, ἀξίαν εἶναι τοῦ ζητεῖσθαι λέγων.* Man sieht, dass hiebei auf das in den Worten des Aristoteles vorkommende *συνεργόν* das Hauptgewicht gelegt ist.

niss der Philosophie selbst wäre, dann die sie anwendenden Wissenschaften höher stehen müssten als die Philosophie selbst [6]). Nemlich ein selbsterzeugtes Werkzeug der Philosophie selbst und hiedurch mittelbar der übrigen Disciplinen ist diesen Peripatetikern die Logik, und darum polemisiren sie gegen Jene, welche glauben, sie enthalte auch Momente, welche zu Nichts gebraucht werden könnten, denn dann müsse ja gerade das Unbrauchbare, weil nicht Werkzeug, ein Theil der Philosophie sein, und da der Theil höheren Rang als das Werkzeug hat, so besässe das Unbrauchbare eine höhere Geltung als das Brauchbare; ferner müsste das Brauchbare wohl zur Uebung der Denkthätigkeit dienen, hingegen das Unbrauchbare dann das um seiner selbst willen Anzustrebende sein, solches aber sei gerade das Höchste und Göttliche, und diess werde gewiss nicht von dem unpraktischen Theile der Logik herbeigeschafft; somit also sei mit Recht dasjenige, was in der Dialektik Unbrauchbares ist, aus der Philosophie und dem Theoretischen überhaupt auszuweisen, die Logik aber als Werkzeug dürfe darum, weil sie Werkzeug ist, nicht mit weniger Eifer betrieben werden, denn die Grösse ihres Verdienstes hänge von der Würde des vermittelst ihrer Erreichten ab [7]).

---

6) *Schol. Cod. Par. ad Anal. pr. b. Brand.* 140b. 22. (jener Theil der Beweisführung, welcher speciell gegen die Stoa gerichtet ist, wurde bereits oben, Abschn. VI, Anm. 30., angeführt): *κατασκευάζουσι δὲ οἱ Περιπατητικοὶ ὅτι ὄργανόν ἐστιν ἡ λογικὴ τῆς φιλοσοφίας οὕτως· φασὶ γὰρ ὅτι κρείττων ἐστὶν ἡ κεχρημένη τέχνη τῆς ποιούσης ὄργανόν τι, οἷον τὸν χαλινὸν ποιεῖ ἡ χαλινοποιητικὴ, κέχρηται δὲ ἡ ἱππικὴ, διὸ κρείττων ἡ ἱππικὴ τῆς ποιούσης τὸν χαλινὸν, τουτέστι τῆς χαλινοποιητικῆς. εἰ τοίνυν δῶμεν τὴν φιλοσοφίαν μὲν ποιεῖν τὴν λογικὴν, τὰς δὲ ἄλλας κεχρῆσθαι, εὑρεθήσονται καὶ ἄλλαι τέχναι κρείττους τῆς φιλοσοφίας ὅπερ ἄτοπον. ὄργανον οὖν ἔστι τῆς φιλοσοφίας.*

7) *Alex. ad Anal. pr. f.* 2a.: *ἡ λογική τε καὶ συλλογιστικὴ πραγματεία ... ἔστι μὲν ἔργον φιλοσοφίας, χρῶνται δὲ αὐτῇ καὶ ἄλλαι τινὲς ἐπιστῆμαί τε καὶ τέχναι, ἀλλὰ παρὰ φιλοσοφίας λαβοῦσαι, ταύτης γὰρ ἥ τε εὕρεσίς ἐστι καὶ ἡ σύστασις καὶ ἡ πρὸς τὰ κυριώτατα χρῆσις· οὖσα δὲ ἔργον αὐτῆς τοῖς μὲν καὶ μέρος εἶναι φιλοσοφίας δοκεῖ, οἱ δὲ οὐ μέρος ἀλλ᾽ ὄργανον αὐτῆς φασιν εἶναι..... οἱ δὲ μὴ μέρος αὐτὴν ἀλλ᾽ ὄργανον φιλοσοφίας εἶναι λέγοντες οὔ φασιν αὔταρκες εἶναι πρὸς τὸ μέρος εἶναί τι τέχνης τινὸς ἢ ἐπιστήμης τὸ τὴν τέχνην ἢ τὴν ἐπιστήμην καὶ περὶ ἐκεῖνο καταγίνεσθαι ὁμοίως ὡς καὶ περὶ ἕκαστον τῶν ἄλλων μερῶν αὐτῆς περὶ ἃ πραγματεύται· κρίνεσθαι γὰρ τὸ μέρος οὐκ ἀπὸ τῆς περὶ αὐτὸ σπουδῆς τε καὶ πραγματείας μόνης......*(f. 2b.) *εἰ δὲ μὴ πᾶσαν λέγοιεν τὴν λογικὴν πραγματείαν πρὸς εὕρεσίν τε καὶ σύστασιν τῶν κατὰ φιλοσοφίαν ζητουμένων τὴν ἀναφορὰν ἔχειν ἢ τῶν κατ᾽ ἄλλην ἐπιστήμην τε καὶ τέχνην τινὰ θεωρουμένων τε καὶ ζητουμένων, ἀλλ᾽ εἶναί τινα ἐν αὐτῇ θεωρούμενά τε καὶ ζητούμενα ἃ πρὸς οὐδέν ἐστι χρήσιμα, πρῶτον μὲν συγχωρήσουσιν εὐλόγως ὑπὸ τῶν ἀρχαίων ..... ὄργανον αὐτὴν ἀλλὰ μὴ μέρος λέγεσθαι. εἶτα δὲ κατ᾽ αὐτοὺς τὸ μὲν χρήσιμον αὐτῆς ἐστιν ὄργανον, τὸ δὲ οὐ χρήσιμον ἔσται μέρος ὄν· εἰ δὲ τὸ χρήσιμον βελτιόν τε καὶ πλείονος σπουδῆς τε καὶ πραγματείας ἄξιον, καὶ κατ᾽ αὐτοὺς ἔσται τὸ μὲν βέλτιον τῆς λογικῆς μόριον ὄργανον φιλοσοφίας καὶ τῶν ἄλλων τεχνῶν τε καὶ ἐπιστημῶν, τὸ δὲ ἐλάττονος σπουδῆς ἄξιον μέρος, καίτοι τὸ ὄργανον ἐν πᾶσι τοῦ ὡς μέρους ἔργου δευτέραν χώραν ἔχει. ἔτι εἰ μὲν σπουδάζοιτο ὡς γυμνάσιον τῆς διανοίας πρὸς εὕρεσιν τῶν ἐν τοῖς μέρεσι τῆς φιλοσοφίας ζητουμένων, καὶ οὕτως ἂν τὴν τοῦ ὀργάνου χώραν ἔχοι· εἰ δὲ διὰ τὴν ἐν αὐτοῖς ἀληθείας γνῶσιν, μόριον ἂν γένοιτο τῆς θεωρητικῆς, ἐκείνης γὰρ ἡ γνῶσις τέλος· τί δὲ τὸ καλὸν ἔχουσα ἡ τῶν ἀχρήστων κατὰ τὴν λογικὴν μέθοδον θεωρία σπουδῆς ἂν ἀξιοῖτο ὡς οὖσα τῆς φιλοσοφίας μέρος; τὰ γὰρ σπου-*

Man sieht, wie verknöchert hier schon die durch die Topik veranlasste Anschauung ist, dass die Beweisführung und die Herbeischaffung des zu derselben Nöthigen schlechthin nur Mittel zum Zwecke sei; es wird wie etwas Selbstverständliches vorausgesetzt, dass Alles dasjenige in der Logik, was nicht Werkzeug ist, sofort ein Unbrauchbares sei, wie wenn es nicht neben diesem noch ein Drittes, nemlich das um seiner selbst willen Bestehende gäbe; diess letztere wird ja von vorneherein in die Region des höchsten Wissens-Objectes und des Transscendenten verlegt, so dass wir auch hier jene durchgängige Richtung des späteren Alterthumes überhaupt erkennen, welches in seinen edleren Bestrebungen wohl einem Zuge nach Oben folgte, aber zur Realisirung desselben allen concreten Boden verloren hatte. Zugleich mit dem philosophischen Principe der Logik, in welchem sie ihren Anspruch auf Selbstständigkeit besitzt, ist hier auch bei den Peripatetikern der sokratisch anthropologische Ausgangspunkt des Aristoteles längst abgestreift, und es gibt fortan kein ontologisches Motiv mehr innerhalb der Logik selbst, sondern diese ist verurtheilt, eine Maschine zu sein, vermittelst deren man die objectiv erhaschte Ontologie in der Schule demonstrirt. Das Argumentiren demnach (vgl. d. vor. Abschn. Anm. 22 f.), in welchem die Logik mit der Rhetorik zusammentrifft (Topik), wird die Hauptsache, und weil die Beweise aus Sätzen bestehen, in den Sätzen aber gewisse Momente (die aus der Topik herausgelesenen *quinque voces*) immer wiederkehren, und in diesen gewissen Momenten die *Tabula logica* von Gattungs- und Art-Begriffen und unterscheidenden Merkmalen eine Hauptrolle bei sämmtlichen Kategorien-Bestimmtheiten spielt, so tritt die hierin formal gewordene Lehre vom Begriffe in Dienst bei der selbst wieder nur dienstbaren Syllogistik. Mit diesem ganzen Motive nun, dass und warum die Logik Werkzeug sei, stimmt es vortrefflich überein, wenn bereits Andronikus den Grundsatz aufstellte, dass das Studium der Philosophie mit der Logik beginnen müsse, worin wir nur eine Bestätigung dafür finden können, dass diese auf der Topik beruhende Auffassung schon jenen ältesten Commentatoren angehöre; und nothwendiger Weise stellt sich bei einer derartigen Ansicht auch das stoische Motiv ein, dass vom Einfachen zum Zusammengesetzten fortgeschritten werden müsse, so dass Alexander Aegäus wohl eigentlich nur einer allgemein verbreiteten Anschauung Worte gab, wenn er es aussprach, dass innerhalb der

---

δῆς ἀξιούμενα δεόντως ἢ ἐπ' ἄλλα τινὰ τὴν ἀνάφοραν ἔχει ἅ ἐστι δι' αὑτὰ αἱρετὰ ἢ ἐν αὑτοῖς ἔχει τὸ τῆς σπουδῆς ἄξιον, οὐ γὰρ ἡ τοῦ παντὸς καὶ ἡ τοῦ τυχόντος γνῶσις φιλοσοφίας ἀξία... ἀλλ' ἡ τῶν θείων τε καὶ τιμιων .... ὧν οὐδὲν οἷόν τε παρὰ τῆς ἀχρήστου διαλεκτικῆς συντελοῦν εἰς φιλοσοφίαν λαβεῖν· διὸ καὶ ὡς παντάπασιν ἄχρηστός τε οὖσα καὶ περιττὴ δικαίως ἂν τῆς φιλοσύφου θεωρίας ἐξορίζοιτο. οὐκ ἐπεὶ ὄργανον δὲ καὶ οὐ μέρος φιλοσοφίας ἡ ἀναλυτικὴ, διὰ τοῦτο ἐλάττονος ἡμῖν ἔσται σπουδῆς ἀξία, ἡ γὰρ σπουδὴ τῶν ὀργάνων τῇ τῶν γινομένων ἢ δεικνυμένων δι' αὐτῶν ἀξίᾳ κρίνεται. Die gleichen Gründe gibt *Philop. ad Anal. pr. f.* IV b. an, nur spricht er Einiges noch schulmässig schroffer aus, z. B.: ἔτι τὸ μέρος ἑαυτοῦ χάριν παραλαμβάνεται, τὸ δὲ ὄργανον ἑτέρου, ἡ δὲ λογικὴ ἑαυτῆς μὲν χάριν οὐ παραλαμβάνεται, ἀποδείξεως δὲ ἕνεκα· ἔτι τὰ μέρη μὲν ἀναιρούμενα συναναιρεῖ τὸ ὅλον, τὰ δὲ ὄργανα οὐδαμῶς, ἀναιρεθέντος γὰρ τοῦ σκεπάρνου ἔστι τὸ ἀβάκιον, χαὶ λογικῆς ἀναιρεθείσης φιλοσοφία οὐδὲν ἧττον ἔστι.

so vorangestellten Logik die Kategorien das erste seien, weil in ihnen die Bezeichnung der einfachen, nicht zusammengesetzten Dinge als einfacher Bestandtheil der Rede vorliege [8]).

Uebrigens muss in der Zeit dieser ersten Commentatoren auch die Bezeichnung „Logik" (*Λογική*) für den Inhalt dieser vorbereitenden Disciplin üblich geworden sein, denn schon Cicero gebraucht dieses Wort (s. Abschn. VIII, Anm. 26), und bei Alexander Aphrodisiensis treffen wir den Ausdruck „*ἡ λογική*" bereits als völlig recipirt im Gebrauche (s. z. B. die Stelle in Anm. 7), ebenso auch bei Galenus; und ausserdem besitzen wir die bestimmte Notiz, dass schon lange vor den späteren Commentatoren in der peripatetischen Schule jener Name aufkam, und zwar, wie wir vielleicht schliessen dürfen, in Opposition gegen die Stoiker, welche die Bezeichnung „Dialektik" gebrauchten [9]); wenn daher hinwiederum auch berichtet wird, dass sich jene Bedeutung, welche das Wort „*λογικῶς*" bei Aristoteles hat (Abschn. IV, Anm. 104), gleichfalls in der Schule erhalten habe, und zumal bei Boëthus vorkomme [10]), so kann

---

8) *David ad Cat.* b. *Brand.* 25b. 37.: *τίς ἡ ἀρχὴ τῶν Ἀριστοτελικῶν συγγραμμάτων, τί τὸ τέλος, τίς ἡ μεταξὺ ὁδός; ταῦτα δὲ ζητοῦμεν οὐ μόνον διὰ τὸ πλῆθος αὐτῶν, ἀλλὰ καὶ διὰ τὴν διαφωνίαν τῶν ἀρχαίων· οἱ μὲν γὰρ ἔλεγον ὅτι δεῖ ἀπὸ τῆς φυσικῆς ἄρξασθαι, οἱ δὲ ἀπὸ τῆς λογικῆς, ἄλλοι δὲ ἀπὸ τῆς ἠθικῆς, ἕτεροι δὲ ἀπὸ τῆς μαθηματικῆς· Βοηθὸς γὰρ ὁ Σιδώνιος ἀπὸ τῆς φυσικῆς λέγει, Ἀνδρόνικος δὲ ὁ Ῥόδιος ὁ Περιπατητικὸς, ὁ ἑνδέκατος διάδοχος τῆς Ἀριστοτέλους σχολῆς, ἀπὸ τῆς λογικῆς ἔλεγε, τῶν δὲ Πλατωνικῶν κτλ. Simpl. ad Cat. f.* 3 A.: *ὁ Ἀφροδισιεὺς Ἀλέξανδρος ἀρχὴν εἶναι λέγων τῆς λογικῆς πραγματείας τοῦτο τὸ βιβλίον .... ὥστε περὶ τῶν ἁπλῶν καὶ γενικωτάτων τῶν τοῦ λόγου μορίων εἶναι τὸν σκοπὸν τῶν τὰ ἁπλᾶ πράγματα σημαινόντων καὶ τὰ περὶ τῶν ἁπλῶν πραγμάτων ἁπλᾶ νοήματα. τῆς δὲ αὐτῆς ἐγένετο δόξης καὶ ὁ Αἰγαῖος Ἀλέξανδρος.*

9) *Boeth. ad Cic. Top.* I, p. 766.: *haec est igitur disciplina quasi disserendi quaedam magistra; quam logicen Peripatetici veteres appellaverunt, hanc Cicero definiens disserendi diligentem rationem vocavit; haec vario modo a plerisque tractata est varioque etiam vocabulo nuncupata; ut enim dictum est, a Peripateticis haec ratio diligens disserendi logice vocatur continens in se inveniendi iudicandique peritiam, Stoici vero hanc eandem rationem disserendi paulo angustius tractavere, nihil enim de inventione laborantes in sola tantum iudicatione consistunt deque ea praecepta multipliciter dantes dialecticam nuncupaverunt.* Ebend. *d. diff. top.* p. 857.: *omnis ratio disserendi quam logicen Peripatetici veteres appellavere.*

10) Ebend. *ad Porph. a Vict. transl.* p. 56.: *Probabiliter autem ait, id est, verisimiliter, quod Graeci λογικῶς vel ἐνδόξως dicunt; saepe enim et apud Aristotelem λογικῶς verisimiliter ac probabiliter dictum invenimus et apud Boethum et apud Alexandrum; Porphyrius quoque ipse in multis hac significatione hoc verbo usus est, quod nos scilicet in translatione, quod ait λογικώτερον, ita interpretati, ut rationabiliter diceremus, omisimus.* Betreffs der Stelle des Porphyrius übrigens (*Isag.* 1, p. 1 a. 14. *Brand.*) ist Boethius in Irrthum, denn dort hat *λογικώτερον* gerade die technische Bedeutung. Bei dem Rhetor Hermogenes (Mitte d. 2. Jahrh.) wird die *λογικὴ στάσις* der *νομικὴ στάσις* gegenübergestellt, da erste auf *πρᾶγμα* und letztere auf *ῥητὸν* sich beziehe (III, p. 12. *Walz*: *κἂν μὲν περὶ ῥητὸν, νομικὴν ποιεῖ τὴν στάσιν .... ἂν δὲ περὶ πρᾶγμα, λογικήν*); in ähnlicher Weise wird bei Aphthonius und bei Theon *θέσις* als eine *λογικὴ ἐπίσκεψις* definirt, welche ein *πρᾶγμα* betreffe (I, p. 108. *W.*: *θέσις ἐστὶν ἐπίσκεψις λογικὴ θεωρουμένου τινὸς πράγματος.* p. 242.: *θέσις ἐστὶν ἐπίσκεψις λογικὴ ἀμφισβήτησιν ἐνδεχομένη ἄνευ προσώπων ὡρισμένων καὶ πάσης περιστάσεως.* Vgl. Abschn. VIII, Anm. 3. Hermogenes hingegen p. 50. bloss: *τὴν θέσιν εἶναι ἐπίσκεψιν πράγματός τινος θεωρουμένου*). Ueber diese Auffassung des *πρᾶγμα* vgl. Abschn. XI, Anm. 143 ff. Ein später Commentator des Hermogenes theilt die *Λογικὴ* geradezu in Dia-

uns diess einerseits nur zur Bestätigung dafür dienen, dass die technische Bedeutung des Wortes „Logik“ erst allmälig zur Geltung kam, und andrerseits sind wir hiedurch verhindert, in dieser Beziehung schon an die älteren Peripatetiker zu denken, da, wenn bereits damals jener Wortgebrauch entstanden wäre, er sich gewiss schon früher und fester in der Schule eingebürgert hätte. Der innere Grund desselben aber liegt natürlich gerade in jener Annäherung an das Dialektische.

Im Ganzen aber befinden wir uns mit dieser ganzen Periode bei einem Stadium der Logik, in welchem dieselbe, wenn sie auch aristotelisches Material enthält, vollends wieder bei einem voraristotelischen, ja geradezu bei einem vorsokratischen Standpunkte angekommen ist. Wie sie damals völlig unausgebildet in bloss praktischer Bethätigung dem Schwätzen und dem sophistischen Doctrinarismus dienstbar war, so ist sie von nun an mit aller Fülle eines ausgebildeten, aber nur formal verstandenen, Materiales als Werkzeug im Dienste des gelehrten, insbesondere des ontologischen und theologischen, Doctrinarismus. Die stoische Logik als Theil der Philosophie ist bodenlos, weil dort die Lehre vom Begriffe jeden weiteren Verwirklichungs-Process des Denkens ausschliesst und Alles, was nachfolgt, ein zweckloses Tändeln ist, vergleichbar den Zusammensetz-Spielen der Kinder; die peripatetische Logik als Werkzeug der Philosophie ist verfehlt, weil sie die Denkform ihres selbstständigen Wesens beraubt und zur Dienerin des Inhaltes oder Productes des Denkens macht. Diese beiden Auffassungsweisen aber, mit mancher nachbarlicher Berührung und im Ganzen mit Ueberwiegen der letzteren, sind für die ganze folgende Culturgeschichte des Abendlander die stets erneuerte Quelle der Logik, und in solcher Form schleppte sich ein gewisser Abhub der aristotelischen Lehre von Schule zu Schule fort. Die einmal verlorne Selbstständigkeit errang die Logik nie mehr bis zur Fichte-Hegel'schen Gestaltung der Philosophie. Die Hegel'sche Logik aber ist verfehlt, weil sie die Form zum Inhalte, oder, was nach Hegel's Escamotage gleichviel ist, den Inhalt zur Form macht. Ob aber heutzutage schlechthin zu Aristoteles zurückgekehrt werden müsse, haben wir einerseits in der Geschichte der Logik nicht direct zu untersuchen, und andrerseits haben wir diese Frage bei der Darstellung der aristotelischen Logik dennoch bereits verneint.

Werkzeuge des Wissens nun sind ja auch die Kategorien, sobald sie als eine fest bestimmte Zahl von Rubriken betrachtet werden, in deren eine überhaupt jedes Object des Wissens gehören muss; in solcher Absicht aber ist von dem schulmässigen Bestreben aus, die Gegenstände der Beweisführungen zu gruppiren, die Kategorien-Tafel in jenem peripatetischen Buche aufgestellt; und als solche Werkzeuge werden uns von nun an die Kategorien in dem Verlaufe der Geschichte verschwistert mit der formalen Methode der Logik fortwährend begleiten, nicht bloss bis zur *Ars magna* des Lullus, sondern auch bis zu Leibnitz und selbst bis zu Kant. In solchem Sinne sind die Kategorien schon hier bei den ältesten Erklärern des aristotelischen Organons ein ganz besonderer Gegenstand ihrer Erörterungen oder Bedenken.

---

lektik und Rhetorik (VII, p. 190.: *εἴ γε ἡ πᾶσα ῥητορικὴ λογική ἐστιν, ἐλέγομεν γὰρ δύο τέχνας εἶναι λογικὰς, τὴν διαλεκτικήν τε καὶ ῥητορικήν*).

Wenn berichtet wird [11]), **Andronikus** habe eine Paraphrase der *Κατηγορίαι* geschrieben, so dürfen wir diesen Ausdruck nicht in der gewöhnlichen Bedeutung, welche er bei den späteren Autoren hat, verstehen; denn Dasjenige, was wir sogleich von den Untersuchungen des Andronikus betreffs der Kategorien anzuführen haben, geht, so wenige Punkte es auch betrifft, in denselben doch weit über den Zweck einer blossen Paraphrase hinaus. Das wichtigste ist, dass er zu Jenen gehörte, welche an der grossen Anzahl der Kategorien Anstoss nahmen, wobei wir zugleich erfahren, dass es eine ziemlich verbreitete Ansicht war, es seien der Kategorien unnöthiger Weise so viele; und zwar wollte Andronikus ebenso wie Xenokrates (s. Abschn. III, Anm. 99) zunächst nur die zwei Hauptgruppen des Ansich (*καθ' αὑτό*) und der Relation (*πρός τι*) gelten lassen [12]). In Bezug auf die Kategorien der Relation aber hob Andronikus einerseits die ächt aristotelische Auffassung (s. Abschn. IV, Anm. 313 u. 345) hervor, dass dieselbe überhaupt die letzte von allen Kategorien sei [13]); und andrerseits wurde er vielleicht gerade hiedurch darauf geführt, dass er, wie schon in dem pseudo-aristotelischen Buche geschehen war (s. Abschn. IV, Anm. 5), die aristotelische Relation dem stoischen *πρός τι πὼς ἔχον* (Abschn. VI, Anm. 81 u. 106 ff.) näherte und durch die von ihm aufgestellte Definition es in Einklang brachte, dass diese Kategorie sowol bei Aristoteles als auch bei den Stoikern die letzte ist [14]). Aber innerhalb des *καθ' αὑτό*, d. h. der übrigen Kategorien nach Ausscheidung der Relation, muss Andronikus seinerseits gleichfalls die schulmässige Distinction und Numerirung weiter ausgeführt haben; denn es wird berichtet, dass er bei den in der pseudo-aristotelischen Schrift aufgezählten vier Species der Qualität noch eine fünfte hinzufügte, oder eigentlich von der dortigen vierten noch besonders trennte, nemlich jene Bestimmtheit, welche sich in den Gegensätzen des Aggregations-Zustandes der körperlichen Dinge zeigt [15]). Nicht ganz un-

---

11) *Simpl. ad Cat. f.* 6 *E.*: *Ἀνδρόνικος παραφράζων τὸ τῶν Κατηγοριῶν βιβλίον.* Schon Brandis (a. a. O. S. 273.) hat auf dieses Missverhältniss hingewiesen.

12) Ebend. *f.* 15 *E*: *λέγουσι τοίνυν οἱ πλεονασμὸν ἐγκαλοῦντες ...... ἄλλοι δὲ κατ' ἄλλον τρόπον αἰτιῶνται τὴν περιττότητα, οἱ γὰρ περὶ Ξενοκράτην καὶ Ἀνδρόνικον πάντα τῷ καθ' αὑτὸ καὶ τῷ πρός τι περιλαμβάνειν δοκοῦσι, ὥστε περιττὸν εἶναι κατ' αὐτοὺς τοσοῦτον τῶν γενῶν πλῆθος· ἄλλοι δὲ εἰς οὐσίαν καὶ συμβεβηκὸς διατέμνουσιν.*

13) Ebend. *f.* 40 *Z.*: *ἀλλ' οὐδὲ Ἀνδρόνικον ἀποδεκτέον τὰ πρός τι μετὰ πάσας θέντα τὰς κατηγορίας, διότι σχέσις ἐστὶ καὶ παραφυάδι ἔοικε.*

14) Ebend. *f.* 51 *B.*: *διόπερ ὁ Ἀρίστων ὡς ἐπὶ σαφέστερον μεταλαμβάνων τὰ πρός τι πὼς ἔχοντα, φησὶ, ταῦτά ἐστιν, οἷς τὸ εἶναι ταὐτόν ἐστι τῷ πὼς ἔχειν πρὸς ἕτερον· καὶ οὕτως δὲ καὶ Ἀνδρόνικος ἀποδίδωσι* ..... (*Γ.*) *καὶ ὁ Ἀρίστωνος καὶ ὁ Ἀνδρονίκου* (sc. *ὁρισμὸς*) *ὁ λέγων „οἷς τὸ εἶναι ταὐτόν ἐστι τῷ πρὸς ἕτερον πως ἔχειν“.* *Porphyr.* *Ἐξηγ. ἐ. τ. Ἀρ. κατηγ. f.* 43 a.: *ἢ ὡς Ἀνδρόνικος „οἷς τὸ εἶναι ταὐτόν ἐστι τῷ πρὸς ἕτερον πὼς ἔχειν, ἐκεῖνά ἐστι πρός τι“.*

15) *Simpl.* a. a. O. *f.* 67 *Γ.*: *Ἀνδρόνικος δὲ πέμπτον εἰσάγει γένος, ἐν ᾧ τάττει μανότητα καὶ πυκνότητα, κουφότητα βαρύτητα, παχύτητα λεπτότητα, οὐ τὴν κατὰ τὸν ὄγκον ἀλλὰ καθὸ ἀέρα λέγομεν λεπτὸν εἶναι καὶ τοῦ ὕδατος λεπτότερον· ποιὰ γὰρ, φησὶ, λέγομεν πάντα τὰ τοιαῦτα τῷ ἀπὸ ποιότητος εἶναι αὐτά· ὁμοίως δὲ καὶ τὸ διαφανὲς καὶ τὸ σκοτεινὸν, ὥστε, φησὶν, ἢ ἄλλο τι γένος ποιότητος τοῦτο θετέον ἢ συζευκτέον αὐτὰ*

aristotelisch aber ist die Auffassung, dass jener Zweig der Qualität, welcher mit stoischer Terminologie zunächst als ἕξις bezeichnet wird, sich auf ein zukünftiges actuelles Eintreten der habituellen Eigenschaft beziehe [16]). Hingegen wieder wahrhaft scholastisch ist es, wenn derselbe sich bemühte die Begriffe des Grossen und Kleinen, des Vielen und Wenigen (s. Abschn. IV, Anm. 531) von der Kategorie der Relation weg in die der Quantität zu bringen [17]). Endlich das gleiche Missverständniss desjenigen, was ächte aristotelische Ansicht gewesen war, zeigt sich darin, dass Andronikus für die Kategorien-Bestimmtheit des Wo und Wann die abstracten Begriffe Ort und Zeit setzte, unter welche jene anderen beiden derartig fallen sollen, dass sie nur im Hinblicke auf die entsprechende abstracte Kategorie ausgesagt werden [18]).

Insoweit die beiden Stoiker Athenodorus und Cornutus betreffs dieser Controversen hieher gehören, haben wir zu erwähnen, dass ersterer gegen die aristotelischen Kategorien, und letzterer sowohl gegen Aristoteles als auch gegen den ersteren schrieb, beide aber an den traditionellen peripatetischen zehn Kategorien besonders tadelten, dass die Eintheilung in denselben durchaus nicht erschöpft sei [19]). So also stand

---

ταῖς παθητικαῖς, τῷ μὲν γὰρ παθεῖν τι τὸ σῶμα τούτων ἕκαστον τοιοῦτον γέγονεν, διαφέρει δὲ ἐκείνων ὅτι πάθους οὐκ εἰσὶν ἐμποιητικαὶ αὗται (so ist die Schul-Logik bereits hier so unverschämt, physikalische Begriffe ohne Kenntniss der Physik in ihrem Fächerwerke zu rubriciren). *f.* 69 *A.*: ὅσα οὖν τούτων μὴ τῷ ποσῷ συντάττεται ἀλλὰ τῷ χαρακτῆρι καὶ τῷ ποιῷ, πότερον ἐν ἄλλῳ εἴδει τάττεται παρὰ τὰ εἰρημένα τέτταρα τῆς ποιότητος, ὥςπερ Ἀνδρόνικός τε καὶ Πλωτῖνος ὑπολαμβάνουσιν, ἢ ἔνεστιν ὑφ' ἓν αὐτὰ τῶν τεττάρων προςβιβάζειν; Vgl. übrigens *Cat.* 8, 10 a. 17.

16) Ebend. *f.* 55 *E.*: οἱ δὲ περὶ τὸν Ἀνδρόνικον ἠξίουν, οὐκ ἀφ' ἧς ἔχουσι δυνάμεως ὠνομάσθαι αὐτούς, ἀλλ' ἀφ' ἧς ἕξουσι, τοὺς γὰρ εὖ πρὸς τὰς μελλούσας ἕξεις διακειμένους οὕτως καλεῖσθαι.

17) Ebend. *f.* 36 *Δ.*: μήποτε δὲ, φησὶν ὁ Ἰάμβλιχος, τῷ Ἀνδρονίκῳ καὶ τὸ μέγα καὶ μικρὸν καὶ τὸ πολὺ καὶ ὀλίγον οὐ μόνον πρός τι ἐστὶν ἀλλὰ καὶ ποσὸν ἀόριστον· ὅταν γὰρ λέγωμεν μέγα, ποσὸν ἀόριστον δηλοῦμεν, οὐ γὰρ δηλοῦται πόσῳ ἢ τίνι μεγέθει μέγα ἐστὶν ἢ πόσῳ πλήθει πολὺ, ὅταν δὲ μεῖζον καὶ μικρότερον λέγωμεν, κατὰ τὴν πρὸς ἄλληλα σχέσιν θεωρεῖται.

18) Ebend. *f.* 34 *B.*: ἄμεινον ἴσως, φασὶν, Ἀνδρόνικος ἐποίησεν, ἰδίας μὲν ποιήσας κατηγορίας τὸν τόπον καὶ τὸν χρόνον, ὑποτάξας δὲ αὐταῖς τὸ ποῦ καὶ τὸ πότε. *f.* 36 *B.*: ἀλλὰ καὶ πρὸς τούτους ῥητέον ὡς τὸ ἄνω καὶ κάτω οὐ τόπον σημαίνει ἀλλὰ τὴν τοῦ ποῦ κατηγορίαν, ὥςπερ τὸ χθὲς καὶ σήμερον οὐ χρόνον ἀλλὰ τὸ πότε, τουτέστι τὸ κατὰ χρόνον· ταῦτα γὰρ καὶ τῷ Ἀνδρονίκῳ δοκεῖ. *f.* 87 *A.*: ὁ μέντοι Ἀρχύτας καὶ Ἀνδρόνικος ἀκολουθῶν τῷ Ἀρχύτᾳ τῷ μὲν χρόνῳ τὸ ποτὲ συντάξαντες, τῷ δὲ τόπῳ τὸ ποῦ, οὕτως ἔθεντο τὰς δύο κατηγορίας φυλάξαντες τὴν δεκάδα καὶ οὗτοι τῶν γενῶν. *f.* 88 *A.*: Ἀρχύτας δὲ καὶ Ἀνδρόνικος ἰδίαν τινὰ φύσιν τὴν τοῦ χρόνου θέμενοι ὁμοῦ τούτῳ συνέταξαν τὸ ποτὲ ὡς περὶ τὸν χρόνον ὑφιστάμενον.... (*B.*) ὅταν οὖν οἱ περὶ Πλωτῖνον καὶ Ἀνδρόνικον τὸ χθὲς καὶ αὔριον καὶ πέρυσι μέρη χρόνου λέγωσι καὶ διὰ τοῦτο ἀξιῶσι τῷ χρόνῳ συντετάχθαι κτλ. *f.* 91 *B.*: Ἀνδρόνικος δὲ (sc. τὸ πόρρω καὶ ἐγγύς) εἰς τὸ ποῦ τίθησιν αὐτὰ ἀόριστα κατὰ τόπον ὄντα.

19) Ebend. *f.* 5 *A.*: καὶ δὴ ἀντιλέγουσιν αὐτῷ τινὲς ἀθετοῦντες τὴν διαίρεσιν οἱ μὲν ὡς πλεονάζουσαν μάτην, οἱ δὲ ὡς πολλὰ παριεῖσαν ὡς Κορνοῦτος καὶ Ἀθηνόδωρος. *f.* 15 *Δ.*: ἄλλοι δὲ πολλοὶ πρὸς αὐτὴν ἀμφισβήτησαν αὐτόθεν κατηγοροῦντες τῆς εἰς τοσοῦτον πλῆθος διαιρέσεως, ὥςπερ Ἀθηνόδωρος ἐν τῷ πρὸς τὰς Ἀριστοτέλους μὲν Κατηγορίας ἐπιγεγραμμένῳ βιβλίῳ, μόνην δὲ τὴν εἰς τοσοῦτον πλῆθος διαίρεσιν ἐξετάζοντι καὶ Κορ-

die stoische Monomanie des Eintheilens, welche wir oben schon kennen lernten, den Bestrebungen der vorhin so eben Erwähnten, welche auf das ursprüngliche Einfachere abzielten, gegenüber. Jenen beiden Stoikern ist gemeinsam, dass sie bei der Kategorie der Quantität ausser der Grösse und Zahl noch die Schwere als dritte Species derselben bezeichneten [20]). Cornutus aber machte auch noch die Entdeckung, dass Nahe und Ferne relative Begriffe sind, und wollte andrerseits alle in der Sprache vorkommenden Orts-Adverbien und hierauf bezüglichen Flexions-Sylben in der Kategorie des Wo untergebracht wissen; auch quälten ihn, wie es scheint, Bedenken wegen der verschiedenen Bedeutungen des Wortes „Ausdehnung“ [21]). Dass wir nicht mehr im Stande sind anzugeben, in welchen Albernheiten er wohl gegen Athenodorus polemisirte, dürfen wir in der That nicht bedauern. Nicht viel gediegener scheinen die Erörterungen gewesen zu sein, welche der Akademiker Eudorus pflog; ziemlich annehmbar zwar ist noch, was derselbe in Bezug auf die Reihenfolge der hauptsächlichsten Kategorien bemerkt, dass der substanziellen Wesenheit die Qualität, und hierauf die Quantität folgen müsse, da hiedurch die Subsistenz des Wesens determinirt sei, wornach sich die zeitliche und räumliche Kategorien-Bestimmtheit anreihe [22]), so dass wahrscheinlich auch Eudorus die Relation weiter zurücksetzte; hingegen fast an das Einfältige streift ein eigentlich nur grammatisches Bedenken

---

νοῦτος δὲ ἐν οἷς πρὸς Ἀθηνόδωρον καὶ Ἀριστοτέλην ἐπέγραψε. Porphyr. *Ἐξηγ. f.* 4 b.: *οἱ περὶ Ἀθηνόδωρον καὶ Κορνοῦτον, οἳ τὰ ζητούμενα περὶ τῶν λέξεων καθὸ λέξεις, οἷα τὰ κύρια καὶ τὰ τροπικὰ καὶ ὅσα τοιαῦτα, διαφορὰ γάρ ἐστι λέξεων καθὸ λέξεις εἰσὶ, τὰ τοιαῦτα οὖν προφέροντες καὶ ποίας ἐστὶ κατηγορίας ἀποροῦντες καὶ μὴ εὑρίσκοντες ἐλλιπῆ φασὶν εἶναι τὴν διαίρεσιν ὡς ἂν μὴ πάσης φωνῆς σημαντικῆς εἰς αὐτὴν περιλαμβανομένης* (hiedurch ist die stoische Manier trefflich charakterisirt). Ebend. *f.* 21 a: *Ἀθηνόδωρος γὰρ ἠτήσατο ὁ Στωϊκὸς βιβλία γράψας πρὸς τὰς Ἀριστοτέλους Κατηγορίας, Κορνοῦτός τε ἐν ταῖς Ῥητορικαῖς Τέχναις καὶ ἐν τῇ πρὸς Ἀθηνόδωρον αὐτῇ γραφῇ, καὶ ἄλλοι πλεῖστοι.*

20) *Simpl.* a. a. O. *f.* 32 *E.*: *αἰτιῶνται δὲ καὶ τὸ εἰς δύο γενέσθαι τὴν διαίρεσιν, ἔδει γὰρ μετὰ τὸν ἀριθμὸν καὶ τὸ μέγεθος τρίτον εἶδος τάττειν τὸ βάρος ἢ τὴν ῥοπὴν, ὡς Ἀρχύτας καὶ ὡς ὕστερον Ἀθηνόδωρος ἔταξε καὶ Πτολεμαῖος ὁ μαθηματικός.* *f.* 33 *A.*: *πρὸς δὲ Κορνοῦτον καὶ Πορφύριον τὴν ῥοπὴν κατὰ βαρύτητα καὶ κουφότητα θεωρουμένων ποσότητα λέγοντας κτλ.*

21) Ebend. *f.* 91 *A.*: *Κορνοῦτος δὲ ἀπορεῖ, εἰ τὸ ποῦ τοῦ τόπου καὶ τὸ πότε τοῦ χρόνου κατὰ τὸν χαρακτηρισμὸν τῶν λέξεων διενηνοχότα εἰς ἰδίας κατατέτακται κατηγορίας διὰ τὸ τὴν πρόθεσιν περὶ χαρακτήρων εἶναι λεκτικῶν* (diess betrachtet also der Stoiker als Aufgabe der Kategorien), *τί δήποτε οὐχὶ καὶ ταῦτα τῇ κατηγορίᾳ ταύτῃ προσέθηκεν, οἷον τὸ Διωνόθεν καὶ εἰς Δίωνα καὶ τὰ τοιαῦτα πολλὰ ὄντα, ὅμοια γάρ ἐστι τῷ Ἀθήνηθεν καὶ εἰς Ἀθήνας ..... πάλιν δὲ ὁ αὐτὸς ἀνὴρ τὸ πόρρω καὶ ἐγγὺς εἰς τὸ πρός τι ἀνάγειν ἀξιοῖ τοπικὸν ἔχοντα τὸ ὑποκείμενον.* *f.* 89 *B.*: *καὶ πλημμελοῦσιν οὗτοι* (sc. *οἱ Στωϊκοί*), *διότι τῶν Πυθαγορείων τὸ διάστημα φυσικὸν καὶ ἐν φυσικοῖς λόγοις καὶ, εἰ οὕτως τις βούλοιτο καλεῖν, ἐν τοῖς σπερματικοῖς, ὡς ποτε καὶ Κορνοῦτος ὀψὲ τοῦτο ὑπώπτευσεν, ... ἀφοριζομένων, οὗτοι σαφῶς μὲν οὐκ ἔχουσι διελέσθαι ὁποῖον λέγουσι διάστημα.*

22) Ebend. *f.* 53 *E.*: *καὶ Εὔδωρος δὲ τῷ περὶ οὐσίας λόγῳ τὸν περὶ τῆς ποιότητος λόγον, καὶ μετὰ τοῦτον τὸν περὶ τοῦ ποσοῦ συνεζεῦχθαί φησιν, τὴν γὰρ οὐσίαν ἅμα τῷ ποιῷ καὶ ποσῷ συνυφίστασθαι, μετὰ δὲ ταῦτα τὴν χρονικήν τε καὶ τοπικὴν κατηγορίαν παραλαμβάνεσθαι, πᾶσαν γὰρ οὐσίαν πού τε εἶναι καὶ ποτὲ, δηλονότι τὴν αἰσθητήν.*

betreffs einiger relativen Begriffe[23]; mehrere Schwierigkeiten scheint derselbe bei der Kategorie der Qualität erhoben zu haben, indem er einerseits die zwei ersten unter den vier Species derselben, welche das pseudo-aristotelische Buch aufzählt, als identisch bezeichnete und hiebei ziemlich in die stoische Distinction (Abschn. VI, Anm. 92 u. 96) gerieth[24], andrerseits aber doch wieder in ähnlicher Weise wie Andronikus (Anm. 15) wenigstens einige Bestimmtheiten, welche auf dem Aggregations-Zustande beruhen, von jenen vier Species der Qualität abtrennte[25]. Ueberhaupt scheint von Seite der Akademiker die Kategorien-Bestimmtheit des ἕξις ein Lieblings-Thema der Controversen gewesen zu sein[26].

Der begabteste aber unter den älteren Commentatoren war jedenfalls **Boethus**, dessen Talent und Scharfsinn bei den Späteren auch ausdrücklich anerkannt wird; er schrieb einen sehr ausführlichen, fast von Wort zu Wort folgenden Commentar zu den Kategorien und eine eigene Monographie über die Kategorie der Relation in ihrem Verhältnisse zu dem stoischen *πρός τι πὼς ἔχον*[27]. Dass er nicht wie Andere in jenem scholastisch Dialektischen befangen war, sehen wir schon aus dem Umstande, dass er nicht die Logik, sondern die Physik an die Spitze des philosophischen Studiums gestellt wissen wollte (s. d. Stelle in Anm. 8); und sowie er hierin in Widerspruch mit seinem Lehrer Andronikus stand, so näherte er sich vielleicht den Ansichten der älteren Peripatetiker, namentlich etwa des Strato. Zunächst schon betreffs der Kategorie der substanziellen Wesenheit verwahrt sich Boethus gegen das Beibringen eines unaristotelischen Massstabes, da es sich nicht um den Unterschied sinnlich-wahrnehmbarer und intelligibler (platonischer) Wesenheiten handle, und mit Recht weist er auf eine wichtigere, in aristotelischer Philosophie begründete, Frage hin, wie sich der Stoff und die begriffliche Form

---

23) Ebend. *f.* 47 *E.*: *Εὔδωρος δὲ ὁ Ἀκαδήμαϊκὸς ἐγκαλεῖ ὡς οὐ συντάττεται τὸ πτερὸν τῷ πτερωτῷ* (s. *Cat.* 7, 7 a. 2.), *τὸ μὲν γὰρ πτερὸν ἐνεργείᾳ λέγεται, τὸ δὲ πτερωτὸν δυνάμει ὡς δυνάμενον πτερωθῆναι, εἰ δὲ ἐνεργείᾳ γένοιτο, οὐ πτερωτὸν ἀλλ' ἐπτερωμένον λέγεται· ὁμοίως δὲ καὶ ἐπὶ τοῦ πηδαλίου διορίζεται, ὅτι οὐ πρὸς πηδαλιωτὸν ἀλλὰ πρὸς πεπηδαλιωμένον ἂν λέγοιτο, καὶ ἡ κεφαλὴ πρὸς κεκεφαλωμένον.*

24) Ebend. *f.* 63 *Γ.*: *ὁ δὲ Εὔδωρος αἰτιᾶται ὡς τῷ προτέρῳ ταὐτὸν ὂν τοῦτο τὸ εἶδος τῆς ποιότητος· αἱ γὰρ φύσει δυνάμες εἰ μὲν εὐμετακίνητοι τύχωσι, διαθέσεις ἔσονται, εἰ δὲ μόνιμοι, ἕξεις.*

25) Ebend. *f.* 67 *Δ.*: *Εὔδωρος δὲ τὴν παχύτητα καὶ λεπτότητα εἰς ἕτερον τάττει γένος, τὰς δὲ ἄλλας οὔ.* *f.* 68 *Δ.*: *Εὔδωρος δὲ ἀπορεῖ τί δήποτε τὸ μὲν μανὸν καὶ πυκνὸν καὶ λεῖον καὶ τραχὺ θέσιν σημαίνει, οὐκέτι δὲ καὶ ἡ καμπυλότης καὶ ἡ εὐθύτης.*

26) Ebend. *f.* 54 *Γ.*: *οἱ δὲ ἀπὸ τῆς Ἀκαδημίας ἀπὸ τοῦ ἔχεσθαι τὰς ἕξεις ἑκτὰ ἐκάλουν, ὥςπερ τὰ ἐννοήματα μεθεκτὰ ἀπὸ τοῦ μετέχεσθαι καὶ τὰς πτώσεις τευκτὰς ἀπὸ τοῦ τυγχάνεσθαι κτλ.* *f.* 56 *Γ.*: *ὥςπερ οἱ Ἀκαδημαϊκοὶ ὡρίσαντο ἑκτὸν τὸ οἷόν τε ἔχεσθαι αὐτὸ ἀποδόντες, οὐκ ἀπὸ τῆς ἐτυμολογίας αὐτοῦ παραλαβόντες τὸν λόγον.*

27) Ebend. *f.* 1 *A.*: *Πολλοὶ πολλὰς κατεβάλοντο φροντίδας εἰς τὸ τῶν Κατηγοριῶν τοῦ Ἀριστοτέλους βιβλίον ..... τινὲς μέντοι καὶ βαθυτέραις περὶ αὐτὸ διανοίαις ἐχρήσαντο ὥςπερ ὁ θαυμάσιος Βοηθός.* *f.* 7 *Γ.*: *καὶ ἐξηγούμενος δὲ ὁ Βοηθὸς καθ' ἑκάστην λέξιν.* *f.* 209 *B.*: *ταῦτα μὲν οὖν ὁ Βοηθὸς κατὰ τὴν ἑαυτοῦ ἀγχίνοιαν διακρίνει.* *f.* 42 *A.*: *ὁ μέντοι Βοηθὸς ὅλον βιβλίον γράψας περὶ τοῦ πρός τι καὶ πρός τι πὼς ἔχοντος.* Porphyr. *Ἐξηγ. ἐ. τ. Ἀρ. κατ. f.* 4b.: *ἀλλὰ καὶ Βοηθὸς ἐν τοῖς εἰς τὰς Κατηγορίας εἴρηκε ταῦτα.* Vgl. die Bezeichnung *ἐλλόγιμος ἀνήρ* in d. Stelle in Anm. 31.

und das concrete Wesen zur Kategorie der Wesenheit verhalten; er selbst entscheidet diese Schwierigkeit in einer Weise, welche sehr stark an physikalische Grundanschauungen sich knüpft, indem er nur Stoff und concretes Wesen unter die Wesenheits-Kategorie rechnet, der begrifflichen Form aber eine anderweitige Function zuweist [28]), was erklärlicher Weise von Anderen sogleich so verstanden wurde, als habe Boethus das Bedenken geäussert, es sei das Allgemeine gar nicht das der Natur nach Frühere, sondern das Spätere [29]). Nemlich was die begriffliche Form betrifft, so nähert derselbe sie dem artmachenden Unterschiede, welcher ja nie zur Gattung, sondern stets zum Artbegriffe gehöre; so wirke der artbildende Unterschied als eine Ergänzung der Wesenheit (*συμπληρωτικὴ οὐσίας*) d. h. er sei eben nicht selbst Wesenheit, sondern trage nur dazu bei, dass die Wesenheit so oder so qualitativ determinirt auftrete; hingegen wieder sei er auch nicht bloss als untrennbare Eigenschaft zu nehmen, denn wenn es selbst solche untrennbare Eigenschaften gebe, bei deren Wegnahme auch ihre Träger untergehen, so bestehe bei denselben doch noch stets ein Gradunterschied, was bei dem artmachenden Unterschiede nie der Fall sein könne; und wenn hiemit derselbe weder Wesenheit noch Inhärenz sei, aber alles Seiende eines von diesen beiden sein zu müssen scheine, so sei eben gerade diess die Function des artbildenden Unterschiedes, dass er als substanzielle Qualität (*ποιότης οὐσιώδης*) die Mittelstufe zwischen Wesenheit und Qualität einnehme, und dabei als gemeinsames Band und Brücke für beide wirke [30]). Es

---

28) *Simpl.* a. a. O. *f.* 20 *B.*: *ὁ μέντοι Βοηθὸς ταῦτα μὲν παρέλκειν ἐνταῦθα τὰ ζητήματα βούλεται· μὴ γὰρ εἶναι περὶ τῆς νοητῆς οὐσίας τὸν λόγον· μᾶλλον δὲ ἔδει, φησὶ, προσαπορεῖν, ὅτι ἐν ἄλλοις τὴν οὐσίαν διελόμενος εἰς τρεῖς ἄλλως μὲν τὴν ὕλην ἄλλως δὲ τὸ εἶδος ἄλλως δὲ τὸ συναμφότερον οὐσίαν λέγεσθαι εἶπεν, ἐνταῦθα δὲ μίαν τίθεται κατηγορίαν τὴν οὐσίαν. τίνα οὖν ταύτην καὶ πῶς αὐτῇ ὑποτάξει τὰς μὴ καθ' ἕνα λόγον λεγομένας; ἀπαντῶν δὲ πρὸς ταῦτα ὁ Βοηθὸς τὸν τῆς πρώτης οὐσίας λόγον καὶ τῇ ὕλῃ καὶ τῷ συνθέτῳ ἐφαρμόττειν φησίν· ἑκατέρῳ γὰρ αὐτῶν ὑπάρχει τὸ μήτε καθ' ὑποκειμένου τινὸς λέγεσθαι μήτε ἐν ὑποκειμένῳ τινὶ εἶναι, οὐδέτερον γὰρ αὐτῶν ἐν ἄλλῳ ἐστὶν, ἀλλὰ τὸ μὲν σύνθετον, κἂν (l. καὶ εἰ) μὴ ἐν ἄλλῳ ἐστὶν, ἔχει τὸ εἶδος τὸ ἐν αὐτῷ ἐν ἄλλῳ ὄντι (l. ὂν) τῇ ὕλῃ, ἡ δὲ ὕλη οὐδὲ ἔχει τι ὃ ἐν ἄλλῳ ἐστίν· κοινὸν οὖν τι ἔχουσι καὶ διάφορον, καθόσον ἡ μὲν ὕλη τινὸς ἐστὶν ὕλη καθὸ ὕλη ὥσπερ καὶ ὑποκείμενον, ἡ δὲ σύνθετος οὐσία οὐκ ἐστὶ τινός· ἀλλ' οὕτω μὲν, φησὶν ὁ Βοηθὸς, ἡ ὕλη καὶ τὸ σύνθετον ὑπαχθήσονται τῇ τῆς οὐσίας κατηγορίᾳ, τὸ δὲ εἶδος τῆς μὲν οὐσίας ἐκτὸς ἔσται, ὑφ' ἑτέραν δὲ πεσεῖται κατηγορίαν ἤτοι τὴν ποιότητα ἢ ποσότητα ἢ ἄλλην τινά.*

29) *Dexipp.* b. *Brand. Schol.* 50 b. 15.: *τί ἂν εἴποιμεν πρὸς τοὺς περὶ αὐτοῦ τούτου ἀμφισβητοῦντας, μήποτε οὐδὲ φύσει πρότερα ᾖ τὰ καθόλου τῶν καθ' ἕκαστον, ἀλλ' ὕστερα; ἢ σκοποῦντες ἀκριβῶς εὕροιμεν ἂν τὰ ἀμφισβητούμενα ὡς ὁμολογούμενα αὐτοὺς λαμβάνοντας· ὅταν γὰρ ἑνὸς ἑκάστου πρῶτα φύσει λέγωσι τὰ καθόλου, πάντως δὲ πάλιν ὕστερα ὑποτιθέμενοι τὰ καθ' ἕκαστα εἶναι καὶ τῇ φύσει πρότερα, οὐ καλῶς ὡς ἐν ἀρχῇ λαμβάνουσιν αὐτὸ ὅπερ δεῖται ἀποδείξεως...... οὕτως μὲν οὖν τοῖς περὶ Ἀλέξανδρον καὶ Βοηθὸν.... ἀποκρίνεσθαι χρή.*

30) *Simpl.* a. a. O. *f.* 25 *A.*: *καὶ γάρ τισι δοκεῖ διαφορὰ εἶναι τὸ χωρίζειν πεφυκὸς τὰ ὑπὸ τὸ αὐτὸ γένος· καὶ δῆλον ὅτι ὡς πρὸς τὸ γένος αὐτῆς οὕτως ἡ διάκρισις ἀποδέδοται. ὁ μέντοι Βοηθὸς πρὸς τὸ εἶδος κυρίως φησὶ συντάττεσθαι τὴν διαφορὰν ἀλλ' οὐ πρὸς τὸ γένος, διόπερ καὶ πολλάκις ἀντὶ τοῦ εἴδους παραλαμβάνονται αἱ διαφοραὶ, καὶ σύμπασαι μὲν ὁμοῦ ῥηθεῖεν ἂν περὶ τοῦ γένους, καθ' ἑαυτὴν δὲ ἑκάστη κατὰ μὲν τῶν*

ist diese Ansicht des Boethus und deren Begründung das schlagendste Beispiel dafür, dass in jener Zeit auch die tüchtigsten Köpfe nicht mehr im Stande waren, ein historisch vorliegendes System nach den inneren Principien desselben rein zu verstehen, sondern dass ein unwillkürlicher Syncretismus in der ganzen Richtung der Auffassung überhaupt bereits liegt. Denn erwägen wir, was wir oben als aristotelische Ansicht von der determinirenden Thätigkeit des artmachenden Unterschiedes anzugeben hatten (Abschn. IV, Anm. 475), und erinnern wir uns zugleich, wie die Stoiker die qualitative Bestimmtheit als Ergänzung ihres hohlen allgemeinsten Gattungsbegriffes verstanden (Abschn. VI, Anm. 95), so müssen wir gestehen, dass Boethus, abgesehen von einem ächten tiefen Verständnisse, in der That ebenso glücklich als scharfsinnig diese beiden Standpunkte in Eins zusammenführt, wohl ganz gewiss, ohne absichtlich den Stoicismus mit der peripatetischen Lehre verschmelzen zu wollen, sondern nur von allgemeinen Anschauungen inficirt, welche ihn auch bei aller Verstandesschärfe den Aristoteles ganz eigenthümlich betrachten heissen. Aber auch in geschichtlicher Beziehung ist diese Annahme des Boethus von Wichtigkeit, denn sie ist, wie wir sehen werden, der Grundton, welcher in der Isagoge des Porphyrius immer wieder durchklingt.

Ein weiteres Anzeichen für die Art und Weise des Boethus erkennen wir darin, dass derselbe für die peripatetische Definition des Relativen die Keime und Spuren derselben bereits bei Plato nachzuweisen

---

ὑφ' ἑαυτὴν καθ' ὧν ἂν λέγηται κατὰ πάντων ῥηθείη ἂν, κατὰ δὲ τοῦ γένους οὐδαμῶς, οὐδὲ γὰρ μορφωτική ἐστιν ἑκάστου τοῦ γένους· διενήνοχε δὲ τοῦ εἴδους, ὅτι ἡ διαφορά ἐστι μετὰ τοῦ γένους καὶ ἔστιν ἡ μὲν διαφορὰ μορφή τις τοῦ γένους, τὸ δὲ γένος ὥςπερ ὑποκείμενον προϋπάρχει· ἔστιν οὖν ἡ διαφορὰ συμπληρωτικὴ οὐσίας ἁπλούστερον ὡς τὰ εἴδη καὶ τὰ γένη συμπληρωτικὰ οὐσίας λέγεται, συμπληροῖ γὰρ τὸν ἄνθρωπον καὶ τὸ ζῷον καὶ τὸ λογικὸν, ἀλλὰ τὸ μὲν ζῷον μεθ' ὑποκειμένου καὶ διαφορᾶς, τὸ δὲ λογικὸν ὡς ἁπλῆ ποιότης· κἂν πάλιν τὸ λογικὸν προστεθείη μετὰ τοῦ ζῴου, τὸ μὲν ἐξ ἀμφοῖν ἔσται ὡς σύνθετον, τὸ δὲ προστιθέμενον πάλιν, οἷον τὸ θνητὸν ὡς ἁπλῆ ποιότης. διὸ τὰ μὲν εἴδη καὶ τὰ γένη ὡς ὑποκείμενα δεύτεραι οὐσίαι λέγονται, αἱ δὲ διαφοραὶ καθ' ὑποκειμένου μὲν λέγονται, οὐ μήν εἰσιν οὐσίαι, οὐ γὰρ εἰς τὸ εἶναι ἀλλ' εἰς τὸ τοιόνδε εἶναι συμβάλλονται. οὐ μέντοι οὔτε συμβεβηκότα εἰσὶν, ὅτι συμβάλλονται εἰς οὐσίαν τούτων ἅπερ εἰδοποιοῦσιν. διὰ τοῦτο οὖν οὐδὲ ἐν ὑποκειμένῳ, τὸ γὰρ ἐν ὑποκειμένῳ καὶ χωρίζεται ἄνευ τῆς τοῦ ὑποκειμένου φθορᾶς, τὸ δὲ τῆς διαφορᾶς τοιόνδε ἄνευ φθορᾶς οὐ χωρίζεται. ἀλλ' οὐδὲ τὸ ἀχώριστον συμβεβηκὸς, φαίη ἄν τις, χωρίζεται ἄνευ φθορᾶς. ἀλλὰ κἂν μὴ χωρίζηται τοῦτο, ἄνεσις ὅμως καὶ ἐπίτασις περὶ αὐτὸ θεωρεῖται ..... ἐπὶ δὲ τῆς διαφορᾶς τὸ μᾶλλον καὶ τὸ ἧττον οὐκ ἔστιν οὔτε ἐν πλείοσιν εἴδεσιν ἢ ἀτόμοις οὔτε ἐν τῷ αὐτῷ. τοιαύτη δὲ οὖσα ἡ διαφορὰ, εἰ μὴ οὐσία ἐστὶ μηδὲ συμβεβηκὸς, ταὐτὸν δὲ εἰπεῖν μήτε οὐκ ἐν ὑποκειμένῳ μήτε ἐν ὑποκειμένῳ, τί ἂν εἴη, εἴπερ πάντα τὰ ὄντα ἢ ἐν ὑποκειμένῳ ἐστὶν ἢ οὐκ ἐν ὑποκειμένῳ; ἀνάγκη οὖν ποιότητα οὐσιώδη τὴν διαφορὰν εἶναι συμπληρωτικὴν τῆς οὐσίας ἢ μέσην ποιότητος καὶ οὐσίας κοινόν τινα σύνδεσμον παρεχομένην ταῖς μὲν οὐσίαις πρὸς τὰ συμβεβηκότα τοῖς δὲ συμβεβηκόσι πρὸς τὰς οὐσίας· ἡ γὰρ φύσις οὐκ ἀμέσως ἀπὸ τῶν ἐναντίων εἰς τὰ ἐναντία μεταβαίνειν φιλεῖ ὥςπερ οὐδὲ ἀπὸ τῶν ζῴων εἰς τὰ φυτὰ ἀλλὰ μεταξύ τινα φύσιν τὴν τῶν ζῳοφύτων ὑπέστησε συναγωγὸν ἀμφοτέρων τῶν ἄκρων καὶ συμπληρωτικὴν ἢ συνδετικὴν αὐτῶν πρὸς ἄλληλα, καὶ ἐνταῦθα τοίνυν μέσην ὑπέστησε τὴν διαφορὰν κατὰ μέν τινας ὡς κεχωρισμένην ἀμφοῖν, κατ' ἄλλους δὲ ὡς ἀμφοτέρων μετέχουσαν.

suchte [31]). Aber in Bezug auf diese Kategorie fand er jene zweite Definition, welche in dem pseudo-aristotelischen Buche das stoische *πρός τι πὼς ἔχον* beizieht, undeutlich, und während er in Uebereinstimmung mit obiger Auffassung des artmachenden Unterschiedes diesen als den nothwendigen Träger des *πρός τι* annahm, wurde er offenbar dazu geführt, diese beiden Kategorien-Bestimmtheiten nebeneinander anzuerkennen, aber auch von einander zu unterscheiden, und zwar so dass er im Gegensatze gegen die Stoiker (Abschn. VI, Anm. 101) behauptete, das *πρός τι πὼς ἔχον* sei wohl eine nothwendige Folge des *πρός τι*, nicht aber umgekehrt, denn nicht Alles, was überhaupt relativ zu einem Anderen sich verhält, besitze darin einen wesentlichen artmachenden Unterschied in sich [32]). Bei der Kategorie der zeitlichen Bestimmtheit unterschied auch Boethus zwischen der Zeit oder deren objectiv gemessenen Abschnitten und jenen Prädikaten, welche im Hinblicke auf die Zeit ausgesagt werden, so dass letztere sogar unter eine andere Kategorie, wohl besonders unter die Quantität, fallen [33]), und sicher dürfen wir annehmen, dass er bei der Kategorie des Wo das Gleiche gethan hat.

---

31) Ebend. *f.* 41 *B.*: *δι' ὑπογραφῆς δέ τινος τὴν ἡμετέραν ἔννοιαν ἀνακινεῖν τὴν συναρμόζουσαν τοῖς πρός τι δυνατὸν ἦν· καὶ τοῦτο ποιεῖ* (sc. *ὁ Ἀριστοτέλης*) *τῷ Πλάτωνι κατὰ τὴν ἀπόδοσιν τὴν πρώτην ἀκολουθῶν, ὥς φησιν ὁ Βοηθός· λέγεται γὰρ καὶ ὁ Πλάτων οὕτως ὑπ' αὐτοῦ ἀποδοῦναι περὶ τῶν πρός τι, ὅσα αὐτὰ ἅπερ ἐστὶν ἑτέρων εἶναι λέγεται. καὶ ὡς ἔοικεν, ἐπιλέλησται τῶν ὑπὸ τοῦ Πλάτωνος εἰρημένων ὁ Βοηθὸς, οὐ γὰρ δὴ εἴποιμι ἂν ὅτι ἠγνόει ἐλλόγιμος ἀνὴρ γεγονώς· ὅτι γὰρ οὐ τῷ λέγεσθαι πρὸς ἄλληλα ἀλλὰ τῷ εἶναι τὰ πρός τι χαρακτηρίζει, ὡς καὶ τῷ Ἀριστοτέλει δοκεῖ, δηλοῖ μὲν καὶ ἐν Πολιτείᾳ λέγων „ἀλλὰ μέντοι, ἦν δ' ἐγώ, ὅσα γέ ἐστι τοιαῦτα οἷα εἶναι αὐτὰ μὲν ποιὰ ἄττα ποιοῦ τινός" καὶ ἐν Σοφιστῇ δὲ βουληθεὶς τὸ ἕτερον αὐτῶν πρός τι ὂν ἐπιδεῖξαι οὕτως φησίν „ὅτι περ ἂν ἕτερον ᾖ, συμβέβηκεν ἐξ ἀνάγκης ἑτέρου τοῦτο αὐτὸ ὅπερ ἐστὶν εἶναι"* (s. Abschn. III, Anm. 49.) *f.* 42 *A.*: *ὁ μέντοι Βοηθός .... οἴεται τὸν ὅρον ἀπὸ τοῦ Πλάτωνος ἀποδεδόσθαι μέχρι τοῦ „ἅπερ ἐστὶν ἑτέρων εἶναι λέγεται", τὸ δὲ ἑξῆς* (s. *Cat.* 7, 6 a. 36.) *ὑπὸ τοῦ Ἀριστοτέλους προσκεῖσθαι διορθώσεως ἕνεκα.*

32) Ebend. *f.* 43 *A.*: *ὅτι δὲ καὶ τοῖς πρός τι πὼς ἔχουσιν ἀνάγκη χαρακτῆρα ἐνυπάρχειν τοῖς ὑποκειμένοις ἱκανῶς ὁ Βοηθὸς ἀπέδειξε, καὶ αὐτόθεν δὲ πρόδηλον τοῦτο· οὐ γὰρ ἔχει φύσιν αὐτὴ καθ' αὑτὴν ἡ πρὸς ἕτερον σχέσις ὑφίστασθαι, ἀλλ' ἀνάγκη αὐτὴν ἐν τῷ κατὰ διαφορὰν χαρακτῆρι ἐνυπάρχειν, ὁ δὲ χαρακτὴρ οὗτος οὕτος ὅπου μὲν ποιότης ἐστὶν, ὡς τὸ λευκότερον σὺν τῇ χρόᾳ τοιοῦτον, ὅπου δὲ ποσότης, ὡς ἐν τῷ πλεῖον καὶ μακρότερον, ὅπου δὲ κίνησις, ὡς ἐν τῷ ὠκύτερον, ὅπου δὲ χρόνος, ὡς ἐν τῷ πρεσβύτερον, ὅπου δὲ τόπος, ὡς ἐν τῷ ἀνώτερον .....* (*B.*) *ἀλλὰ καὶ περὶ τῆς ἀκολουθίας .... ὁ Βοηθὸς ἀμυνόμενος αὐτοὺς* (sc. *τοὺς Στωϊκούς*) *τῷ μὲν πρός τι φησὶ τὰ πρός τι πὼς ἔχοντα συνακολουθεῖν, μετὰ γὰρ τοῦ πρὸς ἕτερον πὼς ἔχειν ταῦτα προςείληφε καὶ τὴν οἰκείαν διαφορὰν, τῷ δὲ πρός τι πὼς ἔχοντι οὐκέτι τὰ πρός τι συνάπτεται, οὐ γὰρ πᾶσιν ὑπάρχειν τοῖς πρός τι πρὸς ἕτερόν τε λέγεσθαι τῇ σχέσει καὶ τὴν διαφορὰν τὴν οἰκείαν ἔχειν.* *f.* 51 *B.*: *τὰ δὲ πρός τι ὁριζόμενον, οἷς τὸ εἶναι, φησὶ* (d. h. *Cat.* 7, 8 a. 31.), *ταὐτόν ἐστι τῷ πρός τι πὼς ἔχειν. ἀλλὰ καὶ ἀσαφῆ τὴν ἀπόδοσιν ἐποιήσατο, ὡς καὶ Βοηθῷ καὶ Ἀρίστωνι δοκεῖ.*

33) Ebend. *f.* 88 *Γ.*: *καὶ Βοηθὸς δὲ ἄλλο μὲν τὸν χρόνον ὑποτίθεται ἄλλο δὲ τὸ μετέχον χρόνου καὶ ἐν χρόνῳ, καὶ εἶναι μὲν ἐνιαυτὸν καὶ μῆνα χρόνον, ἐνιαυσιαῖον δὲ καὶ μηνιαῖον μετέχον χρόνου, ὥςπερ ἄλλης κατηγορίας φρόνησις καὶ τὸ κατὰ φρόνησιν, οἷόν ἐστι τὸ φρονεῖν, ἄλλης, καὶ τὸ μέν ἐστι ποιότητος τὸ δὲ τοῦ ποιεῖν, οὕτως καὶ ὁ χρόνος καὶ τὸ κατὰ χρόνον διέστηκεν.*

Betreffs der Kategorie des Thuns und Leidens suchte er sogar einen speculativen Grund dafür nachzuweisen, dass dieselben als zwei Kategorien, nicht aber als Eine, gezählt seien, da ja in der ersteren derselben die reine Actualität inbegriffen sein müsse, welche bei der zweiten gar nicht vorhanden sei[34]). Sehr genaue und reichhaltige Distinctionen stellte Boethus in Bezug auf die Kategorie des Habens auf, so dass im Vergleiche mit diesem die betreffende Stelle des pseudo-aristotelischen Buches als höchst armselig bezeichnet werden muss; er unterscheidet nemlich bei dem Ansichhaben ein Verhältniss dessen, welcher hat, zu ihm selbst, und ein Verhältniss des Besitzenden zum Objecte, und ein Verhältniss des Objectes zum Besitzenden, und weist darauf hin, dass der allgemeineren Bedeutung des Wortes *ἔχειν* jene Fälle, welche der Kategorie des Thuns und Leidens und der Kategorie der Relation angehören, wohl ausgeschieden werden müssen, hingegen bei der engeren Wortbedeutung, welche mit dem Besitzergreifen zusammenfällt, die übrigen Kategorien schon abgezweigt seien und die letztere Bedeutung allein dann die Kategorie des Habens ausmacht[35]). Eine Erörterung in Bezug auf die Bewegung und die ihr entgegengesetzte Ruhe gehört der Sache nach mehr der Physik als der Kategorienlehre an[36]); jedoch sehen wir aus derselben, dass Boethus auch die sog. Postprädicamente vollständig commentirte.

---

34) Ebend. *f.* 77 *B.*: *ἐκεῖνος γὰρ* (sc. *Ἀριστ.*) *τὸ πρώτως ποιοῦν καὶ κινοῦν ἀκίνητον εἶναί φησιν· διὰ τοῦτο καὶ τὸ ποιεῖν παρ' αὐτῷ κεχώρισται τοῦ πάσχειν καὶ οὐχ ὑφ' ἓν ἄμφω τέτακται γένος, ὥστε οὔτε εἰς ἓν ἄμφω ταῦτα ἀνάγειν χρὴ ἀλλὰ δύο ἀφορίζεσθαι ὥσπερ καὶ Ἀριστοτέλης αὐτὰ χωρὶς διέστησιν· οὕτως μὲν οὖν ὁ Βοηθὸς καὶ Ἰάμβλιχος πρὸς τὴν ἀπορίαν ἐνέστησαν τὴν ἓν γένος ἀξιοῦσαν τὴν κίνησιν τοῦ τε ποιεῖν καὶ τοῦ πάσχειν προϋποτίθεσθαι.*

35) Ebend. *f.* 94 *E.*: *τῶν δὲ ἀπὸ τῆς Στοᾶς ἀξιούντων εἰς τὸ πὼς ἔχειν ἀναφέρειν τὸ ἔχειν ὁ Βοηθὸς ἐναντιοῦται οὔτε εἰς τὸ πὼς ἔχον ἡγούμενος δεῖν οὔτε εἰς τὰ πρός τι ἀνάγειν αὐτὸ, ἰδίαν δὲ εἶναι κατηγορίαν· εἶναι μὲν γὰρ σχετικὴν αὐτὴν, τριχῶς δὲ μάλιστα καὶ ὁμωνύμως τὴν σχέσιν λέγεσθαι· τὴν μὲν γὰρ εἶναι ἐν ἑαυτῷ καὶ καθ' ἑαυτὸ, τὴν δὲ πρὸς ἕτερον, τὴν δὲ ἑτέρου πρὸς ἑαυτό. ἡ μὲν οὖν ἐν ἑαυτῷ θεωρεῖται κατὰ τὸν πὼς ἔχοντα οἷον ὁ προβεβλημένος, σχέσις γάρ ἐστιν αὐτοῦ πρὸς ἑαυτόν· ἡ δὲ πρὸς ἕτερον ἡ τῶν λεγομένων πρός τι, ὁ γὰρ πατὴρ καὶ ὁ δέξιος κατὰ σχέσιν λέγεται, οὐ τὴν αὐτοῦ τινος πρὸς ἑαυτὸν ἀλλὰ τὴν πρὸς ἕτερον· ἡ δὲ ἀφ' ἑτέρου πρὸς ἑαυτὸ οἵα ἡ τοῦ ὡπλισμένου καὶ ὑποδεδεμένου, ἔστι γὰρ ἄλλου σχέσις πρὸς αὐτὸν τῶν μὲν ὅπλων πρὸς τὸν ὡπλισμένον τῶν δὲ ὑποδημάτων πρὸς τὸν ὑποδεδεμένον· μήποτε δὲ, φησὶν ὁ Βοηθὸς, τοῦ ἔχειν ἐστὶ σημαινόμενα τὸ μὲν ὃ ἰσοδυναμεῖ τῷ ἔχειν ὁτιοῦν εἴτε μέρος εἴτε χωρίον, ὃ δὴ καὶ τάχα ὑπὸ τῆς λέξεως καθ' αὑτὴν προταθείσης σημαίνεται, τὰ δὲ πλείω ἐκεῖνα καὶ ἕτερα ἐν τῇ συντάξει, ὁ γὰρ ἀγρὸς προταθεὶς ἢ ὁ πατὴρ ἢ τὸ μέρος τὴν διαφορὰν ποιεῖ· ὑπὸ δὲ ταύτην ἄλλην εἶναι τοῦ ἔχειν σημασίαν τὴν ἰδίως ἐπὶ τοῦ κρατεῖν τεταγμένην. ἐὰν μὲν οὖν τὴν κατηγορίαν κατὰ τὸ πρῶτον σημαινόμενον τιθῇ τις, καὶ τὸ φρονεῖν καὶ τὸ σωφρονεῖν καὶ τὸ ὑγιαίνειν εἰς ταύτην τὴν κατηγορίαν ἀναχθήσεται, φρόνησιν γὰρ ἔχειν τὸ φρονεῖν ἐστιν· ὑπεξαιρεθήσεται δὲ ἀπὸ ταύτης ἡ κατὰ τὸ ποιεῖν καὶ πάσχειν κατηγορία. διακριθήσεται δὲ καὶ τοῦ πρός τι, ὁ μὲν γὰρ κεκτημένος τοῦ πρός τι ἔσται, τὸ δὲ κεκτῆσθαι τοῦ ἔχειν, καὶ ὁ μὲν πατὴρ τοῦ πρός τι, τὸ δὲ πατέρα εἶναι ἐν τῷ υἱὸν ἔχειν. ἐὰν δὲ κατὰ τὸ δεύτερον, τὰ μὲν ἄλλα τοῦ ἔχειν σημαινόμενα εἰς τὰς ἄλλας κατηγορίας ἀναχθήσεται, ὅσα δὲ κατὰ κράτησιν ἐπικτήτου τινὸς, εἰς ταύτην μόνον. τοιαῦτα μὲν οὖν καὶ τὰ τοῦ γενναίου Βοηθοῦ προςιστορείσθω.*

36) Ebend. *f.* 209 *B.*: *ὁ μέντοι Βοηθὸς τὴν ἀντικειμένην ἠρεμίαν τῇ*

Von Aspasius und Adrastus erfahren wir in Bezug auf die Kategorien nur, dass sie gleichfalls Commentare zu denselben geschrieben haben [37]).

Herminus, welcher sich überhaupt in tiefere Untersuchungen nicht einliess [38]), — offenbar ein höchst bornirter Mensch — betrachtete als Zweck der Kategorien von vorneherein nur die propädeutische Rubricirung der Dinge, welche hiebei in die ihnen je entsprechende Gattung untergebracht würden [39]). Darum findet er auch ein Bedenken darin, ob die zehn Kategorien zu diesem Zwecke wohl ausreichen möchten, denn er bildet sich allen Ernstes ein, Aristoteles habe „überall von dieser Zahl derselben Gebrauch gemacht und nirgends eine weggelassen oder eine andere hinzugefügt“ [40]), wodurch hinreichend bestätigt ist, dass er wohl kaum etwas Anderes als das pseudo-aristotelische Buch in Betracht zog. Die stoische Schul-Monomanie des Eintheilens scheint überhaupt den Gedankenkreis des Herminus ganz besonders in Anspruch genommen zu haben (s. auch Anm. 70 f.); nemlich er sieht das Wesen der begrifflichen Unterschiede nicht in ihrer die Wesenheit ergänzenden Wirkung, sondern in ihrer Bedeutung für die Eintheilung, und in einem wahrhaft scholastischen Bestreben sucht er diesen Standpunkt für subordinirte und für coordinirte Gattungsbegriffe festzuhalten, wobei er dazu kömmt zwi-

---

κατὰ ποιότητα κινήσει οὐκ ἀξιοῖ ποιότητα εἶναι οὐδὲ τὴν κατὰ μέγεθος οὐδὲ τὴν κατ' οὐσίαν, ἐναργὲς λέγων τοῦτο εἶναι ἐκ τῆς κατὰ τόπον, ἄλογον γὰρ τὴν ἐν τόπῳ ἠρέμησιν τόπον καλεῖν· οὐ μέντοι οὐδὲ ἀποφάσεις τῶν κατ' αὐτὰς κινήσεων τὰς ἠρεμίας εἶναι συγχωρεῖ, ἀλλὰ σχέσιν εἶναι τὴν ἠρέμησιν καὶ τὴν κίνησιν πρός τε τὸν χρόνον καὶ τὸ εἶδος καθὸ ἂν τύχῃ κινούμενόν τι ἢ ἠρεμοῦν.

37) *Galen.* π. τ. ἰδίων βιβλ. 11, XIX, p. 42.: τοῦ δὲ τῶν δέκα κατηγοριῶν .... κοινωνεῖν ἐκέλευσα τῶν ὑπομνημάτων ἐκείνοις μόνοις τοῖς ἀνεγνωκόσι παρὰ διδασκάλου τὸ βιβλίον ἢ πάντως γε προεισηγμένοις δι' ἑτέρων ἐξηγητικῶν ὁποῖα τά τε Ἀδράστου καὶ Ἀσπασίου ἐστίν.

38) *Simpl.* a. a. O. *f.* 1 *A.*: ἄλλοι δὲ πρὸς τούτοις καὶ ζητημάτων ἐφήψαντο μετρίως, ὡς ὁ Ἀφροδισιεὺς Ἀλέξανδρος καὶ Ἑρμῖνος καὶ ὅσοι τοιοῦτοι.... τινὲς μέντοι καὶ βαθυτέρας περὶ αὐτὸ διανοίαις ἐχρήσαντο.

39) *Porphyr.* Ἐξηγ. ἐ. τ. κατηγ. *f.* 4 b.: καὶ Βοηθὸς ἐν τοῖς εἰς τὰς κατηγορίας εἴρηκε ταῦτα καὶ Ἑρμῖνος βραχέως, εἰπὲ τὰ Ἑρμίνου ἐπείπερ αὐτὰ φῂς διὰ βραχέων εἰρῆσθαι, λέγει τοίνυν ὁ Ἑρμῖνος προκεῖσθαι οὔτε περὶ τῶν ἐν τῇ φύσει πρώτων καὶ γενικωτάτων γενῶν, οὐ γὰρ νέοις προσήκουσα ἡ τῶν τοιούτων διδασκαλία, οὔτε τίνες αἱ πρῶται καὶ στοιχειώδεις τῶν λεγομένων διαφοραί, ὡς τὸν λόγον εἶναι δοκεῖν περὶ τῶν τοῦ λόγου μερῶν, ἀλλὰ μᾶλλον περὶ τῆς καθ' ἕκαστον γένος τῶν ὄντων οἰκείας ἂν ἐσομένης τῶν λεγομένων κατηγορίας. *Anon. Prolegg. ad Cat.* b. *Brand. Schol.* 31 b. 22.: Ἑρμῖνός γε μὴν περὶ πραγμάτων, καὶ αὐτὸς ἀπὸ τοῦ μὴ διακένους εἶναι τὰς φωνὰς ἀλλὰ κατὰ πραγμάτων ἀεὶ φερομένας ὑπαχθείς, καὶ τοῦ ἔστι καὶ τοῦ ὄντος.

40) *Simpl. ad Cat.* *f.* 15 *Γ.*: ὁ δὲ Ἑρμῖνος, ἀπαρίθμησις οὖν ἐστι, φησί, καὶ οὔτε διαίρεσις οὔτε μερισμός (s. Abschn. VI, Anm. 66.). οὐδὲν γὰρ ὅλον ἐπ' αὐτῶν οὔτε ὡς γένος οὔτε ἄλλον τρόπον ὅλον..... (*Δ.*) ὁ δὲ Ἑρμῖνος ἀμφιβάλλοντι ἔοικεν εἰ τοσαῦτά ἐστι τὰ γένη· γράφει δὲ οὕτως· διὸ εἰ μὲν μόνων τῶν λεχθησομένων εἰσὶν αἱ σημασίαι, τοσαῦτα ἂν εἴη τὰ πρῶτα γένη, τοσαῦται δὲ καὶ αἱ κατηγορίαι· εἰ δὲ καὶ ἄλλα παρ' αὐτά, οὐδὲ ὁ λόγος ἐκεῖνα διωθεῖται, καίτοι τοῦ Ἀριστοτέλους πανταχοῦ τῷ πλήθει τούτῳ χρωμένου τῶν γενῶν καὶ οὔτε προστιθέντος οὔτε ἀφαιροῦντος, ἀλλ' ἐγκρίνοντος ἀεὶ τὴν εἰς δέκα διαίρεσιν, ὥσπερ καὶ εἰς τέτταρα τὴν τούτων συναίρεσιν ἐποιήσατο.

schen Gattungs- und Art-Unterschieden zu distinguiren[41]). In Bezug auf die Kategorien des Wo und Wann unterschied auch er, wie Andronikus und Boethus (Anm. 18 u. 33), die Begriffe Art und Zeit von den specielleren Determinationen derselben[42]).

Von Ariston werden uns Bedenken betreffs der Kategorie der Relation überliefert, in welchen er theils mit Andronikus zusammentraf, theils aber auch durch eine Erörterung, dass die Welt ein Relatives sei, uns Gelegenheit gibt, die Albernheit seines Scholasticismus zu durchschauen[43]).

So also waren in jener Zeit die Kategorien der Gegenstand der vielfachsten Erörterungen, welche innerhalb der dienstbaren Stellung der Logik überhaupt dennoch mit einer gewissen speciellen Vorliebe gleichsam um ihrer selbst willen gepflogen wurden, indem man sich in die mannigfachen Gesichtspunkte dieses Fächerwerkes im Einzelnen vertiefte oder verrannte, so dass, was das äussere Auftreten solcher Untersuchungen in der Schule selbst betrifft, es fast den Anschein gewinnen könnte, es seien dieselben als Selbstzweck betrieben worden, während der innere Gang, welcher hiezu führte, doch nur auf dem Interesse der Topik beruht. In jener Weise aber, in welcher die Schul-Controversen sich speciell auf die Kategorien warfen, bilden sie die Brücke zu demjenigen, was als die Lehre vom Begriffe sich ins Mittelalter hinüberzog, und unter Jenen, deren Namen in der Tradition besonders hervortreten, scheinen hauptsächlich Boethus und Herminus auf die Auffassungs-Weise des Porphyrius eingewirkt und so vermittelst der Isagoge desselben einen weiteren geschichtlichen Einfluss gehabt zu haben.

Uebrigens wurden auch jene Eingangsworte der pseudo-aristotelischen Schrift, welche im Anschlusse an die Interessen der Topik über

---

41) Ebend. *f.* 14 *A.*: ὁ δὲ Ἑρμῖνος τὰς συμπληρωτικὰς οὐκ ἀξιοῖ διαφορὰς καλεῖν, ἀλλὰ μόνας τὰς διαιρετικάς. *f.* 14 *Δ.*: Ἑρμῖνος δὲ ἑτέρας τῷ εἴδει βούλεται εἶναι τὰς διαφορὰς τῶν μὴ ὑπ' ἄλληλα γενῶν ἀλλ' ἑτέρων, διότι, φησίν, ἔστι τινὰ γένη οὐχ ὑπ' ἄλληλα μέν, ἄμφω δὲ ὑπὸ ἓν ἀναγόμενα, ὡς τὸ πτηνὸν καὶ τὸ πεζὸν ἄμφω ὑπὸ τὸ ζῷον, καὶ τούτων εἰσί τινες αἱ αὐταὶ διαφοραί, καὶ γὰρ τοῦ πτηνοῦ τὸ μὲν δίπουν ἐστὶ τὸ δὲ τετράπουν, ὡς γρὺψ ἱστορεῖται καὶ σφίγξ, καὶ τοῦ πεζοῦ ὁμοίως, ἀλλ' οὐχὶ τῷ εἴδει αἱ αὐταὶ εἰσιν αὗται διαφοραί, ἀλλὰ γένει, ζῴου γάρ εἰσι πρώτως διαφοραί· διὰ τοῦτο, φησί, τῶν μὴ ὑπ' ἄλληλα οὐχ ἁπλῶς ἑτέρας ἀλλὰ τῷ εἴδει ἑτέρας εἶπε τὰς διαφοράς, καὶ γὰρ αὗται τῶν μὴ ὑπ' ἄλληλα οὖσαι, κἂν αἱ αὐταὶ δοκῶσιν, ἀλλ' οὐ τῷ εἴδει εἰσὶν αἱ αὐταί, ἀλλὰ τῷ γένει.

42) *Porphyr.* Ἐξηγ. *f.* 33 a.: ἀλλὰ πῶς ὁ Ἑρμῖνος ἀπήντησεν; λέγων ὅτι τὸ ἄνω καὶ τὸ κάτω οὐ τόπον σημαίνει ἀλλὰ ποῦ, ὥςπερ οὐδὲ τὸ χθὲς οὐδὲ τὸ αὔριον χρόνον ἀλλὰ πότε.

43) *Simpl.* a. a. O. *f.* 48 *A.*: ὁ δὲ Ἀρίστων τοιαύτην ἀπορίαν τοῖς εἰρημένοις ἐπάγει· εἰ πᾶν πρός τι ὡς πρὸς ἕτερόν τι ἀπολελυμένον ἑαυτοῦ πρός τι λέγεται, οἷον ὁ πατὴρ πρὸς υἱόν, ὁ δὲ κόσμος οὐδὲν ἀπολελυμένον ἑαυτοῦ ἔχει, οὐ γάρ ἐστί τι τοῦ κόσμου ἐκτός, οὐκ ἔσται πρός τι ὁ κόσμος· καίτοι τῶν πρός τι ἐστίν· ὡς γὰρ τὸ πτερὸν πτερωτοῦ πτερόν, οὕτως καὶ τὸ ἐν κόσμῳ κοσμωτοῦ καὶ τὸ ἐν γῇ γεωτοῦ καὶ τὸ ἐν ἀέρι ἀερωτοῦ. *f.* 51 *B.*: ἀλλὰ καὶ ἀσαφῆ τὴν ἀπόδοσιν (sc. τοῦ πρός τι s. Anm. 32.) ἐποιήσατο, ὡς καὶ Βοηθῷ καὶ Ἀρίστωνι δοκεῖ.... διόπερ ὁ Ἀρίστων ὡς ἐπὶ σαφέστερον μεταλαμβάνων, τὰ πρός τι πὼς ἔχοντα, φησί, ταῦτά ἐστιν οἷς τὸ εἶναι ταὐτόν ἐστι τῷ πὼς ἔχειν πρὸς ἕτερον. καὶ οὕτως δὲ καὶ Ἀνδρόνικος ἀποδίδωσι.... (*Γ.*) καὶ ὁ Ἀρίστωνος καὶ ὁ Ἀνδρονίκου ὁ λέγων „οἷς τὸ εἶναι ταὐτόν ἐστι τῷ πρὸς ἕτερον πὼς ἔχειν".

das Synonyme und Homonyme handeln, schon von diesen frühesten Commentatoren mit der nemlichen Subtilität wie die Kategorien erörtert, so dass hier die Veranlassung zu den weitschweifigen Discussionen vorliegt, welche wir bei den späteren Erklärern über diesen Gegenstand finden. Namentlich scheint Boethus es gewesen zu sein, welcher mit Bezugnahme auf Speusippus eine reichhaltigere Eintheilung dieser sprachlichen Kategorien aufstellte, indem er die Worte in *ταὐτώνυμα* und *ἑτερώνυμα*, und erstere wieder in *ὁμώνυμα* und *συνώνυμα*, letztere aber in *ἑτερώνυμα* in engerem Sinne und in *πολυώνυμα* und *παρώνυμα* eintheilte und deren gegenseitiges Verhältniss näher zu bestimmen versuchte [44]), — ein Unternehmen, welches allerdings schon zu den Zerrbildern einer Logik gehört, denn für eine richtige Lehre vom Begriffe gibt es keine Synonyma.

Nicht weniger ausgedehnt aber waren offenbar auch die Bestrebungen dieser späteren Peripatetiker betreffs jener Theile der Logik, welche die Lehre vom Urtheile und Syllogismus enthalten. Das Buch *Περὶ Ἑρμηνείας* wurde zwar von Andronikus als unächt bezeichnet, aber auch nur von diesem allein [45]), und während Andere denselben zu widerlegen versuchten, wurde jene Schrift des Aristoteles als völlig unangefochten schon früh commentirt. In den Werken der Späteren treten namentlich Aspasius und

---

44) Ebend. *f.* 9*Δ*.: *εἰρηκὼς τοίνυν ὁ Ἀριστοτέλης περὶ ὁμωνύμων καὶ συνωνύμων καὶ παρωνύμων παρῆκε τά τε ἑτερώνυμα καὶ τὰ πολυώνυμα .....Σπεύσιππον τοίνυν ἱστορεῖ Βοηθὸς τοιαύτην διαίρεσιν παραλαμβάνειν τὰ ὀνόματα πάντα περιλαμβάνουσαν· τῶν γὰρ ὀνομάτων, φησὶ, τὰ μὲν ταὐτώνυμά ἐστι τὰ δὲ ἑτερώνυμα, καὶ τῶν ταὐτωνύμων τὰ μὲν ὁμώνυμά ἐστι τὰ δὲ συνώνυμα κατὰ τὴν τῶν παλαιῶν συνήθειαν ἀκουόντων ἡμῶν τὰ συνώνυμα· τῶν δὲ ἑτερωνύμων πάλιν τὰ μέν ἐστιν ἰδίως ἑτερώνυμα τὰ δὲ πολυώνυμα τὰ δὲ παρώνυμα. ἀλλὰ περὶ μὲν τῶν ἄλλων ἀποδέδοται, πολυώνυμα δέ ἐστι τὰ διάφορα καὶ πολλὰ λεγόμενα ὀνόματα καθ' ἑνὸς πράγματος, ὅταν εἷς καὶ ὁ αὐτὸς αὐτῶν ᾖ λόγος, ὥςπερ ἄορ ξίφος φάσγανον μάχαιρα· ἑτερώνυμα δέ ἐστι τὰ καὶ τοῖς ὀνόμασι καὶ τοῖς πράγμασι καὶ τοῖς λόγοις ἕτερα, οἷον γραμματική ἄνθρωπος ξύλον. διαφέρει οὖν ἀλλήλων ταῦτα μὲν ᾗ τὰ μὲν πολυώνυμα κοινωνεῖ τοῦ αὐτοῦ λόγου καὶ τοῦ πράγματος, τὰ δὲ ἑτερώνυμα κατ' ἄμφω διέστηκε· πρὸς δὲ τὰ πρότερα τὰ μὲν πολυώνυμα τοῖς ὁμωνύμοις ἀντιστρέφει, καθόσον ἐπὶ μὲν τῶν ὁμωνύμων τὸ μὲν ὄνομα κοινὸν ἦν, ὁ δὲ ὅρος ἴδιος ἑκάστου, ἐπὶ δὲ τῶν πολυωνύμων τὸ ἀνάπαλιν τὸ μὲν πρᾶγμα καὶ ὁ ὅρος κοινὸς, τὰ δὲ ὀνόματα διάφορα, τὰ δέ γε ἑτερώνυμα τοῖς συνωνύμοις ἀντίκειται, ἐκείνων γὰρ κατ' ἄμφω κοινωνούντων ταῦτα κατ' οὐδέτερον κοινωνεῖ.* Bekk. *Anecd.* p. 868.: *συνώνυμόν ἐστι τὸ ἐν πλείοσιν ὀνόμασι μιᾷ οὐσίᾳ ὑποκείμενον, οἷον μέροψ βροτός ἄνθρωπος, ἅπερ οἱ Περιπατητικοὶ πολυώνυμα λέγουσιν, ὁμώνυμα δὲ τὰ τὸ αὐτὸ γένος ἔχοντα καὶ τὴν αὐτὴν οὐσίαν· τὸ ἄνθρωπος ἵππος ἔλαφος ὁμώνυμά φασιν ἐπεὶ τὰ τρία κατ' ἀρρένων καὶ ζῴων ἐλέχθη.* Eustath. *ad Il.* λ, 557.: *ὄνος δὲ κοινῶς μὲν τὸ ζῷον.... ἡ δὲ ὁμωνυμία καί τι σκεῦος αὐτὸ οἶδε παρὰ τοῖς Ἀριστοτελικοῖς.*

45) *Anon.* b. *Brand. Schol.* 94 a. 21.: *περὶ τοῦ γνησίου Ἀνδρόνικος ὁ Ῥόδιος ἀμφιβάλλει μόνος ὁ λεγόμενος ἑνδέκατος διάδοχος τῆς Ἀριστοτέλους διατριβῆς. ἐπεὶ γὰρ ὁ Ἀριστοτέλης ἐν ταύτῃ τῇ πραγματείᾳ φησὶν ὅτι τὰ ἐν τῇ φωνῇ τῶν ἐν τῇ ψυχῇ παθημάτων ἐστὶ σύμβολα, τουτέστιν αἱ φωναὶ τὰ τῆς ψυχῆς ἐξαγγέλλουσιν, εἶτα παρακατιὼν φησιν ὅτι „περὶ μὲν οὖν τούτων ἐν τῷ περὶ ψυχῆς ἡμῖν εἴρηται", Ἀνδρόνικος ἀκούσας τὰ νοήματα παθήματα τῆς ψυχῆς καλοῦντος αὐτοῦ καὶ παραπέμποντος ἡμᾶς εἰς τὸ περὶ ψυχῆς, εἶτα ἐγκύψας ἐκεῖ καὶ μὴ συνιδὼν ὅπως ταῦτα λέγει, ἀναγκαῖον ᾠήθη τῶν δύο πραγματειῶν, ταύτης τε καὶ τῆς περὶ ψυχῆς,*

Herminus als Erklärer jenes Buches hervor[46]), jedoch ohne dass durch sie oder ihre Zeitgenossen überhaupt die Lehre vom Urtheile in Wesentlichem gefördert worden zu sein scheint; abstruse Spitzfindigkeit und schulmässige Wortklauberei mochte auch hier als Ersatz philosophischer Auffassung gegolten haben, und was wir schon oben bei den älteren Peripatetikern als einen Grundzug bezeichnen mussten, dass nemlich die äusserlich sprachliche Form über die innere Geltung des Begrifflichen ein ungehöriges Uebergewicht hatte, diess trat hier in noch erhöhtem Grade ein, so dass schon Alexander Aphrod. von seinen Vorgängern sagen musste, dieselben hätten mehr auf die Function der **λέξις** als auf die begriffliche Bedeutung gesehen[47]); s. Anm. 74.

In solcher Weise knüpfte sich an die ersten Worte der aristotelischen Schrift nicht bloss die wunderliche Eintheilung der Rede, d. h. des **λόγος**, in das Gedachte (**νοούμενον**) und das Ausgesprochene (**ἐκφωνούμενον**) und das Geschriebene (**γραφόμενον**), wobei das dritte ein Symbol des zweiten und das zweite ein Symbol des ersten sei[48]), sondern es erscheint auch in den hierüber erhobenen Controversen eine früheste Spur des bewussten Gegensatzes zwischen Nominalismus und Realismus. Denn während Herminus meint, Aristoteles spreche an jener Stelle nur darum von den psychologischen Vorgängen, damit die Brauchbarkeit der Lehre vom Urtheile hiedurch hervorgehoben werde, und während er an dem Ausspruche des Aristoteles, dass der psychologische Eindruck bei allen Menschen der gleiche sei, wegen des Vorhandenseins der Synonyma Anstoss nimmt, kömmt er hiebei darauf hinaus, dass das Gedachte seinerseits abermals ein symbolischer Ausdruck der objectiven Dinge

---

νοθεῦσαι τὴν ἑτέραν καὶ δεῖν ἐνόμισε ταύτην ἀθετεῖν μᾶλλον ἢ ἐκείνην τηλικαύτην οὖσαν καὶ μέγεθος νοημάτων ἔχουσαν καὶ ἀξίωμα. Boeth. ad Ar. d. interpr. Ed. II, p. 292.: Andronicus enim librum hunc Aristotelis esse non putet, quem Alexander vere fortiterque redarguit ..... non esse namque proprium Aristotelis, hinc conatur ostendere, quoniam quaedam Aristoteles in principio libri huius de intellectibus animi tractat, quos intellectus animae passiones vocavit et de his se plenius in libris de anima disputasse commemorat; et quoniam passiones animae vocabat, vel tristitiam vel gaudium vel cupiditatem vel alias huiusmodi affectiones, dicit Andronicus ex hoc probari hunc librum Aristotelis non esse, quod de huiusmodi affectionibus nihil in libris de anima tractavisset.

46) *Boeth.* a. a. O. p. 291.: *Aspasius quoque et Alexander sicut in aliis Aristotelis libris in hoc quoque commentarios ediderunt.* Ebend. p. 394.: *ab Hermino vel Aspasio vel Alexandro expositiones singulas proferentes* etc.

47) *Alex. ad Anal. pr. f.* 154 a.: *οἱ δὲ νεώτεροι ταῖς λέξεσιν ἐπακολουθοῦντες, οὐκέτι δὲ τοῖς σημαινομένοις.* Hiemit auch stimmt der Tadel eines späteren Rhetors überein, *Schol. ad Hermog. π. ἰδ.* VII, p. 899. *Walz*: *οἱ δὲ Περιπατητικοὶ τῶν λόγων φροντίσαντες καὶ μηδένα τῆς αἰσθήσεως ποιησάμενοι λόγον κινδυνεύουσιν ἐπὶ τοῦ παρόντος ὀνομάζεσθαι σπάνει τῶν μετιόντων τὴν τοιαύτην φιλοσοφίαν διὰ τὴν περὶ τοὺς λόγους ταλαιπωρίαν· ἔργον γὰρ αὐτοῖς ἐστιν σχεδὸν ἡ ἀσάφεια καὶ τὸ πολλὴν ἐμποιῆσαι σύγχυσιν....ἀλλ' ἑκοντὶ ὑποκαλύπτουσι τὰ νοήματα καὶ διαπλέκουσι τῶν ὀνομάτων τὴν ἑρμηνείαν, ὅθεν καὶ λυποῦσι τὴν ἀκοήν.*

48) *Ammon. ad Ar. d. interpr. f.* 19 a: *ἐπεὶ ταῦτά τε καὶ ὁ ἐξ αὐτῶν συγκείμενος λόγος τριχῶς θεωρεῖται, ἢ ἐν τῇ ψυχῇ καὶ τὰ ἁπλᾶ νοήματα καὶ τὸν ἐνδιάθετον καλούμενον λόγον ἢ ἐν αὐτῷ τῷ ἐκφωνεῖσθαι ἢ ἐν τῷ γράφεσθαι..... ἐπεὶ τοίνυν τριχῶς, ὅπερ ἐλέγομεν, θεωρεῖται τὰ ὀνόματα καὶ τὰ ῥήματα, ἃ ἔφη δεῖν θέσθαι, ἢ ἐν τῷ νοεῖσθαι ἢ ἐν τῷ λέγεσθαι ἢ ἐν τῷ γράφεσθαι, διὰ τοῦτο οὕτως εἶπε κτλ.....* (*f.* 20 a.) *λέγομεν οὖν*

sei[49]); und **Aspasius**, welcher auf die parallele Stellung jener drei Arten der Rede ein besonderes Gewicht legte, versteht die psychologischen Vorgänge so einseitig passiv, dass er die unkörperlichen Dinge, welche ja auf die sensuale Seele nicht wirken, für die Bedeutung jenes symbolischen Ausdrückens förmlich ausschliesst[50]). Selbstverständlicher Weise aber liegt hierin bereits, dass die sog. Universalien jedenfalls nur in dem menschlichen Sprachausdrucke existiren; und es erklärt sich auch, wie später (namentlich bei Porphyrius) das Wort φωνή jene Bedeutung erhalten konnte, in welcher wir es dort treffen.

Sicher dürfen wir es auch schon diesen älteren Commentatoren zuschreiben, wenn in der peripatetischen Schule strenge an dem Unterschiede festgehalten wurde, welcher in Bezug auf das Urtheil zwischen dem Nominative und den übrigen Casus besteht (s. Abschn. IV, Anm. 182), so dass man namentlich in Opposition gegen die Stoiker den Nominativ nicht einmal als Casus (πτῶσις) bezeichnen wollte[51]); war es ja gerade auch **Herminus**, welcher eine erschöpfende Eintheilung der Formen des Ver-

---

ὅτι τριχῶς, ὅπερ εἴρηται, καὶ τῶν ὀνομάτων καὶ τῶν ῥημάτων λεγομένων, τῶν νοουμένων τῶν ἐκφωνουμένων τῶν γραφομένων, τά τε ἐκφωνούμενα σύμβολα εἶναι τίθεται τῶν νοουμένων καὶ τὰ γραφόμενα τῶν ἐκφωνουμένων.

49) *Boeth.* a. a. O. p. 298.: *a tribus tantum, quantum adhuc sciam, ratio huius interpositionis explicata est, quorum Hermini quidem a rerum veritate longe disiuncta est; ait enim idcirco Aristotelem de notis animae passionum interposuisse sermonem, ut utilitatem propositi operis inculcaret; disputaturus enim de vocibus, quae sunt notae animae passionum recte de his quaedam promisit.* Ebend. p. 303.: *dicit enim (sc. Herminus) non esse verum, eosdem apud omnes homines esse intellectus, quorum voces significativae sunt; quid enim, inquit, in aequivocatione dicetur, ubi unus idemque vocis modus plura significat ..... et hoc simpliciter accipiendum est secundum Herminum, ut ita dicamus, quorum voces significativae sunt, illae sunt animae passiones, tanquam diceret: animae passiones sunt, quas significant voces, et rursus quorum similitudines sunt ea quae intellectibus continentur, illae sunt res; tanquam si dixisset: res sunt, quas intellectus significant. Ammon. ad Ar. d. interpr. f.* 21 a.: διὸ καὶ ἐνταῦθα (1, 16 a. 8.) τὸ „ταὐτά" ἐν τῷ „πράγματα ἤδη ταὐτά" ὀξυτόνως ἀναγνωστέον, καὶ οὐ προπερισπωμένως, ὥσπερ Ἑρμῖνος.

50) *Boeth.* a. a. O. p. 302.: *Sed Alexander id quod eum sensisse superius memoravi, hoc probare nititur argumento; ait enim, etiam in hoc quoque similem esse significationem litterarum ac vocum, quoniam sicut litterae non naturaliter voces, sed positione significant, ita quoque voces non naturaliter animi intellectus, sed aliqua positione designant ..... Aspasius quoque secundae sententiae Alexandri quam supra posuimus, valde consentit, qui a nobis in eodem quo Alexander errore culpabitur.* Ebend. p. 303.: *arbitratur enim Aspasius passiones animae non de rebus incorporalibus, sed de his tantum quae sensibus capi possunt, Aristotelem passiones animae dixisse, quod perfalsum est.*

51) *Ammon.* a. a. O. *f.* 34 b.: περὶ τῆς κατ' εὐθεῖαν γινομένης τῶν ὀνομάτων προφορᾶς εἴωθε παρὰ τοῖς παλαιοῖς ζητεῖσθαι πότερον πτῶσιν αὐτὴν προσήκει καλεῖν ἢ οὐδαμῶς, ἀλλὰ ταύτην μὲν ὄνομα, ὡς κατ' αὐτὴν ἑκάστου τῶν πραγμάτων ὀνομαζομένου, τὰς δὲ ἄλλας πτώσεις ὀνόματος ἀπὸ τοῦ μετασχηματισμοῦ τῆς εὐθείας γινομένας. τῆς μὲν οὖν δευτέρας προΐσταται δόξης ὁ Ἀριστοτέλης καὶ ἕπονταί γε αὐτῷ πάντες οἱ ἀπὸ τοῦ Περιπάτου, τῆς δὲ προτέρας οἱ ἀπὸ τῆς Στοᾶς καὶ ὡς τούτοις ἀκολουθοῦντες οἱ τὴν γραμματικὴν μετιόντες τέχνην. λεγόντων δὲ πρὸς αὐτοὺς τῶν Περιπατητικῶν ὡς τὰς μὲν ἄλλας τέσσαρας εἰκότως λέγομεν πτώσεις διὰ τὸ πεπτωκέναι ἀπὸ τῆς εὐθείας, τὴν δὲ εὐθεῖαν κατὰ τίνα λόγον πτῶσιν ὀνομάζειν δίκαιον ὡς ἀπὸ τίνος πεσοῦσαν; δῆλον γὰρ ὅτι πᾶσαν πτῶσιν

bums vermisste [52]). Und in gleicher Weise wie beim Nomen wurde nun auch der directe Modus der Satzform (Abschn. IV, Anm. 184) den übrigen Arten des Urtheiles gegenübergestellt; die Peripatetiker nemlich unterschieden im Gegensatze gegen die Stoiker nur fünf Satz-Arten, für welche sie auch andere Bezeichnungen als Jene wählten (vgl. Abschn. VI, Anm. 115 ff.), indem sie den wünschenden Satz (εὐκτικὸς λόγος) und den rufenden (κλητικὸς λ.) und den befehlenden (προςτακτικὸς λ.) und den fragenden (ἐρωτηματικὸς λ.) und das logische Urtheil (ἀποφαντικὸς λόγος) aufzählten [53]); von diesen fünf Arten aber bezeichneten sie ausschliesslich nur die letzte als Gegenstand der Lehre vom Urtheile, da nur bei einem solchen directen Aussprechen einer Verbindung die Frage betreffs des Wahr- und Falsch-seins in Betracht komme [54]).

ἀπό τινος ἀνωτέρω τεταγμένου γίνεσθαι προςήκει, ἀποκρίνονται οἱ ἀπὸ τῆς Στοᾶς ὡς ἀπὸ τοῦ νοήματος τοῦ ἐν τῇ ψυχῇ καὶ αὕτη πέπτωκεν. Ebenso *Leo Magent.* b. *Brand. Schol.* 104 a. 40.

52) *Ammon.* a. a. O. *f.* 43 a.: εἰ δὲ κἀνταῦθά τις ἀποροίη διὰ τί μὴ ἐξ ἀρχῆς τὰς διαφορὰς ταύτας προςετίθει τῷ λόγῳ τοῦ ῥήματος ὁ Ἀριστοτέλης, οὐκ ἐλλιπῆ φήσομεν ἡμεῖς, καθάπερ Ἑρμῖνος, τὸν ἐξ ἀρχῆς ἀποδιδόμενον λόγον.

53) *Schol. ad Aphthon.* II, p. 661. *Waiz*: τὸν δὲ λόγον διεῖλον οἱ μὲν Περιπατητικοὶ εἰς πέντε· εἰς εὐκτικόν „αἳ γὰρ Ζεῦ τε πάτερ καὶ Ἀθηναίη καὶ Ἄπολλον", προςτακτικόν „βάσκ' ἴθι Ἶρι ταχεῖα", ἐρωτηματικόν „πῶς δ' αἱ τῶν ἄλλων Τρώων φυλακαί τε καὶ εὐναί;" ἀποφαντικόν „Ἰλιόθεν με φέρων ἄνεμος Κικόνεσσι πέλασσε", κλητικόν „δεῦρο πάροιθ' ἐλθοῦσα, φίλον τέκος, ἵζευ ἐμοῖο". οἱ δὲ Στωϊκοὶ προςτιθέασι...... τούτων δὲ οἱ Περιπατητικοὶ τὸν μὲν πυσματικὸν καὶ ἐπαπορητικὸν ἐπὶ τὸν ἐρωτηματικὸν ἀνάγουσιν.... τοὺς δὲ λοιποὺς ὑπὸ τὸν ἀποφαντικὸν ἀνάγουσι καθὸ ἐνδέχεται τούτων ἕκαστον καὶ ψευδῆ εἶναι καὶ ἀληθῆ· οὐδὲν ἕτερόν ἐστιν ὁ ἀποφαντικὸς ἢ λόγος ἐνδεχόμενος καὶ ψευδὴς εἶναι καὶ ἀληθής. Fast wörtlich ebenso in *Prolegg. ad Hermog.* ebend. VII, p. 3. u. b. *Bekk. Anecd.* p. 1178. *Ammon.* a. a. O. *f.* 4 a.: καλοῦσι δὲ οἱ Στωϊκοὶ τὸν μὲν ἀποφαντικὸν λόγον ἀξίωμα, τὸν δὲ εὐκτικὸν ἀρατικόν, τὸν δὲ κλητικὸν προςαγορευτικόν.

54) *Anon. ad Ar. d. interpr.* b. *Brand.* 93 a. 20.: τὸν τοίνυν σκοπὸν ἔχει διδάξαι περὶ ἀποφαντικοῦ λόγου μόνου· λέγομεν δὲ μόνου, διότι πενταχῶς ὁ λόγος, εὐκτικὸς κλητικὸς προςτακτικὸς ἐρωτηματικὸς καὶ ἀποφαντικός. .....(b. 20.) καλοῦσι δὲ οἱ μὲν Στωϊκοὶ τὸν ἀποφαντικὸν ἀξίωμα, τὸν δὲ κλητικὸν προςαγορευτικόν, τὸν δὲ εὐκτικὸν ἀρατικόν. *Ammon.* a. a. O. *f.* 5 b.: μόνον δὲ τὸ ἀποφαντικὸν ἀπὸ τῶν γνωστικῶν, καὶ ἔστι τοῦτο ἐξαγγελτικὸν τῆς γενομένης ἐν ἡμῖν γνώσεως τῶν πραγμάτων ἀληθῶς ἢ φαινομένως, διὸ καὶ μόνον τοῦτο δεκτικόν ἐστιν ἀληθείας ἢ ψεύδους, τῶν δὲ ἄλλων οὐδέν. τοῦτο τοίνυν τὸ εἶδος τοῦ λόγου τὸ ἀποφαντικὸν ἑρμηνείαν ἀξιοῖ καλεῖν ὁ Ἀριστοτέλης ὡς ἑρμηνεῦον τὴν γνῶσιν τῆς ψυχῆς. Ebend. *f.* 23 a.: ἡ μὲν οὖν ἀλήθεια καὶ τὸ ψεῦδος πάντως περὶ σύνθεσιν ἢ διαίρεσιν, οὐ μέντοι πᾶσα σύνθεσις ἢ διαίρεσις θατέρου τούτων ἐστὶ δεκτική· καὶ γὰρ ὁ εὐχόμενος ἢ ἄλλῳ τινὶ λόγῳ παρὰ τὸν ἀποφαντικὸν χρώμενος συντίθησιν ὀνόματά τε καὶ ῥήματα μηδὲν μήτε ἀληθὲς μήτε ψεῦδος λέγων· ἀλλὰ δεῖ τὴν σύνθεσιν ἢ τὴν διαίρεσιν ὑπαρκτικὴν εἶναι, τουτέστι δηλωτικὴν τοῦ ἄλλο ἄλλῳ ὑπάρχειν ἢ μὴ ὑπάρχειν, ὅπερ περὶ μόνον τὸν ἀποφαντικὸν θεωρεῖται λόγον. *Joann. Ital.* b. *Brand. Schol.* 95 a. 44.: οὐδὲν γὰρ γνώσεώς ἐστιν ἀλλ' ὀρέξεως μᾶλλον καὶ κρείττονος αἰτήσεως ὡς ἐπὶ τῆς εὐχῆς ἢ χείρονος ὡς ἐπὶ τῆς προστάξεως καὶ ὡς ἐπὶ κλήσεως, ὁμοίως καὶ ἄλλως ἐπὶ τῆς ἐρωτήσεως. τούτων τοίνυν ἁπάντων τῶν εἰδῶν τί ἂν εἴη ἀληθές; πάντως οὐδέν, οὔτε μὴν ψευδές, ἐπεὶ οὐ πέφυκεν ἐν εὐχῇ ἢ ἐρωτήσει ἢ ἄλλῳ τῳ τῶν εἰρημένων, ἀλλ' ἀποφάνσει καὶ μόνῃ, ἥτις λόγος ἀποφαντικὸς καὶ ἑρμηνεία τοῖς παλαιοτέροις ὠνόμασται. *Leo Magent.* ebend. 95 b. 14.: πενταχῶς γὰρ ὁ λόγος, προστακτικὸς εὐκτικὸς κλητικὸς ἐρωτηματικὸς καὶ ἀποφαντικός, περὶ οὗ καὶ ἀποφαντικοῦ μόνου διαλέγεται, ἐν γὰρ τούτῳ μόνῳ διακρίνεται τὸ ἀληθὲς

In Bezug aber auf diese Satzverbindung, welche die Geltung eines logischen Urtheiles besitzt, hatte bereits Andronikus (wohl gewiss in seinem Commentare zu den Kategorien) die Frage angeregt, welche Worte oder Begriffe fähig seien, als Prädicate in einem Urtheile aufzutreten; und indem er einerseits zugab, dass nicht bloss die wesentlich begrifflichen Bestimmtheiten des Subjectes, sondern auch viele andere Merkmale Prädicat desselben sein können, unterschied er andrerseits bei den letzteren betreffs der sprachlichen Form, so dass z. B. nicht „Farbe", sondern nur „Gefärbt" Prädicat des Subjectes „Körper" sein könne, da es darauf ankomme, ob das „ist" wirklich ausdrücke, dass das Subject dasjenige sei, was im Prädicate ausgesprochen ist; denn man könne z. B. wohl sagen „Sokrates ist ein Athener", nicht aber „der Körper ist Farbe" [55]).

Anderes hingegen ist nur rein commentirender Art; so dasjenige, was Aspasius betreffs der Definition des Urtheiles [56]), oder über die Geltung eines allein stehenden Verbums bemerkt [57]); ob die Erörterungen, welche derselbe dem aus bloss zwei Gliedern bestehenden Urtheile („A ist") widmete, von grossem Belange oder förderndem Einflusse gewesen

---

ἀπὸ τοῦ ψεύδους. *Boeth. ad Ar. d. interpr.* p. 324.: *species quidem orationis multae sunt, sed eas varie partiuntur; ut vero Peripatetici quinque partibus omnes species orationis ac membra distribuunt ..... perfectae autem orationis alia est deprecativa .... alia imperativa .... alia interrogativa .... alia vocativa .... alia enuntiativa, ut „dies est, dies non est"; in hac sola quae est enuntiativa, veri falsive natura perspicitur.* Ebend. *introd. ad syllog.* p. 561.: *orationis autem species, ut arctissime dividamus, sunt quinque: interrogativa .... imperativa .... invocativa .... deprecativa .... enuntiativa ..... quarum quidem praeter enuntiationem nulla vel esse aliquid vel non esse designat, ceterae namque vel interrogant vel invocant vel imperant vel precantur, enuntiatio vero semper esse aliquid aut non esse significat, atque ideo sola enuntiatio est, in qua veritas vel falsitas inveniri queat.*

55) *Simpl. ad. Cat. f.* 13 *E.*: ἰστέον δὲ ὅτι καὶ Ἀνδρόνικος καὶ ἄλλοι τινὲς οὐ μόνον τὰ ἐν τῷ τί ἐστι κατηγορούμενα καθ' ὑποκειμένου κατηγορεῖσθαί φασιν, ἀλλὰ καὶ ἄλλα, οἷον τὸ μουσικὸν κατ' Ἀριστοξένου καὶ τὸ Ἀθηναῖος κατὰ Σωκράτους καὶ ἴσως ἐκεῖνα ὅσα κατηγοροῦντές τινος ἐκεῖνο εἶναι λέγομεν αὐτὸ ὅπερ κατηγοροῦμεν· βαδίζειν μὲν γὰρ λέγοντες τὸν Σωκράτην οὐ λέγομεν βαδίζειν εἶναι τὸν Σωκράτην, Ἀθηναῖον δὲ εἶναι λέγομεν καὶ φιλόσοφον· καὶ ὅσα δὴ τούτων κατηγορεῖται λεγόντων ἡμῶν ταῦτα ἐκεῖνα εἶναι, καὶ κατὰ τοῦ ὑποκειμένου ῥηθήσεται· εἰ γὰρ ὁ Σωκράτης φιλόσοφός ἐστιν, ὁ δὲ φιλόσοφος ἐπιστήμων, ἔσται καὶ ὁ Σωκράτης ἐπιστήμων. πάλιν δέ φησιν, εἰ τὸ σῶμα λευκὸν, καὶ τὸ λευκὸν χρῶμα, ἔσται καὶ τὸ σῶμα χρῶμα, ἢ τὸ λευκὸν δύο σημαίνει, τήν τε ποιότητα καὶ τὸ κεχρωσμένον, καὶ τοῦ μὲν σώματος τὸ κεχρωσμένον κατηγορεῖται, οὐ γάρ ἐστι τὸ σῶμα λευκότης, τῆς δὲ ποιότητος οὐ τὸ χρῶμα, ἀλλ' (*l.* οὐδ') ἡ λευκότης· ὥστε οὐ τὸ χρῶμα κατηγορηθήσεται τοῦ σώματος, ἀλλὰ τὸ κεχρωσμένον.

56) *Boeth. ad Ar. d. interpr.* p. 333.: *Aspasius etiam consentit Alexandro; dicit enim Alexander, eodem modo hic diffinisse Aristotelem enuntiationem sicut alibi quoque, id est in resolutoriis ..... idem quoque Aspasius sequitur.*

57) Ebend. p. 316.: *est hic quaestio, non enim verum videri potest, quod ait „constituit enim qui dicit intellectum et qui audit quiescit"* (*Arist. d. interpr.* 3, 16b. 20.) ...... *cum dico „legit", quis legat, animus audientis requirit; nondum ergo qui dicit constituit intellectum nec qui audit quiescit; sed ad hoc Aristotelem retulisse putandum est, quoniam quilibet audiens, cum significativam vocem ceperit animo, eius intelligentia nititur ..... sed huiusmodi quaestio ab Aspasio proposita est et ab eodem resoluta.*

seien, lässt sich aus einer vereinzelten kargen Notiz nicht schliessen; nur möchte aus derselben hervorgehen, dass Aspasius wohl nicht ganz frei von stoischen Anschauungen war, wornach man überall einen Fortschritt vom Einfachen zum Zusammengesetzten darthun zu müssen glaubte [58]). Von geringer Bedeutung dürften auch jene Schwierigkeiten gewesen sein, welche in Bezug auf die Einheit des Urtheiles erhoben wurden, und namentlich scheint Herminus bei Lösung derselben manche Probe davon gegeben zu haben, dass er keinerlei Verständniss des Art-Begriffes besass [59]). Dass bei dieser commentirenden Thätigkeit insbesondere auch dasjenige, was Aristoteles „unbestimmtes Nomen oder Verbum" genannt hatte, besprochen würde, liess sich von vorneherein erwarten; aber eben so sicher konnten wir auch überzeugt sein, dass jene tiefen Schwierigkeiten, welche bei Aristoteles selbst in Bezug auf sprachlichen Widerspruch und realen Gegensatz vorliegen, hier gewiss nicht gelöst würden; denn wenn Herminus sagt, es könne ein mit Nicht verbundenes Wort (nemlich z. B. Nicht-B) zuweilen auch den realen Gegensatz schon involviren, je nachdem eine Naturbestimmtheit in dem Subjecte des Urtheiles vorliege, so ist diess eben nur der Ausdruck jener Schwierigkeit, nicht aber eine Lösung derselben [60]); ob Aspasius, von welchem nur berichtet wird, dass er in diesem Punkte ebenso wie Alexander eine Erklärung gab, welche von der des Porphyrius verschieden war [61]), bereits gleichfalls den Begriff des Subconträren, auf welchen Alexander sich stützt (Abschn. XI, Anm. 30.), hiezu benützt habe, wird sich schwerlich mit Gewissheit behaupten lassen. Uebrigens wollte Herminus, welcher sich auch sehr mit der Erklärung jener Stelle beschäftigte, welche wir Abschn. IV, Anm. 210 besprochen haben, und auch die dortige Tafel der vier

---

58) Ebend. p. 321.: *hoc loco Aspasius inconvenienter interstrepit; ait enim Aristotelem non in omnes orationes diffinitionem constituere voluisse, sed tantum in simplices, quae ex duobus constant, verbo scilicet et nomine; sed ille perfalsus est.*

59) Ebend. p. 356.: *Herminus vero sic sentit: quod ait Aristoteles „sic vero duobus nomen unum est positum, ex quibus non est unum, non est una affirmatio nec una negatio" (d. interpr. 8, 18 a. 18.), ut in eo, inquit, quod est „homo gressibilis est", quoniam quod dicimus gressibile potest et bipes esse et quadrupes et multipes animal demonstrari, ex his (inquit) omnibus unum fit quod est „pedes habens", ista (inquit) huiusmodi affirmatio non multa significat, sed sententia Aristotelis omnino non sequitur; neque enim ex his omnibus unum fit, nec quadrupes et bipes et multipes „pedes habere" faciunt, hic enim numerus pedum est, non pedum constitutio. quare Herminus praetermittendus est; huic autem expositioni, quam supra disserui, et Aspasius et Porphyrius et Alexander in his quos in hunc librum edidere commentariis consensere.* Ebend. p. 415.: *nos autem supra iam diximus, magnae fuisse curae apud Peripateticae sectae principes diiudicare, quae esset una affirmatio vel negatio, quae plures.*

60) Ebend. p. 347.: *Herminus namque dicit, idcirco indefinitas posse aliquando significare contraria, cum ipsae careant contrarietate, quippe quae universalium rerum sunt, additum tamen universale non habent, in solis his quibus ea quae affirmantur aut negantur subiecto naturaliter insunt* (diess ist eben das aristotelische πεφυκός) — *ut cum dicimus „homo rationalis est, homo rationalis non est", quoniam rationalitas huiusmodi est, quae in natura sit hominis — et affirmatio et negatio inter se verum falsumque dividunt, ut est „quidam homo rationalis est, quidam homo rationalis non est". has igitur secundum Herminum videmus posse significare contraria.*

61) Ebend.: *meliorem sententiam, quam Porphyrius approbavit ..... Aspasius vero et Alexander hanc posteriorem non probant.*

Urtheile wohl nicht mit besonderem Glücke erörterte [62]), insbesondere die Möglichkeiten der verschiedenen Stellungen der Negation erschöpfen, wobei er jedoch sowohl die Bedeutung „ist nicht" verwischte, als auch eben jene Tafel der Urtheile verwirrte [63]). Ueberhaupt wurden wohl sicher auch bei diesen späteren Peripatetikern die Erörterungen und Controversen über die verschiedenen Arten des Gegenüberliegens und des Gegensatzes in reichem Masse gepflogen und hauptsächlich an alle einzelnen Kategorien angeknüpft [64]); aber es lässt sich unmöglich bestimmen, wie viel von demjenigen, was bei den späteren Commentatoren erscheint, auf Rechnung dieser früheren Erklärer zu setzen sei. Höchstens mit einiger Wahrscheinlichkeit könnte man annehmen, dass ein einzelner Punkt, welcher der Lehre vom Urtheile angehört und zugleich eine polemische Stellung gegen die Stoiker einnimmt, in Folge hievon sich schon früher fixirt haben müsse, nemlich der Grundsatz, dass das exclusive Wahr- oder Falsch-sein bei dem widerspruchsweisen Gegentheile auch für ein noch nicht eingetretenes künftiges Factum gelte, und hiebei nur ungewiss sei, welches von beiden Gliedern des Gegentheiles das wahre oder falsche sei [65]). In Bezug auf die Umkehrung der Urtheile und die sog. Aequipollenz s. unten Anm. 95.

---

62) Ebend. p. 387. u. 401.: *atque hoc quidem Herminus non recta expositione dicens ordinem turbat.*

63) Ebend. p. 388.: *ait Herminus tribus modis cum infinito nomine propositiones posse proferri; aut enim infinitum subiectum habent, ut „non homo iustus est", aut infinitum praedicatum, ut „homo non iustus est", aut infinitum subiectum et infinitum praedicatum, ut „non homo non iustus est"; harum igitur, inquit, quaecunque ad praedicatum terminum habent nomen infinitum, similes sunt his quae aliquam denunciant privationem; denunciant autem privationem haec quae dicunt „homo iniustus est, homo iniustus non est"; ergo istiusmodi quae proponunt „homo iniustus est, homo iustus non est", illae (inquit) consentiunt, quae sunt ex infinito praedicato .... idem enim est (inquit), esse hominem iniustum quod hominem non iustum; illae vero quae habent aut subiectum infinitum, ut est „non homo iustus est", aut utraque infinita, ut est „non homo non iustus est", non consentiunt ad privatoriam propositionem, quae est „homo iniustus est" ..... sed hic Herminus longe a toto intellectu et ratione sententiae discrepans has interposuit, quae aut ex utrisque infinitis aut ex subiecto fierent infinito.*

64) Ebend. *ad Ar. Praedic.* p. 192.: *sed in hoc Stoicorum Peripateticorumque diversa sententia fuit, et ut ipsi inter se Peripatetici diverse sectati sunt.* worauf die Angabe folgt, es sei selbst Controverse gewesen, ob das Wort *ἀντικείμενον* bloss als vieldeutig oder als allgemeiner Gattungsbegriff der verschiedenen Arten des allgemeinen Gegenüberliegens zu nehmen sei. *Galen. Meth. Ther.* XI, 12. (X, p. 771. *Kühn*): *οὐ γὰρ ἐν τοῖς ποιοῖς σώμασι μόνον ἀλλὰ κἂν τοῖς ποσοῖς ἔστιν εὑρεῖν τὴν τοιαύτην ἐναντίωσιν ἣν οἱ περὶ τὸν Ἀριστοτέλη καλοῦσιν ἀντίθεσιν, οὐκ ἐναντίωσιν· οὔτε γὰρ τὸ μέγα τῷ μικρῷ φασιν ὑπάρχειν ἐναντίον ἀλλ' ἀντικείμενον ἐν τῷ πρός τι οὔτε τὸ πολὺ τῷ ὀλίγῳ, κατὰ δὲ τὸν αὐτὸν τρόπον οὐδ' ἀραιὸν τῷ πυκνῷ οὐδὲ τῷ συντεταμένῳ τὸ κεχαλασμένον οὐδὲ τῷ κατὰ φύσιν αὖ τὸ παρὰ φύσιν.*

65) *Simpl. ad Cat. f.* 103 *B.*: *οἱ μέντοι Περιπατητικοὶ τὴν μὲν ἀντίφασιν τὴν εἰς τὸ μέλλον ἀληθῆ ἢ ψευδῆ εἶναι λέγουσι, πότερον δὲ ἔσεται μόριον αὐτῶν ἀληθὲς καὶ πότερον ψεῦδος, ἄληπτον εἶναι τῇ φύσει καὶ ἄστατον· τὴν μὲν γὰρ ἀντίφασιν ἐφ' οὑτινοσοῦν χρόνου οὐ κωλύει λέγεσθαι τὸ ἢ ἔσεται ἢ οὐκ ἔσεται, τῶν δ' ἐμπεριεχομένων ἐν αὐτῇ μορίων ἑκάτερον, οἷον τὸ ἔσεται ἢ οὐκ ἔσεται ἀφωρισμένως μὲν ἐπὶ τοῦ παρόντος καὶ παρεληλυθότος χρόνου ἤδη ἐστὶν ἀληθῆ ἢ ψευδῆ, ὅσα δὲ περὶ τοῦ μέλλοντος ἀποφαίνεται ἤδη μὲν οὐκ ἐστὶν ἢ ἀληθῆ ἢ ψευδῆ, ἔσται δὲ ἢ τοῖα ἢ τοῖα.*

Dass es aber auch in Bezug auf die Lehre vom Schlusse nicht an ausgedehnter litterarischer Thätigkeit in der peripatetischen Schule gebrach, müssen wir aus der Notiz schliessen, dass schon bei der Sichtung der aristotelischen Werke sich vierzig Bücher Analytiken vorfanden, unter welchen jene vier, welche uns überliefert sind, allein als ächt bezeichnet wurden [66]; und sicher wurde auch in der späteren Zeit dieser Theil der aristotelischen Logik nicht vernachlässigt. Nur sind uns auch hierüber bloss wenige vereinzelte Notizen betreffs dieser älteren Commentatoren überliefert.

Von Wichtigkeit ist die merkwürdige Angabe, dass bereits Boëthus und einige andere Peripatetiker die Voraussetzungs-Schlüsse vor den sog. kategorischen Schlüssen voranstellten, wobei sie noch dazu für erstere, deren praktische Nützlichkeit vielleicht besonders hervorgehoben wurde, sich der stoischen Bezeichnung (*ἀναπόδεικτοι*) bedienten [67]; so dass wir hier einen entschiedenen Einfluss jenes Uebergewichtes träfen, welches bei den Stoikern der Voraussetzungsschluss über den kategorischen besitzt; und es war demnach jene Anordnung der Theile innerhalb der Syllogistik, welche in der scholastischen Logik üblich wurde, sogar schon bei einigen Vertretern der peripatetischen Lehre vorhanden. Darüber aber sind wir nicht unterrichtet, in wieweit in jener Zeit etwa die theophrastische und eudemische Lehre betreffs der Voraussetzungsschlüsse durch die stoische Logik alterirt, oder bereichert worden sein mag; noch auch darüber, ob vielleicht schon damals das Wort *κατηγορικός* in technischem Sinne dem *ὑποθετικός* in solcher Weise entgegengesetzt worden sei; wahrscheinlich aber dürfte letzteres der Fall sein, da wir bei Galenus (s. Anm. 102) und bei den späteren Commentatoren eine solche technische Unterscheidung der beiden Worte schon völlig recipirt finden [68]).

---

66) *Philop. ad Anal. pr. f.* IV a.: *φασὶ γὰρ ὡς τεσσαράκοντα εὑρέθη τῶν Ἀναλυτικῶν βιβλία ἐν ταῖς παλαιαῖς βιβλιοθήκαις· καὶ τὰ τέσσαρα μόνα ταῦτα ἐκρίθησαν εἶναι Ἀριστοτέλους.*

67) *Ps.-Galen. Εἰςαγ. διαλ. ed. Minas.* p. 19.: *καὶ μέντοι καὶ τῶν ἐκ τοῦ Περιπάτου τινὲς, καθάπερ καὶ Βοηθὸς, οὐ μόνον ἀναποδείκτους ὀνομάζουσι τοὺς ἐκ τῶν ἡγεμονικῶν λημμάτων συλλογισμοὺς, ἀλλὰ καὶ πρώτους· ὅσοι δὲ ἐκ τῶν κατηγορικῶν προτάσεών εἰσιν ἀναπόδεικτοι συλλογισμοὶ, τούτους οὐκέτι πρώτους ὀνομάζειν συγχωροῦσι· καίτοι καθ᾽ ἕτερόν γε τρόπον οἱ τοιοῦτοι πρότεροι τῶν ὑποθετικῶν εἰσιν, εἴπερ γε καὶ αἱ προτάσεις αὐτῶν ἐξ ὧν σύγκεινται, πρότεραι βεβαίως εἰσὶν· οὐδεὶς γὰρ ἀμφισβητήσει μὴ οὐ πρότερον εἶναι τὸ ἁπλοῦν τοῦ συνθέτου. ἀλλὰ περὶ μὲν τῶν τοιούτων ἀμφισβητήσεων οὔτε εὑρεῖν οὔτε ἀγνοῆσαι μέγα· χρὴ γὰρ ἀμφότερα τὰ μέρη γινώσκειν τῶν συλλογισμῶν καὶ τοῦτ᾽ ἐστὶ τὸ χρήσιμον, ὀνομάζειν δὲ τοὺς ἑτέρους ἢ διδάσκειν προτέρους ὡς ἑκάστῳ φίλον· οὐ μὴν ἐκείνοις γε ἀγνοεῖσθαι προςῆκεν.* Ebend. p. 57.: *ἐπεὶ δὲ καὶ* (l. *καὶ περὶ*) *τῶν κατὰ πρόςληψιν ὀνομαζομένων συλλογισμῶν οἱ ἐκ τοῦ Περιπάτου γεγράφαται* (l. *γεγράφασιν*) *ὡς χρησίμων, ἐμοὶ δὲ* (l. *οὐδὲ*) *περιττοὶ δοκοῦσιν εἶναι.*

68) *Ps.-Galen.* a. a. O. p. 22.: *οὐ ταὐτὸν δὲ σημαίνει παρ᾽ αὐτοῖς* (sc. *τοῖς παλαιοῖς φιλοσόφοις*) *τῷ κατηγορεῖσθαι τὸ καταφάσκεσθαι, καὶ γὰρ ὁ ἀποφασκόμενος „οὐ" κατηγορεῖται· λεγόντων οὖν οὕτω „τὸ καλὸν οὐκ ἐστὶ φευκτόν" ὑποκεῖσθαι μὲν τὸ καλὸν, κατηγορεῖσθαι δὲ ἀποφατικῶς αὐτοῦ τὸ „φευκτόν ἐστι", κατηγορεῖν δ᾽ αὐτοῦ καταφατικῶς τὸ „φευκτόν". καίτοι νενικηκότος καταφατικῶς μὲν ἀμφοτέρας ὀνομάζουσι* (so die Handschrift; Minas gibt *ὀνομάζειν* ohne zu merken, dass hier eine Lücke ist; denn offenbar ist zu lesen: *νενικηκότος καταφατικῶς μὲν τὴν ἑτέραν ὀνομάζειν*

In Bezug aber auf den sog. kategorischen Syllogismus dürfen wir vielleicht die Erörterung hieher ziehen, welche im Zusammenhange mit den Controversen über Stellung der Negation sich an die Frage anschliesst, ob nicht doch nach Umständen auch in der ersten Figur aus zwei verneinenden Prämissen ein Schlusssatz erreicht werden könne; wenn nemlich in dem verneinenden Untersatze die Negation völlig zum Prädicate gehöre und mit diesem verbunden einem bejahenden Begriffe gleichstehe, so könne, wenn die nemliche Verneinung Subject des Obersatzes sei, richtig geschlossen werden. Insoferne aber bei Erwähnung dieses Umstandes auf ein platonisches Beispiel hingewiesen wird, dürfen wir vielleicht auch hier ein Eingreifen akademischer Bestrebungen in die peripatetischen Schul-Controversen, welches bereits Alexander als vorliegend vorfand, erkennen [69]).

Ein einzelnes längeres Fragment ist uns aus der Syllogistik des Herminus erhalten, welches uns hinreichend Aufschluss über den hohen Grad gibt, welchen schon damals jene antike Scholastik erreicht hatte, und bei der Einsicht in diese falsch und unvernünftig aufgewendete Spitzfindigkeit werden wir es kaum beklagen müssen, dass uns nicht reicheres Material über alle Peripatetiker dieses Schlages überliefert ist. Herminus gibt sich nemlich unsägliche Mühe, nachzuweisen, dass auch in der zweiten Figur der eine der beiden Subjects-Begriffe von Natur aus dazu berufen sei, Oberbegriff zu sein, und bei diesem Bestreben, welches nur durch gänzlichen Unverstand in Bezug auf das Wesen der drei syllogistischen Figuren hervorgerufen sein kann, ist er auf das Widerwärtigste von der stoischen Marotte inficirt, vermöge deren die schulmeisterliche *Tabula Logica* überall eine so grosse Rolle spielt. Seine Auseinandersetzung ist folgende [70]): Gehören die beiden Subjectsbegriffe zu der

---

κατηγορικὰς ὀνομάζουσι) τὰς εἰρημένας προτάσεις καὶ δι' αὐτὰς καὶ τοὺς συλλογισμοὺς κατηγορικούς, οὐ μὴν καταφατικὰς ἀμφοτέρας, ἀλλ' ὡς ἀντιδιήρηται. Allerdings darf aus dieser Notiz mit Sicherheit nur soviel geschlossen werden, dass man auf den Sprachgebrauch von *κατηγορικός* und *καταφατικός* aufmerksam war; jedoch kann durch sie auch obige Wahrscheinlichkeit wenigstens bestärkt werden.

69) *Boeth. ad Ar. d. interpr.* p. 403.: *sed fuerunt qui hoc cum ex multis aliis tum ex aliquo Platonis syllogismo colligerent, ut quid ex ea re definirent, doctissimorum virorum auctoritate cognoscerent; ex duabus enim negativis syllogismus fieri non potest; in quodam enim dialogo Plato* (*Soph.* p. 249 f.) *huiusmodi interrogat syllogismum: sensus, inquit, non contingit rationem substantiae; quod non contingit rationem substantiae, ipsius veritatis notionem non contingit; sensus igitur veritatis notionem non contingit. videtur enim ex omnibus negativis fecisse syllogismum, quod fieri non potest, atque ideo aiunt, infinitum verbum quod est „non contingit" pro principio* (*l. participio*) *infinito posuisse, id est „non contingens est"; est enim in pluribus aliis inveniendi facultas frequenter verbum infinitum positum pro nomine infinito, quare verbum quidem dixere quidam semper facere negationem, si infinitum ponatur, participia autem vel nomina si sint infinita, posse facere affirmationem, et ideo quotiescunque a magnis viris infinitum verbum et duae negationes in syllogismo ponuntur, hac ratione defenditur, quo dicatur infinitum pro participio esse positum, quod participium nominis loco in propositione praedicatur; et id quidem Alexander Aphrodisieus arbitratur ceterique complures.* Diese Unterscheidung zwischen Verbum und Participialform könnte selbst vermuthungsweise auf Herminus bezogen werden, da derselbe, wie wir oben Anm. 52. sahen, ähnliche grammatische Erörterungen angeregt zu haben scheint.

70) *Alex. ad Anal. pr. f.* 28 b.: *τὸ μὲν οὖν λέγειν, ὡς Ἑρμῖνος οἴεται,*

nemlichen höheren Gattung, so ist, wenn sie in ungleichem Abstande von derselben liegen, jener der natürliche Oberbegriff, welcher näher an jener gemeinschaftlichen Gattung liegt; wenn sie aber gleich weit von jener abstehen, so muss man sehen, von welchem der beiden der Mittelbegriff unmittelbar und an und für sich prädicirt werde; so werde z. B. „Vernünftig“ von „Mensch“ an und für sich prädicirt, von „Pferd“ aber nur mittelbar verneint, nemlich vermittelst des Begriffes „Unvernünftig“; und nun liege dieses vermittelnde Merkmal näher an dem gemeinsamen Gattungsbegriffe „animalisches Wesen“, und darum sei dann „Pferd“ der natürliche Oberbegriff. Gehören hingegen die beiden Subjectsbegriffe nicht zu der gleichen höheren Gattung, so ist derjenige der prädestinirte Oberbegriff, welcher innerhalb seiner eigenen Gattung näher an dem allgemeinsten Gattungsbegriffe liegt; so sei z. B. „Farbe“ näher an ihrem Gattungsbegriffe „Qualität“ als Mensch an seinem Gattungsbegriffe „substanzielles Wesen“, und darum „Farbe“ nothwendig der Oberbegriff; stehen sie aber gleichweit von je ihrem eigenen Gattungsbegriffe ab, so

---

ἐν τῷ δευτέρῳ σχήματι τὸν μείζονα ἄκρον εἶναι, ἐὰν ἀμφότεροι ὁμογενεῖς ὦσιν ὧν ὁ μέσος κατηγορεῖται, τὸ ἐγγύτερον τοῦ κοινοῦ γένους αὐτῶν· ἂν γὰρ ὦσιν οἱ ἄκροι ὄρνεον καὶ ἄνθρωπος, ἐγγυτέρω τοῦ κοινοῦ γένους αὐτῶν τοῦ ζῴου τὸ ὄρνεον τοῦ ἀνθρώπου καὶ ἐν τῇ πρώτῃ διαιρέσει δι' ἣν καὶ μείζων ἄκρος τὸ ὄρνεον, καὶ καθόλου ἐν τοῖς ὁμογενέσιν ὁ οὕτως ἔχων πρὸς τὸ κοινὸν γένος μείζων· εἰ δ' εἶεν ἴσον ἀφεστῶτες ἀμφότεροι τοῦ κοινοῦ γένους, ὡς ἵππος καὶ ἄνθρωπος, δεῖν περισκοπεῖν τὸν μέσον τὸν κατηγορούμενον αὐτῶν, τίνος μὲν δι' αὑτὸν κατηγορεῖται τίνος δὲ δι' ἄλλον κατηγορούμενον, καὶ συγκρίνειν τὸν δι' ὃν κατηγορεῖται τοῦ ἑτέρου τῷ δι' ὃν καθ' ἑαυτὸν κατηγορεῖται, κἂν ᾖ ἐκεῖνος δι' ὃν ἐγγυτέρω τοῦ κοινοῦ γένους αὐτῶν, τοῦ ἑτέρου κατηγοροῖτο, καὶ τούτων οὐ κατηγορεῖται ὁ μέσος διὰ τὸν (l. τὸ τὸν) ἐγγυτέρω τοῦ κοινοῦ γένους μείζονα λέγειν, οἷον εἰ εἶεν οἱ μὲν ἄκροι ἵππος καὶ ἄνθρωπος, κατηγοροῖτο δὲ αὐτῶν τὸ λογικὸν καὶ τοῦ μὲν ἵππου ἀποφατικῶς τοῦ δὲ ἀνθρώπου καταφατικῶς, ἐπεὶ τὸ λογικὸν οὐ καθ' αὑτὸ ἀποφάσκεται τοῦ ἵππου ἀλλὰ δι τὸ ἄλογον αὐτὸν εἶναι, τὸ δὲ λογικὸν δι' αὑτὸ καταφάσκεται τοῦ ἀνθώπου, ἐγγυτέρω τοῦ κοινοῦ γένους αὐτῶν ἐστι τοῦ ζῴου ὁ ἵππος ἤπερ ὁ ἄνθρωπος· ἔσται δὴ καὶ ὁ ἵππος μείζων τοῦ ἀνθρώπου ἄκρος καίτοι ἴσον ἀφεστηκότος τοῦ γένους τοῦ οἰκείου αὐτοῦ, ὅτι μεῖζον δι' ὃν ἂν τούτου κατηγορουμένου κατηγοροῖτο ὡς ἀλόγου αὐτοῦ, οὐχ ὡς ἵππου, τὸ λογικὸν ἀποφάσκεται τοῦ ἀνθρώπου καταφασκομένου τοῦ λογικοῦ καθ' αὑτό. εἰ δὲ μὴ εἶεν ὁμογενεῖς οἱ ἄκροι ἀλλὰ διαφερόντων γενῶν, μείζονα αὐτῶν θετέον τὸν ἐν τῷ οἰκείῳ γένει ἐγγυτέρω ὄντα αὐτῶν, οἷον ἂν κατηγορῆταί τι χρώματος καὶ ἀνθρώπου, μείζων ἄκρυς τὸ χρῶμα, ἐγγυτέρω γὰρ τοῦτο τῆς ποιότητος ἢ ὁ ἄνθρωπος τῆς οὐσίας, ἄτομον γὰρ εἶδος ὁ ἄνθρωπος, τὸ δὲ χρῶμα οὔ. ἂν δὲ ἴσον πάλιν ἀπέχωσιν ἀμφότεροι τῶν οἰκείων γενῶν, ἐπὶ τὸν κατηγορούμενον ἐπανιέναι καὶ ζητεῖν τίνος μὲν αὐτῶν δι' αὑτὸν τίνος δὲ δι' ἄλλον κατηγορεῖται, κἂν ᾖ δι' ὃν κατηγορεῖται τοῦ ἑτέρου ἐγγυτέρω τοῦ οἰκείου γένους, καὶ τούτου δι' ἐκεῖνον κατηγοροῖτο, μείζονα ἡγητέον ἄκρον, οἷον εἰ εἶεν ὅροι λευκὸν καὶ ἄνθρωπος τὸ μὲν ἐν ποιῷ ἄτομον εἶδος τὸ δὲ ἐν οὐσίᾳ, κατηγορῆται δὲ τὸ λογικὸν καταφατικῶς μὲν τοῦ ἀνθρώπου, ἀποφατικῶς δὲ τοῦ λευκοῦ, ἐπὶ τοῦ μὲν ἀνθρώπου καθ' ὃ ἄνθρωπος καταφάσκεται, τοῦ δὲ λευκοῦ οὐ καθ' ὃ λευκὸν ἀποφάσκεται ἀλλὰ καθ' ὃ ἄψυχόν ἐστιν, ἐπεὶ τὸ ἄψυχον, δι' ὃ τοῦ λευκοῦ τὸ λογικὸν ἀποφάσκεται, κοινότερον καὶ καθολικώτερον καὶ ἐγγύτερον τῆς οὐσίας τῆς τοῦ ἀψύχου ἢ ὁ ἄνθρωπος τῆς τοῦ ἐμψύχου, καὶ τὸ λευκὸν διὰ τοῦτο μείζων ὅρος τοῦ ἀνθρώπου. τὸ δὴ ταῦτα λέγειν καὶ ζητεῖν καὶ φύσει δεικνύναι ἐν τῷ δευτέρῳ σχήματι τὸ μεῖζον ἄκρον πρὸς τὸ περιεργίαν ἔχειν οὐδὲ ἀληθές ἐστιν.

ist wieder jene nemliche Procedur mit den Mittelbegriffen vorzunehmen wie oben. Diese Darlegung, denke ich, und die dabei gebrauchten Beispiele werden genügen, um die Bodenlosigkeit dieses peripatetischen Schulmeisters darzuthun.

Wie ausführlich aber überhaupt die Sache betrieben worden, und wie sehr man dabei wohl auch in eitler Ostentation nach Neuerungen gehascht habe, sehen wir daraus, dass der nemliche Herminus sowie Andere seines Gleichen bei der zweiten Figur eine Aenderung in dem Nachweise für nöthig fanden, welchen Aristoteles für die Schluss-Unfähigkeit zweier bejahender oder zweier verneinender Prämissen gibt. Das Komische aber dabei ist, dass, wie schon Alexander richtig bemerkt, der von Herminus geänderte Beweis nicht einmal seinen Zweck erfüllt, sondern die Möglichkeit eines partikular verneinenden Schlusssatzes für jene Prämissen offen lässt [71]). Ob auch bei anderen Punkten die gleiche Manier geübt worden sei — wofür allerdings die Wahrscheinlichkeit spricht —, sind wir glücklicherweise nicht näher unterrichtet.

Ueber alles Mass einfältig aber ist es, wenn Aristo und mit ihm noch Andere die Zahl der Schlussmodi in der Syllogistik überhaupt dadurch vermehrten, dass sie, wo ein allgemeiner Schlusssatz erscheint, das in demselben involvirte particulare Urtheil als eine neue Species des Schlusssatzes eigens zählten; hiedurch wurden in der ersten Figur drei neue Modi gewonnen, denn in I 1. kann aus dem Schlusssatze „Alles C ist A" sowohl „Einiges C ist A" als auch „Einiges A ist C" gemacht werden, und in I 2. wird aus „Kein C ist A" dann „Einiges C ist nicht A"; in der zweiten Figur aber erwachsen zwei neue Modi, denn sowohl in II 1. als auch in II 2. lautet der Schlusssatz „Kein C ist B", und beidemal wird aus ihm „Einiges C ist nicht B" [72]). Dass von dem nemlichen Aristo wohl der erste Versuch ausgegangen sein mag, eine algebraische Combination der Prämissen als Stütze der Syllogistik aufzustellen, müssen wir aus einer Stelle bei Appulejus schliessen, s. Abschn. X, Anm. 23, und man konnte auch in der That den aristotelischen Mittelbegriff nicht gründlicher desavouiren, als durch ein derartiges Mosaik-Spiel, an wel-

71) Ebend. *f.* 35 a.: *Ἀριστοτέλης μὲν οὖν διέλαβε* (*l. διέβαλε*) *τὰς προειρημένας συζυγίας ὅτι ἀσυλλόγιστοι τῷ εὐπορῆσαι ὕλης καὶ τοῦ „παντὶ καὶ μηδενί"* (*An. pr.* I, 5. 27 b. 15.), *ἱκανὴν γὰρ ταύτην ἡγεῖται διαβολὴν ἀσυλλογίστου συζυγίας οὐδὲ ἡγεῖται δύνασθαι διαβάλλεσθαι τὰς προειρημένας συζυγίας, κἂν δείξῃ τις ὅτι μηδενὶ καὶ τινὶ τὸ Ν τῷ Ξ, διότι ἀντιφάσεις ταῦτα, ὡς ἄλλοι τέ τινες τῶν ἀρχαίων καὶ Ἑρμῖνος λέγει· ἐφ' ἧς γὰρ συζυγίας, φησί, τὴν ἀντίφασιν ἔνεστι συναγομένην δεῖξαι, εὔλογον ταύτην μηδὲν* (*l. μηδὲν ἧττον*) *ἀσυλλόγιστον λέγειν τῆς ἐν ᾗ τὰ ἐναντία συνάγεται ἀσυνύπαρκτα γὰρ καὶ ταῦτα ὁμοίως ἐκείνοις· καὶ παρατίθεται ὅρους τοῦ τινί ἄψυχον — ἔμψυχον — σῶμα σάρκινον· τὸ γὰρ ἄψυχον ἐμψύχῳ μὲν οὐδενὶ, σώματι δὲ σαρκίνῳ ἢ καὶ ἁπλῶς σώματι τινὶ οὐχ ὑπάρχει, καὶ τὸ ἔμψυχον τινὶ σαρκίνῳ σώματι καὶ ἁπλῶς τινὶ σώματι οὐχ ὑπάρχει. τοῦτο δὴ οὐδαμῶς ὑγιὲς οὐδὲ αὔταρκες εἰς συζυγίας διαβολήν· συγχωρηθήσεται μὲν γὰρ τούτῳ μηδέτερον συνάγεσθαι συλλογιστικῶς, διότι ἐστὶν ἀναιρετικὰ, ἐρεῖ μέντοι τις ὅσον ἐπὶ τοῖς κειμένοις δύνασθαι συνάγεσθαι ἐπὶ μέρους ἀποφατικόν.*

72) *Apul. d. interpr.* p. 280. *Flor.*: *Aristo autem Alexandrinus et nonnulli Peripatetici iuniores quinque alios modos praeterea suggerunt universalis illationis, in prima formula tres, in secunda formula duos, pro quibus illi particulares inferunt; quod perquam ineptum est, cui plus concessum sit, minus concludere.*

chem die ganze spätere Zeit so grossen Gefallen fand; ob aber jene ganze confuse und falsche Auseinandersetzung, welche wir unten a. a. O. treffen werden, dem Aristo zuzuschreiben sei, mag ungewiss bleiben; an der nöthigen Sinnlosigkeit hiezu gebrach es demselben schwerlich.

Aus einem Bestreben ferner, welches schlechthin nur auf die Aeusserlichkeit des Sprachausdruckes gerichtet war (s. Anm. 47) und das Verhältniss der Begriffe gänzlich vernachlässigte, floss auch eine anderweitige Vermehrung der Schlussmodi, welche bereits Alexander als eine Erfindung dieser älteren Commentatoren vorfand; es wurde nemlich in dem vierten Modus der zweiten Figur ein Gewicht auf den äusseren sprachlichen Unterschied zwischen „Einige nicht“ und „Nicht Alle“ gelegt, und so kam als Verdopplung dieses Schlussmodus ein neuer hinzu, in welchem der Untersatz lautet „Nicht alles C ist A“, und entsprechend dann der Schlusssatz „Nicht Alles C ist B“; diese Vermehrung erhielt selbst eine eigene technische Bezeichnung, indem dieser fünfte Modus **ὑποσυλλογιστικός** genannt wurde [73]. Es versteht sich von selbst, dass consequenter Weise die nemliche Verdopplung auch in dem fünften Modus der dritten Figur vorgenommen werden musste. (Noch eine andere Vermehrung der Schlussmodi in der dritten Figur, welche erwähnt wird, dürfen wir bei dem gänzlichen Stillschweigen Alexanders über dieselbe schwerlich diesen älteren Commentatoren zuweisen, und wir werden sie daher nebst Anderem erst unten, im XI. Abschn., anführen.) Jene nemliche äusserliche Distinction des Sprachlichen aber wurde auch für die Praxis der Syllogistik sogar einer der verschiedenen Vorschriften des Aristoteles gegenübergestellt; wo nemlich dieser in Bezug auf die Reduction unter die drei Figuren empfiehlt, so sehr als möglich die entscheidenden und präcisen Worte zu substituiren (Abschn. IV, Anm. 601), leugnen die Späteren überhaupt die Möglichkeit einer Substituirung und erkennen die Schlussfähigkeit mehrerer Termini ausschliesslich nur in der äusseren Formulirung, in welche die Begriffe nach dem banalen schulmässigen Schema gebracht werden [74]).

Dass endlich auch der Inhalt der zweiten Analytik schon bei den

---

73) *Alex.* a. a. O. *f.* 33 a.: ἐπὶ τοῦ τινὶ μὴ ὑπάρχειν τὴν δεῖξιν ποιησάμενος, ἐπεὶ τὸ τινὶ μὴ ὑπάρχειν ἴσον δυνάμενον τῷ μὴ παντὶ κατὰ τὴν λέξιν διαφέρει, μεταλαβὼν ἀντὶ τοῦ τὸ Μ τινὶ τῷ Ξ μὴ ὑπάρχειν τίθησι τὸ Μ οὐ παντὶ τῷ Ξ ὑπάρχειν (*An. pr.* I, 5, 27 b. 2.), καὶ λέγει τὸν αὐτὸν συλλογισμὸν καὶ διὰ τῆς αὐτῆς δείξεως, κἂν εἰς τὴν λέξιν ταύτην μεταληφθῇ τὸ ἐπὶ μέρους ἀποφατικόν· ὁμοίως γὰρ καὶ τὸ συμπέρασμα τῇ λέξει διοίσει, συναχθήσεται γὰρ τὸ Ν οὐ παντὶ τῷ Ξ. τοιοῦτός ἐστιν ὁ ὑποσυλλογιστικὸς ὑπὸ τῶν νεωτέρων λεγόμενος ὁ λαμβάνων μὲν τὸ ἰσοδυναμοῦν τῇ προτάσει τῇ συλλογιστικῇ, ταὐτὸν δὲ καὶ ἐκ ταύτης συνάγων· τὸ γὰρ τινὶ μὴ ὑπάρχειν τῷ μὴ παντὶ ὑπάρχειν ἰσοδύναμον ὂν μετείληπται. ἀλλ' ἐκεῖνοι μὲν λέγουσι τοὺς τοιούτους συλλογισμοὺς εἰς τὴν φωνὴν καὶ τὴν λέξιν βλέποντες.

74) Ebend. *f.* 154 a.: ὁ Ἀριστοτέλης μὲν οὖν οὕτω περὶ τῶν κατὰ τὰς λέξεις μεταλήψεων ἀποφαίνεται, οἱ δὲ νεώτεροι ταῖς λέξεσιν ἐπακολουθοῦντες, οὐκέτι δὲ τοῖς σημαινομένοις, οὐ ταὐτόν φασι γίνεσθαι ἐν ταῖς εἰς τὰς ἰσοδυναμούσας λέξεις μεταλήψεσι τῶν ὅρων· ταὐτὸν γὰρ σημαίνοντος τοῦ „εἰ τὸ Α, τὸ Β“ τῷ ἀκολουθεῖν τῷ Α τὸ Β, συλλογιστικὸν μὲν λόγον φασὶν εἶναι τοιαύτης ληφθείσης τῆς λέξεως „εἰ τὸ Α, τὸ Β· τὸ δὲ Α· τὸ ἄρα Β“, οὐκέτι δὲ συλλογιστικὸν ἀλλὰ παρεπτικὸν τὸ ἀκολουθεῖν τῷ Α τὸ Β, τὸ δὲ Α, τὸ ἄρα δεύτερον.

älteren Commentatoren in ihrer Weise verarbeitet wurde, dürfen wir aus dem Umstande schliessen, dass ein besonderes Gewicht auf die Methode der Eintheilung gelegt wurde; schon Andronikus schrieb eine eigene Monographie über dieselbe [75]), und die Späteren führten diesen Gegenstand, wohl namentlich im Hinblicke auf die Interessen der Topik, nach dem Gesichtspunkte der Unterscheidung zwischen Substanziellem und Accidenziellem noch weiter aus [76]). Unleugbar hatte hierauf schon von Anfange die stoische Schul-Disciplin einen bedeutenden Einfluss, und es muss damals die Grundlage zu jenen ausführlichen Erörterungen entstanden sein, welche wir bei den späteren Commentatoren, und namentlich bei Boethius, über die Eintheilung finden; s. Abschn. XI, Anm. 60. und Abschn. XII, Anm. 96—102.

Galenus, welcher bekanntlich als Philosoph überhaupt den Eklektikern beizuzählen ist, mag für die Geschichte der Logik wohl den späteren Peripatetikern angereiht werden, jedoch nur in dem Sinne, dass seine Annahmen als ein Mittelglied zwischen peripatetischer Lehre und dem ausgebildeten Syncretismus betrachtet werden mögen. Er war auf dem Gebiete der logischen Theorie ein nicht weniger fruchtbarer Schriftsteller als in den übrigen Zweigen der gelehrten Polyhistorie; in seiner frühen Jugend war er in der stoischen Schul-Logik unterrichtet worden, und schrieb schon in jener Zeit Commentare zur Syllogistik des Chrysippus, machte sich aber dann mit allen logischen Schriften, welche damals als bedeutend galten, bekannt [77]), und in Folge hievon verfasste er mehrere kritisch-exegetische Werke über die logischen Theorien Anderer, so sechs Bücher zu der theophrastischen Schrift *Περὶ καταφάσεως καὶ ἀποφάσεως*, drei Bücher zu Eudemus *Περὶ λέξεως*, ein Buch über Kleitomachus, ja selbst über die platonische Logik, und dann wieder Mehreres über die Logik und Syllogistik des Chrysippus und der Stoiker überhaupt, wobei er offenbar in der Principienfrage betreffs der Methode polemisch gegen dieselben auftrat [78]), sowie er ja bekanntlich auch in seinen natur-

---

75) *Boeth. d. divis.* p. 638.: *Quam magnos studiosis afferat fructus scientia dividendi, quamque apud Peripateticam disciplinam semper haec fuerit in honore notitia, docet et Andronici diligentissimi senis de divisione liber editus.*

76) Ebend. p. 648.: *posterior quidem Peripateticae secta prudentiae differentias divisionum diligentissima ratione perspexit et per se divisionem ab ea quae est secundum accidens ipsasque inter se disiunxit ac distribuit, antiquiores autem indifferenter et accidente pro genere et accidentibus pro speciebus aut differentiis utebantur. Schol. ad Hermog.* VII, p. 246. *Walz*: *οἱ περὶ Ἀριστοκλέα τοίνυν τὸν Περιπατητικὸν ὀρθῶς ὡρίσαντο διαίρεσιν εἶναι τομὴν ἤτοι διάκρισιν ὑποθέσεως εἰς τὰ ἐνόντα ζητήματα.*

77) *Galen. d. propr. libr.* 10. XIX, *p.* 43*K.*: *ἔτι δὲ παῖς ὢν ἡνίκα πρῶτον ὁ πατήρ με τὰ τὴν λογικὴν θεωρίαν Χρυσίππου καὶ τῶν ἐνδόξων Στωϊκῶν διδάξαντι παρέδωκεν, ἐποιησάμην ἐν αὐτῷ τῶν Χρυσίππου συλλογιστικῶν βιβλίων ὑπομνήματα.* Ebend. p. 39.: *πᾶσιν οὖν τοῖς κατ' ἐκεῖνον τὸν χρόνον ἐνδόξοις Στωϊκοῖς τε καὶ Περιπατητικοῖς ἐμαυτὸν ἐγχειρίσας πολλὰ μὲν ἔμαθον ἄλλα τῶν λογικῶν θεωρημάτων κτλ.*

78) Ebend. 11, p. 42. *τὰ ϛ΄ τὰ εἰς τοῦ Θεοφράστου βιβλίον ὃ περὶ καταφάσεως καὶ ἀποφάσεως ἔγραψε· τὰ δ' εἰς τὸ πρότερον λέξεως Εὐδήμου.* 12, p. 44.: *περὶ Κλειτομάχου καὶ τῶν τῆς ἀποδείξεως αὐτοῦ λύσεων ἕν.* 14, p. 46.: *περὶ τῆς κατὰ Πλάτων λογικῆς θεωρίας.* 15, p. 47.: *εἰς τὸ περὶ καταφάσεως καὶ ἀποφάσεως Θεοφράστου ὑπομνήματα ϛ΄ .... εἰς τὸ περὶ λέξεως Εὐδήμου ὑπομνήματα γ΄.* 16, p. 47.: *περὶ τῆς κατὰ Χρύσιππον*

wissenschaftlichen Schriften reichlich die Stoa bekämpft und besonders den Schwätzer Chrysippus lächerlich macht. Andere sehr zahlreiche Bücher waren der eigentlichen ausführlichen Entwicklung der logischen Theorie, entschieden im Anschlusse an aristotelische Doctrin, gewidmet; in seinem Verzeichnisse der von ihm verfassten Werke macht er folgende namhaft [79]: *Περὶ τῆς ἀποδείξεως ιε΄*, *Εἰς τὸ περὶ ἑρμηνείας Ἀριστοτέλους γ΄*, *Εἰς τὸ πρότερον τῶν περὶ συλλογισμῶν* (d. h. die erste Analytik) *δ΄*, *Εἰς τὸ δεύτερον δ΄*, *Εἰς τὸ πρότερον τῶν περὶ ἀποδείξεως* (die zweite Analytik) *ς΄*, *Εἰς τὸ δεύτερον ε΄*, *Περὶ τῶν ἀναγκαίων εἰς τὰς ἀποδείξεις α΄*, *Περὶ τῶν παραλειπομένων προτάσεων ἐν τῇ λέξει τῶν ἀποδείξεων α΄*, *Περὶ τῶν ἰσοδυναμουσῶν προτάσεων α΄*, *Περὶ τῶν κατὰ διότι ἀποδείξεων α*, *Περὶ τοῦ τῶν συλλογισμῶν ἀριθμοῦ α΄*, *Περὶ παραδείγματος β΄*, *Περὶ ἐπαγωγῆς α΄*, *Περὶ εἰκόνος α΄*, *Περὶ εἰκότος α΄*, *Περὶ ὁμοιότητος γ΄*, *Περὶ ἐξ ὑποθέσεως ἀρχῶν α΄*, *Περὶ τῶν κατὰ τὸ γένος καὶ τὸ εἶδος καὶ τῶν συζυγούντων αὐτοῖς σημαινομένων ἡμῖν κατὰ τὴν αὐτόματον φωνὴν α΄*, *Περὶ τοῦ δυνατοῦ α΄*, *Περὶ τῶν πολλαχῶς λεγομένων γ΄*, *Περὶ τῶν ἐν ταῖς τέχναις κοινῶν καὶ ἰδίων α΄*, *Περὶ τῶν ἑαυτοὺς περιτρεπόντων λόγων α΄*, *Περὶ τῶν ἐνδεχομένων προτάσεων α΄*, *Περὶ τῶν μικτῶν προτάσεων καὶ συλλογισμῶν α΄*, *Ὅπως χρὴ διακρίνειν τὴν πραγματικὴν ζήτησιν τῆς κατ᾽ ὄνομα καὶ τὸ σημαινόμενον α΄*, *Περὶ χρείας συλλογισμῶν*, *Περὶ χρείας τῶν εἰς τοὺς συλλογισμοὺς θεωρημάτων β΄*, *Περὶ τοῦ τῶν ὄντων ἕκαστον ἕν τε εἶναι καὶ πολλά*, *Περὶ τοῦ ὅτι τοῖς ἀντικειμένοις ἓν καὶ ταὐτὸν ἐξ ἀνάγκης ἀκολουθεῖν ἀδύνατόν ἐστιν α΄*, *Περὶ τῆς ἀποδεικτικῆς αἱρέσεως α΄*, *Περὶ τῆς λογικῆς δευτέρας* (vielleicht *δυνάμεως*?) *καὶ θεωρίας α΄*, *Περὶ τῶν σημαινομένων ἐκ τῆς κατ᾽ εἶδος καὶ γένος φωνῆς καὶ τῶν παρακειμένων αὐτοῖς*, *Σύνοψις τῆς ἀποδεικτικῆς θεωρίας α΄*, *Ὅτι τῆς πρώτης οὐσίας ἀχώριστος ἡ ποσότης α΄*, *Περὶ τοῦ προτέρου α΄*, *Περὶ τῆς δι᾽ ἀδυνάτου ἀποδείξεως α΄*, *Περὶ τῶν ἕνεκ᾽ αὐτοῦ* (wohl zu lesen *ἕνεκά του*) *γινομένων α΄*, *Περὶ τῶν πολλαχῶς λεγομένων β΄*, *Περὶ τῆς κατ᾽ ὄνομα καὶ σημαινόμενον ζητήσεως*, [*Εἰς τὸ περὶ ἑρμηνείας ὑπομνήματα γ΄*], [*Προτέρων ἀναλυτικῶν τοῦ προτέρου πέρι ς΄*], [*τοῦ δευτέρου ὑπομνήματα*

λογικῆς θεωρίας γ΄. τῆς Χρυσίππου συλλογιστικῆς πρώτης ὑπομνήματα γ΄. δευτέρας ἕν ..... ὅτι ἡ γεωμετρικὴ ἀναλυτικὴ ἀμείνων τῆς τῶν Στωϊκῶν ἕν.

79) Ebend. 11—16. Die handschriftliche Ueberlieferung in diesem Verzeichnisse scheint ziemlich verworren, und namentlich dürften die in c. 15. u. 16. am Schlusse aufgezählten Schriften grossentheils nur Wiederholungen von früher genannten sein. Und namentlich wird unter diesen letzteren (cap. 15.) eine Schrift zu den Kategorien erwähnt, was in directem Widerspruche mit der bestimmten Aeusserung des Galenus steht, dass er nie zu den Kategorien einen Commentar, weder für sich noch für Andere geschrieben habe und daher Diejenigen, welche einen dergleichen wünschten, darauf hingewiesen habe, gemeinschaftlich an den Erläuterungsschriften mit Jenen Antheil zu nehmen, welche die Kategorien bei einem anderen Lehrer gelesen oder sonst mit Commentaren derselben sich beschäftigt hatten (c. 11, p. 42.: *τοῦ δὲ τῶν δέκα κατηγοριῶν οὐκ ἐποιησάμην οὔτ᾽ ἐμαυτῷ τι τοιοῦτον ὑπόμνημα πρόσθεν οὔθ᾽ ἑτέροις ἔδωκα, καὶ διὰ τοῦθ᾽ ὕστερόν ποτε τῶν ἑταίρων τινὶ δεηθέντι ὑπομνήματα ἔχειν, ὅσα κατὰ τὸ βιβλίον ἤκουσιν εἰς τὰς τῶν ἐν αὐτῷ ζητουμένων λύσεις, κοινωνεῖν ἐκέλευσα τῶν ὑπομνημάτων ἐκείνοις μόνοις τοῖς ἀνεγνωκόσι παρὰ διδασκάλου τὸ βιβλίον ἢ πάντως γε προεισηγμένοις δι᾽ ἑτέρων ἐξηγητικῶν ὁποῖα τά τε Ἀδράστου καὶ Ἀσπασίου ἐστί*).

ε′], [*Εἰς τὰς δέκα κατηγορίας ὑπομνήματα δ′*], [*Εἰς τὸ περὶ τοῦ ποσαχῶς ὑπομνήματα γ′*], [*Περὶ τῶν κατὰ τὸ διότι ἀποδείξεων α′*], *Περὶ τῶν ἐνδεχομένων προτάσεων καὶ συλλογισμῶν α′*, *Περὶ τῶν ἐκ μικτῶν προτάσεων συλλογισμῶν α′*, *Περὶ τῶν κατὰ τὴν λέξιν σοφισμάτων*, [*Περὶ τῆς λογικῆς δυνάμεως καὶ θεωρίας ζ′*], *Περὶ τῆς χρείας τῶν εἰς τοὺς συλλογισμοὺς θεωρημάτων α′* u. *β′*. Von allen diesen Schriften ist nur Eine, die *Περὶ τῶν κατὰ τὴν λέξιν σοφισμάτων*, auf uns gekommen (denn dass die von M. Minas herausgegebene *Γαληνοῦ Εἰςαγωγὴ διαλεκτική* nicht von Galenus sei, werden wir im folg. Abschnitte zeigen), und bei der ausgedehnten Gelehrsamkeit, welche Galenus besass, mag es im Interesse der Geschichte der Logik immerhin bedauert werden, dass seine Thätigkeit auf diesem Gebiete für uns fast gänzlich verloren ist, denn aus seinen Werken müsste eine gewisse Stufe der Logik vollständig in Einem Gusse sich haben darstellen lassen. Doch streut Galenus auch in seinen medicinischen Büchern ziemlich häufig Bemerkungen ein, welche der Logik angehören, so dass wir wenigstens im Stande sind, durch Benützung solcher Einzelnheiten ein allgemeines Bild davon zu entwerfen, auf welchem Standpunkte der Logik er selbst sich befunden habe. Sein Einfluss aber auf Fortbildung der Logik scheint im späteren Alterthume wirklich auch sehr gering gewesen zu sein, denn bei allen Commentatoren des Organons zusammen wird er nur an drei Stellen genannt, und erst durch die Araber wurde Galenus wieder in die Logik des Mittelalters eingeführt.

Galenus bedient sich überall des Wortes *Λογική* in technischem Sinne (s. oben Anm. 9), und sowie er hierin schon den Peripatetikern näher steht als den Stoikern, so ist auch die gesammte Terminologie, welche er anwendet, der peripatetischen Schule entnommen. (Als Bezeichnung einer medicinischen Parteistellung wird *Λογικός* gleichbedeutend mit *Μεθοδικός* und *Δογματικός* gebraucht, welche drei dem *Ἐμπειρικός* gegenüberstehen.) Uebrigens theilt er auch in Bezug auf die Bedeutung der Logik schon völlig den schulmässigen Standpunkt, welchen wir oben als Grundrichtung der späteren Aristoteliker charakterisirten, denn auch Galenus sieht in der Logik nur eine dienstbare Methodik zum Behufe der übrigen Wissenschaften, welche in Bezug auf alle Probleme und Gegenstände des wissenschaftlichen Suchens den Weg bahnt und als Beweisverfahren zum Wissen führt; und er legt daher in diesem Sinne den Massstab des Brauchbaren an die logische Theorie[80]).

---

80) Ebend. 11, p. 39.: *ἅπαντας ἀνθρώπους ὁρῶν ἐν οἷς ἀμφιςβητοῦσιν ἑαυτούς τε ἀποδεικνύειν ἐπαγγελλομένους ἐλέγχειν τε τοὺς πέλας ἐπιχειροῦντας οὐδὲν οὕτως ἐσπούδασα μαθεῖν ἁπάντων πρῶτον ὡς τὴν ἀποδεικτικὴν θεωρίαν ἠξίωσά τε παρὰ τῶν φιλοσόφων· ἐκείνους γὰρ ἤκουον αὐτὴν διδάσκειν, εἰ μέν τι καὶ ἄλλο κατὰ τὸ λογικὸν μέρος τῆς φιλοσοφίας διδάσκεται φυλάττειν εἰςαῦθις, τὴν ὠδῖνα τῆς περὶ τὰς ἀποδείξεις ἐπιθυμίας παῦσαι, διδάξαντας ἥτις ἄρα μέθοδός ἐστιν, ἣν ὁ μαθὼν ἑτέρου τε λέγοντος λόγον ἀποδεικτικὸν ἀκριβῶς γνωρίσει, πότερον ὄντως ἐστὶ τοιοῦτος ἢ καθάπερ τι νόμισμα κίβδηλον ἔοικε μὲν τῷ δοκίμῳ, μοχθηρὸς δὲ κατ' ἀλήθειάν ἐστιν, αὐτός τε δυνήσεται καθ' ἕκαστον τῶν ζητουμένων ὁδῷ τινι χρώμενος ἐπὶ τὴν εὕρεσιν αὐτοῦ παραγενέσθαι. πᾶσιν οὖν τοῖς κατ' ἐκεῖνον χρόνον ἐνδόξοις Στωϊκοῖς τε καὶ Περιπατητικοῖς ἐμαυτὸν ἐγχειρίσας πολλὰ μὲν ἔμαθον ἄλλα τῶν λογικῶν θεωρημάτων ἃ τῷ μετὰ*

In Bezug aber auf die Darstellungs- und Lehr-Methode haben wir das geschichtlich wichtige Zeugniss, dass hier bei Galenus zum erstenmale mit entschiedenem Bewusstsein, namentlich im Hinblicke auf den Skepticismus, die Ueberzeugung ausgesprochen wird, die Logik müsse nach Art der mathematischen Lehrsätze („*more geometrico*" ist der mittelalterliche Ausdruck) demonstrirt werden, d. h. es sei das synthetische Verfahren, wie es z. B. in den Euklidischen Elementen erscheint, einzuhalten [81]; vgl. Abschn. X, Anm. 60.

Für diese Auffassung der demonstrativen Methode der logischen Theorie selbst mussten nun wohl auch ähnlich wie bei Euklides gewisse Axiome an die Spitze der Entwicklung gestellt werden, und mit Vernachlässigung des inneren einheitlichen und philosophischen Principes der Logik erlangen nun die äusseren methodischen Principien der Demonstration ein Uebergewicht über jenes; nicht ohne Einfluss aber auch hierauf war jene ganze Tendenz, welche man damals der Logik gab, indem dieselbe selbst nur auf das demonstrative Beweisen abzielen sollte. In solchem Sinne nun treffen wir bei Galenus zum erstenmale den Ausdruck „logische Principien" — *λογικαὶ ἀρχαί* —, (s. Abschn. X, Anm. 60 u. Abschn. XII, Anm. 138.) wobei die Grundsätze, dass Gleiches auf gleiche Weise verändert gleich bleibt, und dass Alles seine Ursache habe, und dass Alles entweder bejaht oder verneint werden müsse, namhaft gemacht werden, und zwar mit der Bemerkung, dass sowohl er, Galenus, selbst hierüber so ausführlich als möglich in seinen Schriften über die Apodeixis gehandelt habe, als auch die Philosophen seiner Zeit in mannigfachem Streite über diese Principien lägen; er selbst aber ist hiebei hinreichend Aristoteliker, um die Unbeweisbarkeit dieser obersten Grundsätze jenen Unwissenschaftlichen gegenüber scharf zu betonen, welche auch diese Axiome wieder beweisen wollen [82]; nur darin ist er von der Schul-Richtung

---

ταῦτα χρόνῳ σκοπούμενος ἄχρηστα πρὸς τὰς ἀποδείξεις εὗρον, ὀλίγιστα δὲ χρησίμως μὲν αὐτοῖς ἐξητημένα καὶ τοῦ προκειμένου σκοποῦ τυχεῖν ἐφιέμενα, διαπεφωνημένα δὲ καὶ ταῦτα παρὰ τοῖς ἐκείνοις, ἔνια δὲ καὶ ταῖς φυσικαῖς ἐννοίαις ἐναντία. *D. Hipp. et Plat.* II, 2. V, p. 213.: *ἐδήλωσα τὴν ἀποδεικτικὴν μέθοδον ὁποία τίς ἐστιν παρεκάλουν τε .... ἐν ἐκείνῃ γυμνάσασθαι πρότερον, ὅστις ὁτιοῦν ἀποδεικνύειν ἐπιχειρεῖ.* Aehnlich an vielen anderen Stellen.

81) *D. pr. libr.* a. a. O. p. 40.: *καὶ νὴ τοὺς θεοὺς ὅσον ἐπὶ τοῖς διδασκάλοις εἰς τὴν τῶν Πυῤῥωνείων ἀπορίαν ἐνεπεπτώκειν ἂν αὐτὸς, εἰ μὴ καὶ τὰ κατὰ γεωμετρίαν ἀριθμητικήν τε καὶ λογιστικὴν κατεῖχον, ἐν αἷς ἐπὶ πλεῖστον ὑπὸ τῷ πατρὶ παιδευόμενος ἐξ ἀρχῆς προεληλύθειν, ... βέλτιον ᾠήθην εἶναι τὸν τύπον τὸν γεωμετρικὸν ἀποδείξει χρῆσθαι· καὶ γὰρ καὶ αὐτοὺς τοὺς διαλεκτικωτάτους καὶ φιλοσόφους οὐ μόνον ἀλλήλοις ἀλλὰ καὶ αὐτοῖς ηὕρισκον διαφερομένους ἐπαινοῦντας ὁμοίως ἅπαντας ὡσαύτως τὰς γεωμετρικὰς ἀποδείξεις. κατὰ τοῦτο τοίνυν ἔτι καὶ μᾶλλον ἔγνων δεῖν ἀποστῆναι μὲν ὧν ἐκεῖνοι λέγουσιν, ἀκολουθῆσαι δὲ τῷ χαρακτῆρι τῶν γραμμικῶν ἀποδείξεων.* Vgl. eine Stelle des Quintil. im vor. Abschn. Anm. 22.

82) *Therap. meth.* I, 4, X, p. 36.: *.οἱ δ' αὖ παλαιοὶ φιλόσοφοι διττὸν γένος εἶναί φασι τῶν φαινομένων, ἓν μὲν ..... ἕτερον δὲ τῶν ὑποπιπτόντων νοήσει κατὰ πρώτην ἐπιβολὴν ἀναπόδεικτον, ὡς τὰ τῷ αὐτῷ ἴσα καὶ ἀλλήλοις ὑπάρχειν ἴσα, καὶ ἐὰν ἴσοις ἴσα προστεθῇ καὶ τὰ ὅλα ἴσα γίνεσθαι, καὶ ἐὰν ἀπὸ ἴσων ἴσα ἀφαιρεθῇ καὶ τὰ λοιπὰ ἴσα εἶναι· τοῦ τοιούτου γένους εἶναι φασὶ καὶ τὸ μηδὲν ἀναιτίως γίνεσθαι καὶ πάντ' ἐξ ὄντος τινὸς, ἐκ δὲ τοῦ μηδόλως ὄντος μηδέν, οὕτω δὲ καὶ τὸ φθείρεσθαι μηδὲν εἰς τὸ τέως οὐκ ὂν, καὶ τὸ περὶ παντὸς ἀναγκαῖον ἢ καταφάσκειν ἢ ἀπο-*

seiner Zeit inficirt, dass er dieselben im Interesse des demonstrativen Verfahrens sofort zu „Principien der Logik" stempelt, d. h. er und seine Zeitgenossen waren überhaupt mit der Logik aus der philosophisch principiellen Einheit in die äussere Vielheit des Dialektischen herabgesunken, und so konnte es auch kommen, dass man für eine einheitliche Disciplin eine Mehrheit von „Principien" an die Spitze stellte, ein Unsinn, an welchem freilich die Bornirtheit der formalen Logik nie Anstoss genommen hat. In Bezug auf das geschichtliche Fortschreiten dieses Unsinnes wissen wir allerdings nicht, wieweit die Fixirung und Numerirung der nachmaligen drei Principien, welche wir schon bei den Stoikern spuken sahen, hier gediehen war; nur scheint, wie wir aus dem Vorkommen bei den späteren Commentatoren schliessen müssen, das *princ. exclusi tertii* damals noch am wenigsten einer legitimen Geltung sich erfreut zu haben. In diesem Punkte mag es Schade sein, dass wir die nähere Kunde von der logischen Weisheit des Herminus entbehren, denn derselbe scheint sonst so der rechte Mann dazu gewesen zu sein, um Principien zu numeriren.

Sowie Galenus in Bezug auf die Stellung der Logik mit den späteren Peripatetikern übereinstimmte, so theilt er mit denselben auch die Ueberzeugung, welche er ausdrücklich ausspricht, dass die Kategorien der Anfang der logischen Theorie und eine Einführung (*εἰςαγωγή*) in dieselbe seien, und es erhellt, dass er dieselben als Rubriken für die Bedeutung der Worte verstand[83]). Auch selbst darüber, wie viele und welche Kategorien Galenus zu diesem Behufe angenommen habe, scheinen wir aus jener nemlichen Schrift, in welcher er gelegentlich jene Ansicht kundgibt, unterrichtet zu sein; nemlich in einer längeren und, nach sei-

---

φάσκειν, ἕτερά τε τοιαῦτα πολλὰ, περὶ ὧν ἐν ταῖς λογικαῖς πραγματείαις ἐπισκέπτονται, καὶ ἡμῖν δὲ εἰς ὅσον οἱόν τε σαφέστατα διὰ τῶν ὑπὲρ ἀποδείξεως ὑπομνημάτων εἴρηται. περὶ τούτων ἐν ταῖς τοιαύταις ἀρχαῖς, ἃς δὴ καὶ λογικὰς ὀνομάζομεν, ἀμφισβητοῦσιν ἔνιοι τῶν φιλοσόφων ἐρίζοντες· ἀλλ᾽ ἐκεῖνοι μὲν ἄχρι γοῦν τοσούτου σωφρονοῦσιν ὡς ἀπιστεῖν ἀποδείξει πάσῃ, γινώσκοντες, οἶμαι, κἂν μὴ λέγωσιν, ὡς αὐτὸ γοῦν τοῦτο βεβαίως ἐπίστανται τὸ μηδὲν ἀποδειχθῆναι δύνασθαι τῶν λογικῶν ἀρχῶν ἀπιστουμένων· ὅσοι δ᾽ ἄχρι τούτου σκαιοὶ καὶ ἀνόητοι τυγχάνουσιν ὄντες, ὡς μηδὲ αὐτῷ τούτῳ παρακολουθεῖν, ἀποδεικνύναι μὲν πειρῶνται, τίνες δέ εἰσι καὶ ποῖαι καὶ πόσαι τῶν ἀποδείξεων ἀρχαὶ, μήτε γινώσκειν μήτε ζητεῖν ἐθέλειν μήτ᾽ ἄλλου διδάσκοντος ἀκούειν ὑπομένειν, ἀλλ᾽ ἁπλῶς κτλ.

83) Ebend. II, 7, p. 147 f.: *καὶ τεχνίτην δ᾽ εἰ νοήσαις ὅθεν ὀνομάζεται, νοήσεις, οἶμαι, καὶ τὸν ἰατρὸν ὅθεν ὠνόμασται, τοῦτον δ᾽ εἰ νοήσαις ὅθεν ὀνομάζεται, οὐκ ἂν ἔτι σοι δεήσει πολλῆς πραγματείας ἐξευρεῖν ἐφ᾽ ὅτου ποτὲ τὸ ἐμπειρικός ὄνομα τέτακται· τοῦτο δ᾽ αὐτὸ τί ποτέ ἐστιν ὃ κελεύω σε ποιεῖν; οὐδὲν σεμνὸν οὐδὲ μέγα· τὸ γὰρ διαιρεῖν τὰς κατηγορίας ἀρχὴ τῆς λογικῆς ἐστι θεωρίας.* Ebend. p. 145.: *εἰ δ᾽ ἔστι καὶ λέγεις ἀληθῶς τουτὶ μὲν τὸ προσερχόμενον ζῷον εἶναι ἢ τὴν φρενῖτιν νόσον, τοῦτον δ᾽ εἰ τύχοι τὸν κατακείμενον ἄνθρωπον νοσεῖν, ἔστι τι πάντως τῶν ὑπαρχόντων αὐτοῖς, ἐφ᾽ οὗ φέρεις ἕκαστον τῶν ὀνομάτων· ἀλλ᾽ οὐ γεγύμνασαι νοεῖν αὐτὰ καίτοι γε ἐκ τῶν πρώτων εἰςαγωγῶν ὄντα τῆς λογικῆς θεωρίας.* *D. puls. diff.* II, 9, VIII, p. 622.: *ὅτι δ᾽ ἐν τῷ περὶ τῶν τοιούτων σκοπεῖσθαι γεγυμνάσθαι χρὴ διαγινώσκειν τὰς κατηγορίας, ἡγοῦμαι πρόδηλον ὑπάρχειν* ..... (p. 624.) *τάξις γάρ ἐστιν ὥςπερ ἐρίων ἐργασίας οὕτω καὶ μαθημάτων διδασκαλίας ...... οὕτω δὴ κἀν τοῖς κατὰ τὴν διαλεκτικὴν οὐκ ἐνδέχεταί τινα, πρὶν ἐν τοῖς πρώτοις καὶ οἷον στοιχείοις γυμνάσασθαι, ταῖς τῶν ἑξῆς ἀποδείξεσιν ἕπεσθαι.*

ner Schreibweise, sehr weitläufigen Auseinandersetzung gibt er zu wiederholten Malen an, dass Alles, was ausgesagt werde, entweder eine substanzielle Wesenheit (*οὐσία*) oder ein an ihr Vorkommendes (*συμβεβηκός*) bezeichne, und zwar könne letzteres entweder eine Thätigkeit (*ἐνέργεια*) oder ein Leiden (*πάθημα*) oder ein Zustand (*διάθεσις*) sein [84]. Wie sich aber nun diess mit einer anderweitigen Notiz, Galenus habe folgende fünf Kategorien: *οὐσία, ποσόν, ποιόν, πρός τι, πρός τι πὼς ἔχον* angenommen [85], vertrage, lässt sich allerdings nicht einsehen, zumal da jene Angabe, welche in den eigenen Schriften des Galenus sich findet, auch viele innere Wahrscheinlichkeit für sich hat. Wohl muss Galenus unter jene Hauptgruppen die einzelnen peripatetischen Kategorien untergeordnet haben, denn an einer anderen Stelle nennt er das *ποιὸν* und das *ποσὸν* und das *πρός τι* ausdrücklich Kategorien [86], wobei es am schwersten zu erklären sein mag, wie die Quantität etwa unter die *διάθεσις* gebracht worden sei; oder sollte er etwa die Quantität gar nicht den übrigen wandelbaren Kategorien gleichgestellt, sondern als nothwendiges und untrennbares Attribut der empirischen substanziellen Wesenheit bezeichnet haben? Fast müsste man das letztere aus dem Titel der Schrift *Ὅτι τῆς πρώτης οὐσίας ἀχώριστος ἡ ποσότης* vermuthen.

Uebrigens sehen wir die bloss äusserlich sprachliche Auffassung der Kategorien bei Galenus aus der Art und Weise, wie er das Homonyme mit denselben in Verbindung bringt; jenen Standpunkt nemlich, welchen wir als die nominalistische Ontologie der Stoa kennen lernten, wornach die Kategorien sofort als die obersten Gattungen des Seienden genommen werden, bezeichnet er als einen unwissenschaftlichen und auf Mangel an dialektischer Bildung beruhenden; denn er will zwischen *κατηγορία* und *γένος*

---

84) *Ther. Meth.* a. a. O. p. 129 f.: *οὐ μὴν τῶν ἐπιγείων κυνῶν ὁ μὲν ὑλακτικός ἐστιν, ὁ δὲ οὐχ ὑλακτικὸς, καὶ τετράπους μὲν ὅδε τις, ἕτερος δὲ μὴ τοιοῦτος, ἀλλὰ πᾶσι μὲν αὐτοῖς ἓν εἰδός ἐστιν ᾗ κύνες ὀνομάζονται, καὶ οὐ μόνον ταῖς οὐσίαις ἔοικεν ὑπάρχειν τὸ τοιοῦτον, ἀλλὰ καὶ τοῖς συμβεβηκόσιν αὐτοῖς ἢ ὡς διαθέσεσιν ἢ ὡς ἐνεργήμασιν ἢ ὡς παθήμασιν* ..... (p. 146.) *οὐ μὴν τὴν οὐσίαν γε ἅπασαν, ἀλλ᾽ ἕν τι τῶν συμβεβηκότων αὐτῇ δηλοῦμεν, τὸ χρῶμα, καὶ μέντοι κἂν εἰ παχὺν ἢ λεπτὸν εἴποιμεν ἢ σκληρὸν ἢ μαλακὸν ἢ δασὺν ἢ ψιλὸν ἤ τι τῶν ἄλλων ἕκαστον ἃ τῷ Σωκράτει συμβέβηκεν, οὐ κατὰ πάσης οὐδ᾽ οὕτω δηλονότι οὐσίας ἐπιφέρομεν τὴν προσηγορίαν, ἀλλ᾽ ἕν τι τῶν συμβεβηκότων αὐτῇ δηλοῦμεν· οὕτω δὲ καὶ τὸ καθῆσθαι καὶ τὸ περιπατεῖν καὶ τὸ κινεῖσθαι καὶ τὸ κοιμᾶσθαι καὶ τὸ ἐγρηγορέναι καὶ τῶν ἄλλων ἕκαστον τῶν τοιούτων ὀνομάτων οὐ κατ᾽ οὐδενὸς δήπου τῶν ὄντων ἐπιφέρομεν, ἀλλά τι τῶν ὑπαρχόντων Σωκράτει δηλοῦμεν, ἃ κατὰ τὸν ἔμπροσθεν λόγον ἢ ἐνεργείας ἐλέγομεν ὑπάρχειν ἢ παθήματα τούτων ἤ τινας διαθέσεις. ἄμεινον οὖν σὲ καὶ νῦν ἔτι τούτῳ τῷ τρόπῳ χρησάμενον γυμνάσασθαι* (worauf dann bald die in d. vor. Anm. angeführte Stelle folgt) ..... (p. 156.) *πάντα γὰρ ταῦτα τοῖς σώμασιν ὑπάρχει τὰ μὲν ὡς διαθέσεις τὰ δ᾽ ὡς ἐνέργειαι τὰ δ᾽ ὡς πάθη.*

85) *David ad Cat. b. Brand. Schol.* 49 a. 29.: *ἀλλὰ δὲ, διὰ τί μὴ πέντε αἱ κατηγορίαι, ὡς ὁ Γαληνὸς, οὐσία, ποσὸν, ποιὸν, πρός τι, πρός τι πὼς ἔχον· πρὸς ὅ φαμεν ὅτι οὐ δύναται τὸ πρός τι πὼς ἔχον γένος εἶναι τῶν λοιπῶν κατηγοριῶν.* Da selbst bei dem laxesten Spielraume vieler Möglichkeiten eine Vereinbarung dieser Angabe mit dem Obigen als unmöglich sich zeigt, so möchte ich eher glauben, dass bei David der Name „*Γαληνός*“ verschrieben sei.

86) *D. puls. Diff.* a. a. O. p. 622 f.: *κατηγορία μὲν ἡ τοῦ ποιοῦ κοινὴ κατ᾽ ἀμφοῖν τοῖν γενοῖν......καὶ τὸ ποσὸν ἕτερον τοῦ ποιοῦ ...... ὑπὸ γὰρ τὴν τοῦ πρός τι κατηγορίαν ἔρχεται ταῦτα σύμπαντα.* Vgl. Anm. 88.

unterschieden wissen, da ja jede einzelne Kategorie von mehreren Gattungen der Dinge in homonymer Bedeutung ausgesagt werde [87]), wobei er offenbar gegen die stoische Leichtfertigkeit polemisirt, welche sich bei einem hohlen und leeren Gattungsbegriffe begnügt, während er selbst nur darauf zu dringen scheint, dass mit Beiziehung der Kategorien-Unterschiede die lückenloseste Eintheilung bis zum Individuum herab fortgesetzt werde, so dass es hiebei höhere Gattungen der Kategorien selbst und innerhalb jeder einzelnen Kategorie wieder mehrere Gattungen gebe [88]). So dringt durch die sprachliche Seite der aristotelischen Kategorien das stoische Motiv der *Tabula logica* in die peripatetische Lehre ein. Bei solcher Tendenz ist auch erklärlich, warum Galenus eine so besondere Sorgfalt auf die Gattung und die Art und den Unterschied verwendet, und in letzterer Beziehung kömmt auch er wie Herminus (s. Anm. 41) auf eine Unterscheidung zwischen Gattungs- und Art-Unterschieden, wobei er noch dazu eine Abstufung annimmt, so dass die einen Unterschiede wieder mehr oder weniger den Gattungen und Arten angehören, als andere, und zuletzt als äusserste Stufe der Unterschied der Individuen (*ἰδία διαφορά*) erscheint [89]); Alles schon ganz in einer Weise, wie wir diese Erörterungen später bei Porphyrius finden, sowie sich überhaupt die ganze Behandlungsweise der Begriffe *συμβεβηκός, γένος, εἶδος, διαφορά, ἴδιον* (dieses ist in der *ἰδία διαφορὰ* repräsentirt) bedeutend den *Quinqüe voces* genähert zu haben scheint. Doch mag hiefür auch noch

---

87) Ebend. p. 622.: *ἵν' ὅταν ὑπὸ μίαν μὲν ἄμφω ἄγηται κατηγορίαν τὰ ζητούμενα, μὴ μέντοι κοινὸν γένος τι ἐπ' αὐτοῖς ᾖ, μὴ ταραττώμεθα τῷ κοινῷ τῆς κατηγορίας, ὥς τούς γε πλείστους τῶν ὀψιμαθῶν τε καὶ ἀγυμνάστων ψευδοδιαλεκτικῶν, ἔνθα κατηγορία κοινὴ, καὶ γένος ἐνταῦθα εὑρήσεις νομίζοντας ὡς ἂν μὴ δυναμένους διαιρεῖσθαι τὴν ὁμωνυμίαν. οὕτω γοῦν ἔχει κἀπὶ τοῦ κατὰ τὴν κίνησιν καὶ τὸ σῶμα τῆς ἀρτηρίας ποιοῦ, κατηγορία μὲν ἡ τοῦ ποιοῦ κοινὴ κατ' ἀμφοῖν τοῖν γενοῖν, οὐ μὴν καὶ γένος γέ τι κοινὸν ἐπ' ἀμφοῖν· ὁμωνύμως γὰρ, οὐ συνωνύμως, ἄμφω ποιὰ λέγεται, οὐ γὰρ ἓν ταὐτόν ἐστιν ἐν ἀμφοτέροις τὸ ποιὸν, ... ἀλλὰ κινήσει μὲν τὸ ποιὸν ἴδιον καὶ γένους ἄλλου, τῷ δὲ σώματι τῆς ἀρτηρίας ἴδιον καὶ γένους ἄλλου .....* (p. 623.) *ἀλλὰ κἀνταῦθα πάλιν ὑπὸ μὲν τὴν αὐτὴν κατηγορίαν ἀναχθήσεται, γένος δ' οὐ ταὐτὸν ἀμφοῖν γενήσεται.*

88) Ebend. p. 632.: *διαφέρει δ' ἀλλήλων τὰ μὲν εὐθὺς ἐν τοῖς πρώτοις γένεσι τῶν κατηγοριῶν, ὡς ἄνθρωπος καὶ λευκὸν καὶ δίπηχυ καὶ δεξιόν, τὸ μὲν γὰρ οὐσία, τὸ δὲ ποιὸν, τὸ δὲ ποσὸν, τὸ δὲ πρός τι· τὰ δ' ἐν τοῖς ὑπ' αὐτὰ, καθάπερ τὸ λευκὸν καὶ τὸ τρίγωνον, τοῦ μὲν γὰρ τὸ χρῶμα γένος, τοῦ δὲ τὸ σχῆμα· πέπτωκε δ' ἄμφω ταῦτα πάλιν ὑπὸ τὴν τοῦ ποιοῦ κατηγορίαν, ὥστε τὸ λευκὸν τῷ τριγώνῳ κατὰ μὲν τὴν πρώτην κατηγορίαν ὡσαύτως ῥηθήσεται, ποιὸν γὰρ ἑκάτερον, ἐν γένει δ' ἔσται διαφέροντι τὸ μὲν τῶν χρωμάτων τὸ δὲ τῶν σχημάτων.*

89) Ebend. p. 625.: *ὅτι τῶν διαφορῶν αἱ μέν τινές εἰσι γενικαὶ αἱ δὲ εἰδικαὶ, καὶ αὐτῶν γε τούτων αἱ μὲν γενικώτεραι αἱ δὲ εἰδικώτεραι.* p. 633.: *ἄλλα δ' αὖ κατ' εἶδος διαφέρει τῷ γένει μὴ διαφέροντα, καθάπερ τὸ λευκὸν καὶ τὸ ξανθόν· τῷ μὲν γὰρ γένει ταὐτὰ, χρώματα γὰρ, εἰδικὴν δέ τινα ἔχει διαφορὰν, εἴδη γὰρ χρώματος ὥσπερ τὸ μέλαν καὶ τὸ ἐρυθρὸν καὶ τὸ κυανοῦν, οὕτω τὸ λευκόν τε καὶ ξανθόν· ἄλλα δ' αὖ κατὰ τὸ ἄτομόν τε καὶ ἀριθμῷ ἓν διαφέρει, καθάπερ καὶ τὸ λευκὸν ὃ δειχθῆναι δύναται τοῦδε τοῦ λευκοῦ τοῦ δειχθῆναι δυναμένου διαφέρει μέν τινα διαφορὰν ἰδίαν, ὑπὸ δὲ ταὐτὸν πέπτωκεν εἶδος τὸ λευκόν ..... ἡ διαφορὰ παρὰ τὸ διαφέρειν εἴρηται καὶ νενόηται, τὸ διαφέρειν δὲ κἂν τοῖς ἀτόμοις κἂν τοῖς εἴδεσι καὶ τοῖς ὑπ' ἄλληλα γένεσιν εὑρίσκεται καὶ περὶ πάνθ' ἁπλῶς τὰ ὁπωσοῦν ὄντα.*

das der Topik angehörige *ταὐτὸν* beigezogen worden sein, bei welchem Galenus gleichfalls die Art- und Gattungs-Identität neben der numerären coordinirt aufzählt [90]). So scheint bei Galenus die Lehre vom Begriffe neben der sogleich zu erwähnenden sprachlichen Auffassung hauptsächlich jene Richtung eingeschlagen zu haben, durch welche sie sich an die Kategorienlehre anschliesst.

Dass Galenus sich auch an jener Frage betheiligte, welche betreffs der Geltung des *ἐκφωνούμενον* sich an den Anfang der aristotelischen Schrift *π. Ἑρμην.* anschloss, sehen wir theils aus mehreren Titeln einzelner von ihm verfasster Monographien (*Περὶ τῶν κατὰ τὸ γένος καὶ τὸ εἶδος καὶ τῶν συζυγούντων αὐτοῖς σημαινομένων ἡμῖν κατὰ τὴν αὐτόματον φωνήν, Ὅπως χρὴ διακρίνειν τὴν πραγματικὴν ζήτησιν τῆς κατ' ὄνομα καὶ τὸ σημαινόμενον, Περὶ τῶν σημαινομένων ἐκ τῆς κατ' εἶδος καὶ γένος φωνῆς καὶ τῶν παρακειμένων αὐτοῖς*), wobei wir wohl nicht sehr irren, wenn wir auch hier einen grossen Einfluss des Bestrebens nach einer *Tabula logica* der seienden Dinge vermuthen; und theils besitzen wir auch wenigstens eine Andeutung darüber, welche Ansicht in dieser Beziehung Galenus gehabt habe. Indem er nemlich von vornherein die homonymen Worte ausscheidet, weist er wiederholt darauf hin, dass alle übrigen Eine bestimmte Bedeutung haben; und nachdem er unter diesen wieder diejenigen abtrennt, welche keinem real wirklichen Wesen entsprechen, wie z. B. mythologische Vorstellungen, behauptet er auf das entschiedenste, dass für alle anderen ein reales Object zu Grunde liege, und ausdrücklich unterscheidet er innerhalb dieses realen Substrates die allgemeine substanzielle Wesenheit und die Determination derselben im Artbegriffe und das empirische Individuum, so dass er offenbar in aristotelischer Weise an der objectiven Realität der Gattungs- und Art-Begriffe festhält [91]). Aber zugleich scheint ihn eben die peripatetische Auffas-

---

90) *Therap. Meth.* II, 7, X, p. 135.: *καὶ τοσοῦτον τοίνυν δέον τοὺς παλαιοὺς φιλοσόφους ἐπαινεῖν ὡς μέγα τι καὶ σοφὸν ἐξευρόντας, ὅτι τὸ ταὐτὸν καὶ τὸ ἕτερον καὶ τὸ ἓν καὶ τὸ οὐχ ἓν οὐ μόνον κατ' ἀριθμὸν ἀλλὰ καὶ κατ' εἶδος χρὴ νοεῖν ..... πρόσκειται μὲν οὖν ὑπὸ τῶν παλαιῶν φιλοσόφων, ὡς οὐ μόνον ἀριθμῷ καὶ εἴδει λέγεταί τι ταὐτὸν ἀλλὰ καὶ τῷ γένει.*

91) Ebend. p. 130.: *καὶ καθ' ἕκαστον δὴ τῶν σημαινομένων ἓν ἅπασιν ὑπάρχει ταὐτόν .... δηλοῖ δὲ καὶ ἡ καθ' ἑκάστην ἡμέραν ἡμῖν γινομένη πρὸς ἀλλήλους διάλεκτος, ὡς ἐν οἷς οὐκ ἔστιν ὁμωνυμία, τὸ σημαινόμενον ἓν ὑπάρχει, λέγοντος γάρ τινος ὑπὸ ἀνθρώπου πληγῆναι λίθῳ τὴν κεφαλὴν οὐδενὶ τῶν ἀκουόντων ἀσαφὴς ὁ λόγος οὐδ' ἀμφίβολος* ..... p. 131.: *καθ' ἕκαστον οὖν τῶν σημαινομένων ἕν τι πρᾶγμά ἐστιν ὑποκείμενον, οὐ μὴν καθ' ἑκάστην γε τῶν φωνῶν ἕν, ἐνίοτε μέντοι σημαίνεται μόνον πρὸς τῆς φωνῆς, ὑπόκειται δὲ οὐδέν (ἀλλὰ περὶ μὲν τῶν οὕτω λεγομένων οὐ πρόκειται νῦν διελθεῖν)· ἐν οἷς δὲ οὐ σημαίνεταί τι μόνον ἐκ τῆς φωνῆς, ἀλλὰ καὶ πρᾶγμά τι ἐστὶν ὑποκείμενον, ὅσαπερ ἂν ᾖ τὰ σημαινόμενα, τοσαῦται καὶ αἱ τῶν πραγμάτων ὑπάρχουσιν ἰδέαι, τῆς μὲν φωνῆς ἓν σημαινούσης ἓν ἐξ ἀνάγκης ἐστὶ καὶ τὸ τοῦ πράγματος εἶδος* .... p. 133.: *οὕτω δὲ ἐναργές ἐστι καὶ φύσει πᾶσιν ὑπάρχει καὶ ἀνθρώποις καὶ βοσκήμασιν ἕτερον μέν τι ὡς ὑποκείμενον κατ' οὐσίαν ἕτερον δὲ ὡς εἶδος ἓν ἐπινοεῖν, ὥστε καὶ τοῖς ὄνοις, οἵπερ ἁπάντων τῶν θρεμμάτων ἀνοητότατοί γε δοκοῦσιν ὑπάρχειν, ἄλλο μὲν τὸ κατ' εἶδος ἓν ἄλλο δὲ τὸ κατ' ἀριθμὸν εἰς διάγνωσιν ἥκει* ..... p. 144.: *ἆρά γε οὐδὲν αἱ φωναὶ δοκοῦσί σοι σημαίνειν ἥ τε ζῷον καὶ ἡ νόσος, ἀλλ' ὁμοίως ἐκφωνεῖσθαι τῷ βλίτυρι καὶ σκίνδαψος; ἢ σημαίνουσι μέν, οὐδὲν δ' ὑπόκειται πρᾶγμα ταῖς φωναῖς ὡς ἐν τῷ Σκύλλα καὶ Κένταυρος; εἰ μὲν γὰρ οὐδέν ἐστι πρᾶγμα τὸ δηλούμενον ὑπὸ τῆς*

sung, dass die Worte auf einem psychischen Eindrucke beruhen und hiedurch symbolische Ausdrücke der Dinge sind, zu einem stark dualistischen Nebeneinanderstellen der Objectivität und des Sprachlichen veranlasst zu haben, so dass er — um die banalen Schulbezeichnungen zu gebrauchen — zugleich Nominalist und Realist gewesen sein dürfte; denn in der Polemik gegen diejenigen, welche das real empirische Dasein der allgemeinen Gattungsbegriffe leugneten, kömmt er selbst zu dem argen nominalistischen Verstosse, welchen wir schon bei den Stoikern trafen, dass er Begriff und Definition völlig zusammenwürfelt und ausdrücklich erklärt, der erstere sei nur eine kürzere Ausdrucksweise der letzteren, da ja das durch beide bezeichnete Ding das nemliche sei und in diesem der nächst höhere Gattungsbegriff sowie der artmachende Unterschied real vorliege [92]). Vielleicht stand hiemit auch seine Schrift *Περὶ ὀνομάτων ὀρθότητος* in einem inneren Zusammenhange, in welcher er, polemisch gegen die Stoa, auch über den Missbrauch und die Unsicherheit der Etymologien sprach [93]).

In der Lehre vom Urtheile scheint Galenus im Zusammenhange mit dem so eben Erwähnten zunächst die Frage betreffs der Möglichkeit der Urtheile erörtert zu haben, insoferne die Vielheit der Prädicate Eines Subjectes hiezu eine unerlässliche Bedingung ist; wenigstens dürfte der Titel einer Schrift *Περὶ τοῦ τῶν ὄντων ἕκαστον ἕν τε εἶναι καὶ πολλά* darauf schliessen lassen, dass er gegen megarisch-stoi-

---

ζῷον ἢ τῆς νόσημα φωνῆς, οὐκ ὀρθῶς λέγεις τὸν ἄνθρωπον εἶναι ζῷον ἢ τὴν φρενῖτιν νόσον· εἰ δ' ἔστι καὶ λέγεις ἀληθῶς, τουτὶ μὲν τὸ προσερχόμενον ζῷον εἶναι ἢ τὴν φρενῖτιν νόσον, τοῦτον δ' εἰ τύχοι τὸν κατακείμενον ἄνθρωπον νοσεῖν, ἔστι τι πάντως τῶν ὑπαρχόντων αὐτοῖς, ἐφ' οὗ φέρεις ἕκαστον τῶν ὀνομάτων ..... p. 155.: *ἀλλὰ γὰρ περὶ τοῦ μὴ μόνον ἔννοιαν εἶναι νοσήματος ἰδίαν, ἀλλὰ καὶ πρᾶγμά τι τῆς προσηγορίας ταύτης τυγχάνον ὑποκεῖσθαι, κατά γε τὸ παρὸν ἀρκεῖ λελέχθαι ταῦτα.*

92) Ebend. p. 151.: *καθάπερ, οἶμαι, καὶ ὁ ἄνθρωπος αὐτὸς, ἵνα μὴ λέγηται ζῷον λογικὸν θνητὸν, ἕνεκα συντομίας ἄνθρωπος ὠνομάσθη λόγου τινὰ δύναμιν ἐχούσης τῆς ἄνθρωπος προσηγορίας· καὶ τοῦτ' ἔστιν ὃ καλοῦσιν οἱ παλαιοὶ φιλόσοφοι τὸν λόγον εἰπεῖν τοῦ ὀνόματος. οὐ μὴν εἰς ἄπειρόν γε προσάγουσιν ἀλλ' ἄχρι τῶν ἁπλῶν ἀνέρχονται· τὸν γὰρ ἄνθρωπον ἐπειδὰν διαλύσῃς εἰς ζῷον καὶ λογικὸν καὶ θνητὸν, καὶ αὖθις λύσεις τὸ ζῷον εἰς οὐσίαν καὶ αἰσθητικήν· οὐ μὴν τήν γ' οὐσίαν ἔτι λῦσαι δυνήσῃ καθάπερ οὐδὲ τὴν αἴσθησιν, ἁπλοῦν γὰρ ἤδη καὶ πρῶτόν ἐστιν ἑκάτερον τούτων* ..... p. 154.: *καὶ τούτου γελοιότερον, αἰσθανόμενον μὲν εἶναι σῶμα, ζῷον δ' εἶναι μηδὲν, ὥςπερ ἄλλο τι καὶ οὐ τοῦθ' ὑπάρχον ζῷον ἢ διαφέρον τι τῷ λόγῳ δηλοῦν ἐπιχειρεῖν ὁτιοῦν ἢ ὀνόματι· τῆς δ' αὐτῆς ἀτοπίας ἔχεται καὶ τὸ μὴ συγχωρεῖν εἶναί τι νόσον· εἰ γὰρ οὐδέν ἐστι διάθεσις, οὐδὲ νόσος ἔσται τι, δοθείσης δ' εἶναι διαθέσεως ἔσται τι καὶ νόσος .... ἀλλ' οὐκ ἔχεις μοι δεῖξαι, φασὶ, νόσον αὐτὴν καθ' ἑαυτὴν· οὐδὲ γὰρ φρενῖτιν, ὦ οὗτος, οὐδὲν πυρετόν· ἀλλ' ὅμως καὶ ταῦτα συγχωρεῖς ὑπάρχειν καὶ ἄλλα πολλά· τὴν γὰρ μικρολογίαν τῶν ὀνομάτων, ἣν ἐκομψεύσαντό τινες τῶν φιλοσόφων, ἀνατρέπουσαν ἅπασαν τὴν ἐν τῷ βίῳ συνήθειαν, ὡς μὴ δι' ἐκείνους αὐτῇ χρῆσθαι δύνασθαι κατὰ τὰ σφῶν αὐτῶν συγγράμματα, παραιτοῦμαι λέγειν τὰ νῦν, ἑτέρωθι διειλεγμένος ὑπὲρ αὐτῶν ἐπὶ πλέον.*

93) *D. Hipp. et Plat.* II, 2, V, p. 214.: *οὕτω δὲ καὶ τὴν ἐτυμολογίαν,* .... *ἐπιδείκνυμεν αὐτοῖς οὐδὲν μᾶλλον ἐκείνοις* (sc. *τοῖς Στωϊκοῖς*) *ἤπερ ἡμῖν μαρτυροῦσαν· ἀλλ' ὅτι μὲν ἀλάζων ἐστὶ μάρτυρ ἡ ἐτυμολογία, πολλάκις μὲν ὁμοίως μαρτυροῦσα τοῖς τἀναντία λέγουσι τῶν ἀληθῶν, οὐκ ὀλιγάκις δὲ τοῖς ψευδομένοις μᾶλλον ἤπερ τοῖς ἀληθεύουσιν, ἐν ἑτέρᾳ πραγματείᾳ δέδεικταί μοι τῆς περὶ ὀνομάτων ὀρθότητος.*

sche Einseitigkeiten polemisirte. Sodann beschäftigte wohl auch ihn die übliche Controverse über das Gegenüberliegen und den Gegensatz, und es lässt sich in dieser Beziehung der Titel seines Buches *Περὶ τοῦ ὅτι τοῖς ἀντικειμένοις ἓν καὶ ταὐτὸν ἐξ ἀνάγκης ἀκολουθεῖν ἀδύνατόν ἐστιν* anführen; auch sehen wir, dass er jene negativen Ausdrücke, welche sprachlich durch das sog. *α privativum* gebildet werden, durchaus nicht unvernünftig behandelte, denn demjenigen, was er gelegentlich hierüber bemerkt, liegt die Auffassung zu Grunde, dass bei allen derartigen Worten die positive Real-Potenz das frühere sei, und daher die sprachliche Negation entweder dazu diene, das Nichtvorhandensein der positiven Möglichkeit zu bezeichnen, oder dazu, dass bei vorliegender realer Fähigkeit die actuelle Verwirklichung des potenziellen Zustandes verneint werde [94]), so dass wir hierin eine Uebereinstimmung mit dem aristotelischen Standpunkte erkennen (s. Abschn. IV, Anm. 416). — Dass Galenus auch das Möglichkeits-Urtheil einer speciellen Betrachtung unterwarf, bezeugt der Titel einer eigenen Schrift *Περὶ τῶν ἐνδεχομένων προτάσεων*, und wir dürfen sicher schliessen, dass auch das Nothwendigkeits-Urtheil nicht unbeachtet blieb, zumal da in der Syllogistik die hierauf beruhenden Schlüsse von Galenus ausführlich besprochen worden zu sein scheinen. Betreffs des hypothetischen Urtheiles werden wir sogleich einen Beleg dafür sehen, dass auch dieses seine eigene Geltung fand.

In Bezug auf die Umkehrung der Urtheile begegnen wir hier zum erstenmale einer Lehre, welche fortan als eingebürgert in der logischen Theorie auftritt, nemlich der Lehre von der Aequipollenz (*ἰσοδυναμία*) der Urtheile. Es schrieb Galenus *Περὶ τῶν ἰσοδυναμουσῶν προτάσεων*, so zwar dass wir vielleicht annehmen müssen, die Umkehrung der Urtheile sei hier bereits aus ihrem wesentlich dienstbaren Verhältnisse, in welchem sie zum Syllogismus steht, herausgetreten und sei zum Gegenstande selbstständig losgetrennter Untersuchungen gemacht worden. Allerdings kömmt es uns nicht in den Sinn, zu behaupten, dass der Begriff der Aequipollenz von Galenus selbst etwa erst geschaffen worden sei, sondern wir glauben, dass derselbe sich schon bei den oben genannten späteren Peripatetikern überhaupt gestaltet habe; aber da wir über die specielle Autorschaft gänzlich jeder Kunde entbehren, so können wir diesen Zuwachs der Logik erst hier erwähnen, wo er zum erstenmale namentlich genannt wird. Eine anderweitige gelegentliche Erwähnung eines einschlägigen Lehrsatzes weist darauf hin, dass mit der Aequipollenz eine Unterscheidung zwischen *ἀντιστρέφειν* und *ἀναστρέφειν* in Verbindung stand, also auch hier schon die sog. Contraposition (im Unterschiede mit Conversion) hereinspielt. Nemlich bei einer einzelnen Veranlassung weist Galenus darauf hin, dass das allgemeine Urtheil nicht

94) Ebend. IV, 4, p. 383.: *τὸ γοῦν ἄλογον ὡσαύτως ἀφώνῳ τε καὶ ἀτραχήλῳ διχῶς ἅπαντες ἄνθρωποι λέγουσιν καὶ τρίτον οὐδέν ἐστιν ἐπ' αὐτῶν σημαινόμενον εὑρεῖν οὔτε παρὰ τοῖς νῦν Ἕλλησιν οὔτε παρὰ τοῖς παλαιοῖς, εἴ τι χρὴ τεκμαίρεσθαι τοῖς βιβλίοις αὐτῶν· ἄφωνον δὴ πῶς λέγουσι καὶ ἀτράχηλον; ..... τὸ μὲν, οἶμαι στερήσει φωνῆς ἢ τραχήλου, τὸ δὲ κακώσει· εἰ μὲν γάρ τις φάσκει, τοὺς ἰχθῦς ἀφώνους ὑπάρχειν ἢ τὰ φυτὰ, τῷ μηδόλως ἔχειν φωνὴν οὕτως αὐτὰ προσαγορεύει, εἰ δέ τις ἄφωνον εἶναι λέγοι τὸν κιθαρῳδὸν ἢ τὸν κήρυκα, κάκωσίν τινα ἐνδείκνυται τῆς φωνῆς τἀνθρώπου κτλ.*

rein umgekehrt werden könne, und er wählt hiefür die Ausdrucksweise, dass *ἀναστρέφοντα* nicht nothwendig zugleich wahr seien (d. h. die Urtheile „Alles A ist B“ und „Alles B ist A“ sind nicht nothwendig gleichberechtigt); hingegen, bemerkt er, die *ἀντιστρέφοντα* sind stets nothwendig zugleich wahr, und die von ihm gebrauchten Beispiele zeigen, dass er für das Urtheil „Alles A ist B“ unter dem *ἀντιστρέφον* das Urtheil „Alles Nicht-B ist Nicht-A“ versteht; und namentlich sehen wir, dass gerade in diesem Sinne auch die Umkehrung der hypothetischen Urtheile behandelt wurde, denn als *ἀντιστρέφοντα* erscheinen die Urtheile „Wenn A B ist, ist A C“ und „Wenn A nicht C ist, ist A nicht B“, welch beide als äquipollent zugleich wahr sind, hingegen als *ἀναστρέφοντα* die Urtheile „Wenn A B ist, ist A C“ und „Wenn A C ist, ist A B“, welche nicht nothwendig zugleich wahr sind [95]). Uebrigens liegt eine Veranlassung zu dieser Bedeutung des Wortes *ἀντιστρέφειν*, in welcher es dem *ἰσοδυναμεῖν* oder dem scholastischen *aequipollere* entspricht, bereits in einer aristotelischen Stelle, welche wir Abschn. IV, Anm. 286 anführten.

In der Syllogistik tritt namentlich die peripatetische Richtung des Galenus hervor, insoferne er gegen hohle und principlose Doctrin der Stoa polemisirt, denn hauptsächlich dem Chrysippus gegenüber weist er auf Aristoteles und Theophrast hin und hebt hervor, dass man, wie jene gethan, schon bei den Prämissen der Schlüsse unterscheiden müsse, denn denjenigen Behauptungen, welche auf die Sache selbst und das ihr an sich Zukommende sich beziehen und daher allein als wissenschaftliche und apodeiktische zu betrachten sind, seien alle übrigen gegenüberzustellen, welche entweder als dialektische nur zur Uebung gehören, oder als rhetorische auf äusserlichen Zeugnissen beruhen, oder endlich als sophistische von absichtlich verdrehten Formen der Rede ausgehen [96]), —

---

95) *D. temp. simpl. medic.* II, 16. XI, p. 498.: *πᾶν μὲν γὰρ τὸ δάκνον καὶ δριμὺ καὶ κερχνῶδες, οὐ μὴν ἅπαν τὸ κερχνῶδες δάκνον καὶ δριμύ· μόνως γὰρ οὕτως ἂν ἀπεδείχθη τοὔλαιον δακνῶδες, εἰ πᾶν τὸ κερχνῶδες ὡμολόγητο δακνῶδες ὑπάρχειν* ..... (p. 499.) *ἀλλ' ἐκ τῶν ὑποκειμένων τούτων οὐ περαίνεται δακνῶδες εἶναι τοὔλαιον οὔτε κατηγορικὰς οὔτε ὑποθετικὰς ἡμῶν ποιησάντων τὰς προτάσεις ..... οὐ μὲν γὰρ ἢ δι' αἰσθήσεως ἢ ἀπ' αἰσθήσεως ἢ ὅπως ἄν τις ὀνομάζειν ἐθελήσει τὰ τοιαῦτα τῶν ἀξιωμάτων εἴληπται „πᾶν τὸ δακνῶδες καὶ κερχνῶδές ἐστι“ καὶ „εἴ τι δακνῶδες, τοῦτο καὶ κερχνῶδές ἐστιν“ οὔτ' εἰ πᾶν τὸ δακνῶδες καὶ κερχνῶδές ἐστιν, ἤδη καὶ τὸ κερχνῶδες ἅπαν ὑπάρχει δακνῶδες, οὔτε τῷ „πᾶν εἴ τι δακνῶδές ἐστιν, τοῦτο καὶ κερχνῶδες ὑπάρχει“ ἕπεται τὸ „πᾶν εἴ τι κερχνῶδές ἐστιν, καὶ δακνῶδες ὑπάρχει“, ἀλλὰ τὸ μὲν „εἰ μὴ κερχνῶδες, οὐδὲ δακνῶδες“ ἀληθὲς, ἀντιστρέφει γάρ· οὐ μὴν εἴ τι κερχνῶδες, εὐθὺς καὶ δακνῶδες, ἀναστρέφει γὰρ τοῦτο· δέδεικται δ' ἐν ταῖς λογικαῖς μεθόδοις ὡς οἱ μὲν ἀντιστρέφοντες τοῖς ἀληθέσι λόγοις ἀληθεῖς εἰσιν, οἱ δὲ ἀναστρέφοντες οὐκέτι πάντως ἀληθεῖς.* Ebend. 3, p. 465.: *πᾶν μὲν γὰρ πῦρ, εἰ οὕτως ἔτυχεν, ἐρυθρὸν εἶναι λεκτέον ἐστὶν, πᾶν δὲ τὸ ἐρυθρὸν πῦρ εἶναι φάναι καταγέλαστον ..... εἰ μὲν ἐξ ἀρχῆς εἴληπτο κατὰ τὸν λόγον, ὡς πᾶν τὸ θερμόν ἐρυθρόν ἐστιν, ἣν ἴσως διαστρέψαντα τὸ ἀξίωμα τὸ ἐρυθρὸν ἅπαν ἀποφῆναι θερμὸν, ἁμαρτάνοντα μὲν κἂν τούτῳ προφανῶς· οἱ γὰρ ἀντιστρέφοντες, οὐχ οἱ ἀναστρέφοντες ἀλλήλοις λόγοι συναληθεύονται.*

96) *D. Hipp. et Plat.* II, 2, V, p. 213.: *τὰ δὲ οὖν οἰκεῖα τῶν λημμάτων ὁπόσα τὴν φύσιν ἐστὶν, εἴρηται μὲν ἐπὶ πλεῖστον ἐν τοῖς περὶ ἀποδείξεως ὑπομνήμασιν .... γεγράφθαι δὲ λέγω ὑπὲρ αὐτῆς ἄριστα τοῖς παλαιοῖς φι-*

eine Viertheilung, welche wohl überhaupt in der peripatetischen Schule üblich geworden sein muss, da wir sie noch bei den späteren Commentatoren treffen. Vielleicht setzte Galenus mit dieser Unterscheidung der Prämissen auch den bekannten Grundsatz in Verbindung, dass das Falsche eines Beweises entweder formell im Schlussverfahren oder materiell in den Prämissen liegen könne [97]).

Ein angeblich grosses Verdienst aber ist es, in Folge dessen bekanntlich der Name des Galenus so sehr mit der Lehre vom Schlusse verknüpft ist, dass derselbe wohl fast in sämmtlichen, selbst den trivialsten, Compendien der Logik erscheint. Galenus nemlich hat, wie man sich auszudrücken beliebt, die Zahl der aristotelischen drei Figuren des kategorischen Schlusses durch Hinzufügung einer vierten vermehrt, in welcher der Mittelbegriff Prädicat des Obersatzes und Subject des Untersatzes ist, also:

A B
B C
———
C A

Die Kunde dieser Neuerung, welche von der formalen Logik in der einfältigsten Weise ausgebeutet wurde, konnte man bisher nur aus ara-

λοσόφοις τοῖς περὶ Θεόφραστόν τε καὶ Ἀριστοτέλην κατὰ τῶν δευτέρων ἀναλυτικῶν βιβλίων ..... τὰ γὰρ ἰδιωτικά τε καὶ ῥητορικὰ λήμματα αἰδοῦνται παραλαμβάνειν εἰς ἀποδείξεις ἐπιστημονικὰς, ὧν πέπλησται τὰ Χρυσίππου βιβλία. Ebend. 3, p. 224.: *ὅπως δὲ χρὴ γνωρίζειν τε καὶ διακρίνειν ἐπιστημονικὰ λήμματα διαλεκτικῶν τε καὶ ῥητορικῶν καὶ σοφιστικῶν, οὐκέτι ἔγραψαν ἀξιόλογον οὐδὲν οἱ περὶ τὸν Χρύσιππον οὔτε φαίνονται χρώμενοι.* Ebend. 4, p. 227.: *ὅσα μὲν ἀπὸ τῶν ὑπαρχόντων ... λαμβάνεται λήμματα, διττὴν ἕξει τὴν διαφοράν· ἔσται γὰρ αὐτῶν τὰ μὲν κατ' αὐτὸ τὸ προκείμενόν τε καὶ ζητούμενον ἐπιστημονικὰ, τὰ δ' ἄλλα πάντα γένους ἑτέρου δευτέρου παρακειμένου τοῖς ἐπιστημονικοῖς· ὅσα δὲ ἀπὸ τῶν ἀνθρωπίνων δοξῶν εἴτ' οὖν ἰδιωτῶν εἴτε ποιητικῶν εἴτε φιλοσόφων εἴτ' ἐξ ὁμολογίας τινὸς* (hieran aber erkennen wir die Schwäche des Galenus, indem er die *ὁμολογία* den wissenschaftlichen Prämissen gegenüberstellt und dann doch den hypothetischen Schluss als berechtigt anerkennt) *εἴτε ἐκ νευμάτων εἴτε ἐξ ἐπινευμάτων εἴτε ἐξ ὅτου δή τινος ἑτέρου τούτου λαμβάνεται λήμματα, τοῦ τρίτου γένους ἔσται ταῦτα, διττὴν μὲν ἀπόστασιν ἀφεστῶτα τῶν ἐπιστημονικῶν, οὐ πολλῷ δέ τινι διαφέροντα τῶν σοφιστικῶν, ἅπερ ἐν ὁμωνυμίαις τέ τισι καὶ τοῖς τῆς λέξεως σχήμασι μάλιστα συνίσταται.* Ebend. 8, p. 273.: *τὰς τέτταρας διαφορὰς ἐπιδεῖξαι τῶν λημμάτων· ἐκάλουν δὲ τὸ μὲν πρῶτον γένος αὐτῶν ἐπιστημονικόν τε καὶ ἀποδεικτικὸν, τὸ δὲ δεύτερον γυμναστικόν τε καὶ, ὡς Ἀριστοτέλης ὀνομάσειε, διαλεκτικὸν, τὸ δὲ τρίτον πιθανόν τε καὶ ῥητορικὸν, τὸ δὲ τέταρτον σοφιστικὸν, ἐπεδείκνυόν τε, τὰ μὲν ἀπὸ τῶν ὑπαρχόντων τε καὶ συμβαινόντων .... συνιστάμενα κατὰ μόνον αὐτὸ τὸ ζητούμενον πρᾶγμα τῶν ἐπιστημονικῶν εἶναι λημμάτων, τὰ δ' ἄλλα σύμπαντα διαλεκτικὰ, τὰ δ' ἀπὸ τῶν ἔξωθεν μαρτύρων ῥητορικὰ, τὰ δ' ὁμωνυμίαις τισὶν ἢ τοῖς τῆς λέξεως σχήμασι πεπανουργημένα σοφιστικά.* Ebend. III, 1, p. 286.: *τέτταρας ἔλεγον εἶναι τὰς πάσας διαφορὰς τῶν λημμάτων· ἔνια μὲν γὰρ αὐτῶν ἀπὸ τῶν ὑπαρχόντων ... λαμβάνεσθαι κατὰ τὴν τοῦ προβλήματος οὐσίαν, ἔνια δὲ ἀπὸ τῶν ὑπαρχόντων μὲν, οὐ μὴν κατὰ τὸ προβεβλημένον τε καὶ ζητούμενον, ἕτερα δὲ ἀπὸ τῶν ἔξωθεν μαρτύρων, πρὸς τούτοις δὲ καὶ τὸ τέταρτον ἀπὸ τῶν σοφιστικῶν λημμάτων τοῖς τῆς λέξεως σχήμασι πρὸς ἀμφιβολίαν πεπανουργημένον.*

97) *D. an. pecc. dign.* 3. V, p. 72.: *ἐπειδὴ δ' οἱ ψευδεῖς λόγοι πάντως ἤτοι τῶν λημμάτων ἔχουσί τι ψεῦδος ἢ τὸ συμπέρασμα κακῶς ἐπιφερόμενον, οὐ φαίνεται δὲ προχείρως ταῦτα κατὰ τὰ σοφίσματα, διὰ τοῦτο δύσοπτα τοῖς ἀγυμνάστοις περὶ λόγους.*

bischen Berichten schöpfen [98]), da sich weder in den Werken des Galenus, noch in der gesammten späteren griechisch-römischen Litteratur eine Spur hievon zu finden schien; und insoferne weder bei Avicenna noch bei Algazel hievon Erwähnung geschieht und auch aus Alfarabi bei Vincentius Bellovacensis, welcher denselben für die Logik so häufig benützt, hierüber Nichts angeführt wird, so bleibt die hauptsächlichste arabische Stelle, auf welche alles Spätere sich zurückführt, immer jene bei Averroes [99]). Was jedoch dort innerhalb der Polemik, welche Averroes mit Recht gegen die vierte Figur richtet, gesagt wird, bezieht sich nur auf den allgemeinen Charakter dieser Schlussfigur, ohne dass auf die einzelnen Modi derselben eingegangen wird; oder höchstens könnte nur der erste Modus (*Bamalip*) gemeint sein, so dass hieraus ungewiss bleibt, ob Galenus auch das Detail der vierten Figur erörtert habe. Nun aber

---

98) Unfruchtbar in Bezug auf geschichtliche Forschung ist *Jac. Zabarella, Liber de quarta syllogismorum figura* (in dessen *Opp. ed Lugd.* 1587, pag. 41—53.).

99) *Averr. Prior. Resol.* I, 8. (*Venet.* 1553. *f.* 63 b.): *Verum syllogismus, qui concludit non quaesitum, non ita se habet, ut potentia cogitativa sit in ipso naturaliter sollicita, neque ipsum penitus componit; exempli gratia si quaeramus, an A sit in C, et dicamus „A est in C, quoniam A est in B et B in C", nimirum erit syllogismus iste naturalis secundum sermonem plurium hominum, et hoc in figura prima; consimiliter si dicamus „A non est in C, quoniam B est in C et B non est in A", planum quod compositio ista inest nobis secundum naturam, et haec est figura secunda et invenitur secundum sermonem multorum hominum per naturam; consimiliter si dicamus „A est in C, quoniam A et C sunt in B", iste etiam syllogismus inest nobis per naturam, et est figura tertia. Sin autem dicamus „A est in C, quoniam C est in B et B in A", res erit quam nemo naturaliter faciet, propterea quod ex hoc sequitur non quaesitum, id est, C esse in A, et est hoc in gradu eo in quo dicimus „A est in C, quoniam A est in B et B in C"; et hoc est quiddam, quod non faceret cogitatio secundum naturam. Et ex hoc planum, quod figura quarta, de qua meminit Galenus, non est syllogismus, super quem cadat naturaliter cogitatio; et hoc, quoniam si quaeramus, an C sit in A, et dicamus „C est in A, quoniam B est in A et C in B", sumus inter duo, aut ut admittamus quod sequitur ex ista compositione et reiiciamus hoc quaesitum penitus, quod est, C esse in A, sed hoc est diversum ab eo quod quaerebamus: aut ut simul cum eo quod ex hac compositione deducitur, remaneat etiam quaesitum secundum cogitationem nostram, quemadmodum de eo quaestionem feceramus, id est ut subiectum in eo sit subiectum et praedicatum praedicatum, et hoc quoniam in omni quaesito uno subiectum est subiectum secundum naturam et praedicatum praedicatum secundum naturam. Et cum remanet apud nos subiectum quaesiti subiectum et praedicatum praedicatum, et hoc est secundum cogitationem nostram in hac dispositione, quae semper quaesitum maneat quaesitum, adducitur deinceps terminus medius, qui praedicetur de praedicato quaesiti et subiiciatur subiecto quaesiti, secundum quod existimavit Galenus hanc figuram quartam esse, secundum quod refertur ad quaesitum. Si vero non, non erit hic figura quarta, sed potius prima figura vel de quaesito vel de converso ipsius. Verum ponamus ut hic sit figura quarta; nimirum formabitur in hunc modum, id est in relatione ad quaesitum determinatum, ut subiectum in eo subiectum sit secundum naturam et praedicatum praedicatum secundum naturam, quoniam non formabitur figura quarta, nisi secundum modos istos. Si igitur quaeramus inventionem alicuius in aliquo et accipiamus terminum medium praedicemusque eum semel de praedicato quaesiti et semel de ipso praedicemus subiectum quaesiti, sequitur ex hoc, ut aliquid unum per se sit tanquam de se ipso praedicatum, quoniam ex parte qua praedicatur de praedicato quaesiti et subiicitur subiecto eiusdem, praedicatur quodammodo de se ipso quod est absurdissimum. Et ista est causa, ob quam non componit ipsum cogitatio secundum naturam super quaesito determinato, ita ut sit hic syllogismus concludens quaesitum determinatum per duas conversiones, secundum quod existimavit Galenus de figura quarta.*

kömmt seit neuerer Zeit uns dennoch eine griechische Stelle zu Hülfe; Minoides Minas nemlich, welcher jene von ihm aufgefundene, angeblich dem Galenus angehörige, *Εἰςαγωγὴ διαλεκτική* herausgab, bespricht in seiner Einleitung in einer Weise, welche man von ihm erwarten musste, auch die vierte Schlussfigur, wobei er das Eine Verdienst sich erwarb, dass er ein Fragment eines griechischen Commentatoren zur ersten Analytik abdruckte, in welchem in der That die vierte Figur dem Galenus zugeschrieben wird; und so auffallend es nun auch sein mag, dass die zahlreichen uns erhaltenen Commentare oder späteren logischen Schriften, deren einige an historischen Notizen sehr reichhaltig sind, über diesen für die Schul-Logik doch sicher wichtigen Punkt gänzlich schweigen, und dabei dennoch in der occidentalischen Litteratur hierüber eine Kunde vorhanden gewesen sein soll, so wollen wir natürlich an der Glaubwürdigkeit des Hr. Minas nicht den geringsten Zweifel hegen, sondern die von ihm entdeckte Notiz als geschichtliches Document benützen, wobei jedoch immerhin die Möglichkeit offen bleiben mag, dass jener Commentator aus arabischen Quellen schöpfte, denn Näheres über denselben zu berichten, fand natürlich Minas nicht für nöthig. Aber wir erhalten aus dieser Notiz eine höchst eigenthümliche Aufklärung über die Galenische vierte Figur, und hierin mag ein grosser Beleg für die Aechtheit jener Angabe liegen, denn um eine derartige Fälschung zu begehen, wäre ein gründlicheres Wissen erforderlich, als Hr. Minas zur Schau trägt. Die Sache ist folgende[100]): Jener anonyme Commentator, welcher sehr ver-

---

100) Minas erzählt nemlich (*Gal. Εἰς. διαλ. Paris.* 1844. *Προθεωρ.* pag. *νε'*), er habe nach Vollendung seiner salbungsreichen Discussion über die vierte Figur noch gerade zur rechten Zeit eine schon früher einmal excerpirte Notiz aus einer anderen von ihm entdeckten Handschrift wiedergefunden: *ἦν δὲ τὸ ἀντίγραφον ὑπόμνημα ἀνεπίγραφον εἰς τὸ Περὶ ἑρμηνείας τοῦ Ἀριστοτέλους καὶ εἰς τὰ Ἀναλυτικά ....* (p. *νς'*) *ὁ μὲν οὖν ἀνώνυμος ὑπομνηματιστὴς διεξελθὼν ἐν τοῖς εἰς τὰ Πρότερα Ἀναλυτικὰ ὑπομνήμασι τὰ περὶ τῶν τριῶν συλλογιστικῶν σχημάτων καὶ τῶν κατ' αὐτὰ συζυγιῶν οὑτωσὶ περὶ τοῦ δ' τοῦδε σχήματος διέξεισιν ἐπαπορῶν καὶ ἐπιλυόμενος· „Ἀπορία. Παρὰ ταῦτα μὲν οὖν ἕτερον σχῆμα γενέσθαι συλλογιστικὸν ἀδύνατον ἔδοξε τῷ τε Ἀριστοτέλει καὶ τοῖς περὶ αὐτόν· ἀδύνατον γὰρ καὶ ἄλλην τινὰ σχέσιν παρὰ τὰς εἰρημένας ἐν τρισὶν ὅροις τὸν μέσον πρὸς τοὺς δύο συνταχθῆναι τοὺς ἄκρους. Θεόφραστος δὲ καὶ Εὔδημος καί τινας ἑτέρας συζυγίας παρὰ τὰς ἐκτεθείσας τῷ Ἀριστοτέλει προστεθείκασι* (Minas schreibt *προστεθήκασι*) *τῷ πρώτῳ σχήματι, περὶ ὧν ἐν τοῖς μετὰ ταῦτα ἐροῦμεν· ἃς καὶ τέταρτον ἀποτελεῖν σχῆμα τῶν νεωτέρων ᾠήθησάν τινες ὡς πρὸς πατέρα τὴν δόξαν τὸν Γαληνὸν ἀναφέροντες· λόγῳ δὲ πρὸς ἐμπέδωσιν ταύτης χρῶνται τοιῷδε· εἰ γάρ ἐστι κατ' ἄλλην τινὰ σχέσιν παρὰ τὰς εἰρημένας τὸν μέσον πρὸς τοὺς ἄκρους συνταχθῆναι ὅρον, ἔσται καὶ ἄλλο παρὰ τὰ εἰρημένα συλλογιστικὸν σχῆμα· ἀλλὰ μὴν τὸ πρῶτον, ἄρα καὶ τὸ δεύτερον· δείκνυται ἡ ἐλάττων· ἔστι γὰρ τὸν μέσον ὅρον ἀντιστρόφως τῷ α' σχήματι κατηγορεῖσθαι μὲν τοῦ μείζονος ἄκρου, ὑποκεῖσθαι δὲ τῷ ἐλάττονι, οἷον· πᾶς ἄνθρωπος ζῷον· πᾶν ζῷόν ἐστιν οὐσία· τὶς ἄρα οὐσία ἐστὶν ἄνθρωπος. μεῖζον μὲν ἄκρον ὁ ἄνθρωπος, ὅτι ἐν τῷ συμπεράσματι τυγχάνει κατηγορούμενον, ἔλαττον δὲ ἡ οὐσία, ὅτι ἐν τῷ αὐτῷ συμπεράσματί ἐστιν ὑποκείμενον· ὧν τοῦ μὲν ἀνθρώπου κατηγορεῖται τὸ ζῷον, ὅπερ ἐστὶ μέσος ὅρος, τῇ δὲ οὐσίᾳ ὑπόκειται ἔλαττον ἄκρον οὔσῃ."* Hierauf folgen wieder einige Tiraden in antikem Neugriechisch des gelehrten Gräculus Minas und hierauf (p. *νη'*): *ὁ δὲ ὑπομνηματιστὴς πρὸς ταῦτα ἀπαντᾷ οὕτως· „Ἀπάντησις. Ἔχει μέντοι ἀνελλιπῶς τὰ ἐκτεθέντα τῷ φιλοσόφῳ σχήματα, ὡς καὶ τοῖς γνησίοις αὐτοῦ θιασώταις δοκεῖ. εἰ γάρ τις ἐπισταίη τοῖς τῶν ἀντικειμένων λόγοις, οὐ*

nünftig die Berechtigung der sog. vierten Schlussfigur bestreitet, gibt an, dass einige der Jüngeren jene Schlussmodi, welche Theophrast und Eudemus der ersten Figur des Aristoteles hinzugefügt hatten (Abschn. V, Anm. 46), zusammen als eine eigene vierte Figur bezeichneten und sich hiebei auf Galenus als den Urheber dieser Ansicht beriefen. Somit müssen wir annehmen, Galenus habe in den drei theophrastischen Schlussweisen

5.	6.	7.
Alles B ist A	Kein B ist A	Alles B ist A
Alles C ist B	Alles C ist B	Einiges C ist B
Einiges A ist C	Kein A ist C	Einiges A ist C

welche bei Theophrast durch Umkehrung der Schlusssätze in I 1, I 2 u. I 3 entstanden waren, den Umstand aufgegriffen, dass nun der Unterbegriff vom Oberbegriffe prädicirt werde, und er daher, um diess zu vermeiden, die Prämissen vertauscht:

Alles C ist B	Alles C ist B	Einiges C ist B
Alles B ist A	Kein B ist A	Alles B ist A
Einiges A ist C	Kein A ist C	Einiges A ist C

wodurch wenigstens das regelmässige Verhältniss hergestellt wurde, dass im Schlusssatze der Oberbegriff vom Unterbegriffe prädicirt wird; hingegen in den theophrastischen Modi

8.	9.
Alles B ist A	Einiges B ist A
Kein C ist B	Kein C ist B
Einiges A ist nicht C	Einiges A ist nicht C

welche bei Theophrast durch Umkehrung und Vertauschung der Prämissen gewonnen wurden, müsste dann Galenus vorerst die blosse Vertauschung vorgenommen haben:

Kein C ist B	Kein C ist B
Alles B ist A	Einiges B ist A
Einiges A ist nicht C	Einiges A ist nicht C

τὴν διάφορον τοῦ μέσου πρὸς τοὺς ἄκρους σχέσιν εὑρήσει ποιοῦσαν τὴν ἐν τοῖς τοιούτοις συλλογισμοῖς διαφορὰν, ἀλλὰ τὴν μετάταξιν τῶν προτάσεων καὶ τὴν ἀντεστραμμένην τοῦ συμπεράσματος συναγωγὴν τὸ ἔλαττον ἄκρον τοῦ μείζονος κατηγοροῦσαν· τὰ γὰρ λοιπὰ οἱ αὐτοί εἰσι τοῖς ἐν τῷ δ' (natürlich ist zu lesen *α'*) *σχήματι συλλογισμοῖς*". *Προστίθησι δὲ καὶ τὰ ἑξῆς πλατύτερον τὸ αὐτὸ λέγοντα· „ἡ ἐν τοῖς τοιούτοις συλλογισμοῖς διαφορὰ οὐ τὴν διάφορον σχέσιν τοῦ μέσου ὅρου πρὸς τοὺς ἄκρους ποιεῖ, ἀλλὰ τὴν μεταξὺ* (dass *μετάταξιν* zu lesen ist, brauchte Minas nicht zu merken) *τῶν προτάσεων καὶ τὴν ἀντεστραμμένην τοῦ συμπεράσματος συναγωγὴν, ἅτε τὸ ἔλαττον ἄκρον τοῦ μείζονος κατηγοροῦσαν* (Minas liest *κατηγοροῦσα*) *ἤτοι τὸν ἄνθρωπον κατὰ τῆς οὐσίας· ὃν γὰρ ἀνωτέρω ἐξέθεντο συλλογισμὸν, οὐδὲν τοῦ ἐν α' σχήματι διαφέρει, ἔχει δ' ὅμως τὴν τῶν προτάσεων τάξιν ἐνηλλαγμένην· ἔδει γὰρ αὐτοὺς τὴν οὐσίαν ἐπιπλέον οὖσαν τοῦ ἀνθρώπου μεῖζον ἄκρον ποιεῖν, τὸν δὲ ἄνθρωπον ἔλαττον τιθέναι ἄκρον καὶ εἰπεῖν οἷον· πᾶν ζῷον οὐσία· πᾶς ἄνθρωπος ζῷον· πᾶς ἄνθρωπος οὐσία· αὐτοὶ δὲ τὴν τάξιν ταύτην μετέθεσαν καὶ τὸν ὑγιῆ συλλογισμὸν ἀσυλλογίστως συνελογίσαντο καὶ ἀπαιτοῦντα ἀεὶ τὰ ἐπιπλέον μείζονα γενέσθαι ὅρον καὶ ἐν τῷ συμπεράσματι κατηγορεῖσθαι, ὡς ἡμεῖς ὑγιῶς ἐσχηματίσαμεν*".

Und hiemit stehen in der That die scholastischen fünf Schlussweisen der sog. vierten Figur in folgender Ordnung vor uns: ***Bamalip, Calemes, Dimatis, Fesapo, Fresison.***

Also das wirklich Wichtige und Neue, was wir nur durch die von Minas gegebene Notiz erfahren, besteht darin, dass Galenus nicht unmittelbar von der erschöpften Möglichkeit der Stellungen des Mittelbegriffes aus auf die vierte Figur verfiel, sondern dass er durch die bereits bei Theophrast vorliegenden Ergänzungen der ersten Figur auf die Umstellung der Prämissen in derselben und erst hiedurch mittelbar auf die vierte Stellung des Mittelbegriffes geführt wurde. Hieraus sieht man einerseits, dass die Tradition von einer grossen syllogistischen Entdeckung, welche Galenus gemacht habe, schlechthin unberechtigt ist, und andrerseits, dass die ganze sog. vierte Figur, insoferne sie eine vierte sein soll, nun um so mehr als bodenlose Spielerei zu bezeichnen ist.

Dass Galenus ausser dem sog. kategorischen Schlusse auch die übrigen Theile der aristotelischen Syllogistik behandelte, sehen wir aus den Titeln mehrerer Monographien; so *Περὶ τῶν ἐνδεχομένων προτάσεων καὶ συλλογισμῶν*; ob wir bei den Ueberschriften *Περὶ τῶν μικτῶν προτάσεων καὶ συλλογισμῶν* und *Περὶ τῶν ἐκ μικτῶν προτάσεων συλλογισμῶν* (woferne letztere nicht eine Dittographie der ersteren ist) an die theophrastischen *μικτοὶ συλλογισμοί* (Abschn. V, Anm. 73), oder an jene Schlüsse zu denken haben, welche aus Urtheilen des Stattfindens, der Möglichkeit und Nothwendigkeit, combinirt sind, lässt sich nicht entscheiden; auch die Induction und den apagogischen Beweis besprach Galenus in speciellen Schriften (*Περὶ ἐπαγωγῆς, Περὶ τῆς δι' ἀδυνάτου ἀποδείξεως*). Die aristotelischen Erörterungen über die im Mittelbegriffe beruhende Causalität scheinen Veranlassung gegeben zu haben, dass als eine eigene Art die Causalitäts-Beweise abgetrennt wurden; wenigstens lautet ein Titel *Περὶ τῶν κατὰ διότι ἀποδείξεων*, und vielleicht müssen wir hiemit einen anderen *Περὶ τῶν ἕνεκά του γινομένων* in Verbindung bringen, da bei den Arabern, welche möglicherweise auch hiezu durch Galenische Schriften aufgefordert sein konnten, sich besondere Abhandlungen über den Unterschied der ***demonstratio propter quid*** und der ***demonstratio quia*** finden [101]).

Uebrigens sehen wir auch aus gelegentlichen Anführungen bei Galenus, dass es damals schon üblich war, sich bei Beweisen ausdrücklich auf die schulmässigen Formen der hiezu nöthigen Schlüsse zu berufen; so wird z. B. einmal gesagt, die eben vorliegende Behauptung könne, abgesehen von der Widerlegung ihres Gegentheiles (ἔλεγχος), auch direct erhärtet werden, und zwar sowohl durch einen kategorischen Schluss

---

101) *Divers. Arabum Quaesita* bei *Averr. ed. Venet.* 1553. *f.* 381 b. — 382 b.: *Quaesitum primum. De modo discernendi demonstrationes propter quid et demonstrationes quia. Ait Abuhalkasis Mahmath Ben Kasam philosophus declamator: quia periti speculatores scientiae logicae iam perplexi sunt circa cognitionem demonstrationum propter quid et demonstrationum quia, et non fuit eis manifestus ordo, quo discernuntur demonstrationes propter quid et quia, cum eo quod tulit Abunazar* (d. h. Alfarabi) *circa hoc, pro quo commendandus est; causa autem suae perplexionis circa id, cuius memini, fuit id quod accidit in editione demonstrationum ex sermonibus fallentibus corruptis, qui non sunt de littera Abunazar*, etc. etc.

(*κατηγορικῶς*, s. Anm. 68), als auch durch einen Voraussetzungs-Schluss (*ὑποθετικῶς*); und es folgt dann ein sog. hypothetischer Syllogismus, an dessen Schlusssatz noch ein sog. hypothetisch-disjunctiver Schluss angeknüpft wird, so dass letzterer offenbar auch hier noch keinen eigenen technischen Namen hat, sondern unter die Bezeichnung „Voraussetzungs-Schlüsse" fällt; und hernach wird die kategorische Beweisform für das vorliegende Thema angegeben, worauf zuletzt noch ein einfacher disjunctiver Syllogismus, aber ohne eigne Bezeichnung, folgt[102]); ja ein anderesmal wird sogar die Nummer der Schlussfigur, welche in Anwendung kömmt, genannt[103]), und wie sehr die stoische Schul-Logik recipirt war, sehen wir daraus, dass in solchem Sinne einer Numerirung auch auf den *πρῶτος ἀναπόδεικτος* (Abschn. VI, Anm. 181) verwiesen wird[104]).

In seinem Commentare zur zweiten Analytik besprach Galenus auch die Lehre von der Definition ausführlich und offenbar im Anschlusse an aristotelische Doctrin, wenn auch die Behandlungsweise hier schon schulmässiger war, wie diess namentlich betreffs des Unterschiedes zwischen Wort- und Sach-Definition der Fall gewesen zu sein scheint[105]). Ebenso

---

102) *D. sem.* II, 1. IV, p. 609.: *ἔστι δὲ καὶ χωρὶς ἐλέγχου τὴν ἀπόδειξιν ἐξ εὐθείας ποιεῖσθαι διττῶς συλλογιζομένοις, ὑποθετικῶς τε καὶ κατηγορικῶς. ὑποθετικῶς μέν· εἰ ἑκατέροις τῶν γονέων ὁμοιοῦται τὰ ἔγγονα, κατὰ κοινὴν αἰτίαν ἀμφοτέροις ὑπάρχουσαν ὁμοιοῦται· ἀλλὰ μὲν ἑκατέροις τῶν γονέων ὁμοιοῦται τὰ ἔγγονα· κατὰ κοινὴν αἰτίαν ἄρα ἀμφοτέροις ὑπάρχουσαν ὁμοιοῦται. εἶτ' αὖθις· εἰ κατὰ κοινὴν αἰτίαν ὁμοιοῦται τὰ ἔγγονα τοῖς γεννήσασιν, ἤτοι γε κατὰ τὴν τοῦ σπέρματος οὐσίαν, ἢ κατὰ τὴν τῶν καταμηνίων ὁμοιοῦται· ἀλλ' οὐκ ἔστι τῶν καταμηνίων κοινή· κατὰ τὴν τοῦ σπέρματος οὐσίαν ἄρα ὁμοιοῦται. κατηγορικῶς δὲ οὕτω συλλογισόμεθα· ἐπεὶ τὰ ἔγγονα ἀμφοτέροις τῶν γονέων ὁμοιοῦται, κοινὴν ἔχει τὴν ὁμοιοῦσαν αὐτοῖς τοῖς γονεῦσιν ἀρχήν· ἐγγόνοις γὰρ ἡ ὁμοιότης πρὸς τὸ γεννῆσαν κατὰ τὴν ἀρχὴν γίνεται. εἶτ' αὖθις ἐπὶ τῷδε τῷ λόγῳ ἐρωτήσομεν ἕτερον ὧδε· ἢ διὰ σπέρμα τοῖς ἐγγόνοις ἡ ὁμοιότης πρὸς τὸ γεννῆσάν ἐστι, ἢ διὰ τὸ καταμήνιον· ἀλλ' οὐ διὰ καταμήνιον· διὰ σπέρμα ἄρα.*

103) *D. temp. simpl. medic.* II, 16. XI, p. 499.: *ἅπαν μὲν γὰρ ὡμολόγηται τὸ δάκνον εἶναι κερχνῶδες, ὡμολόγηται δὲ καὶ τοὔλαιον ὑπάρχειν κερχνῶδες· ἀλλ' ἐκ τῶν ὑποκειμένων τούτων οὐ περαίνεται δακνῶδες εἶναι τοὔλαιον οὔτε κατηγορικὰς οὔτε ὑποθετικὰς ἡμῶν ποιησάντων τὰς προτάσεις, τῷ μήτ' ἐκ δύο καθόλου καταφατικῶν ἐν δευτέρῳ σχήματι περαίνεσθαί τι μήτε τὸ συνημμένον ἐξ ἀνάγκης ἀληθεύεσθαι· γενήσονται δ' ἐν μὲν τῷ κατηγορικῷ συλλογισμῷ δύο προτάσεις αἵδε· πᾶν τὸ δάκνον κερχνῶδες· πᾶν ἔλαιον κερχνῶδες· ἐξ ὧν ὁμολογηθέντων οὐδὲν περανθήσεται· τὴν δ' ὑποθετικὴν πρότασιν, ἣν οἱ περὶ Χρύσιππον ἀξίωμα συνημμένον ὀνομάζουσιν* (s. Abschn. VI, Anm. 125.), *οὐκ ἔχομεν ἀληθῆ λαβεῖν.*

104) Ebend. p. 500.: *μόνως γὰρ ἂν εἴπερ ὡμολόγητο, πᾶν τὸ κερχνῶδες δακνῶδες ὑπάρχειν, ἀληθῶς ἂν εὑρέθη τὸ τοιοῦτον συνημμένον· εἰ κερχνῶδές ἐστι τὸ ἔλαιον, καὶ δακνῶδές ἐστιν· ἵνα ἕπηται τούτῳ τῷ λόγῳ προσλήψεως τοιᾶσδε γενομένης· ἀλλὰ μὴν κερχνῶδές ἐστι τὸ ἔλαιον, ἕπεται τὸ συμπέρασμα κατὰ τὸν πρῶτον ἀναπόδεικτον τοιοῦτον· δακνῶδες ἄρα ἐστὶ τὸ ἔλαιον.*

105) *D. puls. diff.* IV, 2. VIII, p. 704.: *τοῦτο δὲ εὐθέως αὐτὸ οὐδεὶς σχεδὸν αὐτῶν ἐπίσταται καὶ τοῦτό γ' ἔτι μᾶλλον ἀναγκαῖον ἐγνῶσθαι, δύο γένη τὰ πρῶτα τῶν ὁρισμῶν εἶναι, τὸ μὲν ἕτερον ἐξηγούμενον σαφῶς τὴν τοῦ πράγματος ἔννοιαν, ἣν ἔχουσιν οἱ ὀνομάζοντες αὐτὸ, τὸ δ' ἕτερον, ὡς εἴρηται, τὸ τὴν οὐσίαν διδάσκον. .....* (p. 705.) *διὸ καὶ λόγον αὐτὸν ὀνοματώδη κέκληκεν ὁ Ἀριστοτέλης, ὡς εἰ καὶ λόγον ὀνόματος ἑρμηνευτι-*

müssen wir zwar anerkennen, dass die Polemik gegen die Stoiker, welche überall mit ihren hohlen Definitionen prunkten, sehr verdienstlich ist, insoferne Galenus darauf hinweist, dass nicht Jedwedes definirt werden könne; aber andrerseits begeht er, wie wir oben (Anm. 92) sahen, innerhalb des Definirbaren den gleichen Verstoss wie seine Gegner, und ausserdem lässt uns eine Aufzählung der Fehler einer Definition (zu weit, zu eng, unbestimmt, undeutlich, zu lang, falsch) schon ziemlich deutlich Einflüsse einer Schul-Theorie vermuthen [106]).

Endlich die uns erhaltene logische Schrift des Galenus *Περὶ τῶν παρὰ τὴν λέξιν σοφισμάτων* hat völlig den Charakter jener zahlreichen Produkte der Commentatoren, welche wir besitzen; sie schliesst sich ganz an des Aristoteles *Soph. El.* an, und verweilt bei einigen Punkten näher. So fand es Galenus für nöthig, an einer Stelle, wo Aristoteles sagt, der Beweis für die Sechszahl der Sophismen *παρὰ τὴν λέξιν* könne inductorisch oder syllogistisch geführt werden, eben diesen syllogistischen Beweis zu formuliren [107]); an einer anderen Stelle erhalten wir eine

---

κὸν εἰρήκει· τὸν δ' ἕτερον ὅρον (οὐσιώδη τινὲς ἐκάλεσαν) λόγον εἶναί φησιν τὸν τί εἶναι δηλοῦντα· τί μὲν γάρ ἐστιν ἑκάστῳ τῶν ὁριζομένων τὸ εἶναι τοῦτον ἑρμηνεύειν φησί, τὰ συμβεβηκότα δὲ ἰδίως αὐτῷ συνδιέρχεσθαι τὸν ἐννοηματικόν· ὑπολαμβάνει δὲ καὶ ἄλλον ὁρισμὸν εἶναι τὸν καὶ τὴν οὐσίαν τοῦ πράγματος διδάσκοντα. καὶ τί με δεῖ λέγειν μακρότερον ἔτι περὶ τηλικούτων πραγμάτων, ἃ δυοῖν ἐδεήθη βιβλίοιν, τοῦ τρίτου καὶ τετάρτου τῶν ὑπομνημάτων ὧν ἐποιησάμην εἰς τὸ δεύτερον Ἀριστοτέλους τῶν δευτέρων Ἀναλυτικῶν.

106) Ebend. II, 3. p. 569.: *ἕτερον δὲ τὸ περὶ τοὺς ὁρισμοὺς μακρῷ τούτου χαλεπώτερον· ἔνιοι γὰρ αὐτῶν* (sc. *τῶν Στωϊκῶν*) *δοκοῦσί μοι μηδὲ λάχανον ἂν πρίασθαι χωρὶς ὅρου, καὶ ταῦτα μέντοι μηδ' ὄναρ διαλεκτικῆς ἡμμένοι* ..... (p. 570.) *ὅταν ἐπιχειρῇ τις ἀνὴρ διαλεκτικὸς τοὺς ὅρους αὐτῶν τοὺς μὲν ἐλλιπεῖς τοὺς δὲ περιττοὺς τοὺς δὲ ἀδιορίστους τοὺς δὲ ἀσαφεῖς τοὺς δὲ μακροὺς τοὺς δὲ ψευδεῖς τοὺς δ' ὅλως οὐδ' ὅρους δεικνύειν, ἐξαίφνης ὥςπερ ἐνθουσιῶντες πικροὶ τῆς διαλεκτικῆς ἀναφαίνονται κατήγοροι* ...... *τὸ δὲ τέταρτον αὐτοῖς ἐν τοῖς τοιούτοις πλημμέλημα, μηδ' ὅτι πάντων οὐκ εἰσὶν ὅροι γινώσκειν· εἶθ' ὡς ἂν τοῦτο ἀγνοοῦντες ἐπιχειρεῖν ὁρίζεσθαι πάντα καὶ πρὸς ἀλλήλους διαφέρεσθαι καὶ κεκραγέναι μάτην ὑπὲρ πραγμάτων ὁρισθῆναι μὴ δυναμένων. τὸ δὲ δὴ πέμπτον καὶ θαυμασιώτατον αὐτῶν ἐν τοῖς ὁρισμοῖς ἁμάρτημα, πρὶν διελθεῖν τὴν ὁμωνυμίαν ἕνα τῶν πολλαχῶς λεγομένων ὁρισμὸν ποιοῦνται ὥςπερ οὐ τῶν πραγμάτων τοὺς ὅρους ἀλλὰ τῶν ὀνομάτων ὄντας.*

107) l. XIV. p. 584.: *τὸ δ' ἐφεξῆς παντάπασιν ἀσαφές ἐστι, τί ποτε βούλεται λέγειν ἐν τῷ „καὶ συλλογισμός, ἄν τε ληφθῇ τις ἕτερος καὶ ὅτι τοσαυταχῶς ἂν τοῖς αὐτοῖς ὀνόμασι καὶ λόγοις οὐ ταὐτὸ δηλώσαιμεν"* (*Soph. El.* 4, 165 b. 28, woselbst *ἄλλος* für *ἕτερος* und *μή* für *οὐ* in unseren Texten steht), *οὐδέ γε ὅπως ἂν ἕτερόν τινα λάβοιμεν συλλογισμὸν εἴρηται* ..... *τῶν οὖν ἐξηγησαμένων αὐτὸν οἱ μὲν οὐδ' ἐπεχείρησαν ταῦτ' ἀκριβῶσαι τὸν προςήκοντα τρόπον, οἱ δ' οὐκ ἔτυχον, ἡμεῖς δὲ πειραθῶμεν, οὐκ Ἀριστοτέλους ἕνεκεν οὐδ' ὡς τῷ λόγῳ βοήθειάν τινα πορίζοντες ἀλλ' ἡμῶν αὐτῶν*, u. s. f. Wegen dieses Verdienstes wird Galenus auch bei Pseudo-Alex. ad *Soph. El.* f. 8 b. erwähnt, sowie eben derselbe, f. 45 a., als besondere Eigenthümlichkeit des Galenus anführt, dass er *σύνθεσις* und *διαίρεσις* als Eine Species gezählt habe, was sich auf folgende Worte in der uns erhaltenen Schrift bezieht (p. 583.): *παρὰ δὲ τὴν σύνθεσιν καὶ διαίρεσιν, ὅταν αὐτῇ ποιῇ τοῦ σημαινομένου τὴν διαφοράν, ὥςπερ „πεντήκοντ' ἀνδρῶν ἑκατὸν λίπε δῖος Ἀχιλλεύς", ἡ γὰρ διαφορὰ τοῦ „ἀνδρῶν" τοῦ ἢ συντιθεμένου ἢ διαιρουμένου ἀπὸ τῶν ν' ἐστι.*

Probe der peripatetischen Bestrebungen auch in diesem Zweige der Logik, insoferne Galenus acht Arten der Amphibolie speciell namhaft macht[108]).

---

108) 4. p. 595 f.: *τὰς δὲ διαφορὰς τῶν λεγομένων ἀμφιβολιῶν αὐτὰς ληπτέον· εἰσί γε πρὸς τῶν χαριεστέρων λεγομένων τὸν ἀριθμὸν η'. μία μὲν ἣν κοινὴν ὀνομάζουσι τοῦ τε εἰρημένου καὶ τοῦ διαιρετοῦ, οἷα ἐστὶν ἡ αὐλητρὶς παῖς οὖσα, κοινὴ γὰρ αὕτη τοῦ τε αὐλητρὶς ὀνόματος καὶ τοῦ εἰρημένου· δευτέρα δὲ παρὰ τὴν ἐν τοῖς ἁπλῶς, οἷον ἀνδρεῖος, ἢ γὰρ χιτὼν ἢ ἄνθρωπος· τρίτη δὲ παρὰ τὴν ἐν τοῖς συνθέτοις ὁμωνυμίαν, οἷον ἄνθρωπός ἐστιν, ἀμφίβολος γὰρ ὁ λόγος εἴτε τὴν οὐσίαν εἴτε τὴν πτῶσιν εἶναι σημαίνει· τετάρτη δέ ἐστι παρὰ τὴν ἔλλειψιν, ὡς ὅ ἐστι σοῦ, καὶ γὰρ ἐλλείπει τὸ διὰ μέσον, οἷον δεσπότου ἢ πατρός· πέμπτη δὲ παρὰ τὸν πλεονασμὸν, ὥςπερ ἡ τοιαύτη, ἀπηγόρευσεν αὐτῷ μὴ πλεῖν, τὸ γὰρ μὴ προςκείμενον ἀμφίδοξον ποιεῖ τὸ πᾶν εἴτε τὸ πλεῖν ἀπηγόρευσεν εἴτε τὸ μὴ πλεῖν· ἕκτην φασὶν εἶναι τὴν μηδὲν σαφοῦσαν τί μετὰ τίνος ἄσημον μόριον τέτακται, ὡς ἐν τῷ, καὶ νῦν καὶ μὴ παρήλασε, τὸ γὰρ στοιχεῖον ἂν μὴ γένοιτο διαζευτικόν· ἑβδόμη δέ ἐστιν ἡ μὴ δηλοῦσα τί μετὰ τίνος τέτακται σημαντικὸν μόριον, ὡς ἐν τῷ, πεντήκοντ' ἀνδρῶν ἑκατὸν λίπε δῖος Ἀχιλλεύς· ὀγδόη ἡ μὴ δηλοῦσα τί ἐπὶ τί ἀναφέρεται, ὡς ἐν τῷ Δίων Θέων ἐστί, ἄδηλον γάρ ἐστιν εἴτε ἐπὶ τὴν ἀμφοτέρων ὕπαρξιν ἀναφέρεται εἴτε ἐπὶ τοιοῦτον, οἷον ὁ Δίων Θέων ἐστὶν ἢ πάλιν. οἱ μὲν δὴ τρόποι πρὸς τῶν χαριεστέρων οὗτοι κατηρίθμηνται.*

X. ABSCHNITT.

SYNCRETISMUS STOISCHER UND PERIPATETISCHER LOGIK.

Wenn die Haltlosigkeit des späteren Alterthumes selbst auf dem Gebiete der eigentlichen Speculation, wo doch eine Verschiedenheit der Principien Jedem, welcher die Sache um ihrer selbst willen betrachtet, von selbst in die Augen fallen müsste, bekanntlich in die mannigfaltigsten Erscheinungen einer syncretistischen Denkweise verfiel, so ist es an sich um so erklärlicher, dass in der Logik, welche ja längst jede auf Principien beruhende Sicherheit und Tiefe verloren hatte, das äusserlich Formelle aus verschiedenen Schulen zusammengerafft und, eben weil es vermöge des Formalismus jedenfalls eine Art gesetzlicher Geltung zu haben schien, in chaotischer Mischung als logische Theorie vorgetragen werden konnte. Ausserdem auch lag, wie wir schon oben (S. 528.) angaben, noch eine nähere Veranlassung dazu vor, dass gerade stoische und peripatetische Auffassungen einander berührten, und bei einem nur einigermassen hohen Grade von Blödsinn, an dessen Vorkommen zu zweifeln durchaus kein Grund vorhanden ist, konnte es sehr leicht geschehen, dass alle principielle Verschiedenheit jener beiden Sekten-Ueberzeugungen ignorirt und Alles, was in beiden als handgreifliche Form bei oberflächlicher Einsicht in die Augen sprang, mit gleichmässiger Geltung in einen compendiösen Katechismus der Logik zusammengetragen wurde. Das weite Gewand des Stoicismus und der stoischen Schul-Manier machte es überdiess möglich, dass auch Neupythagoreer und Neuplatoniker, sowie Mystiker überhaupt, sich theils an jener antiken Scholastik betheiligen, theils selbst zu der ihnen eigenthümlichen Praxis des frommen Betruges auch in Bezug auf die Logik greifen konnten. Für jenen trüben und schlammigen Strom aber, in welchem die spätere Tradition der logischen Theorie wenigstens bis zu dem Auftreten der Araber, wenn nicht selbst über Thomas von Aquin hinaus, dahinfloss, sind selbst diese Producte des Syncretismus von geschichtlicher Bedeutung; denn aus Appulejus schöpfte nicht bloss Marcianus Capella, sondern auch Isidor, und die Kategorien des Pseudo-Archytas wurden auch von Simplicius mit aller Naivetät für ein ächtes Product des Archytas gehalten.

Zunächst gehört hieher das logische Compendium, welches unter den Werken des Neuplatonikers Appulejus, eines Zeitgenossen des Galenus, uns erhalten ist; es bildet den dritten Theil oder das dritte Buch der Schrift desselben *De dogmate Platonis* und führt in den besseren Handschriften den speciellen Titel *Περὶ Ἑρμηνείας*, welcher auch durch Isidor bestätigt wird. Es ist dieses eigenthümliche Buch, an dessen Aechtheit wohl mit Unrecht gezweifelt wurde [1]), offenbar eine Uebersetzung irgend eines griechischen Schulbuches, und der Syncretismus beruht bei demselben theils auch in der auffallendsten Vermengung peripatetischer und stoischer Terminologie, daher wir schliessen müssen, es habe die allgemein verbreitete Schul-Disciplin, welche hauptsächlich stoisch war, sich nöthigen Falles auch des peripatetischen Materials bedient, so dass hinwiederum letzteres an stoische Einkleidung sich gewöhnen musste. (Gerade auf die Terminologie aber müssen wir bei Erörterung dieses Compendiums ein besonderes Augenmerk richten, weil, wie wir sehen werden, hier Vieles zum erstenmale schon so fixirt auftritt, wie es dann bei Boethius erscheint und auch vermittelst des Marcianus und Isidor in der mittelalterlichen Logik sich erhielt.) Fast komisch ist es, wie bei überwiegend peripatetischem Inhalte dieses Schulbuch, in welchem Aristoteles doch wieder nur in sehr eklektischer Weise angeführt und durchaus nicht als Urheber rühmend zu Grunde gelegt wird [2]), zuweilen förmlich in die stoische Theorie hineinplumpt und daneben wieder gegen einzelne Eigenthümlichkeiten derselben polemisirt. Auffallen mag wohl, dass hier Manches, was wir bei den späteren Commentatoren antreffen, fast wörtlich ebenso sich findet; jedoch darum eine spätere Abfassung dieser Schrift anzunehmen, liegt keine Nöthigung vor, denn wenn z. B. die *Quinque voces* hier schon völlig unzweideutig und schulmässig auftreten, so sahen wir dieselben ja eigentlich bereits bei Theophrast wenigstens entstehen, und darüber, wie weit Derartiges bei den im vorigen Abschnitte besprochenen späteren Peripatetikern etwa im Detail erörtert und fixirt worden sei, sind wir viel zu wenig unterrichtet, um mit Bestimmtheit unterscheiden zu können, wo und wie viel Neues durch die späteren Commentatoren dazu gekommen sei; zumal ja waren letztere

1) Durch jene Gründe wenigstens, welche der neueste Herausgeber Hildebrand (II, pag. XLIV.) für die Unächtheit geltend macht, wird man schwerlich von derselben überzeugt werden; denn allgemeine Redensarten, dass Appulejus, welcher ein *excellentissimus orator* gewesen sei und ein *fervidum ingenium* gehabt habe, derlei Dinge, welche nach Schulstaub (*scholarum pulveres*) riechen, nicht habe schreiben können, beweisen gar Nichts. In einer Zeit, welche in ihrer Gesammtheit nach Schulstaub roch, wird wohl ein Mensch, wie Appulejus war, keine Ausnahme gemacht haben; und was das Rednertalent und die *florida dicendi ratio* betrifft, so zeigt er sich in den ersten Zeilen genannter Schrift hinlänglich als eben jenen schwülstigen Schwätzer, welcher er überhaupt ist. Nichtssagend auch ist es, wenn Hildebrand aus der von Appulejus gemachten Ankündigung (*d. dogm. Plat.* I, p. 189. *Oud.*), er werde die drei bei Plato vorliegenden Theile der Philosophie besprechen, die Forderung folgert, dass die Logik platonisch behandelt sein solle; denn um von der Möglichkeit einer platonischen Logik überhaupt abzusehen, dürfte doch als bekannt vorausgesetzt werden, dass es in der Schule keine andere Logik gab als die peripatetische und die stoische, und also Appulejus auch keine andere darstellen konnte (dass aber auf Plato gar keine Rücksicht genommen sei, ist nicht einmal wahr, denn p. 267. wird ausdrücklich der Theätet angeführt). Somit können wir auch die Fiction Hildebrand's entbehren, dass Appulejus jenes Versprechen doch nicht gelöst und ein Anderer dann die Lücke ausgefüllt habe. — Uebrigens kann Hildebrand's Text-Recension nicht überall genügen, und namentlich ist die Interpunction durchgehends nachlässig, oft geradezu widersinnig.

2) p. 272. *Oud.*: *secundum Aristotelem commodissime potest ita definiri* (*sc. conclusio*). p. 280.: *verum Aristoteles in prima formula quatuor solos indemonstrabiles prodit, Theophrastus et ceteri quinque enumerant.*

sicher ebenso wenig productive Köpfe als Appulejus, sondern im Ganzen wurde doch nur von dem Erwerbe der früheren Zeit gezehrt. Und so mag uns das Buch des Appulejus als ein Document gelten, in welchem Zustande ungefähr um die Mitte des zweiten Jahrhunderts sich die Schul-Logik befunden habe. Uebrigens besitzen wir die Schrift nicht vollständig, sondern nur jenen ersten Theil derselben, welcher vom kategorischen Urtheile und kategorischen Schlusse handelt; dass aber hierauf die Lehre von den Voraussetzungs-Urtheilen und Schlüssen folgte, dürfen wir theils aus des Appulejus eigenen Worten schliessen (s. d. Stelle in Anm. 5), theils scheint die Bearbeitung dieses Gegenstandes bei Marcianus Capella hierauf hinzuweisen, insoferne derselbe wohl für die ganze Syllogistik aus Appulejus schöpfte.

Der Verfasser des griechischen Orginales, welches Appulejus übersetzte, muss sich jenen Stoikern angeschlossen haben, welche die Logik als *τέχνη διαλεκτικὴ* in der bekannten Dreitheilung der Philosophie an dritter Stelle setzten; in solcher Weise gebraucht Appulejus die Bezeichnung *ars disserendi* [3]). Und im Hinblicke auf dieses *Disserere* beginnt das Compendium sogleich mit der Lehre vom Urtheile.

Es wird nemlich von der menschlichen Rede (*oratio*, d. h. *λόγος*) ausgegangen, und innerhalb derselben neunzehn Arten, also mehr, als wir bei den Stoikern (Abschn. VI, Anm. 115) und Peripatetikern (Abschn. IX, Anm. 53) zusammen trafen, aufgezählt; unter diesen jedoch wird auch hier das eigentlich logische Urtheil, *pronuntiabilis oratio* (*ἀποφαντικὸς λόγος*) als jene Satz-Art ausgeschieden, welche allein unter allen zum Ausdrucke des Wahren und Falschen dient; als technische Bezeichnung desselben erscheinen hier friedlich nebeneinander *protensio* (*πρότασις*) und *rogamentum* (*ἀξίωμα*), über welch beide aber im Verlaufe des Buches das Wort *propositio* bei weitem das Uebergewicht erhält [4]). Dieses logische Urtheil nun wird dann in zwei Arten getheilt, deren eine, das sog. kategorische Urtheil, *praedicativa*, und die andere, das sog. hypothetische, *substitutiva vel conditionalis* genannt wird, mit dem ausdrücklichen Zusatze, welcher durchaus auf stoischer Auffassung beruht, dass erstens das ursprünglichere und gleichsam der einfache Bestandtheil des letzteren als eines zusammengesetzten sei [5]). Unmittelbar hierauf folgt

---

3) p. 265.: *Studium sapientiae quam philosophiam vocamus, plerisque videtur tres species seu partes habere: naturalem, moralem, et de qua nunc dicere proposui rationalem, qua continetur ars disserendi.*

4) Ebend.: *sed cum disseramus oratione* (so ist mit zwei Handschr. für *de oratione* zu lesen), *cuius variae species sunt, ut imperandi vel narrandi mandandi succensendi optandi vovendi irascendi odiendi invidendi favendi miserandi admirandi contemnendi obiurgandi poenitendi deplorandi, tum voluptatem afferendi tum metum incutiendi, in quibus oratoris excellentis est lata anguste, angusta late, vulgata decenter, nova usitate, usiata nove proferre* (s. Hildebr. z. d. St.), *extenuare magna, maxima e minimis posse efficere aliaque id genus plurima: est una inter has ad propositum potissima, quae pronuntiabilis appellatur, absolutam sententiam comprehendens, sola ex omnibus veritati aut falsitati obnoxia, quam vocat Sergius effatum, Varro proloquium, Cicero enuntiatum, Graeci protasin, tum axioma, ego vero verbum e verbo tum protensionem tum rogamentum, familiarius tamen dicetur propositio.*

5) p. 266.: *propositionum igitur perinde ut ipsarum conclusionum duae species sunt, altera praedicativa, quae etiam simplex est, ut si dicamus ,,qui regnat, bea-*

eine kurze Angabe der Eintheilung der Urtheile nach Quantität und Qualität, und zwar mit Gebrauch der Worte *quantitas* und *qualitas*, welche uns in der Geschichte der Logik hier zum erstenmale begegnen; nach dem ersteren Gesichtspunkte zerfallen die Urtheile in *universales*, *particulares* (gleichfalls die älteste Stelle für diesen technischen Wortgebrauch) und *indefinitae* (das peripatetische und stoische ἀδιόριστον), welche um der Sicherheit willen den particularen gleich geltend genommen werden sollen; nach dem letzteren Gesichtspunkte in *dedicativae* (bejahende) und *abdicativae* (verneinende); hierin schliesst sich eine Polemik gegen die Stoiker an [6]).

Die eigentlichen Bestandtheile des Urtheiles — wird mit Berufung auf Plato (s. Abschn. III, Anm. 43) fortgefahren — seien Nomen und Verbum, und die Ansicht, dass die Adverbien u. dgl. unwesentlicher Zusatz oder höchstens gleichsam ein Kitt der Sätze seien, wird als Meinung einiger Anderer angeführt [7]); von jenen zwei Bestandtheilen aber sei der eine *subiectiva vel subdita*, d. h. Subject, und der andere *declarativa*, d. h. Prädicat, und zwar sei der Prädicatsbegriff immer der weitere (*maior*) und der Subjectsbegriff der engere (*minor*); eine Ausnahme jedoch hievon bestehe, wenn das *proprium*, d. h. das ausschliesslich eigenthümliche Merkmal (ἴδιον) prädicirt werde, denn in diesem Falle könne Subject und Prädicat völlig vertauscht und das Urtheil rein umgekehrt werden [8]). Uebrigens bestehe noch eine Aehnlichkeit zwischen dem Urtheile und seinen beiden Bestandtheilen, insoferne auch letztere, sowohl

---

tus est", altera substitutiva vel conditionalis, quae etiam composita est, ut si aias „qui regnat, si sapit, beatus est"; substituis enim conditionem, qua, nisi sapiens est, non sit beatus; nos nunc de praedicativa dicemus, qua natura prior est ac velut elementum substitutivae.

6) Ebend.: *sunt et aliae differentiae quantitatis et qualitatis; quantitatis quidem, quod aliae universales sunt, ut „omne spirans vivit", aliae particulares, ut „quaedam animalia non spirant", aliae indefinitae, ut „animal spirat", non enim definit, utrum omne an aliquod, sed tamen pro particulari semper valet, quia tutius est id ex incerto accipere quod minus est; qualitatis autem, quod aliae dedicativae sunt, quae dedicant aliquid de quopiam, ut „virtus bonum est", dedicat enim virtuti inesse bonitatem, aliae abdicativae, quae abdicant aliquid de quopiam, ut „voluptas non est bonum", abdicat enim voluptati inesse bonitatem.* Die polemische Stelle gegen die Stoa wurde oben, Abschn. VI, Anm. 121, schon angeführt.

7) p. 267.: *ceterum est propositio, ut ait in Theaeteto Plato, duabus paucissimis orationis partibus constans, nomine et verbo .... unde quidam rati sunt, has duas solas orationis partes esse ..... adverbia autem et pronomina et participia et coniunctiones et id genus cetera quae grammatici numerant, non magis partes orationis esse quam navium aplustria et hominum pilos, aut certe in universa compage orationis vice clavorum et picis et glutinis deputanda.* Vgl. Abschn. XII, Anm. 43. u. 60.

8) Ebend.: *porro ex duabus praedictis partibus altera subiectiva nominatur vel subdita, ut „Appuleius", altera declarativa, ut „disserit" vel „non disserit", declarat enim quid faciat Appuleius ...... plerumque autem subiectiva minor est, declarativa maior et non hanc modo sed alias quoque subiectivas comprehendens .... nisi forte proprium cuiuspiam de eo declaretur, ut si dicas „qui equus est, hinnibile est"* (χρεμετιστικόν ist auch bei den Commentatoren ein stehendes Beispiel für das ἴδιον); *at proprium est equi hinnire, et idcirco in his propriis par est declarativa par subdita, ac non ut in ceteris maior, quippe cum eadem possit mutata vice subdita fieri, et quam prius habuerit subditam nunc habere sui declarativam, ut si verso ordine dicas „quod hinnibile est, equus est"; at non itidem ubi impares partes, convertere vices possis.* Uebrigens fehlt hiebei die Erwähnung der Definition, vgl. Anm. 13.

der Subjects- als auch der Prädicats-Begriff, gleichfalls *indefinitae* sein, d. h. (nach peripatetischer Lehre Nicht-A und Nicht-B) die Negation an sich haben können [9]). Im weiteren Verlaufe aber wird hievon kein Gebrauch gemacht, sondern mit Umgehung aller betreffenden Schwierigkeiten die Negation überall sofort zur Copula gestellt.

Hierauf folgt [10]) die Erörterung des gegenseitigen Verhältnisses jener obigen vier Arten der Urtheile (allg. bej., allg. vern., part. bej., part. vern.), womit wir uns zum erstenmale schon völlig bei dem nachmaligen scholastischen A E J O befinden; und es wird, wie sich nicht anders erwarten liess, die Sache durch eine Figur veranschaulicht:

I. Alles A ist B II. Alles A ist nicht B
III. Einiges A ist B IV. Einiges A ist nicht B

Hiebei heissen I und II gegenseitig *incongruae*, hingegen III und IV gegenseitig *suppares*, und insoferne nun zunächst angegeben wird, in welcher Weise sich diese vier Urtheile paarweise widerstreiten, d. h.

---

9) p. 268.: *id etiam pro similitudine tenendum est, quia, ut sunt propositiones definitae et indefinitae, ita etiam constat particulas tam subiectivas tam declarativas partim definitas esse, ut „homo, animal", partim indefinitas, ut „non homo, non animal"; non enim definiunt quid sit, cum hoc non sit, sed tantum ostendunt aliud praeter hoc esse.*

10) Ebend.: *nunc dicendum est, quemadmodum quatuor illae propositiones inter se affectae sint, quas non ab re est in quadrata formula spectare; sint igitur in superiore linea, ut infra scriptum est, universalis dedicativa et abdicativa, ut „omnis voluptas est bonum, omnis voluptas bonum non est", dicanturque hae inter se incongruae; item in inferiore linea sub utraque particulares subnotentur, „quaedam voluptas bonum est, quaedam non est bonum", dicanturque quae hae inter se suppares; deinde ducantur obliquae lineae angulares, altera pertinens ab universali dedicativa ad particularem abdicativam, altera a particulari dedicativa ad universalem abdicativam, quae inter se et quantitate et qualitate contrariae alterutrae nominentur, quod iam necesse est alterutram veram esse, quae dicitur perfecta pugna et integra; at inter suppares et incongruas pugna dividua est, quod incongruae nunquam quidem fiunt simul verae, interdum tamen simul mentiuntur; suppares autem mutata vice nunquam quidem simul mentiuntur, interdum tamen fiunt simul verae, et ideo utriusvis harum revictio confirmat alteram, non tamen et utriusvis confirmatio revincit alteram; de incongruis qui utramvis posuit, utique alteram tollit, non tamen mutata vice qui utramvis tollit, utique alteram ponit; enimvero de alterutris qui utramvis comprobat, utique* (so die Handschriften, unbegreiflicher Weise gibt auch Hildebr. wie Oudend. *nunquam*) *alteram refutat, et qui alteram refutat, utique alteram comprobat; ceterum universalis utravis particularem suam comprobata utique confirmat, revicta non utique infirmat, particularis autem versa vice universalem suam revicta utique infirmat, probata non utique firmat. Haec omnia ita esse ut dicimus, ex ipsis propositionibus facile ostendunt infra scripta:*

Omnis voluptas bonum est. — incongruae — Omnis voluptas bonum non est

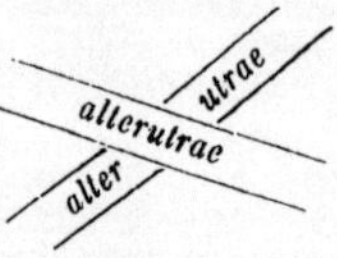

Quaedam voluptas bonum est. — suppares — Quaedam voluptas non est bonum.

certum est enim quod concedat qui aliquid proposuerit; destruitur autem utravis universalis trifariam, dum aut particularis eius falsa ostenditur aut utravis ex duabus ceteris vera, sive incongrua sive subneutra; instruitur autem uno modo, si alterutra eius falsa ostenditur; contra particularis uno quidem modo destruitur, si alterutra vera ostenditur; instruitur autem trifariam, si aut universalis eius vera est aut utravis ex duabus ceteris falsa, sive suppar eius sive subneutra.

welcherlei *pugna* (diess ist der stoische Ausdruck μάχη, Abschn. VI, Anm. 156) zwischen ihnen bestehe, lesen wir folgende Regeln: die Urtheile I und IV, sowie auch II und III schliessen sich derartig einander aus, dass nothwendig jedenfalls das eine der beiden wahr sein muss, daher dieselben auch *alterutrae* genannt werden (sie sind sowohl in Quantität als auch in Qualität *contrariae*), und dieser Widerstreit heisst *perfecta pugna* (τέλειος μάχη, s. unten Anm. 31 ff.). Die Urtheile I und II schliessen sich derartig aus, dass sie nie beide zugleich wahr sein können, wohl aber können sie beide zugleich falsch sein (peripatetischer Anklang; s. Abschn. IV, Anm. 213). Die Urtheile III und IV schliessen sich derartig aus, dass sie nie beide zugleich falsch sein können, wohl aber können beide zugleich wahr sein. (Um den blödsinnigen Formalismus dieser Regeln einzusehen, setze man in den vier Urtheilen z. B. für A „Dreieck" und für B in sämmtlichen vieren das einemal „gleichschenklig" und das andremal „sittlich", und denke wegen des „nicht" auch an „ungleichschenklig" und „unsittlich".) Hieraus aber folgt: bei den *alterutrae* (I u. IV, sowie II u. III) wird durch das Setzen des einen Urtheiles stets das andere aufgehoben, und auch umgekehrt; bei den *incongruae* (I u. II) wird durch das Setzen des einen stets das andere aufgehoben, nicht aber stets auch umgekehrt durch das Aufheben des einen das andere gesetzt; bei den *suppares* (III u. IV) wird durch das Aufheben des einen stets das andere gesetzt, nicht aber stets auch umgekehrt durch das Setzen des einen das andere aufgehoben. Durch das Setzen des allgemeinen (I oder II) wird das particulare (III oder IV) gesetzt, nicht aber durch Aufheben des allgemeinen das particulare aufgehoben; durch Aufheben des particularen wird das allgemeine aufgehoben, nicht aber durch Setzen des ersteren auch das letztere gesetzt. Jedes von beiden allgemeinen Urtheilen wird widerlegt (*destruitur*, das aristotelische ἀνασκευάζειν), indem gezeigt wird, entweder dass sein particulares falsch ist, oder dass sein *incongruum* oder sein *alterutrum* wahr ist; jedes von beiden allgemeinen wird erhärtet (*instruitur*, κατασκευάζειν), indem gezeigt wird, dass sein *alterutrum* falsch ist. Jedes von beiden particularen wird widerlegt, indem gezeigt wird, dass sein *alterutrum* wahr ist; jedes von beiden particularen wird erhärtet, indem gezeigt wird, entweder dass sein allgemeines wahr ist, oder dass sein *incongruum* oder sein *suppar* falsch ist.

Dann wird bemerkt, dass eben diese Regeln auch für die „äquipollenten" Urtheile (älteste Stelle für das lateinische Wort *aequipollentes*; ἰσοδυναμοῦσαι s. Abschn. IX, Anm. 95) gelten, insoferne äquipollent jene Urtheile seien, welche bei verschiedener Ausdrucksweise gleiche Bedeutung haben und daher immer gleichzeitig wahr oder falsch sind; in diesem Sinne wird namentlich angegeben, dass ein Urtheil, wenn an den Anfang(!) desselben (d. h. zu dem die Quantität ausdrückenden Worte) eine Negation gesetzt wird, äquipollent mit seinem *alterutrum* wird[11]).

---

11) p. 270.: *eadem servabimus etiam in aequipollentibus propositionibus; aequipollentes autem dicuntur quae alia enuntiatione tantundem possunt et simul verae fiunt aut simul falsae, altera ob alteram scilicet; sicut indefinita et particularis, item omnis propositio si assumat in principio negativam particulam, fit alterutra eius aequipollens, ut cum sit universalis dedicativa „omnis voluptas bonum",*

Hierauf folgt die Lehre von der Umkehrung, *conversio*, welches Wort gleichfalls hier zum erstenmale als technischer Ausdruck der Logik erscheint [12]. Hier aber werden nun in höchst merkwürdiger Weise jene fünf Momente beigezogen, welche wir bisher schon öfters durchblicken sahen und welche wir als die *Quinque voces* des Porphyrius unten treffen werden. Nemlich [13] nach der Angabe, dass das allgemein verneinende und das particular bejahende Urtheil schlechthin umkehrbar, „*conversibiles*“, sind, wird bemerkt, dass bei den übrigen zwei Arten des Urtheiles die Umkehrung nur unter gewissen Modificationen stattfinde, und dieselben daher nicht eigentlich umkehrbare genannt werden dürfen. Es sei in dieser Beziehung ein Urtheil nach sämmtlichen Arten des von ihm bezeichneten Inhaltes, d. h. nach sämmtlichen „*significationes*“ (das griechische Original müsste hier wohl σημασίαι gelautet haben), zu untersuchen; jene aber seien nicht unbegränzt viele, sondern der Zahl nach fünf, da in einem Urtheile nur entweder *proprietas* oder *genus* oder *differentia* oder *finis* oder *accidens* ausgesprochen werden könne (also wörtlich schon jenes, was bei Porphyrius ἴδιον, γένος, διαφορά, ὅρος, συμβεβηκός heisst). Und lasse sich nun ein Urtheil umkehren, so enthalte das Prädikat, wenn durch dasselbe das Was des Subjectes ausgesprochen werde, die Definition, und, wenn nicht das Was ausgesprochen werde, das eigenthümliche Merkmal (z. B. „Lachend“ bei dem Subjecte „Mensch“); sei hingegen das Urtheil nicht umkehrbar, so sei das Prädikat, falls das zur Definition gehörige in ihm liege, entweder der Gattungsbegriff oder der artmachende Unterschied, und, falls das nicht zur Definition gehörige in ihm liege, das unwesentliche Merkmal. Hieraus aber gehe hervor, dass das particular verneinende Urtheil nicht umkehrbar sei, sowie dass das

---

si ei negatio praeponatur, fiet „non omnis voluptas bonum“ tantundem valens quantum valebat alterutra eius „quaedam voluptas non est bonum“.

12) Bei *Cic. d. Or.* III, 54, 207. sowie bei *Auct. ad Heren.* IV, 13. und bei *Quintil.* IX, 1, 33 f. u. X, 5, 4. ist *conversio* nur ein technisches Wort der Rhetorik in anderer Bedeutung.

13) p. 270.: *Deinde de conversione. Conversibiles propositiones dicuntur universalis abdicativa et alterutra eius, id est particularis dedicativa, eo quod particulae earum subiectiva et declarativa possunt semper servare* (so alle Ausgaben ohne Anstoss; doch wohl zu lesen *versare*) *inter se vices permanente conditione veritatis aut falsitatis .... quod duae ceterae propositiones semper facere non possunt, quanquam interdum convertantur; nec tamen idcirco conversibiles dicuntur, nam quod alicubi fallit, certo repudiatur; ergo unaquaeque propositio per omnes significationes reperienda est, an etiam conversa congruat, nec innumerae vero* (so ist mit Einer Handschr. statt des sinnlosen *nec universe verae*, welches auch Hildebr. gibt, zu lesen) *sunt istae sed quinque solae; aut enim proprietas declaratur alicuius aut genus aut differentia aut finis aut accidens, nec praeter haec unquam quicquam inveniri potest in ulla propositione, ut si hominem substituas, quicquid de eo dixeris, aut proprium eius significaveris ut cachinnabile* (γελαστικόν ist das solemne Beispiel auch bei den Commentatoren), *aut genus ut animal, aut differentiam ut rationale, aut definitionem ut animal rationale mortale, aut accidens ut orator. Quippe omne declarativum alicuius aut potest eius vicissim fieri subiectivum aut non potest; sed si potest, aut significat quid sit, et est definitio, aut non significat, et est proprium; sin autem non potest, aut id est quod in definitione poni debeat, atque est genus vel differentia, aut quod non debeat, et est accidens. Igitur per haec agnoscetur particularis abdicativa non esse conversibilis; universalis autem dedicativa et ipsa quidem non est conversibilis, sed particulariter tamen potest converti .... verum hoc in simplici conversione, quae in conclusionum illationibus reflexio nominatur.*

allgemein bejahende „*particulariter*" (gleichfalls die älteste Stelle für dieses Wort in der Logik) umgekehrt werden könne. So wenigstens verhalte es sich bei der einfachen Umkehrung (*simplex conversio*), welche bei den Schlusssätzen der Syllogismen *reflexio* (offenbar ἀνάκλασις, s. Abschn. V, Anm. 46) heisse. Nun aber gebe es noch eine andere Art der Umkehrung (es ist die sog. Contraposition gemeint, jedoch ohne eigenen technischen Namen; vgl. Abschn. IX, Anm. 95), vermöge deren auch das allg. bej. und part. vern. Urtheil umgekehrt werden könne, nemlich z. B.: Alles A ist B — Alles Nicht-B ist nicht A, und: Einiges A ist nicht B — Einiges Nicht-B ist A. Auch diess folge aus jenen fünf Arten[14]).

So erhält, wie wir sehen, die Lehre von der Umkehrung eine vom Syllogismus getrennte Stellung, zugleich aber schliesst sie die wenigen kümmerlichen Reste der Lehre vom Begriffe in sich, und zwar in einer Weise, welche in den Grundzügen mit der bei Porphyrius vorliegenden Quelle der mittelalterlichen Doctrin übereinstimmt. S. Näheres im folg. Abschn.

Nun folgt die Syllogistik. Die höchst eigenthümliche Terminologie, in welcher sich hiebei Appulejus bewegt, ist folgende: Die Vereinigung zweier Urtheile zu einem Schlusse überhaupt nennt er *coniugatio* (offenbar συζυγία), die Prämissen aber bald *propositiones* (peripatetisch πρότασις), bald *acceptiones* (stoisch λήμματα), indem er die *acceptio* ausdrücklich als jene *propositio* definirt, welche mit Ueberwindung der Frageform von dem Antwortenden zugestanden wird (also sogar hier noch das dialektisch-rhetorische Fragen und Antworten, s. Abschn. I, Anm. 11 u. Abschn. II, Anm. 41); der Schlusssatz heisst bald *conclusio* (peripatetisch συμπέρασμα), häufiger aber *illatio* (stoisch ἐπιφορά) oder *illativum rogamentum* (ἐπιφορικὸν ἀξίωμα), der ganze Syllogismus aber bald *ratiocinatio* (λογισμός), bald *collectio* (wohl συλλογισμός), bald selbst wieder *conclusio*. Uebrigens wird in aristotelischer Weise an der Dreizahl der Figuren und an der Priorität der ersten Figur festgehalten; betreffs der übrigen zwei wird gesagt, die zweite habe vor der dritten darum den Vorzug, weil in ihr wenigstens allgemein, wenn auch verneinend, geschlossen werden könne, so dass die dritte wegen des particularen Schlusssatzes jedenfalls die letzte sei[15]). Ja es wird sogar bemerkt, am

---

14) p. 271. (fortgefahren): *est enim et altera propositionum conversio, quae non tantum ordinem sed etiam ipsas particulas in contrarium perducit, ut quae definita est, indefinita fiat, et contra quae indefinita est, definita; hanc conversionem vicissim reliquae duae admittunt, universalis dedicativa et particularis abdicativa, ut „omnis homo animal", „omne non animal non homo", item „quoddam animal non est rationale", „quoddam non rationale animal"; id ita esse perpetuo, ut dicimus, per illas quinque praedictas species explorabis.*

15) *Coniugatio autem propositionum dicitur ipsa connexio earum per aliam communem particulam qua inter se copulantur; ita enim possunt ad unam conclusionem consentire; quae particula communis necesse est aut in utraque propositione subiecta sit aut in utraque declarans aut in altera subiecta in altera declarans; tres igitur formulae fiunt, quarum prima dicatur, cum illa communis particula in altera subiecta in altera declarans est, qui ordo non tantum enumeratione sed conclusionum dignitate contentus est; quippe ultima est formula tertia, qui nihil in ea nisi particulare concluditur; hac superior est secunda, quae habet conclusiones universales sed tamen abdicativas tantum; et ideo sic prima pollet, quia in omne*

passendsten (*commodissime*) könne man die aristotelische Definition des Syllogismus anwenden, und es knüpft sich hieran eine Erörterung der einzelnen Momente, welche jene Definition enthält, völlig in der nemlichen Weise, wie wir derlei bei den Commentatoren treffen; hiebei aber fällt der Verfasser, wo er die Worte „ἕτερόν τι τῶν κειμένων" des Aristoteles (s. Abschn. IV, Anm. 537) bespricht, zugleich mit einer Polemik gegen die Stoa auf das lächerlichste selbst in den stoischen hypothetischen Schluss hinein, da in dem Syllogismus „Wenn es Tag ist, ist es helle; nun aber ist es Tag; also ist es helle" das *lucet* im Schlusssatze in der That darum etwas verschiedenes von dem *lucet* im Obersatze sein müsse, weil ersteres den gegenwärtigen Augenblick betreffe, der Obersatz aber nur den allgemein gewöhnlichen Causalnexus enthalte [16]). Auch an das Moment der Nothwendigkeit (ἐξ ἀνάγκης), welches die aristotelische Definition des Syllogismus enthält, knüpft Appulejus oder vielmehr sein griechisches Original eben jene pöbelhafte Polemik gegen den Inductionsschluss, welche wir schon oben bei den Skeptikern (Abschn. VII, Anm. 9) bemerkten und unten bei den Commentatoren (Abschn. XI, Anm. 160) selbst mit Anwendung des nemlichen Beispieles, dass das Krokodil die obere Kinnlade bewege, treffen werden [17]). Dass der Erfahrungsschluss in der bornirten Schul-Logik gänzlich abhanden kam und die logische Nothwendigkeit nur in dem tändelnden Formalismus scholastischer Gesetze erblickt wurde, ist nicht zu wundern. Erst in der allerneuesten Zeit zeigt uns die Geschichte der Logik verschiedene Bestrebungen in England aus dem gegenwärtigen und verflossenen Jahrzehend, indem man dort eine technische Formulirung des Empirismus Baco's und Locke's versuchte.

Bei der Darstellung der einzelnen Schlussweisen in den drei Figuren gebraucht Appulejus als technische Ausdrücke: *formula* für das aristotelische σχῆμα, *coniugatio* für die möglichen Combinationen der Prämissen, wobei keine Rücksicht darauf genommen ist, welche dersel-

---

genus illationum concluditur; dico autem illationem vel illativum rogamentum, quod ex acceptionibus colligitur et infertur; porro acceptio est propositio quae conceditur a respondente, ut si quis ita proponat „estne omne honestum bonum?", propositio est et, si assentire se dicet, fit acceptio remota interrogatione, quae et ipsa tamen communiter appellatur propositio „omne honestum bonum est"...... ceterum tota ratiocinatio ista quae acceptionibus et illatione constat, collectio vel conclusio nominetur.

16) p. 272.: *illud potius verisimile est, cum dico „si dies est, lucet; atqui dies est: igitur et lucet", non male colligere praeter quod accepi; nam quod est in conclusione „lucet", fuerat et in propositione; hoc tamen ita refutabimus, aliter dici in conclusione „igitur lucet", ut ostendatur nunc lucere, aliter in propositione acceptum, in qua non est dictum nunc lucere, sed tantum consequens esse, ut si dies sit, utique et luceat; multum autem refert, itane nunc affirmes aliquid esse, an tantum solere esse, cum aliud quiddam praecesserit.* (Die diesem vorangehende Polemik gegen Antipater s. Abschn. VI, Anm. 186.)

17) p. 273.: *Item illud quod in eadem definitione necessitas comprehensa est, factum est ut conclusionis vis a similitudine inductionis distingueretur; nam et in inductione quaedam conceduntur, ut puta „homo inferiorem malam movet, equus inferiorem malam movet, item bos et canis", in istis acceptionibus in conclusione aliud quid infertur „ergo et omne animal inferiorem malam movet", quod cum sit in crocodilo falsum, potes superioribus concessis illationem ipsam non recipere, quam tibi in conclusione non licuisset recusare.*

ben Obersatz und welche Untersatz sei, so dass bei der hierin statthaften Mannigfaltigkeit es natürlich weniger Combinationen als Schlussweisen sind; für die letzteren selbst gebraucht er das Wort *modulus* oder *modus*. Er schickt die vorläufige Angabe der Anzahl der Combinationen und der Modi zugleich mit der Bemerkung voraus, dass weder beide Prämissen particular noch beide verneinend sein dürfen, und überhaupt das Vorkommen des Particularen oder des Verneinenden in den Prämissen stets für den Schlusssatz den Ausschlag gibt, so dass wir auch hier (vgl. Abschn. V, Anm. 51) bereits den späteren scholastischen Grundsatz *conclusio sequitur partem debiliorem* erkennen[18]. Vgl. Anm. 21.

In der ersten Figur werden nun genau jene nemlichen neun theophrastischen Schlussweisen angegeben, welche wir in Abschn. V, Anm. 46. zu entwickeln hatten; nur beliebt es dem Verfasser, gleich von vornherein in Bezug auf die theophrastische Umkehrung des Schlusssatzes eine Doppelheit des Schliessens an die Spitze zu stellen, je nachdem *directim* oder *reflexim* geschlossen werde, und in solcher Weise setzt er dem 1. Modus sogleich den 5. gegenüber, und dem 2. den 6. sowie dem 3. den 7.; höchst einfältiger Weise aber leitet er den 8. und 9. aus dem 4. ab, indem in letzterem zugleich mit Vertauschung der Prämissen nicht bloss die allgemein verneinende Prämisse umgekehrt, sondern auch die particular bejahende in eine allgemein bejahende, aus deren Umkehrung sie entstanden sei, wieder zurück umgekehrt werden solle, wodurch dann der 8. Modus entstehe, sowie durch blosse Vertauschung der Prämissen des 4. sich der 9. ergebe. Unter diesen neun Modi haben daher drei (nemlich 5, 6 u. 7) keine eigene selbstständige Combination, und die Modi 1, 2, 3, 4, 8, 9 bilden die in dieser Figur möglichen sechs *coniugationes*. Eine merkwürdige Eigenthümlichkeit aber enthält die Entwicklung der Schlussweisen bei Appulejus darin, dass derselbe überall consequent in den Beispielen die Prämissen in verkehrter Ordnung vorführt, so dass in der ersten Figur für den äusseren Anblick der Mittelbegriff jene Stellung hat, welche er in der sog. vierten Figur einnimmt[19]. Jedoch ver-

---

18) Ebend.: *Nunc tradendum est, quibus modis et coniugationibus fiant intra certum numerum praedicativi generis verae conclusiones, quippe in prima formula novem soli moduli, sex autem coniugationes reperiuntur, in secunda quatuor moduli, tres coniugationes, in tertia sex moduli, quinque coniugationes; de quibus hic iam suo ordine demonstrabo praefatus, neque ex particularibus solis neque abdicativis solis ratam fieri conclusionem, quia saepe possunt et falsa conducere; item quamlibet multis dedicativis, si utravis abdicativa iungatur, non dedicativam sed abdicativam fieri illationem, tantum vel una mixta ceteris praevalet; similis etiam particularium vis est, utravis enim mixta universalibus particularem facit illationem.*

19) p. 274 f.: *Igitur in prima formula modus primus est, qui conducit ex universalibus dedicativis dedicativum universale directim, ut „omne iustum honestum, omne honestum bonum, omne igitur istum bonum est"; at si reflexim inferas „quoddam igitur bonum iustum", fit ex eadem coniugatione quintus modus, nam sic tantum reflecti posse universalem dedicativam supra docui. Secundus modus est, qui conducit ex universalibus dedicativa et abdicativa abdicativum universale directim, ut „omne iustum honestum, nullum turpe honestum, nullum igitur iustum turpe"; at si reflexim inferas „nullum igitur turpe iustum", sextum modum effeceris ..... tantum meminisse debemus, subiectivum ex dedicativa trahendum ad illationem in secundo modo atque ideo eam priorem aestimandam, licet ante abdicativa enuntietur; similiter et in ceteris prior potestate prior intelligatur; in sexto autem modo trahitur subiectiva ex abdicativa .....* (ebenso nun der dritte und siebente

steht sich von selbst, dass bei der ausdrücklichen Angabe der Dreizahl und auch in Folge dessen, was wir oben von der vierten galenischen Figur erfuhren, nicht daran zu denken ist, dass hier wirklich die vierte Figur vorliege (vgl. auch Abschn. V, Anm. 61). Man könnte auf die Vermuthung kommen, dass diese Stellung des Mittelbegriffes bei Appulejus nur vermittelst einer schlechten und nachlässigen Uebersetzung sich ergeben habe, indem z. B. bei „*τὸ καλὸν κατὰ παντὸς τοῦ δικαίου*“ oder auch bei „*τὸ A κατὰ παντὸς τοῦ B*“ in der Uebersetzung das *κατά* kurzweg durch *est* gegeben worden sei, wodurch sich natürlich Subject und Prädicat vertauschen. Aber wir werden unten (Anm. 39) auch bei einem griechischen Produkte die gleiche Eigenthümlichkeit treffen; und es ist daher wahrscheinlicher, dass wenigstens bei einigen Schulmeistern der Logik die Reihenfolge der Prämissen ausser Acht gelassen und darin Nichts Arges gesehen wurde, wenn der Unterbegriff vom Oberbegriffe prädicirt werden musste. Ja Appulejus kömmt mit sich selbst in Widerspruch, indem er sagt, bei dem zweiten Modus müsse die bejahende Prämisse, obwohl sie zuletzt ausgesprochen werde, doch darum als die ursprünglichere und frühere gelten, weil aus ihr das Subject des Schlusssatzes genommen werde und sie daher die mächtigere sei; im sechsten Modus hingegen werde das Subject des Schlusssatzes aus der verneinenden Prämisse genommen. In diesem einfältigen scholastischen Geschwätze wirkt natürlich auch schon jener Grundsatz mit, dass die Bejahung mächtiger sei als die Verneinung. Uebrigens nennt Appulejus die ersten vier Modi dieser Figur *indemonstrabiles* (also auch hier *ἀναπόδεικτοι* im kategorischen Schlusse), weil sie an sich so klar seien, dass sie keines Beweises bedürfen. Bequem ist diess jedenfalls.

In der zweiten und dritten Figur werden die aristotelischen Schlussweisen entwickelt [20]); nur ist in der dritten die Reihenfolge geändert

---

Modus) ..... *Quartus modus est, qui conducit ex particulari dedicativa et universali abdicativa abdicativum particulare directim, ut „quoddam iustum honestum est, nullum honestum turpe, quoddam igitur iustum non est turpe“; ex hoc modo contrariae vices inveniuntur prioribus, octavus et nonus quippe servant eius illationem non ut illi reflexam; coniugationem ipsam tantum reflectunt propositionibus aequipollentibus mutatoque ordine, ut prior fiat abdicativa, atque ideo conducere dicitur ambo per coniugationis conversionem; nam etsi abdicativam universalem quarti convertas et subiicias* (hiedurch ist die Reihenfolge doch deutlich bezeichnet) *ei universalem dedicativam, quam converterat particularis eius dedicativa, fiet octavus modus, qui conducit ex universalibus abdicativa et dedicativa particulare abdicativum reflexim, velut „nullum turpe honestum, omne honestum iustum, quoddam igitur iustum non est turpe“. Nonus quoque modus per similem conversionem ex universali abdicativa et particulari dedicativa abdicativum particulare conducit reflexim „nullum turpe honestum, quoddam honestum iustum, quoddam igitur iustum non est turpe“. .... Ex hisce igitur in prima formula modis novem primi quatuor indemonstrabiles nominentur, non quod demonstrari nequeant ....., sed quod tam simplices tamque manifesti sunt, ut demonstratione non egeant.*

20) p. 276 f. Es mag genügen, nur die von Appul. gebrauchten Beispiele der Reihe nach aufzuführen: für die zweite Figur: (1.) *omne iustum honestum, nullum turpe honestum, non igitur iustum turpe* — (2.) *nullum turpe honestum, omne iustum honestum, nullum igitur turpe iustum* — (3.) *quoddam iustum honestum, nullum turpe honestum, quoddam igitur iustum non est turpe* — (4.) *quoddam iustum non est turpe, omne malum turpe, quoddam iustum non est malum;* für die dritte: (1.) *omne iustum honestum, omne iustum bonum, quoddam igitur honestum bonum* oder *quoddam igitur bonum honestum* — (2.) *quoddam iustum honestum, omne*

(1, 3, 4, 2, 6, 5), und auch in diesen beiden die verkehrte Ordnung der Prämissen consequent beibehalten; in der zweiten Figur sind drei *coniugationes*, weil 1 und 2 nur Eine ausmachen, und in der dritten gehören 2 und 3 (d. h. bei Aristoteles 3 und 4) gleichfalls zu der nemlichen Combination, so dass hier sechs *coniugationes* sich ergeben; II, 1 u. 2 werden auf I, 2 reducirt, II, 3 auf I, 4, III, 1 u. 2 u. 3 auf I, 3, III, 4 u. 5 auf I, 4; für II, 4 und III, 6 aber wird nur der apagogische Beweis vorbehalten. — Hierauf folgt eine Angabe betreffs der Reihenfolge der Modi in den drei Figuren, welche theils auf dem Vorzuge des bejahenden und des allgemeinen Urtheiles, theils auf der leichteren und kürzeren Rückführung der einzelnen Modi auf die *indemonstrabiles* beruhe [21]). Sodann werden, insoferne bei zwei Schlussweisen auf den apagogischen Beweis hingedeutet worden war, demselben einige Erörterungen gewidmet; er wird *probatio per impossibile* (das peripatetische δι' ἀδυνάτου) genannt, und angegeben, dass gegen jeden Schluss acht Gegenschlüsse möglich seien, da der Schlusssatz in doppelter Weise, entweder durch Vorsetzung der Negation oder durch Annahme seines *alterutrum* (z. B. „Alles A ist B" wird aufgehoben durch „Nicht alles A ist B" und durch „Einiges A ist B"), aufgehoben werden könne, und dann bei jeder dieser beiden Weisen vier Schlüsse möglich seien, weil jede der beiden Prämissen wieder auf zweierlei Art aufgehoben werden könne; und bei allgemeinen Schlusssätzen komme selbst noch eine dritte Art der Aufhebung, durch das directe Gegentheil (Kein A ist B), hinzu, und es erwachsen hiedurch abermals vier Gegenschlüsse, also im ganzen zwölf [22]). Dass übrigens diese Rechnung unrichtig ist, sieht Jedermann daraus, weil auch unter

---

iustum bonum, quoddam igitur honestum bonum — (3.) *omne iustum honestum, quoddam iustum bonum, quoddam igitur bonum honestum* — (4.) *omne iustum honestum, nullum iustum malum, quoddam igitur honestum non est malum* — (5.) *quoddam iustum honestum, nullum iustum malum, quoddam igitur honestum non est malum* — (6.) *omne iustum honestum, quoddam iustum non est malum, quoddam igitur honestum non est malum.*

21) p. 277.: *in omnibus formulis ordinatio facta est pro differentia coniugationum et illationum; nam quia prius sit dicere quam negare potentiusque est universale quam particulare, priores sunt universales particularibus et ex utrisque dedicativa illatio; si similes sunt, et is praeponitur modus* (die Ausgaben haben sinnlos: *et utrisque dedicatio et illatio similes sunt; et is praep. mod.*), *qui celerius ad indemonstrabilem redigitur, id est una conversione, quae una probatio est, certos eos ad cludendum modos esse.*

22) p. 277 f.: *est et altera probatio communis omnium, etiam indemonstrabilium, quae dicitur per impossibile ..... Fiunt igitur adversus unamquamque conclusionem contrariae quae opponantur octo, quoniam utraque acceptio bifariam tollitur, fiantque conclusiones bis quaternae, modo negativa particula praeposita illationi modo alterutra illationis accepta ...... item si pro eodem facias „nullum iustum bonum", ut trifariam sit sublata illatio, erunt tertiae quatuor conclusiones, dumtaxat in his quae habebunt universalem illationem, ea enim potest sola trifariam tolli.* In den sogleich hierauf folgenden Worten will ich hier nur gelegentlich einen Unsinn, welcher in allen Ausgaben, die Hildebrand'sche nicht ausgenommen, sich findet, verbessern; es sind die Worte *ut etiam hypotheticorum more per litteras*, in welchen statt *hypotheticorum* natürlich *Peripateticorum* zu lesen ist, wie die sogleich nachfolgende Gegenüberstellung der Stoiker auf den ersten Blick zeigen musste.

den Prämissen einige sind, welche nach des Appulejus eigener Aussage dreifach aufgehoben werden können.

Den Schluss desjenigen, was von dem Buche uns erhalten ist, bildet eine Berechnung, durch welche nachgewiesen werden soll, dass in den drei Figuren zusammen wirklich nur jene neunzehn Schlussmodi möglich seien (9 in I, 4 in II, 6 in III), es wirft sich dieser Nachweis[23]) eigentlich nicht auf die *modi*, sondern auf die *coniugationes*, deren wir sechs in der ersten Figur, drei in der zweiten, und fünf in der dritten, also zusammen vierzehn, trafen, und er beruft sich dann betreffs der *modi* auf die vorhergegangene Entwicklung derselben; er ist uns aber insoferne wichtig, als hier zum ersten Male, allerdings mit Berufung auf Aristo, s. Abschn. IX, Anm. 72, die Beiziehung algebraischer Combination in einem logischem Schulbuche auftritt. Mathematisch richtig wird zu Grunde gelegt, dass die vier Arten der Urtheile (allg. bej., allg. vern., part. bej., part. vern.) zu einer Zweizahl von Urtheilen sich sechzehnfach combiniren lassen, und hiemit in den drei Figuren zusammen 48 *coniugationes* möglich seien; von hier an aber ist die Rechnung falsch, denn

---

23) p. 280 f. Die Stelle ist wohl corrupt, aber das technisch Richtige könnte nur durch die gewaltsamsten Aenderungen hergestellt werden; wir trauen uns hiezu wohl ebenso viele Kenntniss der formalen Logik zu, als Petavius besass, aber die groben Verstösse eines zusammengeflickten Machwerkes bessern zu wollen, ist unnütze Mühe. *Omnes autem modos in tribus eorum formulis certos non nisi undeviginti esse, quos supra ostendimus, comprobatur: Quatuor fiunt propositiones, duae particulares et duae universales; harum unaquaeque, ut ait Aristo* (wenn Petavius *Aristoteles* schrieb, hätten nicht sämmtliche Herausgeber ihm nachtreten sollen; bei Aristoteles findet sich eine solche Angabe nirgends), *ut sit subiecta sibi et aliis tribus praeponatur, quaterne scilicet coniungitur, atque ita senae denae coniugationes in singulis formulis erunt. Harum sex aequaliter in omnibus non valent; duae quidem, cum ex abdicativis utravis alteram praecedit* (d. h. *EO* u. *OE*), *quatuor autem, cum ex particularibus utravis semet praecedit* (*JJ* u. *OO*) *aut alteri subditur* (*JO* u. *OJ*), *nihil enim concludi potest, ubicunque aut duae particulares sunt aut duae abdicativae* (also fehlt unter den auszuscheidenden *EE;* die Art wie Petavius abhalf, ist höchst willkührlich, und noch weniger zu billigen, dass Hildebrand die Conjecturen desselben sofort in den Text aufnahm). *Igitur remanent singulis formulis denae coniugationes. Porro ex his tam in prima quam in secunda formula duae non valent, cum universalis dedicativa particulari praeponitur* (*AJ* u. *AO*)*; similiter et in prima et tertia formula duae recidantur, quibus particularis abdicativa utramvis dedicativam antecedit* (diess wäre nun doch wieder *OA* u. *OJ*, so dass *EE* unausgeschieden verbliebe; hierin liegt die unlösbare Schwierigkeit). *Quo fit ut remaneant primae formulae sex coniugationes; alteris vero* (diess oder etwas dergleichen vermuthe ich statt des sinnlosen *iam in novem*, was die Handschriften geben) *formulis adhuc octonae; ex quibus una in neutra probatur, cum universalis abdicativa praecedit particularem dedicativam* (*EJ*)*; ex his septenis quae supersunt iam propriae sunt in secunda formula quatuor falsae, cum universalis dedicativa vel sibimet ipsa* (*AA*) *vel particulari suae utrovis loco* (also *JA* und noch einmal *AJ*) *iungitur, vel cum praecedit altera* (diess ist sinnlos; man könnte *alterutra* vermuthen, wodurch man hier doch auf *OJ* käme); *item propriae in tertia formula duae non valent, cum utravis abdicativa universali dedicativae praeponitur* (also *EA* und noch einmal *OA*). *Reliquas certas esse tres in secunda, quinque tertiae formulae, supra ostendimus, cum eas ad sex coniugationes primae formulae redigeremus. Igitur ex quadraginta octo coniugationibus quatuordecim solae probantur, ceterae triginta quatuor, quas enumeravi, merito repudiantur; quia possunt ex veris falsa concludere ..... et ex illis quatuordecim, quas probavimus, non plures quam qraedictum est modos fieri, docent ipsae illationes, ut tum directim sumantur tum reflexim, quousque ipsa veritas passa est; propterea eorum non potest numerus augeri.*

es wird gesagt, dass unter diesen für jede Figur überhaupt 6 Combinationen, also zusammen 18, von vorneherein wegfallen, weil weder aus zwei verneinenden noch aus zwei particularen Prämissen geschlossen werden kann; nun aber ist bekannt, dass aus diesem Grunde 7 Combinationen (nach der üblichen Bezeichnung EE, EO, OE, OO, JJ, JO, OJ), also im Ganzen 21, unmöglich sind; und auf solcher Basis ist auch die nachfolgende Ausscheidung aus den übrig bleibenden 10 Combinationen für jede einzelne Figur von vorneherein verfehlt, und das Ganze wird um so verworrener, weil Appulejus die Reihenfolge der Prämissen, wie wir sahen, umkehrt und ausserdem Combinationen wie AE und EA, oder AJ und JA, im Obigen doch nur als Eine gezählt hatte. Jedenfalls aber liegt uns hier ein Document vor, dass das Zusammensetz-Spiel der kindisch blödsinnigen Stoiker bereits zum Motive der Syllogistik gemacht worden war, und hiemit ist ja schon ein grosser Schritt für die formale Logik gewonnen.

Einige einzelne Aehnlichkeiten mit dem so eben betrachteten Producte antiker Schul-Logik hat des Pseudo-Galenus *Εἰςαγωγὴ διαλεκτική*, welche erst in neuerer Zeit (1844) durch Min. Minas bekannt wurde, der sie als ächtes Werk des Galenus herausgab [24]). Dass das Buch von Galenus verfasst sei, können wir nicht annehmen, wenn wir auch gerne jeden Zweifel darüber unterdrücken, ob in der zu Anfang verstümmelten Handschrift wirklich, wie Minas angibt (*Προθ.* pag. *λθ'*), die Ueber-

---

24) *Γαληνοῦ Εἰςαγωγὴ Διαλεκτική. Εὑρεθεῖσα κατὰ τὴν κελεύσει τοῦ Ὑπούργου τῆς δημοσίου παιδείας σοφοῦ Βιλλεμαίνους πρωτὴν ἐπιστημονικὴν καὶ φιλολογικὴν ἀποστολὴν τοῦ Μ. Μηνᾶ, ὑφ' οὗ καὶ νῦν πρῶτον διορθωθεῖσα καὶ δημοσιευθεῖσα μετὰ Προθεωρίας καὶ Παρεκβολῶν. Ἐν Παρισίῳ. αωμδ'.* Die Ausgabe als solche gehört zu den schändlichsten Producten, welche man sich denken kann. Das Schlimmste sind noch nicht einmal die *Προθεωρία* und die *Παρεκβολαί*, denn Solches mag dem mit französischer Schul-Bildung zur Noth übertünchten Barbaren zu Gute gehalten werden, und auch kann man diese Dinge ja ungelesen lassen (nur eine kleine Probe mag sein, dass Minas, welcher den Galenus für den Verfasser des Buches hält, zugleich hinter jenem *Βοηθός*, welcher in demselben angeführt wird, den Boethius sucht); hingegen der Text-Abdruck übersteigt alles Mass des noch Erträglichen; um abzusehen davon, dass der gelehrte Neugrieche nicht einmal die Accente richtig zu setzen weiss, gibt er zahlreiche Proben, dass er die Handschrift eben schlechthin nicht lesen konnte, daher auch bei allen so zahlreichen schwierigen Stellen jeder Anhalt für uns schwindet, denn wer kann wissen, was wirklich in der Handschrift stehe? Die Aenderungen, welche Minas selbst vornahm, sind von vornherein keiner Beachtung werth, denn derselbe besitzt nicht die Spur eines Verständnisses vom Inhalte. Das grauenvollste ist die Interpunktion; Minas macht sich Nichts daraus, mitten in einem Satze einen neuen Abschnitt zu beginnen und für denselben eine Ueberschrift zu fabriciren (s. z. B. Anm. 26). Der Text der Handschrift ist jedenfalls sehr corrupt, und die Sprache, welche zuweilen an das Barbarische streift, hat namentlich im syntaktischen Baue manche Verrücktheiten als consequente Eigenthümlichkeiten, so dass ich sogar an die Möglichkeit dachte, das Ganze sei etwa eine Rückübersetzung aus dem Arabischen; ich wurde jedoch von meinem Freunde Prof. M. Jos. Müller belehrt, dass solches aus jenen syntaktischen Eigenheiten durchaus nicht folge. Ich gebe nun in den folgenden Anmerkungen sofort einen lesbaren Text, ohne gerade bei jedem Worte einzuschalten, wie dasselbe bei Minas laute; wie viel aber bei dieser Herstellung eines neuen Textes fast in jeder Zeile zu thun gewesen sei, kann aus einer einfachen Vergleichung mit der Ausgabe des Minas gesehen werden; eine Probe gab ich gelegentlich schon oben einmal (Abschn. VI. Anm. 182.), und wie es in jener Stelle sich verhält, so in allen.

schrift den Namen des Galenus enthalte. Der Verfasser dieser *Εἰςαγωγὴ* führt in derselben auch andere von ihm angefertigte Schriften logischen Inhaltes an, nemlich: *Περὶ ἰσοδυναμουσῶν προτάσεων* (p. 29., Minas schreibt *ἰσοδυναμούντων*), *Περὶ ἀποδείξεως ὑπομνήματα* (p. 30 u. 50), *Περὶ τοῦ τῶν συλλογισμῶν ἀριθμοῦ* (p. 50), und, wie es scheint, *Ὑπομνήματα περὶ τοῦ μᾶλλον*; von diesen stimmen wohl die Titel der ersten beiden mit Büchern, welche wir oben als Galenisch anzugeben hatten, überein; aber wer möchte auch aus diesem Zusammentreffen auf einen bestimmten Autor schliessen, da über die Aequipollenz und über die Syllogistik gewiss sehr Viele geschrieben haben; und wenn nun auch noch *Ὑπομνήματα εἰς τὸ Ἀριστοτέλους τῶν δέκα κατηγοριῶν βιβλίον* angeführt werden (p. 36), so liegt hierin gerade der stärkste Gegenbeweis, da wir wissen, dass Galenus nie über die Kategorien geschrieben hat (s. Abschn. IX, Anm. 79). Aber auch der Inhalt des Buches passt nicht zu demjenigen, was wir von den Ansichten des Galenus in Bezug auf Logik wissen; zunächst zeigt schon die ganze Haltung einen offenbaren Syncretismus peripatetischer und stoischer Logik, welcher auch hier, völlig wie bei Appulejus, an einzelnen Stellen mit einer Polemik gegen die Stoa sich verquickt; sodann ist die Geltung, welche hier die Kategorien sowohl für das Urtheil als auch für den Schluss erhalten, sowie deren Aufzählung selbst (s. Anm. 25) in offenem Widerspruche mit jenem, was wir oben (vor. Abschn. Anm. 83 ff.) sahen; endlich ist auch ein sehr gewichtiger Beweis aus dem Stillschweigen zu nehmen, insoferne jene ganz eigenthümlichen Arten der Schlüsse, welche wir unten treffen werden, weder in dem Schriften-Verzeichnisse des Galenus irgend angedeutet sich finden (eben aber die Monographie über die Vergleichungsschlüsse — *τὸ μᾶλλον* — würde hieher gehören), noch auch in den gesammten medicinischen Schriften desselben jemals angewendet werden, wozu gerade bei dem Gegenstande der Galenischen Untersuchungen reichlich Gelegenheit gewesen wäre. In welche Zeit aber dieses in der That merkwürdige Product zu setzen sei, lässt sich schwerlich mit Bestimmtheit angeben; die theilweise halbbarbarische Sprache mag immerhin auf Rechnung der Tradition geschrieben werden; auch möchte ich gerade wegen der ausdrücklichen Bezugnahme auf die Stoiker, auf Plato und Eratosthenes das Buch nicht allzu weit herab setzen, da bei den späteren griechischen Compendien der Logik Solches nicht mehr Sitte war.

Bei dem gänzlich verstümmelten Zustande, in welchem sich der Anfang des Buches befindet, müssen wir darauf verzichten, denselben in Betracht zu ziehen, und wir können bei jener Stelle beginnen, wo die verschiedenen Arten des kategorischen Urtheiles angegeben werden. Zunächst werden die kategorischen Urtheile nach den peripatetischen Kategorien eingetheilt, insoferne diese den Inhalt der Urtheile bilden; nur fehlt hiebei die Kategorie des *ἔχειν*, und andrerseits wird als erste Species offenbar der sog. Existenzialsatz aufgezählt [25]). Hierauf folgt die

---

25) p. 5 f.: *λέγομεν δ' αὐτοὶ περὶ κατηγορικῶν προτάσεων. τούτων οὖν ἔνιαι μὲν ὑπὲρ ἁπλῆς ὑπάρξεως* (*ὕπαρξις* ist stoischer Ausdruck; Abschn. VI, Anm. 65.) *ἀποφαίνονται, καθάπερ ὁποῖαί εἰσι· „πρόνοια ἔστιν. ἱπποκένταυρος οὐκ ἔστιν."* Hierauf folgen bei Minas die Worte *αἴνιγμα ἢ καθάπερ*, statt deren der Sinn der Stelle ungefähr *ἔνιαι δὲ ὑπὲρ οὐσίας καθάπερ*

Angabe, dass das Urtheil, wenn es aus Substantiv und Verbum besteht, in zwei Begriffe, ein Subject (*ὑποκείμενον*) und ein Prädicat (*κατηγορούμενον*), zerfalle, hingegen wenn aus zwei Substantiven und einem Verbum, dann das eine Substantiv Subject und das andere Prädicat sei und hiezu als *ἐπίρρημα* das Zeichen der gemeinsamen Verbindung jener beiden komme [26]). Dann wird das individuelle Urtheil in Bezug auf die Quantität allen übrigen gegenübergestellt, insoferne bei jenem die Bezeichnungen „Alle" und „Einige" unmöglich seien, und die übrigen werden nun in der üblichen Weise in allg. bej., allg. vern., part. bej., part. vern. eingetheilt, nur mit Hinzufügung der Bemerkung, dass das particular verneinende äquipollent ist mit jenem Urtheile, welches aus dem allgemein bejahenden dadurch entsteht, dass die Negation vor „Alle" gesetzt wird [27]). Uebrigens wird das individuelle Urtheil auch hier im weiteren Verlaufe nicht mehr als eigene Art betrachtet.

---

fordert; die Aufzählung würde nemlich folgendermassen fortgeführt: *ἔνιαι δὲ ὑπὲρ οὐσίας, καθάπερ αἱ τοιαίδε· „ὁ ἀὴρ σῶμά ἐστιν. ὁ ἀὴρ οὐκ ἐστὶ σῶμα"· ὑπὲρ δὲ τοῦ μεγέθους „ὁ ἥλιος οὐκ ἐστὶ ποδιαῖος"* (das bejahende Urtheil ist offenbar ausgefallen)· *ἔνιαι δὲ ὑπὲρ τῆς ποιότητος „ὁ ἥλιος οὐκ ἐστὶ θερμός"* (ebenso)· *ἔνιαι δὲ ὑπὲρ τοῦ πρός τι „μείζων ὁ ἥλιος τῆς σελήνης"* (ebenso)· *ἔνιαι δὲ ὑπὲρ τοῦ πότε „κατὰ τὰ Πελοποννησιακὰ γέγονεν ὁ Ἱπποκράτης"* (ebenso)· *ἔνιαι δὲ ὑπὲρ τοῦ ποῦ „δεύτερος ἀπὸ γῆς ἐστιν ὁ ἥλιος. οὐκ ἐστὶ δεύτερος ἀπὸ γῆς ὁ ἥλιος"· τινὲς δὲ ὑπὲρ τοῦ κεῖσθαι „καθήμενόν ἐστι τὸ τοῦ Διὸς ἐν Ὀλυμπιάσιν ἄγαλμα. δέδεται τὸ τοῦ Διὸς ἄγαλμα"· τινὲς δὲ ὑπὲρ τοῦ ποιεῖν „θερμαίνει τὸ ῥόδινον. οὐ θερμαίνει τὸ ῥόδινον"· ἔνιαι δὲ περὶ τοῦ πάσχειν „θερμαίνεσθαι πεφύκαμεν ὑπὸ τοῦ ῥοδίνου. οὐ θερμαίνεσθαι πεφύκαμεν ὑπὸ τοῦ ῥοδίνου".*

26) p. 6 f.: *τὰς τοιαύτας οὖν προτάσεις ἁπάσας κατηγορικὰς ὀνομάζομεν ἕνεκα σαφοῦς τε ἅμα καὶ συντόμου διδασκαλίας· τὰ μέρη δὲ ἐξ ὧν σύγκεινται καλοῦμεν ὅρους ἑπόμενοι τοῖς ἐν τῇ παλαιᾷ συνηθείᾳ* (hier hat Minas zwischen den Worten *ὅρους* und *ἑπόμενοι* einen neuen Abschnitt mit der doppelten Ueberschrift *„Περὶ ὅρων. Πῶς δεῖ διαιρεῖν ὅρους* begonnen), *οἷον ἐν τῇ „Δίων περιπατεῖ" τόν τε Δίωνα καὶ τὸ περιπατεῖν, ὑποκείμενον μὲν ὅρον τὸν Δίωνα, κατηγορούμενον δὲ τὸ περιπατεῖν λαμβάνομεν· ὅτα μὲν οὖν ἐξ ὀνόματος ᾖ καὶ ῥήματος ἡ πρότασις, οὕτω χρὴ διαιρεῖν τοὺς ὅρους· ὅταν δὲ ἐξ ὀνομάτων καὶ ῥήματος, οἷον „Δίων ἄνθρωπός ἐστιν", ὑποκεῖσθαι μὲν ἐροῦμεν τὸν Δίωνα, κατηγορεῖσθαι δὲ τὸν ἄνθρωπον, ἔξωθεν δὲ προσκατηγορεῖσθαι* (aristotelischer Ausdruck, s. Abschn. IV, Anm. 204.) *ἐπίρρημα τὴν κοινωνίαν τῶν ὅρων ἐνδεικνύμενον.*

27) p. 7 f.: *ὅταν μὲν οὖν ἐπὶ Δίωνός τι κατηγορῶμεν, οὐκ ἐγχωρεῖ λέγειν οὔτε πᾶς οὔτε τὶς, ὅταν δ' ἐφ' ἑτέρου πράγματος, ὃ τέμνεσθαι δύναται, καθάπερ ἐπ' ἀνθρώπου καὶ δένδρου, διωρίσθαι χρὴ κατὰ τὸν λόγον, εἴτε παντὸς αὐτοῦ κατηγορεῖται τὸ κατηγορούμενον εἴτε τινός· ὡσαύτως δὲ καὶ, εἰ παντὸς ἢ τινὸς ἀποφάσκεται. καὶ τοίνυν αἱ προτάσεις αἱ μὲν ἅμα τῷ πᾶς λεγόμεναι καθόλου καταφατικαὶ καλείσθωσαν, ὡς ἂν εἰ εἴποιμεν „πᾶς ἄνθρωπος ζῷόν ἐστι. πᾶσα πλάτανος δένδρον ἐστί", αἱ δὲ ἀποφάσεις παντὸς τοῦ γένους κατηγορούμεναι ἀποφατικαί τε καὶ στερητικαὶ καθόλου προσαγορευέσθωσαν, ὡς ὅταν εἴπωμεν „οὐδεὶς ἄνθρωπος γραπτός ἐστιν", ὅσαι δὲ οὔτε κατηγοροῦσιν οὔτε ἀποφάσκουσιν ὅλου τοῦ γένους, ἐν μέρει καλείσθωσαν, ὡς ἐπὶ μέρους καταφατικὴ μὲν ἡ τοιαύτη „τὶς ἄνθρωπος ζῷον", ἀποφατικὴ δὲ ἡ τοιάδε „τὶς ἄνθρωπος οὐκ ἐστὶ ζῷον", ἴσον δὲ δυναμένην τῇ τελευταίᾳ προτάσει τὴν τοιάνδε „οὐ πᾶς ἄνθρωπος ζῷόν ἐστιν" ἀποφατικὴν ἐν μέρει καὶ ταύτην ὀνομάζομεν. ὅταν δὲ οὐσίας ὡρισμένης οὐ κατὰ τὸ εἶδος μόνον ἀλλὰ καὶ κατὰ τὸν ἀριθμὸν κατηγορῶμέν τι, τότε οὐκ ἐγχωρεῖ λέγειν οὔτε τὸ πᾶς οὔτε τὸ τὶς οὔτε τὸ οὐ πᾶς οὔτε τὸ οὐδείς· ἐν γοῦν τῇ „Δίων ἄνθρωπός ἐστιν" οὐδὲν τῶν εἰρημένων οἷόν τε προσεῖναι.*

Dann folgt die Untersuchung über die Voraussetzungs-Urtheile (*ὑποθετικαὶ προτάσεις*), in welchen nicht ein Stattfinden, sondern das Verhältniss einer Voraussetzung, unter welcher Etwas stattfindet, ausgesprochen wird; und zwar solle ein Voraussetzungs-Urtheil der Continuität (*κατὰ συνέχειαν*) jenes heissen, in welchem der nothwendige Nexus des Stattfindens zweier Dinge ausgesagt wird, hingegen ein Voraussetzungs-Urtheil der Disjunction (*διαιρετική*) jenes, in welchem die gegenseitige Exclusivität des Stattfindens zweier Dinge ausgesprochen wird [28]). Vergleichen wir diess mit den Annahmen der älteren Peripatetiker betreffs der Voraussetzung (Abschn. V, Anm. 64) und mit der stoischen Eintheilung der zusammengesetzten Urtheile (Abschn. VI, Anm. 124 — 128), so liegt allerdings zunächst darin, dass die Voraussetzung (*ὑπόθεσις*) der gemeinschaftlich höhere Begriff ist, ein peripatetischer Grundzug; aber abgesehen von diesem ist, wie wir sogleich sehen werden, alles Uebrige durchgehends stoisch. Es werden nemlich an jene Angaben über die Voraussetzungs-Urtheile sprachliche Bemerkungen über den Gebrauch der Terminologie selbst angeknüpft; und schon eine flüchtig hingeworfene Notiz, welche diesen noch vorausgeschickt wird, hat deutlich das Gepräge stoischen Ursprunges; denn wenn gesagt wird, die ruhenden Eindrücke der Sinneswahrnehmungen seien *ἔννοιαι*, und hinzugefügt wird, es gebe auch solche *ἔννοιαι*, welche nicht aus dem sinnlichen Gedächtnisse fliessen, sondern allen Menschen gemeinsam eingepflanzt seien, und ferner, der Sprachausdruck der *ἔννοιαι* sei das *ἀξίωμα* [29]), so dürfen wir uns nur an dasjenige erinnern, was wir in dieser Beziehung als Eigenthum der Stoa kennen lernten (Abschn. VI, Anm. 62 ff. u. 115), um über die Quelle dieser Angaben nicht einen Augenblick in Zweifel zu sein; und wie sollte nun Galenus, welcher ebenso wie Plutarch bei jeder Gelegenheit die stoische Lehre von den *κοιναὶ ἔννοιαι* tadelt und verspottet, Solches geschrieben haben? Hierauf nun wird angegeben, dass das Urtheil „Wenn es Tag ist, scheint die Sonne" ein Voraussetzungs-Urtheil der Continuität sei und als solches (*ὑποθετικὴ κατὰ συνέχειαν*) auch von den Aelteren bezeichnet werde (d. h. wohl von den Peripatetikern), hingegen bei den Jüngeren (d. h. den Stoikern) ein *συνημμένον ἀξίωμα* heisse; das Urtheil aber „Wenn es nicht Nacht ist, ist es Tag" sei ein Voraus-

---

28) p. 9.: *γένος ἄλλο προτάσεών ἐστιν, ἐν αἷς τὴν ἀπόφανσιν οὐ περὶ τῆς ὑπάρξεως ποιούμεθα τῶν πραγμάτων, ἀλλὰ περὶ τοῦ τίνος ὄντος τί ἐστι καὶ τίνος οὐκ ὄντος τί ἐστιν· ὑποθετικαὶ οὖν ὀνομαζέσθωσαν αἱ τοιαῦται προτάσεις, αἱ μέν, ὅταν τινὸς ἑτέρου ὄντος ἐξ ἀνάγκης εἶναι λέγωσι τόδε τι, κατὰ συνέχειαν, αἱ δέ, ὅταν ἤτοι μὴ ὄντος εἶναι ἢ ὄντος μὴ εἶναι, διαιρετικαί.*

29) Ebend.: *λέγειν δὲ εἶναι ἢ ὑπάρχειν οὐδὲν διαφέρει τοῖς Ἕλλησιν* (d. Handschr. hat *ἄλλοις ἵνα*) *ἅπασι τοῖς τε νῦν καὶ τοῖς παλαιοῖς ὥςπερ οὐδὲ τὸ ὑφεστηκέναι, παρὰ τοῖς νῦν γὰρ καὶ τοῦτο κατὰ τῆς αὐτῆς ἐννοίας λέγεται* (also an die Bemerkung, dass jenes Synonyma seien, knüpft sich die Erwähnung der *ἔννοια* und hiemit das sogleich Folgende). *ἐπεὶ δὲ τῶν αἰσθητῶν πραγμάτων ἔχομεν μνήμας, ὅταν μὲν κινήσεις ταύτας ποιησώμεθα, καθάπερ εἰ τύχοι ἐπ' Ἀθηναίων, ὀνομαζέσθω τοῦτο ἡμῖν νόησις, ὅταν δὲ ἡσυχάζουσαι τύχωσιν, ἔννοιαι· τοιαῦται δ' εἰσὶ καὶ ἄλλαι, οὐκ ἐκ μνήμης τῶν αἰσθήσεων, ἀλλ' ἔμφυτοι πᾶσιν ὑπάρχουσι· καλοῦσι δὲ αὐτὰς οἱ παλαιοὶ τῶν φιλοσόφων, ὅταν ἑρμηνεύωνται διὰ φωνῆς, ἀξίωμα· πολλάκις μέντοι καὶ τὴν ἔννοιαν νόησιν ὀνομάζουσιν οἱ Ἕλληνες.*

setzungs-Urtheil der Disjunction, und heisse bei den Aelteren *ὑποθετικὴ κατὰ διαίρεσιν* oder *διαιρετική*, bei den Jüngeren aber *διεζευγμένον ἀξίωμα*; und während ganz nach stoischer Weise die grammatischen Partikeln als Kriterium erscheinen, insoferne bei ersterem Urtheile *εἰ* oder *ἐπεί* der Sprachausdruck sei, bei letzterem *ἤ* oder *ἤτοι*, wird doch wieder ausdrücklich gesagt, das Urtheil „Entweder ist es Tag oder es ist Nacht" sei äquipollent mit „Wenn es nicht Nacht ist, ist es Tag"; und wenn daher auch der Sprachausdruck gleich sei, so liege der Unterschied in der objectiven Sachlage der Dinge, welche im Urtheile ausgesprochen werden [30]).

Eben an diesen objectiven Bestand der Dinge knüpft sich nun die Erörterung betreffs des Widerstreites (*μάχη*) an; es wird nemlich zwischen einem vollkommenen (*τελεία μάχη*) und einem mangelhaften (*ἐλλειπὴς μ.*) Widerstreite unterschieden, und diess näher dahin bestimmt, dass der vollkommene zwischen jenen Dingen stattfinde, welche nicht bloss nicht zugleich bestehen, sondern auch nicht zugleich vergehen oder abwesend sein können, d. h. deren immer das eine nothwendig bestehen muss (das Beispiel ist Tag und Nacht), der mangelhafte hingegen zwischen jenen Dingen, welche bloss derartig sind, dass sie nicht zugleich bestehen können (z. B. Aufenthalt einer Person in Athen und in Korinth); zugleich auch wird hinzugefügt, dass bei einem vollkommenen Widerstreite eben wegen der nothwendig bestehenden Alternative syllogistisch durch Annahme (*πρόςληψις*, s. Abschn. V, Anm. 67 u. Abschn. VI. Anm. 175) des einen Gliedes derselben nothwendig das andere bedingt sei, hingegen bei dem mangelhaften Widerstreite diess nicht der Fall sei [31]); auch werde letz-

---

30) p. 9 ff.: *μάλιστα μὲν οὖν ἐπειδὰν ὑπάρχον τι πιστεύηται δι' ἕτερον ὑπάρχειν κατὰ τὴν συνέχειαν, ὑποθετικὴ πρὸς τῶν παλαιῶν φιλοσόφων ὀνομάζεται πρότασις· ἤδη δὲ μέντοι καὶ ἐπειδὰν, διότι μή ἐστι τόδε, εἶναι τόδε νοῶμεν, οἷον ὅτι νὺξ οὐκ ἔστιν, ἡμέραν εἶναι, μάλιστα μὲν οὖν ὀνομάζουσι τὴν τοιαύτην πρότασιν διαιρετικήν· οὐ μὴν ἀλλὰ καὶ διεζευγμένον ἀξίωμα τισὶ τῶν νεωτέρων φιλοσόφων ὀνομάζεται, καθάπερ γε καὶ συνημμένον τὸ ἕτερον εἶδος τῆς προτάσεως τῶν ὑποθετικῶν ἃς κατὰ συνέχειαν ἐλέγομεν γίνεσθαι· οἰκειοτάτη δέ ἐστι λέξις τοῦ διεζευγμένου τοῖς ἀξιώμασιν, ἃ δηλονότι διαιρετικὰς προτάσεις ἔφαμεν ὀνομάζεσθαι, διὰ τοῦ ἤτοι (l. ἢ ἢ ἤτοι) συνδέσμου, διαφέρει δὲ οὐδὲν ἢ διὰ μιᾶς συλλαβῆς λέγειν ἢ διὰ δυοῖν, ἔτι τοῖς συνημμένοις διὰ τοῦ εἰ (l. εἰ ἢ ἐπεί), εἴπερ ἓν καὶ οὗτοι σημαίνουσιν· ὥστ' ὀνομάζεσθαι τὸν μὲν τοιοῦτον λόγον „εἰ ἡμέρα ἐστὶν, ὁ ἥλιος ὑπὲρ γῆν ἐστι" συνημμένον ἀξίωμα κατά γε τοὺς νεωτέρους φιλοσόφους, κατὰ μέντοι τοὺς παλαιοὺς πρότασιν ὑποθετικὴν κατὰ συνέχειαν· τοὺς δέ γε τοιούτους „ἤτοι ἡμέρα ἐστὶν ἢ νύξ ἐστι" διεζευγμένον μὲν ἀξίωμα παρὰ τοῖς νεωτέροις φιλοσόφοις, πρότασιν δὲ ὑποθετικὴν κατὰ διαίρεσιν παρὰ τοῖς παλαιοῖς. ἴσον δὲ ἡ διαιρετικὴ πρότασις δύναται τῷ τοιούτῳ λόγῳ „εἰ μὴ ἡμέρα ἐστί, νύξ ἐστι", ὃν ἐν σχήματι λέξεως συνημμένον λεγόμενον, ὅσοι μὲν ταῖς φωναῖς μόνον προσέχουσι, συνημμένον ὀνομάζουσιν, ὅσοι δὲ τῇ φύσει τῶν πραγμάτων διεζευγμένον· ὡσαύτως δὲ καὶ τὸ τοιοῦτον εἶδος τῆς λέξεως „εἰ μὴ νύξ ἐστιν, ἡμέρα ἐστί" διεζευγμένον ἐστὶν ἀξίωμα τῇ φύσει τῶν πραγμάτων αὐτῇ, συνημμένου δὲ ἰδέαν ἔχει τῇ λέξει.*

31) p. 11 f.: *ἡ μὲν οὖν τοιαύτη φύσις τῶν πραγμάτων τελείαν ἐνδείκνυται τὴν μάχην, ἡ δὲ ἑτέρα τὴν ἐλλειπῆ καθ' ἣν οὐδέπω λέγομεν „ἐν Ἀθήνῃσίν ἐστι Δίων, ὅτι οὐκ ἐστὶν Ἰσθμοῖ Δίων". ἡ γάρ τοι μάχη κοινὸν μὲν ἔχει τὸ μὴ συνυπάρχειν τὰ συμμαχόμενα· διαφέρει γὰρ τῷ τινὰ μὲν πρὸς τῷ μὴ συνυπάρχειν μὴ οὐδὲ συναπόλλυσθαι δύνασθαι, τισὶ δὲ*

tere Art des Widerstreites schon sprachlich durch „Nicht zugleich“ ausgedrückt, hingegen in jenen Fällen, wo weder Continuität (*ἀκολουθία*, wieder der peripatetische Ausdruck) noch Widerstreit (*μάχη*) bestehe, sei die Verbindung eine copulative (*συμπεπλεγμένον*, stoisch; s. Abschn. VI, Anm. 124 u. 127), und werde ein ganzes solches Urtheil verneint, so heisse diess *ἀποφατικὴ συμπλοκή* (s. Abschn. V, Anm. 71) oder *ἀποφατικὴ συμπεπλεγμένη* [32]). Nachdem hierauf neben diesem Syncretismus der Terminologie und auch des Inhaltes (denn die *μάχη*, welche wir auch bei Appulejus trafen, ist stoisch) eine polemische Stelle gegen die Stoiker folgt, wird sodann festgestellt, dass, wo vollkommner Widerstreit ist, das Urtheil *διεζευγμένον* heissen solle, und wo mangelhafter, *παραπλησίως διεζευγμένον*, mit Hinzufügung der Bemerkung, dass einige Urtheile auch mehrere Glieder, welche zugleich wahr sind, haben können, und dass diese von Einigen *παραδιεζευγμένα* genannt würden, im Unterschiede von dem *διεζευγμένον*, bei welchem nur Ein Glied wahr sein könne; bei diesem letzteren nemlich stehe, wenn es mehrere Glieder habe, jedes derselben mit jedem einzelnen anderen in mangelhaftem Widerstreite, mit der Gesammtheit aber in vollkommenem, weil wenn Eines besteht, die übrigen nicht bestehen können [33]).

καὶ τοῦθ᾿ ὑπάρχειν· ὅταν οὖν ἓν μόνον αὐτοῖς τὸ μὴ συνυπάρχειν, ἐλλειπής ἐστιν ἡ μάχη, ὅταν δὲ καὶ τοῦτο τὸ μὴ συναπόλλυσθαι, τελεία, τῶν γὰρ τοιούτων πραγμάτων ἀνάγκη δυοῖν θάτερον μὴ οὐκ εἶναι· διὸ καὶ συλλογισμὸς αὐτοῖς διττός, εἰ μὲν προςληφθείη τὸ ἡμέραν εἶναι, περαίνομεν τὸ μὴ εἶναι νύκτα, προςληφθέντος δὲ τοῦ μὴ εἶναι ἡμέραν τὸ νύκτα εἶναι· κατὰ δὲ τὴν ἐλλειπῆ μάχην ἓν μόνον προςλαμβανόντων οὐδὲν ἀναγκαῖον (die beiden letztern Worte fehlen in d. Handschr.), *κατὰ δὲ τὴν τελείαν μάχην ἀναγκαῖον θάτερον· ὃ δ᾿ ἂν οὕτω προςλαμβάνῃς ἀξίωμα, πρόςληψις εἰκότως ὀνομάζεται.* Vgl. Anm. 51.

32) p. 12.: *ἐπὶ μὲν τῆς ἐλλειποῦς μάχης ἐν ἔθει τοῖς Ἕλλησίν ἐστιν οὕτω λέγειν „οὐχὶ* (dass *οὐχί* einzusetzen ist, zeigt ausser dem Zusammenhange die Stelle in Abschn. V, Anm. 71.) *Ἀθήνῃσί τε καὶ Ἰσθμοῖ Δίων“. ἐνδεικτικὴν δὲ ἕξει τὴν τοιαύτην φωνὴν* (diese *φωνὴ* ist eben *οὐχί — τε καί*) *ὅσον γ᾿ ἐκ τῆς ἐλλειποῦς μάχης. εἰ δὲ ἐφ᾿ ἑτέραν λέγοιτο φωνὴν καὶ μήτε ἀκολουθίαν ἔχοι πρὸς ἄλληλα μήτε μάχην ἀποφατικὴν, συμπεπλεγμένον καλεῖται τὸ τοιοῦτο ἀξίωμα, καθάπερ ἐπὶ τοῦ „Δίων περιπατεῖ καὶ Θέων διαλέγεται“· ταυτὶ γὰρ οὔτε μάχην οὔτ᾿ ἀκολουθίαν ἔχοντα κατὰ συμπλοκὴν ἑρμηνεύει· διὸ κἀπειδὰν ἀποφάσκωμεν αὐτὰ, τὸν λόγον ἐκεῖνον ἤτοι ἀποφατικὴν συμπλοκὴν ἢ ἀποφατικὴν εἶναι συμπεπλεγμένην φήσομεν· οὐδὲν γὰρ πρὸς τὸ παρὸν διαφέρει συμπεπλεγμένην λέγειν ἀποφατικὴν ἢ συμπλοκὴν ἀποφατικὴν, ἔχοντός γέ σου σκοπὸν ἐν ἁπάσῃ λέξει τὸ δηλῶσαι τοῖς πέλας ὅτι περ ἂν αὐτὸς ἐννοῇς.* Die folgende gegen Chrysippus gerichtete Stelle haben wir schon oben, Abschn. VI, Anm. 127., angeführt.

33) p. 13 f.: *καὶ τοίνυν ἕνεκα σαφοῦς τε ἅμα καὶ συντόμου διδασκαλίας οὐδὲν κωλύει τὰ μὲν τὴν τελείαν μάχην ἔχοντα διεζευγμένα καλεῖν, τὰ δὲ τὴν ἐλλειπῆ παραπλησίως διεζευγμένα, παραπλήσια δὲ λέγειν ἢ ὅμοια διαφερέτω μηδέν· ἔνια δ᾿ ἀξιώματα ἐγχωρεῖ μὲν εἶναι καὶ πλείω καὶ πάντα καὶ μὴ μόνον ἓν ἀναγκαῖον διὰ τὸ συνυπάρχειν· ὀνομάζουσι δ᾿ ἔνιοι τὰ τοιαῦτα παραδιεζευγμένα, τῶν διεζευγμένων ἓν μόνον ἐχόντων ἀληθὲς ἄν τ᾿ ἐκ δυοῖν ἀξιωμάτοιν ἁπλῶς ἄν τ᾿ ἐκ πλειόνων συγκέηται· ἓν μὲν γὰρ ἁπλοῦν ἀξίωμα τὸ „Δίων περιπατεῖ“ καθάπερ γε καὶ τὸ „κάθηται Δίων“, ἓν δὲ ἀξίωμα καὶ τὸ „κατάκειται Δίων“, ὥςπερ γε καὶ τὸ „τρέχει“ καὶ τὸ „ἕστηκεν“, ἀλλ᾿ ἐξ ἁπάντων αὐτῶν διεζευγμένον ἀξίωμα γίνεται τοιόνδε „Δίων ἤτοι περιπατεῖ ἢ κάθηται ἢ κατάκειται ἢ τρέχει ἢ ἕστηκεν“· ὅταν δὲ οὕτω τι συγκείμενον ᾖ, ἓν μὲν ἐν αὐτοῖς ὁτιοῦν ἑκάστῳ*

Unmittelbar hierauf folgt eine ganz kurze Angabe betreffs jener Syllogismen, deren Obersätze Voraussetzungs-Urtheile, sei es der Disjunction oder der Continuität, sind. In Bezug auf erstere wird gelehrt, dass, wenn die Disjunction nur zweigliedrig ist, bei vollkommnem Widerstreite sowohl von der Existenz des einen Gliedes auf die Nichtexistenz des andern, als auch umgekehrt geschlossen werden könne, hingegen bei mangelhaftem Widerstreite bloss aus der Existenz des einen auf die Nichtexistenz des anderen; ist die Disjunction mehrgliedrig, so gelten eben diese nemlichen Regeln bei beiden Arten des Widerstreites nur für das Verhältniss Eines Gliedes zur Gesammtheit der Uebrigen, nicht für einzelne Glieder unter sich. In Bezug auf die Schlüsse aus Voraussetzungs-Urtheilen der Continuität wird, selbst mit gelegentlicher Nennung des Chrysippus, der Grundsatz angegeben, dass aus der Existenz des Vordersatzes auf Existenz des Nachsatzes und aus der Nichtexistenz des letzteren auf Nichtexistenz des ersteren geschlossen werde [34]). Somit ist hier in stoischer Weise der sog. hypothetische und disjunctive Schluss unmittelbar an die Lehre vom hypothetischen und disjunctiven Urtheile angeschlossen und hiedurch gleichsam eine Vorausstellung jener Schlüsse vor den kategorischen (s. vor. Abschn. Anm. 67) bedingt; auch werden wir sogleich sehen, dass dieselben wieder an die Lehre von der Umkehrung angeknüpft werden. Allerdings treffen wir bei der eigenthümlichen Behandlungsweise der verschiedenartigsten Syllogismen, welche diesem Compendium eigen ist, den nemlichen Gegenstand noch einmal unten (Anm. 50 ff.).

Nun folgt die Lehre von dem Gegenüberliegen (*ἀντικεῖσθαι*) der Urtheile und Schlüsse, woran sich hier die Umkehrung der Urtheile anschliesst. Zunächst nemlich wird bemerkt, dass das Gegenüberliegen bei Urtheilen und Schlüssen in jenem vollkommenen Widerstreite beruhe, sodann dass bei hypothetischen Urtheilen diess schon erreicht werde, wenn nur das eine Urtheil vor dem anderen überhaupt einen Ueberschuss an einer Negation voraushabe (über diese stoische Auffassung s. Abschn. VI, Anm. 133), dass aber bei dem kategorischen die Negation mit dem die Quantität bezeichnenden Worte zu verbinden sei und nur, wenn das Urtheil

---

τῶν ἄλλων μάχεται μάχην ἐλλειπῆ, τὰ πάντα δὲ ἀλλήλοις ἅμα τελείαν, ἐπειδήπερ ἀναγκαῖόν ἐστιν, ἓν μὲν ὑπάρχειν ἐν αὐτοῖς, οὐχ ὑπάρχειν δὲ τὰ ἄλλα.

34) p. 14 f.: *κατὰ μὲν οὖν τὴν τελείαν μάχην δύο συνίστανται συλλογισμοὶ προσλαμβανόντων ἡμῶν ἤτοι τὸ ὑπάρχειν ἢ τὸ μὴ ὑπάρχειν τὸ ἕτερον αὐτῶν, ἐπιφερόντων δ' ἑκάτερον οὐχ ὑπάρχειν ἢ ὑπάρχειν διὰ τοῦθ' ἁπλῶς· κατὰ δὲ τὴν ἐλλειπῆ μία μὲν ἡ πρόσληψις ἓν τῶν μαχομένων ὑπάρχειν, ἓν δὲ καὶ τὸ συμπέρασμα μὴ ὑπάρχειν τὸ λοιπόν· οὕτω μὲν ὅταν ἐκ δυοῖν ἡ μάχη συνεστήκῃ. πλειόνων δὲ τῶν μαχομένων ὄντων ἐπὶ μὲν τῆς τελείας μάχης ἤτοι γε ἓν ὑπάρχειν εἰπόντες ἀποφήσομεν τὸ λοιπὸν ἅπαν ἢ ἐκεῖνο πᾶν ἀποφήσομεν ὑπάρχειν ἐροῦντες τὸ ἕν· οὐ μὴν οὔτε ἀποφήσαντες τὸ ἓν ἐάσομεν ὑπάρχειν τι λοιπὸν οὔτε καταφήσαντες ἐκεῖνο τὸ ἓν ὑπάρχειν· ἔτι ἓν ἐπὶ τῆς ἐλλειποῦς μάχης ὑπάρχειν εἰπόντες ἀποφήσομεν τὸ λοιπὸν πλῆθος, οὐ μὴν ἄλλην γέ τινα πρόσληψιν ἕξομεν ἐπιτηδείαν εἰς συλλογισμόν. ἐπὶ δὲ τῆς κατὰ συνέχειαν ὑποθετικῆς προτάσεως, ἣν οἱ περὶ τὸν Χρύσιππον ὀνομάζουσι συνημμένον ἀξίωμα, προσλαβόντες μὲν τὸ ἡγούμενον ἕξομεν τὸ λῆγον συμπέρασμα, προσλαβόντες δὲ τὸ τοῦ λήγοντος ἀντικείμενον ἕξομεν συμπέρασμα τὸ τοῦ ἡγουμένου ἀντικείμενον· οὐ μὴν οὔτε τὸ λῆγον προσλαβόντες οὔτε τὸ ἀντικείμενον τοῦ ἡγουμένου συμπέρασμα ἕξομεν.*

ein individuelles sei, zum Prädicate gehöre — ein wirklich unsäglicher Leichtsinn in Behandlung der Negation —, ferner dass zu dem allgemein verneinenden Urtheile keine Negation gesetzt werde, weil dessen Gegentheil schon im particular bejahenden vorliege. An die Angabe sodann, dass alle derlei Urtheile, welchen die gleichen Begriffe gemeinsam sind, *σύνοροι* heissen, knüpft sich, weil solches auch bei der Umkehrung der Urtheile der Fall ist, die bekannte Regel betreffs der Umkehrbarkeit [35]). Bei dem hypothetischen Urtheile wird in gleicher Weise, wie wir es bei Galenus sahen (vor. Abschn. Anm. 95), zwischen *ἀναστροφὴ* und *ἀντιστροφὴ* unterschieden [36]). Und es scheint, dass dieser Unterschied auch für die Umkehrung der Schlüsse eingehalten wurde, allerdings nur mit Bezug auf die stoischen fünf *ἀναπόδεικτοι*, welche hier die Bezeichnung *διλήμματοι* haben (s. Abschn. VI, Anm. 182 u. 187); es scheinen nemlich *ἀναστρέφοντες συλλογισμοὶ* jene genannt zu werden, in welchen bei Einer gleichen Prämisse (der *πρόςληψις*) die ungleiche (das sog. *τροπικόν*) sich durch blosse Vertauschung der Termini unterscheidet, hingegen *ἀντιστρέφοντες* jene, in welchen die ungleiche Prämisse das einemal contraponirt ist; wenigstens wird noch hinzugefügt, dass innerhalb der gleichen Figur (d. h. eben bei den fünf *ἀναπόδεικτοι*) die *ἀντιστρέφοντες* gleich wahr und gleich schlussfähig seien [37]). Insoferne aber hier jene hypothetischen und disjunctiven Schlüsse der

---

35) p. 15 f.: *ἀντικεῖσθαι δὲ ἀλλήλοις συμπέρασμα καὶ πρότασιν ὀνομάζομεν, εἰ ἔστι τελεία μάχη καὶ χρὴ πάντως αὐτῶν εἶναι μὲν τὸ ἕτερον οὐκ εἶναι δὲ θάτερον· ἐπὶ μὲν οὖν τῶν ὑποθετικῶν προτάσεων ἀποφάσει πλεονεκτεῖ τὸ ἕτερον αὐτῶν· ἐπὶ δὲ τῶν κατηγορικῶν, ἔνθα μὲν πρόςκειται τὸ πᾶν, ἅμα ἀπόφασις τούτου, κατὰ δὲ τὴν „Σωκράτης περιπατεῖ" τοῦ κατηγορουμένου προτάξομεν τὴν ἀπόφασιν, ὡς γενέσθαι τὸν λόγον τοιόνδε „Σωκράτης οὐ περιπατεῖ"· τῆς δὲ καθόλου στερητικῆς οὐ δεησόμεθα προτάττειν ἀπόφασιν, ἀντικειμένην ἔχοντες αὐτῇ τὴν ἐν μέρει καταφατικὴν, ὥςπερ γε καὶ τῆς τοιαύτης τὴν καθόλου στερητικὴν, ὥστε μηδὲ ταύτης ἀποφατικὴν προτάξομεν. ὀνομάζονται δὲ αἱ τοιαῦται προτάσεις ἅπασαι σύνοροι, διότι κοινωνοῦσι τοῖς ὅροις, ἔτι καὶ αἱ ἀντιστρέφουσαι μενόντων* (bei Minas steht *τοῖς ὅροις ἀτοκίας στρέφουσαι μὲν αὐτῶν*) *πρὸς ἀλλήλας κατὰ τὴν ἐνάλλαξιν τῆς λέξεως τῶν ὅρων, τουτέστιν ὅταν μὲν ὁ ὑποκείμενος γένηται κατηγορούμενος, ὁ κατηγορούμενος δὲ ὑποκείμενος ἀντιστρέφῃ· αἱ δὲ μετὰ τῆς τοιαύτης ἐναλλάξεως συναληθευόμεναι ἡ μὲν καθόλου στερητικὴ πρὸς ἑαυτὴν ὥςπερ γε καὶ ἡ κατὰ μέρος καταφατικὴ καὶ ἡ καθόλου καταφατικὴ* (diese vier Worte fehlen in d. Handschr.) *πρὸς τὴν ἐν μέρει· λοιπὸν δὲ ἡ κατὰ μέρος ἀποφατικὴ πρὸς οὐδεμίαν ἀντιστρέφει.*

36) p. 16.: *κατὰ μέντοι τὰς ὑποθετικὰς προτάσεις ἡ μὲν ἀναστροφὴ γίνεται τῆς λέξεως τῶν ὅρων ὑπαλλαττομένης, ἡ δὲ ἀντιστροφὴ μετὰ ἀντιθέσεως αὐτῶν· τὸ γὰρ „εἰ ἡμέρα ἐστί, φῶς ἐστιν" ἀναστρέφει εἰς τὸ „εἰ φῶς ἐστιν, ἡμέρα ἐστί"· τοιαύτη μὲν ἐν ταῖς προτάσεσιν ἡ ἀναστροφή.* Das Beispiel für *ἀντιστροφὴ* scheint ausgefallen zu sein.

37) p. 17.: (es gehören die folgenden Worte zu den corruptesten) *συλλογισμοὶ δὲ ἀλλήλοις ἀναστρέφουσιν* (Min. *ἀντιστρέφουσιν*) *οἱ διλήμματοι, ὧν ἓν λῆμμα κοινὸν, τὸ δὲ λοιπὸν* (M. *κοινόν*) *οὗ* (M. *ἥ*) *καθ' ἕτερον ἀντίκειται τῷ τοῦ λοιποῦ συμπεράσματος ἢ κατὰ τὴν λέξιν* (M. *κατὰ τὰ λοιπά*)· *κατὰ δὲ τοὺς πολλὰ* (M. *πολλούς*) *λήμματα ἔχοντας* (*ἔχ.* habe ich eingesetzt) *τοὺς οὐχ ἁπλοῦς δοκεῖ ἑτέρως* (für *ἁπλ. δ. ἑτ.* bei M. *ἁπλουστέρους*)· *οὐ μὴν ἀλλὰ ἓν λῆμμα κοινόν* (*κοινόν* eingesetzt)· *ἀλλὰ προςθήσομεν ἐνίοτε πλείω εἰς* (für *ἐν. πλ. ε.* bei M. *οἱ εἰς πλείω*) *τὸν ὅλον λόγον, ποιοῦντες τοιοῦτον. ἀντιστρέφει δὲ λόγος λόγῳ, ὧν ἓν ἢ πλείω λήμματα κοινωνεῖ, τὰ δὲ λοιπὰ ὁμοῦ ἀντίκειται τῷ τοῦ λοιποῦ συμπεράσματος καὶ μόνον κατὰ τὸν τρόπον*

Stoiker gelegentlich der Umkehrung ausführlich angegeben wurden, reiht sich die Bemerkung an, dass hiebei noch Eine Schlussweise, das sog. *παρασυνεζευγμένον*, fehle, nemlich jene, in welcher bei mehreren Gliedern der Disjunction auf die Existenz des einen aus der Nichtexistenz der übrigen oder aus der Nichtexistenz des einen auf die unbestimmt mögliche Existenz der übrigen geschlossen werde (s. unten Anm. 53 ff.). Und nach einer Erörterung über die Stellung der Voraussetzungsschlüsse überhaupt wird auf den kategorischen Schluss übergegangen [38]).

In eigenthümlicher Weise aber wird dieser Uebergang veranstaltet; es wird nemlich dem Voraussetzungsschlusse, bei welchem der Untersatz, d. h. die *πρόςληψις*, durch den Obersatz nothwendiger Weise schon bedingt sei, der kategorische Schluss eben darum gegenübergestellt, weil in letzterem keine dergleichen bindende Nothwendigkeit bestehe; denn sowie nur Einer der beiden Termini, aus welchem das eine Urtheil besteht, wieder in dem zweiten vorkomme (wobei die Reihenfolge der Prämissen als gleichgültig erscheint; s. oben Anm. 19), könne ein Schluss erreicht werden, wobei weder in Bezug auf die Wahl des dritten Terminus noch in Bezug auf Bejahung oder Verneinung ein beengender Zwang vorliege [39]) — man sieht, dass der aristotelische Mittelbegriff

---

ὁμοίως ἔχει. Nun folgt jene Aufzählung der stoischen fünf *ἀναπόδεικτοι*, welche wir schon oben, Abschn. VI, Anm. 182., angeführt haben, und hierauf (p. 19.): *καὶ τοίνυν ὥςπερ τὰ λήμματα συναληθεύεται κατὰ τὰς ἀντιστροφάς, οὕτω καὶ τοῖς ἀληθέσι λόγοις καὶ τρόποις* (es gebraucht also der Verfasser auch hier die stoische Terminologie) *ὑπάρχει συλλογιστικοῖς εἶναι, ὥστε τὸν ἀντιστρέφοντα τῷ συλλογιστικῷ τρόπῳ συλλογιστικὸν εἶναι καὶ αὐτόν.*

38) p. 19.: *ἐπὶ μὲν οὖν τῶν ὑποθετικῶν προτάσεων ὅνπερ τρόπον οἱ συλλογισμοὶ γίνονται, δέδεικται πλὴν ἑνὸς τρόπου τοῦ κατὰ τὸ παρασυνεζευγμένον, ἐφ' οὗ ἤδη τῶν προςλήψεών ἐστιν ἡ διαφορά· ἤτοι γὰρ οὐχ ὑπάρχειν ἅπαντα πλὴν ἑνὸς προςλαβόντες ὑπάρχειν ἐροῦμεν ἐκεῖνο ἢ τὸ ἓν πλείω καταλείποι ἂν ὄντα, καὶ κατὰ τὸ ἓν διεζευγμένον ἐξ αὐτῶν ἔσται συμπέρασμα.* Was hernach über die Reihenfolge der Schlüsse gesagt wird, haben wir schon im vorigen Abschn. Anm. 67. angeführt.

39) p. 20.: *ὅσοι δὲ ὑποθετικοὶ συλλογισμοί, τὴν πρόςληψιν ἀναγκαίαν ἔχουσιν, οἱ κατηγορικοὶ δὲ οὐκ ἔχουσιν· ὁ γάρ τοι εἰπὼν „ἅπαν καλὸν αἱρετόν ἐστιν" ἀναγκαῖον μὲν ἔχει πρὸς τὸ γίνεσθαί τινα συλλογισμὸν ἤτοι τὸ καλὸν ἢ τὸ αἱρετὸν ἐν τῇ δευτέρᾳ προτάσει παραλαμβάνειν, οὐ μὴν ἀλλ' ἐν τῇ κατὰ θάτερα προτάσει παραλαμβάνει ὁτιοῦν, οὔτε καταφάσκει οὔτε ἀποφάσκει τι ἐξ ἀνάγκης οὔτε μόνον ὡς ἐν ταῖς ὑποθετικαῖς, ἀλλὰ μεθ' ὅτου περ ἂν ἑτέρου συμπλέκειν αὐτὸ βουληθῇ· δυνατὸν μὲν γὰρ αὐτῷ καὶ τοιαύτην πρότασιν τῇ προτέρᾳ προςθέντι ποιῆσαι συλλογισμὸν „πᾶν αἱρετὸν ἀγαθόν ἐστιν", ἔσται γὰρ ὁ συλλογισμὸς „ἅπαν καλὸν ἀγαθόν ἐστι."* (Allerdings sind auch hier, wie wir es bei Appulejus (Anm. 19.) sahen, die Prämissen umgestellt, und es haben insoferne die Termini eine äussere Anordnung wie in der sog. vierten Figur; aber da eben hier die Willkür in Zusammenstellung der Prämissen hervorgehoben wird, so ist an eine specielle Figur um so weniger zu denken; und indem nun im Folgenden mit den dürrsten Worten mehrmals gesagt wird, dass es drei Figuren gibt, und dieselben rein aus aristotelischer Doctrin dargelegt werden, so ist es geradezu einfältig, wenn Minas mit knabenhaftem Jubelgeschreie verkündet, hier in jenen Worten stehe die vierte Figur deutlich vor uns, und es sei nun unbezweifelt Galenus der Verfasser dieses Compendiums; s. übrigens d. vor. Abschn. Anm. 99 f.). *δυνατὸν δὲ καὶ πᾶν καλὸν ὁτιοῦν ἄλλο κατηγορήσαντα τοιοῦτον ἐργάζεσθαι τὸν συλλογισμόν· οὕτω δὲ καὶ καθ' ἑτέρου τῶν ὅρων τὸ καλὸν ἄλλῳ ὅρῳ ὑποθέντι οἷόν τ' ἐστὶ ποιήσασθαι συλλογισμόν, οἷον οὕτως „ἡ δικαιοσύνη καλόν ἐστι, τὸ καλὸν αἱρετόν ἐστι."*

hier schon völlig todtgeschlagen und das Terrain hübsch egalisirt ist, um das mathematische Combinations-Spiel aufzupflanzen —; und mit der Bemerkung, dass in Folge eben dieser Freiheit der beiden Urtheilen gemeinschaftliche Begriff (*κοινὸς ὅρος* heisst hier der Mittelbegriff) sowohl in dem einen Urtheile Subject und in dem anderen Prädicat, als auch in beiden Prädicat und ebenso in beiden Subject sein könne, wird zur Darstellung der drei aristotelischen Schlussfiguren geschritten [40]). Hier aber folgt der Verfasser des Compendiums, welchen wir nach dem Bisherigen fast für einen Stoiker halten müssten, nun plötzlich der reinen aristotelischen Lehre, indem er, wenn auch mit einigen Ungeschicklichkeiten, die vierzehn Schlussmodi der drei Figuren ganz nach Aristoteles aufzählt (die vier Modi der ersten Figur werden *ἀναπόδεικτοι* genannt, s. Anm. 19 a. E.) und auch in dem Nachweise der Schlussfähigheit oder ihrer Reduction auf frühere Modi völlig mit demselben übereinstimmt [41]). So also wird bei aller Missachtung und Unkenntniss eines tieferen Principes das formell Handgreifliche aus der aristotelischen Lehre aufgerafft. Mit dieser Sinnlosigkeit verträgt sich sehr gut, dass auch hier ein Anlauf zur mathematischen Combination der möglichen Modi (vgl. Anm. 23) gemacht wird; derselbe aber wird durch eine Verweisung auf eine Schrift über die Aequipollenz abgeschnitten [42]). Diesem wird noch hinzugefügt,

---

40) p. 21.: *οὕτω μὲν οὖν προςθεὶς τῇ πρώτῃ προτάσει τὸ δεύτερον, τὸν κοινὸν ὅρον ἐν ἀμφοτέραις τῷ μὲν ὑποκείμενον ἐργάσῃ θατέρου δὲ κατηγορούμενον· ἐγχωρεῖ δὲ καὶ οὕτω προςθεῖναι τὴν πρότασιν ὥστε τὸν κοινὸν ὅρον ἀμφοτέρων τῶν ὑπολοίπων κατηγορῆσαι, καθάπερ ἐν τοῖς τοιούτοις ἔχει συλλογισμοῖς „πᾶν καλὸν αἱρετόν ἐστι, πᾶν καλὸν ἐπαινετόν ἐστι“* (man sieht aus dem Beispiele, welches sich auf die dritte Figur bezieht, dass vor demselben das Beispiel der zweiten und die Angabe jener Stellung des *κοινὸς ὅρος*, in welcher er beidemal Subject ist, ausgefallen ist). *καὶ τοίνυν ἐκάλεσαν οἱ παλαιοὶ φιλόσοφοι πρῶτον μὲν σχῆμα τῶν κατηγορικῶν συλλογισμῶν ἐν ᾧπερ ἂν ὁ κοινὸς ὅρος ὑποκείμενος ᾖ θατέρῳ τῶν ἄκρων κατηγορούμενος δὲ θατέρου, δεύτερον δὲ ἐν ᾧ κατηγορεῖται τῶν ἄκρων ἀμφοτέρων, τρίτον δὲ ἐν ᾧπερ ἂν ὑποκέηται.*

41) p. 23—28. Insoferne hier nichts Neues erscheint, ist es unnöthig, die ganze Stelle auszuschreiben; nur mag bemerkt werden, dass, wo Aristoteles die Schlussfähigkeit eines Modus apagogisch oder durch *ἔκθεσις* beweist, dieser Nachweis hier ausführlich formulirt gegeben wird (p. 25 u. 27 f.). Umgekehrt ist, wenn (p. 23.) gesagt wird: *τριῶν οὖν ὄντων σχημάτων ἐν ταῖς κατηγορικαῖς προτάσεσι, καθ' ἕκαστον αὐτῶν γίνονται συλλογισμοὶ πλέονες, ὥςπερ κἀν ταῖς ὑποθετικαῖς, ἔνιοι μὲν ἀναπόδεικτοι καὶ πρῶτοι, τινὲς δ' ἀποδείξεως δεόμενοι .... ἐπὶ δὲ τῶν κατηγορικῶν ἐν μὲν τῷ πρώτῳ σχήματι τέσσαρές εἰσιν ἀναπόδεικτοι ..... τῶν δ' ἄλλων* (also gibt es doch noch mehrere?) *οὐκέτ' οὐδεὶς ἀναπόδεικτός ἐστιν οὐδ' ἐξ ἑαυτοῦ πιστός.* und dann wieder (p. 28.): *αἱ δὲ ἄλλαι ἅπασαι συμπλοκαὶ τῶν προτάσεων ἐν ἑκάστῳ τῶν σχημάτων εἰσὶν ἀδόκιμοι συλλογισμός τ' οὐδεὶς ἐξ αὐτῶν γίνεται διὰ τὸ μηδὲν ἐξ ἀνάγκης περαίνεσθαι μήτε διαλεκτικῶς μήτε δι' ἀποδείξεως· ἔνδειξιν μὲν γὰρ καλοῦσι τὴν ἐν τῆς τοῦ πράγματος φύσεως εὕρεσιν τοῦ ζητουμένου κατ' ἀκολουθίαν ἐναργῶς τῶν φαινομένων* (diess soll wohl eine Anspielung auf den Inductionsbeweis sein; vgl. Anm. 17.), *ἀπόδειξιν δὲ λόγον ἐξ ἀληθῶν λημμάτων περαίνονται.* Also der Verfasser kennt noch andere Schlussweisen, ist aber hier puritanisch Aristoteliker; die Unterscheidung zwischen *ἔνδειξις* und *ἀπόδειξις* findet sich sonst nirgends.

42) p. 29.: *γίνονται δὲ καθ' ἕκαστον σχῆμα συζυγίαι* (coniugatio bei Appul.) *τῶν προτάσεων ιστ' διὰ τὸ δ' εἶναι καθ' ἕκαστον σχῆμα, δύο μὲν τὰς καθόλου δύο δὲ τὰς ἐν μέρει· καὶ πλείους τῇ λέξει φαίνονται διαφε-*

dass bei jedem der vierzehn Schlussmodi noch andere Schlusssätze möglich sind, welche entweder in dem vorliegenden Schlusssatze schon implicirt enthalten sind oder vermöge der Umkehrung mit demselben gleich wahr sind (s. Abschn. IV, Anm. 608 f.), so dass hiemit offenbar die theophrastischen Schlussweisen gemeint sind, aber dieselben zugleich als eigene Modi abgewiesen werden; hierauf wird die Theorie der kategorischen Syllogismen mit der Bemerkung abgeschlossen, dass über jene, welche zugleich in mehreren Figuren formulirt werden können, in der Schrift *Περὶ ἀποδείξεως* gehandelt worden sei [43]).

Nun aber geht der Verfasser des Compendiums auf die praktische Anwendung der Syllogistik über, und hiebei erscheinen Eigenthümlichkeiten, welche sonst nirgends sich finden. Schon von vorneherein nemlich wird die Anwendbarkeit der Schlüsse wegen des Inhaltes unserer Aussagen, welche das Seiende betreffen, auf die Kategorien bezogen [44]); und sofort wird als ein Beispiel eines auf die Kategorie der Quantität gerichteten Schlusses die Berechnung des Erdäquators, welche Eratosthenes gab, angeführt, welchem nach einigen technischen Bemerkungen über Schlussfähigkeit in der ersten Figur die Berechnung der Grösse der Sonne und des Mondes oder der verschiedenen Tageslänge folgt [45]); und nachdem hier schon der Vorzug der ersten Figur ausgesprochen wird, reiht sich eine an sich läppische Erörterung darüber an, dass bei Verhältnissen des Mehr und Minder (d. h. wie aus dem Beispiele hervorzugehen scheint, bei den Begriffen „Kleiner, Gleich, Grösser"; aber warum nur bei diesen?) eine allgemeine Behauptung als particular genommen werden könne (vgl. Abschn. IV, Anm. 602), und als Beispiel dient hier der geometrische Lehrsatz vom gleichschenkligen Dreiecke, dessen wissenschaftliche Form allerdings sei „Alle gleichsch. Dr. u. s. f.", welcher aber auch in der Form „Das gleichsch. Dr. u. s. f." ausgespro-

---

ρειν (diess wäre die Umkehrung und Aequipollenz)· *πῶς δὲ δεῖ γυμνάζεσθαι καὶ αὐτὰς γνωρίζειν, ἐν τῷ περὶ ἰσοδυναμουσῶν προτάσεων εἴρηται γράμματι* (bei Min. übrigens lauten die Worte: *καὶ πλείους τῇ λέξει. φαίνονται δὲ πρὸς ἐκείνας γυμνάζεσθαι, καὶ αὐτὰς γνωρίζειν, ὡς ἐν τῷ περὶ ἰσοδ. κ. τ. λ.*)· *νῦν γὰρ ὑπογραφή ἐστι τῆς λογικῆς θεωρίας, οὐ κατὰ διέξοδον διδασκαλία.*

43) Ebend.: *τοῖς δὲ διῃρημένοις ιδ΄ συλλογισμοῖς ἴδιον ἑκάστου συμπέρασμα ἔχουσι καὶ ἄλλαι τινὲς συναληθεύουσι προτάσεις, αἱ μὲν περιεχόμεναι τοῖς συμπεράσμασιν αὐτῶν αἱ δὲ ἐξ ἀνάγκης συναληθευόμεναι· περιέχονται μὲν οὖν κ. τ. λ.* ..... (p. 30.) *οὕτω μὲν οἱ συλλογισμοὶ κατηγορικοὶ ποιοῦνται* (M. *καλοῦνται*) *καθάπερ ἔφην· οἱ δὲ κατὰ πλείω σχήματα δυνάμενοι συστῆναι τῶν εἰρημένων τριῶν εἴ τε κατ' ἄλλο ἀνάριθμοι ἐατέοι* (M. *τριῶν, οὔτε κατ' ἄλλον ἀριθμὸν ἕκαστοι*)· *δέδεικται γὰρ τοῦτο ἐν τοῖς περὶ ἀποδείξεως ὑπομνήμασι.*

44) p. 30.: *χρώμεθα δ' αὐτοῖς ἐν ταῖς ἀποδείξεσιν, ἐν αἷς ὑπὲρ ἑνὸς τῶν ὄντων ἐστὶ ζήτησις, πηλίκον ἐστὶν ἢ ὁποῖον ἢ ποῦ κείμενόν ἐστιν ἢ περὶ ποσοῦ ἤτοι* (M. *τοῦ*) *ἐκ τῶν κατὰ τὰς ἄλλας κατηγορίας.*

45) Ebend.: *ἐν μὲν γὰρ τῷ ζητεῖν εἰ ὀρθῶς Ἐρατοσθένης ἔδειξε τὸν μέγιστον ἐν τῇ γῇ κύκλον ἔχειν σταδίων μυριάδας κε΄ ἡ τοιαύτη ζήτησίς ἐστι τοῦ κύκλου πηλίκος ἢ τῷ μεγέθει ἢ τῇ ποσότητι ἢ ὅπως ἂν ἐθέλῃς ὀνομάζειν ταύτην γε* ...... *καὶ διὰ τοῦτο τοῖς ἐν τῷ πρώτῳ σχήματι συλλογισμοῖς τῷ μὲν πρώτῳ καὶ δευτέρῳ καθόλου συμπέρασμα ἔχουσιν αἱ ἐπὶ μέρους περιέχονται προτάσεις* u. s. f. unbedeutende Bemerkungen. (p. 31.) *μέγεθος δὲ καὶ ἡλίου καὶ σελήνης καὶ τῶν κατ' αὐτοὺς ἀποστημάτων ἐξήτηται καὶ δέδεικται τοῖς ἀστρονόμοις* .... *καὶ μὴν τῶν καθ' ἑκάστην οἴκησιν ἡμερῶν τὸ μέγεθος ἐξήτηταί τε καὶ εὕρηται καθάπερ καὶ τὰ προειρημένα.*

chen werde und dabei doch als allgemeines Urtheil zu betrachten sei [46]). Sodann aber wird ausdrücklich angegeben, dass zu wissenschaftlichen Beweisen der erste Modus der ersten Figur der tauglichste sei, und zunächst nach ihm der zweite in der nemlichen Figur, hernach die ersten beiden der zweiten Figur, hernach der dritte der ersten Figur und die bejahenden in der dritten Figur, indem jene, welche in derselben verneinend schliessen, als unbestimmtere (ἀοριστότεροι) bezeichnet werden [47]); so dass wir auch hier eine Einwirkung der aristotelischen Grundsätze betreffs des Vorzuges des bejahenden und des allgemeinen Schlusses erkennen dürfen. Nun aber geben die bei der eben angeführten Erwähnung der dritten Figur gewählten Beispiele Veranlassung, wieder auf obigen Standpunkt in Bezug auf die Kategorien zurückzukehren, insoferne dieselben der Qualität angehören, und wir erfahren zugleich, dass obiges Beispiel betreffs des gleichschenkligen Dreieckes der Relation anheimfallen soll; ebenso werden nun Beispiele für die Kategorien des Wo und des Wann und abermals der Qualität gegeben; sodann wird bemerkt, dass nach der Kategorie des ποιεῖν und πάσχειν die Einsicht in die Causalität erschlossen werde, und auch das ἔχειν, welches oben (Anm. 25) gefehlt hatte, wird hier beigezogen, allerdings nur mit der Beschränkung auf den Besitz; bei dem κεῖσθαι endlich wird dem Aristoteles ein Uebersehen vorgeworfen, da er die Zusammensetzung (z. B. eines Kastens u. dgl.), welche eine eigene Kategorie sei, vernachlässigt habe [48]). Man sieht, dass hier in eigenthümlicher Weise für die Syllo-

---

46) p. 32.: καὶ μὲν οὖν καί τινές εἰσιν αἱ τὴν ἑκάστου τῶν εἰρημένων πηλικότητα ζητοῦσαί τε καὶ ἀποδεικνύουσαι μέθοδοι πλεῖστον ἐγχρώμεναι τῶν κατὰ τὸ α΄ σχῆμα κατηγορικῶν συλλογισμῶν· καὶ γάρ τοι καὶ τὰς ἀποφάσεις ὑπὲρ ἑκάστου αὖ τῶν ζητουμένων, ὧν ποιοῦνται, καθόλου πάσας εὑρεῖν ἐστιν ὑπ᾽ αὐτῶν λεγομένας τε καὶ δεικνυμένας· ἐπεὶ δ᾽ ἐν τῷ μᾶλλόν τε καὶ ἧττον εἶναι κακῶς (M. καλῶς) δύναται (M. δύνανται) τὸ πρὸς τὰς γενικωτάτας αὐτῶν ἐπὶ μέρος δοκεῖν (M. δοκεῖ) λέγεσθαι, διὰ τοῦτο κατὰ συμβεβηκὸς τότε φαίνονταί τινες ἀποφάνσεις τε καὶ δεῖξεις εἶναι κατὰ μέρος. πρὸς γὰρ τὴν περὶ παντὸς τριγώνου δεῖξίν τε καὶ ἀπόφανσιν, ὅτι δυσὶν ὀρθαῖς ἴσας ἔχει τὰς τρεῖς γωνίας, ἐπὶ μέρους δόξειεν ἂν εἶναι πρότασις λέγουσα μὴ περὶ πασῶν ἐν τριγώνῳ ἀλλ᾽ ἐνίας τὰς πρὸς τῇ βάσει γωνίας ἴσας ἀλλήλαις ἔχοιν· οὕτω μὲν οὖν ῥηθὲν καὶ οὕτω διωρισμένον οὐδ᾽ ἐπιστημονικὴν ἔχει τὴν ἀπόφανσίν τε καὶ γνῶσιν· ἐκείνως δὲ ἐπιστημονικήν τε καὶ καθόλου „πᾶν ἰσοσκελὲς τρίγωνον τὰς πρὸς τῇ βάσει γωνίας ἴσας ἀλλήλαις ἔχει“ ..... καὶ διαφέρει γε οὐδὲν εἰ τὰ ἰσοσκελῆ τρίγωνα λέγει ἅπαντα τὰς πρὸς τῇ βάσει γωνίας ἴσας ἀλλήλαις ἔχειν, ἢ τὸ ἰσοσκελὲς τρίγωνον πρὸς εἶδος ἀποβλέποντας πολλοῖς κατὰ μέρος ὑπάρχον, ὡς περὶ ἑνὸς εἰκότως ποιοῦνται τὴν ἀπόφανσιν.

47) p. 33.: οἰκειότατος οὖν ἀποδείξεσιν ἐπιστημονικαῖς ὁ τοῦ πρώτου σχήματός ἐστι πρῶτος συλλογισμός ..... ἐφεξῆς δὲ δεύτερος μὲν ἐν τῷ πρώτῳ σχήματι· κατὰ δὲ τὸ δεύτερον οἱ δύο πρῶτοι χρήσιμοι πρὸς τὰς ἀποδείξεις γίνονταί ποτε μιγνυμένης ἐν αὐτοῖς τῆς καθόλου καταφατικῆς· καὶ μὴν ὁ τρίτος ἐν τῷ πρώτῳ σχήματι συλλογισμὸς .... εἰς ἀποφάνσεις ποτὲ γίνεται χρήσιμος ..... εἰσὶ δὲ καὶ κατὰ τὸ τρίτον σχῆμα συλλογισμοί τινες .... ἀποδεικνύντες τὸ ἐπὶ μέρος καταφατικόν· ἀποδείκνυται δέ ποτε καὶ τῶν ἐπὶ μέρους ἀποφατικῶν τινὰ κατὰ τὸ τρίτον σχῆμα ..... κατὰ δὲ τὰ τοιαῦτα ἀοριστότερα „πᾶν ἀγαθὸν αἱρετόν ἐστι. τὶς ἡδονὴ οὐκ ἔστιν αἱρετόν. τὶς ἄρα ἡδονὴ οὐκ ἔστιν ἀγαθόν·“ ἔτι κατὰ τήνδε τὴν λέξιν ἀοριστοτέρα ἀπόφανσις γίνεται „πᾶν ἀγαθὸν αἱρετόν. πᾶσα ἡδονὴ αἱρετόν. οὐ πᾶσα ἄρα ἡδονὴ ἀγαθόν.“

48) p. 35 f.: εὔδηλον δὲ ὅτι κατὰ τὴν τοιαύτην ἀπόδειξιν οὐ τὸ μεγε-

gistik mit den Kategorien Ernst gemacht wird, und es liesse sich hören, wenn man sagte, dass hiebei nur eine Erwägung aus der Topik mit einseitiger Consequenz formalistisch fortgeführt sei. Ja die Sache gestaltet sich sogar anscheinend noch tiefer.

Nemlich diesen eben namhaft gemachten Kategorien wird nun als die vorzüglichste und erste die der substanziellen Wesenheit (*ὕπαρξις* oder *οὐσία*) gegenübergestellt, und indem als Beispiele der hierauf bezüglichen Probleme die Fragen, ob es ein Schicksal, eine Vorsehung, ob es Götter, ob einen leeren Raum gebe (— stoische Erörterungen —), angeführt werden, wird sogleich hinzugefügt, dass hier die Voraussetzungsschlüsse ihre Anwendung finden[49]). Von hier an aber befinden wir uns augenblicklich wieder bei dem stoischen Materiale der fünf *ἀναπόδεικτοι* (Abschn. VI, Anm. 182); nur wird, da es sich jetzt um die Anwendbarkeit der Schlüsse handelt, der dritte derselben als unpraktisch bezeichnet[50]); und indem die obige Unterscheidung des doppelten Widerstreites (*μάχη*) jetzt mit dem Zusatze wiederholt wird, dass überhaupt dreierlei Unterschiede (*διαφοραί*) in den Dingen bestehen, nemlich *ἀκολουθία* oder *μάχη* oder keines von beiden[51]), werden nur die ersten zwei unter den fünf stoi-

---

θος, ὥσπερ ἐπὶ τῶν ἀρτίως εἰρημένων, ἀλλ' ἡ ποιότης ἀποδείκνυται τοῦ πράγματος· ὁποῖον γάρ ἐστιν ἡ ἡδονὴ, πότερον ἀγαθὸν ἢ κακὸν ἢ μέσον (aus der stoischen Ethik) *ἐν τῷ τῆς ποιότητος γένει, τὴν ζήτησιν ἴσχει, καθάπερ ἐν τῷ πρός τι τὸ τῶν ἰσοσκελῶν τριγώνων ἴσας εἶναι τὰς πρὸς τῇ βάσει γωνίας· ὁ δὲ ἀποδεικνὺς ἐν τῷ μέσῳ τοῦ κόσμου τετάχθαι τὴν γῆν, καθὸ ὑπόκειται, κατὰ τὸ ποῦ ὑπόκειται τὴν σκέψιν ποιεῖσθαι, καθάπερ γε καὶ τὸ μὴ κατὰ τὸν αὐτὸν χρόνον Ἱπποκράτην τε καὶ Δημόκριτον γεγονέναι κατὰ τὸ πότε γεγόνασι τὴν ἀπόδειξιν ποιήσεται· ὁ μέντοι ζητῶν εἰ σφαιροειδής ἐστιν ἡ γῆ κατὰ τὴν τοῦ ποιοῦ κατηγορίαν ποιεῖται τὴν σκέψιν, καθάπερ γε καὶ ὁ ἀποφηνάμενος εἶναι σφαιροειδῆ ποιότητά τινα τῆς γῆς ἀπέδειξε· τὸ δὲ κατὰ τὸ ποιεῖν καὶ πάσχειν αἱ τῶν αἰτιῶν γίνονται ζητήσεις, ἐν ἰατρικῇ μὲν οὖν τίν' ἐστὶν αἴτια τοῦ πάσχειν, νοσοί τε καὶ φωνὴ καὶ ἀναπνοὴ καὶ θρέψις περὶ ἃ ἡ σκέψις, ἐν φιλοσοφίᾳ δὲ σεισμοὶ, κεραυνοὶ, ἀστραπαί τε καὶ βρονταί· κατὰ δὲ τὸ ἔχειν ζητεῖται τίς ἐστιν ὁ πλούσιος ἢ τίς ὁ πένης ἢ τίς ὁ εὔπορος ἢ τίς ὁ πτωχός· ὁ δέ τοι ἐπαπορῶν τίς ἱμάτιον ὑφήνατο καὶ δίκτυον ἐπλέξατο καὶ κιβωτίου καὶ σκίμποδος σύνθεσιν ζητείτω τὰ παραλελειμμένα ὑπὸ Ἀριστοτέλους ἐν τῷ τῶν δέκα κατηγορικῶν, ὡς ἐπιδέδεικται κατὰ τῶν εἰς ἐκεῖνο τὸ βιβλίον ὑπομνημάτων· ἕτερον γὰρ γένος ἐστὶ κατηγορίας ὃ καὶ αὐτὸς εἴρηκε κεῖσθαι, τὸ γοῦν κατακεῖσθαι, καθῆσθαι· κατὰ γὰρ τὸ ἵστασθαι ταῦτα λέγεται καὶ ἁφῆς μορίων τοῦ σώματος ἐνδείκνυται σχήματα κατὰ τὴν πρὸς ἄλληλα σχέσιν γινόμενα.*

49) p. 36.: *ὃ δ' ἐστὶν ἄριστόν τε καὶ πρῶτον ἐφ' ἑκάστου τῶν μὴ φαινομένων αἰσθήσει, τὸ κατὰ τὴν ὕπαρξιν ἤτοι οὐσίαν γίνεσθαι ἢ εἶναι, ζήτημά ἐστιν ἐν ᾧ γε τὰ τοιαῦτα προβάλλεται· „ἀρά γε εἱμαρμένη ἔστιν; ἀρά γε πρόνοια ἔστιν; ἀρά γε θεοὶ εἰσίν; ἀρά γε κενὸν ἔστιν;" ἐν οἷς προβλήμασι μάλιστα χρώμεθα ταῖς ὑποθετικαῖς προτάσεσιν ἃς καὶ κατὰ συνέχειαν καὶ κατὰ διαίρεσιν ἔτεμον οἱ παλαιοί.*

50) p. 37.: *καλοῦσι δὲ τὰς μὲν κατὰ συνέχειαν οἱ Στωϊκοὶ συνημμένα ἀξιώματα, τὰς δὲ κατὰ διαίρεσιν διεζευγμένα, καὶ συμφωνεῖταί γε αὐτοῖς δύο μὲν γίνεσθαι συλλογισμοὺς κατὰ τὸ συνημμένον ἀξίωμα δύο δὲ κατὰ τὸ διεζευγμένον· ἔτι δὲ δι' ἀποφατικοῦ συμπεπλεγμένου συλλογισμοῦ εἰς ἀπόδειξιν χρήσιμος οὐδὲ εἷς ἐστι ...... τρίτον οὖν ἀναπόδεικτον τῶν περὶ τὸν Χρύσιππον ἡγουμένων ἐξ ἀποφατικοῦ συμπεράσματος καθ' ἑτέρου τῶν ἐν αὐτῷ τὸ ἀντικείμενον τοῦ λοιποῦ περαίνοντα.*

51) p. 38.: *ἐπὶ δὲ τῶν μαχομένων ἀλλήλοις πραγμάτων τε καὶ λόγων ἔνια μὲν ὁλόκληρόν τε καὶ τελείαν ἔχει τὴν μάχην ἅμα θ' ὑπάρχειν ἅμα*

schen Voraussetzungsschlüssen auf die vollkommne *ἀκολουθία*, die letzten zwei aber auf die vollkommene *μάχη* bezogen [52]); an Stelle des dritten aber scheint nur der oben (Anm. 38) schon erwähnte *παραδιεζευγμένος* treten zu sollen, und zwar in ähnlicher Weise, wie wir die *ἀποφατικὴ συμπλοκὴ* bei den älteren Peripatetikern (Abschn. V, Anm. 71) trafen; nemlich es scheint nur jene Form als praktisch empfohlen zu werden, in welcher die mehrgliedrige Disjunction durch Verneinung aller Glieder mit Ausnahme des Einen auf eine zweigliedrige Disjunction hinausläuft; denn es wird zu Anfang entschieden hervorgehoben, dass bei dem *παραδιεζευγμένον* es sich um Fälle handelt, in welchen möglicher Weise auch sämmtliche Glieder der Disjunction zugleich bestehen können, und daher durch Ponirung des Einen noch eine unbestimmte Möglichkeit der übrigen offen bleibt, wohingegen durch Verneinung aller übrigen mit bejahender Bestimmtheit auf das Eine geschlossen werden könne [53]). Nunaber werden diese Schlüsse, deren Obersatz eine mehrgliedrige Disjunc-

---

μήτ' οὐχ ὑπάρχειν δυνάμενα, τινὰ δὲ ἐξ ἡμίσεος ὑπάρχειν μὲν ἅμα μὴ δυνάμενα, μὴ ὑπάρχειν δὲ ἅμα δυνάμενα· διὰ τοῦτο τὰ μὲν κατὰ τὴν τελείαν μάχην τὴν τοῦ διεζευγμένου προσαγορίαν καλεῖν ἠξίωκα, τὰ δὲ κατὰ τὴν ἐλλειπῆ τὴν τῆς μάχης ἁπλῶς ἢ καὶ μετὰ προσθήκης ἐλλιποῦς μάχης ..... τριῶν γὰρ οὐσῶν διαφορῶν ἐν τοῖς πράγμασι, μιᾶς μὲν τῆς κατὰ τὴν μάχην ἐπὶ τῶν μηδέποτε συνυπαρχόντων, ἑτέρας δὲ τῖς κατὰ τὴν ἀκολουθίαν ἐπὶ τῶν ἀεὶ μὴ οὐ συνυπαρχόντων, ἡ τρίτη ἐκείνων οὖσα (die Worte *ἡ τρ. ἐκ. ὁ.* fehlen; irgend Etwas der Art muss eingesetzt werden), *ὅσα μήτε τὴν ἀκολουθίαν ἅμα ἔχει μήτε τὴν μάχην, τὸ συμπεπλεγμένον ἀξίωμα συνίστησιν, ὁποῖα τὰ τοιαῦτά ἐστιν „Δίων περιπατεῖ καὶ Θέων διαλέγεται.“*.

52) p. 39.: *οἱ γὰρ ἐξ ὑποθετικῶν προτάσεων γινόμενοι συλλογισμοὶ κατὰ μετάβασιν ἀφ' ἑτέρου πράγματος ἐφ' ἕτερον ἐπιτελοῦνται δι' ἀκολουθίας ἢ μάχης ἤτοι γ' ἐλλειποῦς ἑκατέρας ἢ τελείας, καὶ τρίτον παρὰ ταύτας γένος οὐδέν ἐστι τῆς ἀφ' ἑτέρου μεταβάσεως ἐφ' ἕτερον εἰς ἀπόδειξιν χρήσιμον. ἔσονται δὴ δύο μὲν ἐκ τῆς τελείας ἀκολουθίας συλλογισμοὶ καθάπερ γε καὶ ἐκ τῆς τελείας μάχης δύο, καλείσθωσαν δ' οἱ μὲν ἐκ τῆς ἀκολουθίας πρῶτός τε καὶ δεύτερος, οἱ δὲ ἐκ τῆς μάχης τέταρτος καὶ πέμπτος, ἐπειδὴ Χρύσιππος οὕτως ἔθετο.*

53) p. 40 f.: *οὔσης δὲ καὶ ἀκολουθίας ὡς ἐδείξαμεν ἐλλειποῦς ἐν τοῖς καλουμένοις παραδιεζευγμένοις, ἔσονται καὶ κατὰ τούτους συλλογισμοὶ δύο· πρῶτος μὲν ὁ τοιοῦτος εἰς ἀνάδοσιν τῆς τροφῆς ἐκ κοιλίας εἰς ὅλον τὸ σῶμα, εἴ τε τῶν σιτίων ἔσται αὐτῶν φερομένων ἢ ὑπὸ τῆς γαστρὸς πεμπομένων ἢ ὑπὸ τῶν μορίων φερομένων ἢ ὑπὸ τῶν φλεβῶν παρεισαγομένων γίνεται· συγχωρείσθω δὲ καὶ πάνθ' ὑπάρχειν ἅμα δύνασθαι, καὶ γὰρ δύναται· καὶ κατ' αὐτό γε τοῦτο παραδιεζευγμένον τοῦ διεζευγμένου διήνεγκεν, ἐπ' ἐκείνου ἓν μὲν γὰρ πάντως ἐστὶ τῶν ἄλλων δ' οὐδὲν, ἐπὶ τούτου δὲ πάντως ἕν τι, δύναται δὲ καὶ τῶν ἄλλων καὶ πάντα τὰ κατειλημμένα τὴν ὕπαρξιν ἔχειν ἅμα. προσλήψεις δ' ἔσονται τούτοις τοῦ ἀξιώματος ἀποφατικαὶ μὲν πάντως κατὰ μίαν τοῖς καθ' ἓν τῶν γινομένων ἢ κατὰ πλείω. μόνον καθ' ἓν μὲν οἷαν „ἡ ἀνάδοσις τῆς τροφῆς ἐκ κοιλίας εἰς ὅλον τὸ σῶμα ἤτοι τῆς κοιλίας ἐκθλιβούσης ἢ τῶν φλεβῶν παραγουσῶν ἢ τῶν μορίων ἑλκόντων ἢ αὐτῆς τῆς τροφῆς ἐξ αὐτῆς φερομένης γίνεται· ἀλλὰ μὴν ἡ γαστὴρ οὐκ ἐκθλίβει· ἤτοι ἄρα τῶν φλεβῶν παραγουσῶν ἢ τῶν μορίων ἑλκόντων ἢ ἐξ ἑαυτῆς ἡ τροφὴ φέρεται.“ ἔσται δὲ δηλονότι καὶ τούτου συμπέρασμα παραδιεζευγμένον ἐκ τριῶν .... τὰ γὰρ ὑπόλοιπα τρία κατὰ παραδιεζευγμένον ἀξίωμα σύνθετον καὶ τὸ συμπέρασμα ἐργάζεται. ἑτέρα δὲ πρόσληψις ἔσται καθ' ἣν οὔτε τὴν κοιλίαν πέμπειν οὔτε τὰς φλέβας παράγειν ἐροῦμεν οὔτε τὴν τροφὴν ἐξ ἑαυτῆς φέρεσθαι ἢ ὅπως ἂν ἄλλως ἀξιωμάτων ἀπόφασιν προσληψοίμεθα, δύναται γαρ πολλάκις καὶ τριῶν μὲν μᾶλλον ἄμεινον τὸ τέταρτον περαίνεσθαι, καταφατικῶς δὲ καὶ διωρισμένως.*

tion ist, ausdrücklich von jener Formulirung des gleichen Inhaltes unterschieden, in welcher der Obersatz die Gestalt eines hypothetisch-disjunctiven Urtheiles annimmt, und indem diese Schlussform auf die ersten zwei (hypothetischen) *ἀναπόδεικτοι* reducirt wird, begegnet uns hier zum erstenmale der eigentlich sogenannte hypothetisch-disjunctive Schluss; nemlich es ergeben sich die zwei Schlussweisen:

(I) Wenn A ist, so ist es entweder B oder C oder D
Nun aber ist A
———
Also ist A entweder B oder C oder D

und (II) Wenn A ist, so ist es entweder B oder C oder D
Nun aber ist A weder B noch C noch D
———
Also ist A nicht

wobei in dem letzteren das sog. Dilemma deutlich erkennbar ist, wenn es auch durchaus nicht mit diesem technischen Namen bezeichnet wird [54]). Und nachdem hierauf abermals die bloss disjunctive Form des *παραδιεζευγμένος*, welche durch Gleichstellung mit einer zweigliedrigen Disjunction als *διεζευγμένος* gelten kann, berührt wurde [55]), tritt das Dilemma noch deutlicher hervor, indem mit der Bemerkung, dass die auf den zweiten *ἀναπόδεικτος* reducirten disjunctiven Schlüsse praktisch brauchbar seien, gerade ein Beispiel mit zweigliedriger Disjunction aus Plato angeführt wird, worauf als Gegensatz hievon der gleiche Inhalt in disjunctiver Schlussform gegeben wird [56]). Uebrigens ist sowohl an sich

---

54) p. 42 f.: *ὁ δὲ τοιοῦτος συλλογισμὸς ταὐτὸ ὑπομένειν δόξει τῷ „εἰ ἀναδίδοται ἡ τροφὴ ἐκ τῆς κοιλίας εἰς ὅλον τὸ σῶμα, ἤτοι ἐξ αὐτῆς φερομένη τοῦτο πάσχει ἢ ὑπὸ τῆς γαστρὸς πεμπομένη ἢ ὑπὸ τῶν μορίων ἑλκομένη ἢ ὑπὸ τῶν φλεβῶν παραγομένη.“ οὐκ ἔστι δὲ ὁ αὐτὸς, ἀλλ' οὗτος μὲν τὴν αὐτὴν ἔχει δύναμιν τῷ πρώτῳ τῶν ὑποθετικῶν ἀναποδείκτῳ ἡγουμένου μὲν ἐξ ὑποθέσεως τοῦ ἀναδίδοσθαι τὴν τροφὴν ἑπομένων δὲ τῶν ἐφεξῆς εἰρημένων, καὶ οὐδὲν διαφέρει πότερον διεζευγμένων πραγμάτων ὕλη τὸ ἐπιφερόμενόν ἐστιν ἢ παραδιεζευγμένων· καθ' ἕτερον γὰρ τὸν τρόπον ἡ τοῦ πρώτου τῶν ὑποθετικῶν συλλογισμῶν δύναμίς ἐστιν οὖσα τοιαύτη· „εἰ τὸ πρῶτον, ἤτοι τὸ δεύτερον ἢ τὸ τρίτον ἢ τὸ τέταρτον ἢ τὸ πέμπτον“, εἶτα πρόςληψις „ἀλλὰ μὴν τὸ πρῶτον“, εἶτα συμπέρασμα „ἤτοι ἄρα τὸ δεύτερον ἢ τὸ τρίτον ἢ τὸ τέταρτον ἢ τὸ πέμπτον.“ ἑτέρα δὲ πρόςληψις κατὰ τὸν τοῦ δευτέρου τῶν ὑποθετικῶν ἀναποδείκτων τρόπον τὰ τοιάδε· „ἀλλὰ μὴν οὐδὲ τὸ δεύτερον ἢ τὸ τρίτον οὐδὲ τὸ τέταρτον ἢ τὸ πέμπτον. οὐκ ἄρα τὸ πρῶτον.“*

55) p. 43.: *ὃν δ' ὀλίγον ἔμπροσθεν εἰπόντες συλλογισμὸν γίνεσθαι κατὰ τὸ παραδιεζευγμένον ὡς ὁμολογουμένως τῷ διεζευγμένῳ τὴν πρόςληψιν λαβεῖν, καθάπερ εἰ καὶ διεζευγμένον εἴη, τοιοῦτος· „ἤτοι ἐξ αὐτῶν ἀναδίδοται τὰ σίτια ἢ ὑπὸ τῆς γαστρὸς ἐπιπέμπεται ἢ ὑπὸ τῶν φλεβῶν παράγεται ἢ ὑπὸ τῶν τοῦ σώματος μορίων ἕλκεται.“ ἀλλὰ μὴν ἐπὶ τῷ διεζευγμένῳ συλλογισμῷ προςλήψεις ἔχουσι δύο, ἤτοι γε ἕν τι τῶν κατὰ τὸ διεζευγμένον ἢ καὶ τὰ ἄλλα πάντα πλὴν ἑνὸς οὐχ ὑπάρχοντος.*

56) p. 44 f.: *ὅτι δὲ πρὸς ἀπόδειξιν οἱ τοιοῦτοι συλλογισμοὶ, δηλοῖ καὶ Πλάτων ἐν Ἀλκιβιάδει* (Alc. I, p. 112 C.) *κεχρημένος κατὰ δύναμιν τοῦ δευτέρου τῶν ὑποθετικῶν, ἔνθα φησίν „εἰ Ἀλκιβιάδης οἶδε τὰ δίκαια, ἤτοι παρ' ἑτέρου μαθὼν ἢ αὐτὸς εὑρὼν οἶδε“, εἶτα δείξας ὅτι μήτε παρ' ἑτέρου μαθὼν μήτε αὐτὸς εὑρὼν, ἐπιφέρει συμπέρασμα τὸ μὴ γινώσκειν Ἀλκιβιάδην τὰ δίκαια. κατὰ δὲ τὸν παραδιεζευγμένον ψιλὸν ὁ λόγος ἂν οὕτως ἠρωτᾶτο „Ἀλκιβιάδης οἶδε τὰ δίκαια ἤτοι μαθὼν ἢ αὐτὸς εὑρών· ἀλλὰ μὴν οὐκ οἶδε μαθών· αὐτὸς ἄρα εὑρὼν οἶδε.“*

als auch aus den hier vorkommenden Beispielen ersichtlich, dass obige Bemerkung betreffs des Zusammenhanges der Voraussetzungsschlüsse mit der Kategorie der substanziellen Wesenheit durchaus nichtssagend ist, denn selbstverständlicher Weise kann durch derlei Schlüsse ebensosehr auch ein qualitatives oder quantitatives Verhältniss u. s. w. erschlossen werden.

Nun aber wird den bisherigen zwei Arten des Syllogismus (d. h. dem kategorischen und den Voraussetzungs-Schlüssen) als dritte der Syllogismus des *πρός τι* hinzugefügt und hiebei bemerkt, dass die Aristoteliker denselben in widernatürlicher Weise den kategorischen Schlüssen beizählen[57]. Es muss also die Kategorie der Relation, welche oben (Anm. 48) zugleich unter den übrigen aufgezählt worden war, von diesen nun besonders getrennt werden, und es erscheinen als Beispiele dieser dritten Art von Schlüssen, welche, wie bemerkt wird, besonders bei den Skeptikern (d. h. wohl den sog. skeptischen Aerzten) und den Mathematikern Anwendung finden, zunächst Syllogismen, durch welche eine mathematische Proportion oder das wechselseitige (relative) Verhältniss zwischen Vater und Sohn dargelegt wird; dieselben aber sollen in Bezug auf ihre Beweiskraft eben im Gegensatze gegen die Peripatetiker nicht auf kategorische, sondern auf Voraussetzungsschlüsse zurückgeführt werden, und nachdem für die mathematischen Proportional-Schlüsse mit Hinweisung auf Euklides an die in hypothetischer Form ausgesprochenen Axiome (z. B. Wenn zwei Grössen der nemlichen dritten gleich sind, sind sie unter sich gleich, u. dgl.) erinnert wurde, soll auch der Relations-Schluss „A ist Vater des B, also ist B Sohn des A“ auf den hypothetisch ausgedrückten allgemein zugestandenen Satz „Wenn A Vater des B ist, so ist B Sohn des A“ reducirt werden[58]. Man sieht, wie läppisch und ge-

---

57) p. 45.: *ἔστι δὲ καὶ ἄλλο τρίτον εἶδος συλλογισμῶν, οὓς ἐγὼ μὲν ὀνομάζω κατὰ τὸ πρός τι γίνεσθαι, βιάζονται δ' οἱ περὶ Ἀριστοτέλην τοῖς κατηγορικοῖς συναριθμεῖν.*

58) Ebend.: *ἔστι δ' οὐκ ὀλίγη χρῆσις αὐτῶν παρά τε τοῖς σκεπτικοῖς καὶ ἀριθμητικοῖς καὶ λογιστικοῖς ἐπὶ τοιούτων τινῶν λόγων· „Δίωνος Θέων διπλάσια κέκτηται. ἀλλὰ καὶ Θέωνος Φίλων διπλάσια κέκτηται. Δίωνος ἄρα Φίλων τετραπλάσια κέκτηται“* (die Handschrift ist in diesem Beispiele lückenhaft, die Ergänzung, welche Minas gibt, lächerlich)*· καὶ κατ' ἀντιστροφὴν δὲ τῆς λέξεως ταὐτὸ δύναται ὁ λόγος οὗτος εἰ ἐρωτηθήσεται· „Δίων Θέωνος ἡμίση κέκτηται. ἀλλὰ καὶ Θέων Φίλωνος ἡμίση κέκτηται. Δίων ἄρα Φίλωνος τέταρτον μέρος ἔχει τῆς κτήσεως“* ...... (p. 46.) *πολὺ δὲ πλῆθός ἐστιν, ὡς ἔφην, ἐν ἀριθμητικῇ τε καὶ λογιστικῇ τούτων συλλογισμῶν, ὧν ἁπάντων ἐστὶ κοινὸν ἔκ τινων ἀξιωμάτων τὴν δύναμιν* (M. *αὐτὴν*) *ἔχειν συστάσεως, ὧν ἐν τοῖς εἰρημένοις μνημονεύοντες εἰς τοὺς ὑποθετικοὺς* (M. *κατηγορικούς*, die sogleich folgenden Beispiele zeigen das Richtige) *ἀνάγειν λόγους δυνησόμεθα τοὺς τοιούτους συλλογισμοὺς σαφέστερον ἡμῖν ἀρξομένοις· ὄντος γὰρ ἀξιώματος τούτου καθόλου τὴν πίστιν ἔχοντος ἐξ ἑαυτοῦ τὰ τῷ αὐτῷ ἴσα καὶ αὐτὰ ἴσα, καὶ συλλογίζεσθαί τε καὶ ἀποδεικνύναι ἔστιν ὥσπερ Εὐκλείδης ἐν τῷ πρώτῳ θεωρήματι* (El. I, 5.) *τὴν ἀπόδειξιν ἐποιήσατο τὰς τοῦ τριγώνου γωνίας ἴσας δεικνύων· ἐπεὶ γὰρ τὰ τῷ αὐτῷ ἴσα καὶ ἀλλήλοις ἴσα ἐστὶ, δέδεικται δὲ τὸ πρῶτόν τε καὶ τὸ δεύτερον, ἑκάτερον αὐτῶν ἴσον ἂν εἴη οὕτω τῷ πρώτῳ· ὄντος δὲ πάλιν ἀξιώματος ἐξ ἑαυτοῦ πιστοῦ τοῦδε „ἐὰν ἴσοις ἴσα προστεθῇ, καὶ τὰ ὅλα ἴσα ἔσται“, ἐὰν ὁμολογουμένων ἴσων ἀλλήλοις εἶναι τοῦ πρώτου καὶ δευτέρου, προστεθῇ τε καθ' ἑκάτερον ἴσον ἴσῳ, ἔσται καὶ τὸ ὅλον τῷ ὅλῳ ἴσον* ...... (p. 48.) *ὡσαύτως δὲ κἀπειδὰν ἀπό τινων ἴσων ἴσα ἀφαιρεθῇ* ...... *ὁμοίως δὲ κἀπὶ τῶν*

zwungen diese Behandlungsweise, abgesehen von der Einführung der Relations-Schlüsse als einer eigenen Species, sich gestaltet. Diesen aber nun werden ausdrücklich auch die Syllogismen *κατὰ τὸ μᾶλλον*, welche wir oben (Abschn. V, Anm. 74) in hypothetischer Form trafen, beigezählt [59]; und indem der Verfasser des Compendiums hiebei gelegentlich veranlasst wird, von seinen Bemühungen zu sprechen, in Folge deren er die Schlüsse überhaupt auf allgemeine Axiome (*καθολικὰ ἀξιώματα* — das Bestreben nach einer mathematischen Methode der Demonstration; vgl. Abschn. IX, Anm. 81. u. Abschn. XII, Anm. 138. —) zurückgeführt habe, fügt er hinzu, dass auch die *ἀναπόδεικτοι* zuletzt auf dem Grundsatze beruhen, dass dasjenige wahr ist, was mit Wahrheit ausgesprochen wird [60]), wobei Jedermann von selbst an die stoische Doctrin denkt, und vielleicht eine Hinweisung auf den sog. *ἀληθεύων* (Abschn. VI, Anm. 205) zu vermuthen ist. Hieran dann knüpft sich für die praktische Anwendung der Schlüsse die Vorschrift, dass man auf zwei Punkte sehen müsse, nemlich erstens auf die Wortbedeutung und zweitens eben auf jene zu Grunde liegenden Axiome [61]). Sodann noch einmal auf das Frühere zurückkommend gibt

---

ἄλλων ἁπάντων ἡ σύστασις τῶν ἀποδεικτικῶν συλλογισμῶν κατὰ δύναμιν ἀξιώματος ἔσται συνημμένου ἐπὶ ἀριθμῷ· ἐπί τε τῶν ἄλλων πραγμάτων ἐν τῷ πρός τι γένει καὶ αὐτῶν ὑπαρχόντων ὁ συλλογισμὸς ἔσται κατά τι τοιούτων ἀξιωμάτων, οἷον οὑτοσί „Σωφρονίσκος πατήρ ἐστι Σωκράτους. Σωκράτης υἱός ἐστι Σωφρονίσκου“ καὶ ἀνάπαλιν „Σωκράτης υἱός ἐστι Σωφρονίσκου· πατήρ ἐστι Σωφρονίσκος Σωκράτους“ εὔδηλον δὲ τῶν εἰρημένων προτάσεων αἱ προςλήψεις ὑποθετικαὶ μὲν, οὕτος δὲ ὁ συλλογισμὸς ἐρωτηθήσεται· „εἰ Σωκράτης υἱός ἐστι Σωφρονίσκου, Σωφρονίσκος πατήρ ἐστι Σωκράτους. ἀλλὰ μὴν ὁ Σωκράτης υἱός ἐστι Σωφρονίσκου. Σωφρονίσκος ἄρα πατήρ ἐστι Σωκράτους.“ κατηγορικαῖς δὲ προτάσεσι βιαιοτέρα ἔσται ἡ σύστασις τοῦ συλλογισμοῦ.

59) p. 49.: ὡςαύτως δὲ καὶ οἱ καθ' ἡντιναοῦν σχέσιν ἐρωτώμενοι συλλογισμοὶ γένει τε καὶ (etwa γεννητικῷ?) ἀξιώματι πιστὴν τὴν σύστασιν ἕξουσι καὶ τὴν τῆς ἀποδείξεως δύναμιν, οἷον καὶ οἱ κατὰ τὸ μᾶλλον εὖ (stoischer Begriff) δηλούμενοι, ὅτι καὶ οὗτοι τῶν ἀναλόγων (M. ἀλλογενῶν) εἰσὶ τοῖς κατὰ τὴν τοῦ πρός τι κατηγορίαν συνισταμένοις ..... οἱ δὲ τῆς τοῦ μᾶλλον φωνῆς οἱ τοιοῦτοι συλλογισμοὶ λέγονται κατὰ δύναμιν αὐτῆς, ὁποῖός ἐστι καὶ ὅδε „ἡ κρείττονος ἀρετὴ αἱρετωτέρα. κρείττων δὲ ψυχὴ σώματος. αἱρετωτέρα ἄρα ἡ τῆς ψυχῆς ἀρετὴ τῆς τοῦ σώματος“, ὅμοιος δὲ τούτῳ καὶ ὁ τοιοῦτος συλλογισμός „τὸ τοῦ κρείττονος ἀγαθὸν αἱρετώτερον. κρείττων ἦν δὲ ψυχὴ σώματος. κρεῖττον ἄρα τὸ τῆς ψυχῆς ἀγαθόν.“

60) p. 50 f.: καὶ σχεδὸν ἅπαντες οἱ συλλογισμοὶ διὰ τὴν τῶν ἐπιτεταγμένων αὐτοῖς καθολικῶν ἀξιωμάτων πιστούμενοι τὴν σύστασιν ὕστερόν μοι νοηθέντες· οὔτε δ' ἐν τοῖς Περὶ ἀποδείξεως ὑπομνήμασιν οὔτ' ἐν τῷ Περὶ τοῦ τῶν συλλογισμῶν ἀριθμοῦ γέγραπται, καίτοι τοὺς εἰς τὸ πρός τι συλλογισμοὺς ἤδη μὲν οὖν καὶ κατ' ἐκείνας τὰς πραγματείας εὑρηκότες εἰρήκαμεν (fehlt in d. Handsch.) τὸν τῆς συστάσεως τρόπον αὐτῶν καὶ τῆς πίστεως. ὅσοι δὲ πάλιν οἱ ἀναπόδεικτοι συλλογισμοὶ διὰ τὴν τῶν καθόλου πίστιν ἀξιωμάτων εἰσὶ τοιοῦτοι, μαθεῖν ἔνεστιν ἐναργέστερον ἅπαντας τοὺς ὁπωσοῦν ἠρτημένους λόγοις τοιούτοις ἐπιβλέψαντες, καθάπερ ἔχει καὶ ὁ τοιόςδε „λέγεις ἡμέραν εἶναι. ἀλλὰ καὶ ἀληθεύεις. ἡμέρα ἄρα ἐστι·“ ἀποδεικτικός ἐστι καὶ ὁ τοιοῦτος συλλογισμὸς, διότι καὶ τὸ καθόλου ἀξίωμα ὑποπέπτωκεν „ἀληθές ἐστι τοιοῦτον ὑπάρχον ἀληθεύοντα λέγειν.“

61) p. 52 f.: προσέχειν οὖν χρὴ τὸν ὁτιοῦν συλλογιζόμενον ἢ ἀποδεικνύντα δυσὶ τοῖςδε πρώτοις καὶ μάλιστα, τῷ τε τὸ σημαινόμενον ἐκ τῆς φωνῆς ἀκούειν κατὰ τὸ τῶν Ἑλλήνων ἔθος τῷ τε τὸ λαμβανόμενον λῆμμα πότερον ὡς ὑποπεπτωκὸς ἀξιώματι καθόλου δι' ἐκεῖνο αὐτὸ πιστὸν εἶναι

er an, dass ebenso wie die zuletzt erwähnten Schlüsse auch die Syllogismen *κατὰ τὸ ὡσαύτως* und *κατὰ τὸ ἀνάλογον* zu den Relations-Schlüssen gehören, und nachdem er für dieselben ein Beispiel aus Plato vorgebracht, formulirt er als deren Axiom den allgemeinen Grundsatz der Proportionalität [62]).

Hierauf schliesst das Compendium mit der Abweisung einiger Schlüsse, welche als unpraktisch bezeichnet werden, nemlich der peripatetischen Syllogismen *κατὰ πρόςληψιν* (Abschn. V, Anm. 55 f.), dann der *ἄχρηστοι* des Chrysippus (Abschn. VI, Anm. 193), der *ὑποσυλλογιστικοὶ*, welche auf Aequipollenz beruhen (s. oben Anm. 43) und der *ἀμέθοδοι* (Abschn. VI, Anm. 205), wobei übrigens auf andere ausführliche Schriften verwiesen wird [63]).

An diese Schrift nun, welche in der abenteuerlichsten Weise Peripatetisches und Stoisches zusammenwürfelt, können wir füglich einige Einzelnheiten anreihen, welche gleichfalls einem Pseudo-Galenus angehören, natürlich ohne hiedurch etwa gar andeuten zu wollen, dass die nemliche Autorschaft bei dem eben betrachteten Compendium und bei demjenigen vorliege, was den Werken des Galenus unter vielem anderen Unächten in der sog. *hist. philos.* und in den *definitiones* beigefügt ist. Erstere nemlich ist mit einer Art Einleitung versehen, welche in ihrem Doppelgänger (bekanntlich den ps.-plutarchischen *Plac. phil.*) sich nicht findet, und dort werden nun in der schulmässigsten Weise auch einige die Logik betreffende Punkte zusammengestellt; es sind diese Dinge

---

ἢ δι᾽ ἄλλο τι· τὰ πλεῖστα γὰρ ὧν οἱ ἄνθρωποι συλλογίζονται καὶ ἀποδεικνύουσι κατὰ δύναμιν ἀξιώματος λέγεται.

62) p. 54 f.: *ἐπείπερ ἐν τῷ γένει τῶν κατὰ τὸ πρός τι συλλογισμῶν ὥςπερ οἱ κατὰ τὸ μᾶλλόν τε καὶ ἧττον οὕτω καὶ οἱ κατὰ τὸ ὡςαύτως καὶ ἀνάλογον ἐπισκεπτέοι, καὶ τούτων ἡ πίστις ἐκ τῶν καθολικῶν ἀξιωμάτων ἤρτηται· διαφερέτω δὲ μηδὲν ἤτοι ὡςαύτως εἰπεῖν ἢ ἴσως ἢ ὁμοίως· ἔστι δὲ τοιοῦτος ὁ λόγος οὗτος καὶ Πλάτωνος ἐν τῇ Πολιτείᾳ γεγραμμένος* (IV, p. 441 f.)· *ἀξιοῖ Σωκράτης, ὡς πόλις γίνεται καὶ λέγεται δικαία, οὕτω καὶ ψυχὴν γίνεσθαί τε καὶ λέγεσθαι δικαίαν, ὡςαύτως δὲ καὶ πρᾶξιν καὶ νόμον καὶ πᾶν ὁτιοῦν τῶν δικαίων εἶναι λεγομένων κατὰ ταὐτὸν λέγεσθαι σημαινόμενον* ..... (p. 55.) *ὡς εἶναι τὸν συλλογισμὸν τοιοῦτον „ὡςαύτως πόλις τε καὶ ψυχὴ δίκαιαι λέγονται καὶ εἰσί. πόλις δὲ δικαία λέγεται τῇ κατὰ τῶν μερῶν αὐτῆς ἰδιοπραγίᾳ. καὶ ψυχὴ ἄρα κατ᾽ αὐτὸ τοῦτο δικαία λεχθήσεται“ ..... παράδειγμα γὰρ τοῦτο νοήσεως καὶ τοῖς ἀπείροις ἀριθμητικῆς τε καὶ γεωμετρίας ἔστω τόδε „ὡς τὸ Α πρὸς τὸ Β, οὕτω καὶ τὸ Γ πρὸς τὸ Δ. τὸ δὲ Α τοῦ Β διπλάσιόν ἐστι. τὸ Γ ἄρα τοῦ Δ διπλάσιόν ἐστι“· καθολικὸν δὲ καὶ κατὰ τοὺς τοιούτους λόγους ἀξίωμα νοεῖταί τε καὶ πιστεύεται πᾶσι τοιόνδε „ὧν ὁ αὐτὸς ὁ λόγος καθόλου, τούτων καὶ οἱ κατὰ μέρος λόγοι πάντες οἱ αὐτοί.“*

63) p. 57 ff.: *ἔτι δὲ καὶ περὶ τῶν κατὰ πρόςληψιν ὀνομαζομένων συλλογισμῶν οἱ ἐκ τοῦ Περιπάτου γεγράφασιν ὡς χρησίμων, ἐμοὶ δὲ περιττοὶ δοκοῦσιν εἶναι, καθότι δέδεικταί μοι κἀν τῇ περὶ τῆς ἀποδείξεως πραγματείᾳ προςῆκον εἶναί τι καὶ περὶ τούτων εἰπεῖν* ..... (p. 58.) *διὰ τοῦτο οὖν οὐδὲ τοὺς ὑπὸ Χρυσίππου συντεθέντας ἐν ταῖς τρισὶ συλλογιστικαῖς ἀχρήστοις ἀποδεικτέον μοι νῦν ἐστιν ἀχρήστους ὄντας, ἑτέρωθι γὰρ ἔδειξα τοῦτο καθάπερ καὶ τῶν περαντικῶν ὑπ᾽ αὐτοῦ κληθέντων ..... οἱ δὲ ὑποσυλλογιστικοὶ κληθέντες ἐν ἰσοδυναμούσαις λέξεσι τοῖς συλλογιστικοῖς λεγομένοις. τέλος δὲ περιττοὶ παρ᾽ αὐτοῖς* (M. *τέλος δ᾽ οἱ περὶ τρίτου πρὸς αὐτούς*), *οὓς ἀμεθόδους ὀνομάζουσιν, οἷς οὐδενὸς ὄντος ὅλως μεθοδικοῦ λόγου συλλογιστέον.*

höchst jämmerlich und reihen sich dem Einfältigsten, was es auf diesem Gebiete geben kann, an, aber sie zeigen uns, wie mit der frivolsten Oberflächlichkeit einzelne Brocken verschiedenartigster Theorien in den encyclopädischen Schulkram zusammengeknetet wurden. Während halb stoisch und halb peripatetisch gelehrt wird, dass der logische Theil der Philosophie voranzustellen sei, wird doch wieder gesagt, Aufgabe der Logik sei die Kenntniss der seienden Dinge in Bezug auf ihre substanzielle Wesenheit und ihre Merkmale und artmachenden Unterschiede[64]); bald darauf aber folgt wörtlich die stoische Definition des *σημεῖον* (Abschn. VI, Anm. 151 f.), bei der Definition von *ὅρος* hingegen wird jener „endlose Streit" der Stoiker (s. ebend. Anm. 59—65) über die Bedeutung des Begriffes (natürlich mit jener durchgängigen Verwechslung von Begriff und Definition) sehr einfach dadurch geschlichtet, dass zweierlei *ὅροι*, ein substanzieller (*οὐσιώδης*, peripatetisch) und ein intelligibler (*ἐννοηματικός*, stoisch) angenommen werden[65]); auch eine Bemerkung über die Eintheilung in stoischem Stile (ebend. Anm. 66 ff.) fehlt nicht[66]). Das wundersamste aber ist die Definition des Syllogismus, wornach derselbe ein Ausspruch sein soll, welcher im Zwiegespräche einen unerwarteten (*ἀπροσδόκητον*) Schlusssatz bildet, worin wir eine wahre Carricatur der aristotelischen Definition erkennen[67]); daneben aber werden für die *ἀπόδειξις* die stoischen fünf *ἀναπόδεικτοι* als einziges Mittel aufgezählt[68]). In völlig ähnlicher Weise wird auch in den pseudo-galenischen *Definitiones* eine wahre Auswahl peripatetischer und stoischer Begriffs-Bestimmungen von *ὅρος* und *ὁρισμός* mit Hinzufügung der stoischen *ὑπογραφή* (Abschn. VI,

---

64) *Galen. ed Kühn.* XIX, p. 231.: *τὸ λογικὸν μέρος τῆς φιλοσοφίας ἀπὸ τῶν ὕστερον γεγονότων προτέτακται ἡγουμένων δεῖν τοὺς μέλλοντας ἀκριβῶς φιλοσοφεῖν μὴ πρότερον τοῖς ἄλλοις μέρεσιν ἐπιχειρεῖν πρὶν ὅ τι τούτων ἕκαστόν ἐστι γινώσκειν* ..... (p. 232.) *τὸ λογικὸν μέρος δι' οὗ καταμανθάνομεν τῶν ὄντων ἕκαστον κατ' οὐσίαν καὶ κατὰ συμβεβηκὸς καὶ τὰς διαφορὰς τούτων πρὸς ἄλληλα καὶ τὰ τοιαῦτα γινώσκομεν.*

65) Ebend. p. 235.: *σημεῖον τοίνυν οἱ διαλεκτικοί φασιν ἀξίωμα ἐν ὑγιεῖ συνημμένον* (*l. συνημμένῳ*) *καὶ ἡγούμενον ἐκκαλυπτικὸν τοῦ λήγοντος· τῶν δὲ σημείων τὰ μέν ἐστιν ἐνδεικτικὰ τὰ δὲ ὑπομνηστικά.* p. 236.: *ὅρος δέ ἐστι λόγος σύντομος εἰς γνῶσιν ἡμᾶς ἄγων ἑκάστου πράγματος ἢ λόγος διὰ βραχείας ὑπομνήσεως ἐμφανὲς ἡμῖν ἀπεργαζόμενος τὸ ὑποκείμενον πρᾶγμα· τῶν δὲ ὅρων οἱ μέν εἰσιν οὐσιώδεις οἱ δὲ ἐννοηματικοί.*

66) Ebend. p. 237.: *τὴν διαίρεσιν ὑπολαμβάνουσι χωρισμὸν εἶναι τῶν συνεληλυθότων εἰς ἕν, διαιρεῖσθαι δὲ νομίζουσιν ὀνόματα εἰς σημαίνοντα καὶ ἄσημα καὶ ὅλον εἰς μερικὰ μέρη καὶ γένη εἰς εἴδη, διαφορὰς εἰς τὸ καθ' ἕκαστον καὶ εἰς συμβεβηκότα.*

67) p. 236.: *συλλογισμὸς δέ ἐστι λόγος διδομένων ἀποκρίσεων περὶ* (*l. παρὰ*) *τῶν διαλεγομένων συνάγων συμπέρασμα ἀπροσδόκητον* (dies hier statt des aristotelischen *ἕτερόν τι τῶν κειμένων*, s. Abschn. IV, Anm. 537.) *ὡς ἐν τῇ Πολιτείᾳ παρὰ Πλάτωνι· τοῦ γὰρ Θρασυμάχου εἰρηκότος κτλ.*

68) p. 239.: *ἀποδείξεις καλῶ συλλογισμοὺς τοὺς διὰ τὰς ἐναργεῖς πρόθεσιν καὶ λῆψιν συμπέρασμα ἀποδεικνύντας ἢ οὐ δεομένους ἑτέρου μηνύματος· εἰσὶ δὲ οἵδε· πρῶτος ὁ ἐκ συνημμένου τοῦ ἡγουμένου τὸ λῆγον ἐπιφέρων* ... (die traditionellen Beispiele) ... *δεύτερος δὲ ὁ ἐξ ἡγουμένου καὶ τοῦ ἀντικειμένου τοῦ λήγοντος τὸ ἀντικείμενον τοῦ ἡγουμένου ἐπιφέρων* ..... *τρίτος δὲ ὁ ἐξ ἀποφατικῆς συμπλοκῆς καὶ ἑνὸς τῶν ἐν τῇ συμπλοκῇ τὸ ἀντικείμενον τὸ λοιπὸν ἐπιφέρων* ..... *τέταρτος δὲ ὁ ἐκ διεζευγμένου καὶ ἑνὸς τῶν ἀντικειμένων τὸ λοιπὸν ἐπιφέρων* ..... *πέμπτος δὲ ὁ ἐκ διεζευγμένου καὶ τοῦ ἀντικειμένου ἑνὸς τῶν ἐν τῷ διεζευγμένῳ τοῦ ἀντικειμένου τὸ λοιπὸν ἐπιφέρων.*

Anm. 73) dargeboten[69]), der Syllogismus hingegen wörtlich nach Aristoteles definirt[70]), von dem *σημεῖον* aber wieder die stoische Theorie gegeben[71]). Wie gesagt, all dieses ist nur ein Beleg für die arge Gedankenlosigkeit, mit welcher bei der üblichen Schuldoctrin syncretistisch verfahren wurde.

Es geriethen aber auch die Neuplatoniker und Neupythagoreer betreffs der Logik, wo sie um dieselbe sich interessiren, in den gleichen Syncretismus stoischer und peripatetischer Lehre, denn die erstere bildet überhaupt durch Anknüpfungspunkte an Plato in so mancher Beziehung eine Brücke zum Neuplatonismus, und die von ihr ausgegangene Schuldisciplin hatte, wie wir sahen, im Verlaufe sich selbst nicht rein von peripatetischer Beimischung erhalten; die aristotelische Theorie aber ihrerseits konnte auch gerade von jenen Neuplatonikern am wenigsten ganz umgangen werden, welche nachzuweisen bestrebt waren, dass in den Schriften des „göttlichen Plato" der Inbegriff aller irdischen und namentlich der überirdischen Weisheit enthalten sei; und hier musste dann gezeigt werden, dass die platonische Dialektik vollständig allen Anforderungen, welche an die Logik gestellt werden, genüge. In solchem Sinne hat A l c i n o u s (aus nicht ganz sicherer Zeit, jedenfalls aber vor Plotinus) die Unverschämtheit in seinem Ueberblicke der Philosophie Plato's (*Εἰς τὰ τοῦ Πλάτωνος δόγματα εἰσαγωγή*) die gesammten Grundzüge der aristotelischen Logik als platonische Lehre anzuführen, wobei er jedoch auch stoische und theophrastische Lehrsätze mitlaufen lässt. Er bezeichnet die Dialektik als jenen Theil der Philosophie, welcher den **λόγος** betrifft, und theilt sie ein in: Eintheilung, Definition, Analyse, Induction, Syllogismus, den letzteren wieder in einen apodeiktischen, wahrscheinlichen, rhetorischen, sophistischen; es sei nemlich zunächst die substanzielle Wesenheit (**οὐσία**) der Dinge zu erkennen, was von oben herab durch Eintheilung und Definition, von unten hinauf aber durch Analyse geschehe, und hierauf erst die Merkmale (**συμβεβηκότα**), welche entweder aus demjenigen, was unter das zu erkennende Ding fällt, durch Induction, oder aus jenem, unter welches es fällt, durch Syllogismus erkannt werden[72]).

---

69) Ebend. p. 348 f.: *ὅρος τοίνυν κατ' ἐνίους ἐστὶ λόγος δηλῶν ποῖόν ἐστιν ἐκεῖνο καθ' οὗ ἐστιν ὁ λόγος* (peripatetisch). *δυνατὸν δὲ καὶ οὕτως ὁρίσασθαι· ὅρος ἐστὶ λόγος ἐννοίας* (stoisch)· *τινὲς δὲ καὶ οὕτως ὡρίσαντο· ὅρος ἐστὶ λόγος κατ' ἀνάλυσιν ἀπαρτιζόντων ἐκφερόμενος, ἢ ὅρος ἐστὶ διὰ βραχείας ὑπομνήσεως εἰς ἔννοιαν ἡμᾶς ἄγων τῶν ὑποτεταγμένων ταῖς φωναῖς πραγμάτων, ἢ ὅρος ἐστὶ λόγος τὸ εἶναι δηλῶν, ἢ λόγος ἐστὶν ἔννοιαν ἡμῖν τοῦ πράγματος δεικνύς τε καὶ σαφηνίζων· ὁρισμός ἐστι λόγος σύντομος δηλωτικὸς τῆς φύσεως τοῦ ὑποκειμένου πράγματος ..... ὑπογραφή ἐστι λόγος τυπωδῶς εἰςάγων εἰς τὴν δηλουμένην τοῦ πράγματος γνῶσιν· οἱ δὲ οὕτως· ὑπογραφή ἐστι λόγος τυπωδῶς ἐμφανίζων τὰ πράγματα.*

70) p. 354.: *συλλογισμός ἐστι λόγος ἐν ᾧ τεθέντων τινῶν ἕτερόν τι τῶν τεθέντων κατ' ἀνάγκην συνάγεται πρότερον ἀγνοούμενον.*

71) p. 396.: *ἐνδεικτικὸν σημεῖόν ἐστι τὸ ἀρχικῶς εἰς κατάληψιν ἀδήλου τινὸς ἀκολουθοῦντος καθ' ἑαυτὸ ἄγον· ὑπομνηστικὸν σημεῖόν ἐστιν, ὡς οἱ ἐμπειρικοὶ λέγουσιν, πρᾶγμα φαινόμενον καὶ γινωσκόμενον ἐκ προπαρατηρήσεως χρησιμεῦον εἰς ὑπόμνησιν γινωσκομένου πράγματος.*

72) c. 3. (p. 339. in d. Heinsius'schen Ausg. des *Max. Tyr.* 1607): *ἡ δὲ περὶ τὸν λόγον διαλεκτική· διαιρεῖται δὲ αὕτη εἴς τε τὸ διαιρετικὸν καὶ τὸ*

Nach dieser merkwürdigen Eintheilung wird dann der Inhalt der Dialektik näher dargestellt. Sowie aber dieses Rubriciren selbst und ingleichem die Voranstellung der Eintheilung stoisch sind, so wird auch letztere völlig in jener Weise, wie wir es bei den Stoikern (Abschn. VI, Anm. 67 f.) trafen, behandelt; es solle nemlich eingetheilt werden entweder die Gattung in die Arten oder das Ganze in die Theile oder das Wort in die Bedeutungen oder das Merkmal in die Substrate oder das Substrat in die Merkmale [73]. Aus der ersten dieser genannten Arten des Eintheilens entstehe die Definition, indem (wie in der stoischen Theorie; ebend. Anm. 69) der Gattungsbegriff zu den passenden Artunterschieden addirt werde [74]. Die Analyse hingegen schreite von unten hinauf entweder vom Sinnlichen zum Intelligiblen oder von den Beweisen zum Unbeweisbaren und Unmittelbaren oder von den Voraussetzungen zum Voraussetzungslosen [75]. Man sieht, wie der Platonismus sich hier mit dem Stoicismus verbrüdern muss; an sich wohl geschieht dem ersteren nicht so sehr Unrecht, wenn er eine Genossenschaft erhält, welche vom Begriffe keinen Begriff hat. Unter der Induction aber versteht unser Neuplatoniker das Gebiet des Urtheiles, welches den äusserlich natürlichen Gedanken anheimfalle und hiebei von Aehnlichem auf Aehnliches oder vom Einzelnen auf das Allgemeine übergehe; und er knüpft hieran die Eintheilung der Urtheile in die bekannten vier Arten (allg. bej., allg. vern., part. bej., part. vern.) sowie in kategorische und hypothetische, deren letztere entweder auf *ἀκολουθία* oder auf *μάχη* beruhen [76]. Nachdem

---

ὁριστικὸν (ausgefallen ist hier *καὶ τὸ ἀναλυτικόν*) *καὶ τὸ ἐπαγωγικὸν καὶ τὸ συλλογιστικόν· τοῦτο δὲ εἰς τὸ ἀποδεικτικὸν ὅπερ ἐστὶ περὶ τὸν ἀναγκαῖον συλλογισμὸν, καὶ εἰς τὸ ἐπιχειρηματικὸν ὃ θεωρεῖται περὶ τὸν ἔνδοξον συλλογισμὸν, καὶ εἰς τρίτον τὸ ῥητορικὸν ὅπερ ἐστὶ περὶ τὸ ἐνθύμημα ὃ καλεῖται ἀτελὴς συλλογισμὸς, καὶ προςέτι τὰ σοφίσματα, ὅπερ προηγούμενον μὲν οὐκ ἂν εἴη τῷ φιλοσόφῳ, ἀναγκαῖον δέ.* c. 5, p. 343.: *τῆς διαλεκτικῆς δὲ στοιχειωδέστατον ἡγεῖται πρῶτον μὲν τὸ τὴν οὐσίαν ἐπιβλέπειν παντὸς ὁτουοῦν, ἔπειτα περὶ τῶν συμβεβηκότων· ἐπισκοπεῖ δὲ αὐτὸ μὲν ὅ ἐστιν ἕκαστον ἢ ἄνωθεν διαιρετικῶς καὶ ὁριστικῶς ἢ κάτωθεν ἀναλυτικῶς, τὰ δὲ συμβεβηκότα καὶ τὰ ὑπάρχοντα ταῖς οὐσίαις ἢ ἐκ τῶν περιεχομένων δι' ἐπαγωγῆς ἢ ἐκ τῶν περιεχόντων διὰ συλλογισμοῦ· ὡς κατὰ λόγον εἶναι τῆς διαλεκτικῆς τὸ μὲν διαιρετικὸν τὸ δὲ ὁριστικὸν τὸ δὲ ἀναλυτικὸν καὶ προςέτι ἐπαγωγικόν τε καὶ συλλογιστικόν.*

73) c. 5, p. 343.: *διαίρεσις μὲν τοίνυν ἐστὶν ἡ μὲν γένους εἰς εἴδη τομὴ, ἡ δὲ ὅλου εἰς μέρη ..... ἡ δὲ φωνῆς τομὴ εἰς σημαινόμενα .... ἡ δὲ συμβεβηκότων εἰς ὑποκείμενα .... ἡ δὲ ὑποκειμένων εἰς συμβεβηκότα.*

74) Ebend.: *τῇ τοίνυν τοῦ γένους πρώτον εἰς εἴδη τομῇ χρῆσθαι δεῖ ὑπὲρ τοῦ διαγινώσκειν αὐτὸ ἕκαστον ὅ ἐστι κατὰ τὴν οὐσίαν· τοῦτο δὲ ἄνευ ὅρου οὐκ ἂν γένοιτο, ὁ δὲ ὅρος ἐκ διαιρέσεως γεννᾶται τοῦτον τὸν τρόπον· τοῦ μέλλοντος ὅρῳ ὑποπίπτειν πράγματος δεῖ τὸ γένος λαβεῖν ὡς τοῦ ἀνθρώπου τὸ ζῷον, ἔπειτα τοῦτο τέμνειν κατὰ τὰς προσεχεῖς διαφορὰς κατιόντας μέχρι τῶν εἰδῶν, οἷον εἰς λογικὸν καὶ ἄλογον καὶ θνητὸν καὶ ἀθάνατον, ὥστε εἰ συντεθεῖεν αἱ προσεχεῖς διαφοραὶ τῷ γένει, τὸν ἐξ αὐτῶν ὅρον ἀνθρώπου γίνεσθαι.*

75) Ebend.: *ἀναλύσεως δὲ εἴδη ἐστὶ τρία, ἡ μὲν γάρ ἐστιν ἀπὸ τῶν αἰσθητῶν ἐπὶ τὰ πρῶτα νοητὰ ἄνοδος, ἡ δὲ διὰ τῶν δεικνυμένων καὶ ὑποδεικνυμένων ἄνοδος ἐπὶ τὰς ἀναποδείκτους καὶ ἀμέσους προτάσεις, ἡ δὲ ἐξ ὑποθέσεως ἀνιοῦσα ἐπὶ τὰς ἀνυποθέτους ἀρχάς.*

76) c. 5, p. 344. u. 6, p. 345.: *ἐπαγωγὴ δέ ἐστι πᾶσα ἡ διὰ λόγων μέθοδος ἢ ἀπὸ τοῦ ὁμοίου ἐπὶ τὸ ὅμοιον μετιοῦσα ἢ ἀπὸ τῶν καθ' ἕκαστα ἐπὶ τὰ καθόλου· χρησιμωτάτη δὲ ἡ ἐπαγωγὴ εἰς τὸ ἀνακινεῖν τὰς φυσικὰς*

aber mit dieser letzteren Bemerkung der Standpunkt der Syncretisten eingenommen ist, folgt unmittelbar die aristotelische Definition des Syllogismus, sogleich aber wieder mit dem Zusatze, dass es kategorische, hypothetische und gemischte Schlüsse gebe, sowie dass Plato auch die wahrscheinlichen und eristischen Syllogismen anwende[77]); dann werden die drei aristotelischen Figuren des kategorischen Schlusses mit Beispielen aus Plato belegt[78]); und hierauf das Gleiche betreffs der hypothetischen Schlüsse vorgenommen; hiebei aber treffen wir die auffallende Erscheinung, dass Alcinous unter denselben nicht die gewöhnlichen fünf stoischen, sondern jene drei Syllogismen versteht, welche wir oben (Abschn. V, Anm. 60 f.) als die theophrastischen *δι' ὅλου ὑποθετικοί* sahen (nur die Reihenfolge derselben ist hier geändert, und die einzelnen Glieder der Prämissen sind als disjunctive Sätze genommen, daher die Schlüsse in der Form der sog. hypothetisch-disjunctiven auftreten), so dass er wahrscheinlich unter den „gemischten" gleichfalls die *μικτοί* der älteren Peripatetiker (s. ebend. Anm. 73) meinte; ausserdem gibt er noch die zwei ersten der theophrastischen Voraussetzungsschlüsse (ebend. Anm. 70) als *κατασκευαστικοὶ ἐξ ἀκολουθίας* und *ἀνασκευαστικοὶ ἐξ ἀκολ.* an[79]). End-

---

ἐννοίας· τοῦ δὲ λόγου ὃν καλοῦμεν πρότασιν δύο ἐστὶν εἴδη, τὸ μὲν κατάφασις τὸ δὲ ἀπόφασις ..... τῆς δὲ ἀποφάσεως καὶ καταφάσεως ἡ μέν ἐστι καθόλου ἡ δὲ ἐπὶ μέρους ...... τῶν δὲ προτάσεων αἱ μὲν κατηγορικαί εἰσιν αἱ δὲ ὑποθετικαί, κατηγορικαὶ μὲν αἱ ἁπλαῖ οἷον πᾶς δίκαιος καλόν, ὑποθετικαὶ δέ εἰσιν αἱ ἀκολουθίαν δηλοῦσαι ἢ μάχην.

77) c. 6, p. 345.: *ἔστι δὲ ὁ συλλογισμὸς λόγος ἐν ᾧ τεθέντων τινῶν ἕτερόν τι τῶν κειμένων δι' αὐτῶν τῶν τεθέντων ἐξ ἀνάγκης συμβαίνει· τῶν δὲ συλλογισμῶν οἱ μέν εἰσι κατηγορικοὶ οἱ δὲ ὑποθετικοὶ οἱ δὲ μικτοί· ἐκ τούτων κατηγορικοὶ μὲν ὧν καὶ τὰ λήμματα καὶ τὰ συμπεράσματα ἁπλαῖ ὑποθέσεις* (l. *προτάσεις*) *ὑπάρχουσιν, ὑποθετικοὶ δὲ οἱ ἐξ ὑποθετικῶν προτάσεων, μικτοὶ δὲ οἱ τὰ δύο συνειληφότες. χρῆται δὲ ὁ ἀνὴρ τοῖς μὲν ἀποδεικτικοῖς ἐν τοῖς ὑφηγητικοῖς διαλόγοις, τοῖς δὲ ἐνδόξοις πρὸς τοὺς σοφιστάς τε καὶ νέους, τοῖς δὲ ἐριστικοῖς πρὸς τοὺς ἰδίως λεγομένους ἐριστικούς* ..... p. 347.: *καὶ τὴν τῶν σοφισμάτων δὲ μέθοδον εὕροιμεν ἂν ὑπὸ Πλάτωνος ὑπογεγραμμένην ἐν τῷ Εὐθυδήμῳ εἰ ἀκριβῶς ἐντύχοιμεν τῷ βιβλίῳ.*

78) Ebend.: *τῶν δὲ κατηγορικῶν σχημάτων ὄντων τριῶν καὶ τοῦ μὲν πρώτου ἐν ᾧ ὁ κοινὸς ὅρος* (über diese Bezeichnung vgl. oben, Anm. 40.) *τοῦ μὲν κατηγορεῖται τῷ δ' ὑπόκειται, τοῦ δὲ δευτέρου ἐν ᾧ ὁ κοινὸς ὅρος ἀμφοτέρων κατηγορεῖται, τοῦ δὲ τρίτου ἐν ᾧ ὁ κοινὸς ὅρος ἀμφοτέροις ὑπόκειται, ὅρους δέ φημι τὰ μέρη τῶν προτάσεων ..... καὶ κατὰ τὸ πρῶτον σχῆμα ἐρωτᾷ λόγους ὁ Πλάτων καὶ κατὰ τὸ δεύτερον καὶ τὸ τρίτον* (nun folgen Beispiele hiefür).

79) p. 346.: *τοὺς δὲ ὑποθετικοὺς ἐν πολλοῖς βιβλίοις εὑρήσομεν ἐρωτωμένους ὑπ' αὐτοῦ, μάλιστα δ' ἐν τῷ Παρμενίδῃ τοιούτους εὕροιμεν ἂν λόγους· „εἰ μὴ ἔχει μέρη τὸ ἓν οὔτε ἀρχὴν οὔτε μέσον οὔτε τελευτὴν ἔχει· εἰ μήτε ἀρχὴν μήτε μέσον μήτε τελευτὴν ἔχει, οὐδὲ πέρας ἔχει· εἰ μὴ ἔχει πέρας, οὐδὲ σχήματος μετέχει· εἰ ἄρα μὴ ἔχει μέρη τὸ ἕν, οὐδὲ σχήματος μετέχει". κατὰ δὲ τὸ δεύτερον ὑποθετικὸν σχῆμα ὃ οἱ πλεῖστοι τρίτον φασί, καθ' ὃ ὁ κοινὸς ὅρος ἀμφοτέροις τοῖς ἄκροις ἕπεται, οὕτως ἐρωτᾷ· „εἰ μὴ ἔχει μέρη τὸ ἕν, οὔτε εὐθύ ἐστιν οὔτε στρογγύλον· εἰ μετέχει σχήματος, ἢ εὐθύ ἐστιν ἢ στρογγύλον· εἰ ἄρα μὴ ἔχει μέρη, οὐ μετέχει σχήματος". καὶ μὴν καὶ κατὰ τὸ τρίτον σχῆμα πρός τινων δὲ δεύτερον, καθ' ὃ ὁ κοινὸς ὅρος ἀμφοτέρων ἡγεῖται, ἐν τῷ Φαίδωνι οὕτως ἐρωτᾷ δυνάμει· „εἰ λαβόντες τὴν τοῦ ἴσου ἐπιστήμην οὐκ ἐπιλελήσμεθα, ἐπιστάμεθα· εἰ δὲ ἐπιλελήσμεθα, ἀναμιμνησκόμεθα". καὶ τῶν μικτῶν δὲ μέμνηται. τῶν μὲν ἐξ ἀκολουθίας κατασκευαστικῶν οὕτως· „εἰ τὸ ἓν ὅλον ἐστὶ καὶ τὸ πεπερασμένον τοῦτο ἀρχὴν καὶ μέσα καὶ τελευτὴν ἔχον,*

lich noch wird bemerkt, dass Plato auch die zehn Kategorien (!) nachgewiesen und das etymologische Verfahren entwickelt habe, überhaupt aber das grösste Verdienst in den Hauptzweigen der Dialektik, nemlich in der Eintheilung und Definition besitze [80]).

Dass aus einer Speculationsweise, wie die des **Plotinus** ist, nichts Erhebliches für die Logik oder deren Geschichte fliessen kann, versteht sich von selbst; diese Gottseligkeit ist natürlich viel zu vornehm, um sich mit dem mühseligen Wissens-Materiale des irdischen Jammerthales oder gar mit Formen des menschlichen Verstandes näher abzugeben. „Die Urtheile sind ja nur Buchstaben, und die hoch erhabene Dialektik, welche bereits die Sache selbst und das Seiende besitzt, ist darum weit davon entfernt, bloss als Werkzeug zu dienen; sie besteht nicht aus nackten Lehrsätzen und Regeln, sondern indem sie auf das Eine Seiende blickt, darf sie die Lehre vom Urtheile und von den Syllogismen füglich bei Seite lassen, da dieselbe nicht mehr Werth hat als etwa die Technik des Schreibens“ [81]). Mit dieser ekelhaften Tirade ist nun Alles abgefertigt, worum sich Aristoteles gemüht hatte; aber Ein Zweig der Logik bleibt dem hochmüthigen Pharisäer, nachdem er das Gebiet der „Buchstaben“ in seine gebührende Nichtigkeit zurückgewiesen hatte, dennoch übrig; natürlich, er muss nach den obersten Wesenheiten schnappen, und hiezu bietet sich jener Abhub aristotelischer Logik, welchen peripatetische und stoische Schulmeister filtrirt hatten, vortrefflich dar; ein Verzeichniss der Grundbegriffe des Seienden, d. h. eine Kategorientafel, muss wohl ebenso süss und behaglich sein als die Faulheit der Ekstase. Gerade aber dei diesem einzigen Reste eines Gegenstandes, in welchem logischer Verstand sich zeigen könnte, vermissen wir bedeutend jene Klarheit oder Trefflichkeit der Methode, welche an Plotin zu rühmen in neuerer Zeit öfters beliebt wurde. Es hat an sich schon etwas komisches, einerseits in die Welt der sinnlichen Wahrnehmung, welche ja doch nur besteht, damit sie zuletzt der Teufel holt, noch die Regelmässigkeit einer Kategorien-Gruppe einzutragen, und andrerseits die Welt des Intelligiblen und Einen durch die entsprechend gleiche Zahl von Kategorien so freventlich mit der abominablen Vielheit zu besudeln. Die Polemik Plotins

---

καὶ σχήματος μετέχει· τὸ δὲ ἡγούμενον· τὸ ἄρα λῆγον.“ τῶν δὲ ἐξ ἀκολουθίας ἀνασκευαστικῶν οὕτω πως τὰς διαφορὰς κατὰ τοῦτο θεωρεῖσθαι.

80) p. 347.: *καὶ μὴν τὰς δέκα κατηγορίας ἔν τε τῷ Παρμενίδῃ καὶ τοῖς ἄλλοις ὑπέδειξε, τὸν ἐτυμολογικόν τε τύπον ὅλον ἐν τῷ Κρατύλῳ διεξέρχεται, ἁπλῶς τε ἱκανώτατος ὁ ἀνὴρ καὶ θαυμαστῶς τῆς τε ὁριστικῆς καὶ διαιρετικῆς πραγματείας, αἳ πᾶσαν δεικνύουσι μάλιστα τὴν δύναμιν τῆς διαλεκτικῆς.*

81) Enn. 1, 3, 4.; p. 43, 5. ed. Oxon.: *χρωμένη δὲ* (sc. *ἡ διαλεκτική*) *καὶ ἐπὶ τὰ πρῶτα γένη καὶ τὰ ἐκ τούτων νοερῶς πλέκουσα, ἕως ἂν διέλθῃ πᾶν τὸ νοητὸν, καὶ ἀνάπαλιν ἀναλύουσα εἰς ὃ ἂν ἐπ' ἀρχὴν ἔλθῃ· τότε δ' ἡσυχίαν ἄγουσα ὡς μέχρι γε τοῦ ἐκεῖ εἶναι ἐν ἡσυχίᾳ οὐδὲν ἔτι πολυπραγμονοῦσα εἰς ἓν γενομένη βλέπει τὴν λεγομένην λογικὴν πραγματείαν περὶ προτάσεων καὶ συλλογισμῶν, ὥςπερ ἂν τὸ εἰδέναι γράφειν ἄλλῃ τέχνῃ δοῦσα ὧν τινα ἀναγκαῖα καὶ πρὸ τέχνης ἡγουμένη.* 5, p. 44, 2.: *οὐ γὰρ δὴ οἰητέον ὄργανον τοῦτο εἶναι τοῦ φιλοσόφου· οὐ γὰρ ψιλὰ θεωρήματά ἐστι καὶ κάνονες, ἀλλὰ περὶ πράγματά ἐστι καὶ οἷον ὕλην ἔχει τὰ ὄντα, ὁδῷ μέντοι ἐπ' αὐτὰ χωρεῖ ἅμα τοῖς θεωρήμασι τὰ πράγματα ἔχουσα .... περὶ προτάσεως οὖν οὐκ οἶδε, καὶ γὰρ γράμματα, εἰδυῖα δὲ τὸ ἀληθὲς οἶδεν ὃ καλοῦσι πρότασιν κ. τ. λ.*

gegen die peripatetischen Kategorien ist um so läppischer, da er selbst wieder aristotelische Anschauungen zu Grunde legt. Jene Kategorientafel aber, welche Plotinus aufstellt, blieb auch geschichtlich ohne alle weitere Wirkung, denn bereits der Schüler desselben, Porphyrius, lenkte wieder in die peripatetische Lehre zurück; und da sie ferner überwiegend nur eine mystisch-ontologische, nicht aber eine logische Bedeutung hat, so können wir uns umsomehr dabei begnügen, bloss die einzelnen Kategorien des Plotinus namhaft zu machen. In der Sinnenwelt sind es folgende fünf: erstens Wesenheit, theils Stoff theils Form theils Vereinigung beider; zweitens die Relation; drittens das Merkmal (**συμβεβηκός**), welches in der Wesenheit ist, entweder als Quantität oder als Qualität; viertens dasjenige, in welchem die Wesenheit ist, nemlich Zeit und Raum; fünftens die Bewegung als Thun und Leiden [82]). In der Idealwelt sind es: Seiendes, Ruhe, Bewegung, Einerleiheit, Verschiednerleiheit [83]), welche in roher und unverstandner Weise aus dem platonischen Sophistes aufgerafft sind (vgl. Abschn. III, Anm. 50). Der einzige logische Gebrauch dieser Kategorien, welchen Plotinus selbst andeutet, weist auf stoische Schul-Theorie hinüber, indem die Kategorien auch hier als Begriffe bezeichnet werden, welche das substanzielle Wesen ausfüllen und ergänzen (s. Abschn. VI, Anm. 95), so dass wohl auch hier die Definition durch Addiren gewonnen werden müsste [84]).

---

82) VI, 3, 3, p. 1133, 11.: *ἔστι δὴ πρῶτον οὕτως τὸ μὲν ὕλην εἶναι τὸ δ' εἶδος τὸ δὲ μικτὸν ἐξ ἀμφοῖν, τὰ δὲ περὶ ταῦτα, τῶν δὲ περὶ ταῦτα τὰ μὲν κατηγορούμενα μόνον τὰ δὲ καὶ συμβεβηκότα, τῶν δὲ συμβεβηκότων τὰ μὲν ἐν αὐτοῖς τὰ δὲ αὐτὰ ἐν ἐκείνοις, τὰ δὲ ἐνεργήματα αὐτῶν τὰ δὲ πάθη τὰ δὲ παρακαλουθήματα, καὶ τὴν μὲν ὕλην κοινὸν μὲν καὶ ἐν πάσαις ταῖς οὐσίαις ..... εἰ δὲ εἶδος λέγομεν τὸ ποιητικὸν οὐσίας καὶ λόγον τὸν οὐσιώδη κατὰ τὸ εἶδος, οὔπω τὴν οὐσίαν εἴπομεν πῶς δεῖ λαμβάνειν, τὸ δὲ ἐξ ἀμφοῖν εἰ τοῦτο μόνον οὐσίαν, ἐκεῖνα οὐκ οὐσίας, εἰ δὲ κἀκεῖνα καὶ τοῦτο, τί τὸ κοινὸν σκεπτέον. τὰ δὲ κατηγορούμενα μόνον ἐν τῷ πρός τι ἂν εἴη, οἷον αἴτιον εἶναι, στοιχεῖον εἶναι. τῶν δὲ αὐτοῖς συμβεβηκότων τὸ μὲν ποσὸν εἶναι τὸ δὲ ποιὸν εἶναι, ἃ ἐν αὐτοῖς· τὰ δ' αὐτὰ ἐν ἐκείνοις ὡς τόπος καὶ χρόνος, τὰ δὲ ἐνεργήματα αὐτῶν καὶ πάθη, ὡς κινήσεις, τὰ δὲ παρακολουθήματα ὡς τόπος καὶ χρόνος, ὁ μὲν τῶν συνθέτων, ὁ δὲ τῆς κινήσεως ὁ χρόνος.*

83) VI, 2, 7, p. 1104, 6.: *κινήσεως δὲ περὶ τὸ ὂν φανείσης οὐκ ἐξιστάσης τὴν ἐκείνου φύσιν, μᾶλλον δ' ἐν τῷ εἶναι οἷον τέλειόν που οὔσης ἀεί τε τῆς τοιαύτης φύσεως ἐν τῷ οὕτω κινεῖσθαι μενούσης, εἴ τις μὴ στάσιν ἐπεισάγοι, ἀτοπώτερος ἂν εἴη τοῦ μὴ κίνησιν διδόντος* ..... 8, p. 1105, 6.: *ἀλλὰ χρὴ τρία ταῦτα τίθεσθαι, εἴπερ ὁ νοῦς χωρὶς ἕκαστον νοεῖ, ἅμα δὲ νοεῖ καὶ τίθησιν εἴπερ νοεῖ, καὶ ἔστιν εἴπερ νενόηται· οἷς μὲν γὰρ τὸ εἶναι μετὰ ὕλης ἐστὶ, τούτων οὐκ ἐν τῷ νῷ τὸ εἶναι, ἀλλ' ἔστιν ἄϋλα, ἃ δέ ἐστιν ἄϋλα εἰ νενόηται τοῦτ' ἐστὶν αὐτοῖς τὸ εἶναι* ..... (p. 1107, 2.) *ἆρ' οὐχ ἕτερα ἀλλήλων εἴρηκε καὶ διέστησεν ἐν ἑτερότητι καὶ εἶδε τὴν ἐν τῷ ὄντι ἑτερότητα τρία τιθεὶς καὶ ἓν ἕκαστον; πάλιν δὲ ταῦτα εἰς ἓν καὶ ἐν ἑνὶ καὶ πάντα εἰς ἓν εἰς ταὐτὸν αὖ συνάγων καὶ βλέπων ταυτότητα εἶδε γενομένην καὶ οὖσαν· οὐκοῦν πρὸς τρισὶν ἐκείνοις ἀνάγκη δύο ταῦτα προστιθέναι ταὐτὸν θάτερον, ὥστε τὰ πάντα γένη γίνεσθαι πέντε πᾶσι καὶ ταῦτα διδόντα τοῖς μετὰ ταῦτα τὸ ἑτέροις καὶ ταὐτοῖς εἶναι.*

84) VI, 2, 14, p. 1117, 2.: *ἐν δὲ τοῖς πρώτοις γένεσι τὴν διαίρεσιν οὐχ ἁπλῶν καὶ συνθέτων δεῖ ποιεῖσθαι ἀλλ' ἁπλῶν καὶ τῶν τὴν οὐσίαν συμπληρούντων οὐ τὴν τινὰ οὐσίαν· τὴν μὲν γὰρ τινὰ οὐσίαν συμπληροῦσθαι καὶ ἐκ ποιότητος οὐδὲν ἄτοπον, ἐχούσης ἤδη τὴν οὐσίαν πρὸ τῆς ποιότητος* ..... *νῦν δὲ λέγομεν οὐκ οὐσίας ὅλως εἶναι συμπληρωτικὰ τὰ τῆς τινὸς οὐσίας, οὐ γὰρ οὐσίας προσθήκη γίνεται τῷ ἀνθρώπῳ καθ' ὃ*

Endlich reihen wir hier die Erwähnung eines neupythagoreischen Falsums an, durch welches auch Simplicius sich um so eher täuschen liess, da er selbst an einen pythagoreischen Ursprung der aristotelischen Kategorien glaubte[85]). Es ist nemlich die Schrift des Pseudo-Archytas über die Kategorien (*καθόλου λόγοι* oder *καθολικοὶ λόγοι*) in zwei Büchern, welche zwar von Themistius als das Product eines Peripatetikers bezeichnet und insoferne für unächt erklärt wurde[86]), aber bei Simplicius, welcher ziemlich viele Fragmente aus ihr anführt, allen Glauben fand. Offenbar aber ist die Sache ein pythagoreisches Fabricat mit der Absicht eines litterarischen Betruges, vermöge dessen nachgewiesen werden wollte, dass die aristotelischen Kategorien eine Erfindung des Archytas seien. Den Fragmenten bei Simplicius zu Folge scheint die Schrift sich ganz an den Verlauf des pseudo-aristotelischen Buches gehalten zu haben; im Inhalte aber dürfte manche Aehnlichkeit mit den Bestrebungen der späteren Peripatetiker, welche wir im vorigen Abschnitte sahen, vorgelegen sein. Um abzusehen von syncretistischen Anschauungen, in welchen betreffs der Denkthätigkeit, der Wortbedeutung, der Bewegung, der Wichtigkeit der Zahlen, der Bedeutung der Substanz u. dgl. Stoisches und Pythagoreisches und Aristotelisches bunt sich mischt[87]), mag erwähnt werden, dass der Verfasser der Schrift die Qualität vor der Quantität und das *ποῦ* und *ἔχειν* vor dem *ποιεῖν* — *πάσχειν* stellt[88]),

---

ἄνθρωπος εἰς οὐσίαν, ἀλλ' ἔστιν οὐσία ἄνωθεν πρὶν ἐπὶ τὴν διαφορὰν ἐλθεῖν, ὥσπερ καὶ ζῷον ἤδη πρὶν ἐπὶ τὸ λογικὸν ἥκειν.

85) *Simpl. ad Cat. f.* 13 *A. ed. Bas.*: *καὶ ἴσως τοῖς Πυθαγορείοις ἀκολουθῶν, ἀφ' ὧν τὴν περὶ τῶν δέκα γενῶν διδασκαλίαν παρέλαβεν* (*sc.* *Ἀριστοτέλης*).

86) *Boeth. ad Ar. Praed.* p. 114. (*ed. Basil.* 1570.): *Archytas etiam duos composuit libros quos καθόλου λόγους inscripsit, quorum in primo haec decem praedicamenta disposuit; unde posteriores quidam non esse Aristotelem huius divisionis inventorem suspicati sunt, quod Pythagoricus vir eadem conscripsisset, in qua sententia Iamblichus philosophus est non ignobilis; cui non consentit Themistius neque concedit cum fuisse Archytam qui Pythagoricus Tarentinusque esset quique cum Platone aliquantulum vixisset, sed Peripateticum aliquem Archytam qui novo operi auctoritatem vetustate nominis conderet.*

87) *Simpl.* a. a. O. *f.* 10 *E.*: *Ἀρχύτας μέντοι τοῦ τῶν κατηγοριῶν βιβλίου ἀρχόμενος ἤτοι τῶν καθόλου λόγων περὶ λόγου διδάσκει πρῶτον καὶ τοῦτον ἐν διανοίᾳ καὶ λέξει περιέλαβε καὶ τὴν μὲν σημαίνουσαν εἶπε λέξιν εἶναι τὴν δὲ σημαινομένην διάνοιαν, τά τε ἁπλᾶ καὶ τὰ σύνθετα καὶ τέλεια καὶ ἐλλιπῆ διωρίσατο καὶ ἀφ' ὧν δεῖ τά τε κατὰ συμπλοκὴν καὶ ἄνευ συμπλοκῆς δοκιμάζειν ἐδίδαξε.* *f.* 15 *B.*: *ὁ δὲ Ἀρχύτας καὶ ἐν τῇ πρώτῃ εὐθὺς διδασκαλίᾳ εἰπὼν τὸ ὄνομα καὶ τὸ ὑπόδειγμα προσθεὶς ἐφ' ἑκάστου ἐπήγαγε καὶ τὴν κατὰ ἔννοιαν ἰδιότητα κ. τ. λ.* *f.* 16 *Z.*: *Ἀρχύτας δὲ πυθαγορικῶς ἐπιχειρῶν ἐπὶ τὰς ἀρχὰς ἄγει πάσας τῶν ὄντων τὴν αἰτίαν τοῦ τῶν δέκα ἀριθμοῦ, τέχνην γὰρ πᾶσαν· καὶ ἐπιστήμην φησὶ τεταγμένον τι εἶναι καὶ ὡρισμένον πρᾶγμα, τὸ δὲ τοιοῦτον ἐν ἀριθμῷ ἀφορίζεσθαι, τὸν δὲ σύμπαντα ἀριθμὸν δεκάδα εἶναι κ. τ. λ.* *f.* 20 *A.*: *Ἀρχύτας τὴν πᾶσαν οὐσίαν φυσικήν τε καὶ αἰσθητικὴν καὶ κινητικὴν ἀποκαλεῖ, φυσικὴν μὲν τὴν κατὰ τὴν ὕλην καὶ τὸ εἶδος λέγων, αἰσθητικὴν δὲ τὴν σύνθετον, κινητικὴν δὲ τὴν νοερὰν καὶ ἀσώματον.* *f.* 23 *Γ.*: *Ἀρχύτας δὲ ὁ Πυθαγόρειος ... λέγων „τᾶς τε γὰρ οὐσίας ἐντὶ διαφοραὶ τρεῖς, ἁ μὲν γὰρ ἐν ὕλᾳ ἁ δὲ μορφὰ ἁ δὲ συναμφότερον ἐκ τούτων“.* *f.* 29 *B.*: *Ἀρχύτας δὲ ... λέγων „τᾶς οὐσίας ἴδιον ὑπάρχειν τὸ τὰν αὐτὰν καὶ μίαν ἀριθμῷ διαμένουσαν τῶν ἐναντίων δεκτικὰν ἦμεν“.*

88) Ebend. *f.* 31 *B.*: *ὁ μέντοι Ἀρχύτας μετὰ τὴν οὐσίαν τὸ ποιὸν ἔταξεν* (vgl. *f.* 40 *Z.*). *f.* 75 *E.*: *ὁ μέντοι Ἀρχύτας καὶ τὸ ἔχειν καὶ τὸ ποῦ προέταξε του ποιεῖν καὶ πάσχειν.*

dass er in Bezug auf die Eintheilung der Quantität mit Athenodorus und Cornutus [89]) und betreffs der Zeit oder des Wann mit Andronikus übereinstimmt [90]), ferner dass er das *μᾶλλον* und *ἧττον* weiter als Andere ausdehnt [91]), die sog. passiven Qualitäten zum *πάθος* rechnet [92]), und die Kategorien des *ποιεῖν* und *πάσχειν* sowie des *κεῖσθαι* sehr ausführlich eintheilt [93]); endlich dass er in ziemlich umfassende Erörterung über die verschiedenen Arten des Gegenüberliegens und der Gegensätze sich eingelassen zu haben scheint [94]).

Ein ganz jämmerliches Product aber, offenbar aus sehr später Zeit, sind jene *Καθολικοὶ λόγοι δέκα* des angeblichen Archytas, welche von Camerarius herausgegeben wurden [95]). Es stimmt diese kleine Schrift mit den Fragmenten des eben erwähnten Pseudo-Archytas überein, ja sie widerspricht denselben direct [96]). Ihr Inhalt besteht in der magersten und oft sinnlosesten Aufzählung der verschiedenen Unterarten, in welche die einzelnen Kategorien eingetheilt werden können [97]).

---

89) Ebend. *f.* 32 *Z.*: *Ἀρχύτᾳ .... τριχῇ καὶ αὐτῷ διελόντι τὸ ποσόν· γράφει γε οὕτως „πᾶς ποσότητος διαφοραὶ τρεῖς, τὸ μὲν γὰρ αὐτᾶς ἐντὶ ἐν ῥοπᾷ ὡς τὸ τάλαντον, τὸ δὲ ἐν μεγέθει ὡς τὸ δίπαχυ, τὸ δὲ ἐν πλάθει ὡς τὰ δέκα.* vgl. *f.* 38 *Δ.* u. 68 *Z.* (s. Abschn. IX, Anm. 20.)

90) *f.* 88 *A.*: *Ἀρχύτας δὲ καὶ Ἀνδρόνικος ἰδίᾳ τινὰ φύσιν τὴν τοῦ χρόνου θέμενοι ὁμοῦ τούτῳ συνέταξαν τὸ πότε ὡς περὶ τὸν χρόνον ὑφιστάμενον.* vgl. *f.* 89 *Γ.* (s. Abschn. IX, Anm. 18).

91) *f.* 45 *E.*: *ἰστέον δὲ ὅτι ὁ Ἀρχύτας τούτων τῶν παρακολουθημάτων τὸ μὲν τὰ ἐναντία ἐπιδέχεσθαι παρῆκε ..... τὸ δὲ μᾶλλον καὶ ἧττον προσήκατο.* vgl. *f.* 73 *E.*

92) *f.* 66 *Δ.*: *καὶ τοῦτο ἰστέον ὅτι τὸ ὅλον εἶδος τοῦτο τῆς ποιότητος ὁ Ἀρχύτας ἐν τῷ πάθει κυρίως εἰδοποιεῖ καὶ τοῦτο αὐτοῦ κοινὸν στοιχεῖον ἀποδέδωκεν.*

93) *f.* 80 *A.* u. *E.*, wo *ἐνέργεια* als der höhere Begriff in *θεωρεῖν*, *ποιεῖν*, *πράττειν* getheilt wird. *f.* 83 *E.*, wo der Unterschied zwischen *πάθος*, *πεπονθός*, *ποίημα*, *πάθημα* angegeben wird. *f.* 85 *E.*: *ὁ μέντοι Ἀρχύτας διαφορὰς τοῦ κεῖσθαι λέγων τὸ μὲν αὐτοῦ ἐν δυνάμει φησὶ τὸ δὲ ἐν στάσει, καὶ τοῦ ἐν δυνάμει τὸ μὲν ἐν τῷ ἐνεργεῖν τὸ δὲ ἐν τῷ πάσχειν.* vgl. *f.* 84 *Z.*

94) *f.* 99 *B.*, 103 *Γ.* u. 105 *B.* gibt *Simpl.* längere Stellen des Ps.-Archytas über diesen Gegenstand, welche uns jedoch nichts Neues darbieten; *f.* 99 *B.* wird unterschieden, je nachdem bei Gegensätzen ein Mittelding besteht oder nicht, sowie je nachdem Gattungen oder Arten entgegengesetzt sind (letzteres auch *f.* 105 *B.*); *f.* 103 *Γ.* aber enthält jene nemliche Viertheilung des *ἀντικεῖσθαι*, welche wir auch bei Aristoteles trafen.

95) Nach Hoffmann Bibl. Lex. d. Gr. I, p. 235. zum erstenmale gedruckt *Venet.* 1561, 8, dann *Lips.* b. Vögelin (1564.); zuletzt in *Orelli*, *Opusc. Gr. sent.* II, p. 273 ff. Ich konnte nur letzteren Abdruck benützen.

96) Z. B. betreffs der Reihenfolge (p. 275. *Or.*): *τέτακται δὲ μετὰ τὴν οὐσίαν ἡ ποσότης καὶ πρὸ τῆς ποότητος, ὅτι κατὰ φύσιν ποσοῦται τὸ ὁτιοῦν πρᾶγμα καὶ ὄγκον λαμβάνει καὶ οὕτω περὶ αὐτὸ ἡ ποότης καθορᾶται καὶ λέγεται ..... τοῦ δὲ κεῖσθαι λόγος πάλιν προηγέεται τοῦ ἔχειν.* Vgl. Anm. 88.

97) So wird (p. 276.) die *οὐσία* getheilt in *σῶμα* und *ἀσώματον*, *σῶμα* in *ἔμψυχον* und *ἄψυχον*, *ἔμψυχον* in *αἰσθητὸν* und *ἀναίσθητον*, *αἰσθητὸν* in *ζῶον* und *ζωόφυτον*, *ζῶον* in *λογικόν* und *ἄλογον*, *λογικόν* in *θνητόν* und *ἀθάνατον*. Dann *ποσότης* in *γραμμή ἐπιφάνεια σῶμα τόπος χρόνος ἀριθμός λόγος*, *ποιότης* (p. 277.) in *ἕξις διάθεσις παθητικὴ ποιότης* (vgl. Anm. 92.) *πάθος δύναμις ἀδυναμία σχῆμα μορφή*, *πρός τι* (p. 278.) in *φύσει τέχνῃ τύχῃ προαιρέσει*, *ποῦ* in *ἄνω κάτω ἔμπροσθεν ὄπισθεν δεξιά ἀριστερά*, *πότε* in *ἐνεστός παρῳχημένον μέλλον*, *ποιεῖν* in *πρᾶξις λόγος διανόημα* (vgl. Anm. 93.), *πάσχειν* (p. 279.) in *ψυχή* und *σῶμα*, *κεῖσθαι* in *στάσις καθέδρα ἀνάκλισις*, *ἔχειν* in *περίθεσις ἔνθεσις πλοῦτος κτῆσις.*

XI. ABSCHNITT.

DIE COMMENTATOREN UND DIE SPÄTEREN GRIECHISCHEN COMPENDIEN.

Jene Richtung und Bestrebungen, welche wir im IX. Abschnitte als die der späteren Peripatetiker hatten kennen lernen, setzen sich bei den eigentlich so genannten Commentatoren in ausgedehntestem Masse fort, und es bildet insoferne die Pflege der aristotelischen Logik im Sinne der peripatetischen Schule immer noch die Grundlage, wenn auch nicht bloss durch manche Erweiterungen, sondern namentlich durch die Behandlungsweise die Entfremdung von den aristotelischen Grundsätzen in stets höherem Grade fühlbar wird. Stoische Schul-Ansichten und ein in Folge derselben eingetretener Syncretismus sind es hauptsächlich, auf welchen die mannigfachen Verzerrungen beruhen. Während in dieser Beziehung Alexander Aphrodisiensis eine ruhmvolle Ausnahme vor den übrigen Commentatoren macht, ist es vor Allem die Thätigkeit des Porphyrius, welche wegen ihres Unverstandes um so mehr als eine unheilvolle bezeichnet werden muss, je grösser und entschiedener ihr Einfluss auf die gesammte nachfolgende Theorie der Logik war; denn Porphyrius wurde vermittelst römischer Uebertragungen der Ausgangspunkt der fortan in lateinischer Form auftretenden Logik. Während aber die Darstellung dieser Anfänge der lateinischen Schul-Logik dem folgenden Abschnitte anheim fallen soll, müssen wir hier auf den extensiv höchst weitschichtigen Betrieb aller jener späteren Commentatoren eingehen, welche nach Porphyrius und meistens von den Auffassungen desselben ausgehend sich mit der Erklärung des aristotelischen Organons beschäftigten; und wir müssen hiebei, da es sich um Schilderung einer stets gleichmässig sich erneuernden und fortschiebenden Thätigkeit handelt, ohne Unterbrechung bis in die äussersten und letzten Stadien der griechischen Litteratur hinabgehen, woselbst wir in der byzantinischen Periode auch compendien-artige Zusammenstellungen der logischen Theorie finden werden. Dieser äusserliche Verstoss gegen die Chronologie (da wir ja im folgenden Abschnitte wieder bei dem 4. Jahrhunderte beginnen, hier aber selbst bis in das 14. hinabgreifen müssen) rechtfertigt sich innerlich von selbst; denn abgesehen von Syrianus und Themistius, welche selbst chronologisch noch vor Boethius zu behandeln wären, bildet die ganze Masse der übrigen Commentatoren und der spätesten griechischen Compendienschreiber eine völlig abgeschlossene Abzweigung der griechischen Bestrebungen, welche mit Ausnahme des Psellus (aus ihm schöpfte Petrus Hispanus) auf das ganze lateinische Abendland auch nicht den geringsten Einfluss hat und von demselben überhaupt gar nicht gekannt ist (erst Georgius Gemistus Pletho und Georgius Scholarius sind in Berührung mit Bessarion und den Gelehrten des Abendlandes). Eben darum aber müssen wir diesen ganzen letzteren Umkreis, weil er in der That abseits von der Kulturgeschichte liegt, weit mehr um der litterar-historischen Vollständigkeit willen, als etwa wegen innerer wirksamer Leistungen besprechen, und wir werden uns daher hier kurz fassen können. Ueberhaupt ja auch gehört die bloss commentirende Thätigkeit als solche mehr der Geschichte der philologischen Kritik und Exegese, als der Geschichte der betreffenden Wissenschaft selbst an, und wir werden daher wohl unterscheiden müssen, um nicht etwa alle einzelnen Erklärungsweisen einzelner Stellen vorzuführen, sondern vielmehr nur die Auffassungsweise der Commentatoren im Allgemeinen zu charakterisiren und jene Punkte hervorzuheben, welche für die weitere Fortbildung der Theorie der Logik von Einfluss waren.

Zunächst mögen einige genannt werden, welche theils nicht strenge den Commentatoren beizuzählen, theils aus einer nicht genau bestimmbaren Zeit sind. Als der erste müsste S o s i g e n e s genannt werden, ein Lehrer des Alexander Aphr. (also verschieden von jenem Mathematiker Sosigenes, welchen Julius Cäsar zur Kalender-Verbesserung beizog); jedoch sind jene zwei Einzelnheiten, welche über ihn überliefert werden, höchst unbedeutend und werthlos [1]). Gewiss auch vor Alexander sind L u c i u s und N i k o s t r a t u s zu setzen, welche bei Simplicius häufig zusammen genannt werden, deren letzterer aber der jüngere ist; der Akademiker A t t i k u s, welcher im zweiten Jahrhunderte lebte, benützte und erweiterte die Einwendungen, welche Nikostratus gegen die peripatetische Kategorien-Tafel im Einzelnen erhoben hatte; und es gehören auch wirklich alle diese drei Autoren, soweit wir von ihnen etwas hieher Bezügliches wissen, nicht eigentlich den Commentatoren an, sondern ihr Verhältniss ist hier das nemliche wie jenes des Athenodorus, Cornutus und Eudorus zu den späteren Peripatetikern (Abschn. IX) sowie auch bei ihrem Zusammentreffen mit Eudorus überhaupt kaum ein Zweifel darüber bestehen kann, dass sämmtliche drei der akademischen Schule angehörten; Lucius und Nikostratus machten sich ein Geschäft daraus, jede erdenkliche Spitzfindigkeit den Kategorien gegenüberzustellen, und gaben hiedurch zu vielfacher Thätigkeit der Späteren Veranlassung [2]).

---

1) *Philop. ad An. pr. f.* XXXIII b.: (betreffs der Syllogismen aus Urtheilen der Nothwendigkeit und des Stattfindens) *καὶ ὁ Ἀλέξανδρος δὲ ὁ τοῦ φιλοσόφου ἐξηγητὴς ἔν τινι μονοβίβλῳ καὶ τὸν αὐτοῦ διδάσκαλον Σωσιγένην ταύτης εἶναι τῆς δόξης, ὡς ὅτι τὸ ἐξ ὑποθέσεως ἀναγκαῖον συνάγει ἐνταῦθα ὁ Ἀριστοτέλης· ὅτι γάρ, φησὶ, τοῦτο βούλεται, δῆλον ἐξ ὧν ὅτε μὲν ὑπάρχον συνάγεται τὸ συμπέρασμα τῆς μείζονος ὑπαρχούσης οὔσης, τῆς δὲ ἑτέρας ἀναγκαίας ἐκτίθεται ὅρους ὁ φιλόσοφος.* Porphyr. *Ἐξηγ. εἰς τ. Ἀρ. κατ. f.* 20 a.: *καὶ γὰρ Σωσιγένης ὁ Περιπατητικὸς παραλλήλους ἐπιχειρήσεις περὶ τῶν λεγομένων ἀντεξήτασεν, οὐ μὴν περὶ μιᾶς τινος αὐτοτελῶς ἀπεφήνατο, ἀλλ' ἰσομαχοῦντας ἀφῆκε τούς λόγους.*

2) *Simpl. ad Cat. f.* 1 *A.*: *ἄλλοις δὲ ἤρεσεν ἀπορίας μόνας γράψαι πρὸς τὰ λεγόμενα, ὅπερ Λούκιός τε πεποίηκε καὶ μετ' αὐτὸν Νικόστρατος τὰ τοῦ Λουκίου ὑποβαλλόμενος· σχεδόν τι πρὸς πάντα τὰ εἰρημένα κατὰ τὸ βιβλίον ἐνστάσεις κομίζειν φιλοτιμούμενοι καὶ οὐδὲ εὐλαβῶς, ἀλλὰ καταφορικῶς μᾶλλον καὶ ἀπηρυθριακότως· πλὴν καὶ τούτοις χάρις καὶ ὅτι πραγματειώδεις τὰς πολλὰς τῶν ἀποριῶν προεβάλοντο καὶ ὅτι λύσεώς τε τῶν*

Sie greifen die Voranstellung der Erörterung über das Homonyme sowie dessen Geltung an, und verringern im Vergleiche mit anderen Erklärern die Arten desselben [3]); sie bestreiten die Eintheilung der Kategorien selbst und vermissen die Beiziehung der Partikeln [4]), bei der Substanz bezweifeln sie, ebenso wie Plotinus, die Gattungs-Einheit derselben, und machen Bedenken betreffs des Attributes und Theilbegriffes geltend [5]); bei der Quantität tadeln sie einen Mangel an sprachlicher Unterscheidung und wollen wie Athenodorus (Abschn. IX, Anm. 20) die Schwere als dritte Species beifügen [6]); in Bezug auf die Reihenfolge der Relation und auf jene Qualitäten, welche entweder wesentlich sind oder auf dem Aggregations-Zustande beruhen, stimmen sie mit Eudorus (Abschn. IX, Anm. 24 f.) überein [7]). Insbesondere aber scheint Nikostratus sich mit dem Abschnitte über die Gegensätze beschäftigt zu haben, indem er hiebei Schwierigkeiten wegen der Eintheilung in Arten und Unterarten sowie wegen des wechselseitigen Uebergehens vorbrachte, aber auch mit einfältigen oder sophistischen Gründen eine Vermehrung der viererlei peripatetischen Gegensätze beantragte [8]); bei dieser Gelegenheit brachte er

---

ἀποριῶν ἀφορμὰς καὶ ἄλλων πολλῶν τε καὶ καλῶν θεωρημάτων τοῖς μετ' αὐτοὺς ἐκδεδώκασι. Ebend. *f.* 7 *Δ.*: *προςαπορεῖ δὲ ὁ Νικόστρατος περὶ τῶν ὁμωνύμων καὶ ἔτι σαφέστερον Ἀττικὸς τὴν ἀπορίαν ἐξέθετο.*

3) Ebend. *f.* 5 *Α.*: *ἀποροῦσιν οἱ περὶ τὸν Νικόστρατον, τί δήποτε περὶ τῶν κατηγοριῶν εἰπεῖν προθέμενος οὐ περὶ αὐτῶν εὐθὺς, ἀλλὰ περὶ τῶν ἄλλων διδάσκει τῶν τε ὁμωνύμων καὶ συνωνύμων καὶ παρωνύμων.* Ebend. *f.* 7 *Γ.*: *μάτην ἐγκαλοῦσι πάλιν οἱ περὶ τὸν Νικόστρατον ὡς ἐν μόνῃ τῇ οὐσίᾳ δοκοῦντι λέγειν τὴν ὁμωνυμίαν τῷ Ἀριστοτέλει.* Ebend. *f.* 8 *Α.*: *τινὲς δὲ ὧν καὶ Ἀττικός ἐστι τὸν κατὰ μεταφορὰν τρόπον εἰς ταὐτὸν ἄγοντες τῷ κατ' ἀναλογίαν ἕνα τρόπον τῶν ὁμωνύμων τὸν συναμφότερόν φασιν.* Porphyr. *Ἐξηγ. f.* 9 a.: *ἐσφάλησαν μὲν πολλοὶ ὧν καὶ ὁ Ἀττικὸς ἕνα τρόπον καταλέξας ὁμωνύμων τὸν κατὰ μεταφορὰν καὶ κατὰ ἀναλογίαν.*

4) *Simpl.* a. a. O. *f.* 15 *Α.*: *καὶ οἱ περὶ τὸν Λούκιον δὲ καὶ τὸν Νικόστρατον ὥςπερ πρὸς τὰ ἄλλα πάντα σχεδὸν οὕτω καὶ πρὸς τὴν διαίρεσιν ἀντειρήκασι.* ebend. *f.* 16 *Α.*: *διὰ τί, φασὶν οἱ περὶ τὸν Λούκιον, τοὺς συνδέσμους παρέλιπεν, εἰ λέξεις καὶ οὗτοι σημαντικαί;*

5) Ebend. *f.* 19 *Ζ.*: *ἀποροῦσι δὲ καὶ πρὸς τὸν περὶ τῆς οὐσίας λόγον ὅ τε Πλωτῖνος καὶ οἱ περὶ τὸν Νικόστρατον, πῶς ἓν γένος ἡ οὐσία· εἰ γὰρ κοινόν τι καὶ τῆς νοητῆς καὶ τῆς αἰσθητῆς εἴη, πρὸ ἀμφοῖν ἔσται καὶ ἀμφοῖν κατηγορηθήσεται.* Ebend. *f.* 12 *Γ.*: *ἀποροῦσι δὲ οἱ περὶ τὸν Λούκιον καὶ τοῦτο πρὸς τὸ μὴ ὡς μέρος λέγεσθαι τὸ ἐν ὑποκειμένῳ.*

6) Ebend. *f.* 32 *Ε.*: *ἐγκαλοῦσι δὲ οἱ περὶ τὸν Λούκιον καὶ Νικόστρατον τῇ διαιρέσει πρῶτον μὲν ὡς μὴ δεόντως καὶ τὸ μέγεθος ποσὸν λεγούσῃ, πηλίκον γὰρ ἔδει τοῦτο λέγειν, ποσὸν δὲ τὸν ἀριθμὸν, τὸ δὲ κοινὸν ἢ ἄλλο τι ἢ ὁμωνύμως τῷ ἑνὶ τῶν εἰδῶν ποσὸν καὶ αὐτὸ ὀνομάζειν ... αἰτιῶνται δὲ καὶ τὸ εἰς δύο γενέσθαι τὴν διαίρεσιν, ἔδει γὰρ μετὰ τὸν ἀριθμὸν καὶ τὸ μέγεθος τρίτον εἶδος τάττειν τὸ βάρος.*

7) Ebend. *f.* 40 *Δ.*: *προηγεῖται τὸ ποιὸν τῶν πρός τι, καὶ τῇ οὐσίᾳ δὲ οἰκειότερον, ὡς καὶ οἱ περὶ τὸν Λούκιον ἐγκαλοῦσιν.* ebend. *f.* 59 *Ε.*: *αἰτιᾶται δὲ ὁ Νικόστρατος εἰπὼν ὅτι ἓν εἶδος ποιότητος οὐχ ἓν ὑπήγαγεν, ἀλλὰ δύο τήν τε ἕξιν καὶ τὴν διάθεσιν.* ebend. *f.* 66 *Α.*: *ἄλογον νομίζουσιν οἱ περὶ τὸν Νικόστρατον τὸ πάντα τὰ χρώματα πάθους ἐγγινομένου γίνεσθαι, καὶ μάλιστα τὰ σύμφυτα καὶ οὐσιώδη ὥςπερ τὸ τῆς χιόνος.* *f.* 68 *Δ.*: *οἱ δὲ περὶ τὸν Νικόστρατον καὶ τὴν μανότητα καὶ πυκνότητα ποιότητας φιλονεικοῦσι δεικνύναι.*

8) Ebend. *f.* 98 *Δ.*: *ὁ μέντοι Νικόστρατος αἰτιᾶται, ὅτι .... ἐν τῷ αὐτῷ γένει τῷ χρώματι τὸ λευκὸν καὶ μέλαν, καὶ γλυκὺ καὶ πικρὸν ἐν τῷ χυμῷ, δικαιοσύνη δὲ καὶ ἀδικία ἐξ ἐναντίων γενῶν, τῆς μὲν γὰρ ἀρετὴ τῆς δὲ*

jene ganz abweichende Ansicht vor (vgl. Abschn. VI, Anm. 117), dass nicht bloss das logische Urtheil, sondern auch andere Satzformen des Wahr- und Falsch-seins fähig seien [9]). Uebrigens bemerkte er auch den Widerspruch betreffs der Bewegung zwischen den sog. Postprädicamenten und der aristotelischen Physik [10]).

Gleichfalls nur auf die Kategorien, wie bei den so eben genannten, scheint sich die commentirende Thätigkeit bei Achaicus und Sotion erstreckt zu haben; aus welcher Zeit sie sind, wissen wir nicht; Simplicius nennt sie einmal beide zusammen, und einige Male den Achaicus allein, wohl in einer Weise, dass man vermuthen kann, es möchten dieselben den älteren Commentatoren angehören; auch der Inhalt des über sie überlieferten, welcher theils die verschiedenen Arten der Qualität (vgl. Abschn. IX, Anm. 24), theils besonders den Begriff der Relation (vgl. ebend. Anm. 13 f. u. 32) betrifft, schliesst sich an Früheres an [11]).

Bei weitem der hervorragendste unter allen Commentatoren ist Alexander von Aphrodisiä (zwischen 198 und 210 als Lehrer der Philosophie in Athen angestellt), welcher selbst als speculativer Philosoph eine höchst achtungswerthe Stellung einnimmt, indem er an Schärfe und

---

κακία τὸ γένος. *f.* 99 *A.*: ἀντιλέγει Νικόστρατος, ὡς εἰ ἡ ἀπόφασις τὸ μέσον δηλοῖ, καὶ τὸ οὐκ ἄνθρωπος καὶ οὐχ ἵππος μεσότητα δηλώσει (s. Abschn. IV, Anm. 416 u. 420.). *f.* 102 *A.*: τὰς Νικοστρατου ἀπορίας διαλύειν, ὃς φησι μὴ ἀκριβῶς ταύτην ἀποδεδόσθαι τὴν διαφορὰν, μήτε γὰρ τὰ ἐναντία πάντως εἰς ἄλληλα μεταβάλλειν, διότι ἀπὸ σπουδαίου οὐ φαῦλος γίνεται, μήτε πᾶσαν στέρησιν ἀμετάβλητον εἶναι εἰς ἕξιν (Abschn. IV, Anm. 412.). *f.* 104 *A.*: Νικόστρατος δὲ αἰτιᾶται ἓν μὲν ὅτι ἀτελῶς ἔχει ἡ τῶν ἐναντίων διαίρεσις, οὐ γὰρ προσέθηκεν ὅτι καὶ ἀδιάφορον ἀδιαφόρῳ ἀντίκειται .... ἕτερον δὲ αἰτιᾶται ὁ αὐτὸς ἀνὴρ πειρώμενος καὶ ἀγαθὸν ἀγαθῷ δεικνύναι ἐναντίον, τὴν γὰρ φρονίμην περιπάτησιν τῇ φρονίμῃ στάσει ἐναντίαν φησί. *f.* 105 *A.*: ὁ Νικόστρατος ἀντιλαμβάνεται .... μὴ γὰρ εἶναί τινα ἐναντία, ἅπερ ἐστὶ μόνον γένη, οὐχὶ δὲ καὶ εἴδη τινός· αὐτίκα γοῦν τὸ ἀγαθὸν καὶ τὸ κακὸν ὑπὸ τὴν ποιότητα τάττεται.

9) Ebend. *f.* 103 *A.*: ὁ δὲ Νικόστρατος αἰτιᾶται κἀνταῦθα λέγων μὴ ἴδιον εἶναι τῶν κατὰ ἀντίφασιν ἀντικειμένων τὸ διαιρεῖν τὸ ἀληθὲς καὶ τὸ ψεῦδος, οὔτε γὰρ μόνοῖς οὔτε πᾶσιν αὐτοῖς ὑπάρχει· οὐ μόνοις μὲν ὅτι καὶ τοῖς ὁμοτικοῖς καὶ τοῖς ἀπομοτικοῖς λόγοις ὑπάρχει τὸ ἐξ ἀνάγκης θάτερον .... ἀλλὰ καὶ τοῖς θαυμαστικοῖς, φησὶ, τὸ αὐτὸ ὑπάρχει ... καὶ τοῖς ψεκτικοῖς.

10) Ebend. *f.* 108 *Δ.*: ἐγκαλεῖ δὲ ὁ Νικόστρατος ὅτι ἐν μὲν τῇ φυσικῇ ἀκροάσει τὴν γένεσιν καὶ τὴν φθορὰν οὐ βούλεται εἶναι κινήσεις, ἐνταῦθα δὲ καὶ αὐτὸς εἰς τὰς κινήσεις συγκαταριθμεῖ.

11) Ebend. *f.* 41 *Γ.*: οἱ περὶ τὸν Ἀχαϊκὸν καὶ Σωτίωνα ᾠήθησαν μὴ ὥσπερ οὐσίαν καὶ οὐσίας καὶ ποσὸν καὶ ποσὰ καὶ ἑνικῶς καὶ πληθυντικῶς λέγομεν οὕτως καὶ ἐπὶ τῶν πρός τι τὸ πρός τι καὶ τὰ πρός τι λέγεσθαι, ἀλλὰ μόνον πληθυντικῶς. *f.* 51 *B.*: τὴν δὲ ἀπορίαν (s. Abschn. IX, Anm. 43.) ὁ μὲν Ἀχαϊκὸς λύων φησίν, οὐ τὸ ὁριστὸν ἐν τῷ ὅρῳ περιειλῆφθαι, ἀλλὰ καὶ τῷ δευτέρῳ πρός τι ὁμωνύμως αὐτὸν κεχρῆσθαι .... (*Γ.*) ὁ τοῦ Ἀχαϊκοῦ ὁρισμὸς λέγων· „οἷς τὸ εἶναι ταὐτόν ἐστι τῷ πρὸς ὁτιοῦν πὼς ἔχειν." *f.* 67 *Δ.*: Εὔδωρος δὲ τὴν παχύτητα καὶ λεπτότητα εἰς ἕτερον τάττει γένος, τὰς δὲ ἄλλας οὔ· οἱ δὲ περὶ τὸν Ἀχαϊκὸν ταύτας μὲν εἰς τὸ τέταρτον γένος τάττουσι συνεπομένας τῷ μανῷ καὶ πυκνῷ. *f.* 68 *Z.*: οἱ δὲ περὶ τὸν Ἀχαϊκὸν παραιτοῦνται καὶ εἰς τὸ πρός τι ἀνάγειν τὴν μανότητα καὶ εἰς ἕτερόν τι πέμπτον εἶδος ποιότητος, ἀλλὰ οὐδὲ εἰς τὰς παθητικὰς αὐτὴν τιθέασιν ... ἀλλ' εἰς τὰς ἐν τῷ τετάρτῳ γένει, λεπτότητα μὲν καὶ κουφότητα ἕπεσθαι μανότητι λέγοντες, παχύτητα δὲ καὶ βαρύτητα πυκνότητι. (*f.* 54 *Δ.* betrifft die philologische Kritik einer Stelle).

Verstand alle Neuplatoniker, wie sich von selbst versteht, weit überragt, und auch in den tiefsten metaphysischen Fragen, wo sich in dem aristotelischen Systeme bedenkliche Schwierigkeiten erheben, mit wahrhaft philosophischem Ernste eine Lösung derselben anstrebt [12]). Von seinen hieher gehörigen Schriften sind uns nur erhalten der Commentar zum ersten Buche der ersten Analytik und jener zur Topik [13]); dass der schlechte und höchst unbedeutende Commentar zu *Soph. El.* nicht von Alexander sei, dessen Namen er trägt, ist auf den ersten Blick klar und jetzt bereits anerkannt [14]). Verloren sind: der Commentar zu den Kategorien [15]), zu *D. interpr.* [16]), zum zweiten Buche der ersten Analytik [17]), zur zweiten Analytik [18]), und eine Monographie über die aus Urtheilen des Stattfindens, der Möglichkeit und der Nothwendigkeit gemischten Syllogismen bei Aristoteles und seinen nächsten Schülern [19]). Wenn Alexander bekanntlich häufig als „*ὁ ἐξηγητής*" bezeichnet wurde, so verdient er in der That diesen Beinamen als einen ausschliesslichen; denn innerlich befähigt zu einem richtigen Verständnisse der aristotelischen Philosophie spricht er dasselbe auch meistens treffend und klar aus, ohne in dem genauen Eingehen auf jede Einzelnheit sowie selbst auf Textes-Kritik zu ermüden; sein Reichthum an historischem Materiale machte ihn uns schon oben bei den Untersuchungen über die Peripatetiker und Stoiker oft zur einzigen Quelle, und in dieser Beziehung könnten wir alle übrigen Commentatoren, mit Ausnahme höchstens des Simplicius, sehr leicht vermissen, wenn die Schriften Alexanders erhalten wären. Unter dem übrigen Wuste dieser verkommenen Zeit fühlen wir bei den Commentatoren Alexanders wirklich einige Erquickung, da derselbe wenigstens nach Kräften und besonders in Erklärung des Einzelnen eine reine aristotelische Auffassung aufrecht hält; eben darum aber wird derselbe von den späteren Commentatoren, welche sämmtlich von plotinischem Mucker-

---

12) Wenn H. Ritter über einen Mann, welcher in der That von aristotelischem Geiste beseelt war, sich wegwerfend äussert (Gesch. d. Phil. IV, p. 264.), so ist uns diess ebenso erklärlich als gleichgültig.

13) Ersterer gedruckt *Venet.* (*Ald.*) 1520. *fol.* u. *Flor.* (*Junt.*) 1521, 4., letzterer *Venet.* (*Ald.*) 1513. *fol.*

14) *Venet.* 1520. *fol.* u. *Flor.* 1521, 4. S. Brandis, Ueb. d. griech. Ausleger d. Organons, Abhdl. d. Berl. Akad. 1833, p. 298, welcher auch berichtet, dass dieser Commentar in einigen Handschriften dem *Michael Ephesius* beigelegt werde.

15) *Simpl. ad Cat. f.* 1 *A.*: *ἄλλοι δὲ πρὸς τούτοις καὶ ζητημάτων ἐφήψαντο μετρίως ὡς ὁ Ἀφροδισιεὺς Ἀλέξανδρος κ. τ. λ.* Bei Simplicius, Dexippus und David ist derselbe öfters benützt.

16) Bei Ammonius und bes. häufig bei *Boeth. d. interpr.* angeführt (bei letzterem p. 298.: *Alexander in commentariis suis hac se impulsum causa pronuntiat sumpsisse longissimum expositionis laborem, quod in multis ille a priorum sententiis scriptorum dissideret*).

17) Bei Philoponus benützt. Brandis a. a. O. p. 290. führt eine Pariser Handschrift dieses Commentares an, welche, während sie im Titel Alexander's Namen führt, im Texte sich häufig auf ebendenselben beruft.

18) Bei Philoponus polemisch benützt. Nach Gesner's Angabe (Bibl. p. 27.) soll dieser Commentar handschriftlich in der Vaticana vorhanden sein; das Dasein einer arabischen Uebersetzung führt Hottinger an (*Analect.* p. 253).

19) Von Alex. selbst angeführt, *ad An. pr. f.* 49 b.: *εἴρηται γὰρ ἡμῖν ἐν τοῖς περὶ τῆς κατὰ τὰς μίξεις διαφορᾶς Ἀριστοτέλους τε καὶ τῶν ἑταίρων αὐτοῦ γεγραμμένοις.*

thume und jeder möglichen sonstigen Albernheit inficirt sind, fast stets nur in der Absicht erwähnt, um förmlich instinctmässig eine Polemik gegen Alles, was jener sagte, anzuknüpfen; er hatte freilich jene hohlen Köpfe höchlich verletzt, indem er manches philosophische Spielwerk Plato's, z. B. die Lehre von der Rückerinnerung, selbst bekämpfte [20]). Ja gerade in letzterer Beziehung sind Alexanders eigene Annahmen über die menschliche Seele völlig auf aristotelischer Grundlage entsprungen, denn er unterscheidet von dem an den Stoff gebundenen natürlichen und potenziellen Denken (**νοῦς ὑλικὸς καὶ φυσικός**) den hieraus sich entwickelnden habituell werdenden activen Verstand (**νοῦς καθ' ἕξιν** oder **νοῦς ἐπίκτητος**, im Mittelalter „*intellectus acquisitus*"), um dem letzteren, welcher eine Folge der Uebung und des Lernens ist, allein das Denken der begrifflichen Formen zuzuschreiben [21]). Was nun die Logik selbst betrifft, so sahen wir schon oben, Abschn. IX, Anm. 4 f., wie Alexander die peripatetische Auffassung, dass dieselbe ein Werkzeug sei, stützte; und vielleicht im Zusammenhange mit derartigen Schul-Ueberzeugungen, welche ja zugleich immer die Festigkeit eines wissenschaftlichen Beweisverfahrens im Auge hatten, mochte es stehen, dass Alexander ein so grosses Gewicht auf das sog. ***principium contradictionis*** und ***exclusi tertii*** legte, welch beides in seiner Zusammengehörigkeit er schon mit dem technischen Ausdrucke **ἀρχὴ τῆς ἀντιφάσεως** bezeichnet zu haben scheint [22]). Auch finden wir neben der ächt aristotelischen Eintheilung der Logik in Apodeiktik, Dialektik und Sophistik hier zum erstenmale die in der Schul-Theorie constant gebliebene Unterscheidung zwischen analytischer und synthetischer Methode, wobei das erstere dieser zwei Worte an den aristotelischen Ausdruck **Ἀναλυτικά** geknüpft wird [23]). In Bezug auf den Inhalt der logischen

---

20) *Anon. ad An. pr. b. Brand. Schol.* 193 b. 17.: *ὁ μὲν Ἀλέξανδρος οἴεται τοῦτο εἰρῆσθαι πρὸς ἀνατροπὴν τοῦ τὰς μαθήσεις εἶναι ἀναμνήσεις.* Vgl. auch Anm. 27.

21) *Alex. d. an.* I, *f.* 138 a.: *ὁ δὲ δυνάμει νοῦς ὃν ἔχοντες γινόμεθα .... ὑλικὸς νοῦς καλεῖταί τε καὶ ἔστι· .... καὶ ὁ μὲν φυσικός τε καὶ ὑλικὸς ἐν πᾶσι τοῖς μὴ πεπηρωμένοις τὴν διαφορὰν ἔχων, καθόσον οἱ μέν εἰσιν εὐφυέστεροι τῶν ἀνθρώπων οἱ δὲ ἀφυέστεροι ..... ὁ δὲ ἐπίκτητός τε καὶ ὕστερον ἐγγινόμενος καὶ εἶδος καὶ ἕξις ὢν καὶ τελειότης τοῦ φυσικοῦ οὐκέτ' ἐν πᾶσιν, ἀλλ' ἐν τοῖς ἀσκήσασί τε καὶ μαθοῦσιν.* *f.* 138 b.: *καὶ τοιοῦτος μὲν ὁ ὑλικὸς νοῦς, ὁ δὲ ὡς ἕξις λεγόμενος εἶδός ἐστι καὶ .... τελειότης τούτου.* II, *f.* 143 b.: *ὁ νοῦς ὑλικὸς ὢν ἐν πᾶσίν ἐστι τοῖς τῆς τελείας ψυχῆς κεκοινωνηκόσι, τουτέστιν ἀνθρώποις, ἄλλος δέ ἐστιν ὁ ἤδη νοῶν καὶ ἕξιν ἔχειν τοῦ νοεῖν καὶ δυνάμενος τὰ εἴδη τῶν νοητῶν κατὰ τὴν αὑτοῦ δύναμιν λαμβάνειν.* I, *f.* 126 a.: *εἰ δέ ἐστιν εἶδος ἡ ψυχή, ὡς δέδεικται, ἀναγκαῖον αὐτὴν ἀχώριστον εἶναι τοῦ σώματος οὗ ἐστιν.*

22) *Alex. ad Metaph.* p. 225, 21.: *εἰπὼν δὲ οἵαν εἶναι δεῖ τὴν βεβαιοτάτην ἀρχὴν ἑξῆς λέγει τίς ἐστιν ἡ τοιαύτη, δηλονότι γνωριμωτάτη τε καὶ ἀνυπόθετος, καί φησιν εἶναι ταύτην τὴν τῆς ἀντιφάσεως .... 226, 15.: ἀδύνατον τὸ αὐτὸ ὑπολαμβάνειν εἶναί τε καὶ μὴ εἶναι, ὅ ἐστι κατασκευαστικὸν τοῦ φανερωτάτην ἀρχὴν εἶναι τὸ μὴ συναληθεύεσθαι τὴν ἀντίφασιν διὰ τὸ μὴ δύνασθαι περὶ αὐτὴν διαψεύσασθαι .... 227, 5.: φανερώτατον ἀξίωμα εἴη τὸ ἀδύνατον συνυπάρχειν τὴν ἀντίφασιν ... 228, 15.: συνέστησε βεβαιοτάτην καὶ γνωριμωτάτην ἀρχὴν τὴν τῆς ἀντιφάσεως.* Ebend. *ad Top.* p. 200.: *ὁ γὰρ τὸ ἕτερον τῆς ἀντιφάσεως δείξας μὴ ὑπάρχειν τὸ ἕτερον ὑπάρχον ἔδειξεν, οὐδὲν γὰρ μεταξὺ τῆς ἀντιφάσεως.*

23) *Alex. ad An. pr. f.* 2 a.: *Ἡ λογική τε καὶ συλλογιστικὴ πραγματεία ἡ νῦν ἡμῖν προκειμένη, ὑφ' ἣν ἥ τε ἀποδεικτικὴ καὶ ἡ διαλεκτική*

Doctrin aber ist es eben jene strengere Rückkehr auf Aristoteles, welche wir bei Alexander hervorheben müssen. So legt er in der Kategorienlehre in Folge seiner psychologischen Grundsätze (Anm. 21) antiplatonisch ein vorzügliches Gewicht auf die Individualität der begrifflichen Substanz, was seine späteren Gegner (ebenso wie bei Boethus, s. Abschn. IX, Anm. 28 f.) so verstanden, als nehme er eine Priorität der Einzelwesen an, während er selbst doch scharf genug die Unkörperlichkeit des Begriffes betonte[24]); auch bei den übrigen Kategorien lenkte er gegenüber den spitzfindigen Controversen Früherer (Abschn. IX) auf den ursprünglichen Standpunkt zurück, indem er z. B. bei der Qualität auf deren artbildende Geltung (Abschn. IV, Anm. 475) hinwies, bei der Quantität die Hinzufügung der Schwere tadelte, und auch die Stellung der Relation richtig erkannte[25]). Insoferne er aber, wie es scheint, als der erste die Schwierigkeit erhob, unter welche Kategorie wohl die Bewegung unterzubringen sei, so gibt er hiedurch einerseits allerdings den wiederholten Beweis, dass selbst die Tüchtigsten

---

τε καὶ πειραστικὴ, ἔτι τε σοφιστικὴ μέθοδος (vgl. *ad Top.* p. 3 f.) .... *f.* 4 a.: ἀναλυτικὰ δὲ, ὅτι ἡ παντὸς συνθέτου εἰς τὰ ἐξ ὧν ἡ σύνθεσις αὐτοῦ ἀναγωγὴ, ἀνάλυσις καλεῖται, ἀντεστραμμένως γὰρ ἡ ἀνάλυσις ἔχει τῇ συνθέσει· ἡ μὲν γὰρ σύνθεσις ἀπὸ τῶν ἀρχῶν ὁδός ἐστιν ἐπὶ τὰ ἐκ τῶν ἀρχῶν, ἡ δὲ ἀνάλυσις ἐπάνοδός ἐστιν ἐπὶ τὰς ἀρχὰς ἀπὸ τοῦ τέλους .... (b.) ἀναλύειν δὲ ἰδίως λέγονται καὶ οἱ τοὺς συνθέτους συλλογισμοὺς ἀναδύοντες εἰς τοὺς ἁπλοῦς .... ἀλλὰ καὶ τὴν τῶν τιθεμένων συλλογισμῶν ἀναγωγὴν εἰς τὰ οἰκεῖα σχήματα ἀνάλυσιν λέγουσιν, ὅθεν καὶ κατὰ τοῦτο τὸ σημαινόμενον τῆς ἀναλύσεως μάλιστα ἀναλυτικὰ καὶ ταῦτα ἐπιγέγραπται.

24) *Simpl. ad Cat. f.* 21 *B.*: ὁ μέντοι Ἀλέξανδρος καὶ τὸ νοητὸν καὶ χωριστὸν εἶδος ἄτομον οὐσίαν λέγεσθαί φησι, καὶ ἴσως οἰκεῖον τοῦτο τῷ Περιπάτῳ, εἴπερ τὰ κοινὰ οὐδὲ ἔστιν ὅλως καθ' ἑαυτὰ ἐν ὑποστάσει ἀλλ' ἐν τοῖς ἀτόμοις ἔχει τὸ εἶναι· εἰ οὖν τὰ χωριστὰ εἴδη πάντων μάλιστά ἐστιν ἐν ὑποστάσει, ἄτομα ἂν εἴη καὶ οὐ κοινά. *Dexipp. ad Cat.* b. *Brand. Schol.* 50 b. 15.: τί ἂν εἴποιμεν πρὸς τοὺς περὶ αὐτοῦ τούτου ἀμφισβητοῦντας, μήποτε οὐδὲ φύσει πρότερα ῃ τὰ καθόλου τῶν καθ' ἕκαστον ἀλλ' ὕστερα; .... οὕτως μὲν οὖν τοῖς περὶ Ἀλέξανδρον καὶ Βοηθόν. *David ad Cat.* ebend. 51 b. 10.: ἐπιτείνων ὁ Ἀφροδισιεὺς Ἀλέξανδρος τὴν εἰς φιλοσοφίαν καινοτομίαν πειρᾶται κατασκευάζειν ὅτι καὶ φύσει προτέρα ἐστὶν ἡ ἄτομος οὐσία πάντων. *Boeth. ad Porph. a se transl.* p. 55.: *quaestio quam nos Alexandro consentiente hac ratiocinatione solvemus. .... genera ergo et species ceteraque vel in incorporeis rebus vel in his quae sunt corporea reperiuntur, et, si ea in rebus incorporeis invenit animus, habet illico incorporeum generis intellectum, si vero corporalium rerum genera speciesque prospexerit, aufert, ut solet, a corporibus incorporeorum naturam et solam puramque ut in se ipsa forma est intuetur.*

25) *Simpl. ad Cat. f.* 57 *A.*: δοκεῖ δὲ τοῖς περὶ Ἀλέξανδρον .... ὡς οὐκ οὔσης τῆς ποιότητος ἐν μόνῳ τῷ εἰρημένῳ γένει, ἐν ᾧ εἰσιν αἱ ἕξεις καὶ αἱ διαθέσεις ἀλλὰ καὶ ἐν ταῖς ἄλλαις κατηγορίαις, ἐν πάσαις γὰρ τὰ γένη καὶ τὰ εἴδη ποιότητα σημαίνει τὴν περὶ ταῦτα ὧν ἐστι γένη καὶ εἴδη, ὥςπερ τὸ περὶ οὐσίαν ποιόν. *David ad Cat. Brand.* 68 b. 45.: ὁ δὲ Ἀλέξανδρος βουλόμενος τὴν ποιότητα ὡς γένος εἰς εἴδη διαιρεῖσθαι κ. τ. λ. *Simpl.* a. a. O. *f.* 65 *Z.*: Ἀλέξανδρος δὲ οὐδὲ ζητεῖν ἀξιοῖ, εἰ τὰ πάθη ὑπὸ τὴν ποιότητα, αὐτὸς γὰρ ὁ Ἀριστοτέλης .... τὰ πάθη ὑπὸ τὸ αὐτὸ εἶδος ἔταξεν. Ebend. *f.* 38 *Γ.*: ὁ μέντοι Ἀλέξανδρος ἀκολούθως τῷ Ἀριστοτέλει τὴν ῥοπὴν οὐκ ἐν ποσῷ τιθέμενος ἀλλ' ἐν τῷ ποιῷ καὶ ἐπὶ τῶν βαρέων τὸ ἴσον καὶ ἄνισον οὐ κυρίως λέγεσθαί φησιν ἀλλὰ καταχρηστικῶς. Ebend. *f.* 74 *Γ.*: ὁ μέντοι Ἀφροδισιεὺς Ἀλέξανδρος ἐπὶ μόνων τῶν πρός τι συμβαίνειν οἴεται τοῦτο τὸ τινὰ τῶν πρός τι καὶ ὑπ' ἄλλην κατηγορίαν ἀνάγεσθαι, διότι τὴν ἀρχὴν τὸ πρός τι οὐδὲ εἶχεν οἰκεῖον ὑποκείμενον ἀλλ' ἐπ' ἄλλης κατηγορίας τὸ εἶναι εἶχεν.

in jener Zeit sich von gewissen Anforderungen der schulmässigen Auffassung nicht völlig frei halten konnten, andrerseits aber ergreift er auch hier den einzigen Ausweg, welcher in ächt aristotelischem Sinne noch übrig bleibt (s. Abschn. IV, Anm. 315 f.), indem er die Bewegung unter den allgemeinen Begriff des Vorganges (*πάθος*) subsumirt und sie hiedurch mit den sog. passiven Qualitäten in die Kategorie der Qualität einreiht [26]). In der Controverse über den Anfang des Buches ***D. interpr.*** (vgl. Abschn. IX, Anm. 48 ff.) blieb er offenbar seinem psychologischen Standpunkte getreu, indem er bei Anerkenntniss dessen, dass die Schrift ein Zeichen des Wortes und das Wort ein Zeichen des Dinges sei, eben bei der Denkthätigkeit, welche dem natürlichen Materiale des Lautes erst jenes Zeichen aufprägt, auf die verschiedenen Wirkungen des psychologischen Eindruckes bei verschiedenen Menschen hingewiesen und so die Verschiedenheit der Sprachen erklärt zu haben scheint, was dann in gehässiger Weise von Neuplatonikern so aufgefasst wurde, als verlege er gerade die Entstehung der Sprache in die Natur selbst [27]). Bei dem Urtheile hielt Alexander gegen Eudemus (Abschn. V, Anm. 26 f.) daran fest, dass das „Ist“ nur Copula, d. h. Zeichen der Verbindung, nicht selbst aber ein Terminus des Urtheiles, sei (daher er auch das Participium dem Nomen gleichstellt), was wohl damit zusammenhängt, dass er die Formen des Verbums „Sein“ überhaupt für homonym erklärte [28]). Den Unter-

---

26) *Alex. Quaest. nat.* I, 21, p. 68. *Speng.*: *Ἐν τίνι κατηγορίᾳ ἡ κίνησις. τὴν κίνησιν εἴ τις μὴ παραδέχοιτο ἐν τοῖς ποσοῖς τῷ ἐν ταῖς κατηγορίαις αὐτὴν ἐν τοῖς ποσοῖς μὴ κεῖσθαι, λέγοιτ' ἂν εἶναι πρός τι· ᾧ δέ τινι οὔσῃ τῇ κινήσει ὑπάρχει τὸ πρός τι εἶναι, εἴη ἂν πάθος· εἰ γὰρ τὸ κινεῖσθαι πάσχειν τί ἐστι, πάθους δέ παρουσίᾳ τὸ πάσχον πάσχει καὶ ἐστὶ τὸ κινούμενον κινήσεως παρουσίᾳ κινούμενον, ἡ κίνησις ἂν πάθος εἴη, τὸ δὲ πάθος ποιότης.*

27) *Boeth. d. interpr.* p. 298.: *Alexander ... quoniam, inquit, nomina et verba interpretatione simplici continentur, oratio vero ex verbis nominibusque coniuncta est .... quocirca, quoniam significantium momentum ex his quae significantur oritur, idcirco prius nos de his quae voces ipsae significant docere proponit.* Ebend. p. 301.: *quemadmodum etiam ea quae scribuntur eorum quae sunt in voce, ea vero quae scribuntur — inquit Alexander — notas esse vocum .... et quemadmodum nec litterae omnibus eaedem, sic nec eaedem voces ......* (302.) *sicut litterae non naturaliter voces, sed positione significant, ita quoque voces non naturaliter animi intellectus, sed aliqua positione designant.* Ebend. p. 323.: *Alexander multis in eo nititur argumentis monstrans orationem non esse instrumentum naturale* (gegen Plato) .... *quoniam oratio ad placitum non naturaliter est, partes enim manifestum est orationis ad placitum positas, quae sunt scilicet nomina et verba, sicut monstrat apud omnes gentes diversitas vocabulorum, quoniam ergo per haec secundum placitum omnis oratio esse monstratur, quod autem secundum placitum est, non est secundum naturam, non est ergo oratio suppellex.* Gegenüber diesen wörtlichen Anführungen sieht man deutlich, wie andere Berichte zu verstehen sind, nemlich: *Ammon. ad Ar. d. interpr. f.* 32 b.: *ἐπισκεψώμεθα τὸν συλλογισμὸν ὃ Ἀφροδισιεὺς ἐξηγητὴς ἐκτίθεται κατασκευάζειν δοκοῦντα μόνως εἶναι φύσει τὰ ὀνόματα καὶ τὰ ῥήματα· τὰ γὰρ ὀνόματα, φησὶ, καὶ τὰ ῥήματα φωναὶ, αἱ δὲ φωναὶ φύσει, τὰ ἄρα ὀνόματα καὶ τὰ ῥήματα φύσει.* *Mich. Ephes.* b. *Brand. Schol.* 100 a. (*not.*) *ἄλλοις γὰρ ὀνόμασι καὶ ῥήμασι καὶ γραμμάτων χαρακτῆρσι χρῶνται Ἰνδοὶ, ἄλλοις Αἰγύπτιοι καὶ ἄλλοις Ἕλληνες ... ὁ Ἀλέξανδρος ἐνίσταται λέγων ὅτι πῶς τὰ νοήματα παρὰ πᾶσι τὰ αὐτά; περὶ γὰρ τῶν αὐτῶν πραγμάτων διάφορά εἰσι νοήματα παρ' ἡμῖν.* Ebend. 103 b. (*not.*) *ὁ δὲ Ἀλέξανδρος φύσει μόνον αὐτά φησι.*

28) *Schol. Anon.* b. *Brand.* 146 a. 19.: *συγκατηγορεῖται γὰρ ἰδοὺ τὸ „ἔστι“ .... ὅπερ δή ἐστιν ὃ οὐ βούλονται οἱ περὶ Ἀλέξανδρον λέγειν ὅρον οὐδὲ*

schied zwischen Bejahung und Verneinung liess er nicht als eigentliche Eintheilung des Urtheiles gelten, da das bejahende eine wesentliche Priorität behaupte, sondern es werde das Wort „Urtheil" nur homonym von beiden Formen gebraucht [29]). Bezüglich der gegenseitigen Verhältnisse der nach Qualität und Quantität verschiedenen Urtheile scheint Alexander den Begriff des Subconträren, welcher fortan eingebürgert erscheint (*ὑπεναντίον*), eingeführt zu haben, wenigstens kömmt uns derselbe in einer Erörterung Alexanders über die unbestimmten Urtheile zum erstenmale mit Bestimmtheit vor [30]). Aus der Lehre vom Schlusse haben wir einerseits den merkwürdigen, von den Späteren öfters wiederholten, Einfall Alexanders zu berichten, vermöge dessen er die drei Figuren mit der Dreitheilung der Logik in Verbindung bringt, da der apodeiktische Schluss wegen seiner Allgemeinheit mit der ersten Figur verwandt sei, der dialektische aber durch sein überwiegend negatives Verfahren mit der zweiten, und der sophistische im Hinblicke auf die Unbestimmtheit und den Particularismus mit der dritten [31]); und andrerseits müssen wir rühmend erwähnen, dass Alexander in Uebereinstimmung mit Aristoteles die sämmtlichen Voraussetzungs-Schlüsse nicht als eigentliche Syllogismen anerkennt [32]),

---

μέρος προτάσεως, ἀλλὰ συνθέσεως ἢ διαιρέσεως μηνυτικὸν μόριον τῶν ἐν τῇ προτάσει ὅρων. *Boeth.* a. a. O. p. 317.: *Alexander quidem dicit „est" vel „ens" aequivocum esse, omnia enim praedicamenta quae nulli communi generi subduntur aequivoca sunt et de omnibus „esse" praedicatur, substantia enim est et qualitas est et cetera.* Ebend. p. 403.: *participium nominis loco in propositione praedicatur, et id quidem Alexander Aphrodisicus arbitratur ceterique complures.*

29) *Boeth.* a. a. O. p. 294.: *quidam vero .... contendunt, affirmationem et negationem aequivoca esse, ... praedicari autem enuntiationem ad utrasque ut nomen aequivocum, non ut genus univocum, quorum princeps Alexander est .... Alexander namque idcirco dicit, non esse species enuntiationum affirmationem et negationem, quoniam affirmatio prior sit.* Ebenso p. 325. *Ammon. ad Ar. d. interpr. f.* 14 a.: *ἐζήτηται δὲ παρὰ τοῖς ἐξηγηταῖς ... τίνα τρόπον διαιρεῖται ἡ ἀπόφανσις εἰς τὴν κατάφασιν καὶ εἰς τὴν ἀπόφασιν. καὶ οἱ μὲν εἵλοντο λέγειν αὐτὴν ὡς φωνὴν ὁμώνυμον εἰς διάφορα σημαινόμενα διαιρεῖσθαι, καθάπερ ὁ Ἀφροδισιεὺς Ἀλέξανδρος, οἱ δὲ ὡς γένος εἰς εἴδη, καθάπερ ὁ φιλόσοφος Πορφύριος.* S. Anm. 78.

30) *Boeth.* a. a. O. p. 347.: *Alexander autem hoc dicit: quoniam indefinitae sunt hae, nihil eas, inquit, prohibet sicut ad particulares ita quoque ad universales reducere, quae videntur esse contrariae, ut in eo quod est „homo animal est, homo animal non est", quoniam hae propositiones indefinitae sunt, possunt accipi quasi contrariae .... cum autem dicitur „homo ambulat, homo non ambulat", non ad contrarias, sed ad subcontrarias mens ducitur auditoris .... et haec quidem sententia habet aliquid rationis* etc.

31) *Alex. ad An. pr. f.* 20 a.: *ἀλλὰ καὶ ὄντος συλλογισμοῦ τοῦ μὲν ἀποδεικτικοῦ τοῦ δὲ διαλεκτικοῦ τοῦ δὲ σοφιστικοῦ καὶ τιμιωτάτου μὲν τοῦ ἀποδεικτικοῦ, δευτέραν δὲ ἔχοντος τάξιν τοῦ διαλεκτικοῦ καὶ τρίτην τοῦ σοφιστικοῦ, τῷ μὲν ἀποδεικτικῷ τὸ πρῶτον σχῆμα οἰκειότατον, οἱ γὰρ ἀποδεικνύντες κυρίως καθόλου καταφατικὰ συμπεραίνονται, διὰ τούτων γὰρ ἡ ἀπόδειξις, ἃ μόνον διὰ τοῦ πρώτου δείκνυται σχήματος ὅθεν εὐλόγως καὶ διὰ τοῦτο πρῶτον· τῷ δὲ διαλεκτικῷ τὸ δεύτερον, σχεδὸν γὰρ ὁ διαλεκτικὸς ἀεὶ τὰ τιθέμενα ὑπὸ τοῦ προσδιαλεγομένου ἀνασκευάζειν πειρώμενος ἀποφατικὰ συνάγει, τούτοις δὲ τὸ δεύτερον ἀνάκειται σχῆμα· οἱ δὲ σοφισταὶ ἀδιόριστα ἐρωτῶντες καὶ συνάγοντες τῷ τὸ ἀδιόριστον ἴσον δύνασθαι τῷ ἐπὶ μέρους, ἐπὶ μέρος δὲ πάντα ἐν τῷ τρίτω σχήματι συνάγεσθαι, οἰκεῖον ἂν τοῦτο ἔχοιεν τὸ σχῆμα.*

32) *Alex. ad Top.* p. 6. (bei Erklärung der aristotelischen Definition des Syllogismus): *δύναται τὸ „τεθέντων" ἐμφαίνειν καὶ τὸ κατηγορικόν· τίθενται γὰρ κυρίως ταῦτα ἐν τῷ ὑπάρχειν ἢ μὴ ὑπάρχειν λαμβανόμενα, τὰ γὰρ*

— eine Festigkeit und Unbefangenheit, welche in jener durch die stoische Schuldoctrin corrupten Zeit um so erfreulicher sein muss, je genauer Alexander die ganze ausgebildete Technik jener Schlüsse selbst kannte (er diente uns ja hierüber hauptsächlich als Quelle).

War hiemit durch Alexander wenigstens die Möglichkeit gegeben, dass eine reinere Auffassung der aristotelischen Logik sich geltend gemacht hätte, so liegt in dem grossen Einflusse, welchen Porphyrius (geb. 233, gest. 304) auf die ganze nächste Zeit ausübte, der Grund, warum man gegen ein richtiges Verständniss der Logik Auge und Ohr verschloss. Unleugbar bequemer war allerdings die hohle und flache Doctrin der Stoa, und wenn dann diese mit platonischen Anschauungen erbaulich verquickt wurde, was konnte man in jener impotenten Zeit mehr wollen? Für jeden, welcher bezüglich der Logik den Verstand für ein wesentliches Moment hält, muss zur vorläufigen Beurtheilung des Porphyrius es schon genügen, dass er ein Schüler Plotin's war, und in der That müssen wir ihn als den bei weitem einflussreichsten Verderber der Logik für die ganze folgende Entwicklung bezeichnen; denn wäre der Stoicismus und Syncretismus nicht durch des Porphyrius bekanntes Schulbuch schon den Zeitgenossen desselben förmlich eingebläut worden, um dann fast unvertilgbar fortzuwuchern, so hätte alle jene Verkehrtheit, welche wir in früheren Abschnitten schon darstellen mussten, wohl eher wirkungslos vorübergehen und in sich selbst absterben können, und in der That dürfte es für die spätere Ausbildung der Logik heilsamer gewesen sein, wenn vom 4. Jahrhunderte an zunächst durchaus keine Logik betrieben worden wäre, als dass man in den Schlamm der verstandlosen Produkte des Porphyrius sich versenkte. Neuplatonismus und Stoicismus bewährten auch hier ihre verpestende Wirkung, welche stets und überall, wo sie erschien, jeden frischen und gesunden Keim der Entwicklung tödtete. — Porphyrius schrieb ausser jenem kleinen Buche, welches den Titel *Εἰσαγωγὴ εἰς τὰς Ἀριστοτέλους κατηγορίας* oder auch *Περὶ τῶν πέντε φωνῶν* führt und bekanntlich zu den gelesensten und verbreitetsten Schriften unserer Culturgeschichte gehört, auch Commentare zum Organon, von welchen uns nur die *Ἐξήγησις εἰς τὰς Ἀριστ. κατηγορίας κατὰ πεῦσιν καὶ ἀπόκρισιν* erhalten ist[33]); verloren sind uns der ausführliche Commentar zu den Kategorien in sieben Büchern[34]), ferner jener zu dem Buche *D. interpr.* [35]), sowie jener zu einem logischen Werke des Theophrastus [36]), und ausserdem ein Commentar zum platonischen Sophistes,

---

ὑποθετικὰ οὐ τίθεται ἀλλ' ὑποτίθεται· δοκοῦσι γὰρ τῷ Ἀριστοτέλει ἁπλῶς καὶ κυρίως ἔχειν συλλογισμοί, ὡς ἐν τοῖς Προτέροις Ἀναλυτικοῖς δείκνυσιν, οἱ κατηγορικοί· οἱ δὲ ὑποθετικοὶ οὐχ ἁπλῶς εἰσι συλλογισμοὶ ἀλλὰ μετὰ προσθήκης.

33) Gedruckt *Paris.* 1543. 4.

34) *Simpl. ad Cat. f.* 1 *B.*: *ὁ πάντων ἡμῖν τῶν καλῶν αἴτιος Πορφύριος ἐξήγησίν τε ἐντελῆ τοῦ βιβλίου καὶ τῶν ἐνστάσεων πασῶν λύσεις οὐκ ἀπόνως ἐν ἑπτὰ βιβλίοις ἐποιήσατο τοῖς Γεδαλίῳ προσφωνηθεῖσι, πολλὰ καὶ τῶν Στωϊκῶν ἐκεῖ δογμάτων κατὰ τὴν κοινωνίαν τοῦ λόγου προσιστορῶν.* Simplicius benützte diesen Commentar fleissig.

35) *Boeth. d. interpr.* p. 290.: *de interpretatione liber ... cuius expositionem nos scilicet quam maxime a Porphyrio, quanquam etiam a ceteris transferentes, latina oratione digessimus.* Darum ist für das Einzelne Boethius auch die Hauptquelle; ausserdem hat *Ammon. ad Ar. d. interpr.* den Porphyrius häufig benützt.

36) Ebend. p. 294.: *sed Porphyrius ait, sese docuisse species enuntiationis esse*

worin die Lehre von der Eintheilung enthalten war, s. hierüber unten Anm. 60; dass Porphyrius auch die erste Analytik bearbeitete, scheint ziemlich gewiss zu sein, s. unten Anm. 82.

Was den niedrigen und zugleich verderblichen Standpunkt des Porphyrius betrifft, so ist derselbe hauptsächlich in der Isagoge niedergelegt. Davon, dass Porphyrius selbst etwa der geistreiche Erfinder der *quinque voces* (*γένος*, *εἶδος*, *διαφορά*, *ἴδιον*, *συμβεβηκός*) gewesen sei, wie die spätere höchst naive Tradition stets annahm, ist natürlich keine Rede; denn wir sahen (Abschn. IV, Anm. 708), welche Bedeutung schon in der aristotelischen Topik für die Praxis des Schliessens den Momenten der Definition, des eigenthümlichen Merkmales, der Gattung und des jeweilig Zukommenden, zugeschrieben wurde, sowie ja selbst die Meinung sich ausgesprochen findet, die *quinque voces* stünden bereits bei Aristoteles[37]); und nachdem wir hierauf bei Theophrastus aus jener aristotelischen Stelle wirklich jene Fünfzahl hatten entstehen sehen (Abschn. V, Anm. 82 ff.), waren wir bisher auch schon öfters den *quinque voces* begegnet (Abschn. VIII, Anm. 6 u. 40 f., Abschn. IX, Anm. 90, bes. Abschn. X, Anm. 13). So beruhen dieselben auf jenem Uebergewichte der Topik und auf jener Verbindung, in welche die Kategorien mit der Topik gebracht worden waren, worüber wir uns gleichfalls schon zu wiederholten Malen äussern mussten (Abschn. VIII u. IX). Darum beginnt auch dieses höchst läppische Compendium des Porphyrius, in welchem übrigens das Wort *φωνή* selbst nicht vorkömmt (s. Anm. 130 ff.), mit der Hinweisung auf die Nothwendigkeit der oben genannten fünf Begriffe zum Verständnisse der Kategorien und auf die praktische Nützlichkeit derselben zum Behufe der Definitionen, Eintheilungen und Beweisführungen[38]), worin Jedermann sogleich den Grundzug der stoischen Schul-Theorie erkennt. Nach der Bemerkung hierauf, dass die tieferen metaphysischen Fragen hier übergangen und nur die logische Seite nach peripatetischer Lehre behandelt werden solle[39]), wendet sich Porphyrius zur Erörterung über die Gattung (*γένος*), wobei er unter den verschiedenen Wortbedeutungen die bei den Philosophen übliche als Definition angibt und dann lehrt, wie sich die Gattung von den eigenthümlichen und unwesentlichen Merkmalen unterscheide[40]); nun folgt der Artbegriff (*εἶδος*), für welchen er

---

affirmationem et negationem in his commentariis quos in Theophrastum edidit. Es ist hiemit das Werk Theophrast's *Περὶ καταφάσεως καὶ ἀποφάσεως* gemeint.

37) *Boeth. d. defin.* p. 652.: *constat enim his quinque partibus veluti membris suis integra definitio; verum et Aristoteles in libris quos Topica appellavit docuit, quid genus sit, quid species, quid differentia, quid proprium et quid accidens; et plurimi praeterea philosophi libris suis complexi harum vim rerum et potentiam declararunt.*

38) c. 1, p. 1 a. 1. (b. *Brand. Schol.*): *Ὄντος ἀναγκαίου, Χρυσαόριε, καὶ εἰς τὴν τῶν παρὰ Ἀριστοτέλει κατηγοριῶν διδασκαλίαν τοῦ γνῶναι τί γένος καὶ τί διαφορὰ τί τε εἶδος καὶ τί ἴδιον καὶ τί συμβεβηκὸς, εἴς τε τὴν τῶν ὁρισμῶν ἀπόδοσιν καὶ ὅλως εἰς τὰ περὶ διαιρέσεως καὶ ἀποδείξεως χρησίμης οὔσης τῆς τούτων θεωρίας, σύντομον κ. τ. λ.*

39) Ebend. 1 a. 7.: *τῶν μὲν βαθυτέρων ἀπεχόμενος ζητημάτων* ..... (13.) *τὸ δ' ὅπως περὶ αὐτῶν τε καὶ τῶν προκειμένων λογικώτερον οἱ παλαιοὶ διέλαβον καὶ τούτων μάλιστα οἱ ἐκ τοῦ Περιπάτου, νῦν σοι πειράσομαι δεικνύναι.*

40) c. 2, 1 a. 16.: *ἔοικε δὲ μήτε τὸ γένος μήτε τὸ εἶδος ἁπλῶς λέγεσθαι* .... (36.) *τριχῶς οὖν τοῦ γένους λεγομένου περὶ τοῦ τρίτου παρὰ τοῖς φιλοσόφοις ὁ λόγος, ὃ καὶ ὑπογράφοντες ἀποδεδώκασι, γένος εἶναι λέγον-*

mehrere Definitionen zur beliebigen Auswahl vorlegt, um daran den Grundsatz der *Tabula logica* zu knüpfen, dass es höchste Gattungen (γενικώτατα) und niederste Arten (εἰδικώτατα) gibt, zwischen welchen die Stufenleiter der subordinirten Begriffe (ὑπάλληλα), welche zugleich Gattung und Art sind, sich befindet[41]; eine hieran sich anschliessende aristotelische Verwahrung gegen das stoische ὄν als höchsten Gattungsbegriff, da es ja zehn höchste Gattungen, nemlich die Kategorien, gibt, wird in köstlicher Naivetät mit der platonischen Vorschrift verbunden, dass man bei Leibe nicht bis zu der schmutzigen Particularität des Individuums herabsteigen solle, denn nur durch die „Idee" (so wird hier εἶδος in Einem Athemzuge platonisch und aristotelisch gebraucht) bestehe eine Einheit unter den Dingen[42]. Wir bemerken hier sehr wohl, warum der Schüler Plotin's (s. vor. Abschn. Anm. 81 f.) ein Bedürfniss nach einer Kategorientafel habe. Indem dann Porphyrius das Verhältniss der Aussage erörtert, dass der Prädicatsbegriff nie enger als der Subjectsbegriff, sondern höchstens (bei dem ἴδιον) gleichweit sein könne, und indem er mit völlig stoischer Terminologie (Abschn. VI, Anm. 91) das Individuum als einen Complex von ἰδιότητες bezeichnet, worauf er als Ausdruck für die *Tabula logica* schlechthin nur das zwischen dem Ganzen und den Theilen bestehende mathematische Verhältniss des Umfassens (περιέχειν) wählt[43], beweist er schlagend seinen Standpunkt sowie seinen Mangel

---

τες τὸ κατὰ πλειόνων καὶ διαφερόντων τῷ εἴδει ἐν τῷ τί ἐστι κατηγορούμενον.... b. 4.: τῶν μὲν οὖν καθ' ἑνὸς μόνου κατηγορουμένων διαφέρει τὰ γένη τῷ ταῦτα κατὰ πλειόνων κατηγορεῖσθαι.... (11.) τοῦ δ' αὖ ἰδίου διαφέρει τὸ γένος, ὅτι τὸ μὲν ἴδιον καθ' ἑνὸς μόνου εἴδους οὗ ἐστιν ἴδιον κατηγορεῖται καὶ τῶν ὑπὸ τὸ εἶδος ἀτόμων, ὡς τὸ γελαστικόν.... (15.) τῆς δ' αὖ διαφορᾶς καὶ τῶν κοινῶς συμβεβηκότων διαφέρει τὸ γένος, ὅτι εἰ καὶ κατὰ πλειόνων καὶ διαφερόντων τῷ εἴδει κατηγοροῦνται αἱ διαφοραὶ καὶ τὰ κοινῶς συμβεβηκότα, ἀλλ' οὐκ ἐν τῷ τί ἐστι κατηγορεῖται ἀλλ' ἐν τῷ ὁποῖόν τι ἐστίν.

41) Ebend. 1 b. 40.: τὸ εἶδός φαμεν τὸ ὑπὸ τὸ ἀποδοθὲν γένος.... (43.) ἀποδιδόασιν οὖν τὸ εἶδος καὶ οὕτως· εἶδός ἐστι τὸ ταττόμενον ὑπὸ τὸ γένος καὶ οὗ τὸ γένος ἐν τῷ τί ἐστι κατηγορεῖται· ἔτι δὲ καὶ οὕτως· εἶδός ἐστι τὸ κατὰ πλειόνων καὶ διαφερόντων τῷ ἀριθμῷ ἐν τῷ τί ἐστι κατηγορούμενον... 2 a. 5.: καθ' ἑκάστην κατηγορίαν ἐστί τινα γενικώτατα καὶ πάλιν ἄλλα εἰδικώτατα καὶ μεταξὺ τῶν γενικωτάτων καὶ τῶν εἰδικωτάτων ἄλλα ἃ καὶ γένη καὶ εἴδη λέγεται τὰ αὐτά... (folgt ausführlich ein Beispiel mit der Stufenleiter: οὐσία, σῶμα, ἔμψυχον, ζῷον, λόγικον, ἄνθρωπος, Σωκράτης)... (42.) ἀφορίζονται τοίνυν τὸ μὲν γενικώτατον γένος οὕτως· ὃ γένος ὂν οὐκ ἔστιν εἶδος· καὶ πάλιν· ὑπὲρ ὃ οὐκ ἂν εἴη ἄλλο ἐπαναβεβηκὸς γένος· τὸ δὲ εἰδικώτατον εἶδος οὕτως· ὃ εἶδος ὂν οὐκ ἔστι γένος.... (46.) τὰ δὲ μέσα τῶν ἄκρων ὑπάλληλά τε καλοῦσιν εἴδη καὶ γένη καὶ ἕκαστον αὐτῶν εἶδος εἶναι καὶ γένος τίθενται πρὸς ἄλλο μέντοι καὶ ἄλλο λαμβανόμενον.

42) Ebend. 2 b. 6.: οὐ γάρ ἐστι κοινὸν γένος πάντων τὸ ὂν οὐδὲ πάντα ὁμογενῆ καθ' ἓν τὸ ἀνωτάτω γένος, ὥς φησιν Ἀριστοτέλης, ἀλλὰ κείσθω ὥσπερ ἐν ταῖς κατηγορίαις τὰ πρῶτα δέκα γένη οἷον ἀρχαὶ δέκα πρῶται ...(12.) δέκα μὲν οὖν τὰ γενικώτατα.... τὰ δὲ ἄτομα, ἅπερ ἦν μετὰ τὰ εἰδικώτατα, ἄπειρα· διὸ ἄχρι τῶν εἰδικωτάτων ἀπὸ τῶν γενικωτάτων κατιόντας παρεκελεύετο ὁ Πλάτων παύεσθαι ... (20.) συναγωγὸν γὰρ τῶν πολλῶν εἰς μίαν φύσιν τὸ εἶδος καὶ ἔτι μᾶλλον τὸ γένος ... τῇ μὲν γὰρ τοῦ εἴδους μετουσίᾳ οἱ πολλοὶ ἄνθρωποι εἷς... διαιρετικὸν μὲν γὰρ ἀεὶ τὸ καθ' ἕκαστον, συλληπτικὸν δὲ καὶ ἑνοποιὸν τὸ κοινόν.

43) Ebend. 2 b. 28.: τὸ μὲν γένος ἀεὶ τοῦ εἴδους κατηγορεῖται καὶ πάντα τὰ ἐπάνω τῶν ὑποκάτω, τὸ δὲ εἶδος οὔτε τοῦ προσεχοῦς αὐτοῦ γένους οὔτε τῶν ἐπάνω, οὐδὲ γὰρ ἀντιστρέφει· δεῖ γὰρ ἢ τὰ ἴσα τῶν ἴσων κατη-

an Einsicht, sowie er ja überhaupt ganz besonders die Schuld daran trägt, dass in der Lehre vom Begriffe und selbst in der Syllogistik das Verhältniss des Umfanges der Begriffe in der ungebührlichsten Weise ein Uebergewicht über jenes des Inhaltes erhielt. Nun folgt der Unterschied (*διαφορά*), welcher seine eigentliche Bedeutung in dem untrennbaren Merkmale (*ἀχώριστον συμβεβηκός*), seine eigentlichste Bedeutung aber in dem artmachenden Unterschiede habe; nemlich der Unterschied mache ein Ding entweder bloss zu einem qualitativ geänderten (*ἀλλοῖον*) und gehöre dann dem *πως ἔχον* (natürlich stoisch) an, oder zu einem schlechthin anderen (*ἄλλο*) und sei dann, sowie er den Begriff des Dinges ergänze (*συμπληροῦν*, Abschn. VI, Anm. 95), vortrefflich zur Begriffsbestimmung und Eintheilung zu gebrauchen; es wirke ja auch dieser artmachende Unterschied, welcher nur in jenen untrennbaren Merkmalen welche dem Dinge an sich zukommen, liege, einerseits als eintheilend in Bezug auf die Gattungen (*διαιρετική*) und andrerseits als constituirend in Bezug auf die Arten (*συστατική*), und darnach seien die artmachenden Unterschiede selbst, welche Porphyrius anderswo sogar *ποιότητες οὐσιώδεις* nennt, zu classificiren [44]; hierauf folgt wieder eine Auswahl von Definitionen des Unterschiedes, wobei auch das *ποιόν τι* in den Vordergrund tritt [45]. Man sieht, dass Porphyrius das Talent besass, aus der

---

γορεῖσθαι ὡς τὸ χρεμετιστικὸν τοῦ ἵππου ἢ τὰ μείζω τῶν ἐλαττόνων .... (48.) *ἄτομα δὲ λέγεται τὰ τοιαῦτα, ὅτι ἐξ ἰδιοτήτων συνέστηκεν ἕκαστον, ὧν τὸ ἄθροισμα οὐκ ἂν ἐπ' ἄλλου τινός ποτε τὸ αὐτὸ γένοιτο τῶν κατὰ μέρος.* ... (3 a. 5.) *περιέχεται οὖν τὸ μὲν ἄτομον ὑπὸ τοῦ εἴδους, τὸ δὲ εἶδος ὑπὸ τοῦ γένους, ὅλον γάρ τι τὸ γένος, τὸ δὲ ἄτομον μέρος, τὸ δὲ εἶδος καὶ ὅλον καὶ μέρος.* Vgl. *Boeth. d. interpr.* p. 339.: *incommunicabilis Platonis illa proprietas Platonitas appelletur* (offenbar aus Porphyrius).

44) c. 3, 3 a. 12.: *ἡ διαφορὰ δὲ κοινῶς τε καὶ ἰδίως καὶ ἰδιαίτατα λεγέσθω* .... (17) *ἰδίως δὲ διαφέρειν λέγεται ἕτερον ἑτέρου, ὅταν ἀχωρίστῳ συμβεβηκότι τὸ ἕτερον τοῦ ἑτέρου διαφέρῃ* ... (20.) *ἰδιαίτατα δὲ διαφέρειν ἕτερον ἑτέρου λέγεται, ὅταν εἰδοποιῷ διαφορᾷ διαλλάττῃ* .... (23.) *αἱ μὲν κοινῶς καὶ ἰδίως ἀλλοῖον ποιοῦσιν, ἡ δὲ ἰδιαίτατα ἄλλο* ... (25.) *αἱ μὲν οὖν ποιοῦσαι ἄλλο εἰδοποιοὶ κέκληνται, αἱ δὲ ἀλλοῖον ἁπλῶς διαφοραί* .... (29.) *κατὰ μὲν οὖν τὰς ἄλλο ποιούσας διαφορὰς αἵ τε διαιρέσεις γίνονται τῶν γενῶν εἰς τὰ εἴδη οἵ τε ὅροι ἀποδίδονται ἐκ γένους ὄντες καὶ τῶν τοιούτων διαφορῶν, κατὰ δὲ τὰς ἀλλοιούσας ἑτερότητες μόνον συνίστανται καὶ αἱ τοῦ πὼς ἔχοντος μεταβολαί.* .... (37.) *τῶν δὲ ἀχωρίστων αἱ μὲν ὑπάρχουσι καθ' αὑτὰς αἱ δὲ κατὰ συμβεβηκός· τὸ μὲν γὰρ λογικὸν καθ' αὑτὸ ὑπάρχει τῷ ἀνθρώπῳ* .... *τὸ δὲ γρυπὸν ἢ σιμὸν εἶναι κατὰ συμβεβηκός* ... *αἱ μὲν οὖν καθ' αὑτὸ προσοῦσαι ἐν τῷ τῆς οὐσίας λόγῳ λαμβάνονται καὶ ποιοῦσιν ἄλλο* ... (47.) *αὗται μὲν γάρ εἰσιν αἱ τὸν ἑκάστου λόγον συμπληροῦσαι* ... (b. 4.) *πάλιν τῶν καθ' αὑτὰς διαφορῶν αἱ μέν εἰσι καθ' ἃς διαιρούμεθα τὰ γένη εἰς τὰ εἴδη αἱ δὲ καθ' ἃς τὰ διαιρεθέντα εἰδοποιεῖται, οἷον τῶν καθ' αὑτὰς διαφορῶν* ... *τοῦ ζῴου* ... *ἡ μὲν τοῦ ἐμψύχου καὶ αἰσθητικοῦ διαφορὰ συστατική ἐστι τῆς τοῦ ζῴου οὐσίας* .... *ἡ δὲ τοῦ θνητοῦ καὶ ἀθανάτου διαφορὰ* ... *διαιρετικαί εἰσι τοῦ ζῴου διαφοραί* .... (12) *ἀλλ' αὗταί γε αἱ διαιρετικαὶ διαφοραὶ τῶν γενῶν συμπληρωτικαὶ γίνονται καὶ συστατικαὶ τῶν εἰδῶν* ... (21.) *ἐπεὶ οὖν αἱ αὐταὶ πῶς μὲν ληφθεῖσαι γίνονται συστατικαὶ πῶς δὲ διαιρετικαί, εἰδοποιοὶ πᾶσαι κέκληνται, καὶ τούτων γε μάλιστα χρεία εἴς τε τὰς διαιρέσεις τῶν γενῶν καὶ εἰς τοὺς ὁρισμούς.* In der *Ἐξηγ. ἐ. τ. Ἀρ. κατ.* heisst es *f.* 26 a.: *ἐπίδειξον οὖν, πῶς οὐσιώδης ποιότης ἡ διαφορά ἐστι. οὐσιώδεις εἰσὶ ποιότητες αἱ συμπληρωτικαὶ τῶν οὐσιῶν.*

45) *Isag.* 3, 3 b. 25.: *ἃς δὴ καὶ ὁριζόμενοί φασι· διαφορά ἐστιν ᾗ περισσεύει τὸ εἶδος τοῦ γένους* .... (32.) *ὁρίζονται δὲ καὶ οὕτως· διαφορά*

peripatetischen Lehre (oben Anm. 39) jene Annahmen auszuwählen, welche den meisten Syncretismus mit stoischer Doctrin enthielten, denn das so eben Angegebene ist Nichts anderes, als was schon Boethus und Herminus gesagt hatten (s. Abschn. IX, Anm. 29 f. u. 41). Nun wird noch kurz die Definition des eigenthümlichen Merkmales (ἴδιον,), natürlich mit Angabe der Umkehrbarkeit des betreffenden Urtheiles und dem gewöhnlichen Beispiele „γελαστικόν" [46]), und die Definition des Merkmales überhaupt (συμβεβηκός) gelehrt [47]), und dann wieder auf das Verhältniss der Aussage für sämmtliche fünf Momente in Bezug auf die *Tabula logica* hingewiesen [48]). Hierauf beginnt eine höchst armselige Erörterung, indem aus der bisher angegebenen Charakteristik der fünf Begriffe das Einzelne herausgeholt wird, um der Reihe nach zu erörtern, in welchen Punkten dieselben, paarweise betrachtet, in einem Gemeinsamen zusammentreffen oder eine Verschiedenheit zeigen, wobei der Leser nicht ermüden darf, wenn er zehnmal das Nemliche erfährt. In solcher Weise wird zuerst erörtert γένος und διαφορά [49]), dann γένος und εἶδος [50]), dann γένος und ἴδιον [51]), dann γένος und συμβεβηκός [52]). Hier aber fällt dem Porph.

ἔστι τὸ κατὰ πλειόνων καὶ διαφερόντων τῷ εἴδει ἐν τῷ ποιόν τί ἐστι κατηγορούμενον .... (43.) ὑπογράφουσι δὲ καὶ οὕτω· διαφορά ἐστι τὸ χωρίζειν πεφυκὸς τὰ ὑπὸ τὸ αὐτὸ γένος .... (46.) ἀποδιδόασι δὲ καὶ οὕτω· διαφορά ἐστιν ὅτῳ διαφέρει ἕκαστον.

46) c. 4, 4 a. 14.: τὸ δὲ ἴδιον διαιροῦσι τετραχῶς .... (18.) τέταρτον δὲ ἐφ' οὗ συνδεδράμηκε τὸ μόνῳ καὶ παντὶ καὶ ἀεί, ὡς τῷ ἀνθρώπῳ τὸ γελαστικόν .... (22.) ταῦτα δὲ καὶ κυρίως ἴδιά φασιν, ὅτι καὶ ἀντιστρέφει.

47) c. 5, 4 a. 24.: συμβεβηκὸς δέ ἐστιν ὃ γίνεται καὶ ἀπογίνεται χωρὶς τῆς τοῦ ὑποκειμένου φθορᾶς· διαιρεῖται δὲ εἰς δύο· τὸ μὲν γὰρ αὐτοῦ χωριστόν ἐστι τὸ δὲ ἀχώριστον .... (29.) ὁρίζονται δὲ αὐτὸ καὶ οὕτως· συμβεβηκός ἐστιν ὃ ἐνδέχεται τῷ αὐτῷ ὑπάρχειν καὶ μὴ ὑπάρχειν.

48) c. 6, 4 a. 35.: κοινὸν μὲν δὴ πάντων τὸ κατὰ πλειόνων κατηγορεῖσθαι ὡς εἴρηται· ἀλλὰ τὸ μὲν γένος τῶν ὑπ' αὐτὸ εἰδῶν τε καὶ τῶν ἀτόμων, καὶ ἡ διαφορὰ ὡσαύτως, τὸ δὲ εἶδος τῶν ὑπ' αὐτὸ ἀτόμων, τὸ δὲ ἴδιον τοῦ τε εἴδους .. καὶ τῶν ἀτόμων, τὸ δὲ συμβεβηκὸς καὶ εἰδῶν καὶ ἀτόμων.

49) c. 7, 4 b. 1.: κοινὸν δὲ γένους καὶ διαφορᾶς τὸ περιεκτικὸν εἰδῶν, περιέχει γὰρ καὶ ἡ διαφορὰ εἴδη, εἰ καὶ μὴ πάντα ὅσα τὰ γένη .... (12.) κοινὸν δὲ καὶ τὸ ἀναιρεθέντος ἢ τοῦ γένους ἢ τῆς διαφορᾶς συναναιρεῖσθαι καὶ τὰ ὑπ' αὐτά .... (15.) ἴδιον δὲ τοῦ γένους τὸ ἐπὶ πλειόνων κατηγορεῖσθαι, ἤπερ ἡ διαφορὰ καὶ τὸ εἶδος καὶ τὸ ἴδιον καὶ τὸ συμβεβηκός ... (22.) ἔτι τὸ γένος περιέχει τὴν διαφορὰν δυνάμει ... (24.) ἔτι τὰ μὲν γένη πρότερα τῶν ὑφ' αὐτὰ διαφορῶν ... (28.) ἔτι τὸ μὲν γένος ἐν τῷ τί ἐστιν, ἡ δὲ διαφορὰ ἐν τῷ ποῖόν τί ἐστιν ... (30.) ἔτι γένος μὲν ἓν καθ' ἕκαστον εἶδος .... διαφοραὶ δὲ πλείους ... (32.) τὸ μὲν γένος ἔοικεν ὕλῃ, μορφῇ δὲ ἡ διαφορά.

50) c. 8, 4 b. 35.: γένος δὲ καὶ εἶδος κοινὸν μὲν ἔχουσι τὸ κατὰ πλειόνων, ὡς εἴρηται, κατηγορεῖσθαι .... καὶ τὸ πρότερα εἶναι ὧν κατηγορεῖται, καὶ τὸ ὅλον τι εἶναι ἑκάτερον ... (39.) διαφέρει δὲ ᾗ τὸ μὲν γένος περιέχει τὰ εἴδη ... ἔτι τὰ γένη προϋποκεῖσθαι δεῖ .... (42.) καὶ συναναιροῦντα, ἀλλ' οὐ συναναιρούμενα .... καὶ τὰ μὲν γένη συνωνύμως κατηγορεῖται τῶν ὑφ' αὐτὰ εἰδῶν (s. unten Anm. 77.) ... ἔτι τὰ μὲν γένη πλεονάζει τῇ τῶν ὑπ' αὐτὰ εἰδῶν περιοχῇ.

51) c. 9, 5 a. 1.: γένους δὲ καὶ ἰδίου κοινὸν μὲν τὸ ἕπεσθαι τοῖς εἴδεσιν ... καὶ τὸ ἐπ' ἴσης κατηγορεῖσθαι τὸ γένος τῶν εἰδῶν καὶ τὸ ἴδιον .. τῶν ἀτόμων ... (5.) καὶ τὸ συνωνύμως κατηγορεῖσθαι .... διαφέρει δὲ ὅτι τὸ μὲν γένος πρότερον ... καὶ τὸ μὲν γένος κατὰ πλειόνων εἰδῶν κατηγορεῖται .... (10.) τὸ γένος οὐκ ἀντικατηγορεῖται ... (12.) ἔτι τὸ μὲν ἴδιον παντὶ τῷ εἴδει ὑπάρχει .... (14.) ἔτι τὰ μὲν ἴδια ἀναιρούμενα οὐ συναναιρεῖ τὰ γένη.

52) c. 10, 5 a. 17.: γένους δὲ καὶ συμβεβηκότος κοινὸν τὸ κατὰ πλειόνων ..

plötzlich ein, dass er den Grund noch nicht angegeben habe, warum fünf Dinge eigentlich zu zwanzig Paaren, mit Berücksichtigung der Wiederholungen aber doch nur zu zehn Paaren combinirt werden können, und er holt diese wichtige Notiz nun nach [53]); dann nimmt die Sache wieder ihren Verlauf, und es folgen nun *διαφορὰ* und *εἶδος*[54]), dann *διαφορὰ* und *ἴδιον*[55]), dann *διαφορὰ* und *συμβεβηκός*[56]), hierauf *εἶδος* und *ἴδιον*[57]), dann *εἶδος* und *συμβεβηκός*, wobei wir hervorheben müssen, dass letzteres hier als ein *ἐπεισοδιῶδες* bezeichnet wird[58]), und zuletzt noch *ἴδιον* und *συμβεβηκός*[59]).

κατηγορεῖσθαι .... (20.) *διαφέρει δὲ*..., *ὅτι τὸ μὲν γένος πρὸ τῶν εἰδῶν, τὰ δὲ συμβεβηκότα τῶν εἰδῶν ὕστερα* .... (25.) *ἐπίτασιν καὶ ἄνεσιν ἐπιδέχεται ἡ τῶν συμβεβηκότων μέθεξις, ἡ δὲ τῶν γενῶν οὐκέτι* ... *καὶ τὰ μὲν συμβεβηκότα ἐπὶ τῶν ἀτόμων προηγουμένως ὑφίσταται, τὰ δὲ γένη καὶ τὰ εἴδη φύσει πρότερα τῶν ἀτόμων οὐσιῶν· καὶ τὰ μὲν γένη ἐν τῷ τί ἐστι κατηγορεῖται* .., *τὰ δὲ συμβεβηκότα ἐν τῷ ποῖόν τί ἐστιν ἢ πῶς ἔχον ἕκαστον.*

53) c. 11, 5 a. 34.: *ὥστε πέντε μὲν ὄντων, ἑνὸς δὲ ἑκάστου τῶν τεττάρων διαφέροντος, τετράκις τὰ πέντε, εἴκοσι γίνεσθαι διαφορὰς τὰς πάσας· ἀλλ᾽ οὐχ οὕτως ἔχει, ἀλλ᾽ ἀεὶ τῶν ἐφεξῆς καταριθμουμένων καὶ τῶν μὲν δύο μιᾷ λειπομένων διαφορᾷ διὰ τὸ ἤδη εἰλῆφθαι, τῶν δὲ τριῶν δυσί, τῶν δὲ τεττάρων τρισί, τῶν δὲ πέντε τέταρσι, δέκα αἱ πᾶσαι γίνονται διαφοραί* .... (b. 5.) *ὧν τὰς τέσσαρας, αἳ ἦσαν τοῦ γένους πρὸς τὰ ἄλλα, φθάσαντες ἀπεδείξαμεν.*

54) c. 12, 5 b. 7.: *κοινὸν τοίνυν διαφορᾶς καὶ εἴδους τὸ ἐπ᾽ ἴσης μετέχεσθαι* ... *καὶ τὸ ἀεὶ παρεῖναι* ... (10.) *ἴδιον δὲ διαφορᾶς μὲν τὸ ἐν τῷ ποιόν τι κατηγορεῖσθαι* ... (14.) *ἔτι ἡ μὲν διαφορὰ ἐπὶ πλειόνων πολλάκις εἰδῶν θεωρεῖται* .... (16.) *ἔτι ἡ διαφορὰ προτέρα τοῦ κατ᾽ αὐτῆς εἴδους* ... (19.) *ἔτι διαφορὰ μὲν συντίθεται μετ᾽ ἄλλης διαφορᾶς* ... *εἶδος δὲ εἴδει οὐ συντίθεται* .... *τὶς μὲν γὰρ ἵππος τινὶ ὄνῳ σύνεισιν εἰς ἡμιόνου γέννησιν, ἵππος δὲ ἁπλῶς ὄνῳ συντεθεὶς οὐκ ἂν ἀποτελέσειεν ἡμίονον.*

55) c. 13, 5 b. 24.: *διαφορὰ δὲ καὶ ἴδιον κοινὸν μὲν ἔχουσι τὸ ἐπ᾽ ἴσης μετέχεσθαι* ... *καὶ τὸ ἀεὶ καὶ παντὶ παρεῖναι* ... (29.) *ἴδιον δὲ διαφορᾶς ὅτι αὕτη μὲν ἐπὶ πλειόνων εἰδῶν λέγεται πολλάκις* .... *καὶ ἡ μὲν διαφορὰ ἕπεται* ... *οὐ μὴν καὶ ἀντιστρέφει.*

56) c. 14, 5 b. 34.: *διαφορᾷ δὲ καὶ συμβεβηκότι κοινὸν μὲν τὸ ἐπὶ πλειόνων λέγεσθαι* ... (37.) *διαφέρουσι δὲ ὅτι ἡ μὲν διαφορὰ περιέχει τὰ εἴδη, οὐ περιέχεται δέ* .... (41.) *καὶ ἡ μὲν διαφορὰ ἀνεπίτατος καὶ ἀνάνετος.*

57) c. 15, 6 a. 1.: *εἴδους δὲ καὶ ἰδίου κοινὸν τὸ ἀλλήλων ἀντικατηγορεῖσθαι* ... *καὶ τὸ ἐπ᾽ ἴσης εἶναι* ... (5.) *διαφέρει δὲ* ... *ὅτι τὸ μὲν εἶδος δύναται καὶ ἄλλων γένος εἶναι* ... *καὶ τὸ μὲν εἶδος προϋφέστηκε τοῦ ἰδίου* ... *ἔτι τὸ μὲν εἶδος ἀεὶ ἐνεργείᾳ πάρεστι τῷ ὑποκειμένῳ.*

58) c. 16, 6 a. 15.: *εἴδους δὲ καὶ συμβεβηκότος κοινὸν μὲν τὸ ἐπὶ πολλῶν κατηγορεῖσθαι* ... (17.) *ἴδια δὲ* ... *τοῦ μὲν εἴδους τὸ ἐν τῷ τί ἐστι κατηγορεῖσθαι* ... *καὶ τὸ ἑκάστην οὐσίαν ἑνὸς μὲν εἴδους μετέχειν, συμβεβηκότων δὲ πλειόνων* ... *καὶ τὰ μὲν εἴδη προεπινοεῖται τῶν συμβεβηκότων* .. (b. 2.) *τὰ δὲ συμβεβηκότα υστερογενῆ πέφυκε καὶ ἐπεισοδιώδη τὴν φύσιν ἔχει* (die einen Handschriften und die meisten Ausgaben haben *ἐπουσιώδη*; es ist diess eine Variante, welche in einer Menge von Stellen bei den späteren Commentatoren und Scholiasten stets gleichmässig wiederkehrt; ich glaube, dass im Hinblicke auf *Arist. Metaph. Λ*, 10, 1076 a. 1. und *N*, 3, 1090 b. 19. überall *ἐπεισοδιώδης* zu lesen ist, denn aus jenen Stellen dürfte dieser Ausdruck geschlossen sein) ... *καὶ τοῦ μὲν εἴδους ἡ μετοχὴ ἐπ᾽ ἴσης.*

59) c. 17, 6 b. 8.: *κοινὸν δὴ τῷ ἰδίῳ καὶ τῷ ἀχωρίστῳ συμβεβηκότι τὸ ἄνευ αὐτῶν μὴ ὑποστῆναι ἐκεῖνα ἐφ᾽ ὧν θεωρεῖται* ... (12.) *διενήνοχε δὲ*

Völlig in innerem Zusammenhange mit dieser Isagoge und gleichsam im Anschlusse an dieselbe hatte Porphyrius offenbar jenen Commentar zum Sophistes des Plato geschrieben, in welchem er auf eine Empfehlung des Plotinus hin die Schrift des Andronikus über die Eintheilung (s. Abschn. IX, Anm. 75) verarbeitete, denn er sagte dort ausdrücklich, dass wegen der Unentbehrlichkeit der *quinque voces* zu einem richtigen Verfahren des Eintheilens eben dieses letztere einen ausnehmenden Nutzen als Einleitung zu den Kategorien stifte; da uns aber dieses Product des Porphyrius in einer abermaligen Ueberarbeitung, welche Boethius von demselben lieferte [60]), erhalten ist, so wollen wir uns den Genuss desselben auf die Darstellung der logischen Annahmen des Boethius versparen (folg. Abschn. Anm. 96—102); so viel sehen wir schon jetzt, dass zum Behufe der Dressur es sich um eine *Tabula logica* als Einleitung zu den Kategorien handelte.

Was sich von der commentirenden Thätigkeit dieses stoisch-peripatetischen Neuplatonikers erwarten lasse, ist aus dem Bisherigen von selbst klar [61]), und leiter hat Porphyrius auch vermittelst seiner Commentare, wie wir bei Boethius sehen werden, seinen verderblichen Einfluss auf das Mittelalter erstreckt. Betreff's der Kategorien heben wir aus seiner *Ἐξήγησις* [62]) und den bei Simplicius erhaltenen Fragmenten des grösseren Commentars Folgendes hervor: In der Frage über die Objectivität der Kategorien und der fünf Begriffe tritt er, wie sich von selbst versteht, auf die Seite des Realismus [63]), und indem er erst die Bezeichnung jener realen Momente sowie der Dinge überhaupt dem significanten Laute (*σημαντικὴ φωνή*) zuschreibt, nennt er eben dieses Verhalten der Worte die erste Position (*πρώτη θέσις*), wohingegen eine zweite es sei, wenn die Worte als Redetheile betrachtet werden, daher Gegenstand der Kategorienlehre natürlich die erstere sei [64]). Einer grossen Ausführlichkeit

---

ὅτι τὸ μὲν ἴδιον ἑνὶ μόνῳ πάρεστιν εἴδει ... (17.) *καὶ τῶν μὲν ἰδίων ἐπ' ἴσης ἡ μετοχή.*

60) *Boeth. d. divis.* p. 638.: *Quam magnos studiosis afferat fructus scientia dividendi quamque apud Peripateticam disciplinam semper haec fuerit in honore notitia, docet et Andronici diligentissimi senis de divisione liber editus et hic idem a Plotino gravissimo philosopho comprobatus et in libri Platonis qui Sophistes inscribitur commentariis a Porphyrio repetitus et ab eodem per haec introductionis laudata in Categorias utilitas; dicit enim fore necessariam generis, speciei, differentiae, proprii accidentisque peritiam cum propter alia multa tum propter utilitatem quae est maxima partiendi; quare quoniam maximus usus est facillimaque doctrina, ego quoque id sicut pleraque omnia Romanis auribus tradens introductionis modo ..... perscripsi* etc.

61) Wenn Brandis an dem in Anm. 14. ang. O. p. 280. sagt, dass kein Neuplatoniker wohl weniger in den Schulbegriffen befangen war als Porphyrius, so scheint sich dieses Urtheil durchaus nicht zu bestätigen.

62) In derselben ist Porphyrius einmal (*f.* 13 b.) so kindisch, dass er die dortige läppische Frage- und Antwort-Form bis zum förmlichen recapitulirenden Examen über das so eben Docirte ausdehnt. Wird ja sogar noch heutzutage zuweilen im *Collegium logicum* das Heft in Frage und Antwort dictirt.

63) *Ἐξηγ. f.* 3 a.: *ὅτι τὰ μὲν ὄντα καὶ τὰ τούτων γένη καὶ τὰ εἴδη καὶ αἱ διαφοραὶ πράγματά ἐστι, καὶ οὐ φωναί.*

64) Ebend *f.* 3 b.: *ἑκάστῳ πράγματι λέξεις καὶ ὀνόματα τέθεικεν* (sc. *ὁ ἄνθρωπος*) *σημαντικὰ αὐτῶν καὶ μηνυτικὰ διὰ τῶν τοιούτων τῆς φωνῆς ψόφων ... πάλιν ὁ ἄνθρωπος κατὰ δευτέραν ἐπιβολὴν ἐπανελθὼν αὐτὰς*

werth hält er die Verhältnisse des Homonymen u. dgl. (wohl dem Boethus folgend, s. Abschn. IX, Anm. 44); er unterscheidet fünf Arten der Homonymie, je nachdem dieselbe auf Zufall, Aehnlichkeit, Analogie beruhe oder von Einem Gesichtspunkte aus oder auf Einen Gesichtspunkt hin genommen sei, wovon Aristoteles nur die zweite Art berücksichtige, sowie bei diesem auch das *πολυώνυμον* und *ἑτερώνυμον* fehle; auch wird untersucht, ob und wann ein Wort zugleich synonym und homonym sein könne, sowie bei dem *παρώνυμον* die Gelegenheit benützt wird, grammatische Verhältnisse beizuziehen [65]). Bei der Erklärung der Ausdrücke *ἐν ὑποκειμένῳ* und *καθ' ὑποκειμένου* macht Porphyrius die abenteuerliche, von den Späteren oft wiederholte, Bemerkung, dass die grösste Eintheilung der significanten Worte eben jene in die zehn Kategorien, die kleinste aber jene in allgemeine Substanz, particulare Substanz, allgemeines Accidens, particulares Accidens sei; und indem nun diese letztere Viertheilung als Verbesserung des aristotelischen Sprachgebrauches je entsprechend den *ἐν ὑποκ.* und *καθ' ὑποκ.* substituirt werden soll, werden noch neue Bedeutungen des *ἔν τινι* aufgezählt, von welchen Aristoteles nur die auf das Theilverhältniss und die Oertlichkeit bezügliche berücksichtigt habe [66]). Da hiebei Gelegenheit ist, im Interesse der *Ta-*

τὰς τεθείσας λέξεις θεωρήσας τὰς μὲν ... ὀνόματα κέκληκε, τὰς δὲ ... ῥήματα .... καὶ τὴν τοιαύτην ὕλην τὴν οὕτω διαλάμπουσαν προσαγορεῦσαι ἥλιον τῆς πρώτης ἦν θέσεως τῶν ὀνομάτων, τὸ δὲ τὴν „χρυσόν" λέξιν εἰπεῖν εἶναι ὄνομα τῆς δευτέρας θέσεως .... ἔστι τοίνυν ἡ πρόθεσις τοῦ βιβλίου περὶ τῆς πρώτης θέσεως τῶν λέξεων τῆς παραστατικῆς τῶν πραγμάτων .... (4 a.) ὅτι ἐνθάδε μὲν περὶ τῆς προηγουμένης θέσεως τῶν λέξεων τῆς κατὰ τῶν πραγμάτων ποιεῖται τὸν λόγον, ἐν δὲ τῷ περὶ ἑρμηνείας περὶ τῆς δευτέρας.

65) Ebend. *f.* 5 b.: οὔτε δὲ τῶν πολυωνύμων οὔτε τῶν ἑτερωνύμων μέμνηται. *f.* 8 a.: πλείους εἰσὶν ὁμωνύμων τρόποι ... ὧν ὁ μέν ἐστιν ἀπὸ τύχης, ὁ δὲ ἀπὸ διανοίας εἴς τε τὸν καθ' ὁμοιότητα καὶ τὸν ἐκ τῆς ἀναλογίας καὶ τὸν ἀφ' ἑνὸς καὶ πρὸς ἕν ..... ὁ ἀπὸ τύχης τρόπος .... ὥσπερ Ἀλέξανδρός τε ὁ Πριάμου καὶ Ἀλέξανδρος ὁ Φιλίππου .... ὅ γε καθ' ὁμοίωσιν συνιστάμενος τρόπος τῆς ὁμωνυμίας, ὅταν, φέρε, ἄνθρωπόν τε προσαγορεύω τὸ ζῷον λογικὸν θνητὸν καὶ εἰκόνα ἀνθρώπου ..... πάλιν ὅταν ἀρχὴν ἀριθμῶν καλέσω τὴν μονάδα, ἀρχὴν δὲ γραμμῆς τὴν στιγμὴν, ἀρχὴν δὲ ποταμῶν τὴν πηγὴν, ... τὸ τῆς ἀρχῆς ὄνομα ἐπὶ ὁμωνύμων τασσόμενον ἐκ διανοίας ἂν εἴη κατὰ ἀναλογίαν ..... τὸ ἀπό τινος ἑνός ... οἷον μιᾶς οὔσης τῆς ἰατρικῆς ἀπὸ ταύτης κεκλήκαμεν τό τε βιβλίον ἰατρικὸν τό τε φάρμακον καὶ τὸ σμιλίον .... πρὸς ἕν .... ὥσπερ ὑγιείας οὔσης ἣν τέλος ποιεῖται ὁ ὑγιαζόμενος, ἀπὸ ταύτης τό τε σιτίον λέγεται ὑγιεινὸν καὶ ὁ περίπατος ὑγιεινός .... ὁ δὲ Ἀριστοτέλης ποίῳ κέχρηται τρόπῳ τῶν ὁμωνύμων; τῷ ἀπὸ τῆς ὁμοιότητος. *f.* 20 a.: πολυώνυμά ἐστιν ὧν διάφορα μὲν καὶ πλεῖστα ὀνόματα, ὁ δὲ λόγος εἷς καὶ ὁ αὐτὸς, ὡς ἄορ ξίφος φάσγανον ..... ἑτερώνυμα ἃ μήτε τοῦ ὀνόματος μήτε τοῦ λόγου κοινωνεῖ, ὡς πῦρ χρυσός. Simpl. ad Cat. *f.* 7 *Δ.*: λύει δὲ καὶ ταύτην τὴν ἀπορίαν ὁ Πορφύριος λέγων, ὅτι οὐδὲν κωλύει τὰ αὐτὰ πράγματα κατὰ διαφόρους προσηγορίας ὁμώνυμά τε εἶναι καὶ συνώνυμα, ὥσπερ οἱ Αἴαντες καθ' ὃ ἄνθρωποι μὲν συνώνυμοί εἰσι, καθ' ὃ δὲ Αἴαντες ὁμώνυμοι. Ebend. *f.* 9 *Γ.*: τῶν δὲ παρωνύμων ἂν εἴη, φησὶν ὁ Πορφύριος, καὶ τὰ πατρωνυμικὰ καὶ τὰ συγκριτικὰ καὶ τὰ ὑπερθετικὰ καὶ τὰ ὑποκοριστικά.

66) Ἐξηγ. *f.* 11 b.: εἰς ἐλαχίστην μὲν οὖν διαίρεσιν γενῶν διέλοιμεν ἂν τὰ ὄντα καὶ τὰς τούτων σημαντικὰς φωνὰς εἰς δ', λέγω ὅτι τὰ ὄντα ἢ οὐσία καθόλου ἢ οὐσία ἐπὶ μέρος ἢ συμβεβηκότα καθόλου ἢ συμβεβηκότα ἐπὶ μέρους· εἰς γὰρ διαίρεσιν ταύτην ἐλαχίστην οὐκ ἂν γένοιτο ἄλλη· εἰς δὲ μεγίστην διαίρεσιν διέλοιμ' ἂν εἰς δέκα .... *f.* 12 a.: γίνονται οὖν συμ-

bula logica wieder von Gattung, Art und Unterschied in grösster Weitschweifigkeit zu sprechen, so kömmt Porphyrius hier auch auf die Frage betreffs jener Wesen, welche nur in Einem Individuum existiren, wie z. B. der Phönix [67]). Dass die Kategorie der Substanz den übrigen neun als blossen Accidentien schroff gegenübergestellt werde, durfte man von einem Schüler Plotin's und nach dem Obigen von vorneherein erwarten, und es wird diess auch oft genug ausgesprochen [68]); durch diese Fassung aber ist der schulmässige Unverstand in die Lehre vom Begriffe betreffs der Inhärenzien fast unausrottbar eingewurzelt. Erklärlicher Weise aber verbindet sich hiemit, zumal bei der Unterscheidung zwischen erster und zweiter Substanz, jene äusserste Rohheit des Empirismus, welche wir auch bei den Stoikern trafen, dass die eigentliche Substanz das einzelne sinnlich wahrnehmbare Individuum sei, um dessen grammatische Prädicate, seien es Art- und Gattungs-begriffe oder Inhärenzien, sich die Aussage drehe [69]). Ein Blick auf die Geschichte der Naturwissenschaften zeigt uns die Folgen dieses exorbitanten Blödsinnes z. B. bezüglich der sog. Imponderabilien; solcher Art sind die Früchte Plato's und der mit ihm zusammentreffenden Stoa. Bei den übrigen Kategorien zeigt Porphyrius namentlich das Talent, jede Sinnlosigkeit der pseudo-aristoteli-

---

πλοκαὶ τέσσαρες, τὸ γὰρ καθόλου συμπλέκεται ἢ τῇ οὐσίᾳ ἢ τῷ συμβεβηκότι, καί εἰσιν αὗται δύο συμπλοκαὶ, καὶ τὸ ἐπὶ μέρους συμπλέκεται ἢ τῇ οὐσίᾳ ἢ τῷ συμβεβηκότι, καί εἰσιν αὗται ἄλλαι δύο συμπλοκαί .... f. 12 b.: Ἀριστοτέλης δὲ οὐ τούσοις ὀνόμασι κέχρηται ἀλλὰ ἄλλοις .... δύο λαβὼν τό τε ἐν ὑποκειμένῳ εἶναι καὶ τὸ καθ' ὑποκειμένου λέγεσθαι, καὶ δύο τούτων ποιήσας ἀποφάσεις, τήν τε μὴ ἐν ὑποκειμένῳ εἶναι καὶ τὴν καθ' ὑποκειμένου μὴ λέγεσθαι, ἐφήρμοσεν τοὺς τέσσαρας τούτους λόγους ταῖς ἁπλαῖς καὶ ἀσυνθέτοις τῆς διαιρέσεως ἐπινοίαις ... f. 13 a.: παραστατικὸν τοίνυν καὶ οἷον ἐννοηματικὸν ἀποδέδωκε λόγον τοῦ συμβεβηκότος, καθόσον συμβεβηκός ἐστι τὸ ἐν ὑποκειμένῳ εἶναι. f. 15 b.: ἔστι τοίνυν τὸ ἔν τινι τῶν πλεοναχῶς λεγομένων· καὶ γὰρ τὸ ἐν τόπῳ ... καὶ τὸ ὡς ἐν ἀγγείῳ ... καὶ τὸ ὡς μέρος ἐν τῷ ὅλῳ ... καὶ τὸ ὥσπερ τὸ ὅλον ἐν πᾶσι τοῖς αὐτοῦ μέρεσιν ... τὸ ὡς ἐν τῷ γένει τὸ εἶδος ... ὡς γένος ἐν τῷ εἴδει ... ὡς τὸ ἐν τέλει εἶναι .... τὸ ἐν τῷ κρατοῦντι ... ὡς ἐν τῇ ὕλῃ τὸ εἶδος ... πόσα οὖν σημαινόμενα τοῦ ἔν τινι καθηρίθμησας; ἐννέα .... ἅμα οὖν καὶ ὁ Ἀριστοτέλης τῶν ἐννέα ἐμνήσθη; οὐδαμῶς. ἀλλὰ τίνων; δύο μόνον, τοῦ τε ὄντος ἔν τινι ὡς ἐν ὅλῳ εἶναι μέρος καὶ τοῦ ἐν ἀγγείῳ ὄντος.

67) Ebend. f. 18 b.: ὁ γὰρ φοίνιξ τὸ ὄρνεον εἶδος ὢν οὐ κατὰ πλειόνων ἀριθμῷ λέγεται εἶναι, εἴ γε εἷς μόνος φοίνιξ ἀεὶ γίνεται· ἀλλ' εἰ ἄρα κατὰ πλειόνων οὐ τῷ ἀριθμῷ ἀλλὰ τῇ διαδοχῇ λέγεται.

68) Ebend. f. 21 b.: περὶ τῆς οὐσίας πρῶτον τῶν ἄλλων ποιεῖται τὸν λόγον, ὅτι τὰ ἄλλα πάντα τὰ ἐν αὐτῇ ὄντα καὶ ταύτης δεόμενα εἰς τὸ εἶναι ὥσπερ προτέραν αὐτὴν δείκνυσιν οὖσαν φύσει. f. 22 b.: λέγω δὲ τὰ ἄλλα ἐννέα συμβεβηκότα ... ὑπόκειται δὲ (sc. οὐσία) ἅπασι τοῖς μὲν οἰκείοις εἴδεσι καὶ τοῖς γένεσι καθ' ὑποκειμένου κατηγορουμένοις αὐτῆς, τοῖς δὲ συμβεβηκόσιν ἐν ὑποκειμένῃ αὐτῇ οὖσιν. f. 24 a.: αἱ γὰρ τοιαῦται κατηγορίαι ἀπὸ τῶν συμβεβηκότων γινόμεναι παρὰ φύσιν ἂν εἶεν οὐ τὸ τί ἐστι τὸ ὑποκείμενον δηλοῦσαι, ἀλλὰ ἄλλων τί αὐτῶν συμβέβηκεν. f. 26 a.: μεταξὺ δὲ οὐσίας καὶ συμβεβηκότος οὐδὲν ἔστιν ἄλλο.

69) Ebend. f. 23 b.: ἐπεὶ τοίνυν περὶ λέξεων σημαντικῶν ἡ πρόθεσις, αἱ δὲ λέξεις ἐπὶ πρῶτα τὰ αἰσθητὰ ἐπετέθησαν, τούτοις γὰρ πρώτοις κατ' αἴσθησιν ἐντυγχάνομεν· ταύτας καὶ πρώτας ἔθετο ὁ Ἀριστοτέλης εἶναι οὐσίας ... δεύτερα δὲ τὰ φύσει μὲν πρῶτα, αἰσθήσει δὲ δεύτερα εἰκότως ἃ ταῖς λέξεσι πρῶτα κατωνομάσθη ... ὥστε ὡς πρὸς τὰς σημαντικὰς λέξεις πρῶται οὐσίαι αἱ ἄτομοι αἰσθηταὶ, ὡς δὲ πρὸς τὴν φύσιν πρῶται αἱ νοηταί.

schen Schrift als vernunftgemäss und höchst nothwendig darzustellen, und in solcher Weise stützt er es durch die dümmsten Gründe, dass nach der Substanz die Quantität, hierauf die Relation und dann erst die Qualität folge [70]) — ein ächt scholastisches Bestreben, das Unvernünftige vernünftig machen zu wollen —; bei der Relation, für deren Sprachausdruck er dringend die Pluralform fordert, findet er es am bequemsten, die verschiedenen Definitionen (Abschn. IX, Anm. 14 u. 32) als gleichbedeutend zu nehmen, sowie er auch die Coexistenz für alle Arten der Relativa beansprucht [71]); die Qualität, welche er für eine Vereinigung der Quantität und Relation hält (!), will er einerseits gegen die stoisch-plotinische Annahme stoffloser Qualitäten schützen, verfällt aber andrerseits gänzlich in die stoische Lehre von dem qualitätslosen Stoffe und dem gemeinsam oder eigenthümlich Qualitativen [72]). Eine specielle Ausführung gab Porphyrius auch von den Kategorien des Wo, des Wann, und des Habens, und an jene des Thuns und Leidens scheint er die Bewegung geknüpft zu haben [73]). Ein gelegentlicher Beleg aber für die Stupidität des Porphyrius ist, dass er den Abschnitt über die Gegensätze für ächt hielt und noch dazu Gründe angab, warum am Schlusse des peripatetischen Compendiums Alles in schönster Ordnung sei [74]).

---

70) Ebend. *f.* 29 a.: *διὰ τί οὖν ἡ τοῦ ποσοῦ καὶ οὐχ ἡ τοῦ ποιοῦ μετὰ ταῦτα κατηγορία; ὅτι ἅμα τέ ἐστι καὶ ἕν ἐστιν ἢ πολλὰ, τὸ δὲ ἓν ἢ πολλὰ τοῦ ποσοῦ.* *f.* 35 a.: *περὶ τῶν πρός τι. διὰ τί μᾶλλον ἢ τὸ ποιὸν; ὅτι προϋφεστηκότος τοῦ μήκους πλάτους βάθους ἐπιγίνεται τὸ μεῖζον καὶ τὸ ἔλαττον, ὅπερ ἐστὶ πρός τι· διότι μετὰ τὸ ποσὸν εὐθὺς ἐμνήσθη τῶν πρός τι.* *f.* 44 a.: *μετὰ δὲ τὴν τοῦ πρός τι κατηγορίαν τίς ἂν ἑξῆς εἴδη; ἡ τοῦ ποιοῦ ... καὶ γὰρ δὴ μετὰ τὸ μέγεθος ὅ ἐστι ποσὸν καὶ μετὰ τὸ μεῖζον ὅ ἐστι τῶν πρός τι ἐκφύεται τὰ πάθη, οἷον θερμὸν ψυχρόν.*

71) *Simpl. ad Cat. f.* 41 *Γ.*: *τὰ γὰρ πρὸς ἄλληλα οὐκ ἔστιν ἕν, οὐδ' ἄν τις εἴποι τὸ πρὸς ἄλληλα, ἀλλὰ μόνως τὰ πρὸς ἄλληλα, οὕτως οὖν οὐδὲ τὸ πρός τι, ἀλλὰ μόνως τὰ πρός τι .... (Δ.) τούτους δὲ τοὺς λόγους ὁ μὲν Πορφύριος ὡς ἀρεσκόμενος ἀναγράφει.* ebend. *f.* 50 *E.*: *καὶ γὰρ ὃν αὐτὸς ἀποδίδωσιν* (sc. *ὁρισμόν*) „*οἷς τὸ εἶναι ταὐτόν ἐστι τῷ πρός τι πὼς ἔχειν*“ *ἰσοδυναμεῖ καὶ κατὰ Πορφύριον τῷ προτέρῳ, ὃς κατὰ τὴν ἔννοιαν ἀποδέδοται.* *Boeth. ad Ar. Praed.* p. 167.: *sed quidam quorum Porphyrius quoque unus est adstruunt, in omnibus verum esse relativis, ut simul natura sint, veluti ipsum quoque sensum et scientiam non praecedere scibile atque sensibile, sed simul esse.*

72) *Simpl.* a. a. O. *f.* 41 *B.*: *ὁ δὲ Πορφύριος παραστῆναι τῇ κατὰ τὸν Ἀριστοτέλην τάξει βουλόμενος ἐκ συνόδου φησὶ τοῦ ποσοῦ καὶ τοῦ πρός τι τὴν γένεσιν ἔχειν τὸ ποιόν.* ebend. *f.* 72 *Δ.*: *ἐφιστάνει δὲ ὁ Πορφύριος ταύτῃ τῇ δόξῃ ὡς οὐ καλῶς ἀΰλους ποιότητας τιθεμένῃ, ἐκεῖναι γὰρ οὐσίαι εἰσὶ, φησὶ, καὶ διὰ τοῦτο οὔτε ἄνεσιν οὔτε ἐπίτασιν ἐπιδέχονται.* ebend. *f.* 12 *Δ.*: *τὴν ἀπορίαν λύων ὁ Πορφύριος διττὸν, φησὶν, ἐστὶ τὸ ὑποκείμενον οὐ μόνον κατὰ τοὺς ἀπὸ τῆς Στοᾶς ἀλλὰ κατὰ τοὺς πρεσβυτέρους· ἥ τε γὰρ ἄποιος ὕλη ἣν δυνάμει καλεῖ ὁ Ἀριστοτέλης πρῶτόν ἐστι τοῦ ὑποκειμένου σημαινόμενον, καὶ δεύτερον ὁ κοινῶς ποιὸν ἢ ἰδίως ὑφίσταται.* S. Abschn. VI, Anm. 93.

73) Ebend. *f.* 76 *A.*: *περὶ μέντοι τῶν λοιπῶν τριῶν τοῦ τε ποῦ καὶ τοῦ πότε καὶ τοῦ ἔχειν διὰ τὸ προφανῆ εἶναί φησιν οὐδὲν ἄλλο περὶ αὐτῶν ἢ ὅσα ἐν ἀρχῇ εἴρηται ... ἀλλ' ἐπεὶ ταῦτα παρὰ τῷ Ἀριστοτέλει παραπεφρόνηται, καλῶς ἂν ἔχοι τὰ παρὰ Πορφυρίῳ καὶ Ἰαμβλίχῳ περὶ αὐτῶν φιλοτεχνούμενα καταμαθεῖν κ. τ. λ.* *f.* 77 *B.*: *Πορφύριος δέ φησιν ἔν τισι δοκεῖν τὴν κίνησιν ἐπί τε τοῦ ποιεῖν καὶ τοῦ πάσχειν μίαν καὶ συνεχῆ εἶναι, ὡς ἐπὶ τῶν κατὰ πληγὴν κινήσεων.*

74) *Boeth. ad Ar. Praed.* p. 191.: *Porphyrius vero hanc adiectionem vacare et carere ratione non putat.... docet autem hoc, inquit, etiam ipse ordo congruus ra-*

Dass des Porphyrius Commentar zur Lehre vom Urtheile im Principe nicht besser war, als das bisher Betrachtete, sehen wir aus den Anführungen bei Boethius und Ammonius, deren ersterer bei seinem eigenen Anschlusse an Porphyrius uns oft genug Zeugniss davon gibt, dass der Schüler Plotin's in der Erklärung fast aller schwierigeren Einzel-Stellen aus einer erklärlichen Marotte den Ansichten Alexanders widerspricht. In der Frage über die psychologischen Eindrücke und das Verhältniss des geschriebenen und gesprochenen Wortes zum Denken muss Porphyrius von seinem Standpunkte aus ein grösseres Gewicht auf die innere Perception eines bereits fertigen Begriffes legen [75]), sowie ja überhaupt in den Neuplatonikern der Uebergang zur *lux interior* des Augustinus ersichtlich ist (folg. Abschn. Anm. 21). Dass bezüglich der „einfachen“ Bestandtheile des Urtheiles die stoische Auffassung hier zu Tage kommen werde, musste man erwarten; übrigens finden wir hier zum ersten male die Erwähnung jener Urtheile, deren Verbum ein sog. Impersonale ist, insoferne bei diesen das Subject nicht im Nominativ stehe, das Urtheil aber doch ein vollkommenes sei [76]). Es trägt Porphyrius hauptsächlich die Schuld, dass die Rohheit des Zusammensetz-Spieles der Stoiker in jenem ausgedehnten Masse in das Mittelalter überging, in welchem wir derlei bei Boethius treffen werden. Ob wirklich Niemand ausser Porphyrius den Unterschied zwischen Einheit und Einfachheit des Urtheiles eingesehen habe, dürfte zu bezweifeln sein [77]). Das Verhältniss zwischen Bejahung und Verneinung aber fasste er gleichfalls vom stoischen Standpunkte des Eintheilens aus und im Gegensatze gegen Alexander (Anm. 29) als dasjenige zweier coordinirter Arten, welche unter den Gattungsbegriff „Urtheil“ fallen, unbekümmert um den Selbstwiderspruch, in welchen er durch diese Polemik mit anderen Behauptungen betreffs des Gattungsbe-

---

tionique conveniens titulorum, hanc adiectionem fuisse perutilem .... idcirco quod in omnibus quidem praedicamentis ante quaesivit, utrum possint habere contraria ... hic igitur recte quod illic praetermiserat prius edocuit.

75) Ebend. *d. interpr.* p. 301.: *cum enim quis aliquam rem intelligit, prius imaginatione formam necesse est intellectae rei proprietatemque suscipiat et fiat vel passio vel cum passione quaedam intellectus perceptio; hac vero posita ac in mentis sedibus collacata fit indicandae ad alterum passionis voluntas, cui actus quidem continuandae intelligentiae protinus ex intimae rationis potestate supervenit, quem explicat scilicet et effundit oratio nitens ea, quae primitus in mente fundata est passione .... Porphyrius quoniam tres proposuit orationes, unam quae litteris contineretur, secundam quae verbis ac nominibus personaret, tertiam quam mentis evolveret intellectus.*

76) Ebend. p. 315.: *hoc in loco Porphyrius de Stoicorum dialectica aliarumque scholarum multa permiscet, et in aliis quoque huius libri partibus, id est in expositionibus, idem facit.* p. 320.: *Porphyrius ... dictio, inquit, est simplex nomen et simplex etiam verbum et ex duobus compositum, ut cum dico „Socrates“ vel rursus „ambulat“ vel „equiferus“; procedit enim nomen dictionis ad orationis quidem, sed simplicibus verbis et nominibus coniunctas.* Vgl. p. 322. *Ammon. ad Ar. d. interpr. f.* 36 b.: *πάνυ καλῶς ὁ φιλόσοφος ἐπεσημήνατο Πορφύριος ὅτι τὸ „ἔστιν“ οὐκ ἀντὶ παντὸς εἴληπται ῥήματος ..... πολλὰ γὰρ ἔστι ῥήματα συντιττόμενα ταῖς πτώσεσι καὶ ποιοῦντα λόγους ἀληθεῖς ἢ ψευδεῖς, τοῖς δὲ ὀνόμασι συντάττεσθαι οὐ δυνάμενα, ὡς τὸ μεταμέλει, οἷον Σωκράτει μεταμέλει“.*

77) *Boeth.* a. a. O. p. 328.: *expositio quam nullus ante Porphyrium expositorum vidit; non est idem namque unam esse orationem et multiplicem, quod simplicem et compositam, et distat una a simplici, distat etiam multiplex a composita.* Vgl. p. 416.

griffes (Anm. 50) gerieth [78]). Von dem nemlichen Motive aus behandelt er auch die ganze Frage über die verschiedenen Vereinigungen und Entgegensetzungen der Urtheile, wovon wir die Wirkung gleichfalls bei Boethius treffen werden (folg. Abschn. Anm. 113 ff.); Porphyrius nimmt nemlich die Negation in der That als einen der Bausteine, aus welchen das Urtheil zusammengefügt wird, und indem er im Blödsinne so weit geht, dass er die Quantitäts-Bestimmung ebenfalls als einen „Theil" des Subjectes betrachtet, meint er, die Negation werde stets zu dem mächtigeren Theile des Urtheiles gesetzt, dieser aber sei bei den unbestimmten Urtheilen das Prädicat, bei den bestimmten hingegen eben jenes die Quantität ausdrückende Wort [79]), und von einer solchen Auffassung aus polemisirt er auch gegen jene Erklärung Alexanders, in welcher derselbe (Anm. 30) bei dem unbestimmten Urtheile das Subconträre zu Hülfe genommen hatte [80]). Uebrigens knüpfte Porphyrius an diese Erörterungen offenbar das sog. *princ. contrad.* oder *excl. tertii* [81]). — Endlich haben wir noch zu erwähnen, dass er bezüglich der Syllogistik nicht bloss in der ersten Figur die fünf theophrastischen Schlussweisen recipirte, sondern auch in der dritten Figur ebenfalls dem Theophrast folgend (s. Abschn. V, Anm. 49) sieben Modi zählte [82]).

Durch Porphyrius nun ist jene Stufe und Auffassung der Logik er-

---

78) Ebend. p. 294: *aiunt enim quidam, affirmationem atque negationem enuntiationi ut species supponi oportere, in quibus et Porphyrius est.* p. 334.: *manifestum est, secundum Porphyrium ex tota vi affirmationis et negationis enuntiationem esse descriptam.* Ebend. *ad Ar. Praed.* p. 192.: *aliis autem Peripateticis placet, nomen hoc oppositi de subiectis aquivoce praedicari.*

79) *Ammon. ad Ar. d interpr. f.* 76 b.: *ὅλως δὲ περὶ αὐτῶν τῶν ἀποφατικῶν προςδιορισμῶν ὅσα γλαφυρωτέραν ἔχοντα θεωρίαν ὁ φιλόσοφος παραδίδωσι Πορφύριος πειραθῶμεν εἰπεῖν προςεπινοοῦντες εἴ τι δυνάμεθα καὶ αὐτοὶ πρὸς τὴν σαφεστέραν περὶ αὐτῶν διδασκαλίαν· ἀπορήσειε γὰρ ἄν τις, πῶς ἐκ τῶν προςδιωρισμένων καταφάσεων τὰς ἀποφάσεις ποιοῦντες οὐ τοῖς κατηγορουμένοις, ὥςπερ ἔμπροσθεν ἠξιοῦμεν, συντάττομεν τὰς ἀρνήσεις ἀλλ' αὐτοῖς τοῖς προςδιορισμοῖς οἳ λέγονται μέρη τῶν ὑποκειμένων οὐ τῶν καθ' αὐτοὺς λεγομένων ἀλλὰ τῶν ὥςπερ εἰδοποιηθέντων ὑπ' αὐτῶν* .... (77 a.) *ἐροῦμεν κατὰ τοὺς πρότερον παραδεδομένους κάνονας τῷ κυριωτέρῳ πανταχοῦ τῆς προτάσεως μέρει δεῖν προςάγεσθαι τὰς ἀρνήσεις, ἵνα τὰς ἀποφάσεις ποιήσωμεν· ἐπὶ μὲν οὖν τῶν καθέκαστα προτάσεων καὶ τῶν ἀπροσδιορίστων κυριώτερον ὁρῶντες τὸ κατηγορούμενον τοῦ ὑποκειμένου καὶ τούτου κυριώτερον οὐδὲν εὑρίσκοντες ἐν ταῖς τοιαύταις προτάσεσιν εἰκότως αὐτῷ προςήγομεν τὸ ἀποφατικὸν μόριον· ἐπὶ δέ γε τῶν προςδιωρισμένων τὸ κυριώτατόν ἐστιν ὁ προςδιορισμός· διὸ καὶ ἐντεῦθεν ἡ πρότασις ὀνομάζεται προςδιωρισμένη· καὶ γάρ, εἰ καὶ συντάττονται τοῖς ὑποκειμένοις οἱ προςδιορισμοὶ καὶ γίνονται αὐτῶν ὡς εἴρηται μέρη, ἀλλ' ἐφάπτονται πως καὶ τῶν κατηγορουμένων.*

80) *Boeth. d. interpr.* p. 347.: *meliorem sententiam ..... quam Porphyrius approbavit; sunt enim quaedam negationes quae intra se affirmationis eius quam negant retineant contrarietatem, ut in eo quod est „sanus est" et „non est sanus" ..... sed hoc non semper, nam in eo quod est „homo ambulat, homo non ambulat" nullum contrarium continetur.*

81) Ebend. p. 338.: *dicit autem Porphyrius argumentum esse ad id quod dicimus affirmationum negationi ita oportere opponi, ut una vera opposita in alteram mox falsitas veniat ..... si aliquid aut est aut non est mediumque inter esse et non esse nihil poterit inveniri, ... talis oppositio integram facit contradictionem, in qua affirmatio et negatio utraeque verae simul esse non possunt.*

82) Ebend. *d. syll. cat.* p. 594.: *tertia vero (sc. figura) autore Aristotele sex; addunt etiam alii unum, sicut ipse Porphyrius superiores scilicet sequens ..... cete-*

reicht, welche dadurch, dass die späteren Römer hauptsächlich an ihn sich anschlossen, von entscheidendem Einflusse auf das Mittelalter war. Indem wir aber bezüglich jener lateinischen Producte den Faden der Chronologie erst im folgenden Abschnitte aufnehmen, müssen wir hier noch jene Thätigkeit besprechen, welche in der griechischen Litteratur auf Porphyrius folgte und gleichfalls von den Anschauungen desselben wesentlich bedingt war. Es erstreckt sich die Reihe dieser Autoren, unter welchen nur noch Syrianus und Themistius eine Wirkung auf Boethius und hiedurch mittelbar auf die späteren Jahrhunderte äussern, bis in die äussersten Ausläufe der griechischen Kulturgeschichte hinab, ohne jedoch, wie schon bemerkt wurde, über das fünfte Jahrhundert hinaus von lateinschreibenden Autoren berücksichtigt oder auch nur gekannt zu werden.

Zunächst hat Jamblichus, der Schüler des Porphyrius (gest. um 330) in einem weitläufigen Commentare zu den Kategorien theils seinen Lehrer wörtlich ausgeschrieben, theils überall eine vergeistigende Erklärung (*νοερὰ θεωρία*) im Stile des zügellosesten Neuplatonismus beigefügt, und ausserdem den Pseudo-Archytas, welchen er natürlich für ein ächtes pythagoreisches Heiligthum hielt, stets mit der peripatetischen Kategorienlehre verglichen [83]. Auch das Buch *D. Interpr.* commentirte er, wobei er z. B. betreffs der Möglichkeits-Urtheile die Orakel berücksichtigen zu müssen glaubt [84]; ja selbst zu einer Erklärung der ersten Analytik verstieg er sich [85]. Dass wir den Verlust der logischen Schriften dieses überhaupt ekelhaften Phantasten nicht bedauern dürfen, versteht sich von selbst. Von einem Schüler des Jamblichus, Dexippus, welcher seinem ganz an Porphyrius und Jamblichus sich anschliessenden Commentare über die Kategorien eine dialogische Erörterung der Einwendungen Plo-

---

ros vero quinque (sc. in prima figura) modos Theophrastus et Eudemus addiderunt, quibus Porphyrius gravissimae vir auctoritatis visus est consensisse ..... p. 601.: *Tertiae figurae modi: primus: omne bonum iustum est; omne bonum virtus est; quaedam igitur virtus iusta est. secundus: omne bonum iustum est; omne bonum virtus est* (die Ausgaben stellen fälschlich die Prämissen um), *quoddam igitur iustum virtus est* (dann folgen die noch übrigen fünf aristotelischen, also im Ganzen sieben).

83) *Simpl. ad Cat. f.* 1 *B.*: *μετὰ τοῦτον δὲ* (sc. *Πορφύριον*) *ὁ θεῖος Ἰάμβλιχος πολύστιχον καὶ αὐτὸς εἰς τοῦτο τὸ βιβλίον κατεβάλετο πραγματείαν τὰ μὲν πολλὰ τοῖς Πορφυρίου καὶ ἐπ' αὐτῆς τῆς λέξεως κατακολουθῶν, τινὰ δὲ ἐπικρίνων ἐκείνων καὶ διαρθρῶν ἀκριβέστερον μετὰ τοῦ συστέλλειν τὴν ὡς ἐν σχολαῖς πρὸς τὰς ἐνστάσεις μακρολογίαν, πανταχοῦ δὲ τὴν νοερὰν θεωρίαν ἑκάστῳ σχεδὸν τῶν κεφαλαίων ἐπιτιθείς, καί τι καὶ ἄλλο πρὸς τούτοις χρήσιμον τῷ συγγράμματι προστιθείς· Ἀρχύτου γὰρ τοῦ Πυθαγορικοῦ καὶ πρὸ Ἀριστοτέλους τὴν εἰς δέκα τῶν πρώτων γενῶν ποιησαμένου διαίρεσιν .... αὐτὸς ἐν τοῖς προσήκουσι τόποις τὰ τοῦ Ἀρχύτου παραγαγὼν ἐκεῖνά τε νοερῶς συνεσπαρμένα ἐξήπλωσε καὶ τὴν συμφωνίαν τὴν πρὸς αὐτὰ τοῦ Ἀριστοτέλους ἐπέδειξε καὶ εἴ πού τι διάφωνον ἦν, ὀλίγα δὲ καὶ ταῦτα, καὶ τοῦτο ὑπ' ὄψιν ἤγαγε τοῖς φιλομαθέσι.*

84) *Ammon. ad Ar. d. interpr. f.* 109.: *πρὸς τοῦτον οὖν τὸν λόγον ... καὶ ὑπ' αὐτῆς δοκοῦντα ἐνεργείας κρατύνεσθαι, ὡς αἱ τῶν μαντείων προρρήσεις δηλοῦσιν, ἀπαντῶντες ἡμεῖς κατὰ τὴν τοῦ θείου Ἰαμβλίχου ὑφήγησιν τὰ διάφορα μέτρα τῶν γνώσεων διαιρεῖν ἀξιώσομεν λέγοντες κ. τ. λ.*

85) *Philop. ad An. pr. f.* VIII b.: *οἱ δέ γε ἀκριβέστεροι τῶν ἐξηγητῶν φασιν, ὡς ὁ θεῖος Ἰάμβλιχος, κ. τ. λ.*

tin's vorausschickte [86]), besitzen wir letztere, welche genugsam neuplatonischen Unfug in Umdeutung der peripatetischen Lehre enthält [87]); dass derselbe ausserdem über die Quantität geschrieben habe, ist falsch [88]). Maximus hingegen, dessen Lehrer Aedesius, ein Schüler des Jamblichus, war, schloss sich völlig an Alexander an [89]); derselbe stellte übrigens (vielleicht in einem Commentare zur Analytik?) die wunderliche Behauptung auf, dass alle drei Schlussfiguren gleich vollkommen seien, und in einem hierüber entstandenen Streite mit Themistius gab der zum Schiedsrichter gewählte Kaiser Julianus als dankbarer Schüler seinem Lehrer Maximus Recht [90]).

Von Themistius (ungefähr 330 — 390) besitzen wir nur eine Paraphrase der zweiten Analytik [91]), wobei er den neuen Weg einschlug, nur den hauptsächlichen Inhalt zum Behufe einer übersichtlichen Wiederholung für Jene, welche die aristotelische Schrift schon kannten, anzugeben und zugleich auch, wo es ihm nöthig schien, die Reihenfolge der einzelnen Partien in eben jener Absicht zu ändern [92]); und es gehört

---

86) *Simpl.* a. a. O. *f.* 1 *Γ.*: *καὶ Δέξιππος δὲ ὁ Ἰαμβλίχου καὶ αὐτὸς μὲν τὸ τοῦ Ἀριστοτέλους βιβλίον συντόμως ἐξηγήσατο, προηγουμένως δὲ τὰς Πλωτίνου ἀπορίας ὡς ἐν διαλόγῳ προτεινόμενος αὐτῷ διαλύειν προτίθεται· οὐδὲν δὲ οὐδὲ οὗτος σχεδὸν τοῖς Πορφυρίου καὶ Ἰαμβλίχου προστεθεικώς.*

87) Man kannte diesen Dialog, welcher zwischen Dexippus und einem gewissen Seleucus geführt wird, nur aus einer lateinischen Uebersetzung (gedruckt mit d. lat. Uebers. der *Ἐξηγ.* des Porphyrius *Venet.* 1546, *fol.* und allein Paris 1549, 8.), bis Brandis in der Scholien-Sammlung einzelne, bes. auf Geschichte der Philos. bezügliche, Stellen aus einem *Cod. Coislin.* veröffentlichte. Die neuplatonische Auffassung aber springt in die Augen, wenn z. B. gesagt wird (*f.* 36 b.), Aristoteles unterscheide *substantia intelligibilis, sensibilis,* und in Mitte beider *naturalis*; u. dgl. öfters.

88) Denn was bei *Yriarte, Catal. codd. Matrit.* p. 135. angeführt wird, ist ein Theil eben jenes Dialoges, und stimmt mit der lateinischen Uebersetzung wörtlich überein.

89) *Simpl.* a. a. O. *f.* 1 *A.*: *ἄλλοι δὲ πρὸς τούτοις καὶ ζητημάτων ἐφήψαντο μετρίως ... ὧν καὶ Μάξιμον ἐγὼ τίθημι τὸν Αἰδεσίου μὲν Ἰαμβλίχου μαθητὴν, ἐν δὲ τῷ εἰς τὰς κατηγορίας ὑπομνήματι πάντα σχεδὸν τῷ Ἀλεξάνδρῳ συνᾴσαντα.* Ueber das Vorhandensein seines Commentars s. *Labbé, Nov. Bibl.* p. 172.

90) *Schol. cod. Par. ad An. pr.* b. *Brand.* 156 b. 44.: *ὁ μὲν γὰρ Μάξιμος ἔλεγε πάντας τοὺς συλλογισμοὺς τελείους εἶναι, ὁ δὲ Θεμίστιος μόνον τοῖς ἐν α' τοῦτο ἀπεδίδου· εἵλαντο δὲ κριτὴν Ἰουλιανὸν τὸν αὐτοκράτορα, ὃς παρέσχε τὴν νικῶσαν Μαξίμῳ διδασκάλῳ αὐτοῦ γεγονότι ..... ὁ οὖν Μάξιμος ἔλεγεν ὅτι πάντες τέλειοί εἰσιν· ἰδοὺ γάρ φαμεν τὸ M οὐδενὶ τῶν N, τὸ M παντὶ τῷ Ξ, καὶ συνάγεται τὸ N οὐδενὶ τῶν Ξ, ἐπεὶ γὰρ τὸ M παντὶ τῷ Ξ τῷ δὲ N οὐδενὶ, κεχώρισται ἄρα καὶ τὸ N τοῦ M, οὐκοῦν καὶ τοῦ Ξ πάντως χωρισθήσεται τὸ N καὶ οὐδενὶ αὐτοῦ ὑπάρξει· καὶ ἰδοὺ οὐκ ἐδεήθημεν τῆς εἰς τὸ α' σχῆμα ἀναγωγῆς .... ὁ μὲν γὰρ Μάξιμος πάντας τελείους φησὶν ἀπιδὼν ὅτι ἕκαστος συλλογισμὸς οἴκοθεν ἔχει τὸ ἀναγκαῖον.*

91) Gedruckt *Venet.* (*Ald.*) 1534. *fol.*

92) *f.* 1 a.: *τὸ μέντοι ἐκλαμβάνοντα τὰ βουλήματα τῶν ἐν τοῖς βιβλίοις γεγραμμένων σὺν τάχει τε ἐξαγγέλλειν καὶ τῇ συντομίᾳ τοῦ φιλοσόφου κατὰ δύναμιν παρομαρτεῖν καινόν τι ἐδόκει καί τινα ὠφέλειαν παρέξεσθαι, εὔκολον γὰρ ἔσεσθαι διὰ τοῦ τοιούτου τρόπου τὴν ἀνάμνησιν ὑπειλήφαμεν τοῖς ἅπαξ μὲν τὰ Ἀριστοτέλους μεμαθηκόσιν, ἀναλαμβάνειν δὲ αὐτὰ συνεχῶς τῷ μήκει τῶν ὑπομνημάτων οὐ δυναμένοις ..... πολλὰ μὲν οὖν ἔοικε τῶν Ἀριστοτέλους βιβλίων εἰς ἐπίκρυψιν μεμηχανῆσθαι, οὐχ ἥκιστα δὲ*

so diese Art eines Commentares zu denjenigen, welche zwar bei einzelnen Schwierigkeiten wenig Nachhülfe geben, aber das Verständniss im Allgemeinen nicht entstellen. Darüber, dass eine ähnliche Paraphrase des Themistius zu den Kategorien [93]) uns, wie wir vermuthen dürfen, wahrscheinlich in der pseudo-augustinischen Schrift *De decem categoriis* erhalten sei, s. d. folg. Abschn. Anm. 40—50. Auch die erste Analytik bearbeitete er in gleicher Weise, und sprach dort in der Einleitung die Ansicht aus, dass die Analytik eigentlich eine Erfindung Plato's und von Aristoteles nur in technische Regeln gebracht worden sei [94]). Von Einfluss aber für das Mittelalter war, wie wir sehen werden (folg. Abschn. Anm. 164 ff. u. 184) vermittelst des Boethius die Bearbeitung der Topik, welche Themistius veranstaltete [95]); er suchte hiebei namentlich eine planmässige Eintheilung der Topen aufzustellen, und indem er von dem Vorhandensein gewisser allgemeiner Sätze ausgeht, findet er in den wesentlichen Unterschieden derselben ein noch höheres Allgemeines, in welchem die obersten topischen Gesichtspunkte enthalten seien; als die Hauptgattungen dieser stellt er jene auf, welche entweder aus der Substanz selbst oder aus dem der Substanz Folgenden genommen werden oder endlich eine mittlere Stellung zwischen diesen beiden einnehmen, und unter diesen obersten Gruppen werden dann die einzelnen Topen untergebracht [96]).

καὶ τὰ προκείμενα, πρῶτον μὲν διὰ τὴν συνήθη βραχυλογίαν, ἔπειθ᾽ ὅτι καὶ ἡ τάξις τῶν κεφαλαίων οὐ διακέκριται, ὥσθ᾽ ἡμῖν ἀνάγκη συγγινώσκειν, εἰ τὰ μὲν φαινόμεθα μικρότερον ἑρμηνεύοντες ... τὰ δὲ μεθαρμοττόμενοι καὶ μετατιθέντες ὡς ἂν φαίνοιτο ἕκαστα τῶν κεφαλαίων περιγεγραμμένα.

93) *Simpl.* a. a. O.: *οἱ μὲν αὐτὴν μόνην τὴν λέξιν ἐπὶ τὸ σαφέστερον μεταθεῖναι προθυμηθέντες, ὥςπερ Θεμίστιός τε ὁ Εὐφραδὴς καὶ εἴ τις ἄλλος τοιοῦτος.*

94) *Boeth. d. interpr.* (s. Anm. 14. d. folg. Abschn.); hiezu obige Anm. 90. *Philop. ad An. pr. f.* IV a.: *ἐνταῦθα γενόμενος ὁ Θεμίστιος ἀπορεῖ λέγων· ἆρά γε Ἀριστοτέλους ἐστὶ γέννημα τὰ Ἀναλυτικὰ ἢ οὔ; καί φησιν ὅτι γεννήματα μὲν αὐτοῦ οὐκ ἐστί· φαίνεται γὰρ ὁ θεῖος Πλάτων συλλογιστικῶς καὶ ἀποδεικτικὸς φερόμενος ἔν τε τῷ Φαίδωνι καὶ ἐν πᾶσιν αὐτοῦ σχεδὸν τοῖς διαλόγοις· συντάξαι δὲ αὐτὸν καὶ τεχνῶσαι κάνοσί τισι τὸ προκείμενον σύγγραμμα, οὐδὲν ἄτοπον.* Das früher angenommene Vorhandensein dieser Paraphrase in der Pariser Bibliothek verneint Brandis a. oben angef. O. p. 288.

95) Bei Boethius häufig erwähnt, und von Averroes aus einer hebräischen Uebersetzung theilweise in seinen Commentar zur Logik übertragen.

96) *Boeth. d. diff. top.* p. 865.: *est igitur uno quidem modo locus, ut dictum est, maxima et universalis et principalis et indemonstrabilis atque per se nota propositio ..... alio vero modo loci vocantur maximarum differentiae propositionum .... cum enim sint plurimae propositiones quae maximae vocantur haeque sint inter se dissimiles, quibuscunque differentiis inter se discrepant, eas omnes locos vocamus .... et hi loci qui sunt differentiae propositionum ipsis propositionibus universaliores existunt ..... atque ideo pauciores esse deprehenduntur hi loci qui in differentiis positi sunt, quam propositiones ipsae quarum sunt differentiae .....* (p. 866.) *omnes igitur loci, id est maximarum differentiae propositionum, aut ab his ducantur necesse est terminis qui in quaestione sunt positi, praedicato scilicet atque subiecto, aut extrinsecus assumantur aut horum medii qui inter utrosque versantur. eorum vero locorum qui ab his ducuntur terminis de quibus in quaestione dubitatur duplex est modus; unus quidem ab eorum substantia, alter vero ab his quae substantiam eorum consequuntur; hi vero qui a substantia sunt in sola definitione consistunt..... huius autem loci ..... duplex est modus, partim namque a definitione partim a descriptione*

Von Syrianus (390—450) wird berichtet, dass er einen sehr compendiösen Commentar zu den Kategorien geschrieben habe; aber das ihm hiebei gespendete Lob eines kritischen Verfahrens scheint sehr verdächtig [97]); denn in dem Commentare zur Lehre vom Urtheile zeigt er sich in einer gleichen Albernheit wie Jamblichus (Anm. 84) befangen, und auch er ging in der Erklärung aristotelischer Lehre auf Plato als Anhaltspunkt zurück; einzelne Behauptungen über die Bestandtheile des Urtheiles oder über das verneinende unbestimmte Urtheil scheinen mehr capriciös gegen andere Commentatoren gerichtet zu sein, als auf irgend einer wissenschaftlichen Basis zu beruhen [98]). Uebrigens muss er sich besondere Mühe mit der erschöpfenden Aufzählung aller Urtheilsformen gegeben haben, und wir werden seine hierauf bezügliche Ansicht bei Boethius, welcher sie adoptirt, anzugeben haben (folg. Abschn. Anm. 118).

Die Erläuterungen des Proclus (214—485) zu dem Buche *D. interpr.*, welche offenbar ganz im Sinne des Porphyrius gehalten waren, verarbeitete Ammonius [99]); dass die Aufstellung schulmässiger Regeln die

---

argumenta ducuntur ..... (p. 867.) *nunc de his dicendum est qui terminorum substantiam consequuntur; horum multifaria est divisio* ..... *argumenta duci solent aut ex toto aut ex partibus aut ex causis vel efficientibus vel materia vel naturali forma vel fine et est efficiens quaedam causa quae movet atque operatur ut aliquid explicetur* ..... (p. 868.) *nunc de his dicendum est qui licet extrinsecus positi argumenta tamen quaestionibus subministrant; hi vero sunt vel ex rei iudicio vel ex similibus vel a maiore vel a minore vel a proportione vel ex oppositis vel ex transsumptione* ..... (p. 869.) *ex oppositis vero multiplex est locus* :..... *aut enim ut contraria adverso sese loco constituta respiciunt aut ut privatio et habitus aut ut relatio aut ut affirmatio et negatio* ..... (p. 870.) *nunc de mediis disputabitur; medii autem loci sumuntur vel ex casu vel ex coniugatis vel ex divisione nascentes* ..... (p. 871) *et Graeci quidem Themistii diligentissimi scriptoris ac lucidi et omnia ad facilitatem intelligentiae revocantis talis locorum videtur esse partitio* ..... (872) *quoniam divisio Themistii patefecta est, etc.* ..... *cum antea secundum Themistium locorum differentias dederimus etc.* Vgl. Averroes (ed. Venet. 1552.) *f.* 270 f.

97) *Simpl. ad Cat. f.* 1 *Δ.*: ὁ δὲ σκοπὸς ἦν μοι .... καὶ τὸ πολὺ πλῆθος τῶν πολυειδῶν συγγραμμάτων ἐπ' ἔλαττον ὁπωσοῦν συστεῖλαι, οὐχ οὕτως ὡς ὁ φιλοσοφώτατος Συριανὸς εἰς ἐλάχιστον, ἀλλὰ κ. τ. λ. Ebend. *f.* 50 *Δ.*: ὁ δὲ κριτικώτατος Συριανὸς... φησὶ... πᾶσα μὲν γὰρ οὐσία καθ' αὑτήν ἐστι καὶ ἑαυτῆς ὡς καὶ Ἀρχύτᾳ δοκεῖ.

98) *Ammon. ad Ar. d. interpr. f.* 109 b.: ῥητέον πρὸς αὐτοὺς ἅπερ ὁ μέγας φησὶ Συριανὸς, ὅτι πρῶτον μὲν ἐφιστάνειν ἐχρῆν ὡς ἄλλη μέν ἐστιν ἡ τῶν θεῶν γνῶσις καὶ νόησις, ἑτέρα δὲ ἡ τῆς προφήτιδος ἐνέργεια. Ebend. *f.* 202 b.: ὁ μέντοι μέγας Συριανὸς ἄριστα καὶ θεωρητικώτατα ταύτῃ τῇ ζητήσει διήτησε τά τε πράγματα ὅπως ἔχει φύσεως καὶ τῆς πρὸς ἄλληλα διαστάσεως μάλα ἐναργῶς ἐπιδεικνὺς .... καὶ ἐν πᾶσι τόν τε θειότατον Πλάτωνα μάρτυρα παραφέρων. *Boeth. d. interpr.* p. 321.: *Syrianus vero qui Philoxenus cognominatur non putat orationes esse quarum intellectus sit imperfectus, atque ideo nec eas aliquas habere partes* .... *arbitrans omne quod imperfectum est nullis partibus contineri.* Ebend. p. 352.: *Syrianus tamen nititur indefinitam negationem vim definitae obtinere negationis ostendere et hoc multis probare nititur argumentis* ... *quod Syrianus dicit, indefinitam quidem affirmationem particularis obtinere vim, indefinitam vero negationem universalis.*

99) *Ammon.* a. a. O. *f.* 2 a.: εἰ δὲ καὶ ἡμεῖς δυνηθείημεν εἰςενεγκεῖν περὶ τὴν τοῦ βιβλίου σαφήνειαν ἀπομνημονεύσαντες τῶν ἐξηγήσεων τοῦ θείου ἡμῶν διδασκάλου Πρόκλου τοῦ Πλατωνικοῦ διαδόχου τοῦ εἰς ἄκρον τῆς ἀνθρωπίνης φύσεως τήν τε ἐξηγητικὴν τῶν δοκούντων τοῖς παλαιοῖς δύναμιν καὶ τὴν ἐπιστημονικὴν τῆς φύσεως τῶν ὄντων κρίσιν ἀσκήσαντος, πολλὴν ἂν τῷ λογίῳ θεῷ χάριν ὁμολογήσαιμεν. Gerade der Umstand, dass

Hauptsache war, werden wir unten sehen. Auch mit den beiden Analytiken beschäftigte sich Proclus; auf die erste deutet eine Anekdote über ein Sophisma, für die zweite aber wird Proclus von Philoponus einige Male angeführt, jedoch so, dass letzterer sicher auch diesen Commentar nur durch Vermittlung des Ammonius kennen konnte [100]). Hermias, der Vater des Ammonius, ein Schüler des Syrianus, schrieb eine Einleitung zur Isagoge [101]). Ammonius selbst, der getreue Schüler des Proclus, gehört zu den fruchtbarsten Commentatoren; wir besitzen unter seinem Namen einen Commentar zur Isagoge des Porphyrius, einen zu den Kategorien, und einen zu *D. interpr.* [102]); seine Thätigkeit bezüglich der Analytik kennen wir nur aus den so eben erwähnten Notizen bei Philoponus; s. jedoch auch unten Anm. 168. Ammonius zeigt in der Erklärung der Lehre vom Urtheile einen stupiden schülerhaften Fleiss, nie aber die geringste Spur einer Selbstständigkeit; er findet ein eigenes Vergnügen daran, die plattesten und einleuchtendsten Dinge, man weiss nicht, ob sich selbst oder den möglich dümmsten Lesern, noch verständlicher zu machen; hierin, sowie in der unleidlichsten Breite und Geschwätzigkeit erscheint er als geistesverwandt mit seinem römischen Zeitgenossen Boethius. Von dem Armenier David [103]), welcher jedenfalls, sei es schon durch Syrianus oder erst durch Proclus, in die neuplatonische Schule eingeführt sich derselben anschloss und das übliche Bestreben zeigte, sie mit der aristotelischen zu verschmelzen, besitzen wir eine Einleitung zur Isagoge und einen gleichfalls mit einer Einleitung versehe-

---

Ammonius im weiteren Verlaufe den Proclus nur noch einmal nennt (*f.* 146 a.: *ὁ δέ γε ἡμέτερος καθηγεμὼν καὶ εὐεργέτης κανόνας ἡμῖν πάνυ τεχνικοὺς παρεδίδου καθ᾽ οὓς οἷόν τε πάσῃ τῇ προτεθείσῃ προτάσει τὴν ἀκολουθοῦσαν εὑρεῖν*), zeigt, dass wir eigentlich einen Commentar des Proclus vor uns haben, welcher jedoch wahrscheinlich durch mündlichen Vortrag dem Ammonius beigebracht worden war.

100) *Schol. cod. Par. ad An. pr. b. Brand.* 157 a. 44.: *φαμὲν γάρ, πάντα τραγέλαφον ἀδύνατον εἶναι, τουτέστι παντὸς τραγελάφου ἀδύνατον ἡ ὕπαρξις, πάντα τραγέλαφον οὐκ ἀδύνατον μὴ εἶναι, καὶ συνάγεται τινὰ τραγέλαφον ἀδύνατον εἶναι ἢ οὐκ ἀδύνατον μὴ εἶναι· τοῦτο προετάθη τῷ φιλοσόφῳ Πρόκλῳ τὸ σόφισμα πρὸς ὃ εἶπεν ὅτι δύο εἰσὶν ἐνταῦθα ὅροι τὸ τραγέλαφος καὶ τὸ ἀδύνατον ἐν ὅλῳ τῷ συλλογισμῷ, τρεῖς δὲ ὅρους θέλει ἔχειν πᾶς συλλογισμός. Philop. ad An. post. f.* 35 b.: *διὰ τοῦτο καὶ ὁ Πρόκλος, καθάπερ ὁ φιλόσοφος* (d. h. Ammonius) *ἔλεγεν, οὕτως ἐξηγεῖτο.* Ebend. *f.* 118 a.: *ἔλεγε δὲ ὁ φιλόσοφος Πρόκλον τόν αὐτοῦ διδάσκαλον ἐπισκήπτειν τῇ Ἀλεξάνδρου ἐξηγήσει.* Vgl. 40 a.

101) Brandis gibt in der Scholien-Sammlung aus einer Pariser Handschr. den Anfang, mit der Bemerkung, dass das Ganze fast gleichlautend sei mit des Ammonius Erklärung der Isagoge.

102) Zusammen gedruckt *Venet.* 1503. *fol.* u. 1546, 8.; Einzelnes öfters. Die Bedenken, welche Brandis a. a. O. p. 283 f. gegen die Aechtheit des Commentares zu den Kategorien äussert, sind jedenfalls höchst gerechtfertigt, da, wie die Nachforschungen desselben ergeben, in den Handschriften eine grosse Verwirrung zwischen dieser Schrift und einem Commentare, der den Namen des Philoponus trägt, herrscht (von einer mediceischen Handschr. berichtet das Gleiche *Bundini, Catal.* III, p. 3.); doch entscheidet sich auch Brandis dafür, dass der in Pariser Handschriften enthaltene noch ungedruckte Commentar eher dem Philoponus angehöre, als der gedruckte. Der Commentar zur Isagoge ist jedenfalls nur ein breites Gewäsche.

103) s. C. F. Neumann, *Mémoire sur la vie et les ouvrages de David. Paris* 1829. und im *Nouv. Journ. Asiat.* I.

nen Commentar zu den Kategorien [104]); da dort auch noch Ammonius erwähnt wird [105]), so muss David nicht zu weit in das 5. Jahrh. zurück, sondern mehr in die erste Hälfte des 6. gesetzt werden.

Was Simplicius, der wirklich gelehrte Schüler des Ammonius (bei der Philosophen-Vertreibung durch Justinian i. J. 529 nach Persien ausgewandert) in seinem ausführlichen Commentare zu den Kategorien [106]) durch seine zahlreichen historischen Notizen für uns Erspriessliches geleistet habe, können die bisherigen Untersuchungen, für welche er oft die einzige Quelle war, genügend bezeugen. In seiner Auffassung aber schloss er sich dem Jamblichus an [107]), wenn er auch in einigen Einzelnheiten eine gegründete Polemik gegen ihn führt, und von jenem hatte er offenbar auch seine Anhänglichkeit an den Pseudo-Archytas gelernt. Ein zweiter Schüler des Ammonius, Johannes Grammaticus Philoponus (welcher noch, wenn auch als Greis, die i. J. 640 durch Omar erfolgte Einnahme Alexandria's erlebte) schrieb einen Commentar zur Isagoge und einen zu den Kategorien, welcher (Anm. 102) in der Tradition in Verwirrung mit jenem des Ammonius gerieth [108]); wichtiger als diese sind seine Commentare zu beiden Analytiken [109]), wenn auch Philoponus gleichfalls kein hervorragender Geist ist, sondern mehr mit Abschreiben und Verwässern des Abgeschriebenen sich beschäftigte; er ersetzt wenigstens hiedurch einigermassen den Verlust an den Schriften Alexander's.

Einer noch späteren Generation von Commentatoren gehören an: Michael Psellus (geb. 1020), dessen höchst unbedeutende Paraphrase des Buches *D. interpr.* [110]) hier zu erwähnen ist; seine Compendien s. unten Anm. 173 ff. Johannes Italus, Nachfolger des Psellus als Haupt der Philosophen (*ὕπατος φιλοσόφων*), schrieb einen Commentar zu *D. interpr.* [111]) und zu den ersten vier Büchern der Topik [112]); das nemliche Buch wurde von Michael Ephesius (wahrscheinlich ein Schüler des Psellus) commentirt [113]). Von Eustratius (Metropolit von Nicäa in der ersten Hälfte des 12. Jahrh.) besitzen wir einen höchst widerlich breiten Commentar zum zweiten Buche der zweiten Analytik [114]). Eine Paraphrase des nemlichen Buches von Theodorus Ptochoprodromus (Mitte

---

104) Beides nun in Brandis' Scholiensammlung veröffentlicht. Vgl. auch *Cramer Anecd. Par.* IV, p. 434 ff., woselbst der Text der ersteren Schrift in ganz verschiedener Gestalt erscheint.

105) *Brand. Schol.* 66 a. 15. *οἱ περὶ Ἀμμώνιον δέ φασιν κ. τ. λ.*

106) *Venet.* 1499. *fol.* u. *Basil.* 1551. *fol.*

107) *f.* 1 *Γ.*: *ἐγὼ γὰρ ἐνέτυχον μὲν καί τισι τῶν εἰρημένων γράμμασιν, ἐπιμελέστερον δὲ ὡς οἷός τε ἦν τοῖς Ἰαμβλίχου παρακολουθῶν ἀπεγραψάμην καὶ αὐτῇ πολλαχοῦ τῇ λέξει τοῦ φιλοσόφου χρησάμενος.*

108) Ein Auszug des ersteren und die Einleitung des letzteren in Brandis' Scholien.

109) Zur ersten Anal. *Venet.* 1536. *fol.*, zur zweiten *Venet.* 1504 u. 1534. *fol.*

110) Bei der Ald.-Ausg. (*Venet.* 1503. *fol.*) des Ammonius.

111) Einzelnes daraus in Brandis' Scholien.

112) Nach *Lambeccius Comment.* IV, p. 322 u. VII, p. 257. handschriftlich in der Wiener Bibliothek vorhanden.

113) Aus einer Pariser Handschrift Einzelnes b. Brandis.

114) Bei *Philop. ad An. post. Venet.* 1534. *fol.*

d. 12. Jahrh.) ist werthlos[115]). Leo Magentinus (Metropolit von Mitylene in d. Mitte d. 14. Jahrh.) schrieb einen Commentar zu *D. interpr.*[116]) und zur ersten Analytik[117]), beides unbedeutend. Endlich kömmt hiezu noch Vieles von anonymen Verfassern oder bloss in Handschriften vorhandenes[118]).

Insoweit aber die Masse dieser Commentatoren von Proclus an eine gewisse Stufe in der Entwicklung der Logik bezeichnen und einnehmen, müssen wir versuchen, dieselbe in collectiver Weise zu charakterisiren[119]).

Was zunächst die Auffassung der Logik überhaupt und ihrer Stellung betrifft, so gilt es überall als selbstverständlich, dass sie die erste unter den philosophischen Disciplinen ist und als Werkzeug zur Erkenntniss des Unterschiedes zwischen Wahr und Falsch gilt[120]), und es dient dieser Grundzug (vgl. Abschn. IX, Anm. 6 ff.) allem Folgenden zur Stütze. Indem im Umkreise des menschlichen Sprechens eine Thätigkeit des Denkens anerkannt wird, welche auf das Material des Lautes formgebend wirkt, und indem im Hinblicke auf die Dressur dieser Denkthätigkeit die Logik auf das Entschiedenste vor die Ethik gestellt wird[121]), erhält auch die Gliederung der ersteren stets den Nebenzug der praktischen Bedeutsamkeit, wobei selbst die ewige Seligkeit nicht vergessen wird. Es tritt nemlich das Beweisverfahren zur richtigen Beurtheilung des Wahren und Falschen und des Guten und Bösen als oberster Gesichtspunkt an die Spitze, und hiernach wird das Material des „Organons" zunächst getheilt in das dieser Methode vorangehende, das sie selbst betreffende, und das

---

115) Nach Brandis' Urtheil (a. a. O. p. 297.) und der daraus gegebenen Probe (*Schol.* p. 241 a.).

116) Bei *Ammonius, Venet.* 1503. *fol.* Einen hievon verschiedenen Text einer Pariser Handschr. theilt probweise Brandis mit.

117) Bei *Philop. ad An. pr. Venet.* 1536. *fol.*

118) So z. B. der *Anonymus* zum 2. Buche der zweiten Analytik (bei *Philop. ad An. post.* 1534.); mehrere Commentare von Stephanus, Nicomedes, Sophonias und anderen weiter nicht bekannten Autoren sollen handschriftlich vorliegen; Brandis a. a. O. gibt mehrere Resultate seiner Nachforschungen.

119) Ich wähle in dem Folgenden bei der ausserordentlich grossen Masse des Materiales einzelne besonders schlagende Stellen gleichsam als Probe der stets gleichmässig wiederkehrenden Auffassungen aus.

120) *David ad Cat.* b. *Brand.* 26 a. 33.: *δεῖ δὲ εἰδέναι ὅτι πέντε εἰσὶ βαθμοὶ τῆς φιλοσοφίας· λογικὴ ἠθικὴ φυσικὴ μαθηματικὴ θεολογία· ἄκρα μὲν ἐν τούτοις δύο, λογικὴ καὶ θεολογία, μέσα δὲ τὰ λοιπά.* Ebenso *Anon. Prolegg. ad Cat.* 30 b. 24. *Schol. Anon.* b. *Galen. Εἰςαγ.* ed. *Minas p. κη'*: *τὸ δὲ τέλος τῆς λογικῆς ὄργανα παραδοῦναι τῇ φιλοσοφίᾳ εἰς διάγνωσιν ἀληθείας καὶ ψεύδους, ὅθεν καὶ τῆς θεωρητικῆς φιλοσοφίας ὄργανον ἐπιγράφεται καὶ προτάττεται τῶν βιβλίων τῆς θεωρητικῆς πραγματείας τοῦ φιλοσόφου.* Vgl. *Cramer Anecd. Par.* IV, p. 417 f.

121) *Ammon. ad Ar. d. interpr. f.* 14 b. *λόγος δὲ καὶ ἀπόφανσις καὶ τὰ ταύτης εἴδη, κατάφασις καὶ ἀπόφασις, φωναὶ μέν τινές εἰσιν, ἀλλὰ προςλαβοῦσαι τὸ ἀπὸ τῆς ἡμετέρας ἐννοίας εἰδοποιεῖσθαι καὶ τοίως ἢ τοίως προφέρεσθαι· διὸ καὶ ἰδίᾳ τις ἀπονενέμηται αὐτοῖς πραγματεία παρὰ τὰς φυσικάς.* *Philop. ad Cat.* b. *Brand.* 36 a. 43.: *ἀκόλουθον μὲν ἦν ἀπὸ τῆς ἠθικῆς ἄρξασθαι πραγματείας … ἀλλ' ἐπειδὴ καὶ ἐν ἐκείνοις κέχρηται ἀποδείξεσι καὶ συλλογισμοῖς, ἐμέλλομεν δὲ αὐτοὺς ἀγνοεῖν ἀνήκοοι τῶν τοιούτων ὑπάρχοντες λόγων, διὰ τοῦτο ἄρα ἀπὸ τῆς λογικῆς ἀρκτέον προκοσμήσαντας μὲν τὰ ἑαυτῶν ἤθη καὶ δίχα τῆς ἠθικῆς πραγματείας· μετὰ δὲ τὴν λογικὴν ἰτέον ἐπὶ τὴν ἠθικὴν καὶ οὕτως ἀντιληπτέον τῶν φυσικῶν καὶ μετ' ἐκεῖνα τῶν μαθηματικῶν καὶ οὕτως ἔσχατον τῶν θεολογικῶν.*

anhangsweise ihr nachfolgende; hievon zerfällt das erste, welches zuweilen auch näher an das zweite gerückt und mit ihm verbunden wird, nach der unweigerlichen Stufenfolge der allmäligen Zusammensetzung in die Kategorien, das Buch *D. interpr.*, und die erste Analytik; das zweite als eigentliche Lehre vom Beweise soll in der zweiten Analytik enthalten sein, das dritte dann in Topik, Rhetorik, *Soph. El.*, u. Poetik; nemlich das bloss Wahre sei in der Apodeiktik, das bloss Falsche in der Poetik, das theilweise Wahre und theilweise Falsche bei völligem Gleichgewicht in der Rhetorik, bei Ueberwiegen des Wahren in der Dialektik (Topik), bei Ueberwiegen des Falschen in der Sophistik (zuweilen werden Rhetorik und Polemik auch weggelassen); somit wird als Kern und Schlussstein wegen des Beweises die zweite Analytik betrachtet[122]). Dieser Stand-

---

122) *Simpl. ad Cat. f.* 5 *Γ.*: εἰ δὲ καὶ ὑπὸ ποῖον μέρος τῆς Ἀριστοτέλους φιλοσοφίας ποθεῖ τις μαθεῖν, δῆλον ὅτι ὑπὸ τὸ ὀργανικόν· τῆς γὰρ λογικῆς πραγματείας δέδεικται τὸ πρῶτον ἐπέχουσα μέρος ἡ περὶ τῶν ἁπλῶν φωνῶν διδασκαλία, ἡ δὲ λογικὴ πᾶσα τὸ ὀργανικόν ἐστι μέρος τῆς φιλοσοφίας, ὥσπερ οἱ κάνονές τε καὶ αἱ σταθμαὶ τῶν τεκτόνων τε καὶ οἰκοδόμων. *David ad Cat.* b. *Brand.* 25 b. 12.: τὸ λογικὸν καὶ αὐτὸ εἰς τρία διαιρεῖται, εἰς τὰ πρὸ τῆς ἀποδείξεως ἤγουν μεθόδου καὶ εἰς αὐτὴν τὴν ἀπόδειξιν καὶ εἰς τὰ ὑποδυόμενα τὴν ἀπόδειξιν· καὶ τὰ μὲν πρὸ τῆς μεθόλου καὶ τῆς ἀποδείξεώς εἰσιν αἵ τε Κατηγορίαι καὶ τὸ Περὶ ἑρμηνείας καὶ τὰ Πρότερα Ἀναλυτικὰ, τὰ δὲ αὐτὴν τὴν μέθοδον τῆς ἀποδείξεως διδάσκοντά εἰσι τὰ Δεύτερα Ἀναλυτικὰ, τὰ δὲ ὑποδυόμενα αὐτὴν τὴν ἀπόδειξίν εἰσι τὰ Τοπικὰ, αἱ Ῥητορικαὶ τέχναι, οἱ Σοφιστικοὶ ἔλεγχοι καὶ τὸ Περὶ ποιητικῆς· πέντε γάρ εἰσιν εἴδη συλλογισμῶν, ἀποδεικτικὸς διαλεκτικὸς σοφιστικὸς ῥητορικὸς ποιητικός .... ἢ γὰρ πάντη ἀληθεῖς εἰσιν αἱ προτάσεις καὶ ποιοῦσι τὸν ἀποδεικτικὸν, ἢ πάντη ψευδεῖς καὶ ποιοῦσι τὸν ποιητικὸν τὸν μυθώδη, ἢ πῇ μὲν ἀληθεῖς πῇ δὲ ψευδεῖς, καὶ τοῦτο τριχῶς, ἢ γὰρ μᾶλλον ἀληθεύει ἧττον δὲ ψεύδεται καὶ ποιεῖ τὸν διαλεκτικὸν συλλογισμὸν, ἢ πλεῖον ἔχει τὸ ψεῦδος τοῦ ἀληθοῦς καὶ ποιεῖ τὸν σοφιστικὸν, ἢ ἐπ᾽ ἴσον ἔχει τὸ ἀληθὲς τῷ ψευδεῖ καὶ ποιεῖ τὸν ῥητορικόν .... οὕτω καὶ ἡ λογικὴ ὄργανον οὖσα τῆς φιλοσοφίας διακρίνει τὸ ἀληθὲς καὶ τὸ ψεῦδος καὶ τὸ ἀγαθὸν καὶ τὸ κακὸν, ἵνα μὴ ψευδῆ δοξάσωμεν μηδὲ κακὰ διαπραξώμεθα. *Philop. ad An. post. f.* 3 a.: τοῦτο τὸ βιβλίον, λέγω δὴ ὁ περὶ ἀποδείξεως λόγος, ἔστι τέλος τῆς λογικῆς πραγματείας, τὰ γὰρ ἄλλα λογικὰ μαθήματα διὰ τὴν ἀπόδειξιν ἡμῖν παρέδωκεν ὁ Ἀριστοτέλης .... ἀδύνατον γνῶναι τὸν ἀποδεικτικὸν συλλογισμὸν πρὸ τοῦ μαθεῖν τὸν ἁπλῶς συλλογισμόν· εἶτα ἐπειδὴ ὁ ἁπλῶς συλλογισμὸς σύγκειται ἐκ προτάσεων, οὐ δυνατὸν δὲ ἄνευ προτάσεων γνῶναι τὸν ἁπλῶς συλλογισμὸν, παρέδωκεν ἡμῖν τὸ Περὶ ἑρμηνείας... πάλιν δὲ ἐπειδὴ ἀδύνατόν ἐστι γνῶναι τὰς προτάσεις ἄνευ τῶν ἁπλῶν φωνῶν ἐξ ὧν σύγκεινται, πρὸ τοῦ Περὶ ἑρμηνείας παρέδωκεν ἡμῖν τὰς Κατηγορίας ... καὶ ἐπεὶ συλλογισμοῦ πλείονα εἴδη ... ὅ τε σοφιστικὸς, ὁ διαλεκτικὸς καὶ ὁ ἀποδεικτικὸς, τὸν μὲν ἀποδεικτικὸν συλλογισμὸν ἐν τούτοις ἡμῖν παραδίδωσι, τὸν δὲ διαλεκτικὸν ἐν τοῖς Τοπικοῖς .... διδάσκει δὲ ἡμᾶς καὶ περὶ τοῦ σοφιστικοῦ συλλογισμοῦ ἐν τοῖς Σοφιστικοῖς ἐλέγχοις ὥσπερ ἀλεξητήριον ἡμῖν φάρμακον παρέχων. Ebend. *ad Cat.* b. *Brand.* 36 a. 15.: τῶν δὲ ὀργανικῶν τὰ μὲν εἰς τὰ περὶ τῶν ἀρχῶν τῆς μεθόδου, τὰ δὲ εἰς τὰ περὶ τῶν ἄλλως εἰς τὴν μέθοδον συντελούντων... ἐπειδὴ γὰρ ἡ ἀπόδειξις συλλογισμοὶ ἐπιστημονικοὶ, δεῖ πρὸ τούτου τὸν καθόλου συλλογισμὸν εἰδέναι· ἀλλ᾽ αὐτὸ τὸ τοῦ συλλογισμοῦ ὄνομα δηλοῖ οὐχ ἁπλοῦν τι ἀλλὰ σύνθετον ... οὐκοῦν πρὸ ἐκείνου δεῖ μαθεῖν τὰ ἁπλᾶ ἐξ ὧν συντίθενται, ταῦτα δέ εἰσιν αἱ προτάσεις· ἀλλὰ καὶ αὐταὶ ἐξ ὀνομάτων καὶ ῥημάτων, οὐκοῦν δεῖ ταῦτα προμαθεῖν· τὰ ὀνόματα οὖν καὶ τὰ ῥήματα διδάξουσιν αἱ Κατηγορίαι, τὰς δὲ προτάσεις τὸ Περὶ ἑρμηνείας, τὸν δὲ καθόλου συλλογισμὸν τὰ Πρότερα Ἀναλυτικά· ταῦτα τοίνυν αἱ ἀρχαὶ τῆς μεθόδου εἰσὶν, τὰ δὲ Δεύτερα Ἀναλυτικὰ αὐτὴν ἡμᾶς διδάξει

punkt des unverschämtesten Schul-Doctrinarismus, welcher mit der durchweg pöbelhaften Auffassung sich vereinigt, dass die Poesie gleiche Geltung mit der Lüge habe (natürlich ohne zu bemerken, dass der gesammte Neuplatonismus nur eitel Poesie ist, und zwar eine höchst ekelhafte darum, weil sie sich für Philosophie ausgiebt und durch diese Lüge auf den Markt kömmt, — ungefähr wie auch heutzutage —), wird hinwiederum theils psychologisch mit der Behauptung gestützt, dass alle Phantasie stets lüge, theils auf die Begriffe der Nothwendigkeit (Apodeiktik), Möglichkeit (Dialektik und Topik) uud Unmöglichkeit (Poesie und Sophistik) bezogen[123]. Da aber nun fromme Gemüther ein arger Schrecken vor dem Buche der *Soph. El.* oder selbst vor der Topik befallen könnte, so werden sie einerseits hierüber beruhigt, da ja jene Bücher nur zur Uebung und zum Schutze vor den bösen Sophisten geschrieben sind, nicht aber um etwa selbst Sophistik zu lernen[124], und andrerseits wird eine complete Stufenleiter von den Kategorien aus ununterbrochen direct in den Himmel gebaut, kurz „wenn das Buch der Kategorien nicht wäre, gäbe es keine ewige Glückseligkeit“[125]. Aber auch abgesehen von dieser in das Jenseits hinüberragenden Wirkung des *Collegium logicum* wird die Stufenfolge vom einfachen Worte (oder auch Begriffe) zum zusammengesetzten Urtheile und von da zu dem noch mehr zusammengesetzten Syllogismus theils

---

τὴν μέθοδον ..... ἐπειδὴ οἱ σοφισταὶ πράγματα παρέχουσι τοῖς τῆς ἀληθείας εὑρεταῖς .... γράφει καὶ τοῦτο ὁ φιλόσοφος ἵνα φεύγωμεν αὐτούς.

123) *Philop. ad An. pr. f.* III a.: *ἡ γὰρ ἐκ τοῦ νοῦ τὰς ἀρχὰς δεξαμένη ἡ διάνοια συλλογεῖται ... καὶ ποιεῖ τὸν ἀποδεικτικὸν συλλογισμὸν ἀεὶ ἀληθῆ ὄντα καὶ μηδέποτε ψευδόμενον .... ἡ τῇ δόξῃ συμπλακεῖσα ... ποιεῖ τὸν διαλεκτικὸν συλλογισμὸν, ... ὃς οὐ πάντως ἀληθεύει ἀλλά ποτε καὶ ψεύσεται ... ἡ τρίτον τῇ φαντασίᾳ συμπλακεῖσα ... ποιεῖ τὸν σοφιστικὸν συλλογισμὸν ἀεὶ ψευδῆ ὄντα ....* (b.) *τῆς φαντασίας ἀεὶ ψευδομένης .... καὶ ἐν μὲν τοῖς μετὰ ταῦτα δύο βιβλίοις τῶν Δευτέρων Ἀναλυτικῶν διδάξει περὶ ἀποδείξεως, ἐν δὲ τοῖς Τόποις περὶ τοῦ διαλεκτικοῦ συλλογισμοῦ, ἐν δὲ τοῖς Σοφιστικοῖς ἐλέγχοις περὶ τοῦ σοφιστικοῦ οὐχ ἵνα αὐτῷ χρησόμεθα ἀλλ' ἵνα μή ποτε ἀπατώμεθα. Schol. cod. Par.* b. *Brand.* 140 a. 23.: *οὐδὲ γὰρ τὸ εἶδος ποιεῖ διαφορὰς συλλογισμῶν ἀλλ' ἡ ὕλη ἢ ἀναγκαία ἢ ἐνδεχομένη ἢ ἀδύνατος οὖσα· εἰ μὲν γὰρ ἀναγκαία εἴη, ποιεῖ τὸν ἀποδεικτικὸν συλλογισμὸν, εἰ δὲ ἐνδεχομένη, ποιεῖ τὸν διαλεκτικὸν, εἰ δὲ ἀδύνατος, ποιεῖ τὸν ποιητικὸν ἢ τὸν σοφιστικόν.*

124) *David ad. Cat.* b. *Br.* 27 b. 35.: *μάλιστα δὲ τὸ χρήσιμον ζητητέον διὰ τὰ δοκοῦντα μάτην γεγράφθαι βιβλία ὡς οἱ Τόποι τὰ αὐτὰ ἀνασκευάζοντες καὶ κατασκευάζοντες ἢ ἐπὶ κακῷ ὡς οἱ Σοφιστικοὶ ἔλεγχοι τρόπους διδάσκοντες ἀπάτης· ὑπὲρ ὧν ἔστιν εἰπεῖν ὅτι καὶ οἱ Τόποι ἐπὶ καλῷ ἐγράφησαν, γυμνασίας γὰρ χάριν .... ἀλλ' οὐδὲ οἱ Σοφιστικοὶ ἔλεγχοι ἐπὶ κακῷ, εἰ καὶ τρόπους ἀπάτης διδάσκουσιν, οὐ γὰρ ἵν' ἀπατήσωμεν ἀλλ' ἵνα μὴ ἀπατηθῶμεν.* Ebenso *Anon. Prolegg.* b. *Br.* 30 a. 39.

125) *David* a. a. O. 29 b. 34.: *εἰ μὴ ἦν ἡ πρώτη θέσις τῶν ἁπλῶν φωνῶν* (s. d. folg. Anm.), *ἡ δευτέρα οὐκ ἂν ἦν· εἰ μὴ ἦν ἡ δευτέρα θέσις, ὀνόματα καὶ ῥήματα οὐκ ἂν ἦσαν· τούτων δὲ μὴ ὄντων πρότασις οὐκ ἂν ἦν, προτάσεως δὲ μὴ οὔσης συλλογισμὸς οὐκ ἂν ἦν· συλλογισμοῦ μὴ ὄντος ἀπόδειξις οὐκ ἦν, ἀποδείξεως μὴ οὔσης ἀπέλιπον ἂν τὰ ὄργανα τὰ διακριτικὰ, ἐν μὲν θεωρίᾳ διάκρισις τῶν ἀληθῶν καὶ τῶν ψευδῶν ... ἐν δὲ πράξει διάκρισις ἀγαθοῦ καὶ κακοῦ καὶ ἐκλογὴ μὲν τῶν ἀγαθῶν ἀπεκλογὴ δὲ τῶν κακῶν· εἰ μὴ ἦν τὸ θεωρητικὸν καὶ τὸ πρακτικὸν, ἡ φιλοσοφία οὐκ ἦν· εἰ μὴ ἡ φιλοσοφία ἦν, τὸ εὐδαιμονεῖν οὐκ ἦν. Anon. Prolegg.* schliesst die nemliche Argumentation mit den Worten (*Br.* 32 b. 26.): *ὥστ' εἰ μὴ τὸ τῶν Κατηγοριῶν βιβλίον, εὐδαιμονία οὐκ ἂν ἦν.* Aehnlich *Philop. ad Cat.* b. *Br.* 37 b. 41 ff. Vgl. Anm. 122.

nach des Porphyrius Bezeichnung (erste, zweite Position, s. Anm. 64), theils selbst mit dem mathematischen Ausdrucke einer Proportion stets als das einzig richtige Verfahren zum Behufe des Lernens aufgestellt[126]), und es ist daher nicht zu wundern, wenn Philoponus eine förmliche Verwahrung dagegen einlegt, dass jemals ein Mensch vor dem Buche *D. interpr.* irgend Etwas anderes als die Kategorien und nach diesen je Etwas anderes als *D. interpr.* lese[127]). Nur wollten Einige (in neuplatonischem Sinne offenbar consequenter) die Topik und *Soph. El.* als das Gebiet des Wahrscheinlichen vorausstellen, um von diesem aus erst zur Wahrheit und Nothwendigkeit des Apodeiktischen aufzusteigen[128]).

Nun aber war für einen derartigen Schulbetrieb der Logik — und wie weit verbreitet diese logische Schulmeisterei damals gewesen sei, bezeugt der Spott sogar des Themistius selbst[129]) — auch die Isagoge des Porphyrius in gehöriger Weise zu benützen, und in der That auch, indem man die Abfassung derselben als einen Akt der „Menschenfreundlichkeit" pries[130]), entdeckte man, dass unter die fünf Worte (hier wird überall bereits „*φωνή*" gebraucht) sämmtliche philosophischen Worte ebenso fallen müssen, wie unter die zehn Kategorien alle Dinge[131]);

---

126) *Anon. ad Ar. d. interpr.* b. *Br.* 93a. 13.: *ὁ σκοπὸς τοίνυν ἐστὶ τῷ παρόντι συγγράμματι διαλεχθῆναι περὶ τῆς πρώτης συνθέσεως τῶν κατὰ τὴν δευτέραν θέσιν ἁπλῶν φωνῶν τῆς κατὰ τὸ κατηγορικὸν εἶδος τοῦ ἀποφαντικοῦ λόγου γινομένης· πρώτης δὲ λέγω διότι τρεῖς εἰσι θέσεις καὶ δύο συνθέσεις, πρώτη μὲν θέσις αἱ ἁπλαῖ φωναὶ τῶν δέκα κατηγοριῶν, δευτέρα θέσις τὸ Περὶ ἑρμηνείας, τίθησι γὰρ τὸ ὄνομα καὶ τὸ ῥῆμα ἁπλᾶς εἶναι φωνάς ... τρίτη θέσις τὸ περὶ συλλογισμῶν.* *Joann. Ital.* b. *Br.* 94b. 30.: *ἡ λογικὴ πραγματεία τέλος ἔχει τὴν εὕρεσιν τῆς ἀποδείξεως, προηγεῖται δὲ ταύτης ἡ τοῦ ἁπλοῦ συλλογισμοῦ γνῶσις καὶ ταύτης ἡ περὶ προτάσεων γνῶσις, ταύτης δὲ ἡ τῶν ἁπλῶν φωνῶν διδασκαλία.* *Leo Magent.* b. *Br.* 95b. 9.: *ὃν γὰρ λόγον ἔχει ὁ ὅρος πρὸς πρότασιν, τοῦτον τὸν λόγον ἔχει καὶ πρότασις πρὸς συλλογισμόν.*

127) *Philop. ad Cat.* b. *Br.* 39b. 29.: *ὥστε ἑκάτερα ἔχονται ἀλλήλων ὥςπερ σεῖρα τις καὶ οὔτε πρὸ ἐκείνου δύναταί τις ἄλλο ἀναγινώσκειν ἢ τὰς Κατηγορίας οὔτε μετὰ ταῦτα ἄλλο ἢ τὸ Περὶ ἑρμηνείας.*

128) *Alex. ad Soph. El.* (s. Anm. 14.) *f.* 2b.: *οἱ μὲν γάρ φασιν ὡς εἴδει τὴν διαλεκτικὴν πραγματείαν, ὁμοίως δὲ καὶ ταύτην τὴν σοφιστικὴν τῆς ἀποδεικτικῆς προταχθῆναι, χρῆναι γὰρ πρότερον τοῖς πιθανοῖς χρονοτριβήσαντας εἶθ' οὕτως καὶ τοῖς ἀναγκαίοις καὶ ἀληθέσι προσδιατρίψαι.*

129) *Themist. Orat.* 34, p. 446. *Dind.*: *ὁ γὰρ Σόλων καὶ ὁ Λυκοῦργος καὶ ὁ Πιττακὸς καὶ ὁ Βίας καὶ ὁ Κλεόβουλος ἀνερρήθησαν σοφοὶ παρὰ τῶν τότε ἀνθρώπων οὐχ ὅτι συλλογισμοὺς ἔστρεφον ἄνω καὶ κάτω οὐδὲ ὅτι περὶ τῶν ἰδεῶν διελέγοντο οὐδ' ὅτι τοὺς ἐγκεκαλυμμένους ἀνεκάλυπτον καὶ τοὺς κερατίνας κ. τ. λ.* Ebend. 21, p. 316.: *οὐδὲ προσειπεῖν τοὺς τοιούτους ἄνευ τῆς δυςχερείας ταύτης ὑπάρχει, ἀλλ' εὐθὺς ὑπηχεῖ τὸ Δωδωναῖον χαλκεῖον „αἱ δύο καταφάσεις" καὶ ὅτι „οὐ συνάγει οὕτω τὸ δεύτερον σχῆμα".* Ebend. 23, p. 351.: *ἠκούσατε δ' αὖ τινος τῶν ἐμῶν ἐπιτηδείων ὑψηλολογουμένου καὶ βρενθυνομένου ἐπὶ τοῖς συνωνύμοις ἢ ὁνωνύμοις ἢ παρωνύμοις;*

130) *Hermias* b. *Brand.* 10b. 14.: *ἐμνήσθη ἐν τῇ διδασκαλίᾳ φωνῶν τινῶν πέντε* (*sc.* *ὁ Ἀριστ.*) *ἀγνώστων ἡμῖν οὐσῶν ἐν τῇ συνηθείᾳ, γένους διαφορᾶς εἴδους ἰδίου καὶ συμβεβηκότος· ὁ οὖν φιλόσοφος Πορφύριος φιλανθρώπως ἅμα ποιῶν καὶ φιλοσόφως ἔγραψε τοῦτο τὸ βιβλίον διδάσκων ἡμᾶς τί σημαίνει ἑκάστη φωνή.*

131) *David Prolegg. ad Porph.* b. *Br.* 17b. 45.: *οἱ μὲν λέγουσιν ὅτι οὐ δι' ἄλλο τι διαλαμβάνει περὶ τῶν πέντε φωνῶν εἰ μὴ δι' αὐτάς, τουτέστι διὰ τὸ παραστῆναι ἡμῖν τὸ ἐξ αὐτῶν ἀναφυόμενον χρήσιμον, ἕτεροι δὲ*

darum ist es erklärlich, das Philoponus in wahrer Begeisterung davon spricht, wie von den *quinque voces* jeder Unterricht „fruchtbar befeuchtet“ werde, und dieselben die unerlässliche Eingangsthüre für „Alles“ seien [132]). Durchdrungen nun von dem unzweifelhaften Nutzen der Isagoge für die Dialektik, welche ja in Eintheilung, Definition, Argumentation, Analyse sich bewegt [133]), lässt man sich durch abweichende Meinungen, dass es allenfalls ja auch sechs *φωναὶ*, anstatt fünf, geben könne [134]), nicht irre machen, sondern bringt mit diesen ehrwürdigen fünf Worten auch die etwas modificirte und verrenkte Kategorientafel der Stoa in Verbindung [135]), ja man schiebt lieber gleich die ganze Dialektik sammt und sonders in dieselben hinein, was mit Ueberwindung einiger Hindernisse sehr leicht bewerkstelligt wird, weil doch in der Isagoge schon allerlei von dem Aussagen u. dgl. vorkam und beliebte Schablonen, wie z. B. „Eines und Vieles, Vieles und Eines“ dortselbst zur Verfügung bereit lagen [136]);

λέγουσιν ὅτι διὰ τὰς κατηγορίας Ἀριστοτέλους διαλαμβάνει περὶ αὐτῶν ... (18 a. 5.) *ὥςπερ γὰρ οἱ γραμματικοὶ ἐπενόησαν τὰ ὀκτὼ μέρη τοῦ λόγου ... καὶ ὥςπερ ἐπενόησεν Ἀριστοτέλης τὰς δέκα κατηγορίας ὑφ᾽ ἃς πάντα τὰ ὄντα ἀνάγεται, οὕτω καὶ πᾶσα φωνὴ ὑπὸ τὴν φιλοσοφίαν οὖσα ὑπὸ τὰς πέντε φωνὰς ἀνάγεται.* Vgl. *Cramer Anecd. Par.* IV, p. 437.

132) *Philop. ad Porph.* b. *Br.* 11 a. 9.: *ἐγὼ δὲ ... φημὶ ... ἐκεῖνο προτίθεσθαι πάντων, ἀφ᾽ οὗ τὰ πάντα τὰ λοιπὰ μαθήματα ἀρδεύονται, ὅπερ ἐστὶ τὸ τῶν πέντε φωνῶν μάθημα, τοῦτο γὰρ πάντων ἐστὶν εἰςαγωγὴ καὶ διδασκαλία.*

133) *David* a. a. O. 18 a. 28.: *συμβάλλεται δὲ ... τὸ παρὸν σύγγραμμα καὶ εἰς τὰς διαλεκτικὰς μεθόδους* ... (32.) *ἰστέον ὅτι διαλεκτικαὶ μέθοδοι ἐλέγοντο ἐπειδὴ ἐν τῷ διαλέγεσθαι ἀνεφαίνοντο· ἐν γὰρ τῷ διαλέγεσθαι καὶ διῄρουν καὶ διωρίζοντο καὶ ἀποδείξεσιν ἐκέχρηντο καὶ τῇ ἀναλύσει· εἰσὶ δὲ τέσσαρες αἱ διαλεκτικαὶ μέθοδοι, ἔστι γὰρ διαιρετικὴ, ὁριστικὴ, ἀποδεικτικὴ καὶ ἀναλυτική.*

134) Ebend. 18 a. 12.: *ἀπυροῦσι δέ τινες λέγοντες ὅτι οὐκ εἰσὶ πέντε μόναι φωναὶ ἀλλὰ καὶ ἕξ· ἔστι γὰρ γένος, εἶδος, διαφορὰ, συμβεβηκὸς, ἴδιον οὐσιῶδες καὶ ἴδιον ἐπουσιώδες* (s. Anm. 58.).

135) *David* b. *Cramer* a. a. O. p. 439.: *πέντε οὖν οὐσῶν τῶν φωνῶν ... πέντε εἰσὶ καὶ οἱ τρόποι τῶν κατηγοριῶν τῶν φωνῶν ... ἔστι γὰρ εἰπεῖν, τί ἐστι, ὁποῖον τί ἐστιν, ὁποῖόν ἐστιν, καὶ ποῖόν ἐστι, καὶ πῶς ἔχει· καὶ τὸ μὲν γένος καὶ τὸ εἶδος ἐν τῷ τί ἐστι κατηγορεῖται ... ἡ δὲ διαφορὰ καὶ τὸ ἴδιον οὐσιῶδες ἐν τῷ ὁποῖον τί ἐστι ... καὶ τὸ ἴδιον δὲ ἐπουσιῶδες ἐν τῷ ὁποῖόν ἐστι ... τὸ δὲ ἀχώριστον συμβεβηκὸς ἐν τῷ ποῖόν ἐστι ... τὸ χωριστὸν δὲ συμβεβηκὸς ἐν τῷ πῶς ἔχει κατηγορεῖται.* *Schol. Anon.* b. *Waitz, Org.* I, p. 13.: *αἱ παρὰ τῷ Πορφυρίῳ λεγόμεναι πέντε φωναὶ τρόπον τινὰ ταῖς τοῦ Ἀριστοτέλους φωναῖς ἤγουν δέκα κατηγορίαις ταὐτόν εἰσιν, ἀλλ᾽ αἱ μὲν λογικῶς αἱ δὲ φυσικῶς.*

136) *Anon. Prolegg. philos.* b. *Cramer* a. a. O. p. 429.: *πᾶσα φωνὴ ἢ σημαντικὴ ἢ ἄσημος, ἢ καθόλου ἢ μερικὴ, ἢ οὐσιώδης ἢ ἐπεισοδιώδης, ἢ ὕπαρξιν δηλοῖ ἢ τρόπον* (s. Anm. 159.) *ὑπάρξεως διαφόρου, ἢ μία φύσις ὑπὸ* (*l. ἢ μιᾶς φύσεως*) *ἴδιον ἢ πολλαῖς συμβεβηκὸς, ἢ εὐθὺς εἰς ἄτομα διαιρεῖται εἶδος ἢ πρῶτον εἰς τὰ εἴδη εἶτα διὰ τῶν εἰδῶν εἰς τὰ ἄτομα γένος. ἢ σημαντικὴ ἢ ἄσημος, ἢ καθόλου ἢ μερικὴ, ἢ οὐσιώδης ἢ ἐπεισοδιώδης, ἢ κατὰ διαφερόντων τῷ εἴδει ἢ κατὰ διαφερόντων τῷ ἀριθμῷ ἐν τῷ τί ἐστι κατηγορεῖται καὶ ποιεῖ τὸ εἶδος, ἢ ἀντιστρέφει καὶ ποιεῖ τὸ ἴδιον ἢ οὐκ ἀντιστρέφει καὶ ποιεῖ τὸ συμβεβηκὸς, ἢ ἐν τῷ τί ἐστι κατηγορεῖται καὶ ποιεῖ τὸ εἶδος ἢ ἐν τῷ ποῖόν τί ἐστι καὶ ποιεῖ τὴν διαφοράν* ..... p. 430.: *εἰς τὰς διαλεκτικὰς μεθόδους. τέσσαρες γὰρ αὗται, διαιρετικὴ, ὁριστικὴ, ἀποδεικτικὴ, ἀναλυτικὴ, ἐπειδὴ καὶ τέσσαρα τὰ διαλεκτικὰ προβλήματα, εἰ ἔστι, τί ἐστι, ὁποῖον τί ἐστι, καὶ διὰ τί ἐστι· καὶ τὸ μὲν εἰ ἔστιν ἀναλογεῖ τῇ διαιρετικῇ ... τὸ δὲ τί ἐστι τῇ ὁριστικῇ ... τὸ δὲ ὁποῖον*

am kürzesten hiebei hat sich doch Jener geholfen, welcher gleich sagte, die Logik bestehe nur in Definition und Eintheilung[137]), und es ist diess in der That auch der einzige, und zwar taube, Kern der Logik des Porphyrius, sowie er es ebenso bei Plato gewesen war.

Gerade durch die Isagoge, welche mit der stoischen Schuldisciplin so enge verbunden ist, ergab sich jenes formale Uebergewicht schulmässiger Definitionen, welche wir in den Einleitungen sämmtlicher Commentare in der einfältigsten Weise angewendet und bis zum äussersten Ueberdrusse wiederholt treffen; obwohl aber diese Leute den Aristoteles commentiren, sind sie und bleiben sie in der rhetorisch-stoischen Begriffsbestimmung der Definition und in der eben hiemit gegebenen Lehre über ὁρισμὸς und ὑπογραφὴ befangen[138]), sowie überhaupt Alles, was sie betreffs der Definition vorbringen, sich von der Theorie der Rhetoren gar nicht unterscheiden lässt[139]). Jenes stets gleichmässig wiederkehrende Geschwätz, welches durch die schulmässige Forderung bedingt ist, dass man immer mit der Definition beginnen müsse, knüpft sich überall an die Erklärung, was Philosophie sei, und es haben sich in jenen Einleitungen neun hierauf bezügliche Gesichtspunkte oder Capitel (κεφάλαια) in der Tradition förmlich fixirt und werden von Allen eingehalten[140]). Eine ähnliche Marotte aller Commentatoren, welche sie aus der gelehrten Praxis überhaupt herübernehmen, besteht darin, dass sie bei jedem Buche eine gewisse Zahl von Gesichtspunkten (Zweck, Nützlichkeit, Aechtheit, Ueberschrift, Stellung in der Reihenfolge u. dgl.) erörtern, wobei sie auch hinreichend Gelegenheit haben, dem mit der Definition verschwisterten Triebe des Eintheilens Genüge zu thun[141]).

τί ἐστι τῇ ἀποδεικτικῇ (diese Worte sind im Texte ausgefallen), *πᾶσαι γὰρ αἱ ἀποδείξεις τοῦ ὁποῖον τί ἐστι .... τὸ δὲ διὰ τί ἐστιν ἀναλογεῖ τῇ ἀναλυτικῇ .... ἐκείνης* (sc. *τῆς ὁριστικῆς*) *τὰ πολλὰ ἓν ποιούσης ... ἴδιον τῆς διαιρετικῆς τὸ τὸ ἓν πολλὰ ποιεῖν ... τῆς ἀποδεικτικῆς τὸ δεῖξαι ἄλλο ἄλλῳ ὑπάρχον δι᾽ ἄλλου μέσου ....* (p. 431.) *τῆς ἀναλυτικῆς τὸ λαβεῖν σύνθετόν τι πρᾶγμα καὶ ἀναλῦσαι εἰς τὰ ἁπλᾶ ἐξ ὧν συνετέθη .... συμβάλλεται ἡμῖν εἰς τὴν διαιρετικὴν, ἐπειδὴ τρία τινὰ συγκροτεῖ τὴν διαίρεσιν, τὸ διαιρούμενον, τὸ διαιροῦν, τὰ διαιρεθέντα .... διαιρούμενον μὲν τὸ γένος, διαιροῦν δὲ ἡ διαφορὰ, διαιρεθέντα τὰ εἴδη.*

137) *Bekk. Anecd.* p. 659.: *ἅπασα γὰρ ἡ λογικὴ θεωρία τὴν σύστασιν ἔχει ἔκ τε ὅρων καὶ διαιρέσεων· κατὰ γὰρ τὸν Πλάτωνα δεινοῦ τὴν τέχνην ἀνδρὸς ἔστι τά τε πολλὰ ἓν ποιῆσαι καὶ τὸ ἓν πολλὰ, τούτων δὲ τὸ μὲν ὁρισμοῦ τὸ δὲ διαιρέσεων.*

138) *Simpl. ad Cat. f.* 7 *Γ.*: *διότι ὁ μὲν ὑπογραφικὸς λόγος τὴν ἰδιότητα τῆς οὐσίας ἀφορίζει, ὁ δὲ ὁριστικὸς τὸ τί ἦν εἶναι ἑκάστου καὶ τὴν οὐσίαν αὐτήν.* *Philop. ad An. post. f.* 80 b.: *ὁρισμὸς γάρ ἐστι λόγος σύντομος δηλωτικὸς παριστῶν τὴν φύσιν τοῦ πράγματος ἀπὸ τῶν οὐσιωδῶς ὑπαρχόντων αὐτῷ.*

139) *Anon. Prolegg.* b. *Cramer* a. a. O. p. 392. *Bekk. Anecd.* p. 647 ff.

140) *David* b. *Br.* 13 a. 14.: *ἐννέα τινὰ κεφάλαια παραδίδομεν, καὶ πρῶτον μὲν ... ἐν ᾧ λέγομεν τί ἐστιν ὁρισμὸς, δεύτερον δὲ ... τί διαφέρει ὁρισμὸς ὅρου καὶ ὑπογραφῆς καὶ ὑπογραφικοῦ ὁρισμοῦ, τρίτον ... πόθεν λέγεται ὁρισμὸς, τέταρτον ... πόθεν λαμβάνονται οἱ ὁρισμοὶ, πέμπτον ... ποῖος τέλειος καὶ ποῖος ἀτελὴς ὁρισμὸς καὶ τίς ἡ κακία καὶ τίς ἡ ὑγίεια τοῦ ὁρισμοῦ, ἕκτον ... πόσοι ὁρισμοὶ τῆς φιλοσοφίας, ἕβδομον ... διὰ τί τοσοῦτοί εἰσιν οἱ τῆς φιλοσοφίας ὁρισμοὶ καὶ μήτε πλείους μήτε ἐλάττους, ὄγδοον ἐν ᾧ λέγομεν τὴν τάξιν αὐτῶν, ἔννατον ἐν ᾧ λέγομεν τίνες ἐφεῦρον τοὺς ὁρισμοὺς τούτους.*

141) *David* b. *Br.* 27 b. 24.: *ἓξ τοίνυν κεφάλαια δεῖ προλαμβάνειν, τὸν*

In solcher Weise gestaltet sich die Form, in welcher die Logik bei den Commentatoren erklärt und docirt wird; inhaltlich gehen ihre Leistungen höchstens in die Breite, und darin allein liegt ihr zweifelhaftes Verdienst im Vergleiche mit ihren Vorgängern.

Was die Kategorienlehre betrifft, so finden sich zunächst bezüglich des Synonymen u. dgl. keine neuen Erweiterungen, sondern man begnügt sich bei dem von Porphyrius hierin gethanen (Anm. 65); nur wird einmal der Grund angegeben, warum Aristoteles nicht jene sämmtlichen Verhältnisse besprochen habe [142]). Die Stellung und Bedeutung aber der Kategorien selbst erhält die Auffassung, dass vom Standpunkte der *σημαντικὴ φωνὴ* des Porphyrius aus (Anm. 64) die widerstreitenden Meinungen über Laut, Ding und Gedanke ausdrücklich vereinigt werden, und es gelten nun die Kategorien überall einstimmig als „significante einfache Worte für die einfachen Dinge vermittelst einfacher Gedanken", wobei die factische Objectivität der Dinge, welche hiedurch zu classificiren seien, sehr betont wird [143]); ja sogar aus der Ueberschrift des Compendiums der Kategorien wird geschlossen, dass dieselben in der That das nemliche seien, was die Dinge sind, und nur ein Unterschied der Betrachtungsweise bleibt übrig, dass insoferne man diese obersten Dinge als significante Worte betrachtet, sie der Logik angehören, insoferne aber als Dinge, der Metaphysik [144]). Indem daher im Einklange mit Obigem (Anm.

σκοπὸν, τὸ χρήσιμον, τὴν αἰτίαν τῆς ἐπιγραφῆς, τὴν τάξιν τῆς ἀναγνώσεως, τὴν εἰς τὰ κεφάλαια διαίρεσιν, καὶ εἰ γνήσιον τοῦ φιλοσόφου βιβλίον. Ebend. 17 a. 4.: *εἰσὶ δὲ ... τὰ ὀκτὼ ταῦτα κεφάλαια, οἷον ὁ σκοπὸς, τὸ χρήσιμον, τὸ γνήσιον, ἡ αἰτία τῆς ἐπιγραφῆς, ἡ εἰς τὰ κεφάλαια διαίρεσις, ἡ τάξις, ὁ διδασκαλικὸς τρόπος, ἡ ὑπὸ τί μέρος ἀναφορά.*

142) *Simpl. ad Cat. f* 9 *Γ.*: *παρῆκε τά τε ἑτερώνυμα καὶ τὰ πολυώνυμα, τὰ μὲν πολυώνυμα, διότι οὐ παρίστησι τὰ πράγματα, μόνον δὲ τὰς λέξεις πληθύνει, τὰ δὲ ἑτερώνυμα, διότι οὐ τὰς κατὰ ἀριθμὸν ἀπείρους ἀλλὰ τὰς κατὰ γένος σημαινούσας τι λέξεις διαιρεῖται τὰ νῦν· καὶ μέντοι ἄμφω ταῦτα παρῆκεν ... διότι καὶ ῥητορικῆς μᾶλλον καὶ ποιητικῆς ἐστι περιεργίας, ἀλλ' οὐ φιλοσόφου θεωρίας.*

143) Ebend. *f.* 3 *B.*: *αὗται δέ εἰσιν αἱ ἁπλαῖ φωναὶ ἡ σημαντικαὶ τῶν πραγμάτων καθ' ὃ σημαντικαί εἰσιν ἀλλ' οὐ καθ' ὃ λέξεις ἁπλῶς, καθ' ὃ μὲν γὰρ λέξεις, ἄλλας ἔχουσι πραγματείας .... καὶ ἡ μὲν λέξις κατηγορία λέγεται ὡς κατὰ τοῦ πράγματος ἀγορευομένη, τὸ δὲ πρᾶγμα κατηγόρημα· τῆς οὖν κατηγορίας ἤτοι πράγματος ὄντος μετὰ τῆς σημαινούσης αὐτὸ λέξεως ἢ τῆς σημαντικῆς λέξεως, καθόσον ἐστὶ σημαντικὴ ἑκατέρων ἔχεται, καὶ τῶν λέξεων καὶ τῶν πραγμάτων ἡ κατηγορία· ἀπείρων δὲ ὄντων τῶν κατὰ καὶ ἀπεριλήπτων εἰς δέκα γένη τὰ ἄπειρα ἀνήγαγεν Ἀριστοτέλης.* *Dexipp.* b. *Br.* 30 a.: *δείκνυται τοίνυν ἡ τῆς κατηγορίας ἐπιγραφὴ ὅτι καὶ τὰ γένη καὶ τὰ εἴδη καὶ πάντως τὰ καθόλου κατηγορεῖται κατὰ τῶν ὑφ' ἑαυτοῖς ὄντων καὶ αἱ σημαντικαὶ λέξεις αἱ κοιναὶ κατηγορεύονται κατὰ πασῶν τῶν ὑποτεταγμένων μερικῶν λέξεων.* *David ad Cat.* b. *Br.* 29 a. 13.: *οὕτως οὖν καὶ ὑμεῖς ὁ μὲν περὶ φωνῶν μόνον ὁ δὲ περὶ πραγμάτων ὁ δὲ περὶ νοημάτων, ἑνὸν πάντα μῖξαι καὶ εἰπεῖν ὅτι καὶ περὶ φωνῶν καὶ περὶ νοημάτων καὶ περὶ πραγμάτων ....* (b. 13.) *ὁ σκοπὸς τοῦ βιβλίου τῶν κατηγοριῶν περὶ τῆς πρώτης θέσεως* (Anm. 126.) *τῶν ἁπλῶν φωνῶν τῶν σημαινουσῶν ἁπλᾶ πράγματα διὰ μέσου ἁπλῶν νοημάτων.* Ebenso *Philop. ad Cat.* b. *Br.* 38 a. u. *Anon.* 31 b. *Ammon. ad Ar. d. interpr. f.* 21 a.: *τὰ ἐν τῇ φωνῇ ... σημαίνεται γὰρ ὑπ' αὐτῶν καὶ τὰ πράγματα, οὐ μέντοι προσεχῶς ἀλλὰ διὰ μέσων τῶν νοημάτων.*

144) *David ad Cat.* b. *Br.* 30 a. 10.: *ὁ γὰρ ἐπιγράφων ὅτι „Κατηγορίαι" ἐνδείκνυται ὅτι οἱ λόγοι δι' οἰκείαν ἰσχὺν ἴσχυσαν γενέσθαι ὅπερ τὰ πράγ-*

122) alle „fingirten“ Worte, zu welchen der absichtlich gebildete Unsinn und die poetischen Wesen gleichmässig gehören sollen, ausgeschieden werden [145]), bleiben die Kategorien als das Schul-Werkzeug zur factischen Belehrung und als das erschöpfte Verzeichniss aller factischen Dinge übrig [146]) Während die Controversen der Früheren über Auswahl und Zahl der Kategorien, oder das Bedenken, dass die Negation in denselben keine Stelle gefunden [147]), zusammengestellt und wiederholt werden, macht man hier andrerseits auch den Versuch, die Zehnzahl durch Beiziehung des *ἐν ὑποκειμένῳ* (Anm. 66) wirklich zu begründen, kömmt aber hiebei doch zu dem Resultate, dass nur die ersten vier einfache Kategorien seien, aus welchen in der abenteuerlichsten Weise die übrigen sechs durch Verflechtung gewonnen werden [148]); übrigens findet sich hier auch schon der Ausdruck „Postprädicamente“ [149]). Bei den einzelnen Kategorien treffen wir hier ebenfalls alle früheren Erörterungen über Reihenfolge u. dgl.

ματα ... οἱ δὲ ἐπιγράφοντες „Περὶ τῶν κατηγοριῶν“ ... ἐνδείκνυνται ὅτι οἱ λόγοι δι' οἰκείαν ἀσθένειαν κατόπιν ἐγένοντο τῶν πραγμάτων καὶ οὐχὶ ἴσχυσαν γενέσθαι ὡς αὐτὰ τὰ πράγματα *Simpl. ad Cat. f.* 75 *Δ.*: *αἱ γὰρ ἀρχαὶ κατὰ μὲν τὴν σημαντικὴν αὐτῶν λέξιν ἐν τῇ λογικῇ πραγματείᾳ δηλοῦνται, κατὰ δὲ τὰ σημαινόμενα πράγματα ἐν τῇ Μετὰ τὰ Φυσικά. Anon.* b. *Br.* 33 a.

145) *Anon. ad Cat.* b. *Br.* 32 a. 10.: *ἐρόμεθα γὰρ αὐτούς, περὶ ποίων νοημάτων, τῶν διακένων, οἷον τραγελάφου ἢ ἱπποκενταύρου, ἢ τῶν ἐποχουμένων τοῖς πράγμασι; .... (47.) οὔτε γὰρ πᾶσα φωνὴ νόημα ἔχει διὰ τὰς ἀσήμους φωνὰς οὔτε πᾶν νόημα πρᾶγμα, διὰ τὸ „σκίνδαψος“ καὶ „τραγέλαφος“.* Aehnlich *David* 28 b., *Philop. ad Cat.* 37 b. Das stehende Beispiel ist meistens *τραγέλαφος*.

146) *Simpl. ad Cat. f.* 75 *Δ.*: *ἀρκεῖται δὲ ὡς ἐν εἰςαγωγῇ τῷ τὴν ἔννοιαν αὐτῶν παραστῆσαι, ἵνα ἔχωσιν οἱ νέοι τὰ ἁπλᾶ εἰς τὰ οἰκεῖα γένη ἀνάγοντες οἰκείως ποιεῖσθαι τὰς κατηγορίας. Philop. ad Cat.* b. *Br.* 38 b. 7.: *ἄπειρα γάρ εἰσι, τὰ δ' ἄπειρα ἐπιστήμῃ οὐ περιλαμβάνονται, ὥστε διὰ τοῦτο οὐ διαλήψεται περὶ πασῶν τῶν κατὰ μέρος ἀλλ' εἰς καθόλου τινὰς ἀνάγων φωνὰς καὶ ταύτας οὐκ ἀορίστους ἀλλὰ τῷ τῆς δεκάδος ἀριθμῷ περικεκλεισμένας .... (14.) οὕτω καὶ οἱ φιλόσοφοι πάντα τὰ ὄντα βουλόμενοι διδάξαι, ἐπειδὴ τὰ κατὰ μέρος ἀπερίληπτά εἰσι, συνάγοντες ἅπαντα περιέκλεισάν τε καὶ περιέγραψαν ὑπό τινας δέκα φωνάς.*

147) *Simpl. ad Cat. f.* 40 *Δ.*: *ἄτακτόν φασιν αὐτῶν τὴν διδασκαλίαν καὶ κατὰ τὸ ἐπιτυχὸν τῆς διαριθμήσεως τυγχάνειν.* Ebend. *f.* 37 *Δ.*: *εἴρηται πολλάκις ὅτι πολλὰ τῶν ὄντων κατ' ἄλλο καὶ ἄλλο ὑπὸ διαφόρους ἀνάγεται κατηγορίας.* Ebend. *f.* 16 *Α.*: *ἀλλ' αἱ ἀποφάσεις καὶ αἱ στερήσεις αἵ τε διάφοροι τῶν ῥημάτων ἐγκλίσεις ἐν τίνι ταχθήσονται;*

148) *David ad Cat.* b. *Br.* 48 b. 30.: *ἡμεῖς καὶ τὴν αἰτίαν προςθῶμεν διὰ τί δέκα· δείκνυμεν δὲ τοῦτο ἐκ διαιρέσεως τοιαύτης· τὸ ὂν ἢ ἐν ὑποκειμένῳ ἢ οὐκ ἐν ὑποκειμένῳ, καὶ εἰ μὲν μὴ ἐν ὑποκειμένῳ, ποιεῖ τὴν οὐσίαν, εἰ δὲ ἐν ὑποκειμένῳ, ἢ καθ' ἑαυτὸ ἢ οὐ καθ' ἑαυτό· καὶ εἰ μὲν καθ' ἑαυτὸ, ἢ μεριστὸν ἢ ἀμέριστον· καὶ εἰ μὲν μεριστὸν, ποιεῖ τὸ ποσὸν, εἰ δὲ ἀμέριστον, ποιεῖ τὸ ποιόν .... εἰ δὲ οὐ καθ' ἑαυτὸ, ἢ σχέσις ἐστὶ μόνη καὶ ποιεῖ τὰ πρός τι, ἢ κατὰ σχέσιν ἄλλων νοεῖται καὶ ποιεῖ τὰς λοιπὰς ἓξ κατηγορίας, τεσσάρων γὰρ οὐσῶν ἁπλῶν κατηγοριῶν, οὐσίας ποσοῦ ποιοῦ πρός τι, ἐκ τῆς συμπλοκῆς τούτων αἱ λοιπαὶ ἀπογεννῶνται, ἐξ οὐσίας καὶ ποσοῦ τὸ ποῦ καὶ ποτὲ, ἐξ οὐσίας καὶ ποιοῦ τὸ ποιεῖν καὶ πάσχειν, ἐξ οὐσίας καὶ τῶν πρός τι τὸ ἔχειν καὶ τὸ κεῖσθαι.* Ebenso *Ammon. ad Cat. f.* 123 a.

149) *Philop. ad Cat.* b. *Br.* 39 a. 33.: *διαιρεῖται δὲ τὸ βιβλίον εἰς τρία, εἰς τὰ πρὸ τῶν κατηγοριῶν, εἰς τὰς κατηγορίας αὐτὰς, καὶ εἰς τὰ μετὰ τὰς κατηγορίας .... (9) εἶτα διδάξει περὶ αὐτῶν τῶν δέκα κατηγοριῶν καὶ ὕστερον ἐν τῷ τέλει διαλέξεται περὶ τῶν μετὰ τὰς κατηγορίας.*

wieder; ein hauptsächlicher Gegenstand der Controverse aber war, unter welche Kategorien die Bewegung (Anm. 26) gehöre [150]). Die Erklärungen über das Verhältniss zwischen erster und zweiter Substanz gaben Gelegenheit, hier wieder den Hauptinhalt der Isagoge einzufügen, und es erhob sich da die Schwierigkeit, wohin der artmachende Unterschied zu rechnen sei, welcher sich zuletzt bequemen muss, der Substanz beigezählt zu werden [151]); ja es wird auch hier ähnlich wie oben (Anm. 136) an die *Tabula logica*, um deren willen die Kategorien mit einer „Tiefe" und einer „Breite" ausgerüstet werden, vermittelst des sog. *Dictum de omni* sofort die Syllogistik, nemlich die erste Figur, geknüpft [152]), worin abermals jene einzige Rücksicht, welche nun waltet, nemlich jene auf den Umfang der Begriffe, ausgedrückt ist.

Betreffs der Lehre vom Urtheile könnte auch die Terminologie hervorgehoben werden, dass für sie der Satz, welcher in der Syllogistik *πρότασις* heisst, *ἀπόφανσις* genannt werden solle, sowie das Wort, welches dort *ὅρος* heisst, hier *φάσις* oder *ὄνομα* und *ῥῆμα* [153]). Ausser-

---

150) *Simpl. ad Cat. f.* 35 *Δ*.: *καὶ ἔοικε πολλή τις ἀμφιβολία γεγονέναι περὶ τὴν κίνησιν, εἴπερ οἱ μὲν ὑπὸ τὸ πρός τι αὐτὴν ἀνάγεσθαί φασιν, οἱ δὲ ὑπὸ πλείονας κατηγορίας ἐν αἷς θεωρεῖται .... ἄλλοι δέ τινες τὸ δυνάμει καὶ ἐνεργείᾳ κοινῶς ἐπὶ πάντων τῶν γενῶν θεωροῦντες τὴν κίνησιν ... κοινὴν εἶναι τῶν δέκα γενῶν φασιν, οἱ δὲ ἐν τῷ ποιεῖν καὶ πάσχειν αὐτὴν κατατάττουσι.* Vgl. 77 *Δ*. u. 78 *Δ*.

151) *Ammon. ad Cat. f.* 48 b.: *αἱ πρῶται οὐσίαι ὑπόκεινται πᾶσιν, ἀλλ' οὐχ ὁμοίως, τοῖς μὲν γὰρ πρὸς ὕπαρξιν, τουτέστι τοῖς συμβεβηκόσι, τοῖς δὲ πρὸς κατηγορίαν, τουτέστι ταῖς καθόλου οὐσίαις.* *Dexipp.* b. *Br.* 52 b. 16. *ἀλλ' εἰ μήτε οὐσία ἐστὶν ἡ διαφορὰ μήτε συμβεβηκὸς, ἄλλο δὲ οὐσίας καὶ συμβεβηκότος, οὐδὲ ἔστι διαφορὰ τρίτον· πάντα γὰρ τὰ ὄντα ἢ καθ' ὑποκειμένου ἐστὶν ἢ ἐν ὑποκειμένῳ, ἢ γὰρ οὐσίαι εἰσὶν ἢ συμβεβηκότα· εἰ οὖν ἐν μηδετέρῳ τούτων τακτέον τὴν διαφορὰν, ποῦ κατατάξομεν αὐτήν; εἰσὶ μὲν οὖν πολλαὶ πρὸς τοῦτο λύσεις.* Ammon. a. a. O. *f.* 52 a.: *τινὲς οὖν πρὸς τοῦτό φασιν ὅτι τριττά εἰσι τῶν διαφορῶν τὰ εἴδη, καὶ αἱ μὲν αὐτῶν εἰσι μᾶλλον οὐσίαι ἤπερ συμβεβηκότα, αἱ δὲ μᾶλλον συμβεβηκότα ἤπερ οὐσίαι, αἱ δὲ μέσως πως ἔχουσιν, ὡς ἄδηλον εἶναι πότερον συμβεβηκότα μᾶλλον αὐτὰς εἴπωμεν ἢ οὐσίας .... ὅτι δὲ οὐσίαι εἰσὶν ὁμολογουμένως αἱ διαφοραὶ, δῆλον μὲν ἐκ τοῦ συμπληρωτικὰς εἶναι αὐτὰς εἰδῶν καὶ οὐσιωδῶς κατ' αὐτῶν κατηγορεῖσθαι.*

152) *Ammon.* a. a. O. *f.* 33 a.: *αἱ κατηγορίαι καὶ πλάτος ἔχουσι καὶ βάθος, βάθος μὲν τὴν εἰς τὰ μερικώτερα αὐτῶν πρόοδον, πλάτος δὲ τὴν εἰς τὰ πλάγια μετάστασιν, οἷον ἵνα βάθος μὲν λάβῃς οὕτω τὴν οὐσίαν καὶ τὸ σῶμα καὶ τὸ ἔμψυχον καὶ τὸ ζῷον καὶ οὕτως ἐφεξῆς, πλάτος δὲ, ὅταν διέλῃς τὴν οὐσίαν εἰς σῶμα καὶ ἀσώματον· ὁ Ἀριστοτέλης οὖν κανόνα καὶ τοῦ πλάτους καὶ τοῦ βάθους ἡμῖν ἀποδίδωσι ... ἔστι δ' ὁ κανὼν οὗτος· ὅταν πρῶτον δευτέρου καθ' ὑποκειμένου κατηγορῆται καὶ δεύτερον τρίτου καθ' ὑποκειμένου κατηγορῆται, τότε καὶ τὸ πρῶτον τοῦ τρίτου καθ' ὑποκειμένου κατηγορηθήσεται.*

153) *Ammon. ad Ar. d. interpr. f.* 5 a.: *διὸ τοὺς ἁπλοῦς τούτους λόγους κατὰ μὲν τήνδε τὴν πραγματείαν αὐτοὺς καθ' αὑτοὺς θεωρῶν ὡς ἀποφάνσεις μόνον ἐπισκέψεται καὶ οὐχ ὡς προτάσεις, ἐν δὲ τοῖς Ἀναλυτικοῖς ὡς μέρη τῶν συλλογισμῶν παραλαμβάνων ἅμα καὶ ὡς προτάσεις εἰκότως ἀξιώσει σκοπεῖν.* *Philop. ad An. pr. f.* V a.: *ἰστέον μέντοι ὅτι ὅρος καὶ φάσις καὶ ἁπλῆ φωνὴ καὶ ὄνομα καὶ ῥῆμα τῷ μὲν ὑποκειμένῳ ταὐτά ἐστι, τῇ σχέσει δὲ διαφέρουσιν· ὅταν μὲν γὰρ ὡς συλλογισμοῦ μέρος λαμβάνηται, ὅρος λέγεται, ὅταν δὲ ὡς μέρος προτάσεως, φάσις, ὅταν δὲ ὡς ὑποκείμενον ἐν τῇ προτάσει, ὄνομα, ὅταν δὲ ὡς κατηγορούμενον, ῥῆμα, ὅταν δὲ ὡς φωνὴ ἁπλῶς σημαντικὴ, ἁπλῆ φωνή.*

dem wird überall das logische Urtheil in jener Weise, in welcher wir diess schon oft sahen, den übrigen Satzarten gegenübergestellt, und in Bezug auf die Theile des Urtheiles die Partikeln sämmtlich als blosser Kitt der Worte (Abschn. X, Anm. 7) ausgeschieden [154]). Dem kategorischen Urtheile tritt das hypothetische in seiner doppelten Form vermöge des „εἰ“ und des „ἤ“ (es wird auch das *παραδιεζευγμένον* erwähnt, s. d. vor. Abschn., Anm. 33) gleichfalls in der ganz gewöhnlichen stoischen Schulmanier gegenüber [155]). Die Hauptsache bildet auch hier die Erörterung über die Arten der Urtheile und deren Gegensätze; während eine Controverse geführt wird, ob bezüglich der grösseren Schwäche eines Urtheiles (*χείρων*) im Zweifelsfalle die Qualität oder die Quantität den Ausschlag gebe [156]), wird andrerseits alle Sorgfalt auf die Zahl der möglichen Formen und Entgegensetzungen verwendet, zu einer solchen Berechnung aber nicht einmal ein überall richtiger Ausgangspunkt genommen (z. B. mit Beiziehung des Unmöglichkeits-Urtheiles doch nur drei derartige Formen gezählt); uud ebenso wird, offenbar nach Porphyrius, an eine Tabelle der vier Hauptformen des Urtheiles (allg. bej., allg. vern., part. bej., part. vern.) in peinlichster Ausführlichkeit und formalster Auffassung (s. Anm. 79) die Zahl der Stellungen der Negation und bei allen möglichen Quantitäts-Verhältnissen das gegenseitige Wahr- und Falsch-sein untersucht [157]); die Früchte dieser Thätigkeit des Porphyrius werden wir

154) *Ammon. ad Ar. d. interpr. f.* 11 a.: ὥςπερ γὰρ τῆς νεὼς αἱ μὲν σανίδες εἰσὶ τὰ κυρίως μέρη, γόμφοι δὲ καὶ λίνος καὶ πίττα συνδέσεως αὐτῶν καὶ τῆς τοῦ ὅλου ἑνώσεως ἕνεκα παραλαμβάνονται, τὸν αὐτὸν τρόπον καὶ τῷ λόγῳ σύνδεσμοι καὶ ἄρθρα καὶ προθέσεις καὶ αὐτὰ τὰ ἐπιρρήματα γόμφων τινῶν χρείαν ἀποπληροῦσι, μέρη δὲ οὐκ ἂν λέγοιτο δικαίως.

155) Ebend. *f.* 4 b.: πρὸς τῷ καὶ ἄλλως τὰς ὑποθετικὰς ἀποφάνσεις ἐκ τῶν κατηγορικῶν τὴν γένεσιν ἔχειν· ἄλλης γὰρ πρὸς ἄλλην κατηγορικῆς προτάσεως ἢ ἀκολουθίαν ἢ διάστασιν σημαίνουσι συνδέουσαι αὐτὰς πρὸς ἀλλήλας ἢ τῷ συμπλεκτικῷ ἢ τῷ διαζευκτικῷ προςαγορευομένῳ συνδέσμῳ. Ebend. *f.* 54 a.: οἱ ὑποθετικοὶ πάντες λεγόμενοι λόγοι ... ἐκ πλειόνων μέν εἰσιν ἁπλῶν λόγων, ἑνούμενοι δὲ ὑπὸ τοῦ συναπτικοῦ προςαγορευομένου συνδέσμου. *Philop. ad An. pr. f.* VI b.: τὸν γὰρ „ἤ“ σύνδεσμον οὐ διαζευκτικὸν ἀλλὰ παραδιαζευκτικὸν ληψόμεθα ἀντὶ τοῦ „καί“.

156) *Ammon.* a. a. O. *f.* 72 a.: δύο μὲν καθόλου, ὁ πᾶς καὶ ὁ οὐδείς, δύο δὲ μερικοί, ὁ τὶς καὶ ὁ οὐ πᾶς. Ebend. 214 a.: οὐδαμοῦ μέντοι ποιήσεται μνείαν ἢ τῶν ἀδιορίστων ἢ τῶν κατὰ μέρος ὡς ἐχουσῶν τινὰ πρὸς ἀλλήλας ἐναντίωσιν. *Leo Magent. b. Br.* 113 b.: χείρονες δὲ τῶν προτάσεων λέγονται αὗται, ἤγουν ἡ τὶς καὶ ἡ οὐ πᾶς, διὰ τὸ ἀεὶ τὰ μερικὰ χείρονα εἶναι τῶν καθόλου ... οἱ δὲ Πλατωνικοὶ μὴ πρὸς τὸ μερικὸν καὶ καθόλου ἀποβλέψαντες ἀλλὰ πρὸς ὕπαρξιν καὶ ἀνυπαρξίαν τὴν μὲν τὶς εἶπον χείρονα τῆς πᾶς ... τὴν δὲ οὐδεὶς ἔλεγον χείρονα εἶναι τῆς οὐ πᾶς ... ἀναιροῦντες οὖν τοὺς Πλατωνικοὺς λέγομεν ὅτι ἐπὶ τῆς λογικῆς πραγματείας οὐχ ὑπάρξεις καὶ ἀνυπαρξίας ζητοῦμεν, ἀλλὰ καθόλου καὶ μερικά, καὶ διὰ τοῦτο λέγομεν τὰ μερικὰ χείρονα τῶν καθόλου.

157) *Ammon.* a. a. O. *f.* 72 b.: ἀναφαίνονται οὖν ἡμῖν ἐκ τῆς διαιρέσεως τοῦ ὑποκειμένου τέτταρα εἴδη τῶν ἐν προτάσεσιν ἀντιθέσεων· τῶν καθέκαστα, τῶν ἀπροσδιορίστων, τῶν καθόλου ἤτοι καθόλου ὡς καθόλου, καὶ τῶν καθόλου μὴ καθόλου ..... (73 a.) καὶ ἀντιδιαιρεῖται πρὸς μὲν τὴν ἁπλῶς καθόλου ἡ καθέκαστα, πρὸς δὲ τὴν καθόλου ὡς καθόλου ἡ μερική· ... ἀπὸ δέ γε τοῦ κατηγορουμένου ταῦτα πάντα τὰ τέτταρα εἴδη τριπλασιάζεσθαι ῥητέον· ἐπεὶ γὰρ ... χρόνος λαμβάνεται τριχῶς, κατὰ τὸ παρεληλυθὸς, τὸ ἐνεστὸς, τὸ μέλλον, δῆλον ὅτι τῶν τεττάρων εἰδῶν τῶν προτάσεων ἕκαστον τριχῶς ποικίλλειν ἀπὸ τοῦ κατηγορουμένου δυνατόν. ....

bei Boethius treffen. Die Lehre von der Umkehrung erscheint bei den Commentatoren natürlich nur in der Analytik, wo sie Aristoteles bespricht; den Unterschied zwischen *ἀντιστροφὴ* und *ἀναστροφὴ* (s. Abschn. IX, Anm. 95) finden wir wohl erwähnt, aber nicht ausführlich dargelegt; schulmässig einfältig ist es, wenn um der Gleichheit willen auch von einer Umkehrung der Begriffe gesprochen wird, welche in den Kategorien zur Anwendung komme, geradezu läppisch aber ist der Zweifel an der Umkehrbarkeit des allg. vern. Urtheiles, welcher durch das Beispiel ausgesprochen wird: „Keine Wand ist in einem Nagel, also ist auch kein Nagel in einer Wand“ [158]). Bezüglich der Möglichkeits- und Nothwendigkeits-Urtheile ist zu bemerken, das für diese Verhältnisse hier der Ausdruck *τρόπος* (*modus*, „modal“) gebraucht wird [159]).

In der Lehre vom Syllogismus herrscht das gleiche Motiv der for-

---

ἐπεὶ δὲ ἑκάστην τῶν δώδεκα τούτων ἀντιθέσεων τριχῶς λαμβάνεσθαι δυνατὸν κατὰ τὰς τρεῖς ὕλας (nemlich p. 71 b.: *ταύτας δὲ τὰς σχέσεις καλοῦσιν, οἷς ἐμέλησε τῆς τούτων τεχνολογίας, τῶν προτάσεων ὕλας καὶ εἶναι αὐτῶν φασι τὴν μὲν ἀναγκαίαν τὴν δὲ ἀδύνατον τὴν δὲ ἐνδεχομένην*), *ἓξ καὶ τριάκοντα γίνεσθαι συμβαίνει τὰς πάσας αὐτῶν ἀντιθέσεις ὡρισμένου ὄντος τοῦ ὑποκειμένου. ταύταις δὲ ἴσας ἀνάγκη γίνεσθαι τὰς ἐξ ἀορίστου ὑποκειμένου, καθ᾽ ἑκάστην γὰρ τῶν ὡρισμένῳ χρωμένων τῷ ὑποκειμένῳ τὸ ἀρνητικὸν μόριον τῷ ὑποκειμένῳ προσθεὶς τὴν ἐξ ἀορίστου ποιήσεις, ὥστε δύο καὶ ἑβδομήκοντα γίνεσθαι τὰς πάσας ἀντιθέσεις τε καὶ ἀντιφάσεις.* p. 75 a. wird zur Erläuterung der vier gewöhnlichen Urtheilsformen folgende Figur gegeben:

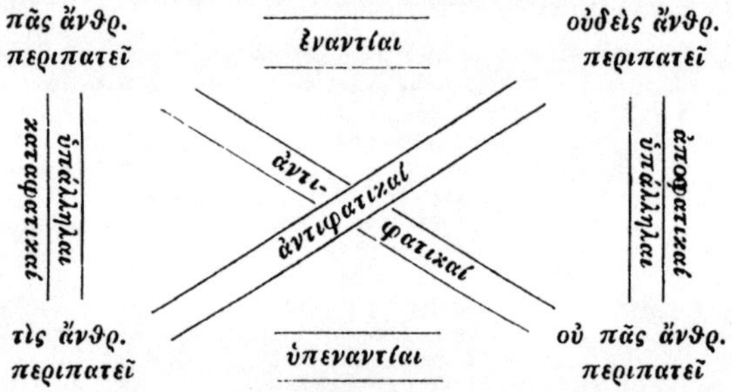

158) *Philop. ad An. pr. f.* CIII b.: *τρεῖς ὑπάρχουσιν ἀντιστροφαί, μία μὲν ἡ ἐν ὅροις, δευτέρα δὲ ἡ ἐν προτάσεσι, τρίτη δὲ ἡ ἐν συλλογισμῷ· ἀλλὰ περὶ μὲν τῆς ἐν τοῖς ὅροις ἀντιστροφῆς εἴρηκεν ἐν Κατηγορίαις, ὅταν ἔλεγεν τὸ ἴσον ἴσῳ ἴσον, περὶ δὲ τῆς ἐν προτάσεσιν ἀντιστροφῆς εἶπεν ἐν τῷ πρώτῳ λόγῳ τῶν Προτέρων Ἀναλυτικῶν, νῦν δὲ βούλεται εἰπεῖν περὶ τῆς ἀντιστροφῆς τῆς ἐν συλλογισμῷ.* Ebend. *f.* CI b.: *διαφέρει δὲ ἀναστροφὴ ἀντιστροφῆς, ὅτι ἡ μὲν ἀντιστροφὴ μετὰ τοῦ συναληθεύειν γίνεται, ἡ δὲ ἀναστροφὴ οὐ πάντως.* Ebend. *f.* XIII b.: *λαμβάνονται δέ τινες τῆς ἀντιστροφῆς ὡς μὴ ἀληθευούσης καὶ διὰ παραδειγμάτων ἐλέγχειν πειρῶνται τὸν λόγον λέγοντες οὕτως· οὐδεὶς τοῖχος ἐν παττάλῳ ἐστίν· τοῦτο ἀληθές ἐστιν· ἄρα οὖν, φασί, καὶ ἀντιστρέψαντες ὑγιῶς ἀποφαινόμεθα „οὐδεὶς πάτταλος ἐν τοίχῳ“.*

159) *Ammon. ad Ar. d. interpr. f.* 171 b.: *τρόπος μὲν οὖν ἐστι φωνὴ σημαίνουσα ὅπως ὑπάρχει τὸ κατηγορούμενον τῷ ὑποκειμένῳ, οἷον τὸ ταχέως .... τέτταρας δὲ μόνους ὁ Ἀριστοτέλης παραλαμβάνει πρὸς τὴν θεωρίαν τῶν μετὰ τρόπου προτάσεων, τὸν ἀναγκαῖον, τὸν δυνατόν, τὸν ἐνδεχόμενον, καὶ ἐπὶ τούτοις τὸν ἀδύνατον.*

malen Aeusserlichkeit, daher es selbst diesen Erklärern des Aristoteles an allem Verständnisse der Bedeutung der Induction gebricht, und gegen dieselbe sogar ausdrücklich vermittelst des in der Schule traditionellen Beispieles (Abschn. VII, Anm. 9 u. Abschn. X, Anm. 17) polemisirt wird[160]). Wegen des Uebergewichtes, welches auf das Beweisverfahren gelegt wird, tritt auch hier die Erwähnung des *princ. contrad.* oder *excl. tertii* (s. Anm. 22) hervor, und bei der Erklärung des aristotelischen Causalitäts-Schlusses (Abschn. IV, Anm. 665) stellt sich selbst ein Vorspiel des *princ. causal.* ein[161]). Auch die Unterscheidung zwischen analytischem und synthetischem Verfahren (Anm. 23) erscheint hier schon sehr schulmässig, und zwar, was bezeichnend ist (vgl. Abschn. IX, Anm. 81), mit Hinweisung auf die Mathematik[162]). Völlig an das Verfahren bei der Lehre vom Urtheile schliesst es sich an, wenn umständlich die Zahl der möglichen Combinationen der Prämissen gesucht wird[163]), oder wenn die Schlussmodi dadurch vermehrt werden, dass das in der Quantität nicht bestimmte Urtheil eine selbstständige Stellung erhält, noch dazu mit der Bemerkung, dass es dem particularen ja doch gleichstehe[164]). Achnlich wird die aristotelische Erörterung über Wahrheit und Falsch-

---

160) *David ad Porph.* b. *Br.* 18 a. 36.: *οὐκ ἀληθεύει πάντως ὁ λόγος ὁ ἐκ τῶν μερικῶν τὰ καθόλου κανονίζων· τὸ γὰρ λέγειν ὅτι ὁ ἄνθρωπος τὴν κάτω γένυν κινεῖ, ὁ ἵππος τὴν κάτω γένυν κινεῖ, πᾶν ἄρα ζῷον τὴν κάτω γένυν κινεῖ, οὐκ ἀληθεύει· οὔτε γὰρ ὁ κροκόδειλος οὔτε ὁ φοίνιξ τὸ ὄρνεον οὔτε ὁ δελφῖνος τὴν κάτω γένυν κινοῦσιν ἀλλὰ τὴν ἄνω.*

161) *David ad Categ.* b. *Br.* 23 a. 16.: *ὁ δὲ Ἀριστοτέλης δι' ἑνὸς καὶ τοῦ αὐτοῦ ἐπιχειρήματος ἐλέγχει* (sc. *τοὺς Πρωταγορείους*) *διὰ τὸ ἀξίωμα τῆς ἀντιφάσεως· εἰ γὰρ οἱ μὲν πάντα ψευδῆ δοξάζουσιν οἱ δὲ πάντα ἀληθῆ, ἀντίφασις τὸ τοιοῦτον, οὐδέποτε δὲ ἡ ἀντίφασις συναληθεύει.* *Philop. ad An. post. f.* 30 b.: *τὸ δὲ τῆς ἀντιφάσεως ἀξίωμα ἐπὶ πάντων μὲν τῶν ὄντων καὶ μὴ ὄντων διαιρεῖ τὸ ψεῦδος καὶ τὴν ἀλήθειαν.* Ebend. *f.* 37 b.: *ἐκ γὰρ τοῦ αἰτίου τὸ αἰτιατὸν δείκνυται* .... (38 a.) *τοῦ μὲν αἰτίου ὄντος καὶ τὸ αἰτιατὸν ἔστι, τοῦ δὲ αἰτιατοῦ ὄντος οὐ πάντως τὸ αἴτιον.*

162) *Philop.* ebend. *f.* 35 b.: *ἀνάλυσιν δὲ καλοῦσιν οἱ γεωμέτραι τὴν εὕρεσιν τῶν προτάσεων δι' ὧν συνήχθη τὸ ἀληθὲς συμπέρασμα, οἷον εἰ προτεθείη ἡμῖν συμπέρασμά τι ἀληθές, ὅτι τόδε τρίγωνόν ἐστιν ἰσόπλευρον .... ἡ ἀνάλυσις δὲ ἔμπαλιν ἔχει τῇ συνθέσει, λαβόντες γὰρ τὸ πρότερον ζητούμενον ὡς ὁμολογούμενον, ὅτι τόδε τρίγωνόν ἐστιν ἰσόπλευρον, ζητοῦμεν τίνες ἂν εἶεν αἱ προτάσεις δι' ὧν τοῦτο κατεσκευάσθη, ἵνα ἐξ αὐτῶν ἀναλύοντες εὕρωμεν αὐτάς, ἕως οὗ φθάσωμεν εἴς τινα ὁμολογούμενα καὶ τὰς ἀρχὰς τῆς γεωμετρίας.*

163) *Schol. Anon.* b. *Waitz, Org.* I, p. 46.: *τριάκοντα ἓξ συζυγίαι εἰσὶν ἐν ἑκάστῳ τῶν σχημάτων δι' αἰτίαν τοιαύτην· ἀνάγκη τὰς προτάσεις ... ἢ ὁμοειδεῖς εἶναι ἢ ἀνομοειδεῖς .... καὶ εἰ μὲν ὁμοειδεῖς εἰσι γίνονται δώδεκα διαφοραί, ἢ γὰρ ἄμφω καθόλου εἰσὶ καὶ ποικίλλονται κατὰ τὸ ποιὸν τετραχῶς ... ὡσαύτως καὶ ἐπὶ τῶν μερικῶν καὶ ἐπὶ τῶν ἀπροσδιορίστων ἀνὰ τέσσαρας γίνονται κατὰ τὸν αὐτὸν τρόπον· εἰ δὲ ἄμφω ἀνομοειδεῖς εἰσι, ὀκταχῶς ποικίλλονται* .... (der Schluss fehlt).

164) *Philop. ad An. pr. f.* XXI a.: (bei d. 1. Figur) *ἐὰν τοίνυν ἐν τῇ ἐλάττονι προτάσει ἀντὶ τῆς μερικῆς παραλάβωμεν ἀπροσδιόριστον καταφατικήν, ἄλλαι δύο γίνονται συλλογιστικαὶ συζυγίαι ... ὥστε πᾶσαι .. αἱ ἐν τῷ πρώτῳ σχήματι ἓξ εἰσιν.* *f.* XXV b.: (bei d. 2. F.) *ἐὰν δὲ ἐπὶ τῆς ἐλάττονος μερικῆς οὔσης προτάσεως ἀπροσδιόριστον λάβωμεν ... ὡς ἰσοδυναμούσην τῇ μερικῇ ... γενήσονται ἄλλαι δύο συλλογιστικαὶ συζυγίαι.* *f.* XXX a.: (b. d. 3. F.) *εἰ δὲ ἀπροσδιόριστος, γίνονται ἄλλαι τέσσαρες συλλογιστικαὶ συζυγίαι.*

heit der Prämissen (Abschn. IV, Anm. 612) formal vervollständigt [165]). Betreffs der hypothetischen Schlüsse finden wir bei den Commentatoren, abgesehen von jenen zahlreichen Berichten, durch welche sie uns als Quelle über Früheres dienten, als theoretische Notiz über jene Zeit die Aufzählung der fünf stoischen *ἀναπόδεικτοι* (nur mit Wechsel in der Reihenfolge derselben), welchen jedoch als sechster Modus der theophrastische Schluss *δι' ὅλων ὑποθετικῶν* (Abschn. V, Anm. 60) als ein von Alexander Aphrod. erfundener hinzugefügt wird [166]); eine andere Angabe hingegen steht völlig auf jenem Standpunkte, welchen wir bei Boethius für diesen Theil der Syllogistik treffen werden; es wird nemlich dort zunächst davon ausgegangen, dass in dem einfachen hypothetischen Urtheile sowohl der sog. Vordersatz als auch der sog. Nachsatz entweder bejahend oder verneinend sein kann, und hiernach werden die möglichen Fälle des syllogistischen Untersatzes angegeben, je nachdem durch denselben entweder der Vordersatz des Obersatzes ponirt oder dessen Nachsatz aufgehoben wird; und sodann werden jene hypothetischen Schlüsse, welche aus drei Termini bestehen, d. h. wieder eben jene *δι' ὅλων*, nach den drei Schlussfiguren des kategorischen Schlusses entwickelt; die sog. disjunctiven Formen aber, welche bei den stoischen *ἀναπόδεικτοι* als eigene Modi auftreten, werden hier nur als eine andere sprachliche Ausdrucksweise der hypothetischen betrachtet [167]). Ueberhaupt aber können wir bei dem

---

165) Ebend. *f.* IC a.: *ἰστέον ὅτι ἀπεσιώπησε τὴν ἐκ τῆς μείζονος ψευδοῦς καταφατικῆς τῆς δὲ ἐλάττονος ἀληθοῦς ἀποφατικῆς καὶ τὴν ἐκ τῆς μείζονος ἀληθοῦς καταφατικῆς τῆς δὲ ἐλάττονος ψευδοῦς ἀποφατικῆς.*

166) Bei dem *Anon. περὶ συλλογισμῶν* (b. *Philop. ad An. pr. Venet.* 1536. *fol.*) findet sich, jedoch offenbar von anderer Hand als das Compendium selbst (s. Anm. 184.) ist, mit Vorausschickung einer Angabe über die Terminologie (es ist die gewöhnliche) die Aufzählung folgender hypothetischer Schlussweisen: *πρῶτος τρόπος ἐστὶν ὁ κατὰ συνέχειαν ὅταν τῇ θέσει τοῦ ἡγουμένου εἰςάγεται τὸ ἑπόμενον. δεύτερος ... ὅταν τῇ ἀναιρέσει τοῦ ἑπομένου ἀναιρεῖται τὸ ἡγούμενον. .... τρίτος τρόπος ἐστὶν ὁ κατὰ διάζευξιν, ὅταν ἐπὶ τῶν ἀμέσων ἀντικειμένων λαμβάνηται ἢ ἐπὶ τῶν ἐμμέσων τῶν ὡρισμένον ἐχόντων τὸ μέσον, ὁ τῇ θέσει τοῦ ἑνὸς ἀναιρῶν τὸ λοιπὸν ἢ τὰ λοιπά. τέταρτος ὁ κατὰ διάζευξιν ὁ τῇ ἀναιρέσει τῶν λοιπῶν ἢ τοῦ ἑνὸς εἰςάγων τὸ λοιπὸν, ὃς καὶ αὐτὸς ἐπὶ τῶν ἀμέσων ἀντικειμένων λαμβάνεται ἢ ἐπὶ τῶν ὡρισμένον ἐχόντων τὸ μέσον· πέμπτος ... ὁ μετὰ συμπλοκῆς τῆς ἀποφάσεως, ὃς ἢ ἐπὶ τῶν ἀντικειμένων λαμβάνεται τῶν ἐχόντων τὸ μέσον ἀόριστον ἢ ὅλως οὐκ ἐπὶ τῶν ἀντικειμένων, ὃς καὶ τῇ θέσει τοῦ ἑνὸς ἀναιρεῖ τὰ λοιπά. ἕκτος ... ὁ ἐξ ὅλων ὑποθέσεων ὃν ἐφεῦρεν Ἀλέξανδρος ὁ Ἀφροδισιεύς.* Schol. Anon. b. *Galen. Εἰςαγ. διαλ.* ed. Minas p. 92.: *οἱ ὑποθετικοὶ συλλογισμοί εἰσιν ἕξ· εἷς μὲν καὶ πρῶτος ὁ τῇ θέσει τοῦ ἡγουμένου τὸ ἑπόμενον συνεισφέρων .... δεύτερος δὲ ὁ τῇ ἀναιρέσει τοῦ ἑπομένου τὸ ἡγούμενον ἀναιρῶν ... τρίτος δὲ ὁ μετὰ ἀποφάσεως ποιῶν τὴν διαίρεσιν .... τέταρτος δὲ ὁ ἐκ διαζευκτικῶν τῇ ὑποθέσει τοῦ ἑνὸς ἀναιρῶν τὸ λοιπὸν ἢ τὰ λοιπά .... πέμπτος ὁ τῇ ἀναιρέσει τοῦ ἑνὸς ἢ τῶν λοιπῶν κατασκευάζων τὸ ἕτερον .... ἕκτος ὁ ἐξ ὅλων ὑποθέσεων προερχόμενος.*

167) *Schol. Anon. b. Waitz, Org.* I, p. 9.: *ἐν τοῖς ὑποθετικοῖς συλλογισμοῖς πρῶτοί εἰσιν οἱ ἐκ δύο ὅρων συνημμένων ἢ διαλελυμένων, εἶτα οἱ ἐκ τριῶν δύο συνημμένοις ὅροις γίνονται συλλογισμοί· τέσσαρες διὰ τῆς ἐπὶ τὸν πρότερον ἐπανόδου καὶ τέσσαρες διὰ τῆς ἐπὶ τὸν ἔσχατον ... οἷον εἰ τὸ Α, τὸ Β· ἐπάνοδος· τὸ Α δέ· συμπέρασμα· τὸ Β ἄρα. εἶτα εἰ τὸ Α, οὐ τὸ Β· τὸ Α δέ· οὐ τὸ Β ἄρα. πάλιν εἰ οὐ τὸ Α, τὸ Β· οὐ τὸ Α δέ· τὸ Β ἄρα· τέταρτον εἰ οὐ τὸ Α, οὐδὲ τὸ Β· οὐ τὸ Α δέ· οὐδὲ τὸ Β ἄρα. ἐπὶ τὸν δεύτερον ἐπάνοδος· εἰ τὸ Α, τὸ Β· οὐ τὸ Β δέ· οὐδὲ τὸ Α ἄρα.*

Mangel an griechischen Quellen die Lehre von den hypothetischen Schlüssen hier nicht vollständig erörtern, sondern müssen die Darstellung derselben auf Boethius, welcher hiefür nur aus griechischen Autoren schöpfte (folg. Abschn. Anm. 139), verschieben[168]).

Endlich wurden aber auch in den letzten Jahrhunderten des Griechenthums Compendien der Logik zum Gebrauche in den Schulen angefertigt. Schon Gregor von Nazianz (i. 4. Jahrh.) schrieb einen Auszug des Organons[169]). Erhalten ist uns die sogenannte Dialektik des Johannes Damascenus (in der Mitte des 8. Jahrh.), in welcher nach einer christlichen Einleitung *περὶ γνώσεως*, woselbst die Philosophie als *πηγὴ γνώσεως* bezeichnet wird, und nach der üblichen Eintheilung der Philosophie zuerst über Substanz und Accidens, dann (in christlichen Anschauungen) über *φωνή*, und hierauf über Eintheilung und Definition mit der gewöhnlich üblichen Angabe der verschiedenen Arten beider[170]) gehandelt wird; sodann aber folgt ein sehr ausführlicher Auszug aus der Isagoge des Porphyrius, dann die Angaben über Homonym u. dgl. (auch *πολυώνυμον* u. *ἑτερώνυμον*), hernach ein Auszug aus dem Compendium der Kategorien (bei der Substanz tritt die christliche Speculation wieder hervor); am Schlusse wird nur mit einigen Worten das Urtheil und der Syllogismus ohne alle Angabe einer Doctrin hierüber erwähnt, und noch die bei den Commentatoren üblichen sechs Definitionen

---

εἶτα εἰ τὸ Α, οὐ τὸ Β· τὸ Β δέ· οὐ τὸ Α ἄρα. ἔτι εἰ οὐ τὸ Α, τὸ Β· οὐ τὸ Β δέ· τὸ Α ἄρα. τέταρτον εἰ οὐ τὸ Α, οὐ τὸ Β· τὸ Β δέ· καὶ τὸ Α ἄρα. ἑξῆς τοῖς ἐκ συνημμένων ὅρων οἱ ἐκ διαλελυμένων εἰσὶ συλλογισμοί, ὧν ἡ ἐπάνοδος ἐφ' ὁπότερον ἂν τύχῃ, οἷον εἰ ἐξ ἀνάγκης τὸ Α ἢ τὸ Β, μὴ ἔστι δὲ τὸ Β, τὸ Α ἄρα, ἢ μὴ ἔστι δὲ τὸ Α, τὸ Β ἄρα. ἐκ δὲ τριῶν ὅρων συνημμένων ὀκτὼ μὲν συλλογισμοὶ διὰ τῆς ἐπὶ τὸν πρῶτον ἐπανόδου, ὀκτὼ δὲ διὰ τῆς ἐπὶ τὸν ὕστερον .... οἷον ὡς ἐπὶ ἑνὸς τρόπου· εἰ τὸ Α, τὸ Β· εἰ τὸ Β, τὸ Γ· εἰ τὸ Α ἄρα, τὸ Γ. τὸ σχῆμα πρῶτον .... δεύτερον δὲ σχῆμα ἐν ᾧ ὁ συνάγων ὅρος τὴν αὐτὴν ἔχει σχέσιν πρὸς ἑκάτερον τῶν συναγομένων καθὸ ἡγεῖται ἐν ἑκατέρῳ συνημμένῳ, πλὴν ἐν μὲν τῷ ἑτέρῳ καταφατικῶς ἐν δὲ τῷ ἑτέρῳ ἀποφατικῶς ... οἷον .... εἰ τὸ Α, τὸ Β· εἰ οὐ τὸ Α, τὸ Γ· εἰ οὐ τὸ Β ἄρα, τὸ Γ .... τρίτον σχῆμα ἐν ᾧ ὁ συνάγων ὅρος ... λήγων ἐν ἑκατέρῳ τῷ συνημμένῳ .... οἷον .... εἰ τὸ Α, τὸ Β· εἰ τὸ Γ, οὐ τὸ Β· εἰ τὸ Α ἄρα, οὐ τὸ Γ ..... εἰσὶν οἱ τρόποι ὀκτὼ τοῦ δευτέρου σχήματος καὶ τοῦ τρίτου ὀκτώ.

168) *Cramer Anecd. Par.* I, 390. führt aus einer Handschrift folgenden Titel eines darin enthaltenen Buches an: *Περὶ ὑποθετικῶν συλλογισμῶν ἐκ τοῦ μονοβίβλου Ἀμμωνίου.* Nach der Art und Weise des Ammonius dürfen wir schliessen, dass wir hier vielleicht am ehesten das Original der Arbeit des Boethius träfen; jedenfalls hätte sich der Abdruck dieser Monographie ebensosehr gelohnt als der so mancher Lappalien, welche in Cramer's Sammlung sich finden.

169) Nach *Labbé Nov. bibl.* p. 113. in der Pariser Bibliothek handschriftlich vorhanden.

170) *Joh. Damasc. Opp. ed. Paris.* 1712. I, p. 15.: *διαιρετικοὶ δὲ τρόποι εἰσὶν ὀκτώ .. πᾶν γὰρ διαιρούμενον ἢ καθ' αὑτὸ διαιρεῖται ἤγουν κατ' οὐσίαν ἢ κατὰ συμβεβηκός· καὶ εἰ μὲν καθ' αὑτό, ἢ ὡς πρᾶγμα ἢ ὡς φωνή· καὶ εἰ ὡς πρᾶγμα ἢ ὡς γένος εἰς εἴδη ... ἢ ὡς εἶδος εἰς ἄτομα ... ἢ ὡς ὅλον εἰς μέρη, καὶ τοῦτο διχῶς, ἢ εἰς ὁμοιομερῆ ἢ εἰς ἀνομοιομερῆ .... ἢ ὡς ὁμώνυμος φωνὴ εἰς διάφορα σημαινόμενα, καὶ τοῦτο πάλιν διχῶς, ἢ γὰρ ὅλον τι σημαίνεται ὑπὸ τῆς φωνῆς ἢ μέρος .... κατὰ συμβεβηκὸς δὲ ἢ ὡς οὐσία εἰς συμβεβηκότα ..... ἢ ὡς συμβεβηκὸς εἰς οὐσίας ... ἢ ὡς συμβεβηκὸς εἰς συμβεκηκότα.* p. 18.: *συνίσταται δὲ ὁ ὁρισμὸς ἐκ γένους καὶ συστατικῶν διαφορῶν ....* (p. 19.) *ἡ δὲ ὑπογραφὴ ἐκ τῶν ἐπουσιωδῶν σύγκειται.*

der Philosophie und die vier Theile der Logik (s. Anm. 122) angegeben. Eine Zusammenstellung der Kategorien von Photius (in d. zweiten Hälfte des 9. Jahrh.) scheint in mehreren Handschriften zu existiren[171]. Von dem oben erwähnten Michael Psellus (s. Anm. 110) besitzen wir eine höchst armselige *Σύνοψις τῶν πέντε φωνῶν καὶ τῶν δέκα κατηγοριῶν* in Verbindung mit den gewöhnlichen Erörterungen über die sechs Arten der Philosophie[172], und ein Compendium der gesammten Logik (*Σύνοψις εἰς τὴν Ἀριστοτέλους λογικὴν ἐπιστήμην*) in fünf Büchern[173], deren erstes von der Dialektik im Allgemeinen, dann von den Theilen des Urtheiles, vom Urtheile selbst und von der Entgegensetzung und Umkehrung derselben, sowie von dem hypothetischen Urtheile[174] und der Aequipollenz, auch von den modalen Urtheilen[175] handelt; das zweite ist ein Auszug aus der Isagoge, das dritte handelt zuerst von Definition und Eintheilung und gibt dann einen Auszug aus den Kategorien; das vierte geht von einigen Notizen über das Urtheil schnell zur Lehre von den Syllogismen mit Einschluss der aus Nothwendigkeits- und Möglichkeits-Urtheilen gemischten sowie der hypothetischen Schlüsse[176] über; das fünfte enthält die Topik, offenbar aus Themistius; es ist übrigens diese *Σύνοψις* die Quelle der *Summula* des Petrus Hispanus. Von Nicephorus Blemmides (in d. Mitte des 13. Jahrh.) haben wir ausser einem armseligen Excerpte aus der Isagoge[177] eine *Ἐπιτομὴ λογικῆς*[178], relativ eines der besseren Bücher dieser Art, in welchem von der Definition und Eintheilung ausgegangen, dann in verschiedenen Gesichtspunkten über Philosophie überhaupt gehandelt und hierauf der Hauptinhalt der Logik gegeben wird; zuerst stehen sämmtliche Verhältnisse des Homonymen u. dgl., dann erst folgt der Inhalt der Isagoge, hierauf jener der Kategorien, dann die Lehre vom Urtheile ausführlich in der Weise des Porphyrius oder Ammonius, dann die Syllogistik gleichfalls mit Aufnahme der hypothetischen Schlüsse[179], hernach ein Excerpt der *Soph. El.*, zuletzt noch eine Zusammenstellung der Arten der Urtheile in Bezug auf ihren Werth für die Schlüsse. Von Georgius Pachymeres (im Anf. d. 14. Jahrh.) ist uns ein Compendium erhalten, welches den gleichen Titel wie jenes des Psellus über die Isagoge und die Kategorien führt, und auch an Werthlosigkeit demselben gleichsteht[180], und ausserdem eine *Ἐπιτομὴ τῆς Ἀριστοτέλους λογικῆς*[181], welche in der That nach einer Einleitung über die Philosophie und dem üblichen

---

171) s. *Labbé* a. a. O. p. 114. u. *Brandis* a. oben ang. O. p. 285.

172) Zusammen gedruckt *Venet.* 1532, 8.

173) Gedruckt in Augsburg 1597, 8.

174) p. 33.: *τῶν ὑποθετικῶν προτάσεων ἡ μέν ἐστιν ἐξ ἀκολουθίας ἡ δὲ συμπλεκτικὴ ἡ δὲ διαζευκτική*... (p. 35.) *συμπλεκτική ἐστιν ... οἷον Σωκράτης ἀναγινώσκει καὶ Πλάτων διαλέγεται.*

175) p. 45.: *Περὶ προτάσεων τροπικῶν· ... ἓξ τρόποι, οἷον ἀναγκαίως ἐνδεχομένως δυνατῶς ἀδυνάτως ἀληθῶς ψευδῶς.*

176) es werden (p. 200—207) die gewöhnlichen fünf stoischen Modi angegeben.

177) mit obigem *Psellus* (Anm. 172.) gedruckt.

178) *August. Vindel.* 1650, 8.

179) es werden (p. 254—261.) jene sechs Modi, welche wir oben (Anm. 166.) trafen, angegeben.

180) auch mit ihm zusammen gedruckt (Anm. 172.).

181) *Paris.* 1548, 8.

Excerpte aus der Isagoge einen fast stets mit aristotelischen Worten gegebenen Auszug des gesammten Organons (*Cat. D. interpr.*, beide Analytiken, *Top.* u. *Soph. El.*) enthält. Aus unbekannter Zeit ist Gregorius Aneponymus, wofern desselben hieher gehöriges Buch, nemlich ein *Συνοπτικὸν τῆς φιλοσοφίας σύνταγμα*, nicht dem Georgius Monachus (in d. ersten Hälfte d. 10. Jahrh.) zuzuschreiben ist [182]); nach einer Einleitung über die Dialektik und der Bemerkung, dass *ὄν* nicht oberste Gattung sei, folgt der Auszug der Isagoge und dann der Kategorien mit Auffassungen vermischt, welche der Richtung des Porphyrius angehören, dann die Lehre vom Urtheile, ziemlich nach Ammonius, hierauf die Angabe der syllogistischen Modi und nun erst die Umkehrung des Urtheiles vor der Reduction der Schlüsse, dann die hypothetischen Syllogismen [183]), und zuletzt sehr ausführlich der Inhalt des zweiten Buches der ersten Analytik, insoweit derselbe die Fehler des Schliessens betrifft, daher hiemit zugleich auch der hauptsächliche Inhalt der *Soph. El.* verbunden wird. Ein getreuer Auszug aus der Lehre vom Urtheile und aus der Syllogistik in Form eines Schulbuches ist der *Anonymus Περὶ συλλογισμῶν* [184]), und ebenso haben wir ein gutes und genaues Excerpt aus der ersten Analytik [185]); in ersterem tritt namentlich das Uebergewicht des Umfanges über den Inhalt deutlich hervor, und das sog. *Dictum de omni et de nullo* hat schon völlig die spätere scholastische Form [186]).

---

182) wie *Leo Allatius*, *De Gregoriis* (b. *Fabric. Bibl. Gr. ed. Harl.* XII, p. 120.) annimmt. Gedruckt ist das Buch *August. Vindel.* 1600, 8. mit einem dickleibigen Commentare von Wegelin.

183) es sind (p. 98 ff.) wieder jene obigen sechs (Anm. 166 u. 179.).

184) Gedruckt beim *Philop. ad An. pr. Venet.* 1536. *f.* XXXXII ff. und in einer Spec.-Ausg. mit Commentar v. *Mich. Wolf. Jena.* 1621. 8.

185) in Brandis' Scholiensammlung p. 187 f.

186) f. XXXXII b.: *τὸ ζητῆσαι τί ἐστι ὅ λέγομεν εἶναι κατὰ παντὸς καὶ κατὰ μηδενὸς καὶ ἐν ὅλῳ καὶ οὐκ ἐν ὅλῳ .... τὸ δὲ ἐν ὅλῳ καὶ οὐκ ἐν ὅλῳ οὐδὲν διαφέρει τούτων, εἰ μὴ κατὰ τὴν σχέσιν, τὸ γὰρ κατὰ παντὸς καὶ τὸ ἐν ὅλῳ ταὐτόν ἐστιν.*

XII. ABSCHNITT.

DIE SPÄTERE RÖMISCHE LOGIK.

Dem eigenthümlichen Berufe einer nur secundären und compilatorischen Thätigkeit blieben auf dem hier zu betrachtenden Gebiete auch die späteren Römer um so mehr treu, als schon ihre Vorfahren in einer noch frischeren Zeit auf jede selbsteigene innere Productivität verzichtet hatten. Und in solcher Weise übten auch die Bestrebungen der griechischen Commentatoren einen Einfluss auf die römische Schultheorie der Logik aus, indem griechische Produkte jener Zeit entweder direct übersetzt oder anderweitig durch eine excerpirende und compilirende Uebertragung in lateinische Form gebracht wurden. Vor Allem aber ist es die verkehrte und verstandlose Auffassungsweise des Porphyrius, welche auch hier mächtig bedingend wirkt und hiedurch einen durchgreifend verderblichen Einfluss auf die nachfolgende Logik des Mittelalters behauptet.

Der weitere Verlauf wird uns zeigen, wie im Mittelalter sowohl der compendiarische Schulbetrieb der Logik als auch grossentheils die spitzfindigsten ontologischen Erörterungen ihren ursprünglichen Ausgangspunkt in jenem Materiale haben, welches durch Marcianus Capella, Boethius und Cassiodorus den nächstfolgenden Jahrhunderten dargereicht war. Und wieder in Bezug auf die Quelle dieser römischen Excerptoren oder Compilatoren muss die Geschichte der Logik, indem sie hiemit zugleich den Anfangspunkt der mittelalterlichen Scholastik bezeichnet, wieder an jenes Stadium anknüpfen, welches in der griechischen Entwicklung gegen das Ende des 3. und zu Anfang des 4. Jahrhunderts durch Porphyrius eintrat. Nachdem wir daher im vorigen Abschnitte noch jene griechische Abzweigung, welche durch die späteren Commentatoren nach Porphyrius sich entfaltete, bis in ihre letzten, stets aber von lateinischen Bestrebungen unberührten, byzantinischen Ausläufe verfolgt haben, kehren wir nunmehr für die Entwicklung der fortan lateinisch auftretenden Logik auf jenen eben genannten Zeitpunkt zurück, um jene Stufe zu betrachten, welche sowohl durch die äussere Form der Sprache und Terminologie als auch innerlich im Principe oder vielmehr in der Principlosigkeit eine weithin sich erstreckende Herrschaft ausübte und selbst durch die erneuerte Kenntnissnahme der aristotelischen Philosophie, sei es vermittelst der Araber oder sei es im Originale, nur im Einzelnen alterirt, nicht aber principiell gestürzt wurde.

Bereits in der Mitte des 4. Jahrhunderts, also nicht lange nach Porphyrius, übersetzte der Rhetor und Grammatiker Marius Victorinus die *Εἰςαγωγή* desselben, und es sind uns mehrere Stellen dieser

Uebertragung in den Werken des Boethius erhalten, da dieser sie mit einem Commentare in Form eines Dialoges (in zwei Büchern) begleitete, wobei nach Art der Commentatoren meist die Anfangssätze der erklärten Stellen mitaufgenommen sind [1]; betreffs der dort erscheinenden Terminologie mögen hervorgehoben werden: ***praedicamentum*** neben ***categoria, individuum, substantia, differentia constitutiva, subalternus.*** Ausserdem schrieb Victorinus offenbar eine eigene Monographie über die Definition, woraus uns ein Excerpt bei Isidor erhalten ist; es werden dort fünfzehn Arten des Definirens mit Beispielen aufgezählt [2], wobei die griechische Quelle selbst noch in der Terminologie erscheint. Ferner verfasste er ein eigenes Buch *De syllogismis hypotheticis* [3], und wenn wir schon hieraus schliessen dürfen, dass er wohl wahrscheinlich den ganzen Umkreis der Syllogistik überhaupt behandelt habe, so wird uns diess durch eine Notiz bei Cassiodor fast zur Gewissheit [4], zumal da dieser auch

---

1) *Boeth. Opp. ed. Basil.* 1570. pag. 1—46. Wenn *Isid. Orig.* II, 25. sagt: *nunc Isagogas Porphyrii expediamus; isagoga quippe graece, latine introductio dicitur ..... Isagogas autem ex graeco in latinum transtulit Victorinus orator, commentumque eius quinque libris Boethius edidit*, so verwechselt er mit diesem Commentare zur Victorinischen Uebersetzung denjenigen, welchen Boethius zu seiner eigenen Uebersetzung der Isagoge schrieb; denn letzterer wohl hat fünf Bücher, jener aber nur zwei. (Noch heutzutage könnte die Ueberschrift der Seiten in der Basler Ausgabe des Boethius den nemlichen Irrthum veranlassen.)

2) *Isid. Orig.* II, 29. Die Ueberschrift des Capitels lautet: *De divisione diffinitionum ex Marii Victorini libro abbreviata.* Dann folgt: *Diffinitio est philosophorum, quae in rebus exprimendis explicat quod res ipsa sit, qualis sit, et quemadmodum membris suis constare debeat; est enim oratio brevis uniuscuiusque naturam a communione divisam propria significatione concludens. Divisio diffinitionum in partes* XIIII. (*l.* XV.) *habetur* (ich lasse nun die zur Numerirung dienenden Worte und Anderes weg, mich bloss auf die Namen der fünfzehn Arten und je ein Beispiel beschränkend) ... οὐσιώδης, *substantialis .... ut, homo est animal rationale mortale ....* ἐννοηματικὴ, *latine notio ... homo est, quod rationali conceptione et exercitio praeest animalibus cunctis ....* ποιότης, *latine qualitativa ... homo est, qui ingenio valet ....* ὑπογραφὴ, *latine a Tullio descriptio nuncupatur .... luxuriosus est victus non necessarii sed sumptuosi et honoris appetens, in deliciis affluens, in libidine promptus .....* κατὰ ἀντίλεξιν, (zu lesen κατὰ τὴν λέξιν, s. Anm. 178.) *latine adverbium* (*l. ad verbum*) *dicimus .... conticescere est tacere ....* κατὰ διαφορὰν, *nos per differentiam ..... quid sit inter regem et tyrannum .....* κατὰ μεταφορὰν, *latine per translationem .... adolescentia est flos aetatis .....* κατὰ ἀφαίρεσιν τοῦ ἐναντίου, *Latini per privantiam contrarii eius quod diffinitur .... bonum est, quod malum non est ....* κατὰ ὑποτύπωσιν, *Latini per quandam imaginationem .... Aeneas est Veneris et Anchisae filius .....* κατ' ἐλλειπὲς πλήρους ὁμοίου γένους, *Latini per indigentiam pleni ex eodem genere... quid sit thesis? ... cui vis deest, ut sit arsis ....* κατὰ ἀναλογίαν, *Latini iuxta rationem* (*al. proportionem*) *... quid sit animal? .. ut homo ....* κατὰ ἔπαινον, *.. per laudem .... pax est tranquilla libertas ....* (*fit et per vituperationem, quam Graeci* ψόγον *nominant*) *....* κατὰ τὸ πρός τι *Latini ad aliquid .... pater est, cui est filius ....* κατὰ τὸν ὅρον (*l.* κατὰ τὸ ὅλον), *latine generalis .... genus est, quod plures amplectitur partes ....* κατὰ αἰτιολογίαν, *Latini secundum rei rationem .... non est sol sub terris.* Vgl. Anm. 9.

3) *Cassiod. Dial.* p. 539 b. (*Ven.* 1729.): *modos autem hypotheticorum syllogismorum si quis plenius nosse desiderat, legat librum Marii Victorini, qui inscribitur de syllogismis hypotheticis.* Wörtlich ebenso *Isid. Orig.* II, 28. *fin.*

4) *Cassiod. Expos. in Psalm.* 7. II, p. 28 a.: *si quis autem sive de schematibus sive de modis syllogismorum sive quid sint simplices sive compositi, plenissime nosse desiderat, Aristotelem in Graecis, Victorinum autem Marium lectitet in Latinis, et facile sibi quisque talia confirmat, quae nunc difficilia fortasse diiudicat.*

eine Definition des Enthymema's aus Victorinus anführt[5]). Die Verbindung aber, in welcher auch hier die Logik mit der Rhetorik stand, erkennen wir theils daraus, dass Victorinus auch einen ausführlichen Commentar zu Cicero's Topik in vier Büchern schrieb [6]), theils ersehen wir in dieser Beziehung die Ansichten desselben aus seinem uns noch erhaltenen Commentare zu Cicero's Schrift *De Inventione.* Er nimmt dort betreffs der Kategorien gleichfalls jenen Standpunkt ein (vgl. vor. Abschn. Anm. 68), dass unter den zehn peripatetischen, welche er auch als das Verzeichniss aller „Dinge der Welt" betrachtet, die letzten neun sämmtlich *accidentia* sind[7]), polemisirt aber gegen die (stoische) Annahme, dass das *ὄν* der höhere Gattungsbegriff von Substanz und Accidens sei[8]). In Bezug auf die Definition (vgl. Anm. 2), welche er in dieser rhetorischen Schrift nach stoischer Dialektik von der Beschreibung unterscheidet, erscheint hier die allgemein übliche Schul-Theorie des Herabsteigens von der Gattung zum eigentlichen Merkmale (*proprium*), und auch insoferne natürlich die Eintheilung hiemit verbunden ist, wiederholt er die gewöhnliche (Abschn. VIII, Anm. 7 u. 37) Unterscheidung von *divisio* und *partitio*[9]). Hingegen entnimmt er aus aristotelischer Lehre, freilich mit eigenthümlichem Missverständnisse, die vier Arten der Gegensätze, wobei *oppositum* dem *ἀντικείμενον* und *contrarium* dem *ἐναντίον* entspricht, *disparatum* aber in *privans* (*στέρησις*) und *negans* (*ἀπόφασις*) getheilt wird[10]). Aber

---

5) Ebend. *Rhet.* p. 536 a.: *praeterea secundum Victorinum enthymematis altera est definitio: ex sola propositione, sicut iam dictum est, ita constat enthymema, ut est illud „si tempestas vitanda est, non est navigatio requirenda"; ex sola assumptione, ut est illud „sunt autem qui mundum dicant sine divina administratione discurrere"; ex sola conclusione, ut est illud „vera est igitur divina sententia"; ex propositione et assumptione, ut est illud „si inimicus est, occidit, inimicus autem est", et quia illi deest conclusio, enthymema vocatur.* Wörtlich ebenso *Isid. Orig.* II, 9.

6) *Boeth. ad Cic. Top.* p. 757.: *sed cum in M. Tullii Topica Marius Victorinus rhetor plurimae in disserendi arte notitiae commenta conscripserit ..... quatuor enim voluminibus Victorinus in Topica conscriptis* (es folgt hierauf die Inhaltsangabe der vier Bücher) .... p. 760.: *nec si quis haec apud Victorinum latius tractata repererit, nos neglectae integritatis stringat invidia.*

7) *Exp. in Cic. Rhet.* p. 130. *Capper.*: *Aristoteles ait, res omnes quae in dictis et factis et in omni mundo aguntur decem esse, quarum rerum nomina ponemus: prima substantia est, deinde quantitas, qualitas, ad aliquid, ubi, quando, situs, habere, facere, pati .... harum prima, ut diximus, substantia vocatur, reliquae novem in substantia sunt, quae accidentes vocantur ..... cum interea et substantia res sit, et ea quae accidunt res sint, nunc* etc.

8) p. 157.: *ὄν Graeci substantiae et accidenti genus ponunt; sed non bene, pars enim omnis generi suo similis esse debet; substantia porro res est quae aliis rebus subest capax accidentium qualitatum, deinde accidens est id quod in substantiam cadit; quare quoniam illud superius ὄν utrumque esse non potest, non recte substantiae et accidenti genus factum est.*

9) p. 129.: *definitio talis est „homo est animal rationale bipes risus capax", descriptio vero talis est „homo est qui erectum verticem rotundo capitis attollit* etc.". p. 141.: *optima definitio est, quae a genere incipit, deinde descendit ad speciem, postremo ita propria amplectitur, ut excludat omnino id quod cum aliis potest esse commune.* Ueber *divisio* p. 154.

10) p. 173.: *Aristoteles opposita genus posuit, contrarium, disparatum, ad aliquid sub oppositis; contrarium porro Aristoteles sic definivit „sub eodem genere species multum inter se diversae", hac ratione, ut omnia ad unum illud genus referantur, quod supra omnes res principales Graeci ponunt, id est τὸ ὄν, quod La-*

wieder stoisch (Abschn. VI, Anm. 124 ff.) ist bei Angabe der Arten des Urtheiles die Bezugnahme auf die Partikeln[11]. In Bezug auf die Lehre vom kategorischen Schlusse erscheint in dieser rhetorischen Schrift des Victorinus Nichts, was nicht schon bei Cicero sich fände; nur ein einziges Mal gebraucht er den Ausdruck *soriticus syllogismus* in jener Bedeutung, welche im Mittelalter üblich wurde, d. h. als eine Häufung mehrerer Prämissen nach der ersten Schlussfigur[12]. Hingegen sind uns aus seiner Schrift über die hypothetischen Syllogismen wenigstens die sieben Schlussmodi, welche er für dieselben annahm, überliefert; sie scheinen wieder von einem anderen Motive aus aufgestellt zu sein als bei Cicero, wo wir gleichfalls diese Anzahl fanden (Abschn. VIII, Anm. 60); es sind nemlich folgende[13]:

1. Wenn A ist, ist B	2. Wenn A ist, ist B	3. Nicht zugleich ist A und Nicht-B
A ist	B ist nicht	A ist
B ist	A ist nicht	B ist

4. Entweder A ist oder B ist	5. Entweder A ist oder B ist
A ist	A ist nicht
B ist nicht	B ist

6. Nicht zugleich ist A und B	7. Nicht zugleich ist A und B
A ist	A ist nicht
B ist nicht	B ist

Wie einfältig diese sieben Schlussweisen seien, ist wohl nicht nöthig zu bemerken; s. übrigens auch unten Anm. 69. — So scheint Victorinus allerdings die aristotelische Logik und zugleich die stoisch-rhetorische Dialektik betrieben zu haben.

Vielleicht ein Zeitgenosse des Victorinus ist Albinus, welcher *De dialectica* oder, wie es scheint, eine Art Commentar zu *Arist. d. interpr.*

---

tini ens vocant, id est quod esse possit ..... sub disparato autem Aristoteles duas species posuit, privantia et negantia. Vgl. Abschn. VIII, Anm. 43.

11) p. 190.: *cum in propositione „si" est, κατὰ συνημμένον dicitur; cum in propositione „aut" est, κατὰ διεζευγμένον dicitur.*

12) So p. 185 ff. über *ratiocinatio, syllogismus, inductio, assumptio* u. dgl., p. 177. über *complexio* in der Bedeutung „Dilemma"; dann (wo *Cic.* von der *relatio criminis* spricht und II, 27, 81. sagt: *si vero ceteri quoque idem faciunt, omnino iudicium nullum futurum*) p. 230.: *soritici syllogismi fecit formam, qui in infinitum semper intenta rei definitione porrigitur, ut granum, cumulus, acervus; „occidit Horatius, occideret accusator", ita semper sine iudicio erit poena.*

13) *Cassiod. Dial.* p. 539 b.: *modi syllogismorum hypotheticorum qui fiunt cum aliqua coniunctione septem sunt: primus modus est, velut „si dies est, lucet; est autem dies; lucet igitur", secundus modus est ita „si dies est, lucet; non lucet; non est igitur dies", tertius modus est ita „non et dies est et non lucet; atqui dies est, lucet igitur", quartus modus est ita „aut nox aut dies est; atqui dies est; non igitur nox est", quintus modus est ita „aut dies est aut nox; atqui nox non est; dies igitur est", sextus modus est ita „non et dies est et non lucet; dies autem est; nox igitur non est", septimus modus est ita „non et dies est et nox; atqui nox non est; dies igitur est"* (die Verwirrung, welche bei diesen letzten zwei Modi zusammen mit dem dritten besteht, löst sich wenigstens einigermassen durch die inhaltlich gleiche Angabe dieser Schlussweisen bei Marcianus Capella; unten Anm. 69.). Dann folgen unmittelbar die in Anm. 3. angeführten Worte; und wer die Art und Weise kennt, in welcher Cassiodorus compilirt, kann keinen Augenblick zweifeln, dass jene Aufzählung aus Victorinus selbst entnommen sei.

geschrieben haben soll; nicht vor das Ende des 4. Jahrhunderts aber wäre jedenfalls Vegetius Prätextatus zu setzen, da er des Themistius Paraphrase der aristotelischen Analytiken in das Lateinische übertrug; beide werden von Boethius angeführt [14]). Nun aber scheint in Bezug auf den letztern dieser beiden, dass in der Stelle des Boethius *Vectius* statt *Vegetius* zu lesen sei, wornach jener hervorragende Staatsmann und Priester Vettius Prätextatus (gestorben 378) gemeint wäre, welcher in enger Freundschaft und brieflichem Verkehre mit dem jüngeren Symmachus stand [15]). Ein weiter nirgends genannter Tullius Marcellus aus unbekannter Zeit, auf dessen sieben Bücher über die kategorischen und hypothetischen Syllogismen als ein umfassendes Compendium Cassiodorus verweist [16]), möge hiemit auch gleich hier erwähnt sein.

Sogar Hieronymus (331—420), welcher doch die Philosophie als den Hort aller Ketzerei bezeichnete, übersetzte logische Commentare des Alexander Aphrodisiensis [17]).

---

14) *Boeth. ad Ar. d. interpr. Ed. sec.* p. 289.: *mihi vero maior persequendi operis causa est, quod non facile quisquam vel transferendi vel etiam commentandi continuam sumpserit seriem, nisi quod Vegetius Praetextatus priores postremosque Analyticos non vertendo Aristotelem latino sermoni tradidit, sed transferendo Themistium, quod qui utrosque legit, facile intelligit; Albinus quoque de eisdem rebus scripsisse perhibetur, cuius ego geometricos quidem libros editos scio, de dialectica vero diu multumque quaesitos reperire non valui; sive igitur ille omnino tacuit, nos praetermissa dicemus, sive aliquid scripsit, nos quoque docti viri imitati studium in eadem laude versabimur.* Die Vermuthung, dass jener Albinus identisch sei mit dem Verfasser der Schrift *De metris* und mit dem in einer Inschrift *philosophus* genannten Albinus, s. bei *Osann*, Beitr. z. gr. u. r. Litt. Gesch. II, p. 361. Mir dünkt es sehr wahrscheinlich, dass es jedenfalls einer der beiden *Albini* ist, welche in den Saturnalien des Macrobius redend eingeführt sind (s. *L. v. Jan*, I, p. XXVII f.); der eine wäre *Caesonius Rufius* (nicht *Furius*) *Albinus* (eben der *philosophus*), der andere hingegen *Caecina Decius Albinus*, und im Hinblicke auf eine Bemerkung bei Ottfr. Müller, Etrusker I, p. betreffs der altconservativen Richtung, mit welcher noch die späteren *Caecinae* sich an die Freunde des Heidenthums anschlossen, möchte ich lieber an den letzteren *Albinus* denken. Vgl. d. folg. Anm.

15) Somit hätten wir noch einen zweiten Hauptredner der Saturnalien des Macrobius (*L. v. Jan,* I, p. XXII f.); denn eben diesem *Vettius Agorius Praetextatus* ertheilt Macrobius eine besondere Rolle schon durch die Trinkmeisterschaft, und sodann auch durch ein gewisses Uebergewicht im Gespräche; gerade er ja wird auch (I, 11, 1.) *princeps religiosorum* genannt (Hieronymus, *Ep.* 61. *ad Pammach.* meinte wohl, er sei *homo sacrilegus et idolorum cultor*, weil er zu Papst Damasus gesagt hatte: *facite me Romae Urbis episcopum et protinus ero Christianus*). Tendenz und Gesinnung jener Gesellschaft bei den Saturnalien des Macr., in welcher auch des Vettius näherer Freund, der jüngere Symmachus selbst, erscheint, sind bekannt. Und so möchte bei Albinus und bei Vettius Prätextatus die Beschäftigung mit aristotelischer Logik einen Grund in der Richtung derselben überhaupt haben.

16) *Cassiod. Dial.* p. 539 b.: *sciendum quoque, quoniam Tullius Marcellus Carthaginiensis de categoricis et hypotheticis syllogismis, quod a diversis philosophis latissime dictum est, septem libris breviter subtiliterque tractavit; ita ut primo libro de regula, ut ipse dicit, colligentiarum artis dialecticae disputaret, et quod ab Aristotele de categoricis syllogismis multis libris editum est, ab isto secundo et tertio libro breviter expleretur, quod autem de hypotheticis syllogismis a Stoicis innumeris voluminibus tractatum est, ab isto quarto et quinto libro colligeretur; in sexto vero de mixtis syllogismis* (vgl. Abschn. X, Anm. 79.), *in septimo autem de compositis disputavit; quem codicem vobis legendum reliqui.*

17) *Hieron. Ep.* 50. *ad Domn.* (I, p. 234. *ed. Veron.* 1734.) *hunc dialecticum urbis vestrae* (*sc. Rufinum*) ... *non legisse quidem* κατηγορίας *Aristotelis, non* περὶ

Augustinus (354—430) hatte bekanntlich die in jener Zeit üblichen Schuldisciplinen sich gründlich eigen gemacht und ausserdem die platonische und aristotelische Philosophie durch einlässliches Studium kennen gelernt. Sowie er an dialektischer Bildung unter seinen Zeitgenossen hervorragte und vielen seiner Gegner (wenn auch vielleicht weniger gerade dem Pelagius) überlegen war, so kennt er auch den Werth der Dialektik und schreibt derselben ausdrücklich die Kraft zu, dass sie allein das Wissen erzeuge und die selbstbewusste Technik des Wissens sei [18]); und vielfach macht er bei einzelnen Gelegenheiten, besonders wo die Meinungen Anderer zu prüfen oder zu widerlegen waren, von den Formen und Regeln der Logik Gebrauch [19]). In seiner späteren Lebens-Periode allerdings und in jener Zeit, als er zu der Ansicht gelangt war, dass selbst die Tugenden der Heiden nur glänzende Laster seien [20]), spricht er sich geringschätzig über die dialektischen Disciplinen aus [21]). In seinen früheren Jahren aber, da er selbst noch als Lehrer der Grammatik und Rhetorik thätig war — es hatte ja eben jener Symmachus ihm die Lehrstelle der Rhetorik in Mailand verschafft [22]), — verfasste er mehrere auf die *Artes liberales* bezügliche Schriften; und es frägt sich nun, wie es sich mit den unter Augustin's Werken überlieferten Büchern *Principia dialecticae* und *Categoriae decem* verhalte. Nach demjenigen, was Augustin selbst über Abfassung, Form und Schicksale jener Schriften erzählt [23]), muss es gerechtfertigt erscheinen, dass

ἑρμηνείας, non ἀναλυτικά, non saltem Ciceronis τόπους, sed per imperitorum circulos muliercularumque συμπόσια syllogismos ἀσυλλογίστους texere et quasi sophismata nostra callida argumentatione dissolvere; stultus ego qui me putaveram hoc absque philosophis scire non posse....; frustra ergo Alexandri verti commentarios, necquidquam me doctus magister per εἰσαγωγὴν Porphyrii introduxit ad Logicam. Vgl. *Rufinus c. Hier.* II. (ebend. II, p. 638.).

18) *D. Ord.* II, 13, 38.: *ipsam disciplinam disciplinarum, quam dialecticam vocant; haec docet docere, haec docet discere, in hac se ipsa ratio demonstrat atque aperit, quae sit, quid velit, quid valeat; scit scire, sola scientes facere non solum vult, sed etiam potest.*

19) So z. B. zählt er *contr. Acad.* III, 13, 29. als Lehrsätze der Dialektik Einiges auf, was sich auf die bekannten Schul-Regeln betreffs der hypothetischen und disjunctiven Urtheile und Schlüsse oder auf die Methode des Disputirens und die Fangschlüsse bezieht, oder *d. quant. anim.* 25, 47. erwähnt er die Umkehrbarkeit des Urtheiles als Probe der Definition, u. dgl. häufig. Ich kann die Versicherung aussprechen, dass in allen derartigen Stellen Augustin's Nichts vorkömmt, was wir nicht schon bisher als recipirte Annahme getroffen hätten.

20) *D. civit. Dei,* XIX, 25.

21) *Retract.* I, 4, 4.: *item quodam loco* (*Solil.* II, 11, 20., vgl. *d. Ord.* I, 8, 24.) *dixi, quod disciplinis liberalibus eruditi sine dubio in se illas oblivione obrutas eruunt discendo et quodammodo refodiunt; sed hoc quoque improbo; credibilius est enim propterea vera respondere de quibusdam disciplinis etiam imperitos earum, quando bene interrogantur, quia praesens est eis, quantum id capere possunt, lumen rationis aeterni, ubi haec immutabilia vera conspiciunt.* So tritt hier das Motiv der inneren Erleuchtung („*lux interior*") an Stelle der sich selbst erzeugenden Wissenschaft. Vgl. *Confess.* IV, 16, 30.

22) *Confess.* V, 13, 23.

23) *Retract.* I, 6.: *Per idem tempus quo Mediolani fui baptismum percepturus, etiam Disciplinarum libros conatus sum scribere interrogans eos qui mecum erant atque ab huiusmodi studiis non abhorrebant, per corporalia cupiens ad incorporalia quibusdam quasi passibus certis vel pervenire vel ducere; sed earum solum de grammatica librum absolvere potui, quem postea de armario nostro perdidi, et de musica*

die Benedictiner in ihrer Ausgabe der augustinischen Werke jene zwei Schriften als unächt bezeichneten (die Bücher über Grammatik und Rhetorik berühren uns hier nicht). Nur auffallen könnnte es, dass Possidius, Bischof von Calama, der langjährige Freund und Gefährte Augustin's, welcher seiner Biographie desselben auch ein Verzeichniss sämmtlicher augustinischen Schriften beifügte, eben jene nemlichen Bücher über die *Artes liberales* anführt, wenn nicht eine wörtliche Uebereinstimmung mit jenem eigenen Berichte Augustin's vorläge [24]), so dass aus Possidius betreffs dieser verdächtigen Bücher gar nichts Weiteres geschlossen werden kann [25]).

Wenden wir uns aber an die beiden genannten Schriften selbst, so scheint in Bezug auf die erstere derselben, die *Principia Dialecticae*, nichts Sicheres gegen, wohl aber gar Manches für die Aechtheit derselben zu sprechen [26]). Dass das Buch nicht in Dialogform geschrieben ist, gibt eben so wenig einen Beweis für die Unächtheit desselben [27]), als wenn in den Handschriften ein Schwanken betreffs des Autors bestanden haben muss, in Folge dessen es auch unter dem Namen des *Chirius* (d. h. selbstverständlicher Weise *Curius*) *Fortunatianus* gedruckt wurde [28]).

---

sex volumina ..... de aliis vero quinque disciplinis illic similiter inchoatis, de dialectica, de rhetorica, de geometria, de arithmetica, de philosophia, sola principia remanserunt, quae tamen etiam ipsa perdidimus, sed haberi ab aliquibus existimo. Den Ausdruck *per corporalia ad incorporalia* hat man hier so verstanden, als müsse in jeder einzelnen dieser Disciplinen jener sehnsüchtige Zug nach Oben gewaltet haben; hingegen scheint offenbar hiemit nur die Reihenfolge der sieben Schulwissenschaften gemeint zu sein, unter welchen die Philosophie die letzte ist (auch nach platonischer Auffassung gehen Mathematik und Musik als Mittelstufen vor der Philosophie vorher).

24) In den Ausgaben der *Vita Augustini* des Possidius ist dieses Schriften-Verzeichniss weggelassen, weil dieselben nur *ad morum adificationem* und sonst zu Nichts weiterem dienen sollten (so in der *Ed. Romana,* 1731, 8, p. 67., und aus ihr in den übrigen). Gedruckt ist jenes nicht unwichtige Document in der Benedictiner Ausgabe der Werke Augustin's (Ausg. v. J. 1733. *Vol.* X, *Append.* p. 281 ff.); dort heisst es (p. 285.): *Diversi libri vel tractatus vel epistolae ad utilitatem omnium studiosorum conscriptae: De vita beata ad Theodorum liber unus, Soliloquiorum libri duo, De grammatica liber unus, De musica libri sex, Ceterarum disciplinarum principia libri quinque, id est De dialectica, De rhetorica, De geometria, De arithmetica, De philosophia, De animae quantitate* etc.

25 *Bähr, Gesch. d. röm. Litt. Suppl.* Bd. II, p. 241. sagt in gewohnter nachlässiger Weise, dass „sogar Possidius dieser unter Augustins Namen verbreiteten und selbst in seine Ausgaben aufgenommenen Schriften gedenke" (also wirklich gerade dieser, so wie sie gedruckt sind?!). Doch wer wird auch von Bähr verlangen, dass er dasjenige vorerst gelesen hat, worüber er schreibt.

26) Der Forschung unwürdig ist jener Leichtsinn, mit welchem *Tillemont* (*Mémoires p. s. à l'hist. eccl. Par.* 1710, *Vol.* XIII, p. 962.) sagt: *enfin, quand on pourrait soutenir que ces ouvrages sont de Saint Augustin, il ne perdrait guère en les perdant, puisqu'ils ils n'ont rien de considérable, ni qui soit digne de lui.*

27) Denn die obigen (Anm. 23.) Worte Augustin's „*interrogans eos qui mecum erant*" hat man nur durch Missverständniss auf die äussere Darstellungsform jener Schriften gedeutet, wohl verführt durch die Dialogform der uns erhaltenen Bücher *De musica.*

28) *Chirii Consulti Fortunatiani Dialectica. Basil.* 1542. 8. In der Staats-Bibliothek zu München befindet sich ausser dieser Ausgabe noch ein Incunabel-Druck ohne Ort u. Jahr mit gemalten Initialen, in welchem diese Dialektik unter gleicher Bezeichnung an die drei Bücher Rhetorik des Fortunatianus angereiht ist. Beide Ausgaben stimmen wörtlich mit dem unter Augustins Namen gedruckten Texte überein.

Hingegen stimmen sowohl die Ueberschrift „*Principia Dial.*“ (einige Handschriften haben wohl „*Tractatus de Dial.*“) als auch der Umfang des uns erhaltenen Bruchstückes völlig mit der obigen Erzählung Augustin's (Anm. 23) und mit Possidius überein, denn, was wir besitzen, ist in der That nur der erste Anfang einer, wie wir sogleich sehen werden, höchst weitschichtig angelegten Dialektik. Ferner nennt sich Augustinus in dieser Schrift gelegentlich sogar selbst[29]). Sodann auch weist der Inhalt völlig auf die damals übliche (vielfach stoische) Schul-Doctrin hinüber, deren Kenntnissnahme zu den früheren Studien Augustin's wohl ebenso passen dürfte, wie die häufigen Beziehungen auf Virgilius, Cicero, auch auf Varro und stillschweigend auf Plato. Endlich auch der Stil zeigt jene eigenthümliche augustinische Mischung von Präcision und Breite. Demnach möchte ich dieses Fragment unbedenklich für jene von Augustinus bloss begonnene Dialektik halten. Soweit aber die Ausarbeitung reicht, liegt ihr Inhalt theilweise der Rhetorik und hauptsächlich der Grammatik näher als der Logik, und wir können uns daher auf Folgendes beschränken: Die Dialektik wird als *scientia bene disputandi* definirt, woran sich sogleich die Erwägung des Sprachschatzes (*verba*) knüpft, und mit dem durchgängig in dieser Schrift waltenden stoischen Motive des Fortschreitens zum Zusammengesetzteren werden die Worte in *simplicia* und *coniuncta* eingetheilt; hiebei aber ist etwas ganz Eigenthümliches, dass als einfaches Wort und hiemit als ein unvollständiger subjectsloser Satz (Abschn. VI, Anm. 111) nur das in die dritte Person gesetzte Verbum (mit Ausnahme der sog. Impersonalia, vgl. auch unten Anm. 62) gelten soll, wohingegen die erste und zweite Person (z. B. *ambulo* und *ambulas*) schon den „verbundenen Worten“ beizuzählen seien[30]). Hierauf wird bei dem Urtheile (*sententia*), welches eben das Product der Wortverbindung ist, in der gewöhnlichen Weise das des Wahr- und Falschseins Fähige von den übrigen Satzarten unterschieden[31]), und dann die

---

Der „Litterar-Historiker“ Bähr weiss von diesem ganzen Verhältnisse Nichts; warum sollte er auch?

29) cap. 7.: *verbum movet, quando per verbum accepto signo animus nihil aliud quam ipsam rem intuetur, cuius illud signum est quod accepit; ut cum Augustino nominato nihil aliud quam ego ipse cogitor ab ipso cui notus sum, aut quilibet hominum menti occurrit, si forte hoc nomen vel qui me ignorat audierit vel qui alium novit, qui Augustinus vocetur.* Wer die Unächtheit erzwingen wollte, müsste natürlich zu der Auskunft sich flüchten, dass hier entweder ein anderer Augustinus gemeint oder überhaupt der Name gefälscht sei. Uebrigens steht auch diese Stelle wörtlich in jenen beiden Texten des sog. Fortunatianus.

30) c. 1.: *Dialectica est bene disputandi scientia; disputamus autem verbis; verba igitur aut simplicia sunt aut coniuncta ..... nec mireris, quod „disputat“, quamvis ex duobus compositum sit, tamen inter simplicia numeratum est ..... omnis itaque prima et secunda persona verbi, quamvis singillatim enuntietur, tamen inter coniuncta verba numerabitur ..... si quidem quisquis dicat „ambulo“, et ambulationem facit intelligi et se ipsum qui ambulat; et quisquis dicit „ambulas“, similiter et rem quae fit et eum qui facit significat; at vero qui dicit „ambulat“, nihil aliud quam ipsam significat ambulationem; quamobrem tertia persona verbi semper inter simplicia numerabitur .... nisi talia verba sint, ut cum dicimus „pluit“ aut „ningit.“*

31) c. 2.: *restant ea verba coniuncta, quae sententiam comprehendunt; horum item duae species sunt; aut enim sic sententia comprehenditur ut vero aut falso teneatur obnoxia, ut est „omnis homo ambulat“ aut „omnis homo non ambulat“ et si quid huiusmodi; aut sic impletur sententia, ut licet perficiat propositum animi, affirmari*

Urtheile abermals nach stoischer Weise in einfache und verbundene eingetheilt, wobei unter den letzteren die stoischen Schlussweisen gemeint sind [32]). Nach diesem folgt Eintheilung und Plan des Ganzen; nemlich der eine Hauptzweig sei das Einfache, Nichtverbundene, als Stoff der Dialektik — *de loquendo* —, der andere hingegen das Verbundene als Werk der Dialektik, und zwar entweder blosse Betrachtung der einfachen Urtheile — *de eloquendo* —, oder Prüfung und Beurtheilung derselben — *de proloquendo* —, oder Prüfung der verbundenen Urtheile — *de proloquiorum summa* — [33]); es wird uns diese Eintheilung unten, Anm. 51—55, aus Marcianus Capella völlig deutlich werden, von dessen vollständigem Compendium aus wir auch auf den beabsichtigten weiten Umfang des von Augustin begonnenen Buches schliessen können. Die specielle Ausführung dieser Haupttheile beginnt mit der Angabe, dass das Wort ein Zeichen einer Sache und die Schrift ein Zeichen eines Wortes sei, und indem das articulirte Sprechen vom Schalle unterschieden wird, tritt mit Abweisung des letzteren nur das erstere als Gegenstand der Dialektik auf; hiebei aber wird wieder viererlei für die beabsichtigte Erörterung auseinandergehalten: das Wort als solches in etymologischer Geltung — *verbum* —, das bei dem Worte Gedachte — *dicibile* —, das der Bedeutung sich bewusste Aussprechen — *dictio* —, die hiedurch bezeichnete objective Sache — *res* — [34]). Und nur von der Besprechung des ersten dieser vier Gegenstände, welche den ersten Theil (*de loquendo*) betreffen, ist noch die erste Hälfte vorhanden; denn bei dem *verbum* als solchen wird neuerdings viererlei unterschieden: *origo, vis, declina-*

---

tamen negarive non possit, ut cum imperamus, cum optamus, cum exsecramur, et his similia.

32) c. 3.: *aut simplices sunt aut coniunctae; simplices sunt, quae sine ulla copulatione sententiae alterius enuntiantur, ut est illud quod dicimus „omnis homo ambulat"; coniunctae sunt, de quarum copulatione iudicatur, ut est „si ambulat, movetur"; sed cum de coniunctione sententiarum iudicium fit, tamdiu est, donec perveniatur ad summam, summa autem est quae conficitur ex concessis; quod dico tale est: qui dicit „si ambulat, movetur", probare vult aliquid, ut hoc concesso verum esse restet illi dicere, quod ambulet et summa consequatur, quae iam negari non potest, id est quod moveatur.*

33) c. 4.: *singulas partes consideremus; nam sunt primae duae, una de iis quae simpliciter dicuntur, ubi est quasi materia dialecticae, altera de iis quae coniuncta dicuntur, ubi iam quasi opus apparet; quae de simplicibus, vocatur de loquendo; illa vero quae de coniunctis est, in tres partes dividitur: separata enim coniunctione verborum quae non implet sententiam, illa quae sic implet sententiam, ut nondum faciat quaestionem vel disputatorem requirat, vocatur de eloquendo; illa vero quae sic implet sensum, ut de sententiis simplicibus iudicetur, vocatur de proloquendo; illa quae sic comprehendit sententiam, ut de ipsa etiam copulatione iudicetur, donec perveniatur ad summam, vocatur de proloquiorum summa.*

34) c. 5.: *verbum est uniuscuiusque rei signum, quod ab audiente possit intelligi, a loquente prolatum ..... loqui est articulata voce signum dare ..... omne verbum sonat; cum enim est in scripto, non verbum, sed verbi signum est ..... sed quod sonat, nihil ad dialecticam .... et tamen cum de his disputatur, praeter dialecticam non est .... quidquid autem ex verbo non auris sed animus sentit et ipso animo tenetur inclusum, dicibile vocatur; cum vero verbum procedit non propter se sed propter aliud aliquod significandum, dictio vocatur; res autem ipsa, quae iam verbum non est neque verbi in mente conceptio .... nihil aliud quam res vocatur proprio iam nomine; haec ergo quatuor distincte teneantur: verbum, dicibile, dictio, res.*

tio, ordinatio, wovon wir die Angaben über *origo* [35]) und das die *vis* Betreffende besitzen; diese letztere wird in das *movere* verlegt, welches von dem Worte entweder an sich (diess wieder mit vielen Unterabtheilungen) oder durch seine Bedeutung oder durch beides bewirkt wird; diese ganze Geltung aber wird auf einen doppelten Zweck bezogen, auf einen dialektischen — *veritas* — und einen rhetorischen — *decor* —, und um des ersteren willen werden dann die sich erhebenden Hindernisse erwogen [36]); dieselben beruhen in *obscuritas* [37]) und in *ambiguitas,* letztere wieder entweder im *univocum* [38]) oder im *aequivocum* [39]). Hier dann bricht die Schrift ab, und nach den Proben, welche dieser Anfang gibt, mögen wir im Interesse der Geschichte der Logik es immerhin bedauern, dass Augustin die Vollendung des Werkes unterliess, denn nach dem vorliegenden Massstabe wäre diess jedenfalls bei weitem das ausführlichste aller logischen Compendien geworden, welche wir aus jener Zeit besitzen.

Was hingegen die zweite jener Schriften betrifft, welche den Titel führt *Categoriae decem ex Aristotele decerptae*, so ist von vorneherein so viel klar, dass sie nicht von dem gleichen Verfasser wie jene erstere herrühren kann, denn sowohl der Boden der Anschauungsweise ist ein gänzlich verschiedener, als auch weichen Form und Ausdruck, namentlich

---

35) c. 6.: *ergo omne verbum propter id quod sonat, quatuor quaedam necessaria vocat in quaestionem: originem suam, vim, declinationem, ordinationem.* Dann werden Etymologien des Wortes *verbum* angeführt, von *verbero*, von *verum*, von *verum* und *bum*, d. h. *bombum* (Schall); hierauf nach Erwähnung der stoischen Prahlerei, dass jedes Wort etymologisirt werden könne, wird vom Standpunkte des platonischen Cratylus ausgegangen „*ut res cum sono verbi aliqua similitudine concinat*", und diese Aehnlichkeit bis zum Gegensatze ausgedehnt („*lucus a non lucendo*"), hiezu auch noch *efficientia* und *id quod continetur* und *a parte totum* oder *a toto pars* als etymologische Agentien angeführt.

36) c. 7.: *vis verbi est, qua cognoscitur, quantum valeat; valet autem tantum, quantum audientem movere potest; porro movet audientem aut secundum se aut secundum id quod significat aut ex utroque communiter; sed cum secundum se movet, aut ad solum sensum pertinet aut ad artem aut ad utrumque; sensus autem aut natura movetur aut consuetudine ..... Duplex hic ex consideratione sensus nascitur, partim propter explicandam veritatem, partim propter servandum decorem, quorum primum ad dialecticum, secundum ad oratorem maxime pertinet ..... itaque nunc propter veritatem diiudicandam, quod dialectica profitetur, ex hac verborum vi, cuius quaedam semina sparsimus, quae impedimenta nascantur, videamus.*

37) c. 8.: *impedit auditorem ad veritatem videndam in verbis aut obscuritas aut ambiguitas.* Von *obscuritas* werden drei Arten aufgezählt: *unum est, quod sensui patet, animo clausum est .... alterum genus est, ubi res animo pateret, nisi sensui clauderetur .... tertium genus est, in quo etiam sensui absconditur, quod tamen, si nudaretur, nihilo magis animo emineret.* Dann folgen Beispiele hievon.

38) c. 9.: *itaque rectissime a dialecticis dictum est, ambiguum esse omne verbum .... nunc ambiguitatum genera videamus, quae prima duo sunt; unum in iis etiam quae dicuntur, alterum, quod in iis solis quae scribuntur dubitationem facit ..... quidquid dicitur et per plura intelligi potest, eadem scilicet plura aut uno vocabulo et una interpretatione aut tantum uno tenentur vocabulo, sed diversis expeditionibus explicantur; ea quae una definitio potest includere, univoca nominantur, illis autem quae sub uno nomine necesse est definire diverse, aequivoci nomen est* (folgen Beispiele des *univocum*).

39) c. 10.: *ambiguitatum igitur, quae ab aequivocis veniunt, primo genera tria sunt: unum ab arte, alterum ab usu, tertium ab utroque.* Zahlreiche Beispiele hievon füllen dieses letzte Cap.

durch häufige Einstreuung griechischer Terminologie, bedeutend ab; und je wahrscheinlicher Augustin für den Verfasser der vorigen Schrift zu halten ist, desto grösser wird die Unwahrscheinlichkeit, dass er dieses Compendium der Kategorien geschrieben habe. Aber dasselbe erweist sich auch direct ohne allen Zweifel als unächt, und zwar nicht bloss, weil Augustinus selbst sagt, er habe das aristotelische Buch ohne Lehrer leicht verstanden [40]), und er daher schwerlich, zumal bei seiner überwiegend platonischen Richtung, zu einer Paraphrase der Kategorien den Themistius zu Hülfe genommen hätte, sondern hauptsächlich darum, weil weder Augustinus selbst bei Erwähnung seiner früheren Schriften derartigen Inhaltes die Kategorien namhaft macht, noch auch bei Possidius sich dieser Titel eines Buches findet; denn unter „*De philosophia*" ist doch gewiss nicht eine Abhandlung über die Kategorien zu verstehen. Das Buch selbst ist durchaus in jener Manier geschrieben, welche zwischen einem Excerpte und einer erklärenden Paraphrase die Mitte hält; es geht zu Anfang mit grosser Ausführlichkeit auf die einzelnen Punkte ein, wird aber, wie diess meistens der Fall ist, gegen die Mitte und das Ende zu immer magerer. Zufolge einer Berufung auf Themistius als einen gleichzeitigen Philosophen [41]) wäre die Abfassungszeit des Buches ungefähr gegen Ende des 4. Jahrhunderts zu setzen; und ich will die Vermuthung nicht unterdrücken, dass möglicherweise die von Themistius verfasste Paraphrase der Kategorien (vor. Abschn. Anm. 93) uns grossentheils in dieser pseudo-augustinischen Schrift durch irgend einen Uebersetzer erhalten sein könnte; denn abgesehen von äusserlichen Aenderungen, welche durch die Uebertragung veranlasst waren (z. B. dass „Cicero" als Beispiel des Individuums gebraucht wird, u. dgl.), scheint mir die Behandlungsweise grosse Aehnlichkeit besonders mit der noch vorhandenen Paraphrase der zweiten Analytik zu haben [42]). Inhaltlich bietet

40) *Confess.* IV, 16, 28.: *et quid mihi proderat, quod annos natus ferme viginti, cum in manus meas venissent Aristotelica quaedam quas appellant decem categorias, quarum nomine cum eas rhetor Carthaginiensis magister meus buccis typho crepantibus commemoraret ...., tanquam in nescio quid magnum et divinum suspensus inhiabam; legi eas solus et intellexi .... nihil inde aliud mihi dicere potuerunt quam ego solus apud me ipsum legens cognoveram.*

41) *cap.* 3.: *sed ut Themistio nostrae aetatis erudito philosopho placet, de his Aristoteles tractare incipit, quae percipiuntur, quaeque ipse vocat graeco nomine σημαινόμενα sive φαντασίας, id est imagines rerum insidentes animo; verum cum de perceptis proposuerit disputare, et de iis quae sunt et de iis quae dicuntur necessario locuturus est; percepta enim ex his oriuntur quae sunt, quae videndo percipimus, perceptorum autem deerit demonstratio, nisi eorum quae dicuntur auxilio fuerint demonstrata.*

42) Wir sahen schon oben, Anm. 14., dass gerade Themistius auch anderweitig in ähnlicher Weise benützt wurde. Auch liesse sich zu den so eben angeführten Worten verweisen auf *Themist. Paraphr. Arist. d. an.* III, *f.* 91 a.: οὗτος οὖν ὁ δυνάμει νοῦς ... πρῶτον μὲν νοεῖ τὰ ἁπλᾶ καὶ ἀδιαίρετα σημαινόμενα, ὅσα ἐν ταῖς κατηγορίαις διώρισται, ἐν οἷς οὔπω τὸ ἀληθὲς ἢ τὸ ψεῦδός ἐστι, προϊὼν δὲ καὶ συντίθησιν αὐτὰ πρὸς ἄλληλα ..... οὕτως ἐξ ἁπλῶν σημαινομένων ἁπλοῦς αὖθις γίνεται ὁ λόγος κτλ. Selbst der Schluss des Buches (*c.* 22.) scheint mir dieser Vermuthung eher günstig zu sein, als entgegenzustehen; es heisst dort: *Haec sunt, fili carissime, quae iugi labore assecuti, cum nobis Themistii nostra memoria egregii philosophi magisterium non deesset, ad utilitatem tuam de graeco in latinum convertimus, scilicet ut ex iis quoque bonam frugem studii* etc.

das Buch nichts Neues. Es wird zu Anfang darauf hingewiesen, wie wichtig die menschliche Rede (*oratio*) und innerhalb derselben das Substantivum und Verbum seien (was an Appulejus erinnert, Abschn. X, Anm. 4 u. 7), und dann angegeben, dass die Allgemeinheit des Sprachausdruckes sich stufenweise bis zum höchsten Begriffe der substanziellen Wesenheit (für welche durchweg das Wort „*usia*" gebraucht wird) erhebe[43]). Hierauf werden die Begriffe des Homonymen und Synonymen erläutert, welchen als von Aristoteles übergangen das *πολυώνυμον* und *ἑτερώνυμον* hinzugefügt wird[44]). Nach der sonderbaren Angabe sodann, dass hier in einer Mischung sowohl von den Dingen als auch von dem subjectiven Eindrucke und von dem Wortausdrucke gehandelt werde[45]), folgt erst das *παρώνυμον*[46]). Hernach wird mit extremster Auffassung der sog. *πρώτη οὐσία* (vor. Abschn. Anm. 69) dieselbe dem sinnlichen Wahrnehmen, alles an ihr Vorkommende aber der intelligiblen Thätigkeit zugewiesen, und es knüpft sich hieran die Erörterung, was *de subjecto* und was *in subiecto* (*καθ' ὑποκειμένου* und *ἐν ὑποκειμένῳ*) sei[47]). Und nachdem dann in Bezug auf das Verhältniss des Aussagens die Begriffe *genus, differentia, species*, sowie die subordinirten Gattungen (*ὑπ' ἄλληλα*) besprochen werden[48]), folgt die Nennung der zehn Kategorien, deren neun auch hier als *συμβεβηκότα* bezeichnet werden, mit dem eigenthümlichen Zusatze, dass die einen derselben in der Substanz, andere ausserhalb

43) c. 1.: *Cum omnis scientia disciplinaque artium diversarum nonnisi oratione tractetur ..... itaque solas orationis partes auctore Aristotele nomen et verbum debemus accipere, ceteras vero ex his fieri et compagines orationis potius quam partes eius debere nominari* (vgl. Anm. 60.) .... *uno tamen vocabulo cum hominem dixeris, noscis omnes ..... postremo .. omne quidquid est comprehendens dixit οὐσίαν, extra quam nec inveniri aliquid nec cogitari potest; haec est una de categoriis decem; appellatas vero categorias constat propterea, quod non possint nisi ex subiectis agnosci, ὡς κατά τινων λεχθεῖσαι* (auch hiemit könnte verglichen werden *Themist.* a. a. O. *f.* 88 b. ff. u. *Paraphr. d. Memor. f.* 97 a.) .... *αἰσθητὰ ἄτομα, ἐνάριθμα, καθέκαστα vocavit, ... deinde altiora ... εἴδεα vel ἰδέας ars dicit, ... dehinc superiora ... genera nuncupavit, ... ipsam vero usiam, supra quam nihil est, genus appellari voluerunt.*

44) c. 2.: *his rebus quas unum nomen complectitur, duo vocabula ars dedit, ut ex his alia homonyma alia synonyma vocaret ..... nunc ad eas res quae singulae multis nominibus signari solent, veniamus, quamquam hanc partem Aristoteles praetermiserit .... haec divisa sunt similiter in partes duas et alia polyonyma alia heteronyma sunt.*

45) c. 3.: *primo de iis quae sunt, secundo de iis quae percipiuntur, tertio de iis quae dicuntur. ..... mixtam tamen de tribus disputationem debemus accipere.*

46) c. 4.: *his ergo cognitis paronyma videamus, quae sunt in homonymorum et synonymorum medio constituta.*

47) c. 5.: *sunt igitur illa, quae aut percipimus sensibus aut mente et cogitatione colligimus ...... id quod dignoscitur sensibus, iam dici οὐσίαν, illud autem quod animi tractatu colligitur ac saepe mutatur, συμβεβηκὸς, id est accidens, nominare voluerunt; et quoniam in permanente usia ea quae accidunt inesse noscuntur, ipsam usiam ὑποκείμενον, ... illa vero quae accidunt, ἐν ὑποκειμένῳ, id est in subiacenti, dixerunt.* Dann c. 6. über *de subiecto* und *in subiecto.*

48) c. 7.: *eadem in ipso subiecto inveniuntur, quae sunt in eo quod de subiecto significatur .... genus igitur est, quod secundum multa et differentia quid sit specie ostenditur atque significatur ..... differentia vero est, quae secundum multa et differentia non quid sit sed quale sit specie praedicatur ..... species autem est, quae secundum multa et differentia quid sit numero praedicatur atque cognoscitur ..... denique illa genera, quae alterna sibi societate ἐπάλληλα (l. ὑπ' ἄλληλα) coniuncta sunt, easdem differentias et easdem species habent.*

derselben, und andere zugleich innerhalb und ausserhalb seien; und zugleich wird im Gegensatze gegen die verbindungslose Stellung der Kategorien die Satzverbindung und deren übliche fünf (peripatetische; Abschn. IX, Anm. 53) Arten erwähnt, unter welchen das ἀποφαντικὸν allein logische Bedeutung habe [49]). In der nun folgenden Erörterung der einzelnen Kategorien schliesst sich das Buch enger an das pseudo-aristotelische Compendium an und kann, so wie es ist, als eine excerpirende und zugleich erklärende Uebersetzung desselben betrachtet werden [50]).

Wichtig für den Uebergang der Logik in das Mittelalter ist bei allem inneren Unwerthe das vierte Buch des um d. J. 470 von **Marcianus Capella** geschriebenen Werkes über die *Artes liberales*. Es ist das älteste uns ganz erhaltene vollständige, wenn auch noch so klägliche, Compendium der damaligen Schul-Logik, und sowohl durch diesen umfassenden Inhalt bei möglichster Beschränkung auf den äussersten Nothbedarf als auch durch die abgehackte und katechismus-artige Form musste es sich für die Schul-Tradition wohl ganz besonders empfehlen. Nach einer phantastisch allegorischen Einleitung (wie Marcianus sie überhaupt den einzelnen Büchern vorausschickt), in welcher die personificirte Dialektika bezüglich ihres äusseren Auftretens geschildert wird, legt Marci-

---

49) c. 8.: *hac sunt categoriae decem, quarum prima usia est, scilicet quae novem ceteras sustinet; reliquae vero novem* συμβεβηκότα, *id est accidentia sunt ..... qualitas, quantitas et iacere in ipsa usia sunt ..... alia sunt extra usiam, ubi, quando, habere ..... alia sunt communia, id est et intra et extra usiam, ad aliquid et facere et pati ..... haec igitur cum singularia sunt, nihil affirmant, copulata vero faciunt ex se aliquem sermonem vel* προστακτικὸν *vel* εὐκτικὸν *vel* ἐρωτηματικὸν *vel* κλητικόν ..... *ipsum denique pronuntiativum, quod dicimus* ἀποφαντικὸν, *aut falsum est aut verum.*

50) c. 9.: handelt über *prima* und *secunda usia* und enthält in Bezug auf das ἐν ὑποκειμένῳ (*Cat.* 5, 2 a. 35 ff.) den Zusatz: *ea enim quae insunt cuique, aut in solo et in omni, aut in solo et non in omni, aut in omni et non in solo, aut nec in solo nec in omni; haec Graeci vocant* ἐν μόνῳ καὶ ἐν παντὶ, ἐν μόνῳ καὶ οὐκ ἐν παντὶ, ἐν παντὶ καὶ οὐκ ἐν μόνῳ, οὐκ ἐν μόνῳ καὶ οὐκ ἐν παντί. Was *Cat.* 5. von 3 a. 32. an steht, wird übergangen. C. 10. folgt die Quantität, selbst mit Angabe des Grundes, warum diess die nächste Kategorie nach der Substanz sei (*quorum primum est quantum, nec sine causa; nam cum aliquid viderimus, id necesse est, quantum sit, aestimare*); c. 11. die Relation mit Weglassung der Aporie *Cat.* 7, 8 a. 13. (*de qua categoria quantum potuimus explanavimus, licet tanta huic cum ceteris videatur esse permixtio, ut ipse quoque Aristoteles huius discretionem hand facile repererit.* C. 12. über die Qualität schliesst sich am engsten an das Original an: c. 13. über *facere* und *pati* ist wieder commentirend; es wird diese Kategorie auf die Qualität reducirt, und am Schlusse steht: *harum vero categoriarum proprium, quod est graece* ἴδιον, *quoniam ipse quoque Aristoteles omisit, nec a nobis lector inquirat.* C. 14—16. handeln ganz kurz über *iacere, ubi, quando, habere;* c. 17. wird ein Uebergang auf die Lehre von den Gegensätzen gemacht (*nam et in categoriis singulis de contrarietate tractatum est*), und c. 18. folgt diese selbst, wobei *Cat.* 10. bis 12 b. 5. ziemlich getreu excerpirt, das Uebrige aber weggelassen ist; nur 11, 14 a. 2. gibt Veranlassung zu folgender Bemerkung: *quae Graeci* ἔνδειαν καὶ ὑπερβολὴν *vocant, his enim duobus malis sibi oppositis mediocritas media reperitur; hanc rationem Peripatetici secuti virtutes medias esse dixerunt,* was wohl Zusatz des übersetzenden Römers ist. Dann folgen ohne allen Uebergang c. 19. das *prius*, c. 20. das *simul* und c. 21. die *immutatio* (μεταβολή), sämmtlich in commendirendem Auszuge. Uebrigens liegen gerade derartige Versetzungen, wie hier die Besprechung des ἔχειν (*Cat.* 15.) weiter hinauf verlegt wurde, auch sonst in der Manier des Themistius; s. vor. Abschn. Anm. 92.

anus eben dieser Dame sofort in der nüchternsten Weise die Eintheilung des zu behandelnden Gegenstandes in den Mund, um sodann seine compilirte Doctrin, welche er wohl theilweise aus Appulejus schöpfte, zu entwickeln. Es werden sechs Theile der Dialektik aufgezählt, deren erste vier wir wenigstens dem Namen nach (*de loquendo, de eloquendo*, *de proloquendo, de proloquiorum summa*) schon aus Augustinus (Anm. 33) kennen; hiezu aber kommen noch zwei, nemlich Kritik der poetischen Producte und Rhetorik[51]; jedoch dass diese über das Gebiet der Logik hinausgehen, werden wir einerseits betreffs des poetischen Wortes unten (Anm. 71) sehen, andrerseits bezüglich der Rhetorik ist diess daraus klar, dass ihr Marcianus das darauf folgende Buch als selbstständiges gewidmet hat. Die Gegenstände aber jener vier Haupttheile werden dann noch folgendermassen vorläufig näher bestimmt: für den ersten (*de loquendo*) die *quinque voces* und Definition nebst Eintheilung, sowie die Verhältnisse des Homonymen u. dgl. und die zehn Kategorien nebst der Lehre von den Gegensätzen[52]; für den zweiten (*de eloquendo*) Nomen und Verbum als Bestandtheile des logischen Urtheiles[53]; für den dritten (*de proloquendo*) die Verhältnisse der Quantität und Qualität der Urtheile, sowie deren Umkehrung[54]; für den vierten (*de proloquiorum summa*) die Lehre vom kategorischen und hypothetischen Schlusse[55]. Bei diesem Inhalte, welcher die gesammten Theile der nachmaligen formalen Logik mit Ausnahme der Lehre von den Trugschlüssen (s. Anm. 71) ent-

---

51) IV, §. 338. *ed. Kopp*: *quippe in ditione mea iureque consistunt sex normae, quis constant ceterae disciplinae; nam prima est de loquendo, secunda de eloquendo, tertia de proloquendo, quarta de proloquiorum summa, quinta de iudicando, quae pertinet ad iudicationem poetarum et carminum, sexta quae dicenda rhetoribus commodata est.*

52) §. 339 f.: *in prima autem parte quaeritur, quid sit genus, quid forma, quid differentia, quid accidens, quid vero proprium, quid definitio, quid totum, quid pars, qui in dividendo modus, qui in partiendo, quid univocum, quid (ut ita dicam) plurivocum (debetis quippe insolentiam perferre sermonis, qui Graiam dissertare Latialiter compulistis), quae ergo rebus verba sua sint, quae aliena et quot modis aliena sint, quid sit substantia, quid qualitas, quid quantitas, quid relativum, quid loci, quid temporis, quid situs, quid habitus, quid facere, quid pati, quae sibi opposita et quot modis sibi opponantur, — haec in prima nostri parte censentur.*

53) §. 341.: *in secunda vero quam de eloquendo diximus, quaeritur, quid sit nomen, quid verbum, quid ex his iunctum, quae ex his subiectiva pars sententiae sit, quae declarativa, qui subiectivae modus sit, qui declarativae, quatenus nomen accipiatur, quatenus verbum, quatenus sit perfecta sententia, ut possit esse proloquium.*

54) §. 342.: *excipit hanc pars tertia de proloquendo; in ea quaeritur (quantum ad propositum hodiernae sufficiat brevitatis), quae sint differentiae proloquiorum in quantitate, quae in qualitate, quid universale sit, quid particulare, quid indefinitum, quae sint aientia, quae negantia, quam vim habeant singula et quemadmodum inter se affecta sint.*

55) §. 343.: *hinc progreditur ad quartam partem, quam esse diximus de proloquiorum summa; in ea quaeritur, quid sit sumptum, quid illatio, quid syllogismus, quid symperasma, quid praedicativus syllogismus, quid conditionalis, et quid intersit, quot formae sint praedicativi generis et quae sint, utrum certum ordinem teneant et, si tenent, quae sit eiusdem ordinis ratio, quot modos habeant singulae et utrum hi modi certum ordinem teneant et, si ita est, quae sit eiusdem ordinis ratio, deinde conditionalis syllogismi quot primi modi ac necessarii sint, qui etiam istorum ordo sit, quid inter se differant.*

hält und auch die später stets eingehaltene Reihenfolge gibt, erkennen wir leicht, wie der oben (Abschn. X) geschilderte Syncretismus, gestützt durch spätere Bestrebungen, bereits stationär geworden war; denn des Porphyrius Isagoge leistet als solche schon getreulich ihre Dienste (vgl. vor. Abschn. Anm. 132), und mit dem stoischen Schul-Motive eines steten Fortschreitens vom Einfachen zum Zusammengesetzten, sowie mit der ebendorther rührenden Manie des Eintheilens und mit der gleichfalls aus der Stoa geerbten Verwechslung zwischen Begriff und Definition muss sich hier die peripatetische Kategorientafel eben so friedlich in den Einen und nemlichen Katechismus vereinigen lassen, wie die Grundzüge der aristotelischen Lehre vom Urtheile und Schlusse mit den peripatetisch-stoischen Voraussetzungsschlüssen. Eine solche Gestaltung aber, oder vielmehr ein derartiges Mondkalb einer logischen Theorie bewährte in Folge der süssen Bequemlichkeit einer nur nachbetenden Schultradition bekanntlich in unzähligen Verjüngungen ein so zähes Leben, dass — um nur Eines zu erwähnen — man selbst noch heutzutage an der Ausrottung der fixen Idee, dass die Logik mit der Lehre vom Begriffe beginnen müsse, fast verzweifeln möchte.

Was die einzelne Ausführung betrifft, welche Marcianus gibt, so ist dieselbe in Kürze folgende. In der armseligsten Stoppellese aus Porphyrius sind die *quinque voces* (*genus, forma, differentia, accidens, proprium*) schulmässig zugerichtet, indem sie kurzweg definirt und dann meistens durch einige Beispiele erläutert werden; bezüglich der Terminologie kann hervorgehoben werden, dass *forma* und *species* als synonym gelten, betreffs des Inhaltes aber höchstens die zugespitzte Hinweisung auf *genus proximum* im Gegensatze gegen die Unbestimmtheit eines obersten allgemeinsten Gattungsbegriffes [56]). Was hierauf von der Definition gesagt wird, ist aus der Rhetorik entnommen (vgl. Abschn. VIII, Anm. 33); es beschränkt sich auf die Regel, dass die Definition weder falsch noch zu weit noch zu eng sein soll [57]). Natürlich aber in Verbindung mit der Definition ist die Methode des Eintheilens, wobei ein Unterschied zwischen *totum* und *omne* gemacht wird, insoferne ja auch die *divisio* vermöge der Artbegriffe und der *differentia* zum Individuum hinabsteigt, hingegen die *partitio* die concreten Theile verfolgt [58]). Hierauf wird angegeben,

---

56) §. 349.: *genus est multarum formarum per unum nomen complexio .... nonnunquam aliquae formae ita generi subiiciuntur, ut etiam ipsae aliis sub se positis genus esse possint ..... uti autem eo genere debemus, quod est praesenti negotio proximum .... nam si „substantiam" dixerimus, quantum ad rationem pertinet, verum est, quantum ad necessitatem, superfluum.* §. 345.: *formas easdem dicimus quas et species; formae ergo sunt quae subditae generi tenent definitionem eius et nomen.* §. 346.: *differentia est sufficiens ad id quod susceperis discretio .... animadvertere autem debemus, quod quia multae sunt in rebus singulis differentiae, unamquamque rem dissimiliter nos posse dividere, quotiens in ea poterimus alias atque alias differentias invenire.* §. 347.: *accidens est, quod non nisi eidem formae, sed non semper evenit.* §. 348.: *proprium est, quod et eidem formae et ita semper accidit, ut unamquamque rem ab omnium communione discriminet, ut in homine risus.*

57) §. 349.: *definitio est, quum involuta uniuscuiusque rei notitia aperte ac breviter explicatur; in hac tria vitanda sunt, ne quid falsum, ne quid plus, ne quid minus significetur.*

58) §. 350.: *totum est, quod duabus pluribusve in se partibus positis non*

was *aequivocum, univocum, plurivocum* sei, sowie dass es eine eigentliche und eine übertragene Wortbedeutung gebe [59]); und es folgt dann ein ziemlich magerer Auszug aus den zehn Kategorien (*praedicationes*), wobei wir wieder die schroffste schulmässige Trennung zwischen *prima* und *secunda substantia* treffen, sowie betreffs der ersteren derselben den Zusatz, dass die individuelle Wesenheit von ihrem jeweiligen Orte getrennt werden könne (betreffs der Terminologie ist „*relativum*" völlig technisch recipirt); nach der Erörterung der einzelnen Kategorien werden neben der gewöhnlichen Bemerkung, dass dieselben ausser der Satzverbindung stehen, auch hier wieder (vgl. oben Anm. 43) die Partikeln von den significanten Worten abgetrennt [60]). Auch der betreffende Abschnitt über die Gegensätze fehlt nicht; es ist hiebei *oppositum* das allgemeine Gattungswort, ἐναντίον wird durch *contrarium*, ἕξις κ. στέρησις durch *habitus et orbatio* (oder *orbitas*) gegeben, für das Verhältniss der ἀντίφασις aber erscheint noch kein einheitlicher technischer Ausdruck, sondern es wird *aientia* (als Substantiv der sog. ersten Declination) und *negatio* (oder *negantia*, vgl. Abschn. VIII, Anm. 60) gebraucht [61]). Dann also folgen die Gegenstände des zweiten Haupttheiles, und es wird zuerst angegeben, was *nomen* und was *verbum* sei, sodann aber ebenso wie bei Augustinus (Anm. 30) die Verbalform der ersten und zweiten Person von jener der dritten unterschieden und den sog. unpersönlichen Zeit-

---

semper nomen, definitionem nunquam accommodat .... sed animadvertendum est, quod aliquando omne pro toto dicere possumus, sed alio quodam intellectu, nam totum etiam in singulis et omne in multis agnoscitur. §. 351.: *partes sunt, quae in toto esse intelliguntur et ex quibus totum constat.* §. 352.: *dividere usque eo debemus, donec ad individuum veniatur, et hoc fit, quum per differentias ad paucitatem genera redigimus et eis ita formas subiicimus, ut et ipsae singulae aliis sub se positis etiam genera esse possint.* §. 353.: *partiendi differentiae non frequenter occurrunt atque ita sine his infinita potest esse partitio, si usque ad individuum voluerimus pervenire.* §. 354.: *interest autem inter divisionem et partitionem, quod in divisione per formas currimus, in partitione per partes.*

59) §. 355.: *aequivocum est, quando multarum rerum unum est nomen, sed non eadem definitio.* §. 356.: *univocum est, quando duarum aut plurium rerum unum nomen est et definitio.* §. 357.: *plurivocum est, quando multis nominibus una res dicitur.* §. 358.: *rebus verba sua sunt, quae naturalia atque etiam propria dicimus.* §. 359.: *aliena sunt, quae ratione aliqua mutuantur vel propter necessitatem vel propter decorem.* §. 360.: *aliena verba tribus modis fiunt, aut per similitudinem aut per contrarium aut per differentiam.*

60) §. 361—383.: Den speciellen Angaben über die *substantia* geht auch hier (§. 361.) die Erörterung voraus, was *de subiecto* und was *in subiecto* sei. §. 364.: *quid substantia prima? substantia est, quae nec in subiecto est inseparabiliter neque de ullo subiecto praedicatur; „inseparabiliter" autem ob hoc definitioni adiectum est, quod omnis prima substantia, quamvis in loco aliquo sit, tamen ab eo separari et migrare potest.* §. 365.: *secunda substantia est, quae de prima praedicatur.* §. 383.: *istae sunt decem praedicationes, ex quibus aliquid necessario singulatim enuntiamus; nam quidquid omnino dixerimus quod aliquid significet, nondum tamen intelligi possit, an verum an falsum sit, unum est de his decem, exceptis duntaxat illis verborum quodammodo articulis; sunt enim pleraque a grammaticis in orationis partibus enunciata, quae omnino per se nihil valent aut aliquid significant plenum, nisi quum fuerint verbis adiuncta, ut coniunctiones et praepositiones et quidquid tale illi docent.*

61) §. 384—387. (*opponuntur autem sibi ita, ut aut relative opponantur .... aut ut contraria ... aut ut habitus orbationi .... aut ut aientia negationi .... quartum genus oppositorum est aientia et negantia*).

wörtern eine eigene Stellung zugewiesen, und ausserdem das logische Urtheil (*proloquium*, auch *sententia*) den übrigen Satzarten gegenübergestellt [62]); ferner wird mit einer Terminologie, welche wir schon bei Appulejus trafen, bestimmt, was Subject (*subiectiva*) und was Prädicat (*declarativa*) sei; wobei in höchst läppischer Weise bemerkt wird, es könne auch ein Verbum Subject und ein Substantivum Prädicat sein [63]). Von dem dritten Haupttheile an aber schliesst sich Marcianus noch enger an das Compendium des Appulejus an, indem er nur die Reihenfolge einigermassen ändert und dem Ganzen mehr die Form von Schulregeln verleiht; er gibt in Kürze die Eintheilung der Urtheile nach Quantität und Qualität, wobei es auffallen muss, dass, nachdem bisher nur *aientia* und *negantia* oder *affirmare* und *negare* gebraucht worden war, nun ganz nach der Terminologie des Appulejus *dedicativa* und *abdicativa* angewendet wird [64]). Hierauf folgen die gewöhnlichen Regeln betreffs der Umkehrung, und es werden auch hier wie bei Appulejus unter den *quinque voces* zwei, nemlich Definition (was hier in *species* enthalten sein muss, bei Appul. war es *finis*) und *proprium* beigezogen, um eine Umkehrbarkeit der sonst nicht umkehrbaren Urtheile zu ermöglichen; ebenso wird die schon dort angegebene sog. Contraposition hier gleichfalls entwickelt und dieselbe als *secunda conversio* im Gegensatze gegen die gewöhnliche, welche *prima* heisst, bezeichnet [65]). Dann wird das

---

62) §. 388.: *nomen est, quod aliquam rem significat et per casus flecti potest; verbum est quod aliquid significat et per tempora flecti potest ..... esse autem debet nominativus casus nominis et tertia verbi persona; prima persona significat aliquid quod iam negari vel affirmari possit .... item secunda persona et ipsa iam veritati aut falsitati obnoxia est ....* (389.) *tertia vero persona non hominis tantum est, sed aliarum etiam rerum, et simulac dicta fuerit non continuo intelligitur, nisi forte de deo dicatur aliquid quod de eo solo possit intelligi, ut quum dicimus „pluit" ..... quod ergo fuerit ex nominativo casu nominis et tertia verbi persona coniunctum, proloquium dicitur ....* (390.) *ubi vero illa verba sunt quae impersonalia dicuntur, non ex nominativo casu impletur sententia, sed alios casus recipit.* §. 391.: *sunt etiam sententiae quae quamvis constent ex nomine et verbo, affirmari tamen aut negari non possunt; quae non proloquia sed eloquia dici nonnullis placuit, ut est modus imperativus .... hoc facit et optativus modus.*

63) §. 393.: *nam sunt proloquii partes duae; quae in nomine una, subiectiva dicitur, quae in verbo altera, declarativa; subiicitur enim quid sit, et declaratur quid de illo possit intelligi ....* (394.) *illud tamen sciendum est, posse fieri ut verbum sit in subiectiva, nomen in declarativa .... velut si dicamus „qui disputat Cicero est."*

64) §. 396.: *proloquia igitur differentias habent binas, in quantitate et qualitate; quantitatis differentia est, quod alia sunt universalia alia particularia alia indefinita ..... quoniam id potissimum enumerandum, quod securum habet intellectum, indefinitum pro particulari accipitur. ..... in qualitate item duae, quarum altera dedicativa altera abdicativa.* Vgl. Abschn. X, Anm. 6.

65) §. 397.: *universale igitur dedicativum non necessario sequitur conversio .... universale autem abdicativum necessario sequitur conversio .... particulare autem dedicativum habet necessario conversionem .... particulare vero abdicativum non habet necessariam conversionem .....* (398.) *sed propter duo proloquia, quae diximus non necessario converti, debemus intelligere omnia quae proloquiis attribuuntur .... haec autem quinque sunt iam superius demonstrata, genus, species, differentia, accidens, proprium; ex his duo faciunt illa proloquia recurrere, alia tria nullo modo; namque ut omnis homo animal est rationale mortale, ita omne animal rationale mortale homo est, et quemadmodum omnis homo risibilis est, ita omne risibile homo est; rursum in particulari abdicativa videndum est, quid sit*

wechselseitige Verhältniss der vier Arten der Urtheile angegeben und hiezu auch die bei Appulejus stehende Figur benützt; die dortigen technischen Ausdrücke *incongruum*, *alterutrum*, *suppar*, *pugna* finden sich hier nicht, sondern es werden, wohl mit Beibehaltung des dortigen Beispieles, nur die Regeln aufgezählt, welche dieser Urtheile zugleich bejaht oder verneint werden können oder nicht können, sowie welche sich gegenseitig setzen oder aufheben[66]). Von dem Verhältnisse der Aequipollenz ist hier keine Sprache. Es folgt hierauf der vierte递haupttheil, indem zunächst die Theile des Syllogismus, nemlich die Prämissen (hier *sumtum* genannt)

proprium non esse; .... ,,quiddam risibile non est praeter hominem" recurrit sine dubio, quiddam praeter hominem non esse risibile ..... (399.) item sunt aliae conversiones, quae faciunt easdem proloquiorum particulas indefinitas, etiam negatione scilicet de loco migrante ..... (400.) vocetur ergo docendi causa illa prima conversio, haec secunda. Vgl. Abschn. X, Anm. 13 f.

66) Die Worte mit welchen die Figur eingeleitet wird (§. 401.), sind die nemlichen wie bei Appulejus; die Figur selbst ist folgende:

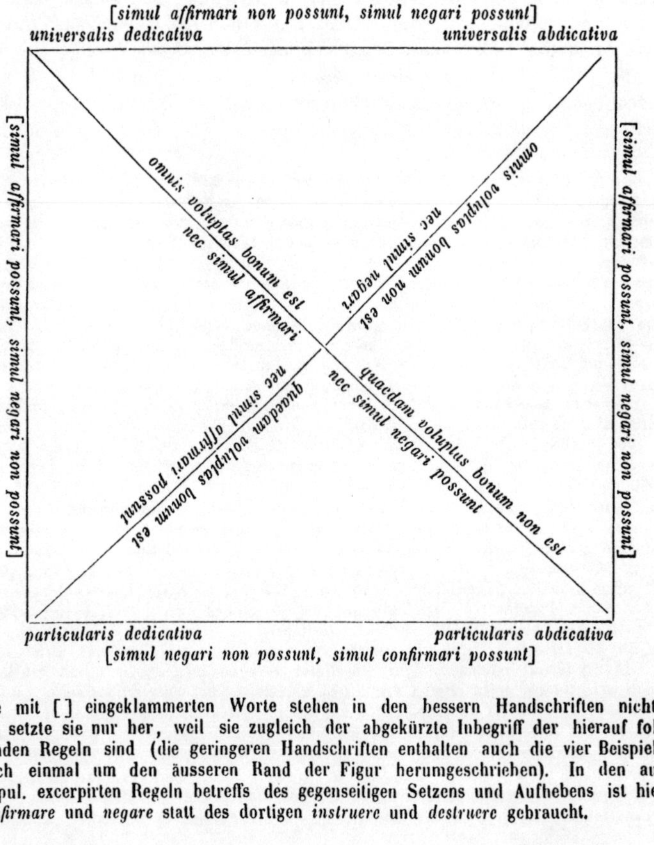

Die mit [ ] eingeklammerten Worte stehen in den bessern Handschriften nicht; ich setzte sie nur her, weil sie zugleich der abgekürzte Inbegriff der hierauf folgenden Regeln sind (die geringeren Handschriften enthalten auch die vier Beispiele noch einmal um den äusseren Rand der Figur herumgeschrieben). In den aus Appul. excerpirten Regeln betreffs des gegenseitigen Setzens und Aufhebens ist hier *confirmare* und *negare* statt des dortigen *instruere* und *destruere* gebraucht.

und der Schlusssatz (*illatio*), hernach aber auch der Schluss selbst (*ratiocinatio*) in höchst jämmerlicher Weise definirt werden, wobei wir das wirklich Neue erfahren, dass die Griechen es *συμπέρασμα* genannt hätten, wenn der Schlussatz nicht die unmittelbare, sondern erst eine mittelbare Folge der Prämissen ist, für welches Verhältniss hier der Ausdruck „*confinis conclusio*" vorgeschlagen wird; sodann wird noch bemerkt, dass jeder Syllogismus entweder kategorisch (*praedicativus*) oder hypothetisch (*conditionalis*) sei [67]). Die nun folgende Angabe der drei Figuren des kategorischen Schlusses und der in denselben möglichen einzelnen Modi ist aus Appulejus mit Hinweglassung der dortigen Begründung wörtlich excerpirt, so dass auch die bei jenem consequent übliche Umstellung der Prämissen hier gleichfalls erscheint [68]). Nun aber gibt Marcianus auch die Modi des hypothetischen Syllogismus an, welche bei Appulejus fehlen; er stellt den Unterschied auf, dass bei dem kategorischen Schlusse von aussen Etwas dazugenommen werde, bei dem hypothetischen aber nicht von aussen, und er zählt dann mit eigenen technischen Bezeichnungen in einer allerdings etwas confusen Darlegung jene sieben Schlussweisen auf, welche wir oben (Anm. 13) schon bei Victorinus trafen, wobei er in der Zusammenstellung sich nach stoischer Weise (Abschn. VI, Anm. 177) der Ordinalzahlen bedient; von denselben soll 1. *ab antecedentibus,* 2. *a consequentibus,* 3. *a repugnantibus,* 4. und 5. *per disiunctionem,* 6. und 7. *per negationem* heissen [69]). Nach einer höchst

---

67) §. 404.: *plenam sententiam quum proposuerimus aliquid ea volentes efficere et quum concessa fuerit, sumtum dicitur; huic etiam uni sententiae alia certa ratione debet innecti et utique propter id quod inferre volumus concedenda; et haec quum concessa fuerit, sumtum dicitur; ex duobus sumtis ratione sibimet* .... (406.) *hoc totum quod constat ex duobus sumtis et illatione, ratiocinatio a nobis, a Graecis συλλογισμὸς appellatur; est ergo ratiocinatio ex duobus pluribusve concessis ad id quod non conceditur necessaria perventio* .... (407.) *nonnunquam etiam concludimus inferentes non quidem id quod conficitur, sed quod ex ipso quod inferre debemus, necessario conficitur; hoc modo: „omnis virtus bonum est, omne bonum utile est, omnis igitur virtus non nocet"* .... *hoc a Graecis συμπέρασμα dicitur, a nobis dici potest confinis conclusio; ratiocinatio igitur sive propriam et suam sive confinem habens conclusionem dividitur in duo genera, in praedicativum et conditionalem syllogismum.*

68) §. 408—413. Vgl. Abschn. X, Anm. 18 ff. Insofern hier nur die neunzehn Schlussmodi in der dürrsten Aufzählung vorgeführt werden, fehlt auch die Erwähnung der *coniugationes* sowie jener combinatorische Nachweis der Anzahl der Modi, kurz Alles, was nur irgend über das formale Schema hinausreicht.

69) §. 414.: *conditionalis syllogismus est, cuius propositio et plenum argumentum et plenum id de quo quaestio est continet* ..... *nihil tamen in assumtione accessit extrinsecus, quod est proprium praedicativi syllogismi* (vgl. §. 408.: *quod proloquium secundum, ut impleret sententiam, aliquid petivit extrinsecus*) .... *hic primus modus a dialecticis appellatur qui est ab antecedentibus* ..... (415.) *secundus modus est, qui appellatur a consequentibus* .... *„si est rhetorica utilis, est bene dicendi scientia ... non est autem bene dicendi scientia, non est utilis igitur."* (416.) *tertius modus est qui appellatur a repugnantibus* .... *„non est bene dicendi scientia rhetorica et non est utilis, est autem bene dicendi scientia, utilis est igitur"* ..... (417.) *quartus modus est qui per disiunctionem efficitur* .... *„aut sanus est aut imbecillis, sanus est autem, non est igitur imbecillis".* (418.) *quintus modus est qui etiam per disiunctionem efficitur* .... *„aut sanus est aut imbecillis, non est autem sanus, igitur imbecillis est."* (419.) *additi sunt alii duo modi, qui per argumentorum istorum duorum fieri possunt, non tamen per disiunctionem, sed per negationem; est ergo sextus modus* .... *„non est sanus et imbecillis, sanus est*

läppischen auf einem Wortspiele beruhenden Bemerkung über den Grund der Reihenfolge dieser Schlüsse und nach der Angabe, dass zu einer Beweisführung kategorische und hypothetische Syllogismen auch gemischt werden können [70]), wird dises über die Dialektik handelnde Buch mit einer dem Eingange wieder entsprechenden poetischen Stelle (wie diess Marcianus auch in den übrigen Büchern thut) abgeschlossen, woraus wir nur diess hervorheben müssen, dass der Frau Dialektika gerathen wird, die etwa noch zu erwartende Lehre von den Trugschlüssen für sich zu behalten [71]); d. h. Marcianus steht offenbar auf dem Standpunkte derjenigen, welche dieses Gebiet nebst dem poetischen Ausdrucke jeder Art dem *ψευδὴς λόγος* zuwiesen (s. vor. Abschn. Anm. 122 ff.).

Allbekannt ist es, von welchem ausserordentlichen Einflusse auf das Mittelalter die Werke des Boethius (geb. um 470, gest. 524) waren, und wir werden uns im weiteren Verlaufe der Geschichte der Logik noch hinreichend davon überzeugen können, wie oft man auf Boethius, und nicht weiter zurück, recurrirte. Er auch war es hauptsächlich, der theils durch seine classischen Uebersetzungen aristotelischer Schriften theils durch seine weitschweifigen und leicht verständlichen Commentare oder Monographien die Kenntniss oder sogar das Studium der aristotelischen Logik für die nächstfolgende Zeit vermittelte und ermöglichte [92]).

---

autem, non igitur imbecillis"; septimus modus proponitur sic et in eo assumitur ut in quinto atque ita concluditur. (420.) *ad rem facilius intelligendam his quaedam formae iunguntur .... est primi modi forma haec: „si primum, secundum; primum autem, secundum igitur"; secundi haec: „si non primum, nec secundum; secundum autem, et primum igitur"* (diess wäre doch zu einfältig, auch passt es nicht zu obigem Beispiele; das richtige wäre: *si primum, secundum; non secundum autem, nec primum igitur*); *tertii haec: „non et primum et non secundum; primum autem, igitur et secundum"; quarti haec: „aut primum aut secundum; primum autem, non igitur secundum"; quinti haec: „aut primum aut secundum; non autem primum, igitur secundum"; sexti haec: „non et primum et secundum; primum autem, non igitur secundum"; septimi haec: „non et primum et secundum; non primum autem, igitur secundum."*

70) §. 421.: *huius autem ordinis ratio est, ut primus modus sit, qui appellatur ab antecedentibus, quia utique quod antecedit prius est; secundus a consequentibus eadem ratione, et ipso nomine suo primum se debere sequi etiam in ordine videatur ostendere etc.* §. 422.: *miscentur autem sibi multis modis syllogismi, ut in una ratiocinatione et praedicativi generis et conditionalis formas agnoscas.*

71) §. 423.: *Talibus insistente Dialectica et ad quaedam non minus inextricabilia quam caliginosa properante Pallas nutu Maiugenae festinantis intervenit: .... editum est compendio Quidquid decenter docta disputatio Multo adstruendum contulit volumine ..... Nam quae supersunt fraude multa consita, Quis falsa captos circuit deceptio, Dum ambage ficta.* (diess ist das bezeichnende Wort) *praestruis sophismata Captentulisve ludis illigantibus, Pellax soritas quumque sensim congeris Formasve mendas, comprobat quas veritas, Nefas tonantis garriat sub auribus Facinusque dirum; quippe summi coelites Odere turpis omne falsum feminae.*

72) Er sagt selbst von sich, *Ad Arist. d. interpr.* p. 318. (*ed. Basil.* 1570.): *ego omne Aristotelis opus quodcunque in manus venerit, in Romanum stilum vertens eorum omnium commenta latina oratione perscribam, ut si quid ex logicae artis subtilitate et ex moralis gravitate peritiae et ex naturalis acumine veritatis ab Aristotele conscriptum est, id omne ordinatum transferam atque id quodam lumine commentationis illustrem, omnesque Platonis dialogos vertendo vel etiam commentando in latinam redigam formam ..... haec si vita otiumque supererit, cum multa operis huius utilitate nec non etiam laude contenderim, qua in re faveant oportet, quos nulla coquit invidia.*

Wir besitzen noch seine Uebersetzungen der *Analytica priora* und *posteriora*, der *Topica* und *Soph. Elenchi* des Aristoteles, sowie die Uebersetzung des Buches *De interpretatione*, welche er mit einem Commentare begleitete, und namentlich ist die zweite Bearbeitung desselben wohl relativ die bedeutendste Schrift des Boethius auf diesem Gebiete; ferner haben wir seinen in gleicher Weise an eine Uebersetzung geknüpften Commentar zu den Kategorien und seine Uebersetzung der Isagoge des Porphyrius, welche er ebenso wie die von Victorinus gefertigte Uebersetzung desselben Buches gleichfalls commentirte; sodann noch folgende Schriften: *Introductio ad categoricos syllogismos, De syllogismo categorico, De syllogismo hypothetico, De divisione, De definitione;* eigentlich der Rhetorik gehören an: *De differentiis Topicis* und ein nicht ganz erhaltener weitläufiger Commentar zur Topik Cicero's. Einiges Andere, was Boethius noch zu schreiben vorhatte, scheint wohl nicht mehr zu Stande gekommen zu sein[73]). So gehört Boethius sowohl den Commentatoren als auch den Verfassern von Compendien an, und wenn er auch, namentlich in ersterer Beziehung, durchaus nicht eine selbstständige neue Stufe im geschichtlichen Verlaufe der logischen Theorie begründet, sondern gleichsam nur als Sammelpunkt der ihm zunächst vorhergehenden Bestrebungen betrachtet werden kann, so müssen wir doch versuchen, eben diesen Complex seiner Auffassungen zu charakterisiren und zugleich hervorzuheben, wo er in Bezug auf Terminologie oder auf Feststellung gewisser Schul-Regeln für die nachfolgende Zeit von Einfluss war. Und gerade in letzterer Beziehung zeigt sich, dass Boethius eben doch nur auf dem unphilosophischen und formalen Schul-Standpunkte seiner Zeit steht und daher auch keinen anderen als diesen den folgenden Jahrhunderten überliefert; denn bei allem lobenswerthem Eifer, mit welchem er sich auf die Originalschriften des Aristoteles wirft, weiss er sich für die Erklärung derselben doch keinen anderen Gewährsmann als gerade den Porphyrius zu wählen[74]), und wir dürfen daher in Bezug auf principielle Auffassung und Durchführung der Logik von Boethius sicher nichts Gutes, sondern nur Schlechtes erwarten, so dass derselbe vom Gesichts-

73) So noch ein zweiter, mehr wissenschaftlicher Commentar zu den Kategorien (*ad Ar. Praed.* p. 112.: *in alio commentario, quem componere proposui de eisdem categoriis ad doctiores;* (vgl. ebend. p. 127.), ein kurzes Compendium der Lehre vom Urtheile (*d. interpr.* p. 379.: *huius enim libri post has geminas commentationes quoddam breviarium faciemus*), und eine Analytik (*d. syll. cat.* p. 605.: *si qua vero desint, in Analyticis nostris calcatius exprimemus.* ebend. p. 600.: *sed in Analyticis nostris iam dictum est* (?)). Verloren hingegen ist die Schrift *De ordine Peripateticae disciplinae* (*d. divis.* p. 642.: *qui vero huius operis, id est dialectici, ordo sit, cum de ordine Peripateticae disciplinae mihi dicendum essel, diligenter exposui*).

74) Er nennt nicht etwa bloss obenhin den Porphyrius „*gravissimae vir auctoritatis*" (*d. syll. cat.* p. 594.), sondern sagt auch ausdrücklich, dass er demselben in der ganzen Erklärung des Buches *D. interpr.* folge (*d. interpr.* p. 290.: *cuius expositionem nos scilicet quam maxime a Porphyrio, quanquam etiam a ceteris transferentes, latina oratione digessimus*), und in der That auch fast überall, wo Porphyrius in seiner unverständigen Weise gegen Alexander Aphrod. polemisirt, schliesst sich Boethius gewiss an ersteren an (so *d. interpr.* p. 348, 368, 388.), ebenso auch in der Syllogistik (*d. syll. cat.* p. 594 u. 605). Ein Beleg dieser Richtung des Boethius ist ja schon der Umstand, dass er sich nicht dabei begnügte, die Victorinische Uebersetzung der Isagoge zu commentiren, sondern jenes Product selbst noch übersetzte und abermals mit einem Commentare schmückte.

punkte des geschichtlichen Verlaufes aus wohl neben Marcianus Capella und Cassiodorus als die hauptsächliche Brücke zu dem Unverstande der mittelalterlichen Logik bezeichnet werden muss.

Es ahmt Boethius nicht bloss äusserlich die Manier der griechischen Commentatoren nach, indem er z. B. bei jedem Buche in der Einleitung die üblichen sechs Gesichtspunkte (*intentio, utilitas, ordo, si germanus liber est, inscriptio, ad quam partem philosophiae*; s. vor. Abschn. Anm. 141) erörtert [75]), sondern er theilt auch überhaupt die dort traditionell gewordenen Ansichten über Wesen und Zweck der Logik. Indem er die gewöhnliche Eintheilung der Philosophie angibt, bezeichnet er die Logik als die zu allen Theilen derselben nothwendige und höchst dienliche Disciplin, meint aber auch in Bezug auf den zwischen den Sekten hierüber geführten Streit, es stehe ja Nichts im Wege, dass nicht die Logik zugleich sowohl Theil als auch Werkzeug der Philosophie sei; jedenfalls sei ihr Zweck die Auffindung und Beurtheilung der Begründungen [76]). Wo er von der Reihenfolge der einzelnen Schriften der aristotelischen Logik spricht, geht er von dem schulmässigen Motive des Fortschreitens zum stets Zusammengesetzteren aus, und stellt demnach das Buch *De interpr.* vor die Analytik, sowie die Kategorien vor *De interpr.*, hiebei gegen die Ansicht polemisirend, dass die Topik unmittelbar auf die Kategorien folgen müsse; im Interesse des Unterrichtes aber hält er daran fest, dass letzteren eben die Isagoge des Porphyrius nothwendig vorhergehen müsse, da man erst nach derselben die aristotelische Schrift „lernen“ könne [77]). Und dieses Motiv der Dressur ist überhaupt bei Boe-

75) So betreffs der Isagoge *ad Porph. a Vict. transl.* p. 1 u. *ad Porph. a se transl.* p. 50., betreffs der Kategorien *ad Ar. Praed.* p. 112.; ähnlich *d. interpr.* (*Ed.* I.) p. 215 u. (*Ed.* II.) p. 292., und bezüglich der Eintheilung *d. divis.* p. 638.

76) *Ad Porph. a Vict. transl.* p. 2.: *est enim philosophia genus, species vero eius duae, una quae* θεωρητική *dicitur, altera quae* πρακτική .... *est enim* θεωρητικῆς *pars una de intellectibilibus* (d. h. *quam partem Graeci* θεολογίαν *nominant*); *alia de intelligibilibus* (d. h. jenes Ewige, welches mit dem Körperlichen verflochten ist), *alia de naturalibus* .... (p. 3.) *ad haec igitur ut sciri possint et superiora intelligi queant, necessarius maxime uberrimusque fructus est artis eius, quam Graeci* λογικήν, *nos rationalem possumus dicere, quod recta orationis ratione quid verum quidque decens sit, nullo erroris flexu diverticulove fallatur. Ad Porph. a se transl.* p. 48.: *nihil quippe dicimus impedire, ut eadem logica partis vice simul instrumentique fungatur officio ... est autem finis logicae inventio iudiciumque rationum.* In letzterem Sinne schliesst er sich auch im Commentare zur Topik Cicero's (p. 760 f.) völlig an eben diesen an; vgl. Abschn. VIII, Anm. 23.

77) *Ad Porph. a Vict. transl.* p. 4.: *et quoniam syllogismus genus est apodictici et dialectici syllogismi, dialecticam in Topicis suis exercuit* (*sc. Aristoteles*), *apodicticam in secundis Resolutoriis ordinavit; horum disciplina, quam ille in monstrandis syllogismis ante collegerat, prius etiam in studiis lectitatur; itaque primi prius Resolutorii quam secundi, qui de apodictico syllogismo, vel Topica, quae de dialectico syllogismo sunt, accipiuntur; traxit igitur Aristoteles dialecticam atque apodicticam scientiam adunavitque in syllogismorum resolutoria disputatione; sed quoniam syllogismum ex propositionibus constare necesse est, librum* περὶ ἑρμηνείας *qui inscribitur de propositionibus annotavit; omnes vero propositiones ex sermonibus aliquid significantibus componuntur, itaque liber quem de decem praedicamentis scripsit, quae apud Graecos* κατηγορίαι *dicuntur, de primis rerum nominibus significantibusque est ..... recte igitur ut filo quodam hic Porphyrii liber primus legentibus studiorum praegustator et quodammodo initiator occurrit; quod si in hac re quod dictum est sat est, rem etiam de inscriptione confecimus; quo enim alio melius quam introductionis nomine nuncupetur hic liber? est namque ad categorias*

thius bei weitem das überwiegende, sowie er ja auch seine eigenen Compendien selbst öfters als *introductio* oder *institutio* bezeichnet[78]); hieraus aber folgt die Form der Darstellung, welche überall die widerlichste Breite und Geschwätzigkeit zeigt. Wir begegnen hier eigentlich zum erstenmale einer Darstellung der Logik, welcher man es durchweg ansieht, dass sie ausdrücklich darauf berechnet ist, selbst den dümmsten Köpfen eine gewisse Anzahl von Regeln einzubläuen; ja in solcher Fürsorge für die Geistesarmuth wird sogar einmal gesagt, es müsse die „verworrene" Ausdrucksweise des Aristoteles in das Gewöhnliche und Verständliche umgesetzt werden[79]). Auch gehört Boethius zu jenen unausstehlichen Schriftstellern oder Lehrern, welche sich selbst immer wieder excerpiren[80]) und mit einer gewissen salbungsvollen Miene jeden ihrer Leser oder Schüler für noch bornirter halten, als sie selbst sind; daher wendet er sich auch zuweilen im Kochbuch-Stile an den Leser selbst, indem er diesem das Recept einer logischen Mixtur angibt[81]). Es sind alle diese Eigenschaften und namentlich die fürsorgliche Verbrüderung mit der Stupidität in dem Schulbetriebe der formalen Logik als pädagogische Agentien fortan eingebürgert geblieben, und wir müssen sie daher bei ihrem ersten entschiedenen und einflussreichen Auftreten besonders hervorheben.

Das Gebiet der Logik wird hier ebenso, wie wir diess bei den griechischen Commentatoren trafen (vor. Abschn. Anm. 122 f.), abgegränzt und in Hauptgruppen gegliedert, so dass mit Ausscheidung der Rhetorik neben der Dialektik als hauptsächlicher Umkreis der Schuldoctrin die auf den Kategorien und der Lehre vom Urtheile aufgebaute erste Analytik erscheint[82]), wobei in der Anordnung des Einzelnen stets strenge

---

Aristotelis introitus et quaedam quasi ianua venientes admittit. Ad Arist. Praed. p. 114.: *Annotant alii hunc librum legendum ante Topica, quod nimis absurdum est .... quasi vero minor huius sit libri usus in physicis, cum primi Resolutorii ante Topica legantur et ante primos Resolutorios* περὶ ἑρμηνείας *liber ad cognitionem veniat inchoantis, cur non magis hunc librum vel ante perihermenias vel ante resolutorios inscripserunt?* Ad Porph. a se transl. p. 50.: *hunc librum Porphyrius de earum quinque rerum cognitione perscripsit, quo perspecto et considerato quid unumquodque eorum quae supraposuit designaret, facilior intellectus ea quae ab Aristotele praeponerentur addisceret.*

78) *D. syll. cat.* p. 580.: *hinc per introductionem est facilior discibiliorque doctrina.* Ebend. p. 591.: *illud vero meminisse debebis, introducendis hic me praestitisse docendis, non introductis.* *D. Syll. hyp.* p. 608.: *quas praedicativas primo institutionis categoricae libro diximus.* Ebend. p. 613.: *sicut in categoricorum syllogismorum institutione monstratum est.* Ebend. p. 616.: *quantum ad institutionis pertinet modum, sufficienter expressimus.*

79) *D. syll. cat.* p. 580.: *si quid brevius dictum sit, id nos dilatatione ad intelligentiam porrigamus, si quid suo more Aristoteles nominum verborumque mutatione turbavit, nos intelligentiae servientes ad consuetum vocabulum reducamus.*

80) So ist das erste der zwei Bücher *d. syll. cat.* Nichts anderes als ein Auszug aus der *Introd. ad cat. syll.*, und die hiebei behandelte Lehre vom Urtheile scheint noch einmal excerpirt in der Schrift *d. diff. top.* p. 857 f.

81) Z. B. *d. syll. cat.* p. 589.: *converte igitur universalem quae est „nullus homo hinnibilis est" et fac „nullum hinnibile homo est", converte huic particularem negationem quae est „quidam homo non est hinnibilis" et fac „quoddam hinnibile non est homo" — utraeque verae sunt.* Man sieht, es fehlt nur noch das *misce, da, signa.*

82) Ausser *ad Porph. a Vict. tr.* p. 4. (s. Anm. 77.) besonders *d. diff. top.* p. 862.: *quatuor igitur facultatibus earumque velut opificibus disserendi omnis ratio*

daran gehalten wird, dass man von dem Einfachen zu dem Zusammengesetzten aufsteige[83]). Und indem hiebei natürlich die Kategorien als das Erste an die Spitze treten, werden dieselben als jene *vox significans* (σημαντικὴ φωνή, vor. Abschn. Anm. 143 ff.) bezeichnet, bei welcher von jeder weiteren Satz-Formirung u. dgl. abzusehen ist, und mit der oft wiederholten geschmacklosen Ausdrucksweise, dass Aristoteles diese zehn höchsten Gattungen (*genera*) „erfunden" habe, werden sie stets als die schlechthin erschöpfende Tabelle aller Dinge betrachtet[84]); es sollen jedoch zur „Erlernung" derselben die *quinque voces* eine unerlässliche Bedingung sein, und Boethius kann es nicht dringend genug aussprechen, wie unentbehrlich die letzteren namentlich zur Definition und Eintheilung der Dinge seien[85]).

---

subiecta est, id est dialectico, oratori, philosopho, sophistae; quorum quidem dialecticus atque orator in communi argumentorum natura versatur, uterque enim sive necessaria sive minime, probabilia tamen argumenta sequitur; his igitur illae duae species argumenti famulantur, quae sunt probabile ac necessarium, probabile ac non necessarium; philosophus vero ac demonstrator de sola tantum veritate pertractat atque sint probabilia sive non sint, nihil refert, dummodo sint necessaria .... patet igitur, in quo philosophus ab oratore ac dialectico in propria consideratione dissideat, in eo scilicet, quod illis probabilitatem, huic veritatem constat esse propositam; quarta vero species argumenti, quam neque argumentum quidem recte dici supra docuimus, sophisticis solet esse attributa. Ebend. p. 880.: *dialectica interrogatione ac responsione constricta est, rhetorica vero rem propositam perpetua oratione decurrit; dialectica perfectis utitur syllogismis, rhetorica enthymematum brevitate contenta est.*

83) *D. interpr.* p. 291.: *praedicamentorum vero in hoc ratio constituta est, in quo hae duae partes interpretationis res intellectibus subiectas designent .... sunt igitur elementa interpretationis verba et nomina, proprie vero partes quibus ipsa constat interpretatio, sunt orationes.* Ebend. p. 331.: *si qua vero plures habeat terminos et eius partes duorum terminorum multitudinem egrediantur, illae compositae orationes dicuntur, et est enuntiatio composita huiusmodi „si dies est, lux est, dies enim est et lux est." Intr. ad syll. cat.* p. 558.: *quoniam igitur nobis hoc opus est in categoricos syllogismus, syllogismorum vero compago propositionibus texitur, propositionum vero partes sunt nomen et verbum, pars autem ab eo cuius pars est prior est, de nomine et verbo quae prima sunt disputatio prima ponatur, dehinc de propositione, ad ultimum de syllogismorum connexione tractabitur.* Fast wörtlich ebenso *d. syll. cat.* p. 581.; vgl. den Ausdruck „*filo quodam*" in Anm. 77. u. d. folg. Anm.

84) *Ad Ar. Praed.* p. 112.: *in hoc igitur opere haec intentio est, de primis rerum nominibus et de vocibus res significantibus disputare, non in eo quod secundum aliquam proprietatem figuramque formantur, sed in eo quod significantes sunt* .... (p. 113.) *hinc est, quod ad logicam tendentibus primus hic liber legendus occurrit, idcirco quod cum omnis logica syllogismorum ratione sit constituta, syllogismi vero propositionibus iungantur, propositiones vero sermonibus constent, prima est utilitas, quid quisque sermo significet, propriae scientiae definitione cognoscere. D. interpr.* p. 291.: *praedicamentorum vero haec intentio est, de significativis rerum vocibus tractare in tantum, quantum eas animi medius significet intellectus. Ad Porph. a se transl.* p. 75.: *decem enim praedicamenta ab Aristotele esse reperta, quae rebus omnibus generis loco praeferenda sunt.* Ebend. p. 48.: *Aristoteles enim qui de decem praedicamentis inscribitur librum hac intentione composuit, ut infinitas rerum diversitates quae sub scientiam cadere non possent, paucitate generum comprehenderet atque ita id quod per incomprehensibilem multitudinem sub disciplinam venire non poterat, per generum paucitatem animo fieret scientiaeque subiectum. Ad Ar. Praed.* p. 119.: *nam quod rerum vocabula in decem praedicamenta distribuit, maior hac divisione non potest inveniri, nihil enim esse poterit, quod huic divisioni undecimum adiici queat.*

85) *Ad Porph. a se trans.* p. 49.: *cum Aristoteles decem rerum genera repperisset, quae vel intelligendo mens caperet vel loquendo disputator efferret, quidquid enim intellectu capimus id ad alterum sermone vulgamus, evenit ut ad horum decem praedicamentorum intelligentiam quinque harum rerum tractatus incurreret, scilicet*

In diesem letzteren Sinne gestaltet sich denn auch die ganze Lehre vom Begriffe, und es dienen dieser Auffassung die beiden Commentare zur Isagoge und die Erklärung der Kategorien, sowie die Monographie über die Eintheilung und theilweise jene über die Definition. Es werden hiebei die Annahmen des Porphyrius wiederholt, welchem Boethius auch bezüglich der realistischen Geltung der *quinque voces* folgt [86]. Der herrschende Grundgedanke ist auch hier das Streben nach einer *Tabula logica*, und es mag, da inhaltlich nichts Neues dargeboten wird, nur die Terminologie bemerkt werden; wir treffen hier stets *substantia, species, individuum, magis genus, generalissimum, magis species, specialissimum, subalternus, maior, minor, differentia divisiva, diff. constitutiva, diff. specifica, diff. alteratum faciens, diff. aliud faciens, substantialis, accidentalis* [87]. Auch an den gewöhnlichen Erörterungen über *univocum, aequivocum, multivocum, diversivocum* fehlt es nicht [88]. Was aber die Kategorien selbst betrifft, welche dem stoischen unbestimmten „*ens*" gegenüber als selbstständig aufrecht erhalten werden [89], so wird erklär-

---

generis, speciei, differentiae, proprii et accidentis; generis quidem, quoniam oportet ante praediscere quid sit genus, ut decem illa quae Aristoteles ceteris anteposuit rebus genera esse possimus agnoscere, u. s. f. *Ad Porph. a Vict. tr.* p. 3.: *quas definitiones nisi per genera, species, differentias proprietatesque tractaveris, nullus unquam definitionibus terminus imponetur.* Ebend. p. 7.: *si quis igitur harum quinque rerum minus sollers divisiones rerum facere voluerit, non est dubium quin eas per inscientiam saepe a speciebus in genera solvat, quod est factu foedissimum* u. s. f.

86) *Ad Porph. a Vict. tr.* p. 8.: *prima est quaestio, utrum genera ipsa et species verae sint an in solis intellectibus nuda inaniaque fingantur ..... non est dubium, quin verae sint et certa animi consideratione teneantur, quod ipsius quoque Porphyrii probatur assensu .....* (p. 10.) *non est dubium, quod quinque haec ex eodem sint genere, quod et praeter corpora separatum esse possit et corporibus iungi patiatur, sed ita ut si corporibus iuncta fuerint, inseparabilia a corporibus sint.* Aehnlich *ad Porph. a se tr.* p. 54 ff.

87) Z. B., was *differentia* betrifft: *ad Porph. a se tr.* p. 81.: *differentiarum aliae alteratum faciunt aliae vero aliud, et illae quidem quae faciunt alteratum, simpliciter puroque nomine differentiae nuncupantur, illae vero quae aliud, specificae differentiae praedicantur .... aliud est quod tota speciei ratione diversum est ut equus ab homine, ... si unus homo sedeat, alter assistat, non efficietur homo diversus ab homine, sed eos alteratio sola disiungit .....* (p. 84.) *omnes hae differentiae specificae nuncupantur, generum enim specierumque differentiae sunt, sed generum quidem divisivae, specierum autem constitutivae.* Vgl. *ad Porph. a Vict. tr.* p. 25 u. 30. Bei dem *specialissimum* wird auch hier die Frage betreffs jener Wesen erörtert, welche nur in Einem Exemplare existiren; *ad Porph. a se tr.* p. 72.: *sunt enim quaedam quae de numero differentibus minime dicuntur, ut phoenix, sol, luna ....* (p. 73.) *solis species de hoc uno sole quem novimus nunc dicitur; at si in animo plures soles et in cogitatione fingantur, nihilominus de pluribus solibus individuis nomen solis quam de hoc uno praedicabitur.*

88) *Ad Porph. a Vict. tr.* p. 11.: *nomen generis in tres dividit formas, sed ut aequivoca non ut univoca, id est ut hae formae uno quidem generis nomine contineantur, sui autem proprietate disgregata dissentiant. Ad Ar. Praed.* p. 118.: *multivoca vero et diversivoca respuit, quod ad praesentem tractatum utilia non putavit; breviter tamen utraque definienda sunt; multivoca sunt quorum plura nomina, una definitio est, ut est scutum clypeus .... diversivoca sunt quorum neque nomen idem est neque eadem definitio.*

89) *Ad Porph. a se tr.* p. 84.: *ultimum omnium genus ens posuerunt, scilicet quod de omnibus praedicaretur .... sed Aristoteles sapientissimus principiorum cognitor reclamat huic sententiae nec ad unum res omnes putat duci posse primordium, sed decem esse genera in rebus, quae cum a semetipsis diversa sunt, tum ad nullum commune principium educuntur.*

licher Weise auch hier die *substantia*, welcher die übrigen neun als *accidentia* gegenübertreten[90]), in *prima* und *secunda subst.* getheilt und die Annahme, dass erstere dem sinnlichen Wahrnehmen, alles aber an ihr Vorkommende dem Intelligiblen zufalle, erfährt hier gleichfalls den neuplatonischen Rückschlag, dass der Unterschied zweier Individuen in das bloss Accidentelle verlegt wird[91]). Es wird aber auch zum Behufe der Erklärung dessen, was *de subiecto* und *in subiecto* sei, wobei gelegentlich eine neunfache Bedeutung des Wortes *inesse* erscheint, mit der Eintheilung in Substanz und Accidens eine zweite sich kreuzende verbunden (s. vor. Abschn. Anm. 66), welche selbst schon dem Motive der *Tabula logica* näher liegt, nemlich die Eintheilung in Allgemeines und Particulares, und eine Figur soll dieses Verhältniss anschaulich machen[92]).

90) *Ad Porph. a Vict. tr.* p. 5.: *cum omnium sermonum significantium varietatem diversa rerum summa divideret et in substantiam atque accidens omnes res secaret atque dispergeret, accidens in novem secuit partes* etc.

91) *Ad Ar. Praed.* p. 128.: *facit autem quandam substantiarum divisionem cum dicit alias primas esse substantias alias secundas* .... (p. 129.) *merito primas substantias nuncupavit ... quae prius sub sensibus capi potuerunt; sensibus vero obiiciuntur prima individua* .... (p. 130.) *posteriora vero in nominibus ponendis putantur quaecunque ad intelligibilem pertinent incorporalitatem. Ad Porph. a se tr.* p. 89.: *quomodocunque enim Socrates a Platone distiterit, nullo alio modo distare ab illo nisi accidentibus potest.*

92) *Ad. Ar. Praed.* p. 119.: *parvissima vero (sc. divisio) est, quae fit in quatuor, in substantiam et accidens et universale et particulare .... quoniam substantia proferri non potest, nisi aut universaliter aut particulariter intelligatur ...* (p. 120.) *neque accidens ullo modo proferri potest, nisi in suo nomine aut universalitatis vim aut particularitatis induat .... ergo quatuor complexiones, universalem substantiam, universale accidens, particularem substantiam, particulare accidens Aristoteles disponere cupiens non eorum nomina sed descriptiones apposuit ... id substantiam esse dicens quod in subiecto non esset, accidens vero quod in subiecto esset .... universalitatis vero descriptio est de subiecto praedicari .... particularitas vero de nullo subiecto praedicatur ......* (p. 121.) *dicitur enim esse aliquid in aliquo novem modis .... in loco ... in aliquo vase ... pars in toto ... totum in partibus .... in genere species ... genus in speciebus .... in fine ... in quolibet potente ... forma in materia.* Dann p. 123. steht folgende Figur (auf derlei Versinnlichungen legte ja die Schulmeisterei stets einen hohen Werth):

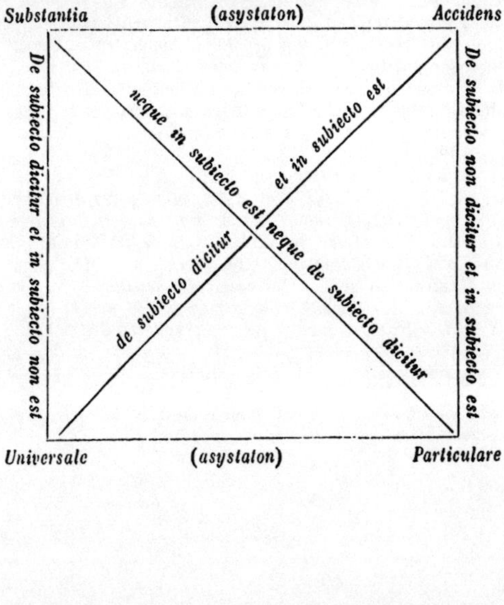

Anderes, wie z. B. was die Reihenfolge der einzelnen Kategorien betrifft[93]), gehört der bloss commentirenden Thätigkeit an, enthält aber auch hierin nichts Neues. Das gleiche gilt von der üblichen Erörterung der Gegensätze, wobei als die je entsprechenden technischen Ausdrücke (vgl. oben Anm. 61) auftreten: *oppositum, contrarium, habitus et privatio, affirmatio et negatio*, für letzteres aber zusammen hier zum erstenmale *contradictio*[94]); hingegen aus einer anderen Schrift des Boethius kömmt hiezu der uns hier gleichfalls zum erstenmale begegnende Begriff des *disparatum*, worunter jenes verstanden wird, was, ohne gegensätzlich zu sein, von einander verschieden ist[95]). Hauptsächlich aber hat Boethius die Lehre vom Begriffe, insoweit sich dieselbe nach stoischer Schulmanier um Eintheilung und Definition dreht, in seiner Schrift *De divisione* behandelt, auch hierin dem Porphyrius und sonach mittelbar vielleicht selbst dem Andronikus (Abschn. IX, Anm. 75. u. Abschn. XI, Anm. 60) folgend. Er zählt zunächst die verschiedenen Arten des Eintheilens, welche er annehmen zu müssen glaubt (Abschn. VI, Anm. 67 f.), auf, nemlich: die Gattung in die Arten, das Ganze in die Theile, das Wort in die Bedeutungen, das Substrat in die Attribute, das Attribut in die Substrate, das Attribut in Attribute, wovon die ersten drei *divisio secundum se*, die letzten drei aber *divisio accidentis* heissen sollen[96]); sodann nach der Aufzählung einzelner Beispiele entwickelt er ausführlich, worin die ersten drei Arten sich gegenseitig unterscheiden, wobei selbst einige tiefere Momente betreffs der Gattung, des Ganzen und des Wortes besprochen werden[97]). Hierauf folgt die nähere Entwicklung jener

93) Ebend. p. 144.: *post substantiae tractatum cur de quantitate potius ac non de qualitate proposuerit, haec causa est, quod omnia quaecunque sunt, simulatque sunt, in numerum cadunt, omnis enim res aut est una aut plures.* p. 155.: *cur autem de his quae sunt ad aliquid disserat omisso interim de qualitate tractatu, haec causa est, quod posita quantitate magis minusve esse necesse est; quare cum quantitatem continuo ad aliquid consequatur, recte post quantitatem relativorum series ordinata est.* Vgl. p. 172. Uebrigens verfährt Boethius in diesem Commentare weniger genau als in jenem zu *D. interpr. Ed.* II, denn er führt häufig Meinungen Anderer an, ohne diese bei Namen zu nennen (z. B. p. 155, 186.).

94) *D. divis.* p. 642.: *voco autem contradictionis oppositionem, quae affirmatione et negatione proponitur. D. interpr.* p. 336.: *manifestum est, omnem affirmationem habere aliquam contradictionem negationis oppositam et omnem rursus negationem affirmationis oppositione facere contradictionem.*

95) *D. syll. hyp.* p. 608.: *negatio vero omnis indefinita est atque ideo in contrariis et in contrariorum medietatibus et in disparatis fieri potest; disparata autem ea voco, quae tantum a se diversa sunt nulla contrarietate pugnantia, veluti terra, vestis, ignis.*

96) *D. divis.* p. 638.: *divisio namque multis modis dicitur; est enim divisio generis in species, est rursus divisio cum totum in proprias dividitur partes, est alia cum vox multa significans in significationes proprias recipit sectionem; praeter has tres est alia divisio quae secundum accidens fieri dicitur, huius autem est triplex modus; unus cum subiectum in accidentia separamus, alius cum accidens in subiecta dividimus, tertius cum accidens in accidentia secamus* ..... (p. 639.) *omnis enim vocis et generis et totius divisio secundum se divisio nuncupatur, reliquae vero tres in accidentis distributione ponuntur.* An einer anderen Stelle aber folgt er der gewöhnlichen rhetorischen Eintheilung; *ad Porph. a Vict. tr.* p. 7.: *omnis divisio duplex est, aut cum totum corpus in diversa disiungis, aut cum genera per species distribuis.*

97) Ebend. p. 639 f.: *differt enim divisio generis a vocis definitione: .... genus ... in quasdam a se procreationes disiungitur; .... nihil habent commune*

Eintheilungs-Methoden, und die erste derselben führt sofort auf die Definition und die Lehre von der *differentia*; indem die Unterschiede in wesentliche (*per se*) und unwesentliche (*per accidens*) getheilt werden, kommen hievon nur die ersteren in Betracht, da sie die artbildenden sind, und es wird nun das durch sie bedingte Gegenüberliegen (*oppositio*) der Arten erörtert, wobei ein Hauptgewicht auf das *contrarium* fällt, aber auch mehrmals darauf hingewiesen wird, dass es häufig in der Sprache an den nöthigen Worten zur scharfen Eintheilung gebreche, daher als ein Auskunftsmittel zum Entwurfe einer *Tabula logica* auch der Gebrauch von Buchstaben empfohlen wird; jenem nemlichen sprachlichen Hindernisse falle es auch anheim, wenn zuweilen die Gattung in die Unterschiede, statt in die Arten, getheilt werde[98]). Nachdem hierauf für diese Eintheilung die praktische Regel gegeben wird, dass man an die nächste Gattung (*primum genus*) und nur an die eigenthümlichen Unterschiede derselben sich halten müsse, damit die Eintheilung nicht zu eng und zu weit gerathe, und nachdem auf die Möglichkeit hingewiesen wird, Eine Gattung nach verschiedenen Gesichtspunkten einzutheilen, schliesst sich unmittelbar der Grundsatz der Definition an, dass eben wegen der Stufenfolge von Gattung und Art nur jene mittleren Wesenheiten definirt werden können, welche zugleich eine Gattung über sich und eine Art unter sich haben (also nur auf einen formalen Grund wird dieses Verhältniss gestützt; s. hingegen die aristotelische Ansicht Abschn. IV, Anm. 485 ff. u. 701), sowie Boethius auch an einer anderen Stelle für die obersten Gattungen nur die ὑπογραφή (Abschn. VI,

---

praeter solum nomen quae sub eadem voce sunt; quae vero sub genere collocantur, et nomen generis et definitionem suscipiunt; .... non eadem apud omnes vocis est distributio, ... generis apud omnes eadem divisio distributioque permanet (s. Anm. 110.) .... *generis quoque sectio a totius distributione seiungitur, quod totius divisio secundum quantitatem fit .... generis vero distributio qualitate perficitur .... genus omne naturaliter prius est propriis speciebus, totum autem propriis partibus posterius est* (ächt stoisch) .... *genus speciebus materia est .... totius vero partium multitudo materia est ..... species idem semper quod genus est, ut homo idem est quod animal .... pars vero non semper idem est quod totum, neque enim idem est manus quod homo .... restat autem vocis et totius distributionis differentias dare; differunt autem, quod totum quidem constat partibus, vox vero non constat ex his quae significat.*

98) p. 640.: *genus est quod praedicatur de pluribus specie differentibus in eo quod est, species vero est quam sub genere collocamus ....* (641.) *nunc autem ad definitiones integras specierum divisio necessaria est et forte in eodem divisionis definitionisque ratio versatur .... sunt autem differentiae aliae per se aliae vero per accidens .... illa vero quae per se sunt sola ad divisionem generis apta sunt .... hae igitur differentiae, per quas species consistit, ipsae et in definitione speciei et in generis eius divisione collocantur ...... constat quaecunque a se aliqua oppositione differunt, eas solas differentias sub genere positas genus ipsum posse disiungere; sunt autem oppositiones quatuor .....* (642.) *necesse est autem saepe speciem negatione componere, cum ea quam simplici nomine speciem volumus assignare nullo vocabulo nuncupatur .....* (643.) *in contrariis autem generum multa divisio est ..... sed quoniam animalis rationalis unum nomen non est, ponamus ei nomen A litteram; rursus A litterae, quod est animal rationale, alia mortalia sunt alia immortalia ..... maxime autem contrarietas in differentiis ponenda est .... dignum vero inquisitu est, utrum in species an in differentias recte genera dividantur .... oportet in proprias species semper fieri generis disgregationem, sed hoc interdum fieri nequit propter eam quam supra reddidimus causam, multis enim speciebus non sunt nomina.*

Anm. 73) an Stelle einer Definition als zulässig erklärt [99]). Dann folgt die zweite Methode der Eintheilung, nemlich des Ganzen in seine Theile, wobei das Ganze in vierfacher Bedeutung, als *continuum, non continuum, universale, ex virtutibus constans* genommen wird [100]); auch die dritte, die Eintheilung des Wortes, wird zerlegt, je nachdem *significatio* oder *modus* oder *determinatio* den Gesichtspunkt darbietet, und es werden dabei die aristotelischen Arten der Amphibolie aufgezählt [101]). Endlich ganz kurz werden die noch übrigen Eintheilungen *per accidens* durch blosse Angabe der allgemeinen Regel, dass stets die *opposita* einzuhalten seien, erledigt [102]).

Eine völlig andere Haltung aber hat des Boethius Schrift *De definitione*, indem sie sich durchaus an jenen Standpunkt betreffs der Definition anschliesst, welchen wir oben (Abschn. VIII, Anm. 33—39) als den Cicero's trafen, und überhaupt schon äusserlich durch mannigfache Beziehungen auf Ciceronische Stellen, sowohl aus dessen rhetorischer Theorie als auch aus einzelnen Reden, weit näher dem Gebiete der Rhetorik als jenem der Logik liegt. Die Hinweisung auf die Dialektik (s. oben Anm. 82) liegt auch schon in den Eingangsworten, welche an Cicero's Ausspruch anknüpfen, dass jede Erörterung mit der Definition des

---

99) p. 644.: *hoc autem fit hoc modo, ut primum genus in suas differentias disgregemus, non in posterioris, et rursus posterioris in suas, sed non in posterioris .... manifestum est, secundum proprias differentias, non secundum posterioris generis, priorum generum divisionem esse faciendam .... oportet autem divisionem quoque sicut terminum neque diminutam esse neque superfluam ..... fit autem generis eiusdem divisio multipliciter ..... solam tantum exsequar definiendi regulam; rerum enim aliae sunt superiores aliae inferiores aliae mediae; superiores quidem definitio nulla complectitur, idcirco quod earum superiora genera inveniri non possunt; porro autem inferiores, ut sunt individua, ipsa quoque specificis differentiis carent, quocirca ipsa quoque a definitione seclusa sunt; mediae igitur, quae et habent genera et de aliis vel generibus vel de speciebus vel de individuis praedicantur, sub definitionem cadere possunt ....* (hierauf folgt in grösster Ausführlichkeit als Beispiel die Definition des Begriffes „*nomen*") .... (645.) *genus in divisione totum est, in definitione pars, et sic est definitio, quasi partes totum quoddam coniungat, et sic est divisio, quasi totum solvatur in partes. Ad Ar. Praed.* p. 120.: *quoniam generalissimorum generum definitiones non poterat invenire, descriptionibus usus est. Ad Porph. a Vict. tr.* p. 14.: *quae Graeci* ὑπογραφῆς λόγους *dicunt, Latini subscriptivas rationes dicere possunt .... subscriptivae autem rationes sunt demonstrativae et quodammodo insignitivae proprietatis illius rei quae cum ipsa generalissima sit et genus eius nullum reperiri possit, eam tamen definire necesse est.*

100) *D. div.* p. 646.: *nunc de ea divisione dicamus quae est totius in partes .... quod enim dicimus totum, multipliciter significamus; totum namque est quod continuum est ..... dicimus quoque totum quod continuum non est .... dicimus quoque totum quod universale est .... dicimus quoque totum quod ex quibusdam virtutibus constat, ut animae alia est potentia sapiendi alia sciendi etc.*

101) p. 646.: *restat igitur, ut de vocis in significationes divisione tractemus; fit autem vocis divisio tribus modis; dividitur enim in significationes plures ut aequivoca vel ambigua .... alio autem modo secundum modum; haec enim plura non significant sed multis modis .....* (647.) *alius vero modus secundum determinationem; quoties enim sine determinatione dicitur vox ulla, facit in intellectu dubitationem .... est autem omne quidem ambiguum dubitabile, non tamen dubitabile est ambiguum.*

102) p. 648.: *nunc de his divisionibus dicemus quae per accidens sunt; harum autem commune praeceptum est, quidquid ipsorum dividitur, in opposita disgregari.*

Gegenstandes beginnen müsse[103]). Es wird die Definition als jener Ausspruch bezeichnet, welcher von einem Dinge angibt „*quid sit*" (im Gegensatze gegen *an sit* und *quale sit*), und dann die dialektische oder philosophische Definition von der rhetorischen unterschieden[104]). Die erstere, welche sogar der Kenntniss der Existenz des Gegenstandes vorausgehe, müsse jedenfalls auf die Substanz desselben gehen, d. h. *substantialis* sein, und es habe daher unter den *quinque voces* das *accidens* die wenigste Bedeutung für die Definition; dieselbe werde dadurch gewonnen, dass man vom *genus* abwärts durch *differentia* und *species* zum *proprium*, und hiemit zur Ausschliessung aller Nebenbegriffe gelange[105]). Und nachdem nun im Anschlusse an Cicero für eine solche Methode des Definirens drei Gesichtspunkte, nemlich *a toto, a partibus, a nota*, angegeben werden, wobei selbst der Sprachgebrauch in der Gleichstellung von *divisio* und *partitio*, sowie von *species* und *pars*, mehr rhetorisch als logisch auftritt[106]), wird unter jenen drei Arten der Definition die erste als die eigentliche und wahre bezeichnet, dieselbe aber wieder

103) *D. divis.* p. 648.: *Dicendi ac disputandi prima semper oratio est et iam Dialecticis autoribus et ipso M. Tullio saepius admonente, quae dicitur definitio; quippe cum in certamen contentionemque nihil possit, quod tamen in dictione consistat, aliquando deduci, nisi de quo futura pugna est prius fuerit in definitione ita defixum, ut possit inter utrumque qui inituri sunt eam litem esse manifestum, quid sit illud de quo in futura quaestione tractabitur.*

104) p. 649.: *nos tamen apertius id ipsum quid sit definitio nostra explanatione faciamus; omne quod demonstratur oratione aut an sit aut quid sit aut quale sit ostenditur; quod cum adhibetur oratio ad declarationem rei alicuius an sit, non est definitio, item cum quale sit aliquid oratione monstratur, pari modo definitio non erit, cum vero quid sit ostenditur, quod medium est inter an sit et quale sit. .... omnis definitio aut rhetorica est oratio aut dialectica;* nun folgt, p. 650 f., die rhetorische Theorie der Definition.

105) p. 651.: *praeceptis et dialecticorum philosophorumque omnium illud tenere debemus, non esse definitionem nisi solam quae in ea re quam definire volumus, priusquam eius rei esse intelligimus, declaret atque ostendat substantiam; hoc ut apertius fiat, docebimus nullam esse definitionem certam integram approbandam nisi eam quam dicunt philosophi substantialem, graece οὐσιώδης appellatur.* ..... (652.) *quidam tamen cautiores plenioresque in docendo definitionis ipsius quasi quaedam membra constituunt dicuntque eam perfectam definitionem istam quam appello substantialem ex quinque partibus, id est genere specie differentia accidenti proprio, debere consistere; sed accidens in definitione minimum, proprium plurimum valet .... in oratione ista substantiali tamdiu interponere debemus species et differentias, quamdiu seclusis omnibus quae hoc idem esse possunt eo perveniatur ut proprietas iam certa teneatur* .... (653.) *arbitror apertam esse eam definitionem, quae substantialis esse debet, sic esse dicendam, ut proposito eius rei de qua agitur genere et adiunctis speciebus cum differentia usque ad eius proprium disclusa omnino communitione veniamus; ac si velimus iudicium veri philosophis auctoribus sequi, nulla dicetur alia definitio.*

106) p. 653.: *M. Tullius in Topicis* (6—8.) *de tribus locis primis tractans, a toto, a partibus, a nota, cum a toto argumentum est, definitionem esse adhibendam dicit .... at a partibus cum argumentum est, etiam ipsa quidem dicitur definitio* .... (p. 654.) *fiet igitur etiam a partibus definitio .... ergo divisione vel partitione efficitur ista de qua loquimur definitio ..... partes pro speciebus poni rationalis licentia est ut totum pro genere, nunquam tamen genus pro toto aut pro parte species nominatur* ..... (655.) *tertia definitio est quae a nota dicitur, cum vis verbi vel nominis, quae in compositione sita est, rem suam facta quadam separatione designat .... sed saepe verbum simplex et purum nulla compositione connexum in definitione a nota ducetur, ubi est vis eius quam Graeci appellant ἐτυμολογίαν, at Cicero veriloquium.*

in fünzehn Ausdrucksweisen (*formae*) getheilt; und zwar sind dieses fast die nemlichen fünfzehn, welche wir schon oben (Anm. 2) bei Victorinus trafen, nur fehlt hier die Definiton *κατὰ τὸ ὅλον*, hingegen neu kömmt hinzu die Definition *ὡς τύπος*; jedenfalls muss bei denselben unbegreiflich bleiben, wie sie sämmtlich unter die höhere Gattung „*a toto*" gebracht werden sollen [107]). Die specielle Darlegung derselben nebst Beispielen und namentlich Reducirung auf Ciceronische Doctrin und Praxis füllen den Rest des Buches, an dessen Schlusse noch die allgemeine Regel, dass die Definition weder zu weit noch zu eng sein soll, angegeben und gleichfalls durch Beispiele erläutert wird [108]).

Die Lehre vom Urtheile scheint Boethius mit besonderer Vorliebe behandelt zu haben, denn er widmete ihr nicht nur einen doppelten Commentar zur aristotelischen Schrift *D. interpr.*, sondern stellte sie auch in der für Compendien üblichen Form mehrmals (s. oben Anm. 80) dar. Bei der Erklärung des aristotelischen Buches, in welcher er ebenfalls dem Porphyrius folgt (Anm. 74), beginnt er mit der üblichen Erörterung über den Titel desselben, wobei bemerkt werden mag, dass er *λέξις* mit *locutio* und *φάσις* mit *dictio* übersetzt, unter *interpretatio* aber die Vereinigung des articulirten Lautes mit der inneren Geistesthätigkeit versteht [109]). Bei der Frage über das Verhältniss zwischen Ding, Gedanke, Wort und Schrift, wo *conceptio* schon sehr an die nachmalige technische Bedeutung streift, fehlt auch hier weder die Hinweisung auf die Verschiedenheit der Sprachen bei gleicher allgemein menschlicher

---

107) p. 655.: *hac sunt tres nunc a me positae principales definitiones substantiales, quae a toto est, a partium enumeratione, et a nota, ita ut illa quae prior est sola vere definitio nuncupetur; istae autem duae nominis honore et honestate, quia id de quo quaeritur quid sit ostenditur, non vere sed tamen definitiones esse dicentur; nunc ad illam quae a toto est definitionem revertamur, quia ipsa in se recipere formas potest plurimas; sed ex his eas quas colligere potuimus partiemur, sunt enim et aliae fortasse, deinde rationes ac differentias et exempla dicemus; est igitur prima quae graece οὐσιώδης, latine substantialis appellari potest; secunda est ἐννοηματικὴ, quae solam notionem subiicit; tertia ποιότης, quae a qualitate nomen accipit; quarta ὑπογραφικὴ, quae a M. Tullio descriptio nominatur; quinta κατ' ἀντίλεξιν* (*l.* κατὰ τὴν λέξιν, s. Anm. 178.) *latine ad verbum possumus dicere; sexta κατὰ διαφορὰν, Latini de eodem et de altero nominant, quae differentia dici potest; septima est κατὰ μεταφορὰν, id est per translationem; octava est κατ' ἀφαίρεσιν τοῦ ἐναντίου, id est per privantiam contrarii eius; nona κατὰ ὑποτύπωσιν, id est per quandam imaginationem; decima est ὡς τύπος, latine veluti; undecima est κατ' ἔνδειαν πλήρους ἐκ τοῦ αὐτοῦ γένους, id est per indigentiam pleni ex eodem genere; duodecima est κατ' ἔπαινον, id est per laudem; tertia decima est κατ' ἀναλογίαν, id est iuxta rationem quae proportio dicitur; quartadecima est κατὰ τὸ πρός τι, hoc est per id quod ad aliquid est; quintadecima est αἰτιώδης, causam tribuens.*

108) p. 660.: *quam solam diximus definitionem, duo vitia recipit principalia; si ea oratio quae definit aut amplius complexa fuerit aut minus quam res plena sit declaravit.*

109) *D. interpr. Ed.* II, p. 290.: *locutio enim est articulata vox, neque enim hunc sermonem, id est λέξιν, dictionem dicemus, idcirco quod φάσιν dictionem interpretamur, λέξιν locutionem ..... concurrentibus igitur his tribus, linguae percussione, articulato vocis sonitu, imaginatione aliqua proferendi, fit interpretatio; interpretatio namque est vox articulata per se ipsam significans.* An einer anderen Stelle spricht Boethius ein Bedenken betreffs der Uebersetzung des Wortes λόγος aus; *ad Ar. Praed.* p. 145.: *apud Romanam namque linguam discreta sunt vocabula orationis atque rationis, Graeca vero oratio utriusque vocabulum et rationis et orationis λόγον appellat.*

Wahrnehmung, noch die gewöhnliche Bemerkung über die erdichteten Begriffe [110]); auch die Controverse über die Passivität des Eindruckes bietet nichts Neues. Das logische Urtheil, welches stets *enuntiativa* heisst, wird in der üblichen Weise von den anderen vier Satzarten unterschieden, und auch die Bemerkung betreffs der Partikeln und der Impersonalia findet sich [111]). Das kategorische Urtheil nennt Boethius *praedicativa propositio*, aber fügt fast immer die Bezeichnung vermittelst des griechischen Wortes bei, und gegenüber dieser Urtheilsform, welche ihm als die einfache gilt, nimmt er als Product einer Zusammensetzung (vgl. Anm. 83) das hypothetische, worunter er nur jenes versteht, welches *conditionalis* heisst [112]). Was zunächst das kategorische Urtheil betrifft, ist zu bemerken, dass bei der üblichen Angabe der Viertheilung desselben in allg. bej., allg. vern., part. bej., part. vern. (*affirmativus* und *negativus* sind ausnahmslos technische Worte) und des gegenseitigen Ver-

---

110) *D. interpr.* p. 296.: *res enim ab intellectu concipitur, vox vero conceptiones animi intellectusque significat, ipsi vero intellectus et concipiunt subiectas res et significantur a vocibus; cum igitur tria sint haec .... quartum quoque quiddam est, quo voces ipsae valeant designari, id autem sunt litterae, scriptae namque litterae ipsas significant voces; quare quatuor ista sunt, ut litterae quidem significent voces, voces vero intellectus, intellectus autem res concipiant ..... nam cum Romanus, Graecus aut Barbarus simul videant equum, habent quoque de eo eundem intellectum quod equus sit ....., sed Graecus aliter equum vocat, alia quoque vox in equi significatione Romana est, et Barbarus ab utroque in equi designatione dissentit .... plures enim voces invenies, quae nihil omnino significent nec intellectui quoque subiecta res semper est, sunt enim intellectus sine re ulla sibi subiecta, ut quos centauros vel chimaeras poetae finxerunt.* Vgl. p. 309. *Ad Porph. a Vict. tr.* p. 8.: *hinc ergo animus non solum per sensibilia res incorporales intelligendi est artifex, sed etiam fingendi sibi atque etiam mentiendi; inde enim ex forma equi et hominis falsam centaurorum speciem sibi ipsa intelligentia comparavit.*

111) *D. interpr.* p. 291.: *perfectarum vero orationum partes quinque sunt: deprecativa ... imperativa ... interrogativa .... vocativa .... enuntiativa, in qua veritas et falsitas invenitur* (ebenso p. 324.). p. 293.: *coniunctiones autem vel praepositiones nihil omnino nisi cum aliis iunctae designant. D. syll. cat.* p. 582.: *nomen et verbum duae solae partes sunt putandae, ceterae enim non partes sed orationis supplementa sunt. D. interpr.* p. 312.: *quod autem dictum est, obliquos casus cum „est" verbo iunctos orationem perfectam non facere, non dicimus, quoniam cum nullo verbo obliqui casus iunguntur ita, ut nihil indigentem perficiant orationem, cum enim dico „Socratem poenitet", enuntiatio est.*

112) *D. interpr.* p. 330.: *simplicem propositionem, quam κατηγορικὴν Graeci dicunt, nos praedicativam interpretari possumus* Ebend. p. 343.: *propositionum quae sunt simplices, quas categoricas Graeci vocant, nos praedicativas dicere possumus.* Ebend. p. 357.: *categoricas propositiones Graeci vocant, quae sine aliqua conditione propositionis promuntur .... sunt autem conditionales propositiones huiusmodi „si dies est, lux est", quas Graeci hypotheticas vocant .... et illas quidem quas categoricas Graeci nominant, latine praedicativas dicere possumus.* Ebend. p. 361.: *categoricas propositiones, quae praedicativae latine possunt nominari ..... illae namque quas hypotheticas vel conditionales vocamus.* Ebend. p. 327.: *quemadmodum in his quae hypotheticae vel conditionales dicuntur, coniunctiones vim propositionis tenent, sic in simplicibus propositionibus praedicatio vim obtinet, unde et graece quoque tales propositiones κατηγορικαὶ, id est praedicativae, dicuntur. Introd. ad syll. cat.* p. 562.: *simplex est, quae conditione seposita esse aliquid vel non esse proponit .... composita vero, quae ex duabus simplicibus copulante conditione consistit. D. syll. hyp.* p. 606.: *syllogismus qui ex categoricis propositionibus iunctus est, categoricus appelletur, id est praedicativus quidem, qui vero ex hypotheticis propositionibus constat, dicatur hypotheticus, id est conditionalis.* Vgl. *d. diff. top.* p. 858. Betreffs des Disjunctiven s. unten Anm. 141, 148 u. 163.

hältnisses dieser vier Formen hier zum erstenmale vollständig jene Terminologie erscheint, welche fortan die unbedingt herrschende wurde; nemlich allg. bej. und allg. vern. heissen *contrariae* (auch *contrarietas* findet sich häufig), part. bej. und part. vern. *subcontrariae*, allg. bej. und part. vern. sowie allg. vern. und part. bej. *contradictoriae*, allg. und part. bej. sowie allg. und part. vern. *subalternae* (hievon ist namentlich „*contradictorius*“, vgl. Anm. 94, wichtig); an diese Terminologie werden die gewöhnlichen Regeln geknüpft, welche dieser Urtheile zugleich wahr sein können und welche nicht [113]. Und sowie Boethius schon hiebei alle nur möglichen Fälle und insbesondere das unbestimmte Urtheil (*indefinita*) berücksichtigt [114], füllt er ebenso auch jene Lücke aus, welche wir in der aristotelischen Schrift bei der Tafel der Urtheile bemerkten (Abschn. IV, Anm. 203), indem er die verschiedenen Formen des unbestimmten Urtheiles angibt [115]. In dem gleichen Bestreben einer erschöpften Vollständigkeit wendet er auch für die einzelnen Fälle eigene technische

113) *D. interpr.* p. 343 ff. Die übliche Figur erhält hier (p. 345.) folgende Gestalt (vgl. Anm. 125.):

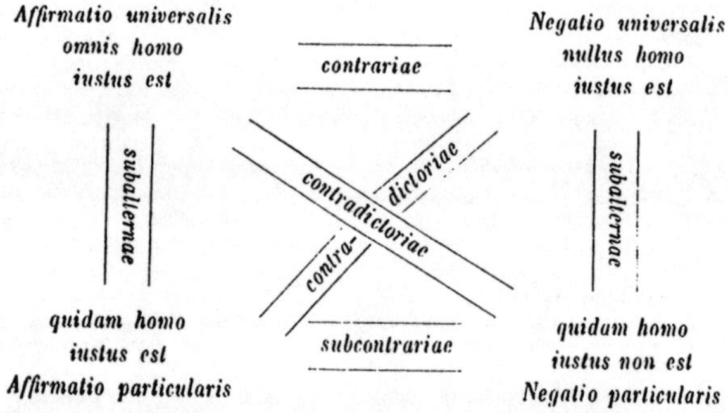

114) Z. B. p. 350.: *contra affirmationem quae est „omnis homo iustus est“ videntur esse negationes hae: una „nullus homo iustus est“, altera „quidam homo iustus non est“, altera „non omnis homo iustus est“, et postrema indefinita „homo iustus non est“ ..... restat ergo ut aut ea sit (sc. contradictoria), quae est „non omnis homo iustus est“ aut ea quae est „quidam homo iustus non est“, sed hae sibi consentiunt.*

115) p. 382.: *hoc autem subiecta descriptione declaratur:*

indefinitae ex simplici nomine subiecto:
homo ambulat — *homo non ambulat*
indefinitae ex infinito nomine subiecto:
non homo ambulat — *non homo non ambulat*
universales ex simplici nomine subiecto:
omnis homo ambulat — *nullus homo ambulat*
universales ex infinito nomine subiecto:
omnis non homo ambulat — *nullus non homo ambulat*
particulares ex simplici nomine subiecto:
quidam homo ambulat — *quidam homo non ambulat*
particulares ex infinito nomine subiecto:
quidam non homo ambulat — *quidam non homo non ambulat.*

Ausdrücke an und nennt bei jenen Urtheilen, welche drei Bestandtheile haben, dasjenige, in welchem die Negation bloss bei dem „*est*“ steht, *negatio simplex*, sowie jenes, in welchem keinerlei Negation ist, *affirmatio simplex*; diesen beiden gegenüber heissen *affirmatio infinita* und *negatio infinita* (auch *aff.* und *neg. ex infinito*) diejenigen, in welchen die Negation bei dem Prädicate steht, ferner jene, in welchen das Prädicat mit dem privativen „*in*“ zusammengesetzt ist (z. B. *iniustus*), werden *affirmatio privatoria* und *negatio privatoria* genannt; endlich alle diese Formen sind wieder doppelter Art, nemlich entweder *definitae* oder *indefinitae*, je nachdem die Quantität derselben ausdrücklich bezeichnet ist oder nicht [116]); und es wird hiebei mit ängstlicher Sorgfalt stets eine erläuternde Figur entworfen, in welcher die contradictorischen Urtheile einander gegenüberstehen und diejenigen, welche zugleich wahr sind, wo möglich schräg gegenüber (*angulariter*) liegen; ebenso wird in der eindringlichsten Weitschweifigkeit untersucht, welche Urtheile zugleich wahr sein können und wie sie sich gegenseitig einander folgen; kurz dem Interesse des Tändelns wird Genüge gethan, Niemand aber wird von einer solchen Verfahrungsweise erwarten, dass jene Schwierigkeiten betreffs der sprachlichen Verneinung und des realen Gegensatzes irgend nur gefühlt, geschweige denn gelöst werden (vgl. Abschn. X, Anm. 10); wohl hingegen bemerken wir das schon direkt scholastische Bestreben, das Unvernünftige vernünftig zu machen, d. h. Methode in den Unsinn

---

116) p. 384 ff. So z. B. (p. 385.):

affirmatio simplex *homo iustus est*	*oppositio una*	*negatio simplex* *homo iustus non est*
affirmatio ex infinito *homo non iustus est*	*oppositio una*	*negatio ex infinito* *homo non iustus non est*

dann p. 389.: *hoc autem subiecta descriptio docet:*

simplices:

affirmatio *est iustus homo*	*negatio* *non est iustus homo*

privatoriae:

negatio *non est iniustus homo*	*affirmatio* *est iniustus homo*

infinitae

negatio *non est non iustus homo*	*affirmatio* *est non iustus homo*

.... *illud quoque in descriptione videndum est, quod angulariter se affirmationes negationesque respiciunt.* Dann bes. p. 396.: *erit autem huiusmodi descriptio:*

indefinitae:

affirmatio simplex *homo iustus est*	*negatio simplex* *homo iustus non est*
negatio privatoria *homo iniustus non est*	*affirmatio privatoria* *homo iniustus est*
negatio infinita *homo non iustus non est*	*affirmatio infinita* *homo non iustus est.*

definitae:

affirmatio universalis simplex *omnis homo iustus est*	*negatio particularis simplex* *non omnis homo iustus est*
negatio particularis privatoria *non omnis homo iniustus est*	*affirmatio universalis privatoria* *omnis homo iniustus est*
negatio particularis infinita *non omnis homo non iustus est*	*affirmatio universalis infinita* *omnis homo non iustus est.*

zu bringen; denn wirklich komisch ist, wie auch Boethius sich bemüht, aus jenen verstümmelten Abschnitten der aristotelischen Schrift alles Nöthige herauszuinterpretiren, ohne nur auf den Gedanken zu kommen, dass hier in anderer Weise zu arbeiten wäre. Zu bemerken ist übrigens, dass Boethius da, wo er die Abfolge der Urtheile bespricht und gleichfalls durch eine Figur versinnlicht, nicht das Wort *aequipollens*, welches bei ihm sich überhaupt nicht findet, sondern *consentiens* gebraucht (vgl. Anm. 128); auch hier aber vervollständigt er die Tafel durch Beiziehung des unbestimmten Urtheiles [117]). Erklärlich wird man es finden, wenn auch Boethius ein grosses Gewicht darauf legt, die Anzahl der möglichen Urtheilsformen anzugeben (vgl. unten Anm. 151 f.); er nimmt dieselbe aus Syrianus, welcher 48 Formen je für das Urtheil des Stattfindens, der Möglichkeit und der Nothwendigkeit, also zusammen 144 annahm [118]); dass aber diese Zählung dennoch nicht einmal vollständig ist, geht aus demjenigen hervor, was wir oben, S. 164, selbst hierüber angeben muss-

---

117) p. 411. wird hiefür folgende Figur gegeben:

Est omnis homo iustus		*Nullus est homo iustus*
consentientes	*contrariae* / *contra-riae*	*consentientes*
Nullus est homo non iustus		*Est omnis homo non iustus*

Dann p. 412.:

Est omnis non homo non iustus	*Est omnis non homo iustus*
Nullus non homo iustus est	*Nullus non homo non iustus est*
Quidam non homo iustus est	*Quidam non homo non iustus est*
Non est omnis non homo non iustus	*Non est omnis non homo iustus.*

118) p. 404 f.: *nos quoque a Syriano .... propositum omnium numerum de quibus in hac libri disputatione perpendit, nimis ad rem pertinentem atque utilem transferamus ..... quatuor modi sunt propositionum, aut enim indefinitae sunt aut universales aut particulares aut singularium atque individuorum ..... cum igitur sex sint affirmationes, duae quibus „est" praedicatur, quatuor vero quibus adiacens, has si per quaternarium ducam, viginti quatuor fient, quas rursus si binario numero multiplicem, quadraginta octo mihi summa succrescet .... quas si per qualitates propositionis, necessariam scilicet et contingentem et inesse significantem, multiplicavero, centum quadraginta quatuor fient; subter adscripsimus.* Nun folgen in einer allerdings sonderbaren Anordnung:

Est homo	*Est iustus non homo*	*Est non homo*
Est omnis homo	*Est iustus omnis non homo*	*Est omnis non homo*
Est quidam homo	*Est iustus quidam non homo*	*Est quidam non homo*
Est Socrates	*Est iustus non Socrates*	*Est non Socrates*
Est non iustus homo	*Est iustus homo*	*Est non iustus non homo*
Est non iustus omnis homo	*Est iustus omnis homo*	*Est non iustus omnis non homo*
Est non iustus quidam homo	*Est iustus quidam homo*	*Est non iustus quidam non homo*
Est non iustus Socrates	*Est iustus Socrates*	*Est non iustus non Socrates*

und hierauf die nemlichen vierundzwanzig Urtheile mit vorangesetztem *Non*, so dass überall *Non est* für *Est* steht.

ten. Was nun eben jene Modificationen des Urtheiles betrifft, welche in der Möglichkeit und der Nothwendigkeit beruhen, so ist bezüglich der Terminologie zu bemerken, dass auch hier entsprechend dem griechischen *τρόπος* (vor. Abschn. Anm. 159) das Wort *modus* für dieses Verhältniss überhaupt gebraucht wird, woraus natürlich später die Bezeichnung „Modalität" entstand; im Einzelnen sind die technischen Ausdrücke: *necessarium, possibile* (*δυνατόν*), *impossibile*, *contingens* (*ἐνδεχόμενον*), *utrumlibet*, und zwischen *possibile* und *contingens* wird nur der Unterschied aufgestellt, dass man wohl *impossibile,* nicht aber *incontingens* sage[119]). Inhaltlich zeigt sich die schlechthin formale Auffassung, indem Boethius ein arges Bedenken darin findet, ob denn die reale Bedingung überhaupt in die Logik gehöre[120]); eine formale Eintheilung der hierauf bezüglichen Urtheile s. unten Anm. 150. Uebrigens bespricht er die Möglichkeit und Nothwendigkeit auch hier in dem Sinne jener Tendenz, welche seine bekannte Schrift *De consolatione philosophiae* hat[121]). In der Erklärung des Einzelnen, welche im Ganzen als eine breit commentirende Paraphrase zu bezeichnen ist, wendet er auch auf diese Urtheilsformen das Verhältniss des Contradictorischen und Conträren an[122]).

In jenen zwei Schriften, welche als Compendien der Lehre vom Urtheile zu betrachten sind, nemlich in der *Introductio ad syll. categ.* und dem ersten der zwei Bücher *De syllog. categ.*, holt Boethius zunächst erklecklich weit aus, indem er, natürlich um vom Einfachen zum Zusammengesetzten fortzuschreiten, vorerst nach den schon oben bezeichneten schulmässigen Grundsätzen von *vox significativa, nomen, nomen infinitum, verbum, adverbia* handelt, und dann bei der *oratio* ankömmt, welche

---

119) Z. B. p. 424.: *sed quoniam sunt modi alii, per quos aliquid fieri posse dicimus, aliquid non posse, aliquid necesse esse, aliquid contingere, quaeritur in his quoque, quemadmodum fieri contradictionis debeat oppositio* .... (425.) *in his autem in quibus modus aliquis apponitur.* p. 358.: *necessarias autem propositiones vocamus, in quibus id quod dicitur aut fuisse aut esse, aut certe necesse est evenire, et haec quidem quae sempiterna significant, sempiternae necessitatis sunt* .... *aliae vero sunt quae non sempiterna significantes sunt tamen et ipsae necessariae, quousque illa subiecta sunt de quibus propositio aliquid affirmat aut negat* .... *quod si res impossibiles sunt, propositiones quae illas demonstrant impossibiles nominantur, sin vero res contingenter sunt venientes atque abeuntes, quae illas prodit contingens propositio nuncupatur* .... *solet autem futura vocare quae eadem contingentia dicere consuevit* .... (359.) *ingreditur autem ex his tribus quae supra dicta sunt, ex casu, ex libero arbitrio, ex possibilitate, quae omnia uno nomine utrumlibet vocavit.* p. 426.: *quorum contingens esse et possibile esse idem significat neque quidquam discrepat* .... *nisi hoc tantum, quod possibile quidem potest privatione subduci, contingens vero minime; contra enim id quod dicitur possibile esse et negatio possibilitatis infertur aliquoties, ut est ,,non possibile est esse", et privatio, ut ,,est impossibile esse"* ..... *in contingenti autem, quamquam idem significet,* .... *dicimus ,,non contingens", et haec negatio est, ,,incontingens" autem nullus dixerit, quod est privatio.* Vgl. Anm. 150.

120) p. 357.: *Ea quae huius libri series continebit exponere, altioris paene tractatus est, quam ut in logica disciplina conveniat disputari.* p. 361.: *non autem incommode neque incongrue Aristoteles de rebus altioribus et fortasse non pertinentibus ad artem logicam disputationem transtulit, cum de propositionibus loqueretur.*

121) z. B. p. 370. sind bedeutende Anklänge an jene Auffassung.

122) p. 442.: *disponantur enim hae, scilicet quae sequuntur et sub his necessariae, et quae sit contradictio, quae contrarietas, adscribatur:*

als logisches Urtheil von den übrigen Satzarten unterschieden und dieses in das einfache und das zusammengesetzte getheilt wird[123]). Nachdem hierauf die Eintheilung nach Qualität und Quantität (letztere aber nicht bloss in allg. und part., sondern auch in unbestimmt und individuell) gelehrt wird, folgt die Angabe, was Subject und was Prädicat sei, und zwar hier zum erstenmale mit eben dieser Terminologie „*subiectum*" und „*praedicatum*", wobei hinzugefügt wird, dass der Subjectsbegriff stets der engere (*minor*) und der Prädicatsbegriff der weitere (*maior*) ist, ausser wenn letzterer das *proprium* des ersteren angibt; ferner wird bemerkt, dass diese zwei Begriffe, da in sie das Urtheil zerlegt werde, *termini* heissen, das „*est*" und „*non est*" aber kein *terminus*, sondern nur ein Zeichen der Qualität des Urtheiles sei [124]). Eigenthümlich aber ist, wie nun der übrige Theil der Lehre vom Urtheile unter Einen Eintheilungs-Gesichtspunkt gebracht wird; nemlich nach der Angabe, dass zwei Urtheile entweder gemeinschaftlich die gleichen Termini haben können oder nicht, wird der erstere Fall wieder gespalten, je nachdem diese Gleichheit der Termini bei unveränderter Reihenfolge derselben oder mit einer Aenderung ihrer Stellung stattfindet; ersteres führt zu dem Verhältnisse der Entgegensetzung jeder Art, letzteres natürlich zur Conversion und Contraposition. Man sieht, dass hiebei die Termini des Urtheiles gleichsam die Grundsteine des Zusammensetz-Spieles sind, die Copula aber und alle Bezeichnungen der Quantität und Qualität nur nach dem Motive mathematischer Combination mit jenen in Verbindung gebracht werden; und diess blieb auch fortan die Grund-Ansicht über das Urtheil. Was nun das erste jener zwei Verhältnisse betrifft, so gibt Boethius, wie sich von selbst versteht, hier wieder die Lehre der verschiedenen Gegensätze und des gleichzeitigen Wahr- und Falsch-seins mit Beifügung einer versinnlichenden Figur[125]), führt aber dann auch hier das Gleiche

---

possibile esse — *non possibile esse*
non necesse esse — *necesse non esse*

contradictoriae — *contrariae*

necesse esse

123) *Introd. ad syll. cat.* p. 558—561. *D. syll. cat.* p. 581 f.

124) *Introd.* p. 562.: *in qualitate quidem, quod alia affirmativa alia negativa est .... secundum quantitatem vero differentiae enuntiationum sunt, quod aliae quidem universales aliae particulares aliae indefinitae aliae singulares .... simplicium vero enuntiationum partes sunt subiectum et praedicatum; subiectum est, quod praedicati suscipit dictionem .... praedicatum vero est, quod dicitur de subiecto ..... aequalis vero est subiectus terminus praedicato, ut si quis dicat „homo risibilis est" .... ut vero id quod subiectum est maius possit esse praedicato, nulla prorsus enuntiatione contingit, ipsa enim praedicata natura minora esse non patitur .... termini vero dicuntur, quod in eos postrema sit resolutio .....* (p. 563.) *„est" igitur et „non est" non sunt termini, sed, ut dictum est, significatio qualitatis. D. syll. cat.* p. 583.

125) *Introd.* p. 563 ff.: *propositionum vero simplicium aliae sunt quae in nulla parte conveniunt, ut „Plato philosophus est" et „virtus bona est" .... aliae vero sunt, quae aliqua terminorum participatione iunguntur, id autem duobus fieri modis potest, aut enim ordine eodem aut per ordinis commutationem .... nunc de singulis quibusque tractemus, ac primum de ea propositionum convenientia, quae cum utris-*

für das unbestimmte und individuelle Urtheil durch[126]). Hierauf entwickelt er in grösster Ausführlichkeit, wie sich allg. bej., allg. vern., part. bej., part. vern. (A E I O, von dem unbestimmten und individuellen wird hier doch wieder Umgang genommen) Urtheile, sowohl wenn das Prädicat ein wesentliches Merkmal ist (*homo—rationalis*), als auch wenn ein nicht-wesentliches, entweder ein auf das Subject beschränktes (*homo—grammaticus*) oder ein über das Subject hinausreichendes (*homo—iustus*), als auch wenn das speciell eigenthümliche (*homo — risibilis*), als auch wenn ein widersprechendes (*homo — lapis*), sämmtlich zu jenen entgegengesetzten Urtheilen verhalten, in welchen die Negation entweder bei dem Subjecte und bei dem Prädicate oder bei dem Subjecte allein oder bei dem Prädicate allein steht[127]); und von diesem letzten Falle wird, wenn in ihm auch noch eine Verneinung des Satzes selbst hinzukömmt, auf jene Urtheile übergegangen, welche *convenientia* (d. h. sog. äquipollente, s. oben Anm. 117) sind[128]). Betreffs nun aber jener Urtheile, deren gleiche Termini

que participet terminis, participandi tamen ordinem servent. Für dieses Verhältniss gestaltet sich dann obige Figur (Anm. 113.) hier folgendermassen (p. 567.):

Universalis affirmatio — *contrariae* — *Universalis negatio*

hae tum dividunt verum et falsum,
tum falsae sunt utraeque, verae nunquam

vera universali vera est particularis,
sed non convertitur
falsa particulari falsa est universalis
sed non convertitur
subalternae

hae semper dividunt verum et falsum

hae semper dividunt verum et falsum

vera universali vera est particularis,
sed non convertitur
falsa particulari falsa est universalis,
sed non convertitur
subalternae

hae tum dividunt verum et falsum,
tum verae sunt utraeque, falsae nunquam

Particularis affirmatio — *subcontrariae* — *Particularis negatio*

126) *Introd.* p. 568.: *nunc de infinitis ac singularibus disseramus.* p. 569.: *nunc de singularibus explicemus.* Der Auszug dieser Erörterungen *d. syll. cat.* p. 583 ff., woselbst statt *contradictorius* fast beständig *contraiacens* gebraucht wird.

127) Es werden nemlich (*Introd.* p. 570.) die zwanzig Urtheile, welche sich ergeben, wenn *homo* zuerst mit *rationalis,* dann mit *grammaticus,* dann mit *iustus,* dann mit *risibilis,* dann mit *lapis* verbunden und jedesmal in *A, E, I, O* gesetzt wird, zuerst mit jenen entsprechenden zwanzig verglichen, welche die Negation sowohl beim Subjecte als auch beim Prädicate haben (also z. B. *omnis homo rationalis est — omnis non homo non rationalis est* u. s. f.), hierauf (p. 572.) mit jenen, in welchen die Negation bloss beim Subjecte steht (*omnis homo rationalis est — omnis non homo rationalis est* u. s. f.), und dann (p. 573.) mit denjenigen, deren Prädicat verneint ist (*omnis homo animal est — omnis homo non animal est* u. s. f.). Diese Erörterung ist in dem Auszuge (*d. syll. cat.*) übergangen.

128) *Introd.* p. 574.: *convenientium autem ordinem seriemque describimus, quas si quis in superius posita respexerit, videbit angulariter conversas:*

omnis homo rationalis est		*nullus homo non rationalis est*
omnis homo non rationalis est	*conveniunt*	*nullus homo rationalis est*
quidam homo non rationalis est		*quidam homo rationalis non est*
quidam homo rationalis est		*quidam homo non rationalis non est*

ihre Stelle tauschen, wird zunächst die bekannte Regel der Conversion angegeben, hier aber zum erstenmale mit dem fortan üblich gebliebenen Ausdrucke „*per accidens*“ für die nicht reine Umkehrung, die reine aber wird mit „*principaliter*“ bezeichnet; auch die Angabe, dass bei dem *proprium* volle Umkehrbarkeit besteht, fehlt nicht [129]). Sodann aber wird dieser Umkehrung (*simplex conversio*) gegenüber noch jene besprochen, mit welcher eine Hinzufügung der Negation verbunden ist, und da letzteres wieder entweder beim Subjecte und beim Prädicate oder beim Subjecte allein oder beim Prädicate allein geschehen kann, so ergeben sich drei Fälle, bei welchen das gegenseitige Verhältniss des Wahr- und Falsch-seins zu untersuchen ist. Zu bemerken ist hiebei, dass Boethius diese Art der Umkehrung als *conversio per oppositionem*, und wenigstens den ersten der drei Fälle (wo Subject und Prädicat verneint werden) auch als *conversio per contrapositionem* bezeichnet, welch letzteres technische Wort uns hier ebenso zum erstenmale begegnet wie die Angabe der formalen Regel der Contraposition, dass das allgemein bejahende und das particular verneinende Urtheil rein contraponirt werden können, und es sich hiemit gegen die Conversion hier umgekehrt verhalte [130]). —

---

129) *Introd.* p. 574.: *nunc eam propositionum convenientiam vel participationem loquamur, quae in utrisque quidem terminis convenientia, sed ordinis commutatione consistunt, cuius disceptationis hic finis est, de propositionum conversione docuisse ..... harum igitur particularis affirmatio particulariter quidem sibi ipsa convertitur, universali autem affirmationi per accidens; et rursus universalis negatio loco principe sui recipit conversionem, ad particularem vero negationem per accidens converti potest; affirmationis vero universalis ad se ipsam perpetua non potest esse conversio, ad particularem vero affirmationem per accidens potest; nec vero negationis particularis ad se ipsam principaliter stabilis ac firma conversio est, sed negationi universali secundo loco atque accidentaliter* .... (p. 575.) *universalis vero affirmatio non tenet perpetuam conversionem; quamvis enim quoties de speciebus propria praedicantur, converti universales affirmationes queant*, etc. *D. syll. cat.* p. 589.: *per accidens autem converti dicitur particularis affirmatio universali affirmationi, quia particularis affirmatio sibi ipsi principaliter convertitur.*

130) *Introd.* p. 576.: *restat nunc de ea propositionum convenientia vel participatione disserere, in qua utrimque terminorum ordine permutato uni vel utrique eorum negativum copulatur adverbium* .... *huius vero participationis est triplex modus; aut enim praedicato tantum termino negatio iungitur aut subiecto aut utrique termini denegantur* .... *ac primum quidem de hac disseremus, cuius subiectum praedicatumque negatur* .....

simplices	*conversae utrisque infinitis*
omnis homo animal est	*omne non animal non homo est*
nullus homo animal est	*nullum non animal non homo est*
quidam homo animal est	*quoddam non animal non homo est*
quidam homo animal non est	*quoddam animal non homo non est*

sed quanquam huiusmodi participationis plures esse differentias noverimus, ad instructionem tamen categoricorum syllogismorum de hac tantum proposuisse sufficiat ..... universalis namque affirmatio et particularis negatio per oppositionem sibi ipsa convertitur, universalis autem negationis et particularis affirmationis non est ad veritatis falsitatisve consensum fida conversio (auch in der näheren Erörterung p. 577 f. wird hier überall *conversio per oppositionem* oder *convertere cum oppositione* gebraucht). Hierauf wird die Untersuchung über Wahr- und Falsch-sein noch bei einen nemlichen zwanzig Urtheilen (Anm. 127.) für den Fall geführt, dass in dem umgekehrten nur das Prädicat verneint ist (*simplices: omnis homo animal est* u. s. f. *conversae de praedicato infinito: omne animal non homo est* u. s. f. p. 578), und endlich für jenen Fall, dass bloss das Subject verneint ist (*simplices: omnis homo*

Des Boethius Lehre vom hypothetischen Urtheile s. sogleich unten Anm. 140—152.

In der Lehre vom Schlusse, zu welcher das so eben Angegebene nur als Vorstufe dienen soll, weil alles Zusammengesetzte von seinen Bestandtheilen abhängt [131]), ist, soweit es sich um den kategorischen Schluss handelt, aus dem zweiten Buche *De syll. cat.*, welches als Compendium dieses Theiles der Syllogistik zu betrachten ist, wenig Eigenthümliches zu berichten. Von Einfluss auf die folgende Zeit musste es sein, dass hier schon sehr deutlich das sog. *Dictum de omni* und *Dictum de nullo* an die Spitze tritt [132]). Die Terminologie steht in der Weise fest, dass überall *syllogismus*, *termini* und *propositio*, für die Combinationen *complexio*, dann *figura* und *modus*, für die Termini selbst *medius* (auch *medium*), *maior*, *minor* (letztere beide auch *extremitates*), gebraucht wird; auch die übliche (peripatetische) Anwendung der Buchstaben wird um der Küze willen empfohlen [133]). Uebrigens erkennen wir die Macht des Formalismus auch daraus, dass Boethius ausdrücklich sagt, man solle sich nicht daran stossen, wenn auch die Beispiele unsinnig und falsch seien, denn es handle sich hier nicht um die factische Wahrheit, sondern eben um syllogistische Verbindungen [134]). Boethius nennt, wo er zunächst die drei Schlussfiguren angibt, jene Syllogismen, deren Beweiskraft nicht anderswoher gestützt werden muss, *perfectos syllogismos*, die übrigen *imperfectos* [135]). Er zählt für die erste Figur neben den vier aristotelischen Schlussweisen mit Berufung auf Theophrastus,

---

animal est u. s. f. *conversae de subiecto infinito*: *omne non animal homo est* u. s. f. p. 579.). Hingegen *D. syll. cat.* p. 589 f. wird nur der erste dieser drei Fälle besprochen, hiebei aber stets der technische Ausdruck *conversio per contrapositionem* gebraucht, und dann die eigentliche sog. Conversion als *simplex conversio* bezeichnet. So (p. 589.): *restat ut de his conversionibus dicamus quae per contrapositionem fiunt, et primum earum sit dispositio in descriptione subiecta* (es folgen dann obige vier contraponirten Urtheile); hierauf: *in simplici terminorum conversione quod particularis affirmatio et generalis negatio sibi ipsis convertentur, generalis vero affirmatio et particularis negatio sibi ipsis non converterentur, hic in per contrapositionem conversionibus contra est; nam generalis affirmatio per contrapositionem sibi ipsa convertitur et particularis negatio sibi ipsi convertitur, generalis vero negatio et particularis affirmatio per contrapositionem sibi non convertuntur.*

131) *D. syll. cat.* p. 591.: *omnium compositorum firmitudo vel vitium aut in his maxime reperitur ex quibus est compositum, aut penes bonam malamve compositionem eius laus vituperatioque tenetur.*

132) Ebend.: *et quid sit esse in omni vel non esse, paucis ostendam .... diffinimus ergo in toto esse vel in toto non esse* (also *omne* und *totum* gelten hier als gleichbedeutend; vgl. hingegen Anm. 58.) *sic*: *in toto esse vel de omni praedicari dicitur, quoties non potest inveniri aliquid subiecti, ad quod illud quod praedicatur dici non possit .... in toto vero non esse vel de nullo praedicari dicitur, quoties nihil subiecti poterit inveniri, ad quod illud quod praedicatur dici possit.*

133) p. 592.: *quotiescunque ita dicimus, ut litteras pro terminis disponamus, pro brevitate hoc et compendio facimus; id quod per litteras demonstrare volumus, universaliter demonstramus.*

134) p. 605.: *nec hoc nos perturbet, si quae hic propositiones et conclusiones falsae sunt, quandoquidem non veritates rerum sed connexiones syllogismorum, figuras et modus suscepimus disserendos.*

135) p. 593.: *perfectus syllogismus est, cui ad integram probatamque conclusionem ex superius sumptis et propositis nihil deest .... imperfectus vero syllogismus est, cui nihil aeque ad perfectionem deest, verumtamen in his quae in propositionibus sumpta sunt aliqua desunt, cur ita esse videtur.*

Eudemus und Porphyrius auch jene fünf theophrastischen, welche wir nun schon oft trafen, auf, bemerkt aber, die letzteren seien nur *per conversionem refractionemque* (d. h. κατ' ἀνάκλασιν, Abschn. V, Anm. 46) oder *imperfecti*; ja ihnen gegenüber seien die aristotelischen *directi*, woraus natürlich die mittelalterliche Bezeichnung der theophrastischen als *indirecti modi* floss [136]. Auch in der dritten Figur fügt er aus Porphyrius jenen siebenten Modus hinzu, von welchem oben (vor. Abschn. Anm. 82) die Rede war. Ueber geringschätzige Aeusserungen betreffs der Induction dürfen wir uns auch hier nicht wundern [137]. Uebrigens verwendet Boethius am Schlusse des Buches allen Fleiss auf die ausführlichste Darlegung, wie und durch welche Umkehrung u. dgl. alle übrigen Schlussweisen auf die der ersten Figur zurückzuführen seien. Die Schlüsse aus Möglichkeits- und Nothwendigkeits-Urtheilen werden übergangen. Insoferne aber die Syllogistik dem Beweis-Verfahren dient, treffen wir auch hier ähnlich wie schon oben (Abschn. IX, Anm. 81 f. u. Abschn. X, Anm. 60) das Bestreben nach gewissen höchsten und allgemeinsten Obersätzen, *principales propositiones* oder *probationis principia*, selbst mit Angabe des nemlichen Beispieles wie dort [138]; nirgends jedoch erscheint eine Fixirung derartiger Grundsätze etwa auf eine bestimmte Zahl derselben (vgl. vor. Abschn. Anm. 161).

In einer merkwürdigen Vollständigkeit aber entwickelt Boethius die Lehre von den hypothetischen Syllogismen in seinem denselben gewidmeten Compendium in zwei Büchern, wozu er, wie er ausdrücklich bemerkt, nur aus griechischen Quellen schöpfte, da er in der römischen Litteratur Nichts dergleichen vorfand [139]; es hat ja die spätere unkritische Tradition darum den Boethius sogar zum „Erfinder" der hypothetischen Schlussweisen gestempelt. In der Darstellung selbst, welche Boethius gibt, können wir zwar die Ordnung eben nicht rühmen, wir wollen derselben aber dennoch folgen, um auch den Eindruck des Compendiums wiederzugeben. Es wird zunächst von dem hypothetischen Urtheile

---

136) p. 595.: *per conversionem refractionemque dicitur, quoniam quod universaliter colligebatur, conversum particulariter collectum est.* p. 601.: *primae figurae quatuor primi indemonstrabiles nominantur et directi .... illi quoque quinque primae figurae modi imperfecti et per conversionem sunt.*

137) p. 600.: *frequenter ad inductionem verae quaedam propositiones sunt, quarum conclusio nullo modo vera est .... propter eas conclusiones, quae sunt per eas propositiones quae per inductionem dicuntur, additum est* (d. h. in der Definition des Syllogismus), *conclusiones in syllogismis necessarias contingere. D. diff. top.* p. 864.: *inductio, quae habet maximam probabilitatem, sed interdum veritate deficit.*

138) *D. diff. top.* p. 859.: *et illae quidem* (*sc. propositiones*) *quarum nulla probatio est, maximae ac principales vocantur, quod his illas necesse est approbari, quae ut demonstrari valeant, non recusant; est autem maxima propositio, ut haec „si de aequalibus aequalia demas, quae derelinquuntur aequalia sunt", ita enim hoc per se notum est, ut aliud notius quo approbari valeat esse non possit; quae propositiones cum fidem sui natura propria gerant, non solum alieno ad fidem non egent argumento, verum ceteris quoque probationis solent esse principium; igitur per se notae propositiones, quibus nihil est notius, indemonstrabiles ac maximae et principales vocantur.*

139) *D. syll. hyp.* p. 606.: *quod igitur apud scriptores quidem Graecos perquam rarissimos strictim atque confuse, apud Latinos vero nullos reperi, id tuae scientiae dedicatum noster taesi diuturnus coepti tamen efficax labor excoluit.*

gehandelt, durch welches Nichts prädicirt, sondern irgend ein Bestehen an ein anderes bedingungsweise geknüpft wird; auf ihm ja soll der hypothetische Syllogismus beruhen, insoferne, wenn auch nur Eine der Prämissen hypothetisch ist, der Schluss selbst es gleichfalls ist; doch die Beweiskraft soll auch dieser Syllogismus nur durch den kategorischen erhalten [140]). Nur als eine Species des hypothetischen Urtheiles wird das disjunctive bezeichnet, welches wohl mit dem negativen hypothetischen gleichbedeutend zu sein scheint, in der That diess aber nur dann ist, wenn das Urtheil „Wenn A ist, ist nicht B" auf einem directen Gegensatze und dem nothwendigen Bestehen des Einen Gliedes der Alternative beruht — „Entweder A oder B ist" —; und in solchem Sinne wird gesagt, dass das hypothetische Urtheil überhaupt entweder durch *connexio* (diess wäre *συνημμένον*) oder durch *disiunctio* (*διεζευγμένον*) bestehe [141]). Weil aber Boethius diese ganze Urtheilsform nach stoischer Weise als Product einer Zusammensetzung betrachtet, so stützt er auf die Bestandtheile desselben zunächst auch eine ganz äusserliche Eintheilung, da es entweder aus zwei bejahenden kategorischen oder aus zwei verneinenden desgleichen oder aus einem bejahenden und einem verneinenden oder aus einem verneinenden und einem bejahenden bestehen könne [142]); und erst nachhinkend folgt mit der Bemerkung, dass „*si*" und „*cum*" gleichbedeutend seien (s. hingegen Abschn. VI, Anm. 126) die Angabe, dass eine Verschiedenheit in dem inneren Verhältnisse der Abfolge (*consequentia*) liege, indem dieselbe entweder bloss accidentell oder in dem Wesen der Dinge begründet sein könne, in letzterem Falle aber wieder entweder von dem Aufstellen der Termini noch

---

140) p. 607.: *praedicativa simplex est propositio, conditionalis vero esse non poterit, nisi ex praedicativis propositionibus coniungatur ..... neque enim omnino alterum de altero praedicatur, sed tantum dicitur esse alterum si alterum fuerit .... ita igitur propositionibus disgregatis ex enuntiationum proprietate syllogismi quoque vocabulum perceperunt, ut alii dicantur praedicativi alii conditionales .... in quibus vero hypothetica propositio prima est, potest namque et assumptio et conclusio esse praedicativa, hi tantum per unius hypotheticae propositionis naturam hypothetici et conditionales dicuntur .... necesse est categoricos syllogismos hypotheticis vim conclusionis ministrare.*

141) p. 608.: *quae vero a simplicibus differunt, illae sunt quando aliquid dicitur esse vel non esse, si quid fuerit vel non fuerit; hae semper cum coniunctionibus proponuntur ..... fiunt vero propositiones hypotheticae etiam per disiunctionem ita „aut hoc est aut illud est", nec eadem videri debet haec propositio quae superius sic enuntiatur „si hoc est, illud non est", haec enim non est per disiunctionem sed per negationem, negatio vero omnis indefinita est atque ideo et in contrariis et in contrariorum medietatibus et in disparatis* (s. Anm. 95.) *fieri potest .... at in ea quae per disiunctionem fit, alteram semper poni necesse est .... igitur quoniam per disiunctionem propositio in certis tantum rebus, in quibus alterum eorum evenire necesse est, ponitur, hoc autem per negationem, separatio, quae in omnibus etiam his quae suam etiam invicem naturam non perimunt poni potest, aperta ratione discreta est; omnis igitur hypothetica propositio vel per connexionem fit (per connexionem vero illum quoque modum, qui per negationem fit, esse pronuntio) vel per disiunctionem, uterque enim modus ex simplicibus propositionibus comparatur.* Vgl. Anm. 148.

142) p. 608.: *quoniam omnis simplex propositio vel affirmativa vel negativa est, quatuor modis per connexionem fieri hypotheticae propositiones possunt, aut enim ex duabus affirmativis aut ex duabus negativis aut ex affirmativa et negativa aut ex negativa et affirmativa.*

verschieden oder durch dieses bereits gegeben sei [143]). Der äussere Ausdruck dieser Abfolge erscheint in der Terminologie, da der sog. Vordersatz *praecedens*, der Nachsatz *consequens* heissen soll, was bei dem disjunctiven Urtheile bloss in der Reihenfolge des Aussprechens beruhe [144]); ihr inneres Wesen aber wird mit weitläufiger Beweisführung in den obersten Grundsatz verlegt, dass aus dem Bestande des Vordersatzes jener des Nachsatzes und aus dem Nicht-Bestehen des Nachsatzes jenes des Vordersatzes folge [145]). Nun wird zur Eintheilung der hypothetischen Urtheile geschritten, und dieselben, wie wir erwarten durften, in einfache und zusammengesetzte getheilt, letztere aber wieder unterschieden, je nachdem sie aus zwei hypothetischen oder aus einem kategorischen und einem hypothetischen Urtheile bestehen, welch letzterer Fall durch die Möglichkeit der Reihenfolge wieder ein doppelter ist; also:

Wenn A ist, so ist B
Wenn, falls A ist, B ist, so ist, falls C ist, auch D
Wenn A ist, so ist, falls B ist, auch C
Wenn, falls A ist, B ist, so ist C

hiebei sollen die als Bestandtheile auftretenden Sätze nun *termini* heissen [146]). Hiezu aber kömmt als noch eine Species ein Mittelding zwischen den letzten drei der eben genannten, nemlich hypothetische Urtheile, welche je nach den drei Figuren des kategorischen Schlusses ausgesprochen werden:

Wenn A ist, ist B, und wenn B ist, ist C
Wenn A ist, ist B, und wenn A nicht ist, ist C
Wenn B ist, ist A, und wenn C ist, ist nicht A

---

143) p. 608.: *sed quoniam dictum est, idem significari „si" coniunctione et „cum", quando in hypotheticis propositionibus ponitur, duobus modis conditionales fieri possunt, uno secundum accidens, altero ut habeant aliquam naturae consequentiam; secundum accidens hoc modo, ut cum dicimus „cum ignis calidus sit, coelum rotundum est", non enim quia ignis calidus est, coelum rotundum est ....* (609.) *sunt autem aliae quae habent ad se consequentiam naturae, harum quoque duplex modus est; unus cum necesse est consequi, ea tamen ipsa consequentia non per terminorum positionem fit .... „cum homo sit, animal est", haec enim consequentia inconcussa veritate est subnixa, sed non idcirco animal est, qui homo est ..... sunt autem aliae hypotheticae propositiones, in quibus et consequentia necessaria reperietur et ipsius consequentiae causam terminorum positio facit, hoc modo „si terrae fuerit obiectus, defectio lunae consequitur" .... istae igitur sunt propositiones certae atque utiles ad demonstrationem.*

144) p. 609.: *partimur autem propositiones hypotheticas in suas ac simplices propositiones, et primam quidem, cui coniunctio proponitur praecedentem dicimus, secundam vero consequentem .... in disiunctivis vero propositionibus ordo enuntiandi praecedentem vel consequentem facit* (das Letztere ist einfältig genug).

145) p. 609.: *ac primum quae sit propositionum consequentia consideremus* ..... (610.) *ex omnibus igitur solae duae consequentiae stabiles sunt et immutabiliter constat, si sit primum, ut consequatur ut sit secundum; si secundum non fuerit, necessario consequi ut non sit primum.*

146) p. 610.: *hypothetica propositio aut ex duabus simplicibus coniuncta est et vocatur simplex hypothetica, ut haec „si A est, B est" .... aut ex duabus hypotheticis copulatur et dicitur composita, veluti cum dicimus „Si, cum A est, B est, cum sit C, est D" .... aut ex una simplici et ex una hypothetica copulatur, velut haec „Si A est, cum sit B, est C" .... aut ex priore hypothetica et simplici posteriore committitur, ut cum dicimus „Si, cum sit A, est B, erit et C" ..... terminos autem nunc partes propositionis simplices quibus iunguntur appello.*

also genau die nemlichen Formen, welche wir schon früher (Abschn. V, Anm. 60 ff.) als *συλλογισμοὺς δι' ὅλου ὑποθετικοὺς* kennen lernten; das Einfältige hier ist nur, dass sie Boethius nicht schon in dieser Form zu den Schlüssen, sondern wohl wegen des „und" noch zu den Urtheilen rechnet [147]). Nachdem sich hieran eine an dieser Stelle höchst unnöthige Bemerkung abermals über das disjunctive Urtheil anreiht [148]), folgt die Ankündigung, dass nun bezüglich der *connexae* die Abfolge, sowie das Verhältniss des Conträren und Contradictorischen untersucht werden solle [149]); ein anscheinend tieferer Anfang aber führt nur zu leeren Formalien. Es wird nemlich bemerkt, dass die Modalität (*modus*, s. oben) in dem Unterschiede zwischen Stattfinden, Möglichkeit und Nothwendigkeit beruhe, ferner dass ersteres keine weitere Eintheilung in sich zulasse, hingegen jede der beiden letzteren drei Arten unter sich habe, nemlich je eine, welche mit dem Urtheile des Stattfindens zusammenfalle, dann eine, welche mit einer auf das Subject des Urtheiles beschränkten Allgemeingültigkeit ausgesprochen werde, und eine, welche schlechthin auf Allgemeingültigkeit Anspruch macht; hieraus demnach folge, dass es bezüglich der Modalität fünf Arten des Urtheiles gebe [150]); und dieses letztere Resultat nun wird nur dazu benützt, um die Anzahl der möglichen

---

147) p. 611.: *est etiam alia species propositionum in connexione positarum, quae media quodammodo sit earum propositionum quae ex hypotheticis simplicibusque iunguntur et earum quae ex duabus hypotheticis copulantur .... proponuntur vero hae vel per primam figuram vel per secundam vel per tertiam; per primam hoc modo „si est A, est B, et si est B, est C" .... per secundam vero figuram proponitur hoc modo „si est A, est B; si non est A, est C", per tertiam vero figuram sic „si est B, est A; si est C, non est A".*

148) p. 611.: *disiunctivae vero propositiones semper ex contrariis constant, ut hoc aut est A aut B est, altero enim posito alterum tollitur et interempto altero ponitur alterum, nam si est A, non est B; si non est A, est B; eodem modo etiam si sit B, non erit A; si non est B, erit A.*

149) p. 611.: *his igitur expeditis ad connexas revertamur; in illis enim vel propositio propositionem vel conditio conditionem vel propositio conditionem vel conditio propositionem sequitur; dicendum est igitur, quae propositiones quarum propositionum consequentes esse videantur, quae contrarietatis modo quam longissime a se differant, quae vero oppositionis contradictione dissentiant.*

150) p. 611.: *simplicium namque, id est praedicativarum, propositionum aliae praeter modum proponuntur aliae cum modo* (Anm. 119.) .... *sed maximas faciunt syllogismorum differentias hae propositiones cum modo enuntiatae, quibus necessitatis aut possibilitatis nomen adiungitur ....* (612.) *quo fit ut omnis propositio aut inesse significet aut inesse necessario aut posse contingere; quarum quidem ea quae inesse significat simplex est neque in ullas partes alias deduci potest; ea vero quae ex necessitate aliquid inesse designat tribus dicitur modis; uno quidem quo ei similis est propositioni quae inesse significat .... alia vero necessitatis significatio est, cum hoc modo proponimus „hominem necesse est cor habere, dum est atque vivit" .... alia vero necessitatis significatio est universalis et propria quo absolute praedicat necessitatem ..... possibile autem idem tribus dicitur modis; aut enim quod est, possibile esse dicitur .... aut quod omni tempore contingere potest, dum ea res permanet cui aliquid contingere posse proponitur .... item possibile est quod absolute omni tempore contingere potest. .... ex his igitur apparet alias propositiones esse inesse significantes alias necessarias alias contingentes atque possibiles, quarum necessariarum contingentiumque cum sit trina partitio, singulae ex iisdem partitionibus ad eas quae inesse significant referuntur; restant igitur duae necessariae et duae contingentes quae cum ea quae inesse significat enumeratae quinque omnes propositionum faciunt differentias; omnium vero harum propositionum aliae sunt affirmativae aliae negativae.*

Formen des hypothetischen Urtheiles anzugeben (vgl. Anm. 118); nemlich da jede jener fünf Arten sowohl bejahend als auch verneinend ausgesprochen werden kann, das einfache hypothetische Urtheil aber aus der Verbindung zweier kategorischer besteht, so ergibt sich, da zehnerlei Urtheile mit zehnerlei Urtheilen paarweise zu combiniren sind, die Zahl von hundert Formen des einfachen hypothetischen Urtheiles [151]); in gleicher Weise berechnet sich die Zahl der Formen desjenigen hypothetischen Urtheiles, welches aus drei Termini (in obigen Sinne) besteht, auf 1000, sowie bei jenem, welches aus vier Termini besteht, anf 10000; zum Glücke findet es Boethius selbst unnöthig, zu einer noch vollständigeren Berechnung auch die Verhältnisse der Quantität zu berücksichtigen [152]). Nun folgt eine höchst karge Erledigung der vorher angekündigten Punkte, indem nur bemerkt wird, dass die Abfolge jedenfalls auf dem Nexus des Nothwendigen beruhen müsse, die Contrarietät aber in der Aufhebung dieser Abfolge liege, hingegen das Contradictorische in der sprachlichen Verneinung des sog. Nachsatzes bestehe [153]).

Nun folgt die ausführliche Angabe sämmtlicher hypothetischer Schlussweisen im Hinblicke auf obige (Anm. 146 f.) Eintheilung der hypothetischen Urtheile, hingegen mit durchgängiger Uebergehung jener zwei Arten des Möglichkeits- und der zwei Arten des Nothwendigkeits-Urtheiles. In einer längeren vorläufigen Bemerkung wird die Terminologie festgestellt, dass der Obersatz *propositio* oder *sumptum*, der Untersatz *assumptio*, der Schlusssatz *conclusio* heissen solle, und zugleich wird die Meinung derjenigen, welche annahmen, der hypothetische Schluss habe fünf Be-

---

151) p. 613.: *nam quoniam propositio simplex hypothetica ex categoricis duabus iungitur, una earum vel inesse significabit simpliciter vel contingere esse vel necesse esse dupliciter* (diese Worte sind in d. Ausgg. widersinnig umgestellt), *quod si sunt affirmativae, quinquies affirmativa enuntiatione proponentur. ... rursus quinquies negativa enuntiatio poterit pronuntiari; erunt igitur in prima propositione .... modorum propositiones decem; secunda etiam propositio ... totidem proponi potest .... sed cum prima propositio secundae propositioni quadam consequentia copuletur, ... complexae centum omnes efficiunt propositiones.*

152) p. 613.: *quae ex conditionali et categorica constant, vel quae e diverso ex tribus categoricis iunctae sunt, ... quo fit ut tertia propositio cum duabus superioribus centum inter se modis copulatis atque complexis iuncta atque commissa mille omnes faciat complexiones ..... rursus quoniam ex duabus hypotheticis iuncta conditionalis quatuor categoricis copulatur, ... fient decem millia complexiones; in illis autem propositionibus quae tribus variantur figuris* (Anm. 147.), ... *mille erunt complexiones ad earum similitudinem quae ex tribus categoricis connectuntur* ..... (614.) *longe autem multiplex numerus propositionum exsisteret, si inesse significantes et necessarias et contingentes affirmativas negativasque propositiones per universales et particulares vel oppositas vel subalternas variaremus; sed id non convenit, quia conditionalium termini propositionum infinito maxime enuntiantur modo.*

153) p. 614.: *omnes vero necessariam consequentiam tenere volunt et quae inesse significant et quibus necessitas additur et quibus praedicatio possibilitatis aptatur .... necessitas vero hypotheticae propositionis et ratio earum propositionum ex quibus iunguntur inter se connexiones, consequentiam quaerit ..... opponuntur autem hypotheticis propositionibus illae solae quae earum substantiam perimunt.... si quis ergo recte conditionali propositioni repugnabit, id efficiet, ut earum destruat consequentiam ..... sunt autem hypotheticae propositiones aliae quidem affirmativae aliae negativae .... ad consequentem enim propositionem respiciendum est, ut an affirmativa an negativa sit propositio iudicetur.*

standtheile (Abschn. VIII, Anm. 59), widerlegt und an der Dreitheilung desselben festgehalten [154]). Zuerst dann werden natürlich jene Schlussweisen angegeben, welche aus dem einfachen hypothetischen Urtheile fliessen, und hier ergeben sich, da dasselbe in Folge seiner Zusammensetzung vier Formen hat (Anm. 142), der Grundsatz der Abfolge aber eine zweifache Möglichkeit darbietet (Anm. 145), acht Schlussweisen. (Würden hier statt des Einen Urtheiles des Stattfindens obige fünf modalen Formen des Urtheiles berücksichtigt, so ergäben sich zweihundert Schlussmodi; man sieht, Boethius lässt den Beförderern der formalen Logik noch einen grossartigen Wirkungskreis übrig.) Jene acht sind folgende [155]):

I. 1. Wenn A ist, ist B	2. Wenn A ist, ist B nicht
A ist	A ist
B ist	B ist nicht
3. Wenn A nicht ist, ist B	4. Wenn A nicht ist, ist B nicht
A ist nicht	A ist nicht
B ist	B ist nicht
5. Wenn A ist, ist B	6. Wenn A ist, ist B nicht
B ist nicht	B ist
A ist nicht	A ist nicht
7. Wenn A nicht ist, ist B	8. Wenn A nicht ist, ist B nicht
B ist nicht	B ist
A ist	A ist

Nun aber kommen hiezu noch zwei Modi, da in 3 und 7 die Termini das Verhältniss einer exclusiven Alternative aussprechen (s. Anm. 141 u. 148.) und daher mit dem disjunctiven Urtheile zusammentreffen; demnach kann hier bei 3 aus dem Obersatze der Nachsatz anstatt des Vor-

154) p. 614.: *hypotheticos syllogismos quos latine conditionales vocamus alii quinque alii quatuor alii tribus constare partibus arbitrantur .... quoniam enim omnis syllogismus ex propositionibus texitur, prima vel propositio vel sumptum vocatur, secunda vero dicitur assumptio, ex his quae infertur conclusio nuncupatur* ..... (615.) *saepe evenit ut propositionis enuntiatae consequentia non sit verisimilis .... assumptio quoque saepe ad fidem per se non videtur idonea .... quo fit ut saepe quinque partes, saepe quatuor, interdum tres, hypotheticos syllogismos habere contingat ..... manifestum est, eorum esse sententiam praeponendam quae asserit syllogismum tribus partibus tantum iungi.*

155) p. 615.: *his ita determinatis de his protinus syllogismis, quorum propositiones in connexione positae duobus terminis constant, explicandum videtur; horum autem duplex forma est, quatuor enim per praecedentis propositionis affirmationem, qui sunt primi hypothetici atque perfecti, quatuor vero per sequentis negationem, qui cum demonstratione indigeant non videntur esse perfecti .... omnium igitur talium propositionum primum numerus explicetur .... sunt autem quatuor: Si est A, est B. Si est A, non est B. Si non est A, est B. Si non est A, non est B. .... primus modus est .... Si est A, est B; atqui est A; est igitur B ....* (616.) *secundus vero modus est .... Si est A, non est B; atqui est A; non est igitur B ..... tertius vero modus est .... Si non est A, est B; atqui non est A; est igitur B .... quartus modus est .... Si A non est, B non est; atqui non est A; non est igitur B ..... nunc vero dicendum est de his, quorum consequens propositionis ita sumitur, ut perimatur .... est igitur primus modus .... Si est A, est B; at non est B; non est igitur A .....* (617.) *secundus modus .... Si est A, non est B; atqui B est; igitur A non est .... tertius modus ..... Si A non est, B est; B autem non est; A igitur est .... quartus modus .... Si non est A, non est B; est autem B; erit igitur A.*

dersatzes ponirt und bei 7 der Vordersatz statt des Nachsatzes aufgehoben werden, und es ergeben sich:

9 (3) Wenn A nicht ist, ist B	10 (7) Wenn A nicht ist, ist B
B ist	A ist
A ist nicht	B ist nicht

Darum wird gesagt, dass in dieser ersten Klasse hypothetischer Schlüsse acht oder zehn Modi bestehen; zehn nemlich, wenn man bloss auf die Termini, nicht aber auf die Natur des Schlusses selbst sehe [156]). Welch sinnloser Formalismus diesem sowie dem Folgenden zu Grunde liege, springt in die Augen.

Dann folgen jene Modi aus hypothetischen Urtheilen, welche zusammengesetzt sind, und zwar zunächst aus einem kategorischen und einem hypothetischen Urtheile; es sind in Folge der möglichen Bejahung und Verneinung in einem derartigen Urtheile 16 Modi (nach den fünf modalen Formen wären es 400), nemlich folgende [157]):

156) p. 616. (bei Angabe des *tertius modus*) *sed in his si alterum non fuerit, statim necesse est esse alterum, et si alterum fuerit, statim necesse est alterum non esse; videtur ergo quodammodo ex consequenti posito in his fieri syllogismos; sed quantum ad rei naturam, ita est, quantum vero ad propositionis ipsius pertinet conditionem, minime consequitur .... si vero id quod sequitur ponendo assumatur, nullam fieri necessitatem praeter in tertio modo, qui cum sit similis syllogismis qui per disiunctionem propositis enuntiationibus fiunt, videtur in rebus de quibus proponi potest servare necessitatem cum in complexione non servet ....* p. 617. (bei der Angabe des anderen *tertius modus*) *nam hic quoque ut in his in quibus in assumptione secundus terminus ponebatur, dicendum est, secundum ipsius quidem complexionis naturam nullum fieri syllogismum, secundum terminos vero ... in contrariis tantum et in his immediatis, id est medium non habentibus, haec sola propositio vere poterit praedicari ....* (618.) *itaque si quid in assumptione ex his quae in propositione sunt pronuntiata ponatur, quatuor vel quinque fieri necesse est syllogismos .... quatuor ubi prima pars propositionis, quintus vero ubi secunda pars propositionis ponendo assumitur, si non ad complexionis naturam, sed ad terminos aspiciamus .... si vero prior propositionis pars auferatur .... hic quoque quatuor vel quinque sunt syllogismi .... quocirca si ex duobus terminis propositio prima constat, octo sunt vel decem nec amplius syllogismi.*

157) p. 618.: *nunc de his syllogismis dicendum est, qui ex praedicativa et hypothetica vel ex hypothetica praedicativaque connectuntur ... sunt igitur priores quidem quae ex praedicativa atque hypothetica connectuntur hae: Si sit A, cum sit B, est C. Si sit A, cum sit B, non est C. Si sit A, cum non sit B, est C. Si sit A, cum non sit B, non est C. Si non sit A, cum sit B, est C. Si non sit A, cum sit B, non est C. Si non sit A, cum non sit B, est C. Si non sit A, cum non sit B, non est C ......* (620.) *ex prima propositione: Si est A, cum sit B, est C; atqui est A; cum igitur sit B, est C. vel sic: atqui cum sit B, non est C; non est igitur A ... ex secunda propositione: Si est A, cum sit B, non est C: atqui est A; cum igitur sit B, non est C. vel ita: atqui cum sit B, est C; non est igitur A. Ex tertia: Si est A, cum non sit B, est C; atqui est A; cum igitur non sit B, est C. vel ita: atqui cum non sit B, non est C; non est igitur A. Ex quarta: Si est A, cum non sit B, non est C; atqui est A; cum igitur non sit B, non est C. vel ita: atqui cum non sit B, est C; non est igitur A .... ex quinta ... Si non est A, cum sit B, est C; atqui non est A; cum igitur sit B, est C. vel ita: atqui est A; cum igitur sit B, non est C. vel ita: atqui cum sit B, non est C; est igitur A. vel sic: atqui cum sit B, est C; non est igitur A. quod idcirco evenit ut huiusmodi propositio quatuor colligat syllogismos, quia in his tantum si non sit aliquid, esse aliud proponi potest .... ex sexta: Si non sit A, cum cum sit B, non est C; atqui non est A; cum igitur sit B, non est C. vel ita: atqui cum sit B, est C; igitur est A. ex septima: si non est A, cum non sit B, est C; atqui non est A; cum igitur non sit B, est C. vel ita: atqui est A; cum*

II. 1. Wenn A ist, so ist, falls B ist, C
A ist

Falls B ist, ist C

2. Wenn A ist, so ist, falls B ist, nicht C
A ist

Falls B ist, ist nicht C

3. Wenn A ist, so ist, falls B nicht ist, C
A ist

Falls B nicht ist, ist C

4. Wenn A ist, so ist, falls B nicht ist, nicht C
A ist

Falls B nicht ist, ist nicht C

5. Wenn A nicht ist, so ist, falls B ist, C
A ist nicht

Falls B ist, ist C

6. Wenn A nicht ist, so ist, falls B ist, nicht C
A ist nicht

Falls B ist, ist nicht C

7. Wenn A nicht ist, so ist, falls B nicht ist, C
A ist nicht

Falls B nicht ist, ist C

8. Wenn A nicht ist, so ist, falls B nicht ist, nicht C
A ist nicht

Falls B nicht ist, ist nicht C

9. Wenn A ist, so ist, falls B ist, C
Falls B ist, ist nicht C

A ist nicht

10. Wenn A ist, so ist, falls B ist, nicht C
Falls B ist, ist C

A ist nicht

11. Wenn A ist, so ist, falls B nicht ist, C
Falls B nicht ist, ist nicht C

A ist nicht

12. Wenn A ist, so ist, falls B nicht ist, nicht C
Falls B nicht ist, ist C

A ist nicht

13. Wenn A nicht ist, so ist, falls B ist, C
Falls B ist, ist nicht C

A ist

14. Wenn A nicht ist, so ist, falls B ist, nicht C
Falls B ist, ist C

A ist

igitur non sit B, non est C. vel ita: atqui cum non sit B, non est C; est igitur A. vel ita: atqui cum non sit B, est C; non est igitur A. in hac quoque complexione propter eandem causam quatuor collectiones fiunt. ex octava: Si non est A, cum non sit B, non est C; atqui non est A; cum igitur non sit B, non est C. vel ita: atqui cum non sit B, est C; est igitur A .... in septimo vero et quinto modo quaque ratione assumptum alterum in utrisque partibus faciet conclusionem; itaque fiunt sedecim vel viginti potius syllogismi.

15. Wenn A nicht ist, so ist, falls B nicht ist, C
Falls B nicht ist, ist nicht C
———
A ist

16. Wenn A nicht ist, so ist, falls B nicht ist, nicht C
Falls B nicht ist, ist C
———
A ist

Hiezu kommen aus dem gleichen Grunde wie oben auch hier noch vier andere Modi, indem sowohl in 5 und 13 als auch in 7 und 15 mit dem gleichen Verfahren wie vorher der Nachsatz anstatt des Vordersatzes und umgekehrt in den Untersatz genommen wird, so dass also auch hier von einem anderen Standpunkte aus 20 Modi sich ergeben; nemlich:

17 (5) Wenn A nicht ist, so ist, falls B ist, C
Falls B ist, ist C
———
A ist nicht

18 (13) Wenn A nicht ist, so ist, falls B ist, C
A ist
———
Falls B ist, ist nicht C

19 (7) Wenn A nicht ist, so ist, falls B nicht ist, C
Falls B nicht ist, ist C
———
A ist nicht

20 (15) Wenn A nicht ist, so ist, falls B nicht ist, C
A ist
———
Falls B nicht ist, ist nicht C

In gleicher Weise ergeben sich aus jenen hypothetischen Urtheilen, welche aus einem hypothetischen und einem kategorischen zusammengesetzt sind, ebenfalls 16 Modi (mit Berücksichtigung der Modalität wären es abermals 400) nemlich [158]):

158) p. 621.: *nunc ad eos transitum faciamus, qui ex prima conditionali, secunda vero praedicativa nectuntur .... Si, cum sit A, est B, est C. Si, cum sit A, est B, non est C. Si, cum sit A, non est B, est C. Si, cum sit A, non est B, non est C. Si, cum non sit A, est B, est C. Si, cum non sit A, est B, non est C. Si, cum non sit A, non est B, est C. Si, cum non sit A, non est B, non est C ....* (622.) *ex prima propositione: Si, cum sit A, est B, est C; atqui cum sit A, est B; est igitur C. vel ita: atqui non est C; cum igitur sit A, non est B. .... ex secunda: Si, cum sit A, est B, non est C; atqui cum sit, A, est B; non est igitur C. vel ita: atqui est C; cum igitur sit A, non est B. ex tertia vero utrobique assumptis terminis collectiones fiunt, ut: Si, cum est A, non est B, est C; atqui cum sit A, non est B; est igitur C. vel ita: atqui cum sit A, est B; non est igitur C. vel ita: atqui non est C; cum igitur sit A, est B. vel sic: atqui est C; cum igitur sit A, non est B .... ex quarta: Si, cum sit A, non est B, non est C; atqui cum sit A, non est B; non est igitur C. vel ita: atqui est C; cum igitur sit A, est B. ex quinta: Si, cum non sit A, est B, est C; atqui cum non sit A, est B; est igitur C. vel sic: atqui non est C; cum igitur non sit A, non est B. ex sexta: Si, cum non sit A, est B, non est C; atqui cum non sit A, est B; non est igitur C. vel sic: atqui est C; cum igitur non sit A, non est B. ex septima utrobique colligitur hoc modo: Si, cum non sit A, non est B, est C; atqui cum non sit A, non est B; est igitur C. vel ita: atqui cum non sit A, est B; non est igitur C. vel ita: atqui non est C; cum igitur non sit A, est B. vel sic: atqui C est; cum igitur non sit A, non est B ..... ex octava: Si, cum non sit A, non est B, non est C; atqui cum non sit A, non est B; non est igitur C. vel ita: atqui est C; cum igitur non sit A, est B ..... quare sedecim quidem vel viginti fiunt syllogismi.*

III. 1. Wenn, falls A ist, B ist, so ist C
Falls A ist, ist B
――――――――
C ist

2. Wenn, falls A ist, B ist, so ist nicht C
Falls A ist, ist B
――――――――
C ist nicht

3. Wenn, falls A ist, B nicht ist, so ist C
Falls A ist, ist B nicht
――――――――
C ist

4. Wenn, falls A ist, B nicht ist, so ist nicht C
Falls A ist, ist B nicht
――――――――
C ist nicht

5. Wenn, falls A nicht ist, B ist, so ist C
Falls A nicht ist, ist B
――――――――
C ist

6. Wenn, falls A nicht ist, B ist, so ist nicht C
Falls A nicht ist, ist B
――――――――
C ist nicht

7. Wenn, falls A nicht ist, B nicht ist, so ist C
Falls A nicht ist, ist B nicht
――――――――
C ist

8. Wenn, falls A nicht ist, B nicht ist, so ist nicht C
Falls A nicht ist, ist B nicht
――――――――
C ist nicht

9. Wenn, falls A ist, B ist, so ist C
C ist nicht
――――――――
Falls A ist, ist B nicht

10. Wenn, falls A ist, B ist, so ist nicht C
C ist
――――――――
Falls A ist, ist B nicht

11. Wenn, falls A ist, B nicht ist, so ist C
C ist nicht
――――――――
Falls A ist, ist B

12. Wenn, falls A ist, B nicht ist, so ist nicht C
C ist
――――――――
Falls A ist, ist B

13. Wenn, falls A nicht ist, B ist, so ist C
C ist nicht
――――――――
Falls A nicht ist, ist B nicht

14. Wenn, falls A nicht ist, B ist, so ist nicht C
C ist
――――――――
Falls A nicht ist, ist B nicht

15. Wenn, falls A nicht ist, B nicht ist, so ist C
C ist nicht
――――――――
Falls A nicht ist, ist B

16. Wenn, falls A nicht ist, B nicht ist, so ist nicht C
C ist
Falls A nicht ist, ist B

Auch hier kommen noch vier hinzu, indem aus dem gleichen Grunde sowohl bei 3 und 11 als auch bei 7 und 15 wie oben verfahren wird:

17 (3) Wenn, falls A ist, B nicht ist, so ist C
C ist
Falls A ist, ist B nicht

18 (11) Wenn, falls A ist, B nicht ist, so ist C
Falls A ist, ist B
C ist nicht

19 (7) Wenn, falls A nicht ist, B nicht ist, so ist C
C ist
Falls A nicht ist, ist B nicht

20 (15) Wenn, falls A nicht ist, B nicht ist, so ist C
Falls A nicht ist, ist B
C ist nicht

Nun folgen die Schlussweisen aus jenen hypothetischen Urtheilen, welche aus drei Termini bestehen (Anm. 147.); da in denselben vermöge der Bejahung und Verneinung acht Fälle möglich sind, ergeben sich acht Modi durch Setzen des ersten Vordersatzes und acht durch Aufheben des zweiten Nachsatzes; die durch das umgekehrte Verfahren entstehenden sechzehn werden als unwahr abgewiesen. Es bewegen sich diese Schlüsse in den drei Figuren des kategorischen Syllogismus; folgende 16 (welche durch die Modalitäts-Verhältnisse gleichfalls 400 würden) bestehen in der ersten Figur[159]:

159) p. 623.: *nunc de his dicendum est syllogismis quorum propositiones ita tribus terminis continentur, ut mediae sint earum quae ex hypothetica praedicativaque texuntur et earum quae ex duabus hypotheticis connectuntur .... sexdecim necesse est fieri complexiones ex quibus octo tantum servant consequentiae necessitatem, reliquae vero octo nihil idoneum videntur habere ad fidem .... fiunt vero syllogismi tum in prima figura tum in secunda tum vero in tertia ..... est enim primae figurae primus modus .... si est A, est B, et si est B, necesse est esse C; tunc enim si est A, etiam C esse necesse est ....* (624.) *secundus modus ... si ist A, est B, et si est B, necesse est non esse C; at vero est A; non est igitur C ..... tertius modus .... si est A, non est B; et si non est B, necesse est esse C ....; atqui est igitur A; est igitur C ..... quartus modus .... si est A, non est B, et si non est B, non est etiam C; hic enim si A est, necesse est non esse C ..... quintus modus .... si non est A, est B; si est B, etiam C necesse est esse; atqui non est A; C igitur necesse est esse .... sextus modus ... si non est A, est B, et si est B, non est C; atqui non est A; non est igitur C .... septimus modus .... si A non est, B non est, et si B non est, necesse est esse C; atqui non est A; necesse est igitur esse C .... octavus modus .... si non est A, non est B, et si non est B, necesse est non esse C; atqui non est A; non est igitur C .....* (625.) *quod si A terminus ponendo assumatur, erunt octo necessarii syllogismi; si vero C terminus ponendo assumatur, nullus efficitur syllogismus; eodem quoque modo syllogismorum complexionumque ordo constabit, si id in assumptione quod in propositione positum fuerat auferatur .... primus igitur modus hic est: si est A, est B, et A est B, etiam C esse necesse est; at non est C; igitur A non est .... secundus modus ... si est A, est B, et si est B, non esse C necesse est; atqui est C; igitur si non erit .... tertius modus: si est A, non est B, et si non est B, necesse est*

IV. a. 1. Wenn A ist, ist B, und wenn B ist, ist C
A ist
———
C ist

2. Wenn A ist, ist B, und wenn B ist, ist C nicht
A ist
———
C ist nicht

3. Wenn A ist, ist B nicht, und wenn B nicht ist, ist C
A ist
———
C ist

4. Wenn A ist, ist B nicht, und wenn B nicht ist, ist C nicht
A ist
———
C ist nicht

5. Wenn A nicht ist, ist B, und wenn B ist, ist C
A ist nicht
———
C ist

6. Wenn A nicht ist, ist B, und wenn B ist, ist C nicht
A ist nicht
———
C ist nicht

7. Wenn A nicht ist, ist B nicht, und wenn B nicht ist, ist C
A ist nicht
———
C ist

8. Wenn A nicht ist, ist B nicht, und wenn B nicht ist, ist C nicht
A ist nicht
———
C ist nicht

9. Wenn A ist, ist B, und wenn B ist, ist C
C ist nicht
———
A ist nicht

10. Wenn A ist, ist B, und wenn B ist, ist C nicht
C ist
———
A ist nicht

11. Wenn A ist, ist B nicht, und wenn B nicht ist, ist C
C ist nicht
———
A ist nicht

12. Wenn A ist, ist B nicht, und wenn B nicht ist, ist C nicht
C ist
———
A ist nicht

esse C; atqui non est C; necesse est igitur non esse A ..... quartus modus: si est A, non est B, et si non est B, necesse est non esse C; at est C; igitur A non erit .... quintus: si A non est, B est, et si B est, etiam C esse necesse est; atqui non est C; igitur A esse necesse est ..... sextus: si non est A, est B, et si est B, necesse est C non esse; atqui est C; igitur A esse necesse est .... septimus: si non est A, non est B, et si non est B, necesse est esse C; atqui C non est; igitur A esse necesse est .... octavus ... si non est A, non est B, et si B non est, C non esse necesse est: atqui est C; igitur A esse necesse est.

13. Wenn A nicht ist, ist B, und wenn B ist, ist C
C ist nicht
―――――
A ist

14. Wenn A nicht ist, ist B, und wenn B ist, ist C nicht
C ist
―――――
A ist

15. Wenn A nicht ist, ist B nicht, und wenn B nicht ist, ist C
C ist nicht
―――――
A ist

16. Wenn A nicht ist, ist B nicht, und wenn B nicht ist, ist C nicht
C ist
―――――
A ist

In der zweiten Figur ergeben sich nach Ausscheidung derjenigen Combinationen des zusammengesetzten hypothetischen Urtheiles, in welchen der mittlere Terminus A in gleicher Qualität wiederholt würde (*aequimodae*), ebenfalls 16 Modi aus den *inaequimodae*, nemlich [160]):

IV. b. 1. Wenn A ist, ist B, und wenn A nicht ist, ist C
B ist nicht
―――――
C ist

2. Wenn A ist, ist B, und wenn A nicht ist, ist C nicht
B ist nicht
―――――
C ist nicht

160) p. 626.: *conditionalium propositionum quae tribus terminis constant secunda figura est, quoties cum aliquid dicitur vel esse vel non esse, consequitur ut duo quaedam vel esse vel non esse dicantur .... in quibus illud est praedicendum, quod saepe aequimode propositiones ponuntur, saepe vero non, ac de aequimodis quidem nullus est syllogismus, aequimoda enim propositio est, si ita dicamus „si A est, B est, et si est A, non est C" .... si igitur non sit aequimoda propositio, assumpto quidem B fiunt sedecim complexiones, quarum tantum octo sunt syllogismi; rursus si assumatur C, sic quoque sedecim complexiones fiunt, sed in octo tantum syllogismorum deprehenditur firma necessitas. sit igitur primus modus secundae figurae .... si est A, est B, si autem non est A, est C; dico quoniam si non est B, est C .... quodsi C terminus assumatur, si quidem non esse ponatur, erit necessario B .... ex secunda .... si est A, est B, si non est A, non est C; dico quia si non est B, non est C .... si C terminus affirmatus fuerit, erit B ....* (627.) *ex tertia .... si est A, non est B, et si non est A, est C; dico quia si B est, est C .... si quidem non sit C, non erit B ..... ex quarta ... si est A, non est B, si non est A, non est C; dico quoniam si est B, non est C .... si C terminus assumatur, si quidem esse ponatur, necesse erit non esse B .... quinta: si non est A, est B, si est A, est C; dico quia si non est B, erit C .... si C terminus assumatur, si quidem negative, faciet syllogismum ....* (628.) *ex sexta ... si non est A, est B, et si est A, non est C; dico quia si non est B, non erit C .... quodsi C terminum sumpseris, si quidem affirmes, facies syllogismum ... si igitur C fuerit, erit B .... ex septima .... si non est A, non est B, si est A, est C; dico quia si est B, erit C .... si igitur non sit C, non erit B ..... ex octava ... si non est A, non est B, et si est A, non est C; dico quoniam si est B, non est C ..... si igitur est C, non est B .... et secundae quidem figurae inaequimoeas complexiones omnes explicuimus; si vero aequimodae sint, nullus omnino fit syllogismus.*

3. Wenn A ist, ist B nicht, und wenn A nicht ist, ist C

$$\frac{\text{B ist}}{\text{C ist}}$$

4. Wenn A ist, ist B nicht, und wenn A nicht ist, ist C nicht

$$\frac{\text{B ist}}{\text{C ist nicht}}$$

5. Wenn A nicht ist, ist B, und wenn A ist, ist C

$$\frac{\text{B ist nicht}}{\text{C ist}}$$

6. Wenn A nicht ist, ist B, und wenn A ist, ist C nicht

$$\frac{\text{B ist nicht}}{\text{C ist nicht}}$$

7. Wenn A nicht ist, ist B nicht, und wenn A ist, ist C

$$\frac{\text{B ist}}{\text{C ist}}$$

8. Wenn A nicht ist, ist B nicht, und wenn A ist, ist C nicht

$$\frac{\text{B ist}}{\text{C ist nicht}}$$

9. Wenn A ist, ist B, und wenn A nicht ist, ist C

$$\frac{\text{C ist nicht}}{\text{B ist}}$$

10. Wenn A ist, ist B, und wenn A nicht ist, ist C nicht

$$\frac{\text{C ist}}{\text{B ist}}$$

11. Wenn A ist, ist B nicht, und wenn A nicht ist, ist C

$$\frac{\text{C ist nicht}}{\text{B ist nicht}}$$

12. Wenn A ist, ist B nicht, und wenn A nicht ist, ist C nicht

$$\frac{\text{C ist}}{\text{B ist nicht}}$$

13. Wenn A nicht ist, ist B, und wenn A ist, ist C

$$\frac{\text{C ist nicht}}{\text{B ist}}$$

14. Wenn A nicht ist, ist B, und wenn A ist, ist C nicht

$$\frac{\text{C ist}}{\text{B ist}}$$

15. Wenn A nicht ist, ist B nicht, und wenn A ist, ist C

$$\frac{\text{C ist nicht}}{\text{B ist nicht}}$$

16. Wenn A nicht ist, ist B nicht, und wenn A ist, ist C nicht

$$\frac{\text{C ist}}{\text{B ist nicht}}$$

In gleicher Weise sind in der dritten Figur folgende 16 Schlussweisen möglich [161]):

IV. c. 1. Wenn B ist, ist A, und wenn C ist, ist A nicht

$$\frac{\text{B ist}}{\text{C ist nicht}}$$

2. Wenn B ist, ist A, und wenn C nicht ist, ist A nicht

$$\frac{\text{B ist}}{\text{C ist}}$$

3. Wenn B nicht ist, ist A, und wenn C ist, ist A nicht

$$\frac{\text{B ist nicht}}{\text{C ist nicht}}$$

4. Wenn B nicht ist, ist A, und wenn C nicht ist, ist A nicht

$$\frac{\text{B ist nicht}}{\text{C ist}}$$

5. Wenn B ist, ist A nicht, und wenn C ist, ist A

$$\frac{\text{B ist}}{\text{C ist nicht}}$$

6. Wenn B ist, ist A nicht, und wenn C nicht ist, ist A

$$\frac{\text{B ist}}{\text{C ist}}$$

7. Wenn B nicht ist, ist A nicht, und wenn C ist, ist A

$$\frac{\text{B ist nicht}}{\text{C ist nicht}}$$

8. Wenn B nicht ist, ist A nicht, und wenn C nicht ist, ist A

$$\frac{\text{B ist nicht}}{\text{C ist}}$$

9. Wenn B ist, ist A, und wenn C ist, ist A nicht

$$\frac{\text{C ist}}{\text{B ist nicht}}$$

---

161) p. 629.: *nunc igitur de tertia figura dicendum est, in qua quidem totidem complexiones fiunt et totidem syllogismi, sed ita ut non aequimodae propositiones ponantur, quod si aequimodae fuerint, nullus omnino, ut in secunda figura dictum est, fiet syllogismus ..... primus modus ... si est B, est A, si est C, non est A .... quoniam si est B, non esse C necesse est .... si C est, B non erit .... ex secunda ... si est B, est A, si non est C, non est A; dico quidem si est B, erit C .... si igitur non est C, non erit B .... tertia ... si non est B, est A, si est C, non est A; dico quia si non est B, non erit C .... si igitur sit C, est B ....* (630.) *ex quarta ... si non est B, est A, si non est C, non est A; dico quia si non est B, est C .... si igitur non sit C, erit B .... quinta .... si est B, non est A, si est C, est A; dico quia si est B, non est C .... si igitur sit C, non erit B ..... sextae propositionis haec conclusio est: si est B, non est A, si non est C, est A; dico quia si est B, erit C .... si igitur non sit C, non erit B ....* (631.) *septimae .... si non est B, non est A, si est C, est A; dico quia si non est B, non est C .... si igitur sit C, erit B .... octavus modus ... si non est B, non est A, et si non est C, est A; dico quia si non est B, est C .... si igitur non sit C, erit B .... quocirca cum tribus terminis texitur propositio et ex prima quidem figura fiunt syllogismi sedecim, ex secunda syllogismi sedecim, ex tertia etiam totidem colliguntur, omnes ex tribus terminis syllogismi quadraginta octo sunt.*

10. Wenn B ist, ist A, und wenn C nicht ist, ist A nicht

C ist nicht

B ist nicht

11. Wenn B nicht ist, ist A, und wenn C ist, ist A nicht

C ist

B ist

12. Wenn B nicht ist, ist A, und wenn C nicht ist, ist A nicht

C ist nicht

B ist

13. Wenn B ist, ist A nicht, und wenn C ist, ist A

C ist

B ist nicht

14. Wenn B ist, ist A nicht, und wenn C nicht ist, ist A

C ist nicht

B ist nicht

15. Wenn B nicht ist, ist A nicht, und wenn C ist, ist A

C ist

B ist

16. Wenn B nicht ist, ist A nicht, und wenn C nicht ist, ist A

C ist nicht

B ist

Nun folgen jene Schlussweisen, welche bei den aus zwei hypothetischen Urtheilen zusammengesetzten Obersätzen sich ergeben; diese letzteren aber haben in Folge der Bejahung und Verneinung sechzehn Formen, und es sind die dem obigen Verfahren (I, II und III) völlig entsprechenden 32 Modi, deren nach allen Modalitäten 800 wären, folgende [162]):

162) p. 632.: *restat vero ut de his syllogismis nunc dicamus qui duabus hypotheticis connectuntur, quorum quidem consequentiae similis modus est ut in his propositionibus quae ex duabus categoricis ac simplicibus efficiebantur* ..... (635.) *ex prima propositione ... si, cum est A, est B, cum sit C, est D; atqui cum sit A, est B; cum igitur sit C, erit D. vel ita: atqui cum sit C, non est D; cum igitur sit A, non est B ... ex secunda ... si, cum est A, est B, cum sit C, non est D; atqui cum sit A, est B; cum igitur sit C, non est D. vel ita: atqui cum sit C, est D; cum igitur sit A, non est B. ex tertia: si, cum sit A, est B, cum non sit C, est D; atqui cum sit A, est B; cum igitur non sit C, est D. vel ita: atqui cum non sit C, non est D; cum igitur sit A, non est B ... ex quarta: si cum sit A, est B, cum non sit C, non est D; sed cum sit A, est B; cum igitur non sit C, non est D. vel ita: atqui cum non sit C, est D; cum igitur sit A, non est B. ex quinta propositione fiunt quatuor collectiones ... si, cum est A, non est it, cum sit C, est D; atqui cum sit A, non est B; cum igitur sit C, est D. vel Ba: atqui cum sit A, est B; cum igitur sit C, non est D; vel ita: atqui cum sit C, non est D; cum igitur sit A, est B. vel ita: atque cum sit C, est D; cum igitur sit A, non est B. ex sexta: si, cum est A, non est B, cum sit C, non est D; atqui cum sit A, non est B; cum igitur sit C, non est D. vel ita: atqui cum sit C, non est D; cum igitur sit A, est B. ex septima item fiunt quatuor syllogismi hoc modo: si, cum est A, non est B, cum non sit C, est D; atqui cum est A, non est B; cum igitur non sit C, est D. vel ita: atqui cum sit A, est B; cum igitur non sit C, non est D. vel ita: atqui cum non sit C, non est D; cum igitur sit A, est B. vel ita: atqui cum non sit C, est D; cum igitur A sit, non est B. ex octava ... si, cum est A, non est B, cum non sit C, non est D; atqui cum*

V. 1. Wenn, falls A ist, B ist, so ist, falls C ist, D
Falls A ist, ist B
Falls C ist, ist D

2. Wenn, falls A ist, B ist, so ist, falls C ist, D nicht
Falls A ist, ist B
Falls C ist, ist D nicht

3. Wenn, falls A ist, B ist, so ist, falls C nicht ist, D
Falls A ist, ist B
Falls C nicht ist, ist D

4. Wenn, falls A ist, B ist, so ist, falls C nicht ist, D nicht
Falls A ist, ist B
Falls C nicht ist, ist D nicht

5. Wenn, falls A ist, B nicht ist, so ist, falls C ist, D
Falls A ist, ist B nicht
Falls C ist, ist D

6. Wenn, falls A ist, B nicht ist, so ist, falls C ist, D nicht
Falls A ist, ist B nicht
Falls C ist, ist D nicht

7. Wenn, falls A ist, B nicht ist, so ist, falls C nicht ist, D
Falls A ist, ist B nicht
Falls C nicht ist, ist D

---

sit A, non est B; cum igitur non sit C, non est D. vel ita: atqui cum non sit C, est D; cum igitur sit A, est B .... ex nona ... si, cum non est A, est B, cum sit C, est D; atqui cum non sit A, est B; cum igitur sit C, est D. vel ita: atqui cum sit C, non est D; cum igitur non sit A, non est B ... ex decima: si, cum non est A, est B, cum sit C, non est D; atqui cum non est A, est B; cum igitur sit C, non est D. vel ita: atqui cum sit C, est D; cum igitur non sit A, non est B. ex undecima: si, cum non est A, est B, cum non sit C, est D; atqui cum non sit A, est B; cum igitur non sit C, est D. vel ita: at cum non sit C, non est D; cum igitur non sit A, non est B. ex duodecima: si, cum non sit A, est B, cum non sit C, non est D; atqui cum non sit A, est B; cum igitur non sit C, non est D. vel ita: atqui cum non sit C, est D; cum igitur non sit A, non est B. ex tertia decima quae quatuor colligit syllogismos ... si, cum non est A, non est B, cum sit C, est D; atqui cum non sit A, non est B; cum sit C, est D; vel ita: atqui cum non sit A, est B; cum igitur sit C, non est D. vel ita: atqui cum sit C, est D; cum igitur non sit A, non est B. vel ita: atqui cum sit C, non est D; cum igitur non sit A, est B .... ex quartadecima: si, cum non est A, non est B, cum sit C, non est D; atqui cum non est A, non est B; cum igitur sit C, non est D. vel ita: atqui cum sit C, est D; cum igitur non sit A, est B. quintadecima rursus quatuor colligit syllogismos .... si, cum non est A, non est B, cum non sit C, est D; atqui cum non sit A, non est B; cum igitur non sit C, est D. vel ita: atqui cum non sit A, est B; cum igitur non sit C, non est D. vel ita: atqui cum non sit C, non est D; cum igitur non sit A, est B. vel ita: atqui cum non sit C, est D; cum igitur non sit A, non est B. ex sextadecima ... si, cum non sit A, non est B, cum non sit C, non est D; atqui cum non sit A, non est B; cum igitur non sit C, non est D. vel ita: atqui cum non sit C, est D; cum igitur non sit A, est B. ex quibus omnibus quadraginta conclusiones fiunt, sedecim quidem assumpta prima conditione ... sedecim vero assumpta secunda conditione contrario modo .... octo vero ex quinta, septima, tertiadecima et quintadecima propositionibus fiunt assumptis primis quidem conditionibus contrario modo ...., secundis vero conditionibus eodem modo.

8. Wenn, falls A ist, B nicht ist, so ist, falls C nicht ist, D nicht
Falls A ist, ist B nicht
Falls C nicht ist, ist D nicht

9. Wenn, falls A nicht ist, B ist, so ist, falls C ist, D
Falls A nicht ist, ist B
Falls C ist, ist D

10. Wenn, falls A nicht ist, B ist, so ist, falls C ist, D nicht
Falls A nicht ist, ist B
Falls C ist, ist D nicht

11. Wenn, falls A nicht ist, B ist, so ist, falls C nicht ist, D
Falls A nicht ist, ist B
Falls C nicht ist, ist D

12. Wenn, falls A nicht ist, B ist, so ist, falls C nicht ist, D nicht
Falls A nicht ist, ist B
Falls C nicht ist, ist D nicht

13. Wenn, falls A nicht ist, B nicht ist, so ist, falls C ist, D
Falls A nicht ist, ist B nicht
Falls C ist, ist D

14. Wenn, falls A nicht ist, B nicht ist, so ist, falls C ist, D nicht
Falls A nicht ist, ist B nicht
Falls C ist, ist D nicht.

15. Wenn, falls A nicht ist, B nicht ist, so ist, falls C nicht ist, D
Falls A nicht ist, ist B nicht
Falls C nicht ist, ist D

16. Wenn, falls A nicht ist, B nicht ist, so ist, falls C nicht ist, D nicht
Falls A nicht ist, ist B nicht
Falls C nicht ist, ist D nicht

17. Wenn, falls A ist, B ist, so ist, falls C ist, D
Falls C ist, ist D nicht
Falls A ist, ist B nicht

18. Wenn, falls A ist, B ist, so ist, falls C ist, D nicht
Falls C ist, ist D
Falls A ist, ist B nicht

19. Wenn, falls A ist, B ist, so ist, falls C nicht ist, D
Falls C nicht ist, ist D nicht
Falls A ist, ist B nicht

20. Wenn, falls A ist, B ist, so ist, falls C nicht ist, D nicht
Falls C nicht ist, ist D
Falls A ist, ist B nicht

21. Wenn, falls A ist, B nicht ist, so ist, falls C ist, D
Falls C ist, ist D nicht
Falls A ist, ist B

22. Wenn, falls A ist, B nicht ist, so ist, falls C ist, D nicht
Falls C ist, ist D

Falls A ist, ist B

23. Wenn, falls A ist, B nicht ist, so ist, falls C nicht ist, D
Falls C nicht ist, ist D nicht

Falls A ist, ist B

24. Wenn, falls A ist, B nicht ist, so ist, falls C nicht ist, D nicht
Falls C nicht ist, ist D

Falls A ist, ist B

25. Wenn, falls A nicht ist, B ist, so ist, falls C ist, D
Falls C ist, ist D nicht

Falls A nicht ist, ist B nicht

26. Wenn, falls A nicht ist, B ist, so ist, falls C ist, D nicht
Falls C ist, ist D

Falls A nicht ist, ist B nicht

27. Wenn, falls A nicht ist, B ist, so ist, falls C nicht ist, D
Falls C nicht ist, ist D nicht

Falls A nicht ist, ist B nicht

28. Wenn, falls A nicht ist, B ist, so ist, falls C nicht ist, D nicht
Falls C nicht ist, ist D

Falls A nicht ist, ist B nicht

29. Wenn, falls A nicht ist, B nicht ist, so ist, falls C ist, D
Falls C ist, ist D nicht

Falls A nicht ist, ist B

30. Wenn, falls A nicht ist, B nicht ist, so ist, falls C ist, D nicht
Falls C ist, ist D

Falls A nicht ist, ist B

31. Wenn, falls A nicht ist, B nicht ist, so ist, falls C nicht ist, D
Falls C nicht ist, ist D nicht

Falls A nicht ist, ist B

32. Wenn, falls A nicht ist, B nicht ist, so ist, falls C nicht ist, D nicht
Falls C nicht ist, ist D

Falls A nicht ist, ist B.

Und ganz entsprechend dem Obigen kommen auch hier noch acht neue Modi hinzu, indem in eben jener nemlichen Weise sowohl mit 5, 7, 21, 23 als auch mit 13, 15, 29, 31 verfahren wird:

33. (5) Wenn, falls A ist, B nicht ist, so ist, falls C ist, D
Falls C ist, ist D

Falls A ist, ist B nicht

34. (21) Wenn, falls A ist, B nicht ist, so ist, falls C ist, D
Falls A ist, ist B

Falls C ist, ist D nicht

35. (7) Wenn, falls A ist, B nicht ist, so ist, falls C nicht ist, D
Falls C nicht ist, ist D
―――――――――――――
Falls A ist, ist B nicht

36. (23) Wenn, falls A ist, B nicht ist, so ist, falls C nicht ist, D
Falls A ist, ist B
―――――――――――――
Falls C nicht ist, ist D nicht

37. (13) Wenn, falls A nicht ist, B nicht ist, so ist, falls C ist, D
Falls C ist, ist D
―――――――――――――
Falls A nicht ist, ist B nicht

38. (29) Wenn, falls A nicht ist, B nicht ist, so ist, falls C ist, D
Falls A nicht ist, ist B
―――――――――――――
Falls C ist, ist D nicht.

39. (15) Wenn, falls A nicht ist, B nicht ist, so ist, falls C nicht ist, D
Falls C nicht ist, ist D
―――――――――――――
Falls A nicht ist, ist B nicht

40. (31) Wenn, falls A nicht ist, B nicht ist, so ist, falls C nicht ist, D
Falls A nicht ist, ist B
―――――――――――――
Falls C nicht ist, ist D nicht

Dass Boethius den sog. disjunctiven Schluss nicht eigens behandeln werde, durften wir schon aus dem Obigen (Anm. 141 u. 148.) erwarten, und es sind die disjunctiven Schlussweisen, wenn auch nicht formell, so doch inhaltlich bereits in jenen obigen hypothetischen erledigt, welche bei I, II, III und V jedesmal durch jenes umgekehrte Verfahren hinzugekommen waren; daher bleibt dem Boethius betreffs der disjunctiven Formen in der That auch Nichts anderes übrig, als dass er die einfachen Arten des disjunctiven Urtheiles auf die ihnen entsprechenden hypothetischen Urtheile reducirt, nemlich

Entweder A ist oder B ist	auf	Wenn A nicht ist, ist B
Entweder A ist nicht oder B ist nicht	auf	Wenn A ist, ist B nicht
Entweder A ist oder B ist nicht	auf	Wenn A nicht ist, ist B nicht
Entweder A ist nicht oder B ist	auf	Wenn A ist, ist B;

und er verweist hiemit nur auf jene Schlussmodi, welche sich aus diesen hypothetischen Urtheilen ergeben[163]). So treffen wir noch am Schlusse

163) p. 636.: *hi vero qui in disiunctione sunt positi illis videntur adiuncti eorumque modos formasque suscipiunt, quos superius in connexione positos ex his propositionibus fieri diximus, quae duabus simplicibus iungerentur .... quatuor igitur superius* (Anm. 142.) *differentias per connexionem enuntiatarum propositionum esse diximus .... per disiunctionem quoque propositiones quatuor tenent differentias hoc modo: Aut est A aut est B; Aut non est A aut non est B; Aut est A aut non est B; Aut non est A aut est B; quarum quidem ea prima est quae proponit „aut est A aut est B" ... similisque est ei propositioni quae dicit „si non est A, est B" .... quicunque igitur syllogismi in ea propositione fiunt quae est „si non est A, est B", hi etiam in ea faciendi sunt quae per disiunctionem proponetur .... item ea propositio disiunctiva quae proponit „aut A non est aut B non est" .... similis est ei propositioni connexae per quam ita proponitur „si est A, non est B"* .... (637.) *quocirca et in disiunctiva propositione totidem syllogismos esse necesse est ..... item ea propositio per quam ita proponitur „aut est A aut non est B"* ....

des Alterthumes den Bestand jener Auffassung, von welcher die Lehre über die Voraussetzungsschlüsse zu Anfang ausgegangen war, indem das Verhältniss der Disjunction keine eigentlich selbstständige Stellung einnahm, sondern als eine Unterart des Hypothetischen auftrat; s. S. 375. Uebrigens hätte bei dieser ganzen handwerksmässigen Arbeit, welche Boethius betreffs der hypothetischen Schlüsse liefert, gerade noch gefehlt, dass er entweder sein mechanisches Schema auch auf sämmtliche Formen der Modalität ausgedehnt (es wären mit Einschluss jener jedesmal „hinzukommenden“ im Ganzen 3450 Modi geworden) oder das beliebte „Zusammensetzen“ der hypothetischen Urtheile, dessen in der That bei solcher Auffassung kein Ende zu finden wäre, noch einige Male fortgesetzt hätte. Es kann nicht oft genug wiederholt werden, dass in jenem Motive des Zusammensetzens, welches man dem Blödsinne der Stoiker verdankt, zumeist die Quelle jener bornirten Auffassungen beruht, durch welche die formale Schul-Logik derartig sich gestaltete, dass ihre Existenz-Berechtigung vor dem Forum der Vernunft bestritten werden muss.

Was endlich die Schrift *De differentiis topicis* betrifft, so gehört dieselbe allerdings mehr der Rhetorik, als der Logik an, erhielt aber durch den von Cassiodorus aus ihr gemachten Auszug einen grossen Einfluss auf die logischen Compendien des Mittelalters (s. Anm. 184). Indem Boethius davon ausgeht, dass die Topik überhaupt der *facultas inveniendi* diene, und indem er zu ihrer Darstellung sogleich von vorneherein auf eine doppelte Quelle, nemlich auf eine griechische und eine lateinische, verweist[164]), gelangt er dann nach seiner Gewohnheit vom Einfachen aufsteigend endlich zur Angabe, was *argumentum* und *argumentatio*, und was *locus* sei, welch letzteres ihn bald auf das Vorhandensein der *maximae et principales propositiones* (Anm. 138) führt[165]). In diesem Interesse der Argumentation (s. Abschn. IX, Anm. 7 f.) gibt er hierauf an, was *quaestio* sei, und theilt dieselbe in *thesis* und *hypothesis*, deren erste auf die Sache selbst, abgesehen von den sie betreffenden Umständen (*circumstantiae*), gehe und dem Dialektiker anheimfalle, sowie letztere gerade auf jene Umstände sich beziehe und Sache des Redners sei[166]).

---

similis est ei propositioni connexae quae enuntiat „si non est A, non est B“ .... ea vero propositio quae dicit „aut non est A aut est B“ .... est similis ei propositioni connexae quae dicit „si est A, est B.“

164) p. 857.: *ea vero quae inveniendi facultatem subministrat a Graecis Topice, a nobis Localis dicitur ..... nunc vero consilium est aperire, qui sint loci, quae eorum differentiae, qui etiam quibus apti sint syllogismis; nec id simpliciter atque uniformiter videtur esse faciendum, verum duplex est tradenda partitio, una quidem ex graecis voluminibus eruta, altera vero ex M. Tullii Topicis sumpta.*

165) Ebend.: *ut igitur cuncta perspicuis rationibus constent, paulo altius ordiendum est; propositio est oratio verum falsumve significans ..... argumentum est ratio rei dubiae faciens fidem; non vero idem est argumentum et argumentatio .... argumentatio vero argumenti per orationem explicatio; locus autem sedes est argumenti vel id unde ad propositam quaestionem conveniens trahitur argumentum ....* Hierauf folgt ein Excerpt der Lehre vom Urtheile (s. Anm. 80.) und dann p. 859. die schon oben, Anm. 138., angeführten Worte über *maximae et principales propositiones;* letztere werden im 2. u. 3. Buche für jeden einzelnen Topus beispielsweise angegeben.

166) p. 859.: *quaestio vero dubitabilis est propositio, in qua necesse est fere eadem considerari quae dudum in propositione dicta sunt .... quaestionis autem duae sunt species; una quae dicitur a dialecticis thesis, haec huiusmodi est, quae*

Indem er sodann eine Eintheilung der *thesis,* auf welche die *loci dialectici* abzielen, veranstaltet, gibt er an, dass die einfache, d. h. in einem kategorischen Urtheile bestehende, Thesis je nach Geltung und Umfang des Prädikates sich nur auf *genus, accidens* und *proprium* beziehen könne (da die *differentia* hier entweder unter *genus* oder unter *species* falle), hingegen bei der zusammengesetzten Thesis, d. h. dem hypothetischen Urtheile bei gleicher Qualität des Vorder- und Nach-Satzes sowohl die eben erwähnten Gesichtspunkte als auch das Verhältniss von *causa* und *effectus,* von *totum* und *pars,* von *nomen* und *modus* (d. h. Stamm- und abgeleitetem Worte), und von *accidens* in Betracht komme, ferner bei bejahendem Vordersatze und verneinendem Nachsatze das *diversum,* das *contrarium* und *privatio et habitus,* bei verneinendem Vordersatze und bejahendem Nachsatze aber nur das Verhältniss der exclusiven Alternative [167]. Hierauf wird noch an den Unterschied zwischen Wahrscheinlichkeit und Nothwendigkeit der *argumenta* obige Unterscheidung zwischen Philosophie, Dialektik, Rhetorik und Sophistik geknüpft (Anm. 82). Im zweiten Buche sodann gibt Boethius die Eintheilung der *loci dialectici* aus Themistius (s. dieselben i. vor. Abschn. Anm. 96) und hierauf im dritten Buche aus Cicero [168], welch beiderseitige Eintheilungen er in Einklang zu bringen sucht; das vierte Buch endlich, in welchem die *loci rhetorici* angegeben

---

de re ceteris circumstantiis nuda quaerit ac disserit, quales e dialecticis maxime ad disputationem sumuntur .... altera vero quae a Graecis vocatur hypothesis, a nobis dicitur causa, haec quaestio est personis, temporibus, factis, ceterisque circumstantiis implicita .... et thesis quidem philosophis, hypothesis vero oratoribus attributa est.

167) Ebend.: *sed eius quidem quaestionis quae est hypothesis posterius divisiones dabo* (d. h. im 4. Buche), *nunc de theseos divisione pertractabo, quae in quatuor dividitur species; in omni enim dialectica quaestione praedicativa ....* (p. 860.) *si tale est quod in quaestione proponitur, ut subiecto sit maius et de subiecti substantia praedicetur, erit genus .... at si maius quidem fuerit, sed de substantia eius non praedicetur, erit accidens .... quodsi aequale quidem sit, sed substantiale, subiecti erit definitio .... quodsi aequale quidem sit, sed a ratione substantiae seiunctum, erit proprium .... itaque dialecticae simplices quaestiones aut de genere aut de accidenti aut de definitione aut de proprio fiunt; possunt vero fieri etiam de differentia quaestiones .... sed tantundem est de differentia quaerere, quantum si de genere dubitetur, aut enim constitutiva erit differentia aut divisiva, sed si constitutiva fuerit, quasi generis obtinet locum .... at si divisiva fuerit, velut species consideratur .... nunc igitur de conditionalibus quaestionibus tractandum est .... ac prius quidem eius quaestionis facienda est divisio in qua disceptatur an affirmationem affirmatio consequatur .... in iis fere rebus evenire solet quas paulo superius commemoravi .... praeter haec autem alias quidem effectus causam, alias quidem effectum causa sequitur .... item totum partes sequuntur ... modus etiam sequitur nomen principale ... nomen etiam principale sequitur modum .... accidentia quoque comitantur id quod subiectum est ...* (861.) *in iisdem etiam differentiis illas quoque consistere necesse est quaestiones quae ab his veniunt propositionibus quae ex utraque constant negatione ..... earum vero quaestionum quae ex affirmatione et negatione consistunt, illa fere divisio est, quod vel in diversis generibus vel in diversis speciebus vel in contrariis vel in privatione atque habitu continentur .... ut autem negationem affirmatio consequatur, quae erat quarta conditionalis propositionis differentia, fieri non potest nisi in his contrariis quae medio carent et quorum alterum semper inesse necesse est.*

168) p. 871.: *et Graeci quidem Themistii diligentissimi scriptoris .... talis locorum videtur esse partitio ...* p. 872.: *sed quoniam divisio Themistii patefacta est, nunc ad M. Tullii divisionem transeamus .... cum antea secundum Themistium locorum differentias dederimus, nunc diversas secundum M. Tullium depromamus.*

werden, ist schlechthin rhetorischen Inhaltes. Am Schlusse desselben werden noch einmal die dialektischen und rhetorischen Topen in Bezug auf ihre Aehnlichkeit und Unähnlichkeit mit einander verglichen [169]).

Auch Cassiodorus, ein Zeitgenosse des Boethius, welcher aber diesen noch lange überlebte (geb. um 468, gest. nicht vor 562) gehört bekanntlich zu jenen Schriftstellern, deren Werke auf den Schulbetrieb des Mittelalters einen bedeutenden Einfluss äusserten; denn seine Schrift *De artibus ac disciplinis liberalium litterarum*, von welcher uns hier der Abschnitt *De dialectica* berührt, wurde in den nächstfolgenden Jahrhunderten vielfach gelesen und benützt. Dass Cassiodorus ausserdem noch eine Monographie *De divisione* und einen Commentar zu Aristoteles *D. interpr.*, sowie über die Topik geschrieben habe, konnte nur in Folge des grössten Mangels an Kritik angenommen werden [170]). Jenes Compendium aber, welches den hauptsächlichsten Inhalt der ganzen Dialektik oder Logik [171]) angeben soll, ist eine höchst klägliche und verstandlose Compilation aus sehr verschiedenen Büchern. In der Einleitung wird auf Aristoteles als denjenigen, welcher diese Disciplin zuerst in „Regeln" brachte, hingewiesen und die Syllogistik als die praktische Bedeutung und Nutzbarkeit der ganzen Dialektik bezeichnet, worauf, zu Folge einer Gewohnheit der *doctores philosophiae*, ein Schema der Eintheilung der Philosophie gegeben wird [172]). Dann wird auf die Isagoge des Porphyrius übergegangen, aus ihr aber nur die *quinque voces* aufgezählt und definirt [173]); ebenso wird hierauf mit den Kategorien verfahren, welche als ein zweifellos sicheres Verzeichniss Alles desjenigen, worü-

---

169) p. 886.: *ac de rhetoricis quidem locis satis dictum est; nunc illud est explicandum, quae sit his similitudo cum dialecticis quaeve diversitas .... ut in dialecticis locis alii sunt ... qui in ipsis haerent de quibus quaeritur, alii assumuntur extrinsecus, alii vero medii inter utrosque locati sunt, sic in rhetoricis quoque locis .... differentiae illae sunt, quod dialectici thesibus etiam apti sunt, rhetorici tantum ad hypotheses, id est ad quaestiones informatas circumstantiis assumuntur .... dialecticoram maior est ambitus et quoniam praeter circumstantias sunt, quae singulares faciunt causas, non modo ad theses utiles sunt, verum etiam ad argumenta quae in hypothesibus posita sunt .... dialecticus prior est, posteriore non eget.*

170) Nemlich sämmtliche folgende Stellen: *D. dial.* p. 541 b.: *sed de huiusmodi propositionibus in his commentariis quos in perihermenias Aristotelis libros scripsimus, diligentius disseruimus.* 545 a.: *quos in expositione Topicorum Aristotelis diligentius persequuti sumus.* 546 a.: *in meo libro diligentius explicavi quem de divisione composui.* 550 a.: *de eorum differentia in Topicorum commentis per transitum disseruimus.* sind sammt demjenigen, was ihnen zunächst vorhergeht und nachfolgt, wörtlich aus des Boethius Schrift *De diff. top.* abgeschrieben (die je entsprechenden Stellen dortselbst sind p. 858, 869, 870, 882.), und beziehen sich also nur auf Bücher, welche Boethius verfasst hatte.

171) *Cassiod. d. art. ac. disc.* p. 528 b. (*Ed. Venet.* 1729.): *tertio de logica, quae dialectica nuncupatur; haec, quantum magistri saeculares dicunt, disputationibus subtilissimis ac brevibus vera sequestrat a falsis.*

172) *D. dial.* p. 536 b.: *Aristoteles ... ad regulas quasdam huius doctrinae argumenta perduxit. ... sed priusquam de syllogismis dicamus, ubi totius dialecticae utilitas et virtus ostenditur, oportet de eius initiis quasi quibusdam elementis pauca disserere ..... consuetudo itaque est doctoribus philosophiae, antequam ad isagogen veniant exponendam, divisionem philosophiae paucis attingere.* Die Eintheilung selbst ist jene überall vorkommende.

173) p. 537 b.: *nunc ad Porphyrii librum qui Isagoge inscribitur accedamus ..... qui non sine propria laude visus est talia dicta formasse.*

ber gesprochen werden kann, gelten und ganz besonders empfohlen werden; bemerkt mag werden, dass die Verhältnisse des Homonymen u. dgl. hier Werkzeuge (*organa*) der Kategorien genannt werden[174]. Nun folgt aus *D. interpr.* die Definition von *nomen*, *verbum*, *oratio*, *enuntiativa*, *affirmatio*, *negatio*, *contradictio* durchweg mit der Terminologie des Boethius[175], unmittelbar darnach aber gibt Cassiodorus die syllogistischen Figuren und die neunzehn Modi des kategorischen Schlusses wörtlich aus Appulejus an, wo er also auch der dortigen technischen Ausdrücke, z. B. *dedicativus* und *abdicativus* für bej. und vern., sich bedient[176]; die Formen des hypothetischen Schlusses hingegen entnimmt er aus Victorinus[177]. Dann geht er auf die Lehre von der Definition über und zählt jene nemlichen fünfzehn Arten derselben auf, welche wir bei Boethius (Anm. 107) trafen[178]. Hierauf folgt mit ausdrücklicher Angabe eines Ueberganges von der Definition zur Topik[179] ein langer und umfassender Auszug aus des Boethius vier Büchern *De differ. top.*, wobei die je einen einzelnen Topus betreffenden Worte meist gleichlautend herübergenommen sind[180]. Hier jedoch ist zwischen den Inhalt des dritten Buches und jenen des vierten noch Mancherlei eingeschoben; zunächst nemlich eine abermalige Angabe der Modi des kategorischen Schlusses, und zwar mit jener Terminologie, welche bei Boethius sich findet (also z. B. *affirmativus* und *negativus*), und zugleich mit ausdrücklicher Beschränkung auf die vierzehn aristotelischen Schlussweisen[181]; sodann unter der Ueberschrift *De paralogismis* eine höchst alberne Angabe der formell unrichtigen Schlüsse (zum Glücke ist sie nur auf die erste Figur beschränkt), indem aus der bekannten Regel der ersten Figur gleichsam

174) p. 538 a.: *sequuntur categoriae Aristotelis sive praedicamenta ..... quorum organa sive instrumenta sunt tria; organa vel instrumenta categoriarum sive praedicamentorum sunt aequivoca, univoca, denominativa ..... hoc opus Aristotelis intente legendum est, quando, sicut dictum est, quidquid homo loquitur, inter decem ista praedicamenta inevitabiliter invenitur; proficit etiam ad libros intelligendos qui sive rhetoribus sive dialecticis applicantur.*

175) Ebend.: *sequitur liber perihermenias subtilissimus .... de quo dictum est: Aristoteles quando librum perihermenias scriptitabat, calamum in mente tingebat.*

176) p. 538 b.: *nunc ad syllogisticas species formulasque veniamus, in quibus nobilium philosophorum iugiter exercetur ingenium* ..... 539 b.: *has formulas categoricorum syllogismorum qui plene nosse desiderat, librum legat qui inscribitur perihermenias Appuleji et quae subtilius sunt tractata cognoscet.*

177) p. 539 b.: *nunc ad hypotheticos syllogismos ordine currente veniamus;* nach diesen Worten folgen die bereits in Anm. 13, 3. und 16. angeführten Stellen.

178) Ebend.: *hinc ad pulcherrimas definitionum species accedamus quae tanta dignitate praecellunt, ut possint dici orationum maximum decus et quaedam lumina dictionum.* Bei der fünften Species gibt der Text des Cassiodorus allein das Richtige (p. 540 a.) *quam graece* **κατὰ λέξιν** (vgl. Anm. 2. u. 107.), *latine ad verbum dicimus;* die elfte nennt er **κατὰ τὴν ἔλλειψιν**, *Latini per indigentiam pleni ex eodem genere*, die fünfzehnte (p. 540 b.) wieder ähnlich wie Victorinus **κατὰ αἰτιολογίαν**, *Latini secundum rei rationem.*

179) p. 540 b.: *scire autem debemus, praedictas species definitionum Topicis merito esse sociatas, quoniam inter quaedam argumenta sunt positae et nonnullis locis commemorantur in Topicis; nunc ad Topica veniamus, quae sunt argumentorum sedes* etc.

180) p. 540 b. — 548 a. und 549 b. — 553 a. Dass in aller Gedankenlosigkeit auch Fremdartiges von Cassiodorus mit abgeschrieben wurde, sahen wir in Anm. 170.

181) p. 548 a.: *De syllogismis. Prima figura modos habet quatuor* u. s. f. p. 549 a.: *demonstrati sunt omnes modi trium figurarum categorici syllogismi, licet quidam primae figurae alios quinque modos addiderint.*

der negative Gehalt vollständig entwickelt und alle jene Fälle, in welchen nicht geschlossen werden kann, erschöpft und mit Beispielen (!) belegt werden[182]; endlich noch eine Stoppel-Lese aus des Boethius Lehre vom Urtheile (Anm. 125—130) selbst mit Anwendung der nemlichen Beispiele[183]. Hernach also, wie bemerkt, wird auf den Inhalt des vierten Buches *D. diff. top.* übergegangen, welches durchaus der Rhetorik angehört, und hiemit der Schluss dieses Compendiums der Dialektik gemacht. Eben aber durch diese ganz äusserliche und höchst confuse Vereinigung des Materiales der eigentlichen Logik und des Inhaltes der Topik ist es geschehen, dass vermittelst des Cassiodorus, man möchte hier fast sagen, zufällig die Topik in die mittelalterlichen Schulbücher der Logik sich fortpflanzte[184]; denn während in dem Compendium des Marcianus Capella dieser Gegenstand nicht behandelt ist, excerpirte gerade aus Cassiodorus denselben wieder Isidorus, indem er an der Scheidung zwischen dialektischen und rhetorischen Topen festhaltend nur erstere aufnahm; durch Isidorus aber gieng dieses Material, dessen Quelle, wie wir sahen (Anm. 168) neben Cicero hauptsächlich Themistius ist (in der Tradition erscheint daher selbst noch bei Vincentius Bellovacensis der Name des Themistius), in die gesammte mittelalterliche Logik über, von wo es sich dann erklärlicher Weise wegen seines Zusammenhanges mit der Argumentation zu einem Theile der sog. angewandten Logik gestaltete.

182) p. 549 a.: *paralogismi vero primae figurae ita fiunt: ex priori affirmativa universali et secunda negativa universali ... item paralogismus, qui ex duabus particularibus affirmativis fit*, u. s. w.

183) p. 549 b.: *omnes propositiones his modis constant:* dann werden Beispiele gegeben von *simplices, contrariae, contradictoriae, ex utrisque terminis infinitis, ex infinito subiecto* u. s. w.

184) Ich gebe darum hiemit hier, wo dieses Material zum erstenmale in ein Compendium der Logik aufgenommen erscheint, wenigstens Namen und Reihenfolge der dialektischen Topen, wie sie Cassiodorus aufzählt, an: nachdem p. 540 b—543 a. mit der Ueberschrift „*De dialecticis locis*" das Excerpt des ersten Buches des Boethius und des Anfanges des zweiten enthalten ist, wird p. 543 a. zur Sache selbst geschritten: *omnes igitur loci, id est maximarum differentiae propositionum* (s. vor. Abschn. Anm. 96.) *aut ab his ducantur necesse est terminis qui in quaestione sunt propositi, praedicato scilicet atque subiecto, aut extrinsecus assumantur, aut horum medii atque inter utrosque versentur; eorum vero locorum qui ab his ducuntur terminis de quibus in quaestione dubitatur, duplex modus est; unus quidem ab eorum substantia, alter vero ab his quae eorum substantiam consequuntur.* Und nun folgen als Topen aus der Substanz selbst: *ex definitione, ex descriptione, ex nominis significatione;* dann aus den Folgerungen der Substanz: (p. 544 a.) *ex toto, ex partibus, ex causis, ex materia, ex fine, ex forma, ex effectibus, corruptionibus et usibus;* hierauf als Topen, welche *extrinsecus* genommen werden: *ex rei iudicio, ex similibus, a maiori, a minori, ex proportione, ex oppositis* (viererlei: *ex contrariis, ex privatione et habitu, ex relatione, ex affirmatione et negatione*), *ex transsumptione;* dann als *medii loci: ex casu, ex coniugatis, ex divisione, ex partitione.* Diess nun sind die Topen des Themistius. Hierauf (p. 547 a.) folgen mit der Ueberschrift „*De Topicis*" die Ciceronischen: erstens *loci ex ipsis rebus: a coniugatis, a genere, a specie, a simili, a differentia, a contrariis, a coniunctis, ab antecedentibus, a consequentibus, a repugnantibus, a causis, ab effectibus, a comparatione* (*a maiori, a minori, a paribus*); dann *loci extrinsecus* oder *inartificiales: ab auctoritate* (*a persona, a natura, a dictis factisque, a tormentis*). Erst später dann nach jenen Einschiebseln folgen (p. 549 b.) mit der Ueberschrift „*De locis rhetoricis*" die rhetorischen Topen, welche in ähnlicher Weise wie jene dialektischen in die Logik, so diese in die mittelalterlichen Compendien der Rhetorik übergiengen.

REGISTER.

DRUCKFEHLER.

S. 616, Zeile 12 von oben lies: *nicht überein* statt *überein.*

" 621, " 24 " " " *bei den Commentaren Alexanders* statt *bei den Commentatoren Alexanders.*

" 664, " 25 von unten lies: *Ottfr. Müller, Etrusker* I, p. 418.

GESCHICHTE DER LOGIK
IM ABENDLANDE

THOEMMES

Printed in England by Antony Rowe Ltd, Chippenham

GESCHICHTE DER LOGIK IM ABENDLANDE

Volume 2

Carl Prantl

THOEMMES PRESS

This edition published by Thoemmes Press, 2001

Thoemmes Press
11 Great George Street
Bristol BS1 5RR, England

Thoemmes Press US Office
22883 Quicksilver Drive
Sterling, Virginia 20166, USA

http://www.thoemmes.com

Geschichte der Logik im Abendlande
4 Volumes : ISBN 1 85506 881 8

Reprinted from the 1855–70 edition

British Library Cataloguing-in-Publication Data
A CIP record of this title is available from the British Library

Publisher's Note

The Publisher has gone to great lengths to ensure the quality of this reprint but points out that some imperfections in the original book may be apparent.

This book is printed on acid-free paper, sewn, and cased in a durable buckram cloth.

GESCHICHTE

DER

LOGIK

IM

ABENDLANDE.

VON

Dr. CARL PRANTL,

PROFESSOR AN DER UNIVERSITÄT UND MITGLIED DER AKADEMIE ZU MÜNCHEN.

ZWEITER BAND.

LEIPZIG,

VERLAG VON S. HIRZEL.

1861.

MEINEM LIEBEN FREUNDE UND COLLEGEN

Dr. JOSEPH POEZL

GEWIDMET.

VORWORT.

Nach einem längeren Zwischenraume, als mir selbst lieb ist, folgt hiemit eine Fortsetzung meiner mühevollen Arbeit, bezüglich deren ich im Ganzen auf das Vorwort des ersten Bandes verweisen könnte.

Doch wenn ich schon dort es aussprach, dass für die „Geschichte der Logik" überall die Forschung erst von vorne habe beginnen müssen, so knüpft sich hieran betreffs des Mittelalters eine doppelte Bemerkung. Einerseits nemlich lagen hier in einigen einzelnen Theilen allerdings höchst dankenswerthe Vorarbeiten vor, und namentlich sind es *V. Cousin*, *A. Jourdain* und *B. Hauréau*, welche bekanntlich durch Veröffentlichung oder Benützung handschriftlicher Quellen sich die grössten Verdienste erworben haben. Aber andrerseits handelte es sich noch um kritische Untersuchung des gesammten zugänglichen Materiales, sowie um Auffindung des wirklichen geschichtlichen Verlaufes. Und in letzterer Beziehung zeigte sich bald, dass gerade die Geschichte der Logik den Beruf haben könne, die Einsicht in die sog. Philosophie des Mittelalters zu berichtigen oder zu ergänzen. Sowie nemlich bezüglich des Streites über die Universalien eine bisher unbekannte Manigfaltigkeit der Parteispaltung zu Tag trat, so konnte hinwiederum nicht bloss das Maass der logischen Litteratur-Kenntniss jener Jahrhunderte seine richtige Abgränzung finden, sondern auch der unbestreitbare Nachweis geliefert werden, dass im ganzen Mittelalter ohne alle Ausnahme kein einziger Autor einen eigenen Gedanken aus sich selbst schöpfte, sondern die gesammte Litteratur jener Zeit von dem Umfange eines dargebotenen traditionellen Materiales abhängig und bedingt war. Indem ich mich der unsäglichen Mühe unterzog, gleichsam bei jedem Satze die Frage aufzuwerfen und zu beantworten, woher derselbe entnommen sei, konnte ich den objectiv richtigen Entwicklungsgang darlegen, musste aber hiebei allerdings jene Illusionen zerstören, in welchen man von „Verdiensten" einzelner Autoren zu sprechen gewohnt ist, insoferne man meint, Dieser oder Jener habe von sich aus einen Fortschritt herbeigeführt. Auch wo ich einmal (bei Psellus) jene Frage des „Woher?" nicht mehr beantworten konnte, ist hiedurch die Richtigkeit meiner allgemeinen Behauptung nicht alterirt, sondern in jenem speciellen Falle gebricht es der Forschung nur an dem erforderlichen Materiale.

Erhält aber durch eine solche geschichtliche Betrachtungsweise die sog. Philosophie des Mittelalters eine, wenn auch nicht schmeichelhafte, doch neue Beleuchtung, so sage ich hiemit wahrlich nicht, dass etwa Alles, was von Anderen, und insbesondere von *B. Hauréau* geleistet wurde, verfehlt und unrichtig sei. Aber es schien mir auch überflüssig, bei jedem Schritte der Entwicklung ausdrücklich anzugeben, wo und worin ich von Anderen abweichen müsse. Daher zieht sich auch namentlich gegen *Heinr. Ritter*, dessen ebenso wortreiche als schiefe Darstellung bei Vielen in grossem Ansehen zu stehen scheint, grossentheils nur eine stillschweigende Polemik durch mein ganzes Buch hindurch; denn hätte ich, — wozu fast überall Gelegenheit war —, Ritter's Angaben berichtigen wollen, so wäre eine solche nachträgliche Recension für den Leser wohl ebenso langweilig gewesen wie für mich selbst.

Wenn ich übrigens grundsätzlich mich auf jene Litteratur-Erzeugnisse beschränkte, welche gedruckt vorliegen, so gestehe ich gerne zu, dass möglicher Weise aus mancher Bibliothek durch Benutzung handschriftlichen Materiales Berichtigungen oder Ergänzungen meiner Forschung zu Tage gefördert werden können, und an mehreren Stellen habe ich auch ausdrücklich den Wunsch geäussert, dass Solches geschehen möge. Ich darf vielleicht annehmen, meine wissenschaftliche Pflicht erfüllt zu haben, wenn ich den Anstoss und etwa die richtigen Gesichtspunkte zu einer derartigen Durchforschung der vorhandenen Handschriften gegeben habe. Doch in Einem Falle machte ich von jenem meinem Grundsatze eine Ausnahme; nemlich, — abgesehen davon, dass ich die Schätze der Münchner Staatsbibliothek nicht unbeachtet liess —, benützte ich jene Andeutung, welche *Hauréau* in seinem trefflichen Werke (*De la philosophie scolastique. Paris* 1850. 2 Bände) zuweilen über einige Pariser Handschriften gab, und nachdem dieselben auf Vermittlung des königl. Staatsministeriums mir hieher übersandt worden waren, ersah ich zu meiner Freude die Pflicht, das dort vorliegende Material beiziehen zu müssen; denn es ergab sich ein ebenso neuer als interessanter Aufschluss über das Verhältniss des Psellus zu Petrus Hispanus oder vielmehr zu den Vorgängern und Zeitgenossen des Letzteren, ein Aufschluss, welcher durch die gedruckte Litteratur nie hätte gewonnen werden können.

Wenn die in den Anmerkungen reichlich angeführten Quellen-Stellen häufig (namentlich in dem die Araber betreffenden Abschnitte) noch mehr zu enthalten scheinen, als ich im Haupttexte darlegte, so wird der Leser diess dadurch entschuldigen, dass ich durchweg nach möglichster Kürze strebte und darum im Texte weder eine blosse Uebersetzung noch auch ein Excerpt, sondern den innersten Kern der Original-Stellen zu geben versuchte. Dem gleichen Zwecke der Kürze dienen auch die zahlreichen wechselseitigen Verweisungen, welche der Leser nicht als eine müssige Verzierung oder Verunzierung, sondern als ein compendiöses Mittel betrachten wird, in vielen Fällen einen weiteren Zusammenhang im Auge zu behalten.

Nachdem die ersten Bogen dieses Bandes bereits gedruckt waren, erschien nicht bloss das Werk meines Freundes und Collegen Dr. *Joh. Huber* über Scotus Erigena (München 1861), sondern auch *Hauréau's* Ausgabe des bisher unedirten Commentares des Scotus Erigena zum Marcianus Capella (*Notices et Extraits des Manuscripts*, Vol. XX, Abthlg. 2.), und ich bedauere, dass ich dieses neuaufgefundene Material, welches einzelne Bestätigungen meiner Darstellung des Scotus darbietet, nicht mehr benützen konnte.

Der dritte und zugleich letzte Band meiner Arbeit wird dem gegenwärtigen hoffentlich in Bälde nachfolgen.

München, im October 1861.

C. Prantl.

ÜBERSICHT DES INHALTES.

XIII. ABSCHNITT.

DAS MITTELALTER IN UNVOLLSTÄNDIGER KENNTNISS DER ARISTOTELISCHEN LOGIK.

In das Mittelalter geht die Logik als blosser Schulgegenstand in jener Form über, deren Darstellung der vorige Abschnitt enthält, und die dort geschilderten Schriften des Marcianus Capella, Boethius, Cassiodorus und theilweise auch des Augustinus und Pseudo-Augustinus sind es, welche für den Schulbetrieb der Logik das ausschliessliche Material darboten. Aller Orten, wo im Zusammenhange mit der Verbreitung des Christenthums entweder zahlreiche völlig neue Bildungsstätten entstanden oder auch zuweilen eine Anknüpfung an antike Institute möglich war, finden wir bekanntlich den Studiengang des Triviums und Quadriviums in grösserer oder geringerer Vollständigkeit eingebürgert, und wenn auch die mathematischen Disciplinen (Arithmetik, Geometrie, Astronomie und Musik) nicht sämmtlich überall die gleiche Pflege fanden, so bestand doch zu allermeist eine Gleichmässigkeit im Betriebe der Grammatik, Rhetorik und Dialektik, insoferne diese drei „Künste" in keiner Schule fehlten. Es ist nicht Phrase oder Uebertreibung, wenn wir bezüglich der Logik oder Dialektik den Ausspruch thun, dass der ganze Occident, soweit ihn überhaupt die Kultur des Mittelalters in ihrer allmäligen Ausbreitung berührte, durch die Tradition der genannten Autoren des späteren Römerthums geschult wurde, dass nemlich in Italien, Deutschland, Frankreich, Spanien und Britanien man wirklich mit einem gewissen Materiale logischer Lehren bekannt wurde, und zwar ausschliesslich nur auf Grundlage jener Ueberlieferung. Eben in dieser Beziehung jedoch scheint die Geschichte der Logik das ihr zukommende Gebiet wohl nicht überschreiten zu dürfen. Insoferne nemlich aus einzelnen Notizen über Schulen oder aus Bibliothekverzeichnissen u. dgl. schlechthin nichts Weiteres folgt, als dass da oder dort eine logische Schrift des Marcianus Capella oder des Boethius u. s. f. bloss vorhanden war oder in irgend einer Klosterschule eben nur gelesen wurde, oder dass irgend Jemand durch solche Lectüre sich gebildet oder sie Anderen empfohlen habe u. s. w., müssen wir derlei Nachrichten immerhin, so kostbar sie gerade wegen ihrer Vereinzeltheit auch sind, der allgemeinen Kulturgeschichte oder der Geschichte der Pädagogik überlassen; denn für die „Geschichte der Logik" genügt das Factum einer verbreiteten Uebung der sog. sieben freien Künste überhaupt als allgemeine Grundlage für den Eintritt in das Mittelalter, und auf diesem Boden haben wir hier dann demjenigen nachzuspüren, was durch eine eigene, wenn auch noch so geringe, Thätigkeit einzelner Lehrer oder Gebildeter geleistet wurde und hiedurch Momente eines geschichtlichen Weiterschreitens darbietet; überdiess ja wird dann Solches, wobei auch das anscheinend Geringfügige nicht übergangen werden soll, wieder einen Rückschluss auf Obiges in sich enthalten, dass nemlich neben vereinzelter individueller Thätigkeit auch ein massenhafter Betrieb, welcher bloss an dem Texte der Schulbücher-Tradition haften blieb, bestanden haben muss [1]).

Aber Eine Bemerkung ist betreffs dieses Schul-Materiales gleich hier in all ihrer Schärfe und ihrem ganzen Umfange nach vorauszuschicken. Wir müssen nemlich die völlige Ausschliesslichkeit desselben von vornherein im Auge behalten, d. h. erstens, dass lediglich nur diese lateinischen Litteraturprodukte cursirten, und hiemit ausser dem Marcianus Capella, dem Boethius, dem Cassiodorus und dem ächten oder dem unächten Augustinus das Mittelalter bis zum 12. Jahrhunderte für die Logik überhaupt keine anderweitigen Quellen kannte oder benützen konnte. Es war jenem ersteren Zeitraume über die griechische Grundlage der Logik nur jene secundäre Kunde möglich, welche aus eben diesen Autoren geschöpft werden konnte, und namentlich die aristotelischen Schriften (ja im Allgemeinen wohl auch nur der Name des Aristoteles) waren ausschliesslich bloss in jener Form bekannt, in welcher sie Boethius überliefert hatte. Man darf, wenn in Urkunden, welche sich auf jene Jahrhunderte beziehen, aristotelische Schriften erwähnt werden, durchaus an Nichts anderes denken als an eben diese Uebersetzungen des Boethius; so z. B. wenn unter den Büchern der Bibliothek zu York im 8. Jahrh. auch ein „*acer Aristoteles*" genannt wird [2]), oder wenn wir im 10. Jahrh. in Tegernsee die Kategorien des Aristoteles erwähnt finden [3]). Dass alle dergleichen Stellen nur in dieser Weise zu erklären seien, wird allerdings erst aus dem Folgenden, sowie aus dem Uebergange in jene Periode, in welcher der Originaltext des Aristoteles dem Mittelalter bekannt wurde, völlig deutlich gleichsam durch eigenes Erlebniss erhellen, aber es schien nicht überflüssig, schon

---

1) Für den hiesigen Zweck demnach muss ich ein nicht kärgliches und nicht ohne Mühe errungenes Quellen-Material bei Seite lassen, welches entweder zu einer Geschichte der mittelalterlichen Schulen anschwellen würde oder bei einer (übrigens kaum durchführbaren) Beschränkung auf herausgerissene Auswahl des Logischen doch nur den Beleg der ohnediess allbekannten Thatsache enthielte, dass jene obigen Autoren den Inhalt der Schulwissenschaft ausmachten.

2) Die von Aelbert in York angelegte Bibliothek beschreibt dessen Schüler Alcuin ausführlich in s. Gedichte *De Pontificibus et Sanctis ecclesiae Eboracensis* (*Alcuini Opp. ed. Froben.* II, p. 241 ff.); dort heisst es v. 1548 ff. (p. 257.): *Quae Victorinus scripsere, Boethius atque Historici veteres, Pompeius, Plinius, ipse Acer Aristoteles, rhetor quoque Tullius ingens.*

3) Ein Tegernseer Mönch schreibt in einem Briefe (b. *Pez, Thes. Anecd.* VI, 1, p. 131.): *stultam fecit Deus sapientiam mundi huius* (diese Worte sind aus *Paul. ad Corinth.* I, 1, 20; s. unten Anm. 20 f.), *postquam exsiccavit fluvios Ethan; prae dulcedine enim decem chordarum Davidis .... paene oblitus sum totidem categoriarum Aristotelis.*

hier den Gesichtskreis richtig abzugränzen [4]. Nur eine scheinbare Ausnahme liegt natürlich darin, wenn überliefert wird, dass im Anf. d. 10. Jahrh. ein gewisser Simeon, ein Bulgare, in Constantinopel die Syllogistik des Aristoteles im Originale studirt habe [5]; denn dass im oströmischen Reiche die Griechen noch bis in späte Jahrhunderte sich mit Derartigem beschäftigten, sahen wir hinreichend oben, Abschn. XI, Anm. 106—118. Aber Eine vereinzelte Notiz könnte unserem Ausspruche entgegenzustehen scheinen; es schickte nemlich Papst Paul I. im J. 757 an Pipin den Kleinen mehrere griechische Schriften, unter welchen Ersterer selbst in dem betreffenden Briefe auch Bücher des Aristoteles anführt [6]; ist jedoch die Urkunde ächt, woran zu zweifeln kein Grund vorhanden scheint, so spricht sie weit eher für uns als gegen uns, denn offenbar blieb dieses damals in jener Gegend einzige Exemplar eines griechischen Textes des Aristoteles am fränkischen Hofe vergraben oder gieng verloren, da wenigstens von einer Benützung desselben nirgends die leiseste Spur sich zeigt; auch fällt ja für jene Länder die erste sichere Kunde von einem Studium des Griechischen oder von Uebersetzungen aus dem Griechischen überhaupt erst in die Zeit Karls des Grossen [7], worauf dann noch im 9. Jahrh. die Arbeiten des Scotus Erigena folgten (Uebersetzung des Pseudo-Dionysius).

Zweitens jedoch ist selbst jenes lateinische Quellen-Material gerade in der Hauptsache abermals ein beschränktes. Während nemlich die logischen Schriften des Aristoteles insgesammt in den Uebersetzungen des Boethius, welcher hiefür die einzige Quelle war, hätten gelesen werden können, zeigt sich eben hierin eine scharfe Abgränzung; denn unter den oben (Abschn. XII, Anm. 72 f.) angeführten schriftstellerischen Erzeugnissen des Boethius benützte man im Mittelalter vorerst aus-

---

4) Schon hier darf ich vorläufig auf die bekannte vortreffliche Arbeit *Am. Jourdain's* (*Recherches critiques sur l'age et l'origine des traductions latines d'Aristote.* 2. Aufl. Par. 1843) verweisen, wenn auch mit dem Vorbehalte, dieselben bezüglich des 12. Jahrhunderts mannigfach berichtigen und ergänzen zu müssen (s. d. folg. Abschn. Anm. 2, 14 ff.).

5) *Liutprand Antapod.* III, 29. bei *Pertz, Monum.* V, p. 309.: *hunc etenim Simeonem emiargon, id est semigraecum, esse aiebant, eo quod a pueritia Byzantii Demosthenis rhetoricam Aristotelisque syllogismos didicerit.*

6) Der Brief ist gedruckt b. *Cai. Cenni, Monum. dominat. pontif. sive Codex Carol.* (*Rom.* 1760. 4.) I, p. 148, woselbst die Stelle: *Direximus etiam excellentiae vestrae libros quantos reperire potuimus, Antiphonale et Responsale, insimul artem grammaticam, Aristotelis, Dionysii Areopagitae libros* (bei *Cenni* steht ohne Unterscheidungszeichen *artem grammaticam Aristotelis*), *Geometriam, Orthographiam, Grammaticam, omnes graeco eloquio scriptores.* Die Worte *graeco eloquio*, deren Bedeutung im damaligen Sprachgebrauche völlig feststeht, beziehen sich wohl nur erst auf die von *Aristoteles* an genannten Bücher, denn das Antiphonale und Responsale war natürlich lateinisch, und wahrscheinlich ebenso die erstere Grammatik, die zweite hingegen griechisch. (Uebrigens findet sich diese Notiz bei *Jourdain* nicht benützt.)

7) Z. B. bei *D. Chytraeus Chron. Saxon.* (*Lips.* 1593. L. III, p. 83.: *Instituit autem Carolus Osnabrugae, ut in collegio assidui lectores graecae et latinae linguae essent; vidi enim exemplum literarum fundationis, ut vocant, quas ecclesiae Osnabrugensi Carolus dedit*) und öfters, stets aber mit Beziehung auf die bekannte Gesandtschaft der Kaiserin Irene und den hiedurch hervorgerufenen diplomatischen Verkehr.

schliesslich nur jene Uebersetzungen, welche derselbe durch Commentare erläutert und schulmässig zugerichtet hatte, d. h. ausser der doppelten Bearbeitung der Isagoge des Porphyrius nur jene der Kategorien und die beiden Ausgaben des Buches *d. interpr.*, wozu dann allmälig noch die eigenen Compendien des Boethius hinzukommen. Hingegen die Uebersetzungen der beiden Analytiken, sowie der aristotelischen Topik und der *Sophist. elenchi*, welche sämmtlich Boethius ohne Commentar belassen hatte, blieben aus eben diesem Grunde unbeachtet und entzogen sich hiedurch der Kunde des Mittelalters so sehr, dass man lange Zeit hindurch überhaupt nicht einmal mehr um das Vorhandensein derselben wusste. Darum liegt aber in dem allmäligen Bekanntwerden jener Hauptwerke des Aristoteles ein entscheidender Wendepunkt für die mittelalterliche Logik. Und während ich alle Versuche, die sogenannte „Philosophie" des Mittelalters aus inneren Motiven in Abschnitte einzutheilen, für verfehlt halte, scheint mir für das gesammte Mittelalter (bis zum Ende des 15. Jahrh.), in welchem ich, abgesehen von Alchemie oder Astrologie, nur Theologie und Logik, aber durchaus keine Philosophie, finden kann, der Eintheilungsgrund lediglich in dem äusserlichen Befunde der Masse des traditionellen Schul-Materiales zu liegen. So könnte ich auch den Unterschied zwischen diesem gegenwärtigen und dem folgenden Abschnitte dadurch scharf bezeichnen, dass in ersterem eine fragmentarische Kenntniss des Boethius obwaltet, in letzterem hingegen theils ein allmäliges Bekanntwerden des ganzen Boethius und theils die Anfertigung neuer Uebersetzungen der bis dahin unbenützten Werke eine deutlich ersichtliche Wirkung äussert, worauf dann für die späteren Abschnitte wieder analoge Bereicherungen des Materials eintreten. — Der Nachweis hievon wird im Folgenden selbstredend vorgeführt werden.

Kurz also, — um die Abgränzung so entschieden und deutlich als möglich zu wiederholen —, es besteht für diesen ersten Abschnitt des Mittelalters das traditionelle Material der Logik ausschliesslich aus Folgendem: *Marc. Capella, Augustin, Pseudo-Augustin, Cassiodorus, Boethius ad Porph. a Vict. transl., ad Porph. a se transl., ad Arist. Categ., ad Arist. d. interpr. ed.* I u. II, *ad Cic. Top., Introd. ad cat. syll., D. syll. cat., D. syll. hyp., D. div., D. defin., D. diff. top.* Hingegen fehlt die Kenntniss der beiden Analytiken, der Topik und der *Soph. El.* des Aristoteles.

Die eigene Thätigkeit aber, welche die Lehrer oder Gelehrten dieser ganzen Periode an diesem ausschliesslichen Materiale der Schultradition übten, war eine doppelte. Entweder nemlich handelte es sich um Herstellung von Compendien, wobei meist ein planloses Zusammenraffen verschiedener Quellen in ganz ähnlicher Weise waltete, wie wir es schon im vorigen Abschnitte besonders bei der Schrift des Cassiodorus bemerklich machen mussten, oder man beschäftigte sich mit einer mehr oder weniger einlässlichen Erklärung der schon im Gebrauche stehenden Bücher, unter welchen vor Allem des Boethius Bearbeitung (Uebersetzung und Commentar) der Isagoge und der Kategorien in den Vordergrund treten. Dabei aber spielten sowohl Fragen der christlichen Theologie in die logischen Erörterungen hinein, als auch wirkten die

Controversen der Logik mächtig auf die Kämpfe der Dogmatik hinüber, und überhaupt ja waltete in dieser Beziehung Anfangs ein sehr eigenthümliches Verhältniss, welches nicht ausser Acht gelassen werden darf.

Nemlich die christliche Lehre an sich — ganz abgesehen von der Entstehung der christlichen Ideen überhaupt — trat wohl in völlig schlichter Unmittelbarkeit auf und sprach zum religiös erregbaren Gemüthe, zugleich aber fand sie sich bei ihrer weiteren Verbreitung an eine Bevölkerung hingewiesen, welche theilweise durch den Schulbetrieb des späteren Alterthums gebildet worden war und so eine formale Seite des Antiken mit dem neuen Inhalte christlicher Lehre und christlichen Lebens verbinden konnte. Wie aus dieser Vermischung religiöser Unmittelbarkeit und geschulter Lehrfähigkeit sich rasch der Gegensatz zwischen Laien und Klerus entfaltete, d. h. eine *ecclesia docens* entstand, und wie die Kirche desshalb, weil sie *docens* war, ganz natürlich zu Schuleinrichtungen griff und hiebei der Form nach sich an Vorhandenes anlehnte, gehört eben so wenig hieher als die mit Waffen der Dialektik geführten Kämpfe, in welchen die Dogmenbildung vor sich gieng. Wohl hingegen ist für uns der Umstand von Interesse, dass überhaupt eine doppelte Richtung vorlag; ja wir mussten im Verlaufe der Geschichte der Logik selbst schon oben (Absch. XII.) von zwei hervorragenden Vertretern der christlichen Theologie, nemlich von Hieronymus und besonders von Augustinus sprechen, unter welchen namentlich der Letztere das Nebeneinandertreten der zwei Richtungen sehr deutlich zeigt (s. ebend. Anm. 17—22). Je stärker aber hiebei der specifisch christliche Standpunkt betont wurde, desto mehr Gewicht musste auf jene innere Unmittelbarkeit fallen, welche Augustinus als *lux interior* bezeichnete, und es ist nicht bloss erklärlich, sondern sogar principiell gefordert, dass gerade die Strengeren unter den ersten christlichen Theologen neben der gebotenen Polemik gegen den Inhalt antiker Philosophie sich auch spröde gegen die Formen des Wissens verhielten, durch welches der Glaube nicht nur nicht ersetzt, sondern selbst häufig gestört werde.

So bestand also allerdings zunächst eine grundsätzliche Abneigung gegen Logik oder Dialektik, und wenn wir bedenken, dass in den Kämpfen der Dogmenbildung gerade die Arianer und Pelagianer an dialektischer Bildung und Gewandtheit wirklich im Vortheile waren, so können wir es uns erklären, dass jene Abneigung sich zu gereizter Feindschaft steigerte. Es liesse sich nicht bloss aus Irenäus (2. Jahrh.) und Tertullianus (3. Jahrh.), sondern namentlich im 4. u. 5. Jahrh. (der Zeit des hauptsächlichsten Dogmen-Kampfes) aus Basilius d. Gr., Gregorius v. Nazianz, Epiphanius, Hieronymus Presbyter, Faustinus, Mansuetus, Eusebius, Sokrates, Theodoretus u. A. eine übergrosse Menge von Stellen anführen, in welchen die Dialektik als überflüssig [8]) oder als ein nichtiges sich selbst zerstörendes Thun [9]) und ein zweckloser ver-

---

8) *Basil. M. adv. Eunom.* I. (*Opp. ed. Paris.* 1518 *fol.* II, p. 10.): *ἢ τῶν Ἀριστοτέλους ὄντως ἡμῖν καὶ Χρυσίππου συλλογισμῶν ἔδει πρὸς τὸ μαθεῖν ὅτι ὁ ἀγέννητος οὐ γεγέννηται;* (vergl. Anm. 16).

9) *Tertull. Praescript.* c. 7. (*Opp. ed. Venet.* 1701. *fol.* p. 119 b.): *Miserum Aristotelem qui illis dialecticam instituit artificem struendi et destruendi versipellem*

künstelter Wortkram[10]) bezeichnet wird, welcher vermöge seines weltlich bunten Charakters untauglich für die reine einfache Wahrheit[11]) und überhaupt unchristlich[12]) sei, daher alle Syllogistik, sowie sie vor den schlichten Worten der Apostel zerstieben müsse[13]), ihrerseits hinwiederum nur zur Bekämpfung und Verfälschung des Glaubens diene[14]), was sich insbesondere bei den Arianern zeige[15]), u. dgl. m. War aber so die Dialektik, für welche meistens Aristoteles, und zwar namentlich wegen der in den Kategorien liegenden Sophistik, verantwortlich gemacht wurde[16]), fast zu einem Gegenstande des Abscheues geworden,

---

in sententiis coactam, in coniecturis duram, in argumentis operariam contentionem, molestam etiam sibi ipsi, omnia retractantem, ne quid omnino tractaverit.

10) *Greg. Naz. Orat.* 26. (*Opp. ed. Colon.* 1690. I, p. 458.): οὐκ οἶδε λόγων στροφὰς ῥήσεις τε σοφῶν καὶ αἰνίγματα καὶ τὰς Πύῤῥωνος ἐνστάσεις ἢ ἐφέξεις ἢ ἀντιθέσεις καὶ τῶν Χρυσίππου συλλογισμῶν τὰς διαλύσεις ἢ τῶν Ἀριστοτέλους τεχνῶν τὴν κακοτεχνίαν. *Orat.* 33. (p. 529.): χαίροντες ταῖς βεβήλοις κενοφωνίαις καὶ ἀντιθέσεσι τῆς ψευδωνύμου γνώσεως καὶ ταῖς εἰς οὐδὲν χρήσιμον φερούσαις λογομαχίαις.

11) *Epiphan. adv. haeres.* II, 69, 69. (*Opp. ed. Petav. Col.* 1682. I, p. 795.): δεινότητι μᾶλλον ἑαυτοὺς ἐκδεδώκασιν ἐνδυσάμενοι Ἀριστοτέλην τε καὶ τοὺς ἄλλους τοῦ κόσμου διαλεκτικοὺς ὧν καὶ τοὺς καρποὺς μετίασι μηδένα καρπὸν δικαιοσύνης εἰδότες. Ebend. III, *praef.* (p. 809.): ἐκ συλλογισμῶν γὰρ καὶ Ἀριστοτελικῶν καὶ γεωμετρικῶν τὸν θεὸν παριστᾶν βούλονται. Ebend. III, 76, 20. (p. 964.): ταῦτα δὲ ἀφαιρεῖται πᾶσαν σοῦ τῶν λόγων συλλογιστικὴν μυθολογίαν καὶ οὐκ ἐνδέχεται ἡμᾶς προτρέψασθαι μαθητὰς γενέσθαι Ἀριστοτέλους τοῦ σοῦ ἐπιστάτου.... οὐ γὰρ ἐν λόγῳ συλλογιστικῷ ἡ βασιλεία τῶν οὐρανῶν καὶ ἐν λόγῳ κομπαστικῷ, ἀλλ' ἐν δυνάμει καὶ ἀληθείᾳ (s. Anm. 20). Ebend. 76, 24. (p. 971.): προςέλαβε τὸ θεῖον ὡς κατὰ τὸν σὸν λόγον εἰς τὴν αὐτοῦ πίστιν τὴν συλλογιστικὴν ταύτην σου τὴν τεχνολογίαν. (Ausserdem kömmt Aehnliches gerade bei Epiphanius höchst häufig vor.) Vgl. *Hieron. adv. Helvid.* (*Opp. ed. Par.* 1706. IV, 2, p. 130.): *non campum rhetorici eloquii desideramus, non dialecticorum tendiculas nec Aristotelis spineta conquirimus; ipsa scripturarum verba ponenda sunt.*

12) *Faustin. d. trin. adv. Arian.* I, 10. (*Bibl. Patr. Galland. Ven.* 1770, VII, p. 444.): *Noli infelix adversus Christum dominum totius creaturae Aristotelis artificiosa argumenta colligere qui te Christianum qualitercunque profiteris, quasi ex disciplinae terrenae supputationis circumscriptor advenias.*

13) *Theodoret. serm.* 5 *d. nat. hom.* (*Opp. ed. Sirmond. Par.* 1642. IV, p. 555.): ἡμεῖς δὲ αὐτῶν τὴν ἐμπληξίαν ὀλοφυρόμεθα, ὅτι δὴ ὁρῶντες βαρβαροφώνους ἀνθρώπους τὴν ἑλληνικὴν εὐγλωττίαν νενικηκότας καὶ τοὺς κεκομψευμένους μύθους παντελῶς ἐξεληλαμένους καὶ τοὺς ἁλιευτικοὺς σολοικισμοὺς τοὺς ἀττικοὺς καταλελυκότας συλλογισμούς. (Diese Anspielung auf die schlichte Rede der Fischer findet sich auch sonst noch öfters.)

14) *Iren. adv. haer.* II, 14, 5. (*Opp. ed. Venet.* 1734. I, p. 134 b.): *minutiloquium autem et sublimitatem circa quaestiones, cum sit Aristotelicum, inferre fidei conantur. Euseb. hist. eccl.* V, 27. (*Opp. ed. Paris.* 1591. II, p. 108): *Christum ignorant, ... sed quaenam syllogismi figura ad suam impietatem confirmandam reperiretur, studiose indagarunt; quod si quisquam forte illis aliquod divini eloquii testimonium proferat, quaerunt, utrum coniunctam an disiunctam syllogismi figuram possit efficere ...... sollerti impiorum astutia et subtilitate simplicem ac sinceram divinarum scripturarum fidem adulterant.*

15) *Hieron. adv. Lucifer.* (ob. Ausg. IV, 2, p. 296.): *Ariana haeresis magis cum sapientia seculi facit et argumentationum rivos de fontibus Aristotelis mutuatur.*

16) *Socr., hist. eccl.* II, 35. (*ed. Vales. Turin.* 1747, p. 114.): εὐθὺς οὖν ἐξενοφώνει (nemlich Aëtius) τοὺς ἐντυγχάνοντας, τοῦτο δὲ ἐποίει ταῖς κατηγορίαις Ἀριστοτέλους πιστεύων· βιβλίον δὲ οὕτως ἐστὶν ἐπιγεγραμμένον αὐτῷ· ἐξ αὐτῶν τε διαλεγόμενος καὶ ἑαυτῷ σόφισμα ποιῶν οὐκ ᾔσθετο ..... τοῖς

so stellte sich doch zugleich von selbst das Gefühl der Nothwendigkeit ein, mit gleichen Waffen sich gegen die Feinde der orthodoxen Lehre vertheidigen zu können, und erklärlicher Weise musste dieses Motiv, dass die Dialektik dem Kampfe gegen die Ketzer diene, das Uebergewicht erlangen. Also auf die Gesinnung und die Absicht, in welcher man Logik betrieb, kam es nun an [17]), und in solcher Weise durfte man sich sogar logischer Kenntnisse rühmen [18]); sehr wohl aber konnte hiemit die Anschauung verbunden sein, dass die dogmatische Theologie eben doch nur aus äusseren Gründen in der Dialektik das Gebiet eines bloss äusserlichen Wortkrames betreten habe, und es wird uns demnach nicht befremden, wenn wir weiter unten wiederholt eine offene Feindschaft gegen alle Dialektik überhaupt antreffen werden.

Jedenfalls aber war, wie gesagt, die *ecclesia docens* schon in den ersten Jahrhunderten auf diese Weise dazu gelangt, dass sie eine gewisse Summe logischer Lehren in den Umkreis ihres Betriebes aufnahm, und waren einmal irgend welche Compendien, — wenn auch mit Vorbehalt der Gesinnung und Absicht —, für den Gebrauch der Kleriker recipirt, so konnte und musste wohl auch der Fall eintreten, dass Einzelne jenes Material, welches anderweitig als Mittel zum Zwecke dienen sollte, zu einem speciellen und selbstständigen Gegenstande ihrer Beschäftigung machten. Und hiebei waren es vor Allem die Kategorien, welche von der spät-antiken Schultradition her eine reichliche Verwendung in den theologischen Hauptfragen, und zwar gerade zumeist bei Augustinus (betreffs der Trinität und der sog. Eigenschaften Gottes) gefunden hatten; ja es ist selbst möglich, dass man schon ziemlich frühe die pseudo-augustinische Schrift über die Kategorien (s. Abschn. XII, Anm. 40—50) für ein ächtes Werk hielt und so durch die Auctorität des Augustinus selbst sich in dem Studium dieses Gegenstandes bestärkt fühlte. Hatten aber die Kategorien jedenfalls eine bedeutende Geltung für die Theologie, so lag ja in der Schrift des Porphyrius, d. h. in den *Quinque voces,* eine in der Schule für unerlässlich gehaltene Einleitung zu den Kategorien vor, und es verstand sich von selbst, dass man für den Unterricht sowie für das Studium stets den Anfang mit der *Isagoge* machte. Beide aber, nemlich sowohl das Buch über

---

ἐκ τῶν κατηγοριῶν σοφίσμασι συνεπέμεινε, διὸ οὔτε νοῆσαι δεδύνηται, πῶς ἔστιν ἀγέννητος γέννησις (vgl. Anm. 8).

17) *Theodoret. hist. eccl.* IV, 26. (*Opp. ed. Sirm.* III, p. 707.): *καὶ τῶν Ἀριστοτέλους συλλογισμῶν καὶ τῆς Πλάτωνος εὐεπίας διὰ τῶν ἀκοῶν εἰςεδέξατο (sc. Δίδυμος) τὰ μαθήματα οὐχ ὡς ἀλήθειαν ἐκπαιδεύοντα, ἀλλ᾽ ὡς ὅπλα τῆς ἀληθείας κατὰ τοῦ ψεύδους γιγνόμενα.*

18) *Cyrill. Alex. Thesaur. d. trin.* 11. (*Opp. ed. Aubert Par.* 1638. V, 1, p. 87.): *ἐκ μαθημάτων ἡμῖν τῶν Ἀριστοτέλους ὁρμώμενοι καὶ τῇ δεινότητι τῆς ἐν κόσμῳ σοφίας ἀποκεχρημένοι κτύπους ἐγείρουσι ῥημάτων κενῶν οὐκ εἰδότες ὅτι καὶ πρὸς ταύτην ἀμαθῶς ἔχοντες ἐλεγχθήσονται· θαυμάσαι γὰρ ὄντως ἀκόλουθον, ὅτι δὴ τὸν περὶ τοῦ μείζονος καὶ ἐλάττονος ἐξετάζοντες λόγον ἐπὶ τὸν περὶ τοῦ ὁμοίου καὶ ἀνομοίου μεταπεπτώκασιν οὐκ εἰδότες ὅτι κατὰ τὴν Ἀριστοτέλους τέχνην, ἐφ᾽ ᾗ μάλιστα μεγαλοφρονεῖν εἰώθασιν αὐτοί, οὐκ εἰς ταὐτὸν κατατάττονται γένος τό τε ὅμοιον καὶ τὸ ἀνόμοιον ὡς καὶ τὸ μεῖζον καὶ τὸ ἔλαττον.* (S. Abschn. IV, Anm. 522 u. 531.)

die Kategorien als auch das Schriftchen des Porphyrius, lagen für die lateinische Kirche in der Uebersetzung des Boethius, noch dazu mit Erläuterungen versehen, vor, und so wurden sie die hauptsächlichen logischen Schulbücher des Mittelalters.

Der geschichtliche Verlauf wird uns zeigen, dass lediglich aus der unausgesetzten Beschäftigung mit Porphyrius und Boethius jener Streit über die Geltung der sog. Universalien entstand, welcher nach der bisher gewöhnlichen Annahme in dem Gegensatze des Realismus und des Nominalismus sich entspann [19]), in Wahrheit aber eine bunte Menge gar vieler Partei-Ansichten zu Tage kommen liess. Es war nicht etwa ein eigener, individuell selbstständiger Gedanke eines hervorragenden Mannes, durch welchen diese logischen Kämpfe wären hervorgerufen worden, sondern ein überkommener Stoff, schulmässig fortgeerbte Gedanken aus dem Alterthume waren es, welche man nur allmälig etwas genauer ins Auge fasste und erst hiedurch zu einer bestimmten Parteistellung veranlasst wurde, deren Wurzeln in der Tradition selbst schon vorlagen. Von einem innerlich selbstständigen Schaffen eines neuen Momentes kann im Mittelalter keine Rede sein, selbst bei Scotus Erigena nicht, und auch bei Abälard nicht. Jene ganze Zeit klebte wesentlichst noch an der blossen Tradition und konnte so höchstens durch einen hingebenden, vielleicht auch durch einen minutiösen Fleiss sich innerhalb ihrer engen gegebenen Gränzen in einzelne Punkte fester verrennen, nie aber frei mit dem Stoffe walten. Wohl trifft die Scholastiker nicht der Vorwurf leichtfertiger Zuversicht oder hohler Eitelkeit, womit sie etwa fertige Systeme in die Welt geschleudert hätten, noch erregen sie durch bodenloses Geschwätz jenen wissenschaftlichen Unwillen, wie wir ihn z. B. bei der Lectüre Cicero's empfinden; aber weit eher beschleicht uns ein Gefühl des Mitleides, wenn wir sehen, wie bei einem äusserst beschränkten Gesichtskreise die innerhalb desselben möglichen Einseitigkeiten mit ungenialer Emsigkeit getreulichst bis zur Erschöpfung ausgebeutet werden, oder wenn in solcher Weise Jahrhunderte auf das vergebliche Bemühen verschwendet werden, Methode in den Unsinn zu bringen. Solch wehmüthige Gedanken über verlorene Zeit werden in uns zumeist gerade da rege, wo die verschiedenen Meinungen betreffs der Universalien in ihren ausgebildetsten Consequen-

---

19) *V. Cousin* (*Ouvrages inédits d'Abélard. Paris* 1836. 4, mit einigen Verbesserungen und Zusätzen wiederholt in *Fragments de philosophie du moyen-âge. Par.* 1840 u. 1850. 8.) hat das grosse Verdienst, zuerst diese wahre Quelle des Nominalismus und Realismus gezeigt zu haben, und auf Grundlage der Nachweise desselben gab *B. Hauréau* (*De la philosophie scolastique. Par.* 1850. 8. 2 Bände) noch manches schätzbare Material aus Handschriften, welcher überhaupt die Wissenschaft mit einer ebenso reichhaltigen als genauen Darstellung des Scholasticismus bis z. 14. Jahrh. beschenkte. Auch *M. X. Rousselot, Etudes sur la philos. dans le moyen-âge. Par.* 1840 f. 2 Bdde. ist zu erwähnen. Abgesehen von älterer und veralteter Litteratur, wie z. B. von dem ziemlich armseligen Buche des *Ad. Tribbechovius, De doctoribus scholasticis* (2. Aufl. v. *Heumann*, *Jena* 1719. 8.) werden wir Einzelnes noch unten am geeigneten Orte anzuführen haben. In neuester Zeit erschien eine werthlose Compilation von *H. O. Köhler*, Realismus u. Nominalismus etc. Gotha 1858. 8.

zen sich am heftigsten befehden, während das erste Auftauchen des Streites uns eher noch als befruchtend und anregend erscheint.

Doch dürfen wir hiebei nicht die Gränzen unseres hier gesteckten Zweckes aus dem Auge verlieren; denn nicht in seiner ganzen Ausdehnung gehört jener Kampf der Geschichte der Logik an, und wir haben hier nicht die Aufgabe, ihn nach allen seinen Seiten zu entwickeln, sondern wir werden lediglich den logischen Gesichtspunkt festhalten und daher sofort alles Theologische, was sich daran knüpft, ausscheiden müssen und hiemit auch die Ontologie, je mehr sie sich Schritt für Schritt von der Logik losschält, bei Seite lassen, ja selbst von der Erkenntnisstheorie nur jene Momente beiziehen, welche innerhalb der logischen Lehren bis zu einem späteren Umschwunge der Logik selbst fortglimmten.

Auf Grundlage dieser gebotenen Abgränzung versuchen wir nun, die Erscheinungen auf dem Gebiete der Logik des früheren Mittelalters nach ihrer Zeitfolge darzustellen, sei es dass sie als Compendien oder dass sie als commentirende Erläuterungen auftreten.

Aber Ein höchst entscheidender Gesichtspunkt steht uns hiebei aus Obigem bereits fest. Wenn nemlich die gesammte Dialektik als ein leeres und formales Wortgeklimper betrachtet wurde (Anm. 8—16), so mussten diejenigen Kleriker, welche dennoch aus dem angegebenen Grunde sich mit diesem Gebiete beschäftigten, nothwendiger Weise bestrebt sein, dem Ganzen eine reale Grundlage zu geben, und zwar konnte, wie sich von selbst versteht, hiebei keine andere Realität massgebend wirken, als diejenige, welche in den christlichen Ideen sich fand. Auch ist es wohl möglich, dass wie in anderen Beziehungen, so auch betreffs der Logik Aussprüche, welche in den Briefen des Paulus vorlagen [20]), als entscheidende Auctorität mitwirkten. Wenigstens finden wir bei Theodorus Raithuensis (Mitte des 7. Jahrh.) mit directer Bezugnahme auf Paulus die Ansicht ausgesprochen, dass man sich in einem Widerspruche gegen den Apostel befinde, wenn man das Studium der Kategorien als einen entscheidenden Vorzug des Theologen bezeichne und hiemit die christlich fromme Stimmung in blosse Worte oder Wortklänge verlege [21]). Und wenn wir auch eben diese Stelle nicht gera-

---

20) Z. B. *ad Corinth.* I, 1, 17.: εὐαγγελίζεσθαι οὐκ ἐν σοφίᾳ λόγου. *ib.* 2, 4.: καὶ ὁ λόγος μου καὶ τὸ κήρυγμά μου οὐκ ἐν πειθοῖς σοφίας λόγοις, ἀλλ' ἐν ἀποδείξει πνεύματος καὶ δυνάμεως, ἵνα ἡ πίστις ὑμῶν μὴ ᾖ ἐν σοφίᾳ ἀνθρώπων, ἀλλ' ἐν δυνάμει θεοῦ. *ad Thessal.* I, 1, 5.: τὸ εὐαγγέλιον ἡμῶν οὐκ ἐγεννήθη πρὸς ὑμᾶς ἐν λόγῳ μόνον, ἀλλὰ καὶ ἐν δυνάμει καὶ ἐν πνεύματι ἁγίῳ. *ad Timoth.* I, 6, 3.: εἴ τις ἑτεροδιδασκαλεῖ ...., τετύφωται μηδὲν ἐπιστάμενος, ἀλλὰ νοσῶν περὶ ζητήσεις καὶ λογομαχίας. Vgl. oben Anm. 3 u. 11.

21) *Theod. Raith. Praepar. d. incarn.* (*Bibl. Patr. Galland.* XIII, p. 29.): ἐπειδὴ δὲ ὁ Σευῆρος ψιλαῖς προκαθίζεται φωναῖς, ἐν ῥήμασί τε μόνοις καὶ ἤχοις τὴν εὐσέβειαν ὑποτίθεται, καίτοιγε τοῦ ἀποστόλου λέγοντος „οὐ γὰρ ἐν λόγῳ ἡ βασιλεία τοῦ θεοῦ, ἀλλ' ἐν δυνάμει καὶ ἀληθείᾳ" (*ad Corinth.* I, 4, 20.)· οὗτος δὲ παρ' αὐτῷ Σευήρῳ κράτιστος θεόλογος γνωρίζεται, ὃς ἂν τὰς κατηγορίας Ἀριστοτέλους καὶ τὰ λοιπὰ τῶν ἔξω φιλοσόφων κομψὰ ἠσκημένος τυγχάνῃ. Uebrigens sind dergleichen allgemeinere Motive, welche in der damaligen Zeit überhaupt lagen, weder bei *Cousin* noch bei *Hauréau* in Betracht gezogen.

dezu für das Mittelalter als die älteste und erste Kundgebung des Gegensatzes zwischen Nominalismus und Realismus anführen wollen, so ist doch jedenfalls so viel klar, dass der bei weitem überwiegende Zug der Logik für die ersten Jahrhunderte grundsätzlich auf Seite des Realismus liegen muss. Ein längerer Verlauf daher ist erforderlich, bis endlich die Auffassung zu einiger Geltung durchdringen kann, dass auch die Worte etwas Reales sind und dass die Worte in ihrem realen Sein das Allgemeine in sich enthalten.

Auf solche Weise ist es uns nun völlig verständlich, wie schon der erste Schriftsteller des Mittelalters, welcher der Geschichte der Logik angehört, nemlich Isidorus Hispalensis (gest. 636) einen entschieden theologischen Standpunkt einnimmt, während er zugleich die logische Schultradition von Cassiodorus und Boethius ausgehend fortführt. Nemlich nicht etwa bloss dass er heidnische Lectüre den Mönchen untersagt wissen will oder dass er die Dialektik und Rhetorik als lediglich Wortgepränge dem Inhalte des Christenthums, ganz wie wir oben sahen, gegenüberstellt [22]), sondern er substituirt auch ausdrücklichst die Theologie an Stelle der Logik; d. h. während er die üblichen Eintheilungen der Philosophie und zugleich die Aufzählungen der sieben Künste in den von ihm benützten Quellen vorfindet [23]), hat er in seinem bekannten encyclopädischen Werke „*Origines*“ oder „*Etymologiae*“, dessen zweites Buch die Rhetorik und Dialektik enthält, noch besonders Gelegenheit, auf diese Fragen einzugehen, und dort fügt er demjenigen, was er aus Cassiodorus abzuschreiben findet (Abschn. XII, Anm. 172), noch die Bemerkung hinzu, dass in den drei Zweigen der Philosophie (Physik, Ethik, Logik) sich auch die heilige Schrift bewege, und zwar namentlich die Evangelien sich auf die logische Wissenschaft beziehen, an deren Stelle man jetzt die Theologie betreibe [24]). Dabei aber verbindet sich mit diesem Standpunkte eine für das Mittelalter weit fortwirkende Unterscheidung zwischen *ars* und *disciplina*, welche Isidor wahrscheinlich dem Victorinus (Abschn. XII, Anm. 1 ff.) entnahm [25]); wenn nemlich *ars* dem Gebiete des Veränderlichen und Wahr-

---

22) *Isid. Hisp. Opp. ed. du Breul. Paris.* 1601. *fol.* — *Regula monach. c.* 8. (p. 702 a.): *Gentilium libros vel haereticorum volumina monachus legere caveat. Sentent.* III, 13. (p. 670 b.): *Ideo libri sancti simplici sermone conscripti sunt, ut non in sapientia verbi, sed in ostensione spiritus homines ad fidem perducerentur; nam si dialectici acuminis versutia aut rhetoricae artis eloquentia editi essent, nequaquam putaretur fides Christi in dei virtute sed in eloquentiae humanae argumentis consistere, nec quemquam crederemus ad fidem divino inspiramine provocari, sed potius verborum calliditate seduci. Omnis secularis doctrina spumantibus verbis resonans ac se per eloquentiae tumorem attollens per doctrinam simplicem et humilem christianam evacuata est, sicut scriptum est: nonne stultam fecit deus sapientiam huius mundi.*

23) *D. diff. spirit. c.* 34. (p. 302.) u. *Orig.* I, 2. (p. 1.) u. II, 24. (p. 29 a.).

24) *Orig.* II, 23. (p. 29 a.): *In his quippe tribus generibus philosophiae etiam eloquia divina consistunt; nam aut de natura disputare solent ut in Genesi et Ecclesiaste, aut de moribus ut in Proverbiis et in omnibus sparsim libris, aut de logica, pro qua nostri theologiam sibi vindicant, ut in Cantico canticorum et Evangeliis.*

25) Wenigstens stimmt sie dem Sinne nach ganz mit demjenigen überein, was in der Einleitung der uns erhaltenen Schrift des Victorinus *Expos. in Cic. Rhet.* (p. 102 *ed. Capper.*) sich findet. Vgl. auch *Marc. Cap.* II, 138.

scheinlichen, *disciplina* aber jenem des Ewigen und Wahren angehört [26]), so konnten nicht bloss das Rhetorische und das Speculative als zwei gesonderte Zweige auseinandergehalten werden, sondern es durfte auch letzteres nach seiner äusseren technischen Seite eine besondere Behandlungsweise finden.

So theilt Isidorus das Gesammtgebiet der „Logik" (auch im Hinblicke auf *dictio* und *sermo*) in Rhetorik und Dialektik [27]), und sowie er sich bezüglich der schulmässigen Unterscheidung beider wörtlich an Cassiodorus (s. Abschn. VIII, Anm. 25) anschliesst, so ist es überhaupt des Letzteren oben (Abschn. XII, Anm. 172—184) geschildertes monströses Compendium, welches durch Isidorus mit einigen Abweichungen oder Zusätzen den folgenden Jahrhunderten überliefert wurde. Nachdem er nemlich den Uebergang von der Eintheilung der Philosophie zur Isagoge in der nemlichen dürren Weise gemacht, welche wir bei Cassiodorus sahen [28]), gibt er eine Aufzählung und Erklärung der *quinque voces*, wobei er die Verdienste des Porphyrius gegenüber dem Aristoteles und Cicero hervorhebt [29]) und offenbar nur aus der von Boethius commentirten Uebersetzung des Victorinus geschöpft hat, auf welch letzteren er auch am Schlusse des Cap. selbst verweist [30]); eigenthümlich ist ihm dabei der höchst schulmässige Einfall, die fünf Worte in Einem Satze beispielsweise auszudrücken [31]). Die hierauf folgende Angabe der Kategorien ist zu Anfang und am Schlusse wörtlich aus Cassiodorus entlehnt [32]), in der Mitte aber ist sie ausführlicher,

---

26) *Orig.* I, 1. (p. 1.): *Inter artem et disciplinam Plato et Aristoteles hanc differentiam esse voluerunt dicentes, artem esse in iis quae se et aliter habere possunt; disciplina vero est, quae de iis agit quae aliter evenire non possunt; nam quando veris disputationibus aliquid disseritur, disciplina erit; quando aliquid verisimile atque opinabile tractatur, nomen artis habebit.*

27) *D. differ. spir.* c. 34. (p. 302 b.): *Nunc partes logices assequamur; constat autem ex dialectica et rhetorica. Dialectica est ratio sive regula disputandi intellectum mentis acuens veraque a falsis distinguens; haec scientia, sicut quidam ait, sicut ferrum venenum, sic armat eloquium. Orig.* II, 24. (p. 29 a.): *Logicam, quae rationalis vocatur, Plato subiunxit .... dividens eam in dialecticam et rhetoricam; dicta autem logica, i. e rationalis; λόγος enim apud graecos et sermonem significat et rationem.* Ebend. VIII, 6. (p. 106 a.): *Logici .... quia in naturis et moribus rationem adiungunt, ratio enim graece λόγος dicitur.* Ebend. II, 22. (p. 28 b.): *Dialectica est disciplina ad discernendas rerum causas inventa; ipsa est philosophiae species, quae logica dicitur, i. e. rationalis diffiniendi quaerendi et disserendi potens .... Aristoteles ad regulas quasdam huius doctrinae argumenta perduxit et dialecticam nuncupavit pro eo quod in ea de dictis disputatur, nam λέξις dictio dicitur* (vgl. ebend. I, 22 f.); *ideo autem post rhetoricam disciplinam dialectica sequitur, quia in multis utrique communia existunt*

28) Abschn. XII, Anm 173.

29) *Orig.* II, 25, p. 30 a.: *Cuius disciplinae diffinitionem plenam existimarunt Aristoteles et Tullius ex genere et differentiis consistere; quidam postea pleniores in docendo eius perfectam substantialem diffinitionem in quinque partibus velut in membris suis diviserunt.* Vgl. *Boeth. ad Porph.* p. 7. (*ed. Basil.* 1570).

30) Ebend. p. 30 b.: *Isagogas autem ex graeco in latinum transtulit Victorinus orator, commentumque eius quinque libris Boethius edidit.*

31) Ebend. p. 30 a.: *Ut est ex omnibus his quinque partibus oratio plenae sententiae ita: „homo est animal rationale mortale visibile boni malique capax."* (Vgl. Abschn. XI, Anm. 46.)

32) Cap. 26. p. 30 b. S. Abschn. XII, Anm. 174. (auch die verdorbenen

namentlich an Beispielen. Dann reiht sich natürlich *d. interpr.* an, ein Abschnitt, welchen wir hier zum ersten Male unter der barbarischen Ueberschrift „*De Perihermeniis Aristotelis*" antreffen [33]; die Eingangsworte und der eigentliche Kern (die Definition von *nomen*, *verbum*, *oratio*, *enuntiatio*, *affirmatio*, *negatio*, *contradictio*) sind wörtlich aus Cassiodorus ausgeschrieben [34], dazwischen aber stehen einige allgemeinere Bemerkungen, welche aus Boethius (s. Abschn. XII, Anm. 110) entnommen sind und dadurch, dass sie das Verhältniss zwischen Sprache und Denken betreffen, eine grosse Wichtigkeit für die Folgezeit erhielten [35]; die Schlussworte aber des Cap. geben einen erträglicheren Uebergang zum Syllogismus als jene bei Cassiodorus [36]. Die nun folgende Syllogistik selbst ist nach einer einleitenden Verwahrung vor sophistischem Missbrauche [37] wörtlichst aus Cassiodorus herübergenommen [38]. Den Inhalt der hierauf sich anschliessenden Lehre von der Definition, welche Isidor aus Victorinus entlehnt, mussten wir eben desshalb bereits oben, Abschn. XII, Anm. 2. anführen. Von der Definition aber wird zur Topik mit den nemlichen Worten wie bei Cassiodorus (s. ebend. Anm. 179) der Uebergang gemacht, und auch bei Aufzählung der Topen nur Letzterer benützt; aber es bleiben hiebei vorerst jene fremdartigen Einschiebsel, welche wir oben (ebend. Anm. 181—183) sahen, völlig hinweg, und ausserdem werden mit Uebergehung der rhetorischen Topen unter den dialektischen nur die Ciceronischen vollständig und hiezu drei aus jenen des Themistius aufgenommen [39]. Endlich den Schluss macht ein eigner Abschnitt „*De oppositis*", welcher allerdings hier nicht in dem üblichen Zusammenhange mit der Kategorienlehre steht [40], sondern sich noch an das Material der Topik anschliesst, sowie er auch

---

Schlussworte des Isidorischen Textes sind nach dem dortigen Wortlaute des *Cassiod.* zu lesen).

33) Man hielt nemlich das zusammengeschriebene *Perihermenias* (περὶ ἑρμηνείας) für einen Accusativ Plural und dachte sich hiezu einen Nominativ *Perihermeniae*. (Ja noch im 19. Jahrh. finden wir bei Ild. v. Arx, Gesch. v. St. Gallen, I, p. 262. „die Periemerien" des Aristoteles; s. unten Anm. 245.)

34) C. 27, p. 31 a. S. Abschn. XII, Anm. 175. (auch das Sprüchlein über Aristoteles).

35) Ebend.: *Omnis quippe res quae una est et uno significatur sermone, aut per nomen significatur aut per verbum, quae duae partes orationis interpretantur totum, quidquid concepit mens ad eloquendum; omnis enim elocutio conceptae rei mentis interpres est.* Namentlich müssen wir hiebei den Sprachgebrauch „*concipere, conceptio*" hervorheben.

36) Ebend. p. 31 b.: *Utilitas perihermeniarum haec est, quod ex his interpretamentis syllogismi fiunt, unde et Analytica pertractantur.* Vgl. Abschn. XII, Anm. 176.

37) C. 28, p. 31 b.: *plurimum adiuvat lectorem ad veritatem investigandam, tantum ut absit ille error decipiendi adversarium per sophismata falsarum conclusionum.*

38) Das ganze Cap. enthält somit dasjenige, was wir schon oben Abschn. XII, Anm. 176. u. 177. anzugeben hatten; nur lässt Isidor unter den ebendort Anm. 3, 13. u. 16. angeführten Stellen den Inhalt der Anm. 3. hinweg.

39) C. 30. S. Abschn. XII, Anm. 184; unter den dortigen Topen des Themistius treffen wir hier nur: *a toto, a partibus, a nota.*

40) Wie z. B. Abschn. XII, Anm. 61. u. 94; hingegen in anderer Weise ebend. Anm. 10.

in der That aus des Boethius Commentar zur Ciceronischen Topik excerpirt ist[41]).

Aber ausser diesem Abrisse der Dialektik ist es bei Isidorus auch noch Anderes, was in Folge der Auctorität, welche er in der nächsten Zeit genoss, einen Einfluss auf die Geschichte der Logik ausübte. Nemlich einerseits finden sich einzelne Bruchstücke logischer Lehren in anderen Abschnitten seines encyclopädischen Werkes, so z. B. neben der (in dem Abschnitte über die Kategorien, s. oben Anm. 32) üblichen Begriffsbestimmung des Homonymen u. s. f. kömmt Isidorus auch in der Grammatik auf diesen Gegenstand, woselbst er aber die griechischen Wortformen anwendet[42]); auch ist insbesondere aus der Rhetorik der Abschnitt *De syllogismis* zu erwähnen, da er einerseits für die Argumentation dem *enthymema* eine hohe Geltung verschaffte (s. unten Anm. 92), und andrerseits eine wenn auch noch so kümmerliche Notiz vom Dasein der *Induction* enthält. Der Inhalt dieser Lehre über den Schluss[43]) bietet natürlich durchaus Nichts neues dar, sondern ist aus Victorinus entnommen (s. Abschn. XII, Anm. 12) und weist hiedurch bis zu Cicero (Abschn. VIII, Anm. 53—62, woselbst bes. Anm. 60 die betreffende Stelle über das *enthymema*) zurück.

Andrerseits endlich hat Isidorus durch ein paar lediglich Einzelnheiten, welche an sich ausserhalb der Logik liegen, — gleichsam ohne es zu wollen —, den Späteren Veranlassung zu Fragen dargeboten, deren Beantwortung wir unten als Glieder des geschichtlichen Verlaufes werden anführen müssen[44]). Das Eine, was wir hiebei im Auge haben, ist die Aufstellung eines Unterschiedes zwischen *Rationale* und *Rationabile*[45]), welcher offenbar auf einer Stelle des Commentars des Boethius zur Isagoge beruht[46]) und bewirkt haben mag, dass man

41) C. 31, p. 35a.: *Primum genus est contrariorum, quod iuxta Ciceronem diversum* (zu lesen *adversum*) *vocatur .... secundum genus est relativorum ..... tertium genus est oppositorum* (man bemerke den ungenauen Sprachgebrauch) *habitus vel orbatio, quod genus Cicero privationem vocat ...... quartum vero genus ex confirmatione et negatione opponitur .... quod genus quartum apud dialecticos multum habet conflictum et appellatur ab eis valde oppositum.* Die Quelle hievon s. b. *Boeth. ad Cic. Top.* p. 815f., die betreffende Stelle Cicero's wurde oben, Abschn. VIII, Anm. 42, angeführt.

42) *Orig.* I, 7, p. 4a.: *Synonima hoc est plurinomina ..... homonima hoc est uninomina .....*

43) *Orig.* II, 9. u. 12. (p. 23b.: *syllogismus graece, latine argumentatio appellatur ..... syllogismorum apud rhetores principaliter genera duo sunt, inductio et ratiocinatio*).

44) Wenn es demnach auch dem Leser auffallen mag, dass ich hier Solches erwähne, so wird unten es sich zur Genüge begründen, warum ich aus dem überreichen Schatze Isidorischer Schulweisheit gerade diese, und zwar ausschliesslich nur diese paar einzelnen Momente herausheben musste. Wenn aber hiedurch betreffs der Auffassung der Geschichte der Philosophie des Mittelalters an die Stelle einer bisher üblichen rühmenden Erwähnung eines selbstständigen Denktriebes die Einsicht in die völlige innere Unselbstständigkeit damaliger Denker tritt, so scheint eben eine derartige Aenderung der Ansicht uns das Richtige zu sein.

45) *D. differ. spirit.* 18, p. 297a.: *Inter rationale et rationabile hoc interest, sapiens quidam dicit: rationale est, quod rationis utitur intellectu, ut homo; rationabile vero, quod ratione dictum vel factum est.* Fast wörtlich ebenso *Differ. lib.* p. 770a.

46) Porphyrius hatte nemlich bei Angabe desjenigen, was dem γένος und der

später die dortigen Worte noch genauer erwog (s. unten Anm. 212 ff.); das Andere aber besteht in der an die „Schöpfung aus Nichts" geknüpften Angabe, dass die Finsterniss keine Substanz sei [47]), wovon wir eine weitere Folge bald unten (Anm. 72 ff.) treffen werden.

Der nemliche Standpunkt wie bei Isidorus, sowohl betreff's der Geltung der Dialektik als auch in abenteuerlicher Compilation eines Compendiums, waltet auch bei Alcuin (735—804), dessen Unterricht in der damals üblichen Logik bekanntlich auch Karl der Grosse genoss [48]). Es gibt Alcuin nicht bloss die Eintheilung der Wissenschaften in einem Schema nach Isidorus, sondern wiederholt auch wörtlich aus demselben obige (Anm. 24) theologische Auffassung der Logik [49]); dabei aber zeigt er überall eine hohe Werthschätzung der Philosophie, und während er häufig Klagen über eine weit verbreitete Unwissenheit hieran knüpft, erhebt er sich zu dem Ausspruche, dass die freien Künste die sieben Säulen der Weisheit seien [50]), und so übt er, auf Augustin hinweisend, reichlich die überlieferte Schulphilosophie, d. h. die Kategorienlehre, in den theologischen Hauptfragen über den Gottesbegriff und die Trinität [51]).

Dass aber Alcuin selbst über alle sieben Künste geschrieben habe, ist schon längst widerlegt [52]) durch den Nachweis, dass ein im Mittelalter viel gelesenes Excerpt aus Cassiodorus für ein Werk Alcuin's gehalten wurde. Wohl hingegen bearbeitete er die Grammatik, die Rhetorik und die Dialektik, und ausserdem übersandte er an Karl d. Gr. das pseudo-augustinische Buch über die Kategorien (Abschn. XII, Anm.

διαφορὰ gemeinsam sei (Abschn. XI, Anm. 49.), als Beispiel das *λογικόν* gebraucht in einer Stelle, welche nach der Uebersetzung des Boethius (p. 95.) lautet: *Cumque sit differentia „rationale", praedicatur de ea ut differentia id quod est „ratione uti"; non solum autem de eo quod est rationale, sed etiam de his quae sub rationali sunt speciebus praedicabitur ratione uti.* In der Erklärung nun dieser Worte sagt Boethius (p. 96.): *de rationali duae differentiae dicuntur; quod enim rationale est, utitur ratione vel habet rationem, aliud est autem uti ratione, aliud est habere rationem ..... ergo ipsius rationabilitatis quaedam differentia est ratione uti, sed sub rationabilitate positus est homo.*

47) *Sentent.* I, 2, p. 620 b.: *Materia ex qua coelum terraque formata est, ideo informis vocata est, quia nondum ea formata erant, quae formari restabant, verum ipsa materia ex nihilo facta erat* ..... (p. 621 a.:) *Non ex hoc substantiam habere credendae sunt tenebrae, quia dicit dominus per prophetam „ego dominus formans lucem et creans tenebras", sed quia angelica natura, quae non est praevaricata, lux dicitur, illa autem quae praevaricata est, tenebrarum nomine nuncupatur.*

48) *Eginh. Vit. Car. M.* c. 25.: *habuit in ceteris disciplinis praeceptorem Albinum cognomento Alcuinum ..... apud quem et rhetoricae et dialecticae .... ediscendae plurimum et temporis et laboris impendit. Saxo, Ann. d. gest. Car. M.* V, v. 235 f. bei *Pertz, Monum.* I, p. 271.: *Artis rhetoricae seu cui dialectica nomen, sumpsit ab Alcuini dogmate noticiam.*

49) *Alcuini Opp. ed. Froben. Ratisb.* 1777. *fol.* II, p. 332. u. *Dialect.* 1, ebend. p. 335.

50) Z. B. *Epist.* 38. (I. p. 53.), *Epist.* 68. (p. 94.), *Epist.* 141. (p. 202.). *Gramm.* (II, p. 268.): *Sapientia liberalium litterarum septem columnis confirmatur, nec aliter ad perfectam quemlibet deducit scientiam, nisi his septem columnis vel etiam gradibus exaltetur.*

51) *D. fide trin.* I, 15. (I. p. 713.) u. *Epist. dedic.* (p. 704.), *Quaest. d. trin.* (I, p. 740.), *Epist.* 122. (I, p. 177.), *Epist.* 221. (p. 285).

52) Von Frobenius in d. *praef.* II, p. 263 f.

40 ff.) mit einem metrischen Prologe [53]), welcher in Auffassung der Kategorien den Standpunkt des Boethius (s. ebend. Anm. 84) enthält.

Das Compendium der Dialektik selbst, welches ebenfalls einen dergleichen (unbedeutenden) Prolog an der Spitze trägt, ist in Dialogform geschrieben, so dass Karl d. Gr. immer die Fragen stellt, Alcuinus aber sie beantwortet. Im Anfange ist hiebei Alles, auch die Theilung der Logik in Rhetorik und Dialektik, wörtlich aus Isidorus (oben Anm. 27) genommen, auf den eigentlichen Inhalt aber wird mit einer höchst schulmässigen Eintheilung der Dialektik in „fünf Arten" übergegangen [54]). Der erste Abschnitt, natürlich die Isagoge, ist wörtlich aus Isidor ausgeschrieben (mit Weglassung der Stellen in ob. Anm. 29 u. 30), auch jener Eine Beispielsatz (Anm. 31) fehlt nicht [55]). Die hierauf folgende ausführliche Angabe der Kategorien [56]) ist vollständig aus dem pseudoaugustinischen Compendium mit barbarischer Schreibung der dortigen griechischen Worte excerpirt (s. Abschn. XII, Anm. 50); das Einzige, was neu hinzukömmt, ist, dass hier nun auch für die Kategorien Ein Satz als Beispiel gebildet wird [57]). Wenn aber bei Pseudo-Augustin (c. 18) nach der zehnten Kategorie (*habere*) die übliche Besprechung der Gegensätze folgt, so verschmäht hiefür Alcuin diese Quelle, indem er unter der Ueberschrift „*De contrariis vel oppositis*" nun wörtlich den betreffenden Abschnitt aus Isidorus (oben Anm. 41) ausschreibt [58]); unmittelbar darauf aber springt er für die sog. Postprädicamente (*prius* und *simul*) wieder auf Ps.-Augustin zurück, lässt aber das dortige Cap. 21 (die *immutatio*) ganz hinweg [59]). Sodann folgt unter der Ueberschrift „*De argumentis*" zunächst ein höchst kurzer Auszug aus jenem Excerpte der Lehre vom Urtheile, welches Boethius seiner Schrift *d. diff. top.* (s. Abschn. XII, Anm. 80 u. 165) einverleibt hatte [60]), und

---

53) Derselbe lautet (II, p. 334.): *Continet iste decem naturae verba libellus, Quae iam verba tenent rerum ratione stupenda Omne, quod in nostrum poterit decurrere sensum. Qui legit, ingenium veterum mirabile laudet Atque suum studeat tali exercere labore Exornans titulis vitae data tempora honestis. Hunc Augustino placuit transferre magistro De veterum gazis graecorum clave latina, Quem tibi rex, magnus sophiae sectator amator, Munere qui tali gaudes, modo mitto legendum.*

54) C. 1, p. 336.: *K. Quot sunt species dialecticae? A. Quinque principales: isagoge, categoriae, syllogismorum formulae, diffinitiones, topica, periermeniae.* Allerdings eine monströse Anordnung, welche noch dazu mit der Fünfzahl schlecht stimmt; doch s. unten Anm. 64.

55) C. 2, welches mit den Worten (p. 337.) schliesst: *haec commentario sermone de isagogis Porphyrii dicta sufficiant, nunc ordo postulat ad Aristotelis categorias nos transire.*

56) C. 3—10, p. 337—342.

57) C. 10, p. 342.: *K. Ex his omnibus decem praedicamentis unam mihi coniunge orationem. A. Plena enim oratio de his ita coniungi potest: „Augustinus magnus orator, filius illius, stans in templo hodie infulatus disputando fatigatur.*"

58) C. 11, p. 343. Nur in den Beispielen sind die Eigennamen oder der Inhalt derselben in das moral-theologische Gebiet umgesetzt.

59) Ebend. Weder am Anfange noch am Schlusse dieser Postprädicamente ist irgend ein Uebergang gemacht, der sie an das Vorhergehende oder das Nachfolgende anknüpfte.

60) C. 12, p. 344. Nach der Bestimmung, was *argumentum* (*rei dubiae affirmatio*) und was *oratio* (*verum aut falsum significans*) sei, folgt die übliche Notiz (s. Abschn. XII, Anm. 111.) über *est* und *non est*, sowie über die *Casus obliqui*

hierauf, insoferne ja ebendort auch von der Argumentation die Rede ist, eine armselige Auswahl einiger Beispiele von hypothetischen Schlüssen, welche Boethius dort entwickelt; hieran aber reihen sich noch die vier ersten Modi der kategorischen Schlüsse an, welche aus Isidor (ob. Anm. 38) entnommen sind [61]). Die Lehre von der Definition, welche wieder gänzlich auf Boethius beruht, zerfällt in eine Erörterung *de modis diffinitionum*, wobei nur das Motiv des Herabsteigens vom Allgemeinsten zum *proprium* (s. Abschn. XII, Anm. 105) angegeben und an dem Beispiele *homo* erläutert wird [62]), und in eine Aufzählung *de speciebus diffinitionum*, woselbst an die Bemerkung, dass es eigentlich fünfzehn Arten seien, unter denselben aber einige rhetorische und einige dialektische sich finden (s. ebend. Anm. 107), eine durchaus bodenlose und widersinnige Hervorhebung von acht Arten angeknüpft wird [63]). Aber die Lehre von der Definition soll doch wieder, wie bei Isidorus (oben Anm. 39), hauptsächlich nur zur Topik gehören [64]), und es folgt hiemit die Aufzählung der Topen, welche sonach auch ebendorther mit Weglassung der *extrinsecus* vorkommenden entnommen ist, aber durch Boethianische oder durch biblische Beispiele erläutert wird [65]). Endlich der abenteuerlich nachhinkende Abschnitt „*De Perihermeniis*" (s. oben Anm. 33), — denn einige Trümmer der Lehre vom Urtheile waren ja schon oben gelegentlich der Argumentation dagewesen —, ist gleichfalls dem Isidorus entlehnt und enthält somit zunächst auch die oben

---

(sie findet sich auch in Alc.'s Gramm. II, p. 271.), hierauf die Viertheilung der Urtheile bezüglich der Quantität (s. ebend. Anm. 124.), dann die Unterscheidung in kategorische und hypothetische, bei deren ersteren die Begriffe *subiectum*, *praedicatum*, *maior*, *minor* (s. ebend.) angegeben werden, woran sich noch die Umkehrbarkeit des das *proprium* enthaltenden Urtheiles anreiht (*aequales aequaliter circumverti possunt*, s. ebend. Anm. 129.).

61) Ebend. p. 345. Den Uebergang hiezu bilden die Worte: *Quomodo quaelibet res his argumentis* (!) *confirmari potest aut destrui?* Die Beispiele der hypothetischen Schlüsse beziehen sich nur auf die zwei Modi *Si A est, B est, A vero est*, und *Si A est, B est, B vero non est.* Nach den vier kategorischen Modi stehen die Worte: *Horum enim syllogismorum multae sunt species, sed haec ad praesens sufficiant ad cognoscendum universales et particulares conclusiones in affirmando et negando.*

62) C. 13, p. 345.: *Primum per immensum tendi oportet incipientem a genere, dehinc paulatim currendo per partes devenire debet ad id, in quo solum est id, quod diffinitum est; ut hi qui signa formant primo immensum sibi deligunt lapidem, dehinc paullatim minuendo et abscindendo superflua ad formandos vultus et membra perveniunt.* Die Begriffsbestimmung der Definition selbst (*oratio brevis rem ab aliis rebus divisam propria significatione concludens*) findet sich ebenfalls *Gramm.* p. 271.

63) C. 14, p. 346.: *K. Quot species sunt diffinitionum? A. Quindecim; sed aliae ex his ad dialecticos pertinent, aliae ad rhetores. K. Illas maxime velim audire, quae magis ad dialecticos pertinent.* Hierauf nun werden aus jenen des Boethius folgende acht mit biblischen Beispielen vorgeführt: *principalis, quae substantiam demonstrat ......, a notitia, quae rem aliquam per actum significat ...., qualitativa ......, per differentiam ...., per privantiam ....., per indigentiam pleni ....., per laudem ...., iuxta rationem.*

64) Ebend.: *K. Cui enim parti dialecticae artis hac diffinitiones maxime iungendae sunt? A. Topicis.* Hiernach bliebe freilich trotz der sechs Abschnitte doch obige Fünftheilung (Anm. 54.) gültig.

65) C. 15, p. 346—350.

(Anm. 35) betonten Momente über Sprache und Denken [66]); aber die darauf folgenden Angaben über *nomen, verbum* und *oratio* sind aus Boethius (die betreffenden Stellen desselben s. Abschn. XII, Anm. 110) sehr bereichert und erweitert [67]), und so wird bei Eintheilung der *oratio* die *enuntiativa* scharf von den übrigen Arten getrennt (s. ebend. Anm. 111), ja die letzteren sogar der Grammatik zugewiesen [68]), dieselben aber doch ebenfalls mit Beispielen aus Boethius angeführt, und zuletzt noch auf das Kürzeste *affirmatio*, *negatio* und *contradictio* aus Isidor (ob. Anm. 34) herübergenommen [69]).

Abgesehen von dieser Compilation der Dialektik selbst haben wir noch zu erwähnen, dass Alcuin auch in der Rhetorik nicht bloss obige (Anm. 43) Stelle über Induction und Argumentation aus Isidorus benützt [70]), sondern auch in ein paar Beispielen das Gebiet der sophistischen Fehlschlüsse berührt [71]), wobei ihm Gellius als Quelle diente.

Zeigen uns diese beiden bisher betrachteten Compendien lediglich die Form von Flickwerken, bei deren Abfassung nicht einmal mehr das abstract logische Bedürfniss einer irgend zusammenhängenden Reihenfolge mitwirkte, so erblicken wir allerdings im Vergleiche mit solchen Schulproducten schon einen Fortschritt darin, wenn der Eine oder Andere durch das traditionell gewordene Material wenigstens zu Fragen sich aufgefordert fühlt, welche er so oder so zu beantworten versucht; aber hohe Ansprüche dürfen wir an dergleichen erste Versuche nicht machen. Und nur einen Beleg für die völligste Unklarheit in jenen Fragen, welche bald hernach zu einer Parteispaltung führten, gibt uns die Art und Weise, wie Fredegisus, ein Schüler Alcuin's (gest. 834 als Abt in St. Martin zu Tours), in einer an die Theologen am Hofe Karls d. Gr. gerichteten *Epistola de nihilo et tenebris* [72]) sich mit den Begriffen „Nichts" und „Finsterniss" herumschlägt, welche er nach der üblichen Weise sowohl *ratione* (d. h. logisch) als auch *auctoritate* (d. h.

---

66) C. 16, p. 350. Jener Ausspruch über Aristoteles (ob. Anm. 34.) kömmt bei *Alc. Epist.* 35 (I, p. 47.) sogar als *proverbium* wieder vor. Das Verhältniss aber zwischen *res, intellectus* und *vox* drückt Alc. ausserdem *Gramm.* (II, p. 268.) auch so aus: *Tria sunt, quibus omnis collocutio disputatioque perficitur, res, intellectus, voces; res sunt, quae animi ratione percipimus; intellectus, quibus res ipsas addiscimus; voces, quibus res intellectas proferimus.* Vgl. *Epist.* 123. (I, p. 179.): *Verba enim, quibus loquimur, nihil aliud sunt nisi signa earum rerum, quas mente concipimus, quibus ad cognitionem aliorum venire volumus.*

67) Ebend. p. 350 f. Namentlich findet sich hier auch wieder die Erwähnung erdichteter Begriffe, z. B. *hircocervus, quod graece tragelaphus dicitur.*

68) Ebend. p. 351.: *K. Num et illae aliae species quatuor* (d. h. *interrogativa, imperativa, deprecativa, vocativa*) *ad dialecticos pertinent? A. Non pertinent ad dialecticos, sed ad grammaticos.*

69) Ebend. p. 352.

70) *D. Rhet. et Virt.* (II, p. 324.).

71) Ebend. p. 326.: *Si dicis „non idem ego et tu, et ego homo", consequens est, ut tu homo non sis .... Sed quot syllabas habet homo? Duas. Nunquid tu duae illae syllabae es? Nequaquam. Sed quorsum ista? Ut sophisticam intelligas versutiam.* Vgl. Abschn. VIII, Anm. 66.

72) Gedruckt b. *Steph. Baluzii Miscell. ed. Dom. Mansi. Lucae.* 1761 *fol.* II, p. 56 b. — 58 a. Die Eingangsworte lauten: *Omnibus fidelibus et domini nostri serenissimi principis Karoli in sacro eius Palatio consistentibus Fredegysus Diaconus.*

orthodox theologisch) besprechen will [73]). Die Veranlassung zur ganzen Erörterung überhaupt liegt sicher in obiger (Anm. 47) Stelle des Isidorus [74]), die Auffassungsweise aber ist abgesehen vom allgemeinen theologischen Standpunkte in logischer Beziehung so plump oder so naiv, dass wir in der That keine Wortbezeichnung für dieselbe finden; denn wo von einer Erwägung über die sog. Universalien auch nicht die geringste Spur sich zeigt, können wir unmöglich von Realismus oder von Nominalismus sprechen. Kurz die Sache ist so monströs, dass wir sie nicht einmal als eine Vorstufe späterer Ansichten bezeichnen können. Es wird nemlich nicht bloss mit dürren Worten gesagt, dass wir mit dem Sprachausdrucke unmittelbar die Sache verstehen, sondern es wird auch Bezeichnung und Existenz selbst sofort als identisch genommen [75]), wornach das existirende Nichts wie bei Isidorus eine Anknüpfung an die mosaische Genesis findet [76]); ebenso verfährt Fredegisus betreffs der Finsterniss, kömmt aber hiebei durch den gleichen Gedankengang, indem er sich auf das Verbum *esse* in einem biblischen Satze stützt, zu einer von Isidor abweichenden Ansicht [77]). Höchstens liesse

---

73) Es ist doch merkwürdig, welch interessanten Mann Heinr. Ritter, Gesch. d. Phil. VII, p. 187. aus diesem Fredegisus zu machen weiss, von welchem er sagt, dass er „zu einem tieferen philosophischen Nachdenken geneigt in der Wissenschaft eigene Wege zu gehen versuchte.“ Nachdem nemlich hierauf Ritter selbst angeführt, dass Fred. im Streite gegen Agobardus den alleräussersten Auctoritätsglauben vertheidigte, heisst es weiter (p. 188.): „Aber diess zeugt nur von seinem grübelnden Geiste, keineswegs davon, dass er die Vernunft gänzlich der Auctorität unterwerfen wollte; vielmehr erklärte er sich entschieden dafür, dass jede Auctorität nur durch die Vernunft ihre Auctorität habe.“ Als Beleg für diese Phrase, nach welcher wir in dem hyperorthodoxen Fred. zugleich wenigstens einen Vorläufer Spinoza's und Lessing's zu verehren hätten, führt Ritter eben die auch uns interessirenden Worte aus genannter *Epistola* an, welche bei Baluze allerdings folgendermassen lauten (p. 57 a.): *huic responsioni obviandum est primum ratione, in quantum hominis ratio patitur, deinde auctoritate, non qualibet, sed ratione dumtaxat, quae sola auctoritas est solaque immobilem obtinet firmitatem.* Also Ritter muthet seinen Lesern den Unsinn zu, Fred. wolle erstens *ratione*, und zweitens *auctoritate*, aber letzteres eben doch wieder nur *ratione*, verfahren. Aber hätte Ritter nur nicht allzu flüchtig gelesen, so hätte er aus mehreren weiter unten folgenden Worten (p. 57 a.: *ad divinam auctoritatem recurrere libet, quae est rationis munimen et stabile firmamentum.* p. 57 b.: *ecce invicta auctoritas ratione comitata et ratio quoque auctoritatem confessa ..... faciamus palam pauca divina testimonia adgregantes.* p. 58 a.: *haec pauca ratione simul et auctoritate congesta .... scribere curavi*) sehen müssen, dass *ratio* und *auctoritas* auch hier den tausendfältig vorkommenden theologischen Dual repräsentiren, kurz, dass in obiger Stelle anstatt des zweiten „*ratione*“ natürlich „*revelatione*“ zu lesen ist.

74) Demnach verspüren wir auch in dieser Hinsicht Nichts von „tieferem philosophischen Nachdenken“ oder von „eigenen Wegen“ des Fredegisus. Vgl. oben Anm. 44.

75) p. 57 a.: *Omne nomen finitum aliquid significat, ut homo, lapis, lignum; haec enim ubi dicta fuerint, simul res quas significant intelligimus .... igitur „nihil“ ad id quod significat refertur ...... Omnis significatio eius significatio* (die letzteren zwei Worte fehlen im Texte) *est, quod est; „nihil“ autem aliquid significat; igitur „nihil“ eius significatio est, quod est, id est rei existentis.*

76) Ebend.: *Universa ecclesia ..... confitetur divinam potentiam operatam esse ex nihilo terram aquam aëra et ignem etc. .... si ergo haec humana ratione comprehendere nequimus, quomodo obtinebimus, quantum qualeve sit illud, unde originem genusque ducunt.*

77) Ebend.: *Qui dicit tenebras esse, rem constituendo ponit, ... nam verbum*

sich hervorheben, dass Fredegisus einen Rückhalt an dem theologischen Begriffe des „Wortes Gottes" besitzt (s. Anm. 122 f.). Uebrigens vergl. über jene beiden Begriffe auch unten Anm. 133 ff.

An den Namen des **Hrabanus Maurus** (geb. 776, gest. 856) wurden allerdings in neuester Zeit Producte geknüpft, deren Eines von den bisher betrachteten sehr abweicht. Es sind diess glossirende Commentare, deren Besprechung jedoch jedenfalls erst weiter unten möglich ist; nemlich selbst wenn es aus inneren Gründen für wahrscheinlich gehalten werden könnte, dass wirklich Hrabanus sie verfasst habe, so müsste ihnen dennoch behufs einer richtigen Beurtheilung ihre Stelle erst bei der Darstellung jener Bewegung angewiesen werden, welche durch die Anschauungsweise des Scotus Erigena hervorgerufen wurde. Somit schien es, da die Identität des Autors sich als sehr zweifelhaft erweist, räthlicher zu sein, dass wir das Wenige, was sicher dem Hrabanus angehört und zugleich den bisher erwähnten Schriften verwandt ist, gleich hier in Kürze vorführen, hingegen jene neuerdings gefundenen logischen Tractate erst nach der Besprechung des Scotus einreihen (Anm. 144 ff.). Zunächst demnach gehört aus den schon längst bekannten Werken des Hrabanus [78]) ein Abschnitt der unter dem Titel „*De universo*" verfassten Encyclopädie hieher, in welchem mit der Ueberschrift „*De philosophis*" die Eintheilung der Wissenschaften und der Philosophie aus Alcuin (ob. Anm. 54, d. h. eigentlich aus Isidor, s. Anm. 27) wiederholt und somit auch ausdrücklich gesagt wird, dass die Logik sich in Dialektik und Rhetorik spalte [79]). Sodann aber kömmt Hrabanus auch in der Schrift *De institutione clericorum* auf die sieben freien Künste zu sprechen, und nachdem er dort schon im Allgemeinen die Theologen vor Missbrauch der Disputirkunst gewarnt hat [80]), ist diese Vorsicht ihm auch da das Ueberwiegende, wo er in der üblichen Reihenfolge (nach Grammatik und Rhetorik) nun *de Dialectica* selbst spricht; er wiederholt nemlich vorerst die Definition der Dialektik, welche von Isidor und Alcuin her die übliche war, und knüpft daran allerdings den Ausspruch Augustins, dass die Dialektik zu wissen wisse [81]), aber er will die Uebung derselben nur auf den Kampf gegen

---

substantiae (d. h. „*esse*") *hoc habet in natura, ut cuicunque subiecto fuerit iunctum sine negatione, eiusdem declaret substantiam; igitur in eo quod dictum est „tenebrae erant super faciem abyssi", res constituta est, quam ab esse nulla negatio separat aut dividit.* Hierauf folgt noch eine Menge von Bibelstellen, in welchen von der Finsterniss die Rede ist, wobei natürlich die bekannte greifbare ägyptische Finsterniss diesem Realismus als der willkommenste Beleg sich darbietet (solcher Art ist also die gepriesene „Vernunft-Auctorität" des Fredegisus).

78) *Hrabani Mauri Opp. ed. Colvener. Colon.* 1627. *fol.* 6 Bände.

79) *D. univers.* XV, 1. (I, p. 201.): *Logica autem dividitur in duas species, hoc est dialecticam et rhetoricam.*

80) *D. instit. cler.* III, 17. (VI, p. 40.): *Sed disputationis disciplina ad omnia genera quaestionum, quae in litteris sanctis sunt penetranda et dissolvenda, plurimum valet; tantum ibi cavenda est libido rixandi et puerilis quaedam ostensio decipiendi adversarium.*

81) Ebend. c. 20. (p. 42.): *Dialectica est disciplina rationalis quaerendi, diffiniendi et disserendi, etiam vera a falsis discernendi potens; haec ergo disciplina disciplinarum est, haec docet docere .... scit scire solâ et scientes facere non solum vult, sed etiam potest.* S. Abschn. XII, Anm. 18.

die Häretiker beschränkt wissen, und fügt darum sofort gleichsam zur Warnung obiges Beispiel eines sophistischen Schlusses aus Alcuin (Anm. 71) an [82]), worauf noch an einer neutestamentlichen Stelle die Möglichkeit gezeigt wird, dass unwahre Sätze in eine wahre Verbindung kommen, und dann sogleich der die Dialektik betreffende Abschnitt abgeschlossen wird, um auf die nächstfolgende Kunst (die Mathematik) überzugehen [83]).

Wahrscheinlich im 9. Jahrhunderte war nun wohl auch eine theologische Schrift, nemlich Pseudo-Boethius *De Trinitate*, entstanden, welche im Interesse der Dogmatik auf einzelne Momente der Logik einlässlicher eingeht; indem wir jedoch uns vorbehalten müssen, das Nöthige über dieselbe erst bei jener Zeit anzugeben, in welcher man sie hervorzog und in eine nähere Verbindung mit logischen Controversen zu bringen begann (folg. Abschn., Anm. 35 ff.), wenden wir uns zu dem hervorragendsten philosophischen Schriftsteller des früheren Mittelalters.

Welch bedeutenden Einfluss Johannes Scotus Erigena (geb. zwischen 800 und 815, gest. zwischen 872 u. 875) im Allgemeinen auf die Theologie seiner Zeit und der nächstfolgenden Jahrhunderte ausgeübt habe, ist bekannt [84]); vielleicht aber gelingt es uns, wofern wir diesen schwierigen Schriftsteller richtig verstanden haben sollten, ihm auch für die Geschichte der Logik eine entscheidende Stelle zuzu-

---

82) Ebend.: *Quapropter oportet clericos hanc artem nobilissimam scire ..... ut subtiliter haereticorum versutiam hac possint dignoscere eorumque dicta veneficatis syllogismorum conclusionibus confutare. Sunt enim multa quae appellantur sophismata ..... proposuit enim quidam dicens ei cum quo loquebatur „quod ego sum, tu non es“ etc.*

83) Ebend.: *Sunt etiam verae connexiones ratiocinationis falsas habentes sententias ..... non enim vera inferebat apostolus* (*Paul. ad Cor.* I, 15, 14—17.) *cum diceret „neque Christus resurrexit“ et illa alia „inanis est fides nostra", inanis est et praedicatio nostra“; quae omnino falsa sunt ...... falsum est ergo quod praecedit, praecedit autem non esse resurrectionem mortuorum ..... Cum ergo verae sint connexiones non solum verarum sed etiam falsarum sententiarum, facile est veritatem connexionum etiam in scholis illis discere, quae praeter ecclesiam sunt, sententiarum autem veritates in sanctis libris ecclesiasticis investigandae sunt.* Ueberhaupt ja theilt Hrabanus jenen Standpunkt seiner Zeit, wornach die heidnische Litteratur an sich als verwerflich gilt (*d. instit. cler.* III, 20) und auch die sieben freien Künste im Vergleiche mit der „bescheidenen Bildung“ des Klerikers weit zurückstehen. *Comment. in Ecclesiast.* VIII, 11. (*Vol.* III, p. 484.): *Septem ergo circumspectores philosophiae liberalium artium sunt traditores, sed magis vera esse in omnibus claret catholici viri modesta doctrina, quae in divinis libris consistit, quam omnis philosophorum multiplex in disputando et in argumentando solertia.*

84) Es haben ja selbst theologische Controversen, welche sich an Scotus anknüpfen, uns aber hier nicht berühren, ihren starken Reflex auch in der neueren Litteratur gefunden, indem gegen Fr. Ant. Staudenmaier (Joh. Scotus Erig. u. d. Wissenschaft s. Zeit. 1. Th. Frankf. 1834.) und *Saint-René Taillandier* (*Scot Erigène et la philos. scolastique. Strasb.* 1843.) Nic. Möller (J. Scot. Erig. u. s. Irrthümer. Mainz 1844.) auftrat. Uebrigens ist auch in der jüngst erschienenen Schrift von Theod. Christlieb (Leben u. Lehre d. Joh. Scotus Erig. Gotha 1860), welcher in den abenteuerlichsten Gedankensprüngen den Scotus mit Spinoza, Fichte, Schelling, Hegel u. s. w. in Verbindung bringt, die logische Seite des Scotus kaum mit etlichen Worten berührt. — Im Folgenden citire ich nach der Ausgabe von H. J. Floss (*Par.* 1853, als 122. Band der *Migne*'schen *Patrologia*).

weisen; denn es scheint bezüglich des logischen Standpunktes, auf welchem sich Scotus befindet, immerhin noch kein erschöpfendes Urtheil gefällt zu sein, wenn man ihn lediglich als Realismus oder etwa auch als extravaganten Realismus bezeichnet, sondern mit der realistischen Auffassung, welche im Allgemeinen auf der biblisch-theologischen Anschauung beruht, und welche dem Scotus abzusprechen natürlich Niemandem in den Sinn kommen kann, verbindet sich hier höchst eigenthümlich ein dialektisches Motiv, welches uns dadurch von grösstem Belange zu sein scheint, dass wir in demselben die ersten Umrisse des scholastischen Nominalismus erblicken.

Das Erste, was sicher jedem Leser des Scotus in die Augen springt, ist die streng syllogistische Form, in welcher dieser Schriftsteller sich bewegt, dabei zugleich, so zu sagen, seine logischen Schulkenntnisse zur Schau tragend. Wir würden zwar an sich dieses nicht besonders erwähnen, da unsere Aufgabe hier nicht ist, etwa sämmtliche logisch geschulten Schriften aller Kirchenväter oder mittelalterlichen Theologen zu registriren; hier jedoch besteht, wie uns dünkt, zwischen solchem äusserlichen Schulwissen und der inneren Auffassung ein enger Zusammenhang. Scotus Erigena wendet offenbar in der Ueberzeugung, dass die Syllogistik gerade in ihrer streng schulmässigen Form einen „philosophischen" Werth habe, all dergleichen Dinge an. So erscheint bei ihm, — abgesehen von der häufigen und reichlichen Erörterung der Kategorien in theologischem Sinne —, z. B. aus der Lehre vom Urtheile die Eintheilung in bejahende und verneinende, und zwar mit der Bezeichnung *affirmativus* und *abdicativus* [85]), oder die Angabe der verschiedenen Arten der Gegensätze [86]), unter welchen der sog. contradictorische noch öfters besonders hervorgehoben wird [87]), sowie die

---

85) Was die Kategorien betrifft, bei deren Gelegenheit Scotus einmal (*d. divis. nat.* I, 51, p. 493.) das 10. Cap. aus *Ps.-August. Categ.* ausschreibt, s. das Nöthige unten Anm. 139 ff. Bezüglich des Urtheiles s. z. B. *d. div. nat.* I, 14, p. 462.: *Et hoc* (d. h. die θεολογία καταφατικὴ und θεολογία ἀποφατικὴ des Pseudo-Dionysius Areopag.) *brevi concludamus exemplo: „essentia est" affirmatio; „essentia non est" abdicatio; „superessentialis est" affirmatio simul et abdicatio.* Diese Terminologie, welche bei Scotus noch öfter erscheint, weist entweder auf die Vermengung zurück, welche wir bei Cassiodor trafen (Abschn. XII, Anm. 176 u. 181.), oder Scotus selbst vermischte die Redeweise des Boethius mit jener des Marcianus Capella (s. ebend. Anm. 64.).

86) Ebend. 13, p. 458 f.: *Oppositum dico aut per privationem aut per contrarietatem aut per relationem* (dass hier *aut per negationem* im Texte ausgefallen sei, zeigt die sogleich folgende Erklärung) *aut per absentiam ...... nam opposita per relationem ita sibi semper opposita sunt, ut simul et inchoare incipiant et simul esse desinant, dum eiusdem naturae sint, ut simplum ad duplum; aut per negationem, ut est, non est; aut per* (zu lesen *propter*) *qualitates naturales per absentiam, ut lux atque tenebrae, aut secundum privationem, ut mors et vita; aut per contrarium, ut sanitas et imbecillitas.* Scotus schöpfte hiebei aus der nemlichen Quelle wie Isidorus (s. oben Anm. 41.), nur entnahm er aus den Worten des Boethius ungeschickter Weise eine Unterscheidung zwischen *privatio* und *absentia.*

87) *D. praedest.* 5, 8, p. 378.: *Aut quomodo de eadem voluntate posset simul dici „libera est, libera non est"; haec enim contradictorie dicuntur, quia simul fieri non possunt D. divis. nat.* IV, 5, p. 756.: *contradictoria proloquia fient, et necessario unum erit verum, alterum falsum; non enim aut simul vera possunt esse aut simul falsa cantradictoria proloquia de subiecto eodem, sive universaliter*

gegensätzlichen Verhältnisse, welche zwischen dem Möglichen und dem Unmöglichen bestehen, erwähnt werden[88]. Auch die übliche Aufzählung der mehreren Arten der Definition findet sich berücksichtigt[89]. Hauptsächlich aber sind es die Formen der Argumentation, welche Scotus eben nach der formellen Seite so häufig hervorhebt[90], und wir treffen bei ihm an vielen Stellen nicht bloss Syllogismen, welche vollständig schulmässig formulirt sind, in den Text verwoben[91], sondern er nennt auch sehr gerne Schlüsse, welche der Topik angehören, mit ihrem technischen Namen[92]. Gerade aber in letzterer Beziehung ist es uns von grosser Wichtigkeit, dass Scotus das eigentlich dialektische Verfahren, d. h. den Syllogismus überhaupt, genau von dem übrigen bloss rhetorischen Gebiete unterscheidet und für die Beweisführung auf die logische Form allein das entscheidende Gewicht legt. Nemlich zunächst wird von ihm schon jene Formulirung des disjunctiven Schlusses aufs höchste geschätzt, welche als *enthymema* von Cicero her sich in der Tradition erhalten hatte und hiedurch auch in Isidor's Encyclopädie Eingang fand (s. oben Anm. 43, und die Wiederholung hievon bei Alcuin Anm. 70), und es erblickt Scotus in der That in dieser Schlussform den Höhepunkt aller „*argumenta*", welche zwar immerhin noch an die „*signa vocalia*" gebunden seien[93], ja die Macht der Form

---

sint sive particulariter. Hier ist, wie man sieht, die Terminologie des Boethius (*contradictorius,* s. Abschn. XII, Anm. 113.) mit jener des Marcianus Capella (*proloquium,* s. ebend. Anm. 62.) vermischt. (Nach *Labbé, Bibl. Msscr. nov.* p. 45. soll Scotus' den Marc. Capella commentirt haben; ausdrücklich erwähnt und benützt hat er ihn bei der Kosmographie, *d. div. nat.* III, 33, p. 719.).

88) *D. divis. nat.* II, 29, p. 597.: *Possibilia quoque et impossibilia in numero rerum computari, nemo recte philosophantium contradicet ..... De quibus quisquis plene voluerit percipere, legat περὶ ἑρμηνείας, hoc est de interpretatione, Aristotelem, in qua aut de his solis, hoc est possibilibus et impossibilibus, aut maxime a philosopho disputatum est.* Es versteht sich von selbst, dass das Ganze aus Boethius entnommen ist (s. Abschn. XII, Anm. 119.).

89) Ebend. I, 41, p. 483.: *Quamvisque multae definitionum species quibusdam esse videantur, sola ac vera ipsa dicenda est definitio, quae a graecis οὐσιώδης, a nostris vero essentialis vocari consuevit; aliae siquidem aut connumerationes intelligibilium partium οὐσίας aut argumentationes quaedam extrinsecus per accidentia aut qualiscunque sententiarum species sunt; sola vero οὐσιώδης id solum recipit ad definiendum, quod perfectionem naturae, quam definit, complet ac perficit.* Es kann diess aus Alcuin (s. oben Anm. 62 f.) oder aus Isidor (oben Anm. 38 f.) oder aus Boethius (Abschn. XII, Anm. 105.) geschöpft sein.

90) Derartige Stellen bewegen sich in jener Terminologie, welche bei Boethius die übliche ist; so z. B. *affirmativus, negativus, termini, dialectica propositio, formula syllogismi conditionalis*, auch *connexio* (s. Abschn. XII, Anm. 141.) und sogar *tropus* (s. ebend. Anm. 119.); ausserdem finden wir noch *collectio* und *reflexim*, welche dem Apulejus (s. Abschn. X, Anm. 15. u. 19.) angehören.

91) So z. B. *d. praedest.* 14, 3, p. 410.; ebend. 16, 4, p. 420. *d. div. nat.* I, 49, p. 491. s. auch Anm. 94 ff.

92) Z. B. *d. div. nat.* I, 27, p. 474.: *sunt loci dialectici a genere, a specie, a nomine, ab antecedentibus, a consequentibus, a contrariis, ceterique huiusmodi, de quibus nunc disserere longum est. D. praedest.* 2, 2, p. 362.: *argumentum, quod ab effectibus ad causam sumitur* (ebenso ebend. 3, 2, p. 365.). Ebend. 9, 7, p. 393. *locus a contrario* und *locus a similitudine*, u. dgl. öfters. Die Kenntniss aber all dieser Topen konnte Scotus lediglich aus Cassiodor schöpfen.

93) *D. praedest.* 9, 3, p. 391.: *Restant ea, quae contrarietatis loco sumuntur, quibus tanta vis inest significandi, ut quodam privilegio excellentiae suae merito a*

veranlasst ihn, das Enthymema sofort als „*syllogismus*“ zu bezeichnen[94], und an einer anderen Stelle, wo er ausdrücklich sagt, sich der ἀποδεικτικὴ bedienen zu wollen, folgen lediglich Beweise in eben jener disjunctiven Form[95]; aber zugleich weist er dennoch den Formen des sog. kategorischen Schlusses entschieden eine noch höhere Stellung eben deswegen an, weil dieselben nicht zu dem Getriebe der äusserlich wirksameren rhetorischen Argumentation gehören[96]. Dass aber dieses Uebergewicht der syllogistischen Form auch bald von den Lesern des Scotus als solches empfunden wurde, ist uns durch ein vollgültiges Zeugniss bestätigt, indem ein Anonymus des 9. Jahrh. (s. unten Anm. 163) sagt, nach der Ansicht des Scotus bestehe die Dialektik in einem beständigen Nacheilen und Sichverjagen (*fuga et insecutio*, vgl. unten Anm. 204) der Sätze[97]. — Uebrigens konnte Scotus auch die Kennt-

---

graecis enthymemata dicantur, hoc est conceptiones mentis .... sicut ergo argumentorum omnium fortissimum est illud, quod sumitur a contrario, ita omnium signorum vocalium aptissimum est, quod ducitur ab eodem contrarietatis loco. Ebend. 10, 1, p. 393.: *Restat considerare locum, qui, ut praediximus, a dialecticis ac rhetoricis enthymema vocatur, a grammaticis vero κατ' ἀντίφρασιν, et est omnium argumentorum signorumque verbalium nobilissimus.* S. auch Anm. 96 am Schluss, u. vgl. Anm. 189.

94) *D. praedest.* 3, 3, p. 366.: *Quae ratio enthymematis argumento concluditur, quod semper est a contrario, cuius propositio talis est* (nun folgt ein Schluss nach der Form *Non est et A et B, A autem est, ergo B non est*, s. Abschn. VIII, Anm. 60. u. Abschn. XII, Anm. 13. u. 69.) .... *Idem quoque syllogismus hoc modo connectitur* (ebenso).

95) Ebend. 4, 3, p. 371.: *Illa igitur rationis specie, quae dicitur ἀποδεικτικὴ, utamur primum adversus eos ....*, worauf zwei Schlüsse in der so eben erwähnten Form folgen und sodann mit den siegesbewussten Worten geendet wird: *conclusum est igitur ..... via igitur regia gradiendum nec ad dexteram nec ad sinistram divertendum, etc.*

96) Nemlich bei einer längeren Beweisführung betreffs der Immaterialität der Substanz, *d. div. nat.* I, 47 ff., finden wir zunächst (47, p. 489.) nach den einleitenden Worten *has itaque paucas de pluribus dialecticas collectiones considera* zwei kategorische Schlüsse nach dem 1. Modus der 1. Figur, sodann folgt eine Argumentation in dilemmatischer Form (48, p. 490.); nach dieser aber steht folgender Uebergang (49, p. 490 f.): *Ut autem plane cognoscas, ... hanc argumentationis accipe speciem. Accipiam, sed prius quandam formulam praedictae argumentationis fieri necessarium video; nam praedicta ratiocinatio plus argumentum a contrario videtur esse, quam dialectici syllogismi imago. Fiat igitur maxima propositio sic:* und nun folgen vier Syllogismen nach dem 2. Modus der 1. Figur mit den abschliessenden Worten: *haec formula idonea est;* unmittelbar hierauf aber: *Hoc etiam certa dialectica formula imaginari volo; fiat itaque formula syllogismi conditionalis,* was in der Form *Si A est, B est, A vero est* geschieht; und nach all diesem steht zum eindringlichen Abschlusse noch ein Enthymema: *Si autem ἐνθυμήματος, hoc est conceptionis communis animi syllogismum, qui omnium conclusionum principatum obtinet, quia ex his quae simul esse non possunt assumitur, audire desideras, accipe huiusmodi formulam* (wie oben Anm. 94.).

97) Bei *V. Cousin, Ouvr. inéd. d'Abél.* p. 619.: *Secundum vero Joannem Scottum est dyalectica quaedam fuga et insecutio, ut cum quis dicit „omnis honestus est“, et insequitur alius dicendo „omnis honestus non est“, talis haec disputatio fugae et insecutioni videtur esse consimilis.* Wenn übrigens schon der i. J. 821 gestorbene Abt Benedict von Aniane über einen „*syllogismus delusionis apud modernos scholasticos, maxime apud Scotos*“ klagt (*Baluzi Miscell. ed. Mansi*, II, p. 97.), so darf hieraus nicht etwa geschlossen werden, dass Scotus seine dialektische Gewandtheit aus einem in Schottland weitverbreiteten Schulbetriebe der Logik

niss der von ihm angewendeten syllogistischen Formen lediglich aus Isidorus (oben Anm. 38) schöpfen, und es nöthigt uns keine einzige Stelle zu der Annahme, dass er etwa auch des Boethius Uebersetzung der aristotelischen Analytiken gekannt habe [98].

Eben diese Momente aber, welche gleichsam der logischen Praxis des Scotus angehören, leiten uns auch auf desselben theoretische Ansicht bezüglich der Dialektik hinüber. Im Allgemeinen wohl theilt er hierin die Anschauungen seiner Zeit, wonach die Uebung der freien Künste zwar als etwas Lobenswürdiges erscheint [99], zugleich aber es dabei auf die Gesinnung ankömmt, indem namentlich die Dialektik, welche leicht missbraucht werden könne, ihre wesentliche Aufgabe bei Bekämpfung der Ketzer finde [100]. Aber bei Scotus, welchem ja durchgängig Religion und Philosophie selbst identisch sind [101], muss eben deshalb die Logik auch noch etwas Höheres sein, als blosses äusserliches Mittel zum Zwecke, kurz sie muss ihm als Form seiner Philosophie gelten, und hierin liegt nicht bloss der wesentlichste Vorzug des Scotus vor einem Isidor oder Alcuin u. dgl., sondern auch, wie uns dünkt, die Ursache seines Einflusses, sowie jener Verketzerung, welche ihn später als einen Hort der Nominalisten traf (s. unten Anm. 312 f.). Dass nun die Philosophie des Scotus dennoch auf einem, so zu sagen, christlichen Platonismus beruhe und zugleich in ganz vernünftiger Weise auf einen Pantheismus auslaufe, ist theils bekannt, theils ausserhalb unserer hiesigen Aufgabe gelegen. Aber wie sich hiebei die principielle Auffassung der Logik gestalte, müssen wir versuchen in's Reine zu bringen [102].

Die *Scriptura divina* ist es nach dem Standpunkte des Scotus,

---

habe schöpfen können, sondern jene Klage bezieht sich lediglich auf einen einzelnen dogmatischen Gegensatz (betreffs der Trinität), welcher ebenso wie hundert andere dergleichen in seiner Formulirung als *syllogismus* bezeichnet werden kann.

98) Da uns dieser Punkt noch öfters (s. Anm. 156, 183, 196, 209, 253, 258, 277, 288, 310, 363.) von Wichtigkeit sein wird, musste ich absichtlich im Bisherigen so ausführlich auf die logischen Quellen des Scotus hinweisen.

99) *D. praedest.* 18, 1, p. 430.: *Errorem saevissimum eorum* (d. h. seiner dogmatischen Gegner) ..... *ex utilium disciplinarum, quas ipsa sapientia suas comites investigatricesque fieri voluit* (vgl. oben Anm. 50.), *ignorantia crediderim sumpsisse primordia.* An einer anderen Stelle, *d. div. nat.* I, 27, p. 475, werden sämmtliche sieben Künste definirt; s. unten Anm. 106.

100) *D. praedest.* 1, 2, p. 358.: *disputandi disciplinae regulis necessario uti iubemur, dum adversus quendam saphrophilum* (zu lesen *saprophilosophum*), *nomine Gotescalcum* (bekanntlich der Hauptgegner des Scotus) ... *respondere compellimur.* Ebend. 7, 1, p. 382.: *Potest enim aliquis in disciplina disputandi, quae dicitur dialectica, peritus, quae nullo dubitante a deo homini donatur, si voluerit, bene uti ..... potest e contrario perniciose uti, ad quod non est data, dum falsa pro veris approbans alios in errorem mittat falsisque ratiocinationibus simplicium sensus confundat etc.* (vgl. oben Anm. 80.).

101) Ebend. 1, 1, p. 358.: *Conficitur inde, veram esse philosophiam veram religionem conversimque veram religionem esse veram philosophiam.* Bekanntlich zieht sich diese Auffassung durch das ganze System hindurch.

102) Wenn z. B. H. Ritter, Gesch. d. Phil. VII, p. 222, bei Scotus viele Widersprüche erblickt und meint, „an ein methodisches Verfahren sei natürlich hiebei nicht mehr zu denken", so ist diess sehr irrig, denn Alles löst sich, sobald man nur genauer zusieht.

welche als ihre vier Theile in aufsteigender Rangfolge, entsprechend den vier Elementen (Erde, Wasser, Luft, Feuer) in sich die Geschichte, die Ethik, die Physik, und die Theologie enthält [103]), und sowie wir hiebei einerseits uns auch an die Auffassung bei Isidor (ob. Anm. 24) erinnert fühlen, so müssen wir andrerseits zugestehen, dass für eine derartige aufwärtssteigende Linie erst mit einer geistigen Erhebung über das lediglich Factische der Geschichte der Weg zur „Weisheit" betreten werde, sowie dass die feste Form eines solchen Ringens nach Weisheit sicher für den ganzen Weg, welcher bis zum höchsten Ziele durchlaufen werden muss, die leitende Führerin sei. Somit ist es uns sehr wohl verständlich, wenn Scotus anderswo die eigentliche „*sophia*" in die praktische, die physikalische, die theologische und die logische eintheilt, und der letzteren die „Regeln" zuweist, nach welchen man sich bei den „Erörterungen" in jeder der drei anderen Arten der Weisheit bewegen soll [104]). Handelt es sich aber hiemit bei jeder Weisheit um irgend Kundgebungen, welche in menschlichen Worten bestehen, so hat die Logik oder — wie sie Scotus übrigens stets nennt — die Dialektik jedenfalls Eine Seite, nach welcher sie mit dem Wortausdrucke verflochten ist, während sie andrerseits ihre wesentliche Aufgabe darin besitzt, dasjenige zu erforschen, was Scotus (in realistischem Sinne) die „Natur der Dinge" nennt. Er spricht sich nemlich über dieses ganze Verhältniss sehr klar und entschieden aus, wenn er sagt, Grammatik und Rhetorik seien Gliedmassen oder Zweige oder wenigstens Werkzeuge der Dialektik, durch welche sie ihre Entdeckungen kundgebe und unter Menschen verwerthe; die Grammatik nemlich enthalte die Regeln der kundgebenden „*vox*" selbst, welche nach Aristoteles nur auf Gewohnheit beruhe, die Rhetorik hingegen handle entweder über specielle Fälle und Verhältnisse, oder bespreche allgemeine Gesichtspunkte (*loci communes*), welche schon in der Natur der Dinge liegen, daher im letzteren Falle die Rhetorik bereits die Rolle der Dialektik übernehme; somit seien Grammatik und Rhetorik durchaus nicht principlos, wohl aber bestehe ein relativer Comparativ in der Stärke der Beweise, je nachdem dieselben mehr aus der Natur der Dinge entnommen seien, und die höchste Stufe liege dann vor, wenn die Seele innerhalb ihrer selbst ohne das Geräusch des Sprechens oder der Rhetorik über die Technik der übrigen Disciplinen nachdenke [105]). Durch

---

103) *Homil. in Ev. Joann.* p. 291.: *Divina siquidem scriptura mundus quidam est intelligibilis, suis quatuor partibus veluti quatuor elementis constitutus. Cuius terra est veluti in medio imoque instar centri historia, circa quam aquarum similitudine abyssus circumfunditur moralis intelligentiae, quae a graecis ethice solet appellari; circa quas, historiam dico et ethicam, veluti duas praefati mundi inferiores partes, aer ille naturalis scientiae circumvolvitur, quam, naturalem dico scientiam, graeci vocant physicen; extra haec omnia et ultra aethereus ille igneusque ardor empyrii coeli, hoc est superae contemplationis divinae naturae, quam graeci theologiam nominant, circumglobatur, ultra quam nullus egreditur intellectus.*

104) *D. div. nat.* III, 29, p. 705.: *intentus prospiciat quadriformem sophiae divisionem; et est quidem prima* πρακτικὴ, *activa, secunda* φυσικὴ, *naturalis, tertia* θεολογία, *quae de deo disputat, quarta* λογικὴ, *rationalis, quae ostendit, quibus regulis de unaquaque trium aliarum sophiae partium disputandum.*

105) Ebend. V, 4, p. 869 f.: *Cum ex liberalibus disciplinis praefatas attraxe-*

diese deutliche Erklärung können wir jetzt den Inhalt obiger Anm. 92—96 vollständig verstehen, denn nun wissen wir, warum bei Scotus die *loci communes* der Topik eine Bedeutung erhalten (s. auch unten Anm. 132), und warum der im Enthymema liegende *locus* des Gegensatzes, welcher ja innigst in die „Natur der Dinge" verflochten ist (man denke auch an die affirmative und negative Theologie des Pseudo-Dionysius, welche Scotus adoptirte), vor Allem als der wichtigste und stärkste bezeichnet werde, und warum endlich dennoch über das Enthymema hinaus an Reinheit des Gedankens der eigentliche Syllogismus hervorrage, welcher von allem rednerischen Gepränge frei ist. Kurz die Dialektik hat bei Scotus eine Stellung, gemäss deren sie unweigerlich auf die äussere Kundgebung (*vox*) und auf die menschlich. gefassten Gemeinbegriffe (*conceptus communes*) eingehen muss, zugleich aber aus diesem Gebiete zum höchsten reinen Wissen führen soll, und wenn Scotus die Dialektik als „die Erforscherin der vernünftigen Gemeinbegriffe" definirt [106]), so fasst er hiemit nach seiner Grundansicht in Kürze eben jene zwei Seiten zusammen, nemlich einerseits die Verwandtschaft der Logik mit der Rhetorik, welche die Technik der in Worten auftretenden Erörterungen ist [107]), und andrerseits das hohe Ziel, zu welchem die in den Worten ausgesprochene Vernunft geführt

---

ris argumentationes, cur grammaticam et rhetoricam praetermiseris, non satis video ..... Primum quidem quia ipsae duae artes veluti quaedam membra dialecticae multis philosophis non incongrue existimantur; deinde brevitatis causa. Postremo quod non de rerum natura tractare videntur, sed vel de regulis humanae vocis, quam non secundum naturam sed secundum consuetudinem loquentium subsistere Aristoteles cum suis sectatoribus approbat (aus Boethius, s. Abschn. XII, Anm. 110.), *vel de causis atque personis specialibus, quod longe a natura rerum distat; nam dum rhetorica de communibus locis, qui ad naturam rerum pertinent, tractare nititur, non suas sed dialecticae arripit partes. Hoc autem dico, non quod omnino grammatica et rhetorica suis veluti principiis caruerint, ... sed quod validioris vigoris sint ad approbandas vel negandas quaestiones, quae de rerum incertarum inquisitionibus fiunt, argumenta ex natura rerum sumpta, quam ex humanis inventionibus excogitata ..... Cur itaque in numero liberalium disciplinarum computantur, si secundum naturam non sunt, sed secundum humana machinamenta? Non aliam ob causam video praeter quod matri artium, quae est dialectica, semper adhaereant; sunt enim veluti quaedam ipsius brachia rivulive ex ea manantes vel certe instrumenta, quibus suas intelligibiles inventiones humanis usibus manifestat ...... Potest enim rationabilis anima intra semetipsam de liberalibus disciplinis tractare absque vocis articulatae disertaeque orationis strepitu.* (Bei *Hauréau, De la phil. scol.* I, p. 118 f. findet sich bezüglich dieser Stelle ein schlimmes Missverständniss).

106) Ebend. I, 27, p. 475. (woselbst alle sieben Künste definirt werden): *Grammatica est articulatae vocis custos et moderatrix disciplina. Rhetorica est finitae causae septem periochis* (nemlich *persona, materia, occasione, qualitate, loco, tempore, facultate*) *sagax et copiosa disciplina. Dialectica est communium animi conceptionum rationabilium diligens investigatrixque disciplina.* Die Bezeichnung *conceptio animi* weist auf Boethius zurück, s. Abschn. XII, Anm. 110.

107) *D. praedest.* 1, 3, p. 358.: *non incongrue regulis disputatoriae artis* (s. Anm. 112) *utemur; cum enim per artem rhetoricam et vera suadeantur et falsa, quis audeat dicere, adversus mendacium in defensoribus suis inermem debere consistere veritatem.* Uebrigens erklärt sich nun auch, sowohl dass (Anm. 92) das Enthymema allen drei Disciplinen, nemlich der Grammatik, der Rhetorik und der Dialektik, zugewiesen wird, als auch warum bei eben jener Schlussform stets von *conceptio mentis* (ebend.) oder *conceptio communis animi* (Anm. 96. u. 106.) die Rede sei.

werden soll. — So also ist die logische Praxis bei Scotus im Einklange mit der theoretischen Auffassung.

Ergibt sich uns aber schon aus dem Bisherigen als Resultat das anscheinend Widerspruchsvolle, dass Scotus, der Platoniker und Anhänger des Pseudo-Dionysius, zugleich die Veranlassung zum Hervortreten einer nominalistischen Partei darbieten konnte, so scheinen die Belege für diese eigenthümliche Thatsache auch noch anderweitig sich zu vermehren. Was nemlich die nähere Darlegung der Aufgabe der Dialektik bei Scotus betrifft, so finden wir allerdings zunächst durchgängig den platonischen Doppelweg (s. Abschn. III, Anm. 68) verquickt mit dem Schul-Mechanismus der *Tabula logica* des Porphyrius oder Boethius (s. Abschn. XI, Anm. 60 u. Abschn. XII, Anm. 87 u. 96 ff.). Er bedient sich hiefür der Ausdrücke *διαιρετική* (oder auch *μερισμός*) und *ἀναλυτική* [108]), und sowie ihm sowohl in logischem als auch in ontologischem Sinne erstere als das Herabsteigen vom Allgemeinen zum Individuum gilt, so versteht er ebenso unter letzterer jenen Rückgang des Individuellen, durch welchen es von seiner speciellen Gestaltung (*forma*) befreit wird und zuletzt in die höchste Einheit (d. h. in Gott oder das All) als aufgelöstes zurückkehrt [109]); auch theilt er diesen Doppelweg noch einmal zweigliedrig, indem er in einem *quadrivium* der Dialektik von der *διαιρετική* zur *ὁριστική* gelangen und von da durch die *ἀποδεικτική* erst zur *ἀναλυτική* sich erheben will [110]), wobei wir sofort

---

108) *D. hierarch. coel. Dion.* 7, 2, p. 184.: *Duae quippe partes sunt dialecticae disciplinae, quarum una διαιρετική, altera ἀναλυτική nuncupatur. Et διαιρετική quidem divisionis vim possidet; dividit namque maximorum generum unitatem a summo usque deorsum, donec ad individuas species perveniat inque iis divisionis terminum ponat. Ἀναλυτική vero ex adverso sibi positae partis divisiones ab individuis sursum versus incipiens perque eosdem gradus, quibus illa descendit, ascendens convolvit et colligit easdemque in unitatem maximorum generum reducit, ideoque reductiva dicitur seu reditiva. D. div. nat.* II, 1, p. 526.: *Ἀναλυτική vero de reditu dicitur divisionis formarum ad principium eiusdem divisionis; omnis enim divisio, quae a graecis μερισμὸς dicitur quasi deorsum descendens ab uno quodam definito ad infinitos numeros videtur, hoc est a generalissimo usque ad specialissimum; omnis vero recollectio veluti quidam reditus iterum a specialissimo inchoans et usque ad generalissimum ascendens ἀναλυτική vocatur; est igitur reditus et resolutio individuorum in formas, formarum in genera, generum in usias, usiarum in sapientiam et prudentiam, ex quibus omnis divisio oritur in easdemque finitur.*

109) *D. hier. coel. Dion.* 15, 1, p. 252.: *Ἀναλυτική enim est disciplina, quae visibilium imaginum interpretationem in invisibilium intellectuum uniformitatem resolvit omni forma carentium* In Bezug auf Gott selbst kann das Herabsteigen zum Individuum sehr wohl als Auflösung Gottes, sowie die Rückkehr ins Allgemeine als Apotheose bezeichnet werden, und in solchem Sinne sagt Scotus, *Praef. ad ambig. Max.* p. 1195.: *quomodo causa omnium, quae deus est, una sit simplex et multiplex; qualis sit processio, id est multiplicatio divinae bonitatis per omnia, quae sunt, a summo usque deorsum ...... et iterum eiusdem, divinae videlicet bonitatis, qualis sit reversio, id est congregatio per eosdem gradus usque ad simplicissimam omnium unitatem ..... ita ut et deus omnia sit et omnia deus sint; et quomodo praedicta quidem divina in omnia processio ἀναλυτική dicitur, hoc est resolutio, reversio vero θέωσις, hoc est deificatio.*

110) *D. praedest.* 1, 1, p. 358.: *bis binas partes principales ad omnem quaestionem solvendam necessarias habere dignoscitur* (*sc. philosophia*), *quas graecis placuit nominare διαιρετική, ὁριστική, ἀποδεικτική, ἀναλυτική, easdemque latia-*

erkennen müssen, dass für Scotus die Aufgabe der Dialektik, soweit dieselbe als Technik der Erörterungen zumeist eine formale Seite hat, hauptsächlich in die beiden mittleren Stufen falle, daher er ihr auch insbesondere die Function des Definirens zutheilen kann [111]), denn insofern sie definirt, erfasst sie die Substanz und findet in dieser sich wieder auf die nach Oben und nach Unten gehende Stufenfolge der Entwicklung hingewiesen [112]).

Eben aber diese Mittelstellung, in welche die technischen Manipulationen der Logik auf solche Weise gerathen, führt wieder zu einer unverkennbaren Werthschätzung des Wortausdruckes, in welchem auf jener Stufe die Vernunft sich bewegen muss. Sehr erklärlich vorerst ist es, dass auch Scotus für das dialektische Verfahren des Theilens und Zusammensetzens ein erschöpfendes Register in den aristotelischen Kategorien erblickt, und er unterscheidet sich hierin weder von der damaligen allgemeinen Schul-Ansicht noch von der Auffassung des Boethius [113]). Auch sind ihm, wie sich von selbst versteht, die Kategorien an sich selbst betrachtet etwas Unkörperliches [114]), und sowie er sich

---

liter possumus dicere divisoriam, definitivam, demonstrativam, resolutivam. Quarum enim prima unum in multa dividendo segregat, secunda unum de multis definiendo colligit, tertia per manifesta occulta demonstrando aperit, quarta composita in simplicia separando resolvit ...... His enim tanquam utili quodam honestoque humanae ratiocinationis quadrivio ad ipsam disputandi disciplina, quae est veritas, omnis in ea eruditus perveniri non dubitat.

111) *D. div. nat.* I, 44, p. 486.: *quid nos prohibet, definiendi disciplinam inter artes ponere adiungentes dialecticae, cuius proprietas est, omnium rerum quae intelligi possunt naturas dividere, coniungere, discernere propriosque locos unicuique distribuere.* Welche Bedeutung die *loci* für ihn haben, sahen wir so eben Anm. 105, sowie auch Anm. 95, dass zur *ἀποδεικτική* der disjunctive Schluss gehöre.

112) Ebend. V, 4, p. 869.: *Nonne ars illa, quae a graecis dicitur dialectica, et definitur bene disputandi scientia* (also auch hier wieder die Verwandtschaft mit der Rhetorik, s. Anm. 107), *primo omnium circa οὐσίαν veluti circa proprium sui principium versatur, ex qua omnis divisio et multiplicatio eorum, de quibus ars ipsa disputat, inchoat per genera generalissima mediaque genera usque ad formas et species specialissimas descendens et iterum complicationis regulis per eosdem gradus, per quos degreditur, donec ad ipsam οὐσίαν, ex qua egressa est, perveniat, non desinit redire in eam, qua semper appetit quiescere.*

113) Ebend. I, 14, p. 462 f.: *Aristoteles, acutissimus apud graecos, ut aiunt, naturalium rerum discretionis repertor, omnium rerum, quae post deum sunt et ab eo creatae, innumerabiles varietates in decem universalibus generibus conclusit, quae decem categorias, id est praedicamenta, vocavit. Nihil enim, ut ei visum, in multitudine creatarum rerum variisque animorum motibus inveniri potest, quod in aliquo praedictorum generum includi non possit; haec autem a graecis vocantur οὐσία, ποσότης, ποιότης, πρός τι, κεῖσθαι, ἕξις, τόπος, χρόνος, πράττειν, παθεῖν, quae latialiter dicuntur essentia, quantitas, qualitas, ad aliquid, situs, habitus, locus, tempus, agere, pati ..... Illa pars philosophiae, quae dicitur dialectica, circa horum generum divisiones a generalissimis ad specialissima iterumque collectiones a specialissimis ad generalissima versatur.* Vgl. Abschn. XII, Anm. 84 f.

114) Ebend. 33, p. 478.: *Non te latet, nullam praedictarum categoriarum, quas decem esse Aristoteles definivit, dum per se ipsam, hoc est in sua natura rationis contuitu consideratur* (man beachte diese Beschränkung, s. Anm. 117), *sensibus corporeis succumbere; nam οὐσία incorporalis est nullique corporeo sensui subiacet, circa quam aut in qua aliae novem categoriae versantur. At si illa incorporea est, num tibi aliter videtur, quam ut omnia, quae aut ei adhaerent aut in ea subsistunt et sine ea esse non possunt, incorporea sint.*

bezüglich der Immaterialität der Universalien auf Boethius beruft und aus ihm den für das ganze Mittelalter bleibenden Grundsatz „*universale intelligitur, singulare sentitur*“ aufnimmt [115]), so wiederholt er ausführlich aus Pseudo-Dionysius den Nachweis, dass *essentia* und *corpus* gänzlich verschieden seien und nie verwechselt werden dürfen [116]); kurz er ist grundsätzlich ein Gegner der „individuellen Substanz“ (des *τόδε τι*) des Aristoteles. Aber wir müssen bedenken, dass bei Scotus das gesammte Gebiet des Vielheitlichen (also auch zuletzt die Vielheit der Kategorien selbst) in jenes Stadium fällt, wo das concrete Bestehen eigentlich ein Nichtseinsollendes ist, denn die Vielheit ist durch Theilung aus der Einheit geflossen und hat wesentlich den Beruf, wieder in die Einheit aufgelöst zu werden, wobei gerade die Mitte der Punkt der grössten Entfernung sowohl von der ursprünglichen als von der schliesslichen Einheit sein muss. So ist die Gestaltung der unendlich vielheitlichen Dinge der sinnfälligen Welt die erste Hälfte des Prozesses gleichsam als Zertheilung Gottes (s. Anm. 109), und Scotus erklärt, sich an Gregorius v. Nyssa anschliessend, das concrete Auftreten der sinnfälligen Dinge und überhaupt die Entstehung der Materie durch ein Zusammentreffen einiger Kategorien, in welchem dieselben durch die Sinne erfasst werden können [117]), wobei zugleich dann ähnlich wie bei vorchristlichen Philosophen das Feuer für die sinnlichen Dinge als formgebend wirkt [118]). Da aber nun eben diese Mannigfaltigkeit der Welt es ist, in welche nach Scotus durch die Philosophie die göttliche Einheit zerlegt werden soll (*διαιρετική*), und aus welcher wieder der Rückweg zur Einheit zu durchlaufen ist (*ἀναλυτική*), so erhält jene

---

115) Ebend. 61, p. 503.: *Quid ergo mirum aut rationi contrarium, si similiter accipiamus, magnificum Boethium non aliud aliquid variabilem rem intellexisse, nisi corpus materiale ...... si aliter res per se immutabiles puro mentis contuitu perspicientur in sua simplicitate, aliter sensu corporeo in aliqua materia ex concursu earum facta compositae.* Ebend. II, 24, p. 579.: *Omnia enim, quae intellectus in ratione universaliter considerat, particulariter per sensum in rerum omnium discretas cognitiones definitionesque partitur* (also das ὁριστικὸν der speciellen Definitionen fällt schon mehr dem Sensualen anheim). Die Stelle des Boethius s. Abschn. XII, Anm. 86. u. 91.

116) Ebend. I, 47, p. 489.: *Sed adversus eos, qui non aliud esse corpus et aliud corporis essentiam putant in tantum seducti, ut ipsam substantiam corpoream esse visibilemque et tractabilem non dubitent, quaedam breviter dicenda esse arbitror* ..... (p. 490.:) *Ut autem firmius cognoscas,* οὐσίαν, *id est essentiam, incorruptibilem esse, lege librum sancti Dionysii Areopagitae de Divinis Nominibus etc.*, worauf c. 48—50. der ausgedehnte Beweis folgt.

117) Ebend. 34, p. 479.: *Quantitas vero qualitasque, situs et habitus, dum inter se coeuntes materiam iungunt, corporeo sensu percipi solent ..... Magnus Gregorius Nyssaeus certis rationibus ita esse suadet, nil aliud dicens materiam esse, nisi accidentium quandam compositionem ex invisibilibus causis ad visibilem materiam procedentem.*

118) Ebend. 52, p. 494.: *Formarum aliae in* οὐσίᾳ, *aliae in qualitate intelliguntur, sed quae in* οὐσίᾳ *sunt, substantiales species generis sunt ...... Nemo denegat, ordinem atque positionem naturalium partium seu membrorum ad qualitatem referri formamque proprie vocari ..... quae ex qualitate ignea, quae est calor, corporibus innascitur ...... et forma vocatur a formo, hoc est calido* (s. *Festus, s. v. forma*), *conversa mum syllaba in ma, antiqui siquidem formum dicebant calidum* ...... (53, p. 497.:) *Extra vero haec altiori consideratione* οὐσίαν, *quae est formarum substantialium origo, contemplamur.*

mittlere Stufe der Vielheit auch für die Dialektik eine besondere Bedeutung, denn in eben die nemliche Vielheit des Sinnlichen ist der menschliche Wortausdruck verflochten. Sowie daher in den sinnlichen Dingen die an sich unkörperlichen Kategorien zuletzt doch (wenn auch in räthselhafter und mystischer Weise) körperlich geworden sind, so wird auch die Sprache, soweit sie sinnlich ist, die Kategorien nur in der sinnlich-körperlichen Wortform erfassen (wenn auch gleichfalls durch eine mystische Verflechtung), und gerade das mittlere Stadium der Dialektik, nemlich das ὁριστικὸν (s. Anm. 115) in Verbindung mit dem ἀποδεικτικόν, wird entsprechend dem concreten Dasein der Dinge sich zumeist mit dem Wortausdrucke der Vernunft begnügen müssen, während die reine Vernunft an sich als einheitliche die erste Urquelle und der letzte Zielpunkt bleibt. In eben diesem Sinne aber spricht sich auch Scotus selbst ausdrücklich aus, indem er den Bestand eines Sprachgebrauches und eine „*necessitas significandarum rerum*", allerdings als mangelhaft und dem Missbrauche ausgesetzt, anerkennt [119]), ja er bringt dieses selbst wieder in inneren Zusammenhang mit der bei ihm stets wiederkehrenden Unterscheidung einer affirmativen und einer negativen Theologie, indem bei ersterer, welche ja das göttliche Eins in die empirische Vielheit abwärts verfolgt, Alles „*nominaliter sive verbaliter*" über Gott in übertragenem Sinne ausgesprochen werde, worauf die letztere all dieses wieder verneint [120]); ebenso deutlich hingegen bezeichnet er auch das Gebiet, auf welchem die „*significationes categoriarum*" in eigentlichem, nicht in übertragenem Sinne, eine Geltung besitzen, nemlich, wie sich nach Obigem von selbst versteht, bei den sinnfälligen Dingen [121]). Und wenn hiemit dasjenige, was *nominaliter sive verbaliter* kundgegeben wird, bei den geschaffenen Dingen seine angemessene Stellung hat, so findet Scotus auch hiefür einen bei ihm folgerichtigen tieferen Hinterhalt nicht bloss in der mystisch-theologischen Auffassung des Johanneischen Logos [122]), sondern auch

---

119) Ebend. 38, p. 481.: *Videsne itaque, qua consuetudine rerumque significandarum necessitate inops verarum rerum discretionis humanitas has abusivas rerum denominationes* (dass man nemlich *locus* statt *pars* gebrauche) *repererit.*

120) Ebend. 76, p. 522.: *Haec est .... de deo praedicanda professio, ut prius de eo iuxta catafaticam, id est affirmationem, omnia sive nominaliter sive verbaliter praedicemus, non tamen proprie sed translative; deinde ut omnia, quae de eo praedicantur per catafaticam, eum esse negemus per apofaticam, id est negationem, non tamen translative sed proprie.*

121) Ebend. 15, p. 463.: *quemadmodum fere omnia, quae de natura conditarum rerum proprie praedicantur, de conditore rerum per metaphoram significandi gratia dicuntur, ita etiam categoriarum significationes, quae proprie in rebus conditis dignoscuntur, de causa omnium non absurde possunt proferri, non ut proprie significent, quid ipsa sit, sed ut translative etc.* Ja es konnte ihm für die Annahme, dass die Namenbezeichnung (*nomen imponere*) ursprünglich bei den einzelnen sinnfälligen Dingen begonnen habe, selbst eine Stelle des Boethius als Auctorität gelten, indem derselbe (*ad Praed.* p. 129.) sagt: *Qui enim primus hominem dixit, non illum, qui ex singulis conficitur, in mente habuit, sed hunc individuum et singularem, cui nomen hominis imponeret.*

122) Ebend. III, 9, p. 642.: *Rationes omnium rerum, dum in ipsa natura verbi, quae superessentialis est, intelliguntur, aeternas esse arbitror ..... Simplex et multiplex rerum omnium principalissima ratio deus verbum est; nam a graecis* λόγος *vocatur, hoc est verbum vel ratio vel causa etc.*

darin, dass den Dingen durch Adam ihre richtige Wortbezeichnung zu Theil geworden sei [123]). So nun kann Scotus für die Definitionen und Argumentationen, welche mit der Erscheinungswelt zusammenhängen, sich getrost auf den Sprachausdruck stützen und den entscheidenden Ausspruch thun, dass „was wir in den Worten erkennen, wir auch in den durch sie bezeichneten Dingen erkennen" [124]). Wenn daher, wie wir oben sahen, die Dialektik bei Scotus die Technik jener sprachlichen Kundgebungen ist, durch welche wir uns ebenso wie durch die Welt der Dinge zur höchsten Philosophie erheben sollen, so darf es uns nicht wundern, wenn eine etwas spätere Zeit den Johannes Scotus in erster Reihe unter denjenigen nennt, welche gesagt hätten, die Dialektik sei *„vocalis"* (s. unten Anm. 312 f.).

Könnte man nun hiebei sogar darauf hinweisen, dass eine derartige Auffassung der Logik auch selbst den Principien einer empirischen Erforschung der Dinge nicht ungünstig sei, — die wirkliche Brücke, welche vom Nominalismus zum Empirismus hinüberleitete, konnte sich allerdings erst nach einer längeren und reicheren Entwicklung gestalten, s. Abschn. XIV, Anm. 77 ff. —, so müssen wir doch jedenfalls anerkennen, dass Scotus für die Dialektik die Activität der Denkoperationen, durch welche aus dem gegebenen Stoffe der Erscheinungswelt das philosophische Wissen gewonnen wird, hinreichend betonen kann und muss. Denn wenn bei ihm auch noch so viele platonisch-christliche Mystik in all jenen Fragen waltet, welche sich auf die Herkunft oder auf das Ziel der menschlichen Seele und des menschlichen Verstandes, kurz auf die beiden Endpunkte des obigen sog. Quadriviums (Anm. 110) beziehen, so ergibt sich für das mittlere Stadium eine Auffassung, gemäss deren bei aller objectiven Immaterialität der Universalien doch für das menschliche Denken ein selbstthätiges Fortschreiten zur Bildung allgemeiner Begriffe gefordert ist [125]). So ist namentlich jede der sog. *artes liberales* in ihrer technischen Ausführung erst das Product, welches aus ihrem in der Seele unausgeführt liegenden Be-

---

123) Ebend. IV, 7, p. 768 f.: *per hoc maxime intelligitur homo esse, quod cunctorum, quae sive aequaliter sibi creata sunt sive quibus dominari praecipitur, datum est ei habere notionem ...... quod apertissime divina nobis indicat scriptura dicens: ...... „adduxit ea ad Adam, ut videret quid vocaret ea" ..... ut videret, inquit, hoc est ut intelligeret, quid vocaret; si enim non intelligeret, quomodo recte vocare posset?*

124) Ebend. I, 14, p. 459.: *Si igitur .... nomina opposita e regione sibi alia nomina respiciunt, necessario etiam res, quae proprie eis significantur, oppositas sibi contrarietates obtinere intelliguntur, ac per hoc de deo .... proprie praedicari non possunt ..... Et quod in nominibus cognoscimus, necessarium ut in his rebus, quae ab eis significantur, cognoscamus.*

125) Ebend. IV, 7, p. 765.: *Rerum siquidem sensibilium species et quantitates et qualitates, quas corporeo sensu attingo, quodammodo in me creari puto; earum namque phantasias dum memoriae infigo easque inter me ipsum tracto, divido, comparo, ac veluti in unitatem quandam colligo, quandam notitiam rerum, quae extra me sunt, in me effici perspicio. Similiter etiam interius intelligibilium, quae solo animo contemplor, verbi gratia liberalium disciplinarum, quasdam notiones veluti intelligibiles species, dum studiose eas perquiro, in me nasci et fieri intelligo.*

griffe gemacht wird [126]), und während die Dialektik (gleichsam als Weltdialektik) an sich in der „Natur der Dinge" liegt und von Gott ausgieng, ist sie doch von dorther durch weise Menschen erst aufgefunden und zur Erforschung der Dinge angewendet worden [127]). Wenn demnach Scotus nicht oft genug Begriff (*notio*) und Wesen (*substantia*) in metaphysisch-ontologischem Sinne identificiren kann [128]), so bleibt dabei die Unterscheidung festzuhalten, dass alles Intelligible bei Gott als Ursächliches, in dem menschlichen Erkennen hingegen als Wirkung (*effectualiter*) bestehe [129]); nemlich während die *substantia* (der ideelle Gattungsbegriff) in der Intelligenz des Menschen ebenso sehr sich findet, als die übrigen *quinque voces* theils der Natur desselben theils gleichfalls der Intelligenz angehören [130]), bewahrt der Mensch bei Uebung der Dialektik immerhin die Activität seines Denkens, durch welches er die Dinge in Gattungen und Arten u. s. f. theilt, wenn gleich diese Theilung auch objectiv in der „Natur" selbst schon vorliegt [131]). Insbesondere aber bezeichnet Scotus das Definiren als eine Thätigkeit, nemlich als *actio intelligentiae*, wobei uns wegen innerer Harmonie mit Obigem (Anm. 92) noch von Wichtigkeit ist, dass er bei seinem Bestreben, die Kategorie des *locus* so unkörperlich als möglich zu fassen, dieselbe direct spiritualistisch mit der Definition identificirt [132]), wornach hiemit auch von hier aus ein Reflex auf jene Werthschätzung der

---

126) Ebend. p. 766.: *Quia notitia artium, quae in anima est, ab ipsis artibus formari videtur. Sed si certissima ratione suaderes, non notitiam ex artibus, verum artes ex notitia formari, tua forsitan ratiocinatio recte ingrederetur.*

127) Ebend. 4, p. 749.: *intelligitur, quod ars illa, quae dividit genera in species et species in genera resolvit, quae διαλεκτική dicitur, non ab humanis machinationibus sit facta, sed in natura rerum ab auctore omnium artium, quae vere artes sunt, condita et a sapientibus inventa et ad utilitatem solerti rerum indagine usitata.* Vgl. jedoch Anm. 227.

128) Z. B. ebend. 7, p. 770.: *Itaque si notio illa interior, quae menti inest humanae, rerum quarum notio est substantia constituitur, consequens, ut ipsa notio, qua se ipsum homo cognoscit, sua substantia credatur.* Es zieht sich dieser Grundsatz in häufiger Anwendung durch die ganze Deduction in den ersten Capp. des IV. Buches hindurch.

129) Ebend. 9, p. 779.: *ut in divino intellectu omnia causaliter, in humana vero cognitione effectualiter subsistant.*

130) Ebend. 8, p. 773.: *iubemur intelligere, omnem visibilem et invisibilem creaturam in solo homine esse conditam, cum nulla substantia sit creata, quae in eo non intelligatur esse, nulla species seu differentia seu proprium seu accidens naturale in natura rerum reperiatur, quae vel ei naturaliter non insit vel cuius notitia in eo esse non possit.*

131) Ebend. I, 25, p. 472.: *Genera quoque et species ipsius οὐσίας, cum se in diversas species numerosque multiplicant, agere videntur* (es handelt sich nemlich dort um die Kategorien *agere* und *pati*). *Si quis vero rationis virtute iuxta illam disciplinam, quae ἀναλυτική vocatur, et numeros in species et species in genera generaque in οὐσίαν colligendo adunaverit, pati dicuntur, non quod ipse colligat, natura enim collecta sunt sicut etiam divisa, sed quia colligere actu rationis ea videtur, nam cum et eadem dividit, similiter agere dicitur, ea vero pati.*

132) Ebend. 32, p. 478.: *Aliud igitur est corpus et aliud locus, sicut aliud est quantitas partium, aliud definitio earum* (in der ganzen v. c. 27—43 sich erstreckenden Erörterung ist durchgängig *locus* nur in der Bedeutung „Abgränzung", d. h. ὁρισμός verstanden). 43, p. 485.: *Videsne itaque, non aliud esse locum, nisi actionem intelligentis atque comprehendentis virtute intelligentiae ea, quae comprehendere potest, sive sensibilia sint sive intellectu comprehensa.*

Topik zurückfällt. Uebrigens erscheint uns die nemliche Beachtung der Activität des Denkens bei Scotus auch gelegentlich einer Frage, welche uns schon anderwärts als Schulcontroverse begegnete; nemlich die Begriffe des Nichts und der Finsterniss (s. oben Anm. 47 u. 72 ff.) machen auch dem Scotus häufig zu schaffen, aber er weiss bei denselben jenem seinem Standpunkte, welchen wir bisher trafen, treu zu bleiben. Die Finsterniss ist ihm der Begriff (*notio*) der objectiv realen Abwesenheit des Lichtes [133]), wornach bei Berufung auf die betreffende Bibelstelle bezüglich der wirklichen Existenz des Lichtlosen [134]) die Erklärung möglich ist, dass unter der Finsterniss dasjenige Sein, welches allem wirklichen Erkennbaren vorhergieng und hiemit sich allem Denken entzieht (gleichsam Schelling's „unvordenkliches Sein") zu verstehen sei [135]). In völliger Uebereinstimmung kann sich dann hieran der Begriff des Nichts anschliessen [136]), bei welchem gleichfalls die sprachlich-logische Function des Denkens ihre Berücksichtigung findet [137]), während an der biblisch-theologischen Lehre festgehalten wird [138]).

Der Inhalt der ausgedehnten Erörterungen, welche Scotus den Kategorien widmet, gehört der Geschichte der Theologie an und beruht ausserdem nicht einmal auf selbstständigen Ansichten des Scotus, sondern ist grossentheils aus Pseudo-Dionysius, Gregor v. Nyssa und Maximus Confessor entnommen [139]). Erwähnt mag demnach nur werden, dass Scotus die ideelle Einheit der Substanz als des Gattungsbe-

---

133) *D. praedest.* 15, 9, p. 416 f.: *Quid significant tenebrae vel silentium, nisi notionem cogitantis, defectum essentiae? Quid significant .... nisi notionem cogitantis, vel lucem vel vocem deesse? D. div. nat.* V, 31, p. 943.: *Ideoque ex uno genere sunt absentiae et res, quarum absentiae sunt, ut lux et tenebrae, sonus et silentium, forma et informitas ceteraque id genus.*

134) *D. div. nat.* I, 58, p. 501.: *Non enim umbra nihil est, sed aliquid; alioquin non diceret scriptura „et vocavit deus lucem diem et tenebras noctem."*

135) Ebend. II, 17, p. 550.: *Tenebrae itaque erant super causarum primordialium abyssum; nam priusquam in spiritualium essentiarum numerositatem procederent, nullus intellectus conditus cognoscere eas potuit quid essent, et adhuc tenebrae sunt super hanc abyssum quae nullo percipitur intellectu eo excepto, qui eam in principio formavit.* Ebend. III, 29, p. 706.: *nomine lucis species rerum visibiles et intelligibiles, tenebrarum vero significatione causas substantiales omnem sensum et intellectum superantes .... divinam scripturam insinuasse diximus.*

136) Ebend. III, 20, p. 683.: *Ac sic de nihilo facit omnia, de sua videlicet superessentialitate producit essentias, de supervitalitate vitas, de superintellectualitate intellectus, de negatione omnium quae sunt et quae non sunt affirmationes omnium quae sunt et quae non sunt.*

137) Ebend. 5, p. 634.: *Eo namque vocabulo, quod est nihilum, non aliqua materies existimatur, non causa quaedam existentium, non ulla processio vel occasio, quam sequeretur eorum quae sunt conditio ..... sed omnino totius essentiae privationis nomen erat et, ut verius dicam, vocabulum est absentiae totius essentiae.*

138) Ebend. 9, p. 647.: *in primordiis conditionis suae de omnino nihilo in informem processit (sc. mundus) materiem.* Ebend. 15, p. 665.: *Proinde non datur locus nihilo, nec extra nec intra deum, et tamen de nihilo omnia fecisse non in vanum creditur; ac per hoc nil aliud datur intelligi, dum audimus, omnia de nihilo creari, nisi quia erat, quando non erant.*

139) Ebend. I, 15—63. Der Hauptzweck dabei ist, nachzuweisen, dass alle Kategorien nur uneigentlich (durch die *theologia affirmativa*) von Gott prädicirt werden können. Vgl. Joh. Huber, d. Phil. d. Kirchenväter. München 1859. S. 188 u. 343 f.

griffes auch in der Theilung in Artbegriffe bis zum Individuum herab strengstens festhält und daher gegen eine Unterscheidung zwischen *subiectum* und *de subiecto* und *in subiecto* (Abschn. XII, Anm. 92) polemisirt, da sie bezüglich der Substanz selbst identisch seien [140]), womit natürlich die schroffste Abtrennung der übrigen neun Kategorien, unter welchen er einige auch συμβάματα (vgl. Abschn. VI, Anm. 114) nennt, zusammenhängt [141]). Ausserdem wendet er auch in Folge neuplatonischer Einflüsse die Begriffe der Ruhe und der Bewegung (s. Abschn. III, Anm. 50, u. Abschn. X, Anm. 83) derartig an, dass er dieselben als alleroberste Gattungsbegriffe des Universums den Kategorien überordnet und letztere im Hinblicke auf jene eintheilt [142]). Dass die Kategorie des Ortes völlig spiritualistisch gefasst werde, sahen wir so eben (Anm. 132); von jener des *habitus* aber wird gezeigt, dass sie sich auf sämmtliche übrige Kategorien beziehe, und dabei zugleich ihre selbstständige Stellung behaupte [143]).

Man wird nun jedenfalls zugestehen müssen, dass in damaliger Zeit diejenigen, welche von einer gründlichen Lectüre des Scotus aus wieder zu den logischen Compendien des Boethius zurückkehrten oder selbst auch nur obige Stelle des Isidor oder des Alcuin (Anm. 35 u. 66) aufmerksam betrachteten, gewiss zu schärferem Nachdenken über die Geltung des menschlichen Sprach-Ausdruckes veranlasst werden

---

140) Ebend. 26, p. 472.: *οὐσία in generibus generalissimis et in generibus generalioribus, in ipsis quoque generibus eorumque speciebus, atque iterum specialissimis speciebus, quae atoma, id est individua, dicuntur, universaliter proprieque continetur ...... in his enim veluti naturalibus partibus universalis οὐσία subsistit.* Ebend. 25, p. 470 f.: *iuxta dialecticorum opinionem omne, quod est, aut subiectum aut de subiecto aut in subiecto est; vera tamen ratio consulta respondet, subiectum et de subiecto unum esse et in nullo distare ....., cum nil aliud sit species, nisi numerorum unitas, et nil aliud numerus, nisi speciei pluralitas. Si ergo species tota et una est individuaque in numeris et numeri unum individuum sunt in specie, quae quantum ad naturam distantia est inter subiectum et de subiecto, non video. Similiter de accidentibus primae substantiae intelligendum; non aliud est enim, quod in subiecto dicitur, et aliud, quod in subiecto simul et de subiecto; nam disciplina, ut exemplo utar, una eademque est in se ipsa et in suis speciebus numerisque.* Vgl. ebend. 49, p. 492.

141) Ebend. 63, p. 508.: *Sed novem genera, quae solis accidentibus tribuuntur, ita ... divisa sunt, ut ipsa accidentia, quae primordialiter in essentiis conspiciuntur, mox vertantur in substantias, quoniam aliis accidentibus subsistunt.* Ebend. 25, p. 471.: *Categoriarum igitur quaedam circa οὐσίαν praedicantur, quae veluti περιοχαὶ, id est circumstantes, dicuntur, quia circa eam inspiciuntur esse; quaedam vero in ipsa sunt, quae a graecis συμβάματα, id est accidentia, vocantur, qualitas, relatio, habitus, agere, pati.*

142) Ebend. 22, p. 469.: *Horum decem generum quatuor in statu sunt, id est οὐσία, quantitas, situs, locus; sex vero in motu, qualitas, relatio, habitus, tempus, agere, pati ..... Ut scias plane, decem genera praedicta aliis duobus superioribus generalioribusque comprehendi, motu scilicet atque statu, quae iterum generalissimo colliguntur genere, quod a graecis τὸ πᾶν, a nostris vero universitas appellari consuevit.*

143) Ebend. 20, p. 467.: *Quaero igitur, quare ista categoria habitudinis, cum ceteris categoriis naturaliter inesse videatur, per se specialiter veluti suis propriis rationibus subnixa suum in denaria categoriarum quantitate locum obtineat ...... Quod enim omnium est, nullius proprie est, sed omnium commune, et dum in omnibus subsistat, per se ipsum propria sua ratione esse non desinit.*

oder selbst sofort zu nominalistischen Auffassungen gelangen konnten. Es sind nemlich, wie mir scheint, zwei Fragen (nicht bloss die Eine, welche auch schon Cousin — s. Anm. 19 — hervorgehoben hat), welche sich beim Betriebe der üblichen Schul-Logik aufdrängen mussten. Die erste derselben ist allerdings jene, welche Boethius bei Uebersetzung der betreffenden Stelle des Porphyrius (Abschn. XI, Anm. 39) ausdrücklich selbst als *prima quaestio* bezeichnet hatte, und welche sich darauf bezieht, ob die Universalien (d. h. die Gattungs- und Art-Begriffe) und die *quinque voces* eine wirkliche geistige Substantialität besitzen und unkörperlich seien, oder ob sie in concreter körperhafter Existenz vorliegen (Abschn. XII, Anm. 86). Es betrifft diese Frage, wie sich uns in der Darstellung der antiken Logik hinreichend zeigte, den Gegensatz zwischen Platonismus und Aristotelismus, und für das Mittelalter versteht es sich nach der gesammten geistigen Richtung, welche durch die christlichen Ideen bedingt war, ganz von selbst, dass man sich überwiegend einem platonischen Realismus zuneigte (vgl. oben Anm. 20 f.). Die „individuelle Substanz" des Aristoteles musste unverständlich bleiben, sobald die Erscheinungswelt und die natürliche Gestaltung mit der Lehre vom Sündenfalle in Verbindung gebracht worden war, und man begnügte sich gerne mit dem schon bei Boethius vorgefundenen Grundsatze *„universale intelligitur, singulare sentitur"* (oben Anm. 115), einem Dualismus, welcher in specifisch christlicher Auffassung noch bis Descartes fortwirkte und sich leicht zu einem Hindernisse empirischer Forschung gestalten konnte. Auch die subjective Erkenntnisstheorie konnte hiebei wenig gefördert werden, denn indem die Universalien logisch hauptsächlich nur dazu dienten, um auf der Jacobsleiter der *tabula logica* in den geöffneten Himmel des *summum ens* emporzuklettern, blieben nur jene objectiv ontologischen Schwierigkeiten übrig, welche dem Platonismus überhaupt ankleben, d. h. man konnte noch darüber streiten, auf welche Art und Weise denn jene Universalien als Ideen Gottes in den Unterarten und in den Individuen zur Erscheinung kommen, ob sie *ante rem*, ob *in re*, oder wie sonst sie seien.

Die zweite jener Fragen liegt gleichfalls schon bei Boethius vor, jedoch nicht in solch zugespitzter und handgreiflicher Frageform, wie jene erstere, denn sie erscheint ja zunächst äusserlich auch nicht als schroffe Parteifrage. Sie betrifft nemlich den menschlichen Sprachausdruck, welcher sowohl von Plato als das Product eines psychischen Vorganges anerkannt worden war (Abschn. III, Anm. 10 f.), als auch bei Aristoteles auf gleicher Basis eine einlässliche Erörterung gefunden hatte (Abschn. IV, Anm. 23 u. 105 ff.), und Boethius hatte sich in dieser Beziehung völlig unverfänglich und gleichsam naiv ausgesprochen, wenn er sagt, dass die Dinge (*res*) vom Verstande (*intellectus*) begrifflich erfasst werden, die Sprache aber (*vox*) den Begriff bezeichne, und dass daher, da alle Sätze aus bezeichnenden Worten bestehen, zunächst die Isagoge und dann die Kategorien die Aufgabe haben, über diese Bestandtheile, d. h. über die obersten Namen und Wortbezeichnungen der Dinge (*de primis rerum nominibus et de vocibus res significantibus*) zu handeln (Abschn. XII, Anm. 77, 84 u. 110). An sich nun hat diese Auffassung mit jenem vorigen Gegensatze der Richtungen durchaus Nichts zu schaffen, sondern geht ausserhalb jener beiden und neben denselben her, denn dass die menschlichen Gedanken in Worten ausgesprochen werden, scheint allgemein von allen philosophischen Parteien zugestanden werden zu müssen. Selbst wenn daher sich hieran wirklich nominalistische Anschauungen anschliessen, so bilden dieselben an sich nicht den entsprechenden Gegensatz gegen jenen platonischen Realismus, welcher bei Beantwortung der obigen ersten Frage hervortrat, denn dort musste sich eine Parteiung gestalten, welche nach unserem jetzigen Sprachgebrauche als der Gegensatz zwischen Idealismus und Individualismus (oder auch Empirismus) zu bezeichnen ist, welch beide doch gewiss dem Sprachausdrucke die Function eines Zeichens zugestehen können. Wenn aber hiemit in diesem Sinne sich sehr wohl ein Nominalismus denken lässt, welcher durchaus noch nicht anti-realistisch ist, so lagen dennoch besondere Umstände vor, durch welche allmälig eine die Sprach-Bezeichnung berücksichtigende Auffassung der Universalien in den schroffen Gegensatz gegen den platonischen Realismus hineingetrieben wurde, sobald man nur einigermassen mit grösserer Schärfe obige Aeusserung des Boethius ins Auge fasste und überdachte. Wollen wir nemlich selbst davon absehen, dass die Beschränktheit des vorhandenen philosophischen und logischen Materiales, verbunden mit der geringen Begabung zu rein selbstständigem Schaffen, in jenen Jahrhunderten einfach nur die Wahl liess, entweder Platoniker oder Aristoteliker zu sein, so konnte doch schon durch den Hang des Platonismus, aus der Wirklichkeit sich in das ideale Jenseits zu flüchten und zu solchem Behufe auch die Sprache abzustreifen (Abschn. III, Anm. 15), sich gar Mancher dazu aufgefordert fühlen, dem Diessseitigen wenigstens für das Diessseits seine Geltung zu verschaffen, insofern ja die Worte die einzige Form seien, in welcher der Mensch auf Erden Begriffe besitzt. Hiezu aber kam noch, dass die Praxis aller philosophischen oder theologischen Erörterungen unmittelbar auf den Wortausdruck sich hingewiesen sah, und somit auch die hierauf bezügliche Technik, d. h. die *ars disputandi*, am wenigsten sich auf jene hyperidealistische Verflüchtigung der Worte einlassen konnte (haben ja doch später die Praktiker, nemlich die Rhetoriker, sogar den Aristoteles selbst wieder aus seiner mittelalterlichen Herrschaft zu verdrängen gesucht). Ferner fanden sich jene obigen Aeusserungen gerade in dem Buche *D. interpr.* (natürlich in der Bearbeitung des Boethius), d. h. in jenem Buche, über welches von Cassiodor her ein pointirtes, den Ruhm des Aristoteles hervorhebendes Sprüchlein in der Schule umlief (s. oben Anm. 34 u. 66), und es konnte hienach leicht Aristoteles als der Vorkämpfer für die Berechtigung der Sprache betrachtet werden. Endlich aber wird man auch zugestehen müssen, dass, sobald man durch die Logik mehr als eine objective *tabula logica* der Universalien beabsichtigte, d. h. sobald man in die subjective Werkstätte der menschlichen Urtheile und des mühevollen oder verschlungenen Schliessens eingehen wollte, jedenfalls die Sprachform und zugleich mit ihr der Begründer aller wahren Syllogistik in den Vordergrund treten musste; d. h. die Logiker mussten stets sich mehr auf die nominalistische oder aristotelische Seite neigen. Durch das subjective Element aber förderte später der aristotelische Nominalismus auch die Erkenntnisstheorie und bereitete den Weg zu Baco von Verulam vor, worin ersichtlicher Weise sich gleichfalls ein innerer Zug des Aristotelismus kundgibt.

So also konnte sich schon das frühere Mittelalter aus Ein und demselben Boethius den Gegensatz zwischen Realismus und Nominalismus herauslesen; jedoch nicht aus jener Einen Stelle des Boethius, welche die Universalien betrifft, ist die Parteispaltung geflossen, sondern zwei nebeneinander herlaufende Aeusserungen jenes Autors sind es, welche bei einseitig consequenter Verfolgung ihres Inhaltes zuletzt feindlich aneinanderplatzen mussten.

Wie sich nun Scotus Erigena zu den Keimen eines solchen Schisma's verhalte, ist aus Obigem klar ersichtlich. Er steht nemlich gerade auf der Gränzscheide zwischen der früheren naiven Unbeholfenheit, welche auch Widersprechendes in Ein Schulcompendium zusammenknetete, und dem offen ausbrechenden bewussten Parteikampfe. Er ist christlich-platonischer Realist, soweit es sich um die ontologisch ewige Grundlage der Wesenheiten handelt; aber sowie er, der ja lange vor Entstehung all jener Detail-Controversen lebte, bei seinem Realismus noch völlig harmlos die Universalien zugleich *ante rem* und zugleich *in re* bestehen lässt (s. Anm. 140), so ist er andrerseits hinwiederum Nominalist, soweit es sich um die logische Förderung des Erkennens handelt, und in solchem Sinne musste er jene Stellen bei Boethius verstehen, welche über *vox* handeln. In dem exclusiven Sinne, in welchem bei den folgenden Jahrhunderten von Realisten und Nominalisten die Rede sein wird, ist Scotus allerdings keines von beiden, aber er ist derjenige, welcher durch seine Zwischenstellung es hervorruft, dass neben den Realismus eine nominalistische Richtung hintritt. Es ist ja auch eine ganz naturgemässe Stufenfolge, dass vorerst im Anschlusse an Scotus die Ansicht sich kundgibt, die Dialektik sei „*vocalis*", insoferne und insoweit die Universalien Worte seien, später aber, nachdem diess von hyperidealistischer oder mystischer Seite bestritten worden war, erst die Steigerung eintritt, dass man sagt, die Universalien seien überhaupt gar Nichts als blosse Worte. Sowie aber Scotus die ersten Umrisse des späteren Gegensatzes in sich vereinigt, so ist es auch erklärlich, dass er eine innere Verwandtschaft mit Denjenigen zeigt, welche später auf eine Versöhnung hinarbeiteten, und wir werden im weiteren Verlaufe uns noch zuweilen an Scotus erinnern müssen (z. B. folg. Abschn. Anm. 186 u. 252).

Am nächsten an Scotus nun reiht sich ein Commentar zur Isagoge an, welcher in neuerer Zeit durch V. Cousin bekannt gemacht und zufolge der handschriftlichen Ueberlieferung dem H r a b a n u s M a u r u s (s. oben Anm. 78 ff.) zugeschrieben wurde. Nachdem nemlich schon früher auf das Vorhandensein einer „Logik des Hrabanus" war hingewiesen worden [144]), fand Cousin die betreffende Handschrift selbst, welche ausser der Dialektik Abälard's logische Commentare unter dem Namen

---

144) *Oudin, d. script. eccl. I, c. 1172.: in bibliotheca Floriacensi, litera A, 4, exstat logica Petri Abaelardi una cum logica Rhabani.*

des Hrabanus enthält [145]), und zwar zunächst eine Schrift „*Rabanus super Porphyrium*“, deren Ende fehlt, sodann einige Blätter aus der Mitte einer Paraphrase von *Boeth. d. diff. top.*, und hierauf unter der Ueberschrift „*Rabanus supere Terencivaa*“, welche offenbar aus „*super Periermenias*“ corrumpirt ist, eine Paraphrase zu *Boeth. d. interpr.* Die letzteren beiden enthalten, soweit sich aus den Mittheilungen Cousin's schliessen lässt [146]), durchaus nichts Selbstständiges, sondern schliessen sich so enge und so wörtlich an die Schriften des Boethius an, dass uns auch zu einer Annahme über den Autor derselben jeder individuelle Anhaltspunkt fehlt. Es ist ebensosehr möglich, dass keines von beiden, als auch dass beide wirklich dem Hrabanus angehören; sollen jedoch dieselben den nemlichen Verfasser haben, welcher auch den Commentar *super Porphyrium* schrieb, so scheint die Sache anders zu stehen. Allerdings lässt sich nicht direct beweisen, dass Hrabanus denselben unmöglich verfasst haben könne, aber als sehr unwahrscheinlich müssen wir es immerhin bezeichnen. Chronologische Gründe sind es nicht, welche entgegenstehen, denn Hrabanus konnte die Schriften des Scotus, mit welchem er ja auch bei dem theologischen Streite über die doppelte Prädestination übereinstimmte, noch sehr wohl kennen; ferner könnte man, wenn er noch im 9. Jahrh. den Beinamen „*sophista*“ erhält [147]), hieraus den Schluss ziehen, dass er sich specieller und ausführlicher als Obiges (Anm. 78 ff.) kundgibt, mit Logik beschäftigt habe. Aber dennoch besteht zwischen diesem Commentare zur Isagoge und jenem Obigen schon in der allgemeinen Behandlung ein solcher Abstand, dass wir bei dem gänzlichen Mangel an einschlägigen Andeutungen in sämmtlichen ächten Werken des Hrabanus uns schwer zu der Annahme entschliessen könnten, derselbe habe über die Dialektik so verschieden gedacht und seine logische Auffassung in allen übrigen Schriften völlig unterdrückt. Ja wenn sich diese Verschiedenheit bis zum directen Selbstwiderspruche steigert, bleibt nur noch die Möglichkeit übrig, dass Hrabanus in seiner letzten Lebenszeit nach Abschluss seiner ganzen übrigen schriftstellerischen Thätigkeit förmlich zur logischen Ansicht des Scotus übergegangen sei; dann aber waren wir auch berechtigt und bemüssigt, die Schrift, in welcher diess geschieht, jedenfalls erst nach Scotus zu erwähnen.

Der Verfasser nemlich des Commentares *super Porphyrium* schliesst sich schon darin dem Scotus (s. Anm. 105) an, dass er die Logik in drei Theile, nemlich in Grammatik, Rhetorik, Dialektik, zerlegt [148]), wo-

---

145) *Cousin, Ouvr. inéd. d'Abél.* p. Xf. u. LXXVI.

146) Ebend. im *Appendix* p. 616 f.

147) *Rudolf, Ann. Fuld.* bei *Pertz, Monum.* I, p. 364.: *Rhabanus quoque, sophista et sui temporis poetarum nulli secundus etc.* Doch dass derartige Ausdrücke aus jener Zeit nur mit Vorsicht aufzunehmen seien, ist bekannt.

148) *Cousin a. a. O.* p. 614.: *Quaeritur autem cui parti philosophiae supponatur* (d. h. die Isagoge) ..... *restat ergo, ut logicae supponatur; post quam vero partem logicae supponatur, quaerendum est; habet enim logica tres partes, grammaticam, rhetoricam, dialecticam. Post grammaticam; non enim de genere secundum grammaticam tractat, quia neque quomodo genus declinetur ostendit, neque si sit primitivum an derivativum, quae omnia ad grammaticam pertinent. Neque in hoc*

hingegen Hrabanus nur zwei Theile anerkennt (Anm. 79). Sodann aber müssen wir nicht bloss in der üblichen Einleitung über den Zweck der Isagoge (s. Abschn. XII, Anm. 75) die Ausdrucksweise beachten, dass dieselbe über die fünf „Dinge oder Worte" handle [149]), sondern es zeigt uns auch der weitere Verlauf, dass hier dasjenige, was wir als den Nominalismus des Scotus bezeichnen mussten, bereits mit grösserem Bewusstsein und in schärferer Form auftrete; nemlich während einerseits auch hier die ideelle Einheit der Substanz *innerhalb der speciellen und individuellen Gestaltung* (*forma*) nach der nemlichen realistischen Anschauung festgehalten wird, welche bei Scotus (s. Anm. 109 u. 140) in ontologischer Beziehung sich findet [150]), wird andrerseits bezüglich der logischen Isagoge des Porphyrius direct darauf hingewiesen, dass nach der Ansicht Einiger dieselbe über „fünf Worte", nicht aber über fünf Dinge handle. Ja es wird diese Ansicht, dass *genus, species* u. s. f. nicht als Sachbezeichnung, sondern als Wortbezeichnung zu verstehen seien, durch formulirte Beweise gestützt, deren Einer sich auf die Definition des *genus* beruft, in welcher die Bestimmung enthalten sei, dass das *genus* „ausgesagt" werde; ein zweiter Beweis liege darin, dass die Kategorien, zu welchen die Isagoge als Einleitung diene, selbst gleichfalls „*de vocibus*" handeln (s. die oben, S. 35, genannten Stellen des Boethius), sowie sie auch Boethius als „*nomina*" bezeichne [151]). Und wenn nun noch hinzugefügt wird, dass bei solcher

---

tractatu docemur, quomodo causas debeat disponere orator, quod ad rhetoricam pertinet. Relinquitur igitur, ut per dialecticam logicae supponatur.

149) Ebend. p. 613.: *Intentio Porphyrii est in hoc opere facilem intellectum ad praedicamenta praeparare tractando de quinque rebus vel vocibus, genere scilicet, specie, differentia, proprio et accidente, quorum cognitio valet ad praedicamentorum cognitionem.*

150) Ebend. p. LXXIX.: *Alio namque modo universalis est* (*sc. substantia eadem*) *cum cogitatur, alio singularis cum sentitur* (so Boeth. p. 56, s. Abschn. XII, Anm. 86). *Hic innuit nobis Boethius, quod eadem res individuum et species et genus est, et non esse universalia individuis quasi quiddam diversum, ut quidam dicunt; scilicet speciem nihil esse quam genus informatum, et individuum nihil aliud esse quam speciem informatam.*

151) Ebend. p. LXXVIII.: *Quorumdam tamen sententia est, Porphyrii intentionem fuisse in hoc opere, non de quinque rebus, sed de quinque vocibus tractare, id est Porphyrium intendere naturam generis ostendere, generis dico in vocum designationem accepti. Dicunt enim quod si Porphyrius in designatione rerum tractat de genere et de ceteris, non bene diffinit „genus est quod praedicatur etc.", res enim non praedicatur. Quod hoc modo probant: si res praedicatur, res dicitur; si res dicitur, res enunciatur; si res enuntiatur, res profertur; sed res proferri non potest; nihil enim profertur nisi vox; neque enim aliud est prolatio quam aeris plectro linguae percussio, aeris autem plectro linguae percussio nihil aliud est quam vox; si igitur Porphyrius de genere in rerum assignatione tractaret, male generis diffinitionem dedisset dicendo sic „genus est quod praedicatur etc.", cum genus in rerum designatione acceptum nullatenus praedicatur. Eius igitur intentionem dicunt esse, de genere non in rerum, sed in vocum designatione tractare. Adhuc alia ratio cur Porphyrius tractet de genere accepto non in rerum sed in vocum designatione. Cum enim tractatus iste introductorius sit ad Aristotelis categorias et Aristoteles in categoriis de vocibus principaliter agere intendat, conveniens non cum esset de rebus agere qui ad librum de vocibus principaliter tractare intendebat. ...... Praeterea ex Boethii auctoritate in primo super categorias commento confirmatur, genera et species voces significare; dicit enim illa nomina novem esse* (*Boeth.* p. 5, s.

Ansicht eine reale Sachbezeichnung gar nicht ausgeschlossen sei, insoferne es sich beim *genus* um eine allgemein gültige Eintheilung, welche in der „Natur der Dinge" liege (s. Anm. 127 u. 131), handeln könne [152]), sowie ja überhaupt das *genus* Nichts anderes sei, als „die im Denken veranstaltete Zusammenfassung der substantiellen Aehnlichkeit aus den verschiedenen Unterarten" [153]), so ist kein Zweifel mehr darüber möglich, dass wir hier nur den Standpunkt des Scotus mit gesteigerter Schärfe seiner nominalistischen Seite vor uns haben. Aber auch gleichfalls an Scotus (s. Anm. 92 f. u. 105) erinnert uns in diesem Commentare die Berufung auf die Topik, und zwar namentlich auf den *locus* der Gegensätze [154]). Anderes hinwiederum schliesst sich, wie leicht erklärlich ist, als blosse Paraphrase völlig an Boethius an [155]). Hingegen von Wichtigkeit ist uns das Geständniss des Verfassers, dass er die Analytik des Aristoteles nur vom Hörensagen kenne (vgl. Anm. 98), ihm also auch des Boethius Uebersetzung jener Bücher nicht bekannt war [156]).

Mag es sich aber mit der Autorschaft dieses Commentares verhalten, wie es wolle, so äusserte jedenfalls die Schule, welche Hrabanus bekanntlich in Fulda eingerichtet hatte, — abgesehen von all dem übrigen reichen Segen der Cultur, welcher aus ihr floss, — auch auf den Betrieb der Logik einen höchst günstigen Einfluss, und aus Frankreich und der Schweiz weisen mannigfache Fäden auf die Pflege der Schulwissenschaften in Fulda zurück. Bezüglich der logischen Parteifrage jedoch finden wir keineswegs etwa ein abgeschlossenes einheitliches Gepräge der Fuldenser Schule, und können demnach auch nicht ihrem

---

Abschn. XII, Anm. 90.); *quod si voces non significarent, nullo modo nomina novem esse possent.*

152) Ebend. p. LXXVIII f.: *Non tamen genus in rerum designatione accipi posse negant* (der Gedanke Cousin's, *negant* in *negandum* oder *negari potest* zu ändern, ist verfehlt, denn es ist noch immer von eben Denjenigen die Rede, welche den logischen Schriften als logischen die *voces* zuweisen); *dicit enim Boethius in libro divisionum, generis divisionem esse ad naturam, id est apud omnes* (auch die Worte *apud omnes* will Cousin ändern, sie stehen jedoch bei *Boeth.* p. 639, s. Abschn. XII, Anm. 97.); *per quod demonstratur Boethius non in vocum sed in rerum designatione genus accepisse.*

153) Ebend. p. LXXIX: *Nihil aliud est genus quam substantialis similitudo ex diversis speciebus in cogitatione collecta.* In des Boethius Uebersetzung des Porphyrius (p. 57.) erscheint der Ausdruck *„collectio"* nur bei jener unter den Philosophen nicht üblichen (Abschn. XI, Anm. 40.) Bedeutung des Wortes *„genus"*, wornach es in genealogischem Sinne ein „Geschlecht" bezeichnet.

154) Ebend. p. 615.: *Probat quod genus non dicitur simpliciter sic: si genus dicitur tripliciter, tunc non dicitur simpliciter; locus ab oppositis; maxima propositio: si aliquid oppositum convenit alicui, suum oppositum removetur ab eodem.*

155) So z. B. auch dasjenige, was *Hauréau, De la phil. scol.* I, p. 109. aus der nemlichen Handschrift, welche Cousin benützt hatte, veröffentlicht; es betrifft das *genus supremum* und stimmt dem Sinne nach ganz mit *Boeth.* p. 72 f. überein. Ebenso ist, was Cousin a. a. O. p. 615. über die *individua* angibt, keineswegs dem Verfasser des Commentares eigenthümlich, sondern findet sich bei *Boeth.* p. 73. S. Abschn. XII, Anm. 87.

156) *Cousin* a. a. O. p. 614.: *„Vel in demonstratione," id est ad librum demonstrationum; volunt enim quendam librum esse, qui vocetur liber demonstrationum, qui apud nos in usu non est.*

Begründer die Schuld oder das Verdienst beimessen, ihr in dieser Beziehung eine bestimmte Richtung gegeben zu haben, sondern weit eher scheint sich der Partei-Gegensatz als solcher erst innerhalb dieser Schule selbst zu entwickeln; wenigstens treffen wir dort sogleich das eigenthümliche Factum, dass der Lehrer auf Seite des logischen Nominalismus, der Schüler hingegen auf jener des ontologischen Realismus steht.

In Fulda hatte unter Leitung des Haimon, eines Schülers des Hrabanus, Eric von Auxerre studirt, und es eröffnete derselbe, nachdem er noch den Unterricht des Servatus Lupus in Ferrières genossen, in seiner Vaterstadt selbst eine Schule, woselbst unter seinen Zöglingen ausser Lothar, einem Sohne Karl des Kahlen, sich auch Remigius von Auxerre befand. Von diesem Eric, dessen Blüthezeit sonach ungefähr um d. J. 870 zu setzen ist, fanden sich in einer Handschrift von St. Germain commentirende Glossen zur pseudo-augustinischen Schrift „*Categoriae*“ [157]), wobei sich uns wieder eine erneuerte Steigerung jenes nominalistischen Standpunktes zeigt, welcher uns in der so eben betrachteten Schrift begegnet war. Eric geht nemlich entschieden von jenen nemlichen Stellen des Boethius aus, welche wir dort (Anm. 151) als Beweisgrund angeführt sahen, aber indem er *res* und *intellectus* wohl ähnlich wie Scotus dem Gebiete der Natur zuweist, hingegen diesem die *vox* als blosse menschliche Vereinbarung (vgl. Anm. 105) gegenüberstellt, scheint er den theologischen Hintergrund, welchen noch Scotus (Anm. 122 f.) für die Sprache fand, völlig zu verschmähen [158]). Und jedenfalls weist er diesem menschlichen Sprachausdrucke eine so starke Geltung zu, dass er eine substantielle Sachbezeichnung der Universalien direct verneint und in denselben nur das Verhältniss der prädicativen Aussage erblickt [159]); ja ausdrücklich bezeichnet er die Stufenleiter, welche von den Individuen zur obersten Gattung, d. h. zur Substanz, hinaufführt (— also jene zweite Hälfte des Weges, welche bei Scotus ἀναλυτική heisst, s. Anm. 108 ff. u. 120 —), als eine nominalistische,

---

157) Die Angabe Cousin's (a. a. O. p. 621.) fand ihre Berichtigung durch *Hauréau* a. a. O. I, p. 135., welcher die betreffende Marginal-Note der Handschrift genauer las und uns den Verfasser der Glossen feststellte. (Eine anderweitige Schrift des Eric, worin derselbe die Lehren des Haimon und des Servatus Lupus im Auszuge zusammenstellte, s. *Mabill. Ann. Bened.* II, p. 627., scheint verloren zu sein.) — Die pseudo-augustinische Schrift über die Kategorien ist auch hier durch obigen Prolog Alcuins (Anm. 53.) eingeleitet.

158) Bei *Hauréau* a. a. O. p. 142.: *Tria sunt quibus omnis collocutio disputatioque perficitur: res, intellectus et voces. Res sunt quas animi ratione percipimus intellectuque discernimus; intellectus vero quo ipsas res addiscimus; voces quibus quod intellectu capimus significamus. Praeter haec autem tria est aliud quiddam quod significat voces, hoc est litterae, harum enim scriptio vocum significatio est* (s. Abschn. XII, Anm. 110.). *Rem concipit intellectus, intellectum voces designant, voces autem litterae significant. Rursus horum quatuor duo sunt naturalia, id est res et intellectus, duo secundum positionem hominum, hoc est voces et litterae.*

159) Ebend. p. 140.: *sed huic occurrimus dicentes, genus non praedicari de animali secundum rem, id est substantiam, sed designativum nomen esse animalis, quo designatur animal de pluribus specie differentibus dici; namque neque rationem animalis potest habere genus, cum dicitur animal est substantia animata et sensibilis; similiter nec species dicitur de homine secundum id quod significat, sed iuxta illud quod de numero differentibus praedicatur.*

indem dieselbe zuletzt in eine engste Stufe, welche *uno nomine constat*, auslaufe [160]).

Insofern aber dem Eric auch noch andere logische Tractate beigelegt wurden, welche in jener nemlichen Handschrift von St. Germain sich finden, können wir hiemit allerdings nicht übereinstimmen, glauben aber, dass dieselben in der That noch in jene Zeit, d. h. jedenfalls in das letzte Drittel des 9. Jahrh. fallen [161]). Von den Marginal-Glossen zu „*Periermeniae Aristotelis*" (nach des Boethius Uebersetzung) können wir füglich ganz absehen, da sie nur dem Commentare des Boethius selbst entlehnt sind [162]). Ein hierauf folgender Tractat, in welchem *Augustinus de Dialectica* mit einer Einleitung und gleichfalls mit Randglossen begleitet ist, zeigt eine ganz andere Behandlungsweise als Eric's Commentar, indem namentlich häufig griechische Worte eingestreut und etymologisch erklärt sind; die sehr eigenthümliche Einleitung, in welcher auch Scotus erwähnt wird, beachtet besonders das Verhältniss Augustins zur Stoa, schliesst sich aber dann an Isidor (Anm. 27) bezüglich des Gegensatzes zwischen Dialektik und Rhetorik an [163]). Sodann aber enthält jene Handschrift auch noch einen glossirenden Commentar zu des *Porphyrius Isagoge* (nach der Uebersetzung des Boethius), welcher uns bezüglich der Controverse über die Universalien wichtig ist. Die dabei ausgesprochenen Ansichten liessen sich allerdings mit jenen des Eric vereinbaren, insoferne hier trotz einer deutlichen Beziehung auf Scotus schon sehr der aristotelische Begriff der individuellen Substanz hervor-

---

160) Ebend. p. 141.: *sciendum autem, quia propria nomina primum sunt innumerabilia, ad quae cognoscenda intellectus nullus seu memoria sufficit; haec ergo omnia coartata species comprehendit et facit primum gradum, qui latissimus est, scilicet hominem, equum, leonem, et species huiusmodi omnes continet; sed quia haec rursus erant innumerabilia et incomprehensibilia, ... alter factus est gradus angustior; ita constat in genere, quod est animal, surculus et lapis; iterum etiam haec genera in unum coacta nomen tertium fecerunt gradum arctisimum iam et angustissimum, utpote qui uno nomine solummodo constet, quod est usia.*

161) Denn bei einer Handschrift des 10. Jahrh. geht für diesen Fall die Beweiskraft der Gründe, welche *Hauréau* a. a. O. p. 135 f. aus der Gleichheit der Schrift der Marginalglossen schöpfte, sicher auf eine Identität der Zeit. Was aber gegen die Identität der Person spreche, ist sogleich unten anzugeben.

162) *Cousin* a. a. O. p. 618.

163) Ebend. p. 619.: *Aurelius vocatur dominus Augustinus ab aura, id est favore populari etc. .... „Dia" enim quando per iota scribitur, significat „de" vel „ex" praepositionem, quando vero per y, significat duo, sicut est „dyalogus". .... Sed omisso isto nomine transferamus nos ad dialecticam, de qua nunc nobis loqui oportet. Dyalectica autem proprie „de dictione", quum in ea rationabiliter de dictis disputatur; ne quidem videretur „de" per appositionem dici, quemadmodum dicimus „de monte, de domo," iunctim proferenda est dyalectica.* Nun folgt die oben, Anm. 97, angeführte Stelle über Scotus, sodann: *Dicitur microloga, id est parviloga, sicut rhetorica macrologa, id est longiloga dicitur, macron enim dicunt graece longum. Est autem dialectica disciplina rationalis diffiniendi, disserendi ac vera de falsis discernendi potens. Hunc libellum edidit dominus Augustinus de origine, etymologia verborum partim quidem ad imminutionem Stoicorum partim vero ad confusionem; nam Stoici dicebant nullum verbum esse quod non habeat originem, aut sciatur aut lateat. Quibus ille contradicit innumerabilia inquiens verba quorum ratio reddi non possit* (s. Abschn. XII, Anm 35.). *Dialectica nempe est pugnus astrictus, sicut et rhetorica palma quaedam extensa* (s. Abschn. VIII, Anm. 25.); *unde raros et studiosos requirit magistros etc.*

tritt, und der Gattungsbegriff lediglich dem menschlichen Denken anheimfällt. Jedoch bliebe es, falls Eric der Verfasser dieses Commentares wäre, immerhin schon auffallend, dass derselbe bei dargebotener Gelegenheit seine entschieden nominalistische Auffassung des *genus* hier ganz verschweige und sie nicht, wie doch sehr wohl möglich wäre, mit seinem ontologischen Standpunkte verbinde. Sodann aber nennt sich ja der Autor am Schlusse der Glossen selbst, wobei allerdings die Handschrift den räthselhaften Namen „*Jepa*" darbietet, bei welchem ungewiss ist, was wir dahinter zu suchen haben [164]). Jedenfalls zeigt sich uns hier ein Beleg dafür, dass, wie wir oben S. 35 sagten, von zwei verschiedenen Seiten her Fragen auftauchten, welche in der Beurtheilung der Universalien zusammenliefen; denn sowie Eric von jenen Worten des Boethius ausgieng, durch welche der Nominalismus an sich näher gelegt war, so handelt es sich hier um die zum Realismus hinneigende Stelle des Porphyrius. Dabei aber wird an die entschiedene Behauptung, dass *genus* und *species* eine wirkliche Existenz haben [165]), sogleich die Unterscheidung geknüpft, dass, während Ein und dasselbe Subject es ist, welches als *universale* und als *singulare* besteht, doch nur einerseits letzteres als das concrete Sein im Sinnlichwahrnehmbaren und andrerseits ersteres als das Gedachtwerden der Substanz selbst betrachtet werden solle [166]). Darum liege die Unkörperlichkeit z. B. bei dem *genus* nicht in jenem, was dem natürlichen Bestehen der Dinge selbst zu Grunde liegt, sondern eben nur darin, dass es *genus* ist, und ebenso verhalte es sich auch bei *species* und den übrigen der *quinque voces* [167]); kurz die Unkörperlichkeit der Universalien erleide eine Beschränkung, da dieselben sowohl mit Körperlichem als auch mit Unkörperlichem (gleichsam geistigen Dingen, z. B. Kunst, Wissenschaft u. dgl.) verbunden sein können; in beiden Fällen aber seien sie untrennbar an ihre individuellen Substrate gekettet, daher sie im ersteren Falle mit der Seele (*anima*) und im letzteren mit dem Geiste (*animus*) zu vergleichen seien [168]); ja am besten könne jene Unkörperlichkeit mit der mathe-

---

164) Ebend. p. 623.: *Scripturae finem sibi quaerunt hic isagogae; Parva quidem moles, magna sed utilitas. Jepa hunc scripsi glossans utcunque libellum; Quod logicae si sit, scire legens poterit.* *Hauréau* scheint dieses ganz übersehen zu haben.

165) Ebend. p. LXXXII: *Prima quaestio est, utrum genera et species vere sint. Sed sciendum est, quod non esset disputatio de eis, si non vere subsisterent, nam res omnes, quae vere sunt, sine eis non esse possunt.*

166) Ebend.: *Genera et species, id est universale et singulare, unum quidem subiectum habent, subsistunt vero alio modo, intelliguntur alio; et sunt incorporalia, sed sensibilibus iuncta subsistunt in sensibilibus, et tunc est singulare, intelliguntur ut ipsa substantia, ut non in aliis esse suum habentia, et tunc est universale.*

167) Ebend. p. LXXXIII: *An corporalia ista sint an incorporalia. Quod duobus modis accipitur. Nam genus si in eo quod genus sit, non quod res natura constat, consideratur, semper incorporale est; verbi gratia, si substantia non consideratur in eo quod substantia est, sed in eo quod sub se species habet, incorporalis est; item si species, quae est homo, consideratur tantummodo in eo quod sub genere est, est incorporalis et ipsa; eodem modo et differentia quadrupes non respicitur quod sit quadrupes differentia, sed unde a bipede differt, ac per hoc et ipsa incorporalis est. Similiter de caeteris accipiendum est.*

168) Ebend. p. LXXXIV: *Exceptio* (Cousin ändert mit Unrecht in *acceptio*)

matischen Abstraction verglichen werden, welche an den Körpern die Verhältnisse der Linien und Flächen als unkörperliche denke, denn in gleicher Weise sei jeder Gattungsbegriff trotz aller Unkörperlichkeit des Gedankens doch in den Individuen stets in körperlicher Weise vorhanden [169]). Wird sonach *genus* als „die im Denken veranstaltete Zusammenfassung der Aehnlichkeit aus den verschiedenen Unterarten" definirt [170]), — wobei im Vergleiche mit obiger Definition des Pseudo-Hrabanus, Anm. 153, bereits die Weglassung des Wortes „substantiell" zu beachten ist —, so sehen wir, dass bei der Grundansicht des Verfassers dieses Commentares schon nicht mehr die naive Indifferenz wie bei Scotus (s. Anm. 140) bestehe, sondern dass die aristotelische Auffassung mit Absicht und Bewusstsein vertreten werde. Wie sehr aber hiebei schon eine bestimmte Parteistellung obwalte, ist daraus ersichtlich, dass hier zum ersten Male mit der Darlegung der eigenen Meinung des Autors völlig polemische Seitenblicke auf platonisch-realistische Gegner verbunden sind [171]).

Ein solcher Gegner aber ist Eric's Schüler Remigius von Auxerre, bekanntlich einer der berühmtesten Lehrer jener Zeit, welcher seit d. J. 882 in Rheims und hierauf in Paris durch grammatikalischen, musikalischen und dialektischen Unterricht wirkte [172]); und es muss uns sehr wahr-

---

itaque incorporalitatis genere fit, quod et praeter corpora separatum esse possit et corporibus iungi patiatur ut anima, sed ita ut, si corporibus iuncta fuerint, inseparabilia sint a corporibus, neque ab incorporalibus separentur, et utrasque in se contineant potestates; nam si corporalibus iunguntur, talia sunt qualis illa prima versus terminos incorporalitas (s. d. folg. Anm.) *quae nunquam discedit a corpore, si vero incorporalibus, talia sunt qualis est animus qui nunquam corpori copulatur.*

169) Ebend.: *Termini cum sint semper circa corpora quorum termini sunt, incorporei tamen intelliguntur, sicut est epiphania; et haec prima incorporalitas, primus transitus a corporibus ad incorporea. Huic ergo incorporalitati assimilatur generis et speciei incorporalitas; nam, verbi gratia animal et homo, licet per se intellecta incorporalia sint, in individuis tamen quibus substant, corporalia sunt.* Hiezu die Stelle bei *Hauréau* a. a. O. I, p. 139.: *Locus in corpore quidem percipitur, sed corpus ipse esse minime credendum; est ergo locus spatium, quod quodlibet corpus .... tenere aut occupare valet; hoc autem spatium .... in sua natura propria vi integrum et inviolatum permanet.* Die Vergleichung der allgemeinen Begriffe mit der geometrischen Gränze der Körper (vgl. folg. Abschn., Anm. 71.) oder mit dem Orte ist es jedenfalls, welche uns sehr an Scotus (Anm. 132.) erinnert, wenn auch die Auffassung des *locus* hier nicht so ausschliesslich spiritualistisch klingt wie dort, sondern sich mehr an das concrete Wesen des Körpers hält.

170) *Cousin*, p. LXXXV: *Genus est cogitatio collecta ex singularum similitudine specierum.* Diess ist der Punkt, an welchen Eric, wenn er der Verfasser dieser Schrift wäre, seine nominalistische Ansicht hätte anschliessen können und müssen.

171) Ebend. p. LXXXII: *Sed Plato genera et species non modo intelligi universalia, verum etiam esse atque praeter corpora subsistere putat.* Und p. LXXXIV: *Hi qui genus et speciem incorporalia solummodo dicunt, hoc probare videntur Porphyrii ipsius sententia, qui veluti iam probato quod incorporea sint, ita ait „et utrum separata an ipsis sensibilibus iuncta"; quod et si haec aliquando corporalia exstitissent, absurdum esset quaerere, utrum incorporalia seiuncta essent a sensibilibus an iuncta, cum sensibilia ipsa sint corpora.*

172) Sein Schulbuch der lateinischen Grammatik, welches noch im 16. Jahrh. benutzt wurde (gedruckt unter d. Titel *Remigii Fundamentum scolarium. Basil.* 1499. 8.), berührt uns hier nicht.

scheinlich dünken, dass gerade des Remigius Einfluss in Paris noch bis zur späteren dortigen Richtung fortwirkte, wenn wir auch nicht mehr im Stande sind, die Fäden, welche von seinem hervorragenden Schüler Otto von Clugny [173]) zu Wilhelm von Champeaux hinabführen, im Detail nachzuweisen. Seine logischen Ansichten legte Remigius in einem Commentare zu *Marcianus Capella* nieder [174]), und er zeigt dortselbst die Parteistellung eines ausgesprochenen Realismus. Er betrachtet nemlich das *genus* lediglich als den Sammelpunkt der speciellen Formen (*formarum*, vgl. oben Anm. 109), welche durch Theilung (*partitio*) aus ihm hervorgehen und dann wieder als substantielle Einheit (*unitas substantialis*) der Individuen bestehen [175]), so dass im platonischen Sinne Alles bis zum Individium herab sein Sein nur durch ein Theilnehmen (*participatio*) an dem obersten *genus*, d. h. an der Substanz, besitzt [176]). In voller Consequenz wird diese Auffassung sogar auch auf die Accidentien angewendet, welche sonach vor ihrer Vereinigung mit einem Individuum ursprünglich gleichfalls selbstständige Substanzen waren [177]), und es verbindet sich hiemit auch die platonische Lehre von der Rückerinnerung, insofern es sich um geistige Accidentien, z. B. wissenschaftliche Bildung, handelt [178]).

---

173) *Joannes, Vita Od. Clun.* I, 19. bei *Mabill. Act. Bened. Sec.* V, p. 157: *Odo his diebus adiit Parisium ibique dialecticam Sancti Augustini Deodato filio suo missam perlegit et Marcianum in liberalibus artibus frequenter lectitavit; praeceptorem in his omnibus habuit Remigium.* Vgl. *Mabill. Ann. Bened.* III, p. 331.

174) Nachdem schon früher das Vorhandensein dieses Commentares in verschiedenen Bibliotheken (z. B. auch in Leyden) bekannt gewesen war, hat nun *Hauréau* a. a. O. I, p. 144 ff. aus Pariser Handschriften einiges Wichtigere mitgetheilt, vielleicht leider für unseren Zweck zu wenig, und auch dieses nicht immer im Originaltexte. (Die Note p. 148, aus welcher man auf eine grössere anderweitige Veröffentlichung von Fragmenten des Remigius schliessen könnte, bezieht sich, wie mir H. *Hauréau* freundlichst mittheilte, nur auf einen Missbrauch, welcher mit den eigenen Adversarien desselben vor dem Drucke des Buches von einem Dritten getrieben wurde.)

175) *Hauréau*, p. 145.: *Genus est complexio, id est adlectio et comprehensio multarum formarum, id est specierum ..... Est autem forma partitio substantialis, ut homo; homo est multorum hominum substantialis unitas.*

176) Ebend. p. 146.: *Voici comment il s'exprime: „Il est un genre plus général que les autres, au-delà duquel l'intelligence ne peut s'élever, que les Grecs nomment οὐσία, et les Latins essentia. En effet, l'essence comprend toutes les natures et tout ce qui existe est portion de l'essence — cuius participatione consistit omne quod est .... descendit autem per genera et species usque ad speciem specialissimam quae a graecis athomos, id est individuum et insecabile dicitur, ut est Cicero."*

177) Ebend. p. 147.: *Il n'est pas douteux que l'accident proprement dit vienne s'unir à la substance individuelle; mais avant que cette union soit opérée, où se trouve, dit-il, l'accident? Qu'est-il? Ne peut-on pas dire qu'il est par lui-même quelque substance „substantia per semet?" Cicéron est orateur, rhéteur; voilà l'accident; mais avant de s'unir à Cicéron ou de se produire en lui, la rhétorique n'était-elle pas une substance?*

178) Ebend. p. 148.: *Omnis naturalis ars in humana natura posita et concreta; inde fit ut omnes homines naturaliter habeant naturales artes. .... Cum ergo apparet rhetorica in animo alicuius hominis, non aliunde venit nisi a se ipsa, id est de profunditate memoriae, et ad nullum aliud redit, nisi ad eandem eiusdem memoriae profunditatem. Accidens enim in una forma, id est in una specie, ut rhetorica, non nisi homini accidit. Homo una species; philosophi dicunt, omnibus*

Somit liegt bereits am Ende des 9. Jahrh. jene ganze Parteispaltung vor uns, welche man gewöhnlich erst dem Ende des 11. Jahrh. zuzuschreiben pflegte oder noch pflegt [179]), und was das Princip betrifft, so haben Roscellinus, Wilhelm von Champeaux, und selbst Abälard nichts Neues im Vergleiche mit den so eben erörterten Erscheinungen vorgebracht; dass bei ihnen die Darlegung der Parteistellung reicher und einlässlicher sich gestaltete, ist sehr erklärlich, da ja der Streit in der Schule eben zwei Jahrhunderte vorher schon begonnen hatte. Drei Auffassungen aber, nemlich der sog. Realismus Plato's, der aristotelische Individualismus, und der Nominalismus, hatten sich schon im 9. Jahrh. herausgestellt, und zwar, wie wir wenigstens versuchten zu zeigen, nicht ohne den Einfluss des Scotus Erigena. Dabei jedoch kann es, wie sich von selbst versteht, Niemandem in den Sinn kommen, den Remigius und jenen Jepa(?) und den Eric oder obigen Pseudo-Hrabanus etwa als die ersten Entdecker oder Erfinder der von ihnen vertretenen Ansichten zu betrachten, sondern dieselben dürfen uns nur als Repräsentanten von Richtungen gelten, welche aus dem logischen Schul-Materiale mit Nothwendigkeit hervorgehen mussten, sobald man nur überhaupt etwas mehr nachdachte, und wir dürfen überzeugt sein, dass in jener Zeit wohl überall, wo man sich mit Logik beschäftigte, die gleichen Gegensätze sich herausstellten (vgl. unten Anm. 238; eine sorgfältige Durchforschung aller Bibliotheken würde wahrscheinlich noch manchen Beleg hiefür zu Tage fördern). Dass die weitere Fortbildung der Controversen durch die Berühmtheit einzelner Lehrer und namentlich gerade durch polemische Darstellungen nur gefördert werden konnte, ist von selbst klar; aber der erste Anfang des Streites muss jenem Jahrhunderte zugewiesen bleiben, welchem er wirklich angehört.

In dieselbe Zeit (Ende d. 9. Jahrh.) fallen auch die ersten Keime jener Thätigkeit in St. Gallen, deren reichere Blüthe uns bald weiter unten begegnen wird. Auch hier weist uns der damalige Kulturgang auf Fulda und die Schule des Hrabanus als die eigentliche Quelle zurück [180]), und es versteht sich von selbst, dass die theologisch-kirchliche Grundlage der freien Künste, welche in der Schule die übliche

---

hominibus accidere disciplinas; quod si ita, ergo omnis homo rhetor, dialecticus. Videmus tamen complures expertes esse rhetoricae et aliarum disciplinarum; non ergo verum, quod omni homini rhetorica accidat. Sed aliud quod accidit secundum naturam, aliud quod secundum exercitium et experientiam; ergo secundum naturam omni homini accidit disciplina, solis vero philosophis secundum exercitium et experientiam. Hiebei ist der Realismus um so beachtenswerther, da Remigius zu letzterer Auseinandersetzung offenbar durch eine Stelle des Boethius veranlasst wurde, wo letzterer gerade über den Sprachausdruck handelt (*Boeth. ad Ar. d. interpr.* p. 323.: *sicut ergo naturaliter singularium artium sumus susceptibiles, sed eas non naturaliter habemus, sed doctrina concipimus, ita vox quidem naturaliter est, sed per vocem significatio non naturaliter*).

179) Natürlich mit Ausnahme der Darstellungen bei Cousin und bei Hauréau; auch H. Ritter zog es trotz der Mittheilungen des ersteren (— die des letzteren konnte er i. J. 1844 noch nicht kennen —) vor, nach älterer Weise den Nominalismus und Realismus erst mit Roscellinus und Wilhelm von Champeaux zu eröffnen.

180) S. Wackernagel, Gesch. d. deutsch. Litt. S. 78 ff. Vgl. auch Weidmann, Gesch. d. Bibl. v. St. Gallen. 1841.

war (s. oben Anm. 17, 24, 49, 80 f.), auch in St. Gallen im Auge behalten wurde [181]). Welche Wichtigkeit die dortigen Bestrebungen auch durch die Anwendung unserer nationalen Sprache besassen, ist bekannt genug; es mag aber in dieser Beziehung gelegentlich bemerkt werden, dass es damals auch ausgesprochene Gegner des Uebersetzens gab [182]); jedoch diese Seite der St. Galler Periode liegt uns hier ja ferne. Hingegen was das logische Material der dortigen Schule betrifft, dürfen wir die vereinzelte Notiz nicht verschweigen, dass ein Bücher-Verzeichniss aus d. J. 872 von „fünf Büchern" des Boethius (ausser der Schrift *d. consol. phil.*) spricht [183]), denn im Zusammenhalt mit einer späteren Angabe (Abschn. XIV, Anm. 6) dürfen wir hieraus schliessen, dass auch in St. Gallen in jener Zeit die von Boethius gemachte Uebersetzung der aristotelischen Analytiken noch unbekannt war.

Der sog. „*Vocabularius S. Galli*" und die „Keronischen Glossen" enthalten noch durchaus nichts Logisches [184]), hingegen bietet das sog. *Glossarium Salomonis* [185]) uns einiges Interesse dar, indem dort in der alphabetischen Reihenfolge, in welcher das ganze encyklopädische Schulwissen damaliger Zeit vorgeführt ist, sich auch reichlich logisches Material findet. Allerdings sind es fast ausschliesslich nur die Angaben des Isidorus, welche hier in alphabetischer Zerrissenheit und mit barbarischer Schreibung der Kunstausdrücke erscheinen [186]); aber einiges

---

181) *Eckehard vita S. Notkeri b. Canis. Ant. lectt.* III, p. 554.: *In monasterio S. Galli septem liberalium artium studium floruit, et ille sub Isone magistro* (Iso starb 871) *hoc in tempore literatissimo artium liberalium subtilitates non pro gloria seu favore seculi, sed pro utilitate sanctae dei ecclesiae admodum satis edoctus fuit.*

182) Wenigstens sagt *Servatus Lupus* (gest. 862), *Epist.* 41.: *Vobis aperio, principem operam me destinasse lectioni et ad oblivionis remedium et eruditionis augmentum libros pauculos paravisse, nec germanicae linguae captum amore, ut ineptissime quidam iactaverunt, sarcinam subiisse tanti tamque diuturni laboris.*

183) *Ratpert. Cas. S. Galli b. Pertz, Mon.* II, p. 72.: *Isidori Etymologiae. Marcianus Capella. Boethii philosophiae consolatio, item alii quinque libri.*

184) Ich habe die ganze Glossen-Litteratur jener Jahrhunderte, soweit sie gedruckt vorliegt, durchgelesen, aber äusserst selten Worte aus der Logik gefunden (mehr aus der Rhetorik), und jenes Wenige beruht ausschliesslich auf Isidor und Marc. Capella.

185) Der Constanzer Incunabeldruck *s. l. e. a.* dieses Glossariums (wovon Ein Exemplar sich in der Münchner Staatsbibliothek findet) enthält eine *Epistola praelibaticia*, welche gegen das schlechte Latein (des 15. Jahrh.) und auch gegen das *Catholicon* des *Joannes Januensis* polemisirt und dabei ausdrücklich den Bischof Salomo II. (876—890) als Verfasser nennt (*ergo Salomon ille noster secundus Constantiensis ecclesiae episcopus etc.*). Weidmann a. a. O. p. 461. schreibt es Salomo III. selbst (890—920) zu; richtiger aber scheint die Ansicht zu sein, welche Graff, Diutiska III, p. 411 ff. und R. v. Raumer, d. Einwirk. d. Christenth. a. d. althochd. Spr. p. 128. aussprechen, dass das Ganze nur im Auftrage Salomo's III. von Notker Balbulus (gest. 912) und von Tutilo (gest. 912) etwa auch mit Benützung von Excerpten Iso's gemacht sei. Vgl. auch E. Dümmler, D. Formelbuch des Bisch. Sal. III. Berl. 1857, p. 110. Uebrigens besteht das gedruckte Exemplar aus zwei Glossarien, deren ersteres 238 unpaginirte Blätter gross Folio in je zwei Columnen, das zweite aber, welches sich weder als Auszug noch als Supplement des ersten zeigt, ebenso 49 Blätter füllt.

186) Die Eintheilung der Philosophie und der freien Künste nach Isidor (s. oben Anm. 23.) steht *s. v. Philosophia* und *Disciplinae*, wobei auch der Unterschied zwischen *ars* und *disciplina* (Anm. 26.) nicht fehlt; die verschiedenen Angaben über die Logik selbst (Anm. 27.) sind vertheilt *s. v. Dialecticus* und *Logica* und

Einzelne weist doch auch auf anderweitige Lectüre hin, wie z. B. höchst abenteuerliche Notizen über die „Entelechie" oder über das Verbum *Εἰμί* [187]), oder wenn bei den Kategorien der Qualität und der Relation (jedoch nur bei diesen beiden) Ausführlicheres unmittelbar aus Boethius benutzt ist [188]); dasselbe gilt von der Berücksichtigung sophistischer Schlüsse, welche nicht aus Alcuin (Anm. 71) und nicht aus Hrabanus (Anm. 82), sondern selbstständig aus Gellius (Abschn. VIII, Anm. 66) entnommen sind [189]).

Dass das zehnte Jahrhundert in geistiger Beziehung die Zeit der grössten Unfruchtbarkeit und Finsterniss gewesen, ist bekannt, und so finden auch wir auf unserem Gebiete nur die Bestätigung eines solchen Urtheiles, denn in der That ist es der Zeitraum eines ganzen Jahrhundertes, aus welchem wir auch nicht eine einzige selbstständige Arbeit oder auch nur die Anfertigung eines Compendiums mit Sicherheit anführen können. Um so mehr aber müssen wir eben deshalb in dieser Periode auch jede geringfügige Spur verfolgen, welche uns den Nachweis geben kann, dass doch wenigstens der receptive, — wenn auch nicht der productive —, Schulbetrieb der Logik noch fortglimmte und somit der Faden der Tradition nicht völlig entzweiriss.

Eine solche Anknüpfung an Früheres wäre zu erkennen, wenn Poppo in Fulda (um d. J. 960) seinen Schülern ausser dem Boethius auch andere philosophische Schriften erklärte [190]); ob aber wirklich

---

Rationabilis; das ganze Capitel über die Isagoge (Anm. 28—31.) nur mit Weglassung der letzten paar Zeilen (Anm. 31.) steht *s. v. Hisagoge*, ebenso vollständig der Abschnitt über die Kategorien (Anm. 32.) *s. v. Kategorie*, und Einzelnes daraus wieder *s. v. Equivoca, Homonima* (Anm. 42.), *Omonima, Sinonima, Quantitas, Substantia, Usia*. Von der Lehre vom Urtheile steht *s. v. Periermenias* bloss jenes Sprüchlein (Anm. 34.), sodann aber Einzelnes *s. v. Apofasin, Contradictio, Katafasin, Negatio, Nomen, Verbum.* Das Wort *Definitio* selbst fehlt, aber Einzelnes ist angegeben *s. v. Kataapheresin, Katahipotiposin, Katacpenon, Kataanalogiam, Katactilogiam.* Aus dem Abschnitte über die Syllogistik (Anm. 38.) ist nur Eine Notiz *s. v. Yppoteticos* entnommen, hingegen Mehreres aus dem rhetorischen Abschnitte (Anm. 43.) vertheilt *s. v. Catasceua, Entimema, Rationatio, Sillogismus;* die Topik aber (Anm. 39.) ist *s. v. Topica* vollständig abgeschrieben. Endlich aber fehlen auch hier nicht jene obigen zwei Einzelnheiten (Anm. 45. u. 47.); sie stehen *s. v. Rationale* und *s. v. Tenebras.*

187) *Endelechia i. e. psichen secundum Chalcidium perfecta aetas, secundum Aristotelem absoluta perfectio interpretatur, Plato tamen endelechiam animam mundi dicit, et dicta endelechia quasi endos lechia, i. e. intima aetas. — Emi verbum substantivum, i. e. sum, cuius participium praesentis temporis neutri generis ens, plurale eius oysa, i. e. entia, cui addita iota format hoc nomen quod est usia, i. e. essentia.*

188) *S. v. Qualitas* (vgl. *Boeth.* p. 186 f.) und *s. v. Relatio* (vgl. ebend. p. 170.).

189) *Dilemmatum argumentum quod est ab utraque parte firmissimum et concludit adversarium* (diess erinnert an Scotus, s. Anm. 93 ff.). *Dilemma est cornutus sillogismus. — Pseudomeni dicuntur fallaces a graeco, qui rem aliquam mentionibus conantur asserere, ut dicimus de philosophis qui aiunt: si dicam mentiri et non mentior, verum dico. — Sofistice, argute, sapienter conclusione vel reprehensione.* — Im zweiten Glossare: *Sophistem, eloquentissimus orator. — Sophismata, i. e. fraudulentae assertiones. — Sophismata sunt falsae conclusiones verborum, i. e. ubi in falsis sententiis connexionis veritas manet* (s. Anm. 83.).

190) *Trithem. Ann. Hirsaug. a.* 970, *p.* 113.: *Claruit his etiam temporibus in monasterio Fuldensi .... Poppo venerabilis monachus, magister scholarum consensu*

ein gewisser Reinhard, Scholasticus in St. Burchard zu Würzburg (um d. J. 935) einen aus vier Büchern bestehenden Commentar zu den Kategorien geschrieben habe, ist wohl nicht ganz gewiss, denn ausser der Unlauterkeit der Quelle, welche diess berichtet, muss jene Zahl der Bücher darum einigen Argwohn erregen, weil der Commentar des Boethius gleichfalls vier Bücher enthält, und somit die Möglichkeit sehr nahe liegt, dass Reinhard nur ein Exemplar des Boethius copirt habe; falls er jedoch auch eine Schrift über die Quadratur des Cirkels verfasste, würde diess immerhin, wie wir unten, Anm. 251 und 278, sehen werden, auf eine speciellere Beschäftigung mit des Boethius Commentar zu den Kategorien hinweisen [191]. Auch die Notiz, dass Johann von Vendiere, Abt in Gorz bei Metz (welcher i. J. 955 als Gesandter Otto des I. nach Cordova zu Abdur Rahman II. gieng), bei seinen Studien durch Augustin's Trinitätslehre auf die Kategorien oder die Isagoge hinübergeleitet wurde, mag höchstens als Beleg dafür angeführt werden, dass Alcuin (oben Anm. 51) in der Schule fortwirkte, wenn auch, wie die nemliche Quelle besagt, derlei logische Untersuchungen bei anderen Klerikern keineswegs Beifall fanden [192].

Hingegen finden wir aus dem Anfange der zweiten Hälfte dieses Jahrhunderts wenigstens eine Hinweisung auf die logische Parteifrage in einem Briefe des Gunzo Italus [193], welcher Diaconus in Novara gewesen war und durch Otto I. nach Deutschland gezogen wurde; und vielleicht dürfen wir aus der Schulkenntniss, welche Gunzo zeigt, schliessen, dass man auch in Italien jenen Fragen nicht ganz fremd geblieben war, wenn wir auch auf die zweiunddreissig „Philosophen", welche schon im 9. Jahrh. in Benevent gelebt haben sollen [194], wenig

---

omnium constitutus, qui cum esset omni scientia scripturarum eruditissimus, multorum audientium praeceptor egregius fuit; hic, ut Meginfridus testatur, libros Boethii de consolatione primus inter omnes suis commentariis explanavit, plura denique veterum synthemata philosophorum suis discipulis legere consuevit. Dass die Angaben des Trithemius nur vorsichtig zu benutzen sind, ist bekannt.

191) Ebend. a. 934, p. 72.: *Claruit his quoque temporibus apud Francos orientales in coenobio sancti Burkardi iuxta Herbipolim Reinhardus monachus et magister scholarum ibidem in omni genere doctrinarum nominatissimus, sub cuius institutione scientia litterarum multa claustrales eiusdem loci complures mirifice profecerunt; scripsit inter cetera ingenii sui opuscula de quadratura circuli librum unum, in categorias quoque Aristotelis libros quatuor, de musica libros duos, de arte poetica (?) librum unum, in canticum canticorum librum unum etc.*

192) *Joann. Mett. vita Joann. Gorz.* c. 83 bei *Pertz, Mon.* VI, p. 360.: *postremum in libris de Trinitate multa intentione sudavit; in quibus cum de dialecticis rationibus quaedam offendisset, maxime ubi .... eam quae dicitur „ad aliquid" cathegoriam introducit eiusque occasione de omnibus quoque decem praedicamentis strictim quaedam commemorat, scholasticam mox super his sibi operiendis expetens ab ipsis introductionibus Isagogarum laborem arripuit lectionis. In quo cum diu .... luctaretur, repente dominus pater Einoldus* (Abt zu Gorz) *medios praecidit conatus .... tempora in his frustra expendere nolens ab hoc studio cum avertit iussitque, ut animum potius sacra lectione occuparet.*

193) Näheres über ihn s. b. *J. Chr. Gatterer, Commentatio de Gunzone.* Nürnb. 1756. 4.

194) *Anon. Salern.* bei *Pertz, Mon.* III, p. 534.: *Ludovici secundi imperatoris aetate triginta duos philosophos Beneventi vixisse, inter quos Henricus liberalibus disciplinis non solum apprime imbutus, sed etiam proba veritate deditus.* Pertz er-

Gewicht legen wollen. Kurz jener Gunzo hat in einem i. J. 960 an die Reichenauer Mönche geschriebenen Briefe [195]) Gelegenheit, nicht bloss logisches Material zu erwähnen, wobei wir hervorheben dürfen, dass er ausser dem Marcianus Capella und Arist. *d. interpr.* auch die ciceronische und die aristotelische Topik (letztere gewiss nur in jener Vereinigung beider Topiken bei *Boeth. d. diff. top.*) nennt [196]), sondern er geht auch mit einem gewissen Forschungssinne und jedenfalls mit Vorliebe und Lobeserhebungen auf den gleichsam als Zauberkunst wirkenden Inhalt der Logik, zumal der Lehre vom Urtheile, ein [197]), und versucht selbst nicht ohne Geschick die logische Technik auf anderweitigen Stoff anzuwenden [198]). Sodann aber, was uns das Wichtigste

---

klärt *philosophus* als *clericus vel monachus,* vielleicht richtiger Giesebrecht (*De litt. stud. ap. Italos. Berol.* 1845, p. 15.) als *doctor artium liberalium.*

195) Die Veranlassung des Briefes liegt darin, dass Gunzo in St. Gallen beim geselligen Mahle wegen eines Grammatikal-Fehlers eine bittere Verunglimpfung von Eckehard erfahren hatte, worüber er nun die Reichenauer um schiedsrichterliche Entscheidung bittet. Abgedruckt ist der Brief b. *Martene, Vett. scriptt. ampliss. coll.* I, p. 294 ff.

196) Ebend. p. 304.: *Adveniens* (d. h. nach St. Gallen) *deferebam paene centum librorum volumina ..... inter quae erat Marciani in septem liberalibus disciplinis succincta veritas .....; deportabatur quoque Platonis in Timeo* (d. h. Chalcidius) *vix intellecta profunditas, Aristotelis in libro Periermenias aut nostris vix temporibus tentata aut non perspecta obscuritas* (Wirkung jenes nun schon oft erwähnten Sprüchleins), *Ciceronis Aristotelisque non contemnenda Topicorum dignitas* (selbst schon der Wortausdruck weist uns sicher nur auf des Boethius Verknüpfung der ciceronischen und aristotelischen Topen hin).

197) Ebend. p. 305 : *Haec* (*sc. Minerva,* d. h. die Wissenschaft) *ita aliquando ambiguitate obfuscatur, ut quae res cui generi subponi debeat difficile possit inveniri; verbi gratia si quis ita proponat, cum omnia quaecunque sunt aut substantia aut accidens habeantur, quid de differentia dicendum est, quae neque substantia neque accidens dici potest? Substantia dici nequit, quia non praedicatur in eo quod quid sit; accidens idcirco vocari non potest, quia substantiam informat* (Vgl. Anm. 109. u. 150.); *quod enim substantiam constituit, in substantia praedicatur. Est autem haec tam subtilis prudentiae, ut decem et novem modorum conclusionibus* (diess aus Marcianus Cap., s. Abschn. XII, Anm. 68.) *omnem paene logicen philosophiam concludi existimet, quae Aristoteli adeo obsecuta creditur, ut ei nutrix credatur. Scit sophistica stultos cavillatione decipere, monstrat tamen qualiter ipsa cavillatio possit evitari; falsa veris quando vult sic farcinat, ut uno eodemque tempore eodemque loco rite convenire videantur; esse etiam et non esse arcana quadam ratione* (also wie eine magische Kunst) *simul concurrere fingit, propositionum suarum quadraturam eo modo dispositam autumat, quatenus obliquorum laterum recursus aliquando sine coactione redeat, aliquando coactione operiatur* (er meint die Figuren bei Boethius, Abschn. XII, Anm. 113. u. 125.); *huic non satis est, ut dicatur malum esse quod est, sed quia bonum non est; verba secundum se nomina esse putat, nam et qui dicit auditum constituit, et qui audit quiescit, ipsaque nonnisi in instanti tempore iudicat dici posse* (vgl. Abschn. XII, Anm. 83 f. u. 111.). *Ubique se vertit ad singulos ac veluti ludens venena mordacitatis, quae venena monstrata cuti vitam non intercludunt.*

198) Ebend. p. 310.: *Oritur quoque magna inter philosophos de coelestibus corporibus quaestio* (s. *Boeth.* p. 85., woselbst die Veranlassung der Bemerkung Gunzo's), *utrum animata sint an inanimata, et Plato quidem non solum animata sed et rationabilia et immortalia putat, Aristoteles inanimata et immortalia. Ex quo secundum opinionem Platonis contrarium quiddam conficitur diffinitioni Porphyrii, qui differentias substantiales et divisivas affirmat generum et constitutivas specierum; sed irrationalis et immortalis differentiae secundum Platonem nullam speciem conformant* (d. h. wenn sie bei Plato vernünftig und unsterblich sind, so müsste nach

ist, zeigt er ein Bewusstsein des Gegensatzes zwischen Platonismus und Aristotelismus bezüglich der Geltung der Universalien [199]), und er scheint hierin auf einem Standpunkte zu stehen, welcher die beiden, von uns oben S. 35 auseinandergehaltenen Fragen zugleich ins Auge fasst, denn er entscheidet sich offenbar auch im Hinblicke auf jene die *vox* betreffenden Stellen des Boethius für eine platonisch realistische Auffassung, wobei das Gebiet der Wortbezeichnung als das veränderliche und an sich unstäte erscheint [200]).

Anderes hinwiederum, was der zweiten Hälfte oder dem Ende des 10. Jahrh. angehört, können wir nur als Beleg des Fortbestandes der Schultradition anführen; so wenn berichtet wird, dass Bischof Wolfgang in Regensburg (um d. J. 970) in einer theologischen Disputation die verschiedenen Arten, in welche das *accidens* eingetheilt werden kann, in Anwendung brachte, wobei jedoch bemerkenswerth ist, dass die dialektische Methode als *carnalis antidotus* bezeichnet wird [201]), oder wenn die logischen Studien des Abbo von Orleans (gest. 1004), welcher in Fleury studirte und später ebendort docirte [202]), und des Bischofes Bernward in Hildesheim (gest. 1022) erwähnt werden [203]),

---

Porphyrius dann auch eine Species von Wesen existiren, welche unvernünftig und unsterblich wären; eine solche aber gibt es bei Plato nicht); *licet Aristotelis opinio a Porphyrii diffinitione non dissentiat.*

199) Ebend. p. 305.: *Aristoteli genus, speciem, differentiam, proprium et accidens subsistere denegavit (sc. Minerva), quae Platoni subsistentia persuasit. Aristoteli an Platoni magis credendum putatis? Magna est utriusque auctoritas, quatenus vix audeat quis alterum alteri dignitate praeferre.*

200) Ebend. p. 299.: *Boethius vir eruditissimus in libro peri Ermenias secundae editionis audite quid dicat: Adminiculari quis debet obscuris sensibus patientia et consensu, quod ad sententiam dicentis spectat, etsi sermonum ratio se ita non habeat. ..... Cui rei Aristoteles in libro peri Ermenias congruit his verbis: sunt ergo ea quae sunt in voce, earum quae sunt in anima passionum notae. Omnis nota alicuius rei nota est; prius ergo res est quam nota; res ergo prius ponderanda est quam nota.*

201) *Vita Wolfgangi* c. 28 bei *Pertz, Mon.* VI, p. 538.: *Quidam haereticus .... quod verbum caro factum est oppugnans dixit „si verbum, non est factum, aut si factum, non est verbum“* ..... worauf Wolfgang: *Quia non per spiritualem sed per carnalem medicandus es antidotum, dic quid sit accidens. Ille vero multum arroganter „accidens est, inquit, quod adest et abest praeter subiecti corruptionem“* (diess die Definition des Porphyrius, s. Abschn. XI, Anm. 47.). *Rursumque praesul: „quot formarum sit accidens, edicito.“ At ille ... conticuit. Theologus autem .... succincte disseruit: Accidens est, inquit, quadriforme; unum quod nec accedit nec recedit, ut acitus* (wohl zu lesen *calvus*) *et simus* (auch *Boeth.* p. 110 nimmt ebenso das griechische σιμός unverändert herüber); *aliud quod accedit et recedit, ut saturitas et dormitio; tertium quod non accedit et tamen recedit, ut infantia et pueritia; quartum quod accedit et non recedit, ut senectus et canities. Hac ergo similitudine filius .... induit quasi per inseparabile accidens humanitatem etc.* Die Viertheilung selbst ist erst aus den erklärenden Beispielen bei *Boeth.* p. 80. gemacht, denn bei Porphyrius liegt nur Zweitheilung vor, s. Abschn. XI, Anm. 44. u. 47.

202) *Aimoin. vita S. Abbon.* c. 3. b. *Mab. Act. Bened.* VI, 1, p. 30 ff.: *Diversorum adiit sapientiae officinas locorum ..... quapropter Parisiis atque Remis ad eos qui philosophiam profitebantur profectus ...... denique quosdam dialecticorum nodos syllogismorum enucleatissime enodavit etc.*

203) *Thangmar* (Scholasticus in Hildesheim und Lehrer Bernward's, dessen Leben er beschrieb), *Prol. vitae Bernw.* b. *Pertz, Mon.* VI, p. 758.: *interdum sim-*

und zwar bei beiden der Berichterstatter in eigenthümlichen Ausdrücken die Schwierigkeiten der syllogistischen Uebungen hervorhebt; das Gleiche gilt auch von einer Notiz, welche die Schule in Worms betrifft und sich wieder des Wortes *fuga* (s. oben Anm. 97) zur Bezeichnung der Dialektik bedient [204]). Etwas ausführlicher beschreibt den Gang seiner eigenen Studien Walther von Speier, welcher zur Zeit des Regierungsantrittes Otto's III. (i. J. 983) eine *Vita S. Christophori* in sechs Büchern (in Hexametern) verfasste, deren erstes unter der Ueberschrift „*Scholasticus*" in schwülstiger Allegorie die Darstellung der sieben freien Künste enthält [205]); und es ist nicht ganz ohne Interesse, zu sehen, wie Walther an der Hand des Boethius (s. Abschn. XII, Anm. 77 u. 82) die Theile der Logik, nemlich Isagoge, Categorien, *d. interpret.*, Analytik und Topik, aufzählt und bei letzterer sich an *Boeth. d. diff. top.* anschliessend das Nebeneinandertreten des Dialektischen und des Rhetorischen anerkennt, um zuletzt auf Cicero als den Vertreter der eigentlichen Rhetorik, soweit dieselbe nicht dem Dialektischen anheimfällt, hinzuweisen [206]).

---

plici contextu rationem contulimus, saepe syllogisticis cavillationibus desudavimus; ipse quoque me crebro, etsi verecunde, acutis tamen et ex intimo aditu (zu lesen *adyto*) *philosophiae prolatis quaestionibus sollicitabat.*

204) *Lantbert. vita Herib.* c. 3. b. *Pertz, Mon.* VI, p. 741.: *Dilectissimam prolem provehi ardebant* (d. h. die Eltern Heribert's gegen Ende des 10. Jahrh.) *aetate et litterali studio; ac per hoc Wormaciae idoneis personis contradunt eum in domo apostolorum principis, ubi cum exteriori disciplina utriusque testamenti imbueretur paginis. Patent illi perpropere quaecunque obscure geruntur in poemate, nec latent eum fugae et nodosi amfractus in Socrate* (hiebei ist wohl Plato gemeint, denn an Isokrates ist doch sicher nicht zu denken) *et Aristotele et quolibet alio sinuoso rethore* (Rhetorik und Dialektik scheinen als gleichbedeutend genommen zu sein, wie in obiger Stelle des Saxo, Anm. 48.).

205) Gedruckt b. *Pez, Thes. Anecd.* II, 3, p. 27 ff. (die Zeitangabe Walther's selbst über die Abfassung seines Gedichtes steht am Schlusse des 6. Buches).

206) Der Titel des 1. Buches (ebend. p. 35.) lautet: *Primus libellus de studio poetae, qui et scholasticus*, und nachdem von der Poesie gehandelt ist, folgt die Philosophie p. 39.: *Inde ubi maiorum teligit nos cura ciborum, Porphyrius claras nobis reseravit Athenas, Qua multi indigenae librabant verba sophistae. Cernere erat quandam vultu pollente puellam, Practica cui limbum pinxitque theorica peplum* (s. Abschn. XII, Anm. 76.), *Et licet effigiem macularet parva* (l. *prava*) *vetustas, Ipsa tamen ternas suspendit ab ubere natas* (s. ebend. die Dreitheilung des Theoretischen). *Praestitit haec nobis summi subsellia lecti, Et postquam strato licuit discumbere cocco, Procedunt senae turba comitante sorores* (d. h. Dialektik, Rhetorik, Rhythmik, Mathematik, Musik, Astronomie). *Ingenui vultus non absque gravedine gestus Adducit famulas praestanti corpore quinas* (d. h. die sogleich folgenden fünf Theile) *Omnia sub gemino claudens Dialectica puncto* (der doppelte Gesichtspunkt ist *inventio* und *iudicium*, s. Abschn. XII, ebend.). *Prima quidem* (die Isagoge) *miles generali nomine pollens Insignita tribus* (d. h. *genus, species, differentia*) *unum selegit amictum. Hanc vice continua sequitur gradiente secunda* (die Categorien). *Tertia* (die Lehre v. Urtheile) *discrevit quidquid primaeva coegit, Dans operam sane cirros crispare secundae, Quos quartae* (Syllogistik, d. h. Analytik) *solido collegit fibula nodo* (über *nodus* vgl. obige Anm. 202. u. 204.). *Instabilem fucum tulit ultima* (die Topik) *quinque sororum, Docta quibus geminas decernens Graecia formas* (d. h. dialektische und rhetorische Topen) *Pinxit „quale" tribus, „quid sit" referendo duabus* (d. h. das *Quale* liegt in *persona, tempus, circumstantiae*, s. Abschn. XII, Anm. 166., hingegen das *Quid* in *definitio* und *descriptio*, s. Abschn. XI, Anm. 96.), *Ut reboant nobis deliramenta Platonis* (diess weiss ich nicht zu erklären). *Inde suam stipat comitem pressura sodalem Rhetori-*

Ja auch von dem berühmten Gerbert (als Papst Sylvester II. gest. 1003) müssen wir das Gleiche behaupten, nemlich dass er unselbstständig lediglich in der Schul-Tradition befangen blieb, wenn wir auch bei ihm eben darum etwas länger verweilen müssen, weil an ihn und sein Auftreten sich höchst schätzbare Notizen betreffs der beschränkten Behandlungsweise der Logik in jener Zeit anknüpfen [207]). Es erzählt uns nemlich zunächst ein Zeitgenosse Gerbert's, wie derselbe in seiner Jugend von einem hervorragenden Kleriker in Rheims (wahrscheinlich Giselbert) in die Logik eingeführt worden sei und dann alsbald als Lehrer der üblichen Schulwissenschaften ebendaselbst zu wirken begonnen habe [208]). Indem aber der Berichterstatter hiebei auch das ganze logische Material, dessen sich Gerbert beim Unterrichte bediente, ausführlich und vollständig aufzählt, erhalten wir einen ebenso wichtigen als entscheidenden Beleg dafür, dass man auch am Ende des 10. Jahrh. noch immer die von Boethius herrührende Uebersetzung der Analytiken und der Topik des Aristoteles nicht kannte, denn gerade diese sind es, welche unerwähnt bleiben, während alle übrigen Uebersetzungen und eigenen Arbeiten des Boethius (s. Absch. XII, Anm. 72 f.) der Reihe nach angeführt werden; auch ist bemerkenswerth, dass Gerbert den Unterricht in der Rhetorik erst nach der Dialektik folgen liess, sowie dass der erzählende Chronist die Rhetorik noch zur Logik rechnet und hiemit auf dem Standpunkte, welchen wir bei Isidor, Alcuin und Hrabanus (Anm. 27, 54 u. 79) trafen, sich befindet [209]). Ferner

---

cam duplicis vestitam flore coloris, Quae iaciens varias nervo pulsante sagittas Monstrat hypothetici nobis spectacula ludi (s. Abschn. XII, Anm. 169.) *Et iam cornuta* (vgl. oben Anm. 189.) *surgens ad sidera fronte Causarum rivos patulo profudit ab ore. Sed postquam illatas pepulit conclusio lites Ipsaque gravigenas compegit pace sophistas, Omnibus asseculum veniente porismate laetis Sub pedibus Logicae recubabat nexa coaevae, Commissura tibi reliquorum munia, Tulli.* Hierauf folgen Rhythmik und die übrigen oben genannten Disciplinen.

207) Die Schrift von Hock, Gerbert od. Papst Sylv. II. u. s. Jahrh. (Wien 1837) ist, selbst abgesehen von der schiefen Partei-Tendenz des Verfassers, in Bezug auf die wissenschaftliche Thätigkeit Gerbert's und seiner Zeit höchst ungenügend (vgl. auch S. R. Wilmans in d. Berl. Jahrb. 1839, II, p. 622.).

208) *Richer. hist.* III, 44 ff. b. *Pertz, Mon.* V, p. 617.: *Iuvenis igitur apud papam relictus ab eo regi* (nemlich *Ottoni*) *oblatus est. Qui* (d. h. Gerbert) *de arte sua interrogatus, in mathesi se satis posse, logicae vero scientiam se addiscere velle respondit. .... Quo tempore G. Remensium archidiaconus in logica clarissimus habebatur, qui etiam a Lothario Francorum rege eadem tempestate Ottoni regi Italiae legatus directus est* (einen anderen Archidiaconus von Rheims aus jener Zeit, dessen Name mit dem Buchstaben G begänne, konnte ich nicht finden, als den Giselbert, welcher im J. 948 bei dem Ingelheimer Concil anwesend war, s. *Marlot, Metrop. Rem. hist. Ins.* 1666. I, p. 464.). *Cuius adventu iuvenis exhilaratus regem adiit atque ut G...o committeretur obtinuit. E G...o per aliquot tempora haesit Remosque ab eo deductus est. A quo etiam logicae scientiam accipiens in brevi admodum profecit, G...s vero cum mathesi operam daret, artis difficultate victus a musica reiectus est. Gerbertus interea studiorum nobilitate praedicto metropolitano commendatus eius gratiam prae omnibus promeruit, unde et ab eo rogatus discipulorum turmas artibus instruendas ei adhibuit.*

209) Ebend. (fortgefahren): *Dialecticam ergo ordine librorum percurrens dilucidis sententiarum verbis enodavit. In primis enim Porphyrii ysagogas id est introductiones secundum Victorini rhetoris translationem, inde etiam eiusdem secundum Manlium explanavit, Cathegoriarum id est praedicamentorum librum Aristotelis con-*

aber wird berichtet, dass Gerbert sich mit dem Entwurfe einer Figur beschäftigte, in welcher die Eintheilung aller Dinge in eine *Tabula logica* gebracht werden sollte, wozu natürlich jene bei Boethius sich findende Tabelle die Veranlassung gab; er kam jedoch hierüber in Streit mit Otricus, und es knüpfte sich hieran eine philosophische Disputation, welche in Gegenwart des damals fünfzehnjährigen Otto III. i. J. 970 in Ravenna stattfand [210]). Eine andere ausführlichere Erzählung betreffs dieses Gespräches lässt uns deutlich erkennen, dass dabei die streitenden Personen lediglich die Angaben des Boethius (im Commentare zur Isagoge) auswendig wussten und auf solcher Basis die Controverse erörterten, ob *Rationale* ein engerer Begriff als *Mortale* sei, oder nicht vielmehr umgekehrt letzterer als der engere sich erweise [211]).

---

sequenter enucleans; periermenias vero id est de interpretatione librum, cuius laboris sit, aptissime monstravit; inde etiam topica id est argumentorum sedes a Tullio de graeco in latinum translata et a Manlio consule sex commentariorum libris dilucidata suis auditoribus intimavit, necnon et quatuor de topicis differentiis libros, de sillogismis cathegoricis duos, de ypotheticis tres, diffinitionumque librum unum, divisionum aeque unum, utiliter legit et expressit. Post quorum laborem cum ad rhetoricam suos provehere vellet, id sibi suspectum erat, quod sine locutionum modis, qui in poetis discendi sunt, ad oratoriam artem ante perveniri non queat; poetas igitur adhibuit...... quibus assuefactos locutionumque modis compositos ad rhetoricam transduxit; qua instructis sophistam adhibuit, apud quem in controversiis exercerentur ac sic ex arte agerent, ut praeter artem agere viderentur, quod oratoris maximum videtur. Sed haec de logica, in mathesi vero etc.

210) *Hugo Flavin. Chron. Virdun.* b. *Pertz, Mon.* X, p. 367.: *Hoc tempore Otricus apud Saxones insignis habebatur..... Adalbero Romam cum Gerberto petebat et Ticini Augustum* (d. h. *Ottonem*) *cum Otrico reperit, a quo ductus est Ravennam; et quia anno superiore Otricus Gerberti se reprehensorem in quadam figura cum multiplici diversarum rerum distributione* (aus *Boeth.* p. 25., s. Abschn. XII, Anm. 87.) *monstraverat, iussu Augusti omnes palatii sapientes intra palatium collecti sunt, Archiepiscopus quoque cum Adsone abbate Dervensi et scholasticorum numerus non parvus, et coepta disputatione cum iam totum paene diem consumpsissent, Augusti nutu finis impositus est.*

211) *Richer* a. a. O. c. 60 ff. p. 620 f.: *Otricus.... ait: quoniam philosophiae partes aliquot breviter attigisti, ad plenum oportet ut et dividas et divisionem enodes.... Tunc quoque Gerbertus:.... secundum Vitruvii* (zu lesen *Victorini*) *atque Boetii divisionem dicere non pigebit; est enim philosophia genus; cuius species sunt practice et theoretice; practices vero species dico dispensativam, distributivam, civilem; sub theoretice vero non incongrue intelliguntur phisica naturalis, mathematica intelligibilis, ac theologia intellectibilis* (aus Boethius, s. Abschn. XII, Anm. 76.) ...... *Tunc vehementius Otricus admirans ait: an mortale rationali supponis? quis nesciat, quod rationale deum et angelum hominemque concludat, mortale vero utpote maius et continentius omnia mortalia et per hoc infinita colligat? Ad haec Gerbertus: si, inquit, secundum Porphirium atque Boetium substantiae divisionem usque ad individua idonea partitione perpenderes, rationale continentius quam mortale sine dubio haberes; idque congruis rationibus enucleari in promptu est. Etenim cum constet, substantiam genus generalissimum per subalterna posse dividi usque ad individua, videndum est an omnia subalterna singulis dictionibus proferantur. Sed liquido patet, alia de singulis alia de pluribus nomen factum habere, de singulis ut corpus, de pluribus ut animatum sensibile; eadem quoque ratione subalternum quod est animal rationale, praedicatur de subiecto quod est animal rationale mortale; nec dico, quod rationale simplex praedicetur de simplici mortali, id enim non procedit, sed rationale inquam animali coniunctum praedicatur de mortali coniuncto animali rationali. Cumque verbis et sententiis nimium flueret et adhuc alia dicere pararet, Augusti nutu disputationi finis iniectus est.* (Sämmtliches aus *Boeth.* a. a. O.)

Den Gegenstand jener Disputation hatte nun Gerbert noch weiter verfolgt, und es entstand daraus die an Otto III. gerichtete Schrift „*De rationali et ratione uti*“ [212]), eine höchst abenteuerliche Verquickung eines unverdauten Schulwissens, wobei das so eben erwähnte *Rationale*, auf welches ja auch schon eine Stelle des Isidorus hingewiesen hatte (s. oben Anm. 45), näher in Betracht gezogen wird. Nemlich nach einer Einleitung, welche ausdrücklich an jenen erfolglosen Streit zu Ravenna anknüpft [213]), wird als Thema der aus Boethius (oben Anm. 46) entnommene Zweifel bezeichnet, wie denn der Vernunftgebrauch (*ratione uti*) von dem vernünftigen Wesen (*rationale*) als Prädicat ausgesagt werden könne, da ja doch immer der Prädicatsbegriff der höhere oder weitere (*maior*) sein müsse [214]). Dieses Bedenken, welches uns höchstens darum interessant sein kann, weil es einen Beleg dafür enthält, wie einseitig die Schul-Logik des späteren Alterthumes bloss den Umfang, nicht aber den Inhalt der Begriffe berücksichtigt hat (s. Abschn. XI, Anm. 43), wird nun auf eine ebenso ungeschickte als bloss formale Weise gelöst. Zunächst nemlich soll jenes Prädicats-Verhältniss zwischen Vernunftgebrauch und Vernunftwesen dadurch gerechtfertigt werden, dass ersterer als ein Actuelles das Höhere sei [215]). Dagegen aber erhebt sich der Einwand, dass ja überhaupt die Unterordnung der Begriffe nur in allgemein bejahenden Urtheilen ausgedrückt werden könne, also dann der Vernunftgebrauch von sämmtlichen Vernunftwesen prädicirt werden müsse, was zu einem unwahren Urtheile führe [216]); ferner sei das Actuelle eben doch von dem Dasein des Potenziellen ab-

---

212) Gedruckt b. *Pez*, *Thes. Anecd.* I, 2, p. 149 ff. Was H. Ritter (Gesch. d. Phil. VII, p. 304 ff.) über diese Schrift Gerbert's sagt, ist unhaltbares Gerede; aus einer Stelle (p. 307, Anm.) müsste man ja fast schliessen, dass ihm der seit Boethius im Mittelalter eingebürgerte Unterschied zwischen *Intelligibilis* und *Intellectibilis* (s. Abschn. XII, Anm. 76.) unbekannt sei.

213) A. a. O. p. 149.: *Meministis enim et meminisse possumus, adfuisse tum multos nobiles scholasticos et eruditos, inter quos nonnulli aderant episcopi ..... Eorum tamen vidimus neminem, qui earum quaestionum ullam digne explicuerit, quod quaedam nimis ab usu remotae nec dubitationem ante habuerint, et quaedam saepenumero ventilatae dissolvi non potuerint.*

214) Ebend. c. 1, p. 151.: *Quaeritur, inquiunt, quid sit, quod ait Porphyrius, differentiam velut ad cognatam sibi differentiam praedicari, ut ratione uti ad rationale, cum maiora de minoribus semper praedicentur, minora de maioribus nunquam.* Zu der schon oben, Anm. 46., angeführten Stelle des Boethius kömmt hiebei noch folgende p. 37.: *nam si qua differentia dicta fuerit, de alia differentia, ut differentia intelligatur, praedicabitur ..... nam ratione uti, differentia, ad rationalem differentiam veluti cognata differentia praedicatur.* Der Lehrsatz betreffs des *maior* steht gleichfalls b. *Boeth.* p. 28. (s. auch Abschn. XII, Anm. 124.).

215) Ebend.: *Sed rationale, inquiunt, potestatis est sine actu, ratione uti potestatis cum actu; plus vero est potestas cum actu, quam sola potestas; iure, inquiunt, ergo praedicatur ratione uti de rationali tanquam maius de minori.* Diese Ansicht über *potestas* und *actus* findet sich b. *Boeth.* p. 454.: *necesse est, ut ea quae actu sunt, his quae sunt potestate, priora sint* (s. Abschn. XII, Anm. 122.).

216) C. 2, p. 151.: *Quae a generalissimis ad specialissima recta linea descendunt, ... talia sunt, ut inferiora universaliter prolata superiorum omnia nomina diffinitionesque suscipiant* (s. *Boeth.* p. 21. u. öfters) ... *Quodsi eodem modo rationale sub ratione uti positum sit, quomodo universaliter prolatum suscipiet nomen sui praedicati idem rationale? non enim omne, quod rationale est, ratione uti putatur.*

hängig und könne deshalb überhaupt nicht jene höhere Stelle einnehmen, welche im Wesen des Prädicatsbegriffes liege [217]), und es müsse auch ein abermals hiegegen gerichteter Einwand betreffs der hohen Würde des Vernunftgebrauches zuletzt wieder an der Eintheilung der Wesen überhaupt scheitern [218]). Wenn aber nun hierauf gesagt wird, diese ganze bisherige Erörterung sei sophistisch, und es handle sich vielmehr um die eigentliche Natur des Actuellen und des *prius*, sowie des Prädicates [219]), so erwarten wir wohl eine tiefer gehende Untersuchung, aber vergeblich. Denn was nun folgt, besteht zunächst nur in einem Excerpte aus Boethius bezüglich der verschiedenen Arten der Actualität [220]), woran sich dann, um auf das *Rationale* zurückzukehren, die Unterscheidung der ewigen und der veränderlichen Natur anreiht, wobei die Angaben des Boethius in ähnlicher Weise wie bei Scotus Erigena (ob. Anm. 113 ff.) aufgefasst werden [221]), so dass der Vernunftgebrauch (*ratione uti*) als ein in die Erfahrungswelt verflochtener

---

217) C. 3, p. 152.: *potestas actum omni necessitate praecedit, et quia haec praecedentia non solum priora, sed etiam interemta interimunt secum posteriora, necesse est potestate ablata actum quoque auferri .... Non igitur quod natura posterius est, de eo praedicabitur quod natura prius est; est autem natura prius potestas, posterius actus; non igitur secundum potestatem et actum praedicabitur ratione uti de rationali.* Auch dieser Gegenbeweis ist aus der nemlichen Stelle des Boethius (p. 451.) entnommen.

218) C. 4, ebend.: *Sed merito, inquiunt, suae dignitatis seu excellentia seu potentia numerosius est ratione uti, quam rationale. At natura generum, specierum vel differentiarum non suscipit; homo enim et asinus aeque sub animali sunt, et deus atque homo aequaliter participant rationali differentia.* Diess steht wieder in jener Stelle b. *Boeth.* p. 95., von welcher die Controverse ausgegangen war.

219) C. 5, ebend.: *Quapropter sophistica, id est cavillatoria, conluctatione remota quaedam de natura potestatis et actus explicanda sunt, et in qua eorum specie rationale et ratione uti versentur, de natura quoque prioris, utrum praedicationibus conveniat, et nonnulla de praedicationum natura et ordine, ut quasi quodam filo .... disputatio deducatur.*

220) C. 6—10, p. 153—156. Das Original hiezu ist wieder *Boeth.* p. 451 ff., selbst mit Einschluss der zur Erläuterung dienenden Beispiele, deren Eines hingegen aus *Boeth.* p. 95. genommen ist. Der Inhalt, welcher natürlich ursprünglich der aristotelische ist (s. Abschn. XII, Anm. 119. u. Abschn. IV, Anm. 281 ff.) dreht sich um die Unterscheidung des *actus necessarius* und des *actus non necessarius*, welch letzterer entweder *a potestate* oder *a subsistendo* entsteht, und endlich des bloss Potenziellen. Gerbert bringt diese Eintheilung in eine Tabelle, worin man wohl nur ein geringes Verdienst erblicken kann, denn dass er nicht einen einzigen eigenen Gedanken hat, zeigt hier wie im Folgenden unsere Zurückführung auf die Quelle, d. h. auf Boethius.

221) C. 11, p. 157.: *Est igitur rationale, dum est in intelligibilibus, sub necessaria specie actus .... immobilis et necessarii; sed quia haec intelligibilia, dum se corruptibilibus applicant, tactu corporum variantur, transeunt haec omnia rursus ad potestatem. Aliter enim rationale vel, ut universalius dicamus, aliter genera et species, differentiae, propria et accidentia, in intellectibilibus, aliter in naturalibus; in intellectibilibus quoque rerum formae sunt, in intelligibilibus alia sunt quidem passiones, alia sunt actus, nam quoniam in anima versantur, dum intelliguntur, animae passiones sunt.* Die Quelle hievon ist *Boeth.* p. 452. u. p. 56., woselbst auch die nemliche Beiziehung der *quinque voces* sich findet. Das *intellectibile* ist der realistisch theologische Urgrund der *formae* (ob. Anm. 109.), das *intelligibile* hingegen dasjenige, was die Vernunft an den Dingen selbst erfasst, s. oben Anm. 211.

dem Accidentellen angehöre[222]). Hieraus wird dann natürlich geschlossen, dass der Vernunftgebrauch nicht selbst eine *differentia substantialis* sei, sondern erst in Bezug auf eine verwandte Differenz ausgesagt werde[223]). Und wenn hierauf wieder in der nemlichen ungeschickten Weise wie zu Anfang auf das Verhältniss des Umfanges zurückgekehrt wird, da ja dann der Prädicatsbegriff der engere sei, so wird jetzt erst auf Grund des Boethius angegeben, dass die Accidentien von den Individuen ausgesagt werden[224]), und im Hinblicke auf die Eintheilung der Urtheile bezüglich ihrer Quantität[225]) folgt nun das Resultat, dass der Satz „*rationale ratione utitur*" eben ein unbestimmtes Urtheil sei, welches weder als allgemein bejahendes noch als allgemein verneinendes richtig ausgesagt werden könne[226]), — ein Resultat, durch welches allerdings jeder andere vernünftige Mensch von vorneherein der ganzen Fragestellung überhoben gewesen wäre. Und es zeigt sich uns somit Gerbert's Schrift als ein sinnloses Treiben, bei dessen Gelegenheit ebenso unnütz als zusammenhangslos verschiedene Schulweisheit ausgekramt wird. — Uebrigens hält Gerbert als Theologe nicht viel auf die Dialektik, und indem er in dieser Beziehung eine Stelle aus Scotus Erigena, jedoch ohne denselben zu nennen, ausschreibt, entscheidet er sich lieber für die realistische Deutung, welche jenen Worten gegeben werden kann[227]).

Einen ähnlichen Beweis davon, dass man das traditionelle Schulmaterial kannte und in Anwendung brachte, gibt uns aus dem Anfange des 11. Jahrh. nicht bloss ein Brief des Bischofes Burchard in Worms, worin derselbe einen Freund darüber belobt, dass er die üblichen sechs Gesichtspunkte (s. Abschn. XII, Anm. 75. u. Abschn. XI, Anm. 141) bei

---

222) Ebend. p. 158.: *merito ratione uti dicitur praedicari de rationali tanquam accidens de subiecto; .... ratione uti facere est, qui enim ratione utitur, aliquid agit; .... facere autem unum ex generalissimis generibus accidentium est; igitur uti ratione accidens est.*

223) C. 12. ebend.: *quod rationale est, ratione uti potest .... ergo ratione uti rationali accidit; .... non est igitur ratione uti substantialis differentia.* C. 13, p. 159.: *Si igitur secundum Boetium ratione uti a ceteris animalibus differimus sicut differentia rationali, iuste ratione uti ad rationale velut ad cognatam sibi differentiam praedicatur.* Alles wieder aus *Boeth.* p. 95 f. u. p. 7.

224) C. 14, p. 159.: *Quoniam ergo minus de maiori praedicabitur, locus hic admonet, ut de natura praedicationis pauca dicantur,* worauf die betreffenden Angaben des Boethius (p. 129., s. Abschn. XII, Anm. 92.) excerpirt werden.

225) C. 15, p. 160. Aus *Boeth.* p. 350., s. Abschn. XII, Anm. 113 f.

226) C. 15 f. p. 161.: *Quia propositio talis est, ac si dicatur: quoddam rationale ratione utitur; qui enim dicit, omne rationale ratione utitur, rem universalem universaliter enuntiat, et est affirmatio falsa, cuius negatio, id est nullum rationale ratione utitur, similiter falsa reperitur* (*Boeth.* a. a. O.). Diess eben sei (c. 16., p. 161 f.) der Unterschied zwischen einem solchen Urtheile und einer *propositio substantialis*, d. h. einer Definition; s. *Boeth.* p. 651., Abschn. XII, Anm. 103.

227) *D. corp. et sang. Dom.* c. 7., bei *Pez, Thes. Anecd.* I, 2, p. 140.: *Senes illi .... non dialecticis argumentationibus, sed verbis simplicibus et oratione compulerunt ad credendum ..... Et nos aliquando antequam tantorum virorum, Cyrilli dico et Hilarii, auctoritatibus instrueremur, hanc discrepantiam* (d. h. betreffs des Abendmahles) *alicuius dialectici argumenti sede absolvere meditabamur. Non enim ars illa etc.*, d. h. es folgen die oben Anm. 127. angeführten Worte des Scotus.

Abfassung eines Buches eingehalten habe[228]), sondern insbesondere ein höchst eigenthümlicher Tractatus des Adalbero, Bischofs in Laon (geb. 977, gest. 1030), welcher ein Schüler Gerbert's war und einen unter dem angeblichen Titel „*De modo recte argumentandi et praedicandi dialogus*" uns handschriftlich erhaltenen Brief an Fulco von Amiens richtete[229]), in welchem eine Mauleselin den Gegenstand syllogistischer Spielereien bildet. Nachdem nemlich Adalbero das Thier als gänzlich untauglich geschildert hatte, verfällt er auf den Gedanken, die Allgemeingültigkeit dieses verwerfenden Urtheiles logisch zu erproben, und es folgt nun in Dialogform eine Erörterung darüber, dass das Urtheil ein singuläres sei, dass es ein contradictorisches Gegentheil desselben gebe u. dgl., woran sich die Aufforderung reiht, den Nachweis der Untauglichkeit kunstgemäss zu liefern[230]); diess geschieht, indem das ganze Register der hypothetischen Schlüsse im Dialoge antithetisch durchlaufen wird[231]), wobei auch Angaben logischer Regeln eingestreut sind[232]); das Ganze aber, das sämmtlich aus Boethius entnommen ist,

---

228) Bei *Pertz*, *Mon.* VI, p. 701.: *In omni enim expositione auctorali et in quolibet libro diversas sex causas quaeri convenit atque expediri oportet*, *sicut in proemio editionis primae ysagogarum Porphyrii Severinus prudentissimus doctor Fabio exhortante dicendo instituit:* „*primum*, *inquit*, *docent*, *quae sit cuiusque operis intentio*, *secundo quae utilitas*, *tertio qui ordo*, *quarto si eius*, *cuius opus esse dicitur*, *germanus propriusque liber est*, *quinto quae sit eius inscriptio*, *sextum est id dicere*, *ad quam partem philosophiae cuiuscunque libri ducatur intentio*". *Haec omnia in libro tuo caute conservasti etc.* Da jenes b. *Boeth.* p. 1. steht, mochte es wohl für besonders wichtig gehalten werden.

229) S. *Pez*, *Thes. Anecd.* I, 1, p. XXIII. Eine in der Münchner Staatsbibliothek befindliche Emmeraner Handschrift *sec.* 11. (*Cod. lat.* 14272.) enthält diesen anderthalb Folioseiten füllenden Brief (*fol.* 182 *r.*). Die erwähnte Ueberschrift scheint nur auf Combination Pez's zu beruhen.

230) *F*(*ulco*). *Denique haec mula .... non esset universaliter*, *sed potius aut particulariter aut indefinite*, *quae paene unum sunt*, *inutilis proponenda .... Igitur quae particulariter quoquo modo utilis est*, *omnimodis universaliter inutilis non est. A*(*dalbero*). *Si hanc inutilem atque inhonestam indefinite vituperarem*, *verum a falso non discernerem*, *nam huius mulae inutilitas*, *si universaliter esset dedicativa*, *particulariter esset abdicativa* (d. h. es würde dann zugleich Contradictorisches ausgesagt). *Sed haec vituperatio neque universaliter neque particulariter est determinata*, *...... igitur quia singularis est*, *neutrum horum est. F. Singulare dedicativum nonne suum habet abdicativum? .... Putasne*, *universalis propositio universali*, *particularis particulari*, *indefinita indefinitae sicut singulares contradictorie opponuntur? A. Plane opponuntur; si substantia fuerit*, *erit praedicativa*, *sive sit sive non sit. F. Putasne*, *si accidens? A. Eodem modo opponuntur*, *si illud fuit inseparabile. F. Omne inseparabile contradictorie opponitur? A. Non. F. Illud tantummodo cui aliquid possit accidere*, *et illud dicitur substantiale. Sed nunc ex arte*, *non de arte*, *nostris affirmationibus cum tuis repugnantiis hanc mulam esse inutilem atque inhonestam convinci profiteberis.* Hiebei ist die Doctrin des Boethius (bes. p. 342 ff. u. p. 383 ff., s. Abschn. XII, Anm. 113 ff.) mit der Terminologie des Marcianus Capella (ebend. Anm 66.) vermengt.

231) *A. Mula haec si claudicat*, *male ambulat; atqui claudicat; igitur male ambulat. F. Mula haec si claudicat*, *male ambulat; atqui non claudicat; igitur non male ambulat. A. Mula haec non*, *si claudicat*, *male non ambulat; atqui claudicat; igitur male ambulat. F. Mula haec non*, *si non male ambulat*, *claudicat; atqui non male ambulat; igitur non claudicat. A. Si valida non est*, *debilis est; atqui valida non est; igitur debilis est* u. s. f. (s. Abschn. XII, Anm. 155.).

232) *A. Omnis affirmatio et negatio semper est in praedicatis. F. Si simpliciter praedicatur; si vero modus adverbialis* (s. ebend. Anm. 119.) *adhibetur*, *vindicat*

schliesst mit der Hinweisung auf eine dämonische Causalität der Unbrauchbarkeit der Mauleselin, wobei, wie es scheint, sich beide streitende Parteien begnügen sollen[233]).

Gleichfalls ein Schüler Gerbert's war Fulbert, Bischof von Chartres (woselbst er i. J. 990 eine Schule eröffnet hatte und seit 1007 als Bischof bis zu seinem Tode 1029 wirkte), welcher als Kenner der Dialektik in hohem Ansehen stand[234]) und sogar den Beinamen eines „Sokrates der Franken" erhielt[235]). Während uns aber bezüglich seiner logischen Lehre durchaus Nichts näheres bekannt ist[236]), müssen wir ihn als Lehrer des Berengarius von Tours jedenfalls hochschätzen, wenn auch zu schliessen sein dürfte, dass Fulbert die Kenntnisse und Gewandtheit in der Dialektik noch völlig von dem theologisch-dogmatischen Gebiete fernhielt, denn in letzterer Beziehung ermahnte er seine Schüler zum strengsten Auctoritäts-Glauben[237]).

Ueberhaupt aber dürfen wir eine gesteigerte Thätigkeit nach dem Maassstabe jener Zeit schon darin erblicken, wenn man wieder zur Anfertigung von Compendien schritt oder das vorhandene Schulmaterial mit fortlaufenden Commentaren bearbeitete, denn wenn auch hiebei noch kein eigenes inneres Schaffen waltet, so wird doch die Erhaltung oder Förderung des logischen Wissens wieder als eigentlicher Zweck betrachtet, d. h. die Thätigkeit gilt der Theorie als solcher, wenn auch in unselbstständiger Weise.

So hat ein Anonymus am Anfange des 11. Jahrh. die Isagoge und die Kategorien in Hexametern bearbeitet[238]), um, wie er selbst in der an einen gewissen Beno gerichteten prosaischen Einleitung sagt,

---

sibi vim contradictionis et modus intensionem et remissionem ponit praedicatis et determinatio subiectis. A. Non eodem genere, cum alterum quantitate et qualitate, alterum sola quantitate.

233) *F. Sit quoquo modo inutilis ..... non tamen absque causa. A. Philosophi nihil sine causa tradunt fieri ..... Ergo quoniam huius mulae inutilitas sollertia daemonum effecta est, absque ulla contradictione omnimodis inutilis est. Hac re mula probatur inutilis, non amicus, qui sibi ipsi adversarius vice functus est alterius.*

234) *Trithem. d. script. eccl.* p. 154. (*ed. Colon.* 1656. 4.): *Fulbertus episcopus Carnotensis in scripturis divinis eruditissimus et in secularium litterarum disciplinis omnium suo tempore doctorum doctissimus, poeta clarus, et dialecticus, multis annis scholae publicae praesidens plurimos doctissimos auditores enutrivit* (die hierauf genannten Schriften Fulbert's sind nur theologischen Inhaltes).

235) *Adelmanni* (eines Mitschülers des Berengarius bei Fulbert) *ad Berengarium epistola, ed. Conr. Arn. Schmid. Brunsv.* 1770. 8, p. 1.: *Collactaneum te me meum vocari propter dulcissimum illud contubernium, quod cum te .... in academia Carnotensi sub nostro illo venerabili Socrate iucundissime duxi.* Aus dieser Stelle scheint bei Späteren im Zusammenhange mit der theologischen Gereiztheit gegen Berengarius jener Beiname Fulbert's geflossen zu sein.

236) Die Notiz, dass Fulbert an den Scholasticus eines Klosters die Isagoge schickte (s. *Fulberti Opp. ed. Villiers, Par.* 1608. *Ep.* 79, *fol.* 76 b.), ist unerheblich.

237) *Adelmann* a. a. O. p. 3.: *obtestans per secreta illa .... et obsecrans per lacrimas, ... ut illuc omni studio properemus viam regiam directim gradientes, sanctorum patrum vestigiis observantissime inhaerentes, ut nullum prorsus in diverticulum, nullam in novam et fallacem semitam desiliamus etc.*

238) Aus einem *Cod. St. German.* (1095) abgedruckt b. *Cousin, Ouvr. inéd. d'Abél.* p. 657—669.

durch diese seine Erstlingsarbeit den Inhalt jener Bücher seinem Gedächtnisse einzuprägen[239]). Er beginnt mit der aus Boethius (Abschn. XII, Anm. 77) entnommenen Eintheilung des aristotelischen Organons, wobei er die Sache so auffasst, dass Aristoteles zuerst die erste Analytik geschrieben habe und dann, als diese unverständlich gewesen, hierauf die zweite Analytik, auf welche aus dem gleichen Grunde die Topik habe folgen müssen, sowie hierauf *D. interpr.* und dann noch die Kategorien; da aber Aristoteles behufs des Verständnisses nicht noch weiter habe herabsteigen wollen und hiemit die *quinque voces* verschwiegen habe, so sei hier die Thätigkeit des Porphyrius zum Glücke ergänzend eingetreten[240]). Der Inhalt der Isagoge wird dann sehr kurz mit blosser Angabe der Begriffsbestimmung der *quinque voces* abgemacht[241]), und es folgen die Kategorien. Wenn hiebei der Verfasser zu Anfang ausdrücklich sagt, es handle sich da nicht um die Dinge selbst, sondern nur um die *voces signativae* der Dinge[242]), und wir hiemit eine Wiederholung jenes obigen (Anm. 149 ff. u. 159) nominalistischen Standpunktes antreffen, so ist dieses auch das Hauptsächlichste, was wir an diesem Compendium hervorheben müssen; denn im Uebrigen schliesst sich dasselbe so enge an die pseudo-augustinische Schrift über die Kategorien (Abschn. XII, Anm. 43—50) an, dass es in der That kurzweg als eine Versification desselben bezeichnet werden muss; höchstens mag noch bemerkt werden, dass die zahlreichen griechischen Termini, welche dabei in barbarischer Schreibung auftreten, gleichfalls aus jener nemlichen Quelle fliessen, wo sie ja häufig genug

239) Wer jener Beno gewesen sei oder wo er gelebt habe, lässt sich aus der ganz allgemein gehaltenen Einleitung nicht entnehmen. Ueber seine Arbeit selbst sagt dort der Verfasser (p. 657 f.): *Quoniam complurium mei ordinis scholasticorum, praesul venerande, oblatas tibi litteras omni gratiarum alacritate saepius te audio suscepisse, ... tuae confisus pietati aliqua et ego offerre litterarum iocularia praesumo tuae maiestati. Fert animus dei adspirante gratia quam paucissimis oratione metrica absolvere, quod Porphyrii Isagoge et Aristotelis Categoriae videntur in se continere. Quod hanc ob causam maxime decrevi agere, ut, quae illi latius diffudere, breviter collecta per me tenaci diligentius crederem memoriae. Nomina quoque graeca quaedam interposui, ubi lege metri constrictus latina non potui; .... id mihi ne ducatur vitio, primum abs te, pater piissime, cui hoc litterarum munere ingenii mei primitias immolo, deinde ab omnibus veniam postulo.*

240) Ebend. p. 658.: *Doctor Aristotiles, cui nomen ipsa dedit res, Ingenio pollens miro praecelluit omnes; Hic natis post se dialectica ne latuisset, Primos componens Analiticos studiose, De syllogismis ratio perpenditur in quis, Credidit ut sapiens hos planos omnibus esse; Sed cum nullus eis intellectu capiendis Sufficeret, rursus tentat proferre secundos; Quos neque posse capi cum sensit, Topica scripsit; Hinc Perihermenias, postremo Cathegorias; Post quas finitas descendere noluit infra. Hic genus ac speciem, proprium, distantia stringens, Simbebicos etiam quid sint omnino tacebat. Porphyrius tandem cernens, nisi cognita quinque Haec sint, bis quinas nesciri cathegorias, Cuique suum finem signavit convenientem.* (Vgl. auch *Boeth.* p. 113., Abschn. XII, Anm. 84.)

241) Ebend. Nach der Definition der fünf Worte folgt: *Ni nimis est longum, communia dicier horum* (d. h. was bei Porphyrius hernach erörtert wird, Abschn. XI, Anm. 49 ff.), *Non nos horreret, sed malumus ergo tacere, Ne generetur in his tibi nausea discutiendis.*

242) Ebend. p. 658 f.: *Post haec bis quinas pandamus cathegorias, In quis vir doctus non ex ipsis quasi rebus, Sed signativis de rerum vocibus orans Sumit ab omonymis tractandi synonymisque Principium etc.*

eingestreut sind, wonach jede etwa auftauchende Annahme, dass man damals schon mit dem griechischen Originaltexte sich beschäftigt habe, sehr einfach beseitigt ist[243]).

Hauptsächlich aber finden wir um jene Zeit in St. Gallen eine ausgedehntere Bearbeitung des logischen Schulmateriales, wobei der bekannte Notker Labeo (gest. 1022) jedenfalls das Verdienst hat, die Anregung gegeben und die Ausführung geleitet zu haben, wenn auch nicht alle hieher gehörigen Arbeiten aus seiner eigenen Hand selbst hervorgiengen[244]). Allerdings liegt auch hier nur der traditionelle Stoff zu Grunde, und eigentlich Neues ist nicht zu erwarten[245]), aber die Art der Behandlung des Ueberlieferten ist doch theilweise eine freiere und zeigt jedenfalls ein hingebendes Interesse für die Sache selbst.

Die unbedeutendere unter diesen Schriften ist ein „*Tractatus inter magistrum et discipulum de artibus*", indem hiebei lediglich das Compendium Alcuin's (ob. Anm. 48 ff.) mit Beibehaltung der dortigen Dialogform excerpirt und ausserdem nur im Anfange, nemlich bei der Isagoge und der Kategorie der Quantität, auch Boethius auszugsweise benützt ist[246]).

---

243) Da das Ganze nur eine metrische Wiederholung Pseudo-Augustins ist, erscheint es als überflüssig, Einzelnes anzuführen. Was aber die griechischen Worte, welche meistens durch Interlinearglossen lateinisch erklärt sind, betrifft, mögen erwähnt werden: *usya*, *simbebicos* u. *simbebicota*, *enarithma* (ἐνάριθμα, Abschn. XII, Anm. 43.), *epiphania* (b. d. Quantität), dann bei der Relation der Hexameter: *Thesin, diathesin, episthemin, estesin, exin* (d. h. ἐπιστήμην, αἴσθησιν, ἕξιν), und desgleichen *Dicitur omne quod est, vel eneria dinamive* (d. h. ἐνεργείᾳ u. δυνάμει), sowie bei der Qualität: *Exis, diathesis, phisices dinamis poetesque* (ποιότης) *Passibilis, potius seu pathos, scemata morphae* (σχήματα μορφῆς), in dem Abschnitte über die Gegensätze *habitus steresisque* (στέρησις), und bei dem Postprädicamente der Bewegung: *Auxesis, megesis, genesis, storas, aliusis, Et kata ton foras metabeles associata* (d. h. αὔξησις, μείωσις, γένεσις, φθορά, ἀλλοίωσις, κατὰ τὸν τόπον, μεταβολή).

244) Wenn nemlich J. Grimm (Gött. Gel. Anz. 1835. N. 92.) der Ansicht ist, dass Notker der alleinige Verfasser sämmtlicher jener Schriften sei, und auch H. Hattemer, Denkm. d. Mittelalters, III, p. 3 ff., sich unbedingt dieser Meinung anschliesst, so scheint doch in Anbetracht der inneren Verschiedenheit jener Arbeiten es richtiger zu sein, wenn wir mit Wackernagel, Gesch. d. deutsch. Litt. p. 80 f. (s. auch desselben Akad. Rede üb. d. Verdienst d. Schweizer um d. deutsche Litt. Basel 1833.) annehmen, dass die Werke, welche Notker's Namen tragen, von verschiedenen Autoren nur unter der Leitung desselben verfasst seien; s. auch unten Anm. 262.

245) Wunderliche Dinge zwar sind zu lesen bei Ild. v. Arx, Gesch. v. St. Gallen, I, p. 262.: „In der Dialektik, welche sie in die Logik, Peripatetik, Stoik und Sophik eintheilten, waren Aristoteles, Plato, Porphyrius und Boetius ihre Lehrer; die zehn Categorien und die Periemerien des ersten, die fünf Isagogen des Porphyrius, und die Lehrart des Sokrates waren ihnen wohlbekannt." Aber während man wohl sogleich sieht, dass diese ganze Mittheilung nur auf der gröbsten Unwissenheit des Verfassers beruhen kann, sollte man doch vermuthen, dass derselbe die Notiz betreffs der Eintheilung der Dialektik aus irgend einer Handschrift geschöpft habe; ich wurde jedoch auch hierüber durch meinen Freund und Collegen Conr. Hofmann beruhigt, welcher in St. Gallen bei Gelegenheit seiner eigenen Forschungen auch in meinem Interesse bezüglich logischer Werke nachsah, aber durchaus Nichts anderes finden konnte, als was durch Graff, Wackernagel und Hattemer bereits veröffentlicht oder wenigstens angedeutet ist; s. auch unten Anm. 271.

246) Vorhanden in einer Handschrift der Münchner Staatsbibliothek (*Cod. lat.*

Hingegen ein fleissigeres Studium des Boethius und eine etwas freiere Verarbeitung des dort vorliegenden Materiales zeigen jene beiden Schriften, welche bekanntlich auch für die Geschichte der deutschen Sprache von höchster Wichtigkeit sind, nemlich die Bearbeitung der *Κατηγορίαι* und jene des Buches *Περὶ ἑρμηνείας*[247]). Die erstere Schrift hält sich, was den Text betrifft, im Ganzen strenge an die Uebersetzung des Boethius[248]), aber mitten in den Text ist Satz für Satz eine Erklärung verflochten, welche selbst wieder das Hauptsächlichste aus dem Commentare des Boethius enthält, und es beruft sich auf denselben der Verfasser einmal ausdrücklich[249]); sehr häufig wird die Beweisführung dieser Erklärungen in ihre Bestandtheile übersichtlich durch Inhaltsangaben oder sonstige Ueberschriften, ja auch mit der Bezeichnung *Propositio*, *Assumptio*, *Conclusio* gegliedert[250]), und die erklärenden Beispiele sind an etlichen Stellen selbstständig ausgedacht; bemerkt mag noch werden, dass der Verfasser mit offenbarer Vorliebe für Geometrie bei solchen Stellen länger und selbstständiger verweilt, welche eine Hinweisung auf jene Disciplin enthalten[251]).

Die Bearbeitung der Schrift *Περὶ ἑρμηνείας* schliesst sich durchgängig bezüglich des Textes wörtlich an die Uebersetzung des Boethius an, und die Erklärungen, welche auch hier in gleicher Weise eingeflochten sind, beruhen ebenfalls auf dem Commentare des Boethius, dessen beide Ausgaben der Verfasser, wie er selbst andeutet, benützt

---

4621.), woraus Hattemer, Denkm. d. Mittelalt. III, p. 532 ff. nur die Capitel-Ueberschriften veröffentlichte. Die Eintheilung der Philosophie und der Logik ist fast wörtlich aus Alcuin genommen, bei den *quinque voces* aber werden die verschiedenen Unterarten derselben aus Boethius aufgezählt und mit Beispielen erläutert; der Abschnitt über die Kategorien ist zu Anfang aus Alcuin mit Weglassung der *homonyma* u. dgl. excerpirt, und nachdem nur bei der Quantität wieder Boethius benützt ist, folgen die übrigen Kategorien wörtlich aus Alcuin, jedoch nur bis zum *habere*, und von jenem Einen Beispiel-Satze (s. Anm. 57.) wird sogleich mit der Ueberschrift *Quid sunt formulae syllogismorum* auf Alcuin's Angaben über die Argumentation übergegangen, welche ebenso wortgetreu wie die folgenden über *Diffinitio*, *Topica* und *Periermeniae* excerpirt sind.

247) Herausgegeben von Graff (Berl. 1837. 4.) und von Hattemer a. a O. p. 377—465. u. 465—526. Eine kurze Zusammenstellung der hauptsächlichsten deutschen Terminologie, welche jedoch für die Geschichte der Logik selbst ohne alle weitere Wirkung war, gab ich in meiner Abhandlung „Ueb. d. zwei ältesten Compendien d. Logik in deutscher Sprache." München 1856. 4. p. 28 ff.

248) Nur kleine Abweichungen sind bemerklich, indem zuweilen eine Abkürzung oder Auslassung oder auch Umstellung der Worte sich findet, oder z. B. *subteriora* statt *inferiora*, *cetera* statt *alia*, *subiacent* statt *subiectae sunt*, *respicere* statt *ostendere* steht u. dgl.

249) Bei Hattemer p. 416 a.: *Affectio unde dispositio ist al ein, so unsih boetius lerit* (d. h. *Boeth.* p. 156 f.); *abir doh zuei participia affectus et dispositus etc.*

250) So z. B. p. 409 f. Die letztere Terminologie ist aus *Boeth. d. syll. hyp.* entnommen; s. Abschn. XII, Anm. 154.

251) In solcher Weise ist nicht bloss p. 402 ff. die Erklärung des *continuum* (*Boeth.* p. 145 f.) durch Zeichnungen anschaulich gemacht, sondern es wird auch nach Erledigung der Quantität p. 412. noch einmal auf die Begriffe *linea*, *superficies*, *solidum* zurückgekehrt und die verschiedenen Arten der geometrischen Linien, Figuren und Körper graphisch dargestellt; ja bei Gelegenheit der Quadratur des Zirkels (*Boeth.* p. 165 f., vgl. ob. Anm. 191.) findet sich p. 423. eine völlig andere Erklärung und andere Zeichnung als bei Boethius.

hat[252]). Von Wichtigkeit aber ist die Einleitung, welche dem Ganzen vorausgeschickt ist, insoferne uns auch hier wieder der nominalistische Standpunkt begegnet, dass bei den Kategorien es sich um die Wortbezeichnung handle; auch werden daselbst in eigenthümlicher Weise Angaben und technische Ausdrücke aus Marcianus Capella mit jenen Bemerkungen verflochten, welche aus Boethius (Abschn. XII, Anm. 77) betreffs der Reihenfolge der Bücher des Organons entnommen sind, und ausserdem lassen gerade bei diesen letzteren Notizen die naiven Missverständnisse des Verfassers uns den sicheren Schluss ziehen, dass derselbe die Analytiken und die Topik des Aristoteles eben nur vom Hörensagen aus jener Stelle des Boethius kannte[253]).

Eine andere kleine Schrift, welche den Titel „*De partibus loicae*“ trägt[254]), zeigt sich als ein compilirtes Schul-Compendium, indem zunächst die sechs Theile der Logik, deren ersten Porphyrius zu den fünf aristotelischen hinzugefügt habe, aufgezählt werden[255]), und dann eine längere oder kürzere Angabe des Inhaltes derselben folgt. Nachdem nemlich aus der Isagoge nur die Begriffsbestimmungen der *quinque voces* nach der Uebersetzung des Boethius angeführt sind, wird von den Kategorien lediglich die Substanz, selbst ohne Nennung der übrigen neun, kurz erläutert, dabei aber noch schärfer, als wir so eben

---

252) Bei Hattemer p. 474 a.: *Est hoc alterius negotii. Taz ist anders uuar zelerenne, samo so er chade, lis mine metaphisica* (s. *Boeth.* p. 230.), *dar lero ih tih iz. Aber boetius saget iz fure in, in secunda editione etc.* (d. h. *Boeth.* p. 326.). Auch jene Figuren, durch welche bei Boethius die Lehre vom Urtheile versinnlicht wird (Abschn. XII, Anm. 113 ff.), fehlen hier nicht (p. 479. 492 ff.), und zwar verzichtet bei denselben der Verfasser auf den Gebrauch der deutschen Sprache.

253) Ebend. p. 465.: *Aristotiles sreib cathegorias, chunt zetuenne, uuaz einluzziu uuort pezeichenen* (vgl. ob. Anm. 149 ff. 159. u. 242. u. sogleich unten Anm. 256.); *nu uuile er samo chunt ketuon in perierminiis, uuaz zesamine gelegitiu bezeichenen, an dien verum unde falsum fernomen uuirdet; tiu latine heizent proloquia; an dien aber neuueder uernomen neuuirdet, tiu eloquia heizent* (die Quelle dieser Terminologie s. b. Marc. Capella, Abschn. XII, Anm. 51., und b. Augustin, ebend. Anm. 33.); *lero uersuiget er an disemo buoche. Uuanda ouh proloquia gskeiden sint, unde einiu heizent simplicia, dar ein uerbum ist, ut homo uiuit, anderiu duplicia, dar zuei uerba sint, ut homo si uiuit spirat, so leret er hier simplicia, in topicis leret er duplicia. Fone simplicibus uuerdent praedicatiui syllogismi, fone duplicibus uuerdent conditionales syllogismi* (die Quelle hievon b. *Boeth.*, Abschn. XII, Anm. 112.). *Nah peri ermeniis sol man lesen prima analitica, tar er beidero syllogismorum kemeina regula syllogisticam heizet; tara nah sol man lesen secunda analitica, tar er sunderigo leret praedicatiuos syllogismos, tie er heizet apodicticam* (auch wer nur oberflächlich die Analytiken selbst angesehen hätte, könnte so sich nicht ausdrücken); *zeiungist sol man lesen topica, an dien er ouh sunderigo leret conditionales, tie er heizet dialecticam. Tiu partes heizent sament logica. Nu uernim uuio er dih leite zuo dien proloquiis* (auch im Commentare selbst erscheint häufig *proloquium* neben der Terminologie des Boethius).

254) Aus einer Zürcher Handschrift herausgegeben von Wackernagel in Haupt u. Hoffmann, Altdeutsche Blätter II, p. 133 ff. und von Hattemer a. a. O. p. 537—540.

255) Bei Hattemer p. 537.: *Quot sunt partes logicae? Quinque secundum Aristotelem, sextam partem addidit aristotelicus Porphirius; quae sunt: isagoge, cathegoriae, periermeniae, prima analitica, secunda analitica, topica.*

Anm. 253 sahen, die nominalistische Auffassung ausgesprochen[256]; dann folgt bezüglich der Urtheile die blosse Aufzählung der vier Arten (allg. bej., allg. vern., part. bej., part. vern.) aus Marcianus Capella in der Terminologie desselben[257]). Was aber hierauf über die erste und zweite Analytik gesagt wird, beruht gleichfalls auf jener nemlichen Stelle des Boethius, in welcher derselbe die Ordnung der Theile des Organons bespricht, und desselben Uebersetzung der Analytiken ist sicher auch hier nicht benützt[258]). Endlich die Topik ist ausführlich behandelt, und zwar völlig nach Isidor (s. ob. Anm. 39), wobei der Verfasser als Beispiele der einzelnen Topen deutsche Sprichwörter hinzufügte[259]).

Die bedeutendste aber unter all diesen Schriften, welche aus St. Gallen hervorgiengen, ist die Abhandlung „*De syllogismis*"[260]); denn wenn sie auch gleichfalls auf einer Compilation verschiedenartigen Materiales beruht, so greift hiebei ihr Verfasser mit grösserer Belesenheit auch nach Dingen, welche nicht ganz auf der Oberfläche der Schulcompendien Isidor's oder Alcuin's lagen, und ausserdem bewahrt er darin eine merkwürdige Selbstständigkeit, dass er auf einen einheitlichen inneren Zweck der Logik hinsteuert, dessen Darlegung den Schluss der Abhandlung bildet. Zuerst wird die Definition des Syllogismus aus Marcianus Capella (Abschn. XII, Anm. 67) mit Beifügung einiger Worte aus Isidor's Rhetorik (ob. Anm. 43) angegeben[261]), wobei schon eine ziemliche Anzahl von Beispielen in deutscher Sprache zur Verdeutlichung dient, und nachdem hierauf die Eintheilung in kategorische und hypothetische Schlüsse in einer aus Marcianus und Boethius vermischten Terminologie angeführt ist[262]), werden aus ersterem (Abschn. XII, Anm. 63 u. 67) die Bestandtheile des kategorischen Syllogismus und des kategorischen Urtheiles vorgebracht[263]), um hierauf die vollständige Darlegung der neunzehn Schlussmodi folgen zu lassen, welche aus Apu-

256) Ebend. p. 538 a.: *Quid tractatur in cathegoriis? Prima rerum significatio et quid singulae dictiones significent, utrum substantiam an accidens etc.*

257) Ebend.: *Quid narratur in periermeniis?* S. Abschn. XII, Anm. 64.

258) Ebend.: *Quid consideratur in primis analiticis? Sillogistica quae est communis regula omnium sillogismorum, necessariorum et probabilium, cathegoricorum et ippotheticorum, item praedicativorum et conditionalium* (sinnlose Verdopplung durch Beiziehung der Terminologie des Marc. Capella, s. Abschn. XII, Anm. 67.). *Quid tractatur in secundis analiticis? Apodictica id est demonstrativa quae demonstrat veritatem, id est necessarios sillogismos.*

259) Ebend. p. 538 b — 540 b. Gleichfalls aus Isidor (Anm. 27.) ist copirt, was Hattemer ebend. p. 530 f. aus einer anderen Stelle der nemlichen Handschrift über den Unterschied der Dialektik und der Rhetorik anführt.

260) Vollständig abgedruckt b. Hattemer a. a. O. p. 541—559. (auszugsweise in Wackernagel's deutsch. Lesebuche I, p. 111 ff.).

261) C. 1, ebend. p. 541 a.: *Quid sit syllogismus. Syllogismus graece, latine dicitur ratiocinatio ..... quaedam indissolubilis oratio .... quaedam orationis catena et invicta ratio.*

262) Ebend. p. 542 a.: *Et ex iis videntur quidam esse qui latine dicuntur praedicativi, alii autem qui dicuntur conditionales .....* (p. 542 b.). *Constat autem omnis syllogismus proloquiis i. e. propositionibus.* Aus den hierauf folgenden Worten *proloquia dicamus cruezeda, similiter propositiones cruezeda, item propositiones pietunga, alii dicunt pemeinunga* geht auch hervor, dass jedenfalls Mehrere sich mit ähnlichen Bearbeitungen der Logik beschäftigten.

263) C. 2, p. 542 b. Nemlich *sumpta*, *illatio*, *subiectivum*, *declarativum*.

lejus (Abschn. X, Anm. 18 ff.) entnommen und mit selbstgemachten deutschen Beispielen erläutert ist [264]). Sodann wird auf die hypothetischen Schlüsse übergegangen, und zwar zunächst dasjenige, was bei Marcianus (Abschn. XII, Anm. 69) sich findet, in ziemlich freier Verarbeitung und mit Einmischnng der Terminologie des Boethius vorgeführt [265]), und erst hieran reiht sich die vollständige Angabe der sieben Schlussweisen an, welche bei Cicero (Abschn. VIII, Anm. 60) aufgezählt sind, und deren nähere Erklärung der Verfasser aus des Boethius Commentar zur ciceronischen Topik entnommen und gleichfalls mit deutschen Beispielen versehen hat [266]). Nun aber fand sich ja bei Isidor (ob. Anm. 43) auch noch ein *syllogismus rhetorum*, und mit Anknüpfung an das dort Gesagte wird hier Gelegenheit genommen, ausführlicher auf die rhetorische Lehre hinüberzublicken, indem mit ausdrücklicher Verweisung auf Cicero (*d. Inv.* I, 36, s. Abschn. VIII, Anm. 59) an Einem ebendort sich findenden Beispiele die rhetorische Schlussweise erläutert wird [267]). Aber sogleich bemüht sich der Verfasser, diese Art des Syllogismus, insoweit er der Form der Bewahrheitung genügt, auf den kategorischen Schluss zurückzuführen, indem er wieder an der Hand des Boethius auf die einfachen Bestandtheile der Syllogismen überhaupt hinweist [268]) und hieran Erklärungen über das Urtheil anknüpft [269]). Und nachdem hierauf über einige mit *syllogismus* sinnverwandte Begriffe etymologische Erörterungen sich anreihten, welche entweder direct aus Isidor oder aus dem sog. Glossarium Salomon's (ob. Anm. 185) und theilweise auch aus Boethius genommen sind [270]), wird in Anbetracht der Ciceronischen Topik näher auf den Unterschied zwischen Dialektik und Apodiktik eingegangen [271]), welcher mit jenem zwischen hypothe-

264) C. 3—8, p. 543—547.

265) C. 9—12, p. 548 f. Der Sprachgebrauch des Marcianus wird dabei als eigene Terminologie aufgefasst, nemlich: *propositio*, *assumptio*, *conclusio*.

266) C. 13, p. 550—553. Die Quelle hievon ist *Boeth. ad Cic. Top.* V, p. 831 ff.

267) C. 14, p. 553 a.: *Transeunt vero syllogismi et ad rhetores iam latiores et diffusiores facti ...... Horum exempla sunt apud Ciceronem in libris Rhetoricorum.* Das ciceronische Beispiel von der Weltregierung (*d. Inv.* I, 34, 59.), welches übrigens auch bei *Boeth. d. cons. phil.* I, p. 958. eine Rolle spielt, wird hernach ebenfalls in deutscher Sprache ausgeführt.

268) Ebend. p. 554 a.: *Praedicativus est ille syllogismus aut conditionalis? ...... Plane ergo praedicativus est ...... nam et omnes partes syllogismorum, sive propositio sive approbatio sive sumptum sive illatio sive conclusio sive ut alii dicunt complexio* (s. Abschn. VIII, Anm. 59.) *aut confectio, communi nomine enuntiatio vocantur* (s. ebend. Anm. 45.). Die Quelle dieser Reduction auf den einfachen Satz ist *Boeth. ad Cic. Top.* V, p. 823.; vgl. auch Abschn. XII, Anm. 131. u. 140.

269) Ebend.: *Est autem enuntiatio oratio verum aut falsum significans .... huius species sunt affirmatio et negatio* (Abschn. XII, Anm. 111); hierauf folgen deutsche Erörterungen über *assumptio, illatio, conclusio.*

270) C. 15, p. 555 a.: Nemlich über *ratiocinari, disputare, iudicare, experimentum*, und: *argumentum dicitur, ut Boetio* (*ad Cic. Top.* p. 763.) *placet, quod rem arguit i. e. probat.*

271) C. 16, p. 556 a.: *Quaerendum autem magnopere est, quare Cicero dialecticam in ypotheticis tantum constituerit syllogismis .... Est enim medius inter Aristotelem et Stoicos* (hat etwa hieraus J. v. Arx jene obige Notiz, Anm. 241.,

tischen und kategorischen Schlüssen zusammentreffe, eben darum aber in dem Einen Zwecke der Auffindung der Wahrheit sich zu einer höheren Einheit auflöse, denn durch die Meisterschaft des Schliessens werde alle menschliche Wahrheit erfahren, während man das transscendente Göttliche ohne solche Kunst vernehme[272]. So kann der Verfasser, dessen Anschauung uns schon hiedurch ebenso deutlich als erfreulich an Scotus Erigena (Anm. 111—120) erinnert, für das Gebiet des diesseitigen menschlichen Wahrheitsstrebens eine einheitliche Definition der Logik aussprechen, in welcher Dialektik „oder" Apodiktik ihr Wesen habe, und er drückt dasjenige, was er bei Boethius (Abschn. XII, Anm. 76) vorfand, präciser und stärker aus, wenn er ähnlich wie Scotus sagt, die Logik sei die Wissenschaft des Beurtheilens oder Disputirens[273], denn die Macht der Form, welche in den Syllogismen jeder Art erscheint, ist ihm das Entscheidende, in welchem alle innerhalb der Logik auftretenden Unterschiede zusammenlaufen[274]; hingegen die Rhetorik, welche bloss dem Wahrscheinlichen, nicht aber der Wahrheit diene, liege deshalb auf einem anderen Gebiete, während das allumfassendste Gemeinschaftliche der Wortausdruck (*verbum*) sei, in welchem sich sowohl der philosophische *sermo* als auch die rhetorische *dictio* bewegen müsse[275]. Eben darum aber ist dem Verfasser jener nominalistische Standpunkt, welchen wir bei Scotus trafen, völlig der

---

geschöpft?) ..... *Propterea Boetius Aristotilem in thopicis dialecticam et in secundis analiticis apodicticam docuisse testatur*, d. h. das Ganze ist aus *Boeth. ad Cic. Top.* I, p. 760 f. entnommen, woselbst eine weitere Ausführung des in Abschn. XII, Anm. 77. erwähnten Standpunktes sich findet.

272) C. 17, p. 557 b.: *De potentia disputandi, i. e. Fone dero mahte des uuissprachonis. Si ergo satis intellectum est, omnem apodicticam constare in decem et novem modis syllogismorum et dialecticam in septem modis syllogismorum, non sit dubitandum, totam earum utilitatem esse in invenienda veritate. Ube niunzen sloz apodicticae unde sibeniu dialecticae uuola gelirnet sin, so uuizin man dar mite, daz sie nuzze sint, alla uuarheit mit in ze eruarenne. Omnia enim his constant, quae in humanam cadunt rationem. Al daz menniskin irratin mugin, taz uuirdit hinnan guuissot. Divina excedunt humanam rationem, intellectu enim capiuntur. Tiu gotelichin ding uuerdent keistlicho uernomen ane disa meisterskaft.*

273) C. 18, p. 557 b.: *Quid sit dialectica vel apodictica. Ergo diffinienda est dialectica sive apodictica, ... possunt enim unam et eandem suscipere diffinitionem in hunc modum ..... Dialectica est sive apodictica iudicandi peritia vel ut alii dicunt disputandi scientia* (eben dieses findet sich ja auch bei Scotus, ob. Anm. 112.). *Meisterskaft chiesennes unde rachonnis, taz ist dialectica, taz ist ouh apodictica.*

274) Ebend. p. 558 a.: *Prius diximus, quia ratio est quae ostendit rem. Reda skeinit, uuaz iz ist; pidero redo sol man chiesen, ube iz uuesen muge .... Tara nah mag er rachon, i. e. disputare, ioh uuar rachon, i. e. ratiocinari .... Ter uuarrachot, ter mit redo sterchit unde ze uuare bringet, taz er chosot ..... Reda errihtet unsih allis, tes man stritet. Ter dia chan uinden, der ist iudex, ter ist rationator, ter ist disputator, ter ist argumentator, ter ist dialecticus, der ist apodicticus et syllogisticus.*

275) C. 19, p. 558 b.: *Nec parum hoc attendendum est, quantum intellectu quaedam distant, quae simili modo solent interpretari, ut sunt: verbum, sermo, dictio .... Quae si unum significarent, nequaquam sermo daretur philosophis, dictio vero rhetoribus, ut auctores docent* (d. h. Isidor, s. oben Anm. 27.); *nam et Aristotiles dialecticam, quae interpretatur de dictione, ad rhetores traxit et voluit eam esse in argumentis rhetoricis, i. e. probabilibus, quae ille iudicavit esse* (die Hand-

selbstverständliche, denn der Unterschied zwischen Wahr und Falsch, d. h. der Gegenstand aller logischen Beurtheilung oder Erörterung, kann nur in menschlichen Urtheilen auftreten, und auch die Prädicamente sind eben nichts Weiteres als Aussagen [276]). — Wohlthuend ist es uns jedenfalls, hier einem Autor begegnet zu sein, welcher weiss, was er will, und es steht uns diese Schrift unendlich höher als die zwecklosen und peinlichen Spielereien eines Gerbert oder eines Anselmus; auch wäre es wohl schwerlich zu den „Beweisen für das Dasein Gottes" gekommen, wenn man im Allgemeinen jene Besonnenheit bewahrt hätte, die Meisterschaft des Schliessens wohl allseitig in dem uns Wahrnehmbaren zu üben, hingegen das unmittelbar Göttliche dem gläubig frommen Sinne zu überlassen. — Uebrigens müssen wir auch hier gleichfalls darauf hinweisen, dass der Verfasser dieser Abhandlung die von Boethius angefertigte Uebersetzung der Analytiken nicht gekannt haben kann, denn sowie er überhaupt eine grössere Belesenheit als Andere zeigt, würde er wohl gewiss die neunzehn Modi nicht aus Apulejus geschöpft haben, wenn ihm die aristotelische Syllogistik selbst zugänglich gewesen wäre, noch auch würde er bei seinem Streben nach innerer Einheit der Logik lediglich an jene nemlichen Stellen angeknüpft haben, welche aus den verbreitetsten Uebersetzungen und Commentaren des Boethius Jedermann kannte [277]).

Aber jener ausgedehnte Betrieb der Logik, wie ihn uns in dieser Zeit St. Gallen zeigt, dürfte auch wohl eine ziemlich isolirte Erscheinung sein, woferne es nicht etwa bloss der Mangel an Nachrichten ist, welcher uns zu dem Urtheile veranlasst, dass in der ersten Hälfte des 11. Jahrh. im Allgemeinen eine Unthätigkeit in logischen Fragen oder selbst in Anfertigung von Compendien obgewaltet habe. Ja bei jedem Schritte unserer Untersuchung müssen wir die Möglichkeit im Auge behalten, dass Manches, was vorhanden war, unserer Kenntniss gänzlich entrückt sei, wenn auch zugegeben werden mag, dass Erscheinungen von grösserer Bedeutung schwerlich ganz spurlos entschwunden wären, und dass ein gänzliches Stillschweigen aller Quellen kaum denkbar sei, wenn wirklich in weiterer Verbreitung das Gebiet der Logik eine Bearbeitung gefunden hätte.

Ungefähr aus der Mitte des 11. Jahrh. haben wir die Notiz, dass ein Scholasticus Franco in Lüttich (um d. J. 1047) eine Monographie über die Quadratur des Zirkels (vgl. ob. Anm. 191 u. 251) in Anknü-

---

schr. hat *non esse*) *discernenda a necessariis argumentis, de quibus fiunt ypothetici syllogismi et tota dialectica, ut Cicero docuit* (s. *Boeth.* ob. Anm. 271.) .... *Dignior est namque sermo et gravior, ut sapientes decet, dictio humilior est et plus communis data rhetoribus. Verbum autem omnium est.*

276) Ebend.: *Et in interpretando proprie sermo* (vgl. Anm. 321.) *saga dicitur, sic et enuntiatio, quae similiter philosophis tradita est et disputantibus necessaria est, quia inest ei semper verum aut falsum ..... Praedicare autem est, inquit Boetius* (p. 127.), *aliquid de aliquo dicere, i. e. eteuuaz sagen fone eteuuiu; unde et praedicamentum dicitur et praedicatio, einis tings kesprocheni fone demo andermo.*

277) Es scheint, dass in solchen Fällen der Beweis aus dem Stillschweigen völlig schlagend sei und darum sehr bestimmt verstärkend zu dem allgemeinen Umstande hinzutrete, dass überhaupt keine einzige positive Spur einer Benützung jener aristotelischen Schriften sich zeigt.

pfung an die betreffende Stelle des Boethius verfasste [278]), und etwa aus derselben Zeit können wir wenigstens das Geständniss eines Emmeraner Mönches Othlo (geb. um 1013, gest. in Regensburg um 1083) anführen, welches dahin lautet, dass es einige so eingefleischte Dialektiker (*dialectici ita simplices*) gebe, welche an alle Worte der heiligen Schrift den dialektischen Maassstab anlegen und dem Boethius mehr glauben als der Bibel selbst [279]). Aus letzterer Klage aber muss man schliessen, dass obige Verwarnung Fulbert's (Anm. 237) nicht bloss von einem Berengarius missachtet wurde, sondern dass von mehreren Seiten die Dialektik in theoretisch-dogmatischen Fragen als Prüfstein bezeichnet wurde [280]). Hingegen blieb, wie sich von selbst versteht, die Mehrzahl dem ursprünglichen Standpunkte des christlichen Mittelalters getreu, und es mag, da wir nunmehr in eine Zeit der Kämpfe eintreten, darum nur beispielsweise erwähnt werden, wie Petrus Damiani (geb. 1006, gest. 1072) der Dialektik den Beruf zuweise, als fromme Magd im Dienste der Kirche zu stehen und ihrer Gebieterin demüthig auf dem Fusse zu folgen [281]), wobei allerdings Damiani's gläubige Seele noch keine Ahnung davon hat, dass auch dieser Dienstbote den Dienst kündigen und sich einen eigenen Herd gründen könne.

Eben aber in der zweiten Hälfte des 11. Jahrh. traten Momente der Kulturgeschichte auf, durch welche innerhalb der sich gleichbleibenden logischen Schultradition eine frischere Bewegung und selbst eine heftige Erneuerung älterer Parteigegensätze herbeigeführt wurde. Zwei Seiten sind es, von welchen her sich auf verschiedene Weise und in sehr verschiedenem Grade ein Einfluss auf die Logik geltend macht, denn die eine derselben können wir hier vorerst nur in leisen Anfängen erblicken, um bei ihrem späteren stärkeren Auftreten wieder hieran anzuknüpfen, während die andere sofort mit aller Macht sich erhebt und

---

278) *Sigebert Gembl. Chron. ad ann.* 1047 b. *Pertz, Mon.* VIII, p. 359.: *Franco scholasticus Leodicensium et scientia litterarum et morum probitate claret, qui ad Herimannum archiepiscopum scripsit librum de quadratura circuli, de qua re Aristoteles* (b. *Boeth.* p. 165.) *ait: circuli quadratura, si est scibile, scientia quidem non est, illud vero scibile est.*

279) *Othlo d. tribus quaest.* b. *Pez, Thes. Anecd.* III, 2, p. 144.: *Peritos autem dico magis illos, qui in sacra scriptura, quam qui in dialectica sunt instructi; nam dialecticos quosdam ita simplices inveni, ut omnia sacrae scripturae dicta iuxta dialecticae auctoritatem constringenda esse decernerent, magisque Boetio quam sanctis scriptoribus in plurimis dictis crederent; unde et eundem Boetium secuti me reprehendebant, quod personae nomen alicui nisi substantiae rationali adscriberem etc.*

280) Denn abgesehen davon, dass in den verschiedenen theologischen Schriften Othlo's die Abendmahlsfrage nicht speciell besprochen wird und daher die Polemik gegen die Dialektiker schwerlich sich auf Berengar bezieht, ist ja in der eben angeführten Stelle von persönlichen Begegnissen die Rede, welche Othlo als Folge einer allgemeinen Zeitrichtung bezeichnet.

281) *Petri Damiani Opp. ed. Caietani, Par.* 1743. *fol.* III, p. 312.: *Haec plane, quae ex dialecticorum vel rhetorum prodeunt argumentis, non facile divinae virtutis sunt aptanda mysteriis, et quae ad hoc inventa sunt, ut in syllogismorum instrumenta proficiant vel clausulas dictionum, absit ut sacris legibus se pertinaciter inferant et divinae virtuti conclusionis suae necessitates opponant. Quae tamen artis humanae peritia, si quando tractandis sacris eloquiis adhibetur, non debet ius magisterii sibimet arroganter arripere, sed velut ancilla dominae quodam famulatus obsequio subservire, ne, si praecedit, oberret etc.*

den Entwicklungsgang auf längere Zeit bedingt. Diese beiden Seiten aber sind die Jurisprudenz und die theologische Dogmatik.

Wenn nemlich die Rechtspflege an sich schon überhaupt eine Hinweisung auf dialektisch-rhetorische Praxis enthält, so ist es erklärlich, dass zu einer Zeit, als in Italien eine Erneuerung der Rechtswissenschaft eintrat und die Entstehung von Rechtsschulen begann[282]), nun ein grösseres Gewicht auf praktische Logik fiel, d. h. allerdings auf eine Logik, welche von der Rhetorik sich kaum unterscheidet, aber in der Lehre von der Argumentation und in der Topik dem üblichen logischen Schulmateriale verwandt bleibt. Sowie wir selbst für unseren hiesigen Zweck schon früher (Abschn. VIII, Anm. 52 u. 68) aus den Pandekten Quellenstellen entnehmen konnten, so scheint andrerseits das Studium der Grammatik und Rhetorik in Italien eine ununterbrochene Verbindung mit juristischen Materien bewahrt zu haben[283]), und wenn wir auch die litterarische Anekdote, dass das ganze Rechtsstudium zu Bologna seinen Anfang aus einer grammatischen Erklärung des Wortes „*As*" geschöpft habe[284]), gerne bei Seite lassen, so war doch jedenfalls der juridische Unterricht, welcher durchaus nicht der ausschliesslichen Heranbildung von Klerikern diente, damals ursprünglich an den üblichen Betrieb der *artes liberales* geknüpft gewesen[285]). Den schlagendsten Beleg hiefür finden wir an dem Grammatiker Papias (um 1060), welcher in seinem encyclopädischen Vocabularium eine ansehnliche Menge juristischer Worte und Begriffe in grösserer oder geringerer Ausführlichkeit bespricht[286]) und in den die Logik betreffenden Worterklärungen oder längeren Artikeln, welche er sämmtlich aus der damals bekannten Schul-Litteratur entnimmt[287]), uns durch eine einzelne

---

282) S. Savigny, Gesch. d. Röm. R. im Mittelalt. IV, p. 1 ff., u. Giesebrecht, *D. litt. stud. ap. Italos. Berol.* 1845. 4.

283) S. Merkel, Gesch. d. Langobardenrechts (Berl. 1850) p. 13. u. 46., u. Lachmann, Versuch üb. d. Dositheus. Berl. 1837. 4.

284) *Hostiensis, Comment. in Decret. libr.* bei Savigny a. a. O. p. 19.

285) S. Giesebrecht a. a. O., welcher (p. 19.) aus Wippo's Panegyricus auf Heinrich III. (gest. 1056) folgende Verse anführt: *Tunc fac edictum per terram Teutonicorum, Quilibet ut dives sibi natos instruat omnes Litterulis legemque suam persuadeat illis, Ut cum principibus placitandi venerit usus, Quisque suis libris exemplum proferat illis .... Hoc servant Itali post prima crepundia cuncti, Et sudare scholis mandatur tota iuventus; Solis Teutonicis vacuum vel turpe videtur, Ut doceant aliquem, nisi clericus accipiatur.*

286) *Papias Vocabulista. Venet.* 1496. *fol.* (nicht paginirt). Die juristischen Begriffe sind: *Accessio, Actio, Aequitas, Aes alienum, Agnati, Arra, Arbiter, Bonorum possessio., Capitis diminutio, Casus, Causa, Codicillus, Communi dividundo, Contractus, Dolus, Edictum, Emancipare, Emphyteusis, Emptio venditio, Falcidia lex, Fideicommissum, Fundus, Haeres, Haereditas, Interdictum, Iudicium, Ius* (ausführlich), *Iustitia, Leges* (ebenso), *Liber, Mancipi res, Manumissus, Municipes, Mutuari, Necmancipi, Notae in libris iuris, Noxa, Paterfamilias, Peculatus, Possessio, Puberes, Reus, Stipulatio, Testamenta iuris civilis* (ausführlich), *Usucapio.* (Diese Seite des Papias ist, soviel ich weiss, für die Litterargeschichte der Jurisprudenz noch nicht benützt worden.)

287) Die Worterklärungen aus der Logik (*Accidens, Ad aliquid, Affirmare, Anasceue, Apodixis, Apophasis, Argumentatio, Axioma, Catasceue, Conclusio, Definitio, Dialectica, Differentia, Enthymema, Enuntiativa, Equivoca, Essentia, Genus, Habere, Habitus, Hysagoga, Hypothetici syllogismi, Individuum, Inductio, Logica,*

Bemerkung neuerdings den Beweis liefert, dass man in jener Zeit auch in Oberitalien die Analytik des Aristoteles nur vom Hörensagen kannte [288]). Eben aber mit einer solchen Verbindung grammatischer, rhetorischer, logischer und juristischer Schulkenntnisse, wie sie Papias zeigt, hängt es zusammen, dass er in einem eigenen Artikel auch die „*Epistolae formatae*“ bespricht [289]) und so auf die sogenannten Formelbücher (s. sogleich unten Anm. 295) hinüberweist. Mit all diesem nun steht es in offenbarem Einklange, wenn sowohl ein gleichzeitiger Bericht über jene ersten Keime einer Rechtsschule sich in Ausdrücken bewegt, welche uns direct an die gewöhnliche Schul-Logik erinnern [290]), als auch wenn an zwei hervorragenden Männern jener Zeit, an Lanfrancus und Irnerius, sich gleichsam eine Personal-Union der Dialektik und der Jurisprudenz zeigt. Denn dass Lanfrancus (geb. um 1005, gest. 1089), auf welchen wir alsbald wieder zurückkommen müssen, die erste Hälfte seiner Thätigkeit vor dem Ausbruche des Abendmahlstreites hauptsächlich dem Rechtsstudium in ausgedehnter und erfolgreicher Weise zugewendet habe, ist eine unbestreitbare Thatsache [291]), wenn auch eine directe Verbindung, in welche er sogar mit Irnerius selbst gebracht wird, aus chronologischen Gründen undenkbar ist [292]);

Nomen, *Omonyma*, *Oratio*, *Propositio*, *Proprium*, *Qualitas*, *Quando*, *Quantitas*, *Ratiocinatio*, *Syllogismus*, *Synonima*, *Sophisma*, *Species*, *Substantia*, *Univoca*, *Vox*) sind sämmtlich aus Isidor oder Boethius excerpirt; höchstens könnte hervorgehoben werden, dass bei *Categoria* Papias die mehr nominalistische Auffassung auswählt: *Categuriae graece, latine praedicamenta dicuntur, quibus per varias significationes omnis sermo conclusus est.*

288) Er erklärt nemlich: *Analectica* (vgl. folg. Abschn., Anm. 23.) *i. e. resolutoria, quod est medium volumen commenti super Periermenias, appellavit Boetius, ubi omnes syllogismi rhetoricae artis resolvuntur.* Ausser diesem Unsinne etwa auch noch: *Elenchorum, titulus libri cuiusdam Aristotelis.*

289) *Formatae epistolae a sanctis* CCCXVIII *patribus in Nicaeno consilio constitutae feruntur*, u. s. w. (eine Folio-Seite hindurch).

290) Nemlich der so eben erwähnte Damiani sagt in seinem Sendschreiben *De parentelae gradibus* (*Opp.* III, p. 89 ff.) von seinen Gegnern (*prooem.* p. 89.): *Ex quibus nimirum verbis* (d. h. *Iustin.*, *Instit.* I.) *inductoria quaedam colligebant argumenta*, ferner (c. 1, p. 90.): *interrogentur igitur qui in tribunalibus iudicant*, *qui causarum negotia dirimunt*, *qui scrutandis legum decretis insistunt*, und insbsondere (c. 6, p. 92.): *cumque in astruendis propriis allegationibus saepius verba haec iterarent*, *deinde ratiocinando*, *assumendo*, *colligendo*, *multimoda cavillationum argumenta componerent*, sowie auch (c. 7, p. 92.): *quidam promptulus cerebrosus ac dicax*, *scilicet acer ingenio*, *mordax eloquio*, *vehemens argumento*, *Florentinus puto*, *verbis me insolenter urgebat.* Aehnlich auch *D. grad. cogn.* c. 2, p. 96.: *Super quo nimirum nonnulli doctorum diversa a se invicem sentientes longis argumentationibus disputant.*

291) *Milo Crisp. Vita Lanfr.* c. 11. b. *Mabill. Acta Bened.* IX, p. 639.: *Ab annis puerilibus eruditus est in scholis liberalium artium et legum secularium ad suae morem patriae. Adolescens orator veteranos adversantes in actionibus causarum frequenter revicit torrente facundiae accurate dicendo; in ipsa aetate sententias depromere sapuit, quas gratanter iurisperiti aut iudices vel praetores civitatis acceptabant. Meminit horum Papia* (d. h. seine Vaterstadt Pavia). *At cum in exilio philosopharetur, accendit animum eius divinus ignis, et illuxit cordi eius amor verae sapientiae.* Mehreres speciell Juridische s. b. Merkel a. a. O. p. 14. u. 46 f.

292) *Robert de Monte auct. ad chron. Sigeb. Gembl. ad ann.* 1032. b. *Pertz, Monum.* VIII, p. 478.: *Lanfrancus Papiensis et Garnerius socius eius repertis apud Bononiam legibus romanis, quas Justinianus ..... emendaverat, his, inquam, repertis*

jedenfalls aber ist ihm, wie aus den Berichten hervorgeht, die nemliche dialektische Gewandtheit, welche er später gegen seine theologischen Gegner beurkundete, auch schon damals zur Seite gestanden. Irnerius aber (seine Blüthezeit fällt zw. 1100 u. 1120), dessen Auftreten bekanntlich für die Bologneser Rechtsschule den Uebergang von der ersten Keimperiode zu reicherer Entfaltung bildet, wird in den Glossen des Odofredus ausdrücklich als „Logiker" bezeichnet, und aus dem Umstande, dass er vorher Lehrer der freien Künste gewesen sei, wird eine übertriebene Spitzfindigkeit, welche in seinen Glossen sich gefunden habe, erklärt [293]). Da aber Irnerius auch ein *Formularium* verfasste [294]), so müssen wir hieran die vorläufige Bemerkung knüpfen, dass eine eigene ausgedehnte Litteratur entstand, welche der Notariatskunst und Notariatspraxis diente und fortan eine Verbindung der üblichen Schul-Rhetorik mit juristischen Stoffen lebendig erhielt. Und wenn nun diese „Formelbücher" [295]) allerdings damals noch durchaus keinen nachweisbaren Einfluss auf die Logik selbst ausübten, und die „Praktiker" noch nicht eine Anerkenntniss ihrer Berechtigung betreffs der Logik beanspruchten, so liegt doch hier der Keim einer Tendenz vor, welche Jahrhunderte hindurch ihre eigenen Wege wandelte und dabei sich weit mehr auf ciceronisch-rhetorische Dialektik, als etwa auf das aristotelische Organon hingewiesen sah. Daher wir schon hier es als dereinstiges nicht unerwartetes Resultat andeuten dürfen, dass später die rhetorischen Praktiker sich dem Sturmlaufen gegen die aristotelisch-scholastische Logik anschliessen werden. Ja, es ist schwerlich eine ganz zufällige Redensart, wenn schon ein Autor gegen Ende des 11. Jahrh., und zwar ein Mailänder, gelegentlich den Aristoteles und den Cicero mit den Ausdrücken „Labyrinth" und „Palast" einander gegenüberstellt [296]).

---

operam dederant eas legere et aliis exponere. Sed Garnerius in hoc perseveravit, Lanfrancus vero disciplinas liberales et litteras divinas in Galliis multos edocens tandem Beccum venit et ibi monachus factus est. Vielleicht jedoch ist das chronologische Bedenken, welches Savigny a. a. O. p. 21 f. erhebt, überhaupt unnöthig, wenn wir bei „*socius*" nicht an persönlichen Verkehr denken, sondern es gleichsam mit „juristischer Gesinnungsgenosse" übersetzen.

293) *Odofr.* (*Codex*) *in L. ult. C. de in int. restit. minor.* (2, 22.): *Or, segnori, plura non essent dicenda super lege ista; dominus tamen Irnerius, quia loicus fuit, et magister fuit in civitate ista in artibus, antequam doceret in legibus, fecit unam glossam sophisticam, quae est obscurior quam sit textus.* Und (*Cod.*) *in Auth.* „*qui res*" *C. de SS. eccl.* (1, 2.): *Et debetis scire vos, domini, sicut nos fuimus instructi a nostris maioribus, quod dominus Yrnerius fuit primus, qui fuit ausus dirigere cor suum ad legem istam; nam dominus Yrnerius erat magister in artibus, et studium fuit Ravennae et, collapsa ea, fuit studium Bononiae, et dominus Yrnerius studuit per se sicut potuit, postea coepit docere in iure civili, et ipse fecit primum formularium, i. e. librum omnium instrumentorum etc.* (angeführt bei Savigny).

294) Näheres b. Savigny a. a. O. p. 62 f.

295) S. Merkel a. a. O. p. 33., und vor Allen L. Rockinger, Ueber Formelbücher v. 13. bis z. 16. Jahrh. München 1855. 8., bes. p. 36 ff. u. p. 56.

296) *Arnulf, Gesta archiep. Mediol.* I, 1, b. *Pertz, Mon.* X, p. 7: *Non mihimet ipse confido, quem exilis ingenii adeo paupertas angustat, ut difficilis mihi videatur Aristotelici laberinthi ingressus, laboriosus valde Tuliani palacii accessus; fateor me nunquam conscendisse curules quadrivii rotas.*

Entschiedener aber, wie gesagt, äusserten theologische Streitigkeiten, welche damals über das Abendmahl geführt wurden, einen directen Einfluss, und jene Parteispaltung betreffs der Logik, welche wir schon am Schlusse des 9. Jahrh. oben trafen, erhält nun gegen das Ende des 11. Jahrh. einen schärferen Hintergrund durch speciell dogmatische Anschauungen, wobei die weitere Entwicklung sich um so eigenthümlicher gestalten muss, je mehr das eigentlich logische Interesse, wie schon bemerkt wurde (oben S. 36 f.), gerade dem Nominalismus näher stand, als dem christlichen Realismus. Den dogmatischen Inhalt jener Kämpfe lassen wir hier, wie sich von selbst versteht, als einen völlig gleichgültigen gänzlich bei Seite, und betrachten nur das formell dialektische Moment.

In dieser letzteren Beziehung aber war es vor Allen Fulbert's Schüler, Berengarius (geb. 998, gest. 1088), welcher seit d. J. 1031 als Scholasticus in Tours docirte und dabei den Muth hatte, auf dem Gebiete des Wissens sich jeder Auctorität, mochte sie sein welche sie wollte, zu widersetzen, indem er gegenüber aller Tradition, auch selbst der grammatischen und logischen [297]), nur die selbsteigene Kraft der Denkfunction als den ausschliesslichen Maassstab der Wahrheit anerkannte; denn jener Grundsatz, welchen er später in seiner Vertheidigungsschrift gegen Lanfrancus aussprach, muss ihm schon früher als der richtige vorgeschwebt sein, der Grundsatz nemlich, dass einzig und allein die Dialektik die Form der Vernunft sei, und während Berengarius in ähnlicher Weise wie Scotus Erigena einen Zusammenhang der Dialektik mit der göttlichen Weisheit zugesteht, beruft eben darum auch er sich auf Augustin's Ausspruch (Abschn. XII, Anm. 18) und erklärt nun mit aller Entschiedenheit, dass gerade bei Benützung heiliger Auctoritäten das rationelle Verfahren (*ratione agere*) unvergleichlich höher stehe [298]). Hingegen umgekehrt im Dienste der dogmatischen Auctorität trat eben um dieselbe Zeit die Dialektik bei Lanfrancus auf, welcher, nachdem er Pavia verlassen und die dortige juristische Thätigkeit (ob. Anm. 291 f.) aufgegeben hatte, zuerst (im J. 1040) in Avranches und dann seit 1043 im Kloster Bec in der Normandie als Scholasticus wirkte.

---

297) *Adelmanni Epist.* (s. ob. Anm. 235.) p. 31.: *Aiunt te novitatum captorem .... adeo ut Priscianum, Donatum, Boethium prorsus contemnas.*

298) *Bereng. d. sacr. coena, ed. A. G. et F. Th. Vischer, Berol.* 1834, p. 100 f.: *Quod relinquere me, inquio ego, sacras auctoritates non dubitas scribere, manifestum fiet divinitate propitia, illud de calumnia scribere te, non de veritate, ubi deducendi sacras auctoritates in medium necessitate inde agendi locus accurrerit, quanquam ratione agere in perceptione veritatis incomparabiliter superius esse, quia in evidenti res est, sine vecordiae coecitate nullus negaverit ..... Verbis dialecticis ad manifestationem veritatis agere non erat ad dialecticam confugium confugisse, a qua ipsam dei sapientiam et dei veritatem video minime abhorrere* (vgl. Anm. 305.), *sed suos inimicos arte revincere ..... Maximi plane cordis est, per omnia ad dialecticam confugere, quia confugere ad eam ad rationem est confugere, quo qui non confugit, cum secundum rationem sit factus ad imaginem dei, suum honorem reliquit, nec potest renovari de die in diem ad imaginem dei. Dialecticam beatus Augustinus tanta diffinitione dignatur, ut dicat: dialectica ars est artium, disciplina disciplinarum, novit discere, novit docere, scientes facere non solum vult, sed etiam facit.*

Seine grosse dialektische Gewandtheit, welche er in theologischer Exegese bei jeder Gelegenheit beurkundete [299]), wirkte gleichsam ansteckend auf seine zahlreichen Schüler [300]), und es soll sogar ein kleiner logischer Verstoss, welchen er dem Berengarius nachgewiesen habe, die Veranlassung gegeben haben, dass die Schule des Letzteren an Frequenz abnahm [301]). Wie sehr aber Lanfrancus allen logischen Scharfsinn nur zur Stütze der Orthodoxie aufgewendet habe, zeigt ausser dem Auftreten in der Abendmahlsfrage ganz besonders sein *Elucidarium* [302]), denn in dieser Schrift wird der Inhalt der damaligen Dogmatik in Beweisform mit vollendetster Consequenz bis auf die extremsten Spitzen hinausgetrieben, und das logische Moment dient nur dazu, um für alles Mögliche irgend Gründe oder nähere Bestimmungen bis ins Abstruseste aufzuspüren [303]). Dieser Mann aber nun, welcher so seine Vernunft schlechthin gefangen gab, war ganz dazu angethan, als Denunciant und Ketzerrichter gegen Berengarius aufzutreten [304]), da Letzterer bezüglich des

---

299) *Sigeb. Gemblac. d. scriptt. eccl.* c. 155. b. *Fabr. Bibl. eccl.* p. 112.: *Lanfrancus dialecticus et Cantuarensis archiepiscopus Paulum apostolum exposuit et ubicunque opportunitas locorum occurrit, secundum leges dialecticae proponit, assumit, concludit.*

300) *Guilelm. Malmesb. d. gest. reg. Angl.* III. b. *Savil. Scriptt. rer. Angl. Lond.* 1596. *fol.* 61 b.: *Lanfrancum, de quo serio dici potest „tertius e coelo cecidit Cato" ... adeo latinitas omnis in liberalium artium scientiam per doctrinam eius se incitabat.* Ebend. *d. gest. pontif.* I. *fol.* 116 b.: *publicas scholas de dialectica professus est .... exivit fama eius remotissimas latinitatis plagas eratque Beccum magnum et famosum litteraturae gymnasium ..... ubique disciputi inflatis buccis dialecticam ructabant .....* Ebend. *fol.* 122 b.: *vir cuius industriam praedicabit Cantia, cuius doctrinam in discipulis eius stupebit latinitas, quantum omnes anni durabunt.*

301) *Guitmond* (ein Schüler Lanfranc's) *d. corp. et sangu. Chr. b. Bibl. patr. Lugd.* XVIII, p. 441.: *Postquam a domino Lanfranco in dialectica de re satis parva turpiter est confusus (sc. Berengarius), cumque per ipsum dom. Lanfrancum virum aeque doctissimum liberales artes deus revalescere atque optime reviviscere fecisset, desertum se iste a discipulis dolens etc.* Doch es ist auf solche Berichte nicht viel zu geben, denn dass Lanfranc's Anhänger *in maiorem dei gloriam* gelogen haben können, wird jeder Unbefangene zugeben.

302) Die Schrift „*Elucidarium sive dialogus summam totius theologiae complectens*" ist unter den Werken des Anselmus v. Canterbury gedruckt, wurde aber schon von *Gerberon* beanstandet und unter die zweifelhaften Schriften gesetzt, und nun scheint sie völlig mit Recht der neueste Herausgeber der Werke Lanfranc's, *Giles*, gestützt auf die Auctorität mehrerer Handschriften, dem Lanfrancus zuzuschreiben.

303) Dahin gehören z. B. die Fragen, warum Gott auch Mücken und Wanzen erschaffen habe (*Elucid.* I, 12. *Lanfr. Op. ed. Giles, Oxon.* 1854. II, p. 211.), um wie viel Uhr Adam aus dem Paradiese vertrieben worden sei (I, 15, p. 214.), warum Gott keinen zweiten besseren Adam geschaffen habe (I, 17, p. 218.), ob Christus als neugebornes Kind allwissend gewesen sei (I, 19, p. 220.), warum Gott nichts ungeschehen machen könne (II, 8, p. 224.), welche Zahl von Seelen in den Himmel kommen könne (III, 3, p. 273.), in welcher Körperstellung die Verdammten in der Hölle sitzen (III, 4, p. 275.), wie es bei der Auferstehung des Fleisches sich mit den Haaren, welche wir abrasiren, und mit den Nägeln, welche wir uns abschneiden, verhalte, und wie es mit jenen Menschen stehe, welche von wilden Thieren gefressen wurden (III, 11, p. 281.), um wie viel Uhr das jüngste Gericht stattfinden werde (III, 12, p. 282.), ob die Seligen nackt seien oder Kleider tragen (III, 16, p. 287.) u. dgl.

304) Was den persönlichen Charakter Lanfranc's betrifft, so scheint die An-

Abendmahles im Hinblicke auf frühere Streitigkeiten seine offene Sympathie für jene Ansicht aussprach, welche als die des Scotus Erigena galt, und hiemit sich als Gegner des Paschasius bekannte. Der Kern dieser Händel, welche zwischen 1060 und 1070 einen heftigen Schriftenwechsel zwischen Berengarius und Lanfrancus hervorriefen, besteht, soweit er uns nach seiner dialektischen Seite hier interessirt, in Kürze darin, dass Berengarius erstens überhaupt jene Anschauungsweise, welche wir als die nominalistische des Scotus Erigena oben trafen, zu der seinigen macht, und daher ebenso wie jener die Wahrheit der menschlichen Kundgebung in den Urtheilen und die Festigkeit der Wortbezeichnung neben dem ontologisch göttlichen Principe der Dinge anerkennt [305]), und zweitens dass derselbe diesen Standpunkt nun folgerichtig auch auf die Abendmahlsfrage anwendet, wornach er in den Worten „Brod" und „Wein" als Worten die adäquate richtige Bezeichnung des wahren und unveränderlichen Wesens des Brodes und des Weines erfasst [306]), so dass jede beliebige Aussage über die beiden eben schlechthin sinnlos sei, sobald man annehme, dass das substantielle Wesen des Brodes und des Weines geändert oder getilgt wäre [307]).

---

sicht, welche Lessing über denselben aussprach, durchaus noch nicht widerlegt zu sein.

305) *Bereng.* a. a. O. p. 104.: *Et quidem propositio vera est veraeque propositionis vim suo loco posita obtineret, ...; nec eius magis quam omnium tam rerum quam aliarum propositionum veritas apud veritatem omnia scientis ac praescientis dei aeternaliter constat, qui et res ipsas in principalibus ac secundis essentiis condidit easque tam verarum quam falsarum propositionum causas esse disposuit.* H. Ritter irrt sehr, wenn er (Gesch. d. Phil. VII, p. 310.) in Berengarius einen Realisten erblickt; denn erstens von den Universalien ist bei Bereng. weder hier noch überhaupt irgendwo eine Rede, und zweitens werden die sogleich folgenden Stellen deutlich zeigen, dass das Hauptgewicht auf der begrifflichen Festigkeit der menschlichen Worte liege.

306) Ebend. p. 66.: *Nomina enim rerum ad differentiam rerum ipsarum quodammodo solitaria dici possunt, verbi gratia pronuntiato nomine quod est „terra", solius est terrae quod auditur, item audito eo quod est „panis" ad plura non erit excurrendum; pronuntiato autem eo quod est „elementum" ad plura itur, nisi, unde agas, de terra an de aqua aut ceteris, determines, et sicut terrae adhibetur nomen hoc „terra", quo discernatur ab aliis, ita „elementum".* Ebend. p. 75.: *Qui dicit „panis altaris solummodo est corpus Christi", panem in altari esse non negat, panem et vinum esse confirmat in mensa dominica .... Solemus enim aliquas res illarum rerum ex quibus efficiuntur nominibus appellare, quamvis in aliam naturam translatae iam non possint esse illud, quod sunt res illae, ex quibus probantur effectae ..... ac per hoc, cum tam diversae naturae sint in utrisque, non recte quis cristallum nivem vocaverit, nisi eo locutionis modo, quo res effecta materiali solet nomine appellari.* Ebend. p. 79.: *Quando enim sit aliquid non per generationem subiecti de aliquo, non per corruptionem subiecti, sicut de auro annulus, de aere concha, de marmore pira, de arbore paries arcus et tabula, iure materiae nomine appellantur, quod facta sunt de materia, quia non amisit ipsa materia formam suam.*

307) Ebend. p. 67.: *Dum enim dicitur „panis et vinum sacramenta sunt", minime panis aufertur et vinum, et nominibus rerum ita natarum significativis aptatur nomen, quod non nata sunt ut „est sacramentum"; simul etiam esse aliud aliquid minime prohibentur.* Ebend. p. 81.: *Omne enim quod est aliud, est in eo quod aliquid est, nec potest res ulla aliquid esse, si desinat ipsum esse; et ne obscurum, quod dico, remaneat, dicat aliquis „Socrates est, Socrates iustus est"; nullo modo Socrates iustus erit, si Socratem esse non contingeret.* Ebend. p. 84.:

Lanfrancus hingegen, welcher gelegentlich auch zu einer elenden Sophisterei seine Zuflucht nimmt[308]), steht überhaupt auf dem Standpunkte, dass Auctoritäten mehr gelten als dialektische Gründe[309]), und ihm sowie seinen Anhängern musste natürlich eine nominalistische Werthschätzung der Dialektik verwerflich erscheinen; kurz ein richtiger Instinct leitete die Gegner eines selbstständigen Auftretens der Logik, wenn sie die dem Scotus Erigena zugeschriebene Ansicht über das Abendmahl in eine innere Verbindung mit dem wirklichen logischen Momente der Philosophie des Scotus brachten, und die Verurtheilung der Abendmahlslehre des Berengarius enthielt zugleich eine Verurtheilung jener Logik in sich, welche auf die subjective Kraft des menschlichen Denkens sich stützend in den menschlichen Sprachausdrücken den festen Gehalt begrifflicher Allgemeinheit erblicken konnte.

Erklärlich aber ist es, dass eben hiedurch die lediglich formelle Frage wieder stärker angeregt wurde, d. h. dass über die Auffassung der Logik selbst und namentlich über die Begriffsbildung jene Verschiedenheit der Ansichten, welche auf Grund des überlieferten Schulmateriales schon viel früher zu Tage getreten war, jetzt zum offenen Streite aufflammte, wobei mit dem entschiedneren Bewusstsein einer Parteistellung die beiderseitigen Behauptungen durch Herbeischaffung von Gründen gestützt werden sollten. Nemlich auch die Realisten nahmen

---

Si propositioni illi quae dicit „hic panis est meum corpus", ubi subiectus terminus qui est „panis" propria non potest locutione non expendi, stupenda in tua eruditione vecordia panem deperisse contenderis sensualem. Ebend. p. 87.: *Ubi panem qui proprie panis appelletur, corpus etiam Christi, sed tropica locutione, quantum ad eam propositionem quae enuntiat „panis altaris post consecrationem est corpus Christi" nulla falsitate dissimulat appellari.* Ebend. p 107.: *Repetito dico: quicunque negat, post consecrationem superesse panem et vinum in mensa dominica, et tamen nobis harum quamcunque concedit enuntiationum, ipse se subvertit, ipse sibi necessario contrarius existit.* Die präciseste Formulirung ebend. p. 99.: *Ubi ego scripsi „non enim constare poterit affirmatio omnis parte subruta" etc.*

308) Nemlich in Bezug auf das so eben zuletzt Angeführte sagt *Lanfr. d. corp. et sangu. dom.* c. 7., *Opp. ed. Giles*, II, p. 161.: *Adhuc alio argumento probare contendis ... dicens „non enim constare poterit affirmatio omnis parte subruta". Ad cuius rei probationem non oportuit inferri particularem negationem, qua de praesenti quaestione nihil colligitur, sed universalem potius, per quam enuntiatur „nulla affirmatio constare poterit parte subruta". Age enim, particularis sit negatio tua „non omnis affirmatio constare poterit parte subruta", rursus assumptio tua „panis et vinum altaris solummodo sunt sacramentum, vel panis et vinum altaris solummodo sunt verum Christi corpus et sanguis, — utrumque affirmatio est"; his duabus particularibus praecedentibus poterisne regulariter concludere, parte subruta ea non posse constare? Absit; in nulla quippe syllogismorum figura praecedentibus duabus particularibus consequenter infertur conclusio ulla; male igitur eam collocasti.* D. h. Lanfrancus verdreht den Satz des Berengarius, welcher doch den Sinn hat: „Nicht kann die Bejahung in ihrer Totalität bestehen, wenn ein Theil aufgehoben ist" derartig, als habe *omnis* die Bedeutung „Jeder", und als wäre hiemit der Sinn „Nicht jede Bejahung kann bestehen u. s. f."; die zweite Sophisterei, das Urtheil *„utrumque affirmatio est"* ein particulares zu nennen, hätte sich Lanfr. sogar ersparen können, da bekanntlich der Schlusssatz nicht allgemein sein kann, wenn auch nur Eine Prämisse particular ist. Vgl. auch *Bereng.* a. a. O. p. 103 ff.

309) *Lanfr.* a. a. O. p. 160.: *Et quidem de mysterio fidei auditurus ac responsurus quae ad rem debeant pertinere mallem audire ac respondere sacras auctoritates, quam dialecticas rationes.*

ja die übliche Schul-Logik für sich in Anspruch und glaubten, Dialektiker nicht bloss sein zu dürfen, sondern auch sein zu müssen; denn um die volle Tragweite des Realismus überhaupt nur zu erkennen, dazu war jene Zeit eben zu unphilosophisch; und hätte es damals eine Philosophie gegeben, so hätte man nicht gestritten, wie man stritt. Nun aber hatte man ja Nichts als das überall verbreitete Schulmaterial der Logik, und das damals noch übermächtige Motiv der blossen Tradition hinderte auch innerhalb dieses beschränkten Stoffes jeden tieferen selbstständigen Blick des Geistes. Dass aber das benützbare Material der traditionellen Logik auch bei dem nun ausbrechenden Streite noch immer nicht jene Gränze überschritten hatte, auf deren Vorhandensein wir schon so oft hinweisen mussten, d. h. dass man auch gegen Ende des 11. und zu Anfang des 12. Jahrh. die Analytiken und die Topik des Aristoteles noch nicht kannte, und des Boethius Uebersetzung derselben noch nicht cursirte, ist uns durch einen jedenfalls bedeutenden Schriftsteller jener Zeit, durch Sigebert von Gemblours, deutlich bezeugt [310].

In wie weit Albericus von Monte Casino (gest. 1088), welcher gleichfalls die Lehre des Berengarius bekämpfte, seinen theologischen Standpunkt etwa auch in seiner Schrift „*De dialectica*" beurkundet habe, wissen wir nicht, da uns lediglich die Notiz, dass er eine solche verfasste, überliefert ist; bemerkt mag werden, dass er zugleich auch zu den Schriftstellern der oben (Anm. 295) erwähnten Formelbücher-Litteratur gehörte [311].

Wohl hingegen zeigt sich uns jene principielle Anschauung, wornach man, wie gesagt, mit richtigem Instincte den Nominalismus in eine Verbindung mit der Lehre des Scotus Erigena brachte, in jener Stelle eines Chronisten, welche seit Buläus [312] oft genug angeführt,

---

310) Sigebert v. Gemblours (geb. um 1030, gest. 1112) schrieb, wie er selbst sagt, erst am Schlusse seiner übrigen schriftstellerischen Thätigkeit, also wohl erst gegen 1100, seine Compilation „*De scriptoribus ecclesiasticis*", und wenn er auch planlos hiebei verfuhr (s. *Sigfr. Hirsch, D. vita et scriptis Sigiberti Gemblacensis, Berol.* 1841, bes. p. 335.), so darf er uns doch als treuer Spiegel seiner Zeit gelten. Derselbe sagt nun dort c. 37, b. *Fabric. Bibl. eccl.* p. 97., Folgendes von Boethius: „*Laudent eum seculares, quod Isagogas, quod Perihermenias, quod Cathegorias transtulerit de graeco in latinum et exposuerit* (die Uebersetzung der Analytiken und der Topik ist also nicht erwähnt), *quod Topica Ciceronis exposuerit, quod Antepraedicamenta* (hierunter kann doch nur wieder die Isagoge verstanden sein, s. Abschn. XII, Anm. 85, welche ja Boethius sowohl nach der Uebersetzung des Victorinus als auch nach seiner eigenen bearbeitete, jedenfalls aber ist das erstmalige Vorkommen dieses Ausdruckes zu bemerken, s. folg. Abschn., Anm. 272.), *quod libros de topicis differentiis, de cognatione dialecticae et rhetoricae et distinctione rhetoricorum locorum* (diese letzteren sind natürlich keine eigenen Schriften, sondern bilden eben den Inhalt von *d. diff. top.*), *de communi praedicatione potestatis et possibilitatis* (diess kann wohl nur die zwei letzten Bücher des Commentares zu *d. interpr. Edit.* II. bedeuten, s. *Boeth.* p. 414.), *de categoricis et hypotheticis syllogismis libros, et alia multa* (d. h. *Introd. ad cat. syll., D. divis., D. defin.*) *scripserit etc.*

311) *Petr. Diac. Chron. Casin.* III, 35. b. *Pertz, Mon.* IX, p. 728.: *Per idem tempus Albericus diaconus vir disertissimus ac eruditissimus ad hunc locum habitaturus advenit ...... composuit .... librum dictaminum et salutationum ...... librum de dialectica.*

312) *Bulaeus, Hist. univ. Paris.* I, p. 443.: *Nominalium princeps et antesignanus*

aber nicht immer richtig verstanden wurde. Wenn nemlich dort gesagt wird, zu den einflussreichen Dialektikern gehöre Johannes, welcher gelehrt habe, dass die Logik Sache des Wortausdruckes (*vocalis*) sei, und demselben seien hierin Roscellinus von Compiegne, Robert von Paris, und Arnulph von Laon gefolgt, welche selbst wieder von vielen Schülern gehört worden seien, so passt jene Bezeichnung, wie wir oben (Anm. 110—124) zu entwickeln versuchten, vortrefflich für das dialektische Princip des Johannes Scotus Erigena, und wir werden alle anderweitigen haltlosen Vermuthungen, wer jener Johannes gewesen sei, gerne bei Seite lassen[313]. Von den anderen dreien, welche als Vertreter jener Richtung genannt sind, bleiben uns Robert und Arnulph ganz im Dunkeln; einiges Wenige hingegen wissen wir von Roscellinus.

Das Missliche ist, dass wir über Roscellinus, dessen Thätigkeit den zwei letzten Jahrzehnten des 11. Jahrh. angehört, nur durch seine Gegner unterrichtet sind[314]), und da auch bei ihm die logische Auf-

---

Joannes quidam cognomento Sophista, de quo sic Auctor historiae a Roberto rege ad mortem Philippi primi: „In dialectica hi potentes exstiterunt sophistae: Joannes qui eandem artem sophisticam vocalem esse disseruit, Robertus Parisiacensis, Rocelinus Compendiensis, Arnulphus Landunensis; hi Joannis fuerunt sectatores, qui etiam quamplures habuerunt auditores.“

313) *Hauréau, De la phil. scolast.* I, p. 174. gibt jenen Worten ihre richtige Beziehung auf Scotus Erigena.

314) In neuerer Zeit wohl hat Schmeller aus einer Münchner Handschrift (*Cod. lat.* 4643.) einen Brief veröffentlicht (Abhdl. d. philos.-philol. Cl. d. k. bay. Akad. d. W. V, 3, p. 189 ff.), in welchem er ein Sendschreiben des Roscellinus an Abälard erkannte; doch gibt auch diese einzige Schrift Rosc.'s, welche wir besitzen, betreffs der Logik keinen Aufschluss. Wohl aber ist sie biographisch von grösster Wichtigkeit, denn indem sowohl einerseits auf den ersten Blick klar ist, dass Abälard der Adressat sei (die Entmannung desselben und das Verhältniss zu Heloise sind erwähnt p. 194. u. 210.), als auch andrerseits unzweifelhaft erhellt, dass Niemand anderer als Roscellinus der Verfasser sein könne (denn jene Vorwürfe, gegen welche p. 193 f. eine Vertheidigung geführt wird, sind dieselben, welche anderwärts z. B. in *Abael. Epist.* 21. gegen Roscellinus geschleudert werden, und ausser den Beziehungen auf das unsittliche Leben der Kleriker, p. 197., bildet der sog. Tritheismus gerade den Hauptinhalt des Briefes p. 199 ff.), so ersehen wir nun, dass Roscellinus, welcher in Soissons und Rheims seine Studien gemacht hatte, hierauf in Tours und in Locmenach (bei Vannes in der Bretagne) docirte, wobei der noch sehr junge Abälard sich unter seinen Schülern befand, und dass später Rosc. als Canonicus in Besançon lebte (p. 193.: *beneficiorum quae tibi tot et tanta a puero usque ad iuvenem sub magistri nomine et actu exhibui oblitus* ..... p. 195.: *testimonio Suessionensis et Remensis ecclesiae .... sub quibus natus et educatus et edoctus sum comprobabo .... Neque vero Turonensis ecclesia vel Locensis, ubi ad pedes meos magistri tui discipulorum minimus tam diu resedisti, aut Bizuntina ecclesia, in quibus canonicus sum, extra mundum sunt*). Hiernach bestätigt sich die Angabe Otto's v. Freising (s. d. folg. Anm. 316.), und wir wissen nun, wo Abälard studirt habe, ehe er nach Paris kam (*Abael. hist. calam.* c. 1.: *Proinde diversas disputando perambulans provincias, ubicunque huius artis vigere studium audieram, peripateticorum aemulator factus sum; perveni tandem Parisios etc.*), sowie auch erhellt, dass es nur als Uebertreibung auf Rechnung des *odium theologicum* zu setzen sei, wenn gesagt wurde, Roscellinus sei aus Frankreich und England vertrieben worden (*Abael. Epist.* 21.: *ab utroque regno in quo conversatus est, tam Anglorum scilicet quam Francorum, cum summo dedecore expulsus est. Roscell. Epist.* p. 194.: *quod summa haeresi convictus et infamis iam toto mundo expulsus sim*).

fassung auf das theologische Gebiet (bekanntlich in dem sog. Tritheismus) hinüberspielte, so ist es erklärlich, dass Ton und Färbung jener etlichen Notizen durch dogmatischen Fanatismus bedingt sind; denn auch Roscellinus gehört zu denjenigen, welche dem Glauben nur dann eine Berechtigung zugestehen, wenn derselbe sich durch Gründe vertheidigen lasse[315]. Zunächst treffen wir nur die unbestimmt allgemeine Angabe, dass Roscellinus die nominalistische Ansicht in der Logik zur Geltung gebracht habe[316], und zwar wird diess als eine Neuerung bezeichnet, und an das Auftreten des Roscellinus die Entstehung einer „neuen" Gattung der Logik neben der bisherigen „alten" (s. unten Anm. 326) geknüpft, wobei jene Neuerer nicht auf die Wissenschaft der Dinge, sondern auf Geltendmachung der Worte und Begriffe ausgegangen seien[317]. Etwas eingehender ist wohl die Notiz, dass es sich eben um die Universalien (d. h. die *quinque voces* und die Kategorien) gehandelt habe, und dass Roscellinus behauptete, die Worte (*voces*, s. unten Anm. 324 f.) selbst seien dasjenige, was man Gattung und Art nenne[318]. Aber wenn Anselmus[319], welcher in seiner Orthodoxo-

---

315) *Anselm. d. fide trin.* c. 3, *Opp. ed. Gerberon* p. 43.: *Dicit, sicut audio, ille qui tres personas dicitur asserere esse velut tres angelos aut tres animas, „Pagani defendunt legem suam, Judaei defendunt legem suam, ergo et nos Christiani debemus defendere fidem nostram"* (man beachte für jene Zeit die äusserst vernünftige Liberalität, auch den Juden und Heiden die dialektische Begründung ihres Glaubens zuzugestehen).

316) *Otto Fris. d. gest. Frid.* 1, 47. (*ed. Urstis. Francf.* 1585, p. 433.): *Petrus iste (sc. Abaelardus) .... habuit primo praeceptorem Rozelinum quendam, qui primus nostris temporibus in logica sententiam vocum instituit, et post ad gravissimos viros Anselmum Laudunensem, Guilelmum Campellensem Cataulani episcopum migrans ipsorumque dictorum pondus tanquam subtilitatis acumine vacuum iudicans non diu sustinuit; inde magistrum induens Parisios venit* (s. folg. Abschn., Anm. 258.).

317) *Aventin. Ann. Boior.* VI. (*ed. Cisner*, 1615, p. 383.): *Hisce quoque temporibus fuisse reperio Rucclinum Britannum, magistrum Petri Abaelardi, novi lycaei conditorem, qui primus scientiam* (zu lesen *sententiam*) *vocum sive dictionum instituit, novam philosophandi viam invenit; eo namque autore duo Aristotelicorum, Peripateticorum, genera esse coeperunt; unum illud vetus locuples in rebus procreandis, quod scientiam rerum sibi vindicat, quamobrem reales vocantur; alterum novum, quod eam distrahit, nominales ideo nuncupati, quod avari rerum prodigi nominum atque notionum verborum videntur esse assertores.*

318) *Joann. Saresb. Metalog.* II, 17. (*Opp. ed. Giles*, V, p. 90.): *Naturam tamen universalium hic omnes expediunt et altissimum negotium et maioris inquisitionis contra mentem auctoris explicare nituntur; alius ergo consistit in vocibus, licet haec opinio cum Rocelino suo fere omnino iam evanuerit; alius sermones* (s. unten Anm. 324.) *intuetur et ad illos detorquet quidquid alicubi de universalibus meminit scriptum; in hac autem opinione deprehensus est Peripateticus Palatinus Abaelardus noster, qui multos reliquit et adhuc quidem aliquos habet professionis huius sectatores.* Ebend. *Polycr.* VII, 12., *Opp.* IV, p. 127.: *Fuerunt et qui voces ipsas genera dicerent esse et species; sed eorum iam explosa sententia est et facile cum autore suo evanuit* (s. Anm. 325.).

319) *Anselm. d. f. trin.* c. 2. *Ed. Gerberon* p. 42 f.: *Illi utique nostri temporis dialectici, immo dialecticae haeretici, qui nonnisi flatum vocis putant esse universales substantias, et qui colorem non aliud queunt intelligere quam corpus nec sapientiam hominis aliud quam animam, prorsus a spiritualium quaestionum disputatione sunt exsufflandi. In eorum quippe animabus ratio, quae et princeps et iudex omnium debet esse quae sunt in homine, sic est in imaginationibus corpora-

manie den köstlichen Ausdruck „Ketzer der Dialektik“ erfand und gegen Roscellinus anwendete, in blinder Leidenschaftlichkeit oder böswilliger Uebertreibung sagt, nach jener Ansicht seien die allgemeinen Substanzen Nichts weiter als ein Wort-Hauch (*flatus vocis*), so werden wir wohl auch die übrigen Angaben des spiritualistischen Eiferers nur mit Vorsicht aufnehmen dürfen, zumal da er nach den eigenen Erzeugnissen seiner Dialektik, wie wir sehen werden, in logischen Fragen kaum als urtheilsfähig gelten kann; so ist es ja auch nur ein Ausdruck des schroffsten Parteihasses, wenn er den Anhängern Roscellin's vorwirft, dass sie die Vernunft den körperlichen Einbildungen (*corporalibus imaginationibus*) preisgeben, denn hoffentlich erhebt sich die Einsicht in den begrifflichen allgemeinen Gehalt der Worte gerade am meisten über die sensuale Zufälligkeit und bahnt allein den Weg zu einem wirklichen selbsterrungenen Wissen, während zu einer spiritualistischen Ontologie vielfach eine mit dem Sensualen verflochtene Einbildungskraft erforderlich ist. Und abgesehen von dem lächerlichen Vorwurfe, dass Roscellinus nicht verstehe, wie die Vielheit der Individuen im Artbegriffe eine Einheit sei (denn das ist es ja eben, was Roscellinus einsah, dass nemlich die Einheit in dem den Begriff aussprechenden Worte liege), werden wir die weiteren Bemerkungen, dass Roscellinus die Farbe eines Dinges mit dem Dinge selbst und die Eigenschaften mit ihren Trägern verwechsle, sowie dass er nicht einsehe, wie z. B. „Mensch“ etwas Anderes sei als der einzelne Mensch, nun wohl füglich auf den wahren Sachverhalt zurückführen müssen; denn Ersteres kann doch nur den Sinn haben, dass nach des Roscellinus Ansicht der Begriff einer Qualität als Begriff ebensosehr Allgemeinheit enthalte, wie der Begriff einer Substanz als Begriff, und Letzteres enthält, wenn wir die gehässige Wendung des Berichterstatters abstreifen, den einfachen Grundsatz des Nominalismus, dass objectiv im concreten Sein überall nur Individuelles existirt, die Art- und Gattungsbegriffe aber nur subjectiv in den menschlichen Worten vorliegen, kurz dass objectiv die Universalien keine vom Individuellen getrennte Existenz haben. Dass hiernach die Trinität als objectives Wesen Gottes gleichfalls aus drei Individuen bestehen müsse [320], liegt in der Consequenz dieser logischen Ansicht, und es war hiedurch in ähnlicher Weise wie bei Berengarius die Theologie in den logischen Parteistreit verflochten. Roscellinus aber scheint überhaupt sehr folge-

---

libus obvoluta, ut ex eis se non possit evolvere nec ab ipsis ea, quae ipsa sola et pura contemplari debet, valeat discernere. Qui enim nondum intelligit, quomodo plures homines in specie sint unus, qualiter in illa secretissima et altissima natura comprehendet, quomodo plures personae .... sint unus deus? Et cuius mens obscura est ad discernendum inter equum suum et colorem eius, qualiter discernet inter unum deum et plures relationes eius? Denique qui non potest intelligere, aliquid esse hominem nisi individuum, nullatenus intelliget hominem nisi humanam personam; omnis enim individuus homo persona est; quomodo ergo iste intelliget hominem assumptum esse a verbo etc.

320) Ebend. *Epist.* II, 41, p. 357.: *quia Roscelinus clericus dicit, in deo tres personas esse tres ab invicem separatas, sicut sunt tres angeli, ita tamen ut una sit voluntas et potestas, aut patrem et spiritum sanctum esse incarnatum, et tres deos vere posse dici, si usus admitteret.*

richtig seinen Standpunkt nach allen Seiten durchgeführt zu haben, denn ausserdem wäre es schwer erklärlich, wie in den spärlichen Mittheilungen, welche wir über ihn haben, wieder irgend ein vereinzelter Punkt uns völlig auf das gleiche Princip zurückweise; nemlich bei dem Theilbegriffe, dessen Erörterung Boethius schon in die Isagoge und in die Kategorienlehre verwoben hatte (s. Abschn. XII, Anm. 92 u. 96), ist dem Roscellinus gleichfalls das subjective Moment das Entscheidende; denn der Sinn der hierauf bezüglichen Notiz [321]) ist folgender: Soll z. B. das Dach als Theil des Hauses betrachtet werden, so ist zu erwägen, dass objectiv als Ding das Dach völlig unselbstständig ist, da in objectiv dinglicher Beziehung es eben nur ein Haus-Dach und ebenso nur ein mit einem Dache versehenes Haus (falls es nemlich ein wirkliches Haus sein soll) geben kann; wäre daher das Dach objectiv ein Theil des Hauses, so wäre es ein Theil des objectiv untrennbaren Ganzen und hiemit zufolge dieser Untrennbarkeit zuletzt auch ein Theil seiner selbst, d. h. objectiv dinglich führt der Theilbegriff zu Widersprüchen, und das Richtige ist, dass das Dach lediglich durch unsere begriffshaltigen Worte als „Theil" bezeichnet wird, also der Theilbegriff als solcher dem subjectiven Wortausdrucke anheimfällt; auf gleiche Weise verhält es sich auch mit der Priorität des Theiles gegenüber dem Ganzen, denn in objectiver Beziehung als Ding kann das Dach nicht früher sein, als die objectiv untrennbare Verbindung seiner selbst mit Anderem, da es dann gleichfalls wegen der Untrennbarkeit sich ergäbe, dass das Dach früher als es selbst wäre, so dass hiemit auch die Priorität des Theilbegriffes nur im subjectiven Denken liegt. Sowie auch diese Ansicht Roscellin's von den Gegnern böswillig verzerrt wurde [322]), so wendete derselbe sie andrerseits witzig gegen den verstümmelten Abälard an, wobei consequent auch der Begriff des Ganzen dem subjectiven Denkacte zugewiesen wird, da bei Aenderung des objectiven Bestandes einer untrennbaren Verbindung sofort die begriffsmässige Wortbezeichnung, welche dann den subjectiven Gedanken eines Ganzen nicht mehr fest-

---

321) *Abael. d. divis. et defin.* p. 471. (*ed. Cousin*): *Fuit autem, memini, magistri nostri Roscellini tam insana sententia, ut nullam rem partibus constare vellet, sed sicut solis vocibus species ita et partes adscribebat. Si quis autem rem illam, quae domus est, rebus aliis, pariete scilicet et fundamento, constare diceret* (es ist diess das bei *Boethius*, z. B. p. 52 f. u. p. 646., übliche Beispiel der Theilung), *tali ipsum argumentatione impugnabat: Si res illa, quae est paries, rei illius, quae domus est, paries sit, cum ipsa domus nihil aliud sit quam ipse paries et tectum et fundamentum, profecto paries sui ipsius et ceterorum pars erit; at vero quomodo sui ipsius pars fuerit? Amplius, omnis pars naturaliter prior est toto suo; quomodo autem paries prior se et aliis dicetur, cum se nullo modo prior sit?*

322) *Abael. Epist.* 21. (*Opp. ed. Amboes.* p. 335.): *Hic sicut pseudo-dialecticus ita et pseudo-christianus, cum in dialectica sua nullam rem partes habere aestimat, ita divinam paginam impudenter pervertit, ut eo loco quo dicitur dominus partem piscis assi comedisse, partem huius vocis, quae est piscis assi, non partem rei intelligere cogatur.* (Ob dieser Brief von Abälard oder, wie Buläus meint, von einem Anderen um d. J. 1095 verfasst sei, ist bezüglich dieser Stelle gleichgültig; übrigens scheint das oben, Anm. 314., Gesagte für die Autorschaft Abälards zu sprechen.)

zuhalten vermag, durch eine anderweitige Bezeichnung ersetzt werden muss [323]).

Dass übrigens der Standpunkt des Roscellinus wesentlich kein neuer war, zeigt die Vergleichung mit Obigem (Anm. 124, 151, 159, 242, 253, 276, 305 f.); nur hatte die Anschauung, dass die Universalien und die Begriffsbildung Sache der menschlichen Worte seien, seit dem Auftreten des Berengarius eine grössere Behutsamkeit und schärfere Bekämpfung seitens der Orthodoxie hervorgerufen. Hingegen bleibt Ein Punkt, und zwar vielleicht der wichtigste, in Folge des Mangels an Quellen uns völlig im Unklaren; es wird nemlich in der oben, Anm. 318, angeführten Stelle des Johannes v. Salesbury ein scharfer Unterschied gemacht zwischen denjenigen, welche die Universalien in die „*vox*" verlegten, und jenen, welche sie auf die „*sermones*" bezogen, woran sich die Angabe knüpft, dass zu den Letzteren Abälard gehört habe. Im Hinblicke nun auf die grammatische Bedeutung der Worte *vox* und *sermo* und in vorläufiger Bezugnahme auf dasjenige, was unten (folg. Abschn., Anm. 308 ff.) bei Abälard zu erörtern sein wird, müssen wir allerdings vermuthen, dass Roscellinus einseitig nur den isolirten Begriff ins Auge gefasst und hiemit ohne Rücksicht auf die Satzverbindung die Worte als fertige Begriffe betrachtet habe [324]); aber ob er die Lehre vom Urtheile bloss vernachlässigt oder etwa die Bedeutung des Urtheiles sogar direct bestritten habe, oder wie er bei Begründung einer solchen Durchführung des Nominalismus verfahren sei, wissen wir nicht [325]).

Eben für jene Zeit aber, in welcher Roscellinus aufgetreten war, besitzen wir eine höchst charakteristische Notiz bezüglich des logischen Parteikampfes [326]). Es docirte nemlich ein gewisser Raimbert in

---

323) *Roscell. Epist.* (s. Anm. 314.) p. 210.: *Sed forte Petrum te appellari posse ex consuetudine mentiris; certus sum autem, quod masculini generis nomen, si a suo genere deciderit, rem solitam significare recusabit; solent enim nomina propria significationem amittere, cum eorum significata contigerit a sua perfectione recedere; neque enim ablato tecto vel pariete domus, sed imperfecta domus vocabitur; sublata igitur parte, quae hominem facit, non Petrus, sed imperfectus Petrus appellandus es.*

324) Unter den älteren Nominalisten dürften sonach dem Roscellinus vermöge einer einseitigeren Betonung der *vox* näher stehen jener Pseudo-Hrabanus (Anm. 151.), Jepa (Anm. 159.), der Anonymus Cousin's (Anm. 242.), und der St. Galler Anonymus *D. interpr.* (Anm. 253.), sowie theilweise selbst Scotus Erigena (Anm. 124.); hingegen wären durch Beachtung des *sermo* und des prädicativen Verhältnisses mehr mit Abälard verwandt Eric (Anm. 159.), der St. Galler Anonymus *D. syllog.* (Anm. 276.) und Berengarius (Anm. 305.).

325) Möglicher Weise könnte, falls Roscellinus diese einseitige Wendung des Nominalismus wirklich durch Gründe gestützt hätte, obige (Anm. 316.) Ausdrucksweise Otto's (*primus instituit sententiam vocum*) wörtlich genommen werden; jedenfalls aber geht aus Joh. v. Salesb. (Anm. 318.) hervor, dass die Anhänger des Nominalismus diesen verengten Standpunkt bald verliessen; nur darf man nicht, — wie schon geschah —, sich so ausdrücken, dass Joh. v. Salesb. den Nominalismus überhaupt bereits für erloschen erkläre; s folg. Abschn., Anm. 76 ff.

326) *Herimann. Narr. Restaur. Abb. S. Mart. Tornac.* bei *D'Achery Spicil. ed. De la Barre* II, p. 889.: *Jam vero si scholae appropriares, cerneres magistrum Odonem nunc quidem Peripateticorum more cum discipulis docendo deambulantem, nunc vero Stoicorum instar residentem et diversas quaestiones solventem ..... Sed cum*

Lille, sowie „sehr viele Andere", die Dialektik nach der „modernen" nominalistischen Auffassung (*in voce*), und dieselben nebst ihren Anhängern bethätigten sich in feindseliger Rivalität gegen Otto (nachmals seit d. J. 1106 Bischof von Cambray), welcher i. J. 1092 das Kloster St. Martin in Tournay widerhergestellt hatte und dort Logik nach „altem" Stile realistisch (*in re*) lehrte. Da nun Manche durch den Reiz der Neuheit sich zu Raimbert hingezogen fühlten, zugleich aber bei dem gegenseitigen Abwägen der Vorzüge beider Schulen kein ganz entschiedenes Resultat erzielt zu werden schien, so wendete sich Einer der Kanoniker in Tournay an einen damals berühmten Wahrsager, welcher, obwohl taubstumm, die an ihn gerichtete Frage sogleich verstand und durch Zeichensprache sich, — wie man nicht anders erwarten darf —, unbedingt für die Richtigkeit und Vortrefflichkeit der realistischen Schule Otto's erklärte. Wenn übrigens der Berichterstatter (Abt Hermann in Tournay in d. ersten Hälfte d. 12. Jahrh.), welcher sich natürlich gleichfalls als einen orthodoxen Feind der windigen Geschwätzigkeit des Nominalismus bekennt, zugleich logische Schriften Otto's erwähnt, so müssen wir den Verlust derselben allerdings bedauern; bloss vermuthen lässt sich, dass der „*Liber complexionum*" vielleicht nur aus

---

omnium septem liberalium artium esset peritus, praecipue tamen in dialectica eminebat, et pro ipsa maxime clericorum frequentia eum expetebat. Scripsit etiam de ea duos libellos, quorum priorem ad cognoscenda devitandaque sophismata valde utilem intitulavit „Sophistem", alterum vero appellavit „Librum complexionum"; tertium quoque „De re et ente" composuit, in quo solvit, si unum idemque sit res et ens. In his tribus libellis .... non se Odonem, sed, sicut tunc ab omnibus vocabatur, nominabat Odardum. Sciendum tamen de eodem magistro, quod eandem dialecticam non iuxta quosdam modernos (diess ist die älteste Stelle, in welcher die Nominalisten als *moderni* bezeichnet werden, s. hingegen folg. Abschn. Anm. 55.) *in voce, sed more Boethii antiquorumque doctorum in re discipulis legebat* (also im Gegensatze gegen die angebliche Neuerung werden Boethius und Porphyrius als Realisten *antiqui* genannt, vgl. ob. Anm. 317.). *Unde et magister Raimbertus, qui eodem tempore in oppido Insulensi dialecticam clericis suis in voce legebat, sed et alii quamplures magistri ei non parum invidebant et detrahebant suasque lectiones ipsius meliores esse dicebant, quamobrem nonnulli ex clericis conturbati, cui magis crederent, haesitabant, quoniam magistrum Odardum ab antiquorum doctrina non discrepare videbant et tamen aliqui ex eis, more Atheniensium aut discere aut audire aliquid novi semper humana curiositate studentes, alios potius laudabant, maxime quia eorum lectiones ad exercitium disputandi vel eloquentiae, imo loquacitatis et facundiae, plus valere dicebant* (Einige demnach wünschten mit dem rechtgläubigen Realismus dennoch die formelle Virtuosität der eigentlichen Logiker, d. h. der Nominalisten verbinden zu können). *Unus itaque ex eiusdem ecclesiae canonicis, nomine Qualbertus ..... tanta sententiarum errantiumque clericorum varietate permotus quendam pythonicum* (d. h. einen Wahrsager) *surdum et mutum in eadem urbe divinandi famosissimum adiit et, cui magistrorum magis esset credendum, digitorum signis et nutibus inquirere coepit. Protinus ille, mirabile dictu, quaestionem illius intellexit dexteramque manum per sinistrae palmam instar aratri terram scindentis pertrahens digitumque versus magistri Odonis scholam protendens significabat, doctrinam eius esse rectissimam; rursus vero digitum contra Insulense oppidum protendens manuque ori admota exsufflans innuebat, magistri Raimberti lectionem nonnisi verbosam esse loquacitatem. Haec dixerim non quo pythonicos consulendos .... arbitrer, sed ad redarguendum quorundam superborum nimiam praesumptionem, qui nihil aliud quaerentes nisi ut dicantur sapientes, in Porphyrii Aristotelisque libris magis volunt legi suam adventiciam novitatem, quam Boethii ceterorumque antiquorum expositionem.*

Boethius (*d. syll. categ.*, s. Abschn. XII, Anm. 131 ff.) entnommen war, sowie dass der „*Sophistes*“ etwa den theologischen Streitigkeiten näher gelegen gewesen sei oder möglicher Weise selbst nur die Angaben des Cassiodorus (Abschn. XII, Anm. 182) wiederholt habe; hingegen wichtiger könnte die Schrift „*De re et ente*“ gewesen sein, denn die Frage, ob *res* und *ens* das Nemliche seien, war dort sicher im Sinne des Realismus beantwortet, selbst wenn auch, — was das Wahrscheinlichere ist —, das Ganze sich bloss auf eine vereinzelte Stelle des Boethius (Abschn. XII, Anm. 89 f.) bezogen haben sollte. — Jedenfalls aber dürfte anzunehmen sein, dass der damalige Roscellinische Nominalismus in einer grösseren Zahl von Schriften, als unsere Quellen durchblicken lassen, vertreten gewesen sei; denn wir sind für solch gelegentliche litterarische Notizen ja fast ausschliesslich auf theologische Autoren hingewiesen, welche als Gegner einer ihnen verdächtigen Minorität von vornherein nicht geneigt waren, von derselben viel zu sprechen, sondern lieber mit einem Fulbert (Anm. 237) oder Lanfrancus (Anm. 309) in das Verwerfungsurtheil gegen die Dialektik überhaupt einstimmten [327]).

Ehe wir uns aber zu Anselmus, dem eigentlichen Hauptgegner Roscellin's wenden, müssen wir auf den Abt Wilhelm von Hirschau (gest. 1091) hinweisen, welcher bisher in der Geschichte der Philosophie wohl mit Unrecht unbeachtet geblieben ist [328]). Seine Schrift „*Philosophicarum et astronomicarum institutionum libri tres*“ [329]) scheint überwiegend auf arabischen Quellen, und zwar hauptsächlich durch Vermittlung Constantin's des Karthager's [330]), zu beruhen und

327) So sagt z. B. *Hildebert* (als Erzbischof von Tours gest. 1136), *Sermo* 69 (*Opp. ed. Beaugendre*, p. 579 f.): *Quidam enim in philosophicis facultatibus quandam subtilitatem inutilem vel inutilitatem subtilem quaerentes quibusdam minutiis verborum in cavillatione respondentes utuntur, quibus in disputatione uti, ossa Christi est incinerare ..... Etsi enim deus convertit nos, artium liberalium phantasmatibus uti, si in hac scriptura voluerimus similiter sophistice incedere, odibiles deo erimus, strepitum ranarum Aegypti in terram Gerson traducere molientes.*

328) Ueber sein Leben sind wir durch seinen Schüler Haimo (s. *Pertz, Mon.* XIV, p. 209 ff.) und einige andere Chronisten (ebend. VII, p. 281. u. XII, p. 54. u. p. 64 ff.) unterrichtet. Er war i. J. 1026 geboren, wurde i. J. 1069 Abt in Hirschau, gieng i. J. 1069 in Angelegenheiten seines Klosters nach Rom, starb i. J. 1091. Wenn *Trithem. Chron. Hirs.* (*Basil.* 1558 *fol.*) p. 109. ihn in Rom mit Anselmus zusammentreffen lässt, so ist diess unrichtig, da Letzterer erst i. J. 1098 nach Rom kam (s. F. R. Hasse, Ans. v. Canterb. I, p. 333 ff.).

329) Gedruckt in Basel b. *Henr. Petrus,* 1531. 4 (77 Seiten enthaltend). Ich habe über dieses seltene und interessante Buch, namentlich über die von Wilhelm dabei benützten Quellen, nähere Untersuchungen angestellt; s. Sitzungsberichte d. Münchner Akad. 1861, Heft I.

330) *Petr. Diac. Chron. Casin.* III, 35. b. *Pertz*, *Monum.* IX, p. 728.: *Istius vero abbatis* (d. h. des Desiderius, welcher 1058—1087 Abt war) *tempore Constantinus Africanus ad hunc locum perveniens ..... hic igitur e Carthagine, de qua oriundus erat, egrediens Babyloniam petiit, in qua grammatica, dialectica, geometria, arithmetica, mathematica, astronomia, nec non et physica Chaldaeorum, Arabum, Persarum, Saracenorum, Aegyptiorum ac Indorum plenissime eruditus est; completis autem in ediscendis istiusmodi studiis triginta et novem annorum curriculis ad Africam reversus est.* Eine andere ausführliche Notiz des Petrus Diac. (*d. vir. illustr. Casin.*) über Constantin's naturwissenschaftliche Schriften s. b. *Muratori, Rer. Ital. scriptt.* VI, p. 40 f. oder b. *Jourdain, Recherches critiques*, 2. Aufl. p. 455 f. Abt

enthält für unseren hiesigen Zweck, — um abzusehen von allem Naturphilosophischen und Metaphysischen, was nicht hieher gehört —, Einen nicht unwichtigen Punkt. Wilhelm nemlich zeigt sich uns da als der erste und älteste Autor im mittelalterlichen Abendlande, welcher einen syllogistisch formulirten Beweis für die Existenz Gottes aufstellte [331]). Während aber der theologische oder philosophische Inhalt dieses Beweises [332]) gleichfalls über die uns hier gesteckten Gränzen hinausfällt, ist es lediglich die formelle Seite, welche wir zu beachten haben. Dass das ganze Unternehmen, die objective Existenz Gottes beweisen zu wollen, überhaupt ein verrücktes sei (daher auch Hegel das ontologische Argument eben nur in seiner Eigenschaft als Neuplatoniker wiederaufnahm), geben alle philosophisch Unbefangenen zu; aber dass in jenem unklaren und unphilosophischen Zeitalter ein solcher Versuch entstehen konnte, ist höchst erklärlich, zumal weil damals als Surrogat der Philosophie nur ein Bildungskreis vorlag, welcher auf dogmatische Theologie und eine traditionelle logische Schulgewandtheit beschränkt war; sobald man daher durch theologische Streitigkeiten sich daran gewöhnt hatte, diess Beides derartig mit einander zu verbinden, dass man auch einzelne Bruchtheile des Dogma's logisch zu begründen versuchte (s. ob. Anm. 303), war es nur consequent, mit solcher Formulirung sofort bei dem obersten Punkte des objectiv dogmatischen Bekenntnisses zu beginnen. Aber eine wesentliche Bedingung hiezu war natürlich das Vorhandensein eines logischen Realismus, denn ein Nominalist hätte bei irgend folgerichtigem Denken nie auf den Einfall kommen können, Gottes objective Existenz mit subjectiv menschlichen Worten zu erweisen (ein Beispiel einer sehr ehrenwerthen Besonnenheit in dieser Beziehung sahen wir oben, Anm. 272); und dieser Zusammenhang mit der realistischen Anschauung ist es auch allein, um dessen

---

Wilhelm beruft sich auf Constantinus mehrmals mit namentlicher Nennung, z. B. p. 12, 15, 24.

331) Da nemlich Wilhelm mit Anselmus schon um 1078 in Correspondenz stand (s. Hasse a. a. O. p. 67., Anm.), so hätte er sicher den anselmischen Beweis berücksichtigt, wenn er die *Institutiones* erst nach 1080 (in welchem Jahre das anselmische Monologium und Proslogium bekannt wurden) geschrieben hätte; auch zeigt sich der Gedankengang und die ganze Anschauung Wilhelm's als durchaus unberührt von irgend einem Einflusse durch Anselm's Richtung, was nur dann erklärlich scheint, wenn Wilhelm seine Schrift vor dem litterarischen Auftreten Anselm's verfasste.

332) Er lautet seinem Hauptkerne nach (p. 3 f.): *Et quando diximus in hac vita sciri, deum esse, rationes quibus etiam incredulis hoc probari possit, aperiamus, scilicet per mundi creationem et quotidianam dispositionem. Cum enim mundus contrariis factus sit elementis ....., vel casu vel aliquo artifice in compositione mundi illa coniuncta sunt ......; casu vero coniuncta non sunt ......; igitur aliquo artifice; artifex vero ille vel homo vel angelus vel deus fuit; ante vero mundus factus est quam homo, angelus vero cum mundo, ergo solus deus mundum creavit. Per quotidianam vero dispositionem idem sic probatur: ea quae disponuntur, sapienter disponuntur, ergo aliqua sapientia ....., sed sapientia illa vel divina vel angelica vel humana; humana .... motum et vitam conferre non potest; angelica vero sapientia quomodo ipsos angelos disponeret? divina ergo sapientia est, quae hoc agit; sed omnis sapientia alicuius est sapientia; est igitur, cuius est illa sapientia, sed nec est homo nec angelus, deus ergo est.* Roh genug ist allerdings diese Anwendung der dilemmatischen Form.

willen wir diese Beweis-Versuche bei ihrem ersten Auftreten erwähnen, daher wir auch für alle späteren Entwicklungen, wo der formell logische Parteistandpunkt in den Hintergrund tritt, mit Vergnügen darauf verzichten, die verschiedenen Wandlungen, welche der ontologische Beweis (z. B. bei Cartesius, Leibnitz, Wolff, Mendelssohn, Baumgarten, Kant) erfuhr, zu erwähnen. Uebrigens ist es bei Wilhelm von Hirschau nicht jener uns bisher schon vorgekommene platonische Realismus, auf welchem seine Beweisführung beruhe, sondern in der Speculationsweise seiner Quellen ist es offenbar der arabisch-physikalische Realismus, welcher diese Wendung mit sich brachte, denn wir finden schon bei Arabern des 10. Jahrhundertes in leisen Anfängen den physiko-theologischen Beweis [333]). Doch steht diese Einwirkung arabischer Philosophie noch schlechthin vereinzelt da und trifft nur vermöge des realistischen Platonismus überhaupt mit den entsprechenden occidentalischen Anschauungen in diesem Punkte zusammen.

Eben aber der ontologische Beweis war es ja, durch welchen Anselmus von Canterbury (geb. 1033, gest. 1109) seinen Ruhm begründete [334]). Anselmus stand, wie sich von einem Schüler Lanfranc's nicht anders erwarten lässt, auf dem Standpunkte, dass das Wissen durch den christlichen Glauben bedingt und beschränkt sei [335]), und er findet hiernach dem Denken gegenüber eine unbedingt objective Realität in geistiger Beziehung bereits als vollendete vor, so dass das Denken nur entweder an diesem objectiv Realen theilhaben oder an demselben nicht theilhaben kann, d. h. Anselmus ist für die Logik, wie sich von selbst versteht, Realist. Und der sonderbare Wunsch, unser Denken zu dieser Theilhaftigkeit in objectivem Sinne unwiderruflich zu zwingen, d. h. dem menschlichen Denken den Realismus andemonstriren zu wollen, ist die Grundveranlassung des ontologischen Beweises [336]), an welchem gleichfalls, wie so eben bemerkt wurde, uns hier Nichts

---

333) S. die in meiner Abhandlung über Wilhelm (a. a. O. p. 20 f.) angeführte Stelle aus Fr. Dieterici, d. Naturphil. d. Araber i. 10. Jahrh. (Berl. 1861). p. 162.

334) Die erschöpfend ausführliche Darstellung des Anselmus, welche F. R. Hasse (Ans. v. Canterb. Lpzg. 1843—52. 2 Bände) gab, ist von einer durchgängigen Ueberschätzung der Bedeutung desselben getragen.

335) *Epist.* II, 41. (*Opp. ed. Gerberon. Paris.* 1675), p. 357.: *Christianus per fidem debet ad intellectum proficere, non per intellectum ad fidem accedere aut, si intelligere non valet, a fide recedere; sed cum ad intellectum valet pertingere, delectatur, cum vero nequit, quod capere non potest, veneratur.*

336) *Proslog.* c. 2, p. 30.: *Convincitur ergo etiam insipiens esse, vel in intellectu aliquid, quo nihil maius cogitari potest, quia hoc, cum audit, intelligit, et quidquid intelligitur, in intellectu est; et certe id, quo maius cogitari nequit, non potest esse in intellectu solo; si enim vel in solo intellectu est, potest cogitari esse et in re; quod maius est; si ergo id quo maius cogitari non potest, est in solo intellectu, id ipsum, quo maius cogitari non potest, est, quo maius cogitari potest; sed certe hoc esse non potest; existit ergo procul dubio aliquid, quo maius cogitari non valet, et in intellectu et in re. Apolog. c. Gaunil.* c. 1, p. 37.: *Ego dico: si vel cogitari potest esse, necesse est illud esse; nam quo maius cogitari nequit, non potest cogitari esse nisi sine initio; quidquid autem potest cogitari esse et non est, per initium potest cogitari esse; non ergo quo maius cogitari nequit, cogitari potest esse et non est; si ergo potest cogitari esse, ex necessitate est*, u. s. f. mit fortlaufender plumper Verwechslung von *cogitari* und *esse*.

weiteres interessirt, als eben diese formelle Seite, nach welcher er mit dem Realismus zusammenhängt, denn er zeigt uns nur das Schauspiel des grössten Selbstwiderspruches, welcher überhaupt möglich ist, indem ja durch ihn der principiellste Objectivismus als solcher gerade subjectiv begründet werden soll. Die Widersinnigkeit aber dieses Unternehmens, welche darin liegt, dass der Realist, welcher das Ideelle von vorneherein nur als objectives anerkennt, die objective Existenz desselben erst noch mit subjectiven Mitteln beweisen will, erblickte Gaunilo (ein Mönch in Mar-Moutiers) ganz richtig, indem er behauptete, der Beweis gehe ebensosehr auch auf die Existenz einer unbedingt vollkommenen Insel [337]), denn in der That hätte der Realismus durch die nemliche Formel auch die reale Existenz sämmtlicher platonischer Ideen beweisen können. Wenn aber Anselmus hierauf erwidert, er habe ja nicht von der Existenz des Concreten, sondern eben nur vom Unbedingten gesprochen [338]), so fängt er sich nothwendig in seiner eigenen Schlinge; denn er ist genöthigt, nun dennoch seine Zuflucht zu einem successiven Aufsteigen zu nehmen, durch welches wir uns von dem geringeren Bedingten erst allmälig im Denken zum Gedanken des unbedingten Superlatives erheben [339]), wornach das Sein dieses Unbedingten natürlich nur ein vom Denken ponirtes Sein sein kann, während hiemit hinwiederum sehr schlecht stimmt, wenn Anselmus andrerseits bei jedem Gedanken, und zwar ausdrücklich auch bei dem auf concrete Dinge gerichteten Denken, eine bloss nominelle Seite (*vox significans*) und ein reelles Verstehen (*id ipsum quod res est*) derartig unterscheidet, dass bei letzterem die Existenz schon involvirt, bei ersterem aber jeder Unsinn möglich sei [340]); denn wenn die Sache so steht, bedarf es über-

---

337) *Liber pro insipiente*, c. 6. (*Ans. Opp.* p. 36.): *Aiunt quidam, alicubi Oceani esse insulam, quam ex difficultate vel potius impossibilitate inveniendi, quod non est, cognominant aliqui perditam, quamque fabulantur .... universis aliis .... usquequaque praestare. Hoc ita esse dicat mihi quispiam ..... At si tunc velut consequenter adiungat ac dicat: non potes ultra dubitare, insulam illam omnibus terris praestantiorem vere esse alicubi in re, quam et in intellectu tuo non ambigis esse; nam quia praestantius est, non in intellectu solo sed etiam in re esse, ideo sic eam necesse est esse, quia, nisi fuerit, quaecunque alia in re est terra, praestantior illa erit, ac sic ipsa iam a te praestantior intellecta praestantior non erit, — si, inquam, per haec ille mihi velit astruere de insula illa, quod vere sit, etc. etc.*

338) *Apol. c. Gaun.* c. 3, p. 38.: *Sed tale est, inquis, ac si aliquis insulam Oceani etc...... Fidens loquor: quia si quis invenerit mihi aliquid aut re ipsa aut sola cogitatione existens, praeter quod maius cogitari non possit, cui aptare valeat connexionem huius meae argumentationis, inveniam et dabo illi perditam insulam amplius non perdendam.*

339) Ebend. c. 8, p. 39.: *Quoniam namque omne minus bonum in tantum est simile maiori bono, in quantum est bonum, patet cuilibet rationali menti, quia de minoribus ad maiora conscendendo ex his, quibus aliquid cogitari potest maius, multum possumus coniicere illud, quo nihil potest maius cogitari ..... Est igitur unde possit coniici, quo maius cogitari nequeat.*

340) *Prosl.* c. 4, p. 31.: *Aliter enim cogitatur res, cum vox eam significans cogitatur, aliter cum id ipsum quod res est intelligitur; illo itaque modo potest cogitari deus non esse, isto vero minime; nullus quippe intelligens id quod sunt ignis et aqua potest cogitare, ignem esse aquam secundum rem, licet hoc possit secundum voces; ita igitur nemo intelligens id quod deus est potest cogitare, quia*

haupt weder eines Beweises der Existenz, noch eines Aufsteigens zum Unbedingten, sondern man braucht dann Nichts weiteres zu thun, als eben jedwedes nach seiner realen objectiven Seite zu denken. Wohlweislich geht daher Anselmus auch auf den treffendsten Einwand Gaunilo's mit keinem Worte ein, welch Letzterer einen sehr vernünftigen Nominalismus vertritt, wenn er sagt, dass allerdings die *vox* allein als blosse *vox*, d. h. als lediglicher Buchstaben-Klang, keine Wahrheit enthalte, dass aber in dem Gebiete des Erfahrungsmässigen, wo die intelligible Bedeutsamkeit des Wortes an Bekanntes angeknüpft und an demselben gemessen wird, sehr wohl das objectiv reale Sein in den Worten gedacht werde, wornach bei demjenigen, was über alle Erfahrung hinausliege, es eben bei der *significatio perceptae vocis* sein Bewenden haben müsse, welche an sich den objectiv wirklichen Bestand des bezeichneten Dinges nicht enthält [341]). D. h. Gaunilo sagt: Wir setzen in unseren Worten die concrete Erfahrung in Begriffe um und besitzen in den Worten auch die Kraft, über das unmittelbar Wirkliche hinauszugehen; sobald aber diess geschieht, befinden wir uns in der Sphäre des Gedankens allein, aus welchem als einem bloss subjectiven die objective Existenz des Gedachten hervorlocken zu wollen, ein vergebliches Bemühen ist, denn gerade wenn man auf das *cogitari* sich wirft, zeigt sich, dass *esse* und *non esse* dem Objectiven angehören, und hiemit der ontologische Beweis Nichts beweist, weil er sein eigenes Gebiet überschreitet und zuviel beweist.

Ist hiemit der ontologische Beweis nur dadurch entstanden, dass Anselmus sich nicht einmal über seinen eigenen realistischen Standpunkt logisch klar war, so zeigt sich diese nemliche Schwäche auch in jenem Bekenntnisse des Realismus, welches der „*Dialogus de veritate*“ enthält. Den schlechthin realistischen Ausdruck „*substantiae universales*“ sahen

---

deus non est, licet haec verba dicat in corde aut sine ulla aut cum aliqua extranea significatione.

341) *L. pro insip.* c. 4, p. 36.: *Neque enim aut rem ipsam quae deus est novi, neque ipsam possum coniicere ex alia simili, quandoquidem et tu talem asseris illam, ut esse non possit simile quidquam. Nam si de homine aliquo mihi prorsus ignoto, quem etiam esse nescirem, dici tamen aliquid audirem, per illam specialem generalemve notitiam, qua quid sit homo vel homines novi, de illo quoque secundum rem ipsam, quae est homo, cogitare possem; et tamen fieri posset, ut mentiente illo qui diceret, ipse, quem cogitarem, homo non esset, cum tamen ego de illo secundum veram nihilominus rem, non quae esset ille homo sed quae est homo quilibet, cogitarem. Nec sic igitur, ut haberem falsum istud in cogitatione vel in intellectu, habere possum illud, cum audio dici „deus“ aut „aliquid omnibus maius“, cum, quando illud* (d. h. jenen Menschen) *secundum rem veram mihique notam cogitare possem, istud* (d. h. Gott) *omnino nequeam, nisi tantum secundum vocem, secundum quam solam aut vix aut nunquam potest ullum cogitari verum; siquidem cum ita cogitatur, non tam ipsa vox, quae res est utique vera, hoc est litterarum sonus vel syllabarum, quam vocis auditae significatio cogitetur. Sed non ita ut ab illo qui novit, quid ea soleat voce significari, a quo scilicet cogitatur secundum rem vel in sola cogitatione vera, verum ut ab eo qui illud non novit et solummodo cogitat secundum animi motum illius auditu vocis effectum significationemque perceptae vocis conantem effingere sibi, quod mirum est si unquam rei veritate potuerit. Ita ergo nec prorsus aliter adhuc in intellectu meo constat illud haberi, cum audio intelligoque dicentem, esse aliquid maius omnibus quae valeant cogitari. Haec de eo, quod summa illa natura iam esse dicitur in intellectu meo.*

wir schon oben (Anm. 319) in der gegen Roscellinus gerichteten Stelle; aber eben diese Auffassung hindert den Anselmus natürlich an jedem Verständnisse dessen, was die Form des logischen Urtheiles bedeute, denn indem er die *enuntiatio* von vorneherein nur als Abklatsch des objectiven Seins oder Nichtseins betrachten kann, theilt er ihr nicht einmal in dieser Form die Wahrheit zu, sondern verlegt die Wahrheit ausschliesslich in das Objective, welches nicht einmal in seinem Auftreten im Urtheile wahr sei, sondern nur die Ursache der Wahrheit des Urtheiles enthalte [342]); ja er verhöhnt förmlich die Form des Urtheiles, indem er sagt, dass dasselbe auch dann, wenn es im Widerspruche mit dem objectiven Thatbestande stehe, immerhin die Richtigkeit des blossen Aussagens und Bezeichnens enthalte, während die wahre Richtigkeit, d. h. die Wahrheit selbst, eben nur in jener Objectivität liege, nach welcher in objectivem Sinne zu haschen gleichsam als ethische Pflicht bezeichnet wird [343]), denn da Alles sein Sein nur von der höchsten Wahrheit empfängt [344]), gestaltet sich zuletzt das Sein selbst zu einem Sollen [345]). Hiernach ergibt sich wohl ein schlechthin objectiver einheitlicher Grund der Wahrheit [346]), aber je stärker das ausschliess-

---

342) *Dial. d. ver.* c. 2, p. 109 f.: *M. Quando est enuntiatio vera? D. Quando est, quod enuntiat sive affirmando sive negando; dico enim esse quod enuntiat, etiam quando negat esse quod non est, quia sic enuntiat, quemadmodum res est. M. An ergo tibi videtur, quod res enuntiata sit veritas enuntiationis? D. Non. M. Quare? D. Quia nihil est verum nisi participando veritatem, et ideo veri veritas in ipso vero est; res vero enuntiata non est in enuntiatione vera; unde non eius veritas, sed causa veritatis eius dicenda est.*

343) Ebend. p. 110.: *M. Ergo non est enuntiationi aliud veritas, quam rectitudo ..... D. Video quod dicis; sed doce me, quid respondere possim, si quis dicat, quia etiam cum oratio significat esse quod non est, significat quod debet; pariter namque accepit significare esse et quod est et quod non est, nam si non accepisset significare esse etiam quod non est, non id significaret; quare etiam cum significat esse quod non est, significat quod debet; at si quod debet significando recta et vera est, sicut ostendisti, vera est oratio etiam cum enuntiat esse quod non est. M. Vera quidem non solet dici, cum significat esse quod non est, veritatem tamen et rectitudinem habet, quia facit quod debet. Sed cum significat esse quod est, dupliciter facit quod debet, quoniam significat et quod accepit significare et ad quod facta est; sed secundum hanc rectitudinem et veritatem, qua significat esse quod est, usu recta et vera dicitur enuntiatio, non secundum illam. qua significat esse etiam quod non est .... Alia est igitur rectitudo et veritas enuntiationis, quia significat ad quod significandum facta est, alia vero quia significat quod accepit significare; quippe ista immutabilis est ipsi orationi, illa vero mutabilis.*

344) Ebend. c. 7, p. 112.: *An putas aliquid esse aliquando aut alicubi, quod non sit in summa veritate et quod inde non acceperit, quod est in quantum est, aut quod possit aliud esse, quam quod ibi est?*

345) Ebend. c. 9, p. 113.: *In rerum quoque existentia est similiter vera vel falsa significatio, quoniam eo ipso quia est, dicit se debere esse.* Hiemit hängt auch zusammen, dass Anselmus das reale Nichtsein oder das seiende Nichts völlig mit dem Bösen identificirt (*Epist.* II, 8, p. 343 f.) und somit im Vergleiche mit Scotus Erigena (Anm. 133 ff.) entschiedener den platonischen Realismus bekennt.

346) Ebend. c. 13, p. 115.: *Si rectitudo non est in rebus illis, quae debent rectitudinem, nisi cum sunt secundum quod debent, et hoc solum est illis rectas esse, manifestum est, earum omnium unam solam esse rectitudinem ..... Quoniam illa (sc. veritas) non in ipsis rebus aut ex ipsis aut per ipsas, in quibus esse dicitur, habet suum esse, sed cum res ipsae secundum illam sunt, quae semper praesto est his, quae sunt sicut debent, tunc dicitur huius vel illius rei veritas.*

lich spiritualistische Erfassen desselben betont wird[347]), desto weniger ist verständlich, wie der logischen Form des Urtheiles noch irgend eine principielle Function verbleiben solle.

Wie wenig durchgebildet aber die Auffassung der Logik überhaupt bei Anselmus gewesen sei, erhellt am deutlichsten aus der Schrift, welche den Titel „*Dialogus de grammatico*“ führt[348]). Dieselbe ist allerdings nur ein Schul-Exercitium, welches Anselmus, wie er selbst sagt, nur im Hinblicke auf übliche zahlreiche Erörterungen ähnlicher Art verfasste[349]); aber während wir nicht wissen, ob jene anderen dergleichen Schriften etwa besser gewesen seien, ersehen wir jedenfalls, dass die des Anselmus auf einem bedauerlich niedrigen Standpunkte stehe. Denn sie ist ein fortgesetztes verstandloses Spiel mit angelernten Lehrsätzen aus Boethius und bewegt sich in dem tädiösen Bemühen, Schwierigkeiten, wo kein vernünftiger Mensch welche finden kann, vorerst aufzustöbern und dieselben dann in adäquater Weise wieder zu lösen, — kurz, sie ist ein ebenso geringfügiges Erzeugniss einer höchst beschränkten Schulweisheit wie die obige Schrift Gerbert's, und davon, dass durch dieselbe das dialektische Studium gefördert worden sei, kann um so weniger eine Rede sein, als sie sogar bezüglich der logischen Parteifrage sich als äusserst stumpf und matt zeigt.

Das Ganze dreht sich um die Frage, ob „*grammaticus*“ Substanz oder Qualität sei, da beides zugegeben werden müsse, aber nicht zugleich wahr sein könne[350]). Die vernünftige Antwort aber, dass nem-

---

347) Ebend. c. 11, p. 113.: *Nempe nec plus nec minus continet ista diffinitio veritatis, quam expediat, quoniam nomen rectitudinis dividit eam ab omni re, quae rectitudo non vocatur; quod vero sola mente percipi dicitur, separat eam a rectitudine visibili.*

348) Anselmus sagt selbst (*Prol. ad L. d. ver.* p. 109.): *edidi tractatum non inutilem, ut puto, introducendis ad dialecticam, cuius initium est „De grammatico“*, und aus einer diess wiederholenden Stelle bei *Sigeb. Gembl. d. scr. eccl.* c. 168. (*Fabric. Bibl. eccl.* p. 114.: *scripsit .... alium librum introducendis ad dialecticam admodum utilem, cuius initium est „De grammatico“*) entstand die irrige Meinung, er habe auch eine eigene „*Introductio in dialecticam*“ geschrieben.

349) *Dial. d. gramm.* c. 21, p. 150.: *Tamen quoniam scis, quantum nostris temporibus dialectici certent de quaestione a te proposita, nolo te sic his quae diximus inhaerere, ut ea pertinaciter teneas, si quis validioribus argumentis haec destruere et diversa valuerit astruere; quod si contigerit, saltem ad exercitationem disputandi nobis haec profecisse non negabis.*

350) Ebend. c. 1, p. 143.: *De grammatico peto ut me certum facias, utrum sit substantia an qualitas, ut hoc cognito, quid de aliis quae similiter denominative dicuntur, sentire debeam, agnoscam.* Die Quelle der Frage liegt darin, dass Boethius (p. 121.), wo in den Kategorien *grammaticus* als *denominativum* von *grammatica* angeführt wird, in der Erklärung den Aristarchus als Beispiel eines *grammaticus* nennt, und ausserdem bei der Substanz (p. 134.) *grammaticus* ausdrücklich bis zu *animal* zurückgeführt wird, daneben aber (p. 185 f.) bei der Kategorie der Qualität *grammaticus* zum stehenden Beispiele geworden war. Daher stellt nun Anselmus Folgendes als sich Widersprechendes nebeneinander: *Ut quidem grammaticus probetur esse substantia, sufficit quia omnis grammaticus homo, et omnis homo substantia* (vgl. *Boeth. ad Porph.* p. 63 f.) ...... *Quod vero grammaticus sit qualitas, aperte fatentur philosophi, qui de hac re tractaverunt, quorum auctoritatem de his rebus est impudentia improbare. Item quoniam necesse est, ut grammaticus sit aut substantia aut qualitas ....., cum ergo alterum horum verum sit alterum falsum, rogo ut falsitatem detegens aperias mihi veritatem.*

lich dennoch beides wahr sei, wird auf den verkünsteltsten Umwegen herbeigeführt[351]). Der Annahme nemlich, dass es eine Substanz darum sei, weil ja der Grammatiker ein Mensch, der Mensch aber Substanz ist, tritt zunächst ein verzerrter Syllogismus gegenüber, dessen Schlusssatz dahin lautet, dass kein Grammatiker ein Mensch sei[352]), was vorerst dadurch widerlegt wird, dass man auf gleiche Weise auch beweisen könne, dass kein Mensch ein lebendes Wesen sei[353]), worauf erst nachhinkend die Hinweisung auf den im Mittelbegriffe liegenden Formfehler jenes Syllogismus folgt, und die anti-nominalistische Bemerkung sich anknüpft, dass die Kraft des Schliessens nicht in den ausgesprochenen Worten, sondern in dem inneren Gedanken liege[354]). Das hieraus gewonnene Resultat aber, dass Grammatiker und Mensch nicht identisch sind[355]), wird nun neuerdings syllogistisch dahin verzerrt, dass kein Mensch ein Grammatiker sei, und zwar geschieht auch diess nur, um mit abermaliger Beiziehung des analogen Schlusses, dass kein Mensch ein vernünftiges Wesen sei, zur Berichtigung des Mittelbegriffes zu gelangen und hiedurch auf das bereits dagewesene Resultat zurückzukehren, dass das Wesen des Menschen nicht das Wesen des Grammatikers sei[356]). Aber auch diess genügt noch nicht, sondern

351) Ebend. c. 2.: *Argumenta, quae ex utraque parte posuisti, necessaria sunt, nisi quod dicis, si alterum est, alterum esse non posse; quare non debes a me exigere, ut alteram partem esse falsam ostendam, quod ab ullo fieri non potest; sed quomodo sibi invicem non repugnent, aperiam, si a me fieri potest. Sed vellem ego prius a te ipso audire, quid his probationibus tuis obiici posse opineris.*

352) Ebend.: *Illam quidem propositionem quae dicit, grammaticum esse hominem, hoc modo repelli existimo: quia nullus grammaticus potest intelligi sine grammatica, et omnis homo potest intelligi sine grammatica, item omnis grammaticus suscipit magis et minus* (diess aus *Boeth.* p. 186.). *et nullus homo suscipit magis et minus, ex utraque contextione binarum propositionum conficitur una conclusio, id est, nullus grammaticus est homo.*

353) C. 3, p. 143 f.: *Non sequitur ...... Contexe igitur tu ipse quatuor propositiones in duos syllogismos: ..... Omne animal potest intelligi praeter rationalitatem; nullus vero homo potest intelligi praeter rationalitatem. Item: Nullum animal rationale est ex necessitate; omnis autem homo rationalis est ex necessitate. Ex utroque hoc ordine binarum propositionum videtur nasci: nullus igitur homo est animal; quo nihil falsius, licet praecedentes propositiones titubare in nullo videam ..... Sed video horum duorum syllogismorum connexionem per omnia similem illis duobus quos paulo ante protuli.*

354) C. 4, p. 144.: *Junge has duas propositiones ita integras sicut eas modo protulisti. Omnis homo potest intelligi homo sine grammatica; nullus grammaticus potest intelligi grammaticus sine grammatica ..... Video, eas non habere communem terminum, et idcirco nihil ex eis consequi ...... Communis terminus syllogismi non tam in prolatione quam in sententia est habendus; sicut enim nihil efficitur, si communis est in voce et non in sensu, ita nihil obest, si est in intellectu et non in prolatione; sententia quippe ligat syllogismum, non verba* (so also denkt der Erfinder des ontologischen Beweises über die Form des Syllogismus!).

355) C. 5.: *Exspecto, ut reddas effectum propositionibus meis .... Conficitur ergo, quia esse grammatici non est esse hominis ..... Si ita intelligas „grammaticus non est homo", ac si dicatur „grammaticus non est idem quod homo", i. e., non habent eandem diffinitionem, vera est conclusio.*

356) C. 6.: *Si quis ita contexeret „Omnis grammaticus dicitur in eo quod quale* (der Ausdruck *in eo quod quale* steht b. *Boeth. ad Porph.* p. 87 f.); *nullus homo dicitur in eo quod quale; ergo nullus homo grammaticus", tale mihi hoc videretur esse, ac si diceretur „Omne rationale dicitur in eo quod quale; at nullus*

mit steter Umgehung dessen, was jeder vernünftige Mensch von vorneherein gewusst und gesagt hätte, wird wieder ein anderweitiger Syllogismus beigebracht, dessen Schlusssatz lautet, dass kein Stein ein Mensch sei, und es knüpft sich daran die Hinweisung auf den Unterschied der beiderseitigen Schlusssätze, insoferne man wohl sagen müsse, dass der Stein in keinerlei Weise ein Mensch sei, nicht aber behaupten dürfe, dass der Grammatiker in keinerlei Weise ein Mensch sei [357]; ja noch einmal folgt, und zwar nun in dilemmatischer Form, ein verschrobener Beweis, dass kein Grammatiker ein Mensch sei, um neuerdings zu dem jetzt modificirten Resultate zurückzukommen, dass das Grammatiker-Sein nicht schlechthin dasselbe sei wie das Mensch-Sein [358]. Diess Alles aber ist noch nicht genug, sondern die Sache wird von Schritt zu Schritt immer ungeniessbarer. Nemlich vorerst wird die Möglichkeit offen gelassen, nunmehr nach Analogie des Weiss-Seins doch wieder zu schliessen, dass einige Grammatiker keine Menschen seien [359]; sodann aber wird ein aus der Wesens-Verschiedenheit zwischen Grammatik und Mensch (da ersteres eine Inhärenz sei, letzteres aber nicht) gezogener abermaliger Schluss, dass kein Grammatiker ein Mensch sei, dazu benützt, um mit anti-nominalistischer Betonung der *res* das Resultat auszusprechen, dass der objectiv sachliche Gehalt des Grammatikers in „Mensch" und „Grammatik" liege, wornach *grammaticus* zugleich

---

homo dicitur in eo quod quale; nullus ergo homo rationalis"; hoc autem nulla probatio verum efficere valet, ut rationale praedicetur de nullo homine. Similiter ille syllogismus, quem modo protulisti, non necessario concludit, grammaticum non praedicari de homine; hoc enim significant eius propositiones, si secundum veritatem eas intelligimus, tanquam si diceretur ita „Omnis grammaticus dicitur grammaticus in eo quod quale; nullus homo dicitur homo in eo quod quale"; ex his autem duabus propositionibus nequaquam consequitur „nullus grammaticus praedicatur de homine" .... Si quis vero .... ita velit intelligere, ac si diceretur „homo non est idem quod grammaticus" ....., ad hoc probandum, quia essentia hominis non est essentia grammatici, habet earum significatio communem terminum.

357) C. 7, p. 145.: *Dic mihi, si quis sic proponeret „Nullus homo potest intelligi sine rationalitate; omnis autem lapis potest intelligi sine rationalitate", quid consequeretur, ... nisi „nullus igitur lapis homo" ..... Dic ergo quid differt iste syllogismus ab illo tuo syllogismo? ...... Sed quoniam iste quodam alio modo potest intelligi, quo ille tuus non potest, habet hanc conclusionem, ut nullo modo lapis possit esse homo ..... Sic potest, immo debet accipi, ac si dicatur „Nullus homo potest aliquo modo intelligi sine rationalitate; omnis vero lapis quolibet modo potest intelligi sine rationalitate", unde conficitur „nullus igitur lapis aliquo modo est homo". In tuis vero propositionibus veritas nequaquam similem admittit subauditionem.*

358) C. 8.: *Esse grammatici non est esse hominis. Si hoc est, qui habet essentiam grammatici, non ideo necessario habet essentiam hominis, ... non est igitur omnis grammaticus homo. At cum omnibus grammaticis una sit ratio, cur sint homines, profecto aut omnis grammaticus est homo aut nullus; sed constat, quia non omnis; nullus igitur ...... Debet intelligi illa argumentatio hoc modo: si esse grammatici non est simpliciter esse hominis, qui habet essentiam grammatici, non ideo sequitur ut habeat simpliciter essentiam hominis ....; ita vero nihil aliud sequitur, nisi „nullus grammaticus est simpliciter homo".*

359) C. 9.: *Verum si probaretur, quod, ut puto, facile fieri potest, quia esse grammatici ita non est esse hominis sicut esse albi non est esse hominis, ... tunc vere sequeretur aliquem grammaticum posse esse non hominem.*

nach der einen Seite Substanz und nach der anderen Qualität sei[360]). Nachdem aber ein neuer gegen die Substanzialität des Grammatikers erhobener Einwand siegreich durch den eben eingenommenen Standpunkt beseitigt scheint[361]), steigt wieder eine andere Schwierigkeit auf; denn die beständige Gewohnheit der Dialektiker, das Wort „Grammatiker" stets als Beispiel der Qualität, nie aber als Beispiel der Substanz anzuführen, widerstreite gerade dem gewöhnlichen Sprachgebrauche, nach welchem man nie jenes Wort an Stelle der damit bezeichneten Qualität setzen könne, und ferner müsse folgerichtig auch der Begriff „Mensch", in welchem gleichfalls Qualitäten enthalten seien, ebenso als Beispiel der Qualität verwendet werden können, was doch nie geschehe[362]). Diess wird nun dadurch gelöst, dass das Wort „Mensch" wirklich eine reale Einheit bezeichne und daher wahrhaft ein *significativum* betreffs der Substanz sei, nicht aber eigentlich als prädicatives *appellativum* auftreten könne, wohingegen das Wort „Grammatiker" nur eben bezüglich des realen Dinges, welches die Grammatik ist, an sich (*per se*) ein *significativum* sei, betreffs des Menschen aber nur mittelbar (*per aliud*) als blosses *appellativum* gebraucht werde, denn über-

---

360) Ebend.: *Aristoteles ostendit, grammaticam* (bei *Gerberon* steht sinnlos *grammaticum*) *eorum esse quae sunt in subiecto* (aus *Boeth.* p. 119., s. Abschn. XII, Anm. 92.), *et nullus homo est in subiecto; quare nullus grammaticus homo. M. Noluit Aristoteles hoc consequi ex suis dictis, nam idem Aristoteles dicit quendam hominem et hominem et animal grammaticum* (*Boeth.* p. 134.) ...... *Cum loqueris mihi de grammatico, num intelligam te loqui de hoc nomine, an de rebus quas significat? D. De rebus. M. Quas ergo res significat? D. Hominem et grammaticam ...... M. Dic ergo: homo est substantia an in subiecto? D. Non est in subiecto, sed est substantia. M. Grammatica est qualitas et in subiecto? D. Utrumque est. M. Quid ergo mirum, si quis dicit, quia grammaticus est substantia et non est in subiecto secundum hominem, et grammaticus est qualitas et in subiecto secundum grammaticam.*

361) C. 10, p. 146.: *Sed unum adhuc dicam, cur grammaticus non sit substantia: quia omnis substantia est prima aut secunda* (*Boeth.* p. 128., s. Abschn. XII, Anm. 91.), *grammaticus autem nec prima nec secunda. M. Memento dictorum Aristotelis quae paullo ante dixi ..... Sed tamen unde probas? D. Quia est in subiecto, quod nulla substantia est, et dicitur de pluribus, quod primae non est, nec est genus aut species nec dicitur in eo quod quid, quod est secundae* (*Boeth.* p. 72.). *M. Nihil horum, si bene meministi quae iam diximus, aufert grammatico substantiam, quia secundum aliquid grammaticus non est in subiecto et est genus et species, ... est etiam individuus, sicut homo et animal, ... Socrates enim et homo et animal est et grammaticus.*

362) C. 11.: *Nemo qui intelligit nomen grammatici, ignorat, grammaticum significare et hominem et grammaticam, et tamen si hac fiducia in populo loquens dicam ,,utilis scientia est grammaticus" aut ,,bene scit iste homo grammaticum", non solum stomachabuntur grammatici, sed et ridebunt rustici. Nullatenus itaque credam sine aliqua alia ratione tractatores dialecticae tam saepe et tam studiose in suis libris scripsisse, quod idem ipsi colloquentes dicere erubescerent. Saepissime namque ubi volunt ostendere qualitatem aut accidens, subiungunt ,,ut grammaticus et similia", cum grammaticum magis esse substantiam quam qualitatem aut accidens, usus omnium loquentium attestetur; et cum volunt aliquid docere de substantia, nusquam proferunt ,,ut grammaticus aut aliquid huiusmodi". Huc accedit: .... cur homo non est similiter qualitas et substantia? homo namque significat substantiam cum omnibus illis differentiis quae sunt in homine, ut est sensibilitas et mortalitas; sed nusquam ubi sit scriptum aliquid de qualitate aliqua, prolatum est ad exemplum ,,velut homo".*

haupt falle das *appellativum* nur dem gewöhnlichen Redegebrauche anheim, während das *significativum* die reale Substanz enthalte [363]). Ahnen wir nun schon hiernach, worauf das Ganze hinauslaufen werde, so vergönnt uns Anselmus noch nicht sofort den Genuss seiner realistischen Auffassung, sondern schleppt uns noch einige Zeit durch unverständige Tändeleien hindurch. Nemlich der Einwand, dass „Grammatiker" und „Mensch" demnach in gleicher Weise bezeichnende Aussagen seien, und hiemit ersteres gleichfalls in einer realen Einheit den Begriff des Menschen und den Begriff der Grammatik umfasse, soll nun dadurch widerlegt werden, dass dann Grammatik kein Accidens, sondern eine Wesens-Differenz wäre, was ebenso von allen ähnlichen Qualitäten gelten müsste, sowie auch die Folgerung sich ergäbe, dass dann ein Nicht-Mensch, welcher Grammatiker wäre, eben deshalb zugleich ein Mensch sein müsste [364]); ferner sei ja gerade die Adjektivform des Wortes *grammaticus* zu bedenken, denn wenn „Mensch" schon an sich in „Grammatiker" enthalten wäre, könnte man durch Substituirung ins Unendliche fort das Wort „Mensch" wiederholen müssen, und überhaupt verrücke man den Standpunkt der abgeleiteten Appellativa, da dann z.

363) C. 12.: *Nempe nomen hominis per se et ut unum significat ea, ex quibus constat totus homo ..... Quapropter quamvis omnia simul velut unum totum sub una significatione uno nomine appellentur homo, sic tamen principaliter hoc nomen est significativum et non* (*non* fehlt widersinnig bei *Gerberon*) *appellativum substantiae ...... Grammaticus vero non significat hominem et grammaticam ut unum, sed grammaticam per se et hominem per aliud, et hoc nomen quamvis sit appellativum hominis, non tamen proprie dicitur eius significativum, et licet sit significativum grammaticae, non tamen proprie est eius appellativum. Appellativum autem nomen cuiuslibet rei nunc dico, quo res ipsa usu loquendi appellatur.* Diese Unterscheidung zwischen *significativus* und *appellativus* ist gleichfalls aus Boethius geschöpft, einerseits im Hinblicke auf die dortige (p. 308 f.) Definition des Substantives, und andrerseits in Folge ausdrücklicher Angaben des Boethius, welcher die betreffende Stelle *Categ.* c. 5. folgendermaassen übersetzt (p. 138.): *in secundis vero substantiis videtur quidem similiter appellationis figura hoc aliquid significare, ... non tamen verum est, sed magis quale aliquid significat*, wozu noch Bemerkungen bei der Kategorie der Qualität kommen (p. 174.): *qualitas secundum Aristotelem ipsa quoque multipliciter appellatur ..... et communis est multiplex appellatio etiam in his nominibus, quae veluti genera de speciebus dicuntur;* und (p. 183.): *grammatici enim a grammatica nominantur, atque hoc est in pluribus, ut posito nomine si quid secundum ipsas qualitates quale dicitur, ex his ipsis qualitatibus appellatio derivetur ..... distinctis qualitatum vocabulis appellantur.* So ist also auch bei Anselmus durchweg der bisherige beschränkte Quellenkreis nicht überschritten, und hätte man damals schon die Uebersetzung der Analytik gekannt, so wären wohl derartige Erörterungen überhaupt unmöglich gewesen.

364) C. 13, p. 147.: *Sicut enim homo constat ex animali et rationalitate et mortalitate et idcirco homo significat haec tria, ita grammaticus constat ex homine et grammatica et ideo nomen hoc significat utrumque ...... M. Si ergo ita est, ut tu dicis, diffinitio et esse grammatici est homo sciens grammaticam .... Non est igitur grammatica accidens, sed substantialis differentia, et homo est genus et grammaticus species; nec dissimilis est ratio de albedine et similibus accidentibus, quod falsum esse totius artis tractatus ostendit* (*Boeth.* p. 79 ff.) ...... *Ponamus, quod sit animal aliquod rationale, non tamen homo, quod ita sciat grammaticam sicut homo ..... Est igitur aliquis non homo sciens grammaticam .... ut omne sciens grammaticam est grammaticum .... est igitur quidam non homo grammaticus .... sed tu dicis in grammatico intelligi hominem ..... quidam ergo non homo est homo, quod falsum est.*

B. auch *hodiernus* ein Zeitwort sein müsste 365). Nachdem aber hiedurch als bewiesen gilt, dass *grammaticus* nicht die Substantialität des Menschen einheitlich in sich schliesse, sondern nur die adäquate Bezeichnung der Grammatik allein sei, soll nun noch deutlich gemacht werden, in welcher Weise *grammaticus* bloss mittelbares Appellativum des Menschen sei; diess geschieht mit der sinnlosesten Vertauschung attributiver Begriffe durch ein Beispiel, da, wenn ein weisses Pferd und ein schwarzer Ochs nebeneinander stehen, durch das Wort „Weiss" mittelbar das Pferd bezeichnet werden könne 366). Das hievon zu erwartende Resultat ist, dass alle appellative Bezeichnung nur accidentell sei 367), wornach der ganze Umkreis des menschlichen Redens, welches sich in Urtheilen bewegt, dem Accidentellen anheimfällt, und hiemit das Wesen des Prädicates für die Logik vernichtet ist, sobald dasselbe nicht mit dem substantiellen Subjecte identisch bleibt. Ja, es wird gegen jene Folgerung ein neuer Einwand beigebracht, um siegreich aus demselben zu dem verstärkten Standpunkte zurückzukehren; nemlich es könne eingewendet werden, dass bei solcher Trennung von Substanz und Accidens nun da, wo Mensch und Grammatik sich in dem Grammatiker vereinigen, nur die Wahl bleibe, entweder den Grammatiker selbst sofort als eine blosse Qualität zu bezeichnen, oder sich ausschliesslich auf die Substanz zu werfen, so dass der Mensch allein in dieser seiner Substanzialität schon der Grammatiker wäre 368). Letztere Alternative nun wird durch ein Wortspiel und ein Gleichniss beseitigt, denn der Mensch bleibe ja in seiner Selbstständigkeit, während er die Grammatik als Eigenschaft besitze, und es sei ebenso, wie wenn von

---

365) Ebend.: *Si homo est in grammatico, non praedicatur cum eo simul de aliquo ....., non enim apte dicitur, quod Socrates est homo animal* (*Boeth.* p. 64.) *...., sed convenienter dicitur, quod Socrates est homo grammaticus .... Item, si grammaticus est homo sciens grammaticam, ubicunque ponitur grammaticus, apte ponitur homo sciens grammaticam ..... si igitur apte dicitur „Socrates est homo grammaticus", apte quoque dicitur „Socrates est homo homo sciens grammaticam" ... et sic in infinitum ...... Item similiter in omnibus denominativis id quod denominatur cum eo intelligendum est a quo denominatur .... ergo hodiernum significat id quod vocatur hodiernum et hodie ..... ergo hodiernum non est nomen, sed verbum, quia est vox significans tempus.*

366) C. 14.: *Sufficienter probatum est, grammaticum non esse apellativum grammaticae, sed hominis, nec esse significativum hominis, sed grammaticae; sed quoniam dixisti, grammaticum significare grammaticam per se et hominem per aliud, peto ut aperte mihi has duas significationes distinguas ...... M. Quid si vides stantes iuxta se invicem album equum et nigrum bovem et dicit tibi aliquis de equo „percute illum" non monstrans aliquo signo, de quo dicat, an scis, quod de equo dicat. D. Non. M. Si vero nescienti tibi et interroganti „quem?" respondet „album", intelligis, de quo dicit? D. Equum intelligo per nomen albi .... Namque nomen equi .... significat mihi equi substantiam per se et non per aliud; nomen vero albi substantiam equi significat non per se, sed per aliud, i. e. per hoc quod scio equum esse album.* (Wohl zu bedauern ist der Leser, welcher solchen Unverstand durchmachen soll; jedoch ich musste das Hauptsächliche objectiv vorführen, da ein blosses subjectives Urtheil, dass Anselmus in dieser ganzen Schrift sich als logisch impotent zeige, Niemandem genügt hätte.)

367) C. 15, p. 148.: *harum duarum significationum illa, quae per se est, ipsis vocibus significativis est substantialis, alia vero, quae per aliud est, accidentalis.*

368) C. 16.: *Non sine scrupulo accipit animus, grammaticum esse qualitatem ..... aut hominem solum, i. e. sine grammatica, esse grammaticum.*

zwei Fussgängern der Eine voraus und der Andere hinterdrein gehe, denn der Vorausgehende sei allein, insoferne er allein vorausgehe, und zugleich nicht allein, insoferne ein Anderer mitgehe[369]). Die erstere Alternative aber wird zum Bekenntnisse des Realismus benützt, wobei Anselmus mit verbissener Resignation auf die Anschauungen der aristotelischen Dialektiker eingeht, um wenigstens zu retten, was zu retten ist, denn da die Auctorität der Kategorien doch als zu gross galt, um sie vollends zu verwerfen, musste eine realistische Interpretation versucht werden. Anselmus nemlich sagt, den Grammatiker lediglich als Qualität zu bezeichnen, sei nur nach dem Standpunkte der aristotelischen Kategorien richtig, denn in denselben handle es sich allerdings weder um das reelle Sein der Dinge selbst, noch auch um die bloss appellative Bezeichnung durch Worte, sondern um die *voces significativae* (s. ob. Anm. 363), insoweit dieselben das substantielle Sein an sich selbst unmittelbar bezeichnen, und darum sei es in richtiger Weise bei den Dialektikern üblich geblieben, sich nur in dieser substantiellen Bezeichnungsweise zu bewegen, d. h. den Grammatiker nur als Beispiel der Qualität zu gebrauchen[370]); denn in diesem realistischen Sinne sei im Hinblicke auf die Kategorien der Grammatiker eben sprachlich und sachlich eine Qualität, hingegen abgesehen von dieser dialektischen Betrachtung, welche aber hiemit das wesentlich substantielle Sein enthalten soll, bleibe nur das Gebiet der gewöhnlichen appellativen Redeweise übrig, in welcher der Grammatiker ein Mensch genannt werde, ebenso wie z. B. in der Betrachtung der Wortformen der Stein richtig ein Masculinum genannt werde, während im gewöhnlichen Sprechen ihn

---

369) Ebend.: *quod homo solus, i. e. sine grammatica, est grammaticus, ... duobus modis intelligi potest, uno vero, altero falso. Homo quippe* (diess ist der *verus modus*) *solus, i. e. absque grammatica, est grammaticus, quia solus est habens grammaticam, grammatica namque nec sola nec cum homine habet grammaticum. Sed homo solus, i. e. absque grammatica, non est grammaticus, quia absente grammatica nullus esse grammaticus potest* (d. h. der *falsus modus* wäre, jenen Satz so zu verstehen, als müsse nicht doch noch die Grammatik zur selbstständigen Menschen-Substanz hinzukommen). *Sicut qui praecedendo ducit alium, et solus est praevius, quia qui sequitur non est praevius, et solus non est praevius, quia nisi sit qui sequatur, praevius esse non potest.* Hiedurch also glaubt der Realist das Verhältniss der Inhärenz erklärt zu haben.

370) C. 16.: *Cum vero dicitur, quod grammaticus est qualitas, non recte nisi secundum tractatum Aristotelis de categoriis dicitur.* C. 17.: *D. An aliud habet ille tractatus quam „omne quod est, aut est substantia aut quantitas aut qualitas etc.“* (*Boeth.* p. 127.) .... *M. Non tamen fuit principalis intentio Aristotelis, hoc in illo libro ostendere, sed quoniam omne nomen vel verbum aliquid horum significat; non enim intendebat ostendere, quid sint singulae res, nec quarum rerum sint appellativae singulae voces, sed quarum significativae sint; sed quoniam voces non significant nisi res, dicendo quid sit quod voces significant, necesse fuit dicere quid sint res ...... De qua significatione videtur tibi dicere, de illa qua per se significant ipsae voces et quae illis est substantialis, an de altera quae per aliud est et accidentalis? D. Nonnisi de ipsa, quam idem ipse eisdem vocibus inesse diffiniendo nomen et verbum* (*Boeth.* p. 293 f.) *assignavit, quae per se significant. M. An putas ...... aliquem eorum, qui cum sequentes de dialectica scripserunt, aliter sentire voluisse de hac re, quam sentit ipse? D. Nullo modo eorum scripta hoc aliquem opinari permittunt, quia nusquam invenitur aliquis eorum posuisse aliquam vocem ad ostendendum aliquid quod significet per aliud, sed semper ad hoc quod per se significat.*

Niemand als ein männliches Wesen bezeichne[371]). Also Anselmus erblickt in den Kategorien wohl eine formelle Macht, bezieht dieselbe aber lediglich auf die objectiv vorliegende *Tabula logica* des wesentlichen Seins. Wie roh er aber dieses verstanden habe, erhellt deutlich aus dem Schlusse der Schrift, wo noch die Frage erörtert wird, ob Ein Ding unter mehrere Kategorien fallen könne; denn wenn z. B. gesagt wird, dass *armatus* auch unter die Kategorie der Substanz gehören könne, weil der Bewaffnete eine Substanz, nemlich die Waffen, an sich habe, so ist diess allerdings der Gipfelpunkt logischen Unverstandes, und wir schliessen gerne mit dem Entscheide, welchen Anselmus hierüber gibt, dass nemlich eine einheitliche Sache schwerlich (— denn völlig gewiss will er auch diess nicht behaupten —) unter mehrere Kategorien fallen könne, wohl hingegen ein Wort, welches mehrere Bedeutungen enthalte, als ein nicht einheitliches nach mehreren Kategorien betrachtet werden könne, wie diess z. B. bei *albus* der Fall sei, welches sowohl zur Qualität als auch zur Kategorie des Habens gehöre[372]).

So verwickelte sich dieser stumpfsinnige Realismus durch eigenes Unvermögen in Schwierigkeiten, welche für eine wirklich logische Betrachtungsweise überhaupt nicht existiren, und das gesammte Auftreten des Anselmus erscheint uns nur als ein Beleg dafür, dass der realistische Objectivismus mit einem angebornen Missgeschicke in Bezug auf Fragen der Logik behaftet sei.

Ueberhaupt aber scheint damals, d. h. an der Gränzscheide des 11. und 12. Jahrhundertes, als das Resultat älterer und neuerer logi-

---

371) C. 18, p. 148 f.: *Si ergo proposita divisione praefata* (d. h. die Eintheilung in die zehn Kategorien) *quaero a te, quid sit grammaticus secundum hanc divisionem et secundum eos, qui illam scribendo de dialectica sequuntur, quid quaero aut quid mihi respondebis? D. Procul dubio non hic potest quaeri nisi aut de voce aut de re quam significat; quare quia constat, grammaticum non significare secundum hanc divisionem hominem sed grammaticam, incunctanter respondebo, si quaeris de voce, quia est vox significans qualitatem, si vero quaeris de re, quia est qualitas ...... Quare sive quaeratur de voce sive de re, cum quaeritur quid sit grammaticus secundum Aristotelis tractatum et secundum sequaces eius, recte respondetur „qualitas", et tamen secundum appellationem vere est substantia. M. Ita est; non enim movere nos debet, quod dialectici aliter scribunt de vocibus secundum quod sunt significativae, aliter eis utuntur loquendo secundum quod sunt appellativae; si et grammatici aliud dicunt secundum formam vocum aliud secundum rerum naturam; dicunt quidem lapidem esse masculini generis ..... cum nemo dicat lapidem esse masculum.*

372) C. 19, p. 149.: *Nam si grammaticus est qualitas, qui significat qualitatem, non video cur armatus non sit substantia, ... quia significat habentem substantiam, i. e. arma ..... sic grammaticus significat habere, quia significat habentem disciplinam. M. Nullatenus .... negare possum, aut armatum esse substantiam aut grammaticum esse habere .... Rem quidem unam et eandem non puto sub diversis aptari posse praedicamentis, licet in quibusdam dubitari possit, quod maiori et altiori disputationi indigere existimo* (wir wären in der That begierig gewesen auf diese *altior disputatio*) .... *Unam autem vocem plura significantem non ut unum non video quid prohibeat pluribus aliquando supponi praedicamentis, ut si albus dicitur qualitas et habere.* Hierauf folgt noch C. 20 f. die Erörterung, dass *albus* kein einheitlicher Begriff, sondern eben aus *qualitas* und *habere* zusammengeklebt sei.

scher und theologischer Differenzen sich ein noch ziemlich plump ausgesprochener Gegensatz zwischen Nominalisten und Realisten herausgestellt zu haben, indem man sowohl ausser diesen zwei Standpunkten keinen anderweitigen ins Auge zu fassen fähig war, als auch jeden der beiden einseitig noch in extremer und gleichsam ungeschliffner Weise aussprach. Eine weit reichere und mehr disciplinirte Entwicklung werden uns sogleich schon die nächsten Jahrzehnte darbieten, der späteren Zeit vorläufig ganz zu geschweigen.

Ja bei Einzelnen mochte damals die Auffassung der üblichen Schul-Logik noch völlig unberührt von dem Parteistreite bleiben, und als ein Beispiel gänzlicher Naivetät in dieser Beziehung sowie betreff's der Logik überhaupt können wir zum Schlusse dieses Abschnittes noch aus dem Anfange des 12. Jahrh. einige ergötzliche Bemerkungen des Honorius von Autun (zwischen 1100 und 1120 litterarisch thätig) anführen, welcher die sieben freien Künste als ebensoviele Wohnsitze der Seele schildert und dabei über die Dialektik Nichts weiteres vorzubringen weiss, als dass man durch fünf Thore (die *quinque voces*) in die eigentliche Burg (d. h. die zehn Kategorien) gelange, woselbst zwei Kämpfer in Bereitschaft seien, nemlich der kategorische und der hypothetische Syllogismus, welche Aristoteles in der Topik ausgerüstet und dann in dem Buche *d. interpr.* auf das Schlachtfeld geführt habe, so dass man hier in dem Kampfe gegen die Ketzer sich methodisch üben könne [373]).

---

373) *Honor. Augustod. d. animae exilio et patria*, c. 4. bei *Pez, Thes.* II, p. 229 f.: *Tertia civitas est dialectica multis quaestionum propugnaculis munita .... Haec per quinque portas adventantes recipit, scilicet per genus, per species, per differens, per proprium, per accidens, unde et isagogae introductiones dicuntur, quia per has repatriantes introducuntur. Arx huius urbis est substantia, turres circumstantes novem sunt accidentia. In hac duo pugiles sunt et litigantes certa ratione dirimunt; cathegorico et hypothetico syllogismo quasi praeclaris armis viantes muniunt, quos Aristoteles in Topica recipit, argumentis instruit, in Perihermeniis ad latum campum syllogismorum educit. In hac urbe docentur itinerantes haereticis et aliis hostibus armis rationis resistere etc.*

XIV. ABSCHNITT.

ALLMÄLIGE VERVOLLSTÄNDIGUNG DER KENNTNISS DER ARISTOTELISCHEN LOGIK.

Wenn ich oben S. 4 sagte, das einzige Motiv einer Eintheilung der Geschichte der mittelalterlichen Logik liege mir in dem äusserlichen Maasse der beschränkteren oder ausgedehnteren Kenntniss aristotelischer Schriften, und es reducire sich der Unterschied zwischen dem Inhalte des vorigen und dieses jetzigen Abschnittes zuletzt darauf, dass man bis zum Anfange des 12. Jahrhundertes die beiden Analytiken und die Topik nebst *Soph. Elenchi* weder kannte noch benützte, hierauf aber allmälig auch diese Bücher in den Bereich der Erörterungen gezogen wurden, so habe ich hier nun vor Allem die Pflicht, vorerst eben jene litterarischen Daten festzustellen, durch welche die Abtrennung begründet wird. Es muss nemlich für diesen ganzen Abschnitt, mit welchem wir in die bewegte Zeit Abälard's eintreten und bis zum Schlusse des 12. Jahrhundertes fortschreiten, zunächst der Umkreis des logischen Materiales, aus welchem die zahlreichen Controversen dieser Periode entsprangen, vor Augen gestellt werden, d. h. wir müssen nachweisen, dass und wie man allmälig theils zur Kenntniss der gesammten schriftstellerischen Leistungen des Boethius, welcher ja das ganze Organon übersetzt hatte, gelangte, und theils neue Uebersetzungen der genannten Bücher anfertigte, um erst hiernach berichten zu können, welcherlei Thätigkeit sich unterdessen auf diesem successiv erweiterten Boden entwickelt habe.

Dass jene angegebene Beschränkung bis zum Anfange des 12. Jahrh. wirklich bestanden habe, mag nun sowohl durch die im vorigen Abschnitte (Anm. 98, 156, 183, 196, 209, 253, 258, 277, 288, 310, 363) angeführten positiven Notizen, als auch durch den vollständigen Mangel irgend einer entgegenstehenden Andeutung vielleicht als bewiesen gelten. Gerade je mehr wir aber für diese vorige Periode die Kraft des „Beweises aus dem Stillschweigen" für uns in Anspruch nehmen [1]),

---

1) Die Möglichkeit allerdings, dass durch neue Entdeckungen in irgend einer Bibliothek entgegenstehende Notizen zu Tage gefördert werden können, soll hiemit nicht verneint werden; aber dennoch würden Solches nur isolirte Fälle sein, welche auf den Betrieb der Logik im Ganzen keinen Einfluss ausgeübt hätten, denn um die allgemeine Haltung der Logik zu erkennen, scheinen die bis jetzt zugänglichen Quellen hinzureichen.

desto sorgfältiger haben wir auch die vereinzelten und gleichsam überschütteten Spuren beachtet, in welchen von einer bestimmten Zeit an jenes Stillschweigen gebrochen wird. Der Wendepunkt liegt nemlich in dem Bekanntwerden der Analytiken und der Topik nebst den *Sophist. Elenchi* [2]), und wenn dasselbe auch noch so leise und allmälig stattfand, so lässt sich wohl erwarten, dass eine selbst noch fragmentarische Kenntniss dieser Hauptwerke des Aristoteles nicht ausser Zusammenhang mit dem nun reicheren und mannigfaltigeren Betriebe der Logik stehen werde.

Schon eine auf das Jahr 1128 gehende Nachricht, welche dahin lautet, dass „ein gewisser Jacobus aus Venedig die beiden Analytiken, die Topik und die *Soph. Elenchi* aus dem Griechischen übersetzte und zugleich mit einem Commentare versah, obwohl man eine ältere Uebersetzung der nemlichen Bücher gehabt habe" [3]), betrifft, wie man sieht, eben jene Werke, welche in der früheren Periode unbekannt und unbenützt gewesen waren, und sowie einerseits zu beachten ist, dass der Berichterstatter, welcher selbst dem 12. Jahrh. angehört, das Vorhandensein der boethianischen Uebersetzung jener Bücher kannte, — denn eine andere kann unter der „älteren" nicht gemeint sein —, so ist andrerseits ebenso klar, dass jener Jacobus die Existenz derselben nicht wusste und eben hiedurch zur Anfertigung seiner eigenen Uebersetzung veranlasst worden war. Der örtliche Boden aber, welchem diese beiderseitigen Momente angehören, ist Italien.

Diese wichtige Notiz aber, welche somit ein Bekanntsein jener Werke und daneben zugleich ein Nicht-Bekanntsein derselben enthält, steht nicht so vereinzelt, als man glaubte [4]). Es scheinen nemlich wohl auf den ersten Blick einem Bekanntsein jener Bücher ganz entschiedene und weitgreifende Aussprüche Abälard's entgegenzustehen. Letzterer gibt, — abgesehen von seiner uns hier nicht berührenden Klage über den Mangel einer Uebersetzung der aristotelischen Physik und Metaphysik [5]) — ausdrücklich seine logischen Quellen selbst an und sagt, dass die lateinische Litteratur der Logik auf sieben Schriften beruhe, welche auf drei Autoren sich vertheilen: man kenne nemlich

---

2) *Jourdain* hatte in seinen *Recherches critiques* wohl nur die Aufgabe, die im Mittelalter neu entstehenden Uebersetzungen zu untersuchen, und er konnte diesen Umschwung, soweit er die Kenntniss des Boethius betrifft, unberücksichtigt lassen, aber auch für jenen seinen eigentlichen Zweck sind ihm entscheidende Stellen (s. unten Anm. 14. 19. 26 ff.) entgangen.

3) Zu einer Stelle bei *Robert de Monte*, *Chronica ad ann.* 1128, b. *Pertz, Monum.* VIII, p. 489., bemerkt ein Fortsetzer (d. h. *„alia manus"*, aber nach Pertz's Angabe, ebend. p. 293., gleichfalls aus dem 12. Jahrh.) Folgendes: *Jacobus Clericus de Veneccia transtulit de graeco in latinum quosdam libros Aristotelis et commentatus est, scilicet Topica, Anal. priores et posteriores et Elenchos, quamvis antiquior translatio super eosdem libros haberetur.*

4) *Cousin* (*Ouvr. inédits d'Abélard*, p. L ff. und auch *Fragm. d. phil. du moyen âge*, *Par.* 1855 p. 56 ff.) irrt gänzlich und schliesst aus den sogleich zu erwähnenden Stellen Abälard's nur nach dem äusserlichen Wortlaute, ohne den Inhalt der logischen Erörterungen zu berücksichtigen.

5) *Abael. Dialect.* b. *Cousin*, *Ouvr. inéd.* p. 200.: *in Physicis et ... in his libris, quos Metaphysica vocat, exsequitur (sc. Aristoteles); quae quidem opera ipsius nullus adhuc translator latinae linguae aptavit.*

von Aristoteles nur die Kategorien und *d. interpr.*, von Porphyrius die Isagoge, von Boethius aber seien in Gebrauch *d. divis.*, *d. diff. top.*, *syllog. categ.*, *syllog. hypoth.*[6]); ausserdem führt er auch einmal eine Bemerkung aus *Sophist. El.* ausdrücklich nur mittelbar aus Boethius an[7]). Während also Abälard, wie sich von selbst versteht, aus jenen schon öfter (vor. Abschn. Anm. 253, 258, 277) berührten Stellen des Boethius (Abschn. XII, Anm. 77) genau wissen musste, welche Bücher Aristoteles geschrieben habe, bekennt er hiemit wohl völligst unzweideutig, dass er die Uebersetzungen der Analytiken, der Topik und *Soph. El.* nicht benützen konnte. Aber mehr dürfen wir auch aus diesem Bekenntnisse nicht schliessen, als dass dem Abälard jene Hauptwerke des Aristoteles nicht zur Hand waren, weil dieselben überhaupt unter den recipirten Schriften (man beachte die Ausdrücke „*usus cognovit*" und „*in consuetudinem duximus*") sich nicht befanden; d. h. wir sehen, dass man damals in Frankreich an all jenen Orten, in welchen Abälard sich umhertrieb oder in welchen man überhaupt sich mit Logik beschäftigte, kein Exemplar des wirklichen Textes jener Bücher besass; denn hätte man solche besessen, so würde der logische Eifer jener Zeit sie gewiss ans Tageslicht gebracht haben. Hingegen bleibt dabei die Möglichkeit nicht ausgeschlossen, dass anderweitig Einzelnes aus jenen Schriften dennoch zur Kenntniss des gelehrten Publikums gekommen sei, und wenn sich auch nur eine einzige Angabe fände, welche nachweisbar aus keiner anderen Quelle, als aus Einem jener Bücher geschöpft sein könnte, so wäre der Beweis geliefert, dass irgendwie anderswoher vereinzelte Daten aus den Analytiken und der Topik in die Atmosphäre der Logiker Frankreichs transspirirten. Den Nachweis aber, durch welche Männer und auf welche Weise Solches geschehen sei, möge man uns nicht auferlegen; es ist unmöglich, ihn zu führen, ja nicht einmal die örtliche Quelle können wir bezeichnen.

Nemlich dass zur Zeit Abälard's Einzelnes aus jenen bis dahin unbenützten aristotelischen Schriften zur Kunde gekommen war, können

---

6) Ebend. p. 228.: *Confido, ... non pauciora vel minora me praestiturum eloquentiae peripateticae munimenta, quam illi praestiterunt, quos latinorum celebrat studiosa doctrina. .... Sunt autem tres, quorum septem codicibus omnis in hac arte eloquentia latina armatur. Aristotelis enim duos tantum, Praedicamentorum scilicet et Periermenias, libros usus adhuc latinorum cognovit, Porphyrii vero unum, qui videlicet de quinque vocibus conscriptus, genere scilicet specie differentia proprio et accidente, introductionem ad ipsa praeparat praedicamenta, Boethii autem quatuor in consuetudinem duximus libros, videlicet Divisionum et Topicorum cum Syllogismis tam categoricis quam hypotheticis. Quorum omnium summam nostrae dialecticae textus plenissime concludet etc.* Dass hiebei unter *Topica* Nichts anderes als die Schrift *d. diff. top.* zu verstehen sei, zeigt ausser der eigenen Darstellung dieses Zweiges bei Abälard (s. unten Anm. 392 ff.) eine Menge von Stellen, in welchen er Einzelnes aus *d. diff. top.* kurzweg als „*Topica*" des Boethius citirt, so z. B. *Introd. ad theol.* II, 12, p. 1078. (geht auf *d. diff. top.* I, p. 858 f.), *Theol. Christ.* III, p. 1281. (ebenso), *Sic et Non*, c. 9, p. 41. *ed. Lindenkohl* (*d. diff. top.* II, p. 866.), ebend. c. 43, p. 105. (*d. d. top.* III, p. 873.), ebend. c. 144, p. 397. (*d. d. top.* II, p. 867.).

7) *Dialect.* b. *Cousin* p. 258.: *Sex autem sophismatum genera Aristotelem in sophisticis elenchis suis posuisse, Boethius in secunda editione Periermenias commemorat* (*Boeth.* p. 337.).

wir gerade aus Abälard selbst, und zwar nicht bloss an Einem Punkte, sondern an mehreren erweisen. Abälard bemerkt einmal bei Besprechung der Definition des *genus* [8]), dass unter Umständen auch das Individuum Prädicat sein könne, wie z. B. in dem Satze, *„hoc album est Socrates"* oder *„hic veniens est Socrates"*, eine Erwägung, welche man vergeblich in sämmtlichen Commentaren des Boethius sucht, wohl aber mit wörtlicher Uebereinstimmung jener Beispiel-Sätze in der ersten Analytik findet; und eben von dort aus muss diese Notiz auch zur Kenntniss mehrerer anderer Logiker gelangt sein [9]). Ferner berichtet Abälard, dass „Viele" das Wesen der Definition lediglich in die Angabe der Qualitäten verlegen [10]), und wollte man auch sagen, es sei diese Ansicht nur eine extreme Folgerung aus einer längst bekannten Stelle [11]), so führt uns ein Zeitgenosse Abälard's durch die Formulirung jener Ansicht auf die wahre Quelle derselben, welche uns nur in der aristotelischen Topik begegnet [12]). Sodann auch bedient sich bei der Controverse über die Universalien Abälard einer Ausdrucksweise (nemlich *universalia „appellant in se"*), welche nur dann erklärlich ist, wenn wir annehmen, dass der Grundgedanke jener Stellen der zweiten Analytik, in welchen Aristoteles über κατὰ παντός und καϑόλου handelt (Abschn. IV, Anm. 132 ff.), irgendwie in den Schulen ruchbar geworden sei [13]); und ebendahin dürfte gehören, dass man mit der grammatischen

---

8) *Glossae in Porph.* ebend. p. 360.: *videtur esse falsum, quod individua de uno solo praedicentur, cum hoc individuum Socrates de pluribus habeat praedicari, ut „hoc album est Socrates", „hic veniens est Socrates".* Die entsprechende Stelle des Aristoteles ist *Anal. pr.* I, 27 (in der Uebersetzung des Boethius p. 490.).

9) Dass die Sache zu einer üblichen Schulcontroverse Veranlassung gegeben habe, ersehen wir aus *Joh. Saresb. Metalog.* II, 20 (p. 110. *ed. Giles*): *Hoc enim ex opinione q u o r u n d a m sensisse visus est Aristoteles in Analyticis dicens* (folgt jene Stelle selbst).

10) *Dialect.* p. 492.: *Unde multi, cum significationem substantiae huius nominis quod est „homo" agnoscant nec qualitates ipsius satis ex ipso percipiant, tantum propter qualitatum demonstrationem diffinitionem requirunt.*

11) *Arist. Cat.* 5. (s. Abschn. IV, Anm. 476.); bei *Boeth.* p. 138.

12) Der Verfasser der Schrift *De generibus et speciebus*, welche Cousin mit Unrecht dem Abälard zuschreibt (s. unten Anm. 49. u. 148.), sagt p. 541 f.: *Concedunt omnes, species ex differentiis constare .... dicunt, omnes differentias esse in qualitate etc.* Diess Letztere konnte in solch pointirter Form nur aus *Arist. Top.* VI, 5, 144 a. 18 ff. (d. h. aus der dortigen Erörterung über die Definition, womit dann andere Stellen ebend. IV, 2, 122 b. 16. u. 6, 128 a. 26. übereinstimmen, s. Abschn. IV, Anm. 475.) entnommen sein und muss auf solche Weise zu jenen versprengten Notizen gehört haben, welche nun zur Vermehrung der Schul-Controversen beitrugen; der Verfasser *D. gen. et spec.* lenkt dann mit Gewalt die angeführte Auffassung auf eine andere Stelle des *Boeth. ad Porph.* p. 62. zurück, besass also gewiss nur die allgemein verbreiteten Quellen-Texte. Hingegen *Joh. Saresb.* a. a. O. p. 100. bringt bereits auch *Soph. El.* 22, 178 b. 36. mit dieser Frage in Verbindung.

13) Von Abälard's *Glossulae super Porphyrium* gibt *Ch. de Rémusat* (*Abélard*, II, p. 93 ff.) einen Auszug, welcher zwar leider fast gänzlich nur in einer französischen Paraphrase besteht (s. unten Anm. 238.), aber folgende Stelle enthält (p. 110.): *Aristote pensait que les genres et les espèces subsistent par appellation dans les choses sensibles ou servent à les nommer en essence, „appellant in se".* Wenn wir nun auch nicht wissen können, wie Vieles hiebei rhetorische Zugabe Rémusat's sei, so ist doch der authentische Ausdruck *„appellant in se"* derartig, dass er

Form „τὸ Σωκράτει εἶναι“ ganz vertraut gewesen zu sein scheint, s. unten Anm. 133. Selbst aber wenn man diese einzelnen Punkte für ungenügend zu dem von uns beabsichtigten Nachweise halten wollte, da ja möglicher Weise Einzelne durch Vertiefung des logischen Denkens und ein merkwürdiges „*Ingenia conspirant*“ ihrerseits selbstständig zu Auffassungen hätten gelangen können, welche mit aristotelischen fast wörtlich übereinstimmen (— was zwar an haarsträubende Unwahrscheinlichkeit gränzen würde —), so muss hingegen jeder Zweifel vollends verstummen, wenn wir sehen, dass Abälard die in der ersten Analytik vorkommende Definition des Syllogismus ausführlich in wörtlicher Uebersetzung, und zwar nicht einmal in jener des Boethius, anführt [14]), und sodann in gleicher Weise den Wortlaut der darauffolgenden Stelle des Aristoteles in Einklang mit *Boeth. d. syll. categ.* bringt [15]), sowie ihm auch bekannt ist, dass der Sprachgebrauch bezüglich des sog. *Dictum de omni,* welcher bei *Boeth.* a. a. O. sich findet, ein ächt aristotelischer ist [16]); ja endlich, — was der schlagendste Beweis von allen ist —,

---

schlechterdings nirgend andersher entstanden sein kann, als aus einer Kenntniss der Stellen *Anal. post.* I, 4 ff. (bes. 73 b. 26 ff.), wo das ἓν κατὰ πολλῶν dem ἓν παρὰ τὰ πολλά gegenübergestellt wird, kurz wo das καθ' αὑτό und κατὰ παντός zum aristotelischen καθόλου sich vereinigt. Die Auffassung des „*in se*“ konnte aus keinem jener Bücher geschöpft werden, welche vordem bis dahin dem Mittelalter bekannt gewesen waren.

14) *Dialect.* b. *Cousin*, p. 305.: *Syllogismum itaque in primo Analyticorum suorum Aristoteles tali diffinitione terminavit*: „*Syllogismus*, *inquit*, *oratio est in qua positis aliquibus aliud quid a positis ex necessitate consequitur ex ipso esse; dico autem ipso esse per ipsa contingere, per ipsa vero contingere nullius extrinsecus egere termini ut fiat necessarium*“ (s. Abschn. IV, Anm. 537.). Dass diess nicht aus Gellius entnommen ist, zeigt sowohl der Grad der Ausführlichkeit als auch die oben (Abschn. VIII, Anm. 58.) angeführte Stelle; ebensowenig ist Apulejus (Abschn. X, Anm. 16.) die Quelle, denn dieser übersetzt: *oratio in qua concessis aliquibus aliud quiddam praeter illa quae concessa sunt, necessario evenit, sed per illa ipsa concessa.* Die Uebersetzung hingegen bei Boethius (p. 468 f.) lautet: *Syllogismus est oratio, in qua quibusdam positis aliud quiddam ab his quae posita sunt ex necessitate accidit eo quod haec sunt; dico autem eo quod haec sunt propter haec accidere, propter haec vero accidere est nullius extrinsecus termini indigere ut fiat necessarium.* Es ist sogar die bei Abälard vorgeführte Uebersetzung besser als jene des Boethius.

15) Ebend. p. 307.: *Horum autem Aristoteles alios perfectos, hoc est evidentes per se, esse dixit, alios imperfectos, id est non per se perspicuos.* „*Perfectum autem, inquit, dico syllogismum, qui nullius alterius indigeat praeter assumpta, ut appareat esse verus*“, *ut illi quatuor quos in prima figura ipse disponit*; „*imperfectum vero, quod* (zu lesen *qui*) *indiget aut unius aut plurium*“, *ut sunt omnes illi quos ipse in secunda et tertia figura posuit.* Die Uebersetzung jener Worte bei Boethius (p. 469.) lautet: *Perfectum vero voco syllogismum, qui nullius alius indiget praeter ea quae sumpta sunt, ut appareat necessarium; imperfectum vero, qui indiget aut unius aut plurium etc.* Die Stelle des *Boeth. d. syll. cat.* II, p. 593. ist oben, Abschn. XII, Anm. 135., angeführt.

16) Ebend. p. 313.: *Illud tamen notandum, quod aliis verbis in regulis syllogismorum usi sumus quam Aristoteles; pro eo namque quod diximus* „*aliud de alio verbum* (zu lesen *universo*) *praedicari*“, *ipse ponit* „*omni alii inesse*“; *pro eo quod diximus* „*universaliter removeri*“, *ipse dicit* „*nulli inesse*“; *pro eo vero quod diximus* „*particulariter praedicari*“ *vel* „*removeri*“, *ipse usus est* „*alicui inesse*“ *vel* „*non inesse*“. Die Stelle der Analytik (in des Boeth. Uebersetzung p. 468.) s. Abschn. IV, Anm. 538., jene des *Boeth. d. syll. cat.* s. Abschn. XII, Anm. 132.

es kennt Abälard jene aristotelischen Syllogismen, deren Prämissen sog. modale Urtheile, d. h. Möglichkeits- oder Nothwendigkeits-Urtheile oder Combinationen derselben mit Urtheilen des Stattfindens sind (s. Abschn. IV, Anm. 559—578); aber eben die Art und Weise ist zu beachten, in welcher er einige Proben solcher Schlüsse anführt[17]), denn einerseits leuchtet ein, dass er sie doch nur unvollständig und gewiss vom blossen Hörensagen kennt, und andrerseits ersieht man, dass dieselben irgend in Schulen bereits geläufig gewesen sein müssen, indem sie nicht wie bei Aristoteles mit blosser Buchstaben-Bezeichnung, sondern in den aus Boethius (*d. syll. cat.*) üblichen Beispielsworten angeführt werden. Ist aber somit unumstösslich nachgewiesen, dass, während man keinen lateinischen Text jener betreffenden Bücher des Aristoteles besass, man doch einzelne Hauptpunkte der ersten Analytik kannte, so erhalten nicht bloss jene anderen vorhin erwähnten Einzelnheiten eine bestärkende Beleuchtung, sondern wir können auch nur auf diese Weise noch eine weitere Stelle des Abälard richtig und vollständig verstehen, in welcher derselbe sagt, er wolle über die mangelhaft behandelten vier letzten Kategorien keine ergänzenden Erörterungen hinzufügen, um nicht etwa in Conflict mit aristotelischen Schriften zu kommen, welche in lateinischer Sprache nicht vorhanden seien[18]); d. h. der Grund seiner Vor-

---

17) Ebend. p. 319 f.: *Contingit autem aliquando modales* (s. Abschn. XII, Anm. 119.) *enuntiationes simplicibus aggregari in modis suprapositarum figurarum, sicut in Analyticis suis Aristoteles ostendit; in prima quidem hoc modo „omne iustum possibile est esse bonum, omnis virtus iusta est, omnem igitur virtutem possibile est bonam esse"; similiter et necessarium et verum per modos singulos* (Abschn. IV, Anm. 565 ff.); *sic quoque et in secunda figura contingit; si quis enim istas concedat „nullum malum possibile est esse bonum, omne iustum possibile est bonum esse", huic quoque non contradicet „nullum iustum est malum"; idem in ceteris modis accidit* (ebend. Anm. 571.); *tertiae quoque figurae sic adiunguntur: „omne bonum possibile est iustum esse, omne bonum virtus est, quandam igitur virtutem possibile est iustam esse"; sic et in ceteris* (ebend. Anm. 572.). *Videntur quoque syllogismi ex solis modalibus veraciter componi; si quis enim dicat „omne quod possibile est mori possibile est vivere, omnem autem hominem possibile est mori, omnem igitur hominem possibile est vivere", recte primum primae figurae modum perfecisse videtur* (ebend. Anm. 559.). Eine so bestimmt formulirte Angabe einer solchen Combinationsweise durch die drei Figuren hindurch konnte unmöglich aus jener leisen und unbestimmten Andeutung entstehen, welche einmal Boethius (*d. syll. hypoth.* I, p. 613.: *Quae cum ita sint, si haec eadem ratio ad contingentes et necessarias referatur, idem in necessariis et contingentibus invenitur*) über das blosse Vorhandensein solcher Syllogismen gibt, sondern das Ganze beruht auf einer wenigstens fragmentarischen Kenntniss der ersten Analytik, welche ja auch Abälard selbst als Quelle bezeichnet. Dass aber dergleichen in den Schulen vielleicht nur zur Erklärung des Buches *d. interpr.* beigezogen wurde, liesse sich etwa daraus schliessen, dass Abälard unmittelbar fortfährt: *Tales namque etiam syllogismos, qui videlicet ex solis modalibus componuntur, Aristoteles disposuisse invenitur; ut enim ostenderet, quod id quod futurum est necesse est fieri, tale praemisit argumentum in primo Periermenias: „quod futurum est, non potest non fieri, quod autem non potest non fieri, impossibile est non fieri etc."* (d. h. *Boeth. ad d. interpr.* p. 365.).

18) Ebend. p. 399.: *De contrarietate autem in vi praedicamentorum nihil omnino in textu Praedicamentorum, quem habemus, determinavit* (*sc. Aristoteles*), *horum scilicet: Quando, Ubi, Situs, Habere. Nec nos quidem quod auctoritas indeterminatum reliquit, determinare praesumemus, ne forte aliis eius operibus, quae latina non novit eloquentia, contrarii reperiamur.* (Vgl. Anm. 344.; dass aber die

sicht liegt darin, weil er nicht wissen zu können glaubte, wie Vieles etwa aus anderweitigen nicht recipirten Büchern des Aristoteles in sporadischer Weise ruchbar geworden sei, und er sonach die Möglichkeit einer ihm unlieben Berichtigung durch Andere scheute.

Man hatte also zur Zeit Abälards schon Einzelnes aus den bis dahin unbenützten logischen Quellen kennen gelernt, und zwar, wie wir sahen, durchaus nicht ausschliesslich durch die alte boethianische Uebersetzung, sondern auch durch neue Uebertragungen. Die Belege aber für die Richtigkeit dieser Thatsache begegnen uns von Schritt zu Schritt reicher und intensiver. Sowie wir nemlich gewiss nicht irren, wenn wir auch das Aufkommen von Fragen und Controversen, welche die Genesis des Wissens betreffen (s. unten Anm. 79 f.), auf eine Kenntniss einiger Kernstellen der zweiten Analytik reduciren [19], so führt uns eine noch bestimmtere Notiz selbst auf einen einzelnen Mann und zu einem chronologischen Anhaltspunkte, indem Adam von Petit-Pont (Näheres über ihn unten Anm. 440 ff.) es war, welcher offenbar mit eben jenen aristotelischen Hauptwerken sich beschäftigte und besonders die erste Analytik in einer i. J. 1132 verfassten Schrift verarbeitete („*expressit*"), wobei er sich einerseits ein Verdienst durch Erweiterung der logischen Quellen erwarb, andrerseits aber durch die Schwierigkeit seiner philosophischen Sprache manchen Tadel zuzog [20]. Hiedurch aber gewinnen

---

hier noch vermiedene Ergänzung alsbald von Gilbertus Porretanus wirklich beigebracht wurde, werden wir unten sehen, Anm. 488 ff.).

19) Die Schrift *De intellectibus*, welche nicht, wie man unrichtig glaubte (s. unten Anm. 416.), von Abälard selbst, sondern von einem Schüler und Anhänger desselben herrührt, bespricht die Begriffe *sensus*, *imaginatio*, *existimatio*, *scientia* in einer Weise (Näheres unten ebend.), dass keinenfalls die etlichen Bemerkungen des Boethius *d. interpr.* p. 298 f. die alleinige Veranlassung gewesen sein können, sondern das Ganze nur auf *Anal. post.* I, 31. u. 33. u. II, 19. (Abschn. IV, Anm. 51—84.) beruhen kann. Uebrigens muss auch hiebei eine andere Uebersetzung als jene des Boethius benützt worden sein, denn Letzterer (p. 543. u. 547.) übersetzt δόξα und δοξάζειν nicht mit *existimare* und *existimatio*, sondern mit *opinari* und *opinatio* (s. unten Anm. 628.).

20) *Joh. Saresb. Metal.* II, 10, p. 80. (*ed. Giles*) sagt zunächst über diesen Adam: *Unde ad magistrum Adam, acutissimi virum ingenii et, quidquid alii sentiant, multarum litterarum, qui Aristoteli prae ceteris incumbebat, familiaritatem contraxi ulteriorem*, womit wir, um die Worte „*multarum litterarum*" und „*Aristoteli incumbere*" richtig zu verstehen, jene Stellen in Verbindung bringen müssen, in welchen Johannes die neu erwachende Benützung der aristotelischen Hauptwerke dem einseitigen und ausschliesslichen Studium der Schriften des Boethius gegenüberstellt (s. unten Anm. 26. u. 56 ff.). Sodann aber, wo Johannes (ebend. IV, 3, p. 159.) die erste Analytik selbst bespricht und die sterile Sprache derselben tadelt (s. unten Anm. 569.), fährt er fort: *Unde qui Aristotelem sequuntur in turbatione nominum et verborum et intricata subtilitate, ut suum vindicent, aliorum obtundant ingenia, partem pessimam mihi praeelegisse videntur, quo quidem vitio Anglicus noster Adam mihi prae ceteris visus est laborasse in libro, quem „Artem disserendi" inscripsit. Et utinam bene dixisset, bona quae dixit; et licet familiares eius et fautores hoc subtilitati adscribunt, plurimi tamen hoc ex desipientia et invidentia vani, ut aiunt, hominis contigisse interpretati sunt. Adeo enim expressit Aristotelem intricatione verborum, ut sobrius auditor recte subiungat „nonne hoc spumosum ....." Habenda est tamen auctoribus gratia, quia de fonte eorum haurientes labore ditamur alieno.* Die Jahreszahl aber der Entstehung dieser *Ars disserendi* führt Cousin (*Fragm. d. philos. du moyen-âge. Par.* 1855. p. 335.) aus

wir auch das Resultat, dass Abälard sein umfassendes Werk über Logik noch vor d. J. 1132 (— woferne diese Jahreszahl richtig überliefert ist —) ausgearbeitet haben muss, denn ausserdem hätte er Adam's Schrift sicher erwähnt und benützt.

Somit ist es uns nicht auffallend, wenn Gilbertus Porretanus (s. über ihn unten Anm. 455 ff.) auf die Analytik wie auf ein bereits cursirendes Buch verweist [21]), und die Notiz, dass Otto von Freising, der theologische Anhänger Gilbert's, die Analytiken und die Topik nebst den *Elenchi* ziemlich als der erste nach Deutschland oder specieller nach Baiern gebracht habe [22]), ist uns gerade durch die ausschliessliche Hervorhebung jener drei Werke ein schlagender Beleg für die damalige Vervollständigung der Quellen-Kenntniss, daher wir auch unbedingt annehmen, dass Otto jene Schriften nicht etwa aus Italien oder aus dem Oriente, wohin er in seinen späteren Jahren reiste, sondern aus Paris von seiner dortigen Studienzeit her mitbrachte, denn auf französischem Boden wurden jene Kämpfe der Logik geführt, zu welchen die erweiterte Kenntniss des Aristoteles beitrug. Ob aber die boethianische oder eine andere neue Uebersetzung es gewesen sei, welche so eine Verbreitung fand, lässt sich nicht entscheiden; in Frankreich mochte vielleicht eher Boethius ans Licht gezogen worden sein, denn ein dortiger Anonymus aus dem 12. Jahrh. kennt denselben wenigstens als Uebersetzer der beiden Analytiken [23]); hingegen in Italien müssen Handschriften jener boethianischen Uebersetzungen entweder gänzlich gefehlt haben oder äusserst selten gewesen sein, da noch im 15. Jahrh. der litterarisch höchst gebildete Leonardus von Arezzo behauptet, Boethius habe

---

einer Handschrift von St. Victor an: *Le „De arte dialectica" fut composé en l'année 1132, c'est ce que nous apprend le titre „Anno* MCXXXII *ab incarnatione Domini editus liber Adam de arte dialectica."*

21) *Gilb. Porr. d. sex princ.* c. 7 (*Arist. Opp. latine, Venet.* 1552, *Vol.* I, *fol.* 34.): *Et quidem de principiis haec dicta sufficiant, reliqua vero in eo quod de Analyticis est quaerantur volumine.*

22) *Radevich, d. gest. Frider.* II, 11. (*ed. Urstis.* p. 513.): *Litterali scientia non mediocriter aut vulgariter instructus (sc. Otto) inter episcopos Alemaniae vel primus vel inter primos habebatur, intantum ut praeter sacrae paginae cognitionem, cuius secretis et sententiarum abditis praepollebat, philosophicorum et Aristotelicorum librorum subtilitatem in Topicis, Analyticis atque Elenchis fere primus nostris finibus apportaverit.* Wahrscheinlich liegt hierin auch die Quelle jener Handschriften, welche in der Basler Ausgabe des Boethius benützt wurden (nemlich eine Amerbachische, eine aus St. Georgen im Schwarzwalde, und eine aus dem Besitze des Glareanus, also sämmtlich aus der gleichen Gegend), denn aus Italien waren für jene drei Werke schwerlich Handschriften zu bekommen, s. Anm. 24.

23) Aus einer in Alençon befindlichen Handschrift des 12. Jahrh. veröffentlichte *Ravaisson, Rapports sur les Bibliothèques etc. Par.* 1841, p. 404 ff. eine kleine metrische (übrigens unbedeutende) Schrift über die sieben Künste, woselbst bezüglich der Logik gesagt wird: *Dialectica ..... diffinit et discernit, dividit et asserit, Ratiocinari potens, vincens invincibilis, Quam lampas clarificavit Manliani luminis, Transtulit hanc resolvendo binis Analecticis* (vgl. vor. Abschn., Anm. 288. u. unten Anm. 569.), *Introducens Isagogas binis commentariis, Et idem Kategorias cum Periermeniis, Topica cum Sillogismis atque Differentiis, Diffinitionum librum cum Divisionibus Explicavit addens unum Propositionibus.* Wenn wir unter den *Propositiones* die *Introd. ad syll. cat.* und unter *Topica* die aristotelische Topik verstehen, hätten wir hier den ganzen Boethius vollständig.

bloss den Porphyrius, die Kategorien und *d. interpr.* übersetzt [24]); wenn daher der durch anderweitige Uebersetzungen bekannte Burgundio von Pisa, in der zweiten Hälfte des 12. Jahrh., den Ruhm des Aristoteles aus der zweiten Analytik rechtfertigt und begründet [25]), so dürfte derselbe wahrscheinlich entweder nur eine neu angefertigte Uebersetzung oder sofort das griechische Original vor Augen gehabt haben.

Noch deutlicher aber und zugleich reichhaltiger sprechen die Mittheilungen bei Johannes von Salesbury, dessen schriftstellerische Thätigkeit nur drei Jahrzehnte von jener Abälard's entfernt ist (obige Anm. 20 im Zusammenhalte mit unten Anm. 535) und bereits das ganze Organon umfasst (s. Anm. 562 ff.). Zunächst erfahren wir durch ihn, dass Mehrere es vorzogen, auf eben jene neu erschlossenen Hauptwerke des Aristoteles nicht näher einzugehen, sondern mit Vorliebe sich immer nur noch auf die „alte" boethianische Tradition zu beschränken [26]); dass dieses Diejenigen waren, welche trotz aller Berührung mit den bereicherten Zeitanschauungen dennoch über den Streit betreffs der Universalien nicht hinauskamen, werden wir unten (Anm. 56 ff.) sehen. Auch klagt Johannes ausdrücklich darüber, dass die zweite Analytik so äusserst selten in Gebrauch sei, was sich wohl durch den schwierigen Stil des Verfassers entschuldigen lasse, wobei jedoch Vieles auf Rechnung der Abschreiber oder, wie „die Meisten" glauben, die Hauptschuld füglich auf den Uebersetzer falle [27]). Sowie aber aus dieser

---

24) *Leon. Bruni Arretini Epist. ed. L. Mehus, Flor.* 1741. L. IV, Ep. 22. (woselbst es sich um die Controverse über eine Uebersetzung der arist. Ethik handelt): *Nullam enim Boetii interpretationem habemus praeterquam Porphyrii et Praedicamentorum et Perihermenias librorum, quos si accurate leges, etc.* (Leonardus v. Arezzo war geboren 1369, starb 1444).

25) *Joh. Saresb. Metal.* IV, 7. (p. 163. *ed. Giles*): *Fuit autem* (*sc. liber posteriorum Analyticorum*) *apud Peripateticos tantae auctoritatis scientia demonstrandi, ut Aristoteles, qui alios fere omnes et fere in omnibus philosophos superabat, hinc commune nomen sibi quodam proprietatis iure vindicaret, quod demonstrativam tradiderat disciplinam* (vgl. Anm. 27.); *ideo enim, ut aiunt, in ipso nomen philosophi sedit; si mihi non creditur, audiatur vel Burgundio Pisanus, a quo istud accepi.* Es ist diess sicher der berühmte, i. J. 1194 verstorbene, Jurist dieses Namens (s. über ihn Savigny, Gesch. d. R. R. i. Mittelalter, IV, p. 335 ff.), welcher wiederholt in Konstantinopel gewesen war und nicht bloss mehrere in den Pandekten vorkommende griechische Stellen, sondern auch vieles Theologische (von Chrysostomus, Basilius, Joh. Damascenus) und den Nemesius *d. nat. hom.* übersetzte; möglich wäre ja, dass er selbst eine Uebersetzung der Analytik versuchte; mit Bestimmtheit kann diess allerdings aus den Worten des Joh. Salesb. nicht gefolgert werden.

26) Ebend. c. 17, p. 183.: *Ceterum contra eos, qui veterum favore potiores Aristotelis libros excludunt Boethio fere solo contenti, possent plurima allegari.*

27) Ebend. c. 6, p. 162 f.: *Posteriorum vero Analyticorum subtilis quidem scientia est et paucis ingeniis pervia ..... Deinde haec utentium raritate iam fere in desuetudinem abiit, eo quod demonstrationis usus vix apud solos mathematicos est ..... Ad haec liber, quo demonstrativa traditur disciplina* (vgl. Anm. 25.), *ceteris longe turbatior est transpositione sermonum, traiectione litterarum, desuetudine exemplorum, quae a diversis disciplinis mutuata sunt. Et postremo quod non attingit auctorem, adeo scriptorum depravatus est vitio, ut fere quot capita tot obstacula habeat; et bene quidem, ubi non sunt obstacula capitibus plura. Unde a plerisque in interpretem difficultatis culpa refunditur asserentibus, librum ad nos non recte translatum pervenisse.* Welcher Uebersetzer ist hier gemeint, Boethius oder ein Anderer?

Klage natürlich erhellt, dass man jene Bücher kannte, so wird hinwiederum berichtet, dass die lange vernachlässigte Topik des Aristoteles eben damals gleichsam vom Tode erweckt worden sei [28]), und an die Angabe, dass diese Beiziehung der Topik auch wieder ihre Gegner gefunden habe, knüpft sich die Notiz über einen uns weiter nicht bekannten Drogo in Troyes, welcher offenbar die Topik nach dem Muster der aristotelischen bearbeitete [29]). Was aber nun insbesondere die Entstehung neuer Uebersetzungen betrifft, so folgt allerdings aus einem Briefe des Johannes sehr wenig, in welchem derselbe sich aus Constanz Abschriften aristotelischer Bücher überhaupt und ausserdem wegen möglicher Unzuverlässigkeit des Uebersetzers auch die Hinzufügung von Noten erbittet [30]). Hingegen von grosser Wichtigkeit ist, dass er eine Stelle sowohl in der boethianischen Uebersetzung als auch zugleich in der „neuen" anführt [31]), und sowie diese letztere sich durch grössere Wörtlichkeit unterscheidet, so hatte sich Johannes überhaupt eine ganz bestimmte Ansicht bezüglich der Uebersetzungen gebildet (nemlich nur wenn dieselben sich so enge als möglich nach einem festen Gesetze an das Original anschliessen, sei ein Verständniss möglich, welches vor jeder Einseitigkeit durch eine „*ratio indifferentiae*" bewahrt bleibe), und er sagt, es habe dieselbe damals durch einen der beiden Sprachen kundigen Griechen aus Severinum, d. h. aus Szöreny in Ungarn, ihre Bestätigung und Empfehlung gefunden [32]). Jene *ratio indifferentiae* selbst nun berührt uns hier noch nicht, sondern dieselbe wird sich uns in

---

28) Ebend. III, 5, p. 135.: *Quum itaque tam evidens sit utilitas Topicorum, miror quare cum aliis a maioribus tamdiu intermissus sit Aristotelis liber, ut omnino aut fere in desuetudinem abierit, quando aetate nostra diligentis ingenii pulsante studio quasi a morte vel a somno excitatus est, ut revocaret errantes et viam veritatis quaerentibus aperiret.*

29) Ebend. IV, 24, p. 181.: *Satis ergo mirari non possum, quid mentis habeant, si quid tamen habeant, qui haec Aristotelis opera carpunt. ...... Magister Theodoricus, ut memini, Topica non Aristotelis, sed Trecassini Drogonis irridebat, eadem tamen quandoque docuit; quidam auditores magistri Roberti de Meliduno* (s. unten Anm. 453 f.): *librum hunc fere inutilem esse calumniantur.*

30) *Epist.* 221. (II, p. 54 f. *ed. Giles*): *libros Aristotelis, quos habetis, mihi faciatis exscribi..... precor etiam iterata supplicatione, quatenus in operibus Aristotelis, ubi difficiliora fuerint, notulas faciatis, eo quod interpretem aliquatenus suspectum habeo, quia licet eloquens fuerit alias, ut saepe audivi, minus tamen fuit in grammatica institutus.*

31) *Metal.* II, 20, p. 108.: *„Gaudeant", inquit Aristoteles, „species, monstra enim sunt"* (so bei *Boeth.* p. 537.), *vel secundum novam translationem „cicadationes enim sunt, aut si sunt, nihil ad rationem."* So erscheint der Unterschied der Uebersetzungen an dem Worte τερετίσματα in der bekannten antiplatonischen Stelle des Aristoteles (*Anal. post.* I, 22, s. Abschn. III, Anm. 66.), in deren Anführung wir wieder eine Bestätigung dafür erkennen, dass gerade derartige pointirte Wendungen leichter in Umlauf kamen.

32) Ebend. III, 5, p. 135.: *Satis enim inter cetera, quae translationis arctissima lege a Graecis tracta sunt, planus est* (*sc. Aristotelis liber Topicorum*, s. oben Anm. 28.), *ita tamen ut facile sit auctoris sui stilum agnoscere, et ab iis dumtaxat fideliter intelligatur, qui sequuntur indifferentiae rationem, sine qua nemo unquam nec apud nos nec apud Graecos, sicut graecus interpres natione Severitanus dicere consueverat, Aristotelem intellexit.* Da wegen der Bezeichnung *„graecus"* nicht an St. Sever in Frankreich gedacht werden kann, so scheint nur jenes Severinum in Ungarn übrig zu bleiben.

die Darstellung der Logik des Johannes von Salesbury verflechten (Anm. 574 ff.); wohl aber gehört hieher, dass derselbe im Zusammenhange hiemit auch noch einen zweiten Uebersetzer (zwar gleichfalls ohne Nennung des Namens) erwähnt, welchen er in Apulien kennen gelernt habe [33]). Wenn aber, wie diese wichtigen Stellen bezeugen, im byzantinischen Reiche und durch Griechen in Unteritalien die Entstehung neuer Uebersetzungen gefördert wurde, und Solches zur Kunde der Logiker in Paris oder in England kam, so läge hier eine erste, wenn auch vorübergehende Spur eines Einflusses aus der Zeit der Anna Comnena vor (s. folg. Abschn.). — Endlich mag noch, gleichsam zum Ueberflusse, erwähnt werden, dass bei Johannes neben Citaten, welche völlig wörtlich mit der Uebersetzung des Boethius übereinstimmen, sich auch solche finden, welche wenigstens als ungenau bezeichnet werden müssen, woferne sie nicht von vorneherein anderswoher geschöpft sind [34]).

Ist hiemit hinreichend bewiesen, dass die Kenntniss der logischen Quellen schon vor der schriftstellerischen Thätigkeit Abälard's wenigstens in Einzelnheiten bereichert wurde und dann allmälig bis zur Zeit des Johannes von Salesbury sich vervollständigte (für letzteres werden sich uns noch manche einzelne Belege ergeben, s. Anm. 78, 219 f.), so kennen wir nun das entscheidende Moment, aus welchem damals ein nach Intension und Extension gesteigerter Betrieb der Logik hervorgehen musste. Eine mitwirkende Macht jedoch lag für jene Zeit hiebei durch ein erklärliches Wechselverhältniss in der dogmatischen Theologie, denn sowie schon dem Scotus Erigena und dem Roscellinus gegenüber die Orthodoxie auch in logischen Fragen auf ihrer Hut gewesen war, so zog man im gleichen Interesse jetzt, als die Dialektik lebhafter und selbstständiger eigene innere Kämpfe zu durchleben begann, auch Manches aus der theologischen Rüstkammer hervor, damit im Streite der logischen Parteien das Dogma unbefleckt bewahrt bleibe, wobei, da die streitenden Dialektiker sämmtlich Kleriker waren, es nicht fehlen konnte, dass nicht auch dogmatischer Inhalt in die Logik hinüberspielte. Vor Allem war es die Trinitätslehre, welche ja schon früher bei dem Auftreten des Roscellinus sich geltend gemacht hatte, nun aber in verstärktem Maasse auch positiv einzugreifen begann, und die Geschichte der Logik ist hier in dem Falle, ein theologisches Produkt berühren zu müssen, welches durch eine gewisse Formulirung logisch-ontologischer Grundsätze in jener Zeit in den Controversen der Dialektiker mitwirken konnte. Es ist diess Pseudo-Boethius *de trinitate*, wobei natürlich nicht ohne Einfluss war, dass man gerade den Boethius, den Repräsentanten aller Logik, für den Verfasser hielt [35]). In eben jener

---

33) Ebend. I, 15, p. 40.: *non pigebit referre nec forte audire displicebit, quod a graeco interprete et qui latinam linguam commode noverat, dum in Apulia morarer, accepi etc.*

34) Zu ersteren gehören *Metal.* II, 15, p. 86. (*Top.* I, 11, bei *Boeth.* p. 667.) und II, 20, p. 110. (*Anal. pr.* I, 27, b. *Boeth.* p. 490.), zu letzteren II, 9, p. 76. (*Top.* I, 11, *Boeth.* p. 667.), II, 20, p. 100. (*Soph. El.* 22, *Boeth.* p. 750.), III, 3, p. 126. (*Top.* I, 9, *Boeth.* p. 666.).

35) Ich sage „Pseudo-Boethius"; da ich jedoch den Theologen die Fürsorge

Zeit nemlich, d. h. seit Abälard [36]), häufen sich die Anführungen aus jenen vier Büchern über die Trinität, und Gilbertus Porretanus begleitete dieselben mit einem umfangreichen Commentare, so dass es kaum mehr möglich war, in den betreffenden Fragen sie zu umgehen. Hauptsächlich aber gehören bezüglich eines Einflusses auf die Logik jene Axiome hieher, welche der Verfasser am Anfange des 3. Buches an die Spitze stellt, um aus ihnen im weiteren Verlaufe seine Beweise aufzubauen. Dieselben [37]) beziehen sich nach Vorausschickung einer Definition der *communis conceptio* auf den in der Theologie üblichen Unterschied zwischen Essenz (*οὐσία*) und Existenz (*ὑπόστασις*), da zu letzterer noch die Form des Seins hinzukommen müsse und bei ihr hiedurch ein Theilhaben eintrete, sowie die Möglichkeit eines Ansichhabens sich ergebe, was sodann zur Unterscheidung von Substanz und Accidens führt und eine Doppeltheit jenes Theilhabens begründet; dabei aber wird auch auf die Einheit hingewiesen, in welcher bei einfachen Wesen, im Unterschiede von den zusammengesetzten, die Wesenheit und die Existenz verbunden sind, und zuletzt eine natürliche Wesens-Verwandtschaft innerhalb der entfalteten Verschiedenheit in Aussicht gestellt. Diese Grundsätze, deren theologisch-dogmatische Verwendung uns hier nicht berührt, wurden bald auch von Dialektikern als „*regulae*“ neben anderen „*auctoritates*“ citirt, und in ontologischen Punkten mochte mancher Logiker von vorneherein sich hüten, gegen diese Axiome zu verstossen, da ausserdem bedenkliche Consequenzen bezüglich der Trinität hätten drohen können. So kam es, dass hierin nicht etwa bloss die Logik auf Theologie reicher angewendet wurde, sondern auch dogmatische Momente direct den Betrieb der ontologischen Seite der Logik beeinflussten.

Ein eigenthümliches Verhältniss liegt in dieser Einmischung allerdings, und es ist merkwürdig, wie in jener Zeit, welche zu einer klaren und besonnenen Trennung der Gebiete (etwa im Sinne des Chri-

---

für ihre eigene Litteratur-Geschichte überlassen muss, so kann ich hier nur so viel bemerken, dass jene vier Bücher *de trinitate*, wie aus triftigen Gründen erhellen dürfte, nicht vor dem 9. Jahrh. entstanden sein können. Die Abhandlung von *Gust. Bauer*, *De Boethio christianae doctrinae assertore* (*Darmst.* 1841. 8.), beruht auf einer zu wenig umfassenden Kenntniss der einschlägigen mittelalterlichen Litteratur.

36) Z. B. *Introd. ad Theol.* I, 25, p. 1039. *Amboes.*

37) *Boeth. Opp.* (*ed. Basil.* 1570), p. 1181 f.: *Postulas, ut ex Hebdomadibus* (unter diesem Titel wird die Schrift bei Späteren auch citirt, s. z. B. Anm. 514.) *nostris eius quaestionis obscuritatem ..... digeram. ...... Ut igitur in mathematica fieri solet ceterisque etiam disciplinis, proposui terminos regulasque, quibus cuncta quae sequuntur efficiam.* 1) *Communis animi conceptio est enuntiatio, quam quisque probat auditam ......* 2) *Diversum est esse et id quod est, ipsum enim esse nondum est, at vero quod est, accepta essendi forma est atque consistit.* 3) *Quod est, participare aliquo potest, sed ipsum esse nullo modo aliquo participat .....* 4) *Id quod est, habere aliquid praeterquam quod ipsum est potest, ipsum vero esse nihil aliud praeter se habet admistum.* 5) *Diversum est esse aliquid et esse aliquid in eo quod est, illic enim accidens, hic substantia significatur.* 6) *Omne quod est, participat eo quo est esse ut sit, alio vero participat ut aliquid sit .....* 7) *Omne simplex esse suum et id quod est, unum habet.* 8) *Omni composito aliud est esse, aliud ipsum est.* 9) *Omnis diversitas est discors, similitudo vero quaedam appetenda est, et quod appetit aliud, tale ipsum esse naturaliter ostenditur, quale est illud ipsum quod appetit.*

stian Thomasius oder des Pierre Bayle) natürlich nicht befähigt war, dennoch die Incommensurabilität der theologischen und der logischen Wahrheit ausgesprochen wird, während man das Unvereinbare gleichzeitig betrieb. Ja gerade Abälard selbst, der *Peripateticus Palatinus*, gibt hiefür das beredteste Zeugniss, wenn er sagt, dass den Logikern oder Peripatetikern Gott unbekannt bleibe, da dieselben Alles unter irgend eine der zehn Kategorien unterbringen, Gott aber unter keine derselben fallen könne[38]), und während diess noch als der allgemeine von Augustinus her übliche Standpunkt der Theologie gelten könnte (vgl. Scotus Erigena, vor. Abschn., Anm. 120 f.), spricht Abälard eben betreffs der Trinitätslehre am deutlichsten aus, dass die Dialektiker oder Peripatetiker die gefährlichsten Feinde derselben seien[39]), da sie auf dem Standpunkte der Logik aus der Wesens-Einheit der drei Personen auf individuelle Einheit und umgekehrt aus der Verschiedenheit der Personen auf Verschiedenheit ihres Wesens schliessen[40]). Und in der That verträgt sich der aristotelische Begriff der individuellen Substanz nicht leicht mit dem Dogma der Trinität, so dass strenge genommen alle Logiker, welche an Aristoteles sich anschlossen, dem Vorwurfe der Ketzerei nicht entgehen konnten.

So ist es erklärlich, wenn Petrus Lombardus, während er den Zusammenhang des Trinitäts-Streites mit der logischen Parteispaltung bezeugt, zugleich jede Anwendung der Logik auf jene Hauptfrage der Theologie abweist[41]), oder wenn sein älterer Zeitgenosse Bernhard

---

38) *Abael. Theol. Christ.* III, 3, p. 1271. (b. *Martene, Thes. nov. Anecd. Vol.* V): *Quod autem illi quoque doctores nostri, qui maxime intendunt logicae, illam summam maiestatem, quam ignotum deum esse profitentur, omnino ausi non sunt attingere aut in numero rerum comprehendere, ex illorum scriptis liquidum est; cum enim omnem rem aut substantiae aut alicui aliorum generalissimorum subiiciant, utique et deum, si inter res ipsum comprehenderent, aut substantiis aut quantitatibus aut ceterorum praedicamentorum rebus connumerarent, qui nihil omnino esse ex ipsis convincitur......* (p. 1273.) *Qui tamen omnem rem aut substantiae aut alicui aliorum praedicamentorum applicant, patet profecto a tractatu Peripateticorum illam summam maiestatem omnino esse exclusam.*

39) Ebend. c. 1, p. 1242.: *Supra universos autem inimicos Christi, tam haereticos quam iudaeos sive gentiles, subtilius fidem sanctae trinitatis perquirunt et acutius arguendo contendunt professores dialecticae, seu importunitas sophistarum, quos verborum agmine atque sermonum inundatione beatos esse Plato irridendo iudicat...... Scimus quidem, a Peripateticis, quos nunc dialecticos appellamus, nonnullas et maximas haereses esse repressas etc.*

40) Ebend. c. 2, p. 1266.: *Quo in loco gravissimae et difficillimae dialecticorum quaestiones occurrunt; hi quippe ex unitate essentiae trinitatem personarum impugnant ac rursus ex diversitate personarum identitatem essentiae oppugnare laborant. Horum itaque obiectiones primum ponamus, postea dissolvamus*, worauf nun Abälard dreiundzwanzig aus der Logik entnommene Einwände gegen die Trinität aufzählt, um sie hernach theologisch zu widerlegen.

41) *Petr. Lomb. Sent.* I, 19, 9. (*f.* 27. *ed. Basil.* 1516): *Videtur tamen mihi ita posse accipi, cum ait (sc. Augustinus) „substantia est commune et hypostasis est particulare"; non ita haec accepit, cum de deo dicantur, ut accipiuntur in philosophica disciplina, sed per similitudinem eorum, quae a philosophis dicuntur, locutus est; sicut ibi commune vel universale dicitur quod praedicatur de pluribus, particulare vero vel individuum quod de uno solo, ita hic essentia divina dicta est universale, quia de omnibus personis simul et de singulis separatim dicitur, particulare vero singula quaelibet personarum, quia nec de aliis communiter nec de aliquo aliarum singu-*

von Clairvaux (geb. 1091, gest. 1153) sich offen als Feind der Dialektik bekennt[42]). Ja auch der hervorragendste Vertreter jener Richtung, zu welcher die eben genannten gehören, Hugo von St. Victor (geb. 1097, gest. 1141), steht eigentlich völlig ausserhalb jener reichhaltigen Bewegung, welche damals in der Dialektik eintrat, und sowie er auf die logischen Partei-Controversen nicht mit einem Worte eingeht, so hat für ihn auch sein eigener platonischer Realismus kein logisches Interesse, sondern nur ein psychologisch-praktisches. Indem auch er eine feindselige Gesinnung gegen die Dialektik hegte[43]), scheint er selbst die allgemein zugängliche Litteratur der Logik verschmäht zu haben und über einige Stellen des Marcianus Capella, Isidorus und Boethius nicht weit hinausgekommen zu sein[44]), so dass er, was den geschichtlichen Fortschritt der Logik betrifft, sogar noch unter dem Niveau Derjenigen steht, welche wir gegen Ende des vorigen Abschnittes besprochen haben; da er jedoch sowohl der Chronologie nach hieher gehört, als auch ein Hauptrepräsentant der consequenten innerlichen Auffassung der Theologie ist, so mag zum Gegensatze der bunt verschlungenen logischen Kämpfe, welche wir nun sogleich darstellen müssen, über Hugo's Standpunkt in Kürze Folgendes bemerkt werden. Nur die Stellung und Eintheilung nemlich der Logik ist es, worüber derselbe sich gelegentlich äussert, wobei das praktisch-ethische Motiv schon darin erscheint, dass die drei Hauptzweige der Wissenschaft, d. h. theoretische, praktische Disciplin und Mechanik, zur Abwehr dreier Uebel, und zuletzt die Logik um der Vollkommenheit des Sprechens willen erfunden sein sollen[45]).

---

lariter praedicatur. Propter similitudinem ergo praedicationis substantiam dei dixit universale et personas particularia vel individua ...... (c. 10.) *Dicuntur enim aliqua differre numero, quoniam ita differunt, ut hoc non sit illud* ..... *qualiter differunt Socrates et Plato et huiusmodi quae apud philosophos dicuntur individua vel particularia, iuxta quem modum non possunt dici tres personae differre numero etc.* Dass übrigens auch Lombardus verketzert wurde, s. unten Anm. 478.

42) Z. B. *Serm.* 3. *in die Pentec.* (*Opp. ed. Martene, Venet.* 1567, *fol.* III, p. 94.) *Numquid quia Platonis argutias, Aristotelis versutias intellexi aut ut intelligerem laboravi? Absit inquam, sed quia testimonia tua exquisivi.* Oder in Bezug auf das jungfräuliche Gebären *Serm.* 3. *Vigil. Natio* (ebend. p. 21.): *Ubi nunc Aristotelicae subtilitatis facunda quidem sed infoecunda loquacitas?*

43) *De sap. an. Christi, Prol.* (*Opp. ed. Rothomag.* 1648, *fol.* III, p. 59.): *Quid enim hoc esse putatis, quod de rerum veritate tam diversa sentire solent homines? Numquid nomina est veritas? Ecce quid est quod dialectica tot diversas et tam adversas, ne dicam perversas, habet sententias? Numquid omnes noverunt unum id quod est, sed amore fallendi diversa finxerunt? Non sic ego puto. Sed narrant quinque somnia sua* (d. h. die *quinque voces*) *et ea, qua primum ipsi in se opinione decepti sunt, postmodum alios nescientes seducunt.*

44) Es erhellt diess, abgesehen von dem Folgenden, schon aus der rohen Angabe *Didasc.* III, 2. (*Opp.* III, p. 16 f.): *Plato .... primus logicam rationalem apud graecos instituit, quam postea Aristoteles discipulus eius ampliavit, perfecit et in artem redegit; Marcus Terentius Varro primus dialecticam de graeco in latinum transtulit, postea Cicero Topica adiecit.* Die Quellenstellen für diese Gelehrsamkeit s. oben Abschn. XIII, Anm. 27, 29, 39, u. besond. Abschn. VIII, Anm. 20. u. 25.

45) *Excerpt. prior.* I, *d. orig. et discr. artium*, c. 4 (*Opp.* II, p. 335): *Tria sunt remedia principalia contra tria praedicta mala ......, sapientia contra ignorantiam, virtus contra vitium, necessitas contra infirmitatem* .... (c. 5.) *Propter autem ista tria remedia inventa est omnis ars et omnis disciplina, propter inveniendam namque sapientiam inventa est theorica, propter inveniendam virtutem inventa est practica,*

Sowie aber letztere Wissenschaft der Entstehung nach die späteste sei, so trete sie bezüglich des Unterrichtes an die erste Stelle, da die Tüchtigkeit im Sprachausdrucke die Vorbedingung zu allem Uebrigen sei [46]). In solchem Sinne bezeichnet Hugo die Logik als „*sermocionalis*“, weil dieselbe „*de vocibus*“ handle [47]), und er theilt sie nun in einer Weise, welche uns sehr an Scotus Erigena erinnert (vor. Abschn., Anm. 105), derartig ein, dass nach der weiteren Bedeutung des Wortes λόγος alle Kundgebung des Sprachvermögens zur Logik gehört, und dieselbe so in Grammatik und *logica rationalis* zerfällt, welch letztere der engeren Bedeutung des Wortes λόγος entspricht und sodann im Hinblicke auf die allverbreiteten Stellen des Boethius nach der gewöhnlichen Weise näher eingetheilt wird [48]).

Allerdings nun wäre es gewiss bequemer gewesen, in einer derartigen Schablone die gesammte Logik von vorneherein abzuthun, und

---

propter inveniendam necessitatem inventa est mechanica ..... Novissima autem omnium inventa est logica causa eloquentiae, ut sapientes, qui praedictas principales disciplinas investigarent et unirent, rectius veracius honestius illas tractare et disserere de illis scirent, rectius per grammaticam, veracius per dialecticam, honestius per rhetoricam; logica namque facundiae rectitudinem veritatem venustatem administrat. Fast wörtlich ebenso *Didasc.* VI, 14. (*Opp.* III, p. 39.), vgl. ebend. I, 6. (p. 3.) II, 2. (p. 7.) III, 1. (p. 15.).

46) *Didasc.* I, 12. (*Opp.* III, p. 6.): *Ceterae prius repertae fuerant, sed necesse fuit logicam quoque inveniri, quoniam nemo de rebus convenienter disserere potest, nisi prius recte loquendi rationem agnoverit.* Ebend. VI, 14. (p. 39.): *Istae tres usu primae fuerunt, sed postea propter eloquentiam inventa est logica, quae cum sit inventione ultima, prima tamen esse debet in doctrina. Excerpt. prior.* a. a. O. c. 23. (p. 339.): *In legendis artibus talis est ordo servandus: prima omnium comparanda est eloquentia et ideo expetenda logica, deinde etc.*

47) *Didasc.* II, 2. (p. 7.): *Philosophia dividitur in theoricam, practicam, mechanicam, et logicam; hae quatuor omnem continent scientiam ..... Logica sermocionalis, quia de vocibus tractat...... Hanc divisionem Boethius facit aliis verbis* (folgt die oben, Abschn. XII, Anm. 76., angeführte Stelle).

48) Ebend. I, 12. (p. 6.): *Logica dicitur a graeco vocabulo λόγος, quod nomen geminam habet interpretationem; dicitur enim λόγος sermo sive ratio* (s. Isidor, vor. Abschn., Anm. 27.), *et inde logica sermocionalis sive rationalis scientia dici potest; logica rationalis, quae discretiva dicitur, continet dialecticam et rhetoricam, logica sermocionalis genus est ad grammaticam, dialecticam et rhetoricam, et continet sub se dissertivam; et haec est logica sermocionalis, quam quartam post theoricam, practicam et mechanicam annumeramus. Excerpt. prior.* c. 22. (p. 339.): *Logica dividitur in grammaticam et rationem disserendi; ..... ratio disserendi dividitur in probabilem, necessariam, et sophisticam; probabilis dividitur in dialecticam et rhetoricam, necessaria pertinet ad philosophos, sophistica ad sophistas* (s. Boethius, Abschn. XII, Anm. 82.); *grammatica est scientia recte loquendi, dialectica disputatio acuta verum a falso distinguens, rhetorica est disciplina ad persuadendum quaeque idonea. Didasc.* II, 29. (p. 14.): *Logica dividitur in grammaticam et in rationem disserendi .... grammatica est litteralis scientia ..... ratio disserendi agit de vocibus secundum intellectus.* Ebend. 31. (p. 15.): *Ratio disserendi integrales partes habet inventionem et iudicium* (s. Boethius, Abschn. XII, Anm. 76.), *divisivas vero demonstrationem, probabilem, sophisticam; demonstratio est in necessariis argumentis et pertinet ad philosophum, probabilis pertinet ad dialecticos et rhetoricos, sophistica ad sophistas et cavillatores; probabilis dividitur in dialecticam et rhetoricam, quarum utraque integrales partes habet inventionem et iudicium.* Ebenso ebend. III, 1. (p. 15.). Die nemlichen Angaben kehren in einer „*Epitome in philosophiam*“ Hugo's wieder, welche kürzlich *Hauréau* (*Hugues de Saint-Victor, Nouv. examen de l'édition de ses oeuvres. Paris* 1859. 8.) herausgab, s. daselbst p. 167 ff.

es hätten hiebei auch die platonisch-christlichen Anschauungen sowie die theologische Dogmatik in ungestörter Naivetät ihre unnatürliche Allianz mit verkümmerten und verschrobenen Resten des Aristotelismus fortführen können. Jedoch der selbsteigene innere Trieb der Dialektik war ja auch schon bisher selbst innerhalb der *ecclesia docens* wach geblieben, und da nun, wie wir sahen, von zwei Seiten her, nemlich einerseits gerade durch den dogmatischen Streit über die Trinität und andrerseits durch sporadische und allmälig sich vervollständigende Kenntniss der bis dahin unbekannten aristotelischen Bücher, eine gesteigerte Anregung eintrat, so erhob sich jetzt neben aller Mystik der Schule von St. Victor zugleich eine reiche und vielfach gespaltene Bewegung auf dem Gebiete der Logik, deren Geschichte hier nach Maassgabe der vorhandenen Quellen in eine äusserst schwierige Periode eintritt. Die Schwierigkeit nemlich liegt zunächst darin, dass die uns zugänglichen Berichte wohl vielfältig bis ins einzelnste Detail hinabreichen, aber dabei in schlechthin fragmentarischer Form uns über alle verknüpfenden Fäden im Unklaren lassen, wozu noch die Unbestimmtheit der üblichen Bezeichnung „*quidam*" oder des blossen Anfangs-Buchstaben des Namens eines Logikers hinzukömmt; und es wird so auch überhaupt, z. B. namentlich in Bezug auf jenes Fragment, welchem Cousin den Titel „*De generibus et speciebus*" gab [49]), die ohnediess schon missliche Untersuchung mannigfach durch litterarische Schwierigkeiten durchkreuzt; ausserdem ist mancher Berichterstatter an sich von geringerer Verlässigkeit, und wir stossen auf Widersprüche, welche in Folge des Mangels an anderweitigen Quellen nicht genügend gelöst werden können.

Frägt es sich aber dann noch, wie dieses zerfahrene und lückenhafte Material für die Darstellung verarbeitet werden solle, so konnte ich bei der Unmöglichkeit, die einzelnen (meist nicht näher bekannten) Autoren in geschichtlicher Abfolge zu entwickeln, nach vielfacher Erwägung nur den Ausweg finden, dass ich die Zeit Abälard's collectiv darstelle, und zwar so, dass in ähnlicher Weise wie im XI. Abschnitte die zahlreichen Controversen nach der Reihenfolge der inhaltlichen Hauptgruppen der damaligen Logik vorgeführt werden, wobei die verschiedenen Meinungen über die Isagoge, d. h. der Streit über die Universalien, einen ausgedehnteren Stoff darbieten, als die Erörterungen über die übrigen Theile der Logik. Während aber so die hervorragenderen uns bekannteren Autoren an diese inhaltlichen Momente geknüpft werden, musste ich allerdings hievon gerade bei Abälard eine Ausnahme machen, dessen Ansicht über die Universalien doch wieder nur bei der später zu entwickelnden Charakteristik der gesammten Dialektik Abälard's ihre

---

49) Es musste eine schlimme Verwirrung zur Folge haben, wenn die französischen Gelehrten mit Cousin dieses Fragment für eine Schrift Abälard's hielten; H. Ritter hat hierin richtiger geurtheilt (wenn wir auch seiner Vermuthung über den Autor selbst nicht beipflichten können, s. unten Anm. 146.); hingegen hat, — um von *Rousselot* abzusehen, welchem bei Abfassung seines Werkes der 7. Band Ritter's noch nicht vorliegen konnte —, auch *Rémusat* und sogar *Hauréau* Ritter's Ansicht völlig ignorirt und im Anschlusse an *Cousin* auf jene Schrift Schlüsse gebaut, welche der richtigen Darstellung des Streites über die Universalien nachtheilig sein mussten.

genügende Erörterung finden konnte, denn von ihm allein ja besitzen wir eine fast den ganzen Umkreis der Logik umfassende Schrift. Doch hielt ich eine solche Zertheilung der Controversen, soweit sie die Universalien betreffen, hier eben für das kleinste der unvermeidlichen Uebel. Nach Abälard können dann in gleicher Weise hauptsächlich Gilbertus Porretanus und Johannes von Salesbury folgen.

In Folge der oben angegebenen Gründe nahm das Studium der Logik, abgesehen von seiner allseitigen örtlichen Verbreitung, durchweg an intensiver Schärfe und Präcision zu, und man gewöhnte sich daran, alle einzelnen Sätze oder Erörterungen durch das ganze damals zugängliche Material der Logik hindurch so genau als möglich zu erwägen und nach verschiedenen Seiten zu beleuchten, wobei allerdings, da eine eigentlich philosophische Basis gänzlich fehlte, nur eine einseitig formale Spitzfindigkeit hervortreten konnte, welche ebensosehr zur zersplittertsten Parteispaltung führen musste, als sie hinwiederum durch diese genährt und bestärkt wurde, und vielleicht mag die Zahl der Magistri, welche in solcher Weise das ganze Gebiet der Logik, meist mit polemischer Erledigung gegnerischer Ansichten, durcharbeiteten, in Frankreich allein nicht weit hinter einem Hundert zurückgeblieben sein. Nicht zu wundern wohl ist es, wenn bei solchem Betriebe Diejenigen, welche die Logik nicht von vorneherein aus theologischen Gründen ängstlich scheuten, häufig beim ersten Eintritte in dieselbe in Verwirrung geriethen [50]; wirkt es doch auf uns selbst fast schwindelerregend, wenn wir aus den fragmentarischen Einzelnheiten einen Rückschluss auf das Ganze machen, welchem sie angehört hatten. Eine grosse Täuschung ist es, wenn man die damalige Bewegung in der Logik mit den zwei Worten „Nominalismus" und „Realismus" oder etwa noch mit Hinzufügung eines dritten, nemlich „Conceptualismus", erledigen zu können glaubt, denn erstens ist, wie sich zeigen wird, die Parteispaltung eine weit mannigfaltigere, und zweitens bildet dieselbe nur einen Theil des Gesammt-Betriebes der Logik.

Wenn wir dem Johannes von Salesbury, welcher zwar häufig bloss nach allgemeinen Eindrücken und Vieles nur aus dem Gedächtnisse niederschrieb (s. unten Anm. 536), vollständig vertrauen dürfen, wäre der Entwicklungsgang der Logik, welche entweder in Compendien (*artes*) oder in Commentaren oder in blosser Glossirung bearbeitet wurde [51], in jenen Jahrzehenten im Ganzen folgender gewesen. Johannes nemlich spricht von einem Gegner seiner logischen Auffassung, welchen er symbolisch Cornificius nennt (s. unten Anm. 528 ff.), und sagt bei dieser Gelegenheit [52], jene beliebte Manier, ohne ordentliches und mühevolles

---

50) *Abael. Dialect.* b. *Cous.* p. 436.: *Sed quia labor huius doctrinae diuturnus .... fatigat lectores, et multorum studia et aetates subtilitas nimia inaniter consumit, multi .... de ea diffidentes ad eius angustissimas fores non audent accedere; plurimi vero eius subtilitate confusi ab ipso aditu pedem referunt.*

51) *Joh. Saresb. Metal.* III, *Prol.* p. 113. (*ed. Giles* vol. V.): *Non in transitu vel semel dialecticorum attigi scripta, quae vel in artibus vel in commentariis aut glossematibus scientiam pariunt aut retinent et reformant.*

52) Ebend. I, 1, p. 13.: *Cornificius noster studiorum eloquentiae imperitus et improbus impugnator* ..... (2, p. 14.) *populum qui sibi credat habet, et ei* ..... *turba*

Studium ein Philosoph sein zu wollen, in Wirklichkeit aber nur ein Sophist zu sein und Andere in blosser Sophistik heranzubilden, fliesse aus jener Schule, in welcher man auf eigene Faust habe geistreich sein wollen, indem man lediglich auf angebornes logisches Talent sich stützend sich mit Controversen der läppischsten Art, z. B. ob ein Schwein, welches zu Markt geführt wird, von dem Stricke oder von dem Menschen festgehalten werde, u. dgl., beschäftigte, dabei aber stets in gespreiztem Dünkel mit etlichen Kunstworten der Logik um sich warf, — eine Richtung, welche ebenso intolerant gegen jede anderweitige Wissenschaft und Bestrebung gewesen sei, als sie in ihrer Neuerungssucht und bei dem raschen Uebergange vom Lernen zum Lehren sich bald in das grösste Bunterlei individueller Ansichten zersplittert habe. Eine Folge dieses haltlosen Treibens sei nun gewesen[53]), dass die Einen in weltschmerzlicher Ueberzeugung von der Eitelkeit dieser Dinge in die Klöster sich flüchteten, Andere in Salern und Montpellier das Studium der Medicin ergriffen, um nun diese Wissenschaft in gleicher rabulistischer

---

insipientium acquiescit, illorum tamen maxime, qui ... videri quam esse sapientes appetunt .... 3, p. 15 ff.: *sine artis beneficio .. . faciet eloquentes et tramite compendioso sine labore philosophos .... Eo autem tempore ista Cornificius didicit, quae nunc docenda reservat, ... quando in liberalibus disciplinis littera nihil erat et ubique spiritus quaerebatur, qui ut aiunt latet in littera; Hylam esse ab Hercule, validum scilicet argumentum a forti et robusto argumentatore ......, et in hunc modum docere omnia, studium illius aetatis erat. Insolubilis in illa philosophantium schola tunc temporis quaestio habebatur, an porcus, qui ad venalitium agitur, ab homine an a funiculo teneatur; item an capucium emerit, qui cappam integram comparavit. Inconveniens prorsus erat oratio, in qua haec verba „conveniens" et „inconveniens", „argumentum" et „ratio" non perstrepebant multiplicatis particulis negativis et traiectis per „esse" et „non esse", ita ut calculo opus esset, quoties fuerat disputatum. ...... Sufficiebat ad victoriam verbosus clamor, et qui undecunque aliquid inferebat, ad propositi perveniebat metam. Poetae, historiographi habebantur infames et si quis incumbebat laboribus antiquorum* (d. h. der antiken Autoren, des Porphyrius, Boethius), *.... omnibus erat in risum. Suis enim aut magistri sui quisque incumbebat inventis; nec hoc tamen diu licitum, quum ipsi auditores .... urgerentur, ut et ipsi spretis his, quae a doctoribus suis audierant, cuderent et conderent novas sectas. Fiebant ergo summi repente philosophi, nam qui illiteratus accesserat, fere non morabatur in scholis ulterius, quam eo curriculo temporis, quo ovium pulli plumescunt, itaque recentes magistri e scholis ... pari tempore avolabant .... Ecce nova fiebant omnia, innovabatur grammatica, immutabatur dialectica, contemnebatur rhetorica, et novas totius quadrivii vias evacuatis priorum regulis de ipsis philosophiae adytis proferebant. Solam „convenientiam" sive „rationem" loquebantur, „argumentum" sonabat in ore omnium, et aliquid operum naturae nominare, instar criminis erat aut ineptum nimis aut rude et a philosopho alienum. Impossibile credebatur, convenienter et ad rationis normam quidquam dicere aut facere, nisi „convenientis" et „rationis" mentio expressim esset inserta, sed nec argumentum fieri licitum, nisi praemisso nomine argumenti.*

53) Ebend. c. 4, p. 18 ff. *Alii namque monachorum aut clericorum claustrum ingressi sunt .... deprehendentes in se et aliis praedicantes, quia quidquid didicerant vanitas vanitatum est ..... Alii autem Salernum vel ad Montem Pessulanum profecti facti sunt clientuli medicorum et repente quales fuerunt philosophi, tales in momento medici eruperunt ...... Alii se nugis curialibus mancipaverunt, ut magnorum virorum patrocinio freti possent ad divitias adspirare ..... Alii autem ad vulgi professiones easque profanas relapsi sunt parum curantes quid philosophia doceat ..... dummodo rem faciant „si possunt, recte, si non quocunque modo rem" ...... Hoc autem quasi quadrivio .... evadebant illi repentini philosophi .... non modo trivii nostri, sed totius quadrivii contemptores.*

Weise, wie vorher die Logik, zu betreiben, wieder Andere aber das Leben an den Höfen der Reichen und Grossen aufsuchten, endlich Andere lediglich auf Gelderwerb denkend sich in die niederen Sphären des Lebens warfen (s. Anm. 530), kurz dass bei diesen Allen die Logik und die Wissenschaft überhaupt in die grösste Missachtung fiel. Hierauf aber, fährt Johannes fort[54]), sei ein Aufschwung der freien Künste durch Männer, wie Gilbertus Porretanus, Theodorich (uns nicht näher bekannt), Bernhard von Chartres, Wilhelm von Conches, und vor Allen durch Abälard eingetreten, wodurch eben jene Verächter tieferer und ernstlicher Studien nur zu Hass angestachelt und zu Schmähungen fortgerissen worden seien; Schmähungen, welche sie nun auch gegen Anselmus, Wilhelm von Champeaux, Hugo von St. Victor, Robert Pullus u. A., sei es in logischer oder in theologischer Beziehung, gekehrt hätten; die genannten Männer aber seien es, durch welche oder durch deren Schüler er, nemlich Johannes, selbst seine Bildung empfangen habe.

Dieser Bericht aber des Johannes von Salesbury wird uns ausser seinem allgemeinen Inhalte noch insbesondere dadurch wichtig, dass sich daran die Unterscheidung von „*antiqui*“ und „*moderni*“ (abweichend von der Bedeutung dieser Worte bei einem früheren Schriftsteller, s. vor. Abschn., Anm. 326.) in dem Sinne anknüpft, dass letztere die eben angeführten verdienstvollen Logiker, erstere aber jene spitzfindigen Sophisten der vorhergehenden Zeit sind[55]). Und wenn wir hierin ein Vorspiel der späteren Trennung zwischen *vetus logica* und *nova logica* erblicken, wornach von dorther der Rückschluss statthaft wäre, dass die *antiqui* sich bei der älteren Boethianischen Tradition der Logik begnügten, die *moderni* hingegen dem aristotelischen Organon näher standen, so bestätigt sich dieses entschieden durch das oben, Anm. 26, Angeführte, sowie durch eine anderweitige deutliche Stelle des Johannes selbst[56]). Ja ferner sagt derselbe, dass jene windige Geschwätzig-

---

54) Ebend. c. 5, p. 21 f.: *Solebat magister Gilbertus .... eis artem pistoriam polliceri ..... Sed et alii viri amatores litterarum, utpote magister Theodoricus, artium studiosissimus investigator, itidem Willelmus de Conchis, grammaticus post Bernardum Carnotensem opulentissimus, et peripateticus Palatinus, qui logicae opinionem praeripuit omnibus coaetaneis suis, adeo ut solus Aristotelis crederetur usus colloquio, se omnes opposuerunt errori .... Praedictorum opera magistrorum et diligentia redierunt artes et quasi iure postliminii honorem pristinum nactae sunt. ..... Hinc indignatio, quam adversus discipulos memoratorum sapientium concepit Cornificii domus; ..... impudenter etiam obfuscare nititur .... Anselmum et Radulfum ....., nam de Alberico Remensi et Simone Parisiensi palam loquuntur ..... Willelmus de Campellis errasse convincitur scriptis propriis, vix parcitur magistro Hugoni de Sancto Victore, ... Rodbertus Pullus .... diceretur filius subiugalis, nisi sedi apostolicae deferretur ...... Ego autem .... fateor aliquos praemissorum habuisse doctores et itidem aliorum audisse discipulos et ab eis modicum id didicisse quod novi.*

55) Ebend. I, *Prol.* p. 9.: *Nam ingenium hebes est et memoria infidelior, quam ut antiquorum subtilitates percipere aut quae aliquando percepta sunt, diutius valeam retinere ...... Nec dedignatus sum, modernorum proferre sententias, quos antiquis in plerisque praeferre non dubito.* Vgl. Anm. 219, 365, 522.

56) Ebend. III, 6, p. 138.: *Non .... inanem reputem operam modernorum, qui equidem nascentes et convalescentes ab Aristotele inventis eius multas adiiciunt rationes et regulas prioribus aeque firmas; ..... habemus gratiam peripatetico Palatino et aliis*

keit, als deren örtlichen Hauptsitz er einmal gelegentlich Paris bezeichnet[57]), aus einer Silbenstecherei hervorgegangen sei, welche die gegen alle anderen Wissenschaften intoleranten Logiker viele Jahre hindurch, ja während ihres ganzen Lebens unablässig in Zusammenstellung und Bekämpfung aller möglichen Meinungen derartig übten, dass Mancher selbst seine eigene Ansicht nicht mehr wusste[58]), wobei man dann um des persönlichen Ruhmes willen selbst die antiken Autoren verschmähte und die übliche Ordnung der Schul-Logik bei Seite setzte[59]). Und endlich wird nun noch ausdrücklich bemerkt, dass dieser übermässige und bornirte Aufwand von Zeit und Kräften sich hauptsächlich um die Isagoge drehte, bei deren Erklärung man den Streit über die Universalien für die einzig höchste Aufgabe hielt[60]), so dass ebensosehr zum

---

praeceptoribus nostris, qui nobis proficere studuerunt vel in explanatione veterum vel in inventione novorum.

57) *Epist.* 181. (vol. I, p. 298. *ed. Giles*): *Studiis tuis congratulor, quum agnosco ex signis perspicuis in urbe garrula et ventosa, ut pace scholarium dictum sit, non tam inutilium argumentationum locos inquirere, quam virtutum.* Doch könnte, da der Magister *Radulfus Niger*, an welchen dieser Brief gerichtet ist, uns nicht näher bekannt ist, unter der *urbs ventosa* möglicher Weise auch Avignon zu verstehen sein, denn sprichwörtlich sagte man „*Avenio ventosa, sine vento venenosa, cum vento fastidiosa.*"

58) *Metal.* II, 6, p. 72.: *Indignantur puri philosophi et qui omnia praeter logicam dedignantur, aeque grammaticae ut physicae expertes et ethicae* ...... c. 7, p. 73.: *qui clamant in compitis et in triviis docent et in ea, quam solam profitentur, non decennium aut vicennium, sed totam consumpserunt aetatem* ..... *Fiunt itaque in puerilibus academici senes, omnem dictorum aut scriptorum excutiunt syllabam, imo et litteram, dubitantes ad omnia, quaerentes semper, sed nunquam ad scientiam pervenientes, et tandem convertuntur ad vaniloquium ac nescientes, quid loquantur aut de quibus asserant, errores condunt novos et antiquorum* (d. h. der antiken Autoren, wie oben Anm. 52.) *aut nesciunt aut dedignantur sententias imitari; compilant omnium opiniones et ea quae etiam a vilissimis dicta vel scripta sunt, ob inopiam iudicii scribunt et referunt,* .... *tanta est opinionum et oppositionum congeries ut vix suo nota esse possit auctori.* Ebend. c. 18, p. 93.: *De magistris aut nullus aut rarus est, qui doctoris sui velit inhaerere vestigiis; ut sibi faciat nomen, quisque proprium cudit errorem. Polycr.* VII, 12, p. 126.: *Vetus quaestio, in qua laborans mundus iam senuit, in qua plus temporis consumptum est, quam in acquirendo et regendo orbis imperio consumpserit Caesarea domus,* ..... *haec enim tamdiu multos tenuit, ut quum hoc unum tota vita quaererent, tandem nec istud nec aliud invenirent.* Hiezu unten Anm. 540.

59) *Enthet.* v. 41 ff.: *Si sapis auctores, veterum si scripta recenses, Ut statuas, si quid forte probare velis, Undique clamabunt „vetus hic quo tendit asellus, Cur veterum nobis dicta vel acta refert? A nobis sapimus, docuit se nostra iuventus, Non recipit veterum dogmata nostra cohors, Non onus accipimus, ut eorum verba sequamur, Quos habet auctores Graecia, Roma colit* ..... (v. 59.) *Temporibus placuere suis veterum bene dicta, Temporibus nostris iam nova sola placent."* ..... *Haec schola non curat, quid sit modus ordove quid sit, Quam teneant doctor discipulusque viam.*

60) *Metal.* II, 16, p. 89.: *Sed quia ad hunc elementarem librum* (d. h. die Kategorien) *magis elementarem quodammodo scripsit Porphyrius, eum ante Aristotelem esse credidit antiquitas praelegendum; recte quidem, si recte doceatur, id est ut tenebras non inducat erudiendis nec consumat aetatem* ...... c. 17, p. 90.: *Naturam tamen universalium hic omnes expediunt et altissimum negotium et maioris inquisitionis contra mentem auctoris explicare nituntur.* Ebend. III, 5, p. 136.: *qui in Porphyrio aut Categoriis explanandis singuli volumina multa et magna conscribunt.* Eine bestätigende Aeusserung Abälard's s. unten Anm. 104.

Tummelplatze individueller Eitelkeit wie zum Nachtheile des Unterrichtes zuletzt alle Weisheit in die Erörterung des Porphyrius hineingepfropft wurde [61]).

So führen uns die allgemeineren Angaben des Johannes von Salesbury von selbst zu den Controversen über die Universalien, und wir dürfen aus dem Bisherigen füglich schliessen, dass der Streit in jener einseitig spitzfindigen Weise in den ersten Jahrzehnten des 12. Jahrhundertes entbrannte, so dass hier die geschichtliche Anknüpfung an das Auftreten des Roscellinus und an die damals sich erhebenden Kämpfe (s. vor. Abschn. Anm. 312 ff. u. bes. Anm. 326) deutlich vorliegt. Ja innere Gründe sprechen dafür, dass von ebendort her bei den Controversen betreffs der Universalien vorerst die nominalistische Auffassung die überwiegendere gewesen sein mag, denn nicht bloss der Umstand, dass jene Logiker nach des Johannes Bericht sich exclusiv und intolerant gegen jede Real-Wissenschaft verhielten (Anm. 52 u. 58), deutet auf Derartiges hin, sondern es ergibt sich auch leicht der Schluss, dass jene von Johannes angeführten verdienstvollen Wiedererwecker der Logik, welche sämmtlich einem extremen Nominalismus abhold waren oder theilweise selbst bis an die äussersten Gränzen des Realismus fortschritten, jedenfalls einen Umschwung hervorriefen oder beförderten, welcher von nominalistischen Grundsätzen hinweg auf anderweitige Bahnen hinüberlenkte.

Dass aber hiebei, wie wir schon sagten, die Spaltung der Ansichten sich nicht bloss in einem dichotomischen oder trichotomischen Gegensatze bewegte, sondern in einer grösseren Zahl von Abstufungen auftrat, erhellt aus genauerer Einsichtnahme der uns zugänglichen Quellen. Die ausführlichste Notiz gibt uns wieder Johannes von Salesbury, wornach die Meinungsverschiedenheit bezüglich der Universalien sich folgendermaassen gestaltet habe:

1) die Ansicht des Roscellinus, dass dieselben *voces* seien [62]), — s. Anm. 76 ff.;

2) jene des Abälard und seiner Anhänger, dass die Universalien auf *sermones* zu reduciren seien, da das Prädicat eines Dinges nie selbst ein Ding sein könne [63]), — s. Anm. 283 ff.;

---

61) Ebend. II, 20, p. 113.: *Nec fideliter cum Porphyrio nec utiliter cum introducendis versantur, qui omnium de generibus et speciebus recensent opiniones, omnibus obviant, ut tandem suae inventionis erigant titulum.* Ebend. III, 1, p. 117.: *Austerus nimis et durus magister est, tollens quod positum non est et metens quod non est seminatum, qui Porphyrium cogit solvere, quod omnes philosophi acceperunt, cui satisfactum non est, nisi libellus doceat, quidquid alicubi scriptum invenitur.* Polycr. VII, 12, p. 129.: *Qui ergo Porphyriolum omnibus philosophiae partibus replent, introducendorum obtundunt ingenia, memoriam turbant.* Hiezu die unten, Anm. 98., anzuführende Stelle des Wilhelm v. Conches.

62) *Metal.* II, 17, p. 90., woselbst nach den so eben (Anm. 60.) angeführten Worten unmittelbar jene Stelle über Roscellinus (s. vor. Abschn. Anm. 318.) folgt.

63) Ebend.: *Alius sermones intuetur et ad illos detorquet, quidquid alicubi de universalibus meminit scriptum; in hac autem opinione deprehensus est peripateticus Palatinus Abaelardus noster, qui multos reliquit et adhuc quidem aliquos habet professionis huius sectatores et testes; amici mei sunt, licet ita plerumque captivatam detorqueant litteram, ut vel durior animus miseratione illius moveatur. Rem de re*

3) die Annahme, dass *intellectus* oder *notio* im Sinne Cicero's (d. h. der Stoiker) dasjenige sei, was man Universale nenne[64]), — s. Anm. 581 ff.

Von diesen unterscheidet Johannes dann Diejenigen, welche an den Dingen haften („*rebus inhaerent*"), sich selbst aber wieder in mehrere Parteien spalten, sonach:

4) die bald wieder aufgegebene Ansicht des Walter von Mortaigne, dass die Universalien mit den Individuen (d. h. den *res sensibiles*) essentiell vereinigt seien, wornach es auf den „*status*" ankomme, nach welchem man das Individuum betrachte[65]), — s. Anm. 129 ff.;

5) der platonische Realismus des Bernhard von Chartres[66]), — s. Anm. 89 ff.;

6) die Annahme des Gilbert von Poitiers betreffs der *formae nativae*[67]), — s. Anm. 460 ff.;

7) die Ansicht des Gauslenus von Soissons, dass die Universalität

---

praedicari monstrum dicunt, licet Aristoteles monstruositatis huius auctor sit et rem de re saepissime asserat praedicari, quod palam est, nisi dissimulent, familiaribus eius.

64) Ebend. (fortgefahren): *Alius versatur in intellectibus et eos duntaxat genera dicit esse et species; sumunt enim occasionem a Cicerone et Boethio, qui Aristotelem laudant auctorem, quod haec credi et dici debeant notiones; ,,est autem", ut aiunt, ,,notio ex ante percepta forma cuiusque rei cognitio enodatione indigens"* (so allerdings Cicero in der Abschn. VIII, Anm. 37. angeführten Stelle, welche aber zugleich zeigt, dass derselbe sich nicht auf Aristoteles, sondern auf „*Graeci*", d. h. auf die Stoiker berief), *et alibi: ,,notio est quidam intellectus et simplex animi conceptio"* (so *Boeth. ad Cic. top.* p. 805. bei Erklärung jener ciceronischen Stelle, nur vollständiger, nemlich: *,,.... conceptio, quae ad res plures pertineat a se invicem differentes, id vero genus esse, manifestum est"*, sodann aber nach einigen Zeilen hinzufügend: *at vero Aristoteles nullas putat extra esse substantias, sed intellectam similitudinem plurium inter se differentium substantialem genus putat esse vel speciem*); *eo ergo deflectitur quidquid scriptum est, ut intellectus aut notio universalium universitatem claudat.*

65) Ebend. p. 90 f.: *Eorum vero qui rebus inhaerent, multae sunt et diversae opiniones. Siquidem hic ideo, quod omne quod unum est, numero est, rem universalem aut unum numero esse aut omnino non esse concludit; sed quia impossibile, substantialia non esse existentibus his quorum sunt substantialia, denuo colligunt, universalia singularibus quod ad essentiam unienda. Partiuntur itaque status duce Gautero de Mauritania et Platonem in eo quod Plato est dicunt individuum, in eo quod homo speciem, in eo quod animal genus, sed subalternum, in eo quod substantia generalissimum. Habuit haec opinio aliquos assertores, sed pridem hanc nullus profitetur.*

66) Ebend. p. 91.: *Ille ideas ponit Platonem aemulatus et imitans Bernardum Carnotensem et nihil praeter eas genus dicit esse vel speciem ....* (p. 92.) *Egerunt operosius Bernardus Carnotensis et eius sectatores, ut componerent inter Aristotelem et Platonem, sed eos tarde venisse arbitror et laborasse in vanum, ut reconciliarent mortuos, qui quamdiu in vita licuit dissenserunt.*

67) Ebend. p. 92.: *Porro alius, ut Aristotelem exprimat, cum Gilberto episcopo Pictaviensi universalitatem formis nativis attribuit et in earum conformitate laborat; est autem forma nativa originalis exemplum et quae non in mente dei consistit, sed rebus creatis inhaeret; haec graeco eloquio dicitur εἶδος, habens se ad ideam ut exemplum ad exemplar, sensibilis quidem in re sensibili, sed mente concipitur insensibilis, singularis quoque in singulis, sed in omnibus universalis.*

nur in einem „*colligere*“ beruhe [68]) (s. Anm. 145 ff.), welche wegen mancher Schwierigkeiten sich zu

8) der Annahme betreffs der „*maneries*“ gestaltete oder in die obige *status*-Frage auslief [69]), — s. Anm. 85 ff.

Sowie aber Johannes diess noch einmal zusammenfasst, um alle diese Ansichten mit Ausnahme der dritten als anti-aristotelisch zu bezeichnen, und zwar mit einer merkwürdigen Wendung, wornach ihm zuletzt Jedwedes als Realismus erscheint [70]), so spricht er ein anderes Mal gleichfalls von dieser Parteispaltung und nennt daselbst [71]) von den so eben aufgezählten Ansichten nur die ersten vier, neu aber kömmt nun dort hinzu

9) die Ansicht, dass die Universalien abstracte Formen wie die mathematischen seien.

Dass wir aber hiemit noch nicht zu Ende sind, sieht jeder Kundige schon daraus, dass in des Johannes Bericht Wilhelm von Champeaux gar nicht erwähnt ist; nun kömmt aber, — um vorläufig nur bei der Aufzählung der verschiedenen Meinungen stehen zu bleiben —,

---

68) Ebend.: *Est et alius, qui cum Gausleno Suessionensi episcopo universalitatem rebus in unum collectis attribuit et singulis eandem demit.*

69) Ebend. p. 92 f.: *Exinde quum ad interpretandas auctoritates ventum est, laborat prae dolore, quia in locis pluribus rictum litterae indignantis ferre non sustinet. Est aliquis, qui confugiat ad subsidium novae linguae, quia latinae peritiam non satis habet; nunc enim quum genus audit vel species, res quidem dicit intelligendas universales, nunc rerum maneriem* (unbegreiflicher Weise gibt Giles *materiem*, obwohl die Ausgabe *Amstel.* 1664 das Richtige hat, abgesehen von den sogleich folgenden Worten, s. unten Anm. 85.) *interpretatur; hoc autem nomen in quo auctorum invenerit vel hanc distinctionem, incertum habeo, nisi forte in glossematibus aut modernorum linguis doctorum. Sed et ibi quid significet, non video, nisi rerum collectionem cum Gausleno aut rem universalem, quod tamen fugit maneriem* (ebenso) *dici, nam ad utrumque potest ab interpretatione nomen referri, eo quod maneries* (ebenso) *rerum numerus aut status dici potest, in quo talis permanet* (also er etymologisirt vom Stamme „*maneo*“) *res; nec deest, qui rerum status attendat et eos genera dicit esse et species.*

70) Ebend. c. 20, p. 95.: *Quare ab Aristotele recedendum est concedendo ut universalia sint* (s. unten Anm. 590.), *aut refragandum opinionibus, quae eadem* (1) „*vocibus*“, (2) „*sermonibus*“, (4) „*sensibilibus rebus*“, (5) „*ideis*“, (6) „*formis nativis*“ (die Ausgaben haben *formis, naturis*), (7 u. 8) „*collectionibus*“ *aggregant, quum singula horum esse non dubitentur, qui autem ea esse statuit, Aristoteli adversetur.*

71) *Polycr.* VII, 12, p. 127.: *In his aetatem terere, nihil agentis et frustra laborantis est ..... Expediunt haec auctores multis modis variisque sermonibus ..... et litigiosis hominibus multam contendendi materiam reliquerunt. Inde est, qui sensibilibus aliisque singularibus apprehensis, quoniam haec sola veraciter esse dicuntur, ea in diversos* „*status*“ (4) *subvehit, pro quorum ratione in ipsis singularibus specialissima generalissimaque constituit. Sunt, qui more mathematicorum* „*formas*“ (diess das Neue) *abstrahunt et ad illas, quidquid de universalibus dicitur, referunt. Alii discutiunt* „*intellectus*“ (3) *et eos universalium nominibus censeri confirmant. Fuerunt et qui* „*voces*“ (1) *ipsas genera dicerent et species, sed eorum iam explosa sententia est et facile cum auctore suo evanuit. Sunt tamen adhuc qui deprehenduntur in vestigiis eorum, licet erubescant auctorem vel sententiam profiteri solis nominibus inhaerentes, quod rebus et intellectibus subtrahunt,* „*sermonibus*“ (2) *adscribunt. Magno se iudice quisque tuetur, et ex verbis auctorum .... suam adstruit sententiam vel errorem. Oriuntur hinc magna seminaria iurgiorum et colligit quisque, quo suam possit haeresin confirmare.*

noch eine Stelle des Fragmentes *De generibus et speciebus* hinzu [72]), in welcher gleichfalls die Unterscheidung zwischen Jenen, welche die Universalien als *vox* bezeichnen, und denjenigen, welche sie für *res* halten, zu Grunde gelegt ist, bei letzteren aber nur zwei Unterarten derselben namhaft gemacht werden, nemlich

10) die sogenannte *ratio indifferentiae* (s. Anm. 132 ff.) und

11) die Ansicht des Wilhelm von Champeaux, — s. Anm. 102 ff.

Ferner spricht von diesen Meinungs-Verschiedenheiten einmal auch Abälard [73]), woselbst er innerhalb des Realismus zunächst die beiden so eben genannten Annahmen erwähnt, sodann aber auch

12) eine Auffassung, wornach der Unterschied zwischen Gattung und Individuum nur in einer Eigenthümlichkeit (*proprietas?*) des Daseins liege, insoferne das Universale sowohl in Mehreren zugleich als auch in Einzelnwesen auftreten könne.

Hingegen Pseudo-Abälard *De intellectibus* (s. unten Anm. 416 ff.) unterscheidet unbestimmt allgemein nur Realisten, Nominalisten und die Abälard'sche Ansicht [74]).

Endlich aber kömmt noch hinzu

13) die Annahme des Verfassers *De generibus et speciebus*, — s. Anm. 148 ff.

---

72) Bei *Cousin*, *Ouvr. inéd. d'Abélard*, p. 513.: *De generibus et speciebus diversi diversa sentiunt. Alii namque voces solas genera et species universales et singulares esse affirmant, in rebus vero nihil horum assignant. Alii vero res generales et speciales universales et singulares esse dicunt, sed et ipsi inter se diversa sentiunt; quidam enim dicunt singularia individua esse species et genera subalterna et generalissima alio et alio modo attenta* (der Verfasser bezeichnet diese Ansicht selbst als „*sententia de indifferentia*", s. unten Anm. 133.); *alii vero quasdam essentias universales fingunt, quas in singulis individuis totas essentialiter esse credunt* (dass diess letztere die Meinung Wilhelm's sei, wird unten erhellen).

73) In den schon oben, Anm. 13., angeführten *Glossulae super Porphyrium* bei *Rémusat* a. a. O. p 96. (leider gleichfalls nicht im Originaltexte mitgetheilt): *La grande question que Porphyre indique en débutant ..... arrête Abélard, et il est presque obligé de la traiter seulement pour la poser. Toutes les opinions sur les universaux se prévalent, dit-il, de grandes autorités* (schon hier übersetzt Rémusat falsch, denn er gibt in der Anmerkung die Original-Worte „*unus quisque se tuetur auctoritate iudice*", deren Sinn ist, dass jeder seine Ansicht durch die überlieferte Auctorität, d. h. durch Aristoteles, stützt) ..... p. 97.: *Le premier système est celui de l'existence des choses universelles. Il est plusieurs manières de l'établir. Suivant l'une etc.* (nun folgt die Ansicht Wilhelm's von Champeaux, s. unten Anm. 105.) .... p. 99.: *La seconde manière etc.* (folgt die Indifferenz-Lehre, s. unten Anm. 132.) ..... p. 101 f.: *Enfin on s'y prend d'une troisième manière pour soutenir que les universaux sont des choses. Voulant expliquer la communauté, l'on dit qu'entre la chose universelle et la chose singulière est une différence de propriété, la propriété qui consiste à être universelle, la propriété qui consiste à être singulière. L'animal, le corps est universel, et n'est pas seulement quelque animal et quelque corps; mais dire „l'animal est universel", revient à dire „il y a plusieurs choses qui sont chacune individuellement animal"; quand „animal" se dit d'un seul, on entend qu'un seul, un être déterminé est animal* ..... Endlich p. 106. folgt in unbestimmten Ausdrücken die Auffassung der Universalien als *voces*.

74) Bei *Cousin*, *Fragm. philos. Philos. scolast. Par.* 1840. p. 494.: *De formis diversi diversa sentiunt. Quidam enim volunt omnes formas esse essentias* (die Realisten), *quidam nullas* (die Nominalisten), *quidam quasdam essentias esse confirmant, quasdam non* (die Anhänger Abälard's, Näheres s. unten).

Von diesem Bunterlei der Meinungen nun werden wir jene des Abälard (2.), des Gilbert (6.) und des Johannes von Salesbury (nemlich die 3.) erst später in Verbindung mit der gesammten logischen Thätigkeit derselben erörtern können; sodann aber fallen die 12. und die 9. darum hinweg, weil wir schlechthin Nichts näheres als das so eben Gesagte über dieselben wissen; nur mag bei letzterer bemerkt werden, dass sie uns entschieden an jene mathematische Betrachtungsweise erinnert, welche wir oben, vor. Abschn., Anm. 169, schon in weit älterer Zeit trafen. Die übrigen hingegen müssen wir nun versuchen genauer zu besprechen, wobei sich uns manche verschlungene Verwandtschaft zwischen einzelnen derselben und selbst wieder neue Abarten und Abzweigungen zeigen werden. Auch spielt aber in jene Controversen, wie sich schon aus dem Vorgange des Boethius (s. Abschn. XII, Anm. 85 ff.) erwarten lässt und es theilweise bereits bei Roscellinus zu Tage getreten war (vor. Abschn., Anm. 321 f.), in hohem Grade die Lehre von der Eintheilung und der Definition herein, denn die *Tabula logica* des Porphyrius oder Boethius bewegt sich ja hauptsächlich in den Universalien, womit das Zeugniss Abälard's übereinstimmt, dass Viele sich mit jenem Zweige der traditionellen Logik beschäftigten und Manche sogar die Boethianische Lehre der Eintheilung noch zu vervollständigen versuchten [75]).

Was nun zunächst die an Roscellinus anknüpfende Ansicht betrifft, so scheint dieser Nominalismus in der That nicht so schnell gänzlich verschwunden zu sein, als es nach den oben angeführten Aeusserungen des Johannes von Salesbury (s. vor. Abschn., Anm. 325) scheinen müsste. Denn abgesehen davon, dass dieser nemliche Autor doch wieder selbst von einer Richtung spricht, welche einseitig nur dem Klange der Worte folgt und so dieselben fast zum blossen Hauche verflüchtigt [76]), treffen wir nun auch noch in Abälard's Zeit eine Wiederholung jener Vorwürfe, welche Anselmus gegen Roscellinus gewendet hatte (s. ebend. Anm. 319), und zwar derartig gesteigert, dass der Nominalismus sich schon einem vollständigen Sensualismus genähert zu haben scheint, wenn behauptet wurde, dass nicht bloss kein Allgemeines existire, sondern auch durch die Wortbezeichnung das Denken nur die Einzel-Wesen erfasse [77]). Ja mit deutlicher Bezugnahme auf eine Stelle

---

75) *Abael. Dialect.* b. *Cousin*, p. 450.: *Dividendi seu diffiniendi peritiam non solum ipsa doctrinae necessitas commendat, verum diligenter multorum auctoritas tractat.* Ebend. p. 489.: *Movet autem fortasse quosdam, quod sint quaedam divisiones, quae in sex suprapositis* (d. h. jenen des Boethius, Abschn. XII, Anm. 96.) *non connumerantur.*

76) *Joh. Saresb. Enthet.* v. 27 ff. *Qui sequitur sine mente sonum, qui verba capessit, Non sensum, iudex integer esse nequit; Quum vim verborum dicendi causa ministret, Haec si nescitur, quid nisi ventus erunt?*

77) *Pseudo-Abael. D. intell.* a. a. O. (Anm. 74.), p. 488.: *Sicut enim, inquiunt, cum homo sentitur, necesse vel hunc vel illum vel aliquem alium sentiri, eo videlicet quod omnis homo sit vel hic vel ille vel alius, ita et de intellectu ad similitudinem sensus ratiocinantur, ut videlicet si homo intelligatur, necesse sit vel hunc vel illum vel aliquem alium intelligi. Praeterea homo nihil aliud sonat quam quidam homo, unde et qui hominem intelligit, profecto quendam hominem intelligit et ita hunc vel alium intelligit.*

der Analytik drückten einige extreme Nominalisten, welche selbst das prädicative Satzverhältniss bekämpft zu haben scheinen (vgl. vor. Abschn., Anm. 324 f.), sich sogar derartig aus, dass nicht einmal das Wort „Individuum" prädicirt werden dürfe, sondern nur die Singularität des Einzel-Wesens Gegenstand der Aussage sein könne [78]). Auch knüpfte sich eine solche Hinneigung zum Sensualismus [79]) an jene der Psychologie angehörigen Erklärungen, auf welche Aristoteles in beiden Analytiken (s. oben Anm. 19) die Erkenntniss-Theorie stützt [80]).

Selbstverständlicher Weise hat die Stufenfolge von Gattung zu Art und von Art zu Individuen bei den Nominalisten keine ontologische Bedeutung, sondern indem sie den Realismus bekämpfen, substituiren sie zur Kundgebung ihrer Auffassung für die in der Isagoge üblichen Worte überall das durch dieselben „Bezeichnete" (*significatum*), indem sie z. B. *significatum generis* statt *genus* sagen und in solcher Weise alle Lehr-Sätze figürlich (*figura locutionis*) interpretiren, da ihnen ja überhaupt nur die Individuen als seiend gelten, diese aber durch die Worte, sei es durch specielle oder durch allgemeine, ihre „Bezeichnung" finden [81]). Eben Letzteres aber scheint eine Spaltung unter den Nominalisten hervorgerufen zu haben; nemlich die Einen, und zwar offenbar die Besonneren, unter welchen ein uns übrigens unbekannter Garmund genannt wird, hielten doch noch an dem begrifflichen Gehalte des Wortes, welcher ein inneres Verstehen erzeugt, fest und verneinten es hiernach entschieden, dass durch den Namen der Gattung auch schon die Art oder durch eine Inhärenz auch schon das Substrat (z. B. „Mensch" durch „lebendes Wesen" oder „Körper" durch „Gefärbt") bezeichnet werde [82]); Andere hingegen, gewiss die Leichtfertigeren und Extre-

78) *Joh. Saresb. Metal.* II, 20, p. 110.: *Hinc forte est illud in Analyticis „Aristomenes intelligibilis semper est, Aristomenes autem non semper"* (*Anal. pr.* I, 33, bei *Boeth.* p. 495.); *et hoc quidem est singulariter individuum, quod solum quidam aiunt posse de aliquo praedicari; Plato enim Aristidis filius nec quantitate ut atomus nec soliditate ut adamas, sed nec praedicatione, ut dicunt, individuum est.*

79) Ebend. III, 7, p. 140.: *Sed minutiores philosophi cum Porphyrio vulgi sequuntur opinionem, qui fere id solum consuevit approbare, quod sensibus patet.* Ebend. IV, 20, p. 176.: *Unde et quidam minuti philosophi, eo quod a sensibus ad scientiam sit processus, nisi eorum quae sentiuntur ullam negant esse scientiam.*

80) *Pseudo-Abael. d. intell.* a. a. O. p. 466.: *cum quidam omnes imaginationes quasdam sensuum .... recordationes esse velint, hoc est eas ex rebus sentitis solummodo haberi, etc. Joh. Saresb. Metal.* IV, 9, p. 166.: *Eorum ergo opinio est, quod eadem potentia nunc sentiat, nunc memoretur, nunc imaginetur, nunc discernat investigando, nunc investigata assequendo intelligat.*

81) *D. gen. et spec.* b. *Cousin, Abélard* p. 524.: *aiunt figuram totam esse locutionem „genus est materia speciei"* (diesen Lehrsatz des *Boeth. d. divis.* s. Abschn. XII, Anm. 97.), *id est: significatum generis materia est significati speciei; sed hoc secundum eos stabile est, nam cum habeat eorum sententia, nihil esse praeter individua et haec tamen significari a vocibus tam universalibus quam singularibus, idem prorsus significabit animal et homo.*

82) *Abel. Dialect.* p. 210.: *Alii enim omnia, quibus vox imposita est, ab ipsa voce significari volunt, alia vero ea sola, quae in voce denotantur atque in sententia ipsius tenentur. Illis quidem magister noster V.* (was Cousin höchst willkürlich als *„Willelmus Campellensis"* erklärt, s. unten Anm. 102.) *favet, his vero Garmundus* (wenn Cousin in einer Anmerkung sagt *„infra de eo, sc. Garmundo, non semel mentio erit"*, so verstehe ich diess nicht, denn in jenem Texte wenig-

meren, wie z. B. ein gewisser Magister „V.", warfen sich lediglich auf das Bezeichnen, wornach jedes Ding in jedwedem ihm beigelegten Prädicate bereits mitbezeichnet sei, und es ist beachtenswerth, dass diese hiebei sich auf die Grammatik stützten, nach welcher jedes Nomen sowohl eine Substanz als auch zugleich eine Qualität bezeichne [83]). Nominalisten der letzteren Art müssen es auch gewesen sein, welche wohl mit einseitiger Verfolgung der Ansicht des Roscellinus (vor. Abschn., Anm. 321) zu der Behauptung gelangten, dass die einfache *dictio* (d. h. das einzelne Wort im Gegensatze gegen das Urtheil) überhaupt keinerlei Theile des Denkactes, nemlich auch keine gleichzeitigen, in sich trage, sondern wie ein Punkt in unterschiedsloser Einheit Alles, was unter das Wort fällt, umfasse [84]). — Ein paar einzelne Consequenzen des Nominalismus bezüglich der Kategorienlehre s. unten Anm. 196 f. u. 199.

Eine Abzweigung des Nominalismus aber war gewiss die Annahme betreffs der „*maneries*", s. oben Anm. 69; denn wenn Johannes von Salesbury dieselbe unter den realistischen Ansichten aufzählt, werden wir nicht bloss durch jene obige (Anm. 70) Stelle desselben, in welcher er ja zuletzt Alles als Realismus bezeichnet, sehr bedenklich gemacht, sondern wir finden auch in einem anderweitigen Berichte die entschiedene Mittheilung, dass die Nominalisten es waren, welche zur Stütze ihrer Ansicht, wornach Gattungen und Arten nur die im Subjecte oder Prädicate ausgesprochenen allgemeineren oder specielleren Worte seien, in den betreffenden Stellen des Boethius und des Aristoteles sofort „*res*" als „*vox*" und „*genus*" als „*maneries*" bezeichneten [85]). Das Wort

---

stens, welchen Cousin gibt, ist nicht ein einziges Mal mehr Garmund erwähnt) *consensisse videtur. Illi quidem auctoritate, hi vero fulti sunt ratione. Quibus enim Garmundus annuit, rationabiliter ea sola* (fehlt das Verbum, etwa *admittunt* oder dgl.), *quae in sententia vocis tenentur iusta diffinitione „significandi", quae est „intellectum generare"; de eo enim vox intellectum facere non potest, de quo in sententia eius non agitur; unde nec a nomine generis speciem volunt significari, ut hominem ab animali, nec subiectum accidentis a sumpto vocabulo, ut corpus ipsum a colorato vel albo; neque enim homo in nomine animalis exprimitur nec subiecti corporis natura in colorato denotatur, sed tantum illud, quantum substantia animal sensibile dicitur, hoc vero tantum, quod informatur colore vel albedine; habet tamen et illud impositionem ad hominem et hoc ad corpus, de quibus enuntiantur.*

83) Ebend.: *Hi vero, qui omnem vocum impositionem in significationem deducunt, auctoritatem protendunt, ut ea quoque significari dicant a voce, quibuscunque ipsa est imposita, ut ipsum quoque hominem ab animali vel Socratem ab homine vel subiectum corpus ab albo; nec solum ex arte, verum etiam ex auctoritate grammaticae id conantur ostendere; cum enim tradat grammatica, omne nomen substantiam cum qualitate significare, album quoque, quod subiectam nominat substantiam et qualitatem determinat circa eam, utrumque dicitur significare* (diese Ansicht also sollte nach Cousin dem Realisten Wilhelm v. Champeaux angehören!).

84) *Pseudo-Abael. d. intell.* a. a. O. p. 472.: *Sunt itaque intellectus coniunctarum et divisarum rerum dictionum tantum, coniungentes vero et dividentes intellectus orationum tantum sunt; illi quippe simplices sunt, isti compositi.* (So des Verfassers Ansicht.) *Sunt plerique fortassis* (nemlich Nominalisten), *qui intellectus simplices nullas omnino partes habere concedant, neque scilicet per successionem neque simul* (d. h. ungleichzeitige oder successive Theile hat überhaupt nur das Urtheil, nie aber das einzelne Wort); *qui enim, inquiunt, plura simul intelligit, una simplici actione omnia simul attendit.*

85) *D. gen. et spec.* a. a. O. p. 522.: *Nunc illam sententiam, quae voces solas*

„maneries“ selbst ist gleichfalls weder so monströs noch so selten, als Johannes in seiner obigen (Anm. 69) Angabe meint, denn es begegnet uns nicht bloss in allgemeiner Bedeutung bei Bernhard von Clairvaux [86]), sondern sogar in speciell logischem Sinne bei einem anderen Autor aus dem Anfange des 13. Jahrhundertes, nemlich bei dem Kanonisten Huguccio (gest. 1212), welcher in seiner lexicalischen Schrift *„species“* als *„rerum maneries“* definirt [87]). Und sowie dieses Wort (das französische *„manière“*) nach seiner richtigen Ableitung auf die Bedeutung „Handhabung“ oder „Behandlungsweise“ hinausläuft [88]), so musste es in logischer Anwendung zunächst die subjective Auffassungsweise bezeichnen und hiemit der nominalistischen Anschauung oder jenem *„colligere“* (Anm. 68) näher stehen; hingegen erst, wenn *„maneries“* von der Bedeutung „Art und Weise“ allmälig zu der Bezeichnung einer „Sorte“ hinübergewendet war, konnte es in logischem Sinne objectiv so genommen werden, dass die *status*-Frage (Anm. 65) hereinspielen mochte, obwohl auch noch bei „Sorte“ der Gedanke an das „Sortiren“ (d. h. *colligere*) nahe genug läge.

Die einseitigen Gegner der einseitigen Nominalisten waren jedenfalls die eigentlichen Platoniker, unter welchen uns zunächst als ein Hauptrepräsentant Bernhard von Chartres (bis gegen 1160 lebend) begegnet. Während derselbe ebenso sehr eine höchst ausgedehnte litterarische Kenntniss als eine entschiedene Lehrgabe besass [89]), war er kein Freund der Neuerungen, sondern wies auf die Alten hin, auf deren Schultern allein die neuere Zeit stehe, so dass dieselbe nicht sich

---

genera et species universales et particulares praedicatas et subiectas asserit et non res, insistamus ...... (p. 523.) *Boethius in commentario super Categorias* (p. 114.) *dicit „quoniam rerum decem genera sunt prima, necesse fuit decem quoque esse simplices voces, quae de simplicibus rebus dicerentur“; hi tamen exponunt: „genera, id est manerias“. Quasdam autem res universales ait Aristoteles in Periermenias* (b. *Boeth.* p. 233.) *„rerum aliae sunt universales, aliae sunt singulares“; hi tamen exponunt: „rerum, id est vocum“ ...... His autem tam apertis auctoritatibus rationabiliter obviare non valentes aut dicunt auctoritates mentiri aut exponere laborantes, quia excoriare nesciunt, pellem incidunt.*

86) *Epist.* 402. (*Opp. ed. Martene, Venet.* 1765. I, p. 156.): *Maneries locutionis pro sigillo sit, quia ad manum non erat.*

87) Huguccio, der Verfasser einer *Summa Decretorum* und anderer kanonistischer Schriften (Näheres über ihn s. b. *Sarti, d. clar. archigymn. Bonon. profess.* I, p. 296 ff. u. b. *Du Cange, Glossar. Praefatio* §. XLVI.) hatte ein Vocabularium (*liber derivationum*) geschrieben, welches theilweise aus dem oben erwähnten Papias (vor. Abschn., Anm. 286 ff.) geschöpft war und mehrfach handschriftlich vorhanden ist. Aus demselben theilt *Du Cange s. v. Maneries* folgende Worte mit: *Species dicitur rerum maneries, secundum quod dicitur „herba huius speciei, id est maneriei, crescit in horto meo“.*

88) S. *Diez, Etymol. Wörterb. d. roman. Sprachen* p. 216. Ein völlig verschiedenes Wort ist *maneria*, welches von *maneo* abstammt und verwandt mit *mansio* „Aufenthalt“ bedeutet (s. *Du Cange s. v. Maneria*).

89) *Joh. Saresb. Metal.* I, 24, p. 57 f.: *Bernardus Carnotensis, exundatissimus modernis temporibus fons litterarum in Gallia, in auctorum lectione, quid simplex esset et ad imaginem regulae positum, ostendebat; figuras grammaticae, colores rhetoricos, cavillationes sophismatum, et qua parte sui propositae lectionis articulus respiciebat ad alias disciplinas, proponebat in medio; ita tamen ut non in singulis universa doceret, sed pro capacitate audientium dispensaret eis in tempore doctrinae mensuram.*

selbst eitel überheben dürfe [90]). Der antike Kern aber, für welchen er schwärmt, ist ausschliesslich der platonische, und da er die Realität der Universalien auf Plato's Auffassung hin betheuerte [91]), mochte er wohl vergeblich sich bemühen, Solches mit der aristotelischen Ansicht zu vereinbaren, s. ob. Anm. 66 u. vgl. unten Anm. 143. Ja es fällt kaum mehr der Geschichte der Logik anheim, zu berichten, dass Bernhard bei seiner idealistischen Hypostasirung des Seins auch die Singularität der Individuen (d. h. natürlich nicht die singulären Individuen selbst) in der intelligiblen Welt vorgezeichnet erblickt und zu dem mystischen Begriffe eines Kreislaufes der Gattungen und Individuen gelangt, in welchem nur die Namen der Evolutionen oder Involutionen das Wechselnde seien [92]). Das Widerspruchsvolle aber, dass diese idealistischen Verächter der begrifflichen Function des menschlichen Wortes dennoch auf die übliche Schul-Logik eingiengen, zeigt sich auch bei Bernhard, von welchem uns in vereinzelter Weise (so dass wir auf eine ähnliche Bearbeitung der gesammten Logik schliessen dürfen) eine Erörterung über die Denominativa (s. Abschn. IX, Anm. 44, Abschn. XII, Anm. 46 u. 174) überliefert ist. Er führte nemlich auch bei den Adjectivis mit einem ergötzlichen Gleichnisse den platonischen Realismus durch, indem ihm das entsprechende abstracte Substantivum (z. B. *albedo*) die reine platonische Idee repräsentirt, hingegen das Verbum (*albet*) den Beginn der Vermischung mit dem Accidentellen bezeichnet, zuletzt aber das Adjectivum (*album*) als der Ausdruck der heillosen Vermengung der Idee mit der concreten Wirklichkeit gilt [93]). Hiernach dürfen wir es

---

90) Ebend. III, 4, p. 131.: *Dicebat Bernardus Carnotensis, nos esse quasi nanos gigantium humeris insidentes, ut possimus plura eis et remotiora videre, non utique proprii visus acumine aut eminentia corporis, sed quia in altum subvehimur et extollimur magnitudine gigantea.*

91) Ebend. II, 17, p. 91 f.: *Quoniam universalia corruptioni non subiacent nec motibus alterantur, quibus moventur singularia ......, proprie et vere dicuntur esse universalia, siquidem res singulae verbi substantivi nuncupatione creduntur indignae, quum nequaquam stent, sed fugiant, nec expectent appellationem ...... Rerum species transeuntibus individuis permanent eaedem .... Hae autem ideae, id est exemplares formae, rerum primaevae omnium rationes sunt, quae nec diminutionem suscipiunt nec augmentum, stabiles et perpetuae,* u. s. f., — kurz an Stelle einer verständigen Auffassung eines Erkenntnissprincipes finden wir nur beschauliche Tiraden.

92) Aus dem *Megacosmus* Bernhard's theilt *Cousin, Ouvr. inéd. d'Abél.* p. 627 ff. Einiges mit. Dort lesen wir z. B. p. 628.: *Noys summi et exsuperantissimi Dei est intellectus et ex eius divinitate nata natura, in qua vitae viventis imagines, notiones aeternae, mundus intelligibilis, rerum cognitio praefinita .... Illic in genere, in specie, in individuali singularitate conscripta, quidquid mundus, quidquid parturiunt elementa* u. s. w. p. 629.: *Sic igitur providentia de generibus ad species, de speciebus ad individua, de individuis ad sua rursus principia repetitis anfractibus rerum originem retorquebat .... Usia namque primaria foecunda pluralitatis simplicitas ..... p. 631.: Solis successionum nominibus variatur, quod ab aevo nec continuatione nec essentia separatur.* Die Logik ist bei solchem Schwulst wohl zu Ende, oder hatte vielmehr nie angefangen.

93) *Joh. Saresb. Metal.* III, 2, p. 120.: *Ex opinione plurium idem principaliter significant denominativa et ea, a quibus denominantur. Sed consignificatione diversa aiebat Bernardus Carnotensis, quia ,,albedo" significat virginem incurruptam, ,,albet" eandem introeuntem thalamum aut cubantem in toro, ,,album" vero eandem, sed corruptam. Hoc quidem, quoniam ,,albedo" ex assertione eius simpliciter et sine*

schwerlich bedauern, dass uns nicht mehr Detail über die logischen Untersuchungen desselben kund geworden ist.

Gleichfalls an Plato schloss sich an Wilhelm von Conches (gest. um 1160), eine der schwierigsten Persönlichkeiten in Bezug auf Litteraturgeschichte der mittelalterlichen Philosophie [94]). Doch jener mit patristischer Philosophie verflochtene Platonismus, welchen derselbe in Cosmographie, Psychologie und Physik entwickelt, berührt uns hier nicht, sondern wir beschränken uns auf das Wenige, was betreffs der eigentlichen logischen Fragen zu erwähnen ist. Indem Wilhelm in der Erkenntnisslehre sich auf den platonischen Standpunkt eines aufwärts schreitenden Idealismus stellt [95]), und auch ausdrücklich ausspricht, dass er unter den heidnischen Philosophen dem Plato den Vorzug gebe [96]), unterscheidet er wohl eine vierfache Betrachtungsweise aller Dinge, nemlich eine dialektische, sophistische, rhetorische, philosophische [97]), tritt aber betreffs der ersteren beiden (bei beiden letzteren ist es ihm ohnediess selbstverständlich) entschieden auf die Seite der Realisten, indem er Diejenigen bekämpft, welche alles Reale ausschliessen oder zuletzt nicht einmal mehr die Namen der Dinge, sondern überhaupt nur etliche Worte (d. h. nemlich wohl die *quinque voces*) zulassen woll-

---

omni participatione subiecti ipsam significat qualitatem .....; „albet" autem eandem principaliter, etsi participationem personae admittat, si enim illud excutias, quod verbum hoc pro substantia significat, qualitas albedinis occurret, sed in accidentibus verbi personam reperies; „album" vero eandem significat qualitatem, sed infusam commixtamque substantiae et iam quodammodo magis corruptam ...... Multa quoque proferebat undique conquisita, quibus persuadere nitebatur, res interdum pure, interdum adiacenter praedicari, et ad hoc denominativorum scientiam perutilem asserebat.

94) S. *Oudin, d. script. eccl.* II, p. 1228 ff. und *Brucker, Hist. crit. phil.* III, p. 774., welch letzterer zuerst es bemerkte, dass die „*Dragmaticon*" betitelte Schrift des Wilhelm von Conches sich gedruckt finde als Werk eines *Guilelmus Aneponymus* in einer von *Grataroli* besorgten Ausgabe. Und da nun die „*Magna de naturis philosophia*" Wilhelm's, von welcher wohl *Conr. Gesner* (*Epit. Biblioth. ed. Tigur.* 1583, *fol.* 301.) einen Incunabel-Druck sah, aber *Oudin* nicht einmal mehr Handschriften auffinden konnte, völlig verloren zu sein scheint, und auch von der „*Philosophia minor*" Wilhelm's offenbar nur der Anfang unter dem Titel *Περὶ διδάξεων* in den Werken des *Beda Venerabilis (ed. Colon.* 1688. II, p. 206 ff.) gedruckt ist, darf ich hier wohl gelegentlich berichten, dass von jenem *Dragmaticon* die Münchner Universitäts-Bibliothek ein Exemplar besitzt (*Dialogus de substantiis physicis confectus a Wilhelmo Aneponymo philosopho ... Industria Guilielmi Grataroli. Argentor.* 1567. 8.), und dass aus diesem seltenen Buche die Kenntniss der Philosophie Wilhelm's noch am vollständigsten geschöpft werden könne. Ausserdem hat *Cousin, Ouvr. inéd. d'Abél.* p. 669 ff. höchst schätzenswerthe Bruchstücke veröffentlicht.

95) S. die bei *Cousin* a. a. O. mitgetheilten Bruchstücke, bes. p. 673 f.

96) In genannter Ausgabe des *Gratarolus* p. 13.: *Si gentilis adducenda est opinio, malo Platonis quam alterius inducatur; plus namque cum nostra fide concordat.*

97) Ebend. p. 4.: *De eodem namque dialectice, sophistice, rhetorice, vel philosophice disserere possumus. Considerare namque de aliquo, an sit singulare an universale, est dialecticum; probare, ipsum esse quod non est vel non esse quod est, sophisticum est; probare, ipsum esse dignum praemio vel poena, rhetoricum; sed de natura ipsiusque moribus et officiis disserere, est philosophicum. Dialecticus ergo, sophista, orator, philosophus, de eadem re diversa considerantes et intendentes disputare possunt.*

ten [98]). Wohl aber gesteht er wenigstens, in ähnlicher Weise wie Scotus Erigena, sich selbst auf Boethius berufend, dem menschlichen Geiste die Function zu, die concret existirenden Dinge mit entsprechenden Namen zu belegen [99]), und sowie er einmal gelegentlich auf die verschiedenen Bedeutungen des Wortes „Substanz" eingeht [100]), so vertrug es sich mit seinem Realismus sehr wohl, dass er zugleich ein hervorragender Grammatiker war [101]).

Wenn Bernhard von Chartres den platonischen Realismus hauptsächlich in idealistischen Betheuerungen oder sonstigen erbaulichen Wendungen kundgab, so war es jedenfalls schwieriger und verdienstlicher, einmal das Verhältniss ins Auge zu fassen, in welchem man sich die Universalien als existirende Dinge zu den einzelnen Individuen denken solle; und in diesem Versuche liegt die Bedeutung des Wilhelm von Champeaux (gest. 1121), wenn auch der logische Gesichtspunkt bei dem Realismus desselben noch hinter den ontologischen zurücktritt. Doch muss von vorneherein bemerkt werden, dass wir über die Ansichten des Wilhelm von Champeaux bei Weitem nicht so ausführlich unterrichtet sind, als Cousin und Andere meinten; denn wir dürfen in dergleichen Dingen durchaus nicht weiter gehen, als die uns zugänglichen völlig unzweideutigen Nachrichten reichen [102]). Schriftstellerische

---

98) Ebend. p. 5.: *Quod intelligentes quidam res omnes a dialectica et sophistica disputatione exterminaverunt, nomina tamen earum receperunt, eaque sola esse universalia vel singularia praedicaverunt; deinde supervenit stultior aetas, quae et res et earum nomina exclusit atque omnium disputationem ad quatuor fere nomina reduxit; utraque tamen secta, quia non erat ex deo, per se defecit.* Jene *quatuor nomina* können kaum etwas Anderes sein, als die *quinque voces,* vielleicht mit Ausschluss des *proprium;* im Gegensatze gegen eine solche Beschränkung der Anzahl werden wir hinwiederum selbst *sex voces* treffen, s. Anm. 278.

99) Ebend. p. 29.: *Qui hoc nomen „corpus" imposuit constituto ex quatuor elementis, quod oculis occurrebat, illud imposuit; unde ait Boethius* (p. 112.) *„rebus existentibus et in naturae constitutione manentibus humanus animus vocabula imposuit".*

100) Ebend. p. 8.: *Nullus qui scripta auctorum recte intelligit, hoc nomen „substantia" multarum esse significationum dubitat ..... aliquando .... substantia est res per se existens; aliquando tam ista quam genera et species istorum substantia dicuntur, unde ab Aristotele in primam et secundam dividitur; aliquando .... actus subsistendi, ... aliquando possessio.*

101) *Joh. Saresb. Metal.* I, 5, p. 21.

102) Cousin hat nemlich bei Herausgabe der Dialektik Abälard's und des Fragmentes *D. gen. et spec.* jene sämmtlichen in der Handschrift vorkommenden Abkürzungen *„magister V."*, *„magister noster V."*, ebensosehr auf Wilhelm von Champeaux bezogen wie jene Stellen, in welchen *„Willelmus"* sich findet; ja er that sogar das Nemliche, wo einmal (*d. gen. et spec.* p. 509.) mit den Worten *„Vel aliter secundum magistrum G."* eine Entgegensetzung gegen den vorher (p. 507.) genannten *magister Willelmus* deutlich genug bezeichnet ist. Und sowie es nun geradezu leichtfertig ist, unter jenem *magister G.* gleichfalls unseren Wilhelm zu verstehen, so haben wir auch keinen Anhaltspunkt hiefür bei der Abkürzung *„V."*, zumal da dieser Buchstabe selbst dagegen spricht. Da Abälard, ehe er zu Wilhelm v. Champ. kam, bei allen hervorragenden Dialektikern Belehrung suchte (*Epist.* 1, c. 1, p. 4. *Amboes.: proinde diversas disputando perambulans provincias, ubicunque huius artis vigere studium audieram, Peripateticorum aemulator factus sum*), so kann er eine Menge Männer, deren Namen wir nicht kennen, als *„magister noster"* bezeichnen, und wir müssen uns vor voreiligen Schlüssen auf bestimmte Personen hüten, um nicht auf Abwege (s. z. B. oben Anm. 83.) zu gera-

Produkte Wilhelm's sind uns nicht zur Hand [103]), und wir sind hauptsächlich auf eine Angabe Abälard's beschränkt, welcher sich rühmt, Wilhelm's Ansicht über die Universalien derartig mit Glück bekämpft zu haben, dass derselbe sie bedeutend modificirte, hiedurch aber an Geltung und Frequenz seines Unterrichtes so sehr verlor, dass ein förmlicher Uebergang Aller zu Abälard's Ansicht stattgefunden habe [104]). Wilhelm nemlich habe zunächst behauptet, dass die Universalien als einheitlich gleiche Dinge in unzerstückter Ganzheit auf wesentliche Weise (*essentialiter*) den sämmtlichen unter sie fallenden Individuen zugleich einwohnen, und hiemit zwischen den Individuen kein Wesens-Unterschied bestehe, sondern dieselben nur in der Mannigfaltigkeit zufälliger Bestimmungen beruhen. Und sowie sich diess durch die oben (Anm. 72) angeführte Stelle aus *D. gen. et spec.* wörtlich bestätigt, so erhalten wir ebendort eine nähere Erklärung, welche uns sogar auf eine ganz vereinzelte Stelle des Boethius hinüberweist und hiedurch einen richtigen Einblick gewährt, wie das Getriebe der damaligen Partei-Controversen wohl mehr durch zerbröckelte Schulweisheit als durch innere principielle Auffassungen getragen war. Wilhelm behauptete nemlich, es seien unter jenem zufällig Hinzukommenden (*adveniens*) die individuellen Formen zu verstehen, welche den im Gattungsbegriffe bestehenden Stoff derartig ausprägen (*materiam informant*), dass dabei das allgemeine Wesen nach seinem ganzen Gehalte (*secundum totam suam quantitatem*) eine Individualisirung erfahre, was dann in dieser Weise betreffs der

then. Den Folgerungen Cousin's schlossen sich aber Rousselot, Hauréau und auch H. Ritter an.

103) *Hauréau, De la phil. scol.* I, p. 233. berichtet, dass Ravaisson in der Bibliothek zu Troyes 42 Fragmente Wilhelm's gefunden habe; die dereinstige Veröffentlichung derselben würde gewiss manchen Aufschluss geben. Dass Wilhelm v. Champ. „*Glossulae super Periermenias*“ geschrieben habe, darf nach dem so eben (vor. Anm.) Gesagten nicht gefolgert werden, da die betreffende Stelle bei *Abaelard Dialect.* p. 225. eine so betitelte Schrift nur einem „*magister noster V.*“ zuschreibt.

104) *Abael. Epist.* 1, c. 2, p. 4.: *Perveni tandem Parisios, ubi iam maxime disciplina haec florere consueverat, ad Guillelmum scilicet Campellensem praeceptorem meum in hoc tunc magisterio re et fama praecipuum, cum quo aliquantulum moratus primo ei acceptus postmodum gravissimus exstiti, cum nonnullas scilicet eius sententias refellere conarer et ratiocinari contra eum saepius aggrederer et nonnunquam superior in disputando viderer* ...... (p. 5.) *Tum ego ad eum reversus, ut ab ipso rhetoricam audirem, inter cetera disputationum nostrarum conamina antiquam eius de universalibus sententiam patentissimis argumentorum disputationibus ipsum commutare, imo destruere compuli. Erat autem in ea sententia de communitate universalium, ut eandem essentialiter rem totam simul singulis suis inesse adstrueret individuis, quorum quidem nulla esset in essentia diversitas, sed sola multitudine accidentium varietas. Sic autem istam suam correxit sententiam, ut deinceps rem eandem non essentialiter, sed individualiter* (die Variante „*indifferenter*“, welche Ambois am Rande gibt, fand sich auch in mehreren Handschriften, s. *Hauréau* a. a. O. I, p. 236.) *diceret. Et* .... *cum hanc ille correxisset, imo coactus dimisisset sententiam, in tantam lectio eius devoluta est negligentiam, ut iam ad dialecticae lectionem vix admitteretur, quasi in hac scilicet de universalibus sententia tota huius artis consisteret summa* (vgl. Anm. 60.). *Hinc tantum roboris et auctoritatis nostra suscepit disciplina, ut ii qui antea vehementius magistro illi nostro adhaerebant et maxime nostram infestabant doctrinam, ad nostras convolarent scholas.*

ganzen Stufenleiter von Gattung durch Art zum Individuum herab gelte [105]. Auch führte er, wie anderwärts Abälard berichtet, von den zehn Kategorien beginnend diesen Process einer Information bis zu den Individuen hinab durch, und konnte dabei, da jene unterscheidenden individuelleren Formen selbst wieder auf Universalien zurückweisen, die Aussagbarkeit der Universalien dadurch erklären, dass dieselben den Individuen entweder wesentlich oder durch Beifügung (*adiacenter*) zukommen [106]. Eben hierin aber liegt entschieden eine gewisse Gröblichkeit dieses Realismus, welche unschwer in ihrer äussersten Consequenz aufgedeckt werden konnte, da ja dann in jedem Individuum nicht bloss die ganze Reihe aller ihm entsprechenden Art- und Gattungs-Begriffe, sondern auch in Anbetracht der accidentellen Unterschiede abermals eine mehrfache Reihe allgemeinerer Begriffe ungetheilt reell vorhanden sein müsste, so dass zuletzt jedes einzelne Ding ein realer Inbegriff aller Universalien wäre und ein cruder Pantheismus als Folge sich ergäbe; sowie wieder andrerseits, wenn mehr jene Zufälligkeit der individualisirenden Bestimmungen betont würde, schliesslich ja sämmtliche Substanzen einander gleich wären, da jenes Zufällige ihr substantielles Wesen nicht berühre, so dass auch von dieser Seite her der Vorwurf des Pantheismus schwer vermieden werden konnte (s. unten Anm. 283). Vielleicht mochte Abälard wirklich derartigen Einwendungen seinen Sieg über Wilhelm verdanken, und wenn Letzterer in Folge hievon zu der Ansicht umsprang, dass die Universalien in individueller Weise (***individualiter***), also bereits nicht mehr in total einheitlicher Weise, den Individuen einwohnen [107], so hatte er durch dieses Umschlagen zum Gegentheile

105) *D. gen. et spec.* p. 513 f.: *Homo quaedam species est, res una essentialiter, cui adveniunt formae quaedam et efficiunt Socratem; illam eandem essentialiter eodem modo informant formae facientes Platonem et cetera individua hominis, nec aliquid est in Socrate praeter illas formas informantes illam materiam ad faciendum Socratem, quin illud idem eodem tempore in Platone informatum sit formis Platonis. Et hoc intelligunt de singulis speciebus ad individua et de generibus ad species .... Ubi enim Socrates est, et homo universalis ibi est, secundum totam suam quantitatem informatus Socratitate* (betreffs des Begriffes *Socratitas* s. die entsprechende Auffassung des Porphyrius und Boethius Abschn. XI, Anm. 43.); *quidquid enim res universalis suscipit, tota sua quantitate retinet ..... quidquid suscipit, tota sui quantitate suscipit.* Gerade auch dieses aber ist aus Boethius geschöpft, welcher (*ad Porph.* p. 87.) gelegentlich der Differenz sagt: *Neque enim ut in corpore solet esse alia pars alba alia nigra, ita fieri in genere potest; genus enim per se consideratum partes non habet, nisi ad species referatur; quidquid igitur habet, non partibus, sed tota sui magnitudine retinebit.* So reducirt sich bezüglich der Geschichte der mittelalterlichen Philosophie mancher Schein auf seinen wahren Gehalt; vgl. Anm. 129, 134, 170, 286.

106) *Glossul. sup. Porph.* bei *Rémusat* (s. Anm. 13. u. 73.) p. 97.: *Il y a naturellement dix choses générales ou communes, ce sont les dix catégories; de ces universaux primitifs proviennent les choses générales qui sont essentiellement dans les choses individuelles, grâce à des formes différentes. Ainsi l'animal, qui de nature est substance, est, comme substance animée, sensible dans Socrate ou dans Brunel, tout entier dans l'un comme dans l'autre, sans autre différence que celle des formes. A ce compte l'universel serait attribuable à plusieurs, en sens qu'une même chose serait en plusieurs, diversifiée uniquement par l'opposition des formes, et conviendrait ainsi aux individus soit essentiellement, soit adjectivement („essentialiter vel adiacenter“).*

107) Auch ich halte demnach, wenn auch aus anderen Gründen als Hauréau

seiner früheren Ansicht sich eben einfach blamirt, und es wäre erklärlich, dass seine Schüler in Masse von ihm abfielen, wenn wir auch nicht vergessen wollen, dass derartige Berichte Abälard's, welche theilweise ihn selbst betreffen, sehr leicht mit einer Dosis Eitelkeit versetzt sein können. Jedenfalls aber stimmt es mit jenem Realismus und mit jener Einschachtlung der Gattungs- und Art-Begriffe und der accidentellen Formen vollständig überein, wenn Wilhelm (offenbar bei Erörterungen über die Eintheilung, s. unten Anm. 122) behauptete, in dem Namen der Differenz, welcher nicht adjectivisch, sondern substantivisch zu nehmen sei, liege schon der Artbegriff derartig, dass dabei Stoff (d. h. Gattung) und Form (d. h. Differenz) zugleich gedacht werden und z. B. „Beseelt" genau dasselbe wie „beseelter Körper" bedeute [108]). Auch ist uns überliefert, dass derselbe bezüglich der Theilung des Continuirlichen (s. unten Anm. 126) an dem Begriffe eines letzten Untheilbaren, z. B. des Punktes, festhielt [109]), sowie endlich die vereinzelte Notiz, dass er betreffs der Topik das Wesen der *inventio* in die Auffindung eines Mittelbegriffes verlegte [110]).

Wahrscheinlich gaben gerade die Schwierigkeiten, an welchen die Ansicht des Wilhelm v. Champeaux leidet, die Veranlassung dazu, dass die Realisten, während sie im Allgemeinen den Standpunkt desselben

---

oder Ritter, in obiger Stelle (Anm. 104.) die Lesart „*individualiter*" für die richtige, weil sie eben auf ein haltloses Umspringen Wilhelm's hinweist, wohingegen die sog. Indifferenz-Ansicht, welche in der Variante „*indifferenter*" läge, schon manche nicht unbedeutende Anhänger zählte, und die Berichterstatter über dieselbe es sicher nicht verschwiegen hätten, wenn gerade Wilhelm v. Champ. selbst sich später zu ihr bekannt hätte.

108) *Abael. Dialect.* b. *Cousin* p. 454 f.: *Iuvat .... perquirere, cum dicitur divisio generis fieri per differentias, atque in loco specierum differentiae poni dicuntur, utrum per differentiarum nomina ipsas formas specierum accipiamus, an potius ipsa vocabula differentiarum intelligamus, quae a quibusdam sumi dicuntur in officio specialium nominum ac pro speciebus designandis usurpari, ut tantundem „rationale" valeat quantum „rationale animal" et tantundem „animatum" quantum „animatum corpus", ut non solum formae significatio, verum etiam materiae teneatur in nominibus differentiarum. Quae quidem sententia W. magistro nostro praevalere visa est; volebat enim, memini, tantam abusionem in vocibus fieri, ut, cum nomen differentiae in divisione generis pro specie poneretur, non sumptum esset a differentia, sed substantivum speciei nomen poneretur; alioquin subiecti in accidentia divisio dici potest secundum ipsius sententiam, qui differentias generi per accidens inesse volebat; per nomen itaque differentiae speciem ipsam volebat accipere.*

109) *D. gen. et spec.* p. 507.: *Quod si continuum dicamus, quidam inde sic argumentantur: Si domus est, paries est, et si paries est, dimidius paries est, et si dimidius paries est, et dimidium dimidii est, et ita usque ad ultimum lapillum; quare si haec domus est, et ultimus lapillus est; si ergo nullus lapillus est, etiam nulla domus est. ...... Solebat autem opponere magister Willelmus huic argumentationi sic: Licet prima consequentia (i. e. si haec domus est, hic paries est) vera sit, non tamen illa quae sequitur (i. e. si hic paries est, hic dimidius paries est) vera erit; non enim verum est complexionaliter, quod, si quaelibet pars sequitur ad totum suum, idcirco ad positionem eiusdem partis sequatur pars illius; sequitur enim bipunctalem lineam pars eius, i. e. punctum, non tamen ad punctum pars eius sequitur, quia nullum habet.*

110) *Joh. Saresb. Metal.* III, 9, p. 145.: *Versatur in his (sc. in Topicis) inventionis materia, quam hilaris memoriae Willelmus de Campellis .... definivit, etsi non perfecte, esse scientiam reperiendi medium terminum et inde eliciendi argumentum.*

billigen mochten, durch Begründungs- oder Verbesserungs-Versuche selbst wieder unter sich in eine Menge von Parteien zerfielen, deren einzelne Unterschiede — von den Namen ihrer Vertreter ganz zu geschweigen — wir in ihrer Durchführung nicht mehr näher verfolgen können. Ausser theologischen Bedenken, welche sich erhoben, mochte man die Universalien als Erzeugnisse einer Schöpfung oder als ewige Wesen nehmen, zumal da Einige wirklich alle einzelnen Eigenschaften Gottes auf solche Weise als „Dinge" bezeichneten [111]), war es in ontologischer Beziehung wohl jene gegenseitige Einschachtlung aller Universalien, welche man vermeiden wollte. Einige daher ergriffen die allerdings plumpe Aushülfe, dass sie obiges (Anm. 105) „Hinzukommen" der artmachenden Unterschiede als ein nur vorübergehendes nahmen, um hiedurch die Selbstständigkeit der Gattung zu wahren [112]). Andere hingegen zogen eine aristotelische Auffassung bei, indem sie die Gattung als den in seinem Wesen gleichbleibenden Stoff betrachteten, welcher in den Arten verschieden geformt werde, geriethen aber eben wegen jener Wesensgleichheit in Conflict mit der Lehre von den Gegensätzen [113]). Und sowie bezüglich des Processes einer solchen Formgebung wieder die Frage auftauchte, ob der artmachende Unterschied nur das Mittel der Artbildung sei, oder hingegen zugleich mit der Gattung in das Wesen der Species selbst übergehe, und Einige (offenbar näher an Wilhelm v. Champ. stehend) sich auch wirklich für Letzteres entschie-

111) *D. gen. et spec.* p. 517.: *Genera et species aut creator sunt aut creatura; si creatura sunt, ante fuit suus creator quam ipsa creatura; ita ante fuit deus quam iustitia et fortitudo .... itaque ante fuit deus quam esset iustus vel fortis. Sunt autem qui ... illam divisionem .... sic faciendam esse dicunt: quidquid est, aut genitum est aut ingenitum; universalia autem ingenita dicuntur et ideo coaeterna, et sic secundum eos qui hoc dicunt, ... non deus aliquorum factor est. Abael. Introd. ad theol.* II, p. 1067. (*Amboes.*): *Tertius vero praedictorum* (*sc. magistrorum divinae paginae*, nemlich ein *magister in pago Andegavensi*) *non solum personarum proprietates res diversas a deo constituit, verum etiam potentiam dei, iustitiam, misericordiam, iram et cetera huiusmodi, quae iuxta humani sermonis consuetudinem in deo significantur, res quasdam et qualitates ab ipso diversas, sicut et in nobis, concedit, ut quot fere vocabula de deo dicuntur, tot in deo res diversas constituat.*

112) *D. gen. et sp.* p. 515 f.: *Illud ergo maioris simplicitatis, quod dicunt quidam, quia differentiae quidem adveniunt generi, sed non fundantur, unde et per se dicitur, quia sibi ipsi facit subiectum.*

113) *Abael. Dialect.* p. 399 f.: *Nota autem, id quod diximus, contraria maxime esse adversa, eorum obesse sententiae, qui eandem in essentia materiam generis in omnibus proponunt speciebus ipsis, ut eadem prorsus sit in essentia materia hominis et asini, quae est animal, sed diversae quidem hic et ibi illius formae.* Es bezieht sich auch jene oben (Anm. 105.) angeführte Stelle des Boethius auf die Frage über die Gegensätze. Ja es scheint diese schwierige Controverse sich in irgend einen Schulwitz vom „grossen Esel" zugespitzt zu haben, denn kaum anders werden wir die Worte *D. gen. et spec.* p. 536.: *duo opposita esse in eodem, quod scilicet inconveniens effugere non possunt, qui grandis asini sententiam tenent* verstehen können, da die Schreibweise des dortigen Verfassers nicht zulässt, *„grandis asinus"* etwa als beschimpfende Bezeichnung des Wilhelm v. Champeaux zu nehmen; wie jedoch der Witz formulirt gewesen sei, können wir nicht einmal errathen. Aehnliches wohl finden wir bei einer anderen Controverse, s. unten Anm. 352., und eine wirkliche Formulirung, in welcher jedoch der Begriff *„grandis"* keine Stelle findet, s. unten Anm. 434.

den [114]), so trat andererseits für die Gattungs- und Art-Begriffe auch dadurch eine Schwierigkeit hervor, dass Gegensätze (wenigstens in ihrem individualisirten Dasein) an Ein und demselben Subjecte sich finden, wornach also, wenn z. B. ein Mensch zwar keusch, aber zugleich geizig ist, in demselben das Universale des Guten mit jenem des Bösen zusammentreffen müsste; Einige nun halfen sich mit einer Distinction zwischen den höheren Gattungen und den specialisirten Arten der Gegensätze, indem sie wenigstens diese letzteren von der Möglichkeit des Zusammentreffens ausschlossen, Andere hingegen dehnten sogar auch auf diese das bedenkliche Zugeständniss aus [115]). Vielleicht gerade hiedurch wurden wieder Andere zu dem radicalen Mittel veranlasst, zu behaupten, dass die ganze Function des artmachenden Unterschiedes überhaupt nur in der Kategorie der Substanz ihre Stelle habe, bei den Qualitäten hingegen dasjenige, was man Arten oder Unterarten nenne, eigentlich sofort als Gestaltung von Individuen zu betrachten sei, denn z. B. Weiss und Schwarz seien in der gleichen Weise zwei verschiedene Wesen wie zwei Menschen-Individuen [116]). Ja Einige glaubten selbst bei den Substanzen den Grundsatz, dass nach Wegfall der Gattung auch die Art wegfalle (nicht aber umgekehrt), sogleich beschränken zu müssen, sobald mit dem Wesen der Gattung eine qualitative Aenderung vor sich gehe, denn es sei z. B. unrichtig zu sagen: „Wenn es kein Mehl gibt, gibt es kein Brod", da das Mehl vorerst in Teig zu ändern sei und hiemit auch bei gänzlichem Mehl-Mangel es Brod geben könne, woferne es nur Teig gebe [117]).

---

114) *Abael. Dial.* p. 477.: *Rationalitas enim et mortalitas advenientes substantiae animalis eam in speciem creant, quae est homo; nec cum ipsae generis substantiam in speciem reddunt, ipsae quoque in essentiam speciei simul transeunt, sed sola genera vel subiecta specificantur ..... non quidem cum differentiis sed per differentias .... Si enim differentiae in speciem transferrentur cum genere, sicut quorundam sententia tenet, ... profecto cogeremur fateri, et differentias ipsas cum genere aeque in essentia speciei convenire, unde et ipsas de substantia rei esse et in partem materiae venire contingeret.*

115) Ebend. p. 390.: *Sunt autem quidam qui contraria genera in eodem esse non abhorrent, sed contrarias species in eodem esse impossibile confitentur. Dicunt enim quod cum omnia accidentia per individua in subiecta veniant, et ipsa contraria genera per individua sua subiectis contingunt, ... ut virtus et vitium, quae in hoc homine per hanc castitatem et hanc avaritiam recipiuntur, quae individua sunt castitatis et avaritiae, quae invicem species non sunt contrariae .... Verum species contrarias esse in eodem per aliqua sua individua, illud prohibet, quod nec ipsarum individua in eodem possunt esse, quorum sunt tota substantia ea quae sunt contraria, utpote species ...... Sunt autem et qui species contrarias in eodem posse consistere non denegant.*

116) *D. gen. et spec.* p. 541.: *Sunt tamen qui solum praedicamentum substantiae differentias habere dicunt, et cum qualitas dividatur in duas proximas species, dicunt illas non diversificari a genere per aliquas differentias, sed sicut illa essentia hominis quae est in me, non est quae illa est in altero, et tamen dissimili forma non differunt, eodem modo albedo non est nigredo, nec tamen aliqua forma suae essentiae differt ab ea, sed utraque mera est essentia.*

117) *Abael. Dialect.* p. 485 f.: *Destructo genere speciem perimi necesse est, perempta vero specie genus remanere contingit ..... Quod tamen quidam in his determinant, in quorum constitutione materia suum esse non mutat, sed quod habebat per se, etiam in coniunctione retinet, ut hic paries, qui et in constitutione domus paries manet, sicut ante fuerat. Farina autem panis materia dicitur, sed versa in*

Sowie aber diese Controversen, welche meist mit einem Aufwande von Stellen aus Boethius geführt wurden, bereits, wie man sieht, an die Gränze des Unverständigen heranrückten, so hatten sie nach dem Vorbilde der üblichen Schul-Logik ihren verwandten Tummelplatz auch in der Lehre von der Eintheilung (s. oben Anm. 75) und der Definition. Alle Realisten kamen zwar darin überein, dass sie im Anschlusse an die Auffassungsweise des Boethius (Abschn. XII, Anm. 98) oder vielmehr des Porphyrius (Abschn. XI, Anm. 41 ff. vgl. Abschn. III, Anm. 78 ff.) dem platonischen Verfahren einer fortgesetzten Dichotomie den Vorzug gaben [118]); aber schon sogleich bei der zur Definition erforderlichen Eintheilung der Gattung musste die Frage wiederkehren, wie es sich mit den am Gattungsbegriffe unterscheidbaren Wesens-Theilen verhalte, und während die Einen behaupteten, dieselben seien durch Mischung vereinigt, etwa wie auch aus der Mischung von Weiss und Schwarz eine anderweitige dritte Farbe entstehe [119]), wiesen Andere darauf hin, dass ja alle Wesenstheile der Gattung auch einzeln als Prädicate von den zur Gattung gehörigen Individuen ausgesagt werden können [120]); hingegen auch diess wurde von Einigen wieder bestritten, da jene Wesenstheile nur als allgemeinere Begriffe, d. h. abgesehen von ihrer Verbindung mit anderen wesentlichen Merkmalen, Prädicate seien, nemlich als Prädicat werde z. B. vom Menschen nicht die speciell menschliche Körperlichkeit, sondern eben die allgemeine Körperlichkeit überhaupt ausgesagt, und ebenso auch die Geistigkeit [121]). Eine andere mit Letzterem offenbar verwandte Controverse betraf die Frage, ob bei der Eintheilung der Gattung der Name des artmachenden Unterschiedes nur auf die Species oder zugleich auch auf die zu Grunde liegende Gattung sich beziehe [122]). Auch konnte, je nachdem man die Differenz mehr von der Gattung trennte (Anm. 112, 114), die Aufgabe der Definition in die blosse Angabe der Qualitäten verlegt werden und hiedurch unter den in der Schul-Tradition (Abschn. XII, Anm. 2, 107 u. 178) aufge-

---

panem suum mutat esse, cum scilicet farinam esse deserit et in micas convertitur, unde necquidquam conceditur, ut, si farina non sit, panis desit etc.

118) Ebend. p. 458.: *Si autem genus semper vel in proximas species vel in proximas differentias divideretur, omnis divisio generis, sicut Boethio (d. divis. p. 643) placuit, bimembris esset ..... Hoc autem ad eam philosophicam sententiam respicit, quae res ipsas, non tantum voces, genera et species esse confitetur.*

119) *Gilb. Porret. ad Boeth. d. Trin.* (*Boeth. Opp. ed. Basil.* 1570) p. 1144.: *Putant quidam imperiti ..... quod non sit vera dictio, si quis dicat „homo est corpus" non addens „et anima", aut si dicat „homo est anima" non addens „et corpus", opinantes, quod, ex quo diversa ut unum componant coniuncta sunt, esse utriusque adeo sit ex illa coniunctione confusum, ut sicut cum album et nigrum permiscentur, quod ex illis sit, nec album nec nigrum dicitur, sed cuiusdam alterius coloris ex illa permixtione provenientis.*

120) Ebend. p. 1143.: *corporalitas non modo de hominis illa parte, quae corpus est, verum etiam de homine praedicatur, et rationalitas non modo de hominis illa parte, quae spiritus est, sed etiam de homine praedicatur ......* (p. 1144.) *quidquid de parte naturaliter, idem et de composito affirmandum.*

121) Ebend p. 1144.: *Eorum aliqui dicere gestiunt, aliam rationalitatem quam illam, quae est humani spiritus, de homine dici, et similiter scientiam aliam et aliam corporalitatem quam quae humani corporis est.*

122) Die betreffende Stelle ist vollständig oben, Anm. 108., angeführt.

zählten Arten der Definition die qualitative den Vorzug erhalten [123]). Noch schwieriger aber gestaltete sich nach Obigem (Anm. 112 u. 116) die Frage, wie es mit der Definition der Qualitäten selbst, d. h. der adjectivisch ausgedrückten Begriffe, stehe, und es erhob sich hierüber eine der ausgedehntesten Controversen; denn wenn man auch bezüglich der Vorfrage, ob bloss das Wort oder dessen begriffliche Bedeutung zu definiren sei, in realistischem Sinne sich für Letzteres entschieden hatte, so dass die Eigenschaft als ein Geformtsein durch ein Universale (z. B. *formatum albedine*) definirt würde, so konnte wieder gefragt werden, ob diess die Definition der Eigenschaft selbst (*albedo*) oder des qualificirten Substrates (*album*) sei; und hielt man sich dann, da ersteres zu einer sinnlosen Verdopplung führt, an letzteres, so trat das Bedenken auf, ob hiemit jedes einzelne derartige Substrat definirt sei, oder etwa sämmtliche zusammen, und nothwendiger Weise zeigte sich wieder diess Beides als haltlos, da weder die Dinge selbst, sondern nur eine Eigenschaft definirt ist, noch auch die Dinge vermöge Einer Eigenschaft, die sie gemein haben, in ihrem Wesen identisch sind [124]). Sowie aber diese ganze Discussion im Principe noch auf dem nemlichen niedrigen Standpunkte steht, welchen wir oben (vor. Abschn. Anm. 350 ff.) bei dem Realisten Anselmus trafen, so tragen auch die Streitigkeiten über die zweite Methode des Eintheilens (Abschn. XII, Anm. 96 u. 100), nemlich über die Theilung des Ganzen in seine Bestandtheile, eine arge Einseitigkeit in sich. Denn wenn die Frage, was ursprünglicher Theil (*pars principalis*) sei, in die Alternative hineingetrieben wurde, dass die Einen jene Theile als ursprüngliche bezeichneten, welche, während sie das Wesen des Ganzen constituiren, selbst nicht mehr Theile eines Theiles sind (z. B. beim Menschen Seele und Leib), die Anderen hingegen jene letzten Bestandtheile, durch deren Zerstörung

---

123) *Abael. Dialect.* p. 492.: *Multi, cum significationem substantiae huius nominis quod est „homo" agnoscant, nec qualitates ipsius satis ex ipso percipiant, tantum propter qualitatum demonstrationem diffinitionem requirunt.*

124) Ebend. p. 495.: *At vero in his diffinitionibus quae sumptorum* (diess bei Abälard das übliche Wort für Adjectiva, s. unten Anm. 321.) *sunt vocabulorum, magna, memini, quaestio solet esse ab his, qui in rebus universalia primo loco ponunt .... Duplex enim horum nominum quae sumpta sunt significatio dicitur, altera principalis, quae est de forma, altera vero secundaria, quae est de formato; sic enim „album" et albedinem, quam circa corpus subiectum determinat, primo loco significare dicitur, et secundo ipsius subiectum, quod nominat. Cum itaque album hoc modo diffinimus „formatum albedine", quaeri solet, utrum haec diffinitio sit tantum huius vocis, quae est „album", an alicuius suae significationis. At vero cum vocem non secundum essentiam suam, sed significationem diffiniamus, videtur haec diffinitio recte ac primo loco illius esse. Restat ergo quaerere, sive illius significationis sit, quae prima est, i. e. albedinis, sive eius, quae secunda est, quae est „subiectum albedinis". At vero si haec diffinitio albedinis sit, praedicatur de ipsa, et de quocunque albedo dicitur, et ipsa diffinitio praedicatur; at vero quis albedinem vel hanc albedinem formari albedine concedat? .... Si vero diffinitio supraposita eius rei, quam „album" nominant, esse dicatur, ... quaeritur, utrum uniuscuiusque sit per se, quod albedinem suscipiunt, sive omnium simul acceptorum. Quod si uniuscuiusque sit illa diffinitio, utique et margaritae; unde de quocunque illa diffinitio dicitur, et margarita praedicatur, quod omnino falsum est. Si vero omnium simul acceptorum esse concedatur, oportebit, ut de quocunque diffinitio illa enuntiatur, omnia simul praedicentur, quod iterum falsum est.*

das Ganze zerstört wird (z. B. Haupt oder Herz), als die ursprünglichen betrachteten [125]), so war in Folge des ontologischen Realismus bei ersterer Beantwortung dieser ganze Gesichtspunkt der Eintheilung entstellt und in das Gebiet der Definition verdreht, bei letzterer aber unbedachtsam die subjective Denkfunction des Menschen, welche den Theilbegriff erst schafft, in den objectiven Bestand umgesetzt, eine Stumpfheit der Auffassung, von welcher sich bereits der roscellinische Nominalismus (vor. Abschn., Anm. 321 f.) freigemacht hatte. Während die Einen die Theilung ins Unendliche als eine objectiv materielle verstanden und hiebei die gestaltende Form unberücksichtigt liessen oder vielmehr vernichteten [126]), warfen sich Andere, wie z. B. ein gewisser Magister „G.", auf die Wirkung der Form und hielten das quantitative Verhältniss der Stofftheile für gleichgültig [127]), und auf solcher Basis wurde dann die Controverse geführt, inwieferne ein Mensch bei Zerstörung eines Finger-Nagels noch Mensch bleibe oder nicht [128]).

---

125) Ebend. p. 463 f.: *Est autem quaestio, quas principales, quas secundarias partes vocari conveniat; alii enim secundum constitutionem, alii secundum destructionem has considerant. Hi namque eas principales vocant, quae partium partes non sunt, sed tamen totius, ut in hoc homine animam et corpus, quibus coniungitur, vel in hac domo hunc parietem et hoc tectum et hoc fundamentum. Qui vero principalitatem secundum destructionem considerant, dicunt eas tantum principales esse, quae substantiam totius destruunt, ut caput, quod abscissum hominem perimit.*

126) *D. gen. et spec.* p. 510.: *Quidam adhuc argumentantur: si haec domus est, et quaelibet eius disgregata pars est, et ita hic asser est, cum sit eius disgregata pars; et si hic asser est, medietas huius asseris est, deinde dimidium dimidii, et sic usque ad punctum; itaque si haec domus est, et hoc punctum huius asseris est; quare si hoc punctum non est, nec ista domus est.* Eine zweite Stelle wurde schon oben, Anm. 109., angeführt. Ferner *Abael. Dialect.* p. 182.: *Talem rationem magistri nostri sententia praetendebat, ut ex punctis lineam constare convinceretur: cum, inquit, linea ubique possit incidi atque separatis partibus in capite uniuscuiusque puncta appareant, quae prius erant coniuncta, oportet per totam lineam puncta esse; quod si puncta .... de essentia lineae non sint, magis partes lineae continuare possunt, quam albedo supraposita?*

127) *D. gen. et spec.* p. 509.: *Vel aliter secundum magistrum G.* (s. Anm. 102.): *Prius videndum est, quid dicant voces istae „si paries est, et hic dimidius paries"; dicitur inde, hic paries non est positus ex duobus lapidibus vel quatuor et forma, sed corpus infectum tali proprietate, quae parietem faciat; quotiens ergo in aliquo subiecto talem formam reperiunt, sive augmentetur quantitas sive diminuatur, forma tamen, quae prius fuerat, remanet, verbi gratia, si alterum caput serpentis duo capita habentis amputetur, serpens tamen, qui prius fuerat, remanet. Abael. Dialect.* p. 181.: *Sunt autem quidam, qui .... neque lineam ex punctis neque superficiem ex lineis aut corpus ex superficiebus constare concedunt ..... Non est itaque haec constitutio ad omnem lineam referenda, sed ad maiores, quas sensu quoque ipso concipimus et per quas homines mensurare consueverunt.*

128) *D. gen. et spec.* p. 511.: *Sic itaque crescendo novasque creaturas progressive creando, donec ad aliquam Socratis perveniatur particulam, utpote ad ungues, habebis unam magnam naturam, quae erit pars Socratis et non Socrates, quia in eius constitutione non est ungula, quae ungula pars est etiam Socratis cum illa magna parte. Hac autem ungula destructa destruitur pars illa naturae, cuius ungula pars est, quae natura est Socrates, et ita destruitur Socrates; illa autem magna natura, quae prius pars Socratis erat et non Socrates, destructa ungula remanet Socrates, et ita quod prius non erat Socrates, fit Socrates.* Oder ähnlich ebend. p. 512.: *Haec sententia medium digiti naturam unam esse negat, sed si abscindatur, creaturam esse merito dubitat; aut ergo creatura erat in digito, priusquam amputaretur, aut post abscissionem creatur.*

Wenn auf diese Weise der Realismus jenes Missgeschick, welches ihm in den eigentlich logischen Fragen ankleben muss, wirklich mannigfach beurkundete, so ist es nicht zu wundern, dass von mehreren Seiten neue Wege zur Erklärung der Universalien eingeschlagen wurden, wobei man den Schwierigkeiten des Realismus ebensosehr wie der Einseitigkeit des Nominalismus zu entgehen wünschte. Die Bedeutung einer Uebergangsformation scheint zunächst jene Auffassung zu haben, welche von ihrem Stichworte als die „*status*-Ansicht" bezeichnet werden könnte, und gleichfalls (vgl. Anm. 112) durch jene Bedenken veranlasst zu sein scheint, welche den Behauptungen des Wilhelm v. Champeaux entgegenstanden. Wenn nemlich das allgemeine Wesen der Gattung durch individuelle Formen seinem ganzen Gehalte nach specialisirt werden soll (Anm. 105), so ist schwer einzusehen, wie es mit jenen „hinzukommenden Eigenschaften" (*adveníentia*) stehe, welche innerhalb einer Gattung entweder variiren oder nur vorübergehend sind. Hier nun griffen Einige zu dem Auskunftsmittel, dass das Universale von solchen Qualitäten wohl afficirt werde, nicht jedoch insoferne es eben ein Universale sei, und sowie man einmal so weit gegangen war, konnten sich leicht die Universalien, welche bei den Realisten als Dinge (*res*) gegolten hatten, wirklich in blosse „Zustände" verwandeln, d. h. es wurde nun in der Stufenfolge von Gattung zu Individuum nicht mehr das Universale, sondern der „*status universalis*" in Betracht gezogen, eine Auffassung, welche sowohl durch das durchgängige Motiv einer *Tabula logica* nahe genug gelegt war, als auch ihrerseits gleichfalls auf eine Stelle des Boethius sich stützen konnte[129]. Ein Vertreter dieser Ansicht war Walter von Mortagne (er lehrte zur Zeit Abälärd's in Paris und starb als Bischof von Laon i. J. 1174), welcher zwar mit überwiegendem Eifer den dogmatischen Controversen seine Thätigkeit zuwandte[130], aber auch in die Dialektik vorübergehend ein-

---

129) Ebend. p. 514 f.: *Amplius sanitas et languor in corpore animalis fundatur, albedo et nigredo simpliciter in corpore; quod si animal totum existens in Socrate languore afficitur, et totum, quia quidquid suscipit, tota sui quantitate suscipit, eodem et momento nusquam est sine languore; est autem in Platone totum illud idem; ergo etiam ibi langueret; sed ibi non languet. Idem de albedine et nigredine circa corpus. Ad haec enim non refugiant, ut dicant etc. ...... Addunt: animal universale languet, sed non in quantum est universale. Utinam se videant .... Si ad status se transferant dicentes „animal in quantum est universale non languet in universali statu", respondeant, de quo velint agere per has voces „in statu universali"*. Die Quelle aber dieses Begriffes „*status universalis*" werden wir mit Recht bei Boethius erblicken, wo derselbe gelegentlich der Qualität (*ad Ar. praed.* p. 180.) sagt: *Nihil impedit, secundum aliam scilicet atque aliam causam, unam eandemque rem gemino generi speciei suae supponere, ut Socrates in eo quod pater est ad aliquid dicitur, in eo quod homo substantia est, sic in calore atque frigore in eo quod quis secundum ea videtur esse dispositus in dispositione numeratur,* denn in dem Ausdrucke „*in eo quod*" liegt hier das Entscheidende, sowie in einer noch deutlicheren Stelle (ebend. p. 189.): *Si secundum aliam atque aliam rem duobus generibus eadem res .... supponatur, nihil inconveniens cadit; ita quoque et habitudines in eo quod alicuius rei habitudines sunt, in relatione ponuntur, in eo quod secundum eas quales aliqui dicuntur, in qualitate numerantur; quare nihil est inconveniens, unam atque eandem rem secundum diversas naturae suae potentias* (diess sind ja die Universalien) *pluribus adnumerare generibus.*

130) Seine Briefe (gedruckt b. *D'Achery Spicil. ed. De la Barre, Par.* 1723,

wirkte. Er suchte nemlich die numeräre Einheit des Universale mit der Wesensverbindung, in welcher es mit den Einzel-Dingen stehe, dadurch zu vereinbaren, dass er an dem Individuum die Individualität und den Artbegriff sowie den Gattungsbegriff bis hinauf zur obersten Gattung je als verschiedene Zustände — *status* — unterschied [131]). Jedenfalls liegt in dieser Ansicht, wenn uns auch nähere Mittheilungen über dieselbe gänzlich fehlen, das Beachtenswerthe, dass einerseits das Universale den Einzel-Dingen näher gerückt ist, und andrerseits für jene Unterscheidung der Zustände die subjective Denkoperation mehr in den Vordergrund tritt. Daher erscheint auch jener Bericht (s. oben Anm. 69) nicht unglaubhaft, wornach von der nominalistischen Annahme betreffs der „*maneries*" Einige in die *status*-Frage hinübergelenkt zu haben scheinen (s. Anm. 88).

Die innere Entwicklung aber leitet uns hiemit von selbst auf die Indifferenz-Lehre hin, welche insbesondere eine vermittelnde Stellung zwischen den Parteien einnimmt. Sie beruht darauf, dass Ein und dieselbe Sache zugleich allgemein und einzeln sei, indem nicht etwa ein Universale den Dingen wesentlich einwohne, sondern nur an denselben als mehreren gleichartigen ein unterschiedslos (*indifferenter*) Gemeinschaftliches sich zeige; hiernach also wird dasjenige, was an mehreren Dingen das Gleichgeltende oder innerlich Aehnliche (*indifferens* oder *consimile*) ist, in der Definition als Gattungsbegriff bezeichnet, und für das so gefasste Universale ist die Möglichkeit der Aussage (*praedicari de pluribus*) gerettet, während der Realismus immer Gefahr lief, ein Ding von einem Dinge aussagen zu müssen (s. unten Anm. 287), und diese letztere subjectiv logische Seite konnte nun wohl allenfalls auch mit dem Begriffe eines *status* verbunden werden, so dass jedes Ding einen Zustand der Individualität und zugleich einen Zustand der Allgemeinheit an sich habe [132]); aber dennoch ist der ganze Standpunkt von jenem Walter's verschieden. Während nemlich dort noch an der Existenz des Universale festgehalten wird und eben dieses es ist, welchem

---

III, p. 520 ff.) sind nur dogmatischen Inhaltes und berühren die Geschichte der Philosophie nicht im Geringsten.

131) Die Belegstelle s. oben Anm. 65.

132) *Abael. Glossulae sup. Porph.* bei *Rémusat* (s. Anm. 13. u. 73.) p. 99 f.: *La seconde manière de soutenir l'universalité des choses, c'est de prétendre que la même chose est universelle et particulière; ce n'est plus essentiellement, mais indifféremment que la chose commune est en divers .... Ce qui est dans Platon et dans Socrate, c'est un indifférent, un semblable, „indifferens vel consimile". Il est de certaines choses qui conviennent ou s'accordent entre elles, c'est-à-dire, qui sont semblables en nature, par exemple en tant que corps, en tant qu'animaux; elles sont ainsi universelles et particulières, universelles en ce qu'elles sont plusieurs en communauté d'attributs essentiels, particulières en ce que chacune est distincte des autres. La définition du genre („praedicari de pluribus") ne s'applique alors aux choses qu'elle concerne qu'en tant qu'elles sont semblables, et non pas en tant qu'elles sont individuelles. Ainsi les mêmes choses ont deux états, leur état de genre, leur état d'individus, et suivant leur état elles comportent ou ne comportent pas une définition différente.* Ob Rémusat in der Handschrift hier wirklich das Wort „*status*" gefunden habe — es scheint wenigstens so —, oder dieser Zusatz nur auf seiner eigenen Auffassung beruhe, weiss ich nicht; doch s. jedenfalls sogleich d. folg. Anm. u. 135 f.

verschiedene Zustände zugeschrieben werden, tritt bei der Indifferenz-Ansicht in aller Schärfe die dem Nominalismus (Anm. 77 f.) angehörende Auffassung an die Spitze, dass überhaupt Nichts anderes existire, als nur Individuen, und indem das Denken sich auf diese als auf seine Objecte wirft, entstehen nur durch die Verschiedenheit der Auffassung (*aliter et aliter attentum*) die Universalien, so dass Zustand (*status*) oder Natur (*natura*) des Individuum-Seins oder des Art-Seins u. s. f. nur als subjective Anschauungsweisen zu betrachten sind, und vor Allem ist es hiebei gleichsam ein negatives Verfahren, welches vom Individuum zum Allgemeinen führt, indem das Denken (*intellectus*) die individuellen Unterschiede stufenweise bei Seite lässt (*non concipit*), absichtlich vergisst (*oblitus*), hintansetzt und abstreift (*postponit, relinquit*), um in dem Erfassen des Unterschiedslosen zum Höchsten, d. h. zur Substanz fortzurücken [133]). Sonach kann sich auch diese Ansicht, ähnlich wie die anderen, auf einzelne Stellen des Boethius berufen, wenn sie behauptet, dass das Individuum, als Individuum betrachtet, gar kein Unterschiedsloses an sich trägt, welches ihm mit anderen Individuen gemeinsam wäre, sondern es gleichsam der Unterschied selbst ist, hingegen je mehr man dieses nemliche Individuum als Art oder Gattung betrachtet, man desto mehrere gemeinschaftliche unterschiedslose Momente an ihm entdeckt und dann all das Gemeinschaftliche als Art- oder Gattungs-Begriff zusammenfasst [134]), so dass hiemit allerdings, weil zuletzt an

---

133) *D. gen. et spec.* p. 518.: *Nunc itaque illam, que de indifferentia est, sententiam perquiramus, cuius haec est positio: Nihil omnino est praeter individuum, sed et illud aliter et aliter attentum species et genus et generalissimum est* (ebenso in der schon oben, Anm. 72., angeführten Stelle). *Itaque Socrates in ea natura* (man beachte „*natura*", wofür sogleich hernach „*status*" steht), *in qua subiectus est sensibus, secundum illam naturam, quam significat de „esse Socrati"* (dieser Sprachgebrauch — τὸ Σωκράτει εἶναι — beurkundet sicher eine Gewandtheit in der Terminologie der aristot. Analytik, s. oben Anm. 8 ff.), *individuum est ideo, quia tale est proprietas, cuius nunquam tota reperitur in alio ..... De eodem Socrate quandoque habetur intellectus non concipiens quidquid notat haec vox „Socrates", sed Socratitatis oblitus id tantum percipit de Socrate, quod idem notat „homo", i. e. animal rationale mortale, et secundum hoc species est .... Si intellectus postponat rationalitatem et mortalitatem, et id tantum sibi subiiciat, quod notat haec vox „animal", in hoc statu* (also „*status*" in dem Sinne von obigem „*natura*") *genus est. Quod si relictis omnibus formis in hoc tantum consideremus Socratem, quod notat „substantia", generalissimum est.*

134) Ebend.: *Socrates, in quantum est Socrates, nullum prorsus indifferens habet, quod in alio inveniatur, sed in quantum est homo, plura habet indifferentia, quae in Platone et in aliis inveniuntur; nam et Plato similiter homo est ut Socrates, quamvis non sit idem homo essentialiter, qui est Socrates. Idem de animali et substantia.* Um aber diess auf seine Quelle zurückzuführen, genügen folgende Stellen des Boethius *ad Porph.* p. 56.: *Cogitantur vero universalia, nihilque aliud species esse putanda est nisi cogitatio collecta ex individuorum dissimilium numero substantiali similitudine, genus vero cogitatio collecta ex specierum similitudine; sed haec similitudo cum in singularibus est, fit sensibilis, cum in universalibus, fit intelligibilis;* ferner ebend. p. 78.: *Individuorum quidem similitudinem species colligit, specierum vero genus; similitudo autem nihil est aliud nisi quaedam unitas qualitatis;* und ebend. p. 80.: *ea namque sola dividuntur, quae pluribus communia sunt; in his enim unumquodque dividitur, quorum est commune quorumque naturam ac similationem continet; illa vero, in quibus commune dividitur, communi natura participant, proprietasque communis rei his, quibus communis est, convenit; at vero*

jeder individuellen Erscheinung auch die Seite (*status*) ihrer allgemeinsten Gattung erfasst werden kann, es so viele allgemeinste Gattungen gibt, als es Individuen gibt, und nur wieder durch Erwägung eines gemeinschaftlich Unterschiedslosen die höchsten Gattungen in zehn Klassen (Kategorien) sich gruppiren, aber alle zusammen doch wieder darin Ein Allgemeinstes ausmachen, dass sie eben das unterschiedslos Gemeinschaftliche sind [135]. In gleicher Weise gestaltet sich dann auch das Verhältniss der Aussage, denn während das Individuum stets nur sein eigenes Prädicat ist, kann diejenige Seite an ihm, welche als Art oder Gattung erfasst wird, eine gegenseitige Bezugsetzung zu anderen Individuen herbeiführen, d. h. z. B. das Mensch-Sein des Socrates ist Prädicat (*inhaeret*) auch für Plato, und umgekehrt, und dieses Gattung-Sein des Individuums ist Sammelbegriff (*colligitur*) sowohl für dieses Individuum selbst, als auch für die übrigen gleichartigen [136], — kurz das Verhältniss des Allgemeinen und des Einzelnen reducirt sich auf ein „Insoferne" (*in quantum*), und indem es weder ein bloss Allgemeines noch ein bloss Individuelles gibt, ist es die Verschiedenheit der Auffassung (*diversus respectus*), wodurch das Allgemeine als Einzelnes und das Einzelne als Allgemeines betrachtet wird [137].

Indem nun diese Indifferenz-Lehre zuletzt doch wieder mit dem „*Singulare sentitur, universale intelligitur*" übereinstimmt und hiemit sich auch auf Boethius (Abschn. XII, Anm. 91) stützen konnte, und immerhin zugegeben werden durfte, dass die Universalien für uns hienieden in diesem Jammerthale nur als Individuen eine wahrnehmbare Existenz haben, während ihnen in Wahrheit ein intelligibles Sein zukomme, so konnten namentlich wegen jenes aufwärts führenden „Abstreifens" des Individuellen (Anm. 133) sich selbst Platoniker mit der Indifferenz-Ansicht befreunden, während zugleich Aristoteliker an derselben die Wechselbeziehung zwischen Allgemeinem und Besonderem, sowie die Werthschätzung der subjectiven Denkoperation beachten mochten (ein Beispiel der letzteren Auffassung werden wir unten, Anm. 432 f., bei einem Schüler Abälard's treffen). So ist es erklärlich, dass Adelard von Bath, welcher um d. J. 1115 eine auf Platonismus beruhende

---

proprietas individuorum nulli communis est. Hier nemlich ist sowohl das *simile* oder *commune* als auch das *colligere* (Anm. 136.) deutlich genug vorgezeichnet.

135) Ebend. p. 519.: *Solvunt illi dicentes, generalissima quidem infinita esse essentialiter, sed per indifferentiam decem tantum; quot enim individua substantiae, tot et sunt generalissimae substantiae; omnia tamen illa generalissima generalissimum unum dicuntur, quia indifferentia sunt; Socrates enim in eo quod est substantia, indifferens est cum qualibet substantia in eo statu, quod substantia est.*

136) Ebend.: *Sed et hi dicunt: Socrates in nullo statu alicui inhaeret nisi sibi essentialiter, sed in statu hominis pluribus dicitur inhaerere, quia alii sibi indifferentes inhaerent; eodem modo in statu animalis* ...... (p. 520.) *Dicunt ita: Socrates in quantum est homo, de se colligitur* (man beachte dieses Wort) *et de Platone caeterisque; unumquodque individuum, in quantum est homo, de se colligitur.*

137) Ebend. p. 521.: *Illi tamen non quiescunt, sed dicent: nullum singulare, in quantum est singulare, est universale, et e converso, et cum universale est, singulare est universale, et e converso.* Ebend. p. 520.: *Negant hanc consequentiam „si est universale, non est singulare", nam impositione suae sententiae habetur: omne universale est singulare et omne singulare est universale diversis respectibus.*

Schrift „*De eodem et diverso*“ verfasste [138]), eben durch die Indifferenz-Lehre den Gegensatz zwischen Plato und Aristoteles ausgleichen zu können glaubte. Derselbe klagt über den schroffen Gegensatz der logischen Parteien sowie über die Neuerungssucht seiner Zeit [139]), aber er ist der Ansicht, dass durch richtige Erklärung betreffs der Universalien der Streit sich schlichten lasse [140]). Er äussert sich hiebei über die Art- und Gattungs-Begriffe völlig übereinstimmend mit der Indifferenz-Annahme, ja selbst fast mit den nemlichen Worten (z. B. *diversus respectus*, *oblivisci, non attendere* u. dgl.), so dass man glauben kann, unser obiger Berichterstatter habe Adelard's Schrift im Auge, denn die einzige Abweichung ist, dass hier der Begriff des *status* nicht beigezogen wird, und vielleicht etwas mehr Gewicht auf die Wortbezeichnung fällt [141]). Sodann aber folgt in platonischem Sinne eine Klage darüber, dass für den Menschen das Allgemeine durch die unerlässliche Sinneswahrnehmung verfinstert sei, während die Universalien in ihrer reinen Einfachheit ursprünglich nur im göttlichen *Νοῦς* vorlagen [142]), und

---

138) Näheres über ihn s. bei *Jourdain*, *Recherches crit.* 2. Aufl. (1843) p. 26. u. 97. u. 258—277., woselbst aus einer Pariser Handschrift ansehnliche Bruchstücke dieses Buches in Uebersetzung mitgetheilt sind.

139) Ebend. p. 262.: *L'un prétend qu'on doit partir les choses sensibles, l'autre commence par les choses non sensibles. Celui-là soutient que la science n'est que dans les premières, celui-ci qu'elle est hors des dernières; ils s'inquiètent ainsi mutuellement, à fin qu'aucun d'eux ne s'attire la confiance ....* (p. 263.) *'A qui donc faut-il croire d'entre ceux qui tourmentent nos oreilles de leurs innovations journalières, qui chaque jour naissent pour nous, nouveaux Aristotes et nouveaux Platons, qui promettent également et les choses qu'ils savent et celles qu'ils ignorent?*

140) Ebend. p. 267.: *L'un d'eux* (d. h. Plato und Aristoteles), *transporté par l'élévation de son esprit et les ailes qu'il semble s'être créées par ses efforts, a entrepris de connaître les choses par les principes eux-mêmes, a exprimé ce qu'ils étaient avant qu'ils ne se reproduisissent dans les corps, et a défini les formes archétypes des choses. L'autre, au contraire, a commencé par les choses sensibles et composées. Et puisqu'ils se recontrent dans leur route, doit-on les dire opposés? Si l'un a dit que la science était hors des choses sensibles, et l'autre, qu'elle était dans ces mêmes choses, voici comment il faut les interpréter.*

141) Von den nun unmittelbar folgenden Worten (bei *Jourdain* p. 267.) gibt *Hauréau*, *De la phil. scol.* I, p. 255. den lateinischen Originaltext: *Genus et species, de his enim sermo, esse et rerum subiectarum nomina sunt. Nam si res consideres, eidem essentiae et generis et speciei et individui nomina imposita sunt, sed respectu diverso. Volentes enim philosophi de rebus agere secundum hoc quod sensibus subiectae sunt, secundum quod a vocibus singularibus notantur et numeraliter diversae sunt, individua vocaverunt, sc. Socratem, Platonem et ceteros. Eosdem autem aliter intuentes, videlicet non secundum quod sensualiter diversi sunt, sed in eo quod notantur ab hac voce „homo“, speciem vocaverunt. Eosdem item in hoc tantum, quod ab hac voce „animal“ notantur, considerantes genus vocaverunt. Nec tamen in consideratione speciali formas individuales tollunt, sed obliviscuntur, cum a speciali nomine non ponantur; nec in generali species ablatas intelligunt, sed inesse non attendunt, vocis generalis significatione contenti; vox enim haec „animal“ iure illa notat subiecta cum animatione et sensibilitate, haec autem „homo“ totum illud et insuper cum rationalitate et mortalitate, „Socrates“ vero illud idem addita insuper numerali accidentium discretione.*

142) Ebend. p. 256.: *Assueti enim rebus ....., cum speciem intueri nituntur, eiusdem quodammodo caliginibus implicantur nec ipsam simplicem notam .... contemplari nec ad simplicem specialis vocis positionem ascendere queunt. Inde quidam, cum de universalibus ægeretur, sursum inhians „Quis locum eorum mihi ostendet?“*

hieran knüpft sich sogleich die wunderliche Behauptung, dass eben desshalb sowohl Aristoteles Recht habe, welcher die Universalien in jenes Gebiet verlegte, in welchem allein sie uns zugänglich sind, als auch Plato, welcher sie dorthin verweist, wo sie ihr wahres Sein haben, kurz dass Beide, während sie im Wortausdrucke sich zu widersprechen scheinen, in der Sache übereinstimmen [143]). Viel Kopfzerbrechen kann diese Versöhnung dem Adelard wohl nicht gemacht haben [144]).

Eine dem Principe der Indifferenz-Lehre analoge Auffassung, wenn auch mit einer etwas verschiedenen Methode, könnte die Ansicht des Gauslenus oder Joscellinus von Soissons (v. 1125—1151 dortselbst Bischof) gewesen sein, dass nemlich die Universalien nicht schon an sich in den Individuen liegen, sondern denselben erst zukommen, insoferne das Individuelle in eine Einheit vereinigt (*in unum collectis*) werde [145]); denn es vertrüge sich diess vollständig mit obigem Grundsatze (Anm. 133), dass nur Individuen existiren, und die Entstehung der Universalien im menschlichen Denken würde hier nur nicht durch ein Abstreifen, sondern von vorneherein durch ein Sammeln (*colligere*) erreicht, welches auch die Indifferenz-Lehre schliesslich doch nicht umgehen konnte (Anm. 136). Doch wissen wir über des Gauslenus Meinung durchaus Nichts näheres [146]), und während wir einerseits weiter oben (vor. Abschn. Anm. 175) sahen, dass auch der Realist Otto von Clugny sich einer ähnlichen Ausdrucksweise bediente, ja auch Johannes von Salesbury den Gauslenus für einen Realisten zu halten scheint (was jedoch vielleicht nicht von grosser Bedeutung ist, s. ob. Anm. 70 u. 85), so kann uns andrerseits wohl nur die Lostrennung der Universalien von den Einzel-Individuen hauptsächlich dazu veranlassen, die Annahme des Gauslenus näher an die Indifferenz-Lehre zu rücken, wozu etwa noch als Bestätigung käme, dass derselbe auf die nominalistische

---

inquit. Adeo rationem imaginatio perturbat .... Sed id apud mortales. Divinae enim menti .... praesto est, et materiam sine formis et formas sine aliis, imo et omnia cum aliis .... distincte cognoscere; nam et antequam coniuncta essent universa, quae vides, in ipsa Noy simplicia erant.

143) Ebend.: *Nunc autem ad propositum redeamus. Quum igitur illud id, quod vides, et genus et species et individuum sit, merito ea Aristoteles nonnisi in sensibilibus esse proposuit, sunt etenim ipsa sensibilia quaevis acutius considerata; quum vero ea, in quantum dicuntur species et genera, nemo sine imaginatione per se pureque intuetur* (hiemit finden wir hier wahrlich schon das „unbekannte Ding an sich"), *Plato extra sensibilia, scilicet in mente divina, et conspici et existere dixit. Sic viri illi, licet verbo contrarii videantur, re tamen idem senserunt.*

144) Zumal konnte ihm ja auch die bekannte gleichlautende Stelle Cicero's (*Acad.* I, 6. bezüglich des Antiochus) wenigstens durch Augustin (*d. civ. dei*, VIII, 6.) zugänglich sein. Dass auch Bernhard v. Chartres sich bemühte, Plato und Aristoteles zu vereinigen, s. oben Anm. 66.

145) Die Quellenstelle s. oben Anm. 68.

146) Denn wenn H. Ritter, dessen Angaben über Walter v. Mortagne, Adelard v. Bath u. s. f. theils überhaupt der nöthigen Präcision entbehren, theils geradezu unrichtig sind, die Schrift *De generibus et speciebus* sofort dem Gauslenus vindiciren will, so würden zu einer solchen Annahme die etlichen Worte jener einzigen Quellenstelle, welche wir über Gauslenus besitzen, selbst dann kaum ausreichen, wenn sie sich mit den Ansichten des Verfassers *D. gen. et spec.* vertrügen. Dass aber Letzteres sehr zweifelhaft ist, mag aus demjenigen hervorgehen, was wir nun sogleich über jene anonyme Schrift anzugeben haben.

„*maneries*"-Ansicht hinübergewiesen habe (ob. Anm. 68). Dann allerdings hätten wir hier eine Wiederholung dessen, was schon bei den frühesten Anfängen einer Parteispaltung seitens der nominalistischen Richtung behauptet wurde [147]).

Wenn wir aber bezüglich der Universalien die Annahmen Abälard's, sowie jene des Gilbertus Porretanus und des Johannes von Salesbury erst weiter unten im Zusammenhange mit den Gesammt-Anschauungen derselben zu erörtern vorziehen müssen (s. oben S. 113), so bleibt uns für jetzt nur noch der unbekannte Verfasser der Schrift „*De generibus et speciebus*" [148]) übrig, welcher uns manche Berührungs- oder Verwandtschafts-Punkte mit mehreren der bisher erwähnten Ansichten zeigen wird. Das Ganze war ursprünglich gewiss eine Abhandlung „*De divisione*" (vgl. Anm. 118—128) völlig in derselben Weise wie die gleichnamige Schrift Abälard's (s. Anm. 277 u. 353 ff.), und sowie der Anfang des uns erhaltenen Textes noch die Frage über die ursprünglichen Theile eines Ganzen behandelt, so bot dann auch hier die Erörterung über die Eintheilung der Gattung dem ebenso kenntnissreichen als scharfsinnigen Verfasser die Gelegenheit, in dem Streite über die Universalien sowohl die Meinungen Anderer kritisch zu beleuchten als auch seine eigene Ansicht zu begründen [149]). Er bekämpft den Nominalismus vorerst kurzweg dadurch, dass die Worte überhaupt kein Sein haben, da dasjenige, was durch zeitliche Abfolge erst entsteht, nicht ein einheitlich Ganzes constituiren könne, eine Bemerkung, welche eben, so weit sie die Function des Gedankens im Urtheile betrifft, auch gegen Abälard's Ansicht (Anm. 315) gerichtet ist [150]); sodann aber auch lasse sich ja das Verhältniss zwischen Stoff und Form, welches beim Uebergange von Gattung zu Art obwalte, durch Worte gar nicht aussprechen, da nie ein Wort der Stoff eines anderen Wortes sei [151]). Hinwiederum

---

147) Nemlich Pseudo-Hrabanus (vor. Abschn. Anm. 153.) und jener sogenannte Jepa (ebend. Anm. 170.) haben sich in ganz ähnlicher Weise über den Gattungsbegriff geäussert.

148) Der Anfang des Buches, welches Cousin (*Ouvr. inédits d'Abélard*, p. 507—550.) aus einer Handschrift von St. Germain herausgab, fehlt, und der Titel, welchen Cousin selbst machte, mag wohl fortan recipirt bleiben, jedoch gewiss mit Ausnahme des Zusatzes „*Petri Abaelardi*", denn dass das Ganze nicht ein Werk Abälard's ist — s. oben Anm. 49. —, hätte auch Cousin bemerken sollen; es erhellt diess nicht bloss aus stilistischen Eigenthümlichkeiten (z. B. bei Lösung von Einwürfen ein eingeschaltenes „*Attende*" oder „*Solutio*", oder hinwiederum ein eigenthümliches Lieblingswort des Verfassers ist „*rationabile ingenium*" u. dgl.), sondern auch aus inneren Abweichungen der Ansicht selbst, welche sich sogar zur Polemik steigern. Ich verweise hierüber, um Wiederholungen zu vermeiden, nur auf die folgenden Anm. 150, 167, 168 und besonders 171, woselbst eine Annahme, welche dem Abälard angehört, geradezu als „lächerlich" bezeichnet wird.

149) Bei sorgfältigem Studium der Schrift dürfte der Vorwurf der Unbeholfenheit und Dunkelheit, welchen H. Ritter (VII, p. 363.) gegen dieselbe ausspricht, wohl gänzlich verschwinden.

150) Bei *Cousin* a. a. O. p. 523.: *Item voces nec genera sunt nec species nec universales nec singulares nec praedicatae nec subiectae, quia omnino non sunt; nam ex his, quae per successionem fiunt, nullum omnino totum constare, ipsi qui hanc sententiam tenent, nobiscum credunt.*

151) Ebend. p. 523 f.: *Quemadmodum statua constat ex aere materie, forma autem figura, sic species ex genere materie, forma autem differentia* (s. Anm. 160 f.),

aber bestreitet er auch den Realismus des Wilhelm v. Champeaux, da, wenn das Universale nach seinem ganzen Gehalte im Individuum individualisirt werde (Anm. 105), nicht bloss dieser nemliche ganze Gehalt doch wieder zugleich in einem anderen Individuum sich finden müsse [152]), sondern auch die variirenden oder transitorischen Eigenschaften allen Individuen zukommen müssten [153]), und ausserdem in dem Gattungsbegriffe dann auch die Gegensätze gleichzeitig vorlägen [154]). Und ebenso ferner wendet er sich polemisch gegen die Indifferenz-Lehre, indem er sie sowohl in ihrem Principe, d. h. in jenem Begriffe des „Gemeinschaftlichen" (Anm. 134) angreift [155]), als auch die dortige Ansicht bezüglich des Sammelbegriffes („*colligere*", Anm. 136) bekämpft [156]), und ebensosehr die Consequenz, welche in der Verwischung des Unterschiedes zwischen Allgemeinem und Einzelnem liegt, verneint [157]). Seine eigene Ansicht blickt schon in der Erörterung über die Theilung ins Unendliche (Anm. 126 f.) durch, wo er anerkennt, dass ein Ganzes noch fortbestehen könne, wenn auch ein Theil desselben seine Form verliere und an Stoff vermindert werde [158]), sowie besonders in der Auffassung, dass zwei Punkte noch nicht eine Linie ausmachen, wenn nicht eine einheitliche schöpferische Kraft (*una creatura*) mitwirke [159]). Auch in der Polemik gegen ein Amendement des Realismus (Anm. 112)

---

quod assignare in vocibus impossibile est; nam cum animal genus sit hominis, vox vocis nullo modo est altera alterius materia.

152) p. 514.: *Quod si ita est, quis solvere potest, quin Socrates eodem tempore Romae sit et Athenis? Ubi enim Socrates est, et homo universalis ibi est secundum totam suam quantitatem informatus Socratitate .... Si ergo res universalis tota Socratitate affecta eodem tempore et Romae est in Platone tota, impossibile est, quin ibi etiam eodem tempore sit Socratitas, quae totam illam essentiam continebat; ubicunque autem Socratitas est in homine, ibi Socrates est, Socrates enim homo Socraticus est.*

153) Ebend. Die Stelle ist bereits oben, Anm. 129., angeführt.

154) p. 515.: *Quam statim enim rationalitas illam naturam tangit, sc. animal, tam statim species efficitur et in ea rationalitas fundatur; illa ergo totum informat animal; sed eodem modo irrationalitas totum animal informat eodem tempore; ita duo opposita sunt in eodem secundum idem.*

155) p. 519.: *Neque enim Socrates aliquam naturam, quam habeat, Platoni communicat, quia neque homo qui Socrates est neque animal in aliquo extra Socratem est.*

156) p. 520.: *Socrates .... tamen nullo modo de pluribus colligitur, quia in pluribus non est.* Schon diess müsste uns behutsam machen, den Gauslenus für den Verfasser der Schrift zu halten, doch s. unten Anm. 162.

157) p. 521.: *At vero nec particularitas nec universalitas in se transeunt; namque universalitas potest praedicari de particularitate, ut animal de Socrate et Platone, et particularitas suscipit praedicationem universalitatis, sed non ut universalitas sit particularitas, nec quod particulare est, universalitas fiat.*

158) p. 510.: *Non sequitur „si hic asser est, et medietas huius asseris est," posset enim destrui medietas, non quantum ad totam eius massam, sed quantum ad formam, et tamen remanentibus eius aliquibus particulis non destrueretur hic asser, quoniam medietatis eius materia, forma tantum pereunte, tota non periret.*

159) p. 511.: *Si quaelibet duo puncta proxime iuncta faciunt bipunctalem lineam, quae sit una creatura, tunc habebit unum fundamentum; sed una atomus non erit eius fundamentum, iam enim esset bipunctaliter lineatum ......* p. 513.: *possumus dicere, quod ipsa bipunctalis linea fundatur in illis duabus atomis ut in subiectis, non in subiecto.*

stellt er sich entschieden auf das von Porphyrius her (Abschn. XI, Anm. 44) in die Annahmen des Boethius (Abschn. XII, Anm. 97) übergegangene Gleichniss des Kunstwerkes, wornach ihm die Gattung der Stoff und der Unterschied die Form ist, das Product selbst aber, d. h. die Species, in welcher der Stoff die Form trägt (*formam sustinet*), als eine bleibende Vereinigung betrachtet und auch mit dem Worte „*materiatum*" bezeichnet wird [160]), wofür hinwiederum auch der eigenthümliche Ausdruck „*diffinitivum totum*" mit schroffer Festhaltung der Theil-Anschauung sich findet [161]). Genauer aber begründet er diese seine Meinung folgendermaassen: Im Individuum trägt (*sustinet*) eine gewisse Wesenheit (*essentia*), welche der Stoff ist, die Form der Individualität an sich und ist mit ihr zusammengesetzt, wodurch eben die Verschiedenheit der Einzel-Individuen entsteht; eben diese Wesenheit nun, insoferne dieselbe nicht bloss in dem einen oder anderen Individuum, sondern zugleich auch in allen zusammen als Stoff vorliegt, ist die Species, welche hiemit trotz aller Vielheit der einzelnen Wesenheiten (*essentialiter multa*) als ein Sammelbegriff (*collectio*) mit den Worten „Ein Universale" oder „Eine Natur" bezeichnet wird, ungefähr wie auch der Begriff „Volk" viele Einzelne umfasst [162]); es wird nemlich nicht etwa die ganze Species in jedem Einzel-Individuum individualisirt, sondern nur ein Theil derselben, d. h. eben Eine solche Wesenheit, welche ja mit der die Species ausmachenden Gesammtheit (*concollectio*) nicht identisch ist, sondern mit ihr nur die ähnliche Zusammensetzung oder ähnliche schöpferische Kraft (*similis compositio*, *similis creatio*) gemein hat, daher auch das Gleichniss mit dem Volke oder mit einem Heere nicht völlig passt, indem zwischen den einzelnen Wesenheiten und ihrer Gesammtheit wegen jener Aehnlichkeit der Erzeugung eine grössere Wesens-Gleichheit besteht, als zwischen einem Soldaten und dem Heere; besser hingegen kann dieses ganze Verhältniss damit verglichen werden, dass z. B. eine grössere Masse Metall in Einem ihrer

---

160) p. 516.: *Sed dico: facta est species ex genere et substantiali differentia, et sicut in statua aes est materia, forma autem figura, similiter genus est materia speciei, forma autem differentia; materia est, quae suscipit formam. Ita genus in ipsa specie constituta formam sustinet, nam et postquam constituta est, ex materie et forma constat, i. e. ex genere et differentia* ..... p. 517.: *omne materiatum sufficienter constituitur ex sua materia et forma.*

161) p. 522.: *Speciem ex genere et substantiali differentia constare, ut statua ex aere et figura, auctore Porphyrio* (b. *Boeth.* p. 88.) *constat; itaque pars est speciei materia et similiter differentia, ipsa vero species est totum diffinitivum eorum.*

162) p. 524.: *Quid nobis potius tenendum videatur de his, deo annuente amodo ostendemus: Unumquodque individuum ex materia et forma compositum est; ut Socrates ex homine materia et Socratitate forma, sic Plato ex simili materia, sc. homine, et forma diversa, sc. Platonitate, componitur; sic et singuli homines. Et sicut Socratitas, quae formaliter constituit Socratem, nusquam est extra Socratem, sic illa hominis essentia, quae Socratitatem sustinet in Socrate, nusquam est nisi in Socrate. Ita de singulis. Speciem igitur dico esse non illam essentiam hominis solum, quae est in Socrate vel quae est in aliquo alio individuorum, sed totam illam collectionem ex singulis aliis huius naturae coniunctam, quae tota collectio, quamvis essentialiter multa sit, ab auctoritatibus* (d. h. von Porphyrius und Boethius) *tamen una species, unum universale, una natura appellatur, sicut populus* (s. vor. Abschn. Anm. 153.), *quamvis ex multis personis collectus sit, unus dicitur.*

Theile zu einem Messer und zugleich in einem anderen zu einem Griffel verarbeitet wird [163]). Diess Nemliche nun wiederholt sich beim Gattungsbegriffe, indem jede von den Wesenheiten (*essentiae*), welche zur Gesammtheit einer Species gehören, wieder aus einem Stoffe und einer Form zusammengesetzt ist, nur mit dem Unterschiede, dass die Form hier nicht mehr bloss die Eine der Individualität ist, sondern selbst in sich die Mehrheit der artmachenden, d. h. substantiellen Unterschiede in sich involvirt; jener Stoff aber erscheint als solcher unterschiedslos (*indifferens*) in jenen einzelnen Wesenheiten, welche der Artbildung als Stoff zu Grunde liegen, und es heisst nun Gattung die Vielheit (*multitudo*) der Wesenheiten, welche Träger (*sustinere, recipere*) der Artunterschiede sein können [164]). Und endlich gilt das Gleiche auch bezüglich des „ersten Princips", denn die Wesenheiten (*essentiae*), welche zu einer Gattung gehören, bestehen abermals aus Stoff und Form und sind ihrem Stoffe nach gleichfalls unterschiedslos (*indifferentes*), während sie die Gattungs-Unterschiede als ihre Form an sich tragen, und so gelangt man noch ein Mal zu einer Vielheit (*multitudo*) von Wesenheiten als zum *generalissimum*, von welchem schliesslich nur noch gesagt werden kann, dass sein Stoff die „reine Wesenheit" (*mera essentia*) oder die Substanz selbst, seine Form aber die Empfänglichkeit der Gegensätze (*susceptibilitas contrariorum*) sei [165]). So streift der Verfasser durch seine

---

163) p. 526.: *Speciem esse dicimus multitudinem essentiarum inter se similium, ut hominem ...... Illud tantum humanitatis informatur Socratitate, quod in Socrate est, ipsum autem species non est, sed illud quod ex ceteris similibus essentiis conficitur. Attende. Materia est omnis species sui individui et eius formam suscipit, non ita scilicet, quod singulae essentiae illius speciei informentur illa forma, sed una tantum, quae tamen similis est compositionis prorsus cum omnibus aliis eiusdem naturae essentiis .... Neque diversum una essentia illius concollectionis a tota collectione, sed idem, non quod hoc esset illud, sed quia similis creationis in materia et forma hoc erat cum illo ...... Massam aliquam ferream, de qua faciendi sunt cultellus et stylus, videntes dicimus: hoc futurum materia cultelli et styli, cum tamen nunquam tota suscipiat formam alterutrius, sed pars styli, pars cultelli ....* (p. 527.) *Maior identitas alicuius essentiae illius collectionis ad totum, quam alicuius personae ad exercitum, illud enim idem est cum toto suo, hoc vero diversum.* Hiezu p. 535.: *Hoc enim habet nostra sententia, quod animal illud genus in parte sui recipit rationalitatem et in parte irrationalitatem.*

164) p. 525.: *Item unaquaeque essentia huius collectionis, quae humanitas appellatur, ex materia et forma constat, sc. ex animali materia, forma autem non una, sed pluribus, rationalitate et mortalitate et bipedalitate et si quae sunt ei aliae substantiales. Et sicut de homine dictum est, sc. quod illud hominis, quod sustinet Socratitatem, illud essentialiter non sustinet Platonitatem, ita de animali; nam illud animal, quod formas humanitatis, quae in me est, sustinet, illud essentialiter alibi non est, sed illi indifferens est in singulis materiis singulorum individuorum animalis. Hanc itaque multitudinem essentiarum animalis, quae singularum specierum animalis formas sustinet, genus appellandam esse dico, quae in hoc diversa est ab illa multitudine, quae speciem facit; illa enim ex solis illis essentiis, quae individuorum formas sustinent, collecta est, ista vero, quae genus est, ex his, quae diversarum specierum substantiales differentias recipiunt.*

165) Ebend.: *Item, ut usque ad primum principium perducatur, sciendum est, quod singulae essentiae illius multitudinis, quae animal genus dicitur, ex materia aliqua essentia corporis et formis substantialibus, animatione et sensibilitate, constat, quae, sicut de animali dictum est, nusquam alibi essentialiter sunt, sed illae indifferentes formas sustinent omnium specierum corporis. Et haec talium corporis*

eigenthümliche Potenzirung oder Einschachtelung der *essentia* doch wieder an Wilhelm v. Champeaux hin, und hat daher wahrlich nicht, wie Gauslenus, das Universale vom Individuum getrennt (s. Anm. 145 f.), zugleich aber kömmt er durch die Begriffe der *collectio* und des *indifferens* in Berührung mit der Indifferenz-Lehre, während ihm dieselben allerdings weit mehr eine objective Geltung haben.

Um so eigenthümlicher aber muss sich hier die Auffassung der subjectiv logischen Function, d. h. des Urtheilens, bezüglich der Universalien gestalten, während doch erst hiedurch die Ansicht des Verfassers ihren vollen Abschluss findet. Er klagt, dass es keine Definition des Prädicat-Verhältnisses gebe; denn es sofort als objective Inhärenz zu verstehen, sei ein ungerechtfertigter Gebrauch, abgesehen davon, dass letztere nur im obigen Sinne einer Theilung genommen werden dürfe [166]), und sowie man sich vor den Consequenzen der Indifferenz-Lehre hüten müsse, so sei es überhaupt zu verwerfen, wenn im Hinblicke auf den definitorischen Gehalt der Species *praedicari* und *esse* identificirt werden [167]), — eine Bemerkung, welche sicher gegen Abälard (s. unten Anm. 318) gerichtet ist und noch mehr einen speciell polemischen Ausdruck erhält, wenn mit unverkennbarer Wendung gegen eine Ansicht Abälard's (bezüglich der „*sumpta*", s. unten Anm. 321) behauptet wird, dass sämmtliche allgemeine Bezeichnungen, mögen sie Adjectiva oder Substantiva sein, sich mittelbar auf objective Gestaltungen beziehen [168]). Kurz das Urtheil sage nie aus, dass das Subject selbst

---

essentiarum multitudo genus dicitur illius naturae, quam ex multitudine essentiarum animalis confectam diximus. Et singulae corporis, quod genus est, essentiae ex materia, sc. aliqua essentia substantiae, et forma corporeitate constant. Quibus indifferentes essentiae incorporeitatem, quae forma est, speciem sustinent; et illa talium essentiarum multitudo substantia generalissimum dicitur, quae tamen nondum est simplex, sed ex materia mera essentia, ut ita dicam, et susceptibilitate contrariorum forma constat.

166) p. 526.: *Audi et attende: Praedicari quidem inhaerere dicunt; usus quidem hoc habet, sed ex auctoritate non inveni; concedo tamen; inhaerere autem dico humanitatem Socrati, non quod tota consumatur in Socrate, sed una tantum eius pars Socratitate informatur* (s. Anm. 163.). p. 531.: *Nosse debes, quod nusquam, quid sit praedicari, plane dicit auctoritas; nam quod solet dici, quod praedicari est inhaerere, usus est ex nulla auctoritate procedens.*

167) p. 527.: *Item species in quid praedicatur de individuo* (diese Abkürzung „*praedicari in quid*" begegnet uns hier zum ersten Male, vgl. Anm. 282.; nemlich bei Boethius p. 68. lautet die Porphyrianische Definition der Species, s. Abschn. XI, Anm. 41., vollständig: *species est, quae de pluribus in eo quod quid praedicatur*); *praedicari autem in quid, ut aiunt, est praedicari in essentia, praedicari autem in essentia est, hoc esse illud. Cum ergo dicitur: „Socrates est homo" ..... habebimus illud idem inconveniens, quod in aliis sententiis, sc. singulare est universale* (s. Anm. 137.) .... *Hoc consentio, „praedicari in essentia" dicere, „hoc esse illud" nego.*

168) p. 527 f.: *Sed dicunt: ..... „rationale" alterius nomen est pro impositione scilicet animalis, et aliud est quod principaliter significat, sc. rationalitas, quam praedicat et subiicit; „homo" vero nihil aliud vel nominat vel significat, quam illam speciem. Absit hoc. Imo sicut „rationale" et „homo", sic et quodlibet aliud universale substantivum alterius nomen est, per impositionem quidem eius, quod principaliter significat, v. g. rationale vel album impositum fuit Socrati vel alicui sensibilium ad nominandum propter formas, i. e. rationalitatem et albedinem, quas principaliter significant.*

das Prädicat selbst sei, sondern nur dass ersteres unter die Zahl jener Wesenheiten gehöre, welche entweder von einem bestimmten Stoffe constituirt sind oder einer bestimmten Form unterliegen [169]), und demnach werde, — wofür sich der Verfasser sogar auf eine vereinzelte Stelle des Boethius berufen kann —, der eine Species bezeichnende Name eben nur den betreffenden Einzel-Individuen, nie aber der Species selbst, gegeben [170]), wobei Substantiva und Adjectiva darin sich unterscheiden, dass erstere auf den Stoff und letztere auf die Form sich beziehen, so dass Diejenigen, welche von einem Accidentellen, d. h. von einem „*adiacens*" sprächen, — was aber eben wieder Abälard thut, s. unten Anm. 283 f. —, im grössten Irrthume seien [171]); wenn aber es so sich mit der ursprünglichen Bedeutung der Worte verhalte, so seien Ausdrücke wie z. B. „Mensch ist ein Artbegriff" nur nothgedrungene Uebertragungen [172]).

Schon hiedurch ist klar, dass der Verfasser (im Gegensatze gegen Abälard) den eigentlichen Werth der Synthese, welche im Urtheile liegt, misskennt und in platonischem Sinne die Worte sämmtlich isolirt als subjective Abbilder objectiver Exemplare betrachtet, was man kaum deutlicher aussprechen könnte, als er selbst thut, wenn er z. B. sagt: „Vernünftig" sei nicht der Name desjenigen, was als Subject dem Prädicate der Vernünftigkeit unterliege, sondern der Name eines Wesens, welches durch die „Vernünftigkeit" constituirt wird [173]); ja auf diese Weise muss er das Prädicatsverhältniss so unbestimmt allgemein fassen, dass es mit der Erzeugung des significanten Wortes überhaupt zusammenfällt, und, da dieses letztere Moment für Subject und Prädicat das gleiche ist, der Unterschied zwischen beiden zu einem bloss äusserlichen und zufälligen wird; hiebei aber stützt er sich auf eine Stelle des Priscianus, in welcher auf Grundlage des allgemeinen stoischen Sprachgebrauches (s. Abschn. VI, Anm. 112 ff.) die Partikeln als „*syncategoreumata*" bezeichnet werden, woraus geschlossen werden könne,

---

169) p. 528.: *Itaque cum dicitur „Socrates est homo", hic est sensus „Socrates est unus de materialiter constitutis ab homine", ... sicut cum dicitur „Socrates est rationalis", non iste est sensus „res subiecta est res praedicata", sed „Socrates est unus de subiectis huic formae quae est rationalitas"*.

170) Ebend.: *Quod autem „homo" impositum sit his, quae materialiter constituuntur ab homine, i. e. individuis et non speciei, dicit Boethius in commentario super Categorias his verbis etc.* (s. *Boeth.* p. 129.); vgl. vor. Abschn. Anm. 121.

171) Ebend.: *Nomina illa tantum dicuntur substantiva, quae imponuntur ad nominandum aliquem propter eius materiam .... vel expressam essentiam; ..... adiectiva vero illa dicuntur, quae imponuntur alicui propter formam, quam principaliter significat ..... Nam quod dici solet, adiectivum esse, quod significat accidens secundum quod adiacet, et substantivum, quod significat essentiam, ridiculum est vel sine intellectu.*

172) p. 529.: *Sciendum est ergo: vocabula, quae imposita sunt rebus propter aliud significandum principaliter circa eas, quandoque transferuntur ad agendum de principali significatione, ut cum .... translative dicitur „rationale est differentia" et „album est species coloris", nihil aliud intelligo quam „rationalitas" et „albedo"; sic ... cum dicitur „homo est species" ..... Concedimus itaque, hanc translationem necessitate fieri.*

173) p. 547.: *Rationale enim non est nomen subiecti rationalitatis, sed rei quae a rationalitate constituitur, quae non est ipsum animal.*

dass dann alle übrigen Worte eben *categoreumata*, d. h. Prädicamente, seien[174]). Die ausgedehnte Wirkung, welche diese hier zum ersten Male vorübergehend beigezogenen *Syncategoreumata* später in der Logik äussern, müssen wir natürlich dem weiteren Verlaufe überlassen, die Folgerung hingegen, welche hier unser anonymer Verfasser daraus zieht, führt zu einem Platonismus, welcher uns sehr an Scotus Erigena erinnern muss. Wenn nemlich „*praedicari*" auf diese Weise das Nemliche wie „*significari principaliter*" ist, so fällt die intellectuelle Function des Menschen in jene objectiven Formen und Gestaltungen hinüber, welche den Individuen zu Grunde liegen, denn es erzeugt sich der Begriff (*intellectus constituitur, generatur*) mittelst des Wortes im Hinblicke auf das objective Universale[175]), und auch die Inhärenz, wenn man mit ihr nach überkommener Gewohnheit das Prädicatsverhältniss identificiren wolle, hat eben doch nur eine objective Bedeutung in dem Werde-Process der Dinge[176]). Kurz es handelt sich nur um die einheitlichen „Naturen", welche den Dingen zu Grunde liegen, und wenn der Begriff der Natur auf obige (Anm. 163) *similis creatio* oder beziehungsweise zur Abgränzung gegen andere Formationen auf *dissimilis creatio* reducirt wird[177]), so schliesst sich hieran eine platonisch-mystische Creations-Theorie an, welche uns hier nicht berührt[178]). Indem aber dabei sowohl nach Obigem für die Aussage das Hauptgewicht auf

---

174) p. 531.: *Mihi autem videtur, quod praedicari est principaliter significari per vocem praedicatam, subiici vero significari principaliter per vocem subiectam, et hoc quodammodo videor habere a Prisciano, quod in tractatu orationis ante nomen* (d. h. in dem Capitel vor der Erörterung über *Nomen*) *dicit praepositiones et coniunctiones syncategoreumata, i. e. consignificantia; scimus autem „syn" apud graecos „cum" praepositionem significare, „categorare" autem „praedicari", unde categoriae praedicamenta dicuntur. Si ergo idem est „categoreumata" quod „significantia", idem erit „praedicari" quod „significari principaliter"* (die Stelle b. *Prisc.* II, 15. lautet: *Partes igitur orationis sunt secundum dialecticos duae, nomen et verbum, quia hae solae etiam per se coniunctae plenam faciunt orationem, alias autem partes syncategoreumata, hoc est consignificantia, appellabant.*)

175) p. 532.: *Idem erit „praedicari" quod „significari principaliter", quam solam significationem recepit Aristoteles iuxta illud „album nihil significat nisi qualitatem"* (Cat. 5, s. Abschn. IV, Anm. 476.; so verdrehte man jede beliebige Stelle zu Gunsten seiner eigenen Ansicht); *cum enim album subiectum albedinis nominando significet, illam solam significationem notavit Aristoteles, in qua intellectus constituitur per vocem ...... Sicut ensis et gladius eundem generant intellectum, ita illa duo nomina facerent.*

176) p. 533.: *Quod si „praedicari" quidem pro „inhaerere" accipitur, quod et nos concedimus, neque enim bonum usum abolere volumus, sic dicendum est: omnis natura, quae pluribus inhaeret individuis materialiter, species est.*

177) Ebend.: *Hic autem tantum agitur de naturis; si autem quaeras, quid appellem naturam, exaudi: naturam dico, quidquid dissimilis creationis est ab omnibus, quae non sunt vel illud vel de illo, sive una essentia sit sive plures, ut Socrates dissimilis creationis ab omnibus, quae non sunt Socrates, similiter et homo species est dissimilis creationis ab omnibus rebus, quae non sunt illa species vel aliqua essentia illius speciei.* Auch der Einwand bezüglich des Phönix, welcher nur in Einem Exemplare existirt (s. Abschn. XII, Anm. 87.) wird berücksichtigt, aber (p. 534.) durch die Bemerkung beseitigt, dass der Gegensatz zwischen *materia* und *materiatum* (ob. Anm. 160.) dennoch in seiner Allgemeinheit festzuhalten sei.

178) p. 538—540.

die Unterscheidung der *essentia materialis* und *essentia formalis* fällt [179]), als auch in ontologischer Beziehung der Form allein eine Wirksamkeit zugeschrieben wird [180]), so muss jene — übrigens gleichfalls dem Abälard (s. unten Anm. 306) angehörende — Ansicht bekämpft werden, wonach die oberste Gattung (*genus generalissimum*) der Stoff selbst, und sonach die Formen seine nächsten Arten wären [181]), denn dem Verfasser gilt, wie wir sahen (Anm. 165), die oberste Gattung selbst schon als ein Product aus Stoff und Form, und es bleibt ihm daher für jenen letzten höchsten Stoff, d. h. für die „reine Wesenheit" kein anderes Prädicat als das blosse Sein, d. h. „*est*" übrig [182]), genau ebenso, wie auch (s. Anm. 170) jene Wesenheit, welche als Stoff den Individuen zu Grunde liegt, nicht selbst schon einen Prädicats-Namen hat, sondern ein solcher Collectiv-Name erst von den betreffenden Individuen ausgesagt wird [183]). Nun aber wird dieses Letztere auch auf die Formen, d. h. auf die artmachenden Unterschiede ausgedehnt; es wird nemlich in einer langen und äusserst zugespitzten Erörterung gegen die gewöhnliche Annahme (Abschn. XI, Anm. 44, und Abschn. XII, Anm. 87) dargethan, dass der artmachende Unterschied nicht unter die Kategorie der Qualität fallen könne, da dann die Qualität in zwei oberste Arten, nemlich in die Differenz und die übrige Qualität zerfallen müsste, deren jede von beiden doch wieder nur durch einen artmachenden Unterschied constituirt werden könnte, welch letzterer aber ja gleichfalls unter die Qualität fallen müsste, was er in keiner Weise, weder als Gattung noch als Art oder Unterart, kann, sowie auch es dann in keiner anderen Kategorie einen artmachenden Unterschied geben könne, weil jede Species der Qualität (zu welchen ja derselbe gehören würde) nur ein artmachender Unterschied innerhalb der Qualität selbst sein könnte [184]). Und wenn nun hiernach auch die

---

179) p. 548.: *Concedo, rationalitatem praedicari de homine in substantia ut animal, sed illud ut formalem essentiam, aliud vero ut materialem; vere autem assero, nullam simplicem formam de alio praedicari substantialiter, quam de his, quae formaliter constituit.*

180) p. 549.: *Non est diversus effectus materiarum, imo formarum ..... Apparet, quod ille effectus sequitur formas et non materiam.*

181) p. 546.: *Ne concedere cogamur, et materiam substantiae generalissimum esse genus, et susceptibilitatem contrariorum et quaslibet simplices formas esse species ..... Respondendum est, quod in diffinitione generis intelligendum est, id quod genus est debere praedicari de pluribus speciebus proxime sibi suppositis, quod quia deest illi materiae, idcirco non est genus.*

182) Ebend.: *Possumus etiam dicere, quia illa mera essentia ad interrogationem factam per quid convenienter non respondetur .... Si ergo quaeritur „quid est substantia", respondeamus „est"; neque enim potest responderi per nomen „substantia", namque non est nomen nisi materiatorum a substantia, vel ipsius substantiae per translationem supervacue responderi manifestum est.*

183) p. 534.: *Opponetur: illa essentia hominis, quae in me est, aliquid est aut nihil ...... Respondemus, tali essentiae nullum nomen esse datum nec per impositionem nec per translationem.*

184) p. 541.: *Restat nunc de differentiis, an alicui praedicamento sint adscribendae, an omnino a praedicamentis removendae iustius videantur ....* (p. 542.) *Dicunt omnes, differentias esse in qualitate .... Quod si omnes differentiae in qualitate tenentur, differentiae specierum qualitatis in eodem praedicamento annumerandae sunt, quod qualiter stare possit videamus. Praeceptum est Boethii in libro Divisionum*

das Wesen constituirenden Formen, selbst mit Berufung auf eine einzelne Stelle des Boethius, gleichfalls aus dem Bereiche des Prädicats-Verhältnisses ausgeschieden werden [185]), so bleibt der ontologische Vorgang selbst, insoferne er auf Stoff und Form beruht, dem Prädiciren entrückt, und der Mensch bezeichnet durch Prädicate nur die Producte des Vorganges, d. h. die einzelnen zusammengesetzten Dinge, in deren Gebiet die Anwendung der Kategorien und hiemit auch die Eintheilung in Substanz und Accidens ihre Stelle habe [186]). So sind wir allerdings wieder so ziemlich bei Scotus Erigena (s. vor. Abschn. Anm. 105, woselbst in ähnlichem Sinne von der „Natur der Dinge" die Rede ist, und Anm. 121, wo die Geltung der Kategorien hervortritt) angekommen, wir verstehen aber eben darum auch, wie der Verfasser, welcher als den Kern seiner Ansicht bezeichnet, dass das Allgemeine nicht das Einzelne sei [187]), gegen alle Hauptrichtungen seiner Zeitgenossen betreffs der Universalien polemisiren kann, während er zugleich mit allen sich gewissermaassen berührt.

Nun aber bildete, wie wir schon oben, S. 114, bemerkten, der Streit über die Universalien immerhin nur einen Theil der gesammten logischen Thätigkeit jener Zeit, und sowie uns auch Johannes v. Salesbury ausdrücklich bezeugt, dass ausser jener Frage es noch mehrere andere Gegenstände üblicher Controversen gab [188]), so müssen wir ver-

---

(s. ob. Anm. 118.), *omne genus per duas proximas species sufficienter naturaliter dividi. Duo ergo species sunt sub qualitate generalissima, in quas ipsum generalissimum sufficienter distribuitur; hae per adventum differentiarum in genus constituuntur, quo differentiae qualitates sunt, si omnes differentiae praedicamento qualitatis annumerandae sunt. Quod si est, aut erunt ipsum generalissimum aut ipsae species dividentes aut sub illis ipsis speciebus proximis continebuntur. Ipsum generalissimum sui ipsius forma non est ..... Item ipsae differentiae species non sunt, quae ab ipsis constituuntur ......* (p. 544.) *quocunque modo dividas qualitatem, nulla species qualitatis erit, quam non sit necesse differentiam esse alicuis speciei qualitatis, quod si verum est, nullius speciei alterius praedicamenti poterunt esse differentiae.*

185) p. 545.: *Videtur mihi, substantiales differentias in nullo praedicamento esse, sed simplices formas tantum esse nec aliquo modo ex materia et forma constare, ipsas autem in subiectam materiam venientes naturam aliquam constituere, quamvis a nullo constituantur ..... Etiam Boethius* (ad. *Ar. Praed.* p. 130.) ... *potentissima confirmat auctoritate ita dicens: ,,cum tres substantiae sint, materia, species et quod ex utrisque conficitur, ... hic neque de sola specie neque de sola materia, sed de utrisque mixtis compositisque proposuit" ..... Ecce hic apertissime Boethius dicit, substantialem formam in praedicamento non esse.*

186) p. 546.: *Sensus est, quod res ex materia et forma compositae in praedicamentis sunt, res vero simplices in praedicamento non sunt; quod si forte invenias auctoritatem, quae videatur asserere, omnes res esse in praedicamento, de compositis dici intelligas, illamque divisionem quae est ,,quidquid est, substantia aut accidens", de compositis factam esse dicimus, simplices enim formas accidentia non appellamus.* Ueber Letzteres s. Anm. 191.

187) p. 547.: *nostra sententia, quae nullum universale esse singulare recipit.*

188) *Joh. Saresb. Polycr.* VII, 2 (*Opp. ed. Giles* IV) p. 87.: *Sunt autem dubitabilia sapienti, quae ..... suis in utramque partem nituntur firmamentis; talia sunt, quae quaeruntur ..... de materia et motu et principiis corporum, de progressu multitudinis et magnitudinis sectione, an terminos omnino non habeat* (s. ob. Anm. 125 ff.), *..... de tempore et loco, de numero et oratione, de eodem et diverso, in quo plurima attritio est, de dividuo et individuo, de substantia et forma vocis, de statu universalium, de usu et fine ortuque virtutum etc.*

suchen, auch noch betreffs der übrigen Theile der Logik die damalige Zeitrichtung an der Hand einer fragmentarischen Ueberlieferung zu charakterisiren, wodurch wir zugleich die Kenntniss jenes Terrains vervollständigen dürften, in welchem sich Abälard's Leistungen bewegen.

Was hiebei zunächst die Kategorien betrifft, welche zwar von Einigen geringschätzig behandelt wurden [189]), so boten schon jene einleitenden Begriffe des *aequivocum*, *univocum* und *denominativum* (s. oben Anm. 93) eine Veranlassung zu Meinungs-Verschiedenheiten dar [190]). Sodann aber wurde die Gegenüberstellung von Substanz und Accidens (Abschn. XII, Anm. 90) von Einigen bestritten, von Anderen aber entweder mit Beschränkung auf die concreten Dinge der Natur gerechtfertigt oder auf das blosse Prädicats-Verhältniss (vgl. Anm. 186) bezogen oder selbst mit Verwechslung von Form und Accidens in den Begriff des aus Theilen bestehenden Ganzen verlegt [191]). Auch die Erörterung der einzelnen Kategorien gab manchen Stoff zu Controversen, welche jedoch die Gränze des bei Boethius Vorliegenden nicht überschritten; so hatte sich bezüglich der Relation die Verschiedenheit der platonischen und der aristotelischen Auffassung durch die Commentatoren (Abschn. III, Anm. 49, Abschn. IX, Anm. 31, Abschn. XI, Anm. 71) auch in die Discussion bei Boethius fortgepflanzt (Abschn. XII, Anm. 93), und somit erscheint dieser Streitpunkt auch hier wieder [192]); auch stritt man, ob nicht die Begriffe der Aehnlichkeit oder Gleichheit mehr zur Qualität als zur Relation zu rechnen seien, sowie Einzelne sogar

---

189) Ebend. *Metal.* IV, 24 (*Opp.* V.) p. 181.: *Alii detrahunt categoriis.*

190) Ebend. III, 2, p. 120.: *Ex opinione plurium idem principaliter significant denominativa et ea, a quibus denominantur* (nur Realisten können dies behauptet haben). *Abael. Dialect.* p. 481.: *Nec aequivoca ex sola debent praedicatione iudicari, sed nec univoca propter eundem communionis causam ..... Sunt autem nonnulli, qui .... non ad ea, quibus est impositum vocabulum aequivocum et de quibus enuntiatur, respiciunt, imo ad ea, ex quibus est impositum, ut „amplector", cum ad eandem personam, amplectentem simul et complexam, aequivocum dicatur secundum diversarum proprietatum diffinitiones, actionis scilicet et passionis, non ad personam commune dicatur, sed ad proprietates, quas aeque designat.*

191) *Pseudo-Abael. d. intell.* b. *Cousin*, *Fragm. philos. Par.* 1840, p. 493.: *Quaeritur, an haec divisio „earum quae sunt, aliud est substantia aliud est accidens" sit sufficiens. Quodsi concedatur, tunc, cum rationalitas sit, oportet esse substantiam vel accidens; si autem accidens fuerit, potest adesse et abesse, quod falsum est ...... Quidam dicunt, quod de quocunque verum est dicere „istud est una res", de eodem verum est dicere, esse substantiam vel accidens; hi tamen non concedunt, rem unam debere dici, quod per opus hominum habet existentiam ut domus, nec quod habet partes disgregatas ut populus ..... Alii vero duobus modis dicunt divisionem sufficientem esse, praedicatione scilicet et continentia secundum naturam. Praedicatione quidem .... v. g. animalium aliud est rationale aliud irrationale, haec divisio est sufficiens praedicatione, quia de quocunque poterit dici „istud est animal", de eodem statim consequetur, esse vel rationale vel irrationale. Continentia ..... ut tale sit exemplum: domus alia pars paries alia tectum alia fundamentum .....; accidens tamen ibi large accipitur pro forma.*

192) *Abael. Dialect.* p. 201 f.: *Quae quidem diffinitio ab alia in eo maxime diversa creditur, quod hanc Aristoteles secundum rerum naturam protulit, illam vero Plato secundum constructionem nominum dedit ..... Sunt autem, qui quemadmodum Platonicam diffinitionem nimis laxam vituperant, ita et Aristotelicam nimis strictam appellant.*

die Kategorie der Lage (*situs*) zur Qualität zählten[193]), oder man bezweifelte die Berechtigung der Kategorien *ubi* und *quando*, da dieselben aus den zur Quantität gehörigen Begriffen des Ortes und der Zeit abgeleitet seien und somit z. B. dem Frageworte „*qualiter*" völlig parallel stünden[194]), oder hinwiederum fragte man über die richtige Unterordnung der Begriffe „Tod" oder „Schlaf" u. dgl.[195]), oder man stritt über die Auffassung des in den Kategorien mehrfach vorkommenden *magis vel minus*, ob nemlich durch die Gradabstufung bloss das Substrat oder bloss die Eigenschaft oder beides zugleich berührt werde[196]); auch konnte bei solchen Gelegenheiten die principielle Parteistellung hervortreten, insoferne die Nominalisten z. B. den Begriff „Gestern" als ein Nicht-Seiendes bezeichneten[197]), oder auch betreffs der Relation und der Gegensätze ihren Standpunkt geltend machten, während die realistische Ansicht ihrerseits dasselbe that[198]). Am häufigsten aber scheint die Kategorie der Quantität besprochen worden zu sein, schon darum weil dieselbe wieder auf die Fragen über den Theilbegriff (Anm.

193) Ebend. p. 204.: *Sunt tamen, qui „aequalis et inaequalis, similis et dissimilis" inter qualitates contrarias recipiant.* p. 208.: *Hi vero, qui similitudinem potius inter qualitates enumerant, ut magistro nostro V.* (s. Anm. 102.) *placuit.* (Die Quelle dieser Controverse ist *Boeth.* p. 157. im Vergleiche mit p. 187.) Ebend. p. 201.: *Unus, memini, magister noster erat, qui positionis nomen ad qualitates quasdam aequivoce detorqueret.* Hiezu Anm. 501.

194) Ebend. p. 199.: *Videntur autem nec generalissima esse „ubi" vel „quando", eo quod prima principia non videantur; quae enim ex alio nascuntur, prima non videntur principia, sed ipsa quoque principia habent; ubi autem ex loco, quando autem ex tempore originem ducunt ..... Solet autem a multis in admirationem ac quaestionem deduci, cur magis ex loci vel temporis adiacentia praedicamenta innascantur, quam ex adhaerentia aliarum specierum sive generum; tam enim bene „qualiter" unius nomen generalissimi videtur sicut „ubi" vel „quando", cuius quidem species bene vel male dicerentur sicut „quando" heri vel nudiustertius vel „ubi" Romae vel Antiochiae esse.* Die Quelle dieser Controverse ist ausser dem Abschnitte über die Quantität, in welchem ja *locus* und *tempus* eine eigene Erörterung fanden (*Boeth.* p. 146.), besonders der Commentar des Boethius selbst, p. 190.: „*quando*" *et* „*ubi*" *esse non potest, nisi locus ac tempus fuerit.*

195) Ebend. p. 402.: *Solet autem de morte et vita quaeri, utrum in privationem et habitum an potius in contraria recipiantur.* p. 406.: *Si in dormiente, inquiunt, visio esset, videre eum oporteret, si vero caecitas inesset, nunquam amplius ipsum videre contingeret.*

196) *Gilb. Porret. de sex princ.* c. 8. (bei *Arist. Opp. lat. Venet.* 1552, I, f. 34.): *Dicitur autem „magis et minus suscipere" tripliciter; aiunt enim quidam secundum crementum et diminutionem eorum, quae suscipiunt, subiectorum; aliter autem et alii, ipsa quidem, quae suscipiuntur, in suscipiente diminui et crescere, annuntiant; alii autem secundum utrumque amborum diminutionem et augmentationem.*

197) *Abael. Dialect.* p. 196.: „*Heri*" *rei existentis designativum non videtur ...... sed fortasse hi, qui magis in speciebus rerum naturam quam vocabulorum impositionem attendunt, per „heri" quandam praesentem adiacentiam designari volunt.*

198) Ebend. p. 392.: *Quod quidem multos in hanc sententiam induxit, ut contrarium nomen tantum universalium, non etiam singularium, confiterentur, albedinis quidem et nigredinis, non huius albedinis vel huius nigredinis; sic quoque et relativum et „privatio et habitus" nomina tantum universalium dicunt; relativa quidem tantum universalia dicebant ex relatione constructionis; „habitus" quoque et „privatio" universalium tantum nomina dicunt, eo quod in individuis non possunt servari.* Ebend. p. 398.: *Quidam talem cum (sc. Boethium) divisionem innuisse dicunt, quod contraria alia sunt genera alia specialissima; specialissima vero sic subdividuntur, ut eorum alia sub eodem genere, alia sub diversis contrariis ponantur.*

125 ff.) hinüberführte. Während die Nominalisten die Zahlbegriffe völlig analog dem Uebrigen auffassten und daher die einzelnen Zahlen als Arten bezeichneten, deren Gattung die Zahl selbst sei[199]), verneinten diess ihre Gegner, weil es bei den Zahlen an der zur Art- oder Gattungs-Begriffe erforderlichen Wesens-Einheit der Natur fehle, und hiernach die Zahlen nur als adjectivische Ausdrücke eines collectiven Verfahrens zu bezeichnen seien, welches Letztere man dann auch auf sämmtliche Momente der Quantität anwendete, insoferne nur die einfachen Grundlagen derselben, nemlich die Begriffe des Punktes, des Eins, des Augenblickes, des Buchstaben, des Ortes, eine Wesens-Realität beanspruchen könnten, alles Uebrige aber auf blosse collective Ausdrücke sich reducire[200]); auch wurde von Einigen auf den Unterschied hingewiesen, welcher bezüglich der Theilbarkeit zwischen dem Zeitbegriffe und dem übrigen continuirlichen Theilbaren bestehe[201]).

In der Lehre vom Urtheile scheint häufig der ganze hauptsächliche Inhalt der Logik, soweit derselbe zum blossen Unterrichte der jüngeren Schüler verwendet wurde, zusammengefasst worden zu sein, denn man verarbeitete das Buch *De interpr.* zu Compendien, zu „*Introductiones*" oder zu einer „*summa artis*", und indem man über die Theile und Formen des Urtheiles, über Quantität, Qualität, Aequipollenz, über Conträres und Contradictorisches, über Wahrheit und Falschheit, über Umkehrung und Modalität der Urtheile u. dgl. Regeln zusammenstellte, suchte man das aristotelische Buch gleichsam schulgerechter zu

---

199) Ebend. p. 190.: *Hi vero, quibus videtur, in specialibus aut generalibus vocabulis non solum ea contineri, quae una sunt naturaliter, sed magis ea, quae substantialiter ab ipsis nominantur, possunt fortasse et ista* (nemlich die einzelnen Zahlbegriffe) *species appellare, quum videlicet magis logicam in impositione vocum sequantur quam physicam in natura rerum investiganda.*

200) Ebend. p. 188 f.: *Numerum autem collectionem unitatum determinant ..... Unde maxime magisri nostri sententia, memini, confirmabat, binarium ternarium ceterosque numeros species numeri non esse nec numerum genus eorum, cuius videlicet res una naturaliter non esset; hae namque duae unitates in hoc homine Romae habitante et in illo qui est Antiochiae, consistunt atque hunc binarium componunt. Quomodo una res in natura diceretur aut quomodo ipsae spatio tanto distantes unam simul specialem seu generalem naturam recipient? Unde potius numeri nomen et binarii et ternarii et ceterorum a collectionibus unitatum sumpta dicebant.* Ebend. p. 179 f.: *Harum autem (sc. quantitatum) aliae sunt simplices aliae compositae; simplices vero quinque dicunt, punctum scilicet, unitatem, instans quod est indivisibile temporis momentum, elementum quod est vox individua, simplicem locum ..... Has autem tantum, quae simplices sunt, magistri nostri sententia speciales appellabat naturas, eo videlicet quod sint unae naturaliter, quae partibus carent; quae vero ex his sunt compositae, composita individua dicebat nec una naturaliter esse .... magisque earum nomina sumpta esse a collectionibus quibusdam.*

201) Ebend. p. 186.: *Cum autem res singulae sua habeant tempora in se ipsis fundata, sua scilicet momenta, suas horas, suos dies vel menses vel annos, omnes tamen dies simul existentes vel menses vel anni pro uno accipiuntur ......* (p. 187.) *In aliis totis totum positum ponit partem et pars destructa perimit totum ....; in tempore vero e converso est, velut in die; si enim prima est, dies esse dicitur, sed non convertitur; .... at vero si dies non est, prima non est, sed non convertitur ..... In his itaque totis, quae per unam tantum partem semper existunt, illud quod de inferentia totius et partis Boethius (de diff. top.* II, p. 867.) *docet, non admittunt.*

machen und mancherlei Ergänzungen oder Erweiterungen beizubringen[202]). In letzterer Beziehung aber ist uns Nichts näheres überliefert; hingegen dass hieran sich auch wieder einzelne Controversen knüpften, ersehen wir auch aus den beschränkten uns zugänglichen Quellen. So wurden schon sogleich über den Begriff der *vox significativa* (Abschn. XII, Anm. 109) Schwierigkeiten erhoben, welche bezüglich der Fortpflanzung des Schalles sich so sehr ins Abstruse verstiegen, dass Einige zuletzt die Luft selbst als das Significante bezeichneten[203]). Nicht viel besser ist die gelegentlich der Einheit der Bezeichnung aufgeworfene Frage, ob ein Wort auch die Buchstaben, aus welchen es besteht, „bezeichnen" könne[204]). Einflussreicher hingegen mochte es sein, — obwohl uns weitere Consequenzen nicht überliefert sind —, wenn man beim *nomen* eine scharfe Gränze zwischen *significare* und *nominare* zog, insoferne ersteres auf die Allgemeinheit und letzteres auf das Einzelne gehe[205]), sowie vor Allem, wenn bei der Controverse, ob die Präpositionen und Conjunctionen gleichfalls „bezeichnende" Worte seien oder gar nicht zu den Redetheilen gezählt werden dürfen, die Dialektiker in Berührung

---

202) *Joh. Saresb. Metal.* III, 4, p. 130.: *Quidquid in isto docetur libro* (d. h. *De interpr.*), *compendiosius et manifestius poterit quilibet doctorum, quod et multi faciunt, excepta reverentia verborum, in doctrinalibus parare rudimentis, quas introductiones vocant; vix est enim aliquis, qui haec ipsa non doceat adiectis aliis non minus necessariis .... Percurrunt itaque, quid nomen, quid verbum, quid oratio, quae species eius, quae vires enuntiationum, quid ex quantitate sortiantur aut qualitate, quae determinate verae sint aut falsae, quae quibus aequipolleant, quae consentiant sibi, quae dissentiant, quae praedicata divisim, quae coniunctim praedicentur aut conversim, et quae non, item quae sit natura modalium, et quae singularium contradictio ......* p. 131.: *Quis enim contentus est iis, quae vel Aristoteles in Periermeniis docet? Quis aliunde conquisita non adiicit? Omnes enim totius artis summam colligunt et verbis facilibus tradunt.* Vgl. unten Anm. 366.

203) *Abael. Dial.* p. 193.: *Quomodo ergo eadem vox simul a diversis audiri conceditur atque diversorum aures attingere? Sed ad haec quidem diversi diversas proferunt solutiones. Hi quidem, qui audiri etiam remota volunt, dicunt, vocem ante os proferentis remanentem essentialiter secundum sensuum discretionem ad aures diversorum venire. Illi autem, qui audiri nolunt nisi praesentia, hanc in voce physicam considerant, quod, quando lingua nostra aerem percutit sonique formam ipsi nostrae linguae ictus attribuit, ipse quidem aer, cum ab ore nostro emittitur exterioresque invenit aeres, ipsis etiam, quos reverberat, consimilem soni formam attribuit, illeque fortassis aliis, qui ad aures diversorum perveniunt.* p. 190.: *Nostri tamen, memini, sententia magistri ipsum tantum aerem proprie audiri ac sonare ac significare volebat.* Vgl. unten Anm. 499.

204) Ebend. p. 488.: *Totum constat ex suis partibus, vox ex suis non constituitur significationibus, et fit quidem divisio totius in partes, vocis vero non in significationes. Nam etsi hoc in quibusdam vocibus contingat, ut scilicet ex suis iungantur significationibus, ut hoc vocabulum quod est ,,ens" ex litteris suis, quas etiam significat, non tamen id ad naturam vocis, sed totius referendum est; in eo enim quod ex eis constat, totum est earum, non eas significans. Est etiam et alia quorundam solutio, ut scilicet concedant, nullam vocem coniungi ex significationibus diversis, ad quas videlicet diversas impositiones secundum aequivocationem habeat; neque enim ,,ens" ad quaelibet plura dicunt aequivocum, sed tantum ad diversorum substantias praedicatorum, unde de litteris, quae in eodem clauduntur praedicamento, aequivoce non dicitur.*

205) *Joh. Saresb. Metal.* II, 20, p. 100.: *Quod fere in omnium ore celebre est, aliud scilicet esse quod appellativa significant et aliud esse quod nominant; nominantur singularia, sed universalia significantur.*

mit den Grammatikern kamen, unter welchen die Einen einseitig für Letzteres sich entschieden, Andere aber auch die Interessen der Logik berücksichtigten und hiedurch eine Vereinbarung ermöglichten, wornach für jene Redetheile (etwa ähnlich wie bei dem Verfasser *De gen. et spec.*, s. Anm. 174) ihr späterer Eintritt in die Logik wenigstens vorbereitet werden konnte [206]); gleichfalls einem Einflusse der Grammatik (möglicher Weise durch Bernhard v. Chartres, s. Anm. 89) kann die Terminologie zugeschrieben werden, wornach man Urtheile, wie z. B. „Mensch ist ein Substantivum" als „*materialiter imposita*" oder als Urtheile „*de significante et significato*" bezeichnete [207]). An der Frage über das Wesen der Affirmation und Negation konnte wieder der Partei-Gegensatz hervortreten, indem die Einen sich an die Sprachform, Andere an die Begriffe, Andere an die objective Realität hielten [208]). Auch bei manchen einzelnen Punkten, welche im Commentare des Boethius sich erörtert fanden, entschied man sich bald für bald gegen die Auctorität desselben, so z. B. betreffs der Einheit des Urtheiles [209]), oder bezüglich der Zerlegung des Verbums in die Copula und ein Participium [210]), oder bei den Urtheilen, in welchen das „*est*" nicht die

---

206) *Abael. Dialect.* p. 216.: *Praepositiones et coniunctiones de rebus eorum, quibus apponuntur, quosdam intellectus facere videntur, atque in hoc imperfecta earum significatio dicitur, quod .... ipsa quoque res, de qua intellectus habetur, in huiusmodi dictionibus non tenetur sicut in nominibus et verbis, quae simul et res demonstrant ..... Unde certa apud grammaticos de praepositionibus sententia exstitit, ut res quoque eorum, quorum vocabulis apponuntur, ipsae designarent ..... Unde illa quorundam dialecticorum sententia potior videtur, quam grammaticorum opinio, quae omnino a partibus orationis huiusmodi voces, quas significativas esse per se non iudicavit, divisit ac magis ea quaedam supplementa ac colligamenta* (s. Abschn. XII, Anm. 43, 60. u. 111.) *partium orationis esse dicit* ..... (p. 217.) *Sunt etiam nonnulli, qui omnino a significativis huiusmodi dictiones removisse dialecticos adstruant.*

207) *Joh. Saresb. Metal.* III, 5, p. 137.: *Interdum tamen dictionem rem esse contingit, quum idem sermo ad agendum de se assumitur, ut in iis, quae praeceptores nostri materialiter dicebant imposita et dicibilia, quale est ,,homo est nomen, currit est verbum.'' Abael. Dial.* p. 248.: *Quidam tamen transitivam grammaticam in quibusdam propositionibus esse volunt, qui quidem propositionum alias de consignificantibus vocibus, alias vero de significante et significato fieri dicunt, ut sunt illae, quae de ipsis vocibus nomina sua enuntiant hoc modo ,,homo est nomen vel vox vel disyllabum''.* Vgl. Anm. 618.

208) *Abael. Dialect.* p. 404.: *Quidam autem per ,,iacere sub affirmatione et negatione'' finitum et infinitum vocabulum accipiunt, ut ,,sedet, non sedet''; quidam vero intellectus ab affirmatione et negatione generatos* (s. Anm. 175.); *sed nos potius ea, quae ab affirmatione et negatione dicuntur accipimus, essentias scilicet rerum, de quibus per affirmationem et negationem agitur.* Nicht recht verständlich aber ist *Joh. Sar. Metal.* II, 11, p. 81.: *expedit dialectica quaestiones, quale est, an affirmare sit enuntiare* (umgekehrt *an enuntiare sit affirmare* hätte eher einen erdenklichen Sinn), *et an simul exstare possit contradictio.*

209) *Abael. Dial.* p. 298.: *Sunt autem, qui adstruant, diversa accidentia unam enuntiationem facere, cum talia sumuntur, quae ad diversa referuntur, veluti si dicatur ,,homo citharoedus bonus''* (s. *Boeth.* p. 419.).

210) Ebend. p. 219.: *Idem dicit ,,homo ambulat'', quantum proponit ,,homo est ambulans''* (*Boeth.* p. 429.). *Sed ad hoc, memini, magister noster V. opponere solet: si, inquit, verbum propriam significationem inhaerere dicit, verum autem sit, eam inhaerere, profecto ipsum verum dicit ac sensum propositionis perficit.*

factische Existenz des Subjectes involvirt[211]), oder bei der Frage über das Quantitätsverhältniss zwischen Subject und Prädicat[212]), woran sich auch grammatische Spitzfindigkeiten anknüpfen konnten[213]). Ja auch jene richtige Vervollständigung, welche die aristotelische Schrift *De interpr.* durch Boethius in den Angaben über das „unbestimmte Urtheil" gefunden hatte (Abschn. XII, Anm. 115), wurde von den Einen gerechtfertigt, von Anderen aber verworfen, unter welch letzteren uns ein Magister „V.", welcher „*Glossulae super Periermenias*" schrieb, genannt wird[214]). Bezüglich der modalen Urtheile, — s. Abschn. XII, Anm. 119, die Terminologie „*modalis*" erscheint nun als völlig recipirt —, ist es wahrlich eine eigenthümliche Auffassung, wenn Einige dieselben derartig von den nicht-modalen ableiteten, dass nicht der thatsächliche Inhalt, sondern der Sinn der Aussage durch die Worte „möglicherweise" oder „nothwendigerweise" modificirt werde, oder wenn Andere sagten, die Möglichkeit oder die Nothwendigkeit selbst seien in solchen Urtheilen das Prädicat[215]); auch war der Unterschied zwischen

---

211) Ebend. p. 223 f.: *Unde quidam, cum dicitur Homero quoque defuncto „Homerus est poeta"* (*Boeth.* p. 423.) ..... *„esse" quoque, quod interponitur, in designatione non existentium volunt accipi* .... *Nostri vero sententia magistri non secundum verbum accidentalem dicebat praedicationem, sed secundum totius constructionis significaturam et impropriam locutionem* ..... *Sed quaeritur in illa significativa locutione „Homerus est poeta", cuius nomen „Homerus" aut „poeta" accipiatur; at vero, si hominis, falsa est enuntiatio eo defuncto, si vero poematis*, ... *est nova vocis aequivocatio.*

212) Ebend. p. 247.: *In his autem quae secundum accidens praedicantur nec totam subiecti substantiam continent, sed in parte tantum subiectum attingunt* (*Boeth.* p. 263.), ... *non est necesse, praedicatum vel maius esse subiecto vel aequale, veluti cum dicitur „animal est homo" vel „quiddam animal est homo"* (vgl. *Boeth.* p. 562.). *Quamvis tamen et hic quidam concedunt, animal quod subiicitur non esse maius homine, dicunt enim, quia animal, quod homo est, ibi subiicitur, quod non est maius homine.*

213) *Joh. Saresb. Metal.* II, 20, p. 101.: *Quia „omnis homo diligit se", quodsi ex relativae dictionis proprietate discutias, incongrue dictum forte causaberis et falsum, siquidem* ..... *sive collective sive distributive accipiatur, quod dictum est „omnis" pronomen relativum, „se" quod subiungitur nec universitati singulorum nec alicui omnium veraciter aptetur. Est igitur licentiosa relatio* .... (p. 102.) *unde ex sententia eorum, qui angustiis et subtilitatibus semper insistunt nec bonae fidei rationem in colloquiis aut lectionibus curant, haec potius enuntiationis forma est, quam regularis formae enuntiatio.*

214) *Abael. Dialect.* p. 225.: *De orationibus vero infinitis quare hoc loco Aristoteles mentionem non fecerit, solet quaeri* ... *Alii itaque Aristotelem simplicis enuntiationis constitutionem demonstrasse hoc loco volunt, alii vero nullo modo orationem infinitari* (dieses Wort begegnet uns hier zum ersten Male) *concedunt, quibus, memini, magister noster V. assentiebat; nec quidem id tam secundum sententiam negabat, quam secundum constructionis naturam, cuius quidem invalidam de coniunctione dictionum calumniam in Glossulis eius super Periermenias invenies.*

215) Ebend. p. 267.: *Restat, qualiter modales propositiones ex simplicibus descendere confiteamur; est autem magistri nostri sententia, eas ita ex simplicibus descendere, quod de sensu earum agant, ut, cum dicimus „possibile est Socratem currere vel necesse", id dicamus, quod „possibile est vel necesse, quod dicit ista propositio: Socrates currit".* Ebend. p. 273.: *Haec enim „quendam hominem non est possibile esse album" secundum magistri praedictam expositionem, quae de sensu simplicis agit, sic „non est possibile, quod dicit haec propositio: quidam homo est albus".* Ebend. p. 277.: *Quidam aiunt, per possibile possibilitatem praedicari, per*

possibile und *contingens* offenbar ebensosehr ein Gegenstand von Controversen geworden [216]), wie andrerseits die Aequipollenz der modalen Urtheile [217]), oder wenn Boethius bei der Unterordnung des disjunctiven Urtheiles unter das hypothetische (Abschn. XII, Anm. 141) nur die Form „*Aut A est aut B est*" im Auge gehabt hatte, so wollten nun Einige diess durch eine syntaktische Reduction auch auf die Form „*A est aut B aut C*" ausgedehnt wissen [218]).

Aus dem Bereiche der Syllogistik dürfen wir von vorneherein keine derartige Controversen-Litteratur erwarten, denn die betreffenden Compendien des Boethius sind gleichsam blosse schulmässige Formulare, welche keine Gelegenheit zu Meinungsverschiedenheiten darbieten, die aristotelische Analytik hingegen wurde, wie wir sahen (Anm. 8—34), eben damals erst allmälig bekannt und ermangelte selbst dann noch einer solchen commentirenden Zurichtung, wie sie für die anderen Theile der Logik längst vorhanden gewesen war. Doch findet sich wenigstens bei Johannes v. Salesbury eine Notiz, wornach jene äusserst schwierige Stelle der ersten Analytik betreffs der Umkehrung modaler Urtheile (Abschn. IV, Anm. 246) zu besonderer Erwägung gekommen zu sein scheint, insoferne man die dortigen Begriffe der Naturbestimmtheit, des Möglichen und des Nicht-stattfindens durch eine eigene Terminologie (*materia naturalis*, *contingens*, *remota*) zu bezeichnen für nöthig fand [219]). Aus derselben Quelle erfahren wir auch, dass die aus modalen Urtheilen bestehenden Syllogismen, welche bereits Abälard gekannt hatte (Anm. 17), nun sowohl bei den Theologen als auch in den Schulen der Dialektik häufig in Anwendung gebracht wurden [220]). Ein

---

necesse necessitatem, ut, cum dicimus „possibile est Socratem esse vel necesse", possibilitatem aut necessitatem ei attribuamus.

216) *Joh. Sar. Metal.* IV, 4, p. 161.: *„Contingens", cuius latissimus usus, quo „possibili" aequabatur* (s. Abschn. XII, Anm. 119.), *in communi modernorum usu parietes scholarum nusquam egreditur.*

217) *Abael. Dial.* p. 275.: *Quidam in his propositionibus* (Abschn. XII, Anm. 122.) ..... *dicunt, quod si possibile est vel necesse est, Socratem non esse equum, possibile est vel necesse est, esse non equum .... In universalibus non ita concedunt, ut videlicet tantundem valeat „non" ad „esse" praepositum, quantum id, quod „esse" copulat compositum.*

218) Ebend. p. 442.: *Sunt tamen quidam, qui nec discretionem ullam inter categoricam et hypotheticam in disiunctione compositas habent, sed idem dicunt proponi, cum dicitur „Socrates est vel sanus vel aeger", et cum dicitur „aut Socrates est sanus aut aeger", ut scilicet omnis enuntiatio, quae disiunctas recipit coniunctiones, hypothetica credatur; volunt itaque semper in huiusmodi categoricis, quae disiunctiones recipiunt, hypotheticae sensum intelligi, ... veluti cum dicitur „Socrates est sanus vel aeger", tale est ac si dicatur „aut Socrates est sanus aut Socrates est aeger".*

219) *Joh. Sar. Metal.* IV, 4, p. 160, woselbst in einer Inhalts-Uebersicht der ersten Analytik auch Folgendes vorkömmt: *quid in toto esse aut non esse; quas propositiones ad usum syllogizandi converti contingat et quas non; quidve obtineat in his, quae modernorum* (s. Anm. 55.) *usu dicuntur esse de naturali materia aut contingenti aut remota; quibus praemissis trium figurarum subnectit rationes etc.*

220) Ebend.: *Deinde habita modalium ratione transit ad commixtiones quae de necessario sunt aut contingenti cum his, quae sunt de inesse .... Expositores vero divinae paginae rationem modorum pernecessariam esse dicunt .... Est enim modus,*

gelegentlich einmal erwähnter Fangschluss bezüglich der Möglichkeit des Künftigen ist aus Cicero nachgebildet[221]).

Dass hingegen wieder die Topik sich einer ausgedehnteren und mannigfaltigeren Bearbeitung zu erfreuen hatte, geht schon im Allgemeinen aus dem Werke Abälard's hervor, welcher bei den einzelnen Topen sich so äussert, dass er überall schon eine bestimmte Anzahl formulirter „Regeln" vorgefunden haben muss, in welche man in den Schulen die Angaben des Boethius (*De diff. top.*) redigirt hatte[222]); auch versuchten von jener Zeit an, in welcher die aristotelische Topik wieder hervorgezogen wurde (ob. Anm. 28 f.) in der That Einige eine Bereicherung dieses Zweiges der Dialektik durch Auffindung neuer Topen und neuer „Regeln" [223]), zugleich aber mochte sich auch eine richtige Einsicht über die Stellung und Bedeutung der Topik verbreiten[224]). Doch blickten auch hier die allgemeinen Differenzen des Standpunktes durch, wenn die Einen einseitig mehr die einzelnen Begriffe abgesehen vom Sprachausdrucke[225]), Andere aber nur die innere Nothwendigkeit der Abfolge in der Argumentation betonten[226]), wieder Andere hingegen gerade die subjective Wahrscheinlichkeit berücksichtigt wissen wollten[227]). Sodann aber knüpften sich mannigfache Controversen auch an einzelne Topen oder Regeln an[228]).

---

ut aiunt, quasi quidam medius habitus terminorum (vgl. Abschn. XII, Anm. 150). *Et profecto licet nullus modos omnes, unde modales dicuntur, singulatim enumerare sufficiat, quod quidem nec ars exigit* (s. ebend. Anm. 163.), *tamen magistri scholarum inde commodissime disputant.* Vgl. unten Anm. 623.

221) Ebend. *Polycr.* II, 23, p. 125.: *Restat tibi illius Stoici tui quaestio .... Quaerebat enim, an posses aliquid facere eorum, quae minime facturus es etc.* Vgl. Abschn. VI, Anm. 136. u. 164.

222) *Abael. Dialect.* z. B. p. 334. (*sunt igitur quatuor huius inferentiae regulae*), p. 353. (*regulae antecedentis et consequentis*), p. 375. (*regulae ab interpretatione*), p. 376. (*tres autem regulas a genere in usum duximus*) u. s. f. durch die ganze Topik hindurch.

223) *Joh. Sar. Metal.* III, 9, p. 145.: *Non omnes tamen locos huic operi* (d. h. *Boeth. de diff. top.*) *insertos arbitror, quia nec potuerunt, quum et a modernis huius praeeunte beneficio aeque necessarios evidentius quotidie doceri conspiciam.* Ebend. 6, p. 138.: *Non tamen huic operi* (d. h. der aristotelischen Topik) *tantum tribuo, ut inanem reputem operam modernorum, qui equidem nascentes et convalescentes ab Aristotele inventis eius multas adiiciunt rationes et regulas prioribus aeque firmas.*

224) Ebend. 5, p. 134.: *scientia Topicorum ..... ex opinione multorum dialectico et oratori principaliter facit.*

225) *Abael. Dialect.* p. 426.: *Dicuntur in argumentis ea, quae a propositionibus ipsis significantur, ipsi quidem intellectus, ut quibusdam placet, quorum conceptio sine etiam vocis prolatione ad concessionem alterius ipsum cogit dubitantem.*

226) Ebend. p. 427.: *Sunt autem, memini, qui verbis auctoritatis nimis adhaerentes omne necessarium argumentum in se ipso necessarium dici velint.*

227) Ebend. p. 335.: *Sunt autem quidam, qui non solum necessarias consecutiones, sed quaslibet quoque probabiles veras esse fateantur; dicunt enim, veritatem hypotheticae propositionis modo in necessitate modo in sola probabilitate consistere, in qua quidem sententia magistrum etiam nostrum deprehensum doleo .....* (p. 336.) *dicunt tamen, quia omne quod probabile est, verum est, saltem secundum eum, cui est probabile.*

228) So wollten Einige zu den *maximae propositiones* (Abschn. XII, Anm. 165.) auch die Hauptregeln des kategorischen Urtheiles beigezählt wissen (*Abael. Dial.* p. 539 f.), Andere dieselben noch weiter ausdehnen (ebend. p. 366.), oder man

Bedenken wir aber nun, dass fast Sämmtliches, was wir bisher vorzuführen hatten, nur aus zwei Schriftstellern, nemlich aus Abälard und Johannes von Salesbury, von welchen uns zufällig grössere Werke erhalten sind, entnommen werden musste, und daher bei reicherem Quellenstoffe wir jedenfalls noch weit Mehreres kennen lernen würden, sowie auch dass jede der angeführten Einzelheiten seitens ihres Vertreters auf einen Betrieb des gesammten Umkreises der damaligen Logik zurückschliessen lässt, so werden wir, was die Extension der logischen Thätigkeit jener Zeit, namentlich in Frankreich, betrifft, unsere Vorstellung kaum hoch genug spannen können. Anders allerdings mag es sich, gleichsam zur Bekräftigung einer bekannten allgemeinen Wahrnehmung, mit dem Momente der Intension verhalten, denn wirkliche Selbstständigkeit, geschweige denn eine philosophische Auffassung, begegnete uns nirgends. Sowie das Mittelalter überhaupt von dem äusserlich aufgedrungenen Materiale einer Tradition abhängig war und blieb, so giengen auch die zahlreichen Controversen der Logik nicht von einem inneren Impulse aus, sondern beruhen auf einer von Aussen durch den Stoff der Schultradition gegebenen Anregung, auf welche sie gleichsam warten mussten, um überhaupt zum Vorscheine zu kommen. So mussten wir ja auch die Vertreter der hervorragendsten Partei-Ansichten ihres Ruhmes entkleiden, als hätten sie von sich selbst aus Bahn gebrochen; denn irgend vereinzelte und herausgerissene Stellen des Boethius, auf welche man sich eben warf, zeigten sich uns (Anm. 105, 129, 134, 170) als die Ausgangspunkte, nach welchen dann das Uebrige gereckt und gestreckt wurde. Und wenn unter unseren Händen vielleicht auch Abälard einem ähnlichen Schicksale nicht entgeht (Anm. 286), so ist diess nicht unsere Schuld, sondern liegt in der geschichtlichen Wahrheit als solcher begründet.

Eben jene Erwägung, dass in jener Zeit einerseits eine sehr grosse Menge von Lehrern sich mit dem überlieferten Stoffe der Logik bis in das einzelste Detail hinab beschäftigte, und andrerseits eben durch die traditionelle Litteratur alle derartigen Erzeugnisse bedingt und geführt waren, müsste uns schon von vorneherein in unserem Urtheile über Abälard (geb. 1079, gest. 1142) zur Vorsicht auffordern, und in der That auch wird uns die nähere Einsichtnahme seiner Leistungen im Zusammenhalte mit jenen seiner Zeitgenossen vor einer allzu grossen Ueberschätzung desselben bewahren[229]. Während wir nemlich bezüg-

---

verlegte das *antecedens* und *consequens* in die einzelnen Glieder des Schlusses (ebend. p. 353 f.), oder man beschränkte den *locus a praedicato* bloss auf kategorisch-hypothetische Urtheile (p. 381.), während Andere ihn nur als Beweisgrund des *locus a genere* gelten liessen. (p. 384.); auch wurde über letzteren Topus selbst wieder mannigfach gestritten, ob er unbedingt gelte (p. 378.) oder nur causal zu verstehen sei (p. 386.), und ähnliche Controversen betrafen den *locus ab efficiente*, bei welchem Theologisches mitspielte (p. 413.) oder den *locus ab interpretatione*, in wie weit derselbe mit *etymologia* zusammentreffe (p. 375.).

229) Insbesondere scheinen die französischen Gelehrten zu einer Ueberschätzung ihres Landsmannes geneigt zu sein, worin es ihnen unter den Deutschen Schlosser zum mindesten gleichthut. Das umfassende Werk von *Charles de Rémusat*, *Abélard* (*Paris* 1845) 2 Bände, ist im biographischen Theile das Beste, was wir in der neueren Litteratur über Abälard besitzen, hingegen treten bei Entwicklung der

lich der Ethik in Abälard mit Freuden einen Ketzer seiner Zeit erblicken und anerkennen, seine theologischen Verdienste aber der Geschichte der Theologie überlassen müssen, wird sich uns zeigen, dass er auf dem Gebiete der Logik nicht selbstständiger sich bethätigte als vielleicht hundert Andere in jener Zeit[230]). Allerdings besass er eine grosse Lebhaftigkeit des Geistes und vor Allem eine ausserordentliche Gewandtheit in rhetorischer Darstellung, er warf sich, sowie auf Alles, was er ergriff, so auch auf die Dialektik mit passionirtem Eifer, und trat sofort als äusserst anregender Lehrer auf[231]); auf Leichtigkeit des Verständnisses war dabei sein hauptsächliches Augenmerk gerichtet, indem er auch in der Wahl des Stoffes sich den Ansprüchen der Schüler anbequemte[232]), und es ist erklärlich, dass er darum mehrfach aufgefordert wurde, seine logische Lehrgabe zum Nutzen Anderer zu bethätigen[233]). Aber nur dieser seiner formellen Virtuosität verdankt er

---

Lehre die geschichtlichen Voraussetzungen, welche in den allgemeinen Bestrebungen jener Zeit lagen, vielleicht zu sehr gegen die persönlichen Verdienste Abälard's in den Hintergrund, wozu bezüglich der Dialektik noch der schon oben (Anm. 49, vgl. 148) gerügte Uebelstand hinzukömmt. Die Darstellung, welche Abälard bei H. Ritter (Gesch. d. Phil. VII, p. 406 ff.) gefunden hat, müssen wir unumwunden als eine misslungene bezeichnen.

230) Es kann nicht oft genug daran erinnert werden, dass unsere ganze Untersuchung lediglich von dem quantitativen Maasse unseres Quellen-Materiales bedingt ist. Und hierin besteht zwischen Abälard und den übrigen Dialektikern seiner Zeit nur der Unterschied, dass von Ersterem zufälliger Weise uns sehr Vieles erhalten ist, wornach wir bei ihm im Stande sind, seinen Grundgedanken in reicherer Gliederung zu erkennen und durchzuführen, was bei Letzteren uns unmöglich ist. Aber diesen unserer Darstellung günstigen Vortheil in einen objectiven Vorzug Abälard's umzusetzen, müssen wir uns hüten.

231) Dass er ein Schüler des Roscellinus, aber auch des Wilhelm von Champeaux war und ausserdem bei allen übrigen hervorragenden Lehrern Anregung suchte und fand, s. vor. Abschn. Anm. 314. u. in diesem Abschn. Anm. 102. u. 104. Von seinem Auftreten als Lehrer erzählt er selbst, *Epist.* 1, c. 2, p. 4. (*Amboes.*): *Perveni tandem Parisios .... Factum tandem est, ut supra vires aetatis meae de ingenio meo praesumens ad scholarum regimen adolescentulus adspirarem et locum, in quo id agerem, providerem, insigne videlicet tunc temporis Meliduni castrum et Sedem Regiam .....* (p. 5.) *Ab hoc autem scholarum nostrarum exordio ita in arte dialectica nomen meum dilatari coepit, ut non solum condiscipulorum meorum, verum etiam ipsius magistri* (d. h. *Guilelmi Campellensis*) *fama contracta paullatim exstingueretur .....* (p. 6.) *Tunc ego Melidunum reversus scholas ibi nostras, sicut antea, constitui ..... Meliduno Parisios redii, ... extra civitatem in monte S. Genovefae scholarum nostrarum castra posui.*

232) *Joh. Saresb. Metal.* III, 1, p. 116 (*ed. Giles*)*: Sic omnem librum legi oportet, ut quam facillime potest eorum, quae scribuntur, habeatur cognitio; non enim occasio quaerenda est ingerendae difficultatis, sed ubique facilitas generanda. Quem morem secutum recolo Peripateticum Palatinum; inde est, ut opinor, quod se ad puerilem de generibus et speciebus, ut pace suorum loquar, inclinavit opinionem, malens instruere et promovere suos in puerilibus, quam in gravitate philosophorum esse obscurior; faciebat enim studiosissime, quod in omnibus praecipit fieri Augustinus, i. e. rerum intellectui serviebat.*

233) *Abael. Introd. ad theol.* I, *Prol.* p. 974. (*Amboes.*)*: Ad has itaque controversias dissolvendas cum me sufficere arbitrarentur, quem quasi ab ipsis incunabulis in philosophiae studiis ac praecipue dialecticae, quae omnium magistra rationum videtur, conversatum sciant atque experimento, ut aiunt, didicerint, unanimiter postulant, ne talentum mihi a domino commissum multiplicare differam.* Epist. 1, c. 2, p. 5.: *Non multo autem interiecto tempore ex immoderata studii afflictione cor-*

den Beinamen „*Peripateticus Palatinus*", denn einerseits galten seinen Zeitgenossen die Worte „Peripatetiker" und „Logiker" als synonym, da man ja von Aristoteles überhaupt ausser dem Organon Nichts kannte, und es bezeichnet jener Ausdruck nur eine sehr einlässliche oder besonders wirksame Beschäftigung mit diesen aristotelischen Schriften [234]), ohne dass man dabei etwa an eine volle Durchführung des aristotelischen Principes dachte; andrerseits aber hat Abälard selbst wohl einen glücklichen Fund gemacht, wornach er an Eine bei Boethius vorliegende Stelle die Berechtigung der aristotelischen Lehre vom Urtheile anknüpfen konnte; hingegen stellt er sich darum durchaus nicht auf das Princip des Aristotelismus, sondern versteht die Ontologie schlechthin nur nach dem Sinne Plato's. Ja noch mehr; in Abälard zeigt sich uns die ganze Unklarheit, welche dem damaligen Mittelalter in allen eigentlich principiellen Fragen anklebt, gleichsam als eine in rhetorischer gewandter Form verkörperte, denn er bietet uns das merkwürdige Schauspiel dar, dass er in Einem Athemzuge christlicher Trinitäts-Theologe und metaphysischer Platoniker und logischer Aristoteliker und dazu noch rhetorischer Ciceronianer ist, eine haarsträubende Mischung, welche natürlich von seinen Zeitgenossen nicht als etwas Monströses erkannt, sondern im Gegentheile zu seinem grössten Ruhme gewendet wurde [235]).

Von der schriftstellerischen Thätigkeit Abälard's, soweit dieselbe dem Gebiete der Logik angehört, war früher nur die „*Invectiva in quendam ignarum dialectices*" zugänglich [236]), bis in neuerer Zeit bekanntlich Cousin sich das Verdienst erwarb, aus Pariser Handschriften nicht bloss ein grösseres die gesammte Logik umfassendes Werk Abälard's, welchem er den Titel „*Dialectica*" gab, sondern auch mehrere Commentare desselben, nemlich *Glossae in Porphyrium*, *Glossae in Categorias, Gl. in libr. de interpr.*, *Gl. in Topica Boethii*, zu veröffentlichen [237]); hiezu kam noch durch Rémusat die Hinweisung auf einen zweiten Commentar zur Isagoge, die „*Glossulae super Porphyrium*", welche bezüglich einiger Punkte zu dem Wichtigsten gehören [238]).

---

reptus infirmitate coactus sum repatriare, et per annos aliquot a Francia quasi remotus quaerebar ardentius ab iis, quos dialectica sollicitabat doctrina.

234) *Joh. Saresb.* a. a. O. I, 5, p. 21.: *Peripateticus Palatinus, qui logicae opinionem praeripuit omnibus coetaneis suis adeo, ut solus Aristotelis crederetur usus colloquio.*

235) In der von Petrus Venerabilis verfassten Grabschrift Abälard's (bei *Abael. Opp. ed. Amboes.* p. 342.) kommen folgende Worte vor: *Gallorum Socrates, Plato maximus Hesperiarum, Noster Aristoteles, logicis, quicunque fuerunt, Aut par aut melior ..... Ad Christi veram transivit philosophiam;* in einem anderen von Rawlinson gefundenen Epitaphium (bei *Rémusat* a. a. O. I, p. 271.) heisst es: *Plangit Aristotelem sibi logica nuper ademptum, Et plangit Socratem sibi moerens ethica demptum, Physica Platonem, facundia sic Ciceronem.*

236) *Abael. Opp. ed. Amboesius* (*Paris.* 1616. 4), p. 238 ff.

237) *Ouvrages inédits d'Abélard, publiés par V. Cousin. Paris* 1836. 4, woselbst die *Dialectica* p. 173—497. (mehrere Partien jedoch nur im Auszuge abgedruckt), die Glossen p. 551—610. Ein nicht zu billigendes Verfahren aber ist es, dass Cousin zu den einzelnen Theilen der Dialektik eigenmächtig Titel-Ueberschriften schuf, welche den Leser eher verwirren als unterstützen; das Richtige hierüber s. unten Anm. 272 ff.

238) *Abélard, par Ch. de Rémusat* II, p. 97 ff. Je bedeutsamer aber das

Verloren hingegen ist eine für den ersten dialektischen Unterricht der Anfänger verfasste Schrift, welche von Abälard selbst mehrmals citirt wird und (im Zusammenhange mit einer überwiegenden Betonung der Topik) die Ueberschrift „*De loco et argumentatione*" gehabt zu haben scheint [239]); dieses nemliche Werk ist es jedenfalls, welches an zwei anderen Stellen unter einem bis zur Unkenntlichkeit verschriebenen Namen genannt wird [240]). Wenn er ferner wieder anderwärts sich so ausdrückt, als habe er unter dem Titel „*Grammatica*" noch eine abermalige Umarbeitung der Kategorienlehre verfasst [241]), so scheint es wenigstens nicht unmöglich zu sein, dass er an grammatischen Begriffen die logische Seite erörterte, denn sowie wir schon oben (Anm. 206 f.) ein gewisses Ineinandergreifen beider Disciplinen trafen, so wird auch bei Abälard selbst mehrfach eine Rücksicht auf Priscianus genommen (s. unten Anm. 250, 263 u. bes. 272).

Abälard steht als Theologe vollständig auf dem mittelalterlichen Standpunkte bezüglich der Werthschätzung der Dialektik. Mit Berufung auf jenen so häufig angeführten Ausspruch Augustin's [242]) gesteht er

---

dort Mitgetheilte gerade für die logische Parteifrage ist, desto mehr müssen wir es beklagen, dass Rémusat (mit einer einzigen Ausnahme) nicht den lateinischen Originaltext der von Ravaisson gefundenen Handschrift abdrucken liess, sondern eine französische Paraphrase der Hauptstellen in seinen darstellenden Text verflocht, wornach bei Manchem ein Zweifel entsteht, wie viel davon auf Rechnung Rémusat's zu setzen sei. Die gelehrte Mitwelt hätte in solchen Fällen wohl einen gerechten Anspruch auf genaue quellenmässige Angaben.

239) *Dialect.* p. 254.: *Quae autem invicem contrariae propositiones vel contradictoriae, quae etiam subalternae vel subcontrariae dicantur, aut quas ad invicem inferentias vel differentias qualesque conversiones habeant, in his introductionibus diligentius patefecimus, quas ad tenerorum dialecticorum eruditionem conscripsimus.* Ebend. p. 305.: *diffinitionem syllogismi Boethius .... commemorat ac diligenter singulas expediendo differentias pertractat, sicut in illa altercatione „de loco et argumentatione" monstravimus, quam ad simplicem dialecticorum institutionem conscripsimus.* Ebend. p. 332.: *Non est autem praetermittenda ad cognitionem loci differentiae doctrina introductionum nostrarum, quas ad primam tenerorum introductionem conscripsimus.* Ebend. p. 366.: *determinationes ..... quae a quibusdam maximis propositionibus apponuntur superflue* (s. Anm. 228.), ... *quas quidem in his introductionibus, quas ad parvulorum institutionem conscripsimus, nos posuisse meminimus.* Ebend. p. 381.: *Nunc autem locos a praedicato vel subiecto tractemus, quos quidem multi in his tantum consequentiis assignant, quae ex categorica et hypothetica iunguntur* (s. ebend.), *sicut in introductionibus parvulorum ostendimus.*

240) Ebend. p. 308.: *Sed de his quidem* (*sc. propositionibus in syllogismo*) *quae utroque termino participant, in secundo poicherii* (Cousin vermuthet *enchiridii*) *nostri satis dictum esse arbitror.* Ebend. p. 424.: *Huius autem argumentationis sophisticae solutionem primus fantasiarum* (C. schreibt sofort *introductionum*) *nostrarum liber plene continet.*

241) *Introd. ad theol.* III, p. 1125 (*Amboes.*): *Quod autem nec loco moveri possit, qui spiritus est, tam philosophorum quam sanctorum assertione docemur, sicut de quantitate tractantes ostendimus, cum grammaticam scriberemus.* *Theol. christ.* IV, p. 1341 (b. *Martene, Thes. Anecd.* V.): *Res omnino recte dici non potest, quae in se veram non habet entiam, ut sit in se una res numero a ceteris omnibus, quae ipsa non sunt, rebus entialiter discreta* (s. unten Anm. 304.); *sed de hoc diligentem, ut arbitror, tractatum in retractatione praedicamentorum nostra continet grammatica.*

242) *Introd. ad theol.* II, p. 1047.: *Adeo dialecticam commendare ausus est* (*sc. Augustinus*), *ut eam solam scientiam esse profiteri videatur, cum eam solam*

die Nothwendigkeit einer Disciplin zu, welche im Interesse der Beweisführung auch die Kenntniss der Sophistik in sich schliesst[243]), ja in solchem Sinne empfiehlt er sogar, auf eine aristotelische Stelle verweisend, den Zweifel[244]), aber als das Entscheidende gilt auch ihm (vgl. vor. Abschn., Anm. 17 f.) die Gesinnung, in welcher die Dialektik praktisch ausgeübt wird, indem nur der Missbrauch logischer Gewandtheit verwerflich ist[245]). Kurz auch bei Abälard verbleibt die Dialektik als Führerin des Wissens dennoch in jener dienstbaren Stellung, vermöge deren sie dem Kampfe gegen die Ketzer gewidmet ist[246]), und sowie er diejenigen, welche er für Ketzer hält, als Pseudo-Philosophen bezeichnet und gegen sie seine eigenen philosophischen Argumentationen richten will[247]), so bringt er principiell auch sogar das Wort „Logik" in eine Verbindung mit dem theologischen Logos-Begriffe[248]). Allerdings fliesst hieraus jene fast spasshafte Erscheinung, von welcher wir schon oben, Anm. 38 ff., sprechen mussten, dass der Dialektiker Abälard die Dialektiker als die grössten Feinde der Trinität bezeichnete, und

---

posse facere dicat scientes. Ebenso *Theol. Christ.* II, p. 1235. *Epist.* 4 (*Invectiva etc.*), p. 239.: *Hanc quippe scientiam tantis praeconiis efferre beatus ausus est Augustinus, ut comparatione ceterarum artium eam solam facere scire fateatur, tanquam ipsa sola sit dicenda scientia.*

243) *Introd. ad theol.* II, p. 1048.: *Disputationis disciplina ad omnia genera quaestionum, quae in sanctis libris continentur, plurimum valet. Epist.* 4, p. 239.: *Utraque tamen scientia, tam dialectica scilicet quam sophistica, ad discretionem pertinet argumentorum, nec aliter quis in argumentis esse discretus poterit, nisi qui falsas ac deceptorias argumentationes a veris et congruis argumentationibus distinguere valebit.*

244) *Sic et Non*, ed. *Lindenkohl* p. 16.: *frequens interrogatio, ad quam quidem ... philosophus ille omnium perspicacissimus Aristoteles in praedicamento „Ad aliquid" studiosos adhortatur dicens „.... dubitare autem de singulis non erit inutile"* (bei *Boeth.* p. 172.); *dubitando enim ad inquisitionem venimus, inquirendo veritatem percipimus.*

245) *Intr. ad theol.* II, p. 1052.: *Nemo etenim scientiam aliquam malam esse dixerit, etiam illam, quae de malo est, quae iusto homini deesse non potest, non ut malum agat, sed ut a malo sibi provideat* ..... (p. 1053.) *Scientias itaque approbamus, sed fallaciis abutentium resistimus.* Ebenso *Theol. Christ.* III, p. 1242 f. *Dialect.* p. 435.: *Neque enim crimen est in sciendo, quibus obsequiis aut quibus immolationibus daemones nostra vota perficiant* (diese Disciplin nennt er *„nefaria mathematica"*), *sed in agendo ..... Si ergo scire malum non est, sed agere, nec ad scientiam, sed ad actum referenda est malitia.*

246) *Dialect.* p. 435.: *Haec autem est dialectica, cui quidem omnis veritatis seu falsitatis discretio ita subiecta est, ut omnis philosophiae principatum, dux universae doctrinae, atque regimen possideat, quae fidei quoque catholicae ita necessaria monstratur, ut schismaticorum sophisticis rationibus nullus possit, nisi qui ea praemuniatur, resistere.*

247) *Theol. Christ.* IV, p. 1312.: *Non enim hoc opusculo veritatem docere, sed defendere intendimus, maxime adversus pseudophilosophos, qui nos philosophicis maxime rationibus aggrediuntur; unde et nos per easdem, scilicet philosophicas, rationes, quas solas recipiunt et quibus nos impetunt, eis praecipue satisfacere decrevimus defendendo veritatem potius quam docendo.*

248) *Epist.* 4, p. 241.: *Cum ergo verbum patris dominus Jesus Christus λόγος graece dicatur, sicut et σοφία patris appellatur, plurimum ad eum pertinere videtur ea scientia, quae nomine quoque illi sit coniuncta et per derivationem quandam a λόγος logica sit appellata et sicut a Christo Christiani ita a λόγος logica proprie dici videatur, cuius etiam amatores tanto verius appellantur philosophi, quanto veriores sunt illius sophiae superioris amatores.*

es liegt ja auch im Geiste aller dogmen-philosophischen Erörterungen, dass er diejenigen Dialektiker, welche die Dialektik nicht gerade nach seinem Sinne anwendeten, kurzweg als Atheisten brandmarkt [249]), daher er diesen Andersdenkenden auch die gesammte Logik mit einem verächtlichen „*vester Aristoteles*" und die Grammatik nebst dem Priscianus förmlich an den Kopf schleudert [250]), wohingegen freilich wieder Andere eben an der Abälard'schen Verquickung logischer Momente mit der Trinitätslehre Anstoss nehmen konnten [251]).

Aber Abälard mochte wohl glauben, sich gut aus der Schwierigkeit ziehen zu können, indem er das Gebiet der Dialektik als ein lediglich irdisches von dem göttlichen lostrennte; nur ist er, insoferne schon längst Scotus Erigena das Nemliche gethan, dadurch weniger consequent, dass er nicht, wie jener, das in einer *theologica affirmativa* Behauptete wieder mittelst einer *theologia negativa* zurückzieht; wohl aber konnte er hiedurch erreichen, dass jener „*vester Aristoteles*" nun doch zugleich auch „sein Aristoteles" war. Wenn er nemlich auf das Irdische den Gebrauch der Kategorien beschränkt, da ja alle menschliche Aussage das dem Zeitlichen zugewendete Verbum enthalten muss [252]), und überhaupt den Wortschatz der Menschen als ein die Gottheit nie erreichendes Mittel der menschlichen Begriffsbildung bezeichnet [253]), welches

249) *Theol. Christ.* III, p. 1275.: *Responde tu, mi acute dialectice seu versipellis sophista, qui auctoritate Peripateticorum me arguere niteris, ... quomodo ipsos quoque doctores tuos absolvis, secundum quorum traditiones nec deum substantiam esse nec ipsum esse aliquid aliud cogeris confiteri? ...... Constat secundum vestrarum artium disciplinas, quae omnium rerum naturas in decem praedicamenta distribuunt, deum penitus nihil esse.*

250) Ebend. p. 1282.: *Sed cum Aristoteles vester dicit in primo Perihermenias etc. ..... aut cum Priscianus dixit etc.*

251) *Otto Fris. de gest. Frid.* I, 47, p. 433. (*ed. Urstisius*): *Sententiam ergo vocum seu nominum* (s. unten Anm. 258.) *in naturali tenens facultate non caute theologiae admiscuit, quare de sancta trinitate docens et scribens tres personas ..... nimis attenuans, non bonis usus exemplis, inter cetera dixit* (nemlich *Introd. ad theol.* II, p. 1078.): „*Sicut eadem oratio est propositio, assumptio et conclusio, ita eadem essentia est pater et filius et spiritus sanctus. Bern. Clarav. Epist.* 190. (*tract. c. error. Abael.*), *Opp. ed. Martene* I, p. 283—289, woselbst z. B. p. 284.: *Constituit enim* (*Intr. ad theol.* p. 1083.), *hoc esse filium ad patrem quod speciem ad genus, quod hominem ad animal, quod aereum sigillum ad aes, quod aliquam potentiam ad potentiam. Quis hoc ferat, quis non claudat aures ad voces sacrilegas?* Hiezu unten Anm. 478.

252) *Introd. ad theol.* II, p. 1073.: *Patet itaque, a tractatu philosophorum rerum omnium naturas in decem praedicamenta distribuentium illam summam maiestatem esse exclusam omnino, nec ullo modo regulas aut traditiones eorum ad illam summam atque ineffabilem celsitudinem conscendere, sed creaturarum naturis inquirendis eos esse contentos secundum quod scriptum est „qui de terra est, de terra loquitur."* Ebenso *Theol. Christ.* III, p. 1273 f. (s. oben Anm. 38.), woselbst die Begründung dieser Ansicht lautet: *quod vero omnis hominum locutio ad creaturarum status maxime accommodata sit, ex ea praecipue parte orationis apparet, sine qua teste Prisciano* (*Inst. gr.* XVII, 12.) *nulla constat orationis perfectio, ex ea scilicet, quae dicitur verbum; haec quippe dictio temporis designativa est, quod incoepit a mundo.* Uebrigens weist uns diess Letztere auch schon auf Abälard's Auffassung des *sermo* hin, s. unten Anm. 315.

253) *Theol. christ.* p. 1275.: *vocabula homines instituerunt ad creaturas designandas, quas intelligere potuerunt, cum videlicet per illa vocabula suos intellectus*

hiemit auch gegenüber den von Gott geschaffenen Dingen nur als menschliches Erzeugniss zu betrachten ist[254]), so befindet er sich bezüglich der Logik allerdings in einer Uebereinstimmung mit Aristoteles (s. Abschn. IV, Anm. 108 ff. und die entsprechenden Stellen des Boethius Abschn. XII, Anm. 109 f.). Und sowie er nun ausdrücklich Logik und Physik derartig unterscheidet, dass der Gegenstand der ersteren die Namenbezeichnung (*vocum impositio*) sei, letztere hingegen die Eigenthümlichkeit der Dinge als solcher betrachte, wodurch aber eben beide Wissenschaften wechselseitig von einander abhängig seien[255]), so kann er von Aristoteles sagen, dass derselbe, insofern er der Logik diene, mehr in den Worten (*voces*), als in den Dingen verweile[256]). So gilt ihm Aristoteles als die höchste Auctorität, an welcher man nicht rütteln dürfe, geschweige denn, dass man ihr je irgend widerstreite[257]). Ja diese so eben angeführten Stellen könnten uns sogar glauben machen, Abälard habe diesen seinen Führer Aristoteles geradezu im Sinne der Nominalisten verstanden, und wir finden, dass seine Lehre selbst auf seine Zeitgenossen diesen Eindruck machte[258]), während wir uns allerdings überzeugen werden, dass Solches nur auf oberflächlicher Ansicht beruhen kann.

In grossem Irrthume jedoch befänden wir uns, wenn wir Abälard hiernach überhaupt auch nur für einen Aristoteliker halten wollten, denn er ist ja Platoniker, und Plato gilt ihm wieder als der grösste Philosoph[259]), was uns freilich einigermassen an die Schwatzhaftigkeit Cice-

---

manifestare vellent; cum itaque homo voces invenerit ad suos intellectus manifestandos, deum autem minime intelligere sufficiat, recte illud ineffabile bonum effari nomine non est ausus.

254) *Dialect.* p. 487.: *Neque enim vox aliqua naturaliter rei significatae inest, sed secundum hominum impositionem; vocis enim impositionem summus artifex nobis commisit, rerum autem naturam propriae suae dispositioni reservavit, unde et vocem secundum impositionis suae originem re significata posteriorem liquet esse.*

255) Ebend. p. 351.: *Hoc autem logicae disciplinae proprium relinquitur, ut scilicet vocum impositiones pensando, quantum unaquaque proponatur oratione sive dictione, discutiat; physicae vero proprium est, inquirere, utrum rei natura consentiat enuntiationi .... Est autem alterius consideratio alteri necessaria; ut enim logicae discipulis appareat, quid in singulis intelligendum sit vocabulis, prius rerum proprietas est investiganda; sed cum ab his rerum natura non prae se, sed prae vocum impositione requiritur, tota eorum intentio referenda est ad logicam; cum autem rerum natura percepta fuerit, vocum significatio secundum rerum proprietates distinguenda est, prius quidem in singulis dictionibus, deinde in orationibus, quae ex dictionibus iunguntur.* S. Anm. 325.

256) Ebend. p. 401.: *Si enim omnia eius* (*sc. Aristotelis*) *opera studiose inspiciamus, magis eum in vocibus immorari quam in rebus inveniemus, liberiusque verba eius de vocibus quam de rebus exponerentur, quippe qui logicae deserviebat.*

257) Ebend. p. 339.: *hanc namque dux Peripateticorum Aristoteles diffinitionem dedit.* p. 228.: *Peripateticorum princeps Aristoteles.* p. 204.: *sed et si Aristotelem Peripateticorum principem culpare praesumamus, quem amplius in hac arte recipiemus?* p. 293.: *sed nihil adversus Aristotelem.*

258) Obige (Anm. 251.) Worte des Otto v. Freising: *sententiam vocum seu nominum in naturali tenens facultate*, welche dort nach jener schon früher (vor. Abschn. Anm. 316.) angeführten Stelle folgen, woselbst Abälard's Ansicht in directe Verbindung mit der Lehre des Roscellinus gebracht wird.

259) *Theol. Christ.* I, p. 1175.: *revolvatur et ille maximus philosophorum Plato.* p. 1186.: *alioquin summum philosophorum Platonem summum stultum esse depre-*

ro's erinnert, bei welchem gleichfalls nach Belieben bald Plato bald Aristoteles der grösste Philosoph genannt wird. In den Ansichten der platonischen Sekte erblickt Abälard (auf Augustin sich berufend) die meiste Uebereinstimmung mit dem katholischen Dogma, besonders bezüglich der Trinität, ja sogar einen Vorzug in jedem Wissen überhaupt [260]; nicht bloss der Begriff des platonischen Weltschöpfers und seiner Güte und Weisheit [261], sondern insbesondere die Lehre von der Weltseele ist es, welcher er seine Beistimmung schenkt [262]. Und von da aus schliesst er sich nun auch in jenem Momente, welches für die Logik das principielle ist, an Plato an, indem er mit Berufung auf Priscianus und Macrobius die Formen der Gattungen und Arten als die Original-Ideen der Dinge in den göttlichen Verstand verlegt [263].

Wenn wir aber nun bei Letzterem allerdings nicht mehr einsehen können, wie es sich dann mit jenem „*nihil adversus Aristotelem*" (Anm. 257) verhalte, zeigt uns Abälard hinwiederum noch eine dritte Auffassung der Logik; denn er ist zuletzt weder Aristoteliker noch Platoniker, obwohl er — oder vielmehr wohl weil er — beide Anschauungsweisen zu vereinigen bemüht ist (s. unten Anm. 292 f.), sondern er erblickt in der Logik nur ein praktisch dienstbares Werkzeug, und in dieser Beziehung braucht er es dann allerdings mit den Principien, mögen dieselben platonisch oder aristotelisch sein, eben nicht sehr ge-

---

hendemus. p. 1191.: *non sine causa maximus Plato philosophorum prae ceteris commendatur ab omnibus.* Hiezu die unten, Anm. 293, anzuführende Stelle.

260) Ebend. p. 1175.: *Plato eiusque sequaces, qui testimonio sanctorum patrum prae ceteris gentilium philosophis fidei christianae attendentes totius trinitatis summam post prophetas patenter ediderunt.* p. 1191.: *Pluribus quoque sanctorum testimoniis didicimus, Platonicam sectam catholicae fidei concordare.* p. 1192.: *liquidum est, Platonicam sectam fidei sanctae trinitatis plurimum semper assentire ..... Cum itaque in omni doctrina philosophiae Platonica secta enituerit, ... Augustinus commemorat, in scriptis eorum se repperisse, in quibus quidem tota fere fidei nostrae summa circa divinitatem verbi apertissime continetur.*

261) Ebend. p. 1157.: *Ex summa itaque illa bonitate sua deus .... iuxta etiam Platonis assertionem optimus ipse omnium conditor.* p. 1163.: *deum genitorem universitatis Plato dicit, a quo scilicet universa alia habent esse.* p. 1176.: *Plato quoque omne quod a deo esse habet, genitum ex ipso dicit.*

262) *Dialect.* p. 471.: *anima mundi, quam singularem Plato cogitavit .....* (p. 475.) *quam animam mundi Plato vocavit, quam ipse ex noy, i. e. mente divina, naturae asseruit et eandem in omnibus simul esse corporibus finxit. Theol. Christ.* I, p. 1176.: *Nunc autem illa Platonis verba de anima mundi diligenter discutiamus, ut in eis spiritum sanctum integerrime designatum esse agnoscamus .....* (p. 1177.) *cum itaque in ipsa anima mundi individua et dividua, sive ut dictum est eadem et diversa, concurrit substantia, etc.* Vgl. *Introd. ad theol.* I, p. 1015 f.

263) *Theol. Christ.* IV, p. 1336.: *Ad hunc modum Plato formas exemplares in mente divina considerat, quas ideas appellat, et ad quas postmodum quasi ad exemplar quoddam summi artificio providentia operata est. Introd. ad theol.* II, p. 1095 f.: *Hanc autem conceptionem, qua scilicet conceptus mentis in effectum operando prodit, Priscianus in primo constructionum* (d. h. *Inst. gr.* XVII, 44, p. 135. *ed. Hertz*) *diligenter aperit dicens, generales et speciales formas rerum intelligibiliter in mente divina constitisse, antequam in corpora prodirent.* Ebend. I, p. 987.: *Sic et Macrobius* (*Somn. Sc.* I, 2, 14.) *Platonem insecutus mentem dei, quam graeci νοῦν appellant, originales rerum species, quae ideae dictae sunt, continere meminit, antequam etiam, inquit Priscianus, in corpora prodirent, h. e. in effecta operum provenirent.*

nau zu nehmen. Nicht bloss scheint jene für Anfänger bestimmte Schrift völlig auf dem Boden der Topik verblieben zu sein[264]), sondern er gelangt auch anderwärts an der Hand der ciceronischen Definition dazu, das Wesen der Logik in die „Beurtheilung der Argumentation" zu verlegen, welche hiemit das Auffinden der Beweise voraussetzt[265]), sowie sich ihm an die verschiedenen Arten der Beweise (*argumenta*) der in der Schultradition übliche Unterschied zwischen Dialektik, Philosophie, Sophistik anschliesst[266]). Und dürfen wir hiernach vielleicht auch schon Abälard's eigenen Ausspruch, er wolle in seiner Dialektik eine Begründung der peripatetischen Beredtsamkeit (*eloquentiae peripateticae*) geben, beim Worte nehmen[267]), so tritt dieses Motiv jedenfalls deutlich hervor, wenn er schon die Isagoge unter die Theorie des Auffindens der Beweise (die *inventio*) subsumirt und hauptsächlich an die auf den *quinque voces* beruhenden Topen denkt[268]), oder wenn er ebenso auch das hypothetische Urtheil nur unter diesem Gesichtspunkte auffasst und daher die Topik demselben vorausschickt[269]). Uebrigens mochte wohl diese Seite der Logik, nemlich eine grosse Gewandtheit des Auffindens, auch in Abälard's eigenem Auftreten die hervorragende gewesen sein, so dass er diese Begabung leicht in Schärfe und Feinheit philosophi-

264) Denn alle oben (Anm. 239 f.) angeführten Stellen, in welchen er jene Schrift citirt, enthalten entweder direct die Beziehung auf die Topik oder lassen wenigstens eine solche zu.

265) *Glossulae s. Porph.* bei *Rémusat* (s. Anm. 238.) p. 94.: *Est scientia alia agendi alia discernendi, sola autem scientia discernendi philosophia dicitur*, worauf dann (p. 95.) die Eintheilung in Physik, Ethik, Logik folgt, und von letzterer gesagt wird: *Est logica auctoritate Tullii* (s. Abschn. VIII, Anm. 23.) *diligens ratio disserendi, i. e. discretio argumentorum, per quae disseritur, i. e. disputatur; non enim est logica scientia utendi argumentis sive componendi ea, sed discernendi et diiudicandi veraciter de iis .... Duae argumentorum scientiae, una componendi, quam dicimus ratiocinativam, alia autem discernendi composita, quam logicam appellamus.* Seine Quelle hiefür ist *Boeth. ad Top. Cic.*, woselbst in der Erörterung über *inventio* und *iudicium* (s. Abschn. XII, Anm. 76.) besonders (p. 762.) die Worte zu beachten sind: *fieri non potest, ut de inventione iudicetur, nisi ipsa inventio prius exstiterit.*

266) *Dialect.* p. 428.: *Non est illud praetermittendum, quod ipse* (sc. *Boethius*) *ostenderit, quae scientia quibus utatur argumentis, dialecticos quidem et rhetores maxime probabilitatem attendere, philosophos vero necessitatem, sophistas vero neutrum etc.* s. Abschn. XII, Anm. 82.

267) Ebend. p. 228.: *Confido autem, in ea, quae mihi largius est, ingenii abundantia ipso cooperante scientiarum dispensatore non pauciora vel minora me praestiturum munimenta eloquentiae peripateticae, quam illi praestiterunt, quos latinorum celebrat studiosa doctrina.*

268) *Glossae in Porph.* (b. *Cousin*) p. 553.: *Scientiae inveniendi supponitur iste tractatus* (d. h. die Isagoge), *quia hic docemur invenire rationes sufficientes ad probandas quaslibet quaestiones factas ....* (p. 554.) *necessarium ad ea, quae sunt utilia in demonstratione, quia locus a genere, a specie, ad diffinitionem servit demonstrativis syllogismis.*

269) *Dialect.* p. 324.: *Quoniam ergo hypotheticae enuntiationes, quarum sensus sub consecutione conditionis proponitur, inferentiae suae sedem ac veritatis evidentiam ex locis quammaxime tenent, ante ipsas rursus hypotheticas propositiones topicorum tractatum ordinari convenit, ex quo maxime hypotheticarum propositionum veritas seu falsitas dignoscitur.*

scher Disputationen und ebenso in Witz und Scherz der Rede bethätigen konnte [270]).

Diese überwiegende Bezugnahme auf die Argumentation ist es nun auch, welche dem umfassenden Werke Abälard's, der „*Dialectica*", sowohl in Gruppirung der Hauptheile als auch in Behandlung des Einzelnen einen grundsätzlichen Charakter aufprägt. Allerdings müssen wir es sehr bedauern, dass gerade der Anfang des Werkes, nemlich die Darstellung der Isagoge und ausserdem die ersten Kapitel der Kategorien, verloren ist; doch sind wir im Stande, nicht bloss, wie sich zeigen wird, die Lehre betreffs der Universalien genügend zu entwickeln, sondern vor Allem auch den Grundplan des Ganzen einzusehen.

Die Gliederung ist folgende. Indem das bei Boethius durchgängig eingebürgerte Motiv eines Aufsteigens vom Einfachen zum Zusammengesetzten (Abschn. XII, Anm. 83, 123, 131) zu Grunde gelegt wird, ist bei der menschlichen Kundgebung (*vox*, s. ob. Anm. 252 ff.) das Wesentliche der Unterschied zwischen *dictio*, d. h. dem einzelnen Worte, und *oratio*, d. h. der zusammenhängenden Rede [271]). Aber nicht bloss auf der Auctorität des Boethius oder etwa auch des Augustinus (Abschn. XII, Anm. 34) beruht diese Scheidung, sondern auch Priscianus (*Inst. gr.* II, 14 ff.) ist es, welcher hierauf den entschiedensten Einfluss gehabt hat, denn wenn Abälard den ganzen ersten Haupttheil der Dialektik, welcher von der *dictio* handelt, als „*Liber partium*" bezeichnet und dabei sogar den Ausdruck „*partes orationis*" gebraucht, so ist die grammatische Anschauung deutlich genug ausgesprochen. Diese logische Erörterung der Redetheile zerfällt aber dann in drei Abschnitte, nemlich in die „*Antepraedicamenta*" (s. diese Bezeichnung schon oben, vor. Abschn., Anm. 310), welche die Isagoge enthalten, woselbst es sich um die von Natur aus bestimmten Prädicate handelt (s. unten), sodann in die „*Praedicamenta*", d. h. die Kategorien, in welchen die natürlichen Dinge ihre Wortbezeichnung erhalten, und endlich in die „*Postpraedicamenta*", d. h. die Angaben über Nomen und Verbum als die Bezeichnungsweisen der Dinge und zugleich als die wesentlichen Bestandtheile des Urtheiles [272]). Hierauf demnach folgt als Inhalt des

270) *Otto Fris. de gest. Frid.* I, 47, p. 433. (*Urstis.*): *Inde magistrum induens Parisios venit, plurimum in inventionum* (diess ist ja gerade das technische Wort) *subtilitate non solum ad philosophiam necessariarum, sed et pro commovendis ad iocos animis hominum utilium valens.*

271) *Dialect.* p. 212.: *Est autem dictio simplicis vocabuli nuncupatio, i. e. vox totaliter, non per partes, significativa, ut „homo" vel „currit"; oratio autem dictionum collectio, i. e. vox ad aliquid significandum inventa, cuius partium aliquid extra significat, ut „homo currit" .... At quoniam dictiones orationibus naturaliter priores sunt, quippe eas constituunt ac perficiunt, priorem quoque in tractatu locum obtinere ipsae meruerunt.*

272) Ebend. p. 226. sagt Abälard beim Uebergange von diesem ersten Haupttheile zum zweiten: *Hactenus quidem, Dagoberte frater, de partibus orationis, quas dictiones appellamus, sermonem texuimus, quarum tractatum tribus voluminibus comprehendimus; primam namque partem libri Partium antepraedicamenta posuimus, dehinc autem praedicamenta submisimus, denique vero postpraedicamenta novissime adiecimus, in quibus Partium textum complevimus.* Die Auffassung der Anteprädicamente wird sich unten zeigen; bei dem Uebergange aber von den Prädicamenten

zweiten Haupttheiles die *oratio*, und zwar handelt es sich, da nach dem Vorgange des Boethius (Abschn. XII, Anm. 112) das kategorische Urtheil als das einfache und das hypothetische als das zusammengesetzte betrachtet wird, zunächst um ersteres und im Interesse der Argumentation zugleich auch um die auf demselben beruhenden Syllogismen [273]), und Abälard bezeichnete diesen Abschnitt hiernach als „*Liber categoricorum*" [274]). Wenn aber nun die Lehre vom hypothetischen Urtheile sich anreihen soll, so lässt er, auch hiezu durch *Boeth. d. diff. top.* (s. Abschn. XII, Anm. 167) veranlasst, die Gültigkeit dieser Urtheilsformen von den Topen bedingt sein (s. Anm. 269), und schickt hiemit den „*Liber topicorum*" voraus, worauf erst das hypothetische Urtheil selbst und die auf ihm beruhenden Syllogismen folgen [275]),

---

zu den Postprädicamenten wird p. 209. gesagt: *Evolutus superius textus ad discretionem significationis nominum et rerum naturas, quae vocibus designantur, diligenter secundum distinctionem decem praedicamentorum aperuit; nunc autem ad voces significativas recurrentes, quae solae doctrinae deserviunt, quot sint modi significandi studiose perquiramus* (in ähnlicher Weise p. 245.: *non itaque propositiones res aliquas designant simpliciter quemadmodum nomina*), und es folgt hiemit p. 209—226. nicht, wie Cousin's willkürliche Ueberschrift glauben macht, der Abschnitt *De interpr.*, sondern nur eine Erörterung über die Satztheile. Mit dieser Bezeichnung und Unterabtheilung des ersten Haupttheiles stimmen dann auch Abälard's eigene Citate überein, indem er sowohl auf das Ganze unter dem Namen *Liber Partium* verweist (p. 377.: *sicut in libro Partium docuimus* u. p. 477.: *sicut in libro Partium tractatu speciei disseruimus*) als auch die Unterabtheilungen in eben jener Bezeichnung erwähnt (p. 174.: *sicut secundus Antepraedicamentorum de differentia continet;* p. 249.: *nam „homo mortuus" .... compositum nomen est ... sicut in primo Postpraedicamentorum ostendimus*, was sich ebenso wie die gleichlautenden Citate p. 296. u. 299. auf p. 214. bezieht; bei den beiden Verweisungen p. 204. *sicut in libro Partium ostendimus* und p. 205. *in libro Partium requirantur* ist sicher *primo* statt *libro* zu lesen). Uebrigens ist uns durch diese ganze principielle Betonung der „Redetheile" nun erklärlich, dass Abälard eine Bearbeitung der Kategorien wirklich als „*Grammatica*" bezeichnen konnte (Anm. 241.).

273) p. 227.: *Iusta et debita serie textus exigente post tractatum singularum dictionum occurrit comparatio orationum .... Non autem quarumlibet orationum constructionem* (auch diess ist ein Ausdruck des Priscianus, s. ob. Anm. 263.) *exsequimur, sed in his tantum opera consumenda est, quae veritatem seu falsitatem continent, in quarum inquisitione dialecticam maxime desudare meminimus; unde cum inter propositiones quaedam earum simplices sint et natura priores, ut categoricae, quaedam vero compositae ac posteriores, ut quae ex categoricis iunguntur hypotheticae, has quidem quae simplices sunt prius esse tractandas unaque earum syllogismos ex ipsis componendos esse apparet.*

274) Allerdings gibt hier (p. 227.) die Handschrift den Titel „*Abaelardi Analyticorum priorum primus*", aber nicht nur corrigirt sie sich selbst bei der zweiten Unterabtheilung dieses Abschnittes, woselbst p. 253. die Ueberschrift lautet „*Explicit primus, incipit secundus eorundem, hoc est categoricorum*", sondern auch Abälard selbst citirt diesen Abschnitt als *Liber categoricorum* (p. 395.: *sed de hoc quidem uberius in libro categoricorum egimus*).

275) p. 437.: *Congruo ordine post categoricorum syllogismorum traditionem hypotheticorum quoque tradamus constitutionem. Sed sicut ante ipsorum categoricorum complexiones categoricas propositiones oportuit tractari, ex quibus ipsi materiam pariter et nomen ceperunt, sic et hypotheticorum tractatus prius est in hypotheticis propositionibus eadem causa consumendus, de quarum quidem locis ac veritate inferentiae quia in Topicis satis, ut arbitror, disseruimus, non est hic in eisdem immorandum, sed satis, earum divisiones exsequi.*

welch letzteren Abschnitt er „*Liber hypotheticorum*" nannte[276]). So hat Abälard nach seiner Auffassung die Theorie der Argumentation, von den einfachen Bestandtheilen zum Zusammengesetzten fortschreitend, vollständig entwickelt, und es steht der „*Liber divisionum*", welchen Cousin als fünften Theil der Dialektik bezeichnete, in keinem Zusammenhange mit dem Vorhergehenden[277]), sondern ist eine selbstständige Monographie (den gleichen Gegenstand wie die Schrift *De gener. et spec.* betreffend), in welcher Abälard die Schriften des Boethius *de divisione* und *de definitione* unmittelbar miteinander verband, so dass in Erwägung der inneren Verschiedenheit dieser beiden (Abschn. XII, Anm. 103) sich recht deutlich zeigt, wie bei Abälard das logische Interesse in das rhetorische übergehe. Indem wir daher nun für unsere Darstellung dem angegebenen Eintheilungs-Motive Abälard's folgen, werden wir das Nöthige über den Abschnitt *de divisione*, welcher sich an die Lehre vom Begriffe anschliesst, völlig ebenso wie bei Boethius noch vor der Lehre vom Urtheile einschalten.

Was den ersten Abschnitt des ersten Haupttheiles, nemlich die Isagoge oder die sog. *Antepraedicamenta* betrifft, so müssen wir die erwähnte empfindliche Lücke anderweitig, und zwar namentlich aus Rémusat's (Anm. 238) Mittheilungen, zu ergänzen versuchen, werden aber hiezu auch alle jene übrigen Stellen beiziehen, welche unser Verständniss der logischen Parteistellung Abälard's verstärken oder erweitern können, so dass schon hier das Wesentliche und Principielle möglichst vollständig erläutert und eine richtige Einsicht in Abälard's Logik überhaupt gewonnen werden soll, worauf dann bezüglich der übrigen Theile der Dialektik auf solcher Grundlage nur mehr das Einzelnere anzuführen übrig bleibt.

Es hat etwas Auffallendes in sich, wenn Ablärd in den Glossen zur Isagoge nicht bloss von „sechs Worten" spricht, indem er zu den üblichen fünf noch „*individuum*" hinzufügt, sondern auch bemerkt, es handle sich ausser diesen Worten selbst auch noch um das von ihnen Bezeichnete — *significata eorum* —[278]); jedoch ersteres klärt sich theils durch die Quellenstelle, welcher es entnommen ist[279]), theils

---

276) Auch hier ist das nemliche sonderbare Verhältniss, dass die Handschrift vorerst (p. 434.) den Titel „*Abaelardi Analyticorum posteriorum primus*" gibt, dann aber beim Uebergange zur zweiten Unterabtheilung das Richtige zeigt (p. 446.): *Explicit primus hypotheticorum, incipit secundus.*

277) Es findet sich auch nirgends in dem Buche eine Anknüpfung an andere Theile der Dialektik angedeutet.

278) *Glossae in Porph.* b. *Cousin* p. 553.: *Intentio Porphyrii est in hoc opere tractare de sex vocibus, i. e. de genere et de specie et de differentia et de proprio et de accidenti et de individuo, et de significatis eorum .... Considerans, nullas voces magis esse necessarias ad categorias quam istas sex voces, quoniam ex istis sex vocibus constituuntur praedicamenta, ideo perelegit tractare de istis sex vocibus. Huius operis sunt materia istae sex voces et earum significata, finis ipse categoriae.* (Cousin verdarb den richtigen Sinn der Handschrift durch Aenderung und durch Interpunktion.) *Scientiae inveniendi supponitur iste tractatus* (Anm. 268.), *quia hic docemur invenire rationes sufficientes ad probandas quaslibet quaestiones factas de istis sex vocibus et de significatis earum.* Vgl. unten Anm. 603.

279) Diese Sechszahl hat nemlich, wie sich von selbst versteht, Nichts zu schaffen mit jener Stelle, welche aus den griechischen Commentatoren (Abschn.

durch die ausdrückliche Bemerkung auf, dass Porphyrius nicht nöthig gehabt habe, den Begriff des Individuums gleich anfangs mitaufzuzählen, da ja das Individuum jedenfalls unter die übrigen fünf Worte falle und an sich ebensosehr eine prädicative Bezeichnung eines Gegenstandes sei, wie die Gattungen und Arten [280]). Wenn aber nun gerade diese Betonung des Prädicats-Verhältnisses wieder mit dem zweiten Punkte, nemlich mit der Auffassung des „von den sechs Worten Bezeichneten" zusammentrifft, so gibt hier Abälard über diese Grundfrage keine näheren Aufschlüsse, sondern selbst bei jener Kernstelle (*prima quaestio*), an welche, wie wir längst sahen, die ganze Parteifrage sich angeschlossen hatte, gibt er nur eine spitzfindige und betreffs der Universalien nichtssagende Unterscheidung zwischen *solus intellectus*, *nudus intellectus* und *purus intellectus* [281]), und auch das übrige Folgende schliesst sich überwiegend in blosser Worterklärung an den Text der Isagoge an [282]).

Hingegen erhält eben dieser Punkt, welcher uns hier noch dunkel bleibt, das meiste Licht durch die anderen sog. kleineren Glossen zur Isagoge. Dort nemlich knüpft Abälard an seine Angaben über die Ansichten Anderer (wobei er uns oben selbst als Quelle diente) vorerst polemische Bemerkungen, um hierauf seine eigene Auffassung der Universalien zu entwickeln. Gegen Wilhelm v. Champeaux bemerkt er (s. oben Anm. 106), dass, wenn ein so lockerer Zusammenhang zwischen den individualisirenden Formen und den allgemeinen Substanzen angenommen werde, zuletzt alle Substanzen, — auch den Phönix, welcher nur Ein Mal existirt, nicht ausgenommen —, eben als Substanzen einander gleich und identisch sein müssen und hiernach auch von der Substanz Gottes sich nicht unterscheiden können, sowie dass diese

---

XI, Anm. 134.) anzuführen war, sondern beruht auf dem Inhalte jener Angaben des Porphyrius (ebend. Anm. 43.), welche bei *Boeth.* p. 15. lauten: *Eorum, quae dicuntur, alia ad proprietatem dicuntur, sicut sunt omnia individua, ut est Socrates et hoc et illud, alia quae ad multitudinem, ut sunt genera et species et differentiae et propria et accidentia.*

280) p. 553.: *Et cum intendat tractare de istis sex vocibus et omne* (zu lesen *omnes*) *tractat, tamen non proponit nisi de quibusdam tantum; ideo non ponit de individuo, quia individuum continetur sub unoquoque et in significatione et in praedicamentali ordine, nam quemadmodum genera et species proprie ponuntur in praedicamento, eodem modo individua ipsorum.* Auch diess lag im Commentare des Boethius zur angeführten Stelle vor, welcher (p. 16 f.) sagt: *Ita individua, quae ad unitatem dicuntur, cunctis superioribus* (d. h. *quinque vocibus*) *supposita sunt ..... Individua vero .... ad nihil aliud praedicantur nisi ad se ipsa, quae singula atque una sunt, atque ... ad unitatem dicuntur.* D. h. Abälard entnahm sich daraus, dass die individuellen Bezeichnungen eben doch ausgesagt werden, — *dicuntur, praedicantur* —.

281) p. 555.: *Illa dicimus poni in solis intellectibus, quae tantum intelliguntur et non sunt ..... Illa dicimus poni in nudis intellectibus, quae, cum sint, aliter intelliguntur esse, quam sint ..... Illa dicimus poni in puris intellectibus, quae intelliguntur simpliciter ut sunt.*

282) Bemerkt mag werden, dass auch hier die schon oben (Anm. 167.) erwähnte abgekürzte Redeweise, „*praedicari in quid*" oder „*praedicari in quale*" für „*praedicari in eo quod quid*" oder „*praedicari in eo quod quale*" durchgängig recipirt ist.

Wesens-Gleichheit aller Substanzen oder ihre Gleichgültigkeit gegen jedwede individuelle Gestaltung dazu führe, auch das Zusammentreffen von Gegensätzen an Einer Substanz zulassen zu müssen[283]. Gegen die Indifferenz-Lehre wendet er (s. Anm. 132) vor Allem die Definition des Gattungsbegriffes (*genus est, quod praedicatur de pluribus*), wornach nie Ein und das Nemliche zugleich Gattung und Individuum sein könne, und sodann auch das Verhältniss der Aussage überhaupt, bei welchem zwischen Individuen und Artbegriffen unterschieden werden müsse und unmöglich die Individualität vom Allgemeinen selbst prädicirt werden könne, wohingegen, wenn man das Individuum zugleich schon als Art oder Gattung nehme, die Aussage des Gattungsbegriffes ihres Subjectes beraubt werde oder bei Qualitäten (d. h. bei *adiacentia*) eben nicht mehr eine von mehreren Subjecten geltende Aussage sein könne[284].

---

283) *Glossulae s. Porph.* bei Rémusat a. a. O. II, p. 98.: *Ce système exige que les formes aient si peu de rapport avec la matière qui leur sert de sujet, que dès qu'elles disparaissent, la matière ne diffère plus d'une autre matière sous aucun rapport, et que tous les sujets individuels se réduisent à l'unité et à l'identité. Une grave hérésie est au bout de cette doctrine, car avec elle la substance divine, qui est réconnue pour n'admettre aucune forme, est necessairement identique à toute substance quelconque ou à la substance en général ..... Et non seulement la substance de dieu, mais la substance du phénix* (s. Abschn. XII, Anm. 87.), *qui est unique, n'est dans ce système que la substance pure et simple, sans accident, sans propriété, qui, partout la même, est ainsi la substance universelle. C'est la même substance qui est raisonable et sans raison, absolument comme la même substance est à la fois blanche et assise, car être blanc et être assis ne sont que des formes opposées comme la rationalité et son contraire, et puisque les deux premières formes peuvent notoirement se trouver dans le même sujet, pourquoi les deux secondes ne s'y trouveraient-elles pas également? Est-ce parce que la rationalité et l'irrationalite sont contraires? Elles ne le sont point par l'essence, car elles sont toutes deux de l'essence de qualité; elles ne le sont „per adiacentia", car elles sont, par la supposition, adiacentes à un sujet identique. Du moment que la même substance convient à toutes les formes, la contradiction peut se réaliser dans un seul et même être.*

284) Ebend. p. 100.: *Mais c'est là ce qui n'est pas soutenable. La définition qui veut que le genre soit ce qui est attribuable à plusieurs, a été donnée à l'exclusion de l'individu. Ce qu'elle définit ne peut en soi être à aucun titre, en aucun état, individu. Dire qu'une même chose tour à tour comporte et ne comporte pas la définition du genre, c'est dire que cette chose est, comme genre, attribuable à plusieurs, mais que, comme genre aussi, elle ne l'est pas, car un individu qui serait attribuable à plusieurs serait un genre, par conséquent l'assertion est contradictoire ou plutôt elle n'a aucun sens. Les auteurs disent que cette proposition „l'homme se promène", vraie dans le particulier, est fausse de l'espèce.* (Hier jedoch muss Rémusat entweder einen unrichtigen Text vor sich gehabt oder den richtigen unrichtig verstanden haben, denn die wiederholte Lehre des Boethius, p. 15, p. 36 u. s. f., lautet mit Anwendung des gleichen Beispieles — *Cicero ambulat, homo ambulat* — natürlich dahin, dass das Accidens primitiv vom Individuum und abgeleiteter Weise von der Species ausgesagt werde, nicht aber dass letzteres falsch sei.) *Comment maintenir cette distinction, si une même chose est espèce et individu?* .... (p. 101.) *L'individualité resultant de formes accidentelles ne saurait être l'attribut essentiel d'une substance susceptible d'universalité; cependant cette substance en tant que particulière, distincte de ses semblables, est essentiellement individuelle, violation manifeste de la règle de logique qui porte que „dans un même l'affirmation de l'opposé exclut l'affirmation de l'autre opposé". Lorsqu'on dit que le genre est attribuable à plusieurs, on parle ou d'attribution essentielle („praedicari in quid") ou de toute autre; s'il s'agit d'attribution essentielle, comme on le nie après l'avoir affirmé, elle cesse d'être essentielle, ou elle emporte avec*

Endlich auch gegen jene uns nicht näher bekannte Annahme bezüglich einer *proprietas* der Dinge (s. Anm. 73) richtet er wiederholt den nemlichen aus der Definition des Gattungsbegriffes entnommenen Einwand und bezeichnet überhaupt jede Verwechslung oder Vermengung des Individuums mit dem Allgemeinen als das Bedenklichste und Unhaltbarste [285]).

Nach seiner eigenen Ansicht aber glaubte er das Richtige, wodurch er zuletzt den Gegensatz zwischen Plato und Aristoteles versöhnen zu können meint, dadurch gefunden zu haben, indem er sich auf Eine Stelle des Buches *De interpr.* warf, in welcher das Allgemeine als dasjenige bezeichnet wird, was „von Natur aus dazu gemacht ist, von Mehreren ausgesagt zu werden" (*quod natum est de pluribus praedicari*), und er konnte hiedurch in der schon oben (Anm. 254) erwähnten Weise die objectiv natürliche Entstehung der Dinge neben dem subjectiv menschlichen Erzeugnisse der Wortbezeichnung einhergehen lassen, ja dieses Verhältniss sogar durch das Gleichniss der Statue ausdrücken, welche aus dem objectiv vorliegenden Steine und der durch Menschenhand hinangebrachten Form besteht [286]). Hierauf aber nun beruht das eigentliche Partei-Schibolet Abälard's, denn aus jener Naturbestimmtheit des Ausgesagtwerdens folgt, dass weder die Dinge als solche noch die Worte als solche das Allgemeine seien, sondern die Allgemeinheit nur in dem Ausgesagtwerden selbst, also in der Redeform des Urtheils, kurz im „*sermo*" liege, wodurch nun die verfehlte und unhaltbare Ansicht vermieden werde, dass man ein Ding von einem

---

elle son sujet; s'il s'agit d'attribution accidentelle („*in adiacentia*"), *la définition n'est plus exacte, elle ne convient plus à tout genre.*

285) Ebend. p. 102.: *La difficulté est toujours de faire cadrer ce système avec la définition du genre. Il faut que la propriété d'être attribuable à plusieurs sépare l'universel de l'individuel; or, on vient de dire que de plusieurs choses chacune est individuellement animal; le nom individuel d'animal serait-il donc le nom de plusieurs? l'individu serait-il attribuable à plusieurs? Cela ne se peut. Mais comme animal ne peut plus se dire de plusieurs, mais de chacun, il n'y a plus de genre, ou plutôt tout est renversé; c'est l'individu ou le non-universel qui prend la place de l'universel, c'est ce qui ne peut s'affirmer de plusieurs, qui s'affirme de plusieurs, et c'est une pluralité où chacun s'affirme de plusieurs que l'on appelle l'individu.*

286) Ebend. p. 104 f.: *Aristote, au dire d'Abélard, parait l'insinuer clairement, quand il définit l'universel ce qui est né attribuable à plusieurs „quod de pluribus natum est praedicari". C'est une propriété avec laquelle il est né, qu'il a d'origine „a nativitate sua". Or, quelle est la nativité, l'origine des discours ou de noms? l'institution humaine, tandisque l'origine des choses est la création de leurs natures. Cette différence d'origine peut se rencontrer là même où il s'agit d'une même essence; ainsi dans cet exemple „cette pierre et cette statue ne sont qu'un", l'état de pierre ne peut être donné à la pierre que par la puissance divine, l'état de statue lui peut être donné par la main des hommes.* Es lautet nemlich jene, Abschn. IV, Anm. 197., angeführte Stelle des Aristoteles in der Uebersetzung bei *Boeth.* p. 338.: *Quoniam autem sunt haec quidem rerum universalia, illa vero singularia, dico autem universale, quod de pluribus natum est praedicari, singulare vero, quod non, etc.* Hier also konnte Abälard für den Realismus auf das Wort „*rerum*" und zugleich für den Nominalismus auf „*praedicari*" sich stützen. So sind in jener Zeit, welche keine principielle Einsicht hatte, sondern nur fleissig die Tradition studirte, auf einzelne herausgerissene Stellen der Schul-Litteratur, von dem Einen auf die eine, von einem Anderen auf eine andere, sofort die Partei-Ansichten aufgebaut worden. Vgl. oben Anm. 105, 129, 134, 170 u. unten 293.

Dinge aussagen könne, wornach ein Ding als Ding gleichmässig in mehreren Dingen sein müsste, wohingegen (— „*res de re non praedicatur*" —) Alles, was ausgesagt wird, und insoferne es ausgesagt wird, nicht ein Ding, sondern eben eine Aussage ist[287]). Und indem nun Abälard hiemit obige Definition der Gattung in Verbindung bringt, verneint er ausdrücklich, dass, wenn die Aussage (*sermo*) allgemein ist, dann etwa auch das Wort als Wort allgemein sei, denn auf gleiche Weise könne man zuletzt auch schliessen, dass der Buchstabe allgemein sei, hingegen müsse man bei jener Definition den durch sie definirten Gegenstand, d. h. die Gattung selbst, in's Auge fassen, wodurch sich zeige, dass nicht die Gattung selbst in all ihrer Totalität in dem einzelnen Worte enthalten sei, wohl aber das die Gattung ausdrückende Wort in einem Urtheile von Mehrerem ausgesagt wird, kurz dass eben das Urtheil aussagbar ist, — „*sermo est praedicabilis*" —, weil das Denken die Worte behufs der Darstellung der Dinge ordnet[288]). Wenn hiernach das Wort nicht nach seinem äusserlich wirklichen Klange, sondern nach seinem inneren Sinne ausgesagt wird, und also seine Bedeutung es zu einem Allgemeinen macht[289]), so darf man auf solche Weise wohl sagen, dass Gattung und Art ein Wort (*vox*) seien, nicht aber umgekehrt, dass das Wort die Gattung oder die Art sei, denn das individuelle Wesen, welches das Wort ist, kann nicht von Mehrerem ausgesagt werden, wohingegen ein objectiv Dingliches den Gattungen und Arten entspre-

---

287) Ebend. p. 105.: *Or, du moment que l'universel est d'origine attribuable à plusieurs, ni les choses ni les mots ne sont universels. Car ce n'est pas le mot, la voix, mais le discours „sermo", c'est-à-dire l'expression du mot, qui est attribuables à divers, et quoique les discours soient des mots, ce ne sont pas les mots, mais les discours qui sont universels. Quant aux choses, s'il était vrai qu'une chose pût s'affirmer de plusieurs choses, une seule et même chose se retrouverait également dans plusieurs, ce qui répugne.* Daher ebenso *Dialect.* p. 496.: *nec rem ullam de pluribus dici, sed nomen tantum concedimus.* Hiezu die schon oben, Anm. 63., angeführte Stelle des Joh. v. Salesbury.

288) Ebend. p. 107 f.: *Mais Abélard se fait des objections. Comment l'oraison peut-elle être universelle, et non pas la voix, quand la description du genre convient aussi bien à l'une qu'à l'autre? Le genre est ce qui se dit de plusieurs qui diffèrent par l'espèce; ainsi le décrit Porphyre. Or, la description et le décrit doivent convenir à tout sujet quelconque; c'est une règle de logique, la règle „de quocunque", et comme le discours et les mots ont le même sujet, ce qui est dit du discours est dit des mots. Donc, comme le discours, la voix est le genre. Cette proposition est incongrue „non congruit"; car la lettre étant dans le mot, et par conséquent s'attribuant à plusieurs comme lui, il s'ensuivrait que la lettre est le genre. C'est que, pour que la description ou définition du genre soit applicable, il faut qu'on l'applique à quelque chose qui ait en soi la réalité du défini, „rem definiti"; c'est la condition de l'application de la règle „de quocunque", et ici cette condition n'existe pas. Le mot ne contient pas tout le défini, il n'en a pas toute la compréhension, et il n'est attribué à plusieurs, affirmé de plusieurs, „praedicatum de pluribus", que parce que le discours est prédicable, „est sermo praedicabilis", c'est-à-dire parce que la pensée dispose des mots pour décrire toutes choses.*

289) Ebend. p. 108.: *On peut donc dire que le discours étant un genre, et le discours étant un mot, un mot est le genre; seulement il faut ajouter que c'est ce mot avec le sens qu'on a entendu lui donner. Ce n'est pas l'essence du mot, en tant que mot, qui peut être attribuée à plusieurs; le son vocal qui constitue le mot est toujours actuel et particulier à chaque fois qu'on le prononce, et non pas universel, mais c'est la signification qu'on y attache qui est générale.*

chendes Sein bei solcher Auffassung ungestört zugestanden werden kann [290]). Nemlich Gattungen und Arten, insoferne wir sie denken, beziehen sich wohl auf Etwas, was existirt, und ergreifen es, aber nur durch Uebertragung konnte man sagen, dass dieselben als die von uns gedachten Universalien existiren, denn der richtige Sinn ist nur, dass Etwas existirt, was zu diesen Universalien Veranlassung gibt [291]). Und auf diese Weise nun, glaubt Abälard, sei der Unterschied zwischen Plato und Aristoteles kein innerlich wesentlicher, sondern betreffe nur den Wortausdruck (vgl. oben Anm. 143 f.), denn nach Aristoteles seien die Gattungen und Arten, während sie durch menschliche Namenbezeichnung in den Einzel-Dingen liegen, dennoch als das den reinen allgemeinen Auffassungen des Erkennens Entsprechende ausserhalb des sinnlich-wahrnehmbaren Einzelnen, und nach Plato seien die Universalien gleichfalls nicht nur Sache subjectiver Denk-Auffassung, sondern eben als Gegenstand derselben objectiv ausserhalb des Sinnlich-Wahrnehmbaren existirend [292]); ja Abälard findet sogar für diese Uebereinstimmung des Plato und Aristoteles, während er aus Macrobius die Schulanekdoten über die Feindschaft des Letzteren gegen Ersteren kennt, wieder einen Beleg in einer einzelnen höchst äusserlich herausgerissenen

290) Ebend. p. 109.: *Abélard ... permet qu'on dise que le genre ou l'espèce est un mot „est vox", et il rejette les propositions converses; car si l'on disait que le mot est genre, espece, universel, on attribuerait une essence individuelle, celle du mot, à plusieurs, ce qui ne se peut. C'est de même qu'on peut dire „cet animal („hic status animal") est cette matière, la Socratité est Socrate" l'un et l'autre de ces deux est quelque chose, quoique ces propositions ne puissent être renversées. Dialect.* p. 480.: *in significationibus suis vocabula saepe nominantur, ut cum ea quoque vel genera vel species vel universalia vel singularia vel substantias vel accidentia nominamus; nomen autem .... hoc loco accipiendum est quaelibet vox significativa simplex, qua rebus praeposita vocabula praedicamus.*

291) Ebend. p. 109.: *Il decide que, bien que ces concepts* (ob wohl hier im lateinischen Originale „*conceptus*" steht? ich vermuthe eher, dass es „*intellectus*" laute, s. unten Anm. 313 ff.) *ne donnent pas les choses comme discrètes, ainsi que les donne la sensation, ils n'en sont pas moins justes et valables, et embrassent les choses réelles. De sorte qu'il est vrai que les genres et les espèces subsistent, en ce sens qu'ils se rapportent à des choses subsistantes, car c'est par métaphore* (wohl „*per translationem*") *seulement que les philosophes ont pu dire que ces universaux subsistent. Au sens propre, ce serait dire qu'ils sont substances, et l'on veut exprimer seulement que les objets qui donnent lieu* (etwa „*locum praebent*"?) *aux universaux, subsistent. Les doutes que ce langage figuré a fait naître sont la seule source des difficultés qui semblent arrêter Porphyre.* Bei dieser ganzen Stelle beklagen wir es am meisten, nur auf Rémusat's nicht unbedenkliche Umschreibung angewiesen zu sein.

292) Ebend. p. 110.: *Abélard réduit ces difficultés à des simples questions de mots. Ainsi pour lui le dissentiment entre Aristote et Platon venait seulement de ce que le premier pensait que les genres et les espèces subsistent par appellation dans les choses sensibles, ou servent à les nommer en essence, „appellant in se", et que cependant ils sont hors de ces choses, en ce sens qu'ils correspondent à des concepts, purs de toutes formes accidentelles sensibles, tandis que Platon voulait que les genres et les espèces fussent non-seulement conçu, mais subsistants hors des sensibles. Ainsi, dit Abélard, la différence n'est pas dans le sens, quoiqu'elle semble se montrer dans les termes.* Ueber die Quelle des Ausdruckes „*appellant in se*" s. oben Anm. 13.; hingegen für die Entgegensetzung des Platonismus und Aristotelismus überhaupt konnte Abälard auch *Boeth. ad Porph.* p. 56. benützen.

Stelle der Kategorien, woselbst er dem Aristoteles den platonischen Realismus aufdrängen will [293]).

So weist uns nun jener für Abälard als Ausgangspunkt und als Auctorität geltende Satz *„quod natum est de pluribus praedicari“* (Anm. 286) von selbst gleichzeitig auf zwei Wege hinaus, deren einer in der Richtung desjenigen, *quod „natum“ est*, liegt und in Platonismus ausmündet, während der andere die Richtung des *„praedicari“* einschlägt und zu einem Aristotelismus führt, welcher stets den parallel laufenden anderen Pfad in Aussicht behält, und zwar all beides, um die Dialektik in der Theorie der Argumentation zu verwerthen.

Was nun hiemit die erstere dieser beiden Richtungen betrifft, so haben wir hier nicht die Aufgabe einer Geschichte der Theosophie, und werden daher unter demjenigen, was auf Plato zurückweist, nur das für die zweite, logische, Richtung Erhebliche entwickeln müssen. Die Quelle für Abälard war hiebei natürlich jener Platonismus, welcher durch Porphyrius in den Boethius übergegangen war, und so wird aus des Letzteren Schrift *de divisione* die Anschauung aufgenommen, dass durch eine *„creatio“* die Art aus der Gattung entstehe, indem ähnlich wie bei der Statue eine Form dazukomme (*superveniente forma*), so dass der Stoff (*materia*) in dem neuentstandenen Gebilde (*materiatum*, vgl. Anm. 160) fortbestehe, und eine Gleichheit des Seins zwischen Art und Gattung sich ergebe [294]). Hiernach besteht die Species aus zwei Bestandtheilen, nemlich *materialiter* aus der Gattung, *formaliter*

---

293) *Dialect.* p. 205 f.: *Haec quidem de relativis* (s. oben Anm. 192.) *Aristotelem plurimum sequentes diximus .... Si etiam scripta magistri eius Platonis in hac arte* (d. h. in der Logik) *novissemus, utique et ea reciperemus, nec forsitan calumnia discipuli de definitione magistri recta videretur. Novimus etiam ipsum Aristotelem et in aliis locis adversus eundem magistrum suum et primum totius philosophiae ducem ex fomite fortasse invidiae aut ex avaritia nominis, ex manifestatione scientiae surrexisse, quibusdam et sophisticis argumentationibus adversus eius sententias inhiantem dimicasse, ut in eo, quod de motu animae Macrobius* (*Somn. Sc.* II, 14, 2 u. 15, 1) *meminit ..... Sed quoniam Platonis scripta in hac arte nondum cognovit latinitas nostra, eum defendere in his quae ignoramus, non praesumamus. Unum tamen confiteri possumus, si attentius Platonicae definitionis verba pensentur, eam ab Aristotelica non discrepare sententia; nam in eo quod dixit, quod „hoc ipsum quod sunt aliorum dicuntur“* (diess nemlich ist die Definition des Relativen bei *Boeth. ad Praed.* p. 155.), *non tam visus ad vocalem constructionem, ut aiunt, respexisse, quam ad naturalem rerum relationem; cum enim ait „hoc ipsum quod sunt“, essentiam demonstravit, non vocabulum.* In solcher Weise also verfuhr man mit einzelnen Stellen und einzelnen Worten, um Auctoritäten für Partei-Ansichten zu gewinnen. Vgl. Anm. 286.

294) *Theol. Christ.* IV, p. 1305.: *Ex materia quippe ipsum materiatum generari et creari quodammodo tradunt philosophi; unde Plato Ylen, i. e. corpoream naturam, tanquam matrem corporum ponit, et Boethius in libro Divisionum* (p. 639 f., s. Abschn. XII, Anm. 97 f.) *genus dividi in species quasi in quasdam a se quodammodo creationes dicit, eo quod species ex ipsa generis substantia nasci et confici habeant superveniente forma, ut homo ex animali superveniente rationalitate et mortalitate, sicut statua ex aere superveniente figura; et cum idem sit materia, quod materiatum, sicut idem est animal quod homo* (s. ebend. Anm. 98.) *vel hoc aes quod haec statua, non tamen ipsum materiatum est materia sui aut ipsa materia est materiata ex se, licet sit hoc ipsum, quod est materia eius etc. Dialect.* p. 486.: *in constitutione speciei genus, quod quasi materia ponitur, accepta differentia, quae quasi forma superadditur, in speciem transit.*

aber aus dem artmachenden Unterschiede, d. h. der *differentia substantialis;* diese letztere aber hat ausschliesslich nur die Function, eben die Species zu erzeugen, denn — was polemisch gegen andere Ansichten, s. ob. Anm. 114, bemerkt wird — sie geht nicht mit dem Stoffe selbst in das Wesen der Species über, da sie hiedurch zu einem Theile des Stoffes der Species würde, sondern sie ist nur die wirksame Kraft, daher auch das Gleichniss der Statue nur nach einer äusserlichen Aehnlichkeit zu verstehen ist, denn Species ist ja die Statue nicht, sondern nur eine menschliche Zusammenfügung[295]). Auch darf jene *creatio* nicht so verstanden werden, dass etwa in zeitlicher Existenz die Gattung vorher da sei, ehe die Species ins Dasein trete, denn gerade im natürlichen Sein der Dinge existiren die Gattungen nur in den Arten und umgekehrt[296]), sondern diese Priorität oder Posteriorität fällt dem Gebiete der Aussage (*praedicatio*) anheim, welche bald auf die Form, bald auf das durch sie Geformte u. s. w. gehen kann[297]). Wenn aber bei diesem Entstehen der Arten aus den Gattungen jene schwierigere Frage bezüglich der Gegensätze (ob. Anm. 113 u. 115 f.) zu erledigen war, so ist hierüber Abälard's Ansicht folgende: Die Verschiedenheit der Arten kann nur dadurch bewirkt werden, dass eine Verschiedenheit der Substanzen besteht; diese aber ist ein Erzeugniss des artmachenden Unterschiedes, welcher eben darum ein substantieller heisst, weil er eine Ausscheidung innerhalb der Substanz und dabei

---

295) *Dialect.* p. 477.: *Hominis enim alia pars substantia animalis, alia forma rationalitatis vel mortalitatis, componit autem animal hominem materialiter, rationalitas vero et mortalitas formaliter* (ebenso *Glossae ad Porph.* p. 575.). *Neque enim rationalitas et mortalitas, cum qualitates sint, in essentiam hominis, qui substantia est, possunt converti, sed sola animalis substantia homo efficitur, per informationem tamen substantialium eius differentiarum, unde recte Porphyrius eas substantiales differentias esse definit* (b. *Boeth.* p. 84., vgl. Abschn. XI, Anm. 44.), *secundum quas ipsa genera, quae ab ipsis divisa sunt, specificantur .... Nec cum ipsae generis substantiam in speciem reddunt, ipsae quoque in essentiam speciei simul transeunt, sed sola genera vel subiecta specificantur, non quidem separata a differentiis, sed, nisi ei differentiae adveniunt, ipsa sola non etiam differentiae species efficitur, non quidem cum differentiis, sed per differentias, sicut in libro Partium tractatu speciei disseruimus* (s. Anm. 272.); *si enim differentiae in speciem transferrentur cum genere, ... ipsas de substantia rei esse et in partem materiae venire contingeret ......* (p. 478.) *Nihil aliud materia iam formis actualiter coniuncta quam ipsum materiatum, ut nihil aliud est hic annulus aureus quam aurum in rotunditatem ductum ...... Statuae compositio, quam Boethius* (p. 88.) *pônit, ... species non videtur, cum nec materia sit unum, sed operatione hominum, nec substantiae nomen, sed accidentis, cum statua videatur et a quadam compositione sumptum.*

296) *Introd. ad theol.* II, p. 1083.: *Cum autem species ex genere creari seu gigni dicantur, non tamen ideo necesse est, genus species suas tempore vel per existentiam praecedere, ut videlicet ipsum prius esse contigerit quam illas; nunquam etenim genus nisi per aliquam speciem suam esse contingit, vel ullatenus animal fuit, antequam rationale vel irrationale fuerit, et ita species cum suis generibus simul naturaliter existunt, ut nullatenus genus sine illis, sicut nec ipsae sine genere esse potuerint.*

297) *Theol. Christ.* III, p. 1277.: *Proprietas itaque materiae ipsa est prioritas, secundum quam ex ea materialiter aliquid fieri habet, materiali vero proprietas est ipsa e converso posterioritas; proprietates itaque ipsae impermixtae sunt per praedicationem, licet ipsa propriata permixtim de eodem praedicentur; aliud quippe est praedicare formam, aliud formatum ipsum, h. e. rem ipsam formae subiectam.*

zugleich eine Einheit der ausgeschiedenen Gruppen, deren jede Eine gemeinschaftliche Natur hat, bewerkstelligt [298]); und sowie hiernach nicht mehr in einer Wesens-Identität der Stoff, welcher die Gattung ist, in den sämmtlichen Arten vorliegt, so sind es lediglich nur die Arten der Substanz selbst, welche durch den artmachenden Unterschied erzeugt werden; wenn daher alle übrigen, nicht aus der Substanz hervorgehenden Arten ohne Wirkung eines substantiellen Unterschiedes entstehen und somit im blossen Stoffe begründet sein müssen, so ist die Einheit des letzteren als eine Wesens-Aehnlichkeit (*consimilitudo*) zu verstehen, durch welche z. B. bei dem gemeinschaftlichen Wesen des Farbe-Seins die Gegensätzlichkeit des Weissen und Schwarzen nicht ausgeschlossen ist [299]). So unterscheidet Abälard zwischen Formen, welche selbst Wesenheiten sind und den zu Grunde liegenden Stoff (*subiectum*) erst eintreten müssen, um ihn zu Etwas zu machen, was er ohne sie nicht wäre, und zwischen solchen Formen, welche keine Wesenheiten selbst sind, sondern schon im Stoffe der Gattung enthalten sind [300]); in ersteren liegt natürlich der eigentliche artmachende Unterschied, sowie in letzteren das sog. zufällige Merkmal accidenteller Unterschiede, d. h. jene *adiacentia* (Anm. 284), welche Gegenstand der nicht-substantiellen Aussage ist [301]). Hiemit aber sind bei den wesentlichen Formen die Gegensätze durch die Thätigkeit des artmachenden

---

298) *Dialect.* p. 418.: *Diversitas itaque substantiae diversitatem generum ac specierum facit, ... nam etsi in speciebus substantiae specierum diversitatis causa sit differentia, hoc tamen ea rerum diversitate, substantiae quam faciunt, contingit; unde etiam substantiales sunt appellatae huiusmodi differentiae, quae in substantiam venientes et discretionem substantiae faciunt et unionem communis naturae; neque enim alia in speciali aut generali natura concludimus, nisi ea quae natura substantiae divina univit operatio.*

299) Ebend. p. 400, woselbst nach der oben, Anm. 113., angeführten Stelle folgt: *Si enim omnium specierum est eadem in essentia materia, tunc albedinis et nigredinis et ceterorum contrariorum, quae omnia eiusdem generis species esse necesse est ...... Nostra quoque sententia tenet, solas substantiae species differentiis confici, ceterasque species per solam subsistere materiam, sicut in libro Partium ostendimus. Si ergo eadem prorsus est materia, quae est in ipsis diversitas? Sed eadem* (d. h. *diversitas in ipsis est*), *quae est in consimilitudine substantiae non indeterminatae essentiae; neque enim ea qualitas, quae est essentia albedinis, essentia est nigredinis, esset enim albedo nigredo, sed consimilis in natura generis superioris; consimilitudo autem vel substantiae vel formae contrarietatem non impedit.* Bezüglich der *consimilitudo* vgl. Anm. 307.

300) *Pseudo-Abael. de intell.* b. *Cousin, Fragm. phil.* (1840), p. 495 f.: *Alii autem, qui quasdam formas esse essentias, quasdam minime, perhibent, sicut Abaelardus et sui, qui artem dialecticam non obfuscando sed diligentissime perscrutando dilucidant, nullas formas essentias esse approbant, nisi quasdam qualitates, quae sic insunt in subiecto, quod subiectum ad esse earum non sufficit, sicut ad esse quantitatum ipsum subiectum sufficit .... vel ad esse sessionis necessaria est dispositio partium ..... Nullam enim formam essentiam asserunt, cui poterit assignari, subiectum ad esse illius sufficere.*

301) *Theol. Christ.* III, p. 1280.: *sive illa forma sit communis differentia, h. e. separabile accidens, ut nasi curvitas, sive magis propria differentia, i. e. substantialis, sicut est rationalitas, quae scilicet substantialis differentia non solum facit alterum, i. e. quoquo modo diversum, verum etiam aliud, h. e. substantialiter atque specie diversum.* Die Quelle hievon ist Porphyrius (Abschn. XI, Anm. 44.), d. h. *Boeth.* p. 79 ff.

Unterschiedes erst entstanden und sofort ausgeschieden, während sie bei den unwesentlichen Formen als Möglichkeiten im Gattungsstoffe vorliegen [302]), und es konnte Abälard, indem er sämmtlichen bloss qualitativen Gegensätzen kein Wesens-Substrat unterlegte, sondern ein solches nur in den art-constituirenden Gegensätzen anerkannte, sehr leicht mit Aufrechthaltung der Unvereinbarkeit des Gegensätzlichen jener obigen (Anm. 115) Schwierigkeit entgehen [303]). Während aber so jener Creations-Process, in welchem der artmachende Unterschied ausscheidend wirkt und das Ausgeschiedene nach Einheiten zusammenfällt (Anm. 298), in fortschreitender Stufenfolge bis zum Einzel-Individuum sich erstreckt, welches als solches wesentlich (d. h. *essentialiter* oder *entialiter*, nicht jedoch seiner Substanz nach) von seines Gleichen geschieden ist [304]), so gilt für Abälard im Anschlusse an Porphyrius und Boethius allerdings wohl der Begriff des „*ens*" als ein vieldeutig allgemeiner Name [305]), hingegen „*substantia*" muss, insoferne diess der Begriff des *genus generalissimum* ist, als jener oberste und letzte Stoff betrachtet werden, an welchem die Thätigkeit des artmachenden Unterschiedes beginnt [306]).

So lehrt Abälard als Platoniker eine objective Ontologie der Universalien, welche einerseits von dem plumperen Realismus des Wilhelm von Champeaux sich durch sorgfältigere Benützung des Boethius zu ihrem Vortheile unterscheidet, andrerseits aber durch obigen Begriff der *consimilitudo* (Anm. 299) zugleich mit dem Verfasser *De gen. et spec.* (Anm. 163 u. 177) oder mit der Indifferenz-Lehre (Anm. 132) in eine gewisse Berührung tritt [307]).

---

302) So kann z. B. bezüglich der *albedo*, welche natürlich keine Substanz ist (*Boeth.* p. 173 f.), gesagt werden, *Introd. ad theol.* III, p. 1119.: *Cum idem sit „id quod est album, esse nigrum" et „albedinem et nigredinem eidem simul inesse", non tamen, ut possibile est, id quod est album, esse nigrum, ita etiam possibile est, albedinem et nigredinem simul eidem inesse.*

303) *Dialect.* p. 390.: *Quod si genera contraria per individua specierum non contrariarum in eodem contingant, non est inconveniens* (z. B. dass Jemand zugleich keusch und geizig ist, s. Anm. 115.), *quippe ipsa contraria non sunt eorum tota substantia, sicut species ..... Omnia itaque contraria in eodem esse negamus, sicut et ipse in eodem* (d. h. *Arist. Categ.*) *docuit „sed nihil, quod videatur simul contraria recipere posse"* (*Boeth.* p. 205.).

304) *Theol. Christ.* IV, p. 1341., welche Stelle schon oben Anm. 241. angeführt wurde. Ebend. III, p. 1280.: *Haec itaque sola et omnia numero sunt differentia, quae tota quantitate suae essentiae discreta sunt, sive solo numero ab invicem distent, ut Socrates et Plato, sive etiam specie, ut hic homo et ille equus, seu genere quoque, ut hic homo et haec albedo, seu quacunque forma ab invicem differant.* S. Anm. 337.

305) *Glossae ad Porph.* (b. *Cousin*) p. 569.: *Ens est aequivocum .... videlicet illam definitionem, quam habet ens in praedicamento substantiae, nunquam habebit in praedicamento quantitatis; .... ens non habet unam substantialem definitionem, cum qua praedicatur de omnibus generalissimis, cum hac definitione praedicatur ens de substantia: substantia est ens, quod neque est qualitas nec quantitas etc.* S. Abschn. XII, Anm. 89.

306) Ebend. p. 565.: *Substantia est generalissimum, quia est solum genus ....* (p. 566.) *quemadmodum substantia est genus generalissimum, cum suprema sit, eo quod nullum genus supra eam sit, etc.* Hiezu obige Stelle Anm. 298. und *Dialect.* p. 485.: *Genus omne naturaliter prius est suis speciebus .... genus est materia specierum.*

307) In einer ähnlichen an jene Ansichten erinnernden Weise drückt sich

Was aber nun die andere, logisch-aristotelische Anschauungsweise Abälard's betrifft, so müssen wir zu entwickeln versuchen, wie er obigen Begriff des „*sermo*" (Anm. 286 ff.) verstanden wissen wolle und im Einzelnen begründe, wobei es von vorneherein als beachtenswerth erscheint, dass er durchweg seinem dortigen Ausgangspunkte getreu bleibend sich an Stellen hält, welche in dem Buche *De interpr.* enthalten sind. Soll nemlich obiger Grundsatz festgehalten werden, dass das Ausgesagtwerden (*praedicari*) in der Naturbestimmtheit der Universalien liege, so ist es zunächst nur eine Umschreibung hiefür, wenn gesagt wird, dass die Aussage (*sermo*) mit den Dingen in einer ursprünglichen Verwandtschaft stehe [308]), was jedoch natürlich so zu verstehen ist, dass die Wortbezeichnung (*vocum impositio*) als das Spätere von den durch sie bezeichneten objectiven Dingen (*res significata*) bedingt und abhängig ist [309]), ja dass in diesem Sinne selbst die Bedeutung des Wortes (*significatio*) noch das Frühere ist, von welchem erst das Wort als Wort abhängt [310]). Auf diese Weise sind dann allerdings die Gattungen und die Arten Nichts anderes als das durch diese Worte Bezeichnete [311]), aber dasjenige, was hiedurch bezeichnet wird, kann hinwiederum Nichts anderes sein, als die Erzeugnisse jenes Creations-Processes von der Gattung an bis zum Individuum herab, und indem die Gattungen und Arten nur in den Individuen eine concrete Existenz haben, sprechen wir z. B. in dem Satze „Sokrates ist ein Mensch" nur von dem durch diese Worte Bezeichneten, nicht aber ja von diesen Worten als Worten [312]). Eben aber, da die Gattungen und Arten als

---

Abälard aus *Theol. Christ.* III, p. 1261.: *Sed nec Socrates, cum sit a Platone numero diversus, h. e. ex discretione propriae essentiae ab ipso alius, ullo modo ab ipso aliud dicitur, h. e. substantialiter differens, cum ambo sint eiusdem naturae secundum eiusdem speciei convenientiam, in eo scilicet quod uterque ipsorum homo est.* Ebend. p. 1279.: *Idem vero similitudine dicuntur quaelibet discreta essentialiter, quae in aliquo invicem similia sunt, ut species idem sunt genere vel individua idem in specie.* Vgl. auch Anm. 337.

308) *Introd. ad theol.* II, p. 1074.: *Constat quippe iuxta Boethium ac Platonem, cognatos de quibus loquuntur rebus oportere esse sermones.* S. *Boeth. ad Ar. de interpr.* p. 323.

309) *Dialect.* p. 487.: *vocem secundum impositionis suae originem re significata posteriorem liquet esse.* Ebend. p. 350.: *Si nominis huius, quod est „homo", propriam impositionem tenuerit, secundum id scilicet, quod substantiae hominis ut existenti ex animali et rationalitate et mortalitate datum est, ratam omnino consecutionem viderit.* Hiezu die oben, Anm. 255., angeführte Stelle.

310) *Dialect.* p. 345.: *neque enim nomina neque verba sunt suis non existentibus significationibus.* Ebend. p. 482.: *propria significatio, illa scilicet, de qua intellectum proprie vox queat generare.*

311) *Glossae in Porph.* p. 567.: *genera et species, id est ipsa significata harum vocum*, sowie in obiger (Anm. 278.) Stelle stets: *sex voces et significata earum.*

312) *Dialect.* p. 204.: *Neque enim substantia specierum diversa est ab essentia individuorum, sicut in libro* (zu lesen *primo*, s. Anm. 272.) *Partium ostendimus, nec res ita sicut vocabula diversas esse contingit; sunt namque diversae vocabulorum in se essentiae specialium et singularium, ut „homo" et „Socrates", sed non ita rerum diversae sunt essentiae; unde illam rem, quae est Socrates, illam rem, quae homo est, esse dicimus, sed non illud vocabulum, quod est „Socrates", illud, quod est „homo"; unde quod in re speciali contingit, et in ipsius individuis necesse est contingere, cum videlicet nec ipsae species habeant nisi per individua subsistere nec

solche nicht das concret Existirende sind, so gilt der alte Spruch „*singulare sentitur, universale intelligitur*“, und indem die intellectuelle Auffassung (*intellectus*) das Nicht-Sinnfällige ergreift [313]), muss sie, weil jenes nicht-sinnfällige Universale dasjenige ist, was zum Ausgesagtwerden bestimmt ist, nothwendiger Weise den Entstehungsgrund der Aussage enthalten und durch jede Aussage als Entstehungsgrund derselben zum Bewusstsein kommen, d. h. *sermo generatur ab intellectu et generat intellectum* [314]). So ist das Aussagen (*sermo*) das Terrain der Universalien und nur im Ausgesagtwerden (*praedicari*), nicht etwa als Dinge (denn ein Ding als Ding ist ja nicht ein Ausgesagtes), sind sie eben Universalien.

Während aber nun so jene intellectuelle Auffassung (*intellectus*), insoferne sie das Nicht-Sinnfällige ergreift und hiemit die Erzeugerin der Urtheile wird, ihrerseits auch auf den platonischen Idealismus (Anm. 263) zurückweist, ist für die Logik, welche auf die menschlichen Kundgebungen der Rede sich bezieht und in Aristoteles ihren Meister hat (Anm. 255 ff.), jene Kehrseite das Entscheidende, wornach durch das Urtheil die intellectuelle Auffassung zum Bewusstsein kömmt. Es trägt dabei der Gedanke ein Moment des Zeitlichen (vgl. Anm. 252) an sich, denn jedes Urtheil bedarf, um ausgesprochen zu werden, eine Zeit, und erst nach dem successiven Auftreten all seiner Theile ist es wirklich significant, und während das Transitorische der Theile des Urtheiles nicht selbst schon eine Form hat, welche etwa die „Bedeutung“ wäre, macht nur das Erfassen des Gedankens (*intellectus conceptus*) den Satz zu einem bedeutungsvollen oder bezeichnenden [315]), so dass auch die Einheit des Urtheiles in der Einheit des Gedankens, welchen es erweckt, besteht [316]). Eben darum aber hat das Urtheil,

---

in ea, quae informant et ad invicem faciunt respicere, nisi per individua, venire (vgl. Anm. 296.).

313) *Introd. ad theol.* II, p. 1061.: *proprie de invisibilibus intellectus dicitur, secundum quod quidem intellectuales et visibiles naturae distinguuntur.*

314) *Theol. Christ.* I, p. 1162 f.: *Licet etiam ipsum nostrae mentis conceptum ipsius sermonis tam effectum quam causam ponere, in proferente quidem causam, in audiente effectum, quia et sermo ipse loquentis ab eius intellectu proficiscens generatur, et eundem rursus in auditore generat intellectum. Pro hac itaque maxima sermonum et intellectuum cognatione non indecenter in eorum nominibus mutuas fieri licet translationes, quod in rebus quoque et nominibus propter adiunctionem significationis frequenter contingit.*

315) *Dialect.* p. 191 f.: *Nostra in eo sententia pendet, ut post omnium partium suarum prolationem oratio significare dicatur; tunc enim ex ea intellectum colligimus, cum prolatas in proximo dictiones ad memoriam reducimus, nec ullius vocis significatio perfecta est, nisi ea tota prolata ...... Cum igitur dicimus, prolatam orationem significare, non id intelligi volumus, ut ei, quod non est, formam aliquam, quam significationem dicunt, attribuamus, sed potius intellectum ex prolata oratione conceptum animae audientis conferimus, ut cum dicimus „Socrates currit“, significatus hic videtur sensus, quod intellectus ex prolatione ipsius conceptus in anima alicuius existit ..... Quod intellectus aliquis generetur, possumus orationem quamlibet ita significativam dicere, quod unum de his, ex quibus intellectus concipiatur.* Die Quelle hievon ist *Boeth.* p. 296 f., s. Abschn. XII, Anm. 110.

316) Ebend. p. 297.: *Multiplicem illam dictionem dicimus, quae pluribus imposita est, ex quibus non fit unum, h. e. plura in sententia tenet non secundum id, quod ex eis unus procedat intellectus; sic autem e converso omnis illa una est*

sowie auch das Wort als Bestandtheil desselben, wesentlich zugleich zwei Seiten, deren eine in den Dingen liegt, über („*de*") welche es handelt (*significatio realis*), die andere aber den Gedanken betrifft, welchen es enthält und erzeugt, über welchen es aber nicht handelt (*significatio intellectualis*), und so geht das objectiv factische Sein und Nicht-sein dem Wahr- und Falsch-Sein des Urtheiles parallel [317]). Nemlich das Wort „*praedicari*" hat allerdings drei Bedeutungen, indem es einmal ganz äusserlich von der blossen Aneinanderreihung eines Subjectes und eines Prädicates, abgesehen von allem realen Inhalte, gebraucht wird, sodann aber in zweifachem Sinne das Verhältniss des objectiv Factischen betrifft, insoferne das *praedicari* bezüglich jenes Creationsprocesses (Anm. 294 ff. u. 312) entweder das Geformte (*materiatum*) oder die Form (*forma*) mit dem Gattungsstoffe (*materia*) in eine Beziehung setzt; natürlich aber ist nur letzteres beides dasjenige, worüber („*de quo*") das Urtheil handelt, und in solcher Bedeutung ist *praedicari* so viel als *esse*, so dass, insoferne wir nur in Worten Urtheile aussprechen können, es der Modalität der Ausdrucksweise anheimfällt, wenn ein Urtheil bejahend oder ein anderes verneinend u. dgl. ist [318]). Auch trifft ja jene doppelte Beziehung, welche in den Urtheilen

---

dictio, quae plurium significativa est secundum id, quod ex eis unus intellectus procedat. S. *Boeth.* p. 335. (d. h. Aristoteles, s. Abschn. IV, Anm. 185 ff.).

317) Ebend. p. 238.: *Sunt igitur verum ac falsum nomina intellectuum, veluti cum dicimus ,,intellectus verus et falsus", h. e. habitus de eo, quod in re est vel non est, quos quidem intellectus in animo audientis prolata propositio generat ...... Sunt rursus verum ac falsum nomina propositionum, ut cum dicimus ,,propositio vera vel falsa", i. e. verum vel falsum intellectum generans. Significant propositiones idem, quod in re est vel quod in re non est; sicut enim nominum et verborum duplex ad rem et ad intellectum significatio, ita etiam propositiones, quae ex ipsis componuntur, duplicem ex ipsis significationem contrahunt, unam quidem de intellectibus, aliam vero de rebus ..... Patet insuper adeo, per propositiones de rebus ipsis, non de intellectibus nos agere.* p. 240 f.: *Restat itaque, ut de solis rebus, ut dictum est, propositiones agant, sive idem de rebus, quod in re est, enuntient, ut ,,homo est animal, homo non est lapis", sive id, quod in re non est, proponant, ut ,,homo non est animal, homo est lapis", ut etiam de significatione reali propositionis, non tantum de intellectuali, supraposita propositionis definitio* (*Boeth.* p. 291.) *possit exponi sic ,,significans verum vel falsum, i. e. dicens illud, quod est in re vel quod non est in re", et in hac quidem significatione verum et falsum nomina sunt earum existentiarum rerum, quas ipsae propositiones loquuntur. Cum autem eandem definitionem et de intellectibus ipsis hoc modo exponimus ,,significans verum vel falsum, h. e. generans secundum inventionem suam de rebus, de quibus agitur, verum vel falsum intellectum", tunc quidem ipsos nominat intellectus. Nota autem, sive de intellectibus sive de rerum existentiis exponamus, orationis praemissionem necessariam esse.* Die Quelle hievon b. *Boeth.* p. 321. Vgl. auch Anm. 347.

318) Ebend. p. 367.: *Tribus autem modis ,,praedicari" sumitur, uno quidem secundum enuntiationem vocabulorum ad se invicem in constructione, duobus vero secundum rerum ad se inhaerentiam, aut cum videlicet in essentia cohaeret sicut materia materiato, aut cum alterum alteri secundum adiacentiam adhaeret ut forma materiae. Ac secundum quidem enuntiationem omnis enuntiatio .... praedicatum et subiectum habere dicitur ..... Sed non de his in propositione agitur, sed de praedicatione tantum rerum, illa scilicet solum, quae in essentia, quae verbo substantivo exprimitur, consistat ..... Tantum itaque ,,praedicari" illud accipimus, quantum si ,,hoc illud esse" diceremus, tantum per ,,removeri", quantum per „non esse" ..... Cum itaque per „praedicari" „esse" accipiamus, superflue vel ,,vere" vel ,,affirmative" apponitur; quod enim est aliquid, vere est illud, affirmative autem enuntia-*

enthalten sein kann, mit der alten Unterscheidung zwischen „*de subiecto*“ und „*in subiecto*“ (s. Abschn. XII, Anm. 92) zusammen, und das Gesetz der Aussage (*lex praedicamenti*) hat seinen Wirkungskreis in eben jenen zwei realen Bedeutungen des Urtheiles [319]).

Hiemit ist uns nun obige (Anm. 272 ff.) Gliederung der Dialektik Abälard's erst völlig verständlich. Im *sermo*, d. h. im Urtheile, liegt Alles. Hiefür aber sind die Universalien die gebornen, im Creationsprocesse entstandenen Prädicate, welche das Denken platonisch erfasst und im Urtheile aristotelisch als Universalien ausspricht, daher ja Abälard auch das Individuum als sechstes Wort den üblichen fünf noch beizählte (Anm. 278 ff.), denn das Individuum als *prima substantia* (Abschn. XII, Anm. 91) oder, wie es hier auch genannt wird, als *principalis substantia*, wird eben mit jenem Worte (*vox*) bezeichnet, welches der letzten Stufe des Creations-Processes entspricht [320]); ferner aber musste Abälard hiebei, da er den artmachenden Unterschied nur als wirksame Kraft, welcher nicht selbst in den Gattungsstoff eingehe, betrachtete (Anm. 295), den Namen der Differenz nicht als Substantivum nehmen, wie Wilhelm v. Champeaux gethan hatte (Anm. 108), sondern konnte den Schwierigkeiten, welche hierüber auch von Anderen erhoben wurden (Anm. 122) dadurch ausweichen, dass er das die Differenz bezeichnende Wort als ein von derselben abgeleitetes Adjectivum — „*sumptum*“ — erklärte [321]). Nach jenen gebornen Prädicaten aber

---

tionis est determinatio, quia tantum in vocibus consistit affirmatio, sicut et modi vel determinationis appositio; modus enim vel determinatio (s. Abschn. XII, Anm. 119.) *tantum vocum sunt designativa, quae solae moderantur vel determinantur in enuntiatione positae.* S. Anm. 327. u. 375.

319) *Glossae in Categ.* p. 579 f.: *omnia aut dicuntur de principalibus substantiis sibi subiectis .... servata lege praedicamenti .... aut sunt in eis subiectis.* Eine andere Ausdrucksweise hiefür ist (ebend. p. 585 f.) die Unterscheidung zwischen *praedicari substantialiter* und *praedicari accidentaliter* (*Boeth.* p. 134.), vgl. Anm. 322.

320) Ebend. p. 584.: *species, in quibus continentur principales substantiae ..... genera et species ordinata post principales substantias sola dicuntur secundae substantiae* (u. öfters ebenso). p. 591.: *Vere primae substantiae significant aliquid hoc individuale, quia illud, quod significatur a prima substantia, scilicet quae vox est sicut et consimilia* (so ist nach der Handschrift mit kleiner Aenderung zu lesen, Cousin gibt Widersinniges), *est individuum et unum numero, i. e. parificatum numerali descriptione, i. e. significatur ab hac voce, quae est individuum et unum numero.*

321) *Dialect.* p. 456.: *De nominibus differentiarum sciendum est, ut non quidem substantiva, sed sumpta a differentiis sumantur, posita tamen loco specierum; oportet enim in eadem significatione vocabula differentiarum sumi in divisione generis, in qua significatione ipsa in definitione speciei ponuntur, cum scilicet nomini generali adiacent .....* (p. 457.) *sicut in nostra fixum est sententia, nullo modo inter accidentia differentias admittamus* (s. oben Anm. 300 f.); *quod autem Porphyrius per differentias genus in species dividi dixit, secundum eam dictum est sententiam, qua naturam generalem in species redigi atque distribui per susceptionem differentiarum realiter voluit, aut potius per differentias genus in species dividi voluit, cum earum vocabula adiuncta nomini generis speciem designant atque definitionem speciei componunt, hoc modo „animal aliud rationale, aliud irrationale animal.“* Ebend. p. 189.: *In sumptis enim non ea, quae ab ipsis nominantur, comparantur, sed tantum formae, quae per ipsa circa subiecta determinantur; alioquin et substantias ipsas comparari contingeret, quae a sumptis nominibus nominantur, ut ab eo quod est album.*

folgen dann in den Kategorien die Dinge selbst, insoferne sie durch Worte bezeichnet werden — „*naturae, quae vocibus designantur*" —, und die Kategorien enthalten demnach die Dinge [322]), wohingegen zunächst hierauf die Worte als das Bezeichnende betrachtet werden und den Uebergang zum Urtheile (*sermo*) selbst, welches aus ihnen zusammengesetzt ist, bilden.

Das Urtheil aber sodann enthält nicht die Dinge, sondern enthält den Gedanken (*intellectus*), hingegen handelt es über die Dinge, nicht aber etwa indem es die Dinge bezeichne, sondern indem es den vom Denken erfassten Zusammenhang der Dinge mit dem Creationsprocesse enthält. Während demnach das Aussagen des Seienden (im Urtheile) nicht selbst ein Seiendes ist, handelt es sich bei dem Aussagen um einen sachlichen Verhalt, d. h. um das objectiv sachliche Zusammenhängen des durch das Subject und des durch das Prädicat Bezeichneten [323]). Diese Unterscheidung von „enthalten" und „handeln" bildet den innersten Kern der Abälard'schen Auffassung bezüglich des Urtheiles [324]). Die Aussage hat nemlich allerdings eine sprachliche Seite, und indem wir Ein und das nemliche Ding mit mehreren Bezeichnungen im Urtheile benennen (z. B. den Sokrates bald Mensch, bald Körper, bald Substanz nennen), liegt eben hierin ein Unterschied zwischen Sprachausdruck und Realität (vgl. Anm. 312); aber während die Aussage (*praedicatio*) für sich allein in einer Losreissung von der sachlichen Inhärenz (*rerum inhaerentia*) durchaus Nichts ist, hat gerade die Logik die Aufgabe, das Urtheil in diesem Sinne nach der Seite des Wortausdruckes zu untersuchen [325]). Die Hauptsache ist ja eben das-

---

322) Ebend. p. 209. u. 245., welch beide Stellen schon oben, Anm. 272., angeführt sind. Hiezu aber p. 220.: *Subiectarum vero rerum diversitas secundum decem praedicamentorum discretionem superius est ostensa, qua principalis ac quasi substantialis nomini significatio detur; ceterae vero significationes, quae secundum modos significandi accipiuntur, quaedam posteriores atque accidentales dicuntur.* Vgl. Anm. 319.

323) Ebend. p. 241.: *Dignum autem inquisitione censemus, utrum illae existentiae rerum, quas propositiones loquuntur, sint aliquae de rebus existentibus ..... p. 245.: Clarum itaque ex suprapositis arbitror esse, res aliquas non esse ea, quae a propositionibus dicuntur .... Patet insuper, ea quae propositiones dicunt nullas res esse, cum videlicet nulli rei praedicatio eorum aptari possit; de quibus enim dici potest, quod ipsa sint „Socrates est lapis" vel „Socrates non est lapis" ..... Esse autem rem aliquam vel non esse, nulla est omnino rerum essentia; non itaque propositiones res aliquas designant simpliciter quemadmodum nomina. Imo qualiter sese ad invicem habeant, utrum scilicet sibi conveniant annon, proponunt; quae idcirco verae sunt, cum ita est in re sicut enuntiant, tunc autem falsae, cum non est in re ita; et est profecto ita in re, sicut dicit vera propositio, sed non est res aliqua, quod dicit; unde quasi quidam rerum modus habendi se per propositiones exprimitur, non res aliquae designantur.*

324) Nur aus dem Misskennen dieses Unterschiedes floss es, dass Cousin und mit ihm Hauréau und Rémusat in Abälard's Lehre einen Intellectualismus oder Conceptualismus erblickten.

325) *Dialect.* p. 247 f.: *Si quis itaque secundum rerum inhaerentiam realem acceperit praedicationem ac subiectionem, secundum id scilicet, quod unaquaeque res in se recipit ac subsistit, sicut nihil esse eam videret praeter ipsam, ita eam nihil esse per se ipsam invenerit. At vero magis praedicationem secundum verba propositionis, quam secundum rei existentiam, nostrum est attendere, qui logicae deser-*

jenige, worüber das Urtheil „handelt"; diess aber ist weder das Wort noch der Gedanke (*intellectus*), denn weder ist durch die Existenz Eines Wortes die eines anderen Wortes gefordert, noch auch sind die Gedanken, welche die Urtheile „enthalten", in einer zwingenden gegenseitigen Verwandtschaft, da wir ja in jedem Urtheile nur Einen Gedanken haben, und die Annahme, dass wir mehrere zugleich hätten, zu der Consequenz führen würde, dass wir gleichzeitig unendlich viele Gedanken hätten, indem sachlich in der That jeder Zustand unendlich Vieles in zusammenhängender Folge enthält; hingegen nur in demjenigen, worüber das Urtheil „handelt", ist der reale Zusammenhang oder jenes sachliche Sichverhalten (Anm. 323) zu finden und festzuhalten[326]), daher auch die Modalität der Ausdrucksweise, d. h. ob Bejahung oder Verneinung oder dgl. (s. Anm. 318), weder in den Worten noch in den Gedanken liegt, sondern nur auf ihren objectiv dinglichen Grund zurückzuführen ist[327]).

Ist es aber auf diese Weise dem Abälard beim Urtheile nicht um den Gedanken (*intellectus*), sondern um die factische Inhärenz im Dinglichen zu thun, so verstehen wir nun auch, warum er nach dem Motive des stoisch-boethianischen Zusammensetz-Spieles das kategorische Urtheil nur als Vorstufe des hypothetischen Urtheiles behandelt, in welch letzteres sich die Topik als Basis der Geltung desselben einschiebt. Das hypothetische Urtheil als zusammengesetztes hat ja die Rolle, der adäquate Ausdruck des Zusammenhanges zu sein, und dieser wird durch Schlüsse, vorausgesetzt dass die Prämissen für den Hörer eine Geltung der redenden Aussage haben, in dem Verfahren der Argumentation klar gemacht. D. h. dasjenige, was der denkende Mensch in platonischer Weise erfasst und durch das Urtheil in aristotelischer Weise ausspricht, soll nun in rhetorisch-ciceronischer Weise zur Argumentation verwerthet werden. Auch in der Argumentation nemlich, — wie polemisch gegen Andere bemerkt wird, s. Anm. 225 —, handelt es sich nicht um die Gedanken (*intellectus*), sondern um das Nemliche, worüber die Urtheile, aus welchen sie besteht, handeln, nur mit dem Unterschiede, dass hier

---

vimus, secundum quod quidem de eodem diversas facimus enuntiationes hoc modo „Socrates est Socrates vel homo vel corpus vel substantia"; aliud enim in nomine Socratis quam in nomine hominis vel celeris intelligitur, sed non est alia res unius nominis, quod Socrati inhaeret, quam alterius. Hiezu obige Stelle Anm. 255.

326) Ebend. p. 352 f.: *Neque enim veram hanc consequentiam „si est homo, est animal" de vocibus agentem possumus accipere sive dictionibus sive propositionibus; falsum est enim, ut, si haec vox „homo" existat, haec quoque sit quae est „animal"; ac similiter de enuntiationibus sive earum intellectibus. Neque enim necesse est, ut qui intellectum praecedenti propositione generatum habet, habeat quoque intellectum ex consequenti conceptum; nulli enim diversi intellectus ita sunt affines, ut alterum cum altero necesse sit haberi, imo nullos intellectus simul diversos animam retinere, ex propria quisque discretione convicerit, sed totam singulis intellectibus, dum eos habet, vacare invenerit; quod si quis essentiam intellectuum ad se sequi sicut essentiam rerum, ex quibus habentur intellectus, concesserit, profecto quemlibet intelligentem infinitos intellectus habere concederet secundum id scilicet, quod quaelibet propositio innumerabilia consequentia habet ..... Ut igitur veritatem consecutionis teneamus, de rebus tantum eam agere concedamus et in rerum natura regulas antecedentis ac consequentis accipiamus.*

327) Ebend. p. 404., welche Stelle schon oben, Anm. 208., angeführt ist.

die Subsumption (*inferentia*) es ist, durch welche der in dem sachlichen Bestande vorliegende nothwendige Zusammenhang (*necessitas*) im Schliessen ausgedrückt wird [328]), und Abälard glaubt es kaum oft genug hervorheben zu können, dass die Abfolge zwischen „*antecedens*" und „*consequens*" (s. Abschn. XII, Anm. 144) nicht im Gedanken, sondern lediglich factisch in der geschaffenen Natur und der realen Grundlage aller Urtheile selbst schon vorliege [329]), daher er auch jener anderen Einseitigkeit, welche wir oben (Anm. 215) trafen, schroff die Auffassung gegenüberstellt, dass die Modalität der Urtheile auch bezüglich der Begriffe des Möglichen und Nothwendigen (ebenso wie oben Anm. 327) auf eine dingliche Modification des Seins zu begründen sei [330]).

So glauben wir nun durch das Bisherige über Wesen, Princip und Durchführung der Dialektik Abälard's eine richtige Einsicht gewonnen zu haben, für welche wir selbst, falls es nöthig wäre, ein von einem Zeitgenossen herrührendes Epitaphium Abälard's [331]) als äusserlichen Beleg benützen könnten. Allerdings ist es kein aristotelischer Geist, welcher uns in dieser Dialektik entgegenweht, sondern weit eher verspüren wir den verpestenden Einfluss des Stoicismus (s. Abschn. VI, Anm. 47—56), welcher sich in die Schriften des Boethius hineingezogen hatte; denn jene Verbindung eines rohen Empirismus mit dem

---

328) Ebend. p. 426 f.: *Dicuntur in argumentis ea, quae a propositionibus ipsis significantur, ipsi quidem intellectus, ut quibusdam placet, quorum conceptio sine etiam vocis prolatione ad concessionem alterius ipsum cogit dubitantem, unde et bene rationis nomen in praemissa definitione* (d. h. in der ciceronischen, s. Abschn. XII, Anm. 165.) *dicunt apponi, ratio enim nomen est intellectus, qui in anima est. Sed si divisionis verba attendamus, potius argumentum accipiendum erit in designatione eorum, quae a propositionibus dicuntur, quam eorum intellectuum, qui ab ipsis generantur ..... Neque enim in propositione quidquam de intellectu dicitur, sed cum de rebus agitur, per ipsam intellectus generatur, qui neque in sua essentia necessitatem tenet neque inferentiam ad alterum ..... Unde potius de his, quae propositiones ipsae dicunt, supraposita definitio accipienda est.*

329) *Introd. ad theol.* III, p. 1134.: *Ex quo apparet, quam verum sit, ... in illa philosophorum regula, cuius possibile est antecedens et consequens, eos ad creaturarum tantum nomen accommodare. Dialect.* p. 239 f.: *Ex his itaque manifestum est, in consequentiis per propositiones de earum intellectibus agendum non esse, sed magis de essentia rerum ..... Et in hac quidem significatione eorum, quae propositiones loquuntur, una tamen regula exponitur, quae ait, posito antecedenti poni quodlibet consequens eius ipsius, h. e. existente aliqua antecedenti rerum essentia necesse est existere quamlibet rerum existentiam consequentem ad ipsam.* Ebend. p. 351.: *Si quis itaque vocum impositionem recte pensaverit, enuntiationum quarumlibet veritatem facilius deliberaverit et rerum consecutionis necessitatem velocius animadverterit.* Ebenso p. 343 f. u. p. 382.

330) *Dialect.* p. 270.: *Unde oportet, ut rectae sint modales, ut etiam de rebus sicut simplices agant et hunc quidem de possibili et impossibili et necessario, quod quidem tam in his, quae singulare subiectum habent, quam in his, quae universale, licet inspicere.* S. Anm. 379.

331) Aus Rawlinson angeführt bei Rémusat II, p. 104.: *Hic docuit voces cum rebus significare, Et docuit voces res significando notare, Errores generum correxit, ita specierum; Hic genus et species in sola voce locavit, Et genus et species sermones esse notavit; Significativum quid sit* (diess nemlich ist das Urtheil, s. Anm. 315.), *quid significatum, Significans quid sit* (diess ist das einzelne Wort), *prudens diversificavit; Hic quid res essent, quid voces significarent, Lucidius reliquis patefecit in arte peritis; Sic animal nullumque animal genus esse probatur, Sic et homo et nullus homo species vocitatur.*

formalen Motive des fortschreitenden Zusammensetzens und mit dem rhetorischen Interesse der Argumentation tritt gerade da, wo Abälard überall die logischen Momente an die factische Sachlage der Dinge veräussert, an die Stelle einer dem definitorischen Wissen wahrhaft dienenden Syllogistik, und im innersten Kerne ist Abälard bezüglich der Logik weit mehr ein rhetorischer Theoretiker der Argumentation, als etwa ein Platoniker oder Aristoteliker. Jedoch er ist vielfach entschuldbar, da er ja von den Hauptwerken des Aristoteles nur etliche zerstreute Einzelnheiten vom blossen Hörensagen kannte (Anm. 8—18), und insbesondere darum, weil die unvernünftige Anordnung der Theile des Organons sowie die porphyrianischen Anschauungen des Boethius eine schiefe oder zwiespaltige Auffassung hervorrufen mussten. Es rächt sich bei Abälard und vielleicht bei all seinen Zeitgenossen, dass einerseits die Isagoge und die Kategorien dem Platonismus näher stehen und andrerseits zugleich das hernach Folgende den Aristotelismus enthält; und ausserdem mochte Abälard durch seine persönliche Begabung selbst über ein tieferes Erfassen dieser Gegensätze hinausgehoben und zu einem Rhetorismus hingetrieben sein. Es scheint, dass Abälard, wenn er in jenen späteren Jahrhunderten gelebt hätte, wohl sicher ein Anhänger des Petrus Ramus gewesen wäre.

Es ist uns nun aber noch übrig, Abälard's Entwicklung der Dialektik auch durch die einzelnen Theile derselben zu verfolgen, wobei uns derselbe in gleiche Linie mit den obigen, ihren Namen nach unbekannten Urhebern der dort erwähnten einzelnen Controversen tritt.

Nach Abälard's eigener Eintheilung (Anm. 272 ff.) folgt nun, nachdem die Ergänzung des Inhaltes der *Antepraedicamenta* uns zu den allgemeineren und principielleren Erörterungen geführt hatte, der zweite Abschnitt des ersten Haupttheiles, nemlich die *Praedicamenta*, wobei selbstverständlicher Weise Boethius zu Grunde gelegt ist und Schritt für Schritt begleitet wird. Die Begriffe des *univocum* u. dgl. fallen nach Obigem (Anm. 312 u. 325) natürlich nur der sprachlichen Seite anheim[332]). Die Kategorie der *substantia*, welche anderwärts im Anschlusse an *Ps.-Boeth. de trin.* auch als *subsistentia* gefasst wird[333]), erhält ihre Besprechung durchgängig im vollständigsten Anschlusse an Boethius[334]). Ausführlicher wird die Quantität erörtert, obwohl hiebei Abälard auf die Erörterungen Anderer sich stützen musste, da er nach seinem eigenen Geständnisse in der Arithmetik unwissend war[335]); er stimmt denjenigen bei, welche (vgl. Anm. 109 u. 127) der Ansicht waren, dass die Linie aus Punkten bestehe[336]), und hält bezüglich des

---

332) So gelegentlich *Dialect.* p. 480.: *Hoc itaque nomen, quod est aequivocum sive univocum ex vocabulis tantum in rebus contingit.*

333) *Introd. ad theol.* II, p. 1071.: *Unde et substantiae quasi subsistentiae esse dictae sunt, et ceteris rebus, quae ei assistunt et non per se subsistunt, naturaliter priores sunt.*

334) *Dialect.* p. 173—178. (Der Text der Handschrift beginnt überhaupt erst in Mitte der Kategorie *substantia*, d. h. bei *Boeth.* p. 133.)

335) Ebend. p. 182.: *Etsi multas ab arithmeticis solutiones audierim, nullam tamen a me praeferendam iudico, quia eius artis ignarum omnino me cognosco.*

336) Ebend.: *Talem autem, memini, rationem magistri nostri sententia praeten-*

Zahlbegriffes an der durch den Creations-Process bedingten natürlichen Einheit fest (Anm. 304), wornach im Gegensatze gegen obige Meinungen Anderer (Anm. 199 f.) hier die Particularität der Einzelnheit die realistische Grundlage bildet, so dass einerseits „Zahl überhaupt" schon die Pluralität enthält und gleichbedeutend mit „Einheiten" ist, und andrerseits die bestimmten verschiedenen Zahlen als Substantive die Bezeichnungen für verschiedene collective höhere Einheiten sind, vergleichbar dem collectiven Verfahren, durch welches wir die Dinge nach verschiedenen Gesichtspunkten in Arten oder Unterarten oder sonstige Gruppen bringen [337]). Insoweit dort auch die menschliche Rede als ein Quantitatives zu erörtern ist, bestreitet Abälard obige Einseitigkeit, wornach die Luft für das Significante gehalten wurde (Anm. 203), und indem er dem Schalle diese Function zuweist, sucht er diese Ansicht durch Auctoritäten zu stützen [338]). Unmittelbar nach der Quantität aber reiht er die Kategorien *ubi* und *quando* ein, da dieselben von Natur aus in ihrem Ursprunge, mit den in der Quantität erörterten Begriffen des Ortes und der Zeit verbunden seien [339]), und während er so diese beiden Kategorien, auch z. B. mit Einschluss des Begriffes „Gestern" [340]), realistisch fasst, gelangt er wegen des „im Orte Seins" und des „in der Zeit Seins" auf die verschiedenen Bedeutungen des „*inesse*" [341]),

---

debat, ut ex punctis lineam constare convinceretur ..... (p. 183.) *Alioquin supraposita magistri sententia, cui et nostra consentit, etc.*

337) p. 186.: *numerus semper in natura discretionem habet, qui solam unitatis particularitatem requirit* .... *Nomen numeri plurale simpliciter videtur atque idem cum eo, quod est unitates* .... p. 189.: *Unde opportunius nobis videtur, ut, sicut supra tetigimus, numeri nomen substantivum tantum sit ac particulare unitatis atque idem in significatione quod unitates, binarius vero vel ternarius ceteraque numerorum nomina inferiora sunt ipsius pluralis, sicut homines vel equi ad animalia aut albi homines et nigri vel tres vel quinque homines ad homines. Et fortasse quoniam omnia substantive numerorum nomina in unitatibus ipsis pluraliter accipiuntur, omnia eiusdem singularis pluralia poterunt dici secundum hoc scilicet, quod diversas unitatum collectiones demonstrant* (vgl. Anm. 307.). *Numerus quidem simplex metiatur plurale, alia vero secundum certas collectiones determinata.* Hierauf folgt dann die oben, Anm. 199., angeführte Stelle. Vgl. auch p. 421.: *Haec enim unitas hominis Parisiis habitantis et illa hominis Romae manentis hunc faciunt binarium, unde sola unitatum pluralitas numerum perficit;* ebenso p. 486.

338) p. 190.: *Nos autem ipsum proprie sonum audiri ac significare concedimus* ...... p. 192.: *unde et Priscianus* (*Inst. gr.* I, 1) *ait, vocem ipsam tangere aurem, dum auditur, ac rursus ipse Boethius* (*de Musica*, p. 1071.) *totam vocem* .... *ad aures diversorum simul venire perhibet*, worauf noch in folgender auffallender Form auf Augustin und Boethius verwiesen wird (p. 193.): *ipsum etiam Augustinum in Categoriis suis asserunt dixisse*, und *etiam Boethius dicitur in libro musicae artis adhibuisse.*

339) p. 195.: *Hactenus de quantitate disputationem habuimus. Nunc ad tractatum praedicamentorum reliquorum operam transferamus, eaque post quantitatem exsequamur, quae ei naturaliter adiuncta videntur ac quodammodo ex ea originem ducere ac nasci; haec autem ,,quando" et ,,ubi" nominibus Aristoteles designat, quorum quidem alterum ex tempore alterum ex loco duxit exordium.*

340) p. 196., s. oben Anm. 196.

341) p. 197.: *Quum autem et* „*quando*" *in tempore esse et* „*ubi*" *in loco esse determinamus, non incommode hoc loco demonstrabimus, quot modis esse in aliquo accipimus; Boethius autem in editione prima super Categorias novem computat* (folgt nun die Aufzählung derselben aus *Boeth.* p. 121., s. Abschn. XII, Anm. 92.; Cousin nimmt Anstoss, weil er diese Stelle des Boethius nicht fand!).

sucht aber im Gegensatze gegen obige Bedenken Anderer (Anm. 194), welche die Analogie des Fragewortes „*qualiter*“ beizogen, jene das *inesse* betreffenden Ausdrucksweisen dem grammatischen Sprachgebrauche zuzuweisen [342]), hingegen jene zwei Kategorien als solche dadurch zu rechtfertigen, dass in ihnen eine Vergleichung möglich sei, sie daher nicht auf die Quantität, welche eine Vergleichung ausschliesst, zurückgeführt werden dürfen [343]), woran sich übrigens noch die Klage anknüpft, dass Aristoteles die letzten sechs Kategorien überhaupt so karg behandelt habe [344]). In der Controverse über die Relation (ob. Anm. 192) entscheidet sich Abälard schliesslich für die Auctorität der aristotelischen Definition [345]), sowie in der Frage über die Stellung der Begriffe des Aehnlichen und Gleichen (Anm. 193) dafür, dass dieselben zur Qualität gehören [346]).

Die ***Postpraedicamenta*** sodann als dritter Abschnitt des *Liber partium* enthalten, wie wir sahen (Anm. 272), die Erörterung über Nomen und Verbum, insoferne dieselben die Bezeichnungsweisen der Dinge sind und als Theile betrachtet werden, aus welchen das Urtheil als Ganzes zusammengesetzt ist. Die von uns im Obigen entwickelte Ansicht Abälard's über den Begriff der Bezeichnung (*significari* oder

---

342) p. 200.: *Si quis autem ,,qualiter" dicat nihil aliud quam qualitatem demonstrare, et ,,ubi" dicemus nihil aliud quam locum designare vel ,,quando" nihil aliud quam tempus; unde et earum definitiones recte vel ,,in loco esse" vel ,,in tempore esse" dicimus, quae, si grammaticae proprietatem insistamus, nihil aliud a loco vel tempore diversum ostendunt ..... Videntur itaque magis pro nominibus accipienda esse ,,esse in loco" vel ,,esse in tempore", quam pro definitionibus.*

343) Ebend.: *Haec autem generalissima ipsa, ut arbitror, comparationis necessitas meditari compulit; cum enim quantitates non comparari constaret* (*Boeth.* p. 154), *non poteramus comparationem „diu“ vel „diuturni“ vel „extra“ ad tempus vel locum reducere, indeque maxime inveniri praedicamenta arbitror, ad quae illa reducantur.*

344) Ebend.: *Ac de his quidem praedicamentis difficile est pertractare, quorum doctrinam ex auctoritate non habemus, sed numerum tantum; ipse enim Aristoteles in tota praedicamentorum serie sui studii operam nonnisi quatuor praedicamentis adhibuit, substantiae scilicet, quantitati, ad aliquid, qualitati; de facere autem vel pati nihil aliud docuit, nisi quod contrarietatem et comparationem susciperent ..... de reliquis autem quatuor, quando scilicet, ubi, situ, habere, eo quod manifesta sunt, nihil praeter exempla posuit ..... De ubi quidem ac quando ipso quoque attestante Boethio* (p. 190.) *in Physicis de omnibusque altius subtiliusque in his libris, quos Metaphysica vocat, exsequitur, quae quidem opera ipsius nullus adhuc translator latinae linguae aptavit, ideoque minus natura horum nobis est cognita.* Vgl. obige Anm. 18., woselbst wir schon auf die durch Gilbertus Porretanus später beigebrachte Ergänzung hinweisen mussten, s. unten Anm. 488 ff.

345) p. 204.: *Aristoteles de imperfectione restrictionis sicut Plato de acceptatione nimiae largitatis culpabilis videtur; uterque enim modum excesserit, atque hic quasi prodigus, illa tanquam avarus redarguendus. Sed et si Aristotelem peripateticorum principem culpare praesumamus, quem amplius in hac arte recipiemus? Dicamus itaque, omni ac soli relationi eius diffinitionem convenire etc.*

346) p. 208.: *At vero cum similitudo relationibus aggregetur* (*Boeth.* p. 157.), *.... non videtur secundum solas qualitates simile dici .... His autem, qui simile ac dissimile inter qualitates computant* (*Boeth.* p. 187.), *monstrari potest, res quaslibet in eo, quod dissimiles sunt, esse similes .... At fortasse non impedit, si in eo, quod dissimilitudinem participant, similes inveniantur* (d. h. er hält sich an die letztere Stelle des Boethius).

significatio) führt ihn hier dazu, seine Uebereinstimmung mit jenem Garmundus (Anm. 82) auszusprechen, welcher als gemässigter Nominalist in dem begrifflichen Gehalte des Wortes, nicht im Worte als solchem, das Wesen der Bezeichnung erblickte; eine Auffassung, welche Abälard durch Stellen des Boethius bestätigt findet[347]). In dem Streite, ob die Präpositionen und Conjunctionen als Redetheile zu betrachten seien (Anm. 206), sucht er eine Vermittlung zwischen den einseitigen Standpunkten der Grammatiker und der Dialektiker herzustellen, indem er jenen Redetheilen wohl die Fähigkeit des Bezeichnens zuschreibt, aber dieselbe in der nemlichen Weise wie den Modus der Aussage (Anm. 327 u. 330) auf eine dingliche Modification zurückführt[348]), wodurch, wie man sieht, auch nach Abälard's Ansicht die sog. *Syncategoreumata* (s. Anm. 174 u. 206) folgerichtig in der Logik irgendwo ihre Stelle finden müssten. In allem Uebrigen aber schliesst er sich enge an Boethius an und sucht Bedenken, welche von Anderen erhoben wurden, zu widerlegen[349]), wozu ihm sowohl bezüglich der Urtheile, welche nicht die factische Existenz ihres Subjectes enthalten (Anm. 211), Gelegenheit geboten war[350]), als auch insbesondere bei dem sog. unbestimmten Urtheile (Anm. 214), betreffs dessen er theils den technischen Sprachgebrauch zu begründen versuchte[351]), theils die Leistung des Boethius rechtfertigte[352]).

---

347) p. 210., woselbst unmittelbar auf obige Worte (Anm. 82.) folgt: *Unde manifestum est, eos velle vocabula non omnia illa significare, quae nominant* (dass z. B. *animal* nicht sofort schon *homo* „bezeichne"), *sed ea tantum, quae definité designant, ut animal scilicet animal sensibile aut album albedinem, quae semper in ipsis denotantur. Quorum sententiam ipse commendare Boethius* (p. 639.) *videtur, cum ait in divisione vocis „vocis autem in proprias significationes divisio fit etc."* ...... (p. 211.) *Si tamen „significare" proprie ac secundum rectam et propriam eius diffinitionem signamus, non alias res significare dicemus, nisi quae per vocem concipiuntur.* Vgl. Anm. 317.

348) p. 217.: *Illa ergo mihi sententia praelucere videtur, ut grammaticis consentientes, qui etiam logicae deserviunt, has quoque per se significativas esse fateamur, sed in eo significationem earum esse dicamus, quod quasdam proprietates circa res eorum vocabulorum, quibus apponuntur praepositiones, quodammodo determinent ..... Coniunctiones quoque, dum quidem rerum demonstrant coniunctionem, quandam circa eas determinant proprietatem.*

349) Z. B. p. 219., wo gegenüber dem oben, Anm. 210., erwähnten Einwande bemerkt wird: *Verum ipse verbo deceptus erat ac prave id ceperat, verbum dicere rem suam inhaerere.*

350) p. 224.: *Sed ad hoc, memini, ut magistri nostri sententiam defenderem, respondere solebam, Homeri et poetae nomen, si per se intelligantur, Homerum designare, unde bene denegetur simpliciter Homerum esse, qui iam defunctus est; at vero .... tota magis orationis sententia intelligenda.* Dasselbe wiederholt er in der Lehre vom Urtheile p. 251.

351) p. 220.: *Est autem causa vocabuli „infinitum" non tam ad significationem reducenda, cum scilicet nec solis nec omnibus infinitis videatur convenire, quam ad quandam imponentis institutionem* .... p. 221.: *Patet, infiniti diffinitionem non esse, quod infinita continet, sed causam potius esse novae transpositionis et impositionis nominis.* S. *Boeth.* p. 311 f.

352) p. 225 f.: *Si sensum exsequamur, infinitationis quoque proprietas in oratione quoque invenietur, et quaecunque sub finita non continentur, sub infinita eadem possunt; ut, cum verum sit, Socratem non esse album asinum, veram quoque et eam concedimus „Socrates est non albus asinus", ita quidem, ut non solum*

Insoferne aber auf dem Inhalte des *Liber partium*, d. h. auf der Auffassung der Universalien, der Kategorien und der Bezeichnungskraft des Wortes, auch bei Abälard ebenso wie bei Boethius die Lehre von der Eintheilung und der Definition beruht, so reihen wir hier jene andere Schrift des Abälard, welche mit der „*Dialectica*“ nicht in Einem Faden zusammenhängt (s. Anm. 277), ein. Im *Liber Divisionum* nemlich, woselbst Abälard nach des Boethius Standpunkt Eintheilung und Definition als Eine gemeinschaftliche Disciplin nimmt und der ersteren nur die Stellung einer vorbereitenden Manipulation für die letztere anweist, dabei aber auch sein eigenes Verdienst in Bearbeitung dieses Zweiges zu erwähnen nicht vergisst [353]), schliesst er sich zunächst, auch schon in der Aufzählung der sechs Methoden der Eintheilung (Abschn. XII, Anm. 96), ganz an Boethius an [354]), aber bei der Eintheilung der Gattung in die Arten bekämpft er die Ansicht der Realisten, welche an dem Verfahren der platonischen Dichotomie festhalten zu müssen glaubten (Anm. 118); denn dasselbe könne keine Anwendung auf die Kategorie der Relation finden, da, wenn es zwei Arten des Relativen gäbe, diese weder auf eine oberste Gattung des Relativen bezogen werden könnten, — indem sie als relative dann gleichzeitig mit der Gattung als ihrem Correlatum sein müssten, was aber bei Gattung und Art nicht der Fall ist —, noch aber auch auf Unterarten, indem jede derselben entweder auf ihre eigenen Unterarten zu beziehen wäre — was zum nemlichen Widerspruche führen würde —, oder auf die Unterarten der ihr coordinirten zweiten Species, wodurch, da diess wechselseitig geschehen müsste, die Unterordnung zwischen Ober- und Unter-Arten in Verwirrung komme [355]). Bei der Eintheilung des

---

album infinitetur et asinus remaneat, ac si ita dicatur „est asinus non albus“, sed ut tota simul oratio „albus asinus“ negatione excludatur (es erinnert diess an obigen — Anm. 113. — räthselhaften Syllogismus vom *„grandis asinus“); alioquin magis una dictionum tantum infinitaretur.*

353) p. 450.: *Dividendi seu diffiniendi peritiam .... multorum auctoritas tractat; quorum non quidem aemulatores non ingrati eorumque vestigia studiose amplectentes ad tuam, frater, imo ad communem omnium utilitatem in eisdem desudare compellimur. Non enim tanta fuit antiquorum scriptorum perfectio, ut non et nostro doctrina indigeat studio, nec tantum in nobis mortalibus scientia potest crescere, ut non ultro possit augmentum recipere. Quoniam vero divisiones diffinitionibus naturaliter priores sunt, quippe ex ipsis constitutionis suae originem ducunt, in ipso quoque tractatu divisiones merito priorem locum obtinebunt, diffinitiones vero posteriorem.*

354) p. 452 ff.

355) p. 458.: *Si autem genus semper vel in proximas species vel in proximas differentias divideretur, omnis divisio generis, sicut Boethio* (p. 643, s. Abschn. XII, Anm. 98.) *placuit, bimembris esset ..... Hoc autem ad eam philosophicam sententiam respicit, quae res ipsas, non tantum voces, genera et species esse confitetur. Sed ad haec, memini, obiectionem de relatione habebam; si enim in omnibus id contigit generibus, ut duabus proximis speciebus contineantur, utique et „ad aliquid“ duabus proximis speciebus comprehenditur, quibus sufficienter dividitur; licet enim earum nomina non habeamus, in natura tamen rerum non minus consistunt. Sed ad supremum genus non possunt referri; quippe id, quod omnibus relativis prius et genus omnium est, simul cum ipsis non est, unde nec relativum est ad eas, omnia enim ad aliquid simul esse natura, Aristoteles in praedicamentis docuit; ex eo quoque ad ipsum referri non possunt duae illae species ...... Sed nec ad subiectas species referri possunt; si enim aliqua illarum specierum ad inferiores specierum ad*

Ganzen in seine Bestandtheile trat Abälard in der Frage, was die ursprünglichen Theile (*partes principales*) seien, den beiden oben (Anm. 125) erwähnten einseitigen Annahmen Anderer dadurch gegenüber, dass er jene Bestandtheile als die wesentlichen bezeichnete, deren Zusammenfügung unmittelbar das Ganze constituirt, also z. B. Grundmauer Wände und Dach bei dem Hause, d. h. er legte dabei die Verwirklichung des Wesens des Ganzen zu Grunde[356]), sowie er auch bezüglich der Theile der Zeit (s. Anm. 202) sich dafür entschied, dass das aus successiven Theilen bestehende Ganze nicht sachlich objectiv ein Ganzes sei, sondern nur gleichsam als Ganzes oder Eines (*quasi unum, quasi totum*) durch die Betrachtung aufgefasst werde[357]). Er unterscheidet aber auch im Anschlusse an Boethius (Abschn. XII, Anm. 97) die Eintheilung der Gattung von der Eintheilung des Ganzen derartig, dass, da die Theile der Stoff des Ganzen sind und die Gattung der Stoff der Arten ist, die erstere Eintheilung eine Zerlegung in das Spätere, die letztere aber eine Theilung in das Frühere sei[358]). Bei der Eintheilung des Wortes in seine Bedeutung (Abschn. XII, Anm. 101) reducirt er die auf die Modalität des Wortes bezügliche in gleicher Weise wie oben, Anm. 348, auf dingliche Modificationen[359]); seine Ansicht

---

aliquid referatur, itaque vel ad sibi suppositam vel ad suppositam alteri; sed ad suppositam sibi non potest, cum prior in natura sit ut genus; quodsi haec ad speciem illi suppositam et illa ad speciem isti suppositam referatur, necesse est, alteram altera priorem et posteriorem esse in natura ...... (p. 460.) *Non poterat* (so oder ähnlich ist zu lesen statt des sinnlosen *Nota*) *itaque huius praedicamenti generalissimum duabus contineri speciebus; aut nos itaque in his ultra quam oporteat subtiles sumus, aut, si auctoritatem salvam conservemus, non ad omnium praedicamentorum genera respexit.*

356) p. 468.: *de principalitate partium .... quid nostro praeluceat arbitrio, supponamus. Principales itaque partes nobis appellari videntur, quarum ad se coniunctionem totius perfectio statim subsequitur, ut tecto et fundamento et pariete coniunctis domus statim perficitur, sed non ita eorum partibus compositis; etsi enim* (so ist zu lesen für *non*) *in tecto omnes partes eius iam sint dispositae ac similiter in pariete et fundamento, deest tamen ad perfectionem domus compositorum, et parietis et tecti et fundamenti, ad se invicem coniunctio, quorum quidem conventus domus perfectionem statim reddit.*

357) p. 469.: *Horum enim totorum existentiam, quae partes permanentes non habent, ut in orationibus et temporibus contingit, non possumus secundum omnes partes simul accipere, quippe cum ipsae simul nunquam sint, sed sibi succedant, unde tantum secundum partium ipsarum existentiam totorum dimetimur essentiam ....* (p. 470.) *Sed si rei veritatem confiteamur, nunquam proprie ista partibus constare contigerit ..... Oportet ista tota non esse confiteri, sed tamen quasi de totis philosophos de eis egisse secundum hoc scilicet, quod ea, quae praeterita erant vel futura erunt* (dieses Wort fehlt in d. Handschr.), *cum eo, quod praesentialiter est, consideratione quasi unum colligebant .... Quae itaque in re tota non sunt, secundum tamen eorum considerationem quasi tota accipiuntur.*

358) p. 485.: *Genus omne naturaliter prius est suis speciebus, totum vero posterius partibus, sive illae natura tantum sive tempore compositionem totius praecedant; quod enim in materia rei collocatur natura, necesse est praecedere id, quod ex eo efficitur; partes autem totius materia sunt, genus vero specierum; unde fit, ut genus in posteriora distribuatur, totum vero in priora dividatur. Theol. christ.* IV, p. 1293.: *Pars autem teste Boethio* (p. 640.) *prior est ab eo, cuius pars est, et eo eius constitutiva divisio in priora fit, sicut generis in posteriora.* Ebenso ebend. p. 1262.

359) *Dialect.* p. 481 f.: *At quoniam vocis in significationes omnem divisionem*

über die Frage, ob ein Wort auch seine Buchstaben bezeichnen könne, wurde schon oben, Anm. 204, angeführt. In der hierauf folgenden Lehre von der Definition[360]) gibt er eine commentirende Umschreibung des Boethius[361]), wobei er Gelegenheit hat, jene Meinung, dass die Definition nur auf die Qualitäten sich beziehe (Anm. 123), dadurch zu modificiren, dass allerdings die Namenbezeichnung schon für sich mehr das substantielle Wesen enthalte (Anm. 317 u. 347), hingegen die Angabe der Eigenschaften durch den artmachenden Unterschied auch ihrerseits auf den formbildenden Process der Substanz (Anm. 294 ff.) eingehe, und so Beides ineinander übergreife[362]). Auch jene andere Schwierigkeit, welche die Definition der Qualitäten selbst betraf (Anm. 124), löst er in analoger Weise; denn indem die Eigenschaft als ein bloss Beiwohnendes (Anm. 301) betrachtet wird, kann die Definition sowohl auf dieses Beiwohnende selbst, als auch auf die durch dasselbe modificirten Dinge gehen, und ebensosehr auch als Definition des Namens der Eigenschaft gelten, insoferne ja bei den Namen dasjenige, was durch sie bezeichnet wird, Gegenstand der Definition ist, und die Definition als ein Ausgesagtes stets in Worten sich bewegen muss[363]). In letzterem Sinne wird die Definition als ein Urtheil erklärlicher Weise namentlich in der Topik aufgefasst, woran sich dort die Bemerkung

---

monstravimus, illam quoque vocis divisionem, quae in modos fit, pertractemus ...... Unde nec vocis divisio proprie videtur, cum in ea de voce non agatur, imo de rebus tantum.

360) Ebend. p. 490.: *Hactenus quidem de divisionibus tractatum habuimus ... Nunc vero consequens est, ut ad diffinitiones nos convertamus, quae, sicut dictum est, ex divisionibus nascuntur.*

361) So z. B. wiederholt er (p. 491.) auch desselben Auffassung, dass nur die mittleren Wesenheiten definirt werden können, s. Abschn. XII, Anm. 99.

362) p. 492.: *Diffinitiones maxime propter ostensionem proprietatum inducuntur, interpretationes vero ita nomen aperiunt, ut sola substantiae demonstratio sufficere queat. Tunc enim interpretatio proprie requiritur, cum de nominativo quoque substantiae* (die Handschr. hat *nominativa qu. substantia*, Cousin gibt *nominata qu. substantia*) *dubitatur nec cui etiam substantiae impositum sit, tenetur; tunc autem diffinitio superadditur, cum formae proprietas ignoratur. Cum autem vel interpretatio de qualitate quoque vel diffinitio de substantia etiam proponat, principaliter tamen illa propter substantiam monstrandam, haec vero propter qualitates ad aliarum rerum differentiam et plenam rei demonstrationem componitur.*

363) p. 495 f. (nach der in Anm. 124. angeführten Stelle): *Sed ad haec, memini, tales erant solutiones, quae ab omnibus suprapositis obiectionibus liberare viderentur. Dicatur itaque illa diffinitio albedinis esse non secundum essentiam suam, sed secundum adiacentiam acceptae; unde et eam praedicari convenit et de ipsa albedine secundum adiacentiam hoc modo „omne album est formatum albedine“ et de omnibus, de quibus ipsa in adiacentiam praedicatur ..... Potest etiam dici diffinitio eadem esse huius nominis quod est „album“, non quidem secundum essentiam suam, sed secundum significationem, nec in essentia sua de ipso praedicabitur, ut videlicet dicamus, hanc vocem „album“ esse formatam albedine, sed secundum significationem, i. e. scilicet cum significando, ac si diceremus „res quae alba nominatur, est formata albedine“. Est autem vocem diffinire eius significationem secundum diffinitionem aperire, rem vero diffinire ipsam demonstrare. Itaque sive diffinitio vocis esse sive cuiuscunque significationis esse eius diceretur, solvi poterat; scilicet profecto nihil est diffinitum, nisi declaratum secundum significationem vocabulum dicimus, nec rem ullam de pluribus dici, sed nomen tantum concedimus* (über Letzteres s. oben Anm. 287.).

knüpft, dass das Definirte und die Definition wohl bezüglich des Wesens identisch sind, nicht aber im Sprachausdrucke, indem, während beide das Nemliche bezeichnen, doch die Definition mehr auf den Creations-Prozess der Substanz gehe, hingegen das Definirte noch manches Anderweitige enthalte, was in der Definition nicht ausgedrückt ist, so dass demnach auch hier, wie oben Anm. 323—330, der dingliche Befund, über welchen das definitorische Urtheil „handelt“, die Hauptsache ist und durch denselben die Regel sich bedingt, dass die Definition weder zu eng noch zu weit sein soll [364]).

Was aber sodann den zweiten Haupttheil der Dialektik, nemlich die Lehre von der *oratio* (s. Anm. 273 f.) betrifft, so äussert sich Abälard im *Liber Categoricorum* mit einem sehr hohen Selbstbewusstsein gegenüber seinen Neidern über seine eigene Leistung im Vergleiche sowohl mit der Tradition als auch mit der Thätigkeit seiner Zeitgenossen, welch letztere er als *„moderni“* (vgl. Anm. 55 u. 219) bezeichnet [365]); ja er meinte, das Buch *De interpret.* (vgl. oben Anm. 202) sei überhaupt nur durch die Auctorität gehalten, und es sei leicht, über diesen Theil der Logik eine Schrift zu verfassen, welche dem-

---

364) p. 370.: *Diffinitio, cum orationis sit species, naturam orationis non potest excedere, sed, sicut omnis oratio ex partibus suis suam contrahit significationem* (s. Anm. 315.), *ita diffinitio ex suis; alioquin dictio videretur, si videlicet ad significationem totius, non partium, respiceremus* ...... (p. 371.) *Animal rationale mortale idem prorsus est, quod homo, nec tamen ex his sequitur, ut si quid sit animal rationale mortale, sit homo, si propriam vocum demonstrationem attendamus; si vero magis rei essentiam, quam vocum proprietatem, insistamus magisque identitatem essentiae, quam vim verborum attendamus, profecto consequentia, ut videlicet vel totum in „animal rationale mortale“, quod in „homo“, intelligamus, vel in „homo“ tantum, quantum in „animal rationale mortale“ .... Unde clarum est, quantam vim cum enuntiationibus vocum proprietas teneat, maximeque illa attendenda est vocum significatio, quae prima est, i. e. quae in voce ipsa denotatur et secundum quam ipsa vox imponitur .... Nam et cum diffinitio et diffinitum ad eandem prorsus substantiam habeant impositionem atque enuntiationem, saepe tamen non idem prorsus de ipsa notant; nam „animal rationale mortale“ secundum id tantum hominis substantiae datum est, quod est animal informatum rationalitate et mortalitate, „homo“ vero secundum ceterarum quoque formarum differentiarum informationem ..... Haec autem ratio diffinitionem in rei demonstratione accipi probat, quod in ipsa consequentia tantum de rebus, non de vocibus, agitur. Theol. Christ.* III, p. 1278.: *diffinitio ...., quae ex integro vim et proprietatem diffiniti exprimit et sententiam nominis in nullo excedit nec ab eo exceditur* (s. Abschn. XII, Anm. 108.).

365) *Dialect.* p. 227 f.: *Nec propter aemulorum detractationes obliquasque invidorum corrosiones nostro decrevimus proposito cedendum nec a communi doctrinae usu desistendum. Etsi enim invidia nostrae tempore vitae scriptis nostris doctrinae viam obstruat, ... in his quisque, quod doctrinae necessarium sit, inveniet. Nam etsi Peripateticorum princeps Aristoteles categoricorum syllogismorum formas et modos breviter quidem et obscure perstrinxerit, ... Boethius vero hypotheticorum complexiones eloquentiae latinae tradidit, graecorum quidem Theophrasti et Eudemi operum moderator* (s. Abschn. XII, Anm. 139.), ... *post omnes tamen ad perfectionem doctrinae locum studio nostro in utrisque reservatum non ignoro. Item quae ab eis summatim designata sunt vel penitus omissa* (— aber neue Ergänzungen bringt Abälard, höchstens etwa mit Einer Ausnahme, s. Anm. 391., nirgends bei —), *labor noster in lucem proferat, interdum et quorundam maledicta corrigat et schismaticas expositiones contemporaneorum nostrorum uniat et dissensiones modernorum, si tantum audeam profiteri negotium, dissolvat.*

selben in keiner Beziehung nachstehe [366]). Doch müssen wir gestehen, dass Abälard hiebei von Eitelkeit geblendet sein mochte, denn er lässt sich auch hier nur von Boethius leiten. Aus diesem ist Alles, was zu Anfang über *oratio* gesagt wird, entnommen [367]); nur bei der üblichen Eintheilung der Satzarten, woselbst aus Marcianus Capella (Abschn. XII, Anm. 62) auch der Wunschsatz aufgenommen ist, wird der von Boethius (ebend., Anm. 111) hinzugefügte Vocativ-Satz bestritten [368]). Was die Definition des logischen Urtheiles selbst betrifft, so kann nach Obigem (Anm. 317) die aristotelische Definition in jene rhetorische hinübergelenkt werden (s. Abschn. VIII, Anm. 45), welche bei Boethius in der Topik sich findet [369]). Es folgt hierauf die Eintheilung in kategorische und hypothetische Urtheile (Abschn. XII, Anm. 112), wobei neben der üblichen boethianischen Terminologie (s. ebend. Anm. 124) uns hier zum ersten Male das Wort „*copula*“ begegnet, welches hiemit damals in der Schule bereits üblich gewesen sein muss [370]). Das Quantitätsverhältniss zwischen Subjects- und Prädicats-Begriff (*maior* und *minor*) fällt nach Obigem (Anm. 318 u. 325) dem Sprachausdrucke anheim [371]).

Die Eintheilung des kategorischen Urtheiles veranstaltet Abälard nach vier Gesichtspunkten, indem auf das Prädicat die sog. Qualität und auch die Modalität, auf das Subject aber die Quantität bezogen wird, sodann in den Terminis überhaupt die Einheitlichkeit oder Vielheitlichkeit liege und endlich nach der Zeit sich eine Eintheilung in drei Arten ergebe [372]). Vielleicht war es diese Gliederung, in welcher

---

366) *Joh. Saresb. Metal.* III, 4 (wo von dem Werthe des Buches *De interpr.* die Rede ist), p. 131.: *Dixisse recolo Peripateticum Palatinum, quod verum arbitror, quia facile esset, aliquem nostri temporis librum de hac arte componere, qui nullo antiquorum, quod ad conceptionem veri vel elegantiam verbi, esset inferior, sed ut auctoritatis favorem sortiretur, aut impossibile aut difficillimum.*

367) *Dialect.* p. 229—233.

368) p. 234.: *Harum igitur orationum, quae perfectae sunt, aliae sunt enuntiativae, aliae interrogativae, aliae deprecativae, aliae imperativae, aliae desiderativae ..... Addunt autem quidam sextam speciem, vocativam scilicet orationem; sed mihi quidem vocatio non videtur diversam speciem a suprapositis procreare, quae quidem vocatio omnibus aequaliter potest apponi.*

369) p. 237 f.: *Propositio est oratio verum falsumve significans; quae quidem diffinitio* (bei *Boeth. de diff. top.* p. 858.) *eadem omnia et sola continet cum ea, quam secundum Aristotelem protulimus ..... Nec quidem incommode; sicut enim omnes propositiones vel affirmativae vel negativae ac solae, ita etiam verae vel falsae.*

370) p. 246.: *Harum itaque aliae sunt categoricae, i. e. praedicativae ..... aliae hypotheticae, i. e. conditionales ..... Est autem categoricarum natura secundum membra sive species demonstranda; sunt autem membra, ex quibus coniunctae sunt, praedicatum ac subiectum atque ipsorum copula, secundum hoc scilicet, quod verbum a praedicato seorsum per se accipimus, ... verbum vero interpositum praedicatum subiecto copulat.* Die Quelle dieser Schul-Terminologie liegt in den, Abschn. XII, Anm. 124., angeführten Stellen des Boethius, wenn auch bei Letzterem das Wort „*copula*“ selbst noch nicht vorkömmt. Vgl. jedoch folg. Abschn. Anm. 11.

371) p. 248.: *Quod itaque praedicatum subiecto maius vel aequale dicitur* (Abschn. XII, ebend.), *ad vocum enuntiationem, non ad essentiam rei, reducitur.*

372) p. 253.: *Ad praedicati enuntiationem pertinet, quod propositiones ..... affirmativae dicuntur vel negativae, quodque aliae ipsum simpliciter aliae cum aliquo modo praedicant, unde alias simplices alias modales appellamus. Ad subiectum vero illud refertur, quod aliae universales aliae particulares aliae indefinitae aut singu-*

er ein besonderes Verdienst seiner Darstellung erblickte, die Reihenfolge aber der hier angegebenen Gesichtspunkte änderte er in der Entwicklung des Einzelnen. Zuerst wird über Affirmation und Negation gehandelt, wo bezüglich des realen Gegensatzes nicht bloss die an Apulejus (Abschn. X, Anm. 10) erinnernde Terminologie „*maxime repugnans*", sondern auch für die alternativen Gegensätze der Ausdruck „*immediatio*" oder „*dividentia*" erscheint[373]. Bei der contradictorischen Entgegensetzung wird jene Annahme des Boethius, welche bezüglich des allgemein bejahenden Urtheiles oben, Abschn. XII, Anm. 114, angeführt wurde, bekämpft, und die aristotelische Angabe (Abschn. IV, Anm. 217) als die richtige bezeichnet[374], was eben damit zusammenhänge, dass Aristoteles überhaupt bei dem contradictorischen Gegentheile die erforderliche Rücksicht auf die Modalität der Ausdrucksweise (Anm. 318 u. 327) genommen habe[375]. Hierauf folgt die Erörterung der Quantität der Urtheile und der durch Quantität und Qualität sich ergebenden Verhältnisse derselben[376], wobei es eigenthümlich ist, dass Abälard nicht der boethianischen Terminologie „*consentiens*" oder „*conveniens*" (Abschn. XII, Anm. 117 u. 128), sondern des bei Apulejus (Abschn. X, Anm. 11) vorkommenden Wortes „*aequipollentia*" sich bedient[377]. Sodann folgt die Modalität in einer Compilation, welche aus *Boeth. de interpr.*

---

lares nominantur. Ad multiplicitatem vero terminorum illud attinet, quod aliae unae sunt aliae multiplices. Ad diversitatem vero temporum, quod aliae de praesenti aliae de praeterito aliae de futuro proponuntur.

373) p. 255.: *Ea namque opposita contraria diffiniunt, quae prima fronte sibi opponuntur, h. e. quae maxime sibi repugnant, velut album et nigrum, quae nullo modo eidem simul inesse possunt ..... Quod itaque simul abesse non possit, oppositionem non exigit, sed dividentiam seu immediationem.* Ueber *dividentia* vgl. unten Anm. 427.

374) p. 256.: *Ex his itaque manifestum est, ei, quae dicit „omnis homo iustus est", magis repugnare „nullus homo iustus est", quam „non omnis homo iustus est" ..... Eadem enim haec „non omnis homo iustus est" cum ea videtur, quae proponit „quidam homo iustus non est", atque pro una et eadem utramque Boethius accipit, cum tamen earum sententia diversa appareat his, qui eam perspicacius inspiciunt. Multum enim refert ad sententiam enuntiationis .... negativa particula, ... quod quidem ex hypotheticis quoque enuntiationibus ostenditur; non enim eadem est sententia istarum „si est homo, non est iustus" et „non, si est homo, est iustus" ......* (p. 257.) *Unde subtilius Aristoteles negationem universalem, quam Boethius, distinxit; hic enim „non omnis homo est albus" recte semper opponit, Boethius autem „quidam homo non est albus".*

375) p. 259.: *Apparet autem, ... Aristotelem contradictionem affirmationis et negationis non tam secundum sententiam, quam secundum constitutionis materiam demonstrasse .... Quia vero Aristoteles non solum sententiam contradictionis, verum etiam constitutionem demonstrare intendit, quae in eorundem terminorum voce consistit, recte, postquam eosdem terminos negationem habere dixit secundum prolationem, cetera secundum sententiam determinanda videbantur .....* (p. 260.) *Est itaque recta ac propria tam voce quam sensu negatio, quae negatio praeposita propositae enuntiationi sententiam eius exstinguit .... Ex his itaque manifestum est, subtilius Aristotelem considerasse negationem universalis affirmationis, quam Boethium.*

376) p. 262. Cousin gibt nur den Titel, ohne den Inhalt, welcher auf Boethius (Abschn. XII, Anm. 113 ff.) beruhen muss, abzudrucken.

377) *Glossae in libr. de interpr.* p. 597 f.: *Modo vult ostendere aequipollentiam earum .... Nota, hanc regulam esse in omnibus aequipollentibus* u. s. f. stets; nur Ein Mal findet sich dort p. 600. *consentire in aequipollentia.* S. Anm. 381.

(Abschn. XII, Anm. 119 ff.) und zugleich aus *Boeth. de syll. hyp.* (ebend. Anm. 150 ff.) entnommen ist[378]), dabei aber in unablässiger Wiederholung auf die dingliche Basis der Modalität (ob. Anm. 330) hinweist[379]), womit zusammenhängt, dass auch hier (vgl. Anm. 216) *possibile* und *contingens* als völlig gleichbedeutend genommen werden[380]). Auf Grund des Boethius (Abschn. XII, Anm. 122 u. 150) werden sowohl die Formen der modalen Urtheile als auch deren Umkehrung (mit der boethianischen Terminologie, s. ebend. Anm. 130) und deren Aequipollenz erörtert[381]), worauf dann im Gegensatze gegen andere Auffassungen (Anm. 215) abermals die Möglichkeit als das von der Natur Zugelassene und die Nothwendigkeit als das von derselben Geforderte bezeichnet, und hiemit auch die Modalität des Wahr- und Falsch-Seins in Verbindung gebracht wird[382]). Erst hiernach bespricht Abälard, was bei Boethius vorausgeht, nemlich das durch die Zeit bedingte Verhältniss der Urtheile, namentlich insoferne dieselben auf die Zukunft gehen, wobei er sich vollständigst an die boethianische Erklärung des Aristoteles anschliesst[383]). Ebenso verfährt er in der äusserst weitschweifigen Erörterung über den noch übrigen Gesichtspunkt, welcher die Einheit oder Vielheitlichkeit des Urtheiles betrifft[384]), und unter welchen sofort schon hier auch das hypothetische Urtheil (nach Boethius, s. Abschn. XII, Anm. 146) gebracht wird[385]).

---

378) *Dialect.* p. 262 ff. woselbst z. B. (p. 264.) auch die Hindeutung auf die erschöpfte Anzahl aller möglichen Combinationen (Abschn. XII, Anm. 152.) sich findet.

379) p. 266—270., oder z. B. p. 273.: *Sic enim recte videntur mihi omnes huiusmodi propositiones exponi, ut de rebus ipsis agamus sic: „omnem hominem possibile esse album", i. e. natura omnis hominis patitur albedinem, i. e. nullius hominis natura repugnat albedini* u. s. f.

380) p. 265.: *Possibile quidem et contingens idem prorsus sonant.*

381) p. 268.: *Quod tam in conversione simplici quam in conversione per contrapositionem licet inspicere.* p. 271 ff. folgt die Angabe der durch Combination der Modalität mit Quantität und Qualität möglichen Formen, nemlich *Possibile est omnem* (oder *nullum* oder *quendam*) *hominem esse* (oder *non esse*) *album*, und ebenso bei *Impossibile* und bei *Necesse*, sowie bei *Non possibile*, *Non impossibile* und *Non necesse.* Dann im Hinblicke hierauf p. 276.: *Nunc autem dispositis in utroque genere propositionum ordinibus modalium regulas aequipollentiae tradamus.* Dass hingegen die auf Subordination beruhende Abfolge bei den modalen Urtheilen unmöglich sei, wird ausdrücklich bemerkt (p. 276.): *Sunt autem quidam, qui et nostram tenent sententiam, qui in consequentiis modalium inferentiae simplicium locos vel regulas non admittant; dicunt enim totius vel partis naturam in talibus omnino deficere inferentiis; falsum enim aiunt, quod si omne animal impossibile est esse hominem, omnem hominem impossibile est esse hominem* u. s. f.

382) p. 277 f.: *Nunc autem utrum aliqua proprietas per modalia nomina, ut quidam volunt, praedicetur, persequamur; aiunt enim, per possibile possibilitatem praedicari, per necesse necessitatem .... Sed falso est .... sed per possibile id demonstratur, quod natura patiatur, per necesse, quod exigat et constringat ...... Verum antecedit quidem ad possibile, sequitur vero ad necessarium; falsum autem ad impossibile tantum sequitur; si enim necesse est esse, verum est esse, et si verum est esse, possibile est esse; si vero impossibile est esse, falsum est esse.*

383) p. 280—294. (In gleicher Weise äussert er sich über diesen Gegenstand auch *Introd. ad theol.* III, p. 1134.).

384) p. 294—303.

385) p. 304.: *Cadunt autem sub divisionem unarum et multiplicium proposi-*

Unmittelbar hierauf aber reiht sich als Abschluss dieses Abschnittes die Lehre von den kategorischen Syllogismen an[386]), woselbst wohl jene ächt aristotelische Definition des Syllogismus, welche wir oben, Anm. 14, als Beweis einer sporadischen Kenntniss der Analytik anzuführen hatten, an die Spitze tritt, aber die Entwicklung dann sogleich, nach Einschaltung einer zweiten aristotelischen Stelle (s. dieselbe oben Anm. 15) und einer Bemerkung über eine Terminologie (s. oben Anm. 16), lediglich aus Boethius *de syll. categ.* (s. Abschn. XII, Anm. 131 ff.) entnommen wird[387]). Es bietet die Aufzählung und Darlegung der sämmtlichen Modi des kategorischen Schlusses durchaus Nichts eigenthümliches dar, höchstens etwa mit der einzigen Ausnahme, dass Abälard in der dritten Figur die bei Boethius erwähnte und von Porphyrius herrührende (Abschn. XII, Anm. 137, Abschn. XI, Anm. 82) Hinzufügung eines siebenten Modus verwirft[388]). Ueber einen Selbstwiderspruch, in welchen er bei Reduction der Syllogismen mit seiner eigenen Ansicht über den contradictorischen Gegensatz (Anm. 374) geräth, hilft er sich sehr leicht mit der „Wahrscheinlichkeit" hinweg[389]). Sodann aber folgt jene merkwürdige Stelle, in welcher Abälard eine gewisse Kenntniss jener aristotelischen Syllogismen zeigt, welche aus Combinationen der Möglichkeits- und Nothwendigkeits-Urtheile unter sich und mit Urtheilen des Stattfindens bestehen, s. oben Anm. 17.; sowie er aber die Sache gleichsam nur vom Hörensagen zu kennen scheint, so erblickt er auch in jenen Schlüssen, welche nur aus modalen Urtheilen allein bestehen, keine eigentliche Schlusskraft, sondern blosse Wahrscheinlichkeit[390]). Endlich aber versucht er noch eine eigenthümliche Ergänzung der Syllogistik, von welcher wir nicht wissen, ob sie damals in den Schulen überhaupt üblich gewesen sei, oder ob Abälard selbst sie erdacht habe; es wird nemlich auch auf Combinationen hingewiesen, welche aus Urtheilen der Gegenwart mit Urtheilen der Zu-

---

tionum non solum categoricae enuntiationes, verum etiam hypotheticae; sunt multiplices hypotheticae, in quibus vel ex uno plura vel ex pluribus unum vel ex pluribus plura consequuntur u. s. f.

386) p. 305.: *Haec autem de proprietatibus categoricarum enuntiationum dicta sufficiant; nunc autem in figuris et modis syllogismorum, qui ex ipsis fiunt, propositum nostrum perficiamus.*

387) p. 306—319. Auch die Terminologie ist selbstverständlicher Weise jene des Boethius, und so finden wir auch (p. 310. u. 313.) die Bezeichnung „*directi*" und „*imperfecti syllogismi*", sowie den Ausdruck „*per reflexionem conversionis*", welcher dem boethianischen „*per conversionem refractionemque*" entspricht, s. Abschn. XII, Anm. 136.

388) p. 316.: *Nos Aristotelem sequentes sex tantum modos huius figurae esse deprehendimus.*

389) p. 319.: *Illud aliquos movere poterit, quod in ostensione impossibilitatis per contradictoria ac recta dividentibus utimur his propositionibus, quas superius contradictorias esse negavimus, cum quandoque eas non esse veras contingat, universalem scilicet affirmativam et particularem negativam, ut sunt istae „omne iustum virtus est, quoddam iustum virtus non est." At vero etsi non necessitate huiusmodi resolutio constringat, probabilitatem tamen maximam tenet.*

390) p. 321.: *Licet autem syllogismi recte dici non possint hi, quos ex solis modalibus constitutos adiecimus, quia tamen maximam probabilitatem tenent, non incommode quandoque a disputantibus inducuntur.*

kunft oder der Vergangenheit bestehen, was in allen Modis der Fall sein könne, aber nur dann wirklich einen Schluss gebe, wenn Eines der Urtheile ein Urtheil der Gegenwart sei[391]).

Es folgt hierauf der *Liber Topicorum*, da aus dem oben angeführten Grunde (Anm. 269) die Topik dem hypothetischen Urtheile vorausgeht. Die ciceronianisch-rhetorische Tendenz der Dialektik Abälard's zeigt sich recht deutlich an der ausserordentlichen Breite und Weitschweifigkeit, mit welcher dieser ganze Abschnitt behandelt ist. Doch ist es nur Weniges, was wir aus demselben hervorheben müssen, denn dem Inhalte nach beruht das Ganze auf Boethius[392]). Die Folgerung (*inferentia*), welche in dem Verhältnisse zwischen dem Vordersatze und dem Nachsatze eines hypothetischen Urtheiles bestehe, unterscheide sich von der Schlussfolgerung eines Syllogismus dadurch, dass sie nicht wie jene in sich selbst die vollkommene Schlusskraft trage, sondern noch einer Verstärkung aus einem gewissen Verhalten (*habitudo*) der beiden verbundenen Begriffe bedürfe, und diese Bekräftigung der Abfolge als einer wirklich nothwendigen liege eben in den Topen[393]), d. h. jenes Verhalten sei nur das Mittel, nicht der Gegenstand der Folgerung, denn diese gehe stets auf die Wesenheit der im hypothetischen Urtheile verknüpften Dinge[394]). Aber an dem Nexus der Nothwendigkeit sei (im Gegensatze gegen die Meinung Anderer, s. oben

---

391) p. 322.: *Possunt quoque per tempora propositiones syllogismorum variari in singulis figuris. In prima autem sic „omnis homo morietur, omnis citharoedus est homo, quare omnis citharoedus morietur" vel „omnis senex fuit puer, Nestor autem est senex, quare fuit puer". In secunda vero hoc modo „nullus lapis morietur, omnis homo morietur, quare nullus homo est lapis"; vel ita „nullus puer fuit iuvenis, omnis autem senex fuit iuvenis, quare nullus senex puer est". In tertia quoque talis fit ad modum temporum admistio „omne mortale morietur, omne autem mortale vivum est, quoddam igitur vivum morietur". .... Sic quoque per singulos modos trium figurarum praesenti tempori cetera quoque poterunt aggregari; ex solis autem propositionibus ceterorum temporum nulla secundum aliquam figuram syllogismi necessitas videtur contingere, sicut nec ex solis particularibus aut negativis.*

392) Abälard behandelte diesen Zweig der Dialektik auch in den „*Glossae super Topica*" (b. Cousin p. 605 ff.), schloss sich aber dort lediglich erklärend an *Boeth. de diff. top.* mit Beiziehung einiger Stellen des Commentar's zur ciceronischen Topik an.

393) p. 325.: *Inferentia in necessitate consecutionis consistit, in eo scilicet, quod ex sensu antecedentis sententia exigitur consequentis, sicut in hypothetica propositione dicitur.* p. 328.: *in illis consequentiis, quae formas tenent syllogismorum, ... ita in se perfectae sunt huiusmodi inferentiae, ut nulla habitudinis natura indigeant, nullam ex loco firmitatem habeant; cuius quidem loci proprietas haec est, vim inferentiae ex habitudine, quam habet ad terminum illatum, conferre consequentiae, ut ibi tantum, ubi imperfecta est inferentia, locum valere confiteamur ..... Hoc ergo, quod ad perfectionem inferentiae deest, loci supplet assignatio.* Sowohl die Bezeichnung „*inferentia*" ist aus dem boethianischen Sprachgebrauche „*inferre*" entstanden, als auch die Auffassung, dass die Abfolge auf dem Nexus der Nothwendigkeit beruhe, ist dem Boethius entnommen, s. Abschn. XII, Anm. 153 f.

394) p. 330 f.: *Quae enim in ea ponuntur vocabula, essentiae tantum, non habitudinis, sunt designativa, ut „homo" et „animal" et „lapis"; qui itaque dicunt „si est homo, est animal, si est homo, non est lapis", nullo modo de habitudinibus rerum, sed de essentiis agunt, ut, si aliquid sit essentia hominis, et essentia animalis esse concedatur, et lapidis substantia esse denegetur.*

Anm. 227) bei dem hypothetischen Urtheile entschieden festzuhalten [395]), und durch diesen Nexus, welcher in jener Verhältniss-Beziehung liege, unterscheide sich dasselbe vom categorischen Urtheile, welches die blosse Existenz ausspreche, während das hypothetische mit voller Nothwendigkeit, abgesehen von der Existenz der Dinge, gelte, aber eben darum bezüglich desjenigen, was aus der blossen Wirklichkeit nicht entnommen werden könne, die Beihülfe der Topen in Anspruch nehme [396]). Daher sei in diesem Sinne bei dialektischen Erörterungen das Zugeständniss des Mitredenden, abgesehen von der factischen Richtigkeit, als eine solche Nothwendigkeit zu verstehen [397]), und bei dem hypothetischen Urtheile handle es sich nicht, wie Einige meinen (Anm. 228), um die einzelnen Glieder desselben, sondern eben um den ganzen Nexus zwischen *antecedens* und *consequens* [398]); auch sei aus dem gleichen Grunde das disjunctive Urtheil, wie schon Boethius (s. Abschn. XII, Anm. 141) gezeigt habe, nur als eine andere Satzform des hypothetischen zu betrachten [399]). Auf dieser Grundlage werden dann die sog. „*maximae propositiones*" (s. ebend. Anm. 165) im Anschlusse an Boethius besprochen und mit Bekämpfung der Ansichten Anderer (oben Anm. 228) auf die Form des hypothetischen Urtheiles beschränkt [400]).

---

395) p. 336.: *Quod autem veritas hypotheticae propositionis in necessitate consistat, tam ex auctoritate quam ex ratione tenemus.* Diese Auffassung des hypothetischen Urtheiles scheint dem Abälard speciell eigenthümlich gewesen zu sein (*Joh. Saresb. Polycr.* II, 22, p. 122.: *Solebat nostri temporis Peripateticus Palatinus omnibus his conditionibus obviare, ubi non sequentis intellectum antecedentis conceptio claudit aut non antecedentis contrarium consequentis destructoria ponit, eo quod omnes necessariam tenere consequentiam velit.* Ebend. *Metalog.* III, 6, p. 138.: *Miror tamen, quare Peripateticus Palatinus in hypotheticarum iudicio tam arctam praescripserit legem, ... si quidem hypotheticas respuebat nisi manifesta necessitate urgente*).

396) p. 343.: *Categoricarum autem propositionum veritas, quae rerum actum circa earum existentiam proponit, simul cum illis incipit et desinit; hypotheticarum vero sententia nec finem novit nec principium, unde et antequam homo et animal creata fuerint, vel postquam etiam omnino perierint, aeque in veritate consistit id, quod haec consequentia proponit ,,si est homo animal rationale mortale, est animal."* p. 347.: *Quia vero categoricae enuntiationes actum rerum proponunt quantum ad enuntiationes inhaerentiae praedicati, actus vero rerum ex ipsarum rerum praesentia manifestus est, necessitas autem inferentiae ex actu rerum perpendi non potest, quae aeque, ut dictum est, et rebus existentibus et non existentibus permanet, arbitror, hinc locum tantum in hypotheticis propositionibus requiri, cum de vi inferentiae rerum earum dubitatur, quae ex actu rerum convinci non possunt.*

397) p. 342.: *Neque enim dialecticus curat, sive vera sit sive falsa inferentia propositae consequentiae, dummodo pro vera eam recipiat ille, cum quo sermo conseritur ....., sed haec concessio verae inferentiae in necessitate recipienda est.*

398) p. 353.: *Quidam tamen has regulas non solum in tota antecedentis et consequentis enuntiatione, verum etiam in terminis eorum assignant ....., sed regulae sunt accipiendae in his, quae tota propositionum enuntiatione dicuntur.*

399) p. 368.: *Quod autem antecedens et consequens in disiunctis quoque Boethius accipit, non ad rerum essentias, sed ad enuntiationum constitutionem respexit ...., quod ex resolutione disiunctae dignoscitur, ex qua etiam resolutione hypotheticae, i. e. conditionales, disiunctivae quoque sunt appellatae.*

400) p. 359 f.: *Maximarum propositionum proprietates inspiciamus, quibus quidem singularum veritas consequentiarum exprimitur, quaeque ultimam et perfectam omnium consecutionum probationem tenent ..... Cum itaque diximus, eas consecutionis sensum habere, categoricas enuntiationes exclusimus.*

Hierauf folgen die einzelnen Topen, wobei Abälard mit Ausschluss der rhetorischen nur die dialektischen beiziehen will[401]; die Reihenfolge derselben beruht auf jener Erörterung, in welcher Boethius *de diff. top.* (s. Abschn. XII, Anm. 168) die Topen des Themistius (Abschn. XI, Anm. 96) mit den ciceronischen in Einklang zu bringen versucht[402]; den Schluss aber bilden Bemerkungen über Argumentation überhaupt und über die rhetorische Bedeutung der Induction und des Enthymema's [403]. Dass die Entwicklung der einzelnen Topen sich in der Angabe und Aufzählung schulmässig fixirter „Regeln" bewegt, wurde schon oben (Anm. 222) bemerkt, und wie sehr überhaupt die Topik in den Schulen Gegenstand und Veranlassung zahlreicher Controversen gewesen sei, zeigt sich im Zusammenhange mit Obigem (Anm. 228) auch in Abälard's eigener Darstellung[404].

Endlich nun im *Liber hypotheticorum*, d. h. in der Lehre von den hypothetischen Urtheilen und Syllogismen, wird der gesammte

---

401) p. 334.: *Illud praesciendum est, nos, qui haec ad doctrinam artis dialecticae scribimus, eos solum locos exsequi, quibus ars ista consuevit uti.*

402) Im Vergleiche mit jener Reihenfolge, welche oben, Abschn. XII, Anm. 184., angegeben wurde, gestaltet sich die Sache hier folgendermaassen: Den Anfang machen auch hier (p. 368.) die Topen aus der Substanz selbst, nemlich *a definitione, a descriptione, a nominis interpretatione;* dann aber reihen sich in einer combinirenden Auswahl aus Themistius und Cicero die Topen aus den Folgerungen der Substanz an (p. 375.), nemlich *a genere, a toto, a partibus divisivis, a partibus constitutivis, a pari, a praedicato, ab antecedenti, a consequenti;* hierauf (p. 386.) folgen als Topen, welche *extrinsecus* genommen werden, nur die Unterarten des *locus ab oppositis*, nemlich *a relatione* (mit Einschluss des *simul* und *prius*), *a contrariis, a privatione et habitu, ab affirmatione et negatione* (bei dieser Besprechung der vier Arten des Gegensatzes wird fast der ganze betreffende Abschnitt aus den Kategorien beigezogen); sodann folgen als *loci medii* (p. 408.) *a relativis, a divisione et partitione, a contingentibus,* und hierauf werden als solche, welche selten in Anwendung kommen (p. 409.: *sunt autem alii, quibus dialectici raro ac nunquam fere utuntur, quos tamen Boethius non praetermisit*), unter den Topen *ex consequentibus substantiam* noch nachträglich angegeben: *a causa, a materie, a forma, a fine, a motu.* Uebrigens hat Cousin in diesem ganzen Abschnitte häufig nur durch Titel-Ueberschriften die Reihenfolge angedeutet, ohne den Inhalt selbst zu veröffentlichen.

403) p. 430 ff. Die Quellenstellen aus *Boeth. de diff. top.*, worauf diese Angaben beruhen, s. Abschn. XII, Anm. 82. u. 137.

404) So z. B. führte der *locus a substantia* nicht bloss auf die Lehre von der Definition hinüber (Stellen aus der Topik dienten uns oben, Anm. 364., als Quellen), sondern es spielte in der Frage über „*idem*" und „*diversum*" (p. 373.) vermöge des Pseudo-Boethius *de trin.* (Anm. 37.) auch Theologisches herein (vgl. *Introd. ad theol.* II, p. 1077 f. *Theol. Christ.* III, p. 1276 ff.), sowie bei dem *locus a causa efficiente* und *a motu* (p. 413 ff.) die göttliche Causalität des Weltschöpfers erörtert wurde. Der *locus a genere* (p. 378 ff.) leitet auf den realistischen Creations-Process hin und trifft so mit der richtigen Auffassung des *locus a praedicato* (p. 384.) zusammen, welch letzterer unbeschränkt allgemein gelte (p. 381.). Bei dem *locus ab oppositis* begegnet uns hier die Terminologie „*complexa*" und „*incomplexa*" (p. 407.: *complexa autem contraria eas dicimus propositiones, quae de eodem contraria enuntiant hoc modo „Socrates est sanus, Socrates est aeger"*), sowie „*constantia*" (p. 408.: *ut immediatā inferentiam habeant, adiiciendum esse, cuius respectu immediata sint, quae quidem determinatio constantia appellatur*); auch vermisst Abälard eine Durchführung der Gegensätze durch alle Kategorien (p. 399.), d. h. er vermisst, was Gilbertus Porretanus wirklich hinzufügte, s. Anm. 18. u. 344.

Inhalt der Schrift des Boethius *de syll. hypoth.* wiedergegeben. Indem Abälard aus derselben zunächst die Eintheilung des hypothetischen Urtheiles (s. Abschn. XII, Anm. 139 ff.) entwickelt[405], entscheidet er sich betreffs der mit der Conjunction „*cum*" beginnenden Urtheile (s. ebend. Anm. 143), über welche er früher eine andere Ansicht gehabt hatte, nun für die Auctorität des Boethius, d. h. er nimmt jene Urtheile als hypothetische[406]; auch bekämpft er obige (Anm. 218) Meinung Anderer bezüglich der Stellung des „*vel ... vel*" in den disjunctiven Urtheilen[407]. Hierauf aber folgt eine merkwürdige Angabe über die Umkehrung der hypothetischen Urtheile; nemlich die disjunctive Form derselben lasse sich rein umkehren (durch Vertauschung der Glieder der Disjunction!), ebenso auch das eine Gleichzeitigkeit enthaltende Urtheil, welches mit „*cum*" beginnt; hingegen bei dem eigentlich hypothetischen, welches auf dem Nexus der Naturnothwendigkeit beruht, sei der allbekannte Grundsatz der Abfolge (s. denselben bei Boethius Abschn. XII, Anm. 145) als *conversio per contrapositionem* zu nehmen[408]. Wenn aber diese angebliche Ergänzung der traditionellen Lehre von Anderen bekämpft wurde, so waren diese gewiss eben so im Rechte, als Abälard im Unrechte war, wenn er in solcher Entgegnung gleichsam ein Märtyrthum seiner wissenschaftlichen Leistungen erblickte[409]. Sodann reiht sich zum Schlusse noch die Entwicklung der hypothetischen Syllogismen an; dieselbe ist vollständig aus Boethius entnommen, nur mit einer Aenderung der Reihenfolge; zuerst nemlich werden jene angeführt, welche oben Abschn. XII, Anm. 155—158

---

405) p. 437—439.

406) p. 440.: *Nunc vero de temporalibus in proximo disputandum est; in his autem nulla natura consecutionis attenditur, sed sola comitationis societas, ut videlicet simul sit utrumque..... Aeque enim qui dicit ,,cum Socrates est animal, est homo'', verus est et qui proponit ,,cum ipse est homo, est animal'' .... Memini tamen, quia dicere solebam, tunc hypotheticam esse propositionem, cui temporale adverbium apponebatur, cum ipsum ad propositiones totas referebatur, tunc vero categoricam, cum ad simplices terminos ponebatur ....* (p. 441.) *At vero licet huiusmodi temporales rationabilius categoricae quam hypotheticae videantur, nos tamen Boethio adhaerentes eis tanquam hypotheticis in modis syllogismorum utamur.*

407) p. 442., woselbst auf die oben, Anm. 218., angeführten Worte folgt: *Quod quidem falsum esse convincitur ex eis categoricis, quae cum universales sint, disiunctivas habent coniunctiones, velut ista ,,omne animal est vel sanum vel aegrum''; cum enim haec vera esse non dubitetur, falsa est manifeste hypothetica, quae ita proponitur ,,aut omne animal est sanum, aut omne animal est aegrum'', cum videlicet neutrum sit.*

408) p. 443.: *Nunc autem de conversionibus omnium hypotheticarum superest disputare ..... Temporales quidem hypotheticae et disiunctae simplicem tenent conversionem; sicut enim aeque dici potest ,,aut nox est aut dies est'' vel ,,aut dies est aut nox est'', ita aeque dicitur ,,cum pluit, tonat'' et ,,cum tonat, pluit'' ..... Naturalium autem coniunctarum conversiones per contrapositionem solum fieri hoc modo „si est homo, est animal; si non est animal, non est homo".*

409) p. 444.: *Sunt autem nonnulli, qui ad nomen conversionis hypotheticarum obstrepant et vehementer obstupeant, eo quod de earum conversionibus Boethium tractare non viderint nec alium quemquam, qui consequentiarum naturam ostenderet; unde nos quidem non ex falsitate, sed ex novo conversionis nomine redarguunt .... Si enim ex additamento vel novitate me accusent, quomodo et illi absolvi possunt, quicunque ad alicuius scientiae perfectionem ex se aliquid post primos tractatores adiecerunt?*

angegeben sind, dann folgt der Inhalt der dortigen Anm. 162, hierauf jener der Anm. 159—161, zuletzt jener der Anm. 163; der Grund dieser Aenderung lag für Abälard darin, dass jene dortselbst Anm. 159—161 angeführten hypothetischen Syllogismen sich in den drei Figuren des kategorischen Schlusses bewegen, und daher diese „figurirten" (*figurati*) Syllogismen nicht in Mitte der nicht-figurirten einzureihen seien[410]).

So ist uns Abälard nach Maassgabe der uns erhaltenen Quellen der hervorragendste Repräsentant des damaligen Betriebes der Logik, aber während wir stets im Auge behalten, dass er eben Einer unter Vielen war, dürfen wir einerseits aus seinen Leistungen auf die seiner nächsten Zeitgenossen schliessen, und werden andrerseits zu der Annahme berechtigt sein, dass ein eigentlicher Fortschritt der Logik weder durch ihn noch durch Andere in jener Zeit hervorgerufen wurde, sondern dass nur in der grösseren Anzahl der Dialektiker überhaupt und in dem reicheren Detail-Studium der traditionellen Schul-Logik der Unterschied gegen die frühere Zeit beruhe.

Als einen Schüler Abälard's zeigt sich uns der Verfasser eines anonymen Commentares zu dem Buche *de interpr.*[411]); denn derselbe wählt nicht bloss die Abälard'sche Bezeichnung „*doctrina sermonum*" für die Logik, welche er in einer Dreitheilung gliedert, die uns an Obiges (Anm. 271 f.) erinnert[412]), sondern er erörtert auch bezüglich der Redetheile, d. h. des Nomens und Verbums, die Frage, in welchem Sinne dieselben in der Lehre vom Urtheile zu besprechen seien, in einer Weise, welche als eine Schärfung der Ansicht Abälard's bezeichnet werden muss; es sei nemlich die primäre Function der Worte, dass sie die Gedanken (*intellectus*) erwecken und bezeichnen (vgl. Anm. 314 ff.), während die Bezeichnung der Dinge das Secundäre sei, welch Letzteres den Kategorien anheimfalle (Anm. 272), sowie Ersteres der Lehre vom Urtheile[413]); denn gerade darin, dass die Worte

---

410) p. 447 f.: *Ipse namque Boethius inter syllogismos consequentiarum ex altera tantum hypothetica constantium et syllogismos consequentiarum ex utraque hypothetica connexarum eos medios locavit, qui ex mediis propositionibus nascentes tribus figuris continentur ..... Nos tamen his syllogismis, qui figurati non sunt, eos, qui figurati sunt et a longe diversis propositionibus nascuntur, interserere noluimus.*

411) In einigen Bruchstücken publicirt bei *Cousin*, *Fragm. philos.*, *Philos. scolast.* 2. Aufl. *Par.* 1840, p. 408 ff. (Aufl. v. 1855, p. 326 ff.).

412) p. 409.: *Doctrinae sermonum huic arti accommodatae in tribus integritas consistit, i. e. in doctrina incomplexorum, propositionum et syllogismorum ...... Quod autem tractatus iste de propositionibus instituatur, monstrat tam operis inscriptio quam assignatio intentionis.*

413) p. 410.: *In parte huius operis agitur de dictionibus, nomine videlicet et verbo, in parte de propositionibus ....* p. 411.: *Sed asserunt quidam, de nomine et verbo hic agi per hoc, quod intellectum significant; cum enim duplex sit significatio vocum, una quidem de rebus, altera vero de intellectibus, hic de vocibus agi secundum hoc, quod intellectum significant, quae principalior est. Ex quo aperte huius operis intentio a Praedicamentorum intentione distare ostenditur; ibi enim de vocibus incomplexis secundum rerum significationem agitur, quae secundaria ab intellectuum significatione habetur posterior; primo enim intellectus, secundario res significantur; ad nihil enim aliud facta est vocum institutio nisi ad intellectum, nil quippe voces in scientia rerum faciunt, sed tantum intellectus de eis excitant .....*

stets zu Sätzen führen, liege ihre Bedeutsamkeit für das geistige Erfassen (*conceptio*), und so seien Nomen und Verbum als Satztheile in der Lehre vom Urtheile nur in diesem auf die Gedanken bezüglichen Sinne zu verstehen, und ihre dingliche Bedeutung könne hier nur nebenbei berührt werden [414]). Und während hiemit der Verfasser sich auf jenen Standpunkt stellt, welchen Abälard in den von ihm sogenannten Postprädicamenten eingenommen hatte, erhält hier die Auffassung des Urtheiles, d. h. des *sermo*, ein so entscheidendes Uebergewicht, dass der durch das Urtheil erweckte und in demselben liegende Gedanke (*intellectus*) sogar scharf den platonischen Ideen gegenübergestellt wird, da die letzteren bloss Fictionen seien, in welchen man nur die Aehnlichkeiten der Dinge durch die Einbildungskraft festhalte, während die Aufgabe des Sprachausdruckes darin liege, nicht blosse Aehnlichkeiten, sondern die Dinge selbst und deren Denk-Auffassung zum Bewusstsein zu bringen [415]). Hiemit wäre hier sowohl jene platonische Seite, welche der Dialektik Abälard's anklebt, bereits abgestreift, als auch eine Polemik gegen jene Wendung angedeutet, in welcher die Status-Ansicht und die Indifferenz-Lehre sich berühren, und vielleicht könnte man, wenn wir die Meinung des Verfassers vollständiger kennen würden, hier mit Recht das Princip eines Intellectualismus erblicken, welches bei Abälard selbst jedenfalls durch platonische und ciceronianische Anschauungen sehr entstellt und getrübt ist.

Gleichfalls einem Schüler und Anhänger Abälard's gehört die Schrift „*De intellectibus*" an, welche Cousin als ein Werk Abälard's herausgab [416]). Wenn der Verfasser im Anschlusse an die „*doctrina ser-*

Unde cum tam res quam intellectus significentur, asserunt, hic de vocibus non secundum rerum, sed secundum intellectuum significationem agi.

414) p. 412.: *Unde propositionem semper reddere possunt et semper ad animi conceptionem, non quantum ad rerum nominationem, significare dici possunt; quare Aristoteles de nomine et verbo ibi agit propter orationis constitutionem .... Quod autem de vocibus hic tantum secundum intellectuum significationem agatur, monstrat bifaria vocum distinctio facta, in nomen et verbum, quibus simplicibus sive coniunctis quilibet intellectus exprimi possunt; in Praedicamentis enim, ubi de vocibus secundum rerum significationem agitur, secundum rerum decem diversitatem denaria vocum incomplexarum facta est partitio. Nos autem dicimus, quod licet de nomine et verbo secundum intellectuum significationem agat Aristoteles, tamen quod de vocum significatione communiter inducit, non est ex intentione, sed incidenter.*

415) p. 414.: *Quod autem ideae meditatae a Platone a vocibus primo loco non significentur, planum erit, si prius, quid ipsae sint, inspexerimus. Sunt itaque formae imaginariae, quas sibi pro rebus animus configurat, ut illis res ipsas speculetur et per eas rerum imaginationes sive memoriam retineat, quas quidem ideas sive exemplares formas nominant, Plato vero eas incorporeas naturas, i. e. insensibiles similitudines nuncupat* (die Quellenstelle für diesen Ausdruck s. oben Anm. 134.) .... *Unde eas effigies incorporeas, i. e. non tractabiles corporeis sensibus, Plato nominat, qui quidem volebat a vocibus primo loco significari, quod Aristoteles improbat; non enim propter rerum vel intellectuum similitudines voces repertae sunt, sed magis propter res ipsas et earum intellectus* (*Boeth.* p. 304., d. h. Aristoteles, s. Abschn. IV, Anm. 108.), *ut de rebus nobis doctrinam facerent, non de huiusmodi figmentis, et intellectum de rebus constituerent, non de figmentis.*

416) In der oben (Anm. 411.) angeführten 2. Aufl. (v. 1840.) der *Fragm. philos.* p. 461—496. (es ist ein eigenthümliches Verfahren, dass Cousin in späteren Auflagen diesen Bestandtheil seiner Sammlung wieder wegliess). Dass die Schrift

monum“ die Begriffe (*intellectus*) erörtern und sowohl ihre verschiedenen Arten als auch besonders ihren Unterschied von Sinneswahrnehmungen, Einbildungskraft, Meinung, Wissen, Vernunft, angeben will [417]), so mussten wir ihn eben darum schon oben (Anm. 19) gleichsam als Zeugen dafür anführen, dass man in jener Zeit eine gewisse, wenn auch fragmentarische oder vereinzelte, Notiz von der zweiten Analytik des Aristoteles hatte, und es möchte wohl dem Einflusse einer solchen erweiterten Kenntniss zuzuschreiben sein, dass diese ganze Abhandlung in der That zu dem Besten gehört, was jene Zeit aufzuweisen hat. Der Verfasser, welcher dem herrschenden Platonismus gegenüber sich als völlig unbefangen zeigt, steht auf dem aristotelischen Standpunkte der Erkenntnisstheorie, dass das Denken dem Ursprunge nach wohl mit der Sinnes-Wahrnehmung verflochten sei, insoferne es aus derselben seine Anregung empfange [418]), dabei aber doch nur durch eine von den Sinnes-Werkzeugen unabhängige Thätigkeit der erwägenden Vernunft sein eigentliches Dasein erweise [419]), so dass die Vernunft (*ratio*) als die geistige Urtheilsfähigkeit die Real-Potenz des begrifflichen Denkens (*intellectus*) sei, wovon die Vernünftigkeit (*rationalitas*) sich nur als die graduell gesteigerte Fähigkeit unterscheide [420]). Eben aber in der Verflechtung des Denkens mit den Sinnen liege es, dass auch die Einbildungskraft (*imaginatio*), welche auf Erinnerung beruhe und daher trotz allem Zusammenhange mit den Eindrücken dennoch über die unmittelbar gegenwärtige Sinneswahrnehmung sich frei erhebe, sehr wohl

---

nicht ein Werk Abälard's selbst sei, geht daraus hervor, dass der Verfasser gegen das Ende (in der oben, Anm. 300., angeführten Stelle) selbst den Abälard nennt; allerdings war Cousin der Ansicht, dass die letzten Capitel der Schrift nur zufällig anderswoher angereiht seien; jedoch selbst wenn dem so wäre (— obwohl ich eher das Ganze für Einen Tractatus über verschiedene controverse Materien halten möchte —), so scheint aus sprachlichen Gründen auch der Anfang nicht ein Product Abälard's zu sein, denn nicht bloss ist der Stil überhaupt hier viel härter und eckiger als jener Abälard's, sondern der Verfasser gebraucht auch als synonym mit *intellectus* die Worte „*speculationes*“ oder „*visus animi*“, welche man bei Abälard vergeblich sucht. Uebrigens s. auch Anm. 432 f.

417) p. 461.: *De speculationibus itaque, hoc est intellectibus, disserturi statuimus .... ipsos primum a ceteris animae passionibus sive affectionibus disiungere ..... deinde ipsos quoque ab invicem propriis separare differentiis, prout necessarium doctrinae sermonum existimamus esse; sunt autem quinque, a quibus diligenter eos disiungi convenit, sensus videlicet, imaginatio, existimatio, scientia, ratio.*

418) p. 461.: *Cum sensu intellectus tum origine tum etiam nomine coniunctus est; origine quidem, quod quislibet quinque sensuum rem quamlibet attractando ipsius nobis intelligentiam mox ingerit .... Vocabulo etiam, ... cum videlicet sensum verborum dicimus pro intellectu ipsorum.* p. 482.: *tota humana notitia a sensibus surgit.*

419) p. 462.: *Sensus perceptio rei corporalis est corporeo indigens instrumento .... Intellectus vero nec corporei exercitio indiget instrumenti ... nec etiam virtute rei existentis ..... Praeterea sensus nullam vim deliberandi aliquid habet .... Intellectus esse non potest, nisi ex ratione aliquid attendatur.*

420) p. 463.: *Rationem autem dicimus vim ipsam seu facilitatem discreti animi, qua rerum naturas perspicere ac diiudicare veraciter sufficit ..... Tantum itaque inter rationalitatem et rationem differre arbitror, quantum inter potentiam currendi et potentiam facile currendi ..... Patet, intellectum tam a sensu quam a ratione diversum esse et eum necessario ex ratione descendere tanquam perpetuum rationis effectum.*

Quelle von Begriffen sein könne, und zwar namentlich derjenigen, in welchen wir die Eigenschaften (*formae accidentales*) der körperlichen Dinge erfassen[421], und überhaupt gehe eine Einsicht (*intelligentia*), welche gänzlich ohne alle Sinneswahrnehmung oder Einbildungskraft bestünde, über die diesseitige Existenzweise des Menschen hinaus, und auch wenn man hiebei an unmittelbare göttliche Offenbarung denke, so sei dieselbe eben darum nicht eigentlich als ein begriffliches Denken, sondern eher sofort als Wissen zu bezeichnen[422]. Das begriffliche Denken unterscheide sich so sowohl von dem Meinen (*existimatio*), welches zwar gleichfalls nur in Urtheilen, d. h. in der Satzverbindung, sich bewege, durch die fortschreitende Thätigkeit der vernünftigen Erwägung[423], als auch von dem Wissen (*scientia*), welches als bleibende innere Gewissheit des Geistes auch dann beharre, wenn das Meinen oder das begriffliche Nachdenken nicht ausgeübt werde[424].

Ist so die Thätigkeit des begrifflichen Denkens wahrhaft nach dem Sinne des Aristoteles in die Mitte zwischen die blosse Sinneswahrnehmung und das reine Wissen gestellt, so wird nun auf solcher Grundlage die Abälard'sche Auffassung des *sermo* mit einigen Modificationen durchgeführt. Die Gedanken als Erzeugnisse des Aussagens (vgl. Anm. 314) werden ebenso, wie letzteres in *dictio* und *oratio* zerfällt (Anm. 271), in einfache und in zusammengesetzte getheilt[425], wobei das unterscheidende Merkmal darin liegt, dass in ersteren der ganze Gehalt

---

421) p. 464.: *Imaginatio est quaedam sensus recordatio .... confusa animae perceptio sine sensu, eius scilicet rei, quam imaginariam confusam dicimus.* p. 466.: *Notandum quoque, quod, cum quidam omnes imaginationes quasdam sensuum recordationes esse velint, h. e. eas ex rebus sentitis solummodo haberi, Aristoteles tamen, teste Boethio super Periermenias* (p. 298.), *intellectus nostros imaginationibus minime haberi prohibet ...... Sensus consuetudo, a quo omnis humana notitia surgit, quaedam per imaginationem ingerit animo, quae nullo modo attendimus .... utpote pleraeque accidentales formae corporum, quas frequenter sensibus experti sumus.*

422) p. 467.: *Fortasse iuxta Boethium* (p. 296.) *intelligentia, quam paucorum admodum hominum et solius dei esse dicit, omnem et sensum et imaginationem ita transcendit, ut sine utraque habeatur ..... Quod nequaquam iuxta Aristotelem in hac vita contingere credimus, nisi forte per excessum contemplationis revelatio divina alicui fiat, magisque hunc excessum mentis ab Aristotele scientiam, quam intellectum, appellari credimus.* Während allerdings Boethius die aristotelischen Stellen (aus *de an.*) über *imaginatio* anführt, scheint letztere Aeusserung über *scientia* nur auf einer versprengten Notiz aus der zweiten Analytik (s. Abschn. IV, Anm. 116 ff.) beruhen zu können.

423) p. 468.: *Existimare credere est, et existimatio idem quod credulitas sive fides, intelligere autem speculari est per rationem .... Nec ulla est existimatio nisi de eo, quod propositio dicere habet, h. e. de aliqua rerum vel coniunctione vel divisione.* Vgl. Anm. 628.

424) p. 469.: *Scientia autem neque intellectus est neque existimatio, sed est ipsa animi certitudo, quae non minus absente vel existimatione vel intellectu permanet.* Auch diess war nicht aus Boethius zu schöpfen, sondern weist auf die Analytik zurück (s. Abschn. IV, Anm. 81.).

425) Ebend.: *Nunc autem iuxta promissionis nostrae propositum ipsos ab invicem intellectus superest diligenter distinguere, ut secundum eos clara fiat sermonum discretio .... Sicut enim sermonum, qui excitant intellectus, ita est et intellectuum natura, ut videlicet, sicut sermonum alii simplices sunt, singulae scilicet dictiones, alii compositi velut orationes, ... ita et intellectus ex sermonibus habiti .... modo simplices sunt .... modo compositi.*

auf Ein Mal (Anm. 322), in letzteren hingegen nur successiv (Anm. 315) zum Bewusstsein kömmt[426]), was dann auch im Hinblicke auf den Unterschied zwischen Namenbezeichnung und Definition (vgl. Anm. 360 ff.) derartig ausgedrückt wird, dass die ersteren Gedanken *intellectus coniunctorum* und die letzteren *intellectus coniungentes* seien, sowie entsprechend bei den sog. negativen Begriffen, d. h. beim *nomen infinitum* (Anm. 351) die ersteren *divisorum* und die letzteren *dividentes*[427]). Nach diesem Standpunkte wird hierauf auch die Frage über die Einheit der Gedanken erledigt, indem dieselbe, abgesehen von der factischen Richtigkeit, lediglich in das Erwecken Einer geistigen Anschauung, die Vielfältigkeit hingegen in das successive, durch Pausen unterbrochene, Erwecken mehrerer Anschauungen verlegt wird[428]). Die Berechtigung oder Nichtberechtigung (*sanum vel cassum*) der Gedanken, gleichviel ob sie einfach oder zusammengesetzt seien, liege in dem factischen Bestande der Dinge[429]), hingegen von Wahrheit oder Unwahrheit (*verum vel falsum*) könne nur bei zusammengesetzten die Rede sein, denn hier werde ein vom Denken erfasster Gegenstand als grammatisches Subject (vgl. Anm. 317 f.) durch eine denkende Erwägung in einer gewissen Verbindung oder Nicht-Verbindung ausgesprochen, daher hier auch die grammatischen Verhältnisse der Verbindung, d. h. der sog. Construction, von Einfluss seien[430]), in welcher Beziehung z. B. das disjunctive

---

426) p. 471.: *Et hoc est, ut arbitror, differentia intellectuum dictionis et orationis easdem prorsus res significantium, quod videlicet per dictionem, quae nullis scilicet significativis partibus constat, omnia simul intelligimus, per orationem vero eadem per successionem colligimus.*

427) Ebend.: *Est itaque intellectus nominis et diffinitionis eius proprie quodammodo idem et quodammodo diversus, idem quidem secundum effectum intellectarum rerum, ... diversus autem, quia ibi omnia simul, hic succedunt ..... Et ideo hi intellectus, qui de rebus ut iam coniunctis habetur, coniunctorum est; ille autem coniungens est intellectus, qui per successionem progrediendo rebus prius intellectis alias postmodum intellectas aggregat .... p. 472.: Ita intellectus divisorum et dividens; sicut enim „animal" intellectum coniunctarum rerum facit, ita „non animal", quod est infinitum nomen, ... divisorum facit; et sicut animalis diffinitio coniungentem facit intellectum, ita descriptio non-animalis dividentem ..... Sunt itaque intellectus coniunctarum vel divisarum rerum dictionum tantum, coniungentes vero vel dividentes intellectus orationum tantum sunt.* Betreffs des *dividens* vgl. oben Anm. 373.

428) p. 473 f.: *Unos autem dicimus intellectus, quicunque simplices sunt vel, si sunt compositi, in una coniunctione vel divisione seu disiunctione consistunt .... Nec refert ad conceptionis modum vel unitatem, sive in re ita sit, ut concipitur, sive non, sed ad conceptus solummodo veritatem; aeque enim unus est intellectus „lapis rationalis", quomodo „animal rationale" ..... Saepe autem contingit in uno intellectu plures fieri coniunctiones, ... verbi gratia si dicam „homo ambulans qui currit" .... p. 475.: Multiplicem vero intellectum dicimus multos intellectus ab invicem dissolutos, ut si dicam .... „animal" et postmodum paullulum quiescens addam „rationale".* Vgl. hingegen Abälard's Ansicht, Anm. 316.

429) p. 475 f.: *Sanos quidem dicimus intellectus, per quoscunque ita, ut sese res habet, attendimus, sive illi quidem sint simplices sive compositi; cassi vero e contrario dicuntur tam simplices quam compositi, quos frequentius opiniones vocare consuevimus* (s. *Boeth.* p. 305.).

430) p. 476 f.: *Veros autem vel falsos intellectus dicimus eos solummodo, qui compositi sunt ...... Unde bene secundum intelligentiae quoque, non tantum constructionis, ordinem subiectum dicimus terminum, per quem intellectu primo res substi-*

Urtheil (welches auch hier als Species des hypothetischen betrachtet wird, s. oben Anm. 399) im Gegensatze gegen obiges *dividens* als affirmatives Urtheil genommen werden müsse [431]). Die Betrachtung aber der Berechtigung (*sanum*) der Gedanken führt nun auf die Frage, ob denn all jenes Denken, in welchem wir die Dinge anders erfassen als sie sind, unberechtigt (*cassum*) sei; und indem darauf hingewiesen wird, dass wir im Denken durch „*abstractio*" sowohl vom Stoffe absehen und bloss die Form betrachten können, als auch von der individuellen Erscheinung absehen und bloss das einheitlich Gleiche derselben erfassen können, sowie dass wir umgekehrt durch „*subtractio*" von der Form absehen können, so wendet der Verfasser bezüglich der „*abstractio*", welche auf die Universalien hinausläuft, jene nemlichen Ausdrücke an, welche wir oben (Anm. 132 ff.) bei den Vertretern der Indifferenz-Lehre trafen, aber er lenkt diese Ansicht in den aristotelischen Sinn hinüber, indem er ausdrücklich sagt, dass das *indifferens*, während es in der vielheitlichen concreten Erscheinung nie das Existirende ist, doch wesentlich (*essentialiter*) Nichts anderes als das Individuum, sondern gänzlich das Nemliche (*penitus idem*) sei und eben nur durch die Aussage (*per praedicationem*) von den Individuen abstrahirt werde [432]); und indem er hiemit von dem platonischen Nebenzuge, welchen die Auffassung der Universalien bei Abälard hatte, sich völlig frei macht, weist er entschieden dem menschlichen Denken (*intelligere*) es zu, die Dinge in solchem Erfassen des *indifferens* eben anders zu denken, als

---

tuitur, quam deinde in copulatione vel remotione alicuius deliberemus .... p. 478.: *Sicut autem in eo, quod dicitur, vis enuntiationis consistit,* .... *ita in intellectu termini, qui dicitur, h. e. praedicatur, vis deliberantis intelligentiae constituitur* ..... p. 479.: *Non est itaque necesse, ut eaedem penitus voces in significatione idem penitus in contextu constructionis valeant, de quo plenius in constructionibus prosequimur.* Den Priscian'schen Ausdruck „*constructio*" trafen wir schon oben Anm. 263 u. 273.

431) p. 479 f.: *Differt autem ab invicem dividens et disiungens intellectus, quod dividens intellectus negationis est,* .... *disiungens vero affirmationis,* ... *ex pluribus, quae mente concipit, unum tantum constituit, ut* ... *quicunque sunt hypotheticarum disiunctarum intellectus.*

432) p. 480 f.: *Illud quoque inquiri ac diffiniri necessarium iudico, utrum omnis intellectus aliter quam res sese habeat attendens cassus ac vanus dicendus sit* .... *Per abstractionem autem illos dicimus intellectus, qui vel naturam alicuius formae absque respectu subiectae materiae in se ipsa speculantur, vel naturam quamlibet indifferenter absque suorum scilicet individuorum discretione meditantur* .... *Cum naturam humanam, quae singulis inest hominibus, ita indifferenter considero, ut nullius hominis personalem discretionem attendam, h. e. simpliciter hominem excogito, in eo scilicet tantum, quod homo est, i. e. animal rationale mortale, non etiam in eo, quod est hic homo vel ille, universale a subiectis abstraho individuis. Sit itaque abstractio superiorum ab inferioribus, sive scilicet universalium ab individuis per praedicationem subiectis, sive formarum a materiis per fundationem subiectis. Subtractio vero e contrario dici potest,* .... *cum aliquis subiectae naturam essentiae absque omni forma nititur speculari. Uterque autem intellectus, tam abstrahens scilicet quam subtrahens, aliter quam res se habet concipere videtur* .... p. 482.: *Nusquam enim ita pure subsistit, sicut pure concipitur,* ... *et nulla est natura, quae indifferenter subsistat, sed quaelibet res, ubicunque est, personaliter discreta est atque una numero reperitur* .... *Humana natura in hoc homine, i. e. in Socrate, quid aliud est quam ipse? Nihil utique aliud, sed idem penitus essentialiter* .... *Tota humana notitia a sensibus surgit; ac per hoc insensibilium rerum status ad modum sensibilium excogitare ipsa nos sensuum experimenta compellunt.*

sie in der concreten Erscheinung sind, was natürlich nicht damit zu verwechseln sei, wenn das Denken eine factische Unrichtigkeit enthalte [433]). Aber auch die Kehrseite jener Frage wird erörtert, nemlich ob alles Denken, welches die Dinge erfasst, wie sie sind, ein berechtigtes sei; und es dreht sich die Beantwortung um die Widerlegung oder Lösung eines Fehlschlusses, welcher damals in den Schulen unter dem Namen des „Esels-Beweises" (s. Anm. 113) üblich gewesen zu sein scheint und auf folgenden Witz hinauslief: Wer denkt, dass Sokrates ein Esel ist, denkt, dass ein gewisses lebendes Wesen (nemlich Sokrates) ein Esel ist; da aber ein gewisses lebendes Wesen wirklich ein Esel ist, so denkt Jener richtig [434]). Uebrigens bringt der Verfasser bei seiner Besprechung der Denkthätigkeit auch noch eine Unterscheidung bei, welche im Vergleiche mit Abälard in Bezug auf Feinheit und Tiefe der Auffassung als ein Fortschritt bezeichnet werden muss: nemlich das begriffliche Denken (*intelligere*) überhaupt unterscheide sich von dem begrifflichen Denken eines speciellen Objectes, denn bei letzterem erhalte in dem blossen Erfassen des Objectes das geistige Schauen an dem Objecte seine Bestimmtheit und seinen Abschluss, und ebenso reiche auch das Bezeichnen (*significare*), indem es das begriffliche Denken erwecke, über die Einzel-Bezeichnung eines Objectes hinaus, da letztere in einem bestimmt abgeschlossenen Denken verweile [435]).

---

433) p. 483 f.: *Cum dico „intelligo istam rem aliter quam sit", duo sunt sensus: unus quidem huiusmodi, si ita dicam, quod alius modus sit in intelligendo rem, alius in subsistendo, i. e. alius modus sit in intelligentia eius, alius in subsistentia ipsius .... Alius vero sensus, si ita dicam „intelligo hanc rem aliter quam sit", i. e. in statu alio eam attendo, quam ipsa in se habeat, vel quocunque modo aliter se habentem quam sese habeat ..... Sic utique quaestio supraposita potest intelligi .... et secundum diversos sensus diversae sunt dandae responsiones. Si enim ita quaeratur, utrum omnis intellectus, qui alium modum attendendi habet, quam res subsistendi, vanus sit, non est concedendum.* Aus dieser ganzen Erörterung geht hervor, dass Cousin zu vorschnell war, wenn er diese Schrift für ein Werk Abälard's hielt.

434) p. 482 f.: *Aliam propositi nostri partem persequamur, utrum videlicet omnis intellectus sanus sit dicendus, qui ita ut sese res habet eam intelligit. Quod ... habet nonnullam impugnationem. Quippe qui hunc hominem asinum esse intelligit, ... intelligit et ipsum esse animal et quoddam animal esse asinum, quae utraque vera sunt; ...... concedendus est intelligere, esse animal, cum in asino necesse sit animal substantiam intelligi ..... Ac per hoc profecto, qui intelligit, hunc hominem esse animum, verum intelligere convincitur .....* p. 485.: *Non est audiendus; cum enim hoc nomen „asinus", quia simplex est sermo, simplicem habeat intellectum et non ex partibus coniunctum, non possumus in praedicatione eius intellectus diversarum enuntiationum distinguere ..... Obiici solet, quod omnis, qui intelligit Socratem esse asinum, intelligit quoddam animal esse asinum, et omnis qui intelligit quoddam animal esse asinum, intelligit verum, et ita omnis, qui intelligit Socratem esse asinum, intelligit verum. Facile responsum damus, quod videlicet, si medius terminus in eodem sensu sumatur, firma sit omnino complexio.*

435) p. 487.: *Non est necesse, ut si alicuius intellectus conceptus habeam, quoquo modo ideo illud intelligere dicar; et licet intelligere simpliciter sumptum sit ab intellectu, non tamen intelligere hoc sumptum est ab intellectu huius rei, cum videlicet .... intelligere hoc non sit simpliciter hunc intellectum habere, sed sic eum habere, ut insuper visus animi terminetur ibi ac perficiatur. Nam et significare idem est quod intellectum constituere, non tamen significare aliquid idem est quod intellectum de eo constituere. Alioquin, cum singuli sermones intellectus quoque sicut et*

So können auch die sensualistischen Nüancen des Nominalismus eben von diesem Standpunkte aus bekämpft werden, dass die Denkthätigkeit in freier Erwägung in sich selbst fortschreite [436]), und es wird diese Selbstständigkeit des Denkens gegenüber dem factischen Bestande noch an einigen anderweitigen Beispielen nachgewiesen [437]). Eine hierauf folgende Erörterung über die Eintheilung des Seienden in Substanzen und Accidentien wurde ihrem Hauptkerne nach schon oben, Anm. 191, angeführt. Endlich aber wird in kurzer Andeutung die Frage über die Universalien (s. oben Anm. 74) derartig erledigt, dass sowohl den Realisten die nothwendige Consequenz einer ins Unendliche fortgesetzten Einschachtlung der Formen als auch den Nominalisten der Mangel an Ideal-Sinn vorgeworfen wird [438]), und bezüglich der Formen die Abälard'sche Ansicht die Zustimmung des Verfassers erhält [439]).

In der stärkeren Betonung der Lehre vom Urtheile mochte vielleicht mit Abälard auch Adam von Petit-Pont übereinstimmen [440]), welchen wir als einen Bearbeiter der ersten Analytik schon oben (Anm. 20) erwähnen mussten, sowie eine unten (Anm. 522) anzuführende Stelle gleichfalls einen Beleg enthält, dass er jenes Werk benützte.

---

res significare dicuntur, non tamen ideo de intellectibus rursum alios intellectus constituunt.

436) p. 488., woselbst nach den oben, Anm. 77., angeführten Worten folgt: *Quod omnino falsum apparet .... Cum itaque dicimus „homo intelligitur", hic est sensus, quod aliquis per intellectum naturam concipit humanam, h. e. animal tale attendit* ..... p. 489.: *Ex natura tamen ipsius sensus, qui, nisi in aliquam rem existentem agat, exerceri non potest, concedendum arbitror, quod si quis hominem sentiat, hunc vel illum sentiat. At vero intellectus non minus haberi potest etiam, si res non sit, quia et eorum, quae iam praeterita sunt, memoria recordamur et, quae futura sunt, per providentiam iam concipimus et, quae nunquam sunt, nonnunquam opinamur atque fingimus, ut chimaeram, centaurum, sirenen, hircocervum* (s. *Boeth.* p. 296., Abschn. XII, Anm. 110.).

437) p. 489 f.: *Quaerit etiam illud fortassis aliquis, cum audio „omnis homo", utrum intelligam omnem hominem, vel cum dicitur de aliquibus duobus, quod „alter eorum currit", utrum intelligam alterum eorum currere, vel cum dicitur „chimaera quae est alba", utrum intelligam chimaeram, quae est alba, sicut cum audio „chimaera" intelligo chimaeram, nec non etiam, utrum cum audio hoc nomen „non intelligibile", intelligam non intelligibile.* Hiebei wird dann p. 490—492. überall gezeigt, dass mit dem „*intelligo*" durchaus nicht das aüsserlich factische Sein mitgegeben sei.

438) p. 494.: *Qui autem formas universaliter essentias esse volunt, si rationabiliter agant, inquiramus; et primum inquirendum videtur, si concesserint, unum praedicari de unaquaque, sic quoad praedicationem suam* (der Text, welchen Cousin gibt, ist unverständlich) *unitatem inesse illi de quo praedicatur, innuant. Quod si concesserint, Socratem habere unitatem, cum unus sit, concedere debent, et unitatem Socratis habere unitatem formam sui, cum una sit, et illam aliam, et sic tanta multiplicitas fiet, quod in natura numerus non occurrat* (s. unten Anm. 477.) ..... p. 495.: *Illi autem qui non asserunt essentiam nisi substantias, fortasse vere virtutes et vitia et colores aliquid esse denegabunt; sed quam recte id faciant, sapientes iudicent.*

439) S. die schon oben Anm. 300. angeführte Stelle.

440) Er war aus England gebürtig, trat als Lehrer des Triviums in Paris auf, wo er seine Schule in der Nähe von Petit-Pont hatte, und wurde später Bischof von St. Asaph in Nord-Wales. Dass er in der Theologie ein Gegner des Gilbertus Porretanus war, berichtet *Otto Fris. de gest. Frid.* I, 51, p. 436. *Urstis.*

Wohl würde es durch eine solche Thätigkeit sich erklären, dass Adam zu den Neuerern gehörte und somit über Diejenigen lachte, welche Alles in die Isagoge hineinpfropften (s. Anm. 56 ff.), aber er scheint dennoch nach dem Sprichworte, dass man mit den Wölfen heulen müsse, verfahren zu sein [441]) und wenigstens als Lehrer mit ziemlicher Affectation im Aeusseren doch nur allbekannte Dinge vorgetragen zu haben [442]), wobei er wohl auch in eitler Prahlerei Manches als eigene neue Erfindung ausgeben mochte [443]). Von seiner schon oben, Anm. 20, genannten „*Ars disserendi*" gab Cousin einige kärgliche Bruchstücke, mit welchen uns wahrlich wenig gedient ist [444]). Wir ersehen nemlich daraus nur, dass Adam in der Einleitung eine eigenthümliche Unterscheidung aufstellte, wornach das Wissen (*scientia*) auf geistiger Begabung allein (vgl. oben Anm. 422), die technische Durchführung aber (*ars*) auf Begabung und Uebung, und die Gewandtheit (*facultas*) auf Begabung, Uebung und Technik beruhe [445]), sowie dass er von dem Urtheile ausgegangen zu sein und innerhalb desselben den sachlichen

---

441) *Joh. Saresb. Metal.* III, 3, p. 129. (*ed. Giles*): *Plane magis dedocent quam erudiunt, qui in hoc libello* (d. h. in der Isagoge) *legunt universa et eum brevitate sua contentum esse non sinunt; quidquid alicubi dici potest, hic congerunt .... Deridebat eos noster ille Anglus Peripateticus Adam, cuius vestigia sequuntur multi, sed pauci praepediente invidia profitentur; dicebatque se aut nullum aut auditores paucissimos habiturum, si ea simplicitate sermonum et facilitate sententiarum dialecticam traderet, qua ipsam doceri expediret.*

442) *Walter Mapes* (s. unten Anm. 525.), *Metamorph. Goliae, v.* 193 ff. (*ed. Th. Wright* p. 28.): *Inter hos et alios in parte remota Parvipontis incola, non loquor ignota, Disputabat digitis directis in iota, Et quaecunque dixerat, erant per se nota.*

443) *Joh. Saresb. Enthet. v.* 49 ff., woselbst nach den oben Anm. 59. angeführten Versen folgt: *Incola sum modici Pontis novus auctor in arte, Dum prius inventum glorior esse meum; Quod docuere senes nec novit amica iuventus, Pectoris inventum iuro fuisse mei; Sedula me iuvenum circumdat turba putatque Grandia iactantem nonnisi vera loqui.*

444) *Cousin, Fragm. phil.* (s. Anm. 416.) 2. Aufl. (1840), p. 417 ff. (Aufl. v. 1855, p. 333 ff.). Abgesehen von dem äusserst corrupten Texte der Handschrift, an welchem alle Versuche einer Exegese scheitern, ist auch die Masse des Mitgetheilten doch allzu gering. Dass aber das Werk Adam's für uns von Wichtigkeit sein müsste, sieht man aus folgendem Anfange des 2. Buches, welcher eine Recapitulation des 1. enthält und bei Cousin (p. 423.) lautet: *Ad prioris a sequenti libro distinctionem* (Cousin's Text hat *sit distinctiones*), *quid in hoc dicendum, quid in illo dictum, interserere* (scheint *licet* oder dgl. ausgefallen zu sein). *De quo et ad quid et qualiter artis disserendi institutio, praemonstravimus; a quibus disserendi principium in eorum principiis duplicem, in ipsis dupliciter duplicem disserenti attentionem praescripsimus, de quo dicat et qualiter id designet; post principia item duplicem, quid de eo dicat et qualiter id designet; de quibus autem dicat, primo in quatuor, denique distinctius distinximus, et ex hoc principiorum genera, quae sunt et ad quae, docuimus.* Nemlich so unverständlich diese Worte auch grossentheils sind, so blickt doch eine ganz eigenthümliche Gliederung des Ganzen durch.

445) p. 419.: *Principium propositi, de quo et ad quid et qualiter ars disserendi instituenda, dicere; propositum autem, de eo et ad id et sic artis rationem instituere. Erit autem, qualiter artem institui conveniat, cognito eius initio manifestius ..... Innotescat igitur, quoniam initium non idem scientiae et artis et facultatis disserendi; id autem innotescet, ex quibus horum initia, cognito; sunt autem ex tribus: ingenio, usu, arte ..... Scientiae enim disserendi ex ingenio absque ceteris initium; artis autem ex hoc et usu; facultatis autem ex his et arte.*

Inhalt und die sprachliche Form unterschieden zu haben scheint[446]). Einen Schüler Adam's werden wir unten (Anm. 522) treffen.

Während nun auf solche Weise, wie wir uns bisher hinreichend überzeugen konnten, die Dialektik in reicher Fülle als specielle Disciplin eine ausführliche Pflege fand, fehlte es um die Mitte des 12. Jahrhundertes auch nicht an Solchen, welche lediglich von der Theologie aus gelegentlich auf logische Momente stiessen und dann in der üblichen Weise mit dem platonisch-christlichen Realismus es sich ziemlich bequem machten oder die Unvereinbarkeit der Logik und der Glaubens-Mysterien aussprachen. So erwähnt Robert Pulleyn (er lehrte in Paris und in Oxford, starb im J. 1154), welcher vor keiner dogmatischen Consequenz zurückscheut, sondern Alles und Jedes zu construiren versucht, bei seinen Erörterungen über die Trinität auch Ansichten der Dialektiker, wobei wir theils Wilhelm v. Champeaux theils Abälard wiedererkennen[447]); er selbst jedoch, in der Ueberzeugung, dass hierin die Dialektik ein vergebliches Unternehmen sei[448]), schaukelt sich absichtlich von Zugeständnissen aus, welche uns an die Indifferenz-Lehre erinnern, in einen völligen Skepticismus hinein, indem er verschiedene Partei-Stellungen der Logik gleichmässig als berechtigt zugesteht und zuletzt bei dem blossen gewöhnlichen Sprachgebrauche bezüglich der Universalien stehen bleibt[449]). Und während Petrus von Poitiers

---

446) p. 421.: *Principium disserendi ab interrogatione vel enuntiatione. Quoniam igitur ab ipso disserendi principio docendi disserere propositum inchoari conveniens, sic de iis docendi disserere principium, a quibus est disserendi ..... Est igitur enuntiatio veri vel falsi dictio ut ad disserendum; interrogatio vero quid sit, notius est quam ut diffiniri oporteat* ..... p. 422.: *Duplicem utrinque considerationem adhibendam instituimus, alteram eorum, de quibus et quae dicuntur, alteram verborum, quibus ea de illis. Quoniam enim, quae consideratione percipiuntur, verbis designari aeque conveniens, de quo et quibus enuntietur vel interrogetur, ex arte considerato, qualiter secundum locutionem utrumque ut ad disserendum designari conveniat, non minus attente considerandum.*

447) *Rob. Pulli Sentent.* I, 3 (*ed. Mathoud, Paris.* 1655 *fol.*), p. 33 a.: *Dicet dialecticus: Species est tota substantia individuorum totaque species eademque in singulis reperitur individuis; itaque species una est substantia, eius vero individua multae personae et hae multae personae sunt illa una substantia, nam secundum Porphyrium omnes homines participatione speciei sunt unus homo* (diess ist die Ansicht Wilhelms v. Champeaux, s. Anm. 105.) .... *Sed dices: Sunt nonnullae formae generum, quae ea nequaquam ducunt ad esse specierum; sunt quoque proprietates pertinentes ad substantiam, sed non efficiunt personam* (so Abälard, s. Anm. 300 f.).

448) Ebend.: *Dialectice, obscuro obscurum incredibili creditum solvere quaeris; nihil proficis.*

449) Ebend. p. 35 b.: *Omnem rem vere informem discretione cogitatuum, non varietate formarum, distinguimus; haec enim est vis mentis, ut concipiat diversis modis rem licet formis non diversam* (diess trifft wörtlich mit dem „*diversis modis attendere*" der Indifferenz-Lehre, s. Anm. 133., zusammen). *Quod dico, difficile est videre, difficilius explanare. Nam concolores per quid inter se conveniunt, per quid a discoloribus differunt, si accidentia non sunt? An, ut quidam aiunt, conveniunt et differunt, sed in nullo, ut albi similantur* (diess wäre Abälard's „*consimile*", s. Anm. 299. u. 307.); *sed in quo? An in participatione speciei? Sed ratio evincit, universalia non esse* (diess beruht auf dem Ausspruche „*res de re non praedicatur*", s. Anm. 132. u. 287., oder stimmt mit Johannes v. Salesbury überein, s. Anm. 590.). *An in dividua albedine? Sed singuli cernuntur suam, non alterius, habere* (so die Nominalisten, s. Anm. 78.). *Verumtamen sibi similes esse*

(ein Schüler des Petrus Lombardus, blühte um 1160—1170) gleichfalls gegen die Anwendung der Dialektik auf die Trinitäts-Frage protestirte [450]), knüpfte er dennoch viele seiner Erörterungen an Pseudo-Boethius *De Trinitate* (s. Anm. 35 ff.) an, und zwar mit der komischen Bemerkung, jene Schrift sei mehr philosophisch(!) als theologisch, und man dürfe daher durch dieselbe sich nicht irreleiten lassen [451]); auch zeigt die Unterscheidung der Substanz als Subject und der Substanz als Form, sowie die Unterscheidung der substantiellen Form als einer das Individuum erzeugenden und als einer die Arten und Gattungen hervorrufenden nur den rohesten platonisch-theologischen Realismus [452]). Desgleichen findet sich bei seinem Zeitgenossen Robert von Melun, dessen äusserliche Gewandtheit in der Dialektik sehr gerühmt wird [453]), nur der ontologische gewöhnliche Realismus, welcher theoretisch zu stumpf ist, um auf die logischen Momente überhaupt einzugehen, oder, wo er solches thut, sich eben blamirt, wie z. B. wenn gegen die Einheitlichkeit der Bedeutung, welche in „*est*", und jener, welche in „*ens*" liegt, polemisirt wird [454]). Zu verwundern aber ist es demnach nicht, wenn

---

liquet, quia, licet diversas, habent tamen albedines. Sed si formas tollimus, unde similes? Si sic dico, in consuetudine loquor, autores tam divinos quam mundanos videor habere adversos.

450) *Petri Pictav. Sentent.* I, 32 (*ed. Mathoud, Paris.* 1655, *fol.*), p. 93 a.: *Non videtur ergo transferenda conversatio dialecticorum ad huiusmodi propter inconvenientia* .... 33, p. 94 b.: *Quod ergo dicit Johannes Damascenus* (s. Abschn. XI, Anm. 170.), *non ita accipiendum, ut universalia et individua ita accipiantur sicut in philosophicis disciplinis* .... *Si quaeratur, an hoc praedicabile „deus" sit universale vel individuum, neutrum hic admittendum.* Und dennoch wurde auch er verketzert, s. Anm. 478.

451) Ebend. I, 4, p. 8 b.: *Ideo imponitur Boethio, quod illam diffinitionem* (d. h. der *persona*) *magis posuit ut philosophus, quam ut theologus.* 32, p. 93 b.: *Sed nostri theologi plerique non habent illam diffinitionem pro authentica, quia magis fuit philosophus quam theologus et magis ad probabilitatem locutus est quam ad veritatem.*

452) Ebend. I, 6, p. 12 a.: *Substantia a substando dicitur ipsum subiectum, quod substat formis, sive sit corpus sive alia res; substantia a subsistendo dicitur forma, quae adveniens subiecto illud subsistit, i. e. sub se et aliis formis sistit, i. e. substare sibi et aliis facit, sicut imago sigilli ceram* ...... *Sed substantialis forma duplex est, vel quae facit „quis", et talis est omnis individualis proprietas, i. e. individuo et proprio nomine, ut Platonitas, cuius participatione Plato est quis; vel quae facit „quid", ut speciale vel generale, i. e. quae speciali vel generali nomine significatur, ut humanitas, animalitas, cuius participatione Plato est quid, non vero quis.*

453) *Joh. Saresb. Metal.* II, 10, p. 78 f. (*ed. Giles*): *Sic ferme toto biennio conversatus in monte* (d. h. *Sanctae Genovefae*) *artis huius praeceptoribus usus sum Alberico* (s. unten Anm. 521.) *et Roberto Melidunensi, ut cognomine designetur, quod meruit in scholarum regimine, natione siquidem Angligena est, quorum alter* .... *Alter autem* (d. h. Robert) *in responsione promptissimus subterfugii causa propositum nunquam declinavit articulum, quin alteram contradictionis partem eligeret aut determinata multiplicitate sermonis doceret, unam non esse responsionem* ..... *in responsionibus perspicax, brevis et commodus.*

454) Ausser jenem, was bei *Bulaeus, hist. univ. Par.* II, p. 264. sich findet, hat *Hauréau, de la phil. scolast.* I, p. 333 ff. noch Mehreres aus Handschriften mitgetheilt; aus Letzterem kann, da alles Uebrige unseren hiesigen Zweck nicht berührt, bezüglich eines logischen Punktes folgende Stelle (p. 333.) angeführt werden: *Has vero voces „est" et „ens" eiusdem esse significationis, omnes philo-*

die Schüler dieses Robert über die aristotelische Topik als ein unbrauchbares Buch schmähten (s. oben Anm. 29).

Hingegen hat bei Gilbertus Porretanus (geboren in Poitiers, daher auch *Pictaviensis* genannt, gestorben i. J. 1154) das theologische Gezänke über die Trinität zu einer ganz bestimmten logischen Auffassung bezüglich der Universalien Veranlassung gegeben, und wir müssen daher ausser der Schrift *De sex principiis,* welche in den nächsten Jahrhunderten für sehr bedeutend gehalten wurde, auch den Commentar desselben zu *Ps.-Boethius de Trinitate*[455]) näher ins Auge fassen. Dass Gilbert bereits die aristotelische Analytik kannte, wurde schon oben (Anm. 21) erwähnt; jedoch macht er, abgesehen von jenem Citate, in der That keinen weiteren Gebrauch von einer inneren Kenntniss der dortselbst enthaltenen Principien, sondern bewegt sich nur in dem engeren Umkreise der allgemein üblichen Schul-Logik[456]). Während auch er uns das eigenthümliche Schauspiel des Widerspruches zeigt, mit allem Aufwande logischen Scharfsinnes über die Trinität zu discutiren (s. jedoch Anm. 478) und dabei zugleich eine durchgängige Scheidung Gottes und des natürlichen Gebietes festzuhalten, scheint er allerdings über Aufgabe und Stellung der Logik durchaus in sich selbst nicht klar gewesen zu sein. Es lässt sich bei ihm das ontologische und das logische Gebiet nicht einmal in jener Weise wie bei Abälard auseinanderhalten, sondern trotz all seinem realistischen Grundtone acceptirt er völlig naiv und unbedenklich die Function des menschlichen Sprachausdruckes; denn die Erweckung des Gedankens verlegt er, einen Satz des Boethius wiederholend, ganz gleichmässig in die Eigenthümlichkeit der Dinge und ebensosehr in die feste Bedeutung der Worte[457]), und wenn er auf die nemliche Weise die Qualität des Urtheiles in der Abfolge der Dinge und der Worte oder in der Modalität des Ausdruckes findet, — was uns an Abälard erinnern könnte, s. Anm. 318, 327, 330 —, und somit die Aufmerksamkeit auf die Sprachform einschärft[458]), so stellt er wieder den philosophischen Gehalt, welcher auf die Eigenthümlichkeit der Dinge (*proprietas rerum*) geht, sofort neben die der

---

sophicae clamitant scripturae; in istis ergo locutionibus „mundus est ens", „mundus est", terminis oppositis idem significatur; sed nullus tanta amentia ignorantiae excaecatus est, qui aliquam harum vocum „essentia, est, ens" in illa significatione retenta, in qua creaturis convenit, deum vel essentiam divinam significari praesumat u. s. w.

455) Gedruckt in *Boethii Opera ed. Basil.* 1570, p. 1128—1273.

456) So erwähnt er z. B. p. 1185. den Unterschied zwischen Syllogismus und Enthymema, p. 1187. „*dialecticorum topica generalis omnibus nota*", p. 1225. „*regula dialecticorum de conversione*", p. 1187. „*conceptio communis*", p. 1224. „*conceptus non entis*" (z. B. Centauren), p. 1226. *nihil* als *nomen infinitum*, u. dgl., und auch die Erwähnung der sechs Sophismen (p. 1130.) kann er aus der nemlichen Quelle wie Abälard (s. oben Anm. 7.) geschöpft haben.

457) p. 1131.: *Cum in aliis intelligentiam excitet rei certa proprietas aut certa vocis positio, etc.* .... p. 1132.: *Tria quippe sunt, res et intellectus et sermo; res intellectu concipitur, sermone significatur* (*Boeth.* p. 296., s. Abschn. XII, Anm. 110.).

458) p. 1130.: *Qualitas autem orandi vel in rerum atque dictionum consequentia vel in earundem tropis attenditur.* p. 1268.: *Quia omnis dictio diversa significat, quid et de quo diligens auditor attendit.*

Logik anheimfallenden Verhältnisse der Aussage (*loquendi rationes*) und zugleich neben die grammatischen, die sophistischen und die rhetorischen Momente hin[459]).

Ist so Gilbert in den Fragen über das Verhältniss des objectiv Ontologischen zu dem subjectiv Logischen selbst noch naiver, als Scotus Erigena gewesen war, so ist es hingegen nach der ersteren Seite der Begriff der Substanz, durch welchen er in dem Streite über die Universalien eine Parteistellung einnimmt; und wenn dieselbe uns wesentliche Berührungspunkte mit anderen Ansichten zeigen wird, so ist diess eben ein neuer Beleg dafür, dass die Parteien in mannigfachen Knotenpunkten sich kreuzten. Gilbert nemlich unterscheidet an dem Begriffe der Substanz, welcher in allumfassender Weise als höchster Gattungsbegriff von allen, sowohl körperlichen als unkörperlichen, Wesen gilt, nach dem Standpunkte der theologischen Terminologie (d. h. des Ps.-Boethius) zwei Seiten, wornach bei einem Wesen sowohl dasjenige, was es ist (*quod est* — *subsistens*), als auch dasjenige, wodurch es ist, was es ist (*quo est* — *subsistentia*), als seine Substanz bezeichnet wird[460]). In letzteres aber nun, nemlich in die Subsistenz, verlegt er in einer eigenthümlichen Weise dasjenige, was wir bei Scotus Erigena als die „Natur der Dinge" (vor. Abschn. Anm. 105 u. 127) und bei dem Verfasser der Schrift *De gen. et spec.* als „*una creatura*" oder „*similis creatio*" (oben Anm. 159 u. 163) trafen; nemlich er definirt Natur kurzweg als den die Wesen formenden artmachenden Unterschied, und indem er es ablehnt, ein Subsistirendes oder etwa auch die Gattung oder Art als Natur zu bezeichnen, sagt er, die Natur oder Dasjenige,

---

459) p. 1246.: *Ne ergo lectorem decipere possit aliqua dictio, quae, cum sensum aurium sono excitat, in quacunque oratione ponatur, offert menti, quaecunque significat, rerum proprietatem, quam apud philosophos didicit, recolat et loquendi rationes, quas logica ministrat, attendat atque σύνταξιν ex grammaticorum, λέξιν ex dialecticorum seu sophistarum, ῥῆσιν ex rhetorum locis considerans de tot significatis id, quod ad propositum pertinet, convenientium illi rationum adminiculis eligat.*

460) p. 1152.: *Hoc nomen, quod est „substantia", non a genere naturalium, sed a communi ratione omnium, quae sunt esse, subsistentium inditum est non solum illis, quae sunt esse, i. e. subsistentiis, sed etiam illis, quorum ipsae sunt esse, i. e. omnibus subsistentibus; quoniam tamen omnium, i. e. corporalium et incorporalium, subsistentium, quod ab illorum subsistentia communi generalissimum esse, nomen non habetur, saepe latini hoc pro eo ponunt; unde et in Isagoge Porphyrius* (*Boeth.* p. 68.), *ubi ait „substantia est quidem", supponit „et ipsa est genus", quem iste* (d. h. *Ps.-Boeth. de Trin.*) *sequitur, pro omnium subsistentium generalissimo ait „substantia".* p. 1151.: *Error, ... nescire huius nominis, quod est „substantia" multiplicem in naturalibus usum, videlicet non modo id, quod est, verum etiam id, quo est, hoc nomine nuncupari.* p. 1161.: *Non enim subsistens tantum, sed etiam subsistentia appellatur substantia, eo quod utraque accidentibus, diversis tamen rationibus, substant. Subsistens igitur est substantia, non qua aliqua rerum est aliquid, nihil enim subsistente est aliquid, sed est illa substantia, quae est aliquid; subsistentia vero est substantia, non cui quid nitatur, quo ipsa aliquid sit, sed qua solum subsistens est aliquid.* Es wäre unrichtig, wenn man in dem Ausdrucke *„id, quod est"* das *quod* als grammatisches Subject nähme; es ist Prädicat, denn die Formel für die concreten Dinge gestaltet sich folgendermaassen: *res subsistentes sunt esse subsistentiarum,* d. h. Dasjenige, was ist, ist das Sein seines Wesens.

wodurch Etwas sein Sein hat, d. h. die Subsistenz, liege in den substantiellen Formen (*formae substantiales*) und denjenigen qualitativen und quantitativen Bestimmtheiten, welche mit denselben verflochten seien[461]), — eine Auffassung, welche er im Sinne des Realismus auch auf die Natur des Individuum-Seins derartig ausdehnt, dass er z. B. in dem Plato-Sein (*Platonitas*), welches hiemit gleichfalls eine Subsistenz ist, auch den Grund der Individualität des Leibes Plato's erblickt[462]). Aber jene „substantiellen Formen", mit welchen noch anderweitige Eigenschaften verflochten sind, erhalten nun ihren eigentlichen Umkreis in den concreten Dingen, denn eine Form wohl sei auch das Wesen Gottes, und Formen seien die platonischen Ideen der Dinge als Urbilder derselben, Formen endlich seien auch die mathematischen Verhältnisse der Figur, aber in all diesen dreien Bedeutungen sei Form ein Immaterielles, hingegen jene Form, welche als das Sein der subsistirenden Dinge der Grund dessen ist, dass sie sind, was sie sind, und hiemit als Stoff Desjenigen auftritt, was mit ihr sich verflicht, sei eben darum nicht immateriell, sondern hier seien Form und Stoff vereinigt[463]). In dieser letzteren Sphäre aber nun, welche auch die des Werdens und der Bewegung sei, könne die geistige Auffassung des Menschen auf

461) p. 1231.: *Haec igitur est propria naturae significatio, quae diffinietur, i. e. secundum quam significationem natura diffinietur hoc modo: Natura est unamquamque rem informans specifica differentia; secundum hanc diffinitionem nullum principium, nullum subsistens corporeum vel incorporeum, nullum genus vel species subsistentis, nullum omnino accidens appellatur natura*, sowie die kurz vorhergehenden Worte: *naturae nomine monstrare cupientes rerum, quae generibus et speciebus suis sunt aliquid, vel generum ipsorum atque specierum substantialem proprietatem, qualis est v. g. rationalitas.* p. 1255 f.: *Natura enim subsistentis est, qua ipsum subsistens aliquid est; hae vero sunt substantiales formae et quae illis in ipso subsistente adsunt qualitates et mensurae ..... quoniam sunt aliae verioris nominis subsistentiae, quae nunquam a subsistente recedentes perpetuae vocantur.* Hiezu Anm. 486.

462) p. 1128.: *Est enim proprium naturalium, quod sicut numero diversorum proprietates diversae sunt, ita quoque subsistentiae numero sunt diversae, et quod una singularis subsistentia nonnisi unum numero faciat subsistentem, ut Platonis et Ciceronis non solum accidentales proprietates, verum etiam substantiales, quibus ipsi sunt (v. g. vel diversa corpora vel diversi homines) diversae sunt, et quaecunque singularis proprietas Platonem corpus esse vel hominem, eadem nullum alium esse facit idem.*

463) p. 1138.: *Forma quoque multipliciter dicitur. Nam essentia dei, quo opifice est quidquid est, ... prima forma dicitur. Quatuor quoque sincerae substantiae, ignis, aer, aqua, terra, non quidem quae in sylva* (d. h. *ὕλη*) *mutuam concretionem habere praedicta sunt, sed quae ex sylva et intelligibili specie sunt ..... exemplaria eorundem corporum, ἰδέαι graece, latine vero formae cognominatae sunt. Illud etiam quorumlibet subsistentium quodlibet esse, ex quo unumquodque eorum est aliquid, et quod eorum, quae sibi adsunt, materia est, eorundem subsistentium dicitur forma, ut corporalitas omnium corporum. Dicitur etiam forma illud quartum genus qualitatis, quod est corporum figura ..... Ex his manifestum est, quod materiarum alia informis et ideo simplex, ut ὕλη, alia formata et ideo non simplex, ut corpora ..... Quae vero sunt esse subsistentium, et materiae dicuntur et formae. ..... Similiter formarum alia nullius materiae, ut opificis essentia, qua ipse vere est. .... Illae quoque sincerae substantiae, quae corporum exemplaria sunt, sine materie formae sunt ...... Quae vero sunt subsistentium esse, sicut iam dictum est, non modo formae sed etiam materiae nuncupantur. Figurae vero sensilium ..... formae tantum cognominantur et non materiae.*

Grundlage der Sinneswahrnehmung und des Gedächtnisses (vgl. oben Anm. 418 ff.) die an sich unabstracten und concret gewordenen Formen des natürlichen Seins (*inabstracta*, *concreta*, *nativa*) durch eine andere Betrachtungsweise abstract erfassen — *abstractim attendere* —[464]), und sowie bei der Erkenntniss des Göttlichen ein intellectuelles Verfahren, betreffs der mathematischen Formen aber ein disciplinäres Verfahren bestehe, so habe der Philosoph in den natürlichen Dingen rationell (*rationabiliter*) zu verfahren, indem er die Worte, durch welche sowohl dasjenige, was die Dinge sind (*quod est*), als auch jenes, wodurch sie es sind (*quo est*), bezeichnet wird, mit verständigem Nachdenken erfasse, und eben dieser Umkreis der natürlichen Dinge sei es ja auch, in welchem Arten unter Gattungen subsumirt und Gattungen von Arten ausgesagt werden[465]). So ist uns durch diese Anschauungsweise Gilbert's[466]) bereits klar, wie richtig Johannes von Salesbury sich ausdrückte, wenn er sagt, Gilbert verlege die Universalien in die „*formae nativae*" der geschaffenen Dinge und bemühe sich um die „*conformitas*" derselben, welche einerseits vom Denken als das Allgemeine erfasst werde und andrerseits in der Erscheinung singulär auftrete[467]). Es erhält diess aber auch noch seine weitere Bestätigung.

Die substantielle Form nemlich hat darin ein Sein, dass sie es ist, welche das ganze Wesen und die mit demselben verflochtenen Attribute eines Dinges bewirkt und so als eine totale der Artbegriff ist, welcher aus Gattung und artmachendem Unterschiede besteht[468]), wornach in

---

464) Ebend.: *His itaque divisis addendum est, quod primaria materia, i. e. ὕλη, et primariae formae, i. e. οὐσία opificis et sensilium ἰδέαι, ... omni motu carent. Quae vero inabstracta a se invicem atque concreta sunt, i. e. sensilia, moventur. Formae vero sensilium, quamvis inabstractae ideoque motum habentes, si tamen abstractim attendantur* (man beachte diesen Ausdruck, s. Anm. 133.), *hac vere abstractorum imitatione sine motu esse dicuntur; non enim tantum sicuti sunt, verum etiam aliter quam sunt, res aliquae saepe vere concipiuntur. Propter quod etiam ipsa animi speculatio dividitur .... Cum enim nativa, sicut sunt, i. e. concreta et inabstracta, considerat, ex sua quidem propria potestate, qua humano animo datum est, ex sensuum atque imaginationum praeeuntibus adminiculis veri sensilia ratio dicitur; sed ex his quae considerat, nativis scilicet et inabstractis et motum habentibus, naturalis et in motu et inabstracta cognominatur ...... Speculatio, quae nativorum inabstractas formas ... considerat.* Hiezu Anm. 487.

465) p. 1140.: *Ac per hoc in naturalibus, quae sicuti sunt percipi debent, sc. concreta et inabstracta, oportebit philosophum versari rationabiliter, ut scilicet posito nomine, quo et id, quod est, et id, quo est, significatur, ea vi mentis, qua concreta veri debet, diligenter attendat, quid proprie sibi vel quod est vel quo est concretionis consortio exigat et quid ceterarum speculationum locis communicet ..... In naturalibus enim dicitur homo species generis ... ideoque naturalis concretionis proprietate dicitur genus de specie praedicari ..... In mathematicis vero ... oportebit eum versari disciplinabiliter .... In divinis .... intellectualiter versari oportebit.*

466) Die Quelle hievon liegt natürlich in der platonisch-theologischen Ontologie des Pseudo-Boethius.

467) Die Stelle ist oben, Anm. 67., angeführt.

468) p. 1142.: *Ea quae est tota forma substantiae hominis non modo ex eo, quod ipsa tota eum, in quo est, facit hominem, sed et ex eo, quod alia parte sui eundem facit animatum, alia sensibilem, alia rationabilem, recte dicitur esse aliquid. ..... Quidquid est alicuius esse, aut est tota substantia illius, cuius dicitur esse, aut pars eius, quod est tota substantia; et tota quidem substantia species, quae de*

der Subsistenz, durch welche ein Ding zu dem Subjecte seiner Wesens-Attribute gemacht wird, mehrere Subsistenzen wie in Einem Geflechte zusammenlaufen [469]). Hiedurch aber haben die Gattungs- und Art-Begriffe ein anderes Sein als die Dinge selbst; denn erstere haben eben nur das Sein der Subsistenz, letztere hingegen haben das Sein, Subjecte und Träger der in der Subsistenz vereinigten Attribute zu sein [470]). Und so erfasst das Denken die Gattungs- und Art-Begriffe als die Universalien gegenüber den particulären Dingen, indem es aus den concret existirenden Trägern der Attribute auf das Sein der Subsistenz sammelnd (*colligere*) schliesst [471]), wobei dann die natürlichen Dinge im Hinblicke auf die Gattungs- und Art-Subsistenz, an welcher als an dem wesentlichen Sein die einzelnen Dinge theilhaben, mit den Gattungs- und Art-Namen bezeichnet werden, sowie die Attribute als Prädicate ausgesagt werden und auch denominativ die Subsistenz selbst das Subject genannt wird [472]). Sowie aber der Begriff des Sammelns (*colle-*

---

eo dicitur, est, pars vero eius, quod est totum esse, genus est aut differentia, quae speciem ipsam constituit.

469) p. 1145.: *Subsistentia causa est, ut id, quod per eam est aliquid, suis propriis sit subiectum.* p. 1175.: *Quotiens enim subsistens ex subsistentibus coniunctum est, necesse est, eius totum esse, i. e. illam qua ipsum perfectum est subsistentiam, ex omnium partium suarum omnibus subsistentiis esse coniunctam.*

470) p. 1239.: *Genera et species, i. e. generales et speciales subsistentiae, subsistunt tantum, non substant vere, neque enim accidentia generibus speciebusve contingunt, ut quod sunt, accidentibus debeant* (der Begriff *accidens* ist hier wie überall in dem Sinne genommen, dass er gegenüber der Substanz die übrigen neun Kategorien umfasst) .... *Individua vero subsistunt quidem vere, ... informata enim sunt iam propriis et specificis differentiis, per quas subsistunt; non modo autem subsistunt, verum etiam substant individua, quoniam et accidentibus, ut esse possint, ministrant, dum sunt scilicet subiecta accidentibus.*

471) p. 1238.: *Essentiae in universalibus sunt, in particularibus substant, ... subsistentiae in universalibus sunt, in particularibus capiunt substantiam, i. e. substant .... Universalia, quae intellectus ex particularibus colligit, sunt, quoniam particularium illud esse dicuntur, quo ipsa particularia aliquid sunt; particularia vero non modo sunt, quod utique ex huiusmodi suo esse sunt, verum etiam substant.*

472) p. 1137.: *Ad generales quoque et speciales subsistentias, quae subsistentium, in quibus sunt, esse dicuntur, eo quod eis, ut sint aliquid, conferunt, eiusdem nominis, i. e. materiae, alia fit denominatio.* p. 1140.: *Essentia est illa res, quae est ipsum esse, i. e. quae non ab alio hanc mutuat dictionem, et ex qua est esse, i. e. quae ceteris omnibus eandem quadam extrinseca participatione communicat .... namque in naturalibus omne subsistentium ex forma est, i. e. de quocunque subsistente dicitur „est", formae, quam in se habet, participatione dicitur.* p. 1141.: *Omnia de subsistente dicuntur, ut de aliquo homine tota forma substantiae, qua ipse est perfectus homo, et omne genus omnisque differentia, ex quibus est ipsa composita, ut corporalitas et animatio, et denique omnia, quae vel toti illi formae adsunt, ut humanitati risibilitas, vel aliquibus partibus eius.* p. 1145.: *Quoniam subsistentia causa est, ut id quod per eam est aliquid, suis propriis sit subiectum, ipsa quoque per denominationem eius subiecta dicitur et eorundem materia ....* (p. 1146.) *et ideo generaliter cum qualitatibus qualitas dicitur et cum solis albedinibus specialiter albedo, atque adeo multa sunt, quae de istis dicuntur, ut saepe etiam efficiendi ratione a coaccidentibus ad ea, quibus coaccidunt, denominativa transsumptio fiat, ut „linea est longa, albedo est clara".* p. 1199.: *Hoc igitur, quod habet a substantia, nomen ad ea, quae ex ipsa fluxerunt, denominative transumptum est.*

ctio), welchen Gilbert förmlich zu einer Definition der Gattung benützt [473]), uns schon oben in der Indifferenz-Lehre (Anm. 136), bei Gauslenus (Anm. 146) und bei dem Autor *De gen. et spec.* (Anm. 162) begegnete, so verbindet Gilbert damit in realistischem Sinne eine Auffassung, welche er durch die Ausdrücke „*substantialis similitudo*" oder „*conformantes subsistentiae*", am liebsten aber durch das bei ihm so häufige Wort „*conformitas*", selbst mit Ausdehnung auf die Namen der Dinge, bezeichnet [474]), wobei wir die Verwandtschaft mit der „*similis creatio*" des Buches *De gen. et spec.* (Anm. 163) und insbesondere mit Abälard's „*consimilitudo*" (Anm. 299) nicht verkennen können; bemerkenswerth aber ist, dass Gilbert das Wort „*indifferentia*", welches ihm doch ganz nahe liegen musste, ausschliesslich nur bei den theologischen Discussionen über die Trinität anwendet [475]), hingegen wohl des Wortes „*identitas*", sowohl bei Substanzen als auch bei Attributen, sich bedient [476]). Er nimmt überhaupt diese formgebende Kraft der Universalien so realistisch, dass ihm nicht bloss z. B. die Weisse, sondern auch die Einheit als eine dergleichen Form erscheint, welche bei jedem Prädicate mitwirken müsse, um den Träger desselben zu Einem Dinge zu machen [477]), und während er hiedurch dem oben angeführten Einwande (Anm. 438, was möglicher Weise selbst direct gegen Gilbert gerichtet sein könnte) preisgegeben ist, gelangt er dabei auf eine für die Trinitätsfrage nutzbare, aber von Anderen wieder heftig bekämpfte, Unterscheidung zwischen Einheit und Eins oder überhaupt zwischen

---

473) p. 1252.: *Genus vero nihil aliud putandum est, nisi subsistentiarum secundum totam eorum proprietatem ex rebus secundum species suas differentibus similitudine comparata collectio.*

474) p. 1135.: *Diversae subsistentiae, ex quarum aliis homines et ex aliis equi sunt animalia, non imitationis vel imaginaria, sed substantiali similitudine ipsos, qui secundum eas subsistunt, faciunt esse conformes.* p. 1136.: *Dicuntur etiam multa subsistentia unum et idem non naturae unius singularitate, sed multarum, quae ratione similitudinis fit, unione .... Illa, quae diversarum naturarum adunat conformitas, genere vel specie unum dicuntur ...... Tres homines neque genere neque specie, i. e. nulla subsistentiarum dissimilitudine, sed suis accidentibus dissimilitudinis distant ...., sunt conformantium ipsos subsistentiarum numero plures.* p. 1175.: *Conformitate aliqua plures homines dicuntur unus homo.* p. 1192.: *Secundum propositae naturae plenitudinem dicitur substantialis similitudo, qualiter album albo simile est et homo homini.* p. 1194.: *Tales sunt omnes differentiae illae, quae vel huic generalissimo proxime cum ipso quaedam contractioris similitudinis constituunt genera, quae a logicis subalterna appellantur, vel subalternis similiter adhaerentes quamlibet sub ipsis subsistentiam specialem componunt.* p. 1234.: *Homo videlicet subsistentia specialis, quae est huius nominis qualitas una quidem conformitate, sed plures essentiae singularitate, de singulis hominibus.* Ebenso p. 1251. 1262. u. s. f.

475) So z. B. p. 1134. u. 1152. u 1169.

476) p. 1169.: *Identitate unionis homo idem quod homo est, nam Plato et Cicero unione speciei sunt idem homo ....; identitate, quae ex proprietatis est unitate, rationale idem quod rationale est, veluti anima hominis et ipse homo non unione speciei, sed unitate proprietatis sunt unum rationale.*

477) p. 1178.: *Unitas omnium .... praedicamentorum comes est; nam de quocunque aliquid praedicatur, id praedicato quidem est hoc, quod nomine ab eodem sibi indito et verbi substantivi compositione esse significatur, sed unitate ipsi coaccidente est unum, ut album albedine quidem album est, sed unitate coaccidente albedini unum, et simul albedine et eius comite unitate est album unum.*

den Zahlwörtern und den ihnen zu Grunde liegenden Idealformen, insoferne erstere nur von den concreten Dingen, welche eben der formgebenden Wirkung der ideellen Universalien unterliegen, ausgesagt werden können[478]). Sodann aber knüpft sich an den Begriff der *conformitas* auch noch die Auffassung, dass im Individuum alle möglichen Bestimmtheiten derartig vereinigt sind, dass dasselbe in der Totalität seiner Subsistenz (vgl. Anm. 462) mit keinem anderen Wesen conform ist, und hiemit die Individualität in dieser Wesens-Unähnlichkeit liegt, wohingegen alles Nicht-Individuelle auf einer Aehnlichkeit beruht und hiernach in seine individuellen concreten Erscheinungsweisen, welche in ihm ähnlich, unter sich aber unähnlich sind, getheilt werden kann; es bezeichnet Gilbert diese Anschauung dadurch, dass er das Wort „*dividua*", welches wir hier zum ersten Male treffen, für die sog. *nomina appellativa* und „*individua*" für die sog. *nomina propria* wählt[479]).

Eine logische Verwerthung dieses ontologischen Realismus liegt in jenem Aufundabklettern an der *Tabula logica*, welches nach dem Vorgange des Boethius in Definition und Division geübt wird[480]), und hiemit in der Function des Aussagens, insoferne durch dasselbe nie das concrete Sein selbst, sondern nur das Wesen, d. h. die Subsistenz und die Wesens-Attribute, über die concreten Dinge ausgesagt werden[481]),

---

478) p. 1148.: *Quod est unum, res est unitati subiecta, cui scilicet vel ipsa unitas inest, ut albo, vel adest, ut albedini; unitas vero est id, quo ipsum, cui inest, et ipsum, cui adest, dicimus unum, ut album unum, albedo una. Rursus ea, quae dicimus esse duo, in rebus sunt, i. e. res sunt dualitati similiter subiectae, quae duae sunt ..... Ideoque non unitas ipsa, sed quod ei subiectum est, unum est, nec dualitas ipsa, sed quod ei subiectum est, recte dicitur duo ....., nam vere omnis numerus non numeri ipsius, sed rerum sibi suppositarum est numerus.* Dass aber überhaupt selbst dieses orthodoxeste Bestreben bei manchen anderen Theologen wenig Dank einärndtete, sehen wir daraus, dass, wie *Bulaeus, hist. un. Par.* I, p. 404. berichtet, der Prior Walther von St. Victor eine eigene Schrift gegen die „vier Labyrinthe Frankreichs", nemlich gegen Petrus Lombardus, Abälard, Petrus v. Poitiers und Gilbert, verfasste; aus Handschriften derselben (in der Bibliothek von St. Victor) theilt *Launoi, de var. fort. Aristot.* c. 3, p. 29., folgende Stelle mit: *Quisquis hoc legerit, non dubitabit, quatuor labyrinthos Franciae, i. e. Abaelardum et Lombardum, Petrum Pictavinum et Gilbertum Porretanum, uno spiritu Aristotelico afflatos, dum ineffabilia trinitatis et incarnationis scholastica levitate tractarent, multas haereses olim vomuisse et adhuc errores pullulare.*

479) p. 1164.: *Si enim dividuum facit similitudo, consequens est, ut individuum dissimilitudo.* p. 1236.: *Homo et sol a grammaticis appellativa nomina, a dialecticis vero dividua vocantur, Plato vero et eius singularis albedo ab eisdem grammaticis propria, a dialecticis vero individua; sed horum homo tam actu quam natura appellativum vel dividuum est, sol vero natura tantum, non actu; multi namque non modo natura, verum etiam actu, et fuerunt et sunt et futuri sunt substantiali similitudine similes homines.* p. 1165.: *Restat igitur, ut illa tantum sint individua, quae ex omnibus composita nullis aliis in toto possunt esse conformia, ut ex omnibus, quae et actu et natura fuerunt vel sunt vel futura sunt, Platonis collecta Platonitas.*

480) p. 1128.: *Sicut in diffinitiva demonstratione species genere, sic in divisiva genus specie declaratur.* p. 1130.: *„Nulla species de suo genere praedicatur" in diffinitionum genere verum est, item „omnis species de suo genere praedicatur" in divisionum genere verum est.*

481) p. 1244.: *Nunquam enim id, quod est, praedicatur, sed esse et quod illi adest praedicabile est, et sine tropo nonnisi de eo, quod est.* (Wenn hiemit

d. h. Gilbert spricht seinen Realismus aus, indem er alle Kategorien als die reellen Causalitäten ihrer Erscheinung in den concreten Dingen betrachtet und so als oberste Gattungen nicht der Aussagen, sondern der Objecte bezeichnet, wornach die logische Function (*facultas logica*) nur einen Abklatsch der Realität enthält [482]). Dabei aber scheidet er die Kategorien nicht bloss in der üblichen Weise, dass die Substanz allen übrigen neun gegenübersteht, sondern letztere zerfallen ihm wieder in solche, welche zu dem inneren Wesen gehören, und solche, welche nur eine äusserliche Verbindung enthalten [483]); nemlich Qualität und Quantität, welche zur „Natur" (Anm. 461) oder Subsistenz gehören, dienen darum noch der Aussage des wahren Seins (*vere esse*), wohingegen die übrigen sieben Kategorien, — also mit Einschluss der Relation —, nur dem äusserlichen wechselnden Verhältnisse der Zustände (*status*, vgl. *circumstantia* bei Boethius, Abschn. XII, Anm. 166) anheimfallen [484]).

Gilbert die blossen Existentialsätze als nichtssagend bezeichnete, so kam er hiedurch wieder in Conflict mit Theologen, s. *Otto Frising. de gest. Frid.* I, 52, p. 437. *Urstis.*: *Erat quippe quorundam in logica sententia, quod, cum quis diceret, Socratem esse, nihil diceret; quos praefatus episcopus sectans talem dicti usum haud praemeditate ad theologiam verterat*).

482) p. 1173.: *Horum nominum illa significata, quae diversis rationibus grammatici qualitates, dialectici categorias, i. e. praedicamenta, vocant, praedicantur substantialiter.* p. 1153.: *Qualitas omnium qualitatum generalissimum est et quantitas omnium quantitatum .... ideoque qualitas est qualitas genere cuiuslibet qualitatis, quale vero est quale qualitate cuiuslibet generis .... similiter nullum, quod est ad aliquid, relatio est, et nulla relatio est ad aliquid, sed id, de quo ipsa dicitur, est ad aliquid .... Ubi quoque et quando et habere et situm esse et facere et pati nomina sunt generalissima non eorum, quae praedicantur, sed eorum, de quibus praedicantur ..... Haec igitur praedicamenta talia sunt relationibus logicae facultatis, qualia illa subiecta, de quibus ea convenit dici, permiserint.* p. 1146.: *Ceteras, quae in corporibus sunt, vocantes formas hoc nomine abutimur, dum non ideae, sed idearum sint εἰκόνες, i. e. imagines, quod utique nomen eis melius convenit; assimilantur enim ...... quadam extra substantiam imitatione his formis, quae non sunt in materia constitutae, sinceris.*

483) p. 1153.: *Quidquid hoc est subsistentium esse, eorundem substantia dicitur, quod utique sunt omnium subsistentium speciales subsistentiae et omnes, ex quibus hac compositae sunt, scilicet eorundem subsistentium, per quas ipsa sibi conformia sunt, generales, et omnes, per quas ipsa dissimilia sunt, differentiales ..... Accidentia vero de illis quidem substantiis, quae ex esse sunt, aliquid dicuntur, sive in eis creata sive extrinsecus affixa sint, sed eis tantum, quae esse sunt, accidunt.*

484) p. 1156.: *Haec quidem, i. e. substantiae, qualitates, quantitates, sunt talia, quibus vere sunt, quaecunque his esse proponuntur, ideoque recte de ipsis praedicari dicuntur; reliqua vero septem generum accidentia ... non vera essendi ratione praedicantur, nam .... extrinsecis scilicet circumfusus et determinatus minime praedicaretur, si non suis esset per se proprietatibus informatus.* p. 1160.: *sic ergo praedicatio alia est, quae vere inhaerens inhaerere praedicatur, alia, quae quamvis forma inhaerentium fiat, tamen ita exterioribus datur, ut ea nihil alicui inhaerere intelligatur.* p. 1255 f.: *Cetera vero* (vgl. Anm. 461.), *quae de ipso naturaliter dicuntur, quidam eius status vocantur, eo quod nunc sic nunc vero aliter, retinens has quibus aliquid est mensuras et qualitates et maxime subsistentias, statuatur ....., situ vel loco vel habitu vel relatione vel tempore vel actione vel passione statuitur.* So wird auch ausdrücklichst von der Relation gesagt p. 1163.: *relativa praedicatio consistit non in eo, quod est esse.*

Eben diess Letztere aber nun führt uns auf Gilbert's Schrift *De sex principiis* [485]), ein in der That klägliches Machwerk, welches wahrlich nur durch die Bornirtheit des Albertus Magnus zu Ansehen und Geltung kommen konnte. Es begegnet uns dort zunächst wieder (vgl. Anm. 461) der Begriff des substantiellen Seins, in welchem die Form einer Verflechtung der Wesens-Bestandtheile liegt [486]), wobei ebenso unmotivirt wie oben (Anm. 464) bemerkt wird, dass aus der Singularität der concreten Dinge durch das Denken das einheitlich Gemeinschaftliche (*commune*) und Universelle erfasst wird [487]). Sodann aber wird auf die Kategorien mit jener nemlichen (Anm. 483 f.) Zweitheilung in innerliche und äusserliche übergegangen, jedoch mit dem Unterschiede, dass nun hier die Relation nicht mehr unter den äusserlichen aufgezählt wird, sondern dieselben nur aus den sechs letzten Kategorien (*actio, passio*, *ubi*, *quando*, *situs*, *habere*) bestehen sollen, und da die ersten vier Kategorien schon hinreichend von Aristoteles besprochen seien, so will Gilbert nun eben jene übrigen sechs vollständiger erörtern [488]). So erfüllt er ein Bedürfniss, welches wir schon früher (Anm. 18 u. 344) aussprechen sahen, und indem er in seinem realistischen Wahne auch diese Kategorien als „*principia*" bezeichnet (vgl. Anm. 477 u. 482), erhielt diese seine verstandlose Schrift auch in Anbetracht ihres Titels später eine solche Bedeutsamkeit, dass sie gleichsam als integrirender Theil in das Organon aufgenommen wurde.

Zuerst wird *actio* definirt und mit schärfstem Dualismus zwischen körperlicher und psychischer Action als reciproc mit dem Begriffe der Bewegung bezeichnet [489]), worauf die Bemerkung folgt, dass die Eigenthümlichkeit der Action darin liege, *passio* zu erzeugen, und hiernach die *actio* das uranfängliche „Princip" sei [490]), und es wird nun der

---

485) In Folge der Aufnahme in das Organon gedruckt in fast sämmtlichen ältesten lateinischen Uebersetzungen des Aristoteles; ich citire nach *Aristot. Opp. lat. Venet.* 1552, *fol.* vol. I.

486) Cap. 1, f. 31. v. A.: *Forma est compositioni contingens, simplici et invariabili essentia consistens ..... Substantiale vero est, quod confert esse ex quadam compositione compositioni, ut in pluribus, quod impossibile est deesse ei.*

487) f. 31. v. B.: *Sicut ex plurium partium coniunctione constitutio quaedam primorum excedens quantitatem efficitur, sic ex singularium discretione unum quoddam intelligitur eorum excedens praedicationem.* So auch f. 32. r. B.: *omnes quidem homines eius hominis, qui communis est et universalis.*

488) f. 32. r. A.: *Eorum vero, quae contingunt existenti, singulum aut extrinsecus advenit aut intra substantiam consideratur simpliciter, ut linea, superficies, corpus; ea vero, quae extrinsecus contingunt, aut actus aut pati aut dispositio aut esse alicubi aut in mora aut habere necessario erunt. Sed de his, quae subsistunt et quae non solum in quo existunt exigunt, in eo qui „De categoriis" libro inscribitur disputatum est; de reliquis vero continuo agamus.*

489) Cap. 2, ebend.: *Actio vero est, secundum quam in id, quod subiicitur, agere dicimur .... Differunt autem, quoniam ea, quae corporis est, movens est necessario illud, in quo est, ... actio autem animae non id movet, in quo est, sed coniunctum; anima enim, dum agit, immobilis est .... Omnis ergo actio in motu est, omnisque motus in actione firmabitur.*

490) f. 32. r. B.: *Naturalis vero actionis proprietas est, passionem ex se in id, quod subiicitur, inferre, omnis enim actio passionis est effectiva ..... et sic actus quidem est primordiale principium.*

Begriff des „*facere*“ in den dürrsten und grundlosesten Behauptungen auch auf alle übrigen Kategorien angewendet[491]), und nach dem Muster der vier ersten Kategorien das Verhältniss des Gegensatzes und das Mehr oder Minder auch an dem *facere* und *pati* aufgezeigt[492]). Dann folgt trotzdem zweitens *passio*, bei welcher die Verschiedenheit der Wortbedeutung hervorgehoben wird[493]). Hierauf wird drittens *quando* vorgeführt, welches wohl mit *tempus* verwandt sei, aber von demselben sich dadurch unterscheide, dass die drei Zeiten, Vergangenheit und Gegenwart und Zukunft, kein *quando* seien, sondern nur eine Wirkung und Eigenschaft, vermöge deren Etwas als vergangen u. s. f. bezeichnet werde (Aehnliches s. oben Anm. 194); auch könne nach dem *quando* Nichts gemessen werden, wohl aber nach der Zeit[494]). Hieran reiht sich als Gipfelpunkt des Unsinnes die Angabe eines Unterschiedes zwischen *quando* und *ubi*, da das *quando* der Gegenwart zugleich mit dem Augenblicke selbst in dem Nemlichen sei, was bei dem *ubi* nicht sich finde[495]), sowie eine Eintheilung des *quando* und des *tempus* in einfache und zusammengesetzte[496]), und zuletzt die Notiz, dass das Verhältniss des Gegensatzes und des Mehr oder Minder bei *quando* nicht statthabe[497]). Nun folgt viertens *ubi*, wobei die analoge Unterscheidung zwischen *ubi* und *locus* auftritt[498]), und an die Unmöglichkeit, dass

---

491) Ebend.: *Facere vero id, quod quale est, ex se gignit .... Quantitatum vero particularium positio effectrix est et qualitatum ...., universa enim haec a situ substantiam et generationem habent .... Situs autem agere et pati, in dispositionis namque compositione quaedam generatio simplicium fit, quam in motiva actione consistere necesse est. Quando vero tempus, ubi vero locus, habere autem corpus, ea enim, quae circa corpus sunt, habere dicuntur.*

492) Ebend.: *Recipit autem facere et pati contrarietatem et magis et minus ...., secare enim ad plantare contrarium est .... et calefieri magis et minus dicitur.*

493) C. 3, f. 32. v. A.: *Passio est effectus illatioque actionis .... Est autem pati eorum, quae multipliciter dicuntur; animae enim actionum unaquaeque passio dicitur ....., dicitur quoque passio, quod in naturam agit, ut morbus ..... Ea vero, quae nunc relinquuntur, in eo qui est „De generatione“ libro tractantur* (dieses Citat ist aus *Boeth.* p. 190. entnommen).

494) C. 4, ebend.: *Quando vero est, quod ex adiacentia* (vgl. Anm. 504.) *temporis relinquitur; tempus vero quando non est, utriusque autem ratio coniuncta est, ut tempus quidem praeteritum quando non est, effectus autem eius et affectio, secundum quam dicitur aliquid fuisse, quando est; instans autem quando non est, sed secundum quod aliquid aequale vel inaequale est; eius autem affectio, secundum quam aliquid dicitur in instanti esse, quando est; futurum similiter tempus quando non est.* f. 32. v. B.: *Distat autem et tempus ab eo, quod quando, quoniam secundum tempus aliquid est mensurabile, ut motus annuus ...., at vero secundum quando nihil mensuratur, sed aliquando dicitur esse.*

495) f. 32. v. B.: *Differt enim quando ab eo, quod est ubi, quoniam in quocunque tempus est vel fuit vel erit, in eo quidem quando est vel fuit vel erit, quod secundum idem tempus dicitur; quando enim, quod existenti est, cum ipso instanti est, et simul in eodem sunt .... Ubi vero et locus, a quo est vel fit, nunquam simul in eodem; ubi enim in circumscriptione est, locus autem in complectente.*

496) Ebend.: *Quando autem sicut et tempus aliud quidem compositum est, aliud vero simplex; est autem compositum, quod in composita actione consistit, simplex vero, quod cum simplici procedit.*

497) Ebend.: *Inest autem quando, non suscipere magis et minus .... amplius quando nihil est contrarium.*

498) C. 5, f. 33. r. A.: *Ubi vero est circumscriptio corporis a circumscriptione*

zwei Dinge in Einem Orte oder Ein Ding an mehreren Orten sei, sich auch obige Controverse (Anm. 203) über die Fortpflanzung des Schalles anknüpft[499]); auch das *ubi* wird in einfaches und zusammengesetztes eingetheilt, und demselben das Verhältniss des Mehr oder Minder, sowie auch jenes des Gegensatzes, sogar mit ausdrücklicher Beziehung auf die Begriffe des Oben und Unten, abgesprochen[500]). Fünftens folgt *situs*, oder wie Gilbert es nennt, *positio*, in möglichst rohem Realismus aufgefasst, so dass alle speciellen Erscheinungen dieser Kategorie, wozu auch z. B. Rauh und Glatt gezählt werden (vgl. Anm. 193), nur als abgeleitete Ausdrücke betrachtet werden[501]); dass diese Kategorie der Gegensätzlichkeit fähig sei, wird darum verneint, weil Gegensätze nur Einer Gattung angehören, hingegen das Sitzen und das Liegen verschiedenen Gattungen anheimfallen, indem nur vernünftige Wesen sitzen können, die übrigen aber liegen[502]); und während auch das Verhältniss des Mehr oder Minder hier unstatthaft sei, müsse diese Kategorie in die nächste Verbindung mit der Substanz gebracht werden, da die Substanzen eben in ihr ihre Anordnung finden[503]). Sodann ist sechstens noch *habitus* übrig, welche Kategorie mit dem uns von Abälard her (Anm. 284) bekannten Begriffe der *adiacentia* identificirt wird[504]);

---

loci proveniens; locus autem in eo est, quod capit et circumscribit .... Non est autem in eodem locus et ubi, locus enim in eo, quod capit, ubi vero in eo, quod circumscribitur et complectitur.

499) Ebend.: *Nequaquam igitur duo in eodem loco esse simul possunt nec idem unum in diversis ..... Movet autem quis quaestionem fortasse idem in diversis et pluribus concludens, etenim vox in auribus diversorum est .... Confiteri oportet omnino, unam particulam aeris ad aures diversorum pervenire ..... Relinquitur igitur, diversum sensum esse imaginabiliter se generantium et similiter.*

500) f. 33. r. B.: *Ubi autem aliud quidem simplex, aliud vero compositum; simplex quidem, quod a simplici loco procedit, compositum autem, quod ex composito ..... Caret autem ubi intentione et remissione, non enim dicitur alterum altero magis in loco esse vel minus .... Inest autem ubi, nihil esse contrarium ..... Sursum enim et deorsum esse contraria pluribus videntur .... Contingit autem contraria in eodem esse ...., si enim sursum esse et inferius esse contraria sunt, cum idem sursum et deorsum sit, colligitur, idem sibimet contrarium fieri.*

501) C. 6, f. 33. v. A.: *Positio est quidam partium situs et generationis ordinatio, secundum quam dicuntur stantia vel sedentia .... Sedere autem et iacere positiones non sunt, sed denominative ab his dicta sunt. Solet autem quaestio induci de curvo et recto, aspero et leni .... Non sunt autem positiones ea, quae dicta sunt omnia, sed qualia circa situm existentia.*

502) Ebend.: *Suscipere autem videtur situs contrarietates, nam sedere ad id quod stare contrarium esse videtur .... Ponentibus autem nobis, haec contraria esse, inconvenientia recipere cogimur, hoc quod unum sit contrarium plurium .... Amplius autem contrariorum quidem ratio est, circa idem natura existere; sedere autem et iacere non circa idem natura sunt seiuncta, est enim sedere proprie circa rationalia, iacere vero et accumbere circa diversa.*

503) f. 33. v. B.: *Proprium autem positionis, neque magis neque minus dici .... Magis autem proprium videtur esse positionis, substantiae proxime assistere omnibus quidem aliis formis suppositis; positio enim nihil aliud est, quam naturalis ipsius substantiae ordinatio.*

504) C. 7, f. 33. v. B.: *Habitus est corporum et eorum, quae circa corpus sunt, adiacentia, secundum quam hoc quidem habere, illa vero dicuntur haberi; haec autem non secundum totum dicuntur, sed secundum particularem divisionem, ut armatum esse.*

wenn dann gesagt wird, das Verhältniss des Mehr oder Minder sei in der Regel bei *habere* statthaft, zuweilen aber, z. B. bei Bekleidet-sein, unstatthaft, und die Gegensätzlichkeit bestehe in dieser Kategorie nicht, weil Bewaffnetsein und Beschuhtsein nicht Gegensätze seien [505]), so gibt auch diess hinreichend Zeugniss von der logischen Befähigung des Verfassers; als Eigenthümlichkeit dieser Kategorie wird angegeben, dass dieselbe stets auf eine Mehrheit hinweise, was nur in mancher Beziehung auch bei der Quantität und der Relation der Fall sei [506]); endlich werden noch fünf verschiedene Bedeutungen des Wortes *habere* angeführt [507]). Nachdem aber dann diese Erörterung über die „Principien" abgeschlossen wird [508]), folgt noch eine specielle Besprechung des *magis et minus*, wobei Gilbert die oben (Anm. 196) erwähnte Controverse abschneidet, indem die Gradabstufung weder in der Substanz selbst liegen könne, da diess gegen den Begriff der Substanz verstiesse, noch aber auch in den Accidenzien, da dann der höhere Grad z. B. der Weisse in der Grösse der Oberfläche liegen müsste(!), wornach sich ergebe, dass auch nicht in beiden zugleich, nemlich in Substanz und ihren Accidenzien, das Mehr oder Minder seinen Sitz habe [509]). Der positive Entscheid aber, welchen nun Gilbert gibt, beruht darin, dass das *magis vel minus* in dem Grade liege, in welchem der factische Bestand näher oder entfernter der Wortbedeutung des die Qualität bezeichnenden Wortes stehe, eine Gradabstufung, welche bei Substanzen darum nicht eintrete, weil die Bezeichnung derselben in festen Gränzen (*in terminis*) sich bewege, wobei jedoch Gilbert zum Selbstbekenntnisse des Unsinnes, welchen er vorbringt, hinzufügen muss, dass eine solche Festigkeit sich doch auch bei einigen Qualitäten finde [510]). Die Sache

---

505) f. 34. r. A.: *Suscipit autem habitus magis et minus, armatior enim est eques pedite .... In quibusdam autem non videtur, quod cum magis et minus praedicentur, ut vestitum esse et similia. Habitui quoque nihil est contrarium, etenim armatio calceationi non est contrarium.*

506) Ebend.: *Proprium quidem habitus est, in pluribus existere .... In paucis autem aliis principiis huiusmodi invenies; in quantitate enim solum et in his, quae ad aliquid sunt, similia reperies .... Habitus autem omnis in pluribus necessario existit, ut in corpore et in his, quae circa corpus sunt.*

507) Ebend.: *Dicitur autem habere multis modis; habere enim dicitur alterationem ..... dicitur etiam vas aliquid habere .... habere quoque in membro dicimur .... dicitur vir uxorem habere et recipere uxor virum .... Quare modi habendi, qui dici consueverunt, quinario numero terminantur.*

508) Ebend.: *Et quidem de principiis haec dicta sufficiant, reliqua vero in eo, quod de Analyticis est, quaerantur volumine* (s. Anm. 21.).

509) C. 8, f. 34. r. B.: *Non ergo secundum suscipientium ipsorum crementum vel decrementum cum „magis vel minus" aliqua dicuntur; nulla enim ratio obviaret, hominem et animal et substantiam et cetera consimilia cum „magis et minus" dici ..... Mons etiam alio monte maior dicitur, cum neuter crescat vel decrescat ...... Amplius autem neque secundum ea, quae inficiunt; si enim secundum magnitudinem albedinis vel alicuius ceterorum dicitur aliquid albius aliquo vel secundum parvitatem minus album vel quomodolibet aliter, utique et magis albus equus vel homo vel quodlibet aliud albius margarita dicetur; etenim maior albedinis quantitas equo accidit quam margaritae* ..... f. 34. v. A.: *Patet itaque, nihil secundum magis et minus praedicari neque secundum subiecti solum augmentum vel diminutionem neque secundum accidentis; quare neque secundum utrumque.*

510) f. 34. v. A.: *Oportet igitur ab alio ea invenire, quae cum „magis et*

läuft ja schliesslich auch in den Kern aus, dass in der Vielheit des Materiellen überhaupt das Werden und die Relativität ihre eigentliche Stelle haben[511]), und der unlogische Realist macht dann für dieses Gebiet den Sprachausdruck zum Maassstabe, während er für den Umkreis des wahren Seins in dem Worte nur den Abklatsch einer Idee besitzt.

So gibt uns Gilbert's Schrift über die Kategorien einen wahrhaft trübseligen Beleg dafür, dass jene Zeit um Nichts weniger unbeholfen und unfähig war, als die vorhergegangenen Jahrhunderte, sobald man nur irgend ohne das Gängelband der Tradition in den einfachsten Dingen einen selbstständigen Schritt zu thun versuchte.

Als einen Anhänger aber Gilbert's bezüglich der Auffassung der Universalien zeigt sich uns Otto von Freising (geb. 1109, gest. 1158), welcher in seine historischen Werke zuweilen förmliche Excurse philosophischen Inhaltes verflicht und dabei in den üblichen Redensarten seinen theologischen Respect vor Plato und zugleich die Werthschätzung der aristotelischen Logik ausspricht[512]). Indem er gelegentlich einmal der Annahme beistimmt, dass die concret existirenden Wesen den Inhalt und Gegenstand der erklärenden Aussagen bilden, hingegen die Art- und Gattungsbegriffe im Hinblicke auf die in ihnen beruhende Ursächlichkeit von den Dingen prädicirt werden[513]), erklärt er sich ein anderes Mal ausführlicher über dieses Verhältniss, wobei er vollständig die Ansicht Gilbert's, selbst im Wortlaute übereinstimmend (*na-*

---

minus" dicantur. Huiusmodi vero sunt ea, quae sunt in voce eorum, quae adveniunt, et non secundum subiecti vel mobilis crementum vel diminutionem, sed quoniam eorum, quae sunt in voce, impositioni propinquiora sunt sive ab eadem remotiora sunt; de his etenim cum „magis" dicuntur, quae proximiora sunt ei, quae in ipsa voce est, impositioni, cum „minus" autem de his, quae remotiora consistunt .... Quanto igitur ad vocis impositionem accedens puriori inficitur albedine, tanto et candidior assignabitur .... Dubitabit autem aliquis, quare haec quidem cum „magis et minus" dicantur, substantiae vero minime. Hoc autem contingit, quoniam substantiarum impositio quidem in termino est, ultra quem transgredi impossibile est. Additur autem et de accidentibus quibusdam, quae sine „magis et minus" dicuntur, ut quadrangulus, triangulus et similia.

511) f. 34. v. B.: *In subiecto enim duo sunt, quorum haec quidem est forma secundum rationem, haec autem secundum materiam; quando igitur in his duobus est transmutatio, generatio et corruptio erit simpliciter secundum veritatem ..... Est autem materia maxime quidem subiectum generationis et corruptionis proprie susceptibile .... Haec autem hoc aliquid significant et substantiam, haec autem quale, haec autem quantum; quaecunque igitur non substantiam significant, non dicuntur simpliciter sed secundum aliquid generari.*

512) *Chron.* II, 8, p. 27. *ed. Urstisius: Socrates .... educavit Platonem et Aristotelem, quorum alter de potentia sapientia bonitate creaturis ac creatura mundi creationeve hominis tam luculenter, tam sapienter, tam vicine veritati disputat ....., alter vero dialecticae libros artis vel primus edidisse vel in melius correxisse acutissimeque ac disertissime inde disputasse invenitur.*

513) *De gest. Frid. Prolog.* p. 405. *Urstis.: Sicut enim iuxta quorundam in logica notorum positionem, cum non formarum, sed subsistentium proprium sit praedicari seu declarari, genera tamen et species praedicamento transsumpto ad causam praedicari dicuntur, vel, ut communiori utar exemplo, sicut albedo clara, mors pallida, eo quod claritatis altera, palloris altera causa sit, appellatur, etc.* (Der Ausdruck *transsumptio*, sowie das nemliche Beispiel *albedo clara* bei Gilbert p. 1142., s. Anm. 472.)

tivum, natura, forma, conformis, coadunatio, — *„omne esse ex forma est“* —) wiederholt [514]. In demselben Sinne bezeichnet er an einer anderen Stelle (mit polemischer Wendung gegen Wilhelm v. Champeaux) das Universale als *„quasi in unum versale“* und knüpft hieran eine etymologische Rechtfertigung der Worte und Begriffe *dividuum* und *individuum* [515]); auch theilt er mit Gilbert die naive Gleichstellung der Dinge und Worte [516]), sowie er auch einmal jene logische Turnübung erwähnt, welche an dem Kletterbaume der *Tabula logica* veranstaltet wird [517]).

Zur gleichen Gruppe gehört auch eine kleine anonyme Schrift „*De unitate et uno*“, welche offenbar in den damaligen Trinitäts-Streitigkeiten die Veranlassung ihrer Entstehung hat, aber ebenso wie jenes ältere Werk *De trinitate* für ein Erzeugniss des Boethius gehalten wurde [518]). Es waltet in der Frage über die Einheit, auf welche auch

---

514) *De gest. Frid.* I, 5, p. 408.: *Nativum velut natum aut genitum descendens a genuino* (s. Anm. 464.) .... *In nativis igitur omnem naturam seu formam, quae integrum esse subsistentis sit, vel actu et natura vel natura saltem conformem habere necesse est* .... *Partes autem hic voco eas formas* (Anm. 468.), *quae ad componendam speciem aut in capite ponuntur, ut generales, aut aggregantur, ut differentiales, aut eas comitantur, ut accidentales* .... *Patet, humanitatem Socratis secundum omnes partes et omnimodum effectum humanitati Platonis conformem esse, ac secundum hoc Socratem et Platonem eundem et unum in universali dici solere* (Anm. 474.) .... *Concretio etiam in naturalibus non solum coadunatione formae et subsistentis, sed ex multitudine accidentium, quae substantiale esse comitantur, considerari potest* (Anm. 464. u. 471.) .... *Sunt aliae formae subiectum integrum informantes, quae naturam tantum conformem habent; esse quippe solis, etsi non actu, natura conformem habere noscitur, quare, quamvis plures soles non sunt, sine repugnantia tamen naturae plures esse possent* (Anm. 479.) .... (p. 410.) *Omne namque esse ex forma est* .... *Tantum de ea, quae a philosophis genitura, a nobis factura seu creatura, dici solet, disputationem instituimus; sed notandum, quod compositio alia formarum, alia est subsistentium, formarum ex formis, subsistentium ex subsistentibus* .... *Formarum autem aliae compositae, aliae simplices; simplices, ut albedo, compositae, ut humanitas* ..... *unde Boethius in octava regula libri Hebdomade „omni composito aliud est esse, aliud ipsum est“* (s. Anm. 37.).

515) Ebend. 53, p. 437.: *Universalem dico, non ex eo, quod una in pluribus sit, quod est impossibile* (Anm. 105.), *sed ex hoc, quod plura in similitudine vivendo ab assimilandi unione universalis quasi in unum versalis dicatur* .... *Ex quo patet, quare singularem individualem vel particularem dixerim proprietatem, cam nimirum, quae suum subiectum non assimilat aliis, ut humanitas, sed ab aliis dividit, discernit, partitur, ut ea, quam ficto nomine solemus dicere „Platonitas“, a dividendo individua, a partiendo particularis, a dissimilando singularis dicta. Nec opponas, quod potius a dividendo dividuam, quam individuam dici oporteat; nam cum suum subiectum non solum ab aliis dividat vel dissimilet, sed etiam in sua individualitate et dissimilitudine tam firmiter manere faciat, ut nec sit nec fuerit nec futurum sit aliud subiectum, quod secundum eiusmodi proprietatem illi assimilari queat, melius individuum privando, quam dividuum ponendo vocatur, eiusque oppositum, quod dividendo pluribus communicat et communicando dividit, rectius dividuum dici debet* (Anm. 479.).

516) Ebend. p. 438.: *Cum enim omne esse ex forma sit, quodlibet subsistens rem et nomen a sua capit forma* (Anm. 458, 474, 482.).

517) Ebend. 60, p. 444.: *Iuxta logicorum enim regulam methodus a genere ad destruendum, a specie valet ad construendum* (Anm. 480.).

518) Gedruckt bei *Boethii Opp. ed. Basil.* 1570, p. 1274 ff. *Ravaisson* (*Rapports sur les bibliothèques des départements de l'ouest, Paris* 1841, p. 169.) fand

Gilbert geführt worden war (Anm. 477 f.) jener nemliche Realismus, wie bei Gilbert oder bei Otto [519]), und wir mögen vielleicht höchstens erwähnen, dass sich hier eine wunderliche Aufzählung verschiedener Bedeutungen des Wortes „*unum*" findet [520]).

In die nemliche Zeit aber, d. h. ungefähr zwischen 1140 und 1170, fällt auch das Auftreten einiger Anderer, von welchen wir fast nur die Namen kennen, und es drängt sich uns bei jedem Schritte unserer Untersuchung wieder die Erwägung auf, dass die uns zugänglichen Quellen immer noch nur eine fragmentarische Kenntniss ermöglichen. Man wird es ja als zufällige Notiz bezeichnen müssen, dass Johannes von Salesbury, wo er den Lauf seiner Studien erzählt, einen gewissen Alberich nennt, welcher nach Abälard's Tod in St. Géneviève zu Paris docirte und energisch den Kampf gegen die Nominalisten aufnahm, wobei ihn ein bedeutendes Talent des Distinguirens unterstützt haben mag [521]). Ferner berichtet Johannes, er selbst habe einen gewissen Williram von Soissons in der Logik unterrichtet, welcher dann durch ihn bei Adam von Petit-Pont (Anm. 440 ff.) eingeführt worden sei und hierauf gegen die Anhänger der alten Logik (*antiqui*, *logicae vetustas*, s.

---

in einer Handschrift von St.-Michel einen anonymen Tractat, welcher nach den von ihm angeführten Anfangs-Zeilen identisch mit diesem Pseudo-Boethius ist.

519) p. 1274.: *Omne enim esse ex forma est in rebus creatis, sed nullum esse ex forma est, nisi cum forma materiae unita est; esse enim non est nisi ex coniunctione formae cum materia .... Cum autem forma materiae unitur, ex coniunctione utriusque necessario aliquid unum constituitur .... Unitio autem non fit nisi ab unitate .... Forma autem non tenet unitatem cum materia, nisi unitas sit; ideo materia eget unitate ad uniendum se et de natura sua habet multiplicari; unitas vero retinet, unit et colligit, ac per haec, ne materia dividatur et spargatur, necesse est ut ab unitate retineatur* u. s. f.

520) p. 1276.: *Unum enim aliud est essentiae simplicitate, ... aliud simplicium cognitione, ... aliud continuitate, ... aliud compositione, ... aliud aggregatione, ... aliud praepositione, ... aliud accidente, ... aliud numero, ... aliud ratione, ... aliud natura unum, ut participatione speciei plures homines unus, aliud .... natione, ... aliud more.*

521) *Joh. Saresb. Metal.* II, 10, p. 78 f. (*ed. Giles*): *Contuli me ad Peripateticum Palatinum, qui tunc in monte Sanctae Genovefae clarus doctor et admirabilis omnibus praesidebat; ibi ad pedes eius prima artis huius rudimenta accepi ..... Deinde post discessum eius, qui mihi praeproperus visus est, adhaesi magistro Alberico, qui inter ceteros opinatissimus dialecticus enitebat et erat revera nominalis sectae acerrimus impugnator. Sic ferme toto biennio conversatus in monte artis huius praeceptoribus usus sum Alberico et magistro Roberto Melidunensi* (s. oben Anm. 453.) ..... *quorum alter* (d. h. Alberich) *ad omnia scrupulosus locum quaestionis inveniebat ubique, ut, quamvis polita planities, offendiculo non careret et, ut aiunt, scirpus ei non esset enodis, nam et ibi monstrabat, quid oporteat enodari ..... Apud hos toto exercitatus biennio sic locis assignandis assuevi et regulis et aliis rudimentorum elementis, quibus pueriles animi imbuuntur et in quibus praefati doctores potentissimi erant et expeditissimi, ut etc.* Eine Erwähnung dieses Alberich findet sich auch bei *Joh. Saresb. Enthet.* v. 55 f.: *Iste loquax minimumque dicax redolet Melidunum, Creditur Alberico doctior iste suo.* Welcher Alberich aber unter den Mehreren dieses Namens, welche in jener Zeit erwähnt werden, es gewesen sei, lässt sich nicht mit Bestimmtheit sagen; die erwähnte Zeitangabe macht es wahrscheinlich, dass es Alberich von Rheims, mit dem Beinamen *de Porta Veneris*, war, welcher später den Johannes v. Salesbury und den Erzbischof Thomas bei ihrem Exile in Italien gastlich aufnahm. S. *Bulaeus, hist. un. Par.* II, p. 724. u. *Histoire litter. de la France* XII, p. 75.

oben Anm. 55 ff.) eine eigenthümliche Veranstaltung (*machina*) ersonnen habe [522]). Sodann bezeichnet Johannes ein anderes Mal ausser jenem seinem Gegner, welchen er Cornificius nennt (s. sogleich unten), den Vertreter einer anderen, wie es scheint, übertriebenen und abstrusen Richtung der Logik mit dem fingirten Namen Sertorius [523]). Hiezu aber kömmt ausser schlecht beglaubigten Notizen über einen David in Hirschau und einen Johannes Serlo von York [524]) noch eine anderweitige Mittheilung durch einen Autor aus dem Ende des 12. Jahrhundertes, nemlich durch Walter Mapes, welcher in seinen Gedichten gelegentlich eine Kenntniss der in den Schulen hervorragenden Persönlichkeiten und Richtungen zeigt; derselbe erwähnt (mit der Bemerkung, dass Abälard die meisten Anhänger habe) ausser dem Bernhard v. Chartres, dem Petrus v. Poitiers und dem Adam von Petit-Pont, einen gewissen Reginaldus, einen gewaltigen Schreier, welcher Alle tadelte und den Porphyrius an den Galgen hieng (*laqueo suspendit*), so dass wir vielleicht in ihm jenen Cornificius des Johannes v. Salesbury erblicken könnten; ferner neben dem Robert Pulleyn einen äusserst spitzfindigen Manerius, einen witzigen Bartholomäus und einen Robert Amiclas [525]). Auch mag erwähnt werden, dass das Gedicht

---

522) Ebend. p. 80.: *Unde ad magistrum Adam .... familiaritatem contraxi ulteriorem .... Interim Willermum Suessionensem, qui ad expugnandam, ut aiunt sui, logicae vetustatem et consequentias inopinabiles construendas et antiquorum sententias diruendas machinam postmodum fecit, prima logices docui elementa et tandem iam dicto praeceptori apposui. Ibi forte didicit, idem esse ex contradictione, quum Aristoteles obloquatur, quia „idem quum sit et non sit, non necesse est idem esse"* (diese Worte finden sich *Anal. pr.* II, 4, 57 b. 3, s. Abschn. IV, Anm. 614.) *et item quum aliquid sit, non necesse est idem esse et non esse; nihil enim ex contradictione evenit et contradictionem impossibile est ex aliquo evenire, unde nec amici machina impellente urgeri potui, ut credam, ex uno impossibili omnia impossibilia provenire.* Selbst abgesehen davon, worin denn diese räthselhafte *machina* bestanden haben soll, ist mir diese ganze Stelle, deren Text wohl auch verdorben sein mag, völlig unverständlich geblieben; nur so viel geht aus einer anderen Stelle (unten Anm. 624.) hervor, dass man an jene aristotelischen Worte die hypothetischen Syllogismen anzuknüpfen versuchte.

523) *Enthet.* v. 116 ff.: *Si quis credatur logicus, hoc satis est; Insanire putes potius, quam philosophari, Seria sunt etenim cuncta molesta nimis, Dulcescunt nugae, vultum sapientis abhorrent, Tormenti genus est saepe videre librum. Ablactans nimium teneros Sertorius olim Discipulos fertur sic docuisse suos; Doctor enim iuvenum pretio compulsus et aere Pro magno docuit munere scire nihil.*

524) *Trithem. Ann. Hirsaug. ann.* 1137. (*Ed. St. Gall.* 1690, I, p. 403.): *David ...... monachicum habitum suscepit .... Scripsit quaedam non spernendae lectionis opuscula ..... de grammatica L.* 1, *in Perihermenias Aristotelis libros duos.* Dass jedoch die Angaben des Trithemius geringen Werth haben, weiss jeder Kundige; hingegen noch weit schlimmer steht es bekanntlich mit *Pitseus*, welcher häufig, wo er nicht den Leland ausschrieb, reine Lügen ersann, daher es vielleicht kaum der Erwähnung werth ist, dass derselbe, *De illustr. Angl. script.* p. 223 f. (*ad ann.* 1160.) sagt: *Joannes Serlo dictus magister Serlo .... ex Eboracensi canonico factus est ... Fontanus Abbas ..... Scripsit .... de aequivocis dictionibus librum unum, de univocis dictionibus librum unum.*

525) *The latin poems commonly attributed to Walter Mapes, collected and edited by Thomas Wright* (*London* 1841. 4.), woselbst auch das Nähere über Walter Mapes in der Einleitung erörtert ist. In Einem Gedichte, *Metamorph. Goliae,* v. 189 ff. (p. 28.), findet sich folgende Stelle: *Ibi doctor cernitur ille Carnotensis, Cuius lingua vehemens truncat velut ensis, Et hic praesul praesulum stat Pictaviensis, Prius*

mit einer Austreibung der Mönche aus den Schulen der Philosophen endigt [526]), sowie dass ein anderes Gedicht, welches ungefähr der nemlichen Zeit angehört, in sehr launiger Weise den Gegensatz zwischen sinnlichem Pfaffenthum und seiner logischer Bildung schildert [527]).

An die Genannten reiht sich endlich noch jene ganze Richtung an, welche Johannes v. Salesbury, indem er nicht gegen die Person, sondern nur gegen die Sache kämpfen will, mit dem symbolischen Namen Cornificius bezeichnet [528]). Die zahlreichen Stellen, in welchen er diesen seinen Gegner oder die Anhänger desselben erwähnt, treffen in dem Einen Punkte zusammen, dass es Mehrere gab, welche jede Technik des denkenden Redens (*eloquentia* oder *logica*) von vorneherein als unnütz verwarfen, da Alles auf Naturanlage beruhe, und hiemit, wer diese besitze, ohne alle Technik von sich selbst auf das Richtige komme, wer hingegen keine Begabung habe, auch durch die Theorie nicht gefördert werde [529]). Und wenn hinzugefügt wird, dass diese „Philo-

---

et nubentium miles et castrensis (hierauf die oben, Anm. 442., angeführten Verse) .... *Celebrem theologum vidimus Lombardum, Cum Yvone Helyam Petrum* (beides Grammatiker) *et Bernardum, Quorum opobalsamum, spiratos et nardum, Et professi plurimi sunt Abaelardum, Reginaldus monachus clamose contendit Et obliquis singulos verbis comprehendit, Hos et hos redarguit, nec in se descendit, Qui nostrum Porphyrium laqueo suspendit. Robertus theologus corde vivens mundo Adest et Manerius, quem nullis secundo, Alto loquens spiritu et ore profundo, Quo quidem subtilior nullus est in mundo. Hinc et Bartholomaeus faciem acutus Rhetor, dialecticus, sermone astutus, Et Robertus Amiclas simile secutus, Cum his, quos praetereo, populus minutus.*

526) Ebend. v. 233. (p. 30.): *Quidquid tantae curiae sanctione datur, Non cedat in irritum, ratum habeatur; Cucullatus igitur grex vilipendatur Et a philosophicis scolis expellatur. Amen.*

527) *De presbytero et logico* (gleichfalls von Wright herausgegeben a. a. O. p. 251 ff.) in 216 Versen, worin sich allerdings für unseren Zweck kein geschichtlicher Beitrag findet. Der Gegensatz der Richtungen spricht sich aus z. B. v. 29 ff.: *Logicus: Fallis, fallis, presbyter, coetum Christianum, Abusive loqueris, laedis Priscianum, Te probo falsidicum, te probo vesanum .... Presbyter: Tace, tace, logice, tace, vir fallator, Tace, dux insaniae, legis vanae lator ... Log.: Peccasti, sed gravius adiicis peccare, Legem hanc adiiciens vanam nominare; Sanum est, disserere vel grammatizare, Si insanum putas, velim dicas quare. Presb.: Deo est odibile vestrum argumentum; Ibi nulla veritas, totum est figmentum,* oder z. B. v. 129 ff.: *Log.: Audi, inter phialas quid philosopharis; follus, non philosophus, hinc esse probaris, Stulto sunt similia singula, quae faris, Epicure lubrice, dux ingluviei, Cuius deus venter est, dum sic servis ei etc.*

528) *Joh. Saresb. Metal.* I, 2, p. 14.: *Utique par est, sine derogatione personae sententiam impugnare, nihilque turpius, quam, quum sententia displicet aut opinio, rodere nomen auctoris .... Ceterum opinioni reluctor, quae multos perdidit, eo quod populum, qui sibi credat, habet, et licet antiquo novus Cornificius ineptior sit, ei tamen turba insipientium acquiescit. Polycr.* I, *Prol.* p. 15.: *Aemulus non quiescit, quoniam et ego meum Cornificium habeo .... Quis ipse sit, nisi ab iniuriis temperet, dicam ....., procedat tamen et publicet, arguat meum ratione vel auctoritate mendacium.* Aus der Ausdrucksweise in diesen beiden Stellen geht hervor, dass der Name *Cornificius* nur von einer antiken Persönlichkeit auf den eigenen Feind des Johannes symbolisch übertragen sei, und es ist mit Gewissheit anzunehmen, dass die Angaben des Donatus (*Vita Virgilii*, c. 17 f., s. *Virg. Opp. ed. Wagner* I, p. XCIX f.) über einen Cornificius, welcher *„ob perversam naturam"* ein Gegner Virgils gewesen sei, die Veranlassung hiezu darboten.

529) Ebend. *Metal.* I, 1, p. 12.: *Miror itaque ...., quid sibi vult, qui eloquentiae negat esse studendum ....* p. 13.: *Cornificius noster studiorum eloquentiae*

sophen auf eigene Faust" mit Verschmähung des ganzen Triviums und Quadriviums sich auf praktische Dinge und auf Gelderwerb warfen [530]), so läge hierin ein bedeutsames Anzeichen, insoferne diese Richtung nicht etwa von klerikaler oder dogmatischer Anschauung aus, sondern in Folge eines praktischen Dranges dem Wuste der Schulweisheit abgeneigt gewesen wäre und auf den unmittelbaren Werth individueller Begabung hingewiesen hätte. So könnten wir Solches als ein Vorspiel späterer Tendenzen verstehen. Dürften wir auf den sog. Cornificius auch die Notiz beziehen, dass Einige die Kategorien und die Isagoge als unnütze Elementarbücher verwarfen [531]), so könnten wir vielleicht den obigen Reginaldus wenigstens für einen Vertreter dieser Partei halten [532]), wenn es nicht unnütz wäre, bei einer so lückenhaften Quellenkenntniss blosse Vermuthungen aufzustellen. Wie aber Johannes selbst sich die Entstehung einer solchen Opposition gegen die Schul-Logik gedacht habe, wurde oben, Anm. 52 f., angegeben.

Hiemit aber wenden wir uns zu eben jenem Autor selbst, welchen wir bisher schon so häufig als Quelle benützen mussten, nemlich zu Johannes von Salesbury [533]). Derselbe (gestorben i. J. 1180)

---

imperitus et improbus impugnator. C. 3, p. 15.: *Fabellis tamen et nugis suos pascit interim auditores, quos sine artis beneficio, si vera sunt quae promittit, faciet eloquentes et tramite compendioso sine labore philosophos.* C. 6, p. 23.: *Neque enim ut Cornificius meipsum docui ... Non est ergo ex eius sententia studendum praeceptis eloquentiae, quoniam eam cunctis natura ministrat aut negat; si ultro ministrat aut sponte, opera superfluit et diligentia; si vero negat, inefficax est et inanis.* C. 10, p. 29.: *Eo itaque opinionis vergit intentio, ut non omnes mutos faciat, quod nec fieri potest nec expedit, sed ut de medio logicam tollat.* Ebend. II, Praef. p. 62.: *Logica, quam, etsi mutilus sit et amplius mutilandus, Cornificius parietem solidum coecati more palpans impudenter attentat et impudentius criminatur.* Ebend. IV, 25, p. 181.: *Sed Cornificius noster, logicae criminator, philosophantium scurra, non immerito contemnetur.* Enthet. v. 61 ff.: *Cum sit ab ingenio totum, non sit tibi curae, Quid prius addiscas posteriusve legas. Haec scola non curat, quid sit modus ordove quid sit, Quam teneant doctor discipulusve viam.*

530) *Metal.* I, 4, p. 20.: *Alii autem Cornificio similes ad vulgi professiones easque profanas relapsi sunt parum curantes, quid philosophia doceat, quid appetendum fugiendumve denuntiet, dummodo rem faciant, si possunt, recte, si non quocunque modo rem* (*Hor. Ep.* I, 1, 65.) ..... *Evadebant illi repentini philosophi et cum Cornificio non modo trivii nostri, sed totius quadrivii contemptores.*

531) Ebend. III, 3, p. 123.: *Sunt, qui librum istum* (d. h. die *Categoriae*), *quoniam elementarius est, inutilem fere dicunt, et satis esse putant ad persuadendum, se in dialectica disciplina et apodictica esse perfectos, si contempserint vel ignoraverint illa, quae in primo commento super Porphyrium, antequam artis aliquid attingatur, docet Boethius praelegenda.*

532) Möglicher Weise könnte dann in obigem „*laqueo suspendit*" (Anm. 525.) selbst wieder ein Wortspiel mit *Cornificius* und *carnifex* stecken. Ein anderes Wortspiel mit *cornicari* s. unten Anm. 545.

533) Gründliche litteraturgeschichtliche Untersuchungen über Joh. v. Salesbury hat Christ. Petersen in seiner Ausgabe des *Entheticus* (*Hamb.* 1843) gegeben. Die Monographie, in welcher Herm. Reuter (Joh. v. Salesb. Z. Gesch. d. christl. Wissensch. im 12. Jahrh. Berl. 1842) die Lehre des Johannes darzustellen versuchte, leidet durchgängig an einer ebenso schiefen als äusserst mangelhaften Orientirung des Verfassers. — Ich citire nach der Gesammtausgabe von *A. Giles* (Oxford 1848, 8, 5 Bände, wovon der *Polycraticus* den 3. u. 4. Band füllt, der *Metalogicus* aber im 5. sich findet), wenn auch dieselbe durchaus nicht sorgfältig gemacht

hatte das Studium der Logik in Abälard's Schule begonnen, bei obigem Alberich, bei Robert von Melun und Wilhelm von Conches fortgesetzt, trat dann in wissenschaftlichen Verkehr mit Adam von Petit-Pont, hörte abermals Dialektik bei Gilbert Porretanus, Theologie bei Robert Pulleyn, kehrte dann zu den Abälardianern zurück, welche während der zwanzig Jahre Nichts gelernt und Nichts vergessen hatten[534]), und verfasste um d. J. 1160[535]) seinen *Metalogicus*, in welchem er hauptsächlich seine Ansichten über Logik niederlegte. Johannes hat dieses sein Werk, wie er selbst sagt, nach langjähriger Unterbrechung seiner logischen Studien nur aus dem Gedächtnisse rasch in kurzer Zeit geschrieben, nicht um einen Commentar zum Lehren oder Lernen zu verfassen, sondern hauptsächlich um gegen die erhobenen Angriffe den Nutzen der Logik zu erweisen und so dieselbe zu vertheidigen[536]).

Der Nützlichkeits-Standpunkt ist ihm der entscheidende, und es wird uns schon hiernach nicht unerwartet sein, wenn wir in ihm einen völlig principlosen Eklektiker treffen werden[537]). Bei dem praktischen Utilitäts-Drange unterscheidet er sich von seinem Gegner Cornificius nur

---

ist und namentlich durch die sinnloseste Interpunktion häufig das Verständniss erschwert (die nöthigen Aenderungen hierin nehme ich stillschweigend vor).

534) *Metal.* II, 10, woselbst nach der oben Anm. 521. angeführten Stelle folgt (p. 79.): *Deinde me ad grammaticum de Conchis transtuli ipsumque triennio docentem audivi*; hierauf folgt der Inhalt obiger Anm. 522., sodann (p. 81.): *Reversus itaque ... reperi magistrum Gilbertum ipsumque audivi in logicis et divinis; sed nimis cito subtractus est; successit Robertus Pullus, quem vita pariter et scientia commendabant; deinde me excepit Simon Pexiacensis .... sed hos duos in solis theologicis habui praeceptores .... Iucundum itaque visum est, veteres, quos reliqueram et quos adhuc dialectica detinebat in monte, revisere socios, conferre cum eis super ambiguitatibus pristinis, ut nostrum invicem ex collatione mutua commetiremur profectum. Inventi sunt, qui fuerant et ubi; neque enim ad palmam visi sunt processisse ad quaestiones pristinas dirimendas neque propositiunculam unam adiecerant.* Ebend. III, 3, p. 129.: *Habui enim hominem* (d. h. den Adam v. Petit-Pont, s. Anm. 441.) *familiarem assiduitate colloquii et communicatione librorum et quotidiano fere exercitio super emergentibus articulis conferendi; sed nec una die discipulus eius fui, ei tamen habeo gratias, quod eo docente plura cognovi, plura ipsius ... ipso arbitrio reprobavi.* Vgl. hiezu Anm. 54.

535) S. Petersen a. a. O. p. VI u. 73 ff.

536) *Metal. Prol.* p. 8.: *Si quidem, quum opera logicorum vehementius tanquam inutilis rideretur, et me indignantem et renitentem aemulus quotidianis fere iurgiis provocaret, tandem litem excepi et ad calumnias studui respondere .... Placuit itaque sociis, ut hoc ipsum tumultuario sermone dictarem, cum nec ad sententias subtiliter examinandas nec ad verba expolienda studium superesset aut otium ....* (p. 9.) *Nam ingenium hebes est et memoria infidelior, quam ut antiquorum* (s. Anm. 55 ff) *subtilitates percipere aut, quae aliquando percepta sunt, diutius valeam retinere .... Et quia logicae suscepi patrocinium, Metalogicon inscriptus est liber.* Ebend. III, praef. p. 113.: *Anni fere viginti elapsi sunt, ex quo me ab officinis et palaestra eorum, qui logicam profitentur, rei familiaris avulsit angustia .... Unde me excusatiorem habendum puto in his, quae obtusius et incultius a me dicta lector inveniet ....* (p. 115.) *Ergo procedat oratio, et, quae antiquatae occurrunt memoriae de adolescentiae studiis, quoniam iucunda aetas ad mentem reducitur etc.* III, 10, p. 156.: *propositum est scilicet, ut potius aemulo occurratur, quam ut in artes, quas omnes docent aut discunt, commentarii scribantur a nobis.*

537) Herm. Reuter ist gänzlich in Irrthum, wenn er von einem „höheren philosophischen Standpunkte" spricht, von welchem aus Johannes sich über die damals streitenden Parteien erhoben habe.

dadurch, dass er nicht wie jener die Schuldoctrin verwirft, sondern diese selbst praktisch machen will; aber Philosoph ist er ebenso wenig als Cicero, mit welchem er sich in inniger Uebereinstimmung befindet. Er bekennt sich ja selbst ausdrücklich zur Probabilitäts-Lehre der von Cicero empfohlenen akademischen Sekte [538]) und findet hiernach in der praktischen Nutzbarkeit den einzigen Zweck aller Wissenschaft [539]). In solchem Sinne äussert er sich über die Wortklauberei und Spitzfindigkeit der Dialektiker in so starken Ausdrücken, dass der principiellste Feind aller Logik kaum heftiger sprechen könnte [540]); ja sogar an den Erörterungen über die Kategorien, welche sein Lehrer Gilbert gepflogen hatte, findet er, obwohl vielfach mit demselben einverstanden (s. unten Anm. 582 ff. 593 ff. u. 606 ff.) dennoch zu tadeln, dass hierüber die moralische Selbsterkenntniss verkürzt werden könne [541]), und hingerissen von dem Eifer für Moraltheologie bezeichnet er die aristotelische Logik, welche er doch gegen Angriffe vertheidigen will, mit dem Worte *astutiae*, welches wir bei fanatischen Gegnern der Philosophie zu finden gewohnt sind [542]).

---

538) *Polycr.* I, *Prol.* p. 15.: *In philosophicis academice disputans pro rationis modulo, quae occurrebant probabilia, sectatus sum, nec Academicorum erubesco professionem, qui in his, quae sunt dubitabilia sapienti, ab eorum vestigiis non recedo; licet enim secta haec tenebras rebus omnibus videatur inducere, nulla veritati examinandae fidelior et auctore Cicerone, qui ad eam in senectute divertit, nulla profectui familiarior est.* *Metal.* II, 20, p. 102.: *qui me in his, quae sunt dubitabilia sapienti, academicum esse pridem professus sum.*

539) *Metal. Prol.* p. 9.: *De moribus vero scienter nonnulla inserui ratus, omnia, quae leguntur aut scribuntur, inutilia esse, nisi quatenus afferunt aliquod adminiculum vitae; est enim quaelibet professio philosophandi inutilis et falsa, quae se ipsam in cultu virtutis et vitae exhibitione non aperit.*

540) *Polycr.* VII, 9, p. 110.: *Suspice ad moderatores philosophorum temporis nostri ....., eos in regula una aut duobus aut pauculis verbis invenies occupatos, aut, ut multum, pauculas quaestiones aptas iurgiis elegerunt, in quibus ingenium suum exerceant et consumant aetatem; eas tamen non sufficiunt enodare, sed nodum et totam ambiguitatem cum intricatione sua per auditores suos transmittunt posteris dissolvendum, ... latebras quaerunt, variant faciem, verba distorquent, ... si in eo persliteris, ut, quocunque verba defluant et volvantur, quid velint, intelligas, et quid sentiant in tanta varietate verborum, et tandem vincientur sensu suo et capientur in verbo oris sui, si substantiam eorum, quae dicunt, attigeris firmiterque tenueris.* Ebend. 12, p. 122.: *Errant utique et impudenter errant, qui philosophiam in solis verbis consistere opinantur; errant, qui virtutem verba putant .... Qui verbis inhaerent, malunt videri quam esse sapientes, ... quaestiunculas movent, intricant verba, ut suum et alienum obducant sensum, paratiores ventilare quam examinare, si quid difficultatis emersit.* Hiezu obige Anm. 58.

541) Ebend. III, 2, p. 164.: *Inde est forte, quod illi, quia prima totius philosophiae elementa posteris tradere curaverunt, substantiam singulorum arbitrati sunt intuendam, quantitatem, ad aliquid, qualitatem, situm esse, ubi, quando, habere, facere et pati, et suas in omnibus his proprietates, an intensionem admittant et susceptibilia sint contrariorum et an eis ipsis aliquid inveniatur adversum* (all diess letztere hat eben Gilbert erörtert, s. Anm. 489—509.); *provide quidem haec et diligenter, etsi in eo negligentiores exstiterunt, quod sui ipsius notitiam in tanta rerum luce non assecuti sunt etc.*

542) Ebend. IV, 3, p. 227.: *Astutias Aristotelis, Chrysippi acumina omniumque philosophorum tendiculas resurgens mortuus confutabat.* *Metal.* III, 8, p. 141.: *Pythagoras naturam excutit, Socrates morum praescribit normam, Plato de omnibus persuadet, Aristoteles argutias procurat.* Vgl. Anm. 560.

Suchen wir hiernach ausfindig zu machen, welche principielle Stellung Johannes der Logik anweise, so deutet er einmal bezüglich der Eintheilung der Wissenschaften einen Grundton an, welcher uns sehr an Hugo v. St. Victor erinnert (Anm. 45 f.), indem als dienende Mächte unter der Herrschaft der *divina pagina* die mechanischen, die theoretischen, die praktischen Disciplinen, und die das feste Bollwerk aufbauende Philosophie bezeichnet werden[543]), wobei beachtenswerth ist, dass auch Hugo die Aufgabe der Logik in die Vervollkommnung des Sprechens verlegt. Und wenn ein anderes Mal im unverkennbarsten Anschlusse an Gilbert (Anm. 465) eine dreifache Function der Vernunft (*rătio*) unterschieden wird, insoferne der concrete Gebrauch derselben (*modus concretivus*) auf die sinnlich wahrnehmbare Natur gehe, die abstract auflösende Thätigkeit (*resolvere*) zur Mathematik führe, und die beziehungsweise Vergleichung (*conferre et referre*) Aufgabe der Logik sei[544]), so sehen wir schon hieraus, dass Johannes die Fähigkeit hat, verschiedene Ansichten Anderer beliebig aufzugreifen und eklektisch nebeneinander hinzustellen.

Nun aber ist der eigentlich eklektische Standpunkt für die Logik der rhetorische, denn dieser überhebt sich aller Schwierigkeiten, welche in den philosophischen Grundfragen auftreten können, und so ist auch Johannes von der Mühe dispensirt, sich etwa für Eine philosophische Auffassung zu entscheiden. Ohne die Stellung der Logik im Gebiete der Wissenschaften näher zu bestimmen, und ohne das Verhältniss des subjectiven Denkens zur Objectivität oder zur Form des Sprachausdruckes nach irgend Einer bestimmten Ansicht zu erörtern, kann er sich dabei begnügen, in einer bunten Fülle verschiedener Wendungen und mit Benützung der üblichen Schultradition den Feinden der Logik den Begriff und den Werth der „*eloquentia*“ entgegenzuhalten[545]). Die Art und Weise, wie sich das Denken zu dem Wortausdrucke verhalte, wird durch eine rhetorische Floskel bezeichnet, indem von einer „süssen und fruchtbaren Ehe“ der Vernunft und des Wortes gesprochen wird[546]),

---

543) *Enthet.* v. 441 ff.: *Haec scripturarum regina vocatur, eandem Divinam dicunt, ... Hanc caput agnoscit philosophia suum; Huic omnes artes famulae; mechanica quaeque Dogmata, quae variis usibus apta vides, Quae ius non reprobat, sed publicus approbat usus, Huic operas debent militiamque suam; Practicus huic servit servitque theoricus; arcem Imperii sacri philosophia dedit.* In Bezug auf Hugo vgl. Anm. 555.

544) Ebend. v. 659 ff.: *Res triplici spectare modo ratio perhibetur, Nec quartum potuit mens reperire modum; Concretivus hic est, alius concreta resolvit, Res rebus confert tertius atque refert; Naturam primus, mathesim medius comitatur, Vindicat extremum logica sola sibi.*

545) *Metal.* I, 7, p. 24.: *Cornicatur haec domus insulsa, suis tamen verbis, et quam constat totius eloquii contempsisse praecepta .... Ait enim, superflua sunt praecepta eloquentiae, quoniam ea naturaliter adest aut abest* (Anm. 529.). *Quid, inquam, falsius? Est enim eloquentia facultas dicendi commode, quod sibi vult animus expediri ....* (p. 25.) *Ergo cui facilitas adest commode exprimendi verbo quidem, quod sentit, eloquens est; et hoc faciendi facultas rectissime eloquentia nominatur, qua quid esse praestantius possit ad usum, compendiosius ad opes, fidelius ad gratiam, commodius ad gloriam, non facile video.*

546) Ebend. I, 1, p. 13.: *Ratio, scientiae virtutumque parens, ... quae de verbo frequentius concipit et per verbum numerosius et fructuosius parit, aut omnino*

und den gleichen Werth hat die Redensart, dass die Eigenthümlichkeiten der Dinge in die Worte „überfliessen“, und bei der bestehenden Verwandtschaft der Dinge und der Aussagen (vgl. das Nemliche bei Abälard, Anm. 308, und Aehnliches bei Gilbert, Anm. 457) es sich nur darum handle, eine Fülle von Dingen im Geiste und eine Fülle von Worten im Munde zu besitzen[547]). Kurz der einmal vorliegende Befund der redenden Kundgebung bietet für Johannes den wesentlichsten Gesichtspunkt dar, und so definirt er „Logik im weitesten Sinne“ in Ciceronischer Terminologie als *ratio loquendi vel disserendi*, wornach ihr die Disciplinirung der Aussagen (*magisterium sermonum*) anheimfalle, und sie hierin sowohl ihren Nutzen zeige als auch unter den freien Künsten die erste Stelle einnehme, denn in jenem weitesten Sinne umfasse sie auch den Umkreis der Grammatik[548]). Indem aber hiemit sich doch die Forderung ergäbe, bei dieser weiten Definition das wechselseitige Verhältniss der Grammatik und der Logik (vgl. sogleich unten Anm. 556) genauer festzustellen, lässt der wissenschaftliche Indifferentismus des Johannes auch diese Frage wieder bei Seite liegen, indem der Entscheid darüber, ob die Grammatik wirklich ein Theil der Logik sei, ausdrücklich abgelehnt wird[549]). Wenn ferner gesagt wird, die Dialektik solle durch Erwägung der Aussagen (*sermones* — der so häufige Gebrauch dieses Wortes erinnert von selbst an Abälard —) zu einer Wissenschaft der Prüfung und Feststellung des Wahren gelangen, so hat diess wieder nur den beschränkten Sinn, dass die Dialektik als trefflichste Dienerin der Rede-Gewandtheit (*ministra eloquentiae*) hierin ihren Nutzen bewährt, indem sie zum Maassstabe des Wissens wird[550]),

---

sterilis maneret aut quidem infoecunda, si non conceptionis fructum in lucem ederet eloquio, et invicem, quod sentit, prudens agitatio mentis hominibus publicaret; haec autem est illa dulcis et fructuosa coniugatio rationis et verbi, quae etc.

547) Ebend. 16. p. 42.: *Natura enim copiosa est et ubertatis suae gratiam humanae indigentiae facit; inde ergo est, quod proprietas rerum redundat in voces, dum ratio affectet, sermones rebus, de quibus loquitur, esse cognatos. Polycr.* VII, 12, p. 124.: *Nihil enim utilius, nihil ad gloriam aut res acquirendas commodius iuventuti, quam eloquentia, quae ex eo plurimum comparatur, si rerum in mente et in ore copia sit verborum.*

548) *Metal.* I, 10, p. 29 f.: *Est itaque logica, ut nominis significatio latissime pateat, loquendi vel disserendi ratio* (s. Abschn. VIII, Anm. 23.); *contrahitur enim interdum et dumtaxat circa disserendi rationes vis nominis coarctatur. Sive itaque ratiocinandi vias doceat sive omnium sermonum regulam praebeat, profecto desipiunt, qui eam dicunt esse inutilem ..... Sed, ut quam latissime protendatur significatio, ei ad praesens sermonum omnium magisterium tribuatur.* Ebend. 13, p. 34.: *Harum autem omnium* (d. h. *artium liberalium*) *prima est logica, ab ea tamen sui parte, quae in prima sermonum institutione versatur, ut nomen logices, sicut iam dictum est, quam latissime pateat et non modo ad disserendi scientiam contrahatur; est enim grammatica scientia recte loquendi scribendique et origo omnium liberalium disciplinarum.*

549) Ebend. II, praef. p. 62.: *Sit aut non sit grammatica pars logices, non contendo; constat enim, quod in sermonibus vertitur eosque ministrat, etsi non omnes sermonum examinet rationes.*

550) Ebend. III, 2, p. 121.: *Quum eo tendat dialectices tota intentio, ut sermonum vim aperiat et ex eorum praedicatione examinandi veri et statuendi scientiam assequatur; hoc agit, sive dividat, sive definiat, sive colligat, sive ea quae fuerunt collecta resolvat.* Ebend. II, 9, p. 77.: *Liquet, dialecticam, quae inter ministras*

und zum Beweise dieser Nützlichkeit stellt auch Johannes seinem Cornificius jene augustinischen Worte entgegen, welche wir nun schon so oft angeführt trafen [551]). Gerade der Nutzen aber wird nur in der obigen Fülle der Dinge zu Tage treten können, und darum dringt Johannes darauf, dass man von dem logischen Schul-Unterrichte, welcher in Wortkram und Sophistik sich bewege, hinwegstrebe und auf den Stoff anderer Disciplinen übergehe, damit eine Fülle der Rede (*copia eloquentiae*) erwachse, vermöge deren man in Allem wenigstens nach Wahrscheinlichkeit disputiren, wo nicht sogar das Unwahre siegreich bekämpfen könne [552]). Wie sehr aber diess mit innerer Anknüpfung an die rhetorische Seite der Logik, d. h. an die Topik, gemeint sei, geht daraus hervor, dass in wörtlicher Uebereinstimmung mit Boethius *de diff. top.* nur nach dem Standpunkte der Argumentation die methodische That der Logik auf die streitigen Punkte (*quaestio* oder *thesis*) der einzelnen übrigen Disciplinen beschränkt wird, welch letztere hiedurch auf diesen nützlichsten Zweig des Wissens angewiesen seien [553]). Denselben Sinn hat es auch noch, wenn sodann die „Dialektik im engeren Sinne“ als *ratio disserendi* definirt und ihr in üblicher Weise die Unterscheidung des Wahren und Falschen, jedoch abermals mit Beiziehung des Wahrscheinlichen, zugewiesen wird [554]), und um der Technik

---

eloquentiae expeditissima est et promptissima, unicuique prodesse ad mensuram scientiae suae.

551) Ebend. IV, 25, p. 182.: *Pater Augustinus, cui temerarium est obviare, eam tantis effert praeconiis, ut vituperari non possit nisi ab his, quorum nulla est prudentia .... „Haec docet docere, haec docet discere .... Quid valeat scire, scit sola; scientes facere non solum vult, sed et potest“. Quid ad haec Cornificius?*

552) Ebend. 28, p. 184.: *Fere enim inutilis est logica, si sit sola; tunc demum eminet. quum adiunctarum virtute splendescit. Tenerae tamen aetati indulgendum est amplius, et, ut copiam eloquentiae comparet, interim est ferenda verbositas ..... Procedente ergo aetate et sensu verbositatis cohibeatur licentia et sophisticae, quam Aristoteles dictitivam, nos circumventoriam vel cavillatoriam dicere possumus, improbitas conquiescat.* Ebend. II, 9, p. 77.: *Sic dialectica, si aliarum disciplinarum vigore destituatur, quodammodo manca est et inutilis fere; si aliarum robore vigeat, potens est, omnem destruere falsitatem et, ut minimum ei adscribam, sufficit, de omnibus probabiliter disputare.* Enthet. v. 111 ff.: *Laudat Aristotelem solum, spernit Ciceronem Et quidquid Latiis Graecia capta dedit, Conspuit in leges, vilescit physica, quaevis Littera sordescit, logica sola placet.* Vgl. Anm. 52.

553) *Metal.* II, 12, p. 83.: *Versatur exercitium dialecticae in omnibus disciplinis, siquidem quaestionum habent materiam; sed eam, quae hypothesis dicitur, i. e. quae circumstantiis* (s. Abschn. XII, Anm. 166.) *implicatur, relinquit oratori ..... Thesim vero vindicat sibi, i. e. quaestionem a praedictarum circumstantiarum nexibus absolutam.* 13, p. 83.: *Quaerunt ergo singulae* (*sc. disciplinae*), *et licet suis muniantur principiis, eis tamen logica methodos suas, compendii scilicet rationes, communiter subministrat, unde non modo ad exercitationem, sed ad obviationes et ad disciplinas utilissima est.*

554) Ebend. II, 1, p. 62.: *Ut itaque nominis significatio contrahatur, logica est ratio disserendi, per quam totius prudentiae agitatio solidatur.* 2, p. 64.: *hic quidem, sicut Boethius in commento secundo super Porphyrium asserit* (p. 47.), *est ortus logicae disciplinae; oportuit enim esse scientiam, quae verum a falso discerneret et doceret, quae ratiocinatio veram teneat semitam disputandi, quae verisimilem, et quae ficta sit et debeat esse suspecta; alioquin veritas per ratiocinantis operam non poterat inveniri.* I, 15, p. 41.: *Dialectica autem id dumtaxat acceptat, quod verum est aut verisimile, et quidquid ab his longius dissidet, dicit absurdum.*

der Argumentation willen soll so die Dialektik als erste Einführung in die Philosophie benützt werden [555]). Da aber jede Argumentation oder Disputation in Wortausdrücken sich bewegt, so wird nun in Anbetracht dieser engeren Definition (vgl. hingegen Anm. 548) in ähnlicher Weise wie bei Abälard (Anm. 271) die Grammatik, welche bloss von *dictio* handelt, von der Dialektik, deren Gegenstand und Inhalt die *dicta* seien, unterschieden, dabei aber in lediglichem Indifferentismus die Frage als unerheblich bezeichnet, ob es sich dabei um die Aussage oder um das Ausgesagte handle [556]). Und während Johannes hiemit wieder die in der Schule von Boethius her übliche Eintheilung der „Logik" verbindet [557]), führt ihn zugleich seine Kenntniss des Aristoteles auf die Unterscheidung der Apodeiktik und der Dialektik, wobei ihm jedoch auch die erstere keinen inneren eigenen Zweck in sich selbst trägt, sondern immer die Nutzbarkeit der gesammten so eingetheilten Logik die Hauptsache bleibt [558]).

Von solchem Standpunkte aus vertritt nun Johannes gegen die Verächter der Dialektik auch den Werth der vorhandenen logischen Litteratur. Dass er in dieser Beziehung der erste Autor des Mittelalters ist,

---

555) Ebend. II, 3, p. 65.: *Profecta igitur hinc est et sic perfecta scientia disserendi, quae disputandi modos et rationes probationum aperit .... aliis philosophicis disciplinis posterior tempore, sed ordine prima* (ebenso Hugo v. Victor, Anm. 46., vgl. Anm. 543.); *inchoantibus enim philosophiam praelegenda est, eo quod vocum et intellectuum interpres est, sine quibus nullus philosophiae articulus recte procedit in lucem.*

556) Ebend. 4, p. 67.: *Est autem dialectica, ut Augustino placet* (s. Abschn. XII, Anm. 30.), *bene disputandi scientia .... Est autem disputare, aliquid eorum, quae dubia sunt aut in contradictione posita aut quae sic vel sic proponuntur, ratione supposita probare vel improbare, quod quidem, quisquis ex arte probabiliter facit, ad dialectici pertingit metam. Hoc autem ei nomen Aristoteles auctor suus imposuit, eo quod in ipsa et per ipsam de dictis disputatur; ut enim grammatica de dictionibus et in dictionibus teste Remigio* (vor. Abschn., Anm. 172.), *sic ista de dictis et in dictis est; illa verba sensuum principaliter, sed haec examinat sensus verborum, nam λεκτὸν graeco eloquio, sicut ait Isidorus* (vor. Abschn. Anm. 27.) *dictum appellatur. Sive autem dicatur a graeco λέξις, quod locutio interpretatur .... sive a λεκτὸν, quod dictum nuncupatur, non multum refert, quum examinare locutionis vim et eius quod dicitur veritatem et sensum, idem aut fere idem sit; vis enim verbi sensus est.* III, 5, p. 137.: *Est autem res, de quo aliquid; dicibile, quod de aliquo; dictio, quo dicitur hoc de illo,* worauf die oben, Anm. 207., angeführten Worte folgen.

557) Ebend. II, 3, p. 66.: *Pro eo namque logica dicta est, quod rationalis, i. e. rationum ministratoria et examinatrix est. Divisit eam Plato in dialecticam et rhetoricam, sed qui efficaciam eius altius metiuntur, ei plura attribuunt, siquidem ei demonstrativa, probabilis et sophistica subiiciuntur,* u. s. w. völlig nach Boethius, s. Abschn. XII, Anm. 82. Ebenso 5, p. 68.: *Demonstrativa et probabilis et sophistica, omnes quidem consistunt in inventione et iudicio et itidem dividentes, definientes et colligentes domesticis rationibus utuntur,* s. ebend. Anm. 76.

558) Ebend. II, 14, p. 35.: *Principia itaque dialecticae probabilia sunt, sicut demonstrativae necessaria.* III, 10, p. 152.: *Sophisma est syllogismus litigatorius, philosophema vero demonstrativus, argumentum autem syllogismus dialecticus, sed aporisma* (s. Abschn. IV, Anm. 33.) *syllogismus dialecticus contradictionis. Horum omnium est necessaria cognitio et in facultatibus singulis perutilis est exercitatio.* p. 154.: *Sic suorum instrumentorum necesse est logicum expeditam habere facultatem, ut scilicet principia noverit, probabilibus abundet, syllogizandi et inducendi omnes ad manum habeat rationes.*

welcher eine vollständige Kenntniss des gesammten aristotelischen Organons zeigt, wurde schon oben, Anm. 26 u. 56 ff., bemerkt, und es ist nun anzugeben, wie er sich das ganze Material und die einzelnen Theile desselben anschaute und zurechtlegte. Den Aristoteles, dessen logische Schriften er nicht mehr wie Andere theilweise vom blossen Hörensagen kennt, bezeichnet er als den wahren Feldherrn (*campiductor*) aller Logiker und, wenn auch mit Vorbehalt der Auctorität des christlichen Glaubens und der Moraltheologie, jedenfalls als den Lehrer der Disputirkunst [559]), d. h. für den inneren philosophischen Werth der aristotelischen Logik hat natürlich der Ciceronianer Johannes keinen Sinn, sondern er erblickt in ihr nur eine äusserliche Tecknik, daher er auch — was an obigen Ausdruck „*astutiae*", Anm. 542, erinnert — der Ansicht ist, Aristoteles sei in der Polemik gegen Andere stärker als in dem positiven Aufbauen der eigenen Lehre [560]). Von der Annahme ausgehend, dass die Logik als Technik der Aussagen (*sermones*), indem sie *inventio* und *iudicium* enthält (Abschn. XII, Anm. 76), das Werkzeug aller Disciplinen sei, und eben hiedurch Aristoteles sich den Beinamen des „Philosophen" erworben habe [561]), betrachtet Johannes das ganze Organon in einer Weise, welche völlig mit Abälard's Auffassung (Anm. 271 ff.) übereinstimmt, indem Aristoteles die einfache *vox significativa* aus der Hand des Grammatikers empfangen und in den Kategorien derartig erörtert habe, dass sie hernach in der Zusammenfügung des Urtheiles (*De interpr.*) betrachtet werden könne, und hierauf die Entwicklung dessen, was zu *inventio* und *iudicium* gehört, folgen könne; die Isagoge, welche Porphyrius zu dem ersten Hauptabschnitte verfasst habe, gehöre eben nur als Einleitung zu dem Ganzen und solle nicht, wie Viele thun (Anm. 56 ff.), gleichsam zur Hauptsache gemacht werden [562]).

---

559) Ebend. III, 10, p. 147.: *Rei rationalis opifex et campiductor* (*Giles* gibt *campi doctor*) *eorum, qui logicam profitentur.* IV, 1, p. 157.: *Campiductor* (ebenso) *itaque Peripateticae disciplinae, quae prae ceteris in veritatis indagatione laborat, infelicem summam operis dedignatus totum componit* (Anspielung auf *Hor. Ars poet.* v. 34.), *certus, quod cuiusque operis perfectio gloriam sui praeconatur auctoris.* IV, 23, p. 180.: *Sicut optimus campiductor* (hier auch bei *Giles* das Richtige) *hunc ad inferendam pugnam, illum instruit ad cautelam.* 27, p. 183.: *Nec tamen Aristotelem ubique plane aut sensisse aut scripsisse protestor, ut sacrosanctum sit, quidquid scripsit; nam in pluribus obtinente ratione et auctoritate fidei convincitur errasse. .... Unde sic accipiendus est, ut ad promovendos iuvenes ad graviores philosophiae instituta doctor sit non morum, sed disceptationum.*

560) Ebend. III, 8, p. 141.: *Aristotelem prae ceteris omnibus tam aliae disserendi ratiocinationes quam definiendi titulus* (d. h. der Inhalt des 6. Buches der Topik) *illustraret, si tam patenter adstrueret propria, quam potenter destruxit aliena.*

561) *Enthet.* v. 821 ff.: *Magnus Aristoteles sermonum possidet artes Et de virtutum culmine nomen habet, Iudicii libros componit et inveniendi Vera, facultates tres famulantur ei; Physicus est moresque docet, sed logica servit Auctori semper officiosa suo; Haec illi nomen proprium facit esse, quod olim Donat amatori sacra sophia suo; Nam qui praecellit, tituli communis honorem Vindicat. Metal.* II, 16, p. 88.: *Omnes se Aristotelis adorare vestigia gloriantur, adeo quidem, ut commune omnium philosophorum nomen praeeminentia quadam sibi proprium fecerit; nam et antonomatice, i. e. excellenter, philosophus appellatur.*

562) *Metal.* II, 16, p. 89.: *Hic ergo* (d. h. Aristoteles) *probabilium rationes redegit in artem et quasi ab elementis incipiens usque ad propositi perfectionem*

So scheide sich aber das Organon auch wieder in zwei Hauptgruppen ab, insoferne die Isagoge, die Kategorien und *De interpr.* nur als Vorbereitungsstufen (*praeparaticia artis*) gelten können, indem diese Bücher mehr *ad artem*, als *de arte* seien, wohingegen die eigentliche Technik, worin *inventio* und *iudicium* ihre Fülle entwickeln, in den drei Hauptwerken Topik, Analytik und *Soph. Elenchi* vorliege [563]). Eben aber im Hinblicke auf *inventio* und *iudicium* ergebe sich hinwiederum ein anderer Gesichtspunkt der Eintheilung, insoferne die Topik nebst den ihr vorausgehenden Büchern überwiegend und grundsätzlich zur *inventio* gehöre, hingegen ebenso Analytik und *Soph. El.* dem *iudicium* dienen sollen; doch dürfe man diese Eintheilung (von welcher wir dann allerdings nicht wissen, warum sie überhaupt zu Grund gelegt worden sei) auch wieder nicht schroff festhalten, da auch die Analytik und *Soph. El.* zur *inventio* beitragen, und umgekehrt auch die Topik zu *iudicium* förderlich sei [564]). Neben all diesem aber beutet Johannes die Durchführung eines Gleichnisses für die Auffassung des Organons aus, indem die Kategorien den Buchstaben, das Buch *De interpr.* den Sylben entsprechen soll [565]), worauf dann die Topik das Wort (*dictio*) repräsen-

---

evexit. Hoc autem planum est his, qui scrutantur et discutiunt opera eius. Voces enim primo significativas, i. e. sermones incomplexos de grammatici manu accipiens differentias et vires eorum diligenter exposuit, ut ad complexionem enuntiationum et inveniendi iudicandique scientiam facilius accedant. Sed quia ad hunc elementarem librum magis elementarem quodammodo scripsit Porphyrius, eum ante Aristotelem esse credidit antiquitas praelegendum; recte quidem, si recte doceatur, i. e. ut tenebras non inducat erudiendis nec consumat aetatem ..... Unde quoniam ad alia introductorius est, nomine Isagogarum inscribitur; itaque inscriptioni derogant, qui sic versantur in hoc, ut locum principalibus non relinquant.

563) Nachdem nemlich *Metal.* III, 1 über die Isagoge, c. 2 u. 3 über die Kategorien und c. 4 über *De interpr.* gehandelt worden, beginnt c. 5, p. 134.: *Artis praeparaticia praecesserunt, ad quam suus opifex et quasi legislator rudem omnino tironem irreverenter et, ut dici solet, illotis manibus non censuit admittendum ..... Utilissima quidem sunt et, si non satis proprie dicantur esse de arte, satis vere dicuntur esse ad artem; parum autem refert, sic magis dicatur an sic. Ipsum itaque quodammodo corpus artis deductis praeparaticiis principaliter consistit in tribus, scilicet Topicorum, Analyticorum, Elenchorum notitia; his enim perfecte cognitis et habitu eorum per et exercitium roboratis inventionis et iudicii copia suffragabitur in omni facultate tam demonstratori quam dialectico et sophistae.*

564) Ebend. IV, 1, p. 157.: *Unde quum inventionis instrumenta procurasset et usum, quasi in conflatorio sedens examinatorium quoddam studuit cudere, quo diligentissima fieret examinatio rationum; hic autem est Analyticorum liber, qui ad iudicium principaliter spectat et tamen ad inventionem aliquatenus proficit; nam disciplinarum omnium connexae sunt rationes, et quaelibet sui perfectionem ab aliis mutuatur.* III, 5, p. 134.: *Scientia Topicorum, quae etsi inventionem principaliter instruat, iudiciis tamen non mediocriter suffragatur ....., siquidem sibi invicem universa contribuunt, eoque in proposita facultate quisque expeditior est, quo in vicina et cohaerente instructior fuerit; ergo et tam Analytica quam Sophistica conferunt inventori et Topica itidem conducit iudicanti. Facile tamen acquieverim, singulas in suo proposito dominari et accessorium esse beneficium cohaerentis.* IV, 8, p. 164.: *Licet ad iudicium maxime dicatur haec scientia* (sc. *demonstrativa*) *pertinere, inventioni tamen plurimum confert.*

565) Ebend. III, 4, p. 130.: *Liber Periermeniarum vel potius Periermenias* (s. vor. Abschn. Anm. 33.) *ratione proportionis syllabicus est, sicut Praedicamentorum elementarius, nam elementa rationum, quae singulatim tradit in sermonibus incomplexis, iste colligit et in modum syllabae comprehensa producit ad veri falsique*

tire und hierin das Zusammenfassen (*collectio*) der Bestandtheile enthalte[566]), und zwar in der Weise, dass bei der stets aufsteigenden Entwicklung das erste Buch der Topik die Grundlage der ganzen Logik sei[567]), und somit dann das achte Buch der Satzverbindung (*constructio*, ein Ausdruck Priscian's, vgl. Anm. 273) entspreche, wodurch in eben diesem Buche der Höhepunkt der Logik erklommen sei, und dasselbe im Vergleiche mit der ganzen neueren Litteratur (der *moderni*, s. Anm. 55 ff.) als die bei weitem nützlichste Schrift bezeichnet werden müsse[568]). Die hierauf sich anschliessende erste Analytik wird unter Hinzufügung einer barbarischen Interpretation des Namens (vgl. Anm. 23 u. vor. Abschn. Anm. 288) zwar gleichfalls wegen ihres Nutzens gelobt, jedoch zugleich wegen ihrer sterilen Form getadelt, da nicht bloss der gleiche Inhalt anderwärts (d. h. offenbar bei *Boeth. de syll. cat.* u. *Introd. ad syll. cat.*) viel leichter und eindringlicher entwickelt sei, sondern jenes Werk überhaupt in seiner verworrenen (*confusus*) und unverständlichen Schreibweise für den äusseren Apparat der Argumentation (*ad phrasim instruendam*) ziemlich unbrauchbar sei, und man daher nur die in demselben enhaltenen Regeln (also ungefähr in der Weise wie bei Boethius a. a. O.) auswendig lernen solle, das Uebrige aber wie Spreu oder dürres Laub bei Seite lassen könne[569]). Und

---

significationem. Tantae quidem subtilitatis est habitus ab antiquis, ut in praeconium eius celebratum ferat Isidorus (s. ebend. Anm. 34.), *quia Aristoteles, quando Periermenias scriptitabat, calamum in mente tingebat.*

566) Ebend. 6, p. 137 f.: *Sicut autem elementarius est Praedicamentorum, Periermeniarum vero syllabicus, ita et Topicorum liber quodammodo dictionalis est. Licet enim in Periermeniis agatur de simplici enuntiatione, quae utique veri falsive dictio est, nondum tamen ad vim colligendi pervenit nec illud assequitur, in quo dialectices praecipua opera versatur; hic vero primus est in rationibus explicandis doctrinamque facit localium argumentationum et sequentium complexionum pandit initia.*

567) Ebend. 5, p. 135.: *Octo quidem voluminibus clauditur, fiuntque semper novissima eius potiora prioribus; primus autem quasi materiam praeiacit omnium reliquorum et totius logicae quaedam constituit fundamenta.*

568) Ebend. 10, p. 147.: *Arma tironum suorum locavit in arena, dum sermonum simplicium significationem evolveret et item enuntiationum locorumque naturam aperiret ..... Ut autem praemissae similitudinis sequamur proportionem, quemadmodum Categoriarum elementarius, Periermeniarum syllabicus, praemissi Topici dictionales libri sunt, sic Topicorum octavus constructorius est rationum, quarum elementa vel loca in praecedentibus monstrata sunt. Solus itaque versatur in praeceptis, ex quibus ars compaginatur, et plus confert ad scientiam disserendi, si memoriter habeatur in corde, quam omnes fere libri dialecticae, quos moderni praeceptores nostri in scholis legere consueverunt; nam sine eo non disputatur arte, sed casu.*

569) Ebend. IV, 2, p. 158.: *Analyticorum quidem perutilis est scientia et sine qua quisquis logicum profitetur, ridiculus est. Ut vero ratio nominis exponatur, quam graeci analyticen dicunt, nos possumus resolutoriam appellare* (diess entnahm er aus Boethius, s. Abschn. XII, Anm. 77.), *familiarius tamen assignabimus, si dixerimus „aequam locutionem", nam illi „ana" aequale, „lexim" locutionem dicunt. Frequens autem est, quum sermo parum est intellectus, ut cum in notiorem resolvi desideremus aequivalenter; unde et interpres meus* (wohl Einer jener beiden Uebersetzer, welche wir oben Anm. 32 f. trafen), *quum verbum audiret ignotum, et maxime in compositis, dicebat „analetiza hoc", quod volebat aequivalenter exponi. .... Ceterum licet necessaria sit doctrina, liber non eatenus necessarius est; quidquid enim continet, alibi facilius et fidelius traditur, sed certe verius aut fortius*

wenn sich nach des Johannes Ansicht diese Unverständlichkeit z. B. namentlich in dem letzten Capitel der ersten Analytik (Abschn. IV, Anm. 649 f.) zeige [570]), so richtet er den nemlichen Vorwurf auch gegen die ganze zweite Analytik, nur mit dem Beisatze, dass ein Theil der Schuld vielleicht an der Uebersetzung liege [571]). Hingegen nun findet der Ciceronianer Johannes wieder sein rhetorisches Fahrwasser in den *Soph. Elenchi*, welche er hiemit losgetrennt von der Topik an den Schluss des Organons stellt; er sagt, kein anderes Buch sei für die Jugend nützlicher als dieses, und sowie dasselbe den grössten rhetorischen Behelf (*ad phrasim*) gebe, so sei es auch den beiden Analytiken vorzuziehen, weil es den logischen Sprachausdruck (*eloquentia*) in leichterer Verständlichkeit fördere [572]). Aus der Topik aber, welche ja die Grundlage der Logik enthält, seien die betreffenden Schriften des Cicero und des Boethius geflossen, sowie des Letzteren Buch *De divisione* (hierin allerdings hat Johannes vollständig Recht), welches unter den boethianischen Werken eine besonders hervorragende Stelle einnehme [573]).

Somit sind wir nun über den Standpunkt des Johannes vollständig orientirt und erblicken in demselben gewiss mit Recht eine Steigerung dessen, was Abälard (Anm. 267) *eloquentia Peripatetica* genannt hatte,

---

nusquam, siquidem et ab invito fidem extorquet .... Porro exemplorum confusione et traiectione litterarum, quas tum de industria tum causa brevitatis tum ne falsitas alicubi exemplorum argueretur interseruit, adeo confusus est, ut cum magno labore eo perveniatur, quod facillime tradi potest. 3, p. 159.: *Sicut autem regulae utiles sunt et necessariae ad scientiam, sic liber fere inutilis est ad phrasim instruendam, quam nos verbi supellectilem possumus appellare ... Ergo scientia memoriter est firmanda, et verba pleraque excerpenda sunt, ... quae alio commode transferuntur et quorum potest esse frequentior usus; reliqua coaequantur foliis sine fructu et ob hoc aut calcantur aut sua relinquuntur in arbore.* (Hierauf folgt die oben Anm. 20. angeführte Stelle.) Ebend. III, 4, p. 132.: *Sunt autem pleraque, quae si a suis avellas sedibus, aut nihil aut minimum sapiunt auditori, qualia fere sunt omnia Analyticorum exempla, ubi litterae ponuntur pro terminis, quae sicut ad doctrinam proficiunt sic tractata, alias inutilia sunt; regulae quoque ipsae, sicut plurimum vigoris habent a veritate doctrinae, sic in commercio verbi minimum possunt.*

570) Ebend. IV, 5, p. 162.: *Postremo agit de cognitione naturarum; grande quidem capitulum et quod licet aliquatenus proposito conferat, fidem tamen promissi nequaquam implet. Unum scio, me huius capituli beneficio neminem in cognitione naturarum vidisse perfectum.*

571) Die Stelle wurde schon oben Anm. 27. angeführt.

572) *Metal.* IV, 22, p. 178 f.: *Sophisticam esse dictum est, quae falsa imagine tam dialecticam quam demonstrativam aemulatur et speciem quam virtutem sapientiae magis affectat .... Opus quidem dignum Aristotele et quo aliud magis expedire iuventuti non facile dixerim ...... Frustra sine hac se quisque gloriabitur esse philosophum, quum nequeat cavere mendacium aut alium deprehendere mentientem .... Unde et ad phrasim conciliandam et totius philosophiae investigationes sophisticae exercitatio plurimum prodest, ita tamen ut veritas, non verbositas sit huius exercitii fructus.* 24, p. 181.: *In eo autem mihi videntur* (sc. *Elenchi*) *Analyticis praeferendi, quod non minus ad exercitium conferunt et faciliori intellectu eloquentiam promovent.*

573) Ebend. III, 9, p. 145.: *Qui vero librum hunc* (d. h. die aristotelische Topik) *diligentius perscrutatur, non modo Ciceronis et Boethii Topicos ab his septem voluminibus* (d. h. aus den sieben ersten Büchern) *erutos deprehendet, sed librum Divisionum, qui compendio verborum et elegantia sensuum inter opera Boethii, quae ad logicam spectant, singularem gratiam nactus est.*

und wenn in philosophischer Beziehung schon bei Abälard eine unorganische Vereinigung entgegengesetzter Ansichten obgewaltet hatte, so ist bei Johannes auch diess in höherem Grade der Fall. Es ist eigentlich consequent, dass Letzterer bei seinem ausschliesslichen Augenmerke auf die Eloquenz der Argumentation sich sogar um eine bestimmte Formel umsieht, durch welche er über alle Schwierigkeiten, die in einer festen philosophischen Parteistellung liegen könnten, sich von vorneherein hinausheben kann. Diese Formel ist seine „*ratio indifferentiae*", d. h. das Verfahren des vollendeten Indifferentismus. Er weist nemlich zunächst, da es sich um die Kenntniss der aussagbaren Dinge (*rerum praedicamentalium*, s. Anm. 605) und der Aussagen selbst (*sermonum*) handelt, auf die Vieldeutigkeit der Aussagen hin, und bemerkt, dass dieselben zur Zeit des Aristoteles einen anderen Sinn haben konnten, da ja nach dem Ausspruche des Horatius die Worte in stetem Wechsel dahinfliessen und nur der Gebrauch sie so oder so feststelle[574]). Und wenn nun auch zugegeben wird, dass bei gleichem Sinne der Wortgebrauch der Alten ehrwürdiger sei, als jener der Neueren[575]), so sei grundsätzlich der Gebrauch doch mächtiger, als Aristoteles selbst, daher man auch, insoferne die objectiv dingliche Wahrheit und hiemit der reelle Sinn der Worte in Frage komme, wohl die Wortausdrücke zum Opfer bringen dürfe, während andrerseits, so lange es eben angehe, zugleich Wortlaut und innerer Sinn aus der älteren Lehre beibehalten werden könne[576]). Schon hieraus ersieht man, dass dieser Grundsatz zu einer äusserst bequemen Manier führen muss, alle auftauchenden Schwierigkeiten zu escamotiren, denn man braucht in all solchen Fällen nur zu sagen, der Wortausdruck habe im Laufe der Zeiten eine andere Bedeutung erhalten, oder es liege an demselben überhaupt Nichts. So sagt ja Johannes (gelegentlich einer Ansicht des Bernhard von Chartres) selbst, er lege kein Gewicht darauf, ein Wort beim Wort zu nehmen,

574) Ebend. 3, p. 128.: *Profecto rerum praedicamentalium et sermonum perutilis est notitia ....., et quia multiplicitas sermonum plerumque intelligentiam claudit, quotiens dicatur unumquodque, docet (sc. Aristoteles) esse quaerendum .... Contingit autem tractu temporis et acquiescente utentium voluntate, multiplicitatem sermonum nasci itemque exstingui* .... (p. 129.) *Multiplicius dicitur, quam Aristotelis tempore diceretur, et quae tunc verba aliquam, nunc forte nullam habent significationem, siquidem „Multa renascentur quae iam cecidere, cadentque Quae nunc sunt in honore vocabula, si volet usus, Quem penes arbitrium est et ius et norma loquendi"* (*Hor. Ars poet.* v. 70 ff.).

575) Ebend. 4, p. 131.: *Praeterea reverentia exhibenda est verbis auctorum cum cultu et assiduitate utendi, tum quia quandam a magnis nominibus antiquitatis praeferunt maiestatem, tum quia dispendiosius ignorantur, quam ad urgendum aut resistendum potentissima sunt .... Licet itaque modernorum et veterum sit sensus idem, venerabilior est vetustas.*

576) Ebend. p. 133.: *Patet itaque, quod usus Aristotele potentior est in derogando verbis vel abrogando verba, sed veritatem rerum, quoniam eam homo non statuit, nec voluntas humana convellit. Itaque, si fieri potest, artium verba teneantur et sensus; sin autem minus, dum sensus maneat, excidant verba, quoniam artes scire non est scriptorum verba revolvere, sed nosse vim earum atque sententias. Enthet.* v. 27 ff.: *Qui sequitur sine mente sonum, qui verba capessit, Non sensum, iudex integer esse nequit; Cum vim verborum dicendi causa ministrat, Haec si nescitur, quid nisi ventus erunt?*

und es sei gar nicht nöthig, mit einer einzelnen Stelle in solchem Sinne auch alle übrigen in Einklang zu bringen [577]). Und in der That gestaltet sich auf diese Weise die *ratio indifferentiae*, welche er auch behufs des Uebersetzens für die richtige hält (Anm. 32), überall da, wo er sich auf dieselbe beruft, zur ausgesprochenen Methode der Unwissenschaftlichkeit. Denn sicher höchst leichtfertig ist es, wenn er nicht bloss „*significare*" und „*praedicare*" als völlig synonym nimmt, während doch Abälard sich um eine feste Begriffsbestimmung bemüht hatte (Anm. 318), sondern dabei es auch als durchaus gleichgültig bezeichnet, ob z. B. durch die Adjectiva die Eigenschaft oder deren Träger gemeint sei; und indem er für jeden einzelnen Fall diess einer *benigna interpretatio* überlässt, gelten ihm die Kategorien gerade darum als ein hauptsächlicher Empfehlungsgrund seines Verfahrens, weil sie bald über die bezeichnenden Worte bald über die bezeichneten Dinge handeln [578]). Ebenso verfährt er gelegentlich mit einer aristotelischen Stelle und kömmt dabei nach seiner *indifferentia* oder *ratio licentiae* zu dem Resultate, dass das sinnlich-wahrnehmbare Einzel-Individuum ebensosehr Prädicat wie Subject sein könne [579]). Und wenn in solchen Fragen bei Johannes die Logik zu Ende ist, ehe sie überhaupt begonnen hat, so

577) *Metal.* III, 2, p. 120., woselbst nach der oben Anm. 93. angeführten Stelle folgt: *Habet haec opinio sicut impugnatores sic defensores suos. Mihi pro minimo est, ad nomen in talibus disputare, quum intelligentiam dictorum sumendam noverim ex causis dicendi; nec sic memoratas Aristotelis aliorumve auctoritates interpretandas arbitror, ut trahatur istuc, quidquid alicubi dictum reperitur.*

578) Ebend. p. 122.: *Ex quo liquet, quoniam „significare" sicut et „praedicare" multipliciter dicitur; sed quis modus familiarissimus sit, discernere palam est. Inde est, quod „iustus" et similia passim apud auctores nunc dicuntur iustum nunc iustitiam significare vel praedicare .... Tale est illud Aristotelis „qualitatem significant, ut album, quantitatem ut bicubitum"* (*Cat.* 4, s. Abschn. IV, Anm. 303.; bei *Boeth.* p. 127.); *sic utique, quia dantur a qualitate vel quantitate, ita et qualitatem praedicant, quam apposita demonstrant inesse subiectis; interdum dicuntur significare qualia, quoniam appositione sua declarant, qualia sint subiecta. Sed haec a se, si sit benignus interpres, non multum distant, etsi audito „albus" intelligatur, in quo est albedo, quum autem „albedo" dicitur, non intelligatur, in quo talis color, sed potius color faciens tale. Illud vero, quod audita voce concipit intellectus, ipsius familiarissima significatio est.* 3, p. 122 f.: *Quia ergo aut aequivoce aut univoce aut denominative, ut sequantur indifferentiae rationem, singula praedicantur, ipsaque praedicatio quaedam ratiocinandi materia est. praedicamentorum praemissa sunt instrumenta .... Rationem vero indifferentiae, quam semper approbamus, liber iste commendat prae ceteris, etsi ubique diligenter inspicienti manifesta sit; agit enim nunc de significantibus nunc de significatis aliorumque doctrinam facit nominibus aliorum.*

579) Ebend. II, 20, p. 110.: *Hinc forte est illud in Analyticis „Aristomenes intelligibilis semper est, Aristomenes autem non semper"* (*Anal. pr.* I, 33, bei *Boeth.* p. 495.); *et hoc quidem est singulariter individuum, quod solum quidam aiunt posse de aliquo praedicari .... Ego quidem opinionem hanc vehementer nec impugno nec propugno; nec enim multum referre arbitror ob hoc, quod illam amplector indifferentiam in vicissitudine sermonum, sine qua non credo quempiam ad mentem auctorum fideliter pervenire ......* (p. 111.) *Itaque hic sicut et alibi exsecutus est, quod decet liberalium artium praeceptorem, agens, ut dici dolet, Minerva pinguiori, ut intelligeretur ..... Quid ergo prohibet, iuxta hanc licentiae rationem, ea quae sunt sensibilia vel praedicari vel subiici. Nec opinor, auctores hanc vim imposuisse sermoni, ut alligatus sit ad unam in iuncturis omnibus significationem, sed doctrinaliter sic esse locutos, ut ubique serviant intellectui, qui commodissimus est et quem ibi haberi prae ceteris ratio exigit.* Hiezu unten Anm. 604.

dürfen wir uns nicht wundern, dass er in etwas versteckteren Schwierigkeiten sofort ungenirt seinen Standpunkt ausspricht, wie z. B. wenn er bezüglich des allgemeinen Urtheiles die objective Inhärenz und die subjective Aussage als gleichbedeutend nimmt und höchstens dabei eine Aenderung des Wortausdruckes erblickt, welche im Laufe der Zeiten sich eingestellt habe[580]).

Verfolgen wir hiernach das Einzelne, was Johannes bezüglich des Umkreises der Logik äussert, nach dem Faden der Eintheilung, welchen er selbst für das Organon zu Grunde legte, so begegnet uns bei ihm erklärlicher Weise zunächst in der Erörterung der Isagoge, d. h. in der Frage über die Universalien, der äusserste Synkretismus oder Eklekticismus, welcher zuletzt in eine stoisch-ciceronische Auffassung ausmündet. Nicht der Standpunkt eines über dem einseitigen Partei-Gezänke stehenden Philosophen, sondern Mangel an philosophischem Scharfsinne oder Bequemlichkeit des rhetorischen Praktikers ist es, wenn Johannes den ganzen Streit über die Gattungs- und Art-Begriffe als einen kindischen bezeichnet, indem er sich dabei lediglich auf jene obige (Anm. 574 f.) Vieldeutigkeit der Worte zurückzieht, da Gattung und Art sowohl das Princip der Entstehung, d. h. die ontologische Basis der Dinge, als auch das Aussagbare, d. h. den logischen Werth der allgemeinen Begriffe, bedeuten können[581]). Und sowie er hiebei sich auf des Boethius Erklärung der Isagoge stützt, so ist es, wie sich zeigen wird (Anm. 602), schliesslich auch wieder eine einzelne Stelle des Boethius, in welcher die Ansicht des Johannes concentrirt vorliegt, so dass wir auch bei ihm neuerdings einen Beleg vorfinden, wie sehr die ganze logische Bewegung jener Zeit an herausgerissenen Aussprüchen der traditionellen Autoren klebte. Völlig ähnlich wie Abälard an Eine einzige Stelle die Doppeltheit seiner Auffassung anknüpfte (Anm. 286), verhält sich das Ganze auch bei Johannes, insoferne er den Universalien eine ontologische und zugleich eine logische Geltung verleiht; nur ist bei ihm die Verquickung der Standpunkte nicht bloss mannigfaltiger und abenteuerlicher, sondern

---

580) Ebend. III, 4, p. 132.: *Quod dicitur „in toto esse alterum altero" vel „in toto non esse" et „universaliter aliquid de aliquo praedicari" vel „ab aliquo removeri" idem est* (vgl. Anm. 16.). *Frequens tamen usus est alterius verbi et alterius fere intercidit, nisi quatenus ex condicto interdum admittitur. Fuit fortasse tempore Aristotelis utriusque usus celebrior, sed nunc prae altero viget alterum, quoniam ita vult usus. Sic et in eo, quod dicitur contingens, aliquatenus derogatum est ei, quod apud Aristotelem obtinebat.* (Vgl. Anm. 216.)

581) Ebend. 1, p. 116 f.: *Se ad puerilem de generibus et speciebus .... inclinavit opinionem* (d. h. Abälard) *malens instruere et promovere suos in puerilibus, quam in gravitate philosophorum esse obscurior ..... Itaque sic Porphyrius legendus est, ut sermonum, de quibus agitur, significatio teneatur et ex ipsa superficie habeatur sensus verborum ..... Sufficiat ergo introducendo nosse, quia nomen generis multiplex est et a prima institutione significat generationis principium ....., dehinc translatum est ad significandum id, quod de differentibus specie in quid praedicatur* (über diese abgekürzte Terminologie s. Anm. 282.). *Item et species multipliciter dicitur, nam ab institutione formam significat ...., hinc autem sumptum est ad significationem eius, quod de differentibus numero praedicatur* (All dieses beruht auf *Boeth.* p. 22. u. 57 f.) ..... *Quid ergo sibi volunt, qui .... quidquid aliud excogitari potest, adiiciunt? .... Vocabulorum simpliciter aperiantur significationes, apprehendatur illa, quae proposito congruit, per descriptiones certissimas etc.*

auch weit widerspruchsvoller, als bei Abälard. Nemlich Johannes spricht nicht bloss gelegentlich als Theologe über die Begriffe der Substanz und der Wesenheit in der nemlichen Weise, wie wir diese Dinge bei Pseudo-Boethius *de trin.* und bei Gilbert finden [582]), sondern auch in jener Schrift, welche der Logik gewidmet ist, äussert er ausdrücklich seine Uebereinstimmung mit Plato's ontologischem Realismus, wornach dem Intelligiblen das wahre Sein zukömmt, die concreten Dinge aber nicht einmal des Verbums „*esse*" würdig sind [583]). Und sowie er die Unvergänglichkeit der Substanz und die fortdauernde Wirksamkeit der Form als die reale Basis des Seienden behauptet, dabei auf dem altüberlieferten Satze „*singulare sentitur, universale intelligitur*" fussend [584]), so ist ihm auch Gilbert der Führer in Bezug auf die Begriffsbestimmung der Natur und die formgebende Kraft des artmachenden Unterschiedes [585]), ja er bedient sich sogar des Wortes „*forma nativa*" (vgl. Anm. 467), und desgleichen fehlt auch der Begriff der Theilhaftigkeit bei ihm ebensowenig als bei allen Realisten [586]); endlich selbst die Auffassung der Individualität gestaltet sich auf eine Weise, dass wir Gilbert's Unterscheidung zwischen *dividua* und *individua* (Anm. 479) darin wiedererkennen [587]).

---

582) *Epist.* 169 (I, p. 270.): *Quidquid autem subsistit, sine dubio in genere vel in natura vel in substantia manet; quum ergo essentiam dicimus significare naturam vel genus vel substantiam, intelligimus eius rei, quae in his omnibus semper esse subsistat .... Quod si apud graecos expressam habent differentiam haec, quae hic toties inculcata sunt, essentia, natura, genus, substantia, eam expediri omnium arbitror interesse quam plurimum.*

583) *Metal.* IV, 35, p. 193.: *Plato quoque eorum, quae vere sunt, et eorum, quae non sunt sed esse videntur, differentiam docens intelligibilia vere esse asseruit. ..... Unde et eis post essentiam primam recte competit esse, i. e. firmus certusque status, quem verbum, si proprie ponitur, exprimit substantivum; temporalia vero videntur quidem esse, eo quod intelligibilium praetendunt imaginem, sed appellatione verbi substantivi non satis digna sunt, quae cum tempore transeunt, ut nunquam in eodem statu permaneant, sed ut fumus evanescant; fugiunt enim, ut idem ait in Timaeo* (p. 49 E) *nec exspectant appellationem* ..... p. 195.: *Ideam vero .... sicut aeternam audebat dicere, sic coaeternam esse negabat.*

584) *Enthet.* v. 1013 f.: *Nulla perire potest substantia, formaque formae Succedens prohibet, quod movet, esse nihil.* v. 1233 f.: *Solis corporeis sensus carnalis inhaeret, Res incorporeae sub ratione iacent.*

585) *Metal.* I, 8, p. 26.: *Est autem natura, ut quibusdam placet* (hiemit ist offenbar Gilbert gemeint, s. Anm. 461.), *licet eam sit diffinire difficile, vis quaedam genitiva rebus omnibus insita, ex qua facere vel pati possunt; genitiva autem dicitur, eo quod ipsam res quaeque contrahat a causa suae generationis et ab eo, quod cuique est principium existendi* ..... (p. 27.) *Sed et unamquamque rem informans specifica differentia aut ab eo est, per quem facta sunt omnia, aut omnino nihil est .... Esto ergo sic potens et efficax vis illa genitiva indita rebus originaliter.*

586) *Enthet.* v. 395 ff.: *Est idea potens veri substantia, quae rem Quamlibet informat et facit esse, quod est; Omne quod est verum, convincit forma vel actus, Nec falsum dubites, si quid utraque caret. Forma suo generi quaevis addicta tenetur Et peragit semper, quidquid origo iubet; Ergo quod in forma nativa constat agitve, Quod natura manens in ratione manet, Esse sui generis verum quid dicitur idque Indicat effectus aut sua forma probat. Polycr.* III, 1, p. 162.: *Implet autem haec vita omnem creaturam, quia sine ea nulla est substantia creaturae; omne enim quod est, eius participatione est id quod est.*

587) *Metal.* II, 20, p. 105.: *Ergo si genera et species a deo non sunt, omnino*

Aber nach solch unzweideutigen Aussprüchen staunen wir nun billig, wenn Johannes darum, weil das Intelligible nicht universell sein, sondern nur universell begriffen werden könne, den Streit über die Universalien für einen gegenstandslosen erklärt, in welchem man die Substantialität eines Schattens oder eines flüchtigen Nebels zu erhaschen suche [588]. Auch erhält für die Logik nun Plato nebst Augustin und allen Platonikern förmlich seinen Abschied, um dem Aristoteles Platz zu machen, allerdings mit dem tröstlichen Zusatze, dass des Letzteren Ansicht vielleicht wohl um Nichts wahrer, aber jedenfalls für die logischen Partien passender sei [589]. Sonach werden nun alle Diejenigen getadelt, welche in die Isagoge eine platonische Auffassung hineinlegen oder anderweitig von Aristoteles abweichen, und mit der entschiedensten Berufung auf den Ausspruch des Aristoteles, dass die Universalien keine getrennte Existenz für sich haben, wird jede Ansicht, welche von einem Sein derselben spricht, von vorneherein abgewiesen [590], und so namentlich auch die Status-Lehre von diesem Gesichtspunkte aus bekämpft [591]. Sind wir aber nun in der That begierig, wie dieser Widerspruch gegen das Vorige sich lösen soll, so steigert sich vielleicht unser Erstaunen noch von Schritt zu Schritt. Johannes stellt nemlich wohl zunächst den Gedanken (*intellectus*) derartig in den Vordergrund, dass er in fast wörtlicher Uebereinstimmung mit dem Verfasser *De intellectibus* nicht bloss das verbindende und trennende Denken (*intellectus*

---

nihil sunt; quod si unumquodque eorum ab ipso est, unum plane et idem bonum est. Si autem quid unum numero est, protinus et singulare est; nam quod quidam unum aliquid dicunt, non quod in se, sed quod multa vivat expressa plurium conformitate, articulo praesenti non derogant ..... Omnis namque substantia accidentium pluralitate numero subest; accidens autem omne et forma quaelibet itidem numero subiacet, sed non accidentium aut formarum participatione, sed singularitate subiecti.

588) *Polycr.* VII, 27, p. 127.: *Sicut in umbra cuiuslibet corporis frustra soliditatis substantia quaeritur, sic in his quae intelligibilia sunt dumtaxat et universaliter concipi, nec tamen universaliter esse, queunt, solidioris existentiae substantia nequaquam invenitur. In his aetatem terere nihil agentis et frustra laborantis est, nebulae siquidem sunt rerum fugacium et, quum quaeruntur avidius, citius evanescunt.*

589) *Metal.* II, 20, p. 112.: *Licet Plato coetum philosophorum grandem et tam Augustinum quam alios plures nostrorum in statuendis ideis habeat assertores, ipsius tamen dogma in scrutinio universalium nequaquam sequimur, eo quod hic Peripateticorum principem Aristotelem dogmatis huius principem profitemur .... Ei, qui Peripateticorum libros aggreditur, magis Aristotelis sententia sequenda est, forte non quia verior, sed plane quia his disciplinis magis accommodata est.*

590) Ebend. 19, p. 94.: *Quasi ab adverso petentes* (nemlich die Erklärer der Isagoge) *veniunt contra mentem auctoris et, ut Aristoteles planior sit, Platonis sententiam docent aut erroneam opinionem, quae aequo errore deviat a sententia Aristotelis et Platonis, siquidem omnes Aristotelem profitentur.* 20, p. 94.: *Porro hic genera et species non esse, sed intelligi tantum asseruit* (*Anal. post.* I, 11 u. 22, s. Abschn. III, Anm. 66. u. Abschn. IV, Anm. 373.) ..... (p. 95.) *Ergo si Aristoteles verus est, qui eis esse tollit, inanis est opera praecedentis investigationis ..... Quare ab Aristotele recedendum est concedendo, ut universalia sint*, u. s. f., s. Anm. 70.

591) Ebend. 20, p. 102 f.: *Sed esto, ut statum aliquem generalem appellativa significent, ... status ille quid sit, in quo singula uniuntur et qui nihil singulorum est, etsi aliquo modo somniare possim, tamen quomodo sententiae Aristotelis coaptetur, qui universalia non esse contendit, non perspicuum habeo.*

coniungens et disiungens, s. Anm. 427) und hauptsächlich vor Allem die Kraft des Abstrahirens (*int. abstrahens*, s. Anm. 432) hervorhebt, sondern auch mit Zurückweisung des Einwandes, dass das abstrahirende Denken ein nichtberechtigtes (*cassus*, s. Anm. 429) sei, dem Denken die Fähigkeit vindicirt, die Dinge anders zu betrachten, als sie im Concreten sind (s. Anm. 432 f.), und hiedurch die Abstraction als die Grundbedingung aller geistigen Technik bezeichnet, wobei er sich sowohl in Uebereinstimmung mit Gilbert (*abstractim attendere*, s. Anm. 464) befindet, als auch in Ausdrücken sich bewegt, welche wir bei der Indifferenz-Lehre trafen (*generaliter intueri, diverso modo attendere*, s. Anm. 133 u. 137), und zugleich wieder mit dem Verfasser *De gen. et spec.* in dem Begriffe des Sammelns der Aehnlichkeiten (s. Anm. 162 f.) zusammentrifft, ja unter dem Vorbehalte, dass es sich nur um die subjective Denkkraft handle und objectiv in der Natur die Universalien nicht existiren, sogar jenes Wortes sich bedient, welches in der von ihm bekämpften Status-Lehre (s. Anm. 132) das übliche war [592]).

Laufen so in bunter Auswahl aus den Ansichten Anderer mehrere Fäden in die Auffassung der subjectiven Denkoperation zusammen, so soll nun unerwarteter Weise hiemit wieder der Gilbert'sche Realismus in Verbindung kommen; nemlich Unkörperlichkeit sei nur negative Bezeichnung der Universalien, hingegen nach ihrer positiven Grundlage seien dieselben, wie überhaupt Alles, in ein Abhängigkeits-Verhältniss zu Gott zu bringen; Gott aber habe die geformte Materie geschaffen, d. h. sämmtliche Formen, sowohl die substantiellen als auch die accidentellen (s. diess bei Gilbert oben Anm. 461 f.) haben ihr Sein und ihre Wirksamkeit von Gott, und so habe bei der Ausprägung der Dinge eine Rücksicht auf Art-Begriffe obgewaltet, welche hiemit der Logiker

---

592) Ebend. 20, p. 95.: *Nec verendum, ut cassus sit intellectus, qui ea perceperit seorsum a singularibus, quum tamen a singularibus seorsum esse non possint. Intellectus enim quandoque rem simpliciter intuetur, velut si hominem per se intueatur, ... quandoque gradatim suis incedit passibus, ut si hominem albere contempletur, et hic quidem dicitur esse compositus. Porro simplex rem interdum inspicit, ut est, ut si Platonem attendat, interdum alio modo; nunc enim componendo, quae non sunt composita, nunc abstrahendo, quae non possunt esse disiuncta* ..... p. 96.: *Ceterum componens qui disiuncta coniungit* (das Beispiel ist *hircocervus*), *inanis est; abstrahens vero fidelis et quasi quaedam officina omnium artium. Et quidem rebus existendi unus est modus, quem scilicet natura contulit, sed easdem intelligendi aut significandi non unus est modus; licet enim esse nequeat homo, qui non sit iste vel alius homo, intelligi tamen potest et significari ..... Ergo ad significationem incomplexorum per abstrahentem intellectum genera concipiuntur et species, quae tamen si quis in rerum natura diligentius a sensibilibus remota quaerat, nihil aget et frustra laborabit, nihil enim tale natura peperit; ratio autem ea deprehendit substantialem similitudinem rerum differentium pertractans apud se.* Polycr. II, 18, p. 96.: *Intellectus .... nunc quidem res ut sunt, nunc aliter intuetur nunc simpliciter nunc composite, nunc disiuncta coniungit nunc coniuncta distrahit et disiungit* .... p. 97.: *Si abstrahentem tuleris intellectum, liberalium artium officina peribit .... Sic hominem intellectus attingit, ut ad neminem hominem aspectus illius descendat generaliter intuens, quod nonnisi singulariter esse potest .... Dum itaque rerum similitudines et dissimilitudines colligit, dum differentium convenientias et convenientium differentias altius perscrutatur, ... multos apud se rerum invenit status, alios quidem universales alios singulares.*

nicht von Gott trennen dürfe, sondern kraft deren „die Dinge vorerst in ihre Wesenheit und sodann in das menschliche Denken eingiengen“ [593]). In Folge dieser mystischen Causalität desjenigen, was Gilbert substantielle Form genannt hatte, kann nun Johannes sagen, die Substantialität der Universalien gelte nur bezüglich des Erkenntnissgrundes (*causa cognitionis*) und zugleich bezüglich des Entstehens der Dinge (*natura*), denn jedes Wesen, welches in der *Tabula logica* auf einer je niedreren Stufe stehe, bedürfe zu seinem Sein und zu seinem Gedachtwerden eines anderen auf einer je höheren Stufe befindlichen Wesens; aber ein Sein haben die Universalien weder als Körper noch als Geister noch als Einzel-Dinge [594]). So also glaubt der Anhänger Gilbert's ein Aristoteliker sein zu können, und sowie er meint, er entgehe jener unnöthigen Verdopplung der Wesenheiten (s. Abschn. III, Anm. 64), welche eine Folge der platonischen Auffassung ist [595]), so sagt er auf das Ausdrücklichste, dass die Universalien, welche den Dingen in ähnlicher Weise zu Grunde liegen wie der unkörperliche Plan des Handelns den sinnlich wahrnehmbaren Handlungen zu Grunde liegt, eben ausschliesslich nur in den Einzel-Dingen gefunden werden, welch letztere als die erscheinenden Exemplare (*exempla*) derselben sichtbar vorliegen, d. h. Johannes vertritt — und er ist hierin der Erste, welcher diess thut — entschieden die Auffassung der „*universalia in re*“ und bekämpft sogar die platonische Ansicht der „*universalia ante rem*“, da es ausserhalb des Einzelnen kein Allgemeines gebe [596]). Da ihm aber dabei immer

---

593) *Metal.* II, 20, p. 103.: *Sed et nomina, quae praemisi, „incorporeum“ et „insensibile“ universalibus convenire, privativa in eis dumtaxat sunt nec proprietates aliquas, quibus natura universalium discernatur, illis attribuunt, siquidem nihil incorporeum aut insensibile universale est ..... Quid est autem incorporeum, quod non sit substantia creata a deo vel ipsi concretum? .... Valeant autem, imo dispereant universalia, si ei obnoxia non sunt. Omnia per ipsum facta sunt, utique tam subiecta formarum quam formae subiectorum ..... Formae quoque tam substantiales quam accidentales habent ab ipso ut sint et ut suos in subiectis operentur effectus; quod itaque ei obnoxium non est, omnino nihil est* (hiezu unten Anm. 613.) ..... p. 104.: *Ut enim ait Augustinus, formatam creavit deus materiam .... Eo spectat illud Boethii in primo de Trinitate „omne esse ex forma est“* (Anm. 37.) .... *Cuilibet ergo esse, quod est aut quale aut quantum est, a forma est* ..... p. 105.: *Fundamenta iecit deus, et in ipsa expressione rerum habita est mentio specierum, non illarum dico, quas logici fingunt non obnoxias creatori, sed formarum, in quibus res prodierunt primo in essentiam suam et in humanum intellectum demum, nam hoc ipsum aliquid, quod coelum aut terra dicitur, formae effectus est.*

594) Ebend. p. 97.: *Quod autem universalia dicuntur esse substantialia singularibus, ad causam cognitionis referendum est singulariumque naturam* (in ähnlicher Weise hatte Scotus Erigena von den Universalien die Ausdrücke *causaliter* und *effectualiter* gebraucht, Abschn. XIII, Anm. 129.); *hoc enim in singulis patet, siquidem inferiora sine superioribus nec esse nec intelligi possunt ...... Quia ergo tale exigit tale et non exigitur a tali tam ad essentiam quam ad notitiam, ideo hoc illi substantiale dicitur esse; idem est in individuis, quae exigunt species et genera, sed nequaquam exiguntur ab eis ..... Universalia tamen et res dicuntur esse et plerumque simpliciter esse, sed non ob hoc aut moles corporum aut subtilitas spirituum aut singularium discreta essentia in eis attendenda est.*

595) Ebend. p. 98.: *Itaque detur, ut sint universalia aut etiam ut res sint, si hoc pertinacibus placet; non tamen ob hoc verum erit, rerum numerum augeri vel minui pro eo, quod ista non sunt in numero rerum.*

596) Ebend.: *Nihil autem universale est nisi quod in singularibus invenitur ....*

der Gilbert'sche Begriff der substantiellen Form vorschwebt, so ist es erklärlich, dass er an jene aristotelischen Stellen sich hält, in welchen Gattungs- und Art-Begriff als etwas Qualitatives bezeichnet werden [597]). In diesen qualificirenden Formen erblickt er die „Hand der Natur“, welche die Dinge in die Formen einkleidete, damit der Mensch sie leichter erfassen könne, und darum tritt nun die *prima substantia* des Aristoteles, d. h. das Individuum, in den Vordergrund, von wo aus das Denken für sich allein zu dem Allgemeinen der Art- und der Gattungs-Begriffe sich mittelst der Formgleichheit des Einzelnen (*conformitas*, s. diesen Begriff bei Gilbert oben Anm. 474) in aufsteigender Linie erhebt [598]), und sowie Johannes hiebei wieder mit der Indifferenz-Lehre zusammentrifft, so gebraucht er auch in dieser Beziehung selbst den Ausdruck „*conformis status*“ [599]). So wird die Formgleichheit der

---

Nec moneat, quod singularia et corporea exempla sunt universalium et incorporalium; quum omnis ratio gerendi incorporea sit et insensibilis, illud tamen quod geritur et actus quo geritur plerumque sensibilis sit (auch dieses erinnert an die Bedeutung, welche Scotus Erigena in das Wort „*agere*“ legt, s. Abschn. XIII, Anm. 131.). p. 108.: *Habita tamen ratione aequivocationis, qua ens vel esse distinguitur pro diversitate subiectorum, species et genera utrumque non sine ratione esse dicuntur. Persuadet enim ratio, ut ea dicantur esse, quorum exempla conspiciuntur in singularibus, quae nullus ambigit esse. Non autem sic dicuntur genera et species exemplaria singulorum, ut iuxta Platonici dogmatis sensum formae sint exemplares, quae in mente divina intelligibiliter constiterint, antequam prodirent in corpora* (diess ist die Stelle Priscian's, s. Anm. 263.), *sed quoniam, si quis eius, quod communiter concipitur audito hoc nomine „homo“ aut quod definitur, cum dicitur homo esse animal rationale mortale, quaerat exemplum, statim ei Plato aliusve hominum singulorum ostenditur, ut communiter significantis aut definientis ratio solidetur.*

597) Ebend. p. 100.: *Item Aristoteles, genera, inquit, et species circa substantiam qualitatem determinant* (*Cat.* 5, s. Abschn. IV, Anm. 476.) .... *item in Elenchis* (c. 22, bei *Boeth.* p. 750. in etwas abweichender Uebersetzung, s. Anm. 34.) „*homo et omne commune non hoc aliquid, sed quale quid vel ad aliquid aliquo modo vel huiusmodi quid significat*“ *et post pauca* „*manifestum, quoniam non dandum, hoc aliquid esse, quod communiter praedicatur de omnibus, sed aut quale aut ad aliquid aut quantum aut talium quid significare*“. *Profecto quod non est hoc aliquid, significatione expressa non potest explanari quid sit.*

598) *Polycr.* II, 18, p. 98.: *Et primo substantiam, quae omnibus subest, acutius intuetur* (*sc. intellectus*), *in qua manus naturae probatur artificis, dum eam variis proprietatibus et formis quasi suis quibusdam vestibus induit et suis sensuum perceptibilibus informat, quo aptius possit humano ingenio comprehendi. Quod igitur sensus percipit formisque subiectum est, singularis et prima substantia est; id vero, sine quo illa nec esse nec intelligi potest, ei substantiale est et plerumque secunda substantia nominatur .... Universale, si, licet non natura, conformitate tamen sit commune multorum, quod forte facilius in intellectu, quam in natura rerum, poterit inveniri, in quo genera et species, differentias, propria, et accidentia, quae universaliter dicuntur, planum est inveniri, quum in actu rerum substantiam universalium quaerere exiguus fructus sit et labor infinitus, in mente vero utiliter et facillime reperiuntur. Si enim solo rerum numero differentium substantialem similitudinem quis mente pertractet, speciem tenet; si vero etiam specie differentium convenientia menti occurrat, generis latitudo mente diffunditur; denique dum rerum, quas natura substantialiter vel accidentaliter assimilavit, conformitatem percipit intellectus, universalium comprehensione movetur* ..... p. 99.: *Numquid abstrahens intellectus, dum haec agit, otiosus est aut inutilis, per quem animus honestarum artium gradibus ad thronum consummatae philosophiae conscendit?*

599) *Enthet.* v. 849 ff.: *Est individuum, quidquid natura creavit, Conformisque*

Dinge mit der Gemeinschaftlichkeit des Gedankens (*intellectus communitas*, *communiter intelligi*) in unmittelbare Verbindung gebracht[600]), die Universalien selbst aber als solche lediglich in die Erkenntnissweise (*modus intelligendi*, was selbst mit der Lehre von der *maneries* übereinstimmt, s. Anm. 88) verlegt, wornach sie „figürliche" und nur der „Doctrin" angehörende Worte (auch die Nominalisten hatten von *figura locutionis* gesprochen, s. Anm. 81) oder kurzweg „Figmente" genannt werden, welche zu den Einzel-Dingen in dem Wechselverkehre des Zeigens und Gezeigtwerdens stehen und darum von Aristoteles füglich als „*monstra*" (— *monstrare* —) bezeichnet werden konnten[601]).

Diese Auffassung der Universalien aber ist nun allerdings so dehnbar, dass Johannes in den Begriff des Figmentes auch das psychologische Erfassen der Urbilder (*exemplaria*), welche in mystischer Weise aus den Dingen (*exempla*) auf die Seele wirken, verlegen kann und hiebei seinen eklektischen Synkretismus deutlich genug ausspricht, indem er neben jenem nominalistischen Anklange die Universalien mit einem an Scotus Erigena (s. unten Anm. 613) erinnernden Ausdrucke als psychologische Erzeugnisse (*phantasiae*) bezeichnet, hiemit aber zugleich die stoisch-ciceronische Auffassung verbindet, wornach dieselben subjective Begriffe (*ἔννοιαι*, *notiones*, s. die oben Anm. 64 angeführte Stelle) sind, und ausserdem noch sehr merklich an den Platonismus hinüberstreift oder wenigstens mit Gilbert übereinstimmt, insoferne auch ihm die Universalien als die aus den Aehnlichkeiten der Einzel-Dinge hervorleuchtenden Spiegelbilder einer ursprünglichen ideellen Reinheit gelten, womit schliesslich noch der Aristotelismus sich vermischt, da diese Phantasie-Gebilde eben keine von den Einzeldingen getrennte Existenz besitzen, sondern, wenn man sie so festhalten wollte, wie Schatten oder Traumbilder entschwinden[602]). Wenn es nun in der

---

status est rationis opus; si quis Aristotelem primum non censet habendum, Non reddit meritis praemia digna suis.

600) *Metal.* II, 20, p. 98.: *Ergo quod mens communiter intelligit et ad singularia multa aeque pertinet, quod vox communiter significat et aeque de multis verum est, indubitanter universale est.* p. 107.: *Secundum intellectum illum deliberari potest de re subiecta, i. e. actualiter exemplificari ob intellectus communitatem, et res, quae sic intelligi potest, etsi a nullo intelligatur, dicitur esse communis; res enim sibi conformes sunt, ipsamque conformitatem deducta rerum cogitatione perpendit intellectus.*

601) Ebend. p. 107.: *Ergo dumtaxat intelliguntur secundum Aristotelem universalia, sed in actu rerum nihil est, quod sit universale; a modo enim intelligendi figuralia haec et licenter quidem et doctrinaliter nomina indita sunt.* p. 108.: *Ergo ex sententia Aristotelis genera et species non omnino quid sit, sed quale quid quodammodo concipiuntur et quasi quaedam sunt figmenta rationis se ipsam in rerum inquisitione et doctrina subtilius exercentis ..... Possunt et monstra dici* (in Bezug auf die bekannte antiplatonische Stelle des Aristoteles, s. dieselbe oben Anm. 31.), *quoniam invicem res singulas monstrant et monstrantur ab eis.* III, 3, p. 127.: *Ea vero, quae intelliguntur a singularibus abstracta, ... animi figmenta sunt, ... quae ex conformitate singularium intellectu non casso concipiuntur.*

602) Ebend. II, 20, p. 96.: *Sunt itaque genera et species non quidem res a singularibus actu et naturaliter alienae, sed quaedam naturalium et actualium phantasiae* (auch dieses Wort findet sich gleichfalls — vgl. Anm. 594. u. 596. — bei Scotus Erigena, s. Abschn. XIII, Anm. 125.) *renitentes intellectui de similitu-*

That kaum möglich scheint, mehr Widersprüche aufeinander zu häufen, als hier sich zusammenfinden, so müssen wir uns freilich daran erinnern, dass Johannes Akademiker zn sein behauptete, und ihm der Vorzug der aristotelischen Speculationsweise nicht so fast in der Wahrheit derselben, sondern nur in einer gewissen Angemessenheit zu liegen schien (Anm. 589). Keinenfalls aber darf es uns wundern, wenn nun auch die oben (Anm. 598) sehr betonte „individuelle Substanz" des Aristoteles neben aller Berufung auf den Grundsatz, dass das der Natur nach Spätere für den erkennenden Menschen das Frühere ist, dennoch unter den Händen des Johannes in eine sehr unaristotelische Wendung hinübergelenkt wird; denn derselbe denkt auch hiebei nur an jenen Creations-Process, welchen Gilbert bis zur Individualität (nicht bis zum Individuum) fortgesetzt hatte (Anm. 462), und in solchem Sinne stellt er den Begriff des Individuums den Gattungs- und Art-Begriffen völlig gleich[603]), — eine Auffassung, welche uns daran erinnert, dass schon Abälard das „*individuum*" gewissermaassen zu den Universalien zählen wollte (s. Anm. 278). Ja, während Johannes gesagt hatte, in der Logik sei Aristoteles der Führer, stumpft er vermöge seiner rhetorisch-stoischen Auffassung der Universalien sogar jenes Partei-Schibolet ab, welches stets die Aristoteliker den Platonikern entgegenhielten, nemlich den Satz „*res de re non praedicatur*" (s. Anm. 132 u. 287), denn er meint, wenn auch nicht das Ding selbst als solches in den Urtheilen sich befinde, so werde doch in dem Prädicate das Ding bezeichnet, und auf solche Weise hebe die obige duldsame Auslegung, d. h. die Methode des Indifferentismus (Anm. 574 ff.) auch über diese Schwierigkeit hinweg[604]). Zuletzt ja erklärt er sich in Erwägung der Vieldeu-

---

dine actualium tanquam in speculo nativae puritatis ipsius animae, quas graeci ἐννοίας *sive* εἰκονοφανίας *appellant, h. e. rerum imagines in mente apparentes* (s. Abschn. VIII, Anm. 37. u. in Bezug auf Gilbert ob. Anm. 482., die Hauptstelle aber des Boethius ob. Anm. 64.); *anima enim quasi reverberata acie contemplationis suae in se ipsa reperit, quod diffinit, nam et eius exemplar in ipsa est, exemplum vero in actualibus* ..... p. 97.: *Illa itaque exemplaria cogitabilia quidem sunt et quasi phantasiae et umbrae existentium secundum Aristotelem, quas si quis apprehendere nititur per existentiam, quam habent a singularibus separatam, velut somnia elabuntur.*

603) Ebend. p. 109.: *Quae autem communiora sunt, et priora quidem simpliciter, nam et in aliis intelliguntur; quae vero singularia, posteriora; sed plerumque, quae naturaliter priora sunt, et notitia simpliciter ignotiora sunt nobis, namque solida magis familiariora sunt sensibus, quae vero subtiliora, longius absunt* (*Arist. Anal. post.* I, 2, s. Abschn. IV, Anm. 74.) ... *Sunt itaque genera et species exemplaria singulorum, sed hoc quidem magis ad rationem doctrinae, si Aristoteles verus est, quam ad causam essentiae. Procedit et haec monstruosa, ut licentius loquar, figmentorum speculatio usque ad ventilationem singularium* ..... *Quum enim Plato esse non possit informis et expers loci aut temporis, eum ratio quasi nudum deducto respectu quantitatis et qualitatis aliorumque accidentium simpliciter intuetur et individuum nominat; sed et hoc utique doctrinalis instantiae et subtilioris agitationis figmentum est; nihil enim tale in rebus occurrit, tale quid tamen fideliter intelligitur.*

604) Ebend. p. 111 f.: *Hoc ipsum ergo quod dicitur „praedicari", ab adiunctis plures significandi contrahit modos .... Nam quum sermo de sermone iungibilitatem quandam terminorum verae affirmationis innuit, quum de re sermo dicitur praedicari, ostenditur, quod ei talis nuncupatio aptatur. Rem vero de re praedicari*

tigkeit der Worte auch noch damit einverstanden, dass man die Universalien selbst Dinge nennen könne[605]), wobei wir allerdings aus dieser äussersten wissenschaftlichen Gleichgültigkeit den Eindruck empfangen, als sei es überhaupt nicht der Mühe werth gewesen, uns um die Einsicht in die Meinung des Johannes bezüglich der Universalien so sehr zu bekümmern.

Nach dem Bisherigen, was über den allgemeinen logischen Standpunkt des Johannes sowie über seine Stellung zu der hauptsächlichsten Partei-Controverse anzugeben war, ist von vorneherein nicht zu erwarten, dass er in den übrigen Haupttheilen der Logik, obwohl ihm auch die Kenntniss der Analytiken zu Gebot stand, eigentlich einen förderlichen Einfluss ausgeübt habe; und es sind auch im Ganzen nur wenige einzelne Punkte, welche wir hervorheben müssen.

Was hiemit zunächst die Kategorien betrifft, so tritt erklärlicher Weise hier wieder mehr die Auffassung des Gilbert in den Vordergrund, und es stimmt völlig mit demselben überein, wenn Johannes diesen Zweig der logischen Erörterungen, welchen er als „*praedicamentalis inspectio*" bezeichnet, hauptsächlich in die Erwägung des Was (*quid*) und der qualitativen Bestimmtheit (*proprietates*, vgl. Anm. 459) und der Gegensätzlichkeit verlegt, wobei er die Beschränkung auf das Natürliche, d. h. auf dasjenige, was Gilbert (Anm. 464) *nativum* genannt hatte, einhält[606]). Hiemit aber verbindet sich ihm der Standpunkt Abälard's (s. Anm. 272), dass in den Kategorien es sich um die einfachen unverbundenen Sprachausdrücke handle, insoferne dieselben an sich „bezeichnend" sind[607]). Die Erörterungen über *univocum, aequivocum* u. dgl. nennt er, hierin dem Isidorus folgend, Werkzeuge der Kategorien[608]), und es liegen ihm dieselben wegen seiner steten Berück-

---

interdum notat, quoniam hoc est hoc, ut puta Plato homo, interdum quoniam hoc participat hoc, utpote subiectum accidente. Nec erubesco confiteri, quod res de re praedicetur in propositione, etsi res in propositione non sit, quum hoc in mente mihi versetur, quod res significetur praedicato termino verae affirmationis, cuius subiecto aliqua de re agitur aut res aliqua significatur. Itaque non adversandum litterae arbitror, sed amicandum eique mos gerendus est in admittenda licentioris verbi indifferentia.

605) Ebend. p. 112.: *Sed et rei nomen latius pateat, ut possit universalibus convenire, quae sic auctore Aristotele intelliguntur abstracta a singularibus, ut tamen esse non habeant deductis singularibus.* So erklärt sich dann freilich der abenteuerliche Ausdruck „*res praedicamentalis*", Anm. 574.

606) Ebend. IV, 30, p. 187.: *Est autem praedicamentalis inspectio et prima fere philosophandi via, de qualibet re proposita quid sit attendere, itemque quibus proprietatibus ab aliis differat et quomodo aliis conformetur, deinde an sit ei quid contrarium et an ipsum susceptibile contrariorum; quae quum innotuerunt, res familiarius assignata in notitiam transit. Polycr.* IV, *Prol.* p. 218.: *Est ergo primus philosophandi gradus, genera rerum proprietatesque discutere, ut quidquid in singulis verum sit, prudenter agnoscat.* Ebend. II, 22, p. 121.: *Denique apud philosophos cautum est, talia manere praedicata, qualia subiecta permiserint, omniumque praedicamentalium vim et proprietatem naturalium finibus limitari.*

607) *Metal.* III, 2, p. 119.: *Categoriarum liber Aristotelis elementarius est et accedentis ad logicam quodammodo infantiam excipit; tractat enim de sermonibus incomplexis in eo, quod rerum significativi sunt, quo nihil prius est apud dialecticum.* Vgl. hingegen Anm. 578.

608) Ebend.: *Univocorum quoque et denominativorum adeo necessaria est cogni-*

sichtigung der Vieldeutigkeit der Worte ganz besonders am Herzen, obwohl er wie wir sahen (Anm. 577), durch seinen Indifferentismus gerade auch diese Begriffe abschwächte oder verwischte; das *multivocum* und *diversivocum* will er überhaupt lieber der Grammatik zuweisen[609]). Jene „Bezeichnung des Unverbundenen" (*significatio incomplexorum*) soll durch zwölf Fragen zur Erkenntniss gelangen, deren erste das „Ob" ist, worauf zehn Fragen entsprechend den Kategorien folgen, und als zwölfte das „Warum" den Schluss macht; letztere jedoch fällt in ihrer Beantwortung dem göttlichen Wissen anheim und geht somit über die Philosophie hinaus, welche sich mit den ersten elf begnügt, wovon die erste wieder nicht zur Logik gehört; indem aber die Logik den Umkreis des Gewordenen (d. h. Gilbert's *nativum*) durchforscht, findet sie für ihre zehn Fragen die zehn Kategorien vor, welche als Sprachausdrücke für das in den concreten Dingen Verflochtene (Anm. 469) „ausgedacht" sind, und so haben die zehn „*genera praedicabilium*" völlig gleichmässig in den Aussagen und in den Dingen (*sive in sermonibus sive in rebus*) ihren Umkreis[610]). Während so die Hauptfrage dem Johannes auch hier wieder gleichgültig ist, legt er ein grösseres Gewicht auf jenen Einen Beispiel-Satz, in welchen Alcuin alle zehn Kategorien gebracht hatte[611]), und entscheidet sich auch darin für Gilbert's Auffassung (Anm. 481 f.), dass er selbst einer aristotelischen Stelle gegenüber die Behauptung festhält, dass sämmtliche Kategorien nur zur Erkenntniss des Wesens, d. h. des „Was", dienen[612]);

---

tio, ut haec tria, scilicet aequivoca, univoca et denominativa, asserat Isidorus categoriarum instrumenta (s. Abschn. XIII, Anm. 32.).

609) Ebend. 3, p. 123.: *Multivoca et diversivoca, quae Boethius adiicit* (s. Abschn. XII, Anm. 88.), *magis ad grammaticam pertinent.*

610) Ebend.: *Incomplexorum significatio innotescit ..... Primo quidem nosse de aliquo, an sit, deinde, quid, quale, quantum, ad quid, ubi, quando sit, quomodo situm, quid habeat, faciat, patiatur; novissima speculatio est in singulis, quare sit, et quae iam non modo ad angelicam perfectionem, sed ad divinae maiestatis praerogativam accedit ....* (p. 124.) *Cumulus itaque scientiae in hoc duodenario solidatur; investigatio philosophica undenarii sobrietate contenta est; .... porro logicus decem institutionis suae elementa cognoscit ..... Sed quia naturalium prima est inquisitio, in ipsa primo decem praedicamenta formata sunt excogitatique sermones, quibus de his, quae primo occurrunt sensui aut intellectui, qualia sint corpora aut spiritus, quid, quantum et quale esset, aut secundum ceteras quaestiones naturaliter procedentes, declaretur unumquodque eorum; unde et praedicamenta dicta sunt, sive in sermonibus sive in rebus, decem genera praedicabilium, quae sic ad singulares individuasque substantias applicantur.*

611) Ebend. p. 126 f.: *Isidorus, Alcuinus et quidam alii sapientum ...... sententiam plenissimam praedicamentorum absolutione perficiunt, ut in hoc eorum patet exemplo*, s. Abschn. XIII, Anm. 57.

612) Ebend. p. 126.: *Omnia ergo genera speciesque substantiarum et qualitatum aliorumque primo ingerunt praedicamento, quoniam appositione generis speciei primae satisfit quaestioni, i. e. declaratur de aliquo, quid ipsum sit .... Hoc quidem ab Aristotele videtur alienum; ait enim:* nun folgt die oben Abschn. IV, Anm. 324. angeführte Stelle *Top.* I, 9 in einer von Boethius (p. 666.) etwas abweichenden Uebersetzung (s. Anm. 34.); hierauf: *Equidem non hic videtur auctor exprimere, quod in eodem praedicamento, etsi eundem modum habeant praedicandi, sint omnia genera, aut quod novem genera accidentalium rerum non praedicentur de substantiis, aut quod eodem modo praedicentur de subiectis et de contentis suis.*

ja für die Gilbert'sche Annahme (Anm. 462 u. bes. 479), dass die individuellen Bestimmtheiten die Totalität der Substanz betreffen, beruft er sich sogar auf den Dionysius v. Areopag, d. h. auf Scotus Erigena [613]). Indem er aber, wie gesagt, die ontologische und die logische Seite völlig naiv parallelisirt, bringt er jene Verflechtung der concreten Dinge, gleichfalls wie Gilbert (Anm. 472), in eine Verbindung mit der Grammatik, indem die Substanz dem Substantivum, die übrigen Kategorien aber als Ingredienzen der Eigenthümlichkeiten dem Adjectivum entsprechen sollen, und wegen der auf alle concreten Wesen sich erstreckenden Kategorie des Thuns und Leidens oder der Bewegung (Anm. 464 u. 489 f.) sich nothwendiger Weise das Verbum einstellt [614]).

In der Lehre vom Urtheile, für welche Gilbert's Ontologie Nichts darbot, schliesst sich Johannes offenbar theilweise an Abälard an, denn er spricht nicht bloss wie Jener (Anm. 314 ff.) von dem wechselseitigen Erwecken der Gedanken durch die Rede [615]), sondern insbesondere gilt auch ihm (vgl. bei Abälard Anm. 330 u. bes. 382) das Wahrsein und Falsch-sein als eine blosse Modalität, welche bei den Dingen, bei den Gedanken, und bei den Aussagen eintrete [616]). Hingegen be-

---

613) Ebend. II, 20, p. 106.: *Sic et quodlibet accidens in toto sui subiecto est totaliter, sed totius partialiter, si pro parte, et quodlibet subiectum accidentis sui limitibus coaequatur; hoc idem de generibus et speciebus protestari non vereor; quin mundo reclamante dicam, quoniam a deo sunt aut omnino nihil sunt* (s. Anm. 593.); *clamat mecum et Dionysius Areopagita et numerum, quo discernuntur, pondus quo statuuntur, mensuram qua diffiniuntur omnia, dei dicit imaginem* (vgl. Abschn. XIII, Anm. 139 f.). Andere Anklänge aus Scotus Erigena s. oben Anm. 602.

614) Ebend. I, 14, p. 36.: *Substantiis omnibus sua quasi impressa sunt nomina; sed quoniam ipsarum multae sunt differentiae, aliae quidem a quantitate, aliae a qualitate, aliae a variis accidentium formis, item aliae ab his quae familiariora sunt et ad esse conducunt; idcirco quibus hoc designaretur, nomina sunt inventa, quae possent adiici substantivis et eorum vim et naturam quodammodo depingerent. ..... Sicut enim accidentia substantiam vestiunt et informant, sic quadam proportione rationis ab adiectivis substantiva informantur .... Pro eo, quod substantia, quae sensui aut rationi obiicitur, sine motu, quo agendo vel patiendo aliquid temporaliter movetur, esse non potest, ideo ad designandos motus corporales agentis aut patientis excogitata sunt verba.*

615) *Enthet.* v. 497 ff.: *Aer subtilis, quem guttur format et oris Organa, qui sonitu possit ab aure capi, Vox est, quae reserat uni, quid cogitet alter, Inque vicem reddit pervia corda sibi. Metal.* I, 19, p. 49.: *Sermo institutus est, ut explicet intellectum.*

616) *Metal.* IV, 33, p. 190.: *Locutio, quae vera dicitur, a modo, quem innuit, modalis appellatur; item opinio vera a modo percipiendi et ratio vera a qualitate examinis sui; res quoque singulae verae dicuntur, ... dum in his taliter percipiendis nullius imaginis phantasmate circumveniatur opinio.* Ebend. 36, p. 196.: *Si enim rem sic esse ut est, aut non esse ut non est, comprehendit* (sc. *intellectus*) *iudicio certo et fideli usus est; sin autem vel non esse quod est, vel esse quod non est, opinatur, procul dubio fallitur et errat; idem quoque est in sermonibus; res autem, quae se ipsam, prout est, intellectui subiicit, vera est; quae aliter, vana et falsa. Ergo a modo percipiendi .... convincitur veritas aut falsitas tam opinionum quam rerum, sermonum vero a modo significandi. Enthet.* v. 405 ff.: *Hinc aliud verum rerum connexio monstrat, Quam sine compositis nemo videre potest; Est intellectus verus, quia concipit ipsam; Sicque triplex veri dictio rebus inest; Est sermo verus, quotiens designat eandem, Si se res habeant, ut data verba ferunt.*

züglich des sog. unbestimmten Urtheiles (vgl. Anm. 351) nimmt er den Standpunkt ein, dass dasselbe für das Erkennen untauglich sei[617]). Jene Urtheilsformen, welche der Grammatik angehören und uns oben (Anm. 207) unter dem Namen „*materialiter imposita*“ begegneten, bezeichnet er als „*secunda impositio*“[618]), und er warnt bei dieser Gelegenheit vor dem logischen Missbrauche, welcher mit solchen Urtheilen durch sophistische Witze gemacht werden kann, dabei die Probe eines absichtlich gebildeten unsinnigen Satzes gebend[619]). Bemerkenswerth ist, dass er ebendort die „*Syncategoreumata*“ (s. Anm. 174, 206, 348) erwähnt, jedoch in einer Weise, wornach er nicht geneigt scheint, denselben für die Logik eine Bedeutung zuzugestehen, da er sie eben jenen grammatischen Bezeichnungen gleichstellt, welche als blosse *secunda impositio* nicht leicht wieder auf den primären dinglichen Sinn zurückangewendet werden können[620]).

Aus dem Gebiete der Topik mag etwa erwähnt werden, dass Johannes in den Erörterungen des Aristoteles über den Gattungsbegriff eine Ergänzung und Berichtigung der Angaben des Porphyrius erblickt[621]), sowie dass er im Hinblicke auf die *maximae propositiones* (s. Abschn. XII, Anm. 138) ähnlich wie Boethius die Festigkeit des mathematischen Beweis-Verfahrens hervorhebt[622]).

In der ersten Analytik findet er nicht bloss bei den Formen des kategorischen Schlusses eine Unvollständigkeit, welche durch Spätere gehoben worden sei (Abschn. XII, Anm. 136), sondern sagt auch bezüglich jener Schlüsse, welche aus Combinationen kategorischer Urtheile

---

617) *Metal.* II, 20, p. 101.: *Omnis itaque dictio, quae .... non satis proprie ponitur aut certo et sua ratione definito innititur subiecto; alioquin suo privabitur officio, quum ratio cognitionis certitudinis finem quaerat aut teneat.*

618) Ebend. I, 15, p. 37.: *Procedat ratio ad secundae impositionis originem. .... Rebus itaque quum nomina primitus essent imposita, reversus ad se animus imponentis ipsis nominibus vocabula indidit, per quae sermonum doctrina procederet. ..... Ergo dictum est nomen substantivum, ... adiectivum, ... verbum.*

619) Ebend. p. 40.: *Abusio est, si quis dicat ,,equus desinit in S“ et similia; item ,,Cato sedens inter Janiculum et calendas Martias* (es erinnert diess unwillkürlich an den Volkswitz der Augsburger: „Zwischen Pfingsten und dem Klinker-Thor“) *vestes populi Romani quaternario aut senione resarcit“ aut sermo non est aut quovis sermone nugatorio corruptior.*

620) Ebend. 16, p. 43.: *Et quidem, quae a rebus sumpta sunt, ad res redire possunt, sed quae inventa sunt, ut verborum indicent qualitatem, non eadem commoditate vel usu devocantur, ut rerum indicent qualitatem; videntur enim aliquid habere simile cum his generibus verborum, quae graece syncategoremata appellantur, eo quod sicut illorum ab adiunctis aut est aut perpenditur significatio, sic ista originis suae sociata sermonibus suum commode excitant intellectum, alio vero traducta velut naturali vigore destituta evanescunt vel absona sunt.*

621) Ebend. III, 7, p. 140.: *Hoc tamen ab Aristotele* (*Top.* IV, 1—6.), *quoniam Porphyrius, quem parvuli sequuntur, aliud docuit, adiiciendum puto, quoniam sicut genus univoce et non denominative, sic nec secundum quid praedicatur; unde constat, corpus non esse genus animalis ..... Sed minutiores philosophi cum Porphyrio vulgi sequuntur opinionem, qui fere id solum consuevit approbare, quod sensibus patet.*

622) *Polycr.* VII, 7, p. 103.: *Sic et geometriae primo petitiones quasdam quasi totius artis iaciunt fundamenta, deinde communes animi conceptiones adiiciunt, et sic quasi acie ordinata ad ea, quae sibi sunt demonstranda, procedunt.*

mit Nothwendigkeits- und Möglichkeits-Urtheilen bestehen (Abschn. IV, Anm. 558 ff.), dass dieselben von Aristoteles nicht erschöpfend dargestellt seien, und hiemit noch für Andere hier eine Thätigkeit übrig bleibe, welche jedoch für das bestehende praktische Bedürfniss derartiger Schlussweisen praktisch Bequemeres liefern solle [623]), — ein Gerede, welches auch seinerseits selbst auf obige *benigna interpretatio* Anspruch machen zu müssen scheint. Aehnlich spricht er sich über die hypothetischen Schlüsse aus, welche vielleicht Aristoteles wegen ihrer Schwierigkeit absichtlich weggelassen habe; doch sei neben einer Hinweisung auf diese Syllogismen, welche schon in der Topik vorliege, insbesondere Eine Stelle der Analytik die Veranlassung gewesen, dass Boethius und Andere die Lücke ergänzten, obwohl auch durch diese noch nicht die wahre Vollständigkeit erreicht worden sei [624]). Dass Johannes auch bei der Analytik nur den praktischen Zweck der Argumentation im Auge hatte, zeigt sich bei seiner Erwähnung der *petitio principii* [625]), sowie einiger anderer technischer Momente, unter welchen er für das Verfahren des Gegenbeweises die Terminologie „*catasyllogismus*" wählt [626]). Aus der zweiten Analytik konnte er die Kenntniss

---

623) *Metal.* IV, 4, p. 160.: *Trium figurarum subnectit rationes* (*sc. Aristoteles*) ... *et qui modi in singulis figuris ex complexione extremitatum proveniant, docet, data quidem semente rationis eorum, quos sicut Boethius asserit* (die Stelle ist oben Abschn. V, Anm. 46. angeführt) *Theophrastus et Eudemus addiderunt. Deinde habita modalium ratione transit ad commixtiones, quae de necessario sunt aut contingenti, cum his quae sunt de inesse .... Nec tamen dico, ipsum Aristotelem alicubi, quod legerim, nisi forte quod ad propositum, de modalibus sufficienter egisse, sed procedendi de omnibus fidelissimam scientiam tradidit; expositores vero divinae paginae rationem modorum pernecessariam esse dicunt .... Et profecto licet nullus modos omnes, unde modales dicuntur, singulatim enumerare sufficiat, quod quidem nec ars exigit, tamen magistri scholarum inde commodissime disputant et, ut pace multitudinis loquar, Aristotele ipso commodius.* Vgl. Anm. 220.

624) Ebend. 21, p. 177.: *Dialecticam et apodicticam .... praecedentia docent. In iis tamen de hypotheticis syllogismis nihil aut parum est actitatum, seminarium tamen datum est ab Aristotele, ut ei istuc per industriam aliorum possit esse processus: Quum enim tam probabilium quam necessariorum loci monstrati sint, ostensum est, quid ex quo sequatur probabiliter aut necessario, quod quidem ad hypotheticorum iudicium maxime spectat .... Praeterea Boethius* (*De syll. hyp.* p. 609.) *hoc pro seminario inveniendorum dicit acceptum, quod Aristoteles ait in Analyticis* (s. oben Anm. 522.) „*idem quum sit et non sit, non necesse est idem esse.*" *Ergo ipse et alii* (s. Abschn. XII, Anm. 139.) *aliquatenus suppleverunt imperfectum Aristotelem in hac parte, sed quidem ut mihi visum est, imperfecte.* (Inwieweit Letzteres richtig sei, s. ebend. Anm. 155. u. 163.) .... *Sed forte ab Aristotele de industria relictus est hic labor, eo quod plus difficultatis quam utilitatis videtur habere liber illius, qui diligentissime scripsit; profecto si hunc Aristoteles more suo exsequeretur, verisimile est, tantae difficultatis fore librum, ut praeter Sibyllam intelligat nemo. Nec tamen hic de hypotheticis satis arbitror expeditum, supplementa vero scholarum perutilia et necessaria sunt.*

625) Ebend. 5, p. 161.: *Adiicit* (*Anal. pr.* II, 16., s. Abschn. IV, Anm. 628.) *et regulam petitionis principii, quae speculatio tam demonstratori quam dialectico satis accommodata est, licet hic probabilitate gaudeat, ille veritatem dumtaxat amplectatur.*

626) Ebend. p. 162.: *Sequitur de causa falsa conclusionis, ut catasyllogismi* (so ist auch wirklich in der Uebersetzung des Boethius p. 516. das betreffende Capitel überschrieben, *Anal. pr.* II, 19., s. Abschn. IV, Anm. 631.) *et elenchi* (ebend. Anm. 632.) *et de fallacia secundum opinionem* (ebend. Anm. 634 f.) *et de conver-*

der sog. vier aristotelischen Principien schöpfen[627]), und ausserdem wurde auch er auf die erkenntniss-theoretischen Fragen geführt, welche er jedoch weit schlechter erörtert als der Verfasser *De intellectibus* (Anm. 418 ff.), denn auf einen noch ziemlich aristotelisch klingenden Anfang, welcher die Sinneswahrnehmung, die Einbildungskraft und die Meinung betrifft, folgt sofort der ciceronische Begriff der praktischen Klugheit, worauf sich Plato's Auffassung der Vernunft (*ratio*) anreiht, um zuletzt zu der theologisch verstandenen Weisheit (*sapientia*) als endlichem Ziele zu führen[628]).

Auch aus den *Soph. Elenchi,* welche Johannes an den Schluss des aristotelischen Organons stellte, dürfte höchstens die Terminologie „*reluctatorius syllogismus*" erwähnenswerth sein[629]), sowie aus dem Umkreise der Schriften des Boethius die Erwähnung der fünfzehn Arten der Definition (s. Abschn. XII, Anm. 107), wobei die oberflächliche Lectüre des boethianischen Buches den Johannes auf die Meinung brachte, auch Cicero habe eine Schrift *De definitione* verfasst[630]).

Einige Verwandtschaft mit Johannes von Salesbury zeigt bezüglich der theologischen Ontologie der ebenso geschmacklose als affectirte Alanus von Lille (gest. um 1200), insoferne Beiden die Auffassung des Gilbert Porretanus in solchen Fragen als gemeinschaftlicher Aus-

---

sione medii et extremorum (ebend. Anm. 636 f.), *cuius tamen tota utilitas longe commodius tradi potest.*

627) *Enthet.* v. 375 ff.: *Quatuor ista solent laudem praestare creatis, Subiectum, species, artificisque manus, Finis item cunctis qui nomina rebus adaptat. Arist. Anal. post.* II, 11., s. Abschn. IV, Anm. 696. Es war demnach völlig unnöthig, wenn man die Vermuthung aufstellte, Johannes habe die Bücher der Metaphysik gekannt.

628) *Metal.* IV, 9, p. 165.: *Quum sensus secundum Aristotelem* (*Anal. post.* II, 19, Abschn. IV, Anm. 51.) *sit naturalis potentia indicativa rerum, aut omnino non est aut vix est cognitio deficiente sensu* .... p. 166.: *Aristoteles autem sensum potius vim animae asserit, quam corporis passionem.* 10, p. 167.: *Imaginatio itaque a radice sensuum per memoriae fomitem oritur.* 11, p. 168.: *Primum enim iudicium viget in sensu*, ... *secundum vero imaginationis est, ut quum aliquid perceptorum retenta imagine tale vel tale asserit de futuro iudicans vel remoto; hoc autem alterutrius iudicium opinio appellatur* (so ist δόξα bei Boethius übersetzt, s. oben Anm. 19.; hingegen *existimatio* s. Anm. 423.). 12, p. 169.: *Prudentia autem est*, *ut ait Cicero*, *virtus animae*, *quae in inquisitione et perspicientia solertiaque veri versatur.* 13, p. 169.: *Inde est*, *quod maiores prudentiam vel scientiam ad temporalium et sensibilium notitiam retulerint, ad spiritualium vero intellectum et sapientiam, nam de humanis scientia*, *de divinis sapientia dici solet.* 16, p. 172.: *Ergo et potentia et potentiae motus ratio appellatur; hunc autem motum asserit Plato in Politia vim esse deliberativam animae etc.* 19, p. 175.: *Sapientia vero sequitur intellectum*, *eo quod divina de his rebus*, *quas ratio discutit*, *intellectus excerpsit, suavem habent gustum et in amorem suum animas intelligentes accendunt.*

629) Ebend. IV, 23, p. 180.: *Sicut enim dialecticus elencho, quem nos reluctatorium dicimus syllogismum*, *eo quod contradictionis est*, *utitur etc.* Vgl. *Polycr.* II, 27, p. 145., woselbst unter dem Namen „*cornutus*" ein Dilemma angewendet wird.

630) *Metal.* III, 8, p. 141.: *Sumpserunt hinc* (d. h. aus *Arist. Top.* VI.) *doctrinae suae primordia Marius Victorinus et Boethius cum Cicerone*, *qui singuli libros definitionum ediderunt; illi quidem definiendi nomen usque ad quindecim species dilataverunt*, *describendi modos definitionis vocabulo supponentes*, *huic vero de substantiali praecipue cura est* (die Quelle dieses Irrthumes s. Abschn. XII, Anm. 103. u. 106.).

gangspunkt dient. Jedoch hat Alanus den logischen Gehalt dieser Ontologie, deren Beurtheilung oder Werthschätzung den Theologen überlassen bleiben muss, nicht einmal in jener Weise, welche bei Gilbert oder etwa auch bei Johannes hervortritt, ins Auge zu fassen der Mühe werth gefunden, sondern sich in seinem schwülstigen Gedichte „*Anticlaudianus*“ bezüglich der Logik auf den Standpunkt der allergewöhnlichsten Schuldoctrin gestellt, welche auch er nur als ein Mittel der Argumentation behufs der Bekämpfung der Ketzer anerkennt[631]). Indem er die sieben Künste in ähnlicher Weise wie Marcianus Capella als symbolische Figuren auftreten lässt, schildert er, nachdem zuerst die Grammatik vorgeführt war, an zweiter Stelle die Logik als eine äusserst fleissige und strebsame Jungfrau, an deren gebleichtem Antlitze nur Haut und Knochen zu bemerken seien, so dass man die Folgen der im Studium durchwachten Nächte erkenne[632]); sodann zählt er ihre Gaben auf, welche sie zum Kampfe für die Wahrheit mit sich bringe, und zwar nennt er dabei vor Allem die Topik mit ihren *maximae propositiones*, in dieselbe die Syllogistik, sowie Induction und Exemplum verflechtend, dann folgt die Definition mit Einschluss der Beschreibung (vgl. Abschn. XII, Anm. 9) und die Eintheilung der Gattung in die Arten sowie des Ganzen in die Theile, und ausserdem die Wiederverbindung des so Unterschiedenen, durch welch sämmtliche Functionen die Logik als Werkzeug oder Schlüssel der Weisheit, sowie als Waffe für alle übrigen Künste wirke[633]). Endlich die Aufzählung der Autoren der Logik preist den Porphyrius als einen zweiten Oedipus, tadelt die Wortverwirrung des Aristoteles, durch welche die Logik wieder verdunkelt

---

631) *Anticlaud.* VII, 6 (*Alani Opp. ed. C. de Visch, Antw.* 1654, *fol.* p. 394.): *Succedit logicae virtus arguta, ... Haec docet argutum Martem rationis inire, Adversae parti concludere, frangere vires Oppositas partemque suam ratione tueri, Vestigare fugam veri falsumque fugare, Schismaticos logice falsosque retundere fratres, Et pseudologicos et denudare sophistas.*

632) Ebend. III, 1, p. 345.: *Latius intendens sollers studiosa laborans Virgo secunda studet, intrat penetralia mentis, Sollicitatque manum, mentem manus excitat, urget Ingenium ..... Et decor et species afflasset virginis artus, Sicut praesignis membrorum disserit ordo, Ni facies quadam macie respersa iaceret; Vallat eam macies, macie vallata profunde Subsidet, et nudis cutis ossibus arida nubit; Haec habitu gestu macie pallore figurat Insomnes animi motus vigilemque Minervam Praedicat, et secum vigiles vigilasse lucernas.*

633) Ebend. p. 345 f.: *Monstrat elenchorum pugnas logicaeque duellum, Qualiter ancipiti gladii mucrone coruscans Vis logicae veri faciȩ tunicata recidit Falsa, negans falsum veri latitare sub umbra ..... Quid locus in logica dicatur quidve localis Congruitas, quid causa loci, quid maxima, Quid sit vis argumenti manans a fonte locali, Cur argumentum firmet locus, armet elenchum Maxima, quae vires proprias largitur elencho ...., Cur liget extremos medius mediator eorum Terminus et firmo confibulet omnia nexu ...., Qualiter usurpans vires et robur elenchi Singula percurrit inductio, colligit omne ...., Qualiter exemplum de se parit ..... Quomodo definit, partitur, colligit, unit Singula, quae gremio complectitur illa capaci, Quomodo res pingens descriptio claudit easdem Nec sinit in varios descriptum currere vultus, Quid genus in species divisum separat, aut quid Dividit in partes totum rursumque renodat, Quae sunt sparsa prius, divisaque cogit in unum, Qualiter ars logicae tanquam via, ianua, clavis, Ostendit reserat aperit secreta sophiae, Qualiter arma gerit et in omni militat arte.*

und verhüllt worden sei, worauf Boethius wieder Licht und Ordnung in das Ganze gebracht habe[634]).

Hiemit sind wir an der Gränzscheide des zwölften und des dreizehnten Jahrhundertes angekommen, welche auch dadurch sich kennzeichnet, dass gerade zu jener Zeit von verschiedener Seite her dem lateinischen Abendlande neuer Stoff zugeführt wurde, dessen Betrachtung der Gegenstand der zwei folgenden Abschnitte sein soll, um hernach die ausgedehnten Wirkungen des neu hinzukommenden Materiales entwickeln zu können. Erfreuliche Gesichtspunkte bezüglich des culturgeschichtlichen Fortschrittes hat uns die bisher geführte Untersuchung allerdings wahrlich nicht dargeboten. Wir haben wohl *multa*, aber sicher nicht *multum* an uns vorübergehen lassen. Hat ja sogar die allmälig erwachende Kenntniss der aristotelischen Hauptwerke kaum nennenswerthe Früchte getragen, und an Stelle einer wahrhaft philosophischen Auffassung der Logik, zu welcher das Studium des Aristoteles hätte veranlassen können, schien zuletzt selbst lieber noch der Drang nach praktischer Rhetorik sich geltend machen zu wollen. Und selbst die folgenden späteren Abschnitte werden uns auch zu jener Zeit, in welcher ein neuer Geist die Fesseln der Tradition und der äusserlichen Auctorität durchbricht, auf dem Gebiete der Logik nur eine gesteigerte Wiederholung dieses Spieles der Geschichte zeigen, wornach die Logik unter sehr verschiedenen Auffassungen stets wieder aus einer innerlich philosophischen Basis hinausgedrängt wird.

---

634) Ebend. p. 347.: *Auctores logicae, quos donat fama perenni Vita, ... recolens defunctos suscitat orbi. Illic Porphyrius arcana resolvit, ut alter Oedipodes nostri solvens aenigmata sphingos; Verborum turbator adest et turbine multos Turbat Aristoteles noster gaudetque latere. Sic logica tractat, quod non tractasse videtur, Non quod aberret in hoc, sed quod velamine verbi Omnia sic velat, quod vix labor ista revelet ..... In lucem tenebrosa refert, nova ducit in usum Excusatque tropos, in normam schema reducit, Exserit ambiguum Severinus, quo duce linquens Natalem linguam nostri peregrinat in usum Sermonis logicae virtus dicatque latinum.*

XV. ABSCHNITT.

EINFLUSS DER BYZANTINER.

Hatte der Betrieb der Logik schon in der zweiten Hälfte des 12. Jahrhundertes einen höchst ansehnlichen Zuwachs des Materiales dadurch gefunden, dass man die früher unbekannten hauptsächlichsten Bestandtheile des aristotelischen Organons kennen lernte, — wenn auch, wie wir sahen, die Wirkung hievon zunächst nicht so bedeutend war, als man hätte erwarten können —, so trat nun mit dem Beginne des 13. Jahrhundertes gleichzeitig von drei Seiten her eine neue Vermehrung des Stoffes ein, nemlich durch Benützung byzantinischer Litteratur-Erzeugnisse, durch Beiziehung der Leistungen der Araber, und durch das Bekanntwerden der übrigen Werke des Aristoteles, unter welchen selbstverständlicher Weise vor Allem die Bücher der Metaphysik, sodann aber auch die Schrift *de anima* auf die Logik einen Einfluss ausüben mussten. Und so wird uns denn auch neuerdings unsere schon wiederholt ausgesprochene Ansicht, dass das ganze Mittelalter lediglich von der äusseren Zufuhr des Materiales abhängig war, durch den geschichtlichen Verlauf ihre thatsächliche Bestätigung erhalten.

Dass durch die dritte der genannten Erweiterungen des Stoffes ein Umschwung in der Stellung der Logik eintreten musste, ist klar; denn nachdem bis dahin, abgesehen von platonischer Physik, die Logik allein den Umkreis der eigentlichen Philosophie repräsentirt hatte, kam dieselbe nun seit dem Betriebe aristotelischer Metaphysik und aristotelischer Psychologie in das Verhältniss einer Coordination oder auch einer Subordination zu anderen Zweigen der Philosophie. Doch wie sich diess gestaltet habe, wird erst unten im XVII. Abschnitte dargestellt werden können, wo der chronologische Faden an dem Punkte, an welchem wir ihn so eben verliessen, wieder aufzunehmen sein wird. In gleicher Weise muss es jenem nemlichen späteren Abschnitte vorbehalten bleiben, die Wirkungen selbst vor Augen zu führen, welche aus den beiden anderen neuen Ingredienzien, nemlich aus der byzantinischen und aus der arabischen Litteratur, sich ergaben.

Hingegen ist es nun unsere nächste Aufgabe (— denn die Darstellung der ächten und vollständigen Lehre des Aristoteles liegt längst hinter uns —), eben jenes doppelte fremdländische Material, welches in die Sprache des lateinischen Abendlandes übertragen wurde, vorerst für sich allein kennen zu lernen. Sowie aber dort der byzantinische und der arabische Einfluss im 13. Jahrhunderte zur nemlichen Zeit zu Tag treten, so ist es für die Geschichte der abendländischen Logik an sich völlig gleichgültig, welchen von beiden wir zuerst betrachten, und es mag etwa der erstere nur darum vorangestellt werden, weil er mehr eine unmittelbare Anknüpfung an Erscheinungen darbietet, welche bereits früher Gegenstand unserer Erörterungen gewesen waren.

Wohl aber dürfen wir schon hier zur Orientirung die weitgreifende Bemerkung vorausschicken, dass die Logik, soweit sie im 13. Jahrhunderte neben der äusserlich eingelernten aristotelischen Philosophie eine selbstständige Stellung erhielt, nun durch Uebertragung eines byzantinischen Compendiums und byzantinischer Technik eine veränderte Gestalt annahm und einen folgenreichen Zuwachs an Inhalt erfuhr, so dass nicht ohne Berechtigung in den Schulen für diese „neue Logik" die Bezeichnung „*via moderna*" üblich wurde. Sowie man den gesammten Zeitabschnitt von Isidorus an bis zum Beginne des 13. Jahrhundertes füglich die Periode des Boethius nennen kann, wenn auch in den letzteren Jahrzehenten derselben einige Kenntniss des Aristoteles mitspielte, ebenso darf man bezüglich der eigentlichen Schul-Logik fast die ganzen nächstfolgenden drei Jahrhunderte als die Periode des Psellus bezeichnen, wenn auch die ältere boethianische Tradition als „*via antiqua*" nebenherlief, oder Erneuerungen früherer Partei-Controversen sich einstellten.

Im XI. Abschnitte wurde die vielfach unbedeutende und sterile Reihe der griechischen Commentare zur aristotelischen Logik und der griechischen Schulcompendien bis in das 14. Jahrhundert hinabgeführt; und indem schon dort (zw. Anm. 82 u. 83) bemerkt wurde, dass vom 5. Jahrhunderte an diese Litteratur spurlos an dem lateinischen Abendlande vorübergieng und gleichsam seitab lag, wohl aber (ebend. Anm. 176) bei Petrus Hispanus (13. Jahrh.) eine Einwirkung sich zeige, welche mit Psellus begann, so müssen wir nun hier, nicht etwa zur Fortsetzung der dort schon angegebenen litterär-geschichtlichen Entwicklung, sondern lediglich um jener lateinischen Schul-Logik willen, welche vom 13. Jahrhunderte an betrieben wurde, alles dasjenige vorführen, was als neues Ingrediens wirkte. Denn äusserliches Aufraffen und äusserliches Uebertragen des sich darbietenden Stoffes war ja überhaupt die methodische That des traditions-süchtigen Mittelalters, und so kann auch die Geschichte der Logik gleichsam nur registriren, welcherlei Bausteine zugeschleppt worden seien.

Dass nun ein thatsächlicher Einfluss byzantinischer Litteratur auf die lateinische Logik bestand, wird im Folgenden selbstredend dargestellt werden. Die Frage aber, wie derselbe überhaupt ermöglicht wurde, gehört theils der allgemeinen Kulturgeschichte an, theils liegt ihre Beantwortung in so allbekannten Thatsachen und Verhältnissen, dass wir den Leser zu beleidigen fürchten, wenn wir an die Kreuzzüge und die Entstehung des lateinischen Kaiserthumes (Einnahme Konstantinopel's durch die Kreuzfahrer i. J. 1204), an das endlose Gezänke der Theologen beider zum Schisma treibenden Kirchen, an die juristische Gelehrsamkeit, welche in Erklärung der Basiliken niedergelegt wurde, erst noch ausdrücklich erinnern wollten. Einzelne Momente, welche unserem speciellen Gegenstande näher liegen, trafen wir bereits im 12. Jahrh. (s. vor. Abschn. Anm. 25 u. 32 f.); eine völlig entscheidende Wirkung aber musste es für die ersten Jahrzehente des 13. Jahrhundertes haben, dass der allgewaltige Papst Innocenz III., welcher das durch seine Intrigue in die Welt gesetzte lateinische Kaiserthum vortrefflich für seine Zwecke auszunützen wusste, im J. 1205 den Wunsch Balduins bei den französischen Prälaten befürwortete, dass „zur Ehre Gottes" Geistliche aus Frankreich nach Konstantinopel sich begeben und dort den Samen christlicher Bildung ausstreuen sollten [1], — ein Wunsch, welchen der Papst gleichzeitig auch an die Universität Paris richtete, dabei nicht vergessend, die Bereitwilligkeit der Missionäre auch durch Hinweisung auf irdische Schätze und Genüsse anzuspornen [2]. Und wenn nun auch hiebei Förderung der Wissenschaft wahrlich ebenso wenig der Zweck war, als bei dem *Collegium Constantinopolitanum*, welches in der nemlichen Zeit der winkelzügige König Philipp August in politischer und papst-freundlicher Tendenz zu Paris einrichtete [3], so war es Sache des mittelbaren äusseren Erfolges, dass nun Vertreter oder Schüler der bis dahin hauptsächlich in Frankreich blühenden Logik in Berührung mit einer fremden litterarischen Entwicklungsstufe kommen konnten, welche wohl in den Augen eines Papstes einer Maassreglung zu bedürfen scheinen mochte, an sich aber in der glänzenden Litteratur-Epoche der Anna Comnena äusserst manigfaltig und reichhaltig emporgeblüht war und bezüglich der Logik wenigstens nicht in höherem Grade, als die bisherige lateinische Litteratur, unphilosophisch und schulmässig auftrat,

---

1) *Diplomata, Chartae, Epistolae etc. Recueil de Brequigny et La Porte du Theil. Paris.* 1791. II, p. 712.: *Universitatem vestram rogamus attente et hortamur per apostolica vobis scripta mandantes, quatenus pium eius* (*sc. Balduini*) *desiderium, quantum in vobis fuerit, promoventes de singulis ordinibus viros moribus et scientia commendandos ac in religione ferventes ad partes illas destinare curetis, per quos novella illa plantatio in disciplina domini erudita fructum reddat suis temporibus opportunum ..... ad laudem et gloriam redemptoris .... et orientalis ecclesia in divinis laudibus ab occidentali non dissonet.*

2) Ebend. p. 713.: *Magistris et scholaribus Parisiensibus .... supplicavit* (*sc. Balduinus*), *ut vos inducere ac monere apostolicis litteris dignaremur, quatenus in Graeciam accedentes ibi studeretis litterarum studium reformare ..... Universitatem vestram rogamus, quatenus diligentius attendentes, quanto maiores vestri difficultates et gravamina sunt perpessi, ut adolescentiae suae primitias imbuerent litteralibus disciplinis, non taedeat plerosque vestrum ad terram argento et auro gemmisque refertam, frumento, vino et oleo stabilitam et bonorum omnium copiis affluentem accedere, ut ad illius honorem et gloriam, a quo est omnis scientiae donum, sibi et aliis ibidem proficiant, praeter temporales divitias et honores aeternae gloriae praemia recepturi.* S. Jourdain, *Recherches crit.* (2. Aufl. 1843), p. 47 f.

3) *Bulaeus, Hist. univ. Paris.* III, p. 10. (aus *Filesacus, de statutis theol.*): *Post expugnatam Constantinopolim a Francis et Venetis sacro foedere iunctis Philippo Augusto rege Lutetiae conditum est collegium Constantinopolitanum ad ripam Sequanae prope forum Malbertinum, nescio in arcano imperii consilio, ut Graecorum liberi Lutetiam venientes una cum lingua latina paullatim vetus illud et patrium in Latinos odium deponerent eorumque humanitatem et benignitatem experti ad suos reversi non sine magno Latini nominis incremento virtutes illas passim praedicarent, ac velut obsides habiti, qui, si quid parentes et affines graeca levitate adversus Latinos molirentur, ipsi adolescentes Lutetia conclusi fuerint.* S. Jourdain a. a. O. p. 49 f.

wohl jedoch vor derselben den Einen Vorzug besass, dass in ununterbrochener Succession stets auch die Hauptschriften des aristotelischen Organons erörtert und benützt worden waren. Dass ausserdem in Unteritalien die Kenntniss der griechischen Sprache (wenn auch nicht der griechischen Litteratur) und der Verkehr mit Griechen nie völlig ausgestorben waren, sowie dass Venedig in lebhafter Wechselbeziehung mit dem griechischen Oriente war, ist hinreichend bekannt, und so mochte neben denjenigen Erscheinungen, welche wir schon früher trafen (vor. Abschn. Anm. 3, 25 u. 33), wohl im Laufe der Zeit noch in gesteigerter Weise durch Uebersetzungen eine Vermittlung byzantinischer Schriften bewerkstelligt worden sein, wenn wir auch nicht mehr im Stande sind, einzelne Fäden einer solchen Thätigkeit auf dem Gebiete der Logik nachzuweisen oder zu verfolgen [4]).

Bei Weitem das einflussreichste Erzeugniss der byzantinischen Litteratur war das Compendium des Psellus (s. oben Abschn. XI, Anm. 173 ff.), welches unter dem Titel *Σύνοψις εἰς τὴν Ἀριστοτέλους λογικὴν ἐπιστήμην* die gesammte aristotelische Logik enthielt. Dasselbe übte die weitgreifendste Wirkung auf das lateinische Abendland dadurch aus, dass es sofort bei seinem dortigen Bekanntwerden zur Grundlage der Compendien-Litteratur gemacht wurde. Nemlich es lag in dieser Beziehung allerdings wohl das entscheidendste Factum darin, dass Petrus Hispanus die Synopsis des Psellus wörtlich übersetzte, aber aus Handschriften der Pariser Bibliothek machte ich die überraschende Entdeckung, dass Petrus Hispanus durchaus nicht der erste Uebersetzer des Psellus war, sondern dass bereits einige Jahrzehnte vor demselben durch Andere, wie namentlich durch Wilhelm Shyreswood, das Compendium des Psellus in die lateinische Schul-Logik eingeführt und sogar mit einer weit grösseren Selbstständigkeit verarbeitet worden war. Und nur durch die Auctorität, welche Petrus Hispanus als Papst in dem römisch-katholischen Abendlande genoss, konnte es geschehen, dass jene Bestrebungen anderer Schriftsteller des 13. Jahrhundertes, welche gleichfalls auf byzantinischer Litteratur fussten, allmälig bei Seite geschoben wurden und mit einer gewissen Monotonie sich ausschliesslich das geistlosere Elaborat des Petrus Hispanus auf lange Zeit hin einbürgerte.

Während aber all diese Verhältnisse, wie sich von selbst versteht, ihre genügende Darlegung im XVII. Abschnitte finden werden, wenden wir uns nun zu der Synopsis des Psellus selbst, um hiedurch die Original-Quelle jener lateinischen Litteratur-Produkte kennen zu lernen [5]).

---

4) *Giangirol. Gradenigo, Ragionamento istorico-critico intorno alla letteratura greco-italiana. Brescia* 1759. 8. enthält, ohne irgend neue Spuren der Forschung zu eröffnen, ein ziemlich unkritisches Register von Italienern, welche des Griechischen kundig waren. Die Abhandlung von *Friedr. Cramer* (*Dissertatio de graecis medii aevi studiis. Pars prior et altera. Sundiae* 1849 u. 1853. 4.) bricht an eben jenem Punkte ab, welcher uns hier zumeist interessirt, nemlich bei dem Eintritte der Kreuzzüge.

5) Ich halte es für unerlässlich, mehrere einzelne Abschnitte des Psellus gleichsam als Probe wörtlich im Originaltexte mitzutheilen, um sodann entsprechend im XVII. Abschnitte das Gleiche zu thun; denn nur hiedurch kann der Leser die eigene Ueberzeugung schöpfen, in wieweit z. B. Wilhelm Shyreswood selbststän-

Psellus beginnt mit der Notiz, dass die Dialektik die Kunst der Künste (*ars artium*) sei, um dann sogleich von der Etymologie ihres Namens aus auf den Begriff der Sprache und hiemit auf jenen des Wortes (φωνή) und des Schalles (ψόφος) zu gelangen [6]), wodurch sich sofort als erster Haupttheil des Compendiums der Inhalt des Buches *De interpr.* einstellt und sonach die Lehre vom Urtheile voraustritt. Es wird nemlich zunächst in der üblichen Schulmanier ausführlicher über den Schall und über die menschliche Ausdrucksweise gehandelt, welch letztere entweder nicht bezeichnend oder bezeichnend (φωνὴ σημαντική) sein könne; der bezeichnende Ausdruck wird in den verbundenen (συμπεπλεγμένη), d. h. den Satz, und in den unverbundenen (ἀσύμπλεκτος), d. h. die einzelnen Worte, eingetheilt [7]), worauf in der

---

diger den neuen Stoff benützt, hingegen Petrus Hispanus nur wörtlich übersetzt habe; und ich hege das Vertrauen, dass dann der Leser meine Angaben über die übrigen, nicht ausführlich abgedruckten, Theile der sich entsprechenden Compendien mir auf mein Wort glauben werde. Uebrigens ist auch zu bemerken, dass die *Summula* des Petrus Hispanus gleichsam als eine zweite Handschrift, und zwar häufig in der That als eine bessere Recension, zur Textes-Kritik des Psellus benützt werden muss; jene Augsburger Handschrift, aus welcher Ehinger die Synopsis herausgab (Augsb. 1597. 8.), — jetzt in der Münchner Staatsbibliothek befindlich (*Cod. graec. Mon.* 548.) —, enthält auch noch (fol. 33 ff.) ein Excerpt der Synopsis von sehr später Hand.

6) *Mich. Pselli Synopsis Org. Arist.* I, 1, p. 1. (*ed. Ehinger*): *Διαλεκτική ἐστι τέχνη τεχνῶν καὶ ἐπιστήμη ἐπιστημῶν πρὸς τὰς ἁπασῶν τῶν μεθόδων ἀρχὰς ὁδὸν ἔχουσα, καὶ διὰ τοῦτο ἐν τῇ κτήσει τῶν ἐπιστημῶν πρώτην εἶναι τὴν διαλεκτικὴν χρή. Λέγεται δὲ ἡ διαλεκτικὴ ἀπὸ τῆς διαλέξεως, ἡ δὲ ἀπὸ τῆς „διά“ τῆς σημαινούσης τὸ „μεταξύ“ καὶ τοῦ „λέγω“, ἵν' ἢ ὁ δυοῖν μεταξὺ τοὐλάχιστον λόγος, τοῦ προβάλλοντος δηλονότι καὶ τοῦ ἀποκρινομένου· ἢ ἀπὸ τοῦ διαλελέχθαι καὶ διακεκρίσθαι, καθ' ἣν δηλονότι δίχα ταῖς γνώμαις διαιροῦνται οἱ διαλεγόμενοι. Ἀλλ' ἐπεὶ ἡ διάλεξις οὐ δύναται γενέσθαι εἰ μὴ μεσητεύοντος λόγου, οὐδ' ἂν ὁ λόγος εἰ μὴ μεσητευούσης φωνῆς, πᾶσα δὲ φωνὴ ψόφος τίς ἐστι, διὰ τοῦτο ὡς ἀπὸ προτέρου τοῦ ψόφου ἀρκτέον.* Es ist wahrlich nicht nöthig, bei jedem einzelnen Paragraphen des Psellus auf die Quellen, aus denen sie geschöpft sind, zurückzuweisen, soweit das Ganze uns nur den Inhalt der am Schlusse des Alterthumes recipirten Schul-Logik zeigt, welcher aus dem im XI. Abschnitte Erörterten hinreichend ersichtlich sein dürfte. Wohl hingegen werde ich sorgfältig alle diejenigen Punkte hervorheben, für welche jene Schultradition nicht zureichend ist, und namentlich macht in dieser Beziehung der Schluss des Compendiums eine bedeutsame Ausnahme, woselbst uns die Frage über die Quellen des Psellus sehr fühlbar werden wird.

7) Ebend. p. 3.: *Ψόφος τοίνυν ἐστὶν, οὗ ἂν κυρίως ἡ ἀκοὴ ἀντιλαμβάνηται, λέγω δὲ τὸ κυρίως, διότι εἰ καὶ ὁ ἄνθρωπος καὶ ὁ κώδων ἀκούεται, τοῦτο οὐκ ἔστιν εἰ μὴ διὰ ψόφου. Τῶν ψόφων ὁ μέν ἐστι φωνὴ ὁ δὲ οὐ φωνή; καὶ φωνή ἐστι ψόφος τοῦ σώματος τοῦ ζῴου προενεχθεὶς τοῖς φυσικοῖς ὀργάνοις μεμορφωμένος· φυσικὰ δὲ ὄργανα, οἷς ἡ φωνὴ μορφοῦται, λέγονται καὶ εἰσὶ χείλη, ὀδόντες, γλῶσσα, οὐρανίσκος, λάρυγξ, καὶ θώραξ· ψόφος δὲ ὁ οὐκ ὢν φωνή ἐστιν ὁ γιγνόμενος ἐκ τῆς συγκρούσεως τῶν ἀψύχων σωμάτων, ὡς ἡ θραῦσις τῶν δένδρων καὶ ὁ τῶν ποδῶν κτύπος καὶ τὰ ὅμοια. Τῶν φωνῶν αἱ μέν εἰσι σημαντικαὶ αἱ δὲ οὔ· σημαντικὴ φωνή ἐστιν ἡ παριστῶσά τι καὶ δηλοποιοῦσα τῇ ἀκοῇ, οἷον ἄνθρωπος· οὐ σημαντική ἐστιν ἡ μηδὲν τῇ ἀκοῇ παριστῶσα, οἷον βᾶ, βοῦ. Τῶν σημαντικῶν φωνῶν αἱ μέν εἰσι σημαντικαὶ φύσει, αἱ δὲ θέσει· φωνὴ φύσει σημαντική ἐστιν ἡ παρὰ πᾶσι τὸ αὐτὸ παριστῶσα, ὥςπερ ὁ στεναγμὸς τῶν ἀσθενούντων ὀδύνην* (δηλῶν scheint ausgefallen zu sein) *καὶ ἡ τῶν κυ-*

üblichen Weise die Angaben über das Substantivum [8]) und über das Verbum folgen, woran sich die Bemerkung knüpft, dass nur diese beiden für die Dialektik wirklich als Redetheile gelten können, hingegen die übrigen Arten der Worte blosse *syncategoremata* (s. vor. Abschn. Anm. 174, 206, 348) seien [9]). Die übliche Aufzählung der Arten des Satzes (λόγος) erscheint hier in der Terminologie der Grammatik (Indicativ-, Imperativ-, Optativ-, Conjunctiv-Satz), daher auch der Indicativ-Satz als das eigentlich logische Urtheil bezeichnet wird [10]).

Das letztere (πρότασις) wird nun vorläufig in das kategorische und das hypothetische eingetheilt, hierauf aber sogleich bezüglich des kategorischen die Angabe der wesentlichen Bestandtheile angereiht, wobei mit völliger Entschiedenheit die Dreizahl derselben, nemlich Subject, Prädicat und „Copula" (vgl. vor. Abschn. Anm. 370) ausgesprochen wird [11]). Indem sodann die Erörterung der Verhältnisse der Quantität (allgemein, particular, singulär, unbestimmt) und der Qualität folgt, ist zu beachten, dass nicht bloss neben speciellen Definitionen des allgemeinen und des individuellen Subjects-Begriffes (ὅρος κοινός und ὅρος ἑνικός) ein besonderes Gewicht auf die grammatischen Zeichen (σημεῖα) der Quantität gelegt wird, sondern auch ächt schulmässig drei Fragen

---

νῶν ὑλακὴ ὀργὴν ἢ χαράν· φωνὴ θέσει σημαντική ἐστιν ἡ κατὰ τὴν τοῦ θεμελίου θέλησιν ὁτιοῦν παριστῶσα, οἷον ἄνθρωπος. Τῶν σημαντικῶν φωνῶν ἡ μέν ἐστιν ἁπλῆ καὶ ἀσύμπλεκτος, οἷον τὸ ὄνομα καὶ τὸ ῥῆμα, ἡ δὲ σύνθετος καὶ συμπεπλεγμένη, οἷον ὁ λόγος.

8) I, 2.

9) I, 3. Der Schluss des Capitels lautet (p. 9.): Ἰστέον δὲ ὅτι ἡ διαλεκτικὴ δύο μόνα τίθησι μέρη τοῦ λόγου, τὸ ὄνομα δηλαδὴ καὶ τὸ ῥῆμα· τὰ δὲ ἄλλα μέρη καλεῖ προςκατηγορήματα (aus Petrus Hispanus sowie aus Wilhelm Shyreswood, verglichen mit der oben, vor. Abschn. Anm. 174. angeführten Stelle Priscian's, ist auch hier sicher συγκατηγορήματα zu schreiben) ἤγουν προςσημαντικά.

10) I, 4, p. 9.: Λόγος ἐστὶ φωνὴ σημαντικὴ κατὰ συνθήκην, ἧς τὰ μέρη καθ᾽ αὑτὰ σημαίνει κεχωρισμένα ..... Τῶν λόγων οἱ μὲν εἰσι τέλειοι οἱ δ᾽ ἀτελεῖς ..... Τῶν δὲ τελείων λόγων οἱ μέν εἰσιν ὁριστικοὶ, οἷον ἄνθρωπος τρέχει, οἱ δὲ προστακτικοὶ, οἷον ἅπτε πῦρ, οἱ δὲ εὐκτικοὶ, ὡς τὸ γένοιτο καλὸς κληρικός, οἱ δὲ ὑποτακτικοὶ, οἷον ἂν ἔλθῃς πρός με, δώσω σοι ἵππον. Τούτων δὲ πάντων ὁ ὁριστικὸς μόνος λόγος ἐστὶ πρότασις, ἐπεὶ μόνος ἀλήθειαν ἢ ψεῦδος σημαίνει.

11) I, 5, p. 13.: Πρότασίς ἐστι λόγος ἀλήθειαν ἢ ψεῦδος σημαίνων .... Τῶν προτάσεων ἡ μὲν κατηγορικὴ ἡ δὲ ὑποθετική. Κατηγορικὴ πρότασίς ἐστι λόγος καταφατικὸς ἢ ἀποφατικὸς τινὸς κατά τινος ἢ τινὸς ἀπό τινος. Κατηγορικὴ πρότασίς ἐστιν ἡ ἔχουσα ὑποκείμενον καὶ κατηγορούμενον καὶ συνδὲν (dass diese zwei Worte im Texte ausgefallen waren, zeigt sowohl Petrus Hispanus als auch das sogleich Folgende) ἕν, οἷον „ἄνθρωπος τρέχει"· ἐν ταύτῃ δὲ τῇ προτάσει τὸ „ἄνθρωπος" ἐστὶν ὑποκείμενον καὶ τὸ „τρέχει" κατηγορούμενον καὶ τὸ συνδὲν ἓν τὸ „ἔστιν", ὃ δῆλον, εἰ διαλύσαις οὕτως „ἄνθρωπος τρέχει", „ἄνθρωπος τρέχων ἐστίν"· ἐνταῦθα γὰρ τὸ „ἄνθρωπος" ὑπόκειται, τὸ „τρέχων" κατηγορεῖται, καὶ τοῦτο τὸ ῥῆμα τὸ „ἐστίν" συζεύγνυσι καθάπερ τις σύνδεσμος τὸ ἓν μετὰ τοῦ ἑτέρου. Sowie aus dieser Stelle mittelst der lateinischen Logik des 13. Jahrh. der noch heutzutage recipirte Sprachgebrauch floss, so möchte ich auch die Möglichkeit nicht geradezu verneinen, dass jene obige Stelle Abälard's (vor. Abschn. Anm. 370.) gleichfalls auf einer versprengten Notiz byzantinischer Schuldoctrin (s. ebend. Anm. 33 f.) beruht haben könne.

formulirt werden, welche sich auf die Substanz des Urtheiles (*οὐσία*, d. h. ob kategorisch oder hypothetisch) sowie auf die Qualität und die Quantität desselben beziehen [12]).

In gleicher Weise wie bei Boethius (Abschn. XII, Anm. 125) knüpft sich dann an die Bemerkung, dass zwei Urtheile entweder ihre beiden Begriffe oder Einen der beiden oder keinen gemeinschaftlich haben können, sogleich die gewöhnliche Angabe bezüglich der vier Urtheilsformen (allg. bej., allg. vern., part. bej., part. vern.), wann dieselben conträr oder contradictorisch oder subaltern oder subconträr seien [13]), und die hierauf bezüglichen Regeln werden durch die Eintheilung eingeleitet, dass der Stoff (*ὕλη*) der Urtheile entweder eine Nothwendigkeit oder eine Möglichkeit oder eine Unmöglichkeit (*ἀναγκαία*, *ἐνδεχομένη*, *ἀδύνατος*) enthalte [14]).

Sodann wird gleichfalls an die Gemeinschaftlichkeit der beiden Termini die Lehre von der Umkehrung (*ἀντιστροφή*) geknüpft, und zwar zeigt uns auch diese hier die nemliche Dreitheilung (*ἁπλῆ*, *κατὰ συμ-*

---

12) Ebend. p. 15.: *Τῶν κατηγορικῶν προτάσεων ἡ μὲν καθόλου ἡ δὲ μερικὴ ἡ δὲ ἀπροσδιόριστος ἡ δὲ ἑνική. Καὶ καθόλου μέν ἐστιν, ἐν ᾗ ὁ κοινὸς ὅρος ὑπόκειται σημείῳ καθόλου προσδιωρισμένος .... κοινὸς δὲ ὅρος ἐστὶν ὁ κατὰ πλειόνων λέγεσθαι πεφυκώς* (eine weitere Verwendung des *ὅρος κοινός* s. unten Anm. 69.) ... *σημεῖα δὲ καθόλου εἰσὶ ταῦτα· πᾶς, οὐδείς, ἕκαστος, ἑκάτερος καὶ τὰ ὅμοια.* (p. 17.) *Πρότασις μερική ἐστιν, ἐν ᾗ ὁ κοινὸς ὅρος ὑπόκειται σημείῳ μερικῷ προσδιωρισμένος· σημεῖα δὲ μερικά εἰσι ταῦτα· τὶς, ἕτερος, ἄλλος, λοιπὸς καὶ τὰ ὅμοια. Ἀπροσδιόριστός ἐστιν, ἐν ᾗ ὑπόκειται ὁ κοινὸς ὅρος ἄνευ σημείου ... Ἑνικὴ δ᾽ ἐστὶν, ἐν ᾗ ὑπόκειται ὅρος διωρισμένος ἤγουν ἑνικὸς ἢ κοινὸς μετὰ δεικτικῆς ἀντωνυμίας. .... Ὅρος ἑνικός ἐστιν ὁ καθ᾽ ἑνὸς μόνου λέγεσθαι πεφυκώς .... Ἔτι τῶν κατηγορικῶν προτάσεων ἡ μέν ἐστι καταφατικὴ ἡ δὲ ἀποφατική ...... Τῆς προτάσεως τριχῶς διαιρουμένης ἰστέον ἐστίν, ὅτι καὶ τὸ περὶ ταύτης ζητούμενον τριπλοῦν ἐστιν, οἷον· τίς; ποία; πόση; Τὸ μὲν οὖν „τίς" ζητεῖ περὶ μόνης τῆς οὐσίας, τὸ „ποία" περὶ τῆς ποιότητος, τὸ „πόση" περὶ τῆς ποσότητος· ὅθεν καὶ πρὸς τὴν ἐρώτησιν τὴν μὲν διὰ τοῦ „τίς" γενομένην ἀποκριτέον, ὅτι κατηγορικὴ ἢ ὑποθετική· πρὸς δὲ τὴν διὰ τοῦ „ποία", ὅτι καταφατικὴ ἢ ἀποφατική· πρὸς δὲ τὴν διὰ τοῦ „πόση", ὅτι καθόλου ἢ μερική* (ausgefallen ist *ἢ ἑνικὴ ἢ ἀπροσδιόριστος*).

13) I, 6, p. 19.: *Ἔτι τῶν κατηγορικῶν προτάσεων αἱ μὲν κοινωνοῦσιν ἀμφοτέρων τῶν ὅρων, τουτέστι τοῦ ὑποκειμένου καὶ τοῦ κατηγορουμένου, οἷον ὁ ἄνθρωπός ἐστι ζῷον, ὁ ἄνθρωπος οὐκ ἐστὶ ζῷον· αἱ δὲ θατέρου μόνον, οἷον ἄνθρωπος τρέχει, ἄνθρωπος διαλέγεται, ἢ ἄνθρωπος τρέχει, ἵππος τρέχει, ἄνθρωπος κινεῖται· ἄλλαι δὲ οὐδενὸς, οἷον ὁ Πλάτων διαλέγεται καὶ ἵππος κινεῖται .....* (p. 21.) *Ἔτι τῶν προτάσεων τῶν κοινωνουσῶν ἀμφοτέρων τῶν ὅρων καὶ τῇ αὐτῇ τάξει αἱ μὲν εἰσιν ἐναντίαι αἱ δὲ ὑπεναντίαι, αἱ μὲν ἀντιφατικαὶ αἱ δὲ ὑπάλληλοι* u. s. w.; auch die übliche Figur (s. z. B. Abschn. XI, Anm. 157.) fehlt nicht.

14) Ebend. p. 25.: *Τῶν προτάσεων τριπλῆ ἐστιν ἡ ὕλη, δηλονότι ἀναγκαία, ἐνδεχομένη καὶ ἀδύνατος. Ἀναγκαία ὕλη ἐστὶν, ἐν ᾗ τὸ κατηγορούμενόν ἐστιν ἐκ τῆς οὐσίας τοῦ ὑποκειμένου ἢ ἴδιον αὐτοῦ, οἷον ἄνθρωπός ἐστι ζῷον, ἄνθρωπός ἐστι γελαστικός. Ἐνδεχομένη ὕλη ἐστὶν, ἐν ᾗ τὸ κατηγορούμενον δύναται ἐνεῖναι καὶ ἀπεῖναι τοῦ ὑποκειμένου ἄνευ τῆς τοῦ ὑποκειμένου φθορᾶς, οἷον ὁ ἄνθρωπός ἐστι λευκός, ἢ ὁ κόραξ ἐστὶ μέλας. Ἀδύνατος ὕλη ἐστὶν, ἐν ᾗ τὸ κατηγορούμενον οὐ δύναται συνελθεῖν τῷ ὑποκειμένῳ, οἷον ἄνθρωπός ἐστιν ὄνος. Νόμος τῶν ἐναντίων ἐστίν* u. s. w. Die Quelle der Dreitheilung s. Abschn. XI, Anm. 157.

βεβηκός, κατ' ἀντίθεσιν), welche wir bei Boethius (Abschn. XII, Anm. 129 f.) trafen [15].

Hierauf folgt in einer völlig verrückten Anordnung, deren Unrichtigkeit die lateinischen Bearbeiter gar nicht bemerkten [16], zunächst das hypothetische Urtheil, hierauf wieder die Aequipollenz der kategorischen Urtheile, und dann die Lehre von den modalen Urtheilen (während, wie man auf den ersten Blick sieht, nach der Conversion die Aequipollenz folgen musste, und hierauf die Lehre vom hypothetischen Urtheile und dann jene über die Modalität sich anschloss). Was hiernach vorerst das hypothetische Urtheil betrifft, so wird dasselbe nach stoischer Weise in das conditionale (*ἐξ ἀκολουθίας*), das copulative (*συμπλεκτική*), und das disjunctive (*διαζευκτική*) eingetheilt (— bei Boethius war von dem „copulativen" Urtheile keine Rede, s. Abschn. XII, Anm. 141 —), und jede dieser drei Arten nach formalen Regeln bezüglich ihrer Wahrheit oder Falschheit näher untersucht [17].

Ueber die Aequipollenz kategorischer Urtheile (*ἰσοδυναμοῦσαι προτάσεις*) gibt Psellus sofort ohne alle weitere Begründung in lediglich schulmässiger Weise vier Regeln (*κανόνες*), deren jede er mit einem Beispiele belegt [18].

---

15) I, 7, p. 29.: *Ἔτι τῶν προτάσεων, αἳ μετέχουσιν ἀμφοτέρων τῶν ὅρων, ἀντεστραμμένῃ τῇ τάξει τριχῶς ἐστιν ἡ ἀντιστροφή· ἁπλῶς, κατὰ συμβεβηκός, καὶ κατ' ἀντίθεσιν.* Auch die Regeln entsprechen genau den bei Boethius angegebenen, so dass, indem die Lehre von der Umkehrung sich in dieser Form bei den Commentatoren nicht findet, bei den Byzantinern jener Zeit eine Kenntniss der Schriften des Boethius vorausgesetzt werden muss; dass Psellus selbst denselben citirt, s. Anm. 28.

16) Sowohl Wilhelm Shyreswood als auch Petrus Hispanus folgen dieser verkehrten Reihenfolge; nur Lambert von Auxerre lässt das an eine falsche Stelle gekommene Capitel über das hypothetische Urtheil hinweg.

17) I, 8, p. 33.: *Πρότασις ὑποθετική ἐστιν, ἧς ἀρχοειδῆ μέρη εἰσὶ δύο κατηγορικαί ..... Ἔτι τῶν ὑποθετικῶν προτάσεων ἡ μέν ἐστιν ἐξ ἀκολουθίας ἡ δὲ συμπλεκτικὴ ἡ δὲ διαζευκτική. Ἐξ ἀκολουθίας μὲν οὖν ἐστιν, ἐν ᾗ συνάπτονται αἱ δύο κατηγορικαὶ διὰ τοῦ συνδέσμου τοῦ „εἰ" .....* (p. 35.) *συμπλεκτικὴ δέ ἐστιν ἐν ᾗ συνάπτονται αἱ δύο κατηγορικαὶ τῷ „καί" συνδέσμῳ ..... διαζευκτικὴ δ' ἐστὶν, ἐν ᾗ συνάπτονται αἱ δύο κατηγορικαὶ διὰ τοῦ „ἤ" συνδέσμου* (die stoische Quelle dieser Dreitheilung s. Abschn. VI, Anm. 125 ff.) .... *Πρὸς τὴν ἀλήθειαν τῆς ἐξ ἀκολουθίας ζητεῖται τὸ τὴν προηγουμένην μὴ δύνασθαι ἀληθῆ ἄνευ τῆς ἑπομένης ..... πρὸς δὲ τὸ ψεῦδος αὐτῆς ἀπόχρη τὸ τὴν προηγουμένην δύνασθαι ἀληθῆ καὶ ἄνευ τῆς ἑπομένης* (s. ebend. Anm. 146.) ..... *Πρὸς τὴν τῆς συμπλεκτικῆς ἀλήθειαν ζητεῖται τὸ ἑκάτερον αὐτῆς τῶν μερῶν ἀληθὲς εἶναι .... πρὸς δὲ τὸ ψεῦδος αὐτῆς ἀρκεῖ τὸ θάτερον τῶν μερῶν αὐτῆς εἶναι ψευδές* (s. ebend. Anm. 155.) ..... *Πρὸς δὲ τὴν ἀλήθειαν τῆς διαζευκτικῆς ἀπόχρη τὸ θάτερον αὐτῆς μέρος εἶναι ἀληθές ..... πρὸς δὲ τὸ ψεῦδος αὐτῆς ζητεῖται ἄμφω τὰ μέρη αὐτῆς εἶναι ψευδῆ* (ebend. Anm. 156.). So bezeugt uns Psellus, dass stoische Schul-Logik in der Tradition bei den Byzantinern fortgelebt haben muss, wenn auch die uns erhaltene Litteratur der Commentatoren uns hierüber keine näheren Aufschlüsse gibt.

18) I, 9, p. 39.: *Ἑπόμενον περὶ τῶν ἰσοδυναμουσῶν προτάσεων δεῖ θεωρῆσαι, περὶ ὧν τοιοῦτοί τινες δίδονται κανόνες. Ἐάν τινος σημείου ἢ καθόλου ὄντος ἢ μερικοῦ προτεθῇ τὸ ἀρνητικὸν μορίον, ἰσοδυναμεῖ τῷ οἰκείῳ ἀντιφατικῷ .... Δεύτερος κανών ἐστιν οὗτος· ἐάν τινος σημείου καθόλου ὕστερον τεθῇ τὸ ἀρνητικὸν μορίον, ἰσοδυναμεῖ τῷ ἐναντίῳ ἑαυτοῦ. .... Τρίτος κανών ἐστι τοιοῦτος· ἐάν τινος καθόλου ἢ μερικοῦ σημείου*

Hierauf wird die Modalität der Urtheile (*τρόπος*, s. Abschn. XI, Anm. 159) definirt und unter den adjectivischen Redetheilen, welche als Ausdruck des Modus dienen sollen, insbesondere (mit Verweisung auf Priscianus) das Adverbium gleichsam als Adjectivum des Verbums hervorgehoben; unter den Adverbien selbst aber erhalten diejenigen eine speciellere logische Bedeutung, welche das Verbum bezüglich der Urtheils-Bildung (*σύνθεσις*) näher bestimmen, und es werden als solche die sechs Adverbien *ἀναγκαίως*, *ἐνδεχομένως*, *δυνατῶς*, *ἀδυνάτως*, *ἀληθῶς*, *ψευδῶς* aufgezählt, durch welche allein die Entstehung modaler Urtheile (*τροπικαὶ προτάσεις*) möglich sei [19]). Nach der Bemerkung, dass es für jene sechs Bestimmungen auch substantivische Ausdrücke gebe, wird nun das Charakteristische der modalen Urtheile in den Umstand gelegt, dass in denselben eigentlich das Verbum das Subject und der Modus das Prädicat sei, was bei allen übrigen Urtheilen der blossen Inhärenz nie stattfinde; sodann aber wird die Besprechung der beiden Adverbien *ἀληθῶς* und *ψευδῶς* als überflüssig erklärt, weil bei diesen beiden Modalitäten die Verhältnisse des Gegensatzes und der Aequipollenz u. dgl. völlig die nemlichen seien wie bei dem einfachen Inhärenz-Urtheile [20]). Nachdem hiemit nur die vier Modi der Nothwendigkeit,

---

προτεθῇ καὶ ὑστεροτεθῇ τὸ ἀρνητικὸν μορίον, ἰσοδυναμεῖ τῷ ἰδίῳ ὑπαλλήλῳ .... Ἐκ τούτων τῶν κανόνων εἷς τοιοῦτος ἀκολουθεῖ κανών· ἐὰν δύο σημεῖα καθόλου ἀποφατικὰ τεθῶσιν ἐν τῷ αὐτῷ λόγῳ οὕτως ὥςτε τὸ ἓν ἐν τῷ ὑποκειμένῳ τὸ δὲ λοιπὸν ἐν τῷ κατηγορουμένῳ εἶναι, διὰ τοῦ πρώτου ἰσοδυναμεῖ τῷ ἐναντίῳ ἑαυτοῦ, διὰ δὲ τοῦ δευτέρου τῷ ἰδίῳ ἀποφατικῷ. Es entsprechen diese vier Regeln den Angaben des Boethius, s. Abschn. XII, Anm. 117.

19) Ebend. p. 41.: *Τρόπος ἐστὶ παρακείμενος τῷ πράγματι προςδιορισμὸς δι᾽ ἐπιθέτου γινόμενος· ἀλλ᾽ ἐπεὶ τὸ ἐπίθετόν ἐστι διπλοῦν, ἔστι γὰρ ἐπίθετον ὀνόματος, οἷον λευκὸς μέλας καὶ ὅμοια, καὶ ἔστιν ἐπίθετον ῥήματος, οἷον τὸ ἐπίρρημα, κατὰ γὰρ τὸν Πρισκιανὸν* (Prisc. Inst. gr. XV, 1, 1; übrigens hat diese Citirung Priscian's durchaus Nichts auffallendes, da derselbe bekanntlich in Konstantinopel lehrte und wirkte) *ἐπίρρημά ἐστιν ἐπίθετον ῥήματος, διὰ τοῦτο καὶ ὁ τρόπος διπλοῦς ἐστι* ..... (p. 43.) *Ἔτι τῶν ἐπιρρημάτων τὰ μὲν ἀφορίζουσι τὸ ῥῆμα λόγῳ συνθέσεως, οἷον ταῦτα τὰ ἕξ· ἀναγκαίως, ἐνδεχομένως, δυνατῶς, ἀδυνάτως, ἀληθῶς καὶ ψευδῶς· τὰ δὲ ἀφορίζουσι τὸ ῥῆμα χάριν τοῦ πράγματος ..... τὰ δὲ ἀφορίζουσι τὸ ῥῆμα λόγῳ χρόνου ..... Ἀλλὰ τοὺς ἄλλους ἀφέντες πάντας περὶ τῶν τὴν σύνθεσιν ἀφοριζόντων ἐροῦμεν, οἷόν εἰσιν οὗτοι· ἀναγκαίως, ἐνδεχομένως καὶ τὰ λοιπά* ..... (p. 45.) *μόνος ἐκεῖνος ὁ τὴν σύνθεσιν ἀφορίζων τρόπος ποιεῖ τροπικὴν πρότασιν, καὶ περὶ τῶν τοιούτων μόνον ἐνταυθοῖ σκοποῦμεν.*

20) I, 10, p. 45.: *Ἰστέον δὲ, ὅτι οὗτοι οἱ ἓξ τρόποι ποτὲ μὲν λαμβάνονται ἐπιρρηματικῶς, οἷον ἀναγκαίως, ἐνδεχομένως, ... ποτὲ δὲ ὀνοματικῶς, οἷον δυνατόν, ἀδύνατον, ἀναγκαῖον, ἐνδεχόμενον, ἀληθές, ψευδές.* ..... (p. 47.) *Ἔτι ἰστέον, ὅτι ἐν ταῖς μετὰ τρόπου προτάσεσι τὸ μὲν ῥῆμα δεῖ ὑποκεῖσθαι, τὸν δὲ τρόπον κατηγορεῖσθαι· πᾶσαι δὲ αἱ ἄλλαι προτάσεις λέγονται περὶ τοῦ προςεῖναι, διὰ τὸ τῶν μετὰ τρόπου προτάσεων καὶ τὸ πῶς εἶναι δηλουσῶν αὐτὰς δὲ μόνον περὶ τοῦ προςεῖναι τῷ ὑποκειμένῳ τὸ κατηγορούμενον δηλούσας· ὅθεν καὶ ἡ τῆς προτάσεως ὀφειλομένη διαίρεσις δήλη, ὅτι δηλονότι τῶν προτάσεων ἡ μὲν τροπικὴ ἡ δὲ περὶ τοῦ προςεῖναι. Ἀλλ᾽ ἐκεῖναι μὲν αἱ προτάσεις, αἷς τὸ ἀληθὲς καὶ τὸ ψεῦδος πρόςκειται, ὡς τρόπος παρείσθωσαν διὰ τὸ τὸν αὐτὸν τρόπον ἐν αὐταῖς γίνεσθαι τὴν ἀντίθεσιν καὶ τὰ λοιπὰ, ὃν δὴ κἀν ταῖς ἄλλαις ταῖς περὶ τοῦ ἐνεῖναι.*

Statthaftigkeit, Möglichkeit und Unmöglichkeit übrig bleiben, folgt die Angabe, dass für ein Urtheil sich hiedurch sechzehn Formen ergeben, denn bei jedem Modus sind vier Formen möglich, da derselbe entweder ohne alle Negation ausgesprochen sein kann, oder die Negation entweder beim Verbum oder beim Modus oder bei beiden stehen kann[21]). Und somit werden nun bezüglich dieser möglichen Formen weit ausführlicher als bei Boethius (Abschn. XII, Anm. 122) die Verhältnisse des Contradictorischen, Conträren, Subconträren und Subalternen untersucht[22]), und das Ganze nach üblicher Schulmanier in eine Figur gebracht[23]), worauf noch speciell die Regeln der Aequipollenz dieser

21) Ebend. p. 49.: Ἰστέον δὲ ὅτι ἕκαστος τῶν τούτων τρόπων ποιεῖ προτάσεις τροπικὰς τέσσαρας, καὶ οὕτω τῶν τρόπων ὄντων τεσσάρων αἱ προτάσεις εἰσὶ τετράκις τέσσαρες ἤγουν δεκαέξ· εἰ γὰρ ληφθείη ὁ πρῶτος χωρὶς ἀρνήσεως, ποιεῖ μίαν πρότασιν τροπικήν..... εἰ ληφθείη μετ' ἀρνήσεως προςκειμένης τῷ ῥήματι (die letztern drei Worte sind im Texte ausgefallen), ποιεῖ ἑτέραν..... τὴν τρίτην ποιεῖ πρότασιν, εἰ ληφθείη μετ' ἀρνήσεως προςκειμένης τῷ τρόπῳ..... τὴν τετάρτην ποιεῖ, εἰ ληφθείη μετὰ δυοῖν ἀρνήσεων, τῆς μιᾶς μὲν προςκειμένης τῷ ῥήματι τῆς δὲ ἑτέρας προςκειμένης τῷ τρόπῳ.... Καὶ τοῦτον τὸν τρόπον ἐφ' ἑκάστου τῶν τεσσάρων τρόπων αἱ προτάσεις λαμβάνονται. Wahrscheinlich konnte dieser Abschnitt der Schul-Doctrin aus Syrianus entnommen werden; wenigstens scheint derselbe, soweit wir ihn früher (Abschn. XI, Anm. 98. u. Abschn. XII, Anm. 118.) kennen lernten, völlig der Mann zu solchen Combinations-Spielereien gewesen zu sein.

22) Ebend. p. 51: Πρῶτος κανών, ὅτι ᾧ ἂν καταφατικῶς εἰρημένῳ ἀποδιδῶται τὸ δυνατόν, τούτῳ ἀποδίδοται καὶ τὸ ἐνδεχόμενον ὁμοίως, ἀποφάσκεται δὲ αὐτοῦ τὸ ἀδύνατον, καὶ ἀντιφατικῶς προενηνεγμένου ἀποφάσκεται καὶ τὸ ἀναγκαῖον.

Δεύτερος κανών, ὅτι ᾧ ἂν ἀποφατικῶς εἰρημένῳ ἀποδιδῶται τὸ δυνατόν, τούτῳ αὐτῷ ἀποδίδοται τὸ ἐνδεχόμενον, ἀποφάσκεται δὲ αὐτοῦ τὸ ἀδύνατον, καὶ ἀντιφατικῶς προενηνεγμένου ἀποφάσκεται τὸ ἀναγκαῖον.

Τρίτος κανών, ὅτι οὗ ἂν καταφατικῶς εἰρημένου ἀποφάσκηται τὸ δυνατόν, ἀπὸ τοῦ αὐτοῦ ἀποφάσκεται τὸ ἐνδεχόμενον, ἀποδίδοται δὲ αὐτῷ τὸ ἀδύνατον, καὶ τῷ τούτου ἀντιφατικῶς ἐναντίῳ ἀποδίδοται τὸ ἀναγκαῖον.

Τέταρτος κανών, ὅτι οὗ ἂν ἀποφατικῶς εἰρημένου ἀποφάσκηται τὸ δυνατόν, τούτου ἀποφάσκεται τὸ ἐνδεχόμενον, ἀποδίδοται δὲ αὐτῷ τὸ ἀδύνατον, καὶ τοῦ ἀντιφατικῶς τούτῳ ἀντικειμένου καταφάσκεται τὸ ἀναγκαῖον.

23) Ebend. p. 53.: Ὃ δῆλον ταύτῃ τῇ ἐκθέσει·

Δου-λού-με-ναι

Οὐ δυνατόν ἐστι τὸν Σωκράτη μὴ τρέχειν
Οὐκ ἐνδεχόμενόν ἐστι τὸν Σωκράτη μὴ τρέχειν
Ἀδύνατόν ἐστι τὸν Σωκράτη μὴ τρέχειν
Ἀναγκαῖόν ἐστι τὸν Σωκράτη τρέχειν

ἐναντίαι

Ἰ-λι-ά-δες

Οὐ δυνατόν ἐστι τὸν Σωκράτη τρέχειν
Οὐκ ἐνδεχόμενόν ἐστι τὸν Σωκράτη τρέχειν
Ἀδύνατόν ἐστι τὸν Σωκράτη τρέχειν·
Ἀναγκαῖόν ἐστι τὸν Σωκράτη μὴ τρέχειν

ὑπάλληλοι

ἀντιφατικῶς

ἀντι- φατικῶς

ὑπάλληλοι

Παρ-να-σί-ου

Δυνατόν ἐστι τὸν Σωκράτη τρέχειν
Ἐνδεχόμενόν ἐστι τὸν Σωκράτη τρέχειν
Οὐκ ἀδύνατόν ἐστι τὸν Σωκράτη τρέχειν
Οὐκ ἀναγκαῖόν ἐστι τὸν Σωκράτη μὴ τρέχειν

ὑπεναντίαι

ἐκ-τρέ-χου-σι

Δυνατόν ἐστι τὸν Σωκράτη μὴ τρέχειν
Ἐνδεχόμενόν ἐστι τὸν Σωκράτη μὴ τρέχειν
Οὐκ ἀδύνατόν ἐστι τὸν Σωκράτη μὴ τρέχειν
Οὐκ ἀναγκαῖόν ἐστι τὸν Σωκράτη τρέχειν

modalen Urtheile, jedoch mit Hinweglassung des *ἐνδεχόμενον*, hervorgehoben werden[24]). Dabei aber ist uns im Hinblicke auf die lateinische Schul-Logik von grösstem Interesse, dass hier bei Psellus zum ersten Male technische Memorial-Worte erscheinen (ähnlich den in der Syllogistik angewendeten, s. sogleich unten Anm. 45 ff.); es erhalten nemlich die vier Vokale *A*, *E*, *I*, *OΥ* eine symbolische Bedeutung für die vier Formen, welche bei jedwedem Modus möglich sind, indem

A das modale Urtheil bezeichnet, in welchem keine Negation ist,
E jenes, in welchem die Negation beim Verbum steht,
I jenes, in welchem die Negation beim Modus steht, und
OΥ jenes, in welchem die Negation beim Verbum und beim Modus steht[25]);

und aus diesen Vocalen sind nun für die übliche Figur Worte gebildet, welche nicht bloss für sich wenigstens wirkliche Worte sind, sondern auch bei ihrer Zusammenstellung in Einen Satz einen verständlichen Sinn geben, nemlich: „*Δουλούμεναι Ἰλιάδες Παρνασίου ἐκτρέχουσιν*“.

Nachdem auf diese Weise die Lehre vom Urtheile erledigt ist, folgt der Inhalt der Isagoge, wobei die *quinque voces* als „*κατηγορικά*“ (— *praedicabilia* —) bezeichnet werden, und bezüglich ihrer Geltung die Auffassung sich zeigt, dass das eigentliche Prädicabile und das Universale an sich das Nemliche seien (vgl. Abschn. XI, Anm. 130 ff.) und nur dadurch sich unterscheiden, dass ersteres durch den Sprachausdruck und letzteres durch das objective Sein bestimmt sei[26]). Die

---

24) I, 11, p. 57.: *Ἰστέον, ὅτι πᾶσαι αἱ προτάσεις αἱ ἐν τῷ πρώτῳ κείμεναι σελιδίῳ ἰσοδυναμοῦσι διὰ τοῦ πρώτου κανόνος καὶ ἀντιστρέφουσιν ἐν ἑαυταῖς, αἱ δὲ ἐν τῷ δευτέρῳ διὰ τοῦ δευτέρου, καὶ οὕτω κἀπὶ τῶν ἄλλων* u. s. w. ...... (p. 59.) *Ἰστέον δὲ, ὅτι ἐν τῷ προειρημένῳ οὐ γέγονε μνήμη περὶ τοῦ ἐνδεχομένου διὰ τὸ ἀντιστρέφειν αὐτὸ τῷ δυνατῷ* (über diese Gleichstellung des *ἐνδεχόμενον* und des *δυνατόν* vgl. Abschn. XII, Anm. 119. u. Abschn. XIV, Anm. 216.).

25) Ebend. p. 59., woselbst Psellus die Erklärung der Vocale obiger Memorial-Worte (*Δουλούμεναι, Ἰλιάδες* u. s. f.) gibt; allerdings aber zeigt uns der gedruckte Text in sinnloser Weise die vier Buchstaben *A*, *B*, *Γ*, *Δ*; hingegen enthielt die oben (Anm. 5.) erwähnte Handschrift (fol. 7 a) ursprünglich das völlig Richtige, wofür eine spätere Hand mit schwärzerer Tinte das Falsche hineincorrigirte. Es lautete nemlich die Stelle in der früheren, noch deutlich erkennbaren Lesart folgendermaassen: *Ἰστέον δὲ, ὅτι διὰ τοῦ „A“ νοεῖται ἡ καθόλου καταφατικὴ ἐκ τοῦ μέρους τοῦ ῥήματος ὁμοίως καὶ τοῦ τρόπου, διὰ τοῦ „E“ ἡ ἀποφατικὴ μὲν ἐκ τοῦ μέρους τοῦ ῥήματος, καταφατικὴ δὲ ἐκ τοῦ μέρους τοῦ τρόπου, διὰ τοῦ „I“ ἡ ἀποφατικὴ μὲν ἐκ τοῦ μέρους τοῦ τρόπου, καταφατικὴ δὲ ἐκ τοῦ μέρους τοῦ ῥήματος, διὰ τοῦ „OY“ ἡ ἑκατέρωθεν ἀποφατικὴ ἔκ τε τοῦ ῥήματος καὶ τοῦ τρόπου.*

26) II, Prooem. p. 61.: *Τὸ κατηγορικὸν ποτὲ μὲν λαμβάνεται κυρίως καὶ οὕτω μόνον κατηγορικὸν λέγεται, ὃ ἐπὶ πλειόνων λέγεται, ποτὲ δὲ λαμβάνεται κοινῶς, καὶ οὕτω λέγεται κατηγορικὸν, ὅπερ ἢ καθ' ἑνὸς μόνου ἢ κατὰ πλειόνων κατηγορεῖται. Ὅθεν τὸ κυρίως λαμβανόμενον κατηγορικὸν ταὐτόν ἐστι τῷ καθόλου· διαφέρει δὲ αὐτοῦ ὅμως τῷ τὸ μὲν κατηγορικὸν ὁρίζεσθαι τῷ λέγεσθαι, τὸ δὲ καθόλου τῷ εἶναι· ἔστι δὲ τὸ κατηγορικὸν τὸ πεφυκὸς κατὰ πλειόνων κατηγορεῖσθαι, καθόλου δὲ τὸ πεφυκὸς ἐν πλείοσιν εἶναι* (wahrlich eine bequeme Verbindung des Platonismus und des Aristotelismus). *Τὸ δὲ κατηγορικὸν ἤγουν καθόλου διαιρεῖται γένει, εἴδει, διαφορᾷ, ἰδίῳ καὶ συμβεβηκότι· ὅθεν περὶ τούτων ἐνταυθοῖ θεωρήσωμεν.*

Besprechung der einzelnen fünf Worte und ihrer gegenseitigen Verhältnisse[27]) enthält durchaus Nichts bemerkenswerthes, weder an sich noch bezüglich der Schul-Logik der Lateiner. Höchstens das Eine mag erwähnt werden, dass Psellus einmal ausdrücklich den Boethius citirt[28]).

Die hierauf folgende Lehre von den Kategorien wird durch mehrere Erörterungen, welche in einem äusserst losen Zusammenhange stehen, eingeleitet (die lateinische Schul-Logik nennt diesen Complex *Antepraedicamenta*); nemlich zunächst werden die Verhältnisse des Homonymen, Synonymen und Paronymen als Arten der Aussage (*τρόποι τοῦ κατηγορεῖν*) vorgeführt[29]), sodann als ein höchst nothwendiger Gegenstand die neun Arten des *ἔν τινι εἶναι* (s. dieselben bei Porphyrius, Abschn. XI, Anm. 66, und bei Boethius, Abschn. XII, Anm. 92) aufgezählt[30]), worauf die Erklärung des *καθ' ὑποκειμένου* und des *ἐν ὑποκειμένῳ* sich anreiht[31]), und zuletzt noch drei Regeln gegeben werden, deren erste namentlich den Grundsatz (die sog. *regula de quocunque*) einprägt, dass alle Prädicate eines Prädicates auch vom Subjecte gelten[32]). Die Kategorien selbst werden, wie wir diess schon früher sahen (Abschn. XI, Anm. 68. und Abschn. XII, Anm. 90), auf das Schroffste in Substanz und Accidens getheilt[33]), von den einzelnen Kategorien aber

27) II, 1—7, p. 63—95.

28) II, 4, p. 79.: *Ἰστέον δὲ, ὅτι φησὶν ὁ Βοήτιος* (*Boeth. de Divis.* p. 644., s. Abschn. XII, Anm. 99.) *μόνον τὸ εἶδος ὁρίζεσθαι· ὁ μὲν γὰρ ὁρισμὸς ἐκ γένους καὶ συστατικῶν εἶναι ὀφείλει διαφορῶν, μόνον δὲ τὸ εἶδος ἔχει γένος καὶ διαφοράς.*

29) III, 1, p. 95.: *Πρὸς τὴν ἐπίγνωσιν τῶν κατηγοριῶν ἀναγκαῖά τινα προυποτιθέμενοι πρῶτον εἶτα ἐπ' αὐτὰς βαδιούμεθα· καὶ δὴ πρῶτον ἰστέον, ὅτι ὁ τοῦ κατηγορεῖν τρόπος τριπλοῦς ἐστι· τῶν γὰρ κατηγορουμένων τὰ μέν εἰσιν ὁμώνυμα τὰ δὲ συνώνυμα τὰ δὲ παρώνυμα. Ὁμώνυμά εἰσιν* u. s. w.

30) III, 2, p. 99.: *Τῶν λεγομένων τὰ μέν εἰσι συμπεπλεγμένα, οἷον „ἄνθρωπος τρέχει", τὰ δὲ ἄνευ συμπλοκῆς, οἷον „ἄνθρωπος" ἢ „τρέχει". Ἀλλὰ πρὶν ἢ τὸ ἕτερον μέρος τῆς διαιρέσεως ὑποδιαιρεθῆναι δεῖ διαστείλασθαι τοὺς ἐννέα τρόπους τοῦ ἔν τινι εἶναι, ἀναγκαίους ὄντας πρὸς τὴν ἑπομένην διαίρεσιν καὶ πρὸς ἄλλα πάντα τὰ μετὰ ταῦτα διορισθησόμενα.* Im Folgenden jedoch werden nur sieben Arten aufgeführt, indem das *ὡς εἶδος ἐν τῷ γένει* und das *ὡς γένος ἐν τῷ εἴδει* fehlen; die Reihenfolge der übrigen ist: *ὡς μέρος ἐν τῷ ὅλῳ* —, *ὡς ὅλον ἐν τοῖς μέρεσι* —, *ὡς εἶδος ἐν ὕλῃ* —, *ὡς συμβεβηκότα ἐν ὑποκειμένῳ* —, *ὡς ἐν ποιητικῷ* —, *ὡς ἐν τέλει* —, *ὡς ἐν ἀγγείῳ.*

31) Ebend. p. 103.: *Τῶν ὄντων τὰ μέν εἰσι καθ' ὑποκειμένου, ἐν ὑποκειμένῳ δὲ οὐδενί εἰσι ...... τὸ λέγεσθαι καθ' ὑποκειμένου, ὡς ἐνταῦθα λαμβάνεται, ἐστὶ τὸ τοῦ ὑποκάτω κατηγορεῖσθαι ..... τὸ δ' εἶναι ἐν ὑποκειμένῳ, ὡς ἐνταῦθα λαμβάνεται, κατὰ τὸ συμβεβηκός ἐστιν ἐν ὑποκειμένῳ ..... Τὰ δὲ λέγεται καθ' ὑποκειμένου καὶ εἰσὶν ἐν ὑποκειμένῳ ...... Τὰ δὲ εἰσὶν ἐν ὑποκειμένῳ καὶ καθ' ὑποκειμένου οὐδενὸς λέγονται ....* Eine versinnlichende Figur hierüber, wie sie Boethius gab (Abschn. XII, Anm. 92.), findet sich hier nicht.

32) III, 3, p. 105.: *Ὅταν ἕτερον ἑτέρου κατηγορῆται, ὅσα κατὰ τοῦ κατηγορουμένου λέγονται, καὶ κατὰ τοῦ ὑποκειμένου ταῦτα πάντα λέγεται. ...... Τῶν διαφόρων γενῶν καὶ μὴ ὑπ' ἄλληλα τεταγμένων διάφορά εἰσι τὰ εἴδη καὶ αἱ διαφοραί ...... Τῶν δέ γε ὑπάλληλα γενῶν οὐδὲν κωλύει τὰς αὐτὰς διαφορὰς εἶναι ....*

33) III, 4, p. 109.: *Τῶν δὲ κατὰ μηδεμίαν συμπλοκὴν λεγομένων ἕκαστον ἢ οὐσίαν σημαίνει ἢ συμβεβηκός· καὶ εἰ συμβεβηκὸς, ἢ ποσότητα ἢ*

nur Substanz, Quantität, Relation und Qualität in ausführlicher Erörterung[34]) und ganz kurz noch Thun und Leiden[35]) besprochen; die übrigen fehlen. Bemerkenswerthes bietet auch dieser Theil des Compendiums nicht dar. Der Anhang zu den Kategorien, welcher bei den Lateinern *Postpraedicamenta* heisst, enthält hier zunächst die übliche Lehre von den vier Arten der Gegensätze[36]), hierauf Angaben über die verschiedenen Bedeutungen des *πρότερον*[37]), sowie des *ἅμα*[38]), ferner über die sechs Arten der *κίνησις*[39]), und endlich hinkt hier noch die Besprechung der Kategorie des *ἔχειν* in einer Aufzählung der mehrfachen Wortbedeutungen nach[40]). Die Quelle aber all dieser letzteren Capitel scheint Themistius zu sein[41]).

Indem nun unmittelbar hierauf die Lehre vom Syllogismus folgt, wird ohne alle weitere Anknüpfung an Früheres sofort mit der Definition des Urtheiles (*πρότασις*) und jener des Begriffes (*ὅρος*) begonnen, woran sich die Erklärung des *κατὰ παντός* und *κατὰ μηδενός* (*dictum de omni* und *dictum de nullo*, vgl. Abschn. XII, Anm. 132) anknüpft[42]), worauf die aristotelische Definition des Syllogismus angegeben wird und die Dreizahl der Termini die nöthige nähere Erörterung findet[43]). An

---

ποιότητα ἢ πρός τι ἤγουν ἀναφορὰν ἢ ποῦ ἢ ποτὲ ἢ κεῖσθαι ἢ ἔχειν ἢ ποιεῖν ἢ πάσχειν.

34) III, 5—9, p. 111—143.

35) III, 9, p. 143.

36) III, 10, p. 145.: *Λέγεται δὲ ἕτερόν τι ἀντικεῖσθαι ἑτέρῳ τετραχῶς· τῶν γὰρ ἀντικειμένων τὰ μέν εἰσιν ἀναφορικῶς ἀντικείμενα .... τὰ δὲ στερητικὰ .... τὰ δέ εἰσιν ἐναντία ..... τὰ δέ εἰσιν ἀντιφατικῶς ἀντικείμενα ....* Näher erörtert aber werden nur die letzteren drei, denn bezüglich des Gegensatzes der relativen Begriffe wird auf die Kategorie der Relation verwiesen (p. 147.: *περὶ μὲν οὖν τῶν ἀναφορικῶν εἴρηται πρότερον*).

37) III, 11, p. 151.: *Τὸ δὲ πρότερον λέγεται τετραχῶς ..... πρότερον κατὰ χρόνον ..... πρότερον τὸ μὴ ἀντιστρέφον κατὰ τὴν τοῦ εἶναι ἀκολούθησιν, ὥσπερ τὸ ἓν λέγεται πρότερον τῶν δύο ..... πρότερον τῇ τάξει .... πρότερον τὸ βέλτιον ..... Παρὰ δὲ τούτους τοὺς εἰρημένους τέσσαρας τρόπους ἐστὶν ἄλλος τρόπος τοῦ προτέρου· τῶν γὰρ ἀντιστρεφόντων κατὰ τὴν τοῦ εἶναι ἀκολούθησιν τὸ αἴτιον ὁπωσοῦν θατέρῳ τοῦ εἶναι πρότερον εἰκότως φύσει λέγοιτ' ἄν.*

38) III, 12, p. 155.: *Ἅμα δὲ λέγεται κατὰ τρεῖς τρόπους· .... ὧν ἡ γένεσις ἐν τῷ αὐτῷ χρόνῳ .... τὰ ἀντιστρέφοντα, ὧν μέντοι οὐδέτερόν ἐστι θατέρου αἴτιον, ὥσπερ τὰ ἀναφορικά ...... τὰ ἐκ τοῦ αὐτοῦ γένους ἀντιδιῃρημένα ἀλλήλοις.*

39) III, 13, p. 157.: *Κινήσεως δὲ εἴδη εἰσὶν ἕξ, δηλονότι γένεσις, φθορά, αὔξησις, μείωσις, ἀλλοίωσις καὶ ἡ κατὰ τόπον μεταβολή* u. s. w.

40) III, 14, p. 159.: *Τὸ δὲ ἔχειν πολλοῖς τρόποις λέγεται .... ἔχειν τινὰ ποιότητα .... ἔχειν μέγεθος .... ἔχειν τὰ περὶ τὸ σῶμα .... ὡς ἐν μέρει. ..... ὡς ἐν ἀγγείῳ .... ἔχειν κτήματα .... ἔχειν γυναῖκα ..... Ἴσως οὖν καὶ ἄλλοι τοῦ ἔχειν τρόποι φανεῖεν ἄν· οἱ δὲ εἰωθότες λέγεσθαι σχεδὸν πάντες κατηρίθμηνται.*

41) Wenigstens wenn wir diese Postprädicamente mit dem Schlusse des pseudo-augustinischen Compendiums (s. Abschn. XII, Anm. 50.) vergleichen und den Charakter des letzteren (s. ebend. Anm. 42.) erwägen, wird es uns höchst wahrscheinlich, dass Psellus hierin ebenso wie in der Topik (s. unten Anm. 64.) die Schriften des Themistius zu Grund gelegt habe.

42) IV, 1, p. 163.

43) IV, 2, p. 165.

die Definition der Figur (*σχῆμα*, — wobei, wie sich von selbst versteht, nur von drei Figuren die Rede ist —), sowie des Modus (*τρόπος*) schliessen sich dann fünf allgemeine Regeln an, welche auf sämmtliche kategorischen Syllogismen sich beziehen[44]. Bei Angabe der sämmtlichen Schlussmodi der drei Figuren finden wir auch hier in der ersten Figur ebenso wie bei Porphyrius und Boethius (Abschn. XI, Anm. 82. u. Abschn. XII, Anm. 136) die Beifügung jener fünf theophrastischen Schlussmodi, welche auf einer bloss mechanischen Ausbeutung der vier aristotelischen Modi beruhen (s. Abschn. V, Anm. 46); hingegen in der dritten Figur bleibt der von Porphyrius und Boethius hinzugefügte siebente Modus hier hinweg. Die schulmässige Erörterung sämmtlicher Modi nebst den üblichen Beispielen[45] bietet an sich weder Neues noch überhaupt Bemerkenswerthes dar. Wohl hingegen treffen wir hier bezüglich eines rein formellen Momentes der Schuldoctrin die Quelle einer bekanntlich weitverbreiteten technischen Manipulation; Psellus ist nemlich der erste Autor, bei welchem sich Memorial-Worte (vgl. Anm. 25) für die einzelnen Schlussmodi finden[46]. Die vier ersten aristotelischen Modi der ersten Figur erhalten die Bezeichnung

Γράμματα
ἔγραψε
γραφίδι
τεχνικός[47]);

---

44) Ebend. p. 167. u. 3, p. 169., woselbst jene Regeln (*κανόνες καθολικοὶ πρὸς ἕκαστον τῶν σχημάτων καὶ τῶν τρόπων*) lauten: *Πρῶτος κανών ἐστιν, ὅτι ἐκ καθαρῶν μερικῶν ἢ ἀπροσδιορίστων ἢ ἑνικῶν οὐ δύναται γενέσθαι συλλογισμὸς, ὅθεν δεῖ τὴν ἑτέραν εἶναι καθόλου. Δεύτερός ἐστιν, ὅτι ἐκ καθαρῶς ἀποφατικῶν οὐ δύναται γενέσθαι συλλογισμὸς, ὅθεν δεῖ τὴν ἑτέραν τούτων εἶναι καταφατικήν. Τρίτος ἐστὶν, ὅτι τῆς ἑτέρας τῶν προτάσεων οὔσης μερικῆς ἀνάγκη τὸ συμπέρασμα μερικὸν εἶναι, ἀλλ' οὐ τὸ ἀνάπαλιν. Τέταρτός ἐστιν, ὅτι τῆς ἑτέρας τούτων οὔσης ἀποφατικῆς ἀνάγκη τὸ συμπέρασμα ἀποφατικὸν εἶναι. Πέμπτος ἐστὶν, ὅτι τὸ μέσον οὐδέποτε πρὸς τὸ συμπέρασμα ἔρχεται.*

45) IV, 3, p. 169 — IV, 5, p. 193.

46) Allerdings bietet die gedruckte Ausgabe diese Memorial-Worte nicht dar, sie finden sich jedoch vollständig in der oben erwähnten Augsburger Handschrift (fol. 17 ff.) am Rande eingetragen, und zwar von der nemlichen Hand, welche den Text geschrieben hat, so dass nicht abzusehen ist, warum Ehinger dieselben nicht abdruckte. Wollte man aber das Alter der Handschrift (14. bis 15. Jahrh.) zu dem Einwande benützen, dass der Abschreiber diese Dinge aus dem Compendium des Nicephorus Blemmides (s. unten Anm. 113.) habe eintragen können, so fällt dieses Bedenken sofort wieder dadurch hinweg, dass Blemmides bei der ersten Figur überhaupt nur vier Schlussweisen aufzählt, hier aber sämmtliche neun ihre technischen Worte bekommen; ausserdem auch waren die oben Anm. 25. angeführten Memorial-Worte durch ihre ausdrückliche Motivirung in den Text selbst verflochten, und wir müssten schon darum den schwer zu bestreitenden Schluss ziehen, dass wenn Psellus einmal bei irgend einem anderen Punkte eine derartige Technik anwendete, er gewiss bei dem formalsten Capitel der Schuldoctrin das Gleiche gethan habe; ja zuverlässig waren die Memorial-Worte der Syllogistik die früheren, und jene obigen wurden denselben erst nachgebildet.

47) Auch hier demnach wie oben (Anm. 24.) sind die technischen Worte so gewählt, dass der aus ihnen gebildete Satz als solcher einen Sinn gibt, nemlich „Buchstaben schrieb mit dem Griffel der Gelehrte". (Bei den Lateinern Wilhelm

die fünf theophrastischen Modi der ersten Figur heissen:

Γράμμασιν
ἔταξε
χάρισι
πάρθενος
ἱερόν [48]);

die vier Modi der zweiten Figur:

Ἔγραψε·
κάτεχε
μέτριον
ἄχολον [49]);

die sechs Modi der dritten Figur:

Ἅπασι
σθεναρὸς
ἰσάκις
ἀσπίδι
ὁμαλὸς
φέριστος [50]).

Der Schlüssel dieser Memorial-Worte liegt, wie man auf den ersten Blick sieht, darin, dass auch hier wie oben die Vokale als Symbole gelten, nemlich

A bedeutet ein allgemein bejahendes Urtheil,
E ein allgemein verneinendes,
I ein particular bejahendes, und
O ein particular verneinendes.

Es lässt sich aber auch der Ursprung dieser abkürzenden Symbolik mit ziemlicher Gewissheit nachweisen; denn für die so eben angegebene Viertheilung der Urtheile war längst bei den Commentatoren die kurze Bezeichnung „πᾶς, οὐδεὶς (wofür aber sehr häufig οὐδὲν steht), τὶς, οὐ πᾶς" recipirt [51]), und man bediente sich derselben bei bestimmten

---

Shyreswood, Lambert v. Auxerre und Petrus Hispanus lauten die Worte *Barbara, Celarent, Darii, Ferio*).

48) Diese fünf Worte, welchen den Sinn geben „Durch Buchstaben errichtete den Grazien eine Jungfrau ein Weihgeschenk", waren bisher gänzlich unbekannt, da sie bei Blemmides fehlen und nur in jener Handschrift des Psellus sich finden. (Bei den genannten Lateinern, welche diese Schlussweisen gleichfalls zur ersten Figur zählen, sind die recipirten Worte *Baralipton, Celantes, Dabitis, Fapesmo, Frisesmorum* oder *Frisesomorum.*) Dass aber diese fünf Modi durch Galenus zu einer eigenen vierten Schlussfigur umgestaltet wurden, s. oben Abschn. IX, Anm. 98 ff.

49) D. h. „Er schrieb (oder sie schrieb, nemlich die Jungfrau): Ertrage einen gemässigten Mann, welcher ohne Zorn ist". (*Cesare, Campestres, Festino, Baroco.*)

50) D. h. „In Allem ist der Starke, welcher in gleichem Maasse einem Schilde vergleichbar ist, der Tüchtigste". (*Darapti, Felapton, Disamis, Datisi, Bocardo, Ferison.*)

51) S. dieselbe z. B. Abschn. XI, Anm. 156., in einer Stelle, welche bereits dem Ammonius (Ende des 5. Jahrh.) angehört. Es mag hervorgehoben werden, dass bei allen Commentatoren das particular verneinende Urtheil nicht etwa durch „τινὲς οὔ", sondern stets durch „οὐ πᾶς" abgekürzt bezeichnet wird.

traditionellen Figuren zur Versinnlichung der einzelnen Schlussweisen [52]). Und nun mochte sehr leicht es sich als abermalige Vereinfachung dieser Abkürzung einstellen, dass man nur die prägnanten Hauptvokale jener vier Worte heraushob, wobei „πᾶς“ und „τὶς“ sofort von selbst auf *A* und *I* führten, bei „οὐδείς“ oder noch mehr bei „οὐδέν“ das accentuirte *E* hervortreten konnte, und dann bei „οὐ πᾶς“ das *O* entweder wegen des „οὐ“ oder etwa auch darum gewählt wurde, weil es der übrigbleibende vierte Hauptvocal ist.

Nach der Angabe der neunzehn Schlussmodi folgt bei Psellus ein Corollarium über die syllogistische Tragweite der drei Figuren, sowie eine Erörterung über die zum Schliessen untauglichen Combinationen (ἄχρηστοι συζυγίαι) der Urtheile [53]). Hierauf wird in aller Kürze über jene Syllogismen gehandelt, welche aus Verbindungen von Urtheilen des Stattfindens, Möglichkeits-Urtheilen und Nothwendigkeits-Urtheilen be-

52) Nemlich z. B. bei Philoponus (*Comment. in Priora Analyt. Venet.* 1536, fol. XX ff.) wird in der ersten Figur der erste Modus dargestellt:

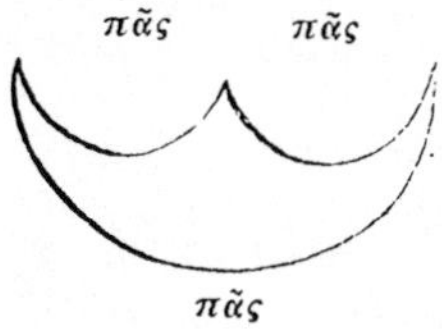

oder z. B. der vierte Modus:

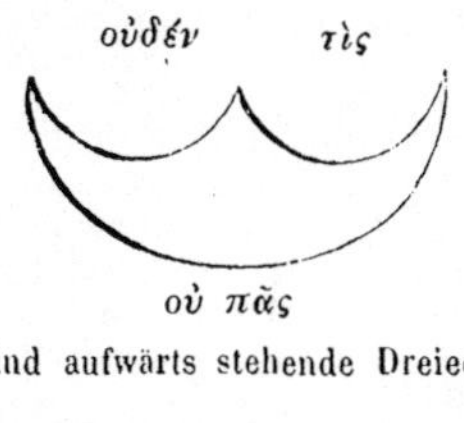

Für die zweite Figur sind aufwärts stehende Dreiecke gewählt, und z. B. der dritte Modus ist:

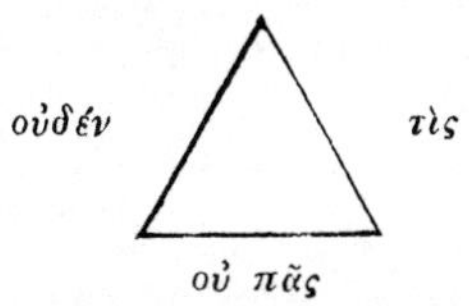

Für die dritte Figur aber abwärtsstehende Dreiecke, und dort ist z. B. der zweite Modus:

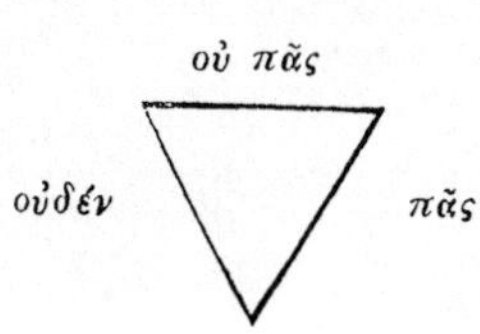

53) IV, 5, p. 193. u. IV, 6, p. 195.

stehen [54]), sodann aber ausführlicher über die hypothetischen Schlüsse [55]). Die Lateiner fanden für gut, diese beiden letzteren Capitel sofort wegzulassen. Hingegen fehlt bei Psellus ein die Syllogistik abschliessendes Capitel, welches bei Petrus Hispanus sich findet und unter der Ueberschrift *De potestatibus syllogismorum* noch einige Punkte enthält, welche bei Aristoteles im zweiten Buche der ersten Analytik besprochen sind [56]).

Auf die Lehre vom Schlusse folgt nun unmittelbar die Topik, und es ist zu beachten, dass dem lateinischen Schul-Betriebe der Logik durch Psellus das eigentlich logisch-philosophische Werk des Aristoteles, nemlich die zweite Analytik, nicht zugänglich gemacht wurde.

Die Topik beginnt mit einer ziemlich ausführlichen Erörterung über *πορισμὸς τῶν προτάσεων* (*inventio propositionum*), d. h. über die Frage, wie der Dialektiker den nöthigen Mittelbegriff einer Beweisführung finden könne [57]), ein Capitel, welches die Lateiner übergiengen. Hierauf wird *λόγος* nach seinen verschiedenen Wortbedeutungen erklärt, und unter denselben für die Topik jene als die entscheidende hervorgehoben, wornach *λόγος* den Mittelbegriff eines Schlusses bezeichnet [58]); diess bildet den Uebergang zur Definition des *ἐπιχείρημα* (*argumentum*) und der *ἀπόδειξις* (*argumentatio*), woran sich die gewöhnlichen Angaben über *ἐπαγωγή*, *ἐνθύμημα* und *παράδειγμα* anschliessen, um sodann zur Definition und Eintheilung des *τόπος διαλεκτικὸς* zu führen [59]). Die Anordnung der einzelnen Topen ist folgende: Vorerst die *τόποι ἐσωτερικοί*, und zwar zunächst jene *ἐκ τῆς οὐσίας*, nemlich *ἐκ τοῦ ὁρισμοῦ*, *ἐκ τῆς ὑπογραφῆς*, *ἐκ τῆς ἑρμηνείας τοῦ ὀνόματος* [60]); sodann jene *ἐκ τῶν κοινωνούντων τῇ οὐσίᾳ*, nemlich *ἀπὸ τοῦ ὅλου καὶ τοῦ μέρους*, *ἀπὸ τῆς αἰτίας καὶ τοῦ ἀποτελέσματος*, *ἀπὸ γενέσεως*, *ἐκ*

---

54) IV, 7, p. 197.

55) IV, 8, p. 201 ff. Die Lehre von den hypothetischen Schlüssen ist hier jene nemliche, welche wir Abschn. XI, Anm. 166. trafen.

56) Nemlich das *πλείω συλλογίζεσθαι* (s. Abschn. IV, Anm. 608.), *ἐκ ψευδῶν ἀληθῆ συλλογίζεσθαι* (ebend. Anm. 610.), *κύκλῳ δείκνυσθαι* (eb. Anm. 615.), *ἀντιστρέφειν συλλογισμόν* (eb. Anm. 619.), und *ὁ διὰ τοῦ ἀδυνάτου συλλογισμός* (eb. Anm. 623.). Es bleibt hiebei immerhin die Frage, ob nicht die Hinweglassung dieses Capitels bei Psellus lediglich auf Rechnung der handschriftlichen Ueberlieferung zu setzen sei, und ich möchte diess sogar für das Wahrscheinlichste halten.

57) V, 1, p. 206 ff.

58) V, 2, p. 218.: *Ὁ λόγος πολλαχῶς λέγεται. Πρῶτον μὲν γὰρ τρόπον ὁ λόγος ὁ αὐτός ἐστι τῷ ὁρισμῷ ἢ τῇ ὑπογραφῇ ὡς ἐν τῷ „συνώνυμά εἰσιν ὧν τοὔνομα κοινὸν καὶ ὁ κατὰ τοὔνομα λόγος τῆς οὐσίας ὁ αὐτός". Δεύτερον δὲ τρόπον λόγος τὸ αὐτό ἐστιν ὅπερ λόγος δεικνύς τι, ὥςπερ οἱ λόγοι ἤγουν οἱ συλλογισμοὶ τῶν διαλεγομένων. Ἄλλον δὲ τρόπον ὁ λόγος ἐστὶν ὅπερ τὸ εἶδος τῆς ὕλης, ὥςπερ ἐν τῷ μαχαιρίῳ ὁ μὲν σίδηρός ἐστιν ὕλη, ἡ δὲ προσεπαχθεῖσα τῷ σιδήρῳ διάθεσίς ἐστιν εἶδος. Ἕτερον δὲ τρόπον λόγος ἐστὶν ὅπερ ἡ οὐσία τοῦ κοινοῦ τοῦ κατηγορουμένου κατὰ πλειόνων, ὥςπερ ἡ οὐσία τοῦ γένους ἢ τοῦ εἴδους. Παρὰ τούτους δὲ τοὺς τρόπους λόγος ἐστὶν ὅπερ τὸ μέσον, δι' οὗ ἐπάγεται τὸ συμπέρασμα, καὶ κατὰ τοῦτον τὸν τρόπον λαμβάνεται ὁ λόγος ἐν τῷ ὁρισμῷ τοῦ ἐπιχειρήματος.*

59) V, 3, p. 220—4, p. 234.

60) V, 5, p. 234—7, p. 246. (*Loci intrinseci a substantia,* und zwar *a definitione a descriptione, ab interpretatione*).

φθορᾶς, ἐκ τῶν χρήσεων, ἐκ τῶν κοινῇ συμβεβηκότων [61]); hierauf die τόποι ἐξωτερικοί, nemlich ἐξ ἀντικειμένων, wobei die ἀντιδιῃρημένα einzureihen waren, ἀπὸ μείζονος καὶ ἐλάττονος, ἀφ' ὁμοίου, ἐξ ἀναλογίας, ἀπὸ μεταλήψεως, ἐξ ἀξιώματος [62]); zuletzt die τόποι μέσοι, nemlich ἐκ τῶν συστοίχων, ἀπὸ πτώσεων, ἀπὸ διαιρέσεως [63]). Die hauptsächliche Quelle des Ganzen dürfte bei Themistius zu suchen sein [64]).

Die *Sophistici Elenchi* fehlen bei Psellus, jedoch, wie es scheint, sicher nur durch Schuld der handschriftlichen Tradition [65]).

Hingegen schliesst sich unmittelbar an das letzte Capitel der Topik ein Bruchstück einer ebenso eigenthümlichen als ausgedehnten Erörterung an, welche bei den Lateinern unter der Bezeichnung „*De terminorum proprietatibus*“ und theilweise unter dem Titel „*Syncategoreumata*“ (s. unten Anm. 92) ihre höchst einflussreiche Aufnahme fand. Es wird nemlich zunächst mit einer Bemerkung, welche aus dem Abschnitte über die Kategorien wiederholt ist (s. Anm. 30), sogleich auf die Definition der „Bedeutung“ (σημασία, — *significatio*) übergegangen, und letztere wegen ihres dinglichen Gehaltes auf jene Worte beschränkt, welche in sich einen allgemeinen oder particularen Inhalt darstellen, so dass die blossen Zeichen der Quantität nicht zu den eine Bedeutung darbietenden Begriffen (ὅροι) gehören sollen [66]). Die Bedeutungen werden sodann in substantielle (οὐσιώδεις) und attributive (ἐπείσακτοι) derartig getheilt, dass den ersteren die Substantiva und den letzteren so-

---

61) V, 8, p. 246 — 13, p. 280. (*Loci intrinseci a concomitantibus substantiam*, und zwar *a toto et parte, a causa et effectu, a generatione, a corruptione, ab usibus, a communiter accidentibus*).

62) V, 14, p. 282 — 20, p. 302. (*Loci extrinseci*, und zwar *ab oppositis, disparata, a maiori et minori, a simili, a proportione, a transsumptione, ab auctoritate*). Im Texte des Psellus jedoch besteht eine Verwirrung, insoferne das Capitel über die ἀντιδιῃρημένα (*disparata*) von den ἀντικείμενα (*opposita*) losgerissen und an das Ende (c. 20.) gestellt worden war.

63) V, 21, p. 302 — 24, p. 308. (*Loci medii*, und zwar *a coniugatis, a casibus, a divisione*).

64) Es stimmt nemlich die Reihenfolge der Topen im Allgemeinen mit demjenigen überein, was wir von der Topik des Themistius wissen (Abschn. XI, Anm. 96.); einzelne Abweichungen können immerhin von dem allmäligen Verlaufe der Schultradition herrühren.

65) Denn es wäre schwer einzusehen, wie ausserdem Wilhelm Shyreswood und Lambert von Auxerre und Petrus Hispanus gleichmässig auf den nemlichen Gedanken verfallen wären, diesen Abschnitt aus Aristoteles oder aus der Uebersetzung des Boethius zu ergänzen. Wohl hingegen kann noch die Frage offen bleiben, an welcher Stelle die *Sophistici Elenchi* ursprünglich bei Psellus gestanden sein mögen, s. unten Anm. 91.

66) V, 25, p. 310.: Τῶν λεγομένων τὰ μὲν μετὰ συμπλοκῆς λέγεται, οἷον „Σωκράτης τρέχει“ ἢ „ἄνθρωπος λευκός“, τὰ δὲ ἄνευ συμπλοκῆς, οἷον „ἄνθρωπος“· ἕκαστος δὲ τῶν ἀσυμπλέκτων ὅρων ἢ οὐσίαν σημαίνει ἢ ποιότητα (diese beiden Worte sind im Texte ausgefallen) ἢ ποσότητα ἢ ἀναφορὰν ἢ ποιεῖν ἢ πάσχειν, οὕτω δὲ κἀπὶ τῶν ἄλλων. Σημασία δὲ, ὡς ἐνταῦθα λαμβάνεται, ἐστὶ πράγματος διὰ φωνῆς κατὰ συνθήκην παράστασις· διότι, ἐπειδὴ πᾶν πρᾶγμα ἢ καθόλου ἐστὶν ἢ μερικὸν, δεῖ τὰς φωνὰς τὰς μὴ (fehlt im Texte) σημαινούσας καθόλου ἢ μερικὸν μὴ σημαίνειν τι, καὶ οὕτως οὐκ ἔσονται ὅροι, ὡς ἐνταῦθα λαμβάνεται ὁ ὅρος· ὅθεν τὰ καθόλου ἢ τὰ μερικὰ σημεῖα οὐ λέγομεν ὅρους.

wohl die Adjectiva als auch die Verba angehören sollen, woran sich die Bemerkung knüpft, dass die Substantivität (*οὐσιωδότης*, — „*substantivatio*") und Adjectivität (*ἐπιθετικότης*, — „*adiectivatio*") weder Dinge, noch auch Modificationen der Bedeutung, sondern Modificationen der Dinge seien, indem die Substantive eine „Unterstellung" (*ὑποτιθέναι*) und die Attribute eine Verknüpfung (*συμπλέκειν*) hervorrufen [67]. Es sei nemlich die Unterstellung (*ὑπόθεσις*, — „*suppositio*") die Annahme eines substantivischen Begriffes anstatt eines anderen, namentlich eines particulareren, und sie fliesse erst als eine abgeleitete aus der „Bedeutung", insoferne letztere bloss Sache der Sprache sei, die Unterstellung aber auf der bereits bestehenden Verbindung der Sprache mit der Bedeutung beruhe; das Nemliche aber, was die Unterstellung bei Substantiven, sei die Verknüpfung (*συμπλοκή*) bei attributiven Worten [68].

Und nun wird die „Supposition" (— ich will mich fortan dieses bei den Lateinern recipirten Wortes bedienen —) auf das Ausführlichste erörtert. Zunächst nemlich folgt die Eintheilung derselben, insoferne sie entweder allgemein (*κοινή*, — „*communis*") oder bestimmt (*διωρισμένη*, — „*discreta*") sein kann, je nachdem ein allgemeiner Begriff (*ὅρος κοινός*, vgl. oben Anm. 12) oder ein individueller Begriff, welcher auch durch Demonstrativ-Pronomina ausgedrückt werden kann, angewendet wird; die allgemeine Supposition wird dann wieder eingetheilt in eine natürliche (*φυσική*, — „*naturalis*") und eine accidentelle (*κατὰ συμβεβηκός*, — „*accidentalis*"), indem erstere auf den gesammten Umfang eines sog. Allgemein-Begriffes sich beziehe, letztere aber eine Beschränkung auf specielle Determinationen, welche an dem Allgemein-Begriffe sich finden können, enthalte [69]. Ferner aber zerfällt die acci-

---

67) Ebend. p. 312.: *Τῶν σημασιῶν ἡ μέν ἐστιν οὐσιώδους πράγματος καὶ ἔχει τὸ γίνεσθαι δι' ὀνόματος οὐσιώδους, οἷον „ἄνθρωπος", ἡ δέ ἐστιν ἐπεισάκτου καὶ ἔχει τὸ γίνεσθαι ἢ δι' ὀνόματος ἐπιθέτου ἢ διὰ ῥήματος, οἷον „λευκός" ἢ „τρέχει"· διότι κυρίως οὐκ ἐστὶ σημασία ἐπίθετος καὶ οὐσιώδης, ἀλλά τι σημαίνεται οὐσιωδῶς καί τι σημαίνεται ἐπιθετικῶς· διότι ἡ ἐπιθετικότης καὶ οὐσιωδότης οὐκ εἰσὶ πράγματα, ἀλλ' εἰσὶ τρόποι τῶν πραγμάτων, ἃ σημαίνονται, καὶ οὐ τῆς σημασίας· ὅθεν τὰ οὐσιώδη ὀνόματα λέγονται ὑποτιθέναι, τὰ δὲ ἐπίθετα συμπλέκειν.*

68) Ebend.: *Ὑπόθεσις γάρ ἐστι πρόσληψις ὅρου οὐσιώδους ἀντί τινος· διαφέρει δὲ ὑπόθεσις καὶ σημασία, ὅτι ἡ μὲν σημασία ἐστὶ δι' ἐπιθέσεως φωνῆς πρὸς τὸ σημαινόμενον πρᾶγμα, ὑπόθεσις δέ ἐστι πρόσληψις ὅρου ἤδη σημαίνοντος τὸ πρᾶγμα ἀντὶ μερικοῦ τινος, ὡς ὅταν λέγηται „ἄνθρωπος τρέχει", οὗτος ὁ ὅρος ὁ „ἄνθρωπος" ὑποτίθεται ἀντὶ Σωκράτους καὶ Πλάτωνος καὶ τῶν ἄλλων. Καὶ διὰ τί ἡ σημασία προτέρα ἐστὶ τῆς ὑποθέσεως καὶ οὐ σημαίνουσι τὸ αὐτό; διότι τὸ σημαίνειν ἐστὶ τῆς φωνῆς, τὸ δὲ ὑποτίθεσθαι ὅρου ἤδη σημαίνοντος, τουτέστι συνθέτου ἐκ φωνῆς καὶ σημασίας· ἡ ὑπόθεσις ἄρα οὐκ ἐστὶ σημασία. Συμπλοκὴ ἐστι πρόσληψις ὅρου ἐπιθέτου ἤγουν ἐπουσιώδους ἀντί τινος.*

69) V, 26, p. 314.: *Τῶν ὑποθέσεων ἡ μέν ἐστι κοινὴ ἡ δὲ διωρισμένη. Ὑπόθεσις κοινή ἐστιν ἡ δι' ὅρου γινομένη κοινοῦ, οἷον „ἄνθρωπος"· ὑπόθεσις διωρισμένη ἐστὶν ἡ δι' ὅρου γινομένη διωρισμένου, οἷον „Σωκράτης" ἢ* (aus Petrus Hispanus geht hervor, dass hier folgende Worte ausgefallen sind: *γινομένη δι' ὅρου κοινοῦ μετὰ ἀντωνυμίας ἐπιδεικτικῆς τοῦ πρωτοτύπου εἴδους, οἷον*) *„οὗτος ὁ ἄνθρωπος". Ἔτι τῶν κοινῶν ὑποθέσεων ἡ*

dentelle Supposition abermals in eine einfache (*ἁπλῆ*, — „*simplex*") und eine persönliche (*προςωπική*, — „*personalis*"); die erstere derselben bestehe in der Annahme eines Allgemein-Begriffes an Stelle des von ihm allgemein bezeichneten Dinges, d. h. ohne specielle Beiziehung jener Dinge, welche als zu seinem Umfange gehörig unter ihn fallen (*τὰ κατώτερα, τὰ ταπεινώτερα*); und zwar bestehe bei dieser „einfachen Supposition" wieder ein Unterschied, je nachdem der Allgemein-Begriff im Subjecte oder im Prädikate stehe, und man müsse hievon jene Fälle streng ausscheiden, in welchen der Allgemein-Begriff durch einen Zusatz (*λέξις παρασημειωτική*) eine nähere Bestimmung, z. B. namentlich durch restrictive Ausdrücke eine Beschränkung erfährt, denn alle dergleichen Supposition gehe bereits in die „persönliche" über; dass aber auch dann, wenn der Allgemein-Begriff im Prädicate steht, es eben eine einfache Supposition sei, wird ausdrücklich an einem traditionellen Beispiele gezeigt [70]).

μὲν φυσικὴ ἡ δὲ κατὰ συμβεβηκός. Ὑπόθεσις φυσική ἐστι πρόςληψις ὅρου κοινοῦ ἀντὶ πάντων, ὑφ' ὧν μετέχεσθαι πέφυκεν, οἷον ὁ ἄνθρωπος καθ' αὑτὸν εἰλημμένος (in den Worten *καθ' αὑτὸν* liegt ein Gegensatz im Vergleiche mit *πρός τι*, s. unten Anm. 82.) *ἐκ τῆς ἰδίας φύσεως ὑποτίθησιν ἀντὶ πάντων ἀνθρώπων τῶν γενομένων καὶ ὄντων καὶ ἐσομένων· κατὰ συμβεβηκὸς δὲ ὑπόθεσίς ἐστι πρόςληψις ὅρου κοινοῦ ἀντ' ἐκείνων, ἃ τὸ συνημμένον ἀπαιτεῖ, οἷον „ἄνθρωπος ἔστιν" οὗτος ὁ ὅρος ὁ „ἄνθρωπος" ὑποτίθησι ἐνταῦθα ἀντὶ τῶν ἐνεστώτων, ὅταν δὲ λέγηται „ἄνθρωπος ἦν", ὑποτίθησι περὶ τῶν παρελθόντων, καὶ ὅταν „ἄνθρωπος ἔσται", ὑποτίθησι περὶ τῶν μελλόντων· καὶ οὕτω διαφόρους ὑποθέσεις ἔχει κατὰ τὰς διαφορὰς τῶν αὐτοῦ σημαινόντων.*

70) Ebend. p. 316.: *Τῶν δὲ κατὰ συμβεβηκὸς ὑποθέσεων ἡ μέν ἐστιν ἁπλῆ ἡ δὲ προςωπική· ἁπλῆ ὑπόθεσίς ἐστι πρόςληψις ὅρου κοινοῦ ἀντὶ πράγματος καθόλου σημαινομένου δι' αὐτοῦ, ὡς ὅταν λέγηται „ὁ ἄνθρωπός ἐστιν εἶδος" ἢ „τὸ ζῷόν ἐστι γένος", οὗτος ὁ ὅρος ὁ „ἄνθρωπος" ὑποτίθησιν ἀντὶ τοῦ ἀνθρώπου ἐν τῷ κοινῷ, ἀλλ' οὐκ ἀντ' ἄλλου τινὸς τῶν κατωτέρων, ὁμοίως καὶ οὗτος ὁ ὅρος „τὸ ζῷον" ὑποτίθησιν ἀντὶ τοῦ ζῴου ἐν τῷ κοινῷ καὶ οὐκ ἀντ' ἄλλου τινὸς τῶν ταπεινοτέρων· ὡς δ' αὕτως καὶ ἐν ἑκατέρῳ* (zu lesen *ἑκάστῳ*) *ὅρῳ κοινῷ, ὡς „τὸ γελαστικόν ἐστιν ἴδιον" ἢ „τὸ λογικόν ἐστι διαφορά" ἢ „τὸ λευκόν ἐστι συμβεβηκός". Ἔτι τῶν ἁπλῶν ὑποθέσεων ἡ μέν ἐστιν ὅρου κοινοῦ ἐν ὑποκειμένῳ τεθέντος, οἷον „ὁ ἄνθρωπός ἐστιν εἶδος", ἡ δέ ἐστιν ὅρου κοινοῦ τεθέντος ἐν κατηγορουμένῳ καταφατικῷ, οἷον „πᾶς ἄνθρωπός ἐστι ζῷον", οὗτος ὁ ὅρος „τὸ ζῷον" ἐν τῷ κατηγορουμένῳ τεθεὶς ἁπλῆν ἔχει ὑπόθεσιν, διότι μόνον ὑποτίθησιν ἀντὶ τῆς φύσεως τοῦ γένους· ἄλλη δέ ἐστιν ὅρου κοινοῦ τεθέντος μετὰ λέξιν παρασημειωτικὴν, οἷον „πᾶν ζῷον παρὰ τὸν ἄνθρωπόν ἐστιν ἄλογον"· ἐνταῦθα γὰρ οὗτος ὁ ὅρος ὁ „ἄνθρωπος" ἁπλῆν ἔχει ὑπόθεσιν, οὐ γὰρ ἕπονται ταῦτα· „πᾶν ζῷον παρὰ τὸν ἄνθρωπόν ἐστιν ἄλογον, πᾶν ἄρα ζῷον παρὰ τοῦτον τὸν ἄνθρωπόν ἐστιν ἄλογον", ἀλλ' ἐστὶν ἐκεῖ τὸ σχῆμα τῆς λέξεως τῷ προιέναι ἐξ ἁπλῆς ὑποθέσεως εἰς προσωπικὴν εἰς πρόσωπον· ὁμοίως κἀνταῦθα „ὁ ἄνθρωπός ἐστιν εἶδος"* (ausgefallen: *τὶς ἄρα ἄνθρωπός ἐστιν εἶδος*) *καὶ πάλιν „πᾶς ἄνθρωπός ἐστι ζῷον, πᾶς ἄρα ἄνθρωπός ἐστιν* (ausgefallen *τοῦτο τὸ ζῷον*)"· *ἐν πᾶσι γὰρ γίνεται πρόοδος ἐξ ἁπλῆς ὑποθέσεως εἰς προσωπικήν. Ὅτι δὲ ὁ κοινὸς ὅρος ἐν τῷ κατηγορουμένῳ τεθεὶς ἁπλῶς θεωρεῖται, δῆλον ἐκ τοῦ λέγειν, ὅτι πάντων τῶν ἀντικειμένων ἡ αὐτή ἐστιν ἐπιστήμη· εἰ μὴ γὰρ οὗτος ὁ ὅρος „ἡ ἐπιστήμη" ἁπλῆν εἶχεν ὑπόθεσιν, ψευδὲς ἂν ἦν· οὐδεμία γὰρ μερικὴ ἐπιστήμη ἁπάντων τῶν ἐναντίων ἐστίν· ἡ γὰρ ἰατρικὴ οὐκ ἐστὶ πάντων τῶν ἐναντίων, ἀλλὰ μόνον τοῦ ὑγιαίνοντος καὶ νοσοῦντος, καὶ ἡ γραμματικὴ τοῦ ἡρμοσμένου καὶ ἀναρμόστου, καὶ ἐπὶ τῶν ἄλλων ὁμοίως.*

Und es folgt nun die zweite Species der accidentellen Supposition, nemlich die „persönliche"; das Wesen derselben liege im Gegensatze gegen die einfache gerade darin, dass ein Allgemeinbegriff an Stelle der unter ihn fallenden Dinge, welche seinen Umfang ausmachen, angenommen werde; durch eine abermalige Eintheilung aber wird sodann innerhalb dieser persönlichen Substitution wieder unterschieden eine feststehende (*διωρισμένη*, — „*determinata*") und eine verworrene (*συγκεχυμένη*, — „*confusa*"); die erstere finde Statt, wenn die Quantität des Allgemein-Begriffes entweder gar nicht oder particular ausgedrückt sei, und eine feststehende werde diese Supposition darum genannt, weil ein auf derselben beruhendes Urtheil, wenn auch zu allgemein ausgesprochen, dennoch jedenfalls von Einem unter den Allgemein-Begriff fallenden Individuum wahr sei; zur Erläuterung aber wird hier zum ersten Male (wir werden sehen, dass im weiteren Verlaufe diess zum wesentlichen Bestandtheile dieser Erörterungen sich umgestaltet) ein Sophisma beigezogen, welches zu den *ἐκ τοῦ σχήματος τῆς λέξεως* genannten gehört [71]).

Die Besprechung aber der zweiten Unterart, nemlich der „verworrenen" Supposition führt zu noch ausführlicheren Untersuchungen und zur Schlichtung einer Controverse. Eine verworrene Supposition liege dann vor, wenn ein Allgemein-Begriff durch Vermittlung des Zeichens der Allgemeinheit (d. h. des Wortes „Alle") an Stelle mehrerer unter ihn fallenden Dinge angenommen werde; dabei aber sei wieder ein Unterschied, je nachdem diese Unterstellung aus der zwingenden Nothwendigkeit jenes Quantitäts-Zeichens oder aus der zwingenden Nothwendigkeit des Sachverhaltes selbst hervorgehe, und zwar betreffe der erstere Fall das Subject, der letztere aber sowohl die Copula als auch das Prädicat [72]). Aus Letzterem aber folgt nun die abermalige Unter-

---

71) Ebend. p. 322.: *Προσωπική ἐστιν ὑπόθεσις λῆψις κοινοῦ ὅρου ἀντὶ τῶν ἰδίων κατωτέρων, οἷον „ἄνθρωπος τρέχει"· οὗτος γὰρ ὁ ὅρος ὁ „ἄνθρωπος" κεῖται ἀντὶ τῶν ἰδίων κατωτέρων. Ἔτι τῶν προσωπικῶν ὑποθέσεων ἡ μέν ἐστι διωρισμένη ἡ δὲ συγκεχυμένη. Διωρισμένη μὲν λέγεται, ἣν ἔχει ὅρος κοινὸς ἀδιορίστως εἰλημμένος ἢ μετὰ προσδιορισμοῦ ἤτοι σημείου μερικοῦ, οἷον „ἄνθρωπος τρέχει" ἢ „ἄνθρωπος κινεῖται" ἢ „τὶς ἄνθρωπος τρέχει"· καὶ λέγεται ἑκατέρα τούτων διωρισμένη, διότι, εἰ καὶ ἐν ἑκατέρᾳ τούτων οὗτος ὁ ὅρος ὁ „ἄνθρωπος" ὑποτίθησιν ἀντὶ παντὸς ἀνθρώπου τρέχοντός τε ὁμοίως καὶ μή, ὅμως ἑνὸς τρέχοντος ἀληθής ἐστιν· ἄλλο γάρ ἐστι τὸ ὑποτιθέναι καὶ ἄλλο τὸν λόγον ἀληθῆ ἀποδιδόναι ἀντί τινος· ἐν γὰρ τοῖς προειρημένοις, ὡς εἴρηται, οὗτος ὁ ὅρος ὁ „ἄνθρωπος" ὑποτίθησιν ἀντὶ παντὸς ἀνθρώπου, ὥςπερ τοῦ τρέχοντος οὕτω καὶ τοῦ μὴ τρέχοντος, ἀλλ' ἀποδίδωσι τὸν ἀληθῆ λόγον μόνον ἀντὶ τοῦ τρέχοντος. Διότι δὲ ἑκατέρα τούτων ἐστὶ διωρισμένη, δῆλον ἐντεῦθεν· ὅταν γὰρ λέγηται „ζῷόν ἐστι Σωκράτης, ζῷόν ἐστι Κικέρων, καὶ ἐπὶ τῶν ἄλλων ὡσαύτως, ἄρα ζῷόν ἐστι πᾶς ἄνθρωπος", ἐνταῦθα τὸ σχῆμα τῆς λέξεώς ἐστιν ἀπὸ πλειόνων διωρισμένων ἐπὶ μίαν διωρισμένην, καὶ οὕτως ὁ κοινὸς ὅρος ἀδιορίστως ληφθεὶς ἔχει ὑπόθεσιν διωρισμένην· ὡσαύτως καὶ μετὰ τοῦ μερικοῦ προσδιορισμοῦ.*

72) Ebend. p. 324.: *Συγκεχυμένη ὑπόθεσίς ἐστι λῆψις ὅρου κοινοῦ ἀντὶ πλειόνων μεσιτεύοντος καθόλου προσδιορισμοῦ, ὡς ὅταν λέγηται „πᾶς ἄνθρωπός ἐστι ζῷον", οὗτος ὁ ὅρος ὁ „ἄνθρωπος" μεσιτεύοντος τοῦ καθόλου σημείου κρατεῖται ἀντὶ πλειόνων ὡς ἑκάστου τούτων ὄντος ἰδίου*

scheidung, dass bei dieser Supposition der Subjectsbegriff in beweglicher Weise (*κινητῶς*, — *„mobiliter"*) und in vertheilender Weise (*διανεμητικῶς*, — *„distributive"*) verworren supponirt werde, nemlich ersteres darum, weil durch alle Unterbegriffe herabgestiegen werden kann, und letzteres darum, weil er von jedem Einzel-Individuum gilt, hingegen dass der Prädicatsbegriff nur auf unbewegliche Weise (*ἀκινήτως*, — *„immobiliter"*) supponirt werden könne, weil hier ein Herabsteigen auf die niedreren Theile des Umfanges unstatthaft ist, wenn man nicht in Sophismen verfallen soll; eben hieran aber knüpft sich das Bedenken, ob diese Behauptung einer verworrenen Supposition des Prädicatsbegriffes nicht im Widerspruche stehe mit obiger Angabe (Anm. 70), woselbst die Supposition des Allgemein-Begriffes, auch wenn derselbe im Prädicate stehe, zur einfachen (*ἁπλῇ*) Supposition gerechnet worden war [73]). Und indem nun Psellus die Lösung dieses Widerspruches vorerst nach der Ansicht Anderer angibt, welche darauf hinauslief, dass einerseits die Gattung als solche durch eine einfache Supposition substituirt werde und andrerseits zugleich die in den Individuen vervielfältigte Gattung zu einer unbeweglichen verworrenen Supposition verwendet werden könne, und hiernach kein Widerspruch zwischen jenen beiden Angaben bestehe, spricht er nun seine eigene Meinung aus, welche dahin lautet, dass der allgemeine Prädicatsbegriff überhaupt zu keiner verworrenen Supposition, weder in beweglicher noch in unbeweglicher Weise, tauglich sei, sobald beim Subjecte das allgemeine

---

ὑποκειμένου. Ἔτι τῶν συγκεχυμένων ὑποθέσεων ἡ μέν ἐστι συγκεχυμένη τῇ ἀνάγκῃ τοῦ προσδιορισμοῦ ἢ τοῦ τρόπου, ἡ δέ ἐστι συγκεχυμένη τῇ ἀνάγκῃ τοῦ πράγματος· ὡς ὅταν λέγηται „πᾶς ἄνθρωπος ζῷόν ἐστι", οὗτος ὁ ὅρος ὁ „ἄνθρωπος" τῇ ἀνάγκῃ τοῦ καθόλου σημείου συγχεῖται ἢ διανέμεται ὑπὲρ ἑκάστου ἰδίου ὑποκειμένου, καὶ ἐπεὶ ἕκαστος ἄνθρωπος ἔχει τὴν ἰδίαν ὕπαρξιν, διὰ τοῦτο τὸ ῥῆμα τοῦτο τὸ „ἐστί" κρατεῖται τῇ ἀνάγκῃ τοῦ πράγματος ἀντὶ τοσούτων ὑπάρξεων, ἀνθ' ὅσων ἀνθρώπων, καὶ ἐπεὶ ἑκάστῳ ἀνθρώπων ἔνεστιν ἡ ἰδία ζῳότης, διὰ τοῦτο κρατεῖται τῇ ἀνάγκῃ τοῦ πράγματος ἀντὶ τοσούτων ζῴων τὸ ζῷον, ἀνθ' ὅσων ἀνθρώπων ὁ ἄνθρωπος καὶ ἀνθ' ὅσων ὑπάρξεων καὶ τοῦτο τὸ „ἐστί" τὸ ῥῆμα.

73) Ebend. p. 326.: *Ὅθεν οὗτος ὁ ὅρος ὁ „ἄνθρωπος" λέγεται ὑποτιθέναι συγκεχυμένως κινητῶς* (dass dieses Wort ausgefallen sei, zeigt sowohl das Folgende als auch Petrus Hispanus) *καὶ διανεμητικῶς· ἀλλὰ συγκεχυμένως μὲν καὶ διανεμητικῶς ὑποτίθησι, διότι κρατεῖται ἀντὶ παντὸς ἀνθρώπου, κινητῶς δὲ, διότι ἔξεστι γίνεσθαι κατάφασιν* (zu lesen *κατάβασιν*) *ὑπὲρ ἑκάστου ἰδίου ὑποκειμένου, οἷον „πᾶς ἄνθρωπος ζῷον, Σωκράτης ἄρα· πᾶς ἄνθρωπος ζῷον, Πλάτων ἄρα"· οὗτος δὲ ὁ ὅρος „τὸ ζῷον" λέγεται συγκεχύσθαι ἀκινήτως, διότι οὐκ ἔξεστι γίνεσθαι κατάβασιν ὑπ' αὐτὸ, οἷον „πᾶς ἄνθρωπός ἐστι* (ausgefallen *ζῷον, πᾶς ἄρα ἄνθρωπός ἐστι*) *τοῦτο τὸ ζῷον", ἀλλ' ἐστὶν ἐκεῖ ἡ πρόοδος ἀπὸ τῆς ἁπλῆς εἰς τὴν προσωπικὴν, ὡς ἐνταῦθα „ὁ ἄνθρωπός ἐστι τιμιώτατον τῶν κτισμάτων, ἄρα οὗτος ὁ ἄνθρωπός ἐστι τιμιώτατον τῶν κτισμάτων" καὶ „τὸ ῥόδον τῶν ἀνθέων τιμιώτατόν ἐστι, καὶ τὶ ἄρα ῥόδον"· ἀλλὰ καὶ τοῦτο διαφέρει, καθὸ ἐν τούτοις ἐστὶν ἡ ὑπόθεσις ἀπὸ τοῦ μέρους τοῦ ὑποκειμένου, ἐκεῖ δὲ ἀπὸ τοῦ μέρους τοῦ κατηγορουμένου, εἰ καὶ τοὐναντίον δοκεῖ οὗπερ εἴρηται πρότερον, ὅτι ἐν ταύτῃ τῇ „πᾶς ἄνθρωπός ἐστι ζῷον" οὗτος ὁ ὅρος „τὸ ζῷον" ἐν τῷ κατηγορουμένῳ τεθεὶς ἁπλῆν ἔχει ὑπόθεσιν, καὶ ἐνταῦθα λέγεται ἔχειν συγκεχυμένην* (die letzten fünf Worte fehlen im Texte).

Quantitätszeichen bejahend stehe, denn der Prädicatsbegriff repräsentire (im Hinblicke auf eine Stelle des Porphyrius) dann stets einen Gattungsbegriff, die Gattung aber höre durch jene Vervielfältigung, sei es durch bewegliche oder durch unbewegliche, jedenfalls auf, Gattung zu sein [74]), was auch seine Bestätigung durch eine aristotelische Stelle finde [75]). Nun aber wird diese Erörterung noch in weiteren Unterscheidungen fortgesponnen; zunächst nemlich sei zu erwägen, dass der Begriff des Ganzen (ὅλον) ein anderer sei, insoferne er den Gattungsbegriff betreffe, und ein anderer, wenn er quantitativ verstanden werde; eben letzterer aber komme bei der verworrenen Supposition in Betracht, und zwar als der des vollständigen Ganzen bei der beweglichen, und als der des

---

74) Ebend. p. 328.: *Πρὸς τοῦτο λεκτέον κατά τινας* (diese Worte fehlen im Texte), *διότι, καθὸ γένος κατηγορεῖται ἐκεῖ κατὰ τοῦ εἴδους, οὕτω καὶ οὗτος ὁ ὅρος „τὸ ζῷον“ ἀντὶ κοινοῦ αὐτῆς κρατεῖται, ὅπερ ἐστὶ τὸ γένος, καὶ οὕτως ὁ ὅρος ἁπλῆν ἔχει ὑπόθεσιν· καθὸ δὲ ἡ κοινὴ αὐτὴ φύσις* (der Text gibt *καθὸ ἐκείνη ἡ ἀληθής*) *ἐκείνου τοῦ γένους πολλαπλασιάζεται διὰ τῆς ὑποθέσεως τοῦ ἀνθρώπου, οὕτω λέγεται ἔχειν συγκεχυμένην, οὐ κινητῶς ἀλλ᾽ ἀκινήτως· ἡ γὰρ συγκεχυμένη κινητῶς ὑπόθεσις οὐ δύναται ἅμα εἶναι μετὰ τῆς ἁπλῆς οὔτε κατὰ τὸ αὐτὸ οὔτε κατὰ διάφορα, ἀλλ᾽ ἡ ἀκινήτως συγκεχυμένη ὑπόθεσις δύναται ἅμα εἶναι μετὰ τῆς ἁπλῆς οὐ κατὰ τὸ αὐτὸ, ἀλλὰ κατὰ διάφορα, ὡς εἴρηται* (letzteren Satz gibt Petrus Hispanus bei gleichem Sinne in abweichender Form)· *καὶ οὕτω δεῖ λύειν τὴν ἐναντιότητα, ἥτις ἐφαίνετο τοῖς προειρημένοις, ὅτι ὁ κοινὸς ὅρος ἐν τῷ κατηγορουμένῳ τεθεὶς ἔχει ἁπλῆν ὑπόθεσιν καὶ συγχεῖται ἀκινήτως καθόλου καταφατικοῦ προσδιορισμοῦ ὄντος ἐν τῷ ὑποκειμένῳ, οἷον „πᾶς ἄνθρωπός ἐστι ζῷον“* (dieser Satz fehlt bei P. Hispanus)· *οἶμαι δὲ ἐγὼ* (diese Worte übersetzt P. Hispanus ganz gemüthlich mit „*sed ego credo*“) *ἀδύνατον εἶναι, κοινὸν ὅρον τεθέντα ἐν τῷ κατηγορουμένῳ συγχεῖσθαι κινητῶς ἢ* (die beiden letzteren Worte fehlen im Texte) *ἀκινήτως καθόλου σημείου ἐν ὑποκειμένῳ καταφατικῶς* (fehlt im Texte) *τεθέντος, οἷον „πᾶς ἄνθρωπός ἐστι ζῷον“, ὁμοίως δὲ κἀπὶ τῶν ἄλλων* (c. 27, p. 332.; Ehinger nemlich beginnt sinnlos hier ein neues Capitel), *ὥςτε, ὥςπερ καὶ ὁ Πορφύριος βούλεται, πᾶν κατηγορούμενον ἢ μεῖζον ἢ ἔλαττον ἢ ἀντεστραμμένως λέγεται καὶ περὶ κατηγορίας τὸ καθ᾽ αὑτὸ σκοπεῖ* (s. Abschn. XII, Anm. 124.)· *ἐνταῦθα δὲ „πᾶς ἄνθρωπός ἐστι ζῷον“ κατηγορία καθ᾽ αὑτό ἐστι καὶ μὴ ἀντεστραμμένως κατηγορεῖται, μεῖζον ἄρα* (letztere zwei Worte fehlen), *καὶ μὴ ὡς συμβεβηκὸς, ἄρα ὡς οὐσιῶδες· ἄρα ἢ γένος ἢ διαφορά·* (diese fünf Worte fehlen hinwiederum bei P. Hispanus). *ἀλλὰ μὴ διαφορά· ἄρα γένος· ὅμως μέντοι ἡ φύσις τοῦ γένους πολλαπλασιασθεῖσα κινητῶς ἢ ἀκινήτως οὐκ ἐστὶ γένος· οὐκοῦν ὅταν λέγηται „πᾶς ἄνθρωπός ἐστι ζῷον“, τιθεμένου ἐνταῦθα γένους οὐκ ἐστὶ δυνατὸν, ὅρον τὸν κοινὸν πολλαπλασιάζεσθαι κινητῶς ἢ ἀκινήτως, ὅςτις σημαίνει τὴν φύσιν τοῦ γένους, διότι ἤδη οὐκ ἂν ἦν γένος, ὥςπερ εἰ ὁ „ἄνθρωπος“ συγχέοιτο κινητῶς ἢ ἀκινήτως, οὐκ ἐστὶν ἤδη εἶδος.*

75) Ebend. c. 27, p. 334.: *Ἔτι τὸ αὐτὸ δοκεῖ ἐκ τοῦ Ἀριστοτέλους ἐν τῷ πρώτῳ τῶν Τοπικῶν* (*Top.* I, 8, 103 b. 8.)· *λέγεται γάρ· „ἀνάγκη πᾶν τὸ κατηγορούμενον κατά τινος ἢ ἀντεστραμμένως ἐκείνου κατηγορεῖσθαι ἢ μή· εἰ μὲν ἀντεστραμμένως, ὁρισμός ἐστιν ἢ ἴδιον, εἰ δὲ μὴ ἀντεστραμμένως, ἢ πίπτει εἰς τὸν ὁρισμὸν ἢ οὐδαμῶς· εἰ μὴ πίπτει, ἐστὶ συμβεβηκός· εἰ πίπτει, ἢ γένος ἐστὶν ἢ διαφορά“· καὶ σκοπεῖ ὁ Ἀριστοτέλης, ὅπως ἂν εἴη ἡ κατηγορία ὀρθὴ, καὶ ὑπόκειται τὸ εἶδος καθ᾽ αὑτὸ πολλαπλασιασθέν. Ἀλλ᾽ ἐν ταύτῃ τῇ „πᾶς ἄνθρωπος“ ἔστι κατηγορία καὶ „ἄνθρωπος“ ὑπόκειται καὶ μὴ ἀντεστραμμένως κατηγορεῖται ἢ συμβεβηκός· ἄρα γένος ἢ διαφορά· ἀλλὰ μὴ διαφορά· ἄρα γένος· καὶ οὕτως πρὸς αὐτὸ πορεύομεν, ὥςπερ καὶ πρῶτον. Ἀδύνατον οὖν, τὸν κοινὸν ὅρον ἐν τῷ κατηγορουμένῳ τεθέντα κινητῶς ἢ ἀκινήτως συγχεῖσθαι.*

unvollständigen bei der unbeweglichen Supposition, und aus eben diesem Grunde könne bei dem Prädicatsbegriffe, welcher stets Gattung sei, von einer verworrenen Supposition keine Rede sein[76]). Ferner sei die aufsteigende Beziehung des dem Umfange nach Niedrigeren (*τὰ κατώτερα*) auf das Höhere (*τὰ ἀνώτερα*) gerade entgegengesetzt dem Herabsteigen, nur die erstere aber finde bei dem Allgemein-Begriffe als einem wirklichen umfassenden Gattungsbegriffe statt, letzteres hingegen enthalte allerdings jenen Process der Vervielfältigung, habe aber eben darum mit der Gattung als solcher Nichts zu schaffen[77]). Der Grund des Zweifels aber, zu dessen Lösung diese Bemerkungen dienen sollen, sei darin gelegen, dass man eben bei Urtheilen, deren Prädicat ein Gattungsbegriff ist, die Supposition völlig in gleichem Maasse für den Subjects- wie für den Prädicats-Begriff annahm, weil da letzterer in jedem unter den Subjects-Begriff fallenden Individuum sein individuelles Dasein habe; hingegen bei Urtheilen, deren Prädicat nur eine accidentelle Eigenschaft ausspreche, habe man sofort bemerken müssen, dass jene Eigenschaft je nach ihrem Vorkommen an ihren Trägern eine Vervielfältigung erfahre, und dass dabei im Subjects-Begriffe nicht eine Individualisirung einer im Prädicate liegenden Gattung bestehe[78]); daher

---

76) Ebend. p. 336.: *Ἔτι ὅλον καθόλου, ὅπερ γένος, καὶ ὅλον ἐν ποσότητι ἀντίθεσιν ἔχουσιν. Ἀλλὰ μὴν τὸ ὅλον ἐν ποσότητι διχῶς λέγεται· ἔστι μὲν γὰρ ὅλον τι ἐν ποσότητι συμπεπληρωμένον, ὅταν ὁ κοινὸς ὅρος κινητῶς συγχεῖται, καὶ ἔστι τι ὅλον ἐν ποσότητι ἀσυμπλήρωτον, ὅταν ἀκινήτως ὁ κοινὸς μᾶλλον συγχεῖται. Εἰ ἄρα ὁ κοινὸς ὅρος ἁπλῶς καὶ πῇ συγχεῖται, οὕτω καὶ τὸ ἐν ποσότητι ὅλον τρόπον τινὰ καὶ ἁπλῶς καὶ πῇ γίνεται* (dieser Satz fehlt bei Petrus Hispanus). *Οὐκοῦν ἀδύνατόν ἐστι τὸ ἐν ποσότητι ὅλον εἶναι γένος, ὅθεν ἀδύνατόν ἐστι τὸν κοινὸν ὅρον ἐν τῷ κατηγορουμένῳ τεθέντα συγχεῖσθαι, ὡς ἔλεγον.*

77) Ebend. p. 338.: *Ἔτι ἡ παράθεσις ἐκείνη, καθ᾽ ἣν ἀνέφερον τὸ κατώτερον εἰς τὸ ἀνώτερον αὐτῶν, ἀντικειμένη ἐστὶν ἐκείνῃ τῇ παραθέσει, καθ᾽ ἣν ἀναφέρεται τὸ ἀνώτερον εἰς τὸ κατώτερον· ἀλλὰ κατὰ τὴν πρώτην λαμβάνεται τὸ κοινὸν ἐν τῷ λόγῳ τοῦ κοινοῦ· οὕτω γὰρ αὐτὸ τὸ κοινὸν ἐν ἑαυτῷ περιέχει πάντα τὰ ὑπ᾽ αὐτὸ ὄντα· ἀλλὰ κατὰ τὴν ἑτέραν λαμβάνεται τὸ κοινὸν πολλαπλασιασθὲν ἢ* (die letzteren drei Worte fehlen im Texte) *συγκεχυμένον ἤγουν τὸ κινητῶς κοινὸν ἀντὶ πάντων ἤγουν* (offenbar fehlt *διανεμητικῶς*, s. Anm. 73.) *ἀνθ᾽ ἑκάστων. Ἆρα* (zu lesen *Ἄρ᾽ εἰ*) *τὸ γένος ἵσταται καθ᾽ αὐτὸ ἐν τῷ τοῦ κοινοῦ λόγῳ, οὐκ ἐστὶ δυνατὸν αὐτὸ πολλαπλασιάζεσθαι.*

78) Ebend.: *Καὶ ταῦτα μὲν συγχωρῶ* (bei P. Hispanus: *Et haec quatuor argumenta sunt concedenda*)*· ἡ δὲ τοῦ κινεῖσθαι αἰτίου* (zu lesen *αὐτοὺς αἰτία*, P. Hispanus: *Causa autem, propter quam movebantur isti qui fuerunt huiusmodi opinionis*) *ῥαδίως λυθήσεται. Λέγουσι γὰρ, ὡς, ὅταν λέγηται „πᾶς ἄνθρωπός ἐστι ζῷον", ἕκαστον ἄνθρωπον ἔχειν τὴν ἰδίαν ὕπαρξιν καὶ ζῳότητα, καθὸ ἀδύνατον ἄνθρωπον εἶναι καὶ μὴ εἶναι ζῷον, οὕτως ὁ ὅρος „ζῷον" ἀντὶ τοσούτων ζῴων κρατεῖται ἀνθ᾽ ὅσων ἀνθρώπων ἄνθρωπος* (letzteres Wort fehlt im Texte)*· λέγομεν γὰρ ἐν ταύτῃ τῇ προτάσει μηδὲν εἶναι εἶδος* (dieser Satz fehlt bei P. Hispanus, sowie überhaupt auch im Folgenden manche Abweichungen sich zeigen, und jedenfalls beide Texte, sowohl der uns erhaltene des Psellus als auch der von Petrus Hispanus benützte, vielfach corrupt sind)*· ὅταν δὲ λέγωμεν „πᾶς ἄνθρωπός ἐστι λευκός" ἢ „πᾶς ἄνθρωπός ἐστι μέλας", ὅτι ἀδύνατον ἄνθρωπον εἶναι καὶ μὴ εἶναι ζῷον, ἀνάγκη τοσαῦτα ζῷα ἐν τῷ ὑποκειμένῳ νοεῖσθαι, ὅσοι ἄνθρωποί εἰσιν, ἀνθ᾽ ὅσων „ἄνθρωπος" κρατεῖται. Ἀλλὰ μὴν ἄτοπον λέγειν, τὸ πλῆθος ἐκεῖνο τῶν ζῳο-*

zeige sich bei richtiger Erwägung dieser Verhältnisse, dass der Gattungsbegriff eines allgemeinen Prädicates zu keiner verworrenen Supposition, weder in beweglicher noch in unbeweglicher Weise verwendet werden könne [79]). Hieraus aber wird in ähnlicher Weise gezeigt, dass auch die Copula keiner verworrenen Supposition fähig sei, indem der Gattungsbegriff, welcher im Prädicate liegt, von Anbeginn an im Subjectsbegriffe vorhanden sei; und hiemit wird obige Angabe (Anm. 72), dass die eine Species der verworrenen Supposition auf zwingender Nothwendigkeit des dinglichen Bestandes beruhe und sowohl im Prädicate als auch in der Copula auftreten könne, jetzt direct dahin berichtigt, dass eine verworrene Supposition überhaupt nur durch die Nothwendigkeit des Quantitätszeichens erfolge, da jene in der Individualisirung liegende Vervielfältigung des Gattungsbegriffes nur dem natürlichen Gebiete anheimfalle, hingegen für das logische Verfahren der Gattungsbegriff als solcher von der verwirrenden Vervielfältigung unberührt bleibe, wornach die einzige Veranlassung der verworrenen Supposition nur in der Allgemeinheit des Quantitätszeichens liegen könne [80]).

τήτων διὰ τὸ πλῆθος τῆς κατηγορίας ἓν εἶναι, ὅτι ἐκεῖ λευκὸν καὶ μέλαν πολλαπλασιάζεται. Ὅταν λέγω, τὸν ἄνθρωπον συγκεῖσθαι κατὰ τὴν τῶν φυσικῶν ὁδὸν (richtiger P. Hispanus: *logice loquendo, non naturaliter*) *ἐκ τοῦ ζῴου καὶ λογικοῦ, διὰ τοῦτο ἐν ἑαυτῷ ζῷον ἔχει, ὅθεν ἄνθρωπος πολλαπλασιάζεται καὶ ἐν ἑαυτῷ ἔχει τὸ πλῆθος ἐκεῖνο τῶν ζωοτήτων· ὅταν λέγῃ* (zu lesen *δὲ λέγω*) *„πᾶς ἄνθρωπός ἐστι λευκός“ καὶ „πᾶς ἄνθρωπός ἐστι μέλας“, κατ' οὐδένα τρόπον ἔχει ταύτας τὰς ζωότητας ἐκ τοῦ κατηγορουμένου.*

79) Ebend. p. 342.: *Ὁμοίως ἐστὶ κἀν τῷ προειρημένῳ, ὅταν κατηγορῆται τὸ γένος, οἷον „πᾶς ἄνθρωπός ἐστι ζῷον“· ἐν ταύτῃ γὰρ τῇ προτάσει ὑπόκειται ὁ ἄνθρωπος, ἐν ᾧ νοεῖται τὸ πλῆθος ἐκεῖνο τῶν ζωοτήτων, ὡς εἴρηται, καὶ κατηγορεῖται τοῦτο τὸ γένος τὸ ζῷον· διότι οὐδένα τρόπον συγχεῖται κινητῶς ἢ ἀκινήτως, ἀλλὰ κινεῖται* (zu lesen *κρατεῖται*) *ἐκεῖ ἀντὶ τῆς φύσεως αὐτῆς τοῦ γένους τοῦ κοινῇ κατηγορικοῦ κατὰ πλειόνων· ὅθεν καὶ ζῷον κατηγορεῖται καὶ ζῷον νοεῖται ἐν τῷ ὑποκειμένῳ, ὥςπερ ἐνταῦθα „πᾶν ζῷον λογικὸν θνητόν ἐστι ζῷον“.*

80) Ebend.: *Ὁμοίως δὲ λέγομεν, ὅτι τοῦτο τὸ ῥῆμα τὸ „ἐστίν“ οὐ συγχεῖται κινητῶς ἢ ἀκινήτως, ἐπεὶ τὸ ζῷον ἐν τῷ ἀνθρώπῳ εἶχεν αὐτὸ ὑποκείμενον πρὶν ὑποκεῖσθαι ἐν τῇ προτάσει κατηγορουμένῳ κατ' οὐσίαν ἢ κατὰ συμβεβηκός* (Petrus Hispanus hatte einen etwas abweichenden Text vor sich). *Καὶ διὰ τοῦτο τὴν προάγουσαν δόξαν* (d. h. das oben Anm. 72. Gesagte; schlechter ist die Lesart, welche P. Hispanus übersetzt: *quandam divisionem factam*) *ἀνασκευάζομεν, δηλονότι ὅτι τῶν συγκεχυμένων ὑποθέσεων ἡ μὲν συγχεῖται τῇ ἀνάγκῃ τοῦ προσδιορισμοῦ ἡ δὲ τῇ ἀνάγκῃ τοῦ πράγματος. Λέγομεν γὰρ, τὴν σύγχυσιν εἶναι τῇ ἀνάγκῃ τοῦ προσδιορισμοῦ, ὥςπερ καὶ ἐνταῦθά ἐστιν „πᾶν ζῷον λογικὸν θνητόν ἐστι ζῷον“· οὗτος ὁ ὅρος ὁ „ζῷον“ ἀντὶ παντὸς ζῴου κρατεῖται ὅ ἐστιν ἄνθρωπος, ὥςπερ καὶ ἐν ταύτῃ τῇ προτάσει „πᾶς ἄνθρωπός ἐστι ζῷον“ οὗτος ὁ ὅρος ὁ „ἄνθρωπος“ ἀντὶ παντὸς ἀνθρώπου κρατεῖται καὶ ἀντὶ παντὸς ζῴου ὅπερ ἄνθρωπος· καὶ ἰστέον, τοσαύτας ἐκεῖ εἶναι ἀνθρωπότητας, ὅσαῦται ζωότητες, καὶ ἀνάπαλιν κατὰ τὴν τῆς φύσεως ὁδὸν, κατὰ δὲ τὴν τῶν λογικῶν ὁδὸν* (auch hier gibt P. Hispanus einen anderen Text, wie oben Anm. 78.) *ἐν ἑκάστῳ ἀτόμῳ τοῦ ἀνθρώπου, ὥςπερ ὁ ἄνθρωπος ἐν τῷ κοινῷ ἐστι τὸ αὐτὸ, ὅθεν τὸ ταύτην λέγεσθαι τὴν ἀνθρωπότητα ἢ ἐκείνην παρὰ τὸν λόγον ἐστὶ τῆς ὕλης· ἐν δὲ τῇ ὁδῷ τῆς φύσεως ἡ ἀνθρωπότης ἡ ἐμὴ ἄλλη ἐστὶ παρὰ τὴν σὴν, ὥςπερ καὶ ἡ ψυχὴ, δι' ἧς ἐστιν ἡ ἀνθρωπότης ἡ ἐμὴ ἐν ἐμοί. Καὶ διὰ τοῦτο τὸ σημεῖον συγχέον τὸν ἄνθρωπον οὐ συγχεῖ καὶ τὸ ζῷον* (aus-

Hiemit aber bricht unser griechischer Text des Psellus ab[81]), und wenn auch der Leser vielleicht den Eindruck empfand, dass hier die Logik wirklich toll geworden sei, so wollen wir einerseits diesem richtigen Gefühle durchaus nicht widersprechen, müssen aber bemerken, dass es sich hiebei erstens um eine Logik handelt, welche ein paar Jahrhunderte das lateinische Abendland beherrschte, und zweitens dass wir eigentlich mit diesen Erörterungen noch lange nicht zu Ende sind. Nemlich nur ein Fragment ist es, — wie wir schon oben sagten —, von welchem uns die einzige bisher benützbare Handschrift des Psellus eine Kunde gibt. Schon bei aufmerksamer Betrachtung des Bisherigen konnte man nicht bloss aus einer obigen Stelle schliessen, dass nach der Supposition *καθ' αὑτὸ* gewiss noch die Supposition *κατὰ τὸ πρός τι* oder, wie die Bezeichnung bei den Grammatikern lautete, *τῶν ἀναφορικῶν* folgen müsse[82]), sondern noch deutlicher springt in die Augen, dass die oben bereits erwähnte *συμπλοκή*[83]) eine der *ὑπόθεσις* parallel gehende specielle Erörterung gefunden haben muss. Und in der That finden wir auch diese beiden Capitel bei den auf Psellus beruhenden Lateinern, indem dort sowohl die *suppositio relativorum* ausführlich (in einer Zweitheilung nach *relativa substantiae* und *relativa accidentis*) besprochen wird[84]), als auch die *copulatio* (d. h. *συμπλοκή*) ihre nähere Darlegung findet[85]).

Aber auch hiemit war die Theorie betreffs derjenigen Gesichtspunkte, welche sich an *σημασία* (*significatio*, s. oben Anm. 66 f.) knüpfen, noch nicht abgeschlossen, sondern so gewiss die Lateiner (nicht bloss Petrus Hispanus, sondern auch Wilhelm Shyreswood und Lambert von Auxerre) für die Schul-Logik in allem Uebrigen, was wir bisher vorführen mussten, vollständig und fast ausschliesslich das Compendium des Psellus zu Grunde legten, ebenso gewiss ist es, dass sie auch bezüglich jenes ziemlich umfangreichen Restes, welchen uns die fragmentarische Handschrift des Psellus leider vorenthält, nur das Nemliche thaten, d. h. dass die Synopsis des Psellus auch noch Alles Folgende, welches ich hier nur kurz berühren werde[86]), ursprünglich

---

gefallen ist *ἐν κοινῷ*), *ἀλλὰ τὸ ζῷον τὸ συνελκυσθὲν εἰς τὸν ἄνθρωπον διὰ τῶν ἰδίων διαφορῶν, ὅθεν πᾶσα σύγχυσίς ἐστι τῇ ἀνάγκῃ τοῦ σημείου ἢ τοῦ τρόπου.*

81) Anstatt einer weiteren Fortsetzung folgt nur noch (p. 348.) eine an diesem Orte völlig unpassende Tabelle der einzelnen Topen.

82) S. in Anm. 69. die von mir dort besonders betonten Worte *καθ' αὑτὸν εἰλημμένος.*

83) S. Anm. 68., hauptsächlich den Schluss derselben, sowie den Schluss der Anm. 67.

84) Bei Petrus Hispanus unmittelbar nach dem Obigen (Anm. 80.) folgend.

85) Allerdings fehlt dieses Capitel bei Petrus Hispanus, hingegen fand ich es in jener Pariser Handschrift, welche die Dialektik des Wilhelm Shyreswood enthält, unmittelbar nach der Lehre von der Supposition eingereiht.

86) Es versteht sich von selbst, dass das Nähere im XVII. Abschnitte entwickelt werden wird, woselbst ich bei jenen Partien der lateinischen Schul-Logik, welche bereits hier aus Psellus vorgeführt sind, mich kürzer fassen und Manches durch blosse Verweisung auf das hier Gesagte erledigen kann, hingegen jenen Rest, dessen griechisches Original wir nicht mehr besitzen, ausführlicher darstellen muss.

gleichfalls enthalten haben muss[87]). Ja ich habe allerdings auch an die fast abstruse Möglichkeit gedacht, dass der uns erhaltene Text der Synopsis nur fälschlich den Namen des Psellus trage und zuletzt nichts Anderes sei, als eine von einem Griechen (ungefähr um d. J. 1400) angefertigte Uebersetzung der *Summula* des Petrus Hispanus; und wer dieses Hirngespinnst weiter zu verfolgen Lust hätte, könnte allenfalls darauf hinweisen, dass in der Synopsis Priscianus erwähnt wird (Anm. 19) und an zwei Stellen in Beispiel-Sätzen der Name Cicero's vorkömmt[88]). Während jedoch Letzteres wahrlich nichts Auffallendes hat, sobald wir uns erinnern, dass die griechische Schul-Logik den Boethius gekannt haben muss (Anm. 15 u. 28), und auch ausserdem bezüglich des Uebersetzens gerade aus Petrus Hispanus der directe Gegenbeweis geliefert werden kann[89]), so liegt sicher das Hauptgewicht darauf, dass es ein unerklärbares Wunder wäre, wie denn mehrere Pariser Logiker in gleicher Behandlungsweise auf einen so ausgedehnten und vordem unbekannten Zweig der Dialektik hätten verfallen können, wenn sie nicht gleichmässig durch ein neu aufkommendes Material hiezu veranlasst worden wären; ja eine schon oben (Anm. 16) erwähnte Einzelheit wäre noch wunderbarer, dass nemlich zwei Autoren unabhängig von einander bei den nemlichen Capiteln die nemliche verkehrte Reihenfolge eingeschlagen hätten. Doch wir wollen eine blosse Hallucination nicht weiter erörtern, sondern in der unverrückbaren wissenschaftlichen Ueberzeugung, dass jene mehreren Lateiner nur aus Psellus schöpften, behaupten wir, dass in der Synopsis auch noch Folgendes enthalten gewesen sein muss.

Zunächst nemlich musste sich an Obiges dasjenige anreihen, was bei den Lateinern bezüglich der *ampliatio* (wohl „*αὔξησις*“ oder „*ἐπαύξησις*“) und der *appellatio* (doch wohl „*προσηγορία*“) und *restrictio* (wahrscheinlich „*μείωσις*“, schwerlich „*συστολή*“) besprochen wird[90]).

---

87) Freuen würde es mich, wenn ich hiedurch die gelehrte Mitwelt oder allenfalls auch Nachwelt auffordern könnte, in den Bibliotheken Nachforschungen über Handschriften der Synopsis anzustellen; meine Ansicht könnte durch neue Entdeckungen ja nur bestätigt werden, indem eine Widerlegung derselben auch dann nicht einträte, wenn die Verstümmlung des Textes noch an mehreren anderen fragmentarischen Handschriften sich zeigte.

88) S. Anm. 71. und ausserdem V, 8, p. 256.: *Τόπος ἀπὸ μέρους ἐν ποσότητι ..... οἷον „Σωκράτης τρέχει καὶ Πλάτων τρέχει καὶ Κικέρων τρέχει“, καὶ περὶ τῶν ἄλλων ὡςαύτως.*

89) Bei Psellus nemlich lautet eine Stelle (V, 3, p. 226.): *Παράδειγμα δέ ἐστιν, ὅταν ἓν μερικὸν ἀποδεικνύηται δι' ἄλλου μερικοῦ, ἐν οἷς ὅμοιόν τι εὑρίσκεται, ὡς „τὸ τοὺς Θηβαίους Μεγαρεῦσι πολεμεῖν κακόν ἐστι, καὶ τὸ τοὺς Κορινθίους ἄρα Ἀργείοις πολεμεῖν κακόν ἐστι“.* Und wenn hiefür bei Petrus Hispanus (*Summul.* V, 2, fol. 36 a.) steht: *Exemplum est, quando unum particulare probatur per aliud propter aliquod simile repertum in ipsis, ut „Leodienses pugnare contra Tongerenses malum est, ergo Mechelinienses pugnare contra Lovanienses malum est“*, so ist klar, dass derjenige der Uebersetzer ist, welcher ein traditionelles Schul-Beispiel durch Anspielungen auf Zeitereignisse (Kämpfe zwischen den Städten Lüttich, Tondern, Mecheln und Löwen) umschreibt.

90) Die vernünftigere Anordnung dieses Stoffes im Vergleiche mit jener des Petrus Hispanus erscheint allerdings bei Wilhelm Shyreswood und Lambert von Auxerre, insoferne diese Beiden in der *appellatio* die Hauptsache erblicken und erst mittelbar mit derselben die *ampliatio* und *restrictio* verbinden.

Und nachdem auch schon hier sowie im Obigen (Anm. 71) zur Erläuterung Sophismen beigezogen waren, erscheint es immerhin als möglich, dass Alles bis hieher von der *significatio* (*σημασία*) Gesagte nur als Einleitung zu den *Sophistici Elenchi* betrachtet wurde, und demnach dieser letztere Abschnitt aus Aristoteles bei Psellus nicht schon weiter oben (s. Anm. 65), sondern erst hier eingereiht war [91]). Mochte jedoch dem sein, wie es wolle, so musste jedenfalls in der Synopsis noch eine ausgedehnte Gruppe anderweitiger Erörterungen gefolgt sein. Während nemlich das Bisherige überwiegend nur die Subjects- und Prädicats-Begriffe der Urtheile betroffen hatte, war noch übrig, nun auch die logischen Functionen jener übrigen Redetheile zu betrachten, welche wir schon oben (Anm. 9) unter dem Namen *συγκατηγορεύματα* vorläufig erwähnt fanden [92]). Und die Compendien der Lateiner zeigen uns, dass in diesem Theile der Dialektik zuerst von der *distributio* (wahrscheinlich wohl „*διανομή*" oder etwa „*τὰ διανεμητικά*") die Rede war, woselbst es sich um die Worte *omnis*, *nullus*, *nihil*, *uterque*, *neuter*, *non*, *totus*, *qualislibet*, *quantuscunque*, *infinitus* (also um *ἅπας*, *οὐδείς*, *οὐδέν*, *ἑκάτερος*, *οὐδέτερος*, *οὔ*, *ὅλος*, *ὁποιοσοῦν*, *ὁποσοσοῦν*, *ἄπειρος*) handelte und Sophismen, welche durch dieselben entstehen, zu lösen waren [93]). Hierauf mussten jene Redetheile gefolgt sein, welche zur völligen Verdeutlichung des Sinnes eine nähere Auseinandersetzung bedürfen, d. h. die *exponibilia* (wohl offenbar „*ἐκθετικά*"), wozu die *exclusiva* (etwa „*ἀποκλειστικά*"?), die *exceptiva* (wohl „*ἐξαιρετικά*"), die *reduplicativa* (sicher „*ἀναδιπλωτικά*"), sowie die Worte *incipit et desinit* („*ἄρχεται καὶ λήγει*"?), abermals *infinitus*, sodann die *comparativa et superlativa* (sicher „*συγκριτικὰ καὶ ὑπερθετικά*"), sowie *differentia* (etwa „*διαφορικά*") und noch einmal *totus* (*ὅλος*) gehörten [94]). Endlich aber scheinen auch noch die übrigen Conjunctionen (*σύνδεσμοι*), soweit sie nicht schon in dem Vorigen erörtert worden, noch speciell in die Dialektik beigezogen worden zu sein [95]). Auch mag bemerkt

91) Wenigstens ist zu beachten, dass Wilhelm Shyreswood in der That erst von der *appellatio* aus auf die *Soph. Elenchi* übergeht. Auch wäre das Hinwegfallen dieses Abschnittes bei Psellus dann leichter erklärlich, wenn die Sophistik erst in jenem Theile besprochen gewesen wäre, welcher für uns überhaupt verloren ist. Petrus Hispanus aber und Lambert v. Auxerre hätten eben dann aus eignem Gutdünken in diesem Punkte die aristotelische Reihenfolge hergestellt, indem sie die *Soph. Elenchi* aus jenem Verbande mit der *σημασία* herausnahmen und unmittelbar nach der Topik folgen liessen.

92) Wahrscheinlich bietet Wilhelm Shyreswood das Richtige dar, indem in der Handschrift der Dialektik desselben der ganze das Folgende umfassende Abschnitt unter dem Titel *Syncategoreumata* eingeführt ist.

93) Die Reihenfolge in der Besprechung dieser Worte ist bei Wilhelm Shyreswood und Petrus Hispanus allerdings nicht die gleiche, jedoch Ersterer hat überhaupt das ganze Material weit selbstständiger verarbeitet, und wir dürfen mit Sicherheit schliessen, dass der Letztere als getreuer Uebersetzer uns die Anordnung überlieferte, welche bei Psellus selbst sich fand.

94) Auch hier arrangirt Wilhelm Shyreswood mit Uebergehung einiger der genannten Worte die übrigen nach eigenthümlichen Gesichtspunkten.

95) Bei Petrus Hispanus findet sich allerdings kein eigenes den Conjunctionen bestimmtes Capitel, hingegen Wilhelm Shyreswood bespricht die Worte *si*, *nisi*, *quin*, *vel*, *an*, *sive*.

werden, dass in diesen Erörterungen theilweise die Lösung von Sophismen versucht wurde, bei fast sämmtlichen aber für die logische Praxis mehrere schulmässig formulirte *regulae* („*κανόνες*“, wie wir solche schon oben, z. B. Anm. 18, 22, 44, trafen) aufgestellt waren, so dass die Synopsis jedenfalls von Anfang bis zu Ende in diesem äusserlich formellen Punkte sich getreu blieb [96]).

Billiger Weise aber drängt sich uns die Frage auf, wie denn wohl alle diese Dinge, welche wir von Anm. 66 an erwähnen mussten, in das Compendium des Psellus gekommen seien, und es wird sich dieser Frage auch Derjenige nicht entziehen können, welcher etwa die Untersuchung bloss auf den uns überlieferten griechischen Text beschränken wollte und es in Zweifel zöge, dass auch all jenes Uebrige ursprünglich gleichfalls in der Synopsis enthalten gewesen sein müsse. Was aber die Beantwortung betrifft, so sind wir in Folge des Materiales, welches bis zum heutigen Tage der geschichtlichen Forschung zu Gebote steht, leider nicht in der Lage, jenes „Woher?“, dessen Ergründung wir uns wahrlich stets bisher zur Aufgabe gemacht haben, hier mit Bestimmtheit angeben zu können.

Im Allgemeinen wohl steht fest, dass stoische Schuldoctrin, d. h. Grammatik und Rhetorik, in den Betrieb der Dialektik sich reichlich verflochten haben müssen (vgl. oben Anm. 17), um zu solch einer Theorie der *σημασία* und der logischen Function derselben zu führen; aber die einzelnen Fäden der Entwicklung oder etwa gar die einzelnen Autoren, durch welche diess geschah, nachzuweisen, ist uns nicht mehr möglich. Ja wir sehen uns bei den bisher zugänglichen griechischen Grammatikern und Rhetoren vergeblich selbst um mehrere der oben erwähnten Worte oder Begriffe um, und auch die uns erhaltene Grammatik des Psellus selbst [97]), — allerdings ein äusserst kurzer und armseliger Abriss —, enthält bezüglich der uns interessirenden Frage schlechthin Nichts. Höchstens einzelne Bausteine, welche dann später allmälig mit anderen zu einem Ganzen verbunden worden sein müssen, können wir sowohl bei Grammatikern als auch bei Rhetoren wiedererkennen. So ist z. B. nicht bloss der Begriff der *σημασία* selbst ein bei vielen Grammatikern vorkommender [98]), sondern wir finden auch bei Dionysius Thrax eine Aufzählung der Unterarten des Substantivums (*ὄνομα*), welche mit einzelnen der oben erwähnten Punkte sich berührt, insoferne die Begriffe des *προςηγορικόν*, des *ἐρωτηματικόν* (*τίς*,

96) Eben dieser gleichbleibende Charakter des Ganzen, wornach die zum Auswendiglernen bestimmten *κανόνες* überall ein Uebergewicht behaupten, würde, wenn es noch nöthig wäre, einen wesentlichen Beweis darbieten, dass auch jener Rest, welchen wir ausschliesslich nur aus den Lateinern kennen, ursprünglich ebenfalls bei Psellus sich gefunden haben muss.

97) *Τοῦ μακαριωτάτου ὑπερτίμου προέδρου τῶν φιλοσόφων κύρου Μιχαὴλ τοῦ Ψελλοῦ στίχοι πολιτικοὶ πρὸς τὸν βασιλέα κύρον Κωνσταντῖνον τὸν μονόμαχον περὶ τῆς γραμματικῆς.* Gedruckt bei *Boissonade*, *Anecd. graeca* III, p. 200 ff.

98) Es scheint unnöthig, für diesen allgemein recipirten Begriff die einzelnen Belegstellen aufzuhäufen.

ποῖος, *πόσος*), des *ἀναφορικόν* (*τοσοῦτος*, *τοιοῦτος*), des *ἐπιμεριζόμενον* (*ἕτερος*, *ἑκάτερος*, *ἕκαστος*), des *ἀόριστον* (*ὅστις*, *ὁποῖος*, *ὁπόσος*) erscheinen [99]; ebendaselbst treffen wir auch eine Eintheilung der Conjunctionen, welche zu dem traditionellen Umkreise der Schulgrammatik gehört und offenbar in späterer Zeit noch entschiedener als schon früher bei den Stoikern (s. Abschn. VI, Anm. 122 ff.) eine Aufnahme in die Logik fand [100]. Während aber unseres Erachtens allerdings es hauptsächlich die grammatischen Anschauungen waren, welche einen Einfluss auf diesen Zweig der Dialektik ausübten, finden wir doch hinwiederum auch in der Rhetorik manche Einzelheiten, welche um so eher in die Dialektik hinübergenommen werden konnten, je mehr von Anbeginn an die Topik (mit Einschluss der Sophistik) ohnediess dem rhetorischen Gebiete näher gelegen war, und wenn wir bedenken, dass die Erörte-

---

99) *Bekker Anecd.* II, p. 636 f.: *Ὑποπέπτωκε δὲ τῷ ὀνόματι ταῦτα, ἃ καὶ αὐτὰ εἴδη προςαγορεύεται· κύριον, προςηγορικόν, ἐπίθετον, πρός τι ἔχον, ὡς πρός τι ἔχον, ὁμώνυμον, συνώνυμον, φερώνυμον, διώνυμον, ἐπώνυμον, ἐθνικόν, ἐρωτηματικόν, ἀόριστον, ἀναφορικόν, ... περιληπτικόν, ἐπιμεριζόμενον, περιεκτικόν, πεποιημένον, γενικόν, εἰδικόν, τακτικόν, ἀριθμητικόν, μετουσιαστικόν, ἀπολελυμένον ..... Προςηγορικὸν δέ ἐστι τὸ κοινὴν οὐσίαν σημαῖνον ..... Ἐρωτηματικὸν δέ ἐστιν, ὃ καὶ πευστικὸν καλεῖται, τὸ κατ' ἐρώτησιν λεγόμενον, οἷον τίς, ποῖος, πόσος, πηλίκος. Ἀόριστον δέ ἐστιν τὸ τῷ ἐρωτηματικῷ ἐναντίως τιθέμενον, οἷον ὅστις, ὁποῖος, ὁπόσος, ὁπηλίκος. Ἀναφορικὸν δέ ἐστιν, ὃ καὶ ὁμοιωματικὸν καὶ δεικτικὸν καὶ ἀνταποδοτικὸν καλεῖται, τὸ ὁμοίωσιν σημαῖνον, οἷον τοσοῦτος, τηλικοῦτος, τοιοῦτος.* Hiezu mag z. B. auch beigezogen werden, was sich bei *Planudes περὶ συντάξεως* (*Bachmann*, *Anecd. graeca* II, p. 137.) erhalten hat: *τὰ ἀόριστα, τοῦτο μὲν ὀνόματα τοῦτο δὲ ἐπιρρήματα, καθολικὴν προφορὰν ἔχοντα συναθροιστικὴν τοῦ πλήθους καὶ ἀριθμοῦ τούτων, περὶ ὧν διαλεγόμεθα, ἔκ τε τῶν ἀναφορικῶν καὶ τοῦ „ἄν“ ἢ „οὖν“ συνδέσμου ἢ τοῦ „δήποτε“ συντίθεται, οἷον τίς, ὁστιςοῦν, ... ὁποιοςοῦν* u. s. w.

100) Ebend. p. 642 f.: *Σύνδεσμός ἐστι λέξις συνδέουσα διάνοιαν μετὰ τάξεως καὶ τὸ τῆς ἑρμηνείας κεχηνὸς πληροῦσα. Τῶν δὲ συνδέσμων ...... συμπλεκτικοὶ μέν εἰσιν, ὅσοι τὴν ἑρμηνείαν ἐπ' ἄπειρον ἐκφερομένην συνδέουσιν, εἰσὶ δὲ οἵδε· μέν, δέ, τέ, καί, ἀλλά ..... διαζευκτικοὶ δέ εἰσιν, ὅσοι τὴν μὲν φράσιν συνδέουσιν, ἀπὸ δὲ πράγματος εἰς πρᾶγμα διιστῶσιν, εἰσὶ δὲ οἵδε· ἤ, ἤτοι .... συναπτικοὶ δέ εἰσιν, ὅσοι ὕπαρξιν μὲν οὐ δηλοῦσι, σημαίνουσι δὲ ἀκολουθίαν, εἰσὶ δὲ οἵδε· εἰ, εἴπερ .... παρασυναπτικοὶ δέ εἰσιν, ὅσοι μεθ' ὑπάρξεως καὶ τάξιν δηλοῦσιν, εἰσὶ δὲ οἵδε· ἐπεί, ἐπείπερ ..... αἰτιολογικοὶ δέ εἰσιν, ὅσοι ἐπ' ἀποδόσει αἰτίας παραλαμβάνονται, εἰσὶ δὲ οἵδε· ἵνα, ὄφρα, ὅπως, ἕνεκα, οὕνεκα, ὅτι, διότι .... ἀπορηματικοὶ δέ εἰσιν, ὅσοις ἐπαποροῦντες εἰώθαμεν χρῆσθαι, εἰσὶ δὲ οἵδε· ἆρα, κᾆτα .... συλλογιστικοὶ δέ εἰσιν, ὅσοι πρὸς τὰς ἐπιφοράς τε καὶ συλλήψεις τῶν ἀποδείξεων εὖ διάκεινται, εἰσὶ δὲ οἵδε· ἄρα, ἀλλά, ἀλλὰ μήν ...... παραπληρωματικοὶ δέ εἰσιν, ὅσοι μέτρου ἢ κόσμου ἕνεκεν παραλαμβάνονται, εἰσὶ δὲ οἵδε· δή, ῥά, νή, πού, τοί ..... τινὲς δὲ προςτιθέασι καὶ ἐναντιωματικούς, οἷον ἔμπης, ὅμως.* Eine Vervollständigung oder weitere Ausführung dieser Lehre von den Conjunctionen, welche für die byzantinische Schul-Logik bezüglich der *συγκατηγορεύματα* sicher von grosser Wichtigkeit war, suchen wir vergebens bei den übrigen späteren Grammatikern; auch die armenische Uebersetzung des Dionysius Thrax selbst (s. *Mémoires et dissertations sur les antiquités nationales et étrangères, publiés par la société royale des antiquaires de France*, Vol. VI, p. 1 ff.), welche übrigens manche Zusätze enthält, bietet hier Nichts dar.

rung und Lösung einzelner Sophismen mit mehreren Capiteln der Lehre von den *proprietates terminorum* verbunden wurde (— ganz abzusehen davon, ob unsere Vermuthung über die den *Sophistici Elenchi* angewiesene Stelle, Anm. 91, wirklich berechtigt sei —); so muss es uns immerhin sehr wahrscheinlich dünken, dass auch die Rhetorik ihrerseits ihren Beitrag zu jenem neuen Bestandtheile der Schul-Logik geliefert habe. Vor Allem ist es die reiche Saat der *τρόποι*, welchen zuweilen eine logische Seite abgewonnen werden konnte, und unter diesen dürfen wir wenigstens die *αὔξησις* [101]) um der *ampliatio* willen nicht unerwähnt lassen. Es mag aber auch beachtet werden, dass Hermogenes, an dessen Technik sich bekanntlich eine Menge von Commentatoren anschloss, bei der rhetorischen Theorie bezüglich der *πρόσωπα* (worin eine Brücke zur *suppositio personalis* liegen könnte) neben anderen Momenten namentlich auch *τὰ ὡρισμένα*, *τὰ πρός τι*, *τὰ κατὰ συμπλοκήν* und *τὰ προςηγορικά* erwähnt [102]), sowie dass derselbe gelegentlich der *περιβολή*, welche das Gegentheil der *καθαρότης* ist, gleichfalls in dem Begriffe des *προςλαμβάνειν* einen Gegenstand berührt, welcher mit der Lehre von der Supposition verwandt ist [103]). Endlich noch scheint der Begriff der *ἐκθετικά* (*exponibilia*) auf einem Momente zu beruhen, welches zwischen Grammatik und Rhetorik schwankt oder vielmehr jener stoischen Verquickung der Dialektik mit jenen beiden anderen Disciplinen angehört; denn in solchem Sinne trafen wir schon früher die *ἐκθετικὰ ἀξιώματα* als eine eigene Species des Urtheiles [104]).

All das eben Erwähnte jedoch besteht nur in Einzelheiten, und

---

101) *Longin. de subl.* 12. (*Rhetores graeci, ed. Spengel*, I, p. 260.), *Longin. rhetor.* (ebend. p. 301. u. 326.), *Anon. rhet.* (ebend. p. 440. u. 457.) und sonst noch häufig.

102) *Hermog. de arte rhet.* 1. (bei *Spengel* II, p. 133 f.): *Τῶν οὖν προσώπων τὰ μέν ἐστιν οἷα καὶ δύνασθαι ἐξετάζεσθαι, τὰ δὲ οὔ, τόπον δὲ ἄλλως ἐπέχει προσώπου· τῶν δ' αὖ ἐξεταζομένων ἰσχυροτάτην μὲν ἔχει δύναμιν τὰ ὡρισμένα καὶ κύρια, οἷον ὁ Περικλῆς, ὁ Δημοσθένης καὶ τὰ τοιαῦτα· δευτέραν δὲ τὰ πρός τι, οἷον πατήρ, υἱός, δοῦλος, δεσπότης· τρίτην τὰ διαβεβλημένα, οἷον ἄσωτοι, μοιχοί, κόλακες· τετάρτην τὰ ἠθικὰ, οἷον γεωργοί, λίχνοι καὶ τὰ ὅμοια· πέμπτην τὰ κατὰ συμπλοκὴν δύο προςηγοριῶν, οἷον νέος πλούσιος ..... ἕκτην τὰ κατὰ συμπλοκὴν προσώπου καὶ πράγματος, οἷον μειράκιον καλλωπιζόμενον φεύγει πορνείας· ἕβδομον τὰ ἁπλᾶ προςηγορικὰ, οἷον στρατηγός, ῥήτωρ.*

103) *Hermog. π. ἰδεῶν* I, 11. (p. 316. *Speng.*): *Γίνεται τοίνυν περιβολὴ κατ' ἔννοιαν μὲν, ὅταν ἤτοι ἔξωθέν τι προςλαμβάνῃς τούτῳ, περὶ οὗ ὁ λόγος, οἷον γένος εἴδει .... ἢ ἀόριστον ὡρισμένῳ ..... ἢ ὅλον μέρει ....* (p. 318.) *ἢ ὅταν μὴ ψιλὰ λέγῃ τὰ πράγματα μηδὲ καθ' ἑαυτὰ, ἀλλὰ μετὰ τῶν παρακολουθούντων, οἷον τόπου, χρόνου, αἰτίας, προσώπου, καὶ ἔτι γνώμης τοῦ προσώπου, ἁπλῶς τε πάντων τῶν τοιούτων.* Aehnlich *Aristides de arte rhet.* b. *Spengel* II, p. 472.

104) S. Abschn. VI, Anm. 115. Mit dem aristotelischen oder theophrastischen Begriffe der *ἔκθεσις* im kategorischen Syllogismus (Abschn. IV, Anm. 554. und Abschn. V, Anm. 50.) haben die *ἐκθετικὰ* dieser späteren Logik keinenfalls etwas zu schaffen. Hingegen bildet die *ἔκθεσις* als eine „Verdeutlichung“ wieder ein stehendes Capitel in der Rhetorik, z. B. *Aphthon. Progymn.* 5 f. b. *Spengel* II, p. 28 ff.

es wäre thöricht, zu glauben, dass hiemit die Entstehung jener ausgedehnten und völlig schulmässig formulirten Lehre bezüglich der σημασία etwa nachgewiesen sei. Zwischen der grammatischen und rhetorischen Litteratur, welche uns noch zugänglich ist, und dem Compendium des Psellus muss eine reiche Entfaltung der Schul-Logik stattgefunden haben, deren geschichtlicher Verlauf uns bis jetzt — vielleicht auch für immer — verschlossen ist [105]). Indem es jedoch wahrscheinlich ist, dass die schulmässige Consolidirung dieses neuen Zweiges der Dialektik auf Einen relativ älteren Kern zurückweise, an welchen als an die ursprüngliche Grundlage das Spätere anschoss, so darf ich vielleicht die Vermuthung aussprechen, dass wir möglicher Weise den Themistius (s. Abschn. XI, Anm. 92 ff.) für diese logische Behandlungsweise grammatisch-rhetorischer Momente verantwortlich machen müssten; denn derselbe ist unter den älteren Commentatoren wohl derjenige, welcher am meisten das Studium und die Praxis der Rhetorik mit der Thätigkeit eines sogenannten Philosophen verband, und falls unsere obige Annahme (Anm. 41 u. 64) richtig ist, dass in der Synopsis des Psellus für die Kategorien ebensosehr wie für die Topik Themistius der ursprüngliche Führer war, so scheint derselbe für die Schul-Logik überhaupt ein gewisses Ansehen genossen zu haben, wornach es jedenfalls sehr erklärlich wäre, wenn man die Lehre von der σημασία und von den συγκατηγορεύματα gleichfalls aus ihm entnommen hätte; ja wenn das letztere dieser beiden Worte sich auch bei Averroes findet [106]), so könnten wir auch diess zu Gunsten unserer Vermuthung benützen, indem eben Themistius es ist, welchen gerade für die Topik Averroes einlässlich benützte. Doch bei dem gänzlichen Mangel aller präciseren Anknüpfungspunkte ist jede derartige Vermuthung von geringer Bedeutung [107]).

Neben Psellus aber kann auch noch sein jüngerer Zeitgenosse und Nebenbuhler J o h a n n e s I t a l u s (s. Abschn. XI, Anm. 111) erwähnt werden, dessen Schriften möglicher Weise einen Einfluss auf das lateinische Abendland ausgeübt haben können. Anna Comnena spricht ausführlich über ihn, deutet aber dabei — was für uns beachtenswerth

---

105) Durch allmälige Benützung und Veröffentlichung alles desjenigen, was in dieser Beziehung noch handschriftlich in den Bibliotheken vorliegt, könnte vielleicht einiges Licht in die Sache gebracht werden; denn wenn auch die griechischen Litteratur-Erzeugnisse der späteren Jahrhunderte meistens in der That noch so unbedeutend und jämmerlich sind, so bleibt ja immer noch die Möglichkeit offen, dass aus der Masse dieses Schundes irgend ein Compendium der Grammatik oder der Rhetorik sich erhalten hätte und irgendwo versteckt wäre, aus welchem mit grösserer Deutlichkeit die zur Beantwortung unserer Frage dienenden geschichtlichen Fäden erkannt werden könnten.

106) *Averroes ad Arist. Top.* I, 2. (b. *Aristot. Opp. latine, Venet.* 1552, fol. *Vol.* I, f. 256 a.): *Prout facit Aristoteles in libro Perihermenias distinguendo res ratione dictionum, quando illas distinguit in nomen, verbum et dictionem syncategorematicam etc.* Vgl. folg. Abschn., Anm. 309.

107) Fände sich in einer Bibliothek eine Handschrift jenes Commentares, welchen Themistius zur aristotelischen Topik verfasste, so müsste meine Vermuthung sofort sich entweder bestätigen oder sich widerlegen.

ist — zugleich an, dass Grammatik und Rhetorik nicht die starke Seite desselben gewesen seien, sondern er sich mehr auf die reine peripatetische Dialektik beschränkte [108]), woraus wir jedenfalls schliessen müssen, dass, wenn seine litterarischen Erzeugnisse von den Lateinern benützt wurden, sicher nicht eine Wirkung derselben anzunehmen ist, welche jener des Psellus gleichkäme. Indem von der ausgedehnten schriftstellerischen Thätigkeit des Italus durchaus noch Nichts durch den Druck veröffentlicht ist, darf ich wohl erwähnen, dass eine in der Münchner Staatsbibliothek befindliche Handschrift mehrere logische Schriften desselben enthält [109]). Es zeigen uns dieselben in schlichter anspruchloser Form den ganz gewöhnlichen Inhalt der Schul-Logik oder

---

108) *Anna Comnena, Alexias* V, 8, p. 257. (*ed. Schopen*): *Οὗτος δὲ ὁ Ἰταλὸς .... ὥρμητο μὲν ἐξ Ἰταλίας καὶ ἐν τῇ Σικελίᾳ ἐφ' ἱκανὸν διέτριψε ..... Ἐκεῖθεν δὲ οὗτος ὁ Ἰταλὸς, οὐκ οἶδ' ὅπως, τὴν Κωνσταντινούπολιν κατέλαβεν ἁπάσης παιδείας καὶ τέχνης λογικῆς οὐκ ἐνδεῶς ἔχουσαν .....* (p. 258.) *Οὕτως οὖν τοὺς ἐνταῦθα ἔχοντας ὁ Ἰταλὸς εὑρηκὼς καὶ ἀνδράσιν ὁμιλήσας σχολαστικοῖς .... παιδείας τοίνυν λογικῆς ἐξ ἐκείνων μετασχὼν καὶ Μιχαὴλ ἐκείνῳ τῷ Ψελλῷ ἐν ὑστέρῳ προσωμίλησεν ..... Τούτῳ γοῦν ὁ Ἰταλὸς προσομιλήσας ἐν ἀπαιδεύτῳ ἤθει καὶ βαρβαρικῷ οὐκ ἠδύνατο φιλοσοφίας εἰς βάθος ἐλθεῖν, διδασκάλων ὅλως μηδ' ἐν τῷ μανθάνειν ἀνεχόμενος, θράσους ὢν μεστὸς καὶ ἀπονοίας βαρβαρικῆς πάντων τε καθυπερτερεῖν καὶ πρὸ τοῦ μαθεῖν οἰόμενος, καὶ πρὸς αὐτὸν τὸν Ψελλὸν ἐκ πρώτης ἀφετηρίας ἀντετάξατο, ἐμβαθύνας δὲ τῇ διαλεκτικῇ μεθημερινοὺς θορύβους ἐν πανδήμοις συνελεύσεσιν ἐποιεῖτο σοφιστικὰς συνείρων ἐρεσχελίας, καὶ πᾶν εἴ τι τοιοῦτον προτιθεὶς καὶ αὖθις ὑπέχων λόγον τοιουτότροπον .....* (p. 260.) *Ἔνθα καὶ τοῦ Ψελλοῦ μεταχωρήσαντος Βυζαντόθεν .... αὐτὸς φιλοσοφίας ἁπάσης προέστη διδάσκαλος, ὕπατος τῶν φιλοσόφων χρηματίσας, καὶ τάς τε Ἀριστοτελικὰς βίβλους καὶ τὰς Πλατωνικὰς ἐσπούδαζεν· καὶ ἦν μὲν τῷ δόξαι πολυμαθέστατος, δεινὸς δὲ μᾶλλον εἴπερ τις ἄλλος διερευνήσασθαι τῶν ἄλλων τὴν δεινοτάτην περιπατητικὴν καὶ ταύτης πλέον τὴν διαλεκτικήν· πρὸς δὲ τὰς ἄλλας τέχνας τῶν λόγων οὐ πάνυ τι εὐφυῶς εἶχεν, ἀλλὰ περί τε τὴν γραμματικὴν ἐχώλευε τέχνην καὶ τοῦ ῥητορικοῦ νέκταρος οὐκ ἐγεύσατο, οὐδὲ ἐκεῖθεν ὁ λόγος τούτῳ ἐφήρμοστο καὶ εἰς κάλλος ἀπέξεστο.* Hiezu *Annae Comn. Supplementa ed. Th. Fr. Tafel* (*Tübing.* 1832. 4.) p. 1.: *Μετὰ γὰρ τὸν πάνυ Ψελλὸν τὸν ὥς εἴπῃ τις ἁπάσης σοφίας καθηγεμόνα καὶ παντοίας ἴδριν λογικῆς παιδεύσεως οὗτος* (*sc.* *ὁ Ἰταλὸς*) *ἐπὶ ταῖς Ἀριστοτελικαῖς τεχνολογίαις μέγας ἔδοξεν εἶναι, ὅθεν καὶ πᾶσαν φιλομαθῆ νεολαίαν εἰς ἑαυτὸν ἐπεσπάσατο.*

109) Nemlich *Codex graecus Monacensis* 99. fol. enthält zunächst (fol. 279—386.) *Ἰωάννου σοφωτάτου ὑπάτου καὶ διδασκάλου τῶν φιλοσόφων, τοῦ Ἰταλοῦ, ἔκδοσις εἰς διάφορα ζητήματα διὰ τὸ καὶ διαφόρους τοὺς ταῦτα προβαλλομένους* (ein ähnliches Werk wie die *Παντοδαπὴ διδασκαλία* des Psellus), woselbst auch eine grosse Menge logischer Fragen sich erörtert findet; jedoch muss bemerkt werden, dass dieses Werk wenigstens nicht aus erster Hand von Johannes Italus herstammen kann, denn fol. 314. v. lesen wir: „*Ἰωάννης ὁ φιλόσοφος ὁ Ἰταλὸς, ὁ ἡμέτερος διδάσκαλος, οὕτως· αἰτίαν, φησὶν, ὁ Ἀριστοτέλης ἐπάγει* u. s. f.“ Sodann folgt in der Handschrift (fol. 386—423.) *Τοῦ αὐτοῦ ἔκδοσις εἰς τὸ Β, Γ, Δ τῶν Τοπικῶν*, hierauf (fol. 423—431.) *Τοῦ αὐτοῦ πρὸς τὸν βασιλέα κυρ. Ἀνδρόνικον ἐρωτήσαντα περὶ διαλεκτικῆς* (ein kurzer Abriss der gesammten Logik), hernach (fol. 431—440.) *Τοῦ αὐτοῦ ἔκδοσις περὶ τῆς τῶν συλλογισμῶν ὕλης καὶ τῆς συστάσεως αὐτῶν*, und endlich noch (fol. 440—447.) *Τοῦ αὐτοῦ μέθοδος ῥητορικῆς ἐκδοθεῖσα*

die üblichen Controversen der Commentatoren. Bemerkenswerth ist, dass Italus bei Besprechung der Syllogistik die oben angeführten Memorial-Worte des Psellus anzuführen verschmäht [110]; hingegen hätte nicht bloss allenfalls eine Lücke, welche wir bei Psellus trafen (Anm. 56), aus Italus ergänzt werden können [111], sondern es wäre auch wenigstens möglich gewesen, aus Letzterem die Kunde davon zu schöpfen, das Galenus nicht drei, sondern vier Schlussfiguren annahm [112].

Endlich haben wir noch anzuführen, dass in dem Compendium des Nicephorus Blemmides (s. Abschn. XI, Anm. 177 ff.), wo derselbe von den Syllogismen handelt, sich jene nemlichen Memorial-Worte finden, welche wir oben (Anm. 47 ff.) in der Synopsis des Psellus trafen, jedoch mit Ausnahme der letzten fünf Schlussweisen der ersten Figur, indem bei dieser sich Blemmides auf die Aufzählung der vier aristotelischen Modi beschränkt [113]. Uebrigens ist es selbst chronologisch nicht wahrscheinlich, dass die Lateiner die Memorial-Worte aus Blemmides geschöpft hätten (denn die litterarische Thätigkeit desselben dürfte fast in eine etwas spätere Zeit fallen, als jene des Wilhelm Shyreswood), abgesehen davon, dass bei Psellus diese Dinge, auf welche von den Lateinern ein übergrosses Gewicht gelegt wurde, in erwünschter Vollständigkeit vorlagen.

Ueberhaupt concentrirt sich, wie es scheint, der byzantinische Einfluss ziemlich ausschliesslich auf Psellus, in dessen Synopsis das lateinische Abendland wie durch Zufall ein ihm vortrefflich dünkendes Compendium erhielt. Und wir können diesen Abschnitt nur mit dem Wunsche schliessen, dass der gelehrten Forschung dereinst gelingen möge, worauf wir verzichten mussten, nemlich auch noch jene Fäden nachzuweisen,

---

κατὰ σύνοψιν. Einen Nachweis anderweitiger Handschriften, in welchen Werke des Italus enthalten sind, gibt *M. Hase* in *Notices et Extraits des manuscrits de la bibl. impériale,* Vol. IX, Abthlg. 2, p. 149 ff.

110) Italus hätte wenigstens häufig genug (in den *Διάφορα ζητήματα* fol. 318 f. und fol. 329 ff., woselbst von den Syllogismen die Rede ist, sodann wieder in dem an Andronikus gerichteten Buche fol. 428., und ebenso in der ganzen Monographie über die Syllogismen) Gelegenheit gehabt, seine kürzeren oder längeren Erörterungen über die Schlussweisen mit jenem mnemotechnischen Schmucke auszustatten, wenn er hiezu geneigt gewesen wäre.

111) Nemlich in jenem an Andronikus gerichteten Compendium bespricht Italus (fol. 429 f.) jene aus der Analytik entnommenen Momente, welche bei den Lateinern unter der Bezeichnung *de potestatibus syllogismorum* vorkommen, jedoch allerdings in einer Weise, dass nicht angenommen werden kann, die Lateiner hätten hier ebenso lediglich nur übersetzt, wie sie mit Psellus verfuhren.

112) In den *Διάφορα ζητήματα* fol. 330. v. steht folgende Stelle: *Τὰ δὲ σχήματα τῶν συλλογισμῶν ταῦτα· ὁ Γαληνὸς δὲ καὶ τέταρτον ἐπὶ τούτοις ἔφασκεν εἶναι, ἐναντίως πρὸς τὸν Σταγειρίτην φερόμενος, ὃς λαμπρότερον ἀναφανῆναι οἰόμενος τῶν τὴν λογικὴν πραγματείαν ἐξηγουμένων παλαιῶν ὡς πορρωτάτου εὐθέως ἐκπέπτωκε.* Es kömmt demnach diese Stelle, welche ich im Jahre 1855 noch nicht kannte, aus der griechischen Litteratur als zweite zu derjenigen hinzu, welche ich Abschn. IX, Anm. 100. bezüglich der sogenannten Galenischen Schlussfigur anführen konnte.

113) *Nicephori Blemmidae Epitome logica ed. Wegelin* (Augsburg 1605, 8.), p. 229 ff.

welche in den letzten Hauptabschnitt der Synopsis zusammenliefen; denn vorläufig bleibt uns (abgesehen von Psellus selbst) die wahrhaft ursprüngliche Herkunft jenes einen Theiles der lateinischen Logik noch dunkel, welcher bis zum Sturze des Mittelalters den Unterschied zwischen „neuer" und „alter" Logik begründete und, nachdem er eine lange und wichtige Rolle gespielt hatte, noch weit hinab seinen Einfluss erstreckt.

XVI. ABSCHNITT.

EINFLUSS DER ARABER.

Sowohl über die geschichtliche Thatsache selbst, dass die Litteratur der Araber auf das Abendland eine ausgedehnte Einwirkung ausübte, als auch über die Ereignisse und Zustände, durch welche jene Berührung zwischen Orient und Occident bedingt war, können wir jede weitere Erörterung hier füglich bei Seite lassen, da all Solches theils allgemein bekannt ist, theils ausserhalb unserer hiesigen Aufgabe liegt.

Hingegen darf wohl schon hier — mit dem Vorbehalte der näheren Erörterung im folgenden Abschnitte — die allgemeine Bemerkung vorausgeschickt werden, dass der Einfluss, welchen die logischen Leistungen der Araber auf das lateinische Abendland seit dem Beginne des 13. Jahrhundertes äusserten, völlig verschieden war von der Wirkung der byzantinischen Litteratur; denn während die letztere für die lateinische Schul-Logik und die Gestaltung der Compendien maassgebend wurde, brachten die ersteren mehr einen gelehrten Betrieb der Exegese des aristotelischen Organons in Aufschwung, und mit der hieraus erwachsenden Litteratur der Controversen stellten sich nun erklärlicher Weise wieder die Streitigkeiten über die Geltung der Universalien ein, jedoch mit dem wesentlichen Unterschiede, dass für diese Erörterungen jetzt durch die Benützung arabischer Schriften eine weit umfassendere und tiefer einschneidende Basis dargeboten war.

Während aber die arabische Litteratur in Erklärung des Aristoteles ebensosehr wie auf anderen Gebieten sich unendlich reichhaltig und manigfaltig entwickelte, so dass sie nach dem Stadium einer hohen Blüthe wahrlich gleichsam in ihrem eigenen Fette erstickte, war es nur ein Bruchtheil derselben, welcher dem lateinischen Abendlande durch Uebersetzung zugänglich wurde und in solcher Form den genannten Einfluss ausübte. Und hiedurch sind wir hier an dem Punkte angekommen, wo sich der Titel, welchen ich von vorneherein meiner Arbeit gab, rechtfertigen muss. Denn indem ich eine „Geschichte der Logik im Abendlande" schreiben wollte und will, habe ich aus dem weiten Umkreise arabischer oder arabisch-jüdischer Logik nur dasjenige beizuziehen, was in die damalige Sprache des Abendlandes übertragen wurde. Alles Uebrige sowie zuletzt auch die richtige historische Würdigung der in das Lateinische übersetzten arabischen Erzeugnisse muss ich jenen Gelehrten überlassen, welche diesen Zweig der Kunde des Orientes zu ihrer speciellen und dankenswerthen Lebensaufgabe gemacht haben. Ja selbst die blosse Kenntniss der arabischen Sprache — wenn ich sie besässe — würde weder ausreichen noch mich dazu berechtigen, in fremde Wissensgebiete überzugreifen; denn wenn ein hervorragender Kenner jener Litteratur sagt, eine wahrhaft genügende Geschichte der arabischen Philosophie müsse erst noch in Zukunft einmal geschrieben werden [1]), so leuchtet dieser Ausspruch darum sofort ein, weil Alles erst noch von der Ausbeutung handschriftlicher, bisher unvollständig oder gar nicht benützter, Quellen abhängt; eine derartige Aufgabe aber, welche wohl mehr als Ein gelehrtes Menschenleben in Anspruch nimmt, kann Niemand nebenbei neben einem anderweitigen Werke erledigen. Somit also verzichte ich, ohne darum die einschlägigen Leistungen der Fachmänner [2]) ignorirt zu haben, vollständig darauf, die arabische Logik als arabische besprechen oder darstellen zu wollen, und indem ich mir nur die arabisch-lateinische Logik zum Gegenstande mache, verfahre ich eigentlich nach dem „*Relata refero*", d. h. während ich wohl geahnt zu haben glaube, dass die Berichte und die Auffassungen der Lateiner häufig auf unkritischem Boden beruhen, habe ich nur zu berichten, welcherlei Doctrin als arabische aufgegriffen und entweder beifällig aufgenommen oder aber auch bekämpft worden sei. Ja auch jene Uebersetzungen arabischer Werke, welche im 13. Jahrhunderte angefertigt wurden, zeigen, soweit sie in vollständigen Drucken oder vereinzelten Anführungen vorliegen, einen Text, vor welchem wir häufig schlechthin rathlos dastehen und auf Erreichung eines Verständnisses verzichten müssen; aber auch in dieser Beziehung müssen wir bedenken, dass die Lateiner jener Zeit eben auf jenen nemlichen Uebersetzungen fussten, und wir kommen hiemit auch hierin auf den Standpunkt zurück, dass wir das Arabische nur in jener Form und jener Beleuchtung darstellen, in welcher die Lateiner es besassen.

Dürfte nun diese Beschränkung auf die secundäre lateinische Litteratur wohl von dem Leser gebilligt werden, so weiss ich hingegen nicht, ob das Gleiche auch bezüglich einer abermaligen Abgränzung des hier zu behandelnden Stoffes der Fall sein werde. Nemlich es wird allerdings unbestritten zugegeben werden müssen, dass all jene Einflüsse der arabischen Denkweise, welche einer Emanationslehre oder einem pantheistischen Grundzuge näher liegen und durch jüdische Litteratur sich theilweise bis zu Spinoza hinab erstrecken, ausserhalb der Aufgabe einer Geschichte der Logik stehen. Hingegen mag als zweifel-

---

1) *Munck*, *Dictionnaire des sciences philos.* I, p. 180.

2) S. in dem so eben genannten *Dictionnaire* (*Paris:* 1844—1852, 6 Bände) die von *Munck* verfassten Artikel: *Arabes*, *Kendi*, *Farabi*, *Gazali*, *Ibn-Badja*, *Ibn-Roschd*, *Ibn-Sina*, *Juifs*, *Maimonide*. Ferner: *Flügel*, *Dissert. de arabicis scriptorum graecorum interpretibus. Meissen* 1841. 4. *Wenrich*, *De auctorum graecorum versionibus syriacis*, *arabicis*, *armeniacis persicisque. Lips.* 1842. 8. *Schmölders*, *Documenta philosophiae Arabum. Bonn.* 1836. 8. und desselben *Essai sur les écoles philosophiques chez les Arabes. Paris* 1842. 8. (Uebrigens scheint das Ansehen, welches Schmölders theilweise genoss, durch Munck a. a. O. I, p. 179 f. u. II, p. 506 ff. mit guten Gründen wankend gemacht worden zu sein; vgl. auch unten Anm. 68.) Anderes wird am geeigneten Orte noch besonders anzuführen sein.

haft erscheinen, wie es hier mit der Erkenntnisslehre zu halten sei. Und in dieser Beziehung muss ich selbst auf die Gefahr hin, hierüber Tadel zu erfahren, meinen Standpunkt dahin aussprechen, dass ich nach reiflichster Erwägung aller Gründe und Gegengründe zur Ueberzeugung gelangte, die Erkenntnisstheorie hier ausschliessen zu müssen. Die Araber hatten durch Porphyrius sämmtlich einen neuplatonischen Kern eingesaugt, zugleich aber waren sie durch Alexander Aphrodisiensis [3]) veranlasst, sich mit den Schwierigkeiten zu beschäftigen, welche die Psychologie des Aristoteles darbot. Und so entstanden jene zahlreichen Erörterungen der Araber über den *intellectus* (*νοῦς*), an welchen wir durchaus nicht rühmen können, dass sie eine glückliche Versöhnung des Platonismus und Aristotelismus beigebracht hätten; denn der platonisch ontologische Objectivismus wird mit dem aristotelischen subjectiven Verwirklichungs-Processe des Denkens nur äusserlich amalgamirt. Das Ganze läuft auf eine Stufenfolge hinaus, in welcher die aristotelische Unterscheidung des *νοῦς παθητικός* und *νοῦς ποιητικός* mit platonischer Ideenlehre verquickt wird, und innerhalb der mancherlei Wandlungen, welche diese Lehre besonders bei Alfarabi, Avempace und Averroes [4]) erfuhr, liegt der Grundton der Erkenntnisslehre im Folgenden: Während im Gebiete des Objectiven die ewigen Wesenheiten der Himmelskörper das Princip der Formen des Seienden enthalten, wirkt im Menschen der *intellectus activus* auf den *intellectus passivus* oder *intellectus materialis*, und im letzteren liegen als ein Potenzielles die *intelligibilia materialia* (auch *formae intelligibiles* genannt), welche eben durch den *intellectus activus* zur Entelechie geführt werden; hiezu aber wirken als Mittelglied die Einbildungskraft und das Gedächtniss, d. h. die sogenannten *formae spirituales individuales*, um in höchster und letzter Stufe zu den *intelligibilia speculativa* zu führen, in welchen der *intellectus acquisitus* jene *res ipsissima* besitzt, welche ihre reine Entelechie in sich selbst hat. Und nun versteht es sich von selbst, dass nicht etwa der Werth oder Unwerth solcher Erörterungen für uns der Bestimmungsgrund sei, dieselben hier aufzunehmen oder nicht aufzunehmen; sondern das Entscheidende liegt darin, dass all diese Dinge bei den Arabern in der That neben der eigentlichen Logik nebenherlaufen und auch bezüglich der Frage über die Universalien, welche wir hier zugleich als *ante rem* und *in re* und *post rem* treffen werden, sich recht gut mit einem gewissen aristotelischen Intellectualismus vertragen, mochte jene Stufenfolge von den Einen so oder von Anderen anders modificirt werden. Hiezu aber kömmt auch noch, dass, wenn ich überhaupt jene erkenntniss-theoretischen Fragen hier beiziehen würde, ich nothwendiger Weise die gesammte folgerichtige Entwicklung der-

3) S. Abschn. XI, Anm. 21, woselbst ich gleichfalls nicht die Aufgabe hatte, die gesammte Psychologie Alexanders zu entwickeln.

4) Der Leser selbst wird es für irrelevant halten, welche Schreibweise der arabischen Namen hier und im Folgenden gewählt sei; die Geschichte der mittelalterlichen Logik darf sich vielleicht der im Mittelalter recipirten barbarisch-lateinischen Wortformen bedienen, ohne hierdurch das bessere Wissen über die richtige Schreibung verleugnen zu wollen.

selben darstellen müsste; die tiefste und richtigste Consequenz aber liegt in dem aus der Schule des Averroes hervorgehenden Monopsychismus, welcher, wie jeder Kenner zugeben wird, sowohl an sich als auch in seiner manigfaltigen Bekämpfung wahrlich mit der Geschichte der Logik Nichts mehr zu schaffen hat. Somit lasse ich hier diesen ganzen Zweig arabischer Speculation bei Seite und werde in gleicher Weise auch bei den Lateinern verfahren, d. h. auch dort den Inhalt der zahlreichen Schriften *De intellectu* oder *De intellectu et intelligibili* (welche grösstentheils der Polemik gegen Averroes gewidmet sind) nicht erörtern. An der Beschränkung auf meine specielle Aufgabe, d. h. auf die eigentliche Logik, welche ja ohnediess bei den Lateinern parallel neben andere Zweige der Philosophie tritt, gedenke ich festzuhalten. Wenn ich in dieser meiner Resignation nach dem Urtheile des Lesers einen Irrthum begehe, so habe ich wenigstens nicht unabsichtlich gefehlt.

Die Araber, welche nur durch die Vermittlung der Syrer dazu gelangt waren, sich mit den Erzeugnissen der griechischen Litteratur zu beschäftigen [5]), zeigen an innerer Unselbstständigkeit des philosophischen Impulses eine grosse Aehnlichkeit mit dem abendländischen Mittelalter; auch sie verhielten sich weit mehr receptiv, als productiv, und im Ganzen kann bei ihnen weniger von einer Weiterführung oder Fortbildung der antiken Philosophie, als von einer commentirenden Thätigkeit die Rede sein. Aber sie unterschieden sich von der analogen Richtung des früheren lateinischen Mittelalters nicht bloss durch eine grössere Raschheit der Assimilation, sondern vor Allem durch den Umfang des von ihnen benützten Materiales. Nachdem nemlich bei den Syrern in frappantester Aehnlichkeit mit der älteren Epoche des christlichen Abendlandes gleichfalls der Umkreis der Logik sich auf die Isagoge des Porphyrius, die Kategorien und das Buch *De interpretatione* beschränkt hatte, und unter den weniger beachteten übrigen Theilen des Organons besonders die zweite Analytik fast gänzlich unbekannt geblieben war [6]), überflügelten die Araber in Folge der einmal empfangenen Anregung alsbald die syrische Litteratur und übersetzten nicht bloss die sämmtlichen Schriften des Aristoteles, sondern auch die Commentare des Porphyrius, des Alexander Aphrodisiensis, des Themistius, und des Philoponus. Und während nun die Araber erklärlicher Weise auf die nemlichen Controversen hingeführt waren, welche sich vom Anfange an den Lateinern aus dem Porphyrius aufgedrängt hatten [7]), fanden hier die aufgeworfenen Fragen und Bedenken auf Grund einer reicheren Litteratur-Kenntniss eine Erörterung, welche an Intension und Extension die Leistungen des Abendlandes weit übertraf. Eben hierin

---

5) Ueber diesen für die allgemeine Geschichte der geistigen Kultur höchst wichtigen Punkt, dessen nähere Erörterung jedoch uns hier nicht berührt, s. *E. Renan*, *De philosophia peripatetica apud Syros. Paris*. 1852. 8.

6) S. *Renan*, ebend p. 40 f.

7) Ausser demjenigen, was aus dem Umkreise der lateinisch-arabischen Logik im Folgenden anzuführen ist, s. hierüber auch *Schmölders, Essai s. l. écoles philos.* p. 146 ff.

aber liegt der Grund davon, dass das Bekanntwerden arabischer Schriften im Occidente für die Exegese des Organons epochemachend wirkte.

Versuchen wir nun, die Thätigkeit der Araber, soweit dieselbe für die Logik einen Einfluss auf die lateinische Litteratur ausübte, näher darzustellen, so zeigt sich nach wiederholter Erwägung doch noch jenes Verfahren als das bessere, dass wir für die Eintheilung dieses Stoffes nicht die inhaltlichen Hauptgruppen der Logik zu Grunde legen, sondern lieber dem chronologischen Faden der einzelnen Autoren folgen (denn die jedenfalls unvermeidlichen Rückweise und Wiederholungen beschränken sich hierdurch immerhin auf eine kleinere Zahl).

Der älteste unter den arabischen Philosophen, nemlich Alkendi (Abu-Jussuf-Jacub-Ben-Isaac-al-Kendi, in der Mitte des 9. Jahrh. blühend), berührt uns hier am wenigsten; denn die Nachwirkung, welche seine Ansichten in den Schriften des Alexander Alesius, des Heinrich von Gent und des Johann Fidanza (d. h. Bonaventura) zeigen, liegt auf dem Gebiete der speculativen Theologie [8]), und sowie schon bei den Arabern Alkendi's Commentare zum Organon durch die umfassenderen Leistungen Alfarabi's in Vergessenheit gerathen zu sein scheinen [9]), so finden wir auch nur ein einziges Mal bei Albertus Magnus bezüglich eines logischen Punktes eine Erwähnung Alkendi's [10]).

Hingegen Alfarabi (Abu-Nazar-Mohammed-Ben-Mohammed-Ben-Tarkhan-al-Farabi, gest. i. J. 950) war im Allgemeinen der Begründer jener Auffassungsweise und jener Controversen, welche bezüglich der aristotelischen Logik durch Avicenna, Algazeli und Averroes weitere Erörterungen oder Modificationen fanden. Er bleibt, wie sich von selbst versteht, im Ganzen dem aristotelischen Standpunkte getreu, wenn er auch in manchen Einzelheiten auf Grundlage der griechischen Commentatoren zuweilen Bedenken oder selbst abweichende Meinungen äussert, welch letzteres ihm hinwiederum von späteren Arabern sehr verübelt wurde [11]). Unter seinen Commentaren zum Organon (— denn vom Inhalte der Schrift *De intellectu* sehe ich, wie gesagt, hier völlig ab —) hat entschieden jener zur zweiten Analytik (s. unten Anm. 50) die ausgedehnteste Wirkung auf die Lateiner des 13. Jahrhundertes ausgeübt; doch sind wir auch über seine Gesammtauffassung der Logik sowie über seine Ansicht betreffs der hauptsächlichsten Controversen

---

8) Auch was *Hauréau, Phil. scolast.* I, p. 363 ff. aus dem handschriftlich vorhandenen *Tractatus de erroribus philosophorum* (13. Jahrh.) mittheilt, liegt ausserhalb unserer hiesigen Aufgabe.

9) S. *Munck, Dictionn.* III, p. 443.

10) S. unten Anm. 30.

11) *Ps.-Averr.* (warum ich diesen Autor als Pseudo-Averroes bezeichne, s. unten Anm. 289.) *Quaes. in Prior. Resolut.*, f. 366. r. A. (ich citire All dieses nach *Arist. Opp. latine, Venet.* 1552): *Non est (sc. Aristoteles) debilioris considerationis inter homines vel minoris scientiae, quam ille, qui dubitat contra ipsum et in suo tractatu respondet per id, quod ei videtur, et praecipue quando non est visum illi, qui eum praecesserit, prout invenimus fecisse Avicennam in omnibus suis libris, et deterius, quod hic novus fecisset, est deviare a sua disciplina et progredi alio itinere praeter suam viam, ut contingit Alpharabio in suo libro Logicae et Avicennae in scientiis naturalibus et divinis.* Vgl. Anm. 49.

ziemlich hinreichend durch die häufigen Anführungen bei anderen Autoren unterrichtet [12]).

Alfarabi gibt der Logik eine Beziehung zur Ethik (vgl. Abschn. XI, Anm. 121), indem die menschliche Vernunft, mag sie entweder bloss innerlich in der Seele haften oder auch äusserlich im Wortausdrucke zu Tag treten, jedenfalls ihre höhere und umfassende Function in der Unterscheidung des Guten und Bösen habe, und hiemit die Wahrheit, welche entweder in letzten unbeweisbaren Grundsätzen vorliegt oder durch logische Erforschung erreicht wird, diesem Ziele dienstbar sei; hierin auch erblickt er, insoweit die Logik auf den äusseren sprachlichen Ausdruck eingehen müsse, einen Unterschied derselben von der Grammatik, welch letztere übrigens ausserdem auch nur auf die Sprache Eines Volkes sich erstrecken könne, während die Logik den Sprachausdruck der Vernunft aller Völker betreffe [13]). Und während so Alfarabi den Streit, ob die Logik ein Theil oder ein Werkzeug der Philosophie sei (s. Abschn. IX, Anm. 5 ff.), als unnütz bezeichnet [14]), er-

---

12) Ich muss es allerdings sehr bedauern, dass ich des äusserst seltenen Buches „*Alpharabii, vetustissimi Aristotelis interpretis, opera omnia, quae latina lingua conscripta reperiri potuerunt. Paris.* 1638. 8." (dasselbe befand sich nicht einmal in Quatremère's Bibliothek) trotz mancher Bemühungen nicht habhaft werden konnte.

13) *Vincent. Bellov. Spec. doctr.* III, 2, f. 39. r. B. (*ed. Venet.* 1591. f. Vol. I): *Alpharabius in libro de divisione scientiarum: Logica intendit dare regulas, quibus orationis veritatem deprehendimus vel intus vel apud alios vel alii apud nos; non tamen ad verificandum omnem orationem logicae regulis indigemus; eorum enim, quibus ratiocinando utimur, quaedam sunt, quae probatione non egent, in quibus scilicet nullus error esse potest, ut „omne totum est maius sua parte"* (vgl. unten Anm. 60.); *alia vero, quae probatione indigent, quia potest in eis homo decipi. Et ea quidem, de quibus fit probatio, duo sunt, scilicet sermo in voce, ratio in mente; interpretatio vero fit utraque. Unde id, quod verificat sententiam apud se, est logos fixa in mente, id autem, quod verificat eam apud alium, est logos exterior cum voce; logos autem, qua verificatur sententia, vocabant antiqui syllogismum, sive fixa sit in anima sive exterior cum voce. Interpretatio itaque logicae sumpta est a summa intentionis nominis, quae triplex est; logos enim, i. e. ratio, alia est exterior cum voce, ... alia fixa in animis, ... tertia vero est virtus creata in homine, quae discernit inter bonum et malum et scientias ac partes earum apprehendit ...... Quoniam igitur haec scientia dat regulas de logo exteriore et interiore, quibus certificatur, utramque vero tertia logos regit et comprehendit id quod rectius est, idcirco logica a logos secundum tres huius nominis intentiones derivatur. Quamvis autem plures scientiae dent regulas de logo exteriore, sicut grammatica, haec tamen, quae dirigit ad illud„ quod omnino necessarium est, dignior est hoc nomine. Praeterea ..... grammatica non dat regulas nisi de dictionibus unius gentis tantum, ... logica vero non dat regulas nisi secundum quod convenerint in dictiones omnium gentium.* Uebrigens ist dieses die einzige Stelle, in welcher Vincentius v. Beauvais auf dem Gebiete der Logik ein Excerpt aus Alfarabi mittheilt, während er in anderen Theilen seiner Encyplopädie jenen Autor vielfältig benützt.

14) *Albertus Magnus, De praedicab.* I, 2, p. 3 A. (*Opp. ed. Lugdun.* 1651, fol. Vol. I.): *Hanc autem contentionem* (d. h., ob die Logik Theil der Philosophie sei oder nicht) *Avicenna et Alfarabius dicunt esse frivolam et infructuosam. Frivolam quidem, quia in contradicendo sibi intentionem ad idem eodem modo dictum non referunt; dicentes enim, logicam philosophiae partem non esse, realem et contemplativam philosophiam vocant; contradicentes autem his et dicentes, logicam partem philosophiae esse, omnem comprehensionem veritatis qualitercunque existentis, sive in se sive in nobis cognoscentibus vel operantibus, vocant philosophiam. Et sic frivole*

blickt er — und hierin folgen ihm alle Araber — die wesentliche Aufgabe der Logik darin, dass man durch Anwendung derselben „von Bekanntem aus zur Erkenntniss des Unbekannten" gelange, und dass eben hiezu die Beweisführung (*argumentatio*) das Werkzeug sei [15]). Indem aber das gesuchte Unbekannte entweder ein Einfaches (*incomplexum*, d. h. ein Begriff) oder ein Zusammengesetztes (*complexum*, d. h. ein Urtheil) sein könne, zerfalle die Logik eigentlich in zwei Theile, nemlich in die Lehre der Begriffsbestimmung und die Lehre der Bewahrheitung, wovon jedoch der erstere Theil bei den Griechen fehle [16]). D. h. Alfarabi nahm in Folge jenes bei den Commentatoren eingebürgerten Motives, dass vom Einfachen zum Zusammengesetzten aufzusteigen sei (Abschn. XI, Anm. 122), Alles dasjenige, was im Organon betreffs der *incomplexa* enthalten ist, nur als unerlässliche Vorbereitung zur Lehre von der Argumentation, welche sich auf die *complexa* bezieht, und innerhalb der traditionellen antiken Logik hat ihm das Urtheil nur als Bestandtheil des Syllogismus und der Begriff nur als Bestandtheil des Urtheiles eine Bedeutung; nemlich die Erwägung, dass die Begriffe in dem Verhältnisse einer Unterordnung zum Urtheile zusammengefügt werden, führt ihn zunächst zu den Universalien (d. h. zur Isagoge) und zu den Kategorien und zur Lehre von der Eintheilung, um hierauf die Modalitäten der bejahenden und der verneinenden Aussage zu untersuchen; und da nur in solcher Form (d. h. im Indicativ) der Satz die Möglichkeit des Wahrseins oder Falschseins enthält, so wird er nun Gegenstand der Syllogistik, welche eben darum auf die zweifache Urtheilsform, nemlich auf die kategorische und die hypothetische, hingewiesen ist und in entsprechender Weise auch zweierlei Syllogismen zu entwickeln hat; indem aber zur Beweisführung zunächst die Auffindung der erforderlichen Gesichtspunkte gehöre, ergebe sich die Nothwendigkeit der Topik (vgl. Abschn. XI, Anm. 128), und insoferne hierauf zur Beurtheilung das Gefundene nach Form und Inhalt in seine feste Grundlage aufgelöst werden müsse, reihe sich die erste Analytik und sodann die zweite Analytik an; endlich aber, um bei All diesem vor Täuschung gesichert zu sein, folge die Kenntniss der Sophi-

---

contendunt non ad idem suam referentes intentionem. Infructuosa etiam huius contentio, quia de proposita nihil declarat intentione.

15) *Albert. M.* ebend. I, 4, p. 5 B.: *Argumentatio igitur logici instrumentum est, logica autem generalis et docens de hoc est ut de subiecto, per quod utens logicus in scientiam venit ignoti per notum; argumentatio igitur logicae docentis proprium subiectum est. Et haec est trium philosophorum sententia, Avicennae scilicet, Alfarabii et Algazelis.*

16) *Albert. M.* ebend. I, 5, p. 6 A.: *Divisio autem logicae et quae sunt partes ipsius, ut dicunt Avicenna et Alfarabius, accipienda sunt ex intentione ipsius ...... Logica intendit docere principia, per quae per id, quod notum est, deveniri potest in cognitionem ignoti; est autem aut incomplexum, de quo quaeritur, quid sit, aut complexum, de quo quaeritur, an verum vel falsum sit .... Istae ergo sunt duae partes logicae; una quidem, ut doceantur principia, per quae sciatur diffinitio rei et quidditas; ...... altera vero, ut doceantur principia, qualiter per argumentationem probetur orationis veritas vel falsitas* (vgl. Anm. 60.) .... *Sed prima harum partium vel ab antiquis non tradita est, vel ad nos non pervenit; hanc etiam partem dicunt Avicenna et Alfarabius ad Arabes non pervenisse.*

stik [17]). Doch knüpft sich hieran auch noch die Berücksichtigung eines dem Beweisverfahren nachfolgenden Momentes; nemlich in ähnlicher Weise, wie wir solches bei den griechischen Commentatoren trafen (Abschn. XI, Anm. 122 f.), wird auch hier darauf hingewiesen, dass die ganze Theorie der Argumentation sich je nach dem Stoffe modificire, indem sie in anderer Weise bei den erdichteten Begriffen der Poesie und wieder in anderer Weise in der Rhetorik auftrete, was seinerseits mit dem Gegensatze zwischen Wahrscheinlichkeit und Nothwendigkeit zusammenhänge [18]). Ja, was diese Bezugnahme auf Rhetorik und Poetik betrifft, so müssen wir bedenken, dass nur aus eben jenen Auffassungen der Commentatoren der Umstand sich ergab, dass die Araber (besonders Averroes) ihre Erklärung der aristotelischen Rhetorik und Poetik enge an das Organon anknüpften (vgl. Anm. 51). Eine uns

---

17) Ebend. c. 7, p. 9. B ff.: *Sicut autem logicus docens quaerere scientiam incomplexi docet instrumentum, quo accipiatur notitia illius secundum diffinitionem et ea, quae ad diffinitionem faciunt, et quae diffinitionem circumstant, et quae diffinitionem perficiunt, et quae diffinitionem mutant, — sic docens accipere scientiam complexi docet syllogismum, qui est illius proprium instrumentum, et docet alias species argumentationum et principia syllogismi et ea, quae circumstant ipsum, et partes et materiam, in qua poni potest forma syllogismi, et aliarum argumentationum formas, et quae syllogismum immutant. Et ideo ea, de quibus habet tractare logicus, secundum ista dividuntur et multiplicantur. Eius complexi, cuius potest accipi scientia, non est differentia, quia sola indicativa oratio est, cuius est esse verum vel falsum; et ideo tantum illius scientia potest accipi ..... Sed haec est duplex, categorica scilicet et hypothetica, sive, ut Arabes dicunt, enuntiatio et coniunctio, propter quod duas species docet constituere syllogismorum, ... quamvis hypotheticus ad categoricum habeat reduci. Constructio autem syllogismi dupliciter fit, ... ad inveniendum scilicet et iudicandum. Inventio autem esse non potest nisi per habitudinem noti ad ignotum, quae habitudo topica est et in Topicorum scientia docetur. Judicandi autem scientia per resolutionem inventi est, quod resolvitur aut in formalia syllogismi principia aut materialia, quae sunt principia certificantia rem per hoc, quod sunt causae eius, quod sequitur .... Et duae sunt partes, Priorum scilicet Analyticorum et Posteriorum Analyticorum ..... Ne autem fiat deceptio circa ea, quae dicta sunt, inventa est scientia de sophisticis elenchis; adhuc autem ne fiat impedimentum ex parte eius, qui quaerit accipere, inventae sunt cautelae tentatoris ..... Quia vero syllogismus non scitur, nisi sciatur, ex quibus et quot et qualibus est et qualiter coniunctus, ideo habet agere logicus de enuntiatione et partibus et qualitatibus et compositione enuntiationis; non autem potest sic ex uno in aliud discurrere ratio, ... nisi accipiatur, unum esse ordinatum ad aliud per se vel per accidens; ordo autem est prioris et posterioris secundum naturam vel esse, et sic accipitur universale et particulare per se vel per accidens, et sic invenit modum praedicandi unum de altero vel negandi. Et quoad ordinem inventa est scientia universalium et scientia praedicamentorum, et quoad modum edicendi unum de alio inventa est scientia divisionum; rationis enim opus est ordinare, componere, colligere et resolvere ea, quae collecta sunt, quo opere utitur quasi instrumento in accipiendo scientiam, quando procedit a noto ad ignotum ..... Hac igitur sunt partes logicae, quae generaliter habent docere modum accipiendi scientiam de quolibet scibili incomplexo vel complexo; et hoc iam ante nos determinavit Alfarabius.*

18) Ebend. p. 10 B. (fortgefahren): *Hic tamen modus secundum materiam, in qua ponitur, variatur secundum diversitatem materiae, in qua quaeritur scientia; nam in sermocinalibus aliter est in grammatica; ..... aliter etiam est in poetica, quae ex fictis et imaginationibus movere intendit .....; et aliter est in rhetoricis, quae dicendi docent copiam ad persuadendum iudicem ...... Etenim in realibus scientiis aliter est in probabilibus et aliter in necessariis et demonstrativis et aliter in coniectantibus.*

anderweitig aus arabischer Quelle mitgetheilte kärgliche Inhalts-Uebersicht der Logik nach der Auffassung des Alfarabi sieht von den auf das Wahrscheinliche bezüglichen Theilen (Topik, Sophistik, Rhetorik), sowie auch von der Isagoge völlig ab, stimmt hingegen im Uebrigen mit dem so eben Angeführten überein [19]).

Folgen wir nun dieser Gliederung des Organons, so müssen wir zunächst es als unzweifelhaft bezeichnen, dass Alfarabi sich auch mit dem Inhalte der Isagoge beschäftigte, denn bei der bestehenden Meinungsverschiedenheit, ob dieselbe ein „Theil" der Logik sei, entschied er sich für Bejahung dieser Frage [20]). Insoferne mit den *quinque voces* der Begriff der *vox significativa* (φωνὴ σημαντική, s. Abschn. XI, Anm. 64) in Frage kam, unterschied Alfarabi auf Grundlage der griechischen Commentatoren eine fünffache Function der Bezeichnung der Worte [21]). Was aber die bekannte Kernfrage über die Universalien betrifft, so finden wir bereits hier jene Verbindung des Platonismus mit dem Aristotelismus, welche bei den Lateinern durch arabischen Einfluss eine bedeutsame Quelle neuer Controversen wurde; nemlich schon Alfarabi erkennt an, dass das Singuläre nicht bloss in der sinnlichen Wahrnehmung sich finde, sondern auch im Denken (*intellectus*) erfasst werde, und ebenso ist ihm das Universelle einerseits für die sinnliche Sphäre ein den Einzeldingen Beigemischtes und andrerseits ein Erzeugniss der Denkkraft, welche es aus der Erfassung des gleichartigen Vielen als den einheitlichen Grund heraushebt [22]). Und wenn

---

19) Bei *Schmölders*, *Docum. phil. arab.* p. 24 f.: *Ratiocinatio ex duabus rebus constat, quarum altera est de praemissis, quibus ratiocinatio efficitur, altera vero de figura, ad quam ratiocinatio componitur; harum rerum doctrinam praecipit liber Ἀναλυτικῶν. Praemissae constant ex terminis et figuris* (das Wort *figuris* scheint Schmölders in ungenauer Weise zur Uebersetzung gewählt zu haben, denn wir erwarten eher *formis*), *quae ultimae sunt orationis partes. Rerum, quas oratio exponit, simplicium decem sunt genera, ... quae ex Aristotelis libro De praedicamentis petenda sunt; praemissarum figurae exponuntur in libro Περὶ ἑρμηνείας: praemissae discendae sunt ex eius libro De demonstratione* (d. h. aus der zweiten Analytik). *Hi libri, priusquam logicae opera navatur, legantur oportet.*

20) *Averr. ad Porph.* f. 10. v. A: *Non video, hoc introductorium esse necessarium pro initio sumendo in hac arte; nam ..... non est pars huius artis*; *Abunazar vero videtur velle, quod sit pars eius.*

21) *Albert. M. De praedicab.* I, 5, p. 6 B: *Logica .... considerat de voce significante ad placitum, et quid et qualiter significet, quod antiquiores Peripatetici, ut dicunt Alfarabius et Algazel in quinque modis distinxerunt. Primo quidem et principaliter dictio significat id, ad quod prima institutione significare est instituta, ut homo hominem ..... Secundo modo ...., quod ex consequenti supponitur in ipsa, sicut domus significat fundamentum et parietem ..... Tertio modo, quando res comitatur significationem ipsius, sicut si paries est, fundamentum esse significat ..... Quarto modo unum est in intellectu alterius, sicut homo significat animal ...... Quinto sicut oppositio significat oppositionem, ... sicut disgregatio albi significat aggregationem nigri.*

22) Ebend. *Anal. post.* I, 1, 3, p. 518 B: *Dicit enim Alfarabius: singulare quoddam in sensu est, quoddam in intellectu; singulare quidem in sensu est materiale accidente proprio et incommutabili determinatum; singulare autem in intellectu dicit hanc formam ab hoc singulari abstractam, quae est in anima accidens, quod vocatur habitus vel dispositio ...... Universale autem in sensu dicit Alfarabius eo, quod in singulari est mixtum et confusum, quo hic homo est homo, ... universale*

die Frage, ob das Universale in seinem Ansichsein das nemliche sei, wie in seiner Vervielfältigung in der Erscheinung, dahin beantwortet wurde, dass es weder völlig das nemliche noch auch völlig verschieden sei, sondern der Unterschied nur in der Form der Bestimmtheit (*determinatio*) liege [23]), so konnte nun ebenso im Sinne eines aristotelischen Intellectualismus gesagt werden, dass das Universale zugleich *in multis* und *de multis* sei [24]); und hiernach ist es nicht auffallend, wenn uns berichtet wird, dass bereits Alfarabi jene dreifache Unterscheidung in „*ante rem*", „*in re*", „*post rem*" ausgesprochen habe, welche wir unten (Anm. 177 ff.) aus Avicenna anführen werden [25]). In der Erörterung über die einzelnen fünf Worte hat Alfarabi offenbar den Grund zu jenen zahlreichen Zweifeln und Controversen gelegt, welche wir bei anderen Arabern (besonders bei Avicenna) antreffen, so z. B. was die Definition der Gattung [26]), oder was einen Verwandtschaftspunkt der Gattung und des Unterschiedes betrifft [27]), oder in der Frage über eine doppelte Bedeutung der Species, je nachdem man in derselben die Unterordnung unter die Gattung oder das Moment der Specialisirung hervorhebe [28]), oder insbesondere in den Untersuchungen über das Accidens nicht bloss bezüglich der Feststellung der Wortbedeutung [29]),

---

autem in intellectu dicit id, quod in universalitate ex singulis apprehensis agit intellectus ex hoc, quod unam rationem videt in omnibus singulariter apprehensis, quae sunt unius generis et speciei. Et hanc opinionem videntur approbare Avicenna et Algazel et quidam alii.

23) Ebend. *De praedicab.* II, 5, p. 20 B: *Si autem quaeratur, utrum idem esse sit, quod universale habet per se acceptum et quod habet determinatum et particulatum, dicendum, quod nec idem omnino nec diversum omnino; sed idem vel unum dupliciter; in substantia enim idem est, duplex autem ut idem et unum indeterminatum et determinatum. Et haec est solutio trium philosophorum, Avicennae et Alfarabii et eiusdem Joannis Grammatici apud Arabes nominati.*

24) Ebend. II, 5, p. 19 B: *Idem probatur per diffinitionem universalis tam ex Aristotelis verbis quam ex verbis Avicennae et Alfarabii. Est enim universale unum de multis et in multis; si autem est in multis, non habet esse separatum ab illis; et ideo dicunt, quod universale est, quod est aptum esse in multis et in hoc differt a singulari.*

25) Ebend. IX, 3, p. 93 A: *Attendendum autem est, quod omnia quinque tripliciter considerari possunt* ..... (p. 93 B) *ut dicunt Avicenna et Alfarabius.*

26) *Averr. ad Porph.* f. 2. r. B: *Vera diffinitio generis est, quod ex duobus universalibus ipsum sit illud, quod universalius est, per quod debet fieri responsio ad interrogationem factam de aliqua re, quid sit, ut diffinivit ipsum Alfarabius, vel quod sit id, sub quo ordinata est species, ut diffinivit ipsemet paulo ante.*

27) *Divers. Arabum Quaesita*, f. 380. r. B: *Speculemur sermonem Alfarabii dicentis, quod genus et differentia conveniant in eo, quod utrumque eorum notificat essentiam et substantiam speciei, nisi quod genus notificet substantiam speciei, in qua conveniunt alia, differentia vero notificat substantiam speciei, qua determinatur ab aliis.*

28) *Albert. M. De praedicab.* IV, 2, p. 37 A: *Alfarabius et Avicenna duas hic inducunt quaestiones. Una quidem, quia cum duae sint assignationes, una speciei subalternae, altera speciei specialissimae, ad quam illarum nomen speciei prius translatum sit* ......; *altera autem quaestio est, cum duae sint speciei diffinitiones, secundum quam illarum species est universale unum de quinque universalibus.*

29) Ebend. VII, 1, p. 74 A: *Avicenna dicit, antiquos, qui de quinque tractaverunt universalibus, esse diminutos, qui descriptiones accidentis posuerunt, antequam distinguerent, in qua significatione accidens accipitur, secundum quod est*

sondern auch in kritischen Zweifeln über die Angaben des Porphyrius [30]).

Was sodann die Kategorien betrifft, so scheinen bei Besprechung der Einleitungsworte über die Verhältnisse des Homonymen, Synonymen u. dgl. die Araber überhaupt sich an Porphyrius (s. Abschn. XI, Anm. 65) angeschlossen zu haben und hiedurch dazu gelangt zu sein, die „analogen" Begriffe als eigene Species zu zählen [31]). In dem wichtigsten Theile aber, nemlich in der Erörterung der Kategorie der Substanz und ihres Verhältnisses zu den übrigen Kategorien, waren ja die Araber durch ihre Kenntniss der gesammten Schriften des Aristoteles und insbesondere der Metaphysik wesentlich unterstützt und konnten daher Erklärungen beibringen, welche dem tieferen Sinne des Aristotelismus treu blieben. So hat schon Alfarabi völlig richtig gegen die Auffassung polemisirt, dass das *„ens"* über die Substanz hinaus als der oberste Gattungsbegriff zu betrachten sei (Abschn. VI, Anm. 76 ff. u. Abschn. XII, Anm. 89), weil bei *„ens"* nicht von einer Auffassung einer Gattung innerhalb einer Species, sondern von dem actuellen Dasein überhaupt die Rede sei [32]), und ebenso konnte in aristotelischer Weise (s. Abschn. IV, Anm. 473 ff.) das eigentliche Wesen der Substanz in jenes begriffliche Was (*quid*) verlegt werden, welches darin eine gewisse Aehnlichkeit mit dem Stoffe besitzt, dass es in individueller Determination erst das Ziel und die Verwirklichung seiner Bildsamkeit erreicht [33]), womit sich dann desgleichen eine richtige Auffassung des

---

unum quinque universalium ...... (p. 74 B.) *Restat ergo quaestio, quid sit accidens, secundum quod est unum quinque universalium, secundum Avicennam et Alfarabium. .....* (p. 75 A.) *Tale ergo universale praedicabile de multis per hoc, quod notio totius est sub esse accidentali huius accidentis, ut dicit Alfarabius, est universale quintum, quod vocatur accidens ...... Dicit Avicenna, quod accidentale his accidens vocatur, quando accidens quintum universale dicitur esse.*

30) Ebend. VII, 2, p. 76 B: *Assignationes accidentis datae a Porphyrio et ab aliis Peripateticis multipliciter dicuntur esse vitiosae et reprehensibiles et dicta de accidente, prout universale est, ab Avicenna et Algazele et Alfarabio et Jacob filio Alchindi, minus veritatis habere et esse multipliciter imperfecta, in quibusdam non vera et in quibusdam imperfecta et in quibusdam ad rem non pertinentia.*

31) Ebend. I, 5, p. 7 B: *Voci significativae ..... accidunt quinque, scilicet quod sit univoca et quaedam diversivoca, quaedam autem multivoca, etiam quaedam aequivoca, quaedam vero analoga sive proportiona, quae apud Arabes vocatur convenientia.*

32) Ebend. IV, 3, p. 41 A: *Si quis autem instet et dicat, quod substantia habet superius; ens enim est ante substantiam per intellectum, quia omnis substantia est ens, sed non omne ens est substantia, ... ad praesens sufficiat, quod cum ens praedicatur de substantia vel res vel unum vel aliquid, non praedicatur praedicatione generis, cum non sit una ratione praedicatum de his, de quibus praedicatur, sed per prius et posterius; sed talia praedicantur praedicatione principii, non generis. Et hoc probat Avicenna et Alfarabius et Algazel et omnes Arabes sic: Sequitur enim, si homo est, animal est, et si animal est, corpus vivum est, et si vivum est, corpus est, et si corpus est, substantia est, propter intellectum generis in specie. Sed non sequitur, si substantia est, ens est, quia, sive sit aliquod sive non, semper genus sequitur ad speciei positionem; ..... cum autem dicitur ens absolute, non intelligitur nisi ens actu existens, et ideo non sequitur, si substantia est, ens est, quia esse ens accidit omni ei, quod est.*

33) Ebend. *De praedicam.* II, 1, p. 106 A: *Principia autem substantiae pro-*

Entblösstseins (*privatio*, s. Abschn. IV, Anm. 401 ff.) verbinden konnte, insoferne dasselbe zwar nicht an sich schon als artmachender Unterschied bezeichnet werden kann, wohl aber in Folge des sprachlichen negativen Ausdruckes diese Function erhält [34]). Folgerichtig ist es auch, wenn bezüglich der Kategorie der Relation, welche am weitesten von der Naturbestimmtheit entfernt liegt (Abschn. IV, Anm. 313 u. 533), der bloss subjective Standpunkt des vergleichenden Denkens hervorgehoben wird [35]). Hingegen entschied Alfarabi die bei den Commentatoren vielbesprochene Frage, unter welche Kategorie die Bewegung falle (Abschn. XI, Anm. 150), auf Grundlage jener dortigen Controversen dahin, dass sie zu den Kategorien der Substanz, des Wo, der Qualität und der Quantität gehöre [36]).

Auch in der Lehre vom Urtheile, d. h. dem Buche *De interpr.*, werden wir den Alfarabi wohl nur als einen Commentator betrachten dürfen. So unterwarf er z. B. die Definitionen des Nomen [37]) und des Verbum [38]) einer kritischen Exegese, oder besprach die Bedeutung des Prädicates als das Verhältniss einer begrifflichen Inhärenz im Sub-

---

pria sunt id, quod est quid et formabile, quod est non materia quidem, sed materiae proportionem habens in eo, quod sustinet se formans, et in eo, quod formabile est; et secundum principium, quod est dans esse habens proportionem ad actum formae, qui est determinare ad esse et finire et distinguere, sicut dicunt Avicenna et Alfarabius. Haec autem, quae dicta sunt, valde notanda sunt, quia solvuntur per ea multae quaestiones.

34) Ebend. *De praedicab.* V, 7, p. 66 A: *Quamvis enim, sicut dicit Avicenna et Alfarabius, irrationale et alia similia privative vel negative accepta non dicant vero nomine differentias, eo quod differentia nonnisi positive potest significari, tamen, quia propria nomina differentiarum non habemus, unam notam differentiam ponimus, et aliam per privationem eiusdem significamus, quae est speciei subalternae, quae ponitur sub genere.*

35) Ebend. *De praedicam.* IV, 1, p. 141 A: *Avicenna et Alfarabius dicunt, quod nulla forma, quae sit ens, est in re, quae non sit absoluta secundum esse, quod habet in ipsa; ..... sed comparatio, quae fit rerum ad invicem secundum formas quae sunt in rebus, fit actu rationis; ..... comparationis ergo forma, quae est in his, quae sunt ad aliquid, non est res, sed ratio, ut videtur.*

36) *Levi Gerson, Praedicam.* f. 24. v. A: *Sunt quoque aliqui, qui putant, quod agere et pati dicantur de generibus motus tantum, videlicet de motu, qui est in substantia et in ubi et qualitate et quantitate, ... et videtur esse sententia Alfarabii iudicio meo.*

37) *Divers. Arab. Quaes.* f. 381. r. B: *Diffinivit Aristoteles nomen in libro Perihermenias, quod sit dictio significans impositione abstracta a tempore ....., et dixit Abunazar Alfarabius: omnes expositores convenerunt, quod adiectio dicti „impositione" sit superflua, ex quo dictio non significat nisi impositione, et ideo dixerunt, quod per dictionem hic ille intellexerit vocem ...... Abunazar vero dixit, quod detulerit illam, quia aliquando vocantur etiam multa, quae canit animal, dictiones ob esse illorum expressionem proximam expressioni dictionum hominis.*

38) *Albert. M., Periherm.* I, 3, 2, p. 255 A: *Haec autem diffinitio verbi ab Alfarabio sic exponitur, quod consignificare tempus dicit duo; unum ex intentione principali et alterum ex consequenti; ex principali intentione consignificare tempus dicit, quod non est significare tempus vel significare rem, quae necessario est in tempore, sed per modum, quo cum tempore, h. e. per modum agere vel moveri ..... Ex consequenti dicitur hoc, quod praesupponit, scilicet quod verbum est vox significativa ad placitum, quia, ut dicit Avicenna, verbum, quod hoc modo consignificat cum tempore, non habet ex se, sed a placito imponentis.*

jecte[39]), wobei er sowohl auf jene nemliche Schwierigkeit stiess, mit welcher schon die älteren Lateiner (s. Abschn. XIV, Anm. 211) sich bezüglich eines aristotelischen Beispieles beschäftigt hatten[40]), als auch auf jenen Abweg hinwies, welcher sich öffnet, sobald das im Urtheile versteckt Enthaltene sämmtlich ausgesprochen werden wolle[41]). Andere Controverspunkte scheint er hauptsächlich bei Gelegenheit der Syllogistik erörtert zu haben.

Insoferne er aber sodann die Topik als die Lehre von der *inventio* noch vor den beiden Analytiken behandelte (s. Anm. 17), so mag es genügen, zu bemerken, dass wir auch bezüglich dieses Zweiges der Logik durch Citate Anderer Notizen über eine commentirende Thätigkeit Alfarabi's besitzen[42]).

Was sodann die erste Analytik betrifft, so müssen wir zunächst ein äusserliches Moment erwähnen, welches zwar allerdings den Alfarabi weder allein noch auch als Araber berührt, sondern in der lateinischen Uebertragung arabischer Litteratur überhaupt liegt; wir finden nemlich in jenen Uebersetzungen bei Erörterung der Syllogismen neben der üblichen Terminologie „*propositio*" häufig auch das Wort „*praemissa*" angewendet, welches sich in der ganzen vor-arabischen Litteratur der lateinischen Logik nicht findet[43]). Der Inhalt hingegen der ersten Analytik bot, sowie bei den griechischen Commentatoren, so auch hier nur in wenigeren Punkten eine Gelegenheit zu Meinungsverschiedenheiten dar. Solcher Art nemlich war zunächst die Frage über das *Dictum de omni* und *Dictum de nullo* (Abschn. IV, Anm. 538), welches Alfarabi in einheitlich gleichmässiger Weise bei allen Urtheilsformen, d. h. sowohl bei den Urtheilen des Stattfindens als auch bei jenen der Möglichkeit und der Nothwendigkeit, als den Kern der gesammten Syllogistik betrachtet wissen wollte[44]). Hieran aber schlossen

---

39) Ebend. *De praedicab.* VIII, 8, p. 86 B: *Dicunt Avicenna et Algazel, quod haec semper vera est „Socrates est homo" et haec „homo est animal" .... et omnis illa propositio, in qua praedicatum est de ratione subiecti et clauditur in intellectu eius.* Ebend. *De praedicam.* VII, 9, p. 184 A: *Et hoc manifestum est per Avicennam et Algazelem et Alfarabium dicentes, sicut verum est, quod quando praedicatum concipitur in ratione subiecti, talis propositio vera est sive re existente sive non existente.*

40) *Ps.-Averr. Quaes. in Periherm.* f. 361. r. A: *Exemplum illius, quae verificatur composita et falsificatur divisa, est, prout dicimus „Homerus est poeta", ... quia res connexa non sit opposita rei, cui connectitur, nec in potentia nec in actu, sicut est oppositio nominis hominis ipsi mortuo, et secundum hunc intellectum sermonis philosophi hoc loco convenerunt omnes expositores, prout retulit Avicenna, et haec ipsa est opinio Abunazar, sicut videtur de suo sermone in libro Elenchorum.*

41) *Albert. M., Periherm.* II, 1, 5, p. 276 A: *Quodsi de composito componentia divisim praedicantur, ... deducetur ad nugationem implicitam ...... Si enim sic dicatur „Socrates est homo", per hoc quod dico „homo", ponitur et bipes, et bipes etiam additur, ergo Socrates est homo bipes bipes; similiter .... Socrates est homo homo, et sic in infinitum. Et scias, quod hunc modum sic ponit Alfarabius.*

42) *Averr. Top.* f. 266. r. A und f. 298. v. B, sowie *Ps.-Averr. Epitome* f. 348. v. A u. f. 358. v. A (warum „Pseudo-Averroes", s. unten Anm. 290).

43) Das Wort „*praemissa*" s. z. B. Anm. 48, 276, 365 u. s. f.

44) *Ps.-Averr., Quaes. in Prior. Resol.* f. 367. v. A: *Credidit Abunazar, prout*

sich sodann auch Bedenken über das Verhältniss an, in welchem das Urtheil des Stattfindens zu den beiden übrigen Arten stehe, ob die letzteren in ersterem bereits versteckt enthalten seien u. dgl., wobei auch die einschlägigen Stellen aus der Lehre vom Urtheile (Abschn. IV, Anm. 278 f.) in Betracht kamen [45]). Ein fernerer Gegenstand der Controversen, in welchen Alfarabi erwähnt wird, lag in der Umkehrung der Möglichkeits-Urtheile und der Nothwendigkeits-Urtheile [46]), sowie in der Entwicklung jener Schlussformen, welche sich aus Combinationen der drei Arten der Urtheile ergeben [47]). Wichtiger jedoch als diese letzteren bloss exegetischen Bedenken ist die Auffassung Alfarabi's bezüglich jener Stelle, in welcher Aristoteles von den Voraussetzungs-Schlüssen spricht (Abschn. IV, Anm. 580 ff.), denn erklärlicher Weise spielte hier die gesammte Theorie des hypothetischen Syllogismus, wie sich dieselbe seit Theophrastus und Eudemus entwickelt hatte, mit herein. Und so beansprucht denn auch Alfarabi eine gleichmässige Geltung der aristotelischen Definition des Syllogismus sowohl für die kategorische als auch für die hypothetische Form desselben, indem in beiden Formen die Stellung und Bedeutung des Untersatzes wechselseitig eine völlig proportionale sei; jedoch hält er dabei die Bestimmung als wesentliche fest, dass die hypothetische Form nur dann wirklich als Syllogismus zu bezeichnen sei, wenn der Untersatz (und hiemit auch die syllogistische Verknüpfung) nicht schon an sich selbst bekannt sei, sondern erst als neues Verbindungsglied hinzukomme [48]). Wenn

---

videtur ex eius sermone, quod conditio ipsius „dici de omni" communis huic libro sit, quod A dicatur affirmative vel negative de inesse vel necessario aut possibili de omni eo, quod sit B in actu aut possibiliter aut necessario. Ebend. f. 363. v. A. *Averr. Prior. Resolut.* f. 65. v. B: *Et hoc est, in quo direxit Abunazar mentem suam contra Aristotelem; ..... non est conditio dicti de omni in omnibus tribus propositionibus, h. e. absoluta et necessaria et possibili, una, veluti existimavit Abunazar.* Gleichfalls über das *dictum de omni* ebend. f. 72. v. B. u. f. 106. r. A.

45) *Ps. Averr.* a. a. O. f. 364. r. A: *Quae vero propositio sit propositio de inesse, expositores quidem contendunt in hoc. Quidam enim ipsorum dicunt, quod ille voluerit per „de inesse", quod praedicatum insit subiecto absolute, et quod haec contineat necessarium et possibile et ens in actu, et hoc finxit Alfarabius, quod esset opinio Themistii et Ammonii ..... De Alexandro vero finxit Alfarabius, quod intenderit per enuntiationem de inesse illam, quae inest in actu, quae est naturae contingentis, qua est universalis tempore sensato, prout dicimus „omnis homo nunc est albus", hoc enim non est impossibile ...... Alexander vero, prout concepit de eo Alfarabius, dicit, quod intendat per absolutum ipsum* (d. h durch das Urtheil, in welchem die Modalität nicht ausgedrückt ist) *absolutum secundum dictionem et non secundum signum, sicut dicit ibi Alfarabius: absentia modi est indicium modi.* Vgl. ebend. f. 362. r. B u. f. 366. r. B. Was hierüber bei *Averr. Prior. Resol.* f. 68. v. A u. f. 74. v. B sich findet, gehört zu jenen verzweifelten Stellen, in welchen die Uebersetzung schlechthin sinnlos ist.

46) *Ps.-Averr. Quaes. in Prior. Resol.* f. 363. r. A (s. Abschn. IV, Anm. 543 ff.).

47) Ebend. f. 365 r. B. u. f. 370. v. B.

48) *Ps.-Averr. Quaes. in Prior. Resol.*, f. 368. r. A: *Circa hoc autem est non parvum dubium, nam iam putatur, quod diffinitio syllogismi simpliciter concludat ambos syllogismos simul, h. e. categoricum et conditionalem, quia sicut in syllogismo categorico ponuntur duae praemissae et ex eis infertur alia res necessario, sic etiam in syllogismo conditionali ponuntur duae praemissae, quarum una est con-*

aber sodann auch noch berichtet wird, dass Alfarabi manigfache Bedenken über die aristotelische Begründung der Induction (Abschn. IV, Anm. 642 ff.) geäussert habe [49]), so dürfte auch hieraus hervorgehen, dass derselbe in solch principiellen Fragen, zu welchen auch jene über die Berechtigung der hypothetischen Syllogismen gehört, sich durch den Standpunkt der Commentatoren (s. Abschn. XI, Anm. 166 und bezüglich der Induction ebend. Anm. 160) zuweilen zu unaristotelischen Annahmen verleiten liess (vgl. oben Anm. 11).

Seine einflussreichste Schrift aber war entschieden die Bearbeitung der zweiten Analytik, auf welche unter dem Titel „*De demonstratione*" häufig verwiesen wird, wenn auch Einige dieselbe für unvollendet hielten [50]). Den Anknüpfungspunkt der zweiten Analytik an die erste fand Alfarabi darin, dass nach der Darlegung der Formen des Schliessens nun auf den Stoff übergegangen werden müsse; indem aber dieser in den Urtheilen liege, sei zu erwägen, dass die Urtheile in fünf Unterschieden — was in ächt arabischer Weise durch Vergleichung mit dem Golde klar gemacht wird — sich von dem schlechthin Wahren zum schlechthin Falschen abstufen, und dass alle diejenigen Urtheile, deren Wahrheit nicht bereits feststeht, sondern erst auf dem Wege der Disputation gefunden werden soll, abermals eine Manigfaltigkeit von dreizehn Abstufungen zeigen, von welchen jedenfalls die fünf höheren Grade in dem demonstrativen Wissen ihre Verwendung und Formirung finden; kurz die Wissenschaft der Beweisführung (s. oben Anm. 15) müsse eben auf die verschiedenen Arten der Urtheile, welche in den verschiedenen Zweigen des Wissens ausgesprochen werden, als

---

ditionalis et repetita est categorica. Ac etiam in scientiis iam reperiuntur multa quaesita, quae ostenduntur per syllogismum conditionalem simpliciter. Et proinde ait Abunazar, quod proportio partium illorum, qui contexuntur ex demonstrationibus conditionalibus, sit proportio partium illorum, ex quibus contexuntur categorici, et dixit in libro Priorum Analyticorum, quod syllogismi, qui componuntur per locum inferentiae connexionis, ... sint conditionales, et ostendit, quod haec loca sint demonstrativa, ... et sic de reliquis locis, ex quibus contexuntur syllogismi conditionales. Totum itaque hoc est, quod dubitatur circa hunc sermonem. Quod videtur autem ex intentione Abunazar et Avicennae, est, quod ipsi concedant, quod diffinitio syllogismi simpliciter contineat ambos syllogismos .... (f. 369. v. A.) *Quidam syllogismi sunt orationes procedentes processu conditionis et illi sunt in rei veritate syllogismi conditionales, quorum repetitum et coniunctio est ignota; sequitur autem ..... Abunazar, quod non sit syllogismus conditionalis ille, cuius repetitum sit per se notum et coniunctio per syllogismum.* Vgl. *Averr. Prior. Resol.* f. 83. v. A.

49) *Averr. Prior. Resol.* f. 123. v. A: *Secundum hoc solvuntur omnes dubitationes, quas est assecutus Abunazar.*

50) *Averr. Poster. Resolut.* f. 212 v. A: *Quod autem Abunazar non attigerit locum istum* (d. h. *Arist. Anal. post.* II, 8.), *manifestum utique per verba sua in libro ipsius De demonstrationibus et ex verbis suis in libro Elementorum.* (Jedoch statt *Elementorum*, welches allerdings in den hierauf folgenden Zeilen abermals sich findet, scheint nach einem anderen Citate — s. dasselbe oben Anm. 40 — wohl *Elenchorum* gelesen werden zu müssen.) *Ps.-Averr. Quaes. in Post. Resol.*, f. 376 v. B: *Totum autem hoc significat, quod liber Abunazar De demonstratione nondum fuerit completus, nam potius putandum est hoc de Abunazar, quam quod sit putandum, quod latuerint eum hae res.* Vgl. ebend. f. 374. v. B. Hiezu den Schluss der Stelle aus Albertus Magnus in der folg. Anm.

auf ihren Stoff eingehen, und darum folge auf die Syllogistik das demonstrative Verfahren [51]). Insoferne aber hiebei nicht bloss die Urtheile als Stoff der Schlussform betrachtet werden, sondern auch hinwiederum der Inhalt der Urtheile selbst in Frage kömmt, scheint Alfarabi hierüber das eigentliche Wesen der aristotelischen Apodeiktik aus dem Gesicht verloren zu haben; denn er fasste die Urtheile nun nicht mehr bloss nach jener Seite auf, vermöge deren sie in ihren verschiedenen Formen auf verschiedene Weise zur Ergründung der Wahrheit benützt werden, sondern er zog auch den sachlichen Inhalt derselben bei, in welchem sie zu den Einzel-Wissenschaften verarbeitet werden, so dass Manche sogar glaubten, Aristoteles habe den Einen der beiden Gesichtspunkte übersehen; und insoferne die zweite Analytik nicht bloss das Verfahren des wissenschaftlichen Beweises, sondern hauptsächlich auch das Wesen der Definition bespricht, verfuhr Alfarabi allerdings folgerichtig in gleicher Weise auch bezüglich der Definition, indem er neben einer allgemein formellen Seite derselben eine specielle und auf die einzelnen Zweige des Wissens abzielende Function des Definirens hervorhob; sonach also zerfiel ihm das bei Aristoteles zweigegliederte Ganze in vier Gruppen [52]). Sowie aber Alfarabi in solchem Sinne sogleich

---

51) *Albert. M. Anal. post.* I, 1, 2, p. 515 A: *Quod autem iste liber immediate sequatur librum priorum secundum, ... sic probant Avicenna et Algazel et ante hos Alfarabius. Scientia enim syllogismorum formativa in figura et ordine prima est inter scientias, quae sunt de syllogismo. Propositiones enim, ex quibus fit syllogismus, ut dicunt, ad syllogismum se habent in quinque ordinibus, ut quinque modis se habet aurum ad artificiatum, quod fit ex auro; materia enim syllogismi propositiones sunt ..... Sunt quinque ordines in auro, quod quidem primo in ordine obrizum examinatum et depuratum*, u. s. f. ..... *Similiter propositio habet quinque ordines; in primo enim ordine est illa, quae est vere credibilis sine dubitatione et deceptione ....; in secundo ordine est propositio proxima veritati, ita ut difficile accidat fallacia opinionis .....; in tertio autem .... opinabilis opinione plurium non sapientum .....; in quarto .... verisimiles, quae cum dolo et simulatione occulta habent similitudinem verarum .....; in quinto ordine est propositio quae scitur esse falsa ..... Dicamus igitur, quod omnis propositio, quae non est veritatis stabilitae, sed sumitur ab opponente, in quantum conceditur a respondente, dividitur in tredecim partes, scilicet primas, quae sunt insensibiles ...., et in sensibiles ..... et experimentales .... et in famosas ...., quae conceduntur magis amore boni quam veri ..... et in propositiones mediatas ..... et existimativas .... et maximas ab omnibus concessas .... et syllogizatorias ..... et receptibiles sua probabilitate ..... et eas, quae videntur esse maximae, non vero sunt ..... et putabiles apud vulgus .... et imitatorias verorum .... et aperte falsas .....* (p. 516 B.) *Et ex omnibus talium generum propositionibus constituuntur argumentationes diversarum facultatum, quae omnes sunt sub logica in genere accepta, propter quod etiam poetica secundum Aristotelem sub logica generali continetur* (s. oben Anm. 18.); *quinque autem species harum propositionum, scilicet primae, sensibiles, experimentales, famosae et mediatae, congruunt demonstrationi in genere acceptae ....* (p. 517 A.) *Ex his omnibus patet, ad quid se extendit logica in genere accepta, et quod immediate consequens scientia ad scientiam de syllogismo simpliciter est scientia demonstrativa. Et haec, quae dicta sunt, de scientiis Arabum sunt excerpta, quorum commentum super hunc posteriorum librum ex sententia Alfarabi Arabis ad nos devenit.* Näheres s. unten Anm. 276 ff.

52) *Averr., Poster. Resolut.* f. 127. r. A: *Intentio libri est, speculari de demonstrationibus atque de definitionibus ..... Demonstrationes namque ex duobus consistunt, quorum unum est propositiones et hoc est, quod vicem obtinet materiae, alterum vero est ipsarum compositio et hoc est, quod vicem exhibet formae ......*

die ersten Zeilen des aristotelischen Buches exegetisch erörterte[53]), so bot sich ihm in jener Stelle, in welcher Aristoteles selbst zwischen apodeiktischem Beweise und Syllogismus unterscheidet (Abschn. IV, Anm. 651), die Gelegenheit dar, gleichsam eine Erweiterung und Ergänzung der aristotelischen Lehre beizubringen; es seien nemlich jene Erfordernisse, welche dort Aristoteles für das Zustandekommen des apodeiktischen Wissens aufzählt, nur auf jener Betrachtungsweise begründet, nach welcher der Beweis bereits als die potenzielle Entwicklungsstufe der Definition angesehen werden müsse und hierin allerdings seine edelste Function besitze (*demonstratio nobilissima*), denn nach dieser Seite könne der wirklich apodeiktische Beweis an keine anderweitigen Bedingungen ausser den von Aristoteles namhaft gemachten geknüpft werden; hingegen aber enthalte ja der Beweis noch eine zweite rein syllogistische Seite in sich, nach welcher er nicht Vorstufe einer Definition sei, sondern lediglich die zwingende Nothwendigkeit des Schliessens darbiete, und in dieser Beziehung nun sei zu erwägen, wie der Mittelbegriff, welcher im Syllogismus die wahre Causalität repräsentirt (Abschn. IV, Anm. 656—665), in einer mehrfach gegliederten formalen Stellung zum Oberbegriffe und Unterbegriffe stehe, indem hiebei in Anschlag kommen müsse, ob in den Prämissen die Aussage das Verhältniss der Definition oder des Gattungsbegriffes oder des artmachenden Unterschiedes oder des eigenthümlichen Merkmales oder des zufälligen Merkmales enthalte[54]). Durch die nähere Aus-

---

Ideo incipit hoc in loco sermonem facere de .... materia ...... Considerat autem in istis propositionibus numerum ac dispositionem specierum ipsarum, ut eas assequamur, quatenus possunt deducere hominem ad veritatem, non considerat autem ipsas, quatenus sunt una pars entium ...... Differentiae vero ultimae, in quas dividuntur species demonstrationum ex parte materiae, sunt differentiae, quae inveniuntur in demonstrationibus, secundum quod ..... sunt utiles ad acquirendam illorum verificationem, non autem differentiae, quae ipsis insunt, secundum quod sunt unum ex entibus, quemadmodum fecit Abunazar in libro suo. Et propterea quaesiverunt homines nostri temporis circa speculationem de demonstrationibus et existimaverunt, quod illud, quod adduxit Abunazar hoc in loco, sit res, quam dimisit Aristoteles hoc in loco .... In definitionibus non est aliquid procedens modo formae, puta aliquid commune, neque aliquid procedens modo materiae, ita ut dividatur speculatio ipsius duas in partes ..... Qui vero existimavit, quod in definitionibus invenitur pars universalis et communis, cuius speculatio praecedat definitiones appropriatas unicuique arti, is profecto erravit in hoc errore manifesto, quemadmodum existimatur fecisse Abunazar ...... Non separavit Aristoteles hoc in libro partem appropriatam, in qua compiletur qualitas faciendi artes, in demonstratione et definitione, quemadmodum fecit Abunazar ...... Et propterea non dividitur speculatio in libro suo quatuor in partes, quemadmodum fecit Abunazar.

53) Ebend. f. 128. r. B (s. Abschn. IV, Anm. 88).

54) *Ps.-Averr. Epitome*, f. 351. v. A ff.: *Sunt ergo conditiones huius speciei demonstrationis absolute novem conditiones, quarum una est, quod sit vera, secunda et tertia, quod sit universalis et necessaria, quarta, quod praedicatio sit per se, quinta, quod eius praemissae sint causa inventionis conclusionis, ... sexta, quod praedicatio in eis sit secundum cursum naturalem, septima, quod cum hoc, quod sunt priores secundum esse ipsa conclusione, sint etiam priores secundum cognitionem, ... octava, quod praedicatum in eis sit praedicatum prima praedicatione, nona autem est, quod sint propriae .... Hae itaque sunt omnes conditiones, quas Aristoteles apposuit, ... et adiecit has conditiones in eis, quia sunt definitiones pro-*

führung aber dieses Gesichtspunktes gelangte Alfarabi dazu, den demonstrativen Beweis nach der syllogistischen Seite desselben in acht Gattungen zu gliedern, welche zusammen dreiunddreissig verschiedene Formen des Schliessens darbieten [55]). Wenn aber sodann der aristotelische

---

priae in potentia et universaliter, ex quo sunt nobilissimae et perfectissimae. Quando vero caperentur acceptione, qua sunt demonstrationes tantum, non apponeretur eis conditio nisi quod sint res necessaria, quatenus sunt demonstrationes, non res, qua sunt demonstrationes nobilissimae; et si intenditur numerare suas species, prout fecit Abunazar Alfarabius, non adiicietur eis conditio praeter praemissas novem conditiones. Re autem ita se habente et existente conditione necessaria ....., ex quo sunt demonstrationes causarum et inventionis simpliciter, non ex quo sunt definitiones in potentia, et termini medii in eis sunt causae, ... fiunt propria harum specierum, quod terminus medius in eis sit causa duarum extremitatum simul .... aut unius ipsarum tantum ..... Dum observaveris reliquas conditiones et praecipue conditionem, qua est praedicatum secundum naturalem modum, sunt ergo termini medii definitio ambarum extremitatum aut alterius ipsarum, aut pars earum definitionis aut alterius ipsarum. Quando autem intuebimur species combinationum demonstrativarum, in quibus est proportio mediorum terminorum duabus extremitatibus, ... fiunt combinationes demonstrativae simpliciter octo species relatae in libro Abunazar .... Nos autem numerabimus ex istis combinationibus illas, quae possibiles sunt combinari ex his quinque praedicatis, videlicet ex genere et differentia et proprio et accidente et definitione et ex suis convertentibus, in quibus est proportio medii termini ad duas extremitates ...... Et ordinabimus eas secundum ordinem Abunazar Alfarabii ..... (nun folgen ausführlichst jene acht Arten in ihren möglichen Combinationsweisen, s. dieselben in der folg. Anm.) ..... f. 352. v. B: *Hae itaque sunt proportiones demonstrationum simpliciter ad se invicem, et hae sunt suae partes, sicut patet ex sermone Abunazar.* Vgl. *Averr. Poster. Resolut.* f. 131. v. A.

55) Es mag genügen, dieselben aus dem Berichte eines Gegners Alfarabi's in aller Kürze vorzuführen, nemlich: *Ps.-Averr., Quaes. in Post. Resol.*, f. 372. v. A ff.: *Oportet, quod numerentur* (sc. *species demonstrationum*) *non ex ea parte, unde finxit eas numerare ipse Abunazar et deduxit post se homines in confusiones et labores inutiles et ambiguitates infinitas; ..... totius autem huius causa fuit remotio huius viri a speculatione Aristotelis circa has res et deviatio eius ab itinere ipsius; et idcirco visum est nobis expediens perscrutari de illis speciebus demonstrationum, quarum meminerat Abunazar in suo libro, quae sint demonstrationes simpliciter secundum opinionem Aristotelis et quae illarum non sit demonstratio. Dicimus itaque, quod prima species primi generis ...... est, quod A sit definitio ipsius B, et B sit definitio ipsius C; .... secunda vero species, quod A sit genus ipsius B, et B sit genus ipsius C; ..... tertia est, A est differentia ipsius B, et B differentia ipsius C; ..... quarta vero species contraria est primae et est, quod ipsius A ipsum B sit definitio, et ipsius B sit C definitio; ..... quinta, quod in definitione ipsius A sit genus ipsum B, et in definitione ipsius B sit genus ipsum C; ..... sexta, quod A sit in definitione B, et B in definitione C ...... Secundum vero genus, quod comperimus in suis libris, procedit processu prologi seu petitionis principii, nam supponit ipsammet conclusionem, prout dicitur, A et B sunt duae definitiones ipsius C ...... Tertii vero generis prima species est: A est definitio ipsius B, et B genus ipsius C; ..... secunda, A est definitio ipsius B, et B est differentia ipsius C; ...... tertia, A est definitio ipsius B, et ipsius B definitio est ipsum C; ..... quarta, A est definitio ipsius B, et pars eius definitionis est genus ipsius C .... Quartum autem genus est, cuius prima species est, quando A est genus ipsius B, et B est definitio ipsius C; ..... secunda, A est genus ipsius B, et B est differentia ipsius C; ..... tertia, A est genus ipsius B, et B est definitio ipsius C; ...... quarta, A est genus ipsius B, et pars definitionis ipsius B est C; ..... quinta, A est genus ipsius B, et pars definitionis ipsius B est genus ipsius C .... Quinti autem generis prima species est, A est differentia ipsius B, et B est genus ipsius C; ..... secunda, A est differentia ipsius B, et definitio ipsius B est ipsum C; ...... tertia, A est differentia ipsius B, et pars definitionis ipsius B est ipsum*

Begriff des *καθ' αὑτό* nach einer dreifachen Abstufung des inneren Nexus zwischen Subject und Prädicat betrachtet wird[56]), und im Anschlusse hieran bezüglich des *καθόλου* der Begriff des „*primum praedicatum*" dahin festgestellt wird, dass es die wesentliche Gattungs-Bestimmtheit ausspreche[57]), so hat dieses die gleiche Tendenz wie Obiges; denn Alfarabi will auch hier die Angaben des Aristoteles nur auf jene Betrachtungsweise beziehen, wornach die Demonstration in ihrer höheren und vollkommneren Function sich zur Definition gestaltet, während daneben noch die Seite der syllogistischen Nothwendigkeit im *praedicatum primum* zur Berücksichtigung kommen müsse[58]). Auf dem

---

C; ...... et quarta species est huic consimilis ...... Sexti autem generis prima species .... est, ipsius A definitio est ipsum B, et B est genus ipsius C; ...... secunda, definitio ipsius A est B, et B est differentia ipsius C; .... tertia, definitio ipsius A est B, et in definitione ipsius B est C; ..... et similiter est quarta species .... Septimi autem generis prima species est, in ipsius A definitione est B, et B est genus ipsius C; ...... secunda, in ipsius A definitione est B, et B est differentia ipsius C; .... tertia, in definitione A est B, et definitio ipsius B est C; ...... quarta, in definitione A est B, et B est in definitione ipsius C; ...... quinta est, ut in definitione B est genus ipsius C .... Octavi generis prima species est, A est pars definitionis generis ipsius B, et B est definitio ipsius C; .... secunda, pars definitionis ipsius A est genus ipsius B, et B est genus ipsius C; ...... tertia, pars definitionis ipsius A est genus ipsius B, et B est differentia ipsius C; ...... quarta, in definitione ipsius A est genus ipsius B, et definitio ipsius B est C ...... Reliquae vero species, quae putantur, quae ceciderint ex ipsis generibus, quae numeravit Abunazar, comprehenduntur ipsis generibus, et non est visum protrahere longius sermonem circa ea, quorum meminit hic.

56) *Albert. M., Anal. post.* I, 2, 6, p. 541 A: *Scias autem, quod Alfarabius super locum istum* (s. Abschn. IV, Anm. 132) *in commento aliquantulum sequens Porphyrium et Alexandrum aliter dicit; dicit enim quod tres sunt modi dicendi per se subiectum de praedicato et praedicatum de subiecto. Et ponit primum modum, qui potissimus est, quando in natura principii et principiantis est, ut sit in natura principiati, et iterum cum hoc in natura subiecti est, ut praedicatum sit in eo, sicut est in natura principiati per essentiam, ut principians ipsum sit in ipso, sicut in natura animalis est, quod sit in homine, et in natura hominis est, ut animal sit in ipso ...... Secundus autem modus est, quando in natura et diffinitione praedicati quidem est, ut dicatur de subiecto, et non est in natura subiecti, ut praedicatum dicatur de eo, sicut se habent ad invicem corpus et coloratum ...... Tertius autem modus est, ut sit quidem in natura subiecti, ut praedicatum de eo dicatur, et non in natura praedicati et ratione, ut ipsa sit in tali subiecto, sicut mors et decollatio se habent ad invicem ...... Et haec sunt verba Alfarabii sine additione et diminutione et sine expositione.* Vgl. *Averr. Poster. Resol.* f. 137. r. B. u. f. 138. r. B.

57) *Averr., Poster. Resolut.* f. 138. v. B: *Dicitur autem universale* (*καθόλου*, s. Abschn. IV, Anm. 132.), *cum praedicatum inest omni subiecto et per se ...... Jam vero contenderunt de praedicato primo in demonstratione, quid ipsum sit. Quod autem invenitur in libro Abunazaris, est, quod praedicatum primo existens in demonstratione est, quod non praedicatur de genere subiecti. Et sunt qui dicunt, quod praedicatum primo est, quod non praedicatur de subiecto ex parte, qua inest rei.* Vgl. ebend. f. 141. v. B. *Ps.-Averr. Quaes. in Post. Resol.* f. 371. v. A: *Dicimus itaque, quod id, quod reperimus circa haec apud Abunazar Alfarabium in libris De demonstratione, sit, quod iam exposuerit praedicatum primum, quod sit illud, quod non praedicatur de genere sui subiecti, et secundum hoc genus eius est praedicatum primum, et similiter accidentia, in quorum definitionibus est genus ipsius subiecti.* Vgl. ebend. f. 375. r. A.

58) *Averr., Post. Resolut.* f. 141. v. A: *Erravit Abunazar, cum declaravit, quod praedicatorum demonstrativorum alia sunt appropriata et alia sunt non appro-*

gleichen Standpunkte beruht auch, was über die Uebertragung der demonstrativen Principien in andere Wissenschaften (Abschn. IV, Anm. 661) gesagt wird, indem Alfarabi auch hier dem sachlichen Stoffe der einzelnen Wissenschaften eine neben der Beweisform herlaufende Berechtigung zuerkannte [59]; und es stimmt hiemit überein, dass er bezüglich der gemeinsamen Axiome (Abschn. IV, Anm. 162), welche hier in der lateinischen Uebersetzung unter dem eigenthümlichen Namen „*dignitates*" auftreten, die Auffassung der Commentatoren (Abschn. XI, Anm. 22 u. 161) theilt und in formaler Lostrennung gewisse unbestreitbare Sätze, wie z. B. namentlich das *principium contradictionis*, als oberste Principien der Demonstration betrachtet [60]. Vieles Andere hinwiederum kann nur als ein Erzeugniss commentirender Thätigkeit

---

priata et aliqua ex ipsis sunt prima et aliqua non prima; quodsi haec conditio, quam tradidit Aristoteles, sit propter melius et non conditio necessaria, oportuisset Abunazarem addere hanc dispositionem, h. e. quod conditionum ..... aliquae sunt conditiones necessariae, a quibus non effugit demonstratio omnino, et aliquae sunt conditiones, per quas est demonstratio melior ...... Quodsi est res ita, igitur perfectio sermonis de conditionibus demonstrativis erit per aggregationem duarum viarum, h. e. viae Aristotelis et viae Abunazaris, et scietur haec via ex parte, quae est bona, et ex parte, quae est necessaria. Sed Abubecher Elzaigi (d. h. Avempace) *in responsione ad hoc dixit, quod intentio Aristotelis est alia ab intentione Abunazaris, quoniam Aristoteles, cum intentio ipsius sit, quod demonstrationes sunt definitiones in potentiâ, ideo posuit in ipsis hanc conditionem; Abunazar vero, quoniam speculatus est de demonstratione ex parte, quae est demonstratio simpliciter, ideo divisus est ab Aristotele, ... et Aristoteles secundum opinionem Abubecheris Elzaigi adduxit conditiones, per quas fit demonstratio melior et perfectior, et tacuit de necessariis, Abunazar vero e contrario docuit conditiones necessarias et tacuit eas, per quas efficiuntur demonstrationes meliores. Propter hoc igitur oportet, ut sint ambae doctrinae deficientes. Haec igitur res latuit multos expositores et magnos.* Ebenso ebend. f. 212. v. B.

59) Ebend. f. 150. v. A: *Sermo igitur Abunazaris in libro suo De demonstratione ad finem, cum dixit de artibus et declaravit, quomodo communicant scientiae et in quo communicant, et ex hoc declaravit, quomodo et quando transferri possunt demonstrationes de arte in artem et quomodo non possunt, sermo, inquam, iste non est verus, quoniam intellexit per translationem illud, de quo dicitur nomen translationis, scilicet quod transferatur propositio maior, et hoc, quoniam apparet ex sermone Abunazaris, quod fateatur, esse quaesitum unum in duabus artibus, et tamen non fateatur, quod terminus medius est unus; et hoc mirandum est de sermone illius.*

60) *Albert. M. Anal. post.* I, 3, 4, p. 559 A: *Omnes scientiae demonstrativae communicantes sunt secundum communia principia, h. e. in hoc, quod principiis communibus utuntur maxime in usu principiorum communium, quae dicuntur dignitates, quae, sicut dicit Alfarabius, demonstrationes specialium scientiarum substantialiter non ingrediuntur, sed tantum per illa principia confirmantur.* Hiemit stimmt auch überein, was Alfarabi in seinen „*Fontes quaestionum*" (c. 2, bei *Schmölders, Docum. phil. ar.* p. 44.) ausspricht: *Ad notiones probandas omnia illa pertinent, quae sine rebus aliis antea animo conceptis concipi nequeunt; quando e. g. intelligere volumus, mundum esse factum, nobis primum probetur oportet, mundum esse compositum ...... Hoc iudicium denique ad ultimum iudicium progrediatur oportet, quod nullum, sub quod ipsum iterum cadat, iudicium antecedit; haec sunt iudicia primaria intellectui manifesta, v. g. „duarum enuntiationum contradictorie sibi oppositarum semper altera est vera, altera falsa" et „totum maius est eius parte"* (vgl. oben Anm. 13). *Doctrina has cogitandi vias nos edocens atque hac via et rerum notiones et probationes* (die gleiche Zweitheilung s. oben Anm. 16.) *nobis parans logica nuncupatur.*

Alfarabi's bezeichnet werden [61]). Hingegen müssen wir noch um der Lateiner willen besonders hervorheben, dass bei jener Stelle, in welcher Aristoteles bezüglich des definitorischen Wissens das „Dass" und das „Warum" bespricht (Abschn. IV, Anm. 688 f.), Alfarabi gleichfalls dasjenige distinguirend trennt, was bei Aristoteles innerlich tiefer verbunden gewesen war; er stellt nemlich auf die Eine Seite die „*demonstratio quia*", in welcher der Mittelbegriff in keinerlei Weise Causalität sei, während andrerseits die „*demonstratio propter quid*" lediglich den Causalnexus entwickle und hiebei sowohl die Ursache des Wesens des Subjectes als auch die Ursache der Inhärenz des Prädicates im Subjecte darlege, so dass in dieser Beziehung wieder wie oben (Anm. 54) die verschiedene formale Stellung des Mittelbegriffes zu den beiden anderen Begriffen in Betracht kommen müsse; eine dritte Art, in welcher die beiden Seiten sich vereinigen, nemlich eine „*demonstratio propter quid et quia simul*", welche bei späteren Arabern noch hinzugefügt wird, scheint Alfarabi nicht anerkannt zu haben [62]). Dass übrigens die Araber zu dieser ganzen Distinction möglicher Weise durch Galenus veranlasst worden waren, s. oben Abschn. IX, Anm. 101.

Was endlich die Sophistik betrifft, welche Alfarabi in einem

---

61) Dahin gehört z. B. was die unmittelbaren Obersätze (Abschn. IV, Anm. 668.) betrifft, s. *Averr. Post. Resol.* f. 164. v. A, oder die Angaben über das ἐπὶ τὸ πολύ (ebend. Anm. 131, 276, 660.), s. *Albert. M. Anal. post.* I, 2, 17, p. 551. A; über die im Mittelbegriffe liegende Causalität (eb. Anm. 676.), s. *Albert. M.* a. a. O. II, 1, 1, p. 610. A. u. *Ps.-Averr. Quaes. in Post. Resol.* f. 375. v. A; über das Verhältniss zwischen Demonstration und Definition (eb. Anm. 683 ff.), s. *Averr. Post. Resol.* f. 204. r. A, 206. v. A, *Ps.-Averr.* a. a. O. f. 377. r. A, 380. v. B, *Albert. M.* a. a. O. II, 2, 5, p. 624. A; über den λογικὸς συλλογισμός (eb. Anm. 688.), s. *Averr.* a. a. O. f. 212. v. A; über die Praxis des Definirens (eb. Anm. 697.), s. *Averr.* f. 223. v. B u. *Ps.-Averr.* f. 379. v. A.

62) *Divers. Arabum Quaesita*, f. 381. v. B ff.: *Quia periti speculatores scientiae logicae iam perplexi sunt circa cognitionem demonstrationum „propter quid" et demonstrationum „quia", et non fuit eis manifestatus ordo, quo discernuntur demonstrationes „propter quid" et „quia" cum eo, quod tulit Abunazar circa hoc, pro quo commendandus est. Causa autem suae perplexionis circa id fuit id, quod accidit in editione Demonstrationum ex sermonibus fallentibus corruptis, qui non sunt de littera Abunazar ..... Et speculabimur id, quod ille retulerat in eius editione. .... Sicque nunc reassumemus pro conformitate sermonis ipsius Abunazar ..... et dicamus, quod notitia inessendi praedicatum ipsi subiecto, i. e. „quia", sit una indivisa; scientia vero causae, i. e. „propter quid", dividitur in scientiam causae essendi ipsum subiectum et in scientiam causae inessendi praedicatum ipsi subiecto et in scientiam essendi praedicatum et subiectum simul, prout retulit Abunazar in libro Elementorum (Elenchorum? s.* Anm. 40. u. 50.)*; sed ipse non meminit de scientia causae essendi praedicatum et subiectum simul, et non est aliquis arguens hoc .... Medii termini demonstrationum causarum, i. e. „propter quid", aut sunt definitiones vel partes definitionum duorum extremorum ipsius syllogismi aut alterius ipsorum, aut habent communitatem cum definitionibus amborum aliquo modo .... Et totum hoc, quod videtur ex hoc, est sermo Abunazar ad litteram ...... Demonstratio ergo „quia" est, cuius medius terminus penitus non est causa ..... Demonstratio vero essendi et causae, i. e. „quia" et „propter quid" simul, est ipsamet demonstratio „propter quid", sed dicitur demonstratio „propter quid" tantum una comparatione ...... Et satis fuit ipsi Abunazar commemoratio demonstrationum „propter quid" et demonstrationum „quia", et reliquit commemorationem demonstrationum „propter quid" et „quia" simul.* Vgl. *Averr. Post. Resol.* f. 161. r. B.

besonderen Commentare erörtert zu haben scheint[63]), so finden wir hier die älteste Quelle jener Zweitheilung des aristotelischen Buches, welche von den Lateinern recipirt wurde und nachmals auch in allen älteren Druck-Ausgaben des Organons zur Anwendung kam. Man liess nemlich beim 16. Capitel (unserer jetzigen Numerirung) ein zweites Buch der *Sophistici Elenchi* beginnen, und insoferne dortselbst allerdings Aristoteles von den theoretischen Angaben auf praktische Maassregeln bezüglich sophistischer Argumentationen übergeht, so hat Alfarabi hieraus nicht bloss jene Zweitheilung motivirt, sondern auch die Ansicht ausgesprochen, dass das zweite Buch eigentlich als ein Mittelding zwischen Topik und Sophistik zu betrachten sei[64]). Bei einigen Einzelheiten begegnen uns auch hier wieder Hinweisungen auf Alfarabi's commentirende oder selbst ergänzende Thätigkeit[65]).

Bei Weitem am ausführlichsten wären wir über die Leistungen des Avicenna (Abu-Ali-al-Hosein-Ibn-Abdallah-Ibn-Sina, geb. 980, gest. 1037) unterrichtet, wenn nicht dasjenige, was unter dem Titel „*Logica*" nach älterer lateinischer Uebersetzung (wohl hauptsächlich nach jener des Juden Johannes Avendeath, s. Anm. 163) gedruckt vorliegt[66]), schon sogleich mit dem Schlusse der Isagoge abbräche. Jedenfalls ist diese Schrift ein Bruchstück jener allumfassenden und breit angelegten Encyclopädie Avicenna's[67]), und während wir uns aus der Ausführlichkeit dieses ersten Theiles eine Vorstellung von der einlässlichen Behandlung des Uebrigen machen können, besitzen wir in demselben wenigstens jenen Complex von Controversen, welcher, insoferne er die Isagoge betraf, stets für die Lateiner der einflussreichste war. Für die übrigen Bestandtheile der Logik sind wir theils auf die *Metaphysica* und die sog. *Sufficientia* Avicenna's oder auf die Berichte Anderer verwiesen, theils aber können wir auch den Plan des Ganzen aus zwei anderweitigen kürzeren Bearbeitungen der Logik entnehmen, deren eine von *Vattier* im 17. Jahrh. in das Französische übersetzt wurde[68]), und

---

63) S. Anm. 40, 50. u. 62.

64) *Averr. Elench.* f. 332. r. A: *Quae autem relinquuntur* (d. h. nach dem 15. Cap. d. *Soph. El.*), *sunt duae res, quarum una est, quomodo respondeat respondens, secunda autem est, quomodo contradicatur, ... et utraque istarum rerum iuvat sapientes per se, et ideo sermo de istis duabus rebus est, ac si esset praeter istam artem, sed artis Topicae, aut, sicut dixit Abunazar Alfarabius, est artis mediae inter Topicam et Sophisticam.*

65) So z. B. *Ps.-Averr. Epitome*, f. 357. r. A (betreffs der *petitio principii*) oder *Averr. Elench.* f. 326. v. A: *Nos autem invenimus Abunazar Alfarabium in suo libro, quod iam addiderit istis locis octavum locum, qui est locus permutationis et translationis, h. e. quod loco rei accipiatur eius simile aut consequens ipsum aut ei annexum.*

66) Auf dem Titelblatte der in Venedig 1508 fol. gedruckten Ausgabe steht: *Avicennae perhypatetici philosophi ac medicorum facile primi opera in lucem redacta, ac nuper quantum ars niti potuit per canonicos emendata. Logyca. Sufficientia. De coelo et mundo. De anima. De animalibus. De intelligentiis. Alpharabius de intelligentiis. Philosophia prima.*

67) S. *Munck, Dictionn. phil.* III, p. 174.

68) *La Logique du fils de Sina, communément appellé Avicenne, prince des philosophes et medecins Arabes, nouvellement traduite d'Arabe en Français par P. Vattier. Paris* 1658. 8. Wenn übrigens *Schmölders, Essai s. l. écoles phil.* p. 103.

die andere metrisch abgefasste, welche sich als ein äusserst kurzes Excerpt erweist, von Schmölders mit lateinischer Uebersetzung und Commentar veröffentlicht wurde [69]).

Wenn auch Avicenna's Thätigkeit bei einzelnen späteren Arabern eine scharfe und selbst verwerfende Beurtheilung fand [70]), so müssen wir demselben doch zugestehen, dass er mit seiner Ausführlichkeit ein gewissenhaftes und fast ängstliches Bestreben verbindet, durch lückenlose und allseitige Entwicklung das Ganze, für welches ihm hauptsächlich Alfarabi der Leitstern ist, in sämmtlichen Einzelpunkten so klar als möglich darzulegen.

An die Spitze tritt, wie es bei den griechischen Commentatoren üblich gewesen war, die Frage über die Eintheilung der Philosophie, wobei er den Aristotelismus in dem Sinne versteht, dass einerseits die theoretische Philosophie die nicht aus menschlichem Willen hervorgehenden Dinge lediglich um des Wissens willen erörtert, und andrerseits die praktische Philosophie das durch menschlichen Willen hervorgerufene um des richtigen Handelns willen betrachtet, so dass die erstere (— und hierin liegt ein Gegensatz gegen Alfarabi's Auffassung, s. Anm. 13 —) in Folge ihrer Unabhängigkeit von praktischen Zwecken eine höhere Stellung einnimmt [71]). Jene „Dinge" aber („*res*", worin für die Logik der antike Objectivismus überhaupt hervortritt), welche den Gegenstand der theoretischen Betrachtung ausmachen, sind entweder unberührt von Veränderung und Bewegung, oder sie verfallen einer Vermischung mit der Bewegung; und Letzteres kann entweder darin liegen, dass die Dinge ausserhalb dieser Vermischbarkeit auch keinerlei Sein haben, mögen sie ohne diesen Beisatz zugleich auch undenkbar (die Naturdinge) oder wenigstens ohne denselben denkbar sein (das Mathe-

---

sagt „*Les simplifications et les perfectionnements qu'ils* (d. h. die arabischen Aristoteliker) *ont apportés dans les différentes parties de la logique, ont été déjà soigneusement énumérés par Vattier, traducteur de la logique d'Ibn-Sina*", so muss derselbe diese Bemerkung niedergeschrieben haben, ohne Vattier's Buch auch nur zu kennen, denn dasselbe enthält ausser der Uebersetzung Nichts weiteres als etliche Worterklärungen, geschweige denn eine sorgfältige Aufzählung der Leistungen der Araber.

69) *Schmölders*, *Documenta phil. arab.* p. 26 ff.

70) *Ps.-Averr.*, *Quaes. in Prior. Resol.*, f. 369. v. B: *Maior pars libri Sufficientiae Philosophiae huius viri est contexta ex talibus sermonibus perversis tam in logicis quam in aliis, et qui vult initiari in his artibus, expediet ei, quod fugiat eius libros, nam illi faciunt errare hominem et extrahunt ipsum a recto potius, quam ipsum dirigant et ordinent ad veritatem.* Hiezu ob. Anm. 11.

71) *Logica* (in obiger Venetianer Ausgabe) f. 2. r. A: *Prima pars Logycae. Incipit Logyca Avicennae. Capitulum de intrando apud scientias. Dicimus, quod intentio philosophiae est comprehendere veritatem omnium rerum, quantum possibile est homini comprehendere. Res autem quae sunt, aut habent esse non ex nostro arbitrio vel opere, aut habent esse ex nostro arbitrio et opere. Cognitio autem rerum primi membri vocatur philosophia speculativa, sed cognitio rerum secundi membri vocatur philosophia activa. Finis vero philosophiae speculativae non est nisi perfectio animae, ut sciat tantum, finis vero practicae non est, ut sciat tantum, sed ut sciat, quid debeat agere et agat. Finis ergo speculativae est apprehensio sententiae, quae non est opus, practicae vero finis est cognitio sententiae, quae est in opere; unde speculativa dignior est comparari scientiae.*

matische), oder darin, dass die Dinge, während sie jene Vermischung erleiden, daneben ein hievon unabhängiges Sein besitzen [72]). D. h. während hiemit sich die Dreitheilung in Theologie, Naturwissenschaft und Mathematik von selbst ergiebt [73]), ist es die zuletzt erwähnte Seite, welche auf die Logik führt; nemlich diejenigen Dinge, welche wohl in die Bewegung verwickelt werden, aber ihr Sein ohne dieselbe haben, sind eben die intelligiblen Dinge, und so sagt Avicenna ausdrücklich, dass die Wesenheiten (*essentiae*), insoferne sie entweder in den Dingen oder im Denken (*intellectus*) sind, in dreifacher Weise betrachtet werden können, da man nach Einer Seite das Wesen in seinem Selbst-Sein unabhängig von jeglicher Beziehung erfassen und nach einer zweiten Seite dasselbe in der vielheitlichen Einzel-Erscheinung verfolgen und endlich nach einer dritten Seite es im Denken selbst erörtern könne; dann aber in diesem dritten Falle seien all jene Bestimmungen (*dispositiones*) in Betracht zu ziehen, welche dem Denken als solchem eigenthümlich zukommen, und während ausserhalb des Denkens es keine Allgemeinheit oder Particularität, keine Wesentlichkeit oder Zufälligkeit, kein Einfaches oder Zusammengesetztes u. s. f. gebe, verbinde sich das Wesen im Denken mit diesen und allen derartigen Merkmalen, deren Betrachtung zum Zustandekommen des Wissens unerlässlich nothwendig sei [74]). So erhält bei Avicenna der antike Objectivismus die

---

72) Ebend.: *Res autem quae sunt, quarum esse non est ex voluntate nostra vel opere secundum primum membrum, dividuntur in duo, in res quae commiscentur motui, et res quae non commiscentur motui. Res autem, quae commiscentur motui, dividuntur in duo, aut in res, quae non habent esse nisi quia possibile est, eas admisceri motui, ... aut in res, quae habent esse absque hoc. Illa autem, quae non habent esse, nisi quia possibile est, eas admisceri motui, iterum dividuntur in duo, quia aut sic sunt, quod nec esse nec intelligi possunt absque materia propria, sicut forma humana aut asinina, aut sic, quod possunt intelligi absque materia, sed non esse, sicut quadratura ..... Res autem, quae commiscentur motui et habent esse sine illo, sunt sicut identitas et unitas et multitudo et causalitas.*

73) f. 2. r. B: *Partes ergo scientiae sunt: aut speculatio de concipiendo ea, quae sunt cum hoc, quod habent in motu esse et existentiam et pendent ex materiis propriarum specierum, aut speculatio, secundum quod sunt separata ab his in intellectu tantum, aut secundum quod sunt separata ab his in esse et intellectu. Prima autem pars divisionis est scientia naturalis; secunda est disciplinalis pura et scientia de numero; .... pars vero tertia est scientia divina.*

74) Ebend.: *Essentiae vero rerum aut sunt in ipsis rebus aut sunt in intellectu, unde habent tres respectus. Unus respectus essentiae est, secundum quod ipsa est non relata ad aliquod tertium esse nec ad id, quod sequitur eam secundum quod ipsa est sic; alius respectus est, secundum quod est in his singularibus; et alius, secundum quod est in intellectu, et tunc sequuntur eam accidentia, quae sunt propria istius sui esse, sicut est suppositio et praedicatio et universalitas et particularitas in praedicando et essentialitas et accidentalitas in praedicando et cetera eorum, quae postea scies. In eis autem, quae sunt extra, non est essentialitas nec accidentalitas omnino, nec est aliquod complexum nec incomplexum nec propositio nec argumentatio ....; cum autem volumus considerare ad hoc ut sciamus eas, necesse est eas colligere in intellectu, et tunc necessario accident illis dispositiones, quae sunt propriae tantum intellectui.* Hiemit stimmt überein *Metaph.* III, 10, f. 83. v. A: *Multae dispositiones, quae comitantur res, cum intelliguntur, non habent esse nisi postquam habentur in intellectu; cum enim res intelliguntur, advenit eis in intellectibus aliquid, quod non erat eis extra; fiunt enim universale et essentiale et accidentale et fiunt genus et differentia et fiunt praedicatum et subiectum et alia huiusmodi.*

specielle Färbung des aristotelischen Intellectualismus. Indem nemlich das Nichtwissen oder beziehungsweise das Unbekanntsein der Dinge nur subjectiv im menschlichen Denken liege, so gehe jede jener Bestimmungen, durch welche wir von Bekanntem auf Unbekanntes geführt werden (ob. Anm. 15), nur vom Denken aus auf die Dinge über, und eben hieraus ergebe sich die Nothwendigkeit einer eigenen Wissenschaft, welche diese Denkbestimmungen zum Gegenstande habe [75]). Die ganze Frage aber, ob dann diese Wissenschaft der Logik Theil oder Werkzeug der Philosophie sei, bezeichnet Avicenna ebenso wie Alfarabi als unnütz, da die Beantwortung derselben nur von der Enge oder Weite der Definition der Philosophie abhänge [76]).

Auch in der grundsätzlichen Haupteintheilung der Logik stimmt er mit Alfarabi (Anm. 16) überein, indem er auf den Unterschied zwischen blossem Verstehen eines Wortes und beifälligem Ueberzeugtsein von der Wahrheit eines Satzes hinweist [77]) und an ersteres die Definition und deren Nebenarten, sowie an letzteres die Argumentation in ihren verschiedenen Formen anknüpft [78]), so dass hiemit der Zweck der Logik

---

Noch deutlicher aber spricht er das Verhältniss der Logik zu den übrigen Zweigen der Philosophie aus *Metaph.* I, 2, f. 70. v. A: *Subiectum scientiae naturalis est corpus, non in quantum est ens nec in quantum est substantia, ... sed in quantum est subiectum motui et quieti ...... Subiectum vero scientiae doctrinalis est mensura sive intellecta absque materia sive intellecta in materia ...... Subiectum vero logicae, sicut scisti, sunt intentiones intellectae secundo, quae apponuntur intentionibus primo intellectis, secundum quod per eas pervenitur de cognito ad incognitum, in quantum ipsae sunt intellectae et habent esse intelligibile, quod esse nullo modo pendet ex materia, vel pendet ex materia, sed non corporea.*

75) *Logica*, f. 2. r. B: *Res autem non sunt incognitae nisi quantum ad nos; dispositio vero et id, quod accidit rebus ex eo, quod invitamur per eas de cognitis ad incognita, est dispositio et accidens, quod accidit eis in intellectu, quamvis ipsae habeant esse praeter hoc. Ergo de necessitate opus est scientia ad cognoscendum illas dispositiones, quot sunt et quales sunt et quomodo consequatur hoc accidens.*

76) Ebend.: *Sed ...... tunc secundum quem fuerit philosophia tractans et dividens et inquirens res, secundum quod habent esse et dividuntur in duo praedicta esse, scientia haec secundum eum non erit pars philosophiae, sed secundum quod prodest ad hoc, erit secundum eum instrumentum in philosophia; secundum quem vero philosophia fuerit tractans de omni inquisitione speculativa et de omni modo, haec scientia secundum eum est pars philosophiae et instrumentum ceterarum partium philosophiae .....* (f. 2. v. A.) *Et inde deceptiones, quae sunt de huiusmodi quaestione, frustra et superfluae sunt; frustra, quia non est oppositio in his dictionibus, unusquisque enim eorum intelligit de philosophia aliud, quam alius; superfluae vero, quia sollicitudo de huiusmodi non prodest.* Hiezu ob. Anm. 14.

77) f. 2. v. A: *Res scitur duobus modis: uno, ut intelligatur tantum ita, ut, cum nomen habeat, quo appelletur, repraesentetur animo eius intentio, quamvis non sit ibi veritas nec falsitas, sicut cum dicitur „homo" aut cum dicitur „fac hoc" ......; altero, ut in intellectu sit credulitas, sicut cum dicitur tibi, quod omnis albedo sit accidens, ex quo non habebis intelligere huius dictionis intentionem tantum, sed etiam credere ita esse; cum vero dubitaveris ita esse vel non esse, iam intellexisti quod tibi dictum est; non enim dubitas de hoc, quod non intelligis, nec de eo, quod ignoras; nondum tamen credidisti.*

78) Ebend.: *Est ergo hic quoddam, quod solet prodesse ad sciendum id, cuius intellectus nescitur ..... Unum enim eorum est diffinitio et aliud descriptio et aliud exemplum et aliud quod est signum et aliud est nomen, sicut postea declarabitur, sed illud in quo conveniunt, non habet nomen commune .... Deinde per illud cognoscitur aliud ad modum credendi illud; qualecunque fuerit, vocatur ratio; ratio* (das

darin liege, nach diesen beiden Seiten ein festes Wissen über die grössere oder geringere Vortrefflichkeit der menschlichen Rede bezüglich der Auffindung der Wahrheit zu erwecken, da überall der Abweg zur schwankenden blossen Wahrscheinlichkeit oder zum directen Irrthume möglich sei [79]). Und indem Avicenna wohl daran denkt, dass bisweilen auf bloss natürlichem Wege ohne weitere Technik eine richtige Definition oder eine glaubhafte Argumentation gefunden werde, zugleich aber Solches als lediglichen Zufall bezeichnet, wohingegen bei der Schwäche der menschlichen Natur eine Garantie nur in längerer Uebung gefunden werden könne, und sonach eine förmliche Technik erforderlich sei [80]), so sagt er, die Logik verhalte sich zum inneren Denken ebenso wie die Grammatik zur Sprache oder wie Harmonie zum Metrum [81]). Eben hieran aber knüpft sich die Bemerkung, dass jene beifällige Ueberzeugung nicht durch Einen Gedanken allein, welcher aus Einem Worte gefasst werden kann, sich erwecken lasse, sondern in den allermeisten Fällen nur aus den zusammengesetzten Gedanken eines Urtheiles hervorgehe, daher wie bei allem Zusammengesetzten es sich vorerst um die Kenntniss der einfachen Bestandtheile handle [82]). Wenn aber hiemit

---

Eine Mal fehlt *ratio* im Texte) *alia est syllogismus et alia inductio et alia similitudo et alia aliud.*

79) f. 2. v. B: *Finis autem scientiae logicae est prodesse omnino ad sciendum haec duo tantum, hoc est, ut homo sciat, qualiter debeat esse dictio dans intellectum, qui afferat scientiam veritatis essentiae rei, et qualis sit, qui etiam ostendit illam, quamvis per eam non perveniatur ad veritatem essentiae ipsius, et qualis sit vitiosa, quae videtur hoc facere et non facit; et etiam ut homo sciat, qualis sit dictio, quae facit fidem necessariae veritatis ita, quod non possit infirmari, et qualis sit faciens fidem verisimilitudinis, et qualiter sit eiusmodi, ut putetur esse aliqua duorum modorum, cum ipsa non sit ita, sed sit falsa, et qualis sit ita, quod opinari et flectat animum et sufficiat absque fide certissima, et qualis dictio operans in anima, ad quod operatur fides, scilicet negationem et affirmationem et prohibitionem et dilatationem et constrictionem, non ex hoc, quod facit fidem, sed ex hoc, quod facit verisimilitudinem.* (Den gleichen Inhalt s. auch b. *Vattier*, p. 2 ff.)

80) Ebend.: *Contingit autem homini, ut aliquando manifestetur ei diffinitio naturaliter dans ei intellectum et ratio faciens fidem, et ex hoc est res non doctrinalis nec sic vera, quin aliquando fallat; si autem natura et intellectus sufficiunt ad hoc sine doctrina, sicut fit in multis, non contingeret in sententiis tanta diversitas et contradictio, nec unus homo contradiceret sibi ipsi aliquando et aliquando non, cum procederet secundum intellectum suum; natura autem humana est insufficiens ad hoc, quamdiu non acquirit doctrinam, sicut non est sufficiens in multis aliis rationibus, quamvis saepe contingeret, ut faciat rectum, sicut recta iaculatio caeci ..... Sed quamvis ita sit inquirens scientiam, cum habuerit eam et exercuerit eam, non tantum erroris accidet illi, quantum illis qui non habent eam ..... Per exercitia enim doctrinalia pervenitur ad securitatem errorum. Albert. M., De praedicab.* I, 1, p. 2. A: *Ut enim dicit Avicenna, modus hic (sc. scientiae) omnibus hominibus per hoc, quod intellectuales sunt quodammodo, per naturam inditus est; sed imperfectus est, qui in natura est, perficitur autem per artem adhibitam.*

81) f. 3. r. A: *Comparatio autem huius doctrinae ad intellectum interiorem, qui vocatur locutio interior, est sicut comparatio grammatici ad manifestam significationem, quae vocatur locutio, et sicut comparatio melodiae ad metrum ..... Hac autem doctrina eget homo, qui acquirit scientiam considerando et cogitando, nisi fuerit homo divinitus inspiratus, cuius comparatio ad considerantes est sicut comparatio rustici arabici ad discentes arabicam.*

82) Ebend.: *Impossibile est, animum moveri ab uno solo intellectu ad credendum aliquid; hic enim intellectus non est iudicium faciendi fidem essendi rem vel*

auch zugestanden sei, dass die Logik durch den Zwang einer Nothwendigkeit auf die Berücksichtigung des Wortausdruckes hingeführt werde [83]), so dürfe dennoch weder, wie von Einigen geschehen sei (— hieraus sehen wir, dass die Araber zu analogen Controversen wie die Lateiner durch Abälard veranlasst wurden —), die Logik sofort als Sache des blossen Sprachausdruckes (*sermocinalis*) angesehen werden, da ja der Denkact das Entscheidende sei [84]), noch aber auch solle man hinwieder darum, wie Andere thaten, behaupten, dass die Logik die Sprachausdrücke insoferne betrachte, als durch dieselben Gedanken bezeichnet werden (*intellecta significantur*); denn jenes Sein, welches die Dinge allerdings im Denken haben, sei noch als ein doppeltes zu unterscheiden, indem einerseits eben bloss die aus der Aussenwelt aufgefassten Dinge im Denken gestaltet werden, andrerseits aber Bestimmtheiten, welche in der Aussenwelt nicht vorliegen, den gedachten Dingen durch das Denken selbst zukommen (Anm. 74), und sowie nicht diess Beides Sache Einer Wissenschaft sein könne, so falle der Logik nur die letztere dieser beiden Seiten anheim [85]).

Nachdem nun Avicenna durch solche Betrachtungen bei der Isa-

---

non essendi .... Intellectus autem saepe habetur ex uno solo verbo; si autem unum non sufficit ad intelligendum illud esse vel non esse in essentia sua aut dispositione, nec faciet fidem de alio ..... Hoc autem, scilicet ex uno verbo intelligere, in paucis contingit, et propter hoc in plerisque est diminutio et malum. Quod autem in plerisque dat intelligere, sunt intellectus compositi sententiae; compositum autem componitur ex multis et inter multa sunt una; ergo in omni composito sunt aliqua una; unum autem in omni composito vocatur simplex, et quia eius, quod componitur ex multis, impossibile est sciri naturam ignoratis eius simplicibus, ideo convenientius est, prius cognoscere simplices quam compositas.

83) f. 3. r. B: *Ad considerationem autem dictionum ducit nos necessitas; logicus enim ex hoc, quod est logicus, non habet ex hoc primo occupari circa verba prima nisi quantum ad loquendum et agendum; non enim possibile esset, logicum dicere solo intellectu ...... Sed quia necessitas ducit nos ad agendum cum verbis praecipue ...., sequitur, ut verba habeant diversas dispositiones, per quas differant dispositiones intentionum, quae comitantur esse in anima ita, quod fiant eius indicia, quae non haberentur nisi per verba, et ideo necessarium est in doctrina logica, ut una pars eius esset consideratio de dispositionibus verborum.*

84) *Albert. M., De praedicab.* I, 4, p. 5. A: *Sunt etiam, qui logicam interpretantur idem quod sermocinalem scientiam ..... Quam opinionem impugnat Avicenna in primo logicae suae dicens, quod sermo de se nihil significat; si enim aliquid de se significaret, semper et apud omnes illud significaret, quod falsum est; .... non ergo significat nisi secundum quod conceptus est in intellectu instituentis.*

85) *Log.* f. 3. r. B: *Et propter hoc non valet, quod ille dixit, scilicet quod logica instituta est ad considerandum dictionem secundum hoc, quod significat intellecta, et quod doctrina logicae est loqui de verbis, secundum quod significant intellecta ...... Ille autem non deliravit sic, nisi quia non apprehendit certissime subiectum logicae et modum essendi eius proprium; invenit enim esse, quod habent res in intellectu, et ideo posuit, quod considerare esse, quod est extra, spectat ad doctrinas physicas, considerare vero esse, quod est in intellectu et quomodo intelligitur in eo, spectat ad doctrinam aliam vel partem doctrinae, non distinguens et nesciens, quod ea, quae sunt in intellectu, aut sunt res formatae in intellectu apprehensae extrinsecus, aut sunt res accidentes eis, secundum quod sunt in intellectu, quae non fuerunt repraesentatae in aliquo extrinseco; cognitio autem horum duorum spectat* (wie Jedermann sieht, ist zu lesen *non spectat*) *ad doctrinam unam, quorum unum est subiectum doctrinae logicae secundum accidens, quod accidit ei.*

gogе angekommen ist, erörtert er zunächst den Unterschied zwischen verbundenen (*complexa*) und unverbundenen (*incomplexa*) Sprachausdrücken, indem bei ersteren, d. h. den Urtheilen, der bezeichnende Gedanke der Bestandtheile selbst ein Theil des Total-Gedankens des Ganzen sein müsse [86]), bei letzteren aber lediglich das Gegentheil hievon stattfinde, und sonach ergänzende Bestimmungen, welche von Anderen zur Definition des *incomplexum* beigebracht wurden, sich als überflüssig erweisen [87]). Die innere Bedeutsamkeit (*intentio*) der unverbundenen einfachen Worte unterscheidet er nun sofort als eine zweifache, je nachdem in derselben entweder kein Hinderniss liege, den Gedanken auf eine Vielheit von Dingen, welche in ihm zusammentreffen, zu beziehen, oder je nachdem durch die Bedeutung des Wortes eine solche vielheitliche Beziehung ausgeschlossen sei, und in ersterem Falle, welcher der häufigere sei, müsse man das Wort als *universale*, im letzteren hingegen als *particulare* bezeichnen [88]), und zwar komme es bei dieser Definition des Universale nicht darauf an, ob es wirklich von thatsächlich vorkommenden Dingen oder von bloss denkbaren ausgesagt werde, oder auch ob die Mehrheit selbst nur Sache der Denkbarkeit sei (wie z. B. dass es mehrere Sonnen gebe), sondern das Entscheidende sei nur, dass die universelle Aussage keine Unmöglichkeit sei [89]). Nach der aus Porphyrius (Abschn. XI, Anm. 39) wiederholten

---

86) Ebend.: *Capitulum dicendi verbum complexum et incomplexum et dicendi universale et particulare et dicendi essentiale et accidentale et id quod respondetur ad quid et quod non respondetur. Postquam in docendo et discendo necessario indigemus verbis, dicemus, quod verbum aut est incomplexum aut complexum. Complexum autem est, in quo invenitur pars significativa intellectus, quae est pars intellectus significati a tota significatione essentiali, sicut est hoc quod dicimus „homo est scriptor"; hoc enim verbum „homo" significat unum intellectum, et hoc verbum „scriptor" significat alium, quorum unumquodque est pars huius, quod dicimus „homo est scriptor" significatione requisita ex verbo. Incomplexum autem est, cuius pars non significat partem intellectus totius significatione essentiali, sicut hoc quod dicimus „homo", quia „ho" et „mo" non significant partes intentionis, quam significat „homo".*

87) f. 3. v. A: *Quod autem invenitur in doctrina antiquorum de descriptione verborum incomplexorum, hoc est: scilicet quod incomplexa sunt, quorum partes non significant aliquid; quam descriptionem multi reprehendunt dicentes, debere addi ei, scilicet incomplexa esse, quorum partes non significant aliquid de intellectu totius, quia contingit aliquando, partes incomplexorum significare aliquos intellectus, sed non sunt partes intellectus totius. Ego autem teneo, quod haec reprehensio error fuit, et quod haec additio non fuit necessaria ad supplendum, sed ad exponendum.*

88) Ebend.: *Deinde intentio incomplexi aut talis erit, quod non prohibetur, in intellectu ex hoc, quod intelligitur, multa convenire in ea aequaliter, ut unumquodque eorum dicatur ipsum esse aequaliter, sicut hoc quod dicimus „homo" habet intentionem in anima, quae comitatur Socratem et Platonem et reliquos uno modo ......; aut eius intentio est una sic, quod prohibetur, in intellectu multa convenire in ea, scilicet in eo uno, quod intelligitur de ea, sicut in hoc quod dicimus „Socrates" ...... Prima autem pars divisionis vocatur universalis, secunda vero particularis. Tu scis autem, multa esse in verbis ad modum partis primae ...... et haec est intentio, de qua id, quod intelligitur in anima, non prohibetur habere comparationem similitudinis ad multa.*

89) *Metaph.* V, 1, f. 86. v. A: *Universale dicitur tribus modis; dicitur enim universale secundum hoc, quod praedicatur in actu de multis, sicut homo; et dicitur universale intentio, quam possibile est praedicari de multis, etsi nullum eorum habeat*

Bemerkung, dass der Logiker auf die tieferen Fragen über das Universale nicht einzugehen brauche [90]), folgt nun eine ebenso ausgedehnte als spitzfindige Erörterung, durch welche die Angaben über die einzelnen fünf Universalien vorbereitet werden sollen. Zunächst wird die Abgränzung vorausgeschickt, dass es sich hier nicht um die denominative Aussage (welche bei Adjectiven stattfindet), sondern um dasjenige handle, was *univoce*, d. h. nach innerer Wesensbestimmtheit, ausgesagt werde [91]). Die Wesenheit sonach (*essentia*) eines jeden Seienden sei dasjenige, wodurch dasselbe mit Nothwendigkeit ist, was es ist; die Einheit aber der Wesenheit sei nur bei Uebersinnlichem eine absolute, d. h. unzusammengesetzte, hingegen bei den sinnfälligen Dingen beruhe sie auf einer Einigung mehrerer Wesensbestimmungen [92]); während nemlich in jener Wesens-Einheit die Wahrheit der Einzeldinge beruhe, seien auch die mehreren Eigenthümlichkeiten zu erwägen, in welchen die gleichartigen Dinge ebensosehr wie in der Wesenheit selbst zusammentreffen, und zwar können diese mehreren Bestimmtheiten entweder derartig sein, dass eben aus ihrer Verbindung die Wesenheit selbst besteht, oder derartig, dass sie nothwendige Merkmale der bereits verbundenen Wesenheit sind, kurz die Universalien sagen entweder die Quiddität („*quidditas*", ein Wort, von welchem allgemein bekannt ist, dass es erst durch die Uebersetzung arabischer Litteratur in die mittelalterliche Latinität eingeführt wurde) oder ein dieselbe Begleitendes (*comitans*) aus [93]). Nemlich die universellen Worte seien entweder

---

esse in effectu, sicut intentio domus septangulae; ..... dicitur etiam universale intentio, quam nihil prohibet opinari, quin praedicetur de multis, ... sicut sol et terra; haec enim ex hoc, quod intelliguntur sol et terra, non est prohibitum quantum ad intellectum, posse intentionem eorum inveniri in multis ...... Possunt autem haec omnia convenire in hoc, quod universale est id, quod in intellectu non est impossibile praedicari de multis, et oportet, ut universale logicum et quidquid est simile ei sit hoc. Vgl. Anm. 150.

90) *Log.* f. 3. v. B: *Non cures autem secundum hoc, quod es logicus, qualiter sit haec comparatio, et an intellectus ex hoc, quod est unus in quo multa conveniunt, habeat esse in ipsis rebus, quae in ipso conveniunt, vel esse separatum extra per se praeter esse, quod habet in uno intellectu; consideratio autem horum alterius* (wohl zu lesen *altioris*) *doctrinae est aut doctrinarum duarum.* S. jedoch unten Anm. 176 ff.

91) Ebend.: *Praedicatio autem fit duobus modis, quia aut univoce, sicut hoc quod dicimus, quod Socrates est homo, „homo" enim praedicatur de Socrate vere et univoce; aut denominative, ut albedo de homine, dicitur enim homo albus et habens albedinem, nec dicitur esse albedo ..... Nostra autem intentio non est hic nisi de eo, quod praedicatur univoce.* Diess ist principiell benützt bei *Albert. M., De praedicam.* I, 3, p. 99. A: *Ut dicunt Avicenna et Algazel ....., omne, quod ut universale de multis et de sibi subiectis praedicatur, univoce dicitur.*

92) *Log.* f. 3. v. B: *Enumerabimus ergo partes universalis, secundum quod comparatur ad particularia univoce et dat eis nomen et diffinitionem ...... Dicemus, quod omne quod est essentiam habet, qua est id quod est et qua est eius necessitas et qua est eius esse. Essentia autem uniuscuiusque rei una est; sed quod est unum absolutum, non est id quod est ex multis intellectibus, ex quibus coniunctis proveniat una essentia (exemplum autem huius non invenitur in rebus sensibilibus, debes ergo nunc credere eius esse); aliquando autem erit unum aliquid non absolutum, cuius esse et veritas composita est ex rebus et intentionibus, ex quibus coniunctis provenit essentia rei, cuius exemplum est homo.*

93) f. 4. r. A: *Veritas autem sui esse non est nisi humanitas; ergo id quod*

die einfache Antwort auf die Frage „was?“, oder sie geben diese Antwort mittelst der Bestimmungen, welche dem einheitlichen Verbande der Wesenheit unerlässlich vorausgehen müssen, oder endlich sie enthalten jene Eigenthümlichkeiten, welche ausserhalb dieser beiden Momente liegen, und sowie sie im letzten Falle *accidentalia* heissen, so werden sie im ersten *significantia esse* und im zweiten *essentialia* oder noch besser *substantialia* genannt [94]). Die vergleichende Beziehung aber, welche das *substantiale* auf die betreffenden Einzeldinge habe, liege für die Logik darin, dass es eben nur als der Wesensgrund des Particularen betrachtet werden kann, da durch dessen Aufhebung auch das Particulare aufgehoben wird [95]). Indem aber Letzteres auch von Einigen so aufgefasst wurde, dass man das Substantiale kurzweg als *constituens* bezeichnete und in die Unaufhebbarkeit desselben den Unterschied gegenüber dem *accidentale* verlegte [96]), so erhebt Avicenna hiegegen Bedenken, da der Begriff des *constituens,* welcher stets den eines Anderweitigen in sich involvire, nicht vom eigentlichen Substantiale, sondern nur von dem das *esse* Bezeichnenden gelten könne und ausserdem bei willkürlicher Identificirung mit dem eigentlichen Substan-

---

est unumquodque singulare, est ex eius humanitate, sed speciale acquiritur ex quantitate et qualitate et ceteris. Et habet etiam alias proprietates praeter humanitatem, in quibus conveniunt homines .... Sunt verae proprietates hominis communis, sicut hoc, quod est rationalis seu habens animam rationalem, et sicut hoc, quod est risibilis naturaliter. Sed hoc, quod est rationalis, est unum eorum, ex quibus coniunctis conflatus est homo; quod autem risibilis est naturaliter, est quoddam quod, cum humanitas conflata est ex his ex quibus constat, fuit necesse accidere et comitari. Metaph. V, 6, f. 90. r. B: *Praedicabile aliud est praedicabile constituens quidditatem subiecti et aliud est praedicabile comitans quidditatem eius, non constituens illud.*

94) *Log.* f. 4. r. A: *Jam ergo patet ex hoc, quod haec est vera essentia rei et sunt hic proprietates, ex quibusdam quarum et ex aliis constat veritas rei, quaedam vero* (der Text gibt *ergo*) *ex his sunt accidentia, quae non comitantur in esse eius. Et verba universalia, quae significant esse unius rei aut multorum, illa significant ea, quae respondentur ad quid, non alio modo; si autem significant ea, quae necesse est praecedere in esse ad essentiam rei ita, quod ex coniunctione eorum proveniat esse rei ....., debent vocari verbum essentiale, quia respondentur ad quid; quod autem significat proprietatem, quae est praeter illa duo, sive sit communitas sive non, ipsum voces accidentale, et eius intentio vocatur intentio accidentalis ...... Quod putatur verbum substantiale, convenientius est ut contineat intentiones constituentes esse rei, et ut verbum significans esse rei non sit substantiale, ut ,,homo“ non est substantiale homini, sed ,,animal“ et ,,rationale“ sunt substantialia homini.*

95) f. 4. r. B: *Hoc autem quod dicimus substantiale, quamvis secundum naturam locutionis singularis habeat intentionem comparabilem, tamen secundum placitum logicorum significat aliam intentionem; et hoc est, quod verbum universale est, quod significat intentionem, cuius comparatio ad singularia talis est, quod cum putabitur non esse substantia illorum particularium, non habebit esse, non quia horum substantia particularium debebat primum destrui, ut sic possit putari illa destrui, sed quia ex illius destructione sequitur destructio illorum.*

96) Ebend.: *De discutiendo quod dictum est de substantiali et accidentali. Jam dixerunt in distinguendo substantiale ab accidentali, quod substantiale est constituens, accidentale vero non est constituens. Sed non discernunt, qualiter est constituens et qualiter non constituens. Dixerunt etiam, quod substantiale impossibile est putari destructum, ut remaneat subiectum, accidentale vero possibile est putari destructum, ut remaneat subiectum.*

tiale uns in den über Letzteres entstehenden Schwierigkeiten um keinen Schritt weiter bringe; und in ähnlicher Weise sei, was die Unaufhebbarkeit des Substantiale betreffe, doch noch erst der Unterschied zwischen den wesentlichen Eigenthümlichkeiten (d. h. *proprium*, z. B. *risibile* bei *homo*) und den zufälligen Merkmalen zu erwägen, denn erstere seien in gleicher Weise wie die Substantialia unaufhebbar, woferne nicht ihr Träger zugleich mitaufgehoben werden soll, und der wesentliche Unterschied des Substantiale könne daher nicht in jener Unaufhebbarkeit liegen [97]); auch sei es allerdings richtig, dass bei denkender Betrachtung der Substantialien das *constituens* vom *constitutum* nicht losgetrennt werden könne, aber bei den Accidenzen könne eine Lostrennung von ihrem Träger gleichfalls eine fälschliche sein, sobald nemlich ein Accidens unmittelbar ohne Mitwirkung eines anderen Accidens den Träger ursprünglich begleite, und gerechtfertigt sei es nur dann, ein Accidens ohne seinen Träger zu denken, wenn dasselbe erst mittelbar durch ein Anderes mit ihm verbunden ist [98]); ja Avicenna dehnt die Distinction noch weiter aus, indem er von der nothwendig zu denkenden Eigen-

---

97) f. 4. v. A: *Potest autem aliquis discutere veritatem et falsitatem in his. Dicemus ergo, quia hoc quod dixerunt, quod substantiale est constituens, non continet de substantialis natura, quod est non significans esse; constituens enim est continens aliud a se ..... Si autem volunt constituens intelligere, quod non intelligitur ex significatione sui nominis, sed volunt intelligere idem quod de substantiali, contingit eos inducere nomen multivocum, quod abstulerunt ab eo, cui primum imposuerunt, nec signant intentionem eius, ad quod transtulerunt, et erit labor idem de constituente et de substantiali, quorum unumquodque tanta egebit expositione quanta et alterum. Contra hoc autem, quod nituntur de destructione, in opinione debes meminisse, quod praedictum est, scilicet quod intentio universalis habet proprietates, quae sunt primo necessariae, quibus postea efficitur, et habet alias proprietates, quae concomitantur et sequuntur eam, cum ipsa intentio fuerit habita, nihil autem potest intelligi esse remotis illis proprietatibus ab eo, quae necessariae sunt ei ad hoc, ut habeat esse ...... Et quandoquidem sic est, tunc proprietates, quae dicuntur substantiales, ex intentionibus intelligibilibus debent necessariae intelligi ad subiectum hoc modo; esse enim non intelligitur in intellectu nisi praecedat prius eorum intellectus. Accidentia vero alia intelligere non est prius quam intelligere ipsum esse, sed sunt concomitantia et consequentia, quae non sunt constituentia esse .... ergo esse statuitur sine illis; postquam autem statuitur sine illis, tunc non est longe, quin intelligatur ipsum esse, quamvis non praecesserint ipsa vel non acciderint intelligi.*

98) Ebend.: *Jam autem scis, quod hoc intelligere non volo dicere hoc, scilicet ut cum intellexeris aliquid et consideraveris in effectu, quod intelligas etiam partes suorum constituentium in effectu, fortassis enim non considerabis partes in tuo intellectu; sed dico, quod si consideraveris constituens et constitutum, non erit tibi possibile removere constitutum a constituente se taliter, ut verum sit constitutum habere esse in intellectu non habente esse constituens se; et quando quidem ita est, esse debet impossibile ea removeri ab eo, imo debet habere ista sine dubio. Accidentia autem non nego, quin vere statuantur esse in intellectu, cum non intelligatur habens illa, sed intellectus removet ista ab eo falso; hoc autem non affirmo de omnibus accidentibus; accidentium enim quaedam concomitantur esse principaliter et manifeste non mediante alio accidente, et tunc impossibile est ea removeri ab esse remanente esse, ... sicut hoc, quod triangulus est huiusmodi, quod aliquod laterum eius potest protrahi in directum in opinione ....; possibile est autem, quod esse accidentis sit alio mediante, quod si non attendetur, poterit removeri a subiecto, sicut hoc, quod omnes duo anguli trianguli sunt minores duobus rectis.*

thümlichkeit die nicht-nothwendige in vier Abstufungen unterscheidet [99]). Hieran aber reiht sich nun noch ein anderer Gegenstand der Discussion, welcher für das Folgende grossen Nutzen habe; nemlich es handelt sich um die Frage, ob das Universale als *significans esse* (Anm. 94) wirklich nach dem gewöhnlichen Sinne das nemliche sei wie dasjenige, was im Substantiale bezeichnet wird [100]). Hiebei jedoch bleibe es unerklärlich, warum man dann das Substantiale dennoch nicht mit dem artmachenden Unterschiede identificire; denn das *esse* in jener secundären Bedeutung, in welcher es das Substantiale ist, werde eben doch in solchen Wesensbestimmtheiten ausgesprochen, welche von den Logikern stets als die in einer Gattung auftretenden Unterschiede bezeichnet wurden; nach jener Ansicht aber komme das Substantiale in keine Beziehung zur Gattung, welche man doch als ein eine Manigfaltigkeit Enthaltendes bezeichne, sondern indem man das Substantiale auf das blosse *quid* beschränke und von dem *quale quid* lostrenne, wolle man gar nicht zugeben, dass eine und die nemliche Bestimmtheit als *esse* auftrete, insoferne Mehreres in ihr zusammentreffe, und zugleich auch als *quale esse*, insoferne jenes Mehrere sich von Anderem unterscheide; hingegen klettere man unbekümmert um diese Fragen lediglich von der Gattung abwärts zu den Arten und dann zu den Unterarten [101]). Das

---

99) f. 4. v. B: *Patet ergo ex hoc, quod proprietatum quaedam est, quam possibile est negari in actu, et quaedam est, quam possibile est in intellectu negari habere esse, et quaedam, quam possibile est negari in intellectu absolute, et quaedam, quam impossibile* (zu lesen *possibile*) *est negari esse aliquo modo, cum sit accidens, et quaedam, quam impossibile est negari, cum sit substantiale.*

100) Ebend.: *Id quod significat esse, dixerunt esse significativum substantialis communis quantumcunque fuerit; et non pervenit ad nos de hoc plus discussionis. Nos ergo perquiramus, an id, quod intelligitur de hoc verbo, secundum sensum vulgarem sit haec intentio annon, et an, quod sciunt minores et consentiunt in eo tanquam in authentico, significet illud. Cum enim fecerimus hoc, ostendetur nobis magna utilitas. Idem autem intelligitur secundum sensum vulgarem nunc significandum. Significativum enim esse rei est id, quod significat intentionem, qua res est id quod est; res autem non fit id quod est, nisi cum omnes suas habet proprietates substantialiter tam communes quam proprias.*

101) f. 5. r. A: *Mirum autem est de multis, qui tenent, quod substantiale et quod significat esse sunt unum, et non ponunt, quod substantiale sit proprium significativum esse eius, cui est substantiale, scilicet id quod vocabimus postea differentiam. Hoc autem stultum est. Cognitio autem dispositionis eius, quod significat esse secundum positionem secundam et sensus maiorum hoc est, scilicet quod invenimus animal et sensibile praedicari de homine et equo et bove; deinde invenimus auctores artis dicentes, quod sensibile et omnino quidquid est huiusmodi ex his, vocantur differentiae eorum, quae dicuntur genera, et ponuntur substantialia. Et non ponunt ea esse aliquid illius totius, quod vocatur genus, et omne, quod est significativum esse et continet multa diversa, ponunt genus ..... Quod enim dicitur significare quale quid substantiale commune, ponunt diversum ab eo, quod significat esse substantiale commune. Ergo non tenent congruum esse, ut unum aliquid comparatione multorum sit esse et quale esse, ita ut ex eo, quod conveniunt in eo illa multa, sit eorum esse, et in hoc, quod per illud differunt ab aliis multis, sit eorum quale esse ..... Sed cum inveniunt genus, quaerunt aliud, quod sit differentia, quae constituat genus, si est quod habet differentiam constitutivam; similiter cum inveniunt species, quaerunt alia extra earum essentiam, quae sunt earum differentiae. Si autem id non esset significativum esse, nisi cum esset genus aut species, tunc, cum*

Richtige hingegen liege in jener obigen Unterscheidung (Anm. 94), und es sei nur zu bedenken, dass das *significans esse* entweder auf eine Mehrheit von Dingen sich beziehe, welche in ihrem Substantiellen sich nicht unterscheiden, wie man z. B. von Sokrates und von Hippokrates „Mensch" aussagt, oder auf eine Mehrheit, welche innerhalb ihrer noch substantielle Unterschiede enthalte, wie z. B. „Thier" vom Pferde und vom Esel gilt [102]); nemlich im ersteren Falle enthalte das *significans esse* das substantielle Wesen des Einzelnen und lasse nur noch accidentelle Eigenthümlichkeiten offen, im letzteren hingegen sei mit jenem *esse* das substantielle Wesen noch lange nicht erschöpft, sondern gerade die Substantialien, welche in den artmachenden Unterschieden liegen, seien noch im Reste [103]). Bei der Bezeichnung aber (*significatio*) sei nicht zu vergessen, dass die primäre immer die wesentliche bleibe [104]), und so stehe die Bezeichnung der *parilitas*, d. h. der Wesensgleichheit, an der Spitze, und andere, wie jene der *continentia* und der *comitantia*, seien erst abgeleitete [105]). Und was nun die Frage betreffe, ob nicht das Substantiale zugleich auf das *quid* und auf das *quale quid* gehen könne, und sonach eine Zweitheilung unhaltbar sei, so löse sich dieses Bedenken dadurch, dass das *quid* Eines Dinges zugleich das *quale* anderer Dinge involvire, jedoch nie das Substantiale eine accidentelle Qualität desjenigen sein könne, dessen Substantiale es eben ist,

---

est significativum substantialis in quo conveniunt, iudicium eius esset diversum ab hoc. Sunt autem haec quaedam prohibentia verum esse quod dixerunt u. s. f.

102) f. 5. r. B: *Dicemus, nunc iam ostensum esse, quod verbum incomplexum universale aut est substantiale aut accidentale, et quod est substantiale alicui, aut est aptum significare esse aliquo modo aut non est aptum. Significans autem esse est aut quod significat esse multorum, quae non differunt substantialiter, aut significat esse multorum, quorum essentiae differunt substantialiter. Exemplum autem primi est nomen solis .... aut nomen hominis, quando vocatur homo Socrates et Hypocras; exemplum autem secundi est significatio huius nominis „animal", quum de equo et asino simul alicui interroganti, quid sunt, respondebitur, quod sunt animalia.*

103) f. 5. v. A: *Differentia autem duorum modorum haec est, quia primus modus est significans esse collectionis, et tunc uniuscuiusque nomen eam nominis significat et integre veritatem substantialem, quam habent Socrates et Hypocras, nec excedit eam nec relinquitur ab ea, nisi quod proprium est uniuscuiusque de proprietatibus accidentalibus, sicut iam nosti ex praedictis. De modo vero secundo tu scis, quod animalitas sola est* (zu lesen *non est*) *significativa esse hominis et equi uniuscuiusque per se, ex ea enim sola non est unumquodque eorum id quod est; nec excedunt istam accidentalibus differentiis, sed substantialibus; quidquid autem habent commune de esse, nomen animalis significat; sensibile vero significat partem totius, quod complectitur significatio huius nominis „animal"; est igitur pars perfectionis veritatis eorum, in qua conveniunt non integre; similis est dispositio rationalis comparatione hominis.*

104) Ebend.: *Sensus enim de significatione nominis est, ut nomen sit illius intentionis, quae est ex prima impositione, unde etiamsi fuerit alia intentio adiuncta primae extrinsecus, quam percipit intellectus, quando percipit primam, non ideo nomen erit significativum eius secundum impositionem primam.*

105) f. 5. v. B: *Si autem volumus hoc totum complecti et acquirere, dicemus, quod significatio dictionum est tribus modis, quia est significatio parilitatis, ut hoc quod est animal, significat corpus habens animam sensibilem; et significatio continentiae, ut significatio corporis ab animali; et significatio comitantiae, ut ex tecti significatione fundamentum.* Alfarabi hatte noch ausführlicher distinguirt, s. Anm. 21.

und ebenso sei auch hinwiederum das *quale quid* befähigt, nach einer anderen Seite zugleich ein *quid* in sich zu schliessen [106]). Kurz dasjenige Universale, welches Substantiale ist, kann nach Seite des *quid* je nach der Grösse des Umfanges als Gattung oder als Art auftreten, aber nach Seite des *quale* ist es die Differenz, und jenes Universale, welches Accidentale ist, zerfällt in die eigenthümlichen und in die gemeinsamen Merkmale; sämmtliche fünf aber sind nicht in absolutem unabhängigen Sinne zu verstehen, sondern beziehen sich stets auf einen bestimmten ihnen angehörigen Umkreis [107]).

Indem nun Avicenna nach solch ausgedehnten Erörterungen, aus welchen ich nur das Hauptsächlichste und für die Lateiner Einflussreiche hervorgehoben habe, endlich sich an die Besprechung der einzelnen fünf Universalien macht [108]), hebt er zunächst, was *genus* betrifft, die Seite der Wortbedeutung hervor, indem die Auffassung des Gattungsbegriffes ursprünglich von dem Begriffe eines Geschlechtes und auch von genealogischen Traditionen in den menschlichen Künsten und Beschäftigungen ausgegangen und erst hernach auf die logische Bedeutung im Sinne der Definition des Porphyrius übertragen worden sei [109]).

---

106) Ebend.: *Si quis autem dixerit, quod aptum est ad quale quid, ipsum etiam aptum est ad quid; sensibile enim, quamvis negatur significare esse hominis et equi et bovis ad modum generis vel speciei, non tamen negatur significare esse commune audienti et videnti et tangenti; unde non oportet substantiale dividi in id quod respondetur ad quid et in id quod respondetur ad quale quid, ita ut alterum non contineatur in altero; non enim constat, ut quidquid significaverit quid est, non significet quale quid; unde compellunt concedere, quod dixistis, debere alios dicere. Respondemus ad illud, quod prima quaestio solvetur, cum scietur, nos non negare, quod illud, quod significat quid sunt aliqua, significet quale quid sunt alia, quia concedimus hoc; non enim negamus, nisi quia verbi gratia sensibile est significans esse speciale ..... et per hoc non debet esse contentio in hoc quod dicimus, quod substantiale non est accidens; nostra enim intentio est, quod non est accidentale ei, cui est substantiale. Quaestio autem secunda solvitur per hoc, quod non intelligimus significans quale quid aptum tantum ad quale quid absque quid, ita ut eius significatio non sit nisi intentio intrinseca ei in nomine significante esse generale aut speciale, sed intentio constitutiva qua differunt; cum autem dicimus significans quale quid, intelligimus hanc intentionem.*

107) f. 6. r. A: *Unde esse substantiale universale aut significat* (offenbar ausgefallen im Texte ist *esse magis commune et vocatur genus, aut significat*) *esse minus commune et vocatur species, aut notat quale esse et vocatur differentia; sic universale accidentale aut est proprium et vocatur proprietas, aut conveniunt in ipso multa et vocatur accidens commune; hoc autem quod est genus, non est genus in se nec in comparatione omnium, sed est genus eorum, quae conveniunt in eo; similiter species non est species in se ipsa nec in comparatione omnium rerum, sed in comparatione eius, quod est aliquid in ipsa; praeter hoc etiam differentia non est differentia nisi comparatione eius, quod dividitur in sua essentia per illam; similiter etiam proprietas non est proprietas nisi comparatione eius, cuius naturae accidit tantum; similiter accidens commune non est accidens nisi comparatione eius, cui accidit, et non aliter.* (Aehnlich bei *Schmölders*, *Doc.* p. 29., u. vgl. unten Anm. 172.)

108) Ebend.: *Nunc ergo loquamur de unoquoque eorum per se, et deinde loquemur de eorum communitatibus et differentiis, sicut habet usus, incedentes secundum viam aliorum.*

109) Ebend: *Dicemus, quod verbum significans intentionem generis prius apud eos secundum primam impositionem significabat aliud et deinde per impositionem se-*

Indem er aber durchaus von dem Standpunkte der griechischen Commentatoren (Abschn. XI, Anm. 51 u. 133 ff.) inficirt ist, fühlt er sich gedrungen, sofort vor der näheren Erörterung des Gattungsbegriffes gleich hier auf die Lehre von der Definition hinzuweisen (wenn auch mit dem Vorbehalte einer späteren Auseinandersetzung), und er wiederholt die schulmässige Notiz, dass bei schlechthin einfachen Wesen die blosse Namensbezeichnung an Stelle der Definition treten müsse, bei jenen Wesenheiten aber, welche aus einer Mehrheit von Substantialien verflochten sind, die Definition in Angabe des *genus* und der *differentia* bestehe [110]), während die Beschreibung (Abschn. XI, Anm. 138) sich nur in den äusserlichen Anzeichen des Gegenstandes bewege [111]). Hierauf nun folgen Controversen über den Gattungsbegriff, indem zuerst das Bedenken, dass in dem Inhalte eines Gattungsbegriffes wieder andere Gattungen liegen können, und hiedurch möglicher Weise eine Gattung von einer ober ihr selbst liegenden Gattung ausgesagt werde, dadurch seine Erledigung findet, dass eine solche Aussage eine accidentelle sei, indem der Gattungsbegriff seinem Wesen nach eben ein collectiver

---

cundam translatum est ad significandum intentionem, quae apud logicos vocatur genus (vgl. Abschn. XI, Anm. 40.). *Illi autem intentionem, in qua multi conveniebant, vocabant genus veluti gentem* (der Text gibt *genus*) *eorum, ut ,,Caesares", aut patriam, ut ,,Aegyptii" ..... Videtur etiam mihi, quod officia et artes vocabantur genus. Et quoniam haec intentio, quae nunc vocatur apud logicos genus, fuit unum in intellectu, quod habet comparationem ad multa, quae conveniunt in eo, quia in lingua sua non erat ei nomen, quo appellarentur ea, quae sunt inter se similia, transtulerunt ad hoc et vocaverunt genus hoc, scilicet de quo loquuntur dialectici et describunt dicentes, quod est id, quod praedicatur de pluribus differentibus specie in eo quod quid est.* Jener Beisatz betreffs der Künste, welcher bei Boethius sich nicht findet, ist hervorgehoben bei *Albert. M. De praedicab.* III, 1, p. 27. B: *Est autem attendendum, quod Avicenna in primo libro logicae suae dicit, quod isti ambo modi extenduntur etiam ad artificialia; aliquando enim ..... fabri dicuntur Tubalcaitae a Tubalcaim, qui artem fabrorum invenit.*

110) f. 6. r. B: *Prius autem quam incipiamus exponere hanc descriptionem, involvamus facile sensum diffinitionis et descriptionis, sed differemus expositionem earum usque ad locum, quo ostendemus, quid sit syllogismus demonstrativus* (s. unten Anm. 226 ff.). *Dicamus ergo, quod primum, quod praedicatur et quaeritur in diffiniendo hoc est, scilicet ut nomen significet esse rei. Si autem intentio rei fuerit intentio incomplexa non composita ex multis intentionibus, tunc non debet significari eius substantia nisi nomine, quod tantum significat ipsam substantiam, et hoc erit nomen eius tantum nec erit aliquid, quo potius significetur esse rei, quam proprium nomen eius; ...... quod ergo est huiusmodi, non habet diffinitionem, sed habet nomen, quo ostendentur ei extra et accidentia et comitantia. Si autem intentio substantiae fuerit composita ex intentionibus, ex quibus est eius esse ita, quod hae dent ei esse, quia de substantialibus magis propria sunt ei genus et differentia, differentiam autem differentiae et genus generis et quod componitur ex illis, habet mediante alio, quae continentur in genere vel differentia, oportet ideo, ut diffinitio sit composita ex genere et differentia; cum autem dederint genus propinquum et differentiam, quae est post ipsum, conficietur ex eis diffinitio, sicut hoc quod dicitur de diffinitione hominis, quod est animal rationale.*

111) Ebend.: *In descriptione vero non quaeritur nisi ut componatur oratio ex consequentibus rem, quae sunt ei paria, quae habebit quidquid continetur sub ea et nihil aliud, ita ut significet eam significatione signi; convenientius est autem, ut prius ordinetur in ea genus aut proximum aut longinquum, et deinde apponantur accidentia aut proprietates; quod si ita non fuerit, erit tunc descriptio vitiosa.*

sei [112]), d. h. das bezüglich des Inhaltes auftauchende Bedenken wird sogleich durch jene bei den griechischen Commentatoren allein herrschende Auffassung (Abschn. XI, Anm. 43) beschwichtigt, wornach die ganze Lehre vom Begriffe um der *Tabula logica* willen ausschliesslich den Umfang im Auge hatte, und so trafen für die Lateiner in dieser Corruption der Logik die Araber nachbarlichst mit der Tradition des Boethius zusammen. Noch einlässlicher aber beschäftigt sich Avicenna mit der Frage, ob denn die Definition des *genus* und jene der *species* sich nicht gegenseitig im Kreise drehen, da *genus* mittelbar durch *species* und *species* mittelbar durch *genus* definirt werde, was ein unwissenschaftliches Verfahren sei; über die Lösung aber, welche von Anderen auf Grund der Annahme beigebracht wurde, dass *genus* und *species* relative Begriffe seien, welche eben darum wechselseitig durch sich selbst erkannt werden müssen, geräth er völlig in Entrüstung, da abgesehen von der Verwirrung bezüglich des Begriffes der Relation der Kernpunkt der Frage (ob nemlich wirklich in jenen beiden Definitionen Unbekanntes durch Unbekanntes demonstrirt werde) übergangen sei [113]); denn man müsse doch vor Allem unterscheiden zwischen jenem, *ex quo aliud scitur*, und demjenigen, *cum quo aliud scitur*, indem nur bei ersterem eine Priorität in der Demonstration bestehe [114]). Und so-

---

112) f. 6. v. A: *Contingunt autem circa hoc quaestiones multae, quarum una est, quod si genus habet aliquid, quod sit ei quasi genus et hoc est praedicatum de multis, tunc genus praedicabitur de genere, quod est supra se. Ad quod respondemus: quod praedicatur de multis, praedicatur de genere ut genus, sed genus de eo non ut genus, sed ut accidens; non enim dicitur, quod omni praedicato de multis accidit genus nisi aliquo respectu, sicut animali accidit generalitas aliquo respectu, scilicet respectu communitatis.*

113) Ebend.: *Item quaeritur de hoc, quod accipimus nomen speciei in diffinitione generis. Cum enim volueris diffinire speciem, videtur necessario apponendum nomen generis, sicut postea ostendetur, cum dicitur, quod species est id quod ponitur sub genere. Sed interroganti videtur esse ignotum; ostendere enim ignotum per ignotum non est ostendere nec declarare; omnis autem diffinitio vel descriptio est declaratio. Ad hoc autem iam responderunt quidam dicentes, quod quia duorum relativorum unum non intelligitur esse nisi comparatione alterius, genus autem et species relativa sunt, ideo debet unusquisque eorum accipi in descriptione alterius necessario; unumquodque enim eorum non est id quod est nisi ex comparatione alterius. Haec autem descriptio auget dubitationem in aliis, quae sunt praeter genus et speciem, in quibus est implicatum, quod in genere et specie; augmentum vero implicationis non est explicatio. Indagator etiam dicet tibi: adapta diffinitionem relativorum cum diffinitione generis et speciei et fac scire, quomodo, cum sint simul incognita, scitur alterum per alterum. Item in solutione solent considerari propositiones quaestionis et destrui altera vel utraque; in hac autem solutione, quam hic inducit, non consideravit propositiones; non enim dixit, quod genus et species utraque non sunt incognita apud introducendum, nec dixit, cum sciatur alterum ex altero, quum ipsum sit ignotum, „non est hoc dicere ignotum per ignotum"; hoc enim negare impossibile erat eum, nec poterit etiam negare, quod docere ignotum per ignotum non est declarare, nec dixit, quod ex ordine harum propositionum non provenit, quod quaeritur ex eis; quare hic non consideravit propositiones quaestionis nec suum syllogismum in hoc fecit. Et etiam accidit ei maximus error ex hoc, quod non potuit invenire differentiam, quae est inter id quod scitur cum aliquo et id ex quo scitur aliud.*

114) f. 6. v. B: *Id enim ex quo aliud scitur est id quod per se scitur et fit pars ostendendi aliud, cui quum adiuncta fuerit alia pars, pervenietur ad cognitionem alterius, quod iam cognitum fuerat nunquam ante illud. Quod autem scitur cum*

nach löse sich dieses ganze Bedenken dadurch, dass die übliche Definition des *genus* vollständig richtig sich verhalte, wenn auch nicht die *species* als solche ausdrücklich beigezogen werde, denn die Function der Form und des artmachenden Unterschiedes, welche im Artbegriffe zur Erkenntniss komme, sei kein Correlatives für den Gattungsbegriff, und die Definition des letzteren könne daher füglich dahin lauten, dass derselbe von Mehrerem, was unter sich substantielle Unterschiede enthält, ausgesagt wird, ohne dass hiemit die Erwähnung des Artbegriffes nothwendig wäre [115]). Eben darum aber musste Avicenna in den Gattungsbegriff auch die Formfähigkeit und Bestimmbarkeit verlegen, welche in ihrer Verwirklichung abwärts bis zu jenen Gestaltungen treibt, welche nicht mehr Gattungen sein können, und so gilt ihm die Gattung als die primitive Grundlage für Erfassung des Was oder der *quidditas*, denn der Gattungsbegriff kann nur dadurch „*in eo, quod quid est*" ausgesagt werden, dass das actuelle und intellectuelle Sein der Gattung die Möglichkeit einer Formbildung durch substantielle Unterschiede involvirt [116]). Wenn übrigens diese Auffassung durch das traditionelle Beispiel des

---

aliquo est id quod, cum perfecta fuerit cognitio rei ex conventu ostendentium rem, simul sicut res etiam scietur ...... Cum autem sciuntur alia ex aliis, sequitur, ut cognitio unius sit prior cognitione alterius et non cum cognitione alterius; et ideo id quod scitur cum aliquo aliud est ab eo ex quo scitur aliud .... Unde dicimus, quod relativa non diffiniuntur secundum hanc imperitiam, quam invenerat ille, qui putat per eam solvere huiusmodi quaestionem; sed in diffinitione relativorum est quidam modus collationis, per quem removebitur haec perplexitas, cuius declarationis alius est locus.

115) Ebend.: *Postquam vero iam ostendimus, illum nihil determinasse, redibimus ad id, a quo digressi sumus, dicentes, quod diffinitio generis perfecta est, licet non accipiatur in ea species secundum hoc quod species est et refertur ad ipsum, sed secundum hoc quod est essentia. Cum enim intelligitur ex specie esse et veritas rei et forma ....., non erit tunc species ad genus; cum enim intelligitur .... differentia inesse et forma, iam perfecta est diffinitio generis. Cum enim dixeris, quod genus praedicatum de multis diversis in se ipsis esse et formis et substantialibus ad interrogationem per quid sunt, iam perfecta est diffinitio generis, et non est necesse, speciem ex hoc, quod relata est, poni in eius diffinitione, quamvis relatio aliquo modo haec intelligatur. Sed non est sic, ut propter hoc sit diffinitio, quae est eorum, quorum unum diffinitur ex altero, sed relatio, quae est hic, intelligitur esse haec, quod quum dixeris, quod est praedicatum de multis diversis in esse, iam posuisti diversa in esse praedicari de ipso, et hoc est, quod innuit de relatione, quae tibi accidit.*

116) *Albert. M. Top.* I, 2, 4, p. 672. B: *Genus enim est primum subiectum in quolibet, ut dicit Avicenna, formabile et determinabile differentiis, usque quo formetur in specialissimas, quae differentiis non sunt formabiles, et ideo nullo modo possunt esse genus .... Quia vero genus est primum subiectum eius, in quo est, ... ideo oportet, quod in eo quod quid est praedicetur. Ad hoc autem, ut dicunt Avicenna et Algazel, tria exiguntur. Unum quidem, quod genus actu et intellectu sit, ut quid eius de quo praedicetur .....; secundum autem, quod sic sit per aliquam potentiam, sed non de necessitate naturae et substantiae, ita quod sic insit vel ponatur sic inesse, sive sit sic sive non ......; tertium est, quod posito genere statim potentia formali induta ponitur inferius et in quod formabile est genus.* Ebend. *De praedicab.* IV, 1, p. 34. B: *Avicenna enim dicit, quod genus uniuscuiusque primum essentiale et informe subiectum est, quod primum dicitur, quia in eo est prima potentia et prima inchoatio ad esse rei secundum substantiam et quidditatem.*

Porphyrius klar gemacht wurde, so erhoben sich hiegegen bei den Lateinern theilweise theologische Bedenken [117]).

Mit den spitzfindigsten Distinctionen schlägt sich Avicenna bei Besprechung der *species* herum, welche in der Reihenfolge der fünf Worte darum den Vortritt vor dem artmachenden Unterschiede bekömmt, weil in ihr die Wesenheit der Gattung die Grundlage bilde, auf welcher erst die Thätigkeit der Form ihre Wirksamkeit beginnen könne [118]). Den hauptsächlichsten Gegenstand der controvertirenden Erklärung bietet eine Unterscheidung dar, welche wir bereits bei Alfarabi (Anm. 28) wenigstens im Keime vorfanden. Nemlich das Wort „*species*", welches ursprünglich in gewöhnlichem Sinne zunächst jede Form überhaupt bezeichnete, sei dann darum, weil das unter eine Gattung Fallende verschiedene eigenthümliche Wesensformen zeigt, in technisch logischem Sinne angewendet worden; hier aber seien sofort zwei Auffassungen auseinandergetreten, indem man einerseits in allgemeinerem und weiterem Sinne die Species in Beziehung zur Gattung bringe und sie als dasjenige definire, von welchem die Gattung ausgesagt wird, oder andrerseits im eigentlicheren Sinne die *species specialissima* ins Auge fasse als dasjenige, was von mehreren nur numerär verschiedenen Dingen wesentlich ausgesagt wird [119]). Welche von beiden Auffassungen, deren keine weitab hergeholt sei, da beiderseits der Begriff der *specialitas* sich leicht einstellen konnte, eine geschichtliche Priorität in Anspruch nehmen dürfe, lasse sich kaum entscheiden, doch spreche die Wahrscheinlichkeit für die zweite [120]). Soll aber nun erörtert werden, in welcher

---

117) *Albert. M. De praedicab.* IV, 4, p. 42. A: *Avicenna et Arabes dicunt, quod animal rationale est ut genus ad hominem et ad angelos; quod falsum est, quia angelus nullo modo proprie est animal, sed dicitur animal aliquando propter vivere secundum intellectum.* S. unten Anm. 134.

118) Ebend. IV, 1, p. 34. A: *Tractaturi de specie tanquam secundo universali cogimur differre tractatum de differentia et tertio loco inter universalia ponere ..... Cuius tamen aliam rationem dicit esse Avicenna hanc, quia differentia non est, in qua est genus per essentiam, cum differentia sit actus sive forma simplex, in specie autem per essentiam est genus.*

119) *Log.* f. 7. r. A: *Species autem apud graecos dicebatur secundum aliam intentionem praeter speciem logicam; nomen enim, quod transtulerunt graeci philosophi ad intentionem speciei logicae, prius imposuerant secundum primam institutionem formae uniuscuiusque, et quia postea invenerunt, quod ea quae sunt sub eodem genere habent formas et esse, quae sunt propria unicuique eorum, ideo vocaverunt ea ex hoc quod sunt ita species, et sicut nomen generis continebat intentionem vulgarem et logicam, ita nomen speciei absolute continet intentionem vulgarem et logicam. Et sic nomen speciei logicae continet secundum logicos duas intentiones, quarum una est communior et alia magis propria. Communior autem intentio haec est, quam dicunt referri ad genus et diffiniunt dicentes, quod est posita sub genere aut de qua praedicatur genus substantialiter et alia huiusmodi. Intentio vero magis propria est, quam aliquando describunt secundum aliquem respectum dicentes, quod est species specialissima et haec est, quae significat esse, quod est commune pluribus non differentibus substantialiter .... Sed inter hos duos actus est differentia, quum tantum secundum primam intentionem referatur ad genus, sed secundum secundam intentionem non referatur ad ipsum; ad hoc enim, ut praedicetur de pluribus differentibus numero in quid, non est necesse, ut sit aliud quid communius quam ipsa, quod praedicatur de ipsa.*

120) Ebend.: *Deinde certissime nescio, uter eorum modorum secundum logicos*

der beiden Bedeutungen *species* in der Lehre von den fünf Universalien zu nehmen sei, so könne die Eintheilung der letzteren allerdings so gestellt werden, dass nur die Eine Bedeutung der Species zulässig ist; denn theile man die universelle Bezeichnung des *esse* nach dem Gesichtspunkte, dass das Einzelne entweder der Art nach oder der Zahl nach verschieden ist, so sei die auf die Gattung bezogene Definition der Species ohnediess ausgeschlossen, und theile man den ersteren Gesichtspunkt abermals nach der Möglichkeit einer Zulassung oder Nicht-zulassung eines allgemeineren Gattungs-Prädicates, so liege darin die blosse Potenz einer Beziehung der eigentlich stricteren Species auf die Gattung [121]); theile man hingegen die Universalien ohne Berücksichtigung jener Verhältnisse, in welchen sie durch Vergleichung mit dem Einzelnen stehen, so gelange man ausschliesslich auf jene Definition der Species, welche die relative Bezugnahme auf die Gattung enthält [122]). Aber hinwiederum könne ja eine Eintheilung unmöglich alle fraglichen Gesichtspunkte zugleich berücksichtigen, und so ergebe sich auch hier erst als eine Folge der Eintheilung die Erwägung, dass die Universalien

---

fuerit prior; non est enim longe, quod id ad quod primum transtulerunt nomen speciei, sit id quod est supra singularia; et deinde propter hoc, quod accidit ei habere supra se aliam communiorem, vocaverunt, quod est sub communi huiusmodi, specialitatem; nec etiam est longe, quod alia intentio antiquorum sit, scilicet (der Text gibt *sed*) *quia hanc intentionem comitabatur, ut esset species specialissima, et propter suam relationem restringentem specialitatem tantum absque generalitate posuerunt digniorem tunc nomine specialitatis, et quia est statim post singularia, vocata est species. Hoc autem est quod ego nequeo discernere, quamvis magis foveam, quod nomen non fuerit prius impositum speciei secundum respectum quo refertur ad genus.*

121) f. 7. r. B: *Debemus autem scire de specie, quae una est de quinque in divisione prima, secundum quem istorum modorum est species. Dicamus ergo posse esse, ut haec quinquemembris divisio fiat taliter, ut includat unum tantum duorum modorum et non alium. Cum enim dicitur, quod nomen commune substantiale aut dicitur significare esse aut non, si est significans esse, aut est significans esse commune differentibus* (ausgefallen ist: *specie, aut est significans esse commune differentibus*) *numero non specie, tunc membrum significans esse continebat genus et speciem, quae est statim post singularia, et excludit respectum speciei secundum intentionem, quae est in relatione generis secundum membrum primum. Et postea praedicatum de multis differentibus specie in quid dividitur in id, quod est sic de quo non praedicatur aliquid huiusmodi, et hoc erit quod vocatur genus tantum, et in id, quod praedicatur de multis, de quo praedicatur aliquid huiusmodi, et secundum hunc respectum erit species. Sed haec divisio non attribuit numerum specialitatis secundum intentionem relatam absolute, sed ostendit nobis potestatem huiusmodi specialitatis secundum hunc respectum, scilicet quod est genus et habet specialitatem, et ostendit nobis naturam speciei secundum respectum proprium salvam et integram.*

122) Ebend.: *Et possibile est autem dividi taliter, ut det nobis speciem, quae est secundum intentionem communem, et species secundum intentionem propriam sit in secundo membro ...... Cum autem dividitur universale secundum quod est universale, communicatior consideratio de illo est, ut dividatur divisione, quam habet comparatione inferiorum suorum, quibus est universale, et tunc removebitur species secundum intentionem communem et non habebitur postea nisi ex alio respectu, et tunc species, quae primo percipitur, erit species secundum intentionem propriam. Si autem non curaverit de hoc nec de dispositionibus universalium et de accidentibus eorum, quae sunt inter illa ex hoc quod sunt universalia, sicut hoc, quod unum est communius vel magis proprium comparatione alterius et non comparatione singularium, tunc proveniet tibi species relativa.*

je nach ihrer relativen Allgemeinheit miteinander verglichen werden können[123]); wenn man daher sich auf diesen letzteren Standpunkt stelle und sage, dass die quidditativen Prädicate nach grösserer oder geringerer Allgemeinheit sich unterscheiden und hiernach entweder Gattung oder Species sind, letztere aber ihrerseits entweder abermals als Gattung anderer Unterarten oder nicht mehr als Gattung auftreten kann, so sei eine Eintheilung gewonnen, in welcher die relative Definition der Species enthalten und zugleich die strictere nicht ausgeschlossen sei[124]). Werfe man sich aber auf die gewöhnliche Eintheilung der Universalien, wornach in dem von ihnen umfassten gleichartigen Vielen entweder Art-Unterschiede oder nur numeräre Unterschiede bestehen, und im ersteren Falle entweder das Substantiale sowohl nach Seite des *quid* (*genus*) als auch nach Seite des *quale* (*differentia*), oder aber das Accidentale (*accidens*) vertreten sein kann, und ebenso im letzteren Falle entweder das *quid* (*species*) oder das *quale* (*proprium*) bezeichnet sein kann[125]), so gewinne man allerdings die strictere Definition der Species im Sinne der *species specialissima*, gerathe aber in Schwierigkeiten betreffs der Differenz und der zu enge gefassten *proprietas*[126]).

---

123) Ebend.: *Non debet autem quis credere, ut haec quinquemembris divisio sit includens omne id, in quo dividitur universale; aliquando enim aliquid dividitur in aliqua, et excluduntur ab eo alia, quae non includuntur nisi in alia divisione; animal enim cum dividitur in loquens et in non loquens, ... excluditur volatile et gressibile .... Non debes autem persistere in dicendo, quod haec divisio quinquemembris debeat includere omnem intentionem cuiuscunque universalis et respectum eius, sed debes scire, quod non ducit nos ad hoc implicitum nisi quia duo membra discreta conveniunt in uno nomine, quod est species. Convenientius est autem dicere, quod cum haec quinque habita fuerint, provenit ex comparatione, quae est inter illa, aliquid aliud, scilicet dispositio eius, quod est magis proprium inter ea, quae praedicantur in quid comparatione magis communis, ita quod sit specialitas magis propria.*

124) Ebend.: *Si autem voluerit facere divisionem, ex qua detur nobis species secundum intentionem relatam, quae est communior, tunc convenit dici, quod nomen substantiale aut praedicatur in quid aut non; id autem quod praedicatur in quid, intelligitur commune id, quod convenit responderi ad interrogationem factam de multis, quid sint. Deinde dicemus, quod ea quae praedicantur in quid differant in communitate et proprietate; quaedam enim eorum sunt communia et quaedam communiora; ex praedicabilibus autem in quid id, quod est communius, est genus minus communis, et minus commune est species communioris. Inventa autem specie dividemus aliter dicentes necesse esse, ut aut species fiat genus alii speciei aut non. Et haec divisio ostendit nobis quinque manifeste, et natura speciei secundum intentionem communem continetur in ea; species vero secundum intentionem secundam includetur in ea aliquo modo; sed in divisione prima non fuit ita.*

125) f. 7. v. A: *Vulgata autem divisio horum quinque affinior est primae divisioni; dividitur enim sic: omne nomen incomplexum aut significat unum aut multa; significans autem unum est nomen singulare; significans autem multa aut significat multa differentia specie aut numero; significans vero multa differentia specie aut est substantiale aut est accidentale; si autem est substantiale, aut praedicatur in quid aut in quale quid; significans autem multa differentia specie in quid ponitur genus; significans quale quid est differentia; accidentale vero est accidens commune; deinde dicitur, quod id, quod significat multa differentia numero, aut praedicatur in quid et est species, aut praedicatur in quale quid et sic est proprietas.*

126) Ebend.: *Haec autem eorum divisio non includit speciem secundum intentionem relativam nec differentiam secundum quod est differentia ..... Si autem consi-*

Jedenfalls aber liege für die Species das Entscheidende darin, dass die von ihr umfasste Vielheit nur numeräre Unterschiede innerhalb ihrer selbst zulasse, denn hiedurch unterscheide sich die Species von Gattung und von Accidens, und man müsse darum die numerären Unterschiede in strengem Sinne auch nur von dem Numerären verstehen [127]); andrerseits aber unterscheide sich die Species von der Differenz und von dem eigenthümlichen Merkmale durch den quidditativen Charakter, und somit bestehe die strictere Definition zu Recht [128]). Hingegen habe jene andere weitere Definition ihre Bedenken, sowohl wenn das Verhältniss der Subordination unter die Gattung zur Hauptsache gemacht wird, da dann eine Vieldeutigkeit der Subordination möglich bleibt [129]), als auch wenn man das Verhältniss der Aussage hervorhebt, da dann die übliche

---

derarent, quod tu postea scies, non possent reprehendi; sed scies, eos nec considerasse nec percepisse, et ideo non possumus eos excusare; fortassis autem doctorum primus (doch wohl Alfarabi?) *consideravit; et in hac divisione non distinxerunt inter proprietatem et differentiam, quam non habet nisi species, et excluserunt proprietatem, quae est proprietas speciei mediae* (s. unten Anm. 151.) *et compar eius; non enim assignaverunt proprietatem secundum quod est proprietas speciei, sed secundum quod est proprietas speciei specialissimae, sicut non assignaverunt speciem nisi specialissimam.*

127) Ebend.: *Certificemus nunc vulgatas descriptiones speciei dicentes, quod speciei, secundum quod species non refertur ad genus, perspicitur diffinitio talis, quod ipsa est quae praedicatur de pluribus numero differentibus in quid; in qua non convenit cum ea nec genus nec accidens commune; unumquodque enim eorum praedicatur de multis differentibus specie, non autem de multis differentibus numero. Hoc autem quod dicitur de multis differentibus numero debet intelligi de numero tantum. Nisi enim sic intelligatur, ex hoc, quod praedicatur de multis differentibus numero, non prohiberetur praedicari de multis differentibus specie; praedicatur enim de multis differentibus specie aliquando, quod praedicatur de multis differentibus numero; quare proprietas huius nominis non est speciei, sed tantum eius quod praedicatur, nisi sic excludatur id, quod praedicatur de multis differentibus specie, ab eo, quod intelligitur de hoc. Et hoc est, per quod differunt a specie genus et accidens, aut per quod discernitur, ab ea differre, quae praedicantur de multis differentibus specie.*

128) f. 7. v. B: *Sed non discernitur per hoc species a differentia, quae est propria speciei, sicut est rationale ...... Aliqui autem verbosi possunt excludere ab hac diffinitione secundum hunc modum discernendi speciem a differentia. Modus vero hic est, ut dicatur: ex natura speciei secundum hanc intentionem debet non praedicari nisi de multis differentibus numero; sed naturae differentiae non debetur hoc. Et hic modus est exceptus. Sed per hoc, quod praedicatur in quid, species a differentia absolvitur et etiam differt a proprietate, proprietas enim non praedicatur in quid. Ergo haec descriptio est recte assignata, quae non comitatur nisi intentionem, quae dicitur species specialissima.*

129) Ebend.: *Species vero, secundum quod refertur ad genus, habet duas descriptiones, quarum una est haec, qua dicitur, quod est posita sub genere, altera vero, quod est id de quo praedicatur genus in quid. Debemus autem hoc considerare dicentes, quod si „posita sub genere" intelligitur, quod sit magis propria quam ipsum in praedicatione, ... si vero intelligatur de eo, quod universale est tantum et non singulare, ... si vero intelligatur, quod est propinquius sibi coniunctum in illo sine medio, ... si vero intelligatur, quod est sibi coniunctum non in ordine communitatis tantum, sed in ordine intentionis, ... si vero intelligatur, quod est in cuius natura est commune ..... Hoc autem nomen „positum sub genere" non significat hanc intentionem expositam tot modis nec secundum impositionem nec secundum usum; non enim memini, me aliquo loco librorum auctorum huius artis invenisse, hoc nomen sic debere intelligi.*

Formulirung der Definition mangelhaft ist[130]), — einer dritten unwissenschaftlichen Definition der Species gar nicht zu gedenken[131]). Auf solcher Grundlage nun lenkt Avicenna zur *Tabula logica* des Porphyrius ein (s. Abschn. XI, Anm. 41), in welcher zwischen *genus generalissimum* und *species specialissima* die Stufenfolge der Mittelglieder sich bewegt[132]), und er glaubt hiedurch die Verschiedenheit der Auffassungen des Artbegriffes in das richtige Licht gestellt zu haben[133]). Die nähere Verdeutlichung der Tabelle des Porphyrius führt ihn auch hier wieder auf jenen obigen (Anm. 117) für die Lateiner bedenklichen Punkt[134]).

Indem sodann die Erörterung über *differentia* folgen muss, eröffnet Avicenna auch diese mit der Frage über den Sprachgebrauch, welcher nicht (wie bei *genus* und *species*) ursprünglich populär entstanden, sondern von vorneherein ein Erzeugniss der Logik sei, indem man zunächst jeden substantiellen Unterschied mit jenem Worte bezeichnete

---

130) Ebend.: *Descriptio vero secunda haec est, quod species est, de qua praedicatur genus eius in quid, aut sic dicitur, quod est id, de quo praedicatur genus eius in quid. Contra tunc, si intelligitur praedicari in quid, quod iam ostendimus, oportet aliquid addi, quod est, de quo et aliud praedicatur genus eius in quid, et erit hoc proprium speciei .... Si autem ex hoc, quod intelligitur, inter eam et differentiam et proprietatem et accidens differentia intelligitur, inter eam et singulare non est differentia, nisi contineatur in ea, quod sit universale huiusmodi.*

131) f. 8. r. A: *Qui autem diffinit dicens, quod species est id, quod est magis proprium de duobus universalibus praedicabilibus in quid, nescit diffinire speciem.*

132) Ebend.: *Dicemus autem nunc, quod genus aliud est genus, quod impossibile est fieri speciem, quum supra illud non est aliud communius genus, et aliud est, quod secundum alium respectum potest fieri species, quia habet supra se genus communius quam sit ipsum. Et similiter species, quia alia est species, quam impossibile est fieri genus, nam non est species minus communis quam ipsa, et alia est, quae alio respectu potest fieri genus, nam sub ipsa est alia species minus communis quam ipsa. Ordinabitur ergo genus multis modis, quia aliud est supremum genus, quod non est species ullo modo; et genus medium, quod est species et genus, sub quo est species et supra quod est aliud genus; et genus infimum, quod est species et genus, sub quo non est genus. Similiter et species, quia alia est infima, sub qua non est species ullo modo, nec est genus aliquo modo; et est species suprema sub generalissimo genere, et supra eam non est species aliquo modo; et est species media, quae est species et genus, sed non unius est genus et species. Vulgatum autem exemplum huius est categoria substantiae* (d. h. die *arbor Porphyriana*).

133) Ebend.: *Respectu inferiorum est duobus modis, scilicet in respectu eorum, quod sunt sub ipsa, secundum hoc quod non sunt species, et etiam secundum quod de illis praedicatur. Respectus vero, quem habet ad id, quod est sub ipsa secundum praedicationem, attribuit ei intentionem specialitatis non relative ad genus, et haec est intentio secunda eius, quod dictum est. Alius vero respectus attribuit ei, quod est species et non genus et quod est species specialissima, et est species eo modo, quo diximus. Intellectus autem eorum trium, quamvis sint comitantes se, sunt tamen diversi; si autem species dicitur unaquaeque istarum intentionum, dicetur de his tribus sola participatione nominis, sed diffinitionis ipsarum intellectu erunt diversae.*

134) f. 8. r. B: *Illa autem differentia, quam attribuerunt substantiae, perveniens usque ad hominem, non est recta, quamvis non impediat intelligi id, quod intenditur. Corpus enim habens animam, cum complectitur vegetabilia cum sensibilibus, non complectitur angelos nisi sola participatione nominis; ergo corpus habens animam non erit continens angelos* u. s. w.

und hernach eine dreifache Abstufung bemerkte[135]), insoferne die Differenz bald im weiteren Sinne[136]), bald in engerem[137]) und bald in engstem Sinne, d. h. als artmachender Unterschied, betrachtet werden könne, in welch letzterer Bedeutung die primäre wesentliche Function der Differenz liege, da das Auftreten der übrigen Differenzen von dem Dasein dieser ersten schlechthin bedingt sei[138]). Hieraus fliesse die Distinction in trennbare und untrennbare Differenzen, welch letztere entweder die Substanz oder die Merkmale betreffen können, sowie die Unterscheidung (s. Abschn. XI, Anm. 44) in die bloss alterirende und in die artmachende essentielle Differenz[139]). Insoferne aber die Differenz als eines der fünf Universalien in Betracht komme, müsse daran festgehalten werden, dass sie von der Species nach Seite einer qualitativen Bestimmung (*in quale quid*) der ihr entsprechenden Gattung ausgesagt wird, wobei zwar jenes qualitative Moment verschiedentlich gefasst werden könne[140]), aber nie die substantielle Function desselben

---

135) Ebend.: *Differentiae nomen secundum logicos intentionem primam significat et secundam; hac autem intentiones non sunt sicut intentiones generis et speciei; prima enim positio generis non fuit nisi a vulgo, translatio vero fuit a maioribus; sed differentiae nomen primum logici imposuerunt et deinde transtulerunt. Cuius prima positio est haec, cum dicitur, quod differentia est, qua differt aliquid ab aliquo substantialiter; postquam igitur sic factum est, debet differentia praedicari de tribus secundum prius et posterius, ita scilicet ut differentia alia esset communis et alia propria et alia magis propria.* Dieses wiederholt *Albert. M. De praedicab.* V, 1, p. 50. A.

136) Ebend.: *Communis autem differentia est id, per quod potest aliquid differre ab aliquo, quod iterum potest differre per illud ab ipso, et per quam aliquid potest differre a se ipso in duobus temporibus, cuius exemplum sunt accidentia separabilia.*

137) Ebend.: *Propria vero differentia est id, quod accidentibus est praedicabile comitans; cum enim dicitur aliquid differre accidente inseparabili ab eo, quod per ipsum differt, semper erit differentia propria, ut differentia hominis ab equo hoc, quod est carnis nitidae.*

138) f. 8. v. A: *Differentia vero quae vocatur magis propria, est constitutiva speciei, quae cum adiungitur naturae generis, efficit illud speciem et deinde comitatur et accidit, quidquid comitatur et accidit; et haec est substantialis naturae generis, quod constituitur in esse speciei, et haec dat esse et distinguit et designat; sicut est rationalitas homini, quae differt a ceteris, quae conveniunt cum ea; propria enim primum concurrit naturae generis et accurrit et perficit, ceterae vero non adveniunt naturae communi, nisi postquam advenit haec et adaptat et praeparat ad omnia, quae accidunt et comitantur; haec enim non adveniunt nec accidunt nisi post hanc proprietatem, quae est sicut rationalitas homini ..... Debes autem scire certissime, quia differentia inter differentiam magis propriam et illas differentias haec est.*

139) Ebend.: *Unde potest dici, quod differentiarum aliae sunt separabiles aliae inseparabiles; inseparabilium vero alia est substantialis et alia est accidentalis. Item potest dici, quod differentiarum alia facit aliud alia alteratum; aliud vero est id, cuius natura est alia, alteratum vero communius est quam illud .... Differentia ergo, quae est magis propria, est causa essentialis differentiae facientis aliud secundum placitum auctorum huius artis imponentium hoc nomen.*

140) Ebend.: *Nostra autem intentio hic est, considerare hanc differentiam tantum, quae est una ex quinque, et non alias; cuis certa descriptio est haec, quod est universale simplex praedicatum de specie in quale quid et secundum essentiam generis sui. Et hoc etiam, quod praedicatur de specie in quale quid, habet etiam multas descriptiones divulgatas, sicut hoc quod dicitur, quod differentia est, qua differt a genere species, et etiam, qua abundat species a genere, et etiam, qua*

zu vergessen sei [141]), sowie andrerseits die Species in ihrer Geltung als Universale, d. h. in ihrer Aussagbarkeit von Mehrerem, bewahrt werden müsse [142]), wenn auch die nähere Bestimmung dieses Verhältnisses theilweise über die Aufgabe der Isagoge hinausgehe [143]). Hieran knüpft sich dann an der Hand des Porphyrius (Abschn. XI. a. a. O.) die Unterscheidung einer die Gattung theilenden und einer die Arten constituirenden Wirkung der Differenz [144]), wobei sich die Erwägung einstellt, dass manchen Differenzen nur die erstere dieser beiden ohne die zweite zugeschrieben werden müsse, da das Entblösstsein (s. oben Anm. 34) nicht als constituirende Differenz zu betrachten sei [145]); irrig hin-

---

differunt quae conveniunt in genere, et, quae praedicatur de pluribus differentibus specie in quale quid. Ebenso aus Avicenna *Albert. M. De praedicab.* V, 1, p. 52. A.

141) Ebend.: *Debemus autem diligenter considerare has descriptiones et certificare eas. Dicemus ergo, quod cum addiderint unicuique harum descriptionum aliquid, erit par; hoc autem est, ut dicatur substantialis, et hoc substantiale est id, per quod differt substantialiter species a genere; proprietas enim, quamvis per eam species differat, non est talium substantialium.*

142) f. 8. v. B: *Descriptiones vero tres priores, quamvis sint pares cum differentia, non tamen includunt id quod est in differentia ut genus eius, quo scilicet completur diffinitio, quamvis sine eo possit haberi significatio substantialis aequalis, sicut si aliquis diceret, quod homo est rationale mortale ..... Quod autem est quasi genus differentiae, hoc est universale; debet ergo addi illi. In descriptione vero iam nominatur universale, cum dicitur praedicari de multis, praedicari enim de multis est descriptio universalis, ergo iam attribuitur ei descriptio aliqua, quae est quasi genus, quamvis non designetur ex nomine.*

143) Ebend.: *Hoc autem, quod dicitur de pluribus differentibus specie, habet tres intellectus: unum, quem non percipit, qui vult legere hunc librum, quem postea ostendemus in suo loco* (s. Anm. 228.); *ceteri vero duo prope manifesti sunt, quorum unus est, ut natura differentiae contineat praedicatione plures species sine dubio praeter illam unam speciem, a qua differtur; alius vero est, quod natura differentiae debet praedicari, quale quid est unumquodque multorum differentium specie inter se.*

144) Ebend.: *Deinde differentiae duas habent comparationes, unam ad id, quod dividunt, sc. genus, et aliam ad id, in quod dividunt; rationale etenim ..... est divisivum generis et constitutivum speciei; si autem genus fuerit generalissimum, non habebit differentias nisi divisivas, si vero fuerit sub generalissimo, habebit differentias divisivas et constitutivas; et differentiae divisivae constitutivae sunt, quae dividunt genus eius et constituunt speciem ex eo ..... Divisivae vero sunt, quae dividunt istud et constituunt speciem sub eo; constitutivae vero generis non sunt minus communes quam ipsum, sed eius divisivae sunt minus communes quam ipsum ...... Nulla autem constitutiva est nisi divisiva; divisivarum autem, secundum quod videtur, aliqua est non constitutiva; hoc autem non est nisi in differentiis negativis sive privatoriis, quae vere non sunt differentiae.* In einer etwas abweichenden Form berichtet hierüber *Albert. M. De praedicab.* V, 6, p. 65 A: *Dicendum cum Avicenna, quod differentia in se tria habet, scilicet quod est simplex divisiva et per hoc est differentia; et quod est simpliciter constitutiva· et hoc habet eo quod est divisiva; habet et tertio, quod est ad certam speciem determinativa, et hoc non habet ex eo quod est divisiva nec ex eo quod est constitutiva, sed hoc habet ex hoc, quod est certa rei specialis natura et forma propria et essentialis.*

145) f. 9. r. A: *Privativae enim comitantes sunt rerum comparatione intentionum, quibus carent; irrationale enim non intelligitur nisi respectu rationalis ..... Aliquando autem cogimur, nomen privatorium ponere pro intentione, quam habet res in sua essentia, cum non fuerit eius nomen; propter hoc autem non oportet, quod negatio haec sit proprium eius nomen, sed est nomen comitans illam, quod transfertur ab eo, cui inditum est, ad hoc ...... Privationes vero, ex hoc quod sunt*

gegen sei es, zu glauben, dass, wenn zwei Differenzen nacheinander zur Constituirung eines Wesens wirken müssen, die erstere derselben bloss eine theilende und hernach die zweite eine constituirende sei [146]), sondern im Gegentheile bestehe überall eine Gleichzeitigkeit jener beiden Functionen [147]). Indem aber die Differenz in dieser ihrer artmachenden Wirksamkeit Wesen erzeuge, welche als solche eine Gradabstufung nicht zulassen [148]), könne ein solches Mehr oder Minder allerdings bei allen übrigen Differenzen stattfinden, denn sowie bei blossen Qualitäten sich eine Gradabstufung durch Beimischung der Gegensätze ergebe, so sei auch bei dem artmachenden Unterschiede die äussere Erscheinung in hindernde Einflüsse verwickelt, wodurch sich eine Manigfaltigkeit der Intension der wirkenden Formen ergebe, während die artmachende Form an sich hievon unberührt und einheitlich bleibe [149]). Endlich was die

---

privationes, non sunt intentiones constitutivae rerum, sed sunt accidentes et comitantes respective, postquam iam sunt essentiae eorum; tunc irrationale non est vera differentia, in qua conveniunt bruta, et quae sit constitutiva eorum. Si autem aliquis .....voluerit modum, qui habetur verissime, non erant istae differentiae; quomodo enim essent differentiae, cum non constituant aliquam specierum? Vgl. Anm. 198.

146) Ebend.: *De hoc autem, quod quidam putant, quod differentiarum quaedam sunt conferentes esse, quae dividuntur, et deinde exspectant, donec alia veniat differentia et constituat simul, sicut rationale, quod fortasse putatur animal dividere, sed exspectat ad constituendam speciem, donec ei adiungatur mortale, haec opinio falsa est; differentia enim, quae non dividit et provenit ex ea constitutio speciei, non est necesse omnino, ut sit constituens speciem specialissimam; interest enim, an dicamus, quod speciem constituunt, aut dicamus, quod constituunt speciem specialissimam.* Hierauf bezieht sich *Albert. M. De praedicab.* VIII, 8, p. 87 B: *Dicit Avicenna, quod differentiae non eiusdem ordinis conveniunt ad speciei constitutionem, quarum una est prior et altera posterior, sicut rationale, quod est communius quam homo, et mortale, quod posterius in eadem rationali natura acceptum est determinans ad speciem hominis.*

147) *Log.* f. 9. r. A: *Animal rationale est, cuius iunctura habet intentionem intellectivam, quae est minus quam animal; et non est differentia, sed differentia est pars eius, sc. rationale, nec est proprium; ergo sine dubio est species eius; similiter ostenditur, quod sit genus hominis, sicut manifestavit auctor Isagogarum alias (Porph. Isag.* 12, s. Abschn. XI, Anm. 54.); *rationale igitur iam constituit speciem, ad quam erat genus; cum ergo dividit, constituit sine dubio.*

148) Ebend.: *Dicemus autem nunc, quod essentia uniuscuiusque rei una est; oportet ergo, ut essentia rei nec augeatur nec minuatur.*

149) f. 9. r. B: *Alias vero differentias, quae adveniunt post essentiam, nihil prohibet recipere magis et minus, sive sint separabiles .... sive sint inseparabales .... Et quamvis hominum alius sit subtilior alius vero hebetior, non tamen virtus rationalis recipit magis et minus, licet etiam aliquis esset, qui omnino nihil intelligeret sicut infans; hoc enim accidens non esset eius differentia; eius enim differentia est, quod in sua substantia est virtus, quae, quum nihil prohibuerit, operabitur rationales operationes, et haec virtus est una.* Hiezu *Albert. M. De praedicab.* V, 2, p. 54 A: *Respondet Avicenna ad primum quidem dicens, quod duplex est intensio et duplex est intensionis causa. Una quidem per contrarii maiorem vel minorem admixtionem, ... sicut est in qualitatibus quae dicuntur sensibiles, ... verum enim album est, cuius albedo nihil contrarii habet admixtum ..... Secundus modus est in his, quae permixtibilia non sunt, sed causantur a subiectis, in quibus sunt; haec igitur, quia sunt esse subiecti consequentia, necesse est accidentia esse, ... et ideo illis habitudinibus magis et minus existentibus necesse est etiam tales formas intendi vel remitti, propter quod habilior ad mirandum risibilior est .... Ad hoc autem, quod de differentiis essentialibus et substantialibus obiicitur, solvit Avicenna*

Wortform betreffe, in welcher die Differenz ausgedrückt wird, müsse der gleiche Standpunkt wie bei allen Universalien eingehalten werden, d. h. die Differenz müsse von dem unter sie Fallenden als Prädicat, welches Namen und Begriffsbestimmung enthält, ausgesagt werden können, und so sei z. B. nicht „Vernünftigkeit", sondern „Vernünftig" als constituirende Differenz der Species „Mensch" zu bezeichnen [150]).

Das *proprium* oder die *proprietas* wird gleichfalls zunächst nach seiner Wortbedeutung untersucht, wobei Avicenna sowohl den unbestimmt allgemeinen Sinn als auch eine allzu enge Abgränzung dieses Wortes abweist; nemlich für die Lehre von den fünf Universalien komme nur jenes eigenthümliche Merkmal in Betracht, welches von den Individuen Einer Species nach Seite der Qualität ausgesagt werde, und wolle man diess auf diejenigen eigenthümlichen Merkmale beschränken, welche allen Individuen stets gleichmässig zukommen, so müsste dieses *proprium* im engsten Sinne als sechstes Universale betrachtet werden [151]). Tritt aber hiemit das eigenthümliche Merkmal näher an die Differenz heran [152]), so bleibt es auch in einer gewissen Verbindung mit den übrigen Merkmalen, welche als begleitende Folgen durch die Substan-

---

sic, quod forma substantialis, a qua sumitur differentia, tripliciter consideratur, scilicet ut forma esse conferens, et ut differentia, quia una species comparatur ad aliud alterius speciei, et ut actionis naturalis sive substantialis principium, u. s. w. ..... (f. 55 A) *Declaratum est igitur, quod ..... dicendum est, differentiarum alias quidem esse separabiles, alias autem inseparabiles.*

150) *Log.* f. 9. r. B: *Debes autem scire, quod differentia, quae est una de quinque, est sicut rationale, quod praedicatur de specie absolute; rationalitas autem praedicatur de specie denominative. Haec quinque sunt unum quoddam, scilicet hoc nomen „universale", cuius forma nominis in illis omnibus est, ut praedicetur de omnibus suis singularibus, quae conveniunt in eo, sic ut attribuat ei nomen suum et diffinitionem suam; rationalitas autem non dat alicui nomen suum vel diffinitionem suam; hoc autem si vocatur differentia, sit differentia, sed alterius intentionis ab ea intentione, de qua loquimur. Similiter intellige proprietatem et accidens; haec enim quinque debent praedicari ad modum praedicationis generis et speciei secundum hoc quod est praedicatio.* Polemisch erwähnt bei *Albert. M. De praedicab.* V, 6, p. 64 B: *Dicunt alii, quod cum dicitur, universale est, quod praedicatur de pluribus sibi subiectis, hoc dictum est, non quod actu praedicetur de multis, sed quod aptitudinem habet, quod sit in multis ..... Unde cum species subiectum sit, de quo praedicari habet hoc universale differentia, dicunt, quod aptitudine praedicatur de pluribus, quamvis aliqua differentia actu non sit nisi in una sola specie. Et hanc opinionem recitat Avicenna, et est omnino falsa.* Vgl. obige Anm. 89.

151) *Log.* f. 9. r. B: *Proprietas autem dicitur secundum logicos duobus modis; uno modo, quia dicitur de omni intentione, quae est propria alicui sive absolute sive comparatione alicuius; alio modo, quia dicitur de aliquo, quod est proprium alicuius speciei per se et non alteri; aliquando etiam proprium dicitur, quod est speciei omnis et semper. Proprium autem, quod est hic unum de quinque secundum logicos, ut puta id quod est medium ipsorum, est quod praedicatur de individuis unius speciei in quale quid non substantialiter, sive sit commune semper sive non; quod enim est commune semper, sive sit species specialissima sive media, magis proprium est quam hoc; si autem hoc esset proprietas, quae esset una de quinque, tunc maior esset divisio quam in quinque* (s. Abschn. XI, Anm 134).

152) f. 9. v. A: *Usus autem fuit, proprium accipi id, quod est proprium speciei et dans differentiam. Albert. M. de praedicab.* VI, 1, p. 71 B: *Cuius exemplum dat Avicenna satis conveniens; ex hoc enim, quod homo est animal rationale vel intellectuale per principia homini essentialia, sequitur, quod sit admirativus, ... est igitur aptus natus ad ridendum, etiamsi actu non rideat.*

tialität bedingt sind (s. Anm. 97 f.), und es darf sonach in dieser Beziehung kein schroffer Gegensatz zwischen *proprium* und *accidens commune* aufgestellt werden [153]), sowie die bei Porphyrius (Abschn. XI, Anm. 46) gegebene Viertheilung des *proprium* nicht mehr in Anschlag kömmt [154]). Bezüglich des Sprachausdruckes kehrt hier die nemliche Bemerkung wie bei der Species (Anm. 150) wieder, dass nemlich z. B. nicht „*risibilitas*", sondern „*risibile*" das eigentliche Universale sei [155]).

In gleicher Weise beruht auf Obigem (Anm. 97 f.) auch dasjenige, was über das *accidens* bemerkt wird [156]), und sowie schon gelegentlich des *proprium* die Auctorität des Porphyrius etwas zurückgetreten war, so steigert sich diess hier zur directen Polemik. Nemlich wenn *accidens commune* dasjenige ist, was von mehreren in ihrer Art verschiedenen Dingen qualitativ ausgesagt wird, so sei hiebei nicht sofort eine Gegensätzlichkeit gegen die Substanz gedacht, denn wenn das *accidens commune* zu den fünf Universalien gehören solle, so handle es sich darum, dass es in gleicher Weise wie die übrigen Universalien aussagbar sei, d. h. z. B. in dem Urtheile „Sokrates ist weiss" werde von Sokrates ausgesagt, dass er ein die Weisse an sich tragendes Ding sei, eben diese Aussage aber enthalte nicht einen Gegensatz gegen die Substanz [157]). Denn „*accidens*" sei hier gleichbedeutend mit „*accidentale*", welch letzteres dem „*substantiale*" gegenüberstehe, und sowie

---

153) *Log.* f. 9. v. A: *Quidam autem voluerunt omnia alia praeter proprium ponere inter accidentia communia, ita ut non sit nisi unius speciei tantum, sed non omni aut alicui eius parti, et sit possibile illam partem illud non habere .... Sed haec dictio est vitiosa non significans rem vel communitatem eius et proprietatem eius et unitatem eius, sed secundum aliud; nomen enim accidentis communis ponunt opponi proprio.*

154) Ebend.: *Acceptio communior facit proprietates dividi in quatuor, scilicet in proprietatem, quae convenit alicui speciei, sed non soli, ... et in eam, quae contingit omni speciei, et in eam, quae convenit soli speciei, sed vel cuique vel non omni, ... et in eam, quae convenit omni et semper ..... Proprietas autem, quae dignior est esse una de quinque, est illa quam diximus.*

155) Ebend.: *Debes autem scire, quod proprietas quae est una de quinque, est risibile, non risibilitas, et navigabile, non navigabilitas, et alia huiusmodi, sicut diximus in differentia; aliquando tamen concedimus in verbis et accipimus risibilitatem loco risibilis.* Diess ist wiederholt bei *Albert. M. De praedicab.* VI, 2, p. 73 B.

156) *Albert. M. De praedicam.* IV, 1, p. 141 B: *Tam Porphyrius quam etiam Aristoteles et Avicenna dicunt, quod accidens duobus modis praedicatur; .... quoddam enim est forma absoluta et non per aliquid est accidens, ... et sic quantitas est accidens et qualitas et huiusmodi; quoddam autem est accidens, non quia sequatur esse rei perfectum, ... sed ex aliquo, quod est extrinsecus se habens ad rei substantialia.*

157) *Log.* f. 9. v. A: *Accidens vero commune est id, quod est praedicabile de pluribus differentibus specie non substantialiter, ut album, non ut albedo. Non est autem hoc accidens illud, quod est oppositum substantiae, sicut multi putant; ipsum enim non praedicatur de suo subiecto sic, ut sit ipsum, sed denominatur ab eo nomen; haec autem quinque praedicantur uno modo, sicut iam saepe diximus; accidens autem commune, quod est hic, est sicut album et sicut unum et alia huiusmodi; dicitur enim „Socrates est albus", i. e. Socrates est aliquid et albedo; res autem habens albedinem est id, quod praedicatur de Socrate praedicatione vera, sed res habens albedinem non est accidens eo modo, quo est oppositum substantiae.*

umgekehrt ein *essentiale* zuweilen Accidens sein könne (z. B. das *essentiale* des Farbe-Seins überhaupt), ebenso könne ein *accidentale* zuweilen Substanz (d. h. allerdings nicht *substantiale*) sein; bezüglich dieser ganzen Unterscheidung aber habe Porphyrius unbedachtsam geredet [158]. Und in der That müssen wir dem Avicenna zugestehen, dass er in diesen Fragen die Hohlheit der Angaben des Porphyrius (Abschn. XI, Anm. 44 ff.) sowohl betreffs der Trennung in *accidens separabile* und *accidens inseparabile* [159], als auch in der ganzen Einzel-Entwicklung durchschaute [160].

Hiemit schliesst der erste Theil [161], und es beginnt nun entsprechend dem Porphyrius (a. a. O. Anm. 49 ff.) die übliche Erörterung über die Berührungspunkte und Unterschiede der fünf Universalien unter sich [162], wobei wir beachten müssen, dass die Lateiner ein besonderes Gewicht auf Avicenna's Berichtigungen und Zusätze legten [163]; ja hierin allein liegt auch in der That für uns die Nöthigung, jene Controversen, welche für das Abendland einflussreich waren, in möglichster Kürze anzuführen. Avicenna tadelt zunächst bezüglich des zwischen

---

158) f. 9. v. B: *Accidens autem intelligitur hic pro accidentali, quamvis non sit accidens secundum veram intentionem; accidentale autem aliud est proprium aliud commune; accidentale autem est oppositum substantiali et essentiali, accidens vero oppositum est substantiae. Essentiale vero aliquando est accidens, ut genus accidentis, sicut color albedini, aliquando est substantia; accidentale similiter aliquando est accidens, aliquando est substantia. Hic autem accidens non intelligitur nisi accidentale, quamvis nondum ostendimus dispositionem accidentis, quod est oppositum substantiae. Et hoc est, quod primum non consideravit, qui proposuit assignationem quinque horum ante logicam.* Albert. M. De praedicab. VII, 1, p. 76 B: *Avicenna Porphyrium redarguit, quod omissa determinatione accidentis, cuius intentio nota non erat, statim processit ad descriptiones ipsius.* Hiezu obige Anm. 29.

159) *Albert. M. De praedicab.* VII, 2, p. 76 B: *Dicit etiam Avicenna, vitium esse in hoc, quod .... dividunt accidens in accidens separabile et inseparabile, dicentes, quod dormire vel sedere est separabile accidens, nigrum vero esse corvo et Aethiopi inseparabiliter accidit.*

160) *Log.* f. 9. v. B: *Deinde accidens commune habet descriptiones divulgatas, sicut haec, quae dicit, quod accidens est, quod adest et abest praeter subiecti corruptionem, et ..... quod potest idem habere et non habere, et, quod est nec genus nec species nec differentia nec proprium, semper autem in subiecto subsistens. Consideremus ergo has descriptiones divulgatas. Prima autem multis modis vitiosa est* u. s. w. *In descriptione autem per negationem tertia .... si addiderint ei, quod est universale, huiusmodi appropriabitur accidenti communi, ... hic autem non addidit, nisi quia putavit ex hoc, accidens, quod est hic unum de quinque, esse accidens, quod est oppositum substantiae.* Hiezu obige Anm. 30.

161) Ebend.: *Expleta est pars prima libri collectionis primae, et deo, cui nihil est simile, sint gratiae infinitae.*

162) Ebend.: *Cognitio eius, quod dictum est de divisione horum quinque, sufficit ad agendum de communitatibus et differentiis, quae sunt inter haec quinque. Usus autem fuit in libris introductionum agere de his; faciemus ergo, sicut et illi considerantes dixerunt.*

163) *Albert. M. De praedicab.* IX, 1, p. 91. A: *Quamvis in antehabitis iam determinatum sit id, quod de quinque universalibus tradidit Porphyrius, tamen adhuc sunt quaedam, quae utile est scire de his, quae ex logicis doctrinis Arabum in latinum transtulit Avendat Israelita philosophus et maxime de logica Avicennae. Primum capitulum huius doctrinae est de comparatione istorum quinque inter se, et haec ad perfectionem doctrinae ponimus.*

Gattung und Differenz bestehenden Berührungspunktes das von Porphyrius gewählte Beispiel [164]), sodann findet er Gelegenheit, im Hinblicke auf die Differenz die quidditative Aussage derartig zu distinguiren, dass es auch ein *praedicari quasi in quid* gebe, welches bei jedem innerhalb der essentiellen Quidditat Enthaltenen stattfinde und somit auch von der Differenz gelten müsse [165]); ferner verwahrt er sich einmal ausdrücklich dagegen, dass die Gattung direct als Stoff und die Differenz als Form bezeichnet werde, da eine solche Auffassung immerhin nur gleichnissweise gemeint sein könne [166]). Und sowie er hinwiederum von einem Berührungspunkte zwischen Gattung und *proprium* bemerkt, dass derselbe bei Porphyrius an unrechter Stelle besprochen sei [167]), so tadelt er auch, dass die Eine jener Verschiedenheiten, welche zwischen Differenz und Species bestehen, nur auf Species im engsten Sinne sich beziehe, sowie dass bei einer anderen ein schiefes Beispiel gewählt sei [168]); ebenso muss er (vgl. Anm. 159) den Unterschied, welchen Porphyrius zwischen Differenz und untrennbarem Merkmale auf-

---

164) f. 10. r. A: *Genus autem et differentia conveniunt in vulgato: natura enim generis debet praedicari de speciebus ...... Exemplum autem huius posuerunt rationale, quod contineat multas species, et tu nosti, quid sit in hoc; quare, sicut nosti, non bene fecerunt in ponendo hoc exemplum rationale; quamvis enim contineat plures species, non tamen illae species propinquae sunt illius, sed sunt species unius speciei, quam constituit rationale, quum adiungitur animali.*

165) f. 10. r. B: *Modus autem, secundum quem processimus in ostendendo id, quod est praedicabile in quid et praedicabile in quale quid, ostendet tibi, quod praedicabile in quid non est praedicabile in quale quid .... Potest autem aliquis dicere nobis: vos iam saepe aperte dixistis, quod differentia aliquando praedicatur in quid, et praecipue in libro demonstrationis. Contra quem dicemus, quoniam interest inter hoc, quod dicimus aliquid praedicari in quid et aliquid praedicari quasi in quid, sicut interest inter hoc, quod dicimus esse, et hoc, quod dicimus contineri in esse; praedicabile enim quasi in quid est omne id, quod continetur in intentione facta de esse, et illud solum non significat esse; praedicabile in quid est id solum, quod respondetur ad quid; differentia vero continetur in esse et quasi in quid, quoniam est pars eius, quod respondetur ad quid.*

166) f. 10. v. A: *Sunt autem hic aliae differentiae, quae nunc differuntur alias dicendae; quandoquidem genus non est materia nec differentia est forma, sed est sicut materia eo, quod natura eius in intellectu est recipiens differentiam, cui quum advenit differentia, fit ipsum aliquid existens in actu, qualis est dispositio materiae et formae.* Vgl. Anm. 193.

167) f. 10. v. B: *Item alia communitas* (d. h. *generis et proprii*) *est, quod natura generis praedicatur de speciebus sub se contentis aequaliter ...... Haec autem communitas si designaretur in communitate, quae est inter genus et speciem et differentiam, melius esset; sed ibi praetermissum ponit hic.*

168) f. 11. r. A: *Differentia secunda* (d. h. *differentiae et speciei*) *est, quod species non praedicatur nisi de pluribus differentibus numero tantum, differentia vero plurimum aut frequenter praedicatur de pluribus differentibus specie; quae discrepantia est inter differentiam et speciem specialissimam, non inter differentiam et speciem absolute* (dieses wiederholt *Albert. M. De praedicab.* VIII, 8, p. 87. A). *Tertia vero discrepantia est, quod differentia est prior specie, et posuit exemplum huius secundum destructionem dicens, quod rationale sublatum removet hominem; sed non removetur sublato homine, angelus enim rationale; nec posuit differentiam et speciem, quae sunt simul, sed accepit differentiam generis hominis et comparavit homini; sed si aliquis diceret, quod species est prior differentia, quae est rationale, esset devius a veritate.*

stellt, nach Form und Inhalt bekämpfen [169]) und bezüglich des Unterschiedes zwischen Differenz und eigenthümlichem Merkmale auf die Nothwendigkeit hinweisen, dass der Begriff der Differenz genau und gleichmässig eingehalten werde [170]). Sodann aber folgt die sehr richtige Bemerkung (vgl. Abschn. XI, Anm. 53), dass, wenn man überhaupt die fünf Universalien in ihren wechselseitigen Verhältnissen betrachten wolle, ein weit planmässigeres Verfahren, als jenes des Porphyrius ist, eingeschlagen werden müsse [171]), und nach wiederholter Hinweisung (vgl. oben Anm. 107) darauf, dass die Universalien wechselseitig in einem engeren substantiellen Nexus stehen [172]) und gerade hierin sich die richtige Auffassung des artmachenden Unterschiedes ergebe [173]), fügt Avicenna noch eine neue erläuternde Betrachtung hinzu, in welcher an einzelnen Beispielen gezeigt wird, dass manche Begriffe zwei Universalien zugleich (z. B. Gattung und Differenz oder Gattung und Accidens

---

169) f. 11. r. B: *Differentia et accidens inseparabile ..... differunt in hoc, quod differentia semper continet id, cuius est differentia, sed non continetur ab eo. .... Oblitus autem fuit huius quod dixerat, scilicet quod unum subiectum aliquando multas habet differentias, quae conveniunt in illo. Nomen autem continendi est nomen ambiguum, non doctrinale, nec oportet agere de illo; quod autem intelligitur de modo continendi, qui attribuitur accidenti et generi, diversum est a modo, qui negatur ab eis. Erat autem alius modus, quem dicere melius fuerat, scilicet quod accidens aliquando continetur et aliquando continet; subiectum enim secundum aliquid est communius et secundum aliquid minus commune.*

170) f. 11. v. A: *Differunt autem* (sc. *species et proprium*) *in hoc, quod id, quod est species alicuius, fit genus alterius, proprium vero non fit proprium alterius. Haec autem differentia nimis dissoluta est. Primum quidem in praemissis non consideravit differentiam, quae est inter speciem, quae est sub genere, et aliud, sed semper intendit de specie specialissima, nunc autem praetermittit illud et intendit de specie, quae est sub genere .... Sed si diceret, quod species alicuius aliquando fit proprium alterius, proprium vero non fit species, conveniens esset differentia, sed iudicium de specie esset falsum .... Alia differentia est, quod species est prior in esse, proprietas vero posterior, et hoc est intelligibile et concedendum; deinde subiunxit aliam differentiam, scilicet quod species semper est in actu, proprium aliquando, sed hic est contrarietas.*

171) f. 11. v. B: *Si enim recte incessisset, debuerat assignare communitates, quae sunt inter quinque, et deinde quae sunt inter quaterna et quaterna, et deinde inter terna et terna, et deinde inter bina et bina; similiter debuerat prius assignare differentias uniuscuiusque ad reliqua quatuor, et deinde duorum ad tria, et deinde uniuscuiusque ad aliud proprie; et si diligenter ivisset, ut debuit, non esset ibi communitas vel differentia inter aliqua duo, quas praetermitteret indiffinite et non assignaret eas inter alia duo, quasi fortasse assignari, ubi praetermisit, convenientius esset.*

172) Ebend.: *Postquam iam ostendimus haec quinque universalia, debemus scire, quoniam id, quod ex illis est genus, non est genus uniuscuiusque rei, sed solius suae speciei; similiter et differentia non est differentia uniuscuiusque rei, sed secundum hoc, quod est divisiva unius generis. Debes etiam scire, quod unumquodque istorum potest esse genus vel quasi genus et differentia et species et proprium et accidens.*

173) Ebend.: *Genus autem non est genus differentiae ullo modo, nec differentia est species generis; si enim ita esset, tunc differentiae esset alia differentia; differentia enim est intentio extra naturam generis; rationale etenim non est animal habens rationem, sed quandam habens rationem, quamvis comitetur illud esse animal, animal enim habens rationem homo est.*

oder Gattung und eigenthümliches Merkmal u. s. w.) in sich repräsentiren können [174]).

Hiemit schliesst der zweite Theil [175]), und es folgt nun noch eine Discussion, welche unter Allem die bedeutendste Wichtigkeit für das lateinische Abendland in sich trägt. Nemlich obwohl Avicenna zu Anfang (Anm. 90) die tieferen Fragen über die Geltung der Universalien abgelehnt hatte, beruft er sich nun hier auf den allgemeinen Gebrauch, wornach zumeist im Anschlusse an die Besprechung des Gattungs- und Art-Begriffes die Frage erörtert wurde, inwieferne die Universalien intellectuell und inwieferne natürlich und inwieferne logisch seien [176]). Die Beantwortung nun, welche Avicenna gibt, zeigt uns die Durchführung jenes Intellectualismus, welchen wir bereits bei Alfarabi (Anm. 23 ff.) trafen [177]), und welcher von Avicenna schon in den Angaben über die Stellung der Logik (s. bes. Anm. 74) zu Grund gelegt war. Er wählt hier zur näheren Darlegung seiner Ansicht den Gattungsbegriff als Beispiel an Stelle aller einzelnen Universalien und beginnt mit der Bemerkung, dass z. B. „Thier an sich" unabhängig von sinnlicher Wahrnehmung und von psychisch-intellectueller Auffassung und ebenso unabhängig von Universalität und Singularität zu verstehen sei, denn wäre es an sich universell, so gäbe es kein einzelnes Thier, und wäre es an sich singulär, so gäbe es nur Eines, und so werde auch im Denken „Thier" eben nur kurzweg als Thier gedacht, während dieser Begriff durch Universalität oder Singularität im Denken neue Zusätze erhalte [178]),

---

174) f. 12. r. A: *Debet etiam sciri, quod haec quinque aliquando commiscentur inter se multis modis. Genus enim cum differentia; „apprehendens" enim est quasi genus differentiae hominis, quae est rationale ...... Aliquando autem commiscetur genus cum accidente, sicut „color", qui est genus accidentium hominis. Permixtio autem generis cum proprietate est, sicut „admirans in actu" quod est ut genus ridentis in actu ...... Differentia etiam aliquando miscetur cum genere, sicut „sensibile", quod est differentia et genus hominis ...... Proprietas aliquando miscetur cum genere, „gressibile" enim est proprietas communis hominis ...... Aliquando autem miscetur cum accidente communi, „visibile" etenim est proprietas colorati. Accidens autem aliquando miscetur cum genere.*

175) Ebend.: *Completa est secunda pars libri primi, et ei, qui dedit scire, sint gratiae infinitae.*

176) Ebend.: *Usus fuit, ut, cum quinque haec distinguerentur, diceretur secundum hoc, quod uno respectu sunt naturalia et alio respectu logicalia et alio intellectualia, et fortassis etiam diceretur, quod uno respectu sunt absque multiplicitate et alio cum multiplicitate; et fuit usus, ut tractatus de his poneretur continuus cum tractatu generis et speciei, quamvis hoc commune sit quinque universalibus.*

177) Die in Anm. 23, 24. u. 25. angeführten Stellen aus Albertus Magnus erhalten hiemit hier, insoweit sie neben dem Alfarabi auch den Avicenna betreffen, von selbst ihre Verwendung.

178) f. 12. r. A: *Dicemus ergo imitantes priores, quod unumquodque eorum, quae ponuntur exempla pro aliquo istorum quinque, est in se aliquid aliud ..... Ponamus autem in hoc exemplum generis dicentes, quod animal est in se quoddam et idem est, utrum sit sensibile aut sit intellectum in anima, in se autem huius nec est universale nec est singulare. Si enim esset universale ita, quod animalitas ex hoc, quod est animalitas, est universalis, oporteret, nullum animal esse singulare, sed omne animal esset universale; si autem animal ex hoc, quod est animal, esset singulare, impossibile esset, esse plus quam unum singulare, scilicet ipsum singulare, cui debetur animalitas, et esset impossibile, aliud significare esse animal. Animal*

denn lediglich im Denken, nicht aber von Aussen her, werde die Vergleichung einer einheitlichen Form mit dem unter sich ähnlichen Vielen vollzogen [179]). So sei „Thier" ein intellectuelles Etwas, aber etwas Anderes wieder sei seine Allgemeinheit, und abermals etwas Anderes dasjenige, was das allgemeine Thier ist, nemlich die Allgemeinheit sei der logische Gattungsbegriff, und andrerseits liege die natürliche Gattung darin, dass „Thier" von Natur aus befähigt ist, dass mit ihm jenes intellectuelle Etwas nach dem Gesichtspunkte der Allgemeinheit verglichen werde [180]), und somit sei bei dem logischen Gattungsbegriffe trotz seiner intellectuellen Quelle das intellectuell Erfasste durchaus nicht identisch mit dem an ihm logisch Erfassten, denn das Denken bethätige erst die Allgemeinheit in der Denkform — „*intellectus agit universalitatem in formis*" — [181]); ebenso aber unterscheide sich die logische Gattung von der natürlichen, denn während erstere dem unter sie Fallenden ihren Namen und ihre Definition aufpräge, verleihe letztere denselben nur die naturgemässe Fähigkeit hiezu [182]), und man könne somit allerdings „Thierheit" (*animalitas*) einerseits als Gattungs-Form und

---

autem in se est quoddam intellectum, quod sit animal, et secundum hoc, quod intelligitur esse animal, non est nisi animal tantum; si autem praeter hoc intelligitur esse universale aut singulare aut aliquid aliud, iam intelligitur praeter hoc quoddam, scilicet id, quod est animal, quod accidit animalitati.

179) f. 12. r. B: *Non fit singularis, nisi addiderit intellectus aliquid, per quod fiat singularis .... Non accidit extrinsecus, ut sit universale ita, ut sit una essentia verissime, quae est animal, cui accidit in universalibus extrinsecus, ut ipsa eadem habeat esse in multis, sed in mente accidit huic formae animalitati intellectae, ut ponatur comparatio ad multa, et ut ipsius unius formae sit comparatio certa ad multa quae similantur in illa.*

180) Ebend.: *Animal in intellectu quoddam est, et eius universalitas sive generalitas aliud quoddam, et hoc, quod est animal generale, aliud quoddam. Et generalitas vocatur genus logicum, de qua intelligitur, quod praedicetur de multis differentibus specie ad interrogationem factam per quid ...... Naturale autem genus est animal, secundum quod est aptum ad hoc, ut ei, quod intelligitur, de illo ponatur comparatio generalitatis.*

181) Ebend.: *Cum autem generale est in intellectu, hoc est, quod intelligitur de genere naturali, scilicet compositum; generalitas autem intellecta per se secundum hoc, quod est per se sola in intellectu et est genus intellectum, ... est genus logicum; hoc autem genus logicum, quamvis non habeat esse nisi in intellectu, non tamen oportet, ut id, quod intelligitur ex hoc quod est intellectuale, sit id, quod intelligitur ex hoc quod est logicum; et non est idem, cum ostensa sit diversitas utriusque respectus. Albert. M. De praedicab.* II, 3, p. 15. B: *Illud Avicennae dictum, quod intellectus in formis agit universalitatem.* Ebend. c. 6, p. 21. B: *Adhuc autem Averroes et Avicenna dicunt, quod intellectus in formis agit universalitatem* (s. *Averr. De anima* I, 8).

182) Ebend.: *Item infra genus logicum duo sunt: unum species eius ex hoc quod est genus, alterum subiecta sua, quibus accidit ..... Ergo ipsum attribuit unicuique eorum generum determinatorum, quae sunt sub ipso, diffinitionem suam et nomen, et unumquodque eorum dicitur esse genus et diffinitur diffinitione generis, speciebus vero subiectorum eius non attribuit diffinitionem suam nec nomen; ..... hominem enim non oportet fieri genus nec nomine nec diffinitione secundum hoc, quod praedicatur de eo animalitas ..... Et omnino cum dicitur, quod genus naturale dat ei, quod est sub se, nomen suum et diffinitionem, hoc non est satis verum, nisi accidentaliter; non enim dat ex hoc, quod est genus naturale, sicut etiam non dedit ei hoc, quod est genus logicum, quia non dedit nisi naturam, quae est apta esse genus naturale.*

andrerseits als Denk-Form bezeichnen, aber Gattungsbegriff selbst werde sie erst durch einen vergleichenden Beisatz, sei es dass derselbe im Natürlichen oder im Denken liege [183]). Indem aber alles Seiende nach Analogie des Kunstwerkes in eine Beziehung zu dem künstlerischen Urheber gesetzt werde, habe das Seiende ein Sein vor aller Vervielfältigung (*ante multitudinem*) in der Weisheit des Schöpfers, welches Sein jedoch nicht mehr Gegenstand der Logik (sondern der Metaphysik) sei, und zweitens sodann werde das Sein des Seienden innerhalb der Vielheit der Erscheinung (*in multiplicitate*) erfasst, worauf drittens nach dieser Particularität (*post multiplicitatem*) das Sein als ein im Denkacte festgehaltenes folgt [184]), und in diesem Sinne müsse man nun nicht bloss den bisher beispielsweise (Anm. 177) gebrauchten Gattungsbegriff, sondern sämmtliche fünf Universalien verstehen [185]). In dieser Dreitheilung aber, welche als solche auch von dem lateinischen Abendlande aufgenommen wurde [186]), wirkt das Motiv des Intellectualismus auch dahin, dass die ontologische Auffassung einer Subordination, in welcher nach der *Tabula logica* Individuum und Art und Gattung stehen, in den Hintergrund tritt, und der Unterschied dieser drei Stufen nicht in

---

183) f. 12. v. A: *Convenientius autem est, ut animalitas in se aliquando vocetur forma generalis et aliquando forma intelligibilis; sed ex hoc, quod est animalitas, non est genus ullo modo nec in intellectu nec extra intellectum, quia non fit genus nisi cum adiungitur ei aliquis respectus aut in intellectu aut extra.*

184) Ebend.: *Sed quia omnium quae sunt comparatio ad deum et ad angelos est, sicut comparatio artificialium, quae sunt apud nos, ad animam artificem, ideo id quod est in sapientia creatoris et angelorum et de veritate cogniti et comprehensi ex rebus naturalibus, habet esse ante multitudinem; quidquid autem intelligitur de eis, est aliqua intentio, et deinde acquiritur esse eis, quod est in multiplicitate, et cum sunt in multiplicitate, non sunt unum ullo modo, in sensibilibus enim forinsecus non est aliquid commune nisi tantum discretio et dispositio; deinde iterum habentur intelligentiae apud nos, postquam fuerint in multiplicitate. Hoc autem, quod sunt ante multiplicitatem, ... noster tractatus non sufficit ad hoc, quia ad alium tractatum sapientiae pertinet.* Metaph. V, 1, f. 87. r. B: *Animal ergo acceptum cum accidentibus suis est res naturalis, acceptum vero per se est natura, de qua dicitur, quod esse eius prius est quam esse naturale, sicut simplex prius est composito, et hoc est, cuius esse proprie dicitur divinum esse, quum causa sui esse .... est dei intentio. Ipsum vero esse cum materia et accidentibus et ipsum esse hoc individuum, quamvis sit divina intentio, attribuitur tamen naturae particulari. Unde sicut animal in esse habet plures modos, sic etiam in intellectu; in intellectu etenim est forma animalis abstracta .... et dicitur ipsum hoc modo forma intelligibilis; in intellectu autem forma animalis taliter est, quod in intellectu convenit ex una et eadem diffinitione multis particularibus, quippe una forma apud intellectum erit relata ad multitudinem, et secundum hunc respectum est universale* ...... (c. 2, f. 87. v. A) *Manifestum est, quid sit universale in eis, quae sunt, scilicet haec natura, cui accidit unus de intellectibus, quem appellamus universale, qui intellectus non habet esse per se solum in sensibilibus ullo modo.*

185) *Log.* f. 12. v. A: *Debes autem scire, quia hoc, quod dicimus de genere, exemplum est speciei et differentiae et proprietatis et accidentis, quod deducet te ad viam comprehendendi, qualiter haec sunt intellectualia et logica et naturalia, et quod ex eis est in multiplicitate et ante multiplicitatem et post multiplicitatem.*

186) *Albert. M. De praedicab.* I, 2, p. 3. B: *Horum autem, quae dicta sunt, rationem ponit Avicenna dicens, res omnes tripliciter esse accipiendas, scilicet quod primo accipiantur in essentiae suae principiis, secundo in esse, quod habent in singularibus propriis, tertio autem secundum quod acceptae sunt in intellectu.*

die objectiven Dinge, sondern in die subjective Denkauffassung (*respectus*) verlegt wird [187]); ja Avicenna scheint diesen seinen aristotelischen Standpunkt, wornach das Universale *in multis et de multis* ist, auch seinen platonischen Gegnern gegenüber durch specielle Beweise gerechtfertigt zu haben [188]).

Es bietet ein eigenthümliches Interesse dar, wenn wir aus dieser Auffassung der Universalien ersehen, dass die Araber bei ihrer vollständigen Kenntniss des Aristoteles auf Erwägungen und Ausdrucksweisen geriethen, welche sich sehr nahe mit demjenigen berühren, was das frühere lateinische Mittelalter auf beschränkterer Grundlage in einer bunt sich kreuzenden Parteispaltung ausgesprochen hatte; denn sowie uns der Ausdruck „*quae similantur*" (Anm. 179) an die Indifferenz-Lehre (Abschn. XIV, Anm. 132) und das Wort „*respectus*" (Anm. 181 u. 187) insbesondere an Adelard von Bath (ebend. Anm. 141) erinnert, so dürfen wir bei jenem „*aptum esse*" (Anm. 182) an Abälard (ebend. Anm. 286) und bei „*natura*" (Anm. 184) an Gilbert (ebend. Anm. 461) vergleichsweise denken. Aber dass die Araber über solchen verschiedenen Wendungen nicht jene höhere Einheit aus dem Auge verloren, welche in dem aristotelischen Intellectualismus liegt, und dass sie trotz alledem den platonischen Realismus des Porphyrius hiemit amalgamirten, d. h. dass sie den Universalien eine metaphysische Existenz im Geiste Gottes (*ante rem*) und zugleich eine intellectuelle Existenz im menschlichen Denken zutheilten, welch letztere aus der vielheitlichen Erscheinung (*in re*) zum Begriffe (*post rem*) sich erhebt, darin liegt der entscheidende Einfluss der Araber auf die Lateiner des 13. Jahrhundertes. Denn diese dreifache Betrachtungsweise der Universalien,

---

187) *Log.* f. 12. v. B: *Ergo individualitas est de dispositionibus, quae accidunt naturis subiectis generalitati et specialitati, sicut accidit ei generalitas et specialitas. Differentia autem, quae est inter hominem, qui est species, et individuum hominis, quod est commune non tantum nomine sed et praedicatione de multis, haec est: dicimus enim, quod intellectus de homine, qui est species, est, quod sit animal rationale; quod autem dicimus de homine individuo, est, quod haec natura accepta cum accidente, quod accidit ei, coniuncta est alicui materiae designatae ..... Generalitas ergo et specialitas et individualitas non sunt subiectorum particularium, quorum unum sit sub altero, sed sunt respectus, qui contingunt ei.*

188) *Albert. M.* a. a. O. II, 3, p. 13. B: *Ili qui dicunt, in solis nudis purisque intellectibus posita esse (sc. universalia) septem pro se fortiores inducunt rationes. Dicunt enim, quod Boethius et Aristoteles et Avicenna dicunt, quod omne, quod separatum in natura est, ideo est, quia unum numero est; universale autem, quod est genus et species, non unum numero est, eo quod universale est unum in multis et de multis ...... Secundam adducunt rationem; dicunt enim, quod omne, quod separatum a natura est separatum habens esse extra intelligentiam, hoc aliquid est. Et hoc quidem dictum est Aristotelis et Avicennae et probatur per inductionem ......* (p. 14. A) *Quinto opponunt dicentes, quae Avicenna dixit et Algazel, quod universale, quod est genus vel species, si extra intellectum est, aut coepit esse aut non coepit esse; si dicatur, quod non coepit esse, sequitur, quod aeternum sit, quod esse non potest, cum causam habeat intelligentiae lumen, quod facit et dat omnes formas; si autem coepit esse, aut coepit esse a se ipso aut ab alio; non autem coepit esse a se ipso, quia nihil incipit a se .....; si autem ab alio coepit, per actum agentis coepit, nihil autem fit per actum agentis nisi particulare et individuum, quia omnis actus circa particularia est.*

aus welcher erneuerte Streitigkeiten sich erheben, haben die Lateiner aus keiner anderweitigen Quelle, sondern nur aus arabischer Litteratur geschöpft, und, um von dem überhaupt bornirten Albertus Magnus abzusehen, auch Thomas von Aquin hat in diesen Fragen keinen einzigen Gedanken selbstständig aus sich erfasst.

Ueber die Isagoge aber erstreckt sich der uns überlieferte lateinische Text der Logik Avicenna's nicht hinaus, und während wir aus dem Bisherigen wohl entnehmen können, mit welch ängstlicher Ausführlichkeit wahrscheinlich sämmtliche im ganzen Gebiete der Logik auftauchende Fragen behandelt gewesen seien, sind wir für alles Uebrige entweder auf gelegentliche Angaben in Avicenna's Metaphysik oder auf secundäre Berichte angewiesen.

Was hiemit zunächst die Kategorien betrifft, so könnte sich uns allerdings darüber ein Bedenken erheben, welche Stelle denselben Avicenna innerhalb der Logik angewiesen habe, da er in Einer Bearbeitung erst gegen den Schluss des Ganzen die Kategorien mit der Lehre von der Definition verflicht [189]). Doch spricht jenes zweite metrische Compendium (Anm. 69) für die gewöhnlich übliche Ordnung [190]), welche Avicenna auch jedenfalls in seiner commentirenden Thätigkeit eingehalten haben muss. Die Begriffe des Synonymen u. dgl. scheint er ziemlich als Beiwerk der Kategorienlehre betrachtet zu haben, indem ihm wohl die hauptsächliche Bedeutung der prädicamentalen Aussage in einer näheren Beziehung auf den in der Isagoge besprochenen Verwirklichungs-Process des Gattungsbegriffes liegen mochte [191]), daher er auch den Grundsatz, dass das Prädicat des Prädicates vom Subjecte gelte (die sog. *regula de quocunque*, vgl. vor. Abschn. Anm. 32) in umfassendem Sinne sowohl für bejahende als auch für verneinende Urtheile verstanden wissen wollte [192]). Dass er bezüglich der Kategorie der Substanz die aristotelische Auffassung vertrat, erhellt schon theils aus Obigem (Anm. 32 f.), wo ihn in dieser Beziehung der Bericht des Albertus dem Alfarabi gleichstellt, theils besitzen wir hierüber auch einzelne nähere Notizen. So hat er namentlich den Gattungsbegriff als ein potenzielles Sein gefasst, aus welchem der artmachende Unterschied zur Actualität heraustrete (vgl. Anm. 116 u. 166), bediente sich aber dabei noch einer feineren Distinction, indem er hiefür lieber das Wort „*potestas*", als „*potentia*", wählen wollte [193]). Und indem ihm allerdings

---

189) Bei *Vattier* (s. oben Anm. 68.), p. 232 ff.

190) Bei *Schmölders*. *Docum.* p. 30.

191) *Albert. M. De praedicam.* I, 3, p. 99. B: *Quamvis multivoca sive synonyma et diversivoca non sunt de his, quibus praedicabile ordinatur in linea generis, ... tamen, quia Avicenna et Algazel et Joannes Damascenus in suis praedicamentis ponunt ista, et nos ea hic ponemus.*

192) Ebend. I, 6, p. 102. A: *Quaecunque de eo, quod praedicatur, dicuntur recto ordine et substantiali, omnia etiam dici de subiecto necesse est .....* (p. 102. B) *Et sicut Avicenna et Algazel dicunt, in negatione est similiter, dummodo negentur ea de praedicato, quaecunque sunt secundum formam speciei aut generis praedicato opposita.*

193) Ebend. *De praedicab.* V, 4, p. 60. B: *Et haec est Avicennae determinatio, sicut colligi potest in prima philosophia ipsius, propter quod dicitur genus potestate*

die Substanz als das Substrat aller übrigen Bestimmungen galt, welche in dieser Beziehung dann Accidentien seien [194]), so konnte er doch hierüber seinen obigen Begriff des *substantiale* (Anm. 94 ff.) nicht vergessen, sondern er erblickt in dem bleibenden Einheitlichen z. B. der Qualitäten ein Mittleres zwischen Substanz und Nicht-Substanz [195]), und ebenso gründet er auf das Substantiale den Umstand, dass die Substanz als solche keiner Gradabstufung fähig ist [196]). Ebenso musste auch bei Avicenna (vgl. Anm. 34) die aristotelische Auffassung des Entblösstseins zu Tage treten, und sowie er die verschiedenen Wortbedeutungen dieses Begriffes aus Aristoteles (Abschn. IV, Anm. 404) erörtert [197]), so suchte er so sehr als möglich eine Identificirung des Entblösstseins mit dem artmachenden Unterschiede zu vermeiden [198]). Ganz besonders aber beschäftigte ihn die durch Andere hervorgerufene Frage, ob die Quantität und die Qualität — denn bei den übrigen Kategorien sei diess selbstverständlich — zu den Accidentien gerechnet werden können [199]),

---

habere differentias potius, quam potentia; quia potentia ad esse et non esse indifferens est, potestas autem est potentia stans per actus inchoationem.

194) Ebend. V, 4, p. 58. A: *Dicit Avicenna, quod subiectum est ens in se completum, quod est occasio alteri, h. e. accidenti existenti in eo.* Ebenso *Anal. post.* I, 4, 11, p. 583. A.

195) Ebend. *Top.* I, 2, 5, p. 674. B: *Cum dicitur „album est coloratum disgregativum visus", hoc est quidem substantiale, non est substantia; dicit enim Avicenna, quod substantiale medium est inter substantiam et non substantiam, et neque est accidens neque substantia proprie.*

196) Ebend. *De praedicam.* II, 10, p. 117. B: *Substantia non potest suscipere magis et minus, ... quia, sicut probat Avicenna, si magis susciperet, sequeretur quod ipsum esse substantiale plus formae substantiali appropinquaret per ipsius formae adeptionem; quod falsum est, cum nihil medium habeat; inter esse enim et non esse nihil est medium; ..... et ideo secundum esse substantiale non potest esse intensio neque remissio in aliquo.*

197) *Metaph.* VII, 1, f. 95. v. A: *Oportet autem, ut scias, quod privatio dicitur multis modis. Dicitur enim privatio id, quod debet esse in aliquo nec est in eo, non quod non sit illius modi, ut sit in eo, quamvis sit illius naturae, ut sit in aliquo. Et dicitur privatio id, cuius natura est esse in genere alicuius rei nec est in ipsa re, quia non est illius modi, ut sit in ea, sive illud sit genus proximum sive longinquum. Et dicitur privatio id, cuius natura est esse rei non absolute, sed in sua hora, quae praeteriit, sicut senex edentulus. Prior vero modus nimium convenit negationi, alii modi differunt ab ea. Et dicitur privatio amissio per violentiam. Et dicitur privatio id, per quod amisit res integritatem suam, monoculus enim non dicitur caecus nec etiam videns absolute ...... Deinde de privatione praedicatur negatio, sed non convertitur; privatio vero non praedicatur de contrario ..... Privatio enim aliquando est in materia, aliquando est comes essentiae.* Vgl. *Suffic.* I, 2, f. 14. v. B.

198) *Albert. M. De praedicab.* V, 3, p. 56. B: *Avicenna etiam hanc differentiam, quam „mortale" diximus, impugnare videtur dicens, quod a privatione non tantum secundum nomen, sed etiam secundum rem nomen accipit; privatio autem non est forma; cum igitur omnis differentia a forma aliqua sumpta sit, videtur mortale differentia non esse.* Vgl. Anm. 145.

199) *Metaph.* III, 1, f. 78. r. A: *Dico igitur, quod in principio logicae iam cognovisti, quidditatem decem praedicamentorum; et ideo non dubitas, quia id, quod ex eis est ad aliquid, in quantum est ad aliquid, est res accidens alicui; similiter comparationes, quae sunt in ubi et quando et in situ et in agere et pati et in habere; sunt enim dispositiones accidentes aliquibus, in quibus sunt, sicut id, quod est in subiecto. Si quis autem dixerit, quod agere non est sic, eo quod esse actionis*

und gegen jene pythagoreisch-platonischen Annahmen, wornach die Quantität entweder als continuirliche (in letzter Instanz der Punkt) oder als discrete (zuletzt die Eins) zu constituirenden Wesensheits-Principien gemacht werden wollten[200]), setzt er in ausführlicher Begründung auseinander, dass die Quantität Accidens sei, da die Einheit, welche der Substanz sicher zukomme, von derselben weder als Gattung noch als Differenz, sondern nur als ein sie Begleitendes ausgesagt werde, bei Accidentien aber überhaupt nur die Namen-Gleichheit in ihr liege, und dass sonach jedenfalls die Zahlen als von der Einheit abgeleitete gleichfalls nur Accidentien seien[201]), sowie in gleicher Weise die

---

non est in agente, sed in patiente, etsi hoc dixerit et concesserimus, illi tamen non nocebit ad hoc, quod modo intendimus, scilicet quod actio habet esse in aliquo sicut in subiecto, quamvis non sit in agente. De praedicamentis igitur, de quibus est quaestio, an sint accidentia an non, duo remanent, scilicet praedicamentum quantitatis et praedicamentum qualitatis.

200) Ebend.: *Sed de praedicamento quantitatis multis visum fuit, lineam superficiem et mensuram corporalem ponere esse in praedicamento substantiae, nec suffecit eis hoc, sed etiam posuerunt haec esse principia substantiae. Quibusdam vero ex eis visum est, hoc sentire de quantitatibus discretis, scilicet numeris, et posuerunt eas principia substantiarum .... Sed ex his, qui tenent substantialitatem quantitatis, illi qui dicunt, quod continuae quantitates sunt substantiae et principia substantiarum, iam dixerunt, quod hae sunt dimensiones constituentes substantiam corpoream ..... et posuerunt punctum ex tribus dignius substantialitate. Qui vero tenent sententiam de numero, posuerunt hunc principium substantiae, ipsum vero posuerunt compositum ex unitatibus ita, quod fecerunt unitates principia principiorum; deinde dixerunt, quod unitas est natura non pendens in sua essentia ex aliqua rerum, scilicet quia unitas est in omni re, et quod unitas in ipsa re est ipsa quidditas ipsius rei.*

201) Ebend. c. 2, f. 78. r. B: *Dicam igitur, quod unum dicitur ambigue* (die betreffenden Angaben des Aristoteles über das ἕν s. Abschn. IV, Anm. 451 ff.) ..... f. 78. v. B: *Dicam iterum, quod, postquam unitas dicitur de rebus, quae sunt multae numero, et dicitur de re una numero, iam autem ostendimus divisiones eius, quod est unum numero, procedemus nunc ad aliam partem; dicam igitur, quod ea, quae sunt multa numero, non dicuntur una alio modo nisi propter convenientiam, quam habent in intentione aliqua; convenientia enim eorum vel est comparationis vel est praedicati praeter comparationem vel est in subiecto, praedicatum vero vel est genus vel species vel differentia vel accidens* .... c. 3, f. 79. r. A: *Dico igitur, quod unitas vel dicitur de accidentibus vel dicitur de substantia; cum autem dicitur de accidentibus, non est substantia, et hoc non est dubium; cum vero dicitur de substantiis, non dicitur de eis sicut genus nec sicut differentia ullo modo; non enim recipitur in certificatione quidditatis alicuius substantiarum, sed est quoddam comitans substantiam; ...... ergo dicitur de eis .... sicut accidens. Unde unum est substantia, unitas vero est intentio, quae est accidens* .... (f. 79. r. B) *Sed unitas substantialiter est ipsum esse, quod non dividitur, eo quod illud esse constituitur esse non in subiecto ..... Si autem accidentibus fuerit unitas, profecto eorum unitas erit praeter unitatem substantiae, et illa unitas dicetur de eis communione nominis. Igitur contingit etiam, quod ex numeris alii ordinabuntur ex unitate accidentium et alii ordinabuntur ex unitate substantiarum ...... Manifestum est, quod certitudo unitatis est intentio accidentis et est de universitate eorum, quae comitantur res .....* (f. 79. v. A) *Jam enim ostendimus, quod unitas non est intrans in diffinitione substantiae nec accidentis, sed fortasse est comitans eam .... Cum igitur certum fuerit, quod non est separata, certificabitur, quia id, quod praedicatur de intentione comitante communi nomine derivato a nomine simplicis intentionis, ipsum est intentio, quae est unitatis; ipsum vero simplex est accidens. Postquam igitur unitas est accidens, tunc numerus, qui accidens est, necessario provenit ex unitate.*

Maassverhältnisse der continuirlichen Quantität an den Stoff der Substanzen gebunden seien und nur durch subjective Schätzung, nicht aber als objective Wesen von demselben getrennt werden können [202]). Und wenn hinwiederum bezüglich der Qualitäten von Einigen behauptet wurde, dass sie selbstständige Substanzen seien, welche nicht etwa an den substantiellen Wesen entstehen und verschwinden, sondern nur mit ihnen gemischt und wieder von ihnen getrennt werden (wie z. B. Wasser verdunste), und dass sie in solcher Weise die constituirenden Substanzen der sinnfälligen Dinge seien [203]), so weist Avicenna die Unrichtigkeit dieser Annahme durch ihre eigenen Consequenzen nach [204]); und indem ihm hiedurch feststeht, dass die Qualitäten nur Accidentien sein können, hebt er noch besonders jene Qualitäten, welche im Gebiete des Quan-

---

202) Ebend. c. 4, f. 79. v. A: *Quantitates continuae sunt mensurae continuorum ..... Sed hanc mensuram iam manifestum est esse in materia, et quod ipsa augmentatur et minuitur substantia permanente eadem, igitur est accidens sine dubio. Sed est de accidentibus, quae pendent ex materia et ex re, quae est in materia; haec enim mensura non separatur a materia nisi aestimatione, nec separatur a forma, quae est materiae, eo quod ipsa est mensura rei, quae recipit dimensiones huiusmodi.*

203) Ebend. c. 1, f. 78. r. A: *De qualitate autem quibusdam ex naturalibus visum est, quod non subsistunt in aliquo ullo modo, sed quod color per se est substantia et odor alia substantia, et quod tunc sunt constituentia substantias sensibiles; et plures ex his, qui tenent sententiam, de occulto intendunt hoc.* Ebend. c. 7, f. 81. v. A: *Loquamur igitur nunc de qualitatibus; sed qualitates sensibiles et corporales esse, non est dubium ..... Nunc autem non dubitatur de eis nisi an sint accidentes an non. Quibusdam enim visum fuit, quod ipsae sint substantiae, quae commiscentur corporibus et diffunduntur per eas; color itaque per se substantia est et calor et similiter unumquodque aliorum. Igitur apud eos qualitates sunt huius dignitatis, nec sufficit eis, quod hae habent esse, ... ipsi enim dicunt, quod non annihilantur istae res, sed paulatim separantur, sicut aqua, qua humectetur pannus et paulo post non invenitur aqua in panno ipso habente esse secundum modum suum, tamen ob hoc non fit aqua accidens, quia aqua substantia est, quae separatur ab alia substantia, cui coniuncta fuit .... Dicunt autem alii, quod occultantur.*

204) Ebend. c. 7, f. 81. v. B: *Dico igitur, quod si haec sunt substantiae, necessario vel sunt substantiae, quae sunt corpora, vel sunt substantiae, quae non sunt corpora. Si autem sunt substantiae non corporeae, tunc vel sunt huiusmodi, quod potest ex eis componi corpus, et hoc est absurdum, quum ex eo, quod non partitur in spatia corporea, non potest corpus componi, vel non potest ex eis corpus componi, sed earum esse non est nisi propter coniunctionem sui cum corporibus et propter infusionem sui in illa. Primum autem de hoc est, quod hae substantiae habebunt situm, sed omnis substantia habens situm divisibilis est. Secundum est, quod unaquaeque harum substantiarum necessario ex natura sua vel potest separari a corpore, in quo est, vel non potest. Si autem fuerit sic, ut non possit separari, ... nec habet ipsa de substantialitate nisi nomen tantum. Si autem possunt separari a suis corporibus, tunc separatio vel talis erit, quod per eam moventur de hoc corpore ad aliud corpus, ... et sequetur ex hoc, quod, cum unum corpus calefacit aliud corpus, transferat calorem a se in illud, unde infrigidabitur, quod calefaciebat aliud; ...... si autem .... consideratur posse transferri ad aliud subiectum sic, ut non exspolietur ab illo, profecto haec consideratio non est nisi post existentiam in subiecto ....* (f. 82. r. A) *Si quis autem posuerit, quod albedo est vere in se aliquid habens mensuram, tunc habebit duo esse, scilicet quod est albedo et esse, quod est habens mensuram; si autem albedo eius fuerit alia numero a mensura corporis, in quo est, tunc .... spatium intrabit in spatium; sed si ipsa fuerit ipsum corpus per se, tunc ratio redibit ad id, quod albedo est corpus et habet albedinem et ita albedo est in albo corpore inseparabiliter.*

titativen auftreten können, z. B. Gleichheit oder Ungleichheit u. dgl., hervor [205]). Die Kategorie der Relation, deren verschiedene Arten des Auftretens er angibt, betrachtet er vorerst bezüglich der Frage, ob sie innerhalb der beiden Relativa einheitlich sei oder jedes der beiden durch sie seine eigene Bestimmtheit erhalte, wobei er sich für Letzteres entscheidet; sodann aber hebt er insbesondere an der Relation, wie wir es schon bei Alfarabi sahen (Anm. 35), die Subjectivität der Denkauffassung hervor, da in der Definition des Relativen selbst bereits die Rücksichtnahme (*respectus*) auf ein Anderes enthalten sei, und auch dann, wenn noch ein anderweitiges wesentliches Sein des Relativen angenommen werde, jedenfalls es sich doch um das Verständniss jener Rücksichtnahme handle [206]); in der concreten Erscheinung aber musste er, wie sich von selbst versteht, das Relative als zeitlich coexistirend anerkennen [207]). Bezüglich der Frage, zu welcher Kategorie die Be-

---

205) Ebend. c. 9, f. 82. v. A: *Remansit unum genus qualitatum, et oportet stabilire suum esse et assignare, quod est qualitas; et hae sunt qualitates, quae sunt in quantitatibus, scilicet quae sunt in numero, ut paritas et imparitas et cetera huiusmodi; iam autem notum est esse quorundam ex eis, et in arithmetica stabilitum est esse remanentium; sunt enim accidentes ex eo, quod pendent ex numero, et sunt proprietates eius; .... eorum autem quae accidunt mensuris, esse non est adeo notum; circulus enim et linea curva et sphaera et pyramis et columna talia sunt, quod nullius eorum esse manifestum est, et impossibile est geometrae, probare esse eorum.*

206) Ebend. c. 10', f. 83. r. B: *Oportet loqui de ad aliquid et ostendere, quomodo debeat certificari quidditas relati et relationis et eorum diffinitio; sed quod praemisimus in logica, posset sufficere intelligenti. Si autem posueris, relationem esse, profecto erit accidens, et hoc non est dubium, quia est res, quae non intelligitur per se, sed intelligitur semper alicuius ad aliud ...... Relativa vero non possunt comprehendi uno modo; alia enim sunt relativa, quae non egent aliquo ex his, quae solent stabilire relationem, sicut dextrum et sinistrum, in dextro enim non est qualitas nec aliquid aliud certum, per quod fiat relatum comparatione, nisi ipsa dextrarietas; et alia sunt relativa, quorum unumquodque opus habet aliquo, per quod referatur ad aliud, sicut amator et amatum ...... Quod autem remansit de relatione, hoc est, scilicet ut sciamus, an relatio una numero et subiecto sit inter duo habens duos respectus, sicut quidam et plures ex hominibus putaverunt, quod* (zu lesen *aut*) *in relatione unumquodque relativorum habeat proprietatem. Dicam igitur, quod unumquodque relativorum in se habet intentionem respectu alterius, quae non est illa intentio, quam habet in se aliud respectu illius; et hoc est manifestum in rebus diversis, secundum quod patet per diversitatem nominum ....* (f. 83. v. A) *Quod autem diligenter considerandum est, hoc est, scilicet ut cognoscamus, si relatio in se habet esse in singularibus vel est aliquid, quod non formatur nisi in intellectu. ...... Ex hominibus autem quidam fuerunt, qui tenuerunt, quod certitudo relativorum non est nisi in anima, cum intelliguntur res; et alii dixerunt, non, imo relatio est quoddam, quod est in singularibus ..... Id autem, per quod solvuntur istae duae viae, hoc est, ut redeamus ad diffiniendum ad aliquid absolute. Dico igitur, quod ad aliquid est, cuius quidditas dicitur respectu alterius, et quidquid fuerit in signatis hoc modo, ut secundum quidditatem suam non dicatur nisi respectu alterius, illud est ad aliquid. Si autem ad aliquid habuerit aliam quidditatem, tunc restat, ut determinemus, quod habeat de intentione intellecta respectu alterius; illa enim intentio certissime est de intentione intellecta respectu alterius, alterum enim non intelligitur nisi respectu alterius causa huius intentionis.*

207) *Albert. M. De praedicam.* IV, 7, p. 149 A: *Simul sunt* (sc. *relativa*) *natura in hoc, quod secundum quod relata sunt, in esse et non esse sicut in ortu et occasu, ut dicit Avicenna, simul sunt ita, quod posito uno in esse, secundum quod relativum est, et positum est aliud, secundum quod refertur ad illud.*

wegung gehöre, äussert sich Avicenna abweichend von Alfarabi (Anm. 36), indem er den Begriff des Ueberganges von Möglichkeit zu Wirklichkeit nicht mit jenem der Bewegung verwechselt wissen will und es sonach verneint, dass die Bewegung in der Kategorie der Substanz auftrete, wohingegen er zu den auch schon bei Alfarabi beigezogenen Kategorien der Quantität und der Qualität und des Ortes auch noch die Kategorie der Lage hinzufügt[208]), unter welch letztere (nicht unter die des Ortes) er die Bewegung der Himmelskörper subsumirte[209]).

In der Lehre vom **Urtheile** begegnen wir auch bei Avicenna den üblichen exegetischen Erörterungen über die Definitionen der *vox*[210]) oder des *nomen*[211]), wobei bemerkt werden mag, dass er bezüglich des *nomen infinitum* die sog. Infinitation (d. h. Hinzufügung des *non*) bei den allgemeinsten Worten nicht mehr für zulässig hielt, da oberhalb derselben es keine allgemeineren Begriffe gibt[212]). Die Inhärenz des Prädicates im Subjecte scheint er wie Alfarabi (Anm. 39) gefasst

---

208) *Suffic.* II, 1, f. 23. r. A: *Nulla enim categoria est, quae non habeat exitum de potentia sua ad suum effectum, aut in substantia, sicut exitus hominis ad effectum, postquam fuerit in potentia, aut in qualitate, ... aut in ad aliquid, ... aut in ubi, sicut elevatio sursum in effectu post potentiam, aut in quando, sicut exitus antiqui ad effectum de potentia, aut in situ, ... similiter in habere, similiter in agere et pati. Sed intellectus, in quo convenerunt antiqui in usu appellandi motum, non est ille, in quo conveniunt omnes isti modi exeundi de potentia ad effectum, sed ille, qui est motus exeundi non subito, sed gradatim, et hic non convenit nisi certis categoriis ...... et nos declarabimus postea, quae sunt categoriae, in quibus possibile est cadere hunc exitum ......* (c. 2, f. 24. v. B) *Jam dissenserunt in collatione motus ad categorias; quidam enim dixerunt, quod motus est praedicamentum patiendi; alii vero dixerunt, quod hoc nomen motus cadit super maneries* (über dieses Wort s. Abschn. XIV, Anm. 87.), *quae sunt in illo sola casuali participatione nominis; quidam etenim dixerunt, quod hoc nomen motus est nomen commune, sicut verbum esse et accidentis ..... Maneriae vero, quae continentur sub nomine motus, sunt species aut maneriae praedicamentorum, quia de ubi .... est motus in loco, et de quali ..... est motus alterationis, et de quanto .... est motus augmenti et diminutionis; et fortasse aliquis eorum perdurabit in sententia sua ita, ut dicat, quod ..... est motus in substantia, scilicet generatio et corruptio ......* (f. 25. r. A) *Possumus autem declarare falsitatem utriusque sententiae ....* (c. 3, f. 27. r. A) *Jam enim ex praemissis patuit, quod motus non cadit nisi in quatuor praedicamentis, quae sunt quantitas et qualitas et ubi et situs. Jam autem cognovistis collationem motus ad praedicamenta.*

209) *Levi Gerson, Praedicam.* f. 30. v. A: *Dixit Avicenna, quod motus corporum coelestium est in praedicamento situs.*

210) *Albert. M. Periherm.* I, 2, 1, p. 242. A: *Propter quod dicit Avicenna, quod vox litterata sine placito instituentis nihil significat penitus; quia tamen alteri non facit signum de re nisi sub determinata figura vocis certificativa, ideo oportet talem vocem esse litteratam, quia nonnisi sub elementis litterarum habent figurae certitudinem, sine qua certitudine non potest esse rei certum signum.*

211) Ebend. 2, 4, p. 247. B: *Quod autem dicitur „cuius nulla pars est significativa separata", ... haec causa est, ut dicit Avicenna, quia institutio est causa significationis in nomine, non est autem institutum, ut pars aliquid significet separata, sed ut totum significet totum, et ideo pars nihil significat.*

212) Ebend. 2, 5, p. 251. A: *Cum nomen infinitum privet inferiorem formam finitam et relinquat superiorem infinitam, et hoc nomen „ens" superius nihil habeat, proprie infinitari non potest; similiter autem est de aliis nominibus „unum, res, aliquid", ut dicit Avicenna.*

und ebenso betreffs eines controversen aristotelischen Beispiel-Satzes sich an denselben (Anm. 40) angeschlossen zu haben. Die sog. logische Qualität der Urtheile besprach er im Hinblicke auf den factischen Bestand des Ausgesagten in einer Viertheilung [213]), bei der Quantität aber kam er zu der gleichen Auffassung, welche wir schon bei Abälard (Abschn. XIV, Anm. 318 u. 327) in allgemeinerer Anwendung trafen; nemlich Avicenna bezeichnet die Worte „*omnis*" und „*nullus*" entschieden als blosse Zeichen (*signa*) einer Art und Weise des Aussprechens, wornach dieselben nur ausdrücken, dass irgend Particulares universell verstanden sei [214]). Von noch grösserer Wichtigkeit für die Lateiner war es, dass Avicenna bei der Frage über die Einheit des Urtheiles die Unterscheidung aufstellte, dass sowohl im hypothetischen als auch im disjunctiven Urtheile ein einheitlicher Gedanken-Nexus bestehe, hingegen das copulative Urtheil nicht als Eines, sondern als blosses Aggregat bezeichnet werden dürfe [215]).

Was den Inhalt der ersten Analytik betrifft, so äussert er sich einmal gelegentlich darüber, dass im Syllogismus nicht die Prämissen für den Stoff des Schlusssatzes oder letzterer für die Form der ersteren gehalten werden dürfe, sondern die Prämissen nur der Stoff des ganzen einheitlichen Syllogismus seien [216]). Sodann aber begegnen wir bei ihm jenen nemlichen exegetischen Controversen, welche wir bei Alfarabi (Anm. 45 f.) trafen, nemlich sowohl über das Verhältniss der Urtheile des Stattfindens zu den modalen [217]) als auch über die Umkehrung der Möglichkeits- und Nothwendigkeits-Urtheile [218]). Bei Erklärung der betreffenden aristotelischen Stelle über die hypothetischen Schlüsse gieng

---

213) Ebend. 5, 1, p. 260. A: *Dicit enim Avicenna, quod ista quatuor sic diversificantur, quia contingit, quod est, enuntiare esse, in affirmativa enuntiatione; et contingit, quod est, non esse enuntiare, in eiusdem negativa; et contingit enuntiare, quod non est, esse, in affirmativa negative opposita; et contingit enuntiare, quod non est, non esse, in negatione negationi opposita.*

214) Ebend. p. 261. A: *Hoc enim signum distributivum, quod est „omnis", non est universale proprie loquendo, sed est signum, per quod stat pro particularibus universaliter universale, cui tale signum est adiunctum ...... et ideo „omnis" et „nullus" et huiusmodi signa universalia non sunt, sed sunt signa designantia, utrum universale sit acceptum universaliter vel particulariter secundum sua supposita. Et haec sunt verba Avicennae.*

215) Ebend. 4, 2, p. 258. B: *Coniunctione autem unae sunt* (sc. *enuntiationes*), *in quibus consequentia, quam notat coniunctio, facit unitatem, et hoc non est nisi in conditionali et disiunctiva, ... et secundum Boethium et Avicennam et Algazelem istae duae solae coniunctiones faciunt unam coniunctione enuntiationem, et non copulativa, quia in copulatis nulla est unitas nisi aggregationis, quae simpliciter est pluralitas et non unitas.*

216) *Metaph.* VI, 4, f. 93. v. A: *Jam autem posuerunt quidam propositiones similiter materiam conclusioni. Et est error; immo propositiones sunt materia fiendi syllogismi, conclusio vero non est forma propositionum, sed quoddam, quod consequitur ex illis, quae propositiones efficiunt in anima.*

217) *Ps.-Averr. Quaes. in Prior. Resol.* f. 362. r. A u. 364. r. A.

218) Ebend. f. 363. r. A: *Avicenna dubitat contra philosophum, quando dixit, quod particularis affirmativa contingens convertatur contingens, et quod necessaria particularis affirmativa convertatur necessaria* u. s. f. ..... *et contradicit suo sermoni per materias.*

Avicenna noch viel weiter als Alfarabi (Anm. 48), mit welchem er in diesem Punkte auch nicht übereinstimmte; er warf sich nemlich mit höchst spitzfindiger Einseitigkeit auf eine Erklärung der Urtheilsform, wornach er nur das einfache *Dictum de omni* als kategorisches, hingegen die Form „Alles, was B ist, ist A“ als ein zusammengesetztes und hypothetisches Urtheil betrachtete, sowie entsprechend beim *Dictum de nullo* eine disjunctive Urtheilsform sich einstelle, und indem er auf solche Weise die kategorischen Urtheile in hypothetischer Form ausdrückte, ordnete er dieselben nach den drei Schlussfiguren, wobei er auch Mischungen aus kategorischen und hypothetischen Prämissen zuliess, so dass diese unnatürlichen Schlussweisen, welche er „*combinationes*“ nannte, sowohl von ihm selbst als auch von Anderen für eine bedeutsame neue Ergänzung der aristotelischen Syllogistik gehalten wurden [219]). Wirklich angewendet finden wir diese Neuerung in dem einen ausführlicheren Compendium Avicenna's [220]), während er in dem kürzeren nur die bei den Commentatoren (Abschn. XI, Anm. 166) üblichen hypothetischen Schlüsse aufzählt [221]). — In einer völlig vereinzelten Notiz ist uns berichtet, dass Avicenna die logische Bedeutsamkeit

---

219) Ebend. f. 363. v. B: *Dicere enim A de omni B est praemissa una categorica ...., dicere vero „omne quod est B, est A“ est praemissa conditionalis et secundum veritatem composita ex duabus categoricis ...... Et hinc erravit Avicenna et opinatus est, quod inveniantur alii syllogismi praeter syllogismos categoricos et praeter conditionales et vocavit illos combinationes et posuit numerum illorum secundum numerum categoricorum aut prope categoricos; ille enim consideravit propositiones categoricas et eas expressit expressione conditionalium et composuit ex illis orationes ad compositionem trium figurarum et immiscuit etiam categoricas cum his, scilicet cum conditionalibus et constituit illud compositione quodam modo, quo opinatus est ipse et omnes, qui eum imitati sunt, quod superaddiderit Aristoteli multas species syllogismorum. Hos autem syllogismos non invenit noviter Avicenna, cum illi inveniantur apud quosdam Christianos philosophos, non apud aliquem peripateticum* (möglicher Weise könnte der unkritische Berichterstatter aus dritter Hand Einiges über Boethius gehört haben und somit fälschlich hier die oben Abschn. XII, Anm. 155 ff., angeführten Schlussweisen meinen). Ebend. f. 369. v. A: *Avicenna vero consentit huic rei, sed non admittit expositionem ipsius Abunazar ...... (B) Constituto autem hoc de propositionibus conditionalibus, videlicet quod quaedam ipsarum sit simplex et est illa, cuius vis est vis unius propositionis categoricae, et quaedam est composita et est, cuius vis est vis syllogismi categorici, propinquum est intelligere, quod id, quod Avicenna putat, quod hic sit tertia species syllogismorum non categoricorum nec conditionalium, non sit sermo verus ....* (f. 370. r. B) *Mirum autem est de Avicenna, quod ipse posuerit ambas res, scilicet quod ipse confiteatur, quod omnis propositio conditionalis possit reddi categorica et similiter omne quaesitum conditionale possit reddi categoricum, et iterum ponit, quod sint quidam syllogismi, qui componuntur ex congruentia syllogismorum, qui sunt ex categoricis. ..... Et mora circa hoc est supervacanea, prout fecit Avicenna ..... Devenit in confusionem circa hoc capitulum, nam induxit in ipsum syllogismos praeter naturam, h. e. quibus non utitur humana cogitatio naturaliter ..... et similiter hic vir numerat inter species conditionalium coniunctarum quasdam propositiones praeter naturam, quas vocat althaphkias, i. e. connexas, prout dicitur „dum homo est, equus est“, et ait, quod hae sint verae contingentes .... et sic etiam numerat inter propositiones contradictorias tales propositiones, prout est oratio dicentis „aut homo est aut vacuum“.*

220) Bei *Vattier* p. 129 ff.

221) Bei *Schmölders*, *Doc.* p. 35.

des bei Aristoteles besprochenen Indiciums (σημεῖον, s. Abschn. IV, Anm. 649) bestritt [222]).

Für den Umkreis der zweiten Analytik besass er sicher eine umfassende Vorarbeit in der oben erwähnten Schrift Alfarabi's, scheint sich jedoch derselben gegenüber auch die Freiheit eigener Ueberzeugung bewahrt zu haben. Während er sich betreffs des Zusammenhanges der zweiten Analytik mit der ersten (s. Anm. 51), sowie in commentirenden Erörterungen über die im Mittelbegriffe liegende Causalität [223]) und über das sog. *praedicatum primum* [224]) an Alfarabi (Anm. 54 u. 57 f.) anschloss und mit demselben (Anm. 60) auch die Auffassung oberster Principien der Demonstration theilte [225]), stand er in einer ziemlich principiellen Frage (vgl. Anm. 62) ganz allein, insoferne er die Gültigkeit der „*demonstratio quia*" von vorneherein darum bestritt, weil in derselben der Mittelbegriff nur Accidens des Unterbegriffes sei, und hiernach ausschliesslich die „*demonstratio propter quid*" als alleiniges demonstratives Verfahren gelten liess [226]). In den Erörterungen über die Definition selbst, welche er in seinen Compendien an den Schluss des Ganzen stellte [227]), musste er wieder auf seine Auffassung der Universalien zurückkommen, und dass er das definitorische Wissen in aristotelischem Sinne verstand, ersehen wir aus seinen hierauf bezüglichen Aeusserungen in der Metaphysik, denn er bekämpft dort die Annahme, dass die Definition das Product einer blossen Zusammensetzung aus Gattungsbegriff und artmachendem Unterschiede sei [228]), und ebenso

---

222) *Averr. Poster. Resolut.* f. 146. r. B: *Negavit Aben Sina hanc speciem demonstrationum, h. e. signa.*

223) *Averr.* a. a. O. f. 131. v. A. *Ps.-Averr. Quaes. in Post. Resol.* f. 375. v. A u. f. 380. r. A.

224) *Ps.-Averr.* a. a. O. f. 373. r. B.

225) *Albert. M. Top.* I, 1, 2, p. 663. B: *Fides enim est assensus in ipsum respondentis, propter quod talia principia prima communes animi conceptiones vocantur, ut dicit Avicenna,. quod statim assentit eis animus audientis, propter quod etiam indemonstrabilia talia dicuntur; haec igitur sunt principia demonstrationis, ex quibus demonstrativus fit syllogismus.* Vgl. bei *Schmölders* p. 37. und bei *Vattier* p. 198.

226) *Averr. Poster. Resolut.* f. 158. v. B: *Et haec divisio demonstrationum est res per se nota; hanc enim posuerunt omnes homines istius artis praeterquam ipse Aben Sena, qui mentionem fecit de demonstratione existentiae et existimavit, quod est demonstratio non vera, et voluit hoc, cum dixit, quod posteriora composita ex rebus prioribus non constant esse essentialia rebus prioribus, nisi cum constiterit causa, propter quam constat posterius ex priori. Ps.-Averr. Quaes. in Post. Res.* f. 377. v. B: *Avicenna non meminit de demonstrationibus „quia", et haec est, dum subiectum ipsarum fuerit compositum, non simplex; nam ipse putavit, quod demonstrationis „quia" medii termini sint accidentia minoris extremi ......* (f. 378. r. A) *Sermo autem Avicennae dicens, quod, cuiuscunque necessitas est ob aliquam causarum, illa necessitas sit illius, dum noverimus illam causam, est propositio, quam nos concedimus ...... Avicenna itaque, ex quo implicita est apud ipsum in demonstratione „quia" scientia per causam, putavit, quod ibi non occurrat ei nomen verae scientiae.* Vgl. bei *Vattier* p. 228.

227) Bei *Vattier* (p. 232 ff.) folgt nur noch die Sophistik nach der Lehre von der Definition, hingegen bei *Schmölders* (p. 41.) bildet letztere, nach der Sophistik folgend, den Schluss.

228) *Metaph.* V, 5, f. 89. r. B: *Potest aliquis dicere, quod diffinitio secundum*

wiederholt er die Angaben des Aristoteles (Abschn. IV, Anm. 496 ff.) in der Frage über die Theile der begrifflichen Form und die Theile des Stoffes [229]).

Was endlich die Topik und Sophistik betrifft, so ist zu beachten, dass Avicenna, obwohl er bezüglich des wechselseitigen Verhältnisses zwischen der ersten und der zweiten Analytik mit Alfarabi übereinstimmte (Anm. 223), dennoch zwischen beide das ganze Gebiet der Dialektik darum einschieben wollte, weil auch in der praktischen Anwendung des logischen Denkens das demonstrative Verfahren erst nach dem Dialektischen den Schlussstein bilde [230]). Auch mag etwa noch erwähnt werden, dass er unter dem Vorbehalte der traditionellen Gesichtspunkte der blossen Wahrscheinlichkeit oder beziehungsweise der Unsittlichkeit der beiden Disciplinen, nemlich der Topik und Sophistik, eine Universalität der Gegenstände, welche in sie beigezogen werden können, zugesteht [231]), sowie dass er ähnlich wie Alfarabi bei einzelnen

---

hoc, quod consentiunt auctores artis, composita est ex genere et differentia, quorum unumquodque discretum est ab alio, et utraeque partes sint diffinitionis, diffinitio autem non est nisi quidditas diffiniti; ergo intentiones, quae significantur per genus et differentiam, taliter se habent ad naturam speciei, qualiter ipsa ad diffinitionem, ... unde cum ita sit, non erit verum, praedicari naturam generis de natura speciei, quoniam pars eius est. Ad quod dicimus, quia cum nos diffinimus dicentes verbi gratia „homo est animal rationale", non volumus in hoc, quod sit coniunctio ex animali et rationali, sed volumus in hoc, quod ipse est animal, quod est rationale; quasi enim animal in se quoddam est, cuius esse non est determinatum, nisi cum ipsum animal fuerit rationale.

229) Ebend. c. 7, f. 90. v. B: *Dicemus, quod plerumque in diffinitione sunt partes diffiniti; cum autem dicimus, quod genus et differentia non sunt duae partes speciei in quidditate, non est hoc, quasi dicamus, quod species non habet partes; species enim partes habet, cum fuerit ex aliquo modorum rerum, scilicet vel ex accidentibus secundum quantitates vel ex substantiis secundum composita. Unde, secundum quod videtur, partes diffinitionis sunt priores diffinito; contingit autem alicubi fieri e contrario; cum enim voluerim diffinire portionem circuli, diffiniemus eam per circulum, et cum voluerim diffinire digitum hominis, diffiniemus per hominem ..... Haec igitur omnia non sunt partes rei secundum quidditatem eius, sed secundum materiam et subiectum eius.*

230) *Averr. Poster. Resolut.* f. 127. v. A: *Existimaverunt autem nonnulli, quod quemadmodum melius est, ut primo inquiramus de aliquo intelligibili et investigemus per viam dialectices, postea sequatur inquisitio demonstrativa, ita melius sit in doctrina, ut incipiamus a libro dialectices post partem communem, deinde sequatur liber de demonstratione. Sed quod existimaverunt, non se habet ita, ... ut praecedat cognitio modorum propositionum probabilium cognitionem modorum propositionum verarum, quoniam conditiones, quibus propositiones verae ordinantur, sunt aliae a conditionibus, quibus propositiones probabiles ordinantur, quoniam ordines probabilium sunt secundum consuetudinem civitatum et populorum* (vgl. Anm. 13.), *ordines autem verarum sunt secundum conditionem unam, ut videlicet sint essentiales; .... et propterea consimiliter cognitio ordinum propositionum probabilium non est universalis* (s. Anm. 318.) *respectu ordinum propositionum verarum ...... Et ideo erravit Ali Sena errore manifesto, quod existimavit, quod dialectica praecedat artem demonstrationis, eo quod accidit, propositiones primas intelligibiles esse etiam probabiles.* Dass eine solche Anordnung des Stoffes schon bei den griechischen Commentatoren in Vorschlag kam, s. Abschn. XI, Anm. 128.; jedoch dürfen wir auch nicht unerwähnt lassen, dass Avicenna wenigstens in jenen beiden Compendien, welche uns vorliegen (bei *Vattier* und bei *Schmölders*) sich an die gewöhnliche Reihenfolge hielt.

231) *Metaph.* I, 2, f. 71. r. A: *Haec autem scientia* (d. h. *prima philosophia*)

Punkten wegen seiner commentirenden Thätigkeit von Anderen erwähnt wird [232]).

Die Leistungen Alfarabi's und Avicenna's scheint Algazeli (Abu-Hamed-Mohammed-Ibn-Mohammed-el-Gazali, geb. 1058, gest. 1111) lediglich nur herübergenommen und benützt zu haben, denn seine Tendenz lag in einem Skepticismus, welcher als Mittel zum Mysticismus dienen sollte, und in diesem Sinne bearbeitete er auch die üblichen Zweige der theoretischen Philosophie nur als eine Vorstufe seiner „*Destructio philosophorum*" [233]). Somit werden wir in demjenigen, was von Algazeli dem Mittelalter bekannt war und auch uns in lateinischer Uebersetzung vorliegt [234]), nur eine Wiederholung und Bestätigung der bisher betrachteten arabischen Auffassungen finden, und selbst da, wo scheinbar Neues sich zeigt, dürfen wir wohl nur Ergänzungen jener Berichte erblicken, welche über Alfarabi oder Avicenna uns theilweise unvollständig zur Hand sind.

So stimmt Algazeli nicht bloss in der Frage über die Eintheilung der Wissenschaften vollständig mit Avicenna (Anm. 71 ff.) überein [235]), sondern folgt auch seinen Vorgängern in der principiellen Zweitheilung der Logik (Anm. 16 u. 77); indem nemlich auch er das unmittelbar sinnliche Verständniss (*imaginatio*) auf das einzelne Wort und entsprechend das beifällige Ueberzeugtsein (*credulitas*) auf die Satz-Verbindung bezieht [236]) und bei beiden die doppelte Möglichkeit berück-

---

communicat cum topica et sophistica simul in aliquibus et differt ab eis simul in aliquibus ..... Communicat enim cum eis in hoc, quod de eo, quod hic inquiritur, nullus actor singularum scientiarum tractat nisi topicus et sophisticus. Differt vero ab eis simul in hoc, quod philosophus primus, in quantum est philosophus primus, non loquitur de quaestionibus singularum scientiarum, isti vero loquuntur. Differt etiam a topico per se in fortitudine vel potentia eo, quod verbis topici acquirunt opinionem, non certitudinem, sicut nosti ex magisterio logicae. Differt etiam a sophistico in voluntate eo, quod hic quaerit ipsam veritatem, ille vero quaerit putari sapiens in dictione veritatis, quamvis non sit sapiens. S. Anm. 380.

232) Z. B. *Averr. Top.* f. 298. v. B und *Ps.-Averr. Epitome* f. 357. r. A.

233) S. *Munck, Dictionn.* II, p. 506 ff., woselbst nicht bloss schlimme Irrthümer, welche *Schmölders* (*Essai sur l. écol. phil.* p. 220.) begieng, nachgewiesen werden, sondern auch die Annahme Heinr. Ritter's, dass Algazeli bei Abfassung seiner Logik noch nicht auf seinem späteren ekstatisch-mystischen Standpunkte gestanden sei, ihre Berichtigung findet; denn Munck theilt aus dem arabischen Originale des *Makâcid* (d. h. der Logik) die Eingangs- und die Schluss-Worte mit, aus welchen hervorgeht, dass Algazeli auch in der Logik nur Referent sein wolle, um hernach alle theoretische Philosophie zu bekämpfen; dieselben lauten nach Munck's Uebersetzung: *Il m'a donc paru nécessaire, avant d'aborder la réfutation des philosophes, de composer un traité où j'exposerai les tendances générales de leurs sciences, savoir de la Logique, de la Physique et de la Metaphysique, sans pourtant distinguer ce qui est vrai de ce qui est faux, car mon but est uniquement de faire connaître les résultats de leurs paroles*, und am Schlusse: *Nous commencerons après cela le livre de la „Destruction des philosophes", à fin de montrer clairement tout ce que ces doctrines renferment de faux.* Die „*Destructio philosophorum*" selbst jedoch behandelt keine logischen, sondern nur sechzehn metaphysische und vier physikalische Fragen.

234) *Logica et Philosophia Algazelis Arabis. Venet.* 1506. 4 (übersetzt von Liechtenstein).

235) *De divisione scientiarum* als Cap. 1. der „*Philosophia*".

236) *Logica*, Cap. 1. (das Buch ist nicht paginirt): *Incipit Logica Algazelis*

sichtigt, dass sie entweder an sich selbst schon Klarheit und Gewissheit enthalten oder erst noch einer weiteren Begründung bedürfen [237]), so führt ihn der letztere dieser beiden Fälle auf die Nothwendigkeit des Definirens für das Verständniss und des Argumentirens für das Ueberzeugtsein [238]), wornach für diese beiden Functionen eine specielle Wissenschaft, welche allen übrigen vorausgehe, auf Grundlage der Natur des menschlichen Denkens erforderlich sei [239]). Nemlich wenn vom Bekannten zum Unbekannten fortgeschritten werden solle (vgl. Anm. 15 u. 80), und hiebei jedwedes gesuchte Unbekannte aus dem ihm verwandten und eigenthümlichen Bekannten zu erörtern sei, so gebe es für das Zustandekommen des Wissens zwei Wege, deren Einer zur Definition und Beschreibung und der andere zu Syllogismus, Induction und Exemplification führe [240]), und für beide werde in der Logik die Regelrichtigkeit dargelegt [241]), so dass, wenn der Zweck aller Wissenschaft in Vervollkommnung der Seele und hiemit in ewiger Glückseligkeit liege (vgl. Anm. 13), auch die Logik mittelbar diesem höchsten Zwecke diene [242]).

Indem aber unter jenen beiden Aufgaben der Logik die zweite,

---

de his, quae debent praeponi ad intelligentiam logicae et ad ostendendum utilitates eius et partes eius. Capitulum primum. Quamvis scientiarum multi sint rami, duae tamen sunt proprietates, imaginatio et credulitas; imaginatio est apprehensio rerum, quas significant singulae dictiones ad intelligendum eas et ad certificandum .....; credulitas vero est sicut quod dicitur „mundus cepit“ ..... Necesse est autem, omnem credulitatem praecedant ad minus duae imaginationes.

237) Ebend.: *Quod autem imaginatur statim sine inquisitione, est sicut „ens“, „aliquid“, „res“ et similia; quod vero non imaginatur sine inquisitione, est ..... imaginatio rerum, quarum essentiae sunt occultae. Credulitas vero, quae statim apprehendit sine inquisitione, est velut scientia haec, quod duo sunt plus quam unum, ... et multa alia de sententiis, in quibus retinendis omnes conveniunt sine praecedente inquisitione, quae comprehenduntur in tredecim speciebus, de quibus postea loquemur* (Anm. 276 ff.); *credulitas autem, quae non apprehenditur sine inquisitione, est velut haec, quod mundus cepit.*

238) Ebend.: *Quidquid autem non potest imaginari sine inquisitione, non potest apprehendi sine diffinitione, et quidquid non potest credi sine inquisitione, non potest apprehendi sine argumentatione.*

239) Ebend.: *Manifestum est igitur ex hoc, quod omnis scientia .... non acquiritur nisi per aliquam scientiam, quae praecedit, et hoc non tendit ad infinitum, nam necesse est, ut haec perveniant ad prima, quae sunt stabilia in natura intellectus.*

240) C. 2.: *Postquam autem manifestum est, quod ignotum non potest sciri nisi per notum, et constat, quod per unum aliquid notum non potest sciri quodlibet ignotum, sed quodlibet ignotum habet aliquid proprium notum sibi conveniens, quod est via perveniendi ad aliud, ... tunc quod inducit ad cognoscendas scientias imaginativas, vocatur diffinitio et descriptio, quod vero inducit ad scientias credulitatis, dicitur argumentatio, argumentatio autem alia est syllogismus alia inductio alia exemplum.*

241) Ebend.: *Scientia vero logicae dat regulam, qua discernitur, an diffinitio et syllogismus sint vitiosa annon ad hoc, ut discernatur scientia vera a non vera.*

242) Ebend.: *Dicemus, quod omnis utilitas vilis est in comparatione felicitatis aeternae, quae est felicitas alterius vitae, haec autem felicitas pendet ex perfectione animae ...... Non est autem via deveniendi in scientiam nisi per logicam; ergo utilitas logicae est apprehensio scientiae, utilitas scientiae est acquisitio felicitatis aeternae.*

nemlich die Argumentation, die hauptsächlichere sei, alle Beweisführung aber auf einer Zusammensetzung von Urtheilen beruhe, so ergebe sich die Gliederung der Logik nach dem Motive des Aufsteigens vom Einfachen zum Zusammengesetzten [243]). Somit bezeichnet Algazeli als *materia prima* der Logik die *significatio dictionum*, welche er nach fünffacher Eintheilung (vgl. Anm. 21) in grosser Ausführlichkeit erörtert, indem er als ersten Gesichtspunkt das von Avicenna (Anm. 105) hierüber Gesagte vorführt [244]), sodann die Unterscheidung in einfache und zusammengesetzte *dictio* folgen lässt [245]), hierauf aber als dritte die Theilung in das Universale und das Singuläre anreiht, wobei er bezüglich der Definition des ersteren sich wörtlich an Avicenna anschliesst [246]); der vierte Gesichtspunkt beruht auf der grammatischen Eintheilung der Worte [247]), der fünfte aber betrifft die Begriffe des Synonymen u. dgl. [248]), auf welche er für die Kategorienlehre wohl ebenso wenig Gewicht legte wie Avicenna (s. Anm. 191); hingegen mochte er durch dieselben den Uebergang zur Isagoge angebahnt finden, insoferne er in gleicher Weise wie Avicenna daran festhielt, dass die fünf Universalien nur nach innerer Wesensbestimmtheit, d. h. *univoce*, ausgesagt werden [249]).

Jedenfalls liess er als *materia secunda* hierauf den Inhalt der Isagoge folgen, wobei er wieder an Avicenna nicht bloss in der vergleichenden Bezugsetzung der Universalien auf das Particuläre (vgl. Anm. 107), sondern auch in der principiellen Unterscheidung zwischen *essentiale* und *accidentale* (Anm. 92 ff.) sich anschloss, jedoch in letzterer Beziehung einige Momente hervorhob, deren Erörterung bei seinen Vorgängern sicher gleichfalls sich gefunden haben muss, wenn auch unsere

---

243) C. 3.: *Partes logicae et ordo earum cognoscuntur ex ostensione suae intentionis; intentio vero est diffinire et probare et discernere vitiosa a non vitiosis sive vera a falsis. Ex his autem quod est magis necessarium, probatio est, quae quidem composita est ..... Inquisitor scientiae compositi dicitur primum apprehendere scientiam partium. Unde sequitur, ut primum loquatur de dictionibus et quomodo significant intellectus, deinde de intellectibus et eorum divisionibus, deinde de enuntiatione composita, scilicet de praedicato et subiecto et de eius speciebus, ad ultimum de probatione, quae fit ex duabus enuntiationibus.*

244) Ebend.: *Materia prima est de significatione dictionum, quae certificatur quinque divisionibus. Divisio prima est, quod dictiones significant intellectum tribus modis. Uno secundum parilitatem .... alio secundum consequentiam .... tertio secundum concomitantiam.*

245) Ebend.: *Divisio secunda est, quod dictio dividitur in complexum et incomplexum.*

246) Ebend.: *Divisio tertia: dictio dividitur in singulare et universale; singulare est, cuius significatio prohibet illud a multis participari; ..... universale est, cuius significatio non prohibet illud a multis participari* (auch die Sonne wird wie bei Avicenna, Anm. 89., als Beispiel eines möglichen Universale angeführt).

247) Ebend.: *Divisio quarta est: dictio dividitur in actionem, nomen et coniunctionem, logici autem actionem verbum vocant; unumquodque autem nomen et verbum differunt a coniunctione, eo quod significatio cuiusque eorum plana est per se, quod non habet per se coniunctio.*

248) Ebend.: *Divisio quinta est, quod dictiones in esse rationum sunt quinque modis, sunt enim univoca, multivoca, diversivoca, aequivoca, convenientia.*

249) S. die in Anm. 91. angeführte Stelle.

lückenhaften Quellen hierüber schweigen; nemlich das *essentiale* sei dasjenige, was nothwendig gedacht werden müsse, während die Existenz das gleichgültige Zufällige sei, und ferner nehme das Universale eine Priorität des Gedachtwerdens für sich in Anspruch, sowie auch andrerseits das Essentielle einen Gegensatz gegen die concrete Position des Daseins in sich schliesse[250]). Indem sodann die nähere Eintheilung des *essentiale* und des *accidentale* folgt, fässt sich hinwiederum Algazeli bezüglich des Letzteren durch die wohlbegründeten Bedenken Avicenna's (Anm. 156 ff.) nicht beirren, sondern hält sich an die Angaben des Porphyrius[251]), hingegen was das *essentiale* betrifft, stellt er das bei Avicenna Entwickelte als zwei Eintheilungs-Gesichtspunkte nebeneinander, indem er zuerst die relative Abstufung der Gemeinsamkeit, welche in der *Tabula logica* liegt (Anm. 132), hervorhebt[252]), und sodann den Unterschied der Fragen *quid* und *quale* (Anm. 101 ff.) zum Eintheilungsgrunde macht[253]), woran sich ihm ebenso wie bei Avicenna (Anm. 110) die Besprechung der Definition anreiht, bezüglich deren er sogar

---

250) Ebend.: *Materia secunda est de intentione universalium et de diversitate suarum compositionum vel comparationum inter se et divisionum suarum .... Dicimus ergo, quod omnis intentio universalis, cum comparatur ad particulare contentum sub eo, vel est essentialis vel accidentalis. Intentio vero non est essentialis nisi ut conveniant sibi tria. Primum est ....* (folgen völlig unverständliche Worte) ...., *cum enim intelligis, quid est homo et quid est animal, non potes intelligere hominem sine intellectu animalis .....; cum intellexeris, quid est homo, non est necesse te intelligere, eum esse .... et manifestabitur tibi, quia esse accidentale est omnibus ..... Secundum est, ut possit intelligi, universale necessario esse prius, posterius vero particulare contentum sub eo vel in esse vel in intellectu; ..... non potest autem dici, quod necesse est, prius esse risibile, deinde homo; ..... ex hac autem prioritate non intelligitur ordo temporalis, sed ordo intellectualis, quamvis sint paria in tempore. Tertium est, quia possibile non est, essentiale esse positivum; ..... homo enim essentialiter est animal non propter positionem alicuius; si enim propter positionem alicuius homo esset animal, tunc possibile esset, imaginari nos posse, ponere illum hominem et non animal; ..... etenim* (der Text gibt *et non*) *risibile accidentale positivum est, nam potest dici „quae res posuit hominem habere esse risibile?", et haec interrogatio vera est, sed non est vera interrogatio, qua quaeritur „quae res posuit hominem esse animal?" ..... dicemus ergo, quod homo est homo essentialiter et homo est animal essentialiter.*

251) Ebend.: *Alia divisio solius accidentalis; accidentale enim dividitur in communicans separabile et in communicans omnino inseparabile ...... Separabile vero dividitur in tarde separabile, ut pueritia ...., et in cito separabile, ut rubor .... Inseparabile vero dividitur in inseparabile in aestimatione non in esse, ut nigredo aethiopi, et inseparabile in esse, ut paritas quaternario et indivisibilitas puncto ..... Item accidentale dividitur in id, quod est proprium subiecto, ... et in id, quod est commune multis.*

252) Ebend.: *Item essentiale secundum considerationem magis universalis et minus universalis dividitur in illud, quod .... dicitur genus, et in id, quod .... dicitur species, et in id, quod est medium .....; id autem, sub quo non est minus commune, dicitur species specialissima, et id, super quod non est communius, dicitur genus generalissimum ..... Substantia ergo genus est generalissimum* (folgt die *arbor Porphyriana*).

253) Ebend.: *Item essentiale secundum aliam considerationem dividitur in id, quod respondetur ad „quid est?", cum interrogans intendit certificari de essentia rei, et in id, quod respondetur ad „quale quid est?"; primum autem vocatur genus vel species, secundum differentia.*

gleich hier die üblichen praktischen Regeln zur Vermeidung von Fehlern einfügt[254]). Sodann schliesst er mit kurzer Nennung der fünf Universalien diesen Stoff ab[255]); dass er aber dennoch anderweitig auch die controversen Erörterungen über die einzelnen Universalien berücksichtigt haben muss, ersehen wir aus obigen Quellenstellen, wo er sowohl bezüglich des Gattungsbegriffes neben Avicenna (Anm. 116) als auch in den Fragen über das Accidens neben seinen beiden Vorgängern (Anm. 30 u. 160) angeführt wird. Was aber die Kernfrage über die Universalien betrifft, so sind wir, wenn auch das uns erhaltene logische Compendium Algazeli's hierüber schweigt, dennoch darüber unterrichtet, dass derselbe trotz und neben aller mystischen Tendenz die Universalien auf Grundlage eines Intellectualismus auffasste; denn es ist uns diess nicht bloss durch obige anderweitige Anführungen (Anm. 22 u. 188), sondern auch durch eine Stelle seiner Metaphysik bezeugt, in welcher er ähnlich wie Avicenna die Annahme bekämpft, dass das Universale als Eines im Singulären existire, denn als Universale habe dasselbe nur im Denken seine Existenz[256]).

Wenn uns aber bezüglich der Kategorien schon bei Avicenna (Anm. 189) sich ein leises Bedenken aufdrang, wo dieselben in der Logik einzureihen seien, so finden wir nun bei Algazeli die beachtenswerthe Erscheinung, dass in dem ganzen Compendium seiner Logik die Kategorien nicht mit Einem Worte erwähnt sind, wohl aber ihre Besprechung in der Ontologie, d. h. in der Metaphysik finden. Und so dürfen auch wir uns auf die Mittheilung beschränken, dass Algazeli sowohl mit seinen Vorgängern die Auffassung des *ens* theilte (Anm. 32)

---

254) Ebend.: *Diffinitio est id, quod facit imaginari quidditatem rei in anima interrogantis .....; diffinitione vero acquiritur veritas essentiae rei, unde nec potest fieri diffinitio nisi ex differentiis substantialibus tantum. Descriptio vero sequitur, postquam aliquando sit apposita una differentia; sed veritas rei certissime non cognoscitur nisi multis differentiis ...... Postquam autem facta est cognitio diffinitionis, faciam te cognoscere, quot modis sit error in illa ...... Haec sunt, quae in diffinitionibus caveri debent.*

255) Ebend.: *Patet autem ex praedictis, quod essentiale dividitur in tria, quae sunt genus, species et differentia; accidens vero dividitur in duo, proprium accidens et commune accidens. Manifestum est igitur, quod universale dividitur in quinque, quae dicuntur incomplexa quinque.*

256) *De divis. entis*, c. 7.: *Ens dividitur in universale et particulare ..... Primum est quidem intentio, quae dicitur universalis. Suum esse est in intelligibilibus, non in singularibus. Quidam vero audientes hoc, quod dicimus, quod omnes homines unus sunt in humanitate, ... putaverunt, quod ..... homo universalis sit aliquid ens unum numero existens in singularibus ..... Hic autem primus error est; ...... intellectus enim recipit formam hominis, ... singuli enim homines non differunt in humanitate ullo modo ..... Id vero, quod concipitur de individuo Petro, est forma singularis in intellectu; secundum quod ipsa intelligitur, universalis est ex hoc, scilicet quod eius comparatio ad omne individuum, quod est et fuit et erit, unum est ..... Universale igitur, secundum hoc quod est universale, existit in intellectibus, non in singularibus; .... veritas enim humanitatis est in singularibus et est in intelligibilibus utrisque ...... Universale non potest habere plura singularia, nisi unumquodque eorum discernatur ab alio differentia vel accidente; si enim accipiatur universalitas per se nuda sine aliquo superaddito, quod adiungatur ei, non potest imaginari in ea numeratio et singularitas.*

als auch an Avicenna (Anm. 199 ff.) in der Erörterung der Accidentalität der übrigen neun Kategorien sich anschloss [257]).

Somit reiht er an die Isagoge unmittelbar als *materia tertia* der Logik die Lehre vom Urtheile an, wobei er zunächst in der üblichen Weise von den übrigen Satzarten das indicative, d. h. logische, Urtheil heraushebt [258]), in welchem er ebenso wie Alfarabi (Anm. 39) das Verhältniss der Inhärenz des Prädicates besonders beachtet zu haben scheint. Sodann aber wirft er sich für die nähere Darlegung sogleich wieder auf das Motiv des Eintheilens, welches überhaupt bei ihm das überwiegende ist. Zunächst theilt er die Urtheile in kategorische und hypothetische, welch letztere in das verbundene (d. h. conditionale) und in das getrennte (d. h. disjunctive) zerfallen sollen, und zwar bestehe zwischen sämmtlichen drei Formen eine Analogie (vgl. Anm. 219), indem das Verhältniss zwischen Subject und Prädicat demjenigen zwischen den zwei Gliedern des conditionalen und disjunctiven Urtheiles entspreche [259]). Dass auch Algazeli wie Avicenna das copulative Urtheil ausschied, s. oben Anm. 215. Eine zweite Eintheilung beruhe auf dem inneren Gehalte des Prädicates, nemlich jene in bejahende und verneinende Urtheile, wobei jedoch nicht bloss bezüglich des kategorischen das scheinbar negative Urtheil (*privativa*) positiven Gehaltes zu beachten sei, welches durch privative Sylben ausgedrückt werde, sondern auch daran festgehalten werden müsse, dass bei dem conditionalen und disjunctiven Urtheile die Negation zur Aufhebung der Verknüpfung diene [260]).

---

257) Ebend. c. 5.: *Necessarium dividere accidentia ..... Primum autem dividitur in duo, quoniam quaedam eorum sunt, quorum essentia nullo modo per se potest intelligi, nisi aliquid aliud extrinsecus intelligatur, et quaedam eorum sunt, quae per se intelligi possunt; et haec dividuntur in duas species, quantitatem scilicet et qualitatem .... Ea vero, quae non possunt intelligi nisi respectu aliorum, septem sunt, scilicet relatio, ubi, quando, situs, habere, agere et pati.* Hierauf folgt c. 6. der Nachweis, dass sämmtliche neun Kategorien, namentlich Quantität und Qualität, wirklich Accidentien seien.

258) *Log.* c. 3.: *Materia tertia est de coniunctione incomplexorum et de partibus enuntiationis. Intentiones incomplexae cum componuntur, proveniunt ex eis multae species, de quibus omnibus non intendimus nisi de ea sola, quae est enuntiatio, quae vocatur indicativa vel dictio diffinitiva, et haec est, in qua contingit veritas vel credulitas vel contradictio vel falsitas.*

259) Ebend.: *Divisio prima est, quod enuntiativa alia est categorica, ... alia hypothetica, hypothetica alia coniuncta, ut haec „cum sol est super terram, dies est", alia hypothetica disiuncta, ut haec „aut mundus coepit aut est aeternus"; ..... categorica constat ex duabus partibus, quarum una dicitur subiectum, ... secunda dicitur praedicatum ......; similiter hypothetica coniuncta constat ex duabus partibus, quarum unaquaeque est enuntiativa; prima autem pars .... dicitur antecedens, ... pars secunda .... dicitur consequens; ...... disiuncta etiam constat ex duabus partibus, quarum unaquaeque est enuntiativa, cum ablata fuerit coniunctio disiunctiva, quae est „aut", partes autem eius non habent ordinem nisi sola probatione.*

260) Ebend.: *Secunda divisio est, quod enuntiativa dividitur secundum intentionem praedicati in affirmativam .... et in negativam ..... Negatio vero hypothetica coniuncta fit, ut negatio apponatur coniunctioni sic „non, cum sol est super terram, stellae occultantur"; negatio vero disiunctiva fit, ut negetur coniunctio disiunctiva sic „non est asinus vel masculus vel niger" ...... Errant in categorica et putant, quod haec „Petrus est insipiens" sit negativa; est autem affirmativa, eius enim*

Entsprechend beruhe die Eintheilung nach der Quantität auf dem inneren Gehalte des Subjectes; indem aber das singuläre Urtheil keine Anwendung finde und von dem unbestimmten entweder das Gleiche gelte oder dasselbe als particulares genommen werde, bleiben durch Combination mit der Qualität nur die vier allbekannten Urtheilsformen übrig; hingegen seien auch die conditionalen und disjunctiven Urtheile je nach Kraft und Umfang ihrer Geltung in allgemeine und particulare zu unterscheiden [261]). Sodann führe noch das zwischen Subject und Prädicat bestehende Verhältniss zu einer vierten Eintheilung, nemlich zu jener in Möglichkeits- und Unmöglichkeits-Urtheile, wozu bei engerer Begränzung des Begriffes des Möglichen noch als drittes das Nothwendigkeits-Urtheil hinzukomme [262]). Hierauf folgt noch die Erörterung des contradictorischen Gegensatzes zweier Urtheile mit Angabe der Bedingungen, unter welchen ein solcher stattfinden kann [263]), und die Aufzählung der gewöhnlichen Regeln der Umkehrung [264]); jedoch bei letzteren beiden ist inconsequenter Weise nur mehr von dem kategorischen Urtheile die Rede.

---

intentio est, significare, eum esse stultum; .... et haec propositio privativa dicitur, cum re vera sit affirmativa.

261) Ebend.: *Item alia propositionis divisio, quod secundum intentionem subiecti dividitur in singularem .... et in non singularem; non singularis autem dividitur in indefinitam et definitam; ..... definita est, quae determinatur aliquo signo universalitatis vel particularitatis; quae est quadruplex, scilicet affirmativa universalis ..... et affirmativa particularis, ... negativa universalis .... et negativa particularis .... Secundum hoc igitur fiunt propositiones octo cum his quatuor, quae sequuntur: singularis affirmativa et singularis negativa, indefinita affirmativa et indefinita negativa; his autem quatuor non multum utimur in scientiis; indefinitae vero accipiuntur in sensu particularium, quoniam sine dubio de parte significant. ...... Hypothetica vero coniuncta dividitur in universalem, ut „si semper sol est super terram, semper est dies", et particularem, ut „si aliquando sol est super terram, erit dies". Disiuncta vero fit universalis, cum dicitur „omne corpus aut movetur aut quiescit", particularis etiam, cum dicitur „quidam homo aut est in navi aut est mersus."*

262) Ebend.: *Item propositio secundum intentionem compositionis sive habitudinis praedicati ad subiectum dividitur in possibile .... et in impossibile ..... Possibile autem duobis modis intelligitur; intelligitur enim possibile, quod non est impossibile, sub quo comprehenditur etiam necessarium, et secundum hoc res dividitur in duo, in possibile scilicet et in impossibile; intelligitur etiam possibile id, quod potest esse et non esse, et hic est eius usus proprius; secundum hanc igitur considerationem erunt tria genera rerum, scilicet necessarium, possibile et impossibile.*

263) Ebend.: *Item omnis propositio videtur habere contradictoriam diversam a se in affirmatione et negatione; sed si diversa est ab ea veritate vel falsitate, revera dicitur contradictoria ..... Vera autem contradictio esse non potest nisi adsint ista sex: quorum primum est, ut subiectum utriusque sit unum sicut voce sic et significatione .....; secundum est, ut praedicatum utriusque sit unum et idem .....; tertium est vero, ubi non differant in parte et toto, sicut cum dicis „oculus Petri est niger", intelliges de pupilla .....; quartum est, ubi non differant potentia et effectu .....; quintum est, ubi non sint diversae relationes ......; sexta conditio, ut non discernantur quantitate.*

264) Ebend.: *Omnis propositio est convertibilis secundum quod videtur, sed conversio dividitur in comitantem suae veritatis et in non comitantem .... Negativa universalis convertitur in negativam universalem; negativa autem particularis non convertitur ......; affirmativa universalis convertitur in alteram particularem .....; affirmativa autem particularis convertitur in similem sibi.*

Nun kann sich als *materia quarta* die Lehre von der **Argumentation** anreihen, bezüglich deren Algazeli noch einmal an seine principielle Eintheilung der Logik erinnert, zugleich aber eine Unterscheidung zwischen Form und Stoff der Argumentation an die Spitze stellt[265]. Der Form nach ist die erste Species der eigentliche Syllogismus, welcher sofort in den kategorischen und den hypothetischen Schluss getheilt wird, woran sich unter Angabe der üblichen Terminologie und der Dreizahl der Schlussfiguren abermals (vgl. Anm. 259) eine Parallelisirung der kategorischen und hypothetischen Urtheilsform anknüpft[266]. Sodann werden die gewöhnlichen Regeln über die für alle kategorischen Syllogismen gültigen Bedingungen sowie über die Tragweite der drei Figuren vorausgeschickt[267], um sodann die Entwicklung der sämmtlichen Modi der letzteren folgen zu lassen, wobei wir nur zu bemerken haben, dass Algazeli in der ersten Figur die fünf theophrastischen Schlussweisen nicht erwähnt, sowie dass er überhaupt von den mathematisch möglichen sechzehn Combinationen der vier kategorischen Urtheilsformen ausgeht, und hiernach im Hinblicke auf die für die Schlussfigur geltende Regel die unzulässigen Combinationen ausscheidet[268]. Während er aber hierauf die aristotelische Entwicklung jener Modi, welche auf Verbindungen der Urtheile des Stattfindens und der Möglichkeit und der Nothwendigkeit beruhen, gänzlich ignorirt, bildet ihm einen wichtigen Gegen-

---

265) C. 4.: *Materia quarta est de coniunctione propositionum ad faciendam argumentationem, et haec est nostra intentio ..... Consideratio vero haec est circa duo, quorum unum est forma et alterum est materia. Primum quidem est forma argumentationis. Supra diximus autem* (s. Anm. 235 ff.), *quod scientia aut est imaginationis aut credulitatis, et quod imaginatione non comprehenditur nisi in diffinitione, credulitas vero nonnisi argumentatione. Argumentatio est vel syllogismus vel exemplum vel inductio.*

266) Ebend.: *Syllogismus dividitur in categoricum et hypotheticum ...... Ex coniunctione partium utriusque propositionis proveniunt tres partes, quae vocantur termini ..... Enuntiatio autem, cum fuerit pars syllogismi, vocatur propositio ..... Dispositio vero duarum propositionum vocatur complexio; qualitas duarum propositionum ad medium vocatur figura. Ex hac ergo propositionum dispositione fiunt tres figurae ...... Iudicium autem antecedentis et consequentis in hypotheticis coniunctis simile est iudicio subiecti et praedicati secundum ordinationem eorum in his tribus figuris.* Vgl. Abschn. V, Anm. 56 ff.

267) Ebend.: *Conveniunt etiam in hoc tres figurae, quod in nulla earum concluditur aliquid ex duabus negativis nec ex duabus particularibus nec ex minore negativa et maiore particulari ..... Figura autem prima .... concludit quatuor finitas ..... figura vero secunda nullo modo concludit affirmativam; tertia figura nullo modo concludit universalem.*

268) Ebend.: *Post hos quatuor* (sc. *modos primae figurae*) *sequuntur duodecim commixtiones, quae non concludunt. Eo quod in unaquaque figura possunt fieri sexdecim connexiones; minor enim potest esse affirmativa universalis vel particularis vel negativa universalis vel particularis, et sic fiunt quatuor, quarum unicuique etiam possunt adiungi quatuor maiores ..... Cum autem posuerimus, ut minor sit negativa universalis vel particularis, ... non concluditur aliquid, et per hoc excluduntur octo connexiones ..... Et remanebunt duae affirmativae; affirmativae vero universali minori possunt adiungi quatuor maiores; duae illarum non concludunt ..... eo quod in hac figura posuimus, ut maior sit universalis. Remanent ergo in hac figura sex. Affirmativae vero particulari minori nunquam adiungitur particularis maior nec affirmativa nec negativa ..... Excluduntur ergo de sex remanentibus aliae duae. Et sic remanent quatuor tantum.*

stand die Lehre vom hypothetischen Syllogismus, welcher nach Obigem (Anm. 259) in einen conditionalen und einen disjunctiven zerfallen muss. Bezüglich des ersteren gibt er allerdings die gewöhnliche Regel, dass durch Annahme des Vordersatzes der Nachsatz angenommen und durch Aufhebung des Nachsatzes der Vordersatz aufgehoben sei, aber er fügt noch den höchst läppischen Einfall hinzu, dass, wenn der Umfang des Vordersatzes und jener des Nachsatzes einander völlig gleich seien, auch umgekehrt geschlossen werden könne und es dann hiemit vier conditionale Schlussweisen gebe [269]); in ähnlicher Weise denkt er auch bei dem disjunctiven Schlusse, welcher in der Regel in vier Weisen sich gestaltet, an die Möglichkeit, dass nicht eine dichotomische Alternative, sondern eine Mehrgliederung von Fällen im Obersatze vorliege [270]). Indem er aber hierauf die Entwicklung der Formen der Argumentation noch vervollständigen will [271]), bespricht er zunächst noch den indirecten Beweis [272]), sodann die Induction unter dem üblichen Vorbehalte betreffs ihrer Tragweite [273]), und zuletzt die Exemplification, bei welcher er völlig in das Gebiet der Rhetorik hinüberstreift, während er Momente, welche eben dort ihre geeignete Stelle haben, als logische Stützen der Exemplification betrachtet [274]). In solcher Weise ist bei Algazeli an

---

269) Ebend.: *At modo de syllogismis hypotheticis, quorum duae sunt species: hypotheticus coniunctus et disiunctus .... Hypothetici vero coniuncti hoc est exemplum „si mundus est factus, factorem habet"; haec est propositio, cuius si posueris antecedens, sequitur consequens; ..... si vero posueris negativam consequentis, sequitur negatoria antecedentis ...... Ad positionem vero consequentis vel ad destructionem antecedentis non fit conclusio nisi in paribus tantum, in quibus consequens non est communius antecedente, et tunc possunt concludi quatuor hypotheticae, ut „si hoc est corpus, hoc est compositum, sed est corpus, ergo est compositum", vel „est compositum, ergo est corpus", vel „non est corpus, ergo non est compositum", vel „non est compositum, ergo non est corpus". Si vero consequens fuerit communius antecedente, ... tunc ad remotionem communioris removetur minus commune ....., sed ad remotionem minus communis non removetur magis commune ......; sed ad positionem minus communis ponitur magis commune ..... et non e contrario.*

270) Ebend.: *Species secunda est de hypothetica disiuncta, ut hic „aut mundus coepit aut mundus est aeternus", hic concluduntur quatuor hypotheticae hoc modo: „sed mundus coepit, ergo non est aeternus", vel „non coepit, ergo est aeternus", vel „est aeternus, ergo non coepit", vel „non est aeternus, ergo coepit" ...... Hoc autem non fit nisi in contrariis immediatis; sed in mediatis, si fuerint tria, ad positionem unius eorum removentur reliqua duo .....; si vero enuntiatio fuerit plurium partium, ... ad positionem unius eorum removentur ceteri.*

271) Ebend.: *Haec sunt principia syllogismorum. Sed ad complendum hunc tractatum adiicimus etiam quatuor* (zu lesen *tria*), *quae sunt ratiocinatio indirecta et inductio et exemplum.*

272) Ebend.: *Ratiocinatio composita ratiocinationis indirectae forma est, probare propositionem destruendo contrarium, dicendo illud ad inconveniens, scilicet adiungere illi aliam propositionem manifeste veram et concludere ex eis manifeste falsum.*

273) Ebend.: *Inductio est oratio, in qua ex multis particularibus infert universale illorum ...... Inductio autem non valet nisi in auctoritatibus logicis non necessariis, in quibus, quo magis fuerit inductio diligentius composita et plenior, faciet maiorem fidem.*

274) Ebend.: *Exemplum est illud, quod doctores legis argumentationem vocant, scilicet iudicium de uno singulari in aliud propter aliquam similitudinem ...... Postquam autem dialectici apprehenderunt debilitatem huius argumentationis, adinvenerunt*

Stelle einer getreuen Auffassung der aristotelischen Logik bereits ein sehr steriler Abhub griechisch-arabischer Schul-Logik getreten, welcher allerdings für seine skeptisch-destructive Tendenz ein geeigneterer Gegenstand sein mochte, als wenn er die ächte Lehre des Aristoteles entwickelt hätte.

Indem aber hierauf noch der Stoff der Argumentation seine nähere Erörterung findet, so hat Algazeli hierin nicht bloss wie seine Vorgänger (Anm. 51 u. 223) die Anknüpfung der zweiten Analytik an die erste erblickt[275], sondern er folgte hiebei auch völlig dem Alfarabi, offenbar in der Ueberzeugung, dass die aristotelische Lehre einer wesentlichen Ergänzung bedürfe (s. Anm. 52), und zwar in einer Weise, dass wir je nach Befund unserer Quellen erst durch Algazeli eine genauere Einsicht in jene arabische Zuthat erlangen. Nemlich indem derselbe Alfarabi's Gleichniss mit dem Golde (Anm. 51) wiederholt, bringt er mit jenen dortigen fünf Abstufungen der Urtheile zunächst den Unterschied zwischen dem demonstrativen, dialektischen, rhetorischen, sophistischen und poetischen Verfahren (vgl. Abschn. XI, Anm. 122 f.) in Verbindung, und zählt hierauf jene nemlichen dreizehn Arten von Urtheilen, welche den Stoff der Beweisführung bilden können, auf[276], um sodann dieselben höchst ausführlich in Beispielen zu erläutern — ihre Namen sind: *primae*, *sensibiles*, *experimentales*, *famosae*, *quae naturaliter secum habent probationem*, *aestimativae*, *maximae*, *receptibiles*, *concessae*, *simulatoriae*, *maximae in apparentia*, *putabiles*, *immutatoriae* —[277]), worauf noch die Zurückführung derselben auf

---

aliam viam ...... et in stabiliendo hoc processerunt duabus viis, quarum una dicitur „simile et contrarium“ ..... Alia via „coniectatio“ est.

275) *Albert. M. Anal. post.* I, 1, 1, p. 514. B: *Multa autem sunt propositionum genera, ut dicit Algazel, in quibus nihil proximius est syllogismo, quam necessitas in materia propositionum; et ideo haec scientia (sc. demonstrativa) immediate post scientiam de syllogismo est ordinanda.*

276) *Log.* c. 5.: *Materia syllogismi sunt propositiones, quae si fuerint credibiles et verae, erunt conclusiones credibiles et verae ..... Sicut aurum est materia nummi et rotunditas forma eius, ... similiter syllogismus est vitiosus aliquando vitio formae, scilicet cum non fuerit secundum aliquam figuram praemissarum, aliquando est vitio materiae, quamvis forma sit recta ..... Sed sicut aurum habet quinque ordines, ... similiter propositio habet quinque ordines; primum ordinem habet illa, quae est vera et credibilis sine dubietate sive deceptione, et argumentatio ex talibus composita dicitur demonstrativa ..... proxima veritati, ut difficile possit falsitas esse in illa ...., et argumentatio ex ea vocatur dialectica; tertium habet ea, quae opinabilis, ... rhetorica; quartum habet propositio formata ad modum verarum cum similatione et dolo, ... et syllogismus, qui fit ex ea, dicitur deceptivus et sophisticus; quintum habet propositio, quae scitur esse falsa ...... Opus autem, de his propositionibus latius disseram. Omnis igitur propositio, ex qua componitur argumentatio, quae propositio nondum stabilita est ratione, ... dividitur in tredecim partes, scilicet in primas, sensibiles, experimentales, famosas, propositionem, quarum medium terminum et probationem intelligere in promptu est, et in aestimativas, maximas, receptibiles, concessas, simulatorias, eas quae videntur maximae, et putabiles et immutatorias.*

277) Ebend.: *Primae sunt, quas per se necesse est naturaliter intellectui credere, ut haec „duo sunt plus, quam unum“ ...... Sensibiles sunt, ut haec „sol est lucidus“ ..... Experimentales sunt propositiones, quas acquirimus in sensu et intellectu, ut haec, quod scimus, quod ignis adurit ...... Famosae sunt, sicut quas*

obige fünf Verfahrungsweisen (*facultates*) folgt, insoferne die ersten fünf der Demonstration, die 7. und 9. der Dialektik, die 6., 8. und 11. der Rhetorik, die 10. und 12. der Sophistik, und die 13. der Poetik zugewiesen werden [278]). Wenn aber hierauf unter der Ueberschrift „*De fallaciis*“ sich eine Aufzählung möglicher Fehler der Beweisführung anreiht, so ist hiedurch ebensowenig der Inhalt der *Soph. Elenchi* berührt, als etwa in das Vorhergehende die Topik verflochten wäre, sondern das Ganze enthält nur in der Angabe von zehn Punkten eine zersplitterte Wiederholung dessen, was Aristoteles noch in der ersten Analytik bezüglich der Wahrheit des Erschliessbaren (Abschn. IV, Anm. 611—614), sowie über das Erschleichen des Ausgangspunktes (ebend.

---

vulgo dicente didicimus, sicut haec, quod Aegyptus est, quamvis nunquam vidimus. ..... Propositiones vero, quae sequuntur, habent probationem suam naturaliter, sunt illae, quibus non acquiescit animus nisi per medium terminum .... Opinabiles sunt propositiones falsae, quae ita fixe adhaeserunt in animo, ut nemo possit dubitare, de his, quae contingunt ex actione aestimationis in ea, quae sunt praeter sensibilia ..... Manifestae sunt propositiones, quae non recipiuntur nisi in quantum sunt manifestae, et putat vulgus et simplices doctores, esse primas comitantes intellectus naturam, ut haec „mendacium est turpe“ (demnach ist, was oben *aestimativa* genannt war, hier in *opinabilis* und *manifesta* zerlegt) ...... *Maximae autem differunt secundum maiorem et minorem evidentiam sui et secundum diversitates usus et modorum et terrarum et artificum ...... Receptibiles sunt illae, quae habentur a sanctis hominibus vel a maioribus sapientum ...... Concessae sunt, quas concessit adversarius vel sunt manifestae inter ambos tantum ...... Simulatoriae sunt, quas studet homo assimilare primis vel experimentalibus vel maximis .... Maximae in apparentia sunt, quas qui audit statim recipit in principio, sed cum diligenter attendit, audit, non esse recipiendas ..... Putabiles sunt, quae faciunt putare aliquid, quamvis animus percipiat, posse esse eius oppositum, sicut „qui nocte ambulat, malefactor est“ ..... Imaginariae vel transformatoriae vel immutatoriae sunt, quas scimus esse falsas, sed imprimuntur in animo vel appetenda vel respuenda, sicut „mel videtur esse stercus“.*

278) C. 6.: *De acceptione propositionum in facultatibus. Quinque primae species, scilicet primae, sensibiles, experimentales, famosae et quae secum habent naturaliter probationem* (der Text gibt *propositionem*) *suam, congruunt argumentationibus demonstrativis; utilitas autem demonstrationis est manifestatio veritatis et acquisitio certitudinis. Maximae vero et concessae aptae sunt argumentationibus dialecticis; ..... utilitas autem dialecticae multiplex est; prima est, convincere praesumptuosum et iactantem se scire, quae nescit; ..... secunda est, ut cum voluerimus docere illum aliquam scientiam veram, ... nec sit contentus oratione rhetorica, ... nec tamen ascendit adhuc ad gradum superiorem veritatis .....; tertia est, quod introducendi in singulis artibus .... non possunt prius addiscere principia artis .....; quarta est, quod natura dialecticae argumentationis est, posse concludere duas extremitates contradictionis in quaestione, quod cum fecerit et consideraverit locum erroris, aliquando manifestabitur ei veritas ..... Putabiles autem et simulatoriae propositiones sunt aptae argumentationi sophisticae, nec prosunt alio modo nisi ut sciantur ad cavendum eas, ... et aliquando tentamus per eas intellectum .... et vocabitur argumentatio tentativa, aliquando vero inducemus eas ad inferendum sibi verecundiam, qui simulat vulgo se sapientem esse .... et tunc vocabitur argumentatio deceptiva .... Maximae vero in apparentia et putabiles* (wie sich von selbst versteht, ist hiefür *opinabiles* oder *aestimativae* zu lesen) *et receptibiles aptae sunt fieri argumentationis propositiones rhetoricae et legalis .....; utilitas autem rhetoricae manifesta est, flectere scilicet animos ...... Transformatoriae autem sunt propositiones argumentationis poeticae .... Ex his autem omnibus negotiis nihil est opus cognoscere nisi demonstrativum ad inquirendum et sophisticum ad cavendum; intentio nostra erit admodo loqui de his duobus.*

Anm. 628), über den Cirkel-Beweis (ebend. Anm. 615), und über die Stufe des blossen Meinens (ebend. Anm. 634) entwickelt hatte[279]).

Erst nun aber nach dieser ganzen Digression betreffs des Stoffes, welche offenbar aus Alfarabi entnommen ist, kömmt Algazeli auf die *materia quinta* der Logik, d. h. auf die aristotelische zweite Analytik selbst, wobei er vorerst die Frage des „Ob" betreffs der Existenz selbst oder eines blossen Zustandes, und die Frage des „Was" nach Seite der Namenserklärung und der Wesens-Definition, und die Frage des „Wie beschaffen" bezüglich des artmachenden Unterschiedes, und die Frage des „Warum" im Sinne des Realgrundes und auch des Erkenntnissgrundes bespricht[280]), und sodann in seiner Manier des Abtheilens als zweiten Punkt den Unterschied der „*demonstratio quia*" und der „*demonstratio quare*" (vgl. Anm. 62 u. 226) erörtert[281]); hierauf folgt als dritter Gesichtspunkt ein Excerpt aus den Angaben des Aristoteles über das Zustandekommen des apodeiktischen Wissens (s. Abschn. IV, Anm. 134 ff.) bezüglich der den Einzel-Wissenschaften eigenthümlichen Gegenstände und desjenigen, was denselben wesentlich zukömmt, sowie der wissenschaftlichen Fragen und der obersten Principien, welch letztere auch Algazeli im Sinne mathematischer Axiome

---

279) C. 7.: *De fallaciis. Nunc autem ostendemus species erroris ad cavendum eas, quae sunt decem. Prima est, quod disputationes saepe fiunt confusae ..... unde oportet, ... ut scias, si est syllogismus annon ..... et cuius figurae et cuius modi ..... Secunda, ut diligenter observes medium terminum ..... Tertia est, ut diligenter observes, ne inter utrumque terminum, maiorem scilicet et minorem, et extremitates conclusionis sit aliqua diversitas ..... Quarta est, ut observes duos vel tres terminos et duas extremitates conclusionis, ne sit in eis aequivocum ...... Quinta est, ut observes copulationem et nomina ...... Sexta est, ut non recipias indefinitas ...... Septima est, quia aliquando credes propositionem in syllogismo eo, quod, quodcunque quaesiveras, eius contradictorium in intellectu tuo non invenis, sed hoc non facit necessitatem credendi ..... Octava est, ut quaestio non fiat propositio in syllogismo ...... Nona est, ut non probetur aliquid per id, quod non probatur nisi per ipsum ...... Decima est, ut fugias propositiones putabiles maximas et simulatorias, nec credas nisi primas et sensibiles et alias, quae cum eis sunt.*

280) C. 8.: *De demonstratione. Materia quinta est de his, quae sequuntur librum argumentationis de Analecticis* (vgl. Abschn. XIII, Anm. 288. u. Abschn. XIV, Anm. 23) *posterioribus, in qua est utilitas demonstrationis. Haec dividitur in quatuor species. Prima species est de quaestionibus disciplinabilibus et eorum partibus, scilicet de quatuor quaestionibus, quae versantur in scientiis, quarum prima est „an est", ... secunda est „quid est", ... tertia est „quale est", ... quarta est „quare est". Interrogatio vero „an est" fit duobus modis, uno quo quaeritur, an res habeat esse, ... secundo, cum quaeritur dispositio rei, ut .... an mundus coepit. Interrogatio vero „quid est" similiter duobus modis fit, uno cum quaeritur de interpretatione nominis, ... alio modo quaeritur veritas rei in se; ..... interrogatio vero „quid est" secundum primum modum praecedit interrogationem „an est". ...... Interrogatio vero „quale" quaerit de differentia vel de proprio. Interrogatio vero „quare est" fit duobus modis, uno quaeritur causa esse rei, ... alio quaeritur causa scientiae ...... Interrogatio vero „quid est" et „quale est" pertinet ad imaginationem, sed interrogatio „an est" et „quare est" pertinet ad credulitatem.*

281) Ebend.: *Secunda eius species est de syllogismo demonstrativo; syllogismus demonstrativus dividitur in eum, quo acquiritur causa esse conclusionis, et in eum, quo acquiritur fides eius, quod est esse; primus vocatur „demonstratio quare est", secundus vocatur „demonstratio quia est" ..... Demonstratio est de „quare", quando medius terminus causa est inveniendi minorem et maiorem terminum.*

(vgl. Anm. 60) aufgefasst zu haben scheint[282]). Endlich als vierter und letzter Punkt begegnet uns hier die Erörterung über das aristotelische *καθόλου* und *καθ' αὑτό*, welche bei Alfarabi und Avicenna (vgl. Anm. 57 u. 224) zu den Untersuchungen über das *praedicatum primum* geführt hatte, hier aber in ziemlich schulmässiger Formulirung und mit starker Betonung der Bedeutung des Prädicates auftritt[283]).

So beschränkt sich Algazeli wenigstens in seinem uns zugänglichen Compendium auf den Umkreis der Apodeiktik, ohne die Topik oder Sophistik beizuziehen; es dürfte aber auch dieses mit seiner skeptischen Tendenz übereinstimmen, da er bei Bekämpfung des eigentlich wissenschaftlichen Verfahrens das dialektische Gebiet der blossen Probabilität völlig ignoriren konnte.

Ueber Avempace (Abu-Bekr-Mohammed-Ben-Jahya-Ibn-Badscha, gest. 1138) können wir hier nur äusserst Weniges berichten. Sein Einfluss auf das Mittelalter liegt hauptsächlich in seinen Bearbeitungen der physikalischen Schriften des Aristoteles oder mittelbar durch Averroes in der Entwicklung der Erkenntnisslehre, welch beiderseitige Thätigkeit uns hier nicht berührt. Und wenn derselbe sich auch mit dem Umkreise der Logik im engeren Sinne beschäftigte[284]), so scheinen von dergleichen Schriften desselben dem Mittelalter durchaus keine Uebersetzungen vorgelegen zu sein, und auch wir finden ihn nur ein paar Mal gelegentlich erwähnt, nemlich in der oben, Anm. 58, angeführten Stelle bezüglich jener principiellen Frage über die doppelte

---

282) Ebend.: *Tertia species est de his, in quibus potius continentur scientiae demonstrativae, et haec sunt quatuor, scilicet subiecta, accidentia essentialia, quaestiones, principia. Per primum quidem, quod est subiectum, intelligitur, quod omnis scientia subiectum habet sine dubio, de quo tractat ......, speculator ergo cuiuslibet scientiae non debet probare in sua scientia suum subiectum ...... Per secundum autem, quod est accidentia essentialia, intelliguntur proprietates accidentales illi subiecto tantum et non alii; ...... necesse est autem in principiis cuiuslibet scientiae intelligere haec accidentia essentialia cum suis diffinitionibus secundum imaginationem, sed hoc existere in suis subiectis non cognoscitur, nisi ex comprehensione vel complexione totius scientiae ...... Per tertium autem, quod est quaestiones, inquirimus cohaerentiam ipsorum accidentium essentialium cum suis subiectis; et hoc, quod est, petitur in omni scientia; .... secundum vero quod interrogatur de eis in ea, nominantur in ea quaestiones huius vel illius scientiae, sed secundum quod petuntur, dicuntur petitiones, secundum vero quod concluduntur in demonstrationibus, dicuntur conclusiones; in quibus omnibus nominatum est unum, sed variantur nomina .... Ipsa vero principia non probantur in ipsa arte, sed vel sunt prima et vocantur per se nota, ut hoc, quod dicitur in principio Euclidis, ... vel non sunt prima, sed sunt recipienda a magistro.*

283) Ebend.: *Species quarta est de omnibus conditionibus propositionum demonstrationis, quae quatuor sunt, scilicet quod sunt verae et necessariae et propriae et essentiales ...... Essentiale enim hic accipitur duobus modis, uno ut praedicatum intret diffinitionem subiecti, ... secundo ut subiectum intret diffinitionem praedicati. .... Essentiale autem secundum primum modum supervacuum est ...... Prior est cognitio praedicati cognitione subiecti ...... Quisquis enim intelligit triangulum cum diffinitione sua secundum imaginationem, non inquiret ea, quae praedicantur de eo; postea autem potest quaerere, si omnes eius anguli sunt aequales duobus rectis; quaerere autem, an sit figura vel non, supervacuum est.*

284) *Munck, Dictionn.* III, p. 154. berichtet, dass logische Tractate des Avempace sich im Escurial befinden.

Function der Demonstration, sodann wieder bei den Erörterungen über *praedicatum primum*[285]), und einmal in der Sophistik [286]), — lediglich Einzelheiten, aus welchen wir, wie sich von selbst versteht, nichts Näheres entnehmen können.

Einen gewissen Abschluss aber erhielt die arabische Philosophie überhaupt, wie bekannt, durch Averroes (Abul-Walid-Mohammed-Ibn-Achmed-Ibn-Roschd, gest. 1198), dessen commentirende Thätigkeit die sämmtlichen Werke des Aristoteles umfasste [287]). Er stand hiebei allerdings nur auf dem Boden seiner arabischen Vorgänger, denn er selbst verstand weder griechisch noch syrisch, aber mit peniblem, ja fast bornirtem Fleisse nahm er in stets wiederholten Ueberarbeitungen den gleichen Gegenstand vor, und so verfasste er auch zu jenem Zweige der Philosophie, welchen wir hier zu besprechen haben, nemlich zum Organon, dreierlei Commentare, unter welchen die einfachsten blosse Paraphrasen waren, zu welchen ebendeshalb noch sog. „mittlere" und zuletzt sog. „grosse" Commentare kamen. Indem wir unserer Aufgabe gemäss von anderen Schriften des Averroes, welche dem Mittelalter bekannt waren, absehen, wie namentlich von der „*Destructio destructionis*" (gegen Algazeli) und von seiner Darstellung der Erkenntnisslehre (*Epist. de connex. intellectus abstr. cum homine*, worauf der Monopsychismus der Averroisten in Oberitalien wurzelt), müssen wir erwähnen, dass die Scholastiker sämmtliche drei Arten der Commentare zur zweiten Analytik, zu den übrigen Büchern des Organons aber (mit Einschluss der Rhetorik und Poetik, vgl. oben Anm. 18) nur die Paraphrasen und die mittleren Commentare kannten, wozu noch eine „*Epitome*" des Organons und „*Quaesita in libros log. Arist.*" kommen [288]); die beiden letztgenannten Schriften jedoch scheinen sicher mit Unrecht für Werke des Averroes gehalten worden zu sein, denn sowie die *Quaesita* durch formelle Momente einen sehr gegründeten Verdacht erregen [289]), so liegt die *Epitome* im Inhalte in Widerspruch mit den ächten Schriften des Averroes [290]).

---

285) *Ps.-Averr. Quaes. in Poster. Resolut.* f. 373. r. B (vgl. Anm. 57. u. 224.).

286) *Ps.-Averr. Epitome*, f. 352. r. B.

287) S. über denselben *Munck, Dictionn.* III, p. 157 ff. und vor Allem *E. Renan, Averroès et l'Averroisme. Paris* 1852. 8.

288) Die dem Mittelalter zugänglichen Schriften des Averroes sind in mehreren älteren Ausgaben der lateinischen Uebersetzung des Aristoteles gedruckt; ich citire, wie bemerkt (Anm. 11.), nach der Venetianer v. 1552, fol.

289) Es mag allerdings als misslich erscheinen, wenn ich ohne weitere Kenntniss der arabischen Originale lediglich aus den lateinischen Uebersetzungen ein derartiges Urtheil fälle, und ich darf aus diesem Grunde wohl kein grosses Gewicht auf jenen Unterschied des Stiles und der Behandlungsweise legen, welcher zwischen den *Quaesita* und anderen unzweifelhaften Schriften des Averroes zu bestehen scheint, obwohl ich überzeugt bin, dass jeder aufmerksame Leser sofort den gleichen Eindruck empfangen würde. Hingegen von entscheidenderem Belange dürfte es sein, dass der Verfasser der *Quaesita* seinen Tadel gegen Andere in sehr verallgemeinerten und fast schmähenden Ausdrücken ausspricht, ein Ton, welchen Averroes bei aller Meinungsverschiedenheit nie einschlägt. Belege hiefür finden sich in obigen Anm. 11. 55. u. 70.

290) Nemlich abgesehen von einer abweichenden Terminologie, für welche

Die Leistungen des Averroes auf dem hieher gehörigen Gebiete enthalten an sich durchaus Nichts, was ihm selbst eigenthümlich wäre, sondern er ist lediglich Commentator des Aristoteles, dessen richtiges und klares Verständniss er dem Leser ohne irgend welche Abweichungen zugänglich machen will. Daher wir gerade nach jener Seite hin, in welcher sein verdienstlicher Einfluss auf das lateinische Abendland liegt, uns über ihn am kürzesten fassen können und müssen; denn es dürfte in der That fast genügen, wenn wir kurzweg im Allgemeinen über ihn sagen, dass er ein fleissiger und getreuer Erklärer des Aristoteles war, und es gilt dieses vollständig auch bezüglich der Metaphysik, welche die Lateiner gleichzeitig im aristotelischen Texte und in der erläuternden Darstellung des Averroes erhielten, so dass es eine unnöthige Verdopplung wäre, wenn wir bei jenen Erörterungen der Metaphysik, welche (z. B. betreffs des Verwirklichungs-Processes des Artbegriffes oder der individuellen Substanz) in die Logik hinüberspielen, die Angaben des Averroes besonders anführen wollten, da ja dieselben nur in exegetischer Form das Nemliche darbieten, was zugleich aus Aristoteles selbst zu schöpfen war. Ein äusserliches Moment aber fällt dem Leser der Commentare des Averroes sofort in die Augen, nemlich das fortgesetzte Bemühen, jeden Stoff zur leichteren Uebersicht in Abtheilungen und Unter-Abtheilungen mit ausdrücklicher Numerirung zu gliedern [291]), und wir können auch bemerken, dass hierin Averroes einen äusseren Einfluss auf die Lectüre der aristotelischen Schriften ausübte, welcher sich bis in das 16. Jahrhundert erstreckt [292]).

Indem sich Averroes bezüglich der Frage, wie sich die Logik zu den übrigen Wissenschaften verhalte, an eine vielbesprochene aristotelische Stelle (Abschn. IV, Anm. 177) anschliesst, wornach die logische Disciplinirung des Denkens vorantreten soll [293]), sucht er, wie gesagt,

---

sicher nicht der Uebersetzer verantwortlich gemacht werden kann (Anm. 346.), widerstreitet den ausdrücklichen Angaben des Averroes nicht bloss die ganze Eintheilung des Stoffes (Anm. 348.), sondern auch im Einzelnen die Beurtheilung der Isagoge (Anm. 350 f.), sowie insbesondere die der Dialektik angewiesene Stelle (Anm. 372.). Hiernach muss unsere Ueberzeugung auch dahin gehen, dass wir die von Levi Gerson (f. 7. r. B, s. unten Anm. 413.) erwähnte *Summula logicalis* des Averroes in jener *Epitome* nicht besitzen. Dass aber hinwiederum auch nicht die *Quaesita* und die *Epitome* Produkte Eines und des nemlichen Autors sein können, zeigt die Vergleichung obiger Anm. 54. u. 55., woselbst uns beide unbekannte Verfasser als Berichterstatter über den nemlichen Gegenstand dienten.

291) So werden z. B. (f. 15. r. A) die Kategorien in 6 *partes*, und dann die Substanz in 14 *particulas*, die Quantität (f. 17. v. B) in 7, die Relation (f. 20. r. A) in 8, die Qualität (f. 22. v. B) in 11, die Gegensätze (f. 22. r. A) in 11 *particulas* abgetheilt, und jedesmal geht die vorläufige Aufzählung dieser Abtheilungen dem Detail-Commentare voraus, welcher dann wieder die Numerirung stets im Auge behält.

292) Nemlich nicht bloss durch *Franc. Patricius*, *Discuss. Peripat.* I, f. 98, ist uns bezeugt, dass die Aristoteliker in Oberitalien jene von Averroes durchgeführten Abtheilungen recipirten, sondern es weist auch die in den älteren Drucken der aristotelischen Werke (auch *Metaph.* u. *De anima*) übliche Eintheilung in Capitel und Paragraphen auf die nemliche Quelle zurück.

293) *Albert. M. De praedicab.* I, 1, p. 1. B: *Et Aristoteles ..... et similiter Averroes dicunt*, *omnis scientiae modum esse ipsam scientiam*, *quae est et vocatur*

das Verständniss des Organons durch seine Commentare zu erleichtern. Aber schon bei dem ersten recipirten Theile desselben, nemlich bei der Isagoge des Porphyrius, zeigt er sich uns als jenen strengen und reinen Aristoteliker, welcher er überall ist; denn er will das Büchlein des Porphyrius lediglich darum besprechen, weil er hiezu im Hinblicke auf die einmal bestehende Gewohnheit von wissenschaftlichen Freunden gedrängt worden war, während er selbst die entschiedene Ueberzeugung hegt, dass die Isagoge gar nicht zum Organon gehöre, indem ihr auf die Definition bezüglicher Inhalt weder unter das demonstrative noch unter das rhetorisch-topische Verfahren untergebracht werden könne, sondern nur den Sprach-Ausdruck der fünf Worte betreffe, abgesehen davon, dass sie überhaupt keiner weiteren Verdeutlichung bedürfe [294]). Und da somit Averroes gleichsam widerwillig an diesen Theil seines Commentares geht, so beschränkt er sich auch auf das bei Porphyrius Angegebene und lässt jede anderweitige oder tiefere Frage bei Seite. So gibt er sowohl über den Gattungsbegriff [295]) als auch bezüglich der Relativität der Definitionen des Gattungs- und des Art-Begriffes (vgl. Anm. 113) und über die doppelte Definition des letzteren (Anm. 119) nur karge Referate, ohne in die dargebotene Polemik einzugehen [296]), während er allerdings bei Erklärung der Metaphysik sich für die engere Definition der *species specialissima* entschied [297]). Er lenkt daher schnell auf die *Tabula logica* des Porphyrius ein [298]), wobei er die Definition

---

logica, et quod non simul addisci potest scientia et scientiae modus, sed oportet prius discere modum et deinde per modum iam perfecte apprehensum addiscere tentare scientiam.

294) *Ad Porph.* f. 1. r. A: *Propositum huius tractatus est, exponere ea, quae in introductorio ad scientiam logicam libro Porphyrii continentur, propterea quia iam adolevit consuetudo, ut initium librorum logicalium ab ipso sumatur.* Ebend. am Schlusse f. 10. r. B: *Et hic expliciunt ea, quae in hoc introductorio continentur; instigatus autem a quibusdam sociis nostris eruditis ac de hoc negotio diligentibus de secta Murgitana, quorum deus misereatur, ut ea exponerem, ea exposui; alias enim ego abstinuissem ab huiusmodi expositione propter duo; primum quidem, quoniam non video, hoc introductorium esse necessarium pro initio sumendo in hac arte, nam id, quod in eo dicitur, non potest esse sub ratione illius partis, quae est communis huic arti, ut aliqui sunt opinati; nam id, quod in eo dicitur de definitionibus harum rerum, si esset demonstrativi generis, tunc esset pars libri Demonstrationis, et si esset generis probabilis, tunc esset pars libri Topicorum; sed Porphyrius fecit mentionem de his rebus, prout sunt expositiones eorum, quae significant illa nomina; ...... secunda vero causa erat, quia verba huius viri sunt per se manifesta in hoc introductorio.*

295) Ebend. f. 2. r. B.

296) Ebend. f. 3. v. B.

297) *Albert. M. De praedicab.* V, 6, p. 63. B: *Aristoteles in septimo primae philosophiae et ibidem Averroes in commentario* (f. 92. v. A) *expresse dicunt et probant, quod ultima differentia cuiuslibet speciei constitutiva convertibilis est cum ea ita, quod non convenit eam nisi de illa specie praedicari, ... non ergo praedicatur de pluribus differentibus specie, ut videtur ...... Hoc autem dicit Averroes dicens, quod omnia intermedia inter genus et ultimam differentiam circumlocutio sunt proximi generis, qua circumlocutione non opus esset, si nomina proximorum generum haberemus.*

298) *Ad Porph.* f. 4. r. A, woselbst sowohl die Angaben über „*ens*“ (s. Anm. 32.) als auch (f. 4. r. B) die sog. *regula de quocunque* (Anm. 192.) sich

des Individuums etwas stärker hervorhebt[299]), aber dann wieder völlig in der üblichen Weise die Eintheilung der Differenz anwendet[300]), wobei ihn jedoch sein ächter Aristotelismus ebensosehr wie den Avicenna (Anm. 166) daran hindert, Gattungs- und Art-Begriff direct mit Stoff und Form zu identificiren[301]). Bezüglich des eigenthümlichen Merkmales[302]) verfährt er ebenso wie beim Accidens schlechthin nur referirend[303]), und das Gleiche gilt betreffs der üblichen Zusammenstellung der Verwandtschafts- und Unterschieds-Punkte der fünf Universalien[304]); ja ganz gelegentlich lässt er ebendort seine principielle Auffassung der Universalien durchblicken, insoferne er sich, ohne auf die Frage näher einzugehen, bei einem einzelnen Punkte gegen die Platoniker erklärt[305]).

Der Commentar zu den Kategorien, welcher sich durchweg nur als eine eintheilende Paraphrase zeigt, bietet nichts Bemerkenswerthes dar; höchstens mag erwähnt werden, dass bei Erklärung der Stelle über „*de subiecto*“ und „*in subiecto*“ durch Averroes eine versinnlichende

---

finden; auch der schon oben (Anm. 117. u. 134.) erwähnte Gegenstand theologischer Bedenken fehlt nicht.

299) Ebend. f. 4. r. B: *Hoc autem, quod Porphyrius dicit, est verum de individuis accidentium, nam individua substantiae de nulla praedicantur re secundum usum naturae, et ideo vera descriptio individuorum est, quod individuum est id, quod non praedicatur de pluribus, non id quod praedicatur de uno, ut ipse descripsit.*

300) Ebend. f. 5. v. B: *Genus supremum habet differentias dividentes ipsum, sed non habet differentiam, quae ipsum constituat ..... Species vero ultima habet differentiam constitutivam, sed non divisivam.*

301) Ebend. f. 6. r. A und *Albert. M.* a. a. O. V, 4, p. 60. A: *Ut dicit Averroes in commento primae philosophiae* (*Metaph.* I, 17, f. 7. v. B), *genus non est materia, sed forma generalis et confusa et indistincta et diffusa in materia non determinata per formam, quam diffusam formam et confusam vocant quidam formae inchoationem.*

302) Ebend. f. 6. v. B.

303) Ebend. f. 7. r. A: *Definiunt insuper ipsum accidens sic: accidens est, quod potest inesse uni et eidem rei et non inesse, vel: quod non est genus nec differentia nec species nec proprium et quod semper sit in subiecto. Prima ergo definitio amplectitur accidens separabile et inseparabile, secunda vero separabile tantum continet accidens.* Eine anderweitige Notiz jedoch s. unten Anm. 413.

304) Ebend. f. 9 f.

305) Ebend. f. 9. v. B: *Et hoc quod dicit Porphyrius, est verum iuxta sententiam ponentium ideas, hoc est, si dantur genera et species extra intellectum.*

Figur üblich wurde[306]), denn in allem Uebrigen finden wir nur die allgemein recipirten Angaben; selbst bei Besprechung der Bewegung lässt Averroes die Frage, unter welche Kategorie dieselbe falle, bei Seite liegen[307]). Auch die Erörterung über die vier Arten des Gegensatzes verweilt in einer blossen Paraphrase, und nur bei anderen Gelegenheiten spricht er seine Ansicht aus, dass alle Gegensätzlichkeit ursprünglich auf Anschauungen des örtlichen Abstandes beruhe[308]).

Bezüglich der Lehre vom Urtheile kann hervorgehoben werden, dass den Lateinern aus einer anderweitigen Stelle des Averroes die Eintheilung der Redetheile in Substantivum, Verbum und *syncategoreumata* (s. Abschn. XIV, Anm. 174, 206, 348 und Abschn. XV, Anm. 9 u. bes. Anm. 106) vorgeführt wurde[309]), sowie dass aus dem Commentare zum Buche *De interpr.* sich eine Bemerkung über das arabische Verbum einbürgerte[310]). Auch hielt Averroes ebenso wie Avicenna (Anm. 215) das conditionale Urtheil für ein durch den inneren Nexus einheitliches, fügte aber, ohne das disjunctive oder das copulative Ur-

---

306) *Praedicam.* f. 12. v. B, woselbst die betreffenden Lehrsätze folgendermaassen in eine Figur zusammengestellt sind:

307) Ebend. f. 30. r. B.

308) *Albert. M. De praedicam.* III, 12, p. 138. A: *Averroes in duobus locis, scilicet super physicam* (V, 99.) *et super primam philosophiam* (*Metaph.* I, 45, f. 12. v. B) *dicit, ad contrariorum diffinitionem ab his, quae in loco sunt contraria, distantiam esse transsumptam.*

309) *Topic.* f. 256. r. A: *Aristoteles in libro Perihermenias distinguit res ratione dictionum, quando illas distinguit in nomen, verbum et dictionem syncategorematicam.* D. h. der Gebrauch dieses technischen Ausdruckes fällt auf Rechnung des jüdischen Uebersetzers Abraham (s. *Renan, Averr. et. l'Averroisme*, p. 150.), welcher irgendwoher die hiezu erforderliche Kenntniss besessen haben muss; hingegen Mantini wählt in seiner Uebersetzung das Wort „*consignificantia*".

310) *De interpr.* f. 36. r. B: *Apud Arabes praesens et futurum tempus confunduntur; .... in lingua Arabica non datur propria nota temporis praesentis, sed est communis nota tam praesenti quam futuro.*

theil zu erwähnen, die Bemerkung hinzu, dass zwei kategorische Urtheile durch die syllogistische Verknüpfung zu Einem Urtheile werden [311]). Bei der näheren Erörterung des kategorischen Urtheiles finden wir die Bezeichnung „*duales*“ und „*ternales*“, je nachdem ein Urtheil bloss aus Substantivum und Verbum oder aus Subject, Prädicat und Copula bestehe [312]), sowie die Wiederholung einer von Alfarabi (Anm. 41) gemachten Bemerkung [313]) und abermals (vgl. Anm. 40) die Besprechung jenes aristotelischen Beispieles, in welchem der Satz ein nicht existirendes Subject betrifft [314]). Die Bemerkungen über das modale Urtheil und insbesondere über die Stellung der Negation in demselben gehen nicht über den Wortlaut des aristotelischen Textes hinaus [315]), und die Erörterung über die Schwierigkeiten, welche das letzte Capitel des Buches darbietet (Abschn. IV, Anm. 286 ff.), müssen wir sogar direct als schwach und ungenügend bezeichnen [316]).

Am Eingange der ersten Analytik stellt Averroes bereits jene Zweitheilung nach Form und Stoff an die Spitze, welche wir bei Alfarabi (Anm. 51) und bei Algazeli (Anm. 265) bezüglich des Verhältnisses beider Analytiken trafen, und es knüpft sich ihm hieran die Unterscheidung des demonstrativen und des dialektischen Urtheiles [317]), sowie die Bemerkung, dass das im Syllogismus liegende Motiv der Form im Vergleiche mit dem Inhalte der Beweisführung das allgemeinere sei [318]). Abgesehen von der durch die Uebersetzung dargebotenen Terminologie „*propositio absoluta*“ für das übliche „*propositio de inesse*“ [319]) ist zu erwähnen, dass Averroes bei den kategorischen Syllogismen sich gleichfalls (wie Algazeli, Anm. 268) auf den Standpunkt der möglichen Com-

---

311) Ebend. f. 37. r. B: *Conditionales sunt una ex coniunctione, quae est signum conditionis, ut cum dicimus „si est supra terram sol, dies est“; ..... praedicativae vero orationes sunt quidem una per coniunctionem, quae est terminus medius, ut cum dicimus „homo est animal et animal est corpus“.*

312) Ebend. f. 43. r. B: *Vocantur autem illae, quarum praedicatum est verbum, duales, quia constant subiecto et praedicato tantum, et illae, quarum praedicatum est nomen, dicuntur ternales, quia constant subiecto et verbo copulante et praedicato.*

313) Ebend. f. 46. v. B: *Constat ergo, quod non omne id, quod verificatur divisim, oporteat ipsum verificari coniunctim.*

314) Ebend. f. 47. r. A.

315) Ebend. f. 48. v. B.

316) Ebend. f. 52. r. A.

317) *Prior. Resolut.* f. 54. r. A: *Hae divisiones* (d. h. in allg. bej., allg. vern. u. s. f. Urtheile) *sunt propositiones ex parte formae, h. e. divisiones utiles ad cognitionem syllogismi simpliciter. Divisiones vero ex parte materiae sunt, quoniam ipsius alia est demonstrativa alia dialectica ac reliquae, in quas partitur secundum artium sermocinalium materias ...... Ac propositio quidem demonstrativa et dialectica re a se invicem differunt, ... quod demonstrativa propositio altera est contradictionis pars et ea quidem vera, dialectica vero esse potest utralibet ex partibus contradictionis ..... Erit itaque propositio syllogistica veluti genus demonstrativae ac dialecticae.*

318) Ebend. f. 56. v. B: *Oportet sermonem de syllogismo praecedere sermonem de demonstratione; syllogismus namque universalior est demonstratione, omnis enim demonstratio syllogismus et non est omnis syllogismus demonstratio.* Vgl. Anm. 333.

319) Ebend. f. 54. v. A ff.

binationen der Urtheile stellt, um dann die syllogistisch untauglichen auszuscheiden, dabei aber durch ein anderes Verfahren auf 36 Combinationen kömmt [320]), sowie dass er völlig richtig und in ächt aristotelischem Sinne die fünf theophrastischen Schlussweisen der ersten Figur als unnatürliche abweist [321]). Und sowie er dieselben durchaus sachgemäss mit der sog. Galenischen vierten Schlussfigur in Verbindung bringt, so müssen wir hier daran erinnern, dass er betreffs dieser angeblichen Erfindung des Galenus uns schon oben (Abschn. IX, Anm. 99) als hauptsächliche Quelle diente, und es bleibt uns nur die Bemerkung übrig, dass Averroes in sehr vernünftiger Weise und in aristotelischem Geiste die Berechtigung der vierten Figur überhaupt bestreitet [322]). Mit

---

320) Ebend. f. 56. v. B: *Quoniam igitur omnes duae propositiones aut sic se habent, quod ambae sunt universales aut particulares aut indefinitae, aut una ipsarum universalis et altera in parte, aut una ipsarum universalis et altera indefinita, aut una ipsarum indefinita et altera in parte, et unaquaeque harum trium specierum bifariam variatur, velut sit universalis maior et particularis minor vel e converso, et similiter universalis cum* (der Text gibt *non*) *indefinita ac particularis cum indefinita, et unaquaeque harum novem specierum ita se habet secundum compositionem, aut ut ambae simul affirmativae sint aut negativae simul, aut una ipsarum affirmativa et altera negativa, et hoc duobus modis, uno quod sit minor negativa et maior affirmativa, secundo in contrarium huius, ex quo planum, si multiplicatae fuerint illae quatuor in has novem, efficientur hac in figura* (sc. *prima*) *sex ac triginta coniugationes. Et Aristoteles exponit, quae concludat quaeve non concludat.*

321) Ebend. 57. r. B: *Is, qui ex binis negativis construitur in hac figura, nihil penitus concludit ..... Si vero minor in ipso exstiterit negativa, iam existimatur, quod concludat negativam in parte, posteaquam propositiones conversae fuerint; atqui haec species conclusionis non est ex syllogismo, super quem cogitatio naturaliter cadit; nimirum concluderet, si in quarta figura syllogismus naturaliter construeretur.* Ebenso im Folgenden bei den übrigen theophrastischen Schlussweisen, nemlich insbesondere betreffs der durch Umkehrung des Schlusssatzes gewonnenen (f. 58. r. A): *Quod vero priores excogitaverunt, quod tres modi figurae istius binas conclusiones colligunt, hoc est modus concludens universalem negativam concludit etiam convertentem, et concludens particularem affirmativam consimiliter, et concludens item universalem affirmativam, quod videlicet isti etiam convertentes suas concludunt, h. e. affirmativam in parte, hoc, inquam, illi asserunt, quia intentionem ignorant Aristotelicam; Aristoteles namque hoc loco intendit connumerare conclusionum species, quae per se et primo in syllogismis inveniuntur naturalibus, non autem qui sunt secundum intentionem secundam et non secundum cursum syllogismi.*

322) Ebend. f. 83. r. A: *Quod autem non inveniatur figura quarta, planum ex medio termino, qui accipitur communicare cum ambabus extremitatibus; quemadmodum si accipiatur C communicare cum B et A, quae sunt extremitates quaesiti, ex necessitate sequetur unum ex tribus, vel ut subiectum maioris extremitatis sit praedicatum minoris, quemadmodum si A praedicetur de C et C de B, et haec figura prima, aut praedicetur de utrisque simul, et haec figura secunda, aut ipsis subiiciatur, et haec figura tertia. Si vero accipiatur praedicatum maioris subiici minori, non conveniet, propterea quod praedicatum maioris praedicatur de minore, quoniam maior praedicatur in quaesito secundum naturam de minore, et ita erit idem praedicatum de se ipso, quod fieri non potest, si interpretetur terminus medius secundum quaesitum positum; quod si exponatur secundum participationem, concludet aliud a quaesito, puta conversum suum, et hoc secundum modum, qui numeratur complicatio figurae quartae, quam posuit Galenus; atqui erit syllogismus super alio a quaesito posito, sed in hoc non cadit cogitatio secundum naturam, neque accipitur in sermone syllogistico neque demonstrativo neque existimativo.* Gelegentlich der Erklärung der

der gleichen Strenge hält er sich auch in anderen Fragen gegenüber seinen Vorgängern an die Angaben des Aristoteles, und so bekämpft er den Alfarabi (Anm. 44) bezüglich der syllogistischen Bedeutung der Möglichkeits- und Nothwendigkeits-Urtheile [323]), sowie er auch den Begriff des Möglichen nur nach aristotelischer Lehre fasst [324]); ja in gleicher Weise verfährt er selbst dem Theophrastus gegenüber, insoferne derselbe (s. Abschn. V, Anm. 51) bei den aus modalen Urtheilen combinirten Syllogismen, den Grundsatz aufgestellt hatte, dass der Schlusssatz der schwächeren Prämisse folge [325]). Und sogar da, wo er bezüglich der aristotelischen Angaben über die Voraussetzungsschlüsse (Abschn. IV, Anm. 580 ff.) sich durch die Commentatoren und den constanten Schulgebrauch dazu verleiten liess, in ähnlicher Weise wie Algazeli (Anm. 269 f.) die conditionalen Schlüsse in zwei Formen und die disjunctiven in vier Formen anzuführen [326]), lenkt er ziemlich besonnen auf den aristotelischen Standpunkt zurück, insoferne er den wesentlichen inneren Unterschied zwischen diesen hypothetischen und den kategorischen Syllogismen anerkennt, dass in ersteren der Schlusssatz nicht eine eigentliche Errungenschaft des Schliessens sei, sondern gerade der Obersatz zu seiner eigenen Begründung noch eines kategorischen Schlusses bedürfe [327]). Zu jener aristotelischen Stelle aber

---

aristotelischen Stelle, welche in der Topik (I, 9.) das *problema dialecticum* betrifft, führt Averroes diese Frage über die Zahl der Schlussfiguren als ein Beispiel der nützlichen Probleme an (*Topic.* f. 260. v. A): *iuvans logicam est, ut, an figurae categoricae sint tres aut quatuor, et an definitio acquiratur divisione aut compositione aut demonstratione.*

323) *Prior. Resol.* f. 65. v. B u. f. 72. v. B.

324) Ebend. f. 68. v. A.

325) Ebend. f. 65. r. B: *Theophrastus vero atque Eudemus ex antiquis Peripateticis et inter posteriores Themistius, qui eos secutus est, existimaverunt, quod modus conclusionis sequatur viliorem ex duobus modis, h. e. ut semper in tali complicatione sequatur propositionem absolutam, quoniam absoluta est vilior necessaria. .... Sed in hoc sermone est confusio manifesta ..., quoniam ..... modus conclusionis sequetur modum propositionis maioris, secundum quod existimavit Aristoteles.*

326) Ebend. f. 83. r. A: *Syllogismorum conditionalium duo sunt genera prima. Unum est syllogismus coniunctus, is videlicet, qui componitur ex consequentibus et coaptatur per notas conditionis facientes coniunctionem; ..... istius vero sunt binae species, una, ut ponatur ipsius antecedens per se et concludatur consequens, ... altera vero, cum ponitur in ipso oppositum consequentis et concluditur oppositum antecedentis ..... Sed genus secundum est conditionalis divisus; hic autem componitur ex contradictoriis perfectae contradictionis, et coaptantur illi notae conditionis significantes partitionem; ...... huius autem sunt quatuor species, et hoc, quia ponitur antecedens et concluditur oppositum consequentis, et ponitur consequens et concluditur oppositum antecedentis, et ponitur oppositum antecedentis et concluditur consequens, et ponitur oppositum consequentis et concluditur antecedens.*

327) Ebend.: *Si perscrutabimur ipsorum dispositionem, planum nobis fiet, quod quaesitum in ipsis id est, quod monstratur per modum conditionis, sed positum est illud, quod oportet monstrare per syllogismum praedicativum in conditionali diviso et coniuncto, posteaquam fuerit coniunctio et contradictio per se manifesta, et hoc, quoniam, si fuerit coniunctio in ipsis manifesta per se et positum manifestum per se, erit etiam consequens manifestum per se .... Nec dici potest, quod, quemadmodum sunt propositiones in syllogismo praedicativo per se notae et conclusio ignota,*

(Abschn. IV, Anm. 588 f.), welche sich auf die Praxis der Syllogistik und hiemit auf die Auffindung eines passenden Mittelbegriffes bezieht, wurde durch Averroes dem lateinischen Mittelalter eine neue veranschaulichende Figur an die Hand gegeben [328]). Eine ebenso sorgfältige als breite Erklärung widmet er dem zweiten Buche der ersten Analytik, hält sich aber dabei durchaus so strenge an Aristoteles — z. B. auch

---

consimiliter accidat, ut res sit in syllogismo conditionali, h. e. ut sint ambae propositiones per se notae, i. e. conditionalis et posita, et sic conclusio ignota, ... sed propositiones in syllogismo conditionali non requiruntur ad compositionem, ut ex ipsis sequatur id, quod sequitur.

328) Ebend. f. 87. r. (wobei ich nur der Kürze wegen die Bezeichnung der Schlussmodi wie in Abschn. IV, Anm. 588 f. wähle):

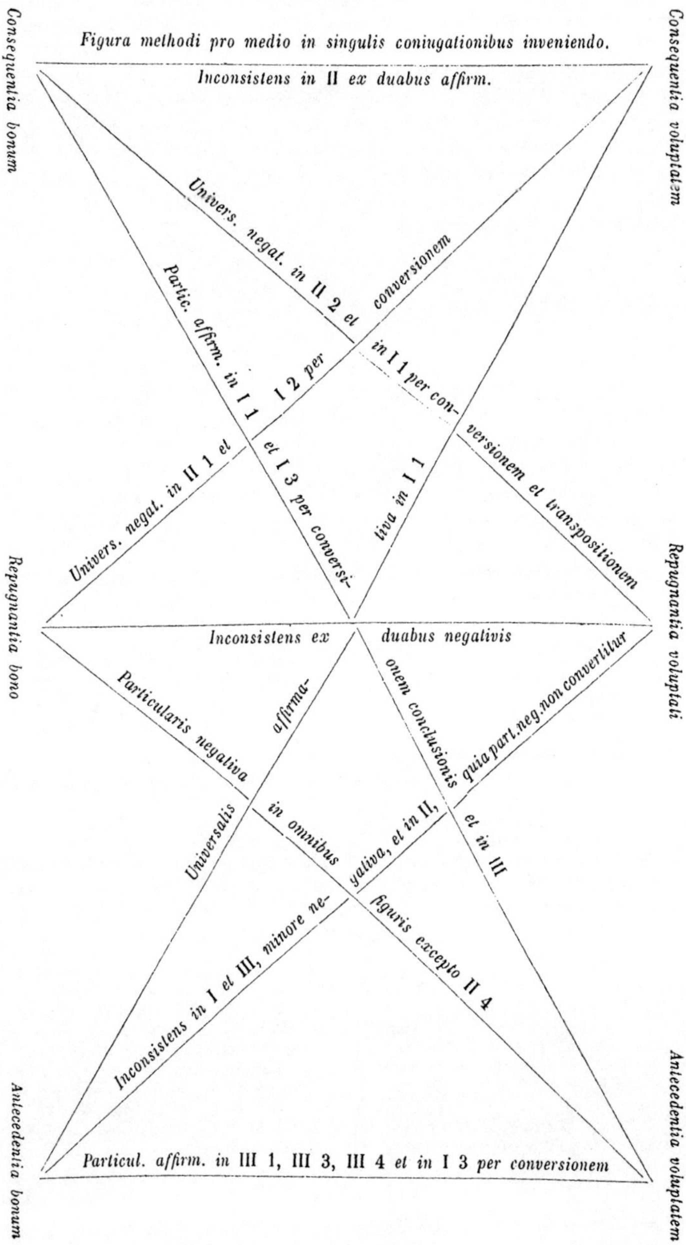
Consequentia bonum
Consequentia voluptatem
Figura methodi pro medio in singulis coniugationibus inveniendo.
Inconsistens in II ex duabus affirm.
Univers. negat. in II 2 et conversionem
in I 1 per conversionem et transpositionem
Partic. affirm. in I 1 et I 3 per conversi-
I 2 per
Univers. negat. in II 1 et
tiva in I 1
Repugnantia bono
Repugnantia voluptati
Inconsistens ex duabus negativis
Particularis negativa
affirma-
onem conclusionis
quia part. neg. non convertitur
Universalis
in omnibus
gativa, et in II,
et in III
figuris excepto II 4
Inconsistens in I et III, minore ne-
Particul. affirm. in III 1, III 3, III 4 et in I 3 per conversionem
Antecedentia bonum
Antecedentia voluptatem

bezüglich der Induction[329]) — dass es völlig unnöthig ist, Einzelnes besonders anzuführen.

Ebenso können wir, was die zweite Analytik betrifft, vor Allem von dem sog. mittleren Commentare[330]) Umgang nehmen, indem derselbe als ein Mittelding zwischen Paraphrase und Commentar allerdings das Ganze recht klar und mit guter Betonung des Hauptsächlichen darlegt, aber nirgend Eigenthümliches bietet. Auch der sog. grosse Commentar hält sich überwiegend an den Text, und während in demselben wohl zuweilen Themistius, seltener aber Alexander Aphrodisiensis erwähnt ist, finden wir auffallender Weise nur sehr selten andere Schriften des Aristoteles zur Erklärung beigezogen[331]). Somit ist es nur Weniges, was wir hervorheben müssen. Zunächst begegnet uns, was das Verhältniss der zweiten zur ersten Analytik betrifft, auch hier wieder die bei allen Arabern übliche Auffassung, dass es sich um den Unterschied von Form und Stoff der Schlüsse handle[332]), und indem Averroes den unmittelbaren Anschluss der zweiten Analytik an die erste dadurch begründet, dass dann auf das allgemeinere und wesentlichere Element der Form der Inhalt ohne lästige Wiederholungen folgen könne[333]), bekämpft er ausdrücklich die Ansicht Avicenna's, welcher zwischen beide Analytiken das Gebiet der Dialektik einschaltete[334]). Und sowie er gegen obige Auffassung Alfarabi's (Anm. 52) polemisirt[335]), so verfährt er ebenso bei allen jenen Controversen über die im Mittelbegriffe liegende Causalität[336]), über *καθ' αὑτὸ* und *καθόλου*[337]), über *praedicatum primum*[338]), indem er überall jede Abweichung vom

---

329) Ebend. f. 124. r. B.

330) f. 240—255.

331) So z. B. ist nicht einmal bei Erörterung der Stelle über die vier Principien (f. 217.) die Metaphysik citirt.

332) *Poster. Resolut.* f. 127. r. A: *Intentio libri est, speculari de demonstrationibus atque de definitionibus. De demonstrationibus vero tractat quoad ea, quae vicem exhibent materiae ipsarum et haec in summa sunt propositiones verae, demonstrationes namque ex duobus constant, quorum unum est propositiones et hoc est, quod vicem obtinet materiae, alterum vero est ipsarum compositio et hoc est, quod vicem exhibet formae, quae cum iam monstrata fuit in libro syllogismi, ideo incipit hoc in loco sermonem facere de eo, quod supererat ex cognitione syllogismi demonstrativi, h. e. de materia, ex qua componitur, et propterea vocavit ambos libros unico nomine.*

333) Ebend.: *Ordo autem ipsius est post librum de syllogismo procul dubio tribus de causis, quarum una est, quoniam universale notius est particulari et oportet praecedere in ordine doctrinae magis notum, quemadmodum oportet etiam in deductione quaesiti procedere ...... Causa autem secunda est, quoniam speculatio essentialis est, cum speculamur de aliquo universali, secundum quod inest subiecto universali, non autem subiecto particulari ..... Causa autem tertia est, quia sic non contingit iteratio in doctrina, propterea quod, qui facit doctrinam per hunc modum, monstrare poterit per se ex propositionibus veris seorsim et probabilibus seorsim et reliquis etiam speciebus propositionum.*

334) Die Stelle ist oben, Anm. 230., angeführt.

335) *Poster. Resol.* f. 127. r. A.

336) Ebend. f. 131. v. B.

337) f. 137. r. B.

338) f. 138. v. B u. f. 141. v. A.

aristotelischen Texte, welche bei Alfarabi oder bei Avicenna zu Tag kam, zurückweist. Ebenso strenge hält er an der ächten aristotelischen Lehre bei Erklärung der Stelle (Abschn. IV, Anm. 655 f.), welche die syllogistische Nothwendigkeit betrifft[339]), bei der Frage über das Beweisen der Principien in einer Wissenschaft[340]), bei der vielbesprochenen Stelle (Abschn. IV, Anm. 162), aus welcher man das *principium identitatis* herausgelesen hatte[341]), bei der „*demonstratio quia*" und der „*demonstratio propter quid*"[342]), und insbesondere bei den Erörterungen über das Verhältniss zwischen Demonstration und Definition[343]).

Endlich der Commentar zur Topik ist gleichfalls nur als eine eintheilende und numerirende Exegese des aristotelischen Textes zu bezeichnen, und das einzig Bemerkenswerthe dürfte sein, dass hiebei sich Averroes häufig auf den uns verlorenen Commentar des Themistius (Abschn. XI, Anm. 95) stützte[344]). Ebenso bleibt die Erörterung der *Soph. Elenchi*, welche auch er nach dem Vorgange Alfarabi's (Anm. 64) in zwei Bücher theilte[345]), innerhalb der bloss exegetischen Aufgabe.

Lassen wir hiernach zunächst jene *Epitome* folgen, welche von den Lateinern für eine Schrift des Averroes gehalten wurde (s. Anm. 290), so kann man über dieselbe im Allgemeinen kein ungünstiges Urtheil fällen, denn der Verfasser versteht es, in einer klaren und übersichtlichen Darstellung, welche zuweilen nur durch den Uebersetzer verdorben zu sein scheint, den Hauptinhalt des Organons (mit Einschluss der Rhetorik und Poetik) zu entwickeln. Manche Eigenthümlichkeiten aber dieses Buches machen es nothwendig, dasselbe etwas näher zu betrachten. Die Aufgabe der Logik, welche die Geltung einer Hilfswissenschaft habe (s. unten Anm. 380), wird in der bei den Arabern üblichen Weise, aber mit neuer Terminologie, darein gelegt, dass sie die Regeln über *formatio* und *verificatio*, d. h. über Definition und Argumentation, zusammenstelle[346]). Und indem für diese beiden Zweige

---

339) f. 143. r. A.
340) f. 151. r. A.
341) f. 154. v. B.
342) f. 159. r. A.
343) f. 199 ff.
344) Z. B. *Top.* f. 266. r. A u. B, f. 274. v. B, f. 275. v. A, f. 291. r. A, u. s. f.
345) f. 332. r. A.
346) *Epitome*, f. 341. r. A: *Intentio in hoc sermone est, colligere sermones necessarios in hac arte logicae ad cognitionem regularum partium formationis et verificationis, quae fiunt in tota arte logicae* (diese Terminologie „*formatio*" und „*verificatio*", für welche wir bisher stets „*definitio*" und „*demonstratio*" trafen, scheint der späteren arabisch-jüdischen Litteratur anzugehören; s. unten Anm. 419.) .... *Dicamus itaque, quod, ex quo fuerunt omnes quaestiones, quarum cognitio appetitur in omnibus artibus speculativis, duarum specierum est, videlicet formatio et verificatio; et fuit formatio id, quod est intellectus rei per id, quod constituit substantiam suam, vel per id, quod existimatur, quod constituat substantiam suam, et erit id, de quo quaeritur ut plurimum dictione „quid"; et verificatio est intellectus rei per id, quod dicitur ipsius dispositio quaedam, et est id, de quo quaeritur ut plurimum dictione „utrum" .... et cum dictione „an".*

ein doppeltes Moment in Betracht komme, deren eines die Richtung bezeichne (*dirigens*), während das andere (*agens*) die Verwirklichung mit sich bringe [347]), so ergibt sich zunächst eine Viertheilung des Stoffes, insoferne in der Wortbezeichnung (*significatio dictionum*) die Richtung und in der Isagoge nebst den Kategorien die Bethätigung der Definition liege, sowie entsprechend das Urtheil mit seiner Gegensätzlichkeit des Wahr- und Falsch-Seins die Richtung und der Syllogismus die Bethätigung der Argumentation enthalte, und erst nach dieser vierfachen Erwägung folge die Betrachtung desjenigen, wodurch die einzelnen Definitionen und Argumentationen je nach ihrem topischen oder apodeiktischen oder rhetorischen oder sophistischen oder poetischen Charakter bestimmt seien [348]).

Der erste die blosse *significatio* als solche betreffende Abschnitt bespricht die Begriffe des Synonymen u. dgl. in grösster Vollständigkeit, indem nicht bloss neben den üblichen auch das *disparatum*, das *translatum*, das *accommodatum*, erwähnt werden, sondern unter der Bezeichnung *commune et speciale* auch die fünf Universalien ihre formelle Berücksichtigung finden [349]).

Die materielle Geltung aber der Universalien, welche von Averroes als unnöthiges Beiwerk des Organons bezeichnet worden waren (Anm. 294), bildet den ersten Theil des Abschnittes, welcher sich auf das *agens* der Definition bezieht, und auf eine Begriffsbestimmung des Universale und des Singulare, welche genau mit jener des Avicenna (Anm. 88) übereinstimmt [350]), folgt die nähere Angabe der fünf Worte, wobei z. B. erwähnt werden mag, dass jene bestrittene Relativität der Definitionen des Gattungs- und Art-Begriffes (Anm. 113 u. 296) hier ohne

---

347) Ebend.: *Et oportuit, quod praecedat quamlibet istarum disciplinarum* (der Text gibt *discipulo*) *duae partes notitiae, aut agens aut dirigens. Dirigens quidem ad formationem est, quae significatur per dictionem separatam; agens vero est ex rebus, quibus sibi constat res, et illae sunt partes definitionum et definitiones. Verificationis vero dirigens est detentio veritatis apud quaestionem duarum partium oppositionis; sed agens ipsam est syllogismus.*

348) Ebend.: *Sicque dividemus perscrutationem huius artis necessario ad has quatuor partes. Et incipiemus a tractatu significationis dictionum in universali; deinde procedemus ad sermonem de rebus simplicibus* (ausgefallen ist *et compositis*) *agentibus formationem. Ulterius procedemus ad sermonem de rebus, quibus opposita sunt opposita adeo, quod veritas transeat in unam earum; postea loquemur de syllogismo et speciebus eius simpliciter. Rursus progrediemur ad id, quo proprie terminantur singulae formationes et verificationes simpliciter, et illa est disciplina propria, quae fit in singulis quinque artium, dico demonstrativam et topicam et ceteras.*

349) Ebend. f. 341. r. B: *Sermo de significatione dictionum. Nomina quaedam sunt aequivoca; ..... et eorum sunt nomina synonyma, ... univoca, ... disparata, ... translata, ... accommodata, ... et eorum sunt, quae dicuntur secundum commune et speciale, ... et eorum sunt nomina denominativa.* Vgl. Anm. 91.

350) f. 341. v. A: *Sermo de rebus agentibus formationem. Et res incomplexae vel sunt universales vel particulares. Et universale est res, cui possibile est ex substantia formationis eius in intellectu solo, quod praedicetur de pluribus, quam de una re .... Verumtamen singulare est id, quod impossibile est ex substantia formationis eius, quod praedicetur de plus quam singulari uno.*

allen Argwohn zu Grunde gelegt wird[351]). Der zweite Theil dieses Abschnittes enthält (im Gegensatze gegen die Einfachheit der Universalien) bereits Zusammengesetztes, aber nicht dasjenige, welches im Urtheile eine wahre oder falsche Verbindung darbietet, sondern jenes Zusammengesetzte, welches in den verschiedenen Formen der Definition ausgesprochen werde, indem dieselbe entweder als eigentliche Definition das gesammte substantielle Sein eines Gegenstandes darlege oder als Beschreibung denselben nur aus einzelnen Wesensbestimmungen erkläre, oder endlich keines von beiden thue, sondern nur ein Accidentelles an dem Gegenstande heraushebe[352]). Nur ein Behelf aber zur Definition seien die Kategorien, deren Kenntniss an sich nicht zur Logik gehöre (vgl. Algazeli, Anm. 257), und nachdem der Verfasser in einer an Avicenna (Anm. 93) erinnernden Weise den Unterschied zwischen dem quidditativen Sein und den einzelnen Wesensbestimmungen sowohl für das Universale als auch für das Singuläre als gültig bezeichnet und somit die Kategorien an den Begriff des Universale knüpft, um dieselben dann in üblicher Weise kurz zu erörtern[353]), schliesst er diesen Abschnitt mit der Bemerkung ab, dass die Kategorien zugleich eine logische und eine reale Bedeutung haben, jedoch nach der ersteren, in welcher sie Erzeugnisse der denkenden Seele sind, ein Moment enthalten, welches gemeinschaftlich sowohl der Definition als auch der Argumentation angehöre[354]).

---

351) Ebend.: *Et universalia incomplexa sunt quinque: genus, species, differentia, proprium et accidens. Genus quidem et species dicitur utrumque eorum in ordine ad alterutrum* u. s. w. ..... *Accidens est .... duarum specierum, separabile et inseparabile* u. s. f.

352) f. 342. r. A: *Sermo de rebus compositis. Res quidem compositae ex istis incomplexis sunt duarum specierum. Una est, cuius compositio est compositio enuntiationis, et ipsa est, cuius viae est, quod verificetur et falsificetur, et sermo iste est ex appropriatis* (über diesen Ausdruck vgl. Anm. 52.) *sermonibus veris. Et species secunda compositionis est compositio conditionis et copulationis, et ipsa est compositio, quae non verificatur neque falsificatur, sed utimur ea in formatione. Et est trium specierum, videlicet definitio et descriptio et sermo, qui non est definitio neque descriptio. Sicque definitio est sermo, cuius compositio est conditionis et copulationis ad intellectionem definiti per res substantiales, quibus est sui consistentia, et ipsa componitur ex genere et differentia. Et descriptio est sermo, cuius compositio est conditionis et declarationis declarantis rem, super quam significat, non per omne id, quod constituit substantiam sui ..... Et sermo, qui non est definitio neque descriptio, componitur ex specie et accidente, sicut est dictum nostrum de Socrate, quod ipse sit homo albus.*

353) Ebend.: *Et quoniam decem praedicamenta adiuvant formationem, decet, quod loquamur et reminiscamur de eis quidquam, licet non sit notitia eorum necessaria isti intentioni, quam intendimus.* f. 342. r. B: *Et universalia sunt duarum specierum: praedicatum, quod praedicat de eis praedicatione naturali substantiam suam et quidditatem suam ...... Et alia species notificat de subiectis aliquibus .... res exeuntes a quidditate eorum ...... Et singularia etiam sunt duarum specierum: singulare, quod praedicatur de aliquo omnino praedicatione secundum viam naturalem et ipsum est singulare substantiae; et singulare, quod non notificat in praedicatione aliquid de aliquo quidditatis suae, sed rem exeuntem a quidditate sua, et ipsum est singulare accidentis ..... Et genera istorum universalium suprema ipsa sunt, quae vocantur praedicamenta, et secundum quod numeraverunt ea antiqui, sunt decem: substantiae et novem accidentium.*

354) f. 343. r. A: *Sermo de rebus communibus formationi et verificationi sim-*

Der dritte Abschnitt, dessen Gegenstand das *dirigens* der Beweisführung, nemlich das der Gegensätzlichkeit des Wahren und Falschen fähige Urtheil ist[355]), bewegt sich überwiegend in dem fortgesetzten Gesichtspunkte des Eintheilens; nemlich vorerst werden die Urtheile wie bei Averroes (Anm. 312) unter Wiederholung einer dortigen Bemerkung über das arabische Verbum (Anm. 310) in *binaria* und *ternaria* eingetheilt[356]), worauf die Unterscheidung nach der Qualität in bejahende (*simplices*), verneinende (*remotivae*) und privative (vgl. Anm. 260) folgt[357]), um hierauf die Eintheilung nach der Modalität (mit der Terminologie „*inventiva*" für „*de inesse*") anzureihen[358]), und all diese sich kreuzenden Eintheilungen abermals durch den Gesichtspunkt der Quantität zu durchkreuzen, wobei beachtet werden mag, dass auch hier (vgl. Anm. 214) die Bestimmungen der Quantität als „*signa*" bezeichnet werden[359]). Sodann folgt die Erörterung der Gegensätzlichkeit, je nachdem die Urtheile singulär, conträr, contradictorisch, subconträr oder unbestimmt sind[360]), und es wird die Untersuchung hierüber sowohl

---

pliciter. Ista itaque sunt genera magis universalia rebus sensatis, et species istorum et genera eorum sunt subiecta in scientiis. Sed istud est duobus modis distinctis, quia .... ex eo, quod contingunt eis in intellectu secunda, quorum inventio est certe in intellectu, solum erunt logicalia, quia ars logicae certe tribuet regulas de istis generibus ab intellectis ......, et ista omnia sunt res intellectae, quarum inventio non est extra animam .... Verumtamen dum accipiuntur ex eo, quod sunt intellecta rerum sensatarum extra animam, erunt realia, vel mathematica vel alia ab istis. Et hic perficiam sermonem de rebus communibus formationi et verificationi simpliciter et procedemus ad id, quod limitat proprie verificationem.

355) f. 343. r. B: *De dirigentibus ad verificationem. Formae autem, quae limitant verificationem, sunt duorum generum: genus verificationis quaestionis et distinctionis ipsius in duo opposita adeo, quod delineatur veritas alterius illorum; et genus secundum est verificationis sermonis compositi agentis verificationem, et est, quod nominatur syllogismus. Et incipiemus in genere primo, quia ipsum est primum, quod verificabitur ante omnem rem in quaestione et est notitia praesupposita verificationi; deinde procedemus ad verificandum per syllogismum.*

356) Ebend.: *Enuntiationum quaedam est binaria et quaedam est trinaria; binaria autem est, cuius praedicatum* (der Text gibt *praeteritum*) *est verbum, et ista est trium specierum, vel quod fuerit eius verbum praeteritum vel futurum vel praesens, sed non invenitur in lingua Arabum impositio significans super significatum praesens; ternaria autem est, cuius praedicatum est nomen.*

357) Ebend.: *Et utrarumque istarum, et binariarum et trinariarum, quaedam sunt simplices, ... et earum sunt remotivae, quarum praedicatum est nomen vel verbum imperfectum, sicut si dixerimus „Socrates non est sanus", ... et quaedam sunt privativae, ... privatio autem universaliter est, quod deficiat habitus, cuius consuetudo est.*

358) f. 343. v. A: *Et cuiuslibet speciei istarum enuntiationum .... quaedam sunt non habentes modum et quaedam habentes modum ...... Et modi primi sunt tres: Possibile .... et necessarium ..... et inventiva.*

359) Ebend.: *Et unaquaeque istarum enuntiationum vel erit habens signum vel non habens signum, et sunt enuntiationes, quarum subiecta sunt res universales, et signa sunt quatuor: „Omne" et „Nullum", „Aliquod" et „Non aliquod" et ipsum est in gradu dicti nostri „Non omne".*

360) Ebend.: *Omnes autem species enuntiationum, quarum consuetudo est, quod opponantur, aliquando sunt oppositae secundum affirmationem et negationem adeo, quod secernant veritatem et falsitatem, et aliquando non sunt oppositae secundum affirmationem et negationem ...... Orationum autem oppositarum sunt quinque*

bezüglich der modalen Arten[361] als auch nach der Qualität der Urtheile in Verbindung mit der Modalität derselben geführt[362].

Indem sodann als vierter Gegenstand, nemlich als *agens* der Argumentation, der Syllogismus sich anreiht[363], kann bemerkt werden, dass der Verfasser ebenso wie Averroes (Anm. 320) 36 mögliche Combinationen der Urtheile annimmt[364] und auch in der Polemik gegen die vierte Galenische Schlussfigur sich an denselben (Anm. 322) anschliesst, ja noch ein tieferes Motiv hinzufügt, indem er hervorhebt, dass die feste Bestimmtheit des Mittelbegriffes bezüglich des im Syllogismus beabsichtigten Beweises das Entscheidende sei[365]. Jene Syllogismen, welche auf Verbindung der Urtheile des Stattfindens mit modalen beruhen, bleiben hier ebenso wie bei Algazeli (Anm. 269) weg, hingegen eine ausführliche Erörterung finden auch hier die hypothetischen Schlüsse, deren Vorhandensein bereits in der aristotelischen Definition des Syllogismus liege[366]; und mit der üblichen Zweitheilung in conditionale und disjunctive finden wir hier, was die ersteren betrifft, eine Wiederholung der Theorie Algazeli's (a. a. O.), womit sich jedoch auch eine Berücksichtigung der logischen Qualität des Vordersatzes und Nachsatzes verbindet, so dass hiedurch die Zahl der conditionalen Schlüsse auf 24 steigt[367]; in ähnlicher Weise wird bei den disjunctiven auf

---

species; quaedam sunt singulares ..... et quaedam sunt contrariae ...... et quaedam sunt contradictoriae ..... et quaedam sunt subcontrariae ..... et quaedam sunt, cum quibus non coniungitur signum omnino .... et ipsae sunt indefinitae.

361) f. 343. v. B: *Et expedit, considerare, qualiter secernant species istarum oppositarum veritatem et falsitatem in omnibus tribus materiis, quae sunt possibilis et inventi et necessarii.*

362) Ebend.: *Quoniam autem enuntiationes simplices et remotivae et privativae sunt etiam oppositae, postquam simplices significant super dispositionem et habitum et remotivae et privativae super privationem, iam convenit, quod comparetur inter eas et inter oppositionem affirmativae et negativae et consideretur, an ipsarum discretio veritatis et falsitatis sit secundum unum exemplum nec ne.* Natürlich wird letztere Frage verneinend entschieden, und zwar in einer höchst ausführlichen Darlegung (f. 344. r.), welche bei jeder Species des Gegensatzes wieder die drei Arten der Modalität berücksichtigt.

363) f. 344. v. A — 346. r. B.

364) f. 345. r. A.

365) Ebend.: *Nisi eveniret necessitas conclusionis, quando accepta fuerit illa habitudo, quae est inter duas praemissas ad quaesitum indeterminatum, et qualitercunque contigerit, sufficeret huic, quod sit una earum, quaecunque fuerit, affirmativa, qualiscunque fuerit secundum quantitatem suam, et altera universalis, qualiscunque fuerit secundum qualitatem suam. Verumtamen dum accipietur ista habitudo, quae est inter duas praemissas in respectu ad quaesitum determinatum, quod est intentum in hoc libro, maior necessario erit universalis et minor affirmativa; et ideo reliquit Aristoteles figuram quartam, quam posuit Galenus.*

366) f. 346. v. A: *Quoniam autem iam acceptum est in definitione syllogismi, quod ipse sit oratio, in qua positae sunt res plus quam una, et fuit modus positionis duplex, quorum unus est modus praedicationis et alter est modus conditionis, iam utique decet, quod sermonem transferamus in hoc ...... Syllogismi quidem conditionales dividuntur secundum partes dictionum conditionis in coniunctum et disiunctum.*

367) Ebend.: *Quoniam consequentia quaedam sunt perfecta consecutione ..... et quaedam sunt, quae non sunt perfecta consecutione, ... illa quidem, quae*

die vier Arten des Gegensatzes hingewiesen und auch eine Dreitheilung der Disjunction aufgestellt, je nachdem dieselbe bloss dichotomisch oder in begränzter oder unbegränzter Zahl der möglichen Mittelstufen polytomisch ist [368]). Von dem übrigen Inhalte der ersten Analytik wird nur noch die *deductio ad absurdum* [369]) und die Verflechtung mehrerer Syllogismen zu Einer Beweisführung erwähnt [370]), hingegen die Lehre von der Induction, sowie von der logischen Geltung des Beispieles und des Indiciums ausdrücklich abgewiesen [371]).

Soll aber nun dasjenige, was die übrigen Araber den Stoff der Argumentation genannt hatten, folgen, so stellt sich der Verfasser auf den Standpunkt, dass es sich nach Erörterung des Bisherigen noch um die praktische Verwirklichung handle, und da in dieser Beziehung für die unvollkommneren Stufen der Wissenschaften die Argumentations-Weise der Topik ebenso zweckdienlich sei, wie für die vollkommnen das apodeiktische Verfahren, so stellt er im Gegensatze gegen Averroes (Anm. 334) mit aller Entschiedenheit die Topik zwischen die erste und zweite Analytik [372]), und entwickelt hiemit sofort jene Topen, welche

---

componuntur ex duabus imperfectis (der Text gibt *perfectis*) *concludentibus, sunt duarum specierum, quarum una est repetens antecedens per se et concludens consequens per se, ... in secunda autem specie repetitur oppositum consequentis et concluditur oppositum antecedentis .....* (f. 346. v. B) *Verumtamen species, quae componuntur ex compositis, quae sunt perfectae consecutionis, sunt quatuor omnes species concludentes ...... Quoniam coniunctionis quaedam est coniunctio affirmationis cum affirmatione, ... et quaedam negationis cum affirmatione, ... et quaedam affirmationis cum negatione, ... et quaedam negationis cum negatione, ... dum multiplicabuntur per divisionem primam sex species, erunt species concludentes viginti quatuor.*

368) f. 347. r. A: *Syllogismi quidem conditionales disiuncti sunt, qui componuntur ex contradictoriis, et contradictoria sunt, quae impossibile est quod coniungantur simul in uno subiecto et ex una parte et in uno tempore; sicque in summa species oppositorum in eis sunt affirmatio et negatio, privatio et habitus, et contraria et relativa. Istarum autem quatuor specierum quaedam sunt perfectae contradictionis et quaedam sunt imperfectae ..... Et istarum quaedam sunt, quae opponuntur duobus solum, ... et illa est secunda species, in qua componuntur contraria, inter quae est medium determinati numeri, ... qui vero componuntur ex oppositis, quae sunt imperfectae contradictionis, est species tertia ipsius speciei syllogismi; illi ut plurimum componuntur ex contrariis, inter quae est medium indeterminati numeri.*

369) f. 347. r. B (s. Abschn. IV, Anm. 623.).

370) f. 347. v. A (Abschn. IV, Anm. 586 f.).

371) f. 348. r. A: *Sed sermo de inductione et exemplo et signo est ex his, quae propria sunt unicuique arti et unicuique verificationi.*

372) Ebend.: *Et dicemus, quoniam normae exhibitae in hac arte sunt duarum specierum, species agens et species notificans; sicque iam praecessit sermo de rebus, quibus sciuntur species syllogismorum et modi eorum; iam itaque convenit, quod loquamur de normis, quibus poterunt fieri syllogismi, quia iam semita scientiae formae rei est alia a scientia operationis eius ....* (f. 348. r. B) *Et propter hanc eandem rem non faciemus mentionem de his sermonibus nisi de illis, quorum consuetudo est, ut veniant in usum demonstrationis ..... Normarum vero, quibus fiunt syllogismi topici, certe opus est apud perscrutationem artium, quae nondum sunt perfectae; sed ad illas, quae perfectae sunt, iam non est opus eis nisi ex parte illius, quod melius est. Verumtamen alia intentio, qua visum est nobis, quod referamus istas normas, est, ex quo demonstratio est ea, quae est praestantissima rerum, quas intendimus, sicque visi sumus nobis, ne abbreviemus in normis suis res*

sich auf die Definition und auf die Gegensätze beziehen[373]). Erst hierauf geht er mit der Bemerkung, dass dieses Letztere gemeinschaftlich der Definition und der Argumentation diene, auf den Inhalt der zweiten Analytik und auf die dortigen Begriffe des Allgemeinen und Nothwendigen über[374]). Eigenthümlich ist ihm die Eintheilung des demonstrativen Verfahrens in drei Arten, deren erste den objectiven Realgrund und zugleich den subjectiven Erkenntnissgrund enthalte, während eine zweite nur den ersteren und eine dritte nur den letzteren Causal-Zusammenhang darbiete, wobei es sich von selbst versteht, dass bezüglich der ersten Art alles Gewicht auf den Mittelbegriff fällt[375]); bei dem zweiten Verfahren, welches nur auf den objectiven Realgrund geht, drängt sich eine Verwahrung gegen das „*post hoc*, *ergo propter hoc*" auf, und in dieser Beziehung werden vier Modalitäten des Zusammenhanges zwischen Früherem und Späterem unterschieden, wovon nur die Eine vollständig syllogistisch genügt, in welcher eine Umkehrbarkeit der Abfolge stattfindet[376]); die dritte jener Arten gehört dem Gebiete an, welches Aristoteles (Abschn. IV, Anm. 272 ff. u. 546) als das „Meistentheils" bezeichnet hatte[377]). Nachdem hierauf die Erörterung des defi-

---

necessarias ad attingendum ipsam, immo cum eis meminerimus de rebus, quibus erit comprehensio melior et nobilior, et non est dubium, quod optimum in cognitione demonstrationis sit, quod secernamus ipsam et meditemur super operationem eius. Haec ergo est utilitas, quam intendimus in hac parte logicae, et manifesta est ex his, quae diximus, intentio sua et ordo suus et proportio sua, et hoc est, quia haec est pars sermonis syllogismorum, et quae conveniat, quod legatur post cognitionem syllogismi et specierum eius et suorum modorum et ante librum Demonstrationis.

373) f. 348. v. A — 350. v. B, nemlich f. 349. r. B *De locis compositionis*, f. 349. v. A *De locis definitionis*, f. 350. r. A *De locis oppositorum.*

374) f. 350. v. B: *Postquam autem iam locuti sumus de rebus communibus speciebus formationis et verificationis, dicemus itaque ea, quae propria sunt unicuique illarum, et incipiemus a verificatione vera et formatione perfecta. De demonstratione. Dicimus, quod demonstratio universaliter sit syllogismus compositus ex duabus praemissis veris universalibus necessariis per se.*

375) f. 351. r. B: *Oportet, quod dividatur syllogismus demonstrativus in tres species .....; prima itaque species scitur per demonstrationem simpliciter et est demonstratio causae et inventionis simul, et secunda scitur per demonstrationem causae, et tertia per demonstrationem inventionis et signi. Inchoabimus itaque primo a demonstratione causae et inventionis, quia ipsa est nobilissima harum specierum. Et dicimus, quod oportet necessario in hac specie syllogismi cum hoc, quod est utilis scientiis veris, quod tradat cum hoc causam adeo, quod medius terminus in ea sit causa duarum rerum simul, i. e. cognitionis rei et causae rei.*

376) f. 352. v. B: *Species vero demonstrationis causae sunt quaedam specierum demonstrationis essendi et causae simul, et illarum conditiones sunt istae eaedem conditiones et sua proprietas est haec proprietas, sed differentia inter eas est, quoniam in hac esse est notum apud nos per primam notitiam aut per syllogismum, sed per illam quaeritur notitia causae tantum .... Quoniam autem non contingit ostendere per quodvis posterius, quod contigerit, quodlibet prius, quod contigerit, convenit exponere hoc quadam explicatione. Dicimus itaque, quod prius et posterius sunt secundum quatuor partes, quarum una est, quod ex essendo utrumlibet eorum sequatur alterutrum, et haec sunt, quae sunt praedicatione convertibilia; ...... secunda autem pars est, quod prius sequatur ad esse ipsum posterius et non convertatur; ...... tertia pars est, quod sequatur posterius ad esse prius et non sequatur prius ad esse posterius; ...... quarta pars est, quod non sequatur ad esse unum eorum alterutrum.*

377) f. 353. r. B: *Demonstratio vero evidentiae pro maiori parte eveniet in hac*

nitorischen Wissens [378]) und der Praxis des Definirens [379]) gefolgt ist reiht sich an einer hier unerwarteten Stelle durch Anknüpfung an die Theorie über das Zustandekommen der Wissenschaften eine Notiz über die Eintheilung der Wissenschaft an, wobei neben den praktischen und den theoretischen Disciplinen die Logik den Beruf erhält, das Denken zur Erforschung jener anderen beiden Wissensgebiete zu unterstützen und zugleich jene obige Bemerkung aus Avicenna (Anm. 231) sich wiederholt, dass Metaphysik und Topik und Sophistik in der Allgemeinheit des Gegenstandes zusammentreffen, während sie sich nach den ihnen eigenthümlichen Aufgaben unterscheiden [380]).

Hernach folgt die Erwähnung des rhetorischen Verfahrens der Argumentation [381]), woran sich die Sophistik knüpft [382]), bezüglich deren erwähnt werden kann, dass eine von Alfarabi (Anm. 65) eingeführte Ergänzung, welche die „*translatio*“ zum Gegenstande hat, hier als vollständig recipirt ausführlich besprochen wird [383]).

Endlich nach der Hinweisung darauf, dass nun Wahrheit und Täuschung bezüglich der Definition und Argumentation hinreichend erörtert seien, folgt noch eine Darlegung des topischen Beweisverfahrens [384]), und eine Inhalts-Uebersicht der Rhetorik [385]) sowie der Poetik [386]) bildet den Schluss des Ganzen.

Sehr kurz hingegen dürfen wir uns über die dem Averroes zugeschriebenen *Quaesita* fassen, und insoferne wir von der Unächtheit derselben überzeugt sind (s. Anm. 289), stehen sie uns jenen „*Diver-*

---

materia in accidentibus, quae esse sequitur rem consecutione pro maiore parte, ut verbi gratia, quando homini patienti torturam oris accidit apoplexia.

378) f. 353. r. B: *Formationum autem perfectissima est, quae intelligitur per definitionem, et definitio tandem est, cuius compositio est compositio clausulae conditionis et nexus explicans significatum definiti per res essentiales.*

379) f. 353. v. B: *Ordo vero partium definitionum in compositione est, quod praeponamus universale et id, cuius modus est modus materiae, et postponamus particulare et id, cuius modus est modus formae.*

380) f. 354. r. B: *Artes .... dividuntur in tres partes, scilicet in artes, quarum finis est solum operatio, ... et in artes, quarum finis est solum scientia, ... et in artes adiuvantes istas, quae sunt artes, quae dirigunt intellectum ad perscrutationem harum duarum artium, et est ars logicae aut ei proportionalis .... Quaedam sunt artes universales et illae sunt trium partium, ars primae philosophiae, ars topica, et ars sophistica ...... Modus vero considerandi in prima philosophia est intellectio entis secundum dispositionem, qua est secundum esse ...... Artis vero topicae considerationis de ente exemplum est consideratio vulgati, quo quaeritur rei confirmatio aut ipsius confutatio .... Ars vero sophistica habet sua principia, quae sunt ea, de quibus aestimatur, quod sint vera, cum non sunt vera, et de quibus aestimatur, quod sint divulgata, cum non sunt divulgata.*

381) f. 355. r. A.

382) f. 355. v. A.

383) f. 357. v. A: *Translatio vero et permutatio est, quod translatio semper sit ad id, quod potest capi vice rei et putatur, quod sit ipsa res, et fallit,* u. s. w.

384) f. 357. v. B: *Postquam autem iam locuti sumus de rebus, ex quibus cognoscitur verificatio vera et formatio perfecta, et postea locuti sumus de rebus, quae fallunt in eis, loquemur itaque de verificationibus topicis.*

385) f. 358. v. B.

386) f. 360. v. B.

sorum Arabum Quaesita" [387]) völlig gleich, welche ebenfalls den Lateinern kund geworden waren. Beide gehören der controvertirenden Exegese des Organons an, und indem wir auch hier nicht die Absicht haben können, in die Litteratur-Geschichte der späteren arabischen Epoche einzugreifen, müssen wir uns bei der Bemerkung begnügen, dass durch jene verschiedenen *Quaesita*, welche uns oben häufig als Quelle gedient hatten, das lateinische Abendland manche einlässlichere Besprechungen jener hauptsächlichen Controversen empfieng, welche uns bereits bisher fast bei allen arabischen Logikern begegnet waren. So handelt es sich um die Definitionen des Gattungs- und Art-Begriffes [388]) oder um das Verhältniss der Namenserklärung zur Definition [389]), sowie in der Lehre vom Urtheile um jene schon von Anderen (Anm. 40 f. u. 313 f.) besprochenen Schwierigkeiten bei Häufung der Prädicate und bei Urtheilen über nicht-existirende Subjecte [390]), oder um die Stellung der Negation bei Möglichkeits- oder Nothwendigkeits-Urtheilen [391]). Aus dem Umkreise der ersten Analytik begegnen wir hier wieder den Fragen über das Verhältniss der Urtheile des Stattfindens zu den modalen [392]), über die Umkehrung [393]), über die aus Urtheilen verschiedener Modalität gemischten Syllogismen [394]), und über die Berechtigung der hypothetischen Schlüsse [395]). In der zweiten Analytik war es hauptsächlich die Controverse über Alfarabi's (Anm. 51 ff.) Auffassung des demonstrativen Verfahrens [396]), woran sich dann die Erörterung über *praedicatum primum* [397]) und über die syllogistische Nothwendigkeit anschliessen musste [398]), und ebendahin gehörte selbstverständlicher Weise die Frage über die im Mittelbegriffe liegende Causalität [399]). Ausser dem Grundsatze (Anm. 340), dass die Principien einer Wissenschaft nicht in eine andere zu übertragen sind [400]), war ein gebotenes Thema von Contro-

---

387) f. 380 ff.

388) *Divers. Ar. Quaes.* f. 380. r. A.

389) Ebend. f. 381. r. B.

390) *Ps.-Averr. Quaes.* f. 361. r. A.

391) *Div. Ar. Quaes.* f. 383. r. A.

392) *Ps.-Averr. Quaes.* f. 362. r. A.

393) Ebend. f. 363. r. A.

394) Ebend. f. 363. v. A, f. 364. r. A, f. 370. v. B. *Divers. Ar. Quaes.* f. 381. v. A.

395) *Ps.-Averr. Quaes.* f. 368. r. A.

396) Ebend. f. 371 ff. *Div. Ar. Quaes.* f. 382. v. B.

397) *Ps.-Averr. Quaes.* f. 380. r. A.

398) Ebend. f. 375. r. A.

399) Ebend. f. 375. v. A. *Div. Ar. Quaes.* f. 383. r. B. *Albert. M. Soph. El.* I, 1, 1, p. 840. A: *Dicit enim Isaac, quod ratio est virtus collectiva faciens coire causam in causatum, secundum quod causa sumitur in communi pro causa consequentiae et non pro causa consequentis, sicut causa est, quae causat decursum syllogisticum per dici de omni et dici de nullo; sic enim logica est scientia de ratione argumentativa.* Ebend. *De praedicab.* I, 1, p. 1. B: *Et hic modus (sc. scientiae) est per actum rationis, qui ratiocinatio sive argumentatio est, de cognitione cogniti procedens in scientiam eius, quod erat incognitum* (s. Anm. 15.), *secundum quod Isaac in libro de diffinitionibus rationem diffiniens dicit, quod ratio est animae intellectualis virtus faciens currere causam in causatum.*

400) *Ps.-Averr. Quaes.* f. 376. r. A.

versen der Unterschied der „*demonstratio quia*“ und der „*demonstratio propter quid*“ [401]), sowie das Verhältniss zwischen Demonstration und Definition [402]) und die näheren Bestimmungen über die Definition selbst [403]).

Auch das fast berüchtigte Buch *De causis*, welches jedenfalls auf arabische Litteratur als seine letzte Quelle zurückweist (s. d. folg. Abschn.), konnte in der logischen Controverse über die Universalien als Auctorität für eine bestimmte Parteistellung benützt werden [404]).

Die Leistungen der Araber und namentlich des Averroes wurden, wie bekannt, hauptsächlich in Spanien durch die Juden dem abendländischen Betriebe der Philosophie vermittelt [405]). Sowie aber dieselben überhaupt in völliger Abhängigkeit von ihren arabischen Vorgängern litterarisch thätig waren, so ist es auch auf dem speciellen Gebiete der Logik nur Weniges, was wir hier über sie berichten müssen.

Wenn auch Moses Maimonides (geb. 1135, gest. 1204), welcher fälschlich für einen Schüler des Averroes oder des Avempace gehalten wurde [406]), auf jüdische und christliche Theologie einen ziemlich bedeutenden Einfluss ausübte, so ist seine hieher gehörige Schrift „*Vocabularium logicae*“ [407]) in der That kaum erwähnenswerth, da sie lediglich ein Excerpt der gewöhnlichsten Schuldoctrin enthält [408]).

Einigermaassen bedeutender ist Levi-Ben-Gerson (genannt Magister Leon, in der Mitte des 14. Jahrh. blühend), dessen Commentare zur Isagoge, zu den Kategorien, und zu *De interpr.* bereits von den ihm gleichzeitigen Lateinern benützt wurden [409]). Er folgt bei seiner Exegese allerdings Satz für Satz und Zeile für Zeile dem Averroes, ohne jedoch die Auffassung desselben stets zu seiner eigenen zu machen. Mit Entschiedenheit vertritt er die Ansicht, dass die Logik Nichts wei-

---

401) Ebend. f. 377. v. B. *Div. Ar. Quaes.* f. 381. v. B.

402) *Ps.-Averr. Quaes.* f. 377. r. A u. f. 379. v. A.

403) Ebend. f. 378. r. B u. v. A.

404) *Albert. M. De praedicab.* II, 3, p. 14. A: *Etiam per hoc confirmant hoc, quod dicunt, quod in Libro de causis multipliciter probatum est, quod res in causa non est nisi per modum et virtutem effecti per causam ...... Effectus autem individuus et singularis est; ergo forma, sive substantialis sive accidentalis, in effectu procedens ab intelligentia individua est et singularis. Universale autem nec individuum nec singulare est; universale ergo in effectu naturae extra intelligentiam procedens non est; in solis ergo et nudis purisque intellectibus positum est.*

405) Ueber diese Verdienste der Juden s. *Renan, Averr. et l'Averroisme*, p. 148 ff. und *Munck, Dictionn.* III, p. 362 f. Munck's Artikel „*Juifs*“ hat *B. Beer* unter dem Titel „Philosophie und philos. Schriftsteller der Juden etc.“ Lpzg. 1852. 8. besonders herausgegeben.

406) S. über ihn *Munck, Dictionn.* IV, p. 21 ff.

407) Gedruckt *Venet.* 1550. 4.

408) Auch wenn z. B. *Albert. M. De praedicam.* III, 1, p. 122. A sagt: *Inter praedicabilia, quae sunt de natura accidentium substantiae, primum occurrit praedicabile, quod est quantitas, eo quod hoc immediate sequitur, ut dicit Rabbi Moyses,* so lohnte es sich nicht der Mühe, sich hiefür eigens auf Moses zu berufen (vgl. Anm. 205).

409) S. über ihn *Munck* a. a. O. III, p. 364. Gedruckt sind die genannten Commentare zusammen mit jenen des Averroes in den Ausgaben des Aristoteles (Anm. 11. u. 288).

teres als blosses Werkzeug der Wissenschaften sei[410]), und er bietet den Lateinern die von denselben reichlich befolgte gute Lehre dar, dass der Logiker von aller übrigen Wissenschaft sich fern halten könne, so dass auch diejenigen sich hierauf berufen durften, welche den Streit über die Universalien für die Logik bei Seite liessen[411]). Bezüglich der Aufnahme der Isagoge in das Organon bestreitet er direct obige (Anm. 294) Ansicht des Averroes und schliesst sich an die übliche Weise der Commentatoren an[412]); die Erörterung der gewöhnlichen Controversen über die fünf Universalien bietet ausser einem Citate aus Averroes Nichts bemerkenswerthes dar[413]). Die drei zunächst nach der Isagoge folgenden Bücher, nemlich Kategorien, Lehre vom Urtheile und erste Analytik, bezeichnete er ebenso wie der Verfasser der *Epitome* (Anm. 348) als Erörterungen, welche allen fünf nachfolgenden Verfahrungsweisen gemeinschaftlich seien, so dass das den letzteren Eigenthümliche den zweiten递Haupttheil der Logik bilden muss[414]). Bei den Kategorien selbst, welche er ausschliesslich nur in realistischem Sinne verstanden wissen will[415]), beschäftigt ihn unter Anderem hauptsächlich die Eintheilung in Substanz und neun Accidentien, sowie die Frage über die Priorität der Quantität vor der Qualität[416]); auch mag

410) *Ad Porph.* f. 1. r. B: *Dicamus itaque, quod haec ars dirigit intellectum, ut diiudicet inter verum et falsum, ... et sic hanc artem non esse scientiam, sed organum ad scientias, est perspicuum.*

411) Ebend. f. 1. v. A: *Haec ars est principium ad omnes scientias, et ideo non oportet professorem huius scientiae habere notitiam de aliis scientiis, et idcirco non debet considerare in hoc libro de his nominibus nisi quatenus sunt logicalia; nam circa esse ipsorum universalium variae exstant opiniones apud sapientes.*

412) Ebend.: *Sed apud nos est quidem necessarium, ut sumatur initium ab ipso (sc. introductorio) in hac arte, quoniam, cum initium huius artis sit de significatione simplicis locutionis et dentur in ea quaedam nomina, quae univoce dicuntur, ... hac ratione nomina entium possunt reduci in exiguum numerum ...... Adde etiam, quod quicunque aliquem librum ediderit, profecto debet praeponere universalia particularibus.*

413) Nemlich gelegentlich der verschiedenen Definitionen des Accidens sagt Levi (f. 7. r. B): *Tertia definitio est, quae dicit, quod non est genus neque species neque differentia neque proprium et semper existit in subiecto, et haec definitio est data in arte topica vel dialectica, ut dixit Averroes in summula sua logicali; et re vera est descriptio et non definitio.* Jedenfalls suchen wir diese Notiz in der *Epitome* (s. Anm. 290.) vergeblich.

414) *Ad Praedicam.* f. 12. v. A: *Aristoteles praeposuit in hac arte logica tres libros, qui sunt communes quinque artibus* (s. Anm. 275.), *quarum sententias declaravit in reliquis quinque libris, et illi tres libri, qui sunt communes cunctis artibus, sunt liber Praedicamentorum et Perihermenias et Priorum.*

415) Ebend. f. 13. v. B: *Aristoteles ...... vult tractare de his* (sc. *categoriis*) *in hoc loco, quatenus existunt extra animam, non quatenus significant affirmationem vel negationem, quae est in anima.*

416) Ebend.: *Hic tamen posset quis dubitare, cur Aristoteles non divisit entia in duo genera suprema tantum, nempe in substantiam et accidens, cum videatur accidens univoce dici de omnibus praedicamentis accidentis; ad quod dicendum est, ... quod hoc nomen ens dicitur secundum prius et posterius de cunctis praedicamentis, nam per prius dicitur de substantia et per posterius de eorum ordine, ut si dixeris, quantitatem esse primum accidens, quod recipiat ipsum corpus et per ipsam recipiat qualitatem ...... Dignum praeterea investigatione videtur, quodnam accidentium sit prius in substantia, utrum scilicet quantitas vel qualitas ..... Sed veritas*

noch erwähnt werden, dass er ähnlich wie Gilbertus Porretanus (Abschn. XIV, Anm. 491) die Kategorie des *facere* durch alle übrigen Kategorien hindurchführt[417]) und sehr ausführlich über *quando*, *ubi* und *situs* spricht[418]). Bei Erklärung des Buches *De interpr.*, woselbst er gelegentlich die übliche arabische Eintheilung der Logik in der Terminologie „*formatio*" und „*verificatio*" (vgl. Anm. 346) vorbringt[419]), bezeichnet auch er (vgl. Anm. 260 u. 357) das privative Urtheil als eine eigene Species[420]), schliesst sich aber, sowie er die das arabische Verbum betreffende Bemerkung (Anm. 310 u. 356) erklärlicher Weise auch für das Hebräische wiederholt[421]), in allem Einzelnen völlig an Averroes an.

Somit liegen nun sämmtliche Ingredienzien jenes logischen Betriebes vor uns, welcher mit dem Eintritte des 13. Jahrhundertes im Abendlande beginnt, und der erste Abschnitt des folgenden Bandes wird darlegen müssen, wie die boethianische Tradition des früheren Mittelalters und die erwachende Lectüre sämmtlicher Schriften des Aristoteles und die Aufnahme byzantinischer Litteratur und die Kenntniss der Leistungen der Araber manigfach nebeneinander treten oder sich vermischen, und hiedurch eine neue Epoche, und zwar die üppigste und extensivste, für die mittelalterliche Logik eintritt.

---

huius negotii est, quod qualitas individua est prior in ipso subiecto ipsa quantitate propria, ... sed absolute et simpliciter loquendo quantitas ipsa absoluta est prior in ipso subiecto qualitate absoluta.

417) Ebend. f. 24. v. A.

418) Ebend. f. 25 f.

419) *De interpr.* f. 35. v. A: *Scientia vel habetur per conceptum simplicem et nominatur apud Arabes formatio, vel per notitiam complexorum et nominatur apud Arabes verificatio; simplex igitur conceptus est notitia rei per dictionem simplicem significatae, i. e. quidditatis unius rei etc.*

420) Ebend. f. 36. r. A.

421) Ebend. f. 36. v. A.

REGISTER.

Druck von C. P. Melzer in Leipzig.

GESCHICHTE DER LOGIK IM ABENDLANDE

THOEMMES

Printed in England by Antony Rowe Ltd, Chippenham

GESCHICHTE DER LOGIK IM ABENDLANDE

Volume 3

Carl Prantl

THOEMMES PRESS

This edition published by Thoemmes Press, 2001

Thoemmes Press
11 Great George Street
Bristol BS1 5RR, England

Thoemmes Press US Office
22883 Quicksilver Drive
Sterling, Virginia 20166, USA

http://www.thoemmes.com

Geschichte der Logik im Abendlande
4 Volumes : ISBN 1 85506 881 8

Reprinted from the 1855–70 edition

British Library Cataloguing-in-Publication Data
A CIP record of this title is available from the British Library

Publisher's Note

The Publisher has gone to great lengths to ensure the quality of this reprint but points out that some imperfections in the original book may be apparent.

This book is printed on acid-free paper, sewn, and cased in a durable buckram cloth.

GESCHICHTE

DER

LOGIK

IM

ABENDLANDE.

VON

Dr. CARL PRANTL,

PROFESSOR AN DER UNIVERSITÄT UND MITGLIED DER AKADEMIE ZU MÜNCHEN.

DRITTER BAND.

LEIPZIG,

VERLAG VON S. HIRZEL.

1867.

VORWORT.

Seit dem Erscheinen des zweiten Bandes ist wohl eine längere Zeit, als mir selbst und vielleicht auch dem Publicum lieb war, verflossen, bis nunmehr allerdings noch nicht der Schluss des Ganzen, sondern nur die gegenwärtige Fortsetzung hervortreten konnte. Die Entschuldigung, auf welche ich hiefür Anspruch machen möchte, wird der billig denkende Leser darin finden, dass eine derartige Arbeit bei der erdrückenden Masse des Materiales unmöglich rasch fortschreiten kann, wenn sie nicht in solcher Weise gerathen soll, dass über kurz oder lang ein anderer Forscher sich wieder die nemliche Aufgabe stecken müsste. Nothwendig musste ich das Ziel im Auge haben, die ganze Untersuchung, deren Schwierigkeit hauptsächlich in der fast unglaublichen Menge ihrer Gegenstände liegt, möglichst zu einem wissenschaftlichen Abschlusse zu bringen, soweit wenigstens unsere gegenwärtig erreichbare Kenntniss dieses ganzen Litteraturzweiges diess verstattet.

Ohne den Vorwurf der Unbescheidenheit befürchten zu müssen, darf ich wohl sagen, dass ich eine Entdeckungsreise in bisher fast unbekannte Gegenden der Litteratur unternommen habe; und dass keine dergleichen Bedenken, wie sie bei manchen Reise-Berichten betreffs der Wahrheit des Erzählten auftauchen können, etwa auch hier Platz greifen möchten, dafür glaube ich mit ängstlicher Gewissenhaftigkeit durch den sicher nirgends fehlenden Quellen-Nachweis gesorgt zu haben.

Aber sowie ich Grund zu der Meinung habe, dass mir aus dem Umkreise des gedruckten Materiales wohl nichts Wesentliches entgangen sein dürfte, ebensosehr kann durch dasjenige, was gegenwärtig noch in Handschriften verborgen liegt, nicht nur manche wünschenswerthe Bereicherung oder Ergänzung meiner Forschung sich ergeben, sondern möglicher Weise auch das eine oder andere Ergebniss derselben umgestossen werden. Dass ich die gelehrten Genossen meiner Studien hiemit nur bitten kann, nach diesen beiden Seiten sich zu bethätigen, versteht sich von selbst. Herr S. Barach hat aus Wiener Handschriften eine ergänzende Bestätigung zu meinem zweiten Bande veröffentlicht; die Bibliotheken Frankreichs und Englands würden ohne Zweifel noch viele Veranlassung zu Demjenigen darbieten, was mir im Interesse der geschichtlichen Wahrheit als wünschenswerth und erforderlich erscheint. Blosse Behauptungen aber, wie sie z. B. ein französischer Gelehrter gegen einen principiellen Punkt meiner Untersuchungen gekehrt hat (s. S. 18), dienen nicht dazu, die Wissenschaft in solch schwierigen Fragen zu fördern.

Dass ich mit der Fortsetzung und schliesslichen Erledigung des Gesammt-Umkreises meines Themas unablässig beschäftigt bin, bedarf keiner weitern Betheuerung. Ich habe mir einmal diese Lebensaufgabe gestellt und kann nur hoffen, dass mich die Kraft zur Vollendung des Ganzen nicht verlassen möge.

München, im December 1866.

C. Prantl.

ÜBERSICHT DES INHALTES.

XVII. ABSCHNITT.

ERSTES AUFTRETEN DES BYZANTINISCHEN, ARISTOTELISCHEN UND ARABISCHEN STOFFES IM LATEINISCHEN ABENDLANDE.

Hatten die beiden vorhergehenden Abschnitte die Aufgabe, zwei Gruppen der Litteratur zu schildern, welche vom 13. Jahrhunderte an den Verlauf der Logik dauernd beeinflussten, — nemlich das byzantinische Compendium des Psellus und die das Organon betreffenden Leistungen der Araber —, so kann nun der geschichtliche Faden wieder da anknüpfen, wo wir ihn am Schlusse des XIV. Abschnittes verliessen, d. h. an der Gränzscheide des 12. und des 13. Jahrhunderts. Nur muss selbstverständlicher Weise die allbekannte Thatsache hinzugenommen werden, dass gleichzeitig mit den byzantinischen und arabischen Erzeugnissen auch die sämmtlichen uns zugänglichen Schriften des Aristoteles und ein grosser Theil der Commentatoren desselben dem Mittelalter kund wurden, so dass hiemit für die Logik all dasjenige, was ich im IV. und im IX. Abschnitte ausführlich darzustellen versuchte, nunmehr einen belangreichen Theil der dreifachen neuen Stoff-Zufuhr ausmachte.

Aber eben bezüglich dieses letzteren Quellenkreises drängt sich eine Bemerkung auf, welche nicht bei Seite gelassen werden kann, selbst auf die Gefahr hin, dass es fast als lächerlich erscheinen mag, Dinge besonders hervorzuheben, welche ohnediess Jedermann weiss. Sowie jedoch häufig gerade die bekanntesten Thatsachen nicht in ihrer ganzen Tragweite erfasst werden, so kann auch wohl nicht oft genug hervorgehoben werden, dass das sogenannte Wiedererwachen des Alterthums für Philosophie, Mathematik und Naturwissenschaften grösstentheils bereits im 13. Jahrhunderte eben durch das Bekanntwerden des Aristoteles und der arabischen Litteratur stattfand. Und wenn auch die Geschichte der Logik am betreffenden Orte es wahrlich nicht unterschätzen wird, dass von der Zeit der eigentlichen Renaissance an ein frischerer naturalistischer Hauch weht und allmälig gar viel scholastischer Plunder über Bord fällt, so ist doch andrerseits zu bedenken, dass, — um hier von Mathematik, Chemie und Medicin völlig abzusehen —, schon seit dem letzten Drittel des 13. Jahrhunderts die ganze damalige gebildete Welt durch aristotelische Denkweise geschult wurde und hiedurch hundertfältige Keime wirklicher Philosophie einsog.

Welch ein Unterschied gegen die früheren Jahrhunderte liegt schon darin, dass es nunmehr nicht bloss ausschliesslich Logik gab, sondern daneben mit gleichem Anspruche auf Beachtung jetzt auch Metaphysik, Physik, Ethik und Politik hintraten! Allerdings war all dieses eben nur

Aristotelismus, und zwar ein bloss äusserlich aufgedrungener Aristotelismus, welcher daher auch nicht in seiner Tiefe verstanden, ja häufigst missverstanden und corrumpirt wurde; aber die unwillkürliche Erweiterung des speculativen Gesichtskreises, welche aus der Beschäftigung mit den aristotelischen Schriften floss, ist für die Geschichte der „Philosophie" jedenfalls von höherem Werthe, als all jener augustinisch-christliche Platonismus, welcher vorher cursirt hatte. Und sicher wäre beim Wiedererwachen des Alterthumes in der wuchtigen Masse des durch Neuheit reizenden Stoffes der speculative Sinn ertrunken oder hätte einer bodenlosen platonischen Mystik den Platz geräumt, wenn nicht mit so grosser Zähigkeit zwei Jahrhunderte hindurch die Disciplinirung des Denkens sich durch aristotelische Lectüre festgewurzelt hätte.

So müssen wir es allerdings als einen Fortschritt begrüssen, dass aristotelischer und aristotelisch-arabischer Stoff zugeführt wurde; aber es ist damit noch beileibe nicht gesagt, dass es in dieser zweiten Hälfte des Mittelalters etwa irgend einen „Philosophen" gegeben habe. Denn eine gänzliche Abhängigkeit von der äusserlichen Stoff-Zufuhr ist und bleibt noch auf Jahrhunderte hin der eigentliche Grundton, und zwischen den zahlreichen Autoren, welche ja sämmtlich ohne Ausnahme nur von fremdem Fette zehren, ist einzig darin ein Unterschied bemerkbar, dass die Einen schwachköpfig, wie z. B. Albertus Magnus und Thomas von Aquin, in gedankenloser Auctoritäts-Sucht die verschiedenartigsten Stücke des fremden Gutes zusammenraffen, hingegen Andere, wie z. B. Duns Scotus, Occam und Marsilius, wenigstens scharfsinniger den dargebotenen Stoff beim Worte zu nehmen und folgerichtig auszubeuten verstehen. Dass aber, abgesehen von solchen Gradabstufungen, Alle nur am Gängelbande des zugeführten Materiales wandelten, erhellt schlagend schon aus dem Umstande, dass es in dieser zweiten Hälfte des Mittelalters keinen einzigen reinen Platoniker gibt (das Zeugniss eines Zeitgenossen hiefür s. unten Anm. 571), während uns noch im 12. Jahrh. mancher entschiedene Platonismus begegnet war. So mächtig, ja erdrückend, wirkte jetzt die Auctorität des mit Einem Schlage eröffneten aristotelischen Stoffes, dass es erst der Auctorität einer abermaligen Stoff-Zufuhr bedurfte, um zur Zeit der Renaissance durch die florentinische Akademie den Platonismus neu anzufachen.

Insofern aber neben dem aristotelischen und arabischen Quellenkreise auch der byzantinische Stoff in seinen Wirkungen zu verfolgen ist, so wird man wohl glauben, derselbe gehöre bloss der Litteratur der Schul-Bücher an und habe mit dem arabischen Aristotelismus und den aus ihm erwachsenden Controversen Nichts zu schaffen; ja durch dasjenige, was vorläufig im gegenwärtigen Abschnitte vorgeführt werden wird, könnte diese Annahme sogar eine Bestärkung zu finden scheinen. Aber das später Folgende wird zeigen, dass, — was bisher Niemand wusste oder auch nur ahnte —, jener byzantinische Unsinn sich tief in die logische Parteispaltung und somit in die sogenannte Philosophie jener Zeit verzweigte, und dass (seit Occam und seinen Anhängern) die Kenntniss des byzantinischen Materiales der einzige Schlüssel sei, durch welchen die oft beklagte Unverständlichkeit mancher Schriften und einzelner Stellen allein gelöst werden kann.

Doch ich will nicht weiter vorgreifen, sondern in Fortsetzung meines bisherigen Verfahrens sofort beginnen, Alles Einzelne dadurch geschichtlich darzustellen, dass ich es auf die Quellen zurückführe, aus welchen es stammt.

Was nun hiemit zunächst jene äusserliche Seite der Vermittlung betrifft, welche in blosser Uebertragung des dreifachen neuen Materiales besteht, so wird bei dem Compendium des Psellus sich uns diese Frage unmittelbar mit der Darstellung des Inhaltes verbinden müssen. Hingegen bezüglich der arabischen Litteratur und der aristotelischen Werke wird es hier genügen, nur wenige unerlässliche Bemerkungen vorauszuschicken; denn sowie die Thätigkeit, welche im 13. Jahrhunderte sich um das arabisch-lateinische oder griechisch-lateinische Organon des Aristoteles drehte, überwiegend nur eine commentirende war, so besteht auch unsere Aufgabe hauptsächlich darin, auf Grundlage der notorischen Thatsache, dass die aristotelischen und die arabischen Schriften manigfach übersetzt wurden, den inhaltlichen Folgen und Ergebnissen dieses erweiterten Gesichtskreises nachzuspüren; auch erscheint es ausserdem als unthunlich, die Untersuchungen, welche Jourdain in seinem bekannten Werke über die einzelnen Uebersetzer angestellt hat [1]), hier etwa auszuschreiben. Somit mag nur in Kürze daran erinnert werden, dass die betreffenden Leistungen der Araber für das Ende des 12. oder den Anfang des 13. Jahrhunderts den Lateinern bereits durch Gundisalvi und seinen Gehülfen Johannes Avendeath (s. vorig. Abschn. Anm. 66) übermittelt waren, welche in der Mitte des 12. Jahrh. Uebersetzungen angefertigt hatten [2]), sowie dass der Gesammt-Complex der Werke des Aristoteles ungefähr seit 1220—1225 in lateinischer Uebertragung zugänglich war [3]), wobei, wie Jedermann weiss, sich Friedrich II. durch einflussreichste Förderung der aristotelischen Litteratur die grössten Verdienste erwarb [4]).

Allerdings jedoch bleibt gerade, was das Organon betrifft, noch manche Frage übrig; denn die Annahme, dass man ohnediess für diesen Theil der aristotelischen Philosophie die Uebertragung des Boethius besessen habe, und somit einerseits die Anfertigung neuer Uebersetzungen überflüssig gewesen sei und andrerseits die litterarische Untersuchung über diesen Punkt kürzer hinweggehen könne, mussten wir schon längst oben, Abschn. XIV, Anm. 2—34, auf eine sehr wesentliche Beschränkung zurückführen, indem die boethianische Uebersetzung der Hauptschriften des Organons, d. h. der beiden Analytiken und der Topik nebst Soph. El., vor dem 12. Jahrhunderte gänzlich unbekannt gewesen war, hingegen seit dem ersten Drittel jenes Jahrhunderts diese Bücher theils in dem Gewande des Boethius und theils in manigfachen neuen Uebersetzungen zugänglich wurden. Die nemliche Sachlage, welche zur Zeit des Johannes v. Salesbury

---

1) *Am. Jourdain, Recherches critiques sur l'âge et l'origine des traductions latines d'Aristote.* 2. Aufl. (v. *Charles Jourdain*). *Paris* 1843.

2) Ebend. p. 107 ff. Wenn aber Jourdain meinte, Gundisalvi habe ein selbstständiges Werk über Logik verfasst, so scheint diess aus den von ihm angeführten Worten (p. 113 u. p. 451) nicht mit Sicherheit geschlossen werden zu können. Uebrigens vgl. auch die oben (Abschn. XVI, Anm. 2) angeführten Arbeiten Munck's.

3) *Jourdain,* p. 212.

4) Näheres über den oft gedruckten Brief Friedrich's II. s. ebend. p. 152 ff.

bestand, kehrt auch im 13. Jahrh. wieder, d. h. wir treffen neben Benützung des gesammten boethianischen Textes auch die Herstellung neuer Uebertragungen des Organons, nur kömmt bezüglich der letzteren der neue Umstand hinzu, dass nun sowohl aus dem Griechischen als auch aus dem Arabischen übersetzt wurde. Dass noch zu Anfang des 13. Jahrh. in der nemlichen Weise wie in der zweiten Hälfte des 12. zwei Theile des aristotelischen Organons unterschieden wurden, erhellt augenfällig aus den Statuten der Pariser Universität v. J. 1215, welche der päpstliche Legat Robert v. Courçon in Erneuerung früherer Bestimmungen (v. J. 1209) erliess; denn wenn daselbst ausdrücklich von einer „alten" und einer „neuen" Logik des Aristoteles die Rede ist [5]), so erscheint es für jenen Zeitpunkt schlechterdings als unmöglich, an etwas Anderes zu denken, als einerseits an die von Alters her ununterbrochen cursirenden Bücher und andrerseits an jene ungefähr seit Abälard allmälig bekannt gewordenen übrigen Theile des Organons, mochten dieselben nun aus Handschriften der Werke des Boethius hervorgezogen oder durch neue Uebersetzungen dargeboten worden sein, — kurz die beiden Analytiken nebst Topik und Soph. El. waren eben damals im Vergleiche mit der älteren Tradition noch das neue Material, und die Ausscheidung ist die nemliche, welche wir bereits oben, Abschn. XIV, Anm. 26 u. 56, trafen (vgl. unten Anm. 103 u. Abschn. XIX, Anm. 93 ff.). Sonach wird neben dem allgemeinen Einflusse, welchen die arabisch-lateinischen Uebersetzungen auf den Gesammt-Complex der aristotelischen Logik ausübten, noch ein besonderes Augenmerk auf die letztgenannten Bücher des Organons zu richten sein.

In dieser Beziehung nun ist zu erwähnen, dass wir allerdings um das Jahr 1232 eine neue Uebersetzung des Organons treffen, welche ein gewisser Antoli anfertigte und an Friedrich II. übersandte [6]). Doch fand hinwiederum auch die boethianische Uebersetzung ihre Verwendung, denn wie wir schon oben (Abschn. XIV, Anm. 23 f.) sahen, dass dieselbe wenigstens in Frankreich (nicht aber in Italien) ans Licht gezogen wurde, so ist sie auch in der That von Albertus Magnus bei seiner Bearbeitung des ganzen Organons zu Grunde gelegt, wie der aufmerksame Leser dieser Paraphrasen (— denn nur commentirende Paraphrasen sind es, was Albertus lieferte —) bei jedem Schritte erkennen muss, ohne hiezu eines späteren ausdrücklichen Zeugnisses zu bedürfen [7]). Aber zugleich spricht der nemliche Albertus in der zweiten Analytik nicht bloss wiederholt von einer (auf Alfarabi beruhenden) *„Arabica translatio"* [8]), sondern er vergleicht auch ausdrücklich die boethianische Uebersetzung mit einer

---

5) *Bulaeus, Hist. univ. Paris.* III, p. 82: *Et quod legant libros Aristotelis de dialectica tam veteri quam nova in scholis ordinarie et non ad cursum; legant etiam in scholis ordinarie duos Priscianos vel alterum ad minus. Non legant in festivis diebus nisi philosophos et rhetoricas et quadrivalia et barbarismum et ethicam, si placet, et quartum topicorum. Non legantur libri Aristotelis de metaphysica et naturali philosophia nec summa de eisdem aut de doctrina magistri David de Dinant aut Almarici haeretici aut Mauritii Hispani* (s. Anm. 17).

6) *Jourdain,* p. 164 f.

7) S. dasselbe am Schlusse der Anm. 14.

8) *Anal. post.* I, 1, 3, p. 519 b (*Opp. ed. Jammy, Lugd.* 1651, Vol. I.). Ebend. 2, 13, p. 543 a. Ebend. 5, 8, p. 603 a. Ebend. II, 2, 3, p. 620 b u. 5, 624 b u. 7, p. 627 b.

griechisch-lateinischen, welche „Johannes" angefertigt habe [9]); und wir fürchten nicht zu irren, wenn wir in Letzterem den Johannes Basingestokes erblicken, welcher ein Zeitgenosse und Freund des Robert Capito (s. über diesen letzteren unten Anm. 334 ff.) war und um d. J. 1240 blühte [10]). Einen weiteren Beleg dafür, dass betreffs der Analytiken die boethianische Uebersetzung in Umlauf kam [11]), bietet neben dem so eben genannten Robert Capito selbst (s. hierüber Anm. 338 f.), ja auch der Commentar des Thomas v. Aquin dar, denn auch dieser fusst auf keiner anderen Uebertragung [12]); aber daneben wiederholt sich der nemliche Umstand wie bei Albertus, indem auch Thomas gelegentlich auf eine anderweitige griechisch-lateinische Uebersetzung hinweist [13]), wobei wir jedoch keinenfalls an jene Uebersetzung der aristotelischen Werke denken dürfen, welche allerdings auf den Wunsch des Thomas, aber erst in den letzten Lebensjahren desselben, nemlich i. J. 1271, von Heinrich von Brabant angefertigt wurde [14]). Hingegen ist wohl anzunehmen, dass seit der Anregung, welche Friedrich II. gegeben hatte, fortwährend an verschiedenen Orten durch Manche, von welchen wir nicht einmal die Namen kennen, neue Uebertragungen zu Tage gefördert werden konnten [15]). Auch erstreckte sich, wie wir bestimmt wissen, dieses Bestreben in Bälde sogar auf einige Commentatoren des Organons, denn schon i. J. 1266 finden wir griechisch-lateinische Uebersetzungen des *Simplicius ad Ar. Categ.* und des *Ammonius ad libr. de interpr.* neben einer jedenfalls noch früher in Umlauf gekommenen arabisch-lateinischen des *Themistius ad Anal. post.* [16]). Jedenfalls jedoch werden wir unten, soweit es nöthig

---

9) Ebend. I, 4, 9, p. 519 b: *Unde quidam libri habent sic:* (es handelt sich um die Stelle b. *Arist. An. post.* I, 19, p. 82 a 10; bei *Boeth. Opp.* p. 535) ...... *Et haec littera melior est, et est translatio Joannis a Graeco facta sicut translatio Boetii.* Ebend. II, 2, 5, p. 624 b: *Arabica translatio non habet „montis"* (s. *Arist. An. post.* II, 7, p. 92 b 22; *Boeth.* p. 548), *sed dicit...... Huius enim est expositio commenti Arabici, et in hanc magis consentit Boetii translatio et etiam translatio Joannis.*

10) Nähere Nachweise über denselben und insbesondere über seinen Aufenthalt in Griechenland s. b. *Jourdain* p. 62 f.

11) Auch Jourdain berichtet (p. 166), er selbst habe in den Handschriften der Pariser Bibliothek nur die Uebersetzung des Boethius gefunden.

12) Einzelne Abweichungen in dem beigedruckten Texte der „*vetus translatio*" können nur als handschriftliche Varianten bezeichnet werden.

13) *Anal. post.* I, lectio 6, § c (f. 20 v. *ed. Rom.*): *Littera sic exponitur* (d. h. *Arist. An. post.* I, 2, p. 72 a 32; *Boeth.* p. 523)..... *In graeco planius habetur sic* etc. Uebrigens hat Thomas v. Aqu. auch bei dem Buche *De interpr.* andere Texte neben dem boethianischen benützt, s. dortselbst I, lectio 13, § c (f. 11 r.), u. II, lect. 2, § d (f. 16 r.).

14) *Aventin. Ann. Boior.* VII, 9 (*Lips.* 1710, p. 673): *Anno Christi* 1271 *Haenricus Brabantinus dominicanus rogatu D. Thomae e graeco in latinam linguam de verbo ad verbum transfert omnes libros Aristotelis. Usus est Albertus veteri translatione, quam Boethianam vocant.* Die Commentare des Thomas hingegen fallen schon ungefähr um d. J. 1262 (s. *Jourdain,* p. 395).

15) Dass aber auch der bekannte Murbeka (um 1270) ausser den übrigen Werken des Aristoteles das Organon übersetzt habe, scheint J. G. Schneider (*Arist. hist. an.* Vol. I, p. CXLII. u. *Arist. Polit.* Vol. I, p. XXV f.) irrthümlich angenommen zu haben. Eine anderweitige Verwechslung des Murbeka mit dem so eben genannten Heinrich v. Brabant hat Jourdain (p. 66) beseitigt.

16) S. *Jourdain,* p. 73 f. u. p. 166. Was den Themistius betrifft, s. unten Anm. 336.

ist, zuweilen auf die Frage zurückkommen, ob die boethianische oder eine anderweitige Uebersetzung benützt worden sei.

Ein Ereigniss aber, welches bezüglich des Studiums und der Aufnahme aristotelischer Philosophie im Anfange des 13. Jahrh. von einiger Wichtigkeit war, dürfen wir nicht ganz unerwähnt lassen, wenn auch schliesslich nur zu dem Zwecke, um zu bemerken, dass die Geschichte der Logik von demselben nicht berührt wurde. Wenn nemlich (nicht ohne Zusammenhang mit der Bekämpfung der Albigenser) seit d. J. 1209 mehrmals die Kirche ein Verbot gegen gewisse Abzweigungen der aristotelischen Litteratur ergehen liess, und sich hiemit jene fanatischen Maassregeln verbanden, welche gegen David von Dinant und gegen Amalric von Ben getroffen wurden, so hat sich durch genauere Forschungen zur Genüge herausgestellt, nach welcher Seite hin jene Beschränkungen gerichtet gewesen seien [17]). Und sowie die pantheistischen Anschauungen der beiden genannten „Ketzer" an sich mit der Entwicklung der Logik Nichts zu schaffen haben, sondern der Ontologie oder der sog. Metaphysik angehören, so bleibt für unseren hiesigen Zweck nur jene Beziehung übrig, in welcher näher oder entfernter die Eins-Lehre des David und des Amalric mit der Auffassung der Universalien stand. Indem aber der theologische Hass die Vernichtung der Schriften jener beiden Männer in erwünschtester Vollständigkeit zu bewerkstelligen verstand, sind wir über dieselben nur auf wenige orthodox-polemische Berichte beschränkt, welche überdiess hauptsächlich bloss das theologische Gebiet betreffen; und selbst bei den etlichen kargen Hindeutungen, welche uns zu Gebote stehen, bleibt die Möglichkeit, dass wir von Albertus Magnus und Thomas v. Aquin angelogen sind. Soweit es demnach als beglaubigt gelten mag, dass David v. Dinant mit syncretistischer Benützung antiker Aussprüche einen durchgängigen Pantheismus kundgab [18]), und dass er zur Begründung dieses

---

17) Sowohl über die oben (Anm. 5) angeführte Stelle als auch über die übrigen einschlägigen Quellen-Berichte s. das Nähere b. *Jourdain*, p. 187 ff., sowie eine richtige Darstellung der ganzen Angelegenheit b. *Hauréau*, *De la phil. scolast.* I, p. 391 ff., woselbst auch (p. 405) in treffender Weise das gegen Scotus Erigena gerichtete kirchliche Verdammungs-Urtheil beigezogen ist. Ausserdem vgl. auch *J. H. Kroenlein, De genuina Amalrici a Bena..... Davidis de Dinanto doctrina.* Giessen 1842. u. v. dems. in d. „Theol. Studien u. Kritiken" 1847.

18) *Albert. M.*, *Phys.* I, tract. II, c. 10, p. 23 b (*Opp. ed. Jammy*, Vol. II): *Has autem opiniones sic explanat Alexander in quodam libello, ubi omnia unum esse, quod est materia, probare intendit, et David de Dinanto in libro Atomorum* (zu lesen *Tomorum*, s. d. folg. Anm.). Ebend. *Summ. theol.* Pars II, tract. I, quaest. 4, c. 3, p. 62 f. (Vol. XVIII): *Deinde quaeritur de erroribus Epicureorum et maxime de antiquo errore Anaximenis, qui nuper per quendam David de Dinanto renovatus est, qui dixit, deum et materiam primam esse idem, inducens super hoc antiquum Anaximenem, qui dixit, omnia esse unum* (bei der kopflosen Abschreiber-Thätigkeit des Albertus ist es nicht zu verwundern, wenn derselbe bald einen Alexander bald die Epikureer und bald den Anaximenes als antike Gewährsmänner jener Ansicht bezeichnet, während natürlich ein Viertes das Richtige ist, d. h. nur Parmenides gemeint sein kann, s. d. folg. Anm.) ...... *Ad hoc etiam inducit versus quosdam, qui scripti leguntur in templo Palladio.....; dicit etiam, quod refert Plutarchus, quod vetustissimi philosophorum interpretati fuerunt, illud fuisse dictum de deo, qui peplo tectus est...... Tertio pro se inducit versus Orphei, in quibus, ut dicit, deum universum esse affirmat..... Quarto pro se inducit, quod longo tempore post Lucanus eosdem versus operi suo inseruit...... Quinto inducit pro se Senecam sic dicentem* etc.

Standpunktes die Allgemeinheit des Stoffes und die Allgemeinheit des Geistigen als das Form-fähige (*formabile*) bezeichnete, aus welchem das Einzelne hervorgehe, und zugleich in diese Formfähigkeit nach beiden Seiten den Begriff des potenziellen Stofflichen verlegte, so dass schliesslich hierin jenes beiderseitige Allgemeinste zusammentreffe, da ja bei Annahme eines dualistischen Principes zuletzt ein (gemeinschaftlicher) potenzieller Stoff des (beiderseitigen) potenziellen Stoffes sich ergebe [19]), so ist ersichtlich, dass David die äusserste metaphysische Consequenz des logischen Realismus zog und somit nur Dasjenige rund und voll aussprach, was bereits bei Wilhelm von Champeaux deutlich genug im Keime vorlag (s. Abschn. XIV, Anm. 106 f. u. 283). Auch Amalric von Ben scheint von einem gleichen extravaganten Realismus ausgegangen zu sein, denn wenn auch berichtet wird, er habe den pantheistischen Gottesbegriff nicht wie David als materielles, sondern als formales Princip verstanden [20]), so ging doch auch bei ihm die Motivirung darauf hinaus, dass Gott jenes oberste Universale sei, in welchem alles Einzelne zur Identität zusammenlaufe [21]). Vielleicht auch hätte es dieser damalige Pantheismus zu einer

---

19) Ebend. *Summ. theol.* Pars I, Tract. IV, Quaest. 20, p. 76 (Vol. XVII): *Alexander in quodam libello, quem fecit de principio incorporeae et corporeae substantiae, quem secutus est David de Dinanto in libro, quem scripsit de Tomis, h. e. de Divisionibus* (hiernach wählte David sogar fast die nemliche Ueberschrift wie Scotus Erigena bei seinem Werke *De divisione naturae;* s. *Hauréau* a. a. O. p. 414), *dicit, deum esse principium materiale omnium. Quod probat sic: quia noys, h. e. substantia mentalis, primum formabile est in omnem substantiam incorpoream, primum autem formabile in res alicuius generis primum materiale est ad illa, noys ergo primum principium est ad omnes incorporeas substantias. Materia autem possibilis ad tres dimensiones primum formabile est in omnes corporales substantias; ergo est primum materiale ad illas. Quaero ergo, si noys et materia prima differunt annon. Si differunt, sub aliquo communi, a quo illa differentia egreditur, differunt; et illud commune per differentias formabile est in utrumque; quod autem formabile est in plura, materia est vel ad minus principium materiale..... Si ergo dicatur una materia esse materiae primae et noys, erit primae materiae materia et hoc ibit in infinitum; relinquitur ergo, quod noys et materia prima sunt idem. Similiter deus et materia prima et noys differunt aut non* u. s. f. *Thomas Aqu., Summa c. gent.* I, 17, f. 18 r a (*Opp. ed. Rom.* 1570. Vol. IX): *In hoc autem insania David de Dinanto confunditur, qui ausus est dicere, deum esse idem quod prima materia, ex hoc, quod si non essent idem, oporteret differre ea aliquibus differentiis, et sic non essent simplicia, nam in eo quod per differentiam ab alio differt, ipsa differentia compositionem facit. Hoc autem processit ex ignorantia, qua nescivit, quid inter differentiam et diversitatem intersit.* Ebend. *Sentent.* II, Dist. 17, quaest. 1, art. 1, f. 53 a (Vol. VI, 2): *Quorundam antiquorum philosophorum error fuit, quod deus esset de essentia omnium rerum,..... ut Parmenides dixit; et illos etiam antiquos philosophos seculi sunt quidam moderni, ut David de Dinanto. Divisit enim res in partes tres, in corpora, animas et substantias aeternas separatas; et primum indivisibile, ex quo constituuntur corpora, dixit ylen, primum autem indivisibile, ex quo constituuntur animae, dixit noym vel mentem, primum autem indivisibile in substantiis aeternis dixit deum; et haec tria esse unum et idem, ex quo iterum consequitur, esse omnia per essentiam unum.*

20) *Thom. Aqu., Summ. theol.* Pars I, Tract. I, quaest. 3, art. 8, f. 16 r a (Vol. X): *Quidam enim posuerunt, quod deus esset anima mundi...... Alii autem dixerunt, deum esse principium formale omnium rerum, et haec dicitur fuisse opinio Almarianorum* (zu lesen *Almaricianorum*). *Sed tertius error fuit David de Dinanto, qui stultissime posuit, deum esse materiam primam.*

21) *Martin. Polon., Chron.* d. h. *Supputationes (ed. Basil.* 1559 fol.) p. 209 ff.: *Damnavit etiam (sc. Innocentius tertius) Almaricum quendam Carnotensem cum sua doctrina, sicut habetur in decretali „Damnamus". Qui Almaricus asserit, ideas, quae*

näheren logischen Formulirung, — gleichsam bereits zu einem Spinozismus —, gebracht, wenn nicht die Orthodoxie unterdrückend entgegengestanden wäre. Wenigstens finden wir einen gewissen Balduin als Schüler des David angeführt, welcher (soweit der unlautere Bericht über ihn überhaupt einen Sinn haben kann) sich auf den Begriff des Einfachen gestützt zu haben und hiemit der ganz vernünftigen Ansicht gewesen zu sein scheint, dass es nicht zwei oder drei Absolute, sondern eben nur Eines geben könne [22]).

Insofern aber David von Dinant sich auf ältere griechische Aussprüche berief (s. Anm. 18), welche grösstentheils nur durch Vermittlung der Araber zu seiner Kenntniss gekommen sein konnten, so liegt uns hierin die Brücke zu dem Buche „*De causis*“, welches wegen seiner arabischen Herkunft wohl schon oben in Kürze erwähnt wurde (vor. Abschn., Anm. 404), aber nun hier darum in Frage kommt, weil es als ein Bestandtheil der neuerwachenden Gesammt-Philosophie des Aristoteles galt und wirkte [23]). Das Einzige jedoch, was aus dem Inhalte dieses Buches hieher gehört, ist gleichfalls die Anschauung eines extremen Realismus, denn die platonisch-arabische Mystik, welche dort bezüglich des Gottesbegriffes und der Welt-Intelligenz ausgesprochen wird, liegt auf einem anderweitigen Gebiete. Insoweit nemlich der unbekannte Verfasser überhaupt ein logisches Motiv verfolgte, stand er lediglich auf der platonischen *Tabula logica* des Porphyrius, wornach die Stufenfolge vom höchsten Allgemeinsten bis zum niedersten Einzelnsten durch die Wirkung des artmachenden Unterschiedes (— *diversificari* —) hergestellt wird [24]). So soll dann der intelligible Gehalt des Einzelnen nicht an sich selbst schon als ein Vielfältiges, sondern als Causalität der Vervielfältigung gedacht und diese Causalität schliesslich auf die Eine höchste Intelligenz zurückgeführt

---

sunt in mente divina, creare et creari (auch diess erinnert an Scotus Erigena); ..... *dixit etiam, quod ideo finis omnium dicitur deus, quod omnia reversura sunt in eum, ut in deo incommutabiliter quiescant, et unum individuum atque incommutabile in eo permanebunt; et sicut alterius naturae non est Abraham, alterius Isaac, sed unius ac eiusdem, sic dixit omnia esse unum et omnia esse deum; dixit enim, deum esse essentiam omnium creaturarum et esse omnium.*

22) *Albert. M., Summ. theol.* a. a. O. (Anm. 18): *Discipulus autem eius* (d. h. des David) *quidam Balduinus nomine, contra me ipsum disputans talem .... induxit rationem, quod, quaecunque sunt et nullo modo differunt, sunt eadem; deus et materia prima et noys sunt et nullo differunt; ergo sunt eadem..... Quod autem nullo modo differant, sic nitebatur probare: quaecunque nullam differentiam habent, nullo modo differunt; ..... simplicia autem prima nullam differentiam habent, quia si differentiam haberent, composita essent; deus, hyle, noys, simplicia prima sunt; ergo nullam habent differentiam; ergo nullo modo differunt, et sic per consequens eadem sunt; et hoc est propositum eius.*

23) Näheres über das Buch *De causis* überhaupt (abgesehen von einigen Bemerkungen bei *Jourdain*, a. a. O. p. 183 ff., 195, 445 ff.) s. bei *Haneberg* in d. Sitzungsberichten d. Münchner Akad. 1863, Bd. I, p. 361 ff.

24) *De Caus.*, Propos. 4 (*Arist. Opp. lat. Venet.* 1552. Vol. VII, f. 115 r): *Omne quod sequitur causam primam, est intelligentia completa in ultima potentia et reliquis bonitatibus, et formae intelligibiles in ipso sunt latiores et vehementius universales ..... Et quia diversificatur intelligentia, fit in eo forma intelligibilis diversa; et sicut ex forma una propter hoc, quod diversificatur in mundo inferiori, proveniunt individua infinita in multitudine, similiter ex esse causato primo propterea, quod diversificatur, apparent formae intelligibiles infinitae.*

werden; und die Gradabstufung, welche zwischen den höheren und den niedrigeren Universalien besteht, muss zuletzt in einer pantheistischen Einheit verschwinden, indem (— was einigermaassen an die Status-Lehre erinnert, s. Abschn. XIV, Anm. 129 f. —) jenes Nemliche, was weiter abwärts in particulärer Weise existirt, zugleich nach Oben in universeller Weise bestehe[25]). Die Frage aber, wie hiebei neben der Ewigkeit der intelligiblen Universalien die Zeitlichkeit des concreten Seienden sich erkläre, wird nothwendiger Weise durch die mystische Annahme eines Mitteldinges abgethan, welches seiner Substanz nach das Ewige enthalte, in seiner Thätigkeit aber in die Zeit falle[26]). Von selbst versteht es sich, dass der Verfasser des Buches den Begriff der Intelligenz oder des Intelligiblen durchweg nur in objectivem, realistischem Sinne nehmen konnte und daher die Universalien ausserhalb der Einzeln-Dinge in das reine göttliche Denken verlegen musste (s. vor. Abschn. Anm. 404).

Gerade aber das Buch „*De causis*", welches Thomas v. Aquin selbst zum Gegenstande seiner commentirenden Thätigkeit machte, dient uns als Beleg dafür, dass die erwähnten kirchlichen Verbote und Maassregeln mit der Logik als solcher Nichts zu schaffen hatten. Jene Zeit war in sich selbst so unklar und unreif, dass man gewisse Consequenzen, welche innerlich längst nothwendig sich hätten ergeben müssen, erst dann bemerkte, wenn sie mit dürren Worten deutlich ausgesprochen wurden. Und der Kampf oder Vertilgungs-Fanatismus richtete sich dann glücklicher Weise auch nur gegen solche bestimmt hervorgetretene Consequenzen, während man die Basis derselben ruhig gewähren liess und selbst in ungenialem Fleisse reichlichst einsog. Die Unfähigkeit, einen Gedanken bis an sein Ende folgerichtig hinauszudenken, kann sicher nicht deutlicher hervortreten, als wenn man wie Albertus Magnus oder Thomas v. Aquin und hundert Andere zugleich Aristoteliker und zugleich trinitätsgläubig sein zu können vermeinte. Aber weil die Macht der Tradition, — das alleinige geistige Motiv für das Mittelalter —, nach beiden Seiten

---

25) Ebend. Prop. 8 (f. 115 v): *Bonitates, quae descendunt super intelligentiam a causa prima, sunt intelligibiles in ea, et similiter res corporeae sensibiles sunt in intelligentia intelligibiles; quod est, quoniam res, quae sunt in intelligentia, non sunt impressiones ipsae, imo sunt causae impressionum.* Prop. 9 (f. 116 r): *Intelligentia est princeps rerum, quae sunt sub ea, et retinens eas et regens eas, sicut natura regit res, quae sunt sub ea, per virtutem intelligentiae, quia similiter intelligentia regit naturam per virtutem divinam.* Dann Prop. 10 (f. 116 r): *Omnis intelligentia plena est formis; verumtamen ex intelligentiis sunt, quae continent formas plus universales, et ex eis sunt, quae continent formas minus universales. Quod est, quoniam formae, quae sunt in intelligentiis secundis inferioribus per modum particularem, sunt in intelligentiis primis per modum universalem, et formae, quae sunt in intelligentiis primis per modum universalem, sunt in intelligentiis secundis per modum particularem.*

26) Ebend. Prop. 30 (f. 118 v): *Et non est possibile, ut substantias sempiternas, quae sunt supra tempus, sequantur substantiae creatae in tempore nisi mediantibus substantiis temporalibus sempiternis in tempore; et istae quidem substantiae non sunt factae mediae, nisi quia ipsae communicant substantiis sublimioribus in permanentia et communicant substantiis temporalibus abscissis in tempore per generationem.* Prop. 31 (f. 119 r): *Inter rem, cuius substantia et actio sunt in momento aeternitatis, et inter rem, cuius substantia et actio sunt in momento temporis, existens est medium, et est illud, cuius substantia est ex momento aeternitatis et operatio ex momento temporis.*

vorlag und wirkte, so klebte man auch naiv genug die beiden Quellen aufeinander, und sowie die an sich consequente Opposition gegen die antike Logik bei den christlichen Theologen von Anfang an nie völlig hatte durchdringen können, so war nun beim Beginne des 13. Jahrhunderts die arabisch- und griechisch-lateinische Tradition des Aristotelismus so überwältigend eingetreten, dass man weit eher das christliche Dogma in aristotelische Formen goss, als dass man sich principiell den antiken Anschauungen verschlossen hätte. Und vor Allem musste hiebei gerade die Logik, deren Zusammenhang mit der Philosophie man ja bereits seit Boethius ausser Augen verloren hatte, nicht nur nicht als gefährlich, sondern vollends als unentbehrlich betrachtet werden. Nur mochten wohl Anfangs strengere Zeloten darüber wachen, dass in den Vorträgen über Logik nichts Theologisches beigemischt werde, noch auch umgekehrt [27]).

Indem somit für den Betrieb der Logik keinerlei Störung durch jene Verbote eintrat, sondern im Gegentheile aus dem neu zugeführten Materiale nur eine Steigerung erwachsen konnte, wäre bezüglich der geschichtlichen Darstellung noch immerhin die Frage offen, in welcher Reihenfolge die Wirkungen des neuen Materiales hier vorzuführen seien, insoferne dieselben ja sämmtlich in den nemlichen Jahrzehnten sich geltend machten. Zweckdienlicher scheint in dieser Beziehung zu sein, dass wir vorerst die Uebertragung der byzantinischen Logik näher betrachten und erst hernach den gleichzeitigen Einfluss der aristotelischen und der arabischen Studien erörtern; denn bei solcher Anordnung des geschichtlichen Stoffes wird es möglich sein, einerseits eine allzugrosse Zersplitterung zu vermeiden, und andrerseits es anschaulich zu machen, wie die Parteispaltung sich auch durch die Logik des Petrus Hispanus modificirte.

Den Einen Quellenkreis somit bildete für die Logik seit dem 13. Jahrhunderte jener byzantinische Stoff, welchen Psellus darbot. Und sowie es sehr zu beachten ist, dass auch von den Alchimisten jener Zeit anderweitige Schriften des Psellus benützt wurden [28]), so hatte auch die Logik desselben schon viel früher und in weit reicherem Maasse, als man bis jetzt auch nur ahnen konnte, ihre Verbreitung im Abendlande gefunden.

Die älteste lateinische Bearbeitung des Compendiums des Psellus, welche mir bekannt ist, wurde durch Wilhelm Shyreswood (gest. 1249) veranstaltet [29]). Aber sowie mir die Existenz seiner noch unge-

---

27) *D'Argentré, Coll. iudiciorum de nov. error.* (*Paris.* 1728 fol.) I, p. 158 f. theilt aus handschriftlicher Quelle das Verdict mit, welches i. J. 1247 gegen einen gewissen *Johannes de Brescain* (?) gefällt wurde, „*ne puritas studii, quae hactenus Parisiis viguit, ex praesumptione quorundam, qui theologica logicis inserentes non intelligunt neque quae loquuntur neque de quibus affirmant, errorum sordibus maculetur; ...... quandoquidem logici theologice et theologi philosophice in suis disputationibus procedentes contra praeceptum legis sortes dominicae haereditatis miscere et confundere non formidant.*“

28) S. *Kopp*, Gesch. der Chemie, II, S. 156. Man schrieb ja damals diesem jüngeren Psellus auch die Schrift *Περὶ λίθων δυνάμεων* zu, welche jetzt nicht mit Unrecht für ein Werk des älteren (im 9. Jahrh.) gehalten wird.

29) Er war in Durham geboren, studirte in Oxford, lehrte hierauf in Paris und starb als Kanzler in Lincoln. S. *Oudin*, *De scriptt. eccl.* III, p. 116 ff. Roger

druckten Schrift nur durch eine gelegentliche Notiz [30]) kund wurde, muss ich hier wie überall die Möglichkeit offen lassen, dass durch Ausbeutung der Bibliotheken meine Forschung noch gar manche Ergänzung oder Berichtigung erfahren kann und somit vielleicht dereinst eine noch ältere Wirkung des Psellus im lateinischen Abendlande nachgewiesen wird. Wenigstens ist es eine eigenthümliche Thatsache, dass die in der Syllogistik üblichen Memorialworte (— ihr griechisches Original s. oben Abschn. XV, Anm. 46 ff. —), welche man bisher stets dem Petrus Hispanus zugeschrieben hatte, und ebenso einige Memorial-Verse bereits bei Wilh. Shyreswood sich finden; und da man ihn doch wieder unmöglich für den Erfinder derselben halten kann (— denn dagegen streitet seine Ausdrucksweise bei Anführung derselben, s. unten z. B. Anm. 40 u. 44, auch Anm. 112 —), so bleibt nur die Annahme übrig, dass sicher schon ein paar Jahrzehente früher das Compendium des Psellus in den abendländischen Schulen im Umlaufe gewesen sein muss, wobei dann jene technischen Worte irgendwie ausgedacht wurden und in allgemeine Uebung kamen (s. bes. unten Anm. 52 u. 91 ff.). Indem mir daher der bisher noch nicht bekannte Wilhelm Shyreswood nur als der relativ älteste Repräsentant einer verbreiteten Schul-Litteratur gelten kann, glaube ich allerdings von meinem Grundsatze, wornach ich mich auf Gedrucktes beschränke, eine Ausnahme machen zu müssen; jedoch kann es dabei nicht meine Absicht sein, hier gleichsam eine Ausgabe der ganzen Schrift Wilhelm's aus der von mir benützten Pariser Handschrift [31]) zu veranstalten, sondern ich beschränke mich, zumal da ja die folgenden Jahrhunderte sich doch nur ausschliesslich an Petrus Hispanus hielten, auf den wesentlichen Gang des Inhaltes und einige Haupt-Stellen, um dem Leser die Einsicht in diesen wahrhaften Vorläufer des Petrus Hispanus zu ermöglichen (vgl. Abschn. XV, Anm. 5). Ebenso werde ich es bei Lambert v. Auxerre und einigen anderen handschriftlichen Mittheilungen halten.

Wilhelm Shyreswood jedoch bietet nicht, wie Petrus Hispanus, eine durchgängig wörtliche Uebersetzung des Psellus dar, sondern folgt demselben nur im Ganzen den Sinn getreu wiedergebend. So ersetzt er sogleich die Anfangszeilen des griechischen Originales (Abschn. XV, Anm. 6) durch eine etwas längere Einleitung, in welcher er an die Doctrin der Araber sich anlehnend die Syllogistik als die wesentliche Aufgabe der Logik und die Einsicht in die einfachsten Bestandtheile des Schlusses als Vorbedingung bezeichnet, um somit bei der Erörterung über Wort (*vox*) und Schall (*sonus*) anzulangen [32]). Und indem nun die Eintheilung dieser

---

Baco schätzte ihn sehr hoch; er sagt von ihm *Op. tertium* (s. unten Anm. 556), c. 2, p. 14: *Guilielmus de Shyrwode longe sapientior Alberto, nam in philosophia communi nullus maior est eo.*

30) Bei *Hauréau, De la phil. scolast.* I, p. 466. (Was übrigens dortselbst über Wilhelm Shyreswood gesagt ist, wird nunmehr durch die Einsicht, dass derselbe nur die Synopsis des Psellus verarbeitete, sehr modificirt.)

31) *Cod. Sorbonn.* 1797.

32) Die Einleitung lautet: *Cum duo sunt tantum rerum principia, scilicet natura et anima, duo erunt rerum genera. Quaedam enim sunt res, quarum principium est natura, et de his est universis scientia communiter dicta, et quaedam, quarum principium est anima* (vgl. Abschn. XVI, Anm. 71); *et hae sunt duplices. Cum enim anima sine virtutibus et scientiis sit caeca, quasdam facit operationes, per quas de-*

Begriffe in gleichem Sinne wie bei Psellus (wenn auch in kürzerem oder verschiedenem Wortlaute, vgl. Abschn. XV, Anm. 7 f.) auf die Lehre vom Urtheile, d. h. zunächst auf *nomen* und *verbum* führt [33]), und ebenso der Begriff der *syncategoreumata* (ebend. Anm. 9) auftritt [34]), bietet die Aufzählung der Arten des Satzes (der Infinitiv- und der Frage-Satz kommen hier neu hinzu, vgl. ebend. Anm. 10) die Gelegenheit, Bemerkungen aus Boethius und Aristoteles hinzuzufügen [35]). Nach einem eigenthümlichen Gesichtspunkte, welcher uns an Arabisches erinnern könnte, construirt Wilhelm die hierauf folgende Eintheilung des Urtheiles (ebend. A. 11 f.), wobei er sogar die Berechtigung der „Copula“ als eines dritten

---

veniat ad virtutes, et de his est ethica; quasdam autem facit operationes, per quas deveniat in scientiam, et de his est sermocinalis scientia (vgl. ebend. Anm. 84); *haec autem tres habet partes: grammaticam, quae docet recte loqui, et rhetoricam, quae docet ornate loqui, et logicam, quae docet vere loqui* (vgl. ebend. Anm. 18). *Haec autem est de syllogismo principaliter* (ebend. Anm. 15, 79, 243 u. hier unten Anm. 41 u. 48; diese Betonung der Syllogistik hätte Wilhelm allerdings auch aus Boethius, s. Abschn. XII, Anm. 84, entnehmen können, jedoch weist ja auch jenes Andere auf die Araber hin), *ad cuius cognitionem necesse est cognoscere propositionem, et quia omnis propositio est ex terminis, necessaria est termini cognitio. Quia ergo propositio et enuntiatio idem sunt secundum rem, licet differant in eo, quod enuntiatio significat absolute, propositio autem significat aliquid in comparatione ad aliud, ideo prius de enuntiatione agendum; prius est enim aliquid cognoscere in se, quam in comparatione ad aliud. Ex nomine autem propositionis patet, quod significat in comparatione ad aliud; est enim propositio positio pro alio sive pro conclusione concludenda; unde si in se consideratur, est enuntiatio; si autem consideratur ut est in syllogismo, sic est propositio. Cum igitur agendum sit de enuntiatione, prius agendum est de suis partibus, quae sunt nomen et verbum. Et dicuntur hae partes enuntiationis, quia primum ex his fit enuntiatio et ex nullis aliis; quamvis enim ex pronomine et verbo vel participio et verbo fiat enuntiatio, tamen haec est per naturam nominis, quam pronomen et participium habent; unde inquantum naturam nominis participant, sub nomine comprehenduntur. Prius autem agendum est de nomine quam de verbo, quia est principalior pars quam verbum. Ideo ab eo inchoandum est; et quia omne nomen est vox et omnis vox est sonus, ideo a sono tanquam a principio inchoandum est.* D. h. trotz der principiellen Verwandtschaft mit der arabischen Gruppirung des Stoffes (noch ein paar anderweitige Hindeutungen auf Arabisches s. unten Anm. 52 u. 65) wird nun doch die Reihenfolge des Psellus eingehalten, wornach das Urtheil vor der Isagoge und vor den Kategorien erörtert wird.

33) *Est autem sonus proprium sensibile et dividendus sic: sonus alius vox alius non vox...... Vox alia significativa alia non significativa...... Vox significativa quaedam significat naturaliter quaedam ad placitum..... Vox significativa ad placitum aut est complexa, ut oratio, aut incomplexa, ut dictio. Incomplexa quaedam significat cum tempore..... quaedam sine tempore. Est autem nomen* etc.

34) *Verbum est* etc..... *Sciendum autem est, quod logica duas tantum ponit partes orationis, scilicet nomen et verbum; ceteras autem partes appellat sincategoreumata.*

35) *Orationum alia perfecta alia imperfecta..... Perfecta vero ulterius dividenda; quaedam enim est indicativa...... quaedam imperativa seu deprecativa...... quaedam optativa, ut utinam legerem, quaedam coniunctiva, ut cum legam, quaedam infinitiva, ut Socratem legere, quaedam interrogativa...... Sed inter hos modos omnes sola indicativa significat verum et falsum, et ideo haec sola est enuntiatio. Dicit enim Boethius* (s. Abschn. XII, Anm. 111), *quod propositio est oratio verum vel falsum significans, et non facit ibi differentiam inter propositionem et enuntiationem; Aristoteles autem* (s. Abschn. IV, Anm. 191) *sic diffinit: „enuntiatio est oratio significans aliquid de aliquo vel aliquid ab aliquo“, et intelligit per hoc quod dicit „de aliquo“ inhaerentiam praedicati in subiecto, et per hoc quod dicit „ab aliquo“ intelligit remotionem eiusdem a subiecto.*

Bestandtheiles ausdrücklich bestreitet, im Uebrigen aber die Doctrin des Psellus wiederholt [36]), an welcher er sich hinwiederum betreffs der Gegensätze (ebend. A. 13) enge anschliesst [37]), wobei jedoch das Capitel über *materia* der Urtheile (ebd. A. 14) stark abgekürzt wird [38]). Die Lehre von der Umkehrung aber (ebd. A. 15) fehlt hier, indem sie in der Syllogistik (s. unten Anm. 49) zum Vorschein kommt, wohingegen die Angaben über das hypothetische Urtheil (Abschn. XV, A. 16 f.) in getreuem Auszuge vorgeführt werden [39]). Die Aequipollenz sodann (ebd. A. 18) wird selbst in grösserer Ausführlichkeit als bei Psellus dargelegt und am Schlusse der Inhalt der Regeln in folgenden Memorial-Versen ausgedrückt:

Aequivalent Omnis, Nullus non, Non aliquis non;
Nullus, Non aliquis, Omnis non, aequiparantur;
Quidam, Non nullus, Non omnis non, sociantur;
Quidam non, Non nullus non, Non omnis, adhaerent.

oder all dieses zusammen durch den Vers („*vel hoc versu*"):

Prae contradic, Post contrar, Prae Postque suballer [40]).

Auch die hierauf folgende Lehre von den modalen Urtheilen (s. ebend. Anm. 19 ff.) leitet er zunächst durch eine selbstständige Bemerkung ein, in welcher wieder als Hauptzweck die Syllogistik erscheint [41]), und wäh-

---

36) *Cognita enuntiatione per suam diffinitionem et secundum se restat cognoscere eam per divisionem et in suis partibus. Partes autem dupliciter sunt, scilicet aut integrales aut subiectivae* (einige Aehnlichkeit hiemit hat die Eintheilung bei Algazeli, s. Abschn. XVI, Anm. 259 ff.). *Partes integrales sunt, ex quibus constituitur totum secundum integritatem et de his nunquam praedicatur totum; partes subiectivae sunt, ex quibus constituitur totum in sua communitate et de his praedicatur totum. Partes ergo integrales enuntiationis sunt subiectum et praedicatum;..... et dicunt quidam, quod est et tertia pars, quae scilicet est copula; sed non est ita; cum enim sit verbum, significat id quod de alio dicitur et sic est praedicatum ...... Dividitur autem enuntiatio in partes subiectivas penes naturam subiecti vel praedicati sic: enuntiatio alia una alia plures..... Item dividitur penes substantiam enuntiatonis sic: enuntiatio alia categorica alia hypothetica..... et dicitur categorica a categorizo, zas, quod est praedico, cas, eo quod talis perficitur per praedicatum; hypothetica..... dicitur ab hypo quod est sub et thesis positio; quasi suppositiva..... Dividitur autem enuntiatio secundum qualitatem in affirmativam et negativam...... Dividitur autem enuntiatio categorica secundum quantitatem sic: alia est universalis, alia particularis, alia indefinita, alia singularis.* (Der Memorial-Vers aber, welcher bei Lambert v. Auxerre sich findet, s. A. 108, ist hier nur am Rande der Handschrift eingetragen.)

37) Auch die übliche Figur entspricht genau jener bei Psellus.

38) *Notandum est, quod enuntiationum triplex est materia, scilicet naturalis, contingens, et remota* u. s. f.

39) *Quoniam autem, quae hucusque dicta sunt, ad categoricam pertinent enuntiationem, restat nunc agere de hypothetica,* u. s. f. So wird die Unordnung des Textes des Psellus (Abschn. XV, Anm. 16) hier gleichsam noch bekräftigt.

40) Eingeleitet wird dieses Cap. durch die Worte: *Dictum est superius, quod dicitur iudicari enuntiatio universalis vel particularis a nota signi additi suo subiecto.... Restat, quae appositio negationis qualem facit virtutem in signo.* Abgeschlossen wird das Ganze durch: *Sciendum ergo, quod quodlibet signum aequipollet suo contradictorio cum negatione praeposita, similiter quodlibet signum aequipollet suo subalterno cum negatione praeposita et postposita, similiter omne signum universale aequipollet suo contrario cum negatione postposita. Et omnia iam dicta possunt retineri in his versibus* (folgen obige Verse, welche nun wohl keiner weiteren Erklärung bedürfen).

41) *Cum intentio sit de enuntiatione propter syllogismum, consideranda est sub differentiis, in quibus differentiam facit in syllogismo, quales sunt hae: affirmativum,*

rend er wie Psellus unter den sechs modalen Bestimmungen (*verum, falsum, possibile, impossibile, contingens, necessarium*) die ersten beiden als gleichgültig ausscheidet [42]), nimmt er von der ebendaselbst (s. ebd. A. 20) aufgestellten Unterscheidung zwischen substantivischer und adverbialer Sprachform Gelegenheit, das Ganze ausführlicher, als Psellus gethan (ebd. A. 21 f.), zu entwickeln [43]); zuletzt aber schliesst er die dortige Erörterung über Gegensätzlichkeit oder Subalternation der modalen Urtheile mit den Versen ab [44]):

Sit tibi linea subcontraria prima secundae;
Tertius est quarto semper contrarius ordo;
Tertius est primo contradictorius ordo;
Pugnat cum quarto contradicendo secundus:
Prima subest quartae vice particulari habens se;
Hac habet ad seriem se lege secunda sequentem.

d. h. diese Verse beziehen sich auf die bei Psellus (ebd. A. 23 f.) angegebene versinnlichende Figur, welche hier an den Schluss dieses ganzen Abschnittes gestellt ist, aber bei gleichem Inhalte eine abstractere Form zeigt [45]).

---

negativum, universale, particulare, modale, de inesse, et aliae huiusmodi; differt enim syllogismus a syllogismo per has differentias. Consideremus igitur enuntiationem per hanc differentiam: alia de inesse, alia modalis. Est igitur de inesse, quae simpliciter significat inhaerentiam praedicati cum subiecto, i. e. non determinando qualiter inhaereat; modalis autem est quae determinat inhaerentiam praedicati cum subiecto, i. e. quae dicit, qualiter praedicatum inhaereat subiecto.

42) *Modi autem sunt sex, sc. verum, falsum, possibile, impossibile, contingens, necessarium; sed quia duo primi non faciunt propositionem modalem differentem ab enuntiatione de inesse, ideo omittantur; idem enim est dicere „Socrates currit" et „Socratem currere est verum", sicut „Socratem currere est falsum" et „Socrates non currit".*

43) D. h. auch Wilhelm unterscheidet zwischen *modus adverbialis* und *modus nominalis*, nemlich: *modus adverbialis est „Socrates currit contingenter"*.....; *modi autem nominales sic veniunt in sermonem, ut si dicam „Socratem currere est contingens", et dicit Aristoteles* (s. Abschn. IV, Anm. 282), *quod sicut in illis de inesse, ... sic in his de modo esse vel non esse substantia.* Aber er führt dann diese beiden Arten auch wirklich für die Angaben über Qualität, Quantität und Aequipollenz der modalen Urtheile durch.

44) *Et possunt haec retineri per hos versus.*

45) Nemlich statt der concreten Beispiele ist hier folgende Form gewählt:

IV		III
Non possibile est non esse *Non contingens est non esse* *Impossibile est non esse* *Necessarium est esse*	*contrariae*	*Non possibile est esse* *Non contingens est esse* *Impossibile est esse* *Necessarium est non esse*
subalternae	*contradictoriae* *contra-dictoriae*	*subalternae*
I		II
Possibile est esse *Contingens est esse* *Non impossibile est esse* *Non necessarium est non esse*	*subcontrariae*	*Possibile est non esse* *Contingens est non esse* *Non impossibile est non esse* *Non necessarium est esse*

Hierauf folgt der Inhalt der Isagoge, wobei sich Wilhelm sowohl in der Begriffsbestimmung des *praedicabile* als auch in allem Uebrigen völlig an Psellus (ebd. A. 26 f.) excerpirend anschliesst [46]) und zuletzt die *arbor Porphyriana* vorführt.

Hingegen die Lehre von den Kategorien (ebd. A. 29—41) ist hier gänzlich übergangen, worin wir wohl nicht mit Unrecht gleichfalls wieder (vgl. obige Anm. 32 u. 36) arabischen Einfluss erblicken dürften [47]).

Somit folgt nun die Lehre vom Syllogismus [48]), wobei Wilhelm zunächst aus Psellus (Abschn. XV, A. 43) die Definition des Schlusses angibt, hieran aber sogleich die aristotelische Unterscheidung zwischen vollkommnen und unvollkommnen Syllogismen anknüpft und von letzteren in einer merkwürdigen Wendung den Uebergang zur Lehre von der Umkehrung der Urtheile findet, wobei er im Ganzen wieder dem Psellus (ebend. A. 15) folgt, jedoch auch in einem einzelnen Punkte auf eine Controverse hinweist [49]). Sodann aber gibt er die einzelnen Schlussfiguren und Schlussweisen an, in jeder Beziehung den Text des Psellus (ebd. A. 44 ff.) wiedergebend [50]). Unmittelbar aber nach dem letzten Modus der dritten Figur wird die Stellung des Mittelbegriffes in den drei Figuren durch den Memorial-Vers

Sub Prae prima, bis Prae secunda, tertia bis Sub

ausgedrückt [51]), sowie die sämmtlichen Modi der drei Schlussfiguren uns hier in der lateinischen Logik zum ersten Male in folgenden Memorial-Worten und -Versen begegnen:

Barbara, Celarent, Darii, Ferio, Baralipton,
Celantes, Dabitis, Fapesmo, Frisesomorum,

---

46) *Intendentes de praedicabili primo videamus, quid sit praedicabile, deinde quomodo dividatur. Sicut ergo praedicatum est, quod de alio dicitur, ita praedicabile, quod est de alio dicibile. Praedicabile autem dicitur communiter et proprie..... Proprie praedicabile solum est commune,...... commune autem et universale idem sunt...... Universale autem sic diffinitur: universale est, quod est dicibile de pluribus, ad differentiam individui. Dividitur autem sic: universale aliud genus, aliud species* u. s. w.

47) S. was oben bei Avicenna (Abschn. XVI, Anm. 189) und insbesondere was bei Algazeli (ebend. Anm. 257) bemerkt wurde.

48) *Dicturi de syllogismo, de quo est principalis intentio logicae* (s. ob. Anm. 32 u. 41), *primo dicamus eius diffinitionem, deinde quot modis possit fieri.*

49) *Syllogismus alius perfectus alius imperfectus* (vgl. auch Boethius, Abschn. XII, Anm. 135). *Imperfectus indiget ut reducatur ad perfectum; ..... hoc autem fit per conversionem; ideo necesse est cognoscere eam* (allerdings hatte ja auch Aristoteles, freilich in anderer Weise, die Umkehrung mit der Syllogistik verflochten, s. Abschn. IV, Anm. 539 ff.) ...... *Conversio autem triplex: per se, per accidens, per contrapositionem....... Item particularis affirmativa secundum aliquos non convertitur per contrapositionem, ut si subiectum sit praedicabile de omni ente et de omni non ente, ut, si tale sit haec dictio „intelligibile", non sequitur „aliquod intelligibile est homo, ergo aliquis non homo est non intelligibilis."*

50) *Redeamus ad principale et videamus, quot modis potest fieri syllogismus, Figura est ..... Terminus est* u. s. w. Nur verknüpft er die Angaben über *Dictum de omni* und *Dictum de nullo*, welche bei Psellus früher stehen, erst mit der ersten Schlussfigur.

51) *Diversitas autem figurarum retinetur hoc versu: Sub Prae* u. s. f. Dass hiebei die Sylben *Sub* und *Prae* als Abkürzungen für *subiectum* und *praedicatum* stehen, ist von selbst ersichtlich.

Cesare, Campestres, Festino, Baroco, Darapti,
Felapton, Disamis, Datisi, Bocardo, Ferison[52]).

Zum Abschlusse der Syllogistik werden noch die gewöhnlichen auf die drei Figuren bezüglichen Regeln (vgl. ebd. A. 44) vorgeführt[53]; nemlich die aus modalen Urtheilen bestehenden Syllogismen (ebd. A. 54) sowie die hypothetischen Schlüsse (ebd. A. 55) sind hier wie auch bei Lambert von Auxerre und Petrus Hispanus gänzlich übergangen[54]).

Was sodann die T o p i k betrifft, so wendet sich Wilhelm mit Uebergehung der bei Psellus vorfindlichen Einleitung (s. ebd. A. 57 f.) nach einigen kurzen Bemerkungen über die verschiedenen Arten des Schliessens, wodurch er einen eigenthümlichen Anschluss der Topik an die Syllogistik gewinnt, sehr rasch zur Definition des Topus[55]),

---

52) *Modi autem et eorum reductiones retinentur his versibus: Barbara* u. s. f. Der Schlüssel jedoch dieser Memorial-Worte wird nur unvollständig gegeben; nemlich allerdings fügt Wilhelm hinzu: *In his versibus A significat propositionem universalem affirmativam, E universalem negativam, I particularem affirmativam, O particularem negativam* (dieses trafen wir auch schon bei Psellus, Abschn. XV, Anm. 46 ff.); *S conversionem per se, P conversionem per accidens, M transpositionem praemissarum* (dass das Wort „*praemissa*“ auf Uebersetzungen arabischer Schriften hinweist, s. Abschn. XVI, Anm. 43); *B et R cum sunt in eadem dictione, significant reductionem per impossibile* (Letzteres abweichend von den späteren Lateinern). Aber es fehlt hiebei die Angabe, warum die vier Anfangsbuchstaben der Worte *Barbara, Celarent, Darii, Ferio* je in den folgenden übrigen Worten wiederkehren (dass diess mit der Reduction der übrigen Modi auf die vier ersten zusammenhängt, ist erst bei Lambert v. Auxerre und Petrus Hispanus ausdrücklich bemerkt, s. unten Anm. 120 u. 187), und ebenso fehlt die Hinweisung darauf, dass zur Bildung der übrigen Kunstworte auch indifferente Buchstaben verwendet werden (vgl. hingegen ebend.). Um so sicherer aber dürfen wir annehmen, dass all diese Kunstworte schon vor Wilhelm in der Schule üblich waren, und eben nur die Motivirung derselben hier in abgekürzter Form vorgebracht wird. Jedenfalls aber sind die vier ersten Worte (*Barbara, Celarent, Darii, Ferio*) bei den Lateinern im Unterschiede von den griechischen Originalen nur in dem Bestreben gewählt worden, einen Hexameter zu gewinnen, worauf dann lediglich um die Manipulation der Reduction mnemotechnisch auszudrücken die übrigen fünfzehn Namen sich gleichsam von selbst ergaben. Uebrigens steht nach dem Angeführten noch Folgendes: *Duo primi versus deserviunt primae figurae, quatuor autem dictiones tertii versus secundae figurae, et omnes aliae dictiones tertiae figurae. Ex praedictis patet, quod in quatuor modos primae figurae reducuntur omnes alii*, was sodann noch mit Beispielen belegt wird.

53) *Nota etiam, quod ex duabus negativis non sequitur aliquid nec ex duabus particularibus; in prima autem non sequitur directe maiore existente particulari vel minore negativo; in secunda autem non sequitur aliquid ex affirmativis; in tertia autem non sequitur aliquid minore existente negativo.*

54) Unmittelbar nach dem so eben Angeführten steht: *Et haec de syllogismo sufficiant.*

55) *Ad plenam syllogismi cognitionem non solum exigitur cognitio eius secundum diffinitionem, sed etiam secundum divisionem; et sunt quaedam eius divisiones, quae docendae sunt, ubi agitur de syllogismo communiter, sicut hae: syllogismus alius perfectus alius imperfectus, alius affirmativus, alius negativus, et aliae huiusmodi. Quaedam vero separatim docendae sunt, sicut est ista: syllogismus alius demonstrativus, alius dialecticus, alius sophisticus. Et est demonstrativus, qui est ex necessariis et ex causis conclusionis certissimis faciens scientiam; dialecticus vero est ex probabilibus faciens opinionem; sophisticus autem ex apparenter probabilibus ut ex probabilibus apparenter syllogizans ad gloriam vel ad victoriam. De ceteris omittentes de dialectico intendimus. Quia ergo dialecticus est ex probabilibus, probabilitatem autem habet ex locis, propterea de his est determinandum ..... Locus est* u. s. f.

und bespricht hierauf dem Texte des Psellus folgend die einzelnen Topen [56]).

Hierauf nun reiht Wilhelm eine ziemlich selbstständige Bearbeitung jenes ausgedehnten Abschnittes an, welchen Psellus (ebd. A. 66—96) den „*proprietates terminorum*“ gewidmet hatte [57]). Gleich zu Anfang wird bemerkt, dass es sich hier um ***significatio, suppositio, copulatio, appellatio*** handle, durch deren Kenntniss das nähere Verständniss des logischen Urtheiles gefördert werde [58]), und nachdem die Definition dieser Begriffe in eigenthümlicher Unterscheidung eines actuellen und eines habituellen Auftretens angegeben ist [59]), werden dieselben beziehungsweise mit den declinirbaren und conjugirbaren Redetheilen in Verbindung gebracht, wobei deutlich hervorgeht, dass nur die ***significatio*** sich auch auf die undeclinirbaren Worte erstrecke, daher auch vorläufig von derselben Umgang genommen wird [60]).

Indem somit die ***suppositio*** folgt, wird dieselbe in einer Weise eingetheilt, welche von Psellus (vgl. ebd. A. 69—73) etwas abweicht, nemlich was dort (nach der Uebersetzungs-Terminologie des Petrus Hispanus) ***naturalis*** und ***accidentalis*** als Unterabtheilung der ***communis*** gewesen war, wird hier als ***materialis*** und ***formalis*** zur Haupteintheilung gemacht, neben welcher die Unterscheidung in ***communis*** und ***discreta*** coordinirt herläuft; die ***formalis*** aber wird dann (wie bei Psellus die ***accidentalis***)

---

56) Die Reihenfolge der Topen weicht nur bei den *loci extrinseci* von Psellus ab, indem hier (vgl. Abschn. XV, Anm. 62) dieselben geordnet sind: *ab auctoritate, a simili, a maiore, a minore, a proportione, ab oppositis* (*a disparatis* ist hier weggelassen), *a transsumptione.* Vgl. unten bei Lambert, Anm. 123.

57) Insofern jedoch der Inhalt der einzelnen Regeln im Ganzen der gleiche ist und derselbe füglich am Besten seine Darstellung bei dem geschichtlich einflussreichsten Autor, d. h. bei Petrus Hispanus, finden wird, beschränke ich mich hier hauptsächlich auf die Angabe der Reihenfolge und überlasse es dem Leser, die folgenden Proben des Textes mit Petrus Hispanus im Einzelnen zu vergleichen.

58) *Quatuor sunt proprietates termini, quas ad praesens intendimus diversificare; harum enim cognitio valebit ad cognitionem termini et sic ad cognitionem enuntiationis et propositionis. Et sunt hae proprietates: significatio, suppositio, copulatio, appellatio.*

59) *Est igitur significatio praesentatio alicuius formae ad intellectum, suppositio autem est ordinatio alicuius intellectus sub alio, et est copulatio ordinatio alicuius intellectus supra alium. Et notandum, quod suppositio et copulatio dicuntur aut secundum actum aut secundum habitum, et sunt istae diffinitiones earum secundum quod sunt in actu. Secundum autem quod sunt in habitu, dicitur suppositio significatio alicuius ut subsistentis, quod enim tale est, natum est ordinari sub alio; et dicitur copulatio significatio alicuius ut adiacentis, et quod tale est, natum est ordinari supra aliud; appellatio autem est praesens convenientia termini, i. e. proprietas, secundum quam significatum termini potest dici de aliquo mediante hoc verbo „est“.*

60) *Ex his patet, quod significatio est in omni parte sine dictione orationis, suppositio autem in nomine substantivo tantum vel pronomine vel dictione substantiva* (*haec enim significat rem ut subsistentem et ordinabilem sub alio*), *copulatio autem in omnibus adiectivis et participiis et verbis, appellatio autem in omnibus substantivis et adiectivis et participiis et non in pronominibus* (*quia non significant formam aliquam, sed solam substantiam*) *nec in verbis* (*quia verbum non significat aliquid, quod apponitur per verbum substantivum, quia sic esset esse ipsum*). *Nulla autem istarum trium est in partibus indeclinabilibus, quia nulla pars indeclinabilis significat substantiam vel aliquid in substantia. De significatione autem omittamus et de tribus aliis consideremus.*

in ***simplex*** und ***personalis*** u. s. w. eingetheilt, wobei jedoch die Unterabtheilung der ***confusa*** wieder einige Abweichungen zeigt[61]). Die ***suppositio relativorum*** fehlt hier[62]).

Völlig parallel hiemit wird sodann die ***copulatio*** (vgl. ebd. A. 83 u. 85) in Eintheilung und Beispielen erörtert[63]), wobei zu beachten ist, dass dieser Abschnitt bei Petrus Hispanus fehlt.

---

61) *Et primo de suppositione..... videamus eius divisionem. Est igitur suppositio quaedam materialis, quaedam formalis. Et dicitur materialis, quae ipsa dictio supponit vel pro ipsa voce absoluta vel pro ipsa dictione composita ex voce et significatione, ut cum dicam „homo est dissilabum", „homo est nomen". Formalis autem est, quae dictio supponit significatum, et sic dividitur: alia simplex alia personalis. Et est simplex, quae dictio supponit significatum pro significato, ut „homo est species"; personalis autem, quae supponit significatum pro re, quae subest, ut „homo currit"..... Item et alia divisio suppositionis formalis, secundum quam quaedam est communis et quaedam discreta; communis, quae fit per terminum communem, ut „homo currit"; discreta, quae fit per terminum discretum, ut „Socrates currit vel iste"..... Item personalis dividitur sic: quaedam est determinata et quaedam confusa; confusa sic: quaedam confusa tantum, quaedam confusa et distributiva; confusa et distributiva quaedam mobilis, quaedam immobilis* u. s. f.; d. h. es folgt nun die Erörterung ähnlicher Bedenken wie bei Psellus.

62) Dass die *Suppositio relativorum* den Anfang jener grossen Gruppe des Textes bildet, welche wir vom Compendium des Psellus vermissen, s. Abschn. XV, Anm. 84. Somit dient uns von hier an nur der Text des Petrus Hispanus zur Vergleichung; denn wir müssen an der Ueberzeugung festhalten (s. ebd. Anm. 5 u. 86 ff. u. 93), dass Petrus Hispanus eine wörtliche Uebersetzung des griechischen Originales gab, wohingegen Andere (wie eben Wilhelm Shyreswood und Lambert von Auxerre) dasselbe selbstständiger bearbeiteten. Wenn aber Herr *M. Thurot* in der *Revue Archeologique*, 1864, p. 267—281 eben dieses Resultat meiner Forschung umzustossen versucht, so hat er nach seiner Weise unleugbar die Sache sich recht leicht gemacht (nur die Berufung auf den Artikel „*Pierre d'Espagne*" in der *Hist. litt. de la France,* — s. unten Anm. 135 —, hätte er sich füglich ganz ersparen können). Herr Thurot will nemlich die Ansicht vertheidigen, dass das Compendium des Psellus eine Uebersetzung des von Petrus Hispanus selbstständig verfassten Werkes sei. Aber wenn unter den von ihm vorgebrachten Gründen derjenige noch der stichhaltigste ist, dass „*suppositio*" aus dem bei Priscianus vorkommenden Gebrauche des Wortes „*suppositum*" habe entstehen können, so steht es mit der ganzen Beweisführung sehr schlimm (denn z. B. damit, dass „*confusus*" schon bei Cicero, pro Sest., vorkommt, wird wohl Hr. Thurot selbst nicht glauben etwas gesagt zu haben), indem Alles, was z. B. über „*substantivum, adiectivum, modus significandi*" u. s. f. vorgebracht wird, eben lediglich für mich spricht. Oder ist Hrn. Thurot der ziemlich reiche Schatz grammatischer Terminologie, welchen ich im XI. Abschnitte gelegentlich der Commentatoren anführen und benützen musste (z. B. οὐσιώδης, ἐπουσιώδης, τρόπος, σημαντικόν u. s. f.) etwa ganz entgangen? Alle diese Dinge ohne Ausnahme entstanden auf dem Boden der spät-griechischen Cultur, und so lange nicht das Unmögliche geschieht, d. h. so lange man mir nicht nachweist, dass und wie die Begriffe *relatio, appellatio, ampliatio, distributio, restrictio, exponibilia* in ihrer technisch-logischen Bedeutung wirklich im lateinischen Abendlande sich gestalteten, bleibt das Resultat meiner Forschung unverrückt stehen (von einzelnen Beweisen, wie z. B. unten Anm. 220, gar nicht zu reden). Hr. Thurot hätte vielleicht besser gethan, vorerst dasjenige, was ich Abschn. XV, Anm. 86—104 gesagt habe, aufmerksam zu lesen; denn auf die Annahme eines Wunders, dass drei fast gleichzeitige Autoren des lateinischen Abendlandes etwa durch göttliche Eingebung auf jenes nemliche Gebiet der *proprietates terminorum* geführt worden seien, wird sich hoffentlich auch Hr. Thurot nicht einlassen. Wer überhaupt die *suppositio, ampliatio* u. s. f. besprach, konnte schlechterdings nur aus einer nicht-lateinischen Quelle schöpfen. Wo aber diese letztere in ihrer eigentlichen Ursprünglichkeit zu suchen sei, habe ich gleichfalls ebendort Anm. 106 f. gesagt.

63) *De copulatione autem dicendum, quod haec dictio alia materialis alia for-*

Der letzte jener Begriffe, nemlich die *appellatio* (vgl. ebd. A. 90), wird hier in anderer (und zwar an sich besserer) Weise besprochen, als in dem Compendium des Petrus Hispanus der Fall ist; nemlich wenn dort die *ampliatio* und die *restrictio* als getrennte Capitel nachfolgen, so sind hier diese beiden Begriffe und die darauf bezüglichen Regeln sogleich in die Darstellung der *appellatio* verflochten [64]).

Unmittelbar hierauf folgt der Inhalt der *Sophist. Elenchi*, welche in dem uns erhaltenen Texte des Psellus fehlen (s. ebd. Anm. 65 u. 91), und es scheint wenigstens, dass Wilhelm in einer gewissen principiellen Auffassung all das Bisherige, was die Verhältnisse des Subjects- und des Prädicats-Begriffes betrifft, als eine Vorbedingung oder Einleitung zur Sophistik betrachtete. Zu beachten aber ist, dass auch er ebenso wie Lambert v. Auxerre (Anm. 124) und Petrus Hispanus (Anm. 197) nur die erste Hälfte des aristotelischen Buches (d. h. nur bis Cap. 15) berücksichtigt [65]).

In gleicher selbstständiger Behandlungsweise wird nun hernach all Dasjenige vorgeführt, was bei Petrus Hispanus von der *Distributio* an folgt, und zwar wird hier in einer Weise, welche gar nicht unrichtig ist (s. ebd. A. 92), jenes Ganze durch die Titelüberschrift „*Syncategoreumata*"

---

malis; formalis (dieses Wort fehlt in d. Hdschrft) *alia communis alia discreta, et haec alia simplex alia personalis* u. s. f. genau die nemliche Eintheilung wie bei *suppositio*.

64) *Restat inde de appellatione, cuius iam habetur diffinitio* (s. ob. Anm. 59), *ex qua patet eius differentia ad suppositionem .... et ad copulationem ..... Terminus ex parte subiecti supponit et ex parte praedicati appellat. Et sciendum, quod secundum utramque diffinitionem ex parte subiecti supponit, ex parte autem praedicati supponit secundum habitualem suam diffinitionem. Sciendum etiam, quod terminus ex parte subiecti appellat suas res, sed non secundum quod est subiectum; ex parte autem praedicati appellat etiam secundum quod est praedicatum; secundum autem quod praedicatum comparatur ad subiectum suum per aliquam suarum rerum, et secundum hoc appellat ...... Datur haec regula: Terminus communis non restrictus habens sufficientia appellatorum supponens verbo de praesenti non habenti vim ampliandi supponit terminum pro his quae sunt ..... Hoc membrum „habens sufficientia appellatorum" apponitur, quia si non habet, potest supponere pro non ente, et intellige, quod sufficientia appellatorum in tribus consistit ad minimum, unde si non sunt tot appellata, potest terminus supponere pro non ente, ut si sunt tantum duo homines, hoc est falsum „omnis homo est" ...... Regula: Terminus communis supponens verbo de praeterito supponit tam pro praesentibus quam pro praeteritis, et supponens verbo de futuro supponit tam pro praesentibus quam pro futuris ..... Hoc autem membrum „non habenti vim ampliandi" apponitur, quia si sit verbum ampliandi, potest subiectum supponere pro non ente, ut „homo laudatur" hoc est verum pro Caesare, et est verbum amplians, cuius res potest inesse non existenti. Sed verbum restringit suppositionem termini; ergo aut per suam significationem aut per consignificationem; si per significationem, ergo tribus hominibus currentibus hoc est verum „omnis homo currit", quod falsum est; si per consignificationem, non erit per aliam quam per consignificationem temporis; ergo omne verbum praesentis restringit ad praesentis* u. s. w.

65) Mit der Ueberschrift „*De fallaciis*" folgt: *Ut dicit Aristoteles in primo elenchorum* (dass auch diese Abtheilung des aristotelischen Buches auf arabische Litteratur zurückweise, s. Abschn. XVI, Anm. 64 u. 345), *quatuor sunt genera disputationum, sc. doctrinales sive demonstrativae, dyalecticae et temptativae et sophisticae ..... Methae autem sunt quinque: redargutio, falsum, inopinabile, nugatio, soloecismus* u. s. w. wie bei Petrus Hispanus, nur das Ganze sehr abgekürzt.

bezeichnet [66]). Somit tritt auch zunächst eine Einleitung voraus, welche nicht ohne Zusammenhang mit Obigem (Anm. 58—60) den Begriff und die logische Bedeutung der Syncategoreumata entwickelt [67]). Und es folgt hierauf die specielle Besprechung der einzelnen hier beizuziehenden Worte, wobei jedesmal (wie bei Petrus Hispanus) an die Angabe bestimmter Regeln sich die Lösung betreffender Sophismen anknüpft. Auf solche Weise werden in folgender Anordnung erörtert: zunächst diejenigen, welche im Urtheile auf Seite des Subjectes stehen, und zwar vorerst die „distributiven" Worte, sowohl die bejahenden *omnis* [68]), *totus* [69]), *infinitus* [70]), *qualislibet* und *quantuslibet* [71]),

---

66) Wo unmittelbar nach dem Schlusse der *Soph. El.* sich der nun folgende Text anschliesst, steht am Rande der Handschrift: *Sincategoreumata magistri Guilelmi de Shireshode.*

67) *Quia ad cognitionem alicuius oportet cognoscere suas partes, ideo ut plene cognoscatur enuntiatio, oportet eius partes cognoscere. Partes autem eius sunt duplices: principales et secundariae. Partes principales sunt nomen substantivum et verbum; haec enim necessaria sunt ad hoc, ut cognoscatur enuntiatio. Partes secundariae sunt nomen adiectivum et adverbium et coniunctiones et praepositiones; haec enim non sunt necessaria ad esse enuntiationis. Partium autem secundariarum quaedam sunt determinationes partium principalium ratione suarum rerum, et haec non sunt syncategoreumata, ut cum dico „homo albus"; hoc „albus" enim significat, quod aliqua res eius, quod est homo, sit alba. Quaedam autem sunt determinationes partium principalium, inquantum sunt subiecta vel praedicata, ut cum dico „omnis homo currit"; hoc „omnis" enim, quod est signum universale, non significat, quod aliqua res eius, quod est homo, sit universalis, sed quod homo sit quoddam universale subiectum. Haec dicuntur syncategoreumata, de quibus tractandum est, quia faciunt plurimam difficultatem in sermone. Dicitur ergo hoc nomen syncategoreuma a syn, quod est con, et categoreuma, quod est significativum vel praedicativum, quasi „conpraedicativum"; semper enim cum aliquo iungitur in sermone. Sed quaeritur, cum quaedam sint determinationes subiecti, quare omnia determinentur a praedicato. Dicendum, quod praedicatum est pars completiva enuntiationis, omne autem syncategoreuma attingit aliquo modo subiectum et praedicatum, et propterea a praedicato tanquam a complemento et digniori denominantur syncategoreumata* (die älteren Quellenstellen über den Begriff der *Syncategoreumata* s. Abschn. XV, Anm. 9, u. Abschn. XIV, Anm. 174 u. 206).

68) *Primo autem tractandum de his, quae sunt ex parte subiecti, ut de signis et de quibusdam aliis, et primo de hac dictione „omnis"...... Sciendum, quod „omnis" significat universalitatem; sed quandoque significat eam, ut ipsa est rei dispositio, et non est syncategoreuma, et sic aequipollet ei, quod est totum vel perfectum, ut cum dicitur „mundus est omne"; quandoque significat eam, ut est dispositio subiecti, inquantum subiectum est, et est syncategoreuma, ut cum dico „omnis homo currit"*, u. s. f. in grösster Ausführlichkeit. Zuletzt: *Dictum est sufficienter de hac dictione „omnis", nec oportet aliquid dicere de his dictionibus „quilibet, quisque", quae eiusdem potestatis fere sunt cum hac dictione „omnis", secundum quod distribuunt pro partibus secundum numerum, et de hac dictione „quicunque" vel „quiscunque", quae eiusdem potestatis sunt cum illis.*

69) *Sed nunc agendum de hac dictione „totum", de qua sciendum, quod quandoque dicit totalitatem alicuius, secundum quod res est, et aequipollet ei, quod est integrum, et est categoreuma; quandoque dicit totalitatem ratione praedicati et est syncategoreuma* u. s. f.

70) *Eodem modo est haec dictio „infinita" syncategoreuma et categoreuma* u. s. f.

71) *Praeter signa praedicta sunt alia copulatorum distributiva..... et sunt huiusmodi signa „qualislibet, quantumlibet" et similia......* wobei z. B. zur Vergleichung mit Petrus Hispanus (s. unten Anm. 253) folgendes Sophisma angeführt werden mag: *Hic solvitur hoc sophisma: Sunt tres qualitates: albedo, grammatica, musica; et Socrates habet primam et currit, Plato habet secundam et currit, Cicero tertiam*

uterque[72]), als auch die verneinenden *nullus*[73]) und *neuter*[74]), sodann das „exceptive" Wort *praeter*[75]), und ausserdem noch die „exclusiven" Worte *solus*[76]) und *tamen*[77]). Hierauf folgen jene, welche zur Urtheilsver-

---

et currit, et Virgilius habet omnes et non currit; inde sic: Qualelibet currit. Probatio: album currit, grammaticum currit, musicum currit, et non sunt plures; ergo qualelibet currit; sed quidquid est qualelibet, est Virgilius; ergo Virgilius currit; quod falsum est. Solutio u. s. w.

72) *Est adhuc unum signum affirmativum suppositorum distributivum, scilicet „uterque"* u. s. f. (sehr kurz abgehandelt).

73) *Sequitur de signis negativis, et primo de hac dicendum „nullus", de qua sciendum, quod quandoque dividit pro partibus secundum speciem, quandoque pro partibus secundum numerum* u. s. f. (eine Menge Sophismen).

74) *Est adhuc quoddam signum negativum, quod terminum negat de duobus, scilicet „neutrum"* u. s. f.

75) *Quia iam dictum est sufficienter de signis distributivis, dicendum de hac dictione „praeter" exceptiva, tum quod exceptio saepe vult cadere super aliquam divisionem et ad eam continuari, tum quia oppositum habet ad ipsam, quod patet quia haec dictio „omnis" dicit totam multitudinem, et haec dictio „praeter" oppositum a totalitate subtrahendo aliquam partem. Possit tamen aliqua ratione prius tractari de exclusivis, sed non annuendum. Sciendum, quod haec dictio „praeter" quandoque tenetur additive, ut cum dicitur „sex viri sunt hic praeter magistrum unum", quandoque exceptive, et hoc dupliciter, quandoque diminutive, quandoque instantive; diminutive, quando ab aliquo toto significat secundum rem fieri diminutionem, ut hic „Socrates habet undecim digitos praeter unum"; instantive, quando excipit partem a toto ratione praedicati, ut hic „omnis homo praeter Socratem currit"; significat enim, quod Socrates excipiatur ab hoc toto „omnis homo" non secundum rem, sed ratione praedicati, et sic propterea est syncategoreuma* u. s. f. (mit einer Menge Sophismen).

76) *Postquam dictum est de signis et de dictionibus exceptivis....., convenienter dicendum est de hac dictione „solus", tum quia proprie cadit circa subiectum sicut etiam signa, tum etiam propter oppositionem, quam habet cum hac dictione „omnis"; „omnis" enim semper dicit unum cum alio, „solus" unum non cum alio. Et quaeritur primum, an haec dictio „solus" sit syncategoreuma vel non, et videtur quod non, quia si dicatur „Socrates incedit superbus", hoc „superbus" significat, qualiter sit Socrates incedendo, et sic cum dicit qualitatem Socratis, quae est res praedicabilis, non est syncategoreuma, sic si dicatur „Socrates comedit solus", significat, qualiter se habeat in comedendo, et sic cum dicat modum Socratis et relationem, quae est res praedicabilis, non est syncategoreuma..... Et hoc patet aliter, quia „solus" significat „non cum alio" et sic dicit separationem, et haec est relatio et res praedicabilis. Et dicitur, quod, cum significat separationem ab aliis secundum rem, tunc est categoreuma.....; cum autem significat separationem alicuius ab aliquo in participando praedicatum, tunc est syncategoreuma, ut hic „solus Socrates currit"; significat enim, quod alii non participant praedicatum. Potest adhuc quaeri, quare melius additur termino singulari sive discreto, quam communi....... Praeterea quaeritur, an haec „solus Socrates currit" sit una vel plures; et videtur, quod plures......; et dicitur, quod non...... Praeterea quaeritur, an sit semper affirmativa..... Ad hoc quaeritur, quare haec dictio „solus" dicitur magis exclusiva, quam inclusiva; cum enim dicitur „solus Socrates currit", includitur Socrates subiectum cursui, alii autem excluduntur; et dicitur, quod hoc est, quia inclusio non est ex virtute huius dictionis „solus", sed ex virtute suae praeiacentis, exclusio autem est aliorum et ex virtute huius dictionis. Item videtur, quod haec dictio „solus" quandoque excludit generaliter quandoque specialiter, v. g. „solus Socrates currit" primo modo sensus est „nullum aliud a Socrate currit", ut excludatur generaliter omne aliud a Socrate, secundo modo significat specialiter, quod nullum aliud a Socrate currit in eodem genere* u. s. f. (wieder mehrere Sophismen).

77) *Consequenter dicendum est de hac dictione „tamen", de qua sciendum est, quod secundum eius primam significationem non est syncategoreuma, sed dicit certam mensuram alicuius actus, sicut hae „multum, parvum" dicunt incertam mensuram, et*

knüpfung zwischen Subject und Prädicat gehören, nemlich *est* [78]) und *non* [79]). Hernach diejenigen, welche dem Prädicate näher stehen, nemlich die „exponiblen" Worte *necessario* und *contingenter* [80]), *incipit* und *desinit* [81]). Zuletzt kommen noch jene Worte in Betracht, welche ein

---

est adverbium quantitatis sicut illa; cum autem haec ratio mensurae contrahitur ad rationem subiecti ratione praedicati vel ad rationem praedicati ratione subiecti,...... sic est dictio exclusiva u. s. f. ebenso.

78) *Cum iam dictum vel determinatum sit de dictionibus syncategoreuticis pertinentibus ad subiectum, dupliciter possumus procedere, aut scilicet determinando de his, quae pertinent ad compositionem, aut de his quae pertinent ad praedicatum. Et primo modo procedentes determinemus de hoc verbo „est", non quia sit syncategoreuma, sed quia a multis putatur esse syncategoreuma. Et illi nituntur hinc dicto Aristotelis* (s. Abschn. IV, Anm. 201 f.), *quod „est" significat quandam compositionem, quam sine compositis non est intelligere; credunt enim, quod hoc „consignificare" sit „simul significare", et sic solum sit consignificativum et praedicativum sicut syncategoreuma. Sed contra verbum est notatio eius, quod dicitur de alio, hoc autem est praedicatum; ergo omne verbum est notatio vel signum praedicati; ergo hoc verbum „est" est signum praedicati et non solum compositionis praedicati cum subiecto. Sed dicent forte, quod „est" non est verbum, sed radix omnium verborum. Sed contra ex solo nomine et verbo fit propositio, ergo ipsum „est" est verbum. Dicitur ergo consignificare non quia cum alia dictione significet et ingrediatur orationem, sed quia cum principali suo significato compositionem significat, ob hoc autem non est syncategoreuma. Sed videtur adhuc, quod quando „est" est tertiam adiacens, non sit illud praedicatum, sed solum compositio...... Ubi „est" non est tertium adiacens, dicitur solum esse actuale; sed ubi est tertium adiacens et est praedicatio superioris de inferiore, tenetur aequivoce* u. s. f.

79) *Sequitur de hac dictione „non" et videtur, quod debeat esse verbum, quia significat divisionem, et hoc, ut videtur, opponitur compositioni denotatae per hoc verbum „est", et sic debet esse verbum sicut et ipsum, contraria enim eiusdem sunt generis. Et dicitur, quod haec ratio peccat dupliciter..... Sciendum etiam, quod quandoque sistit in uno termino et tunc facit infinitationem, quandoque fertur ad compositionem unius cum alio et hoc dupliciter, aut faciendo negationem in genere aut extra genus* u. s. f. (folgen wieder mehrere Sophismen).

80) *Sequitur de his dictionibus „necessario, contingenter", et sciendum, quod haec dictio „necessario" potest esse categoreuma vel syncategoreuma; si categoreuma, sic est determinatio praedicati; si syncategoreuma, tunc compositionis; et similiter „contingens"* u. s. f. ebenso.

81) *Sequitur de his dictionibus „incipit, desinit", et sciendum, quod uno modo sunt syncategoreumata, alio modo categoreumata, v. g. haec dictio „incipit" significat inceptionem alicuius actus in subiecto ...... aut ratione suae rei aut inquantum est praedicabile, et primo modo habet vim categoreumatis, secundo modo syncategoreumatis...... Sed videtur, quod nullo modo sit syncategoreuma, scilicet quod praedicatur, est modus indicativus, sed..... non est alius indicativus quam hoc verbum „incipit", ergo ipsum praedicatur, ergo non est syncategoreuma, quia nullum syncategoreuma est subiectum vel praedicatum, sed magis subiecti vel praedicati dispositio. Ad quod dicendum, quod dupliciter est dicere aliquid praedicatum esse, aut secundum formam sermonis et modum construendi aut secundum rem; primo modo praedicatur solus indicativus, secundo modo bene praedicatur infinitivus, ut...... si diceretur „Socrates videt hominem nunc primo", et sic si „videre" secundum rem praedicatur et si „incipit" dicitur modo secundum quod praedicatur, sic habet vim syncategoreumatis aliquo modo...... Consequenter quaerendum de expositionibus istarum dictionum. Et dicunt quidam, quod quandoque dicunt existentiam in termino, quandoque viam ad terminum, ut si diceretur „Socrates incipit esse albus", primo modo significat, Socratem esse in principio albedinis, secundo modo, quod sit in motu et via ad albedinem; et etiam quandoque coniunguntur cum permanentibus, quandoque cum successivis; et sunt permanentia, quorum partes sunt simul, cuiusmodi est album; successiva, quorum partes non sunt simul, cuiusmodi est currere...... Sed contra sit, quod „Socrates incipit esse sanus et desinit esse aeger", tunc instans inceptionis et instans*

gewisses Verhältniss zwischen zwei Subjecten oder zwischen zwei Prädicaten oder zwischen zwei Urtheilen ausdrücken, d. h. die „Conjunctionen“ [82]), und zwar die „consecutiven“ *si* [83]), *nisi* [84]) und *quin* [85]), hierauf

---

desitionis aut erunt idem, et tunc in illo et sanus et aeger, aut erunt diversa, et tunc invenietur tempus, in quo non erit sanus nec aeger. Propterea dicendum, quod omnis permutatio aut in rem successivam aut in permanentem u. s. f. ebenso.

82) *Determinatis dictionibus, quarum officia pertinent ad subiectum et etiam ad praedicatum ratione compositionis, et etiam de his, quae licet uno modo sint determinationes praedicatorum, alio tamen modo sunt praedicata, sequitur de dictionibus pertinentibus ad subiectum ratione alterius vel ad unum praedicatum respectu alterius vel ad unam compositionem ratione alterius. Huiusmodi autem sunt coniunctiones. Est autem coniunctio pars orationis indeclinabilis coniunctiva aliarum partium orationis; et dico „partium“, quia licet coniungat orationes, hoc tamen non est nisi inquantum illae sunt partes orationis compositae. Cum ergo praepositio sit etiam coniunctiva partium orationis, quaerenda est differentia inter haec. Ad quod dicendum, quod....... praepositio habitudinem dicit unius ad aliud, ... coniunctio autem coniungit aliqua, quorum neutrum ad aliud habet habitudinem.*

83) *Cum autem multae sint species coniunctionum, solum de consecutivis et copulativis et disiunctivis nunc intendimus, et primo de consecutivis et inter haec primo de hac dictione „si“, de qua..... dicimus, quod consequentiam significat. Et tunc quaeritur differentia inter haec „sequitur vel ordinatur“ et hanc dictionem „si“. Ad hoc dicendum, quod haec dictio „si“ notat consequentiam, secundum quod exercetur ab anima proferentis....... „Si“ dicit aliquam rem sub conditione ad aliam, „sequitur“ autem non. Item quaeritur, quare non additur consequenti, cum dicat consequentiam. Dicendum, quod non dicit aliud sequi proprie, sed ad aliud, sc. ad antecedens facit consequentiam et ideo antecedenti coniungitur...... Nunc quaerendum est, quae sit compositio in conditionali, circa quam sit veritas et falsitas. Et dicunt quidam, hanc esse circa compositionem eius, quod est, sc. ratione huius verbi „sequitur“ subintellecti. Sed contra vox est signum intellectus......, ergo..... „si Socrates currit, Socrates movetur“ quantum ad principalem intellectum est propositio, ergo in principali eius intellectu est veritas et falsitas...... Sciendum tamen, quod haec dictio „si“ quandoque respicit totum consequens, quandoque verbum consequentis; primo modo facit conditionalem, secundo modo categoricam de conditionali praedicato.* .... (nun folgen Sophismen)...... *Item quandoque notat consequentiam simpliciter, quandoqae ut nunc rebus se habentibus....., quandoque dicit aliquid sequi ad aliud necessario....., quandoque notat consequentiam naturalem, quandoque non naturalem; naturalem, ut quando notat consequens sequi ad antecedens ratione alicuius habitudinis unius ad aliud; non naturalem, quando notat consequens sequi ad antecedens non ratione habitudinis unius ad aliud, sed solum propter impossibilitatem antecedentis vel necessitatem consequentis; primo modo notat ordinem rerum secundum rem, secundo modo notat ordinem rerum secundum sermonem. Item quandoque in non naturali...... ratione cuiuslibet temporis......, quandoque ratione praesentis vel futuri temporis* u. s. f. wieder Sophismen. Uebrigens vgl. Anm. 617.

84) *Sequitur de hac dictione „nisi“, de qua sciendum, quod notat consequentiam ad antecedens negatum, componitur enim ex si et non. Et quaeritur, quare magis sit coniunctio quam adverbium. Ratio huius est, quod consecutio cadit super negationem et est complementum suae significationis...... Est autem videre, quod quandoque tenetur exceptive, quandoque consecutive. Cum consecutive tenetur, tunc hae eaedem possunt assignificari distinctiones de ea, quae de hac dictione „si“* u. s. f. wieder Sophismen.

85) *Sequitur de hac dictione „quin“, de qua sciendum, quod est dictio consecutiva notans consequentiam alicuius ad antecedens negatum; habet enim negationem in se, ut hic „non currit, quin moveatur“ est sensus „si non movetur, non currit“. Et est sophisma: Tu non potes vere negare, te non esse asinum. Probatio. Tu non potes negare vere necessarium; sed hoc est necessarium; ergo non potes vere negare hoc; deinde ergo non potes vere negare, quod non sis asinus; ergo non potes vere negare, quin sis asinus; ergo tu es asinus* (folgt die Lösung).

das „copulative“ *et*[86]), und schliesslich die „disjunctiven“ *vel*[87]), *an*[88]), *ne*[89]) und *sive*[90]). Zeigt nun dieses Arrangement der Syncategoreumata im Vergleiche mit dem Texte des Petrus Hispanus und somit auch sicher mit jenem verlorenen Texte des Psellus entschieden einen selbstständigen Charakter der hiebei gewählten Gesichtspunkte, und finden wir ausserdem hier in den Conjunctionen einen Bestandtheil dieser logischen Theorie, welcher bei Petrus Hispanus ursprünglich nicht beigezogen war (s. hingegen die späteren Interpolationen in Abschn. XX), so bietet sich uns noch eine andere höchst bedeutsame Wahrnehmung dar. Nemlich Wilhelm äussert sich wiederholt ausdrücklich derartig, dass wir einen bereits damals verbreiteten Betrieb jenes Abschnittes der Logik, welcher die Syncategoreumata betrifft, voraussetzen müssen. Es wurde ja zufolge seiner Angaben nicht bloss die Reihenfolge der Capitel bald so bald anders eingerichtet[91]), sondern auch an die einzelnen Syncategoreumata selbst knüpften sich Controversen, indem z. B. Einige das Wort „*est*“ wirklich als ein Syncategoreuma betrachteten[92]), oder bei „*incipit*“ die Frage aufgeworfen wurde, ob dasselbe das bereits eingetretene erste Stadium des begonnenen Zustandes oder nur den Uebergang in das erste Stadium bedeute[93]), sowie hinwiederum bei „*si*“ sich der Zweifel erhob, ob es sich auf den dinglich objectiven oder nur auf den sprachlichen Zusammenhang beziehe[94]).

Somit gewinnen wir nun (vgl. ob. Anm. 52) die begründete Einsicht, dass auch Wilhelm Shyreswood nicht der Erste war, welcher das Compendium des Psellus in das lateinische Abendland übertrug, sondern dass er nur als ein uns zufällig zugänglicher Repräsentant einer verbrei-

---

86) *Sequitur de coniunctionibus copulativis, cuiusmodi est hoc ipsum „et“....., quod significat simul esse...... Dicendum, quod simul esse, quod dicitur per hoc ipsum „et“, est duorum praedicatorum in uno subiecto vel duorum subiectorum in uno praedicato* u. s. f. Sophismen.

87) *Sequitur de hac dictione „vel“, quae est disiunctiva coniunctio..... Et dicendum, quod coniungit voces in unum sermonem, res autem disiungit...... quod ea, inter quae disiungit, simul esse non possunt, cum dicit, alterum esse verum, alterum esse falsum* u. s. f. ebenso in grosser Ausführlichkeit.

88) *Sequitur de hac dictione „an“, quae..... significat dubitationem, et intelligendum est sic, quod cum dubitamus de duobus, an sit consentiendum quaerimus, et talia duo coniungi mediante „an“....... Quaeritur autem, quae sit differentia inter „an“ et „vel“. Quae talis est, quod qui scit, an Socrates currat, scit determinate alteram partem; sed qui scit, Socratem currere vel non currere, non scit determinate alterum. Et propterea „an“ dicitur electiva coniunctio, quia dicit electionem alterius partis determinate* u. s. f. Sophismen.

89) *Sequitur de hac dictione „ne“, quae aliquando ponitur interrogative, ut „curritne Socrates“, et ponitur pro „an“, quandoque ponitur prohibitive; et hoc dicitur quandoque sic, ut per ipsam exerceatur prohibitio, quandoque autem, ut ipsum prohibitum ordinetur cum aliquo praecedenti; exemplum primi „ne curras“, exemplum secundi „volo, ne curras“. Et sic de ipso est dubitatio in hoc sophismate: Tu vis, ne tibi concludatur, et caves, ne tibi concludatur; ergo idem vis et caves* u. s. f. (die Lösung).

90) *Sequitur de hac dictione „sive“, de qua sciendum, quod ipsa significat disiunctionem cum conditione* u. s. w. Sophismen.

91) S. d. Stelle in Anm. 75 u. 78.

92) S. Anm. 78.

93) S. Anm. 81.

94) S. Anm. 83.

teten Richtung gelten kann (vgl. sogleich unten Anm. 97), indem wir mit Gewissheit schliessen, dass schon im zweiten und dritten Jahrzehent des 13. Jahrhunderts jenes byzantinische Original bei den Lateinern eine einflussreiche Aufnahme gefunden haben muss (vgl. Abschn. XV, Anm. 1 ff.). Und wir finden es, — um von Vincenz von Beauvais abzusehen, bei welchem anderweitige begründete Bedenken eintreten (s. unten Anm. 319—326) —, nun keinenfalls unerklärlich, wenn Albertus Magnus in einem Punkte, welcher nur aus der byzantinischen Logik geschöpft werden konnte, eine wörtliche Uebereinstimmung mit Wilh. Shyreswood zeigt (s. Anm. 470 f.). Demnach kann es auch nicht mehr auffallend sein, wenn wir noch einen zweiten Vertreter dieser Logik an Lambert von Auxerre (um die Mitte des 13. Jahrh.) treffen, welcher als jüngerer Zeitgenosse des Wilhelm Shyreswood, sowie als älterer des Petrus Hispanus zu bezeichnen ist [95]. Auch er hat in seinem uns nur handschriftlich erhaltenen Werke *„Summa logicae“* [96]) die Synopsis des Psellus zu Grunde gelegt, dieselbe aber mit ziemlich reichlichem Studium des Boethius und theilweise selbst der Araber selbstständig verarbeitet. Von der ausgedehnten Einleitung, welche Lambert vorausschickt, ist uns sogleich die erste Zeile wichtig [97]), in welcher auf die den „neuen“ Zuhörern dargebotenen *„Summulae“* hingewiesen wird; denn wir werden nicht irren, wenn wir hierin eben wieder jene Thatsache erblicken, dass durch die Verbreitung der Schrift des Psellus die Anfertigung derartiger *Summulae* eine ganz allgemeine wurde. Die einzelnen Punkte der Einleitung bespricht Lambert in Form der arabischen *Quaesita*, d. h. stets Fragen aufwerfend und dieselben beantwortend [98]), und in solcher Weise erledigt er zunächst in sichtlichem Anschlusse an Alfarabi (Abschn. XVI, Anm. 13 u. 18) die Eintheilung der sieben freien Künste [99]), sowie die bevorzugte Stellung der „Logik“ innerhalb des Tri-

---

95) Die wenigen bekannten Notizen über ihn s. bei *Lebeuf, Mémoires concern. l'hist. eccl. et civ. d'Auxerre*, II, p. 493 f. *Quetif, Scriptt. Ord. Praedic.* I, p. 906.

96) Auch was den Lambert betrifft, wurde ich (wie bei Wilh. Shyreswood) nur durch *Hauréau, De la phil. scol.* II, p. 240 auf die Pariser Handschrift *Cod. Sorbonn.* 1797 hingewiesen. Die zweite von *Hauréau* genannte Handschrift (nach der Numerirung des gedruckten Cataloges *Cod. Reg.* 7392) habe ich nicht benützt; und nur auf diese wohl kann sich *Hauréau*'s Angabe beziehen: „*L'auteur commence par une analyse raisonnée de l'Introduction, puis il passe à l'Interprétation, aux Analytiques, aux Arguments, aux Topiques, et finit par les Catégories.*“ Auffallend jedoch bleibt mir dabei, dass *Hauréau* dennoch jenes nemliche Proömium anführt, welches in *Cod. Sorb.* 1797 zu Anfang der *Summa* steht, welche eine hievon ganz verschiedene Reihenfolge (nemlich eben jene des Psellus) zeigt.

97) *Ut novi artium auditores plenius intelligant ea, quae in Summulis edocentur, valde utilis est cognitio dicendorum.*

98) S. die nemliche Methode z. B. auch bei Avicenna, Abschn. XVI, Anm. 106 u. 113.

99) *In primis quaeritur, quare artista dicitur audire de artibus et non de arte. Ad hoc dicendum est, quod septem sunt artes liberales, quarum tres vocantur trivium, quae sunt grammatica, logica, rhetorica. Et dicuntur trivium quasi tres viae ad unum, sc. in sermonem. Omnes enim triviales sunt de sermone, sed differenter; quia grammatica circa sermonem considerat congruum et incongruum, ut congruum eligat et incongruum fugiat; logica vero circa sermonem considerat verum et falsum, ut verum eligat et falsum fugiat; sed rhetorica circa sermonem considerat ornatum et inornatum, ut ornatum eligat et inornatum fugiat. Aliae quatuor vocantur quadrivium* u. s. w.

viums [100]), wofür er noch ein verstärkendes Motiv in den Angaben des Boethius (Abschn. XII, Anm. 76) findet [101]). Unmittelbar hieran reiht er in fast wörtlicher Uebersetzung der ersten Zeilen des Psellus (Abschn. XV, Anm. 6) die Definition und Etymologie der „Dialektik" [102]), springt jedoch hievon bezüglich des Unterschiedes zwischen „Logik" und „Dialektik" wieder auf Boethius (Abschn. XII, Anm. 82) über, und giebt hiebei gelegentlich die für uns wichtige Notiz, dass *„vetus logica"* aus dem Buche über die Kategorien und jenem *de interpr.*, hingegen *„nova logica"* aus den beiden Analytiken, der Topik und Soph. El. bestehe [103]), wodurch wir sowohl einen Beleg für Obiges (Anm. 5) als auch einen festen Anhaltspunkt für Späteres gewinnen. Ferner unterscheidet er an der „Dialektik" eine wissenschaftliche (— *scientia* —) und eine practische (— *ars* —) Seite [104]), wobei er entschieden eine häufig angeführte Stelle Isidor's (s. Abschn. XIII, Anm. 26) im Auge hat; schliesslich aber wird

---

100) *Item quaeritur, quid sit logica. Logica est scientia discernendi verum a falso per argumentationem. Dicitur autem logica a logos, quod est sermo, et ycos, quod est scientia, quasi scientia de sermone. Sed cum sint tres scientiae de sermone, ut dictum est, et ita quaelibet potest dici logica, quaeritur, quare approprietur illud unum logicae potius, quam grammaticae vel rhetoricae. Ad hoc dicendum est, quod aliquoties, quod est commune multorum, uni appropriatur propter excellentiam vel dignitatem, ... ut si dicatur „apostolus dicit", hoc intelligitur de Paulo, ... quia dignior est aliis et excellentior. Quod patet per eius diffinitionem talem: logica est ars artium, scientia scientiarum, qua aperta omnes aperiuntur et qua clausa omnes aliae clauduntur, sine qua nulla, cum qua quaelibet.*

101) *Alia ratione dici potest, quod est dignior aliis, quia aliae modum procedendi, quem habent, sumunt a logica; modus enim scientificus, i. e. modus procedendi in scientiis, est diffinire, dividere et colligere sive conferre, i. e. probare et improbare; ..... sola logica hoc facit ...... Huius signum est, quod Boethius dividit logicam in principio Topicorum suorum in artem inveniendi et in artem iudicandi.*

102) *Item quaeritur, quid sit dyalectica. Dyalectica est ars artium ad principia omnium methodorum viam habens; sola enim dyalectica probabiliter disputat de principiis omnium artium. Et sciendum, quod est methodus ars brevis et facilis et semitae proportionatur; nam sicut semita ducit ad eundem terminum, ad quem lata via, sed brevius et expeditius, sic ad cognitionem eiusdem ducunt ars et methodus, sed facilius methodus, quam ars. Dicitur autem dyalectica a dya, quod est duo, et lexis, quod est ratio, vel logos, quod est sermo, quasi ratio vel sermo duorum, sc. opponentis et contradicentis in disputatione.*

103) *Tunc quaeritur, quae sit differentia inter logicam et dyalecticam. Ad hoc dicendum, quod logica, secundum quod est ars et secundum quod est scientia, securior est ad dyalecticam. Logica enim scientia est de omni syllogismo docens, dyalectica de syllogismo dyalectico solum vel apparenti dyalectico. ..... Unde logica traditur in omnibus libris logicae, qui sunt sex, sc. liber Praedicamentorum, liber Peryermenias, qui nunc dicuntur vetus logica, liber Priorum, Posteriorum, Thopicorum et Elenchorum, qui quatuor dicuntur nova logica; dyalectica vero traditur in libro Thopicorum et Elenchorum solum.*

104) *Et sciendum, quod scientia et ars differunt; scientia enim id, quod dicit, nominat absolute, ars vero dicit relationem ad opus; unde dyalectica dicitur scientia, secundum quod docet syllogismum dyalecticum constituere ex suis principiis, dicitur autem ars, secundum quod utitur syllogismo dyalectico ad aliquam controversiam terminandam...... Quod potest videri in simili: martellus potest esse subiectum in arte fabrili et instrumentum; subiectum dicitur martellus, quando eum constituit faber ex suis principiis, dicitur autem instrumentum, quando illo martello facto utitur ad alia fabricanda* u. s. w.

die wesentliche Aufgabe der gesammten „Logik“ in die Lehre vom Schlusse verlegt [105]).

Hierauf aber geht Lambert sofort mit der Frage, warum die Logik mit dem Begriffe des Schalles (*sonus*) beginne, auf die Synopsis des Psellus über [106]), und entwickelt so die Lehre vom Urtheile vollständig an der Hand des Psellus, indem er den gleichen Sinn bald wörtlich, bald mit verändertem Wortlaute, bald mit kleineren oder grösseren Erweiterungen wiedergibt [107]). Indem in solcher Weise über *nomen*, *verbum* und *oratio* gehandelt wird, treffen wir bei letzterer bezüglich ihrer Eintheilung nach Substanz, Qualität und Quantität (s. Abschn. XV, Anm. 12) hier zum ersten Male den Memorial-Vers:

Quae ca vel hyp, Qualis ne vel aff, u Quanta par in sin [108]).

Es folgt hierauf (s. ebend. Anm. 13 f.) die Lehre vom wechselseitigen Verhältnisse der üblichen vier Urtheilsformen [109]), sodann (ebend. A. 15) in grosser Ausführlichkeit die Lehre von der Umkehrung [110]) und hernach mit Uebergehung des bei Psellus an eine falsche Stelle gekommenen Capitels über das hypothetische Urtheil [111]) sogleich die Lehre von der

---

105) *Notandum vero, quod ...... tota intentio logici est, ut habeat syllogismum perfectum, unde omnia, de quibus logicus determinat, ratione syllogismi determinat.* Bei Lambert kann diess sowohl auf Boethius als auch auf den Arabern beruhen; anders ist es bei Wilhelm Shyreswood, s. oben Anm. 32, woselbst die beiderseitigen Quellen.

106) *Item quaeritur, quare logicus incipit a sono et non ab aliquo, quod sit ante sonum. Ad hoc dicendum, quod logicus est artifex sermocinalis, et quia de consideratione artificis sermocinalis nihil est, quod sit ante sonum, ideo a sono incipit tanquam ab altiori. Sonus sic diffinitur: Sonus est quidquid proprie et per se et de se per auditum percipitur* u. s. w.

107) Z. B. was *vox significativa* (Abschn. XV, Anm. 7) betrifft, sagt Lambert: *Voces imponuntur ad significandas res secundum rerum proprietates et etiam secundum rationem, ut homo dicitur, quia est factus de humo, et lapis quasi laedens pedem, et sic de aliis. Vox significativa ad placitum idem est quod sermo. Sermonum alius complexus et alius incomplexus; sermo incomplexus est, qui plura in se non complectitur ..... ut dictio. Est autem dictio secundum Boethium* (Abschn. XII, Anm. 109) *unius vocabuli nuncupatio, quae idem est, quod terminus, in quem resolvitur propositio ...... Grammaticus principaliter intendit de dictione, quantum ad significatum generale, et ideo non supponit dictionem logicus a grammatico, sed de ea determinat; aliter autem erit de litteris et syllabis, quia aliter non considerat logicus litteras et syllabas, quam grammaticus. Dictionum alia nomen alia verbum; hic possis quaerere ......, quare solum determinat logicus de nomine et verbo ..... Quia secundum Boethium* (s. ebend. Anm. 111) *solae partes orationis sunt putandae ..... Prius dicendum est de nomine quam de verbo, eo quod subiecta ante actum, nomen autem significat subiectum, verbum autem actum. Nomen est* u. s. w.

108) D. h. auf die Frage „*Quae?*“ wird geantwortet mit *ca*[*tegorica*] oder *hyp*[*othetica*], auf die Frage „*Qualis?*“ mit *ne*[*gativa*] oder *aff*[*irmativa*], auf die Frage „*Quanta?*“ mit *u*[*niversalis*] oder *par*[*ticularis*] oder *in*[*definita*] oder *sin*[*gularis*]. S. Anm. 153.

109) Die gewöhnliche Figur jedoch fehlt hier.

110) *Dicto de propositionibus participantibus utroque termino ad eundem ordinem dicendum est de propositionibus participantibus utroque termino ad ordinis commutationem; ordinis enim commutatio idem est quod conversio; est autem conversio principium reducendi syllogismos imperfectos ad perfectos ...... Conversio autem est triplex, sc. simplex, per accidens, et per contrapositionem* u. s. w.

111) S. Abschn. XV, Anm. 16 ff.

Aequipollenz (ebend. A. 18) mit Beiziehung der ersten vier bei Wilhelm Shyreswood (oben Anm. 40) aufgeführten Memorial-Verse [112]); endlich die Lehre von den modalen Urtheilen (Abschn. XV, A. 19 ff.) gleichfalls mit obigen (Anm. 44) Versen geschmückt [113]).

Dem hierauf folgenden Inhalte der Isagoge schickt Lambert eine eigenthümliche Einleitung voraus, in welcher aber die Parteifrage über die Geltung der Universalien nicht mit einem Worte berührt ist [114]); auch ist er in der Besprechung der einzelnen *quinque voces* weit aus-

---

112) *Dicto de propositionibus convertentibus dicendum est de aequipollentibus......* Am Schlusse hievon: *Sciendum, quod in aequipollentiis ponuntur quatuor versus* (so weist auch diese Ausdrucksweise auf eine allgemeine Reception der Memorial-Verse hin, vgl. ob. Anm. 40 u. 44), *quorum primus dicit aequipollentiam huius signi „omnis", secundus huius signi „nullus", tertius huius signi „aliquis", et quartus huius signi „aliquis non". Primus versus est iste:*

Aequipollent Omnis, Nullus non, Non aliquis non;

Secundus versus est iste:

Non aliquis, Nullus, Omnis non, se comitantur;

Tertius versus est iste:

Non nullus, Non omnis non, Aliquis, comitantur;

Quartus versus est iste:

Non omnis, Non nullus non, referunt Aliquis non.

Idem intelligendum est de istis signis „uterque, neuter, alter" u. s. f. (Die kleine Abweichung des Wortlautes der Verse von jenen bei Wilh. Shyreswood zeigt die Vergleichung von selbst.)

113) *Sciendum, quod propositionum quaedam sunt de inesse et quaedam modales* u. s. w. Die Verse stimmen wörtlichst mit obigen überein; die versinnlichende Figur aber (ob. Anm. 45) fehlt hier.

114) *Sequitur de praedicabilibus. Sciendum autem, quomodo diffiniuntur praedicabile et praedicatum et praedicamentum. Praedicamentum autem nihil aliud est, quam ordinatio praedicabilium in linea praedicabili secundum sub et supra et a latere et in linea recta,...... unde illa tota ordinatio, quae est inter genus generalissimum et speciem specialissimam et genera subalterna et differentias collaterales, vocatur unum praedicamentum, sicut patet in arbore Porphyrii in tractatu Praedicabilium. Sunt autem decem praedicamenta...... Dicitur autem praedicatum id, quod refertur ad subiectum in propositione, quae sunt quatuor: diffinitio, accidens, genus et proprium. Praedicabile idem est quod dicibile, et potest dividi praedicabile, nam aliud est universale aliud est singulare..... Et est singulare, quod de uno solo praedicatur, ut Socrates et Plato. Sed contra dicit Aristoteles in libro Praedicamentorum* (s. Abschn. IV, Anm. 476), *quod per subiecta nulla est praedicatio, et vocat prima subiecta individua, unde vult innuere, quod individuum de nullo praedicatur. Propter quod dicendum est, quod „praedicari" differenter dicitur, proprie et communiter. Et est proprie praedicari de aliquo dici, quod est posterius, ... et de tali praedicatione intelligit Aristoteles, et sic solum praedicatur universale. Praedicari vero communiter idem est quod dici ita, quod non fiat vis in hac propositione, secundum quod dicit Boethius* (s. Abschn. XII, Anm. 124), *quod nulla propositio est verior illa, in qua idem de se praedicatur, i. e. sic potest praedicari individuum et sic intelligit hic. Universale autem idem est quod aptum natum dici de pluribus* (so Psellus, s. Abschn. XV, Anm. 26) *...... Ad cuius evidentiam notandum est, quod est quidem universale, quod multiplicatur in plura supposita actu et simul, ut homo, quia actu et simul plures homines sunt; aliud universale est, quod non multiplicatur in plura supposita actu et simul, sed successive, ut phoenix..... Aliud est universale, quod neque simul neque successive multiplicatur in plura supposita, ut sol et luna, quia una est luna et unus est sol, quae semper durabunt.* (All dieses Letztere erinnert uns an Avicenna, s. Abschn. XVI, Anm. 88 f.) *Et sic patet, quod non omne universale dicitur de pluribus; tamen quoniam est de se, i. e. de natura formae universalis, aptum natum est dici de pluribus. Praedicabilia vero sunt: genus, species* u. s. f.

führlicher als Psellus, jedoch ohne dass wir irgend Bemerkenswerthes daraus hervorzuheben hätten.

Auch bei der sich anschliessenden Erörterung über die Kategorien ist der Text des Psellus häufig durch eingefügte Fragen und deren Lösung erweitert [115]; zu beachten aber ist, dass bereits Lambert bei den sechs letzten Kategorien, welche Psellus (Abschn. XV, A. 35) theils kärglich theils gar nicht besprochen hatte, und deren vier letzte daher auch bei Petrus Hispanus ursprünglich fehlten (s. unten Anm. 173), die nöthige Ergänzung aus Gilbertus Porretanus vornimmt [116]. Auch die sog. Postprädicamente werden mit einer eigenthümlichen Bemerkung eingeleitet [117].

Desgleichen werden sodann der Syllogistik allgemeine Gesichtspunkte vorausgeschickt, welche theils aus Boethius entnommen sind [118], theils deutlich auf arabische Litteratur hinweisen [119]. Aber keinen dieser

---

115) Z. B. nach den Angaben über *aequivoca* u. dgl. fügt er hinzu: *Ad evidentiam praedictorum quaeritur, quare in principio praedicamentorum ponantur istae diffinitiones et ad quid valeant. Ad hoc dicendum, quod .... decem praedicamenta possunt comparari ad suum superius, sc. ad hoc quod est ens, et sic in hoc quod est ens aequivocantur...... Secundo quaeritur, quare in plurali diffiniuntur...... Tertio quaeritur, quare diffiniuntur per „dici" et non per „esse"* u. s. f.

116) Nemlich bei *actio, passio, quando, ubi, situs, habitus* werden stets mit den Worten *„quod sic diffinitur ab auctore sex principiorum"* die Angaben Gilberts (Abschn. XIV, Anm. 488 ff.) angeführt. Vgl. unten Anm. 308.

117) *Post illa vero, quae dicta sunt, dicatur de postpraedicamentis. Sed primo videtur, quod postpraedicamenta debeant dici antepraedicamenta, quia dictum est supra, quod antepraedicamenta ad cognitionem praedicamentorum valent et ideo praeponuntur praedicamentis; sed et postpraedicamenta valent ad praedicamenta; ergo qua ratione illa dicuntur antepraedicamenta, eadem ratione, ut videtur, ista debent dici antepraedicamenta. Ad hoc dicendum, quod antepraedicamenta et postpraedicamenta valent ad cognitionem praedicamentorum, sed diverse, quod antepraedicamenta valent ad cognitionem praedicamentorum in se, prout omnia ipsa ad aliquid superius comparantur, sc. ad id quod est ens......; sed postpraedicamenta valent ad cognitionem quorundam, quae in praedicamentis sunt, sicut ad cognitionem contrarietatum et proprietatum ipsorum, quod patet de quolibet praedicamento* u. s. w. (Letzteres ist eben die Behandlungsweise Gilbert's.)

118) *Sequitur de syllogismo, et quia syllogismus est species argumentationis et in diffinitione argumentationis ponitur argumentum, ideo videndum, quid sit argumentum et quid argumentatio et quot argumentationis sint species et quae. Argumentum autem secundum Boethium in Topicis suis* (s. Abschn. XII, Anm. 165) *est ratio rei dubiae fidem faciens, ad cuius evidentiam notandum est, quod ratio dicitur quatuor modis* u. s. w., d. h. er wiederholt aus Boethius (s. ebend. Anm. 82) die Eintheilung des *argumentum* in *necessarium, probabile* und *sophisticum*.

119) *Sciendum est autem, quod syllogismi quaedam sunt principia generalia, quaedam autem specialia. Magis autem generalia sunt, quae in omni syllogismo reperiuntur, et horum quaedam sunt materialia, quaedam formalia. Materialia sunt termini et propositiones, sed termini sunt materia remota, propositiones sunt materia propinqua...... Duo autem sunt principia syllogismi formalia, sc. figura et modus, et respondet figura materiae remotae syllogismi, modus vero respondet materiae propinquae* (die ursprüngliche Quelle hievon s. bei Alfarabi, Abschn. XVI, Anm. 51 f., vgl. auch bei Algazali, ebend. Anm. 265, und bei Averroes, ebd. Anm. 317)....... *Principia autem syllogismi magis specialia, quae specialiter in aliquibus syllogismis reperiuntur, et horum quaedam sunt perficientia syllogismos perfectos, quaedam vero perficientia syllogismos imperfectos. Principia perficientia syllogismos perfectos sunt duo, sc. dictum de omni et dictum de nullo; principia perficientia syllogismos imperfectos duo sunt, sc. conversio et reductio per impossibile.*

beiderseitigen Grundsätze benützt Lambert irgend folgerichtig, sondern springt hierauf sofort auf den Text des Psellus über, welchen er bezüglich der drei Schlussfiguren und ihrer Modi getreu wiedergibt, zuletzt die nemlichen Memorial-Verse anführend, welche wir bei Wilhelm Shyreswood trafen[120]). Von Wichtigkeit aber ist uns, dass er eine ausdrückliche und ausführliche Polemik gegen die Berechtigung einer vierten (d. h. der sog. Galenischen) Schlussfigur übt[121]), wenn es auch eigenthümlich ist, dass er gerade nur in diesem Punkte dem Aristotelismus des Averroes (Abschn. XVI, Anm. 322) folgt, während er durch andere Bemerkungen desselben (s. z. B. ebend. Anm. 321 betreffs der letzten fünf Modi der ersten Figur) sich gegenüber dem Psellus durchaus nicht beirren lässt. Die Syllogismen aus modalen Urtheilen sowie die hypothetischen fehlen auch hier[122]).

Hierauf folgt als „dialektische Argumentation" die **Topik** mit Zugrundlegung des Textes des Psellus[123]), und unmittelbar hernach die **Sophistik**[124]), welche er hiemit an einer anderen Stelle, als Wilhelm Shyreswood (ob. Anm. 65), ergänzend einreiht; aber sowie diese Anord-

---

120) *Notandi sunt isti versus* (s. dieselben oben Anm. 52)...., worauf in gleichen Worten wie bei Shyreswood die Angabe folgt, wie die Verse sich auf die drei Figuren vertheilen, sodann aber: *Et sciendum, quod si in aliqua dictione inveniantur plures syllabae quam tres, nihil designant, sed solum apponuntur propter metrum. Item sciendum, quod per vocalem primae syllabae datur intelligi maior propositio, per vocalem secundae minor, per vocalem tertiae conclusio.* Hierauf mit denselben Worten wie bei Petrus Hispanus (s. unten Anm. 187) die Bedeutung der vier Vocale und der als Fingerzeig der Reduction dienenden Anfangsbuchstaben *B, C, D, F.* Sodann: *Propositio illa, quae dicitur intelligi per vocalem, quam sequitur S, convertitur simpliciter; si vero sequitur P, convertitur per accidens; si sit M, est transpositio in praemissis* (— somit auch hier das auf den Arabern beruhende Wort „*praemissa*", s. Anm. 52); *in qua ponitur C, debet reduci per impossibile.*

121) *Item possit aliquis dicere, cum sit una figura, in qua medius praedicatur in utraque praemissarum, alia, in qua subiicitur in utraque, et alia, in qua subiicitur in una et praedicatur in altera, ideo videtur, quod debeat esse quarta figura, in qua medius praedicetur in maiori et subiiciatur in minori. Ad hoc dicendum, quod tantum sunt tres figurae syllogismi; cuius ratio est, quia medium in syllogismo aut habet modum generalissimum vel primi in ordine praedicabilium, et sic est secunda figura, in qua medium supraponitur extremitatibus; aut habet modum specialissimum vel ultimi in ordinatione praedicabilium, et sic est tertia figura, in qua medium subiicitur extremis; aut habet modum medii in ordinatione praedicabilium, eo quod supponitur alii extremitati et alii supraponitur, et tunc est prima figura. Alia figura esse non potest, in qua medium praedicatur de maiore extremitate et subiiciatur minori extremitati; nam secundum illam dispositionem medii oporteret sumere maiorem falsam, si sumeretur universalis, vel oporteret sumere particularem, et tunc non sequeretur conclusio, nam si dicatur „Omne animal est homo, omnis homo est risibile, ergo omne risibile est animal", maior erit falsa, qua sumpta particulariter non sequitur conclusio.*

122) Vgl. oben Anm. 54 u. unten Anm. 190.

123) *Habito superius de argumentatione syllogistica, prout est dialectica et per locum dialecticum confirmatur, nunc de locis dialecticis dicendum est.* In der Reihenfolge der Topen stimmt Lambert bei den *loci extrinseci* fast völlig mit jener Abweichung bei Wilhelm Shyreswood (Anm. 56) überein, nur ist hier der Topus *a simili* nach jenem *a minori* gestellt.

124) *Dicto de locis dialecticis ..... dicendum est de locis sophisticis* u. s. w. Der Inhalt aber erstreckt sich auch hier nur auf die erste Hälfte des aristotelischen Buches (vgl. oben Anm. 65 und unten Anm. 197).

nung, ebenso stimmt auch der Text der Soph. El. fast wörtlich mit jenem des Petrus Hispanus überein.

Den Schluss aber bildet auch hier die Erörterung über *terminorum proprietates*, wobei auch Lambert (wie Wilhelm Shyreswood) sich gegenüber dem byzantinischen Originale eine Selbstständigkeit in Anordnung der einzelnen Abschnitte bewahrt, jedoch in Behandlung des Einzelnen dem Petrus Hispanus weit näher steht. Er bezeichnet als Gegenstand dieses Theiles der Logik: *suppositio, appellatio, restrictio, distributio, relatio*, und äussert sich dabei, was das Verhältniss der *significatio* zur *suppositio* betrifft (s. Abschn. XV, Anm. 66) ziemlich ausführlich und selbstständig[125]). Die *suppositio*, welche er (wie alle übrigen derartigen Begriffe) vorerst nach verschiedenen Wortbedeutungen zerlegt[126]), theilt er sodann (vgl. ebd. Anm. 67 f.) principiell in *suppositio proprie dicta* und in *copulatio*, womit die grammatischen Formen der Worte in Verbindung kommen[127]); die Eintheilung der Supposition stimmt, abgesehen von kleinen Abweichungen, mit jener bei Psellus völlig überein[128]). Hernach aber lässt Lambert die *appellatio* folgen[129]), und erst hernach die *restrictio* und die *ampliatio*, welch beide er parallel miteinander verflochten behandelt[130]); sodann reiht er die *distributio*

---

125) *Quia logica considerat terminum, ideo conveniens est, ut determinet de termino ipso...... Multae autem sunt proprietates termini, sc. suppositio, appellatio, restrictio, distributio et relatio...... Sed quia significatio est sicut perfectio termini et proprietates termini super significatione fundantur, ideo in principio ad evidentiam sequentium videndum est, quid sit termini significatio...... Significatio est intellectus rei, ad quem vox imponitur...... Differt autem significatio a suppositione in hoc, quod prior est significatio, ... et quod significatio solum extenditur ad rem, ad quam significandam imponitur terminus, sed suppositio non solum extenditur ad rem, quae per terminum significatur, sed potest extendi ad supposita contenta sub illa re* u. s. f.

126) *Suppositio quatuor modis dicitur: substantiva designatio....., acceptio propositionis....., ordinatio partium......, acceptio termini pro se sive pro re sua vel pro aliquo supposito contento sub re vel pro aliquibus suppositis contentis sub re sua. Et ideo quarto modo est hic intentio* u. s. f.

127) *Suppositio communiter dicta dividitur in suppositionem proprie dictam et copulationem...... Et est suppositio proprie dicta acceptio termini rem fixam et per se stantem repraesentantis...... Copulatio est acceptio termini rem dependentem repraesentantis...... Dictionum quaedam supponunt tantum ut nomina substantiva, quaedam copulant tantum ut nomina adiectiva, quaedam vero supponunt et copulant ut ea, quae sunt adiectiva re, substantiva vero voce, ut „armiger, dux“* u. s. f.

128) *Suppositio potest sic dividi: alia est naturalis et alia accidentalis...... Accidentalium alia est simplex alia personalis..... Personalium alia discreta alia communis..... Communium alia determinata alia confusa..... Confusarum alia vehemens mobilis alia exilis mobilis* u. s. f.

129) *Appellatio dicitur quatuor modis: ....propria nominatio......, proprietas nominum......, acceptio termini pro supposito sub suo significato....., acceptio termini pro supposito vel pro suppositis actu existentibus..... Quarto modo est principalis intentio* u. s. f. (eine Menge von Quästionen und Sophismen).

130) *Sequitur de restrictione et ampliatione..... Restrictio est minoratio ambitus termini communis, secundum quam pro paucioribus suppositis tenetur terminus communis, quam exigat sua actualis suppositio...... Ampliatio est extensio ambitus termini communis, secundum quam pro pluribus suppositis tenetur terminus communis, quam exigat actualis sua suppositio* u. s. f. (Dass Wilh. Shyreswood die *restrictio* und *ampliatio* nicht bloss unter sich, sondern auch mit der *appellatio* verflocht, (s. oben Anm. 64.)

an[131]) und zuletzt noch die *relatio*[132]). Aber trotzdem ist der Inhalt dieser genannten einzelnen Capitel dem Sinne nach (wenn auch nicht dem Wortlaute nach) enge an das für uns verlorne griechische Original angeschlossen, d. h. Alles finden wir bei Petrus Hispanus wieder. Hingegen was bei Letzterem zu den *Exponibilia* gehört und was bei Wilhelm Shyreswood den Inhalt der *Syncategoreumata* bildete (ob. Anm. 66 ff.), hat Lambert sämmtlich hinweggelassen[133]).

Das Bisherige wird nun sicher den genügenden Nachweis enthalten, dass die byzantinische Logik des Psellus bereits vor und auch neben der Thätigkeit des Petrus Hispanus bei den abendländischen Lateinern einen ausgedehnten Wirkungskreis gefunden habe. Und sowie die mitgetheilten Belegstellen beurkunden, dass man jenes neu eintretende Material (namentlich den Abschnitt über die *proprietates terminorum*) immerhin mit einer gewissen individuellen Freiheit verarbeitete[134]), so ist nun auch die Frage über den Petrus Hispanus selbst so ziemlich aufgeklärt; denn wir erkennen, dass er unter mehreren gleichartigen Schriftstellern, obwohl bei weitem der einflussreichste, doch das wenigste individuelle Verdienst hat, indem er eine neue Quelle, welche schon einige Zeit vorher eröffnet worden war und zu Verschiedenartigem angeregt hatte, lediglich objectiv abschreibend reproducirte[135]). Kurz es hat sich uns nun quellenmässig bewährt, was schon oben gelegentlich des Psellus (Abschn. XV, Anm. 87 ff.) gesagt wurde. Aber sowie ich dieses ganze neue Resultat nur aus handschriftlichen Quellen gewinnen konnte, so stellt sich uns zur vollen Ergänzung der geschichtlichen Forschung die Nothwendigkeit recht lebhaft vor Augen, dass veröffentlicht werde, was irgend Wichtiges noch in Handschriften verborgen liegt. Bedenken wir, dass zwischen Petrus Hispanus und der Praxis der Buchdruckerkunst ein Zeitraum von zweihundert Jahren liegt, und dass zur Zeit der ersten zahlreichen Drucke logischer Compendien Petrus Hispanus bereits längst eine fast ausschliessliche Auctorität errungen hatte, so bleibt wahrlich noch ein weiter Spielraum für logische Schriftsteller offen, welche im 13. Jahrhunderte oder zu Anfang des 14.

---

131) *Distributio est unius in diversa divisio* u. s. f.

132) *Relatio est respectiva habitudo ..... vel ante latae rei recordatio ...... Relativorum sunt alia relativa substantiae alia relativa accidentium ...... Relativorum substantiae aliud est relativum ydemptitatis, ut „qui", aliud est relativum diversitatis, ut „alius"* u. s. w.

133) Möglich wäre wohl, dass dem Lambert nur eine unvollständige Uebersetzung des Psellus zu Gebot stand; jedoch nach seiner ganzen Art und Weise dürften wir eher annehmen, dass er absichtlich jene ganze Gruppe bei Seite liess.

134) Ich habe in dieser Beziehung absichtlich im Vorigen mehrfache Proben des Quellen-Textes gegeben, denn derjenige Leser, welcher die Sache genau nimmt, kann hiernach durch einlässliche Vergleichung von selbst ersehen, wie manigfaltig das gleiche Thema variirt wurde.

135) Es ist z. B. baarer Unsinn, wenn *Hist. litt. de la France*, XIX, p. 326, gesagt wird, Petrus Hispanus habe bei der damaligen Unverständlichkeit des Aristoteles eben einen leicht zugänglichen Auszug aus dem Organon angefertigt (konnte er denn etwa auch die fünf theophrastischen Schlussmodi aus Aristoteles excerpiren, oder wo fand er denn bei Aristoteles die *proprietates terminorum* oder die *syncategoreumata?!*). Doch die Verfasser der *Hist. litt. de la France* zeigen ja überhaupt so häufig die löbliche Gewohnheit, über Dinge zu schreiben, welche sie höchst flüchtig oder auch gar nicht gelesen haben.

nicht völlig im Schlepptau des Petrus Hispanus sich bewegten, sondern eben nach Art eines Wilhelm Shyreswood oder eines Lambert von Auxerre den byzantinischen Stoff selbstständiger bearbeiteten oder auch, was nicht sehr schwer war, selbst bereicherten. So ist es nicht bloss möglich, sondern selbst sehr wahrscheinlich, dass, was den verschiedenartig gestalteten Inhalt der *Syncategoreumata* bildet oder was wir später unten bezüglich der *Obligatoria, Insolubilia* und *Consequentiae* anführen können, wenigstens im Keime ursprünglich schon damals, d. h. in den ersten Jahrzehenten der Wirkung byzantinischer Logik, aus dem Compendium des Psellus sich entwickelte [136]).

Wenden wir uns hiemit zu demjenigen Autor, durch welchen die Synopsis des Psellus eine dritthalbhundertjährige Herrschaft erlangte, nemlich zu Petrus Hispanus (geb. um 1226, gest. als Papst Johann XXI. i. J. 1277), so berühren uns hier seine biographischen Verhältnisse ebenso wenig als seine medicinischen oder theologischen Schriften [137]). Insoferne hingegen die Frage nicht ganz zu umgehen ist, ob jener Petrus Hispanus, von welchem die berühmt gewordenen *„Summulae“* herrühren, wirklich der nachmalige Papst Johann XXI. sei, so muss bemerkt werden, dass allerdings die Dominicaner für sich die Ehre in Anspruch nahmen, den vielgepriesenen Autor zu ihren Ordensmitgliedern zu zählen [138]); jedoch abgesehen von den Bedenken, welche an sich jene häufig geübte litterarische Eitelkeit und Rivalität der Orden darbietet, und selbst abgesehen von einem kleinen chronologischen Zweifel [139]), könnte sich vielleicht jene Angabe der Dominicaner auf eine für dieselben unverfängliche Weise dadurch erklären, dass ein späterer Petrus Hispanus aus dem 14. Jahrh., falls derselbe wirklich Dominicaner war, die Veranlassung zur Verwechs-

---

136) Sowie ich daher schon im 2. Bande wiederholt auf neue Eröffnung handschriftlicher Quellen hingewiesen habe, so kömmt es mir überhaupt nie in den Sinn, meine wahrlich aufreibende Forschung irgend für eine abgeschlossene zu halten. Ich besorge allerdings nicht, aus demjenigen, was gedruckt vorhanden ist und auch mir in reichem Maasse zu Gebot steht, wesentliche Widerlegungen erfahren zu müssen, aber ich wünsche aufrichtigst, dass meine Resultate durch handschriftliche Publicationen ergänzt und berichtigt werden. Die fraglichen Punkte, um welche es sich handeln kann, und vielleicht auch die Richtung der Beantwortung glaube ich mehrfach hervorgehoben zu haben. In Paris, in London, in Oxford (vielleicht weniger im Escurial) muss sich gewiss noch Manches finden.

137) *Joh. Tob. Köhler,* Vollständ. Nachricht v. Pabst Johann XXI. u. s. w. Göttingen 1760. 4. gibt eine reichhaltige Zusammenstellung, welche allerdings an der geschmacklosen Darstellungsform jener Zeit leidet und zumal erklärlicher Weise betreffs der Logik auf mangelhaftem Wissen beruht.

138) Autoren, welche diese Ansicht vertreten, sind angeführt bei *Nic. Antonius, Bibl. Hisp. vetus*, Lib. VIII, Cap. 5, §. 162 (hrsggb. v. *Perez Bayer, Madrid* 1788. fol. Vol. II, p. 76); vgl. auch *Quetif, Scriptt. Ord. Praedic.* I, p. 485 f. Namentlich warf man sich auf eine Angabe des *Joh. Marieta* (*De los santos de España.* Lib. XXI, Cap. 57) und des *Joh. Lopez, Hist. gen.* III, p. 297, wornach unser Petrus Hispanus in dem navarresischen Dominicaner-Kloster Stella gelebt haben und begraben sein soll. Was übrigens die *Summulae* selbst betrifft, zeigen auch Antonius und Quetif die gleiche Unwissenheit wie alle Anderen, und von solcher Beschaffenheit war dann, was die Verfasser der *Hist. litt. de la France* abzuschreiben fanden.

139) Da das genannte Kloster Stella nicht vor d. J. 1260 gegründet wurde. S. *Quetif* a. a. O.

lung darbot [140]). Erscheint uns daher, solange nicht irgendwie entschiedene neue Gegenbeweise aufgefunden sind, die gewöhnliche Annahme [141]) immerhin als zulässig, so ist für den geschichtlichen Verlauf jedenfalls das Wichtigste, dass auch selbst jener angebliche Dominicaner Petrus Hispanus in den Anfang der zweiten Hälfte des 13. Jahrh. verlegt wird, und andrerseits, dass der Verfasser der *Summulae* sicher in Bälde als identisch mit einem Papste galt (— mag er nun wirklich die Tiara getragen haben oder nicht —); denn aus letzterem Umstande ist es entschieden zu erklären, dass in der Schultradition gerade sein Compendium viele andere verdrängte und sich einer einmüthigen Auctorität erfreute.

Jedenfalls ist unter den ähnlichen Erzeugnissen jener Zeit das Compendium des Petrus Hispanus das geistloseste, insoferne es ohne irgend einen einzigen eigenen Gedanken nur den Grundtext der neu eingeführten byzantinischen Logik wiederholt. Ob der Verfasser selbst des Griechischen mächtig war, um den Psellus zu übersetzen, oder ob er nur als Abschreiber einer bereits vorhandenen getreuen Uebersetzung sich seinen „weltgeschichtlichen" Einfluss errungen habe, lässt sich nicht entscheiden; der „Schweiss des Angesichtes" kann in keinem der beiden Fälle gross gewesen sein. Jedoch eben um des Einflusses willen, welchen Petrus Hispanus auf sehr lange Zeit ausübte, müssen wir seine *Summula* ausführlicher darstellen, können uns jedoch hiebei in jenem Theile, dessen griechisches Original uns vorliegt, durch Verweisung auf das im XV. Abschnitte Gesagte kürzer fassen (den Anmerkungen es überlassend, zur Vergleichung der Uebersetzung mit dem Originale zu dienen), und müssen nur im zweiten Haupt-Theile dasjenige, was ausschliesslich in lateinischer Form erhalten ist, einlässlicher erörtern (s. Abschn. XV, Anm. 86).

Es findet sich eine ausserordentlich grosse Masse von gedruckten Ausgaben des Petrus Hispanus aus jenen Jahrzehenten, in welchen derselbe noch nach Erfindung der Buchdruckerkunst an allen Orten in ungetrübtem Ansehen stand. Sie enthalten sämmtlich im Ganzen und Grossen den nemlichen Text [142]), und wenn wir die unsägliche Mühe nicht scheuen, aus den Schätzen grösserer Bibliotheken die erreichbaren Exemplare sorg-

---

140) Nemlich *Nic. Antonius* (a. a. O. p. 76) führt aus *Petrus Cirvelo's* Commentar zum Petr. Hispanus (— *In Summulas Petri Hispani a se denuo correctas ac bonae solidaeque doctrinae documentis illustratas praeclarissimus commentarius. Salmantica.* 1535, ein Buch, dessen ich nicht habhaft werden konnte —) mehrere Notizen an, welche einen *Petrus Hispanus iunior* betreffen (namentlich habe derselbe die *Summulas* des Aelteren in abgekürzter und gleichsam geläuterter Form bearbeitet), und weist dabei auf einen Dominicaner Petrus Hispanus hin (p. 77), welcher i. J. 1396 in kirchlicher Beziehung zu einer hervorragenden Stellung gelangte.

141) Vertreter derselben sind genannt bei *Antonius* a. a. O. p. 75. Uebrigens wird erklärlicher Weise in derartigen Fragen kaum irgend Gewissheit zu erreichen sein.

142) Zur leichteren Orientirung des Lesers möge dienen, dass die Logik des Petrus Hispanus in folgende Hauptabschnitte („*tractatus*") zerfällt:

I. Lehre vom Urtheile
II. Die *quinque voces*
III. Die Kategorien
IV. Syllogistik
V. Topik

fältig zu vergleichen[143]), so finden wir nicht nur, welch bodenloses Gerede es sei, wenn man stets von „mehreren" oder „zahlreichen" die

VI. *Sophist. Elenchi*
VII. *Terminorum proprietates,* nemlich
1. *Suppositio,* und zwar
a) an sich
b) *relativorum*
2. *Ampliatio*
3. *Appellatio*
4. *Restrictio*
5. *Distributio*
6. *Exponibilia.*

143) Mir standen, was den Text betrifft, folgende achtundvierzig Ausgaben (theils mit theils ohne Commentar) zu Gebot:

I. fünf Leipziger Drucke:

A) *Textus summularum Petri Hispani per tractatus et capitula divisus cumque singulorum tractatuum summariis figuraliter resolutis cuilibet studioso multum profuturis* etc. Am Schlusse: *Lyptzk per Melchiorem Lotter.* 1499. fol.

B) *Textus septem tractatuum Petri Hispani per tractatus et capitula distinctus, in quibus succincte breviterque inquiruntur, quae in libris logicalibus Aristotelis diffusius tractantur.* Am Schl.: *Per virum Melchior Lotter opidanum Liptzensis* [*sic*]. 1506. 4.

C) Ebenso. Am Schl.: *Liptzk per Melchiorem Lotter.* 1509. 4.

D) Ebenso. 1510. 4.

E) Ebenso. Am Schl.: *Ex officina Melchiaris* [*sic*] *Lottheri.* 1516. 4.

Diese fünf sind sämmtlich unter sich identisch und weichen nur durch vereinzelte Druckfehler von einander ab; sie geben den Text der genannten (vor. Anm.) Tractate, halten aber in den Kapitel-Ueberschriften stets die Parallele mit dem aristotelischen Organon ein; nur **A** gibt nach den einzelnen Tractaten eintheilende Uebersichten.

II. Ein Incunabel-Druck ohne Ort u. ohne Jahr:

F) *Tractatus magistri Petri Hispani.* Am Schl.: *Finiunt summulae Petri Hispani bene emendatae et correctae.* 4.

Durchgängig identisch mit den Leipzigern; nur fehlt der letzte Abschnitt, d. h. *Exponibilia,* und ausserdem sind die Unterabtheilungen des 7. *tractatus* in den Ueberschriften als selbstständige Tractate fortlaufend numerirt, nemlich 8 *de relativis,* 9 *de ampliatione* u. s. f., wornach das Ganze aus 12 *tractatus* besteht. (In beiden Eigenthümlichkeiten stimmen die unten anzuführenden Drucke **𝔏—𝔔** mit diesem überein, bloss in der Art der Numerirung aber auch die Drucke **H—L**, **𝔇—𝔎**, **𝔗**).

III. fünf in Deutschland erschienene Drucke mit dem Commentar des Versor (die Venetianer Drucke s. unten **Y—𝔅**), nemlich:

G) *Dicta Versoris super septem tractatus Magistri Petri Hispani cum textu.* Am Schl.: *Anno domini* 1487 (wahrscheinlich in Köln). fol.

H) Ebenso. A. Schl.: *A. domini* 1488 (wahrschl. in Köln). fol.

I) Ebenso. A. Schl.: *Coloniae per Henr. Quentell.* 1489. 4.

K) Ebenso. A. Schl.: *Per Anthonium Koberger Nurnbergae.* 1495. 4.

L) Ebenso. A. Schl. nur: *Finit feliciter* (wahrschl. in Köln 1497). fol.

Sämmtliche fünf unter sich völlig identisch, geben den Text in gänzlicher Uebereinstimmung mit den Leipziger Drucken. Nur fehlt hier, sowie auch in **M—𝔔**, **𝔗—𝔛**, das letzte Capitel des 4. Tractates (*De potest. syll*); auch sind in **H I K L** ebenso wie in **F** die Unterabtheilungen des 7. Tractates eigens numerirt, wornach trotz der Angabe auf dem Titelblatte doch 13 *tractatus* erscheinen.

IV. acht Kölner Drucke mit thomistischem Commentare des Lambertus de Monte:

M) *Copulata omnium tractatuum Petri Hyspani, etiam Sincathegoreumatum et parvorum logicalium cum textu, secundum doctrinam divi Thomae Aqui-*

Dialektik betreffenden Schriften des Petrus Hispanus sprach (so die in Anm. 135 u. 137 f. genannten Autoren); denn Alles, was uns unter ver-

---

natis iuxta processum magistrorum Coloniae in bursa montis regentium. Impressa per Liiskyrchen. Am Schl.: *Coloniae.* 1480. 4. Worauf mit neuer Paginirung, aber ohne neues Titelblatt, der 7. *tractatus* und das an ihn sich Anreihende folgt, woselbst am Schlusse: *Juxta processum magistrorum Coloniae regentium in bursa magistri Lamberti de Monte, artium ac s. theol. professoris eximii....... Coloniae anno nonagesimo supra millesimum quaterque centesimum;* jedoch sind beide Theile mit den nemlichen äusserst alten Lettern gedruckt, und sonach „*nonagesimo*" wahrscheinlich Druckfehler für *octagesimo.*

N) Ebenso; nur fehlt der Name des Druckers. In beiden Abtheilungen am Schl.: *Coloniae.* 1489. fol.

O) *Copulata omnium tractatuum Petri Hyspani, parvorum logicalium, etiam syncathegoreumatum, cum textu. denuo diligentissime correcta secundum doctrinam* u. s. w. wie so eben..... *regentium.* A. Schl.: *Coloniae.* 1490. 4. Hierauf mit neuem Titelblatte und neuer Paginirung: *Copulata super omnes tractatus parvorum logicalium Petri Hispani cum textu eorundem pulcherrime inserto. denuo diligentissime correcta.* Am Schl.: *Coloniae.* 1490. Dann abermals mit neuem Titel u. neuer Paginirung: *Tractatus sincathegoreumatum Petri Hyspani cum pulcherrimis sophismatibus, qui noviter correctus cum diligentia volentibus in logicis subtiliter speculari est multum utilis.* (A. Schl. Nichts.)

P) *Textus et copulata omnium tractatuum Petri Hispani, etiam parvorum logicalium et tractatus syncathegorematum, quem aliqui octavum vocant, cum quibusdam aliis sagaciter adiunctis. iterum atque iterum diligentissime correcta secundum doctrinam irrefragabilem divi Thomae Aquinatis ac iuxta frequens exercitium magistrorum Coloniae infra sedecim domos in bursa Montis regentium, in hunc unum librum congesta.* Am Schl.: *Coloniae.* 1493. 4. Hierauf mit neuem Titel u. neuer Pagina: *Copulata super omnes tractatus parvorum logicalium Petri Hispani ac super tres tractatus Modernorum textui pulcherrime annotata in argumentis et replicis denuo diligentissime correcta iuxta inviolatum processum magistrorum Coloniae bursam Montis regentium.* (A. Schl. Nichts.)

Q) Wörtlich ebenso. *Coloniae.* 1494. 4.

R) *Copulata commentaria textui omnium tractatuum Petri Hyspani, etiam parvorum logicalium et trium modernorum, perquam solerter inserta. iterum atque iterum emendata et diligentissime correcta secundum irrefragabilem et fundatissimam doctrinam divi Thomae Aquinatis peripateticorum interpretis veracissimi. ac iuxta frequens exercitium magistrorum Coloniensis gymnasii in bursa Montis regentium, qui tanti doctoris sancti sectatores existunt sincerissimi propagatoresque fidelissimi.* Am Schl.: *Coloniae per Henricum Quentell.* 1496. 4. Hierauf mit neuem Titelblatt: *Copulata omnium tractatuum parvorum logicalium Petri Hyspani tribus adiectis modernorum tractatibus in suis commentariis textui pulcherrime annotatis. in argumentis et replicis denuo diligentissime correcta iuxta inviolatum processum magistrorum Coloniae bursam Montis regentium ac invictissimam doctrinam sancti Thomae uberrime propagantium.* A. Schl.: (ohne Nennung des Lambertus de Monte) *Coloniae per Henricum Quentell.* 1496. 4. (Alles unpaginirt.)

S) *Copulata pro elucidatione sex tractatuum Petri Hyspani, etiam parvorum logicalium eiusdem et trium modernorum, textui perquam solerter inserta* u. s. f. wie in **R.** A. Schl.: *Coloniae per Henr. Quentell.* 1503. 4. Hierauf mit neuem Titel u. neuer Paginirung: *Copulata tractatuum parvorum logicalium* u. s. f. wie in **R.** A. Schl.: *Coloniae per Henr. Quentell.* 1503.

T) Wörtlich ebenso. 1507. 4.

Diese acht Drucke, in welchen ausser uen *Syncategoreumata* drei neue Tractate (nemlich *De obligatoriis, De insolubilibus, De consequentiis,* s. über dieselben

schiedenen Titeln und mit verschiedenartigen Commentaren durchwoben erhalten ist, zeigt sich als Ein und das nemliche Werk. Aber ausserdem

---

bei den späteren Interpolationen in Abschn. XX) beigefügt sind, stimmen unter sich im Wortlaute völlig überein; nur unterscheiden sie sich dadurch, dass der Abschnitt über die *Syncategoreumata* in **M** und **N** vor jene drei neuen Tractate, hingegen in **O**, **P**, **Q** nach denselben gestellt ist, aber in **R**, **S**, **T** gänzlich fehlt. Der Text des P. Hispanus ist mit Ausnahme unbedeutender Abweichungen identisch mit jenem der Leipziger Ausgaben.

V. Drei Kölner Drucke mit albertistischem Commentare des Harderwyck:

U) *Copulata Petri Hyspani secundum processum bursae Laurentii.* Am Schl.: *Commentum ..... per magistrum Gerardum de Harderwyck s. theol. licent.* 1488. Hierauf mit neuem Titelblatt: *Copulata super omnes tractatus parvorum logicalium Petri Hyspani et nonnullos Modernorum secundum viam Albertistarum.* A. Schl.: *Commentum* u. s. f. wie so eben. 1488. fol.

V) *Commentaria in summulas Petri Hispani albertocentonas continentia..... secundum processum bursae laurentianae Colon. ad unguem castigata et e mendis quibus scatebant erepta.... Impressum Coloniae apud Lijskirchen.* Am Schl.: *per acutissimum in artibus liberalibus magistrum et s. theol. licentiatum magistrum Gerardum Harderwicksensem.* 1492. fol. Hierauf mit neuem Titelblatt: *Commentarii in omnes tractatus parvorum logicalium Petri Hispani iunctis nonnullis Modernorum processum bursae laurentianae in universitate Coloniensi continentes incipiunt feliciter.* Am Schl.: *per acutissimum* u. s. f. wie so eben. 1493. fol.

W) *Copulata summularum Petri Hispani secundum processum bursae Laurentii iuxta mentem venerabilis domini Alberti Magni feliciter incipiunt.* A. Schl.: *Commentarii in omnes tractatus Petri Hispani et nonnullos Modernorum..... ex divi Alberti Magni commentariis per....Gerardum Harderwiccensem..... Impressum in officina....Henrici Quentell.* 1504. 4.

In sämmtlichen dreien ist noch ein Excerpt der zweiten Analytik eingefügt, und zwar in **U**, woselbst die *Soph. El.* fehlen, nach der Topik, in **V** u. **W** aber nach der Syllogistik, d. h. nach dem 4. Tractate, wornach sich in **W** sogar die Numerirung des 5. u. 6. Tractates um eine Ziffer erhöht. Was die *Parva logicalia,* welche in selbstständige Abschnitte zertheilt sind, betrifft, so sind auch hier (wie in **M**—**T**) nach der *Distributio* die drei neuen Tractate *Obligatoria, Insolubilia, Consequentiae* eingereiht, in **W** aber fehlt der letzte Tractat, d. h. *Exponibilia.* Die *Syncategoreumata* sind nicht mit aufgenommen. Der Text ist wohl im Ganzen jener der Leipziger Drucke, streift aber in einigen wenigen Abweichungen bereits an den Reutlinger Druck (ℜ u. 𝔖).

VI. Ein Venetianer Druck mit scotistischem Commentare des Dorbellus:

X) *Logica magistri Nicolai de Orbellis una cum textu Petri Hyspani.* Am Schl.: *Venetiis per Lazarum de Soardis.* 1516. 4.

Der Text zeigt im 1. Tractate einige Abweichungen von dem Leipziger, dürfte aber vielleicht, insoferne man von einer entschiedenen Interpolation bei den modalen Urtheilen absehen würde, überhaupt auf die ursprünglich älteste Recension zurückweisen (s. d. folg. Anm.).

VII. fünf Venetianer Drucke, wovon vier mit Commentar des Versor (vgl. oben **G**—**L**) und einer mit jenem des Johannes de Monte:

Y) *Textus sive liber summularum logicae magistri Petri Hispani cum Versoris Parisiensis doctoris perspicacissimi interposita expositione. in calce quoque harum eiusdem Petri Hispani Parvorum logicalium nuperrime inventus libellus utili serie adnexus.* Am Schl.: *per artem Hermanni Lichtenstein Coloniensis Venetiis* 1488. fol.

Z) *Versoris expositio in summulas logicae Petri Hispani cum textu eiusdem. Eiusdem Petri Hispani libellus parvorum logicalium nuper inventus.* A. Schl.: *Venetiis per Philippum Pincium Mantuanum.* 1508. fol.

𝔄) *Petri Hispani summulae logicales cum Versorii Parisiensis clarissima expositione. Parvorum item logicalium eidem Petro Hispano adscriptum opus*

entdecken wir auch, wie dieser einheitliche Text in Einzelnheiten die manigfachsten handschriftlichen Variationen darbietet, wie Auslassungen

---

...... *Quae omnia innumeris paene erroribus undique scatentia maxima sunt diligentia castigata. Venetiis apud Juntas.* 1550. fol.

𝔅) *Petri Hispani summulae logicales cum Versorii* u. s. w. wie in 𝔄..... *Quae omnia a Martiano Rota infinitis fere erroribus maxima sunt diligentia castigata. Venetiis apud Sansovinum.* 1572. 4.

ℭ) *Summulae Joannis de Monte super Petrum Hispanum.* A. Schl.: *Explicit commentum valde notabile ad mentem doctoris subtilis super logicae summulis.... Petri Hispani ab eximio artium et sacrarum litterarum doctore Parisiensi excell. magistro Johanne de Monte Parisiis olym editum per.... magistrum Petrum de Cruce portum galicum maxima cum diligentia castigatum. Venetiis.* 1500. 4.

In diesen fünf Drucken, unter welchen, was den Text betrifft, Y Z 𝔄 ℭ fast absolut identisch sind, und nur 𝔅 in den Beispielsätzen und Memorialversen kleine Abweichungen zeigt, ist der 7. Tractat in selbstständige, aber unter sich eigens numerirte Tractate zertheilt, deren jeder als ein *tractatus parvorum logicalium* bezeichnet ist, und ausserdem kömmt als ein *Petro Hispano adscriptum opus* (nicht als 8. Tractat) der Abschnitt über die *Syncategoreumata* hinzu; nur in ℭ schliesst sich nach den *Exponibilia* an Stelle des Textes der *Syncateg.* sofort der blosse Commentar derselben an. Der Text der sieben Tractate ist in seiner ursprünglichen Grundlage identisch mit obigem X, enthält aber dabei bereits manigfache Umstellungen und besonders Interpolationen, deren einzelne selbst mit dem Reutlinger Drucke (ℜ 𝔖) übereinstimmen.

VIII. zwei Lyoner und Ein Pariser Druck mit Commentar des Georgius Bruxellensis und des Thomas Bricot und Ein Venetianer mit Commentar des Johannes de Magistris:

𝔇) *Expositio Georgii super summulis magistri Petri Hispani.* Am Schlusse des vorletzten Abschnittes ist in Versen der Name des Druckers und des Druckortes sowie die Jahreszahl ausgedrückt: *Adam Treschel Lugduni.* 1489. 4.

𝔈) *Interpretatio Georgii in summulas magistri Petri Hispani una cum mgstri Thomae Bricot quaestionibus, textu quoque impositionum* [*sic*] *de novo readdito diligentissime in margine quotata, ut etiam incipientibus contenta pateant ad primos intuitus. In vico Sancti Jacobi. Maistre Durand Serlier.* Am Schl.: *Joannes Morand Parisiorum in academia.* 1497. 4.

𝔉) *Interpretatio Georgii Bruxellensis in summulas magistri Petri Hyspani una cum magistri Thomae Bricot quaestionibus de novo in cuiusvis fine tractatus additis. textu quoque suppositionum de novo readdito...* (wie so eben) *...intuitus, summa cura ac diligentia de novo emendata, nec non figurarum rudimenta, quae nunquam prius fuerant inserta.* Am Schl.: *Lugduni per Joannem de la place.* 1515. 4.

𝔊) *Summulae magistri Johannis de magistris.* A. Schl.: *Venetiis.* 1490. 4.

Im Texte des P. Hispanus stimmen 𝔇 und 𝔊 unter sich ebenso absolut überein, wie 𝔈 und 𝔉 unter sich (nur ist 𝔉 bei den modalen Urtheilen an versinnlichenden Figuren reicher als 𝔈); sämmtliche vier aber beruhen gleichfalls ursprünglich auf obigem X, zeigen jedoch namentlich im 1. Tractate manigfache Spuren einer Interpolation, und zwar ist diess bei 𝔇 u. 𝔊 in geringerem Grade der Fall als bei 𝔈 u. 𝔉, welch letztere beide auch in den übrigen Tractaten viele kleine Abweichungen darbieten. Der 7. Tractat ist wie bei obigem F in selbstständige fortlaufend numerirte Tractate getheilt, so dass demnach 12. *de distributione* gezählt wird; der letzte jedoch, d. h. *Exponibilia,* ist ohne Hinzufügung der Nummer angereiht.

IX. drei Drucke mit scotistischem Commentare des Tartaretus:

ℌ) *Expositio magistri Petri Tartareti super summulas Petri Hispani cum allegationibus passuum Scoti doctoris subtilissimi.* A. Schl. Nichts. fol. (sicher ist diese Ausgabe in Freiburg i. Breisgau auf Kosten des Landgrafen Friedrich v. Thüringen *per baccal. Wolfgangum Stöckl Monacensem* i. J. 1504 gedruckt).

und Interpolationen allmälig Platz griffen, und wie namentlich die Memorial-Verse in den verschiedenen Schulen sich veränderten oder vermehrten.

𝔍) *Expositio mgstri Petri Tartareti in summulas Petri Hispani una cum passibus Scoti..... emendata summaque accuratione Basileae impressa. Additus est tractatus Insolubilium eiusdem et Obligatoriorum mgstri Martini Molenfelt ex Livonia.* Am Schl. Nichts. fol. (sicher i. J. 1514.)

𝔎) *Petri Tatareti Parisiensis, Jo. Duns Scoti doctoris subtilissimi sectatoris fidelissimi, in Summulas Petri Hispani exactae explicationes* u. s. f. *Venetiis* 1591. 8.

Alle drei unter sich schlechthin identisch stimmen im Wesentlichen im Texte mit obigem 𝔇 überein (auch in Numerirung der Unterabtheilungen des 7. Tractates); nur sind am Schlusse des letzten Tractates, d. h. der *Exponibilia,* die letzten Capitel umgestellt, und die Erklärung derselben verläuft sofort in den Commentar (nicht in den Text) der *Insolubilia* und *Obligatoria* (die *Consequentiae* hingegen fehlen hier, vgl. hingegen obige **M—W**).

X. sechs Drucke unter der Bezeichuung „*Duodecim tractatus*", und zwar

α) ein Basler:

𝔏) *Tractatus duodecim Petri Hyspani.* A. Schl.: *Basileae per Michaelem Furter.* 1511. 4.

β) zwei Strassburger:

𝔐) *Tractatus duodecim Petri Hyspani.* A. Schl.: *Impressae* [*sic*] *Argentinae.* 1511. 4.

𝔑) Ebenso. A. Schl.: *Argentinae per Joannem Knob.* 1514. 4.

γ) drei Kölner:

𝔒) *Tractatus duodecim Petri Hispani.* A. Schl.: *Coloniae industria Henrici Quentel.* 1499. 4.

𝔓) Ebenso. A. Schl.: *In officina honesti quondam Henrici Quentel.* 1504. 4.

𝔔) Ebenso. A. Schl. nur 1513. 4.

Diese sechs Drucke, obwohl aus verschiedenen Officinen, sind unter sich absolut identisch. Sie lassen den letzten Abschnitt, d. h. *Exponibilia,* hinweg und numeriren wie **F** (s. dortselbst) die Unterabtheilungen des 7. Tractates fortlaufend, woraus die Zwölfzahl sich von selbst ergibt. Was den Text betrifft, zeigen sie eine eigenthümliche Vermengung der bisher erwähnten Recensionen, nemlich in den ersten vier Tractaten weichen sie in Umstellungen und Interpolationen manigfach von den Leipzigern ab, hierin zuweilen mit den Drucken **X**—𝔎, ja selbst mit 𝔑 𝔖, übereinstimmend; hingegen vom 5. Tractate an sind sie mit den Leipzigern völlig gleichlautend. Uebrigens erhellt aus 𝔒 𝔓, verglichen mit **R S T**, dass selbst Ein und der nemliche Drucker, nemlich Quentel in Köln, gleichzeitig zweierlei Texte publicirte.

XI. ein Reutlinger und ein Druck ohne Ort u. Jahr:

𝔑) *Textus omnium summularum Pe. Hy.* [*sic*]. A. Schl.: *Impressione Johannis Otmar in Reutlingae* [*sic*]. 1486. fol.

𝔖) *Textus omnium summularum Petri Hyspani.* A. Schl. Nichts. 4. (ohne Columnen-Titel.)

Beide unter sich ganz identisch zeigen in Aenderung einzelner Worte oder besonders der Beispielsätze, sowie in Vermehrung der Memorialverse und sonstigen Zusätzen die zahlreichsten Interpolationen; aber während diese Abweichungen noch am stärksten im 7. Tractate auftreten, ist der letzte Abschnitt desselben, d. h. *Exponibilia,* wieder völlig identisch mit dem Leipziger Texte. Hingegen ist hier wieder als *tractatus octavus* der Abschnitt über die *Syncategoreumata* beigefügt.

XII. ein Incunabel-Druck ohne Ort u. Jahr:

𝔗) *Textus septem tractatuum summularum magistri Petri Hispani.* A. Schl.: *Finis tredecim tractatuum magistri Petri Hyspani.* 4. (mit Columnen-Titel).

Ein merkwürdiges Mittelding, indem der Text der ersten drei Tractate wörtlich identisch mit dem Reutlinger Drucke (𝔑 𝔖) ist, vom 4. Tractate an aber ebenso wörtlich mit den Leipzigern übereinstimmt. Der 7. Tractat ist, wenn

Da aber für all dergleichen Einzeln-Aenderungen, welche sich bemerklich machen, ein Zeitraum von zwei Jahrhunderten als Entstehungszeit vorliegt (vgl. oben Anm. 136), so können wir unmöglich mehr nach einzelnen chronologischen Gruppen eine Ausscheidung treffen, sondern müssen uns dabei begnügen, nur in den frappanteren Fällen auf eine relativ spätere Entstehungszeit hinzudeuten. Kurz es verhält sich, — wenn der Vergleich erlaubt ist —, mit der *Summula* des Petrus Hispanus wahrhaft ähnlich wie mit den homerischen Gesängen. Der Grundstock des Textes bleibt der gleiche, aber im Munde oder in der Niederschreibung der Tradition ändert sich manches Einzelne. Und namentlich finden wir auch hier die analoge Erscheinung, dass einzelne Städte ihre eigene Textes-Recension besassen, welche sie innerhalb ihrer Schulen mit grosser Reinheit bewahrten, so dass durch Aufmerksamkeit auf die Druckorte manche tiefer liegende Fäden einer Verwandtschaft oder einer Unähnlichkeit des Textes zu Tag treten [144]).

---

auch ohne specielle Numerirung, in sieben selbstständige *tractatuli* getheilt, daher sich die Zahl *tredecim* (am Schlusse) rechtfertigt.

XIII. drei Drucke, welche nur für die ersten sechs Tractate hieher gehören:

𝔘) *Compendiarius parvorum logicalium liber continens perutiles Petri Hispani tractatus priores sex et clarissimi philosophi Marsilii dialectices documenta cum utilissimis commentariis per virum praeclarum Chunradum Pschlacher Viennae Pannoniae collegam gymnasii.* A. Schl.: *Viennae.* 1512. 4.

𝔙) *Parvorum logicalium liber succincto epitomatis compendio continens perutiles argutissimi dialectici Petri Hispani tractatus priores sex* u. s. f. wie so eben .... *Conradum Pschlacher.* ...... *Additae perutiles in Poster. Anal. quaestiones* ..... *Additum quoque compendiarium ad Obligationes et Insolubilia introductorium.* A. Schl.: *Viennae.* 1516. 4.

𝔚) *Joannis Eckii theologi in summulas Petri Hispani extemporaria et succincta, sed succosa explanatio pro superioris Germaniae scholasticis.* Am Schl.: *August. Vindel.* 1516. fol.

Der Text der ersten sechs Tractate ist in allen dreien unter sich identisch und stimmt mit einer kleinen Ausnahme (bei den modalen Urtheilen) mit obigem X völlig überein. An Stelle des 7. Tractates tritt in 𝔘 u. 𝔙 der Text des Marsilius ab Inghen, in 𝔚 aber eine abgekürzte jüngere Ueberarbeitung desselben.

XIV. endlich nur für die ersten vier Tractate gehört hieher:

𝔛) *Acutissimi artium interpretis magistri Johannis maioris in Petri Hyspani summulas commentaria. Lugduni.* Am Schl.: 1505. fol.

Der Text steht in Mitte zwischen den Leipzigern und obigen sechs Drucken 𝔏—𝔔, indem er zuweilen, besonders im 1. Tractat, mit letzteren wörtlich übereinstimmt.

In den bekannten bibliographischen Werken Panzer's und Hain's finden sich noch viele andere Drucke der *Summulae* angeführt, und es ist zu erwähnen, dass dort auch Neapel, Mailand, Rouen, Antwerpen, Zwoll, Deventer, und selbst Krakau als Druckorte erscheinen. Doch habe ich mich überzeugt, dass ohne genaue Untersuchung des Inhaltes der einzelnen Drucke alle bloss bibliographischen Angaben nicht völlig verlässig sind. In einigen noch unten anzuführenden Drucken der verschiedenen Commentare fehlt der Text entweder gänzlich oder ist nur je durch die ersten Zeilen der Capitel angedeutet.

144) Einen Beleg dafür, dass einzelne Städte eine ihnen eigenthümliche Recension des Textes besassen, gibt der schon oben (Abschn. XV, Anm. 89) aus Psellus angeführte Beispielsatz. Denn während bei Uebersetzung dortiger Stelle nur in den Ausgaben A—L, U, V, 𝔛 die Namen der streitenden Städte „*Leodicenses, Tongerenses, Mechelinenses, Lovanienses*“ lauten, finden wir hingegen „*Parisienses, Rothomagenses, Turonenses, Pictavienses*“ in den Ausgaben X, 𝔇—𝔎, 𝔘—𝔚, und

Der einflussreiche Inhalt des Compendiums ist demnach folgender[145]). Von der Definition der Dialektik (vgl. Abschn. XV, Anm. 6) wird sogleich auf *sonus* und *vox* übergegangen[146]), wobei dann die Werkzeuge der *vox* (ebd. A. 7) in das Distichon

> *Instrumenta novem sunt: guttur, lingua, palatum,*
> *Quatuor et dentes et duo labra simul*[147])

oder in die zwei Hexameter

> *Instrumenta decem sunt: guttur, lingua, palatum,*
> *Quatuor et dentes, pariter duo labia, pulmo*[148])

gebracht werden. Nach den Angaben (ebd. A. 8 f.) über Nomen und Verbum[149]) sowie über die *Syncategoreumata*[150]) folgt die übliche Ein-

---

insoferne der ganze Betrieb dieser Logik wohl sicher von Paris ausgieng, dürften diese letzteren Drucke auf den ursprünglich ältesten Text zurückweisen; aber bereits wieder eine Variante hievon ist es, wenn in den Drucken 𝕹 u. 𝕾 sich „*Parisienses, Rothomagenses, Lixurienses, Quadomasenses*" findet; und ebenso variiren jene belgischen Ortsnamen, indem in den Ausgaben 𝕷—𝕼 dieselben „*Leodicenses, Lovanienses, Traiectenses, Leydenses*" und hinwiederum hiefür „*Leodicenses, Astorizenses, Cemotenses*" in den Drucken Y—𝕮, ja in W sogar „*Burgundiones, Francigenae, Leodicenses, Tungerenses*" steht; endlich die Drucke M—T haben „*Colonienses, Bonnenses, Clivenses, Gelrenses*". Vgl. folg. Abschn., Anm. 69.

145) Da bei Weitem die meisten der erwähnten Ausgaben entweder ganz unpaginirt oder mit den unbehülflichen lateinischen Ziffern paginirt sind, citire ich nach der Capitel-Eintheilung der Drucke A—E und füge zur allfallsigen Controlle in Klammern die Pagina des jüngsten, allerdings interpolirten, Druckes 𝕭 hinzu.

146) I, Prooem. (f. 2 A): *Dyalectica est ars artium, scientia scientiarum, ad omnium methodorum principia viam habens. Sola enim dyalectica probabiliter disputat de principiis omnium aliarum scientiarum* (dieser Satz fehlt in unserem Texte des Psellus; er ist wohl aus der gewöhnlichen boethianischen Tradition aufgenommen, s. Abschn. XII, Anm. 82). *Et ideo in acquisitione scientiarum dyalectica debet esse prior. Dicitur autem dyalectica a „dya", quod est duo, et „logos" sermo vel „lexis" ratio, quasi duorum sermo vel ratio, scilicet opponentis et respondentis in disputatione. Sed quia disputatio non potest haberi nisi mediante sermone nec sermo nisi mediante voce nec vox nisi mediante sono, omnis enim vox est sonus, ideo a sono tanquam a priori inchoandum est.*

147) I, 1, 1 (f. 4 B): *Sonus est quidquid proprie et per se ab auditu percipitur; dico autem proprie et per se, quia licet homo vel campana audiatur, hoc non est nisi per sonum eius. Sonorum alius vox alius non vox. Sonus vox idem est quod ipsa vox. Unde vox est sonus ab ore animalis prolatus naturalibus instrumentis formatus. Naturalia autem instrumenta, quibus vox formatur, sunt haec: guttur, lingua, palatum, quatuor dentes et duo labia* (𝕽𝕾𝕿 fügen hinzu: *pulmo et similia*); *unde* ..... (folgt obiges Distichon). *Sonus non vox est, qui generatur ex collisione duorum corporum inanimatorum, ut fragor arborum, strepitus pedum. Vocum alia significativa alia non significativa ...... Vocum significativarum alia ad placitum alia naturaliter ..... Vox significativa ad placitum est, quae ad voluntatem primi instituentis aliquid repraesentat, ut „homo". Vocum significativarum ad placitum alia complexa, ut oratio, alia incomplexa, ut nomen vel verbum.*

148) So nur in 𝕭, hingegen Y Z 𝕬 𝕮 haben:

> *Instrumenta novem* [sic] *sunt: guttur, lingua, palatum,*
> *Quatuor et dentes, pulmo, et duo labia simul.*

149) I, 1, 2 (f. 9 A).

150) Ebend. (f. 10 B): *Et sciendum, quod dialecticus* (𝕯 u. 𝕲—𝕼 geben hiefür stets „*logicus*") *solum ponit duas partes orationis, scilicet nomen et verbum, reliquas autem omnes appellat syncathegorematicas, i. e. consignificativas.*

theilung der Arten des Satzes (ebd. A. 10), wobei hier die Gebet-Form (*deprecativa*) neu hinzukömmt[151]).

Die Erörterung des logischen Urtheiles bietet zunächst (ebd. A. 11) die für alle Folgezeit entscheidende Dreigliederung in „Subject, Prädicat, Copula“ dar[152]) und entwickelt hierauf nach den drei Fragen „*Quae, qualis, quanta*“ die übliche Eintheilung der Urtheile (ebd. A. 12), wobei jener nemliche Memorial-Vers, welchen wir schon oben bei Lambert von Auxerre trafen, hinzugefügt wird[153]). Sodann folgen (vgl. ebd. A. 13) die Begriffsbestimmungen des Conträren, Contradictorischen, Subalternen, Subconträren[154]) und nach der Notiz über den dreifachen Stoff (*materia*) der Urtheile (— nemlich *naturalis, contingens, remota*, s. ebd. A. 14 —) die nöthigen Regeln (*leges*) über jene vier Verhältnisse[155]). Hierauf reiht

151) I, 1, 3 (f. 11 B): *Oratio est vox significativa ad placitum, cuius partes separatae aliquid significant ..... Orationum alia perfecta alia imperfecta ..... Orationum perfectarum alia indicativa, ut „homo currit“, alia imperativa, ut „Petre fac ignem“, alia optativa, ut „utinam bonus essem clericus“, alia coniunctiva, ut „cum veneris ad me, dabo tibi equum“, alia deprecativa, ut „miserere mei deus“* (nur 𝔑𝔖𝔗 lassen diese Satzart hinweg). *Harum autem orationum sola indicativa oratio dicitur esse propositio.*

152) I, 2, 1 (f. 14 A): *Propositio est oratio verum vel falsum significans indicando, ut „homo currit“. Propositionum alia categorica alia hypothetica. Propositio categorica est, quae habet subiectum, praedicatum et copulam tanquam principales partes sui, ut „homo currit“; in hac enim propositione „homo“ est subiectum et „currit“ praedicatum, et quod coniungit unum cum altero, dicitur esse copula, ut patet in resolvendo, ut „homo currit“ i. e. „homo est currens“; ibi hoc nomen „homo“ est subiectum et „currens“ praedicatum et hoc verbum „est“ dicitur esse copula, quia coniungit unum cum altero.*

153) I, 2, 2 (f. 15 A): *Propositionum categoricarum alia universalis alia particularis alia indefinita alia singularis. Propositio universalis est, in qua subiicitur terminus communis signo universali determinatus......; terminus communis est, qui aptus natus est praedicari de pluribus......; signa universalia sunt haec: omnis, nullus, nihil, quilibet, quicunque* (**A—T** und **Y**—𝕮 fügen noch *alter* oder *alteruter* bei), *neuter et similia.* (f. 16 A) *Propositio particularis est illa, in qua subiicitur terminus communis signo particulari determinatus......; signa particularia sunt haec: aliquis, quidam, alter* (fehlt in **A—W** und in 𝔑—𝔅), *reliquus, et similia. Propositio indefinita est illa, in qua subiicitur terminus communis nullo signo determinatus......* (f. 17 A) *Propositio singularis est illa, in qua subiicitur terminus singularis sive discretus, vel in qua subiicitur terminus communis cum pronomine demonstrativo primae speciei......; terminus singularis vel discretus* (**A—L**, **U—W**, 𝔑—𝔅 haben nur *singularis*, sowie **M—T** nur *discretus*) *est, qui aptus natus est praedicari de uno solo......* (f. 18 A) *Item propositionum categoricarum alia affirmativa alia negativa......* (f. 19 A) *Divisa propositione tripliciter sciendum est, quod triplex est quaesitivum, per quod quaerimus de ipsa propositione, scilicet: quae, qualis et quanta. „Quae“ quaerit de substantia propositionis, unde ad interrogationem factam per „quae“ respondendum est „categorica“ vel „hypothetica“. „Qualis“ quaerit de qualitate propositionis, unde ad interrogationem factam per „qualis“ respondendum est „affirmativa“ vel „negativa“. „Quanta“ quaerit de quantitate propositionis, unde ad interrogationem factam per „quanta“ respondendum est „universalis“ vel „particularis“ vel „indefinita“ vel „singularis“.* Hierauf obiger Vers, s. Anm. 108.

154) I, 2, 3 (f. 20 A): *Item propositionum categoricarum aliae participant utroque termino, ... aliae vero altero termino, ... aliae vero nullo termino......* (f. 21 A) *Item propositionum participantium utroque termino secundum eundem ordinem aliae sunt contrariae aliae subcontrariae aliae contradictoriae aliae subalternae.* Auch die übliche Figur (vgl. Abschn. XV, Anm. 13) fehlt nicht (f. 23 A).

155) Ebend. (f. 23 A): *Propositionum triplex est materia, scilicet naturalis,*

sich die Lehre von der dreifachen Umkehrung der Urtheile (*conversio simplex, per accidens, per contrapositionem;* vgl. ebend. Anm. 15) an, welche zuletzt in folgende Memorial-Verse zusammengefasst wird:

Feci simpliciter convertitur, Eva per accid,
Asto per contra, sic fit conversio tota.
Asserit A, negat E, sunt universaliter ambae;
Asserit I, negat O, sunt particulariter ambae [156]).

Dass die nun folgenden zwei Capitel bei Psellus (und somit auch bei Petrus Hispanus) in die umgekehrte Reihenfolge geriethen, wurde schon oben (ebd. Anm. 16) bemerkt [157]). Indem somit vorerst das hypothetische Urtheil an die Reihe kommt, werden die drei Arten desselben (*conditionalis, copulativa, disiunctiva,* s. ebd. A. 17) und die formalen Regeln über deren Wahrheit und Falschheit vorgeführt [158]). Die hierauf nachhinkende Lehre von der Aequipollenz des kategorischen Urtheiles enthält die vier schulmässigen Regeln (s. ebd. Anm. 18) und schliesst wie bei

---

contingens et remota. Naturalis est, in qua praedicatum est de esse subiecti vel proprium eius, ut homo est animal, homo est risibilis. Contingens est, in qua praedicatum potest adesse vel abesse subiecto praeter eius corruptionem, ut homo est albus, homo non est albus. Remota est, in qua praedicatum nullo modo potest convenire cum subiecto (𝔑 𝔖 𝔗 fügen hinzu *respectu huius verbi „sum"*), *ut homo est asinus, leo est vacca. Lex et natura contrariarum talis est* u. s. w.

156) I, 2, 4 (f. 27 B): *Item propositionum participantium utroque termino ordine e converso triplex est conversio .....* (f. 28 B) *Conversio simplex est, quando* u. s. f. .... *et hoc modo convertitur universalis negativa in se et particularis affirmativa in se ......* (f. 29 B) *Conversio per accidens est, quando* u. s. f. .... *et hoc modo convertitur universalis affirmativa in particularem affirmativam et universalis negativa in particularem negativam ......* (f. 30 B) *Conversio per contrapositionem est, quando* u. s. f. .... *et hoc modo convertitur universalis affirmativa in se et particularis negativa in se.* Hiernach erklären sich auch die Memorialworte in obigen Versen, denn da die *conversio per accidens* sogar auch auf das allgemein verneinende Urtheil und ebenso die *conversio per contrapositionem* auch auf das allgemein bejahende ausgedehnt ist (vgl. Abschn. XII, Anm. 129 f.), so sind in den drei Worten „*feci*", „*Eva*", „*Asto*" stets die beiden Vocale in ihrer mnemonischen Bedeutung zu nehmen. Einen anderen Vers, welcher sicher späteren Ursprunges, aber in den Drucken A—W, Y—𝔈 den obigen beigefügt ist, s. unten bei den übrigen Interpolationen (Abschn. XX).

157) Auch unter sämmtlichen Commentatoren des Petrus Hisp. hat nur der einzige Johannes Major das Richtige bemerkt, und somit ist nur in dem Drucke 𝔛 die Aequipollenz vor dem hypothetischen Urtheile eingereiht. Dass Raimundus Lullus trotz seinem Anschlusse an das byzantinische Material die richtige Reihenfolge herstellte, s. folg. Abschn., Anm. 46.

158) I, 3, 1 (f. 32 A): *Propositio hypothetica est, quae habet duas propositiones categoricas coniunctas tanquam principales partes sui. ...... Propositionum hypotheticarum tres sunt species ...... Conditionalis est, in qua coniunguntur duae propositiones categoricae mediante hac coniunctione „si". ...... Copulativa est illa, in qua coniunguntur duae propositiones categoricae mediante coniunctione „et". ..... Disiunctiva est illa, in qua coniunguntur duae propositiones categoricae per hanc coniunctionem „vel". ...... Ad veritatem conditionalis requiritur, quod antecedens non potest esse verum sine consequente ......; ad falsitatem conditionalis sufficit, quod antecedens potest esse verum sine consequente. ...... Ad veritatem copulativae requiritur, utramque partem esse veram ......; ad falsitatem eius sufficit, alteram partem esse falsam. ...... Ad veritatem disiunctivae requiritur, unam partem esse veram .. ...; ad falsitatem eius requiritur, utramque partem esse falsam.* In den Drucken M—T, Y—𝔛 sind die letzteren drei Regeln sofort je an die einzelnen drei Definitionen geknüpft; in 𝔘 u. 𝔅 ist das disjunctive Urtheil ausgefallen. Eine spätere Erweiterung s. unten Anm. 583.

Wilhelm Shyreswood (obige Anm. 40) und bei Lambert v. Auxerre (ob. Anm. 112) mit Memorial-Versen, von welchen der fünfte hier sich gleichbleibt, die ersten vier hingegen lauten:

Non omnis, Quidam non. Omnis non quasi Nullus.
Non nullus, Quidam; sed Nullus non valet Omnis.
Non aliquis, Nullus. Non quidam non valet Omnis.
Non alter, Neuter. Neuter non praestat Uterque [159]).

Die Lehre von der Modalität der Urtheile (— *modus* —, vgl. Abschn. XV, Anm. 19) hebt unter den Adverbien, welche gleichsam als Adjectiva des Verbums gelten sollen, zunächst folgende sechs als logisch wichtig hervor: *necessario, contingenter, possibiliter, impossibiliter, vero, falso* [160]), scheidet aber (vgl. ebd. Anm. 20) nach einer grammatischen Bemerkung und nach Feststellung des Grundsatzes, dass im modalen Urtheile (*propositio modalis*) das Verbum das Subject und der Modus das Prädicat sei, sofort wieder die beiden Adverbien *vero* und *falso* als gleichgültig aus [161]). Die vier übrigbleibenden Formen werden nun (ebd. Anm. 21) je nach Vorhandensein oder Stellung der Negation, wobei sich sechzehn Urtheile ergeben [162]), bezüglich der Verhältnisse des Conträren, Contradictorischen, Subconträren, Subalternen (ebd. Anm. 22) näher besprochen [163]), und diess Letztere wird in einer Figur (ebd. Anm. 23

---

159) I, 3, 2 (f. 36 A): *Sequitur de aequipollentiis, de quibus tales dantur regulae. Prima regula est, quod si alicui signo universali vel particulari praeponatur negatio, aequipollet suo contradictorio...... Secunda regula talis est, quod si alicui signo universali postponatur negatio, aequipollet suo contrario...... Tertia regula est, quod si alicui signo universali vel particulari praeponatur et postponatur negatio, aequipollet suo subalterno........ Ex istis tribus regulis sequitur quarta regula, quae talis est: quando duo signa universalia negativa ponantur in eadem locutione ita, quod unum in subiecto et aliud in praedicato ponatur, tunc primum aequipollet suo contrario per secundam regulam et secundum suo contradictorio per primam regulam.* Hierauf folgen obige Verse, deren erste vier nur in **UVW** fehlen; jener fünfte (oben Anm. 40) ist in **X**, **𝔇—𝔔**, **𝔘—𝔛** den übrigen vieren vorangestellt.

160) I, 4, 1 (f. 38 A): *Modus est adiacens rei determinatio et habet fieri per adiectivum. Sed duplex est adiectivum; est enim adiectivum quoddam nominis, ut albus, niger; et quoddam est adiectivum verbi, ut adverbium, quia secundum Priscianum* (s. Abschn. XV, Anm. 19) *adverbium est verbi adiectivum. Et ideo duplex est modus...... Item adverbiorum quaedam determinant verbum ratione compositionis, ut haec sex: necessario, contingenter, possibiliter, impossibiliter, vero et falso; alia determinant verbum ratione rei verbi....... Sed omissis omnibus aliis solum de his, quae compositionem determinant, est dicendum.*

161) Ebd. (f. 39 A): *Et sciendum, quod isti sex modi quandoque sumuntur nominaliter, ut possibile, impossibile..... et quandoque sumuntur adverbialiter, ut possibiliter, impossibiliter......* I, 4, 2 (f. 40 A): *Propositio modalis est, quae modificatur aliquo istorum sex modorum...... Et sciendum, quod in propositionibus modalibus verbum debet subiici, modus autem praedicari. Omnes aliae propositiones dicuntur de inesse..... Illae autem propositiones, quae modificantur his duobus modis, vero et falso, relinquuntur, quia eodem modo sumitur oppositio et aequipollentia in eis sicut in illis de inesse.*

162) I, 4, 3 (fol. 41 B): *Et sciendum, quod unusquisque istorum quatuor modorum facit quatuor propositiones modales.....et sic sunt sedecim propositiones..... Si sumatur sine negatione, facit primam..... Si sumatur cum negatione posita ad verbum, facit secundam..... Si sumatur cum negatione posita ad modum, facit tertiam..... Si sumatur cum duplici negatione, una posita ad modum et alia posita ad verbum, facit quartam.*

163) Ebd. (f. 42 B): *Harum autem propositionum aequipollentiae sive consequentiae quatuor regulis cognoscuntur:*

u. 25) veranschaulicht, welche zu den Kunstworten *Purpurea, Iliace, Amabimus, Edentuli* führt[164]). Sodann noch folgt (mit Hinweglassung

---

Prima regula est talis: Cuicunque dicto affirmato attribuitur possibile, eidem attribuitur contingens et ab eodem removetur impossibile, et ab eius contradictorio opposito removetur necesse.

Secunda regula: Cuicunque dicto negato attribuitur possibile, eidem attribuitur contingens, et ab eodem removetur impossibile, et ab eius contradictorio opposito removetur necesse.

Tertia regula: A quocunque dicto affirmato removetur possibile, ab eodem removetur contingens; eidem attribuitur impossibile et eius contradictorio opposito attribuitur necesse.

Quarta regula: A quocunque dicto negato removetur possibile, ab eodem removetur contingens; eidem attribuitur impossibile et eius contradictorio opposito attribuitur necesse.

Die Drucke 𝔈, 𝔉, 𝔏—𝔔, 𝔛 setzen die aus der Figur (s. folg. Anm.) zu entnehmenden vier Worte *Amabimus, Edentuli, Iliace, Purpurea* je vor die vier Regeln.

164) Ebend. (f. 42 B):

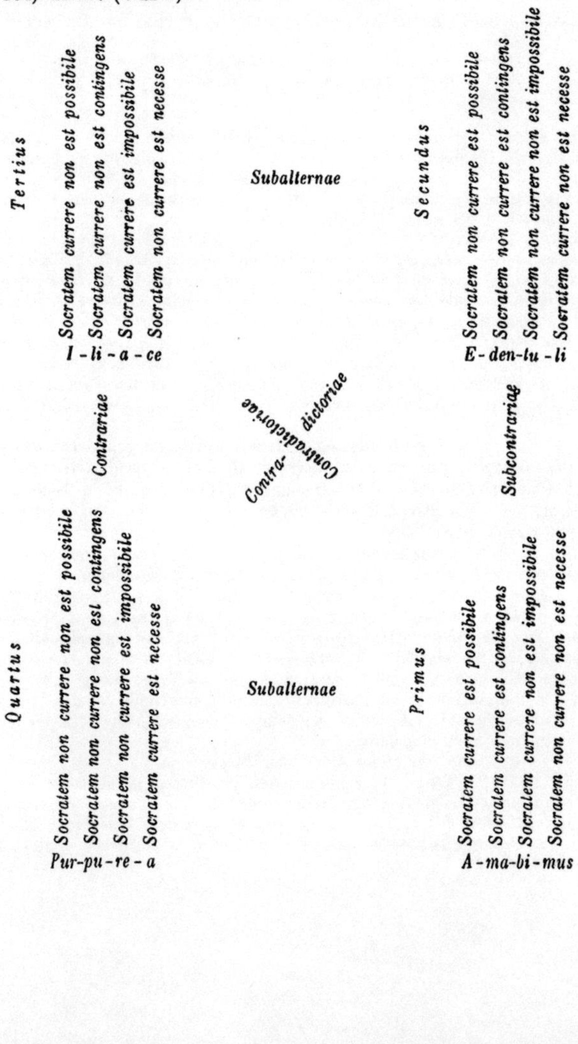

des *contingens*, vgl. ebd. Anm. 24) die Aequipollenz der modalen Urtheile[165]), worauf die Modalität recapitulirend mit jenen nemlichen Versen wie bei Wilhelm Shyreswood (obige Anm. 44) und bei Lambert (ob. Anm. 113) geschlossen wird[166]).

Aus dem Inhalte der Isagoge, welcher ja auch bei Psellus (Abschn. XV, Anm. 26 ff.) nur der gewöhnlich traditionelle ist, mag hervorgehoben werden, dass zwischen *praedicabile* (— so heissen nemlich die *quinque voces* —) und *universale* nur insoferne unterschieden wird, als ersteres im Sprachausdrucke und letzteres in der Objectivität liege[167]). Bei Besprechung der einzelnen fünf Worte ist die Figur der *arbor Porphyriana* zwischen *species* und *differentia* eingereiht[168]).

Als Einleitung zu den Kategorien dienen jene zusammenhangslosen Erörterungen (vgl. ebend. Anm. 29 ff.) über die sog. Anteprädicamente, d. h. zuerst über die Begriffe *univocum*, *aequivocum*, *denominativum*[169]), hierauf über die als höchst wichtig geltenden neun (beziehungsweise acht) Arten des *inesse*, welche darum in die Verse

Insunt: pars, totum, species, genus, et calor igni,
Rex in regno, res in fine, locoque locatum

Uebrigens ist diese Figur nicht stets an dieser Stelle eingereiht. In 𝔋—𝔎, 𝔑—𝔗 steht sie nach dem Inhalte der folg. Anm. 165, in **U—X** ganz am Schlusse (nach Anm. 166), in 𝔄 ist ihr noch jene Figur, welche wir bei Wilhelm Shyreswood (ob. Anm. 45) trafen, vorausgeschickt, in **M—T** ist sie bloss in den Commentar verflochten, endlich in 𝔇 u. 𝔊 fehlt sie gänzlich.

165) Ebend.: *Omnes autem illae propositiones, quae sunt in prima linea, aequipollent et convertuntur inter se per primam regulam; quae in secunda, per secundum; quae in tertia, per tertiam; quae in quarta, per quartam.* (f. 43 B) *Item aequipollentiae propositionum modalium possunt poni per has regulas. Omnes propositiones de possibili et impossibili aequipollent verbo similiter se habente et modo dissimiliter; ..... omnes propositiones de possibili et de necesse aequipollent verbo et modo dissimiliter se habentibus; ...... omnes propositiones de impossibili et necesse aequipollent verbo dissimiliter se habente et modo similiter...... Et sciendum, quod praedicta regula non facit mentionem de contingenti, eo quod contingens convertitur cum possibili.*

166) I, 4, 4 (f. 45 A): *Propositionum modalium aliae sunt contrariae aliae subcontrariae aliae contradictoriae aliae subalternae.* Hierauf folgen die Memorialverse, welche nach Obigem (Anm. 44) in Anbetracht der vorstehenden Figur keine nähere Erklärung bedürfen. Manigfache Erweiterungen der Lehre von den modalen Urtheilen s. unten Anm. 585 ff.

167) II, 1 (f. 46 B): *Praedicabile quandoque sumitur proprie et sic dicitur praedicabile, quod de pluribus praedicatur; quandoque sumitur communiter et sic dicitur praedicabile, quod de uno solo praedicatur sive de pluribus. Unde praedicabile proprie sumptum idem est quod universale; sed differunt in hoc, quod praedicabile diffinitur per dici de, universale vero per esse in. Est enim praedicabile, quod aptum natum est dici de pluribus; universale autem, quod aptum natum est esse in multis.* Es versteht sich von selbst, dass diese plumpe Verquickung des Aristotelismus und des Platonismus beim Universalien-Streite eine Rolle spielte.

168) In der Mehrzahl der Ausgaben, nemlich in **A—X**, 𝔈, 𝔉, 𝔏—𝔗, 𝔛, ist die Figur durch den Vers eingeleitet:

Ista tibi plana facit arbor Porphyriana.

169) III, 1, 1 (f. 68 B): *Ad cognoscendum praedicamenta quaedam sunt necessaria praemittenda, sine quorum cognitione nequaquam potest haberi cognitio praedicamentorum. Et ideo distinguimus cum Aristotele triplicem modum praedicandi. Eorum quae praedicantur, quaedam sunt univoca, quaedam aequivoca, quaedam denominativa* u. s. w.

gebracht wurden [170]), sodann die Erklärung des *de subiecto* (mit einseitiger Betonung der blossen Quantität) und *in subiecto* [171]), und zuletzt die sog. *regula de quocunque* [172]). Von den Kategorien selbst (vgl. ebend. Anm. 33 ff.) werden nur Substanz, Quantität, Relation, Qualität ausführlich, Thun und Leiden aber sehr kurz erörtert, die vier übrigen fehlen ursprünglich [173]). Den Schluss bilden die sogenannten Postprädicamente (vgl. ebd. Anm. 36 ff.) d. h. die Lehre von den vier Arten der Gegensätze [174]), dann die verschiedenen Bedeutungen des Wortes *prius* [175]), des Wortes *simul* [176]), die sechs Arten

---

170) III, 1, 2 (f. 73 A): *Eorum quae dicuntur, quaedam dicuntur cum complexione ..... quaedam sine complexione. Sed priusquam alterum membrum huius divisionis subdividatur, distinguendi sunt octo* (dass es aber doch eigentlich neun sind, zeigt sich sogleich; übrigens ist *octo* in M—T, X—C, H—B weggelassen) *modi „essendi in", qui necessarii sunt ad sequentem divisionem cognoscendam et ad ea quae postea dicuntur.* Nun folgen die neun Arten: *primus.....ut pars integralis in toto; secundus.... ut totum integrale in suis partibus; tertius .... ut species in genere; quartus....ut genus in specie* (diese letzteren beiden hatten bei Psellus gefehlt, s. Abschn. XV, Anm. 30); *quintus ..... ut forma in materia*, wobei es aber heisst: *et iste quidem modus subdividitur, quia quaedam est forma substantialis, ...quaedam est forma accidentalis, ... et prima harum dicitur proprie inesse sicut forma in materia, ...altera dicitur esse in alio sicut accidens in subiecto* (somit ist die sechste Art, nemlich *accidens in subiecto*, hier nur als Unterart der fünften betrachtet); *sextus.... in sua causa efficiente* (ist in M—T ausgefallen); *septimus.... in suo fine; octavus .... in suo continente.* In dem hierauf folgenden Verse sind allerdings, wie man sieht, nur die acht Hauptarten untergebracht. (Uebrigens fehlt in W diese ganze Erörterung des *inesse*).

171) Ebend. (f. 75 A): *Eorum quae sunt, quaedam dicuntur de subiecto, in subiecto vero nullo sunt...... Dici de subiecto, prout hic sumitur, est superius dici de inferiore, ... et esse in subiecto sumitur hic, secundum quod accidens est in subiecto...... Alia vero neque de subiecto dicuntur neque in subiecto sunt.... Alia dicuntur de subiecto et in subiecto sunt ..... Alia vero in subiecto sunt et de subiecto nullo dicuntur.* Die versinnlichende Figur (vgl. Abschn. XV, Anm. 31) hiezu nahmen erst die Späteren in ihre Commentare zum Petrus Hispanus auf.

172) III, 1, 3 (f. 77 A): *Quando alterum de altero praedicatur ut de subiecto, quaecunque de eo, quod praedicatur, dicuntur, omnia de subiecto dicuntur...... Diversorum generum et non subalternatim positorum diversae sunt species et differentiae.* Psellus hatte drei Regeln gegeben (s. ebd. Anm. 32); die dritte fehlt hier.

173) III, 2, 1—10 (f. 78 A—109 A). Betreffs der Ergänzung der letzten sechs oder vier Kategorien s. oben Anm. 116 u. unten Anm. 308.

174) III, 3, 1 (f. 109 A): *Dicitur autem alterum alteri opponi quadrupliciter. Oppositorum enim quaedam sunt relativa, ... quaedam sunt privativa, ... alia sunt contraria, ... alia sunt contradictoria.* Betreffs aber der näheren Erörterung fällt der relative Gegensatz weg, indem auf die Kategorie der Relation verwiesen wird (*Quae autem sint relative opposita, dictum est prius in capitulo de relatione*). Der contradictorische Gegensatz ist in Z—C etwas ausführlicher besprochen, hingegen in X Y, D—K, X ganz ausgefallen.

175) III, 3, 2 (f. 112 A): *Prius dicitur quadrupliciter: .... secundum tempus ...... a quo non convertitur subsistendi consequentia, ut unum est prius duobus..... secundum ordinem ..... quod melius est ..... Praeter hos quatuor modos iam dictos est unus alter modus prioritatis; eorum enim, quae convertuntur secundum essendi consequentiam, ... illud, quod est causa alterius, est prius natura.*

176) III, 3, 3 (f. 113 B): *Simul dicitur tribus modis: ....quorum generatio est eodem tempore ...... quae convertuntur et neutrum est causa alterius, sicut quaelibet relativa ...... quae aequaliter condividunt genus.*

des *motus* [177]), und endlich nachhinkend die Bedeutungen des Wortes *habere* [178]).

Die hierauf folgende Syllogistik enthält einleitungsweise zunächst (vgl. ebd. Anm. 42 ff.) die Definitionen der *propositio*, des *terminus*, des *dictum de omni* und *dictum de nullo* [179]), sowie jene des *syllogismus*, wobei wir den auch im weiteren Verlaufe durchgeführten Gebrauch des Wortes *praemissa* bemerken mögen, und hierauf die Erörterung der drei Termini [180]), sodann in die Definitionen der *figura* und des *modus* verflochten die Angabe der drei Figuren nebst den zu ihrer Charakterisirung dienenden Versen

Prima prius subiicit medium, post praedicat ipsum,
Altera bis dicit, tertia bis subiicit ipsum [181]),

und ausserdem die bekannten auf sämmtliche Schlussweisen sich erstreckenden Regeln (s. Abschn. XV, Anm. 44), welche hier ebenfalls in kürzerer metrischer Form am Schlusse wiederholt werden, nemlich in den Versen

Partibus ex puris sequitur nil sive negatis;
Si qua praeit partis, sequitur conclusio partis;
Si qua negata praeit, conclusio sitque negata;
Lex generalis erit: medium concludere nescit [182]).

Sodann folgt noch die Angabe, was *directe* und was *indirecte* schliessen heisse [183]), und zudem jene Regeln, welche für die drei einzelnen Figuren die Bedingung der Schlussfähigkeit enthalten [184]). Hierauf aber werden die sämmtlichen neunzehn Schlussmodi nebst Beispielen vorgeführt (wobei demnach, — s. ebend. Anm. 45 —, die fünf theophrastischen Modi zur

---

177) III, 3, 4 (f. 114 B): *Motus sex sunt species, scilicet generatio, corruptio, augmentatio, diminutio, et secundum locum mutatio* u. s. w.

178) III, 3, 5 (f. 115 B): *Habere dicitur multis modis: ..... habere aliquam qualitatem ..... habere quantitatem et magnitudinem ..... habere quae circa corpus sunt adiacentia, ut vestimentum ..... habere membrum ...... habere sicut continens contentum ..... habere possessionem ..... habere uxorem ..... forte et alii modi apparebunt in eo quod haberi, sed qui consueverunt dici, paene omnes enumerati sunt.*

179) IV, 1 (f. 117 A).

180) IV, 2 (f. 119 A). Dass aber „*praemissa*" auch schon bei Wilhelm Shyreswood und Lambert v. Auxerre vorkömmt und auf Uebersetzungen arabischer Producte zurückweist, s. oben Anm. 52 u. 120.

181) IV, 3 (f. 121 A). Die Drucke **U—W**, 𝔏—𝔔, 𝔛 machen den zweiten Vers durch Weglassung des *ipsum* zu einem Pentameter. Aber **M—T** fügen als dritten noch jenen hinzu, welchen wir schon bei Wilhelm Shyreswood trafen (Anm. 51); ja **X**, 𝔇, 𝔊—𝔎, 𝔑, 𝔖, 𝔘—𝔚 geben ausschliesslich nur diesen letzteren mit Weglassung der beiden anderen.

182) Ebend. (f. 122 A). Uebrigens fehlen diese Verse in den so eben erwähnten Ausgaben **X**, 𝔇, 𝔊—𝔎, 𝔑, 𝔖, 𝔘—𝔚.

183) IV, 4 (f. 123 B): *Directe quidem concludere est maiorem extremitatem praedicare de minore in conclusione; indirecte concludere est minorem extremitatem praedicare de maiore in conclusione.*

184) Ebd.: *Nota duas regulas, quarum prima tantum convenit primae figurae quoad quatuor primos modos et tertiae* (in **M—T**, **X**—𝔇, 𝔊—𝔎, 𝔚 steht falsch *secundae*) *quoad omnes; secunda etiam convenit tantum primae figurae quoad quatuor primos modos et secundae* (ebendaselbst steht ebenso *tertiae*) *figurae quoad omnes. Prima regula est: minore existente negativa nihil sequitur. Secunda regula est: maiore existente particulari nihil sequitur.*

ersten Figur gehören, die dritte Figur aber nur sechs Schlussweisen enthält); jene Kunstworte *Barbara, Celarent* u. s. f., welche uns schon bei Wilhelm Shyreswood und Lambert von Auxerre (Anm. 52 u. 120) begegneten, sind schon vorläufig in den Text je vor den betreffenden einzelnen Modi eingereiht[185]). Sogleich aber dann folgen nach den üblichen Bemerkungen (Abschn. XV, Anm. 53) über die syllogistische Tragweite der drei Figuren[186]) eben jene nemlichen Verse (ob. Anm. 52) nebst ausführlicher Erklärung ihrer ganzen Nomenclatur[187]), welch letzterer noch mnemonisch nachgeholfen wird durch die Verse

Simpliciter verti vult S, P vero per acci,
M vult transponi, C per impossibile duci;
Servat maiorem variatque secunda minorem,
Tertia maiorem variat servatque minorem[188]).

Endlich reihen sich noch Bemerkungen über die nicht schlussfähigen Combinationen von Urtheilen und beziehungsweise über *inventio terminorum* an[189]). Was aber bei Psellus über die modalen sowie über die hypo-

---

185) IV, 4—6. Die einzelnen Schlussweisen selbst s. im byzantinischen Originale Abschn. XV, Anm. 47 ff. Die Drucke A—W, X fügen am Schlusse der ersten Figur die zwei ersten der unten (Anm. 188) folgenden Verse ein, und N S die zwei letzten derselben am Schlusse der zweiten Figur.

186) IV, 7 (f. 136 A): *Prima figura concludit omnia genera propositionum, scilicet universalem, particularem, affirmativam et negativam. Secunda figura concludit particularem negativam et universalem negativam. Tertia concludit particularem affirmativam et negativam.*

187) Ebend.: *In his quatuor versibus praedictis sunt novem decem dictiones novem decem modis deservientes ita, quod per primam dictionem intelligitur primus modus primae figurae* u. s. w. *Unde primi duo versus deserviunt omnibus modis primae figurae, tertius vero versus praeter ultimam eius dictionem deservit modis secundae figurae, ... ultima vero dictio tertii versus cum aliis dictionibus quarti versus deservit modis tertiae figurae. Sciendum, quod per has vocales, scilicet A E I O, intelliguntur quatuor genera propositionum,* u. s. w. .... *Et in qualibet dictione sunt tres syllabae, et aliud residuum est superfluum, nisi M, ut postea patebit. Et per primam illarum syllabarum intelligitur maior propositio,* u. s. w. ..... *Et sciendum, quod quatuor dictiones primi versus incipiunt ab his consonantibus B C D F, et omnes aliae dictiones sequentes, et per hoc intelligendum est, quod omnes, quae incipiunt per dictionem inchoatam a B, debent reduci ad primum modum primae figurae, et omnes, quae incipiunt per dictionem inchoatam a C, ad secundum, et per D ad tertium, et per F ad quartum. Item ubicunque ponitur S, in illa dictione significat, quod propositio intellecta per vocalem immediate praecedentem debet converti simpliciter; et propositio intellecta per vocalem immediate praecedentem istam litteram P debet converti per accidens: et ubicunque ponitur M, debet fieri transpositio in praemissis; ..... et ubicunque ponitur C, significatur, quod modus intellectus per istam dictionem, in qua ponitur, debet reduci per impossibile.* Diese ganze Erörterung ist in L—Q, wo sie schon am Anfange der ersten Figur steht, sehr abgekürzt; in X aber fehlt dieses ganze Capitel.

188) In N S fehlen hier die letzten zwei Verse (s. Anm. 185); hingegen Y—C fügen noch die zwei letzten der oben, Anm. 156, angeführten Verse hinzu.

189) IV, 8 (f. 136 B): *Sed quia Aristoteles in Prioribus* (*An. pr.* I, 28, s. Abschn. IV, Anm. 591) *ostendit, coniugationes, in quibus non sequitur conclusio ex praemissis, esse inutiles, per inventionem terminorum, in quibus non tenet huiusmodi coniugatio, ideo utilis est inventio talium terminorum. Ubicunque fiat inutilis coniugatio ...., accipiendi sunt duo termini, scilicet duae species, cum suo genere ...., vel duo termini, quorum alter de altero praedicatur sive convertibiliter sive non cum extraneo utriusque, ... vel accipiendi sunt duo termini, quorum alter de altero*

thetischen Syllogismen gesagt war (s. Abschn. XV, Anm. 54 f.), ist hier hinweggelassen [190]).

Die nun folgende Topik beginnt unter Weglassung der Einleitung über *inventio propositionum* [191]), sogleich mit den verschiedenen Bedeutungen des Wortes *ratio* [192]), um hierauf *argumentum, argumentatio, inductio, enthymema, exemplum* zu erklären [193]) und von da auf den *locus dialecticus* und dessen Eintheilung überzugehen [194]). Die einzelnen Topen sind, wie sich von selbst versteht, in der oben (Abschn. XV, Anm. 60 ff.) angeführten Reihenfolge behandelt [195]).

Es schliesst sich hierauf die Sophistik an, welche sicher gleichfalls aus dem für uns verlorenen byzantinischen Originale übertragen ist [196]), mag in letzterem der Inhalt der *Soph. Elenchi* an dieser oder an einer anderen Stelle gestanden haben (s. Abschn. XV, Anm. 65 u. bes. Anm. 91). Auch muss dieser Abschnitt, wie Anderes bei Psellus, als eine schulmässig commentirende Paraphrase des aristotelischen Buches bezeichnet werden, von welchem jedoch nur die erste Hälfte benützt worden zu sein scheint; wenigstens enthält das Ganze auch hier ebenso, wie bei Wilhelm Shyreswood (Anm. 65) und Lambert von Auxerre (Anm. 124), nur die ersten fünfzehn Capitel der aristotelischen *Soph. Elenchi* [197]).

Nun aber folgt jene ausgedehnte und einflussreiche Erörterung ***De terminorum proprietatibus***, durch welche (hauptsächlich vermöge der Auctorität des Petrus Hispanus) den nächsten Jahrhunderten eine er-

---

praedicatur sive convertibiliter sive non cum superiore ad utrumque...... Per hanc enim regulam, cuicunque generi applicetur, sive substantiae sive quantitati sive alicui aliorum, inveniuntur termini, per quos inutilis coniugatio demonstrabitur non tenere. Uebrigens ist in **X** auch dieses ganze Capitel (vgl. vorige Anm. 187) weggelassen.

190) Hingegen eine anderweitige Interpolation, nemlich bezüglich der *potestas syllogismorum*, s. Abschn. XX.

191) Vgl. Abschn. XV, Anm. 57.

192) V, 1 (f. 138 B): *Ratio dicitur multis modis. Primo modo idem est quod definitio vel descriptio..... Secundo modo est quaedam virtus animae. Tertio modo idem est quod oratio ostendens aliquid..... Alio modo idem est quod forma materiae.... Alio modo idem est quod essentia communis praedicabilis de pluribus..... Alio modo idem est quod medium inferens conclusionem.* (Vgl. ebend. Anm. 58.)

193) V, 2 (f. 139 B). Aber namentlich die Lehre vom *enthymema* ist aus Aristoteles beträchtlich ergänzt.

194) V, 3 (f. 144 A).

195) V, 4—7.

196) Ein schlagender Beweis hiefür ist z. B., dass Alexander Aphrodisiensis citirt wird (VI, 2, f. 179 A: *Sciendum autem, ut vult Alexander in commento super librum elenchorum* u. s. w.).

197) Mehr nur um der Terminologie willen mögen die Haupt-Momente des Inhaltes hiemit genannt werden. Zuerst (VI, 1) die vier Arten der *disputatio*, nemlich *doctrinalis, dialectica, tentativa, sophistica*, und die fünf Ziele (*metae*) der Sophistik: *redargutio, falsum, inopinabile, soloecismus, nugatio.* Dann (VI, 2) die Eintheilung der *fallacia*, und somit hierauf *fallaciae in dictione*, nemlich (VI, 3, 1) *aequivocatio*; (VI, 3, 2) *amphibologia*; (VI, 3, 3) *fallacia compositionis*; (VI, 3, 4) *divisionis*; (VI, 3, 5) *accentus*; (VI, 3, 6) *figurae dictionis*; sodann *extra dictionem*, nemlich (VI, 4, 1) *accidentis*; (VI, 4, 2) *secundum quid ad simpliciter*; (VI, 4, 3) *ignorantia elenchi*; (VI, 4, 4) *petitio principii*; (VI, 4, 5) *consequentis* mit seinen Unterarten *ab insufficiente inductione* und *a communiter accidentibus*; (VI, 4, 6) *secundum non causam ut causam*; (VI, 4, 7) *plurium interrogationum*; zuletzt (VI, 5) die Reduction der Trugschlüsse auf *ignorantia elenchi.*

kleckliche Masse byzantinischen Unsinnes zugeführt wurde[198]). Es handelt sich vorerst um den Begriff der *significatio*[199]), deren Gliederung auf den Unterschied zwischen *substantivatio* und *adiectivatio*[200]), und hiemit auf *suppositio* („Annahme eines substantivischen Begriffes statt eines anderen") und auf *copulatio* führt[201]).

Die *suppositio* nun wird eingetheilt in *communis* und *discreta*, deren erstere in *naturalis* und *accidentalis* zerfällt[202]); die verwickelte Eintheilung der *accidentalis* in *simplex* und *personalis*[203]) setzt sich in der Unterabtheilung der letzteren, nemlich der *personalis*, in *determinata* und *confusa* fort[204]). Die abermalige Unterscheidung der *confusa*, je

---

198) Ich kann, wie schon gesagt, bei jener ersten Hälfte, welche uns auch bei Psellus erhalten ist, nicht die ganze bereits oben (Abschn. XV, Anm. 66—80) gegebene Entwicklung hier wiederholen, sondern beschränke mich auf eine kurze Inhaltsangabe und theile auch in den Anmerkungen nur hervorragende Stellen des lateinischen Textes mit (denn zum Beweise, dass Petrus Hispanus nur wörtlich übersetzte, wird diess genügen; der speciellere Inhalt der Doctrin selbst aber ist aus dem in Abschn. XV Gesagten hinreichend ersichtlich). Anders muss ich allerdings in der zweiten Hälfte verfahren.

199) VII, 1, 1, 1 (f. 207 A): *Eorum quae dicuntur, quaedam dicuntur cum complexione, ... quaedam sine complexione ..... Terminus, ut hic sumitur, est vox significans universale vel particulare, ut homo vel Socrates et sic de aliis* (dieser ganze Satz fehlt bei Psellus). *Terminorum autem incomplexorum unusquisque aut substantiam significat* u. s. w. *Significatio, ut ibi sumitur, est rei per vocem secundum placitum repraesentatio* (vgl. Abschn. XV, Anm. 66).

200) Ebend. (f. 208 A): *Et significare aliquid adiective vel substantive sunt modi vocum, quia adiectivatio et substantivatio sunt compotes modi et differentiae rerum, quae significantur, et non significationis* (so richtig nur 𝕮 𝕱, die übrigen Drucke haben bald *significationes*, bald *significant*, bald sogar *significantur*). *Nomina vero substantiva dicuntur supponere, sed nomina adiectiva et verba dicuntur copulare* (vgl. ebd. Anm. 67).

201) VII, 1, 1, 2 (f. 209 A): *Suppositio est acceptio termini substantivi pro aliquo..... Significatio prior est suppositione, et differunt in hoc, quia significatio est vocis, suppositio vero est termini iam compositi ex voce et significatione..... Item significatio est signi ad signatum, suppositio vero est supponentis ad suppositum, ergo suppositio non est significatio. Copulatio est acceptio termini adiectivi pro aliquo* (ebd. Anm. 68).

202) VII, 1, 1, 3 (f. 210 A): *Suppositionum alia communis alia discreta. ..... Item suppositionum communium alia naturalis alia accidentalis. Suppositio naturalis est acceptio termini communis pro omnibus his, pro quibus aptus natus est participari, ut iste terminus „homo" per se sumptus* (zu diesem *per se* bildet sonach die unten folgende *suppositio relativorum* den entsprechenden Gegensatz; s. unten Anm. 212 ff.)..... *Accidentalis suppositio est acceptio termini communis pro omnibus, pro quibus exigit suum adiunctum* (vgl. Abschn. XV, Anm. 69).

203) Ebend. (f. 211 A): *Accidentalium suppositionum alia simplex alia personalis. Suppositio accidentalis simplex est acceptio termini communis pro re universali significata per ipsum terminum...... Item suppositionum simplicium alia est termini communis in subiecto positi, ... alia positi in praedicato propositionis universalis affirmativae, ut „omnis homo est animal"..... alia positi post dictionem exceptivam; .....in omnibus istis* (d. h. bei dieser dritten Art) *et similibus fit processus a suppositione simplici ad suppositionem personalem. Quod autem terminus in praedicato positus simplicem habet suppositionem, patet, quia* u. s. w. (vgl. ebend. Anm. 70).

204) Ebend. (f. 211 B): *Personalis suppositio est acceptio termini communis pro suis inferioribus..... Item personalium suppositionum alia est determinata alia confusa. Determinata suppositio est acceptio termini communis indefinite sumpti vel cum signo particulari* (vgl. ebd. Anm. 71).

nachdem sie das Subject oder einen der beiden anderen Bestandtheile des Urtheiles (Copula oder Prädicat) betrifft [205]), führt vorläufig zu der Angabe, dass im ersteren Falle entweder *mobiliter* oder *distributive*, im letzteren Falle aber *immobiliter* supponirt werde, welch letzteres jedoch seine Bedenken habe [206]), deren Lösung hinwiederum dahin lautet, dass ein allgemeiner Prädicatsbegriff überhaupt keiner *confusa suppositio* unterliege [207]), — eine Lösung, welche nun noch darauf gestützt wird, dass beim Prädicatsbegriffe das *totum* stets als Gattungsbegriff zu verstehen sei, während es für die verworrene Supposition in quantitativem Sinne genommen werden müsse [208]), wozu noch komme, dass beim Gattungsbegriffe stets die vom Niederen zum Höheren aufsteigende Betrachtung obwalte [209]). Die richtige Erwägung aber, dass die Supposition überhaupt nicht gleichmässig beim Subjecte und beim Prädicate gelte, schliesse eben den prädicativen Gattungsbegriff von der *confusa suppositio* aus [210]). Und indem das Gleiche auch von der Copula gelte, reducire sich die verworrene Supposition nun in Wahrheit lediglich auf das durch die Quantitätsbestimmung („alle") hiezu befähigte Subject [211]). Vgl. übrigens auch unten Anm. 596 f.

---

205) Ebend. (f. 213 A): *Confusa suppositio est acceptio termini communis pro pluribus mediante signo universali..... Item confusarum suppositionum alia est confusa necessitate signi vel modi et alia necessitate rei* u. s. w. vgl. ebend. Anm. 72.

206) Ebend.: *Unde iste terminus „homo"* (d. h. in dem Satze *„omnis homo est animal"*) *debet supponere confuse mobiliter et distributive* (hierin liegt der Anknüpfungspunkt für die unten folgende Distribution, s. Anm. 238); *sed confuse et distributive tenetur, quando tenetur pro omni homine; mobiliter vero, quia licet fieri descensum sub eo pro quolibet suo supposito..... Sed iste terminus „animal" dicitur confundi immobiliter, quia non licet fieri descensum sub eo..... sicut hic „homo est dignissima creaturarum, ergo hic homo"..... Licet videatur oppositum esse, eo quod superius dictum est* (Anm. 203), *quod in hac propositione „omnis homo est animal" iste terminus in praedicato positus simplicem habet suppositionem, et hic dicitur, quod habet confusam* (vgl. Abschn. XV, Anm. 73).

207) Ebend. (f. 213 B): *Sed ego credo* (s. ebend. Anm. 74), *impossibile esse, terminum communem in praedicato positum habere suppositionem simplicem et confundi mobiliter vel immobiliter signo universali existente in subiecto affirmative* u. s. w.

208) Ebend. (f. 214 A): *Item totum universale, quod est genus, et totum in quantitate ex opposito se habent; sed totum in quantitate est duplex; quoddam enim est totum in quantitate completum, ut ubicunque confunditur terminus communis mobiliter....., aliud est totum in quantitate incompletum et diminutum, ut ubicunque confunditur terminus communis immobiliter..... Ergo si impossibile est, totum in quantitate esse genus, ... erit impossibile, terminum communem in praedicato positum confundi mobiliter vel immobiliter, ut dicebatur* (vgl. ebd. Anm. 76).

209) Ebend.: *Item comparatio illa, secundum quam inferiora reducuntur ad superiora, opposita est comparationi, secundum quam superiora reducuntur ad inferiora. Sed secundum primam sumitur commune in ratione communis, sed secundum secundam sumitur commune multiplicatum sive confusum* (vgl. ebd. Anm. 77).

210) Ebend.: *Et haec quatuor argumenta sunt concedenda* (s. ebend. Anm. 78 f.). *Causa autem, propter quam movebantur isti, qui fuerunt huiusmodi opinionis, facilis est ad solvendum* u. s. w. ..... *hoc genus „animal" nullo modo confunditur mobiliter vel immobiliter.*

211) Ebend. (f. 214 B): *Similiter dico, quod hoc verbum „est" non confunditur mobiliter vel immobiliter...... Et propter hoc destruimus quandam divisionem factam* (Anm. 205), *scilicet: confusarum propositionum alia est confusa necessitate rei, alia*

Indem nun jener grössere Rest, welcher in unserem Texte des Psellus verloren gegangen ist, sich anreiht, folgt zunächst die *suppositio relativorum*, welche, wie wir sahen, Wilhelm Shyreswood weggelassen (Anm. 62), und Lambert von Auxerre ans Ende gestellt hatte (Anm. 132). Dass aber die Nothwendigkeit dieser Gruppe schon im Obigen (Anm. 202) angedeutet war, wurde bereits auch früher ausgesprochen (Abschn. XV, Anm. 82).

Die Relativa, welche hier nicht nach dem Standpunkte der Kategorienlehre, sondern im Sinne der Grammatik als Erinnerungszeichen vorhergegangener Worte zu erörtern seien [212]), werden vor Allem in Relativa der Substanz (z. B. *qui, ille*) und Relativa der Accidenz (z. B. *talis, quantus*) eingetheilt, deren erstere sogleich wieder unterschieden werden, je nachdem sie eine Gleichheit (*identitas*, wie z. B. *qui* oder *idem*) oder eine Verschiedenheit (wie z. B. *alius*) ausdrücken [213]). Und was nun zunächst die Relativa der Identität betrifft, so werden als eine eigene Classe derselben die Reciproca (*sui, sibi, se* und *suus*) ausgeschieden, welche die Modalität des Leidens mit der Activität des Subjectes verknüpfen [214]); sodann aber wird angegeben, in welcher Weise die Relativa der Identität für ein vorhergegangenes Wort supponirt werden, und wie in ihnen ein Behelf der Deutlichkeit liege, was an einem traditionellen Beispiele (von den beiden Ajax) sich zeige [215]); und indem

---

est confusa necessitate modi sive signi. Dicimus enim, quod omnis confusio fit necessitate signi vel modi (Abschn. XV, Anm. 80).

212) VII, 1, 2, 1 (f. 215 B): *Relativum est duplex: uno modo relativum est, cuius esse est ad aliud se habere, et sic relativum est unum de decem praedicamentis; aliud est relativum, quod est ante latae rei recordativum, quia, ut vult Priscianus in maiore suo volumine, relatio est ante latae rei recordatio* (*Inst. gr.* XII, 16, woselbst jedoch die entsprechenden Worte lauten: „*relatio est cognitionis ante latae repraesentatio*"; diese Abweichung aber kann dadurch ihre Erklärung finden, dass das Citat vorerst durch mehrere griechische Hände gegangen war, ehe es durch Petrus Hispanus wieder lateinisch übersetzt wurde; dass auch Psellus selbst sich auf Priscianus berief, s. Abschn. XV, Anm. 19) ..... *Omissis autem relativis secundum primum modum de relativis secundo modo hic intendimus.*

213) Ebend.: *Relativorum autem quaedam sunt relativa substantiae, ut „qui", „ille" et similia; quaedam vero sunt relativa accidentis, ut „talis, „qualis", „tantus", „quantus". Relativum autem substantiae est, quod refert eandem rem in numero cum suo antecedente. Item relativorum substantiae quaedam sunt relativa diversitatis, ut „alius", et est illud, quod refert eandem rem in numero et supponit pro alia, ut „Socrates currit et alius disputat"; quaedam vero identitatis, ut „qui", „ille", „idem", ... quod refert et supponit pro eodem in numero, pro quo supponit suum antecedens, ut „Socrates currit, qui disputat"..... Relativorum substantiae identitatis quaedam sunt nomina, ut „quis", „quidam"; quaedam sunt pronomina, ut „ille", „idem".* Das Wort „*identitas*" als Uebersetzung von ταυτότης dürfte gleichfalls auf eine Kenntniss arabisch-lateinischer Litteratur zurückweisen (vgl. Anm. 52 u. 65).

214) Ebend. (f. 217 A): *Item relativorum pronominum identitatis quaedam sunt reciproca, ut „sui, sibi, se" cum suo possessivo „suus, sua, suum"; alia vero non reciproca, ut „ille", „idem". Relativum autem reciprocum dicitur non quod sit patiens, sed quia ponit modum patientis supra substantiam agentem..... Unde reciprocum sic potest definiri: .... quod significat substantiam agentem sub modo patientis; vel sic: .... quod sui ipsius est passivum...... Item si quaeratur, quare hoc pronomen „sui, sibi, se" caret nominativo, dicendum est, quod solutio patet ex praemissis, quia ..... nominativus dicit modum agentis.*

215) Ebend.: *Relativa identitatis referunt eandem rem sub eodem suo antecedente et semper supponunt pro eadem re in numero; et ex hoc patet, quod maior*

hiebei die Frage auftaucht, auf welche Form eines Sophisma's (s. Anm. 197) eine durch ein Relativum eintretende Täuschung (z. B. „Jener Mensch sieht einen Esel, welcher vernünftig ist“) zu reduciren sei, fällt der Entscheid dahin aus, dass es eine *fallacia compositionis* sei[216]. Hierauf folgt nun zwar eine kurze Angabe über die Relativa der Verschiedenheit, insoferne bei denselben der Umfang der Begriffe eine Rolle spiele[217], aber sofort springt die Erörterung in unordentlicher Reihenfolge wieder auf die Relativa der Identität zurück, und es wird die „Regel“, dass die mit einem solchen Relativum beginnenden Sätze kein contradictorisches Gegentheil haben, gegen Einwürfe geschützt, da in denselben eine Negation nur zum Verbum des Relativ-Satzes selbst gehöre und sich nicht auf jenes Wort beziehe, welches durch das Relativum wiederaufgenommen ist[218]. Auch noch eine zweite Regel betreffs der Tragweite der Relativa der Identität hinkt nach, aus welcher abermals die abweichende Geltung der obigen (Anm. 214) Reciproca erhellt[219].

---

est certitudo per relativum identitatis, quam per suum antecedens loco relativi positum; ..... hoc enim patet per Priscianum dicentem in maiore volumine (XVII, 56), *quod, cum dicitur „Aiax venit ad Troiam, et Aiax fortiter pugnavit“, dubium est, an de eodem Aiace dicatur an de diversis, sed cum dicitur „Aiax venit ad Troiam et idem fortiter pugnavit“, de eodem statim intelligitur.*

216) Ebend.: *Solet autem dubitari circa relativa identitatis, utrum deceptio facta ex diversa relatione fiat secundum aequivocationem vel secundum amphibologiam vel secundum aliquam aliam fallaciam, ut dicendo „homo videt asinum, qui est rationalis“..... Secundum aliquos solet ibi assignari aequivocatio; sed contrarium arguitur; hoc enim nomen „qui“* u. s. w. (sehr ausführlich)..... *Concedimus, quod deceptio facta ex diversa relatione non est secundum aequivocationem..... Item quod ibi non sit amphibologia, probatur..... Item ubicunque est deceptio ex eo, quod aliqua dictio potest referri ad diversa, est compositio vel divisio, ...et hoc idem concedimus.*

217) VII, 1, 2, 2 (f. 219 A): *Sequitur de relativis diversitatis. Relativum diversitatis est, quod supponit pro alio ab eo, quod refert...... Talis datur regula: Si relativum diversitatis addatur superiori, fit inferius, et si addatur inferiori, fit superius, verbi gratia ...... in hac propositione „aliud ab animali“ hoc relativum diversitatis „aliud“, cum additur animali, quod est superius ad hominem, facit ipsum inferius, et in hac „aliud ab homine“ additur inferiori, scilicet homini, et ergo facit ipsum superius, et ergo „aliud ab animali“ est inferius ad „aliud ab homine“.*

218) Ebend.: *De relativis identitatis datur regula ab antiquis* (letzteres Wort kann im Originale des Psellus sich natürlich nur auf Autoren ungefähr aus der Zeit der Commentatoren bezogen haben; vielleicht, wenn wir richtig vermutheten, auf Themistius, s. Abschn. XV, Anm. 105 ff., vgl. auch hier unten Anm. 241 u. 247): *Nulla propositio inchoata a relativis identitatis habet contradictoriam. Et assignant causam, quia, cum dicitur „omnis homo currit, et ille disputat“, hoc relativum „ille“ habet respectum ad hoc antecedens „homo“ propter dependentiam suae relationis; sed quando negatio advenit propositioni inchoatae a relativo sic „ille non disputat“, tunc negatio negat verbum, quod sequitur, et non negat respectum relationis..... Sed contra hoc obiicitur: Quidquid contingit affirmare, continget et negare de quolibet supposito; ..... item quaelibet propositio sive enuntiatio, quae est una, habet contradictorium; ....item dicit Aristoteles in primo Periermenias* (s. Abschn. IV, Anm. 191), *quod uni affirmationi una negatio est opposita..... Ad rationes eorum respondemus, quod..... in propositione inchoata a relativo tantummodo sumitur contradictorium per comparationem relativi ad verbum, cui subiicitur, et non per comparationem relativi ad antecedens.*

219) Ebend.: *De relativo identitatis non reciproco talis datur regula: Omne relativum identitatis non reciprocum habet eandem suppositionem, quam habet suum antecedens, ut cum dicitur „omnis homo currit, et ille est Socrates“, hoc relativum „ille“ supponit pro omni homine ...... Dico autem „non reciprocum“,*

Zuletzt folgt hiemit in Kürze die zweite Gattung, nemlich die Relativa der Accidenz, welche im Gegensatze gegen die vorigen als attributive Worte sich nicht auf eine einzelne Substanz, sondern auf qualitativ gleichartige Gruppen beziehen und daher nur in solchem Sinne supponirt werden. Von denselben wird nur die Eintheilung angegeben, indem auch sie zunächst in Relativa der Identität und Relativa der Verschiedenheit zerfallen, erstere aber wieder in qualitative und quantitative (diese abermals nach continuirlicher und discreter Quantität) getheilt werden, woran sich noch bezüglich aller der syntaktische Unterschied anreiht, je nachdem sie demonstrativ oder antwortend (*redditiva*) gebraucht werden [220]).

Sollten wir aber nun nach Obigem (Anm. 201) erwarten, dass sich jetzt die Erörterung der *copulatio* anreihen müsse, so finden wir uns getäuscht, indem bei Petrus Hispanus dieser Gegenstand gänzlich fehlt, während ihn Wilhelm Shyreswood ausführlich besprach und auch Lambert von Auxerre nicht völlig ausser Acht liess [221]).

Hingegen folgen in eigenthümlicher Zerrissenheit oder Unordnung die Abschnitte über *ampliatio, appellatio, restrictio;* wenn nemlich in selbstständiger und weit besserer Weise (vgl. auch Abschn. XV, Anm. 90) Wilhelm Shyreswood die *ampliatio* und die *restrictio* in die *appellatio* verflochten (ob. Anm. 64), Lambert v. Auxerre aber die *appellatio* vorausgeschickt und dann die *ampliatio* und die *restrictio* in wechselseitig correspondirender Darstellung entwickelt hatte (Anm. 129 f.), so wird hier völlig unmotivirt die *appellatio* in Mitte der beiden anderen hineingeschoben [222]).

---

quia cum dicitur „omnis homo videt se", non est sensus „omnis homo videt omnem hominem".

220) VII, 1, 2, 3 (f. 220 B): *Habito de relativo substantiae dicendum est de relativo accidentis. Relativum autem accidentis est, quod refert eandem rem per modum denominationis, ut „tale", „quale"...... Relativum substantiae refert idem in numero, relativum vero accidentis refert idem in specie, ut „Socrates est albus, et talis est Plato"..... Relativorum autem accidentis aliud est relativum identitatis, ut „talis", aliud vero diversitatis, ut „alter* (hiedurch könnte zurechtgewiesen werden, wer etwa noch zweifeln wollte, ob auch diese ganze zweite Gruppe wirklich aus einem griechischen Originale übersetzt sei; denn sofort erhellt, dass hier ἕτερος in der stupidesten Weise mit „*alter*" übersetzt ist)..... *Item relativorum accidentis identitatis aliud est qualitatis, ut „qualis", aliud quantitatis, ut „quantus"* (dieser Satz fehlt in allen Drucken mit Ausnahme von 𝔑 𝔖, und auch die zahlreichen Commentatoren verspürten den Abgang desselben durchaus nicht). *Item relativorum identitatis quantitatis aliud est relativum quantitatis continuae, ut „tantus", aliud vero quantitatis discretae, ut „tot", „quot". Item relativorum numerorum quaedam sunt nomina, ut „totidem"* (diess wird also zu einem *nomen* gestempelt; natürlich stand bei Psellus τοσοῦτοι), *quaedam sunt adverbia, ut „totiens". Sciendum, quod „talis, tantus, totiens, totidem" possunt dici redditiva et demonstrativa; ..... si ad praesentes referantur, demonstrativa, ut cum dicimus demonstrando Herculem „talis fuit Plato" .... si autem non referuntur ad praesentes, ...tunc sunt redditiva, quia reddunt interrogatione praecedente, ut „qualis est Plato, talis est Socrates".*

221) S. oben Anm. 63 u. 127; vgl. Abschn. XV, Anm. 83 u. 85.

222) Da jedoch Petrus Hispanus nur mechanisch übersetzte (oder vielleicht sogar bloss als Abschreiber einer bereits vorliegenden Uebersetzung fungirte), so dürfen wir sicher annehmen, dass diese unorganische Reihenfolge auch schon im Texte des Psellus sich fand.

Es werden nemlich *ampliatio* und *restrictio* zunächst kurzweg als Unterarten der obigen (Anm. 204) persönlichen Supposition bezeichnet, so dass sich hiemit in diesen Capiteln eigentlich noch immer der Faden der Supposition fortspinnt, da hier nur eine zweite parallel-laufende Eintheilung der persönlichen Supposition zu der obigen hinzutritt [223]). Und diese Auffassung spricht sich auch in den Definitionen der *ampliatio* und der *restrictio* aus, indem erstere nur als eine erweiterte, und letztere nur als eine verengte Supposition eines Gemeinbegriffes (*terminus communis*) bezeichnet wird, allerdings mit dem wesentlichen Zusatze, dass Einzelnbegriffe weder zur Ampliation noch zur Restriction befähigt sind [224]). Aber in der weiter folgenden Erörterung ist kein Faden eines inneren Zusammenhanges mehr fühlbar.

Denn es folgt nun in dürrster Form eine Eintheilung der *ampliatio*, da dieselbe im Verbum oder im Substantiv oder in einem Participium oder in einem Adverbium liegen könne (— wobei barer Blödsinn vorgebracht wird —), und ausserdem ein wichtiger Unterschied darin bestehe, dass die Ampliation sich entweder auf die supponirten Begriffe oder auf die durch das Verbum ausgedrückte Zeit beziehe [225]). Da aber bei den Beispielen, welche für diese Eintheilung gewählt sind, das Verbum „*potest*“ eine grosse Rolle spielt, so knüpft sich hieran eine wahrlich läppische Besprechung und Lösung des sophistisch gewonnenen Satzes „Das Unmögliche ist möglich“ [226]). Hierauf folgt noch für die

---

223) VII, 2 (f. 222 B): *Personalis suppositio est acceptio termini communis pro suis inferioribus, cuius alia est determinata alia confusa, ut prius patuit* (ob. Anm. 204). *Item personalis suppositionis alia est restricta alia ampliata, et ita ampliatio et restrictio habent fieri circa suppositionem.*

224) Ebend.: *Restrictio est coarctatio termini communis a maiori suppositione ad minorem, ut cum dicitur „homo albus currit“, hoc adiectivum „albus“ restringit hominem ad supponendum tantum pro albis. Ampliatio est extensio termini communis a minori suppositione ad maiorem, ut cum dicitur „homo potest esse antichristus“* (dass der Begriff des Antichrists auch bei den griechischen Kirchenvätern eine Rolle spielte, ist bekannt), *iste terminus „homo“ non solum supponit pro his qui sunt, sed etiam pro his qui erunt, unde ampliatur ad futuros. Dico autem „termini communis“, quia terminus singularis, ut Socrates, non ampliatur neque restringitur.*

225) Ebend. (f. 223 B): *Ampliationum alia fit per verbum, ut per hoc verbum „potest“, ut „homo potest esse antichristus“; alia per nomen, ut „hominem esse antichristum, est possibile“; alia per participium, ut „homo potens est esse animal“; alia per adverbium, ut „homo necessario est animal“, „homo“ enim non solum ampliatur pro praesenti tempore, sed etiam pro futuro. Et ideo sequitur alia divisio ampliationis, scilicet alia fit respectu suppositorum, ut „homo potest esse antichristus“, alia fit respectu temporum, ut „homo necessario est animal“.*

226) Ebend. (f. 224 B): *Circa praedicta quaeritur de hoc sophismate „Impossibile potest esse verum“. Quod sit verum, probatur, quia illud, quod est vel erit impossibile, potest esse verum, scilicet antichristum non fuisse, post tempus suum est impossibile, et modo potest esse possibile et verum; ergo impossibile potest esse verum* (d. h. „Das Nichterschienensein des Antichrists ist einerseits, — falls er einmal wirklich erschienen ist —, etwas Unmögliches, und andrerseits, — so lange er noch nicht erschienen ist —, etwas Mögliches; also ist Etwas, was einerseits unmöglich ist, zugleich andrerseits möglich; also ist Unmögliches möglich.“ Mit solch äusserstem Blödsinne aber müssen wir uns zu des Lesers und unserem eigenen Ueberdrusse leider noch öfters beschäftigen. Dass übrigens diese Caricatur eines Sophisma's aus der stoischen Schul-Logik seinen Weg in die Synopsis des Psellus gefunden habe, erhellt aus jener ursprünglicheren Form, in welcher wir es oben,

erwähnten zwei Fälle je eine „Regel“, nemlich dass die Ampliation, welche sich auf die supponirten Begriffe bezieht, für den ganzen Umfang derselben gelte (gleichfalls mit ausschliesslicher Benützung des „*potest*“), und dass die auf die Zeit (vgl. unten Anm. 598 ff.) bezügliche Ampliation sämmtliche drei Zeiten umfasse [227]). Dass übrigens mit dieser Theorie der *ampliatio* die späteren sog. *Obligatoria* in einem Zusammenhange stehen, s. unten Abschn. XX.

Und nun folgt plötzlich die *appellatio*, ohne dass irgend ersichtlich wäre, wie dieselbe hieher komme. Sie wird als „Annahme eines Begriffes für ein wirklich existirendes Object“ definirt und soll in dieser ausschliesslichen Beziehung auf das concret Wirkliche sich von der *significatio* (Anm. 199) und auch von der *suppositio* unterscheiden, da letztere beide sowohl bei Existirendem als auch bei Nichtexistirendem stattfinden können [228]). Blickt somit hierin wieder eine Spur eines allgemeineren Zusammenhanges dieser logischen Momente hindurch, so bietet auch die Eintheilung der *appellatio* Aehnliches dar, indem dieselbe entweder bei einem Gemeinbegriffe oder bei einem Einzelnbegriffe auftrete, und im letzteren Falle mit der *significatio* und *suppositio* zusammentreffe, im ersteren Falle aber der Gemeinbegriff entweder nach Art der *simplex suppositio* (Anm. 203) in ungetheilter Gemeinsamkeit oder nach Art der *personalis suppositio* (Anm. 204) in Momenten seines Umfanges betrachtet werden könne [229]). Aber während diese Erörterung der *appellatio* leicht

---

Abschn. VI, Anm. 166, anzuführen hatten). *Contra: Quidquid potest esse verum, est possibile; sed impossibile potest esse verum* (d. h. diess ist die obige sophistisch erwiesene Thesis); *ergo impossibile est possibile, in tertio modo primae figurae* (diess ist sogar formell falsch, weil in „*Darii*“ der Schlusssatz particular ist); *sed conclusio est falsa; ergo aliqua praemissarum; non maior; ergo minor; sed haec est prima; ergo prima est falsa. Solutio: prima simpliciter est falsa, haec scilicet „impossibile potest esse verum“, et sophisma peccat penes fallaciam accidentis* u. s. w. Vgl. auch unten Anm. 357.

227) Ebend.: *De ampliatione, quae fit ratione suppositorum, talis datur regula: Terminus communis supponens verbo habenti vim ampliandi a se vel ab alio ampliatur ad ea, quae possunt esse sub forma termini supponentis, ut „homo potest esse animal“, hic iste terminus „homo“ non solum supponit pro praesentibus, sed etiam ampliatur ad omnes qui erunt; dico autem „a se“, quia hoc verbum „potest“ de se habet vim ampliandi; dico autem „ab alio“, quia hoc participium „potens“ et hoc nomen „possibile“ dant virtutem ampliandi verbo, cui adiunguntur..... De ampliatione autem, quae fit ratione temporis, talis datur regula: Terminus communis supponens vel apponens verbo habenti vim ampliandi quoad tempus supponit pro his, qui sunt, qui erunt, vel qui fuerunt, ut „homo necessario est animal“.*

228) VII, 3 (f. 226 A): *Appellatio est acceptio termini pro re existente; dico autem pro re existente, quia terminus significans non ens non appellat, ut Caesar vel chimaera. Differt autem appellatio a significatione et suppositione, quia appellatio est tantum de re existente, sed suppositio et significatio sunt tam pro re existente quam pro re non existente.*

229) Ebend.: *Appellationum autem alia est termini communis, ut „homo“, alia est termini discreti vel singularis, ut „Socrates“. Terminus singularis idem significat, supponit et appellat.* (f. 227 A) *Item appellationum termini communis alia est termini communis pro re in communi, ut quando terminus communis simplicem habet suppositionem, ut cum dicitur „homo est species“, ... et tunc terminus idem supponit, significat et appellat...... Alia autem est appellatio termini communis pro suis inferioribus, ut quando terminus communis personalem habet suppositionem, ut cum dicitur „homo currit“, tunc „homo“.... significat hominem in communi et supponit pro particularibus hominibus et appellat particulares homines tantum existentes.*

in strenger Parallele mit der Supposition noch weit hätte fortgesponnen werden können, bricht sie hiemit ebenso unerwartet ab, als sie unmotivirt eingefügt worden war. Vgl. aber unten Anm. 601.

Somit wird nun zur *restrictio* zurückgekehrt, welche entweder durch ein Nomen oder durch ein Verbum oder durch ein Participium oder durch einen Relativsatz (*implicatio*) bewirkt werden soll [230]). Ueber die erste derselben, an welcher wieder drei Fälle unterschieden werden, indem das Nomen entweder eine Unterart des restringirten Begriffes oder einen artmachenden Unterschied oder ein zufälliges Merkmal desselben enthalten kann [231]), werden die „Regeln" gegeben, dass der restringirende Begriff nicht eine Selbstaufhebung des restringirten (wie z. B. bei *mortuus* der Fall wäre) noch eine Ampliation (wie z. B. bei *potens*) enthalten darf, sowie dass das restringirende Wort selbst wieder durch das restringirte verengt wird, ferner dass die Hinzufügung des Wortes „Alle" zum restringirten Begriffe an der Restriction Nichts ändert, endlich dass ein restringirender Begriff, welcher im Prädicate steht, auf das Subject keinen Einfluss hat, jedoch mit Ausnahme der sog. *consignificatio*, welche bei Substantiven im grammatischen Genus liegt [232]). Hierauf wird bezüglich der durch einen Relativsatz entstehenden Restriction zunächst die Tragweite derselben angegeben und dann die „Regel" aufgestellt, dass bei Hinzufügung des Wortes „Alle" sehr genau zu unterscheiden sei, ob dasselbe vor oder nach dem Relativsatze stehe [233]). Mit Uebergehung

230) VII, 4, 1 (f. 228 A): *Restrictio est coarctatio termini communis a maiore suppositione ad minorem, ut dictum est prius* (ob. Anm. 224). *Restrictionum autem alia fit per nomen, ut „homo albus", iste terminus „homo" non supponit pro nigris neque pro medio colore coloratis, sed restringitur ad albos; alia fit per verbum, ut „homo currit", iste terminus „homo" supponit pro praesentibus tantum; alia fit per participium, ut cum dicitur „homo currens disputat"......; alia fit per implicationem, ut cum dicitur „homo qui est albus currit", haec implicatio „qui est albus" restringit hominem ad albos.*

231) Ebend.: *Restrictionum factarum per nomen alia fit per inferius superiori appositum, ut „animal homo currit".....; alia fit per differentiam advenientem generi, quae est essentialis, cum sit constitutiva, ut „animal rationale currit".....; alia fit per adiectivum accidentis, ut „homo albus".*

232) Ebend. (f. 229 A): *De restrictione facta per nomen communiter sumptum tales dantur regulae: Omne nomen non diminuens nec habens vim ampliandi adiunctum ex eadem parte termino magis communi restringit ipsum ad supponendum pro his, ad quae exigit sua significatio...... Dico autem „non diminuens" ad removendum nomina diminuentia rationem adiuncti, ut „mortuus"....; dico autem „non habens vim ampliandi" ad removendas dictiones ampliativas, ut „potens"..... Et sciendum, quod minus commune semper restringit magis commune, ut cum dicitur „homo albus currit", ...sic „homo" coarctat album ad albedinem existentem in hominibus...... Item de termino restricto talis datur regula: Si signum universale adveniat termino restricto, non distribuit ipsum nisi pro his, ad quae restringitur..... Item de restrictione datur talis regula: Nihil positum a parte praedicati potest restringere terminum communem positum a parte subiecti quoad principalem significationem, ut „homo est albus"......, quia si restringeretur ad albos, ...sensus esset „homo albus est albus"..... Dico autem „quoad principalem significationem", quia praedicatum restringit subiectum quoad consignificationem, quae est genus, ut cum dicitur „cygnus est albus", iste terminus „cygnus" restringitur ad mares et non ad mulieres.*

233) Ebend. (f. 230 A): *Item de restrictione facta per implicationem talis datur regula: Omnis implicatio immediate coniuncta termino communi restringit ipsum sicut suum adiectivum...... Item de eadem restrictione talis datur regula: Quotiescunque*

des eine Restriction bewirkenden Participiums wird dann noch sehr ausführlich über die im Verbum liegende Restriction gehandelt. Nemlich es treten vorerst die „Regeln" auf, dass das Verbum vor Allem keine Selbstaufhebung der Behauptung (wie diess z. B. bei dem Zusatze *„opinabiliter"* der Fall wäre) und auch keine ampliative Geltung (wie z. B. bei *potest*) enthalten dürfe, sodann aber mit Vorbehalt dieser Bedingung das Präsens eines Verbums eine vollgültige Restriction bewirke, hingegen das Präteritum nur für Vergangenheit und Gegenwart, sowie das Futurum nur für Gegenwart und Zukunft restringire, kurz dass beim Verbum die restrictive Kraft in seiner *consignificatio*, d. h. im grammatischen Tempus, liege [234]). An letzteres aber knüpft sich die Besprechung des läppischen Sophismas „Alle lebenden Wesen waren in der Arche Noah's, Julius Cäsar aber war ein lebendes Wesen und doch nicht in der Arche Noah's", wobei gegenüber den Ansichten Anderer, welche auf die Unterscheidung zwischen Individuum und Gattung sich warfen, im Hinblicke auf obige Regeln die Lösung dahin geht, dass es eben der Trugschluss einer sog. *imperfecta enumeratio* sei [235]). Ferner aber wird auch noch die Frage er-

---

signum universale et implicatio ponuntur in eadem locutione, duplex est oratio, eo quod signum potest praecedere implicationem et sic distribuit terminum communem pro quolibet supposito.....; item implicatio potest prius advenire et restringere terminum communem, et tunc signum postea adveniens non distribuit ipsum nisi pro his, ad quae restringitur.

234) Ebend. (f. 231 A): *Sequitur de restrictione facta per verbum, de qua plures dantur regulae, quarum prima talis est: Terminus communis supponens vel apponens verbo praesentis temporis simpliciter sumpto non habenti vim ampliandi nec ex se nec ex alio restringitur ad supponendum pro his, qui sunt sub forma termini communis supponentis. Dico autem „terminus communis", quia terminus discretus neque restringitur neque ampliatur* (s. Anm. 224); *dico autem „verbo praesentis temporis" ad removendum alia verba aliorum temporum, quia terminus communis aliam habet suppositionem cum eis; dico autem „simpliciter sumpto" ad removendum verba sumpta cum particulis diminuentibus, ut est „opinabile"; dico autem „non habenti vim ampliandi" ad removenda verba ampliativa, ut „potest"; dico autem „neque ex se neque ex alio" ad removendum verba habentia vim ampliandi, quia cum dicitur „homo est potens", licet hoc verbum „est" non ampliat ex se, ampliat tamen per hoc participium „potens"* (diesen letzteren Satz geben nur die Drucke 𝔑 𝔖 in der richtigen Form)..... *Item alia datur regula: Terminus communis supponens vel apponens verbo de praeterito simpliciter sumpto non habenti vim ampliandi nec ex se nec ex alio restringitur ad supponendum pro his, quae sunt vel fuerunt sub forma termini supponentis...... Item alia datur regula: Terminus communis supponens vel apponens verbo de futuro etiam supponit pro his, quae sunt vel erunt sub forma termini supponentis...... Ex praedictis patet, quod verbum restringitur quoad consignificationem, quae est tempus, et non quoad significationem principalem.*

235) VII, 4, 2 (f. 232 B): *Circa praedicta quaeritur de hoc sophismate „Omne animal fuit in arca Noae". Probatur: homo fuit in arca Noae, equus fuit in arca Noae, et sic de aliis, ergo omne animal fuit in arca Noae. Contra: Omne animal fuit in arca Noae, sed Caesar fuit animal, ergo Caesar fuit in arca Noae. Quod est falsum, ergo aliqua praemissarum est falsa; non minor; ergo maior. Quod autem prima sit falsa, patet per regulam....* (d. h. die vorletzte Regel der vorigen Anm.); *item alia est regula.....* (die vorletzte in Anm. 232)..... *Solutio: Quidam dicunt, quod haec „omne animal fuit in arca Noae" est duplex, eo quod potest fieri distributio pro singulis generum vel pro generibus singulorum, et primo modo est falsa, secundo modo est vera..... Sed huic solutioni non acquiesco, quia species animalis non fuit per se in arca Noae, sed tantum individuum; .....unde dico, quod propositio est falsa, et concedo omnes rationes adductas ad hoc* (d. h. die genannten

örtert, ob die Restriction in gleicher Weise beim bejahenden und beim verneinenden Urtheile wirke, und während Einige der Ansicht seien, dass sie ungleich wirke (weil, wenn man die Negation gleichfalls auf Existirendes restringire, der Satz „die Rose ist nicht" den widerspruchsvollen Sinn „die Rose, welche ist, ist nicht" bekomme), wird die Annahme einer Gleichmässigkeit aller Restriction hauptsächlich im Hinblicke auf die erwähnte *consignificatio* des Verbums begründet, und auch darauf hingewiesen, dass die Gemein-Begriffe in den logischen Urtheilen (abgesehen von ihrer objectiven Existenz) in die Form der Aussagbarkeit (*enuntiabilitas*) eingehen [236]). Endlich folgt noch die Notiz, dass manche Restriction lediglich usuell sich von selbst verstehe, wie man z. B. bei „Nichts" nicht an einen absolut luftleeren Raum denke, sowie dass transitive Verba von selbst eine restrictive Beziehung auf ein Object in sich enthalten, daher das Sophisma „Sokrates ernährt sich selbst, er selbst aber ist ein Mensch, also ernährt er einen Menschen" sich hiedurch löse [237]).

Hierauf reiht sich die *distributio* an, welche als „die durch ein Zeichen der Allgemeinheit entstehende Vervielfältigung eines Gemein-Begriffes" definirt wird; und wenn wir hiebei sowohl durch den Inhalt dieser Definition als auch durch einen erklärenden Zusatz an die obige *confusa suppositio* erinnert werden [238]), so hätte es auch wirklich eine gewisse Berechtigung in sich, wenn wir sagen wollten, dass die ganze

---

zwei Regeln), *et probatio peccat secundum consequens ab insufficienti inductione* (s. Anm. 197).

236) VII, 4, 3 (f. 234 A): *Solet etiam quaeri, utrum similiter termini restringantur in propositione affirmativa et negativa. Dicunt aliqui, quod non, quia esse restringit ad existens et non esse ad non existens; ..... item videtur, quod omnis negativa, in qua esse negatur, simpliciter est falsa, si similiter restringantur termini in propositione negativa et affirmativa, quia in hac propositione „rosa est" iste terminus „rosa" restringitur ad existens, et, si in hac „rosa non est" similiter restringatur ad existens, tunc sensus est „rosa, quae est, non est"; et haec est falsa..... Sed probatur, quod similiter restringuntur: quia, si in hac propositione „homo est" iste terminus „homo" restringitur ad existens et in hac „nullus homo est" ad non existens, ergo utraque est vera....... Item regula est...* (s. den Schluss der Anm. 234). *Et haec argumenta concedimus. Ad illud, quod primo obiicitur, est dicendum, quod esse non restringit ad existens et non esse non restringit ad non existens, ...sed quoad consignificationem, quae est tempus, unde non restringit ad supposita existentia, sed praesentia....... Ad aliud dicendum est, quod duplex est forma termini communis; quaedam est, quae salvatur in rebus existentibus tantum, ...alia est, quae salvatur tam in rebus existentibus quam non existentibus, ut enuntiabilitas, quae est forma enuntiabilis, ... unde istius propositionis „rosa non est" non est sensus „rosa, quae est, non est", sed est sensus „rosa aliter sumpta, quam in praesenti, non est".*

237) Ebend. (f. 234 B): *Solet autem poni, quod quaedam restrictio fit ab usu, ut cum dicitur „nihil est in arca", quamvis plena sit aëre, quia iste terminus „nihil" supponit ab usu pro rebus solidis ...... Solet etiam poni, quod quaedam restrictio fit per transitionem verbi, ut cum dicitur „Socrates pascit hominem", iste terminus „homo" supponit pro alio a Socrate virtute transitionis verbi......; unde dicunt quod non sequitur „Socrates pascit se ipsum et ipse est homo, ergo pascit hominem", quod est fallacia accidentis.*

238) VII, 5, 1 (f. 236 A): *Distributio est multiplicatio termini communis per signum universale facta, ut cum dicitur „omnis homo", iste terminus „homo" distribuitur sive confunditur* (vgl. oben Anm. 205 u. 211, sowie unten Anm. 246 u. 250) *pro quolibet suo inferiori ...... Terminus singularis non potest distribui.*

folgende Lehre von der Distribution nur eine nähere Ausführung der verworrenen Supposition sei. Somit bleibt uns bei dem vielen Blödsinne, welchen wir nun sogleich im Einzelnen zu berichten haben, wenigstens der kleine Trost, dass auch hier wieder irgend ein Faden eines inneren Zusammenhanges erscheint, wenn auch die Art und Weise, in welcher Wilhelm Shyreswood bei dieser Gruppe den byzantinischen Stoff arrangirt hatte (Anm. 66 ff.), an Klarheit und Präcision entschieden den Vorzug verdient. — Es werden die „Zeichen der Allgemeinheit" zunächst eingetheilt in solche, welche die Substanz, und in solche, welche die Accidentien betreffen, wobei die ersteren sich abermals spalten, indem die einen zu einer Distribution der Theile des Umfanges (*partes subiectivae*, wie z. B. bei „alle"), und die anderen zu einer Distribution der Bestandtheile (*partes integrales*, wie z. B. bei „ganz") führen können; bei denjenigen aber, welche sich auf die Umfangs-Theile beziehen, sei wieder zu unterscheiden, je nachdem sie auf einem Pluralis (z. B. *omnis*) oder auf einem Dualis (z. B. *uterque*) beruhen [239]).

Die Einzeln-Erörterung beginnt mit „*omnis*", dessen collective Bedeutung („zusammen" bei Zahlen) nicht in Betracht komme. Die distributive Bedeutung aber führt vor Allem zu der Frage, ob *omnis* überhaupt Etwas bedeute, wobei die Gründe und Gegengründe darin ihre Lösung finden, dass *omnis* zwar nicht ein Allgemeines, wohl aber eine allgemeine Weise, d. h. „*universaliter*", bedeute, eine Entscheidung, welche gegen einen einfältigen vom kategorischen Syllogismus hergenommenen Einwand wieder dadurch gestützt wird, dass *omnis* im Obersatze eines Schlusses ja nicht den factischen Bestand des Subjectes, sondern eben den Subjectsbegriff eines Urtheiles nach seinem Verhältnisse zum Prädicatsbegriffe betreffe [240]). Hieran aber reiht sich die noch wunderlichere

239) Ebend. (f. 237 A): *Signorum universalium alia sunt distributiva substantiae, ut „omnis, nullus", alia sunt distributiva accidentium, ut „qualis, quantus". Signum autem distributivum substantiae distribuit res se habentes per modum eius quod quid est; ...... signum distributivum accidentis est, quod distribuit res se habentes per modum accidentis ...... Item signorum distributivorum substantiae alia sunt distributiva partium integralium, ut „totus", alia sunt distributiva partium subiectivarum, ut „omnis, nullus". Item signorum distributivorum partium subiectivarum alia sunt distributiva duorum, ut „uter, neuter", alia sunt distributiva plurium, ut „omnis, nullus" et similia.*

240) Ebend. (f. 237 B): *Horum autem signorum primo dicendum est ..... de hoc signo „omnis". Sciendum, quod „omnis" in plurali numero dupliciter sumitur; uno modo collective ut „omnes apostoli dei sunt duodecim", unde non sequitur „ergo isti* (d. h. z. B. Petrus und Jacobus) .... *sunt duodecim"....; alio modo sumitur distributive, ut „omnes homines naturaliter scire desiderant"* (bekanntlich die Anfangsworte der aristotelischen Metaphysik). *Et tunc quaeritur, quid significet hoc signum „omnis". Et videtur, quod nihil significet, quia omnis res aut est universalis aut particularis, sed „omnis" non significat rem universalem vel particularem ...... Item „omnis" neque est praedicabile de uno neque de pluribus, ergo ...... nihil significat. Sed contra: ..... si „omnis" nihil significet, propter appositionem vel remotionem eius non causaretur veritas vel falsitas in oratione, sed haec est vera „animal est homo", ergo et haec „omne animal est homo", quod est falsum ...... Solutio: ad dubium dicitur, quod „omnis" non significat universale, sed universaliter, quia facit terminum communem suum stare pro omnibus suis inferioribus, ... et sic „omnis" significat aliquam rem* (hiezu Anm. 602). *Sed duplex est res, quia quaedam res est subiicibilis vel praedicabilis, ... alia est, quae est dispositio rei subiicibilis vel prae-*

Frage, ob (im Hinblicke auf eine aristotelische Stelle) *omnis* sich stets wenigstens auf drei Objecte beziehen müsse, da wir doch auch über Dinge, welche nur Ein Mal existiren (z. B. Sonne oder Phönix, vgl. Abschn. XI, Anm. 67, u. Abschn. XII, Anm. 87) Urtheile aussprechen; und es wird zunächst der Entscheid dahin gegeben, dass in den Fällen der letzteren Art *omnis* sich wirklich nur auf Eines beziehe [241]); aber auch die entgegenstehenden Einwände seien zu widerlegen, indem einerseits *omnis* in der That die im Begriffe der Vollendung liegende Dreizahl in sich enthalte, und andrerseits wohl zu unterscheiden sei, ob *omnis* im Plural oder im Singular gebraucht werde, indem im letzteren Falle, z. B. bei dem Satze *„omnis phoenix est"* durchaus nicht an nicht-existirende andere Phönixe, sondern eben nur an den Einen gedacht werde [242]).

---

dicabilis, et talem rem significat hoc signum „omnis"..... Obiicitur autem, quod „omnis" non significet dispositionem rei subiicibilis, quia in syllogismo medium debet reiterari cum suis dispositionibus in minore propositione, ergo deberemus syllogizare sic „Omnis homo est animal, Socrates est omnis homo, ergo Socrates est animal"..... Solutio: ..... subiectum duo dicit, scilicet illud, quod est subiectum, et subiectum, inquantum est subiectum; et secundum hoc est duplex dispositio subiecti, quia quaedam est dispositio illius rei, quae est subiectum, ut „albus, niger", et istae debent reiterari cum medio; alia est dispositio subiecti, inquantum subiectum, videlicet in ordinatione ad praedicatum, ut „omnis, nullus", et talis dispositio non debet reiterari cum medio (dass jedoch in Letzterem die sog. syncategoreumatische Geltung gewisser Satztheile liege, s. unten Anm. 264, 267. u. vgl. auch Abschn. XIX, Anm. 120).

241) VII, 5, 2 (f. 238 B): *Consequenter quaeritur, utrum „omnis" exigat tria appellata. Et videtur, quod sic, quia omnis perfectio est in tribus, ut habetur in primo Coeli* (*Arist. de coelo* I, 1), *et sic omne perfectum est in tribus, sed „omne" et „perfectum" idem sunt, ut habetur ibidem, ergo „omne" est in tribus, ergo „omnis" vult habere tria appellata; ad idem dicit Aristoteles in eodem loco, quod de duobus viris non dicimus „omnes", sed de tribus viris, ergo „omnis" vult habere tria appellata.* (So befinden wir uns mit dieser ganzen Erörterung vollständig in dem gewöhnlichen Fahrwasser der griechischen Commentatoren, und wohl mag auch hier — vgl. ob. Anm. 218 u. Abschn. XV, Anm. 105 ff. — die Vermuthung gerechtfertigt sein, dass eben Themistius es war, auf welchem Psellus hauptsächlich fusste, denn Themistius verweilt in seiner uns nur lateinisch erhaltenen Paraphrase zu *Arist. de Coelo, Venet.* 1574, fol. 1 b, mit sichtlicher Vorliebe bei jenen Worten des Aristoteles). *Sed contra: In qualibet demonstratione sunt propositiones universales, sed demonstrationes fiunt de sole et de luna, ... sed sol non habet nisi unicum suppositum* u. s. w. (d. h. es folgen noch mehrere Wendungen dieses nemlichen Einwandes). *Concedimus dicendo, praedictas propositiones esse veras, et quod „omnis" non semper exigit tria appellata, sed quando adiungitur termino communi habenti plura supposita, tunc exigit plura appellata, quando vero adiungitur termino habenti solum unum suppositum, tunc exigit solum unum appellatum.*

242) Ebend. (f. 239 A): *Ad illud, quod primo obiiciebatur, quod omnis perfectio est in tribus, dicitur, quod verum est et haec tria sunt, scilicet substantia rei, virtus eius, operatio eius; et haec tria tangit Aristoteles sub brevibus verbis, cum dicit „natura apta nata sic facit"* (*de Coelo* I, 4 oder II, 8 oder *de part. an.* I, 1)..... *Similiter hoc signum „omnis" habet substantiam signi universalis et virtutem, quae est distribuere, et operationem eius, quando distribuit ..... Ad secundum dicendum est, quod ..... „omnis" in plurali ratione multitudinis factae facit distributionem per diversas materias et vult habere tria appellata, sed „omnis" in singulari numero, ex quo recipit speciem secundum se et non materiam individuorum, exigit essentiam aptam natam in praedicari de pluribus, ...et ideo exigit tria appellata aut unum solum...... Quidam tamen dicunt, quod „omnis" vult habere tria appellata ad minus, et dant talem rationem: Quotiescunque signum universale additur termino communi*

Hierauf nun folgt die Besprechung und Lösung dreier Sophismen, in welchen *„omnis"* eine Rolle spielt: nemlich erstens „Jeder Mensch ist ein Mensch, und was etwas Anderes ist, ist kein Mensch; also was etwas Anderes als Sokrates ist, ist kein Mensch"[243]); sodann „Alle Menschen und noch andere Menschen existiren", woran sich eine allgemeine Regel über die *fallacia accidentis* anknüpft[244]); endlich noch „Jeder Mensch ist jeder Mensch"[245]), — Sophismen, welche sämmtlich würdig sind, ursprünglich der stoischen Logik angehört zu haben.

Nun kömmt *„nullus"* an die Reihe, jedoch in sehr kurzer Erörterung, indem nur eine „Regel" angegeben wird, wornach *nullus* mit der obigen *confusa suppositio* zusammenhängt, und hieran sich die Lösung des Sophismas „Kein Mensch ist jeder Mensch" knüpft[246]).

---

non habenti sufficientiam appellatorum, recurrit ad non ens, ut cum dicitur „omnis phoenix est", ...recurrit ad non existentes phoenices..... Hoc autem potest multipliciter improbari, quia ..... supponunt, quod „omnis" semper vult habere tria appellata, quod superius ostensum est esse falsum..... Item ad idem alia regula talis est: (d. h. es folgt die erste der drei Regeln in Anm. 234)..... *Ergo cum dicitur „omnis phoenix", si „phoenix" restringitur ad supponendum pro phoenice tantum, qui est, ... non distribuit ipsum nisi pro unico supposito.*

243) VII, 5, 3 (f. 240 B): *Secundum praedicta quaeritur de hoc sophismate „Omnis homo est homo et quodlibet differens ab illo est non homo". Probatio: Haec est una copulativa, cuius utraque pars est vera, ergo ipsa est vera* (dass im byzantinischen Originale diese Regel nur der stoischen Schul-Logik entnommen war, s. Abschn. VI, Anm. 155. u. Abschn. VIII, Anm. 49). *Improbatio: Omnis homo est homo et quodlibet differens ab eo est non homo; Socrates est homo; ergo quodlibet differens a Socrate est non homo. Quod est falsum, quia haec est una copulativa, cuius altera pars est falsa; ergo ipsa est tota falsa* (ebenso ebend.). *Solutio: Prima simpliciter est vera, et improbatio peccat penes fallaciam consequentis* u. s. w. (Die stoische Quelle dieses Sophismas s. Abschn. VI, Anm. 213.)

244) Ebend. (f. 241 A): *Item quaeritur de hoc sophismate „Omnis homo et alius homo sunt". Probatio: Socrates et alius homo sunt, Plato et alius homo sunt, et sic de aliis, ergo omnis homo et alius homo sunt. Improbatio: „Alius" est relativum diversitatis substantiae* (vgl. ob. Anm. 213 u. 217), *ergo supponit pro diverso ab homine, sed non est alius homo ab omni homine; ergo prima est falsa. Solutio: Prima est simpliciter falsa et probatio peccat secundum fallaciam figurae dictionis a pluribus determinatis suppositionibus ad unam determinatam..... Item probatio peccat secundum fallaciam accidentis ...... Unde talis datur regula: Quotiescunque aliquid sequitur, sive conversim sive non, si aliquid conveniat uni, quod non convenit alteri, et per illud, cui convenit, inferatur de eo, cui non convenit, semper est fallacia accidentis, v. g. ..... homo est species, ergo substantia est species* u. s. f.

245) Ebend.: *Dicto de hoc sophismate restat dicere de isto „Omnis homo est omnis homo". Probatio: Socrates est Socrates, Plato est Plato, et sic de aliis, ergo omnis homo est omnis homo; et, ut vult Boethius* (s. Abschn. XII, Anm. 124 u. 129; dass Psellus auch anderweitig den Boethius citirt, s. Abschn. XV, Anm. 15 u. 28), *nulla propositio est verior illa, in qua idem praedicatur de se ipso, sed sic est hic. ...... Improbatio: Sua contradictoria est vera, scilicet illa „quidam homo non est omnis homo"; ergo ipsa est falsa...... Solutio: Prima est simpliciter falsa, et probatio peccat secundum consequens ab insufficiente enumeratione* u. s. f.

246) VII, 5, 4 (f. 242 A): *Sequitur de hoc signo „nullus", quod significat, quoniam universaliter negative, unde significat idem sicut hoc signum „omnis" cum negatione postposita, et ideo „omnis non" et „nullus" aequipollent. De hoc signo „nullus" datur talis regula: Quotiescunque hoc signum „nullus" immediate adiungitur termino communi, confundit ipsum mobiliter* (s. ob. Anm. 206 u. 238) *et distributive, et similiter terminum communem sibi adiunctum mediate, ut „nullus homo est asinus", unde potest fieri descensus sub subiecto..... Circa praedicta quaeritur de hoc*

Aehnlich ergeht es hierauf mit *„nihil“*, wobei zur Lösung des Sophismas „Wer Nichts sieht, sieht Etwas“ auch verschiedene (höchst einfältige) Ansichten Anderer beigezogen werden, und zuletzt eine „Regel“ für jene Fälle folgt, in welcher eine Negation mit der Distribution zusammentrifft [247]).

Hierauf sind von den distributiven Zeichen der Umfangs-Theile (s. Anm. 239) noch diejenigen zu besprechen, welche auf eine Zweizahl gehen. Und zwar wird zuerst, was *„uterque“* betrifft, der sophistische Fall erörtert: „A sagt die Wahrheit, B sagt die Wahrheit, zugleich aber sagen A und B Unwahres; sagen also beide die Wahrheit oder nicht?“ [248]) In Bezug auf *„neuter“* sodann stellt sich das Sophisma ein: „Wenn du keines der beiden Augen hast, kannst du sehen“ [249]).

---

sophismate „Nullus homo est omnis homo“. Probatur sic: Socrates non est omnis homo, Plato non est omnis homo, et sic de aliis..... Contra: Ibi praedicatur oppositum de opposito, ergo est falsa. Solutio: Prima est vera, et ad improbationem respondetur per interemptionem, quia ibi non praedicatur oppositum de opposito, sed removetur „omnis homo“ ab homine sumpto pro quolibet supposito, et hoc est verum. (Es weist dieses Sophisma auf den sog. Οὔτις zurück, s. Abschn. VI, Anm. 213.)

247) VII, 5, 5 (f. 243 A): *Sequitur de hoc signo „nihil“, quod significat idem quod „nullus“, sed includit in se terminum recipientem suam distributionem, quia nihil est signum universale cum negatione, et res est terminus recipiens eius distributionem. Circa praedicta quaeritur de hoc sophismate „Nihil videns est aliquid videns“. Probatur sic: Non rem hanc videns est aliquid videns, quia non videns Socratem est videns Platonem; non illam rem videns est aliquid videns, et sic de aliis; ergo nihil videns est aliquid videns..... Contra: Ibi praedicatur oppositum de opposito, ergo locutio est falsa. Quidam distinguunt, ... quod haec dictio „nihil“ potest esse accusativi casus.....vel potest esse nominativi casus.....; sed hoc non solvit, quia in utroque sensu est falsa. Sed alii distinguunt, ... quod negatio in hoc termino „nihil“ potest negare participium .... vel potest negare hoc verbum „est“.....; sed hoc non solvit, quia in utroque sensu est falsa ...... Solutio: Dicendum est, quod prima est simpliciter falsa, et probatio peccat penes fallaciam figurae dictionis a pluribus determinatis ad unum determinatum ..... vel peccat secundum fallaciam accidentis ...... Antiqui* (über dieses Wort s. oben Anm. 218) *posuerunt, praemissas esse duplices propter talem regulam, quam dabant: Quotiescunque negatio et distributio includuntur in uno termino, ad quodcunque refertur unum, et reliquum.* (Die ursprüngliche Quelle des Sophismas ist sicher der sog. Ἐγκεκαλυμμένος, s. Abschn. VI, Anm. 210.)

248) VII, 5, 6 (f. 244 B): *Sequitur de signis distributivis duorum, et talia sunt „neuter“ et „uterque“, et differunt a praedictis, quia ..... distribuunt solum pro duobus per demonstrationem..... Circa praedicta quaeritur de hoc sophismate „Ab utroque istorum enuntiatum est verum, posito quod Socrates dicat, deum esse, Plato vero dicat, hominem esse animal, et ambo dicant simul, hominem esse asinum“. Probatio: A Socrate enuntiatum est verum, a Platone enuntiatum est verum, ergo ab utroque istorum enuntiatum est verum. Contra: Ab utroque enuntiatum est verum, sed nihil enuntiatum est ab utroque istorum, nisi hominem esse asinum, quod est falsum. Solutio: Prima est vera et improbatio* (alle Ausgaben haben *probatio*, und auch die Commentatoren bemerken den Fehler nicht) *peccat secundum fallaciam accidentis ...... Quidam tamen dicunt, quod prima est simpliciter falsa, ... et probatio peccat secundum fallaciam figurae dictionis ...... Sed prima solutio melior est et subtilior.* (Auch hiefür liegt die erste Quelle im sog. Ἀληθεύων, s. Abschn. VI, Anm. 205.)

249) Ebend. (f. 245 A): *Sequitur de hoc signo „neuter“, quod significat idem quod „uterque“ cum negatione sibi proposita ...... Quaeritur de hoc sophismate „Neutrum oculum habendo tu potes videre“. Probatio: Dextrum oculum non habendo tu potes videre, sinistrum oculum non habendo tu potes videre, ergo prima est vera. Contra: Neutrum oculum habendo tu potes videre, ergo dum neutrum oculum habes,*

Nun aber wird, obwohl das Verhältniss der Negation zur Distribution schon vorher (Schluss der Anm. 247) berührt worden war, noch speciell die Frage besprochen, ob die Negation überhaupt die Fähigkeit habe, zu einer verworrenen Supposition, d. h. aber eben zu einer Distribution, verwendet zu werden, und eine zweiseitige Erwägung der Frage führt zur Verneinung derselben [250]). Ausserdem noch wird hier die Erwähnung einer *distributio aptitudinis* und einer *distributio accommoda* eingeflickt [251]).

Und nun erst folgt der noch übrige Rest der die Substanz betreffenden Distributiv-Zeichen, nemlich das Wort *„totus"*, welches zur Distribution der Bestandtheile dienlich ist (Anm. 239); jedoch auch hier dreht sich die Erörterung lediglich um das Sophisma „Der ganze Sokrates ist kleiner als Sokrates", wobei übrigens sogar die völlig unrichtige Bemerkung hinzugefügt wird, dass bei qualitativen Bestimmungen kein derartiger Fehlschluss betreffs des „Ganzen" entstehe [252]).

---

tu potes videre, quod falsum est...... Solutio: Prima est falsa, et probatio peccat secundum fallaciam accidentis u. s. w. (Dieses Sophisma geht durch die Stoa hindurch bis auf die Megariker zurück, s. Abschn. VI, Anm. 210. u. Abschn. II, Anm. 91.)

250) VII, 5, 7 (f. 246 A): *Habito de signis distributivis partium subiectivarum consequenter quaeritur, utrum negatio habeat vim distributionis sive confundendi* (die nemliche Gleichstellung wie oben Anm. 238). *Et videtur, quod sic, quia Aristoteles in primo Perihermenias dicit* (Abschn. IV, Anm. 202), *quod illae contradicunt „homo est iustus" et „non homo est iustus"; ergo altera est universalis, ...ergo ille terminus „homo" distribuitur, sed non est ibi aliquid, a quo distribuatur, nisi negatio..... Contra: Si negatio habeat vim confundendi, ergo sicut ista est incongrua „omnis Socrates currit", similiter haec „non Socrates currit", quod est falsum...... Item ubicunque est distributio, ibi est terminus communis sumptus universaliter, ...sed signum universale significat „quoniam universaliter" tantummodo* (s. ob. Anm. 240), *negatio vero non; ergo negatio non habet vim distribuendi, quod concedimus dicentes, quod negatio non confundit, sed negat hoc, quod post se invenit..... Solutio autem patet ad hoc, quod obiicitur, quia, quod haec est universalis „non homo est iustus", hoc non est propter naturam distributionis existentis in negatione, sed hoc est, quia negatur homo in communi* u. s. f.

251) Ebend.: *Item solet poni quaedam distributio aptitudinis, ut „omnis homo timet in mari", i. e. aptus natus est timere in mari. Item solet poni distributio accommoda, ut „coelum tegit omnia praeter se ipsum" et „deus creavit omnia alia a se." Sed ista duo genera distributionis non sunt ita propria sicut alia.*

252) VII, 5, 8 (f. 247 A): *Sequitur de hoc signo „totus", quod est distributivum partium integralium, ut hic „totus Socrates est albus"; est enim sensus „Socrates secundum quamlibet sui partem est albus", ... ad quam sequitur „quaelibet pars Socratis est alba"...... Circa praedicta quaeritur de hoc sophismate „Totus Socrates est minor Socrate". Probatio: Quaelibet pars Socratis est minor Socrate; ergo Socrates secundum quamlibet sui partem est minor Socrate; ergo totus Socrates est minor Socrate. Contra: Totus Socrates est minor Socrate; ergo Socrates est minor Socrate. Solutio: Prima est vera, ...et improbatio* (auch hier haben alle Ausgaben *probatio*) *peccat secundum fallaciam accidentis...... Etiam probatio peccat secundum quid ad simpliciter...... Item in quibusdam sequitur „totus Socrates, ergo Socrates", ... in quibusdam non. Quaeritur, in quibus est et in quibus non. Dicendum est, quod sunt quaedam accidentia, quae indifferenter conveniunt parti et toti, ut „albus"....., et in talibus bene sequitur.....; alia sunt accidentia, quae conveniunt partibus et non toti, et e converso toti et non partibus, ut „minoritas, parvitas", et in talibus non sequitur.* (Die sophistische Anwendung des Theilbegriffes bereits bei den Megarikern, s. Abschn. II, Anm. 98; das Richtige hingegen betreffs des Beispieles von *„albus"* s. ebend. Anm. 70).

Indem somit noch diejenigen distributiven Zeichen ihre nähere Besprechung finden müssen, welche sich auf die Accidentien beziehen (Anm. 239), so tritt zunächst der Einwand entgegen, dass eine derartige Distribution überflüssig sei, weil ja die Accidentien nur durch Vervielfältigung ihrer Träger, d. h. der Substanzen, distributiv vervielfältigt werden; hingegen aber wird bemerkt, dass es sich bei dieser accidentellen Vervielfältigung nicht um die Substanz, sondern eben um Art-Formen derselben handle. Und somit wird sofort das Distributivum *„qualislibet"* in einem einfältigen Sophisma erörtert, welches darauf hinausläuft, dass die Beschaffenheit des Wissenden zuweilen auch das Bewusstsein des Wissens involviren könne[253]). Soll hiedurch das Accidens qualitativer Bestimmtheit erledigt sein, so geräth die Distribution quantitativer Accidentien noch kärglicher; denn *„quantuscunque"* wird wohl genannt, aber hievon sogleich auf *„quotiescunque"* übergesprungen und nur für dieses das Sophisma „So oft du in Paris warst, warst du ein Mensch" näher besprochen[254]). Zuletzt aber folgt noch (wohl im Anschlusse an die quantitativen Bestimmungen, jedoch ohne alle Andeutung eines solchen Zusammenhanges) eine Erörterung über *„infinitum"*, welche zuerst an der Hand aristotelischer Stellen die verschiedenen Bedeutungen des Unbegränzten und die Definition desselben feststellt, hierauf aber die distributive Geltung des Wortes *„infinitum"* an dem Satze nachweist: „Was

---

253) VII, 5, 9 (f. 248 B): *Sequitur de distributivis accidentium, inter quae primo dicendum est de signis distributivis qualitatis, ... ut „qualelibet", cuius particulare est „aliqualibet". Sed tunc obiicitur, quod, si accidens multiplicetur multiplicato subiecto, ... ergo signa distributiva accidentium superfluant. Ad hoc dicendum est, quod duplex est multiplicatio accidentis, quia quaedam est secundum numerum, et haec fit per signum distributivum substantiae, ... alia est multiplicatio secundum speciem, et haec fit per signa distributiva accidentis, ut „qualelibet currit"..... Circa praedicta quaeritur de hoc sophismate „Quodlibet qualelibet de quolibet tali scit, ipsum esse tale, quale ipsum est; posito, quod Socrates sciat grammaticam et logicam et rhetoricam, et Plato et Cicero similiter, et sciant, se habere eas, et sint alii tres homines, quorum unus sciat logicam, alter grammaticam, et alius rhetoricam, et isti nesciant, se habere eas, et de aliis nihil sciant, et alii sciant de se et de istis, et non sint plures homines neque plures qualitates". Probatio...... Contra..... Solutio: Prima est vera, et improbatio peccat secundum fallaciam consequentis, ... quia qualelibet supponit tantum pro tribus* u. s. f. (Die stoische Schul-Logik konnte für Sophismen, welche das Wissen betreffen, bis auf die Sophisten zurückgreifen; s. Abschn. I, Anm. 61 ff.)

254) VII, 5, 10 (f. 249 B): *Sequitur de signis distributivis quantitatis; et sunt illa, quae distribuunt res se habentes per modum quantitatis, ut „quotiescunque", „quantuscunque". Et secundum hoc quaeritur de hoc sophismate „Quotiescunque fuisti Parisiis* (statt *Parisius*, wie bekanntlich dieser Ortscasus in allen Handschriften und älteren Drucken stets geschrieben ist, steht hier in einigen Ausgaben *parasitus*), *toties fuisti homo". Probatio: Una vice fuisti Parisiis et illa vice fuisti homo, alia vice fuisti Parisiis et illa vice fuisti homo, et sic de aliis; ergo* u. s. f. *Improbatio: ..... sed bis fuisti Parisiis, ergo bis fuisti homo, quod falsum est ...... Solutio: Prima est falsa; ad probationem autem respondendum est per interemptionem, quia secunda pars copulativae est falsa, scilicet „illa vice fuisti homo", quia adhuc nulla vice fuisti homo, eo quod nondum vita fuit determinata ...... Et nota, quod „bis" non importat interruptionem temporis, sed tantum actus illius, cui adiungitur...... Si autem formaretur sic paralogismus „Quandocunque fuisti Parisiis* u. s. f.", *prima est vera, et improbatio peccat secundum fallaciam figurae dictionis, ... quia „quandocunque" est in praedicamento „quando", et „bis" in praedicamento quantitatis.*

eine beliebige Quantität übersteigt, ist begränzt"; und wenn schon bei dieser Distribution, welche als *distributio interscalaris* bezeichnet wird, der Satz „Das Unbegränzte ist begränzt" das Hauptmotiv bildete, so unterliegt nun letzterer als ein Sophisma dem üblichen Verfahren der Controverse und Lösung, wobei zu bemerken ist, dass nach den Ansichten Einiger der Unterschied zwischen relativ Unbegränztem und absolut Unbegränztem, nach Anderen aber die Verschiedenheit eines substantivischen oder eines syncategoreumatischen Gebrauches des Wortes „*infinitum*" beigezogen wurde [255]).

Endlich mit dem letzten Abschnitte, d. h. mit den ***Exponibilia,*** welche als das Einzige aus Petrus Hispanus sich auch in die spätere Logik forterbten (die sog. exponiblen Schlüsse), treten wir bereits in das Gebiet der „*Syncategoreumata*" ein, welche, wie wir oben (Anm. 66 ff.) sahen, bei Wilhelm Shyreswood allerdings auch den ganzen Abschnitt über die Distribution in sich umfassten, hier hingegen auf die „exponiblen" Worte beschränkt sind (was den Begriff συγκατηγόρημα bei Psellus betrifft, s. Abschn. XV, Anm. 9 u. 106, noch ältere Stellen s. Abschn. XIII, Anm. 174, 206, 348). Es wird nemlich das exponible Urtheil sofort als dasjenige definirt, welches in Folge eines syncategoreumatischen Ausdruckes undeutlich ist und einer Auseinandersetzung bedarf, woran sich zugleich die aufzählende Eintheilung der Syncategoreumata anknüpft, indem dieselben entweder Exclusiv- oder Exceptiv- oder Reduplicativ-Zeichen seien oder Anfang und Aufhören oder Endlosigkeit oder ein Ueberschreiten oder eine Unterscheidung oder eine specielle Weise der Distribution bezeichnen können [256]). Jedoch ist hiebei sehr wohl zu beachten, dass

---

255) VII, 5, 11 (f. 250 B): *Sequitur de infinito, quod quinque modis dicitur. Primo modo....., quod non potest pertransiri, ut vox dicitur invisibilis..... Alio modo...., quod habet transitum imperfectum, eo quod nondum est determinatum.... Tertio modo... secundum appositionem, ut numerus augmentabilis est in infinitum..... Quarto modo.... secundum divisionem, ut continuum..... Alio modo dicitur infinitum utroque modo, scilicet per appositionem et divisionem, ut tempus..... Quoad has tres ultimas significationes definitur sic infinitum: infinitum est, cuius quantitatem accipientibus semper est aliquid extra sumere.....* (im byzantinischen Originale waren natürlich alle diese Bestimmungen über das *infinitum* aus *Arist. phys. ausc.* III, 4—8 entnommen). *Solet autem poni, quod infinitum quandoque sumitur pro termino communi, et tunc ista propositio „infinita sunt finita" aequipollet huic „aliqua infinita sunt finita"; quandoque sumitur pro signo distributivo, et tunc illa aequipollet huic „quoad distributionem quolibet plura sunt finita". Et probatur sic: Uno plura sunt finita, duobus plura sunt finita, tribus plura sunt finita, et sic de aliis, ergo quolibet plura sunt finita; et sic dicitur facere interscalarem distributionem vel interruptam vel discontinuam...... Circa praedicta quaeritur de hoc sophismate „Infinita sunt finita". Probatio: Duo sunt finita, tria sunt finita, et sic in infinitum; ergo infinita sunt finita. Improbatio: Ibi praedicatur oppositum de opposito, ergo locutio est impossibilis. Solutio: Quidam distinguunt, eo quod infinitum est aequivocum ad „infinitum quoad nos" et ad „infinitum simpliciter", unde si sumatur infinitum quoad nos, prima potest esse vera....., si autem sumatur infinitum simpliciter, est simpliciter falsa..... Alii autem distinguunt, eo quod „infinitum" potest esse terminus communis, et sic prima est falsa, vel potest esse dictio syncategoreumatica* (s. d. folg. Anm. 257 und unten Anm. 264) *importans in se distributionem, et sic ponunt eam esse veram. Sed neutra istarum solutionum valet, quia.... adhuc remanet probatio et improbatio..... Unde dicendum est, quod prima simpliciter est falsa, et probatio peccat secundum quid ad simpliciter.*

256) VII, 6, 1 (f. 252 B): *Propositio exponibilis est propositio habens sensum*

nicht bloss am Schlusse des Abschnittes über die Distribution (s. vorige Anm. 255) schon eine Hindeutung auf die Syncategoreumata vorlag, sondern auch hinwiederum hier in der Aufzählung der exponiblen Worte einige mitbeigezogen sind, welche bereits in der Lehre von der Distribution ihre Besprechung gefunden hatten[257]). Und wenn es immerhin möglich ist, dass auch schon in der Synopsis des Psellus mehrere Punkte an zwei verschiedenen Stellen vorkamen, so kann andrerseits auch die Möglichkeit nicht in Abrede gestellt werden, dass jene letzten Capitel der *Exponibilia*, in welchen sich die Distribution mit der Exponibilität verschmilzt, bereits einer überarbeitenden Thätigkeit der Lateiner zuzuschreiben seien. Ja man könnte sogar darauf hinweisen, dass in einigen Drucken der *Summulae* des Petrus Hispanus der ganze Abschnitt über die *Exponibilia* fehlt[258]). Jedoch scheint mir jedenfalls der Hauptkern (nemlich Cap. 1—5 u. 7) von Petrus Hispanus aus Psellus wörtlich entnommen zu sein, und somit schliesse ich hier — um die Sache nicht zu sehr zu zerreissen — auch das Uebrige nicht aus. Um so entschiedener aber weise ich dann jenen ganzen Abschnitt, welcher die Ueberschrift „*Syncategoreumata*" trägt und auch die bereits bei Wilhelm Shyreswood (Anm. 82 ff.) vorkommende Erörterung der Conjunctionen enthält, den späteren Interpolationen zu, zumal da seine Aechtheit selbst schon im 15. Jahrh. bezweifelt wurde und er sonach auch in sehr wenigen Drucken erscheint, wobei ausserdem die ganze Form der Darstellung deutlich genug die Kennzeichen späterer Ueberarbeitung an sich trägt[259]).

Der Inhalt nun der *Exponibilia* ist folgender. Zuerst wird über die „exclusiven" Zeichen, wie z. B. *tantum*, gehandelt, deren Exposition verschiedenen Zwecken dienen könne und auch durch das Vorhandensein oder Nichtvorhandensein einer Negation in Bezug auf die „*praeiacens*" (d. h. den ohne Exclusiv-Partikel gesprochenen Satz) bedingt werde. Aber an Stelle einer näheren Untersuchung dieser Momente folgen nur fünf „Regeln", welche ich der Kürze halber (den weitschweifigen Wortlaut den Anmerkungen überlassend) in folgender Form anführen kann: Nach 1) und 2) ist der Satz „Nur A ist B" eben gleichgeltend mit „A ist B, und nichts Anderes als A ist B"; nach 3) kann aus „Nur A ist B" gefolgert werden „Alles B ist A"; nach 4) gilt der Satz „Es ist nicht so,

---

obscurum expositione indigentem propter aliquod syncategorema in ea positum implicite vel explicite in aliqua dictione..... Quae faciunt propositionem exponibilem, sunt in multiplici differentia, quia quaedam sunt signa exclusiva, ut „tantum, solum"...., quaedam exceptiva, ut „nisi, praeter", quaedam reduplicativa, ut „inquantum, secundum quod", quaedam important inceptionem vel desitionem, ut „incipit" et „desinit", quaedam important privationem finis, ut „infinitum", quaedam important excessum, ut comparativi et superlativi gradus, quaedam vero important distinctionem, ut „differt, aliud ab"....., quaedam important specialem modum distributionis, ut „totus, qualelibet".... Unde propter illa propositio redditur obscura sicque indiget expositione. Hiezu unten Anm. 604 f.

257) Nemlich *infinitus* trafen wir so eben vorher Anm. 255, ferner *alius* schon oben bei den Relativen der Verschiedenheit, s. Anm. 213 u. 217, sodann *totus* und *qualislibet* in der Distribution, s. Anm. 252 f.

258) Er fehlt in F, W, 𝔏—𝔔; in 𝔇—𝔊 ist er ausserhalb der üblichen fortlaufenden Numerirung hinzugefügt; s. Anm. 143.

259) S. unten Abschn. XX. bei den späteren Interpolationen.

dass nur A B sei" soviel als „Entweder ist kein A B, oder etwas Anderes als A ist B"; nach 5) ist der Satz „Nur A ist nicht B" gleichgeltend mit „A ist nicht B, und Alles, was etwas Anderes als A ist, ist B" [260]). S. unten Anm. 606.

Ebenso liegt hierauf bei den „exceptiven" Zeichen, z. B. *„praeter"*, das Ganze in vier Regeln, deren 1) die quantitative Geltung, und 2) die suppositorische Tragweite exceptiver Sätze betrifft; nach 3) wird der Satz „Alles A, mit Ausnahme von B, ist C" exponirt durch „Alles A, welches etwas Anderes als B ist, ist C, und ferner B ist A, und ferner B ist nicht C"; nach 4) ist die Exposition des Satzes „Kein A, mit Ausnahme von B, ist C" gegeben durch „Kein A, welches etwas Anderes als B ist, ist C, und ferner B ist A, und ferner alles B ist C" [261]). S. unten Anm. 607.

---

260) VII, 6, 2 (f. 253 B): *Signa exclusiva sunt illa, quae ex significatione sua exclusionem important, ... ut sunt istae dictiones „tantum, solum, dumtaxat" et similia. Haec autem signa quandoque exponuntur gratia alietatis, quandoque vero gratia pluralitatis* (was unter Letzterem gemeint sei, erhellt auch aus dem Folgenden nicht), *quandoque ponuntur in oratione sine negatione praecedente vel consequente, quandoque vero cum negatione. De istis autem tales dantur regulae. Prima est: Propositio exclusiva sine negatione exponitur per copulativam affirmativam, cuius prima pars est praeiacens* (dieser Begriff bleibt später recipirt) *exclusivae et secunda pars est negativa importans negationem praedicati de omnibus aliis a subiecto, ut „tantum homo est risibilis", i. e. „homo est risibilis, et nihil aliud ab homine est risibile"...... Secunda regula: Propositio exclusiva huius generis infert copulativam compositam ex duabus exponentibus et quamlibet earum seorsim, et non e converso, ut „tantum homo currit", ergo „homo currit, et nihil aliud ab homine currit". Tertia regula: Ab exclusiva affirmativa ad universalem de terminis transpositis est bona consequentia, si fiat exclusio gratia alietatis, et non contra, ut bene sequitur „tantum animal est homo", ergo „omnis homo est animal" et non e contra. Quarta regula: Exclusiva contradictoria prioris* (d. h. wo die Negation den ganzen Satz verneint) *exponitur per disiunctivam affirmativam de partibus contradicentibus priori exclusivae* (dem in der zweiten Regel gegebenen copulativen Urtheile), *ut „non tantum homo currit" i. e. „nullus homo currit vel aliud ab homine currit"...... Quinta regula: Exclusiva, in qua ponitur sola negatio sequens exclusionem, exponitur per copulativam affirmativam, cuius prima pars est negativa praeiacens, secunda est affirmativa, in qua praedicatum affirmativae enuntiatur de quolibet alio a subiecto, ut „tantum accidens non est substantia" i. e. „accidens non est substantia, et omne aliud ab accidente est substantia". Et per hoc patet, qualiter eius contradictoria sit exponenda.*

261) VII, 6, 3 (f. 255 B): *Sequitur de signis exceptivis. Dicuntur autem exceptiva, quae significant exceptionem alicuius contenti sub aliquo distributo, ut „praeter, praeterquam"..... De quibus tales dantur regulae. Prima: Omnis exceptio fit a toto in quantitate, seu a termino sumpto sub signo universali....., ut „omnis homo praeter Socratem currit". Secunda regula: Dictio exceptiva non impedita facit, terminum communem, supra quem cadit, immediate supponere simpliciter, ut „omne animal praeter hominem est irrationale", ibi „homo" supponit simpliciter. Tertia regula: Universalis affirmativa exceptiva exponitur copulative per tres exponentes categoricas, quarum prima affirmat universale praedicatum de subiecto sumpto cum „aliud ab", secunda affirmat terminum, a quo fit exceptio, tertia est negativa, in qua praedicatum negatur de termino excepto, ut „omne animal praeter hominem est irrationale" exponitur sic „omne animal aliud ab homine est irrationale, et homo est animal, et homo non est irrationalis". Quarta regula: Universalis negativa exceptiva exponitur copulative per tres exponentes, in quarum prima praedicatum negatur de subiecto sumpto cum „aliud ab", in secundo affirmatur subiectum de termino, qui excipitur, in tertia affirmatur universale praedicatum de termino excepto, ut „nullum animal*

In gleicher Weise erscheinen bei den „reduplicativen" Zeichen, z. B. *inquantum* oder *secundum quod,* ebenfalls nur vier Regeln. Nach 1) spricht ein Reduplicativ-Satz stets einen gewissen Causal-Zusammenhang aus; nach 2) bezieht sich das reduplicative Zeichen immer auf das Prädicat, legt aber den Causalnexus nicht in das Prädicat, sondern in das Subject. Nach 3) wird der Satz „A, sofern es B ist, ist C" exponirt durch „A ist C, und A ist B, und alles B ist C, und weil Etwas B ist, ist es auch C"; nach 4) wird der Satz „Kein A, insoweit es B ist, ist C" exponirt durch „Kein A ist C, und alles A ist B, und kein B ist C, und weil Etwas B ist, ist es nicht C"[262]). Vgl. unten Anm. 608 f.

Sodann sind es die Worte *„incipit"* und *„desinit"*, welche gleichfalls als exponible betrachtet werden, und im Hinblicke auf die Unterscheidung, dass Anfang und Ende eines Factums entweder plötzlich mit Einem Male oder stufenweise allmälig eintreten kann, formuliren sich die Regeln, dass 1) der Satz „A beginnt" (im ersteren Falle) exponirt wird durch „A ist jetzt, und vorher war es nicht", sodann 2) der Satz „A beginnt, B zu sein" (im letzteren Falle) seine Exposition in „A ist jetzt nicht B, und hernach wird es B sein" findet; entsprechend wird 3) der Satz „A hört auf, B zu sein" (im ersteren Falle) exponirt durch „A ist jetzt B, und hernach wird es nicht B sein", und 4) der Satz „A hört auf, B zu sein" (im letzteren Falle) durch „A ist jetzt nicht B, und vorher war es B"[263]). Vgl. unten Anm. 600.

---

praeter hominem est risibile" exponitur sic „nullum animal aliud ab homine est risibile, et homo est animal, et omnis homo est risibilis".

262) VII, 6, 4 (f. 256 B): *Sequitur de reduplicativis dictionibus. Dicuntur autem reduplicativae, quae important rationem, secundum quam aliquid alteri attribuitur, ut „inquantum, secundum quod, ea ratione qua" et similia. De quibus tales dantur regulae. Prima est, quod dictio reduplicativa praesupponit, aliquod praedicatum inesse alicui subiecto, et denotat, illud, supra quod cadit, immediate esse causam illius inhaerentiae. Secunda regula est, quod dictio reduplicativa semper refertur ad praedicatum et nunquam reduplicat ipsum. Tertia regula est, quod propositio reduplicativa affirmativa exponitur per quatuor exponentes, quarum prima affirmat praedicatum principale de subiecto, secunda affirmat reduplicativam de subiecto, tertia affirmat praedicatum principale de reduplicato universaliter, quarta est una causalis, in cuius antecedente ponitur dictio, supra quam cadit reduplicatio de aliquo transcendente, et in consequente praedicatum principale affirmatur de relativo illius transcendentis, ut hic „homo, inquantum rationalis est, est flebilis" i. e. „homo est flebilis, et homo est rationalis, et omne rationale est flebile, et quia aliquid est rationale, ipsum est flebile". Quarta regula est, quod propositio reduplicativa, in qua ponitur negatio post dictionem reduplicativam, exponitur copulative per quatuor exponentes, quarum prima negat praedicatum de subiecto principali, secunda affirmat reduplicatum de eodem, tertia negat universaliter praedicatum principale de reduplicato, quarta est una causalis, in cuius antecedente praedicatum reduplicatum de suo transcendente affirmatur, et in consequente negatur praedicatum de relativo illius transcendentis, ut hic „nullus homo, inquantum rationalis est, est rudibilis" i. e. „nullus homo est rudibilis, et omnis homo est rationalis, et nullum rationale est rudibile, et quia aliquid est rationale, ipsum non est rudibile". Ex isto patet per legem contradictoriarum, qualiter sint exponendae contradictoriae ipsarum.*

263) VII, 6, 5 (f. 258 A): *Sequitur de „incipit" et „desinit"....... Quatuor dantur regulae. Prima est: Propositiones de „incipit" in rebus, quarum esse totum simul acquiritur, exponuntur per unam copulativam, cuius prima pars est affirmativa de praesenti, secunda negativa de praeterito, ut „homo incipit" i. e. „homo nunc est, et immediate ante hoc non fuit". Secunda regula: Propositiones de „incipit" in*

Nun aber folgt, wie bemerkt, wieder *„infinitum"*, welches schon oben bei der Distribution besprochen worden war; hier jedoch lenkt die Erörterung auf den syncategoreumatischen Gebrauch dieses Wortes ein, welcher dann vorliege, wenn es sich um das Verhältniss des Subjectes zum Prädicate handle. Und für diesen Fall werden zwei Regeln gegeben, deren erste dahin lautet, dass bei *„infinitum"* eine *suppositio confusa immobilis* (s. Anm. 206) stattfinde, die zweite aber die Exposition feststellt, indem der Satz „Unbestimmt viele A sind B" exponirt werde durch „Einige A sind B, jedoch sind ihrer wenigstens drei". Eine dritte Regel dagegen betrifft den nicht-syncategoreumatischen Gebrauch, bei welchem der Satz „A ist unbestimmt gross" durch „A ist ein Quantum, und seine Quantität ist unbestimmt" exponirt wird [264]).

Hierauf wird die Comparativ- und Superlativ-Form als ein exponibler Ausdruck in vier Regeln besprochen; nemlich nach 1) ist z. B. der Satz „A ist grösser als B" zu exponiren durch „A ist gross, und B ist gross, und A ist dem B an Grösse überlegen". Der Superlativ hingegen, welcher

---

rebus, quarum esse acquiritur successive, exponuntur per unam copulativam, cuius prima pars est negativa de praesenti, secunda est affirmativa de futuro, ut „Socrates incipit esse albus" i. e. „Socrates nunc non est albus, et immediate post hoc erit albus". Tertia regula: Propositiones de „desinit" rerum, quarum esse totum simul deperditur, exponuntur per unam copulativam, cuius prima pars est affirmativa de praesenti, secunda est negativa de futuro, ut „Socrates desinit esse homo" i. e. „Socrates nunc est homo, et immediate post hoc non erit homo". Quarta regula: Propositiones de „desinit" rerum, quarum esse deperditur successive, exponuntur copulative per unam negativam de praesenti et alteram affirmativam de praeterito, ut „Socrates desinit esse albus" i. e. „Socrates nunc non est albus, et immediate ante hoc fuit albus". Ex istis patet, quomodo contradictoriae istarum sint exponendae.

264) VII, 6, 6 (f. 259 B): *Sequitur de infinito, cuius quaedam solent assignari distinctiones.* (Nun folgen zunächst, wenn auch in verändertem Wortlaute, jene nemlichen fünf Bedeutungen des *infinitum*, welche wir schon oben Anm. 255 trafen.)..... *Infinitum capitur uno modo categorematice, prout est terminus communis. et sic significat quantitatem rei subiectae vel praedicatae....., alio modo sumitur syncategorematice, non prout dicit quantitatem rei subiectae vel praedicatae, sed qualiter se habet subiectum in ordine ad praedicatum, et sic non est terminus communis, sed est dispositio subiecti et signum distributivum. Et de his tales dantur regulae. Prima est: Infinitum syncategorematice sumptum positum in subiecto facit terminum communem sequentem pro se stare confuse tantum, ut „infiniti homines currunt", ibi „homines" supponit confuse, non tamen mobiliter. Secunda regula est: Propositio de infinito syncategorematice capto exponitur per unam copulativam, cuius prima pars affirmat praedicatum de subiecto sumpto sub aliqua quantitate continua vel discreta, et secunda negat praedicatum inesse tali subiecto secundum determinatam quantitatem, ut „infiniti homines currunt" sic exponitur „aliqui homines currunt, et non tot, quin plures duobus vel tribus". Tertia regula: Propositio de infinito capto categorematice sive significative exponitur per unam copulativam, cuius prima pars affirmat quantitatem de subiecto, et secunda negat terminum illius quantitatis, ut „linea est infinita" i. e. „linea est quanta, et non habet terminum suae quantitatis". Et hoc est, si infinitum est in praedicato. Sed si sit in subiecto, prima affirmat praedicatum de subiecto quanto, et secunda negat terminum illius quantitatis, ut „aliquod corpus infinitum est album" i. e. „aliquod corpus quantum est album, et idem corpus non habet terminum suae quantitatis".* Uebrigens unterschied ja auch schon Wilhelm Shyreswood zwischen einem categoreumatischen und syncategoreumatischen Gebrauche, und zwar nicht bloss bei *infinitus* (Anm. 70) und *totus* (Anm. 69), sondern auch bei *incipit* und *desinit* (Anm. 81), sowie bei mehreren anderen Worten (Anm. 75 ff.).

nach 2) eine Distribution enthält und nach 3) ein wirkliches Stattfinden der Eigenschaft bei den verglichenen Dingen voraussetzt, soll nach 4) zu der Exposition führen, dass z. B. der Satz „A ist das grösste aller B" den Sinn habe „A ist gross, und alle B sind gross, und kein B ist grösser als A" [265]).

Sodann folgen die Begriffe *„differt, aliud"*, obwohl dieselben (wenigstens der letztere) gleichfalls bereits oben (Anm. 213 u. 217) vorgekommen waren. Die hier folgenden Regeln betreffen zuerst die thatsächliche Grundlage und die distributive Function jener Worte, und dann die Exposition, da der Satz „A ist etwas Anderes als B" sich auflöse in „A ist, und B ist, und A ist nicht B", hingegen der Satz „A ist nichts Anderes als B" exponirt werde durch „Entweder ist A nicht, oder B ist nicht, oder A ist B" [266]).

Endlich kömmt noch *„totus"* an die Reihe, an welchem, während wir es ebenfalls schon oben (Anm. 252) trafen, hier die syncategoreumatische Geltung erörtert wird; und zwar handle es sich dabei sowohl um eine Distribution als auch um die Exposition, bei welch letzterer hier nun wieder obiges (a. a. O.) Sophisma „der ganze Sokrates ist kleiner als Sokrates" erscheint. Auch knüpfen sich hieran noch Bemerkungen über *„quantuslibet"* und *„qualislibet"* (Anm. 253 f.), insoferne bei

---

265) VII, 6, 7 (f. 261 A): *Sequitur de comparativis et superlativis, de quibus tales dantur regulae. Prima est: Propositio habens comparativum proprie captum, et non abusive, exponitur affirmative per tres exponentes, quarum prima affirmat positivum de re excedente, secunda affirmat eundem de re excessa, tertia affirmat excessum de re excedente respectu rei excessae, ut „Socrates est albior asino" i. e. „Socrates est albus, et asinus est albus, et Socrates est magis albus quam asinus" vel negando aequalitatem..... „asinus non est aeque albus sicut Socrates". Secunda regula: Superlativus distribuit communem terminum sequentem, qui significat rem excessam, ut „leo est fortissimus animalium", ibi „animalium" distribuitur. Tertia regula* (in einigen Ausgaben *Secunda regula de superlativo*)*: Superlativus proprie tentus denotat, rem excessam convenire rei excedenti, et patet, quia haec est impropria „leo est fortissimus lyncum", quia fortitudo de lynce non verificatur* (natürlich wäre die gleiche Regel auch für den Comparativ anzuführen). *Quarta* (in jenen Ausgaben dann *Tertia*) *regula: Propositio de superlativo proprie capto exponitur copulative per tres exponentes, quarum prima affirmat positivum de re excedente, secunda affirmat idem de re excessa, tertia negat universaliter excessum de re excessa respectu rei excedentis, ut „rosa est pulcherrima florum" i. e. „rosa est pulchra, et omnis flos est pulcher, et nullus flos est pulchrior rosa"..... Sed si non ponatur ibi genitivus, debet omitti secunda exponens, ut „Socrates est fortissimus" i. e. „Socrates est fortis, et nullus homo est fortior illo". Et contradictoriae istarum semper habent exponi per disiunctivas de partibus contradicentibus.*

266) VII, 6, 8 (f. 262 A): *Sequitur de „differt, aliud ab", de quibus tales dantur regulae. Prima est, quod .... conveniunt tantum enti, quia ut dicitur decimo Metaphysicoram* (c. 3, p. 1054 b 20), *nec non ens enti nec ens non enti idem vel diversum est. Secunda regula: Ablativus rectus ab istis dictionibus mediante „a" vel „ab" distribuitur, si sit distribuibilis ...... Tertia regula: Propositio affirmativa de „differt" exponitur copulative per tres exponentes, in quarum prima affirmatur hoc verbum „est" de eo, quod differt, in secunda affirmatur idem de eo, a quo differt, tertia negat unum illorum de alio, ut „homo differt ab asino" i. e. „homo est, et asinus est, et homo non est asinus". Quarta regula: Propositio negativa de „differt" debet exponi per unam disiunctivam de partibus contradicentibus, ut „Socrates non differt ab asino" i. e. „Socrates non est, vel asinus non est, vel Socrates est asinus".*

denselben keine eigentliche Exposition, sondern nur eine Distribution stattfinde [267]).

Solcher Art also ist der Inhalt der einflussreichen *Summulae* des Petrus Hispanus. Es ist, wie wir sahen, eine Logik, in welcher (wenn auch nach einem zufälligen und wahrlich nicht philosophischen Motive) das Urtheil als erster Abschnitt dem Begriffe vorangeht, in welcher der kategorische Syllogismus in drei Figuren (mit den theophrastischen Schlussmodis der ersten Figur) entwickelt wird, hingegen die hypothetischen und die modalen Syllogismen fehlen, in welcher ferner eine erkleckliche Anzahl von Memorialversen auftritt, und endlich in welcher die peinlich ausführliche Lehre von den *proprietates terminorum* eine erschreckende Fülle byzantinischen Unsinnes enthält. Bedauernswerth erscheint uns der Leser, welcher all dasjenige, was von Anm. 202 an vorzuführen war, durchstudiren oder wenigstens durchblättern soll; aber es darf sich wohl hieran die Bitte knüpfen, dass einiges Mitleid von dem Leser auch wieder auf den Geschichtschreiber der Logik zurückfliessen möge, welcher jenes verstandlose und häufig läppische Treiben [268]) nicht bloss bei Petrus Hispanus in seiner ganzen Ausdehnung geniessen, sondern auch in hundertfachen Variationen verfolgen und bis in das 16. Jahrhundert hinab nachweisen musste [269]). In jener sinnlosen Verquickung grammatischer und logischer Momente, welche durch die ganze Lehre von *suppositio, ampliatio, appellatio, restrictio, distributio, exponibilia* sich hindurchzieht, erblicken wir allerdings sogleich den verpestenden Einfluss des von Anbeginn blödsinnigen Stoicismus [270]), welcher mittelst dieser byzantinischen Logik drei Jahrhunderte hindurch das abendländische Mittelalter

---

267) VII, 6, 9 (f. 262 B): *Sequitur de hoc signo „totus"...... Potest capi tribus modis: uno modo communi pro omni eo, quod habet partes....; secundo modo magis proprie pro illo, quod ex omnibus suis partibus est perfectum......; et istis duobus modis „totus" tenetur categorematice. Tertio modo capitur syncategorematice, prout includit signum distributivum* (s. den Schluss der Anm. 264), ... *et sic non dicit, quale subiectum sit, sed qualiter se habeat in ordine ad praedicatum. Et hoc modo reddit propositionem exponibilem, de quo dantur tales regulae. Prima est, quod „totus" distribuit terminum, cui adiungitur, pro qualibet parte integrali..... Secunda est, quod propositio affirmativa de toto exponitur per unam categoricam transmutato „totus" in „secundum quamlibet sui partem", ut „totus Socrates est minor Socrate"....... Praeterea notandum, quod haec signa „quantumlibet, qualelibet" non faciunt proprie propositionem exponibilem, sed faciunt distributionem, non absolutam, sed contrahunt speciem ad aliquod determinatum genus praedicamentale, ut „quantumlibet" distribuit pro quantitate continua..... et sic dicuntur mentaliter complexa..... Et de exponibilibus dicta sufficiant.*

268) Es muss unumgänglich dem Leser überlassen bleiben, die zahlreichen Halbheiten und Inconsequenzen, sowie die entsetzliche Verknöcherung dieser byzantinischen Doctrin sich aus dem Angeführten selbst zu entnehmen, denn auch falls es an sich der Mühe werth gewesen wäre, konnte ich unmöglich den Umfang der Darstellung dadurch noch mehr anschwellen lassen, dass ich bei jeder Zeile den Unsinn als Unsinn aufgedeckt hätte.

269) Der weitere Verlauf wird uns ja noch lange genug an die Litteratur der *Summulae* fesseln, welche, wie sich zeigen wird, als „*usus modernorum*" neben die aristotelische Logik tritt.

270) Ausser demjenigen, was schon oben, Abchn. VI, Anm. 110—116 und 123—131, bemerkt wurde, s. hierüber nun auch *Steinthal,* Gesch. d. Sprachwissensch. b. d. Griechen u. Römern, Berl. 1862, S. 300 ff.

beschäftigt. Aber die einzelnen Entwicklungsperioden der stoischen Logik, welche schliesslich zu solchem Gipfelpunkt des Unsinnes führten, können wir, wie schon Abschn. XV, Anm. 97 ff. gesagt wurde, nicht mehr nachweisen. Denn wenn sich auch einzelne Sophismen auf eine ursprüngliche stoische Quelle zurückführen lassen [271]), oder wenn wir auch grammatische Anschauungen und Terminologien, welche hier vorkommen, bei Priscianus wiederkehren sehen [272]), so sind diess nur versprengte Bausteine Eines grammatisch-logischen Gebäudes, welches in seiner ursprünglichen Gestalt sich bis jetzt unserer geschichtlichen Kenntniss entzieht. Indem aber die schon oben (Abschn. XV, Anm. 106 f.) ausgesprochene Vermuthung, dass wohl in verlornen Schriften des Themistius die Quelle jener byzantinischen Logik liegen dürfte, nunmehr auch bei dem bloss lateinisch erhaltenen Reste der Synopsis sich zuweilen uns wieder aufdrängte (Anm. 218, 241, 247, 255), so weise ich hiemit absichtlich wiederholt auf diese wesentliche Lücke der Geschichte der Logik hin und kann nur wünschen, dass aus irgend einer Bibliothek handschriftliches Material zu Tag gefördert werde, durch welches dieser Punkt seine Aufkläruug finden könnte.

Soll aber nun jener Einfluss der aristotelisch-arabischen Litteratur, welcher völlig gleichzeitig neben der Herübernahme des Psellus seine Wirkung begann, in nähere Betrachtung gezogen werden, so begegnen uns vorerst einige Erscheinungen von ziemlich untergeordneter Art. Denn offenbar war man Anfangs von dem neuen zugeführten Stoffe förmlich verblüfft, und sowie man daher gleichsam wieder von vorne anfing, so hatte man weder Zeit und Musse, um etwa an die Controversen der Abälard'schen Periode anzuknüpfen und von da fortzubauen, noch auch war man befähigt, im ersten Anlaufe die reiche Fülle der neuen Quellen zu sichten und überhaupt zu verarbeiten. Erklärlich daher ist es, dass wir bei den ersten Autoren, welche den neu erwachten Aristoteles und die Araber benützten, nur unmotivirte Ansichten treffen, welche auf dem Gebiete der gewöhnlichen Parteifragen sich nicht einmal zu einer Polemik erheben, sondern nur an den einen oder anderen aristotelischen oder arabischen Ausspruch als Auctorität sich anlehnen. Selbstverständlicher Weise aber war es auch hiebei wieder ein platonisch-christlicher Realismus, welcher als der Grundton aller orthodoxen Logik (— was hingegen „ketzerische“ Logik sei, s. schon oben Abschn. XIII, Anm. 319 —) sich sogleich unmittelbar einstellen musste; nur konnte man sich jetzt zur Unterstützung dieser Auffassung mit Vorliebe auf jene Sätze der aristote-

271) S. oben Anm. 226, 243, 246, 247, 248, 249, 252, 253.

272) So treffen wir erklärlicher Weise vor Allem die *syncategoremata* bei *Priscian.* II, 15 (Vol. I, p. 54 *ed. Hertz*), ferner auch eine leise Spur der *appellatio* II, 18 (p. 55), desgleichen Spuren bezüglich der *relativa* XII, 4 (Vol. I, p. 579) u. XVII, 73 (Vol. II, p. 150). Aber diess können nur versprengte Reste einer älteren Formation sein, in welcher sich Grammatik und Logik überhaupt berührt hatten, und wir dürfen nicht übersehen, dass gerade von den Hauptbegriffen der byzantinischen Logik, nemlich von *suppositio*, *ampliatio*, *restrictio*, *distributio*, *exclusiva*, *exceptiva*, *reduplicativa*, *exponibilia*, sich auch bei Priscianus keine Spur findet.

lischen Psychologie werfen, welche zur arabischen Lehre vom *intellectus agens* verwendet oder missbraucht worden waren [273]).

So zeigt uns schon Alexander Alesius (gest. 1245), welchen wir fast völlig der Geschichte der Theologie überlassen könnten [274]), einen nicht weiter durchgebildeten Realismus, welchen er unter Anknüpfung an dogmatische Autoritäten (besonders an Augustinus) auch auf die dem Aristoteles entlehnten psychologischen Fragen überträgt. In seinen einzelnen realistischen Ausdrücken aber ist die Einwirkung arabischer Lehre stets unverkennbar, sei es dass er z. B. die abstrahirende und einigende Function des auf das Einfache gerichteten Denkens beschreibt [275]), oder hervorhebt, welch verschiedene Stellung die Universalien im Denken und in der Objectivität haben [276]), oder sei es dass er eine realistische Wendung der Araber in das Rohere und Plumpere steigert [277]).

Nicht besser verhält es sich mit Wilhelm von Auvergne (gest. 1249), welcher in seinem grösseren Werke *De universo* [278]) durchaus nicht ein logisches Interesse verfolgt [279]), sondern nur theologische Erörterungen, und zwar hauptsächlich über das *universum spirituale*, d. h. das Geisterreich, zum Zwecke hat [280]), sowie auch sein Buch *De anima* [281]) einer ähnlichen Tendenz folgt. So ist ihm auch die Frage über die Existenz der Universalien keine logische, sondern sie hat für

---

273) S. oben Abschn. XVI, Anm. 3 f. Dass ich aber von der Geschichte der Logik als solcher grundsätzlich die psychologischen und erkenntniss-theoretischen Lehren ausschliesse, habe ich ebendaselbst unter Angabe meiner Gründe bereits gesagt.

274) Den unter dem Namen des Alex. Alesius gedruckten (*Venet.* 1572) Commentar zur Metaphysik können wir hier nicht in Betracht ziehen, indem derselbe, wie auch schon Andere richtig bemerkten (s. *Hist. litt. de la France*, XVIII, p. 323), nicht vor Duns Scotus geschrieben sein kann. S. hingegen unten Abschn. XIX, Anm. 248 ff., den Verfasser dieses Commentares, nemlich den Alexander ab Alexandria.

275) *Summa univ. theolog.* (*Lugd.* 1516 fol.), Pars II, Quaest. 69, membr. 2: *Unusquisque intellectus est circa formas intelligibiles sine complexione consideratas* (den Begriff der *incomplexa* bei Alfarabi und Avicenna s. vor. Abschn., Anm. 16 u. 88)...... *Cognitio illarum formarum intelligibilium, quae veniunt ad intellectum per abstractionem a phantasmate sensibili* (s. Alfarabi, ebd. Anm. 22). Quaest. 69, membr. 3, artic. 3: *Intellectus abstrahens formas intelligibiles et uniens eas* (s. Avicenna, ebend. Anm. 92).

276) Ebend. Quaest. 59, membr. 2, art. 2: *Secundum intellectum fit abstractio speciei a materia vel subiecto, secundum naturam vero non* (s. Alfarabi, ebd. Anm. 22).

277) Ebend. art. 1: *Forma, quae solum est esse materiae in perficiendo totum, perficit omnes partes materiae et consimili ratione, ut est dicere „quaelibet pars ignis est ignis“* (die Veranlassung hiezu s. bei Alfarabi, ebd. Anm. 33; Avicenna und Averroes hatten anders gedacht, s. ebd. Anm. 166 u. 301).

278) *Guilelmi Alverni episcopi Parisiensis Opera omnia* etc. *Aureliae et Ambiani* 1674. fol. Vol. I, p. 593—1074. Nähere Nachweise, dass Wilhelm den ganzen Aristoteles und die Araber kannte und benützte, s. bei *A. Jourdain, Recherches crit.* 2. Aufl. (1843) S. 288 ff.

279) Von keiner Bedeutung ist es, dass er gelegentlich einmal (I, 3, c. 24, p. 795) die Ansicht des Avicenna über die Wahrheit der Urtheile (s. vor. Abschn. Anm. 39 f.) ausschreibt.

280) Wie in einem zoologischen Garten kann man bei ihm das Leben und Treiben der Engel, Erzengel, gefallenen Engel, Dämonen u. dgl. studiren.

281) Vol. II, *Supplem.* p. 65—228.

ihn nur Werth im Hinblicke auf die Kundgebungen aus dem Jenseits. Während es ihm aber hiernach als selbstverständlich gelten muss, dass die Universalien objectiv reelle Wesen sind, zeigt er sich uns als einen Dualisten der plumpesten Art; denn völlig parallel stellt er (nach dem alten Satze „*universale intelligitur, singulare sentitur*") die „Eindrücke" der sinnlichen und der intelligiblen Welt nebeneinander, und gleichmässig für die beiderlei Wesen beruhigt er sich bei dem Auctoritätsglauben, dass sie eben objectiv so seien, wie sie subjectiv empfunden werden[282]. Daher polemisirt er sogar, sich an Araber anlehnend, gegen Plato, welcher die Sinnenwelt in ein bloss abbildliches und hiemit unwahres Sein aufpflückte[283], und schliesslich legt er sich den Platonismus, um zugleich auch dem Aristotelismus dienen zu können, dahin aus, dass die Ideenlehre nicht die Artbegriffe (*species*) betreffe, welche ja vollständig in den Einzelndingen (*totaliter in individuis*) existiren und in solcher Weise die wesentlichen Prädicate der Individuen sind (*de singularibus*), sondern dass die platonischen Ideen jene ausserhalb liegenden Formen (*formae exteriores*) seien, welche im Geiste des Schöpfers sich befinden, — kurz wir treffen hier zum ersten Male jene arabische Distinction aufgenommen, wornach die Universalien *ante rem* (d. h. jene *formae exteriores*) und *in re* (*in individuis*) und auch *post rem* (*de singularibus*) bestehen[284],

---

282) *De univ.* II, 1, c. 14, p. 821: *Non minus credendum est intellectui de intelligibilibus, quam sensui de sensibilibus; quia igitur testimonium seu testificatio sensus cogit nos ponere mundum sensibilium et ipsum sensibilem, ... cogere nos debet intellectus multo fortius mundum intelligibilium, hic autem est mundus universalium sive specierum ...... Intellectus igitur nostri, h. e. intellectiones, quibus sumus intelligentes, non sunt in effectu, nisi passiones seu similitudines intelligibilium impressae ab eisdem intellectui nostro; agere autem vel imprimere non potest, quod non est; necesse igitur est, intelligibilia esse ..... Quare necesse est, formas communes, sc. genera et species et alia huiusmodi convenientia esse, et non solummodo esse, sed etiam esse sicut intelliguntur; quemadmodum sensibilia et particularia necesse est esse, non solum simpliciter, sed etiam esse ea sicut sentiuntur.* Noch naiver, aber kürzer: *De anima*, Cap. 7, pars 4, p. 207: *Cum virtus sensitiva non indigeat nisi rebus sensibilibus propter illas apprehendendas, quomodo virtus intellectiva non erit contenta rebus intelligibilibus ad apprehensionem earum?*

283) *De univ.* II, 1, c. 34, p. 835: *Verum Plato ultra, quam oporteret et veritas exigeret, extendit huiusmodi similitudines, ... quoniam nominationes creaturarum omnes per similitudinem fiant et nulla earum per veritatem; unde nec veram terram nec verum ignem nec veram aquam aut verum aërem in mundo sensibili esse patenter asseruit* (*Tim.* p. 51 B) ..... *Consequens igitur est, nihil esse omnino in mundo isto sensibili secundum veritatem ipsumque mundum similiter nihil esse in veritate.*

284) Ebend. c. 35, p. 836: *Aut intellexit Plato species* (*dum dixit, mundum specierum exemplar esse mundi istius sensibilis*), *quas dicimus praedicari de pluribus differentibus numero in eo quod quid est* (diess die allbekannte traditionelle Definition), *aut intellexit rerum similitudines sive ideas sive imagines rerum exemplares. Quodsi iuxta priorem intentionem, ... huiusmodi species totum est esse individuorum; ...... quia igitur totum esse individuorum omnium in ipsis individuis est et non extra, manifestum est, huiusmodi species in individuis suis sive singularibus totaliter esse et non extra ...... Manifestum igitur est per haec, Platonem non intellexisse hoc, quod dixit de mundo archetypo, de speciebus, quae de individuis vel singularibus in eo quod quid praedicantur; illas enim esse necesse est et in singularibus suis et cum singularibus; ubi enim Socrates est, necesse est esse hominem, et ubi homo est, necesse est esse aliquem hominem. De ideis igitur sive formis exterioribus, quae in mente creatoris aeternaliter sunt, intellexit sermones suos* (s. Al-

und erklärlicher Weise können sich hieran auf gleicher Quelle fussend noch andere gelegentliche Bemerkungen über den Artbegriff anschliessen[285]. Das Komischste aber ist, dass Wilhelm, während er das Denken als einen „Spiegel" des Intelligiblen bezeichnet[286], doch wieder die Entstehung der Allgemeinbegriffe aus einer Kurzsichtigkeit (*brevitas*) des Denkens erklärt, vermöge deren dasselbe die Dinge nur wie von Weitem (wie eine entfernte Statue) und daher nur „unbestimmt im Allgemeinen" betrachten könne[287], — ein Widerspruch, zu welchem als ergötzliches drittes Glied kömmt, dass er hinwiederum im Anschlusse an Araber die menschlichen Worte als die wahrhaft adäquaten essentiellen Bezeichnungen des Einzelnen betrachtet[288].

Dass Vincenz von Beauvais (gest. 1264) nur Compilator war, ist allbekannt, und irgend Selbstständigkeit in principiellen Fragen wird man bei solchem Charakter seiner Schriftstellerei von vorneherein nicht erwarten. Aber wenn er uns wenigstens als Zeuge des Zustandes dienen soll, in welchem die Logik um d. J. 1250 sich befand, so kömmt noch ein anderer Umstand in Betracht. Es ist nemlich, — was bis jetzt nicht beachtet wurde —, das ganze *Speculum maius* vielfach interpolirt[289], und zwar wurden offenbar successive in den Handschriften Ergänzungen

farabi, vor. Abschn., Anm. 24, und Avicenna, Anm. 184, woselbst sogar gleichfalls die Beiziehung dämonischer Mächte, u. ebd. Anm. 188).

285) Ebend. II, 2, c. 12, p. 855: *Species ut species nec est actu aliquod individuorum, nec aliud ab aliquo eorum, immo potentia est unumquodque, et ratio eius seu diffinitio totaliter est in unoquoque illorum* (s. bei d. Arabern vor. Abschn., Anm. 23) ..... *Species non dicitur totaliter, i. e. non secundum omnem sui partem de aliquo individuorum, licet dicatur totaliter de unoquoque secundum rationem suam; et intelligo totalitatem istam, quae est ex partibus rationis seu diffinitionis, et hae partes sunt genus et differentiae; alio modo partes speciei individua sunt, quoniam ipsam speciem, cum de eis praedicatur, sibi invicem quodammodo partiuntur* (s. Avicenna, ebd. Anm. 127 f.).

286) Ebend. II, 1, c. 8, p. 816: *Intellectus omnis natus est esse speculum intelligibile, cum natus sit recipere in se descriptionem universitatis intelligibilium; manifestum autem est, quod cum istam descriptionem receperit, erit velut exemplum universi et velut liber totius descriptionis ipsius.*

287) Ebend. c. 15, p. 822: *Virtus intellectiva nostra nihil detrahit, nihil tollit vel minuit omnino de signis sensibilibus, sed magis ei detrahitur, quoniam non attingit ipsa signa huiusmodi totaliter..... Sed est, quemadmodum dicam tibi, si quis imaginem Socratis sculpat, ... manifestum est, quod a longe eam intuenti non imago Socratis expresse, sed imago hominis indeterminate sive indefinite, h. e. in universali, appareret...... Hoc modo scito se habere virtutem intellectivam ad signa particularia sensibilium, ... et hanc esse intentionem spoliationis ac denudationis, sc. brevitatem intellectus, per quam attingere non potest conditiones particulares.*

288) Ebend. c. 36, p. 837: *Manifestum igitur est, mundum istum corporeum verum mundum esse et verum habere esse, non similitudinarium tantum, quia ..... nomina partium mundi istius non sunt nomina similitudinum neque denominationes aut agnominationes impositae ab accidentibus, sed sunt nomina veri nominis et verae nominationis, nominantia, quae sunt vere et essentialiter; et propter hoc essentialia nomina sunt imposita rebus ad nominandum eas, quod vere atque essentialiter sunt, sicut sol, luna, terra, vel aliorum huiusmodi unumquodque* (s. Avicenna, vor. Abschn., Anm. 94).

289) Nur bezüglich des *Speculum morale* hat man bisher die Beobachtung gemacht, dass es spätere Einschiebsel enthält (s. z. B. auch *Jourdain, Rech. crit.* p. 308). Uebrigens ist es, — abgesehen von deutlichen Nachweisen, wie wir solche sogleich geben werden —, auch sehr erklärlich, dass bei einem im Gebrauche

eingetragen, so dass man gleichsam chronologisch Schichten der Interpolationen unterscheiden kann [290]). Nur mit einem gewissen Vorbehalte demnach können wir auf den die Logik betreffenden Abschnitt, nemlich auf das 4. (oder 3.) Buch des *Speculum doctrinale* [291]), näher eingehen; denn wenn, wie sich alsbald zeigen wird, Einzelnes unmöglich von Vincenz geschrieben sein kann, so bleibt auch bei manchen anderen Stellen die Möglichkeit der Aechtheit neben jener der Unächtheit bestehen.

Der Verfasser beginnt seine Darstellung mit einer Definition der Logik, welche in Inhalt und Form ihren arabischen Ursprung deutlich zeigt [292]), und knüpft hieran Excerpte aus Isidorus (s. Abschn. XIII, Anm. 27), sowie aus Alfarabi (s. vor. Abschn., Anm. 13), worauf er in arabischer Denkweise die Bücher des aristotelischen Organons mit Einschluss der Rhetorik und Poetik gruppirt [293]), um nach ein paar Citaten aus Augustinus (s. Abschn. XII, Anm. 18) und abermals aus Isidorus (s. a. a. O.) wieder auf die arabische Theorie über *incomplexum* und *complexum* und insbesondere über Form und Stoff der Argumentation einzugehen, insoferne hiernach die Araber das Verhältniss der ersten Analytik zu den folgenden Theilen des Organons bestimmten [294]). Nachdem

---

verbleibenden encyclopädischen Werke die Abschreiber jeweilig ihre eigene Weisheit verwertheten.

290) Ueberhaupt würde es sich sehr lohnen, für den Umkreis des ganzen *Speculum maius* die Quellen, aus welchen es geschöpft ist, genau zu erforschen (*Schlosser*'s bekanntes Buch über V. v. B. konnte hierin Nichts bieten; *Aloys Vogel* in einem Festprogramme der Universität Freiburg, 1843, gibt ausser bibliographischen Notizen nur eine Inhalts-Uebersicht; *Bourgeat, Etudes sur Vinc. de Beauvais, Paris* 1856, wollte wohl lediglich zur Erbauung frommer Seelen schreiben); ja auch all jene Stellen, in welchen die Quelle nicht genannt ist und welche durch die Bezeichnung „*Auctor*" (oder, wie in den Druckausgaben steht, „*Actor*") sich als eigene Zuthaten des Compilators ankündigen, beruhen immer doch wieder auf irgend einem traditionellen Materiale, und eine genaue Prüfung würde, wie ich mich überzeugte, z. B. auch in den naturwissenschaftlichen Abschnitten zu dem nemlichen Resultate, d. h. zur Einsicht in eine successive Interpolation des Textes, führen.

291) Es ist nemlich in den zwei ältesten Ausgaben des *Speculum doctrinale* (*Argentor*. 1473. fol. u. *Nürnberg*. 1486. fol.), welche mit Recht als die kritisch brauchbareren gelten, der „*Prologus*" als 1. Buch numerirt, wodurch der die Logik betreffende Abschnitt zum 4. Buche wird, während er in den späteren Ausgaben als 3. Buch erscheint. Abgesehen von dieser Differenz genügt es, das Einzelne nach den in allen Ausgaben gleichbleibenden Capitel-Nummern zu citiren.

292) Cap. 1: *Logica scientia ordinandi propositiones enuntiativas secundum figuras logicas ad eliciendas conclusiones, quibus pervenitur ad cognitionem dictorum et ad iudicandum de illis, utrum vera sint an falsa* (wörtlich dasselbe steht auch Lib. II [oder I], cap. 21). Vgl. Alfarabi, vor. Abschn., Anm. 15; Avicenna, ebd. Anm. 74; Algazeli, ebd. Anm. 241.

293) C. 3: *Elementa vero, quibus scientia verificatur, quinque sunt, sc. demonstrativa, topica, sophistica, rhetorica, poetica* u. s. w. S. vor. Abschn., Anm. 17 f., 51, 276.

294) C. 4: *Omne dicibile aliud est incomplexum aliud complexum* (s. ebend. Anm. 16)..... *Complexum aliud est inordinatum sive absolutum, et de hoc est liber Perihermenias, aliud ordinatum; et hoc dupliciter, vel ad omnem materiam indifferens, et hoc in libro Priorum, vel ad aliquam materiam determinatam contractum; et hoc tripliciter, vel ad necessariam, et hoc in libro Posteriorum, vel ad probabilem, et hoc in libro Topicorum, vel ad sophisticam, et hoc in libro Elenchorum* (s. ebend. Anm. 52, u. besonders b. Algazeli, Anm. 276). Hingegen wieder eine andere Gliederung des Organon s. Anm. 310.

er hierauf noch die Eintheilung des Organons nach Boethius (s. Abschn. XII, Anm. 82) vorgeführt, geht er an der Hand desselben auf den unentbehrlichsten ersten Theil (s. ebend. Anm. 85), d. h. auf die Isagoge, über und macht sich dann sogleich an die Frage über die Universalien. Man könnte sagen, er ziehe sich dabei gut aus der Schlinge, indem er gar bequem zwischen Metaphysik als der realen Disciplin und Logik als der „sermocinalen" distinguirt [295]); aber während dann eigentlich jede weitere Discussion ohnediess überflüssig wäre, ist andrerseits dasjenige, was er vorbringt, doch gar zu kläglich. Vorerst setzt er die üblichen drei Fragen betreffs der Universalien in Beziehung zu einer bei den Arabern geläufigen Dreitheilung der Wissenschaften [296]); hierauf aber führt er wirklich allen Ernstes als Beweis der objectiven Existenz der Universalien die subjective Auffassung derselben an, wozu ihm noch ein paar Auctoritäts-Stellen sich darbieten, fügt aber zugleich auch Gegengründe an, welche theils auf platonischem Spiritualismus, theils (— um mich sogleich thomistisch auszudrücken —) auf dem Principe der Individuation, theils auf Bedenken bezüglich der Causalität beruhen [297]). In Widerlegung aber dieser Einwände bewegt er sich grundsätzlich in den Anschauungen des Gilbertus Porretanus (z. B. *„communis natura, similitudo specialis"*), auf welchen er sich auch bei Bekämpfung des dritten Gegengrundes ausdrücklich beruft, während den Platonikern eine mit Wilhelm von Auvergne wörtlich übereinstimmende Wendung und den Vertretern der Individuation eine arabisch gefärbte Auffassung der Wesens-Einheit

---

295) C. 7: *Diversimode tamen universale pertinet ad considerationem metaphysici et logici; metaphysici quidem gratia sui esse, huius enim est, considerare de ente, quod dividitur in universale et particulare; logici vero, inquantum est dicibile vel praedicabile.* Hiezu C. 12: *Universalia res sunt et apud metaphysicum sunt altera differentia entis; prout vero consideratur universale a logico, conditio est vocis signatae rei ordinabilis in genere, quia logicus non accipit rem nisi prout significativam. Dicendum ergo, quod oportet, ipsa universalia, prout veniunt in usum logici, esse per nomina praesentata, cum sit sermocinalis artifex; et sic cum quaeritur, an sint res an nomina, dicendum, quod res per nomina designatae res sunt rationis, et talis res significata per nomen subiicitur vel praedicatur.*

296) C. 7: *Utrum universalia subsistentia sint, an in solis nudis ac puris intellectibus posita ...... Utrum corporea sint, an incorporea ...... Utrum separata sint a sensibilibus, an in sensibilibus posita ...... His autem tribus quaestionibus tangitur triplex esse, quod habet universale secundum triplicem sui considerationem. Per primam enim tangitur esse eius quoad metaphysicum, cuius est consideratio de ente; per secundam esse eius quoad mathematicum, cuius est corpus et quamlibet quantitatem considerare; per tertiam vero quoad physicum, cuius est sensibilia cognoscere* (s. Avicenna, vor. Abschn., Anm. 73 f.).

297) C. 8: *Quod autem universalia sunt, multipliciter probari potest. Primum quidem, quoniam aliter nulla esset eorum scientia, dicit enim Aristoteles in Posterioribus* (I, 2, 71 b 25, s. Abschn. IV, Anm. 651), *quod non entis non est scientia. Praeterea, quoniam ens dividitur in universale et particulare. Item Aristoteles in praefato libro* (s. ebend. Anm. 672) .... *dicit, quod ens universale verius est, quam particulare ...... Sunt igitur in rerum natura, quod concedimus. Sed contra haec obiicitur, quod idem videtur esse solum in intellectu, ... nam dicit ipse Plato, quod genus et species ideae erant in mente divina ...... Item quidquid est, ideo est, quia unum numero et singulare est; universalia autem non sic, quia sic essent hoc aliquid* (diess kann ein späterer Zusatz eines Thomisten sein)..... *Item nec exivit in esse per creationem, quia tunc esset hoc aliquid, nec per generationem, quia tunc esset corruptibile.*

gegenübergestellt wird [298]). Noch leichter wird auf Grundlage des einmal vorgefassten rohen Dualismus die Unkörperlichkeit der Universalien erwiesen, wenn auch mit dem tröstlichen Zugeständnisse, dass dieselben in den Individuen eben „eingekörpert" werden [299]), so dass hiernach die Differenz zwischen Plato und Aristoteles ihre wahrlich bequemste Lösung dahin finden kann, dass kurzweg Beide Recht haben, indem die Universalien (wie bei Gilbert) zugleich einerseits *in multis* und andrerseits *praeter multa* sind, jedenfalls aber, was den Wesensgehalt betrifft, die Totalität des Einzelnen constituiren [300]). Endlich die eigentliche Kernfrage über Zulässigkeit einer nominalistischen Auffassung ist ja bereits durch obige Scheidung der Disciplinen erledigt oder vielmehr todtgeschlagen [301]), wenn auch an einer anderen Stelle (Anm. 311) eine fast entschieden nominalistische Aeusserung sich findet. Nach der Angabe verschiedener Gründe für die Fünfzahl der Universalien [302]) werden so-

---

298) C. 9: *Ad primum respondeo, quod universalia non solum in intellectu sunt, sed et in re; nam homines individuam quandam inter se naturam communem participant, quae est humanitas, per quam unumquodque dicitur homo, et illa a quolibet eorum participata dicitur universale et est similitudo specialis ipsorum* (s. bei Gilbertus Porretanus, Abschn. XIV, Anm. 474); *ab ipso tamen intellectu accipitur praeter individua, sicut in linea, quamvis non possit esse praeter materiam, non tamen falsus est intellectus, qui capit eam sine materia...... Plato vero non loquebatur de universali secundum id quod est, sed de similitudine universalis, quae erat in mente divina* (vgl. oben Anm. 284)....... *Ad aliud dicitur, ... quod universale est unum numero, non numerositate materiae sicut singulare, sed numerositate essentiae, una enim numero est essentia communis hominis* (vgl. vor. Abschn., Anm. 92)....... *Ad aliud dicendum, quod universale egreditur in esse per generationem, non tamen primo, sed ex consequenti, quia generato Socrate generatur ex consequenti homo; et hoc habetur in Sex principiis* (s. Abschn. XIV, Anm. 487).

299) C. 10: *Probatur, quod universalia non sunt corporea, quoniam omne corporeum est compositum et corruptibile et sensibile, universale vero simplex est et incorruptibile et intelligibile...... Obiicitur, quia corpus est species quantitatis, ... species autem universale est ...... Item incorporeum de corporeo praedicari non potest ..... Dicendum, quod universalia secundum se sunt incorporea, per sua tamen incorporantur individua, et corpus quidem, prout est species quantitatis, non est corporeum, sed incorporeum, quoniam est universale.*

300) C. 11: *Dissensio erat inter Aristotelem et Platonem ..... Solutio: potest dici, quod Plato considerabat similitudinem universalis, Aristoteles considerabat esse eius ..... Duplex est causa, per quam universale contrahit suum esse; habet enim causam materialem ipsa singularia, unde dicitur in Sex principiis* (Abschn. XIV, a. a. O.), *quod omnis communitas a singularitate procedit; quantum ad istam causam non est universale unum praeter multa, sed unum in multis; ..... habet etiam causam efficientem, sc. intellectum abstrahentem commune a particularibus* (s. ebend., Anm. 464); ...... *quantum igitur ad istam causam est unum extra omnia..... Si vero quaeritur, utrum hoc universale homo sit in quolibet homine secundum se totum an secundum partem, dicendum est, quod secundum se totum, i. e. secundum quamlibet sui partem diffinitivam, ... non autem secundum quamlibet sui partem subiectivam* (vgl. Avicenna, vor. Abschn., Anm. 103 u. 116).

301) C. 12: *Quod autem sint res, iam dictum est superius* (oben Anm. 297)..... *Item universale idem est apud omnes, nomen autem non ...... Obiicitur: universale dicibile est et praedicabile, res autem non praedicatur ...... Dicendum, quod* u. s. f., d. h. es folgen die oben, Anm. 295, angeführten Worte.

302) Ebend.: *Quaeritur, quare quinque sunt universalia nec plura nec pauciora ...... Dicendum: uno modo sic iuxta modos praedicandi ..... Aliter sic: in naturali composito exigitur materia et forma et unio istorum duorum ...... Aliter quoque sic: universale est conditio rei ordinabilis in genere* u. s. f. (Es kann diess

dann die einzelnen *quinque voces* in einem ziemlich kurzen Excerpte besprochen; bemerkt mag dabei werden, dass der Verfasser in der Auffassung des *„ens“* (d. h. dass es nicht oberster Gattungsbegriff sei) sich an die Araber anschliesst [303]), sowie dass er bei Erörterung der Differenz sichtlich dem Avicenna folgt [304]).

Zur Lehre von den Kategorien entnimmt er zunächst den Anfang aus Isidorus und Alcuin [305]), um dann die vier ersten Kategorien, — und zwar in der Reihenfolge: Substanz, Quantität, Relation, Qualität (!) —, ganz nach Boethius zu besprechen [306]); mitten aber in die Erörterung der Qualität schaltet er Angaben über die Vieldeutigkeit des Wortes *„forma“* ein, um wieder auf die Ansicht Gilbert's überzulenken [307]). Aus diesem Letzteren folgt hierauf auch fast vollständig die Lehre von den sechs letzten Kategorien mit Einschluss des Capitels über *magis et minus*, d. h. eben beinahe das ganze Buch *De sex principiis* [308]); und wenn auch bereits ein Vertreter der byzantinisch-lateinischen Logik, nemlich Lambert v. Auxerre (ob. Anm. 116), das Gleiche that, so dürfte hier doch nur eine spätere Interpolation vorliegen, da die *Sex principia* erst seit Albertus Magnus allgemein in das Organon recipirt waren. Am Schlusse der Kategorien folgt noch ein Excerpt aus den sog. Postprädicamenten [309]).

Die Lehre vom Urtheile beginnt wieder mit den Angaben des Isidorus (Abschn. XIII, Anm. 33 ff.), welchem auch die Unterscheidung zwischen *ars* und *scientia* entnommen ist; an diese aber knüpft sich unter der eigenthümlichen Bemerkung, dass auch in dem Buche *De interpr.* von sechs *„principiis“* gehandelt werde, wieder eine neue Gliederung des Organons (vgl. ob. Anm. 293 ff.), wornach in einer sehr ähnlichen Weise, wie wir Solches schon bei Lambert von Auxerre (ob. Anm. 104) trafen, *ars* nur in der Topik, *scientia* aber in den übrigen Büchern enthalten sei [310]). Gelegentlich aber des Begriffes der *interpretatio* finden

---

sehr wohl ursprünglich auf einer Zusammenstellung desjenigen beruhen, was Avicenna bei den einzelnen fünf Worten erörtert hatte; s. vor. Abschn., Anm. 108—174.)

303) C. 13: *Non est autem ens commune omnium genus* (s. ebend. Anm. 32).

304) C. 14, woselbst die verschiedenen Definitionen der Differenz zusammengestellt sind; vgl. ebend. Anm. 135 ff.

305) C. 15. S. Abschn. XIII, Anm. 32; aus Alcuin (ebend. Anm. 57) ist der Beispiel-Satz entnommen.

306) C. 16-21.

307) C. 20: *Forma est compositioni contingens* u. s. f., s. Abschn. XIV, Anm. 486.

308) C. 22—28. S. ebend. Anm. 489—510.

309) C. 29 über *Oppositum*, C. 30 über *Prius, Simul, Motus.*

310) C. 31: *In his itaque Perihermeniis .... de sex principiis tractat, sc. de nomine et de verbo, de oratione, de enuntiatione, de affirmatione, de negatione, de contradictione ..... Dialectica dupliciter consideratur: uno modo ut ars* (s. Abschn. XIII, Anm. 26, vgl. Abschn. XIV, Anm. 445), *et sic de omnibus est et sic non est alicuius generis determinati et traditur sic in libro Topicorum; alio modo ut est scientia et traditur in libro Priorum, et sic logica est de syllogismo. Igitur in libro Praedicamentorum agit de materia remota syllogismi, sc. de terminis, in libro autem Perihermenias de materia propinqua syllogismi, sc. de essentialibus; in libro autem Priorum de syllogismo plenarie, in libro primo Topicorum et in libro Posteriorum et*

wir hinwiederum eine Uebereinstimmung mit jenen nominalistischen Arabern, welche sogar Avicenna bekämpfte [311]), so dass hiebei allerdings die metaphysische Betrachtung der Universalien ausser Ansatz bleibt und nur die „sermocinale" Logik (Anm. 295) auftritt, woferne nicht diese ganze Stelle nur ein Zusatz eines späteren Nominalisten ist. Es beginnt ja hiemit in unserem Texte des *Speculum* überhaupt eine Gruppe, bei welcher wir den Boden unter den Füssen verlieren. Schon die Reihenfolge, in welcher hier der Inhalt der Lehre vom Urtheile sich bewegt, ist abenteuerlich genug, denn nach den üblichen Erörterungen über Nomen, Verbum, über Eintheilung und Einheit der Urtheile folgt die Angabe, was *terminus* sei und aus welchen Bestandtheilen die Urtheile gebildet seien, woran sich aber dann eine längere Episode aus der byzantinischen Logik betreffs der *proprietates terminorum* anreiht, um erst hernach aus der nemlichen Quelle die Lehre über Conträr, Contradictorisch u. s. f., über Conversion und Aequipollenz und über die modalen Urtheile folgen zu lassen [312]). Noch bedenklicher aber gestaltet sich die Sache, wenn wir die einzelnen Stücke dieses eigenthümlichen Mosaiks näher besehen. Allerdings völlig unverfänglich ist es, dass die Notizen über Nomen u. s. f. dem Isidorus und dem Aristoteles, d. h. dem Boethius, entnommen sind [313]), sowie dass für die allgemeinen Bestimmungen über *enuntiatio* und deren Einheitlichkeit und insbesondere betreffs des hypothetischen Urtheiles gleichfalls Boethius als Quelle dient [314]). Hingegen was sollen wir von jenen Partien denken, welche aus der byzantinischen Logik stammen? Nemlich schon die Eintheilung der *oratio* stimmt wörtlich mit Demjenigen überein, was wir oben (Anm. 35) bereits bei Wilhelm Shyreswood trafen [315]), und ebenso die Gruppirung der Urtheile nach den drei Fragen (*quae, qualis, quanta*) mit Petrus Hispanus (Anm. 153), noch dazu unter Anführung eines zuerst bei Lambert v. Auxerre (Anm. 108) erscheinenden Verses [316]); ferner sind gleichfalls aus Petrus Hispanus entnommen die Angaben über Conträr, Contradictorisch u. s. f. (ob. Anm. 154 f.), über Umkehrung und Aequipollenz des kategorischen Urtheiles (Anm. 156 u. 159), jedoch ohne die sämmtlichen Memorialverse, sodann noch die ganze Lehre von den

---

Elenchorum de partibus, i. e. de speciebus ipsius syllogismi. Doch diese ganze Stelle hat wohl schwerlich den Vincenz selbst zum Autor.

311) C. 32: *Vox autem significat et significatur, significat enim intellectum et rem, significatur autem a litteris; res autem significatur et non significat; intellectus vero significatur et non significat, proprie loquendo, significatur enim per vocem, non autem proprie significat rem, sed est similitudo rei, unde dicit Aristoteles* (s. Abschn. IV, Anm. 108), ... *quod intellectus similitudo rei est* (den Ausdruck „*intellecta significantur*" in solcher Auffassung s. vor. Abschn., Anm. 85). Auch knüpft sich hieran eine bei den Arabern übliche Aufzählung der Stufen und Arten des *intellectus* (s. ebend. Anm. 4).

312) So drängt sich schon hiedurch wohl die Vermuthung auf, dass durch die Erwähnung des Begriffes „*terminus*" das spätere grössere Einschiebsel über *suppositio* u. s. f. veranlasst wurde.

313) C. 33. s. Abschn. XIII, Anm. 34. u. Abschn. XII, Anm. 109 ff.

314) C. 34. s. Abschn. XII, a. a. O. u. bes. Anm. 112 u. 140.

315) C. 33: *Orationum alia indicativa, alia imperativa, alia deprecativa, alia optativa, alia coniunctiva, alia infinitiva.*

316) C. 34: *Per „quae" quaeritur de propria qualitate sive de essentia propositionis* u. s. f.

modalen Urtheilen (Anm. 160—164), gleichfalls mit Weglassung der Figur und der Kunstworte [317]). Und ausserdem ist zwischen diese Capitel noch anderweitiger byzantinischer Stoff eingeschoben, indem an den aristotelisch-boethianischen Begriff des *terminus* zunächst die Scheidung von Subject, Prädicat und Copula mit Worten des Petrus Hispanus (Anm. 152) angeknüpft wird und sogar die Erwähnung der *Syncategoreumata* auf Wilh. Shyreswood (Anm. 34) und Petrus Hispanus (Anm. 150) hinweist [318]). Auch folgt hierauf unmittelbar mit der Bemerkung, dass die *„conditiones terminorum“* (— sonst war üblich *„proprietates terminorum“* —) in den drei Functionen des *supponere, appellare, copulare* als Unterarten des *significare* liegen [319]), ein Auszug aus der Lehre von der *suppositio*, von der *appellatio*, und, mit dieser theilweise verflochten, von der *restrictio;* ja auch Einzelnes aus der *distributio* ist in dieses ganze Excerpt hier und da beigezogen; hingegen die zu erwartende *copulatio* fehlt auch hier, so gut wie bei Petrus Hispanus, s. oben Anm. 221. Finden wir somit, dass ein ansehnliches Stück jener neuen Logik hier in das encyclopädische Werk aufgenommen sei, so möchte es nun wohl scheinen, dass, nachdem ich eine reichere Verbreitung der byzantinischen Logik bereits für die Mitte des 13. Jahrhunderts nachgewiesen habe, gerade ich am meisten geneigt sein müsste, eine solche Reception dem Sammelfleisse des Vincenz zuzuschreiben; und in der That steht chronologisch auch gar Nichts im Wege. Aber dennoch finde ich dabei viele Bedenken. Wenn es schon auffallen muss, dass das über *suppositio, appellatio, restrictio* Gesagte auf eine Combination verschiedener Quellen und jedenfalls, was die Benützung des Petrus Hispanus betrifft, auf eine arrangirende Auswahl hinweist [320]), so steigert sich dieses Verhältniss dahin, dass wir stellenweise eine weit jüngere Formation der Lehre von *suppositio* wiedererkennen [321]); ferner finden wir bei der aus P. Hispanus entnommenen Aequipollenz eine Aenderung und Vermehrung der Memorialverse, welche selbst in den interpolirten Texten des P. Hispanus nicht

317) C. 38 unter der Ueberschrift *„communicantia propositionum“* (üblich war sonst *„participantia“*) die Verhältnisse des Conträren u. s. f.; C. 39 Umkehrung u. Aequipollenz; C. 40 die Modalität d. Urtheile, u. C. 41 die Contrarietät u. s. f. der modalen Urtheile.

318) C. 35: *Praedicativa propositio ...... Huius enim principales partes sunt subiectum et praedicatum et copula, secundariae vero sunt syncategoreumata, i. e. dictiones consignificativae, ... cetera namque categoreumata sunt, ut nomen et verbum.*

319) C. 36: *Conditiones autem terminorum sive partium principalium categoricae propositionis sunt supponere, appellare, copulare, quorum genus est significare* u. s. w.

320) Wer C. 36 u. 37 (— es lohnt sich nicht der Mühe, dieselben hier ganz abzuschreiben —) genau mit den Quellen vergleicht, wird finden, dass zunächst die einleitenden Bemerkungen auf Wilhelm Shyreswood (Anm. 58) und im Wortlaute noch näher auf Lambert v. Auxerre (Anm. 125 u. 127) zurückweisen, dass sodann die Eintheilung der *suppositio* dem Petrus Hispanus (Anm. 202 ff.) folgt, hieran aber Regeln und Sophismen aus desselben Lehre von der *distributio* (Anm. 244, dann 246, hierauf 245) angeschlossen werden, dass hierauf aus gleicher Quelle kurz die *appellatio* (Anm. 228) und dann die *restrictio* erörtert wird, wobei der Inhalt obiger Anm. 234 wieder durch wörtliche Aufnahme eines Absatzes aus der *distributio* (Anm. 242) unterbrochen wird.

321) C. 36: *Dicitur pro regula in suppositionibus* u. s. f., s. unten Anm. 597.

erscheint [322]), ein Umstand, welcher weiter unten in der Syllogistik wiederkehrt [323]); ausserdem begegnen wir hier jener Notiz, dass es sechs Arten des hypothetischen Urtheiles gebe, welche erst einer allmäligen Erweiterung der byzantinischen Logik angehört [324]), und endlich ebenso einer späteren Unterscheidung der Wortbedeutung der *modi* [325]). Steht aber hiedurch fest, dass der Text des *Speculum* jedenfalls durch spätere Einschiebsel erweitert wurde, so finden wir keine sichere Gränze, warum nicht auch Dasjenige, was in chronologischer Beziehung allerdings auch dem Vincenz selbst zugänglich gewesen wäre, von einem Späteren eingeschoben sein könne. Ja in der Erwägung, dass die Autoren der Logik damals erst allmälig sich daran gewöhnten, zugleich auf den aristotelischen und auch auf den byzantinischen Stoff zu blicken (s. z. B. unten Anm. 357, 470 f., 541 ff.), und dass eine Gleichstellung oder vollends eine innige Verschmelzung der beiderseitigen Tradition erst durch Scotus angebahnt und durch Occam vollendet wurde, möchte ich zu dem positiven Resultate gelangen, dass auch bei Vincenz die mosaikartige Combination beider Logiken nur eine scheinbare sein kann, indem Alles, was dem Petrus Hispanus oder dem Wilhelm Shyreswood und dem Lambert v. Auxerre entnommen ist, als Zuthat eines späteren Syncretisten zu betrachten sein dürfte [326]).

Höchst planlos ist auch die Anordnung Desjenigen, was hierauf nach der Lehre vom Urtheile folgt. Es wird nemlich vorerst plötzlich auf des Boethius Buch *de diff. top.* übergegangen und dasselbe kurz excerpirt [327]), dann reiht sich aus Isidorus der Abschnitt über die Gegensätze an [328]), um sogleich hierauf aus derselben Quelle eine Notiz über die Syllogismen folgen zu lassen, woran dann jene Memorialverse, welche wir bereits seit Wilh. Shyreswood trafen (*Barbara, Celarent* u. s. f.), und ausserdem, wie bemerkt (Anm. 323), auch noch zwei neue Verse geknüpft werden konnten [329]). Hierauf folgt noch ein ausgedehntes Excerpt, welches mit dem Anfange der aristotelischen Topik beginnt, dann (nach der Uebersetzung des Boethius) die ersten sieben Capitel des ersten Buches und den Anfang des zweiten Buches der zweiten Analytik in abgekürzter Form vorführt [330]) und in gleicher Weise sodann (obwohl die Topik gerade vorher schon aus Boethius entnommen worden war) die ganze

---

322) C. 39 am Schlusse. Ich führe aber diese Verse als nicht hieher gehörig erst unten bei den späteren Interpolationen in Abschn. XX an.

323) C. 50. S. ebend.

324) C. 34: *Sciendum, quod sex sunt species hypotheticae: conditionalis, copulativa, disiunctiva, temporalis, localis, causalis.* S. unten Anm. 583.

325) C. 42. S. gleichfalls bei den Interpolationen.

326) Wie sich von selbst versteht, gilt mir diess auch von jener Stelle, welche in den hernach folgenden Capiteln vorkommt; s. sogleich Anm. 329.

327) C. 43—46 über *quaestio, argumentum, argumentatio, maxima propositio* u. dgl. s. Abschn. XII, Anm. 82, 137, 165 f., 168; hierauf C. 47 die Topen des Themistius, u. C. 48 die ciceronischen, s. ebd. Anm. 184.

328) C. 49. S. Abschn. XIII, Anm. 40.

329) C. 50. Auch die hypothetischen Schlüsse bot Isidorus dar, s. ebend. Anm. 38.

330) C. 51—55. Dass dabei die Uebersetzung des Boethius zu Grund gelegt sei, bezeugt z. B., dass *An. post.* I, 7 (s. die Stelle Abschn. IV, Anm. 140) ἀξιώματα mit „*dignitates*“ übersetzt ist.

Topik und *Soph. El.* behandelt[331]), wobei jedoch sonderbarer Weise zwischen das 7. und 8. Buch der Topik noch ein Auszug aus *Boeth. de divisione* eingeschaltet ist[332]).

Während wir hierauf den Humbert von Romans (gest. 1254) hier gänzlich mit Stillschweigen übergehen können[333]), begegnet uns in Robert Capito, auch Grosseteste oder (von seinem Bischofssitze) Lincolniensis genannt (gest. 1253), ein Autor von etwas grösserer Bedeutsamkeit. Sein Commentar zur zweiten Analytik[334]) zeigt ihn uns als einen logisch gut geschulten Kenner des Aristoteles, unter dessen Werken er auch die Physik commentirte, sowie er überhaupt mit grosser Vorliebe die mathematischen Disciplinen (besonders auch die euklidische Optik) betrieben haben muss[335]). Die arabischen Erklärer haben für die Logik nur ganz im Allgemeinen einen Einfluss auf ihn; hingegen hat er den Commentar des Themistius, auf welchen er öfters ausführlich eingeht, fleissig benützt[336]). Er selbst hält sich, mit Ausnahme einiger Digressionen, strenge an den aristotelischen Text, welchen er unter steter Hervorhebung des Zusammenhanges Satz für Satz erläutert, wobei sein Hauptbestreben dahin geht, die *„conclusiones“* des Aristoteles, d. h. die wissenschaftlichen Haupt-Sätze, hervorzuheben, ja sie zu numeriren und insbesondere syllogistisch zu formuliren[337]). Zu beachten ist, dass Robert, was den Text betrifft, sich an die Uebersetzung des Boethius hält, während er zugleich ausdrücklich einmal von mehreren verschiedenen Uebersetzungen spricht[338]); auch finden sich zuweilen einzelne Worte, in deren Wahl er von Boethius abweicht[339]); im Commentare selbst erscheinen

---

331) C. 56—61 enthalten so das I. Buch der Topik, C. 62 f. das II., C. 64 das III., C. 65 das IV., C. 66 f. das V., C. 68—74 das VI., C. 75—77 das VII., C. 83—89 das VIII.; endlich C. 90—98 enthalten die Hauptsache der *Soph. El.*

332) C. 78—82. S. Abschn. XII, Anm. 96—102.

333) Die theologische Litteratur mag ihn immerhin als einen der bedeutendsten Dominikaner bezeichnen; für uns hingegen ist er werthlos, indem er in seiner Schrift *De eruditione praedicatorum* (gedruckt in *Bibl. Max. Patr.* Vol. XXV) nur den Standpunkt der frühesten Kirchenväter (Abschn. XIII, Anm. 8—18) zeigt. Während er bei *„scientia praedicatoris“* (I, 8, p. 433) nicht mit einem Worte logische Bildung erwähnt, kömmt er wohl gelegentlich der *artes liberales* (II, 1, 65, p. 488) darauf zu sprechen, verlangt aber von der Logik nur *defensio fidei, intelligentia scripturae* und *honos ecclesiae,* die Warnung hinzufügend, dass der Logik nicht *nimia morositas, dilectio, curiositas* zugewendet werde.

334) *Commentaria Roberti Linconiensis in libros posteriorum Aristotelis cum textu seriatim inserto. Scriptum Gualterii Burlei super eosdem libros posteriorum. Venetiis,* 1497. fol. (Die Ausgabe ist nicht paginirt, die Capitel-Eintheilung des aristotelischen Textes weicht von der sonst üblichen, welche auch in der boethianischen Uebersetzung erscheint, ab.)

335) Er verweilt am liebsten bei Beispielen, welche der Geometrie angehören, citirt mehrmals den Euklides, einmal auch (L. I, c. 17, d. h. c. 27) den Ptolemäus.

336) Den Themistius kennt er nicht etwa bloss mittelbar durch die Araber, sondern er hatte sicher eine lateinische Uebersetzung desselben vor sich; vgl. oben Anm. 16.

337) So hebt er aus dem 1. Buche 32 *conclusiones* hervor.

338) I, 10 (d. h. c. 11, p. 77 a 10; die Worte des Aristoteles s. Abschn. IV, Anm. 166): *Littera autem aliarum translationum et sententia Themistii neutri praedictarum sententiarum videtur concordari.*

339) So ist z. B. I, 14 (d. h. c. 15, p. 79 a 33, s. die Stelle Abschn. IV, Anm. 668) ἀτόμως nicht wie bei Boethius mit *indivisibiliter,* sondern mit *indivi-*

einige Ausdrücke, welche von den Arabern herstammen [340]), nie hingegen wendet er die Kunstworte der byzantinischen Logik an, obwohl es an Gelegenheit hiezu nicht gefehlt hätte [341]).

Insoweit nun Robert's Thätigkeit bloss commentirend ist, können wir nicht näher auf dieselbe im Einzelnen eingehen; wohl hingegen handelt es sich für uns um seine principiellen Gesichtspunkte [342]). Er folgt, während er dem Aristoteles sich hingeben zu können glaubt, jenem arabischen Realismus, welcher sich auch mit augustinisch christlichen Anschauungen vereinbaren liess. Wir begegnen bei ihm nicht bloss jener ethischen Wendung, welche schon Alfarabi (vor. Abschn., Anm. 13) der Logik gab [343]), sondern auch die Auffassung, dass der intellectuelle Gehalt (*forma*) der Dinge theils der Physik, theils der Mathematik, theils der Metaphysik anheimfalle, ist den Arabern entlehnt [344]). Aber mit

---

dualiter übersetzt, ebenso in der bekannten antiplatonischen Stelle (c. 15, d. h. c. 22, s. Abschn. III, Anm. 66) *τερετίσματα* nicht mit *monstra*, sondern mit *prodigia*; auch c. 17 (d. h. c. 24) ist *ἰσοσκελές*, welches Boethius als *isosceles* stehen liess, durch *aequitibiae* gegeben. Dass übrigens die Uebersetzung des Boethius nicht etwa bloss in den Druckausgaben eingefügt wurde, zeigt der Commentar Robert's selbst, indem er eben den boethianischen Wortlaut interpretirt.

340) Z. B. ausser dem häufigen „*quidditas*" (s. vor. Abschn. Anm. 93) auch der Ausdruck „*facultates*" (s. ebd. Anm. 278), welchen Robert (I, 11, d. h. c. 12, zu p. 77 b 27) von den neben der Logik einhergehenden Disciplinen gebraucht. Wenn *ἀξιώματα* mit *dignitates* übersetzt ist, so kann bei ihm diess sowohl von Boethius als auch von den Arabern (s. ebd. Anm. 60) entnommen sein.

341) In der Erklärung all jener Stellen, welche den wissenschaftlichen Werth der Schlussfiguren betreffen (Abschn. IV, Anm. 667—678), hätte der Kürze halber die byzantinische Terminologie ihre Anwendung finden können.

342) Es genügt in dieser Beziehung nicht, wenn man, wie *Hauréau* (*De la phil. scol.* I, p. 461 ff.) gethan, aus einzelnen Stellen nur den extremen Realismus Robert's nachweist; es muss auch gezeigt werden, wie derselbe trotzdem dem Aristoteles, welchen er ja interpretirt, folgen will.

343) In dem seltenen Drucke *Ruberti* [*sic*] *Linconiensis bonarum artium optimi interpretis opuscula dignissima nunc primum in lucem edita et accuratissime emendata. Venetiis* 1514. fol. finden sich 19 kleine Tractate, an deren Aechtheit ich eben nicht zweifeln möchte. Während die Mehrzahl derselben der Physik angehört, können für uns hier in Betracht kommen: *De artibus liberalibus, De veritate propositionis, De unica forma omnium, De veritate.* In dem ersten derselben nun sagt Robert (f. 2 r A): *Opera nostrae potestatis aut mentis affectu et eiusdem adspectu aut corporum motibus et eorundem affectibus omnia consistunt. Adspectus vero primo adspicit, secundo adspecta sive incognita verificat, et cum verificata fuerint apud mentem....., inhiat affectus ad amplexandum convenientia..... Adspectum grammatica recte informat; recte informatum quale sit, logica sine errore diiudicat; iudicatum quale sit, ut moderate* (ausgefallen *appetat vel*) *fugiat affectus, rhetorica persuadet. Officium namque grammaticae est, recte intelligere et recte intellecta recte pronuntiando apud alterum recte formare. Officium vero logicae est, quod formatum est in intellectu, secundum tripartitam rationem sui quale sit iudicare et discutere. Rhetorica vero.....quod maxime intendit, est affectum movere.* Hierauf geht er sogleich auf *corporum motus* über und mündet von den vier übrigen *artes* merkwürdiger Weise in Alchymie aus.

344) *Summa in octo physicorum Arist.* (gedruckt in einigen Venetianer Ausgaben des Commentares des Thomas zur Physik; so z. B. in jener v. 1586, p. 276 ff.), woselbst gleich zu Anfang: *Est autem forma triplex. Una est, quae secundum esse et considerationem est in materia, et est, de qua considerat philosophus naturalis. Secunda est, de qua considerat mathematicus, quae abstrahitur a motu et a materia non secundum esse, sed secundum considerationem...... Tertia est illa, de qua*

einer Anschauung, welche uns an einen David von Dinant oder Amalric von Ben erinnern müsste, wenn sie sich nicht durch eine grosse dogmatische Auctorität zu decken versuchte, fasst er das allgemein Ideelle so äusserst realistisch, dass er Gott als die Form aller Dinge bezeichnet[345]), und es darf uns nicht wundern, wenn Augustin's *lux interior* derartig zum realistischen Motive gemacht wird[346]), dass die Erkenntniss der Universalien auf einer Erleuchtung (*irradiatio*) beruhen soll[347]). Die ewigen platonischen Ideen sind ihm somit Principien des Seins und des Erkennens als die bleibenden Formen im Gebiete des Zusammengesetzten, in welchem die Kurzsichtigkeit (vgl. oben Anm. 287) des schwachen Intellectus nur secundäre Folgen der Universalien als blosse Principien des Erkennens (nicht auch des Seins) erfassen kann[348]). Indem aber diess Letztere eben in der körperlichen Verdunklung unseres Geistes beruht, vermöge deren wir auf Induction und Abstraction angewiesen

---

considerat metaphysicus, quae abstrahitur a materia et a motu secundum esse et secundum considerationem, cuiusmodi sunt intelligentiae et aliae substantiae separatae. S. bei Avicenna, vor. Abschn., Anm. 72 f.

345) In dem Tractate *De unica forma omnium* (vor. Anm. 343), welcher jetzt in weit besserem Texte vorliegt in: *Roberti Grosseteste Epistolae ed. by H. R. Luard. London* 1861. 8. (d. h. *Rerum Britann. medii aevi scriptores*, Vol. XXV.), woselbst p. IC u. p. 1: *Respondeo, me sentire hoc verum esse, sc. quod deus est forma et forma omnium; et cum sit forma, necessario est forma prima, quia ante ipsum nihil..... Si autem quaeras, quid me moveat, ...respondeo: „magna magni Augustini auctoritas“* u. s. w.

346) Im Tractate *De veritate* (f. 9 r A): *Cum lucidioris essentiae est res, quam sua similitudo vel exemplar, clarior et apertior oculo mentis sano est rei in se ipsa cognitio, quam in sua similitudine vel exemplari. Ac per hoc cum divina essentia sit lux lucidissima, omnis cognitio per similitudines est per se ipsam obscurior; in rationibus enim aeternis creaturarum in mente divina lucidissima, quae sunt creaturarum exemplar lucidissimum, omnis creaturarum cognitio certior et purior et manifestior est.*

347) *Comment. in Poster. Arist.* I, 17 (d. h. zu c. 24, s. d. Stelle Abschn. IV, Anm. 672: *Est lux spiritualis, quae superfunditur rebus intelligibilibus, et oculus mentis se habet ad res intelligibiles, sicut se habet sol corporalis ad res visibiles. Res igitur intelligibiles..... magis receptibiles ab acie mentis, quae similiter est irradiatio spiritualis, perfectius penetrantur.* Ebend. 19 (d. h. zu c. 33, s. Abschn. IV, Anm. 48): *Est visus mentalis apprehensivus intelligibilium..... et est lumen, quod superfusum visui et visibili facit visionem in actu.*

348) Ebend. I, 7 (d. h. zu c. 8, s. Abschn. IV, Anm. 660): *Universalia sunt principia cognoscendi et apud intellectum purum et separatum a phantasmatibus possibile est contemplari lucem primam, quae est causa prima, et sunt principia cognoscendi rationes rerum increatas existentes ab aeterno in causa prima. Cognitiones enim rerum causandarum, quae fuerunt in causa prima aeternaliter, sunt rationes rerum causandarum et causae formales exemplares et ipsae sunt creatrices, et hae sunt, quas vocavit Plato ideas et mundum archetypum, et hae sunt secundum ipsum genera et species et principia tam essendi quam cognoscendi...... Hae igitur ideae creatae sunt principia cognoscendi apud intellectum ab eis irradiatum, et apud talem intellectum sunt genera et species, et manifestum est, quod haec universalia sint incorruptibilia....... Ipsa forma non est genus vel species, sed secundum quod ipsa forma est sicut totius compositi et secundum quod ipsa est principium cognoscendi totum compositum, sic est genus vel species et principium essendi et praedicabile in quid...... Intellectus autem debilis, qui non potest ascendere ad cognitionem horum verorum generum, cognoscit res in accidentibus solis consequentibus essentias veras rerum, et apud illum sunt accidentia consequentia genera et species et sunt principia solum cognoscendi et non essendi.*

sind[349]), so kann man ja recht wohl für das irdische Jammerthal Aristoteliker und zugleich für die himmlische Wonne Platoniker sein, und es kömmt nur auf's Handumdrehen an, dass die Universalien *ante rem* und sogleich auch *in re* oder *post rem* sind[350]). So spricht dann der ekstatisch christliche Platoniker als Erklärer des Aristoteles von der Macht der Sinneswahrnehmung[351]) und von der logisch-nominalistischen Bedeutung der Universalien[352]), sowie er hinwiederum dem aristotelischen Begriffe der *quidditas* seine platonische Kehrseite verleiht[353]). Etwa an Klarheit in Principienfragen übertrifft er sonach den Wilhelm von Auvergne (s. oben Anm. 284 ff.) wahrlich nicht; dass aber auch Andere hierin nicht besser waren, wird uns der weitere Verlauf zeigen. Robert's Verdienst für seine Zeit liegt, wie bemerkt, in seiner fleissigen Exegese des Einzelnen, wobei er jedoch weniger, als man erwarten sollte, arabisches Material verwendet; denn ausser einer Bemerkung über den art-

---

349) Ebend. I, 14 (d. h. zu c. 18, s. Abschn. IV, Anm. 72): *Deficiente inductione accepta a singularibus deficiet apud intellectum cognitio universalis eorundem singularium ...... Dico tamen, quod possibile est, quamlibet scientiam esse absque sensus adminiculo; in mente enim divina sunt omnes scientiae ab aeterno ...... nos namque non novimus singularitatem huius „humanitatis" nisi per hoc, quod admiscemus eam accidentibus, ipsa vero novit eius singularitatem in puritate essentiae ..... Similiter pars suprema animae humanae, quae vocatur intelligentia, ... si non esset mole corporis obnubilata, ipsa per irradiationem acceptam a lumine superiori haberet completam scientiam absque sensus adminiculo ...... Verumtamen non novit ratio, esse actu universale, nisi postquam a multis singularibus hanc fecerit abstractionem, et occurrit ei unum et idem in multis singularibus repertum.*

350) Ebend. I, 18 (d. h. zu c. 31, s. Abschn. IV, Anm. 81): *Si autem intelligamus universalia per modum Aristotelis formas repertas in quidditatibus particularium, a quibus sunt res particulares id quod sunt, tunc universale esse ubique nihil aliud est, quam universale esse in quolibet suorum particularium, ... nisi forte dicamus, quod universale ubique est, quia intellectus est locus universalium et ......per modum spiritualem ibi est, ubi est illud, quod intelligitur ...... Si autem universalia sunt ideae in mente divina, tunc universalia ubique sunt per modum, quia causa prima ubique est ...... Quomodo autem causa prima ubique sit, ... altioris est negotii et non est nostrae possibilitatis explanare; verumtamen quod ita sit, scimus.*

351) Ebend. II, 6 (d. h. zu c. 19, Abschn. IV, Anm. 75): *Ex sensu igitur fit memoria, ex memoria multiplicata experimentum, et ex experimento universale, quod est praeter particularia non quasi separatum a particularibus, sed est idem in illis, artis scilicet et scientiae principium.*

352) Nicht bloss, dass er die aristotelische Ansicht bezüglich des „*unum de multis*" (Abschn. IV, Anm. 137) mit völlig aristotelischen Worten umschreibt (I, 9), sondern er glaubt sich sogar mit jener entschieden antiplatonischen Stelle (s. oben Anm. 339) zurechtfinden zu können, indem er (I, 15) sagt: *Formae separatae a subiectis, quas posuit Plato genera et species et praedicabilia, sunt prodigia, quae format error intellectus, ... quia licet sint ideae et rationes rerum increatae ab aeterno in mente divina, ipsae ideae nihil pertinent ad ratiocinationem, in qua praedicatur aliquid de aliquo. Ipsae itaque ideae in se prodigia non sunt, sed cum intellectus vult facere eas praedicabiles de rebus, a quibus sunt divisae et separatae in hac ordinatione, prodigia sunt; demonstrationes enim et ratiocinationes fiunt de simpliciter praedicabilibus.*

353) *Summa physic.* (s. oben Anm. 344) p. 278: *Quidditas in rebus compositis est materia et forma, et est aliud a forma, quae est altera pars compositi, quia in talibus quidditas includit totum, sc. materiam et formam; in rebus autem simplicibus, sicut in substantiis separatis, idem est forma et quidditas, quia in talibus non est compositio materiae cum forma, sed esse cum essentia.*

machenden Unterschied[354]) und ausser einer Erörterung über *definitio formalis* und *definitio materialis* ist gerade bei manchen wesentlichen Punkten kein arabischer Einfluss bemerklich[355]). Hingegen muss, wenn auch als vereinzeltes Moment, doch erwähnt werden, dass er anderswo gelegentlich eine Kenntniss der byzantinischen Logik zeigt, indem er einen Punkt, welcher der dortigen Lehre von der *ampliatio* (s. ob. Anm. 226) angehört, etwas ausführlicher bespricht[356]); und insoferne er einmal auf dieses Gebiet sich eingelassen hat, dürfte es auch nicht auffallend sein, wenn wir in ihm den Verfasser einer Schrift über die *Syncategoreumata* träfen[357]).

Auch Albertus Magnus (geb. 1193, gest. 1280) war ein unklarer Kopf und nicht befähigt, irgend eine grundsätzliche Auffassung hinauszudenken, soweit dieselbe reicht. Sein grosses Verdienst, welches verneinen zu wollen thöricht wäre, liegt in seiner unermesslichen Belesenheit, durch welche er für seine Mitwelt und nächste Nachwelt der bedeutendste Stoff-Lieferant wurde; aber Verstand oder etwa gar philosophische Begabung besass er wohl nicht in höherem Grade, als die ganze grosse Masse aller Mittelmässigen, ja, wie sich alsbald zeigen soll, sogar in geringerem Grade[358]). Er ist nur Compilator, und Alles, durchweg Alles, was er schreibt, ist fremdes Gut; ja auch seine bisweilen ins Endlose gehenden Distinctionen, welche man gerne an ihm rühmt, sind nicht sein Erzeugniss; die Auswahl, welche er zwischen verschiedenen Ansichten trifft, beruht nicht auf einheitlich festgehaltenen Grundsätzen, sondern auf dem momentanen Drucke, welchen Auctoritäten auf ihn ausüben,

---

354) *Comm. in Poster. Arist.* I, 4 (s. Abschn. IV, Anm. 132): *Est differentia causa formalis speciei et genus est causa speciei sicut forma materialis vel sicut materia formalis.* S. vor. Abschn., Anm. 166.

355) Ebend. II, 3 (d. h. zu c. 11, s. Abschn. IV, Anm. 693 f.): *Ubi demonstratur diffinitum de sua diffinitione, non demonstratur nisi de sua diffinitione materiali, et medium proximum, quo ostenditur diffinitum de sua diffinitione materiali, est causa et diffinitio formalis diffiniti, et si egeat ostendi illa diffinitio formalis de diffinitione materiali, demonstrabitur per medium, quod est diffinitio materialis respectu diffinitionis formalis, et idem medium est diffinitio formalis respectu diffinitionis materialis.* S. vor. Abschn. Anm. 52. Hingegen finden wir bei ihm weder die principielle Auffassung der Araber betreffs der *materia syllogismorum* (ebend. Anm. 51, 223, 275), noch die Ansichten über *praedicatum primum* (ebend. Anm. 54 ff., 224), noch auch jene Unterscheidungen einer *demonstratio quia* und einer *demonstratio propter quid* (ebend. Anm. 62, 226, 281, 342).

356) Im Tractate *De veritate propositionis* (s. Anm. 343) f. 5 v B: *Rem, quae partim est vel fuit et partim futura est, non necesse est ante complementum sui esse totaliter vel fuisse ..... Est igitur veritas sermonis vel opinionis de futuro praesens assertio existentiae rei in futuro, ... existentia vero rei futurae nondum est, sed poterit non esse, et ita veritas de futuro secundum quid sui iam est et habet necessitatem, secundum quid sui nondum est et habet contingentiam .... Quaelibet talium propositionum „Antichristus erit, Antichristus est futurus" est vera non necessaria, sed contingens* u. s. w. Vgl. unten Anm. 470 f.

357) Es dürfte wenigstens gegen die hierauf bezügliche Vermuthung, welche ich unten Anm. 558 aussprechen muss, nichts Erhebliches einzuwenden sein.

358) Wenn in Bezug auf bekannte Anekdoten über die erste Jugend und das Greisenalter des Albertus seine Feinde, die Franziskaner, von ihm sagten *„Ex asino philosophus factus et ex philosopho asinus"*, so trafen sie hiemit, wenn auch in derbstem Ausdrucke, doch etwas Richtiges.

daher man sich auch nicht wundern darf, wenn man ihn häufig auf Widersprüchen ertappt [359]).

Albert hat in seinem ausführlichen Commentare zum ganzen Organon, sowie in den für uns hier einschlägigen Partien der Psychologie und der Metaphysik im reichsten Maasse die Uebersetzungen arabischer Quellen benützt und hiedurch das Material jener Controversen dargeboten, welche alsbald nicht bloss über die Universalien, sondern insbesondere auch über das *principium individuationis* geführt wurden (dass durch letztere Frage der Universalien-Streit eine Zeit lang fast in den Hintergrund gedrängt wurde, wird der weitere Verlauf bald zeigen). Sowie aber von Selbstständigkeit der Auffassung bei ihm überhaupt kaum eine Spur zu finden ist, so zeigt schon die erste Frage, die wir an ihn richten müssen, dass er nicht einmal über die Geltung und Stellung der Logik eine feste Ansicht hatte.

Die Philosophie überhaupt theilt er mit Avicenna, welchem er selbst wörtlich folgt, in theoretische und praktische [360]), deren ersterer auch er gleichfalls den wesentlichen Vorzug vor letzterer zugesteht [361]). Indem

---

359) Es wird wohl dereinst in Folge geschichtlicher Studien die in den Werken über Geschichte der Philosophie noch übliche Ausdrucksweise verschwinden, dass Albertus Magnus (oder auch Thomas von Aquin) diess oder jenes „sage", oder es so oder so „auffasse", oder diese oder jene „Begründung" gebe; denn er selbst sagt Nichts, fasst Nichts auf, begründet Nichts, sondern immer sind es seine Quellen, welche Solches thun, und die einzig richtige Ausdrucksweise ist „hier schreibt er Diesen ab und dort excerpirt er Jenen". Dieses Urtheil, welches Vielen herb klingen mag, aber eben geschichtlich wahr ist, gilt auch von den Naturwissenschaften, und wenn z. B. *Meyer*'s treffliche Geschichte der Botanik die grösste Ueberschätzung des Albertus Magnus enthält, so läge das einzige Heilmittel hiegegen in Erforschung der Quellen, denn schliesslich beruht alle Pflanzenkunde des Albertus (und z. B. auch seine oft angeführten Bemerkungen über die Edelsteine) auf griechisch-arabischer Litteratur. Die Geschichte der Logik kann hierin einen über sie selbst hinausreichenden Fingerzeig geben, während sie eine wahrlich nicht mühelose Probe der richtigen Behandlung darzubieten glaubt. Die Geschichte der Naturwissenschaften wird bei *Bormans* (*Bullet. de l'Acad. Belgique*, Vol. XIX, 1852) wenigstens einen dankenswerthen Anfang anerkennen (*F. A. Pouchet*, *Hist. des sciences naturelles au moyen-âge ou Albert le Grand et son époque. Paris* 1853. ist weit davon entfernt, unsere Anforderung auch nur zu ahnen). — *J. Sighart*, Alb. M., sein Leben u. s. Wissenschaft (Regensburg 1857) ist wissenschaftlich ganz unbrauchbar.

360) *De praedicab.* I, 2 (*Opp. ed. Jammy, Lugd.* 1651. Vol. I) p. 2: *Ea, quae sunt, dicuntur esse aut ab opere nostro, sive a voluntate sive etiam ab intellectu scientiam quaerente, aut a natura generaliter dicta, quae ab opere nostro causari non potest* (diese Zweitheilung des Avicenna s. vor. Abschn., Anm. 71). *Et cum ea, quae a natura sunt, nostrae sint causa scientiae et non nos sumus causa ipsorum, ... de talibus apud nos non est nisi scientia contemplativa, quae lumine intelligentiae perficitur. Eorum autem, quorum nos sumus causa per voluntatem, non potest esse apud nos scientia speculativa, sed tantum practica. Eadem vero* (der Text gibt *enim*) *sunt in quolibet scibili principia et causae et elementa cognoscendi, quae sunt principia essendi .... Similiter igitur alicuius philosophiae erit intentio, comprehendere veritatem eius, quod in nobis est secundum rationem, ... quod rationis ductu via est in omnem cognitionem omnium ...... Erit igitur de intentione philosophiae etiam logica scientia, quae est rationalis.* Die Stellung selbst, welche die Logik im Gebiete der Wissenschaften einnehme, ist hier noch unbestimmt offen gelassen.

361) *De anima* III; IV, 4, (Vol. III) p. 175 A: *Contemplativus intellectus habens in se finem perfectior et nobilior est practico.* S. vor. Abschn. a. a. O. Aber die gegentheilige Auffassung s. unten Anm. 369.

er aber nach dem gleichen Vorbilde die theoretische Philosophie (welche in Mathematik, Physik und Metaphysik zerfällt) als „*realis*" bezeichnet [362]), so stellt er ebenso neben dieselbe, — abgesehen von der *moralis* —, das Gebiet der „*scientiae sermocinales*", welche als blosse Wegweisung, vom Bekannten auf Unbekanntes zu gelangen, gar keine wirklichen Wissenschaften (*non verae scientiae*) und eigentlich auch kein Theil der Philosophie, sondern, da in ihnen nur die „*intentiones secundae*" der Dinge, nicht aber die Dinge selbst, betrachtet werden, nur „*modi scientiarum*" oder „*modi philosophiae*" seien [363]), so dass dieser *modus* je nach dem Inhalte der drei Haupt-Zweige, — nemlich der *realis, moralis, sermocinalis* —, selbst wieder sich verschieden modificire [364]). Und wenn wir nun noch aus wiederholten Versicherungen, dass die Logik als blosses methodisches Verfahren kein selbstständiger Theil der Philosophie sei [365]), die Ansicht Albert's erfasst zu haben glauben, so staunen wir wohl billig, wenn wir gerade in seinen die Logik selbst einleitenden Bemerkungen das directe Gegentheil hievon lesen. Aber allerdings hätten wir bei einem Schriftsteller, wie Albert war, uns das Erstaunen füglich

---

362) *Phys.* I; I, 1, (Vol. II) p. 1 B: *Tres sunt partes essentiales philosophiae realis, quae non causatur in nobis ab opere nostro, sicut causatur scientia moralis, sed potius ipsa causatur ab opere naturae in nobis; quae partes sunt: naturalis, et metaphysica, et mathematica...... Inter vero partes illas prima quidem..... est universalis de ente secundum quod ens, quod non concipitur cum motu et materia sensibili* u. s. f. ganz nach Avicenna, s. ebend. Anm. 72 f. (insbesondere den dortigen Begriff „*res*"). Ebenso *Metaph.* VI; I, 2. Uebrigens wirkt dieser Gebrauch des Wortes „*realis*", zumal da er auch bei Duns Scotus erscheint (s. Abschn. XIX, Anm. 87) und somit gleichmässig von Thomisten und Scotisten acceptirt wurde, sehr weit hinab bis in die spätere Bedeutung des Ausdruckes „Realisten".

363) *Metaph.* I; I, 1, (Vol. III) p. 3 A: *Istae igitur sunt tres scientiae speculativae* (d. h. Physik, Mathematik, Metaphysik), *et non sunt plures..... Scientiae logicae non considerant ens et partem entis aliquam, sed intentiones secundas* (auch dieser Ausdruck stammt aus Avicenna's Metaphysik, s. ebend. Anm. 74 a. Schl.) *circa res per sermonem positas, per quas viae habentur veniendi de noto ad ignotum* (dass dieses die allgemeine arabische Ansicht war, s. ebend. Anm. 15 u. 75) *secundum syllogismum referentem et probantem; et ideo.....potius sunt modi philosophiae speculativae, quam aliqua pars essentialis philosophiae theoricae. Morales autem omnes..... non sunt contemplandi gratia, sed ut boni fiamus.* Hiezu *De anima* I; I, 2, p. 2 B: *Sunt quaedam scientiae, quas non quaerimus propter se, sed ut nobis adminiculentur ad alia, sicut scientiam topicorum problematum et scientiam de instrumento scientiarum, qui est syllogismus, et universaliter scientias sermocinales; et illae non sunt verae scientiae, sed modi scientiarum omnium, sicut in principio librorum logicae dixisse nos meminimus.* Dass bei letzteren Worten der Compilator selbst nicht mehr wusste, was er anderwärts zusammengestoppelt habe, zeigt sogleich unten Anm. 366 f.

364) *De praedicab.* I, 7, p. 10 B: *Partes logicae generaliter habent docere modum accipiendi scientiam..... Hic tamen modus.... variatur secundum diversitatem materiae, in qua quaeritur scientia. Nam in sermocinalibus aliter est in grammatica, ...aliter etiam est in poetica, ... et aliter est in rhetoricis. ...... Aliter etiam in laudabilibus et ethicis..... In realibus scientiis aliter est in probabilibus et aliter in necessariis..... et aliter in coniectantibus.*

365) *Phys.* I; I, 1, p. 3 A: *Logicus..... procedit ex communibus, quae inveniuntur in multis et non sunt essentialia illis* (s. Avicenna, a. a. O. Anm. 74), *et ideo logica dicitur inquisitiva ad omnium methodorum principia viam habens.* Ebend. II, 1, p. 12 B: *Logica est alia a parte philosophiae essentiali, quia logica potius docet modum sciendi, quam scientiam, quae sit pars essentialis philosophiae. Metaph.* III; III, 6, p. 107 B: *Dialectica non est aliqua pars essentialis philosophiae.*

ersparen können; denn wenn nun dort immerhin noch im Anschlusse an Araber die Logik als specielle Wissenschaft, vergleichbar jener Kunst, welche in der Schmiede den Hammer verfertigt, bezeichnet wird [366]), und ihr sogar ausdrücklich die Stellung eines selbstständigen Theiles der Philosophie zukommt [367]), so münden ja diese Bemerkungen glücklich in den Hafen einer anderen Auctorität, nemlich des Boethius, ein, welchem die Logik zugleich als Theil und als Werkzeug der Philosophie galt (s. Abschn. XII, Anm. 76), und an dessen Eintheilung in *inventio* und *iudicium* wieder eine Stelle des Averroes angeknüpft werden konnte [368]). Ja bei solcher Schriftstellerei durfte Albert auch jener obigen (Anm. 361) Bevorzugung des theoretischen Gebietes wieder das Gegentheil gegenüberstellen und (wie andere Araber, als Avicenna, gethan hatten) die Logik den praktischen Zwecken unterordnen [369]). Sogleich hierauf aber acceptirt er die durchgängig arabische Ansicht, dass der Gegenstand der Logik die *argumentatio* sei, deren Begriff jedoch nicht in allzu enger Fassung mit *syllogismus* identificirt werden dürfe, und natürlich ist bei solcher Aufgabe die Logik, welche den Augenblick vorher als Theil der Philosophie gelten sollte, wieder zum *instrumentum* herabgesunken [370]). Eine

---

366) *De praedicab.* I, 1, p. 1 A: *Quidam enim antiquorum logicam nullam esse scientiam contenderunt dicentes, non posse esse scientiam id, quod est omnis scientiae sive doctrinae modus* (s. Abschn. XI, Anm. 120)...... p. 1 B: *Sed non satis consideraverunt, quod est...... quoddam commune, quod est in omni scientia; et hoc est, quod per investigationem rationis ex cognito devenitur ad cognitionem incogniti.* ..... (dann folgt ein Citat aus Avicenna, s. vor. Abschn., Anm. 80)...... p. 2 A: *Patet igitur, quod logica una est specialium scientiarum, sicut in fabrili, in qua specialis est ars fabricandi malleum;..... investigatio enim sive ratio investigans ignotum per notum speciale quoddam est.* Hiezu vor. Abschn., Anm. 15.

367) Ebend. c. 2, p. 2 B: *Hanc autem scientiam, quae modus est omnis philosophiae, quidam nullam partem esse philosophiae contendunt dicentes, non nisi tres esse partes philosophiae, sc. physicam, mathematicam sive disciplinabilem, et metaphysicam sive divinam* (vgl. oben Anm. 362)...... *Addunt etiam,..... quod nullius rei modus cum re, cuius modus est, venit in generis sui divisionem.*....... *Hanc autem opinionem alii quidam impugnantes dicunt, philosophiae generalis esse intentionem, omnem omnium entium comprehendere veritatem*...... (Nun folgt die oben, Anm. 360, angeführte Stelle)...... (p. 3 A) *Adhuc autem huius signum dicunt, quod apud peripateticos philosophia in tres partes prima divisione divisa est, sc. in physicam.... ethicam.... rationalem*...... (Es folgt nun die im vor. Abschn., Anm. 14, angeführte Stelle)...... *Est igitur logica una partium philosophiae generaliter dictae*....... *Horum autem, quae dicta sunt, rationem posuit Avicenna dicens, res omnes tripliciter esse accipiendas* (s. ebend. Anm. 74).

368) Ebend. c. 3, p. 3 B: *Necessaria et utilis est logica*...... *Est enim, ut dicit Boethius* (Abschn. XII, Anm. 76), *ratio disserendi,..... quae in duas distribuitur partes, sc. scientiam inveniendi*...... *et scientiam iudicandi*....... (p. 4 A) *Etiam Aristoteles dicit, quod modus sciendi ante scientiam quamlibet discendus est* (s. vor. Abschn., Anm. 293).

369) Ebend. p. 4 B: *Utilis est ad felicitatem haec scientia, sine qua non attingitur felicitatis actus* u. s. f. (s. ebend. Anm. 13 u. bes. Anm. 242).

370) Ebend. c. 4, p. 4 B: *Quidam dixerunt, quod logica tota est de syllogismo et partibus syllogismi, determinantes commune subiectum logicae secundum id, quod est subiectum principale. Non enim*...... (p. 5 A) *solum docetur, quid syllogismus et qualiter et ex quibus sit, sed hic etiam docetur, quid argumentatio et quae partes et species eius.* Hierauf folgt betreffs der *scientia sermocinalis* die schon oben, vor. Abschn., Anm. 84, angeführte Stelle, dann bezüglich der *argumentatio* die Aeusserung ebend. Anm. 15, vgl. auch ebd. Anm. 78 f. Sodann p. 5 B: *Utuntur*

Blumenlese arabischer Lehren über die Eintheilung der Logik (nach *incomplexum* und *complexum*), über *vox significativa*, über Universalität und Particularität der Wortbedeutung (auch mit Einschluss der Denkbarkeit, dass es mehrere Sonnen geben könne), über die Verflechtung (*collectio*) mehrerer Wesens-Bestimmtheiten in Einem Wesen, und über die Begriffe des *univocum*, *multivocum* u. s. f. (mit Einschluss des „*analogon*"), bildet die weitere Fortsetzung dieser Einleitung in die Logik [371]). Da aber bezüglich jener Haupt-Eintheilung der Logik, wornach sie in Definition (— *incomplexa* —) und Argumentation (— *complexa* —) zerfalle, die Araber geglaubt hatten, dass der erstere Zweig in der Ueberlieferung nicht vorliege (vor. Abschn., Anm. 16), so gibt nun Albert zunächst eine, offenbar aus Algazeli entnommene, Ergänzung dieser Lücke [372]), hierauf aber schliesst er sich betreffs der Unterabtheilung des zweiten Haupt-Zweiges vollständig an Alfarabi an [373]).

Indem wir nun allerdings von einem derartigen Autor auch bezüglich des Einzelnen keine grossen Erwartungen hegen dürfen [374]), müssen wir uns zunächst zur Isagoge wenden. Albert beginnt mit einer Definition des Universalen (*quod aptum est, esse in pluribus*), welche er bei Alfarabi vorfand, aber wendet zugleich dieselbe in die mehr nominalistisch klingende Auffassung (*quod praedicatur de multis*) des Avicenna hinüber [375]), und nachdem ihm Boethius eine Bemerkung über den Nutzen

---

tamen sermone omnes sermocinales scientiae, sc. grammatica, poetica, rhetorica, et quae vocatur logica (vgl. ebend. Anm. 18 f.)...... *Solus autem logicus sermone utitur, prout est pars instrumenti, per quod solum fides fit de incognito.* Hiezu die ebend. Anm. 399 angeführte Stelle.

371) Ebend. c. 5, p. 6 A vorerst die ebend. Anm. 16 u. 21 angeführten Stellen, dann (p. 6 B): *Complexio autem et incomplexio* (über diese arabische Unterscheidung s. auch *Periherm.* I; I, 1, p. 237) *non accidunt rei secundum quod res est, nec etiam voci secundum quod est vox, sed accidunt voci secundum quod refertur ad intellectum simplicem vel compositum,* vgl. ebend. Anm. 85. Dann (p. 7 A) mit wenig veränderten Worten aus Avicenna ebend. Anm. 86, 88 (woran der Spruch des Boethius „*universale intelligitur, singulare sentitur*", s. Abschn. XII, Anm. 91, geknüpft wird), hierauf ebenso ebendorther Anm. 89, 93 und dann 31.

372) Ebend. c. 6, p. 8 A: *Si quis quaerit scire incomplexum, ... non potest invenire notitiam eius nisi per diffinitionem ...... Huius autem principia et regulae sunt quinque et quinque corruptiones. Primum quidem, quod omnia posita in diffinitione sint substantialia ...... Secundum est, ... quod ultima differentia sit cum diffinito convertibilis ...... Tertium, quod prius positum in diffinitione se habeat ad sequens sicut potentia propinqua ad actum ..... Quartum est, quod diffiniens primum sit per se notum..... Quintum autem, quod diffinitio dicat totum esse diffiniti .....* (p. 8 B) *Peccata ipsius sunt quinque his opposita* u. s. f. Vgl. vor. Abschn., Anm. 110 u. bes. 254.

373) S. die ganze bei Alfarabi, ebend. Anm. 17, angeführte Stelle.

374) Wenn *Heinr. Ritter* (Gesch. d. Phil. VIII, S. 187) dem Albert das Verdienst zuschreibt, dass „im 13. Jahrh. die aristotelische Philosophie besser erkannt wurde, als noch in unserm Jahrhundert" (— dass die Schleiermacherianer den Aristoteles nicht verstehen, ist freilich leider nur allzu wahr —), so wird sich zeigen, wie solch oberflächliches Gerede durch genauere Forschung zu Schanden wird. Albert hat den Aristotelismus nicht nur nicht erkannt, sondern geradezu corrumpirt, und er ist hierin der Lehrer seines Schülers Thomas gewesen.

375) *De praedicab.* II, 1, p. 11 A: *Universale autem est, quod, cum sit in uno, aptum natum est esse in pluribus* (s. vor. Abschn. Anm. 24), ... *et per hoc quod in multis per aptitudinem est, praedicabile est de illis. Et sic universale est, quod de sua aptitudine est in multis et de multis* (s. ebend. Anm. 89).

der Isagoge an die Hand gegeben[376]), lässt er vorläufig durchblicken, dass er keinenfalls Nominalist, aber auch (wie uns Solches in ähnlicher Weise bei Wilhelm von Auvergne begegnete, s. oben Anm. 283) kein eigentlicher Platoniker sei[377]). Suchen wir aber von ihm zu erfahren, welche Geltung den Universalien beizulegen sei, so finden wir natürlich durchweg den Hauptkern der arabischen Doctrin, d. h. die Nebeneinanderstellung der Universalien *ante rem, in re* und *post rem* (s. vor. Abschn. Anm. 24 f. u. bes. Anm. 179 ff.); aber im Einzelnen verfährt Albert so gedankenlos, dass er nicht bloss in den verschiedenen Stellen, an welchen er auf diesen Punkt zu sprechen kommt, sondern sogar in Einem Athemzuge sich widerspricht. So lesen wir, dass die Universalien 1) an sich als die einfachen Naturen existiren, welche den Dingen Begriff und Namen verleihen, 2) in den Dingen selbst vervielfältigt und verkörpert vorliegen, 3) aber im Denken sich finden, und zwar *a*) in der obersten Intelligenz Gottes und *b*) im abstrahirenden *„intellectus, qui agit universalitatem“* [378]); unmittelbar hierauf aber heisst es: die Universalien sind 1) *ante rem* die substantiellen Principien, 2) *in re* verleihen sie als befähigt, in Vielem zu sein, aber ja nicht als vervielfältigt, den Dingen Begriff und Namen, und 3) *post rem* sind sie als Erzeugnisse der Abstraction blosse Accidentien in der denkenden Seele[379]). Und während letztere Dreitheilung, — noch dazu als eine „platonische“ —, auch anderwärts mit der Bemerkung erscheint, dass die Differenz zwischen

---

376) Ebend. p. 12 A: *Est autem necessarium et utile ad diffinitionum assignationem ...... etiam ad divisionum scientiam.* S. Abschn. XII, Anm. 85.

377) Ebend. c. 2, p. 12 B: *Sunt tamen ..... dicentes, quod in solis intellectibus sunt illa quoad nos, quae utrum sint et quomodo esse habeant, solus scit intellectus. Et tale esse in intellectu universalia habere, dixerunt illi, qui vocabantur nominales, qui communitatem, ad quam particularia, de quibus dicuntur ipsa universalia, referuntur, tantum in intellectu esse dicebant* (natürlich hat er hiebei der Tradition zu Folge den Roscellinus im Auge) ...... *Sunt autem adhuc, ... qui dicunt, universalia nonnisi ideale habere esse, secundum quod universalia sunt, et non esse res coniunctas materiae, sed implere omnem materiam suam imaginibus particularium.*

378) Ebend. c. 3, p. 15 B: *Universale triplicem habet considerationem, sc. secundum quod in se ipso est natura simplex et invariabilis, et secundum quod refertur ad intelligentiam, et secundum quod est in isto vel illo. Primo quidem modo simplex est natura, quae dat esse et rationem et nomen* (s. vor. Abschn. Anm. 182) ...... *Per hoc autem quod est in isto vel illo, multa accidunt ei, ... quod est particulatum et individuatum, ... multiplicabile vel multiplicatum, ... incorporatum ..... Per hoc autem quod est in intellectu, dupliciter consideratur, sc. aut secundum relationem ad intellectum intelligentiae primae cognoscentis et causantis ipsum, cuius radius quidam est; aut secundum relationem ad intellectum per abstractionem cognoscentem ipsum, ... quod talis intellectus, secundum quod abstrahit ipsum, agit in ipso universalitatem* (s. ebend. Anm. 181).

379) Ebend.: *Ante rem sunt formae secundum se acceptae principia rerum existentes* (s. ebd. Anm. 95 u. 101). *In re sive cum re ipsa sunt formae existentes in ipsis dantes iis nomen et rationem per id, quod sunt aptae esse in multis et universales, non tamen secundum quod sunt in illis ..... particularizatae et individuatae et ad singularitatem ductae. Sunt etiam formae post rem, quae sunt formae per abstractionem intellectus ab individuantibus separatae, in quibus intellectus agit universalitatem. Et primae quidem substantialia rerum principia sunt; secundae autem rerum substantiae; tertiae autem accidentia et qualitates, quae notae rerum in anima acceptae vocantur et dispositiones vel habitus* (s. ebd. Anm. 22 u. 85).

Plato und Aristoteles in den Universalien *„in re"* beruhe [380]), eröffnet sich hinwiederum durch Beiziehung der Individuen eine Viergliederung, indem die Universalien 1) *ante rem* als Causalitäten wirken, und 2) *cum re* auftreten, wo sie *a*) als Formen das Denken und die Namengebung bedingen, und *b*) *in re* bestehen, indem sie entweder *α*) als potenziell vervielfältigbar die eigentlichen Universalien sind, oder *β*) actuell zu singulären Individuen werden [381]). Die Verwirrung aber steigert sich noch, indem ja wieder die Universalien 1) verschieden von der Materie sind, und zwar *a*) als an sich seiend, und *b*) als mittheilbar, was entweder *α*) potenziell in den Dingen oder *β*) actuell im Denken der Fall ist; sodann aber 2) innerhalb der Materie, und zwar *a*) als Zweck und *b*) als Quidditat, in welch letzterer das Gemeinsame durch Abstraction actuell in das Denken tritt [382]). Ferner kommt hiezu noch Folgendes: Die Universalien sind 1) *ante rem*, und zwar *a*) der Zeit nach in Gottes

---

380) *Phys.* I; I, 6, p. 8 B: *Est enim, ut Plato ait, triplex universale, sc. ante rem acceptum, et in re ipsa acceptum, et post rem ab ipsa re abstractum. Ante rem autem universale est causa universalis omnia causata praehabens potentia rerum in se ipsa. Universale autem in re est natura communis secundum se accepta in particulari. Sed universale a re acceptum per abstractionem est intentio formae et simplex conceptus mentis, qui de re per abstrahentem intellectum habetur. De anima* I; I, 4, p. 5 B: *Plato posuit in omni re triplex esse universale. Unum quidem ante rem, quod erat causa rei formalis secundum esse praecedens, quia separatum ipsum esse posuit. Secundum in re, quod erat forma adhaerens ei una in multis et de multis, et hoc unum dixit Plato in essentia esse unum et in esse naturae et formae in omnibus, Aristoteles autem in ratione dixit unum, et in essentia et esse plura. Tertium autem dixit esse post rem, quod est intentio* (s. ebd. Anm. 74) *universalis in anima.* S. auch *Metaph.* III; III, 10, p. 111 B.

381) *Metaph.* VII; V, 1, p. 286 A: *Triplex est universale. Ante rem, et haec est causa praehabens ...... Aliud autem est, quod est natura quidem prius re ipsa, sed tempore est cum ipsa, et haec est natura rei formalis; ..... cum enim dico „homo", duo importantur per nomen, sc. quo imponitur nomen, et cui. Et quo imponitur ipsum nomen, est, quod primo format et movet intellectum, ... et per hoc devenitur ad hoc, cuius est illa forma, et haec est substantia, cui nomen imponitur .... Si consideratur secundum esse, quo est in particulari, hoc est duobus modis. Hoc enim potest considerari secundum potentiam et aptitudinem, qua secundum esse multiplicabile est in particularia, et sic est universale; aut consideratur, secundum quod est actu in illis, et sic est singulare suppositum sub communi natura demonstratum; ..... et hoc modo est tertio modo dictum universale et sic praedicatur de omni eo, de quo praedicatur.* Aehnlich *De nat. et orig. an.* I, 2, (Vol. V) p. 186 B.

382) *De intellectu et intellig.* I, 2, (Vol. V) p. 247 B: *Utrum universale sit in solo intellectu, an etiam in re extra ...... Dicimus, essentiam uniuscuiusque rei dupliciter esse considerandam. Uno modo, prout est natura diversa a natura materiae sive eius in quo est .... Alio modo, prout est in materia sive in eo, in quo est individuata ..... Et primo quidem modo adhuc dupliciter consideratur. Uno quidem modo, prout est essentia quaedam absoluta in se ipsa; ..... alio modo, ut ei convenit communicabilitas secundum aptitudinem, ... et sic proprie vocatur universale; omnis enim essentia communicabilis multis universale est, etiamsi actu nunquam dat esse nisi uni, ut sol ...... Per hanc igitur aptitudinem universale est in re extra, sed secundum actum existendi in multis non est nisi in intellectu* (also was in vor. Anm. potenziell genannt war, heisst hier actuell, und umgekehrt)..... *Prout autem iam participatur ab eo, in quo est, adhuc duplicem habet considerationem. Unam quidem, prout est finis generationis vel compositionis substantiae ..... Secundo autem modo, prout ipsa est totum esse rei et sic vocatur quidditas ...... Hoc ergo ultimo considerata forma praedicatur de re, cuius est forma, et sic separata per intellectum*

Intelligenz, und *b*) dem Wesen nach als Formen, 2) *in re* als mittheilbar, 3) *post rem* durch Abstraction, und 4) *ratione universalitatis*, insoferne die Gemeinsamkeit einigend (*uniens*) wirkt[383a]).

Ist schon hieraus klar, dass der unverständige Compilator uns alles Mögliche zugleich darbietet, was nur immer aus den Arabern aufzuraffen war, so warten unser erst noch die ärgsten Widersprüche. Indem wir nemlich in dem Bisherigen trotz aller Verwirrung immerhin im Ganzen den Intellectualismus Avicenna's erblicken dürfen[383b]), führt uns Albert an dem Punkte, in welchem wir ihn am meisten als einen Copisten der arabischen Aristoteliker beim Worte zu nehmen gedächten, direct in das Fahrwasser arabisch-neuplatonischer Mystik. Indem er nemlich die Frage erörtert, ob das Universale im sinnlich Einzelnen oder ausserhalb desselben sei, benützt er zunächst die arabische Ansicht betreffs *„in multis"* und *„de multis"*, sowie insbesondere Avicenna's Unterscheidung zwischen natürlicher Gattung und logischem Gattungsbegriff[384]), und bezeichnet das Universale als die Wesensform, welche einerseits z. B. *„humanitas"* und andrerseits z. B. *„homo"* ist[385]). Und da nun dieses Form-Wesen (*natura formalis*) durch seine Fähigkeit in Vielem zu sein, zur substantiellen Eigenschaft (*qualitas substantialis*, — Alles nach arabischem Vorbilde —) des Einzelnen werde, sei eben das Universale durchaus

---

est universale in intellectu, et ideo aptitudo suae communicabilitatis reducitur ad actum in intellectu separante ipsum ab individuantibus.

383a) *Metaph.* V; VI, 5, p. 221 B: *Ante rem autem dicitur universale dupliciter. Cum enim omnia ...... sint in intellectu primae causae sicut in formali et primo lumine, ... hoc igitur modo acceptum universale habet quoddam esse speciale, quod est esse causae intellectualis ...... Alio autem modo dicunt universale ante rem non tempore, sed substantia et ratione, et haec est forma aut causa formalis accepta constituens esse rei; ...... hoc autem cum indifferens sit in omnibus, quae sunt eiusdem speciei, ... sic indivisum habet unam ad omnia vel multa relationem...... Universale autem quod dicunt esse in re, est eadem forma participata a multis actu vel potentia, et haec quidem dicitur universalis, eo quod de se semper est communicabilis et propagabilis in multa ex uno ..... Universale autem quod est post rem, est forma in esse abstractionis ...... Esse autem universalis in ratione universalitatis* (s. vor. Abschn. Anm. 183) *est sic accipiendum: in universali quidem aliud est id, quod est ipsum universale, et aliud est universalitas sive universitas ipsius, sicut in hoc universali „homo" aliud est ipsa natura, quae homo est, et aliud est communitas ipsius sive communio* (s. ebend. Anm. 93), *quia ..... universale nec est unum nec est multa. Universalitas autem ipsius, quae magis proprie dicitur universitas, est ex respectu sui ad supposita, quae respicit illa sicut uniens....... Patet, quod in ratione huius universitatis aliud habet esse, quam sit esse eius ante rem vel in re vel post rem acceptum.*

383b) S. hierüber auch die so eben erschienene Schrift *Haneberg's, Zur Erkenntnisslehre von Ibn Sina und Albertus Magnus.* (Abhdlgn. d. bay. Akad. d. Wiss.) *München.* 1866.

384) *De praedicab.* II, 5, p. 19 A: *Restat nunc de difficillima quaestione disserere, ... utrum universalia sint separata a sensibilibus, an in sensibilibus et singularibus posita.* Hierauf folgen die ebend. Anm. 24 u. 23 angeführten Stellen, sowie eine Erklärung, welche dem Sinne nach mit dortiger Anm. 180 übereinstimmt.

385) Ebend. c. 8, p. 24 A: *Universale est forma et est forma totius. Sed forma totius dupliciter designatur in nomine. Designatur enim ut forma tantum, sicut „humanitas".... et ideo non praedicatur de eo, cuius est forma...... Designatur etiam ut forma totius totum esse dicens, cuius est forma, ... sicut „homo" dicit esse formale.* S. ebd. Anm. 93. Uebrigens ist dieses die Quelle der alsbald eintretenden Controverse über *unitas formae* oder *pluralitas formarum.*

nicht eine für sich getrennte Substanz[386]), denn nur in der Mittheilbarkeit (*communicabilitas*) liege die Beziehung des Universale auf das Einzelne, so dass (wie z. B. bei der Sonne) von der actuellen Vielheit des Einzelnen abgesehen werden müsse[387]). Für die Verwirklichung aber des Einzelnen selbst sei die Materie als Princip zu betrachten (— *principium individuationis* —, nach Avicenna), und die aristotelische Auffassung sei die richtige[388]), während Plato einerseits durch die Lostrennung der Universalien von ihrer materiellen Individualisirung sich im Irrthume befinde[389]), und andrerseits doch wieder dieselben durch mathematische Formen verkörpere, so dass er gerade in den Principienfragen jedenfalls dem Aristoteles nachstehe[390]). Ja die Auctorität des aristotelischen Begriffes „σύνολον" (s. Abschn. IV, Anm. 461 u. 471 ff.) packt den Albert so heftig, dass er ausruft, es gebe abgesehen von dieser innigen Verbindung des Stoffes und der Form gar kein Universale, als nur das in der denkenden Seele erfasste[391]), und er kann somit jene

---

386) *Metaph.* VII; V, 1, p. 286 B: *Universale sic dictum* (d. h. als *multiplicabile,* s. ob. Anm. 381) *est esse substantiale, quod semper est in alio, nec esse potest, quando in alio non est; et hoc modo non est substantia, sed substantiale quoddam esse* (s. vor. Abschn., Anm. 95 u. 101), *quod accidit substantiae per hoc, quod universale secundo modo dictum* (d. h. als *singulare suppositum*) *est qualitas substantialis et substantia existens......* C. 2: *Quod autem impossibile sit, quorumlibet substantiam esse de numero universaliter dictorum, videtur multis rationibus......* (p. 288 B) *Ex omnibus igitur inductis manifestum est, universale secundum esse universalis substantiam distinctam et per se existentem non esse.*

387) Ebend. V; VI, 6, p. 222 A: *Communicabilitas igitur causa est, quod comparatur (sc. universale) pluribus.....* p. 222 B: *Sufficit universali, ... quod ipsum de se ambiat multa, sive illa sint sive non sint, dummodo sint, de potentia sui ambitus, sicut patet in forma solis.* S. ebend. Anm. 89.

388) Ebend. III; III, 10, p. 110 B: *Cum enim materia sola principium sit individuationis* (s. ebd. Anm. 22 u. bes. 184) *et nihil sit singulare nisi materia vel per materiam, si nihil est forma praeter materiam* (nemlich nach der hier bekämpften Ansicht der Atomiker), ... *nihil erit in re nisi singulare*,.... c. 11, p. 112 B: *Secundum igitur intellectum Aristotelis dicimus, omnes formas potentia esse in materia et per motum educi de ipsa* (s. Abschn. IV, Anm. 468—505). Hierin sodann liegt die Quelle der zweiten einflussreichen Controverse (vgl. Anm. 385), nemlich derjenigen, welche über die Individuation geführt wurde.

389) Ebend. VII; V, 5, p. 292 A: *Si forma simplex sit singularis, ista nunquam potest esse universalis; et hoc modo dicunt de ideis, quod quaelibet est singularis separata, ...non attendentes, quod omnis forma de se communicabilis est, et quod etiam nomen individui a formis communicabilibus imponitur, sed principium individuationis in ipso est materia.* Ebend. XI; I, 7, p. 353 B: *Notitia materiae est illud, quod in re sentitur et subiicitur quantitati et situi et sensibilibus, et dicitur secundum hoc materia, cum qua est hoc aliquid ens, eo quod ipsa est primum principium individuationis.* S. auch *De sex princ.* I, 5, p. 199.

390) *De praedicab.* II, 4, p. 17 B: *Plato .... universalia dixit esse corporalia quaedam in mathematicis rationibus et formis constituta; quod autem quidam dicunt de universalibus immaterialium, ut angeli et animae, nihil penitus valet ad propositum; talia enim dixit Plato ab aeterno consistere et radios quosdam lucis primae esse ......* (p. 18 B) *Nullo modo universale est corporale, quia est sicut natura corporis, cui per aptitudinem dicendi de multis accidit universale esse ......* (p. 19 A) *Aristoteles in omnibus, quae dixit, Platoni praeponatur in positione principiorum; ..... nec est curandum de sophisticis quibusdam, qui ante nos quaedam scripserunt.*

391) *Metaph.* III; II, 7, p. 91 B: *Quaestio autem haec est, utrum aliquid sit forma et universale praeter materiam et synolon (sive simul totum), quod est particulare ......* p. 92 B: *Non ponemus rationabiliter formalem et separatam domum*

arabischen Stellen abschreiben, in welchen alle logischen Momente der Universalien als Accidentien derselben und die Universalien selbst als blosse Erzeugnisse des abstrahirenden Denkens bezeichnet werden, obwohl er dabei seine Begeisterung für das aristotelische *σύνολον* insoferne wieder vergisst, als er vorerst von dem Ansichsein der Universalien plaudert [392]). Wenn er aber ferner den subjectiven nominalistischen Standpunkt so stark betont, dass aus der Manigfaltigkeit des Einzelnen die substantielle Aehnlichkeit (*similitudo*) oder die Gemeinsamkeit (*communitas*) nur vom abstrahirenden Denken als Universale erfasst werde, und somit das Denken ausdrücklich als Causalität der Universalien, welche hiemit nur *post rem* sind, zu betrachten sei [393]), und wenn er dieses Universale *post rem* entschieden polemisch gegen Plato kehrt [394]), so sollte man doch wohl glauben, Albert habe eine bestimmte Ansicht. Mit nichten. Er belehrt uns ja selbst, dass ihm all solcher aristotelischer Nominalismus bei Leibe nicht Ernst sei; denn in einer längeren Stelle, in welcher er von einer dreifachen Geltung der Universalien spricht, um schliesslich mit der Darlegung einer vierfachen Geltung derselben aufzuhören, hat er jenes so entschieden bevorzugte Universale *post rem* ganz und gar beseitigt, und

---

aliquam, quae sit praeter domos materiales, nisi ponamus eam in anima tectonici..... Non propter scientiam vel utilitatem oportet nos ponere, formam extra animam habere esse praeter synolon.

392) Ebend. V; VI, 7, p. 223 A: *Natura autem illa, quae est universale simplex, natura est secundum se ipsam existens ex suis constans diffinientibus...... Sic enim non pendet esse suum ex intellectu esse vel in supposito esse..... Accidit* (s. vor. Abschn., Anm. 85) *enim ei, esse in hoc et in illo, et per hoc efficitur proprium; accidit etiam eidem, referri ad multa, et per hoc efficitur universale sive commune; accidit etiam eidem, esse separatum, et per hoc efficitur intelligibile; accidit etiam ei, terminatum esse et indivisum, et per hoc efficitur unum; et accidit eidem adhuc, dividi per materiae divisionem, et per hoc efficitur multum......* (p. 223 B) *Universale, licet ab hoc, quod est in intellectu, non sit universale, non est tamen universale nisi ens in intellectu;.....hoc enim modo est universale, prout accipitur unum de omnibus; unum autem de omnibus non est in esse, quod habet in rebus;.....igitur prout unum est separatum ab omnibus; huiusmodi autem fit per intellectum.* S. ebend. Anm. 74.

393) VII; V, 3, p. 290 A: *Oportet igitur, quod universale esse universalis sit dispositio particularis et sit substantialis particularium similitudo; et ideo non est substantia eorum...... Natura ipsa, quae forma est ut natura considerata, multiplicabilis est in multa et tunc multa est et divisa et singularia; quia tamen est essentialis similitudo, intellectus agit eam ex multis ad unum, quia unum est, quod abstrahitur ab omnibus; et haec communitatis unitas procedit a singularitate sua in materia, inquantum est causa similitudinis essentialis. Et hoc modo universale in intellectu est et posterius et non causa rei particularis, sed causatur ab ipso per intellectum abstrahentem, et sic patet, quod est esse quoddam, sicut dispositio est esse eius, quod disponitur per ipsam. Anal. post.* I; I, 3, p. 518 B, woselbst nach der im vor. Abschn., Anm. 22, angeführten Stelle folgt: *Ex hoc quod universale denudatur a materia et individuantibus, eo ipso est universale, ...unde eo ipso, quod est in intellectu, est universale.* Ebend. II, 3, p. 529 A: *Animal, quod est universale, aut nihil est aut posterius est, et quod in „Sex principiis" dicitur* (s. Abschn. XIV, Anm. 487), *quod omnis communitas a singularitate procedit.*

394) *De anima* I; I, 4, p. 5 A: *Cum intellectus noster accipit intentiones essentialium principiorum..... et abstrahit eas a materia et ab individuantibus aliis, tunc agit in eis universalitatem. Sic universale posterius est, quando ut universale accipitur, et non sicut prius dixit Plato, quod praecederet secundum esse omnia sua particularia.*

indem er bemerkt, die Universalien seien 1) an sich existente Naturen, 2) mit der Fähigkeit behaftet, in dem Vielen zu sein, 3) in „spiritualer" und „speculativer" Geltung im Lichte der göttlichen Intelligenz, und 4) quantitativ individualisirt in der Materie, so knüpft er an das zweite dieser vier Glieder noch die Unterscheidung, dass man jene Fähigkeit (des Einwohnens im Vielen) entweder in die Dinge selbst oder in das menschliche Denken verlegen könne, und sowie man im ersteren Falle Realist und im Letzteren Nominalist sei, so könne er doch nicht die Bemerkung unterdrücken, dass er seinerseits die realistische Ansicht aufrecht halte [395]). Allerdings hätte er sich so all jene Plagiate aus Avicenna (und uns die Mühe, dieselben zu registriren) ersparen können; aber da er ja Realist sein will, so darf er auch den Geist des Augustinus heraufbeschwören, indem er meint, das Universale an sich und in den Einzelndingen und in der denkenden Seele sei doch all das Nemliche, d. h. es sei eben das „Licht" der göttlichen Intelligenz [396]). Und so bricht vielleicht seine eigentliche Geistesrichtung, in Folge deren er freilich ein Talent zum Missverstehen des Aristoteles besitzen musste, am meisten in seiner Schrift „*De causis et processu universitatis*" durch, in welcher er mit Vergnügen in der Mystik jenes gleichnamigen Buches (*De causis*, s. oben Anm. 23 ff.) wühlt und natürlich nur die in Gottes Intelligenz befindlichen Universalien kennt [397]).

---

395) *De praedicab.* IX, 3, p. 93 A: *Omnia quinque tripliciter considerari possunt. Si enim in se accipiantur, ... sunt naturae quaedam...... Si autem accipiuntur, secundum quod naturae illi simplici additur aptitudo ad hoc, quod sint in pluribus inferioribus, tunc illa iam efficiuntur universalia...... Utrum autem haec aptitudo sit in re, quae sua simplicitate apta sit existere in pluribus, ... vel sit in solo intellectu, ita quod ..... solus intellectus similitudinem naturae unius ad eandem naturam in specie in alio accipiat, ... quaestio fuit. Et primo quidem modo illi dixerunt, qui reales vocabantur, secundo autem modo hi, qui dicebantur nominales. Et hoc ad praesens non disserendum; tamen in praecedentibus ..... hoc sustinuimus, quod dixerunt reales ...... Haec autem eadem natura accepta in lumine intelligentiae ...... operatur ad esse spirituale ....* (p. 94 A) *Per hoc autem, quod in sensibilibus et in materia efficiuntur ad quantitatem, ... efficiuntur multa ......* (p. 94 B) *Et sic illa natura in quadruplici esse accipitur, sc. in esse naturae simplicis, in esse aptitudinis ad multa, in esse luminis intelligentiae, in esse individui designati per individuantia. Et ideo habet rationem naturae per primum, et habet rationem universalis per secundum, et rationem intellectus speculativi per tertium, et rationem particularis et individui per quartum.*

396) Ebend. II, 6, p. 21 B: *Intellectus in formis agit universalitatem......* (p. 22 A) *Universale unum numero et essentia est in anima et in se ipso et in singulari, nec differt nisi secundum esse determinans ipsum ad hoc vel illud....... Similitudo de luce et colore bona est...... Id unum, quod in tribus ipsum facit esse, est vis intelligentiae primae, quae causa universi esse est in omnibus.* C. 7, p. 23 B: *Universale naturae producitur in esse ab agente intelligentia, quae operatur per suum intellectuale lumen in omni natura.* Dieses erbauliche neuplatonisch-augustinische Gleichniss findet sich auch insbesondere *De Praedicam.* II, 3, p. 107 A: *Secundum veritatem sunt tres substantiae formales. Sunt enim formae, quae sunt tantum formantes, et illae sunt primae formae procedentes a lumine agentis intellectus ...... Et sunt formae substantiales, quae sunt cum eo ingredientes in esse rei et constituentes, quae sunt sicut lumen causa coloris...... Et similiter substantiae formales, quae sunt sicut color est immutativus visus vel motivus secundum actum lucidi.*

397) Z. B. I, 2, 5, (Vol. V) p. 544 A: *Primum principium habet scientiam omnium generum et specierum et individuorum tam substantiae quam accidentium, ...quod*

Wollen wir aber aus diesem Wirrwar uns wenigstens die Terminologie vor Augen stellen, in welcher sich diese Lehre von den Universalien bewegt, so treffen wir auf Grundlage der arabischen Quellen [398]) folgende Begriffe: vor Allem *aptitudo* (Anm. 375, 379, 381 f., 390, 395) und *communitas* oder *communicabilitas* (Anm. 377, 380—383, 387, 389, 392 f.), auch *multiplicabile* (Anm. 378, 381 f., 393); sodann *forma* oder *natura formalis* (Anm. 379—381, 383, 385, 389, 391, 393), selbst *quidditas* und *finis* (Anm. 382), richtiger *qualitas substantialis* (Anm. 379, 386) oder *universalitas* (Anm. 383); ferner betreffs der subjectiven Seite *intentio* (Anm. 380, 394) oder *dispositio* (Anm. 379, 393), auch *referri* (Anm. 377, 392), insbesondere aber *abstractio* (Anm. 378—380, 382 f., 393), und hiemit zusammenhängend wieder *similitudo* (Anm. 393, 395), ja selbst *indifferens* (Anm. 383). Wenn aber viele dieser Begriffe auch in der logischen Parteispaltung des 12. Jahrhunderts (s. Abschn. XIV) eine Rolle spielten, so besteht dennoch hier keine geschichtliche Continuität mit jenen damaligen Bewegungen (höchstens betreffs des Gilbertus Porretanus, mit welchem Albert natürlich sympathisirt, ist durch obiges Citat, Anm. 393, für jene vereinzelte Stelle ein Zusammenhang nachweisbar), sondern all die bunte Manigfaltigkeit der Ausdrücke beruht auf den Arabern, deren Darstellungen durch Albert's blindes Zusammenraffen mit Einem Schlage bekannt wurden. Darum gestaltet sich auch, wie wir sehen werden, nach Albert und Thomas die Parteispaltung in ganz anderer Weise, als in jenen früheren Jahrhunderten.

Hatte ich im Bisherigen die unerquickliche Aufgabe, den Albert in der logischen Principienfrage geradezu als einen kopflosen Menschen darzustellen, so muss ich nun sein Schreiber-Talent auch noch in Kürze durch die einzelnen Gruppen und Theile des Inhaltes der Logik hindurch begleiten [399]).

Nachdem er die Zahl und Reihenfolge der fünf Universalien begründet hat [400]), macht er sich an die Einzeln-Erörterung derselben. Was zunächst *genus* betrifft, so handelt es sich unter den verschiedenen Wortbedeutungen desselben um die logische [401]), wobei auch an eine mögliche Relativität des Gattungs-Begriffes [402]), sowie überhaupt an die accidentelle und die substantielle Aussage zu denken ist [403]), indem ja das Hauptgewicht auf der Quiddität liegt [404]). Bei Erläuterung des Acciden-

---

ratio et species est constitutionis omnium, u. s. f. in diesem Tone durch das ganze Buch hindurch.

398) Ich habe im II. Bd. S. 350 auch betreffs der Araber diesen Punkt ins Auge gefasst.

399) Eine unnütze Raumverschwendung schiene es mir zu sein, wenn ich nun für das folgende Detail des Organons all jene Stellen, in welchen Albert Arabisches benützt und höchstens im weitschweifigen Wortlaute von diesen seinen Quellen abweicht, vollständig abschreiben wollte. Ich beschränke mich daher (unter Verweisung auf die betreffenden Anmerkungen des vorigen Abschnittes) auf blosse Ziffer-Citate, durch welche mich ja, wer Lust hat, immerhin controlliren kann.

400) *De praedicab.* II, 9, p. 25 B. S. vor. Abschn. Anm. 107.

401) Ebend. III, 1 u. 2, p. 26 ff. S. ebend. Anm. 109.

402) Ebend. c. 3, p. 29 B. S. ebd. Anm. 112.

403) Ebend. p. 30 A. S. ebd. Anm. 94.

404) Ebend. p. 30 B. S. ebd. Anm. 116.

tellen[405]) erscheint dann hier zum ersten Male der auf gröblichstem Missverständnisse einer aristotelischen Stelle beruhende Begriff des *„individuum vagum“* [406]), bei dem Substantiellen hingegen kommt das Verhältniss des *quale* und des *quale quid* zur Sprache[407]).

Auf die Begründung, warum hierauf *species* sich anzureihen habe[408]), folgt nun gleichfalls die Erörterung der verschiedenen Bedeutungen dieses Wortes[409]), wobei die von Avicenna weiter oben geführte Controverse, ob nicht Gattungs- und Art-Begriff sich wechselseitig im Kreise drehen, nachgeholt wird[410]). Bei der Frage, welche der beiden üblichen Definitionen der Species die richtigere sei[411]), bringt Albert einmal eine Verbesserung bei[412]), gelangt aber zuletzt zum gleichen Resultate wie Avicenna[413]). Mit grösster Ausführlichkeit aber wirft er sich sodann auf die *Tabula logica* des Porphyrius[414]), wobei er nicht bloss auf die Geltung des *„ens“*[415]) und auf die beispielsweise Beiziehung des Begriffes „Engel“ kommt[416]), sondern auch zur Verdeutlichung einmal die Ausdrücke *„collectio“* und *„adunatio“* gebraucht, in welchen er offenbar durch Gilbertus Porretanus beeinflusst ist[417]).

Auch bezüglich der *differentia* bahnt die Frage über den Sprachgebrauch[418]) den Weg zur Unterscheidung der alterirenden und der artmachenden Differenz, deren qualitative Function (*in quale quid*) festzuhalten ist[419]), so dass sich hieran ebensosehr jene Erwägungen über die Gradabstufung der Qualitäten knüpfen[420]), wie die Frage über das Entblösstsein an die Unterscheidung der theilenden und der constituirenden Differenz[421]). Das Verhältniss sodann der Differenz zum Gattungs- und

---

405) Ebend. c. 4, p. 31 A. S. ebd. Anm. 157.

406) Ebend. p. 31 B: *Individuum ...... ab Aristotele designatur in Praedicamentis ut vagum, ut „aliquis homo, aliquis bos“, et de hoc potest esse dubium, utrum de uno solo an de pluribus praedicetur* (s. die Stelle Abschn. IV, Anm. 387. Albert spricht noch öfter von diesem monströsen Begriffe, z. B. ebend. IV, 1, p. 35 A. IV, 7, p. 49 A. *De praedicam.* II, 2, p. 107 A).

407) Ebend. p. 32 A u. B. S. vor. Abschn., Anm. 106 f.

408) Ebend. IV, 1, p. 34 A. S. ebd. Anm. 118.

409) Ebend. p. 35 A. S. ebd. Anm. 119.

410) Ebend. p. 35 B. S. ebd. Anm. 113.

411) Ebend. p. 37 A u. c. 2, p. 37 B. S. ebd. Anm. 28 u. bes. 121 f. (auch die geschichtliche Frage des Avicenna, ebd. Anm. 120, fehlt hier nicht).

412) p. 37 A: *Haec quidem solutio est Avicennae* (s. ebd. Anm. 121). *Posset tamen melius dici, quod ...... cum individui participatione non participet immediate nisi species, de differentibus numero non praedicatur immediate nisi species* u. s. w.

413) Ebend. 2, p. 38 A. S. ebd. Anm. 128.

414) Ebend. 3, p. 39 A. S. ebd. Anm. 132. Die Abstufung von *genus generalissimum* zur *species specialissima* ist das Thema aller noch folgenden Capitel dieses IV. Buches.

415) Ebend. p. 41 A. S. ebd. Anm. 32.

416) Ebend. 4, p. 42 A. S. ebd. Anm. 117.

417) Ebend. 6, p. 46 B: *Quod autem commune est et universale, semper est collectivum et adunativum ..... Colligere et adunare sunt idem in substantia, differunt tamen secundum rationem* u. s. f. Vgl. Abschn. XIV, Anm. 473 f.

418) Ebend. V, 1, p. 50 A. S. vor. Abschn. Anm. 135.

419) Ebend. p. 51 f. S. ebd. Anm. 138—140.

420) Ebend. 2, p. 54 A u. B. S. ebd. Anm. 148 f.

421) Ebend. 3, p. 55 f. S. ebd. Anm. 145 f. u. 198.

Art-Begriff führt zur Erörterung darüber, dass die Gattung nur Potenz, nicht aber Stoff sei [422]), indem hiedurch die Aussagbarkeit der Differenz als eines Universale bewahrt bleibe [423]), und zugleich an der engeren Definition der Differenz festgehalten werden könne [424]).

Ebenso verfährt Albert an der Hand der Araber auch beim *proprium* [425]) und beim *accidens*, bei welchem er aber die Einwendungen Avicenna's gegen Porphyrius nicht gelten lässt, sondern instinctmässig mit den Schwächen des Letzteren sympathisirt [426]). Hingegen was aus Avicenna über die Berührungspunkte und Unterschiede der fünf Universalien entnommen werden konnte, bietet Albert in unerträglicher Weitschweifigkeit dar [427]), um zuletzt noch aus gleicher Quelle auf den substantiellen Nexus aller Universalien hinzuweisen [428]).

Die Kategorien knüpft Albert (gleichfalls auf arabischer Grundlage) dadurch an die Universalien an, dass es sich nur um jene „Gattungen" handle, welche unter die fünf Universalien subsumirt werden können, wornach er das Wort *„praedicamentum"* förmlich als synonym mit *„praedicabile"* behandelt [429]). Die Auctorität aber einer Stelle des Boethius veranlasst ihn, die Kategorien ziemlich nominalistisch zu betrachten [430]), und ebendorther wiederholt er die scharf dualistische Scheidung zwischen Substanz und Accidens [431]). Die Einzeln-Erörterung aber bietet wenig Principielles dar; sie bewegt sich nur in einem höchst

---

422) Ebend. 4, p. 58 ff. S. ebd. Anm. 194, 140, 166, 301, 193.

423) Ebend. 5, p. 61 f. S. ebd. Anm. 141 f.

424) Ebend. 6, p. 63 f. S. ebd. Anm. 297 u. 144. Eine vereinzelte Polemik Albert's gegen Avicenna in diesen Discussionen habe ich bereits ebend. Anm. 150 angeführt. Uebrigens füllen Erörterungen über die engere Definition der Differenz noch den ganzen Rest dieses V. Buches.

425) Ebend. VI, 1 u. 2, p. 70 ff. S. ebend. Anm. 152—155.

426) Ebend. VII, 1—3, p. 74 ff. S. ebd. Anm. 29 f. u. 156—159, woselbst ich Avicenna's gerechte Bedenken erwähnte; Albert aber meint (p. 77 A): *Arabes philosophi hanc Porphyrii accidentis descriptionem reprehenderunt ...... Quod autem subiungitur de divisione accidentis, ratio est, ut ostendatur assignatio vera de utroque accidente* u. s. w.

427) Ebend. VIII, 1—13, p. 79—91. S. ebd. Anm. 162—170. Tadelnde Bemerkungen über Porphyrius werden aber von Albert auch hier ignorirt (z. B. jene ebd. Anm. 171) oder ungeschickt widerlegt (z. B. jene ebd. Anm. 164 durch die Worte p. 80 A: *Tam genus autem quam differentia praedicatur de pluribus speciebus, dicit Avicenna. Quod quamvis non sit necessarium, tamen non est impossibile, quia in pluribus hoc invenitur*).

428) Ebend. IX, 1, p. 91 B. S. ebd. Anm. 172—174.

429) *De praedicam.* I, 1, p. 95 A: *Sequitur igitur nunc determinare de his, quae ..... ad se invicem sunt ordinanda secundum genera, species, differentias, propria et accidentia ..... Et ideo hic ordinabilia ad subiici et praedicari sunt ordinanda et determinanda secundum omnem sui diversitatem, quae consistit in decem generibus praedicabilium sive praedicamentorum.* Vgl. ebd. Anm. 17 u. 91 u. ob. Anm. 114.

430) Ebend.: *Ordo praedicabilium non potest determinari nisi secundum quod sub voce habet praedicabile designari, rebus enim inquisitive incognitis non possumus. ..... Propter quod dicit Boethius* (s. Abschn. XII, Anm. 84), *quod haec scientia, sc. libri praedicamentorum, est de decem primis vocibus prima genera rerum significantibus* (die widersprechende Kehrseite hievon s. unten Anm. 444).

431) Ebend.: *Partes autem huius subiecti sunt ordinabilia secundum diversum modum praedicandi in substantia et accidente, et in accidentibus secundum omnia novem genera accidentium; et sic multitudo infinita restringitur in decem genera, ut dicit Boethius* (s. ebend. Anm. 90).

weitschweifigen Commentare, in welchem wir durch den arabischen Stoff hindurch noch die griechischen Commentatoren (namentlich den Simplicius) durchblicken sehen. So begegnen wir als Gegenständen solcher Exegese zunächst den Begriffen des Synonymen, Homonymen, Analogen u. dgl.[432]), dann der sog. *regula de quocunque*, welche auch hier in Verbindung kommt mit dem *Dictum de omni*[433]), ferner den Angaben über den quidditativen Charakter der Substanz[434]), über den Unterschied der *substantia prima* und *secunda*[435]), über das *substantiale*[436]), über die bloss subjective Bedeutung der Relation[437]) u. s. f. Aber den tieferen Fragen scheint Albert hier absichtlich aus dem Wege zu gehen, und so benützt er auch jene Controverse nicht, welche Avicenna darüber geführt hatte, ob Qualität und Quantität zu den Accidentien gehören[438]). Hingegen fand er es für nöthig, zur Erklärung der sechs letzten Kategorien das pfuscherische Machwerk des Gilbertus Porretanus nicht bloss vollständig aufzunehmen, sondern auch in peinlichster Ausführlichkeit zu commentiren[439]), wodurch er sich das traurige Verdienst erwarb, dass die „*Sex principia*" auf lange Zeit förmlich in das Organon recipirt blieben[440]). Ausserdem bürgerte sich durch Albert's Auctorität die Nomenclatur „*Antepraedicamenta*" (Synonym u. s. f.) und „*Postpraedicamenta*" (die vier Gegensätze, *prius, simul, motus, habere*), welche wir allerdings auch schon bei Abälard trafen (Abschn. XIV, Anm. 272), nun ganz allgemein ein[441]).

Bei Erklärung der Schrift *De interpretatione*, welche hier zum ersten Male in zwei Bücher getheilt erscheint[442]), hatte Albert einen reichen Stoff vor sich, indem er mit den Commentaren der Araber auch jenen ausführlicheren des Boethius verbinden konnte; und indem er diess

432) Ebend. I, 3, p. 99 B. S. vor. Abschn. Anm. 191 u. 31.

433) Ebend. c. 6, p. 102 A. S. ebd. Anm. 192 u. Abschn. XI, Anm. 152.

434) Ebend. II, 1, p. 106 A. S. vor. Abschn., Anm. 33.

435) Ebend. c. 3, p. 107 f. S. Abschn. XI, Anm. 151.

436) Ebend. c. 10, p. 117 B. S. vor. Abschn., Anm. 196.

437) Ebend. IV, 1, p. 141 A. S. ebd. Anm. 35. Ebend. c. 7, p. 149 A, vgl. ebd. Anm. 207.

438) S. vor. Abschn., Anm. 199.

439) Acht Tractate (p. 194—236) widmet Albert in stupider Hingabe jenem Producte, dessen Armseligkeit ich oben, Abschn. XIV, Anm. 485 ff., zu schildern hatte.

440) Wenn nemlich allerdings auch schon Lambert v. Auxerre bei Uebertragung der byzantinischen Logik das Buch *De sex principiis* eingereiht hatte (s. oben Anm. 116, vgl. auch Anm. 173 u. 308), so wurde diese Ergänzung doch nur durch Albert zu einer so allgemein üblichen, dass noch die Drucke der lateinischen Uebersetzungen des Organons bis ins 16. Jahrh. hinab sämmtlich dieser Sitte huldigten.

441) *De praedicam.* I, 6, p. 102 A und VII, 1, p. 173 A. Bei der Frage, zu welcher Kategorie die Bewegung gehöre, schliesst sich Albert (VII, 14, p. 190 A) an Avicenna an (s. vor. Abschn., Anm. 208).

442) *Periherm.* II; I, 1, p. 268 A: *Nunc sub alterius libri principio de consequentiis enuntiationum* u. s. w. Sicher beruht diese Trennung, gemäss welcher (nach der jetzt üblichen Numerirung) mit dem 10. Capitel das zweite Buch begann, ebensosehr auf arabischer Litteratur wie die Zertheilung des Buches *Soph. Elench.*; s. ebend. Anm. 64. In den Drucken des Organons erscheint diese Abtheilung noch bis in das 17. Jahrh.

wirklich that, haben wir auch hier nicht von individuellen Verdiensten desselben zu berichten, sondern nur einige Punkte bezüglich ihrer Quellen hervorzuheben. Er knüpft das Buch, von welchem er auch erwähnt, dass es Andronikus für unächt gehalten habe[443]), in boethianischer Auffassung derartig an die Kategorien, dass in letzteren die in Worten bezeichnete Sache, in ersterem aber die redende Bezeichnung (*sermo*) der Sache die Hauptsache sei[444]), und in Bezug auf die nachfolgende Syllogistik fixirt er den Sprachgebrauch der Worte „*enuntiatio*" und „*propositio*"[445]). Es folgen sodann unter Benützung der Araber die üblichen Controversen über *vox*[446]), *nomen*[447]) und *verbum*[448]), sowie die Eintheilung der Satzarten[449]), und hierauf in grösster Ausführlichkeit die Erörterung über die sog. Infinitation[450]). Bei Besprechung der Einheit des Urtheiles nimmt Albert die arabische Unterscheidung auf, wornach das copulative Urtheil nur als zusammengesetztes, hingegen das conditionale und disjunctive als einheitlich verbundene (*coniunctione unum*) betrachtet werden soll[451]), und ebenso folgt er arabischen Vorbildern bezüglich der Qualität[452]) und der Quantität[453]) der Urtheile, sowie bei ein paar einzelnen Schul-Controversen[454]). Die Lehre aber von der Entgegensetzung und Aequipollenz entwickelt er vollständig nach Boethius[455]), so dass natürlich auch hier jene wahren inneren Schwierigkeiten des aristotelischen Buches (s. Abschn. IV, Anm. 203 f. u. 235) ungelöst bleiben. Endlich bezüglich der modalen Urtheile wiederholt er den

---

443) Ebend. I; I, 1, p. 238 B. Die Quellenstelle des Boethius nebst jener des Andronikus selbst s. Abschn. IX, Anm. 45.

444) Ebend. c. 2, p. 240 A: *Est enim liber praedicamentorum de decem vocibus prima principia significantibus et secundum rerum proprietates, non vocum* (seinen eigenen Selbstwiderspruch, — s. oben Anm. 430 —, brauchte natürlich Albert nicht zu bemerken). *Hic autem in scientia de interpretatione est inchoatio a sermone sive voce et terminatur in rem.* S. Abschn. XII, Anm. 84 u. 110.

445) Ebend. c. 1, p. 238 A: *Propositio est enuntiatio stans sub forma syllogismi.* S. Abschn. XI, Anm. 153, u. Abschn. XII, Anm. 111 f. u. 133.

446) Ebend. II, 1 u. 2, p. 242 ff. S. vor. Abschn., Anm. 210.

447) Ebend. c. 4, p. 246 f. S. ebd. Anm. 211.

448) Ebend. III, 1, p. 254 ff. S. ebd. Anm. 38.

449) Ebend. II, 2, p. 243 A: *Nec deprecativa nec optativa nec coniunctiva nec infinitiva cum vero vel falso significant, sed ..... quando est indicativa.* Ebend. IV, 1, p. 258 A: *Oratio perfecta dividitur; non enim omnis oratio enuntiatio est, sed illa sola, ... in qua indicative est significatum* (der Herausgeber der Werke Albert's hat ungeschickter Weise hierin eine Meinungsverschiedenheit zwischen Albert und Thomas erblickt). S. bei Boethius Abschn. XII, Anm. 111.

450) Ebend. c. 5, p. 248 ff. S. vor. Abschn., Anm. 212.

451) Ebend. IV, 2, p. 258 B: *Composita* (*sc. est enuntiatio*) *sive plures, in qua vel plura de uno vel unum de pluribus vel plura de pluribus dicuntur, ... ut si dicam „Socrates et Plato currunt"* u. s. f. ..... *Coniunctione autem unae sunt, in quibus consequentia, quam notat coniunctio, facit unitatem, et hoc non est nisi in conditionali et disiunctiva.* S. ebd. Anm. 215.

452) Ebend. V, 1, p. 260 f. S. ebd. Anm. 213.

453) Ebend. p. 261 A u. bes. II; I, 3, p. 272 B. S. ebd. Anm. 214.

454) Ebend. II; 1, 5, p. 276 A u. 277 A. S. ebd. Anm. 40 f.

455) Ebend. I; V, 1, p. 260 ff. u. II; I, 1 f., p. 269 ff. S. Abschn. XII, Anm. 113—118. Nur bedient sich Albert der nicht-boethianischen Terminologie „*aequipollentia*".

Standpunkt, dass der Modus selbst Prädicat ist[456]), ergänzt aber die Verhältnisse der Entgegensetzung und Aequipollenz (wahrscheinlich aus Alfarabi) vollständiger, als Boethius gethan hatte[457]), wobei auch aus Averroes die aristotelische Unterscheidung zwischen ***possibile*** und ***contingens*** eingehalten wird[458]).

In beiden Analytiken zeigt sich uns Albert als einen höchst redseligen Exegeten des aristotelischen Textes, bleibt aber dabei ähnlich wie Averroes der reinen Lehre des Aristoteles im Ganzen getreu. So nimmt er betreffs des gegenseitigen Verhältnisses der zwei Analytiken in der ersten wohl die arabische Unterscheidung zwischen Form und Stoff des Schliessens auf[459]) und denkt auch mit Avicenna an populäre nichtformulirte Schlüsse[460]), zieht aber bei Erklärung der Syllogistik selbst, — insbesondere bezüglich der modalen Syllogismen[461]) —, die Araber nur zur Verdeutlichung bei und eignet sich etwa höchstens die Ansicht an, dass die Prämissen der Stoff und die Figur die Form des Schlusses sei[462]), oder dass bei den drei Figuren die sechzehn möglichen Combinationen der Urtheile zu erwägen seien[463]), oder dass für Auffindung des Mittelbegriffes die versinnlichende Darstellung des Averroes zweckdienlich sei[464]). Hingegen ist er nicht bloss bezüglich der theophrasti-

---

456) Ebend. II; II, 1, p. 279 A: *Si autem quaeritur, quid sit praedicatum in enuntiatione modali, dicimus cum Boethio et Alfarabio, quod modus est praedicatum.* S. ebend. Anm. 119.

457) Ebend. c. 4, p. 283 A u. B: *Est autem haec dispositio in figura, ut facilius videatur, quod dictum est:*

Prima linea:	*Secunda linea:*
Possibile est esse.	*Possibile est non esse.*
Non possibile est esse.	*Non possibile est non esse.*
Contingit esse.	*Contingit non esse.*
Non contingit esse.	*Non contingit non esse.*
Tertia linea:	*Quarta linea:*
Non impossibile est esse.	*Non impossibile est non esse.*
Impossibile est esse.	*Impossibile est non esse.*
Non necesse est esse.	*Non necesse est non esse.*
Necesse est non esse.	*Necesse est esse.*

In hac dispositione ..... prima linea sequitur tertiam et secunda quartam per omnes modos, ... et sic etiam correctus est error antiquorum et vera consequentia modalium est disposita. Die unvollständigere Angabe des Boethius s. ebend. Anm. 122. Uebrigens s. auch b. Algazeli, vor. Abschn., Anm. 262. Dass das Ganze nicht aus der byzantinischen Logik entnommen ist, zeigt die Vergleichung mit obigen Anm. 45 u. 164; anders verfuhr Thomas, s. unten Anm. 541 ff.

458) Ebend. c. 6, p. 286 A. S. vor. Abschn., Anm. 315.

459) *Anal. pr.* I; I, 1, p. 289 f. S. ebd. Anm. 51, 265, 317.

460) Ebend. c. 2, p. 290 B. S. ebd. Anm. 80.

461) Nachdem ihn c. 11 ff. p. 299 ff. schon die Umkehrung der modalen Urtheile sehr beschäftigt hatte, — s. ebd. Anm. 46 u. 218 —, verbreitet er sich III, 1—9 u. IV, 1—29, p. 325—383 in grösster Ausführlichkeit über die modalen Schlüsse. S. ebd. Anm. 47.

462) Ebend. II, 2, p. 307 B. S. ebd. Anm. 216.

463) Ebend. c. 6, p. 312 B. S. ebd. Anm. 268.

464) Ebend. VI, 3, p. 401. S. ebd. Anm. 328. Auch hat sich von jener Stelle des Averroes her durch Albert für die Erörterungen „*De inventione medii*" die üblich gebliebene Terminologie „*Consequentia, Antecedentia, Repugnantia*" eingebürgert.

schen Modi der ersten Figur, welche bei ihm auch *syllogismi conversi* heissen, zurückhaltend, indem er (Algazeli und Averroes hatten sie gänzlich beseitigt) nur zwei derselben anerkennt[465]), sondern er bekämpft auch mit Averroes ausdrücklich die Berechtigung einer vierten Figur[466]). Ja, was die Hauptsache ist, er überbietet sogar den Averroes darin, dass er die hypothetischen Syllogismen völlig abweist[467]) und somit im Gegensatze gegen die übrigen Araber den Begriff der ὑπόθεσις ganz aristotelisch behandelt[468]). — Als beachtenswerthe Einzelnheiten habe ich zu erwähnen, erstens dass Albert in der Syllogistik die übliche Buchstaben-Bezeichnung ebenso wie Boethius rechtfertigt und für dieselbe den Ausdruck *„termini transcendentes"* wählt[469]), und zweitens ganz besonders dass er gelegentlich einmal die byzantinische Lehre von der *appellatio* verwerthet, und zwar merkwürdiger Weise in einer Form, welche nicht bei Petrus Hispanus, sondern schon bei Wilhelm Shyreswood erscheint[470]). Und es macht uns diese Stelle, sowie die obige des Robert Capito (Anm. 357) so ziemlich den Eindruck, als wäre damals die byzantinische Logik noch ganz unabhängig neben der aristotelisch-arabischen einhergegangen, denn später wenigstens gestaltet sich die Sache ja ganz anders[471]).

Auch in der zweiten Analytik ist Albert's Verfahren überwiegend nur exegetisch, doch lässt er sich dabei hier etwas mehr von den

465) Ebend. c. 2, p. 400 A: *Ad syllogizandum indirecte ..... conversus erit syllogismus concludens minorem de maiori extremitate* (vgl. Abschn. IX, Anm. 100). Ebend. II, 13, p. 322 A: *Est indirecte concludere .... in duobus modis, quorum unus habet maiorem universalem affirmativam et minorem universalem negativam, et alter habet maiorem particularem affirmativam et minorem universalem negativam* (d. h. es sind diess unter den fünf theophrastischen Modi, s. Abschn. V, Anm. 46, die zwei letzten, welche in der byzantinisch-lateinischen Logik, — s. oben Anm. 52 —, *Fapesmo* und *Frisesomorum*, bei den Späteren aber *Fesapo* und *Fresison* heissen) ...... *Quamvis autem Boethius ponat quinque modos indirecte concludentium in prima figura* (Abschn. XII, Anm. 136), *tamen hic non ponuntur nisi duo qui dicti sunt, quia illi formantur iuxta inutiles coniugationes.* S. vor. Abschn., Anm. 268 u. 321.

466) Ebend. c. 5, p. 311 B u. c. 13, p. 325 A. S. vor. Abschn., Anm. 322.

467) Ebend. III, 1, p. 326 A. S. ebd. Anm. 327.

468) Ebend. V, 1, p. 385 A. S. ebd. Anm. 324.

469) Ebend. I, 9, p. 298 A: *Quia de syllogismo loquimur simplici, qui tantum formaliter syllogismus est et in omni materia habet poni et nullius materiae est proprius, ideo terminis utimur transcendentibus nihil et omnia significantibus.* S. Abschn. XII, Anm. 133.

470) Ebend. c. 10, p. 299 A: *Ad haec autem solvenda et similia* (d. h. Bedenken über die Umkehrung der Urtheile) *duo praenotanda sunt, sc. regulae appellationum et consequentiarum* (über letzteren Begriff s. unten Anm. 610 ff.). *Regulae autem appellationum sunt, quod nomen „homo" supponens verbo praeteriti vel futuri temporis potest appellare pro homine, qui est vel qui fuit, si verbum est praeteriti temporis, vel pro homine, qui est vel qui futurus est, si est verbum futuri temporis.* S. bei Wilhelm Shyreswood oben Anm. 64 (bei Petrus Hispanus oben Anm. 228 f.).

471) Indem nemlich keine Rede davon sein kann, dass bei Albert die byzantinische Lehre von den *Proprietates terminorum* als solche in die Logik aufgenommen, geschweige denn etwa (wie bei Occam) systematisch mit derselben verflochten wäre, werde ich durch solch vereinzelte Stellen in meiner obigen Annahme über Vincenz v. Beauvais (Anm. 319—326) durchaus nicht irre gemacht. An eine Unächtheit aber der Stelle des Albert oder jener des Capito zu denken, liegt keinerlei Veranlassung vor. Vgl. auch unten Anm. 544.

Arabern beeinflussen. So finden wir ausser den einleitenden Bemerkungen[472]) die arabischen Anschauungen über das *καθ' αὑτό*[473]), über *καθόλου* und *praedicatum primum*[474]), über die *dignitates*, d. h. obersten Denkgesetze[475]), ja auch über *demonstratio potissima*[476]). In den Erörterungen über *demonstratio quia* und *demonstratio propter quid* neigt er sich im Gegensatze gegen Alfarabi näher dem Avicenna zu, als dem Averroes[477]); hingegen in Unterscheidung einer *definitio formalis* und *definitio materialis*, worauf er auch anderwärts zu sprechen kommt, folgt er wieder, wie schon Robert Capito (Anm. 355) gethan hatte, dem Alfarabi[478]).

Was endlich die Topik und Sophistik betrifft, welche beide er gleichfalls in ausführlichster Weise commentirte, so weist er der ersteren im Gegensatze gegen Alfarabi und Avicenna jene Stelle an, welche sie traditionell im aristotelischen Organon einnahm[479]), und sucht auch gelegentlich eine arabische Ansicht bezüglich des ganzen Gebietes der Dialektik zu berichtigen[480]).

Durch Albert nun lässt sich Thomas von Aquino (geb. 1225 oder 1227, gest. 1274) leiten und bestimmen, und es wäre ein grosser Irrthum, denselben für einen selbstständigen Denker zu halten[481]). Er ist von zwei Auctoritäten zugleich gefesselt, von der christlich-dogmatischen und von der (durch Albert's Belesenheit übermittelten) aristotelischen;

---

472) Die Stelle ist schon im vor. Abschn., Anm. 51 angeführt; vgl. ebend. Anm. 276 f.

473) *Anal. post.* I; II, 8—11, p. 535—541. S. ebd. Anm. 56.

474) Ebend. c. 13, p. 543 u. IV, 11, p. 584. S. ebd. Anm. 57, 224, 283.

475) Ebend. I, 4, p. 520 u. III, 4, p. 559. S. ebd. Anm. 60 u. 225. Durch die Uebersetzung der betreffenden Stelle des Aristoteles (Abschn. IV, Anm. 147) blieb hiebei die Terminologie „*subiectum, passio, dignitates*“ üblich.

476) Ebend. III, 6, p. 563. S. vor. Abschn. Anm. 62.

477) Ebend. II; I, 1, p. 610 ff. S. ebd. Anm. 62, 226, 342.

478) Ebend. I; II, 17, p. 551, u. II; II, 10, p. 630, u. *Metaph.* VII; I, 12, p. 259. S. ebd. Anm. 52.

479) *Top.* I, Prooem. p. 659. S. ebd. Anm. 17 u. 230.

480) *Metaph.* IV; I, 7, p. 127 B: *Dialectici et sophistae ...... in usu eandem subindunt figuram cum primo philosopho....... Sed differt philosophia a dialectica quidem modo potestatis et virtutis medii, ... a sophistica vero differt secundum vitae proaeresin.* Ebend. III; III, 6, p. 107 B: *Dialectica et prima philosophia saepe sunt circa eadem et de eisdem tractantes, sed dialectica inquisitiva est, ... nec opinor vera esse, quae dicit Averroes, quod sc. dialecticus et primus philosophus communicent in probabilibus rationibus.* S. ebd. Anm. 231 u. 380.

481) Es ist z. B. geradezu lächerlich, wenn *K. Werner* (in seinem dreibändigen Werke „*Der heilige Thomas von Aquino*“. *Regensburg* 1858 f.) der Logik und Erkenntnisstheorie des Thomas 175 Seiten in einer Weise widmet, wie wenn die ganze aristotelische Logik die „Lehre“ des „heiligen“ Thomas wäre. Für den Geschichtsforscher zeigt sich ja auch Thomas als eine höchst secundäre Natur. Uebrigens verwerthet Werner bei seiner Darstellung, welche überhaupt manche argen Irrthümer enthält, fortwährend Stellen ans den sachlich unächten Schriften des Thomas in ungenirtester Gleichstellung mit den ächten. *H. E. Plassmann, Die Schule d. h. Thomas v. Aqu. Erster Hörsaal: D. Philos. d. h. Th. Erster Theil: Logik. Soest* 1858. hat eigentlich mit Thomas durchaus Nichts zu schaffen, sondern entwickelt jene abenteuerlichst zusammengestoppelte Logik, welche in den thomistischen Vorlesungen und Priester-Seminarien des vorigen und jetzigen Jahrhunderts in Spanien, Italien und gewissen Landstrichen Deutschlands üblich war oder ist,

und wer sich in religiöser Beziehung volle Unbefangenheit bewahrt oder errungen hat, wird in der ganzen sogenannten Philosophie des Thomas Nichts weiter erblicken, als eine unverständige Verquickung zweier wesentlich disparater Standpunkte; denn nur Sache eines unklaren Verstandes kann es sein, wenn man (— wie ich schon wiederholt hervorgehoben habe —) den aristotelischen Substanz-Begriff neben der christlichen Trinitätslehre festhalten zu können glaubt, oder wenn man die aristotelische Ethik in christliche Moraltheologie verballhornt[482]).

Was wir über Thomas hier zu berichten haben, kann vor Allem nur auf Ausscheidung der ächten und der unächten Schriften desselben beruhen; und indem in dieser Beziehung nur die sog. *Opuscula* in Frage kommen können, bemerke ich, dass mir in Uebereinstimmung mit älteren und neueren Untersuchungen[483]) unter den zur Logik gehörigen (— denn z. B. *De unitate intellectus contra Averroem* gehört nur zur Psychologie —) kleineren Schriften nur folgende als ächt gelten: vor Allem die Erstlingsschrift des Thomas *De ente et essentia* (Opusc. 30), sodann *De principio individuationis* (Op. 29), *De quatuor oppositis* (Op. 37), *De natura verbi intellectus* (Op. 14), *De propositionibus modalibus* (Op. 40), und *De fallaciis* (Op. 39). Die übrigen als unächt vorläufig bei Seite lassend[484]) muss ich, wie sich von selbst versteht, ausser den Commentaren zu *De interpr.*, zur zweiten Analytik und zur Metaphysik auch die einzelnen entscheidenden Stellen aus den bekannten Hauptwerken (*Summa theologiae, Summa contra gentes, Quodlibetea, ad IV Sentent.* u. s. f.) beiziehen[485]).

Indem Thomas betreffs der Eintheilung des Wissensgebietes Bemerkungen aus Albert wiederholt[486]), schliesst er sich auch an diejenigen

---

482) An diesem Urtheile kann mich natürlich auch die geschichtlich lange dauernde Wirkung des Thomismus durchaus nicht beirren, denn dass die naive Verstandes-Unschuld an einem christlichen Aristotelismus Vergnügen fand, und dass auch heutzutage noch Viele glauben, auf zwei Sätteln reiten zu können, ist wohl unleugbare Thatsache; aber der Philosophie muss es unbenommen bleiben, diese süsse Selbsttäuschung als das zu bezeichnen, was sie ist, — als eine Träumerei. Eben darum bleibt es auch allen christlichen Theologen vollständig überlassen, welcherlei Meinung sie ihrerseits über Thomas hegen. Uns berührt diess ebenso wenig, als die Frage, ob nicht Thomas durch seine Verquickung mit Aristotelismus etwa auch die theologische Auffassung alterirt habe.

483) Die Berichte der Zeitgenossen des Thomas und sonstige entscheidende Punkte betreffs der Aechtheit einzelner Schriften finden sich schon bei *Oudin, Scriptt. eccles.* Vol. III, p. 254—280. Ausserdem s. *Montet, Mémoire sur S. Thomas* in den *Mémoires de l'Acad. roy. de sciences mor. et polit. de l'inst. de France*, tom. II, *Paris* 1847, p. 525 ff. und insbesondere das vortreffliche Werk von *Charl. Jourdain, La philos. de St. Thomas d'Aquin. Paris* 1858. (Vol. I, p. 130 ff.)

484) Nemlich: *De demonstratione* (Op. 38), *De natura accidentis* (Op. 41), *De natura generis* (Op. 42), *De pluralitate formarum* (Op. 45), *De natura syllogismi* (Op. 47), *Summa totius logicae* (Op. 48), *De sensu resp. singul. et intell. resp. univ.* (Op. 49), *De inventione medii* (Op. 50), *De intellectu et intelligibili* (Op. 53), *De universalibus* (Op. 55 und 56). Dieselben werden geeigneten Ortes weiter unten besprochen werden. (S. Anm. 548 ff. u. Abschn. XIX, Anm. 265 ff.)

485) Ich citire nach der Römer Ausgabe v. 1570 (in 17 Bänden). Den Quellen-Rückweis für die einzelnen „Aussprüche" (s. oben Anm. 359) des Thomas führe ich, soweit thunlich, nur auf Albert zurück, woselbst ja dann der weitergehende Rückweis auf Arabisches zu finden ist.

486) *Ad Boeth. de trinit.* (Vol. XVII, 2) f. 134. S. oben Anm. 360 ff.

Stellen seines Meisters an, in welchen derselbe die Logik als blosses Werkzeug und als Nicht-Theil der Philosophie bezeichnete[487]). Indem die Logik nur formale Principien betrachte[488]), enthalte sie das „in zweiter Linie Gedachte“ (*secundo intellecta*) und biete den ***modus procedendi*** für die übrigen Wissenschaften dar[489]), daher sie auch als Einleitung vorauszuschicken sei[490]). Auch die Eintheilung der Logik (nach arabischer Weise mit Einschluss der Rhetorik und Poetik) ist nur aus Albert, welcher hiezu auch den Standpunkt des Boethius beigezogen hatte, entlehnt[491]).

Was die Universalien betrifft, konnte Thomas ja alles Beliebige (wie wir sahen) aus Albert sich heraussuchen, und so sehen wir ihn denn auch jenen nemlichen widerspruchsvollen Weg wandeln, auf welchem sein Lehrer schliesslich beim theologischen Realismus anlangte.

---

487) Ebend. f. 128 r. A: *Res autem, de quibus est logica, non quaeruntur ad cognoscendum propter se ipsas, sed ut adminiculum quoddam ad alias scientias; et ideo logica non continetur sub philosophia speculativa quasi principalis pars, sed quasi quoddam reductum ad eam, prout ministrat speculationi sua instrumenta, unde .....non tam est scientia, quam scientiae instrumentum.* S. oben Anm. 363 u. 365.

488) *De pot. dei,* qu. 6, art. 1 (Vol. VIII) f. 59 v. A: *Logicus et mathematicus considerant tantum res secundum principia formalia.*

489) *Ad Boeth. de trin.* f. 132 v. A: *Oportet in addiscendo a logica incipere, non quia sit facilior scientiis ceteris, habet enim maximam difficultatem, cum sit de secundo intellectis, sed quia aliae scientiae ab ipsa dependent, inquantum ipsa docet modum procedendi in omnibus scientiis.* S. besonders den Begriff „*secunda intentio*“ ob. Anm. 363, sowie noch weitere Stellen des Thomas unten Anm. 506.

490) *Metaph.* I, 1 (Vol. IV) f. 3 v. A: *Plures artes sunt repertae quantum ad utilitatem, quarum quaedam sunt ad vitae necessitatem, sicut mechanicae, quaedam vero ad introductionem in aliis scientiis, sicut scientiae logicales* u. s. f. S. oben Anm. 368.

491) *Anal. post.* I, 1, (Vol. I) f. 16 v. A: *Ars quaedam necessaria est, quae sit directiva ipsius actus rationis, ... et haec est ars logica, i. e. rationalis scientia, ... et ideo videtur esse ars artium ...... Una actio intellectus est intelligentia indivisibilium, ... et haec operatio a quibusdam* (d. h. Algazeli und Pseudo-Averroes, s. vor. Abschn., Anm. 236 u. 346) *dicitur informatio intellectus sive imaginatio per intellectum; et ad hanc operationem ordinatur ..... liber Praedicamentorum. Secunda vero operatio intellectus est compositio vel divisio ..... in libro Perihermenias. Tertius vero actus rationis est, ... ut per id, quod est notum, deveniat in cognitionem ignoti ...... Est enim aliquis rationis processus necessitatem inducens; ..... alius, in quo ut in pluribus verum concluditur, nec tamen necessitatem habens; tertius vero, in quo ratio a vero deficit ..... Pars autem logicae, quae primo deservit processui, iudicativa dicitur* (über *iudicium* und *inventio* s. oben Anm. 368) ...... *Certitudo autem iudicii ..... est vel ex ipsa forma syllogismi tantum, et ad hoc ordinatur liber Priorum Analyticorum, ... vel etiam ex materia, ... et ad hoc ordinatur liber Posteriorum Analyticorum ..... Secundo autem rationis processui deservit alia pars logicae, quae dicitur inventiva ...... et ad hoc ordinatur Topica sive Dialectica, ... Rhetorica, ... Poetica* (s. oben Anm. 364 u. 370) ..... *Omnia autem haec ad rationalem philosophiam pertinent ...... Tertio autem processui rationis deservit pars logicae, quae dicitur sophistica ..... in libro Elenchorum. Periherm.* I, 1, (Vol. I) f. 1 r. A: *Duplex est operatio intellectus. Una quidem, quae dicitur indivisibilium intelligentia .....; alia est operatio intellectus componentis et dividentis. Additur autem et tertia operatio, sc. ratiocinandi, secundum quod ratio procedit a notis ad inquisitionem ignotorum ...... Cum autem logica dicatur rationalis scientia, necesse est, quod eius consideratio versetur circa ea, quae pertinent ad tres praedictas operationes intellectus* u. s. w., d. h. er begründet hiedurch die Reihenfolge des Organons: *Categ., De interpr., Anal. pr.* S. oben Anm. 370—373.

Die bereits traditionell gewordene Unterscheidung, d. h. *ante rem, in re, post rem* 492), bekommt auch hier vorläufig die Färbung des sog. aristotelischen Empirismus, indem von der Sinneswahrnehmung des Einzelnen aus der Denkact hinterdrein (*posterius*) durch Abstraction das gleichmässige Verhalten (*habitudo*) des einheitlich Gleichen erfasse und so zur *intentio universalitatis* (s. ob. Anm. 363) gelange, während in den Dingen selbst das Universale als das *prius* vorliege, welches im Entstehungsprocesse sich verwirklichè 493). Und so spricht Thomas wiederholt von einem *colligere* 494), *idem ex pluribus accipere* 495), von *communitas* und selbst von *indifferens* 496), und er betont ausdrücklich, dass das *commune* als solches nur im Denkacte liege 497), während die Natur, welcher dieser Abstractionsprocess „widerfährt" (*accidit*), nur in

---

492) *Sentent.* II, Dist. III, qu. 2, art. 2 (Vol. VI, 2) f. 15 r. A: *Est triplex universale: quoddam, quod est in re seu natura ipsa, qua est in particularibus, quamvis in eis non sit secundum rationem universalitatis in actu; est etiam quoddam universale, quod est a re acceptum per abstractionem, et hoc posterius est re; ....est etiam quoddam universale ante rem, quod est prius re ipsa, sicut forma domus in mente aedificatoris. De pot. dei*, qu. 5, art. 9, f. 55 v. A: *Universale tripliciter considerari potest, et secundum quemlibet modum considerationis ..... universale est semper. Uno modo .... secundum quod abstrahit a quolibet esse ...... Alio modo .... secundum esse, quod habet in singularibus .... Tertio modo .... secundum esse, quod habet in intellectu.* S. ob. Anm. 379 f.

493) *S. theol.* I, qu. 85, art. 3 (Vol. X) f. 285 v. A: *Quia sensus est singularium, intellectus autem universalium, necesse est, quod cognitio singularium quoad nos prior sit quam universalium cognitio ....* f. 286 r. B: *Universale dupliciter potest considerari: uno modo secundum quod natura universalis consideratur simul cum intentione universalitatis; et cum intentio universalitatis, ut scilicet unum et idem habeat habitudinem ad multa, proveniat ex abstractione intellectus, oportet quod secundum hunc modum universale sit posterius* (das Gegentheil hievon s. unten Anm. 511)..... *Alio modo potest considerari quantum ad ipsam naturam, prout invenitur in particularibus; et sic dicendum est, quod duplex est ordo naturae; unus secundum viam generationis et temporis, ... alius est ordo perfectionis sive intentionis naturae, sicut actus simpliciter est prius.* Ebend. II, 1, qu. 29, art. 6 (Vol. XI, 1) f. 66 v. A: *De universali dupliciter contingit loqui: uno modo secundum quod subest intentioni universalitatis; alio autem modo dicitur de natura, cui talis intentio attribuitur..... Si accipiatur primo modo, ... universale fit per abstractionem a materia individuali.* Das Original hievon können wir uns aus obigen Stellen Albert's, Anm. 379, 383, 393, zusammenholen.

494) *S. c. gent.* I, 3, (Vol. IX) f. 3 r. A: *Ea, quae in sensum non cadunt, non possunt humano intellectu capi, nisi quatenus ex sensibus earum cognitio colligitur.* Ob. Anm. 387 u. 393.

495) *Anal. post.* I, 42, f. 51 r. A: *Universale non cognoscitur sensu, sed ex pluribus singularibus visis, in quibus multoties consideratis invenitur idem accidere, accipimus universalem cognitionem.* S. ebend.

496) *De ente et ess.* 3, (Vol. IV, 2) f. 11 r. A: *Non oportet, ut diversarum specierum, quarum est idem genus, sit una essentia, quia unitas generis ex ipsa indeterminatione vel indifferentia* (ob. Anm. 383) *procedit ..... Genus dicitur unum per communitatem formae signatae; unde patet, quod per additionem differentiae remota illa indeterminatione, quae erat causa unitatis generis, remanent species diversae per essentiam.*

497) *S. c. gent.* I, 26, f. 31 v. B: *Quod est commune multis* (ob. Anm. 380 ff.), *non est aliquid praeter multa nisi sola ratione, sicut animal non est aliud praeter Socratem et Platonem et alia animalia nisi intellectu, qui apprehendit formam animalis exspoliatam ab omnibus individuantibus et specificantibus.* Ob. Anm. 379 u. 382 f. u. 391.

den Einzeln-Individuen existire [498]). Wenn daher folgerichtig die Einzeln-Dinge erst durch diese abstrahirende und sammelnde Denkthätigkeit wirklich Gegenstände des „Erkennens“ werden oder sogar an sich dem Erkennen unzugänglich sind [499]), so kann völlig im Sinne des Aristoteles gesagt werden, dass die Sinneswahrnehmung der Boden und der Ursprung des Erkennens sei, aber eben der Denkact vermöge einer *reflexio*, durch welche er auch sich selbst ergreifen kann, sich durch die sinnfälligen Dinge auf das ihnen zu Grunde liegende Allgemeine zurückbeuge und so das Hinderniss der Materialität überwindend zur Quiddität des Einzelnen vordringe [500]). Indem Thomas auf diese Weise einerseits die *intentio universalitatis* und andrerseits die derselben unterworfene Objectivität unterscheidet, welch letztere wieder einerseits in den Einzeln-Dingen materialisirt und andrerseits im Denken universalisirt sei, kann er und muss er diese Auffassung zu einer Polemik gegen Plato formuliren [501]), welche er ausdrücklich an mehreren

---

498) *S. theol.* I, qu. 85, art. 2, f. 285 r. B: *Cum dicitur universale abstractum, duo intelliguntur, sc. ipsa natura rei et abstractio seu universalitas. Ipsa igitur natura, cui accidit* (ob. Anm. 392) *vel intelligi vel abstrahi vel intentio universalitatis, non est nisi in singularibus; sed hoc ipsum, quod est intelligi vel abstrahi vel intentio universalitatis, est in intellectu.* Anm. 391.

499) Ebend. qu. 86, art. 1, f. 290 r. A: *Principium singularitatis in rebus materialibus est materia individualis; intellectus autem noster..... intelligit abstrahendo speciem intelligibilem ab huiusmodi materia; quod autem a materia individuali abstrahitur, est universale. Unde intellectus noster directe non est cognoscitivus nisi universalium; indirecte autem et quasi per quandam reflexionem potest cognoscere singulare.* Ebenso *De verit.* qu. 2, art. 6, f. 303 r. A. Weit schärfer aber und völlig übertrieben erscheint diese Auffassung *S. theol.* I, qu. 14, art. 11, f. 63 v. B: *Intellectus noster speciem intelligibilem abstrahit a principiis individuantibus; unde species intelligibilis nostri intellectus non potest esse similitudo principiorum individualium, et propter hoc intellectus noster singularia non cognoscit* (es ist diess eben der Gegensatz gegen Gottes Erkennen, s. unten Anm. 517 f.).

500) *De princ. individ.* (Vol. XVII, 1) f. 206 v. A: *In cognitione humana fundamentum et origo est sensus...... secundum philosophum in libro Perihermenias* (s. Abschn. IV, Anm. 108)...... *Impossibile est intellectum ferri super illa accidentia nisi...... per modum cuiusdam reflexionis. Reflexio autem est duplex...... Potest igitur vel redire in se per actum et potentiam suam vel redire per obiectum in ipsam originem obiecti, sc. per phantasmata in species sensibilium...... Cum enim in ipso suo obiecto figitur acies, rationem universalis apprehendit, quod solum in istis inferioribus ab intellectu determinatur ut proprium obiectum, cum omnia singularia apud nos materialia sint; materia enim impedit intellectum, singulare vero non......* (f. 207 r. A) *Ideo quidditas rei materialis in ipsa sua particularitate est obiectum rationis particularis, cuius est conferre de intentionibus particularibus.* Ob. Anm. 391, 393 u. 382.

501) *De anima* II, 12 (Vol. III) f. 26 r. B: *Universale potest accipi dupliciter. Uno modo potest dici universale ipsa natura communis, prout subiacet intentioni universalitatis* (s. oben Anm. 489 und unten Anm. 506). *Alio modo secundum se, sicut et album potest accipi dupliciter........ Ista autem natura, cui advenit intentio universalitatis, ... habet duplex esse, unum quidem materiale, secundum quod est in materia naturali, aliud autem immateriale, secundum quod est in intellectu.* (Die eklektisch benützte Quelle dieser Dreigliederung s. oben Anm. 379 u. 383.) *Secundum igitur quod habet esse in materia naturali, non potest ei advenire intentio universalitatis, quia per materiam individuatur. Advenit igitur ei universalitatis intentio, secundum quod abstrahitur a materia individuali. Non est autem possibile, quod abstrahatur a materia individuali realiter, sicut Platonici posuerunt; non enim est*

Stellen übt[502]), um ganz entschieden sich zum Aristotelismus zu bekennen[503]). Ja Thomas spricht wie ein aristotelischer Nominalist, indem er der platonischen Ideenlehre den begrifflichen Gehalt der Worte gegenüberstellt[504]), in welchen der vollständige Ausdruck des Intelligiblen als ein vom Menschen erzeugter liege[505]).

Aber schnell wendet sich das Blatt (wie bei Albert), und Thomas ist trotz all dieser peripatetischen Plagiate, deren Tragweite er natürlich gar nicht versteht, Nichts weniger als ein Aristoteliker. Denn während sein ganzer scheinbarer Aristotelismus sich in den arabischen Begriff der *intentio secunda* concentrirt[506]), so tritt bei ihm ja nun dieser secun-

---

homo naturalis, i. e. realis, nisi in his carnibus..... Relinquitur igitur, quod natura humana non habet esse praeter principia individuantia nisi tantum in intellectu. Ebend. I, 1, f. 2 r. A: *De animali universali possumus loqui dupliciter; aut secundum quod est universale, quod scilicet est unum in multis aut de multis, aut secundum quod est animal; et hoc vel secundum quod est in rerum natura vel secundum quod est in intellectu.*

502) *De ente et ess.* 4, f. 12 r. A: *Non potest dici, quod ratio generis, speciei, differentiae conveniat esse, secundum quod est quaedam res existens extra singularia, ut Platonici ponebant; ..... non enim potest dici, quod Socrates sit hoc, quod ab eo separatum est.* Ausserdem *Anal. post.* I, 1, f. 17 r. A u. 41, f. 49 v. A, u. insbesondere *De anima* I, 5, f. 17 r. A, woselbst er die Worte Alberts (ob. Anm. 394) wiederholt; vgl. auch Anm. 377.

503) *S. theol.* I, qu. 6, art. 4, f. 23 r. B: *Haec opinio (sc. Platonis) irrationabilis videtur quantum ad hoc, quod ponebat species rerum naturalium separatas per se subsistentes, ut Aristoteles multipliciter improbat.* Hiezu *De substant. separ. s. de angelis*, c. 2, (Vol. XVII, 1) f. 86 v. B: *Non necesse est, ut ea, quae intellectus separatim intelligit, separatim esse habeant in rerum natura. Unde nec universalia oportet separata ponere et subsistentia praeter singularia, neque etiam mathematica praeter sensibilia, quia universalia sunt essentiae ipsorum particularium et mathematica sunt terminationes quaedam sensibilium corporum. Et ideo Aristoteles manifestiori et certiori via processit ad investigandum substantias a materia separatas, sc. per viam motus.* S. ob. Anm. 388.

504) *Periherm.* I, 2, (Vol. I.) f. 1 v. B: *Significat hoc nomen „homo" naturam humanam in abstractione a singularibus, unde non potest esse, quod significet hominem immediate singularem, ut Platonici posuerunt, quod significet ipsam ideam hominis separatam; sed quia hoc secundum suam abstractionem non subsistit realiter secundum sententiam Aristotelis, sed est in solo intellectu, ideo necesse fuit, Aristotelem dicere, quod voces significant intellectus conceptiones immediate et eis mediantibus res.* Letzteres deutlicher ebend. 10, f. 7 v. B: *nomina non significant res nisi mediante intellectu.*

505) Allerdings stehen die eben angeführten Worte im Commentare zu jener aristotelischen Schrift, welche, wie wir sahen, schon längst vor den Arabern den Anhaltspunkt für nominalistische Auffassungen dargeboten hatte (*„universale est, quod aptum natum est praedicari de pluribus"*, s. z. B. bei Scotus Erigena, Abälard u. A.), und so kann auch ebend. 10, f. 8 r. B gesagt werden: *Universale secundum quod est in singularibus, cadit in apprehensionem hominum.* Aber Thomas äussert sich eben auch anderwärts in einer solch nominalistischen Betonung des Wortes, nemlich: *De natura verbi intellectus* (Vol. XVII, 1) f. 85 r. A: *Sicut in principio actionis intellectus et species non sunt duo, sed unum est ipse intellectus et species illustrata, ita unum in fine relinquitur, similitudo scilicet perfecta genita et expressa ab intellectu, et hoc totum expressum est verbum et est totum rei dictae expressivum et totum, in quo res exprimitur, et hoc intellectum principale, quia res non intelligitur nisi in eo; est enim tanquam speculum, in quo res cernitur, sed non excedens id, quod in eo cernitur.*

506) *Metaph.* IV, 4, f. 43 v. A: *Ens rationis dicitur proprie de illis intentionibus, quas ratio adinvenit in rebus consideratis, sicut intentio generis, speciei et*

dären Geltung als das Primäre etwas „ausserhalb der Seele" Seiendes gegenüber [507]), und zwar denkt er hiebei zunächst an den aristotelischen Form-Begriff, welcher objectiv in den Dingen als Seins-Princip wirke [508]); aber während er diess in dem antiplatonischen Sinne nimmt, dass nicht etwa die allgemeinen Begriffe als Ideen eine getrennte Existenz haben, versteht er es christlich-theologisch von den schöpferischen Formen in Gott [509]). Denn sowie schon das Gleichniss vom Gesichts-Sinne zu einer solchen Annahme einer *species intelligibilis* führt [510]), so werden nun die Universalien, welche wir so eben (Anm. 493) als das *posterius* sahen, hinwiederum im Hinblicke auf die formgebende Kunst Gottes als das *prius* im begreifenden Erkennen bezeichnet [511]). Und da nun der *intellectus aeternus* der eigentliche Wohnsitz der Universalien ist [512]), und dieselben

---

similium, quae quidem non inveniuntur in rerum natura, sed considerationem rationis consequuntur, et huiusmodi ens rationis est proprie subiectum logicae. So auch „*intentio praedicabilitatis*" *De ente et ess.* 4, f. 17 r. B und ebend. 6, f. 30 r. B. *Anal. post.* I, 21, f. 31 r. A. Hiezu obige Anm. 489 u. 501. Die Quelle bei Albert s. Anm. 363. Wer die arabische Herkunft dieses Begriffes „*intentio*" nicht kennt, muss denselben missverstehen (so z. B. *Aloys Schmid*, Die thomistische u. scotistische Gewissheitslehre. Dillingen 1859. S. 19).

507) *De pot. dei*, qu. 7, art. 9, f. 74 v. A: *Prima intellecta sunt res extra animam, in quae primo intellectus intelligenda fertur. Secunda autem intellecta dicuntur intentiones consequentes modum intelligendi, ... sicut intentio generis et speciei et secundarum substantiarum ...... In nullo autem praedicamento ponitur aliquid nisi res extra animam existens, nam ens rationis dividitur contra ens divisum per decem praedicamenta.* (S. die aristotelische Stelle Abschn. IV, Anm. 302.)

508) *S. theol.* I, qu. 85, art. 3, f. 286 v. A: *Universale secundum quod accipitur cum intentione universalitatis, est quidem quodammodo principium cognoscendi, prout intentio universalitatis consequitur modum intelligendi, qui est per abstractionem. Non autem est necesse, quod ..... sit principium essendi, ut Plato existimavit ...... Si autem consideremus ipsam naturam generis et speciei, prout est in singularibus, sic quodammodo habet rationem principii formalis respectu singularium; nam singulare est propter materiam, ratio autem speciei sumitur ex forma. Sed natura generis comparatur ad naturam speciei magis per modum materialis principii, quia natura generis sumitur ab eo, quod est materiale in re, speciei vero ab eo, quod est formale.* S. ob. Anm. 391 u. vgl. unten Anm. 526.

509) *Metaph.* XI, 2, f. 139 r. A: *Nihil est in rerum natura praeter singularia existens, sed tantum in consideratione intellectus abstrahentis communia a propriis ......* (B) *Est aliqua substantia separata a sensibilibus, non quidem species rerum sensibilium, ut Platonici posuerunt, sed primi motoris.*

510) *De unit. intell.* (Vol. XVII, 1) f. 104 r. A: *Natura prout est in singularibus, est intellecta in potentia, sed fit intellecta in actu per hoc, quod species a rebus sensibilibus mediantibus sensibus usque ad phantasiam perveniunt et per virtutem intellectus agentis species intelligibiles abstrahuntur, quae sunt in intellectu possibili; hae autem species non se habent ad intellectum possibilem ut intellecta, sed sicut species, quibus intellectus intelligit, sicut etiam species, quae sunt in visu, non sunt ipsa visa, sed ea, quibus visus videt.* S. ob. Anm. 396 u. 499.

511) *De Veritate*, qu. 8, art. 9 (Vol. VIII) f. 334 v. A: *Universale secundum quod est in comprehensione nostra, qua comprehendimus res naturales, est a rebus naturalibus acceptum. Sed universale in nostra comprehensione existens respectu artificialium non est posterius, sed prius, quia per formas artis universales apud nos existentes artificiata producimus et similiter per rationes aeternas deus producit creaturas.* S. ob. Anm. 395.

512) *S. theol.* I, qu. 16, art. 7, f. 75 r. A: *Universale dicitur esse ubique et semper, inquantum universalia abstrahuntur ab hic et nunc; sed ex hoc non sequitur, ea esse aeterna, nisi in intellectu, si quis est aeternus.*

im Geiste Gottes als Musterbilder und als Principien des Erkennens vorliegen [513]), so handle es sich nur um eine Modification der platonischen Ansicht, denn eigentlich habe Plato auf das Nemliche hingestrebt, was Aristoteles ausgesprochen, und nur die Art und Weise der Immaterialität, welche den Ideen zukommen soll, sei falsch [514]). Dass sonach Thomas auch nicht Platoniker sei, durften wir allerdings nach dem Vorgange seines Lehrers (Anm. 377) erwarten, aber indem wir die Einsicht gewinnen, dass er den Aristotelismus und den Platonismus durch die Mystik des Buches *De causis* (vgl. Anm. 25), aus welchem er die Begriffe *ens, unum, verum, bonum* zu einer theologischen Wendung benützt [515]), corrumpirt habe, entdecken wir auch bei ihm in der Universalienfrage als den innersten Kern das nicht-logische Motiv der mystischen Causalität Gottes [516]), woran sich nur in Folge des üblichen Auctoritäts-Schwindels ein unverdauter Aristotelismus als äusserliche Schale anschloss.

Aber eben jene höchste göttliche Instanz ist es, an welche sich bei Thomas ein anderweitiges Moment knüpft, welches zwar überwiegend der Ontologie angehört, jedoch hier nicht völlig übergangen werden darf, insoferne es in den Universalien-Streit hinüberspielt und einige Zeit hindurch sogar den Haupt-Gegenstand der Controversen bildete, so dass die

---

513) Ebend. qu. 15, art. 1, f. 69 v. A: *Necesse est ponere in mente divina ideas ...... Per ideas intelliguntur formae aliarum rerum praeter ipsas res existentes. Forma autem alicuius rei praeter ipsam existens ad duo esse potest; vel ut sit exemplar eius, cuius dicitur forma, vel ut sit principium cognitionis ipsius, secundum quod formae cognoscibilium dicuntur esse in cognoscente ......* (B) *Necesse est, quod in mente divina sit forma, ad similitudinem cuius mundus est factus, et in hoc consistit ratio ideae.* Ebend. qu. 44, art. 3, f. 156 v. A. Ebenso *De verit.* qu. 3, art. 1, f. 310 v. A. S. ob. Anm. 397.

514) *Sentent.* I, Dist. XXXVI, qu. 2, art. 1, f. 112 v. B: *Plato et alii antiqui philosophi quasi ab ipsa veritate coacti tendebant in illud, quod postmodum Aristoteles expressit, ... et ideo Plato ponens ideas ad hoc tendebat, secundum quod et Aristoteles posuit, sc. eas esse in intellectu divino; unde hoc improbare philosophus non intendit, sed secundum modum, quo Plato posuit, formas naturales per se existentes sine materia esse.* *S. c. gent.* III, 24, f. 259 r. B: *Dicit Boethius in libro de Trinitate* (s. bei Gilbert Porretanus, Abschn. XIV, Anm. 463 ff.), *quod formae, quae sunt in materia, venerunt a formis, quae sunt sine materia. Et quantum ad hoc verificatur dictum Platonis, quod formae separatae sint principia formarum, quae sunt in materia, licet posuerit eas per se subsistentes et causantes immediate formas sensibilium. Nos vero ponimus eas in intellectu existentes et causantes formas inferiores per motum coeli.*

515) *Qu. de verit.* I, 1 (Vol. VIII, 1) f. 289 r. B: *Quaecunque se habent ut prius et posterius, oportet esse diversa, sed verum et ens sunt huiusmodi, quia ut dicitur in libro de Causis, prima rerum creatarum est esse, et ...... omnia alia dicuntur per informationem de ente et sic sunt ente posteriora ..... Ea, quae dicuntur communiter de causa et causatis, magis sunt unum in causa, quam in causatis, et praecipue in deo, quam in creaturis; sed in deo ista quatuor „ens, unum, verum, bonum" sic appropriantur, quod ens ad essentiam pertineat, unum ad personam patris, verum ad personam filii, bonum ad personam spiritus sancti; personae autem divinae non solum ratione, sed re distinguuntur, unde ad invicem non praedicantur; ergo multo fortius in creaturis debent amplius, quam ratione, differre.* Vgl. Abschn. XIX, Anm. 273.

516) *S. c. gent.* III, 25, f. 262 r. A: *Intellectus autem humanus cognoscit ens universale, desiderat igitur naturaliter cognoscere causam eius, quae solum deus est. De ente et ess.* 5, f. 17 v. B: *Intelligentia* (d. h. *causae primae*) *est habens formam et esse, et accipitur ibi forma pro ipsa quidditate vel essentia simplici.*

übrigen rein logischen Fragen in den Hintergrund traten. Was nemlich das ***principium individuationis*** betrifft, welches wir auf arabischer Grundlage schon bei Albert trafen (Anm. 388), so erstreckt sich ja nach Thomas die Causalität Gottes natürlich auch auf die Materie und hiemit für das Erkennen auch auf die als Individuen auftretenden Objecte [517]); denn zwischen Gottes Erkennen und dem menschlichen Erkennen sei eben der Unterschied, dass letzteres den Befund der Materie und hiemit der Individualisirung bereits vorfindet, aus welcher es nur die allgemeinen Formen nachschaffend erzeugt, während ersteres die Form und den Stoff schafft [518]). Die Individuation selbst aber verlegt Thomas ebenso wie Albert (ob. Anm. 388) nach arabischem Vorbilde in den Begriff der discreten Grösse, d. h. was er als ***materia signata*** bezeichnet, ist die durch Raum-Dimensionen bestimmt abgegränzte Materie, welche den Artbegriff in der nemlichen Weise zu Individuen umgestaltet, in welcher der artmachende Unterschied den Gattungs-Begriff zu Arten macht [519]). D. h. die individuelle Substanz (die aristotelische ***substantia prima***) werde allerdings als solche durch jenes quantitative Moment der Raum-Dimension nicht „verursacht", wohl aber von demselben stets „begleitet", so dass das in die Sinne fallende Individuum durch seine örtliche und zeitliche Determination (***hic et nunc***) jene Mittheilbarkeit, welche den allgemeineren Substanzen eigen ist (Anm. 496 ff.), einbüsst und als ***incommunicabile*** bezeichnet werden muss [520]).

---

517) *Sentent.* II, Dist. III, qu. 2, art. 3, f. 15 v. B: *Deus est causa rei non solum quantum ad formam, sed etiam quantum ad materiam, quae est principium individuationis; unde idea in mente divina est similitudo rei quantum ad utrumque, sc. materiam et formam; et ideo per eam cognoscuntur res non tantum in universali, sed etiam in particulari.* Ueber das *principium individuationis* überhaupt s. auch *Montet* a. a. O. (ob. Anm. 483) p. 591 ff.

518) *Quodl.* VIII, 2 (Vol. VIII, 2) f. 52 v. B: *Cum in mente divina sint omnium creaturarum formae exemplares, quae ideae dicuntur, sicut in mente artificis, ... hoc tamen interest inter formas exemplares, quae sunt in mente divina et in mente artificis creati, quod creatus artifex agit ex praesupposita materia; unde formae exemplares, quae sunt in eius mente, non sunt factivae materiae, quae est individuationis principium, sed solius formae. De quat. oppos.* (Vol. XVII, 1), f. 219 r. A. Jene Beschränkung des menschlichen Erkennens s. ob. Anm. 499.

519) *De ente et ess.* 2, f. 7 v. A: *Materia non quomodolibet accepta est principium individuationis, sed solum materia signata; et dico materiam signatam, quae sub certis dimensionibus consideratur* (s. vor. Abschn., Anm. 184); *haec autem materia ...... poneretur in diffinitione Socratis, si Socrates diffinitionem haberet; in diffinitione autem hominis ponitur materia non signata.* Ebend. 3, f. 9 r. B: *Designatio individui respectu speciei est per materiam determinatam dimensionibus; designatio autem speciei respectu generis est per differentiam constitutivam, quae ex forma rei sequitur* (s. ebend. Anm. 146).

520) *S. c. gent.* II, 49, f. 146 v. A: *Principium diversitatis individuorum eiusdem speciei est divisio materiae secundum quantitatem, ... sine qua substantia est indivisibilis.* Vgl. *S. theol.* I, qu. 3, art. 2, f. 13 r. A. Insbesondere aber *De princip. individ.* f. 207 r. A: *Ipsa forma materialis diversificatur secundum multa esse incommunicabilia, manens una secundum rationem multis communicatam ...... quod redditur incommunicabilis per receptionem suam in materia ....* (B) *Quantitas determinata dicitur principium individuationis, non quod aliquo modo causet subiectum suum, quod est prima substantia, sed concomitatur eam inseparabiliter et determinat eam ad hic et nunc. Illud ergo, quod cadit sub ratione particulari, est hoc aliquid per naturam materiae; quod autem cadit sub sensu exteriori, est per quantitatem.*

Auf solcher Grundlage bespricht dann Thomas (hauptsächlich in der Schrift *De ente et essentia*) in völligem Anschlusse an Avicenna die Begriffe *„essentia“* und *„existentia“*, sowie die einzelnen Universalien selbst. Nur Wiederholungen ja des arabischen Vorbildes lesen wir bei ihm über den definitorischen Gehalt des Wesensbegriffes, welcher die Einheit der Form (s. bei Albert ob. Anm. 385) in sich enthält [521]), über die Quiddität der einfachen Substanzen [522]), über Stoff und Form der zusammengesetzten Substanzen [523]), über Unabhängigkeit der Essenz von der Existenz [524]), über Singularität und Universalität [525]), über das Verhältniss des Gattungsbegriffes zum Artbegriffe [526]), über den quidditativen Charakter des letzteren [527]), über das Verhältniss des Gattungs-Begriffes zur Differenz [528]), über die Wortform des Differenz-Begriffes [529]), und endlich auch über das Accidens [530]).

Aus dem Umkreise der Kategorien besitzen wir von Thomas die Monographie *De quatuor oppositis* [531]), in welcher er zur Erklärung auch die übrigen aristotelischen Stellen aus der Metaphysik, der Physik und *De sensu* beizieht, so dass er (wie Avicenna) an der ächt aristotelischen Auffassung des Entblösstseins festhalten kann [532]), während er andrerseits auch Veranlassung nimmt, seine christliche Creations-Theorie zu entwickeln [533]).

Den Unterschied zwischen den Kategorien und dem Urtheile findet

---

521) *De ente et ess.* 1, f. 3 v. A: *Ens per se dicitur dupliciter: uno modo, quod dividitur per decem genera* (s. die aristotelische Stelle Abschn. IV, Anm. 341); *alio modo, quod significat propositionum veritatem ....., etiamsi in re nihil ponat..... Ens primo modo dictum est, quod significat substantiam rei .....* (f. 4 v. A) *Quia illud, per quod res constituitur in proprio genere et specie, est, quod significamus per diffinitionem indicantem quid est res, inde est, quod nomen essentiae a philosophis in nomen quidditatis mutatur .....* (f. 5 r. B) *Essentia dicitur, quod per eam et in ea res habet esse.* Die Hauptstelle über *unitas formae* betreffs des üblichen Beispieles *„homo“* ist *S. theol.* I, qu. 76, art. 3, f. 245 v. A: *Nihil est simpliciter unum, nisi per formam unam, per quam habet res esse .....* (B) *Ergo oportet eandem formam esse, per quam aliquid est animal et per quam aliquid est homo ..... Ergo dicendum, quod eadem numero est anima in homine sensitiva et intellectiva et nutritiva.* Vgl. vor. Abschn. Anm. 92 f. u. 97.

522) *De ente et ess.* 5, f. 19 r. B. Vgl. ebd. Anm. 92.

523) Ebend. 2, f. 7 r. A. Vgl. ebd. Anm. 229.

524) *S. theol.* I, qu. 13, art. 9, f. 54 v. B (woselbst auch das übliche Beispiel von der Sonne). *De ente et ess.* 5, f. 20 r. B. S. obige Anm. 387.

525) *De ente et ess.* 4, f. 12 v. — 15 v. auf wörtlicher Uebereinstimmung mit Avicenna beruhend, s. vor. Abschn., Anm. 178.

526) Ebend. 3, f. 10 r. B: *Patet ratio, quare genus et species et differentia se habeant proportionaliter ad materiam, formam et compositum in natura, quamvis non sint idem cum illis, quia neque genus est materia, sed sumitur a materia ut significans totum, nec differentia est forma, sed sumitur a forma ut significans totum.* Aehnlich ebend. 6, f. 29 r. A und *Periherm.* I, 8, f. 6 r. B. Vgl. obige Anm. 508 u. vor. Abschn. 166.

527) *De ente et ess.* 3, f. 11 v. A. Vgl. vor. Abschn. Anm. 127 f.

528) Ebend. f. 10 r. A. Vgl. ebd. Anm. 116.

529) Ebend. 4, f. 11 v. B. Vgl. ebd. Anm. 150.

530) Ebend. 7, f. 30 v. — 35 r. Vgl. ebd. Anm. 96 ff.

531) *Opusc.* 37 (Vol. XVII, 1, f. 217 v. — 220 v.).

532) f. 217 v. B. Vgl. vor. Abschn., Anm. 145 u. 197 f.

533) f. 219 r. A. Vgl. ob. Anm. 518.

er mit den Arabern darin, dass bei letzterem es sich um eine von der denkenden Seele gemachte Verknüpfung oder Zusammensetzung handle [534]). Sein unvollendet gebliebener Commentar zum Buche *De interpr.* bietet Nichts bemerkenswerthes dar; denn während er im Ganzen die Erläuterungen Albert's wiederholt [535]), kann er immerhin gelegentlich aus Apulejus oder Augustinus die Bemerkung einschalten, dass die Partikeln nur Bindemittel der Urtheile sind [536]), oder aus Averroes den Begriff der *Syncategoreumata* entnehmen [537]) oder von Avicenna die Ansicht entleihen, dass *„omnis"* nur eine Modalität der Urtheile sei [538]) oder den Algazeli betreffs der Einheit der Urtheile ausschreiben [539]), ohne dass wir hierin etwa grosse Verdienste erblicken. Wenn wir aber gerne hervorheben, dass er in ächt aristotelischem Sinne sogar mit grösserer Schärfe als Averroes die hypothetischen Urtheile und Schlüsse abweist [540]), so muss es uns hinwiederum als eine Inconsequenz erscheinen, dass Thomas in seiner als ächt beglaubigten (s. ob. Anm. 483) Monographie *De propositionibus modalibus* [541]) diesen speciellen Gegenstand in vollständigem Anschlusse an die byzantinische Logik behandelt. Während er nemlich hierüber allerdings auch bei Albert Erörterungen vorfinden konnte (s. ob. Anm. 456 f.), verschmäht er offenbar diese Quelle, um den Wilhelm Shyreswood (— denn mit diesem, nicht aber mit Lambert von Auxerre, noch auch mit Petrus Hispanus, stimmen seine Angaben fast wörtlich überein —) abzuschreiben [542]). Die üblichen Verse aber sind in dem gedruckten Texte des Thomas theils ungehörig umgestellt, theils sichtlich aus späterer Zeit interpolirt [543]). Uebrigens gehört auch diese Benützung

---

534) *Sentent.* I, dist. XIX, qu. 5, art. 1, (Vol. VI, 1) f. 65 v. A: *Esse dicitur dupliciter: uno modo secundum quod ens significat essentiam rerum, prout dividitur per decem genera; alio modo secundum quod esse significat compositionem, quam anima facit, et istud ens philosophus appellat verum.* Vgl. vor. Abschn., Anm. 17, 74, 82.

535) So z. B. f. 1 v. B auch die Bemerkung über Andronikus (s. ob. Anm. 443) und f. 5 v. B über die Eintheilung der Satzarten (s. ob. Anm. 449).

536) f. 1 r. B: *Aliae vero sunt magis colligationes partium orationis, quam orationis partes, sicut clavi.* S. Abschn. X, Anm. 7. u. Abschn. XII, Anm. 43.

537) f. 5 r. A: *Syncategoremata, quae secundum se non significant aliquid absolutum, sed solam habitudinem unius ad alterum.* S. vor. Abschn., Anm. 309.

538) f. 8 v. B. S. ebd. Anm. 214.

539) f. 6 v. B. S. ebd. Anm. 259.

540) f. 1 r. B: *Hypothetica enuntiatio non continet absolutam veritatem, cuius cognitio requiritur in demonstratione, ... sed significat, aliquid verum esse ex suppositione, quod non sufficit in scientiis demonstrativis, ... et ideo Aristoteles praetermisit tractatum de hypotheticis enuntiationibus et syllogismis.* Vgl. ebd. Anm. 327.

541) *Opusc.* 40 (Vol. XVII, 1), f. 226 r. B.

542) f. 226 r. B: *Modi autem, qui compositionem determinant, sunt sex, sc. verum, falsum, necessarium, impossibile, possibile, contingens. Verum autem et falsum nihil addunt supra significationes propositionum de inesse* u. s. f., s. ob. Anm. 42 ff.; namentlich stimmt auch die Figur (f. 226 v. A) genau mit jener des Wilhelm überein s. Anm. 45.

543) Es finden sich nemlich (f. 226 v. A) zunächst jene obigen Verse (Anm. 44) in der Reihenfolge 2, 4, 1, 3, 5, 6; hierauf folgt jener Vers, welcher unten, Abschn. XX, unter den späteren Erzeugnissen vorkommen wird, und dann noch die ersten vier der ebendaselbst anzuführenden Verse.

byzantinischen Stoffes ebenso wie jene bei Robert Capito oder bei Albert immer noch zu den vereinzelten Erscheinungen [544]).

Der Commentar des Thomas zur zweiten Analytik [545]) enthält ausser den wenigen Stellen, welche schon oben benützt wurden, durchaus Nichts erwähnenswerthes; er bewegt sich lediglich in einer erklärenden Umschreibung des Originales und vermeidet jeden gelehrten Apparat ebenso wie alle Controversen.

Endlich dem Umkreise der Sophistik, über welche er gelegentlich eine Bemerkung Albert's wörtlich wiederholt [546]), gehört seine Schrift *De fallaciis* an. Dieselbe ist eine breite Paraphrase der ersten fünf Capitel des aristotelischen Buches, von welcher höchstens hervorgehoben werden mag, dass Thomas zuweilen Sophismen anführt, welche um des erforderlichen Wortwitzes willen dem lateinischen Idiom angepasst sind [547]).

Insoferne aber unter den oben (Anm. 484) genannten unächten Schriften des Thomas sich einige befinden, welche demselben nur wegen des entscheidenden Mangels an positiven Zeugnissen abgesprochen werden müssen, hingegen ihrem ganzen Inhalte nach ebensowohl von Thomas selbst verfasst sein könnten und namentlich nicht die geringste Spur einer späteren Entstehung zeigen, so mögen dieselben gleich hier ihre Stelle finden. Jedenfalls sind sie von ächten Thomisten oder Albertisten geschrieben, und zwar sichtlich ohne Berücksichtigung der alsbald eintretenden Controversen und Bereicherungen der Logik, und sowie sie eben darum wenig Bemerkenswerthes enthalten, kann ich mich über sie sehr kurz fassen.

So finden wir in der äusserst kurzen Schrift ***De sensu respectu singularium et intellectu respectu universalium*** wörtlich des Thomas Ansicht über die Individuation (ob. Anm. 519), sowie über das Auftreten der Universalien in den Dingen und im Denken (Anm. 501, auch die dortige Polemik gegen Plato fehlt hier nicht). Höchstens könnte man sagen, dass des Thomas Auffassung der menschlichen Worte (Anm. 504 f.) etwas präciser ausgedrückt sei, wenn der Verfasser bemerkt, Prädikate der Individuen seien nicht die Bezeichnungen der *intentio* (Anm. 493), sondern die Bezeichnungen der objectiven Wesen selbst [548]).

Auch die Schrift *De natura syllogismorum* bietet ausser einer von Avicenna (vor. Abschn. Anm. 216) abweichenden Bemerkung, dass die vier aristotelischen Ursachen im Syllogismus nachweisbar seien, durchaus

---

544) S. Anm. 357 u. bes. 471.

545) Vol. I, f. 16 v. — 73 v.

546) *S. theol.* II, 1, qu. 57, art. 6, f. 117 v. A. Ebend. 2, qu. 51, art. 4, f. 124 r. A. *Metaph.* IV, 4, f. 43 r. A. Vgl. ob. Anm. 480.

547) *Opusc.* 39. Vol. XVII, 1, f. 221 r. — 226 r. S. dort z. B. f. 223 r. B: *Omnis populus est arbor, sed aliqua gens est populus.* Oder (f. 223 v. A): *Tu es qui es, sed quies est idem quod requies, ergo tu es requies.* Oder (ebend.): *Quidquid deus fecit invite, fecit invitus; sed racemos fecit in vite; igitur racemos fecit invitus* u. s. f.

548) Vol. XVII, 2, f. 35 v. A. Dort lesen wir (B): *Nomina communia significantia naturas ipsas praedicantur de individuis, non autem nomina significantia intentiones.* Vgl. Abschn. XIX, Anm. 127.

Nichts eigenthümliches dar, denn ihr Inhalt bewegt sich in der allergewöhnlichsten Angabe der „Regeln" der aristotelischen Syllogistik [549]).

Ebenso ist die Abhandlung *De inventione medii* [550]) Nichts als ein schulmässiges Excerpt der ausführlichen Erklärung, welche Albert (ob. Anm. 464) der versinnlichenden Figur des Averroes gewidmet hatte; dass dabei Beispiele für die vierzehn aristotelischen Modi (d. h. natürlich bei der ersten Figur mit Ausschluss der fünf theophrastischen Modi) gegeben werden, versteht sich von selbst.

Desgleichen zeigt die Schrift *De demonstratione* [551]) nur eine Wiederholung desjenigen, was Albert in seinem Commentare zur zweiten Analytik über *demonstratio potissima* (Anm. 476) und über *subiectum, passio* und *dignitates* (Anm. 475) unter Beiziehung der aristotelischen Beispiele gesagt hatte.

Wenn aber nun der gleichzeitige Franziskaner Bonaventura (d. h. Johann von Fidanza, geb. 1221, gest. 1274) gewissermassen ein Gegenstück oder wenigstens ein Correlatum zu Albert und Thomas bildet, und an seinen Schriften die nachmalige Fehde zwischen Dominikanern und Franziskanern sich nährte, so kann die Geschichte der Logik es mit Vergnügen den Mystikern oder andrerseits den gelehrten Theologen anheimgeben, über die Verdienste desjenigen Autors, welcher ein *Itinerarium mentis ad deum* schrieb, zu entscheiden. Denn sowie in dem *„deo frui"* überhaupt nicht das Reiseziel der Logik liegt, könnten wir den Bonaventura gänzlich der homiletischen Litteratur überlassen, wenn er nicht gelegentlich Einen Punkt berührte, welcher uns hier interessirt. Dass er als Mystiker die Universalien realistisch in extremem Platonismus nimmt und dieselben sogar als wesensgleichartig direct in den Schöpfer verlegt [552]), ist bei ihm wohl selbstverständlich, entzieht sich aber in dieser Fassung jedem logischen Motive. Hingegen bezeugt er uns, dass schon damals über das *principium individuationis* gestritten wurde, indem die Einen die oben (Anm. 519) erwähnte Ansicht betreffs der Materie vertraten, während Andere von einer eigenen *„forma individualis"* sprachen; aber wenn Bonaventura selbst eine dritte Ansicht als die richtige bezeichnet, nemlich dass die Individuation durch eine Verbindung von Materie und Form entstehe, so scheint er nicht zu wissen, was er

---

549) Ebend. f. 13 v. B: *Causa efficiens syllogismi est anima rationalis ..... Materia vero sunt tres termini et duae propositiones ..... Forma vero eius est potestas inferendi conclusionem ...... Finis autem eius est facere fidem.* Sodann werden über den kategorischen Schluss die bekannten Regeln (*ex mere particularibus* u. s. f.) vorausgeschickt, hierauf die drei Figuren und deren Schlussfähigkeit erklärt und begründet, und zuletzt folgt eine äusserst magere Zusammenstellung der modalen Schlüsse.

550) Ebend. f. 35 v. B. (mit Beibehaltung der bei Albert recipirten Terminologie.

551) Vol. XVII, 1, f. 220 v. B.

552) *Compend. theol. verit.* I, 25 (*Editio Lugdun.* Vol. VII, p. 698): *Ideae rerum et exemplar et rationes sic in deo sunt, quod idea importat causam efficientem conformem effectui, sed exemplar causam formalem, ratio vero causam finalem ......* (p. 699) *Sicut in mente artificis prius est forma rei, quam opus exeat, sic ideae rerum ante mundi constitutionem in mente creatoris erant ...... Omnis creatura prius in deo existit, ... et hoc per ideas, quae non aliud, quam ipse deus, sunt et erunt.*

redet; denn nach seinen eigenen Worten fällt das Hauptgewicht doch wieder nur auf die Materie, und was er von dem quidditativen Charakter der Form sagt, würde sicher von Jedermann zugegeben, trifft aber den Fragepunkt nicht [553]). Ja an einer anderen Stelle spricht er sich so aus, als ob auch die *forma specifica* ein Resultat aus Materie und Form wäre und dabei die concrete Existenz des Individuums sich ganz in den Artbegriff verflüchtigte [554]). Und um das Maass der Unklarheit voll zu machen, bezeichnet er wieder anderwärts das *„numerari"*, d. h. also die Quantität (vgl. Abschn. XIX, Anm. 66 u. 141), als die Ursache der Entstehung des Singulären [555]).

Neben Albert, Thomas und Bonaventura steht chronologisch als ihr Zeitgenosse der Franziskaner Roger Baco (geb. 1214, gest. 1292 oder 1294), dessen schriftstellerische Thätigkeit grösstentheils nur wenige Jahre nach jener des Thomas fällt [556]); und wir sind auch aus inneren Gründen

---

553) *In* II *Sentent.*, Dist. III, Pars 1, art. 2, qu. 3 (Vol. IV, p. 49): *Quaestio de individuatione ...... De ipsa fuit contentio inter philosophicos viros. Quidam enim ..... dixerunt, quod individuatio venit a materia, quia individuum supra speciem non addit nisi materiam ..... Aliis vero aliter visum est, sc. quod individuatio esset a forma, et dixerunt, quod ultra formam speciei specialissimae est forma individualis ...... Est tertia positio satis plana, quod individuatio consurgit ex actuali coniunctione materiae cum forma, ... sicut patet, cum impressio vel expressio sit multorum sigillorum in cera ...... Individuum est hoc aliquid. Quod sit hoc, principalius habet a materia, ratione cuius forma habet positionem in loco et tempore. Quod sit aliquid, habet a forma; individuum enim habet esse, habet etiam existere; existere dat materia formae, sed essendi actum dat forma materiae. Individuatio igitur in creaturis consurgit ex duplici principio.*

554) *In* III *Sentent.*, Dist. X, art. 1, qu. 3 (Vol. V, p. 116): *Individuatio est ex communicatione materiae cum forma, et innotescere habet per accidentium collectionem ...... Circumscriptis accidentibus et proprietatibus, quae individuationem non faciunt, sed ostendunt, individuatio est a principiis intrinsecis, secundum quod unum constituunt suppositum, in quo totum esse rei stabilitur. Et quia ex concursu illorum principiorum constituitur individuum et resultat forma totius, quae est forma specifica, hinc est, quemadmodum dicit Boethius, quod species est totum esse individui* (s. Abschn. XII, Anm. 97 f.)..... *In individuo proprie dicto est principiorum substantialium unio et primi suppositi constitutio in se ipso, non in altero.*

555) *In* I *Sentent.*, Dist. V, art. 2, qu. 1 (Vol. IV, p. 51): *Quoniam in creaturis forma communis numeratur in suppositis, ideo in illis forma communis producitur et corrumpitur, ... et ideo universale in singulari generatur, quia numeratur.*

556) Erst seit neuester Zeit sind wir über Roger Baco etwas näher unterrichtet. Nachdem nemlich früher nur sein *Opus maius ad Clementem IV.* (hrsggbn. von *Jebb, London* 1733. fol.) bekannt gewesen war, erwarb sich *J. S. Brewer* durch sein Werk *„Fr. Rogeri Bacon opera quaedam hactenus inedita"*, Vol. I. *London* 1859. 8. (als 15. Band der *Rerum Britannic. medii aevi scriptores*) das Verdienst neuer Publicationen, in welchen wir nun nicht bloss das *Opus minus* (d. h. einen Auszug aus dem *Opus maius*), sondern auch das *Compendium studii philosophiae* und das umfangreiche *Opus tertium* in Textabdrücken kennen lernten. Indem aber gleichzeitig, und zwar ohne *Brewer*'s Leistung zu kennen, *Emil Charles* eine Monographie, betitelt *„Roger Bacon, sa vie, ses ouvrages, ses doctrines d'après des textes inédits"* (*Paris* 1861. 8), bearbeitete, zeigte sich in überraschender Weise, dass jeder Versuch, den Roger Baco vollständig darzustellen, als ein verfrühter scheitern muss, so lange nicht das ganze reichhaltige Material gedruckt ist; nemlich *E. Charles* fand in den Bibliotheken Frankreichs und Englands sehr viel Neues und insbesondere einen äusserst ausführlichen Text des *Opus tertium*, von welchem Ein Abschnitt in einer Handschrift der *Bibliothèque Mazarine* unter dem Titel *„De communibus naturalium"* einen unerwarteten Reichthum philosophischer Erörterungen darbietet. Ein-

um so mehr berechtigt, ihn hier einzureihen, als seine Ansichten mit jenen Controversen, deren Entstehung und weiteren Verlauf der XIX. Abschnitt darlegen soll, höchstens den einen oder anderen ähnlichen Gesichtspunkt gemein haben, keinenfalls aber selbst wirksam in jenen Kampf eingriffen. Allerdings beruhen Baco's Verdienste, — insoferne man überhaupt sich veranlasst sehen will, solche zu preisen [557]) —, sicher am wenigsten in dem Gebiete der Logik, wenn er auch ein paar logische Schriften, welche übrigens noch ungedruckt sind, verfasste [558]); aber dennoch müssen wir selbstverständlicher Weise Dasjenige anführen, was von seinen Kundgebungen hieher gehört.

Während er einmal bei Eintheilung der Wissenschaften (in theoretische und praktische) die Logik neben der Grammatik unter den theoretischen Zweigen aufzählt, daneben aber doch noch vom *„modus sciendi"*

---

zelne Proben seiner neuen Funde hat *E. Charles* im Anhange seiner Schrift (p. 334—416) abdrucken lassen. (Was bei *Jebb* und *Brewer* sich findet, hat *H. Siebert* zu einer Dissertation, Marburg 1861, verarbeitet.)

557) Dass Roger Baco ein vielseitig begabter Mensch war, wird und kann Niemand verneinen. Aber man hüte sich vor Uebertreibungen, wie z. B. wohl deren grösste war, dass man förmlich eine Secularfeier des grossen Mannes in Vorschlag brachte. Hebt man hervor, dass er auf Sprachstudium, auf Physik und insbesondere auf Mathematik hinwies, so soll man bedenken, dass vor ihm der Grammatiker Helias lebte, aus welchem schon Vincenz v. Beauvais schöpfte, und dass Albert mit reichen Händen Naturkunde spendete, sowie dass Robert Capito die gleiche mathematische Neigung besass (s. ob. Anm. 335 u. 343). Glaubt man, Baco rage aus seiner ganzen Zeit-Umgebung einzig hervor, so irrt man schon darum gänzlich, weil er wie Alle im theologischen Auctoritätsglauben befangen ist und bleibt (s. unten Anm. 562), und was von seiner angeblichen Betonung der „Erfahrung" zu halten sei, werden wir sogleich, Anm. 568, sehen. Schon in Folge seiner ungezügelten Phantasie steht er dem eigentlich philosophischen Impulse etwas ferner, und nicht bloss durch die Eilfertigkeit der Composition seiner Werke (die drei bedeutendsten der oben genannten schrieb er in anderthalb Jahren zusammen), sondern auch durch seine Grosssprecherei (er verheisst, in drei Tagen das Hebräische zu lehren, ebenso in drei Tagen das Griechische und in sieben Tagen die ganze Geometrie, *Op. tert.* p. 65 f.) macht er genau ebenso wie sein berühmter Namensvetter den Eindruck eines Charlatans oder eines Schwindlers. Endlich aber die Hauptsache ist, dass wir hoffentlich auch ihn nicht von der Frage dispensiren, welche wir ja an Alle richten, nemlich von der Frage, woher denn all seine Kundgebung genommen sei. Und da zeigt sich für den besonnenen Forscher, dass Baco auch all Dasjenige, was man in übertriebener Weise z. B. als Kenntniss oder Erfindung des Fernrohres, des Schiess-Pulvers, ja sogar der Dampfkraft, hat bezeichnen wollen, sämmtlich den arabischen Naturforschern entlehnt hat.

558) *Pitseus* (*De illustr. Angl. scriptt.*), der bekannte Lügner (s. Abschn. XIV, Anm. 524), sagt, Baco habe geschrieben: *Logica, De intellectu et intelligibili, De universalibus, In posteriora Aristotelis.* Lassen wir uns aber hiedurch natürlich nicht in die Irre führen, so fand hingegen *Brewer* (a. a. O., Praef. p. LXIX) in der Bodleiana noch handschriftlich vorhanden: „*Summula dialectices Rogeri Bacon*" und ein Bruchstück: „*Mag. Rogeri Bacon de sophismatibus et distinctionibus*". Wenn jedoch Brewer diesen beiden aus der gleichen Bibliothek noch als dritte Schrift anreiht „*Syncategorematica fratris Roberti*", und unter der Bemerkung, dass *Rogerus* und *Robertus* in den Handschriften häufig verwechselt werden, sofort auch hier den Namen „*Bacon*" substituirt, so muss ich diess jedenfalls als eine arge Voreiligkeit bezeichnen. Auch liegt ja ein „Robert" aus jener Zeit wahrlich nicht in räthselhafter Ferne, sondern wir werden vielleicht nicht fehlgreifen, wenn wir sogleich an den Robert Capito denken (s. ob. Anm. 356 f.).

als einem dritten Gliede spricht [559]), hellt sich diese Unklarheit nach einer anderen Stelle dahin auf, dass die beiden genannten Disciplinen als „*sermocinales*“ eben doch nur jenen „*modus*“ enthalten [560]). Aber bei dem unendlichen Vorzuge, welchen für Baco das praktische Gebiet vor dem theoretischen voraus hat, kann natürlich die Logik schliesslich nur einen ethisch-religiösen Zweck haben [561]), sowie ja überhaupt die Philosophie, sobald sie nur auf sich selbst vertraut und nicht der Orthodoxie dient, in „infernalische“ Blindheit geräth, und die ungläubigen Philosophen ohne Bedenken der Teufel holt [562]). Baco führt auch in einseitigster Uebertreibung einer arabischen Auctorität lang und breit aus, dass es eine natürliche Logik (sowie eine natürliche Grammatik) gebe, nach welcher auch die Laien sämmtlich richtig schliessen und disputiren, und in welcher das ganze Verfahren, Unbekanntes aus Bekannterem zu erweisen, seine letzte Stütze habe, und dass somit die sog. eigentliche Logik nur in der Anwendung gewisser technischer Worte beruhe [563]), — kurz Baco ver-

559) *Comp. philos.* c. 1, p. 396: *Studium sapientiae habet duas partes, unam sc. speculativam et aliam practicam ...... Grammatica enim, logica, naturalis philosophia, vulgata metaphysica, quinque scientiae mathematicae, et plures aliae sunt speculativae veritatum; quae non consistunt in operibus. Quatuor vero scientiae mathematicae (quae novem sunt in universo) et alkimia, medicina, moralis philosophia, sub qua comprehendo ius civile, theologia cum iure canonico, et multae aliae a parte philosophiae sunt practicae* (vgl. Albert ob. Anm. 360 und Avicenna vor. Abschn., Anm. 71) ...... *Sed ad omnia scienda modus optimus requiritur, Aristoteles vero in secundo Metaphysicae vult* u. s. w., d. h. es folgt die Stelle Abschn. IV, Anm. 177.

560) *Op. maius*, p. 59: *Modi autem* (s. ob. Anm. 363) *philosophiae accidentales* (über diese Bezeichnung s. Anm. 564) *sunt grammatica et logica. Op. tert.* c. 28, p. 104: *Cum logica comprehendo grammaticam, quia communi nomine utraque logica dicitur, i. e. sermocinalis scientia, nam λόγος idem est quod sermo in una significatione.*

561) *Op. maius*, p. 47: *Sed cum voluntas seu intellectus practicus sit nobilior, quam speculativus, et virtus cum felicitate excellat in infinitum scientiam nudam et nobis sit magis necessaria sine comparatione, necesse est, ut habeamus argumenta ad exercitandum per intellectum practicum ...... Logica speculativis scientiis per* (wohl zu lesen *praebet*) *argumenta duo, quae sunt dialecticum et demonstrativum, moralibus autem ministrat practica argumenta, et quia theologia et ius canonicum mores et leges et iura determinant, ideo haec duo argumenta sunt eis necessaria.* Ebend. p. 59: *Finis logicae est compositio argumentorum, quae movent intellectum practicum ad fidem et amorem virtutis et felicitatis futurae.* Vgl. ob. Anm. 361. u. Abschn. XI, Anm. 125.

562) Ebend. p. 42: *Philosophia infidelium est penitus nociva et nihil videtur secundum se considerata, nam philosophia secundum se ducit ad caecitatem infernalem, et ideo oportet, quod secundum se sit tenebrae et caligo.* Ebend p. 37: *Philosophia secundum se considerata nullius utilitatis est, philosophi vero infideles damnati sunt.*

563) *Op. tert.* c. 28, p. 102: *De logica non est vis tanta, quia scimus eam per naturam, licet vocabula logicae in lingua, qua utimur, quaerimus per doctrinam; sed ipsam scientiam habent omnes homines ex natura* (s. vor. Abschn., Anm. 80) ..... p. 103: *Omnis homo reddit causas et rationes dictorum et factorum suorum ..... et omnes homines respondent ad falsa per negationem ..... Unde licet laici non habeant vocabula logicae, quibus clerici utuntur, tamen habent suos modos solvendi omne argumentum falsum, et ideo vocabula sola logicorum deficiunt laicis, non ipsa scientia logicae ...... Cum omne, quod fit de novo notum, fit notum per notius* (s. ebend. Anm. 15), *ibitur in infinitum, si logicam non sciamus naturaliter* ...... p. 104: *Et Avicenna dicit* (s. ebend. Anm. 13 u. 81), *quod rusticus arabicus scit grammaticam*

abschiedet im Hinblicke auf die Jedem angeborne Logik den Aristoteles und bezeichnet die wissenschaftliche Theorie desselben als etwas Unwesentliches [564]).

Dafür substituirt er den Gegenstand seiner Lieblings-Neigung, nemlich die Mathematik, und behauptet, die Logik hänge von der Mathematik ab, was er komischer Weise damit begründet, dass in letzterer allein es ein wirkliches Beweisen gebe [565]). Hiemit aber hängt nun wieder sehr eigenthümlich seine Auffassung der „Erfahrung" zusammen. Wenn nemlich die Aussprüche einer Auctorität durch Beweise gestützt werden sollen, Beweise aber schliesslich auf thatsächlicher Erfahrung beruhen [566]), so denkt Baco bezüglich dieser letzteren unmittelbaren Anschauung, bei welcher allein die Seele sich beruhige, vor Allem an jene Autopsie, welche bei geometrischen Beweisen oder bei mechanischen Vorrichtungen (z. B. einem Astrolabium) erforderlich ist, und indem er alle Wissenschaften auf Mathematik begründen will, erblickt er in jenem unmittelbaren Schauen den dominirenden Ausgangspunkt für alles Wissen [567]). Aber sowie natürlich hiebei nicht etwa von einer „Methode der Erfahrung" die Rede ist, so findet Baco diese sensuale Unmittelbarkeit doch

---

per naturam ...... Vocabula enim grammaticae et logicae discimus, sed naturaliter scimus componere orationes ex dictionibus et argumenta ex propositionibus; et hoc docet grammatica et logica.

564) Ebend. p. 104: *Ergo aliud regimen arguendi habemus, quam per artem Aristotelis datum; sed non est aliud, quam innatum; relinquitur igitur, quod a natura scimus arguere et similiter dissolvere argumenta .....* (p. 105) *Quapropter de logica et grammatica non est necessaria instructio humana, nisi propter vocabula linguarum, ... et ideo patet, quod logica et grammatica sunt accidentales scientiae et non principales.*

565) *Op. maius*, p. 60: *Non solum dependet cognitio logicae a mathematica propter suum finem, sed propter medium et cor eius, quod est liber Posteriorum; nam ille liber docet artem demonstrandi; sed nec principia demonstrationis nec conclusiones nec ipsa tota potest cognosci nec manifestari nisi in mathematicis rebus, quia ibi solum est demonstratio vera et potens ...... Quapropter necesse est, logicam a mathematicis dependere.*

566) *Comp. philos.* c. 1, p. 397: *Licet per tria sciamus, videlicet per auctoritatem et rationem et experientiam, tamen auctoritas non sapit, nisi detur eius ratio, ... nec ratio potest scire, an sophisma vel demonstratio, nisi conclusionem sciamus experiri per opera.*

567) *Op. maius*, p. 445: *Volo revolvere radices a parte scientiae experimentalis, quia sine experientia nihil sufficienter sciri potest. Duo enim sunt modi cognoscendi, sc. per argumentum et experimentum. Argumentum concludit et facit nos concludere quaestionem, sed non certificat neque removet dubitationem, ut quiescat animus in intuitu veritatis, nisi eam inveniat via experientiae ...... Et hoc patet in mathematicis, ubi potissima est demonstratio; qui enim habet demonstrationem potissimam de triangulo aequilatero sine experientia, nunquam adhaerebit animus quaestioni nec curabit, sed negliget, usque detur ei experientia per intersectionem duorum circulorum.* Ebend. p. 448: *Mathematica habet experientias utiles circa quaestiones suas in figurando et numerando, quae etiam applicantur ad omnes scientias et ad hanc experientiam, quia nulla scientia potest sciri sine mathematica.* Ebend. p. 465: *Veritates magnificas in terminis aliarum scientiarum, in quas per nullam viam possunt illae scientiae* (ausgefallen *pervenire* oder dgl.), *haec sola scientiarum domina speculativarum potest dare....... Mathematica bene producere potest astrolabium sphaericum, ... sed quod hoc corpus sic factum moveatur naturaliter motu diurno, non est in potestate mathematicae, experimentator autem perfectus potest considerare vias huius motus.*

selbst wieder unzureichend sogar für die Erklärung der Körperwelt, geschweige denn dass sie Aufschlüsse über das Geistige gebe, und so mündet seine gepriesene „Erfahrung" vollständig in eine verzückte, in sieben Stufen fortschreitende innere Erleuchtung aus [568]); und diese augustinische *lux interior* kann dann freilich denjenigen Wissens-Kreis darbieten, welcher in mathematisirenden Beweisformen zu einem orthodoxen Dogmen-Systeme umgewandelt werden soll.

Gelegentlich einmal deutet Baco an, dass er sich um die Fragen, welche den *„modus significandi"* betreffen, interessire; und wir müssten ihn sonach fast für einen Vorläufer des Duns Scotus halten, wenn nicht seine Angaben über die in der objectiven Natur liegenden und die von der subjectiven Seele ausgehenden „Zeichen" allzu kärglich wären, um aus ihnen seinen Standpunkt sicher zu erkennen [569]).

Auch betreffs der Universalienfrage blickt bei ihm eine Ansicht durch, welche wenigstens in Einer Beziehung dem Grundgedanken des Duns Scotus nicht sehr unähnlich ist; aber eine phantastische Ueberschwänglichkeit lässt den Baco weit über das Ziel klarer Verständigkeit hinausschiessen. Mit dem Vorbehalte allerdings, dass vielleicht spätere Veröffentlichungen handschriftlichen Materiales reicheren Aufschluss geben können [570]), lässt sich bis jetzt so Viel berichten, dass Baco vor Allem für die Bedeutung und den Werth des Individuums förmlich schwärmt.

---

568) Ebend. p. 446: *Sed duplex est experientia. Una est per sensus exteriores, ... et haec experientia est humana et philosophica, quantum homo potest facere secundum gratiam ei datam. Sed haec experientia non sufficit homini, quia non plene certificat de corporalibus propter sui difficultatem et de spiritualibus nihil attingit. Ergo oportet, quod intellectus hominis aliter iuvetur, et ideo sancti patriarchae et prophetae, qui primo dederunt scientias mundo, receperunt illuminationes interiores et non solum stabant in sensu ..... Et sunt septem gradus huius scientiae interioris. Unus per illuminationes puras scientiales; alius ..... in virtutibus; ..... tertius in septem donis spiritus sancti; ..... quartus in beatitudinibus; .... quintus in sensibus spiritualibus; ..... sextus in fructibus; .... septimus in captibus.* Kurz wir stehen somit bei dem gepriesenen Baco auf dem alten *„Qui non expertus est, non credit, non intelligit"*, und wir können es Jedem überlassen, einen solchen Standpunkt etwa für einen Fortschritt gegenüber dem 13. Jahrh. zu halten. Schon Augustinus ja hatte gesagt *„credo, quia absurdum"* und *„credo, ut intelligam"*.

569) *Op. tert.* c. 27, p. 100: *Addidi intentionem alterius partis grammaticae, quae ..... est utilissima in scientialibus quantum ad inquirendum et sciendum omnes veritates speculativas philosophiae et theologiae. Et est de compositione linguarum et de impositionibus vocum ad significandum et quomodo significent per impositionem ..... Et quia haec non possunt sciri, nisi homo sciat rationes et modos significandi, ideo aggressus sum, illos modos ostendere ..... Signa quaedam sunt naturalia et quaedam data ab anima. Et illa, quae sunt naturalia, sunt dupliciter; quaedam sunt per concomitantiam signatorum, ut habere magnas extremitates est signum fortitudinis; quaedam per configurationem, ut imago sancti Nicolai ..... Et sic omnes species rerum* (s. Anm. 575 ff.) *sunt signa ..... Signum autem datum ab anima vel est naturaliter, ut gemitus infirmorum, ... vel est ad placitum .....* (p. 101) *Et tunc considero, quomodo vox imponitur univoce, quomodo aequivoce, et quot modis quantumcunque* (zu lesen *utrumque*), *et quomodo analogice et quot modis* (letzteres s. ob. Anm. 432 u. vor. Abschn., Anm. 31).

570) *Brewer*, Praef. p. LXIX: *In his Compendium theologiae* (welches bis jetzt noch ungedruckt ist) *he professed his intention to enter on the consideration of those verbal disputes which divided the nominalists and the realists of his days; and in the same work he has devoted several pages .... to the consideration of the nature of words. But in none of these instances has he entered on the subject of logic*

Er sucht nemlich zunächst in einer merkwürdig einseitigen Polemik, bei welcher er uns auch bezeugt, wie sehr die ganze damalige Zeit sich vom Platonismus weggewendet habe, bezüglich der Universalien alle und jede subjective Thätigkeit gänzlich auszuschliessen, weil ja das Einzeln-Sein und hinwiederum das gleichartige Zusammentreffen der Einzeln-Dinge objectiv auch dann bestünde, wenn es keine denkende Menschen-Seele gäbe, und es erscheint ihm sonach die ganze Frage über die Aussagbarkeit der Universalien als eine grosse Thorheit [571]). Sodann aber hat er auch in objectiver Beziehung für die Universalien nur Worte des Hohnes, denn, meint er, die gepriesene Allgemeinheit und ewige Dauer der Universalien habe überhaupt nur einen Sinn bezüglich der beständigen Succession der Einzeln-Dinge [572]). Erscheint ihm somit das Individuum

---

with the same amount of care and interest as on grammar, mathematics or experimental sciences.

571) Bei *E. Charles*, p. 386: *Sed maior stultitia est* (d. h. als die „*stulta*" *quaestio de individuatione*, s. Anm. 581) *de natura universalis praedicabilis de singularibus, quum quaerunt, quid faciat universale. Et est quintuplex positio praeter positionem Platonis. Plato vero dixit, quod universalia fuerunt ideae ...... et quia stulta est positio et nullus nunc dicit sicut Plato* (vgl. Anm. 283, 352, 389 f., 394, 501, 514 u. Abschn. XIX, Anm. 42 u. 121), *ideo ad positiones modernorum decurrendum. Et est una solemnis, quod universale non est nisi in anima. Alia est, quod universale sit in rebus per animam. Tertia est, quod universale sub ratione universalis est in anima, licet secundum id quod est sit in singularibus.* (Aber in der That sind diess nicht drei verschiedene Ansichten, sondern nur wechselnde Redewendungen der aus den Arabern bei Albert und Thomas aufgenommenen Annahme.) *Quarta est, quod universale sit solum in singularibus et non dependeat ab anima aliquo modo* (diess ist Baco's eigene Meinung). *Sed quod prima est falsa, patet, quia, etsi non esset anima rationalis, duo lapides convenirent ad invicem; sed haec convenientia facit universale; ergo universale remanet, etsi anima non esset. Item nihil, quod est extra rem, potest de ea praedicari per inhaerentiam; sed universale praedicatur de singularibus; ergo non potest separari ab eis. Item ..... species non praedicatur de singularibus nec est commune eis; imo quaelibet singularis facit speciem a se propriam, universale autem est commune pluribus et praedicatur de eis; ergo universale non est in anima. Dein dato, quod universale non est in anima, patet, quod secunda positio est falsa; nam ostendo, quod anima nihil facit ad universalitatem, quia duo esse habet individuum, unum absolutum, aliud comparatum* (s. Anm. 573), *sed utrumque esse habet, etsi anima non sit ..... Ex quibus sequitur, quod tertia positio sit falsa; nam quum in anima non sit universale nec anima operatur aliquid ad universalitatem, tunc universale secundum rationem universalis non est in anima ...... Vanissimum est dicere, quod anima facit universale, sed ista sunt .... quaedam sophismata, quae apud aliquos inducunt quintam opinionem de universalibus* (jedoch auch diess, was wir immer unter der Wortform „*intellectus agit universalitatem*" trafen, ist ja keine „fünfte" Ansicht, sondern trifft mit obigen dreien zusammen; so gehört Baco zu jenen Menschen, mit welchen eine Discussion unmöglich ist, weil sie in ihrer Phantasterei uns das Wort im Munde umdrehen; auch dass er an einer anderen Stelle der nemlichen Schrift selbst von einer „verschiedenen", und zwar nominalistischen Ansicht gesprochen hatte, — s. Anm. 580 —, scheint er hier schon wieder vergessen zu haben).

572) Ebend. p. 384: *Homines imperiti adorant universalia propter hoc, quod dicit Aristoteles primo Posteriorum, quod universale est semper et ubique, singulare est hic et nunc, et secundo de anima dicit, quod esse universalis est esse perpetuum et divinum, singulare est corruptibile et non manet semper. Sed hoc et huiusmodi solvuntur breviter, quod perpetuitas universalis et quod sit ubique, non est propter eius dignitatem, sed propter successionem singularium multiplicatorum in omni tempore et loco.*

als das allein Preiswürdige, welches, wie die „Erfahrung" (vgl. Anm. 568) zeige, weitaus den Vorrang vor dem Allgemeinen habe, — da ja auch Gott die Welt nur um der Einzeln-Menschen, nicht um des allgemeinen Menschen, willen erlöst habe —, so muss nun wohl das Universale dem Einzelnen ganz unversöhnt gegenübertreten, indem das Individuum die alleinige wahrhafte und feste Position sein soll, und das Allgemeine zum blossen relativen Zusammentreffen (*convenientia respectu alterius*) herabsinken muss [573]).

Während nun Baco in diesem Begriffe der Gemeinsamkeit (*communis natura*), welchen er in einer Stelle bei Avicenna fand, eine wichtige Entdeckung gemacht zu haben glaubt [574]), steht die Sache freilich schlimm genug. Denn einerseits kann er, da ja die Einzeln-Dinge selbst es sind, welche in gewissem Gemeinsamen zusammentreffen, allerdings triumphirend ausrufen, dass das Universale lediglich im Einzelnen ohne alle Beihilfe der subjectiven Seele vorliege, aber andrerseits bleibt ihm für die Frage, wie denn dann jenes in den Dingen steckende Universale dennoch in die Seele komme, keine andere Antwort übrig, als die mystische, dass bei der Einzeln-Wahrnehmung zugleich mit der kräftigen *species singularis* auch eine *species universalis* herbeikomme, welche an sich mit der „Schwäche" des Intellectus verwandt sei, aber durch die Vervielfältigung, mit welcher sie auf die Dinge angewendet werde, zuletzt an Macht und Stärke den Vorrang gewinne [575]). Bei solchem Gerede nun muss sich

---

573) Ebend. p. 383: *Unum individuum excellit omnia universalia de mundo, nam universale non est nisi convenientia plurium individuorum. Duo enim sunt necessaria individuo: unum absolute, quod constituit ipsum et ingreditur eius essentiam, ut anima et corpus faciunt hunc hominem; aliud est, in quo conveniat cum aliquo homine et non cum asino nec porco, et hoc est suum universale. Sed absoluta natura individui longe maior et melior est quam relata, quia habet esse fixum per se et absolutum; et ideo singulare est nobilius quam suum universale, et nos scimus hoc per experientiam rerum ...... Et quia omnia, quae tracto, sunt propter theologiam, patet per rationes theologicas, quod universale non habet comparationem ad singularia; non enim deus fecit hunc mundum propter universalem hominem, sed propter personas singulares, ... nec redemit propter hominem universalem, sed propter personas singulares ...... Manifestum est igitur, quod singulare sine comparatione est melius quam universale ..... Et quum natura semper intendit quod est optimum, duae naturae, sc. universalis et virtus regitiva individui, intendent et operabuntur individuum ....., sed hae duae praevalent virtuti regitivae speciei seu universalis. Ergo simpliciter loquendo et absolute debemus dicere, quod individuum est prius secundum naturam, tam secundum operationem quam secundum intentionem, ... quod individuum est natura absoluta et fixa habens esse per se, et universale non est nisi convenientia individui respectu alterius.*

574) Ebend. p. 389: *Dicendum est, quod primus modus universalium est, secundum quod natura aliqua est communis solis individuis, et hoc universale non est nominatum adhuc et reperitur in omnibus universalibus Porphyrianis et est commune ad omnia ..... et quod universale dictum sit aliud praeter quinque, patet per Avicennam in libro primo logicae, ubi hanc sententiam affirmat.* S. vor. Abschn. Anm. 179 f. (freilich schloss dann ebendort Avicenna hieraus jenen Grundsatz „*Intellectus agit universalitatem*", aber Baco lässt sich durch solche Kleinigkeiten nicht beirren).

575) Ebend. p. 387: *Si autem de speciebus universalibus loquitur (sc. Aristoteles), h. e. quod universale facilius intelligitur et ideo universalia vocantur obiecta intellectus, hoc est per antonomasiam; ..... ab uno enim singulari non venit nisi sua species singularis, per quam intelligitur; sed a quolibet singulari venit una species*

jede weitere Frage, die wir an Baco richten möchten, in immer dichteres Dunkel hüllen; und so finden wir denn auch, dass ihm das Wort *„species“* unter einem Duzend synonymer Ausdrücke alles Andere eher bezeichnet, als was die Logik so nennt [576]). Nemlich eine gewisse mystische actuelle Kraft soll sowohl auf die Sinneswahrnehmung als auch auf das Denken wirken, und dabei zugleich sowohl universelle Species des Universellen als auch singuläre Species des Singulären sein [577]); ja dieselbe soll auch nicht, wie man gewöhnlich annehme, in der Form, noch aber auch im Stoffe liegen, sondern von vorneherein die Species des aus Stoff und Form zusammengesetzten Wesens sein [578]).

Darum muss dem Baco die Annahme einer Einheit der Materie als der grösste Irrthum erscheinen, welchem er dadurch zu entgehen sucht, dass er die Materie selbst je nach den sämmtlichen Einzeln-Wesen unterschiedlich getheilt und vervielfältigt werden lässt [579]). Und daher kommt

---

universalis cum specie singulari, et ideo multiplicatur species universalis in anima, et ideo fit fortior et potentior ...... Insuper intellectus est debilis (vgl. Anm. 287 u. 348); *propter eam debilitatem magis conformatur rei debili, quae est universale, quam rei, quae habet multum de esse, ut singulare. Sic igitur intelligenda est auctoritas Aristotelis* (*!!*), *et non accidit aliquid contra veritatem rerum universalium, quas ponimus in singularibus sine anima.*

576) *Op. maius*, p. 358: *Essentia, substantia, natura, potestas, potentia, virtus, vis significant eandem rem, sed differunt sola comparatione ...... Virtus habet multa nomina, vocatur enim similitudo agentis et imago et species et idolum et simulacrum et phantasma et forma et intentio et passio et impressio et umbra philosophorum..... Species autem non sumitur hic pro quarto universali apud Porphyrium, sed transsumitur hoc nomen ad designandum primum effectum cuiuslibet agentis naturaliter.*

577) Ebend. p. 66: *Haec virtus vocatur similitudo et imago et species et multis nominibus, et hanc facit tam substantia quam accidens et tam spiritualis quam corporalis ...... Et haec species facit omnem operationem huius mundi, nam operatur in sensum, in intellectum, et in totam mundi materiam.* Ebend. p. 372: *Cum universale non sit nisi in singularibus, ... nec potest singulare carere suo universali, erit proportio speciei universalis ad speciem singularem, sicut rei universalis ad rem singularem ...... Sive in medio sive in sensu sive in intellectu sunt species universales, oportet, quod ibidem sint species singulares ei respondentes.*

578) *Op. tert.* c. 31, p. 109: *Species substantiae agentis est composita et non est solius formae, ut aestimatur, et species rei universalis est universalis et species rei singularis est singularis. Op. maius*, p. 367: *Species substantiae non est tantum ipsius formae seu materiae, sed totius compositi.* Ebend. p. 66: *Omnis res naturalis producitur in esse per efficiens et materiam.* Bei *E. Charles*, p. 377: *Non est triplex praedicamentum nec triplex genus generalissimum in praedicamento substantiae, quia unum eorum est principale praedicabile, cum quo duo non ponunt in numero; propter quod unum est genus generalissimum substantiae, scilicet compositum, per quod attenditur unitas praedicamenti ..... Insuper compositum habet rationem per se existendi in ordine entium; non sic materia et forma.*

579) *Op. maius*, p. 88: *Multitudo vero philosophantium non solum in forma propria philosophiae, sed in usu theologiae dicit et asserit, quod una est materia numero in omnibus rebus et quod solum est diversitas a parte formarum; sed hic est error infinitus. Op. tert.* c. 38, p. 121: *Cum omnes ponant, quod materia sit una numero in omnibus rebus, ... et cum hic sit pessimus error, qui unquam fuit in philosophia positus, ideo aggredior hanc positionem.* ..... p. 122: *Sicut forma prima, quae praedicatur de omnibus formis et est communis iis et dividitur.... usque ad specialissimam, habet unitatem generis et non est una numero, ... ergo similiter, cum materia praedicetur de omnibus materiis rerum et sit eis communis et dividatur, ... materia alia est spiritualis, alia est corporalis et paribus passibus descendit sicut compositum et forma.* Ebenso bei *E. Charles*, p. 378.

es, dass er gegen die bei Albert und Thomas von den Arabern entlehnte Ansicht polemisirt, dass die Materie den Process der Individualisirung erst bewirke (s. Anm. 388 u. 519); denn indem Baco, wie wir sahen, dem Einzeln-Ding eine grundsätzliche Priorität zuweist und in dem Fortschritte zu dieser Vollkommenheit nur das „Dieses" (*hoc*) als maassgebend erblickt, kann er weder in dem Artbegriffe, welcher nach seiner Ansicht auf einer blossen Vergleichung beruht, noch auch in irgend einem Zusatze, der zu demselben hinzukäme, die Ursache der Individualisirung finden, sondern nur in der Eigenthümlichkeit (*proprium*) des individuellen Seins selbst [580]). Aber während diese Ansicht einem Vorspiele der *haecceitas* des Duns Scotus gleicht (s. Abschn. XIX, Anm. 144 ff.), fällt Baco auch hierin wieder in seinen plumpen mystischen Dualismus zurück, da er sowohl für das absolute Sein der Individuen als auch für den relativen Bestand der Artbegriffe kurzweg die Causalität Gottes verantwortlich macht und somit in andächtiger Herzens-Einfalt folgerichtig die ganze Frage über das Princip der Individuation ebenso wie jene über die Universalien als eine grosse Thorheit bezeichnet [581]).

Als eine specielle logische Eigenthümlichkeit Baco's kann ich noch

---

580) Bei *E. Charles*, p. 384: *Dicunt aliqui, quod species est tota essentia individuorum et habet esse solum diversa in eis; et alii dicunt, quod materia addita formae universali facit individuum; et alii, quod potentiae aliquid significatum additur et sic significatur species significanda in diversis* (diese Ansicht kann wohl nur von nominalistischen Anhängern der byzantinischen Logik aufgestellt worden sein). *Sed omnia haec convincuntur falsa esse, quia postquam linea singularium vadit de incompleto ad completum sicut linea universalium, patet, quod tum sicut se habet animal ad hominem sic hoc animal ad hunc hominem, et ideo sicut „rationale" additum huic animali facit hunc hominem, et ita nec homo nec aliquid additum homini faciet hunc hominem, licet hoc ponunt. Item patet ex dictis, quod hic homo est prius homine secundum operationem et intentionem naturae, et homo advenit extra essentiam eius similis accidenti et tanquam illud, in quo debet comparari ad aliud quoddam individuum; ergo individuum habet prius esse individuum, inquantum est individuum, et essentiam suam naturalem, antequam oriatur universale suum. Ergo tunc nec universale nec aliquid additum ad ipsum facit individuum, et ideo principia propria ingredientia essentiam individui faciunt ipsum.*

581) Ebend. p. 385: *Dicendum, quod esse individuum duplex est; unum est absolutum secundum sua principia, quae ingrediuntur suam essentiam, et sic species non sunt esse individui; aliud est secundum comparationem eius ad aliud individuum, cum quo convenit naturaliter, et illud esse facit species. Et cum quaerunt, quid erit causa individuationis, si nec species nec aliquid additum speciei causat eam, quaerendum est primo ab eis, quid est causa universalitatis, si nec individuum nec aliquid additum ad ipsum faciat universale. Ista quaestio est stulta, quum supponit, nihil aliud posse reperiri, quod causat individuum, nisi species et aliquid cum specie. Nam habet sua principia singularia ingredientia essentiam suam, sicut universale habet universalia. Et cum quaeritur de principiis illis, ut materia et forma, quid est causa individuationis, ... quaerendum est ab illis, quid facit universalia eorum esse universalia. Et non possunt dicere, nisi quod creator facit quodlibet, secundum quod proprietas eius exigit, et ideo naturam, in qua multa debent convenire, facit universalem, et materiam diversam ab alia facit singularem. Verum creator hanc materiam primam fecit singularem, quia sua proprietas hoc requirit, et similiter formam, in qua duae formae conveniunt, fecit universalem, et materiam, in qua duae materiae participant, fecit communem, quia earum proprietas hoc exposcit, sicut fecit asinum secundum eius proprietatem et hominem secundum suam et omnia. Et ideo stultitia magna est in huiusmodi quaestione, quam faciunt de individuatione.*

erwähnen, dass er getreu seiner Ueberschätzung der Mathematik alle Kategorien auf die Quantität zurückführen will[582]).

Endlich aber fällt noch gleichfalls in diese nemliche Zeit eine manigfache Erweiterung der byzantinischen Logik, welche sich nur dadurch erklären lässt, dass dieses ganze Material bereits in den ersten drei Jahrzehnten, welche seit seiner Aufnahme in die Litteratur des lateinischen Abendlandes verflossen, an allen Orten die eifrigste Pflege gefunden haben muss. Während es uns aber schlechterdings unmöglich ist, irgend bestimmte Autoren-Namen zu nennen, ist dieses Mittelglied doch geeignet, Eine jener vielen Lücken der Tradition, auf welche wir immerhin noch stossen, einigermaassen zu ergänzen. Denn wir können nachweisen, dass gegen das Ende des 13. Jahrhunderts fast der ganze Umkreis der byzantinischen Logik allmälig eine erweiterte Umbildung, insbesondere durch Vermehrung der „Regeln", erlangt hatte, sowie dass hiebei die Grundlagen der Lehre von den *„Consequentiae"*, welche später zahlreiche Vertreter fand, bereits ihre Formulirung gefunden hatten. Wohl zu beachten aber ist, dass (abgesehen von einer einzigen noch späteren Quellenstelle, s. Anm. 626) es nur zwei jüngere Zeitgenossen, nemlich nur Duns Scotus und Raimundus Lullus, sind, welche uns das Material für diese Episode liefern, indem dieselben ziemlich häufig Einzelnes in derartiger Form anführen, dass es unmöglich ihr eigenes Erzeugniss sein kann, sondern einer zu ihrer Zeit allgemein umlaufenden Lehre entnommen sein muss (ja es ist dabei selbst von „verschiedenen Meinungen" oder sogar von „Vielen", welche Etwas so oder so angeben, die Rede, s. Anm. 589, 595, 624). Wenn solche Quellen aus jener Zeit reichlicher flössen, oder erst vollends, wenn die handschriftlichen Schätze aller Bibliotheken ausgebeutet wären, liesse sich gewiss ein richtigeres Bild entwerfen, welches dann auch die Namen der bis jetzt entschwundenen Autoren enthalten könnte. Jedenfalls aber muss ich bei der einmal bestehenden Beschränktheit der Quellen die Möglichkeit offen lassen, dass noch gar Manches, was für uns erst bei Späteren zu Tag tritt, dennoch bereits damals in reichem Schulbetriebe seine Entstehung gefunden haben kann. Was nachweisbar in jene Zeit fällt, ist Folgendes.

Schon die Lehre vom Urtheile bot manche Gelegenheit zu Fortbildungs-Versuchen dar; und zwar ist es zunächst das hypothetische Urtheil, bei welchem man zu den drei früher recipirten Arten desselben (Anm. 39 u. 158) noch weitere vier Arten, nemlich *causalis, temporalis, localis, rationalis*, hinzufügte und analog der älteren Tradition nun auch für diese Satzarten die „Regeln" der Wahrheit formulirte, wobei namentlich betreffs der *adverbia temporis et loci* die Unterschiede der Bedeutung (ob Ruhe oder Fortschreiten) als maassgebend betrachtet wurden[583]).

---

582) *Op. maius*, p. 60: *Constat, praedicamentum quantitatis cognosci non posse sine mathematica ..... Quantitati vero annexa sunt praedicamenta „quando" et „ubi"; ...... praedicamentum „habitus" non potest cognosci sine praedicamento „ubi"; ..... maior vero pars praedicamenti qualitatis continet passiones et proprietates quantitatum; ..... quidquid autem dignum est consideratione in praedicamento relationis, est proprietas quantitatis.*

583) *Raim. Lullus, Dialect. introd.* (s. folg. Abschn., Anm. 2), f. 3 v. B: *Sex* (zu lesen *septem*) *modi sunt hypotheticae propositionis, sc. copulativa, disiunctiva,*

Sowie aber hiebei zwischen *causalis* und *rationalis* der Leser kaum einen greifbaren Unterschied erblicken kann, so lässt eine andere Notiz die Erörterung über *causalis* ganz hinweg, wornach dann nur drei neue Arten des hypothetischen Urtheiles verbleiben [584]), wobei man sich auch später unter Beseitigung der Terminologie „*rationalis*“ begnügte; s. Abschn. XX, Anm. 322.

Ferner ein sehr beliebter Tummelplatz der Logiker muss die Lehre von den modalen Urtheilen gewesen sein (s. ob. Anm. 41 ff., 160 ff., 456 f. und besonders bei Thomas Anm. 542). Vor Allem war die schon bei Wilhelm Shyreswood (Anm. 43) auftretende Unterscheidung eines *modus adverbialis* und eines *modus nominalis* in die neue Terminologie potenzirt worden, dass ersterer nun *sensus compositus* heisst und jene Urtheile betrifft, in welchen der modale Ausdruck zum Subjecte oder zum Prädicate gehört, während letzterer jetzt als *sensus divisus* denjenigen Urtheilen anheimfällt, in welchen die Copula Trägerin des Modus ist; und man konnte bei dieser Unterscheidung, welcher sämmtliche modalen Urtheile unterworfen sein sollten, sowohl wieder allgemeine Regeln der formalen Wahrheit aufstellen [585]), als auch im Interesse der Syllogistik

---

conditionalis, causalis, temporalis, localis, rationalis, quanquam omnes possunt reduci ad tres primos modos ...... f. 4 r. A: *Causalis est hypothetica habens in se duas categoricas unitas per aliquam causalem coniunctionem. Ad veritatem eius requiritur, quod sic esse, ut significatur per antecedens, sit causa sic essendi, ut per consequens significatur ...... In negativa, in qua negatio ponitur immediate ante coniunctionem, requiritur ad eius veritatem, quod categorica praecedens negationem sit vera, et requiritur, quod sic esse, ut secunda significat, non sit causa sic essendi, ut prima significat .... Temporalis est hypothetica habens in se duas categoricas unitas per adverbium temporale. Ad eius veritatem, si sit de praeterito vel futuro nec habeat aliquam partem universalem nec adverbium denotans successionem vel simultatem temporis, requiritur, quod ita fuerit vel futurum sit in eodem tempore ..... Sed si habet in se adverbium denotans ordinem temporalem, sufficit tunc, quod ita fuerit vel futurum sit pro diversis saltem temporibus ..... Si vero aliqua pars est universalis, requiritur, quod tot propositiones singulares fuerint vel futurae sint verae successive, quot fuerunt vel erunt supposita ......* (B) *Si vero quaelibet categorica sit de praesenti, tunc requiritur, quod ita sit in tempore praesenti ..... Ad falsitatem sufficit oppositum illius, quod requiritur ad veritatem eius ..... Localis est hypothetica habens in se duas categoricas unitas per adverbium locale. Ad veritatem localis affirmativae non habentis adverbium denotans motum requiritur, quod ita sit vel fiat in eodem loco ..... Sed ad veritatem negativae sufficit, quod res non sit vel fiat in eodem loco ...... Sed ad veritatem localis habentis in se adverbium denotans motum, aliquando requiritur, quod sit idem terminus ad quem, ... aliquando, quod sit idem terminus a quo ...... Rationalis est hypothetica, in qua coniunguntur plures categoricae mediante coniunctione causali. Ad eius veritatem requiritur et sufficit, quod, qualitercunque significatur esse per antecedens, ita sit, ut significatur per consequens.*

584) Ebend. *Dialect. s. nov. log.* (s. folg. Abschn., Anm. 3), p. 151: *Propositio hypothetica est septuplex* (hier hinwiederum ist doch *sextuplex* zu lesen), *sc. copulativa, disiunctiva, conditionalis, rationalis, temporalis et localis ...... Rationalis est illa, in qua sunt duae categoricae coniunctae per has coniunctiones „igitur“ vel „ergo“..... Temporalis est, in qua sunt duae categoricae coniunctae cum adverbio temporali, ut „bonitas est magna, quando magnitudo est bona“. Localis est illa, in qua sunt duae categoricae coniunctae cum aliquo adverbio locali, ut „virtus est, ubi iustitia est“.* Die Regeln über die Wahrheit dieser Urtheile sind dabei nicht angeführt. Vgl. Abschn. XIX, Anm. 328.

585) Ebend. *Dialect. introd.* f. 5 r. B: *Propositio modalis est illa, in qua ponitur*

darauf hinweisen, dass ja eigentlich doch nur der ***sensus divisus*** ein wahrhaft modales Urtheil constituire, hingegen der ***sensus compositus*** den Urtheilen des Stattfindens beizuzählen sei [586]), während man hinwiederum dennoch für beide Arten die üblichen Momente der Quantität, der Qualität, des Gegensatzes und der Umkehrung durchführte [587]). Ferner vermehrte man innerhalb dieser neuen Zweigliederung der Modalität auch die Zahl jener Begriffe selbst, durch welche ein Urtheil ein modales wird; nemlich man fügte die Begriffe ***per se, dubium, ad utrumlibet, scitum, opinatum, apparens, credibile, notum, volitum, dilectum*** hinzu, so dass schon hier (vgl. unten Anm. 598, 600 f.) so ziemlich der ganze Umkreis derjenigen Verba, welche einen sog. ***Accusativ. c. infinit.*** regieren, beigezogen ist [588]). Zudem hatten sich an jene modalen Urtheils-Formen, welche schon längst recipirt waren, gar manche Neuerungen geknüpft. So wird bei den Möglichkeits-Urtheilen bezüglich ihrer Tragweite, d. h. ***suppositio,*** merkwürdiger Weise aus Shyreswood's Syncategoreumata (s. ob. Anm. 86 f., vgl. auch Anm. 63) der Unterschied zwischen disjunctiver und copulativer Supposition formulirt, wodurch wieder Berührungspunkte mit der ***restrictio*** (Anm. 234) entstehen [589]), und auf

---

terminus modificativus cum infinitivo ...... Si termini praedicti seu modi ponuntur in medio dicti, sc. inter actum et infinitivum ipsos dividendo, dicitur propositio divisa seu in sensu diviso; aliter dicitur propositio composita seu in sensu composito. Ad veritatem divisae sufficit, quod modus verificetur de propositione constituta ex pronomine demonstrante „id", ... ut dicendo „calidum possibile est esse frigidum"..... ad eius veritatem sufficit, quod haec propositio „hoc esse frigidum, est possibile" sit vera...... Ad veritatem compositae requiritur, quod terminus seu modus verificetur de propositione indicativa correspondente illi dicto.

586) *Duns Scotus, Qu. sup. Anal. pr.* I, 25, (Vol. I der *Opp.*, s. Abschn. XIX, Anm. 82) p. 309 B: *Modum contingit dupliciter poni in propositione, sc. ..... in sensu diviso, quando modus ponitur, ut sit determinatio copulae; vel in sensu composito, quando modus ponitur a parte subiecti vel a parte praedicati. Et istae propositiones multum differunt et quantum ad syllogizandum et quantum ad convertendum; item differunt, quia illa de sensu composito est propositio de inesse, et illa de sensu diviso est modalis, quia semper propositio est denominanda a copula.*

587) Ebend. p. 310 A: *Propositiones de modo in sensu composito sunt indefinitae, v. g. .... „Possibile est, Socratem currere", quia sua universalis est ista „Nullum possibile est, Socratem currere"...... Ita conformiter dicitur de illis, in quibus modus praedicatur.* Vgl. obige Anm. 43.

588) Ebend.: *Omnes propositiones ... in sensu composito de istis modis „necessarium, per se, verum, possibile, contingens", — loquendo de contingenti pro possibili communi —* (vgl. ob. Anm. 42 u. 162), *consimiliter convertuntur illis de inesse ...... De istis modis „impossibile, falsum, dubium" non convertuntur sicut illae de inesse, quia tunc istae regulae essent verae „Si antecedens est impossibile, consequens est impossibile"....... De istis modis „scitum, opinatum, apparens, notum, volitum, dilectum" non convertuntur similiter sicut illae de inesse.* Ebd. 26, p. 311 B: *Propositiones de sensu diviso in illis modis „impossibile, falsum, contingens, ad utrumlibet" non convertuntur similiter illis de inesse...... Modales de sensu diviso in istis modis „cognosco, apparet" et huiusmodi non convertuntur proprie.* Auch 36, p. 328 A werden als *modi* die Begriffe *„scio, opinor, credo, dubito, apparet"* angeführt. Ueber *„opinabiliter"* s. schon bei Petr. Hispanus ob. Anm. 234.

589) Ebend. 26, p. 310 B: *De propositionibus de possibili duplex est opinio. Una ponit, quod subiectum respectu verbi de possibili* (d. h. bei einem Urtheile *de sensu diviso*) *in propositione indefinita vel particulari supponit disiunctive pro his, quae sunt, et pro his, quae possunt esse, et in universali sive affirmativa sive negativa supponit copulative..... Sed alia est opinio, quae ponit, quod illa de possibili*

solcher Grundlage ergeben sich neue Regeln betreffs der Umkehrung dieser Urtheile [590]), wobei man auch das *contingens* neben dem *possibile* gesondert betrachtete [591]). Betreffs der Nothwendigkeits-Urtheile finden wir die spitzfindige Unterscheidung zwischen *necessarium conditionale, necessarium quando, necessarium simpliciter,* welch letzteres wieder entweder *ut nunc* oder *pro semper* sein könne [592]), und sowie für diese Unterarten die Regeln der Umkehrung untersucht werden [593]), so spielt dabei auch das Wechselverhältniss zwischen Unmöglich und Nothwendig sowie zwischen Un-nothwendig und Möglich herein [594]). Ausserdem endlich werden noch sehr eigenthümliche Regeln über das Verfahren aufgestellt, durch welches Möglichkeits-Urtheile in Urtheile des Stattfindens umgesetzt werden können; nemlich singuläre oder unbestimmte Möglichkeits-Urtheile sollen einfach in das Präsens des Stattfindens übergehen können, und bei Möglichkeits-Urtheilen der Vergangenheit oder Zukunft brauche nur das Prädicat, nicht aber auch das Subject, entsprechend umgesetzt zu werden [595]).

Andrerseits war es natürlich der ganze Abschnitt *De terminorum proprietatibus,* welcher reichen Anlass zu fortbildenden Erweiterungen darbieten konnte. Und so finden wir denn auch die Lehre von der *suppositio* in einer eigenthümlichen Gestaltung, welche in ihren Grundzügen wohl mehr an Shyreswood (Anm. 61), als an Lambert v. Auxerre

---

est distinguenda, quia vel eius subiectum supponit pro his, quae sunt, vel pro his, quae possunt esse.

590) Ebend. p. 312 A: *Affirmativae de possibili pro his, quae sunt, non convertuntur proprie ...... Negativae de possibili non convertuntur proprie, in quibus subiectum supponit pro his, quae sunt .... Affirmativae de possibili, in quibus subiectum supponit pro his, quae possunt esse, similiter convertuntur illis de inesse. ...... Negativa de possibili pro his, quae possunt esse, non convertitur.*

591) Ebend. 30, p. 319 A: *Propositio de contingenti* (s. Anm. 588) *potest converti dupliciter. Uno modo in oppositam qualitatem .... manente eodem subiecto et praedicato. Alio modo possunt converti ad utrumlibet transponendo terminos sicut illae de inesse.*

592) Ebend. 26, p. 311 A: *Triplex est propositio de necessario. Quaedam de necessario conditionali, ut „Vacuum, si est, de necessitate est locus"; alia de necessario quando, ut „Grammaticus, quando est, de necessario est homo"; sed tertia est de necessario simpliciter, et talis est duplex, quia quaedam est de necessario ut nunc solum, ... sed alia est de necessario simpliciter pro semper.*

593) Ebend.: *Propositiones de necessario conditionali aut etiam de necessario quando non convertuntur ......, de necessario simpliciter pro nunc non convertuntur proprie, ... quod tales propositiones possunt converti improprie per resolutionem ad quandam de inesse ...... De necessario simpliciter pro semper similiter convertuntur illis de inesse.*

594) Ebend. p. 312 A: *Illa de necessario de modo negato non dicitur proprie de necessario, sed de possibili, ... et e contra illa de possibili de modo negato non dicitur proprie de possibili, sed de necessario.*

595) *Duns Scotus, Qu. in Phys.* VI, 2, 6, (Vol. II) p. 356 B: *Loquendo in propositionibus de possibili aut de praeterito aut de futuro oportet uti duabus regulis, quas multi ponunt universales. Prima regula est ista: Omnis propositio singularis vel indefinita de possibili debet poni in esse per unam propositionem de praesenti, ut ista „Socrates potest currere" ..... in „Socrates currit". Secunda regula, quod in omni propositione de possibili vel de praeterito vel de futuro praedicatum appellat suam formam, et non subiectum* (vgl. Anm. 601), *h. e. quod talis propositio debet poni in esse per unam de consimili praedicato, et non oportet, quod per unam de consimili subiecto; et potest exemplificari de ista „Album potest esse nigrum".*

und Petrus Hispanus (Anm. 126 f. u. 202 ff.) erinnert, aber namentlich in der Eintheilung sehr von der älteren Tradition in einer Weise abweicht, welche unleugbar den Vorzug der Klarheit für sich hat; nemlich nach Ausscheidung der blossen Metapher (*impropria*) soll die ***propria suppositio*** zerfallen in ***simplex, materialis, personalis,*** letztere in ***discreta*** und ***communis,*** letztere wieder in ***determinata*** und ***confusa,*** diese letztere in ***disiunctiva, copulativa*** (vgl. Anm. 589) und ***distributiva,*** und endlich diese letztere erst in ***mobilis*** und ***immobilis*** [596]). Auch hatte man betreffs der ***suppositio*** acht Regeln formulirt, welche theils an die Qualität und Quantität der Urtheile anknüpfen, theils die Lehre von der ***distributio*** sowie einige Syncategoreumata in ihr Bereich ziehen, und auch ihrerseits einen Beleg dafür geben, wie sehr überhaupt die Zahl der ***termini,*** wo nur Gelegenheit dazu war, vermehrt wurde; nemlich an die Comparativ- und Superlativ-Formen (s. Anm. 265) und die hier ihnen gleichgestellten Worte „***differt***" u. dgl. (Anm. 266) reihen sich nun noch „***caret, distinguitur***" an, und mit „***bis, ter***" (Anm. 254) werden „***immediate, continue***" verbunden, während eine Reihe von Verbis, wie ***appeto, desidero, cupio, opto, teneor, debeo, promitto, requiro, indigeo, spondeo,*** völlig neu hinzukommen [597]).

---

596) *Raim. Lull. Dial. introd.* f. 5 v. A: *Suppositio primo dividitur in propriam et impropriam. Impropria est, ... ut „Anglia pugnat"...... Propria est, quando terminus supponit pro intentione vel pro se vel sibi simili vel pro illo, ad quod signandum est impositus. Propria dividitur in simplicem, materialem et personalem. Simplex est, ... ut „homo est species"..... Materialis est, quando terminus supponit pro se aut sibi simili, ut „homo est vox".... vel „homo est terminus mentalis"...... Personalis est, quando terminus supponit pro illo, ad quod significandum est impositus...... Personalis dividitur in discretam et communem. Discreta est, quando terminus singularis supponit, ... communis est, quando terminus communis ..... Communis dividitur in determinatam et confusam...... Determinata est, quando terminus communis supponit pro aliquo, sub quo non copulative, sed disiunctive seu per propositionem disiunctivam potest fieri descensus ad sua singularia..... Confusa est, quando terminus communis supponit et non debet fieri talis descensus, sed vel disiunctus per propositionem de disiuncto extremo vel copulatus per propositionem de copulato extremo* (vgl. folg. Abschn., Anm. 47) *vel copulativus per propositionem copulativam. Et ideo suppositio confusa est triplex, sc. vel est confusa tantum disiunctim vel confusa tantum copulatim vel confusa et distributiva. Confusa tantum disiunctim est, quando non potest fieri descensus per propositionem disiunctivam, sed per propositionem de disiuncto extremo ..... Confusa tantum copulatim est, quando non licet fieri alium descensum nisi per propositionem de copulato extremo ..... Confusa et distributiva est, quando potest fieri descensus per propositionem copulativam uniformiter vel difformiter ad sua singularia ..... Confusa et distributiva est duplex, sc. mobilis et immobilis ...... Mobilis est, quando potest fieri descensus uniformiter vel affirmative vel negative ...... Immobilis est, quando non potest fieri descensus uniformiter, sed difformiter, i. e. quando aliquae singulares sunt affirmativae et aliquae negativae.* Nur der Anfang dieser ganzen Eintheilung findet sich auch in des Lullus *Dialect. s. nov. log.* p. 152.

597) Ebend. f. 6 r. A: *De regulis suppositionum. Prima: Omnis terminus singularis supponit discrete.* 2. *Cuiuslibet propositionis particularis vel indefinitae subiectum supponit determinate; etiam praedicatum affirmativae, si sit terminus communis et non impediat syncategoreuma .....* 3. *Cuiuslibet propositionis universalis subiectum supponit confuse et distributive, et etiam praedicatum propositionis exclusivae ......* 4. *Cuiuslibet propositionis universalis negativae subiectum supponit confuse et distributive, et etiam praedicatum ......* 5. *Signum universale affirmativum confundit et distribuit suum terminum communem sequentem se, et confundit tantum terminum*

Ebenso verhält es sich mit der *ampliatio* (s. Anm. 225 ff.). Man hielt nun die verschiedenen Arten des *terminus ampliativus* (im Gegensatze gegen *terminus ampliatus*) auseinander, welche im Futurum oder Präteritum eines Verbums oder Participiums, in den Verbis *potest* oder *contingit*, oder in den auf verschiedene Zeiten erstreckbaren Verbis *significo, intelligo, memoro, promitto, appeto* u. dgl. (vgl. Anm. 588) liegen, wobei natürlich grundsätzlich die erweiternde Function der *ampliatio* nur dem Prädicate, sowohl nach seiner primären Bedeutung als auch nach seinem *connotatum* (d. h. den abgeleiteten secundären Wortformen), zukommt, und der Subjectsbegriff der hiedurch erweiterte ist [598]). So mussten dann wohl erklärlicher Weise für die drei grammatischen Zeitformen der ampliativen Sätze mit Einschluss der Participien und sogar der abgeleiteten auf *„bilis"* endigenden Adjectiva jene Regeln, welche schon bei Petrus Hispanus vorlagen, vermehrt und specieller formulirt werden, und man unterliess es hiebei selbst nicht, auch wieder die Modalität der Urtheile hereinzuziehen [599]). In Bezug aber auf diesen

---

communem remotum; omnis autem negatio et omnis dictio habens vim negationis confundit et distribuit terminos omnes sequentes se; est autem talis dictio omnis comparativus, superlativus et „differt, aliud, caret, distinguitur"...... 6. Praedicatum cuiuslibet propositionis universalis affirmativae et subiectum cuiuslibet exclusivae affirmativae, si sunt termini communes, supponunt confuse tantum. 7. Omnia adverbia numeralia, ut „bis, ter, quater", et isti termini „immediate, continue" (vgl. Abschn. XIX, Anm. 183) *semper ubique confundunt terminos communes immediate sequentes se confuse tantum, ... et ista verba „appeto, desidero, cupio, opto, teneor, debeo, promitto, requiro, indigeo, spondeo" et universaliter omnia verba significantia actum interiorem cum suis activis participiis et gerundiis et priore supino confundunt terminum communem sequentem se confuse tantum...... 8. Quilibet terminus habens vim distribuendi terminum sequentem, quem invenit non distributum, est talis naturae, quod, si invenit ipsum distributum, facit ipsum non esse distributum. 9. Omnis terminus communis supponit determinate, si non praecedat aliqua dictio habens vim negationis vel vim confundendi.*

598) *Duns Scotus, Qu. sup. Anal. pr.* I, 16, (Vol. I) p. 296 B: *Terminus ampliatus dicitur ille, qui ampliatur passive, ita quod pro pluribus supponat, quam ante; sed terminus ampliativus est iste, qui ampliat, v. g. praedicatum vel copula, si fuerit praeteriti vel futuri temporis aut de possibili......* (p. 297 A) *Quidam sunt, ut verba praeteriti vel futuri temporis, alii sunt, ut participia.....; alii sunt, ut ista verba „potest, contingit" et nomina derivata ab istis; item ista verba „significo, intelligo, promitto" et huiusmodi, et universaliter omne verbum, cuius actus potest transire in rem praeteritam et futuram sicut in rem praesentem...... Praedicatum dicitur appellare* (zu lesen *ampliare*) *suam formam et restringere ad supposita verbi tam secundum significatum quam secundum connotatum* (dieser Begriff begegnet uns hier zum ersten Male, vgl. Abschn. XX, Anm. 273 u. 291)..... *Subiectum ampliatur per praedicatum, ...quia aliter multae propositiones essent falsae, quae tamen sunt concedendae, ut...... „Nulla rosa existente rosa intelligitur"* (vgl. bei Petrus Hispanus, ob. Anm. 236).

599) *Raim. Lull.* a. a. O. f. 6 r. B: *Ampliatio est statio termini categorematici pro aliquo vel aliquibus ultra hoc, pro quo actualiter existeret in propositione simpliciter prima. De ampliatione dantur hae regulae. Prima: Cuiuslibet propositionis, cuius copula est de praeterito, subiectum ampliatur ad supponendum pro eo, quod est vel fuit...... 2. Cuiuslibet propositionis, cuius copula est de futuro, subiectum ampliatur ad supponendum pro eo, quod est vel erit...... 3. Cuiuslibet propositionis, in qua ponitur hoc verbum „potest" pro verbo principali, subiectum ampliatur ad supponendum pro eo, quod est vel erit vel potest esse..... Idem dicendum de subiecto propositionis, cuius copula est de praesenti et praedicatum est hoc participium „potens".* (Diese ersten drei Regeln finden sich ziemlich gleichlautend auch in des

logischen Werth der Zeitformen des Verbums (vgl. ob. Anm. 227) wurde ausser den Participien und den Zeiten der Copula auch auf die eine Bewegung oder Veränderung bedeutenden Verba (*fieri, generari, corrumpi, incipere, desinere*) und wieder auf die eben erwähnten ampliativen Verba (*intelligo, promitto* u. s. f.) selbst mit Beiziehung von *causa, causatum, calefactivum* hingewiesen, so dass namentlich die Verba *incipit* und *desinit*, welche wir bei Petrus Hispanus unter den *Exponibilia* trafen (Anm. 263), hier eine Anknüpfung an die *ampliatio* zeigen, welche ihrerseits sogar durch die Umkehrung all dieser verschiedenen Urtheile klar gemacht werden soll [600]).

Auch die *appellatio* (s. ob. Anm. 228 f.) wurde in ähnlicher Weise näher an grammatische Momente gerückt, indem schon in der Definition derselben das Präsens des Verbums und das Auftreten eines demonstrativen Pronomens betont wird, und sodann bei Formulirung der Regeln wieder die Rücksicht auf die Verschiedenheit der drei Zeiten, auf die Modalität der Urtheile, und abermals auf jene Verba (*intelligo* etc.) entscheidend hervortritt [601]).

Lullus *Dialect. s. nov. log.* p. 152, woselbst die *ampliatio* definirt wird als *statio termini communis pro diversis temporibus*) ...... 4. *Cuiuslibet propositionis, cuius praedicatum est participium praeteriti temporis, sive copula sit de praesenti sive de praeterito, subiectum supponit pro eo, quod est vel fuit* ...... 5. *Cuiuslibet propositionis, cuius praedicatum est nomen verbale terminatum in „bilis", subiectum ampliatur ad supponendum pro eo, quod est vel potest esse* ...... 6. *Haec verba „intelligo, cognosco, scio, concipio, memoro, opinor, arbitror" et cetera verba, quae habent vim transeundi ita bene in rem praeteritam vel futuram vel possibilem sicut in rem praesentem, ampliant casum, quem regunt, ad supponendum pro eius significatis respectu cuiuslibet temporis et possibilitatis* ...... 7. *Cuiuslibet propositionis de necessario in sensu diviso* (s. Anm. 585) *subiectum ampliatur ad supponendum pro eo, quod est vel potest esse* ...... 8. *Omnis propositio, cuius subiectum ampliatur ad supponendum pro eo, quod est vel erit, vel pro eo, quod est vel fuit vel potest esse, debet exponi per propositionem categoricam de subiecto disiuncto.*

600) *Duns Scotus* a. a. O. 17, p. 298 A: *Quatuor modis aliqua propositio potest pertinere ad praeteritum vel futurum. Uno modo, si eius praedicatum aut subiectum sit participium praeteriti vel futuri. Secundo, si copula verbalis sit praeteriti aut futuri. Tertio, si copula verbalis significet vel connotet motum vel mutationem, ut ista verba „fieri, generari, corrumpere, incipere, desinere"* ..... *Quarto, quando in propositione ponitur nomen vel verbum ampliatum* (zu lesen *ampliativum*), ... *ut ista verba „significo, intelligo, appeto, promitto" et ista nomina „causatum, causa, calefactivum"* et *huiusmodi* ...... (p. 298 B) *Verba „incipit, desinit, fit, generari" habent exponi per duas exponentes, quarum altera est de praeterito et alia de futuro* ...... (p. 299 A) *Verba „significo, intelligo, memoro, cognosco, opinor" et huiusmodi* ...... *ampliant terminos, quos regunt, ad supponendum non solum pro praesentibus, immo etiam pro praeteritis vel futuris* ...... *In conversione huiusmodi propositionum ista ampliatio debet explicari.*

601) *Raim. Lullus* a. a. O. f. 6 v. B: *Appellatio est verificatio praedicati sub eadem forma, i. e. dictione in propositione de praesente de pronomine demonstrante illud, pro quo supponit subiectum propositionis, cuius ipsum praedicatum est pars* .... *Dantur hae regulae. Prima: Ad veritatem propositionis de praesenti requiritur, quod eius praedicatum in propria forma, i. e. sub eadem dictione, verificetur de pronomine demonstrante illam rem, pro qua supponit subiectum illius propositionis* ...... 2. *Ad veritatem cuiuslibet propositionis de praeterito requiritur, quod eius praedicatum sequens verbum fuerit aliquando sub eadem ratione verificabile de pronomine demonstrante illud, pro quo supponit subiectum* ..... 3. *Ad veritatem cuiuslibet propositionis de futuro requiritur, quod eius praedicatum in propria forma aliquando futurum sit verificabile in propositione de praesenti de pronomine demonstrante illud, pro quo*

In der Lehre von der *distributio*, welche zwar damals, wie es scheint, mehr mit der *suppositio* verflochten wurde (Anm. 597), ersehen wir aus einer vereinzelten Notiz, dass man eine Schwierigkeit, welche sich an die Tragweite des Wortes *„omnis"* knüpfte (ob. Anm. 240), nun durch genauere Formulirung einer Regel zu erledigen suchte [602]). Wie weit man einer Definition der *restrictio*, welche dem Lambert v. Auxerre näher steht als dem Petrus Hispanus [603]), etwa in Regeln eine ausgedehntere Folge gegeben habe, wissen wir nicht.

Was das Gebiet der *Exponibilia* betrifft (ob. Anm. 256 ff.), finden wir nicht bloss die eigenthümliche Wendung, dass man alle Arten der exponiblen Urtheile als eine Aequipollenz hypothetischer Urtheile betrachtete [604]), sondern auch die Neuerung, dass man grundsätzlich bezüglich aller exponiblen Ausdrücke einen Unterschied statuirte, welcher zwischen der blossen „Bezeichnung" (*signatum*, z. B. durch das Verbum *excipio*) und der wirklichen „Ausübung" (*exercitum*, z. B. durch die Präposition *praeter*) bestehe [605]). Und auch bei den einzelnen Theilen dieser ganzen Gruppe fehlte es nicht an fortbildender Erweiterung. So wurden obige (Anm. 260) Regeln über die Exclusiv-Sätze dadurch vermehrt, dass man neben der Qualität des Urtheiles auch die Stellung der Exclusiv-Partikel berücksichtigte, je nachdem dieselbe beim Subjecte oder beim Prädicate oder bei der Copula (!) oder beim Subjecte und beim Prädicate stehe [606]).

---

supponit subiectum ...... 4. Ad veritatem cuiuslibet propositionis divisae (s. Anm. 585) *de isto verbo „potest" vel „contingit" vel de his modis „possibile, contingens, necesse" requiritur, quod iste modus sit verificabilis in propria forma de pronomine demonstrante illud, pro quo supponit subiectum talis propositionis ...... 5. Ista verba „cognosco, intelligo, scio" et similia, quae habent naturam transeundi in dictionem substantivam et adiectivam et etiam in complexionem ipsarum, appellant suam formam et etiam complexionem ipsius dictionis sequentis verbum et rectae ab eo; sed si talis dictio praecedat verbum, non appellat complexionem, sed solum suam formam.*

602) *Duns Scotus, Qu. sup. Anal. post.* I, 38, p. 404 B: *Signum universale distribuit terminum non sub propria ratione suppositorum, sed sub ratione termini communis, ...quia, si fieret distributio pro suppositis sub propria ratione, quaelibet propositio universalis esset plures, et per consequens tunc periret syllogismus et etiam contradictio in universalibus.*

603) *Raim. Lullus, Dialect. s. nov. log.* p. 152: *Restrictio est statio termini in propositione pro paucioribus significatis, quam eius requirat natura, ut „omnis homo albus currit".* Vgl. ob. Anm. 130 mit 224.

604) *Raim. Lullus, Dialect. introd.* f. 4 v. A: *Propositio aequivalens hypotheticae est propositio, in qua ponitur dictio, ratione cuius ipsa est exponibilis per propositionem hypotheticam, ut sunt exclusiva, exceptiva, reduplicativa.* Hiezu Abschn. XIX, Anm. 186.

605) *Duns Scotus, Qu. sup. Porph.* 14, p. 97 B: *Differentia inter actum signatum et exercitum patet in multis; per „non" enim exercetur negatio, per „nego" vero signatur, per „tantum" similiter exercetur exclusio, per „excludo" signatur, et ita de „praeter" et „excipi" et aliis.* Die mehrseitige Durchführung dieses Grundsatzes s. Abschn. XX, Anm. 288, 346, 365.

606) *Raim. Lullus* a. a. O. f. 4 v. A: *Quando dictio exclusiva additur subiecto, ut „tantum homo currit", exponitur sic „homo currit et nihil aliud ab homine currit" ..... Sed e contra est in negativa, quia tunc praedicatum removetur a subiecto et attribuitur cuilibet alii. Quando autem dictio exclusiva additur praedicato, ut „Socrates est tantum animal", exponitur sic „Socrates est animal et Socrates non est aliud ab animali". Quando additur copulae, exponitur eo modo, quo quando additur subiecto ...... Quando additur tam subiecto quam praedicato, ut „tantum Socrates*

Desgleichen wurden bei den Exceptiv-Partikeln (Anm. 261) nun die logischen Bedingungen, unter welchen ein Urtheil exceptiv sein kann, sowie die Erfordernisse der Wahrheit für bejahende und verneinende Urtheile formulirt [607]). Bei der *reduplicatio* (Anm. 262) unterschied man nun von der eigentlich reduplicativen Function der einschlägigen Worte (*inquantum, secundum quod, ut*) jenes Auftreten derselben, in welchem sie „*specificative*", d. h. durch einen Rückweis auf den Art- oder Gattungs-Begriff wirken, und man brachte auch die *alietas* (vgl. Anm. 260 u. 266) mit der Reduplication in eine Verbindung, hielt aber daran fest, dass in den reduplicativen Urtheilen das Prädicat das Entscheidende sei [608]); auch unterschied man in Berücksichtigung der Stellung der reduplicativen Partikel zwischen bejahenden und verneinenden Urtheilen und formulirte die Regel der Wahrheit für diese Urtheils-Form, welche sich in der Exposition derselben von selbst erprobt [609]).

Wohl der wichtigste Theil aber unter diesen Bereicherungen der byzantinischen Logik betrifft den Ursprung der Lehre von den „*Consequentiae*", über welchen uns hiemit eine etwas nähere Einsicht

---

est tantum animal", *tunc exponenda est sic* „*Socrates est animal, et nihil aliud a Socrate est nihil aliud ab animali*".

607) Ebend.: *Ad propositionem exceptivam requiruntur quatuor termini tanquam quatuor conditiones: Subiectum principale, a quo fiat exceptio, ...dictio exceptiva, per quam denotetur actus excipiendi, ...pars exceptiva, ...praedicatum, respectu cuius fiat exceptio...... Requiruntur duae conditiones: prima est, quod subiectum sit terminus communis cum signo universali sumptus habens plura imposita vel particularia sub se .....; secunda est, quod subiectum praedicari possit de excepto et de omnibus eiusdem speciei in propositione affirmativa vera, et quod exceptum sit minus commune..... Ad veritatem affirmativae requiritur, quod praedicatum non insit excepto et insit omni alii contento sub subiecto illo, a quo fit exceptio..... Sed ad veritatem negativae requiritur e contra, sc. quod praedicatum insit excepto et nulli alii contento sub subiecto principali.*

608) *Duns Scotus, Qu. sup. An. pr.* I, 35, p. 327 A: *Reduplicatio significat immediationem praedicati ad subiectum...... Istae dictiones sunt reduplicativae* „*inquantum, secundum quod, in eo quod*" *et aliquando haec dictio* „*ut*" *et consimiles. ..... Tales dictiones reduplicativae aliquando accipiuntur specificative et aliquando reduplicative. Quando reduplicatio sumitur specificative, tunc designat aliquam conditionem vel aliquem modum vel aliquem sensum, secundum quem propositio est vera, quae aliter non esset vera...... Dictio reduplicativa reduplicative sumpta, et non specificative, designat primo immediationem praedicati principalis ad illud, super quod cadit reduplicatio, et quandoque denotat convertibilitatem; exemplum primi* „*Homo, inquantum animal, est corpus*"..... *exemplum secundi* „*Homo, inquantum animal, est sensibile*"...... *Reduplicatio designat alietatem sive diversitatem principalis praedicati ab illo, super quod cadit reduplicatio....... Propositio, in qua reduplicatio additur praedicato principali, est falsa, supposito quod fiat ex terminis, qui pro pluribus rebus supponunt...... Illud, super quod cadit reduplicatio, se debet tenere a parte praedicati, et non subiecti.*

609) *Raim. Lullus* a. a. O. f. 4 v. B: *Reduplicativa quandoque est affirmativa, ... quandoque est negativa negatione praecedente reduplicationem et verbum principale, ... aliquando vero est negativa negatione posita inter reduplicationem et verbum principale. ...... In reduplicativa propositione quandoque ponuntur tres termini dissimiles, quandoque duo similes et unus dissimilis, quandoque sunt omnes tres similes. Ad veritatem reduplicativae requiritur veritas unius copulativae compositae quandoque ex tribus quandoque ex quatuor propositionibus categoricis, in qua propositione copulativa oportet, quod remota dictione reduplicativa praedicetur secundus terminus praedictorum trium de primo et tertius universaliter de secundo.*

vergönnt ist. Was nemlich in diesem Zweige später, wie wir sehen werden (Abschn. XX, Anm. 161, 279), üblicher Weise an die Fortbildungen der Summula des Petrus Hispanus angeknüpft wird, fanden schon Duns Scotus und Raimundus Lullus in ziemlicher Ausführlichkeit fertig vor, und zwar als einen Gegenstand, mit welchem sich bereits Mehrere (s. Anm. 624) beschäftigt hatten[610]). Die erste und ursprüngliche Quelle der *Consequentiae* dürfen wir allerdings in der arabischen Logik suchen, denn dort trafen wir schon den Begriff der *„consequentia“* selbst (vor. Abschn., Anm. 367 ff. u. bes. Anm. 65), und zwar, was hauptsächlich zu beachten ist, in einer Verflechtung mit der Topik (ebd. Anm. 372); dazu kommt, dass bei den Arabern die hypothetischen und disjunctiven Syllogismen eine Aufnahme gefunden hatten (ebd. Anm. 48, 219, 269, 326); und ein drittes Ingrediens liegt darin, dass die Araber an der Argumentation überhaupt eine formelle und eine materielle Seite unterschieden (ebd. Anm. 51 f., 333). Aber diese dreifache Anregung ist offenbar sofort nur im Dienste der byzantinischen Logik verstanden worden; denn für diese konnte man in der *consequentia* ein verbindendes Mittelglied erblicken, durch welches von dem hypothetischen Urtheile und von den *Exponibilia,* welche man ja mit demselben verknüpfte (Anm. 604), ein Uebergang zur Topik gewonnen werde[611]), so dass man nun dieser letzteren jenes nemliche Gepräge aufdrücken konnte, durch welches das ganze Gebiet der *Terminorum proprietates* und was sich daran anschloss, gekennzeichnet ist. Ja dass schon von Anfang an die byzantinische Logik es war, in welche man jenen Zweig arabischer Doctrin verwob, zeigt uns am deutlichsten Wilhelm Shyreswood, welcher in der Lehre von den Syncategoreumata bei Besprechung der Conjunction *„si“* bereits einige Grundzüge der *consequentia* entwickelte (s. ob. Anm. 83), wobei uns sogar schon die Unterscheidung der *consequentia simpliciter* und der *consequentia ut nunc* begegnet (s. Anm. 617). Und auf solcher Grundlage konnten nun sicher mehrere Bearbeiter des byzantinischen Stoffes, deren Namen und Thätigkeit sich jetzt unserer Forschung entziehen, in der Zwischenzeit derartig fortbauen, dass zu Anfang des 14. Jahrh. diese ganze Gruppe der Logik in einer gewissen Abrundung für den Schulbetrieb fertig vorlag. Auch Ton und Haltung der Lehre von den *consequentiae* und vor Allem die Bezugnahme auf Sophismen zeigen deutlich, dass man durch dieses neue Element jedenfalls nur die byzantinische Summula-Litteratur bereichern wollte.

Der Begriff der *consequentia* im weitesten Sinne umfasst sowohl die eigentliche Syllogistik als auch die rhetorische Argumentation der Topik, welch letztere als *„enthymematica“* bezeichnet wird (vgl. ob. Anm. 193),

---

610) Wenn uns das Wort *„consequentia“* — abgesehen von den Arabern — zum ersten Male bei Albertus Magnus (Anm. 470) begegnete, so nehmen wir ja eben ungefähr jenes Jahrzehnt, in welches die letzten Lebensjahre und Schriften des Albert und des Thomas fallen, für die Entstehung dieser Lehre in Anspruch. Vgl. auch Abschn. XIX, Anm. 21.

611) Ja dass es Manche gab, welche sogar meinten, in der aristotelischen Definition des Syllogismus seien auch die *Exponibilia* mitinbegriffen, s. Abschn. XIX, Anm. 194.

und während dann eben diese als *consequentia* im engeren Sinne Gegenstand jener weiteren Eintheilung und Erörterung ist, welche wir sogleich kennen lernen werden [612]), bleibt es immerhin daneben noch vorbehalten, dass man bei *consequentia* auch an die aristotelischen Syllogismen zu denken habe, wie wir diess alsbald hier (Anm. 624) und auch bei anderen Formationen (Abschn. XIX, Anm. 194, u. Abschn. XX, Anm. 283) sehen werden; ja sogar die Begriffe *antecedens* und *consequens*, welche hauptsächlich der Doctrin der specielleren *consequentia* angehören, werden auch wieder in dem weiteren Sinne gebraucht, dass man darunter Prämissen und Schlusssatz versteht [613]). Das Wesen nemlich der *consequentia* im engeren Sinne wird vor Allem in die hypothetische Satzform gelegt, insoferne ein *antecedens* und ein *consequens* mittelst einer Conditional- oder Causal-Conjunction derartig verbunden sind, dass, wenn ersteres wahr ist, letzteres unmöglich unwahr sein kann, und dieses Verhältniss constituirt zugleich den Begriff der *bona consequentia* [614]). Wenn aber somit hier die hypothetischen Syllogismen, welche bisher in der lateinischen Tradition der byzantinischen Logik stets gefehlt hatten (s. Anm. 54, 122, 190), plötzlich eine Rolle zu spielen beginnen, so wäre allerdings denkbar, dass etwa nun ein vollständigerer Text des Psellus (s. Abschn. XV, Anm. 55) zu Grunde gelegt worden sei; hingegen weit wahrscheinlicher dürfte es sein, dass, wie bemerkt, arabische Doctrin den ersten Anlass gab, denn man verband mit dem Hereinziehen der hypothetischen Schlussformen auch jene anderen beiden erwähnten Momente, welche auf Arabisches zurückweisen.

Nemlich diese *consequentia* im engeren Sinne wird nun in eine *formalis* und eine *materialis* eingetheilt; die erstere erstreckt sich auf alle in den verbundenen Urtheilen enthaltenen Begriffe, vorausgesetzt dass die Form und Anordnung derselben sich gleich bleibt und auch sämmtliche Syncategoreumata, sowie die Modalität, die Qualität, die Quantität der Urtheile berücksichtigt werden [615]); sie selbst kann wieder entweder

---

612) *Duns Scotus, Qu. sup. Anal. pr.* I, 20, p. 302 B: *Quaedam est consequentia enthymematica, et quaedam syllogistica. Consequentiarum enthymematicarum quaedam sunt formales, quaedam materiales; materialium quaedam sunt simplices, quaedam ut nunc.*

613) *Raim. Lullus, Dialect. introd.* f. 7 v. A: *Argumentatio est totalis oratio ex praemissis et conclusione sive ex antecedente et consequente composita.* Aehnlich *Dialect. s. nov. log.* p. 154: *Argumentum est sermonum aggregatio, ex quibus alii sermones sequuntur, ... oratio ex antecedente et consequente composita.*

614) *Duns Scotus* a. a. O. 10, p. 287 B: *Consequentia est propositio hypothetica composita ex antecedente, et consequente mediante coniunctione conditionali vel rationali, quae denotat, quod impossibile est ipsis, sc. antecedente et consequente, simul formatis, quod antecedens sit verum et consequens falsum. Et tunc, si ita est, sicut ista coniunctio denotat, consequentia est bona, et si non, tunc consequentia non valet. Raim. Lullus* a. a. O.: *Antecedens est id, quod ponit in necessitate id, quod per ipsum sequitur; consequens est, quod necessitatem ante se ostendit.* Hiezu Anm. 623 u. Abschn. XIX, Anm. 331.

615) *Duns Scotus* a. a. O.: *Consequentia sic dividitur: quaedam est materialis, quaedam formalis. Consequentia formalis est illa, quae tenet in omnibus terminis stante consimili dispositione et forma terminorum; et vocantur termini in proposito subiecta et praedicata propositionum vel partes subiecti et praedicati. Sed ad formam consequentiae pertinent omnia syncategoreumata posita in consequentia, ut coniunctiones, signa uni-*

einen hypothetischen oder einen kategorischen Vordersatz haben, und im letzteren Falle besteht die *consequentia* in einer Umkehrung oder in Aequipollenz [616]), so dass hiemit einerseits der Begriff der logischen Folgerung eine ziemlich weite Fassung erhält, und andrerseits uns eine allererste Spur desjenigen Verfahrens begegnet, mit welchem man noch später die Umkehrung u. dgl. als erste unvollkommnere Stufe der Syllogistik einreihte. Die *materialis consequentia* hingegen kann nur durch eine mit den Begriffen vorgenommene Veränderung erschlossen werden, und zwar ist sie entweder *bona simpliciter* oder nur *bona ut nunc*, d. h. wenn sie sich durch die Hinzunahme eines Nothwendigkeits-Urtheiles ergibt, ist sie *bona simpliciter,* was je nach den verschiedenen *loci dialectici* der Topik in sehr manigfacher Weise der Fall sein kann [617]), daher hier Veranlassung dazu gegeben war, dass man sogar die gesammte *consequentia* überhaupt von der Topik abhängig machte [618]); hingegen *bona ut nunc* ist sie, wenn sie mittelst eines Urtheiles gestützt wird, welches nur einen zufälligen Thatbestand ausspricht [619]). Uebrigens erscheint diese Eintheilung und Unter-Eintheilung der logischen Folgerung an einer anderen Stelle etwas modificirt, indem dort *formalis, simplex, materialis, ut nunc* als vier unter sich coordinirte Arten bezeichnet werden [620]).

---

versalia, particularia, negationes et huiusmodi. Secundo ad formam consequentiae pertinet copula propositionis, et ideo non est eadem forma consequentiae ex propositionibus, quarum copula est de inesse et quarum copula est de modo. Tertio ad formam pertinet multitudo praemissarum, affirmatio et negatio propositionum et huiusmodi, et ideo non est eadem forma arguendi ex affirmativis et negativis, et ita de aliis.

616) Ebend.: *Consequentia formalis subdividitur, quia quaedam est, cuius antecedens est una propositio categorica, ut conversio, aequipollentia et huiusmodi; alia est, cuius antecedens est propositio hypothetica; et quilibet istorum modorum potest subdividi in plures alios modos.*

617) Ebend.: *Consequentia materialis est illa, quae non tenet in omnibus terminis retenta consimili dispositione et forma ita, quod non fiat variatio nisi terminorum. Et talis est duplex, quia quaedam est vera simpliciter, et alia est vera ut nunc. Consequentia vera simpliciter est illa, quae potest reduci ad formalem per assumptionem unius propositionis necessariae; et sic est ista consequentia materialis bona simpliciter „Homo currit, igitur animal currit", et reducitur ad formalem per istam necessariam „Omnis homo est animal". Et ista subdividitur in multa membra secundum diversitatem locorum dialecticorum.* Ein Beispiel einer solchen topischen Unterart ist *Qu. in Praedicam.* 13, p. 146 A: *Consequentia tenet per hanc regulam: Nihil inest alicui supponenti disiunctive pro multis, nisi alicui illorum indeterminate sumpto insit,* und ebend. p. 147 B: *tenet per hanc regulam: Quod inest alicui stanti disiunctive pro multis, inest alicui illorum indeterminate,* was übrigens bis auf Shyreswood zurückweist, s. ob. Anm. 83 u. 87.

618) *Raim. Lullus, Dial. introd.* f. 8 r. B: *Locus est progressus ab uno complexo ad alterum vel ad se ipsum sub alia conditione sumptum ..... Ex locis tamen modo educuntur consequentiae affirmativae, modo negativae, modo utraeque diversis modis.* Hiezu Anm. 623.

619) *Duns Scotus, Qu. sup. Anal. pr.* I, 10, p. 288 A: *Consequentia materialis bona ut nunc est illa, quae potest reduci ad formalem per assumptionem alicuius propositionis contingentis verae. Et sic posito, quod Socrates est albus, illa consequentia est bona ut nunc „Socrates currit, igitur album currit", quia reducitur ad formalem per istam contingentem „Socrates est albus".*

620) Ders. *Qu. in Phys.* I, 2, (Vol. II) p. 5 A: *Quadruplex est consequentia.*

Aber auch einzelne Regeln der *consequentia* im Stile des Petrus Hispanus wurden formulirt, nemlich: dass aus dem Gegentheile des Nachsatzes das Gegentheil des Vordersatzes folgt; dass aus jedem formell widerspruchsvollen Satze jede mögliche Behauptung folgt; dass aus einem unmöglichen Urtheile materiell jeder beliebige Satz folgt; dass aus jedem beliebigen Satze ein Nothwendigkeits-Urtheil folgt; dass aus jedem falschen Urtheile wenigstens *ut nunc* jedes beliebige Urtheil folgt, und ebenso jedes wahre Urtheil jeden beliebigen Vordersatz haben kann[621]), welch letztere drei Regeln anderwärts wieder mit kleinen Abänderungen auftreten[622]), — sämmtlich Dinge, welche an Blödsinn des Formalismus Anderem, was die byzantinische Logik darbietet, wenigstens nicht nachstehen. Andrerseits finden wir, — gleichfalls zum Beweise, dass die ganze Lehre gleichzeitig von Mehreren bearbeitet wurde —, dass man neben Wiederholung einiger dieser Regeln auch noch die sog. *regula de quocunque* auf das Verhältniss des Vorder- und Nach-Satzes anwendete und auch die Subalternation der Begriffe zur *consequentia* rechnete und sogar noch die specifische Differenz beizog, dass man die Qualität und Modalität der Urtheile zu eigenen Regeln der Abfolge verwerthete, sowie insbesondere, dass man sich auf die Topik warf, indem man aus derselben die Begriffe der Definition, Beschreibung, Interpretation, des Ganzen und des Theiles, der Ursache und der Wirkung, des Aehnlichen, des Grösseren und Kleineren u. dgl. aufnahm[623]). Ausserdem noch erfahren

---

Quaedam formalis, quae tenet in omnibus terminis stante consimili forma propositionis et terminorum ...... Secunda est consequentia simplex, quae tenet virtute inclusionis terminorum in significando, ... ut „homo est, ergo animal est“..... Tertia vocatur materialis, quae tenet ..... virtute alicuius propositionis necessario intellectae ...... Quarta est consequentia ut nunc, quae tenet virtute medii contingentis.

621) Ders. *Qu. sup. Anal. pr.* I, 10, p. 288 A: *In omni bona consequentia ad oppositum contradictorium consequentis sequitur oppositum contradictorium antecedentis ...... Quando ad antecedens sequitur consequens, oppositum consequentis repugnat antecedenti ..... Ad quamlibet propositionem implicantem contradictionem de forma sequitur quaelibet alia propositio in consequentia formali, v. gr. ad istam „Socrates est et Socrates non est“ sequitur „Baculus stat in angulo“.....* (p. 288 B) *Ad quamlibet propositionem impossibilem sequitur quaelibet alia propositio, non consequentia formali, sed bona consequentia materiali simpliciter, ... ut sequitur „Homo est asinus, igitur tu es Romae“....... Ad quamlibet propositionem sequitur propositio necessaria bona consequentia simplici...... Ad quamlibet propositionem falsam sequitur quaelibet alia propositio in consequentia bona materiali ut nunc..... Omnis propositio vera sequitur ad quamcunque aliam propositionem in bona consequentia materiali ut nunc.*

622) Ebend. II, 3, p. 334 B: *Sequitur illa regula, quod necessarium sequitur ad quodlibet, quia quaelibet propositio sequitur ad impossibile, igitur ad cuiuslibet propositionis oppositum sequitur opposita impossibilis, quae est necessaria..... Quodlibet verum sequitur ad quamlibet propositionem; ..... si illud verum sit necessarium, tunc est consequentia simplex; sed si sit contingens, tunc est consequentia ut nunc.* Als eine vereinzelte hieher gehörige Notiz ist auch zu betrachten, was Abschn. XIX, Anm. 21 (Nro. 11) angeführt werden wird.

623) *Raim. Lullus, Dial. introd.* f. 8 r. B: *Ponuntur sequentes regulae consequentiarum et locorum: Ex veris non sequitur nisi verum...... In omni consequentia bona formali quidquid sequitur ad consequens, sequitur ad antecedens .....* (v. A) *Omnis consequentia, cuius antecedens cum opposito contradictorio consequentis in*

wir, dass man auch den aristotelischen Syllogismus „δι' ἐκθέσεως" mit dem byzantinischen Begriffe des *terminus discretus* und hiedurch mit der *consequentia* in Verbindung brachte. Indem man nemlich beim *terminus discretus*, welcher an sich gegen jede Manigfaltigkeit spröd ist, nicht allein um der Trinität willen gewisse Concessionen machte, sondern auch z. B. an die Fluss-Namen dachte, durch welche das unaufhörlich verschiedene Wasser durch Ein gleichbleibendes Wort bezeichnet werde, stritt man darüber, ob Syllogismen, welche aus solchen Begriffen aufgebaut werden, überhaupt zur *formalis* oder nur zur *materialis consequentia* zu rechnen seien, und gegen die letztere Annahme berief man sich eben auf jenen *syllogismus expositorius* des Aristoteles und hielt daran fest, dass derselbe bei richtiger Behandlung des materiellen Gehaltes der Begriffe als *formalis consequentia* zu betrachten sei [624]). Hieraus aber

---

veritate non concordat, est bona ..... Ex opposito contradictorio consequentis sequitur oppositum contradictorium antecedentis ..... A particulari ad suam indefinitam est bona consequentia. ..... Ab universali ad suam particularem, indefinitam et singularem...... A veritate unius contradictoriae ad falsitatem alterius ...... A tota copulativa ad alteram eius partem ...... (B) *A tota disiunctiva ad alteram eius partem cum destructione alterius ...... Ab exclusiva ad suam praeiacentem...... Ab exclusiva affirmativa ad exceptivam negativam..... A conversa ad convertentem..... A diffinitione ad diffinitum* (vgl. Abschn. XIX, Anm. 150), *a descriptione ad descriptum, ab interpretatione ad interpretatum ...... A differentia constitutiva speciei ad speciem ..... A proprietate ad proprium ..... Ab uno synonymo ad aliud ......* (f. 9 r. A) *De quocunque affirmatur pars subiectiva, de eo affirmatur suum totum..... A quocunque removetur totum, ab eo removetur pars subiectiva.... Negative a parte subiectiva ad suum totum ...... A toto integrali ad partes, sine quibus esse non potest ...... A toto in modo negative ad partem......* (B) *Cuicunque convenit totum in loco, et pars in loco ..... Negative a partibus in loco ad totum in loco..... A toto in tempore ad partem in tempore..... Ab omnibus partibus in tempore ad totum in tempore......* (v. A) *A toto numerali ad partem..... Negative a parte numerali ad totum..... Ab esse causae ad esse effectus..... A posteriori ad suum prius..... Negative ab accidenti priori ad posterius ......* (B) *Si unum contrarium verificatur de inferiori, etiam reliquum contrarium ...... Si unum disparatum affirmatur, reliquum negatur...... Si magis non inest, nec minus..... Si minus inest, et magis..... De similibus simile est iudicium......* (f. 10 r. A) *A propositione affirmativa de praesenti de praedicato infinito ad negativam de praedicato finito ...... A propositione affirmativa de praesenti de praedicato finito ad negativam de praedicato infinito.....* (B) *Ab uno relativo ad alterum.* Nur die ersten dieser Regeln finden sich auch in *Dialect. s. nov. log.* p. 159, woselbst nur noch die Definition der *nota consequentiae* hinzukommt: *Nota consequentiae dicitur illa coniunctio, mediante qua propositio, quae est antecedens, et illa, quae est consequens, coniunguntur, ut „igitur, ergo" et similia.*

624) *Duns Scotus, Quaest. sup. Anal. pr.* I, 11, p. 289 B: *Syllogismus expositorius* (s. Abschn. IV, Anm. 554) *est ille, cuius medium est terminus discretus. Sed est notandum, quod terminus discretus* (vgl. bei Shyreswood ob. Anm. 61 und bei Petrus Hispanus Anm. 229) *est triplex. Unus, qui significat unam solam rem ita, quod suae significationi repugnat significare quamlibet diversarum rerum sine nova impositione vel demonstratione. Alio modo dicitur terminus discretus, qui supponit vel significat unam rem singularem, cum hoc tamen significat quamlibet diversarum rerum, quibus illa res singularis est eadem, v. g. „haec essentia divina" ..... Tertio modo dicitur terminus discretus, ut iste terminus „Sequana", ... quia nunc significat aquam, quae nunc est, et postea significabit aquam, quae postea erit, ... tamen istae aquae habent vel habuerunt vel habebunt aliquam unionem ad invicem propter continuam successionem* (vgl. Abschn. XIX, Anm. 206) *...... Aliqui supponunt, quod terminus primo modo dictus est proprie discretus, et alii minus*

ersehen wir jedenfalls, dass der damalige Begriff der *consequentia* thatsächlich eine den eigentlichen Syllogismus umfassende Bedeutung hatte (s. Anm. 612 f.).

Sind nun alle diese Dinge, welche ich als Erweiterung der byzantinischen Logik darzustellen hatte, unzweifelhafte und nachweisbare Vorarbeiten der Gestaltung, welche die Summula-Litteratur später annahm, so darf ich zum Schlusse denselben noch ein Glied beizählen, welches zwar nur in leisen und unscheinbaren Anfängen auftritt, aber eben hiedurch im Zusammenhalte mit den übrigen gleichzeitigen Erscheinungen eine grössere geschichtliche Bedeutsamkeit erhält. Es müssen nemlich auch die später so genannten *„Obligatoria"* (s. Abschn. XX, Anm. 298) schon damals in ihren ersten Grundlagen entstanden sein, denn wir finden unverkennbare Spuren einer sichtlichen Bezugnahme auf eine derartige Doctrin. Allerdings würde Jeder, der die spätere Gestaltung der *Obligatoria* nicht kennt, völlig unbefangen darüber hinweggehen, wenn in dem uns zugänglichen Quellen-Materiale einmal auch gewisse Erfordernisse der *„disputatio"* aufgezählt werden, nemlich dass beim Disputiren das Streben nach Wahrheit obwalten solle, ferner dass die beiden gegnerischen Behauptungen gleich möglich sein müssen, und dass die Beweisführung die Formen des Beweises einzuhalten habe[625]). Aber so unwichtig und gleichgültig diese Notiz auch erscheinen mag, so wird doch die Annahme, dass damals neben dem vielen Anderen auch dieser Punkt in der üblichen Schul-Litteratur seine besondere Berücksichtigung gefunden habe, dadurch bestärkt, dass wir (— ungefähr zwei Jahrzehnte später —) einer Formulirung begegnen, welche bereits die später übliche Terminologie zeigt. Mit den Ausdrücken nemlich, dass in einer Disputation der „Opponent" und der „Respondent" wechselseitig in Bezug auf ihre Zugeständnisse *„obligati"* sind, wird jene Schwierigkeit, welche auch in der späteren Theorie der *Obligatoria* erscheint, erwähnt, dass die beiden Disputirenden eigentlich im nemlichen Augenblicke Behauptung und Acceptation aussprechen sollten, diess aber thatsächlich nicht möglich

---

proprie. Tunc dicunt, quod syllogismi facti ex terminis discretis primo modo sint syllogismi boni gratia formae; sed si fiant ex aliis terminis, non vere ..... Contra istud arguitur, quia tunc sequeretur, quod syllogismus expositorius non esset consequentia formalis. Consequens est falsum, ... quia per syllogismum expositorium probatur conversio universalis negativae, ... secundo, quia per ipsum probantur syllogismi tertiae figurae, qui sunt consequentiae formales ..... Syllogismus expositorius non tenet gratia dispositionis vel formae propositionum et terminorum, sed praecise gratia terminorum, qui sic vel sic significant, et hoc est tenere gratia materiae ...... Ideo dicendum est aliter, quod syllogismus expositorius tenet gratia formae in omnibus terminis, dum tamen praemissae regulentur debite per „dici de omni" vel „dici de nullo", ita quod terminus discretus distribuatur mediantibus istis dictionibus „quod est", ut ista „Socrates currit" debet resolvi in istam „Omne quod est Socrates, currit", et tunc syllogismus expositorius est consequentia formalis.

625) *Raim. Lullus, Dialect. s. nov. log.* p. 161: *Disputatio est contrarietas spiritualis, quae per verbum manifestat conceptionem, quam habet unus intellectus contra alium ...... Disputans primo debet habere intentionem cognoscendi et amandi veritatem ..... Secundo, quod supponatur in principio, quod utraque pars quaestionis sit possibilis ..... Tertio quod arguens probet vel improbet per aliquam speciem probationis ...... Quarto, quod inter disputantes sit communis amicitia.*

sei[626]). Und konnte nun dieser vereinzelte Punkt in solcher Weise gelegentlich angeführt werden, so dürfen wir wohl schliessen, dass wenigstens zu Anfang des 14. Jahrhunderts die Grundzüge der nachmaligen *Obligatoria* im Ganzen bereits zum Schulbetriebe der Summula-Litteratur gehörten.

---

626) *Burleigh, sup. artem veterem* (s. Abschn. XIX, Anm. 574), f. 59 r. A: *In disputatione opponens si proponat istam „deus est“, respondens habet istam concedere, si non obligetur ad oppositum; sed non concedit istam, quando profertur, quia sic opponens et respondens simul habent loqui, quod non est verum, et quando non profertur, tunc non est; ergo habet concedere illam, quando non est, et non habet concedere non obligatus nisi verum; ergo haec est vera, quando non est* u. s. w. S. Abschn. XX, Anm. 401.

XVIII. ABSCHNITT.

RAIMUNDUS LULLUS.

Wohl Niemand wird an der kleinen chronologischen Abweichung ernstlich Anstoss nehmen, welche äusserlich darin liegt, dass ich über Raimundus Lullus (geb. 1234, gest. 1315) in einem besonderen Abschnitte schon hier, d. h. noch vor jenen litterarischen Erscheinungen handle, welche am Anfange des folgenden Abschnittes zur Sprache kommen werden; denn strenge nach dem Faden der Chronologie hätte ich den Lullus erst nach Duns Scotus vornehmen dürfen. Jedoch einerseits handelt es sich bei diesem Verstosse kaum um ein Jahrzehent, da jene Dinge, welche ich später vorführen werde, ungefähr zwischen 1277 und 1308 liegen, während die schriftstellerische Thätigkeit des Lullus im Ganzen in die Jahre zwischen 1285 und 1314 fällt. Und andrerseits, — was das Wichtigere ist —, lag mir für die Reihenfolge, welche ich einschlage, das Entscheidende in dem Umstande, dass Lullus in den Schriften, welchen er seinen zweifelhaften Ruhm verdankt, sowohl dem damals allgemein recipirten Quellenkreise völlig fern steht, als auch in seinem vereinzelten und vereinsamten Auftreten nicht den geringsten Einfluss auf die manigfaltigen Controversen, welche seit Anfang des 14. Jahrhunderts die Zeit bewegten, ausüben konnte. Sowie ich demnach den Lullus weder dem vorigen Abschnitte beifügen konnte, noch auch durch ihn im folgenden Abschnitte eine ganz unorganische Unterbrechung eines allmäligen Ganges der Controversen hervorrufen durfte, so möge hiemit der Mann auch hier für uns ebenso isolirt dastehen, wie er thatsächlich es war.

Eine andere Frage wäre allerdings, ob denn Raimundus Lullus wirklich in einer Geschichte der Logik seine Stelle finden durfte. Und in der That liegt in der Aufnahme desselben nur ein Zugeständniss, welches ich den Erwartungen des Lesers mache; denn Logik ist die *Ars magna* wahrlich nicht. Ich bin nemlich nicht berechtigt, irgend einen Gegenstand etwa durch den Machtspruch, dass derselbe lediglich „dummes Zeug“ sei oder dgl., gleichsam zu escamotiren, sondern ich habe die leidige Pflicht, auch den Unsinn, welcher im Laufe der Geschichte auftauchte, darzustellen; und die Erfüllung dieser Pflicht zu erwarten, hat der Leser ein Recht. Vielleicht kann ich hiemit die Mitwelt (oder etwa auch die Nachwelt) der Mühe überheben, in dem üppig wuchernden Wust des Lullus zu blättern.

Was die zahlreichen hieher gehörigen Schriften des Lullus, welche wahrscheinlich nicht sämmtlich ächt sind, betrifft [1]), so müssen wir dieselben vor Allem nach gewissen Gruppen unterscheiden, welche sodann auch für unsere Darstellung maassgebend sind. Nemlich zunächst ist es das Gebiet der gewöhnlichen Schul-Logik, welches Lullus zwar missachtete, aber doch bearbeitete; dahin gehören die unter dem ungeschickten Titel *„Logicalia parva"* gedruckten *Dialecticae introductiones* [2]) und *Dialectica seu logica nova* [3]), sowie *De venatione medii* [4]) und *De demonstratione per aequiparantiam* [5]); auch kann beigezogen werden *De prima et secunda intentione* [6]) und um der Universalien und Kategorien willen *Liber Chaos* [7]). Manches andere, z. B. ein Auszug der Logik

---

1) Von der Gesammtausgabe der Werke des Lullus, welche Salzinger (er nennt sich erst in der Vorrede zum 6. Bande als Herausgeber) in zehn Bänden besorgte oder vielmehr besorgen wollte (*Beati Raymundi Lulli opera omnia. Mogunt.* 1721—42. fol.), finden sich der 7. und 8. Band in keiner einzigen Bibliothek, und die Vermuthung ist höchst begründet, dass diese beiden Bände überhaupt nie gedruckt wurden (wahrscheinlich in Folge einer Opposition der Jesuiten, s. *Ad. Helfferich,* Raymund Lull u. d. Anfänge d. catalonischen Literatur. Berl. 1858. S. 72 f. u. 161 f.). Ergänzend kommen uns einige ältere Einzeln-Drucke und ausserdem Dasjenige zu Hilfe, was der Strassburger Buchhändler Zetzner unter dem Titel *Raymundi Lullii Opera ea, quae ad adinventam ab ipso artem universalem scientiarum artiumque omnium ..... pertinent etc. Argent.* 1609. 8. veröffentlichte. Jedoch hat sich mir immer wieder das gewichtige Bedenken aufgedrängt, ob denn wirklich Alles, was unter dem Namen des Lullus gedruckt oder ungedruckt vorliegt, aus der Feder desselben geflossen sei, und ich kam zu der Ansicht, dass hier die litterarische Kritik erst noch von vorne beginnen müsse (s. z. B. Anm. 15 u. bes. 74 f.), während ich selbst für den hiesigen Zweck mich auf den Hauptinhalt, soweit derselbe als ächt gelten muss, beschränken durfte. Falls aber Jemand Lust hätte, den begabten Querkopf Lullus zum Gegenstande einer umfassenden Monographie zu machen, müsste vor Allem jene Forderung der Kritik erfüllt werden. Uebrigens würde zu einer wahrhaften Gesammtausgabe, welche einem solchen Unternehmen erst noch vorhergehen müsste, das vollständigste Material nur in der Münchner Staatsbibliothek zu finden sein, welche in Folge der philosophischen Liebhaberei eines pfalzbaierischen Herzoges eine staunenswerthe Menge lateinischer und catalonischer (s. Anm. 23) Schriften des Lullus handschriftlich besitzt. Nach den dort vorhandenen Aufzeichnungen dürfte die Mainzer Seminar-Bibliothek nur Weniges zur Ergänzung darbieten.

2) Das in Alcala (*in Acad. Complutensi per A. G. Brocarium*) i. J. 1518. 4. gedruckte Buch trägt das Titelblatt *„Logicalia parva illuminati doctoris Raymundi Lullii"*, aber die erste Seite beginnt mit der Ueberschrift: *„Dyalectice introductiones Illuminati doctoris et martyris Raymundi Lulli"*. Die Aufschrift am Titelblatte ist Unsinn, denn einerseits existirte zur Zeit des Lullus der Ausdruck *„Parva logicalia"* noch gar nicht, und andrerseits bedeutete derselbe, als er üblich wurde, etwas ganz Anderes. Im 16. Jahrh. kam allerdings die Kenntniss dieser Dinge abhanden.

3) Ohne Titelblatt anfangend: *„Deus cum tua summa perfectione. Incipit logica brevis nova". S. l. e. a.* (wahrscheinlich *Venetiis* 1480). 4. Sodann *Dialectica seu logica nova venerabilis eremitae Raymundi Lullii ..... per M. Bern. Lavinhetam. Paris.* 1516. 4. Hernach bei Zetzner p. 147—161.

4) Bei *Lavinheta* (vor. Anm.) und bei Zetzner p. 162—165.

5) Bei *Salzinger* in Vol. IV. Salzinger's Ausgabe hat das Eigenthümliche, dass in allen Bänden derselben (— gewiss nicht ohne Absicht —) stets jede auch noch so kurze Schrift eigens für sich paginirt und somit die Reihenfolge der Zusammenstellung nur durch die Haupt-Titelblätter der Bände festgestellt ist.

6) Ebend. in Vol. VI.

7) Ebend. in Vol. III.

Algazeli's (vgl. Anm. 24), ist noch ungedruckt[8]). Sodann aber konnte ja Lullus bekanntlichst sich rühmen, selbstständig eine neue Technik erfunden zu haben, welche gemeiniglich als *Ars magna* bezeichnet wird; die grosse Masse der Schriften jedoch, welche sich auf dieselbe beziehen, ist folgendermaassen zu gruppiren: Vorerst ist es die Technik selbst, welche mehr oder weniger ausführlich, sei es ganz oder theilweise, dargelegt wird in: *Ars magna et ultima*[9]), *Ars brevis*[10]), *De auditu cabbalistico*[11]), *Tabula generalis*[12]), *Brevis practica tabulae generalis* und *Lectura compendiosa tabulae generalis*[13]), *De conversione subiecti et praedicati*[14]), *Introductio magnae artis generalis*[15]). Sodann aber wird auch speciell die praktische Anwendung dieser Technik gelehrt in: *Ars inventiva veritatis seu intellectiva veri* und *Lectura super artem inventivam et tabulam generalem*[16]). Aber die auf die einzelnen Wissenschaften, und vor Allem auf die Theologie, bereits angewendete Technik, d. h. somit die schliessliche reale Durchführung derselben, welche Lullus beabsichtigte, erscheint in: *Ars demonstrativa, Introductoria artis demonstrativae, Lectura super figuras artis demonstrativae, Compendium artis demonstrativae, Ars inveniendi particularia in universalibus, Propositiones secundum artem demonstrativam*[17]), *Ars compendiosa inveniendi veritatem seu ars magna et maior, Ars universalis seu lectura artis compendiosae*[18]), *Libellus correlativorum innatorum*[19]),

---

8) Nemlich: *Compendium logicae Algazeli* (s. *Salzinger*, Vol. I, *Catal. libr.* p. 9 B), wie aus *Cod. lat. Mon.* 10538, f. 103—126, sich zeigt, nur eine excerpirende Uebersetzung des arabischen Originales; ferner *De quinque praedicabilibus et decem praedicamentis* (p. 27 B), *De loco minori ad maiorem* (p. 15 B), gleichfalls beide in München handschriftlich vorhanden; hiezu noch *De significationibus* (s. ebd. p. 26, vielleicht beruhte auch diese Schrift auf Algazeli, s. Abschn. XVI, Anm. 244).

9) Gedruckt ohne Titelblatt *Deus cum tua summa perfectione. Incipit ars generalis ultima. Venetiis per magistrum Johannem Cordubensem.* 1480. 4. Dann *Illuminati sacrae paginae professoris Raymundi Lulli ars magna generalis et ultima etc. per magistrum Bern. la Vinheta. Lugd.* 1517. 4. Ferner bei Zetzner p. 218—663.

10) *Approbatio artis illuminati doctoris magistri Raym. Lulli una cum arte brevi. Romae* 1513. 8. *Ars brevis ill. doct. R. L. per Bern. de Lavinheta. Lugd.* 1514. 8. Bei Zetzner p. 1—42.

11) Bei Zetzner p. 43—110. Dass aber Titel, Einleitung und einzelne Stellen dieser Schrift kritische Bedenken erregen, s. unten Anm. 74 ff.

12) Bei *Salzinger* in Vol. V. (auch in der unten, Anm. 16, anzuführenden Ausgabe).

13) Beide bei *Salzinger* ebend.

14) In *Lavinheta*'s Ausgabe der *Dialectica* (ob. Anm. 3), und bei Zetzner p. 166—177.

15) Gedruckt *s. l.* (wahrscheinlich in Lyon) 1515. 4. Jedoch diese Schrift muss ich wegen der späteren Zusätze, welche sie enthält, entschieden als unächt bezeichnen; im Uebrigen ist sie nur ein karger Auszug der *Ars magna et ultima*, und es lohnt sich auch darum keiner weiteren Berücksichtigung.

16) Beide in *Divi Raymundi Lulli doctoris illuminati Ars inventiva veritatis, Tabula generalis, Commentum in easdem ipsius Raymundi* (hrsggben von *Alphonsus a Proaza*), *Valentiae apud Didacum de Gumiel*, 1515. fol., sowie bei *Salzinger* in Vol. V.

17) Sämmtlich bei *Salzinger* in Vol. III.

18) Beide ebend. in Vol. I.

19) Gedruckt bei der sogleich, Anm. 22, anzuführenden *Logica nova*.

Arbor scientiae[20]. Auch aus dem Gesammt-Umkreise der vielgestaltigen *Ars magna* ist Vieles noch ungedruckt[21]. Ferner ein Mittelding zwischen der eigenen *Ars* des Lullus und demjenigen, was man gewöhnlich Logik nannte und noch nennt, bietet er als „neue Logik" an, wie wir aus der Darstellung seiner Schrift *De nova logica*[22]) ersehen werden. Endlich aber war Lullus (— abgesehen von der Schule Notker's in St. Gallen, s. Abschn. XIII, Anm. 244 ff. —) zu seiner Zeit der erste Autor, welcher die Philosophie und auch die Logik von der Schulsprache des Mittelalters zu emancipiren versuchte, indem er Vieles (zuweilen neben einer lateinischen Bearbeitung des gleichen Gegenstandes) in seiner Muttersprache, d. h. im catalonischen Dialekte, und zwar häufig in gereimten Versen, schrieb. Hievon gehört hieher eine Episode über Logik, welche sich an die so eben erwähnte *Nova logica* anschliesst[23]), und eine gereimte Bearbeitung der Logik Algazeli's[24]).

Wenden wir uns hiemit behufs unserer Darstellung[25]) zuerst zu dem Gebiete der gewöhnlichen Schul-Logik, so müssen wir vor Allem beachten, dass Lullus sehr gering über dieselbe denkt. Denn schon die aus Avicenna entnommene Bemerkung, dass es auch eine unmittelbare und natürliche Logik gebe[26]), erhält bei ihm den Sinn, dass die technische

---

20) Häufig gedruckt; bei Salzinger nicht.

21) Sämmtliches aber ist in München oder in Mainz handschriftlich vorhanden; nemlich: *Ars intellectiva* (s. *Salzinger, Catal.* p. 21 B), *Ars compendiosa seu Vademecum* (ebend., — jedoch schwerlich ächt —), *Ars generalis ad omnes scientias* (ebend. p. 7 B), *Applicatio artis generalis ad varias scientias* (p. 6 B), *De experientia realitatis artis generalis* (p. 13 A), *Investigatio generalium mixtionum* (ebd.), *Regulae introductoriae ad practicam artis demonstrativae* (p. 19 A), *De modo applicandi novam logicam ad ius et medicinam* (p. 16 A), *De venatione substantiae et accidentis* (p. 20 A), *De syllogismis contradictionis* (p. 19 B; aus *Cod. lat. Mon.* 10588, f. 149—171, geht hervor, dass diese Schrift nicht logischen Inhaltes ist, sondern Beweise und Gegenbeweise aus dem Gebiete der Theologie erörtert), *De affirmatione et negatione* (ebd. p. 6 A, s. unten Anm. 109).

22) *Raymundi Lullii Doctoris illuminati de nova logica etc.* (der Herausgeber ist wieder *Alphons a Proaza*, vgl. Anm. 16), *Valentiae ap. Georgium Costilla.* 1512. 4.

23) Ueber die catalonischen Handschriften von Werken des Lullus in der Münchner Bibliothek s. *Catalogus codd. mscrptt. bibl. reg. Monac.* VII, p. 65 f., 88 ff., 288. Die Linguistik könnte hier bei schwierigeren Wortformen durch die betreffenden lateinischen Bearbeitungen die trefflichste Nachhilfe finden (so findet sich z. B. im *Cod. hisp.* 56 ein catalonischer Text der eben erwähnten *Nova logica*). In der interessanten neuen Publication „*Obras rimadas de Ramon Lull.... por Gerónimo Rosselló. Palma* 1859. 4", welche aus Balearischen Handschriften geschöpft ist, finden wir eine gereimte catalonische Darstellung der „*Aplicació de l'art general*" (p. 384 ff.), woselbst speciell die Logik (p. 400 ff.) behandelt ist. Näheres unten Anm. 171 ff.

24) *Cod. lat. Monac.* 10538, f. 127—138, zeigt sich als Versification eines abermaligen Excerptes aus obigem (Anm. 8) *Compendium log. Algazelis.* Ich will daraus nur die Anfangs-Zeilen mittheilen, welche beurkunden, dass Lullus auch Diejenigen zur Logik und Philosophie führen will, welche weder Lateinisch noch Arabisch verstehen; sie lauten: *De logica tractam breument, Loqual es compendi novell En mon enteniment apell, Que translat de lati en romans, En rimes, en mots qui son plans, Per tal que hom pusca mostrar Logica e philosofar A cells qui non saben lati Ni arabich* etc. etc.

25) Jene Schriften, welche ihren Abdruck bei Zetzner oder bei Salzinger gefunden haben, citire ich nach eben diesen Ausgaben.

26) *Introd. art. demonstr.* p. 2 B: *Aliqui per habitum acquisitum habent scien-*

Logik, welche an „*sermo*" gebunden sei (vgl. Vincenz v. Beauvais, vor. Abschn., Anm. 295), eben nur diese logische „*intentio*" der Dinge erfassen könne, während die *Ars magna* unmittelbar die natürliche Realität und deren praktische Verwirklichung zum Gegenstande habe und daher an Fülle des Wahrheits-Gehaltes weit über der Logik stehe[27]). Kurz es ist die traditionell gewordene Auffassung der *secunda intentio*[28]), welche jedoch hier, — ein Zerrbild arabischer Doctrinen —, zur Geringschätzung der Logik führt, denn nur die *intentio prima* soll der wahren Werkthätigkeit des Intellectus, d. h. dem Gebiete der Tugend, angehören und sonach allein wahre Causalität sein und höchsten Werth besitzen[29]). Ja selbst in eigentlich logischer Beziehung erblickt Lullus in sehr ähnlicher Weise wie Roger Baco (vor. Abschn., Anm. 571 ff.) die *prima intentio* nur in dem Erfassen des Individuellen und Particularen, während alles Generelle in Auffassung und Sprachschatz auf blosser Gemeinsamkeit (*commune*) beruhe und so zur *intentio secunda* gehöre[30]). Mag daher immerhin Lullus sagen, das Denken sei in Grammatik, Logik und Geometrie activ, hingegen in den übrigen Wissenschaften passiv, und als Drittes komme die Tugendübung hinzu[31]), so hat er bei jener Activität

---

tiam arguendi, alii habent, quod naturaliter arguant, nam et rustici quandoque subtiliter arguunt. S. Abschn. XVI, Anm. 80. Vgl. *Roger Baco*, vor. Abschn., Anm. 563 f.

27) *Brev. pract. tab. gener.* p. 24 A: *Cum veritas sit unum de principiis huius artis, et logica consideret verum in sermone,......potest fieri applicatio ad specialia principia logicae et speciales regulas in logica applicatas; logicus enim potest considerare logicalem bonitatem secundum definitionem generalis bonitatis* etc. ...... (B) *Quaeritur, utrum haec scientia et logica habeant idem subiectum; et dicimus, quod non ...... Per istam scientiam naturalis considerat agere naturale reale bonum, sed logicus intentionale, ... et per hanc scientiam intellectus attingit plus de veritate, quam logicus.* Die gleiche Bevorzugung des Praktischen ebenfalls bei Roger Baco, Anm. 561.

28) *Ars magna et ult.* p. 243: *Logica est de secundis intentionibus iunctis primis.* Ebenso ebend. p. 538. Hiezu Anm. 142.

29) *De prima et sec. intent.* p. 2 A: *Intentio dividitur in duos modos, sc. in primam et secundam; prima est melior et nobilior quam secunda, quia est magis utilis et magis necessaria, et prima est principium secundae, et secunda movetur per primam .....* (B) *Intellectus, quem habes, est per secundam intentionem, et operatio intellectus, sc. intelligere, est per primam; nam operatio virtutis est melior quam virtus, cum virtus sit ad hoc, ut sit operatio.* Diese ethische Auffassung (vgl. Abschn. XVI, Anm. 13 u. 242) wird auch durch folgendes Gleichniss ausgedrückt (ebend.): *Si tu facis scribi quendam librum ab aliquo scriba, tu habes primam intentionem in faciendo libro et habes secundam ad dandum denarios illi scribae, ... et scriba facit contrarium huius, quia ipse magis amat denarios, quos illi solvisti pro suo labore, quam librum.* Vgl. *Ars demonstr.* p. 43 A. *Ars compend. inv. verit.* p. 11 B.

30) *Dialect. Introd.* f. 1 v. A: *Intentio est similitudo in anima alicuius vel aliquorum naturaliter repraesentativa; est autem duplex, sc. prima et secunda. Prima est similitudo particularis vel singularis in anima correspondens termino primae impositionis ..... Secunda est similitudo in anima correspondens termino secundae impositionis vel primae in communi sumptae. Unde similitudines seu conceptus generales sunt secundae intentiones, et particulares seu singulares sunt primae; ad modum rerum realium, in quibus genera et species sunt per secundam intentionem et sua particularia per primam.*

31) *Ars magna et ult.* p. 242: *Habet intellectus actionem et passionem, et habet actionem in grammatica, logica et geometria, et passionem in scientiis positivis, et habet bonitates per morales virtutes.*

der Logik dennoch nur seine *Ars magna* im Sinne; denn nur diese gilt ihm als bleibend und beständig, während die Logik unbeständig und schwankend (*instabilis, labilis*) sei und kein wahres Gesetz auffinden könne, wozu auch noch die grosse Schwierigkeit der Logik komme, da man in der *Ars magna* in Einem Monate mehr profitiren könne, als in der Logik in einem Jahre [32]).

Insoferne aber Lullus dennoch dieses von ihm gering geachtete Gebiet bearbeitete, zeigt sich, dass er dabei durchgängig der Tradition der byzantinischen Logik folgte [33]), — ein Umstand, durch welchen er uns ja schon am Schlusse des vorigen Abschnittes mehrfach als Quelle diente. Nach einer Definition der Logik, welche aus der boethianischen und der arabischen Doctrin gemischt ist [34]), theilt er den Umkreis der Logik sofort nach *terminus, propositio, argumentatio* [35]). Der erste Theil, welchen er nach der Terminologie seiner Schrift „*Arbor scientiae*" (s. Anm. 143) als „*Radices arboris*" bezeichnet, knüpft an die Definition des *terminus* eine Eintheilung desselben in einen categoreumatischen und syncategoreumatischen, wobei an die Unterabtheilung des ersteren [36]) zugleich die

---

32) Ebend. p. 538: *Unde intellectus cognoscit, per quem modum logica est applicabilis. .., et etiam cognoscit, per quem modum logicus non potest stare coram artista huius artis. Quae sunt stabilia et immutabilia, confundit petendo ab eo, quod intendit concludere, et intellecta conclusione concludit cum stabilitate et immutabilitate principiorum et regularum, et statim nesciet, quomodo evadet. Item logicus tractat de diffinitione considerata per primam speciem regulae C tantum, generalis autem artista huius artis per omnes species regulae C.* (s. Anm. 97). *Logicus tractat de secundariis intentionibus adiunctis primis, sed generalis artista tractat de primis per secundam speciem regulae C...... Et in isto passu cognoscit intellectus, quod logica est scientia instabilis sive labilis, haec autem ars permanens et stabilis. Item logicus facit conclusionem cum duabus praemissis, generalis autem artista cum mixtione principiorum et regularum. Adhuc logicus non potest invenire veram legem cum logica, generalis autem artista cum ista arte invenit; nam illa lex est vera, quam principia et regulae huius artis intrare possunt. Amplius logica est ars difficilis ad addiscendum, haec autem ars est multum facilis ratione mixtionis et concatenationis principiorum et regularum* (s. Anm. 119); *et ideo plus potest addiscere artista de hac arte uno mense, quam logicus de logica uno anno.* Hiezu Anm. 65.

33) Wenn die Eine Bearbeitung dieser Schul-Logik sich in der Titel-Ueberschrift als „*nova logica*" bezeichnet (Anm. 3), so lege ich hierauf kein Gewicht; denn einerseits stammt diess wahrscheinlich von späteren Verehrern lullianischer Weisheit her, da Lullus selbst eine „neue" Logik wohl nur in jenem Mitteldinge, welches zwischen alter Logik und *Ars magna* steht (Anm. 22), darbieten wollte; andrerseits allerdings nennt Lullus in seiner marktschreierischen Manier zuletzt Alles, was er schreibt, eine grosse „Neuigkeit", selbst wenn es nur eine Wiederholung Algazeli's ist (Anm. 24).

34) *Dialect. introd.* (s. Anm. 2) f. 1 r. A: *Logica est ars et scientia, qua verum et falsum ratiocinando cognoscuntur et unum ab altero discernitur verum eligendo et falsum dimittendo.* Fast ebenso *Dialect.* (b. Zetzner, s. Anm. 3) p. 147. S. Abschn. XII, Anm. 76. u. Abschn. XVI, Anm. 15 ff.

35) *Dial. introd.* ebd.: *Cuius principia specifica sunt tria, sc. terminus, propositio et argumentatio. Dialect.* ebd.: *In logica considerantur tria inter alia, sc.* u. s. f.

36) *Dial. introd.* ebd.: *De radicibus arboris. Terminus est dictio significativa, ex qua propositio constituitur* (s. vor. Abschn., Anm. 199).... *Dividitur in terminum categoreumaticum et syncategoreumaticum* (s. ebd. Anm. 34, 256 ff.). *Categoreumaticus ..... dividitur in communem et singularem* (ebd. Anm. 61, 229, 610). *Communis dividitur in univocum, aequivocum et denominativum* (diese Verwendung dieser Ein-

Gliederung in Subject, Prädicat und Copula [37]), sowie die Gradabstufung vom *generalissimum* bis zum *specialissimum* angereiht wird [38]), dem letzteren aber alle *„signa"* der Universalität, Particularität und Negativität beigezählt werden [39]). Indem hierauf die schon oben, Anm. 30, erwähnte Stelle über *intentio* und *impositio* folgt [40]), kann Lullus daran die Besprechung der *quinque voces* und der Kategorien anreihen [41]), wird aber eben durch seine Auffassung der *intentio* veranlasst, die Universalien und die Kategorien, bei welch letzteren er die *arbor Porphyriana* durch sämmtliche zehn hindurchgeführt wissen will [42]), etwas näher an die Mystik der *Ars magna* hinzurücken, d. h. er behandelt dieselben in Kürze nach jenen Schablonen, welche wir unten (Anm. 94 ff.) treffen werden [43]). Ja anderwärts sehen wir, wie er in Uebereinstimmung mit den Grundsätzen der *Ars magna* die Realität der Universalien auf eine wahrhaft unverständige Weise zu begründen versuchte und dieselben überhaupt in einem zügellosen theologischen Realismus nur als Schöpfungsacte Gottes nahm [44]),

---

theilung ist neu)..... *Singularis vel discretus ..... dividitur in abstractum* (z. B. *humanitas*) *et concretum* (z. B. *homo*). Hingegen in *Dialect.* p. 147 ist nur die Eintheilung des *terminus* in *communis* und *discretus* angegeben.

37) *Dial. introd.* f. 1 r. B: *Terminus categoreumaticus in propositione modo est subiectum modo praedicatum ..... Copula est persona .... verbi „sum".* Vgl. *Dialect.* p. 147. S. vor. Abschn. Anm. 152.

38) *Dial. introd.* ebd.: *Terminus categoreumaticus alia divisione dividitur in generalissimum, subalternum, specialissimum, individualem.* In *Dialect.* fehlt dieses.

39) *Dial. introd.* ebd.: *Syncategoreumaticus terminus .... dividitur in universale signum, particulare signum et partes orationis indeclinabiles.* Hingegen *Dialect.* p. 147: *Quidam termini dicuntur signa universalia et quidam particularia, ... negativa*, und als dergleichen *signa* kommen im Vergleiche mit Shyreswood (vor. Abschn., Anm. 68 ff.) und mit Petrus Hispanus (ebd. Anm. 238 ff.) hier neu hinzu: *ubicunque, quocunque, semper, nunquam, nusquam, aliquando, alicubi.*

40) In *Dialect.* fehlt diese kurze Erörterung.

41) *Dial. introd.* f. 1 v. B. Hingegen in *Dialect.* hält er sich an die Reihenfolge der byzantinischen Logik, indem er dort die *Praedicabilia* und *Praedicamenta* erst nach der Lehre vom Urtheile folgen lässt; auch finden wir dort nur einen dürren nichtssagenden Auszug der gewöhnlichsten Lehre.

42) *Dialect.* p. 153: *Praedicamentum est ordinatio terminorum secundum sub et supra* (vgl. *Dial. Introd.* f. 1 v. B), *ut patet in sequenti figura..... Sicut est facta ista arbor in praedicamento substantiae, ita potest fieri in aliis praedicamentis, ut .... per talem cognitionem melius possit homo rerum varietates inquirere.*

43) *Dial. introd.* f. 2 r. Dass er das Gleiche auch in seiner Schrift *De quinque praedicabilibus et decem praedicamentis* that, ersehen wir aus *Cod. lat. Mon.* 10517, f. 49—52.

44) *Nova logica*, f. 8 r: *Quaeritur, utrum genus sit ens reale; et dicimus, quod sit; quod probamus quinque rationibus: ..... Necesse est, quod corpus sit genus reale; alioquin corpus non esset divisibile naturaliter in corpus animatum et inanimatum .... Natura universi non patitur vacuitatem, quod faceret, si genus non esset ens reale ...... Constitutio mundi foret impossibilis, si genus non esset ens reale ...... Si genus non esset ens reale, inferiora individua non susciperent influentiam a corporibus supracoelestibus ...... Subiectum habitus animalitatis dicimus esse ens reale, quod genus vocamus.* Mit ganz analogen Gründen wird dann, ebend. f. 9 r, die Realität der Species erwiesen. *Liber Chaos*, p. 19 A: *Primus gradus chaos est genus omnia entia in se continens ..... p. 20 B: Cum creator omnium de primo gradu chaos species in secundum produceret ......* p. 21 B: *Differentia est in primo gradu chaos .... inter agens et patiens essentiae ipsius chaos ......* p. 23 B: *In primo gradu chaos deus fuit propriificativus ......* p. 24 B: *Quoniam in primo*

und analog im Naturgebiete den Kategorien eine physikalisch-realistische Geltung zuwies [45]).

Als „*truncus arboris*“ folgt sodann die Lehre vom Urtheile. Die Erörterung über das kategorische Urtheil schliesst sich ganz an Petrus Hispanus an [46]); neu kommt nur hinzu, dass Lullus auf den Gebrauch der Worte „*et*“ und „*vel*“ im Subject und Prädicate hinweist [47]), und dass er im Hinblicke auf die *Ars magna* noch von einer anderweitigen nicht-logischen Umkehrung der Urtheile [48]) und ebenso von einer solchen Entgegensetzung spricht [49]). Beim hypothetischen Urtheile nimmt er obige Erweiterungen auf, für welche er selbst uns als Quelle diente [50]); desgleichen, was die Verknüpfung der *Exponibilia* mit dem hypothetischen Urtheile betrifft [51]). Die Modalität behandelt er, abgesehen von der Aufnahme jener neuen Lehre über *sensus divisus* und *compositus* (vor.

---

gradu chaos est igneitas habens in se ignificativum et ignificabile, sequuntur accidentia, sc. quantitas, qualitas, relatio et cetera.

45) *Liber Chaos*, p. 26 A: *Substantiatum est primum chaos, quia omnia quatuor elementa una cum omnibus suis elementalibus sunt una substantia* ...... p. 27 B: *Ex intensa quantitate igneitatis tam activa quam passiva composita est quantitas primi chaos* ..... p. 28 B: *Primum et secundum chaos relative se habuerunt per modum generationis et creationis* ..... p. 30 A: *Una qualitas extensa per totum primum chaos producitur de qualitate igneitatis* ..... p. 31 A: *Actio dividitur in substantialem et accidentalem* ..... p. 32 A: *Sicut de actione dictum est, potest intelligi relativo modo dictum esse de passione* ...... p. 33 B: *Si intelligere volumus, tempus esse aliquod ens reale, considerare debemus motum in octava sphaera firmamenti* ...... p. 35 B: *Convenit locus omnibus, quae sunt sub suprema superficie octavae sphaerae* ...... p. 37 B: *Situatus est primus gradus chaos de igneitate* ..... p. 40 A: *Duplex est habitus et assituatio chaos, sc. substantialis et accidentalis.*

46) *Dial. introd.* f. 2 v. A u. B die Eintheilung nach Quantität und Qualität nebst den drei Fragen und ihrem Memorialverse (vgl. *Dialect.* p. 148, woselbst jedoch der Vers fehlt; s. vor. Abschn. Anm. 153). Dann in verbesserter Reihenfolge vorerst f. 3 r. A die Umkehrung (vgl. *Dialect.* p. 149; s. ebend. Anm. 156), hierauf f. 3 r. B die Entgegensetzung mit der üblichen Figur (vgl. *Dialect.* p. 149 f.; s. ebend. Anm. 154), sodann f. 3 v. B die Aequipollenz mit dem fünften der dortigen Memorialverse (s. ebend. Anm. 159; in *Dialect.* fehlt die Aequipollenz); hingegen die Notiz über die dreifache Materie (s. ebend. Anm. 155) ist erst nach den modalen Urtheilen f. 5 v. A eingereiht (in *Dialect.* ist sie p. 150 an der üblichen Stelle).

47) *Dial. introd.* f. 3 r. A: *Propositio categorica est duplex, sc. de disiuncto extremo et de copulato extremo. De disiuncto extremo est illa, in cuius subiecto vel praedicato vel in utroque ponitur coniunctio disiunctiva.* Ebenso entsprechend das Urtheil *de copulato*. Vgl. *Dialect.* p. 150. (Die Veranlassung hiezu bei Shyreswood, s. vor. Abschn., Anm. 86 f.)

48) *Dial. introd.* f. 3 r. B: *Extra animam est alius modus conversionis, qui spectat ad altiorem artistam, quam logicus sit* etc., d. h. er meint die Operation, welche wir unten, Anm. 86, treffen werden (in *Dialect.* fehlt diess).

49) Ebend. f. 3 v. A: *Propositiones possunt esse contradictoriae duobus modis, sc. de modo vel de lege. Contradictoriae de modo* sind sie nach den gewöhnlichen Regeln. *Contradictoriae de lege sunt, quae, licet non participent in subiecto et praedicato et licet non sibi repugnent in quantitate et qualitate, servant tamen legem contradictoriarum,* d. h. er denkt an ein Verfahren in der *Ars magna*, s. unten Anm. 87 (fehlt gleichfalls in *Dialect.*).

50) Ebend. f. 3 v. B u. *Dialect.* p. 151. S. vor. Abschn., Anm. 583 f.

51) *Dial. introd.* f. 4 v. A (in *Dialect.* nicht). S. ebend. Anm. 604, 606 f. u. 609. Was f. 5 r. A über *Incipit* und *Desinit* gesagt ist, beruht nur auf Petrus Hispanus, s. ebend. Anm. 263.

Abschn., Anm. 585 f.), äusserst kurz durch blosse Wiederholung der bei Petrus Hispanus vorfindlichen Figur [52]; nur fügt er den Begriffen des *possibile* und *impossibile* eine theologische Modification bei [53].

Hieran wird als *„branchae arboris“* nicht bloss jene Episode aus den *proprietates terminorum* angereiht, bei welcher wir den Lullus schon oben als Quelle benützen mussten [54], sondern es folgt auch noch eine sehr eigenthümliche Erörterung über *demonstratio*. Diese nemlich wird wohl nach der üblichen arabischen Doctrin als Ableitung eines Unbekannten aus Bekanntem definirt [55], aber wenn dann zur arabischen Zweitheilung in *demonstratio quid* und *demonstratio quia* als neues Drittes die *demonstratio per aequiparantiam* hinzukommt [56], so werden alle diese drei Arten völlig in das Gebiet der Topik hinübergezogen; denn nicht bloss in den ersten beiden können wir nur eine Durchführung der Topen *„a causa et effectu“* wiedererkennen [57], sondern auch die *aequiparantia* enthält nur das *aequale* als ein ideales (göttliches) Mittelding zwischen den Topen *„a minore et maiore“* [58], daher auch Lullus dieses Beweis-Verfahren, welches ihm als das höchste gilt, anderwärts unter Berufung auf seine *Ars magna* vor Allem zur Stütze der Trinitätslehre verwenden zu müssen glaubt [59]. Uebrigens wenn er an einer anderen Stelle die *„probatio“* derartig als die umfassendere Gattung

---

52) *Dial. introd.* f. 5 r. A. *Dialect.* p. 152.

53) *Dial. introd.* ebend.: *Possibile est duplex; unum est per causam, alterum est per infinitam potestatem ...... Impossibile est duplex; quoddam est per contradictionem, ... aliud per defectum causae; ..... alius modus impossibilitatis est, qui consistit per perfectionem maximam, et haec solum convenit deo.*

54) Ebend. f. 5 v. A — 7 r. A u. *Dialect.* p. 152. S. vor. Abschn., Anm. 596—603.

55) *Dial. introd.* f. 7 r. A: *Demonstratio est alicuius ignoti per aliquod notum vel minus noti per aliquod magis notum cognitio seu intellectui manifestatio.* Vgl. *Dialect.* p. 154. S. Abschn. XVI, Anm. 15.

56) *Dial. introd.* ebend.: *Demonstrationis tres sunt species, sc. per quid, per quia et per aequiparantiam.*

57) Ebend.: *Demonstratio per quid est, quando effectus demonstratur per causam vel inferius seu posterius per superius sive prius; et potest fieri tribus modis. Primus est, quando causa simpliciter demonstrat effectum suum ...... Secundus, quando causa demonstrans effectum demonstrat, ipsum esse causam alterius effectus ...... Tertius, quando causa demonstrat de suo effectu, quod ipse est effectus alterius causae ...... Demonstratio per quia est, quando per effectum causa demonstratur vel per inferius seu posterius demonstratur superius sive prius; et potest fieri tribus modis. Primo simpliciter de effectu ad causam ..... Secundus, quando effectus probat, causam suam esse effectum alterius causae ...... Tertius, quando effectus demonstrat, causam suam esse causam alterius effectus.* (Vgl. *Dialect.* p. 154.)

58) Ebend. f. 7 r. B: *Demonstratio per aequiparantiam est, quando per aliquid aequale notum aliud aequale ignotum demonstratur vel aequale minus notum per aequale magis notum ..... Et fit tribus modis. Primus, quando potentia demonstratur per potentiam vel actus per actum ...... Secundus, quando per aequalitatem principiorum probatur aequalitas actuum ..... Tertius, quando per aequalitatem actuum demonstratur aequalitas dignitatum ...... Et haec demonstratio potior est, quam illa de quid et illa de quia; ..... haec enim maxime et propriissime fit in deo, in quo maius et minus sunt impossibilia.*

59) *De demonstr. per aequip.*, p. 1 A: *Intendimus probare distinctionem in divinis per aequiparantiam et aequivalentiam actuum divinarum rationum .....* p. 2 A: *cum faciamus hanc investigationem per principia nostrae artis generalis, quod sunt tria principia consecutiva, sc. concordantia, differentia, aequalitas* (s. Anm. 87), *quibus*

betrachtet, dass dieselbe in *auctoritas, necessaria ratio* und *demonstratio* zerfallen soll, so waltet hiebei die gleiche Rücksicht auf die Topik, da auch *auctoritas* ein Topus ist, und ausserdem die *probatio* überhaupt als „*apparens*" bezeichnet wird [60]).

Als „*flores arboris, e quibus nascitur fructus*" folgt hierauf die Lehre von der Argumentation in jener weiteren Bedeutung, nach welcher sie auch die *consequentia* umfasst [61]). Indem Lullus schon in der Eintheilung der *argumentatio* sich dem Petrus Hispanus anschliesst [62]), folgt er demselben auch wörtlich in Aufzählung der neunzehn Schlussweisen des kategorischen Syllogismus unter Benützung der Kunstworte *Barbara* etc. [63]). Die hypothetischen und modalen Schlüsse fehlen auch hier [64]). Hingegen hat Lullus jenen speciellen Zweig der Syllogistik, welcher seit Averroes schon den Albert und den Thomas beschäftigt hatte (s. vor. Abschn., Anm. 464 u. 554), nemlich die *inventio medii,* in einer eigenen kleinen Monographie besprochen, wobei er vorerst zwei Arten des Mittelbegriffes, einen „natürlichen" für die wahrhaft wissenschaftlichen Syllogismen und einen bloss „logischen" für die dialektischen Wahrscheinlichkeits-Schlüsse, unterscheidet [65]); von dem ersteren gibt er dann (wie Thomas die fünf indirecten Schlussmodi bei Seite lassend) vierzehn Beispiele, welche sich in den Begriffen der *Ars magna* bewegen [66]), und hierauf lässt er noch sechs Beispiele folgen, in welchen der Mittelbegriff in Folge seiner Unbestimmtheit nur einen dialektischen Schluss zulässt [67]). Es hatte übrigens dieser Gegenstand für Lullus ein specielles Interesse, da, wie wir sehen werden, seine ganze *Ars magna* schliesslich als einzigen logischen Kern nur die *inventio medii* in sich birgt, s. Anm. 86, 89 f., 110, 113. In den beiden Compendien der Logik aber folgen nun nach dem kategorischen Schlusse einige Angaben über *inductio*, welche

---

mediantibus demonstrabimus per aequiparantiam supradictam distinctionem. Vgl. *Brev. pract. tab. gen.* p. 36.

60) *Dialect.* p. 154: *Probatio est argumentum, in quo veritas est apparens* (s. Abschn. XVI, Anm. 51 ff. u. 276 ff.), *et potest fieri tribus modis, sc. auctoritate, necessaria ratione et demonstratione.*

61) S. vor. Abschn., Anm. 613.

62) *Dial. introd.* f. 7 v. A: *Argumentationis quatuor sunt species, sc. syllogismus, inductio, enthymema, exemplum.* Ebenso *Dialect.* p. 154. S. vor. Abschn., Anm. 193.

63) *Dial. introd.* a. a. O. u. *Dialect.* p. 154 ff. S. vor. Abschn., Anm. 185; von Memorial-Versen erscheinen hier nur die letzten zwei der ebend. Anm. 156 angeführten und derjenige, welchen wir bei Shyreswood, ebend. Anm. 51, trafen. Betreffs der Kunstworte vgl. auch folg. Abschn., Anm. 204.

64) S. vor. Abschn., Anm. 122 u. 190.

65) *De venatione medii,* p. 162: *Medium existens inter subiectum et praedicatum intendimus venari duobus modis. Primo modo medium naturale et secundo modo medium logicale; et hoc facimus, ut cognoscamus verum medium reale et etiam naturale et per consequens necessarium syllogismum, ac etiam ut per medium probativum et opinativum cognoscamus syllogismum dialecticum sive logicalem et intentionalem.* Es stimmt dieser Dualismus völlig mit der oben erwähnten Geringschätzung der Logik zusammen, s. Anm. 27 ff.

66) Ebend. p. 162 ff. *Bonitas, potestas, voluntas* u. dgl. sind die Lieblings-Beispiele.

67) Ebend. p. 164.

er nach seiner beliebten Dreigliederung unterscheidet[68]), über *enthymema* und *exemplum*[69]), sodann in dem Einen aus der Topik nur jene drei Topen, welche für die *demonstratio per aequiparantiam* eine Bedeutung haben (s. Anm. 58), nemlich *a maiore, ab aequali, a minore*[70]), hingegen in dem anderen jene Stelle, welche unter der Ueberschrift *De antecedente et consequente* uns schon oben als Quelle für die üblich gewordene Lehre von der *consequentia* diente und eine durchgängige Verflechtung mit der Topik zeigt[71]).

Hierauf noch reiht sich als „*folia arboris custodientia fructum a macula*" die Sophistik an, welche im Ganzen dem betreffenden Abschnitte des Petrus Hispanus folgt[72]). Endlich die Schlussbemerkung über *disputatio* habe ich schon oben als muthmaasslichen Anfang der späteren *Obligatoria* angeführt[73]).

Soll ich es aber nun versuchen, die *Ars magna* darzustellen, so möchte ich vorerst jener Frage, welche ich an alle Autoren des Mittelalters richten musste und grossentheils beantworten konnte, auch bei Lullus nicht aus dem Wege gehen, der Frage nemlich, woher das Ganze und seine Theile entnommen seien. Denn dass Lullus die einzige Ausnahme von jener Regel sei, welcher alle Schriftsteller des Mittelalters unbedingt unterworfen sind, d. h. dass er lediglich von sich selbst aus seine mystische Technik ersonnen habe, möchte ich eben für völlig unglaubhaft halten. Allerdings nun wird Jeder, der in der oben (Anm. 1) erwähnten Zetzner'schen Ausgabe nur einmal flüchtig geblättert hat, sofort sagen, Lullus gebe ja selbst seine Quelle an, und diese sei Nichts anderes, als die Kabbala. Aber wenn wir die Schrift *De auditu cabbalistico* sowohl nach ihrem Titel als auch in den einzelnen Stellen, welche eine directe Hinweisung auf die Kabbala enthalten[74]), näher erwägen, so muss

---

68) *Dial. introd.* f. 7 v. B: *Inductio est argumentatio, in qua proceditur ab inferioribus sufficienter numeratis ad illorum immediatam universalem. Et fit tribus modis. Primo procedendo a singularibus ad suam universalem ..... Secundo procedendo ab indefinitis ad suam universalem genericam ..... Tertio ab universalibus inferioribus ad universalem superiorem.* Vgl. *Dialect.* p. 157.

69) *Dialect.* ebend. In *Dial. introd.* f. 8 r. A erscheinen bei Besprechung des *exemplum* in dem oben, vor. Abschn., Anm. 144, angeführten Beispielsatze hier die Städte-Bewohner *Florentini, Pisani, Panormitae, Drepanenses.*

70) *Dialect.* p. 158.

71) *Dial. introd.* f. 8 r. A ff. u. *Dialect.* p. 159. S. vor. Abschn., Anm. 618 u. 623.

72) Ebend. f. 10 r. B ff. *Dialect.* p. 159—161.

73) *Dialect.* p. 161; s. vor. Abschn., Anm. 625.

74) *De aud. cabbal.* p. 43: *Esse sive verbum sub ratione inseparabilitatis a rebus est subiectum adaequatum huius sapientiae Kabbalisticae ..... Omnis doctrina disciplinaque tria in se essentialiter comprehendit, sc. scire partes sui subiecti, scire finem quaesitum, et scire medium ad ipsum finem, et propterea haec sapientia Kabbalistica dividitur in tres partes ......* (p. 44) *Et dicitur haec doctrina Kabbala, quod idem est secundum Hebraeos ut receptio veritatis cuiuslibet rei divinitus revelatae animae rationali, et secundum modernos Kabbalistas Kabbala cum sit nomen compositum ex duabus dictionibus, sc. „abba" et „ala", „abba enim arabice idem est quod „pater" latine, et „ala" arabice idem est quod „deus meus", ... propterea dicimus, quod hoc vocabulum „Kabbala", quod scribitur per litteram K, nihil aliud est arabice importans latine praeter „superabundans sapientia". Est igitur Kabba habitus animae rationalis ex recta ratione divinarum rerum cognitivus.* Auch wird im weiteren Ver-

uns vor Allem auffallen, dass Lullus, von welchem wir doch so viele Schriften besitzen, und welcher in steter Wiederholung das nemliche Thema dutzendmal bearbeitete, in seinen sämmtlichen übrigen Schriften nicht mit einer Sylbe die Kabbala erwähnt [75]); dazu kommt, — abgesehen von einer wunderlichen Etymologie —, dass in der genannten Schrift einmal auch von *„moderni Kabbalistae“* die Rede ist und den Kabbalisten das Studium jener Darstellung der *Ars magna* empfohlen wird. Kurz ich halte dieses Buch für eine (übrigens ganz geschickt gemachte) Bearbeitung der *Ars magna* durch einen späteren Kabbalisten, welcher hiedurch sowohl dem Lullus als auch der Kabbala förderlich sein wollte. Aber während ich auf solche Weise dieses äussere Zeugniss als solches unbedingt zurückweise, möchte ich doch vermuthen, dass der Mann, welcher *De auditu cabbalistico* schrieb, nach Lage der Sache inhaltlich nicht Unrecht hatte. Freilich nur schüchtern darf ich einen solchen Ausspruch wagen, denn eine genügende Geschichte der kabbalistischen Litteratur muss wohl erst in Zukunft noch geschrieben werden [76]), und ausserdem liebe ich es nicht, in fremde Gebiete einzupfuschen [77]). Wenn es nemlich richtig ist, dass das von Simeon Ben Jochai verfasste Buch Sochar gegen Ende des 13. Jahrhunderts durch Moses Ben Nachman nach Catalonien gebracht wurde [78]), so wäre der äussere Anknüpfungspunkt nach Zeit und Ort festgestellt. Inhaltlich aber darf vielleicht schon im Allgemeinen auf jenes Combinations-Spiel hingewiesen werden, welches in der Kabbala mit den Buchstaben und dem Zahlen-Werthe derselben [79]) oder mit einem „himmlischen Alphabete“ [80]) getrieben wurde. Noch specieller aber läge möglicher Weise eine Anknüpfung an die Kabbala in jenen Begriffen, welche ich sogleich in dem *„Alphabetum“* des Lullus anzuführen habe; denn dieselben haben doch eine frappante Aehnlichkeit mit den letzten sechs unter den zehn Sephirot [81]), und auch jene vorwiegende Berück-

---

laufe noch öfters der Ausdruck *„sapientia Kabbalistica“* gebraucht, so p. 55, 67, 101, 106, oder auch *„haec Kabbala“* (p. 67), ja sogar *„schola Kabbalistica“* (p. 93), und am Schlusse (p. 110) lesen wir: *ad quae quilibet Kabbalista recurrere debet ad perfectam intellectionem* etc.

75) Hätte Lullus als Kabbalist auftreten wollen, so würde er dieses ebensosehr hundertmal bei jeder Gelegenheit sagen, wie er überhaupt glaubt, Alles nicht oft genug sagen zu können.

76) Schwerlich dürfte ich bei den Fachmännern auf Widerspruch stossen, wenn ich das Buch von *L. Frank, La Kabbale, Paris* 1844 (deutsch von Jellineck, Lpzg. 1846) nicht für genügend halten kann.

77) Niemand, der litterarisch arbeiten gelernt hat, wird es mir zumuthen, dass ich bei dem kaum zu bewältigenden Umfange meiner eigenen Aufgabe um des Halb-Narren Lullus willen ein Quellenstudium über kabbalistische Litteratur hätte unternehmen sollen, welches allein ein gelehrtes Menschen-Leben in Anspruch nähme.

78) *Frank* a. a. O. p. 67 u. 95 (nach Jellineck's Bearbeitung).

79) Ebend. p. 46, 105, 112 f., 121.

80) Ebend. p. 158.

81) Nemlich *magnitudo, gloria* und *bonitas* erscheinen dort, — s. ebend. p. 127 u. 143 —, wohl unzweifelhaft, und ohne viele Interpretations-Künste dürfen wir vielleicht auch *sapientia* (ebend. p. 134), *veritas* (p. 137), *potestas* (p. 142) wiedererkennen.

sichtigung der parallel einander gegenübergestellten Tugenden und Laster könnte dort ihr Vorbild gehabt haben [82]).

Doch sei dem, wie es wolle, — denn gerne nehme ich von den Fachmännern eine Widerlegung dieser meiner Vermuthung an —, Lullus beabsichtigte jedenfalls eine allumfassende Technik, *scientia generalis, ars generalis,* zu entwickeln, in welcher die Principien aller Einzeln-Wissenschaften enthalten sein und alle nur erdenklichen Fragen ihre Erledigung finden sollen [83]). Um aber dieses vielversprechende Unternehmen des balearischen Projectenmachers darzustellen, müssen wir die oben (Anm. 9 ff.) angegebene Unterscheidung verschiedener Gruppen von Schriften einhalten und somit zunächst die Technik selbst als solche (abgesehen von ihrer Anwendung) betrachten [84]).

Lullus fällt mit der Thüre ins Haus, indem er uns sofort als *Prima pars* folgende Tabelle unter dem Titel *„Alphabetum"* aufdringt:

B.	C.	D.	E.	F.	G.	H.	I.	K.
Bonitas.	*Magnitudo.*	*Aeternitas seu Duratio.*	*Potestas.*	*Sapientia.*	*Voluntas.*	*Virtus.*	*Veritas.*	*Gloria.*
Differentia.	*Concordantia.*	*Contrarietas.*	*Principium.*	*Medium.*	*Finis.*	*Maioritas.*	*Aequalitas.*	*Minoritas.*
Utrum?	*Quid?*	*De quo?*	*Quare?*	*Quantum?*	*Quale?*	*Quando?*	*Ubi?*	*Quomodo? Cum quo?*
Deus.	*Angelus.*	*Coelum.*	*Homo.*	*Imaginatio.*	*Sensitiva.*	*Vegetativa.*	*Elementativa.*	*Instrumentativa.*
Iustitia.	*Prudentia.*	*Fortitudo.*	*Temperantia.*	*Fides.*	*Spes.*	*Charitas.*	*Patientia.*	*Pietas.*
Avaritia.	*Gula.*	*Luxuria.*	*Superbia.*	*Acidia.*	*Invidia.*	*Ira.*	*Mendacium.*	*Inconstantia.*

82) Ebend. p. 163.

83) *Ars magna et ult.* p. 218: *Quia quaelibet scientia habet sua principia propria et diversa a principiis aliarum scientiarum, idcirco requirit et appetit intellectus, quod sit una scientia generalis ad omnes scientias, et hoc cum suis principiis generalibus, in quibus principia aliarum scientiarum particularium sint implicita et contenta, sicut particulare in universali ...... Amplius quidem haec scientia generalis potest nuncupari, quia quaestiones generales habet ad omnes alias quaestiones, quaecunque sint, applicabiles* (s. Anm. 127)...... *Item ars ista est generalis ratione mixtionis principiorum et regularum, quam habet* (s. Anm. 119). *Ars brev.* p. 1: *Subiectum huius artis est, respondere de omnibus quaestionibus, supposito quod sciatur, quid dicitur per nomen.*

84) Ich versuche, jede der drei Hauptgruppen aus den sämmtlichen zu ihr gehörigen Schriften collectiv darzustellen, denn ausserdem wäre der Wiederholungen kein Ende; und so lege ich bei der ersten für die Stellen-Citate im Ganzen die *Ars magna et ultima* zu Grunde, welche Lullus selbst gewissermaassen als einen Abschluss bezeichnet (p. 218: *Quoniam multas artes fecimus generales, ipsas volumus clarius explanare per istam, quam vocamus ultimam; quia de cetero non proponimus aliam facere, ipsam quidem ex aliis compilamus et aliqua nova explicite addimus*); betreffs der parallel-laufenden Schriften begnüge ich mich mit Ziffern-Citaten. Der aufmerksame Leser kann hieraus sowohl den Plan und Inhalt der letzteren Schriften entnehmen als auch mich bei jedem Schritte controlliren.

Die oberste Reihe enthält neun *„praedicata absoluta“*, die nächste neun *„praedicata relata“*, dann folgen neun *„quaestiones“*, hierauf neun *„subiecta“*, und zuletzt ebensoviele *„virtutes“* und *„vitia“*. Die Hauptsache aber dabei liegt in den Buchstaben, welche oberhalb der einzelnen Columnen stehen; denn jeder derselben soll alle jene Worte zugleich bedeuten, welche in seiner ganzen Columne enthalten sind, und es wird auch ausdrücklich eingeschärft, dass man nicht eher in die *Ars magna* eintreten dürfe, als man dieses Alphabetum vollständig „auswendig“ wisse [85]). Der Leser sieht jetzt gewiss, dass wir hiemit das Gebiet eines sinnlosen Treibens betreten haben; denn um selbst von der Buchstaben-Spielerei abzusehen, was soll denn materiell die läppische Auswahl jener neun Prädicate oder neun Subjecte u. s. f. bedeuten? warum denn nicht andere neun, oder warum denn nicht zehn u. s. w.? Doch wir müssen das Ganze geniessen.

Unmittelbar hierauf nemlich beginnt im zweiten Theile das Combinations-Spiel, welches auf der willkürlichsten Grundlage gewisser Momente, welche verschiedentlich combinirt werden sollen, den Hauptcharakter der ganzen Technik ausmacht. Vorerst folgt als *„Figura A“* die:

Figura praedicatorum absolutorum

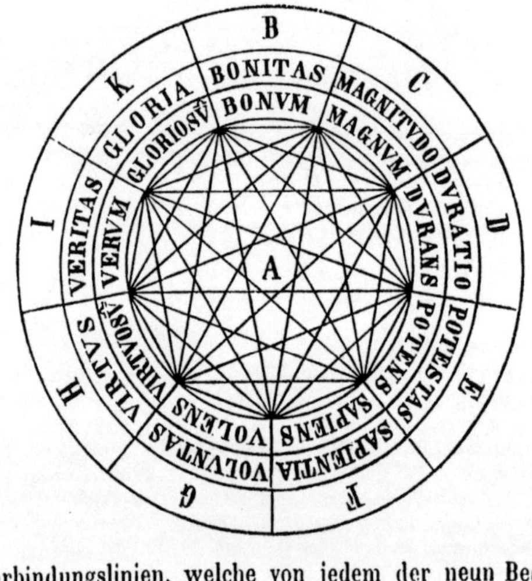

d. h. die Verbindungslinien, welche von jedem der neun Begriffe zu den je übrigen acht führen, zeigen an, dass im Ganzen 72 Urtheile (z. B. *bonitas est magna*, *magnitudo est durans* u. s. f. u. s. f.) gebildet

---

85) *Ars magna et ult.* p. 219: *Hoc vero alphabetum cordetenus oportet scire; quodsi non, artista minime poterit uti ista arte sive ipsam practicare. Et est positum hoc alphabetum in hac arte, ut per ipsum significentur principia et quaestiones huius artis et ea quae in ipsis continentur. Ars brev.* p. 1: *Per unam litteram habentem multa significata intellectus est magis generalis ad respiciendum.* Vgl. *De aud. cabbal.* p. 44.

werden sollen, worin Lullus eine Förderung der Einsicht in die Umkehrbarkeit der Urtheile und selbst ein Mittel zur *inventio medii* erblickt [86]).

Sogleich hierauf erscheint als „*Figura T*" die:

Figura praedicatorum relativorum

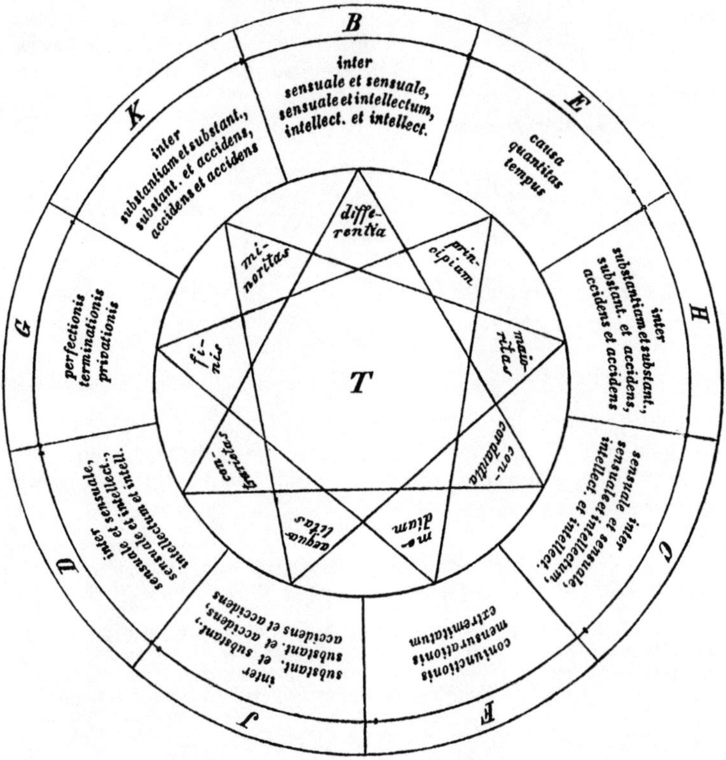

Durch dieselbe sollen die neun relativen Prädicate, und zwar je drei derselben in einem Dreiecke unter sich verbunden, auf die ihnen zuge-

---

86) *Ars magna et ult.* p. 220: *Prima figura .... dicitur circularis, quia subiectum mutatur in praedicatum et e converso, ut cum dicitur „Bonitas magna, Magnitudo bona".... Per talem circulationem quidem poterit artista cognoscere ea, quae convertuntur, et ea, quae non convertuntur. Ars brev.* p. 3: *In ipsa figura inquirit artista naturalem coniunctionem inter subiectum et praedicatum, dispositionem et proportionem, ut ad faciendum conclusionem possit medium invenire...... In principiis istius figurae est implicatum, quidquid est, nam quidquid est, aut est bonum aut magnum* etc. Vgl. *De aud. cabbal.* p. 45 ff. *Ars invent. verit.* p. 3 ff. *Tab. gener.* p. 2. *Brev. pract. tab. gener.* p. 1. *Lect. art. inv.* p. 12.

hörigen Gebiete bezogen werden; nemlich *differentia, concordantia, contrarietas* (in den Ecken eines grünen Dreieckes untergebracht) sollen den Dualismus zwischen *sensus* und *intellectus* zum Gegenstande haben, sowie *maioritas, aequalitas, minoritas* (in den Ecken eines gelben Dreieckes) den Dualismus zwischen Substanz und *accidens*, hingegen *principium, medium, finis* (in den Ecken eines rothen Dreieckes) vertheilen sich einzeln auf ihre verschiedenen Modalitäten, welche in den betreffenden Feldern des Kreises eingetragen sind [87]). Ausserdem wird darauf hingewiesen, dass man auch mit dieser zweiten Figur in der ersten „agiren", d. h. diese relativen Prädicate mit den absoluten verbinden solle [88]).

Letzteres aber führt zur dritten Figur:

BC	CD	DE	EF	FG	GH	HI	IK
BD	CE	DF	EG	FH	GI	HK	
BE	CF	DG	EH	FI	GK		
BF	CG	DH	EI	FK			
BG	CH	DI	EK				
BH	CI	DK					
BI	CK						
BK							

Dieselbe ist nemlich nur eine Schablone, welche zeigt, wie die absoluten Prädicate und die relativen Prädicate paarweise zu Urtheilen verbunden werden sollen, wobei man, wie Lullus meint, allmälig vom Allgemeinen zum Speciellen herabsteige und so auf die Frage geführt werde, durch

---

87) *Ars magna et ult.* p. 222: *Secunda figura est de tribus triangulis..... Super angulum differentiae scribuntur „Sensuale et Sensuale* etc.", *et sic super angulis concordantiae et contrarietatis, ad significandum differentiam, quae est inter sensuale et sensuale* u. s. f...... *Super angulum principii scripta sunt „Causa* etc."; *per causam principia substantialia significantur; ..... per quantitatem et tempus significantur principia accidentalia, sicut sunt novem praedicamenta. Super angulum medii scripta sunt „Coniunctio* etc." *ad significandum tres species medii..... Supra angulum finis scripta sunt „Perfectionis* etc." *ad denotandum, quod sunt tres species finis...... Supra angulum maioritatis et sic de angulis aequalitatis et minoritatis scripta sunt „Substantia et subst.* etc." *ad significandum, quod una substantia est maior alia* u. s. f...... (p. 223) *Triangulus viridis* (in Salzinger's Ausgabe erscheinen diese Figuren auch immer in sehr schönem farbigen Drucke), *qui est de differentia, concordantia et contrarietate, est generalis ad omnia, nam quidquid est, aut est in differentia aut concordantia aut contrarietate..... Triangulus rubeus, qui est de principio, medio et fine, est generalis ad omnia, cum, quidquid sit, vel est in principio vel medio vel fine.....* (p. 224) *Per triangulum croceum intelligitur una maioritas universalis, cui omnes aliae maioritates sunt subalternatae, ... et hoc idem est de aequalitate et etiam minoritate.* Vgl. *Ars brev.* p. 4 ff. *De aud. cabbal.* p. 48 ff. *Ars invent. verit.* p. 7 ff. *Tab. gener.* p. 3. *Brev. pract. tab. gener.* p. 2 A. *Lect. art. inv.* p. 23.

88) *Ars magna et ult. p.* 224: *Secunda figura instrumentum est intellectus, cum quo agit in prima figura, quoniam per differentiam distinguit inter bonitatem et magnitudinem et huiusmodi...... et sic de aliis suo modo. Item distinguit cum differentia in essentia bonitatis per bonificantem, bonificatum et bonificare* u. s. f. Vgl. *Ars brev.* p. 6.

welchen Mittelbegriff die Prädicate jener Urtheile mit ihren Subjecten zu vermitteln seien [89]).

Diess aber soll dann die vierte Figur leisten:

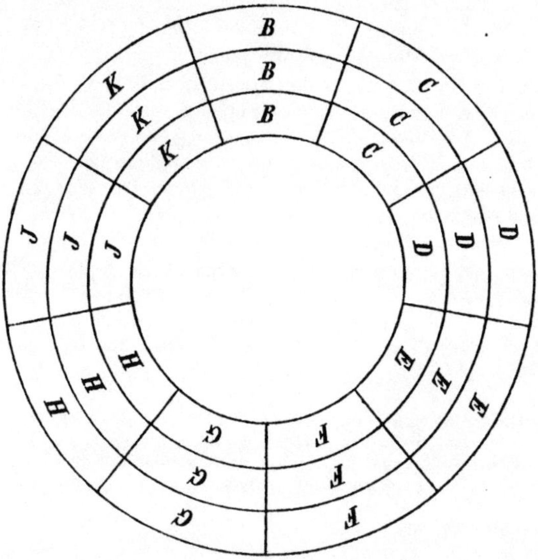

Denn es handelt sich dabei nur um eine Mechanisirung der Combination der neun absoluten und der neun relativen Prädicate, indem bei der Drehbarkeit der beiden inneren Kreise an jedem der neun Felder des äusseren Kreises neun Felder des mittleren und wieder an jedem von diesen die neun Felder des inneren Kreises vorbeispazieren können, aber die Felder des mittleren Kreises als Mittelbegriffe von Schlüssen fungiren sollen [90]).

---

89) *Ars magna et ult.* p. 225: *Tertia figura est composita ex prima et secunda, quae habet in se triginta sex cameras.... Intentio, quare haec figura in hac arte est posita, est ad significandum, ut cum uno principio homo applicet vel associet aliud principium..... Haec figura docet descendere de universali ad particulare gradatim. Ars brev.* p. 7: *In qualibet camera sunt duae litterae in ea contentae; ipsae significant subiectum et praedicatum, in quibus artista inquirit medium, cum quo subiectum et praedicatum coniunguntur.* Vgl. *De aud. cabbal.* p. 53 f. *Ars invent. verit.* p. 12 A. *Tab. gener.* p. 5 A. *Brev. pract. tab. gen.* p. 2 B. *Lect. art. inv.* p. 43.

90) *Ars brev.* p. 9: *Quarta figura habet tres circulos, quorum superior est immobilis, duo autem inferiores sunt mobiles, ut in figura patet* (in Handschriften und den oben erwähnten älteren Drucken ist meistens diese Beweglichkeit auch wirklich hergestellt, indem die Mittelpunkte der aus anderem Papiere ausgeschnittenen inneren Kreisflächen mit dem Mittelpunkte des äusseren Kreises durch einen Faden verbunden sind). *Circulus medius volvitur sub circulo superiori immobili....., circulus autem inferior volvitur sub circulo medio..... Sic per media camerarum homo*

Als dritter Theil folgen hierauf die Definitionen der achtzehn *„principia“*, d. h. eben der absoluten und der relativen Prädicate; dieselben aber sind so überaus einfältig [91]), dass sogar dem Lullus selbst eine Ahnung hierüber aufgestiegen sein muss; denn er findet sich zu der Bemerkung veranlasst, dass nur Hunde-Zähne und Schlangen-Zungen seine Definitionen tadeln könnten [92]). Auch eine beigefügte Angabe über verschiedene Arten des Definirens ist werthlos [93]).

Nachdem so im Bisherigen die ersten zwei Quer-Reihen des obigen Alphabetums ihre fruchtbare Berücksichtigung gefunden haben, kommt nun vorläufig einmal die dritte zur Erörterung, indem die dortigen neun (oder eigentlich zehn) Fragen unter dem eigenthümlichen Titel ***„Regulae“*** den vierten Theil der lullischen Technik bilden [94]). Dass diese Fragen als allumfassende und adäquate Gefässe uns über jedes erdenkliche Sein und somit über das Object aller möglichen übrigen Fragen Aufschluss ertheilen, wird mit marktschreierischer Emphase von Lullus verheissen [95]). Aber — ***„professus grandia turget“*** — wir finden eine gar dürftige Weisheit in der Behandlung jener (mit den Buchstaben des „Alphabetums“ bezeichneten) Fragen oder Regeln. Nemlich ***„utrum“*** ist eigentlich

---

venatur necessarias conclusiones ..... Erunt CCLII camerae. Diese Zahl aber ist falsch (s. unten Anm. 106 u. 112); denn es ergeben sich $9 \times 9 \times 9 = 729$ Combinationen. Gleichlautend mit *Ars brev.* erscheint dieses Capitel *De aud. cabbal.* p. 54 f., hingegen in *Ars magna et ult.* p. 226 f. ist die Erklärung der Figur sehr nachlässig. Vgl. *Ars invent. verit.* p. 12 B. *Tab. gener.* p. 5 B. *Brev. pract. tab. gen.* p. 3 A. *Lect. art. inv.* p. 109.

91) *Ars magna et ult.* p. 227: *Ista tertia pars est de diffinitionibus principiorum, ut est diffinitio bonitatis, quae est haec: Bonitas est ens, ratione cuius bonum agit bonum. Et magnitudo est ens, ratione cuius bonitas, duratio et reliqua sunt magna .... Duratio est id, ratione cuius durant bonitas, magnitudo et cetera,* und so fort in diesem Stile auch bei den übrigen. Wörtlich ebenso *Ars brev.* p. 10, u. *De aud. cabbal.* p. 57. Vgl. *Ars invent. verit.* p. 3—12. *Tab. gener.* p. 6—14. *Brev. pract. tab. gen.* p. 3 ff. In *Lect. art. inv.* erscheinen die ersten neun Definitionen bei der ersten Figur (p. 12—23) und die letzten neun bei der zweiten Figur (p. 26—43).

92) *Ars magna et ult.* p. 229: *Amplius aliquis forte habens dentem caninum et linguam serpentinam principia nostra et eorum diffinitiones spernet et calumniabitur. Ars autem vult, quod unum principium adiuvet aliud.*

93) Ebend. p. 228: *Diffinitio pluribus modis fieri potest, et omnes ad duos modos reducuntur, et quilibet modus habet quatuor species. Primus quidem modus est, quando fit per efficientem, potentiam, materiam et finem* (s. Abschn. IV, Anm. 676) ..... *Secundus modus est, ut in regula C dicemus* (s. Anm. 97) ..... *Sed ultra artem est alius modus confusus, quando diffinitiones fiunt ad placitum sive per contingentiam ..... Amplius autem diffinitiones fiunt per compositionem, sc. quando unum principium diffinitur cum alio, ut cum dicitur bonitas magna.*

94) Diese ganze Partie findet sich ziemlich gleichlautend in *Ars brev.* p. 11—14, *De aud. cabbal.* p. 58—63, *Tab. gener.* p. 15—22, *Brev. pract. tab. gen.* p. 7 ff., *Comp. lect. tab. gen.* p. 9 ff., *Lect. art. inv.* p. 2—9, u. *Ars magn. et ult.* p. 229—251. Ich führe nach letzterem Texte das Nöthigste in Kürze an.

95) *Ars magna et ult.* p. 229: *Regulae sunt decem, sc. „utrum, quid etc.“, ut in alphabeto iam signatum est* (Anm. 85). *Istae regulae sunt decem quaestiones generales, per quas omnes esse omne quaesitum, et quomodo id, de quo quaeritur, ponitur, in ipsis est lucefactum.* p. 250: *Regulae sunt vasa ad omnia intelligibilia et proportionabiles intellectui humano.*

nur grammatisch gefasst [96]), *„quid“* bezieht sich auf die Kategorie der Substanz und soll die Lehre von der Definition in sich schliessen [97]), *„de quo“* enthält die Causalität, welche in einem Stofflichen liegt [98]), *„quare“* soll sich auf Dasein und Thätigkeit beziehen [99]), *„quantum“* [100]) und *„quale“* [101]) enthalten natürlich die betreffenden Kategorien, *„quando“* soll die Modificationen der Substanz, des Stofflichen und des *cum quo* umfassen [102]), sowie *„ubi“* alle diese drei und ausserdem noch das *quomodo* [103]); in *„quomodo“* selbst werden die Arten der Modalität [104]) und in *„cum quo“* jene der Instrumentalität zusammengefasst [105]).

Unmittelbar hierauf aber kehrt der fünfte Theil doch wieder zu den so eben verlassenen ersten zwei Quer-Reihen des Alphabetums und zu den Figuren, welche denselben bis dahin gedient hatten, zurück. Es wird nemlich unter dem Titel *„Tabula generalis“* ein Combinations-Spiel in 84 Columnen angereiht, deren erste zwei sich folgendermaassen gestalten:

---

96) Ebend. p. 240 (die Paginirung überspringt durch Druckfehler zehn Zahlen): *Regula de B est „utrum“ et est de possibilitate, utrum hoc, de quo quaeritur, sit vel non sit ...... Ista quidem regula de B habet tres species, quae sunt: dubitatio, affirmatio et negatio.*

97) Ebend.: *Regula de C est de quidditate, eo quod est subiectum et fons diffinitionum......* (p. 241) *Ipsa quidem regula habet quatuor species. Prima est de diffinitione et diffinito, quod cum ipsa diffinitione convertitur* (vgl. folg. Abschn., Anm. 150).... *Secunda species est, quando quaeritur de eo, quod habet in se essentialiter et naturaliter, sine quo ipsa res non potest esse...... Tertia species est, quando quaeritur, quid est res in alio..... Quarta..., quando quaeritur, quid habet res in alio.*

98) Ebend. p. 242: *Regula de D. Tertia quaestio est de materialitate et habet tres species. Prima est, de quo res est.... Secunda species est, quando quaeritur, de quo est aliquid factum sive constitutum..... Tertia species est, quando quaeritur de aliquo, cuius est, sicut „cuius est regnum“.*

99) Ebend. p. 244: *Regula E. Quarta quaestio est de quare; quae duas habet species. Una est per existentiam, alia vero est per agentiam.*

100) Ebend.: *De regula F. Quinta quaestio quaerit de quantitate; quae duas habet species, sc. simplicem et compositam; ..... secundum compositionem quaeruntur mensurationes entium et numerus eorum.*

101) Ebend. p. 245: *De regula G. Sexta quaestio quaerit de qualitate; quae duas habet species, sc. propriam et appropriatam..... Propriae qualitates sunt causae superiores, et appropriatae sunt inferiores.*

102) Ebend. p. 246: *De regula H. Septima regula quaerit de tempore et tot habet species, quot habet secunda regula et tertia et nona et decima.*

103) Ebend. p. 247: *De regula I. Octava quaestio quaerit de loco ..... et ista regula quindecim habet species, quae sunt de secunda, tertia, nona et decima regula.*

104) Ebend. p. 248: *De regula modalitatis signata per K. Nona quaestio est de modo, sc. quaerere, quomodo sunt res. Et habet quatuor species. Prima quaestio est....., quomodo res est in se..... Secunda, ...quomodo est in alio..... Tertia, ...quomodo est in partibus suis..... Quarta, ...quomodo transmittit suam similitudinem extra se.*

105) Ebend. p. 249: *De regula K, quae est de instrumentalitate* (nemlich nach obigem „Alphabet“ gehören zum Buchstaben *K* zwei Fragewörter). *Decima regula est de instrumentalitate, h. e. quaerere, cum quo res sunt sive cum quo agunt. Et habet quatuor species similes illis, quae sunt de regula modalitatis.*

BCD	BCE
BCTB	BCTB
BCTC	BCTC
BCTD	BCTE
BDTB	BETB
BDTC	BETC
BDTD	BETE
BTBC	BTBC
BTBD	BTBE
BTCD	BTCE
CDTB	CETB
CDTC	CETC
CDTD	CETE
CTBC	CTBC
CTBD	CTBE
CTCD	CTCE
DTBC	ETBC
DTBD	ETBE
DTCD	ETCE
TBCD	TBCE

Diesen beiden genau analog folgen noch 82 Columnen für: BCF, BCG, BCH, BCI, BCK, BDE, BDF, BDG, BDH, BDI, BDK, BEF, BEG, BEH, BEI, BEK, BFG, BFH, BFI, BFK, BGH, BGI, BGK, BHI, BHK, BIK, CDE, CDF, CDG, CDH, CDI, CDK, CEF, CEG, CEH, CEI, CEK, CFG, CFH, CFI, CFK, CGH, CGI, CGK, CHI, CHK, CIK, DEF, DEG, DEH, DEI, DEK, DFG, DFH, DFI, DFK, DGH, DGI, DGK, DHI, DHK, DIK, EFG, EFH, EFI, EFK, EGH, EGI, EGK, EHI, EHK, EIK, FGH, FGI, FGK, FHI, FHK, FIK, GHI, GHK, GIK, HIK.

Sehen wir davon ab, dass die Combination mathematisch nicht erschöpft ist [106]), so erkennen wir sogleich, dass diese ganze *Tabula generalis,* wie Lullus auch ausdrücklich bemerkt, nur durch die vollzogene Drehung der Kreise in obiger vierter Figur (Anm. 90) entstanden ist, und dabei der Buchstabe *T* (das Symbol der zweiten Figur) bloss die Function hat, anzuzeigen, dass die in den Combinationen vor ihm stehenden Buchstaben nach der Bedeutung der ersten Figur und somit als absolute Prädicate zu verstehen sind, während die dem *T* nachfolgenden Buchstaben in der Bedeutung der zweiten Figur, d. h. als relative Prädicate, genommen werden sollen [107]). Und wenn Lullus hierauf an der

106) Denn wenn z. B. bei BCD, welche drei Buchstaben sich ternarisch 27mal combiniren lassen, wohl die Combinationen BBC, BBD, BCC, BDD, DBD, CCD, CDC, CDD ohne Rücksicht auf die Wiederholungen aufgenommen sind, versteht sich von selbst, dass auch DBB, DCC, DDB, DDC, CBB, CCB nicht fehlen durften. Hingegen wieder ist es eine planlose Vervielfältigung, wenn BCB und BCC in sämmtlichen ersten fünf Columnen wiederkehren. Kurz es fehlt an einem mathematischen Principe des Combinations-Verfahrens. Das Richtige wäre, dass es $9 \times 9 \times 9 = 729$ ternarische Combinationen der neun Buchstaben gibt (s. ob. Anm. 90), und da bei jeder derselben das hier eingeschobene *T* eine vierfache Stellung haben kann, so ergäben sich nicht $20 \times 84 = 1680$, sondern $4 \times 729 = 2916$ Combinationen für das in der *Tabula generalis* eingeschlagene Verfahren.

107) *Ars magna et ult.* p. 258: *Tabula ista composita est ex LXXXIV columnis, et est subiectum sive instrumentum, in quo investigantur solutiones quaestionum recipiendo ad propositum, affirmando vel negando, concordando principia et regulas et evitando eorum contrarietatem. Significat autem T in tabula, quod litterae, quae sunt ante ipsum, principia sunt de prima figura, et litterae, quae sunt post ipsum, sunt de secunda; sicut in camera BCTB, in qua B praecedens T dicit bonitatem et C magnitudinem et B post T dicit differentiam. Investigatio autem, quae fit in tabula, est in altiore gradu significationis veritatum, quam illa, quae fit in figuris. Tabula vero a quarta figura derivata est volvendo circulum secundum et tertium, ut in ipsa tabula apparet* (s. ob. Anm. 90) *usque ad LXXXIV columnas, in qua revolutione con-*

ersten Columne beispielsweise zeigt, wie in Folge der Combination in jeder der 84 Columnen zwanzig „Fragen" sich ergeben, welche den manigfaltigen Nexus der absoluten und der relativen Prädicate betreffen[108]), so dürfte hiedurch zur Genüge ersichtlich sein, welch zweckloses und läppisches Treiben uns die *Ars magna* zumuthe, denn wir müssen doch immer im Auge behalten, dass sowohl die ursprüngliche Auswahl der neun absoluten Prädicate und nicht weniger die der relativen schlechterdings blind und willkürlich ist, als auch dass das mechanische Combinations-Verfahren den logischen Verstand noch lange nicht der Prüfung überhebt, ob denn jede der einzelnen Combinationen überhaupt einen denkbaren Sinn enthalten könne. Lullus hingegen, welcher auch anderwärts die wechselseitigen Beziehungen der absoluten und relativen Prädicate als *„conditiones principiorum"* erörterte und hiedurch der *„inventio"* dienen wollte[109]), war der sicheren Ueberzeugung, dass durch

---

sistit ligamen columnarum...... Et sic in qualibet columna sunt omnes columnae implicatae, ratione cuius implicationis quaelibet columna est coadiuvativa alterius. Ad quamlibet solutionem unius quaestionis possunt applicari omnes significationes omnium quaestionum abstractarum et manuductarum ad ipsam quaestionem. In der *Ars brev.* p. 14 und ebenso *De aud. cabbal.* p. 63 werden nur die ersten sieben Columnen zum Muster angeführt. Aber sämmtliche 84 sind am deutlichsten gedruckt bei *Salzinger* (Vol. V) als Einleitung zur *Tabula generis;* vgl. ebend. p. 22.

108) *Ars magna et ult.* p. 258: *In qualibet columna sunt viginti quaestiones per ordinem. Et de hoc dabimus exemplum in prima columna, quae est BCD, praedicando primo de bonitate, deinde de magnitudine, postmodum de aeternitate, et hoc sic: Prima est, utrum bonitas sit intantum magna, quod sit aeterna? Secunda, utrum sit aliqua bonitas intantum magna, quod continet in se res differentes? Tertia, utrum bonitas sit intantum magna, quod continet in se res concordantes? Quarta, utrum bonitas continens in se res contrarias sit magna? Quinta, utrum bonitas aeterna sit differens?* 6) *utrum bonitas aeterna sit concordans?* 7) *utrum bonitas aeterna habeat in se contrarietatem?* 8) *utrum bonitas in se contineat differentiam et concordantiam?* 9) *utrum bonitas contineat in se differentiam et contrarietatem?* 10) *utrum bonitas in se contineat concordantiam et contrarietatem?* 11) *quid est magna differentia aeternitatis?* 12) *quid est magna et aeterna concordantia?* 13) *quid est magna et aeterna contrarietas?* 14) *quid est magna differentia et concordantia?* 15) *quid est magna differentia et contrarietas?* 16) *quid est magna concordantia et contrarietas?* 17) *differentia concordantiae aeternitatis de quo est?* 18) *differentia aeternitatis de quo est?* 19) *concordantia contrarietatis et aeternitatis de quo est?* 20) *differentia concordantiae et contrarietatis de quo est?* Hierauf nun folgt (p. 259—267) allen Ernstes die Erörterung dieser zwanzig Fragen. Hat vielleicht der Leser Lust, sämmtliche 1680 Fragen zu stellen? Auch damit aber wäre die *„ars"* des Lullus noch nicht befriedigt; denn er fährt hierauf p. 267 fort: *Et quaestiones, quas fecimus de columna, sunt generales, et possunt applicari ad quaestiones particulares descendendo per scalas trianguli viridis* (s. ob. Anm. 87), *per quas intellectus est discursivus faciendo scientias differentes. Et ad hoc damus exemplum in eadem columna ad solvendum quaestiones per viginti rationes differentes ratione dictarum camerarum, a quibus extrahuntur: „Utrum mundus sit aeternus"*, — eine Frage, zu deren Verneinung nun (p. 267—278) die zwanzig „Kammern" der ersten Columne aufgeboten werden. Vgl. *Comp. lect. tab. gen.* p. 4 ff.

109) *Ars invent. verit.* p. 13—36, woselbst unter dem Titel *„Conditiones principiorum"* die achtzehn Principien derartig ternarisch in fallender Progression combinirt werden, dass sich im Ganzen 833 Urtheile ergeben. Hingegen in *Lect. art. inv.* p. 59—109 wird eine paarweise Combination der achtzehn Begriffe unter dem Titel *„Inventio"* höchst ausführlich erörtert. Eben dahin gehört auch die noch ungedruckte Schrift *De affirmatione et negatione* (*Cod. lat. Mon.* 10517, f. 11 B — 16 A),

diese Combinationen und das damit verbundene Auf- und Absteigen der Begriffe wesentlich die *inventio medii* gefördert werde [110]).

Als sechster Theil folgt hierauf *Evacuatio tertiae figurae*, d. h. Lullus fordert, dass für jede der 36 „Kammern" der dritten Figur (Anm. 89) vorerst durch ein Combinations- und Umkehrungs-Spiel 12 Urtheile formirt und diese dann durch einen erkünstelten allgemeinen Mittelbegriff gestützt werden sollen, worauf dann 24 Fragen zu beantworten seien, da bei jedem jener Urtheile sowohl *utrum* als auch *quid* gefragt werden müsse, sowie ausserdem die obigen Definitionen und aus der zweiten Figur die Momente der *differentia* und *concordantia* und obige Modalitäten des *utrum* und des *quid* berücksichtigt werden sollen. So, meint Lullus, werde die dritte Figur nach ihrem vollen Inhalte ausgebeutet (— *evacuare* —) und der Intellectus in Bezug auf *applicatio, inventio, disputatio, solutio quaestionum* gefördert [111]).

Den siebenten Theil bildet *Multiplicatio quartae figurae*, welche wieder nur auf die *Tabula generalis* zurückgreift, insoferne die einzige

---

welche mit der Lehre vom Urtheile Nichts zu schaffen hat, sondern die Verbindungen jener nemlichen achtzehn Principien bejahend und verneinend erörtert.

110) *Ars magna et ult.* p. 278: *Apparet, per quem modum intellectus habet generale subiectum, sc. tabulam huius artis ad inveniendum media, de quacunque materia sint (posito, quod sciatur, quod dicitur per nomen), de quibus et cum quibus mediis sit conclusio, quae quidem media sunt subiectum huius artis. De aud. cabb.* p. 63: *Intellectus efficitur assertivus et ascensivus et descensivus in illis figuris et per illas figuras, sc. A et T; procedit namque intellectus in eis a generalissimo ad specialissimum.* Vgl. *Ars brev.* p. 14. *Ars invent. verit.* p. 2 B.

111) *Ars magna et ult.* p. 278 ff.: *Tertia figura est divisa in XXXVI cameras, ut in ipsa patet, et in qualibet camera sunt implicatae XII propositiones et XXIV quaestiones et solutiones earum. Et vocamus evacuare, quando extrahimus propositiones et quaestiones et solutiones earum et de implicatione ad explicationem ipsam deducimus doctrinam ...... In camera faciemus propositiones mutando subiectum in praedicatum, deinde faciemus quaestiones ..... et postmodum solutiones faciemus probando ..... Intellectus evacuat cameras eo, quia abstrahit ab ipsis tantum quantum potest ...... Et sic ipse intellectus facit se applicativum, investigativum et inventivum ..... De camera BC intellectus haurit XII propositiones dicendo sic: Bonitas est magna. Bonitas est differens. Bonitas est concordans. Magnitudo est bona. Magnitudo est differens. Magnitudo est concordans. Differentia est bona. Differentia est magna. Differentia est concordans. Concordantia est bona. Concordantia est magna. Concordantia est differens ..... Deinde evacuet eam duodecim mediis eo, quod consistit inter subiectum et praedicatum, cum quibus conveniunt genere aut specie. Et cum illis mediis intellectus faciet se disputativum et determinativum. Et ista media extrahuntur, ut cum dicitur: „Omne id, quod magnificatur a magnitudine, est magnum; sed bonitas est id, quod magnificatur a magnitudine; ergo bonitas est magnum" ..... Facta ista evacuatione intellectus evacuet ipsam cameram XXIV quaestionibus, quia in qualibet propositione sunt duae quaestiones implicatae; et hoc sic: „Bonitas est magna. Utrum bonitas sit magna? Quid est bonitas magna?" ...... Deinde intellectus evacuet cameram cum diffinitionibus bonitatis* etc. (Anm. 91) *et cum tribus speciebus differentiae et concordantiae, ut patet in secunda figura* (Anm. 87). *Deinceps evacuet cameram cum tribus speciebus regulae B* (Anm. 96) *et cum quatuor speciebus regulae C* (Anm. 97). *Et expedita ista evacuatione intellectus postmodum solvat quaestiones praedictas ...... sequendo conditiones camerae affirmando aut negando. Et sic intellectus expellit a camera dubitationes et consistit in illa quietatus et etiam cognoscit se valde generalem et artificiatum et de magna scientia habituatum.* So werden dann (p. 280—300) in grösster Ausführlichkeit sämmtliche 36 Kammern discutirt. Vgl. *Ars brev.* p. 15. *De aud. cabb.* p. 64. *Brev. pract. tab. gen.* p. 38.

neue Erwägung darin besteht, dass in den ternarischen Combinationen (z. B. BCD) jeder der drei Buchstaben je zu den zwei übrigen in irgend einem Verhältnisse (*conditio*) stehe, so dass sich bei jeder Combination zunächst sechs *conditiones* ergeben, deren Zahl sich aber verdoppelt, sobald in der vierten Figur der innere Kreis um ein Feld gedreht wird; und wenn dann je an die drei combinirten Begriffe sich eine Frage anknüpft, so erblickt Lullus in dieser ganzen Procedur abermals ein förderliches Mittel für *inventio* und aber auch für jedes Beweisverfahren[112]). Nemlich da die *inventio medii* immer sich durch den mittleren Kreis der vierten Figur (s. Anm. 90) ergebe[113]), meint er, dass nun hiemit die *probatio* in all ihren Arten bewerkstelligt werde[114]), und der Kenner der *Ars magna* weit über alle Sophistik triumphirend erhaben sei[115]), deren Vernichtung sich nun von selbst ergebe[116]). Kurz diese Erweiterung der vierten Figur gilt dem Lullus als der umfassendste Schlüssel aller Wissenschaften[117]) und als eine Ausgleichung, welche der Intellectus

---

112) *Ars brev.* p. 16: *Multiplicatio quartae figurae consistit in hoc videlicet, quod prima camera BCD in quarta figura significat, quod B unam conditionem habet cum C et aliam cum D, et C unam conditionem habet cum B et aliam cum D, et D unam conditionem habet cum B et aliam cum C. Et sic sunt in ipsa camera sex conditiones, cum quibus intellectus se conditionat et disponit ad investigandum et inveniendum et obiiciendum et probandum et determinandum. Post istas sex conditiones intellectus acquirit alias sex conditiones volvendo circulum minorem, ponendo suum E sub C circuli mediocris, sub quo erat suum D. Et quia mutata est camera, ideo mutantur eius conditiones, et sic intellectus habituat se XV* (s. sogleich) *conditionibus. Et sic per alias cameras multiplicando columnas et volvendo illas. Conditiones, quas intellectus multiplicat per istum modum, sunt difficiles ad enumerandum, nam de qualibet camera potest intellectus sic evacuare XXX propositiones et XC quaestiones.* Jedoch alle diese Zahlen sind unrichtig; theilweise besser lesen wir *de aud. cabb.* p. 67: *volvendo rotulam minorem ..... factae sunt aliae sex conditiones, ... et hoc modo volvendo intellectus multiplicat de uno quoque spatiolo XII propositiones et XXIV quaestiones.* Wenn aber hinwiederum ebend. p. 66 gesagt ist „*multiplicantur entia per spatiola quartae figurae ad numerum CCLII*", so stimmt allerdings dieser Calcul mit der Erwägung überein, dass in der *Tabula generalis* (Anm. 106 f.) je in den ersten Kammern der ersten sieben Columnen BC sieben Combinationen eingeht, und sonach für BC $7 \times 12 = 84$ „*conditiones*" entstehen, bei deren jeder im Hinblicke auf die drei combinirten Buchstaben drei Fragen, also im Ganzen $3 \times 84 = 252$ Fragen erwachsen. Aber nach der Drehungs-Operation, welche in der vierten Figur vorgenommen werden soll, ist überhaupt dieser ganze Calcul unrichtig (s. Anm. 90 u. 106). In Wahrheit sind es ja 729 Combinationen, und insoferne deren jede sechs *conditiones* erhalten mag und zu jeder *conditio* drei Fragen gehören, gewinnen wir $18 \times 729 = 13122$ Fragen.

113) *Ars magna et ult.* p. 301: *Cum artista vult medium, semper investigat in medio circulo. Nam sicut animali competit, stare mensurative et coniunctive inter substantiam et hominem, quando concluditur, quod homo est substantia, sic littera, quae est in medio circulo, debet stare inter litteram existentem in superiori circulo et litteram, quae est in inferiori.*

114) Ebend. p. 304: *Probatio est genus, et suae species sunt per „demonstrationem propter quid" et per „demonstrationem aequiparantiae" et per „quod" divisae.* S. ob. Anm. 56 ff.

115) *Ars brev.* p. 16 f.: *In illo passu cognoscit se intellectus valde generalem et artificiatum supra alium intellectum ignorantem istam artem ..... et sic sophista coram tali intellectu non potest stare.* Ebenso *De aud. cabb.* p. 67.

116) *Ars magna et ult.* p. 305—313. (Ein Excerpt aus den *Soph. Elenchi*).

117) Ebend. p. 313: *Per quartam figuram verius, quam per alius datur modus, quo aliae scientiae possunt faciliter et breviter acquiri, sicut theologia, philosophia*

mittelst seiner ihm „angeborenen" Principien mit dem gesammten objectiven Gegenstande des Wissens überhaupt finde [118]).

Trotzdem aber sind wir mit dieser Technik noch nicht zu Ende, sondern es folgt als achter Theil die ***Mixtio principiorum et regularum***, wobei noch einmal die „Principien" (d. h. die absoluten und die relativen Prädicate), um welche sich schon alles Bisherige gedreht hatte, den Gegenstand bilden; dieselben sollen nemlich nun sowohl wieder unter sich derartig zu Urtheilen verbunden werden, dass jedes durch die übrigen siebzehn eine nähere Bestimmung findet, als auch sollen nun an die einzelnen achtzehn Begriffe sämmtliche obige Fragen (d. h. „Regeln", s. Anm. 94 ff.) angelegt werden [119]).

Und nun erst kommt noch der übrige Theil des Alphabetums (Anm. 85), welcher bisher noch keine Rolle gespielt hatte, zur Betrachtung, indem der neunte Theil die dortigen *„novem subiecta"* erörtert, bei welchen als allgemeine Gesichtspunkte ihre Definition, ihre Unterschiede und ihr Uebereinstimmen, sowie ihre Gradabstufung bezeichnet werden [120]). Sämmtliche neun Subjecte, ausserhalb deren, wie sich Lullus einbildet, es überhaupt Nichts gibt, sollen ihrerseits nun wieder durch die achtzehn Principien und die zehn Fragen hindurchgeführt werden [121]). Von dem neunten derselben aber, d. h. von *instrumentum*, gewinnt Lullus einen

---

etc., *et hoc inveniendo medium non existens generalissimum neque specialissimum. Ratio huius est, quod ista scientia habet principia generalissima et etiam regulas generalissimas, aliae vero scientiae habent subalternata principia, et sic medium earum est imperfectum sine ista scientia.*

118) *De aud. cabb.* p. 64: *Finis quaesitus in hac methodo non est nisi docere modum, cum quo adaequatur intellectus humanus cum re intellecta de unoquoque scibili; .....et hoc fit per evacuationem tertiae figurae et cum multiplicatione quartae figurae. Lib. correl. innat.* f. 50 A: *Subiectum huius artis est innata pluralitas primitiva vera et necessaria,* d. h. eben die achtzehn „Principien".

119) *Ars magna et ult.* p. 315: *De mixtione principiorum et regularum. Pars ista in duas partes dividitur, sc. in mixtionem principiorum deductorum uno deducto cum alio, secunda pars est de principiis deductis per regulas. Datur doctrina, quomodo unum principium cognoscatur per alia deducendo ipsum per ipsa principia et per omnes species regularum..... Et ista mixtio est centrum et subiectum huius artis.* Hierauf werden in der That vorerst (p. 316—340) die achtzehn „Principien" je einzeln in Beziehung zu den übrigen siebzehn gebracht, und sodann (p. 340—375) wieder jedes derselben an den zehn obigen Fragen gemessen. Vgl. *Ars brev.* p. 17. *De aud. cabb.* p. 67 ff. *Brev. pract. tab. gener.* p. 37 ff. *Comp. lect. tab. gen.* p. 1 B.

120) *Ars brev.* p. 17: *Ponuntur novem subiecta in alphabeto significata, in quibus cadit, quidquid est, et extra ipsa nihil est ......* (p. 18) *Tractatus istorum subiectorum consideramus cum quatuor conditionibus ..... Prima conditio haec est, ut quodlibet subiectum habeat suam diffinitionem..... Secunda conditio est, quod in iudicio sive in practica conservetur differentia subiectorum ..... Tertia conditio est, quod concordantia, quae est inter unum subiectum et aliud subiectum, non destruatur ...... Quarta est, quod, secundum quod unum subiectum est nobilius et altius, ei attribuantur altiora et nobiliora principia.* Ebenso *De aud. cabb.* p. 70 ff.

121) *Ars magn. et ult.* p. 375: *Quoniam in novem subiectis omne, quod est, implicatur et extra nihil est, idcirco volumus ponere ipsa in hac arte, ut cum ipsis ars sit generalis, eo quod sunt generalia ad omnia. Et ideo discurrendo praedicta subiecta per principia huius artis et regulas de ipsis subiectis notitiam habere poterimus* u. s. f. Diess geschieht nun mit den ersten acht unter jenen neun Subjecten (p. 376—443), indem jedesmal zuerst die *„principia"* und dann die *„regulae"* zur Erörterung verwendet werden.

etwas halsbrecherischen Uebergang zu den letzten zwei Quer-Reihen des Alphabetums, nemlich zu den neun Tugenden und neun Lastern, deren Erörterung ich ohne Neid der Geschichte der Ethik überlasse [122]). Uebrigens glaubt Lullus auch hiedurch wieder Erspriessliches für die *inventio medii* geleistet zu haben [123]).

Was hierauf noch folgt, gehört eigentlich schon mehr der Praxis dieser Technik an. Nemlich den zehnten Theil bildet unter dem Titel „*Applicatio*" die ausführliche Hinweisung darauf, dass zur Verdeutlichung die Subjecte auf ihre Prädicate und die abstracten Substantiv-Formen auf ihre Adjectiva angewendet werden sollen, sowie dass überall stets der gesammte Inhalt der vorhergegangenen neun Theile der *Ars magna* zur Ausübung kommen soll, wozu jedoch nun noch zwei neue Bestandtheile hinzutreten [124]). Zunächst nemlich reihen sich „*Centum formae*" an, d. h. hundert Begriffe, welche aus sehr verschiedenen Disciplinen (auch

---

122) Ebend. p. 443: *De nono subiecto, quod est de instrumentalitate. Nonum subiectum est de artificio et habet tres species. Prima est de moralibus, secunda de artibus liberalibus, tertia de mechanicis. De prima, sc. de moralibus hic tractabimus* u. s. f., und es folgen hiemit (p. 443—487) in gleicher Durchführung durch die Principien und durch die Regeln vorerst die neun Tugenden und dann die neun Laster. Hingegen *Ars brev.* p. 23: *Istud subiectum est de instrumentalitate et consideratur duobus modis, sc. naturaliter..... et moraliter..... Instrumentum quidem naturale potest cognosci deducendo ipsum per principia et regulas ..... Similiter et instrumentum morale......; talem autem deductionem dimittimus intellectui bene intuenti, et si intellectus artistae deficit in tali deductione, recurrat ad artem magnam, in qua largius tractamus de moralibus.* Somit besteht hier ein anderes Eintheilungs-Motiv der *instrumenta*, als in der *Ars magna;* aber das rasche Umspringen zu den *moralia* ist beiden Redactionen gemeinsam.

123) Die Erörterung dieser *novem subiecta* bildet nemlich auch den ausschliesslichen Inhalt der kleinen Schrift *De conversione subiecti et praedicati*, und dort lesen wir p. 166: *Subiectum huius libri est medium, per quod investigamus conversionem subiecti et praedicati.* p. 167: *Si intellectus invenit medium substantiale inter subiectum et praedicatum, cognoscit, quod ex tali medio fiat demonstratio; et sic non fiet syllogismus opinativus.*

124) *Ars brev.* p. 24 f.: *Applicatio dividitur in tres partes. Prima est, quando applicatur implicitum ad explicitum; secunda est, quando applicatur abstractum ad concretum; tertia est, quando applicatur quaestio ad loca huius artis. De prima parte sic dicemus: Si termini quaestionis sunt impliciti, applicentur ad terminos huius artis explicitos, sicut, quando quaeritur, utrùm deus sit, aut utrum angeli sint, applicentur ad bonitatem, magnitudinem* etc. ..... *De secunda parte sic dicendum est: Si termini quaestionis sunt abstracti, applicentur ad suos terminos concretos, sicut bonitas ad bonum* etc., *et videatur, quomodo se habent terminus abstractus et concretus discurrendo per principia et regulas. Tertia pars, quae est de applicatione ad loca, dividitur in XIII partes, quae sunt hae: Prima figura, Secunda figura, Tertia figura, Quarta figura, Diffinitiones, Regulae, Tabula, Evacuatio tertiae figurae, Multiplicatio quartae figurae, Mixtio principiorum et regularum, Novem subiecta, Centum formae, Quaestiones.* Diese *tertia pars* ist in *De aud. cabb.* p. 79 folgendermaassen in *novem species* eingetheilt: *Prima fig., Sec. fig., Tert. fig., Qu. fig., Mixtio princ. et reg., Regulae, Novem subiecta, Quidditas centum formarum, Quaestiones.* Hingegen *Ars magn. et ult.* p. 488 stimmt mit *Ars brev.* überein, nur werden dort ohne Ober- und Unter-Abtheilung sofort fünfzehn *partes* der *applicatio* gezählt (d. h. 1. *implic. ad explic.*, 2. *abstr. ad concr.*, 3. *Prima figura,* 4. *Sec. fig.* u. s. f.). Die ersten dreizehn derselben enthalten nun dort (p. 488—496) nur eine „practische" Recapitulation desjenigen, was über die einzelnen Theile schon im Obigen entwickelt worden war. Vgl. *Comp. lect. tab. gen.* p. 2 B. In *Lect. art. inv.* p. 109—133 wird nur über *implicite* und *explicite* gehandelt.

aus der Logik selbst, z. B. die Kategorien) entnommen und in möglichst dummer Weise definirt und hierauf näher erläutert werden[125]). Uebrigens sind dabei auch diejenigen, welche der Logik angehören, durchaus nicht im Sinne der Logik, sondern nur im Stile der *Ars magna* besprochen[126]).

Sodann aber sind es (als elfter Theil) *Quaestiones*, welche einerseits abermals den vorhergegangenen Inhalt recapituliren und andrerseits materiell auf das Gebiet der Theologie hinüberweisen[127]).

---

125) *Ars magna et ult.* p. 496: *Vocamus quidem centum formas, nam in abstracto ipsas quidem si consideramus, aliquae erunt generalissimae, aliquae erunt suballernae; et cuilibet formae assignamus suum concretum, ut quaelibet forma intellectui magis elucescat,* u. s. f. Und nun werden (p. 496—562) in ziemlich planloser Ordnung folgende hundert Begriffe definirt und erörtert: *Entitas, Essentia, Unitas, Pluralitas, Natura, Genus, Species, Individuitas, Proprietas, Simplicitas, Compositio, Forma, Materia, Substantia, Accidens, Quantitas, Qualitas, Relatio, Actio, Passio, Habitus, Situs, Tempus, Locus, Motus, Immobilitas, Instinctus, Appetitus, Attractio, Receptio, Phantasma, Plenitudo, Diffusio, Digestio, Expulsio, Significatio, Pulchritudo, Novitas, Idea, Mathematica, Ens in potentia, Punctuitas, Linea, Triangulus, Quadrangulus, Circulus, Corpus, Figura, Generales rectitudines, Monstruitas, Derivatio, Umbra, Speculum, Color, Proportio, Dispositio, Creatio, Praedestinatio, Misericordia, Necessitas, Fortuna, Ordinatio, Consilium, Gratia, Perfectio, Declaratio, Transsubstantiatio, Alteratio, Infinitas, Deceptio, Honor, Capacitas, Existentia, Comprehensio, Inventio, Similitudo, Antecedens, Potentia, Generatio, Theologia, Philosophia, Geometria, Astronomia, Arithmetica, Musica, Rhetorica, Logica, Grammatica, Moralitas, Politica, Jus, Medicina, Regimen, Militia, Mercatura, Navigatio, Conscientia, Praedicatio, Oratio, Memoria.* Vgl. *Ars brev.* p. 25 ff. Hingegen *De aud. cabb.* p. 80 ff. fehlen hievon: *Proprietas* bis *Materia*, dann *Immobilitas, Phantasma, Ens in potentia, Derivatio*, und sämmtliche von *Speculum* an bis *Memoria*, nur *Necessitas* und *Potentia* ausgenommen; neu aber kommen dort hinzu: *Initium, Indivisum, Elementivum, Idem, Simile, Primum, Perfectum, Finitum, Totum, Deminutum, Persona, Hoc, Aliud, Sustentans, Agens, Actu praeditum, Vacuum, Alteratio, Antiquitas*, so dass dort es nur 64 Definitionen sind. Vgl. *Brev. pract. tab. gener.* p. 14—35. Hingegen eine sehr abweichende Zusammenstellung s. unten Anm. 163.

126) Z. B. *Ars m. et ult.* p. 500: *Individuitas est diffinibilis per primam speciem regulae C, nam sicut bonitas est ratio bono, quod agat bonum, sic individuitas est ratio individuo, quod producat individuum, et sicut individuitas est bona per bonitatem, sic bonitas individuata est per individuitatem.*

127) *Ars brev.* p. 29: *De quaestionibus. Haec pars dividitur in XII partes seu loca disposita et proportionata ad quaestiones secundum materiae diversitatem, ex qua sunt ...... Videlicet: Prima figura, Secunda figura, Tertia figura, Quarta figura, Diffinitiones, Regulae, Tabula, Evacuatio tertiae figurae, Multiplicatio quartae figurae, Mixtio principiorum et regularum, Novem subiecta, Centum formae.* Die ersten sechs Gegenstände sind nur in *Ars brevis* (p. 30—33) behandelt. Die *Ars magna et ult.* beginnt erst mit den Fragen über *Tabula generalis* und erörtert (p. 563—582) zur Probe die ersten acht „Kammern" der ersten Columne, lässt dann in Kürze (p. 582—584) die nächsten drei Gruppen folgen, um hierauf in grosser Ausführlichkeit (p. 584—599) die Fragen über die *novem subiecta* folgen zu lassen, wobei wieder wie oben (Anm. 122) von „*Instrumentum*" auf die Tugenden und Laster übergegangen wird, deren Erörterung (p. 599—625) gleichfalls sehr gedehnt ist. Dann folgen die Fragen über *applicatio* (p. 626—630) ganz im Anschlusse an obige Theorie derselben (Anm. 124), so dass schliesslich die Fragen über die *centum formae* sich anreihen, in welchen (p. 630—661) der ganze obige Inhalt in Frage-Form recapitulirt wird. In *De aud. cabb.* beginnt dieser Abschnitt (p. 101) erst mit den *novem subiecta*, auf welche dann (p. 107—110) noch in Kürze die ersten 14 der *centum formae* folgen. In *Tab. gener.* p. 23—75 werden die Fragen von „*Prima figura*" bis „*Tabula*" durchgeführt, und der Rest (p. 55—75) als „*Quaestiones per alias quaestiones*" erledigt. In *Ars inv. ver.* p. 66—204 u. *Lect. art. inv.* p.

Endlich den Schluss bilden zwei kurze Abschnitte, deren einer die *habituatio*, d. h. die Angewöhnung der Technik[128]), der andere aber das Verhalten des Lehrers betrifft[129]), woran etwa auch noch die Disputirkunst geknüpft werden konnte[130]). Ergötzlich aber ist es, wie Lullus betreffs der Lernenden drei Gradabstufungen des Talentes nach der Geschwindigkeit abmisst, mit welcher man sich die ganze Technik aneigne[131]).

Jene beiden Schriften des Lullus, welche die specielle Aufgabe haben, zu lehren, in welcher Weise die Technik praktisch angewendet werden soll (s. Anm. 16), musste ich allerdings schon im Obigen mehrfach durch Bezeichnung betreffender Parallelstellen berücksichtigen; denn nicht bloss die vier Figuren und die Definitionen und Erklärungen der absoluten und der relativen Prädicate schliessen sich dort der übrigen Behandlung der *Ars magna* fast gleichlautend an (s. Anm. 86, 87, 89—91, 94, auch bes. 109), sondern auch da, wo uns schon im Bisherigen die Praxis der Technik begegnete, finden wir im Wesentlichen Uebereinstimmung (s. Anm. 124 u. 127 f.). Aber das Eine, was hier neu hinzukommt und zugleich durchaus ein Mittelglied zwischen der Technik selbst und der bereits (auf Theologie) angewendeten Technik repräsentirt, darf ich eben darum nicht unerwähnt lassen.

Nemlich nach den vier Figuren folgt hier[132]) ein „*Alphabetum*", welches im Vergleiche mit dem obigen (Anm. 85) sehr modificirt ist. Wohl sind die ersten beiden Columnen (mit den neun Buchstaben B—K bezeichnet) identisch mit den ersten beiden Quer-Reihen des obigen Alphabetes, aber die dritte Columne besteht aus neun „*Regulae*" und die vierte aus neun theologischen oder naturphilosophischen *Quaestiones*. Und was nun jene „*Regulae*" betrifft, so enthalten dieselben etwas ganz Anderes als dasjenige, was oben (Anm. 94 ff.) so genannt worden war. Denn wenn auch allenfalls die Regel über *suppositio* uns an das dortige

---

134—311 sind es neun Fragen, welche lediglich der Theologie angehören, aber in peinlichster Ausführlichkeit auftreten, und in letzterer Schrift folgen dort noch (p. 311—358) *Mille minutae quaestiones* aus dem Gebiete der Theologie (es sind jedoch in Folge des Zustandes der Handschrift nur 912).

128) *Ars magna et ult.* p. 662: *Habituatio dividitur in tres partes. Quarum prima est de tribus partibus, in quas haec ars dividitur, et illas artista habituare debet ..... Secunda pars est, quod habituet modum et processum huius artis ..... Tertia pars est, quod ipse habeat modum multiplicandi quaestiones et solutiones.* Ebenso *Ars brev.* p. 42. Vgl. *Tab. gener.* p. 75. *Ars inv. ver.* p. 204 ff.

129) *Ars m. et ult.* p. 662: *Doctrina dividitur in quatuor partes. Quarum prima est, ut artista bene sciat ...... cordetenus. Secunda, quod ipse declaret bene textum scholaribus ..... Tertia, quod ipse faciat quaestiones coram scholaribus et solvat eas. ...... Quarta, quod faciat scholaribus quaestiones, ut ipsi de illis respondeant.* Ebenso *Ars brev.* a. a. O. Vgl. *Brev. pract. tab. gen.* p. 11 ff.

130) *Brev. pract. tab. gen.* p. 39 f. werden Regeln über *disputatio* und p. 40 ff. über *declaratio textus* gegeben.

131) *Ars m. et ult.* p. 663: *Homo habens optimum intellectum et fundatum in logica et in naturalibus et diligentiam poterit istam scientiam scire duobus mensibus, uno mense pro theorica et altero mense pro practica. Homo habens intellectum meliorem ..... poterit ipsam scire quatuor mensibus ..... Homo habens intellectum bonum ..... poterit ipsam scire in medio anno.*

132) *Ars inv. verit.* p. 13.

utrum erinnern könnte [133]), so reihen sich noch Regeln über folgende verschiedene Gesichtspunkte an: *de modo essendi et intelligendi*[134]), *de modo investigandi*[135]), *de specificatione generalis*[136]), *de contradictione*[137]), *de necessario et contingenti*[138]), *de demonstratione*[139]), *de punctis transcendentibus*[140]), *de maioritate finis*[141]).

Diejenigen Schriften nun, welche nach der Absicht des Lullus das Resultat der auf Alles angewendeten Technik und somit gleichsam eine Encyclopädie der Wissenschaften enthalten, gehen eben darum über die logische (?) Manipulation der Technik selbst hinaus, ja Lullus meint, diese seine Mystik stehe als höheres Drittes über Logik und Metaphysik[142]). Und

---

133) Ebend. p. 37: *Prima regula est, in principio investigationis supponere, utramque partem contradictionis possibile esse veram sive falsam.*

134) Ebend. p. 38: *Cum sit differentia inter modum essendi rei et modum eam intelligendi, considerandum est, qua ratione procedit medium conclusionis, an per concordantiam utriusque modi, an per contrarietatem.*

135) Ebend.: *Duobus modis est in hac arte investigatio facienda. Primus consistit in speculatione figurarum......* (p. 39) *Secundus consistit solum in intellectu, et iste in quinque modos est divisus, sc. quod intellectus simpliciter, dupliciter, triangulariter, quadrangulariter et circulariter per terminos discurrat* (die Ausdrücke „*triangulariter*" u. „*quadr.*" bedeuten hier nur eine dreifache und eine vierfache Combination, „*circulariter*" aber das Durchlaufen all jener Combinationen).

136) Ebend. p. 41: *Ex generali omnino generali et speciali omnino speciali tertium constituitur sapiens naturam utriusque; est enim illud tertium membrum magni ambitus tanquam medium extremitatum...... Specificando ipsa universalia per contractionem eorum ad ipsas proprietates.*

137) Ebend. p. 43: *Fallitur intellectus ignorantis aliquoties in his, quae contradicere videntur nec tamen contradicunt, vel in his, quae non videntur esse in contradictione et sunt.*

138) Ebend. p. 44: *Omne, quod est, aut est necessarium aut contingens, quare inter ea discurrere est multum utile, nam esse sive agere uniuscuiusque rei in aliquo istorum duorum versatur.*

139) Ebend. p. 45: *Demonstrationum alia est similitudinaria, quae per exempla et metaphoras habetur..... Demonstratio vero propria in tres species est divisa* (d. h. *quid, quia* u. *per aequiparantiam*, s. ob. Anm. 56 ff.).

140) Ebend. p. 47: *In omni materia punctum transcendentem dicimus inveniri posse* (die Wortform „*punctus*" ist damals allgemein üblich, nur im Plural sagte man häufig auch „*puncta*"); *causatur enim punctus transcendens ex excessu, quem alia potentiarum hominis habet supra aliam aut aliquando supra se ipsam...... Quaedam ergo punctorum transcendentium causantur ex hoc, ... quod intellectus, qui est superior potentia, imaginationi et sensui naturaliter est unitus...... Quidam vero punctorum transcendentium causantur ex hoc, quod intellectus transcendit per rationem obiecti rationem sui ipsius.* Als solche transscendente Punkte der ersteren Art werden dann (p. 47—51) besprochen: *Elementativa, Vegetativa, Sensitiva, Imaginativa;* die letztere Art wird (p. 51—61) aufgezeigt in: *Rationativa, Moralitas, Coeleste, Angelus, Divina quidditas.*

141) Ebend. p. 61: *Est maioritas finis id, quod est melius et melius et quod oportet esse necessario melius; et consistit duobus modis, sc. secundum proportionem et secundum comparationem.*

142) *Introd. art. demonstr.* p. 1 A: *Metaphysica considerat res, quae sunt extra animam, prout conveniunt in ratione entis; logica autem considerat res secundum esse, quod habent in anima, quia tractat de quibusdam intentionibus, quae consequuntur esse rerum intelligibilium.....* (B) *Sed haec ars tanquam suprema omnium humanarum scientiarum indifferenter respicit ens secundum istum modum et secundum illum...... Solum docet viam inveniendi communia et propria principia in quacunque scientia, ... solum ponit aliquos terminos principiorum, quibus mediantibus possunt formari infinitae propositiones.*

wenn ich schon zur Besprechung der Technik mich fast widerwillig entschloss, so könnte ich wohl diese ganze Gruppe in Anbetracht ihres Inhaltes völlig bei Seite lassen. Doch will ich Folgendes erwähnen.

Am nächsten noch schliesst sich an Obiges die Schrift *„Arbor scientiae“* an, insoweit in derselben wenigstens jene nemlichen „achtzehn Principien“ beibehalten sind, welche nun als achtzehn Wurzeln des Baumes erscheinen: den Stamm desselben bildet das Chaos, die Aeste und Zweige die vier Elemente und deren Zusammensetzungen, die Blätter die Accidentien, die Blüthen die Werkzeuge, und die Früchte die individuellen Wesen[143]. In den übrigen Schriften aber, welche zu dieser Gruppe gehören, werden auf die abenteuerlichste Weise die „Principien“ und die obigen Kreis-Figuren vermehrt und bereichert. So erscheint die erste Figur (Anm. 86) nun als *„figura dei“* mit 16 Feldern, indem *perfectio, iustitia, largitas, misericordia, humilitas, dominium, patientia* neu hinzukommen[144]. Auch obige *figura T* (Anm. 87) ist erweitert, indem zu den dortigen drei Dreiecken noch zwei neue, eines mit den Ecken *deus, creatura, operatio,* das andere mit den Ecken *affirmatio, negatio, dubitatio,* hinzugefügt werden[145]. Ferner wird eine *secunda figura T* vorgeführt, welche einen in 15 Felder (*modus, species, ordo, alteritas, identitas, communitas, prioritas, simultas, posterioritas, superioritas, convertibilitas, inferioritas, universale, indefinitum, singulare*) getheilten Kreis zeigt[146]. Desgleichen neu ist *figura S* oder *„veritatis“* oder *„animae“*, welche in 16 Feldern eines Kreises verschiedene Modificationen der Begriffe *memoria, actus, voluntas, intellectus, compositio* unterbringt[147]. Auch die Tugenden und Laster (s. im Alphabetum, Anm. 85) werden, jedoch unter Weglassung von *sapientia, pietas, mendacium, inconstantia,* in einen Kreis von 14 Feldern gebracht, welcher *„figura V“* heisst[148]. Die *figura theologiae* und *figura iuris* überlasse ich gerne diesen beiden Facultäten[149], sowie die *figura elementalis* den Natur-

143) Diese ganze Gruppirung, welche durch einen (in mehreren älteren Drucken bunt bemalten) Baum versinnlicht ist, wird dann behufs einer Encyclopädie auf eine ganze Menge von Bäumen angewendet, nemlich: *arbor elementalis, vegetalis, sensualis, imaginalis, humanalis, moralis, imperialis, apostolicalis, coelestialis, angelicalis, aeternalis, maternalis* (d. h. Maria, welche Lullus ja auch in Gedichten verherrlichte), *divinalis-humanalis* (d. h. Christus), *divinalis, exemplificatio, quaestionalis,* an welch letzteren sich Fragen über die obigen (Anm. 125) *„centum formae“* anschliessen.

144) *Ars demonstr.* p. 2, *Lect. art. dem.* p. 2, *Comp. art. dem.* p. 20, *Propos. sec. art. dem.* p. 18 u. 45, *Ars inv. part. in univ.* p. 2, *Ars magna et maior* p. 5 u. 43, *Lect. art. comp. inv. ver.* p. 9 u. 50.

145) *Lect. art. dem.* p. 12, *Comp. art. dem.* p. 7, *Propos. sec. art. dem.* p. 2, 13 u. 41, *Ars inv. part.* p. 2, *Ars magna et maior* p. 42, *Lect. art. comp. inv. ver.* p. 4 u. 25.

146) *Ars demonstr.* p. 2 f. u. die so eben angeführten übrigen Stellen.

147) *Lect. art. dem.* p. 7, *Comp. art. dem.* p. 14, *Propos. s. art. dem.* p. 3, 20 u. 46, *Ars inv. part.* p. 2, *Ars magna et maior* p. 41, *Lect. art. comp. inv. ver.* p. 2.

148) *Lect. art. dem.* p. 17, *Comp. art. dem.* p. 28, *Propos. s. art. dem.* p. 4, 23 u. 49, *Ars magna et maior* p. 6 u. 43, *Lect. art. comp. inv. ver.* p. 12 u. 84.

149) *Ars demonstr.* p. 52 ff., *Lect. art. dem.* p. 42 ff., *Comp. art. dem.* p. 35 u. 49, *Propos. s. art. dem.* p. 5, 27, 30, 52, 55. S. auch *Savigny*, Gesch. d. röm. Rechtes im Mittelalt. V (2. Aufl.), p. 616 ff.

forschern[150]). Ein Höhepunkt der Tändelei aber ist die *figura derivationum*, welche in 13 Feldern eines Kreises die Sylben *re, ri, ans, us, le, tus, nus, do, ne, er, in, prae, de* vorführt[151]). Ausserdem noch werden sämmtliche Figuren in Eine *figura universalis* zusammengefasst, welche aus 13 concentrischen Kreisen mit je 16 Feldern besteht[152]), und überdiess für alle einzelnen Figuren die möglichen paarweisen Combinationen (nach dem Muster der obigen dritten Figur, Anm. 89) vor Augen gestellt[153]). Das Ziel aber liegt hiebei überall in einer Unzahl theologischer *quaestiones*[154]); denn, wie Lullus selbst sagt, diese ganze Behandlungsweise der *Ars magna* soll nur der Verherrlichung Gottes und der Zerknirschung der Seele dienen[155]). Darum endlich befindet sich auch die *figura philosophiae*, welche in 16 Feldern die Begriffe „*prima causa, motus, intelligentia, orbis, forma, materia, natura, elementa, appetitus, potentia, habitus, actus, mixtio, digestio, compositio, alteratio*“ enthält, auf einem Gebiete, welches uns für die Logik durchaus nicht interessirt[156]).

Während aber Lullus in dem Gesammtumkreise seiner *Ars magna* das einzige Heil der Wissenschaft erblickte (vgl. Anm. 117 f. u. 142) und dagegen die gewöhnliche Schul-Logik für etwas Schwaches und Untergeordnetes hielt (Anm. 32), scheint hinwiederum die traditionelle Auctorität der letzteren ihm das Zugeständniss abgenöthigt zu haben, dass seine *Ars magna* dem üblichen Betriebe der Logik sich doch nicht ganz verschliesse, sondern dass man in seiner obigen *multiplicatio quartae figurae* (Anm. 112 ff.) und auch in den „*centum formae*“ (Anm. 125) all Dasjenige, — natürlich in viel besserer Weise —, finde, was in der gewöhnlichen Logik gelehrt werde[157]). So konnte er sich auch herbei-

---

150) *Lect. art. dem.* p. 23, *Comp. art. dem.* p. 58, *Propos. s. art. dem.* p. 6, 33 u. 56. Dass Lullus zu den hervorragenden Alchimisten gehörte, ist bekannt; s. *Kopp*, Gesch. d. Chemie, I, p. 67 ff. II, 178 ff.

151) *Ars demonstr.* p. 91. *Introd. art. demonstr.* p. 25 B: „*Re*“ *significat verba activa* ...., „*Ri*“ *significat verba passiva* ....., „*Ans*“ *vel* „*us*“ *significat participia aut potentialitatem, ut bonificativus* ....., „*Le, Tus*“ *significant passiva* ....., „*Nus*“ *concreta, ut bonus* ...., „*Do*“ *abstracta, ut magnitudo* ...., „*Ne, Er*“ *adverbia* ....., „*In, Prae, De*“ *significant compositiones, ut iniustitia.* Auch beruht hierauf die kleine Schrift *Correlata innata* (s. bes. dort f. 50 B).

152) *Comp. art. dem.* p. 71, *Propos. s. art. dem.* p. 7, 37 u. 58, *Lect. art. comp. inv. ver.* p. 19.

153) *Ars demonstr.* p. 8, *Propos. s. art. dem.* p. 10, *Lect. art. comp. inv. ver.* p. 25.

154) *Ars demonstr.* p. 52 ff., *Comp. art. dem.* p. 89 ff., *Propos. s. art. dem.* p. 40 ff., *Ars magna et maior* p. 31 ff.

155) *Lect. art. demonstr.* p. 1 A: *Quoniam deus multum est recolibilis, intelligibilis et amabilis, est ideo multum nobis necesse, ut eo fruamur speculantes eum recolendo, intelligendo et amando in tota anima nostra et viribus eius, quod est ultimus finis eius; ad hoc siquidem hanc artem duximus declarandam, quae instrumentum est actibus animae* ...... *Ad dei magnificentiam haec ars facta est. Comp. art. demonstr.* p. 1 A: *Haec ars instruit nos, intelligere et diligere deum, adhaerere virtutibus, odire vitia et confundere infidelium erroneas opiniones. Ars magna et maior* p. 1 B: *Potest homo invenire veritatem sub compendio et contemplari et cognoscere deum et vivificare virtutes et mortificare vitia.*

156) *Ars demonstr.* p. 99 ff., *Lect. art. dem.* p. 46, *Comp. art. dem.* p. 45, *Propos. s. art. dem.* p. 5, 28 u. 53.

157) *Ars magna et ult.* p. 537: *Logica est ars, qua logicus invenit coniunctio-*

lassen, Schriften zu verfassen, welche als ein Mittelding zwischen der *Ars magna* und der traditionellen Logik auftreten. Solcher Art nemlich ist zunächst die *Nova logica*, durch welche die Weitschweifigkeit und Hinfälligkeit der alten (aristotelisch-byzantinischen) Logik vermieden und das Auswendiglernen der logischen Lehren erleichtert werden soll [158]). Dieselbe hat sieben *distinctiones*. Die erste beginnt mit *ens*, welches im Sinne der Schrift „*Arbor scientiae*" eingetheilt wird und so zu *corpus, animal, homo* führt [159]), worauf unmittelbar die obige Erörterung der zehn Fragen oder „*regulae*" folgt [160]). Die zweite enthält die fünf Universalien, welche natürlich als reale Wesen gelten und sämmtlich nun eben jenen zehn Fragen unterworfen werden [161]); die dritte entwickelt die Kategorien gleichfalls mittelst dieser nemlichen Fragen [162]). Den Gegenstand der vierten Distinction bilden wieder „*centum formae*", welche jedoch von den obigen (Anm. 125) stark abweichen, und deren erste beide, — zur Probe davon, was mit den übrigen 98 geschehen solle —, jenen nemlichen zehn Fragen unterstellt werden [163]). In der fünften folgt nun in Kürze die Lehre vom Urtheile [164]), von der Definition [165]) und

---

nem inter subiectum et praedicatum, quae est medium, cum quo necessarias conclusiones scit facere. Logicus per diffinitionem medii invenit medium contiguum, ... et de hoc datur exemplum in multiplicatione quartae figurae. Adhuc logicus tractat de V praedicabilibus et de X praedicamentis, et de hoc exemplum in tractatu centum formarum. (p. 538) *Item logicus tractat de syllogismo et de figuris et de fallaciis, et de omnibus istis exemplificatum est in multiplicatione quartae figurae..... Logicus facit praedicatum superioris de inferiori..... Item ponit multiplicitatem generis, ponit genus generalissimum ...... et similiter speciei multiplicitatem...... Logicus tractat de differentia differentiando et de concordantia concordando et de contrarietate contrariando.*

158) *Nova logica*, f. 3 r.: *Considerantes, veterem et antiquam logicam ab eam inquirentibus propter sui prolixitatem cum labore maximo plenius acquiri et acquisitam propter sui labilitatem cum nimia difficultate in memoria retineri diutius, idcirco ad prolixitatem et labilitatem huiusmodi evitandam cogitavimus, divino auxilio mediante novam et compendiosam logicam invenire, quae ab ipsam inquirentibus citra nimiam difficultatem acquiratur et acquisita in memoria plenarie conservetur.*

159) f. 3 v. — 6 r. S. Anm. 143.

160) f. 6 r. — 8 r. S. Anm. 94—105.

161) f. 8 r. — 13 r. Jene Stelle, welche das offene Bekenntniss des Realismus enthält, wurde schon oben, Anm. 44, angeführt.

162) f. 13 v. — 20 v.

163) f. 20 v. — 25 r. Die hundert Begriffe sind hier: *Individuum, Bonitas, Magnitudo, Duratio, Potestas, Sapientia, Voluntas, Virtus, Veritas, Gloria, Concordantia, Contrarietas, Principium, Medium, Finis, Maioritas, Aequalitas, Minoritas, Essentia, Natura, Forma, Materia, Immobilitas, Mobilitas, Motus, Dubitatio, Affirmatio, Negatio, Memoria, Intentio, Generatio, Corruptio, Privatio, Opinio, Suspicio, Conditio, Antecedens, Consequens, Derivatio, Influentia, Refluentia, Abstractum, Concretum, Causa, Effectus, Occasio, Simplex, Compositum, Intensitas, Existentia, Agentia, Figura, Necessitas, Contingentia, Fortuna, Dispositio, Subtilitas, Plenum, Vacuum, Potentia, Obiectum, Actus, Umbra, Subiectum, Praedicatum, Significatio, Attractio, Impressio, Similitudo, Numerus, Elementativa, Vegetativa, Sensitiva, Imaginativa, Rationativa, Obstinatio, Contradictio, Capacitas, Proportio, Circumstantia, Suppositio, Punctus, Linea, Humidum radicale, Humidum nutrimentale, Alteratio, Confusio, Augmentatio, Consummatio, Successio, Mors, Secretum, Ordo, Continuitas, Divisio, Cogitatio, Audacia, Artificium, Scientia, Applicatio.*

164) f. 25 v.

165) f. 26 v. s. Anm. 93.

vom Beweisverfahren, bei welch letzterem ein kleines Stück der Topik[166]) vor dem Syllogismus[167]) vorhergeht und dann die Sophistik folgt[168]). Die sechste Distinction enthält eine Anwendung der zehn Fragen auf Natur, Theologie, Philosophie, Moral, Recht und Arzneiwissenschaft[169]), die siebente aber gibt Fragen über den sämmtlichen Inhalt der vorhergegangenen sechs Abschnitte[170]).

Endlich ein anderes derartiges Mittelding ist, was Lullus über Logik in gereimten catalonischen Versen schrieb. Dort knüpft er an die Definition der Logik, welche die Kenntniss der wahren und falschen Beweise sei, sofort die fünf Universalien und die Kategorien der Substanz und des Accidens, welche sämmtlich in den Figuren der *Ars magna* ihre Mischung finden sollen[171]). Sodann werde durch die Anwendung der obigen *regulae* (d. h. der zehn Fragen) die Verknüpfung der Begriffe bewerkstelligt und so die Einsicht in das Urtheil nach Quantität, Qualität und Modalität gewonnen[172]). Die hiedurch vorgenommene Vergleichung führe dann zur Lehre von der Definition[173]), und hierauf komme man durch die Mischung der obigen *„conditiones“* (Anm. 112), d. h. durch die *multiplicatio quartae figurae,* zum Verständnisse der Particularität und Universalität[174]), und hiedurch sei man befähigt, in den verschie-

---

166) f. 27 r., woselbst an die drei Arten der *demonstratio* (s. Anm. 56 ff.) die Topen *a minori*, *a maiori*, *ab aequali* (vgl. Anm. 70) und einige Bemerkungen über *possibile* und *impossibile* geknüpft werden.

167) f. 28 v. — 30 v. Vor der Angabe der drei Schlussfiguren wird sogar der Begriff *„syllogismus“* jenen zehn Fragen unterworfen.

168) f. 30 v. — 36 r. s. Anm. 72.

169) f. 37 r. — 40 v.

170) f. 41 r. — 49 v.

171) Bei *Rosselló* (Anm. 23) p. 400: *De la primera distincció. Lògica es sciencia Per la qual home sapia Parlar assufismadment E fer ver e fals argument. E lògica 's d'universals, E ab las figuras hòm sab quals Están en lo lur mesclament Las res d'hon hòm fá l'argument* (folgt als Beispiel *bonea*) ...... *Vet donchs, los sinch universals Qui 'n lògica son principals Començaments, que son trobat En las figuras et mesclat. Con d'ellas en fás mesclaments Per tots los lurs començaments, Substancia et accident D'hon son li deu predicament, Pots en las figuras trobar Si 'ls començaments sabs mesclar.*

172) Ebend.: *De la segona distincció. Los sinch universals sercats Ab las reglas los vas quirent, Car un no t'en pòt escapar; E ab las reglas pordś dar Conexença del predicat Ab lo sobjet; e si 's girat Lo sobjet, coneixer pordś Ab lo predicat; et si fás Ab las reglas comparament Substantial ó d'accident, La comparació saubrás Ab las reglas per tots los pas. Aço mateix d'affirmativa Universal ó negativa, E autre si particular Ab las reglas porás trobar, Si fás ver ó fals argument E 'ls individus exament ...... Ab las reglas pòts impossibol Coneixer et ço qui 's possibol; E autre sí necessitát E contingent serán mostrat; E autre si falaciá Ab las reglas se trobará ...... Preposició conjuntiva E autre sí de disjunctiva, Ab las reglas la pòts trobar, Si ab totas las vòls sercar. E ayço mateix tant con dura Lògica, poràs per mesura En las reglas tota trobar, Si ab ellas sabs ensercar.*

173) p. 402: *De la terça distincció. Ab aquesta distincció Saubrás far diffinició De tuyt li sinch universals, D'els predicaments autre tal,* ...... *Vet donchs, per qual ensenyaments Saubrás far diffinicions Siguent las comparacions Que per l'art general se fan.*

174) Ebend.: *De la quarta distincció. Si mesclas las condicions De lògica et sos sermons Ab condicions qui estan En esta art, coneixer s'han; Car tuyt li condicionar Qui son en li particular, Covè que sian derivat Universal et atrobat. Pòts*

denen Bedeutungen der Begriffe den combinatorischen Faden des Denkens festzuhalten und so über jeden Stoff genügende Syllogismen an der Hand der Figuren zu bilden[175]). Den Schluss machen auch hier Fragen, welche das Vorhergehende recapituliren[176]).

Dass die ganze „Kunst" des Lullus schlechthin werthlos ist, bedarf nun wohl keines besonderen Nachweises mehr. Eher möchte ich einen Tadel darüber befürchten, dass ich diesem Unsinne überhaupt einen so grossen Raum in meiner Darstellung schenkte. Doch würde mich wohl ein stärkerer Tadel treffen, wenn ich die *Ars magna* mit Stillschweigen übergangen hätte; und wenn ich mich einmal auf dieselbe einliess, konnte ich Dasjenige, was angeführt werden musste, kaum kürzer fassen, als ich gethan habe.

---

donchs en lògica formar Condiciò particular Ab condiciò general, Hon particulars han hostal (d. h. ihre Wohnung in den betreffenden Feldern der Kreise) *E per ella están reglades.*

175) p. 403: *De la sinquena distincció. En la taula atrobarás Los significats que volvrás A lògica atribuir; Car si á B, C, D venir Vòls, et als altres coronells* (d. h. Kreise), *No fó hanc en null capdells* (d. h. Richtung) *Negù fil tant fort enplegat, Com están li significat En la taula per demostrar Ço que t'en porás aplicar A lògica argumentant. Vel donques, qu'es et per qual semblant Pòts de la taula derivar A lògica mant consirar, Mante materia venir A ço que volrás concluir Per lo molt grand abundament Vengut per significament De las cambras, si 'l sabs trovar E a lògica aplicar.*

176) Ebend.: *De la sisena distincció. Per sisena distincció Respondrás a la questio Que per lògica hòm te pòt far, Ab que sapias pendr' exemplar De las questions qui están En esta art, et qu'el semblan Prengas en ta responsió.*

XIX. ABSCHNITT.

ALLMÄLIGE FORMULIRUNG VERSCHIEDENER PARTEI-ANSICHTEN.

Müssen wir hiemit den geschichtlichen Faden wieder an den Schluss des XVII. Abschnittes anknüpfen, so treten wir in jene Periode der Scholastik ein, welche in einem bunt und üppig verschlungenen Verlaufe bis in das erste Drittel des 16. Jahrhunderts fortwuchert und durch die Renaissance des 15. Jahrhunderts in dem inneren Principe ihres Betriebes nicht nur sich nicht stören lässt, sondern auch ausdrücklich den Kampf gegen die humanistischen „Neuerer" aufnimmt, bis sie zuletzt doch in diesem Kampfe (um das Jahr 1520) unterliegt. Es ist demnach zunächst innerlich Ein einheitlicher Verlauf, neben welchem äusserlich als neue Stoff-Zufuhr das wiedererwachende Alterthum hinzutritt. Die blosse Stoff-Zufuhr war ja seit den ersten Jahrhunderten der christlichen Aera allein das Entscheidende und blieb es fortwährend, bis der gesunde naturalistische Hauch der Antike durch eine länger dauernde Wirkung seines Wiedererwachens es endlich zur Folge hatte, dass der philosophische Impuls sich der Auctorität der Tradition entwand und allmälig mit innerer Selbstständigkeit von sich aus die Lösung seiner Aufgabe zu unternehmen begann.

Jede Eintheilung des scholastischen Zeitalters, welche nicht auf diesem Motive der Stoff-Zufuhr beruht, ist ein aprioristisches Treiben, welches der Geschichte Gewalt anthut; und wenn man z. B. bei Occam von einer Selbstauflösung der Scholastik oder dgl. gesprochen hat, so kann ich Solches nur als eine theologische oder eine philosophische Grille bezeichnen; denn bei richtiger geschichtlicher Einsicht zeigt sich, dass jene angebliche Selbstauflösung gar äusserlich durch ein paar Stellen aus Aristoteles und ein paar Capiteln aus der als aristotelisch angebeteten byzantinischen Logik veranlasst wurde.

Indem ich daran festhalten muss, dass die ganze Scholastik nur von der Masse und dem Inhalte des zugeführten Stoffes bedingt wird, und ich auch den Nachweis hievon wahrlich nicht schuldig geblieben bin, konnte mich nur ein äusserlich praktisches Motiv dazu veranlassen, jenen einheitlichen Faden der Scholastik, welcher sich vom Ende des 13. bis zum Anfange des 16. Jahrhunderts fortspinnt, in einzelne Stücke zu zerlegen. Nemlich nur um die Ziffern der Anmerkungen nicht in die Tausende anschwellen zu lassen und dem Leser gleichsam einmal einen Ruhepunkt zu gönnen, scheide ich die „allmälige Formulirung der Partei-Ansichten", soweit dieselbe bis Occam (einschliesslich) zu Tage tritt, vorläufig als eigenen Abschnitt ab, um sodann das „üppigste Wuchern der scholastischen Logik“, welches sofort an Occam's Auftreten sich knüpfte, bis zu den „ersten Erscheinungen der Renaissance“ zu begleiten und hierauf nach diesen die „reiche Nachblüthe“ der Scholastik darzustellen.

Jene Stoff-Zufuhr nun, welche (wie Abschn. XVII zeigte) im 13. Jahrh. von byzantinischer, aristotelischer und arabischer Seite her stattgefunden hatte, musste nothwendig gleichsam einem Verdauungs-Processe unterliegen, bei welchem wir allerdings Gelegenheit haben, in ähnlicher Weise, wie Walther von der Vogelweide in anderem Sinne gethan, die Grösse des Magens der Kirche zu bewundern; denn es ist staunenswerth, wie viel heidnische Litteratur seit Albertus Magnus all jene frommen Männer verschluckten, ohne hierüber die geringsten Beschwerden zu verspüren. Man bedenke nur, dass neben der reichen Saat byzantinischen Unsinnes die sämmtlichen Bücher des Aristoteles, d. h. auch die physikalischen und naturwissenschaftlichen Schriften nebst der Ethik und Politik, sowie die Metaphysik mit ihrem astronomischen Gottesbegriffe, und ausserdem neben einzelnen griechischen Commentatoren die ganze Litteratur der arabischen Erklärer, welche ihrerseits zugleich auch auf Ptolemäus, Euklides, Geber, Galenus und Hippokrates hinübergriffen, binnen etlicher Jahrzehnte eingedrungen waren und ihrer weiteren Pflege an den traditionell bestehenden Schulen harrten.

Diese massenhafte Wucht eines neuen Lehrstoffes musste sowohl im Allgemeinen in pädagogischer Beziehung als auch insbesondere für den Betrieb der Logik eine weitgreifende Wirkung ausüben. Nemlich auch der übliche Schul-Unterricht überhaupt musste nun im Vergleiche mit den früheren Jahrhunderten nothwendig eine völlige Umänderung erfahren; denn unter den sieben freien Künsten war es einerseits gerade die *„Dialectica“*, welche jetzt zu einer ausgedehnten aristotelischen, byzantinischen und arabischen Schul-Litteratur anschwoll. Und andrerseits musste sich an den höheren Lehranstalten seit dem Ende des 13. Jahrhunderts allmälig jener Uebergang vermitteln, welcher von der *facultas „artium“* zur *facultas „philosophorum“*, sowie zur Selbstständigkeit der medicinischen Facultäten führte. Alle Lehrgegenstände aber, — auch die Theologie nicht ausgenommen, welche ja bekanntlich an der Pariser Universität das Maassgebende war —, besassen eine Voraussetzung und eine unerlässliche Vorbedingung an der Logik, welche hiemit neben ihrer neuen quantitativen Fülle auch qualitativ eine bevorzugte Stelle einnahm, wie keine andere der sieben Künste sich einer solchen rühmen konnte. Nur die *„Grammatica“* erhielt sich selbstständiger und wurde nicht (wie die übrigen Disciplinen) in dem neu sich gestaltenden philosophischen Cursus absorbirt. So kam es, dass die „logische“ und (— wenn für das 13. Jahrh. der Ausdruck zulässig sein soll —) die „philologische“ Schulbildung wie gleichberechtigt nebeneinander stehen, ja zuweilen sich gegenseitig bekämpfen konnten (ein Vorspiel der Zustände nach dem Wiedererwachen des Alterthumes), zumal da die „Logiker“ in der unausgesetzten Uebung ihrer abstrusen Schulweisheit leicht verknöchern und, was sonstige Lectüre betrifft, förmlich verwildern mussten, so dass sie mit Recht zum Gespötte ihrer philologischen Gegner wurden.

Doch um nicht weiter in die Geschichte der Pädagogik hinüberzugleiten[1]), beschränke ich mich darauf, Ein Document zu erwähnen, welches einen solchen Thatbestand für jene Zeit constatirt. Es ist diess des Heinrich von Andly (um d. J. 1270) Gedicht „Die Schlacht der sieben freien Künste“ [2]), in welchem die Pariser Logiker einerseits und die grammatische Schule zu Orleans andrerseits als die kämpfenden Parteien auftreten. Den orleanistischen Philologen, in deren Schlachtreihen mehrere klassische Autoren kämpfen[3]), war von den Parisern der Spitzname „*Autoriaux*“ gegeben worden, hingegen die Logiker wurden von ihren Gegnern „*Quiquelique*“ oder wohl richtiger „*Quiqueliquique*“, d. h. zu deutsch „Kikeriki“, genannt[4]). Der Kampf selbst, in welchem als Führer der Logiker einige uns nicht näher bekannte Personen erscheinen[5]), aber auch der „*Barbarismus*“ sich denselben als Bundesgenosse beigesellt[6]), führt zuletzt dazu, dass die Philosophen auf dem ***Mont l'Héri*** von den Grammatikern belagert werden und in grosser Bedrängniss einen Parlamentär zu den Feinden schicken, welcher jedoch als gänzlich unverständlich von diesen zurückgeschickt wird[7]). Indem aber endlich die

---

1) Ich muss hier die gleiche Resignation üben wie Abschn. XIII, Anm. 1. Welcherlei Schul-Logik aber pädagogischer Stoff gewesen sei, fällt natürlich der Geschichte der Logik anheim.

2) Es ist dieses der provençalischen Litteratur angehörende Gedicht selbst noch ungedruckt, und wir sind auf eine französische Inhaltsangabe desselben in *Notices et Extraits des Manuscripts* etc. Vol. V, p. 496 ff. angewiesen. (Uebrigens hat der nemliche *Henri d'Andly* auch eine Liebesklage des Aristoteles — *Lai d'Aristote* — im Troubadour-Stile verfasst; s. *Legrand d'Aussy, Fabliaux et Contes,* 3. Aufl. *Paris* 1829, Vol. I, p. 273 ff.)

3) *Not. et Extr.* a. a. O. p. 503 u. 508 f. Neben Donatus, Priscianus und Marcianus Capella erscheinen: Virgilius, Horatius, Propertius, Terentius, Aratus, Seneca, Persius, Juvenalis, Statius, Lucanus, Claudianus, Avienus, Cato, auch Sedulius und Prudentius. Wenn auch Homer genannt wird, so ist schwerlich an Lectüre desselben zu denken.

4) Ebend. p. 503. Die richtigere Form „*Quiqueliquique*“ treffen wir merkwürdiger Weise in dem gleichzeitigen *Roman du Renart* (*ed. Méon*, Vol. III, p. 53) v. 21205 ff., d. h. in jener Branche, in welcher Renart und der Kater Tybert die Vesper singen. Dort lesen wir: *Sez-tu* (*Sais-tu*) *rien de dialectique? Oïl* (*Oui*); *tote Quiqueliquique. Repondras moi se ge l'opos. Oïl; par derere mon dos. Or entent dont à l'argument, Ge di pain d'orge est de froment, Ge di pain de froment est d'orge. Male aventure ait ainz la gorge, Que pain d'orge soit de froment* u. s. f.

5) *Not. et Extr.* p. 503 f.: *A cette nouvelle Logique fut effrayée. Hélas, s'écria-t-elle, j'avais dans Raoul de Builli un défenseur redoutable, et la mort me l'a enlevé. Cependant elle ne perdit point courage....., elle s'occupa du soin d'assembler des troupes, et menda celles qu'elle avait à Tournai* (vgl. Abschn. XIII, Anm. 326). *Là étaient Jean le Page, Poilane de Gamaches, Nicole-aux-hautes-fesses. Elle dépêcha vers eux Pierre de Courtenai, et les fit inviter par lui, de se rendre au plutôt à Paris. Ils placèrent sur une cuve dans un char Trive et Quadruve, et se mirent en marche. Le char était traîné par les bedeaux et conduit par Robert-le-Nain* (diesen trafen wir schon früher, s. Abschn. XIV, Anm. 447 ff.) *et Chéron-le-Vieux, qui l'aiguillon en main piquaient l'attelage.*

6) Ebend. p. 508: *Dom Barbarisme, quoique homme-lige de Grammaire, avait pris les armes contre elle, parce qu'il possédait des terres dans le pays de Logique.*

7) Ebend. p. 511: *Dans cette détresse Logique envoya proposer la paix à sa rivale; mais le député qu'elle choisit pour ce message connaissait si peu les règles du langage et il s'exprima si mal, qu'on ne voulut pas l'écouter, et qu'il fut renvoyé.*

Astronomie ihre Blitze gegen das Heer der grammatischen Philologie schleudert, zieht sich dasselbe nach Orleans und Blois zurück und meidet auch in Zukunft Paris [8]). Der Dichter des Ganzen aber schliesst mit einer Prophezeiung und zugleich einer Warnung vor grammatischer Verwilderung [9]).

Was aber hingegen die innere Entwicklung der logischen Theorie selbst, und was vor Allem die zahlreichen Controversen und verschiedenen Partei-Stellungen betrifft, so muss ich mit grösster Entschiedenheit den allgemeinen Grundsatz, welcher seinen reichen Detail-Nachweis finden wird, vorausschicken, dass auch für diese ganze Periode der Scholastik die Abhängigkeit vom vorhandenen Stoffe das allein Maassgebende ist. Das zugängliche Material war nun weit reichhaltiger geworden, als es im 12. Jahrh. gewesen war, und darum haben jetzt die Logiker mehr Anknüpfungs-Punkte und mehr Auctoritäts-Aussprüche bei ihren Disputationen zur Verfügung, als damals. Aus diesem Grunde, und aus keinem anderen, entsteht nun eine weit manigfaltigere Controversen-Litteratur. Wenn schon im 12. Jahrh. auf Grundlage eines ungleich beschränkteren Materiales dreizehn verschiedene logische Parteien entstanden waren, so ist es nicht zu wundern, wenn jetzt seit dem Ende des 13. Jahrh., wo man auf eine grosse Zahl neuer Quellen-Stellen sich berufen und Jeder irgend eine einzelne derselben für sich in Anspruch nehmen konnte, die Partei-Stellung sich fast ins Endlose zersplittert und dabei zugleich in manigfaltigster Kreuzung und Mischung wieder verwandtschaftliche Berührungspunkte entgegengesetzter Meinungen aufzeigt.

Man glaube nur ja nicht, dass man mit den zwei Schlagworten „Realismus“ und „Nominalismus“ die logische Parteistellung irgendwie erfassen, geschweige denn geschichtlich entwickeln könne. Jene beiden Worte existirten in derjenigen Periode, mit welcher wir uns vorerst zunächst beschäftigen müssen, gar nicht; und es wird erst der spätere Verlauf zeigen, wann diese zwei Partei-Worte von den Theologen in Umlauf gesetzt wurden, wobei jedoch zugleich zu Tag treten wird, dass man dann auch von „Terministen“ und von „Formalisten“ sprach.

Ebenso verfehlt ist es, wenn man nur den Gegensatz zwischen „Thomisten“ und „Scotisten“ ins Auge fasst und hiedurch die Parteiung erledigen zu können glaubt. Allerdings zwar hat jenes polemische Verhalten zwischen Dominikanern und Minoriten für die Geschichte der Theologie und der priesterlichen Hierarchie eine wesentliche Bedeutung; aber sowie die Geschichte der Logik einerseits in der glücklichen Lage ist, alles theologische Gezänke ignoriren zu dürfen, so findet sie andrerseits auch den thatsächlichen Stand der Dinge, dass in der Darlegung der

---

8) Ebend.: *Astronomie, réduite au désespoir, lança la foudre sur eux, elle brûla leur tentes, dissipa leur armée...... Depuis ce jour Poésie-la-courtoise s'est retirée entre Orléans et Blois, mais elle n'ose plus se présenter en France, où sa rivale domine.*

9) Ebend.: *Messieurs, les choses dureront encore ainsi une trentaine d'années. Mais lorsqu' une génération nouvelle naîtra, celle-ci fera de la Grammaire le cas qu'on en faisait au temps de Henri d'Andly. En attendant je vous déclare que tout clerc qui ne connait point les règles du langage et qui n'y conforme point ses discours, est un homme à conspuer.*

logischen Theorie Dominikaner Manches aus der Lehre des Scotus aufnehmen und umgekehrt Franziskaner sich in einigen Ansichten an Thomas anlehnen. Kurz gerade in der Logik erscheinen damals wohl Einige als blosse Nachtreter einer stricten Partei-Observanz, aber viele Andere verfolgen ihre eigenen Wege, indem aus dem vorliegenden Materiale der Eine diese und der Andere jene Quellen-Stellen zu seinem Stützpunkte wählte, so dass hiedurch fast alle nur möglichen Schattirungen, auch mit Einschluss von Extremen, zu Tag traten. Erst am Ende des 15. und im 16. Jahrhundert fanden es die Theologen bequemer, die einschlägige Litteratur nur in zwei Lager zu theilen, wobei dann Thomisten und Scotisten sich wie Welfen und Ghibellinen gegenseitig in den Haaren lagen.

Ueberhaupt ja ersehen wir auch, dass jenen Autoren des Mittelalters, welche bisher in der Geschichte der Philosophie (sei es in grösseren Werken oder in kleineren Compendien) stets regelmässig als weit hervorragende besprochen wurden und werden, noch eine erkleckliche Anzahl Anderer beizufügen ist, welchen man die Ebenbürtigkeit schwerlich bestreiten kann. D. h. in speculativer Beziehung gelten mir überhaupt alle Schriftsteller des Mittelalters als werthlos; aber in demjenigen, was sie einmal als Schriftsteller zu Tage gefördert haben, finde ich es nicht gerechtfertigt, wenn man mit so ungleichem Maassstabe misst, dass man gegenüber einigen traditionell gebliebenen Hauptfiguren über Andere gänzlich mit Stillschweigen hinweggeht oder sie höchstens mit etlichen schablonenartigen Bemerkungen abfertigt.

Die reiche Fülle verschiedener Meinungen, welche aus dem aufgespeicherten Materiale hervorwuchsen, beruhte nun ursprünglich nicht in einem Streite über die Universalien, sondern wurde vorerst durch theologische Bedenken hervorgerufen, welche in Bezug auf ein paar anderweitige Lehren des von Albert und Thomas vertretenen arabischen Aristotelismus auftauchten. Den ersten Anstoss nemlich gaben, wie sich zeigen wird, die Fragen über das *principium individuationis* und über *unitas formae* oder beziehungsweise *pluralitas formarum*, wobei, je nachdem man diese Fragen beantwortete, die Orthodoxie gefährdet zu sein schien.

Aber eben mittelbar hingen diese Gesichtspunkte mit der Auffassung der sog. „Universalien *in re*“ zusammen, und so wurde wohl auch der Universalien-Streit in Mitleidenschaft gezogen. Aber dieser letztere tritt nun in ganz anderer Weise auf als im 12. Jahrhunderte. Denn jene arabische von Albert und Thomas acceptirte Theorie, dass die Universalien zugleich *ante rem* und *in re* und *post rem* seien, war doch gar zu bequem, um nicht von Allen zugegeben zu werden. Keiner verneint, dass die allgemeinen Ideen der Dinge ursprünglich im göttlichen Schöpfer begründet sind, Keiner verneint, dass sie in der erscheinenden Welt in das Einzeln-Sein hinaustreten, und Keiner verneint, dass sie aus diesem Gebiete des Singulären wieder vom menschlichen Denken erfasst werden. Ein Streit ist nur darüber möglich, was Gegenstand der Logik sei, ob sämmtliche drei Universalien, oder ob zwei derselben, oder ob nur Eines; und je nachdem diese Frage entschieden ist, kann dann noch darüber gestritten werden, wie die Universalität mit der Singularität sowohl in den objectiven Dingen als auch in der subjectiven Denk-Werkstätte zu vereinbaren sei.

Zur Erörterung aber der hierüber entstehenden Controversen war man auf Auctoritäts-Stellen des vorhandenen Materiales angewiesen. Und da musste der Platonismus den Kürzeren ziehen; denn den Plato kannte man nur aus dem Timaeus (d. h. Chalcidius), aus Augustinus und aus einzelnen Stellen der Araber, indem die Originalschriften Plato's bekanntlichst erst zur Zeit der Renaissance kund wurden. Darum gibt es vor der florentinischen Academie der Mediceer keinen eigentlichen Platoniker. Und der augustinisch-kirchliche Platonismus tritt im 14. Jahrh. nur entweder schüchtern (Heinrich von Göthals) oder roh polemisch (Franciscus Mairon) oder in unklarem Selbstwiderspruche (Walter Burleigh) auf, wobei wir zugleich das Schauspiel haben, dass auch solche platonisch Gesinnte sich dennoch der übermächtigen Auctorität der aristotelischen Logik nicht entwinden können.

Hingegen eben ein reiches Material lag in den Schriften des Aristoteles und der Araber, sowie Einzelnes in der byzantinischen Logik vor. Und sowie im 12. Jahrh. jede der verschiedenen Parteien sich auf irgend eine vereinzelte Stelle des Boethius gestützt hatte, so waren es nun, wie sich von selbst versteht, vor Allem einzelne Stellen aus Aristoteles, an welche man anknüpfte, wobei ja jetzt auch die Metaphysik, *De anima*, die Physik und die Ethik zu Gebot standen. Sowie aber von einem wirklichen Verständnisse der Gesammt-Philosophie des Aristoteles in jener Zeit natürlich keine Rede sein kann, so sind es nur die wechselnden Bilder eines halbverdauten Aristotelismus, welche aus herausgerissenen Stellen formulirt uns als Partei-Ansichten begegnen. Was man in solcher zerbröckelter Weise sich aus den genannten Schriften des Aristoteles (— um selbst vom Organon abzusehen —) herauslas, war bald ein Dualismus zwischen Idealität und Empirie (s. Abschn. IV, Anm. 16, 25, 76), bald ein Psychologismus (ebend. Anm. 54, 56—61), bald ein Empirismus (ebd. Anm. 50, 52), bald ein Sensualismus (ebd. Anm. 62, 69 f.), bald ein Intellectualismus (ebd. Anm. 65, 86), welcher die in der Seele auftretenden Universalien (ebd. Anm. 64, 176) aus den bleibenden Sinnes-Eindrücken (ebd. Anm. 63, 87) durch eine schaffende Thätigkeit zur Verwirklichung bringt (ebd. Anm. 68, 85, 97) und so durch Erkenntniss des Singulären (ebd. Anm. 82) in dem uns Kenntlicheren das Ideelle erfasst (ebd. Anm. 74), bald hinwiederum die *species intelligibilis* (ebd. Anm. 63), bald die für das Denken entscheidende Function der menschlichen Sprache (ebd. Anm. 23, 101, 109—113) oder die Modalität der Bezeichnung (ebd. Anm. 147), bald auch das *principium identitatis* (ebd. Anm. 163 ff., 171, 178). Hiezu aber kam aus der arabischen Litteratur der schon bei Albert und Thomas recipirte Begriff der *intentio secunda* in allen möglichen Wendungen und Avicenna's Bemerkungen zum Porphyrius. Und die byzantinische Logik spendete als einflussreiche Beisteuer ihren Begriff des *terminus* nebst all seinem Zubehör.

So kam es bei jedem einzelnen Autor jener Periode nur darauf an, welche und wie viele der erwähnten Ingredienzien und in wie starker Dosis er dieselben mischte (Duns Scotus ist hierin wohl der umfassendste); seine Parteistellung wurde hiedurch erzeugt. Und in solcher Art erwuchs jenes bunte Vielerlei von Ansichten, welches ich nun in seiner wechselnden Gestaltung einzeln darzustellen habe. Jene Momente aber, welche bei Aristoteles selbst das schwerer Wiegende waren, bedingten zuletzt durch ihre eigene Wucht auch das Zünglein der Wage im geschichtlichen Verlaufe.

Paris und Oxford waren die hervorragendsten örtlichen Sitze der logischen Litteratur, und dort auch wurden die ersten Fäden gesponnen, welche, wenn auch ursprünglich rein theologischen Inhaltes, für die spätere Parteistellung der Logiker maassgebend wirkten; und zwar war es Paris, in welchem man hauptsächlich die Frage über das *principium individuationis* anregte, sowie andrerseits in Oxford die Controverse über *unitas formae* überwiegend in den Vordergrund trat.

Nemlich in Paris hatte der Bischof Stephan Tempier schon i. J. 1270 mehrere philosophische und theologische Sätze als irrthümliche bezeichnet und wiederholte i. J. 1276 diese Censur in sehr vermehrter Auflage [10]). Diese oberhirtliche Fürsorge für das Seelenheil der Gläubigen würde uns jedoch nicht im Geringsten interessiren, wenn nicht Ein Punkt in die Geschichte der Logik eingriffe; und zwar müssen wir zugestehen, dass, wenn man einmal auf dem Standpunkte der Orthodoxie steht, hier mit schärferem Denken, als bei Albert und seinem Nachtreter Thomas, die Consequenzen des arabischen Aristotelismus erfasst werden. Tempier nemlich verneint zunächst kurzweg, dass (— wie jene Beiden dem Avicenna nachgebetet hatten —) der Grund der Individualisirung in der Materie liege [11]); sodann aber führt ihn eine der Creations-Theorie entnommene Wendung [12]) zu der präcisen Formulirung seines Einwandes, dass, wenn die Materie das *principium individuationis* wäre, sowohl die Einzeln-Persönlichkeit der Engel als auch die Individualität der Seele preisgegeben werden müsste [13]), wohingegen ja bekanntlichst in diesen beiden Beziehungen die Orthodoxie von immateriellen Individuen spricht. Dass aber mit diesen Censuren, welche auch bei anderen Autoren jener Zeit stets mit diesen nemlichen Worten angeführt werden [14]), wirklich

10) Gedruckt sind diese Censuren Tempier's fast in allen Ausgaben des *Petrus Lombardus* (als Anhang zum IV. Buche), auch bei *Joh. Chrysost., de non cond. eccl. Ed. Paris* 1560, ferner in *Bibl. Patr. Max.* Vol. III, sodann bei *Bulaeus, Hist. un. Paris.*, Vol. III, p. 434 ff., zuletzt unter Vergleichung mehrerer Handschriften bei *Car. Du Plessis d'Argentré*, *Coll. iudic. de nov. error.* (*Par.* 1728. fol.), Vol. I, p. 175 ff. u. p. 188 ff. (Hiernach citire ich).

11) p. 198, Nro. 1: *Quod formae non recipiunt divisionem nisi secundum divisionem materiae* (fast ebenso p. 183, Nro. 191). p. 198, Nro. 4: *Quod individua eiusdem speciei, ut Socrates et Plato, differunt sola positione materiae* (ebenso p. 180, Nro. 97). Vgl. Thomas, Abschn. XVII, Anm. 519, und Albert, ebend. Anm. 388.

12) p. 180, Nro. 96: *Quod deus non potest multiplicare individua sub una specie sine materia* (ebenso p. 190, Nro. 41).

13) p. 179, Nro. 81: *Quod, quia intelligentiae non habent materiam, deus non posset facere plures eiusdem speciei* (ebenso p. 192, Nro. 17). p. 188, Nro. 6: *Quod deus non posset facere plures animas in numero.* Arabische Meinungen, an welchen man in dieser Beziehung Anstoss nehmen musste, s. Abschn. XVI, Anm. 117 u. 134.

14) Z. B. *Henr. Goethals, Quodlib.* (*ed. Venet.* 1613. fol.) II, 8, f. 55 v. *Aegid. Rom., Quodlib.* (*ed. Bonon.* 1481. fol.) II, 7.

Thomas gemeint sei, indem Tempier nur eine volle Consequenz desselben aufdeckt, steht sowohl an sich für jeden Kenner dieser Litteratur als auch durch bestimmte gleichzeitige Zeugnisse fest [15]). Jener zweite controverse Punkt, nemlich die Frage über *unitas formae*, erscheint bei Tempier noch nicht vollständig formulirt, sondern erst nur im Keime [16]).

Hingegen in Oxford treffen wir in eben dieser letzteren Beziehung eine ganz entschiedene Parteistellung. Dort war in jenem nemlichen Jahre 1276 der Erzbischof von Canterbury Robert Kilwardby (gest. 1279) mit einer Censur mehrerer Lehrsätze aufgetreten [17]), wobei unter Anderem die Annahme, dass die Form eine einheitliche sei, an dem üblichen Beispiele von *homo* oder *humanitas* mit klaren und einschneidenden Worten als eine irrthümliche bezeichnet wird [18]). Dass aber auch bei diesem Verdammungs-Urtheile nicht logische, sondern nur theologische Motive (betreffs des Körpers Christi und der Heiligen) obwalteten, ist uns ausdrücklich bezeugt [19]); ja, was das logische Motiv der Universalien betrifft, müssen wir gleich bei diesen ersten Regungen einer Partei-Polemik entschieden darauf hinweisen, dass auch Kilwardby mit der

---

15) Der nach den so eben angeführten Worten „*deus non posset facere plures eiusdem speciei*“ in den Druckausgaben erscheinende Zusatz „*et quod materia non est in angelis; contra fratrem Thomam*“ fehlt allerdings in den von *D'Argentré* benützten Handschriften. Aber in der Sache ändert diess Nichts. Denn schon Gottfried von Fontaines, der Zeitgenosse und Mitkämpfer jener Controversen (s. unten Anm. 58 ff.), war sich dessen genau bewusst, dass jenes Pariser Verdammungs-Urtheil hierin gegen Thomas gerichtet war. Derselbe sagt nemlich in einer von *D'Argentré*, p. 215 A, aus Handschriften mitgetheilten Stelle: *Isti autem articuli ...... sunt etiam in detrimentum non modicum doctrinae studentibus perutilis recentissimi et excellentissimi doctoris, scilicet fratris Thomae, quae ex praedictis articulis minus iuste aliqualiter diffamatur.* Hiezu das ausdrückliche Zeugniss des Duns Scotus, unten Anm. 124. Was über diese Angelegenheit die modernen Anbeter des „heiligen“ Thomas denken, ist gleichgültig, und die Unkritik, welche durch Werner's Werk (Abschn. XVII, Anm. 481) sich hindurchzieht, bleibt erfolglos.

16) *D'Argentré* a. a. O. p. 180, Nr. 104: *Quod humanitas non est forma rei, sed rationis* (ebenso p. 196, Nro. 2); und p. 196, Nro. 5: *Quod homo est homo praeter animam rationalem.*

17) Gedruckt in *Hist. et antiqu. univ. Oxoniensis* (*Oxf.* 1674, fol.), Vol. I, p. 125 f., und hierauf gleichfalls bei *D'Argentré.*

18) *D'Argentré*, p. 186, Nro. 12: *Quod vegetativa, sensitiva et intellectiva sunt una forma simpliciter.* Vgl. Thomas Abschn. XVII, Anm. 521.

19) Aus einem Schreiben des *Johannes Peccam* (s. über ihn unten Anm. 25) theilt *Wood* in *Hist. et ant. un. Oxon.*, I, p. 130, Folgendes mit: *Unum vero illorum expresse notavimus articulum quorundam dicentium, in homine esse tantummodo formam unam, ... quod ex ipso sequitur, ut putamus, nec corpus Christi fuisse unum numero vivum et mortuum, nec aliqua sanctorum corpora tota vel secundum partes aliquas in orbe existere vel in urbe, ... quoniam sine substantialis formae unitate nulla potest numeraliter substantia esse una.* Ebenso berichtet etwas später auch *Occam, Dialog.* (*ed. Lugdun.* 1494, fol.), Pars I, Lib. II, c. 24, f. XIV r. B: *Saepe audivi a multis Anglicis et Britonibus enarrare, quod de opinione Thomae de unitate formae, quando conclusiones, quae ex ipsa sequuntur, explicabantur, scandalum fuit in Anglia prope infinitum...... Quod corpus Christi non fuit idem numero vivum et mortuum, et quod corpus Christi, quod iacuit in sepulcro, in ipso triduo nunquam fuit corpus Christi, dum viveret; quod corpus et reliquiae, quae a fidelibus pro corporibus sanctorum venerantur, nunquam fuerunt corpora, ... quia caro mortua nunquam fuit viva.*

allgemein recipirten arabisch-aristotelischen Auffassung einverstanden war, wornach die Universalien auf Grund vorausgegangener Sinneswahrnehmung erst in der denkenden Seele entstehen[20]).

Aber neben jenem Einen folgenreichen Punkte erstreckte Kilwardby seine Kritik auch auf das eigentliche Gebiet der Logik, und zwar sind es merkwürdiger Weise mehrere der byzantinischen Logik angehörende Sätze, welche er als irrthümliche verurtheilt, so dass wir hier neuerdings einen Beleg dafür finden, dass im 13. Jahrh. sich sehr Viele und sehr einlässlich mit diesem Zweige der Logik beschäftigt haben müssen. Nemlich neben zwei selbstverständlichen logischen Ketzereien werden hier neun einzelne herausgerissene Sätze verdammt, welche theils die *suppositio* und *distributio,* theils die *ampliatio,* theils die *restrictio,* ja sogar bereits die *consequentia* betreffen[21]).

Es gehört jedoch Kilwardby überhaupt zu den fruchtbarsten logischen Schriftstellern seiner Zeit, und nur durch eigenthümliche Verhältnisse kann es gekommen sein, dass man am Ende des 15. Jahrh., wo doch eine überreiche Litteratur der Logik gedruckt wurde, diesen Autor völlig bei Seite setzte. Wahrscheinlich ignorirten ihn die Thomisten absichtlich, während er bei den Franziskanern durch Duns Scotus und

---

20) Aus Kilwardby's ungedruckter Schrift *De ortu scientiarum* theilt *Hauréau, De la Philos. scol.* II, p. 244 nach einer Pariser Handschrift eine längere Stelle mit, in welcher wir lesen: *Omnis doctrina et disciplina intellectiva ex praeexistenti fit cognitione, scilicet sensitiva ...... Haurit igitur anima rationalis a rebus extra scientiam per sensum, ... per quoddam haustorium, quo deferuntur species sensibiles ab extra usque ad animam rationalem, in qua fit universale, quod est principium scientiae.* S. bei Thomas, Abschn. XVII, 493 ff.

21) *D'Argentré* a. a. O. p. 185: *De erroribus in logica.* 1. *Quod contraria possunt simul esse vera in aliqua materia.* 2. *Quod syllogismus peccans in materia non est syllogismus.* 3. *Quod non est suppositio in propositione magis pro supposito, quam pro significato* (d. h. eine Gleichstellung des *suppositum* und des *significatum* verstiesse gegen die ersten Grundlagen der Supposition, s. bei Petrus Hisp. Abschn. XVII, Anm. 201, u. bei Shyreswood ebend. Anm. 59 f.). 4. *Et ideo idem est dicere „cuiuslibet hominis asinus currit" et „asinus cuiuslibet hominis currit"* (diess wäre eine Consequenz einer solchen falschen Gleichstellung, weil im ersteren Satze das Gewicht auf dem *suppositum*, und in letzterem auf dem *significatum* läge). 5. *Item quod animal* (so in *Hist. un. Oxon.*, *D'Argentré* gibt nach Einer Handschrift *omnis* [*sic*] *animal*) *est omnis homo* (s. das Sophisma bei Petrus Hispanus ebend. Anm. 240). 6. *Quod signum non distribuit subiectum in comparatione ad praedicatum* (diess verstiesse gegen die bei Petrus Hisp. ebend. Anm. 240 gegebene Distinction). 7. *Quod veritas de necessitate praedicati tamen est existentia subiecti* (so richtiger in *Hist. un. Oxon.*, als bei *D'Argentré;* inhaltlich konnte dieser Satz an die *ampliatio* des Petr. Hisp., ebd. Anm. 225, angeknüpft werden, zumal da schon Shyreswood die *necessitas* in einer Weise besprochen hatte, — s. ebend. Anm. 80 —, welche uns bei Späteren wieder begegnen wird, s. folg. Abschn., Anm. 382). 8. *Quod non est ponere demonstrationem sine rebus entibus* (diess bezieht sich auf die Lehre betreffs der *restrictio*, s. Abschn. XVII, Anm. 236). 9. *Quod omnis propositio de futuro vera est etiam necessaria* (wir trafen diese Controverse bezüglich der *ampliatio*, — ebd. Anm. 226 —, schon bei Robert Capito, s. ebd. Anm. 357). 10. *Quod terminus cum verbo de praesenti distribuitur pro omnibus differentiis temporum* (wie bei Albertus Magnus, ebd. Anm. 470, so weist auch hier dieser streitige Punkt mehr auf Shyreswood, ebd. Anm. 64, als auf Petrus Hispanus zurück). 11. *Quod ex negativa de praedicato finito sequitur affirmativa de praedicato infinito sine constantia subiecti* (dass dieses die Lehre von der *consequentia* betrifft, ist ersichtlich; s. Abschn. XVII, Anm. 610 ff., bes. 621 ff.).

Occam verdunkelt war. Ausser Commentaren zu den naturphilosophischen Büchern und zur Metaphysik des Aristoteles verfasste er gegen zwanzig Schriften, welche sich auf Logik beziehen und das ganze Organon umfassen; aber all Dieses ist nur noch in Handschriften vorhanden [22]). Er zeigt sich uns dabei als einen höchst einlässlich breiten und scrupulösen Commentator, welcher Wort für Wort dem aristotelischen Texte folgt, unaufhörlich auf den Faden des Zusammenhanges hinweist, jede Zeile zu klarstem Verständnisse zu bringen sucht, und hiebei nach Art der Araber immer Schwierigkeiten erhebt, nur um dieselben zu widerlegen und so einer vollständigen Erklärung zu dienen [23]).

---

22) Nach *Quétif, Scriptt. ord. Praedic.* I, p. 374, und *Balaeus, Scriptt. ill. Mai. Brit.* IV, c. 46, schrieb er: *In Isagogen Porphyrii, De rebus praedicabilibus, In Praedicamenta Aristotelis, De divisione entis, De unitate formarum, De relativis, De natura relationis, De relationis praedicamento, In sex principia Gilberti, Perihermenias, In Priora et Posteriora Analytica, In Topica Arist., In Elenchos, In divisiones Boethii, De modo significandi, Quaestiones dialecticae, Sophistria grammaticalis, Sophistria logicalis.* Die beiden letzteren Schriften jedoch scheinen mir etwas verdächtig zu sein, da Solches unter solchem Titel schwerlich vor Duns Scotus verfasst wurde.

23) Wenn nemlich *Hauréau* a. a. O. p. 246 von ihm sagt: „*Si nous n'avions pas négligé les mystères de Baroco et de Baralipton, pour circonscrire nos recherches dans la limite des questions recommandées par Porphyrius, nous aurions à faire connaître ici les ingénieuses explications données par Robert Kilwardby sur les formes variées du syllogisme; nous diront simplement que ce fut un des plus habiles logiciens du XIII. siècle*“, so muss ich nach genauer Einsichtnahme des von *Hauréau* erwähnten *Codex Sorbonn.* 1791 allerdings mir erlauben, dieses Urtheil etwas einzuschränken. Denn dass Kilwardby *un habile logicien* war, gebe ich gerne zu; aber *ingénieuses* sind seine Erklärungen der Syllogistik wahrlich nicht, indem er auch dort nur mit ängstlichem Fleisse bemüht ist, sämmtliche Schlussweisen einem eifrigen, wenn auch stupiden, Schüler verständlich zu machen. Ich könnte aus genannter Handschrift z. B. berichten, wie er in der Einleitung zur ersten Analytik mehrere Seiten den Discussionen widmet, inwieferne die Logik *modum inquirendi* lehre (s. Albert und Thomas, Abschn. XVII, Anm. 363 u. 489), und hierin des Boethius *inventio et iudicium* (Abschn. XII, Anm. 76) liege, aber dabei das Verhältniss zu den übrigen Wissenschaften zweifelhaft sei, ob ferner, wenn die Logik das allen Gemeinsame enthält und so *modum sciendi* und zugleich *scientiam* lehrt, ihr nicht abermals zu ihrer Rectificirung eine Wissenschaft vorausgehen müsse, oder wie sie sich zur Metaphysik, welche gleichfalls Gemeinsames lehrt, verhalte, u. s. f. Nur zur Probe aber will ich eine beliebige Stelle aus der Syllogistik (in welcher er nirgends die byzantinischen Kunstworte oder Memorialverse anwendet) über die zweite Schlussfigur anführen: *Dubitatur de hoc, quod dicit, secundam figuram esse, quando medium de utroque extremo dicitur omni vel nullo; hoc enim non videtur, cum nunquam sit syllogismus ex negativis. Dubitatur de his, quae contrarie dicit in littera* (bekanntlich heisst „*littera*“ immer der zu erklärende Text); *medium enim esse, per quod unum extremum distat ab alio; sed per id, quod praedicatur de utroque extremo, non distat unum ab altero; ergo id quod praedicatur de utroque, non erit ipsorum medium, cuius oppositum dicit in littera. Adhuc medium est, quod aequaliter distat ab utroque extremorum; ergo extrema aequaliter distant a medio; ergo unum extremum non est propinquius medio, cuius oppositum dicit. Adhuc medium, cum sit id, per quod extremum distat ab extremo, est inter extrema; ergo non est primum in positione, cuius tamen oppositum dicit. Haec omnia soluta sunt aequivocatione medii; obiecta enim procedunt accipiendo medium proprie, quod est medium in continuis; ita enim est inter extrema secundum positionem et aeque distans ab eis; hic autem accipitur medium metaphysice pro eo, quod est medium uniendi intellectus extremorum. Et notandum, quod medium syllogisticum aliquando est utroque modo medium, ... et tale medium est in prima figura; aliquando autem sicut*

Der geschichtliche Faden aber der sich steigernden Controversen-Litteratur knüpft nicht an die Commentare Kilwardby's, sondern an jenes Verdict an, welches er gegen die *unitas formae* gefällt hatte. Und jedenfalls stand er hierin nicht allein, sondern es hatte schon i. J. 1278 eine geschlossene Fraction den Kampf gegen Thomas nach dieser Seite hin aufgenommen. Wenigstens berichtet in jenem Jahre ein Vertheidiger des Thomas, Aegidius von Lessines (s. unten Anm. 52 ff.), dass seine Gegner die *unitas formae* nur als die additive Einheit einer Zusammensetzung („*aggregatum*") verstehen wollen. Diese Ansicht nemlich, welche ebensosehr als jene des Thomas auf Avicenna beruhte, stützte sich darauf, dass sowohl im Körper als auch in der Seele die vielen einzelnen Glieder und Bestandtheile eine selbstständige Wesensform an sich haben, und somit im Menschen nur die letzte zusammenfassende (*complexiva*) Form eine Verbindungs-Einheit herbeiführe, während, wenn man (wie Thomas) in die intellectuelle Seele die ausschliesslich einzige Form des Menschen-Wesens verlege, alle übrigen Einzeln-Formen der Bestandtheile erdrückt und vernichtet werden müssten [24]).

Hatte somit diese Polemik gegen Thomas einen Rückhalt an einer compacteren, wenn auch vielleicht noch kleinen, Partei gewonnen, so ist es erklärlich, dass Kilwardby's Nachfolger im erzbischöflichen Stuhle, Johannes Peccam, i. J. 1284 die Censuren seines Vorgängers in wenig geänderter Form erneuerte [25]) und hiedurch jedenfalls verhinderte, dass der Streit etwa eingeschlafen wäre. Uebrigens ist um der folgenden Entwicklung willen der Umstand sehr beachtenswerth, dass, während Kil-

---

in aliis figuris solum dicitur medium, quia est unitivum extremorum, unde in secunda figura dicitur medium primum positione, quia obtinet in syllogismo situm et conditionem eius, quod est primum in ordine praedicabili; maior vero extremitas dicitur esse propinquius positione medio, quia magis habet conditionem et situm medii in ordine praedicabili, subiicitur enim et praedicatur; minor vero extremitas dicitur esse longius posita medio, quia privatur conditione medii in ordine praedicabili, subiicitur enim tantum. Patet igitur u. s. f. Solcher Art aber ist der ganze Commentar!

24) Aus einer Pariser Handschrift mitgetheilt bei *Hauréau* a. a. O. p. 248: *Dicunt enim, quod homo unam habet formam, quae non est una simpliciter, sed ex multis composita, ... quarum ultima et complexiva totius aggregati est intellectus. Sicut enim ex multis diffinitis ad invicem naturaliter ordinatis una diffiniti est forma, sic est in rebus compositis per naturam de formis constituentibus eas. Et sicut ex parte corporis multa sunt membra proprias formas et propriam materiam habentia, quorum nullum est alterum, tamen constituunt unum corpus per ordinem et colligationem naturalem, quam habent ad invicem, sed non constituunt unum corpus simpliciter: sic ex parte animae multae sunt partes essentialiter differentes, quae tamen per ordinem et colligationem naturalem unam animam efficiunt, non tamen ita, quod anima sit simplex ..... Et ex formis corporalibus iam memoratis et hac spirituali, quae constat ex multis, humanitas una resultat. Aliam unitatem formarum dicunt non esse secundum philosophiam ...... quod positio de unitate formarum secundum istum modum est veritate subnixa ...... Secundum vero alium modum, quando* (*Hauréau* gibt „*quidem*") *dicitur ultima forma compositi omnium aliarum actiones supplere et in eius adventu omnes alias corrumpi, dicunt, quod nulla veritate fulta est.* Dass aber auch für diese *unitas compositi*, welche in Wahrheit eine *pluralitas* ist, die Quelle bei Avicenna vorliege, s. Abschn. XVI, Anm. 92.

25) *Hist. univ. Oxon.* I, p. 129 f. Aus der byzantinischen Logik erscheinen hier (in sehr fehlerhaftem Drucke) von obigen Sätzen (Anm. 21) nur die Nummern 3, 5, 6 u. 10. Der Thesis betreffs der *unitas formae* ist nur die Wendung gegeben: *Corpus vivum et mortuum est aequivoce dictum;* vgl. Anm. 19.

wardby noch dem Dominikaner-Orden (— Albertus und Thomas —) angehörte, Peccam schon Franziskaner war [26]). Wir werden nemlich sehen, wie der Gegensatz dieser beiden Orden sich auch für die Logik principieller ausbildet. S. Anm. 221.

An Peccam nun schliesst sich der Franziskaner Wilhelm Lamarre an, welcher in eben jenem Jahre 1284 sein *„Correctorium fratris Thomae"* (die Thomisten nannten es immer *„Corruptorium"*) ausgehen liess. Diese Schrift selbst zwar ist verloren, wir kennen jedoch ihren Inhalt hinreichend genau aus den langen wörtlichen Anführungen in jenem *„Defensorium"*, welches fälschlich (— s. unten Anm. 71 —) für ein Werk des Aegidius Romanus gehalten wurde [27]). Lamarre gab nicht bloss den bisherigen Einwänden gegen Thomas eine präcisere und reichere Begründung, sondern vermehrte dieselben auch um einen sehr wichtigen Punkt. Einen wahrlich komischen Eindruck bei seiner Polemik macht allerdings die Art und Weise, wie er dogmatische Momente als ganz ebenbürtig neben arabisch-aristotelischen Auctoritäten verwendet; aber es ist diess nur die natürliche Folge der von Thomas angebahnten Verquickung. Was das *principium individuationis* betrifft, so kehrt hier nicht bloss das obige (Anm. 13) Motiv aus der Angelologie wieder [28]), sondern es wird auch ausdrücklich die Gefahr hervorgehoben, welche der persönlichen Unsterblichkeit durch einen averroistischen Monopsychismus droht [29]). Bezüglich der *unitas formae*, bei welcher Lamarre gleichfalls (vgl. Anm. 19) an den Körper Christi und auch an die Transsubstantiation denkt, formulirt er jene so eben (Anm. 24) angeführte gegnerische Ansicht nur etwas präciser dahin, dass in dem Beispiele von *homo* oder *humanitas* die vegetative und die sensitive und die intellectuelle Seele eine *pluralitas formarum* begründen, bei welchen eine Gradabstufung der Vervollkommnung zur additiven Einheit des „zusammengesetzten" Wesens führe, und auch er erinnert daran, dass, falls die intellectuelle Seele die alleinige Wesens-Form wäre, beim Ausscheiden derselben das Sein des Körpers untergehen müsste [30]). Neu aber und für den weiteren Verlauf der Par-

---

26) Ebend. p. 131.

27) Unter den mehreren Drucken desselben citire ich nach *„Defensorium seu Correctorium fundamentarii doctoris domini Egidii Romani ..... in Corruptorium librorum Angelici doctoris sancti Thomae ..... a quodam emulo depravatorum"*. *Venet.* 1516. fol.

28) Ebend. f. 9 v. B: *Quod impossibile est duos angelos esse eiusdem speciei ..... Dicimus, quod habent materiam spiritualem, et tunc materiae eorum distinguuntur non per divisionem quantitatis, ... sed per multiplicationem numerabilitatis, sicut cum unus punctus fit duo puncta* (über die Wortform *„punctus — puncta"* s. vor. Abschn., Anm. 140). Das nemliche Thema f. 17 r. B u. f. 47 r. A.

29) Ebend. f. 54 v. B: *Individuationem animae fieri per corpus, videtur esse falsum, ... quia sequitur ex hoc, quod vel anima post separationem a corpore desinat esse, vel saltem quod post mortem hominum erit unus intellectus tantum vel anima, ... quod erat error Averrois.*

30) Ebend. f. 18 r. A: *Haec positio de unitate formae substantialis reprobatur a magistris primo, quod ex ipsa sequuntur plura contraria fidei catholicae, secundo quia contradicit philosophiae, tertio quia repugnat sacrae scripturae .....* (B) *Contra fidem de corpore Christi mortuo ..... Fides ponit, quod in sacramento altaris etc. ..... Si sola anima intellectiva immediate esset perfectio materiae primae, tunc in homine non esset forma animalis nec mixti ...... Forma una et eadem numero dabit esse*

teiung höchst beachtenswerth ist, dass er auch gegen jene übertriebene Formulirung kämpft, mit welcher Thomas gesagt hatte, dass es kein Erkennen des Singulären gebe (Abschn. XVII, Anm. 499). Nemlich neben geschmacklosen theologischen Gründen bemerkt Lamarre ganz richtig, dass dann auch keine singulären Urtheile möglich seien und über Einzelnes Nichts syllogistisch erschlossen werden könne, ja überhaupt es unbegreiflich bleibe, wie dann jenes *„colligere"* der Universalien (ebd., Anm. 494) von Statten gehe [31]). Was aber die dreifache Geltung der Universalien betrifft, so schliesst auch er sich unter ausdrücklicher Anführung des Avicenna an die allgemein recipirte Auffassung an [32]).

Indem aber auch Heinrich Goethals von Gent (geb. 1217, gest. 1293), welcher in der Sorbonne als Lehrer auftrat und bekanntlich den Beinamen ***Doctor solemnis*** erhielt, sich selbst als einen Theilnehmer der Pariser Censuren bekennt [33]), so liegt hierin jedenfalls schon eine äussere Anknüpfung an die so eben erwähnte Richtung; dass aber auch innere Gründe uns veranlassen, ihn gerade hier zu erwähnen, wird die folgende Darstellung seiner Ansichten von selbst zeigen. Bei dem Verluste seiner ***„Logica"***, welchen wir beklagen, vielleicht aber auch verschmerzen können, sind wir auf seine um d. J. 1278 verfassten ***Quodlibeta*** und auf die etwas später geschriebene ***Summa quaestionum theologiae*** angewiesen [34]), und wenn es den Versuch gelten soll, diesen so verschieden aufgefassten Autor [35]), insoweit er die Geschichte der Logik berührt, in möglichster

---

corporale et spirituale ...... (f. 18 v. A) *Ponimus, formam animae intellectivae primo perficere materiam suam spiritualem et mediante hac materiam suam corporalem ..... Sunt duae, quae sunt incompletae, quae dant esse incompletum corpori humano, quod perficitur et completur adveniente anima rationali ..... Vegetativa, sensitiva et intellectiva sunt tres formae, quae se habent secundum esse completum et incompletum, secundum potentiam et actum convenientes quoad essentialem unitatem ..... Pluralitas ergo formarum non est contra unitatem compositi essentialem, nisi sint tales, quae non se habent secundum esse incompletum et completum.* f. 50 v. B: *Res, in qua est multitudo et gradus formarum, est una per formam ultimam.* Hiezu f. 29 v. A: *Si materia hominis nullum aliud habet esse, quam animae intellectivae, materia hominis in instanti separationis animae perdit omne esse, cuius contrarium videmus.*

31) Ebend. f. 4 v. A: *Secundum hoc animae separatae et angeli Christum non cognoscerent ...... Peccatum actio singularis est, ... et de hoc, quod homo non cognoscit, non poenitet nec se corrigit ..... Si intellectus non cognoscit singularia, tunc non poterit facere propositionem aliquam, in qua esset singularis res, et ita nec syllogizare. Tunc non posset ex multis singularibus colligere unum universale; ex incognitis enim non potest intentionem cognoscibilem abstrahere.*

32) Ebend. f. 48 r. B. S. Abschn. XVI, Anm. 184. Vgl. vor. Anm. 20.

33) *Henrici Goethals a Gandavo aurea Quodlibeta ed. Zuccolius, Venet.* 1613. fol., II, 9, f. 59 v. A: *Error est, substantiam sine operatione non esse in loco, ut dicit unus articulus inter damnatos nuper per sententiam episcopi* (d. h. des Stephan Tempier). f. 60 v. B: *In hoc enim concordabant omnes magistri theologiae congregati super hoc, quorum ego eram unus, unanimiter concedentes.*

34) Erstere citire ich nach der so eben genannten Ausgabe, letztere nach: *Summae quaestionum ordinariarum theologi recepto praeconio Solemnis Henrici a Gandavo. Paris* 1520. fol. 2 Voll.

35) So lesen wir z. B. in dem sonst vortrefflichen Werke *Hauréau*'s, II, p. 276: *Duns-Scot vint reprendre, commenter l'une après l'autre les thèses du Docteur Solennel, et lui emprunter ses principaux arguments contre le péripatétisme ontologique de Saint Thomas* (diese Auffassung hat K. Werner gedankenlos, wie immer, in sein Buch über Thomas, I, p. 866, aufgenommen). Wohl weit richtiger urtheilt über

Kürze zu charakterisiren, so dürfte nach meiner Ansicht das Richtige vielleicht in Folgendem liegen. Der äusserst redselige Goethals, welcher am Liebsten aus Augustin, Bernhard v. Clairvaux, Hugo v. St. Victor u. dgl. schöpft [36]), wäre nach seiner ganzen Anlage der ausgesprochenste Platoniker gewesen (s. Abschn. XVII, Anm. 571 z. Anf.), wenn ihn nicht hieran die allgewaltige Auctorität des damaligen arabischen Aristotelismus gehindert hätte. Und so gestaltet sich bei ihm einerseits der unklare Mischmasch des Thomas zur lächerlichen Monstrosität, während er andrerseits die erwähnten dogmatischen Bedenken, welche man gegen den Thomismus erhob, theilte. Darum hatte ein scharfsinniger Kopf wie Duns Scotus ebensosehr ein leichtes Spiel gegen ihn, als die Thomisten mit Vergnügen ihn angriffen.

Indem Goethals aus Thomas das Verhältniss der Universalien zur Sinneswahrnehmung selbst mit Einschluss der sog. *„reflexio"* adoptirt [37]), betont er schon bezüglich der Musterbilder, in welchen die Wahrheit der Dinge liege, sehr stark den helfenden allgemeinen Einfluss der höchsten Intelligenz, welcher auch bei dem blossen natürlichen Erkennen nicht ausgeschlossen sei [38]), und da er sodann diese Musterbilder (im Unterschiede gegen Thomas) ganz entschieden platonisch als selbstständige Wesen fasst und dieselben so den künstlichen Gebilden der *intentio*

Goethals *Ch. Jourdain, La philos. de St. Thomas*, II, p. 46: *Bien qu'il soit toujours cité avec honneur, et que son adversaire habituel, Duns Scot, respecte en lui, tout en le combattant, une des lumières de la scholastique, il est un peu resté dans l'isolement.* In der Monographie von *François Huet* (*Recherches hist. et crit. sur la vie, les ouvrages et la doctrine de Henri de Gand.* 1838) gebricht es in sehr fühlbarer Weise an der nöthigen Kenntniss der damaligen Sachlage der philosophischen Controversen überhaupt.

36) Daher auch seine gänzliche Intoleranz gegen jedweden Betrieb einer Wissenschaft, insoferne derselbe nicht der Theologie dient; z. B. *S. theol.* VII, 10, f. LX r.: *De scientiis igitur philosophicis pure speculativis absolute dicendum, quod non licet eas addiscere nisi in usum theologiae, nisi forte quis aliquam illarum scientiarum discat, ut melior disponatur ad discendum quaedam alia, veluti logicam.*

37) Ebend. I, 1, f. I v.: *Homo autem nihil percipit de re nisi solum idolum eius, ut speciem receptam per sensus, quae idolum rei est, non ipsa res* (bei Thomas hiess es *phantasma*, Abschn. XVII, Anm. 500). Ebend. XIII, 6, f. XCIV v.: *Intellectus sub speciebus sensibilium investigando, quasi subtus fodiendo, penetrat ad cognoscendum ea, quae latent intelligibilia sub speciebus sensibilium.* Ebend. XL, 2, f. CCLVII r.: *Proprium obiectum intellectus creati universale est, quod est ei ratio cognoscendi omnia singularia sub ipso.* *Quodlib.* IV, 21, f. 201 r. A: *Directe ergo et per se intellectus noster non cognoscit nisi universale abstractum a singulari; indirecte autem et quasi quadam reflexione convertendo se ad phantasmata, in quibus sunt formae sub ratione singularis* (die genaue, ja wörtliche Uebereinstimmung mit Thomas s. ebd. Anm. 499).

38) *S. theol.* I, 2, f. IV v.: *Homo per suam animam absque omni speciali divina illustratione potest aliqua scire aut cognoscere, et hoc ex puris naturalibus; .... dico autem „ex puris naturalibus" non excludendo generalem influentiam primi intelligentis, quod est primum agens in omni actione intellectuali et cognitiva ..... In prima cognitione intellectus noster omnino sequitur sensum...... Ex parte autem intelligibilis ratio est. ..... Quia igitur verum dicit intentionem rei in respectu ad suum exemplar, ... intentio veritatis in re apprehendi non potest nisi apprehendendo conformitatem eius ad suum exemplar.* Ebend. II, 2, f. XXIII v.: *Adspiciendo ad exemplar increatum, quod est causa rei; ..... cognitio enim, quae acquiritur per phantasmata, non potest esse, quin sit obscurata.* (Vgl. bei Thomas, Anm. 513.)

secunda gegenüberstellt [39]), so muss nun das Gebiet der letzteren, d. h. die Universalien *post rem*, in eine mirakulöse Verbindung mit der göttlichen Region treten, indem das „Organ" des Gottesbewusstseins im Menschen den Schlüssel zur Erkenntniss der wahren Wesenheiten enthält [40]). Ja die Erkenntniss der im ewigen Lichte liegenden Universalien ist zuletzt ein Geschenk der Gnade Gottes, welcher ganz nach Belieben sie dem Einen verleiht und dem Anderen entzieht [41]). Mit dieser augustinischen Weisheit könnten wir nun den Goethals füglich seinem Schicksale überlassen, wenn nicht der Umstand hinzukäme, dass er trotzdem sagt, es sei eigentlich doch das Gescheideste, wenn man den Plato und den Aristoteles miteinander verbinde [42]), was ihm jedoch abermals unmöglich Ernst sein kann, da er anderwärts mehrmals die Ansicht Plato's jener des Aristoteles principiell vorzieht [43]). Was Wunder, wenn den Geschichtschreiber der Philosophie bei solchen Autoren nur das Gefühl des Ekels überkommt.

Wenn sodann Goethals sich der allgemein geltenden Tradition betreffs der mehrfachen Geltung der Universalien anschliesst, so lässt er allerdings einmal gelegentlich durchblicken, dass ihm die *praedicabilitas* derselben gerade nicht besonders am Herzen liege [44]); und überhaupt ja

---

39) *Quodlib.* VII, 1, f. 386 v. A: *Sunt ideae principales quaedam formae vel rationes aeternae, quae divina intelligentia continentur, secundum quas formatur omne, quod oritur, et quarum participatione fit, ut sit, quidquid est, quomodo est..... Eorum quae sunt in creaturis, quaedam sunt res aliqua naturales, quaedam vero non sunt res, sed tantum intentiones secundae intellectus sive rationis circa res, ...formae artificiales tantum, quae per violentiam habent esse* (vgl. bei Thomas, Anm. 506 u. bes. 511)...... *De istis ultimis generibus entium dico, quod non habent proprias ideas in deo, sed solum dico ideas rerum naturalium, circa quas intellectus concipit intentiones secundas.*

40) *S. theol.* XXIV, 9, f. CXLVI r.: *Deus ut lux est et veritas prima et ratio cognoscendi alia in eo, quod per ipsum alia cognoscuntur et discernuntur.* Ebend. 1, f. CXXXVII v.: *Debet igitur homo habere in se organum, per quod potest in speculationem essentiae et quidditatis dei per intellectualem operationem procedere.*

41) Ebend. I, 2, f. VII v.: *Homo ex puris naturalibus attingere non potest ad regulas lucis aeternae, ut in eis videat rerum sinceram veritatem; licet enim pura naturalia attingant ad ipsas, non tamen ipsa naturalia ex se agere possunt, ut attingant illas; sed illas deus offert, quibus vult, et quibus vult, subtrahit.* Hiezu *Quodl.* IX, 15, f. 111, wo er sich fast wörtlich wie Albert (Abschn. XVII, Anm. 396) äussert.

42) *S. theol.* I, 4, f. XII v.: *Modus Aristotelis, si non sensit id, quod dixit Plato, erat diminutus, quia nimium attribuebat, immo totum, causis particularibus..... Modus Platonis, si non sensit, quod Aristoteles, similiter erat diminutus, quia nimis parum attribuebat causis particularibus...... Dictum ergo utriusque, et Aristotelis et Platonis, coniungendum est in omnibus et in istis generationibus istarum formarum.* Vgl. bei Thomas, ebd. Anm. 515.

43) Ebend. XXV, 3, f. CLIV v.: *Plato multo melius sentiebat et fidei magis congruentia, quam Aristoteles...... Plato verius, quam Aristoteles sentiebat. Quodlib.* IX, 15, f. 111 v.: *Nihil omnino concludunt rationes Aristotelis contra Platonem, ut patet inspicienti eas.* Ebenso, jedoch mit jener Mental-Reservation des Thomas (a. a. O.), lesen wir *S. theol.* I, 2, f. VII v.: *Iste ergo est verior modus acquirendi scientiam et notitiam veritatis, quam ille, quem posuit Aristoteles ex sola sensuum experientia, si tamen sic intellexit Aristoteles et in idem cum Platone non consensit, immo, quod verius creditur, etsi Platoni in modo dicendi obviavit occultando divinam doctrinam magistri sui, eandem tamen cum Platone de notitia veritatis habuit sententiam.*

44) *S. theol.* I, 3, f. X v.: *Est considerare tres veritates sibi correspondentes;*

waren bei ihm, wie gesagt, die Universalien *post rem* in eine so glückliche mystische Nähe an die Universalien *ante rem* hinangerückt worden, dass es ihm zuletzt sogar gleichgültig ist, ob jene „Wesenheiten", welche die Gattungsbegriffe sind, in der menschlichen Seele schon angeboren liegen oder erst durch Erfahrung „gesammelt" werden [45]).

Hingegen sind es die Universalien *in re*, an welche sich seine antithomistischen Ansichten knüpfen. Nemlich indem es sich hiebei um die *existentia* im Gegensatze gegen die *essentia*, welche in den Universalien *ante rem* liegt, handelt [46]), muss die Materialität in Betracht kommen, welche jedoch Goethals durchaus nicht als ein bloss potenzielles Sein anerkennen will; sondern er hält daran fest, dass die von Gott erschaffene Materie als selbstständiges Wesen zunächst das absolute Substrat aller Entwicklung sei, hernach aber erst als formungsfähig in das Stadium der Potenzialität trete, um hierauf nach Actualisirung der Form als Stütze des Ganzen zu verbleiben, so dass in jenem zweiten Stadium auch die formgebenden Universalien gleichfalls in einem Mittel-Zustande der Potenzialität und der Actualität sich befinden [47]). Sowie aber bei einem der-

---

primo veritatem exemplaris divini, secundo veritatem rei productae ab illa, tertio veritatem in conceptu mentis ab utraque expressam. *Quodlib.* VII, 1, f. 388 r. B: *Sciendum, quod quidditas et essentia rei, licet solum duplex esse habet, sc. unum in singularibus extra intellectum, aliud in ipso intellectu, quadruplicem tamen habet considerationem: unam, ut est in ipsis singularibus extra; aliam, ut habet esse in intellectu; aliam, ut abstrahitur a singularibus et iterum applicabile est eisdem per praedicationem; quartam vero habet secundum se et absolute, quae secundum istam considerationem, ut dicit Avicenna* (Abschn. XVI, Anm. 93), *non est nisi id quod est, ut „humanitas" non est nisi humanitas tantum, cui omnia alia accidunt.* (Auch Albert hatte ein vierfaches Sein der Universalien aufgezählt, während er von einem dreifachen hatte reden wollen, s. Abschn. XVII, Anm. 395). *S. theol.* XLIII, 2, f. IX r.: *Est sciendum, quod ratio universalis consistit non tam in modo praedicandi idem de pluribus, quam in natura et proprietate praedicatae rei, quae debet esse natura et essentia aliqua ...... Secundum rationem triplicis esse consideratur, sc. esse quidditativi et esse naturalis et esse rationis. Et secundum primum esse praecedit esse naturale et esse rationis, sicut simplex compositum* (also die objective Wesenheit hat den Vorgang vor der Erscheinung und vor dem Begriffe).

45) *Quodlib.* IV, 7, f. 148 r. A: *Quorundam erat opinio* (nemlich des Albert und des Thomas, s. Abschn. XVII, Anm. 382 u. 500) *de intellectu quocunque creato, quod ex se solum in potentia est ad actum intelligendi quaecunque, propter quod oportet ipsum determinari per aliquid ad illud .....* (B) *Tale autem determinans, ut dixit illa opinio, non est nisi species intelligibilis informans intellectum et impressa ipsi ut subiecto ......* f. 150 r. B: *Falsum est ergo, quod dicit dicta opinio, quod illa omnia non habent fieri in intelligente nisi per speciem impressivam. Immo sunt per essentiam intelligibilis informantem actum intelligendi et per hoc ipsum intelligentem, ut est forma expressiva exemplaris ......* (v. A) *Habemus quasi regulariter infixam naturae humanae notitiam, secundum quam, quidquid tale aspicimus, statim hominem esse cognoscimus ...... Secundum hanc notitiam cognitio nostra informatur et secundum species et secundum genera rerum, vel natura insita vel experientia collecta.*

46) Ebend. V, 4, f. 234 v. A: *Ea, quae alia sunt a deo, dupliciter possunt considerari: uno modo quoad esse essentiae eorum, quod est esse eorum quidditativum; alio modo quoad esse existentiae.*

47) Ebend. I, 10, f. 13 r. A: *Oportet excludere falsam imaginationem, quam habent quidam* (d. h. jedenfalls Aristoteliker, s. bei Albert ebend. Anm. 388) *de materia, videlicet quod nihil sit nisi potentia quaedam et ita, quantum de se est, non est ......* (v. A) *Materia non ita est prope nihil nec ita in potentia, quin sit*

artigen Realismus das ***principium individuationis*** überhaupt nicht in die Materie verlegt werden kann, so schliesst auch Goethals sich jenen obigen theologischen Bedenken gegen Thomas (Anm. 13 u. 28) an, durchschneidet aber die Schwierigkeit in ebenso überraschender als kindlicher Weise, indem er (wie Roger Baco, s. Abschn. XVII, Anm. 581) kurzweg den lieben Gott für die Individuation verantwortlich macht und somit sich auch dabei beruhigt, dass der liebe Gott schon wissen werde, wie das Ding wohl zugehe[48]).

Eine adäquate Erledigung findet auch die Frage über ***unitas formae***, an welche er einmal ausführlich den aristotelischen Standpunkt als Maassstab anzulegen versucht[49]). Aber wo er sie zu lösen unternimmt, kömmt er unter Erwähnung der verschiedenen Ansichten und Hinweisung auf die theologischen Momente zu dem Resultate, dass, da eine Unterscheidung mehrerer Wesensformen in Einem Wesen immer nur auf einer begrifflichen oder einer reellen Verschiedenheit beruhen könne, im Menschen jedenfalls zwei Formen, eine natürliche und eine übernatürliche, anzu-

---

aliqua natura et substantia, ...nec habet esse suum, quo est quid capax formarum, a forma, sed a deo (so auch schon Thomas, ebd. Anm. 517) ..... f. 14 r. A: *Est igitur in materia considerare triplex esse, sc. esse simpliciter, et esse aliquid duplex, unum, quo est formarum quaedam capacitas, aliud, quo est compositi fulcimentum. Esse primum .... habet participatione quadam a deo ..... Esse secundum, quo materia est capacitas quaedam, habet a sua natura, qua est id, quod est differens a forma ..... Esse tertium non habet materia nisi per hoc, quod iam capit in se illud, cuius de se capax est.* Ebend. IV, 14, f. 174 v. A: *Materia dicitur subiectum secundum triplicem statum. Uno priusquam actu transmutatur ad formam, et dicitur subiectum absolute. Alio, inquantum iam actu transmutatur ad formam, et tunc dicitur, quod est subiectum generationis et ens in potentia medium inter non ens purum et ens simpliciter ..... Tertio modo, inquantum actu est sub forma, et tunc habet in actu esse illius formae ......* f. 175 r. B.: *Materia id, quod est, in potentia est, et singulare compositum id, quod est, in actu est; universale autem quasi medium quodammodo est aliquid in actu, quia est forma, et quodammodo in potentia, quia est incompleta; et ideo debet materia educi de potentia in actum procedendo a formis universalibus ad singulares.*

48) *S. theol.* XXV, 3, f. CLV r.: *Necesse esse accidentibus dividi non potest; per materias etiam dividi non potest, quia necesse esse non potest habere materiam, quia materia est in potentia ..... Proprietatem enim esse alterius, non removet, eam esse proprietatem huius, ...puta, si ponantur duo angeli eiusdem esse speciei sine omni materia et accidentibus, quibus distinguantur. Quodlib.* II, 8, f. 54 v. A.: *Quaestio ista* (d. h. über die zwei Engel) *tangit difficultatem de causa individuationis* (vgl. ob. Anm. 14)...... f. 56 r. A: *Sancti nostri, qui vere sciunt, eas esse creaturas, sentiunt, hoc in eis factum esse a deo, qui est natura naturans omnia, quia scilicet sunt multa individua in qualibet specie ...... Patet igitur clarissime, quod materia et quantitas non possunt dici praecisa ratio et causa individuationis .....* f. 56 v. B: *Solum quod increatum est, id est deus; omne enim creatum ab eo, qui creavit, i. e. deo, terminatur. Sed quales secundum substantiam sint differentes, nescimus; solus autem deus, qui fecit eos, novit.* Die nemliche Frage ebend. XI, 1, f. 180 ff. Was hingegen die Individualisirung der Species betrifft, so äussert sich Goethals ebend. V, 8, f. 244 ff. mit Berufung auf Gilbert (Abschn. XIV, Anm. 479) ganz übereinstimmend mit Thomas, s. Abschn. XVII, Anm. 520.

49) *Quodlib.* IX, 14, f. 108 ff. Er kommt dort unter Beiziehung vieler Stellen des Aristoteles zu dem Resultate, dass aus demselben streng genommen weder die *unitas formae* noch die *pluralitas formarum* erwiesen werden könne, d. h. er spricht die Incommensurabilität aus, welche zwischen dem Aristotelismus und den damaligen theologischen Bekümmernissen besteht.

nehmen seien [50]). Freilich konnten wir schon aus seinen Erklärungen über die Materie entnehmen, dass er zu jenen gewöhnlichen christlichen Dualisten gehöre, welche das Sein so scharf als möglich in zwei Theile zerreissen, um die Kluft zuletzt durch ein göttliches Wunder zu überbrücken. In solcher Weise hat er ja auch betreffs der Erkenntniss des Einzelnen, welche Lamarre schärfer ins Auge fasste (ob. Anm. 31), lediglich ein der Moraltheologie entnommenes Bedenken [51]).

War somit im 8. und 9. Jahrzehnt des 13. Jahrhunderts der Thomismus von verschiedenen Seiten her zum Gegenstande bestimmter immer wiederkehrender Angriffe gemacht worden, so verhielten sich erklärlicher Weise die Schüler und strengen Anhänger des Thomas nicht als ruhige Zuschauer, sondern vertheidigten nach Kräften ihren Lehrer.

So suchte schon Aegidius von Lessines in einer i. J. 1278 verfassten Schrift „*De unitate formae*" [52]) den Thomas gegen den Verdacht der Anorthodoxie zu schützen [53]); in philosophischer Beziehung aber wiederholt er dabei auf dem Standpunkte des thomistischen Aristo-

---

50) Ebend. III, 14, f. 108 r. A: *In formis substantialibus, quae sunt actus tantum non nati per se existere nec agere separatim, nullum est inconveniens, quod ipsa essentia earum est ipsa potentia, qua compositum agit suam propriam et per se actionem debitam ei ratione formae substantialis.* Ebend. IV, 13, f. 162 v. B: *Est autem positio ponentium gradus formarum in omnibus talis, sc. quod in qualibet re naturali et individuali sunt plures formae substantiales ordinem et colligantiam naturalem ad invicem habentes et simul per suam substantiam existentes in eodem, quarum illa, quae est ultimo adveniens, completiva est entis illius* (s. ob. Anm. 24 u. 30) ...... f. 164 v. A: *Quia aliquibus apparet, quod non sit alia ratio, quare in eodem plures formas secundum gradus ponere oportebat, quam diversitas operationum, negant pluralitatem formarum de qualibet re......* f. 166 r. A: *Quandoque in scriptis aliquorum philosophorum vel aliorum doctorum inveniatur gradus et ordo formarum substantialium in eadem re a solo agente naturali producta in esse, semper debet exponi quoad diversas rationes intentionum in intelligendo vel quoad diversas virtutes et principia agendi.* Hierauf folgen f. 168 die obigen theologischen Einwände betreffs des Körpers Christi und des Abendmahles (s. Anm. 19 u. 30), sodann aber die Entscheidung f. 170 v. B: *Dicimus igitur negando pluralitatem formarum re et natura differentium in rebus naturalibus a solo unico agente naturali productarum, quod necesse est ponere pluralitatem et gradum formarum in homine propter duplex agens, unum naturale et alterum supernaturale ..... Agens supernaturale producit de nihilo formam, quae est anima, perficientem hominem completive in esse specifico, ad quam suscipiendam disponit materiam agens naturale.* Hiezu ebend. 14, f. 181 v. B: *Homo secundum duas formas est tantum unum in actu.*

51) Ebend. IV, 21, f. 201 r. A: *Si intellectus rationalis singularia non cognosceret, nec voluntas rationalis ad singularia amorem habere posset; ..... vanum enim esset praeceptum de dilectione proximi.* Hierauf aber folgt die oben, Anm. 37, angeführte Stelle, welche von Uebertreibungen des Thomismus absehend demselben zustimmt.

52) Die Wissenschaft verdankt eine nähere Kenntniss dieses Autors dem Fleisse *Hauréau's*, welcher (*De la phil. scol.* II, p. 247 ff.) aus einer Sorbonner Handschrift Einiges mittheilt.

53) Ebend. p. 247: *Quoniam in quaestione de unitate formae in uno ente, circa quam doctores tam in theologia quam in philosophia authentici et famosi diversimode sentiunt et diversa tenent ac tradunt, nonnulli eorum sic suam positionem conantur adstruere, ut reliquam damnent et reprobent ac eam asserant nec veritate subnixam et non solum inopinabilem esse sed etiam haereticam et contra fidem catholicam, ideo sequens opus attentavimus* u. s. w.

telismus [54]) nur in verstärkter Betheuerung die Ansicht seines Lehrers, indem er an der Hand Avicenna's die Einheit der Wesensform, in welcher das totale Sein des Dinges nach all seinen Theilen liegt, behauptet und die Manigfaltigkeit der verschiedenen wesentlichen Bestandtheile als eine bloss accidentelle den Momenten der Gestaltung und der äusseren Thätigkeit zuweist [55]).

Auch von Bernhard von Trilia (gest. 1292), welcher ungefähr zur selben Zeit mit seinen *„Quaestiones de cognitione animae"* zur Vertheidigung des Thomismus auftrat, können wir, soweit unsere Kunde reicht, betreffs der logischen Streitpunkte nichts Anderes berichten, als dass er die Universalien sowohl in objectiver Beziehung [56]) als auch hinsichtlich des subjectiven Erkennens ganz im Anschlusse an Thomas besprach [57]).

Wenn sodann der Sorbonnist Gottfried von Fontaines (oder de Fontibus) jene Verdammungs-Urtheile, welche Tempier gegen einzelne Artikel gerichtet hatte, missbilligte, da jene Dinge durchaus nicht so spruchreif, sondern erst noch eines näheren Studiums bedürftig seien [58]), so werden wir ihn schon darum den Anhängern des Thomas

---

54) Ebend. p. 250: *Dicimus cum Aristotele summo philosopho, omnes formas materiales produci de potentia materiae, quae naturaliter et per viam naturae producuntur.*

55) Ebend.: *Primo sciendum, in unoquoque ente uno singulari unam tantum esse formam substantialem, dantem esse subiecto et omnibus, quae subiecto* (zu lesen *de subiecto*) *et quae in subiecto dicuntur ante adventum huius formae. Concedimus et ponimus ita, quod totum esse subiecti et omnium partium eius essentialium sit ab ipsa forma, quae dat esse ipsi subiecto specificum..... Corpus tale, quod est subiectum animae, rationem, qua est corpus huius animalis, habet a forma, quae est anima; et rationem, qua est physicum corpus huius animalis, similiter habet ab anima; et rationem, qua dicitur esse corpus physicum organicum huius animalis, habet ab eadem anima.....* (p. 251) *Quia totum esse individui est ipsum esse speciei, ideo, quia ab anima inest huius esse speciei, per consequens ipsa erit esse totum quod est individuo; unde dat esse et corpori et partibus eius et omnibus, quae dicuntur esse in ipso individuo...... Illud esse, a quo denominantur partes ipsius subiecti in quantum differunt in esse, v. g. quod caro dicitur caro et non os..... et sic de singulis, non est aliud ab esse, quod habent ab anima, nisi per accidens tantum, inquantum istae partes considerantur distinctae per figuram animalis et per officia diversa.* Vgl. Abschn. XVI, Anm. 93 u. 98.

56) Gleichfalls von *Hauréau* aus Handschriften veröffentlicht, ebend. p. 255: *Alii.... posuerunt, omnes formas naturales esse totaliter ab extrinseco, et hoc vel per participationem idearum, ut Plato posuit, vel ex influentia intelligentiae separatae...... Sed neutra istarum opinionum videtur conveniens esse...... Ideo alii mediam viam tenentes posuerunt, omnes formas naturales praeexistere in materia in potentia, non in actu, ... et haec est positio philosophi et omnium Peripateticorum.* Vgl. Abschn. XVII, Anm. 508.

57) Ebend. p. 256: *Circa adquisitionem formarum intelligibilium in anima..... quidam posuerunt, originem humanae scientiae totaliter ab interiori esse, ponentes, formas omnium rerum cognoscibilium inditas animae naturaliter ex sua creatione..... Requiritur, quod animae rationales..... non habeant potentiam intellectivam naturaliter per species intellectuales a principio completam, sed compleatur in eis successive accipiendo eas a rebus per actionem alicuius agentis naturalis...... Intelligere est propria operatio et perfectio animae rationalis.* Vgl. ebd., Anm. 493.

58) Aus Sorbonner Handschriften der *Quodlibeta* Gottfried's mitgetheilt bei *D'Argentré* (s. ob. Anm. 10), I, p. 214: *Cum aliqua materia est sic indeterminata in certitudine veritatis, quod absque periculo fidei et morum licet circa hoc diversi-*

beizählen dürfen. Und es bestärkt uns hierin Dasjenige, was wir von seinen um d. J. 1283 verfassten *Quodlibeta* wissen[59]), wenn auch in den kirchlichen Fragen, durch welche damals die Pariser Universität in Bewegung gesetzt war, die Stellung Gottfrieds als eines Lehrers an der Sorbonne einen bestimmenden Einfluss ausüben musste. Für uns hier ist ja nur die logische Parteistellung maassgebend. Vor Allem steht auch Gottfried wie alle Uebrigen auf der arabischen Doctrin vom dreifachen Sein der Universalien, und es hat dabei (im Hinblicke auf Albert und Thomas) selbst nichts Auffallendes, wenn er die Universalien *post rem* als ein *„esse diminutum"* bezeichnet[60]). Auch finden wir ihn in wörtlicher Uebereinstimmung mit Thomas, was das Verhältniss des abstrahirenden Denkens zur Sinneswahrnehmung[61]), und was die Singularität der existirenden Dinge betrifft[62]), so dass auch hier in antiplatonischem Sinne die Realität der Universalien beschränkt wird[63]), indem nach thomistisch-aristotelischer Weise auch bei der Schöpfung die ewigen Formen im Denken Gottes nur als Potenzen des göttlichen Willens-Actes der Verwirklichung vorliegen sollen[64]).

---

mode opinari absque temeraria cuiuscunque partis assertione, ponere vinculum vel ligamen, quo homines ad unam opinionem detinentur, est impedire notitiam veritatis ...... Quantum ad articulos autem ..... plures sunt, de quibus diversimode opinari licet, ... worauf er namentlich die zwei oben, Anm. 12 u. 13, angeführten Artikel nennt und wieder hinzufügt: *videntur posse pro opinabilibus reputari ......* (p. 215) *Patet ergo per dictos articulos, quod studentes condemnatione ipsorum in profectu studii plurimum impediuntur.* Hiezu ob. Anm. 15.

59) Wir sind auf dasjenige angewiesen, was *Hauréau* a. a. O. p. 291 ff. aus Handschriften veröffentlicht. Ich möchte jedoch nicht behaupten, durch jene fragmentarischen Mittheilungen zu einer vollständig klaren Einsicht gelangt zu sein, zumal da der Text der dabei benützten Handschriften jedenfalls in einem argen Zustande sich befindet.

60) *Hauréau*, p. 303: *Il commence par établir qu'il y a trois manières d'être pour les choses: dans la nature „esse reale", dans l'intellect humain „esse diminutum", dans l'intellect divin avant la création „esse in causis, esse in potentia".* Die Bezeichnung *„esse diminutum"* ist nur ein verschärfter Ausdruck desjenigen, was wir bei Albert und Thomas (Abschn. XVII, Anm. 393 u. 505) als *„similitudo"* und besonders in des Letzteren (ebd. Anm. 500) Redeweise *„materia impedit intellectum"* trafen.

61) Ebend. p. 294: *Universalia in suo esse universali et abstracto non habent esse in rerum natura, sed tantum in intellectu.* p. 296: *Intellectus agens aliquid facit circa rem sive circa phantasma, quod est repraesentativum rei intelligibilis, quia .... intellectus facit universalitatem in rebus.* S. ebend. Anm. 378, 493, 500.

62) Ebend. p. 297: *Nulla res materialis existit extra in rerum natura, nisi singulariter sit, sc. per conditiones individuantes designata.* p. 302: *Res non existunt nisi singulariter, prout nomine proprio significantur; communiter autem sive secundum suam communitatem non existunt, sed solum intelliguntur, et sic etiam nomine communi generis et speciei significantur.* S. ebend. Anm. 497 f., 509.

63) Ebend. p. 297: *Rei extra non dat intellectus universalitatem realem et formalem, sed hoc dat ei, quod, quia attingitur secundum hunc modum quo sic attingitur, fit obiectum intellectus abstracti et causat abstractum conceptum, qui est universale formaliter; et hoc est, quod dicitur, quod, licet res existant singulariter, tamen universaliter intelliguntur.* S. ebend. Anm. 497, 501, 505.

64) Ebend. p. 303: *Res antequam existant, non habent aliquod esse reale, nec quantum ad esse essentiae sicut nec existentiae* (vgl. ob. Anm. 46), *nisi esse intellectum et in potentia sive potentiale ..... Nihil ponitur in deo habere rationem temporalis exemplaris ad constituendum aliquid, nisi ratio idealis, quae est etiam ratio*

Auch das *principium individuationis* scheint Gottfried doch nur in der Absicht ausführlichst erörtert zu haben, um zuletzt den Standpunkt des Thomas zu vertheidigen und zu begründen. Nemlich davon ausgehend, dass ja das totale Wesen der Species im Individuum zur Erscheinung komme, bestreitet er, dass die Individualisirung auf einem accidentellen Momente beruhen könne, da ein solches gleichsam die Unwesentlichkeit selbst sei, und man dann nicht bloss das Wesen und den Träger desselben ungehörig zerreissen müsse, sondern auch die substantielle Verschiedenheit der Individuen gänzlich tilge [65]). Während aber alle Vervielfältigung und Manigfaltigkeit sicher ein Quantitatives zu sein scheine, und man daher geneigt sein müsse, die Individuation, wenn je überhaupt in ein Nicht-Substantielles, vor Allem gerade in die Quantität zu verlegen, so kehre sich jener principielle Einwand von selbst auch gegen diese Annahme, weil eben die Quantität (als eine der übrigen neun Kategorien, welche der Substanz gegenüberstehen) zu dem Accidentellen gehöre [66]). So bleibt zur Lösung der Frage nur der aristotelische Begriff der individuellen Substanz übrig, welche freilich nie ohne die quantitativ auftretende Materie ein Sein haben kann; eben aber die concrete Determination, welche somit von materiellem Bestande begleitet ist, sei im

---

effectiva accedente voluntate, sicut in nobis ars medicinae et domus in mente ...... In divina scientia vel intelligentia nihil ponitur nisi istae ideae, per quas intelligimus cognitiones, quas deus habet de rebus quantum ad totum id, quod sunt vel natae sunt esse; et sic de rebus, antequam in se ipsis existant, non ponitur nisi esse cognitum eorum. S. Abschn. XVII, Anm. 501, 511, 513.

65) Ebend. p. 298: *Cum individua plura sub eadem specie in aliquo conveniant, ... per illud autem, per quod conveniunt, differre non possunt, videtur, quod supra naturam, quam importat species, addat individuum aliquid, per quod natura communis in illo individuetur ...... Sed non videtur posse intelligi, addi aliquid pertinens ad essentiam et naturam individui, quia illam totam dicit species, quae est totum esse individuorum* (vgl. ob. Anm. 55); *ergo si aliquid additur, videtur esse aliquod pertinens ad naturam accidentalem ..... Videtur ergo, quod individuatio fiat per accidentia ..... Secundum hoc esset dicendum, quod quidditas et habens quidditatem differrent realiter ..... Sed illud non videtur posse stare, quia individuum non addit supra speciem id, quod non plus includitur in significato individui quam speciei ...... Item quod posterius est altero, non potest esse causa illius secundum quod posterius. Sed omnia accidentia individua* (diess letztere Wort ist als sinnlos zu streichen) *videntur esse posteriora et adventicia substantiae ..... Item non videtur posse dici, quod accidentia faciant individua vel numero divisa, quia nec secundum se habent esse simpliciter ...... Item si per accidentia solum fieret individuatio et formalis divisio vel distinctio singularium sub una specie, non differrent ..... substantialiter ad invicem, sed solo accidente, nec esset unus homo alius ab altero in substantia .... Ergo individuatio in genere substantiae non videtur causari ex accidentibus.*

66) Ebend. p. 300: *Sed quia inter omnia entia quantitati soli per se videtur convenire divisibilitas in plura eiusdem rationis, ... videtur ergo, quod haec individuatio vel divisio vel distinctio secundum numerum et individuum habet esse ..... per ipsam solam quantitatem; et ideo tota difficultas praesentis inquisitionis quantum ad entia materialia videtur versari circa quantitatem; nam si aliquod accidens sit causa individuationis, hoc videtur quantitati tribuendum ....* (p. 301) *Oportet dicere, quod, si quantitas divisa sit praecisa ratio formalis huius diversitatis, et non ipsa forma substantialis, unum individuum differret ab alio solum accidentaliter sive secundum formam accidentalem, et essent plura secundum quantitatem sive plura quanta, et non secundum substantiam, sive non essent plures substantiae, quod est manifestum inconveniens.*

Vergleiche gegen das undeterminirte Wesen der Species der Grund der Individuation [67]).

Ebenso verbleibt Gottfried, was die *unitas formae* betrifft, bei der gleichen thomistischen Auffassung. Sowie er nemlich die dogmatischen Bedenken des Tempier durch eine Distinction zwischen Individuum und Form beseitigt [68]), so betont er auch die Einheitlichkeit jenes Vorganges, durch welchen ein scheinbar zusammengesetztes Wesen aus dem potenziellen Sein zum actuellen hinübergeführt wird [69]); und dasjenige, was als eine Manigfaltigkeit mehrerer Formen in Einem Wesen erscheinen könnte, setzt er eigentlich auf Rechnung der *intentio secunda,* indem er es als verschiedene *„significata“*, oder als verschiedene Begriffsbildung (*res aliter et aliter concepta*), welche an Einer und der nemlichen Sache wirkt, bezeichnet [70]).

Sowie es aber eine besondere Aufgabe der Anhänger des Thomas sein musste, den oben (Anm. 27 ff.) erwähnten Angriffen Lamarre's entgegenzutreten, so unterzogen sich derselben auch wirklich mehrere Thomisten, nemlich Richard Clapwel, Johannes Parisiensis, Aegidius Romanus, und etwas später Herveus Natalis und Wilhelm Durand. Jedoch es sind diese Vertheidigungsschriften entweder verloren gegangen oder nur hand-

---

67) Ebend. p. 301: *Cum suppositum dicat individuum in genere substantiae, est ens per se existens et in se subsistens; tale quid autem est substantia prima, quae ..... proprie et principaliter et maxime dicitur substantia. Ergo in sua ratione non includit nisi quae ad rationem substantiae pertinent, ... et sic, quamvis non habeat esse sine quantitate, inquantum est substantia materialis, tamen illam per se in sua ratione non includit ..... Quidquid importat natura significata nomine communi sub ratione communi et indeterminata ......, cum hoc non sit nisi id quod ad substantiam pertinet, hoc totum est naturale, quod* (Hauréau gibt *totum et natura aliquid*) *importat sub ratione propria et determinata suppositum significatum nomine individui ...... Dicendum est de hoc homine, puta Socrate, comparato ad hominem, quod huiusmodi accidentia determinata non magis sunt de significato vel ratione individui, puta Socratis, quam accidentia indeterminata de ratione speciei, puta hominis, cum species tamquam substantia secunda de individuo tamquam de substantia prima per se et essentialiter praedicetur.* Vgl. bei Thomas, Abschn. XVII, Anm. 520. Vielleicht träte die Uebereinstimmung noch deutlicher hervor, wenn unsere Quelle reichlicher flösse.

68) Bei *D'Argentré* a. a. O. p. 216: *Alia autem opinio, quae ponit plures formas, ... ponit, quod eodem modo oportet ponere idem corpus numero ..... in aliis hominibus, sicut in Christo* (s. ob. Anm. 19 u. 30) ...... *Etiam nec Parisiis habetur pro errore, quod corpus Christi vel alterius hominis, quantum ad formam, sit aliud vivum et mortuum vel divisum, licet esset error ponere de corpore Christi, quod non sit idem, quantum ad suppositum, vivum et mortuum.*

69) Bei *Hauréau* a. a. O. p. 291: *Non alia productione producitur potentia et accidens, sed eo ipso, quo producitur unica productione totum compositum per se ex potentia et actu, producuntur partes in illo composito ex consequenti, quia producto toto producuntur partes.* Vgl. Abschn. XVII, Anm. 521. Auch hier jedoch wäre eine reichere Mittheilung wünschenswerth gewesen.

70) Ebend. p. 294: *Nec entia specialia se habent ad ens sicut species determinantes ipsum, sed magis sunt significata eius etiam usque ad specialissima descendendo.* p. 302: *Patet quomodo suppositum est idem vel non idem cum natura, quia non differt sicut conceptus communis et indeterminatus ....., qualis est conceptus generis, et conceptus specialis et determinatus, qualis est conceptus speciei, nec differt natura speciei, quae significant unam et eandem rem aliter et aliter conceptam et intellectam, quantum ad id, quod ad ipsam essentiam rei pertinet.* Vgl. bei Thomas, ebd. Anm. 506, und unten Anm. 74.

schriftlich vorhanden mit Ausnahme jener einen, welche unter dem Namen des Aegidius Romanus gedruckt wurde, aber mit grosser Wahrscheinlichkeit dem Johannes Parisiensis dem Jüngeren (um d. J. 1290) zugeschrieben werden muss [71]). Die Widerlegung selbst ist hier, was den ersten Angriffspunkt, d. h. das *principium individuationis* (s. ob. Anm. 28 f.), betrifft, unendlich schwach, denn sowohl bei der Individualität der Engel [72]) als auch bei jener der menschlichen Seele [73]) appellirt der Verfasser einfach an die göttliche Allmacht und kann so seinem Gegner Goethals (s. Anm. 48) brüderlichst die Hand reichen. Besser ist die Frage über *unitas formae* erörtert, indem vorerst die Bedenken hervorgehoben werden, welche aus der Annahme einer Vielheit der Formen (auch bei jener Gradabstufung der Vervollkommnung, s. ob. Anm. 30) sich ergeben, sodann aber gleichsam ein Vermittlungsversuch folgt, welcher die grösste Aehnlichkeit mit der so eben erwähnten Ansicht des Gottfried von Fontaines hat; nemlich auch hier wird daran festgehalten, dass sachlich nur Eine Form wirke und bestehe, aber andrerseits knüpft sich das Zugeständniss daran, dass die Denkauffassung an Einem Wesen verschiedenes bald höher bald niedriger liegendes Allgemeines festhalten und in gleicher Weise mehrere Formen des Einen Wesens unterscheiden könne [74]).

---

71) Die Gründe, warum Aegidius Romanus nicht der Verfasser des *Defensorium's* sein könne, hat schon *Oudin, Comm. de scriptt. eccles.* III, p. 635 ff. schlagend dargelegt, und die Motive, aus welchen er dasselbe dem Johannes Parisiensis zuweist, halte ich, soweit in solchen Dingen überhaupt sichere Resultate erreichbar sind, für nahezu hinreichend. Dass von den beiden Johannes Parisienses, welche dem 13. Jahrh. angehören, nur der Jüngere, welcher den Beinamen „*Pungens asinum*“ trug, in Frage kommen kann (— der Aeltere blühte um 1230 —), versteht sich von selbst. Was über beide in *Hist. litt. de la France*, XIX, p. 422, gesagt ist, lohnt sich kaum der Mühe des Lesens.

72) In der oben (Anm. 27) angeführten Ausgabe f. 9 v. B: *Cum eo ipso, quod sunt formae simplices sine materia subsistentes, manifestum sit, eos differre sola differentia formali, quae facit diversitatem in specie, dicere, eos non esse posse eiusdem speciei, non plus derogat divinae potentiae, quam dicere, quaecunque differunt specie, non posse esse eiusdem speciei.* (Als Beispiele dieses göttlichen Wunders folgen dann *canis* und *lupus!*)

73) Ebend. f. 54 v. B: *Multa sunt impossibilia naturae, quae non sunt impossibilia deo ....* (f. 55 r. A) *Deus ipse est principium effectivum animae tam quoad esse, quam etiam quoad numerationem.*

74) Ebend. f. 18 v. B: *Multifarie multisque modis magistri et multi circa unitatem formae substantialis laboraverunt......* (f. 19 r. B) *Oportebit istos secundum modum, quo loquuntur, fingere, quod forma animae rationalis primo perficiet suam materiam pure spiritualem, et mediante hac materiam sensitivae minus spiritualem, et mediantibus illis ulterius materiam vegetativae minime spiritualem, et tandem ultimo materiam corporalem; et erunt quatuor......* (f. 19 v. A) *Oportet, illam formam perfectiorem includere in se totam imperfectionem, quae est in forma imperfectiori.....* (B) *Ex quo sequitur, quod in illa una re, cuius sunt istae formae, sunt duae existentiae vel duo actus essendi vel subsistendi, quod est impossibile. Esse enim est ipsa actualitas quidditatis vel naturae, cuius est...... Impossibile est omnino per modum, quo isti ponunt, pluralitatem formarum substantialium in eodem sustinere. Ergo modus alius, siquidem possibile est, inveniatur..... et hoc ex dicendis in articulo proximo domino adiuvante patebit.* Diese Lösung nun ist folgende: (f. 20 v. B) *Omnes formae substantiales in hac proprietate conveniunt, quod quaelibet dat esse substantiae et constituit ens subsistens, et ideo intellectus noster habet unum communem conceptum et abstrahit unam formam communem, secundum quam quodlibet constitutum dicitur substantia.....* (f. 21 r. A) *Et sic intelligendum est de generibus*

Der Vorwurf endlich betreffs der Erkenntniss des Singulären (Anm. 31) wird hier im Anschlusse an jene Stellen, in welchen sich Thomas weniger einseitig geäussert hatte, glücklich beseitigt[75]).

Möglicher Weise nun könnte auch die eine oder andere jener kleineren Schriften, welche mit Unrecht dem Thomas von Aquin zugewiesen wurden (s. Abschn. XVII, Anm. 484), bereits in diesen ersten Stadien der Parteikämpfe ihre Entstehung gehabt haben, nemlich allenfalls *„De natura generis“* und *„De intellectu et intelligibili“*; da jedoch andere derselben entschieden schon auf scotistische Ansichten Bezug nehmen, so halte ich es für besser, die Darstellung des Pseudo-Thomas nicht allzusehr zu zerreissen, und somit auch die zwei genannten kleinen Schriften neben anderen erst unten nach Scotus zu besprechen[76]), indem ja zwingende chronologische Gründe betreffs einer früheren Abfassungszeit jener beiden nicht vorliegen.

Hingegen soll um der Vollständigkeit willen nicht unerwähnt bleiben, dass noch jener Zeit sowohl Thomas Docking (Cancellarius in Oxford), welcher die zweite Analytik commentirte[77]), als auch Olivier Brito, welcher eine Erläuterung zu *Sophist. Elenchi* schrieb[78]), angehörten. Diese Schriften Beider aber besitzen wir nicht mehr. Auch Jacobus de Ravanis (gest. 1296) möge nicht gänzlich ungenannt bleiben, wenn auch die frühere Annahme, dass er als der erste die Logik auf die Jurisprudenz angewendet und hiedurch einen gänzlichen Umschwung des Rechtsstudiums hervorgerufen habe, in neuerer Zeit auf ein höchst bescheidenes Maass geschichtlicher Wahrheit reducirt wurde[79]). Ob Konrad von Halberstadt (um 1295) wirklich *„De logica“* geschrieben habe, muss dahingestellt bleiben[80]).

Nun aber traten alle jene Controversen, welche durch die Logik des Albert und des Thomas hervorgerufen worden waren und theils für theils gegen den Letzteren Partei genommen hatten, durch den Fran-

---

et speciebus sibi invicem subordinatis .... Cum enim species sit id ipsum quod genus, puta „homo“ est illud ipsum quod „animal“, prout animal de homine praedicatur nec est pars hominis secundum rem, sed solum secundum rationem, ... similiter oportet dicere, formam speciei esse formam ipsius generis ...... Una igitur forma secundum rem est plures secundum rationem, sc. magis universalis et minus universalis. Et sic materiam recipere formam magis universalem ante aliam, non est aliud, quam materiam recipere formam conceptam secundum rationem unam ante semetipsam conceptam secundum rationem aliam. S. Anm. 70, woselbst *„aliter et aliter concepta“*. So stehen wir hier jenen älteren Ansichten über *„status“* (Abschn. XIV, Anm. 129) oder über *„maneries“* (ebend. Anm. 85) so ziemlich nahe.

75) Ebend. f. 4 v. A: *Per species intelligibiles universales, quas abstrahit intellectus, non potest actu intelligere nisi convertendo se ad phantasmata singularium ..... Thomas intendebat ..... solum, quod non cognoscit singularia rerum materialium primo et directe* u. s. f., kurz mit den nemlichen Worten, wie wir bei Thomas, vor. Abschn., Anm. 499 f. *„reflexio“* oder *„materia impedit“* u. dgl. trafen.

76) S. unten Anm. 265 ff.

77) *Oudin* a. a. O. III, p. 525.

78) *Hist. litt. de la France*, XXI, p. 303.

79) *Savigny*, Gesch. d. röm. Rechts im Mittelalt., V (2. Aufl.), p. 605 ff.

80) Denn die Glaubwürdigkeit des *Trithemius* (*Ann. Hirsaug. ad ann.* 1295) ist bekanntlich sehr gering. Was aber die angebliche *„Mensa philosophica“* Konrad's betrifft, s. unten bei Auguilbertus in Abschn. XXII.

ziskaner Johannes Duns Scotus (gest. 1308 — bekanntlich *„Doctor subtilis"* genannt —) insoferne in ein höheres Stadium, als derselbe sie strenge und präcis formulirte und hiemit in fester Parteistellung folgerichtig durchführte. Es ist leicht gesagt, Duns Scotus sei der abstruseste aller Scholastiker, während doch ein genaueres (allerdings mühevolles) Studium seiner Schriften ihn uns als einen scharfsinnigen Denker zeigt, welcher das damals zugängliche Material vollständig kannte und zugleich mit distinctivem Verstande durchdrang. Anziehende Reize als Schriftsteller besitzt er wahrlich nicht, denn seine Methode besteht bis zur Ermüdung des Lesers darin, dass er unablässig bei jeder Frage oder jeder Thesis zunächst mit *„Videtur, quod non"* die möglichen Gegengründe (zuweilen wirklich mit haarsträubender Spitzfindigkeit) aufstöbert, sodann unter *„In oppositum"* die Gegengründe der Gegengründe und die positiven Gründe vorführt, und hierauf zuletzt die *„Solutio"* darbietet, und zwar meist mit detaillirter Rückbeziehung auf die Gründe und Gegengründe. Aber hinter dieser struppigen Form steckt ein Denken, welches, soweit diess im Mittelalter überhaupt möglich war, wenigstens weiss, was es will, und auf Grundlage der damaligen allgemeinen Anschauungen die Tragweite der Begriffe durchmisst, und diess ist im Vergleiche mit der Bornirtheit eines Albert und eines Thomas jedenfalls für den Leser wohlthuend. Auch besitzt Scotus darin unsere Sympathie, dass er (— um mit modernen Worten zu sprechen —) auf der Unerkennbarkeit des Absoluten steht, dass er als Indeterminist die thomistische Unterordnung des Praktischen unter das Theoretische entschieden bekämpft, und dass er der Theologie nur eine praktische Wirksamkeit im Gebiete des praktischen Glaubens zuweist, wobei sich in dem Verzichte auf theoretische Begründung des Dogmas wieder einmal die Richtigkeit des augustinischen *„Credo, quia absurdum"* zeigt. Doch diese Gesichtspunkte überschreiten die Gränzen der Geschichte der „Logik" [81]).

Um aber dasjenige darzustellen, was von Scotus hieher gehört, ist es vor Allem nothwendig, unter seinen Schriften [82]) die zweifelhaften oder unächten von den unbestreitbar ächten auszuscheiden. Somit müssen hier in Betracht kommen vor Allem seine *Quaestiones in universam logicam* (d. h. zum Porphyrius und zum ganzen Organon mit Ausschluss der Topik), sodann abgesehen von einzelnen Stellen der Commentare zu *De anima* und zur Physik auch die *Quaestiones in metaphys.* (die *Conclusiones ex libr. metaph.* sind eigentlich eine blosse Inhaltsangabe), ferner, wie sich von selbst versteht, der ausführliche Commentar zum Petrus Lombardus, d. h. das sogenannte *Opus Oxoniense,* sowie die *Reportata Parisiensia* (eine Art Auszug des eben genannten grösseren Werkes), auch der *Tractatus de modis significandi seu grammatica speculativa* [83]),

---

81) Mit einigen Worten jedoch müssen wir unten (Anm. 221) wieder darauf zurückkommen.

82) Es gibt nur Eine Gesammt-Ausgabe der Werke des Scotus, welche der überaus gelehrte *Wadding* (*Lugdun.* 1639, 12 Bände fol.) besorgte und durch zahlreiche Commentare bereicherte.

83) Letzterer Zusatz in der Titel-Ueberschrift dürfte wohl erst von der scotistischen Schule ausgegangen sein; wenn aber als Verfasser dieses Buches auch

und der *Tractatus de primo principio* und die *Theoremata;* in den *Quaestiones quodlibetales* aber lehnt Scotus die Detail-Erörterung der logischen Haupt-Controversen meistens ab, insoferne dieselben schon bei Erklärung des Sententiarius besprochen sind. Hingegen muss ich als unächte Schriften bei Seite lassen sowohl den *Commentarius textualis in libr. metaph.*[84]) als auch die *Quaestiones miscellaneae de formalitatibus*[85]).

Die Logik des Duns Scotus, welche, wie sich zeigen wird, einen reichhaltigen Kreis scotistischer Litteratur zur Folge hatte, beruht nicht etwa auf völlig neuen Pfaden, welche er von sich aus geschaffen und eröffnet hätte, sondern derselbe ist, was das traditionelle Material betrifft, ebenso abhängig und bedingt wie alle Autoren des Mittelalters. Aber er unterscheidet sich von Anderen zunächst durch eine überaus reichliche Beiziehung der byzantinischen Logik, bei welcher er häufig auch bis zu Wilhelm Shyreswood zurückgreift[86]), und sodann vor Allem durch eine begriffsmässige Präcision und Consequenz, mit welcher er das aristotelische, arabische und byzantinische Material ausnützt, so dass hiedurch wirklich manche neuen Wendungen aus dem alten Stoffe heraustreten und sich trotz aller Gegnerschaft der Uebergang zu Occam vermittelt.

Was zunächst die Stellung der Logik überhaupt betrifft, so tritt dieselbe bei Scotus ebenso wie bei Albertus Magnus grundsätzlich innerhalb der „speculativen" Begabung des Menschen dualistisch neben die „realen" Disciplinen (Physik, Mathematik, Metaphysik), indem die „rationale" Wissenschaft (Grammatik, Rhetorik und Logik enthaltend) dem subjectiven Erfassen des Objectiven angehört[87]). Das Verhältniss der Grammatik zur

---

der Augustiner Albertus de Saxonia genannt wurde, so scheint Wadding (Vol. I, p. 41 f.) diesen Verdacht der Unächtheit genügend beseitigt zu haben.

84) Derselbe ist entweder ganz von Antonius Andreas (s. unten Anm. 443 ff.) verfasst oder wenigstens von ihm revidirt und vermehrt, eine Annahme, welche auch durch den von Wadding (Vol. IV, *Prooem.*) zu Hilfe gerufenen Cavelli nicht widerlegt ist.

85) Der Bericht selbst, welchen Wadding (Vol. III, p. 441) dieser unvollendeten Schrift vorausschickt, enthält eigentlich mehr Gründe der Unächtheit, als der Aechtheit. Es versteht sich von selbst, dass das Buch der scotistischen Schule angehört. Wir werden unten die Keime desselben beim ächten Scotus (Anm. 147 ff.) und später die scotistische Lehre betreffs der *Formalitates* selbst sehen (Anm. 529 ff.).

86) An Einer Stelle *Quaest. in metaph.* V, 7, (Vol. IV) p. 618 B nennt er gelegentlich des „*infinitum*" den Shyreswood mit Namen; andere stillschweigende Rückbeziehungen werden wir unten mehrere treffen.

87) *Sent. Lib.* III, *Dist.* 34, (Vol. VII) p. 728 f., woselbst Scotus in folgender tabellarischer Form den *habitus* des Menschen eintheilt:

intellectualis	*speculativus*	*realis*	*metaphysicus*
			mathematicus
			physicus
		rationalis	*logicus*
			rhetoricus
			grammaticus
	practicus	*circa agibile: prudentia*	
		circa factibile: medicina und sämmtliche Gewerbe	
appetitivus	*ad alterum: iustitia*		
	ad se ipsum	*fortitudo*	
		temperantia.	

Qu. sup. An. post. I, 47, p. 415 A (die logischen Commentare stehen sämmtlich in Vol. I): *Ens rationis est subiectum logicae, ens inquantum mobile est subiectum na-*

Logik wird dabei allerdings in der üblichen Weise abgegränzt; aber in Bezug auf Wahrheit und Falschheit der Urtheile, worin natürlich der Umkreis der Logik liegt, hält sich Scotus nicht bloss an die aristotelischen Bestandtheile des Urtheiles, sondern zieht principiell auch den Inhalt der byzantinischen Logik bei, indem er an *significatio* und *suppositio terminorum*, sowie an *consequentia* und *copulatio* u. dgl. denkt [88]).

Auch den Unterschied, welcher zwischen Logik und Metaphysik neben manchen Berührungspunkten doch als ein wesentlicher besteht, erblickt Scotus ebenso wie all seine älteren und jüngeren Zeitgenossen in jener *intentio secunda*, welcher wir nun seit den Arabern stets schon begegneten, und er spricht in manigfaltigen Wendungen wiederholt es aus, dass die Logik jene Momente, welche von *ratio* oder von *intellectus* oder von *conceptus* ausgehen, kurz also der subjectiven Werkstätte angehören, auf das objective Wesen der Dinge „anwende" — *applicare* — [89]).

Eben hiedurch entscheidet er auch jene Frage, ob die Logik als *modus sciendi* selbst eine Wissenschaft sei (s. bei Albert und Thomas Abschn. XVII, Anm. 363 ff. u. 489), im Anschlusse an Alfarabi dahin, dass die Logik einerseits als *docens* wirklich eine Wissenschaft ist und

---

turalis scientiae, ens sub absoluta ratione est subiectum metaphysicae. Vgl. Abschn. XVII, Anm. 362, und selbst Hugo v. St. Victor, Abschn. XIV, Anm. 45.

88) *Qu. sup. An. pr.* I, 19, p. 301 B: *De partibus orationis .... grammaticus considerat ....in ordine ad congruitatem..... Sed logicus considerat de istis in ordine ad veritatem et falsitatem, sc. prout possunt esse partes principales enuntiationis verae vel falsae, sc. subiectum, praedicatum, vel copula, et tales partes sunt praecise nomina et verba. Nam aliae partes orationis non sunt nisi determinationes vel dispositiones designantes significationem vel suppositionem terminorum, sc. nominis et verbi; aut modum significandi vel supponendi, aut diversum modum sequendi unius ex altero, vel diversum modum copulandi diversa ab invicem, et sic de aliis.*

89) *Qu. sup. Elench.* 1, p. 224 A: *Logica est de communibus et philosophia prima* (s. Abschn. XVII, Anm. 480 u. 546), *sed diversimode; nam philosophia prima considerat ens, inquantum ens est, unde considerat rem secundum suam quidditatem, et quia quidditas rei est entitas per se rei, considerat rem secundum suam entitatem...... Similiter logica est de ente communi, ... sed ens est duplex, sc. naturae et rationis; ens autem naturae inquantum tale est, cuius esse non dependet ab anima; sed ens rationis dicitur de quibusdam intentionibus, quas adinvenit ratio in ipsis rebus........ Quia ergo logica est de huiusmodi intentionibus, quae applicabiles sunt omnibus rebus, ideo dicitur ex communibus procedere. Qu. sup. An. post.* I, 43, p. 412 B: *Scientia dicitur communis dupliciter: uno modo communitate subiecti, alio modo communitate applicationis. Primo modo metaphysica est scientia communis; ..... secundo modo dialectica est communis. Sent. Lib.* II, *Dist.* 3, *Qu.* 1, (Vol. IV) p. 357: *Non solum ipsa natura est de se indifferens ad esse in intellectu et in particulari ac per hoc ad esse universale et singulare, sed et ipsa habens esse in intellectu non habet primo ex se universalitatem; licet enim ipsa intelligatur sub universalitate ut sub modo intelligendi ipsam, tamen universalitas non est pars conceptus eius primi, quia non conceptus metaphysici, sed logici; logicus enim considerat secundas intentiones applicatas primis secundum ipsum Avicennam* (s. Abschn. XVI, Anm. 74). *Qu. in Praedicam.* 2, p. 126 A: *Praedicamenta dupliciter possunt considerari: uno modo, inquantum considerantur a ratione, sive aliqua proprietas ab intellectu causata eis attribuitur. Primo modo de eis considerat metaphysicus, ... secundo modo hic de eis consideratur. Qu. sup. An. post.* I, 27, p. 387 B: *Aristoteles in tota logica concludit passiones de intentionibus secundis, ut de enuntiatione et syllogismo, quia intentiones secundae sunt subiectum logicae, de quibus logica considerat passiones.* Vgl. Abschn. XVII, Anm. 363, 380, 394, 489, 506.

andrerseits als *utens* den *modus* für alle übrigen enthält[90]), so dass wir hier wieder in anderer Weise als bei Lambert v. Auxerre (ebend. Anm. 104) den Begriff einer „angewandten Logik" treffen.

Was aber den eigentlichen Gegenstand und Zweck der Logik betrifft, so erwähnt Scotus jene Ansicht, nach welcher der Begriff als das wesentliche Object betrachtet und in den Thätigkeiten des einfachen Erfassens, des Zusammensetzens und des Erörterns (— Kategorien, Urtheil, Syllogistik —) die Begriffsbildung in den Vordergrund gestellt wurde[91]), und er schliesst sich auch ausdrücklich an eben diese traditionelle Dreitheilung des Gebietes der Logik an[92]); aber er stellt sich dabei grundsätzlich auf jene Seite der arabischen Auffassung (Abschn. XVI, Anm. 15, 78 f., 240), nach welcher zum Behufe des Fortschreitens von Bekanntem zu Unbekanntem der Syllogismus als der ursprüngliche und eigenthümliche Gegenstand der Logik zu bezeichnen ist, so dass die einfachen Begriffe und deren Zusammensetzung in den Urtheilen nur als Bestandtheile

---

90) *Qu. sup. Porph.* 1, p. 87 A: *Quaero, utrum logica sit scientia. Videtur, quod non. Modus sciendi non est scientia; logica est modus sciendi; ergo* etc...... *Dicendum, quod logica est scientia; quae enim in ea docentur, demonstrative concluduntur sicut in aliis scientiis; ergo sciuntur*.... *Intelligendum est tamen, quod logica dupliciter consideratur. Uno modo inquantum est docens, et sic ex necessariis et propriis principiis procedit ad necessarias conclusiones, et sic est scientia. Alio modo inquantum utimur ea applicando eam ad illa, in quibus est usus, et sic non est ex propriis, sed ex communibus, nec sic est scientia*...... p. 88 A: *Materialiter haec praedicatio „Modus sciendi est scientia" est vera, quia logica docet modum sciendi pro tanto, quia est de syllogismo vel de argumento, per quod tantum habetur scientia. Qu. sup. An. post.* I, *Prooem.* p. 343 A: *Scientia demonstrativa dupliciter potest considerari. Uno modo, inquantum utitur demonstratione, per illam sc. demonstrans effectus in aliis scientiis, et isto modo dicitur quaelibet scientia demonstrativa. Alio modo,* ...... *quae docet, ex quibus et ex qualibus debet esse demonstratio.* Das arabische Original s. Abschn. XVI, Anm. 15. Natürlich hat diese Unterscheidung Nichts damit zu schaffen, wenn Scotus anderwärts (*Qu. sup. Elench.* 3, p. 225 B) mit Aristoteles sagt: *Scientia dialectica traditur per demonstrationem, usus tamen eius in probabilibus consistit*; denn Letzteres bezieht sich auf die rhetorische Praxis des Dialektikers.

91) *Qu. sup. Porph.* 3, p. 88 B: *Dicitur, quod subiectum logicae est conceptus formatus ab actu rationis, quia ille communis est omnibus in logica consideratis. Nam cum actus rationis sit triplex, primus sc. indivisibilium intelligentia, secundus compositio vel divisio istorum simplicium, tertius discursus formatus a noto ad ignotum, de conceptu formato a primo actu est liber Praedicamentorum, qui est de incomplexo* (*Qu. sup. An. pr.* I, 7, p. 282 B: *Definitio et descriptio dantur de terminis incomplexis*), *de conceptu formato a secundo actu est liber Perihermenias,* ..... *de conceptu formato a tertio actu est tota nova logica, quae est de syllogismo et de eius partibus subiectivis.* Die Grundlage dieser Ansicht s. bei Thomas, Abschn. XVII, Anm. 491.

92) *Op. II sup. Periherm., Prooem.* p. 211: *Duplex est operatio intellectus. Una, quae dicitur indivisibilium intelligentia, secundum quam dicitur intellectus formare conceptus simplices; alia est, secundum quam componit et dividit* ...... *Istis duabus operationibus additur tertia, quae est discurrere ab uno ad aliud, ut a notis ad ignota* ...... *Est universaliter liber Praedicamentorum de simplicibus conceptibus, quos format, vel quae sunt intelligibilia secundum quod sunt dicibilia et ordinabilia in genere per se* (vgl. ebend. Anm. 429)..... *De secunda est liber Perihermenias,* ..... *intellectus enim componens et dividens format enuntiationem,* ..... *et non est enuntiatio ipse actus intellectus, sed magis agitur ab intellectu. De istis autem, quae cadunt sub tertia operatione intellectus, sunt libri novae logicae, in qua docetur, quomodo est procedendum a noto ad cognitionem incogniti.*

der Schlüsse eine logische Geltung besitzen[93]; d. h. er erkennt an, dass die durchgeführte Wissenschaft als solche doch nur durch die Operation des Schliessens zu Stande komme, während die ersten Principien allerdings unmittelbar durch einen einheitlichen Act des Intellectus erfasst werden müssen[94]. Von besonderer Wichtigkeit aber ist uns dabei, dass Scotus in jenen drei so eben angeführten Stellen die Syllogistik (d. h. die beiden Analytiken und die Topik) als *„nova logica“* und die Kategorien nebst der Lehre vom Urtheile als *„vetus logica“* bezeichnet, und somit diese litterarische Unterscheidung, welche wir schon früher in ihrer Entstehung betrachten konnten, hier bereits als recipirt erscheint[95].

Aber im Dienste dieser syllogistischen Aufgabe der Logik ist es eben jene Denk-Operation als solche (ob. Anm. 89), welche den entscheidenden Partei-Standpunkt des Scotus in Auffassung der Logik überhaupt und insbesondere der Universalien mit sich bringt; nemlich wenn derselbe sich präcis und deutlich dahin ausdrückt, dass die Logik weder eine *scientia realis* noch eine *scientia sermocinalis* sei, sondern *conceptus* und *actus rationis* gerade als Drittes in Mitte zwischen *res* und *vox* stehen, so befinden wir uns hier, wenn je irgendwo, bei einem Conceptualismus, welcher allerdings das Verhältniss des Denkens zur Sprachbezeichnung nicht ausser Acht lassen kann[96], aber auch die Beziehung zu den Denk-Objecten feststellen muss, so dass Sein und Denken gleichsam parallel laufen und der Grundgedanke einer gewissen Wechselwirkung zu einer Auffassung führt, welche zugleich metaphysisch realistisch auftritt und logisch nominalistische Handhaben darbietet.

Während nemlich alle Theile der Logik (d. h. Alles, was eine innere Beziehung zum Syllogismus hat) in der subjectiven Werkstätte des Geistes

---

93) *Qu. sup. Porph.* 3, p. 89 A: *Dicendum ergo, quod subiectum primum et proprium logicae est syllogismus, ... quia statim post determinationem de eius partibus in veteri logica praemittit eius definitionem in primo Priorum. ..... Propter ipsum enim in veteri logica determinatur de eius partibus integralibus, sc. de incomplexo et de enuntiatione, et de partibus subiectivis in libris Topicorum, Priorum et Posteriorum, et de aliis speciebus argumentationis, quia illae reducuntur ad ipsum..... Ergo penes eius divisionem et attributa illi patet divisio logicae..... Syllogismus quoad proprietates formaliter ipsum consequentes est subiectum libri Priorum; est autem subiectum totius logicae quoad omnes passiones in se vel in suis partibus integralibus et subiectivis vel reducibilibus ad ipsum.* Schon Albert (s. ebend. Anm. 370) hatte gegen eine solche Auffassung, welche den Syllogismus allzu einseitig betont, polemisirt.

94) *Qu. sup. An. post.* I, 1, p. 344 B: *Principia proprie non sunt scita, sed intellecta; intellectus enim est principiorum, scientia conclusionum.* Hiezu unten Anm. 108.

95) S. Abschn. XVII, Anm. 5 u. 103.

96) *Qu. in Praedicam.* 1, p. 125 A: *Logica non est scientia realis nec sermocinalis, quia nec sermonem nec sermonis passiones considerat; .... immo quod ista divisio sit insufficiens, sic ostenditur: medium inter rem et sermonem vel vocem est conceptus. Ergo sicut est aliqua scientia per se de rebus, aliqua per se de vocibus significativis, ... ita potest aliqua scientia esse per se de conceptu, et haec est logica, unde per se habet dici scientia rationalis, ... quod est de conceptibus formalis ab actu rationis..... Multum convenit cum sermone propter duo: primo, quia conceptus est immediatum significatum per vocem, de quo conceptu est logica; secundo, quia passiones conceptus insunt voci significativae, sicut incomplexum et complexum, significare verum vel falsum, ut signo per naturam significati.* S. Abschn. IV, Anm. 111 ff.

— *mens* — ein selbstständiges Sein besitzen, welches an sich vom Wortausdrucke unabhängig ist und seine innere Priorität auch in dieser äusseren Verflechtung bewahrt [97]), sind die Universalien bei Leibe nicht *fictiones intellectus,* denn dann wäre ja die Metaphysik und jede andere reale Wissenschaft für sich gegenstandslos oder mit der Logik identisch [98]), sowie umgekehrt die Universalien nur dann als blosse Figmente betrachtet werden könnten, wenn es in der objectiven Welt keine reale Wesens-Einheit, sondern nur numeräre Einzelnheit gäbe [99]). Kurz Scotus erweist, wie schon Albert gethan hatte, die objective Existenz der Universalien in der That aus der subjectiven Auffassung, weil es ja von dem Nicht-Seienden keine Erkenntniss geben könne und somit dem Universale Etwas ausserhalb „entsprechen" (*correspondere*) müsse, was eben bei bloss Fingirtem nicht der Fall sei, d. h. das Universale komme ursprünglich und dem Stoffe nach durch gelegentliche Veranlassung von der objectiven Eigenthümlichkeit der Dinge her, formell aber in seinem wirklichen Auftreten als Universale liege es im Intellectus [100]). Hierin nun liegt der Schlüssel zu allem Folgenden; denn Scotus kann so in dem traditionellen arabischen Spruche *„Intellectus agit universalitatem in rebus"* zugleich den Accent auf die Worte *„in rebus"* in realistischem Sinne legen [101]) und dabei die *ratio universalitatis* als eine das Wesen der Dinge an sich nicht berührende Modalität, welche auf Rechnung des subjectiven Denkens fällt, bezeichnen [102]); er kann das Denken an dem Maassstabe der objectiven Realität und zugleich die mit künstlerischem Wirken erzeugten Gedanken an dem Maassstabe des subjectiven Denkens messen, so dass schliesslich für die Dinge und für das Denken der höchste

97) Ebend. p. 124 B: *Iste liber* (d. h. *Categoriae*) *non est de decem vocibus ut de primo subiecto, nec aliqua pars logicae est de voce, quia omnes passiones syllogismi et omnes partes eius possunt sibi inesse secundum esse, quod habent in mente, etiamsi non proferantur; sed est de aliquo priore, quod respectu vocis significativae tantum habet rationem significati.* Ebenso *Qu. sup. Periherm.* I, 1, p. 186 A.

98) *Theorem.* 4, (Vol. III) p. 269 A: *Universalia non sunt fictiones intellectus; tunc enim nunquam in quid praedicarentur de re extra nec ad definitionem pertinerent, nec metaphysica differret a logica, immo omnis scientia esset logica, quia de universali.* Vgl. unten Anm. 154.

99) *Sent. Lib.* II, *Dist.* 3, *Qu.* 1, (Vol. VI) p. 336: *Si omnis unitas realis est numeralis, ergo omnis diversitas realis est numeralis, ... et ita omnia essent aeque distincta, et tunc sequitur, quod non plus potest intellectus abstrahere a Socrate et linea, et esset quodlibet universale pure figmentum.*

100) *Qu. sup. Porph.* 4, p. 90 A: *Universale est ens, quia sub ratione non entis nihil intelligitur, quia intelligibile movet intellectum .....* (B) *Universale est ab intellectu, et cum dicitur „ergo est figmentum", dico, quod non sequitur, quia figmento nihil correspondet in re extra, universali autem aliquid extra correspondet, a quo movetur intellectus ad causandum talem intentionem ...... Effective est ab intellectu, sed materialiter sive originaliter sive occasionaliter est a proprietate in re, figmentum vero minime est.* S. Abschn. XVII, Anm. 297.

101) Ebend. 9, p. 93 B: *Intellectus facit universalitatem in rebus* (s. Abschn. XVI, Anm. 181, vgl. Abschn. XVII, Anm. 378); *ergo illa est in re, non in intellectu.*

102) Ebend. 5, p. 90 B: *Universale est per se intelligibile, quod patet sic: Primum obiectum intellectus, sc. quod quid est, intelligitur sub ratione universalitatis; illa vero ratio non est idem essentialiter cum illo quod quid est, sed modus eius accidentalis; ergo intellectus potest cognoscere differentiam inter suum obiectum primum et illum modum.* S. bei Albert ebend. Anm. 392.

Maassstab in Gott liegt[103]); und er kann in einer an Abälard erinnernden Weise in den Universalien das *esse in multis* und das *praedicari de multis* vereinigen[104]).

Natürlich liegt in dieser Unklarheit über das Wesen eines logischen Subjectivismus und eines metaphysischen Objectivismus auch bei Scotus eine höchst bedenkliche Schwäche speculativer Auffassung vor; aber für einen „Philosophen" wird ja hoffentlich ohnediess Niemand irgend einen Autor des Mittelalters halten. Hingegen hat Scotus von einem solchen durch die allgemeine Tradition damals besiegelten Standpunkte aus als ein verstandesmässig sehr geschulter Denker die Consequenzen durch alle einzelnen Fragen hindurch festgehalten und durchgeführt. So nimmt auch Scotus vor Allem die allgemein recipirte arabische Unterscheidung einer doppelten *intentio* in dem Sinne auf, dass die *secunda intentio*, d. h. die eigentlich logische, ein nachfolgendes Erzeugniss der Denk-Operation sei und so als Universale bezeichnet werde, während die *prima intentio* als ursprünglich unbedingtes Erfassen auf die objective Quiddität gehe, welche wohl gleichfalls Universale genannt werde, aber an sich gleichgültig gegen Allgemeinheit oder Einzelnheit sei und daher auch im Denken nicht mit concreter Gegenständlichkeit (*subiective*), sondern eben nur unmittelbar vorstellungsweise (*obiective*) auftrete[105]). Und hierin liegt bei ihm auch die Auffassung der üblichen arabischen Dreigliederung in *universalia ante rem, in re, post rem;* denn er findet das Universale zunächst eben in der *secunda intentio,* und dann auch in dem von derselben benannten Gegenstande der *prima intentio,* indem der letztere entweder

---

103) *Op. II sup. Periherm.*, 3, p. 215 B: *Duplex est intellectus. Quidam est mensuratus a rebus, quidam est mensura rerum. Intellectus noster per comparationem ad res naturales est mensuratus et dicitur verus ex hoc, quod est conformis rei, quae est sua mensura. Artificialia autem comparantur ad intellectum nostrum sicut mensurata ad suam mensuram; igitur dicuntur vera ex hoc, quod attingunt per suam formam perfectionem formae artificis...... Quaelibet res naturalis secundum suam formam imitatur quodammodo speciem eius in mente divina, unde vera dicitur, secundum quod ad rationem illius speciei attingit ...... Intellectus noster similiter dicitur verus, quia est conformis suae mensurae.*

104) *Qu. sup. Porph.* 6, p. 91 B: *Inest aliquid universali, quia si definitio ipsius universalis vera sit, quae est „praedicabile de pluribus"* (s. Abschn. IV, Anm. 197), ... *tunc convertibile praeter essentiam universalis erit illud, quod ponit primo Posteriorum, sc. „esse unum in multis et de multis"* (ebend. Anm. 137). *Et e converso, si illud sit definitio bona et vera, illud erit proprium.* Vgl. Abschn. XVII, Anm. 167. u. Abschn. XIV, Anm. 291 ff.

105) *Qu. de anima*, 17, 14 (Vol. II) p. 546 A: *Universale accipitur aliquando pro intentione secunda, quae sequitur operationem primam intellectus, qua intelligitur quidditas absolute, ... et isto modo est in intellectu tanquam aliquid factum per operationem intellectus ...... Aliquando autem universale accipitur pro re subiecta intentioni secundae, i. e. pro quidditate rei absoluta, quae, quantum est de se, nec est universalis nec singularis, sed de se est indifferens* (s. Abschn. XVI, Anm. 74); *et tale est obiectum intellectus directum, non autem est in intellectu subiective, sed tantum obiective.* An unzähligen Stellen treffen wir fortan bis in das 18. Jahrhundert (d. h. bis Alex. Baumgarten) diesen Gebrauch der Worte „*subiective*" und „*obiective*", welcher zu dem jetzigen sich genau umgekehrt verhält: nemlich damals hiess *subiectivum* dasjenige, was sich auf das Subject der Urtheile, also auf die concreten Gegenstände des Denkens, bezieht; hingegen *obiectivum* jenes, was im blossen *obiicere*, d. h. im Vorstelligmachen, liegt und hiemit auf Rechnung des Vorstellenden fällt.

das entferntere Object, nemlich die ursprüngliche quidditative Natur (d. h. *ante rem*), oder das nähere Object, nemlich das individualisirte Wesen (d. h. *in re*) sein kann, in welch letzterem Falle die Universalität nur in der indeterminirten Allgemeinheit der Aussagbarkeit liegt [106]. Auch bezeichnet er das Universale *ante rem* ausdrücklich als das ursprünglich erste Vorgestellte des Denkens, sowie die *secunda intentio* (d. h. *post rem*) als „*forma*", und das Universale *in re* als ein „Aggregat aus Gegenständlichkeit und Form" [107]. Ja er ist geneigt, für die Erkenntniss der einfachen Begriffe (Kategorien) und für die Zusammensetzung derselben (Urtheil) demjenigen, was Sache der *prima intentio* ist, eine Priorität zuzuschreiben und die *secunda intentio* principiell (vgl. ob. Anm. 93 f.) dem syllogistischen Verfahren zuzuweisen, durch welches sodann die wissenschaftliche Entwicklung der *prima intentio* erfolge [108]. Beachtenswerth aber ist (— um Occam's und seiner Vorläufer willen —), dass bei Scotus zum ersten Male jene Dreistellung der Universalien auch im Gewande byzantinischer Logik auftritt, indem das Universale dasjenige heisst, was von einem Gemeinbegriffe bezeichnet wird, welcher eine wirkliche Objectivität bedeutet, und somit das Universale *in re* zum „*esse in suppositis*" wird, während die anderen beiden Stellungen des Universale als Quidditât und als Denkform wiederkehren [109].

Schon aus dem Bisherigen aber ist ersichtlich, dass bei Scotus die hauptsächliche Schwierigkeit sowohl logisch als auch ontologisch in den Uni-

106) *Qu. in metaph.* VII, 18, (Vol. IV) p. 723 A: *Universale sumi potest tripliciter: Pro intentione secunda, quae est quaedam relatio rationis in praedicabili ad illud, de quo est praedicabile..... Alio modo accipitur pro illo, quod denominatur ab illa intentione, quod est aliqua res primae intentionis, nam secundae intentiones applicantur primis. Et sic accipi potest dupliciter: Uno modo pro illo, quod quasi ut subiectum remotum denominatur ista intentione; alio modo pro subiecto propinquo; primo modo dicitur natura absolute sumpta universale, quia non est de se haec; secundo modo non est universale, nisi sit actu indeterminatum ita, quod unum intelligibile numero sit dicibile de omni supposito.* Vgl. Anm. 109.

107) *Qu. sup. Porph.* 3, p. 89 B: *Universale sicut cetera concreta tripliciter sumitur. Quandoque enim sumitur pro subiecto, i. e. pro re primae intentionis, cui applicatur intentio universalis, et hoc modo universale est primum obiectum intellectus; quandoque sumitur pro forma, sc. pro re secundae intentionis causata ab intellectu et applicabili rebus primae intentionis, et sic loquitur logicus proprie de universali; tertio modo pro aggregato ex subiecto et forma, et illud est ens per accidens, quia aggregat diversas naturas, ex quibus non fit unum per se.* Vgl. unten Anm. 147.

108) *Qu. sup. An. post.* I, 46, p. 414 B: *Triplex est operatio intellectus. Una est intelligentia simplicium; alia est compositio vel divisio. Et quoad illas duas operationes res primae intentionis sunt notae prius intellectui, quam secundae. Tertia est operatio discursiva a praemissis ad conclusiones, et ille discursus est intentio secunda et est actus rationis, per quem ducimur in cognitionem primarum intentionum et aliarum scientiarum; et ideo quoad hunc actum logica est prior et ita prior inquantum ad doctrinam, quia per discursum doctrinamur.*

109) *Qu. sup. Porph.* 11, p. 94 A: *Significatum termini communis significantis veram naturam tripliciter potest considerari. Uno quidem modo secundum esse in suppositis, quod dicitur esse materiale eius;..... secundo modo consideratur absolute secundum esse quidditativum;..... tertio modo ut per formam intelligibilem ab intellectu apprehenditur, quod est esse cognitum, et sic insunt ei intentiones. Intellectus enim considerans naturam hominis unam in multis et de multis ab aliqua proprietate reperta in natura sic considerata movetur ad causandum intentionem et illam causatam attribuit illi naturae, cuius est proprietas et a qua accipitur.*

versalien *in re* auftrete, und dass durch die Art und Weise der Lösung derselben auch die Auffassung der Universalien *ante rem* und *post rem* modificirt werden müsse. Der Kern der ganzen Frage liegt bei Scotus in dem Begriffe der *„species intelligibilis"* (s. bei Aristoteles, Abschn. IV, Anm. 63, und aus diesem bei Thomas, Abschn. XVII, Anm. 499 u. 510), welche einerseits in den Realismus der ursprünglichen Wesens-Quiddität (*ante rem*) zurückgreift und andrerseits doch zu einem anti-platonischen Conceptualismus verarbeitet wird. Dasjenige nemlich, durch welches die Thätigkeit des Denkens veranlasst wird (s. ob. Anm. 100), könne unmöglich das blosse sinnliche Bild der Gegenstände sein, denn dieses sei von vorneherein ungleichartig, sondern sowohl bei Particularem als auch bei Universellem wirke auf den Intellectus eine gestaltende Form (*species informans*), durch welche derselbe als thätiger mittelst eines Sammelns (*colligere*) oder gleichsam mittelst eines Vermehrens die Form eines universalen Objectes erfasse[110]). Eben diese *species intelligibilis* stehe demnach in Mitte zwischen der reinen Spiritualität des Denkens und der Materialität des Sinnes-Eindruckes, sowie ja auch bei letzterem selbst wieder eine dreifache Abstufung in Object, Medium und Organ vorliege[111]). Und somit sei hiebei nicht in platonischer Weise von Einflüssen der Ideal-Welt, sondern von Formen die Rede, welche in den Dingen unter individualisirenden Umständen auf die Sinnes-Wahrnehmung wirken, aber von der Denkthätigkeit in andere Formen umgesetzt werden[112]); denn nach Plato's Ansicht müsse der *intellectus agens* hinwegfallen, hingegen gerade wenn das Universale als solches nicht in concreter Existenz sich findet,

---

110) *Qu. de rer. princ.* 14, 3, (Vol. III) p. 129 A: *Species intelligibilis requiritur in intellectu propter duo. Unum est, si res intellecta sit corporalis, quia species sensus ..... propter suam materialitatem et improportionem non possent movere intellectum; et ideo est necesse, ut fiat ab ea abstractio seu, ut melius dicam, multiplicatio speciei intelligibilis virtute luminis intellectus agentis .... Secundo requiritur species propter obiecti absentiam ......* (B) *Intellectus per speciem informantem intelligit tam universalia quam particularia et alia specie particularia et alia universalia .... Ab omnibus istis speciebus, puta sensationis a specie rei sensibilis, ut est in sensu et ut est in imaginatione, colligit speciem rei universalis intellectus communis.* Ebend. 15, p. 137 A: *Obiecta bene agunt in intellectum immittendo speciem, maxime cum hoc fiat in virtute intellectus agentis.* Dass ich grundsätzlich darauf verzichte, in die Geschichte der Psychologie (*intellectus passivus* u. *activus* u. dgl.) überzugreifen, habe ich schon längst oben, Abschn. XVI, Anm. 4 f. ausgesprochen.

111) Ebend. 14, p. 124 B: *Habet species sensibilis esse tripliciter, sc. in obiecto extra, quod est materiale; in medio, et hoc esse est quodammodo spirituale et immateriale; habet esse in organo et hoc adhuc magis spiritualiter.....* (p. 125 A) *Ex his patet, qualiter phantasma habet esse quoddam materiale respectu eorum, quae sunt in sensu ..... Sic in intellectu non potest deveniri ab extremo, sc. a phantasmate, ad extremum, sc. ad intellectum seu ad actum intelligendi, qui est pure spiritualis, nisi per medium inter spirituale et corporale; huiusmodi autem medium est species intelligibilis, quae non habet adeo esse materiale sicut phantasma, nec adeo spirituale ut intellectus.*

112) *Qu. sup. An. post.* I, 3, p. 347 B: *Dicitur secundum Platonicos, quod nos intelligimus per species influxas ab ideis ......* (p. 348 A) *Res multiplicat suam speciem per sensus exteriores ..... usque ad phantasiam, et ista species existit sub modo materiali et concipitur sub conditionibus individuantibus; sed ista, ut sic, non potest perficere intellectum. Ideo intellectus agens ex illa specie in phantasmate posita gignit aliam speciem in intellectu possibili.*

sei es Sache des Intellectus, das existirende Ding als Darsteller eines Universale zu fassen, so dass dabei der auf die Singularität gerichtete Sinnes-Eindruck mitspielt und doch zugleich die Quiddität der *species intelligibilis* aus dem Einzelnen „hervorleuchtet“ [113]). Ja es folge aus dieser provocirenden Wirkung der *species intelligibilis* eine passive Empfänglichkeit, welche mit dem Denken wesentlich verbunden sei und eine *passio intentionalis* genannt werden könne [114]), jedoch nur in dem Sinne, dass diese Passivität des unmittelbar natürlichen Empfangens dem activen Wirken der Denkthätigkeit vorhergeht [115]), und die objectiven Dinge nur die gelegentlichen Veranlasser der universalen Auffassung sind [116]). So seien die Universalien, welche der Intellectus trotz aller Abhängigkeit von dem Sinnlichen doch in höherer Weise erfasse, in der That „erworbene“ Formen — *species acquisitae* — [117]), und wenn man z. B. von Artbegriffen spreche, so sei diess nicht so zu verstehen, dass dieselben als solche wirklich existiren, sondern nur dass sie mittelst der aus den Einzelndingen geschöpften *species intelligibilis* vom Intellectus actuell erfasst werden [118]). Eben die Einzelndinge aber seien es demnach, welche der Intellectus zunächst früher erkenne, denn gerade weil das Universale als wirkliches Universale nicht in dem Einzelndinge selbst sein, sondern nur durch das Denken aus demselben gemacht werden könne, müsse doch dasjenige, an welchem die abstrahirende Thätigkeit

---

113) *Sent. Lib.* I, *Dist.* 3, *Qu.* 6, (Vol. V) p. 521: *Si essentiae rerum essent universales, sicut posuit Plato, non indigeremus secundum ipsum intellectu agente. Cum autem universale inquantum universale nihil sit in existentia, sed tantum sit in aliquo ut repraesentante ipsum obiectum sub tali ratione, ...intellectus agens facit aliquid repraesentativum universalis de eo, quod fuit repraesentativum singularis.* Ebend. p. 538: *Nihil intelligimus in universali nisi cuius singulare phantasiamur, nec est alia conversio ad phantasma, nisi quod intelligens universale imaginatur singulare eius, nec intellectus videt quod quid est in phantasmatibus sicut in ratione videndi, sed intelligens quod quid est relucens in specie intelligibili videt illud in suo singulari viso.* Vgl. *Report. Paris.* I, *Dist.* 3, *Qu.* 4, (Vol. XI) p. 47 A.

114) *Sent. Lib.* I, a. a. O. p. 529: *Non tantum intellectus patitur ab obiecto reali imprimente talem speciem realem, sed ab illo obiecto ut in specie intelligibili patitur passione intentionali, et illa passio est receptio intellectionis, quae est ab intelligibili, inquantum intelligibile est relucens in specie intelligibili, et istud pati est intelligere.*

115) Ebend. p. 517: *Intellectus potest habere obiectum actu universale perfecte sibi praesens in ratione obiecti prius naturaliter, quam actu intelligat; ..... in illo priori habet obiectum sibi praesens in specie intelligibili, et ita habet speciem intelligibilem priorem actu.*

116) *Qu. in Praedicam.* 3, p. 127 B: *Res non est tota causa intentionis, sed tantum occasio, inquantum scilicet movet intellectum, ut actu consideret, et intellectus est principalis causa.* S. Anm. 100.

117) *Qu. sup. An. post.* I, 46, p. 414 A: *Omnes virtutes sensitivae ordinatae sunt ad intellectum; prius enim apprehenditur species a sensibus exterioribus, et postea a sensu communi, tertio a phantasia, quarto ab intellectu, et ita intellectus in cognoscendo aliquo modo dependet a potentiis sensitivis ..... et loquor de intellectu, secundum quod cognoscitur per species acquisitas.*

118) *Qu. sup. Porph.* 18, p. 104 B: *Ad rationem generis requiritur, quod multas habeat actu species, non quae existant actu vel potentia, sed quod tantum actu concipiantur per speciem intelligibilem ab individuis acceptam quandoque existentibus, et quod actu habeant aptitudinem participandi genus, quia talis actualitas est illorum, inquantum dicuntur species generis.*

geübt werden soll, zuerst berührt werden, und wenn man wohl sagen könne, dass in solcher Erkenntniss des Einzelnen ein unbestimmt (*confuse*) Allgemeines erfasst werde, so sei eben hier die Allgemeinheit noch in die örtliche Individualisirung verflochten, während das logisch Allgemeine gerade diese Verflechtung ausschliesse; kurz bei dem Erkennen des concret Existirenden (*entitas actualis* oder *existentia actualis*, s. unten Anm. 139 ff.) seien drei Stufen, deren erste das concrete Sein sinnfällig betrachte, während die zweite das reflexive Bewusstsein (vgl. unten Anm. 124) dieser Betrachtung enthalte, und die dritte das Object mit dem Universale vergleiche (*comparare*) und so als Intellectus auftrete [119]. Jene abstrahirende Thätigkeit aber, welche Scotus wieder unterscheidet, je nachdem entweder bloss von den Einzelndingen oder zugleich auch von materiellen Modalitäten abgesehen werden soll, und welche er so mit der byzantinischen Lehre von der *distributio* in Verbindung bringt [120], will er in entschiedenem Gegensatze gegen Platonismus ausdrücklichst nicht als ein „Entblössen" (*denudare*) von allem sinnlichen Eindrucke betrachtet wissen, denn das Universale müsse wesentlich von den sinnfälligen Einzelndingen ausgesagt werden können, und eben nur darin liege die Erhebung des Actes der Intelligenz über jene unbestimmte Allgemeinheit

---

119) *Qu. de rer. princ.* 13, 3, (Vol. III) p. 117 B: *Prius cognoscit intellectus singulare, quam universale; impossibile est enim, quod rationem universalis ab aliquo abstrahat, nisi id, a quo abstrahit, praecognoscat* ...... (p. 118 A) *Si cognitio refertur ad modum, quo intellectus perficitur, cum universale inquantum tale omnino non sit in re, sed fiat actione animae per abstractionem a singularibus, necesse est, ut actio intellectus prius attingat singulare, ex quo per actionem quasi de quadam materia faciat universale, et posterius universale attingat, et sic materialiter loquendo prius cognoscat particulare* .... *In hoc homine particulari existente actu haec humanitas et haec animalitas, quae actu existunt, primo supponunt hanc entitatem actualem* ..... *Unde cum dicitur, quod cognitio nostra incipit a magis confusis et magis universalibus, talis confusio et universalitas non excludit singularitatem et signationem actualis existentiae in re extra, nec tale confusum et universale est illud, a cuius ratione excluditur „hic et nunc", immo in eo includuntur.* ..... *Universale autem, de quo quaeris, alterius generis est, quia de ratione sua excludit „hic et nunc" et signationem et actualitatem existentiae.* (Vgl. Abschn. XVII, Anm. 500.)..... (B) *Naturali ordine intellectus primo apprehendit actualitatem existentis rei sensibilis* ......, *secundo actum imaginationis et rem imaginatam, et ab isto potest abstrahere universale per considerationem, et sic est verum, quod apprehensio universalis semper est posterior apprehensione particularis* ..... *Prior est notitia singularis et a sensu et ab intellectu, quam notitia universalis.* Ebend. p. 112 A: *Intellectus tripliciter versatur circa cognitionem actualis existentiae rei: uno modo speculando ipsum actu esse in ipsa sensatione*......, *alio modo reflexive* (vgl. ebend. Anm. 520 u. unten Anm. 124) *intelligendo, se intelligere, illud esse actu,* ..... *tertio modo comparando illud ad universale intelligendo, quia haec albedo non solum est actu, sed etiam est color.*

120) *Qu. sup. An. post.* I, 37, p. 403 A: *Duplex est abstractio. Una est a materia et suppositis, sicut homo abstrahitur ab illo homine et ab isto et a materia, ut ab homine albo et nigro* ...... *Alia est abstractio a suppositis, sed non a materia, sicut homo albus abstrahitur ab illo homine et ab isto, sed non a materia, quia album consequitur passiones materiales. Duplici isti abstractioni correspondet duplex signum distributivum, quia termino communi abstracto a suppositis et a materia correspondet hoc signum „omnis"*...... *Sed hoc signum „unusquisque" correspondet termino communi abstracto a suppositis, sed non a materia.* Was wir bei Petrus Hispanus (Abschn. XVII, Anm. 240 ff.) über „*omnis*" sahen, erhält somit hier eine spitzfindige Bereicherung.

(*commune*), welche in der noch sinnlichen Stufe des Wahrnehmens walte [121]). So kann Scotus nicht bloss der aristotelischen Auffassung betreffs desjenigen, was uns und was an sich kenntlich ist, sich anschliessen [122]), sondern auch zugestehen, dass es Allgemein-Begriffe gibt, welche mit dem Beisatze (*circumstantia*) der Particularität behaftet und in dieser Verflechtung mit sinnlichen Eindrücken selbst den Thieren zugänglich sind, wohingegen die eigentlichen Universalien dem Intellectus anheimfallen [123]). Jedenfalls aber muss Scotus mit jener oben (Anm. 31) erwähnten Polemik übereinstimmen, welche schon Lamarre gegen Thomas betreffs der angeblichen Unerkennbarkeit des Singulären geführt hatte, und Scotus hält daran fest, dass mit dem Universale zugleich das Einzelne erkannt werde, indem ja Letzteres von Ersterem nicht ausgeschlossen werde, sondern eben nur die Individualisirung des Allgemeinen sei, so dass auch der thomistische Begriff der *reflexio* nicht völlig genügen könne [124]); kurz an dem sinnfälligen Veränderlichen seien seine Veränderlichkeit und seine Unveränderlichkeit nicht schroffe Gegensätze, sondern nur verschiedene Beziehungen, welche eben auf Einzelnheit und Allgemeinheit beruhen [125]).

---

121) *Sent. Lib.* II, *Dist.* 3, *Qu.* 1, (Vol. VI) p. 360: *Universale in actu est illud, quod habet unitatem indifferentem, secundum quam ipsum idem est in potentia proxima, ut dicatur de quolibet supposito ..... Apparet improbatio illius dicti, quod intellectus agens facit universalitatem in rebus per hoc, quod denudat ipsum quod quid est in phantasmate existens. Nam ubicunque est, antequam in intellectu possibili habeat esse obiective, ... non tamen est tale, cui potentia proxima convenit dici de quolibet, sed tantum est in potentia proxima, ut sit in intellectu possibili; est ergo in re commune, quod non est de se hoc, et per consequens ei de se non repugnat esse non hoc; sed tale commune non est universale in actu, quia deficit ei illa differentia, ... secundum quam ipsum idem aliqua identitate est praedicabile de quolibet individuo.* Ebenso *Report. Paris.* II, *Dist.* 12, *Qu.* 5, (Vol. XI) p. 328 B. Vgl. auch *Qu. in metaph.* VII, 18 (Vol. IV) p. 721 f.

122) *Qu. de anima*, 16, 1, (Vol. II) p. 539 A: *Minus universale est, quod prius notum est nobis prioritate temporis et cognitione confusa ...... Illud cognoscitur posterius, cuius abstractio est difficilior ...... Prius cognoscitur magis universale a nobis cognitione distincta.*

123) *Qu. in Phys.* I, 5, (Vol. II) p. 16 A: *Duplex est conceptus universalis; quidam cum circumstantia particulari sibi appropriata, ut „hoc corpus“...., alius est sine tali circumstantia ...... Cum intellectus habet actualiter conceptum universalem cum circumstantiis, ... oportet, quod actualiter respiciat et intendat ad phantasmata ......* (p. 17 B) *Brutis insunt conceptus universales cum circumstantiis singularibus.*

124) *Qu. de anima*, 22, 3, (Vol. II) p. 574 A: *Dicit .... Thomas ...., quod intellectus noster pro statu viae non potest cognoscere singulare, quia secundum ipsum materia est principium singularitatis ...... Contra hoc procedendum est destruendo suum principium individuationis, unde excommunicatus est Parisiis iste articulus, quod non possint esse plura individua eiusdem speciei* (s. ob. Anm. 15) ..... *Impossibile est, abstrahere universalia a singulari non cognito singulari ..... Intellectus non potest intelligere universale, nisi simul intelligat singulare, non ergo tantum per reflexionem* (vgl. Anm. 119) ..... *Singulare est a nobis intelligibile secundum se, quia intelligibilitas sequitur entitatem ...... Singulare nihil addit ultra universale nisi gradum singularitatis, sed non excluditur ratione universalitatis in eo contentae.* S. Abschn. IV, Anm. 82.

125) *Qu. sup. An. post.* I, 10, p. 357 A: *De mutabili, secundum quod mutabile, est scientia, et etiam secundum quod immutabile. Istae rationes non sunt oppositae, quia relatae sunt ad diversa. Scientia enim est de mutabili, secun-*

Aus all diesem geht hervor, dass nach des Scotus Auffassung die Universalien als reine Quidditât der Dinge *ante rem* die metaphysische Grundlage sind (bis zurück zu Gottes Denken, Anm. 103), aber zugleich *in re* mit Individualisirung behaftet nicht wirkliche Universalien genannt werden können, sondern nur als Sache der *prima intentio* (Anm. 107) bei jener gelegentlichen Reizung des Intellectus durch die wahrnehmbaren Einzelndinge die Wirkung einer *species informans* äussern (Anm. 100 u. 110), um sodann in der *secunda intentio* durch die Thätigkeit des Intellectus zu eigentlichen Universalien *post rem* erst gemacht zu werden. Durch diese Grundlage aber ist hiemit bei Scotus sowohl in logisch subjectiver Beziehung die Auffassung der *significatio*, als auch ontologisch objectiv die Begründung des Principes der Individuation und der *pluralitas formarum* folgerichtig bedingt.

Vor Allem nemlich sei es gerade jene *species intelligibilis*, nicht aber die concrete Sache selbst, welche durch den menschlichen Sprachausdruck (*vox*) bezeichnet werde (vgl. Avicenna, Abschn. XVI, Anm. 85), und zwar beziehe sich diese Bezeichnung auf die objective Seite der *species intelligibilis*, d. h. insoferne dieselbe den Wesensgehalt einer Sache vorstelle, nicht hingegen insoferne sie subjectiv den Intellectus reize; die Sache selbst daher könne vom Worte nur mittelbar, d. h. eben mittelst der *species intelligibilis* (s. auch Anm. 118), bezeichnet werden, denn insoferne die Dinge als concrete existiren, werden sie auch nicht an sich unmittelbar erkannt, sondern nur insoferne sie Gegenstand der Denk-Auffassung sind [126]). Also jene aristotelischen *passiones animae* (vgl. ob. Anm. 114), welche der Intellectus durch die das Wesen enthaltende *species intelligibilis* empfängt, sind Gegenstand der Wortbezeichnung, nicht hingegen der reine Uract der Quidditât noch auch der individualisirte Bestand der concreten Sache, denn nur demjenigen, was der Intellectus erfasst, wird, sobald er es thut, ein Name aufgeprägt, welcher nach seiner psychologischen Geltung ein Gleichniss der Sache und nach seiner Geltung für die Wissenschaft das ursprüngliche Medium ist, mittelst dessen die *species intelligibilis* als ein Zeichen der Sache vom Intellectus festgehalten wird [127]).

---

dum quod est immutabile non in se, sed respectu passionis immutabilis. Vgl. unten Anm. 145.

126) *Qu. sup. Periherm.* I, 2, p. 187 A: *Potest quaeri, utrum nomen significet rem vel speciem in anima, et intelligitur quaestio non de nominibus impositis ad significandum similitudines vel species, sed de quocunque alio nomine cuicunque imposito ..... Dico autem speciem intelligibilium similitudinem intelligibilem, quae est in intellectu ut in subiecto, sicut species sensibilis est similitudo rei sensibilis, quae est in sensu ut in subiecto ....* (B) *Species intelligibilis immediate significatur per vocem, sed illa dupliciter consideratur; aut inquantum est quid accidens* (zu lesen *excitans*), *sc. informans animam, aut inquantum repraesentat rem* (vgl. ob. Anm. 113). *Primo modo non significatur per vocem. ..... sed secundo modo; cum enim omne signum, inquantum signum, sit signum signati, sequitur, quod vox significans similitudinem, inquantum signum rei, significat ipsam rem, sed mediate, quia sc. immediate significat id, quod est signum ei, inquantum et signum .....* p. 188 B: *Res significatur, non tamen secundum quod existit, quia nec sic per se intelligitur, sed secundum quod per se percipitur ab intellectu.* S. Anm. 124.

127) *Op. II sup. Periherm.* 1, p. 212 B: *Nomen primo significat passiones animae* (s. Abschn. IV, Anm. 108) *i. e. conceptiones intellectus ...... Tria se habent secun-*

Insoweit nun auf diese Weise Denkact und Bezeichnung innig miteinander verbunden sind, unterscheidet Scotus zunächst für beide gemeinschaftlich ein „abstractes" Auftreten von einem „concreten" (— ein Sprachgebrauch, welcher sich durch die Scotisten vollends einbürgerte —), insoferne ersteres auf die Wesenheit in ihrer reinen Eigenthümlichkeit, letzteres auf ihre in den Einzelndingen geäusserte gestaltende Kraft gerichtet ist[128]). Sodann aber bemüht er sich, Denkact und Bezeichnung selbst wieder zu unterscheiden, und da weist er dem eigentlichen *„modus intelligendi"* das Gebiet der *secunda intentio* zu, d. h. jene Momente, welche den bezeichneten Dingen nur durch eine bestimmte Auffassungsweise zukommen (wie z. B. „Mensch" nicht nothwendig als „Art" zu denken ist, sondern auch als „dieser Mensch" gedacht werden kann) und daher nur in äusserlicher Verknüpfung durch *„est"* mit dem Bezeichneten verbunden werden, wohingegen der *„modus significandi"* von der Namengebung her dem Bezeichneten einwohne und stets untrennbar mit ihm verbunden bleibe, daher in diesem Modus das *„principium formale"* der Einheit des Bezeichneten liege[129]). Und diese Betrachtung führt er nun in jener oben (Anm. 83) erwähnten Schrift, welche in ihrem grössten Theile der Grammatik angehört, weitläufiger aus. Nemlich der *modus significandi* sei entweder *activus*, insoferne er in der Eigenthümlichkeit des Wortausdruckes selbst, oder aber *passivus*, insoferne er in der

---

dum ordinem. Primum est species intelligibilis, secundum quam est in actu, sicut actus primus in sua propria natura...... Secundum est, quod ratio rei est quod quid erat esse rei (d. h. das τὸ τί ἦν εἶναι), *quod obiicitur virtuti intellectivae, inquantum est actus, qui est species intelligibilis, secundum quem actum fertur virtus cognoscens in ipsum quod quid erat esse....* (p. 213 A) *Tertium est res particulariter existens sub conditionibus individuantibus. Primum non significatur primo per vocem, quia quod quid est primo intelligitur, quam species rei intelligitur, ... quia intellectus species intelligibiles non intelligit nisi per reflexionem, sicut actum suum. Tertium vero, sc. res existentes individualiter per suam rationem propriam, non possunt primo significare, quia intellectus est in actu primo per suum obiectum proprium, quod est quod quid est rei; intellectus non intelligit primo singulare, sed quod quid est sine conditionibus materialibus, ... et sicut intelligitur, imponitur ei nomen...... Similitudinem convenit ostendere dupliciter: vel secundum esse, quod habet in anima, vel secundum quod est ductivum in cognitionem rei. Si primo modo consideretur, sic nomen significat similitudinem rei.....; si autem consideretur, prout ducit in cognitionem rei, tunc non primo significatur, sed est, quo primo intelligibile intelligitur...... Nomen mediante specie in anima, quam primo significat, significat posterius rem.......* (p. 213 B) *Voces significant species, inquantum sunt signa rerum.*

128) *Qu. in Praedicam.* 8, p. 136 B: *Quamlibet essentiam contingit sub ratione propria intelligere et etiam significare, et tali modo intelligendi correspondet modus significandi abstractus; alio modo contingit intelligere istam essentiam, inquantum informat subiectum, et huic modo intelligendi correspondet modus significandi concretus.* S. Abschn. IV, Anm. 147.

129) *Qu. sup. Porph.* 16, p. 102 A: *Quidam sunt modi, qui proprie dicuntur modi significandi, qui conveniunt dictioni ex impositione, et illi sunt a significato inseparabiles...... Alii vero sunt modi magis proprie dicti modi intelligendi, quia tantum insunt significato, secundum quod sub aliquo certo modo concipitur, qui quidem sunt separabiles; ....potest enim „homo" intelligi sub opposito huius intentionis „species" sine repugnantia, ut „iste homo"..... Modi, qui sunt inseparabiles a significato, ... sunt formalia principia seu rationes, sub quibus significata uniuntur..... Secundi modi extranei sunt significatis et uniuntur per hoc verbum „est". Esse enim est rei per se, istae autem intentiones non insunt rebus per se, sed ut comparantur*

Eigenthümlichkeit der bezeichneten Sache liege, und (— wobei wieder byzantinische Logik, und zwar namentlich Shyreswood beigezogen ist —) das Wort bekomme durch den Intellectus die doppelte Function, dass es sowohl als *dictio* etwas bezeichnet (*significat*), als auch gemeinschaftlich mit anderen diess thut (*consignificat*) und somit zum Redetheile wird[130]). Dabei aber sei daran festzuhalten, dass jeder *modus significandi activus* dennoch ursprünglich von einer Eigenthümlichkeit einer Sache herkomme, denn nur durch Objecte ja könne der Intellectus determinirt werden (s. ob. Anm. 114), und auch die erdichteten oder privativen Ausdrücke seien hiegegen kein Einwand, indem dieselben jedenfalls auf einem positiv realen Vorgange in der Seele beruhen[131]). Ja eben darum müsse auch der *modus intelligendi* als ein *activus* und ein *passivus* unterschieden werden, indem letzterer in der Eigenthümlichkeit der aufgefassten Sache und ersterer in der Eigenthümlichkeit der Auffassung selbst liege, so dass hiemit der *modus significandi activus* unmittelbar von einem *modus intelligendi activus* herrühre[132]). Auch knüpft sich die folgerichtige Bemerkung daran, dass somit das Sein und die passiven Modalitäten des Denkens und des Bezeichnens sachlich das Nemliche sind, aber der Form nach (*formaliter*) sich unterscheiden, wohingegen Passivität und Activität des Denkens und Bezeichnens formell zusammentreffen und materiell divergiren[133]); auch liege die passive Modalität des Bezeichnens stofflich

---

ad intellectum; ideo isti modi non sunt uniti per se nec sunt principia formalia, sub quibus significata formalia uniuntur.

130) *Gramm. spec.* 1, (Vol. I) p. 45 A: *Modus significandi activus est modus sive proprietas vocis ab intellectu sibi concessa, qua mediante vox proprietatem rei significat. Modus significandi passivus est modus sive proprietas rei, prout est per vocem significata ..... Intellectus duplicem voci rationem tribuit, sc. rationem significandi, per quam efficitur signum vel significans, et sic formaliter est dictio, et rationem consignificandi, per quam vox significans fit consignum vel consignificans, et sic formaliter est pars orationis.* Vgl. Abschn. XVII, Anm. 32, 67, 125, 199.

131) Ebend. c. 2, p. 46 A: *Oportet, omnem modum significandi activum ab aliqua rei proprietate radicaliter oriri, quia intellectus ..... ad ipsam rei proprietatem aspicit, ... quia intellectus, cum sit virtus passiva de se indeterminata, ad actum determinatum non vadit, nisi aliunde determinetur..... Sed si contra hoc obiiciatur, quia ..... privationes et figmenta sub nullis proprietatibus cadunt, ... dicendum, quod non oportet, quod semper modus significandi activus dictionis trahatur a proprietate rei illius dictionis, cuius est modus significandi, sed potest accipi a proprietate rei alterius dictionis..... Privationes intelligimus ex suis habitibus ..... Licet privationes non sint entia positiva extra animam, sunt tamen entia positiva in anima, ... quia eorum intelligi est eorum esse* (s. Abschn. IV, Anm. 422).

132) Ebend. c. 3, p. 46 B: *Modi significandi activi immediate a modis intelligendi passivis sumuntur...... Modus intelligendi activus est ratio concipiendi, qua mediante intellectus rei proprietates significat, concipit vel apprehendit; modus autem intelligendi passivus est proprietas rei, prout ab intellectu apprehensa ...... Modi significandi activi non sumuntur a modis essendi, nisi ut hi modi essendi ab intellectu apprehenduntur.*

133) Ebend. c. 4, p. 46 B: *Modus essendi et modus intelligendi passivus et modus significandi passivus sunt idem materialiter et realiter, sed differunt formaliter;* ..... (p. 47 A) *nam modus essendi dicit absolute proprietatem rei, et modus intelligendi passivus dicit proprietatem rei sub modo intelligendi et modus significandi passivus...... Modus intelligendi activus et passivus differunt materialiter et conveniunt formaliter..... Modus significandi activus et passivus differunt materialiter et sunt idem formaliter.*

in den Dingen und formell im Worte, hingegen die active stofflich im Worte und nur nach entfernterer oder näherer Causalität in den Dingen oder im Denken [134]).

Was aber nun hingegen die objective Seite der Universalien *in re* betrifft, so tritt zunächst die Frage über das *principium individuationis* in den Vordergrund, welche bei Scotus ganz folgerichtig wieder auf seinen Conceptualismus zurückweist. Vor Allem muss bezüglich der Individualisirung die concrete Existenz, d. h. wie es Scotus nennt, das *esse existere*, so scharf als möglich von der Wesenheit, d. h. von dem *esse essentiae*, sowohl bei Substanzen als auch bei Merkmalen getrennt werden [135]), was sich auch bis in den Sprachgebrauch des Wortes *„ens“* erstreckt [136]). Die Wesenheit selbst nemlich ist nur die substantielle Form überhaupt, und aus ihr folgt in erster Linie nur das „Sein“ des wirklich Seienden (*esse actualiter entis*), hingegen Existenz ist nur eine Folge der Individualisirung, so dass das Existiren für Wesenheiten etwas Accidentelles, für Individuen aber das Wesentliche ist [137]). Und wenn somit der aristotelische Begriff des *σύνολον* erfasst wird [138]), so sucht Scotus den sich hieran knüpfenden Folgerungen zu entgehen, um nicht jenen Bedenken Raum zu geben, welche seitens der Orthodoxie gegen die Lehre des Albert und des Thomas erhoben worden waren. Nemlich auch bei ihm bietet die Angelologie die Veranlassung dar (vgl. oben Anm. 13 ff., 28, 48), über das Princip der Individuation eine feste Ansicht zu gewinnen und auszusprechen. In einer Weise, welche fast an Gilbertus

---

134) Ebend. c. 5, p. 47 A: *Modus significandi passivus materialiter est in re ut in subiecto. ..... formaliter autem est in eo subiecto, in quo est modus significandi activus..... Modus autem significandi activus, cum sit proprietas vocis significativae, materialiter est in voce significativa ut in subiecto, in proprietate autem rei sicut causatum in causa remota, in intellectu sicut causatum in causa proxima, in constructione sicut efficiens in suo effectu proprio.*

135) *Qu. sup. An. post.* I, 30, p. 392 B: *Substantiae duplex est esse, sc. esse essentiae et existentiae. Esse essentiae est de essentia, esse existere non. Eodem modo inesse accidentis est duplex, sc. inesse existere et inesse essentiae ......* (p. 393 A) *Inhaerentia accidentis actualis non est de essentia accidentis; ..... inhaerentia tamen secundum aptitudinem est de eius essentia.*

136) Ebend. II, 4, p. 420 B: *„Ens“ nomen et „ens“ participium non significant puram entitatem rei sive quidditatem, sed „ens“ participium significat rei existentiam, quae est extra essentiam et illi essentialiter accidit.*

137) Ebend. 6, p. 422 A: *Esse, quod est actualiter entis, non est de essentia. Huius potest esse duplex ratio. Prima, quia esse est modus essentiae, modus autem rei non est de essentia. Item, si esse esset actus intrinsecus essentiae, et etiam ipsius essentiae est unus actus essentialis, ut forma substantialis, tunc unius compositi essent duo actus substantiales completi; sed duo actus substantiales completi faciunt duo composita; ergo unum compositum esset duo composita. Patet ergo, quod esse, quod est actualiter entis, non est de essentia, sicut nec esse existere. Ista tamen duo esse sunt distincta, quia esse, quod est actualiter entis, primo consequitur essentiam et est proprium esse ipsius essentiae, sed esse existere primo consequitur ipsum individuum.* Ebend. 4, p. 420 A: *Esse existere non consequitur essentiam primo, sed primo consequitur individuum; individuum enim per se et primo existit, essentia nonnisi per accidens.*

138) Ebend. I, 39, p. 406 B: *„Hoc aliquid“ et „simul totum“ in re sunt necessario coniuncta, quia non est ponere, naturam speciei existere, sicut ponit Plato, praeter singularia, igitur corrupto „synolon“ necessario corrumpitur „hoc aliquid“.* Vgl. Abschn. XVII, Anm. 391.

Porretanus erinnert, nimmt er Individuation als eine Untheilbarkeit, welche einen inneren Gegensatz gegen Manigfaltigkeit in sich trage, und indem er als Grund dieser Sprödigkeit des Individuums die concrete Position selbst, d. h. die *entitas positiva*, bezeichnet[139]), polemisirt er ausführlich gegen Thomas; denn gegen die Annahme einer Bestimmtheit durch Raum-Dimensionen (Abschn. XVII, Anm. 519) spreche jedenfalls schon der Umstand, dass es immaterielle Individuen gebe, und somit von der natürlichen Materie abzusehen sei, wohingegen der Begriff einer *substantialitas singularis* allseitig genüge[140]); auch könne die zum „Dieses-Sein" bestimmte Einheit (*unitas signata ut haec*) überhaupt unmöglich in der Quantität liegen, denn diese sei jedenfalls keine Substanz, sondern nur ein Accidens (vgl. Gottfried v. Fontaines, ob. Anm. 65 f.), und enthalte auch nicht den Unterschied singulärer Individualitäten in sich, da ja die Zahlen sich gegenseitig als Art-Unterschiede verhalten, wozu noch komme, dass die Theile eines Quantums nie den Begriff des Ganzen als ihr Prädicat annehmen, während von den Individuen stets die Species als Prädicat ausgesagt wird[141]); ebensowenig aber könne auch die Materie der Grund der Individuation sein, denn, — wie schon Lamarre bemerkt hatte, s. ob. Anm. 30 —, die Materie verbleibe auch noch beim Tode des Individuums[142]). Das Einzige hingegen, wodurch das Individuum eben zum Individuum werde, könne nur dasjenige sein, was in seinem Begriffe gegenüber allen höherliegenden Begriffen als Eigenthümliches liege, und

139) *Sent. Lib.* II, *Dist.* 3, *Qu.* 2, (Vol. VI) p. 375: *Necesse est, per aliquod positivum intrinsecum huic lapidi tanquam per rationem propriam repugnare sibi, dividi in partes subiectivas; et illud positivum erit, quod dicitur esse per se causa individuationis, et per individuationem intelligo istam indivisibilitatem ...... Cum in qualibet unitate sit dare entitatem positivam, quae sit ratio per se illius unitatis et illius repugnantiae ad multitudinem oppositam, maxime vel aequaliter erit hoc dare in unitate perfectissima.* Vgl. Abschn. XIV, Anm. 479.

140) *Qu. in metaph.* V, 4, (Vol. IV) p. 605 B: *Dicit Thomas, quod unitas numeralis causatur ex materia una, secundum quod substat dimensionibus determinatis. ..... Contra: In immaterialibus est unum, et tamen non est ibi talis materia.. ... Manifestior est nobis unitas in materialibus, quam in immaterialibus, non tamen excludit, quin sit in immaterialibus ..... Singulare simpliciter substantiale habet rationem materialem, et substantialitas appropriatur simpliciter singulari, unde ..... unum numero est, cuius materia est una numero, i. e. cuius substantialitas est singularis simpliciter, et tunc nihil est ad materiam realem.*

141) *Sent. Lib.* II, *Dist.* 3, *Qu.* 4, (Vol. VI) p. 383: *Intelligo per individuationem sive unitatem numeralem sive per singularitatem non quidem unitatem indeterminatam, secundum quam quodlibet in specie dicitur unum numero, sed unitatem signatam ut „hanc"......* p. 384: *Substantia est prior naturaliter omni accidente ..... Ergo convenit substantiae primae ex ratione sua, quod sit „haec", prius naturaliter, quam determinetur aliquo accidente ......* p. 389: *Si quantitas sit primo individuans substantiam, oporteret, quod ipsa in se primo sit haec et de se distincta numeraliter ab alia; sed tunc tua propositio non est vera, sc. quod omnis differentia formalis est specifica; quantitas enim haec et illa sunt formae, ergo different specifice ......* p. 391: *Totum universale, quod dividitur in individua et in partes subiectivas, praedicatur de qualibet illarum partium subiectivarum ita, quod quaelibet pars subiectiva est ipsum; partes autem quantitativae, in quas fit divisio totius continui, nunquam recipiunt praedicationem totius divisi in ipsas.*

142) Ebend. 5, p. 402: *Materia est eadem in generato et corrupto; ergo habet eandem singularitatem in genito et corrupto.* Vgl. überhaupt *Report. Par.* II, *Dist.* 12, *Qu.* 5 ff., (Vol. XI) p. 326 ff.

diess sei nun die *entitas positiva*[143]), wofür Scotus als Ausdruck des aristotelischen τόδε τι εἶναι auch das Wort „*haecceitas*" gebraucht[144]). Und wenn auch die Entstehung der Individuen eine quantitative und materielle Vervielfältigung des Artbegriffes mit sich bringe, so sei doch nur die *haecceitas* die wahre und unerlässliche Ursache (*causa, sine qua non*), und darum folge alle Entstehung und Zeugung diesem Impulse der Individuation; daher auch walte in der objectiven Welt eben nur diese Duplicität von Allgemeinheit und Einzelnheit (vgl. ob. Anm. 125), denn erstere werde in letzterer individualisirt, hingegen für den subjectiven Begriff, also für den Standpunkt eines Conceptualismus, liege allerdings die abstract gefasste *haecceitas* selbst in Mitte zwischen dem Universale und dem singulären Dinge[145]). So werde das Sein der ursprünglichen Quidditāt (d. h. das Universale *ante rem*) im Denken scharf geschieden von dem Sein des Individuums, denn in der Quidditāt selbst kann kein Grund der Individuation erblickt werden, und die *entitas quidditativa* liege jedenfalls dem Formalen und hiemit im Urtheile dem Prädicate näher, während die *entitas individui* dem Materiellen und somit (wie die aristotelische πρώτη οὐσία) dem Subjecte der Urtheile zugewendet sei[146]).

---

143) *Sent.* a. a. O. *Qu.* 6, p. 403: *Omne inferius includit in se aliquid, quod non includitur in intellectu superioris; ..... ergo aliquid per se includitur in ratione naturae; illud autem inclusum est entitas positiva.*

144) *Report. Paris.* II, *Dist.* 12, *Qu.* 5, (Vol. XI) p. 327 B: *Non potest intelligi haecceitas ut universale, ... cum ipsa haecceitas de se sit „haec"......* p. 329 A: *Haecceitas est numero haec essentialiter.*

145) *Qu. sup. An. post.* I, 36, p. 401 B: *Naturae speciei accidit multiplicari per multa eius diversa individua; individua enim per quantitatem multiplicantur et alias conditiones materiales; sed naturae speciei accidunt conditiones materiales, ideo multitudo individuorum accidit naturae speciei......* (p. 402 A) *Haecceitas est causa, sine qua non, et non causa positiva, et isto modo generatio primo consequitur naturam in hoc...... Generatio primo potest inesse diversis individuis, non tamen inquantum distincta sunt hypostatice, sed pro eo, quod generatio consequitur primo naturam, quae est in hoc et quae est in illo. Et ita generatio quodammodo est universalis, non simpliciter, quia non ut universale est abstractum, quia universale abstractum sic non concipitur, inquantum hoc positive, nec sub hoc, sed ita quod haecceitas sit causa, sine qua non. Sed naturae tamen inest primo generatio contingenter, ... non tamen contingit sine haecceitate* (somit vollständig das aristotelische „ἄνθρωπος ἄνθρωπον γεννᾷ", s. Abschn. IV, Anm. 463)...... *Tu dices: ergo est ponere medium inter universale et singulare. Dicitur, quod non sequitur. Sed tantum, quod sit ponere medium inter universale et singulare, secundum quod concipitur inquantum hoc; sed inter simpliciter universale et simpliciter singulare non est medium. Natura enim, quae in hoc primo generatur, non est simpliciter universalis, sed est simpliciter singularis; est tamen universalis secundum quid, quia non concipitur inquantum hoc positive.*

146) *Sent. Lib.* II, *Dist.* 3, *Qu.* 6, p. 408: *Entitas individui est diversa ab omni entitate quidditativa, ... quia intelligendo quamcunque entitatem quidditativam non habetur in quidditate intellecta, unde ipsa sit haec; ergo illa entitas, quae de se est haec, est alia entitas a quidditate...... Omnis realitas specifica constituit in esse formali, quia in esse quidditativo; realitas individui constituit praecise in esse materiali, h. e. in esse contracto. Et ex hoc sequitur illa distinctio logicalis, quod ista entitas essentialiter est formalis et illa materialis, quia illa constituit in ratione subiicibilis et ista in ratione praedicabilis, praedicatum autem formale habet rationem formae, et subiicibile habet rationem materiae.* Ebenso ebend. p. 419.

Hieran aber knüpfen sich bei Scotus noch Erwägungen, welche in Bälde von seinen Schülern so sehr ausgebeutet wurden (insbesondere betreffs der Trinität), dass sich allmälig fast eine eigene kleine Litteratur, nemlich die der *„Formalitates“*, abzweigte. Schon im Bisherigen auch (s. Anm. 129 u. 133) waren uns Stellen begegnet, in welchen das Wort *„formaliter“* zur Bezeichnung der subjectiv logischen Auffassung diente, und diese letztere kommt nun bezüglich der Individuation noch näher in Betracht. Vorerst nemlich ist die so eben erwähnte *entitas quidditativa* sowohl im Stoffe als auch in der Form und in der Zusammensetzung des Stoffes und der Form (s. ob. Anm. 107) der eigentliche Prioritäts-Standpunkt, zu welchem behufs der Individuation, d. h. der *„entitas ut haec“*, erst noch eine *ultima realitas* hinzutreten muss, und während dann im Individuum jene drei Momente sachlich coincidiren, müssen sie doch logisch als *formaliter distincta* betrachtet werden[147]). Sodann gilt innerhalb der *entitas determinativa* des Individuums das Gleiche auch in Bezug auf die in ihm individualisirten Gattungs- und Art-Begriffe, denn sachlich treffen diese im Einzeln-Dinge zusammen, aber formell sind sie sicher *„non idem“*, so dass in einer Gradabstufung sowohl die Gattung als auch die Art als auch das Individuum je für sich eine eigene *„formalitas“* besitzt, und insbesondere die Formalitas des Individuums einen über die Quiddität hinausgehenden Zusatz in der Häcceität enthält[148]). Auf diese Weise kann dann zwischen einer *identitas formalis* und einer *identitas realis* derartig unterschieden werden, dass in letzterer die erstere durchaus nicht involvirt ist, denn formell identisch ist nur, was ursprünglich und begrifflich ein *„idem“* ist; und jener Unterschied selbst soll wieder nicht so fast durch das positive Wort *„distinctum“*, sondern besser durch den negativen Ausdruck *„formaliter non idem“* ausgesprochen werden[149]). Natürlich liegt hiemit der Höhepunkt der formellen

---

147) Ebend. p. 413: *Entitas quidditativa est naturaliter prior ista entitate, ut est haec ..... Sicut compositum non includit suam entitatem, qua est hoc, inquantum natura, ita nec materia, inquantum natura, includit suam entitatem, qua est haec, nec forma, inquantum natura, includit suam. Ergo ista entitas non est materia vel forma nec compositum, inquantum quodlibet istorum est natura, sed est ultima realitas entis, quod est materia vel forma vel compositum, ita quod quodlibet commune et tamen determinabile adhuc potest distingui, quantumcunque sit una res, in plures realitates formaliter distinctas, quarum haec formaliter non est illa.*

148) *Report. Paris.* II, *Dist.* 12, *Qu.* 8, (Vol. XI) p. 331 B: *Cum singularia sunt differentia, ipsa reducuntur ad prima diversa; illa non sunt nihila, non accidentia, non natura, igitur aliqua entitas determinativa naturae, ut proprietates individuales...... Igitur non necesse est, rem, a qua accipitur differentia specifica, esse aliud re ab illa, a quo est genus acceptum; semper tamen est non idem formaliter. Et ista proprietas individui nunquam est res alia a forma specifica, tamen semper est non idem formaliter...... Dissimile tamen est in hoc, quod formalitas specifica semper est simpliciter perfectior gradu vel formalitate generis; sed non oportet proprietatem individui esse simpliciter perfectiorem formalitate specifica. Secunda dissimilitudo: formalitas specifica contrahit ad esse quidditativum simpliciter perfectum, sed formalitas individui contrahit quidditatem ad aliquid extra quidditatem, quia omnino alterius rationis.*

149) *Sent. Lib.* I, *Dist.* 2, *Qu.* 7, (Vol. V) p. 355 (gelegentlich der Trinitäts-Lehre): *Voco autem identitatem formalem, ubi illud, quod sic dicitur idem, includit illud, cui sic est idem, in ratione sua formali et per consequens per se primo modo . .... Essentia non includit in ratione sua formali proprietatem suppositi nec e con-*

Identität in jener *identitas adaequata,* welche zwischen der Auffassung einer Definition und der Auffassung des Definirten besteht[150]), während im Uebrigen sogar bei dem Unendlichen (— Trinität —) immer noch eine formelle Nicht-Identität möglich bleibt[151]). Sowie aber bezüglich der Frage, ob Etwas *idem* oder *distinctum* sei, die Probe im contradictorischen Urtheile liegt[152]), und überhaupt dabei logische Momente in die grammatischen Formen einwirken, da z. B. *albus* nur materiell identisch mit *color,* hingegen *albedo* formell identisch ist[153]), so weisen andrerseits gerade sämmtliche *formalitates quidditativae* auf das ontologische Gebiet der metaphysischen Grundlagen des Seienden hinüber[154]).

In eben diesem letzteren Momente aber finden wir wieder die Brücke zu demjenigen, was bezüglich der ontologischen Seite der Universalien *in re* uns noch zu besprechen übrig ist, nemlich zur *pluralitas formarum.* In dieser Frage kann Scotus, wie sich erwarten lässt, nicht den Standpunkt eines Gottfried v. Fontaines oder eines Johannes Parisiensis theilen, welch beide die in Einem Wesen enthaltene Vielheit der Formen dem subjectiven Denk-Verfahren zuwiesen (s. ob. Anm. 70 u. 74), sondern er stellt sich grundsätzlich auf die objective Auffassung des Lamarre (Anm. 30) und gelangt bezüglich des Menschen-Wesens zum Dualismus des Goethals (Anm. 50). Dass die Wesen aus einer wesentlichen

---

verso, et ideo potest concedi, quod ante omnem actum intellectus est realitas essentiae, quae ..... formaliter non est illa vel non est eadem formaliter illi. Numquid igitur debet concedi aliqua distinctio? Respondeo: Melius est uti ista negativa „Hoc non est formaliter idem", quam „Hoc est sic et sic distinctum". Sed nonne sequitur: „A et B non sunt idem formaliter, ergo sunt formaliter distincta"? Respondeo, quod non oportet sequi, quia formalitas in antecedente negatur et in consequente affirmatur...... Manifestatur per exempla...... Si ponatur albedo species simplex, est tamen in albedine aliquid realiter, unde habet rationem coloris, et aliquid, unde habet rationem differentiae, et haec realitas formaliter non est illa realitas; imo una est extra realitatem alterius, formaliter loquendo, sicut si essent duae res, licet modo per identitatem istae duae realitates sint una res. Hoc exemplum....., quod identitas realis non necessario concludit identitatem formalem.

150) *Quodlib. Qu.* 1, (Vol. XII) p. 11: *Aliquid est idem essentialiter, ... sive sit idem essentialiter identitate adaequata, sicut in creaturis illud est idem, quod intelligitur per definitionem, ei, quod intelligitur per definitum, sive sit idem tanquam inclusum essentialiter in illo, quomodo illud, quod intelligitur per partem definitionis, posset dici idem ei, quod intelligitur per definitum.* Diess dürfte wohl auf die Lehre von der *Consequentia* zurückweisen, s. Abschn. XVII, Anm. 623.

151) *Sent. Lib.* I, *Dist.* 5, *Qu.* 2, (Vol. V) p. 663: *Perfectio identitatis excludit omnem compositionem et quasicompositionem, quae identitas est propter infinitatem, et tamen infinitas non tollit formaliter rationes, quin haec formaliter non sit illa.*

152) *Sent. Lib.* IV, *Dist.* 49, *Qu.* 2, (Vol. X) p. 338: *Distinctorum in entitate absoluta alterum potest esse absque contradictione sine altero. Quodlib. Qu.* 3, (Vol. XII) p. 82: *Universaliter enim quod convenit alicui sic, quod omnimoda contradictio sit, illud esse sine hoc, hoc est idem realiter illi.*

153) *Qu. de anima,* 21, 12, (Vol. II) p. 567 B: *Licet genus et differentia non sint idem formaliter, quia ratio differentiae non includit rationem formalem generis, tamen sunt idem realiter vel identice; quandocunque enim aliqua sunt idem formaliter, si iungantur sine medio, est nugatio, ut „color albedo", non tamen si sunt idem identice solum, et non formaliter, ut „color albus".*

154) *Sent. Lib.* II, *Dist.* 16, *Qu.* 1, (Vol. VI) p. 772: *Ens continet multas passiones, quae non sunt res aliae ab ipsô ente, ... distinguuntur tamen ab invicem formaliter et quidditative et etiam ab ente, formalitate dico reali et quidditativa; aliter metaphysica non esset scientia realis.* Vgl. ob. Anm. 98.

Mehrheit zusammengesetzt sind, steht ihm von vorneherein fest, und nur wenn man sich an den Wortausdruck anklammern wolle, gestehe er zu, dass die letzte abschliessend hinzukommende Form des Zusammengesetzten, wodurch es ist, was es ist, allerdings Eine sei, aber eben hiemit sei die Vielheit der hiedurch verbundenen Formen nicht verneint[155]). Eine zeitliche Stufenfolge aber der verschiedenen Formen, deren die je frühere auf die je spätere mitwirke, verhindere es, dass das zusammengesetzte Wesen etwa bloss ein Aggregat wäre[156]); und selbst bei der Annahme einer gleichzeitigen Wirkung bestehe eine natürliche Rangfolge der Formen, welche bei Substanzen zu grösserer Vollkommenheit und bei Accidentien abwärts zur allmäligen Unvollkommenheit führe[157]). So sei auch beim Menschen-Wesen in der Form der „Mischung" die ganze Vielheit vorausgehender Formen enthalten, und es trete hiezu als zweite Hauptform das Intellectuelle hinzu[158]). Abgesehen aber von der fortschreitenden wirksamen Kraft der Wesens-Bildung könne allerdings eine Vielheit von Formen als eine gleichzeitig existirende nur z. B. in den Körpertheilen bestehen, deren jeder seine eigene Wesensform hat, hingegen für das Zustandekommen des schliesslich einheitlichen Wesens wirke eben eine Gradabstufung (*gradus*) mehrerer Formen[159]); und insoweit beim Ent-

---

155) *Sent. Lib.* IV, *Dist.* 11, *Qu.* 3, (Vol. VIII) p. 649: *Esse totius compositi includit esse omnium partium et includit multa esse partialia multarum partium vel formarum, sicut totum ens ex multis formis includit illas actualitates partiales. Si tamen omnino fiat vis in verbo, concedo, quod formale esse totius compositi est principaliter per unam formam, et illa forma est, qua totum compositum est hoc ens; ista autem est ultima adveniens omnibus praecedentibus. Et hoc modo totum compositum dividitur in duas partes essentiales, in actum proprium, sc. ultimam formam, qua est illud, quod est, et in propriam potentiam illius actus, quae includit materiam primam cum omnibus formis praecedentibus. Et isto modo concedo, quod esse illud totale est completive ab una forma, quae dat toti illud, quod est; sed ex hoc non sequitur, quod in toto includatur praecise una forma, vel quin in toto includantur plures formae ......* p. 653: *Frustra enim poneretur corporeitas alia ab intellectiva, si ipsa includat vegetativam et sensitivam et sensitiva et vegetativa includant corporeitatem; sed secundum aliam viam est facilis responsio; hic enim est necessitas ponendi plura ......* p. 654: *Licet intellectiva non habeat propriam repugnantiam ad aliquam formam naturalem, tamen informando materiam requirit qualitates aliquas; .... illae autem sunt qualitates consequentes formam priorem.*

156) *Theorem.* 21, (Vol. III) p. 319 A: *Forma prior adveniens posteriori dat perfectionem non tantum sibi propriam, sed etiam posteriori propriam; aliter non fieret unum ex materia et forma, nisi aggregatione.* Ebend. 22, p. 327 A: *Si formae sunt plures in esse perfecto, et actiones; quia forma est principium sufficiens actionis.*

157) *Sent.* a. a. O. p. 645: *Plures sunt mutationes partiales terminatae ad plures formas partiales praecedentes vel ordine durationis, si ponatur una forma prius tempore induci quam alia, vel ordine naturae, si ponamus omnes illas simul tempore induci ....* p. 648: *Quamdiu proceditur in substantialibus, semper posterior est perfectior prioribus; quando autem venitur ad accidentales, sequens est imperfectior ultima praecedente.*

158) Ebend. p. 640: *Forma mistionis continet virtualiter omnes formas, quae possunt esse seorsim in aliis formis corporis. Ideo autem intellectiva non continet istam formam mistionis, ...forma autem mistionis continet omnes alias extensas vel extensibiles; et ideo illae duae sufficiunt in homine.*

159) *Qu. de anima*, 15, 12, (Vol. II) p. 533 A: *Secundum diversos gradus in formis plures formae possunt unam materiam iam informare per hoc, quod forma praecedens tenet se ex parte materiae, et hoc terminat potentialitatem eius disponendo*

stehungs-Processe eines Wesens zwei Formen in ihrem Zusammentreffen eine neue dritte bewirken, sei diese letztere eben hiedurch eine intensivere (*intensior*), als die vorausgehenden, während bei denjenigen Formen, welche nicht zum Vorgange der Wesensbildung selbst gehören (z. B. den Formen der Körpertheile) sehr wohl mehrere Formen gleicher Art nebeneinander bestehen können [160]). — Uebrigens bot Scotus, indem er auf physikalischem Gebiete diese Gradualität der Formen, d. h. die Steigerung und das Nachlassen derselben, näher erörterte [161]), auch hierin die Veranlassung dazu dar, dass bald von verschiedenen Seiten mehrere Schriften „*De intensione et remissione formarum*" verfasst wurden.

Mag somit dasjenige seine Erledigung gefunden haben, was bei Scotus die Auffassung der Universalien und die Entscheidung der mit denselben zusammenhängenden Controversen betrifft, so bleibt uns nun noch übrig, ihn auch durch die einzelnen Theile der Logik hindurch zu begleiten. Hiebei aber wird sich uns als seine wichtigste Eigenthümlichkeit zeigen, dass er häufig und in reichem Maasse die Lehren der byzantinischen Logik einflicht, für deren allmälige Fortbildung er uns ohnediess schon oben (vor. Abschn., Anm. 586 ff.) als geschichtlicher Zeuge gedient hatte; und während es allerdings auch möglich wäre, die sämmtlichen byzantinischen Gruppen des Scotus abgesondert für sich darzustellen, will ich dieselben doch lieber, um einen sachgemässeren Eindruck hervorzubringen, einzeln dort einreihen, wo sie Scotus selbst gleichsam als Ergänzungen betrachtet zu haben scheint (in ähnlicher Weise musste ich ja bereits oben an zwei Stellen, Anm. 88 u. 109, verfahren).

Im Commentare zur Isagoge benützt Scotus das von Albert aufgespeicherte Material und erörtert so die Fünfzahl der Universalien [162]), die verschiedenen Definitionen des *genus* [163]), wobei er daran festhält, dass die Gattung nicht Stoff ist [164]), die Definitionen der *species* [165]) und der *differentia* unter Beiziehung der arabischen Unterscheidung zwischen

---

ipsam ad formam sequentem, sicut e converso una forma potest plures materias informare per hoc, quod altera se tenet ex parte formae. Qu. in Phys. I, 24, 4, (Vol. II) p. 97 B: *Quod impossibile est, simul plures formas substantiales esse in eodem subiecto, est verum, nisi secundum diversas portiones materiae, in quibus sunt diversae partes formae, et ex quibus constituitur una forma; secundo istud est verum de formis eductis de potentia materiae.*

160) *Qu. in metaph.* V, 7, (Vol. IV) p. 618 B: *Quaecunque formae eiusdem speciei in eodem faciunt unum, illud unum tertium est intensius utroque; si tunc duae species sint simul in medio et faciunt unum, causabunt speciem unam intensiorem ......* p. 619 B: *Omnes formae habentes differentiam in eodem subiecto, si inducantur per motum, necessario differunt specie; tamen de aliis non inductis per motum non est necessarium, imo possibile est, quod duae tales eiusdem speciei sint in eodem subiecto.* Ebend. VII, 20, p. 733 B, wo jedoch nur die Mehrheit der Theile eines lebenden Wesens gemeint ist, deren jeder seine ihm eigenthümliche Wesensform haben muss.

161) *Qu. in phys.* III, 4, 14, (Vol. II) p. 180 B.

162) *Qu. sup. Porph.* 12, p. 95 f. Vgl. Abschn. XVII, Anm. 400. u. Abschn. XVI, Anm. 107.

163) Ebend. 15, p. 98 f. u. 17, p. 103. Vgl. Abschn. XVII, Anm. 401. und Abschn. XVI, Anm. 109.

164) Ebd. 16, p. 100. Vgl. Abschn. XVII, Anm. 422.

165) Ebd. 20 f., p. 106 ff. Vgl. Abschn. XVII, Anm. 411. u. Abschn. XVI, Anm. 121.

substantiale und *essentiale*[166]) und Fixirung der richtigen Wortform[167]), sodann noch *proprium* und *accidens* im Anschlusse an Avicenna (jedoch ohne ihn zu nennen) polemisch gegen Porphyrius[168]); was aber bei Albert über die *Tabula logica* und das wechselseitige Verhältniss der fünf Universalien sich findet[169]), ist hier nicht berücksichtigt.

Bei Erörterung der Kategorien verwirft Scotus Albert's Auffassung des Begriffes „*praedicabile*"[170]), bespricht aber im Anschlusse an Albert das „*ens*" äusserst ausführlich[171]), desgleichen die sog. Anteprädicamente[172]) und die *regula de quocunque*[173]); die Begründung der Zehnzahl der Kategorien weist er der Metaphysik zu[174]) und lässt in der weitschweifigen Detail-Erklärung auf die Substanz die Quantität, dann die Relation und erst hierauf die Qualität folgen[175]). Als ein Verdienst muss hervorgehoben werden, dass er im Vergleiche mit Albert verständig genug ist, behufs einer Ergänzung der Kategorien das stümperhafte Machwerk des Gilbertus Porretanus zu verschmähen[176]).

In der Lehre vom Urtheile nimmt Scotus von vorneherein in Shyreswood's Weise den byzantinischen Begriff der Syncategoreumata auf, welche nicht, wie das Subject und das Prädicat, auf ein von ihnen bezeichnetes und ihnen entsprechendes Ding hinweisen, sondern nur den Sinn der Auffassung modificiren[177]) und daher auch nie als selbstständige Redetheile auftreten[178]); denn wenn sie beim Prädicate stehen, sind sie nur ein Theil desselben, ohne es in seinem Verhältnisse zum Subjecte zu determiniren, und wenn sie beim Subjecte stehen, bestimmen sie dasselbe

166) Ebd. 23—27, p. 109—114. Vgl. Abschn. XVII, Anm. 418 ff. u. Abschn. XVI, Anm. 94, 135 ff., 158.

167) Ebd. 29, p. 114 f. Vgl. Abschn. XVI, Anm. 150 (das übliche Beispiel ist auch hier „*rationale*").

168) Ebd. 30 ff., p. 116 ff. Vgl. Abschn. XVII, Anm. 425 ff. u. Abschn. XVI, Anm. 152 ff.

169) S. Abschn. XVII, Anm. 414 u. 427.

170) *Qu. sup. Praedicam.* 2, p. 126; s. Abschn. XVII, Anm. 429.

171) Ebend. 4, p. 128 ff. *Qu. sup. Elench.* 15, p. 237 A: *Quod quaedam res ad invicem habent habitudinem, ideo dicit primus philosophus* (d. h. der Metaphysiker), *quod „ens" dicitur de substantia et accidentibus analogice; sed quia logicus considerat res, ut sub ratione cadunt, ideo dicit, quod „ens" aequivoce dicitur de substantia et accidente.* Vgl. ebd. Anm. 415. u. Abschn. XVI, Anm. 32.

172) *Qu. sup. Praed.* 5—8, p. 131 - 137.

173) Ebd. 9, p. 138.

174) Ebd. 11, p. 142 B. Doch findet sich eine solche metaphysische Erörterung bei ihm nicht.

175) Ebd. 12—30. Die gleiche Reihenfolge trafen wir auch bei Vincenz v. Beauvais, Abschn. XVII, Anm. 309.

176) Vgl. Abschn. XVII, Anm. 439 f.

177) *Qu. sup. An. pr.* I, 8, p. 284 B: *In propositione inveniuntur duplices termini: quidam, qui sunt ut subiectum et praedicatum, et sunt termini categorematici; alii sunt termini syncategorematici, ut signa universalia, particularia, copula universalis, coniunctiones et huiusmodi, et istis terminis non correspondet aliquod significatum aliud a significatis terminorum categorematicorum, sed per ipsos intellectus aliter intelligit et apprehendit eandem rem.* (Auch Shyreswood hatte ja die Copula „*est*" zu den Syncategoreumata gerechnet, s. Abschn. XVII, Anm. 78.)

178) *Op. II sup. Periherm., Prooem.* p. 212: *Nomina et verba sunt magis partes interpretationis, quam interpretationes, et dictiones syncategorematicae non habent rationem interpretationis, quia non sunt dictiones per se significantes.*

nur im Vergleiche zum Prädicate, ohne selbst ein Theil des Subjectes zu sein [179]), d. h. sie heben dann nur die Unentschiedenheit des Subjectsbegriffes auf, um ihn in ein bestimmtes Verhältniss der Supposition zu bringen [180]). Hingegen ebendarum verbleibt dem Verbum als solchem seine sachliche Geltung, indem es nicht, wie die Syncategoreumata, eine blosse Modalität, sondern einen Thatbestand ausdrückt, neben welchem die satzbildende Function als zweites hergeht [181]).

Diese grundsätzliche Bezugnahme auf byzantinischen Stoff tritt bei Scotus nun überall hervor, wo Gelegenheit dazu ist. In Bezug auf die Quantität der Urtheile polemisirt er ausdrücklich gegen eine Erörterung, welche über das Wort *„omnis"* sich bei Petrus Hispanus findet, da bei dem Zeichen der Universalität es genüge, die Function aufzufassen, welche es für die Supposition überhaupt ausübe [182]). Dann auch fasst er die Frage als eine ganz allgemeine auf, ob die quantitativen Momente für sämmtliche Arten der Urtheile Geltung haben, und hiebei führt er aus dem *„Auctor Summularum"* (d. h. aus Petrus Hispanus) eine Menge von Beispielen an, denkt auch an die hypothetischen, exclusiven, exceptiven Urtheile, und erwähnt gelegentlich die Worte *„continue, ab aeterno, omnino"*, auch *„ceteri, singuli"*, neben vielen anderen längst traditionellen Syncategoreumata [183]). Und während betreffs der Qualität etwa

---

179) *Qu. in Praedicam.* 12, p. 144 B: *Omne syncategorematicum in praedicato est pars praedicati; ... aliter ex veris sequeretur falsum sic „Nullus homo est omnis homo"* (s. bei Petrus Hispanus, Abschn. XVII, Anm. 246)...... p. 145 A: *Syncategorematicum additum praedicato non determinat ipsum in comparatione ad subiectum, ...et ita est syncategorematicum respectu partis praedicati, sed non respectu praedicati, quia ipsum est alia pars praedicati. Sed syncategorematicum additum subiecto non est pars subiecti, quia determinat illud, cui additur, in comparatione ad praedicatum.* Somit steht Scotus auch hierin auf dem Eintheilungs-Motive des Shyreswood (s. ebend. Anm. 66 f. u. 80), nicht aber auf dem engeren Begriffe des Syncategoreuma, wie er bei Petrus Hispanus (Abschn. XVII, Anm. 256) erscheint; und auch die Späteren folgen dem Scotus.

180) Ebend. p. 144 A: *„Homo" de se indifferens est ad multas acceptiones, sc. pro voce, pro intentione, pro suppositis; signa vero, ut „omnis, aliquis", sibi addita indifferentiam ad intentiones et ad voces tollunt et determinant ipsum ad acceptionem tantum pro suppositis.*

181) *Op. II sup. Periherm.* 4, p. 217 B: *Verbum non tantum est unio sive modus uniendi extrema, sed et est res quaedam unita, cui apponitur praedicatum; quia in verbo sunt duo, sc. compositio et res.*

182) *Qu. sup. An. pr.* I, 7, p. 282 B: *Signum universale non requirit aliquem certum numerum suppositorum termini communis, cui additur, sicut aliqui dicunt* (s. Abschn. XVII, Anm. 241), *quod hoc signum „omnis" ad minus requirit tria supposita; quia signum universale affirmativum non denotat aliud, quam praedicatum dici de omni supposito subiecti, non connotando multitudinem vel paucitatem suppositorum.*

183) Ebend. 4, p. 278 A: *An omnis propositio sit universalis, particularis, indefinita, vel singularis. Arguitur, quod non, de istis propositionibus „Omnis homo est totum in quantitate"* (s. bei Petrus Hispanus, Abschn. XVII, Anm. 208), *„Omnis homo est terminus communis signo universali determinatus"* (ebd. Anm. 202), ...*de quibus non videtur, quod sint universales, quia tunc essent falsae, et tamen ponit ipsas auctor Summularum...... Ista „Omnis Phoenix est"* (ebd. Anm. 242) *non est universalis, quia subiectum non distribuitur pro pluribus, et tamen hoc signum „omnis" ad minus requirit tria supposita* (ebd. Anm. 241)..... *Dubitatur de propositionibus hypotheticis, quantae sint ...... Tria quaesita „Quae, Qualis, Quanta"* (ebd. Anm. 153) *non solum quaerunt de categorica, immo tam de categorica quam*

erwähnt werden mag, dass im Anschlusse an arabische Lehre bei Urtheilen jeder Art das Hauptgewicht auf die Stellung der Negation gelegt wird[184]), und daher die Zusammensetzung des Verbums mit einer Negation das Urtheil zu einem negativen macht[185]), so ist es hinwiederum die Modalität, welche Anknüpfungen an Byzantinisches darbietet. Scotus nemlich zieht das ganze Gebiet der *Exponibilia* bei und betrachtet (wie auch schon Andere gethan hatten, s. Abschn. XVII, Anm. 604) als versteckt hypothetische Urtheile alle Exclusiv-, Copulativ-, Reduplicativ-Sätze und auch diejenigen Sätze, welche auf *incipit* und *desinit* oder auf den jüngeren Syncategoreumata *generari, corrumpi* beruhen[186]), sowie er gleichfalls aus den späteren Erweiterungen jener Logik bei den Worten *„scio, cognosco, ignoro"* u. dgl. die Unterscheidung eines *sensus compositus* und eines *sensus divisus* aufnimmt[187]), während die Berücksichtigung der Relativa auf die ältere Formation zurückweist[188]). Auch benützt er

---

hypothetica, ut patet in Summulis......; propositiones hypotheticae sunt quantae secundum quantitatem categoricarum, ex quibus componuntur, ... ut ista „Si omnis homo currit, omnis homo movetur" (hier jedoch täuscht den Scotus sein Gedachtniss, denn in den *„Summulae"* findet sich Solches nirgends, wohl hingegen bei Algazeli, s. Abschn. XVI, Anm. 261)...... *Dubitatur de propositionibus exclusivis, exceptivis et huiusmodi, ... ut ista „Tantum animal est homo" aequipollet isti copulativae „Animal est homo, et nihil ab animali est homo"* (s. Petr. Hispanus, Abschn. XVII, Anm. 260)...... *Dubitatur de ista „Omnes apostoli sunt duodecim"* (ebd. Anm. 240), *quod hoc signum „omnis" tenetur collective...... Dubitatur de ista „Totus Socrates est minor Socrate"* (ebd. Anm. 252), *et dicitur, quod est universalis capiendo hoc signum „totus" distributive* (ebd. Anm. 267)...... *Dubitatur de propositionibus, in quibus ponitur aliquis istorum terminorum „continue* (vgl. ebend. Anm. 597), *ab aeterno, omnino" et huiusmodi* (abermals eine Vermehrung der Syncategoreumata)...... *Dubitatur de ista „Infinita puncta sunt in continuo"; respondetur, quod accipiendo hoc signum „infinita" syncategorematice tunc ipsa est universalis affirmativa* (s. ebend. Anm. 264)..... *Dubitatur de propositionibus, in quibus ponuntur relativa diversitatis, ut ista nomina „ceteri, singuli" et huiusmodi* (ebd. Anm. 217, woselbst jedoch ausser *„alius"* kein anderes Beispiel erwähnt ist).

184) Ebend. I, 3, p. 277 A: *Propositio categorica, in qua ponitur terminus infinitus sive a parte subiecti sive a parte praedicati, est affirmativa, dum tamen copulam non praecedat negatio aliqua...... Propositiones hypotheticae non sunt affirmativae vel negativae ratione categoricarum, ex quibus componuntur, sed ratione coniunctionis.* S. bei Algazeli, Abschn. XVI, Anm. 260.

185) *Qu. sup. Periherm.* II, 1, p. 204 B: *Verbum infinitum in oratione positum non differt a verbo pure negativo......* (p. 205 A) *Negatio non tantum refertur ad rem verbi, sed ad compositionem; ideo ubi ponitur verbum infinitum in oratione, illa est propositio negativa simpliciter.*

186) *Qu. sup. An. pr.* I, 3, p. 276 B: *Quaedam est propositio mere categorica et aliqua hypothetica et aliqua, quae non est hypothetica per coniunctionem expressam, aequipollet tamen hypotheticae, ut propositio exclusiva* (s. Abschn. XVII, Anm. 76 f. u. 260), *copulativa* (ebd. Anm. 86 u. 589), *reduplicativa* (ebd. Anm. 262) *et propositiones, in quibus ponuntur ista verba „incipit, desinit* (ebd. Anm. 81 u. 263), *generari, corrumpi" vel consimilia* (ebd. Anm. 600)....... p. 277 B: *Propositiones, in quibus ponuntur huiusmodi dictiones, possunt dici affirmative vel negative cum additione.*

187) *Qu. in phys.* III, 1, 3, (Vol. II) p. 170 A: *Ista verba „scio, cognosco, ignoro" faciunt propositionem in sensu composito, sc. quando praecedunt vel sequuntur totam propositionem, sed in sensu diviso, quando ponuntur inter partes propositionis.* S. ebend. Anm. 585 f. u. 598.

188) *Qu. sup. Periherm.* II, 10, p. 208 A: *Relativum substantiae refert idem cum suo antecedente, „qui" vero est relativum substantiae* etc. s. ebend. Anm. 213.

hiebei erklärlicher Weise die *ampliatio*[189]) und greift mit der *copulatio* bis zu Shyreswood zurück[190]). Und diese letzteren Momente verwerthet er auch bei Erörterung eines aristotelischen Beispieles, welches schon im früheren Mittelalter die Erklärer beschäftigt hatte („*Homerus est poeta*", s. Abschn. XIV, Anm. 211), indem die Tragweite eines im Präsens stehenden Verbums durch die *distributio*[191]) und beziehungsweise auch durch die *restrictio* bedingt ist[192]). Auch modificirt er jene von Späteren (s. Abschn. XVII, Anm. 595) über die Umsetzung modaler Urtheile in Urtheile des Stattfindens aufgestellten Regeln in spitzfindigster Weise, je nachdem in dem ursprünglichen Urtheile ein Pluralis oder eine copulative Conjunction oder ein Zahlwort oder ein Syncategoreuma enthalten ist[193]).

Was die Lehre vom Schlusse betrifft, so begegnen wir sofort einer Berücksichtigung des Begriffes der *consequentia* (s. ebend. Anm. 610 ff.), indem Scotus Denjenigen gegenüber, welche bei der aristotelischen Definition des Syllogismus an die *Exponibilia* dachten, auf den Unterschied hinweist, welcher zwischen Syllogismus und *consequentia*

---

189) *Qu. sup. Anal. pr.* I, 12, p. 291 A: *Propositionum de inesse quaedam sunt, in quibus ponitur aliquis terminus ampliativus* (ebd. Anm. 225 f. u. 598) *subiecti vel praedicati ad supponendum ..... pro suppositis possibilibus praeteriti vel futuri aut cuiuslibet temporis indifferenter; aliquae sunt, in quibus non ponitur huiusmodi terminus.*

190) *Op. II sup. Periherm.* 6, p. 218 A: *Utrum verbum de praesenti copulet „nunc", quod instat, vel indifferenter quodlibet praesens...... „Hic homo est homo" copulat pro isto nunc, et cras cum dico „homo est", copulabit pro isto nunc, quod est tunc, sub ratione praesentialitatis et non pro hoc singulari nunc. Unde sic copulat verbum de praesenti pro quolibet praesenti, quousque habeat rationem praesentis, et non pro instanti significato.* S. bei Shyreswood, Abschn. XVII, Anm. 63, vgl. ebend. Anm. 127.

191) *Qu. sup. Periherm.* I, 9, p. 196 B: *Utrum terminus communis suppositus verbo de praesenti supponat tantum pro praesentibus.* 10, p. 197 B: *Utrum in propositione de praeterito stet subiectum tantum pro illis, quae fuerunt, et de futuro tantum pro illis, qui erunt.* Vgl. ebend. Anm. 470. Auch gebraucht Scotus in all diesen Capiteln (*qu.* 6 ff.) häufig das Beispiel „*Antichristus*", vgl. ebend. Anm. 224. 11, p. 198 A: *Terminus communis in quacunque propositione ..... supponit pro quibuscunque suppositis sive existentibus sive non existentibus ...... Terminus pro omnibus distribuitur in quacunque propositione, in qua absolute sumitur.* Vgl. ebend. Anm. 238 ff.

192) Ebend. 13, p. 202 A: *Utrum terminus communis possit restringi ......* (B) *Terminus supponens verbo de praesenti restringitur, et causa restrictionis est actualis inhaerentia praedicati ad subiectum ......* p. 203 B: *Sed cum per propositionem de praesenti non plus significatur, nisi extremum inesse extremo, potest dubitari, per quid significetur actualis inhaerentia, quae est causa restrictionis* (die Lösung aber dieses Zweifels fehlt). S. ebend. Anm. 230 ff.

193) *Qu. in phys.* VI, 2, 6, (Vol. II) p. 356 B: *Istae regulae sunt modificandae. Primo si alterum extremum sit pluralis numeri, non oportet, quod illa propositio ponatur in esse per unam de praesenti ...... Secundo si alterum extremum sit copulatum, non oportet, quod per unam propositionem ponatur in esse, sed per plures ..... Tertio quando ab uno extremo propositionis ponitur terminus numeralis, tunc illa ponenda est in esse per plures propositiones ..... Quarto quando a parte praedicati propositionis ponitur syncategorema vel aliquod includens syncategorema, tunc non oportet, quando illa propositio ponitur in esse, quod illud syncategorema maneat sub propria forma a parte praedicati ...... Istis quatuor conditionibus observatis illae regulae sunt universaliter concedendae.*

bestehe, indem zur letzteren auch schon die Umkehrung, die Aequipollenz, das Enthymema u. dgl. (s. ebend. Anm. 611 u. 616) gehöre, wobei nur aus Einem Satze ein anderer gefolgert werde[194]). Doch hängt eben damit wieder die äusserst ausführliche Erörterung über die Umkehrung der Urtheile zusammen, indem dabei die *consequentia* in ihrer engeren Bedeutung mitspielt und überhaupt trotz allem Anschlusse an Aristoteles, bei welchem natürlich die Lehre von der Umkehrung nur im Dienste der Syllogistik steht, doch jener Standpunkt durchblickt, nach welchem die Umkehrung eine niedrere Stufe des Syllogismus selbst sein soll (s. ebend. Anm. 616). Scotus zeigt bei dieser Gelegenheit die ganze Schärfe seines logischen Denkens, und wenn wir auch für den byzantinischen Wust grammatischer Dinge uns wahrlich nicht erwärmen können und gerne zugestehen, dass Scotus da, wo gebotene Gelegenheit gewesen wäre[195]), die principiellen Schwierigkeiten des aristotelischen Buches *De interpr.* ebensowenig als Albert (ebd. Anm. 455) gründlich gelöst habe, so trifft er doch bezüglich der Umkehrung der Urtheile vielfach das Richtige, indem er auf Fälle hinweist, in welchen die bloss den Umfang der Begriffe berücksichtigende traditionelle Lehre nicht zureicht.

So weist er an der Hand byzantinischer Logik betreffs des allgemein bejahenden Urtheiles nicht bloss darauf hin, dass die übliche Regel der Umkehrung desselben für das exceptive, exclusive und reduplicative Urtheil (s. Abschn. XVII, Anm. 260 ff.) nicht gelten könne, sondern hebt auch ausdrücklich hervor, dass ein allgemein bejahendes Urtheil, dessen Prädicat ein nicht vereinzelter Gemeinbegriff ist, rein umgekehrt werden kann, wenn Subjects- und Prädicats-Begriff vertauschbar sind, wenn ein Unterbegriff von einem Oberbegriffe ausgesagt wird, und wenn (nach den Regeln der *consequentia*) der Vordersatz eine Unmöglichkeit enthält[196]).

---

194) *Qu. sup. An. pr.* I, 5, p. 280 A: *Illa definitio* (d. h. des Syllogismus bei Aristoteles) ..... *competit consequentiae, in qua arguitur ab exponibilibus ad expositam, ut dicendo „animal est homo, et nihil aliud ab animali est homo; igitur tantum animal est homo“* (s. Abschn. XVII, Anm. 260). Und die Lösung dieses Einwandes lautet p. 280 B: *Ponuntur ista „in qua quibusdam positis“* (d. h. eben diese in der aristotelischen Definition des Syllogismus vorkommenden Worte) *ad differentiam consequentiae, in qua ex una propositione infertur alia, cuiusmodi est conversio, aequipollentia, enthymema et huiusmodi, quarum aliquae sunt consequentiae formales et aliquae materiales.*

195) *Qu. sup. Periherm.* II, 3 ff., p. 205 ff.

196) *Qu. sup. An. pr.* I, 14, p. 293 B: *Propositio exclusiva est universalis affirmativa, et tamen convertitur simpliciter in universalem affirmativam..... Propositio exceptiva est universalis affirmativa...., et tamen non convertitur in particularem affirmativam. Propositio reduplicativa est universalis affirmativa....., et tamen non convertitur in particularem affirmativam.* Hierauf werden ausführlichst sämmtliche Fälle unterschieden, je nachdem im allgemein bejahenden Urtheile das Prädicat ein *terminus discretus* (s. Abschn. XVII, Anm. 624) oder *communis* und in letzterem Falle entweder *non distributus* oder *distributus* ist (s. ebend. Anm. 238 ff.), welch letzteres wieder entweder *affirmative* oder *negative* eintreten kann. Und da wird z. B. betreffs der gewöhnlichen aristotelischen Urtheilsform bemerkt (p. 294 A): *Universalis affirmativa, cuius praedicatum est terminus communis non distributus....., in tribus casibus potest converti simpliciter gratia materiae: Quando antecedens est impossibile, et ideo sequitur „Omnis homo est asinus, igitur omnis asinus est homo“, quia ad impossibile sequitur quodlibet* (s. ebend. Anm. 621 ff.)...... *Quando subiectum et praedicatum sunt termini convertibiles* (es ist diess vollständig richtig,

Auch beim allgemein verneinenden Urtheile fällt ihm für die Umkehrung das Hauptgewicht auf die *distributio*, denn wenn dieselbe durch die Satzform ausgeschlossen ist, lässt sich das Urtheil nur particular umkehren, und wenn sie negativ auftritt, muss die Umkehrung mittelst eines Relativsatzes vorgenommen werden [197]). Desgleichen wird das particular bejahende Urtheil, falls sein Prädicat eine Distribution zulässt, in ein allgemein bejahendes umgekehrt werden müssen; wenn aber das Prädicat ein *terminus discretus* ist, tritt auch hier das Mittel eines Relativsatzes ein [198]). Und auch die Frage über das particular verneinende Urtheil (dieselbe blieb bekanntlichst noch später ein Gegenstand verschiedener Ansichten) erledigt er in gleicher Weise, indem ihm die Umkehrung desselben in ein particular verneinendes Urtheil jedenfalls statthaft erscheint, insoferne nur im umgekehrten Urtheile die Distribution ausgeschlossen bleibt (d. h. die Negation dem Prädicate vorangeht); denn nach *consequentia formalis* muss die im ursprünglichen Urtheile stattfindende Distribution bei der Umkehrung wegfallen, während nach *consequentia materialis* sie in jenen nemlichen Fällen möglich bleibt, in welchen das allgemein bejahende Urtheil rein umgekehrt werden kann [199]). Aber

---

man denke nur an Urtheile, wie z. B. „Alle Körper sind schwer" oder „Alle Wirbelthiere haben Blutgefasse" u. dgl.) ..... *Quando inferius praedicatur de suo superiori ..... „Omne animal est homo, igitur omnis homo est animal".* Sodann noch: *Omnis universalis affirmativa, cuius subiectum est terminus communis distributus, convertitur gratia formae in particularem affirmativam ...... Omnis propositio universalis affirmativa de terminis rectis infert exclusivam de terminis transpositis.*

197) Ebend. 12, p. 291 B: *Duplex est universalis negativa; quaedam cuius praedicatum distribuitur, ut „nullus homo est asinus"; aliqua, in qua praedicatum non distribuitur, ut „omnis homo animal non est"...... Omnis propositio universalis negativa, cuius praedicatum distribuitur, potest converti simpliciter....... Universalis negativa, cuius praedicatum non distribuitur, non potest converti simpliciter, ... ut ista „Omnis phoenix animal non est" convertenda est in istam „Quoddam animal non est phoenix"....... Omne signum positum a parte subiecti in conversa debet manere a parte praedicati in convertente, sc. quando subiectum est terminus communis restrictus, ...: ut „Nullus homo est mulier", igitur „Nulla mulier est nullus homo"....... Oportet mutare signum secundum declinationem grammaticalem, ut ..... „Nullus homo est capra", ... „Nulla capra est aliquis homo"......* (p. 292 A) *Quando praedicatum distribuitur negative, ut ista „Nullus homo est nullum animal" convertitur in istam „Nihil, quod est nullum animal, est homo".*

198) Ebend. 13, p. 292 B: *Duplex invenitur propositio particularis affirmativa; quaedam, cuius praedicatum est terminus discretus, ut „Quidam homo est Socrates", et talis sine aliquo addito non potest converti simpliciter, sed per accidens in singularem; ..... si addantur istae dictiones „quod est", bene convertitur simpliciter .... „Aliquid, quod est Socrates, est homo"...... Alia est propositio particularis, cuius praedicatum distribuitur, ut „Quaedam luna est omnis luna", et infert quandam universalem de terminis transpositis, ut istam „Igitur omnis luna est luna".*

199) Ebend. 15, p. 295 B: *Quaedam est particularis negativa, cuius praedicatum est distributum, sc. quando praedicatum sequitur negationem, ut „Quidam homo non est asinus"; alia est, cuius praedicatum non distribuitur eo quod praecedit negationem, ut „Quidam homo animal non est"...... Omnis particularis negativa, sive sit de praedicato distributo sive non distributo, convertitur in particularem negativam, cuius praedicatum non est distributum......* (p. 296 A) *Nulla propositio particularis negativa de praedicato distributo convertitur in particularem negativam de praedicato distributo gratia formae..... Et dico notabiliter „consequentia formali", quia in aliquibus terminis sequitur gratia materiae ..... Quando uterque terminus est convertibilis ...... Quando superius negatur de inferiori .... Quando antecedens est impossibile ..... Quando consequens est necessarium.* S. Abschn. XVII, Anm. 623.

höchst unnütz verschwendet ist der Scharfsinn, wenn Scotus sich auch um die Umkehrung von Urtheilen bemüht, in welchen ein sog. *Casus obliquus* vorkommt, und hiefür sogar Regeln aufstellt[200]). Was endlich die Umkehrung der modalen Urtheile betrifft, macht es sich Scotus mit der aristotelischen Lehre ziemlich leicht, indem er die Schwierigkeiten dadurch beseitigen zu können glaubt, dass Aristoteles die Modalität eben nur nach dem sog. *sensus divisus* (s. Abschn. XVII, Anm. 585) verstanden wissen wolle[201]).

In jenem Abschnitte der ersten Analytik, welcher den Syllogismen selbst und ihren Formen gewidmet ist, begegnen wir dem gleichen Einflusse byzantinischer Logik. Um nemlich eine anderweitige Stelle nur der Vollständigkeit willen zu erwähnen, woselbst Scotus auch die logischen Censuren Kilwardby's in der Frage über Stoff und Form des Syllogismus berücksichtigt[202]), sehen wir, wie er die Giltigkeit der Regel, dass aus bloss negativen Prämissen ein Schlusssatz nicht erreicht werden könne, mit Gründen bestreitet, welche der Lehre von der *consequentia* entnommen sind, da nach *consequentia formalis* aus einem negativen Satze nicht bloss stets ein hypothetisches Urtheil, sondern auch jedenfalls irgend Etwas durch Umkehrung, Aequipollenz und Subalternation gefolgert werden könne[203]). Dass er im Commentare überall häufig sich der seit Shyreswood auftretenden Kunstworte (*Barbara, Celarent* u. s. f., s. Abschn. XVII, Anm. 52) bedient, hat für uns durchaus Nichts auffallendes, aber er ist hierin unter den Erklärern des Organons der Erste[204]). Bei der

---

200) Ebend. 18, p. 300 A: *Propositiones, in quibus termini obliqui sunt subiecta, exsolvendae sunt in quasdam alias de subiecto recto per istud pronomen „quod“, ... v. g. „Hominis asinus currit“ resolvenda est in istam „Homo est, cuius asinus currit“...... Sunt aliquae regulae in conversionibus propositionum de obliquo observandae, ... v. g. „Cuiuslibet contradictionis altera pars est vera“ primo resolvenda est in istam „Quaelibet contradictio est aliquid, cuius altera pars est vera“ et tunc convertenda est in istam „Aliquid, cuius altera pars est vera, est contradictio“...... „Asinus est hominis“ convertitur in istam „Ens hominis est asinus“.*

201) Ebend. 26, p. 310 B: *Aristoteles .... dicit, quod propositiones modales similiter convertuntur illis de inesse* (s. hingegen Abschn. IV, Anm. 545 ff.), *et intelligit de illis in sensu diviso.* Ebend. 28, p. 316 B: *Aristoteles non intelligit de modalibus propositionibus in sensu composito, quia sic pauca eius dicta essent vera.*

202) *Qu. sup. Elench.* 4, p. 226 B: *Utrum syllogismus ..... peccans in materia sit syllogismus* (s. ob. Anm. 21, woselbst Nro. 2) ...... (p. 227 A) *Syllogismus sic se habet, ... sicut circulus nullam materiam sibi determinat, unde in quacunque materia reperiatur sive forti sive debili, dummodo forma circuli ibi salvetur, circulus dicitur; similiter syllogismus.*

203) *Qu. sup. An. pr.* I, 21, p. 304 A: *Ad unam categoricam de inesse negativam sequitur formaliter una hypothetica, ... quia quaelibet propositio infert se ipsam formaliter cum quacunque alia subdisiunctione, sicut sequitur formaliter „Nullus homo currit“, igitur „Nullus homo currit vel deus non est“........ Ex una negativa bene potest sequi alia negativa gratia formae ...... per conversionem, ... per aequipollentiam, ... per subalternationem.* Vgl. ob. Anm. 194.

204) Ebend. 7, p. 283 A; 22 ff., p. 305 ff.; 25, p. 309 A; 27 ff., p. 313 ff.; II. 3, p. 333 A; 6, p. 337 A. u. s. f. Man sagte bisher zuweilen, diese Kunstausdrücke habe schon Thomas aufgenommen; dass aber dieses nur Pseudo-Thomas sei, s. unten Anm. 344. Hingegen wenn wir dieselben auch bei Raimundus Lullus trafen (vor. Abschn., Anm. 63), so fällt allerdings, wie ich schon oben hervorhob, die schriftstellerische Thätigkeit des Lullus im Ganzen um einige Jahre später, als jene des Scotus.

ersten Schlussfigur erwähnt und löst er ein Bedenken, welches auf den ampliativen Worten und dem Sophisma „Nichts Lebendiges ist todt, Alle Menschen sind lebendig, Kein Mensch ist todt“ (vgl. ob. Anm. 191) beruht[205]). Auch den *syllogismus expositorius* (s. Abschn. XVII, Anm. 624) erörtert er und gibt unter Benützung jenes nemlichen Beispieles betreffs der Flussnamen einige auf *distributio* beruhende Regeln über die formale Geltung dieses Schlusses[206]). Wo er die Frage über die Zulänglichkeit der drei Schlussfiguren bespricht, sagt er nicht bloss, dass die hypothetischen Schlüsse damit überhaupt Nichts zu schaffen haben (s. sogleich Anm. 209), sondern weist auch ausdrücklich (wie Albert, s. Abschn. XVII, Anm. 466) die vierte Figur als unberechtigt ab, da aus einer Umstellung der Prämissen keine Verschiedenheit der Figur folge, sondern die Anordnung des Ober- und des Unter-Begriffes das Maassgebende sei[207]). Bei den modalen Schlüssen vergisst er nicht, auch jene Modalitäten in Erwägung zu ziehen, welche durch die Begriffe *„scio, opinor“* u. dgl. hinzugekommen waren (Anm. 187), und stellt im Hinblicke auf *sensus compositus* oder *divisus* (vgl. Anm. 201) Regeln auf[208]). Den hypothetischen Schluss aber bespricht er in ächt aristotelischem Sinne[209]).

---

205) Ebend. 22, p. 305 B: *Dicunt aliqui, quod isti modi* (d. h. die ersten vier Modi der ersten Figur) *tenent gratia formae exceptis duobus casibus. Primus est, quando arguitur in terminis divinis. Secundus, quando arguitur ex terminis, qui ampliantur* (vgl. ob. Anm. 189), ... *et ideo non sequitur „Nullum vivum est mortuum, Omnis homo est vivus, Igitur nullus homo est mortuus“*. Die Lösung dieses Zweifels folgt c. 23, p. 307 A: *Debet concludi additis istis dictionibus „qui est“ ad subiectum conclusionis arguendo sic: „Nullum mortuum est vivum, Omnis homo est vivus, Igitur nullus homo est, qui est mortuus“*. Vgl. Anm. 197 f.

206) Ebend. 11, p. 290 A: *De syllogismo expositorio affirmativo dico, quod in qualibet trium figurarum potest fieri bonus ...... „Socrates est musicus, album est Socrates, igitur album est musicum“ ...... „Haec essentia divina est pater, filius est haec essentia divina, igitur filius est pater“ ...... „Sequana fuit a centum annis, haec aqua est Sequana, igitur haec aqua fuit a centum annis“ ......* (B) *De syllogismo expositorio negativo dico, quod valet in prima figura gratia formae maiore existente negativa ..... Non valet in prima figura, si minor fuerit negativa; et causa est, quia si minor fuerit negativa et maior affirmativa, tunc maior extremitas non est distributa in praemissis, immo stat determinate, et tamen stat confuse et distributive in conclusione, modo ex non distributo nunquam sequitur distributum gratia formae.*

207) Ebend. 34, p. 325 A: *Utrum omnis syllogismus fiat in aliqua trium figurarum. Arguitur primo, quod non ...... Quot modis potest fieri ordinatio, tot erunt figurae; sed quatuor modis diversis potest fieri huiusmodi ordinatio; igitur quatuor erunt figurae ...... Secundo, ... quod syllogismi ex hypothesi non reducuntur in praedictas figuras. ...... Non oportet, fieri syllogismum hypotheticum in aliqua trium figurarum, ... et hoc dico, quantum ad totalem processum .....* (p. 326 A) *Vocatur syllogismus ostensivus, qui immediate infert conclusionem intentam; sed vocatur syllogismus ex hypothesi, qui immediate non infert conclusionem intentam ...... Solum tribus modis potest fieri debita ordinatio respectu extremorum secundum subiectionem et praedicationem; igitur tres erunt figurae et non plures. ..... Propter solam transpositionem non provenit diversitas alicuius praemissae nec conclusionis, per consequens nec diversitas figurae.*

208) Ebend. 36, p. 329 A: *Ex maiore de hoc modo „scire“ in sensu composito et minore de inesse non fit syllogismus ad concludendum de hoc modo „scire“, licet bene ad concludendum de inesse ...... De hoc modo „opinor“ fit bonus syllogismus sumendo maiorem in sensu diviso et minorem de inesse.*

209) Ebend. II, 1, p. 332 A: *Istum syllogismum vocat Aristoteles syllogismum*

Im Commentare zur zweiten Analytik schliesst sich Scotus vielfach an Robert Capito an, welchen er häufig selbst citirt, entnimmt aber auch Manches aus Albert, wie z. B. die Angaben über *dignitas, subiectum* und *passio* [210]) und die Grundlagen der höchst ausführlichen Erörterungen über *per se* („*perseitas*"), *primo* und *necessarium* [211]), wobei übrigens selbst hier noch aus Petrus Hispanus die *restrictio* im Begriffe der „*necessitas diminuta*" hereinspielt [212]). Auch die üblichen Bemerkungen über *demonstratio potissima* fehlen nicht [213]).

Was endlich den Commentar zu *Soph. Elenchi* betrifft, welchen der scotistische Herausgeber der Gesammtwerke des Scotus unmittelbar nach der Lehre vom Urtheile einreihte [214]), so behandelt derselbe überhaupt nur die ersten fünf Capitel der Schrift [215]), aber Einzelnes in wahrhaft peinlicher Ausführlichkeit, so z. B. die *aequivocatio* und die *amphibologia* [216]), wobei auch Vieles aus des Boethius Erklärung der ciceronischen Topik entnommen ist. Natürlich fand Scotus hier gleichfalls manigfache Gelegenheit, auf byzantinischen Stoff einzugehen, und so begegnen wir wieder der *distributio* [217]) und der *copulatio* [218]), sowie im Anschlusse an ältere Formationen den Syncategoreumata „*et*" [219]) und „*solus*" [220]).

Jene manigfaltigen Folgen nun, in welchen das Auftreten des Scotus bis zu Occam hinab und auch über diesen hinaus eine nachhaltige Wirkung äusserte, werden wohl nur dadurch ihre angemessene Darstellung finden können, dass wir in der Hauptsache uns vom chronologischen Faden leiten lassen; denn vorerst in jenen fünfzig Jahren, welche im Ganzen zwischen der Thätigkeit des Scotus und jener Occam's liegen, zeigt es sich als unthunlich, eine Gruppirung nach Parteien für die Darstellung zu Grunde zu legen, da, wie ich schon bemerkte, erstens die

---

ad transsumptionem (s. Abschn. IV, Anm. 583 u. 592), *quia quando debemus probare unum, transferimus nos ad probandum aliud, ex quo virtute alicuius suppositionis inferimus intentum.* Vgl. Anm. 207.

210) *Qu. sup. An. post.* I, 4, p. 349 A. S. Abschn. XVII, Anm. 475.

211) Ebend. 15—40, p. 365—407. S. ebend. Anm. 473 f.

212) Ebend. 39, p. 406 A. S. ebend. Anm. 234.

213) Ebend. 44, p. 413 A. S. ebend. Anm. 476.

214) p. 224 ff.

215) D. h. nur bis zur Rückführung aller Sophismen auf *ignoratio elenchi.* Schon die Vertreter der byzantinischen Logik behandelten nicht das ganze Buch, schritten aber doch bis Cap. 15 vor; s. ebend. Anm. 197.

216) *Qu. sup. Elench.* 9—22, p. 231—244.

217) Ebend. 14, p. 234 B: *Utrum signum universale adveniens termino aequivoco possit ipsum distribuere pro omnibus suppositis cuiuslibet sui significati.* Die Frage wird bejaht, denn (p. 235 A) *distributio est acceptio alicuius communis pro quolibet eius supposito, quorum quodlibet est ipsum.* S. Abschn. XVII, Anm. 66 u. bes. 238.

218) Ebend. 10, p. 230 B: *Utrum terminus aequivocus contineat sua significata per modum copulationis ...... Illa significantur copulative per terminum, quae actu concipiuntur sermone prolato.* Vgl. ob. Anm. 190.

219) Ebend. 30, p. 251 A: *Utrum haec dictio „et" operetur potentialem multiplicationem...... Coniunctio per se copulat inter terminos, per accidens autem inter propositiones.* Vgl. bei Shyreswood, Abschn. XVII, Anm. 86.

220) Ebend. 32, p. 252 B: „*Solum*" *potest teneri categorematice vel syncategorematice ...... Si syncategorematice, tunc significat praecisam acceptionem illius, cui adiungitur.* S. gleichfalls bei Shyreswood ebd. Anm. 76.

beliebte bequemere Scheidung in Thomisten und Scotisten als zwei ausschliesslich bestehende Parteien dem thatsächlichen Verhältnisse nicht entspricht, und zweitens, wenn man auch behufs einer leichteren Uebersichtlichkeit diese Zweitheilung mit Gewalt in die Geschichte hineinconstruiren wollte, dennoch die beständige Rücksicht, welche jeder einzelne Autor auf seine jeweiligen Zeitgenossen und nächsten Vorgänger nimmt, den monotonen Charakter eines angeblichen Thomismus und eines angeblichen Scotismus sehr fühlbar unterbrechen würde. Das Richtige ja ist, dass neben etlichen Autoren, welche in bornirter Treue die Ansicht des Einen der beiden Meister nur der Operation des Wiederkäuens unterwerfen, in den einzelnen Fragen die bunteste Kreuzung verschiedener Ansichten auf Grund gewisser Auctoritäts-Stellen zu Tag tritt; dieses Verhältniss aber spinnt sich während eines halben Jahrhunderts gleichsam von Jahr zu Jahr von Autor zu Autor fort bis zu Occam.

Allerdings zieht sich Ein bestimmtes Motiv durch diese Verschiedenheit der logischen Ansichten hindurch, welches mit dem Geiste der religiösen Orden, denen Thomas und Scotus angehörten, in theologischer Hinsicht zusammenhängt. Nemlich die Dominikaner oder Prädicatoren, aus welchen die meisten Thomisten hervorgingen, vertraten die gelehrte Theologie in einer speculativen Construction des Dogmas, welche auch die obersten Principien desselben demonstrirbar zu fassen versuchte; hingegen die Franziskaner oder Minoriten, welche den Scotus zu den ihrigen zählten, standen in Bethätigung der Seelsorge den Interessen des sog. niederen Volkes näher und betonten so grundsätzlich das Bedürfniss einer praktischen Theologie als einer Seelen-Arznei, während sie auf eine theoretische Construction der obersten Fragen verzichteten oder sogar aufzeigten, dass dieselbe eben durch die logische Formulirung sich leicht in dialektische Widersprüche verwickeln lasse. So mussten die Franziskaner allerdings sich dahin neigen, dass sie auch für die Logik einer praktischen Tendenz zusteuerten, wobei das hierin waltende rhetorische Motiv eine Werthschätzung der menschlichen Sprache nahe legte; und Jedermann weiss, dass der sog. Nominalismus Occam's eben aus dem Franziskaner-Orden hervorging. Aber gewiss ist auch einerseits, dass ohne die byzantinische Logik jene Richtung, welche man später als Nominalismus stigmatisirte, nicht entstanden wäre, und andrerseits dass darum durchaus noch nicht die Dominikaner als lediglich Realisten den Franziskanern gegenüberzustellen seien, denn Realist (— wenn man überhaupt diese Stichworte so anwenden dürfte —) war vor Allem auch der Franziskaner Scotus selbst. Kurz also, wenn auch zugegeben wird, dass in den Ordens-Principien gewisse Momente lagen, welche (analog dem Conflicte zwischen den Bettelorden und der päpstlichen Hierarchie) ihrerseits in die Logik herüberspielen konnten, so ist doch nicht zu vergessen, dass gerade die Logik als solche ein etwas neutraleres Gebiet war, auf welchem weit speciellere Controversen nach Maassgabe eines neu anwachsenden Materiales durchgekämpft werden mussten. Und so besteht auch hierin wieder eine vielfach sich durchkreuzende Manigfaltigkeit, indem durchaus nicht sämmtliche Dominikaner kurzweg Thomisten oder alle Franziskaner lediglich Scotisten sind, sondern innerhalb beider Orden die verschiedensten

Nüancirungen heraustreten[221]). Was eine fortschrittliche Tendenz betrifft, ist es nach dem Gesagten allerdings nicht zu wundern, dass im geschichtlichen Faden das relative Uebergewicht unleugbar auf Seite der Franziskaner liegt.

Der erste, welcher uns in der langen Reihe der vorzuführenden Autoren begegnet, ist Siger von Brabant (oder *de Curtraco*, gestorben noch vor d. J. 1300), welcher anfänglich an der Sorbonne mit den übrigen dortigen Lehrern die scotistische Auffassung der Theologie vertrat, hernach aber zu den Thomisten überging[222]), wodurch er sich auch die beifällige Erwähnung erwarb, welche er in Dante's *Divina commedia* fand[223]). Was uns über seine noch ungedruckten Schriften bekannt ist, lässt darauf schliessen, dass dieselben noch in der Zeit der scotistischen Richtung des Verfassers entstanden sind. Schon der Umstand, dass er sich mit den *„Modi significandi"* beschäftigte, gibt einen Fingerzeig[224]). Auch eine uns einzeln überlieferte Aeusserung Siger's über die Universalien, welche er zum Gegenstande einer Monographie gemacht zu haben scheint, enthält nicht bloss gleichfalls eine Betonung der *significatio*, sondern auch den durchaus scotistischen (s. ob. Anm. 107) Ausdruck *„aggregatum"*[225]). Er bearbeitete die zweite Analytik in einem, wie es scheint, höchst ausführlichen Commentare, in welchem er bereits ein besonderes Gewicht auf die verschiedenen Arten der Fehlschlüsse gelegt haben muss[226]), so dass er wohl einer Lieblings-Neigung folgte,

---

221) Ich werde daher häufig ausdrücklich darauf hinweisen, welchem Orden ein Autor angehört habe.

222) Was sein Leben betrifft, findet sich eine (ausnahmsweise) vortreffliche Abhandlung über ihn in *Histoire littér. de la France*, Vol. XXI, p. 96—127; bezüglich seiner Schriften hätte ich allerdings eine reichere Detail-Mittheilung aus dem handschriftlich in Paris vorhandenen Materiale gewünscht.

223) *Paradiso*, X, v. 136: *Essa è la luce eterna di Sigieri, Che leggendo nel vico degli strami* (d. h. in Paris in der *rue du fouarre*) *sillogizzò invidiosi veri.* Dass Dante überhaupt der thomistischen Richtung angehörte, ist bekannt, s. *Ch. Jourdain, La philos. de St. Thomas d'Aquin,* II, p. 128 ff. u. *Wegele*, Dante Alighieri's Leben u. Werke, 2. Aufl. (Jena 1865), p. 387, 409, 457 ff., 490. Speciell für die Gesch. d. Logik bieten Dante's Schriften keinen Anlass dar, näher auf ihn einzugehen.

224) *Hist. litt. de Fr.* a. a. O. p. 117, wornach der Anfang einer Schrift Siger's „*Summa modorum significandi*" lautete: *Quoniam grammatica est sermocinalis scientia, sermonem et passiones eius in communi ad exprimendum principaliter mentis conceptus per sermonem coniugatum considerans, conceptus autem mentis duplex* etc.

225) Ebend. p. 120 lesen wir, dass Siger's „*Quaestiones logicales*" folgendermaassen beginnen: *Varia discutienda per ordinem proponimus. Primum est, utrum terminus conceptionis significet universaliter conceptum mentis, sicut quidam volunt. Secundum est, utrum universaliter significet formam, sicut Plato voluit, vel et aggregatum. Tertium est, utrum anima per terminum conceptionis sit significabilis.* Auch diese Verwendung des byzantinischen Begriffes „*terminus*" würde uns eine Veröffentlichung der Schrift Siger's wünschenswerth machen. Eine andere Stelle aus derselben lautet (ebend.): *Et si universalia, inquantum universalia, esse conceptus mentis quis dubitet, requirat in rescripto a nobis, quod sic incipit „Significatum est nobis, nonnullos doctores"* (diese letztere Schrift fand sich in den Pariser Handschriften nicht mehr).

226) Ebend. p. 119, woselbst als Gegenstände der Erörterung, welche in 215 Fragen gepflogen wird, beispielsweise angeführt werden: *Quid est syllogismus con-*

indem er specielle Schriften über *„fallaciae“* [227]) und auch über *„Impossibilia“* verfasste [228]).

Hingegen trat schon zur nemlichen Zeit der Franziskaner Richard von Middleton (oder *de media villa*, gest. i. J. 1300) gewissen möglichen Uebertreibungen der Lehre des Scotus gegenüber und sympathisirte somit mit den Dominikanern, wobei die Art und Weise seines Thomismus uns mehrfach an Gottfried von Fontaines erinnert. Allerdings ist Richard, von welchem wir *Quodlibeta* und einen Commentar zum Petrus Lombardus besitzen [229]), ein Autor, an welchem die Theologie ein grösseres Interesse haben wird, als die Logik; was jedoch von seinen Ansichten hieher gehört, dürfte Folgendes sein. — In der Universalien-Frage begegnen wir auch bei Richard der üblichen arabischen Dreigliederung, nur modificirt er dieselbe betreffs der Universalien *post rem*; denn er spricht von einer Viergliederung, indem das Universale zunächst als Causalität (*in causando*, d. h. somit *ante rem*) bis zurück zur Schöpferkraft Gottes zu fassen sei, sodann aber (*in re*) eine Gleichartigkeit (*indifferentia in informando*) der Formbildung in der Vielheit bestimmter concreter Wesen enthalte, und hiedurch (*post rem*) einerseits eine Gleichartigkeit der Vorstellung in der Seele (*indifferentia in repraesentando*) und andererseits eine Gleichartigkeit der Aussage (*indifferentia in praedicando*) bedeute; und während nun das Universale in den ersten drei Beziehungen, d. h. *ante rem* und *in re* und *in repraesentando*, in Wahrheit doch nur ein Singuläres sei, komme ihm nur in der vierten Bedeutung eine eigentliche Universalität zu, denn nur da enthalte es die von numerärer Einzelnheit absehende Denkauffassung der Wesenheit und zugleich die Aussagbarkeit, so dass es nach keiner dieser beiden Seiten als Universale objectiv existire, sondern eben nur auf *secunda intentio* beruhe [230]). Erinnert uns

---

trariae deceptionis. Quid est syllogismus infirmus. Quid est syllogismus fatuus. Quid est syllogismus medicus (?). Quid est syllogismus diversivus. Ferner sei auch die Rede von einem *syllogismus lingiosus* (doch wohl *litigiosus?*), *falsigraphicus, ostensivus* etc. Als Proben der Beantwortungen werden ebend. folgende Regeln mitgetheilt: *Syllogismus contrariae deceptionis est syllogismus ignorantiae*, sodann *Syllogismus fatuus est, qui est ex diversis propositionibus diversimode sumptis, dicendo „In nova fert animus* (bekanntlich der Anfang der Metamorphosen Ovid's); *ergo tu es asinus“*. Ferner *Bene syllogizare est ex probabilioribus et notioribus propositum demonstrare.*

227) Ebend. p. 117, wo wir aus den *„Fallaciae“* nach einem unverständlich abgedruckten Sophisma folgende zwei Beispiele finden: *Quod ambulat, calcat; ambulat autem totam diem; ergo calcat totam diem. Quidquid bibisti, habes in corpore; cyphum vero bibisti; ergo habes cyphum in corpore.*

228) Ebend. p. 120 f. aus den *„Impossibilia“* ein Beispiel: *Deus non est. Non omnia habent causam unam; ergo deus non est.*

229) *Authorati theologi Ricardi de media villa, minoritane familie ornamenti, tria recognita reconcinnataque Quodlibeta* etc. *Venetiis* 1509. fol. und *Sacratissimi theologi Ricardi de Mediavilla ordinis seraphici minorum conventualium In libros sententiarum quaestiones.* 4 Bände. *Venet.* 1507—9. fol.

230) *In Sentent.* II, *dist.* 3, *qu.* 1, f. 17 r. A: *Universale quadrupliciter potest accipi. Uno modo in causando, secundum quem modum dicimus, quod deus est universalis causa omnium. Alio modo per indifferentiam aptitudinis ad informandum plura, secundum quem modum forma, quantum ex se nata est informare plures partes materiae unigeneas, diceretur universalis, si esset actu existens a materia separata. Tertio modo per indifferentiam in repraesentando, secundum quem modum*

nun dieses theilweise an den naiven Wirrwarr eines Albert und eines Thomas (s. Abschn. XVII, Anm. 383 u. 496), sowie an die Indifferenz-Lehre des 12. Jahrh. mit Einschluss des Gilbertus Porretanus (Abschn. XIV, Anm. 132 ff. u. 473 ff.), so kann Richard allerdings antiplatonisch mit Gottfried v. Fontaines sagen, dass die Universalien in Gottes Denken eben nur als gedachte, nicht aber als reale Wesen existiren[231]), und folgerichtig muss er auch betreffs der Universalien *in re* jeder scotistischen Ausschreitung entgegentreten, da ja die Annahme, dass das im Singulären enthaltene Universale der ursprüngliche und erste Gegenstand des Erkennens sei, und dass das Universale als ein der Art nach identisches sehr wohl in mehreren Individuen ungetheilt bestehen könne, nicht bloss im Widerspruche mit Aristoteles (bezüglich der Undefinirbarkeit des Singulären) stehe, sondern auch zu der Alternative führe, dass entweder das Universale, welches doch ein erschaffenes Ding ist, ebenso wie Gott Einheit und Mehrheit in seinem ungetheilten Wesen enthalte, oder dass es ganz überflüssig sei, neben den Einzeln-Dingen überhaupt noch von einer Existenz eines Universale als solchen zu sprechen[232]).

Ist sonach durch diese Auffassung der Universalien bei Richard nur

---

species in intellectu existens dicitur universalis sub ratione, qua non repraesentat hominem hunc vel illum, sed hominem inquantum homo est; de qua dicit Avicenna quinto metaph. (s. Abschn. XVI, Anm. 184), *quod quamvis respectu individuorum sit universalis, tamen respectu animae, in qua imprimitur, est singularis. Quarto modo per indifferentiam in praedicando, secundum quem modum dicit Porphyrius; ..... et hoc est proprie universale, nam universale dictum tribus modis primis secundum rei veritatem singulare est. Dico ergo, quod ipsum universale duo complectitur, sc. id quod est universale, ut ipsam hominis vel angeli essentiam ut intellectam praeter unitatem et multitudinem numeralem, et ipsam universalitatem, quae est praedicabilis de pluribus. Sed neutro modo est in reali existentia angelus universalis nec quaecunque res alia, quia ipsa universalitas est res constituta a ratione et dicitur secunda intentio.*

231) *In Sentent.* I, *dist.* 19, *qu.* 3, f. 68 v. B: *Sicut essentiae omnium naturarum ab aeterno fuerunt intellectae a divino intellectu, quamvis ab aeterno non fuerunt, ita veritates, quamvis ab aeterno non fuerunt, tamen ab aeterno fuerunt intellectae.* S. ob. Anm. 64.

232) *In sentent.* I, a. a. O.: *Dixerunt aliqui, quod universale quorumcunque singularium est in reali existentia non separatum a singularibus in quolibet singulari* (s. bei Scotus Anm. 141, 145, 148 u. bes. 138), *quod sub ipso continetur existens indivisum* (s. Anm. 139). *Unde universale hominum, cum unus homo corrumpitur, non corrumpitur, quia in aliis remanet totum, ... et cum aliquis homo generatur, universale hominis non generatur, sed ille homo universale, quod in aliis erat salvatum, in se suscipit. Et hoc dicebant illud esse, quod est proprium obiectum intellectus et primum et illud, quo intelligitur singulare per reflexionem; quia enim est in singularibus, ideo per cognitionem ipsius reflectitur intellectus ad singularium cognitionem* (s. Anm. 124). *Et cum dicebatur, quod idem creatum non potest esse in pluribus suppositis indivisum, dicebant, hoc esse verum de identitate in numero, non de identitate in specie* (s. Anm. 148 f.). *Sed haec opinio falsa est et improbabilis; ..... satis patet per ea, quae philosophus septimo metaph. probat* (s. Abschn. IV, Anm. 484 ff.) ...... *Praeterea aut ipsum universale esset de ratione cuiuslibet singularis sui aut non. Si sic, tunc res creata simplex indivisa esset de ratione plurium suppositorum; quod est impossibile, solius enim divinae essentiae proprium est, quod sine multiplicatione sui sit tota de ratione plurium suppositorum. Si non, tunc ipsum universale realiter existere, ut dicunt, esset inutile, quia non esset utile ad singularium existentiam, cum esset aliquid extra essentiam eorum, nec ad eorum cognitionem, cum non esset de ratione eorum.*

dasjenige mit Protest zurückgewiesen, was man den Realismus der Scotisten nennen könnte, so verbleibt immerhin der Conceptualismus des Scotus mit Einschluss seiner sprachlichen Seite (ob. Anm. 96) als positive Ansicht Richard's. Indem aber dabei ebenso, wie bei Scotus, die grösseren Schwierigkeiten in den Universalien *in re* liegen, lenkt Richard nach dieser Seite hin mit seinem sprachlichen Conceptualismus mehr in einen geläuterten Thomismus ein. Nemlich im Anschlusse an Thomas nimmt er an, dass in Gottes Denken um der Verwirklichung des Einzelnen willen auch die Idee der Individuen (nicht bloss der Art-Begriffe) liegen müsse [233]), und ebenso nimmt er betreffs des Einzeln-Seins aus Thomas die Begriffe *„esse signatum"* und *„incommunicabile"* beifällig auf [234]). Aber wenn es sich um die Frage über das *principium individuationis* handelt, folgt er schon darin der Ansicht des Gottfried v. Fontaines, dass das Sein der Individuen keinenfalls ein accidentelles sein könne [235]), und auch an den nemlichen Autor erinnert uns die Erklärung, dass das concrete Seiende stets durch anderweitige Wesenheiten bedingt sei und die bestimmt determinirte Modification der Form im Individuum auf eine Verbindung eines Materiellen und eines Formellen hinweise [236]). Eben darum kann sich Richard durchaus nicht mit der *„species intelligibilis"* des Scotus (s. Anm. 110) befreunden, denn dieselbe habe höchstens einen Sinn, wenn man unter ihr das begriffsmässig entstandene „Wort" verstehe, denn die Idee eines Dinges als ewige könne nicht ein Werkzeug für unser mit Vergänglichkeit behaftetes Denken sein, und letzteres habe seinen Ausgangspunkt, auf welchen es sich stütze, nur in den Sinnen, vermöge deren wir die Eigenthümlichkeiten der Dinge erfassen, um dann aus den vorfindlichen Aehnlichkeiten (*„similitudo"*, s. Abschn. XVII, Anm. 393 u. 395, u. Abschn. XIV, Anm. 474) auf syllogistischem Wege auf ein für sich bestehendes Substrat zu gelangen [237]). So erhält Richard's Conceptualismus

---

233) *Quodl.* f. 1 r. B: *In mente divina sunt ideae specierum et singularium contentorum sub speciebus...... Cum ipsa idea sit ipsa divina essentia, inquantum apprehensa a divino intellectu ut imitabilis ab aliis a se, et ideo cum non tantum sit imitabilis a speciebus, sed etiam ab individuis specierum, dico, quod est idea non tantum specierum, sed etiam singularium. In Sentent.* I, *Dist.* 36, *art.* 3, *qu.* 4, f. 111 v. B: *Idea in deo non tantummodo dicit rationem cognitionis, sed etiam rationem factionis rerum.* Vgl. Abschn. XVII, Anm. 518.

234) *Quodl.* a. a. O.: *Magis differt Petrus a Paulo, quam Petrus ab homine; Petrus enim non est Paulus, sed Petrus est homo; aliquo tamen modo differt Petrus ab homine, inquantum id, quod dicit „homo" sub esse non signato, dicit „Petrus" sub esse signato, et ideo, quod dicit „homo" sub ratione communicabili, dicit „Petrus" sub ratione incommunicabili. Igitur dico, quod maior est differentia secundum rationem inter ideas duorum singularium, quam inter ideam speciei et individui.* Vgl. Abschn. XVII, Anm. 520.

235) Ebend. f. 4 v. A: *Esse actualis existentiae, quo creatura est in primo actu, non est accidens essentiae ipsius creaturae.* S. ob. Anm. 65 u. hingegen bei Scotus Anm. 137.

236) Ebend. f. 5 r. A: *Omni essentiae creatae ad suam existentiam necessarium est aliquid aliud a se, quia omnem essentiam creatam oportet ab alia essentia esse et ab alia essentia conservari..... Si intelligatur esse per essentiam sicut per quoddam principium formale essendi vel per modum formae significatum, haec propter hoc in compositis essentiae comprehendit materiam et formam; sic dico, quod ens creatum est per suam essentiam.* S. ob. Anm. 67.

237) *In Sentent.* II, *Dist.* 24, *art.* 3, *qu.* 3, f. 100 v. A: *In statu corruptibili*

eine sehr entschieden empiristische Färbung, welche nicht bloss über Thomas (Abschn. XVII, Anm. 500), sondern auch über Scotus (ob. Anm. 114) weit hinausgeht, wenn das Erkennen überhaupt principiell als etwas Passives bezeichnet wird [238]). In jener Frage hingegen, welche die *unitas formae* betraf, entfernt sich Richard wieder von den Thomisten, indem er eine Mehrheit von Formen, welche in Einem Wesen sich vereinigen, zulässt, aber für diejenige, welche bei Entstehung der Wesenheit zuletzt abschliessend gewirkt hat, die Function einer artmachenden Einheit beansprucht, so dass er hierin auf Seite des Scotus, nicht aber des Lamarre tritt [239]).

Ein umgekehrtes Verhältniss zeigt sich bei einem anderen Zeitgenossen; nemlich der Dominikaner Petrus von Auvergne (seine Blüthezeit fällt um d. J. 1300), welcher als äusserst fruchtbarer Schriftsteller in zahlreichen (bis jetzt ungedruckten) Commentaren zu den physikalischen und naturgeschichtlichen Werken des Aristoteles, sowie auch zur Politik, zur Metaphysik und zur Logik, sich im Ganzen an Thomas anschloss [240]), glaubte dennoch zugleich die Gründlichkeit der Exegese durch Aufnahme mancher Erläuterungen des Scotus steigern zu können. In dem Commentare zur Isagoge folgt Petrus allerdings darin dem Thomas, dass die Logik

---

non cognoscimus per naturam de lege communi substantiam per propriam eius speciem, nisi accipiatur species pro verbo, quod intellectus concipit de ea per suas proprietates. Non enim cognoscimus eam immediate per suam speciem increatam, quae est idea, ... (B) *cum divina idea non possit habere rationem instrumentalis agentis respectu nostri actus intelligendi, ... quia divinam essentiam non cognoscimus immediate per naturam ...... Praeterea non cognoscimus substantiam per propriam eius speciem acquisitam, nisi accipiendo speciem pro verbo ...... Intellectus noster nullam potest recipere speciem intelligibilem ab inferiori nisi per ministerium sensuum ..... Non cognoscimus substantiam per propriam eius speciem, sed per suas proprietates argumentando, eo quod in illis est aliqua similitudo substantiae ......* (f. 101 r. A) *Intellectus concludit, quod illi enti natum est aliquod ens subsistere, et tandem concludit, illud ens esse per se subsistens, et sic devenit in cognitionem substantiae.*

238) Ebend. *qu.* 2, f. 100 r. A: *Nostrum intelligere consistens in simplici apprehensione, in qua non est compositio nec divisio, est pati ...... Motio enim intellectualis est ab intelligente per activum intellectus, et est in intellectu per passivum intellectus, ... et cum ipsa motio intellectualis, inquantum est in intelligente, sit passio, sequitur, quod intelligere sit pati.*

239) *Quodl.* f. 6 v. A: *Anima intellectiva est humani corporis forma ita, quod est forma principalissima ipsius hominis, h. e. forma hominis completiva, per quam homo reponitur in specie hominis ......* (B) *Anima intellectiva est forma ultima, quia in homine nulla est nobilior ea; sed forma ultima est, per quam compositum reponitur in specie.* Ebenso *In Sentent.* II, *Dist.* 17, *art.* 1, *qu.* 3, f. 70 r. A. Vgl. ob. Anm. 30 u. 155.

240) Handschriftlich sind von Petrus de Alvernia in Paris noch vorhanden: *Supplementum commentarii S. Thomae in librum tertium de coelo, Quaestiones super quatuor libros de coelo et mundo, Super quatuor libros meteororum, Super Arist. de iuventute et senectute, De somno et vigilia, In quosdam parvorum naturalium libros a S. Thoma expositos, In Arist. de plantis, In Arist. de motu animalium, Super libros Politicorum, Super duodecim libros metaphysicorum, Super totam logicam veterem, Super Porphyrium, Sophisma determinatum.* S. *Hauréau, De la phil. scol.* II, p. 260 ff. Eben durch Hauréau wurde ich auch auf die Pariser Handschrift, welche „*Cod. Sorbonn.* Nro. 955" signirt ist, hingewiesen, aus welcher ich Einiges zur Probe mittheile. Die genauere Einsicht derselben zeigte mir auch, dass die Schrift *Super Porphyrium* eben doch nur der erste Theil des grösseren Ganzen *Super totam logicam veterem* sei.

modus sciendi sei [241]), und auf gleicher Quelle und einer Stelle Albert's beruht es, wenn die Logik ausdrücklich als „*formalis*" der Metaphysik gegenübergestellt wird [242]). Aber indem Petrus sodann eine neuere Formulirung der Ansicht erwähnt, dass der Syllogismus nicht der primäre und wesentliche Gegenstand der Logik sei [243]), benützt er zur Widerlegung dieser Meinung und zur Begründung der gegentheiligen fast wörtlich die betreffende Auseinandersetzung des Scotus [244]). Was die Universalien betrifft, bei welchen er auch von Avicenna beeinflusst wird [245]), greift er zum Nachweise einer objectiven Existenz derselben gleichfalls nach Gründen, welche Scotus (sowie auch Vincenz v. Beauvais) angeführt hatte [246]); aber natürlich gilt ihm die objective Seite der Uni-

---

241) *Cod. Sorbonn.* 955 (f. 83 ff.): *Circa librum Porphyrii quaeruntur quaedam in generali ...... Primo de subiecto ipsius logicae, ... utrum logica sit de modo sciendi tanquam de subiecto. Et arguitur quidem sic: Id est subiectum in scientia, de quo et de cuius partibus terminatur in tota scientia; sed de modo sciendi et de partibus eius terminatur in tota logica; ergo* etc. ..... *Praeterea illud est subiectum in scientia, penes cuius divisiones dividitur illa scientia; sed secundum divisionem modorum sciendi dividitur tota logica ...... in artem dividendi, diffiniendi et colligendi* etc. S. Abschn. XVII, Anm. 489.

242) *Secundo quaeritur, utrum sit de ente tanquam subiecto. Et argumentatur, quod non. Duarum diversarum scientiarum non debet esse subiectum idem, et causa huius est, quod diversitas subiecti causat diversitatem scientiarum; sed metaphysica est de ente tanquam de subiecto; ergo logica non est de ente tanquam de subiecto, cum sit diversa a metaphysica. Praeterea scientia, quae est de ente, est realis, sed logica non est realis, sed formalis.* S. ebend. Anm. 362 u. 488.

243) *Tertio quaeritur, utrum sit de syllogismo tanquam de subiecto* (vgl. ob. Anm. 93 u. Abschn. XVII, Anm. 370). *Et videtur, quod non, quia, si totum est subiectum in toto, et pars in parte, ergo, si syllogismus est subiectum in tota logica, ergo et partes syllogismi in partibus logicae; sed scientia libri elenchorum pars est logicae; eo syllogismus non est subiectum, ... quia syllogismus sophisticus non est syllogismus ..... Praeterea omnis scientia, quae est de syllogismo tanquam de subiecto, est alicuius generis determinati, nam syllogismus genus determinatum est; sed logica non est alicuius generis determinati.* Vgl. ebend. Anm. 370.

244) *Ad id dicendum, quod logica est de syllogismo tanquam de subiecto; de syllogismo enim secundum verba et non secundum rem. ...... Et sic est tota nova logica, quae distinguitur secundum divisionem ipsius syllogismi, quae statim apparebit ...... Dicendum est enim, quod tota logica est de syllogismo tanquam de subiecto, et hoc potest esse dupliciter, aut de ipso syllogismo in se et absolute aut de his, quae attribuuntur syllogismo. Si primo modo, sic est liber Priorum. Si vero secundo modo, sic est dupliciter, quia alia attribuuntur syllogismo aut tanquam partes integrales aut tanquam partes subiectivae; si primo modo, hoc est dupliciter, quia attribuuntur ei tanquam partes integrales remotae, et sic est liber Praedicamentorum, aut sicut partes integrales propinquae, et sic est liber Periermenias. Si autem sit de his, quae attribuuntur tanquam partes subiectivae, sic est tota nova logica, quae dividitur sic: aut syllogismus contrahitur per medium, quod est necessarium, et sic est liber Posteriorum, aut per medium, quod est probabile, et sic est liber Topicorum, aut per medium, quod est privatio eius, et sic est liber Elenchorum. Alii autem veteris logicae sunt de bene esse, ut liber Porphyrii, qui sc. ad cognitionem praedicamentorum.* S. bei Scotus, ob. Anm. 93, das Original dieser Erörterung.

245) *Liber Porphyrii ....., cuius subiectum sunt universalia, non inquantum sunt quinque, sed inquantum uniuntur sub hac forma, quae est universale.* Vgl. Abschn. XVI, Anm. 171 f.

246) *Quaeritur, utrum universalia habeant esse. Et videtur, quod non, quia ..... omne, quod est, ideo est, quod unum numero est, sed universale non est unum numero ..... Ad hoc dicendum, quod universalia possunt probari esse per hoc, ... quod dant esse intellectui; haec enim est eorum operatio; quia id, quod dat esse,*

versalien nicht als die ausschliessliche, sondern er ist dabei wieder Thomist genug, um in jenen bequemen Dualismus einzumünden, welcher durch die aristotelische Unterscheidung des Potenziellen und des Actuellen einigermaassen übertüncht ist[247]).

Hingegen viel enger, wenn auch nicht ausschliesslich, hängt mit der Lehre des Scotus Dasjenige zusammen, was Alexander von Alessandria (gest. i. J. 1314) in seinem Commentare zur Metaphysik kundgab, welchen man früher für eine Arbeit des Alexander Alesius (s. Abschn. XVII, Anm. 274) hielt. Allerdings wenn ein zweifaches Auftreten der Universalien, nemlich sowohl *in causando* als auch *in praedicando*, unterschieden wird (wobei der Wortausdruck uns an Richard v. Middleton erinnert, s. Anm. 230), kann man immerhin sagen, es sei diess nur der gewöhnliche thomistische Dualismus[248]), und auch die gegen Plato geübte Polemik liesse sich trotz ihrer schärferen Formulirung auf die nemliche Quelle zurückführen[249]). Aber Alexander spricht sich hinwiederum sehr entschieden dahin aus, dass die Universalien überhaupt sachlich nicht getrennt von dem Einzelnen existiren, hingegen wohl logisch als ein *„modus"* mittelst des *„conceptus"* losgetrennt werden können[250]). Und diesem scotistischen Standpunkte bleibt er auch bei der Frage über das Princip der Individuation getreu, indem er im Hinblicke auf die Controverse betreffs der Angelologie daran festhält, dass auch ausserhalb der Materie eine Individualisirung dadurch stattfinden könne, dass die Wesenheit sich

---

habet esse necessario; absurde est enim dicere, quod id, quod non habet esse, daret esse alicui. S. ob. Anm. 100 u. Abschn. XVII, Anm. 297.

247) *Secundo quaeritur, utrum sint separata a singularibus. Et videtur, quod sint, quoniam omnis scientia est incorruptibilium..... Ad id dicendum, quod opinio Platonis fuit, quod universalia essent separata a singularibus* (vgl. Abschn. XVII, Anm. 501)..... *Et Aristoteles contra ipsum argumentatur, ... quoniam id, quod faciat cognitionem de particularibus, ipsis debet esse in eis..... Potest esse scientia de universalibus, quia etsi non de corruptibilibus secundum se, de corruptibilibus tamen per accidens bene potest esse scientia...... Universale quantum ad rem subiectam intuitioni est universale potentia et hoc modo est coniunctum ipsis particularibus, ... sed universale quantum ad ipsam intuitionem est universale in actu et est in ipso intellectu et apprehenditur ab eo et hoc modo separatum est ab ipsis sensibilibus..... Intelligendum ergo secundum intentionem Aristotelis, quod universalia uno modo separata ab ipsis singularibus et alio modo non, et uno modo corruptibilia et alio modo non.* Vgl. ebend. Anm. 493, 508.

248) *Alexandri de Ales, doctoris irrefragabilis, in XII Aristot. Metaphysicae libros etc. Venetiis* 1571. fol. Fol. 7 v. A: *Notandum est, quod universale dicitur duobus modis, sc. in praedicando et in causando...... Possumus loqui de universali in causando vel de universali in praedicando.* Ebenso f. 283 v. A. S. Abschn. XVII, Anm. 507 f.

249) Ebend. f. 28 v. A: *Plato in sua positione incurrebat duo opposita; ponebat enim speciem separatam et ..... quod haberet esse independens; ponebat autem secundo, quod haec species esset universale; ...... cum autem universale habeat esse dependens ad illud, cuius est universale, ... sequitur, quod ista species debuit esse dependens; et ita erit independens et dependens.* S. ebend. Anm. 501.

250) Ebend. f. 66 r. B: *Si loquamur de separatione secundum rem, impossibile est, quod universale sit separatum a singulari, ... eandem enim rem, quam dicit haec humanitas, dicit humanitas; ..... si autem loquamur de separatione secundum rationem, sic universale separatum est a singularibus; licet enim unam et eandem naturam dicant universale et singulare, tamen illam dicunt secundum differentem modum et differentem conceptum; „hic homo" enim dicit naturam humanitatis cum intellectu et conceptu principiorum individuantium.* S. ob. Anm. 129.

mit jenem Auftreten verbinde, welches dem „*suppositum*“ als solchem zukommt[251]), wobei wir beachten müssen, dass hiemit bereits damals im Anschlusse an Scotus selbst (ob. Anm. 109) die Häcceität durch jenen byzantinischen Begriff ausgedrückt wurde. Auch die Annahme, dass die Individuation für die Wesenheit selbst etwas Accidentelles sei, wiederholt Alexander aus Scotus[252]). Und so dürfen wir uns nicht wundern, wenn bei ihm auch die Lehre betreffs der *formalitates* (ob. Anm. 147 ff.) eine Anwendung findet[253]). Eigenthümlich aber ist es, dass er dann dennoch die Frage über *unitas formae* ganz in der nemlichen Weise wie Gottfried von Fontaines und Johannes Parisiensis beantwortet[254]).

Vielleicht irren wir auch nicht, wenn wir den Gerhard von Bologna (gest. 1317) den Vertretern einer scotistischen Richtung beizählen, wenn auch bis jetzt noch nicht hinreichendes Material vorliegt, um die ihn betreffenden Fragen genügend zu entscheiden[255]).

Zuversichtlicher möchte ich mich über Radulph Brito (um 1317 thätig) äussern, obwohl ich hiebei in Widerspruch mit Hauréau's Forschung gerathe. Wir sind nemlich bezüglich Radulph's nur auf Dasjenige angewiesen, was der genannte Gelehrte aus Pariser Handschriften mittheilte;

---

251) Ebend. f. 118 v. B: *Posito, quod diversitas numeralis sub una specie non potest esse nisi per materiam, in separatis a materia non potest esse nisi unum numero sub una specie..... Hanc positionem non reputo veram; credo enim, quod multiplicatio individualis sub una specie possit esse in separatis a materia ita, quod haec duo fierent simul, quod ipsa forma sit separata a materia et etiam multiplicari possit individualiter et numeraliter..... Imaginabimur enim, quod ..... agens supernaturale formas separatas multiplicare potest infra unam speciem per diversa supposita ita, quod ..... compositio ex supposito et essentia facit multiplicationem individualem, ... sicut est compositio ex materia et forma in formis materialibus.* Vgl. ob. Anm. 13, 28 u. bes. 109, 139, 145.

252) Ebend. f. 203 v. B: *Principia individuantia accidunt ipsi essentiae.* S. Anm. 137.

253) Ebend. f. 103 v. B: *Non solum formalitas propinqua dicitur formalitas rei, sed etiam formalitas remota, quae est de essentia formalitatis propinquae; eo modo, quo dicimus, quod humanitas non solum est formalitas Socratis, sed etiam animalitas.* Vgl. f. 201 v. B, 231 r. B.

254) Ebend. f. 44 r. A: *Quaelibet forma specifica componitur ex conceptibus formalibus, ... et explicatio horum conceptuum est definitio rerum; et in his conceptibus est prius et posterius, et unus conceptus per se facit aliam rationem, quam secundus, et omnes simul faciunt unum conceptum, v. g. in specie hominis est conceptus rationalitatis et animalitatis et substantiae et entitatis ..... et hi omnes faciunt conceptum hominis.* S. ob. Anm. 70 u. 74.

255) *Hauréau*, welcher Handschriften zweier Werke des Gerhard in Händen hatte, beruft sich (II, p. 384) auf einige Stellen derselben, in welchen Gerhard betreffs der Universalien und der *unitas formae* mit Thomas übereinstimme. Jene Stelle aber, welche Hauréau im Wortlaute mittheilt, ist eher geeignet, unsere Zweifel über Gerhard's Stellung zu erregen. Denn wenn wir dort lesen „*Formae communes, in quibus inveniuntur universalia, sunt entia in potentia; et ideo scire aliquid, secundum quod est universale, est scire in potentia; communicatio ergo, quae intelligitur in formis communibus, habet esse extra animam in potentia; ista autem communicatio, quae intelligitur in materia, est pura privatio, cum non intelligitur nisi secundum ablationem formarum individualium ab ea*“, — so weiss ich nicht, ob Solches nicht vielmehr eine Uebertreibung scotistischer Anschauungen sei (s. Anm. 112—121 u. 142). Allerdings ist es misslich, sich aus etlichen herausgerissenen Zeilen eine Ansicht bilden zu sollen, und Gerhard wird eine zweifelhafte Gestalt bleiben, bis Mehreres aus Handschriften veröffentlicht ist.

aber ich glaube, mir aus jenem Materiale eine andere Auffassung entnehmen zu müssen. Wenn nemlich Radulph schon die *intentio secunda*, wie er ausdrücklich sagt, nur „*in concreto*“, nicht aber „*in abstracto*“ verstanden wissen will, wornach Gattungs- und Art-Begriffe eben nur nach ihrem „*esse in pluribus*“ zu betrachten seien, so streift dieses offenbar an die Auffassung des Scotus [256]), und ebendahin dürfte sicher auch die entschiedene Betonung der *denominatio* zurückführen [257]). Ferner unterscheidet Radulph ebenso, wie der vorhin genannte Alexander, ein doppeltes Auftreten der Universalien *in causando* und *in praedicando*, womit er Erklärungen über Priorität und Posteriorität des Singulären verbindet, welche auf bekannten aristotelischen Stellen beruhen und darum allerdings sowohl bei Thomas (Abschn. XVII, Anm. 511) als auch bei Scotus (ob. Anm. 122) eine Rolle spielten [258]). Aber völlig unzweideutig tritt der scotistische Standpunkt darin hervor, dass Radulph gleichfalls (vgl. ob. Anm. 147 u. 155 ff.) an der *pluralitas formarum*, und zwar gerade im Interesse der Aussagbarkeit der Universalien, festhalten zu müssen glaubt [259]).

---

256) Bei *Hauréau* II, p. 389 (aus Pariser Handschriften mitgetheilt): *Intentio nihil aliud est, quam quaedam ratio intelligendi rem, ut est in pluribus, seu quaedam cogitatio rei, sicut universale nihil aliud est, quam quaedam ratio intelligendi, ut est in pluribus..... Logica igitur est de secundis intentionibus non in abstracto, sed in concreto, ut concernunt rem primo intellectam; unde logicus non considerat de generalitate et specialitate in abstracto, sed considerat de genere et specie in concreto modo. Istae intentiones sunt triplices secundum triplicem operationem intellectus. ..... Una enim est operatio intellectus, quae apprehendit simplicia; alia est, quae simplicia apprehensa componit et dividit; tertia est, discurrere a praemissis ad consequentiam.* Vgl. ob. Anm. 100 ff.

257) Ebend.: *Unde genus et species dicuntur quaedam incomplexa, ut denominata sunt intentionibus...... Licet aliqui dicant, quod ista sint per se, quia genus et species dicunt rem, tamen istae intentiones non dicunt res, nisi ut denominatae sunt intentionibus, ut „homo est species“.* S. ob. Anm. 127.

258) Ebend. p. 390: *Quaedam sunt universalia causalitate, alia propositione* (dass jedoch statt *propositione* sicher *praedicatione* gelesen werden muss, zeigen die sogleich folgenden Worte; s. auch Anm. 248). *Modo si quaeratur de universalibus causalitate, dico, quod illa sunt notiora secundum naturam, quam singularia, tamen non sunt notiora quoad nos...... Si autem loquimur de universali praedicatione, dico per distinctionem, quia aut accipitur pro intentione universalis aut pro re subiecta intentioni. Si pro intentione universali, sic dico duo: primo quod universale illo modo est posterius singularibus, accipiendo singulare pro re; secundo dico, si accipiatur singulare pro intentione, ... quod universale prius est singulari...... Accipiendo singulare pro intentione et universale pro intentione singulare posterius est quam universale...... Si autem accipiatur universale et singulare pro re subiecta intentioni, adhuc dupliciter possunt considerari, quia vel pro re abstracte sumpta vel ut consideratur sub aliquibus proprietatibus...... Si considerentur pro re abstracte, sic unum non est prius nec posterius altero..... Si autem accipiatur pro re ut stat sub aliqua proprietate, ... primo in eodem genere cognitionis universalia sunt prius.....; secundo non facta relatione ad unam cognitionem..... universalia sunt priora singularibus secundum naturam, non .... quoad nos.*

259) Ebend. p. 388: *Si genus esset aliquid unum in re per unam formam, illa forma esset unius speciei tantum et tunc non posset genus praedicari de alia specie nisi de illa sola, cuius est forma. Si illa forma sit communis omnibus speciebus, tunc arguo: illa forma communis aut est eadem cum forma cuiuslibet speciei aut diversa. Si est eadem essentialiter cum formis specierum, tunc, cum formae specierum sint multae et non una, sic etiam ista forma generis non erit una, sed multae. Si sit diversa a formis specierum, aut est diversa numero aut specie aut*

Treffen wir somit unmittelbar nach dem Auftreten des Scotus ein relatives Ueberwiegen der von ihm verfochtenen Anschauungen, so dass dieselben sogar auf thomistischer Seite eine gewisse Aufnahme fanden und dabei zugleich ihrerseits nicht in schroffer Ausschliesslichkeit festgehalten wurden, so musste es als eine gebotene Nothwendigkeit erscheinen, dass nun auch die Thomisten (wie schon früher, s. Anm. 71 ff.) sich behufs der Reinheit ihrer Lehre zusammenschaarten. Und so treffen wir den Thomismus im Kampfe nicht bloss gegen Scotisten, sondern auch gegen Halbthomisten, — ein Kampf, an welchem uns hier natürlich nur die logischen Controversen interessiren.

Absehend von allem Theologischen darf ich somit hier mit ein paar Worten auch den berühmten Mediciner Petrus von Abano (gest. 1320) erwähnen, welcher als Averroist dem Verdammungsurtheile der Kirche verfiel [260]). Denn auf dem Gebiete der Logik zeigt sich derselbe als reiner und strenger Anhänger des Thomas, dessen Ansichten er lediglich wiederholt, sei es dass es sich um die Universalien [261]), oder um das *principium individuationis* [262]), oder um *unitas formae* handelt [263]).

Theologische Thomisten hingegen knüpften vielfach an jene früheren Controversen bezüglich der Schrift „*Correctorium fratris Thomae*" (s. bei Lamarre ob. Anm. 27 ff.) an; da jedoch von dieser polemischen Litteratur, welche in die ersten zwei Jahrzehnte des 14. Jahrh. fällt, häufig nur die Namen der Autoren und die Titel der Schriften überliefert sind, können wir, so lange nicht alle einschlägigen Handschriften gedruckt sind, nicht beurtheilen, in welcher Weise sich etwa die logische Parteistellung gestaltet habe [264]). Aber Einiges, was zu unserem Zwecke

---

genere; si sit diversa numero ab istis, vere non poterit praedicari de istis, sicut non vere dicitur, quod Socrates sit Plato, qui differunt numero; nec si sit diversa specie vel genere, etiam non praedicabitur vere de istis speciebus ...... Ergo genus non potest esse idem essentialiter in diversis speciebus. Hier scheint mir das Missverständniss Hauréau's deutlich vor Augen zu liegen, denn derselbe erklärt die von ihm mitgetheilte Stelle so, als ob es sich dabei um die Frage handle „*si le genre peut être pris comme une chose*"; aber davon ist ja gar nicht die Rede, sondern nur von der *unitas formae* und den ihr entgegenstehenden Bedenken.

260) Da Petrus v. Abano noch starb, ehe der für ihn bestimmte Scheiterhaufen errichtet war, konnte sich die Kirche das Vergnügen nicht versagen, wenigstens nachträglich die Gebeine desselben zu verbrennen. „*Ecclesia non sitit sanguinem*".

261) *Conciliator controversiarum, quae inter philosophos et medicos versantur, Petro Abano Patavino, philosopho ac medico clarissimo, auctore* etc. *Venet.* 1565. fol., f. 7 v. B: *Universale habet duplex esse: unum quidem in intellectu iam possibili in actum aliquando deducto; aliud secundum se, prout a multis particularibus est quaedam forma communis per intellectum abstracta; hic enim species et similitudines rerum abstrahit a particularibus et signatis ..... congregans, unam quandam naturam communem natam inesse vel dici de pluribus.*

262) Ebend. f. 36 r. B: *Individuum est, quod de uno solo praedicatur particulari..... Numero sunt idem, quorum materia est una, quod ipsa existens sub certis dimensionibus signatis principium est individuationis et formae susceptionis.*

263) Ebend. f. 24 r. A: *Ex pluribus entibus actu non fit unum actu per essentiam..... Si formae permaneant elementorum in misto actu, ipsum iam plurium existet formarum; quod est falsum, cum unius rei sit unicum esse perfectivum.*

264) So finden wir einen Rambert von Bologna (gest. 1308), welcher „*Apologeticum contra corruptorium Thomae pro illius doctrinae defensione*" schrieb (s. *Quetif, Scriptt. ord. Praedicatorum*, I, p. 504), einen Bernhard von Auvergne

hieher gehört, liegt uns in mehreren jener sog. *Opuscula* vor, welche man später für Arbeiten des Thomas selbst hielt und so in die Ausgaben der Werke des Thomas aufnahm (vgl. ob. Anm. 76 u. Abschn. XVII, Anm. 484 u. 548 ff.). Es sind dieses Schriften, welche grösstentheils erst nach Scotus entstanden sein können, aber eben dem Zwecke dienen, die thomistische Auffassung gegen verschiedene Angriffe zu schützen. In diesem Sinne stelle ich hier diese Litteratur eines Pseudo-Thomas zusammen.

Ziemlich unbedeutend an Inhalt sowie an Umfang ist die Schrift *De natura accidentis*, welche in der Erörterung des *accidens naturale* und seines Verhältnisses zum *substantiale* sich ganz an Avicenna anschliesst [265]), aber daneben als eine zweite Art das *accidens logicum* bezeichnet, welches (ähnlich wie einmal bei Albert) die Universalien in sich enthalten soll [266]). Was das *principium individuationis* betrifft, so wird hier gelegentlich unter Berufung auf die schöpferische Kraft der Universalien der Standpunkt des Thomas wortgetreu wiederholt [267]). Hingegen die Lehre von der *unitas formae* erscheint mit der neuen Wendung, dass in den concreten Wesen die Eine entscheidende Form verschiedene anderweitige Formen je nach bestimmten Verhältnissen (*proportiones*), in welchen sie zur Materie stehen, zur Wesens-Einheit vereinigt [268]).

Auch die ausführlichere Monographie „*De natura generis*“ hält sich in Erörterung des Gattungsbegriffes durchgängig an Avicenna [269]), dessen Angaben auch bei anderweitigen Punkten, z. B. in Bezug auf *esse* und *quidditas*, ausdrücklich citirt werden [270]). Bemerkungen über das Verhältniss der Logik zur Metaphysik und über die Eintheilung des *ens* sind unmittelbar aus Aristoteles entnommen [271]). Was über *prima* und *se-*

(oder *de Gannato*), welcher von dem angesehenen Thomisten des 15. Jahrh. Johannes Capreolus öfters beifällig erwähnt wird und mehrere Schriften betreffs jener Controversen verfasste, nemlich *Contra dicta Henrici de Gandavo, quibus impugnat Thomam*, *Contra Godefridum eadem de causa*, *Contra Jacobum Neapolitanum eadem de causa* (*Quetif*, a. a. O. p. 493); letzterer Jacobus v. Neapel ist identisch mit *Jacobus de Viterbo* (oder *Capoccius*), und gegen ihn schrieb auch Robert Orphordius, welcher ausserdem unter gleichem Titel wie Bernhard gegen Heinrich Göthals polemisirte (ebd. p. 431). Auch Wilhelm Mackefield schrieb ebenso gegen Heinrich und ausserdem *Contra corruptorem Thomae* und *De unitate formarum* (ebd. p. 493).

265) In der oben (Abschn. XVII, Anm. 485) erwähnten Ausgabe als *Opusc.* 41 gedruckt, Vol. XVII, 2, f. 1. Vgl. Abschn. XVI, Anm. 157 ff.

266) Ebend. f. 1 v. A: *De accidente logico...... Omnia universalia accidentia quaedam sunt sequentia res secundum esse, quod habent in anima.* Vgl. Abschn. XVII, Anm. 379.

267) f. 1 r. A: *In materia natae sunt inesse quaedam formae generales et quaedam speciales, quarum natura est, in materia facere, quidquid formae generales natae sunt facere .....* (B) *Materia est principium individuationis sub dimensionibus certis.* Vgl. a. a. O. Anm. 508 u. 519.

268) f. 1 r. B: *Ipsum constitutum ex materia et forma, cuius est esse actu, in quo cum non possint esse plura esse substantialia sub una forma, quam sub aliqua alia forma, per unam formam sequuntur omnia, quae in diversis per diversas formas contingunt; proportiones vero, quae pertinent ad istam materiam, ordinant eam ad diversas essentias formarum determinate.*

269) *Opusc.* 42 ebd. f. 1 v. A—7 r. A. Vgl. Abschn. XVI, Anm. 106—117.

270) f. 1 v. B u. 2 v. A; vgl. ebend. Anm. 103 u. 93.

271) f. 2 r. B. Vgl. Abschn. IV, Anm. 231, 298, 380.

cunda intentio gesagt wird, enthält Nichts neues, wenn auch vielleicht ein leiser Einfluss des Scotus dabei bemerkbar ist[272]). Hingegen zum ersten Male begegnet uns hier die Aufzählung von sechs *transcendentia,* nemlich *ens, res, aliquid, unum, bonum, verum,* wobei nicht bloss jene vier Begriffe, welche uns schon beim ächten Thomas begegneten (Abschn. XVII, Anm. 515) hier um zwei neue (*res* und *aliquid,* sicher nach arabischem Vorbilde) vermehrt sind, sondern auch die Bezeichnung „*transcendentia*" als neu erscheint; und schwerlich irren wir, wenn wir auch darin eine Einwirkung der scotistischen *formalitates* erblicken, dass gesagt wird, jene sechs Begriffe seien sachlich identisch und nur logisch von einander verschieden[273]). Eigenthümlich ist auch, dass der Schluss der ganzen Schrift in Mathematik und Naturwissenschaft ausmündet[274]).

In der Schrift „*De pluralitate formarum*" ist bereits von Schmähungen die Rede, welchen die wichtige Lehre von *unitas formae* ausgesetzt sei; um aber dieselbe zu befestigen, könne man theils *ex distinctione formarum,* theils *ex entitate,* theils *ex unitate* Beweisgründe schöpfen[275]). Indem aber die Abhandlung entweder von ihrem Verfasser unvollendet gelassen oder fragmentarisch überliefert wurde, finden wir nur die beiden ersten Motive ausgeführt, und zwar in ziemlich wunderlicher Weise. Wenn nemlich die Formen sich dadurch von einander unterscheiden, dass die eine vollkommener ist und höher steht, als die andere, und wenn hiebei wie bei den Zahlen die niedrere in der höheren enthalten ist, so werde die Natur, welche Nichts überflüssiges thue, doch wohl nicht den unvollkommneren Grad der Form noch neben dem vollkommneren zur besonderen Existenz bringen[276]); ja eine Form müsse gerade um so einfacher sein, je vollkommner sie sei, denn indem die sämmtlichen nach

---

272) f. 4 r. B: *Nomina primae intentionis sunt, quae rebus sunt imposita absolute mediante conceptione, qua fertur intellectus super ipsam rem in se; ..... nomina autem secundae intentionis sunt illa, quae imponuntur rebus non secundum quod in se sunt, sed secundum quod subsunt intentioni, quam intellectus facit de eis.* Vgl. ob. Anm. 105.

273) f. 1 v. B: *Sunt autem sex transcendentia, videlicet ens, res, aliquid, unum, verum, bonum, quae re idem sunt, sed ratione distinguuntur.* Vgl. Abschn. XVI, Anm. 32, u. ob. Anm. 149 (mit den *puncta transcendentia* des Raimundus Lullus, vor. Abschn. Anm. 140, hat diess keinenfalls Etwas zu schaffen); s. unten Anm. 355.

274) f. 4 v. B *De metaphysica autem et logica et earum consideratione, quae ad omnia se extendunt, actum est; nunc vero de naturali et mathematica restat agendum.*

275) *Opusc.* 45, ebd. f. 11 r. B: *Inter veritates siquidem de principiis naturae de unitate formae in uno individuo ad plurimas se extendit veritates, ... sufficiat ad praesens, quasdam rationes communes in scriptis adductas contra cavillationes fortificare..... Ostenditur autem propositum tribus viis ad praesens: prima sumitur ex distinctione formarum a se invicem, secunda ex ratione entitatis, tertia ex ratione unitatis.*

276) Ebend.: *Formae rerum sunt sicut numeri et figurae, quantum ad hoc, quod una forma addit perfectionem super aliam, sicut unus numerus addit super alium et sicut una figura super aliam et virtute continet ipsam; forma ergo perfectior virtute continet formam imperfectiorem; posita ergo forma perfectiori superfluit ponere imperfectiorem; cum ergo in natura nihil sit superfluum, non permittit natura, quod in eodem composito sint duae formae, quarum una sit perfectior alia. Ad huius rationis evidentiam considerandum est, quod ..... omnes formae substantiales sunt eiusdem generis.*

verschiedenen Graden abgestuften Formen zu Ein und der nemlichen Gattung gehören, sei ein gleichzeitiges Zusammenbestehen derselben unmöglich [277]). Auf dieses erste Motiv könne man dann auch sofort das zweite stützen, oder letzteres durch den Hinweis auf die reale Wirkung der in sich einheitlichen Form erledigen [278]).

Die kurze Abhandlung „*De intellectu et intelligibili*" zeigt uns neben dem gewöhnlichen thomistischen Dualismus zwischen Singulärem und Allgemeinem [279]) eine entschiedene Bezugnahme auf Scotus, indem als Gegenstand der Wortbedeutung nur die subjectiv begriffliche Auffassung, nicht aber die *species intelligibilis*, bezeichnet wird [280]). Uebrigens knüpft sich hieran eine etwas mystische Dreitheilung der Sprache, je nachdem dieselbe vom Herzen oder von der Einbildungskraft oder vom Munde ausgeht [281]).

Unter dem Titel „*De universalibus*" sind uns zwei *Tractatus* erhalten, deren zweiter jedoch durchaus nicht eine Fortsetzung des ersten ist, sondern jeder derselben behandelt das Thema derartig in seiner eigenen Weise, dass wir zweifellos zwei ganz verschiedene Verfasser vor uns haben [282]). Der erstere beginnt sofort mit einer Aufzählung und Kritik der verschiedenen Meinungen über die Universalien, wobei die Epikureer, die Platoniker, die einseitig übertreibenden Scotisten, und die Anhänger Bonaventura's sämmtlich durch aristotelische Stellen widerlegt werden [283]). Und dasjenige, was sich Thomas aus Aristoteles und Avi-

---

277) f. 12 v. A: *Omnis forma est simplex, et nulla est composita ex formis, et tanto forma est simplicior, quanto maior est et perfectior......* (B) *Unde impossibile est, quod compatiatur secum aliam in eodem subiecto, cum sit eiusdem generis cum unaquaque, sicut et omnes formae aliae sunt incompossibiles propter hoc, quod sunt eiusdem generis.*

278) f. 12 v. B: *Secunda via ostendendi propositum sumitur ex potestate essentiali formae substantialis, ex hoc sc. quod quaelibet forma substantialis constituit ens simpliciter; ..... quod posset probari ex prima via supposita incompossibilitate formarum; ex hoc enim statim sequitur, quod omne subsistens materiale, cum sit unum subiectum unam tantum habens materiam, tantum sit una forma cuiuslibet, quae faciat esse subsistens. Sed tamen ..... ex propriis huius viae est procedendum; pro principio autem huius viae sumendum est, quod omnis forma naturalis est principium alicuius motus naturalis et quietis.*

279) *Opusc.* 53, ebd. f. 37 v. B: *Ipsa natura, cui accidit* (vgl. ob. Anm. 266) *intelligi, non est nisi in singularibus; sed hoc ipsum, quod est intelligi, est in intellectu.*

280) f. 37 v. A: *Vox exterior neque significat ipsum intellectum neque speciem intelligibilem neque actum intellectus, sed conceptionem, qua mediante refertur ad rem.* Vgl. ob. Anm. 126 f.

281) Ebend.: *Triplex est verbum: verbum cordis sive intellectuale, verbum imaginationis sive imaginabile, verbum oris sive vocale; primum est manans, secundum disponens, tertium operans.*

282) *Opusc.* 55, ebd. f. 38 r. A, und *Opusc.* 56, f. 39 r. B.

283) f. 38 r. A: *Circa universalia multiplex fuit et diversorum philosophorum opinio. Quidam enim, sicut Epicurei, non ponentes distinctionem esse nisi secundum sensum ..... dicebant, quod nihil est universale ...... Quidam posuerunt, ea esse et subsistere praeter singularia et praeter intellectum, et isti fuerunt Platonici; .... philosophus dicit contra Platonem deridendo eum „gaudeant genera et species, monstra enim sunt"* (s. Abschn. III, Anm. 66). *Sumamus autem necessarium argumentum, quod format Avicenna contra eum* (folgt die Stelle Abschn. XVI, Anm. 188) ...... *Quidam posuerunt universalia nobis innata et concreta ..... per dictum philosophi, quod intelligimus, cum volumus* (Abschn. IV, Anm. 107), *.....quod non esset dictum,*

cenna behufs eines bequemen Dualismus herausgelesen hatte, bildet nun die positive Ansicht des Verfassers, welcher in seinem Wortgebrauche fast das ganze Register der Terminologie des Albert und des Thomas (s. Abschn. XVII, Anm. 398) erschöpft und hiezu noch den älteren Ausdruck *„diversi respectus“* (s. Abschn. XIV, Anm. 137) hinzufügt und auch seine Uebereinstimmung mit dem thomistischen Princip der Individuation kundgiebt[284]). Daran schliessen sich Erörterungen über *intentio universalitatis* und über *universalia accidentium* an, welche wörtlich theils dem Thomas theils dem Avicenna entnommen sind[285]); hierauf aber folgt eine förmliche Casuistik über Priorität oder Posteriorität der Universalien (vgl. ob. Anm. 258), indem hiebei vorerst der Unterschied zwischen realem Sein und Erkennbarkeit derselben festzuhalten sei, und ersteres entweder als Abstractum oder als Form gefasst werden könne, wovon wiederum die Form sowohl nach ihrer Thätigkeit als auch nach ihrer Absicht (*intentio*) betrachtet werden müsse, für welch beide Gesichtspunkte abermals zu unterscheiden sei zwischen höher liegenden und tiefer stehenden Universalien, deren erstere wieder entweder auf ihre eigene oder auf eine mittelbar entferntere Individuation bezogen werden können[286]). Der Rest aber enthält Bemerkungen über den artmachenden

---

nisi ipsa nobis universalia innata essent et semper actu praesentarentur ipsi animae (diese Ansicht konnte nur von extremen Scotisten ausgehen, welche den Begriff der *species intelligibilis* in augustinischem Sinne forcirten, vgl. ob. Anm. 100 u. 114—125). *Contra quod est etiam philosophus* (folgt die empiristische Stelle Abschn. IV, Anm. 53)...... *Alii vero posuerunt, quod formae intellectuales effluunt in mentem nostram ab intellectu agente, ponebant autem, intellectum agentem non esse in nobis, sed extra nos, et dicebant, istum esse deum* (s. Bonaventura, Abschn. XVII, Anm. 552) ..... *Contra istos est philosophus in tertio de anima* (s. Abschn. IV, Anm. 63 ff.)

284) f. 38 r. B: *Sententia tamen Aristotelis vera est, ... et tangitur in hoc duplex esse universalis, unum, secundum quod est in rebus, aliud, secundum quod est in anima...... Natura, quae individuatur per materiam in singularibus, efficitur postea universalis per actionem intellectus depurantis ipsam a conditionibus, quae sunt hic et nunc. ...... Lapis non est in anima, sed species lapidis* (Abschn. IV, Anm. 176)...... *Diversis respectibus potest aliquid esse genus et species et universale et particulare ...... Est universalis, inquantum habet rationem uniformem ad omnia individua, ... prout aequaliter est similitudo omnium...... Habet rationem communitatis, secundum quod est communis per repraesentationem plurium..... Unitas generis ex ipsa indeterminatione procedit vel indifferentia.*

285) f. 38 v. A. Vgl. Abschn. XVII, Anm. 493. u. Abschn. XVI, Anm. 103.

286) Ebend.: *Utrum autem universale sit prius, quam singulare, dicendum, quod universale esse prius contingit dupliciter, sc. universale in essendo et universale in cognoscendo. Si in essendo, tunc universale accipitur pro specie, quae est abstracta a conditionibus materialibus, ... et isto modo patet, quod prius est singulare, a quo abstrahitur talis forma...... Alio modo consideratur universale, prout est forma realiter existens in rebus, et hoc dupliciter; aut enim refertur ad operationem naturae aut ad intentionem. Si primo modo, aut loquimur de universali speciei specialissimae aut de superiori ad ipsam. Si de superiori, aut comparatur ad suum proprium singulare aut ad id, quod mediate continetur ab ipso. Si ad proprium, ... tunc prius est in operatione naturae hoc animal, quam animal, ... quod omnis operatio est singularium ...... Si formamus universale superius ad singulare non proprium, ut animal ad hunc hominem, sic in operatione naturae universale praecedit singulare ..... Si autem loquamur de universali inferiori, ut de specie specialissima, sic quantum ad operationem naturae singulare praecedit universale...... Si autem referamus universale quantum ad intentionem naturae, sic adhuc distinguendum est, quia loquimur aut de universali superiori, ut de genere, aut de inferiori ..... Si*

Unterschied, über Einheit, und über das Verhältniss zur Objectivität, welche sich wörtlich an Avicenna anschliessen [287]).

Der Verfasser der zweiten Abhandlung, welcher auch auf andere von ihm verfasste Schriften hinweist [288]), vertritt eine mehr realistische Auffassung des Thomismus. Indem er an den aristotelischen Begriff des *καθόλου* anknüpft, nimmt er das Universale als eine „Sache", welche in mehrerem Gleichartigen „ist" und so von der *secunda intentio* erfasst wird, und er verstösst somit ausdrücklich und absichtlich gegen den älteren Spruch *„res de re non praedicatur"* [289]). Dabei aber hält er einerseits mit Thomas in einer unverkennbar polemischen Wendung gegen Scotus daran fest, dass das Singuläre nur durch ein Entblössen von seiner Particularität Gegenstand des Erkennens werden könne [290]); und andrerseits gebraucht er für jenes aus dem Einzelnen herausgeschälte Universale den scotistischen Ausdruck *„species intelligibilis"*, woran sich aber bezüglich der *unitas formae* ähnlich wie bei Gottfried v. Fontaines und Johannes Parisiensis die Annahme knüpft, dass Gattungs- und Art-Begriffe nur auf einem *„diversimode intelligere"* beruhen [291]). Freilich liegt hiebei immer nur der unklare Dualismus des Thomas zu Grunde, denn es wird hinwiederum gesagt, dass das Universale einerseits in seiner eigentlichen Bedeutung *formaliter* nur in der denkenden Seele als ein

---

loquamur de superiori, ... dico, quod universale non intenditur a natura ..... Si autem de universali inferiori, ut de specie specialissima loquimur, ... dicendum, quod intentione naturae prius est universale ...... Et sic patet, quid sit dicendum de universali quantum ad esse suum. Si autem loquamur de universali quantum ad cognitionem suam, hoc potest esse dupliciter, quia est aliquid notius quoad nos, et est aliquid notius simpliciter sive quoad naturam.

287) f. 38 v. B z. B. *rationalitas*, s. Abschn. XVI, Anm. 150, und Abschn. XVII, Anm. 529; über *unitas*, s. Abschn. XVI, Anm. 102; sodann f. 39 r. A: *Animal, inquantum est animal, nec est genus nec species nec individuum nec unum* u. s. f., s. ebend. Anm. 74.

288) *Opusc.* 56 f. 40 r. A, woselbst wir einmal finden *„ut alibi declarabitur"*, dann wieder *„sicut patebit in Topicis"* und hierauf *„patebit capitulo de proprio"*.

289) f. 39 r. B: *Quoniam dicit Aristoteles primo Posteriorum* (s. Abschn. IV, Anm. 132) ......, *dico, quod universale, secundum quod universale, comprehendit primam rem, quae de se nata est, in pluribus esse secundum intentionem secundam.* f. 39 v. A: *Quando dicitur „universale praedicatur de pluribus", sensus est, quod res subiecta universalitati praedicatur de pluribus.* Vgl. Abschn. XIV, Anm. 287.

290) f. 39 r. B: *Res, secundum quod est in materia particulari, intelligi non potest, nisi abstrahatur ab omnibus conditionibus individuantibus; lapis enim non potest intelligi, nisi per intellectum abstrahatur ab hic et nunc.* f. 39 v. B: *Singularitas ex hoc, quod est singularitas, non impedit actionem intellectus; aliter intelligentiae, cum sint singulares, non possent intelligi, quod falsum est...... Singularitas non opponitur actioni intelligibilis, nisi cum sit cum materia; sed cum denudatur a materia, erit intelligibilis.* Vgl. Abschn. XVII, Anm. 499. u. ob. Anm. 31, 75 u. 121.

291) f. 39 r. B: *Prima intentio, quae de lapide est, in intellectu est species lapidis, quae competit lapidi, secundum quod lapis, et ab ista prima intentione haec vox „lapis" imposita est ad significandum naturam lapidis ..... Intellectus intelligit naturam lapidis mediante specie intelligibili* (s. ob. Anm. 110 ff.), *quia sibi non repugnat esse in pluribus; secundo intelligit eam, ut est participabilis a pluribus, et secundum diversum participationis modum sic diversimode intelligit; nam inquantum est participabilis a pluribus differentibus specie, intelligit eam sub intellectu generis; et si solum participabilis est a pluribus differentibus numero, intelligit eam sub intellectu speciei.* Vgl. ob. Anm. 70 u. 74.

Accidens des objectiven Wesens vorliege und andrerseits zugleich der Gegenstand selbst sei, welcher vorstellungsweise (*obiective*) dieser Auffassung unterworfen werde [292]), — eine Annahme, welche auch hier an jene Stellen Avicenna's geknüpft wird, denen wir schon so oft begegneten [293]). Auch eine Polemik, welche gegen eine platonisirende Ansicht, dass die Universalien individuelle Wesens-Einheiten seien, gerichtet ist, beruht auf den nemlichen Grundlagen [294]). Aber Eine eigenthümliche Annahme hat diese Schrift vor allen übrigen damaligen Erzeugnissen zum Voraus: es wird nemlich aus dem Umstande, dass die *secundae intentiones* nur in der Seele, und zwar als ein Accidentelles, sich finden, hier der Schluss gezogen, dass die Logik nur in ungewisser Weise (*incertitudinaliter*) eine Wissenschaft sei, da ihr Gegenstand im Vergleiche mit anderen (realen) Disciplinen und insbesondere im Vergleiche mit der Metaphysik der schwächste (*debilissimum*) und ungewisseste sei, denn dasjenige, was nur psychologisch existire, habe am Wenigsten am Sein Theil [295]). Noch wunderlicher aber gestaltet sich die Sache, wenn der Verfasser wohl hieraus folgert, dass ein eigentliches Wissen (*scire*) der Logik nur auf Grundlage einer Kenntniss der realen Wissenschaften erfolgen könne [296]), aber dann doch zugleich behauptet, die Logik müsse vor den übrigen Disciplinen gelernt werden, weil jene *secundae intentiones* allem Seienden gemeinsam seien, und somit auch die Logik selbst gemeinschaftlich allen Wissenschaften einwohne und für alle das Beweisverfahren enthalte [297]).

---

292) f. 39 v. A: *Quaeritur autem, utrum universale sit substantia vel accidens. Et per hoc solvitur ista quaestio, quoniam loquendo de universali, secundum quod universale, est solum in anima et est accidens* (Abschn. XVII, Anm. 379); *sed loquendo de re subiecta dicitur, quod quandoque est substantia et quandoque accidens secundum diversitatem universalium ..... Secunda intentio, quam universale includit, formaliter* (diess ist scotistische Terminologie, s. ob. Anm. 129 u. 133) *solum est in anima...... Res subiecta illi intentioni non dicitur proprie subiecta, sed obiecta.*

293) Ebend.: *Logica principaliter est de secundis intentionibus; sed quia secundae intentiones principaliter accipiuntur a proprietatibus rerum mediantibus primis, ideo dicit Avicenna, ... quod logica est de secundis intentionibus adiunctis primis* (Abschn. XVI, Anm. 74)....... *Avicenna dicit, quod tribus modis dicitur universale* (s. die Stelle ebend. Anm. 184).

294) f. 39 v. B: *Aliqui dixerunt, quod universale esset unum numero numerositate essentiae; hoc autem falsum est. Nam non requiritur ad unitatem universalis unitas essentiae, quoniam genus non dicit essentiam unam, sed plures; ...... sed ideo dicitur universale unum numero, quia intentio illa, quae est in anima, ...est una in numero.*

295) f. 40 r. A: *Species respectu animae accidens est, et similiter de aliis intentionibus secundis..... Solum habent esse in anima..... Et ex hoc patet, qualiter incertitudinaliter logica est scientia, quia ipsa inter omnes alias scientias incertior est; quod est, quia certitudo scientiae dependet a certitudine subiecti. Dicitur enim metaphysica certissima, eo quod habet subiectum certissimum...... Sed inter omnia subiecta scientiarum debilissimum et incertissimum est subiectum logicae, quia unumquodque, quantum habet de entitate, tantum habet de veritate; ..... nunc autem secundae intentiones solum habent esse in anima et ab anima, ex quo sequitur, quod habent debilissimum esse; nam inter omnia genera entium entia, quae sunt in anima, minus participant de entitate.* Vgl. bei Albert, Abschn. XVII, Anm. 363.

296) Ebend.: *Ideo impossibile est, logicam scire, nisi fuerit sciens et expertus in aliis scientiis et specialiter in metaphysica.*

297) Ebend.: *Verumtamen, quia huiusmodi secundae intentiones communes sunt*

Das eigenthümlichste Product aber innerhalb dieser ganzen pseudothomistischen Litteratur ist die *„Summa totius logicae Aristotelis"* [298]), welche auch geschichtlich Manches interessante darbietet (sei es selbst nur um Leibnitz's willen). Es ist unmöglich, dieses Buch dem Thomas zuzuschreiben, denn der Verfasser desselben behandelt nicht nur ausführlich die hypothetischen Syllogismen, sondern verweist auch auf eine von ihm selbst geschriebene Monographie über dieselben [299]), während Thomas gerade für das demonstrative Wissen die hypothetischen Urtheile und Schlüsse abwies (s. Abschn. XVII, Anm. 540). Auch ersehen wir aus einer einzelnen Stelle, dass der Verfasser nicht blos in Spanien lebte, sondern selbst ein Spanier war [300]). Wie er hiess, wird ohne neue Hülfsmittel nimmer zu ergründen sein. Ein thomistischer Standpunkt im Allgemeinen liegt dem Buche wohl zu Grunde, aber um so auffallender ist manches Einzelne und insbesondere die häufige Einflechtung byzantinischer Logik.

Die wesentliche Aufgabe der Logik erblickt der Verfasser (— hierin von Albert abweichend —) in dem syllogistischen Beweisverfahren, und so folgt er dem arabischen Motive (Abschn. XVI, Anm. 16 f.) der Eintheilung der Logik nach den Bestandtheilen des Syllogismus [301]), will aber für seine ganze Darstellung auf das Gebiet der Topik und Sophistik verzichten [302]). Was zunächst den Inhalt der Isagoge betrifft, schliesst er sich in der Universalienfrage an Albert und Thomas an, deren Terminologie er durch das antiscotistische Wort *„denudare"* und durch den bei Roger Baco vorkommenden Ausdruck *„convenientia"* bereichert [303]),

---

in omnibus entibus, ideo logica est communis omnibus scientiis et potest arguere in qualibet scientia, nam secundae intentiones ducunt in cognitionem primarum, inquantum fundatae sunt in eis .... Ideo logica debet addisci prius omnibus aliis scientiis.

298) *Opusc.* 48, ebend. f. 14 v. B — 35 v. A. Unter die Werke des Thomas konnte dieses Buch wahrlich nur durch jenen principiellen Mangel an aller Kritik gerathen, durch welchen sich das Mittelalter in gleicher Weise auszeichnete, wie heutzutage die modernen Thomisten in St. Pölten und in Rheinpreussen (s. Abschn. XVII, Anm. 481).

299) f. 32 r. B: *De quibus omnibus compositis propositionibus et earum varietate et syllogismis, qui ex eis fiunt, diffuse dixi in libro, quem feci de hypotheticis syllogismis; ideo diffuse de eis nunc tractare praetermitto, sed videamus solum modos syllogizandi.*

300) f. 24 v. B: *Verba infinitivi modi aliquando ponuntur ex parte subiecti, ut cum dicimus „currere est moveri", et hoc est, quia habent vim nominis; unde Graeci addunt eis articulos sicut nominibus; hoc idem facimus nos in logica vulgari, nam dicimus „el corere mio", ubi littera „el" est articulus.*

301) f. 14 v. B: *Omnes homines natura scire desiderant* (bekanntlich die Anfangsworte der aristotelischen Metaphysik); *scire autem est effectus demonstrationis; .... quia demonstratio est syllogismus, ad cognoscendum eam necesse est praecognoscere syllogismum; syllogismus autem ..... cognosci non poterit partibus ignoratis.* Vgl. hingegen Albert, Abschn. XVII, Anm. 370.

302) f. 15 r. A: *De syllogismo vero applicato ad materiam probabilem, qui pertinet ad partem logicae, quae dialectica dicitur, de quo tractatur in libro Topicorum, et de syllogismo applicato ad materiam sophisticam, de quo tractatur in libro Elenchorum, non intendo me ad praesens intromittere.*

303) Wir finden nemlich (f. 15 r. A) nicht bloss die Begriffe *secunda intentio, materia signata, hic et nunc* (s. Abschn. XVII, Anm. 519), *conformitas* (s. Abschn. XIV, Anm. 474), sondern unmittelbar neben letzterem auch *convenientia* (s. Abschn.

während er dabei zugleich den thomistischen Dualismus mit der byzantinischen Wendung ausspricht, dass das ***praedicabile*** in dem ***„dici de“*** und das ***universale*** in dem ***„esse in“*** liege, was natürlich mit der Unterscheidung eines intellectuellen und eines sachlichen Auftretens der Universalien zusammentrifft [304]). Wenn aber in Folge der abstrahirenden Thätigkeit, welche im Intellectus vor sich geht, die Universalien vorstellungsweise (*obiective*, s. ob. Anm. 105) im Denken sich vorfinden [305]), so wird zur Ueberbrückung der Kluft zwischen Subject und Object die *species intelligibilis* des Scotus als jene Anschauung herbeigeholt, in welcher die Universalien gegenständlich (*subiective*) im Intellectus sind [306]); nur verbleibt dabei dem subjectiven Denkacte immer noch jede Verknüpfung und wechselseitige Beziehung der Gedankendinge, und so kann in aller Schärfe gesagt werden, dass die Wahrheit überhaupt nur vorstellungsweise besteht [307]). Die Frage aber, wie die Universalien in den Dingen zur Individualisirung gelangen, wird ganz im Sinne des Thomas beantwortet, wobei jedoch, um der Schwierigkeit betreffs der Angelologie zu entgehen, jeder Engel sich gefallen lassen muss, zu einer eigenen Species ernannt zu werden [308]). Auch die Controverse über *unitas formae* wird nach thomistischer Anschauung erledigt, indem die Aeusserungen Avicenna's, welche sich auf die Form beziehen, zur Verwendung kommen [309]). Ueberhaupt ja ist es Avicenna, von welchem der Verfasser auch in der Einzeln-Erörterung der fünf Universalien innerhalb seines Thomismus sich leiten lässt [310]).

XVII, Anm. 573) und als Ausdruck der abstrahirenden Thätigkeit *denudare* (vgl. hingegen Scotus ob. Anm. 121 u. 290).

304) Ebend.: *Universalia dicuntur, prout intellectus attribuit eis esse in pluribus; praedicabilia vero dicuntur, prout intellectus attribuit eis dici de pluribus* (s. bei Petrus Hispanus, Abschn. XVII, Anm. 167). Ziemlich plump spricht sich dieser Dualismus in den Worten aus, f. 15 r. B: *Licet intentiones fiunt ab intellectu, tamen oportet, quod aliquod fundamentum habeant in re extra,* oder ebenso wenn gesagt wird, f. 25 v. B: *Universale autem potest dupliciter considerari: uno modo quasi separatum a singularibus, sc. secundum esse, quod habet in intellectu obiective; alio modo secundum esse, quod habet in singularibus.*

305) f. 15 v. B: *Forma substantialis habet duplex esse. Unum est obiective in intellectu* (hiezu vor. Anm. am Schluss), *et secundum hoc esse intellectus attribuit sibi nomen abstractum, considerat enim eam intellectus non considerando materiam, in qua est, et propterea dat sibi nomen abstractum, ut „humanitas“. Aliud esse habet in materia.*

306) f. 25 r. A: *Dico, quod in intellectu quaedam sunt subiective, ut species intelligibiles* (s. ob. Anm. 118 u. 126 ff.) *et actus intelligendi et huiusmodi; quaedam sunt obiective, ut ea, quae intellectus intelligit.*

307) Ebend.: *Quando ergo res, quae est in intellectu obiective, est conformis sibi ipsi, ut est in rerum natura, tunc talis conformitas dicitur veritas.....* (B) *Veritas est relatio rationis, entia autem rationis nusquam sunt subiective, nisi largo modo intelligatur, secundum illud, cui ratio attribuit talem respectum rationis; habet ergo veritas solum esse obiective; et similiter dico de falsitate.* Die Folgerung jedoch, welche wir aus diesem Standpunkte in einer anderen Schrift (ob. Anm. 295) fliessen sahen, wird hier nicht gezogen.

308) f. 15 v. A: *Principium individuationis proprium est a materia signata..... Angeli non differunt inter se numero, sed quilibet angelus facit speciem per se.*

309) f. 15 r. B u. f. 17 v. A; vgl. Abschn. XVI, Anm. 93. u. Abschn. XVII, Anm. 523 f.

310) f. 15 v. B über den artmachenden Unterschied (vgl. Abschn. XVI, Anm.

An die Lehre von den Kategorien, welche in der nemlichen Weise, wie bei Albert, mit den Universalien in Verbindung gebracht werden [311]), knüpft sich vorerst an der Hand aristotelischer Stellen eine Besprechung des Begriffes *„ens“* [312]), welcher jedoch nicht als Gattungsbegriff gefasst werden soll [313]). Eigenthümlich aber ist dem Verfasser nicht nur, dass er die ersten drei Kategorien als „absolute“ den übrigen sieben als „relativen“ gegenüberstellt [314]), sondern auch dass er erst hier bei der Kategorie der Substanz die *arbor Porphyriana* verwerthet, mit welcher er jedoch ebensowenig wie Avicenna durchgängig einverstanden ist [315]). In ungleichmässiger Ausführlichkeit behandelt er die Kategorie der Quantität, Qualität und Relation, in deren Erörterung er auch viele theologische Fragen verflicht [316]), und betreffs der sechs letzten Kategorien liefert auch er einen Commentar zum Gilbertus Porretanus [317]).

In der Lehre vom Urtheile entlehnt er dem Albert die Unterscheidung zwischen *enuntiatio* und *propositio* [318]), folgt aber hinwiederum bezüglich der fünf Arten des Satzes lieber der Auctorität des Boethius [319]), und nimmt dann aus der byzantinischen Logik den Begriff der *copula* sowie den Memorial-Vers *„Quae ca vel hyp“* u. s. f. auf [320]). Auch da, wo er bezüglich der allgemeinen Urtheile Gelegenheit findet, seinen thomistischen Dualismus kundzugeben, und sowohl für die logische Auffassung als auch für das reale Auftreten der Universalien die möglichen Fälle einer allgemeinen Aussage formulirt, bewegt er sich in byzantinischen Beispielen und in der byzantinischen Ansicht, dass z. B. *omnis* eben doch nur ein Syncategoreuma und ein blosses „Zeichen“ sei [321]), daher er auch

---

144 ff. u. Abschn. XVII, Anm. 529); f. 16 r. A über Accidens (vgl. Abschn. XVI, Anm. 156 ff.).

311) f. 15 r. A: *Praedicamentum nihil aliud est, quam ordinatio praedicabilium in ordine praedicamentali.* S. Abschn. XVII, Anm. 429. Auch die Erörterung über die Synonyma und insbesondere über die Analoga (f. 17 r. A) schliesst sich an Albert an; s. ebend. Anm. 432.

312) f. 17 r. B; vgl. Abschn. IV, Anm. 298 u. 301.

313) f. 16 r. A; s. Abschn. XVI, Anm. 32. u. Abschn. XVII, Anm. 415.

314) f. 17 r. B: *Contrahitur ens per duos modos, quorum unus est esse ad esse, et iste modus comprehendit tria praedicamenta absoluta, sc. substantiam, quantitatem et qualitatem; secundus est esse ad aliud, et iste modus comprehendit septem praedicamenta respectiva.*

315) f. 17 v. B: *Qualiter autem praedicamentum substantiae sit ordinatum, patet in arbore Porphyrii, quam gratia exempli ponimus, licet non in toto reperiam eam veram.* Vgl. Abschn. XVI, Anm. 134.

316) f. 18 v. B — 21 v. A.

317) f. 21 v. B — 24 r. B. Vgl. Abschn. XVII, Anm. 439.

318) f. 24 v. A; vgl. ebend. Anm. 445. Gelegentlich der Definition von *vox* wird eine aristotelische Stelle (Abschn. IV, Anm. 701) mit Benützung des byzantinischen Begriffes *„suppositum“* (vgl. ob. Anm. 109 u. 251) verwendet: *Est differentia inter diffinitionem suppositorum et diffinitionem formarum* etc.

319) f. 25 r. A; vgl. Abschn. XII, Anm. 111. u. Abschn. XVII, Anm. 449.

320) f. 25 v. A; s. Abschn. XVII, Anm. 152 u. 108.

321) Auf die oben, Anm. 304, angeführte Stelle, f. 25 v. B, folgt unmittelbar: *Primo modo considerato universali aliquid de eo potest dupliciter enuntiari. Uno modo, quando ei attribuitur aliquid, quod pertinet ad solam actionem intellectus, ut cum dicimus ..... „homo est species“...... Alio modo, ... quando illud, quod ei attribuitur, non pertinet ad actum intellectus, sed ad esse, quod habet ipsa natura intellecta in rebus, quae sunt extra animam, ut si dicatur „homo est dignissima crea-*

Albert's *„individuum vagum"* mit einem anderen derartigen Zeichen, nemlich mit *quidam,* in Verbindung bringt [322]). Wenn aber dann bei Erörterung der Entgegensetzung der Urtheile sieben Erfordernisse des contradictorischen Gegentheiles aufgezählt werden [323]), so fühlen wir es merklich, dass wir uns allmälig dem üppigsten Dickicht der Scholastik nähern. Bei der Aequipollenz wird der Memorial-Vers *„Prae contradic* u. s. f." angeführt [324]), auch folgt hierauf eine längere Erklärung der byzantinischen *triplex materia* der Urtheile [325]). Desgleichen wird die Modalität der Urtheile ausführlich nach älterer und neuerer Tradition der byzantinischen Logik behandelt, denn auf letztere weist die Unterscheidung der *„modales de dicto"* und *„modales de re"* hin [326]), und ersterer gehört die Auffassung des Begriffes *modus* selbst, sowie die Memorial-Worte *„Purpurea* u. s. f." an [327]). Ebenso schliesst sich die Erörterung über die hypothetischen Urtheile dem nemlichen Vorbilde an, und zwar ist es die jüngere Formation, aus welcher die Eintheilung des conditionellen Urtheiles in *rationalis, causalis, temporalis* entnommen ist [328]).

Die Syllogistik knüpft der Verfasser an den traditionellen arabischen Begriff der Argumentation [329]), verbindet aber hiemit den Standpunkt des Boethius, wornach *inventio* und *iudicium* die Aufgabe der Logik sind,

---

turarum" (wörtlich dasselbe Beispiel s. Abschn. XVII, Anm. 206)..... *Secundo modo enuntiatur aliquid de universali ..... dupliciter. Uno modo cum attribuitur sibi aliquid ratione ipsius universalis; ..... alio modo, quando attribuitur ei aliquid ratione singularis ..... Et quia iste modus enuntiandi aliquid de universali cadit in communi apprehensione hominum, ideo inventae sunt quaedam dictiones ad designandum modum, ...ut hoc signum „omnis"* (s. ebend. Anm. 238 f.).

322) f. 26 r. A: *Haec dictio „quidam" vel „aliquis"...... indeterminate formam alicuius singularis significat, ... unde et dicitur individuum vagum;* s. ebend. Anm. 406.

323) Ebend.: *Quod sit contradictio inter aliqua, requiruntur septem. Primo, quod opponantur duae propositiones, quarum una sit affirmativa et altera negativa, quod tales enuntiationes sint eiusdem subiecti. Tertio, quod sint eiusdem praedicati. Quarto, quod non fiat praedicatio secundum diversas partes subiecti ...... Quinto, quod non sit diversus modus ex parte praedicati...... Sexto, quod non sit diversitas ex parte mensurae, loci et temporis ..... Septimo, quod non sit diversitas ex habitudine ad aliquid extrinsecum.*

324) f. 26 v. A, s. Abschn. XVII, Anm. 40.

325) Ebend., s. ebd. Anm. 155.

326) f. 26 v. B: *Quaedam sunt propositiones modales de dicto, ut „Socratem currere est necesse", in quibus scilicet dictum subiicitur et modus praedicatur* (vgl. ebd. Anm. 161), *et istae sunt vere modales ...... Quaedam autem sunt modales de re, in quibus videlicet modus interponitur dicto, ut „Socratem necesse est currere", ... quod in Socrate sit necessitas ad currendum.* Im Wesen nemlich ist diese Eintheilung verwandt mit jener, welche wir oben (ebend. Anm. 585) trafen.

327) f. 27 r. A, s. ebd. Anm. 161 u. bes. 164. Die übliche Figur ist hier sehr vereinfacht, indem in den vier Ecken derselben nur die Satzformen auftreten: *Necesse est esse, Possibile est esse, Impossibile est esse, Possibile est non esse.*

328) f. 27 v. A, vgl. ebend. Anm. 584. Wenn dort gesagt wird *„Harmonius ponit duplicem hypothesim"*, so ist natürlich *Ammonius* zu lesen, und es ist damit eine Stelle gemeint, welche Boethius (Abschn. XII, Anm. 156) aus Ammonius (Abschn. XI, Anm. 167 f.) entnommen hatte.

329) f. 27 v. B: *Est autem argumentatio oratio significativa discursus rationis ab uno cognito ad aliud incognitum vel a magis cognito ad minus cognitum.* Vgl. Abschn. XVI, Anm. 15. Hierauf folgt abermals obige (Anm. 318) Unterscheidung zwischen *propositio* und *enuntiatio.*

und erblickt in letzterem das Wesen der aristotelischen Analytik, so dass wir hier fast ein Vorspiel der späteren Bedeutung des Wortes „*iudicium*" finden könnten [330]). Als „Principien" des Syllogismus bezeichnet er das *Dictum de omni* und *Dictum de nullo*, wozu als Drittes der *syllogismus conversivus* komme, welcher (in deutlicher Anknüpfung an die Lehre von *Consequentia*, s. Abschn. XVII, Anm. 613) bei Erhärtung der Schlusskraft einiger Syllogismen seine Anwendung finde [331]). Die Erörterung des Einzelnen, bei welcher er, wie Albert, sich der *termini transcendentes*, d. h. der Buchstaben, bedienen will [332]), beginnt er, — uns hierin an Scotus erinnernd, s. ob. Anm. 194 —, mit der Lehre von der Umkehrung der Urtheile [333]), wobei er die Annahme, dass das allgemein verneinende Urtheil auch particular umgekehrt werden könne, als unnöthig abweist [334]) und an der Nicht-Umkehrbarkeit des particular verneinenden Urtheiles festhält [335]), daher er auch nur den Einen Memorial-Vers „*Feci simpliciter* u. s. f." anführt [336]). Auch die Umkehrung der modalen Urtheile bespricht er ausführlich im Anschlusse an die spätere Formation der byzantinischen Logik [337]).

Nachdem er hierauf die Dreizahl der kategorischen Schlussfiguren ohne polemische Beziehung auf eine vierte Figur ziemlich schwach durch blosse Berufung auf einen Memorial-Vers motivirt hat [338]), erörtert er die

---

330) Ebend.: *Logica, ut Boethius in sua Topica dicit* (s. Abschn. XII, Anm. 76), *duas habet partes, sc. inventivam et iudicativam..... Judicium autem, ut hic sumitur, est recta determinatio rationis in his, quorum est iudicium...... Et ideo scientia, quae est recta determinatio scibilium, est per causas, sc. cum ratio resolvit causata in causas, et propterea haec pars logicae, sc. iudicativa, dicitur analytica seu resolutoria, quia resolvit principiata in principia.*

331) f. 28 r. A: *Dico autem principia primas propositiones per se notas; haec autem principia sunt dici de omni et dici de nullo.... Aliqui syllogismi non possunt immediate probari per dicta duo principia et propterea..... indigent uno alio principio..... Hoc autem principium est: Quando ex opposito consequentis infertur oppositum antecedentis primae conclusionis, tunc prima consequentia fuit bona..... Et haec reductio vocatur ab aliquibus „per impossibile", a philosopho vero „per syllogismum conversivum"*. Letzteres ist natürlich falsch, denn gerade „*per impossibile*" ist aristotelischer Ausdruck (s. Abschn. IV, Anm. 623), hingegen „*conversivus*", welches allerdings bei Albert vorkommt (Abschn. XVII, Anm. 465), weist durch den Boethius hindurch (Abschn. XII, Anm. 136) nur bis zu den älteren Peripatetikern zurück (Abschn. V, Anm. 46).

332) Ebend.: *In talibus syllogismis et eorum propositionibus non curatur, in qua materia sint; ideo utemur terminis transcendentibus.* S. Abschn. XVII, Anm. 469.

333) Auch die logische Begründung der Umkehrbarkeit bewegt sich, wie bei Scotus, in den Ausdrücken der Lehre von den *Consequentiae*.

334) f. 28 r. A: *Per accidens...... convertuntur universalis affirmativa et, ut aliqui dicunt, universalis negativa; tamen non est necessarium hoc ponere, ... existentibus enim universalibus veris semper particulares sunt verae.* Hiernach kann es zweifelhaft sein, ob mit jenen „*aliqui*" etwa Scotus gemeint sei; s. ob. Anm. 196.

335) f. 28 r. B: *Particularis vero negativa non convertitur, quia ex opposito consequentis non infertur oppositum antecedentis.* Vgl. hingegen ob. Anm. 199.

336) Nemlich der zweite der vier Verse, welche bei Petrus Hispanus vorkommen (Abschn. XVII, Anm. 156), musste bei solcher Ansicht des Verfassers wegfallen.

337) f. 28 r. B u. v. A. S. Abschn. XVII, Anm. 587 u. 594.

338) f. 29 r. A: *Plures figurae non possunt esse, quia tres termini in duabus propositionibus non possunt pluries variari. Unde versus: Sub prae* u. s. f. s. Abschn. XVII, Anm. 51 (vgl. ebd. Anm. 181).

inutiles coniugationes, wobei er die bekannten Regeln, dass nicht beide Prämissen negativ, noch auch beide particular sein dürfen, durch den Zusatz vermehrt, dass das Gleiche auch von der Singularität und von der Unbestimmtheit der Urtheile gelte [339]), worauf er die unzulässigen Combinationen betreffs der einzelnen Figuren zusammenfasst[340]). Hierauf gibt er für die drei Figuren vorerst nur die vierzehn aristotelischen Modi an [341]), fügt aber dann für alle drei Figuren noch „indirecte" Schlussweisen hinzu, welche er darauf begründet, dass jeder umkehrbare Schlusssatz eines Syllogismus in seiner bewerkstelligten Umkehrung gleichfalls als Schluss-Resultat zu betrachten sei; hieraus ergeben sich für die erste Figur die ersten drei theophrastischen Modi (d. h. nach damaliger Terminologie *Baralipton, Celantes, Dabitis,* oder nach jetziger *Bamalip, Calemes, Dimatis*), ferner für die zweite Figur zwei neue Modi (d. h. *Caesaro* und *Camestros*), und ebenso drei neue für die dritte Figur (nemlich Umkehrung des Schlusssatzes in *Darapti, Disamis* und *Datisi*); betreffs der zwei letzten theophrastischen Modi der ersten Figur (d. h. nach damaliger Bezeichnung *Fapesmo* und *Frisesomorum,* nach jetziger *Fesapo* und *Fresison*) wird die völlig richtige Bemerkung gemacht, dass dieselben auf dem Versuche beruhen, unzulässige Combinationen der ersten Figur dennoch schlussfähig zu machen [342]). Indem aber der Verfasser hiebei den Boethius tadelt, weil er die indirecten Modi der zweiten und dritten Figur vernachlässigt habe, müssen wir beachten, dass hier Boethius den *doctores moderni* beigezählt wird [343]). Jedoch trotz dieser Bereicherung der Syllogistik zählt er zuletzt doch nicht 24, sondern nur die üblichen 19 Schlussmodi mittelst jener nemlichen Memorial-Verse auf, welche wir schon seit Shyreswood trafen [344]). Hierauf reiht er eine Er-

339) Ebend.: *Inutilium coniugationum quaedam possunt fieri in omnibus figuris. ...... Sunt quatuor: prima est, si ambae praemissae sunt negativae; secunda, si ambae praemissae sunt particulares; tertia, si ambae sunt indefinitae; quarta, si ambae sunt singulares ..... Ex puris negativis, particularibus, indefinitis et singularibus nihil sequitur.*

340) Ebend.: *Inutiles vero coniugationes, quae non sunt in omnibus figuris, sunt duae. Una convenit primae et tertiae figurae, sc. quando minor propositio est negativa; secunda convenit primae et secundae figurae, sc. quando maior propositio est particularis.* Vgl. bei Cassiodorus, Abschn. XII, Anm. 182.

341) f. 29 r. B u. v. A.

342) f. 29 v. B: *Restat nunc dicere de syllogismis indirecte concludentibus...... Tales autem syllogismi sunt numero decem; quinque enim sunt in prima figura, duo in secunda, et tres in tertia figura. Sciendum, quod omnis syllogismus concludens aliquam conclusionem, quae converti potest, etiam potest concludere illam, in quam convertitur. Cum ergo omnes conclusiones dictorum syllogismorum possunt converti exceptis particularibus negativis, omnes tales syllogismi poterunt concludere indirecte. Tales autem in prima figura sunt tres, sc. primus modus, secundus et tertius; in secunda sunt duo, sc. primus et secundus; in tertia sunt tres, sc. primus et tertius et quartus. Adducantur autem in prima figura duo modi, qui sunt contra duo principia sive regulas datas in prima figura; nam ambo habent minorem negativam, ... et alter eorum habet maiorem particularem.* S. Abschn. IX, Anm. 100.

343) Ebend.: *Doctores autem moderni, sc. Boethius, praetermissis quinque, sc. secundae et tertiae figurae, de solis quinque primae figurae fecerunt mentionem* (diess ist nicht durchaus richtig, s. Abschn. XII, Anm. 136 f.). *Quorum primus constat* u. s. f., d. h. es folgen nun die fünf theophrastischen Modi der ersten Figur.

344) f. 30 r. A: *Ad memoriter tenendum praedictos syllogismos inventi sunt quidam versus, qui taliter designantur: Barbara* u. s. f. s. Abschn. XVII, Anm. 52 (nur

örterung *de inventione medii* an, welche er dem Albert entnimmt [345]), und auf gleicher Quelle beruht, was er in ziemlicher Breite über die modalen Syllogismen angibt [346]).

Hingegen glaubte er offenbar, die an Albert und Thomas sich anschliessende Logik dadurch ergänzen und verbessern zu können, dass er in reichlicher Ausdehnung die Lehre von den hypothetischen Schlüssen aufnahm (vgl. Abschn. XVII, Anm. 467 u. 540). Hatte er sich bezüglich des hypothetischen Urtheiles an die byzantinische Logik angeschlossen (ob. Anm. 328), so lässt er nun die dort übliche Dreitheilung fallen [347]), um in dieser Gruppe der Logik vollständig dem Boethius zu folgen [348]).

Sehen wir hierauf von einer ganz augenscheinlichen Interpolation ab, welche aus der späteren Formation der byzantinischen Logik eine Episode über die Reduplicativ-Sätze als *Exponibilia* enthält [349]), so bildet den Schluss des Ganzen die Lehre *de demonstratione*, bezüglich deren der Verfasser sich wieder an Albert anlehnt, welcher seinerseits den arabischen Standpunkt recipirt hatte, dass es sich hier um

---

finden wir hier *Brocardo* statt *Bocardo*). Hierauf wird ausführlich und deutlich die Bedeutung der Buchstaben, welche in jenen Kunstworten vorkommen, erklärt (vgl. ebend. Anm. 187), wobei es den Anschein hat, als wolle das Siglum „*C*" in *Brocardo* und *Baroco* auf den Ausdruck „*conversivus syllogismus*" (s. ob. Anm. 331) zurückgeführt werden; wenigstens lesen wir dort: *aliquando invenitur C et significat, quod iste syllogismus ... potest reduci ... solum per syllogismum conversivum.*

345) f. 30 r. A. Vgl. Abschn. XVII, Anm. 464 (es werden dabei hier nur die 14 directen Schlussmodi in Betracht gezogen).

346) f. 31 r. A. Vgl. ebend. Anm. 461.

347) f. 32 r. A: *Tres sunt species propositionum hypotheticarum, sc. conditionalis, copulativa et disiunctiva* (s. ebend. Anm. 158). *Syllogismi autem, qui sunt ex propositionibus copulativis, eodem modo se habent sicut et syllogismi categorici, et ideo de eis praetermittamus. Sed quia ex propositionibus conditionalibus et disiunctivis aliter fiunt syllogismi, quam in propositionibus categoricis, ideo de eis dicendum est.*

348) Vorerst nemlich werden (f. 32 r. A) die conditionalen Urtheile nach Boethius eingetheilt (s. Abschn. XII, Anm. 146 u. 142), dann folgen von den conditionalen Schlüssen nur die ersten vier Modi (s. ebend. Anm. 155), d. h. nur der sog. *modus ponens*, während der *modus tollens* wohl erwähnt, aber nicht näher entwickelt wird; hingegen findet aus Avicenna (Abschn. XVI, Anm. 219) die relative Satzform (mit „*qui*") ihre Verwendung. Hierauf reihen sich (unter Verweisung auf eine ausführlichere Monographie des Verfassers, s. ob. Anm. 299) die ersten 16 zusammengesetzten hypothetischen Schlüsse des Boethius an (s. Abschn XII, Anm. 157), auf welche in kürzerer Zusammenfassung jene 48 Modi des zusammengesetzten hypothetischen Syllogismus folgen, welche Boethius (s. ebend. Anm. 159—161) nach den drei Figuren des kategorischen Schlusses geordnet hatte. Auch das disjunctive Urtheil wird (f. 32 v. A) grundsätzlich in der nemlichen Weise aufgefasst wie bei Boethius (s. ebend. Anm. 141 u. 148), woraus sich ebenso eine Reduction der verschiedenen disjunctiven Urtheilsformen auf entsprechende hypothetische Urtheile ergibt (s. ebend. Anm. 163).

349) f. 32 v. A, woselbst auf den Abschluss der Syllogistik (*Dictum ergo sit de syllogismis hoc modo; de aliis autem speciebus argumentationis non me intromitto*; s. ob. Anm. 302) nun unmittelbar folgt: *Notandum ad hoc: quod propositio reduplicativa sit vera, requiritur, quod quatuor propositiones exponentes ipsam, sc. tres categoricae et una hypothetica, sint verae* u. s. w., d. h. es folgen nun Regeln über die Wahrheit der Reduplicativ-Sätze, wie wir sie früher, Abschn. XVII, Anm. 262 u. bes. 608 f. trafen. Und um den Charakter einer Interpolation zweifellos festzustellen, folgen hierauf noch einige Bemerkungen über die Umkehrung der kategorischen Urtheile.

die „Materie“ der Syllogismen handle[350]). Mit Ausschluss jener Erörterungen, welche in der zweiten Analytik des Aristoteles, sowie natürlich auch im Commentare Albert's, der Definition gewidmet waren, wird hier in ausführlicher Breite über *per se* u. dgl.[351]), über *demonstratio potissima*[352]), über die sog. *dignitates*[353]), und zuletzt über die Einheitlichkeit einer Wissenschaft gesprochen[354]), ohne dass wir irgend Bemerkenswerthes hieraus hervorheben könnten. Nur das Eine dürfte zu erwähnen sein, dass wir auch hier, wie bereits in einer anderen Schrift (s. ob. Anm. 273), den sechs transcendenten Begriffen begegnen[355]).

Gleichfalls den Thomisten wurde Aegidius Romanus (oder *de Colonna,* gest. i. J. 1316) beigezählt, von dessen ausgedehnter schriftstellerischer Thätigkeit hieher gehören: ein Commentar zur sog. *vetus logica*[356]), desgleichen zur ersten Analytik[357]), zur zweiten Analytik[358]), zu *Soph. Elenchi*[359]), ferner eine Schrift *De ente et essentia*[360]), sodann der Commentar zu Petrus Lombardus[361]), sowie *Quodlibeta*[362]), und ausserdem unter drei kleineren Tractaten die Schriften *De partibus philosophiae* und *De gradibus formarum*[363]). Die Commentare des Aegidius zum Organon gehören zu denjenigen, welche man *„ad litteram“* nannte, d. h. sie geben, abgesehen von den allgemeineren Einleitungen, nur eine erklärende Umschreibung des Originales Satz für Satz oder, wo nöthig, Wort für Wort, wobei, was wohl zu beachten ist, nirgends das

---

350) f. 32 v. B: *Quaedam sunt, quae pertinent ad materiam demonstrationis.* Auch war schon in der Einleitung des ganzen Buches, f. 15 r. A, dieser letzte Theil bezeichnet als: *de syllogismo applicato ad materiam demonstrativam seu de demonstratione.* Vgl. Abschn. XVII, Anm. 459.

351) f. 33 r. A u. B; vgl. ebend. Anm. 473.

352) Ebend. vgl. ebd. Anm. 476.

353) f. 33 v. A u. f. 34 v. B; vgl. ebd. Anm. 475. u. Abschn. IV, Anm. 147.

354) f. 35 r. B; vgl. Abschn. IV, Anm. 675.

355) f. 33 v. B: *Aliquarum propositionum termini sunt in communi omnium notitia, ut sunt „ens, verum, bonum, unum, aliquid, res“ et huiusmodi, quae pertinent ad primas conceptiones intellectus.*

356) *Expositio in artem veterem, videlicet in universalibus, praedicamentis, postpraedicamentis, sex principiis et Periermenias. Venet.* 1507. fol. (auch später wieder gedruckt *Bergomi* 1591. 4). Der Umkreis der *„Ars vetus“* war ja schon längst abgegränzt; s. ob. Anm. 95. u. Abschn. XVII, Anm. 5 u. 103.

357) *Expositio super libros Priorum. Venet.* 1516. fol.

358) *Expositio super libros Posteriorum Aristotelis cum textu eiusdem. Venet.* 1500. fol.

359) *Expositio super libros Elenchorum Aristotelis. Venet.* 1500. fol.

360) *Egidius Romanus de esse et essentia. Venet.* 1503. fol.

361) *In primum Sententiarum. Venet.* 1492. fol. u. 1521. fol. u. *ed. Aguilar. Corduba* 1699. fol. (nach letzterer Ausgabe citire ich). *In secundum Sententiarum. Venet.* 1482. fol. u. 1581. fol. *In tertium Sententiarum, ed. Gallucci. Romae* 1623. fol.

362) Ohne Titelblatt: *Incipiunt quodlibet celeberrimi ac excellentissimi doctoris domini Egidii de Roma. Bonon.* 1481. fol. und *Fertilissimi Aegidii Romani Quodlibetta* [*sic*] .... *ed. Rhodiginus. Venet.* 1504. fol. und *ed. Coninck. Lovan.* 1646. fol. (nach letzterer citire ich).

363) *Tres tractatus domini Egidii de Roma ...... De partibus philosophiae essentialibus ...... De differentia rhetoricae et politicae ...... De gradibus formarum. S. l. e. a.* 4.

Material der byzantinischen Logik beigezogen wird. Es sind daher nur einige Einzelnheiten, welche in dieser Beziehung unten zur Erwähnung kommen müssen. Hingegen, was die Kernfragen betrifft, welche damals in der Logik umliefen, so äussert sich Aegidius gelegentlich hinreichend ausführlich, um seinen Standpunkt völlig erkennen zu lassen. Wenn zuweilen gesagt wurde, durch ihn habe sich die Schule der Thomisten erst förmlich consolidirt, so ist diess bezüglich der Logik nicht durchaus richtig. Bei den Theologen galt er wohl als der hervorragendste Thomist [364]); aber in der Logik ist es keineswegs ein reiner und stricter Thomismus, welchem wir hier begegnen, sondern auch Aegidius hat in ähnlicher Weise, wie wir es auch schon bei Anderen sahen, in die Doctrin des Thomas manche scotistische Elemente aufgenommen.

Die bei Albert und bei Scotus recipirte Eintheilung der Wissenschaft in eine reale und eine sermocinale wiederholt Aegidius, jedoch mit der Wendung, dass die letztere *„adminiculativa"* sei, und indem er dann der Logik den Syllogismus als wesentlichen Gegenstand und als Motiv ihrer näheren Eintheilung zuweist, folgt er völlig dem Petrus v. Auvergne und dem Scotus [365]). Aber da er zugleich daran festhält, dass die Logik eben doch nur *modus sciendi* und somit nicht eigentlich selbst eine Wissenschaft sei, da es auch ein Wissen ohne Logik (nemlich bei Glaubensgegenständen, wie z. B. betreffs der Engel) gebe [366]), so betrachtet er den Unterschied zwischen *logica docens* und *logica utens* in einer von Scotus sehr abweichenden Weise [367]). Ja er bringt den Begriff des

---

364) Z. B. Coninck theilt in der Vorrede seiner Ausgabe der *Quodlibeta* aus den *„Constitutiones s. ordinis Augustiniani"* folgende Vorschrift mit: *Volumus, ut magistri regentes in lectionibus et determinationibus disputationum in omnibus sequi et tueri debeant sanam et catholicam doctrinam fundatissimi doctoris nostri B. Aegidii Romani, quondam nostri s. ordinis generalis; ubi vero eius scripta non reperiuntur, ex D. Thomae Aquinatis doctrina suppleantur.* Oder z. B. Aguilar (in der Ausgabe des Commentares zu *Sentent.* I) nennt den Aegidius kurzweg *„defensor operum divi Thomae"*.

365) *Expos. in art. vet.* f. 2 v. B: *Scientia speculativa dividitur in principalem et adminiculativam: principalis est illa, quae est de rebus; adminiculativa dicitur quasi adiuvans illam realem scientiam, sicut sermocinales* (s. Abschn. XVII, Anm. 362 f. u. obige Anm. 87). *Ista autem principalis, quae est de rebus, dividitur in tres, sc. in naturalem, metaphysicam et mathematicam ......* f. 3 r. A: *Adminiculativa autem dividitur in tres partes, sc. in grammaticam, logicam et rhetoricam. Logica, in qua subiectum est syllogismus, sic dividitur: aut est de syllogismo aut de partibus eius; si de partibus, aut propinquis aut remotis. Si de remotis, sic est liber Praedicamentorum .....; si de parte propinqua, sic est liber Periermenias ..... Si autem de syllogismo, hoc erit aut de syllogismo in communi non contracto ad aliquam materiam, et sic est liber Priorum; aut contracto ad aliquam materiam, et hoc dupliciter, quia aut contrahitur ad materiam necessariam, et sic est liber Posteriorum, aut ad materiam probabilem; et hoc dupliciter, quia aut ad probabilem simpliciter, et sic est liber Topicorum, aut ad probabilem apparenter, et sic est liber Elenchorum. Omnes alii libri sunt de bene esse* (ebenso *Expos. s. libr. Elench.* f. 2 r. B). S. ob. Anm. 244.

366) *Expos. s. libr. Poster.* f. 2 r. A: *Logica est quaedam via ad ceteras scientias, quare ..... est magis modus sciendi, quam scientia; nam non est necessaria logica propter res scitas, sed propter nostrum modum sciendi. Possunt enim res sciri absque logica; nam substantiae separatae, quia non intelliguntur cum discursu, ut sciantur, non indigent logica.* Ebenso *Expos. s. libr. Elench.* f. 2 v. B.

367) *Expos. s. libr. Poster.* f. 5 v. A: *Logicus, ut est docens, docet logicam,*

modus sciendi in ähnlicher Weise, wie wir es bei einem Thomisten sahen (ob. Anm. 330), in Verbindung mit der boethianischen Zweitheilung des logischen Gebietes [368]), und findet so in der Erörterung der Syllogismen und ihrer Bestandtheile das wesentliche Mittel zur Vermeidung von Irrthümern [369]). Dass aber eben der Syllogismus der eigentliche Gegenstand der gesammten Logik sei, erweist er dadurch, dass er verschiedenen Gegengründen, welche auch schon Petrus v. Auvergne angeführt hatte, anderweitige Beweisgründe entgegenstellt, und auch die Annahme Anderer, dass *ens rationis* oder dass *actus rationis* oder dass *modus sciendi* als solcher der Gegenstand der Logik sei, beseitigt er in überraschender Geschwindigkeit durch die Behauptung, dass ja gerade der Syllogismus all diese verschiedenen Momente schon in sich enthalte [370]). Nur schwankt er mit diesem seinem Standpunkte ein anderes Mal doch wieder in den Begriff der traditionellen *intentio secunda* und hiemit in *conceptus,* jedoch in einer von Scotus (ob. Anm. 92) abweichenden Weise, hinüber, indem er die Erzeugnisse des Erkenntniss-Actes (— *formatum per actum intelligendi* —), unter welchen freilich der Syllogismus das höchste ist, als Gegenstand der Logik bezeichnet [371]).

---

quae non est scientia, sed modus sciendi, ... ut est utens, aggenerat opinionem.... Demonstratio proprie sumpta non aggenerat modum sciendi nec opinionem, sed scientiam. Vgl. *Expos. s. libr. Elench.* f. 2 v. B. S. hingegen bei Scotus ob. Anm. 90.

368) *Expos. s. libr. Prior.* f. 2 r. A: *Logica modum et rationem discernendi debet determinare; sed ratio discernendi secundum Boethium duas habet partes, sc. inventionem et iudicium* (Abschn. XII, Anm. 76)..... *Logica simul determinat scientiam et modum sciendi; et non est inconveniens, est enim logica de modo sciendi, unde potest illa se ipsam rectificare* ...... (B) *Ars inveniendi in Topicis et Elenchis, ars autem iudicandi in Prioribus et Posterioribus traditur.*

369) *Expos. s. libr. Poster.* f. 2 r. B: *Ne in conceptionibus erretur, necesse fuit tradere scientiam libri Praedicamentorum ...... Ne in formando enuntiationem erretur, necesse fuit invenire scientiam libri Periermenias ..... Ne in syllogizando et inducendo conclusiones ex principiis error acciderel, necesse fuit invenire illam partem logicae traditam in arte nova, ubi de omni syllogismo traditur notitia.* Ebenso *Expos. s. libr. Elench.* f. 2 r. B.

370) *Expos. s. art. vet.* f. 3 v. B: *Quaeritur, utrum syllogismus sit subiectum in logica. Et arguitur, quod non. Nam sicut se habet subiectum ad scientiam, ita pars subiecti ad partem scientiae; sed in aliqua parte logicae, ut in libro Elenchorum, non est subiectum aliqua pars syllogismi* (vgl. ob. Anm. 243)..... *Nihil est subiectum totius et partis; sed syllogismus est subiectum in parte logicae, ergo non erit subiectum in tota logica ...... In oppositum arguitur: Illud est subiectum in aliqua scientia, cui attribuuntur omnia determinata in illa scientia; sed omnia determinata in logica attribuuntur syllogismo; ergo ..... Ad hanc quaestionem contradicunt quidam, quod ens* (muss heissen *ens rationis,* s. sogleich) *est subiectum in tota logica, quia de omnibus ibi praedicatur determinatis. Alii dicunt, quod hic sit subiectum actus rationis, qui est triplex, sc. simplicium apprehensio, compositorum intelligentia, intellectorum collatio. Alii dicunt, quod modus sciendi, qui est similiter triplex, sc. diffinitivus, divisivus, collectivus. Sed dicendum, quod syllogismus non differt ab istis, prout etiam ponitur subiectum; nam idem est, quod actus rationis et quod ens rationis, et una pars modus sciendi, sub quo alii ad minus comprehenduntur materialiter; nam in syllogismo ponuntur termini, qui diffiniuntur et etiam dividuntur. Et ita dico, quod syllogismus est subiectum.*

371) *Expos. s. libr. Elench.* f. 2 v. A: *Etsi aliquo modo de actibus rationis sit logica, proprie tamen non est de actibus, sed est de intentionibus et conceptibus, qui formantur per huiusmodi actus ...... Dialectica ergo, quae proprie rationalis est, magis erit de huiusmodi conceptibus, quam de ipsis actibus .....* (B) *In intelligendo*

Schon dieses eklektische Herumtappen zeigt uns den Aegidius als einen Geistesverwandten des Albert, und so wird nun auch die Universalienfrage von ihm in einer Weise erledigt, dass der ursprüngliche Thomismus manche Erweiterung oder Abschwächung erfährt. Er gibt einmal eine kurze Charakteristik der Ansicht Plato's und jener des Aristoteles, in welch letztere er einen sowohl dem Thomas als auch dem Scotus mundgerechten Dualismus hineininterpretirt, und fügt ausserdem noch eine dritte Annahme hinzu, welche nach ihrem Wortlaute die meiste Aehnlichkeit mit Aussprüchen des Roger Baco hat[372]). Auch eine andere Stelle ist ohne grossen Belang, insoferne nur gesagt wird, dass die Universalien aussagbar und vervielfältigbar sein müssen, sowie dass sie nicht selbstständig für sich, sondern nur in anderen Wesen existiren und dort dann ihre verschiedene singuläre Determination finden[373]). Hingegen da, wo er die Frage erörtert, ob die Universalien in der Seele oder in den äusseren Dingen seien, gelangt er nach Anführung der beiderseitigen Gründe zu dem merkwürdigen Ausspruche, dass, obwohl es neben dem „*in anima*" und dem „*extra*" kein anderweitiges Drittes gebe, dennoch die Sache an sich (*res de se*), welche nur als erkannte ein Universale sein kann, weder in der Seele noch im äusseren Dinge sei, d. h. doch wohl, dass man von der „Sache an sich" überhaupt nicht reden könne, hingegen als Universale sei der Gegenstand des Erkennens nicht ausserhalb der Seele, denn es komme ihm da Gemeinsamkeit zu, welche in den äusseren Dingen nicht sei; kurz er umschreibt den Dualismus des Thomas mit Ausdrücken des Scotus, wie z. B. *species informans* und *referre*, mit welchen er wieder die Terminologie des Ersteren, z. B. *abstrahere* und *similitudo*, verbindet, und so kommt er zuletzt mit scotistischer Wendung zu dem Resultate, dass das Universale in seinem formellen Sein in der Seele und nach dem materiellen Sein in den äusseren

---

conclusiones in principiis formamus syllogismum; libri ergo artis novae non erunt de actu intelligendi, quo intelligimus conclusiones in principiis, sed de syllogismo, qui formatur per talem actum. Patet ergo, de quo sit logica universaliter, quia est de huiusmodi conceptibus et intentionibus formalis per actum intelligendi. Ebenso *De part. philos. essent.* p. 1 f.

372) *In I Sentent.*, *Dist.* XIX, *Qu.* 1, *art.* 1, p. 389 A: *De universali sunt diversi modi dicendi. Nam Plato posuit, universalia esse abstracta; volebat enim, de omnibus rebus esse multa per participationem et unum per essentiam ......* (B) *Alia positio universalis fuit Aristotelis, qui voluit, quod universale est id, quod praedicatur de rebus nec proprie est substantia, eo quod est commune multis nec habens proprium esse nec per se esse; hoc autem universale nec est quid reale solum nec quid rationis solum, sed quantum ad esse materiale est quid reale et est in particularibus, esse tamen formale recipit ab anima ...... Isti autem duplici modo universalis superadditur modus tertius, sc. quod species, quae est in intellectu abstracta, dicitur universale, eo quod habet respectum ad plura, non quia de pluribus praedicatur, sed quia pluribus est similis.* S. Abschn. XVII, Anm. 571, 573, 577.

373) Ebend. *Dist.* XXV, *Qu.* 1, *art.* 2, p. 480 B: *Ad esse universalis quatuor concurrunt: Primo, quod praedicetur de pluribus ....., secundo, quod plurificetur in illis....., tertio, quod non significet per modum hypostasis sive per modum per se subsistentis, sed quod significet per modum existentis in alio ......, quarto, quod in his, in quibus existit, habeat aliud et aliud esse, nam homo non secundum idem esse est in Socrate et Platone.* Das einzig Entscheidende in dieser Aufzählung ist eine antiplatonische Tendenz, welche sich aber, wie wir nun schon so oft sahen, fast von selbst verstand.

Dingen sei[374]). Jenes räthselhafte Dritte aber, nemlich die „Sache an sich" entpuppt sich so als die „*species intelligibilis*" des Scotus, welche als potenzielle *intentio* das Mittlere zwischen Sinneswahrnehmung und Denken sei[375]). So kann Aegidius mit der Passivität, welche Scotus dem Denken zuwies, einverstanden sein, da „*passio*, *similitudo*, *intellectus*, *conceptus*" all das Nemliche seien[376]), und er kann zugleich mit dem sog. Empirismus des Aristoteles, welchem ja auch Thomas eine Berechtigung zugestand, sympathisiren, da nach einer aristotelischen Stelle die Seele an sich eine *tabula rasa* sei[377]). Und wiederum kann er das „*esse essentiae*" des Scotus beiziehen, welches eben der Denkbetrachtung (*consideratio apud intellectum*) unterliege und in seinem Ansichsein Sache der *prima intentio*, aber als Universale Gegenstand der *secunda intentio* sei[378]); ja mit diesem Begriffe der *consideratio* gelangt er zu einer

---

374) *Expos. in art. vet.* f. 3 v. B: *Quaeritur, utrum universalia habeant esse in anima vel in re extra. Et arguitur, quod in re extra; nam universale est in illa natura, quae praedicatur de pluribus, sed res extra est huiusmodi. Secundo sic: Universale est in eo, cui accidit* (s. Abschn. XVII, Anm. 392) *intentio universalis, sc. genus et species; sed istae intentiones accidunt rebus extra. In oppositum arguitur: Omne, quod est in re extra, est particulare signatum per materiam* (s. ebend. Anm. 519); *sed universale non est particulare, ergo non est in re extra. Secundo sic: Si universale esset in re extra, sic bene praedicaretur, ut diceretur „Socrates est universale"; sed hoc est falsum; ergo universale non est in re extra. Dicendum ad hanc quaestionem, quod res de se non est universalis nisi in eo, quod intelligitur; nam res de se non habet esse in anima nec in re extra. Licet non sit dare tertium esse, quin sit in anima vel in re extra, tamen de se in nullo horum est.....* f. 4 r. A: *Secundum esse universale non est extra animam, nam de ratione universalis est, ut sibi praesint duo, sc. civitas* (natürlich zu lesen *unitas*) *et communitas; in re autem extra nihil est commune* (vgl. bei Scotus, ob. Anm. 100 u. 121). *Prout autem illa res et illa natura est in anima per suam speciem, adhuc potest considerari dupliciter. Uno modo, prout informat animam, et sic est res singularis* (die „*species informans*" des Scotus, ob. Anm. 110); *alio modo, prout habet esse in anima et ulterius refertur ad res extra, et sic est universalis* (das „*referre*" s. Abschn. XVII, Anm. 377 u. 392 und bei Scotus Anm. 125)..... *Res intellecta significata* (ebenso, ob. Anm. 129 ff.) *per ista nomina „homo, animal" potest dici universale, prout est intellectus abstractus, i. e. secundum quod similitudo* (s. Abschn. XVII, Anm. 393 u. 395) *apprehensa ab anima refertur ad rem, cuius est similitudo; et illa talis res non est in anima nisi sicut obiectum in potentia, quam perficit, sed est in re extra. Et sic patet solutio, ... quod universale secundum esse formale est in anima* (also die scotistische „*formalitas*", ob. Anm. 129, 133, 147 ff.), *secundum esse materiale est extra animam, ut dicatur universale illud, cuius est intellectus abstractus et similitudo eius est apprehensa ab anima.*

375) *Quodlib.* III, 11, p. 170 B: *A sensibili ergo in medio, quod est intentio in potentia, causatur species intelligibilis in medio, quae est intentio in actu; ..... ab huiusmodi autem intentione in actu existente in medio causatur intentio in sensu.* ...... p. 171 A: *Ab hoc ergo extremo, quod est solum potentia intelligibile, ad hoc aliud extremum, ut ad intellectum, per quem sumus intelligentes actu, non est transitus nisi per medium, ut per speciem intelligibilem.* S. ob. Anm. 111.

376) *Expos. in art. vet.* f. 47 v. B: *Illa quatuor nomina, sc. passio, similitudo, intellectus et conceptus, idem penitus significant.* S. bei Scotus, Anm. 114 u. 127.

377) Ebend. f. 2 r. A: *Intellectus est in potentia passiva ad intelligendum quodlibet intelligibile, quod patet per ipsum philosophum dicentem, quod anima in prima sui creatione est tanquam tabula rasa, in qua nihil est depictum* (s. Abschn. IV, Anm. 97). Ebenso *In II Sentent., Dist.* XXVIII, *Qu.* 1, *art.* 1, p. 360 A.

378) *Quodlib.* II, *qu.* 6, p. 62 B: *Res considerata secundum esse essentiae habet esse rationis, et intellectus est ille, qui fertur in ipsam essentiam secundum se; et ipsa essentia creata secundum se non habet esse, sed solum habet considerationem*

blossen Relativität des Universellen und des Particularen, welche uns nicht nur an Gottfried von Fontaines und Johannes Parisiensis, sondern fast noch treffender an die Status- und Indifferenz-Lehre des 12. Jahrh. erinnert [379]).

Auch bei der Frage über das Princip der Individuation zeigt uns Aegidius den gleichen Halb-Thomismus, denn allerdings hält er sich an das *„hic et nunc"*, durch welches die Einzelndinge von den ewigen Universalien unterschieden seien [380]), und er verlegt so die Individualisirung in die quantitativ auftretende Materie [381]); aber indem er diesen Thomismus gegen die Pariser Censur Tempier's, welche er als voreilig und unüberlegt bezeichnet, vertheidigen will, begründet er die Möglichkeit immaterieller Individuen ebenso, wie Alexander v. Alessandria, in scotistischer Weise auf das *esse* selbst, durch welches ja auch allein die Form der Existenz bestimmt sein könne [382]), — eine Erklärung, welche freilich zuletzt, wie bei Göthals und bei Johannes Parisiensis, an Gottes Allmacht appellirt [383]).

---

apud intellectum (vgl. Scotus, ob. Anm. 135 ff.). *Unde esse essentiae, prout est aliud ab esse naturae, est esse secundum intellectum, et esse essentiae non differt ab esse universalitatis, quasi unum sit esse rationis et non aliud, ut isti videntur dicere, dum volunt, quod res, ut habet esse particulare, habeat esse naturae, ut vero habet esse universale, habeat esse rationis, ut autem habet esse essentiae, habeat esse, quod nec sit esse naturae nec esse rationis. Utrumque enim, tam esse universalitatis quam esse essentiae, est esse rationis; sed esse essentiae est rationis tanquam intentionis primae, esse universalitatis est rationis tanquam intentionis secundae.* Vgl. *In I Sentent., Dist.* XXX, *Qu.* 1, *art.* 3, p. 571 A.

379) *In III Sentent., Dist.* XXIII, *Qu.* 1, *art.* 1, p. 584 B: *Eadem res considerata cum conditionibus materiae est particularis, sine conditionibus est universalis, et ut est particularis, est corruptibilis, ut universalis incorruptibilis ..... Aliter et aliter considerata potest esse universalis et particularis.* Vgl. ebend. *Dist.* XII, *Qu.* 2, *art.* 3, p. 475 B. *In II Sentent., Dist.* III, 2, *Qu.* 2, *art.* 4, p. 255 A. S. ob. Anm. 70 u. 74. u. Abschn. XIV, Anm. 85, 129, 137, 141.

380) *In I Sentent. Dist.* XV, 2, *Qu.* 1, *art.* 3, p. 292 B: *Universalia sunt aeterna, non quod non inceperint esse, sed quia sunt abstracta a conditionibus materiae, quae sunt hic et nunc, ratione quarum variabilitas temporum habet esse.* S. Abschn. XVII, Anm. 520.

381) *Quodlib.* I, 11, p. 24 B: *Hoc ergo modo fit individuatio, quia materia habet esse extensum per quantitatem, et in diversis partibus materiae recipiuntur diversae formae; forma dividitur et divisa individuatur per materiam extensam; sed cum extensio per quantitatem fiat, ad quantitatem est recurrendum, cum loqui volumus de individuatione corporum.* Ebenso *In II Sentent., Dist.* III, 1, *Qu.* 1, *art.* 1, p. 163 A.

382) Ebend. II, 7, p. 65 A: *Dicendum, quod de hoc sit articulus Parisiensis* (s. ob. Anm. 13)...... *Optandum vero foret, quod maturiori consilio tales articuli fuissent ordinati, et adhuc sperandum, quod forte de iis in posterum sit habendum consilium sanius......* (B) *Forma sub duplici respectu considerari potest; primo enim potest comparari ad materiam, secundo ad esse ......* p. 66 A: *Dicere possumus, quod ....., quando forma determinatur per esse, non sit inconveniens, esse plura in eadem specie, quia tunc illa plura per se et primo differunt per esse ......* p. 67 B: *Sicut materia aliquando unitur propter formam, aliquando forma diversificatur propter materiam, sic aliquando esse unitur propter formam, aliquando forma plurificatur propter esse ......* p. 68 A: *Imaginandum est enim, quod secundum naturae cursum deus det tantum de esse ipsis substantiis separatis, quantum possunt ipsae recipere.* S. ob. Anm. 251.

383) Ebend. 18, p. 96 B: *Consuevit communiter dici, quod secundum naturae cursum animae individuentur in suis corporibus, ... et, postquam separatae sunt a*

An die gleichen Vorgänger, nemlich an Gottfried v. Fontaines und Johann v. Paris, schliesst er sich auch betreffs der *unitas formae* an, nur verbindet er mit der Ansicht derselben, dass die Mehrheit der Formen nur in der subjectiven Denkauffassung liege, das Motiv des Scotus, wornach die Wesens-Einheit jedenfalls auf Einer letzten abschliessenden Form beruht [384]), so dass neben und trotz dieser Einheit durch die denkende Betrachtung in Einem Wesen immerhin mehrere wirkende Principien erfasst werden können [385]). Und sowie er darauf hinweist, dass bei Substanzen die reelle *pluralitas formarum* in Conflict mit dem christlichen Dogma komme, so hält er auch für die Accidentien die Einheit der Form aufrecht, da dieselben nur nach dem Grade der Intensität ihrer einheitlichen Form eine Manigfaltigkeit an sich tragen [386]), welch letztere, d. h. *intensio et remissio,* er gelegentlich an dem schon bei Scotus vorkommenden Beispiele des Warmen und Kalten darlegt [387]).

Was die Einzeln-Exegese des Organons betrifft, so treten aus derselben, wie schon oben bemerkt wurde, nur etliche Punkte als erwähnenswerth hervor; nemlich dass Aegidius bezüglich der Schrift *De sex principiis,* welche er in unerträglicher Weitschweifigkeit commentirt, nicht einmal gewiss weiss, ob dieselbe wirklich von Gilbert, oder nicht viel-

---

corporibus, suam distinctionem retinent secundum esse, quod acquisiverunt in corporibus ..... Posset tamen deus, si vellet, sine corporibus individuare animas; posset enim dare animabus tale esse signatum sine corpore, quod est aequale illi esse, quod habent, quando infunduntur corporibus (d. h. der liebe Gott kann vermöge seiner Allmacht auch Unsinn treiben). Ebenso *In I Sentent., Dist.* IV, *Qu.* 1, *art.* 3, p. 108 A. Vgl. ob. Anm. 48 u. 73.

384) *De esse et essentia, qu.* 10, f. 24 r. A: *In corporibus animatis ...... non sunt plures formae nec plures naturae nisi secundum rationem* (vgl. Anm. 70 u. 74) ...... *Quod anima sentit et intelligit, ex hoc non arguitur, quod sint diversa esse, sed solum concluditur, quod in ea sint diversae qualitates et diversae potentiae..... Esse non numeratur secundum formas partis, sed solum secundum formas totius, vel si numeratur secundum formas partis, hoc erit solum secundum formam ultimam et completivam, et quod quantumcunque in re ponantur plures formae partis, tamen semper est ibi una forma totius et una forma completiva; ideo semper est ibi unum esse* (vgl. ob. Anm. 156 ff.). *In* III *Sentent., Dist.* XXI, 2, *Qu.* 1, *art.* 3, p. 565 A: *Una igitur forma secundum rem et plures formae secundum rationem.*

385) *In* I *Sentent., Dist.* VI, *Qu.* 1, *art.* 1, p. 134 B: *A diversis rationibus sunt imposita, ... nam licet sit eadem forma substantialis, per quam homo est substantia et animal et homo, tamen ut per eam est substantia, est principium essendi, ut est animal, est principium vitae, ut est homo, est principium eius, quod est intelligere.*

386) *De gradibus formarum,* p. 1 (der Druck selbst hat übrigens keine Paginirung): *Videtur sufficienter ostendi ex diffinitione accidentium, quod genus in talibus non contrahatur per additionem alicuius formae, sed .... solum ex additione subiecti. Non ergo in talibus est dare realiter gradus formarum, sed si in eis est dare tales gradus, hoc erit solum secundum quandam intentionem et rationem; nam de ipsis accidentibus non diffinitiones reales vel physicae, sed solum intentionales et logicae dari possunt .....* (p. 2) *In ipsa generatione substantiarum forte videretur alicui, quod innotescerent nobis formarum gradus, cum embryo prius vivat vita plantae, postea vita animalis, ultimo vita hominis ...... Non est generatio entis, nisi sit generatio unius .....* (p. 3) *Quaestio tamen est, utrum ponere plures formas in composito repugnat his, quae tenere debemus secundum fidem catholicam ..... Gradus enim formarum primo repugnat morti et passioni Christi, secundo repugnat eius unioni* u. s. w.

387) *Quodlib.* III, 11, p. 153 f. u. VI, 9 f., p. 386 ff. S. oben Anm. 160 f.

leicht von Alfarabi oder gar von Aristoteles selbst (!) verfasst sei [388]); ferner dass er sich der Polemik anschliesst, welche Albert und Scotus gegen die Berechtigung einer vierten Schlussfigur geübt hatten [389]), dass er ebenso, wie wir es bei einem anderen Thomisten sahen (ob. Anm. 331), das *Dictum de omni* und *de nullo* als letzte Principien der Syllogistik betrachtet, dabei aber dieselben als den ersten „Hammer" bezeichnet, mittelst dessen die übrigen Hämmer geschmiedet werden [390]); endlich dass er betreffs der Definition des Mittelbegriffes (wahrscheinlich anderen Logikern gegenüber) die ächt aristotelische Ansicht vertrat [391]).

Auch Herveus Natalis (oder Brito, gest. i. J. 1322) gehört zu dieser Gruppe der Halb-Thomisten, unterscheidet sich aber durch schärferes Denken sehr zu seinem Vortheile von Aegidius und Anderen. Wir besitzen von ihm einen Commentar zum Sententiarius [392]), *Quodlibeta* nebst acht anderweitigen Tractaten, unter welchen *De unitate formae* hieher gehört [393]), und eine Monographie *De intentionibus* [394]). Was die Aufgabe der Logik betrifft, so bestreitet Herveus die Ansicht, dass sie

---

388) *Expos. in art. vet.* f. 31 v. B: *Causa efficiens huius libri ignoratur* (es war nemlich durch Albertus Magnus üblich geworden, nach Art der Commentatoren, s. Abschn. XI, Anm. 141, in der Einleitung zum Commentare einer jeden Schrift verschiedene Fragen zu beantworten); *quidam dicunt, quod fuit Aristoteles, alii dicunt, quod fuit Alpharabius, alii dicunt, quod fuit Gilbertus Porretanus ...... Hic liber dividitur in partes tres, sc. in anteprincipia, principia et postprincipia.*

389) *Expos. s. libr. Prior.* f. 10 r. B: *Videtur, quod quarta deberet esse figura, ubi medium praedicaretur de primo et subiiceretur postremo ..... Et dicendum, quod medium syllogisticum aut habet conditionem primi in ordine praedicabili, et tunc est figura secunda, aut conditionem ultimi, et tunc est figura tertia, aut conditionem medii in ordine praedicabili, et tunc est figura prima ...... Patet igitur, cum non sint nisi tres dictae conditiones medii, non potest esse figura alia.* S. Abschn. XVII, Anm. 466 u. ob. Anm. 207.

390) *Expos. s. libr. Poster.* f. 3 v. A: *Si aliquis faber fabricaret omnem martellum, non posset per martellum aliquem omnem martellum fabricare, quia tunc ille martellus fabricaret se ipsum ..... Est tamen aliquis syllogismus, qui probat et roborat omnem syllogismum ..... In quibuscunque syllogismis est principium „dici de omni" vel „dici de nullo", illi sunt perfecti syllogismi ...... Reducuntur ad propositionem hanc, quod non contingit simul esse et non esse.* Um Spinoza's willen mag das Gleichniss (s. Abschn. XVII, Anm. 104 u. 366) beachtenswerth sein.

391) *Expos. s. libr. Elench.* f. 67 v. — 70 v. findet sich unter dem Titel *Quaestio defensiva opinionis de medio demonstrationis Aegidii* eine kleine Abhandlung eines Anhängers des Aegidius über diese Frage. Letzterer nemlich hatte auch schon in seiner *Expos. s. libr. Poster.* f. 122 ff. die Ansicht vertreten, dass bei der *demonstratio potissima* es sich behufs des Mittelbegriffes um die Definition der „*passiones subiecti*" handle (s. Abschn. IV, Anm. 699); und da nun Andere die Definition des Subjectes selbst für das Haupterforderniss hielten, so polemisirt gegen diese der Schüler des Aegidius.

392) *Hervei Britonis ..... in quattuor Petri Lombardi sententiarum volumina. Venet.* 1505. fol.

393) Die älteste Ausgabe (ohne Titelblatt: *Hervei Britonis .... quattuor quolibeta feliciter incipiunt. Venet.* 1486. fol.) ist unvollständig. Das Ganze ist nur gedruckt in: *Sublilissima Hervei Natalis Britonis ..... quolibeta undecim cum octo ipsius profundissimis tractatibus ..... De beatitudine, De verbo, De aeternitate mundi, De materia coeli, De relatione, De pluralitate* (im Titel des Tractates selbst, f. 71 r. A, steht hingegen richtiger *De unitate*) *formarum, De virtutibus, De motu angeli. Venet.* 1513. fol.

394) *Hervei Britonis theologi excellentissimi ..... liber de intentionibus feliciter incipit. S. l. e. a.* 4.

actus intelligendi zum eigentlichen Gegenstande habe (vgl. ob. Anm. 370), da hieraus folgen würde, dass sie eine praktische Disciplin sei, und selbst wenn man diese Consequenz nicht ziehen wolle, jedenfalls jener *actus intelligendi* nicht ein Erzeugniss der Logik selbst sei, sondern auf natürlichem Wege von den vorgestellten Dingen hervorgerufen werde; und da eben das Wie dieser Entstehung vom Logiker untersucht werde, seien sonach die *entia rationis*, welche vorstellungsweise (*obiective*, s. sogleich unten Anm. 399) im Denken sind, der Gegenstand der Logik, und der nominalistische Einwand, dass die Logik die Wortbezeichnungen zu Syllogismen ordnend verbinde, falle darum hinweg, weil die syllogistische Anordnung schliesslich doch gleichfalls von der Natur der Dinge provocirt werde[395]). So bespricht Herveus den Begriff der *intentio;* er unterscheidet nemlich eine subjective Bedeutung, welche die Modalität des Vorgestelltwerdens (als *species intelligibilis* oder als *actus intelligendi* oder als *conceptus*) enthält, und andrerseits eine sachliche Bedeutung, in welcher die Bestimmtheit (*terminatio*) des Verhältnisses zwischen Ding und Vorstellung, folglich auch das Ding selbst als vorgestelltes liegt; und insoferne bei letzterer Bedeutung wieder die übliche Unterscheidung einer *prima* und *secunda intentio* gemacht wird, sucht er den schwierigeren Begriff der *prima intentio* genau festzustellen; nemlich die sachlich genommene *intentio* könne entweder „abstract" (s. bei Scotus ob. Anm. 128) als ledigliche *intentionalitas* selbst, d. h. als das Aufgefasstsein überhaupt, oder „concret" als der Gegenstand der Auffassung verstanden werden, und im letzteren Falle wieder könne man den Gegenstand entweder gleichsam als Gefäss der begrifflichen Auffassung oder gleichsam als Zielscheibe der begriffsmässigen Namenbezeichnung nehmen; und nun von diesen drei Bedeutungen enthalte weder die erste (als blosse Abstraction) noch die zweite (als concrete Verflechtung), sondern nur die dritte (als Quelle der Wortbezeichnung) den wahren Begriff der *intentio prima*[396]). Stimmt nun letzteres völlig mit Scotus überein (s. ob. Anm.

395) *Quodlib.* I, 3, f. 8 r. B: *Cum logica sit de actu intelligendi, qui est quoddam operabile a nobis, ut videtur, ergo logica erit practica* ..... (v. A) *Dicendum, quod videtur quibusdam, quod logica non sit de actu intelligendi ut de obiecto, sed de entibus rationis consequentibus res, ut sunt obiective in intellectu, quae non fiunt a nobis per habitum logicae, sed fiunt in nobis ab ipsis rebus sic ex natura sua ordinate moventibus intellectum nostrum. Secundo dico, quod dato, quod actus intelligendi obiectum esset ipsius logicae, non tamen ipsa logica esset practica, quia actus intelligendi, qui consideratur in logica, non fit in nobis per logicam, sed fit in nobis naturaliter ab obiectis, unde homo per logicam non considerat, qualiter faciat actum intelligendi,* ..... *sed qualiter actus intelligendi fit ab obiectis naturaliter in nobis. Et si arguatur contra, quia docet facere syllogismum, respondeo: Si intelligas per „facere syllogismum" sic ordinare voces significativas, sic potest fieri per logicam syllogismus; si autem intelligas talem ordinem motionis intelligendo res, sic logicus non facit talem ordinem, sed natura rei sic movens.*

396) *De intent.*, f. 1 v: *Uno modo dicitur intentio ex parte ipsius intelligentis, sc. omne illud, quod per modum alicuius repraesentationis ducit intellectum in cognitionem alicuius rei, sive sit species intelligibilis sive actus intellectus sive conceptus mentis* ...... *Alio modo dicitur intentio, quod se tenet ex parte rei intellectae, et hoc modo dicitur intentio res ipsa, quae intelligitur, inquantum in ipsam tenditur sicut in quoddam cognitum per actum intelligendi, et intentio sic dicta formaliter et in abstracto dicit* ..... *terminationem, quae est quaedam habitudo rei intellectae ad actum intelligendi.* ...... *Prima intentio concretive et materialiter dicit illud, quod*

127), so gilt das Gleiche auch von dem hiemit verwandten Grundsatze, dass die *entia rationis* überhaupt nicht mit realer Gegenständlichkeit im Denken auftreten, sondern nur Dasjenige enthalten, was aus den realen Dingen in der Werkstätte der Vorstellung erfolgt[397]); und wenn hiernach die Wahrheit als „Uebereinstimmung des Dinges mit jenen seinen in der Vorstellung erfassten Folgen" definirt wird und die verschiedenen Modalitäten dieser „Folgen" das Motiv der Eintheilung der Logik darbieten, so wird eben diese in Ausdrücken dargelegt, welche gleichfalls bei Scotus sich finden[398]). Indem aber dabei die Wortbezeichnung, d. h. obige *intentio prima,* für alle logische Thätigkeit als Voraussetzung gilt, kann nun die Frage über den eigentlichen Gegenstand der Logik völlig präcis dahin beantwortet werden, dass *ens rationis* und *intentio secunda* und jene „Folgen des Dinges in der Vorstellung" all das Nemliche sind und so den Inhalt der Logik ausmachen, welche eben hiedurch den gemeinschaftlichen *modus* des wissenschaftlichen Verfahrens darbiete[399]).

Bei solcher Auffassung der *intentio secunda* und des Begriffes der Wahrheit versteht es sich von selbst, dass nun auch die Universalien nur

---

intelligitur...... Quae conveniunt rebus secundum quod sunt obiective in intellectu, sicut est „abstractum" et „universale" et similia, ista pertinent ad secundam intentionem. Ebend. f. 7 v.: *Intentio, prout se tenet ex parte rei intellectae, dupliciter potest accipi, sc. in abstracto ipsa intentionalitas et in concreto pro eo, cui ista intentionalitas convenit; et hoc dupliciter adhuc, quia illud, cui talis intentionalitas convenit, sc. res intellecta, potest accipi, ut includit intentionem istam, ...vel potest accipi absolute pro eo, cui illa intentionalitas convenit, non ut includit, ipsam denominantem* (dass jedoch *denominans* zu lesen ist, zeigen die sogleich folgenden Worte). *Ista tria se habent quantum ad accidens rationis sicut in accidente reali se habent albedo, album et corpus ......* f. 8 r.: *Si accipiatur intentio in abstracto, sc. ipsa intentionalitas, sic nec „homo" nec „Socrates" dicit primam intentionem; si autem accipiatur in concreto includendo ipsam intentionem denotantem, sic adhuc „homo" vel „Socrates" non signant primam intentionem, sicut nec corpus signat esse album; si autem accipiatur prima intentio pro eo, quod ab illa intentionalitate denominatur, sic tam „homo" quam „Socrates" dicunt primam intentionem.* Ebenso *Quodlib.* I, 9, f. 20 r. B.

397) *Quodlib.* III, 1, f. 68 r. B: *Entia rationis non dicunt aliquid existens realiter subiective in intellectu vel in aliqua natura reali, sed dicunt ea, quae consequuntur rem, prout est obiective in intellectu.* S. ob. Anm. 105.

398) Ebend. f. 69 r. B: *Veritas est quaedam conformitas rei ad id, quod de ea intelligitur consequens rem, ut est obiective in intellectu enuntiativo ......* (v. B) *Quaedam entia rationis sive secundae intentiones consequuntur intellectum simplicem, sicut universale, singulare sive consimilia; quaedam consequuntur rem, ut est obiective in intellectu enuntiativo, sicut est oppositio, contradictio, contrarietas, veritas et falsitas; quaedam consequuntur rem, prout est in intellectu discursivo, sicut antecedens et consequens et similia. Et sic patet, ...quod veritas dicit habitudinem rationis sive ens rationis.* S. ob. Anm. 91.

399) *De intent.* f. 64 v.: *Logica est de secundis intentionibus ut de primo et per se subiecto, non sic intelligendo, quod omnes secundae intentiones sint primum et per se subiectum ipsius logicae vel sunt partes subiectivae ipsius primo et per se subiecti, sed sic intelligendo, quod ipsa est de aliqua secunda intentione sive de aliquo ente rationis ut de primo et per se subiecto, quo continentur aliquae partes subiectivae..... Illa scientia, quae considerat principaliter res quantum ad ea, quae consequuntur eas, prout sunt obiective in intellectu, est de secunda intentione sive de ente rationis ut de primo et per se subiecto; sed logica est huiusmodi.* Ebend. f. 73 v.: *Consideratio talium entium rationis quantum ad ea, quae eis secundum se et in suo esse rationis competunt, valet ad habendum modum communem procedendi.*

vorstellungsweise im Denken liegen[400]), und Herveus sagt ausdrücklich, dass die Gattungs- und Art-Begriffe als solche nicht sachliche Einheiten, sondern nur denkmässige Unterscheidungen seien[401]), d. h. er spitzt eine Ausdrucksweise des Thomas (s. Abschn. XVII, Anm. 497) nach der Seite hin zu, dass das Zusammentreffen der Objecte in einem höheren Begriffe und ihre Gemeinsamkeit erst im Denken vorstellungsweise zu einer Einheit (*unitas communitatis*) sich gestalte[402]); und hiemit tritt wie bei Albert (Abschn. XVII, Anm. 384) der natürliche Bestand dem logischen Denken dualistisch gegenüber, indem das *genus naturale* als solches nicht aussagbar, sondern nur Gegenstand einer natürlichen Veränderung (*transmutatio*) sei, hingegen das *genus logicum* die Einheitlichkeit des Seins und zugleich die Bestimmbarkeit der Specialisirung enthalte und so Gegenstand der Wissenschaft sei[403]). So erblicken wir dennoch schliesslich auch hier jenen gewöhnlichen Dualismus, in welchem sich Thomas und Scotus die Hand reichen konnten[404]), wenn auch die Terminologie der

---

400) *In I Sentent., Dist.* 19, *Qu.* 3, f. 40 v. B: *Primum et per se obiectum intellectus non est verum, sed ens ......* f. 41 r. B: *Veritas est ens rationis pertinens ad intentiones secundas; talia autem non ponunt aliquid secundum rem in aliquo sicut in subiecto, sed secundum rationem intelligendi tantum ... . secundum quod est obiective in intellectu ...... Et sic ista conformitas, quae veritas dicitur, contingit rei et est in re secundum rationem intelligendi ...... Et ideo talia dicuntur esse in intellectu, sicut veritas et universale et similia, ... quia non conveniunt rebus nisi prout sunt obiective in intellectu.*

401) *In II Sentent., Dist.* 3, *Qu.* 2, f. 8 v. A: *Divisio generis in species vel speciei in individua non est divisio secundum rem, sed secundum rationem, quia ibi illud, quod dividitur, non est unum secundum rem, sed secundum rationem intelligendi; quum enim unum lignum scinditur secundum rem, unum lignum dividitur in duo ligna, quae erant antea partes integrales, ... et quando lignum in communi dividitur in hoc lignum et illud, ... non est unum re, sed unum ratione, quia indistincte intellectum dividitur in ligna particularia sicut in partes subiectivas.*

402) *Quodlib.* I, 9, f. 20 r. B: *Convenientia hominis et equi in animali potest attendi quantum ad duo, sc. quantum ad hoc, quod animal convenit homini et equo, et ..... hoc est ex natura rei et est quid reale, quia ex natura rei homo habet, quod sit animal; et quantum ad unitatem ipsius communis, et .... hoc est secundum rationem tantum, quia unitas et indeterminatio, qua obiicitur animal ut unum obiectum indeterminatum ipsi intellectui, consequitur animal, ut est obiective in intellectu, licet habeat fundamentum a re.*

403) *In II Sentent., Dist.* 3, *Qu.* 3, f. 9 r. A: *Duplex est genus, sc. naturale et logicum. Genus naturale non videtur mihi esse aliquid commune praedicabile, communitas enim cuiuscunque praedicabilis, quodcunque sit illud, est communitas rationis tantum, et ideo non est ibi unitas nisi logica, quae facit genus logicum. Unde non videtur mihi, quod communitas, qua conveniunt homo et equus in animali, sit communitas in genere naturali, immo in genere logico, sc. ut mihi videtur, per genus naturale debet intelligi aliquod commune subiectum transmutationis, ... et non vocatur genus subiectum scientiae, sed genus subiectum transmutationis...... De ratione autem eius, quod est in genere logico, videntur mihi esse tria. Primum, quod habeat unum modum essendi communem et similem cum aliis, ex quo sumatur aliquo modo unitas rationis generis logici. Secundo debet habere quandam potentialitatem....., ut sit limitatum ad genus et speciem. Tertio, quod sic includat aliquem actum specialem, per quam determinetur ad speciem.* Vgl. *Quodlib.* I, 9, f. 20 r. A. Uebrigens beruht die ganze Unterscheidung auf einer aristotelischen Stelle; s. Abschn. IV, Anm. 334 u. 392.

404) *Quodlib.* I, 9, f. 20 v. A: *Praedicamenta vel genus generalissimum dupliciter potest accipi: uno modo pro ipsis intentionibus praedicabilitatis et generalitatis, alio modo pro rebus, in quibus tales intentiones fundantur.* Ebend. f. 22 v. B: *Distinctio*

Gegensätze zwischen *esse formale* und *esse materiale*[405]) oder besonders zwischen *esse* und *existere* mit Beiziehung der *significatio* entschieden dem Scotismus näher liegt[406]), welchem ja auch die Ausdrücke *natura* und *suppositum* angehören[407]). Darum nimmt bei Herveus auch die Beantwortung der Frage, wie die allgemeinen Begriffe aus der Singularität der Erfahrung hervorgehen können, d. h. die Erörterung der thomistischen *abstractio*, einen Charakter an, welcher zwischen den Ansichten des Thomas und des Scotus in Mitte steht und doch zu beiden hinüberschwankt (vgl. ob. Anm. 121—125); nemlich das *abstrahere* sei weder ein *removere* noch ein *imprimere*, sondern nur *motio intellectus*, welche in aristotelischem Sinne von den Einzelndingen provocirt aus einem potenziellen Zustande zur Actualität führe[408]); und auf einem solchen Rückhalte fussend kann Herveus in Einem Athemzuge die Begriffe *idea, similitudo* und des Scotus *species intelligibilis* zugleich verwerthen[409]).

---

entis in substantiam, quantitatem etc. *est distinctio vel in diversas res vel in ea, quae aliquam diversam realitatem important, et quantum ad hoc nihil facit operatio intellectus; quantum autem ad distinctionem entis in ista, prout praedicamenta sunt, sc. prout praedicamentum accipitur pro secunda intentione, ... sic facit operatio intellectus.*

405) *In* I *Sentent.*, *Dist.* 35, *Qu.* 1, f. 52 v. B: *Acceptio absoluta formae est eius acceptio secundum esse formale, et acceptio eius secundum esse contractum est eius acceptio secundum esse materiale.*

406) Ebend. *Dist.* 8, *Qu.* 1, f. 23 r. B: *Esse dicit actum essentiae et essentia dicit eius subiectum in abstracto, ens vero dicit et ipsam essentiam et ipsum esse in concreto; .... ita „ens" participium importat formaliter actum existendi et ex modo significandi importat subiectum eius.* Vgl. Anm. 135 f.

407) *In* III *Sentent.*, *Dist.* 1, *Qu.* 1, f. 2 r. B: *Differentia naturae et suppositi potest attendi vel secundum differentiam universalis et particularis ...... vel secundum differentiam, quam habent in singulari ut „haec humanitas" et „hic homo"...... Si accipiamus in singulari, ... differunt quantum ad modum essendi et quantum ad modum significandi, cui et correspondet aliquis modus essendi ex parte rei* (vgl. Anm. 109, 129 u. 251).

408) *In* II *Sentent.*, *Dist.* 17, *Qu.* 2, f. 23 v. A: *Illa abstractio speciei a phantasmate est realis actio, qua fit species in intellectu possibili, quae non praedicatur de phantasmate, a quo abstrahitur, sicut homo praedicatur de Socrate, a quo abstrahitur; ergo qua dicitur intellectus abstrahere a phantasmatibus, non est aliud, quam quaedam realis motio, qua movetur intellectus a phantasmate vel ad speciem intelligibilem vel ad actum intelligendi ...... Opinio est, quod intellectus agens agit in phantasma non aliquid imprimendo phantasmati, sed removendo, unde re materiali et singulari proposita intellectus agens separat a natura universali conditiones individuantes, quibus impediebatur illa natura ...... Alia opinio est, quae ponit, quod intellectus agens aliquid imprimit phantasmati, in cuius virtute agit, et illud impressum est aliqua motio sive immutatio spiritualis ...... Est tertius modus ponendi, qui videtur mihi magis probabilis, sc. quod phantasma dicitur movere intellectum potentialem in virtutem intellectus agentis, non quia ex parte sua aliquid recipiat ab intellectu agente, sed magis ex parte effectus.*

409) *In* I *Sentent.*, *Dist.* 36, *Qu.* 1, f. 53 v. A: *Idea formaliter dicit formam, quae repraesentat, quae quidem forma non est formaliter respectus, sed est illud, ad quod sicut ad per se fundamentum sequitur respectus ...... Unde nec idea nec forma exemplaris nec similitudo intelligibilis existens apud intellectum, quam vocamus speciem intelligibilem, est formaliter respectus .....* (B) *Idea est principium cognoscendi, prout elicitur aut cognoscitur a cognoscente; nam quando res cognoscitur per aliam prius notam, illud prius notum supponendo speciem mediante specie movet ad cognitionem sui et aliorum.*

Hauptsächlich aber interessirt er sich um die zwei brennenden Parteifragen, nemlich um *principium individuationis* und um *unitas formae*, und in diesen beiden Punkten zeigt er allerdings einen überwiegenden Thomismus. Was den ersteren betrifft, spricht er vorerst von dem Vorhandensein dreier verschiedener Ansichten[410]), deren erste wir schon bisher einige Male durchblicken sahen, vielleicht am deutlichsten bei Aegidius (ob. Anm. 382 f.), aber theilweise auch bei Gottfried von Fontaines (ob. Anm. 66, vgl. übrigens auch Anm. 308); dieselbe geht dahin, dass die Individuen einer Gattung schon in sich selbst durch ihre eigene *essentia* in das Einzeln-Dasein treten, indem durch die Wesens-Einheit selbst eine *numerositas essentiae* begründet sei, in welcher eben der Unterschied der Einzeln-Individuen und hiemit das negative Moment der Individualität liege, so dass die Substanz zu ihrer Individualisirung durchaus nicht einer ausser ihr liegenden Beihilfe bedürfe[411]). Wenn man aber bei Formulirung dieser Ansicht den Begriff *„esse"* statt *„essentia"* anwende (— womit wohl sicher Aegidius gemeint ist —), so sei diess von vorneherein unzulässig[412]). Als zweite führt dann Herveus jene der Thomisten an, welche jedoch den Gesichtspunkten der ersteren nicht genügen könne[413]). Gegen die dritte Annahme aber, nemlich gegen die des Scotus, polemisirt er ausführlich; nemlich wenn man in der *haecceitas* den Gegensatz der Gemeinsamkeit erfasst zu haben glaube, so sei doch zu bedenken, dass eine sachliche Gemeinsamkeit auch im Stoffe und in der Form nicht vorliege (d. h. jedes Einzelnding habe seinen eigenen Stoff und seine eigene Form), hingegen eine logische Gemeinsamkeit ebenso gut auch der Häcceität zukomme, weil eben die Häcceität selbst in verschiedenen Häcceitäten individualisirt werde; und wenn eben die Häcceität selbst erst noch einer besonderen Determination bedürfe, so gelte das

---

410) *Quodlib.* III, 9, f. 81 r. A: *Utrum materia sit principium individuationis, ... sunt tres opiniones ..... Prima est, quod unumquodque se ipso solo est formaliter distinctum ab omni alio. Secunda est, quod talis distinctio in rebus materialibus fit per quantitatem. Tertia est, quod nec sic nec sic, sed unumquodque est distinctum per suam haecceitatem.*

411) Ebend.: *Prima opinio probatur: ...... Unumquodque genus habet propria individua nihil includentia nisi rem sui generis, sed hoc non esset, nisi unaquaeque res cuiuslibet generis se ipsa per essentiam suam individuaretur in se ipsa et distingueretur ab omni alio ....* (B) *Ab eodem habet unaquaeque res entitatem et unitatem essentialem ...... Unaquaeque res est diversa numero per essentiam numerositate essentiae ab alia ...... Illud, quod non addit supra naturam nisi negationem, non habet aliam causam suae unitatis, quam naturam ...... Individua habent unitatem et distinctionem numeralem per essentiam suam, non per aliquid additum, ... quia, si substantia habet unitatem per aliud a se, aut hoc est, quia materia habet talem unitatem per formam, aut forma per materiam, aut ambo per quantitatem; sed nullo illorum modorum natura substantialis potest individuari per aliquid diversum a se.*

412) Ebend. VIII, 12, f. 152 v. A: *Dicunt multi, quod individuatio est per esse, quia in esse reali non convenit rei universalitas. Sed hoc non est bene dictum, quia, licet ipsa universalitas non sit extra animam, et unaquaeque res sit individua in suo esse reali, non tamen oportet propter hoc, quod ipsa individuatio sit per esse; immo essentia magis erit principium individuationis, quam esse.*

413) Ebend. III, 9, f. 81 v. A: *Quidam tenent, quod divisio numeralis est vel per divisionem subiectorum sicut in accidentibus vel per quantitatem sicut in substantiis materialibus generalibus et corruptibilibus; sed isti, licet habeant probabiles rationes, tamen non satisfaciunt rationibus alterius opinionis.*

Gleiche auch von Materie und Form, und es sei hiemit kein Grund vorhanden, warum die Häcceität in höherem Grade Princip der Individualisirung sei, als jene beiden; wolle man aber die Häcceität völlig von Materie und Form distinguiren, so könne sie jedenfalls nur entweder eine Substanz oder ein Accidens sein; im ersteren Falle aber komme man zuletzt doch wieder bei der Materie an, sowie im letzteren bei der Quantität [414]). Ausserdem auch sei jenes negative Element, welches der Häcceität einwohne, als Erklärungsgrund der Positivität des Unterschiedes der Individuen untauglich [415]). Die eigene Ansicht endlich des Herveus, bei deren Darlegung er hauptsächlich an die theologische Frage betreffs der Engel denkt, nähert sich sehr der ersteren unter den drei angeführten; nur modificirt er dieselbe dahin, dass die *essentia* nur inneres Princip (*intraneum*) der Individuation sei, was nicht hindere, dass daneben zuweilen auch noch ein äusseres Princip (*extraneum*) wirke, d. h. die vervielfältigende Function der Materie solle nicht geleugnet werden, wohl aber die Möglichkeit einer Individualisirung ohne Materie offen bleiben [416]); und in den materiellen gleichzeitig existirenden Dingen sei

---

414) Ebend. f. 81 v. B: *Quod autem haecceitas sit illud, per quod individuum est individuum, ... contra arguo sic: Quando dicitur „illud, quod est commune multis, non est principium individuandi ipsorum", aut intelligitur de eo, quod est commune secundum rem, aut secundum rationem. Si de eo, quod est commune secundum rem, ... sic nec materia nec forma est communis, saltem simul entibus actu ...... Si autem intelligatur de eo, quod est et habet unitatem secundum rationem, tunc haecceitas est ita communis sicut materia et forma isto modo, quia haec haecceitas est haecceitas, ergo et illa ......, et ideo non plus individuabit haecceitas, quam materia et forma. Dices, quod haecceitas in communi non est principium individuationis, sed haecceitas signata ...... Contra: Sicut haecceitas signata non est communis, sed propria, ita materia et forma signatae; et per consequens non plus individuabit haecceitas signata ..... Dices, quod haecceitas dicit signationem formae.... Contra: Cum haecceitas possit accipi ut communis et ut signata, sicut forma, non datur ratio, quare dicit signationem formae plus, quam e converso ...... Item quaero, utrum ista haecceitas sit aliquid diversum a materia et forma signatis per ipsam aut non. Si non, ergo ponis idem principium individuationis, quod etiam materia. Si sic, quaero, aut est substantia aut accidens aut nihil. Si substantia, ... adhuc incidis in idem cum aliis, sc. quod materia est principium individuationis ...... Si accidens, ... relinquitur, quod, si aliquid accidens sit, hoc sit quantitas, et hoc est, quod ponunt alii* (über Letzteres vgl. ob. Anm. 66).

415) *In II Sentent.*, *Dist.* 3, *Qu.* 2, f. 8 v. A: *Quidam dicunt, quod in omni specie cuiuscunque naturae creatae possunt esse plura differentia numero; illud autem, per quod distinguitur, est, ut dicunt, non ipsa forma secundum se, sed hoc, quod est esse indistinctum in se, quod importat negationem divisionis in se ipso, et esse distinctum ab alio, quod importat negationem, secundum quam hoc non est illud* (vgl. Scotus, ob. Anm. 139)..... *Sed istud nihil est dictum, quia negatio pura non potest distinguere positivum a positivo.*

416) *Quodl.* III, 9, f. 82 r. B: *Animae rationales ...... non plurificantur per actualem susceptionem in materia, ... sed per suas essentias, in quantum in tali gradu entitatis sic potentiales sunt ...... Rationes inductae ad primam opinionem bene concludunt, quod unumquodque distinguatur numeraliter ab alio per suam essentiam sicut per principium intraneum, sed quod praeter hoc non requiratur aliquod aliud principium extraneum .....* (v. A) *Sufficit, quod illa individua, quantum ad hoc, quod sunt, et quantum ad hoc, quod distinguuntur numeraliter, intranee distinguantur per essentiam suam; ...... nihilominus tamen possunt extrinsece habere et entitatem et pluralitatem ab alio a se ...... Ratio non concludit, quod forma nunquam plurificetur per materiam, sed quod quandoque non plurificatur per materiam, sicut in formis, quae plurificantur in eadem materia successive, vel etiam si qua forma est,*

eben ein Quantitatives der Grund der Individuation, aber selbstverständlicher Weise nur die räumliche (d. h. geometrische, nicht die arithmetische) Quantität[417]). Sollen somit nur die scotistischen Einwände, welche gegen Quantität und Materie gerichtet waren, abgewiesen sein[418]), so muss Herveus dem Thomismus nur noch in der Angelologie auf die Beine helfen, was er dadurch thut, dass er eine immaterielle Individuation auf eine Potenzialität, welche der Form in Bezug auf Vervielfältigung einwohne, begründet und so ganz hübsch auf den Begriff einer immateriellen Materie gelangt[419]), welche er recht deutlich als eine quantitätslose bezeichnet[420]).

Auch betreffs der *unitas formae* unterwirft er die Meinungen Anderer einer Kritik; nehme man nemlich (wie Lamarre gethan hatte, s. ob. Anm. 30) von vorneherein eine *pluralitas formarum* an, so könne man dieselben entweder für gleichartig halten, dann aber unmöglich die einzelnen selbst wieder als vielheitliche ins Unendliche fort betrachten (— dieser Einwand ist dumm —), oder andrerseits, wenn man sie als ungleichartig nehme, sei es unerklärlich, wie dann aus ihnen Ein Wesen

---

quae virtute divina possit esse successive in diversis materiis; quin autem formae simul existentes in materia et maxime, prout secundum cursum naturae dependent a materiis in sua pluralitate, dependeant a materia, non concludit.

417) Ebend. VIII, 12, f. 152 v. B: *Quod quodlibet individuum divisum sive distinctum sit ab alio eiusdem speciei, principium individuationis substantiarum materialium est quantitas, quantum ad ea, quae sunt simul, quia ...... materia non potest dividi in partes similes nisi per quantitatem...... Notandum autem, quod diversitas in quantitate potest esse dupliciter, una secundum situm, quantum ad partes simul existentes, alia secundum successionem unius quantitatis post aliam...... Diversitas quantitatis est principium individuationis rerum materialium simul existentium primo modo, non secundo; immo dico, quod diversitas numeralis quantitatis permanentis et aliorum accidentium sibi in eodem subiecto succedentium provenit ex diversitate quantitatis successivae, quae est tempus.*

418) *In II Sentent., Dist.* 3, *Qu.* 2, f. 8 v. A: *Cum in quolibet individuo eiusdem speciei inveniatur illud, quod est principium distinctivum aliorum, ... oportet, quod individua conveniant secundum unitatem rationis in eo, quod est distinctivum individuorum. Cum ergo individua non conveniant in forma nisi secundum unitatem rationis, non videtur necessarium, quod individua eiusdem speciei non possint distingui per formam circumscripta quantitate et quacunque materia..... Sic oportet ponere in Socrate aliquid reale, per quod realiter differt a Platone, quidquid sit illud, sive illud sit sua forma, sive aliquid aliud.*

419) Ebend. f. 8 v. B: *Cum omnis forma sub se habens multa habeat quandam latitudinem, forma autem dupliciter latitudinem possit habere, unam secundum diversos gradus formales, quorum unus secundum se est nobilior et perfectior altero (et hoc est latitudo generis, sub quo sunt diversi gradus formales specifice differentes), aliam vero secundum plurificationem numeralem in eodem gradu, prima convenit formis secundum suam rationem specificam absolute acceptam, secunda autem latitudo non potest convenire formis secundum suam rationem absolutam, ... quia sic plurificari videtur importare quandam potentialitatem et imperfectionem..... Ad hoc, quod tales formae plurificentur sub specie, oportet, quod habeant illam potentialitatem, quae facit partem realem...... Dicere, quod propter hanc causam deus non posset facere plures angelos, quia non est in eis materia, esset error, quia sequeretur, quod non possent esse plures animae separatae, cum in eis non sit materia.* Ebend. *Dist.* 12, *Qu.* 1, f. 17 v. B: *Ratio materiae potest accipi vel secundum quod est subiectum formae, vel secundum quod est subiectum transmutationis.*

420) *Quodl.* VIII, 12, f. 152 v. B: *Carentia materiae non est causa, quare non sint plura individua eiusdem speciei in angelis, sed carentia materiae quantitatem habentis.*

zusammengesetzt werden soll; und spreche man, um diesem zu entgehen, von einem Aggregate, welches zu Einer abschliessenden Form sich selbst ergänze (s. Scotus ob. Anm. 155 f.), so würde jene letzte Form nur eine accidentelle, nie aber eine substantielle sein. Somit bleibe nur übrig, an der Einheit der Wesensform festzuhalten und dasjenige, was man an ihr für vielheitlich halten könnte, als eine Manigfaltigkeit von Vervollkommnungs-Stufen (*diversae perfectiones*) zu betrachten, welche dann durch verschiedene Namen ausgedrückt und bezeichnet werden, d. h. Herveus ist wieder bei Gottfried v. Fontaines (ob. Anm. 70) und Johannes Parisiensis (Anm. 74, vgl. auch Anm. 291) angekommen[421]. Erklärlicher Weise aber verwirft er von diesem Standpunkte aus entschieden die *formalitates* des Scotus[422]; ja er will die Einheit der Form auch für die accidentellen Qualitäten gerettet wissen, bei welchen (vgl. Anm. 160 u. 387)

---

421) *De unit. form.* 5, f. 73 v. A: *Quidam dixerunt, quod omnium rerum naturalium formae erant compositae ex pluribus et diversis tanquam ex partibus essentialibus, sicut humanitas ex anima et corpore* ..... (B) *Si autem forma sit composita ex forma et forma ita, quod una sit composita ex duabus, tunc aut erunt ambae eiusdem speciei aut diversarum; si eiusdem, sequeretur*......, *quod ad minus illae duae sint simplices, alias oporteret abire in infinitum*; ..... *si autem sint diversarum specierum, tunc impossibile erit, ipsas essentiali compositione componi ad invicem*, ... (f. 74 r. A) *cum nullus modus essentialis compositionis inveniatur in ipsa* ..... *Ideo alii aliter dixerunt; posuerunt enim, quod formae naturales* ..... *erant compositae illo modo, qui est per aggregationem plurium formarum ad efficiendam et complendam unam formam resultantem ex eis, sicut ex pluribus membris* ...... *resultat unitas corporis humani* ...... *Sed haec positio magis irrationabilis est, quam prima*. ..... *Sequitur, quod illa forma erit accidens et non substantia, et per consequens non erit forma completiva* ...... *Sequitur, quod omnes res naturales sint in genere accidentis* ...... (B) *Et ideo aliter dicendum, sc. quod forma naturalis est simplex* ...... (v. A) *et quod in nullo composito sunt diversae formae substantiales, sed sunt ibi diversae perfectiones*. Ebend. 12, f. 77 r. B: *Oportet dicere, quod una sit forma seu essentia generis et speciei et individui differens solum penes determinatum sive signatum et non signatum*, ... *nam designatio individui respectu speciei est per materiam individualem, designatio autem speciei respectu generis est per differentiam constitutivam, quae sumitur ex principali perfectione, quam dat forma rei* ..... (v. A) *Cum species rerum sint ad modum numerorum, in quibus unus addit perfectionem super alium, oportet necessario dicere, quod perfectiones inferiorum sint in superioribus, ac per hoc in una et eadem re sint diversae perfectiones essendi, sicut videmus, quod in homine est perfectio esse et vitae et sensus et intellectus. Et ideo, cum ratio rei sumatur ab ipsa re, secundum quod stat sub aliqua perfectione vel actu, ratio autem rei sit, quam significat nomen, contingit, ipsam rem diversis nominibus nominari vel significari, secundum quod diversae sunt essentiales perfectiones ipsius*. Vgl. ebend. 18, f. 86 r. B.

422) *Quodlib.* I, 9, f. 18 v. B: *Dicunt quidam, quod genus et differentia dicunt diversas formalitates realiter differentes, species autem differt a genere et differentia sicut complectens duas formalitates reales; unde species se habent ad genus per additionem realis formalitatis, species autem realiter differunt non se totis, quia in genere conveniunt, sed differentiis differunt; differentiae autem se totis differunt. Dicunt autem isti, quod distinctio formalitatis maior est in creaturis, quam in divinis*. (Vgl. bei Scotus, ob. Anm. 148 u. 151) ...... f. 19 r. A: *Si natura generis differt realiter a natura differentiae, sequitur, quod quodlibet individuum sit compositum ex tot rebus, quot sunt inter generalissimum et specialissimum; sed hoc est falsum* .... (B) *Restat ponere opinionem, quam credo esse veram*: ..... *In uno et eodem individuo genus generalissimum et omnes differentiae intermediae dicunt unam et eandem rem et sumuntur ab una et eadem re*, ... *quia si in Socrate substantia, corporeum, vivum, sensibile, rationale dicerent diversas res, sequeretur, quod in uno et eodem esset aliqua differentia re differens a natura generis*.

in Folge physikalischer Vorgänge nur eine *intensio* oder *remissio* der Einen Form eintreten könne[423]).

Der Averroist Johannes von Jandun (um 1320) zeigt, was die logischen Fragen betrifft, gleichfalls einen halb-thomistischen Standpunkt[424]) und erinnert uns in dieser Hinsicht an Petrus von Abano (ob. Anm. 260 ff.). In seinem Commentare zur aristotelischen Metaphysik[425]) nimmt er bezüglich der Universalien jene Unterscheidung in *causando* und *praedicando* auf, welcher wir schon bei Alexander v. Alessandria (Anm. 248) und bei Radulph Brito (Anm. 258) begegneten[426]), knüpft aber an die Aussagbarkeit auch die weitere Distinction, dass dabei entweder der Gegenstand der Auffassung als sachliche Grundlage der Einzeln-Dinge oder die *intentio* selbst gemeint sein könne, welch letztere dann wieder in *prima* und *secunda* zerfalle, wobei man jedoch nicht so fast auf den *modus essendi,* als vielmehr auf die quidditativen Momente des Erkennens blicken solle[427]). Jedenfalls kann so mit antiplatonischer Wendung das *esse in anima* und das *esse extra animam* dualistisch verbunden werden[428]), da die Universalien *post rem* vorstellungsweise im Intellectus

423) *In I Sentent., Dist.* 17, *Qu.* 4, f. 36 r. A: *Dicunt quidam, quod nulla forma secundum suam absolutam et specificam acceptionem potest habere variationem aliquam vel secundum magis vel secundum minus....... Et ideo, ut dicunt, illa accidentia, quae vel inveniuntur in subiectis diversarum specierum vel quae sunt separabilia, suscipiunt magis vel minus...... Ista opinio non videtur mihi vera......* (B) *Si sic intelligatur, sc. quod in essentia talium formarum non sit realiter loquendo aliqua latitudo graduum sic, quod albedo intensa essentialiter non sit perfectior, quam remissa, credo esse falsum......* (v. A) *Ratio, quare aliquod accidens dicitur suscipere magis et minus, est, quod secundum formam natus est fieri motus...... Secundum autem formam substantialem non est natus esse motus, ... ideo nulla forma substantialis habet talem latitudinem. Quodlib.* II, 13, f. 61 r. A: *Sicut in alteratione non est nisi unum mutatum esse in actu, ita non est ibi nisi una forma.*

424) Betreffs anderweitiger Anschauungen desselben, welche nicht die Logik betreffen, s. Näheres bei *E. Renan, Averroes et l'Averroisme,* p. 269 ff. Uebrigens verfasste Johann v. Jandun gemeinschaftlich mit seinem Freunde Marsilius v. Padua auch die bekannte publicistische Schrift „*Defensor pacis*", welche sich im Sinne Occam's über das Verhältniss zwischen Staat und Kirche äussert.

425) *Perspicacissimi speculatoris ac summi peripathetici Johannis de Janduno quaestiones in XII libros metaphysicae* (mit *Zimara*'s Commentar). *Venet.* 1505 fol. und wiederholt *Venet.* 1560. fol. (nach letzterem Drucke citire ich).

426) I, 20, p. 82: *Duplex est universale, unum in praedicando, aliud in causando. Universale in causando est deus et substantiae abstractae; ..... universalia in praedicando capiuntur dupliciter; uno modo quoad simplicem apprehensionem, ... alio modo quoad inhaerentiam passionis ad subiectum.*

427) VII, 24, p. 523: *Quoddam est universale per causalitatem, quoddam per praedicationem...... Universale secundum praedicationem est duplex: uno modo capitur pro re intentionata et denominata ab intentione; ..... alio modo capitur pro intentione, et hoc iterum dupliciter, vel pro prima intentione, vel pro secunda .....* (p. 524) *Illi, qui accipiunt conceptus generis et speciei a modis essendi, dicunt, quod prima intentio est conceptus rei vel intellectio secundum suum modum essendi proprium; ..... sed secunda intentio est conceptus rei secundum modum essendi communem...... Sed secundum dicentes, conceptus generis et speciei capi a quidditate generali vel specifica, dicitur, quod intentio prima rei est intellectio secundum quidditatem generalem et potentialem, sed secunda intentio est intellectio rei communis in pluribus..... Sed universale pro re subiecta est res, quae est apta nata esse in pluribus vel multiplicari in plura.*

428) I, 16, p. 57: *Universale potest intelligi dupliciter. Uno modo pro esse reali extra animam, quod esse habet subiective in suis suppositis, et pro isto esse*

sind, während sie *in re* die objective Bedingung des Wissens enthalten[429]), da ja in der concreten Subsistenz das Allgemeine und das Einzelne trotz aller Wesens-Verschiedenheit vereinigt seien[430]). Und sowie hiemit für die subjective Auffassung sich der Begriff des *ens rationis* (vgl. Anm. 395) einstellt[431]), so können nun auch ebenso, wie bei Herveus (Anm. 405) *genus naturale* und *genus logicum* dualistisch nebeneinandertreten[432]). Desgleichen wird die *intentio et remissio formarum*, was die substantiellen Formen betrifft (vgl. Anm. 423), auch hier verneint[433]).

Hingegen einen etwas strengeren Thomismus scheint Johannes von Neapel (gest. i. J. 1330) in diesen Controversen vertreten zu haben, insoferne wir erfahren, dass er gegen des Herveus Auffassung der *veritas* (s. Anm. 398) im Sinne des Thomas polemisirte[434]).

Auch Augustinus von Ancona (mit dem Beinamen Triumphus, gest. i. J. 1328) lenkt mehr zu Thomas zurück, welchen er besonders durch reichliche Benützung Avicenna's zu ergänzen sucht; nur streift er zuweilen auch an Auffassungen hin, welche erst später (bei Aegidius und Herveus) in die Controversen eingetreten waren. Seine Schrift *De cognitione animae*[435]) liegt zwar einer Geschichte der Psychologie näher, jedoch können wir aus ihr etwa Folgendes hervorheben. Als Gegenstand der Logik, welche er mit Aegidius *adminiculativa* nennt[436]), gilt ihm

---

universale actu habet esse extra animam ..... Alio modo pro esse intentionali, quod subiective est in anima, causative extra animam, et illud solum non habet esse potentiale extra animam ..... Platonici posuerunt universalia secundum esse existentiae separata a singularibus, ... Aristoteles, quod universalia subiective essent in singularibus, abstracta tamen secundum intellectum intelligentem ea non intelligendo singularia ...... Sed quod universale non generatur seorsim existens a singularibus, ut Platonici posuerunt, patet solutio etc.

429) VII, 24, p. 524: *Universale pro prima et secunda intentione est realiter separatum a singularibus ...... in intellectu subiective. ...... Universale pro re obiecta, quae denominatur ab intentione, non est separatum a singularibus sensibilibus et corporibus secundum esse extra animam ...... Si quidditas rerum esset separata a rebus naturalibus, tunc de rebus naturalibus non esset scientia.*

430) Ebend. p. 525: *Universalia et singularia non sunt coniuncta totaliter, quia sunt separata secundum essentiam, sed tamen sunt coniuncta secundum subsistentiam.*

431) V, 12, p. 312: *Si loquamur de specie pro prima vel secunda intentione, tunc non est extra intellectum, sicut nec conceptus, cum sint entia rationis.*

432) X, 22, p. 636: *Duplex est genus: quoddam est naturale, quoddam logicum. Genus naturale dicitur, quod est commune multis, quae conveniunt in materia ...... Sed genus logicum est, quod habet unum modum praedicandi communem univocum de multis speciebus.*

433) VIII, 6, p. 549: *Si formae substantiales elementorum intenderentur et remitterentur, tunc generatio non esset terminus alterationis; sed hoc est falsum ..... Si forma substantialis intenderetur et remitteretur, tunc generatio formae substantialis esset simul cum alteratione.*

434) Da mir des Johannes Neapolitanus *Quaestiones variae quadraginta duae Parisiis disputatae. Neapoli* 1618. fol. nicht zu Gebot standen, muss ich auf Dasjenige verweisen, was *Hauréau* (II, p. 403) in französischer Paraphrase aus Einem einzelnen Capitel jener Schrift anführt.

435) *Opusculum perutile de cognitione animae et eius potentiis Augustini de Anchona. Bononiae* 1503. 4.

436) IV, 2 (das Buch ist nicht paginirt): *Finis scientiae speculativae est veritas ..... Circa huiusmodi adaequationem rerum ad intellectum scientiae tripliciter se habere possunt. Primo directive et adminiculative* (s. Anm. 365), *secundo principaliter et obiective, tertio ex consequenti et subalternative. In primo gradu sunt scien-*

im Anschlusse an Avicenna die Verbindung der *secunda intentio* mit der *prima*, und da nur hiedurch die Gefahr vermieden werde, dass der Inhalt der Logik zuletzt aus Erdichtetem (*figmenta*) bestehe, so solle man auch nur von solchen *entia rationis* sprechen, welchen etwas Sachliches entspricht (*correspondet*), und in diesem Sinne liege dann der hauptsächliche Gegenstand der Logik immerhin um der Vermeidung des Irrthumes willen in der syllogistischen Verknüpfung der *secundae intentiones* [437]). Nemlich in die *prima intentio* verlegt er sowohl dasjenige, was Thomas *intentio universalitatis* genannt hatte, als auch, was bei demselben *reflexio* und *conversio ad phantasmata* hiess [438]), sowie er der *secunda intentio* gleichfalls im Anschlusse an Thomas die vergleichende und verbindende Function des Denkens zuweist [439]). So fasst er auch den Uebergang, welcher von der Sinnes-Wahrnehmung zur Allgemeinheit des Denkens stattfindet, völlig in thomistischer Weise [440]), bedient

---

tiae sermocinales, ut grammatica et logica, in secundo physica, mathematica et metaphysica, in tertio ...... medicina, musica, astronomia.

437) III, 6: *Secundum Avicennam logica est de secundis intentionibus adiunctis primis* (s. Abschn. XVI, Anm. 74) ..... *Nam si secundae intentiones non adiungerentur primis, non corresponderent eis res mediantibus primis intentionibus, et sic essent pure figmenta, sicut chimaera* (vgl. ob. Anm. 98) ...... *Et ex hoc patet, falsam esse positionem illorum, qui dicunt, ens rationis esse subiectum in logica* (vgl. Anm. 370) ...... *Logica non poterit esse de entibus rationis tanquam de subiecto, cum entia rationis, secundum quod huiusmodi, solum sint entia apud animam. Oportet ergo, quod sit de talibus entibus rationis, quibus aliqua res correspondeat; et talia entia rationis sunt secundae intentiones* (s. bei Herveus, Anm. 395) ...... *Nec etiam oportet, secundas intentiones universaliter sumptas esse subiectum in logica, saltem ut docens est, quia tunc non magis esset logica de syllogismo vel ad rectificandum actus syllogisticos, si non esset plus necessaria, quam ad rectificandum conceptus generis vel speciei; quod falsum est, cum in actibus simplicibus intellectus per se non erret, in actibus autem syllogisticis etiam per se errare habeat* (s. bei Aegidius, Anm. 369).

438) III, 4: *Intellectus .... dupliciter in cognitione rei fieri potest. Primo directo adspectu, ut quando intelligit rem sub esse universali; secundo per quandam reflexionem et conversionem ad phantasmata ...... Directo adspectu intellectus intelligit naturam cuiuscunque rei sub esse universali, quod quidem universale est primum et directum obiectum intellectus, ut intelligit naturam hominis inquantum homo ...... Per reflexionem .... intellectus uniendo se sensibus et phantasmatibus apprehendentibus ipsa singularia speculatur naturam hominis ...... Ergo intelligendo rem secundum suum esse singulare et materiale prima intentio formari habet ...... Illae intentiones, quibus intellectus intelligit vel directo adspectu vel per reflexionem, primae intentiones dicuntur, et ..... tam sub esse universali quam sub esse singulari primae intentiones formari habent* (s. Abschn. XVII, Anm. 500 f.).

439) Ebend. 5: *Videre volumus, quae sunt secundae intentiones, quae genus et species et individuum et syllogismus appellantur ..... Post informationem, qua informatur intellectus conceptione uniuscuiusque rei secundum se consideratae quasi secundario modo intellectus circa huiusmodi conceptiones negotiatur considerando convenientiam conceptionum vel primarum intentionum ad invicem, secundum quod possunt pluribus vel paucioribus convenire ...... Genus ergo et species et similia nomina secundarum intentionum sunt, eo quod sunt hae conceptiones, quas intellectus sibi format de rebus mediantibus primis intentionibus* (s. Abschn. XVII, Anm. 499 u. 506).

440) I, 11: *Cum species rerum informantes ipsos sensus repraesentant ipsas res sub tali esse signato et sub esse particulari ipsarum, ut in rerum natura subsistunt, oportet, huiusmodi species, ut sunt in sensibus, particulares et materiales esse .... Si similitudines rerum sub esse universali existerent in aliqua potentia sensitiva, non indigerent huiusmodi similitudines depurari per intellectum agentem ad*

sich aber dabei ebenso, wie Aegidius, auch des scotistischen Begriffes der *species intelligibilis* [441]), welchen er jedoch wieder mit Ausdrücken des Albert (z. B. *similitudo*) und mit einem Gleichnisse des Thomas erläutert [442]).

Hatte somit die thomistische Richtung (wenn auch unter kleinen Zugeständnissen an die Gegner oder wenigstens mit einigem Schwanken) bis dahin entschieden das quantitative Uebergewicht behauptet, so gewann nun auch der Scotismus, welcher bereits, wie wir sahen, bei Richard v. Middleton, Radulph Brito und besonders bei Alexander v. Alessandria sich sehr merklich geregt hatte, einen hervorragenden Vorkämpfer an dem Franziskaner Antonius Andreas (oder Andreä, gest. i. J. 1320), einem unmittelbaren Schüler des Scotus, welcher im Ganzen getreu den Ansichten dieses seines Lehrers folgte, wenn er auch einige Male dem thomistischen Dualismus näher tritt, als die stricte Observanz seiner Schule vielleicht billigen konnte. Ausser einem Commentare zum Sententiarius, in welchem Antonius lediglich den Scotus excerpirt (daher es für mich unnöthig ist, weiteren Bezug darauf zu nehmen), besitzen wir von ihm eine ***Expositio super artem veterem*** [443]), wobei hier zum gewöhnlichen Umkreise der ***Ars vetus*** (s. ob. Anm. 356) auch noch ***Boethius de divisione*** beigezogen ist, während in üblicher Weise die Syllogistik zur ***nova logica*** gerechnet wird [444]); ferner einen Commentar zur Metaphysik [445]) und eine Monographie ***De tribus principiis*** [446]). Die Exegese der logischen und metaphysischen Schriften zeigt uns, was die Form betrifft,

---

hoc, quod possent informare intellectum possibilem; nam tota causa, quare oportet ponere intellectum agentem, videtur esse materialitas et particularitas specierum existentium in sensu, ... quod ipsa universalia sunt intelligibilia actu, eo quod actu possunt movere intellectum possibilem (s. ebend. Anm. 493 ff.).

441) II, 4: *Ponitur intellectus agens, in cuius virtute phantasmata, quae sunt particularia, intelligibilia solum in potentia fiunt et postea actu universalia et actu intelligibilia et per consequens actu possunt intellectum possibilem movere et species intelligibiles in ipso causare* (s. ob. Anm. 375).

442) Ebend. 1: *Ex lumine intellectus agentis species intelligibilis recipit actualitatem, per quam intellectum possibilem potest movere.* Ebend. 2: *Non est possibile, res secundum se esse praesentes ipsi intellectui, propter quod oportet, eas in ipso intellectu existere per suas similitudines* (s. Abschn. XVII, Anm. 393 u. 395), *quibus intellectus informatus possit ipsas res intelligere ...... Res exteriores sunt principalia obiecta ipsius intellectus, species vero intelligibiles praedictarum rerum sunt sicut ratio intelligendi et cognoscendi ipsas; ideo res ipsae cognoscuntur et intelliguntur ab intellectu, non autem species intelligibiles.* Ebend. 3: *Sicut sol est quoddam universale lumen respectu corporalium et sensibilium, ita lumen intellectus agentis est quoddam universale lumen respectu intelligibilium* (s. ebend. Anm. 510).

443) *Scripta seu expositiones Antonii Andreae super artem veterem et super Boetium de divisionibus. Venetiis* 1492 u. 1508 u. 1517. fol. (nach letzterem Drucke citire ich).

444) *S. art. vet.* f. 63 r. A: *Consideratur in libro Priorum et aliis libris novae logicae syllogismus ......* (v. A) *Liber Periermenias ordinatur ad libros logicae novae, sed principaliter ad libros Priorum et mediante illo ad alios, quia syllogismus est ex propositionibus.*

445) *Quaestiones Antonii Andreae super XII libros metaphysicae. Venetiis* 1481 u. 1514 u. 1523. fol. (nach der letzteren Ausgabe citire ich).

446) *De tribus principiis rerum naturalium. Venet.* 1489. fol. und wieder abgedruckt bei *Nuciarelli* (s. Anm. 497) f. 36—57.

den Schüler des Scotus und ausserdem einen Mann von wirklich grosser Belesenheit [447]).

Antonius liebt es, den Detail-Erörterungen in philosophischem Prediger-Ton schwülstig rhetorische Einleitungen vorauszuschicken, in welchen er alttestamentliche Sprüche scheffelweis ausgiesst, und indem er in solcher Form auch den Werth der einzelnen Theile der Logik preist, führt er zum Ruhme dieser Wissenschaft auch einen Memorial-Vers an [448]). Mit Scotus stellt er die Logik als *intentionalis* den realen Disciplinen gegenüber [449]) und erblickt die wesentliche Aufgabe der ersteren im Syllogismus [450]), daher dieselbe allerdings *modus sciendi* sei, hiedurch aber nicht gehindert werde, als selbstständige Wissenschaft auf eigenen Principien zu beruhen [451]); und hieran reiht er, wie Scotus, den Unterschied zwischen *logica docens* und *utens* [452]). Desgleichen stimmt fast wörtlich mit Scotus die Angabe überein, dass die Logik trotz der Wortform der Begriffe nicht nominalistisch aufgefasst werden solle, sondern der Be-

---

447) Antonius hebt in seinen Commentaren stets das Fortschreiten der Argumentation präcis hervor, erörtert die verschiedenen Wortbedeutungen, führt überall Gründe (mit „*Videtur, quod sic*“) und Gegengründe („*Videtur, quod non*“) an, um hierauf jeden derselben zu erledigen („*Ad evidentiam dictorum respondetur*“), und dabei benützt er in reichlichstem Maasse Belegstellen aus den übrigen Schriften des Aristoteles sowie das bei Albert aufgespeicherte Material, womit er, besonders in der Exegese des Porphyrius, die vollste Ausbeutung des Avicenna verbindet.

448) *Sup. art. vet.* f. 2 r. A: „*Girum coeli circuivi sola*“, *Eccl.* 24 ...... *Haec autem scientia, sc. logicalis, coelum dicitur circuire pro eo, quod eius considerationi subditur, quidquid coeli ambitu continetur, ... per eam enim poterimus syllogizare de omni problemate ..... Ambitus huius scientiae circa subiectum suum inter alias scientias habet inquisitionis rectitudinem latiorem, speculationis claritudinem altiorem, permansionis valetudinem firmiorem ..... De ipsa potest intelligi, quod dicitur Eccl.* 8: „*Circumduxit me per ea in giro, erant enim multa valde super faciem campi*“...... (B) *De ipsa potest intelligi, quod dicitur Proverb.* 8: „*Certa lege et giro vallabat abyssos et aethera firmabat sursum*“...... *Ipsa in sui laudem prorumpens cantat alta voce*

„*Frustra doctores sine me coluere sorores*“,

unde de ipsa dicit Salomon Sap. 4: „*Circuibam quaerens, ut mihi illam assumerem quasi sponsam*“. Aehnlich beginnt der Commentar zu den Kategorien mit dem Citate (ebd. f. 17 v. B): „*Scripsit in tabulis verba decem, quae locutus est ad vos*“, *Deuteron.* 4, sowie jener zu *De interpr.* mit (f. 63 r. A) „*Tu ergo Balthasar interpretationem narra festivus*“, *Daniel* 4, und jener zu *Boeth. de divis.* mit (f. 89 r. B) „*Qui divisit mare rubrum in divisiones*“, *Psalm.* 135.

449) Ebend. f. 5 r. A: *Logicus non considerat res per se, nisi pro quanto fundant secundas intentiones et terminant respectum, ipsas autem intentiones considerat per se, et ideo non est artifex realis, sed intentionalis.* Vgl. ob. Anm. 87.

450) Ebend. f. 2 r. B: *Motus huius scientiae principaliter syllogismum considerat simul, et postmodum secundum gradus participationis considerat partes eius, reducens ad ipsum singula, quae in ipsa logica pertractantur, tanquam ad finem ultimum, ad quem omnia ordinantur.* Vgl. ob. Anm. 93.

451) Ebend. f. 103 r. A: *Dicitur, quod modus sciendi non est scientia specialis, potest tamen esse communis, et sic est de logica ..... Aliter dicitur, quod falsum est, quod logica sit modus sciendi ...... Logica docet modum sciendi pro tanto, quia est de syllogismo vel de argumento, per quod tantum habetur scientia ..... In logica per propria principia ostenduntur propriae conclusiones, licet eius usus sit circa communia.*

452) Ebend.: *Logica dupliciter consideratur: uno modo inquantum est docens, et sic procedit ex propriis principiis et necessariis; ..... alio modo inquantum uti-*

griff eben in Mitte zwischen dem Realen und dem Sprachlichen stehe[453]), — ein Conceptualismus, welchen Antonius sowohl polemisch gegen Plato richtet[454]) als auch insbesondere durch die Bedeutung des Urtheiles stützt[455]).

So kann er in einer theils scotistischen theils byzantinischen Terminologie den Universalien ein dreifaches Sein zuweisen, nemlich in den Dingen, in der Quidditât (d. h. *ante rem*), und in der logischen *intentio*[456]), oder ebenso kann er die ersten beiden Seiten zusammenfassen und mit Alexander v. Alessandria (oder mit Johannes v. Jandun) nur die Doppelstellung des „*causando*" und „*praedicando*" betonen[457]), womit sich von selbst Bemerkungen über Priorität und Posteriorität verknüpfen[458]). Er stellt nemlich überhaupt ziemlich dualistisch die objective Wesens-Einheit dem Denk-Impulse gegenüber[459]), so dass er fast bei *genus logicum* und *genus naturale* ankommt[460]); aber er lenkt diess wieder (selbst im Wortausdrucke) in die Auffassung des Scotus hinüber, wornach ein gelegentlicher Causalnexus (*occasionaliter*) zwischen dem objectiven Universale und der Denkoperation besteht[461]), daher er auch die Ansicht

---

mur logica applicando ad illa, in quibus est usus, et sic non est ex propriis, sed ex communibus. Vgl. ob. Anm. 90.

453) Ebend. f. 18 r. B: *Liber Praedicamentorum non est de decem vocibus ut de subiecto primo, nec aliqua pars logicae est de voce, quia omnes passiones syllogismi et enuntiationis et termini possunt sibi inesse secundum esse, quod habent in mente, esto, quod non proferantur; sed est de aliquo priore, quod respectu vocis significativae habet tantum rationem significati*..... (v. A) *Logica nec est scientia realis nec sermocinalis*, ... *est de conceptu per se*...... *Multum convenit cum sermone propter duo; quia conceptus est immediatum significatum per vocem*, ... *et quia passiones conceptus insunt voci significativae, sicut incomplexio et complexio.* Ebenso f. 63 r. A. S. Anm. 96.

454) Ebend. f. 68 r. B: *Ponere, aliquid existere, secundum quod ei attribuitur ratio communis, hoc est ponere ideas, secundum quod Plato posuit; igitur commune, secundum quod habet rationem communis, est natura, prout concipitur sub ratione dicibilis de pluribus.*

455) Ebend. f. 66 v. A: *Compositio* (im Urtheile) *est illarum rerum, non tamen ut existunt, sed ut intelliguntur, et ideo veritas et falsitas dicitur circa compositionem intellectus, quia illa compositio ab intellectu causatur et est in intellectu.* Vgl. Anm. 181.

456) Ebend. f. 3 v. B: *Significatum termini communis significantis veram naturam potest tripliciter considerari. Uno modo secundum esse in suppositis, quod dicitur esse materiale eius*; ..... *secundo modo absolute secundum esse quidditativum*; ...... *tertio modo, ut per formam intelligibilem ab intellectu apprehenditur, quod est esse cognitum, et sic ei insunt intentiones.* Vgl. Anm. 119 u. 129 f.

457) *Qu. s. metaph.* I, 10, f. 9 v. A: *Duplex est universale, sc. in causando et in praedicando* ..... *Magis universale secundum causalitatem est nobis minus notum* ..... *Si autem quaeratur de universali secundum praedicationem*, ... *singulare simpliciter est nobis notius, quam universale.* Vgl. Anm. 248 u. 426.

458) *S. art. vet.*, f. 92 v. A: *Genus et quodlibet universale, ut dicit mihi praecise intentionem, est posterius*; ..... *genus, ut dicit rem sive primam intentionem, est prius.* Vgl. *Qu. s. metaph.* VII, 16, f. 40 v. A. S. Anm. 108 u. 286.

459) *Qu. s. metaph.* V, 6, f. 23 r. A: *Omnis unitas causata ab intellectu habet unitatem in re, qua originatur, sicut ignis generat ignem sibi similem in specie, nullo etiam intellectu existente.*

460) *S. art. vet.* f. 92 r. A: *Vox dividitur in proprias significationes; genus vero non, sed in quasdam quodammodo a se procreationes.* Vgl. bei Herveus ob. Anm. 403.

461) Ebend. f. 3 r. B: *Universale est ab intellectu, nec sequitur: ergo est fig-*

seines Lehrers wiederholt, dass das Universale als Quelle der Bezeichnung ein Erzeugniss des Intellectus sei[462]), und hiemit die gegenständliche Auffassung (*subiective*) auf das materielle Dasein hinweise, während die Vorstellung (*obiective*) das formelle Denk-Element enthalte[463]). Erklärlicher Weise beruht hierauf eine durchgängig wörtliche Uebereinstimmung des Antonius mit Scotus in der Auffassung der *prima* und *secunda intentio*[464]), sowie in Behandlung der Begriffe *abstractum* und *concretum*[465]), womit eine dualistische Parallelstellung des „*in anima*" und des „*in rebus extra*" sehr wohl sich verträgt[466]). Neu kommt nur hinzu, dass Antonius mit der *intentio* auch die byzantinischen Begriffe *signatum* und *exercitum* in Verbindung bringt[467]). Die Begründung aber jenes Causal-Verhältnisses, welches zwischen dem objectiven und subjectiven Auftreten der Universalien besteht (Anm. 461), führt auch hier zur *species intelligibilis* des Scotus[468]); was jedoch das Verhältniss derselben zur Wortbezeichnung und zu den Einzeln-Objecten betrifft, modificirt Antonius

---

mentum, quia figmento nihil correspondet in re extra, universali autem respondet aliquid, a quo movetur intellectus ad causandam talem intentionem ..... Universale effective est ab intellectu, sed materialiter sive originaliter aut occasionaliter est a proprietate in re comperta, quod non est verum de figmento (s. Anm. 99 f. u. 116).

462) Ebend. f. 3 v. B: *Intellectus est, qui facit universalitatem in rebus, ... universale autem denominat rem, non intellectum, ergo est in re subiective, in intellectu autem ut in efficiente* (vgl. Anm. 127 u. 123). Hiezu aber unten Anm. 469.

463) Ebend. f. 87 r. B: *Distinguitur in genere duplex potentia, sc. subiectiva et obiectiva: potentia subiectiva sumitur in re per comparationem ad materiam, de qua fit; materia enim est subiectum omnium formarum et in potentia ad eas; sed potentia obiectiva attenditur in re per comparationem ad agens, quod potest ipsam producere ad esse.* Vgl. Anm. 105.

464) Ebend. f. 3 r. A: *Universale est nomen concretum* (s. Anm. 128), *sumitur ergo tripliciter sicut alia concreta. Uno modo pro subiecto, i. e. pro re primae intentionis, cui applicatur intentio universalis, et hoc modo universale est obiectum primum intellectus, et omnis scientia est universalium; ...... secundo modo sumitur pro forma, sc. pro re secundae intentionis; tertio modo sumitur pro aggregato ex subiecto et forma* (s. Anm. 107), *et illud est ens per accidens ..... Universale autem secundo modo sumptum est de consideratione logici* (s. Anm. 89 u. 106). f. 4 r. A: *Scientia realis est de universali primo modo, quod sc. est res, sed logica est de universali secundo modo, quod est intentio, ideo scientia rationalis vocatur* (s. Anm. 87). Vgl. f. 4 v. B, f. 46 v. A, u. *Qu. s. metaph.* VII, 16. f. 40 r. B.

465) *S. art. vet.* f. 9 r. A: *Sicut est duplex abstractum, unum, quod abstrahit a subiecto, aliud, quod abstrahit a forma, ut est in supposito, ita est duplex concretum per oppositum, unum, quod concernit suppositum, aliud, quod concernit subiectum; exemplum primi humanitas et homo, exemplum secundi albedo et album* (vgl. Anm. 128).

466) Ebend. f. 4 v. B: *Voco primam intentionem ipsam rem cognitam vel positam in esse intellecto et cognito, ... voco autem intentionem secundam quandam relationem sive comparationem intellectus, qui comparat unam primam intentionem ad aliam primam intentionem, et sic secundum diversas comparationes format diversas secundas intentiones ..... Universale sumptum pro intentione nihil est in rebus extra, ... sumptum pro subiecto intentionis est vere aliquid in rebus.* Ebenso *Qu. s. metaph.* VII, 16, f. 40 r. B.

467) *S. art. vet.* f. 5 v. B: *Esse in rebus primae intentionis id exercet, quod praedicari signat in secundis intentionibus; differentia autem est inter actum signatum et exercitum in multis* u. s. f., s. Abschn. XVII, Anm. 605.

468) Ebend. f. 8 v. A: *Ad rationem generis requiritur, quod habeat plures species actu, non quae existant actu vel potentia, sed tantum actu concipiantur per speciem intelligibilem acceptam ab individuis quandoque existentibus* (s. Anm. 110 ff.).

die Ansicht seines Lehrers dahin, dass der eigentliche Gegenstand der Bezeichnung die Sache selbst schlechthin, d. h. abgesehen von Existenz oder Nicht-Existenz und abgesehen vom Gedachtwerden, sei, und hiemit die *species intelligibilis* erst durch ein Zurückbeugen des Intellectus (*reflexio*), also nicht unmittelbar, erfasst werde[469]. Uebrigens nimmt er auch den Begriff der *veritas* (vielleicht auf gleichzeitige Controversen blickend, s. Anm. 398 u. 434) dualistisch nach einer objectiven und einer subjectiven Seite, deren letztere gleichfalls ein Zurückbeugen in der Vorstellung enthalte und in den Urtheilen conform mit dem sachlichen Bestande auftreten müsse[470], dabei aber jedenfalls nur dem formellen Momente der Vorstellung (*non subiective, formaliter*) angehöre[471].

Bezüglich des Princips der Individuation folgt Antonius, wie sich nicht anders erwarten lässt, gleichfalls dem Scotus. Er nimmt nicht bloss den Begriff der *haecceitas* beifällig auf[472], sondern schneidet auch noch entschiedener als Scotus die thomistische Ansicht dadurch ab, dass er die Materie als ein lediglich Potenzielles von der reinen Actualität der Form auf's schärfste trennt und zwischen beiden eine begriffliche und reelle Verschiedenheit statuirt[473]. Indem aber hiebei die räumlich ausgedehnte Materie gemeint ist, erblickt er andrerseits eben jenen nemlichen Gegensatz gegen die quidditative Form, welche als solche allgemein ist, auch in der individuellen Verschiedenheit und Eigenthümlichkeit der Einzeln-Wesen, und so kommt er dazu, den Begriff der Materie in nichtphysikalischem, vielmehr ontologischem Sinne in einen Causal-Zusammen-

---

469) Ebend. f. 66 r. A: *Quaeritur, utrum nomen significet rem vel speciem..... Est una opinio, quod species intelligibilis immediate significatur per vocem.....* (v. A) *Secunda opinio est, quod res primo significatur, non tamen secundum quod existit, quia nec sic per se intelligitur, sed secundum quod per se concipitur ab intellectu..... Dico, quod res intelligitur primo, species autem per reflexionem..... Illud, quod proprie significatur per vocem, est res, non res ut intelligitur, nec res ut existens nec ut non existens, sed res absolute, ut abstrahit ab istis et est extraneum illi quodlibet illorum.* Ebenso f. 68 r. A. S. Anm. 126 f.

470) Ebend. f. 64 v. B: *Est veritas in rebus, et est veritas in intellectu....... Verum in intellectu est secundum intellectus operationem, secundum quam natus est intellectus conformari obiecto ut mensuratum mensurae..... Non est veritas in intellectu obiective nisi reflectente se super actum suum......* (f. 65 r. A) *Veritas incomplexa est formaliter habitudo conformitatis.... ad obiectum simpliciter intelligibile. Veritas autem complexa ad obiectum complexum...... Compositio est, quando intellectus..... apprehendit rerum identitatem, divisio vero, quando..... apprehendit rerum diversitatem.* Fast wörtlich ebenso *Qu. s. metaph.* VI, 6, f. 30 v. A.

471) *S. art. vet.* f. 45 r. A: *Verum et falsum sunt in oratione sicut in signo non subiective et dicunt formaliter respectum conformitatis et difformitatis ad rem.* Vgl. Anm. 129, 133, 147.

472) *Qu. s. metaph.* I, 8, f. 8 v. A: *In singulari est duo considerare, sc. ipsam singularitatem, quae potest vocari haecceitas, et naturam subiectam singularitati, quae de se est indifferens ad esse hoc.*

473) *De tribus princ.* f. 41 r. A: *Licet materia sit ens in actu entitativo, quia est aliquid extra suam causam distinctum, tamen distinguitur contra actum formalem completum et specificum...... Materia est purum actuabile et potentiale, forma est purum actuativum, et nihil unius includitur in ratione alterius, quia aliter nec illud esset purum actuativum, nec illud purum actuabile..... Materia distinguitur realiter a forma realitate positiva receptiva omnino alterius rationis a forma* (d. h. welche einen in jeder Beziehung von der Form verschiedenen Wesensgrund enthält), *et est quid primo diversum ab ea.*

hang mit der Häcceität zu bringen[474]. Hingegen die physikalische Materie, welche nie als einheitliche Urmaterie existire, finde eben nur durch specifisch verschiedene Formen ihre bestimmte Qualificirung[475]; und was die unkörperlichen Individuen (d. h. die Engel) betrifft, so genüge die ihnen anklebende Passivität zur Erklärung ihrer Individuation[476]. Ebenso zeigt sich Antonius als treuer Scotist in der Annahme einer *pluralitas formarum*[477], sowie in demjenigen, was er über *intensio et remissio formarum* bemerkt, wobei er die Gradabstufung in die Befähigung des Einzeln-Dinges, nicht aber in die Form selbst, verlegt[478].

Ausser diesen allgemeineren Parteifragen muss aber auch noch einiges Einzelne, was in des Antonius Exegese (s. Anm. 447) vorkommt, berührt werden. Bei Erklärung des Porphyrius[479] erwähnt er einmal den aristotelischen Begriff der *tabula rasa*[480], wiederholt auch betreffs der einzelnen fünf Universalien fast den ganzen Commentar des Avicenna und des Albert, sowie des Scotus Begründung der Fünfzahl[481], und

---

474) *Qu. s. metaph.* V, 5, f. 22 v. B: *Quaedam est materia, quae opponitur formae totius et ipsi quidditati et per consequens est extra rationem quidditatis formaliter; et haec est materia, quae est differentia seu proprietas individualis, quae est causa propria haecceitatis et individuationis.*

475) *De tribus princ.* f. 45 v. A: *Non est una materia numero omnium generabilium et corruptibilium, ... quia impossibile est, eandem materiam numero informari simul formis substantialibus contrarie et specifice distinctis.*

476) *S. art. vet.* f. 55 r. A: *Angelus ..... posset fieri sine creatione creaturae corporalis, ... tamen in angelo est potentia passiva, qua posset esse in loco.*

477) *Qu. s. metaph.* VII, 17, f. 41 r. A: *Est una opinio, ... quod est aliqua forma mixti una realiter, sed plures virtualiter continens multas perfectiones ...... Est alia opinio, quam reputo veram, ...* (B) *quod in quolibet vivo praeter formam animati est alia forma communis corporis et mixti, et praeter has, quae sunt communes toti animali vel vivo, sunt aliae partiales specificae distinctae tot, quot organa distincta sunt. De tribus princ.* f. 51 v. B: *In quocunque animato necesse est ponere aliquam formam, quae est forma corporis mixti alia ab illa, qua est animatum ....* f. 52 r. B: *In quolibet vivo praeter formam animati est alia forma corporis et mixti, et praeter has, quae sunt communes toti animali vel vivo, sunt aliae partiales specificae distinctae tot, quot organa distincta.* Vgl. Anm. 156.

478) *De tribus princ.* f. 53 r. A: *Qualitas secundum se non suscipit magis et minus, sed subiectum secundum illam .....* (B) *Forma specifica est indivisibilis quantum ad gradum specificum, divisibilis vero quantum ad gradum perfectionalem. S. art. vet.* f. 10 v. A: *Quamvis esse specificum in se sit unum et quasi indivisibile, secundum quod abstrahit in suo conceptu ab omni gradu individuali, non obstat, quin possit participari magis et minus secundum tales gradus.* Ebend. f. 25 r. A: *Aliqua forma substantialis, ut puta forma ignis, non secundum esse specificum, sed individuale, sc. secundum esse, quod habet in suppositis, habet aliquos gradus et portiones, secundum quos magis et minus in diversis individuis participatur.* Vgl. f. 36 v. B, f. 44 v. A, f. 62 r. A. S. Anm. 160.

479) Nach einer drei enggedruckte Columnen füllenden Lobpreisung der Logik überhaupt kommt Andreas mit rhetorischem Schwulst (s. Anm. 448) auf die Isagoge, von welcher er sagt (f. 2 v. B): *De auctore huius libri potest dici illud Matth.* 7 „*Bene omnia fecit, et surdos facit audire et mutos loqui*“ u. s. w.

480) *S. art. vet.* f. 4 v. A: *Quidam exponunt* (s. die Stelle Abschn. XII, Anm. 86) „*intellectum solum*“, *cui nihil correspondet in re extra, ut est intellectus figmenti, ...* „*intellectum nudum*“, *qui est sine omni specie vel habitu, ut est tanquam tabula rasa, in qua nihil est depictum* (s. Abschn. IV, Anm. 97), „*intellectum purum*“ *vocant intellectum angelicum vel divinum ...... Per intellectum solum, nudum et purum idem intelligitur, et verba ista aequipollent.* Vgl. Anm. 377.

481) Ebend. f. 17 r. B, s. Anm. 162.

ausserdem erwähnt er einen neuen Memorialvers [482]). Bezüglich der Kategorien führt er eine spitzfindige Distinction des *aequivocum* an [483]), bezeichnet in ähnlicher Weise, wie wir es bei Pseudo-Thomas sahen (Anm. 314), Quantität und Qualität als absolute Accidenzien [484]), verwerthet bei der Relation einen Begriff, dem wir bei Raimundus Lullus begegneten (vor. Abschn., Anm. 58 u. 70), nemlich den der *aequiparantia* [485]), und zeigt uns bei Besprechung der Gegensätze wieder (vgl. Anm. 459 ff. u. 466) seine Hinneigung zum Dualismus [486]). In der Lehre vom Urtheile finden wir Bemerkungen über das Verhältniss des Urtheiles zum Syllogismus [487]), über Copula [488]), über eine Lückenhaftigkeit der aristotelischen Lehre [489]) und insbesondere über die modalen Urtheile, bei welchen er an der älteren Eintheilung in *modus nominalis* und *adverbialis* [490]), sowie an der byzantinischen Regel der modalen Aussage festhält [491]), und auch die ältere einfache Figur aufnimmt [492]). Und sowie er schon hierin byzantinische Lehre beizog, so begegnen wir auch überhaupt häufigen Erwähnungen jener logischen Theorie [493]), worunter besonders die Lehre von den *consequentiae* hervorragt [494]), bei welcher er die mathematische Form der Proportionen förmlich als eine Schluss-Weise erwähnt [495]).

---

482) Ebend. f. 9 r. B. Es ist jedoch nur der erste von zwei zusammengehörigen Versen, welche ich unten (Anm. 615) bei Burleigh anzuführen habe. Einen Prioritäts-Streit über den Urheber solcher Verse wird wohl Niemand erheben, zumal da Vieles auf Rechnung späterer Abschreiber fallen kann.

483) Ebd. f. 18 v. A: *Aequivocum includit duplicem relationem, ... sc. habitudinem ad aequivocans ..... et ad aequivocatum.*

484) Ebd. f. 43 v. B: *Praedicamentorum quaedam sunt substantia, quaedam accidentia: substantia autem est unum praedicamentum tantum; accidentium autem quaedam sunt absoluta, ut quantitas et qualitas, quaedam sunt respectiva, ut reliqua septem.*

485) Ebd. f. 30 r. B: *Relativum aequiparantiae est aequivocum, quia proprie sumptum est aliquid relatum ad aliud secundum eandem formam, ... cuiusmodi sunt „simile" et „aequale".* Vgl. f. 10 r. A.

486) Ebd. f. 37 v. B: *Oppositio in uno sensu sumpta dicitur univoce de contrarietate et oppositione relativa, in alio sensu dicitur univoce de contradictione et privativa oppositione. Primo modo est ens reale, ... secundo modo est intentio.*

487) Ebd. f. 63 v. B; s. Anm. 93.

488) Ebd. f. 67 v. A u. B.

489) Ebd. f. 79 r. B: *Aristoteles hic praetermisit multiplices oppositiones, ubi subiicitur nomen infinitum universaliter sumptum.* Vgl. Abschn. XVII, Anm. 450.

490) Ebd. f. 86 r. A: *Duplex est modus, nominalis et adverbialis* u. s. f. S. ebend. Anm. 43.

491) Ebd. f. 84 r. A: *In propositionibus modalibus modus ponitur a parte praedicati, et ei addenda est negatio ......* (v. A) *In propositionibus de modo ipsum dictum subiicitur, ita quod etiam verbum est pars subiecti.* S. ebend. Anm. 161.

492) Ebd. f. 87 r. A: *Propter hoc aliqui habent hic figuram* u. s. f., d. h. es folgt die auch von Thomas (s. ebend. Anm. 541) aufgenommene Figur, welche uns zuerst bei Wilhelm Shyreswood (s. ebend. Anm. 45) begegnet war.

493) So finden wir *suppositio personalis* f. 22 v. A u. f. 69 r. A, *ampliatio* f. 70 r. B, 73 v. A, 80 v. B, *distributio* f. 83 r. B, *appellatio* f. 73 v. B, *categoreumatice et syncategoreumatice* f. 8 r. B, 63 r. A, 80 v. B, *sensus compositus et divisus* (s. ebend. Anm. 585) f. 76 r. A.

494) Ebd. f. 22 v. A, 39 r. A, 41 v. A, 86 r. A.

495) Ebd. f. 89 r. A: *Tenet argumentum a commutata proportione, quantum ad contradicere et converti; ..... sed nunquam tenet, quantum ad contradicere et sequi,*

In einer sehr eigenthümlichen Weise vertritt der Franziskaner Franciscus Mayron (gest. 1325) den Scotismus, indem er in der Universalien-Frage (— aber auch nur in dieser —) sich völlig auf einen platonischen Standpunkt stellt, so dass uns hier ein ähnliches Verhältniss wie bei Heinrich Göthals (ob. Anm. 36) begegnet, d. h. Mayron wäre gleichfalls unter anderen Zeitumständen sicher der exclusivste Platoniker geworden, und auch ihn hinderte hieran nur die Auctorität des üblich gewordenen Stoffes und andrerseits der Umstand, dass man damals Plato's Schriften noch nicht besass. Allerdings macht es einen fast komischen Eindruck, wenn Mayron mit seinem platonischen Realismus zugleich eine reichliche Durchführung der Ansichten des Scotus verbinden zu können glaubt; aber daneben könnte es uns selbst freuen, dass einmal Jemand Selbstständigkeit genug besass, um gegen den allgemeinen Strom zu schwimmen und auf eigene Faust sich für Plato zu erklären. Wir besitzen von ihm einen Commentar zum Petrus Lombardus und *Quodlibeta*[496]), ferner eine Erklärung der Isagoge und der Kategorien, eine Schrift *De primo principio, Formalitates* (s. jedoch unten Anm. 529), sowie *De univocatione entis*[497]).

Wenden wir uns zu den Hauptfragen[498]), so begegnen wir vorerst einer ausschliesslich religiös-dogmatischen Tendenz, welche der Darstellung der Logik bei Mayron zu Grunde liegt, da es sich dabei nur um die Mittel zum Siege über die Anorthodoxie handle[499]). Sodann aber über-

---

sed fit semper fallacia consequentis, v. gr. ...... Sicut se habet homo ad non hominem secundum consequentiam, sic animal ad non animal secundum consequentiam; ergo permutatis: Sicut homo ad animal, sic non homo ad non animal; sed omnis homo est animal; ergo omne non homo est non animal; falsum est u. s. w.

496) *Illuminati doctoris fratris Francisci de Mayronis in primum sententiarum. Venetiis* 1504. fol. *In secundum* ebenso. *In tertium* ebend. 1506. *In quartum* ebend. 1507. *Quodlibettales* [*sic*] *questiones fertilissimae illuminati doctoris Franc. de Mayronis. Venetiis* 1507. fol. In einem anderen Venetianer Drucke v. 1520, welcher mir nicht zugänglich war, sind auch einige der kleineren Schriften, welche Nuciarelli herausgab (s. folg. Anm.) enthalten.

497) *Contenta in volumine per eximium artium et medicinae oratorem dom. Hieronymum de Nuciarellis Romanum correcta et emendata, lector, invenies: Passus super universalia et praedicamenta illuminati Francisci Maironis* (ein älterer Druck dieser Schrift ist *Bononiae* 1479. 4). *Formalitates eiusdem. De primo principio complexo eiusdem Francisci. De terminis theologicis eiusdem. Formalitates Petri Thomae* (s. Abschn. XX). *De secundis intentionibus Hieronymi* (d. h. des Nuciarelli selbst). *De ente et essentia divi Thomae. Tria principia rerum naturalium Antonii Andreae* (s. Anm. 446). *Expositio Francisci Maironis s. VIII libr. phys. De cuiuscunque scientiae subiecto Cometii Hispani. Super libros de anima Joannis Scoti. De univocatione entis Francisci Maironis. Venetiis* 1517. fol.

498) Nemlich die Exegese als solche bietet in den *Passus super universalia* nichts Erhebliches dar, indem nur zum Verständnisse des Wortlautes stets „*dubia*" oder „*difficultates*" (meistens vier oder acht) aufgetischt und glücklich oder unglücklich gelöst werden. Jedes einzelne Glied der logischen Lehre heisst dabei ein *passus*, und die Isagoge enthält deren 40, die Kategorien 65, und der unvollendet gebliebene Commentar zu *De interpr.* nur 7.

499) *Passus s. univ.* f. 2 r. A: *Ad ostendendum, quod veritas philosophiae non contradicit auctoritati divinae sapientiae, decrevi, passus communes philosophiae discurrere resecando superflua, quae in hac arte contineri videntur; praestituto fine quadruplici, ... ut munitiones rationum philosophicarum contra veram philosophiam garrientium destruantur, ... ut consilia argumentationum infidelium adversus theo-*

rascht er uns mit der litterarischen Entdeckung, dass die Isagoge des Porphyrius eigentlich nur eine zweite Auflage des platonischen „Sophistes" sei, und da von Plato, auf welchen stets die christlichen Heiligen so grosse Stücke gehalten, natürlich nur Kundgebungen einer Ur-Wahrheit zu erwarten seien, so ergebe sich hieraus von selbst der hohe Werth der Isagoge[500]. Aristoteles hingegen gilt dem Mayron als unfähig zu allen metaphysischen Fragen und als der neidvolle Verderber der platonischen Ideenlehre[501], welcher jedoch nur das Wort „Idee" durch schlechte Erklärung in Misskredit gebracht habe, während die Sache selbst unzweifelhaft klar sei[502]; denn die Ideen seien eben die unveränderlichen Musterbilder der Dinge in der Weisheit Gottes[503].

Darum findet Mayron, dass, wenn man die Universalienfrage bloss auf den Gegensatz des *esse in anima* und des *esse in re extra* stelle, jede der vier möglichen Annahmen unhaltbar sei: nemlich die Universalien können weder ausschliesslich in der Seele sein, da dann alle Wissenschaften die objective Realität verlören, noch auch ausschliesslich in den Dingen, da immerhin der Priorität der Objecte ein Posteriorisches im Subjecte entsprechen müsse; ferner könne das Universale nicht zugleich theils in der Seele und theils in den Dingen sein, da diess der Untheilbarkeit der Quiddität widerspreche; noch auch endlich könne man sagen, dass das Universale in verschiedener Modalität in der Seele und in den Dingen sei, denn das Gleiche gelte auch von der singulären

---

logiam insurgentium dissipentur, ... ut superbiae ingeniorum sublilium adversus doctrinam catholicam se erigentium comprimantur, ... ut excellentiae intellectuum sublilium ad veritatis notitiam venire cupientium ad Christi domini nostri servitium adducantur. Ebend. f. 9 r. B: *Cum in tertio Sententiarum volumus tractare de unitate naturae humanae Christi, ut extollamus suae incarnationis mysterium, oportet, nos scire, quid genus, quid species et differentia, ... ut sciamus dissolvere versutias philosophorum, prout se erigunt infideles ad incarnationis mysterium impugnandum.*

500) *Passus s. un.* f. 2 r. A: *Occurrit primo inconsueta apud Latinos philosophia, liber Platonis, qui dicitur Sophistes, qui, licet fuerit, sicut Boethius refert, editus a Platone, fuit tamen a Porphyrio repetitus, et ideo vulgo allegatur ibi Porphyrius; quia tamen auctoritas Platonis est praestantissima inter auctoritates omnium philosophorum apud sanctos nostros, ideo magis convenit in hoc libro allegare Platonem, qui fuit reputatus olim inter philosophos sicut Jupiter inter deos; et secundum quod iste liber fuit traditus a Platone, prima veritas in eo contenta est.* So nennt er gelegentlich noch öfters den Plato als den Urheber des Inhaltes der Isagoge.

501) *Sent.* I, *Dist.* 47, *qu.* 3, f. 145 r. B: *Aristoteles attribuit ideis quatuor conditiones, quas videtur negasse Plato: prima est singularitas, ... secunda, quod esset ens actu existens, tertia, quod esset separata localiter, quarta, quod mensuraretur tempore ......* (v. A) *Sed quare Aristoteles voluit sic facere, una assignatur voluntas, quia habuit invidiam contra eum ...... Aristoteles fuit optimus physicus, sed pessimus metaphysicus, quia nescivit abstrahere, et ideo pessimam metaphysicam fecit.*

502) Ebend. f. 145 v. A: *Ideae non sunt imponendae Platoni, sicut eas imponit sibi Aristoteles, quod sc. essent quaedam monstra in aëre subsistentia singularia.....* (B) *Ratio, quare non ponuntur communiter ideae, non est nisi propter infamiam vocabuli, quam sortitum est ex intellectu malo, quem Aristoteles imponit Platoni; sed dummodo res sit manifesta, de vocabulo non est curandum.*

503) Ebend. *qu.* 1, f. 144 v. A: *Deus est sapiens per ideas; ..... sunt rationes incommutabiles et aeternae, quia ad ipsas reducitur omnis incommutabilis veritas; ..... non dicunt aliquid absolutum formaliter, sed respectivum, ... quia idea, inquantum idea, formaliter est exemplar, sed exemplar formaliter est ad aliud.*

Sinneswahrnehmung; — kurz Mayron trifft merkwürdiger Weise mit Aegidius Romanus (Anm. 374) darin zusammen, dass die Universalien an sich weder in der Seele noch in den Dingen seien, aber als positiver Rest bleibt ihm dabei die platonische Idee, welche weder ein Fabricat der Seele noch ein Ding, sondern eben die Potenzialität des reellen Seins sei [504]); und so habe auch der traditionell gewordene (arabische) Ausspruch „*intellectus agit universalitatem*" nur den Sinn, dass die immerhin relative Vorstellungs-Weise (*obiectivum*), nicht aber das gegenständliche Sein, durch die Denkthätigkeit erzeugt werde [505]). Wenn er aber in der objectiven Welt die substanzielle Allgemeinheit, welcher die rationelle Priorität zukommt, dualistisch neben das Einzelnsein (*suppositum*, s. Anm. 109, 251, 407) und die empirische Priorität desselben hinstellt [506]), entscheidet er sich bezüglich der Erkennbarkeit des Singulären dahin, dass in Folge einer gleichförmigen Vermittlung der Vorstellung (*uniformiter repraesentativum*, d. h. der *species intelligibilis* des Scotus) der Intellectus überhaupt das Einzelne eigentlich in allgemeiner Weise erfasst [507]). Hiedurch streift er abermals an Aegidius (Anm. 379), indem die *secunda intentio* sich zur Relativität der Beziehung (*respectus*) zwi-

504) Ebend. *qu.* 4, f. 146 r. A: *Fuerunt quatuor opiniones. Prima, quod universalia sunt tantum in anima et nullatenus in re extra, quia, quidquid est in rerum natura, est singulare ..... Secunda, quod universalia habent esse in rerum natura et non in anima, quia non sunt extra sua particularia ..... Tertia, quod universalia partim habent esse in re extra et partim in anima. Quarta, quod habent esse uno modo in anima, sc. obiective, et alio modo in rerum natura, sc. subiective, quia inveniuntur in suis particularibus essentialiter et obiectivaliter in intellectu. Prima via non potest stare, quia de entibus creatis in anima nulla est scientia realis, et tamen omnis scientia est de universali ..... Nec secunda, quia priori repugnat, esse sine posteriori, sed universalia sunt priora ..... Nec tertia, quia eadem simplex quidditas non potest esse ens rationis et ens reale ..... Nec quarta, quia eodem modo dicitur de hac albedine singulari, quod habet esse obiective in anima et subiective in rerum natura ...... Ideo videtur dicendum, quod universalia secundum se non habent esse in anima nec in rerum natura, quia tota coordinatio praedicamentalis videtur esse incommutabilis omni consideratione nostra ......* (B) *Universale est non fabricatum ab anima, eo quod abstrahit ab omni productione; nec tamen per hoc est ens reale, sed solum natum esse ens reale, et sic conceditur esse reale in potentia et non in actu.*

505) Ebend. f. 146 r. B: *Infinitae auctoritates auctorum sonant et dicunt, quod intellectus facit universalitatem in rebus, et universalia sunt ab anima fabricata. Dici potest, ut vitetur scandalum sequentium eos, quod intellectus noster producit universalia in esse cognito, quod est esse obiectivum et secundum quid, et dat eis esse cognitum, non esse simpliciter, et sic secundum tale esse potest dici eorum causa.*

506) *Passus s. un.* f. 10 v. B: *Substantia potest dupliciter accipi; aut prout dicitur a substando, et sic superiora prius substant, sicut prius sunt et prius eis diffinitio convenit entis per se; aut prout dicitur a subsistendo per modum suppositi, et sic individua prius subsistunt, quia ratio suppositi primo convenit individuo, et communia nonnisi per individua suppositantur.*

507) *Sent.* I, *Dist.* 3, *qu.* 8, f. 27 r. A: *Dicunt aliqui, quod solum singularia intelligimus, quia illa praecise intelligimus, quae movent ad intellectionem sui ...... Contra istud arguo .....* (B) *Illud, quod intelligit per repraesentativum uniformiter repraesentans, non intelligit aliquid de his, quae insunt sibi per accidens .... Omne, quod intelligit aliqua distincta, ut distincta, non decipitur circa distinctionem eorum; sed intellectus decipitur circa distinctionem singularium, ergo non cognoscit ea ut distincta ..... Necessario oportet dicere, quod rationem particularis cognoscimus saltem in generali, et talis cognitio particularis sufficit ad cognitionem universalis.*

schen Allgemeinem und Einzelnem gestaltet[508]; ja er erblickt darin sogar nur gemeinsame höhere Merkmale, welche nicht das Wesen selbst sind (*non est essentiale*), während die unmittelbare bejahende oder verneinende Aussage Sache der *prima intentio* sei[509]). Nur verwahrt er sich ausdrücklich gegen nominalistische Einseitigkeit und schliesst sich vollständig dem Intellectualismus (— *mentalis* —) des Scotus an[510]), so dass er auch das Gebiet des „*conceptus*" überhaupt erst von der *secunda intentio* an beginnen und in aufsteigender Linie zum Allgemeinsten und auch zu *transscendentia* (s. Anm. 273, 355) sich erheben lässt[511]). Dabei aber blickt freilich wieder der Dualismus in der Annahme durch, dass die Wahrheit einerseits ein Zustand der objectiven Dinge sei und andrerseits in der Verknüpfung der Begriffe liege[512]).

Was das Princip der Individuation betrifft, schliesst sich Mayron sowohl in der Unterscheidung zwischen *esse* und *existere*[513]) als auch im Begriffe der *haecceitas* völlig an Scotus an[514]), wenn er auch mit dem Wortausdrucke „*modus intrinsecus*" uns an Herveus (Anm. 416) erinnern könnte[515]). Possierlich ist es allerdings, wenn er die Häcceität für platonisch und zugleich für aristotelisch hält und den Porphyrius darüber

---

508) *Passus s. un.* f. 10 r. B: *Communicari et commune esse pertinent ad secundas intentiones, sicut esse universale, ... quae sunt respectus consequentes et convenientes inferioribus et superioribus, ut ab invicem distinguuntur.*

509) *Sent.* I, *Dist.* 23, *qu.* 1, f. 82 v. A: *Quandocunque aliquid est commune et superius assignatur multis et non est eis essentiale, illud est secunda intentio .... Quidquid praedicatur de superiori et inferiori affirmative et e contra negative, illud est prima intentio ...... Ista propositio habet solum instantiam in secundis intentionibus, quia dato, quod homo sit species, et hic homo sit homo, non tamen hic homo est species.*

510) *Passus s. un.* f. 2 r. B: *Cum dicitur, quod praedicabile est, quod est aptum natum, de pluribus praedicari vel dici, non accipitur hic solum dictio vocalis, imo principaliter mentalis, cum actus praedicationis sit principaliter in intellectu, sicut actus compositionis.*

511) *Sent.* I, *Prol.*, *qu.* 8, f. 5 v. B: *Utrum a conceptibus simpliciter simplicibus et primo diversis potest abstrahi aliquis conceptus communis. Sine argumentis respondeo, quod non; quod tamen est intelligendum de conceptu quidditativo ..... Conceptus sunt in quadruplici genere; primi sunt secundarum intentionum, alii communissimarum passionum, alii habitudinum transcendentium, alii privationum. Exemplum primi, sicut a Petro et Martino abstrahitur species, ... exemplum secundi veritas et bonitas, ... tertii identitas, diversitas, distinctio, ... quarti unitas et simplicitas.*

512) *Passus s. un.* f. 10 r. A: *Veritas dupliciter accipi potest: uno modo, prout dicit ordinem rerum ad intellectum, secundum quod ipsae sunt intelligibiles, et sic veritas est passio entis; alio modo, prout dicit habitudinem unius termini ad alium in complexione, et sic termini secundum se sumpti veritatem non habent, quia talis veritas non est ad se, sed ad aliud.*

513) *Quodlib.* 8, 1, f. 18 v. A: *Illud est esse essentiae, quod pertinet ad cuiuslibet entis quidditatem, quia in rebus habentibus essentiam quidditas et essentia idem sunt, ... et in hoc differt illud esse ab esse existentiae, quia illud non pertinet communiter ad quidditatem.* S. Anm. 135.

514) *Passus s. un.* f. 9 r. B: *Species dicit totam essentiam individuorum, quia individua non addunt ad speciem nisi haecceitatem, quae nullam dicit quidditatem nec per consequens diffinitivam rationem.*

515) *Sent.* II, *Dist.* 34, *qu.* 4, f. 25 v. A: *Proprietas individui non est quidditas nec pars eius, sed est modus intrinsecus et est idem realiter cum natura, quam individuat, quia nullam naturam potest deus producere sine singularitate.*

tadelt, dass er hierin von seinem Originale abgewichen sei[516]). Die Angelologie macht ihm mit Gottes Hilfe keine Beschwerde[517]). Gleichfalls dem Scotus folgt er bezüglich der *pluralitas formarum*[518]).

Während aus dem Umkreise vereinzelter Bemerkungen (s. ob. Anm. 498) höchstens etwa erwähnt werden mag, dass Mayron neben aller Fügsamkeit unter die Auctorität der Tradition doch an eine Motivirung der Zehnzahl der Kategorien denkt[519]), oder dass er für die Kategorie der Qualität und ihre verschiedenen Unterarten eine eigene *arbor Porphyriana* entwirft[520]), oder dass er bei der Relation eine sprachliche und eine sachliche Seite unterscheidet[521]), treten mit grösserer Wichtigkeit seine Erörterungen über das sog. *principium identitatis* und seine Behandlung der *formalitates* hervor.

In ersterer Beziehung nemlich ist Mayron unter den Autoren des Mittelalters (— betreffs der antiken Logik s. Abschn. VI, Anm. 136, Abschn. XI, Anm. 22, 81 u. 161, Abschn. XII, Anm. 138 —) in der That der Erste, welcher den Inhalt einer vielbesprochenen aristotelischen Stelle als einen alleroberstеn Grundsatz unter dem Titel „*primum principium complexum*" bezeichnet und unter Hinzufügung einiger byzantinisch-grammatischer Bemerkungen genau formulirt: „*De quolibet dicitur affirmatio vel negatio, et de nullo ambo simul*"[522]). Sofort aber wendet er auch auf dieses Princip dasjenige an, was er von den Universalien sagt (Anm. 504), d. h. jener höchste Grundsatz sei an sich weder in der Seele noch in den

---

516) *Passus s. un.* f. 4 r. A: *Opinio fuit Porphyrii, quod istae proprietates individuorum accidentales essent causa et ratio individuationis ipsius substantiae..... Hic non est admittendus dominus Porphyrius, quia illud dixit a se, non ut habuit a Platone vel Aristotele, nisi forte intelligat per istas proprietates haecceitates* (in dem ganzen Drucke steht überall „*echeitas*" für *haecceitas*).

517) *Sent.* II, *Dist.* 3, *qu.* 2, f. 9 v. A: *Omnis angelus est in natura specifica, cui non repugnat, esse in pluribus; et si non repugnat, deus poterit facere.*

518) Ebend. *Dist.* 16, f. 19 v. A: *Utrum in corpore hominis sunt plures formae substantiales...... Dico, quod omnes partes heterogeneae differunt specie..... Sunt plura individua partialia et unum individuum totale essentiale.*

519) *Passus s. un.* f. 10 v. B: *Cum omnes hodie supponant, decem praedicamenta esse, ipsa non sunt neganda, et tunc habetur sola fides per auctoritatem, et istud redigitur in obsequium Christi, quia, si intellectui Aristotelis se gratis subiugaverunt tot sollertes, ... multo magis est subiiciendus intellectus iugo Christi ..... Tamen sequendo dicta communia numerus iste praedicamentorum potest sic deduci* u. s. w., s. Anm. 174.

520) Ebend. f. 16 r. B.

521) *Sent.* I, *Dist.* 29, *qu.* 1, f. 94 r. B: *Dividitur relatio in relationem secundum esse et in relationem secundum dici..... Relativa secundum dici illa sunt, quae sunt aliorum praedicamentorum et secundum se sunt absoluta...... Relativa autem secundum esse sunt in praedicamento relationis ..... qu.* 2, f. 95 v. B: *Universaliter omnis relatio formaliter differt a suo fundamento* (d. h. im Interesse der Trinität).

522) *De primo princ.* f. 27 v. A: *Quid est primum principium complexum? Et dicitur ab omnibus, quod est illud, de quo philosophus tractat* (s. Abschn. IV, Anm. 163 ff.), *sc.* „*de quolibet dicitur affirmatio vel negatio, et de nullo ambo simul*"..... *Istud principium non est unum unitate simplicitatis, sed unitate integritatis, quia ista propositio est hypothetica copulativa, cum coniungat duas propositiones categoricas per hanc dictionem* „*et*"*.....; prima pars est universalis affirmativa de praedicato disiuncto, ... secunda pars est universalis negativa de praedicato copulato......; inter duas partes est talis ordo in essendo, qualis in proferendo, ita quod in ordine naturae universalis affirmativa praecedit universalem negativam.* Vgl. *Sentent.* I, *Dist.* 1, *qu.* 1, f. 1 r. B.

objectiven Dingen, sondern als ewige Wahrheit dem Creatürlichen entrückt könne er nur accidentell in Seelen oder Dingen auftreten[523]); er sei nemlich formell und vorstellungsweise und musterbildlich (nicht aber essentiell) im Geiste Gottes[524]), keinenfalls jedoch eine That der endlichen menschlichen Vernunft[525]), sondern nur eine habituelle Eigenschaft derselben[526]), und ebenso gelte er auch in den die vielheitlichen Dinge betreffenden Urtheilen nur in jener obigen einfachen Form, denn durch modificirende Zusätze verliere er sofort seine Geltung[527]); insoferne er aber von allem Seienden, und somit auch von Gott selbst gelten müsse, werde hiebei *„ens"* als *univocum* für Jedwedes gebraucht[528]).

Das zweite wichtige Moment aber ist, dass uns bei Mayron zum ersten Male eine greifbare Probe davon begegnet, dass in der Schule des Scotus sich in Bälde aus der Lehre desselben (s. Anm. 147 ff.) die Litteratur der *Formalitates* entwickelte. Allerdings ist die unter Mayron's Namen gedruckte Schrift ein Erzeugniss zweiter Hand[529]), und es ist uns völlig unmöglich, auszuscheiden, was etwa von ihm selbst und was von dem späteren Bearbeiter herrühre, zumal da, wie öfters deutlich gesagt wird, sich bereits Mehrere mit diesem Thema beschäftigt hatten; und auch eine vereinzelte Stelle des ächten Mayron, wo derselbe gelegentlich auf diesen Gegenstand kommt, scheint sicher auf eine primitivere

---

523) Ebend. f. 27 v. B: *Istud primum principium, sicut regula, habet esse obiective in intellectu; ..... habet esse subiective in rerum natura, quia, ubicunque inveniuntur termini propositionis, per se note invenitur; ..... secundum se non habet esse in anima nec in rerum natura, quia eius veritas, cum sit aeterna, praevenit extra naturam animae et extra naturam cuiuslibet creaturae, ... per accidens habet esse in anima et per accidens habet esse in rerum natura.*

524) Ebend.: *Primum principium habet esse in mente divina formaliter, quia termini includuntur formaliter in intellectu divino, ... habet esse in mente divina obiectivaliter, quia .... dicitur esse obiective in intellectu, quod ab intellectu percipitur, ... habet esse in mente divina exemplariter..... Non habet esse in mente divina essentialiter, quia ..... tunc non inveniretur nisi in intellectu divino.*

525) Ebd. f. 28 r. A: *Num istud primum principium est actus rationis. Dicunt aliqui, quod sic..... Sed contra istud arguo, ...quia actus intelligendi est causatus et temporalis et corruptibilis..... et quaedam qualitas, quae ad unum genus determinatur.....et est in potentia nostrae voluntatis, ... istud autem principium summe necessarium non subiacet voluntati* u. s. f.

526) Ebd. f. 28 v. B: *Primum principium complexum est illud, de quo est primus habitus intellectus, quia, cum intellectus sit habitus principiorum, oportet ergo, quod primus habitus sit de primo principio ...... Primum principium ingreditur primam demonstrationem.*

527) Ebend.: *Dicebant aliqui, quod primum principium tenet quantumcunque modificatum..... Sed si accipiatur modificatio quidditative, ut dicatur „De quolibet quidditative dicitur affirmatio vel negatio", ista est falsa, quia homo non est quidditative albus nec non albus..... Licet de quolibet sit simpliciter necessarium dicere iustum vel non iustum, non tamen cum modificatione adaequationis.*

528) *De univoc. entis*, f. 82 r. A: *Quaeritur, utrum subiectum primi principii complexi dictum de deo et creatura habeat eundem conceptum..... Non accipitur hic conceptus pro actu intelligendi, ...secundum quod non accipitur pro ente rationis, ... quaerimus autem hic conceptum quidditativum..... Igitur subiectum primi principii, quod est ens, habet conceptum univocum de deo et creatura.*

529) Schon der Titel lautet (f. 21 v. B): *Incipit tractatus formalitatum secundum doctrinam Francisci Maironis,* und ausserdem lesen wir einmal im Texte selbst (f. 22 r. A): *Quamquam multi explicuerunt divisionem entis, breviter tamen secundum mentem Francisci de Maironis haec est.*

Form der Lehre hinzuweisen [530]). Aber trotzdem ist jene Schrift nach Inhalt und Gestalt das älteste Document dieser Art, welches uns zu Gebot steht, und so müssen wir ein wenig dabei verweilen.

Als üblich gewordener Gegenstand der *formalitates* wird von vorneherein das Verhältniss zwischen formeller und realer Distinction (s. Anm. 149) bezeichnet [531]), und die Erörterung über den Begriff der *formalitas* ist bereits polemisch gegen Diejenigen gewendet, welche ihn in Anbetracht der Materie direct auf *forma* bezogen und daher bei Einer Form unmöglich von mehreren *formalitates* sprechen konnten, wohingegen das Richtige der Hinblick auf *essentia* sei, welche ja gleichfalls mehrere *essentialia* enthalte, so dass ebenso eine Vielheit von *formalitates* sich sehr wohl mit der Einheit der Form vertrage [532]). Eine Unterscheidung mehrerer Bedeutungen des Wortes *forma*, unter welchen die einen Abschluss (*perfectio*) ausdrückenden als sachlich-reale abgewiesen werden, führt dann dazu, *formalitas* sofort mit *quidditas* zu identificiren [533]), so dass auch hier (vgl. Anm. 511) eine aufsteigende Linie vom Specielleren bis zu *transcendentia* fortschreitet [534]). Nun aber können ferner zur Form noch neun verschiedene *modi intrinseci* derartig hinzutreten, dass durch sie die *formalitas* selbst nicht geändert wird [535]), und unter diesen

---

530) *Sent.* I, *Dist.* 8, *qu.* 1, f. 44 v. A: *Sunt quatuor gradus distinctionum non fabricati ab intellectu sive ab anima. Prima est essentialis, ... quando quidditas cum sua existentia est distincta ab alia quidditate cum sua existentia. Secunda est realis, ... ut inter patrem et filium, ... est inter rem et rem. Tertia est formalis et ista est inter quidditatem et quidditatem ...... Quarta est quidditatis et modi intrinseci, sicut inter quidditatem hominis et eius finitatem.* Vgl. Anm. 537 u. 539.

531) *Formalit.* f. 21 v. A: *Solent doctores communiter investigare, utrum illa, quae distinguuntur formaliter, distinguantur realiter.*

532) Ebend. f. 21 v. B: *Primo videndum est, quid sit formalitas ..... Formalitas non est ratio consequens conditionem formae adaequatae. Haec conclusio posita est contra quorundam opinionem, qui dixerunt, quod sicut materialitas dicitur a materia, sic formalitas dicitur a forma, et per consequens, sicut est una forma vel plures formae, ita est una formalitas vel plures formalitates, unde apud istos ponere plures formalitates sine pluribus formis erat contradictio; et ideo apud eos formalitates consequebantur conditionem formae adaequatae. Cuius oppositum .... probatur sic: Sicut se habet essentiale ad essentiam, ita se habet formale ad formam; sed cum unitate essentiae stat pluralitas rationum essentialium; igitur cum unitate formae stat formalitatum pluralitas.*

533) Ebend.: *Forma accipitur quadrupliciter: uno modo pro perfectione, quae est pars rei substantialis, ... secundo modo pro perfectione, quae non est pars rei substantialis, sed accidentalis, ... tertio modo pro perfectione, quae consequitur totam naturam, ... et sic risibilitas potest dici forma hominis, ... quarto modo pro ratione diffinitiva seu quidditativa..... Et istis tribus modis* (d. h. in den ersten drei Bedeutungen) *accipiendo „formaliter" tantum valet, quantum „realiter", ... tamen non e converso ...... Formalitas non est ratio diffinitiva rei adaequate ..... Formalitas est quidditas uniuscuiusque rei, sive ipsum sit diffinibile sive non.*

534) Ebd. f. 22 r. A: *Formalitates sunt in quadruplici differentia, quia quaedam specialissima, ut humanitas et asineitas, secundae sunt subalternae, ut animalitas, ... tertiae sunt generalissimae, ut formalitas qualitatis et quantitatis, quartae sunt transcendentes, ut entitas, unitas, veritas, bonitas.*

535) f. 22 r. B: *Modus intrinsecus est ille, qui adveniens alicui formae seu quidditati non variat eius formalem rationem ...... Sciendum, quod novem sunt genera modorum intrinsecorum, videlicet finitum et infinitum, actus et potentia, necessarium et contingens, existentia, realitas et haecceitas.*

nehmen *haecceitas, existentia, realitas*, welche hierauf in ziemlich nichtssagender Weise definirt werden, eine hervorragende Stelle ein[536]). Insoferne aber hiebei der Modus von der Quiddität selbst oder ein Modus von einem anderen oder an Einem Ding zwei entgegengesetzte Modi oder Ein Modus an zwei Dingen unterschieden werden kann, findet schon hier die „*distinctio*" eine vierfache Verwendung[537]). Und so beginnt nun die Erörterung über *distinctio* selbst, bei welcher stets ihr Gegensatz, d. h. *identitas*, in Sicht bleibt. Als das Wesentliche der Distinction wird eine gewisse Bezugsetzung (*respectus*) bezeichnet, welche stets auf ein Verhältniss der Ungleichheit — *disquiparantia* — gerichtet sei[538]), und indem nun sieben Arten einer solchen Distinction, welcher ebensoviele Identitäten entsprechen, zu unterscheiden seien[539]), werden dieselben hierauf einzeln besprochen, nemlich: *ratione*[540]), *ex natura rei*[541]), *formaliter*, wobei *definitio, divisio, descriptio, demonstratio*, und selbst die byzantinische *reduplicatio* (s. Abschn. XVII, Anm. 262) als Mittel dienen[542]),

---

536) f. 22 v. B: *Haecceitas nihil aliud est, nisi quidam modus intrinsecus, qui immediate contrahit et primo quidditatem ad esse, ... et nominatur differentia individualis* ..... (f. 23 r. A) *Haecceitas adveniens naturae specificae facit eam hoc vel individuum* ...... *Existentia nihil aliud est, nisi illud esse, mediante quo quidditas existit* ..... *Realitas est quidam modus intrinsecus, mediante quo realitantur omnia, quae sunt in aliquo.*

537) f. 23 r. A: *Quadruplex est distinctio in istis modis intrinsecis. Prima est, qua modus distinguitur a quidditate, cuius est modus* ...... *Secunda est, quod unus modus disparatus distinguitur ab alio modo disparato* ..... *Tertia distinctio est modorum oppositorum, ut finiti et infiniti* ..... *Quarta est duorum modorum eiusdem ordinis, sicut haecceitas Socratis et haecceitas Platonis.*

538) f. 23 r. B: *Distinctio non est quid absolutum, sed quid respectivum.* ..... (v. A) *Respectus, quem dicit distinctio, est intrinsecus adveniens.* ..... *Respectus distinctionis est respectus disquiparantiae, quia respectus aequiparantiae* (vgl. Anm. 485) *nunquam habet extrema nisi unius rationis.*

539) f. 23 v. B: *Modi distinctionum sunt septem, quoniam, quae distinguuntur, aut distinguuntur ratione, aut ex natura rei, aut distinctione formali, aut reali, aut essentiali, aut distinctione se totis subiective, aut distinctione se totis obiective* ..... *Sunt septem modi identitatum*, d. h. die nemlichen sieben Arten, wie jene der *distinctio.*

540) Ebend.: *Distinguuntur ratione, quae distinguuntur per actum collativum vel comparativum intellectus,* ..... *„Socrates est Socrates", Socrates positus in subiecto distinguitur a Socrate posito in praedicato sola ratione.*

541) f. 24 r. A: *Distinguuntur ex natura rei* .... *illa, quae habent esse praeter opus intellectus; et sic distinguuntur totum et partes, effectus et causa, superius et inferius.*

542) f. 24 r. B: *Distinguuntur formaliter illa, quorum praedicata non ponuntur in eadem diffinitione, sed in diversis, ut homo et asinus* ..... *Illa sunt idem formaliter, quae de se invicem praedicantur* ...... *Investigatur distinctio formalis quatuor modis, sc. diffinitione, divisione, descriptione, demonstratione* ..... *Diffinitione, quia illa, quae sic se habent, quod unum non ponitur in diffinitione alterius nec est sua diffinitio, formaliter distinguuntur.* ...... *Divisione, quando aliquid commune dividitur per differentias oppositas, omne contentum sub uno membro distinguitur formaliter ab omni contento sub alio* ..... *Descriptio constat ex genere et differentia et propria passione, sed quae habent distinctas proprias passiones, habent distinctas descriptiones* ..... *Demonstratione, quandocunque aliquid est demonstrabile de uno, quod non de reliquo, talia distinguuntur formaliter, cum demonstrationes varientur per media* ...... *Alio modo potest investigari per reduplicationem, nam reduplicatio dicit causam formalem, arguendo sic: homo, inquantum homo, est animal.*

dann *realiter* [543]), *essentialiter* [544]), *se totis subiective* [545]), und *se totis obiective* [546]). Nachdem sodann mehrere Zweitheilungen der Dinge in bunter Verwirrung mit einigen Bestandtheilen des Organons in Verbindung gebracht werden [547]), und namentlich die für das Particuläre dienenden synonymen Ausdrücke *„particulare, singulare, natura, subsistentia, substantia, hypostasis, res naturae, suppositum, persona"* ihre specielle Besprechung finden [548]), wird als Resultat des Ganzen zusammengefasst, wie es zwei Arten der *distinctio formalis*, desgleichen zwei Arten der *identitas formalis*, und ebenso zwei Arten der *distinctio realis* gebe, sowie dass bei reeller und essentieller Identität eben eine formelle Distinction stattfinde und hierin die *formalitas* ihre eigentliche Aufgabe habe [549]).

---

543) f. 24 v. B: *Illa distinguuntur realiter, quorum extrema distincta sunt res positivae, ita quod unum de altero non praedicatur abstractive, quorum existentia unius potest esse sine existentia alterius..... Notanter dico „cuius extrema distincta sunt res positivae" ad removendum entia rationis, inter quae non ponitur distinctio realis.*

544) f. 25 r. B: *Illa distinguuntur essentialiter, quae per aliquam potentiam possunt esse separata, ut materia et forma, accidens et subiectum, vel quando unum non dependet ab alio, et quando unum est natura prius alio.*

545) f. 25 v. B: *Illa distinguuntur se totis subiective, quae in nulla realitate quidditative conveniunt quoad unum modum dicendi. Et illa dicuntur esse idem se totis subiective, quae quidditative conveniunt in aliqua realitate potentiali et contrahibili per realitatem differentiae.*

546) Ebend.: *Illa distinguuntur se totis obiective, de quibus non potest praedicari aliquod praedicatum quidditative, sive illud dicat realitatem potentialem sive non. Illa vero sunt idem obiective, de quibus potest praedicari tale praedicatum quidditative.*

547) f. 26 r. B: *De numero rerum quaedam dicuntur universales, quaedam particulares, et ista divisio habetur primo Perihermenias ...... Quaedam dicuntur simpliciter et quaedam secundum quid...... Quaedam sunt primae intentionis et quaedam secundae, et ista divisio habetur in Praedicamentis ..... et coincidit cum duabus primis ...... Quaedam sunt hoc aliquid, et quaedam quale quid, et coincidit cum duabus primis, quia hoc aliquid idem est quod singulare.*

548) Ebend.: *Quaedam notanda sunt, quibus datur intelligi, quod particularia excludunt de se universale, si sumatur proprie; sed differenter, sc. individuum, hoc aliquid, particulare, singulare, natura, subsistentia, substantia, hypostasis, res naturae, suppositum, persona ..... Individuum sumitur ab indivisibilitate..... Aliquid sumitur a determinatione ...... Particulare dicitur partibile, unde dicit aliquam partem naturae ..... Singulare dicitur a solitudine .....* (v. A) *Existentia dicit actum essendi. ..... Substantia dicitur quasi sub aliis stans, sicut accidentibus ..... Hypostasis idem est quod substantia ...... Res naturae dicitur participans naturam ..... Suppositum idem omnino significat, quod res naturae ...... Persona est idem, quod individuum subsistens.*

549) f. 26 v. B: *Aliqua esse distincta formaliter, contingit dupliciter. Uno modo, ... quod unum non est diffinitio nec pars diffinitionis alterius; .....secundo modo, ... quod non habent eandem realitatem, sunt tamen aliquo modo idem aliqua identitate singulari ..... Aliqua possunt esse idem formaliter duobus modis: uno modo ex eo, quod aliquam realitatem universalem habent secundum quid et aliquam secundum quale quid; ..... alio modo ex eo, quod unum ponitur in diffinitione alterius. ..... Aliqua possunt esse dupliciter distincta realiter, sc. uno modo, sicut res et res, et sic distinguuntur proprie realiter; alio modo ..... ex natura rei, et sic est distinctio realis improprie ...... Illa, quae distinguuntur formaliter, distinguuntur realiter distinctione improprie dicta ...... Illa, quae sunt eadem formaliter, sunt distincta realiter, et intelligo de identitate formali proprie dicta ..... Cum distinctione formali stat identitas realis et essentialis, et sic sumitur formalitas proprie loquendo.* Diese

Wie wenig aber es dem wahren Thatbestande entspreche, die Autoren jener Zeit kurzweg in Thomisten und Scotisten zu gruppiren, zeigt sich deutlich schon an dem Dominikaner Durand von Pourçain (gest. i. J. 1332), welcher in seinem Commentare zum Sententiarius[550]) so ziemlich seine eigenen Wege geht und bald sich weit von Thomas entfernt, bald den Scotus entschieden bekämpft, und dennoch in anderen Beziehungen an beide Richtungen anknüpft. Als Gegenstand der Logik gilt ihm *ens rationis* (vgl. bei Herveus, Anm. 395), insofern dasselbe aus dem *actus rationis* unter einer Namensbezeichnung hervorgeht und so zum Ausdrucke der Vorstellung (*obiective*) wird, denn gegenständlich (*subiective*) sei das *ens rationis* ebensowenig in der Seele, als man es etwa für ein Nichts halten dürfe; und was dann in solchem *ens rationis* den objectiven Dingen durch die Thätigkeit des Intellectus, sei es in einfachem Erfassen oder im Zusammensetzen oder im discursiven Vergleichen (s. ebenfalls bei Herveus, Anm. 398) zukommt, bilde die Hauptgruppen der Logik[551]). Der menschliche Intellectus aber sei (im Vergleiche mit der nur auf Singuläres gerichteten Sinneswahrnehmung) das Organ zur Erkenntniss sowohl des Einzelnen als auch des Allgemeinen, und hierin gleichsam nur graduell verschieden vom Denken Gottes[552]). Indem aber so Durand (mit Augustinus) die höchste Stufe des Intelligiblen in den „Ideen" Gottes erkennt[553]), folgt er dennoch dem allgemeinen antiplatonischen Zuge

---

letzteren Grundsätze sind es auch, welche in der oben (Anm. 85) erwähnten Schrift eines Scotisten „*Quaestiones miscellaneae de formalitatibus*" lediglich als allgemeingültig vorausgesetzt werden und in solcher Weise ihre unablässige Anwendung auf das Trinitäts-Gezänke und andere theologische Fragen finden.

550) *Dn. Durandi a Sancto Portiano in Sententias theol. P. Lombardi commentariorum libri quatuor. Antverpiae* 1576. fol.

551) I, *Dist.* 19, *qu.* 5, 7, f. 66 r. A: *Ens rationis non est aliud, quam denominatio obiecti ab actu rationis secundum ea, quae attribuuntur rei solum, ut cognita est, v. g. „esse universale, esse genus" dicuntur esse entia rationis, quia talia dicuntur de re tantum, ut est obiective cognita; ita quod ens rationis non est penitus nihil, nec dicitur ens rationis, quia sit in anima subiective.* Ebend. 6, 11, f. 66 v. B: *Sicut distinguimus triplicem actum intelligendi, sc. simplicem, componentem et discursivum, sic sunt entia rationis in triplici differentia, quia quaedam conveniunt rei, prout est cognita per intellectum simplicem, sicut universale, genus et species. Quaedam conveniunt rei, ut est intellecta per intellectum enuntiativum componentem et dividentem..... Alia vero consequuntur res, prout sunt obiective in intellectu discursivo, sicut antecedens et consequens, syllogismus, enthymema et similia. De quibus omnibus tanquam de entibus rationis considerat logicus.* Man hüte sich, auf obiges Wort „*denominatio*" ein allzu einseitiges Gewicht zu legen; denn Nominalist ist Durand, wie sich zeigen wird, durchaus nicht, wenn er auch einen entschiedenen Intellectualismus vertritt; dass die Begriffe nicht ausserhalb der Wortform existiren, hatte ja z. B. auch Scotus anerkannt.

552) I, *Dist.* 35, *qu.* 3, 16, f. 96 r. B: *In nobis cognitio sensitiva est solum singularium et nullo modo universalium, cognitio autem intellectiva tanquam perfectior est tam singularium quam universalium; et multo magis cognitio intellectiva dei propter suam perfectionem est non solum universalium, sed etiam singularium, quia cognitio dei includit perfectionem omnium.* S. Abschn. XVII, Anm. 517.

553) I, *Dist.* 36, *qu.* 3, 7, f. 98 r. A: *Ideae sunt in deo, et propriissime sunt in eo, quod..... omne agens per intellectum habet penes se rationem rei fiendae, quam cognoscit et iuxta quam exemplariter rem producit, ... sed deus producit res per intellectum et artem, ...ergo deus habet penes se rationes rerum, quas cognoscit et iuxta quas res producit, has autem vocamus ideas.* Die hierauf folgende längere Erörterung schliesst sich hauptsächlich an Augustin an.

seiner Zeit und bezeichnet die Ideenlehre als verfehlt[554]); hingegen will er auch nicht unbedingt von Aristoteles sich ins Schlepptau nehmen lassen[555]).

Das *esse intentionale* als Erzeugniss der subjectiven Denkthätigkeit bildet einen Gegensatz gegen das *esse reale*[556]), welch letzteres bald als *individuum* bald als *suppositum* bald als *persona* (vgl. Anm. 548) auftritt[557]). Aber insoweit Bezeichnung waltet, ist es nach beiden Seiten hin stets Ein und das nemliche Object, welches bezeichnet wird, und nur die Art und Weise der Bezeichnung ist verschieden, indem sie den (seit Scotus eingebürgerten, s. Anm. 128) Gegensatz des Concreten und des Abstracten zu Tag treten lässt[558]). Und so wird nun in der That der thomistische Begriff des *abstrahere* (Abschn. XVII, Anm. 493) für Durand der entscheidende. Nemlich das Universale sei bei Leibe nicht der erste vorgestellte Gegenstand des Denkens, noch gehe es ihm vorher, sondern indem die denkende Betrachtung von den individuellen Momenten abstrahiren muss, sei der Ausgangspunkt das Singuläre und erst der Zielpunkt des Weges das Universale[559]). Das Erzeugniss dieses Vorganges erhalte dann seine Namensbezeichnung als Universale, und diese Thätigkeit des *intellectus abstrahens* genüge überhaupt zur Erklärung (s. Herveus, Anm. 408); denn, sowie es spasshaft (*frivolum*) sei, von einer „*universalitas*" in den Dingen zu reden, da dieselben nur als singuläre existiren

---

554) II, *Dist.* 3, *qu.* 2, 19, f. 137 r. B: *Plato erravit, si intellexit, formas separatas esse universales praedicatione, praeter errorem, qui est in ponendo, eas separatas esse a rebus.*

555) I, *Dist.* 3, *qu.* 5, 29, f. 28 r. A: *De intentione Aristotelis dicendum, quod, quidquid ipse intenderit, de hoc non est tantum curandum, sicut de veritate.*

556) II, *Dist.* 13, *qu.* 2, 6, f. 155 r. B: *Esse intentionale potest dupliciter accipi. Uno modo prout distinguitur contra esse reale, et sic dicuntur habere esse intentionale illa, quae non sunt nisi per operationem intellectus, sicut genus et species et logicae intentiones, et iste est proprius modus accipiendi intentionem ..... Alio modo dicitur aliquid habere esse intentionale large, quia habet esse debile.*

557) II, *Dist.* 3, *qu.* 2, 5, f. 136 v. A: *Individuum, suppositum et persona aliquo modo sunt idem et aliquo modo differunt. Quaelibet enim natura singularis, in quocunque genere sit, potest dici individua; suppositum autem non dicitur nisi natura singularis in praedicamento substantiae, nec quaecunque talis, sed solum completa; persona dicitur illud idem in natura intellectuali solum. Ergo omnis persona est suppositum, et omne suppositum est individuum, sed non vice versa.* Vgl. III, *Dist.* 1, *qu.* 1, 17, f. 211 r. A.

558) I, *Dist.* 34, *qu.* 1, 15, f. 92 r. B: *Suppositum et natura, h. e. concretum et abstractum, sive accepta in universali ut homo et humanitas, sive in singulari ut hic homo vel haec humanitas, non important aliud de principali significato, sed idem penitus, ex modo tamen significandi suppositum seu concretum aliquid connotat, quod non connotat natura ...... Abstractum enim significat naturam secundum se absque habitudine ad aliquid et ideo ex suo modo significandi nihil connotat praeter naturam, concretum autem significat per modum habentis naturam ut „homo habens humanitatem".*

559) I, *Dist.* 3, *qu.* 5, 28, f. 28 r. A: *Universale, i. e. ratio vel intentio universalitatis aut res sub intentione universalitatis non est primum obiectum intellectus nec praeexistit intellectioni, sed est aliquid formatum per operationem intelligendi, per quam res secundum considerationem abstrahitur a conditionibus individuantibus, in qua operatione intellectus abstrahens habet pro termino a quo singularia, a quibus abstrahit, et pro termino ad quem ipsum universale abstractum; et quia terminus a quo praecedit terminum ad quem, ideo consideratio singularium praecedit universale abstractum ab ipsis.*

(s. Anm. 400 f.), so bedürfe man auch weder einer *species intelligibilis* noch eines besonderen *intellectus agens*[560]); die erstere nemlich sei ebenso überflüssig (— hiemit entfernt er sich von Herveus —), als eine eigene *species sensibilis* für die Sinneswahrnehmung, und der Intellectus empfange eben seine Vorstellungs-Gegenstände von der vorausgehenden niedrigeren Potenz, d. h. von den Sinnen[561]); und desgleichen sei ein *intellectus agens* nicht nothwendiger als ein *sensus agens*, welcher noch von Niemandem statuirt worden sei, ja im Gegentheile die abstrahirende Betrachtung empfange ja passiv die Objecte ihres Thuns, und in solchem Sinne müsse man eher von einem *intellectus possibilis* sprechen[562]). Indem aber die Denkoperation bis zur Erkenntniss des Wesens (*esse essentiae* im Gegensatze gegen *esse existentiae*, s. Anm. 135) vordringt, kann Durand auch darauf hinweisen, dass hiemit die Stufe einer Unabhängigkeit des begrifflichen Denkens von der empirischen Existenz der Objecte erreicht sei[563]). Aber dass im Intellectus Alles nur vorstellungs-

560) II, *Dist.* 3, *qu.* 7, 6, f. 140 r. B: *Primum cognitum ab intellectu non est universale, sed singulare ..... Potentia enim per suum actum non facit suum obiectum, sed supponit, sicut visus quoad actum videndi praesupponit colorem. Sed universale vel conditio universalis non praecedit actum intelligendi, imo fit per actum intelligendi eo modo, quo potest sibi competere fieri; esse enim universale non est aliud, quam esse intellectum absque conditionibus singularitatis et individuationis ita, quod esse universale est sola denominatio obiecti ab actu sic intelligendi ..... Si dicatur, quod ...... intellectus agens facit universalitatem in rebus, ... non valet, quia fictitium est, intellectum agentem ponere, et frivolum est, dicere, quod universalitas* (man beachte, dass „*universalitas*", nicht aber „*universale*" gesagt ist, denn dass eine göttliche Idee im Singulären verwirklicht werde, verneinte Durand wahrlich nicht) *fiat in rebus, quia universalitas non potest esse in rebus, sed solum singularitas ..... Et si dicatur, quod intellectus agens non facit universale nisi quia cum phantasmate causat speciem in intellectu, ... non valet, quia ..... nulla species est in intellectu, quae repraesentat ei suum obiectum ....* 12, f. 140 v. A: *Universale est unum per abstractionem a multis et de multis, de quibus dicitur, et in hac abstractione singularia, a quibus fit abstractio, habent rationem quasi termini a quo et universale rationem termini ad quem; sed terminus a quo praecedit terminum ad quem; ergo intellectus abstrahens prius intelligit singularia, quam universale.*

561) II, *Dist.* 3, *qu.* 6, 10, f. 139 v. A: *Non est ponere speciem in sensu ...... Species enim coloris existens in oculo nullo modo videtur nec videri potest ab ipso, sicut quilibet experitur. Item talis species si duceret in cognitionem alterius, hoc faceret ratione similitudinis, unde communiter vocatur similitudo, et sic haberet rationem imaginis; imago autem ducens in cognitionem illius, cuius est imago, est primo cognitum, quod non potest dici de tali specie ...... Quod autem in intellectu nostro non sit ponere speciem talem, patet per eandem rationem ..... Sed sensus et intellectus in nobis sunt potentiae ordinatae; ergo per solum actum prioris potentiae, i. e. sensus, praesentatur sufficienter intellectui suum obiectum, nec oportet ponere aliquam speciem.*

562) I, *Dist.* 3, *qu.* 5, 26, f. 27 r. B: *Sicut non ponitur sensus agens, qui cum obiecto causet actum sentiendi, sic non oportet ponere intellectum agentem ad hoc, ut cum phantasmate moveat intellectum possibilem ad actum intelligendi ..... Cum intellectus agens non agat in phantasmata aliquid imprimendo vel aliquid abstrahendo neque secundum rem neque secundum rationem, nec agat in intellectum possibilem nec sine phantasmate nec cum phantasmate, videtur, quod non debeat ipsum ponere, nec Augustinus .... unquam posuit ipsum ...... Abstrahere universale a singularibus non est operatio intellectus agentis, ... quia talis abstractio est solum secundum considerationem; et ideo opus illius potentiae est, cuius est considerare, quod non convenit intellectui agenti, sed possibili.*

563) I, *Dist.* 35, *qu.* 3, 11, f. 95 v. B: *Sicut res potest intelligi quantum ad*

weise (*obiective*) vor sich gehe, wiederholt er auf das deutlichste in seinen Bemerkungen über die Wahrheit (vgl. bei Herveus, Anm. 397), wobei er gegen Jene polemisirt, welche von einer gegenständlichen (*subiective*) Richtung im Intellectus sprechen [564]).

Mit besonderer Vorliebe aber erörtert er die Frage über das Princip der Individuation. Wolle man dasselbe in der Materie finden, so weist Durand in ähnlicher Weise wie Herveus (Anm. 414) darauf hin, dass ebensosehr es auch der Form zukomme, in Einem Individuum zu sein, und es ihr in gleichem Grade wie der Materie widerspreche, in mehreren zu sein, und umgekehrt auch die Materie mehreren einwohne und von mehreren ausgesagt werde [565]), ja dass — ausser dem die Angelologie betreffenden Bedenken — die Materie sogar in höherem Grade etwas Gemeinsames sei, als die Form, indem Ein und dieselbe Materie selbst zeitlich nacheinander in mehreren Individuen auftrete [566]). Ferner die Annahme, dass die Quantität Princip der Individualisirung sei, zeige sich darum als unhaltbar, weil das quantitative Auftreten der Dinge nur die Folge einer bereits stattgehabten Individuation sei [567]). Und da nun

---

esse existentiae, ita potest intelligi quantum ad esse essentiae; sed ad hoc, quod res intelligatur quantum ad esse essentiae, non requiritur, quod res habeat actu illud esse; possum enim formare conceptum de rosa, quae nullum esse essentiae habet actu.

564) I, *Dist.* 19, *qu.* 5, 8, f. 66 r. A: *Sicut communiter dicitur, veritas est conformitas vel adaequatio intellectus ad rem. Qualiter autem hoc sit intelligendum, advertendum est, quod non est intelligendum de conformatione intellectus et rei secundum illud, quod sunt essentialiter, ... cum res extra sit corpus, intellectus autem non ...... Restat ergo, quod talis conformitas attendatur secundum aliquid, quod est in intellectu subiective vel obiective. Et dicunt aliqui, quod ..... attenditur secundum id, quod est subiective in intellectu, quod est species rei, quae est similitudo eius, vel secundum negantes species ipse est actus intelligendi, qui est etiam similitudo rei. Sed istud non videtur verum .....* (B) *Ita conformitas, in qua consistit veritas, attenditur secundum id, quod habet se ad intellectum obiective, et non subiective. Est enim veritas conformitas eiusdem ad se ipsum secundum aliud et aliud esse, sc. esse intellectum et esse reale; ...... relatio eiusdem ad se ipsum secundum esse apprehensum et secundum esse reale .....* (v. A) *Veritas est conformitas rerum, ut intellectae sunt, ad se ipsas, ut existunt ......* (6, f. 66 v. B) *Veritas est in intellectu obiective, non quidem sicut obiectum cognitum principaliter, sed ut quidam modus conveniens rei solum, ut est cognita.* Vgl. II, *Dist.* 37, *qu.* 1, 7, f. 139 v. A.

565) II, *Dist.* 3, *qu.* 2, 6, f. 136 v. A: *Prima est* (*sc. opinio*), *quod materia est primum et per se principium individuationis in habentibus materiam ...... Esse autem in pluribus per realem identitatem et dici de pluribus per praedicationem essentialem est de ratione universalis, sic enim universale est unum in multis; et per oppositum individuum vel singulare est in uno solo et dicitur de uno solo. Isto autem modo non plus convenit materiae esse in uno solo, nec plus repugnat ei esse in pluribus et dici de pluribus, quam formae; ...... etiam materia dicitur de hac et de illa et est in illis per modum, quo universale est in singularibus.*

566) I, *Dist.* 35, *qu.* 3, 5, f. 95 v. A: *Quod materia est principium individuationis, a forma autem sumitur ratio universalitatis, valde dubium est, quia maior communitas videtur esse in materia, quam in forma ...... Item eadem materia est successive in diversis individuis, forma autem non, propter quod minus videntur individua distingui per materiam, quam per formam, et per consequens minus constitui in esse individuo, quia per idem videtur unumquodque constitui in se et ab alio distingui ..... Item non omnia singularia habent materiam, sicut angeli, ergo ex materia vel eius productione non potest assignari generalis ratio.*

567) II, *Dist.* 3, *qu.* 2, 8, f. 136 v. B: *Alia est opinio, quod in materialibus quantitas est principium individuationis, substantiae vero separatae se ipsis indivi-*

weder die Materie als ein bloss potenzielles Wesen der erschöpfende Grund des Quantitativen sein könne, noch aber auch die Form, so werde wohl die ergänzende Vereinigung von Materie und Form als Grund der Quantität zu betrachten sein (— ein Gedanke, welcher uns sehr an Bonaventura erinnert, s. Abschn. XVII, Anm. 553 —), wenn auch mit dem Vorbehalte, dass einige Wesen nur durch die ihnen anklebende Passivität (s. bei Ant. Andreas, ob. Anm. 476) bereits ihre Individualisirung finden[568]). Jedenfalls nemlich handle es sich um das Princip, in welchem zugleich Quidditat und individuelles Auftreten begründet sei, und da nun zwischen diesen beiden nur ein Unterschied im Denken bestehe, während sie sachlich identisch sind (vgl. Anm. 560), sei es durchaus unnöthig, noch ein anderweitiges Princip der Individuation zu suchen, denn es genüge als innerer Grund (*intrinsece,* vgl. bei Herveus Anm. 416) ein Dieses-Sein der Materie und ein Dieses-Sein der Form, wozu wohl ein äusserliches Agens (z. B. in der Zeugung) hinzukommen könne, jedoch derartig, dass dann das materielle Auftreten nur begleitweise (*concomitative,* vgl. ob. Anm. 62) wirke[569]). So genüge dann auch bezüglich der Engel, welche sämmtlich unter Eine Species fallen (vgl. hingegen ob. Anm. 308), die numeräre Wiederholbarkeit der Form[570]).

---

duantur ...... Haec autem positio deficit, ... quia subiectum naturaliter prius est accidente, sed compositum ex materia et forma subiectum est quantitatis; .... quantitas sequitur substantiam iam individuam existentem secundum ordinem naturae.

568) I, *Dist.* 8, *qu.* 4, 16, f. 40 r. A: *Materia non est causa totalis seu ratio receptiva quantitatis, ... quia materia est pura potentia in genere substantiae ..... Relinquitur ergo, quod, cum materia non sit totalis ratio recipiendi quantitatem, ... nec forma similiter, de qua ..... notum est, ... quaelibet harum est partialis causa, quae sui unione ad constitutionem suppositi supplent vicem unius totalis causae ...... Nihilominus tamen nihil prohibet, materiam et aliquas formas substantiales ex alia causa esse quantas in composito, ... ex illa sc. causa, ... quod omnis forma substantialis sub anima est capax passionis.*

569) II, *Dist.* 3, *qu.* 3, 14, f. 137 r. A: *Dicendum ergo, quod nihil est principium individuationis, nisi quod est principium naturae et quidditatis ...... Natura universalis et individua sunt idem secundum rem, differunt autem secundum rationem, quia, quod dicit species indeterminate, individuum dicit determinate; quae determinatio et indeterminatio sunt secundum esse et intelligi; universale enim est unum solum secundum conceptum, singulare vero est unum secundum esse reale, nam sicut actio intellectus facit universale, sic actio agentis naturalis terminatur ad singulare. Ergo eadem principia secundum rem et differentia solum secundum rationem sunt quidditatis et individui ..... Nihil enim existit in re extra nisi individuum vel singulare, ergo esse individuum non convenit alicui per aliquid sibi additum, sed per illud, quod est. Per quid ergo est Socrates individuum? Per illud, per quod est existens, et haec ..... intrinsecae sunt haec materia et haec forma. Quod si quaeras, per quid forma est haec, dico, quod per illud, per quod est in re extra, et hoc est extrinsece agens, materia autem concomitative ..... Idem dico de materia, nisi quod sua individuatio plus dependet a forma, quam e converso. Substantiae autem separatae nullo modo intrinsece individuantur nisi se ipsis..... Cum natura communis diversis individuis sit solum una secundum rationem et diversa secundum rem, non oportet praeter naturam et principia naturae quaerere alia principia individui, sed eadem, ut sunt existentia, sicut natura communis et individuum solum differunt ut concepta et existens..... Convenientia est solum secundum rationem, sicut et unitas naturae secundum speciem est solum unitas rationis ...... Forma per se ipsam intrinsece est haec, et non per hoc, quod recipitur in materia, nisi concomitative.*

570) Ebend. *qu.* 3, 7, f. 137 v. B: *Differentia secundum absolutam rationem formae est specifica; differentia autem formae a forma, secundum quod haec et una*

Steht hiemit Durand in dieser Frage ganz nahe an Scotus, so folgt er hingegen völlig der thomistischen Lehre der *unitas formae*[571]), da die Eine Form zugleich Princip einer untergeordneten Mehrheit sein könne[572]). Aber die *intentio et remissio* verlegt er wie Antonius Andreas (Anm. 478) nur in die qualitativen Formen, und auch dort nur auf Grundlage der Befähigung des Substrates[573]).

Desgleichen begegnen wir in Walter Burleigh (gest. i. J. 1337), über welchem bis jetzt in der Geschichte ein missliches Dunkel schwebte, einem sehr eigenthümlichen Autor, indem derselbe, wie kein Anderer, einen aristotelischen Conceptualismus und einen realistischen Platonismus gleichsam als zwei Theile der Philosophie dualistisch nebeneinander vertritt. Von seinen Schriften gehören hieher ***Expositio super artem veterem***[574]), ein Commentar zur zweiten Analytik[575]) und ***De intensione et remissione formarum***[576]); eine Monographie ***De novem generibus acci-***

---

sive singularis, est numeralis solum. ...... Quod in substantiis separatis non potest esse differentia nisi secundum absolutam rationem formae negandum est...... 14, f. 138 r. A: *Non repugnat naturae angelicae, plurificari secundum numerum in eadem specie, quod ...... omnis natura, quae producitur ab agente actione iterabili, potest plurificari secundum numerum; sed omnis creata natura est huiusmodi, etiam substantiae separatae.*

571) II, *Dist.* 17, *qu.* 1, 3, f. 159 v. B: *Anima intellectiva unitur corpori sicut forma..... Anima est, quo vivimus, sentimus, movemur et intelligimus.* IV, *Dist.* 43, *qu.* 2, 15, f. 392 v. B: *Unitas super entitatem addit indivisionem.* Vgl. ebend. *Dist.* 44, *qu.* 1, 10, f. 396 r. A.

572) I, *Dist.* 2, *qu.* 2, 18, f. 24 r. B: *Forma substantialis ..... est immediatum principium generationis seu introductionis formae in materiam ...... Potentia animae nutritiva et generativa sunt idem, quod essentia animae, nec obstat, quod nutrire et generare sunt plures actus, quia, cum sint subordinati, possunt esse ab eodem principio.*

573) I, *Dist.* 17, *qu.* 6, 8, f. 58 v. A: *Gradus secundum magis et minus non conveniunt formis substantialibus, sed tantum accidentalibus, non quantitalibus, sed qualitatibus, non omnibus, sed istis, quae concernunt diversam habitudinem subiectorum et agentium.* Ebend. *qu.* 7, 39, f. 60 r. B: *Forma intensa et remissa acquisitae per motum possunt esse partes unius formae numero, et quae non est una indivisibilitate, sed continuitate suarum partium, quae non sunt simul, sed successive et una superveniente alia desinit esse, et hoc modo signari possunt.*

574) (Ohne Titelblatt) *Praeclarissimi viri Gualterii Burlei anglici ..... super artem veterem Porphyrii et Aristotelis expositio sive scriptum feliciter incipit. Venetiis* 1485. fol. Da dieser äusserst seltene Druck bisher keinem Geschichtschreiber der Philosophie zugänglich gewesen zu sein scheint, erklärt es sich, dass man den Burleigh entweder ganz überging oder schiefe und widersprechende Urtheile (Tiedemann und Tennemann) über ihn fällte. Der 118 Blätter enthaltende Druck ist zwar ursprünglich nicht paginirt, ich will jedoch zu etwaiger Controlle im Folgenden die Foliatur einschalten. Der Commentar *super Porphyrium* füllt f. 1—15, jener *super praedicamenta* f. 16—61, *super sex principia* f. 62—80, *super perihermenias* f. 80—118. Vgl. Anm. 356.

575) Zusammen gedruckt mit der obigen gleichnamigen Schrift des Robert Capito, s. Abschn. XVII, Anm. 334. Es ist jedoch für uns hier unnöthig, näher auf diesen Commentar einzugehen, da derselbe schlechterdings nur ein paraphrasirendes Excerpt des aristotelischen Originales ist, dessen einzelne Hauptsätze (d. h. „*conclusiones*") Burleigh in derselben Weise wie Robert Capito (ebend. Anm. 337) sorgfältigst formulirt und auch numerirt.

576) *Venetiis* 1496. fol.

dentium scheint wenigstens nie gedruckt worden zu sein[577]), und ob er den Vorsatz, *De universalibus* zu schreiben, wirklich ausgeführt habe, wissen wir nicht[578]).

Was die Aufgabe der Logik betrifft, schliesst auch er sich an eine oft erwähnte Stelle Avicenna's an, und indem der dortige Conceptualismus auf die Begriffe der *prima* und *secunda intentio* führt, äussert er sich hierüber in einer Weise, welche völlig mit Herveus (Anm. 396 ff.) und somit theilweise auch mit Durand (Anm. 551) übereinstimmt, ja es gilt ihm ebenso wie dem Herveus (Anm. 399) *ens rationis* als identisch mit *intentio secunda;* aber, während er mit Ausdrücken des Scotus (Anm. 96) diese begriffliche Sphäre in die Mitte zwischen Objectivität und Sprachausdruck stellt, so dass die Logik weder *de rebus* noch *de vocibus* sei, entschlüpft ihm doch wiederholt die Redewendung, welche uns ähnlich schon einmal bei Pseudo-Thomas begegnet war (Anm. 289), dass die *„res secundae intentionis"*, d. h. *„res"* intentional genommen, der Gegenstand der Logik seien[579]). Auch denkt er ähnlich wie Roger Baco (Abschn. XVII, Anm. 563) an eine natürlich angeborene Logik[580]) und spricht mit den Scotisten von einer *logica docens* und *utens*[581]), sowie er dem Scotus darin folgt, dass der Syllogismus die Hauptsache sei[582]). Indem er ferner nach dem nemlichen Vorbilde ein entschiedenes Gewicht auf die *significatio* legt (vgl. Anm. 129 ff.) und in derselben die formelle

---

577) *Expos. in libr. phys. Arist.* (s. Anm. 589): *Alias rationes multas feci ad hanc conclusionem in tractatu de novem generibus accidentium.*

578) *Exp. s. art. vet.* (f. 24 r. A): *De ista tamen materia* (d. h. das Verhältniss von *prima* und *secunda substantia*) *plenius apparebit in tractatu de universalibus deo concedente.*

579) Ebd. (f. 1 v. A): *Videndum est, de quibus est logica, utrum de rebus aut de conceptibus aut de vocibus, et quid debet esse subiectum in logica. Et dicendum secundum Avicennam, ... quod logica est de intentionibus secundis adiunctis primis* (Abschn. XVI, Anm. 74)..... *Sciendum est, quod intentio, secundum quod nunc loquimur, est idem quod conceptus rei, et conceptus rei duplex est, sc. primus et secundus, v. g. possum habere de homine unum conceptum, quo concipio humanam naturam absolute, ... et conceptum, quo concipio naturam humanam in ordine ad illa, quae participant eandem naturam..... Conceptus primus dicitur prima intentio, conceptus secundus secunda intentio. Unde prima intentio est conceptus immediate abstractus a rebus, sed secunda intentio est conceptus abstractus a conceptu primo vel a conceptibus primis. Nomina enim rerum existentium extra animam sunt primae intentionis, ut „homo"....., sed conceptus abstracti ab istis significantur per nomina secundae intentionis, ut „genus, species, subiectum, praedicatum" et huiusmodi...... Logica est de rebus secundae intentionis, ut sunt secundae intentionis, quia in logica non determinatur de rebus nec de vocibus nisi per habitudinem ad intentiones secundas...... Non determinatur de vocibus in logica nisi inquantum significant res, ut eis insunt intentiones secundae ...... sive ens rationis, et non est aliud intelligendum per ens rationis, quam res secundae intentionis.* S. Anm. 586 u. 597 ff.

580) (f. 2 r. A) *Si dicitur, quod ille, qui primo invenit logicam, acquisivit hanc scientiam sine logica, ... sciendum, quod logica potest haberi dupliciter, sc. usualiter vel artificialiter...... Nulla scientia potest haberi artificialiter absque logica, quia quicunque scit artificialiter aliquam conclusionem, scit, se scire illam.*

581) (f. 107 r. B) vgl. Anm. 90 u. 452.

582) (f. 1 v. B) *Si autem loquimur de primo subiecto in logica primitate principalitatis, sic dico, quod subiectum primum in logica est syllogismus demonstrativus, quia eius notitia principaliter inquiritur in logica.* S. Anm. 93.

Seite der menschlichen Rede erblickt[583]), unterscheidet er nicht bloss eine *prima* und *secunda impositio* (unter letzterer die grammatischen Namen der Worte verstehend), sondern theilt auch sehr eigenthümlich das Gebiet der „alten" Logik ein, indem es gewisse gemeinsame Worte seien, unter welche in der Isagoge Begriffe, in den Kategorien Sachen, und in der Lehre vom Urtheile Worte selbst subsumirt werden[584]).

So sehr jedoch hiebei ein unverkennbarer Conceptualismus festgehalten wird, welcher sogar von nominalistischen Logikern beifällig aufgenommen werden könnte, so will Burleigh dennoch hierüber die realistische Geltung der Universalien nicht bei Seite schieben. Ja er polemisirt unablässig gegen die „Modernen", welche den objectiven Bestand der Universalien vernachlässigt hätten, d. h. wenn wir uns an die bei Thomisten (s. Abschn. XVII, Anm. 362) und bei Scotisten (ob. Anm. 87) recipirte Unterscheidung der realen und der sermocinalen Wissenschaften erinnern und dabei bedenken, dass die Logik mit Einschluss der Universalienfrage dem sermocinalen Gebiete zugewiesen wurde, so erblickte eben hierin Burleigh eine Einseitigkeit, und während er bezüglich der Logik selbst sich in Uebereinstimmung mit den Vertretern der *intentionalitas*, also mit Thomisten, Scotisten, auch mit Herveus u. s. f., befindet, bekämpft er die Ausschliesslichkeit einer bloss logischen Geltung der Universalien und theilt im Hinblicke auf Physik und Metaphysik mehr den Standpunkt jener Scotisten und Halbscotisten (Richard Middleton, Alexander v. Alessandria, Wilhelm Brito, Antonius Andreas, auch Johann v. Jandun, s. Anm. 230, 248, 258, 457, 426), welche das „*causando*" und das „*praedicando*" nebeneinanderstellten. Von Wichtigkeit aber ist dabei für uns insbesondere der Umstand, dass Burleigh in solcher Polemik stets den Ausdruck „*moderni*" gebraucht, denn es sind dieses die ältesten Stellen, in welchen die Vertreter der sermocinalen oder rationalen Disciplinen (im Gegensatze gegen die realen Wissenschaften) mit diesem Namen bezeichnet werden[585]).

In solchem Sinne also ist es zu verstehen, wenn Burleigh den Modernen, gerade wie wenn dieselben die Realität der Universalien wirklich bereits verneint hätten, die Behauptung entgegenstellt, dass die Universalien nicht ausschliesslich in der Form von Begriffen und Worten in der Seele seien, sondern auch ausserhalb der Seele bestehen und nur so ein selbstständiges Dasein (d. h. nicht *in subiecto*) haben, sowie dass eben derartige unabhängig von der Seele existirende Dinge („*res*", vgl. Anm.

---

583) (f. 59 r. A) *Vox est materiale in propositione prolata et respectus ad significatum per vocem est formale in propositione, et ideo, si significata sunt et fiunt diversa, respectus ad significata erunt diversi, et sic non manebit propositio eadem, quantum ad suum formale, quamvis maneat eadem, quantum ad suam materiale.*

584) (f. 2 r. A) *In libro Porphyrii determinatur de vocibus communibus solis conceptibus ponendo, quod universalia non habent esse extra animam; et in libro Praedicamentorum determinatur de vocibus communibus rebus solis* (hiezu Anm. 593) ...... *et in libro Perihermenias de vocibus communibus solis vocibus, ut de nomine et verbo* ...... *Nomina rerum sunt nomina primae impositionis et nomina vocum sunt nomina secundae impositionis. Nomen primae impositionis dividitur in nomen primae intentionis et nomen secundae intentionis; nomen primae intentionis est commune rebus, nomen secundae intentionis est commune conceptibus.*

585) S. Abschn. XX.

579) die Prädicate in den Urtheilen seien[586]). D. h. indem er an die objective Werkstätte der Natur denkt und so die traditionelle Dreigliederung der Universalien stärker als Andere betont[587]), weist er darauf hin, dass die artmachenden Unterschiede jedenfalls in einem objectiven Thatbestande vorliegen, da im entgegengesetzten Falle die Dinge objectiv sämmtlich einander gleich wären, ferner dass, wenn der Unterschied zwischen Allgemeinem und Einzelnem nur in der subjectiven Auffassung läge (s. bei Durand, Anm. 558), der artmachende Unterschied und die Form identisch wären, während man das reale Moment der Gestaltung der Dinge und den subjectiven Begriff von einander unterscheiden müsse[588]). So ist es erklärlich, dass Burleigh gerade im Commentar zur Physik, d. h. in einer realen Disciplin, seine Polemik gegen jene Modernen übt, da, wenn die Universalien lediglich Begriffe wären, selbst die obersten Gattungsbegriffe einerseits unter die noch höhere Gattung der begrifflichen Auffassung fielen, und andrerseits in ihrer Zahl von der Zahl der auffassenden Menschen abhingen, wohingegen die platonische Annahme richtig sei, dass die von den Einzeldingen getrennt existirenden Universalien durch den *intellectus agens* getrennt von aller Singularität erfasst werden

---

586) (f. 19 v. B) *Apparent duo contraria dictis modernorum. Primum est, quod universalia de genere substantiae sunt extra animam, quia illud, quod dicitur de subiecto et non est in subiecto, est universale de genere substantiae, sed omne ens non existens in subiecto est extra animam, quia si esset in anima, esset in subiecto; cum ergo substantia secunda non sit in subiecto, sequitur, quod non est in anima; ..... unde si nihil esset universale nisi vox vel conceptus, sequeretur, quod omne universale esset in subiecto et per consequens nihil esset illud, quod dicitur de subiecto et non est in subiecto. Secundum contrarium modernis est, quod propositio componitur ex rebus extra animam, nam id, quod dicitur de subiecto et non est in subiecto, praedicatur in propositione, et illud est res extra animam.* Ebenso f. 93 r. A. Hiezu Anm. 599 ff.

587) (f. 65 r. B) *Quaedam sunt universalia, quae solummodo praedicantur de singularibus factis a natura, ... et talia universalia solum fiunt a natura, et quaedam ..... fiunt a natura et ab arte..... Omnis communitas est naturalis* (s. Gilbert, Abschn. XIV, Anm. 461 ff.)...... *Universale est triplex secundum dominum Albertum* u. s. w. (s. Abschn. XVII, Anm. 379).

588) (f. 9 v. B) *Dicunt moderni, quod differentiae non sunt nisi conceptus in anima, quia si essent res extra animam, universalia haberent esse extra animam, quod habent pro inconvenienti. Sed quid de hoc sit dicendum, deliberare non intendo; dico tamen, quod res extra animam distinguuntur per differentias suas et non per solos conceptus, quia, si nullus conceptus esset, adhuc homo differret ab asino per differentias suas. Item conceptus in anima sunt accidentia* (vgl. ob. Anm. 102 u. Abschn. XVII, Anm. 392), *sed substantiae non distinguuntur ab invicem per sola accidentia, imo essentialiter. Si quis velit ponere, quod differentiae non sunt nisi conceptus, ipse habet ponere, quod quaelibet res extra animam habet distingui per se ipsam a qualibet re extra animam, et non per aliquam differentiam superadditam, et sic habet ponere, quod res extra animam non distinguuntur ab invicem realiter per differentias, sed solum conceptualiter per differentias seu per conceptus. Ponentes vero, quod universalia non sunt extra animam alia a rebus singularibus, et ponentes, quod res extra animam non distinguuntur per differentias suas, habent ponere, quod differentiae non sunt realiter nisi formae rerum; unde rationalitas hominis est idem realiter, quod anima hominis, et haec rationalitas est idem, quod haec anima. Et sic potest dici, quod res extra animam distinguuntur realiter per formas suas et distinguuntur conceptualiter per conceptus suarum differentiarum.* f. 93 r. B: *Universale realiter est differens a singularibus conceptibus, a quibus abstrahitur.* Vgl. Anm. 591.

und so die ganze Quidditüt des Individuums repräsentiren[589]; denn der Behauptung, dass überhaupt nur Individuen existiren (s. Anm. 400 f., 560), stehe entgegen, dass die Absicht der von den denkenden Seelen unabhängigen Werkstätte der Natur auf die Erhaltung der Species gerichtet sei, welch letztere hiemit ausserhalb der Seele bestehe, und ein Beweis hiefür liege auch im privatrechtlichen Verkehre, z. B. in der Stipulation, wo häufig nicht ein bestimmtes Einzeln-Individuum Gegenstand des Versprechens sei[590]. Bezeichnend aber ist es, dass Burleigh aus jener Annahme, dass lediglich Einzelnes existire, nur eine Vernichtung der „Metaphysik" folgert, weil die substanzielle Realität der Gattungen und Arten, welche im Wesen (*esse*) allerdings nicht vom Singulären getrennt sind, eben völlig verschieden sei von der subjectiven Auffassung des Begriffes, welcher gerade im Wesen vom Singulären getrennt ist, — kurz weil Begriffe nicht Substanzen sind[591]. Und der schlagendste

---

589) *Expos. in libr. phys. Arist.* (*Venet.* 1482. fol., der Druck ist nicht paginirt; was ich anzuführen habe, findet sich f. 5 u. 6): *Si nihil sit universale nisi conceptus, tunc genus generalissimum de genere substantiae erit conceptus in anima, sed omnis conceptus in anima est in genere et habet genus supra se; ergo genus generalissimum haberet genus superveniens ..... Item sequitur, quod tot erunt genera generalissima in genere substantiae, quot sunt homines habentes notitiam illius generis ..... Genera et species dantur in responsione ad quaestionem quaerentem quid est ...... Species est composita ex causis, sc. ex genere et differentia, quae sunt causae intrinsecae speciei .... Quando dicitur, quod intellectus facit universalitatem in rebus, debet intelligi, sicut Plato posuit universalitatem in re extra animam, quum Plato posuit universale existere per se seorsim a singularibus, intellectus vero agens facit, universale intelligi per se seorsim absque hoc, quod eius singulare intelligatur...... Quamvis universale sit extra animam, tamen non est pars individui, quia effectus particularis sunt causae particulares ...... Universale est de quidditate individui.*

590) Ebend.: *Dicunt isti, quod species nihil aliud est, quam quidam conceptus simplex existens in anima, quia extra intellectum non est nisi singulare ..... Ipsis obviando arguo..... Illud, quod natura primo intendit, non est singulare, sed illud est aliquid extra animam, ergo aliquid est extra animam, quod non est singulare.... Dicunt isti, quod natura intendit primo rem singularem, ... alii vero dicunt, quod natura non intendit hoc singulare, puta Socratem, inquantum huiusmodi, sed inquantum homo. Sed illud non valet..... Illud, quod appetitur appetitu naturali ad conservandum individuum in esse, est res extra animam....... Illud est extra animam, circa quod fiunt promissiones et contractus reales, ut emptio venditio, donatio, stipulatio; sed contractus non semper fiunt circa individua, ergo extra animam est aliqua res alia a natura individuali...... Istae tamen rationes non essent hic ponendae, nisi quia quidam asserentes, se scire logicam supra omnes mortales, respondent dicentes, quod sic dicendo „promitto tibi bovem" promitto tibi unam rem singularem extra animam.* Vgl. unten Anm. 798, 879, 885.

591) *Exp. s. art. vet.* (f. 23 r. B) *Moderni dicunt, quod nihil est substantia nisi singulare, et probant, ... quod genera et species, quae dicuntur esse in praedicamento substantiae, dicuntur substantiae secundae, tamen non substantiae in rei veritate, sed solum nominantur vel dicuntur substantiae secundae ......* (v. A) *Quaero, an haec species homo sit eadem res omnino in Socrate et Platone, an alia et alia; non est dare, quod alia, quia tunc essent tot species, quot sunt individua, quod esset inconveniens ...... Universalia non sunt secundum esse separata a singularibus, sed conceptus in anima sunt secundum esse separati a singularibus existentibus extra animam, ergo secundae substantiae, quae sunt universalia respectu primarum substantiarum, non sunt conceptus in anima; ..... nullus conceptus in anima est substantia ......* (B) *Si nihil sit substantia nisi substantia singularis, sequitur, quod nulla est scientia de substantia, et sic destrueretur metaphysica.*

Beleg dafür, dass nach seiner Ansicht die Realität der Universalien einem ganz anderen wissenschaftlichen Gebiete angehöre, liegt darin, dass er gerade in der Logik es ausdrücklich ablehnt, auf diesen Punkt einzugehen [592]), sowie hinwiederum es sehr erklärlich ist, wenn er die Kategorien gleichsam näher an die Metaphysik rückt, weil ja in derselben (vgl. Anm. 584) von den realen Dingen als Trägern der intentionalen Worte die Rede sei [593]).

Das Kunststück, zugleich in der Metaphysik augustinischer Platoniker und in der Logik arabisch-aristotelischer Conceptualist zu sein, ist uns allerdings in dem philosophisch kurzsichtigen Mittelalter längst nichts Neues mehr; hingegen dass Burleigh in so crasser Weise einem solchen unversöhnten Dualismus huldigte, hat man bisher noch nicht gewusst. Auf Grundlage aber dieser Einsicht müssen wir nun bezüglich der Logik in Kürze noch Einiges erwähnen, worin er wieder mit den so eben getadelten „Modernen" brüderlichst übereinstimmen muss, zumal da dieselben doch sämmtlich die Objectivität des Seienden zugestanden. Vor Allem nemlich findet er, dass die Universalien, selbst wenn sie nur in der Seele existiren, jedenfalls bloss vorstellungsweise (*obiective*) bestehen [594]), und mit einer überraschenden Wendung, welche uns an Aegidius (Anm. 374) und an Mayron (Anm. 504) erinnert, sagt er, die vorstellungsweise Existenz komme eben demjenigen zu, was weder in der Seele noch ausser der Seele sei [595]). Auch die üblichen Begriffe *similitudo* und *reflexio* wendet er an [596]), womit zusammenhängt, dass er für den Fall der objectiven Realität der Universalien den Unterschied zwischen *prima* und *secunda intentio* durch die Ausdrücke *„primus conceptus"* und *„secundarius conceptus"* formulirt, jedoch immer wieder mit der realistischen Wendung (vgl. Anm. 579 u. 586), wornach *„res"* begriff-

---

592) (f. 3 r. B) Dort formulirt er nur die sich ergebenden Fragen sowohl für den Fall, dass die Universalien *in intellectu*, als auch für jenen, dass sie *extra animam* seien, aber nicht mit einem Worte deutet er dabei seine eigene Ansicht an. Und anderwärts sagt er (f. 9 v. B): *Sed quia ista quaestio non pertinet ad logicam, circa eam non insisto hic.*

593) (f. 16 r. A) *Dicit Boethius, quod in hoc libro intentio est philosophi, de primis rerum nominibus et de vocibus significantibus res disputare* (s. Abschn. XII, Anm. 84)...... *Alia est opinio Avicennae et Averrois, quam credo veriorem, quod in hoc libro determinatur de rebus principaliter et ex consequenti et secundario de vocibus; dicit enim Avicenna* etc. (folgt die Stelle Abschn. XVI, Anm. 83)...... (B) *Dico ergo, quod liber praedicamentorum est de rebus, secundum quod eis insunt intentiones secundae, sc. intentio generis generalissimi et suballerni et intentio speciei et sic de aliis.* Ebenso f. 19 r. B, u. 21 r. A.

594) (f. 59 r. B) *Licet universale non haberet esse existere extra animam, sicut dicunt moderni, tamen non est dubium, quin secundum omnes universale habeat esse obiective in intellectu, potest enim intellectus intelligere leonem in universali non intelligendo istum leonem.*

595) (f. 52 v. A) *Quae neque existunt in anima neque extra animam et intelliguntur ab anima, dicuntur habere esse obiectivum in anima et nullum aliud esse.*

596) (f. 81 r. A) *Passio animae..... accipitur pro dispositione intellectus, sc. pro similitudine rei in intellectu repraesentante rem extra animam;..... nam res extra per prius intelligitur, quam passio, quae est in anima, quia res extra intelligitur directe et passio animae indirecte per reflexionem.* S. Abschn. XVII, Anm. 398 u. 500.

lich erfasst und „*res*" durch Species bezeichnet wird[597]). Ja mit einer gewissen Heftigkeit erinnert er an die alte aristotelische Lehre, welche wahrlich Niemand verleugnet hatte, dass die menschlichen Urtheile schliesslich auf einen objectiven Thatbestand (*res*) angewiesen sind[598]); und wenn vielleicht Einige mittelst läppischer Sophistereien darauf hinwiesen, dass in den Urtheilen nicht mehr die Dinge selbst, sondern eben die subjective Auffassung der Dinge auftrete, lässt er sich hingegen zu der extremen Ausdrucksweise hinreissen, dass wenigstens in einigen Urtheilen *res de re praedicatur* (vgl. Abschn. XIV, Anm. 287), während in anderen Begriffe von Begriffen und wieder in anderen (grammatischen) Worte von Worten ausgesagt werden[599]); aber fast in demselben Athemzuge gesteht er den Modernen zu, dass in allen Urtheilen das Formelle der Satzverbindung eben doch im Intellectus liege und nur das Materielle, über welches geredet werde, eine äussere Objectivität sei[600]), und dass, wie bereits bei Aristoteles zu lesen ist, der vom Intellectus herrührenden „Copula" eine objectiv vorliegende Verbindung oder beziehungsweise

---

597) (f. 80 v. B) *Nomen primae intentionis est nomen rei, quae non est nata esse signum, pro quo supponit....... Nomina secundae intentionis sunt nomina ad placitum significantia conceptum vel intentionem animae..... Et illud dico supposito, quod universalia sint solae intentiones animae, ut plures dicunt; supposito tamen, quod universalia sint res extra animam, quod verius est, dicendum, quod nomen primae intentionis est nomen rei, ut cadit sub primo conceptu intellectus, et nomen secundae intentionis est nomen rei, ut cadit sub secundario conceptu intellectus, v. g. nomen „homo" significat rem extra, ut concipitur absolute, ... et nomen „species" significat rem, ut comparatur ad intellectum per individua, quibus est quid commune.*

598) (f. 16 v. A) *Quod autem propositio possit componi ex rebus, probatur...... Conceptus animae significant res; ...... ita est datum ultimum significatum, ... et illud non potest esse conceptus, ergo est res, distinguendo rem contra vocem et conceptum......* (B) *Si nihil ex parte rei correspondet, tunc est quid fictitium...... Ex eisdem componuntur propositiones, de quibus fiunt quaestiones, sed quaestiones fiunt de rebus extra animam..... Demonstrationes in scientiis realibus sunt ex rebus. ...... Ergo aliqua propositio est, quae nec est composita ex vocibus nec ex conceptibus, et per consequens composita est ex rebus.*

599) (f. 16 r. B) *Si propositio componeretur ex rebus, sequeretur, quod inter subiectum et praedicatum posset avis volare, et inter subiectum et praedicatum istius propositionis „Parisiis est Roma" essent centum miliaria, item quod subiectum posset comedere praedicatum...... Ad illud dubium recolo me dixisse et in scriptis reliquisse, quod intellectus potest facere propositionem ex quibuscunque, ... quia propositio non est aliud, quam compositio aliquorum per intellectum ad invicem .... aut divisio aliquorum ab invicem; ..... sed intellectus potest ad invicem componere res, ... et potest etiam componere voces et conceptus..... Et ideo aliqua propositio componitur ex rebus extra animam, aliqua ex vocibus, aliqua ex conceptibus.....* (f. 17 r. A) *Credo, quod illud indubitanter sit verum, quod in aliqua propositione praedicatur res de re, et in aliqua conceptus de conceptu, et in aliqua vox de voce.*

600) (f. 17 r. A) *In omni propositione est aliquid materiale et aliquid formale: formale in propositione est copula ..... et illa copula est in intellectu, quia est compositio vel divisio intellectus; materialia vero in propositione sunt subiectum et praedicatum. Dico ergo, quod nulla propositio est composita ex rebus totaliter extra animam, quia formale est in mente vel in intellectu, materialia autem sunt extra animam...... Propositio composita ex vocibus habet esse extra animam, propositio vero composita ex conceptibus est totaliter in intellectu, et propositio composita ex rebus partim est in intellectu et partim extra intellectum; quantum ad suum formale est in intellectu, sed quantum ad materialia est totaliter extra intellectum.*

Nicht-Verbindung (*identitas* oder *diversitas extremorum*, d. h. des Subjectes und Prädicates) „entspreche", indem die Urtheilsbildung einerseits von der Objectivität und andrerseits vom Willen des Menschen provocirt werde[601]). Nur verbleibt hierin bei Burleigh immer jener dualistische Zwiespalt, welcher ihn auch dazu führt, Wahrheit in doppeltem Sinne zu nehmen, nemlich als Uebereinstimmung der Dinge mit dem Denken und als Uebereinstimmung des Denkens mit den Dingen[602]).

Bezüglich des Princips der Individuation stimmt er völlig mit Durand (s. Anm. 569) überein, indem auch er eine Häcceität der Materie und der Form annimmt[603]), sowie ihm gleichfalls (vgl. Anm. 567) die Quantität als eine abgeleitete Folge der Materie gilt[604]). Ebenso verhält es sich betreffs der *unitas formae* (Anm. 571 f.), welche er als untrennbare Umschliessung mehrerer Formen fasst[605]), und desgleichen betreffs der *intensio et remissio formarum*, welche auch hier wie bei Durand (Anm. 573) von den Substanzen ausgeschlossen bleibt[606]) und nur bei den qualitativen Formen je nach Fähigkeit des Substrates

601) (f. 17 r. B) *Dubium est, an ipsi copulae existenti in intellectu correspondeat aliquid in re aut non. Dicendum, quod copulae copulanti extrema propositionis vere adinvicem correspondet aliquid in re, sc. identitas extremorum vel identitas eorum, pro quibus extrema supponunt, ... et divisioni vel negationi copulae..... correspondet diversitas extremorum ..... Sed copulae copulanti extrema propositionis false adinvicem nihil correspondet in re nisi ipsa extrema ...... Et si quaeratur, a quo ergo movetur intellectus ad fabricandum huiusmodi copulam vel divisionem, dicendum, quod non movetur nisi ab extremis ipsis in propositione et a voluntate imperante intellectui ad copulandum extrema.* Vgl. f. 82 r. B.

602) (f. 82 r. A) *Veritas primo modo est idem, quod conformitas rei ad virtutem cognoscentem, per quam manifestat se intellectui talem, qualis est, ... et talis veritas est duplex, sc. creata et increata; .....* (B) *veritas, quae est adaequatio rei ad virtutem cognitivam creatam, sc. ad intellectum nostrum, est illud, per quod res est nata de se facere veram existimationem ...... Veritas autem secundo modo, quae est adaequatio virtutis cognoscentis ad rem cognitam, est in virtute cognoscente sicut in subiecto, et talis est duplex, sc. quaedam complexa et quaedam incomplexa.*

603) (f. 24 r. A) *Species de genere substantiae componitur ex genere et differentia et ex omnibus superioribus ad ipsum, et huius ratio est, quod effectus particularis sunt causae particulares et effectus universalis sunt causae universales, ... sed individuum est effectus particularis et species est effectus universalis, et ideo individuum non componitur nisi ex hac materia et hac forma, quae sunt causae particulares...... Quamvis substantiae secundae sint vere res extra animam, ex hoc non sequitur, quod substantia singularis sit composita ex substantia universali et substantia particulari ......* (v. A) *Non oportet, quod annihilando individuum annihiletur species hominis, quia species hominis non est pars Socratis, ... quia Socrates non componitur nisi ex hac materia et hac forma.*

604) (f. 32 r. A) *Quantitas est quoddam compositum ex materia et forma inhaerens substantiae ratione materiae, sub ratione cuius substantia extenditur et habet partem extra partem.* (Vgl. f. 34 r. A.)

605) (f. 24 v. A) *In genere infimo speciei specialissimae includuntur omnia genera superiora nec separantur ab eo, ... sed hoc non est iterum constituere.* Vgl. f. 70 r. B.

606) (f. 8 r. A) *De differentiis substantiae verum est, quod non suscipiunt magis et minus, differentiae tamen per se accidentium bene suscipiunt magis et minus.*

zugelassen wird[607]), welch letzteres dann Gegenstand physikalischer Erörterungen ist[608]).

Was endlich noch einige einzelne Punkte der Exegese des Organons betrifft[609]), so denkt vorerst auch Burleigh betreffs der Isagoge an die Möglichkeit, dass das Universale als solches neben den übrigen fünf eigentlich ein sechstes sei[610]), begnügt sich aber doch bei Avicenna's Begründung der Fünfzahl[611]); ferner schliesst er sich Denjenigen an, welche, wie Antonius Andreas berichtet (s. Anm. 480), bei Erklärung einer vielbesprochenen Stelle zwischen *intellectus solus* und *nudus* und *purus* unterschieden[612]); auch folgt er dem Avicenna in der Erörterung, ob Gattungs- und Art-Begriff relativ seien[613]), sowie dem Albert in der Annahme, dass die Gattung nicht Stoff, sondern Potenz sei[614]); die Eigenthümlichkeiten des Individuums erscheinen bei ihm durch die zwei Verse ausgedrückt:

Forma, figura, locus, tempus, cum nomine sanguis,
Patria sunt septem, quae non habet unus et alter[615]).

Die Kategorien knüpft er trotz obiger realistischer Wendung (Anm. 593) dennoch mit Albert an die Isagoge an[616]), entnimmt dann die Er-

---

607) (f. 29 r. A) *Substantia suscipit magis et minus materialiter et subiective, quia est subiectum formae habentis gradus distinctos secundum magis et minus; sed nulla substantia suscipit magis et minus formaliter, quia nulla substantialis forma neque individualis neque specifica habet gradus distinctos secundum magis et minus; ...... unde non debet sustineri, formas elementorum suscipere magis et minus.* (f. 49 v. A) *Nulla forma suscipit magis aut minus, sed forma suscipitur in subiecto secundum magis et minus, secundum esse magis perfectum et minus perfectum.* Ebenso f. 63 v. B.

608) In dieser Beziehung trifft mit Burleigh der Zeitgenosse desselben Jacobus de Forlivio, welcher auch mehrere medicinische Commentare zu Avicenna schrieb, in einer oft wörtlichen Uebereinstimmung zusammen. Die Schrift Jacob's *De intensione et remissione formarum* ist mit der gleichnamigen Burleigh's gedruckt (s. Anm. 576). Beide Verfasser besprechen nur die physikalischen Qualitäten, und zwar insbesondere Warm und Kalt, wobei sie die Gradabstufungen weder aus theilweiser Addition noch aus Mischung mit dem Gegensatze, sondern durchgängig nach den aristotelischen Principien erklärt wissen wollen.

609) Burleigh's Commentar zur *Vetus logica* ist mit grossem Fleisse und reicher Belesenheit geschrieben; er verfährt überall architektonisch eintheilend, numerirt stets übersichtlich die *conclusiones* (ähnlich wie Antonius Andreas, s. Anm. 447), schliesst sich bei der Isagoge an Avicenna und Albert an, verflicht in die Kategorien zahlreiche Belegstellen aus der Metaphysik, folgt bei den *sex principia* Gilbert's wieder völlig dem Albert, und benützt *De interpr.* hauptsächlich den Boethius. (Im Commentare zur Physik ist Robert Capito sein Führer).

610) (f. 2 r. B) *Universale est hic subiectum accipiendo universale, secundum quod est commune ad illa quinque ..... et sic loquendo de universali large concedo, quod est dare sextum universale* (s. Abschn. XVI, Anm. 172 ff., vgl. Abschn. XI, Anm. 134).

611) (f. 2 v. A), s. Abschn. XVI, Anm. 94.

612) (f. 3 v. B).

613) (f. 5 r. A), s. Abschn. XVI, Anm. 113 ff.

614) (f. 22 v. B), s. Abschn. XVII, Anm. 422.

615) (f. 7 r. A) *Quodlibet individuum constat ex multis accidentibus, quorum collectio non potest simul reperiri in alio individuo* (s. Abschn. XI, Anm. 43)..... *Septem sunt proprietates, ... unde versus: „Forma, figura* etc." Nur der erste der zwei Verse findet sich auch bei Antonius Andreas (s. ob. Anm. 482).

616) (f. 16 r. A) *Subiectum contentivum totius scientiae traditae in libro Praedi-*

örterung über *aequivocum* und *analogon* aus Albert und die doppelte Bedeutung des ersteren aus Antonius Andreas [617], sowie die Entscheidung einer Controverse über *ens* wieder aus Albert [618]), bekämpft aber offenbar die Unterscheidung, welche von Einigen (Pseudo-Thomas und Antonius Andreas, s. Anm. 314 u. 484) zwischen absoluten und relativen Kategorien gemacht worden war [619]). Sowie er aber in der Lehre vom Urtheile betreffs der modalen Worte bereits die spätere Formation der byzantinischen Logik aufgreift [620]) und auch bei der Umkehrung der modalen Urtheile die dortigen Memorial-Verse verwendet [621]), so finden wir überhaupt bei ihm, — ähnlich wie bei Antonius Andreas, s. Anm. 490 ff. —, eine sehr reichliche Benützung der byzantinischen Logik, sowohl der ursprünglichen als auch der jüngeren Gestaltung derselben [622]); ja in Bezug auf Entstehung der *Obligatoria* musste uns Burleigh schon oben selbst als Quelle dienen [623]).

Auch die Thomisten, deren Thätigkeit in diese Jahrzehnte fällt, beflissen sich durchaus nicht einer so strengen Schul-Observanz, als man nach der oberflächlichen Gegenüberstellung des Thomismus und Scotismus glauben sollte. So finden wir, dass der Dominikaner Armand von Beauvoir (oder *de bello visu*, gest. i. J. 1334), von welchem wir eine Schrift *De declaratione difficilium terminorum* [624]) und einen Commentar zu Thomas *De ente et essentia* [625]) besitzen, auf das Unzwei-

---

camentorum est ens dicibile incomplexum ordinabile in genere intelligendo per genus coordinationem praedicamentalem (vgl. Abschn. XVII, Anm. 429).

617) (f. 17 v. B), s. ebd. Anm. 432 u. ob. Anm. 483.

618) (f. 6 v. A), s. Abschn. XVII, Anm. 415.

619) (f. 21 r. B) *Quidam modernorum dicunt, quod de istis decem praedicamentis non sunt nisi duo realiter distincta, sc. substantia et qualitas, sed hoc est contra Aristotelem et omnes alios philosophos, qui dicunt, decem esse res primas.*

620) (f. 112 r. B) *Modi facientes propositionem modalem videntur esse dictiones denominantes propositionem, cuiusmodi sunt „necesse, impossibile, contingens, possibile, verum, scitum, dubitatum, conclusum, demonstratum" et huiusmodi.* S. Abschn. XVII, Anm. 588.

621) (f. 117 r. A), es sind die, ebd. Anm. 40 u. 44, angeführten Verse.

622) So begegnet uns *suppositio personalis* u. *simplex* u. *materialis* f. 23 r. B, 29 v. B, 37 v. A, 42 v. B, 49 r. A, 59 v. B, 84 v. B, 95 r. A, 103 v. A; *appellatio* f. 27 v. A; *ampliatio* f. 87 r. A, 97 v. B, 100 r. B; *distributio* f. 94 r. A, 95 r. A; *categoreumatice* und *syncategoreumatice* f. 87 v. A, 109 v. B, 111 v. A, 112 v. B; beim hypothetischen Urtheile die Hinzufügung von *temporalis*, *causalis*, *localis* (s. Abschn. XVII, Anm. 583) f. 89 r. B; *sensus compositus et divisus* (s. ebd. Anm. 585) f. 99 r. A, 111 r. B, 117 v. B; Aequipollenz der modalen Urtheile mit kategorischen (s. ebd. Anm. 595 u. ob. Anm. 193) f. 91 v. B; *consequentia formalis* u. *bona* (s. Abschn. XVII, Anm. 615) f. 54 v. B, 58 r. A, 83 r. A, 91 r. A, 92 r. A, 103 r. B.

623) S. Abschn. XVII, Anm. 626.

624) *Sacrarum litterarum professor eximius Armandus ..... ordinis praedicatorii frater ..... De declaratione difficilium terminorum, tam theologicalium quam philosophiae ac logicae. Coloniae* 1502. 4. (nicht paginirt). Das Ganze zerfällt in drei „*tractatus*", deren erster in 6 Capp. als Einleitung dient, während der zweite in 302 Capp. den Umkreis der Logik im Ganzen an die Lehre von der *intentio* anbindet; der dritte „*de cognitione dei*" berührt uns hier nicht mehr.

625) (Ohne Titelblatt) *Incipit scriptum sive expositio fratris Armandi ordinis praedicatorum super libellum de ente et essentia compositum per sanctum Thomam de Aquino doctorem angelicum. Paduae* 1482. 4.

deutigste sich selbst als Thomisten bezeichnet[626]), aber trotzdem in manchen wesentlichen Punkten andere Bahnen einschlägt. Indem er die arabische Unterscheidung zwischen *incomplexa* und *complexa* aufnimmt[627]), gilt ihm für letztere das sog. *principium identitatis* (vgl. bei Mayron ob. Anm. 522) als oberster Grundsatz, und entsprechend für erstere ebenso der Begriff des *ens*[628]). Diesen aber nun theilt er sofort dualistisch, indem das real Seiende, welches nicht von der denkenden Seele entspringe, wohl aber in der Seele und ausserhalb der Seele sein könne, Sache der *prima intentio* und der realen Disciplinen sei, während das rationell Seiende als Erzeugniss der Seele nur innerhalb der Seele vorstellungsweise bestehe und als *secunda intentio* Gegenstand der Logik sei, eine Zweitheilung, welche mit dem grammatischen Unterschiede zwischen *prima* und *secunda impositio* (vgl. bei Burleigh, ob. Anm. 584) sachlich völlig coincidire[629]). So wird der Begriff der *intentio* bei Armand das ausschliesslich entscheidende Moment, welches als einheitlicher Grundton sich durch das ganze Gebiet der Logik hindurchzieht. Vorerst nemlich hält er die subjective und die objective Bedeutung der *intentio* auseinander, deren erstere darin beruhe, dass irgend ein Darstellendes (*repraesentans*), d. h. eine (scotistische) *species intelligibilis* oder ein *actus intelligendi* oder ein formirter Begriff, welcher *verbum mentale* heisse, den Weg zum Erkennen bahne[630]), während die letztere,

---

626) *De declar. diff. term., Prooem.: In hoc tractatu in propriis viribus velut in arundineo baculo non confidens vestigiis doctorum inhaereo meliorum et praecipue doctoris communis reverendissimi et praeclarissimi sancti Thomae, cuius scriptura sal condiens est doctrinam aliam qualemcunque; hanc qui sequitur, non ambulat in tenebris* u. s. w.

627) *Tr.* I, c. 1: *Incomplexis respondet conceptio intellectus, quae est secundum primam operationem intellectus, sc. simplicium intelligentia; complexis vero respondet conceptio intellectus secundum secundam operationem, quae est simplicium apprehensorum compositio vel divisio ..... in propositione.*

628) *Tr.* I, c. 2: *Primum autem principium demonstrabilium et enuntiabilium, ad quod omnia alia resolvuntur, fundatur super esse et est de quolibet „esse vel non esse". Ergo modo consimili terminus incomplexus, ad cuius conceptionem omnes conceptiones incomplexorum reducuntur, est ens, quod ab actu essendi sumitur.* C. 4: *Omnes conceptiones simplicium et incomplexorum resolvuntur in ens secundum Avicennam* (s. Abschn. XVI, Anm. 32 u. 193).

629) *Tr.* I, c. 3: *Omne ens vel est rationis tantum, quod est solum in anima et ab anima, ... et hoc ens nihil dicit positive et subiective in anima, sed obiective solum..... Vel est ens reale, et hoc est, quod non est ab anima, sed potest esse in anima et extra animam, nec dependet ab operatione intellectus praecise...... Ad primum ergo genus vel modum entis pertinent omnes secundae intentiones, ut genus, species, et nomina, quae designantur nominibus secundae impositionis apud grammaticos et secundae intentionis apud logicos, et de talibus proprie est logica. Ad secundum autem modum pertinent omnes res, quae significantur nominibus primae impositionis et in logica vocantur primae intentiones; et de omnibus talibus entibus sunt omnes scientiae reales.* Ebend. c. 6: *Secundum grammaticos omne nomen est primae impositionis vel secundae, et secundum logicos primae intentionis vel secundae; et hoc realiter idem est, licet voces sint diversae.*

630) *Tr.* II, c. 268: *Si intentio accipiatur ex parte intelligentis, sic dicitur intentio omne illud, quod per modum repraesentantis ducit intellectum in cognitionem uniuscuiusque rei; et quia species intelligibiles et actus intelligendi, conceptus mentis formatus, quem nos verbum mentale dicimus, repraesentative ducunt in cognitionem rerum, ideo quodlibet eorum hoc modo intentio vocatur et ..... quaecunque similitudo sive quodcunque exemplar realiter repraesentando ducens in cognitionem rerum.*

welche er hauptsächlich erörtern wolle, auf die erkannte Sache selbst sich beziehe und hier dann entweder bloss formal abstract oder aber materiell concret bezeichnet werden könne[631]). Denke man aber in letzterem Falle lediglich (*absolute*) an die Sache als objective selbst, so sei allerdings von keiner *intentio* mehr die Rede, sondern nur dann, wenn man das Verhältniss (*habitudo*) der Sache zum Erkenntnissacte ins Auge fasse[632]). Jedoch eben das Motiv einer Unterscheidung zwischen *prima* und *secunda intentio* könne nicht aus der subjectiven Bedeutung der *intentio* entnommen werden, da diess auf eine zeitliche Reihenfolge entweder in der denkenden Seele oder in den auf successive Objecte angewiesenen Denkacten führen würde, sondern nur in der objectiven Bedeutung finde sich der Unterschied, dass einerseits (*prima intentio*) den realen Dingen an sich Etwas zukommt, was nicht selbst wieder ein Erzeugniss des Denkens ist, und andrerseits ihnen Etwas vorstellungsweise (*secunda intentio*) zukommt, so dass hiemit innerhalb der erwähnten *habitudo* der Dualismus zwischen *res* und *ratio* das Entscheidende ist[633]). Was hingegen den Begriff des *intentionale* betreffe, so seien jene obigen Momente, welche in der subjectiven Seele als *repraesentantia* wirken, das wesentlich Intentionale, während das objective Ding an sich erst von jenen her seinen Namen bekomme und somit nur ein denominatives Intentionale sei[634]).

Bei solcher Auffassung, welcher man übrigens eine gewisse Schärfe

---

631) C. 269: *Secundo accipitur intentio .... ex parte rei intellectae, ... et sic loquimur hic de intentione in proposito. Haec autem intentio dupliciter accipitur et invenitur. Uno modo formaliter et tunc significatur in abstracto, ut hoc nomen „intentionalitas“, ... et haec habitudo in abstracto praecise significat purum ens rationis. Alio modo accipitur materialiter et tunc significatur in concreto; ..... ipsa ergo res intellecta materialiter in concreto dicitur intentio sive res intellecta, sive ens reale, ut homo, lapis et huiusmodi.*

632) C. 270: *Haec autem res intellecta, quando est verum ens reale, ... dupliciter considerari potest. Uno modo absolute, ut est res praecise non habendo respectum ad intellectum, et sic nulla res dicitur intentio .... Alio modo potest considerari cum habitudine ad actum intelligendi, inquantum est intellecta, et sic quaedam habitudo ipsam consequitur, quae formaliter intentio dicitur.*

633) C. 271: *Ordo iste, unde aliquae dicuntur primae intentiones et aliquae secundae, non potest sumi ex parte intelligentis, quia sic species intelligibilis, quae est primum repraesentativum intelligendi, esset prima intentio, et actus intelligendi, qui est secundum, esset secunda intentio, et verbum mentale esset tertia; quae sunt falsa. Nec potest sumi ex parte actus intelligendi, quia sic Socrates esset primus intellectus et Plato secundus ...... Oportet, quod iste ordo accipiatur ex parte rei intellectae, inquantum est intellecta; ..... nam quaedam sunt intelligibilia, quia sunt vera entia realia, quae conveniunt rebus non ex opere intellectus, ... et haec omnia, quae sic rebus conveniunt, dicuntur primae intentiones et nomina talium dicuntur etiam nomina primae impositionis secundum grammaticos ...... Alia sunt, quae conveniunt rebus, secundum quod sunt obiective in intellectu et non aliter, ... et ista dicuntur secundae intentiones ...... Et sic sunt duo modi essendi generales, sc. secundum rem, et iste est primus, et secundum rationem, et iste est secundus; ita etiam ab istis duobus generibus ..... sumitur divisio intentionum.*

634) C. 273: *Intentionale potest accipi dupliciter, sc. essentialiter et denominative ...... Intentiones, quae sunt ex parte intelligentis, sunt species intelligibiles, actus intelligendi, conceptus formatus, et dicuntur intentionalia vel intentionata essentialiter, quia sunt intentiones rerum. Illa autem, quorum sunt intentiones et quorum sunt repraesentativa, dicuntur esse intentionalia denominative.*

der Distinction nicht absprechen kann, versteht es sich von selbst, dass Armand (ebenso wie alle Uebrigen mit Ausnahme Mayrons) grundsätzlich gegen den Platonismus polemisirt[635]) und das Verhältniss zwischen Sinneswahrnehmung und Universalien nach aristotelischer Tradition auffasst[636]). Auch zieht er sich betreffs der Universalien eigentlich auf die Unterscheidung zwischen *causando* und *praedicando* (s. Anm. 248, 258, 426, 457) zurück, nur stellt er der *causalitas* die *abstractio* gegenüber, welch letztere er (abgesehen von objectiver Immaterialität) neben der *praedicatio* der Logik auch in der Physik und in der Mathematik anerkennt[637]). In Bezug auf das Princip der Individuation folgt er dem Thomas[638]), welchem er betreffs der Angelologie durch die Ansicht des Aegidius (ob. Anm. 382 f.) auf die Beine hilft[639]), während bei *unitas formae* ein einfacher Anschluss an Thomas genügt[640]); aber die *intensio et remissio formarum* erinnert uns an Durand[641]).

Die Durchführung aber des Begriffes der *intentio* durch das Gebiet der Logik gestaltet sich bei Armand in folgender eigenthümlicher Weise. Zunächst erörtert er jene Worte, durch welche eine generelle Modalität des objectiven Seienden ausgedrückt sein soll, d. h. die thomistischen

---

635) *Expos. s. lib. de ente et ess.* f. 16 A: *Necessitas ponendi ideas a Platone est duplex, una ex parte cognitionis, alia ex parte actionis exterioris ..... Sed ista necessitas nulla est, quia, licet ponamus, quod scientia sit de necessariis et sempiternis, non oportet tamen propter hoc, quod ponantur separata secundum rem; sed sufficit, quod ponantur separata secundum rationem et considerationem rationis. Alia causa necessitatis est ex parte actionis, ... sed nec ista valet, quia ad istas operationes faciendas sufficit agens universale, quod est coelum cum dispositione materiae. Decl. diff. term.*, *Tr.* II, c. 276: *Secundum Platonicos, qui ponunt universalia subsistentia, ... universale esset prius quam particularia, unde secundum eos particularia non sunt nisi participatione universalium subsistentium, quae dicuntur ideae.*

636) *Tr.* II, c. 235: *De prioritate cognitionis diversa in intellectu et in sensu respectu universalis et particularis ..... naturaliter quoad nos et in sensu priora sunt cognitione singularia, universalia autem posteriora; in intellectu autem e converso.*

637) *Tr.* II, c. 275: *Universale sumitur tripliciter. Est enim quoddam universale causalitate; ..... alio modo dicitur universale abstractione, abstractio autem est duplex ...... Quaedam sunt abstracta a materia secundum esse; ..... alio modo secundum intellectus considerationem..... Hoc autem potest fieri tripliciter: uno modo .... absque hac materia sensibili, ... et talis abstractio vocatur physica ...... Alio modo .... intellectus considerat non solum sine hac materia sensibili, sed etiam sine consideratione sensibilis materiae, ... sed non sine materia intelligibili, et talis abstractio vocatur mathematica ...... Tertio modo ...... est abstractum communitate praedicationis, ... et sic universale sumptum dicitur, quod est aptum natum de pluribus praedicari.* Vgl. Robert Capito, Abschn. XVII, Anm. 344.

638) *Expos. s. lib. de ente et ess.* f. 11 A u. B.

639) Ebend. f. 18 A: *Similiter de qualibet specie angelica, quae de se est communicabilis pluribus, quia si essent plures angeli in eadem specie, cuilibet eorum esset communicabilis. Sed quia tota talis perfectio specificata in uno individuo continetur, ideo alteri non communicatur nec communicari potest etiam virtute divina, et sic patet solutio ad obiectionem.*

640) Ebend. f. 13 A: *Secundum ponentes pluralitatem formarum in uno supposito alia forma est illa, per quam corpus est corpus, et alia, per quam animal est animal. Sed secundum ponentes unam formam est eadem forma realiter, et quia istius opinionis fuit sanctus Thomas, ideo dicit, quod anima non est alia forma ab illa, per quam corpus est corpus.*

641) *Decl. diff. term. Tr.* II, c. 261; s. ob. Anm. 573.

sechs *transcendentia*[642]). Dann folgen die Worte der ***prima intentio,*** welche eine specielle Modalität der geschaffenen Dinge bezeichnen, d. h. die Kategorien, wobei sich uns allerdings das Bedenken erhebt, ob dieselben wirklich zur Logik gehören können, denn sie sind nicht bloss (wie bei Burleigh, Anm. 593) näher an die Metaphysik gerückt, sondern sollen nach Obigem (Anm. 629) ja wesentlich den realen Disciplinen anheimfallen[643]). Aber erklärlich ist es dann, dass Armand in der Einzeln-Erörterung, welche ihn auch (wie Mayron) auf die Synonyma *substantia, subsistentia, quidditas, natura* führt[644]), in reichem Maasse über den Umkreis der Logik hinausgreift und Fragen aus der Physik, Ethik, Metaphysik und Theologie discutirt[645]). In logischer Beziehung ist zu erwähnen, dass er bei der Kategorie der Relation den scotistischen Begriff der *aequiparantia* verwerthet[646]) und bei den sog. Postprädicamenten, für welche er den Gilbertus Porretanus reichlichst benützt, auch die byzantinischen Worte *„alietas"* und *„diversitas"* beizieht[647]).

Indem nun der Umkreis der ***secunda intentio*** folgt, ist vorerst von denjenigen Begriffen die Rede, welche sich auf *incomplexa* (Anm. 627 f.) beziehen. Dieselben aber werden nach einem eigenthümlichen Gesichtspunkte eingetheilt[648]), so dass zuerst jene zur Erörterung kommen, welche den obigen *transcendentia* und den Kategorien gemeinsam sind; als solche werden vierzehn (unter ihnen z. B. auch *univocum, aequivocum*) aufgezählt[649])

---

642) *Tr.* II, c. 1: *Nomina, quae exprimunt modum entis consequentem generaliter omne ens et addunt hunc modum exprimendo ipsum varie super ens, sunt quinque transscendentia, et ens, ad quod addunt hunc modum, est sextum transscendens; horum autem sufficientiam, significationem et differentiam ab invicem ponit sanctus Thomas* (s. Abschn. XVII, Anm. 515), d. h. ausser *ens* sind es die fünf Begriffe *res*, *unum*, *aliquid*, *verum*, *bonum* (s. ob. Anm. 273 u. 355, vgl. 511), welche Armand nun c. 2—28 in metaphysischer und theologischer Beziehung ausführlich erörtert.

643) C. 29: *Nunc dicendum est de nominibus primae intentionis, quibus exprimuntur speciales modi essendi entium realium, quae nomina dicuntur de illis, quae conveniunt omni enti creato; et vocantur a logicis decem rerum genera sive decem praedicamenta.*

644) C. 32 u. 42. Vgl. ob. Anm. 548.

645) Bei Besprechung der Substanz zieht er (c. 50 ff.) nicht bloss *generatio* und *corruptio* bei, sondern auch *vita*, und zwar insbesondere *vita contemplativa*, bei der Quantität (c. 53) *aeternitas* und *infinitum*, bei der Qualität (c. 73 ff.) mittelst des Begriffes der *virtus* nicht bloss die drei theologischen Tugenden, sondern überhaupt das ganze Gebiet der Moraltheologie, bei *passio* (c. 150) die ganze Psychologie, bei *relatio* (c. 175 ff.) die Trinitätslehre, bei *motus* (c. 238) die vier aristotelischen Principien, u. s. f.

646) C. 174; vgl. ob. Anm. 583.

647) C. 205 f. S. Abschn. XVII, Anm. 213, 217, 266.

648) C. 264: *Postquam expediti sumus de nominibus primae intentionis, accedendum est ad declarationem nominum sive vocabulorum secundae intentionis ...... In secundis intentionibus quaedam sunt communes omnibus transcendentibus et omnibus decem rerum generibus, sicut hoc, quod dico praedicabile et multa alia; quaedam sunt solum communes decem generibus rerum, sicut hoc, quod dico genus et species et multa alia; quaedam sunt specialiter pertinentes ad unicum genus, ut hoc, quod dico suppositum, quod in genere substantiae solum invenitur.*

649) C. 265: *Quae sunt communes transcendentibus et decem generibus, occurrunt .... quatuordecim, et sunt haec: intentio, transcendens, universale, abstractum, concretum, praedicamentum, praedicabile, praedicatum, subiectum, subiicibile, univocum, aequivocum, analogum, denominativum.*

und einzeln erklärt[650]). Sodann reihen sich diejenigen an, welche nur den zehn Kategorien gemeinsam sind, und als solche treten die Universalien auf, deren Zahl jedoch hier durch Hinzufügung von *particularis, singularis, individuum,* auf acht steigt[651]). Und zuletzt folgen jene, welche nur einer einzelnen Kategorie zukommen, nemlich entweder der Substanz[652]) oder (bei theologischen Fragen) der Qualität oder der Relation[653]). Indem aber nun auch noch jene *secunda intentio,* welche sich auf *complexa* bezieht, an die Reihe kommen soll, wird hiebei zunächst die Lehre vom Urtheile, die Syllogistik und die Topik beigesteckt[654]), und den Schluss machen in Bezug auf „*conditiones complexorum*" in merkwürdigem Wirrwarr das sog. *dictum de omni* und die byzantinische Reduplicatio[655]).

Auch der Dominikaner Petrus Paludanus (oder *de palude,* gest. i. J. 1342), welcher bei den Theologen als hervorragender Vertheidiger des Thomismus gegen Durand gilt, entfernt sich theilweise von den Ansichten des Thomas. In seinem Commentare zum 3. u. 4. Buche des Petrus Lombardus[656]) begegnen wir wohl dem auch von Thomas aufgenommenen Aristotelismus betreffs der *universalia in re*[657]) und des

650) Ueber *intentio* wird gehandelt c. 266—273, über *transcendens* c. 274, über *universale* c. 275—277, über *abstractum* u. *concretum* c. 278 f., über *praedicatum, praedicabile, praedicamentum, subiectum, subiicibile* c. 280, über die übrigen vier c. 281.

651) C. 282: *Nunc dicendum restat de nominibus secundae intentionis, quae conveniunt incomplexis et .... sunt communes omnibus praedicamentis ..... Istorum nominum est triplex differentia, cum res in praedicamento existens possit sumi in universali, quod dicitur respectu particularis, et in particulari, quod dicitur respectu universalis, item quaedam possunt convenire rei, prout sic vel sic consideratur.* Zur ersten dieser drei Arten werden nun gerechnet *genus, species, differentia* (c. 283—285), zur zweiten *particularis, singularis, individuum* (c. 286), zur dritten *accidens, proprium* (c. 287).

652) C. 288: *Modo restat dicendum de nominibus secundae intentionis, quae solum conveniunt his, quae sunt de praedicamento substantiae.* Als solche folgen nun *suppositum, hoc aliquid, res naturae, hypostasis* (c. 289—291).

653) C. 292: *Nunc dicendum est de nominibus secundae intentionis, quae conveniunt rebus de genere qualitatis ...... De illo solo hic determino, cuius usus est apud theologos, secundum quod dicunt, in deo esse multa attributa.* C. 293: *De nominibus secundae intentionis, quae conveniunt relationibus ...... Unum tale nomen habet usum ..... apud theologos ...., sc. hoc nomen „notio"* (bis c. 296).

654) C. 297: *Restat dicendum de nominibus secundarum intentionum, quae complexis conveniunt.* Als solche folgen nun in äusserster Kürze (bis c. 299) *oratio, enuntiatio, propositio, praemissa, conclusio, definitio, descriptio, argumentum, syllogismus* (nur die Dreitheilung desselben in *demonstrativus, dialecticus, sophisticus*), *enthymema, inductio, exemplum.*

655) C. 300: *Dicendum de nominibus secundarum intentionum, quae conveniunt quibusdam conditionibus complexorum,* wobei (bis c. 302) erörtert werden *dici per se, dici de omni, dici de nullo,* und *reduplicatio* (s. Abschn. XVII, Anm. 262 u. 608 f.), welch letztere beispielsweise auf die vier aristotelischen Principien und auf Urtheile über Accidentelles bezogen wird.

656) *Praeclarissimi doctoris domini Petri de Palude ..... scriptum super tertium sententiarum. Paris.* 1518. fol. und *Exactissimi et quam maxime probati ac clarissimi doctoris Petri de Palude ...... quartus sententiarum liber. Paris.* 1514. fol.

657) III, *Dist.* 22, *qu.* 1, f. 108 r. A: *Homo nomen est speciei in genere substantiae, sed in materialibus sola substantia composita est per se in genere sub-*

Verhältnisses zwischen Denkeinheit und materieller Einzelnheit[658]; aber zugleich verwendet auch er (wie so viele Andere, s. Anm. 291, 375, 409, 469) die scotistische *species intelligibilis* als Darstellung der Objecte und Veranlassung des Denkens, jedoch mit dem sonderbaren Zusatze, dass dieselbe in ihrem gegenständlichen (*subiective*) Vorhandensein im Denken von anderer Art und Natur sei, als der äussere Gegenstand selbst[659]. Bei der Frage aber über das Princip der Individuation wendet er sich am Weitesten von Thomas ab, indem er den auch von Gottfried v. Fontaines eingewendeten Gegengrund gegen die Quantität (s. ob. Anm. 66) anführt und dem positiven Gehalte nach so ziemlich die Ansicht des Scotus (Anm. 142) und jene des Antonius Andreas (Anm. 473) miteinander verbindet, d. h. er verlegt die Individuation überwiegend in die Form als das Actuelle[660], wenn auch die Potentialität der Materie als zweites Moment hinzutrete[661], während bei den Engeln Gottes Schöpferkraft sich an der blossen Form genügen lasse[662]. Hingegen was *unitas formae* betrifft, stimmt Paludanus wieder völlig mit Thomas überein[663], und

---

stantiae, ... (B) *Homo et equus in singularibus universaliter non sunt substantia, i. e. forma, sed simul totum quoddam ex hac materia et hac ratione.*

658) III, *Dist.* 5, *qu.* 2, f. 34 v. B: *Illud animal, quod est homo, non est commune omni animali, sed proprium huic, et licet significat in communi aliquid unum ratione, non tamen unum re, nec verificatur de una re pro multis.*

659) IV, *Dist.* 49, *qu.* 1, f. 227 r. B: *Duplex obiectum cognitivae potentiae: unum quidem commune, inquantum est potentia, aliud autem proprium, inquantum est talis potentia ...... Obiectum intellectus, ut intellectus, est ens, ut autem coniunctus, ens materiale ......* (v. A) *Hanc autem speciem, quae dicitur facere cognitionem, sive sit actus ipse sive principium eius in eodem subiecto existens, non possumus dicere esse eiusdem speciei cum obiecto, prout ipsa est in intellectu, quia nihil subiective existens in intellectu, sive sit species sive actus sive habitus, potest esse eiusdem speciei vel naturae cum re exteriori, quae per eam intelligitur......* f. 228 r. A: *Nec tamen inter obiectum et actum est similitudo formalis, sed tantum virtualis ...... Species est necessaria ad repraesentandum obiectum et ad eliciendum actum et determinandum.*

660) III, *Dist.* 6, *qu.* 2, f. 36 v. A: *Dicunt, quod suppositum habet esse formaliter suppositum per quantitatem ...... Contra hoc tamen a quibusdam arguitur, ...* (B) *quia quantitas aut quodcunque accidens non potest esse ratio individuationis substantiae...... Socrates non est homo vel substantia nisi per suam substantiam, et similiter Plato......* (f. 37 r. B) *Tenent alii, quod suppositum non differt realiter a natura, cuius est suppositum, ut Socrates ab humanitate ......* (v. A) *Sic igitur, licet ad esse individui substantiae habentis materiam et formam concurrat tam materia quam forma, principalior tamen est forma, per quam principalius substantia est substantia et hoc aliquid..... Et si quaeratur, per quid haec forma est, dicitur, quod ab agente efficienter dispositive, subiective a materia, formaliter autem et completive a se ipsa.*

661) III, *Dist.* 30, *qu.* 3, f. 175 r. A: *In rebus materialibus substantialibus sunt duo principia rei intrinseca, quorum unum dicitur potentia simpliciter, ... sc. materia, aliud autem dicitur actus simpliciter sive id, secundum quod aliquid dicitur actu esse simpliciter, sc. forma.*

662) IV, *Dist.* 12, *qu.* 2, f. 50 r. A: *Deus potest facere formam sine materia et non e converso, quia materia non est esse formae nec est causa formalis ipsius, forma autem vel est ipsum esse vel est causa formalis ipsius, et deus non potest facere ..... esse sine forma absolute nec esse substantiale sine forma substantiali.*

663) III, *Dist.* 24, *qu.* 3, f. 131 v. A: *Esse vel est idem existentiae cum esse essentiae vel est ei proportionabile, ... unde mirum est, quod in uno ente aliqui ponunt plures formas substantiales.*

folgt auch dem Aegidius (ob. Anm. 387) bezüglich der *intensio et remissio formarum*[664]).

Wieder ein anderes ganz eigenthümliches Bild eines Halb-Thomismus zeigt uns der Dominikaner Johannes Gratiadei von Ascoli (gest. 1341), indem derselbe der thomistischen Lehre gleichsam ihre realistische Seite abzugewinnen sucht und hiedurch zu Anklängen an gegnerische Richtungen geführt wird. Wir besitzen von ihm einen ziemlich ausführlichen Commentar zur *Vetus logica*[665]); einer selbstständig von ihm verfassten *„Logica"*, welche er dort einmal citirt[666]), müsste erst in den handschriftlichen Schätzen der Bibliotheken nachgespürt werden. — Schon was die principielle Stellung der Logik betrifft, theilt Gratiadei den Standpunkt des Franziskaners Roger Baco (Abschn. XVII, Anm. 561), dass dieselbe zu den praktischen Wissenschaften gehöre, weil sämmtliche rationelle Disciplinen abgesehen von ihrer Unter-Eintheilung sich jedenfalls um ein *„opus" rationis* drehen[667]), und auch wenn man nicht mit Unrecht sage, dass die Logik nur *modus sciendi* sei und daher weder zu den speculativen noch zu den praktischen Zweigen gehöre, sondern alle umfasse, so müsse man dennoch, insoferne einmal jene Alternative bestehe, sie in höherem Grade dem praktischen Gebiete zuweisen[668]). So liegt ihm auch für *ens rationis* das Eintheilungsmotiv nur in *„operatio" rationis*, und indem er diese (wie Herveus und Durand, s. Anm. 398 u. 551) dreigliederig als einfaches Erfassen, Zusammensetzen, discursives Vergleichen eintheilt, ergiebt sich ihm natürlich die Reihenfolge der

---

664) III, *Dist.* 27, *qu.* 1, f. 147 v. A: *Licet subiectum dicatur de minus tali fieri magis tale, non tamen subiectum dicitur intendi et remitti, sed forma ipsa, secundum quam subiectum dicitur fieri de minus tali magis tale; sed forma non posset dici intendi proprie, nisi eadem forma, quae fuit remissa, postea esset intensa, ... cum est habitus in gradu.*

665) *Commentaria Gratiadei Esculani ordinis praedicatorum in totam artem veterem Aristotilem* [*sic*]. *Venet.* 1493. fol. Das Buch ist nicht paginirt, daher ich nur nach den „*Lectiones*", in welche die Commentare der einzelnen Bücher (*Praedicabilia, Praedicamenta, Sex principia* Gilbert's, *Periermenias* in zwei Büchern, vgl. Abschn. XVII, Anm. 442. u. ob. Anm. 574) eingetheilt sind, citiren kann. Uebrigens ist der Druck durch eine Menge der nachlässigsten Druckfehler entstellt, ein Missstand, welcher bekanntlich bei den Venetianer Incunabeldrucken nur äusserst selten vorkömmt; bei Anführung der Quellenstellen corrigire ich Solches stillschweigend.

666) *Praedicab. Lect.* 7. S. die Stelle unten Anm. 680.

667) *Prooem.*, woselbst nach Eintheilung der Wissenschaft in *speculativa* und *practica* und nach Unterabtheilung der ersteren in Metaphysik, Physik, Mathematik gesagt wird: *Scientiarum vero practicarum distinctio oportet quod sumatur secundum distinctionem operum; opus autem triplex potest assignari, sc. mechanicum, morale, et opus rationis ...... Circa opus rationis versantur scientiae rationales. Utrum autem ars rationalis sit dividenda in grammaticam, rhetoricam et logicam, sicut quidam dividunt* (s. ob. Anm. 87 u. Abschn. XVII, Anm. 363), *vel potius sit dividenda in logicam, rhetoricam et poeticam, sicut dividunt alii* (s. ebend. Anm. 293), *an magis comprehendat omnes quatuor, non pertinet ad praesentem locum, ... quia de sola illa parte agimus, quae proprie logica vocatur.*

668) *Prooem. qu.* 1: *Logica videtur proprie dicenda esse non quidem scientia practica nec speculativa, sed modus et regula generalis omnis scientiae tam practicae quam speculativae, inquantum earum quaelibet est considerans veritatem..... Quamvis autem proprie loquendo ipsa logica sit modus et regula scientiarum, si tamen velimus ipsam trahere ad denominationem scientiae speculativae aut practicae, magis est dicenda scientia practica, quam speculativa.*

Bücher des Organons (Kategorien, *De interpr.*, und „*nova logica*", für welch letztere er die arabische Unterabtheilung aufnimmt); aber insoweit es sich dabei um die Isagoge handelt, spricht er mit möglichster Schärfe die Unterscheidung aus, dass die *prima operatio rationis*, d. h. das einfache Erfassen, einerseits als *prima intentio* zu den Kategorien und andrerseits als *secunda intentio* zu den Universalien führe, und so die traditionelle arabische Auffassung des Gegenstandes der Logik sich bewähre, wenn auch das principiellere Uebergewicht (*principalius*) auf die *secunda intentio* falle [669]). Scheint aber hiedurch die Stellung der Kategorien innerhalb der Logik immerhin wieder bedenklich zu werden (vgl. bei Burleigh und Armand, ob. Anm. 593 u. 643), so hilft sich Gratiadei mit der Distinction, dass das *ens rationis* entweder wirkliches Erzeugniss des Denkens oder nur behufs denkmässiger Anordnung in die geistige Werkstätte (*operatio*) beigezogen sein könne, und somit in letzterem weiteren Sinne die Kategorien sicher zum *ens rationis* gehören [670]); nemlich nur das *ens* schlechthin an sich genommen sei Gegenstand der Metaphysik, die Logik aber als *modus sciendi* bringe es eben unter die dem Denken angemessene Anordnung [671]). In solchem Sinne hält er daran fest, dass *ens rationis* Gegenstand der Logik sei, und polemisirt ausdrücklich gegen die scotistische Ansicht, welche den Syllogismus in den Vordergrund

---

669) *Prooem.: Logica autem cum circa ens rationis versetur, oportet quod secundum eius distinctionem dividatur; ens vero rationis distinguitur secundum diversam rationis operationem; est autem triplex operatio rationis: ..... simplicium intelligentia, ... compositio et divisio simplicium apprehensorum, ... discursus rationis a noto ad ignotum. Et de ente, quod pertinet ad tertiam operationem, agitur in tota arte nova; de ente, quod pertinet ad secundam operationem, agitur in libro Periermenias; sed de ente, quod pertinet ad primam, ... in libro Praedicamentorum. Ars autem nova, quae tota versatur circa ratiocinationem, oportet quod distinguatur secundum diversam considerationem eius; potest autem ratiocinatio dupliciter considerari, uno quidem modo simpliciter sine applicatione ad materiam aliquam, et alio modo ..... cum applicatione ad materiam specialem* u. s. f., d. h. Ersteres enthalte die erste Analytik, Letzteres die zweite Analytik, Topik und Sophistik (nach arabischem Vorbilde wie bei Albert, s. Abschn. XVII, Anm. 459) ...... *Quia vero liber Porphyrii ...... non videtur esse inclusus in tota divisione logicae, ... sciendum est, quod simplicia apprehensa, quae pertinent ad primam operationem rationis, sunt duplicia, quia quaedam sunt, quae vocantur primae intentionis, ut substantia, quantitas et similia, quaedam vero, quae vocantur secundae intentionis, ut genus, species et similia. De utrisque his logicus considerat, quamvis consideret principalius de his, quam de primis; unde et pro tanto dici consuevit, quod logica est de secundis intentionibus iunctis primis; de primis ergo agitur in libro Praedicamentorum, sed de secundis in Porphyrio, non quidem omni modo, sed cum reductione ad certum numerum praedicabilium.* Die Haupteintheilung des *ens rationis* ebenso *Periherm. Lect.* 1.

670) *Praedicam. Lect.* 1: *Ens rationis sumi potest dupliciter: uno quidem modo ita, quod ens rationis appelletur id solum, quod est a ratione institutum aut factum; ...... alio autem modo sumi potest magis large, ut ens rationis dicatur omne id, quod potest esse sub ordine rationis ipsum trahentis ad suam operationem, et secundum hunc modum ...... et decem praedicamenta continentur sub ente rationis.*

671) Ebend.: *De ente dupliciter est loqui: uno quidem modo simpliciter et secundum se, et alio modo secundum quod habet ordinem ad ipsam rationem. Et primo modo considerat de ente primus physicus* (d. h. die Metaphysik), *secundo autem modo de ente habet considerare logicus, unde et logica pro tanto vocatur scientia rationalis ...... Non est inconveniens, sed valde necessarium, esse tales secundas scientias communes, quales sunt metaphysica et logica, quarum una est vere et simpliciter scientia, alia vero, ut puta logica, est sciendi regula et modus.*

stellte; denn nicht der Syllogismus, sondern nur *ens rationis* sei es, auf welches die obersten Principien der Logik, nemlich das sog. *principium identitatis* (vgl. bei Mayron und Armand, ob. Anm. 522 u. 628) und die sog. *regula de quocunque* (vgl. bei Albert, Abschn. XVII, Anm. 433), sich beziehen, und ausserdem behandle die Logik auch die dem Syllogismus vorangehenden Zweige um ihrer selbst willen, insoferne sie (— dieses Motiv ist dem Aegidius entnommen, s. ob. Anm. 369 —) als *modus sciendi* überall da eintrete, wo die menschliche Vernunft dem Irrthume verfallen könne[672]); und eben diese Irrthumsfähigkeit bestehe auch bezüglich des objectiv sachlichen Gehaltes der *prima intentio,* d. h. der Kategorien, so dass es unmöglich sei, diese aus der Logik auszuschliessen[673]). Den Sprachausdruck, welcher in der scotistischen *significatio* liegt, will Gratiadei hiebei principiell nicht sehr hoch anschlagen, denn das Moment der Bedeutsamkeit der Worte sei eben eine Darstellung (*repraesentatio*), auf welche sich die *forma dictionis* mittelbar beziehe[674]), und wohl nicht ohne Absicht betont er somit, wie Armand (Anm. 630), die innere Sprache, d. h. das *verbum mentale*[675]).

Nun aber fasst er auch die *secunda intentio*, welche doch ein Erzeugniss der denkenden Seele sein soll (Anm. 670), zuletzt völlig gegenständlich; nemlich mit einer Distinction, welche trotz wesentlicher Abweichung uns dennoch an Armand (Anm. 630 ff.) erinnert, sagt er, das

672) *Prooem. qu.* 2: *Quaeritur, utrum subiectum logicae sit ens rationis aut tantum syllogismus...... Subiectum logicae est ens rationis..... Constat satis evidenter, quod syllogismus non est subiectum principiorum maxime universalium logicae, nam..... ista sunt maxime universalia: „De quolibet est affirmatio vel negatio vera" et „Quando alterum de altero praedicatur, quaecunque de praedicato dicuntur, eadem et de subiecto dicuntur", quorum principiorum non est syllogismus subiectum, sed ens rationis...... De praedicamentis et enuntiatione considerat logicus non solum in ordine ad syllogismum, quod facit in arte nova, sed etiam secundum se, quia logica..... de illis omnibus etiam secundum se determinare debet, in quibus ipsa ratio errare potest ...... Si ens rationis est subiectum totius trivii, oportet etiam quod sit subiectum supremae partis eius, quae pro tanto retinet sibi soli nomen logicae...... Unde syllogismus non est principale intentum in logica tota, sed est principale intentum respectu aliorum contentorum sub ente rationis. Praedicam. Lect.* 1: *Communiter consuevit dici, quod omnia considerata in logica praeter syllogismum considerantur solum in ordine ad syllogismum...... Constat autem, quod sine ulio respectu et ulla habitudine ad syllogismum potest ratio errare in ordine rerum praedicamentalium.*

673) *Praedicam. Lect.* 1: *Quaeritur, utrum logicus consideret de decem praedicamentis solum ratione secundarum intentionum...... Dicitur enim, quod logica est scientia intentionum et non scientia rerum..... Sed ista opinio non placet mihi; manifestum est enim, quod ratio potest errare non solum in rebus praedicamentalibus quoad intentiones secundas, sed etiam quoad ipsarum proprietatem..... Secundae intentiones dicuntur ab Avicenna pro tanto esse subiectum logicae, quia in eis reservatur ratio entis rationis, quod est subiectum in logica, et non quia a subiecto logicae excludantur intentiones primae.*

674) *Periherm. Lect.* 2: *Non debet poni, quod significatio sit essentialis forma vocis, quantumcunque detur, quod aliqua significatio naturaliter et inseparabiliter concomitetur vocem... . Dicendum est, quod forma dictionis magis convenienter ponitur esse ratio significandi, quam significatio, ... quia significatio non est aliud, quam quaedam repraesentatio.*

675) Ebend.: *Duplex est dictio et duplex verbum, quia est verbum vocale, quod profertur sensibili voce, et est verbum mentale, quod profertur non voce, sed mente intelligente ipsam rem.*

Universale könne einerseits an sich unabhängig von der *intentio universalitatis* genommen werden, habe aber dann wieder ein doppeltes Sein, nemlich entweder ein reales, welches ausserhalb der Seele ist, oder ein *esse intentionale* (s. ebend. Anm. 634), welches in Folge einer *species intelligibilis* in die Seele verlegt werde; oder andrerseits werde das Universale mit der *intentio universalitatis* verbunden aufgefasst und man sage dann, es sei so in der Seele; aber da man ja die Universalität nicht der *species intelligibilis* zuschreibe, sondern dem durch sie vorgestellten Gegenstande und dieser letztere in den Urtheilen das allgemeine Prädicat werde (s. bei Burleigh, ob. Anm. 579, 586, 599), so sei das Universale auch in diesem Sinne ausserhalb der Seele, sowie die *intentio universalitatis* nur causal in die Seele verlegt werden dürfe, indem auch sie gegenständlich ausserhalb sei und somit in einem traditionell gewordenen arabischen Ausspruche mit Recht der Accent auf die Worte „*in rebus*" (vgl. bei Scotus, ob. Anm. 101) zu legen sei[676]). Wenn sonach Gratiadei die Universalien so sehr realistisch nimmt, dass er sogar je nach den Gegenständen von körperlichen oder von spirituellen Universalien spricht[677]), so dürfen wir uns nicht wundern, wenn auch hier der Ausdruck „*res universalis*" erscheint[678]). Aber platonisch ist dieser Realismus wahrlich nicht, denn es knüpft sich an denselben die übliche Polemik gegen Plato[679]), sondern er ist vielmehr eine scotistische

---

676) *Praedicab. Lect.* 1: *Quaeramus, utrum universalia sint extra intellectum vel sint solum in intellectu..... De universali loqui possumus dupliciter: uno quidem modo simpliciter quantum ad naturam suam non considerando ipsam, ut est coniuncta intentioni universalitatis, et alio modo loqui possumus quantum ad naturam coniunctam intentioni universalitatis..... Primo modo..... secundum diversum esse potest inveniri in intellectu et extra intellectum; ..... secundum esse intentionale est in intellectu informato specie vel similitudine, sed secundum esse reale non est in intellectu..... Secundo modo.... dici consuevit, quod universale est in intellectu; .....sed si de hoc velimus subtiliter indagare veritatem, videbimus manifeste, quod etiam universale sic sumptum est realiter extra intellectum...... Cum intellectus attribuit homini universalitatem, oportet quod intelligat ipsum hominem; cum autem intelligit, oportet quod informetur specie vel similitudine hominis; universalitatem autem non attribuit huic similitudini vel speciei hominis, sed homini repraesentato per ipsam, quia similitudo hominis non praedicatur de hominibus singularibus, sed de eis praedicatur ipse homo ..... Patet, quod universale quantum ad suam naturam coniunctam universalitati est extra intellectum..... Intentio universalitatis non est in intellectu sicut in subiecto, sed sicut in causa; sicut autem in subiecto est in re habente esse extra intellectum, inquantum apprehenditur ab intellectu. Auctoritas autem commentatoris* (d. h. des Averroes, s. Abschn. XVI, Anm. 181), *non enim dicit „intellectus facit universalitatem in speciebus rerum", sed in ipsis „rebus".*

677) Ebend.: *Quia intellectus est pure virtus spiritualis nulli organo corporeo affixa, ideo, quamvis omnia, quae sensu cognoscuntur, sint corporea, non tamen omnia, quae intellectu cognoscuntur, sunt corporea, sed quaedam sunt spiritualia, sicut angeli, et quaedam sunt corporalia, sicut ista sensibilia. Secundum hoc dicendum est, quod non omnia universalia sunt corporalia nec omnia incorporalia, sed universalia rerum sensibilium sunt corporea, et universalia rerum spiritualium sunt incorporea.*

678) Ebend.: *De rebus universalibus agitur a logico, secundum quod in ipsis attenditur praedicamentalis ordo, ordo autem praedicamenti inter genera, species et differentias versatur.*

679) Ebend.: *Plato, prout ei imponitur ab Aristotele* (vgl. ob. Anm. 502), *posuit, universalia ita esse extra intellectum, quod voluit etiam ea esse per se existentia a singularibus separata ...... Sed ista opinio sic intellecta, sicut sonat, est omnino impossibilis.*

Uebertreibung, welche allerdings bei einem Halb-Thomisten sich sonderbar ausnimmt.

Trotzdem aber behauptet er mit den Thomisten, dass das Princip der Individuation in der Materie liege, motivirt jedoch diesen Standpunkt dadurch, dass, während vom Gattungsbegriffe zum Artbegriffe ein Fortschritt der Vervollkommnung führe, der Uebergang vom letzteren zum Individuum auf einer Verengung und Begränzung beruhe, welche Schranke bei den Naturdingen nur in der Materie ihren Grund habe, sowie man im Allgemeinen von sämmtlichen Individuen (also auch von den immateriellen, d. h. von den Engeln) sagen könne, dass eine Bestimmtheit (*determinatio*) des Wesens das Princip der Individuation sei [680]). Sowie aber letztere Wendung bereits nicht mehr weit von der ***haecceitas*** des Scotus entfernt ist, so drückt er auch die reale Auffassung des Individuums, — abgesehen von der logischen, welche im Einzelnen stets den Artbegriff erfasst, — wieder in scotistischem Sprachgebrauche aus [681]).

Aus der Einzeln-Exegese, bei welcher Gratiadei in ziemlich breitspuriger Diction das traditionelle Material (besonders Avicenna) benutzt, mag erwähnt werden, dass er getreu seinem Standpunkte das *ens rationis* als höheres Allgemeines über den fünf Universalien [682]) und ebenso über den zehn Kategorien betrachtet [683]), dass er gelegenttich mit Burleigh (Anm. 612) die Begriffe *intellectus purus, nudus, solus* erörtert [684]), ferner ebenso wie Armand (Anm. 653) die theologische Wichtigkeit der Kategorie der Relation hervorhebt [685]), sodann den *Sex principia* Gilbert's eine principielle Stelle neben den Kategorien zuzuweisen sucht [686]),

680) *Praedicab. Lect.* 7: *Potest dubitari, quid sit principium individuationis; videtur enim, quod forma, quia per idem habet res esse et esse unum, sed unumquodque habet esse per formam..... Est dicendum, quod in rebus materialibus principium individuationis non est forma, sed materia,...... quia per contractionem generis ad speciem ipsum genus deducitur ad certum perfectionis gradum, sed per contractionem speciei ad individuum..... potius ille gradus perfectionis, qui ponitur in specie, limitatur et constringitur, ... sed perfectionis limitatio et constrictio suae latitudinis est proprie ex eo, ex quo et per quod arctatur et constringitur latitudo formae, hoc autem non est nisi materia, unde ..... individuatio speciei in rebus materialibus attribuitur materiae. In logica autem nostra diximus, quod communiter in omnibus principium individuationis est determinatio essentiae ad esse.*

681) Ebend.: *Logice loquendo non addit individuum aliquid supra speciem realiter, sed solum secundum rationem; si autem non logice, sed realiter loquamur, dicere possumus, quod individuum illa addit supra speciem, sine quibus individuum esse non potest in re.* Vgl. ob. Anm. 137 u. 252.

682) *Prooem. qu.* 3: *Quia unius scientiae debet poni unum subiectum et non quinque, non quinque ergo universalia, sed aliquid unum comprehendens quinque universalia debet poni subiectum in hoc libro ..... Unde oportet dicere, quod ens rationis tractum ad rationem praedicabilis de pluribus sit subiectum in Porphyrio.*

683) *Praedicam. Lect.* 1: *Ens rationis sub ratione ordinabilis in praedicamento est subiectum huius libri.*

684) *Praedicab. Lect.* 1.

685) *Praedicam. Lect.* 12: *Ratio huius praedicamenti* (d. h. *relationis*) *habet quoddam singulare inter rationes aliorum praedicamentorum accidentium, quia ipsa manet in deo, alia vero praedicamenta ad divina translata non manent secundum rationes suas, sed transeunt in substantiam.*

686) *Sex princ. Lect.* 1: *Distinguitur autem ita liber hic ab alio, quia subiectum libri praedicamentorum est ens rationis indeterminati generis, sed in hoc libro est subiectum ens rationis generis extrinsecus advenientis.*

und der Lehre vom Urtheile ihre Selbstständigkeit (vgl. Anm. 672) gegenüber der Syllogistik gewahrt wissen will[687]).

Nur Weniges ist über den Karmeliter Johannes Baconthorp (gest. i. J. 1346) zu berichten, welcher in seinem dickleibigen Commentare zum Sententiarius[688]) die logischen Fragen nur ganz gelegentlich in Kürze berührt. Wenn er von theologischer Seite als Averroist bekämpft wurde, so liegen diese Streitigkeiten bekanntlich im Gebiete der Psychologie (*unitas intellectus*) und haben an sich mit der Logik Nichts zu schaffen. Die Universalien verlegt Baconthorp mit ausgesprochener Polemik gegen Plato in die objectiven Dinge derartig, dass der universelle Gehalt gleichsam als Potentialität vor aller Activität des Denkens den Realgrund der Vorstellung bilde und dann von der Denkthätigkeit durch Abstreifen der materiellen Bedingnisse erst zum eigentlichen Universale erhoben werde[689]), so dass in Bezug auf diesen Vorgang auch hier (vgl. Anm. 403, 432) zwischen *genus naturale* und *genus logicum* unterschieden wird[690]). Auch der Begriff der Wahrheit fällt dann folgerichtig in die Objecte, insoferne dieselben als erkannte mit ihrem eigenen Wesen übereinstimmen[691]). Das Princip aber der Individuation erblickt er in jener Form, durch welche die Materie substantielles Dasein bekomme, woneben begleitweise das quantitative Dasein der Materie hergehe und den Grund der Vervielfältigung enthalte, und er glaubt bei dieser Auffassung sich in Uebereinstimmung mit Thomas zu finden[692]). *In-*

---

687) *Periherm. Lect.* 1: *Consuevit dici, quod scientia huius libri pro tanto ordinatur ad scientiam libri Posteriorum, quia enuntiatio, de qua agitur in libro hoc, est materialis pars demonstrationis...... Sed ista positio fundatur super inconvenienti motivo, nam enuntiatio non est pars demonstrationis nec ullius syllogismi, nisi ut subinduit rationem propositionis; in hoc autem libro non agitur de enuntiatione sub ratione propositionis, sed sub ratione propria enuntiationis.*

688) *Doctoris resoluti Joannis Bacconis Anglici Carmelitae radiantissimi opus super quattuor sententiarum libris. Mediolani* 1510. fol. 4 Bände.

689) I, *Prol. qu.* 2, f. XI v. B: *Universale praecedit omnem actum intellectus possibilis et omnem speciem impressam...... Facit enim intellectus agens de universali in potentia universale in actu.......* f. XII r. A: *Universale non oportet quod habeat aliquid, in quo sustentetur subiective, aut aliquid, quo mediante formaliter inhaereat, sed sufficit, quod habeat aliquid, cui innitatur, ne suum esse obiectivum sit ficticium.....* f. XII v. B: *Si universalia haberent esse extra animam, sicut posuit Plato, non indigeret Aristoteles ponere intellectum agentem; .....sed certum est, quod universalitas praecedit motionem intellectus et omnem eius actum exercitum......* f. XIII r. A: *Quidditas rei materialis formaliter de se est intelligibilis, sed quam diu est sub conditionibus materialibus, non potest movere intellectum, sed solum est in potentia ad movendum.*

690) II, *Dist.* 3, *qu.* 1, f. XXXIII ff.

691) I, *Dist.* 19, *qu.* 1, f. CXXVII r. B: *Ego autem dico, quod.... potest accipi veritas non pro illa adaequatione aut conformitate, quam importat actus intelligendi ad rem in esse cognito vel cognoscibili ibi praecise sistendo, sed pro illa adaequatione, quam ipsa res in suo esse cognito importat ad se ipsam in sua reali existentia extra, ... sic intelligendo, quod veritas formaliter est ipsa rectitudo aut conformitas, quam ipsa res ut intellecta importat ad se ipsam in rerum natura extra.*

692) III, *Dist.* 11, *qu.* 1, f. XXXIX r. B: *Dico, quod forma est principium individuationis nec de hoc debet esse opinio alia .....* (v. A) *Cum materiae sit duplex subsistentia, sc. substantialis et quantitativa, sicut per subsistentiam quantitativam est individuum de genere quantitatis, ita per substantialem subsistentiam, quae est per formam, erit aliquod individuum de genere substantiae, et ita esse individuum substantiae est per se et primo per formam, sicut necessario et concomitanter per quan-*

tensio et remissio formarum bespricht er in der gewöhnlich üblichen Weise[693]).

Hingegen ein hervorragender Autor, welcher wahrlich nicht in der bequemen Schablone „Thomisten und Scotisten" untergebracht werden kann, ist Petrus von Verberia, genannt Aureolus (gest. nicht vor d. J. 1345), von welchem wir einen Commentar zum Petrus Lombardus und *Quodlibeta* besitzen[694]). Derselbe bekämpft nach einigen Richtungen den Scotismus sowie nach anderen den Thomismus und liebt es überhaupt, der Kritik der Standpunkte Anderer seinen eigenen nachfolgen zu lassen, welcher im Ganzen ein vermittelnder genannt werden kann.

Sehr eigenthümlich ist schon seine Ansicht über die Aufgabe der Logik: nemlich der eigentliche Gegenstand derselben könne weder in den *secundae intentiones* liegen, da mit diesen sich auch Grammatik und Rhetorik und in gewissem Sinne selbst die Metaphysik sich beschäftige, noch im Syllogismus, da dieser nur einer der mehreren Theile der Logik sei, noch aus dem gleichen Grunde im *modus sciendi*, noch auch in *ens rationis*, da auch hierüber andere Disciplinen mitsprechen[695]). Allerdings sei jedes Schlussverfahren in Theorie und Praxis ein logisches[696]), aber natürlich sei darum noch nicht die ganze Logik nur eine Syllogistik, sondern Gegenstand der Logik sei das Wort als Ausdruck der begrifflichen Gedanken (*vox expressiva conceptus*), denn die Betrachtung des Logikers erstrecke sich genau so weit, als der Wortausdruck, insoferne derselbe einfache Begriffe oder deren Zusammensetzung oder discursive Vergleichung derselben betreffe, und was über diesen begrifflichen Gehalt der Worte hinausgehe, falle bereits anderen Discipli-

---

titatem ..... (B) *Item hoc voluit Thomas; non enim voluit, quod quantitas esset principium individuationis, sed multitudinis.*

693) I, *Dist.* 14, *qu.* 1, f. CIX r. A. und III, *Dist.* 15, *qu.* 1, f. XLVIII r.

694) *Petri Aureoli Verberii Commentaria in primum librum Sententiarum. Romae* 1596. Desgleichen *in secundum* ebend. 1605, ebenso *in tertium* und *in quartum.* Ferner *Quodlibeta sexdecim. Romae* 1605. fol.

695) *Sent.* I, *Prol.*, p. 65 B: *Communiter consuetum est dici de logica, subiectum esse in ea modum sciendi vel intentiones secundas vel syllogismum* ..... *Illud non est subiectum in logica, quod est commune logicae et aliis quibusdam scientiis; sed consideratio secundarum intentionum competit etiam grammatico et rhetorico, modi namque significandi sunt secunda intentio* ..... *Praeterea ens in anima est secunda intentio, secundae namque intentiones non habent esse nisi in anima obiective, sed ens in anima est proprie de consideratione primi philosophi* ..... *Nec in ea subiectum est syllogismus; illud enim non est subiectum logices, quod non aequat totam considerationem ipsius, sed* ..... *syllogismo destructo duae partes principales* (d. h. *Categ.* u. *De interpr.*) *logicae remanerent* ..... *Nec modus sciendi potest esse subiectum; modus enim sciendi non est aliud, quam modus demonstrandi conclusiones et demonstrationum principia assumendi; sed haec est una pars logicae tradita in libro Posteriorum, ergo non est subiectum in tota* ...... (p. 66 A) *Nec ens rationis potest poni subiectum; nullum enim subiectum excedit considerationem logici, cum modus significandi et partes orationis et congruum et incongruum, quae considerat grammaticus, sint entia rationis, et similiter, quae considerat rhetor.*

696) Ebend. p. 9 A: *Forma consequentiarum et bonitas est de consideratione logici* ..... *Docens aliquem modum concludendi utitur illo in quacunque materia* ..... *Quia consequentia et illatio est una de secundis intentionibus, ergo non pertinet ad realem artificem* ...... *Consequentiarum scientia in omni materia logica est.*

nen anheim, nemlich der Grammatik die *significatio* (— gegen Scotus, s. ob. Anm. 129ff. —) oder der Rhetorik die psychologische Wirkung; auch spreche nicht bloss die Etymologie des Wortes „Logik", sondern auch die Auctorität des Aristoteles für eine solche Auffassung[697]). Dürfen wir somit diese Ansicht als einen nominalistischen Aristotelismus bezeichnen, so ist dabei sehr zu beachten, dass Aureolus die Logik als eine praktische Geschicklichkeit betrachtet, deren ordnende Function ihren Zweck in der Verwirklichung der übrigen Wissenschaften besitze, was sich nicht bloss in der Doppelstellung des *docere* und *uti* (vgl. Anm. 90, 452, 581), sondern insbesondere darin zeige, dass die Logik die einzige Disciplin sei, welche ihren Gegenstand nach seinen drei genannten wesentlichen Theilen selbst verfertigt (*operatur*), so dass es sich dabei nur um eben diesen, nicht aber um *modus sciendi* oder um *intentio secunda* handelt[698]).

Eben aber jener begriffliche Gehalt der Worte führt ihn auf eingehende Erörterungen über die *intentio*, betreffs deren er vorerst drei verschiedene Meinungen Anderer erwähnt, um sie zu kritisiren und dann seine eigene auszusprechen. Allerdings haben wir im Bisherigen eine weit grössere Anzahl von Ansichten über jenen vielbestrittenen Begriff gesehen, und andrerseits könnte selbst ein leiser Zweifel übrig bleiben, ob jede der drei Auffassuugen gerade in dem Wortausdrucke, in welchem sie Aureolus anführt, bei Einem der uns zugänglichen Autoren wiedererkannt werden müsse; doch als Document jener Zeit, in welcher Aureolus schrieb, sind uns seine Angaben nicht unwichtig, denn gröbliche Irrthümer scheinen bei ihm nicht mitunterzulaufen. Die erste Ansicht, dass die *intentio* nur *actus intelligendi* sei, welcher sich auf die Dinge richte

---

697) Ebend. p. 66 A: *Dicendum est ergo, quod vox ut expressiva conceptus est subiectum in ea. Illud enim, quod adaequat considerationem logici, et e converso cuius species in partibus logicalis scientiae sunt subiecta, illud, inquam, est subiectum totius logicae; sed vox expressiva conceptus est huiusmodi. Nam vocum quaedam est incomplexa conceptus simplicis expressiva, ... quaedam vero complexa expressiva conceptus componentis et dividentis, ... quaedam discursiva, sc. syllogismus, et haec subiicitur in logica nova. Et secundum hoc consideratio logici non excedit vocem expressivam conceptus, nec adhuc exceditur, quia grammaticus non considerat vocem ut expressivam conceptus, sed modos concipiendi, quos exprimunt modi significandi; ..... similiter rhetor non considerat orationem ut expressivam conceptus, sed ut impressivam delectationis et assensus..... Logica dicitur a logos, quod est sermo, ergo est subiectum in ea..... Oratio ut expressiva conceptus, et non aliter, est subiectum veri et falsi...... Praeterea Aristoteles ubique in logica sua considerationem hanc inclusit, ac si consideraret de vocibus conceptuum expressivis.*

698) Ebend. p. 37 A: *Logica est habitus practicus, ... habet enim respectum regulantis in ordine ad actus intellectus aliarum scientiarum et dirigit alias scientias. ..... Logica et similes non habent pro fine actum proprium mediantibus ipsis elicitum, sed actum aliarum scientiarum..... Nullus artifex dividitur in docentem et utentem, nisi sit practicus...... Nullus speculativus habitus operatur suum obiectum, astrologia enim non facit coelos, ...sed logicus per habitum logicae facit orationes veri expressivas ...... Subiectum enim logicae non est modus sciendi nec intentio secunda, ut aliqui dicere voluerunt, sed oratio veri et conceptuum expressiva. Cuius species sunt tres, sc. dictio conceptus simplicis expressiva, ... et propositio complexorum conceptuum expressiva, ... et syllogismus discursivorum conceptuum expressivus.... Constat autem, quod non solum ista speculatur logica, imo et operatur; ergo est habitus practicus, non speculativus.*

(*tendit*) und so entweder concret das äussere Sein derselben betreffe oder abstract in der inneren Sphäre des Denkens die Aehnlichkeiten der Dinge und deren Namensbezeichnung enthalte, gehört offenbar der scotistischen Richtung an (s. Scotus Anm. 106 u. 128, Antonius Andreas Anm. 456, 462, 465), obwohl „*tendere*" auch bei Herveus (Anm. 396), „concret und abstract" auch bei Armand (Anm. 631), und „*denominatio*" auch bei Durand und Armand (Anm. 551 u. 634) sich findet[699]. Hiebei aber tadelt Aureolus vor Allem eben das denominative Verhältniss, da dann die Begriffe kein anderes inneres Sein hätten, als etwa auch gemalte Dinge durch das Gemaltwerden bekommen[700], und so werden wir uns wohl wieder hüten müssen, den Aureolus als reinen Nominalisten zu bezeichnen. Die zweite Meinung ist unverkennbar jene des Herveus (s. Anm. 395 bis 399, 403), nemlich dass die *intentio* eine relative Beziehung der Objecte auf das Denken sei, wobei die Realität an sich einen Gegensatz gegen die Denkauffassung bilde, aber zugleich mittelbar als *ens rationis* das Substrat der vorstellungsweisen *intentio secunda* sei[701]; und auch das Bedenken des Aureolus, dass dann überhaupt noch ein besonderes Verhältniss (*habitudo*) nothwendig sei und insbesondere die Universalien nur *concretive* bestehen, stimmt wörtlich mit Herveus überein (Anm. 396), wenn auch der Einwand, dass die *secunda intentio* von den Kategorien ausgeschlossen sei, eher den mit Herveus verwandten Burleigh (s. Anm. 593), als den Herveus selbst (vgl. aber Anm. 399) trifft[702].

---

699) *Sent.* I, *Dist.* 23, *art.* 1, p. 527 A: *Dixerunt aliqui, quod intentio ..... est actus intellectus, qui pro tanto intentio appellatur, quia in aliud tendit et obiective procedit, intellectiones autem quaedam sunt de rebus secundum esse, quod habent extra,...... quaedam autem sunt de rebus ...... praesupposita prima intellectione, sicut intellectio universalitatis..... Dixerunt ergo isti, quod intentio accipi potest in abstracto vel in concreto, et in abstracto nil aliud est, quam quaedam rei cognitio, quam habet intellectus penes se, in concreto vero res ipsa sit cognita.....* (B) *Secundum sic ponentes logica, quae considerat secundas intentiones, tractat de intellectionibus non ut sunt verae res, sed ut sunt rerum similitudines res ipsas denominantes.*

700) Ebend. *art.* 2, p. 530 A: *Evidenter deficit,.... quod ait, accidentia intellectus esse formaliter et in abstracto intentionem primam et secundam, et obiectum tantum denominative dici;.....* (p. 531 A) *quod imaginatur, quod res concepta denominetur tantummodo ab actu intellectus et non capiat esse intentionale plus, quam Caesar, qui pingitur, capit a pictura.*

701) *Art.* 1, p. 528 A: *Dixerunt alii, quod intentionalitas in abstracto est quidam respectus rationis ..... tenens se ex parte rei intellectae in ordine ad intellectum ipsum.....* (B) *Dicunt enim, quod habitudo rei cognitae ad actum intellectus sit intentionalitas in abstracto, et ista plurificabitur secundum distinctionem et ordinem intelligibilium obiectorum, ... quod secundae intentiones non habeant esse reale, imo dividantur contra totum esse reale .....* p. 529 A: *Dixerunt quoque, quod secundae intentiones non habent esse alicubi subiective, nec in intellectu, cum non sint actus nec species, nec in rerum natura, sed tantummodo in intellectu obiective, ... quod homo et animal non sunt formaliter primae intentiones, sed sunt immediata fundamenta primarum intentionum, et similiter nec universale aut particulare sunt secundae intentiones, sed sunt fundamentum immediatum secundarum intentionum, ...* (B) *quod secunda intentio, si accipitur in abstracto, nullo modo potest fundari super rem extra immediate existentem, sed super secundum genus intelligibilium, quae sunt entia rationis.*

702) *Art.* 2, p. 532 A: *Animal aut homo, secundum quod huiusmodi, non sunt primae intentiones, nisi ultra addatur eis relatio aut habitus intellecti ad actum in-*

Endlich für die dritte Ansicht, dass die *prima intentio* sowohl in der Seele als auch ausserhalb derselben, und nur die *secunda* als Act des Denkens in der Seele sei [703]), wobei Aureolus tadelt, dass mit der *secunda intentio* der Gegenstand der Logik erschöpft sein solle [704]), können wir aus der uns zugänglichen Litteratur nur auf Armand (Anm. 629, 632) oder etwa auf Gratiadei (Anm. 669) hinweisen. Seine eigene Meinung aber knüpft Aureolus an die bei dieser Controverse jedesmal wiederkehrende Stelle des Avicenna, welche er von einem ausschliesslichen Conceptualismus aus interpretirt [705]); nemlich sowie die *intentio* weder der Denk-Act selbst, noch eine blosse Beziehung sein könne, so sei sie sicher Nichts anderes, als der vorstellungsweise Begriff (*conceptus obiectivus*), welcher Denkauffassung und Gegenstand derselben untrennbar verbunden in sich enthalte und nur in einer Verschiedenheit der Rangfolge einerseits nicht reflectirt *prima intentio* und andrerseits reflectirt *secunda intentio* heisse; und erst die Vergleichung dieser beiderlei Arten der Begriffe unter sich führe innerhalb des ausgesprochenen Wortschatzes zu einer gegenseitigen Relativität, welche aber eben darum sich auch bis in den Syllogismus hinein erstrecke [706]).

Die nähere Erklärung aber dieses „Begriffes", welcher gleichsam an Stelle der *intentio* treten soll, knüpft sich an eine Bekämpfung der sco-

---

tellectus ..... (p. 533 A) *Haec opinio dicit de universali et genere et specie et differentia,* ..... *quod ista nec in abstracto, utpote universalitas, nec in concreto dicendo universales sunt secundae intentiones formaliter et in abstracto, sed tantummodo per modum substrati et quasi concretive,* ...... (B) *quod homo et animal per hoc fiant intentiones in concreto, quia subiiciuntur, universale vero similiter secundae intentiones concretive per hoc, quod subiiciuntur tali habitudini, quae est intentionalitas in abstracto* ..... (p. 534 B) *Ait, secundas intentiones non esse in praedicamento.*

703) *Art.* 1, p. 530 A: *Alii dixerunt, quod* ..... *prima intentio est ipsa vera res vel existens extra vel etiam in intellectu subiective, secunda vero intentio est ipsemet actus, inquantum est quodammodo obiectum.*

704) *Art.* 2, p. 538 A: *Ait, logicam esse de secundis intentionibus tanquam de subiecto adaequato; hoc enim stare non potest.*

705) Ebend. p. 530 B: *Avicenna dicit,* ... *quod logica est de secundis intentionibus adiunctis primis; sed manifestum est, quod logica non coniungit actum intellectus actui intellectus, sed conceptus secundarios conceptibus primis;* ..... *ergo manifestum est, quod secunda et prima intentio non sunt actus intelligendi, sed obiectivus conceptus.*

706) Ebend. p. 539 A: *Patet, quod intentiones non sunt ipse actus intelligendi, ut fingit opinio prima et tertia, nec etiam obiectum cognitum, ut fundat relationem ad actum intelligendi sic, et huiusmodi relatio sit intentionalitas abstracta, ut posuit opinio secunda; sed est ipsemet conceptus obiectivus per intellectum formatus claudens indistinguibiliter conceptionem passivam et rem, quae concipitur per ipsam. Et idem est dicta intentio, quod conceptus, et intentio prima idem, quod conceptus primi ordinis, quos intellectus format circa res non reflectendo se super suos conceptus; intentiones vero secundae conceptus secundi ordinis, quos intellectus fabricat reflectendo et redeundo super primos conceptus* ..... *Sunt autem omnes istae intentiones huiusmodi in praedicamento relationis, sicut patet, quod universalitas est relatio universalis ad particulare et similiter particularitas relatio ad universale, et affirmatio et negatio sunt quaedam relationes, connexio etiam extremorum in medio* ..... *Considerat ergo logicus de istis non, ut sunt quaedam entia rationis,* ..... *sed prout reducuntur ad orationem enuntiativam vel syllogisticam vel dicibilem incomplexam.* Ebend. p. 541 A: *Syllogismus, quomodocunque accipiatur, semper importat respectum, et potest dici, quod syllogismus relative dicitur ad conclusionem.* Vgl. ebend. *Dist.* 36, *art.* 2, p. 836 B.

tistischen *species intelligibilis*, wobei Aureolus schärfer zu Werke geht, als Durand (s. Anm. 560 ff.). Nemlich allerdings sei zum Erkennen ein *esse intentionale* erforderlich, aber man irre sehr, wenn man von einer *forma specularis* als einer im Denken oder in der Sinneswahrnehmung gegenständlichen Realität spreche, sondern die objectiven Dinge selbst seien es, welche ein erscheinendes Dasein (*esse apparens*) haben und vom geistigen Blicke erfasst als begriffliche Vorstellungen (*notitia obiectiva*) auftreten [707]); nicht bloss in den Irrthum des Platonismus verfalle man, wenn man gegenständliche Formen als reale Eindrücke, auf welche der Intellectus blicken müsse, annehme [708]), sondern auch die Richtigkeit aller Urtheile, welche ja auf unmittelbarem Anblicke beruhen, müsse man verneinen, weil die *species intelligibilis* des Subjectes nie jene des Prädicates ist [709]). Das Erfassen überhaupt (*comprehensio*) könne allerdings ein sinnliches oder ein denkgemässes sein, der Unterschied beider aber liege nicht in den Gegenständen, sondern nur in einer Modalität des Erscheinens, insoferne die Sinnesobjecte quantitativ materiell erscheinen und das Denken hievon abstrahirt [710]); letzteres aber bestehe nicht darin, dass die Vorstellung selbst sich sachlich von den materiellen Bedingungen wegwende, denn dieselben seien ja sämmtlich Erkenntnissobjecte, sondern die Abstraction sei nur eine Modalität des Erkennens behufs der Universalisirung [711]); und in diesem Sinne sei das Erkennen an sich unmittelbar wohl auf das Allgemeine gerichtet, aber bei dem Singulären verbinde sich hiemit die auf einer Empfänglichkeit beruhende

---

707) *Sent.* I, *Dist.* 9, *art.* 1, p. 320 A: *Omnis intellectio exigit rem positam in esse intentionali, et illa est forma specularis, de qua isti loquuntur, sed deficiunt a veritate, ... quod habeat esse reale, ... quod sit subiective in intellectu vel phantasmate, ... quod per illam procedat intellectus ad res, cum illa sit vera res, quam intellectus speculatur .....* (B) *Res ipsae conspiciuntur mente, et illud, quod intuemur, non est forma alia specularis, sed ipsamet res habens esse apparens, et hoc est mentis conceptus sive notitia obiectiva.*

708) Ebend. p. 319 A: *Nulla forma realis existens subiective in intellectu vel in phantasmate est ponenda, ad quam aspiciat intellectus, cuius productio dictio appelletur. Forma illa, quam nos adspicere experimur, dum intelligimus rosam simpliciter aut florem, illa non est aliquid reale impressum intellectui subiective aut phantasmati, sed nec aliquid reale subsistens, sed est ipsamet res habens esse intentionale conspicuum .....* (B) *Rediret, quantum ad hoc, error Platonis dicentis, quod intellectus adspicit ad exemplar, non ad ipsas res; ergo impossibile est, quod talis forma realis ponatur.* Vgl. Anm. 721.

709) *Sent.* I, *Dist.* 35, *p.* 2, *art.* 4, p. 784 A: *Si species est id, ad quod primo intellectio determinatur, sequitur, quod omnis propositio et omnis enuntiatio erit falsa; species namque praedicati non est species subiecti in aliqua propositione, intellectus autem enuntiat de hoc, quod adspicit, cum dicit „homo est animal“.*

710) Ebend. *p.* 1, *art.* 1, p. 752 B: *Comprehensio est quid commune ad intelligere, imaginari et sentire; differunt autem ista non propter alia et alia apprehensa, ... sed differunt in modo apparendi. Sensui namque et imaginationi apparent res sub conditionibus quantitatis, ... intelligere vero abstrahit ab isto modo quantitativo et materiali.*

711) Ebd. *p.* 4, *art.* 1, p. 808 A: *Patet, quod est dictum, intellectum abstrahere a conditionibus materialibus; abstrahit quidem non obiective, cum nulla sit materialis conditio, quam intelligere non possit, ... sed abstrahit modaliter quantum ad modum cognoscendi.*

Signatur des Individuellen (*signabilitas passiva*), welche keineswegs Sache des Denkens selbst sei [712]).

Indem also erscheinendes Wesen (*apparens*) und Erkennen in ihrer wahren Bedeutung sich wechselseitig einschliessen [713]), treffe die Bestimmtheit der Objecte mit einem gewissen unabhängigen Elemente (*absolutum*) im Menschen zusammen (*coincidit*), welches keineswegs eine blosse nackte Möglichkeit sein könne, die in lediglicher Passivität zum Behufe ihrer Bethätigung auf eine *species intelligibilis* warten müsste, denn durch eine solche würden ihr nie die Objecte selbst gegenwärtig, deren sie doch nothwendig eben deswegen bedarf, weil nur von ihnen dem Erkennen Etwas eingeprägt werden kann, was dann in demselben unabhängig auftritt [714]). Nemlich zum wirklichen Erkennen gehöre erstens als Vorbedingung ein erscheinendes Object, zweitens als Fundament eine gewisse Gestaltung des Intellectus, in welcher das Object sich abbildlich ausprägt, und drittens als Vollendung die Auffassung der Erscheinung selbst (*apparitio*); und das Begreifen (*concipere*) bestehe eben in jener Gestaltung des realen Abbildes in seinem erscheinenden Wesen [715]). So ergibt sich folgende präcise Unterscheidung: Begriffliche Auffassung (*conceptio*) ist jener Denkact, welcher das (abbildlich) gestaltete Object in Bezug auf den schaffenden Denkact selbst und in Bezug auf das Endziel, d. h. auf die wahre Einsicht, betrachtet; Begriff aber (*conceptus*) ist das in solcher Weise gesetzte Object; Wort oder Kundgebung (*dictio, locutio*) ist der Denkact, insoferne er das Object in Bezug auf den schaffenden Denkact selbst betrachtet; Einsicht (*intellectio*) ist das Endziel, für welches das Ganze vor sich geht [716]).

---

712) Ebd. *art.* 4, p. 826 B: *Intellectus est per se et immediate universalium, singularium vero non sine sensatione vel imaginatione passiva, quia signatum individuum, inquantum signatum, convertitur in talem signationem vel signabilitatem passivam, quam facit imaginatio vel sensus et nullatenus intellectus.* Ebenso *Sent.* II, *Dist.* 11, *art.* 2, p. 144.

713) Ebend. *p.* 1, *art.* 1, p. 753 A: *Apparens connotat intelligere tanquam illud, cui apparet, sed e converso intelligere connotat ipsum tanquam id, quod apparet* (den von Aureolus hier oft gebrauchten Ausdruck *connotare* s. Abschn. XVII, Anm. 598).

714) Ebend.: *Ista formalis ratio, quae ...... connotat determinatum aliquid, oportet, quod fundetur vel potius quod coincidat et determinetur per aliquod absolutum in creatura, quod quidem non potest esse nuda potentia intellectus respectu intelligibilium omnium......* (p. 753 B) *Praesentia obiectorum est necessaria ad omnem comprehensionem, ... sed non esset necessaria, nisi imprimeretur aliquid absolutum ab obiecto in intellectum et ceteras comprehensivas potentias .....* (p. 754 B) *Quamvis ergo per speciem vel per absolutum forte possint res esse praesentes, nihilominus per agere aut recipere speciem non possunt res esse praesentes, cum haec sint quidam respectus. Ergo non est possibile, quod intelligere formaliter sit pati vel recipere speciem aut agere per eam.*

715) Ebend. p. 756 B: *Ad intelligere actuale tria concurrunt: unum quidem quasi praevium, sc. potentia obiecti in esse apparenti; aliud vero ut fundamentum, sc. intellectus informatus similitudine, sequitur enim intellectum sic informatum apparitio obiecti; tertium vero ut complementum, sc. apparitio. Unde non est aliud concipere aliquid, nisi formare illud per similitudinem realem existentem in intellectu, formare — inquam — in esse apparenti intellectui ipsi. Sic intellectio formationem exigit per modum praevii, formaliter vero consistit in reali similitudine, connotative vero in ipsa apparitione.*

716) *Sent.* I, *Dist.* 9, *art.* 1, p. 323 A: *Actus intellectus appellatur conceptio,*

Was aber die Frage über die Erkenntniss des Singulären betrifft, theilt Aureolus folgerichtig weder den Standpunkt des Thomas, noch jenen des Scotus [717]), sondern indem er zwischen ***individuum vagum*** (s. Abschn. XVII, Anm. 406) und ***substratum*** unterscheidet und ersteres näher an die Universalien rückt [718]), gilt ihm bei letzterem die Individualität selbst als ein eigener Begriff, welcher getrennt neben dem Wesensbegriffe des Individuums hergeht [719]); denn die Quidditát sei immerhin gewissermaassen ein Qualitatives, welches als das Wesen eines concreten Trägers (***huius***) ausgesagt werde, während beim Individuum der Begriff als ein Dieses-Sein (*hoc*) selbst aufgefasst werde und die individuelle Totalität enthalte [720]).

Während dem Aureolus bei solcher Auffassung des Begriffes und des individuellen Wesens der Platonismus so sehr als unhaltbar erscheint, dass er ihn sogar eine Windbeutelei (*vaniloquium*) nennt [721]), kann er in der Universalienfrage die übliche Dreigliederung annehmen, indem die Aussage das ***post rem***, die ***ratio universalis*** das ***ante rem*** und die concrete Existenz das *in re* repräsentirt [722]); und sowie ihm ontologisch als

---

inquantum adspicit rem formatam sub habitudine producentis et sub habitudine eius, cui producitur in esse apparenti. Concipere enim est producere intra se...... Quia per actum intellectus res producitur in esse apparenti intra ipsum intelligentem, merito totum hoc appellatur conceptio, et res sic posita appellatur conceptus; ..... actus autem intellectus, inquantum adspicit in ratione producentis rem huiusmodi apparentem, intantum appellatur formatio vel dictio vel locutio; actus vero intellectus, inquantum est illud, cui res illa formatur et cui producitur in esse apparenti et relucenti, intantum dicitur intellectio vel intuitio.

717) *Sent.* I, *Dist.* 35, *p.* 4, *art.* 1, p. 805 A: *Aliqui dicere voluerunt, singulare materiale ab intellectu nostro primo et directe cognosci non posse, indirecte autem et per quandam reflexionem* (s. Abschn. XVII, Anm. 500)..... (B) *Dixerunt vero alii, quod intellectus noster singulare intelligit directe, imo primo, quam universale* (s. ob. Anm. 119).

718) Ebend. p. 812 B: *Patet, quomodo intellectus noster intelligit singulare; vagum enim intelligit per se, sicut et universale, non est enim communicabile nec cognoscibile demonstrando aut designando; ...... singulare vero substratum non intelligit nisi ponendo differentiam inter actum imaginationis designativum..... et illud, ad quod talis actus demonstrativus determinatur.*

719) *Sent.* II, *Dist.* 9, *qu.* 3, *art.* 3, p. 114 B: *Concipiendo hunc hominem nihil addo in conceptu ad hominem, sed sunt duo conceptus omnino separati, nec unus alterum includit, nec unus se habet ad alterum per additionem.* Ebend. *Dist.* 12, *art.* 3, p. 164 A.

720) *Sent.* III, *Dist.* 1, *art.* 1, p. 336 A: *Differt autem a conceptu suppositi* (d. h. des Singulären, vgl. ob. Anm. 109 u. 251) *conceptus naturae, quia conceptus suppositi ab omni abstrahit qualitate et concipitur ut hoc et ut totum; quidditas autem de se qualitas est quaedam et concipitur non ut hoc, sed ut huius, quod in suo conceptu completo habitudinem quandam importat.*

721) *Sent.* I, *Dist.* 35, *p.* 2, *art.* 2, p. 777 A: *Noster intellectus non solum novit universalia, imo et singularia, in quae sub propriis rationibus non poterat deducere notitia idearum, quas Plato ponebat.* Ebend. *Dist.* 36, *p.* 2, *art.* 3, p. 855 B: *Ideae, sicut intellexit Plato, sunt aliquid monstruosum et vaniloquium.* Vgl. Anm. 708.

722) *Sent.* II, *Dist.* 11, *qu.* 3, *art.* 2, p. 138 A: *Universale potest tripliciter accipi: vel universale in praedicando, quod est posterius et abstrahitur a rebus; .... vel species universalis in intellectu, quae sit species repraesentans universalem rationem; ..... tertio modo potest accipi in existendo, quia ad plura se extendit unum existens etiam existendo particulariter.*

letzte Basis der Universalien *ante rem* die Ideen der göttlichen Intelligenz gelten [723]), so weist er für die Logik darauf hin, dass die blosse *conformitas* der Objecte wohl ein Mittel, nicht aber das Endziel des universellen Begriffes sei [724]).

Nach dem so eben (Anm. 720) Bemerkten kann es uns nicht unerwartet sein, sondern nur als folgerichtig erscheinen, dass sich Aureolus bezüglich des Principes der Individuation völlig an den Scotismus anschliesst [725]) und bei der *entitas positiva* des Scotus sowohl für die materiellen als auch für die immateriellen Individuen begnügt [726]). Hingegen hält er in Folge seines Conceptualismus mit den Thomisten die *unitas formae* aufrecht [727]), allerdings mit dem vermittelnden Zugeständnisse, welches bereits Aegidius (ob. Anm. 384 f.) gemacht hatte, dass zu einer einheitlich abschliessenden Form mehrere andere als unentbehrliche integrirende Theile sich vereinigen können [728]). Aber weil eben (wie bei Aegidius) eine solche Mehrheit nur Sache der Denkauffassung sei, verwahrt er sich mit grösster Entschiedenheit gegen die *formalitates* des Scotus, deren realistische Seite den Begriff unfähig mache, der Ausdruck der Quidditát zu sein [729]), da man dabei nothwendiger Weise die ein-

---

723) *Sent.* I, *Dist.* 36, *art.* 2, p. 848 A: *Individua, species et genera de praedicamento substantiae habent distinctas ideas, cetera vero non, quamvis habeant aliqualiter coideas cum illis, a quibus separari non possunt ..... in divina intelligentia.* Ebend. *art.* 3, p. 854 A: *Illud, quod omnia imitantur, et ipsum nihil imitatur, habet proprie rationem ideae et principaliter, sed omnia imitantur essentiam deitatis* u. s. f.

724) *Sent.* II, *Dist.* 3, *qu.* 2, *art.* 2, p. 63 B: *Licet conformitas sit medium, quo devenimus ad conceptum universalis, tamen intellectus non sistit ultimate in illa conformitate, sed in conceptu universalis, quod non includit intrinsece illam conformitatem.*

725) *Sent.* II, *Dist.* 9, *qu.* 3, *art.* 3, p. 114 A: *Quaero ergo, quid sit principium individuationis ...... Realiter loquendo quaestio nulla est, cum quaeritur, quid addit individuum ad rationem speciei, quoniam omnis res eo, quod est, singulariter est, et eo ipso, quod est indifferens et communis ratio, est concepta. Ideo quaerere aliquid, per quid res, quae extra intellectum est, est singularis, nihil est quaerere .....* (B) *Tunc cum quaeritur, per quid est res singularis, dico, quod omnis res est se ipsa singularis et per nihil aliud, sed per illam.*

726) Ebend. p. 114 B: *Individuum in quantis habet, quod possit cohabere secum aliud individuum et quod sit divisum ab omni alio individuo in specie ista per rationem quantitatis ..... In non quantis, puta in angelis et huiusmodi, individuum habet per propriam entitatem, quod sit distinctum ab omni individuo.*

727) *Quodl.* 3, *art.* 1, p. 19 B: *Forma est unitas fundamentaliter, nam est causa indivisionis compositi et fundamentum ..... Si forma est unitas, forma autem non aliquid positivum nisi entitas, sequitur, quod nulla ratio positiva importetur per unitatem, nisi ratio entitatis formalis, et per consequens in forma ratio entitatis et unitatis non dicunt duas rationes positivas, sed unam.*

728) *Sent.* II, *Dist.* 15, *qu.* 2, *art.* 2, p. 217 A: *Simplicitas formae potest intelligi dupliciter: vel quia non resolvitur in formas, h. e. in partes, quarum quaelibet sit forma; et hoc modo concedo ...... vel forma dicitur simplex, quia excludit realitates, quarum una exclusa prima possit remanere. De tali simplicitate loquendo non reputo inconveniens, quod forma aliqua, quantumcunque simplex, habeat in se tales realitates, ut habeant in se aliquid, quod cum alio in eodem integret rationem indivisibilis formae, quod quidem sit ultimata realitas, per quam forma capiat propriam terminationem ab alia forma, qua amota remaneat forma truncata non retinens rationem et distinctionem formae. Hoc non est impossibile nec repugnat simplicitati formae ipsius.*

729) *Sent.* II, *Dist.* 3, *qu.* 2, *art.* 3, p. 64 B: *Genus et differentia exprimunt*

heitliche Wesenheit in eine reale Vervielfältigung zerreissen müsse [730]. Und da eben diese Wesens-Einheit in der Form liege, welche wohl einer Gradabstufung ihrer Spannkraft fähig sei, aber nicht zerbrochen werden dürfe [731]), so könne von einer *intensio et remissio formarum* nur relativ im Hinblicke auf die Fähigkeit der concreten Träger der Formen die Rede sein [732]).

Haben wir somit den Aureolus als einen Autor kennen lernen, gegen welchen ein Albert und ein Thomas, sowie manche Andere, unvergleichlich weit zurückstehen, und hat sich uns bisher überhaupt zur Genüge gezeigt, dass die bis jetzt bestehende Behandlung der Geschichte der Scholastik dem wahren geschichtlichen Sachverhalte nicht entspricht, indem man den üblichen Anschauungen der Theologen folgend etliche Autoren als Hauptfiguren ausschliesslich darstellte und die mannigfach verschlungene Parteistellung vieler anderer schlechthin ebenbürtiger Autoren ignoriren zu dürfen glaubte, so führt uns nun der geschichtliche Faden zu Wilhelm Occam (gest. i. J. 1347), bei welchem jene Missstände der bisherigen Geschichtschreibung sich in erhöhtem Maasse fühlbar machen; denn was durch den Hass der Theologen über ihn in Umlauf gesetzt wurde, dass er nemlich die Universalien als *flatus vocis* bezeichnet habe, findet sich in seinen Schriften gar nicht, und was er in der Universalienfrage wirklich behauptete, haben vor ihm und gleichzeitig mehrere Andere gleichfalls ausgesprochen, und endlich was ihm in der That

---

omnino eandem realitatem, ut nulla distinctio sit apud illa in esse, sed tantum apud intellectum..... p. 65 A: *Si ponerentur plures realitates in una re vel plures gradus sive plures formalitates, ut dicunt alii, aut essent aliquid extrinsecum respicientes realitatem, aut essent aliquid intrinsecum. Si primo modo, tunc conceptus generis et differentiae non exprimerent quidditatem rei, sed aliquos modos adiacentes rei; oportet ergo, quod dicant aliquid intrinsecum, et tunc erit alterum ut actus, alterum ut potentia.* Vgl. *Sent.* IV, *Dist.* 11, *qu.* 4, *art.* 1, p. 107 B.

730) *Quodlib.* 1, p. 2 B: *Fuit quorundam opinio* (s. bei Scotus, Anm. 154), *quod in eadem re simplici possunt esse plures formalitates distinctae ex natura rei, et aliqui vocaverunt eas modos reales, aliqui rationes reales, aliqui intentiones, aliqui quidditativas rationes, et omnes idem exprimere intendunt*...... p. 3 B: *Impossibile est et contradictio, quod in eadem re omnino simplici sint plures modi aut rationes reales, intentiones, formalitates, quidditates, sive quocunque nomine censeantur, quin proportionaliter sint plures res et essentiae.* Ebend. p. 8 A: *Omnis formalitas extra intellectum est aliqua realitas et aliqua essentia, et ita non differunt in aliqua re formalitas et realitas*...... *Nunquam multiplicatur extra intellectum formalitas, quin multiplicetur realitas.*

731) *Sent.* II, *Dist.* 15, *art.* 1, p. 203 B: *Forma non est aliud, quam actuatio et terminatio ac distinctio materiae. Non est enim imaginandum, quod forma sit res aliqua praecise acceptabilis, et quod adveniat materia mediante unione, quae est relatio, sed unione, quae est indivisio in aliquo tertio; unde forma individitur materiae, et ex ipsis sic indivisis ac indistinctis resultat unitas ipsius compositi ipsis existentibus in composito*..... *Aliud est formam intendere et remittere et diminuere, et aliud est ipsam frangere, ut sic fracta amittat posse dare effectum formalem subiecto et materiae; et hoc, quia, ut sic est fundamentata, non salvatur in ea ratio formae.*

732) *Sent.* I, *Dist.* 17, *p.* 3, *art.* 2, p. 452 A: *Formae in abstracto possunt dici maiores seu perfectiores,* ..... *sed magis et minus adverbialiter non dicuntur*..... *Realitates, secundum quas sit formae intensio, non distinguuntur specifice nec numeraliter nec aliquo modo in actu*...... *Forma non est subiectum motus intensionis, quia non suscipit gradum*...... *Formae non suscipiunt magis et minus in se, sc. in ordine ad essentialia praedicata,* ..... *respectu vero subiecti dicuntur magis et minus.*

allein eigenthümlich ist, hat bis jetzt überhaupt Niemand gewusst, nemlich dass bei ihm die byzantinische Logik zur grundsätzlichen Basis geworden ist. Auch die Ansicht, dass mit Occam die Periode einer Auflösung der Scholastik beginne, dürfte als schief bezeichnet werden, insoferne sie gleichfalls schliesslich auf einem theologisirenden Standpunkte beruht. Denn in jenem einzigen Gebiete, welches innerhalb der zwitterhaften mittelalterlichen Bestrebungen dem philosophischen Impulse am nächsten liegt, nemlich in der Logik, beginnt gerade durch und nach Occam erst vollends das üppigste Dickicht scholastischer Litteratur; und wenn andrerseits Occam die Incommensurabilität des philosophischen Denkens und der dogmatischen Theologie förmlich zum Grundsatze erhebt und somit eine Scheidung der Gebiete auch gegenüber den oben (Anm. 10 ff. u. 25) erwähnten Censuren vertritt [733]), so dass er für alle Gegenstände religiöser Auffassung jeden Versuch einer syllogistischen Begründung und Formulirung als unzureichend oder als widerspruchsvoll abweist [734]) und folglich hiefür nur die unmittelbare Mystik des Glaubens übrig lässt, so ist er in dieser Beziehung allerdings ein Gegner des Thomismus und jener selbstgenügsamen theologischen Katheder-Weisheit, welche das logisch Ungereimte logisch zusammenreimen will; aber der Thomismus ist ja nicht die ganze Scholastik, und die Unmittelbarkeit der Mystik tritt nicht erst durch Occam als etwas Neues ein, sondern nachdem bekanntlich schon Hugo von St. Victor [735]) und seine Anhänger lediglich das innere Motiv des praktischen Glaubens betont hatten, waren es ja seit Bonaventura [736]) vor Allem die Ordensgenossen Occam's, nemlich die Franziskaner, welche überhaupt der hierarchischen gelehrten Theologie den Rücken kehrten und in der Religion eine praktische Seelen-Arznei erblickten. Hiemit hängt auch die Opposition der Franziskaner gegen die Päpste zusammen, an welcher sich bekanntlichst Occam in derartiger Weise betheiligte, dass ihm die Sympathien aller Unbefangenen zugewendet sein müssen; aber sowie jene Tendenzen mit real-politischen Zeitverhältnissen untrennbar ver-

---

733) *Dialogus* (gedruckt *s. l. et s. a.* fol.) P. I, L. II, c. 22: *Assertiones praecipue philosophicae, quae ad theologiam non pertinent, non sunt ab aliquo solemniter condemnandae seu interdicendae, quia in talibus quilibet debet esse liber, ut libere dicat, quod sibi placet. Et ideo, quia dictus archiepiscopus damnavit et interdixit opiniones grammaticales, logicales, et pure philosophicas, sua sententia fuit temeraria reputanda.* Ebend.: *Opinionem Thomae de unitate formae in homine inter alias condemnavit, et tamen tu scis, quod plures Parisiis ipsam publice tenent et defendunt et docent, et ita de multis aliis.* Ebend. c. 21: *Excommunicantes potestatem, quam non habebant, indebite usurpaverunt.* Andere specielle Beispiele unten Anm. 791, 802, 828, 839, 871, 1039, besonders aber 964.

734) Hauptsächlich ist es das „*Centilogium theologicum*“ (gedruckt als Anhang des Commentares zum Sententiarius), in welchem Occam dieses Verfahren durchgängig übt und hiedurch den Forscher zu einer Vergleichung mit Abälard's „*Sic et Non*“ reizt. Derjenige aber, welcher jene Schrift Occam's in geschichtlichem Interesse zum Gegenstande eines speciellen Studiums machen wollte, müsste unumgänglich vorerst sich mit Petrus Hispanus und den oben vorgeführten Erweiterungen der byzantinischen Logik völlig vertraut gemacht haben; denn dort allein liegt der syllogistische Schlüssel aller im Centilogium aufgethürmten Beweise und Gegenbeweise.

735) S. Abschn. XIV, Anm. 43 ff.

736) S. Abschn. XVII, Anm. 552.

bunden waren, ebenso kann aus denselben in litterarischer Beziehung noch durchaus kein „Verfall der Scholastik“ geschlossen werden.

Unter den zahlreichen Schriften Occam's gehören hieher: der Commentar zum Petrus Lombardus [737]), die *Quodlibeta* [738]), und insbesondere zwei Bearbeitungen der Logik, nemlich die ***Expositio aurea super artem veterem*** (den Porphyrius, die Kategorien und ***De interpret.*** enthaltend), welche wir in einer jüngeren Redaction besitzen [739]), und die ***Summa totius logicae,*** welche uns gleichfalls nur in einer Form überliefert ist, die von späteren Occamisten herrührt [740]). Indem aber Occam in all sei-

---

737) Das Titelblatt lautet: *Tabulae ad diversas huius operis magistri Guilhelmi de Ockam super quatuor libros sententiarum annotationes et ad Centilogii theologici eiusdem conclusiones facile reperiendas apprime conducibiles.* Nach diesem Register aber folgen ohne neues Titelblatt: *Argutissimi atque ingeniosissimi tam philosophicarum quam theologicarum difficultatum disquisitoris magistri Guilhelmi de Ockam anglici super quatuor libros sententiarum subtilissimae quaestiones* etc. Gedruckt ist das Ganze *Lugduni* 1495. fol.

738) Ohne Titelblatt: *Venerabilis inceptoris fratris Guilhelmi de Ockam anglici, sacrae theologiae magistri, veritatum scrutatoris acerrimi, de materiis plurimis grammaticalibus, logicalibus, phisicalibus, mathematicalibus, metaphisicalibus et potissime theologicalibus Quotlibeta numero septem feliciter initium sumunt.* Am Schlusse *Argentinae* 1491. fol.

739) *Expositio aurea et admodum utilis super Artem veterem edita per venerabilem inceptorem fratrem Guilielmum de Occham cum quaestionibus Alberti parvi de Saxonia. Bononiae* 1496. fol. Jedoch am Schlusse des Buches lesen wir: *Et sic est finis tum expositionum super totam artem veterem secundum mentem venerabilis inceptoris Guilielmi de Occham ...... tum profundissimarum quaestionum Alberti parvi* etc., und es ist hieraus nach der üblichen Bedeutung der Worte „*ad mentem*“ zu schliessen, dass das Ganze nicht aus erster Hand von Occam herrührt (vgl. ob. Anm. 529), sondern allenfalls auf nachgeschriebenen Heften beruht; auch wird ja in jenen Theilen des Commentares, welche nicht dem Albert de Saxonia angehören, öfters der „*venerabilis inceptor*“ oder „*venerabilis expositor Ocham*“ selbst genannt (z. B. *Praedicam.* c. 3 zweimal), und bei der *arbor Porphyriana* (*Praedicab.*, *De specie*) lesen wir die ergötzlichen zwei Disticha: *Sum litis genitrix, solis sed nota peritis, Per me quam plures erubuere viri; Sed decus et splendor nitidissimus Ocham Ingenio claram me facit esse suo.* — Uebrigens ist der Druck nicht paginirt, und ich kann daher nur im Grossen nach Capiteln citiren.

740) Der älteste Druck ohne Titelblatt beginnt: *Quam magnos veritatis sectatoribus afferat fructus* etc. Am Schlusse vor der Capitel-Uebersicht steht: *Explicit tractatus logicae fratris Guillermi Ockan divisus in tres partes et unaquaeque pars per capitula distincta est. Impressum est hoc opus Pari. in vico clauso Brunelli.* 1488. fol. Der dort gedruckte Text erscheint nun durchgängig wörtlichst identisch in den jüngeren Ausgaben, nemlich in *Summa totius logice Magistri Guielmi* [*sic*] *Occham Anglici logicorum argutissimi nuper correcta;* am Schlusse: *Explicit magna constructio logicae fratris Guielmi Occham* etc. *Venetiis* 1508. 4, und desgleichen in *Logicorum acutissimi summa totius logicae magistri Guilelmi de Occham* etc. am Schlusse wie so eben. *Venetiis* 1522. fol. (ebenso auch *Venetiis* 1591. 4; selbst *Hauréau, De la phil. scol.* II, p. 421, macht ganz falsche Angaben, denn es existirt nicht neben einer *Summa logices* noch eine *Maior Summa logices,* sondern der Text dieser sämmtlichen Drucke ist schlechthin identisch). Aber wenn der aufmerksame Leser alsbald entdecken muss, dass dieser Text unmöglich in seiner Totalität so aus Occam's Händen hervorgegangen sein kann, so geben nur die genannten jüngeren Drucke (in den Dedicationen und am Schlusse) den Aufschluss, dass wir eine Ueberarbeitung der ächten *Summa* Occam's vor uns haben, welche gegen Ende des 15. Jahrh. in Oberitalien veranstaltet wurde, als dortselbst sich eine förmliche Schule des occamistischen „Nominalismus“ etablirte. Man druckte ja damals in solchen Dingen nur dasjenige, was man brauchte und wie man es brauchte, d. h.

nen Schriften sich selbst ausserordentlich oft wiederholt und dabei in die Wiederholungen wieder anderweitige Gesichtspunkte einflicht, welche anderwärts abermals wiederholt sind, so bietet die Darstellung seiner Logik bezüglich des Quellen-Nachweises eigenthümliche Schwierigkeiten dar, welchen ich nur durch manigfache Vor- und Rückweise einigermaassen abhelfen kann, so dass der Leser, welchem es um die Sache zu thun ist, hiemit gebeten sein mag, diesen wechselseitigen Verweisungen wirklich nachzugehen. Jedenfalls jedoch wird es das Geeignetste sein, wenn ich vorerst Occam's Auffassung aller damaligen Controverspunkte (d. h. *intentio, conceptus, species intelligibilis*, Universalien, Princip der Individuation u. dgl.) collectiv aus sämmtlichen einschlägigen Schriften darzustellen versuche, und erst hernach die einzelnen Theile und Lehren der eigentlichen Logik folgen lasse, wobei ich mich an die Anordnung der *Summa totius logicae* werde halten müssen.

Vor Allem schliesst sich Occam denjenigen an, welche die Logik zu den praktischen Disciplinen zählten (s. Roger Baco Abschn. XVII, Anm. 561, Gratiadei ob. Anm. 667 f. und besonders Aureolus ob. Anm. 698,

---

häufig ohne mit diplomatischer Treue ein älteres Original als solches reproduciren zu wollen (sogar manche Drucke plautinischer und terentianischer Comödien welche man damals in Oberitalien wirklich aufführte, dienen hiefür als Beispiel). Kurz es zeigt sich (s. z. B. die Kehrseite des Titelblattes und den Schluss, d. h. f. 81 v. B, der Ausgabe v. 1522), dass der Cölestiner Marcus de Benevento, „*inter eos, quos nominales vocant, minimus*" das Werk Occam's, welcher als „*Inceptor* (vgl. vorige Anm.) *sacrae scholae invictissimorum Nominalium*" galt, neu redigirte; denn während er derjenige genannt wird, „*qui aetate nostra veram Nominalium academiam in Italia suscitavit*", sagt er selbst in der an *Johannes Antonius de Albergatis Bononiensis* gerichteten Dedication: „*Quia huius veridici dogmatis princeps Magister Guilelmus de Occham ex ordine fratrum minorum Summam quandam totius logicae mira doctrina miroque ordine composuit, ideo eam tibi proposui, quam iuxta modulum mei ingenioli tibi lucidam feci; ..... certe laborem non mediocrem humeris meis imposui, quem tamen pro te volui tolerare, et si hinc aliquam utilitatem iuvenes asportaverint, non mihi, sed tibi gratias habeant* etc." Von diesem Marcus von Benevent rührt nun nicht bloss jener Prolog her („*Quam magnos veritatis*" etc.), welcher in allen Ausgaben vorangestellt ist, sondern auch sämmtliche Titelüberschriften der einzelnen Capitel und ausserdem manigfache Erweiterungen des Lehrstoffes, welche sich bald deutlicher bald undeutlicher als spätere Zusätze verrathen. Wenn wir z. B. I, 10, f. 5 r. B lesen „*Nunc de alia divisione nominum, quibus scholastici frequentur utuntur, est dicendum*", so kann dies unmöglich Occam selbst geschrieben haben; oder wenn III, 3, 38, f. 70 v. A gesagt wird „*Ideo ad istius summae completionem, quae de omni modo arguendi generalem tradit notitiam, sunt aliqua perscrutanda et primo disserendum est de obligationibus*", so bedarf es nach solchem Geständnisse keines weiteren Beweises, dass die dort eingereihten *Obligationes* und *Insolubilia* eine spätere Interpolation sind. Aber wenn ich somit in der Darstellung der *Summa totius logicae* mit möglichster Vorsicht verfahren und vorerst kritisch das Spätere ausscheiden soll, so bleibt, wie die Dinge einmal liegen, zur Beantwortung der Frage, ob Etwas noch von Occam selbst herrühren könne oder nicht, häufig nur das Kriterium des subjectiven Gefühles übrig; und wenn auch der Leser hoffentlich zu mir das Vertrauen hegt, dass ich mich in diese ganze Litteratur hinreichend hineingelebt habe, um mein Gefühl möglichst zu schärfen, so möge doch bei mangelnden äusseren Zeugnissen hiemit meine Irrthumsfähigkeit ausdrücklich vorbehalten sein. Entzogen aber soll dem Leser darum Nichts werden, sondern was ich für unächt halte, wird eben später in Abschn. XX bei den übrigen Interpolationen seine Darstellung finden. (Uebrigens citire ich die *Summa* nach der Ausgabe von 1522.)

theilweise auch Aegidius ob. Anm. 365; die gegnerische Ansicht aber bei Herveus ob. Anm. 395); es liege nemlich in sämmtlichen drei sog. sermocinalen Wissenschaften, d. h. in Grammatik, Rhetorik und Logik, wesentlich eine Richtschnur der willkürlichen Thätigkeiten des Intellectus, welche sich von der Aufgabe der Ethik nur dadurch unterscheide, dass die letztere als *dictativa* sage, dass Etwas gethan oder nicht gethan werden solle, während die sermocinale Richtschnur als *ostensiva* eine Anleitung gebe, wie das Werk des Geistes zu verrichten sei [741]); denn um „Werke", wenn auch nur um die inneren geistigen, d. h. um die *intentiones*, handle es sich in der Logik jedenfalls [742]), und nur insoferne diese Werke wesentlich in den Urtheilen, d. h. in *„sermones"*, beruhen, könne man sagen, dass jener Bruchtheil der Logik, welcher nicht die Urtheile, sondern die Begriffe (Kategorien) zum Gegenstande habe, nicht praktisch, sondern speculativ sei [743]), — eine Sonderstellung der Kategorien, welche uns sehr entschieden an Burleigh (ob. Anm. 593), an Armand (ob. Anm. 643) und an Gratiadei (ob. Anm. 670) erinnert.

Indem aber so dem Occam die Logik eine wissenschaftliche Bestimmung innerer geistiger Vorgänge ist, und er sie sonach in üblicher Weise (s. Abschn. XVII, Anm. 362 u. ob. Anm. 87, 629) als *rationalis* den realen Wissenschaften gegenüberstellt und ausdrücklich ihre formale und doctrinelle Unabhängigkeit von denselben betont [744]), nimmt er in ächt

---

741) *Sent. Prolog. qu.* 4, 11 N: *Logica, rhetorica et grammatica sunt vere notitiae practicae et non speculativae, quia vere dirigunt intellectum in operationibus suis, quae sunt mediante voluntate in sua potestate, sicut logica dirigit intellectum in syllogizando, discurrendo et sic de aliis. Potest tamen distingui de practica, quia quaedam est dictativa et quaedam tantum ostensiva; prima est illa, quae determinate dictat, aliquid esse faciendum vel non faciendum, ... et isto modo nec logica nec rhetorica est practica nec etiam ars quaecunque mechanica, quia nulla earum dictat, quod domus est facienda .... Ostensiva non dictat aliquid fugiendum aut persequendum, sed tantum ostendit, quomodo opus fieri potest; ..... et eodem modo logica et aliae artes sunt tantum ostensivae et non dictativae, sunt tamen directivae, habentque tales artes frequenter non praxim pro obiecto, sed obiectum praxis.* Hiezu Anm. 820.

742) *Expos. aur. Prooem.: Logica est dicenda practica, quia, cum scientia logicae tractet de syllogismis, propositionibus et huiusmodi, quae nonnisi a nobis fieri possunt, sequitur, quod est de operibus nostris, non quidem exterioribus, nisi forte secundario, sed de intentionibus, quae vere opera nostra sunt; et per consequens illa scientia practica est, et non speculativa.*

743) Ebend. *Praedicam. Prooem.: Iste liber* (d. h. *Categoriae*) *pro aliqua sui parte est speculativus et pro alia sui parte est practicus, cuius ratio est, nam aliqua pars est de operibus nostris, sicut illa, quae est de sermonibus, qui sunt opera nostra* (Näheres über *sermo* s. unten Anm. 754, 769 ff., 777 f., 792, 797), *et illa est practica; alia pars non est de operibus nostris et illa est speculativa. Et inter omnes libros logicae Aristotelis iste est minus practicus et magis speculativus, et ideo quod dictum est in libro Porphyrii* (vorige Anm.), *quod logica est magis practica, est intelligendum quantum ad maiorem sui partem, non autem quantum ad omnem sui partem, accipiendo logicam, sicut tradita est ab Aristotele; nec est inconveniens, aliquam partem logicae esse practicam et aliam speculativam, cum multa ex practicis e speculativis dependeant.*

744) *Expos. aur. Prooem.: Ista scientia* (d. h. *logica*) *dicitur rationalis, ceterae autem ..... reales, quia determinat de his, quae sine ratione esse non possunt, aliae autem scientiae de rebus extra animam existentibus determinant. Summa tot. log.* III, 2, 22, f. 53 r. A: *Poterit aliqualiter apparere, ... ad quam scientiam debeant*

aristotelischem Geiste den Standpunkt ein, dass das Erkennen in einem Verwirklichungsprocesse vom Potentiellen zum Actuellen fortschreite, wornach der Mensch Nichts singuläres denkend erfassen könne, ohne zugleich die Real-Potenz der Universalität mitzubesitzen [745]). So erkennt er an, dass für den erkennenden Menschen auf Erden (im Unterschiede vom Jenseits) die sinnliche Erkenntniss des Einzelnen, welche er ausdrücklich als *intuitiva* bezeichnet, nicht überflüssig sei [746]), sondern im Zusammenhange mit dem Gedächtnisse eine unerlässliche Voraussetzung des denkenden Erkennens bilde [747]), welche selbst mit unmittelbarer Evidenz ausgerüstet sei [748]) und zu ihrer distinctiven Deutlichkeit nicht erst eines definitorischen Allgemein-Begriffes bedürfe [749]). Kurz, wir befinden uns bei Occam auf der Basis eines aristotelischen Empirismus, welcher mit dem Zugeständnisse, dass alles menschliche Wissen von der Sinneswahrnehmung und von den Einzeln-Objecten anhebt, zugleich die Forderung verknüpft, dass jede Wissenschaft als solche nur von Universellem handle, eine grundsätzliche Auffassung, welche in byzantinische Terminologie eingekleidet ist, wenn Occam sagt, dass allerdings die Bestandtheile der Urtheile mittelst *suppositio* an Stelle singulärer Individuen stehen, aber für die Wissenschaft doch nur die *termini universales* werthvoll sind [750]).

---

pertinere tales „Homo est species, Rationale est differentia hominis, Album est accidens“ et huiusmodi. Videtur enim, quod tales ad logicam non pertinent, ... cum tales sciri non possunt, nisi perfecte sciatur natura significati per subiectum ...... Sequeretur etiam, quod, si tales propositiones per se ad logicam pertinerent, logicus non posset perfecte scire logicam, nisi cognosceret naturam omnium rerum, imo etiam nisi cognosceret omnes conclusiones et omnia principia omnium scientiarum. ...... Propterea dicendum est, quod de talibus propositionibus non se habet logicus intromittere nisi forte gratia exempli; potest enim logicus de talibus bene exemplificare in tradendo notitiam logicae, sed non pertinet ad logicum, scire eas. Hiezu unten Anm. 797 u. der Schluss der Anm. 843.

745) *Sent.* I, *Dist.* 3, *qu.* 5 BB: *Intellectus procedit de potentia ad actum, ... unde non est aliquis, qui intelligat aliquam rem singularem quamcunque, quin statim intelligat vel possit intelligere ens communissimum.*

746) *Sent. Prolog. qu.* 1 Y: *Sola notitia intuitiva intellectiva non sufficit ad iudicium tanquam causa proxima, ita quod intellectus ita habet cognoscere singularia ..... Et ideo sensitiva non superfluit quamvis sola notitia intuitiva intellectiva sufficeret, si esset possibile, eam naturaliter esse pro statu isto sine notitia intuitiva sensitiva, sicut est in angelis et anima separata.* S. Anm. 786.

747) Ebend. *qu.* 1 LL: *Intellectiva est memoria et actus recordandi proprie dictus, supposito, quod intellectus non tantum cognoscat universalia, ... sed etiam intuitive cognoscat illa, quae sensus cognoscit ...... Omnis cognitio intellectiva praesupponit necessario imaginationem sensitivam tam sensus exterioris quam interioris.*

748) Ebend. *qu.* 1 E: *Si aliquis videat intuitive Socratem et albedinem existentem in Socrate, potest evidenter scire, quod Socrates est albus; si autem tantum cognoscit Socratem et albedinem existentem in Socrate abstractive, sicut aliquis potest imaginari in absentia eorum, non sciret evidenter, quod Socrates esset albus, et ideo non est propositio per se nota.*

749) *Sent.* I, *Dist.* 3, *qu.* 7: *Utrum singulare posset distincte cognosci ante cognitionem entis vel cuiuscunque universalis ...... Dico, quod res potest distincte cognosci sine ratione eius diffinitiva.*

750) *Expos. aur. Praedicab. De specie: Omnis disciplina incipit ab individuis ...... Ex sensu, qui non est nisi singularium, fit memoria, ex memoria experimentum, et per experimentum accipitur universale, quod est principium artis et scientiae; et ita sicut omnis cognitio nostra ortum habet a sensu, ita omnis disciplina ortum habet ab individuis, licet nulla doctrina tractare debeat de singularibus signanter seu*

D. h. Occam vertritt durchaus nicht einen sensualistischen Empirismus, sondern erkennt die ideale Function des Intellectus an, welche von Erfahrung zu Wissenschaft führt und schliesslich darauf beruht, dass der Intellectus das Vermögen ist, durch welches wir auch Nicht-Sinnliches erfassen [751]).

Aber innerhalb einer jeden Stufe jenes Ueberganges von potentiellem Wissen zum actuellen erblickt Occam (auf Grundlage der allgemein recipirten arabischen Tradition) einen wesentlichen Unterschied, je nachdem entweder in erster Linie eine beifällige Zustimmung und ein Wissen nur auf *incomplexa*, d. h. auf die Bestandtheile eines Urtheiles, gerichtet ist, oder in zweiter Linie *complexa*, d. h. Urtheile, zum Gegenstande hat; und zwar solle nur dieses Letztere, welches stets eine innere Gedanken-Verknüpfung involvire, im eigentlichen Sinne ein „Wissen" (— *res extra non scitur* —) genannt werden [752]). Nemlich ein blosses Erfassen (*actus apprehensivus*) finde sowohl betreffs der *incomplexa* als auch auf Grundlage dieser betreffs der *complexa* statt, hingegen seien es ausschliesslich nur *complexa*, bei welchen die höher liegende Thätigkeit des Urtheilens (*actus iudicativus*) eintrete und eine Beistimmung bei Wahrem oder Nichtbeistimmung bei Falschem mit sich bringe [753]); und somit ergebe sich ein „Wissen" nur bei *complexa*, und zwar auch bei diesen nur dann, wenn der objective Thatbestand der Verbindung mit der

---

nulla scientia proprie dicta est de individuis, sed de universalibus pro individuis ...... Licet quarumlibet propositionum scientiarum realium pro maiori parte tam subiecta quam praedicata supponant pro rebus singularibus, tamen magis illae propositiones sunt notae et etiam utiles, quae componuntur ex terminis universalibus.

751) *Sent. Prol. qu.* 1 HH: *Intellectus noster pro statu isto non tantum cognoscit sensibilia, sed etiam in particulari et intuitive cognoscit aliqua intelligibilia, quae nullo modo cadunt sub sensu, ... cuiusmodi sunt intellectiones, actus voluntatis, delectatio, tristitia et huiusmodi, quae potest homo experiri inesse sibi, quae tamen non sunt sensibilia nobis.* (Diese Unterscheidung zwischen dem Gebiete des Sinnlichen und jenem des Willens hat Aehnlichkeit mit Kant's Grundsätzen.)

752) *Quodl.* III, 6: *Actus assentiendi est duplex sicut actus sciendi: unus quo aliquid scitur esse vel non esse, sicut scio, quod lapis non est asinus et tamen nec scio lapidem nec asinum; ...... alius est actus, quo aliquid scitur de aliquo, de quo habetur scientia...... Loquendo de ipso assensu dico, quod ille actus non habet pro obiecto complexum ..... Loquendo vero de actu secundo sciendi vel assentiendi dico, quod ille actus est proprie complexivus, ... quia ille actus est, quo aliquid verum scitur, sed res extra non scitur, non enim scio lapidem vel asinum.* Vgl. ebend. V, *qu.* 6.

753) *Sent. Prolog. qu.* 1 O: *Inter actus intellectus sunt duo actus, quorum unus est apprehensivus et est respectu cuiusque, quod potest terminare actum potentiae intellectivae, sive sit complexum sive incomplexum, quia non solum apprehendimus incomplexa, sed etiam propositiones, demonstrationes, tam necessarias quam possibiles, et etiam universaliter omnia, quae respiciuntur a potentia intellectiva. Alius actus potest dici iudicativus, quo intellectus non tantum apprehendit obiectum, sed etiam illi assentit vel dissentit, et ille actus est tantum respectu complexi, quia nulli assentimus per intellectum, nisi quod verum existimamus, nec alicui dissentimus, nisi falsum reputamus. Et sic patet, quod respectu complexi potest esse duplex actus, sc. apprehensivus et iudicativus* (so findet das traditionelle boethianische Wort „*iudicium*" — s. z. B. ob. Anm. 330 u. 368 — allmälig eine manigfachere Verwendung) ...... (T) *Non omnis actus iudicativus praesupponit in eadem potentia notitiam incomplexam terminorum, quia praesupponit actum apprehensivum, et actus apprehensivus praesupponit respectu alicuius complexi notitiam incomplexam terminorum.* Vgl. auch Anm. 893.

subjectiven Beistimmung des Intellectus in Einklang steht[754]); denn auch bei dem Verstehen eines Syllogismus sei Ein und derselbe Act des Denkens einerseits ein Wissen, insoferne er auf die Schluss-Verbindung und hiedurch mittelbar auch auf die verbundenen Begriffe gerichtet sei, und andrerseits zugleich nicht ein Wissen, insoweit er nur die Begriffe als unverbundene zum Gegenstand habe[755]).

Ersehen wir nun schon hieraus, dass für Occam's Auffassung der Logik das Urtheil ein principielles Uebergewicht besitzen muss, so wird uns ein ziemlich verschlungener Weg, welcher den Denkact überhaupt betrifft, an manigfachen Punkten wieder die gleiche Perspective zeigen. Betreffs aber all jener Fragen, welche sich um die Denkthätigkeit selbst drehen, geht Occam mit obiger (Anm. 744) Scheidung der rationalen und der realen Disciplinen grundsätzlich so weit, dass er die Erörterung über die Existenzweise der geistigen Erzeugnisse, d. h. die Besprechung der Frage, ob die *intentiones, termini,* Urtheile, Schlüsse u. dgl. in der Seele gegenständlich oder vorstellungsweise existiren, geradezu der Metaphysik zuweist[756]) und somit für die Logik als solche einen reinen selbstständigen Boden gewinnen will, welcher von Metaphysik ebenso unberührt bleiben soll als von Theologie (welcher Art dieser positive Boden der eigentlichen Logik als solcher sei, wird sich unten, Anm. 780 ff., zeigen). Aber trotzdem lässt er selbst in seinen logischen Schriften aus praktischem Bedürfnisse sich dazu hinreissen, über derartige Fragen zu sprechen, indem er sich mit den zu seiner Zeit bestehenden Parteistellungen auseinandersetzen will; und ausserdem geben für uns, die wir uns gerade um diese Controverspunkte zu allermeist interessiren müssen, die übrigen Schriften Occam's ein hinreichendes Material.

Kurz also, wenn auch an sich es Aufgabe des Metaphysikers sei, die Existenzweise der psychischen Vorgänge und Werke zu bestimmen, so sei doch jedenfalls unbedingt daran festzuhalten, dass es sich hiebei nicht um äussere Gegenstände (*res extra animam*), sondern um etwas Inneres in der Seele handle; und wenn nach Einer Meinung (offenbar Aegidius, s. ob. Anm. 376 f.) eine blosse *qualitas animae* zu Grunde gelegt werde, welche auf einer zur *suppositio* des Singulären befähigten

---

754) *Sent.* III, *qu.* 4 R: *Hoc nomen „scientia" vel „conceptus" significat non tantum ipsam qualitatem in anima, sed etiam coexistentiam obiecti et conformitatem obiecti ad scientiam, obiecti inquantum complexi, non incomplexi, ita quod ad hoc, quod illa qualitas sit in anima, sive sit actus assentiendi sive sit habitus ex actibus assentiendi, non denotatur scientia, nisi quando illud complexum, respectu cuius est, habet esse eo modo, quo intellectus sibi assentit.*

755) Ebend. I, *Dist.* 1, *qu.* 1 L: *Intellectus uno actu scit conclusionem, et per consequens non tantum intelligit conclusionem illo actu, sed etiam terminos illius conclusionis; et tamen illo actu scit conclusionem et illo actu non scit aliquid incomplexum illius conclusionis; et ita idem actus respectu conclusionis dicitur scientia et respectu termini non dicitur scientia.*

756) *Expos. aur. Prooem.: Ista scientia* (d. h. *logica*) *principaliter tradit notitiam conceptuum et intentionum per animam fabricatarum non extra se, quomodo fabricantur res artificiales, sed intra se. Verumtamen qualia sint talia fabricata, sc. cuiusmodi sint syllogismi, propositiones, termini et huiusmodi, an sc. sint subiective in anima existentes an aliquo alio modo, non ad logicam, sed ad metaphysicam pertinet, et ideo hinc est pertranseundum.* Das Nemliche wird auch von den Universalien gesagt, s. unten Anm. 777, 780 f.

similitudo rei beruhe, während eine andere Ansicht (d. h. Scotus, s. ob. Anm. 110 ff.) von einer eigenen *species repraesentans* spreche, so enthalte die letztere Annahme sicher etwas völlig Ueberflüssiges (hierüber sogleich Näheres), und es empfehle sich am meisten eine dritte Meinung (es ist die des Durand, ob. Anm. 551 u. 556 ff., und des Armand, ob. Anm. 630, welche hierin den Herveus, ob. Anm. 393, bekämpfen), nemlich dass man einfach nur auf *actus intelligendi* zu recurriren brauche, denn in diesem liege es begründet, dass beim Erkennen vorerst ein Einzeln-Gegenstand ergriffen (*apprehendi*) und als psychisches Moment (*passio animae*) festgehalten werde, welches bereits an und für sich, nemlich ohne willkürliche Fixirung eines bestimmten Wortes, geeignet sei, durch *suppositio* sich auf das Einzeln-Ding zu beziehen [757]). Sowie schon Durand die scotistische *species intelligibilis* als „überflüssig" bezeichnet hatte (s. ob. Anm. 561) und auch Aureolus dieselbe entschieden bekämpfte (ob. Anm. 707 ff.), so verbindet Occam gewissermaassen die Ansichten beider; denn frage man, ob eine dergleichen *species*, sei es als der Denkthätigkeit vorhergehend oder als durch dieselbe hervorgerufen (*non sine actu intelligendi*), anzunehmen sei, so sei zu bedenken, dass man überhaupt nie ohne Noth eine Mehrheit statuiren dürfe, eine Nöthigung aber hierin nicht vorliege; hingegen zweifelhaft könne noch bleiben, ob etwa neben dem Denkacte (*praeter actum intelligendi*) dennoch ein anderweitiges Moment angenommen werden müsse, wenn auch die Wahrscheinlichkeit dafür spreche, dass es ein sogenanntes *„idolum"* als ein dem äusseren Gegenstande Aehnliches sei, in welchem (*in quo*) letzterer, sei es gegenständlich oder vorstellungsweise, erkannt werde [758]). Doch äussert sich

---

757) Ebend. *Periem. Prooem.: Qualis autem sit ista passio animae, an sc. sit res extra animam vel aliquid ens fictum existens obiective in anima vel aliquid existens realiter in anima tantum, non pertinet ad logicum, sed ad metaphysicum. Verumtamen aliquas opiniones, quae circa istam difficultatem ponuntur, volo recitare. Posset autem esse una opinio talis, quod ..... est aliqua qualitas animae* (über *qualitas animae* s. Anm. 762 u. 865) *distincta realiter ab actu intelligendi, quae est obiectum intellectus terminans actum intelligendi, ... et illa qualitas est vera similitudo rei extra, propter quod repraesentat ipsam rem et pro ipsa supponit ex natura sua, sicut vox supponit pro rebus ex institutione..... Alia posset esse opinio, quod ..... est aliquid subiicibile vel praedicabile, ex quo componitur propositio in mente, quae correspondet propositioni in voce, et quod illa passio est species rei, quae naturaliter repraesentat rem et potest in propositione pro re naturaliter supponere. Sed haec opinio videtur magis irrationabilis, quam prima, quia talis species non est ponenda propter superfluitatem..... Alia posset esse opinio, quod passio animae est ipse actus intelligendi. Ista videtur mihi probabilior omnibus opinionibus ..... Qui vult tenere praedictam opinionem, potest supponere, quod intellectus apprehendens rem singularem elicit unam cognitionem in se, quae est tantum illius singularis, quae vocatur passio animae potens ex natura sua supponere pro illa re, unde..... sicut vox ex institutione pro re supponit, ita intentio ipsa ex natura sua supponit sine omni institutione pro illa re, cuius est* (über diese *„institutio"* s. Näheres unten Anm. 774, 781, 782, 791, 806)..... *Illas tres opiniones reputo probabiles; quae tamen sit vera vel falsa, studiosi discutiant. Hoc tamen apud me est omnino certum, quod nec passiones animae nec universalia aliqua sunt res extra animam et de esse rerum singularium, sive sint conceptae sive non.*

758) *Sent.* I, *Dist.* 27, *qu.* 2 J: *Manifestum est, in intellectu esse actum intelligendi et etiam habitum, sed utrum species aliqua praevia actui sit ponenda in anima vel non, est dubium. Utrum etiam praeter actum intelligendi sit aliquis conceptus formatus per actum intelligendi vel etiam sit aliquis conceptus habens tantum esse obiectivum, est dubium. Utrum etiam sit aliqua species in intellectu, quae non*

Occam auch wieder weit zuversichtlicher, wenn er unter Wiederholung des Motivs, dass die *species intelligibilis* für das unmittelbare sensuale Erkennen (*intuitio*, s. oben Anm. 746) eine unnöthige Vervielfältigung sei, entschieden hervorhebt, dass für den Fortschritt zum abstracten Erkennen ein Mittelglied nothwendig sei, welches man aber nicht in einer *species intelligibilis* suchen dürfe, sondern in einem psychischen Besitze (*habitus*) anerkennen müsse, da der Intellectus aus dem Sinnes-Eindrucke ein Gebilde (*fictum*) als Bleibendes erzeuge (vgl. Anm. 768), was jedenfalls, möge man es *idolum* oder *simulacrum* oder *imago* oder *phantasma* nennen, nur vorstellungsweise (*obiective*), nie aber gegenständlich (*subiective*) existire, und daher auch nicht reell von den äusseren Dingen getrennt sei, sondern gerade die Dinge selbst, auch wenn sie nicht mehr gegenwärtig sind, bezeichnet [759]). Ja, diese Kraft des Intellectus, nach vorhergegangenem Sinnes-Eindrucke etwas dem Gegenstande Aehnliches (*simile, imago*) vorstellungsweise zu bilden (*fingere*), sei der Objectivität derartig adäquat, dass der Intellectus, wenn er eine reale Schöpferkraft besässe, das nemliche Ding als objectives erzeugen würde [760]); und sowie der ausübende Künstler über die bloss vorstellungsweise Existenz

---

possel esse sine actu intelligendi, est dubium. De primo dubio et tertio dico, quod species neutro modo dicta est ponenda in intellectu, quia nunquam ponenda est pluralitas sine necessitate (vgl. folg. Anm. u. 768), *sed ..... quidquid potest salvari per talem speciem, potest salvari sine ea aeque faciliter ..... Sed de secundo dubio est mihi magis dubium, hoc tamen est mihi probabile, quamvis non affirmem, quod in intellectu praeter ipsum actum intelligendi, quando intelligit aliquid commune ad plura, est aliquid vel subiective vel obiective, quod est aliquo modo simile rei extra intellectae, quod a multis vocatur quasi quoddam idolum, in quo ipsa res cognoscitur, quamvis rem singularem cognosci in illo non aliud sit, quam ipsum idolum cognosci.* Die Lösung dieses Zweifels s. Anm. 768.

759) Ebend. II, *qu.* 15 C: *Est una opinio, quae ponit, quod necessarium est ponere speciem impressam intellectui ad hoc, quod intelligat; quod probatur multipliciter* (folgen acht Motive)...... (O) *Ad cognitionem intuitivam habendam non oportet aliquid ponere praeter intellectum et rem cognitam, et nullam penitus speciem, ... quia frustra fit per plura, quod potest fieri per pauciora, sed per intellectum et rem cognitam sine omni specie potest fieri cognitio intuitiva .....* (Q) *Ad habendum notitiam abstractivam oportet necessario ponere aliquid primum praeter obiectum et intellectum; ..... aliquid in virtute phantastica relinquitur mediante cognitione intuitiva sensus particularis, quod prius non fuit, quia aliter in absentia rei sensibilis non possel phantasia habere actum circa illud ......* (R) *Illud, quod relinquitur, non est species, sed habitus* (vgl. Anm. 784)..... (SS) *Quando dicitur, quod intellectus agens facit universale in actu, verum est, quod facit quoddam esse fictum et producit quendam conceptum in esse obiectivo ..... et nullo modo subiective.* Ebend. *qu.* 17 S: *In phantasia aliquid manet, sed illud non est obiectum actus, sed habitus quidam inclinans ad phantasiandum obiectum prius sensatum ..... Simulacra, phantasmata, idola, imagines, non sunt aliqua realiter distincta a rebus extra, ... sed dicunt rem ipsam, secundum quod terminat ipsum actum sensus interioris in absentia rei sensibilis.* Zu letzterem Anm. 765.

760) Ebend. I, *Dist.* 13, *qu.* 1 J: *Intellectus noster primo intelligit intuitive aliquid singulare realiter existens, quo intellecto potest idem intellectus fingere aliquid consimile prius intellecto, sed illud sic fictum non poterit habere esse subiectivum, sed tantum esse obiectivum, ... et ideo illud sic fictum est tantum tale, quale fuit prius intellectum in esse obiectivo et non est in esse subiectivo, sed erit quasi imago simillima rei prius intellectae in esse obiectivo, in tantum quod si intellectus haberet vim productivam realem, sicut habet vim fictivam, illud productum vere esset eiusdem rationis cum illo praeintellecto.* Hiezu Anm. 808.

z. B. des Hauses, welches er ersinnt, auch hinausschreiten und dasselbe reell herstellen könne [761]), so erfasse auch der Intellectus in denjenigen seiner Gebilde, welchen ein äusserer Gegenstand entspricht, denselben mit solch adäquatester Aehnlichkeit, dass ein solches Gebilde in höherem Grade durch *suppositio* sich auf die Einzelndinge beziehen und dieselben gemeinsam umfassen kann, als diess eine angebliche blosse *qualitas animae* könnte [762]).

Hiemit aber sind wir bereits in das Gebiet eines bedenklichen Schwankens eingetreten, welches bei Occam sogar im Gebrauche der entscheidenden Partei-Stichworte erscheint. Nemlich wenn wir auch den ächt aristotelischen Geist anerkennen, welcher den Verwirklichungsprocess des Wissens vom Sinnes-Eindrucke beginnen lässt und durch Gedächtniss, Phantasie und psychische Gebilde hindurch zum Erfassen des Allgemeinen führt, so ist bei Occam dennoch jener Begriff „*fictum*" ein gar zweischneidiges Ding, und sowie er selbst die doppelte Möglichkeit offen liess, dass das *idolum* sowohl subjectiv als auch objectiv existiren könne (Anm. 758), so lenkt er auch die entschiedene Behauptung, dass es nur vorstellungsweise existire (Anm. 759), durch die Erwägung jener völligen Congruenz, welche zwischen dem psychischen Gebilde und dem äusseren Dinge bestehe, und mit Benützung der byzantinischen *suppositio* (welche freilich für ihn das Hauptmoment ist) selbst wieder dahin hinüber, dass wir mittelst der *idola* die Dinge so, wie sie sind, erfassen und folglich „gegenständlich" denken (Anm. 762). So werden wir nicht bloss das gleiche unentschiedene Offenlassen jener zwei Möglichkeiten wieder betreffs der Universalien finden (Anm. 810), sondern wir werden uns auch nicht wundern dürfen, wenn Occam anderwärts geradezu behauptet, dass die *intentiones* oder Universalien u. dgl. eine gegenständliche (*subiective*) Existenz haben [763]). Der Sinn hievon ist dann allerdings nicht etwa das Bekenntniss eines Realismus, sondern nur das so eben Gesagte, d. h. die uns sehr an Aureolus (Anm. 713 f.) erinnernde Betrachtung, dass die psychischen Vorgänge völlig der Aussenwelt adäquat sind und somit das Subjective objectiv ist und umgekehrt [764]).

---

761) *Expos. aur. Perierm. Prooem.: Artificem excogitare domum, antequam producat eam, non est, artificem habere domum in esse obiectivo tantum, sed est, ipsum habere artem vel scientiam domus, quae est vere qualitas mentis, et talis scientia „domus" vocatur.*

762) Ebend.: *Est distinguendum de fictis, quia quaedam sunt ficta, quibus in re extra non potest consimile correspondere, sicut chimaera ......, aliqua dicuntur ficta, quibus in esse reali correspondent vel correspondere possunt consimilia, et huiusmodi vocantur universalia ...... Universale fictum vel idolum plus distinguitur a re, quam quaecunque res una ab alia, et tamen in esse intentionali magis sibi assimilatur, in tantum quod, si posset realiter produci, sicut potest fingi, esset sibi consimile postea ad extra, et per eandem rationem magis potest supponere pro re et esse communis et esse id, in quo res intelligitur, quam intentio vel aliqua alia qualitas.* Vgl. Anm. 809 u. besonders Anm. 865.

763) Es ist eigenthümlich, dass die letztere Anschauungsweise gerade in den *Quodlibeta* an den beiden Stellen, welche allein hierüber sprechen, festgehalten wird (s. Anm. 768 u. 812); neben die andere Ansicht hingestellt findet sie sich auch im Commentar zum Sententiarius (s. Anm. 787 u. 810).

764) So sehen wir, dass auch ein so bedeutender Mann, wie Occam immerhin in seiner Zeit war, von den eigentlich philosophischen Grundfragen keinen klaren

Dieses Zusammentreffen der subjectiven Auffassung und des objectiven Thatbestandes liegt nach Occam's Ansicht schliesslich im *actus intelligendi* (Anm. 757), und sowie er schon betreffs der vorstellungsweisen Existenz der *entia rationis* behauptet, dass dieselben allerdings weder die äusseren Dinge selbst, noch aber auch reell von ihnen geschieden seien [765]), so erinnert er daran, dass das *ens rationis* als in der Seele auftretend eben doch existire und somit in diesem Sinne ein *ens reale* heissen könne [766]), ja er nennt die dem sachlichen Befunde richtig entsprechende *qualitas mentis* (gelegentlich einer Aeusserung über die Gegensätze) ausdrücklich sofort eine „*res*" [767]). Aber er fasst diese *res* nur als eine in der Denkwerkstätte erzeugte; nemlich das obige Bedenken (Anm. 758), ob neben dem Denkacte noch etwas Anderweitiges anzunehmen sei, löst er dahin, dass die von Mehreren (und, wie wir sahen, auch von ihm selbst) getheilte Annahme eines eigenen Gebildes (*fictum*) genau genommen als eine zwecklose Vervielfältigung überflüssig sei, da es genüge, den *actus intelligendi* als solchen festzuhalten; denn dieser sei an sich bereits die *similitudo* der Gegenstände und als ein *signum rei* (oder als *intentio* oder *passio animae* oder *conceptus*, vgl. folg. Anm.) sowohl zur Namenbezeichnung als auch zur *suppositio* geeignet, und jede *intentio* überhaupt sei wahrhaft eben ein *actus intelligendi* und in sachgemässer Uebereinstimmung mit der Objectivität ein *ens reale* (s. Anm. 766) oder eine *qualitas animae*, welcher eine gegenständliche (*subiective*) Existenz zukomme [768]).

Begriff hat, und somit auch er ebensowenig als z. B. Scotus (s. oben bei Anm. 104) ein „Philosoph" genannt werden kann. Allerdings müssen wir hiebei auch bedenken, dass gerade über Subjectivität und Objectivität kaum Jemand unklarer war, als Schelling; auch Hegel's Taschenspieler-Kunststück wird hierin jetzt wohl keinen besonnenen Denker mehr täuschen.

765) *Sent. Prolog. qu.* 1, 3 M: *Ens rationis nec est idem cum re nec distinguitur realiter; et hoc secundum opinionem, quae ponit entia rationis obiective in anima.* Hiezu Anm. 759 gegen Ende.

766) *Quodl.* V, *qu.* 21: *Ens reale aliquando accipitur pro omni vera re existente in rerum natura, et sic ens rationis est ens reale; aliquando accipitur pro ente existente solum extra animam, et sic ens rationis non est ens reale.* Hiezu der Schluss der Anm. 865.

767) Ebend. *qu.* 17: *Omnis oppositio realis est inter res, quia, si sit extra animam, est inter res extra animam; si sit in anima, est inter res in anima, sive sit inter signa complexa sive incomplexa; semper enim est inter res, quia inter veras qualitates mentis.*

768) Ebend. IV, *qu.* 19: *Dicunt aliqui, quod intentiones primae et secundae sunt quaedam entia ficta, quae tantum sunt obiective in mente et nullibi subiective. Contra: Quando propositio verificatur pro rebus, si duae res sufficiunt ad eius veritatem, superfluum est ponere aliam rem; ..... praeterea tale fictum impedit cognitionem rei, ergo non est ponendum propter cognitionem ...... praeterea tale fictum non est ponendum, ut habeatur subiectum et praedicatum in propositione universali, quia actus intelligendi sufficit ad hoc ...... Ideo dico, quod tam intentio prima quam secunda est vere actus intelligendi, quia per actum potest salvari, quidquid salvatur per fictum; eo enim, quod actus est similitudo subiecti, potest significare et supponere pro rebus extra, potest esse subiectum et praedicatum in propositione, potest esse genus et species, sicut fictum. Ex quo patet, quod intentio prima et secunda realiter distinguuntur, quia intentio prima est actus intelligendi significans res, quae non sunt signa; intentio secunda est actus significans intentiones primas* (über diese Unterscheidung der *intentio* s. unten Anm. 776 ff.)...... *Patet ex dictis, quod tam in-*

Getreu aber dem Standpunkte, dass die wesentliche Aufgabe der Logik die *sermones* seien (Anm. 743), verlegt Occam den *actus intelligendi* grundsätzlich in das Urtheil, und zwar spricht er dabei, uns an Armand's und Gratiadei's *verbum mentale* erinnernd (s. ob. Anm. 630 u. 675), von einer „*propositio mentalis*" Nemlich vor dem in Worten ausgesprochenen Urtheile gehe stets ein inneres von jedem speciellen Sprach-Idiome unabhängiges Urtheil voraus, dessen Bestandtheile dasjenige seien, was bald *similitudo* bald *intentio* bald *qualitas mentis* bald *intellectus* bald *conceptus* heisse[769]), und in diesem inneren Urtheile, — im Unterschiede vom gesprochenen oder geschriebenen Urtheile —, halte der Intellectus vorstellungsweise Subject und Prädicat auseinander, während er dieselben zugleich auf Ein und das Nemliche beziehe, ähnlich wie man zwei Zeichen für Ein bezeichnetes wählen könne[770]), d. h. z. B. „allgemeiner Mensch" und „einzelner Mensch" seien essentiell nur im Urtheile Eins, weil Ersteres von Letzterem wesentlich ausgesagt werde[771]); und es werde auch die Wahrheit eines ausgesprochenen Urtheiles erst dadurch erprobt, dass nach Anhörung desselben eine entsprechende *propositio mentalis* als wahr erkannt werde[772]). Besitzt aber hiemit jenes innere Urtheil eine grundsätzliche Priorität gegenüber dem

---

tentiones primae quam secundae sunt vere entia realia et sunt vere qualitates subiective existentes in anima. *Summa t. log.* I, 12, f. 6 r. A: *Intentio animae vocatur quoddam ens in anima natum significare aliquid ..... Illud autem existens in anima, quod est signum rei, ex quo propositio mentalis componitur* (s. Anm. 777 f.) *ad modum, quo propositio vocalis componitur ex vocibus, aliquando vocatur intentio animae, aliquando conceptus animae, aliquando passio animae, aliquando similitudo rei ...... Sed quid est in anima id, quod est tale signum? Dicendum est, quod circa istud sunt diversae opiniones. Aliqui enim dicunt, quod non est nisi quoddam fictum per animam; alii, quod est quaedam qualitas subiective existens in anima distincta ab actu intelligendi; alii dicunt, quod est actus intelligendi. Et pro istis est ratio illa, quod frustra fit per plura, quod potest fieri per pauciora* (vgl. ob. Anm. 758); *omnia autem, quae salvantur ponendo aliquid distinctum ab actu intelligendi, possunt salvari sine tali distincto, eo quod supponere pro alio et significare aliud ita potest competere actui intelligendi sicut illi ficto; ergo praeter actum intelligendi non oportet ponere aliquid aliud.*

769) *Summa t. log.* I, 12, f. 6 r. A: *Quando aliquis profert propositionem vocalem, prius format interius propositionem unam mentalem, quae nullius idiomatis est, intantum quod multi formant frequenter interius propositiones aliquas, quas tamen propter defectum idiomatis exprimere nesciunt. Partes talium propositionum mentalium vocantur conceptus, intentiones, similitudines, intellectus.* *Sent. Prolog. qu.* 1, 2 Y: *Omne subiectum propositionis in mente est intellectio vel aliqua qualitas inhaerens menti.* Vgl. Anm. 797 gegen Ende u. Anm. 809.

770) *Sent.* I, *Dist.* 2, *qu.* 3, D: *Possunt esse aliqua nomina vel conceptus, quae distinguunt subiectum et praedicatum, quae nata sunt esse in intellectu obiective, quia solus intellectus potest facere propositionem praeter propositionem prolatam et scriptam et alia huiusmodi; et ita in intellectu distinguuntur, quae tamen reducuntur ad unum in esse, sicut duo signa reducuntur ad aliquod unum signatum, quae tamen non sunt realiter illud unum signatum.*

771) Ebend. *qu.* 4 EE: *Haec est falsa de virtute sermonis „homo universalis et homo particularis sunt unum essentialiter", ... sed sunt unum essentialiter, quia unum essentialiter praedicatur de reliquo et importat essentiam alterius, nec tamen est realiter de essentia alterius.*

772) *Quodl.* III, *qu.* 11: *Propositio vocalis est vera, quando ex eius prolatione auditor est natus concipere et formare propositionem mentalem veram; hoc autem solum est in fine prolationis et non in principio nec in medio.*

in Worten ausgesprochenen Urtheile, so liegt diese nach Occam's Ansicht darin begründet, dass die Zusammenfassung im Urtheile eine geistige ist und aus Begriffen (*conceptus* oder *intentiones*) hervorgeht, und wir könnten somit Occam als einen Conceptualisten des Urtheiles bezeichnen, indem er entschieden (im Gegensatze gegen Thomisten, ob. Anm. 289, gegen Burleigh, ob. Anm. 586 u. 599, und gegen Gratiadei, ob. Anm. 676) daran festhält, dass *res non de re praedicatur,* und ihm die sprachlichen Bestandtheile des Urtheiles nur als Zeichen gelten, welche an Stelle einer bezeichneten Sache stehen[773]). Die Worte nemlich seien im eigentlichen Sinne durchaus nicht Zeichen der Begriffe, sondern ursprünglich und primär bezeichne der Begriff oder ein psychischer Vorgang die Dinge auf „natürlichem" Wege (— dieses Motiv einer natürlichen Einwirkung, auf welches Occam immer wieder zurückkommt, hatte schon Herveus hervorgehoben, s. ob. Anm. 395 —), und erst secundär bezeichne das Wort in Folge einer willkürlichen Einrichtung (*voluntaria institutio,* vgl. Anm. 781 f., 791, 806) jene nemlichen bereits von der *intentio* bezeichneten Dinge, so dass hiemit aus einer Aenderung der Bezeichnung eines Begriffes nothwendig eine entsprechende Aenderung der Wortbezeichnung folge, hingegen umgekehrt ein Wort durch Willkür in seiner Bezeichnung geändert werden könne, ohne dass hiedurch der entsprechende Begriff sich ändere[774]); und wolle man etwa hiegegen die Syncategoreumata oder die negativen Worte als Einwand benützen, da diese nicht auf

---

773) Ebend. *qu.* 5: *Videndum, an sit propositio mentalis; ..... quod probo sic, quia, ubicunque est complexio sive compositio vera vel falsa, ibi est propositio; sed in mente est huiusmodi complexio.... . Propositio mentalis non componitur ex rebus extra animam, sed ex conceptibus...... Si aliqua propositio componeretur ex rebus extra, aliqua posset componi ex anima intellectiva et corpore, et sic aliqua propositio posset esse homo..... In ista propositione „canis comedit panem"* (vgl. die Stelle aus *Seneca, Ep.* 48, Abschn. VIII, Anm. 66) *subiectum vere comederet praedicatum; et similiter est in ista propositione „Rupertus persequitur Johannem"* (ähnliche Beispiele s. bei Burleigh, ob. Anm. 599)...... *Omnis propositio componitur ex nomine et verbo, ... sed nomina et verba non sunt res extra animam, sed signa rerum..... Omnis propositio vera affirmativa et vera per identitatem rei significatae per subiectum et praedicatum, ... quia utimur vocibus pro rebus et terminis non pro se, sed pro re, quam significant, ... quia intellectus, licet intelligat res extra, tamen non componit res extra, ... sed intentiones rerum ad invicem non pro se, sed pro re significata.*

774) *Summa l. log.* I, 1, f. 2 r. B: *Dicimus, voces esse signa subordinata conceptibus vel intentionibus animae, non quia proprie accipiendo hoc vocabulum „signum" ipsae voces significent ipsos conceptus primo et proprie, sed quia voces imponuntur ad significandum illa eadem, quae per conceptus mentis significantur, ita quod conceptus primo naturaliter aliquid significat et secundario vox illud idem significat, intantum quod voce instituta ad significandum aliquid significatum per conceptum mentis, si conceptus ille mutaret significatum suum, eo ipso ipsa vox sine nova institutione suum significatum permutaret ...... Conceptus sive passio animae naturaliter* (vgl. Anm. 776, 778, 781 f., 784, 788, 791, 810) *significat, quidquid significat; terminus autem prolatus vel scriptus nihil significat nisi secundum voluntariam institutionem* (vgl. Anm. 757, 781); *ex quo sequitur alia differentia, sc. quod terminus prolatus vel scriptus ad placitum potest mutare suum significatum, terminus autem conceptus non mutat suum significatum ad placitum cuiuscunque. Expos. aur. Periherm. Prooem.: Primo passio significat res et postea vox non passionem animae, sed ipsas res, quas passio significat, significat, ita quod si passio significata mutaret, et vox sua mutaret significata.* Die gegentheilige Ansicht des Scotus s. Anm. 126.

natürlichem Wege durch Abstraction von äusseren Dingen begrifflich gewonnen und zu realer Bezeichnung verwendet werden können, so sei zu erwiedern, dass in diesen Fällen dennoch gleichfalls eine Abstraction und eine Begriffsbildung stattfinde, nur dieselbe gemeiniglich von den bereits üblichen Worten selbst ausgehe[775]).

Durch diese Erwägungen über den Sprachausdruck ist nun bei Occam auch dasjenige bedingt, was er über *impositio* und *intentio*, deren Wechselbeziehung wir schon bei Burleigh (Anm. 584) und bei Armand (Anm. 629) trafen, in zahlreichen Wiederholungen erörtert. Nemlich wenn durch die Worte entweder Dinge oder subjective Auffassungen oder auch Worte selbst ihre Bezeichnung (*significare*) finden können, so sollen Worte *secundae impositionis* diejenigen heissen, durch welche im Sinne der Grammatik die Worte selbst bezeichnet werden, oder vielmehr in genauerer Fassung diejenigen, durch welche willkürlich gebildete Zeichen (im Gegensatze gegen die natürlichen Zeichen, welche die *intentiones* sind, s. Anm. 774) bezeichnet werden. Alle übrigen Worte seien *primae impositionis* im weiteren Sinne, so dass dann auch sämmtliche Syncategoreumata denselben beizuzählen seien; hingegen in engerem Sinne dürfe man zu den Worten *primae impositionis* nur die categorematischen zählen (d. h. jene, welche wesentliche Bestandtheile des Urtheiles sind, s. die beiden folg. Anm.); eben dieselben aber seien entweder *primae intentionis*, wenn sie ein Ding, oder *secundae intentionis*, wenn sie eine subjective Auffassung, nemlich einen *conceptus* oder eine *intentio* u. dgl. bezeichnen[776]). Wie

775) *Sent.* I, *Dist.* 2, *qu.* 8 K: *Diceretur, quod conceptus syncategoreumatici et connotativi et negativi non sunt conceptus abstracti a rebus ex natura sua supponentes pro rebus vel ipsas modo distincto significantes; ...... verumtamen possunt tales conceptus imponi vel conceptus abstrahi a vocibus, et ita fit de facto vel semper vel communiter ..... tunc ab istis vocibus sic significantibus abstrahit intellectus conceptus communes praedicabiles de eis.*

776) *Sent.* I, *Dist.* 22, *qu.* 1 C: *Quaedam nomina primo significant res extra, quaedam significant primo conceptus mentis, quaedam ..... ipsas voces significativas; et est antiqua distinctio, quod nomina quaedam sunt primae impositionis, quaedam sunt nomina secundae impositionis. Nomina secundae impositionis sunt illa, quae imponuntur ad significandum nomina ipsa, ...cuiusmodi sunt ista „nomen, verbum". ..... Nomina primae impositionis quaedam sunt nomina primae intentionis et quaedam nomina secundae intentionis: prima sunt illa, quae significant veras res, ... secunda sunt illa, quae significant conceptus mentis, sicut „genus, species, universale".* *Summa t. log.* I, 11, f. 5 v. B: *Nominum ad placitum significantium quaedam sunt nomina primae impositionis, quaedam sunt nomina secundae impositionis. Nomina secundae impositionis ...... sunt huiusmodi „nomen, pronomen, coniunctio, verbum, casus, numerus, modus, tempus" et huiusmodi, accipiendo illa vocabula illo modo, quo utitur eis grammaticus ...... Stricte autem dicitur nomen secundae impositionis illud, quod non significat nisi signa ad placitum instituta, ita quod non potest competere intentionibus animae, quae sunt naturalia signa; cuiusmodi sunt talia „figura, coniugatio" et huiusmodi ...... Nomen primae impositionis potest dupliciter sumi. Large, et sic omnia nomina, quae non sunt nomina secundae impositionis, sunt nomina primae impositionis; et sic talia signa syncategorematica „omnis, nullus, aliquis, quilibet" et huiusmodi sunt nomina primae impositionis. Aliter potest accipi stricte, et tunc sola nomina categorematica, quae non sunt nomina secundae impositionis, vocantur nomina primae impositionis. Nomina autem primae impositionis stricte accipiendo sunt in duplici differentia, quia quaedam sunt nomina primae intentionis, et quaedam sunt nomina secundae intentionis. Nomina secundae intentionis dicuntur illa, quae praecise imposita sunt ad significandum intentiones animae, quae sunt signa naturalia et alia*

sehr aber hiebei das grundsätzliche Gewicht wieder auf das Urtheil, und zwar im Gewande byzantinischer Doctrin (nemlich betreffs der *suppositio,* s. auch Anm. 798), falle, ersehen wir daraus, dass Occam von der *secunda intentio,* deren reale oder nicht-reale Geltung er auch hier dem Metaphysiker überlässt (s. Anm. 756), nur die in der Seele liegende Aussagbarkeit fordert, wornach Begriffe wie z. B. *genus* auf die Namen der Dinge angewendet werden, und zwar mittelst der *suppositio simplex* (s. Abschn. XVII, Anm. 203), d. h. für einen Gemeinbegriff und nicht für das von ihm Bezeichnete, während hingegen durch die *intentio prima* nur mittelst der *suppositio personalis* die bezeichneten Dinge selbst, d. h. abgesehen von jener Aussagbarkeit, erfasst werden[777]). Noch deutlicher und schärfer drückt sich Occam wiederholt dahin aus, dass *intentio* überhaupt jenes psychische Moment sei, welches als suppositionsfähig ein Bestandtheil eines inneren Urtheiles sein könne; und zwar umfasse die *intentio prima* in weiterem Sinne nicht bloss die categorematischen geistigen Zeichen der Dinge, sondern auch die innere Auffassung der Syncategoreumata; hingegen im engeren Sinne erstrecke sich dieselbe nur auf die wesentlichen Bestandtheile des Urtheiles, insoferne dieselben sich durch *suppositio* auf Dinge, nicht aber auf Zeichen, beziehen; und ebenso umfasse die *intentio secunda,* welche wesentlich in den Zeichen der *intentiones primae* liege, im weiteren Sinne sowohl die natürlichen (s. Anm. 774) als auch die in den Syncategoreumata ausgesprochenen willkürlichen Zeichen, so dass in solchem Sinne die *intentio secunda* nur im Wortausdrucke beruhe; aber in engerem Sinne bedeute sie nur die auf natürlichem Wege gewonnenen Zeichen, welche von den *intentiones primae* ausgesagt werden[778]). Darum dürfe man auch nicht sagen,

---

signa ad placitum instituta (Näheres s. Anm. 778) *vel consequentia talia signa; et talia nomina sunt „genus, species, universale, praedicabile" et huiusmodi, quia talia nomina non sunt nisi intentiones animae, quae sunt signa naturalia aut signa voluntarie instituta.* Ein Beispiel hievon *Quodl.* VII, *qu.* 16: *„Persona" est nomen primae intentionis, quia significat res, quae non sunt signa ...... Tam nomen secundae intentionis quam primae intentionis est nomen primae impositionis, et ideo quamvis „persona" sit nomen primae impositionis, cum hoc stat, quod sit primae intentionis.*

777) *Sent.* I, *Dist.* 23, *qu.* 1 D: *Intentio prima vocatur res realiter existens, intentio autem secunda vocatur aliquid in anima rebus applicabile praedicabile de nominibus rerum, quando non habent suppositionem personalem, sed simplicem, sicut sunt „species, genus"...... Utrum autem talia sint realiter et subiective in anima an obiective tantum, non refert ad propositum nec hoc spectat determinare ad logicum, qui tamen principaliter distinctionem inter nomina primae et secundae intentionis habet considerare, quia logicus praecise habet dicere, quod in ista propositione „homo est species" subiectum supponit pro uno communi et non pro aliquo significato suo; utrum autem illud commune sit reale vel non sit reale, nihil ad eum, sed ad metaphysicum. ..... Nomen secundae intentionis est illud, quod imponitur ad significandum talia de nominibus rerum praedicabilia, quando supponunt simpliciter et non pro suis significatis .....* (J) *Haec est differentia inter nomina primae intentionis et secundae, quod nomina primae intentionis sunt illa, quae, quando supponunt personaliter, praecise stant pro rebus non inquantum praedicabilia de aliis; nomina secundae intentionis stant pro aliquibus praedicabilibus de rebus.* Vgl. Anm. 781 u. 796.

778) *Quodl.* IV, *qu.* 19: *Large dicitur intentio prima esse signum intensibile existens in anima, quod non significat intentionem vel conceptus in anima vel alia signa praecise; ..... et isto modo non solum categoreumata mentalia, quae significant res, quae non sunt significativae, sed etiam syncategoreumata mentalia et verba et coniunctiones et huiusmodi dicuntur primae intentiones ..... Sed stricte dicitur prima*

dass kurzweg die Kategorien sämmtlich *intentiones primae* seien (wie die allgemein recipirte Annahme lautete), sondern, wenn man bei den Kategorien auch an das Verhältniss einer Ueber- und Unter-Ordnung, d. h. eben an eine Urtheilsverbindung denke, zeige sich, dass in einigen Beziehungen eine Kategorie als gemeinsamere Gattung einer anderen übergeordnet werden könne, welch erstere dann darum als *secunda intentio* zu bezeichnen sei; denn das Entscheidende bleibe immer, dass die *intentio prima* Dinge, nicht aber Zeichen, hingegen die *intentio secunda* nur solche Dinge, welche Zeichen sind, bezeichnet[779]).

Sind somit die *intentiones secundae*, wie sich im Anschlusse an die allgemein geltende arabische Tradition von selbst versteht, nichts Anderes als die Universalien, so liegt in demjenigen, was wir bisher betrachteten, bereits der innerste Kern jener Auffassung verborgen, welche Occam in der Universalienfrage in bunt verschlungener Ausführung vertritt. Fassen wir nemlich rückblickend alle diejenigen bisher angeführten Stellen in Eins zusammen, in welchen Occam den byzantinischen Begriff der *suppositio* beizieht (Anm. 750, 757, 762, 768, 773, 777, 778), so erken-

---

intentio nomen mentale praecise natum esse extremum propositionis et supponere pro re, quae non est signum ...... Similiter large accipiendo dicitur intentio secunda animae conceptus, quae sunt naturalia signa rerum, cuiusmodi sunt intentiones primae stricte acceptae, sed etiam prout signa mentalia ad placitum significantia signa syncategoreumatica mentalia; et isto modo forte non habemus nisi vocale correspondens intentioni secundae. Stricte autem accipiendo dicitur intentio secunda conceptus, qui praecise significat intentiones naturaliter significativas, cuiusmodi sunt genus, species, differentia et alia huiusmodi ..... Ita de intentionibus primis, quae supponunt pro rebus, praedicatur unus conceptus communis, qui est intentio secunda. Summa t. log. I, 12, f. 6 r. B: *Sufficiat, quod intentio est quoddam in anima, quod est signum naturaliter significans aliquid, pro quo potest supponere, vel quod potest esse pars propositionis mentalis. Tale autem duplex est. Unum, quod est signum alicuius rei, quae non est tale signum, ... et illud vocatur intentio prima ...... Large dicitur intentio prima omne signum intentionale existens in anima, quod non significat intentiones vel signa praecise, ... et illo modo verba mentalia et syncategoremata mentalia, adverbia, coniunctiones et huiusmodi possunt dici intentiones primae. Stricte autem vocatur intentio prima nomen mentale natum pro suo significato supponere. Intentio autem secunda est illa, quae est signum talium intentionum primarum, cuiusmodi sunt tales intentiones „genus, species“ et huiusmodi.* Hiezu die betreffende Stelle in Anm. 768.

779) *Quodl.* V, *qu.* 21: *Utrum quodlibet praedicamentum sit prima intentio vel secunda....... Praedicamentum dicitur dupliciter: uno modo accipitur pro primo et communissimo in linea praedicamentali; et isto modo quodlibet praedicamentum est prima intentio vel nomen primae intentionis ..... Alio modo accipitur pro toto ordine aliquorum ordinatorum secundum superius et inferius, et sic praedicamentum componitur ex incomplexis, ex quibus propositiones affirmativae et negativae natae sunt constitui ..... Et sic loquendo de praedicamentis in eo sunt aliquae intentiones primae et aliquae intentiones secundae; nam in praedicamento qualitatis et relationis est hoc commune genus qualitas, nam omne, quod genus est, est qualitas mentis secundum rei veritatem; similiter hoc commune genus est conceptus relativus et ideo est in genere relationis ..... Intentio prima bene est superior ad intentionem secundam, nam ens in communi est intentio prima et tamen est superior ad intentionem secundam, quia omnis intentio secunda est ens et non e converso ...... Ad intentionem primam sufficit, quod significet aliquas res, quae non sunt signa, licet cum hoc significet multas res, quae sunt signa. Intentio autem secunda non significat aliquam rem, quae non est signum* (über „*res*“ in diesem Sinne s. Anm. 767). Ein Duplicat dieser ganzen Stelle s. unten Anm. 865.

nen wir sofort, dass Occam das Wesen der Allgemeinbegriffe in der Suppositions-Fähigkeit erblickt (s. unten bes. Anm. 781, 797 f., 800, 806), in welcher ihm ja auch die Differenz zwischen *subiective* und *obiective* gleichsam als getilgt erscheint (s. Anm. 762—764). Und diese principielle Unterordnung der Universalienfrage unter den byzantinischen Begriff *terminus* ist die besondere Eigenthümlichkeit der Ansicht Occam's; denn dass die Universalien wenigstens in einer dualistischen Nebenstellung neben einem realen Sein auf subjectiver Seelenthätigkeit beruhen und im Urtheile prädicativ auftreten, hatten schon Alexander v. Alessandria (Anm. 248), Radulph Brito (Anm. 258), auch Aegidius (Anm. 403), Johannes Jandun (Anm. 426, 432), Antonius Andreas (Anm. 457) und Baconthorp (Anm. 690) hervorgehoben; ferner dass diese subjective Seite an den Universalien das Entscheidende sei, trafen wir bereits bei Durand (Anm. 560), Burleigh (Anm. 597), Armand (Anm. 632) und Gratiadei (Anm. 669); und endlich dass die subjective Function wesentlich im Sprachausdrucke und der Namenbezeichnung wirke, hatten schon Durand und Armand wenigstens zugegeben (Anm. 551 u. 634), sodann aber Aureolus förmlich als Princip ausgesprochen (Anm. 697). Somit können wir in all diesen letzteren Wendungen bei Occam Nichts erheblich neues finden, wenn auch spätere Nachkommen, welche den thatsächlichen geschichtlichen Verlauf nicht kannten oder ignorirten, sich einzig gerade diese Seite aus Occam herauslasen und denselben so als den wahren Hort eines nachmals sogenannten „Nominalismus" (s. z. B. Anm. 782) verehrten, woraus dann eine theologische Polemik gegen den Occamismus erwuchs, welche unbemerkt bis zum heutigen Tage auf die Geschichtschreibung der Philosophie einen bedingenden Einfluss ausübte. Hingegen der wahre geschichtliche Thatbestand liegt darin, dass Occam das Haupt der „Terministen" war (— wir werden später diesen Parteinamen als einen üblichen finden —), und nur dadurch hat er sowohl einen wirklich neuen Standpunkt eingenommen, als auch auf den weiteren Verlauf der Logik einflussreich gewirkt.

Da die Universalien für die Logik nichts Anderes sind als *„termini"* der Urtheile (vgl. Anm. 777 f. 797 u. bes. 798), so sind dem Logiker eigentlich alle anderweitigen Fragen über die Existenzweise derselben völlig gleichgültig [780]). Aber wenn auch dergleichen Untersuchungen nur den Metaphysiker berühren (Anm. 756 u. 777), so muss doch zur Vermeidung schlimmer Irrthümer auch die Logik hierauf eingehen, und in dieser Beziehung ist daran festzuhalten, dass alles äusserlich Existirende schlechthin singulär ist (— diesen Grundsatz, welchen wir schon bei Herveus, Anm. 400 f., und bei Durand, Anm. 560, trafen, wiederholt Occam unablässig —), und daher das Universale nie zu den äusseren Dingen gehören noch auch ein Theil eines Dinges sein kann, sondern nur eine unkörperliche psychische Veranstaltung (*institutio* oder *intentio* oder *conceptus formatus*) ist, welche die äusseren Dinge bezeichnet und zur *sup-*

---

780) *Sent.* I, *Dist.* 2, *qu.* 4 AA: *Purus logicus non habet disputare, utrum universalia, quae sunt termini propositionum, sint res extra animam vel tantum in anima vel in voce vel in scripto; et ideo non distinguit, sed aliquando attribuit rei, quod convenit universali termino propositionis et aliquando e converso.*

positio für das Bezeichnete (nicht aber für sich selbst, vgl. Anm. 777, 796 u. 877) fähig ist, ähnlich wie auch in den Worten eine solche Veranstaltung der Bezeichnung liegt, nur mit dem Unterschiede, dass die Worte, welche gleichfalls das von der *intentio* Bezeichnete bezeichnen (Anm. 774), aus einer lediglich willkürlichen Veranstaltung hervorgehen [781]), so dass man in diesem Sinne auch von einem doppelten Universale sprechen kann, nemlich von einem natürlichen (*naturale*, vgl. Anm. 757 u. 774 f.) und einem willkürlichen, welches in den Worten liegt [782]).

Die Werkstätte der Natur beabsichtigt nur singuläre Dinge (s. Herveus, Anm. 401, und Durand, Anm. 560, sowie die gegnerische Ansicht Burleigh's, Anm. 590), indem nur solche ursprünglich und an sich erzeugt werden [783]). Im Denken aber entstehen die Universalien, indem durch die Gegenstände auf lediglich „natürlichem" Wege ohne eigenes Zuthun des Intellectus oder des Willens aus dem ersten Erfassen und Festhalten (*habitus*, vgl. Anm. 759) des Gegenstandes bei ungehindertem Gedankenlaufe von selbst ein zweiter Denkact veranlasst wird (*causatur*, vgl. Scotus, ob. Anm. 116, und Herveus, ob. Anm. 408), welcher vor-

---

781) *Expos. aur. Praedicab. Prooem.: Quamvis praedictae quaestiones ..... non ad logicum, sed ad metaphysicum sint pertinentes, quia tamen ex earum ignorantia multi moderni in multiplices errores in logica sunt elapsi, ideo de ipsis quid sit ..... dicendum, est docendum ...... Quaelibet res imaginabilis existens per se sine omni additione est res singularis et una numero, ... quia omnis res per se vel est eadem vel diversa ab alia ..... Nullum universale est extra animam existens realiter in substantiis individuis nec est de substantia vel esse earum, sed universaliter est tantum in anima vel est universale per institutionem, quomodo vox prolata .... est universalis, quia de pluribus est praedicabilis non pro se, sed pro rebus, quas significat..... Non sunt nisi quaedam intentiones vel conceptus formati per intellectum exprimentes esse rerum et significantes eas, et non sunt ipsae res, sicut signum non est suum significatum, nec sunt partes rerum* (s. Anm. 794 f.), *non plus, quam vox est pars significati sui, sed sunt quaedam praedicabilia de rebus non pro se, quia .... non supponunt pro se, sed pro suis significatis, quae sunt res singulares ....:. Praeter ista ipsae voces correspondentes possunt aliquomodo genera vel species appellari pro tanto, quia omne illud, quod significatur per intentionem vel conceptum, in anima significatur per vocem et e converso; tamen hoc non est nisi ad placitum instituentis. ..... Universalia non sunt corporalia, quia non sunt nisi in mente, in qua non est aliquod corporale.*

782) *Summa t. log.* I, 14, f. 6 v. B: *Universale duplex est. Quoddam est universale naturale, quod est signum naturale praedicabile de pluribus ad modum, quo fumus naturaliter significat ignem et gemitus infirmi dolorem et risus interiorem laetitiam; et tale universale non est nisi intentio animae, ita quod nulla substantia extra animam nec aliquid accidens extra animam est tale universale; et de tali loquar in capitulis sequentibus* (also ist dieses das logische Universale). *Aliud est universale per voluntariam institutionem, et sic vox prolata, quae est vere qualitas una numero, est universalis, quia est signum voluntarie institutum ad significandum plura; unde sicut vox dicitur communis, ita potest dici universalis, sed hoc non habet ex natura rei, sed tantum ex placito instituentium.* Ebend. 22, f. 9 v. A: *De tali universali, quod est universale ad placitum, non loquor, sed de illo, quod ex natura sua habet, quod sit universale.* So also steht es mit dem angeblichen „Nominalismus" Occam's derartig, dass ihm das Sprachliche nur ein secundäres Willkürliches ist.

783) *Sent.* I, *Dist.* 2, *qu.* 4 X: *Agens naturale in agendo intendit veram rem singularem, quia illud intendit, quod per se et primo producitur, sed res singularis per se et primo producitur.*

stellungsweise auf ein Sein gerichtet ist, welches dem vorher gegenständlich ergriffenen Sein adäquat ist[784]). So fällt die thomistische *„reflexio“* (ähnlich wie bei Scotus, Anm. 124) bei richtiger Erwägung des intuitiven Erfassens (s. Anm. 746) von selbst hinweg[785]); denn bezüglich der Reihenfolge der Entstehung ist das erste Erkannte stets ein Singuläres, d. h. ein concretes Ding, nicht aber ein Zeichen (wie z. B. ein Begriff oder ein Wort), da es ausserhalb der Seele nur singuläre Dinge gibt; aber auf diese erste intuitive Erkenntniss folgt unmittelbar ein erstes abstractes Erfassen, welches bereits den Charakter der Gemeinsamkeit trägt, und soweit dann dieses Gemeinsame dem Singulären adäquat ist, tritt das Erkannte als ein Universale mit diesem ihm gebürenden Vorrange auf[786]). Versteht man unter abstractem Erfassen ein Absehen von der vielheitlichen Singularität, und folgt man der wahrscheinlichen Annahme, dass die Universalien eine gegenständliche Existenz in der Seele haben (s. Anm. 763 u. 768), so wird in Folge dessen, dass das Universale dem Singulären adäquat ist, das abstracte Erkennen und das sinnlich intuitive Erkennen das nemliche sein; hingegen wenn man Abstraction als ein Absehen von Existenz oder Nicht-Existenz des Gegenstandes nimmt, so unterscheidet sich dieselbe vom intuitiven Erfassen, da letzteres auf ein jeweilig Existirendes gerichtet ist; aber dennoch liegt auch dann der Un-

---

784) Ebend. II, *qu.* 25 P: *Universalia et intentiones secundae causantur naturaliter sine omni activitate intellectus et voluntatis a notitiis incomplexis terminorum per istam viam, quia primo cognosco aliqua singularia in particulari intuitive vel abstractive, et hoc causatur* (vgl. Anm. 806) *ab obiecto vel habitu derelicto ex primo actu, et habita notitia statim ad eius praesentiam, si non sit impedimentum, sequitur naturaliter alius actus distinctus a primo terminatus ad aliquid tale esse obiectivum, quale prius vidit in esse subiectivo, et ille actus secundus producit universalia et intentiones secundas.*

785) *Sent. Prolog. qu.* 1 UU: *Proprie loquendo et stricte nulla est intellectio reflexa, quia reflexio stricte sumpta includit necessario ad minus duo, sicut patet in motu locali reflexo; accipiendo tamen reflexionem large concedo, quod illa intellectio est reflexa, cum hoc tamen stat, quod est intuitiva.*

786) *Quodl.* I, *qu.* 13: *Utrum primum cognitum ab intellectu primitate generationis sit singulare. Et videtur primo, quod non, quia universale est primum et proprium obiectum intellectus ..... In oppositum: Idem omnino est obiectum sensus et intellectus; sed singulare est primum obiectum sensus tali primitate ..... Sciendum est, quod hic capitur singulare ..... pro re, quae est unum numero et non est signum, ... quomodo dictio scripta, conceptus et vox ...... Secundo sciendum est, quod non intelligitur ista quaestio de quacunque cognitione singularis, quia quaecunque cognitio universalis sic est singularis, ... sed de cognitione propria simplici et singulari .... Dico tunc primo, quod singulare praedicto modo accipiendo ..... est primo cognitum, ... quia res extra animam, quae non est signum, tali cognitione primo intelligitur, sed omnis res extra animam est singulare....... Secundo dico, quod cognitio simplex et propria singularis et prima tali primitate est intuitiva...... Tertio dico, quod cognitio prima abstractiva primitate generationis et simplex non est cognitio propria singularis, sed communis, ... sicut de veniente a remotis patet, quod causat sensationem, virtute cuius possum tantum iudicare, quod illud visum est ens; manifestum est, quod in illo casu cognitio abstractiva, quam habeo primo primitate generationis, est cognitio entis et nullius inferioris, et per consequens non est conceptus proprius singularis...... Intuitiva est propria cognitio singularis non propter maiorem assimilationem uni quam alteri, sed quia naturaliter ab uno et non ab altero causatur..... Conceptus generis nunquam abstrahitur ab uno individuo ..... Universale est obiectum primum primitate adaequationis, non primitate generationis.* Vgl. Anm. 806 u. 810 a. Ende.

terschied beider Erkenntnissweisen nur in ihnen selbst, d. h. nur in der geistigen Function, nicht aber etwa in den Objecten derselben [787]).

Das Universale ist somit keinenfalls eine ausserhalb der Seele existirende Einzeln-Substanz, denn ausserdem könnte jedes concrete Wesen ein Universale sein, sowie auch mit der Vernichtung eines Individuums sofort die ganze Gattung untergehen müsste; sondern das Universale ist nur eine psychische *intentio*, und wenn man diese nach richtiger Auffassung mit *actus intelligendi* identificirt (Anm. 757 u. 768), so ist sie ein natürliches Zeichen, welches ebenso, wie z. B. durch Seufzen Schmerz bezeichnet wird, als Bestandtheil eines inneren Urtheiles, d. h. als *terminus*, einen äusseren Gegenstand bezeichnet und hiemit nur der prädicativen Aussage dient, während Substanzen als solche, wie sich von selbst versteht, nicht Prädicat oder Subject eines Urtheiles sein können, wenn man nicht auf sophistische Spielereien verfallen will [788]). Die Gemeinsamkeit aber (*communitas*), welche dabei den Universalien als ausgesagten zu-

---

787) *Sent. Prolog. qu.* 1 Z: *Notitia abstractiva potest accipi dupliciter: uno modo, quod sit respectu alicuius abstracti a multis singularibus; et sic cognitio abstractiva non est nisi cognitio alicuius universalis abstrahibilis a multis, ... et si universale sit vera qualitas existens in anima subiective, quod potest teneri probabiliter, concedendum est, quod illud universale possit videri intuitive et quod eadem est notitia intuitiva et abstractiva..... Aliter accipitur cognitio abstractiva, secundum quod abstrahit ab existentia et non-existentia....... Notitia intuitiva est talis, quod ..... si Socrates in rei veritate sit albus, ... potest evidenter cognosci, quod Socrates est albus; et universaliter omnis notitia incomplexa termini vel terminorum seu rei vel rerum, virtute cuius potest evidenter cognosci aliqua veritas contingens, maxime de praesenti, est notitia intuitiva. Abstractiva autem est ista, virtute cuius de re contingenti non potest sciri evidenter, utrum sit vel non sit, et per illum modum abstrahit ab existentia et non-existentia .... Aliquando propter imperfectionem notitiae intuitivae ..... potest accidere, quod nullae vel paucae veritates contingentes de re sic intuitive cognita possint cognosci.......* (CC) *Omne illud et sub eadem ratione, quod erit obiectum intuitivae, potest esse obiectum abstractivae, et manifestum est, quod quidquid reale potest cognosci abstractive, potest etiam cognosci intuitive ......* (GG) *Ideo dico, quod notitia intuitiva et abstractiva se ipsis differunt, et non penes obiecta et penes causas suas quascunque, quamvis naturaliter notitia intuitiva non possit esse sine existentia rei, ... notitia autem abstractiva potest esse naturaliter ipsa re simpliciter destructa.*

788) *Summa t. log.* I, 15, f. 6 v. B: *Quod nullum universale sit aliqua substantia extra animam existens, evidenter probari potest..... Nullum universale est substantia singularis et una numero; si enim diceretur, quod sic, sequitur, quod Socrates erit aliquod universale, quia non est maior ratio, quod unum universale sit una substantia singularis, quam alia...... Sequeretur, quod deus non posset unum individuum simpliciter annihilare, nisi cetera individua destrueret, quia, si annihilaret aliquod individuum, destrueret totum, quod est de essentia illius...... Nullum universale est substantia, qualitercunque consideretur; unde consideratio intellectus non facit, quod aliquid sit substantia vel non-substantia, quamvis significatio termini faciat, quod de illo, non pro se, praedicetur hoc nomen „substantia" vel non praedicetur...... Quodlibet universale est intentio animae, quae secundum unam probabilem opinionem ab actu intelligendi non distinguitur; unde dicunt, quod intentio, qua intelligo homines, est signum naturale significans hominem, ita naturale, sicut gemitus est signum infirmitatis vel doloris; et est tale signum, quod potest stare pro hominibus in propositionibus mentalibus, sicut vox potest stare pro rebus in propositionibus vocalibus....... Quod autem substantia non sit nata praedicari, patet, quia, si sic, sequeretur, quod propositio componeretur ex substantiis particularibus et per consequens subiectum erit Romae et praedicatum Oxoniae* (bezüglich des Letzteren vgl. Anm. 599).

kommt, ist nicht etwa eine objective Wesens-Identität des Universalen und des Singulären, sondern beruht lediglich auf dem Begriffe des „Zeichens" (*signum*), welches ja als solches mehrerem Bezeichneten gemeinsam ist [789]); und daher wird bei Erkenntniss eines Universale hinwiederum nicht ausschliesslich oder einseitig bloss der geistige Begriff erkannt, sondern zugleich mit ihm gemeinsam auch das Singuläre, auf welches er sich bezieht [790]). Aber dabei dürfe man sich durch das Wort *„singularis"* nicht täuschen lassen, denn dasselbe habe einen doppelten Sinn: nemlich einerseits bedeute *„singulare"* dasjenige, was Eines und nicht Vieles ist, und in diesem Sinne sei Alles und Jedes ein Singuläres, mag es ein Ding oder ein Zeichen oder eine *intentio* oder ein Universale sein, indem auch letzteres irgend Ein bestimmtes psychisches Moment ist, und somit gebe es in diesem Sinne, da für die Philosophie Nichts zugleich Eines und Vieles ist (— anders in der Theologie, welche ja lehrt, dass 1 = 3 ist, vgl. Anm. 733 —), überhaupt gar kein Universale; hiegegen andrerseits bedeute *„singulare"* dasjenige, was in der Einheit seines Seins auch nur Eines (nicht aber Vieles) „bezeichnen" kann, und in diesem Sinne bestehe ein Unterschied oder selbst ein Gegensatz zwischen dem Singulären und dem Universale, insoferne letzteres, während es allerdings Eines ist, zugleich wesentlichst den Beruf hat, Mehreres zu bezeichnen, und somit gebe es von Natur aus sowohl singuläre als auch universelle *intentiones animae*, eine Unterscheidung, welche bei den Worten nur auf willkürlicher Einrichtung (Anm. 757, 774, 781) beruhe, daher auch die Singularität, vermöge deren ein Wort *„terminus discretus"* ist, als dritte Bedeutung des *„singulare"* genommen werden könne [791]).

---

789) *Expos. aur. Praedicab. de genere: Illud, quod praedicatur de pluribus differentibus specie, non est aliqua res, quae sit de esse illorum, de quibus praedicatur, sed est una intentio in anima naturaliter significans omnes illas res, de quibus praedicatur ..... Et ideo genus non est commune pluribus per identitatem in eis, sed per quandam communitatem signi, quomodo idem signum est commune ad plura signata...... Divisio praedicabilium non est divisio primo rerum, quae sint in genere substantiae, sed est divisio nominum vel conceptuum vel intentionum in anima.*

790) *Sent.* I, *Dist.* 2, *qu.* 4 Q: *Secundum unam opinionem intellectus intelligendo hominem, non intelligendo aliquem hominem singularem, non intelligit rem unam de genere substantiae, sed tantum intelligit quendam conceptum mentis ...... Sed secundum aliam opinionem vere intelligitur quilibet homo singularis, non cognitione propria nec aequivalenti, sed communi tantum.*

791) *Expos. aur. Perierm.* C. 5: *Vox est singularis in se, sc. quia est una res et non plures; potest tamen esse universalis per significationem et praedicationem. ..... Singulare accipitur dupliciter: uno modo pro eo, quod est unum et non plura, et isto modo quaelibet res, sive sit signum sive signatum sive vox sive conceptus, dicitur singularis, et sic nulla res est universalis, ... quia nihil est unum et plura secundum philosophos, quamvis secundum theologos posset concedi, sed de hoc non est modo curandum* (d. h. die Trinitäts-Lehre liegt ausserhalb der Philosophie).... *Alio modo accipitur pro eo, quod non est praedicabile et quod non significat plura, et universale dicitur per oppositum illud, quod praedicatur de pluribus et est signum plurium et plura significat, quamvis ipsum in rei veritate sit unum et non plura, et isto modo secundo accipiendo singulare et universale non est idem .... Intentionum animae quaedam sunt universales et quaedam singulares, voces autem non sunt singulares nec universales nisi per institutionem sive ad placitum. Summa t. log.* I, 14, f. 6 v. B: *Singulare potest sumi dupliciter. Uno modo hoc nomen „singulare" significat illud, quod est unum et non plura; et hoc modo tenentes, quod universale est quaedam qualitas mentis praedicabilis de pluribus, non tamen pro se, sed*

Kehrt somit Occam betreffs der Universalien ebenso wie bei *intentio* (Anm. 778) immer wieder auf die Aussagbarkeit, auf *„dici de pluribus“*, und somit grundsätzlich (vgl. Anm. 768) auf das Urtheil zurück [792]), so ist es schliesslich eben dieser nemliche Standpunkt, welchen er in peinlicher Ausführlichkeit und unter scrupulöser Formulirung aller möglichen Fragen, aller Gründe und Gegengründe, bei der Discussion über die Universalien im Commentar zu Petrus Lombardus vertritt. Folgen wir dem dortigen Verlaufe (einige anderweitige Belegstellen aus anderen Schriften bei einzelnen Punkten nicht vernachlässigend), so begegnet uns als erste die Frage, ob die Universalien wirkliche Dinge ausserhalb der Seele seien, welche den einzelnen Dingen, deren gemeinsame Prädicate sie sind, wesentlich innen einwohnen, während sie von denselben real verschieden sind; und indem nun gegenüber dem Standpunkte der subjectiv psychischen Auffassung diese Frage dennoch im Hinblicke auf die Wesens-Einheit gleichnamiger Individuen und auf die Unvergänglichkeit der Allgemeinbegriffe manigfach bejaht werde [793]), bemerkt hiegegen Occam vorerst,

---

pro illis pluribus, dicere habent, quod quodlibet universale est vere et realiter singulare (diess beruht auf einer schon von Middleton, ob. Anm. 230, benützten Stelle Avicenna's)..... *Aliter accipitur nomen „singulare“ pro omni eo, quod est unum et est signum alicuius singularis nec est natum esse signum plurium. Et sic nullum universale est singulare, quia quodlibet universale natum est esse signum plurium. ...... Unde vocando universale aliquid, quod non est unum numero, quam acceptionem multi tribuunt universali, dico, quod nihil est universale, nisi forte abutetur vocabulo dicendo, populum non esse unum numero et esse universale; sed puerile esset. Dicendum est igitur, quod quodlibet universale est una res singularis, et ideo non est universale nisi per significationem, quia est signum plurium..... Forma, quamvis in comparatione individuorum sit universalis, tamen in comparatione animae singularis, in qua imprimitur, est individua, ipsa enim est una ex formis, quae sunt in intellectu.* Quodl. V, *qu.* 12: *Utrum universale sit singulare ..... Logice loquendo tripliciter accipitur singulare et individuum. Uno modo dicitur singulare, quod est una res numero et non plures res; alio modo dicitur singulare res extra animam, quae est una et non plures nec est signum alicuius; tertio modo..... signum proprium uni, quod vocatur terminus discretus ...... Universale est singulare et individuum primo modo, quia vere est una qualitas mentis singularis et non est plures qualitates. Sed secundo modo non est singulare, quia nullo modo est res extra animam quodcunque universale; similiter universale non est singulare tertio modo, quia universale est signum naturale vel voluntarium commune pluribus et non tantum uni.* S. Anm. 839.

792) *Expos. aur. Praedicab. de specie: Ordo praedicamentalis non componitur ex rebus extra animam, sed ex conceptibus et intentionibus in anima, quae non habent aliquem ordinem, nisi quod unum est communius et dicitur de pluribus et illud vocatur superius, et aliud est minus commune et dicitur de paucioribus et illud est inferius ..... Species continet individua non sicut quoddam totum, de cuius essentia sint individua, ... sed contineri hic idem est quod de pluribus praedicari.*

793) *Sent.* I, *Dist.* 2, *qu.* 4 A: *Quaero, utrum illud, quod immediate et proxime denominatur ab intentione universalis et univoci sit aliqua vera res extra animam intrinseca et essentialis illis, quibus est univoca et communis, distincta realiter ab illis. Primo, quod sit vera res essentialis et intrinseca illis, quibus est commune, videtur, quia ...... isti duo homines, universalis et particularis scilicet, cui accidit univocatio, sunt unum essentialiter; sed illud, quod est unum essentialiter cum aliquo ente reali extra animam, est vere res et essentialis alicui rei ..... Secundo, quod sit res distincta realiter, videtur, quia impossibile est, eandem rem esse corruptibilem et incorruptibilem; sed universalia sunt incorruptibilia, ... ergo non sunt eaedem res cum singularibus. Ad oppositum: ...... unum et ens sunt ex rebus universalibus, quae non habent esse extra animam ..... Ad istam quaestionem est una opinio,*

dass bei solcher Annahme die Universalien bereits singularisirt, d. h. zu concreten Einzeln-Dingen gemacht seien, bei welchen eine angebliche *communicabilitas* (thomistische Ansicht, s. Abschn. XVII, Anm. 380—392 u. 494) einerseits zweifelhaft bleibe und andrerseits eine Singularisirung oder örtliche Vervielfältigung doch nicht ausschliesse; ferner dass die Universalien dann nur Summanden oder Theile (vgl. Anm. 781, 799 f.) des Wesens der Einzelndinge sein könnten, wornach in einem Individuum ebenso viele *„res"* stecken müssten, als Universalien von ihm ausgesagt werden; ausserdem dass das Universale nicht Gegensätze in sich aufnehmen könne, was doch bekanntlich bei Substanzen wesentlich der Fall sei; endlich dass mit der Vernichtung Eines Individuums der Untergang der ganzen Gattung verbunden sein müsste[794]). Ueberhaupt ja sei die Annahme einer derartigen Existenz der Universalien weder zur Erklärung des Urtheiles nöthig oder zulässig, weil der Theil (— Theile aber seien in solchem Sinne die Universalien —) nicht wesentlich vom Ganzen prädicirt werden könne, noch bedürfe man derselben zum Behufe der realen Disciplinen, weil für diese das Urtheil allein genüge (s. sogleich Anm. 797 f.), noch auch endlich zum Behufe der Definition, da diese immer etwas vom de-

---

quod quodlibet universale univocum est quaedam res existens extra animam realiter in quolibet singulari et de essentia cuiuslibet singularis distincta realiter a quolibet singulari et a quolibet alio universali ..... Pro illa opinione arguunt multipliciter, d. h. es werden nun dreizehn Gründe für dieselben angeführt.

794) Ebend. D: *Ista opinio est simpliciter falsa et absurda; ideo arguo contra eam primo sic: Nulla una res numero non variata nec multiplicata est in pluribus suppositis vel singularibus nec etiam quibuscunque individuis creatis simul et semel, sed talis res si poneretur, esset una numero, ergo non esset in pluribus singularibus nec de essentia illorum ...... Sed res singularis et universalis per se sunt duae res distinctae realiter et aeque simplices, vel res universalis est magis simplex, nec maiorem pluralitatem rerum intrinsecam includit una quam alia, sc. res universalis quam singularis; igitur si res singularis est una numero, res universalis erit una numero. ...... Si dicitur, quod illa res universalis est realiter communicabilis multis et est realiter in multis, non sic autem res singularis, et ideo, quamvis non includat intrinsece maiorem pluralitatem rerum, non tamen est una numero sicut res singularis, contra quaero, quomodo est communicabilis multis et quomodo est in multis...... Si dicitur, quod ipsa non variata in se nec multiplicata communicatur multis et distincta remanet realiter ab illis, talis communicabilitas vel existentia in multis non excludit unitatem numeralem ...... Omnis res faciens numerum cum alia re distincta est una res numero vel plures res numero; sed talis res universalis si ponatur, vere facit numerum cum re singulari; ergo ipsa est una res numero vel plures res numero; sed non est plures res numero;..... ergo est una numero ..... Si dicitur, quod illa res universalis est de essentia Socratis et non tota essentia Socratis, quia tunc non esset res alia a Socrate, ergo est pars essentialiter Socratis, ex illo sequuntur multa absurda...... Sequeretur, quod tot essent res realiter distinctae in quolibet singulari, quot sunt universalia praedicabilia univoce de eodem..... Omnis res extra animam in genere substantiae est susceptiva contrariorum; ergo si sit aliqua substantia universalis, vere erit susceptiva contrariorum; sed nullum universale est susceptivum contrariorum; ergo nullum tale universale est res realis in genere substantiae. Summa l. log.* II, 2, f. 25 v. B: *Si humanitas sit alia res a singularibus et sit de essentia singularium, ergo idem non variatum esset in pluribus, et ita unum non variatum numeraliter esset in diversis locis; quod est falsum. Similiter idem non variatum damnatum in Juda et salvatum in Christo, et ita aliquid esset damnatum et miserum in Christo; quod est absurdum. Similiter tunc deus non posset aliquid individuum annihilare, nisi destrueret omnia individua eiusdem generis.*

finirten Gegenstande Verschiedenes ist[795]). Hiezu aber fügt er noch einen anderen Einwand, welcher nach der Lehre von **consequentia** formulirt ist und auf der Theorie der **suppositio** beruht (vgl. Anm. 777 u. 781); nemlich falls das Universale in dem angegebenen Sinne eine „*res*" wäre, d. h. nicht bloss ein Zeichen für ein Bezeichnetes, so müsste es befähigt sein, für sich selbst supponirt zu werden; dann aber käme man bei der Folgerung „Mensch ist eine Species, also ist Thier eine Species" oder bei dem Urtheile „Die niederste Species ist eine Substanz" zu falschen Behauptungen, sowohl wenn man nach **suppositio personalis**, als auch wenn man nach **suppositio simplex** verfährt; also könne das Universale nicht eine *res* sein[796]). Ausserdem müsse um der logisch Ungeübten willen bemerkt werden, dass der Bestand der realen Disciplinen durchaus nicht einen Einwand gegen die Subjectivität der psychisch erfassten Universalien in sich schliesse (wie Burleigh gemeint hatte, s. ob. Anm. 591 u. 598); denn vor Allem habe jede Wissenschaft, möge sie real oder rational sein, nur Urtheile zum Gegenstande, weil Urtheile allein es seien, welche „gewusst" werden (s. Anm. 754), wobei es für die Wahrheit des Urtheiles gleichgültig sei, ob es aus Geschriebenem oder aus gesprochenen Worten oder innerlich aus Begriffen bestehe; Worte ja seien bei jeder Wissenschaft üblich, der Unterschied hingegen liege nur darin, dass bei den realen Disciplinen die Worte (oder **termini**) durch **suppositio** auf concrete einzelne Dinge, bei den rationalen durch **suppositio** auf Begriffe, und bei den grammatischen Theorien durch **suppositio** auf Worte selbst

---

795) *Sent.* I, a. a. O.: *Ideo dico aliter ad quaestionem, quod nulla res realiter distincta a singularibus rebus et intrinseca eis est universalis et communis eis, quia talis res non esset ponenda nisi ad salvandam praedicationem essentialem unius de altero vel ad salvandam scientiam de rebus et diffinitiones rerum, quas omnes innuunt arguentes pro opinione Platonis. Sed primum non valet, quia eo ipso, quod ponitur intrinseca ibi et distincta a re singulari, oportet, quod sit pars rei, sed pars non potest praedicari essentialiter de re. ...... Nec propter secundum oportet ponere, quia ad habendum scientiam realem sufficit habere propositiones per se, quae possunt haberi sine tali alia re ..... Nec oportet talem rem ponere propter tertium* ...... (F) *quia nunquam diffinitio et diffinitum sunt eadem res; sicut enim non sunt idem terminus, ita non sunt eadem res, hoc non obstante, quod pro eadem re supponunt* (letzteres ebenso *Summa t. log.* I, 20, f. 8 v. B. und hiezu Anm. 848).

796) Ebend. *Ab inferiori ad superius est bona consequentia* (s. Abschn. XVII, Anm. 623), *quando sc. superius et inferius supponunt pro rebus ceteris, quamvis non sequitur, quando supponunt pro se ipsis; ergo sequitur „homo est species, ergo animal est species"; quaero ergo, quomodo supponit „animal"; aut personaliter, et tunc haec est falsa, quia nullum animal est species; aut simpliciter, et tunc est falsa, quia tunc animal supponit pro illo communi, et illa res communis non est species specialissima, sed genus ..... Praeterea si haec sit vera „species specialissima est substantia", aut substantia supponit simpliciter aut personaliter: si simpliciter, tunc haec est falsa, quia tunc species specialissima esset genus generalissimum; si personaliter, adhuc est falsa, quia tunc supponit pro suppositis et singularibus, et per consequens species specialissima esset aliquid singulare. Ideo dico, quod nulla res talis est, quae sit universalis et intrinseca illis, quibus est communis. Summa t. log.* I, 66, f. 21 v. B: *Suppositio simplex est, quando terminus supponit pro intentione animae* (s. unten Anm. 877 u. 879), *quae aliquando est communis pluribus per praedicationem, aliquando vero est propria uni; et ratio huius est, quod nihil est a parte rei, quando sit simpliciter singulare. Unde error illorum, qui credebant, aliquid esse in re praeter singulare, et quod humanitas distincta a singularibus est aliquid in individuis et de essentia eorum, induxit eos in illos errores et multos alios logicales.*

sich beziehen (vgl. Anm. 776); jene inneren Urtheile aber, welche allen ausgesprochenen Urtheilen zu Grunde liegen (Anm. 769), seien eben nur aus solchen *termini* zusammengesetzt, welche Begriffe sind[797]). Darum solle man auch mit Sophistereien, welche dem juristischen Gebiete der Stipulation entnommen sind (s. ob. Anm. 590), nicht weiteren Unfug treiben; denn sowie jene derartigen Beispiele sich einfach durch *suppositio confusa tantum* (s. Abschn. XVII, Anm. 205 ff.) lösen, so komme überhaupt in den Urtheilen Alles auf die *suppositio* an, deren Kenntniss in allem Detail allerdings Sache des Logikers sei[798]).

Die zweite Frage, welche dahin geht, ob die Universalien als wirkliche

---

797) *Sent.* a. a. O. *qu.* 4 M: *Scientia realis non est semper de rebus tanquam de illis, quae immediate sciuntur, sed de aliis pro rebus tantum supponentibus ..... Propter aliquos inexercitatos in logica sciendum est, quod scientia quaelibet, sive sit realis sive rationalis, est tantum de propositionibus tanquam de illis, quae sciuntur, quia solae propositiones sciuntur ..... Sicut propositio prolata vere componitur ex vocibus et propositio scripta vere componitur ex scripturis, ita propositio tantum concepta componitur tantum ex intellectionibus vel conceptibus seu intentionibus animae ..... Sicut propositio prolata scitur, ... ita propositio in mente, quae nullius linguae est, vere scitur ..... Scientia aliquarum talium propositionum prolatarum est realis et aliquarum rationalis, et tamen illa scita et omnes partes istorum vere sunt voces, quia, cum partes aliquarum supponunt et stant non pro se ipsis vocibus, sed pro rebus extra, puta pro subiectis, ideo illarum propositionum scientia dicitur realis; aliae autem partes aliarum propositionum stant pro ipsis conceptibus mentis, ideo scientia illarum potest dici rationalis vel logicalis; et istarum propositionum prolatarum, e. g. „homo est vox bissyllaba", potest dici grammatica. Et tamen omnes propositiones tales et partes earum sunt voces, et solum dicuntur ad diversas scientias pertinere, quia partes pro diversis supponunt, quia aliquae supponunt pro rebus, aliquae pro conceptibus mentibus, et aliquae pro ipsis vocibus. Ergo eodem modo proportionabiliter de propositionibus in mente, quae vere possunt sciri a nobis, quia omnes termini illarum sunt tantum conceptus et non sunt ipsae substantiae extra ..... In ista propositione in mente „omne corpus componitur ex materia et forma singulari" non fit suppositio pro aliquo corpore universali, quia nullum tale corpus est, ... sed scientia isto modo est de rebus singularibus, quia pro ipsis singularibus termini supponunt.* Ebend. N: *Nihil refert ad scientiam realem, an termini propositionis scitae sint res extra animam vel tantum sint in anima, dummodo stent et supponant pro ipsis rebus extra; et ita propter scientiam realem non oportet ponere tales res universales distinctas realiter a rebus singularibus.* Hiezu Anm. 843 a. Ende.

798) Ebend. X: *Si protervialur, ... quod haec est vera „aliquis promittit, se daturum alteri aliquem equum", tunc quaero: aut iste promittit alteri rem aliquam singularem aut universalem aut conceptum. Non rem singularem, quia non plus unam, quam aliam, et ita vel nullum equum promittit et ita posset tenere promissum nullum equum dando, vel promittit quemlibet equum et ita non posset tenere promissum nisi dando quemlibet equum. Si promittat rem universalem, habetur propositum. Si conceptum, hoc non est verum, quia promittit veram rem ...... Ista cavillatio non esset hic ponenda, nisi quia aliqui putantes, se scire logicam, ponderarent talia puerilia, propter quae ponuntur multa absurda circa suppositionem terminorum ...... Est fallacia figurae dictionis commutando unum modum supponendi in alium ...... In ista propositione „equum" supponit confuse tantum vel aliquo modo consimili, quia non supponit confuse et distributive ...... Saepe terminus praedicatus habet suppositionem confusam tantum vel aliquam, quantum ad praedicata, consimilem cum signo distributivo praecedenti; verumtamen utrum vi sermonis habeat suppositionem confusam tantum vel non, ad praesens non curo, et ideo ista omittantur, quia pertinent ad logicos. Ignorantia tamen istorum facit multa difficilia et in theologia et in aliis scientiis realibus, quae, si ista puerilia essent perfecte scita, essent valde facilia.* Hiezu d. Schluss d. Anm. 879; vgl. auch Anm. 806; die logische Lösung aber des juristischen Beispieles s. unten Anm. 885.

äussere Dinge in den Individuen, von welchen sie reell verschieden seien, mittelst einer Vervielfältigung reell existiren, liegt eigentlich näher an der Controverse über das Princip der Individuation, wurde aber jedenfalls nur von Halb-Thomisten auf Grundlage Albert's (s. Abschn. XVII, Anm. 378, 381 f., 393) bejaht; denn soweit unsere Kenntniss der verschiedenen Parteistellungen reicht, finden wir diese Ansicht hauptsächlich von Herveus (ob. Anm. 411 u. 416), theilweise auch von Gottfried von Fontaines (ob. Anm. 66) und von Aegidius (ob. Anm. 382 f.) vertreten; Occam aber bekämpft dieselbe darum, weil im Hinblicke auf die Verschiedenheit der Individuen dann zuletzt ebenso viele niederste Arten statuirt werden müssten, als es Individuen gibt, und weil auch hier das Universale zu einem real verschiedenen wesentlichen Theile des Einzeln-Dinges gemacht werde, während das Bestehen eines Theiles im Wesen, wenn überhaupt zulässig, nur in der prädicativen Aussage der Artbegriffe im Vergleiche mit den Gattungsbegriffen gefunden werden könne[799]), sowie man bei Allem stets das Verhältniss der Aussage und der Suppositions-Fähigkeit als einzig richtiges im Auge behalten müsse[800]).

Die Beantwortung hingegen der dritten Frage, welche gleichfalls in das Princip der Individuation hinüberspielt, nemlich ob die Universalien etwas ausserhalb der Seele Bestehendes seien, welches nur *formaliter* (nicht aber real) vom Individuum verschieden sei, ist direct gegen Scotus

---

799) *Sent.* I, *Dist.* 2, *qu.* 5 A: *Quaero secundo, utrum universale et univocum sit vera res extra animam realiter distincta ab individuo, in eo tamen realiter existens realiter multiplicata et variata*..... (B) *Est una opinio, quae imponitur doctori subtili a quibusdam, sicut ab aliis opinio recitata in praecedente quaestione* (d. h. Anm. 793) *sibi imponitur* (sonach bestanden damals sogar darüber Meinungsverschiedenheiten, was Lehre des Scotus sei und was nicht; jedenfalls aber waren die beiderseitigen Referenten, auf welche sich hier Occam beruft, ziemlich unwissende Menschen, wahrscheinlich ächte Thomisten); *et est opinio, quod universale est vera res extra animam distincta realiter ab una differentia contrahente, realiter tamen multiplicata et variata per talem differentiam contrahentem. Sed ista opinio videtur esse simpliciter falsa, quia*...... (C) *humanitas Socratis realiter distinguitur a differentia contrahente illam humanitatem* (d. h. wenn zum Universale die Individuation als etwas Verschiedenes hinzutreten soll)...... *Si humanitas sit alia et alia, ergo tot erunt species specialissimae, quot sunt individua*...... (D) *Dico ad quaestionem, quod in individuo non est aliqua natura universalis realiter distincta a differentia contrahente, quia non posset ibi poni talis natura, nisi esset pars essentialis ipsius individui*..... *Similiter si in individuo essent talia duo realiter distincta, non videtur includere contradictionem, quin unum istorum posset esse sine altero, et tunc posset esse gradus individualis sine natura contracta vel e converso, quorum utrumque est absurdum*...... *Universale aliquo modo significat partem, quando est genus ad multa composita distincta formis specificis;* ...... *et ideo universale non est realiter pars, et ideo non oportet, quod realiter multiplicetur.*

800) *Expos. aur. Praedicab. De specie: Sicut genus non est de esse speciei nec pars eius, ita species non est de esse individui, sed est quaedam intentio in anima significans ipsa individua, et est praedicabilis de eis non pro se, sed pro ipsis individuis, quia*..... *praedicatum non supponit pro se, quia tunc denotaretur, quod Socrates esset hoc praedicatum commune „homo", quod est manifeste falsum, sed „homo" supponit pro ipsis individuis*..... *Ideo species non est realiter in individuo. Summa t. log.* I, 20, f. 8 v. A: *Genus non est aliqua res extra animam existens de essentia illorum, de quibus praedicatur, sed est quaedam intentio animae praedicabilis de multis, non quidem pro se, sed pro rebus, quas significat.*

gerichtet[801]). Und zwar wendet Occam gegen denselben ein, dass es im Umkreise der natürlichen Dinge überhaupt keine formale Unterscheidung ohne eine reale geben könne (anders verhalte es sich freilich bei der Trinität, vgl. Anm. 791), dass der äussere Gegenstand, welcher als solcher singulär ist, nicht zugleich gemeinsam sein könne, dass es (wie oben Anm. 800) zuletzt so viele Arten als Individuen geben müsste, oder dass entweder alles Singuläre ein Universale wäre oder es kein Universale gäbe (wie oben Anm. 794) und somit der Unterschied der Individuen getilgt werde, dass von Natur aus nicht das Allgemeine als das Frühere beabsichtigt werde, sondern gerade das Singuläre (ob. Anm. 783), endlich dass in den Urtheilen das Prädicat zugleich sein eigenes Subject wäre, weil ja der höhere und der niedere Begriff real das Nemliche seien[802]).

---

801) *Sent.* 1, *Dist.* 2, *qu.* 6 A: *Quaero tertio, utrum aliquid, quod est universale et univocum, sit realiter extra animam ex natura rei distinctum ab individuo, quamvis non realiter...... Dicitur, quod in re extra animam est natura eadem realiter cum differentia contrahente ad determinatum individuum, distincta tamen formaliter, quae de se nec est universalis nec particularis, sed incomplete est universalis in re, et complete secundum esse in intellectu. Et ista opinio est, ut credo, opinio subtilis doctoris, qui alios in subtilitate iudicii excellebat* (s. ob. Anm. 100, 102, 121 f.)...... *Et est de intentione istius doctoris, quod praeter unitatem numeralem est unitas realis minor unitate numerali* (Anm. 141)..... *Non est ergo ista entitas materia vel forma vel compositum, inquantum quodlibet istorum est natura, sed est ultima realitas entis, quod est materia, et entis, quod est forma, et entis, quod est compositum* (Anm. 147)..... (D) *Pro conclusione principali istius opinionis arguitur multipliciter* (folgen neun Gründe).

802) Ebend. E: *Contra istam opinionem potest argui duplici via. Primo, quod impossibile est, in creaturis aliqua differre formaliter, nisi distinguantur realiter* (s. Anm. 817)...... (F) *Secunda via potest argui contra praedictam opinionem, quod non est vera, etiam posito, quod esset talis distinctio; primo sic: quandocunque convenit alicui realiter unum oppositum, ... reliquum oppositorum sibi non convenit realiter; .....sed per te omnis res extra animam est realiter singularis una numero, ... ergo nulla res extra animam est realiter communis nec una unitate opposita unitati singularitatis......* (G) *Secundo principaliter iuxta istam viam arguo sic, quia, si natura isto modo esset communis, sequeretur, quod tot essent species et genera, quot sunt individua.....* (H) *Si dicatur, quod res non est complete universalis, sed solum secundum quod est considerata ab intellectu, contra quaero de illo, quid immediate denominatur universale. Aut est praecise una res extra animam, aut erit praecise ens rationis, aut est aggregatum ex ente reali et ente rationis. Si detur primum, habetur, quod res singularis est simpliciter complete universale contra dictum proprium...... Si detur secundum, sequitur, quod nulla res est universalis nec completive nec inchoative..... Si detur tertium, ... stabit, quod quot sunt individua, tot erunt genera generalissima......* (J) *Tertio arguo sic: humanitas in Socrate et humanitas in Platone realiter distinguuntur, ergo utraque illarum est realiter una numero, et per consequens neutra est communis......* (M) *Quae sunt una res in creaturis, non sunt alterius et alterius rationis; sed differentia individualis et natura contracta sunt una res...... Socrates includeret aliquid alterius rationis ab illo, quod est in Platone, quod falsum est, quia tunc Socrates et Plato non essent simpliciter eiusdem rationis.......* (O) *Quod natura est prior naturaliter hac entitate, ut haec est, hoc non est verum.......* (R) *Illud, quod est universale et univocum, non est aliquid realiter ex parte rei, distinctum formaliter ab individuo, ... quia tunc quandocunque praedicatur superius de inferiori, praedicaretur idem de se, quia superius et inferius essent eadem res* (in Bezug auf Letzteres vgl. Anm. 812). *Summa l. log.* II, 2, f. 26 r. A: *Nec valet dicere, quod humanitas Socratis non distinguitur a Socrate realiter, sed formaliter tantum; quia talis distinctio non est ponenda in creaturis, quamvis aliquo modo posset poni in divinis; et hoc, quia in creaturis im-*

Die gleichen Einwände richtet Occam auch anderwärts gegen die Scotisten mit specieller Bezugnahme auf das Princip der Individuation, bezüglich dessen er in ganz ähnlicher Weise, wie Durand (ob. Anm. 569) und Burleigh (ob. Anm. 603) im Gegensatze gegen die Häcceität des Scotus an eine *materia particularis* in Verbindung mit einer *forma particularis* denkt[803]), woraus folgt, dass Individuen gleicher Art lediglich mittelst ihrer selbst in einem Gemeinsamen zusammentreffen, was durch die *intentio* in einem Zeichen des Wesens ausgedrückt wird, sei es als ein Substantielles oder sei es als eine der übrigen neun Kategorien; denn dass man das Universale selbst auch ein Accidens nennen könne, betreffe nur das psychische Auftreten desselben, nicht aber das Wesen des durch die *intentio* Bezeichneten[804]).

Durch die vierte Frage werden die vorhergehenden drei zusammen allgemeiner dahin formulirt, ob das Universale überhaupt in irgend einer Weise sachlich ausserhalb der Seele existire; und aus einer Aufzählung

---

possibile est dare aliquam rem unam numero, quae sit realiter plures res et quaelibet illarum, sicut est in divinis, nam divina essentia est tres personae etc.

803) *Summa t. log.* I, 16, f. 7 r. B: *Videtur tamen aliquibus, quod universale aliquo modo est extra animam et in individuis, non quidem distinctum ab his realiter, sed tamen formaliter; unde dicunt, quod in Socrate est natura humana, quae contrahitur ad Socratem per unam differentiam individualem, quae ab illa natura non distinguitur realiter, sed formaliter, unde non sunt duae res, una tamen non est formaliter alia. Sed haec opinio videtur esse irrationabilis, quia in creaturis non potest esse aliqua distinctio qualitercunque extra animam, nisi ubi sunt res distinctae. ...... Item eadem res non est communis et propria..... Item si natura communis esset eadem realiter omni differentiae individuali, ergo tot essent realiter naturae communes, quot sunt differentiae individuales...... Item quaelibet res se ipsa, et non per aliud, distinguitur, a quocunque distinguitur.....* (v. A) *Dicendum est igitur, quod in creaturis nulla est talis distinctio formalis...... Et ideo non est imaginandum, quod in Socrate sit humanitas vel natura humana distincta a Socrate quocunque modo, cui addatur una differentia individualis contrahens illam naturam, sed quidquid imaginabile substantiale existens in Socrate vel est materia particularis vel forma particularis vel aliquid compositum ex his, et ideo omnis essentia et quidditas et quidquid est substantiae, si sit realiter extra animam, vel est simpliciter et absolute materia vel est forma vel compositum ex his.*

804) Ebend. 17, f. 7 v. A: *Multis non parvae auctoritatis viris videtur, quod universale aliquo modo sit extra animam et de essentia substantiarum particularium, ad quod probandum nonnullas rationes et auctoritates adducunt. Unde dicunt, quod, quando aliqua realiter conveniunt et realiter differunt, per aliud conveniunt et per aliud differunt, ... ergo includunt aliqua praeter ista, quibus distinguuntur...... Item plus conveniunt Socrates et Plato, quam Socrates et asinus* (s. ob. Anm. 99), *ergo in aliquo conveniunt Socrates et Plato, in quo non conveniunt Socrates et asinus. ...... Item si universale non esset substantia, omne universale esset accidens...... Et ad istas rationes respondeo...... Concedendum est, quod Socrates per idem convenit specifice cum Platone et differt numeraliter ab eodem, ... sed sufficit, quod se ipsis conveniant...... Loquendo de vi vocis et secundum proprietatem sermonis concedendum est, quod nullum universale est de essentia cuiuscunque substantiae; omne enim universale est intentio animae vel aliquod signum voluntarie institutum, tale autem non est de essentia substantiae ...... Sed magis proprie loquendo debet concedi, quod universale exprimit vel explicat essentiam substantiae, h. e. naturam, quae est substantia....... Habent dicere illi, qui ponunt, intentiones animae esse qualitates mentis, quod omnia universalia sunt accidentia, non tamen omnia universalia sunt signa accidentium, sed aliqua sunt signa substantiarum tantum et illa constituunt praedicamentum substantiae, alia autem constituunt alia praedicamenta.* (Betreffs des Letzteren vgl. Anm. 812.)

verschiedener Meinungen, wobei wir deutlich nicht bloss den Thomismus und den Scotismus, sondern auch Baconthorp, Aegidius, Durand, Burleigh, Mayron, Herveus und Aureolus wiedererkennen, liest sich Occam in seiner Weise heraus, dass Alle eben doch in irgend einer Beziehung das Universale mit dem Singulären identificiren und somit dem ersteren einen sachlichen Charakter beilegen [805]). Hingegen nach seiner eigenen Ansicht müsse durchweg daran festgehalten werden, dass in der Aussenwelt schlechthin nur Singuläres existire (s. Anm. 781 u. 783) und dass dieses unseren Intellectus reize („*movet*“, vgl. Anm. 784), welcher dann den Gegenstand vorerst verworren und hierauf deutlich (*confuse* und *distincte*, vgl. Anm. 786 f.) erfasse; und es liege somit alle Universalität lediglich im subjectiven Intellectus, wie schon Aristoteles mit Recht gegen Plato bemerkt habe, und nur durch willkürlichen Sprachgebrauch (*voluntaria institutio*, s. Anm. 757 u. bes. 782) könne eine äussere Substanz als universell bezeichnet werden; denn das richtige Verhältniss des Gemeinbegriffes zu dem entsprechenden äusseren Einzelndinge liege immer nur (vgl. Anm. 798) in der *suppositio personalis* [806]).

---

805) *Sent.* I, *Dist.* 2, *qu.* 7 A: *Quarto quaero, utrum illud, quod est universale et commune univocum, sit quomodocunque realiter a parte rei extra animam* ...... (B) *Omnes, quos vidi, concordant dicentes, quod natura, quae est aliquomodo universalis, saltem in potentia et incomplete* (diess bei Baconthorp, s. ob. Anm. 689), *est realiter in individuo, quamvis aliqui dicant, quod distinguitur realiter* (so die strengen Thomisten und auch die Mehrzahl der Halbthomisten), *aliqui, quod tantum formaliter* (so die Scotisten), *aliqui, quod nullo modo ex natura rei, sed tantum secundum rationem vel per considerationem intellectus* (s. bei Aegidius, Anm. 379, bei Durand, Anm. 559 f., und bei Burleigh, Anm. 588). *Unde dicunt aliqui, quod in creaturis est quaedam forma, quae secundum rem et naturam nullam unitatem habet in se omnino, sed in se est naturaliter divisa et habet solum unitatem secundum intellectum rationis* (s. bei Mayron, Anm. 509 u. 515)..... (C) *Vult ergo ista opinio, quod forma generis non est simplex ex se, sed ex se est divisa, sed forma speciei ex se est una simplex et ut sic est universalis, sed ipsa forma ut signata in hoc supposito est particularis; ita quod ista opinio ponit, quod tam forma generis quam speciei subsistit in ipsis singularibus, quamvis aliter et aliter. Alii autem ponunt, quod res secundum esse suum in effectu est singularis et eadem res secundum esse suum in intellectu est universalis* (s. bei Herveus, Anm. 402)...... (E) *Alii autem moderni ponunt, quod eadem res sub uno conceptu est universalis et sub alio conceptu est singularis* (s. bei Aureolus, Anm. 706)....... (F) *Sic ergo omnes istae opiniones ponunt, quod universale et singulare sunt eadem res realiter nec differunt nisi secundum rationem; .....omnes conveniunt in hoc, quod universalia sunt aliquomodo a parte rei ita, quod sunt universalia realiter in ipsis singularibus. Pro ista conclusione potest argui multipliciter* (d. h. es folgen nun zweiundzwanzig Gründe).

806) Ebend. F: *Omnis res positiva extra animam eo ipso est singularis, et haec res sic singularis est apta nata movere intellectum ad concipiendum ipsam confuse et ad concipiendum ipsam distincte. Et voco conceptum confusum, quo intellectus non distinguit unam rem ab alia, et sic Socrates movet intellectum ad concipiendum hominem, et per illum intellectus non distinguit nec distincte cognoscit Socratem a Platone; ..... etiam movet intellectum ad concipiendum ipsum modo non confuso, et sic dico, quod hic Socrates est homo* ...... (G) *Non videtur, quod aliqua res extra animam sit substantia universalis, nisi forte per voluntariam institutionem*...... (S) *Nulla res extra animam, nec per se nec per aliquid additum reale vel rationis nec qualitercunque consideretur vel intelligatur, est universalis, quia tanta est impossibilitas, quod aliqua res sit extra animam quocunque modo universalis, nisi forte per institutionem voluntariam, quomodo ista vox „homo“ est singularis et universalis, quanta est impossibilitas, quod homo per quamcunque considerationem vel*

Gilt hiemit als feststehend, dass die Universalien nicht ausserhalb der Seele existiren, so ist endlich als Gegenstand einer fünften Frage noch die Erörterung übrig, ob dieselben eine vorstellungsweise oder eine gegenständliche Existenz in der Seele haben; und indem Occam auch hier wieder verschiedene Meinungen aufzählt, welche uns nach Maassgabe unserer Kenntniss der Parteien auf Aureolus, auf die Scotisten, auf Burleigh und auf Durand zurückweisen, und dabei bemerkt, dass man nicht vorschnell *conceptus* und *intellectio* identificiren solle (s. Anm. 753), dass die Annahme einer *species intelligibilis* überflüssig sei (Anm. 758), ferner dass die Universalien ebensowenig Dinge (Anm. 784) als etwa bloss willkürliche Veranstaltungen (Anm. 781 f.) seien [807]), so wendet er sich zunächst äusserst entschieden gegen die Annahme eines gegenständlichen Seins (*subiective*) der Universalien, indem er mit den gleichen Motiven, ja mit den nemlichen Worten, wie oben (Anm. 759 f.), im Interesse der vorstellungsweisen Existenz der Universalien den Begriff des „Fictums" festhält [808]), und abermals darauf hinweist, dass in dem inneren, von

---

secundum quodcunque esse sit asinus ..... (T) *Philosophus primo probat, quod universalia non sunt substantiae, secundo, quod non sunt talia exemplaria, qualia posuit Plato .....* (Y) *Res potest intelligi non tantum confuse, sed etiam perfecte et distincte nullo superiori intellecto; et quando dicitur, quod Socrates non potest intelligi nisi intellecto animali, dico, quod ista potest distingui, ... quia „animali" potest supponere simpliciter, et tunc est falsa, quia tunc denotat, quod Socrates non potest intelligi nisi intellecto hoc communi animali, et hoc est simpliciter falsum; vel potest supponere pro re et personaliter, et sic concedo.*

807) *Sent.* I, *Dist.* 2, *qu.* 8 A: *Quinto quaero, utrum universale univocum sit aliquid reale existens alicubi subiective, ... quia universale primo movet intellectum. ...... Possent esse diversae opiniones, quarum multas reputo simpliciter falsas ..... Prima opinio posset esse, quod universale est conceptus mentis et quod iste conceptus est realiter ipsa intellectio* (s. bei Aureolus, Anm. 706 u. 716) ...... *Contra istam opinionem potest argui, quia ..... conceptus non est ipsa intellectio .....* (C) *Secunda opinio potest esse, quod universale est species aliqua, quae, quia aequaliter respicit omne singulare, dicitur universale, et ita est universale in repraesentando et tamen singulare in essendo* (so die Scotisten). *Sed ista opinio videtur esse falsa, quia .... talis species non est necessaria ......* (D) *Alia posset esse opinio, quod aliqua est vera res sequens actum intellectus, qui esset similitudo rei et propter hoc esset universalis, quia aequaliter omnia respiceret* (s. bei Burleigh, Anm. 585 ff.). *Sed ..... nulla talis est ponenda .....* (E) *Quarta posset esse opinio, quod nihil est universale ex natura sua, sed tantum ex institutione illo modo, quo vox est universalis, quia nulla res ex natura sua habet supponere pro alia re nec vere praedicari de alia re, sicut nec vox, sed tantum ex institutione voluntaria* (s. bei Durand, Anm. 551) ..... *Sed haec opinio non videtur vera, quia tunc nihil ex natura sua esset species vel genus nec e converso.*

808) Ebend. E: *Universale non est aliquid reale habens esse subiectivum nec in anima nec extra animam, sed tantum habet esse obiectivum in anima et est quoddam fictum habens esse tale in esse obiectivo, quale habet res extra in esse subiectivo, et hoc per istum modum, quod intellectus videns aliquam rem extra animam fingit consimilem rem in mente, ita quod, si haberet virtutem productivam, talem rem in esse subiectivo, numero distinctam a priori, produceret extra, et esset consimiliter et proportionabiliter sicut est de artifice ...... Et isto modo universale non est per generationem, sed per abstractionem, quae non est nisi fictio quaedam.* (F) *Figmenta habent esse in anima et non subiectivum, quia tunc essent verae res; .... ergo sunt aliqua, quae tantum habent esse obiectivum. Similiter propositiones, syllogismi et huiusmodi, de quibus est logica, non habent esse subiectivum; ergo tantum habent esse obiectivum, ita quod eorum esse est eorum cognosci; ergo sunt talia entia habentia tantum esse obiectivum ...... Similiter omnes quasi distinguunt intentiones*

speciellen Sprachidiomen unabhängigen, Urtheile (Anm. 769) nur Begriffe, nicht aber Dinge, als Subject oder Prädicat auftreten (Anm. 788), sowie dass der vom Intellectus gebildete Begriff von Natur aus universell sei, während die Worte hiezu einer willkürlichen Veranstaltung bedürfen (Anm. 781 f. u. 791), und endlich dass jenes subjective Gebilde nicht ohne Realität sei (Anm. 762), sondern ihm ein adäquates Wirkliches entspreche [809]). Aber unmittelbar hernach spricht er mit der nemlichen Unentschiedenheit, welche wir schon oben (Anm. 758) trafen, von der Möglichkeit, dass die Universalien dennoch auch eine gegenständliche Existenz haben, indem ihnen auch dann jene „natürliche" (s. Anm. 774) Befähigung der Bezeichnung und der Supposition u. dgl. im Vergleiche mit der willkürlichen Sprachbedeutung immerhin zukomme; und er sagt ausdrücklich, dass ihm principiell nur daran liege, die Universalien im Gegensatze gegen die äusseren Einzelndinge, aus welchen sie geschöpft werden, als psychische Erzeugnisse festzuhalten, mögen sie dann als solche gegenständlich oder vorstellungsweise existiren [810]), obgleich ihm anderwärts hinwiederum das erklärliche Bedenken aufsteigt, dass bei gegenständlicher Geltung die Universalien sehr nahe an die platonische Ideenlehre (vgl. Anm. 806) gerückt würden [811]). Aber sowie wir schon

---

secundas ab intentionibus primis non vocando intentiones secundas aliquas reales qualitates in anima; ergo cum non sint realiter extra, non possunt esse nisi obiective in anima.

809) Ebend. F: *Idem est subiectum in propositione universali et particulari non tantum in propositionibus in voce, sed etiam in propositionibus in mente, quae nullius linguae sunt; et in illis non subiicitur aliqua res; ergo tantum conceptus; posset ergo dici, quod sicut vox est universalis et genus et species et tantum per institutionem, ita conceptus sic fictus et abstractus a rebus singularibus praecognitio est universalis ex natura sua; et potest aliquis uti isto modo loquendi vocando conceptum et universale sic fictum .... Illud sic fictum vere est obiectum cognitum ab intellectu, et propter ista potest esse terminus propositionis et supponere pro omnibus illis, quorum est imago vel similitudo, et hoc est esse universale et commune ad illa ......* (H) *Universale non est figmentum tale, cui non correspondet aliquid consimile in esse subiectivo, quale illud fingitur in esse obiectivo .... Si fingatur domus in mente, antequam producatur, non est figmentum sicut chimaera vel aliquid tale.*

810) Ebend. Q: *Cui non placet ista opinio de talibus fictis in esse obiectivo, potest tenere, quod conceptus et quodlibet universale est aliqua qualitas existens subiective in mente, quae ex natura sua est signum rei extra, sicut vox est signum rei ad placitum instituentis, et tunc potest dici, quod per omnem modum, sicut voces et signa voluntarie instituta significant ..... et consignificant ....., ita sunt quaedam qualitates existentes in mente subiective, quibus ex natura sua competunt talia, qualia competunt vocibus per voluntariam institutionem ...... Et secundum istam opinionem debet concedi, quod quodlibet universale et genus generalissimum est vere res singularis existens res determinati generis, est tamen universalis per praedicationem non pro se, sed pro rebus, quas significat ...... Verumtamen ista opinio posset diversimode poni .... Quamlibet istarum opinionum reputo probabilem, sed quae illarum sit verior, relinquo iudicio aliorum. Hoc tamen teneo, quod nullum universale, nisi forte sit universale per voluntariam institutionem, est aliquid existens quocunque modo extra animam, sed omne illud, quod est universale praedicabile de pluribus ex natura sua, est in mente vel subiective vel obiective ......* (R) *Illud, quod movet* (s. Anm. 784 u. 806) *intellectum primo, non est universale, sed singulare, et ideo singulare intelligitur primo primitate generationis* (über Letzteres das Nähere Anm. 786).

811) *Sent.* I, *Dist.* 35, *qu.* 5 G: *Generis et differentiae et aliorum universa-*

oben bemerken mussten (Anm. 763 f.), dass es in diesem Punkte bei Occam an der nöthigen Klarheit gebreche, so stützt er einmal sogar ausdrücklich die gegenständliche Existenz der Universalien gegen Einwände, welche er selbst gegen Scotus und dessen Anhänger erhoben hatte: nemlich wenn gesagt werde, dass dann die Universalien als Qualitäten des Denkens nur accidentell wären, so erwidert er in gleicher Weise wie dort (s. Anm. 804); oder wenn man entgegenhalte, dass nicht das Nemliche von verschiedenen Kategorien ausgesagt werden könne, so hilft ihm wieder die Lehre von der Supposition aus der Klemme, denn das Urtheil „die Substanz ist eine Qualität" bestehe zu Recht, sobald das Subject desselben nach *suppositio materialis* oder *simplex* gelte, nicht hingegen, wenn nach *suppositio personalis;* oder endlich wenn man einwende, dass dann das Nemliche zugleich niederer und höherer Begriff wäre (s. Anm. 802), so verweist er darauf, dass ja auch z. B. das Wort *„dictio"* ein Nomen sei und doch zugleich als Begriff höher liege, als der Begriff des Nomens[812]).

Glauben wir hiemit Occam's Auffassung der Universalien in genügender Weise dargelegt zu haben, so ist durch dieselbe die Entscheidung anderer Controversen folgerichtig von selbst bedingt. So mussten wir schon oben die Frage über das *principium individuationis* nicht bloss nebenbei berühren (Anm. 799), sondern eigentlich im Sinne Occam's bereits beantworten (Anm. 802—804); und in völliger Uebereinstimmung mit dem dort Angeführten erklärt Occam, das Princip der Individualisirung liege lediglich darin, dass die Individuen sich durch sich selbst (*se ipsis*) unterscheiden, und ebenso verhalte es sich auch mit demjenigen, worin sie unter sich zusammentreffen, denn genau genommen solle man nicht sagen, dass sie „in" Etwas (*in aliquibus*) zusammentreffen, sondern richtiger „durch" Etwas (*aliquibus*), und diess seien eben die Individuen selbst, indem sie durch sich selbst (*se ipsis*) zusammentreffen; eben dadurch ja könne der abstrahirende Intellectus Universalien erfassen, welche nicht etwa erdichtete Gebilde (*purum figmentum*, vgl. Anm. 762), sondern suppositionsfähig seien[813]). Indem aber so die Singulari-

lium non sunt ideae, nisi poneretur, quod universalia essent quaedam res subiective existentes in anima et solum communia rebus extra per praedicationem.

812) *Quodl.* V, *qu.* 13: *Universale solum est in anima, et non obiective tantum, sicut prius ostensum est* (s. Anm. 768); *ergo subiective; ergo est qualitas mentis..... Sed contra: quia hoc dato tunc omnia praedicamenta essent accidentia; ...... praeterea idem non praedicatur de diversis praedicamentis; ...... praeterea sequitur, quod idem sit superius ad se...... Ad primum istorum concedo, quod omnia universalia sunt accidentia; tamen non sunt omnia signa accidentium, sed aliqua universalia sunt signa substantiarum ..... Ad aliud dico, quod idem non praedicatur de diversis praedicamentis, quando praedicamenta stant personaliter et significative; sed quando supponit materialiter aut simpliciter, non est inconveniens, idem praedicari de diversis praedicamentis. Unde si in ista propositione „substantia est qualitas" subiectum supponit materialiter vel simpliciter, illa est vera; et similiter ista „quantitas est qualitas"; sed si supponant personaliter, tunc non sunt verae.... Ad aliud dico, quod eadem difficultas est hic, sicut de isto nomine „dictio" et hoc nomine „nomen", quia hoc nomen „dictio" est unum contentum sub nomine, quia est nomen et non omne nomen est hoc nomen „dictio", et tamen hoc nomen „dictio" est quodammodo superius ad omnia nomina.*

813) *Sent.* I, *Dist.* 2, *qu.* 6 EE: *Ad illud, quod innuitur, ... quod si omnis*

tät dem Singulären unmittelbar von selbst und ohne allen anderweitigen Zusatz zukommt [814]), so könne man auch den Begriff der Quidditat in dem Sinne nehmen, dass er das ganze aus Stoff und Form bestehende Wesen bedeute, wornach z. B. zwischen „Mensch" und „Menschheit" nur ein sprachlicher Unterschied (mittelst eines Syncategoreuma) bestehe, während andrerseits, wenn man unter der Quidditat nur die Form verstehe, allerdings zwischen ihr und ihrem Träger unterschieden werden müsse, wenn auch für die Angelologie wieder der Vorbehalt nöthig sei, dass die Quidditat eines Engels identisch mit dem betreffenden Engel selbst ist [815]). Nimmt man aber in jenem ersteren Sinne *essentia* und *existentia* als gleichbedeutend [816]), so sind die scotistischen *„formalitates"* eigentlich im Principe von vorneherein schon weggefallen, da nach Occam's Auffassung, wie wir auch schon oben (Anm. 802) sahen, Nichts formell

---

diversitas esset numeralis, non plus posset intellectus abstrahere a Socrate et Platone aliquid commune, quam a Socrate et linea, et quodlibet universale esset purum figmentum intellectus (s. die nemlichen Worte bei Scotus, ob. Anm. 99), *dico ad primum, quod ex hoc ipso, quod Socrates et Plato se ipsis differunt solo numero et Socrates per substantiam suam est simillimus Platoni, omni alio circumscripto intellectus potest abstrahere aliquid commune Socrati et Platoni, quod non erit commune Socrati et albedini; nec est alia causa quaerenda nisi quia Socrates est Socrates et Plato est Plato et uterque est homo ..... De virtute sermonis non debet concedi, quod Socrates et Plato in aliquo conveniunt nec in aliquibus, sed quod conveniunt aliquibus, quia se ipsis, et quod Socrates convenit cum Platone non in aliquo, sed aliquo, quia se ipso. Si tunc dicatur, quod Socrates et Plato conveniunt in homine, dico, quod „homine" potest supponere vel simpliciter vel personaliter. Primo modo potest concedi, quia hoc non est aliud dicere, quam quod homo est quoddam commune praedicabile de Socrate et Platone. Si autem „homine" supponit personaliter pro alia re, sic est simpliciter falsum, quia in nullo homine communi nec in alia re conveniunt, sed conveniunt rebus, quia hominibus, quia se ipsis.*

814) Ebend. P: *Quaelibet res singularis se ipsa est singularis, ... quia singularitas immediate convenit illi, cuius est..... Sicut illud, quod est singulare, se habet ad esse singulare, ita quod est universale, se habet ad esse universale; ergo sicut illud, quod est singulare, non potest per aliquid additum sibi fieri universale vel commune, ita illud, quod est commune, non potest per aliquid sibi additum fieri singulare; ergo quidquid est singulare, per nihil additum est singulare se ipso ...... Omnis res extra animam est realiter singularis et una numero.*

815) *Sent.* IV, *qu.* 11 E: *Quidditas uno modo accipitur pro omnibus, quae sunt de essentia rei, quae faciunt unum per se, et isto modo quidditas est unum compositum praecise ex materia et forma,...... nec est aliqua differentia inter hanc humanitatem et hunc hominem vel humanitatem et hominem, nisi quia humanitas includit aliquod syncategoreuma ex usu loquendi aequivalenter vel virtualiter, propter quam inclusionem potest aliquid praedicari de homine, quod non de humanitate. Alio modo accipitur quidditas pro forma ultima, qua aliquid differt ab alio, quod non est idem cum illo; et de quidditate sic accepta est verum, quod quidditas differt ab eo, cuius est quidditas, et quod in separatis* (d. h. z. B. bei den Engeln) *est idem quidditas cum eo, cuius est quidditas. Quodl.* II, *qu.* 7: *Essentia angeli nunquam distinguebatur ab eius existentia.* Uebrigens war auch die oben (Anm. 13) erwähnte Verurtheilung derjenigen Sätze, welche für die Angelologie Anstoss erregten, schon im J. 1325 in Paris zurückgenommen worden; s. *D'Argentré, Coll. iudic de nov. error.* I, p. 208 u. 217.

816) *Quodl.* II, *qu.* 7: *Sicut existentia potest esse existentia et potest non esse existentia, ita essentia potest esse essentia et potest non esse essentia. Unde idem omnino significatur per unum et consignificatur, quod per reliquum ..... Existentia et essentia idem omnino significant. Summa tot. log.* III, 2, 27, f. 53 v. B: *Utrum esse et existentia rei sint duo extra animam distincta inter se? mihi videtur, quod non sunt talia duo, nec esse existentiae aliquid significat distinctum a re.*

unterschieden werden kann, was nicht real verschieden ist, noch auch umgekehrt, und somit *identitas* und *distinctio* völlig gleichmässig in das individuelle Wesen selbst verlegt werden[817]. — Bezüglich der Frage über *unitas formae* kann und muss sich Occam in Folge seines Conceptualismus an Diejenigen anschliessen (s. Gottfried v. Fontaines, Anm. 70, Johannes v. Paris, Anm. 74, Alexander v. Alessandria, Anm. 254, Aegidius, Anm. 384, und Herveus, Anm. 421), welche eine letzte total abschliessende Einheit neben einer durch sie verbundenen Vielheit der Formen anerkannten[818], sowie er desgleichen die *intensio et remissio formarum* nicht in die Form selbst, sondern in den Grad der Receptionsfähigkeit des concreten Wesens verlegt[819].

Ist uns somit durch das Bisherige der Standpunkt, welchen Occam in den damaligen logischen Controversen einnahm, möglichst nach allen Seiten ersichtlich geworden, so möge nun noch desselben umfassendes Compendium der Logik zur Darstellung kommen, in welchem wir wohl eine Summe gar manigfacher Bestrebungen erblicken dürfen, die auf successive Fortbildung der byzantinischen Logik gerichtet waren; denn dass in dem sämmtlichen Detail der vielen Unterabtheilungen des Ganzen alles Einzelne ein persönliches Erzeugniss Occam's sei, ist nicht nur nicht nachweisbar, sondern geradezu unglaublich. Occam benützte, wie sich von selbst versteht, die damals umlaufende Theorie der Logik, welche seinem grundsätzlichen Standpunkte adäquat war, und mag dieselbe, während er sie zu einem grösseren Compendium verarbeitete, in manchen Punkten präciser formulirt, ja gewiss auch bereichert haben; aber hierin überall auszuscheiden, was Occam's und was Anderer Eigenthum sei, ist uns nach Maassgabe der vorhandenen Quellen nicht verstattet; ja es läuft unleugbar in den gedruckten Texten auch manches Spätere mitunter (s. Anm. 739 u. 740), was uns Vorsicht in der Darstellung gebietet. Indem ich aber die in der *Summa totius logicae* vorliegende Anordnung und Reihenfolge des Stoffes sicher für eine von Occam selbst herrührende halten muss, folge ich hiemit dem Verlaufe der Capitel derselben und füge an einzelnen Stellen, wo es nöthig ist, anderweitige Belege aus der *Expositio aurea* oder den beiden anderen Werken Occam's bei.

---

817) *Expos. aur. Praedicab. De genere: proprie et stricte loquendo nihil distinguitur ab aliquo per aliquid nisi per se ipsum vel intrinsecum sibi, sicut homo non distinguitur ab asino nisi per se ipsum vel per aliquam partem essentialem sui. Sent.* I, *Dist.* 2, *qu.* 3, B: *Nihil reale potest distingui nec esse idem ratione cum aliquo reali, ita quod, sicut distinctio rationis et identitas rationis se habet ad entia rationis, ita differentia realis et identitas realis se habet ad entia realia, et hoc forte non excludendo distinctionem formalem et identitatem, ubi debet poni. Ideo dico, quod nulla res nec a se ipsa nec a quacunque alia poterit distingui vel esse eadem ratione.* Vgl. Anm. 828.

818) *Quodl.* II, *qu.* 10: *Hominis est tantum unum esse totale, sed plura esse partialia. Sent.* II, *qu.* 9 CC: *Secundum opinionem, quam reputo veram, in homine sunt plures formae substantiales, saltem forma corporeitatis et anima intellectiva.* Vgl. ebend. *qu.* 22 H, u. IV, *qu.* 7 E.

819) *Sent.* I, *Dist.* 17, *qu.* 4 C: *Forma non suscipit magis et minus, quia forma nihil recipit, sed magis in aliquo recipitur realiter.* Vgl. *Sent.* III, *qu.* 6 D u. R, sowie *Expos. aur. Praedicam.* C. 9.

Nach einem kurzen Proömium, in welchem die Logik als ein im Gebrauche sich steigerndes Werkzeug (s. Anm. 741) bezeichnet wird [820]), beginnt Occam, wie wir nicht anders erwarten durften (s. Anm. 780 und meine dort vorhergehenden Bemerkungen), sofort mit der Erörterung über *terminus* [821]), bei dessen Eintheilung, welche jener des Urtheiles (Anm. 770) parallel geht, das Hauptgewicht auf *terminus conceptus*, d. h. *intentio* oder dergleichen (Anm. 768 f.) gelegt wird [822]); denn unter drei Bedeutungen des *terminus* sei diejenige die eigentliche und präcise, dass derselbe als ein „Bezeichnendes" entweder Subject oder Prädicat eines Urtheiles sei (vgl. Anm. 773 u. 778), daher die Syncategoreumata oder die Interjectionen u. dgl. in diesem Sinne nicht *termini* seien, und auch andere Fragen, wie z. B. über die *Casus obliqui*, nicht der Logik, sondern der Grammatik anheimfallen [823]). Insoweit aber jener geistig innerliche Begriff (*terminus mentalis*) von dem ausgesprochenen (*terminus vocalis*) unterschieden werde, habe letzterer mit ersterem dennoch einige Eigenschaften gemeinsam, wie z. B. Casus oder Numerus, während andere Eigenthümlichkeiten, z. B. grammatisches Geschlecht oder Conjugation, nur dem letzteren angehören [824]). Aus der hierauf folgen-

---

820) *Summa t. log. Prooem.*, f. 2 r. B: *Logica enim est omnium artium aptissimum instrumentum, sine qua nulla scientia perfecte haberi potest, quae non more materialium instrumentorum usu crebro consumitur, sed per cuiuslibet alterius artis vel scientiae studiosum exercitium continuum recipit incrementum.*

821) I, 1, f. 2 r. B: *Omnes logicae tractatores intendunt adstruere, quod argumenta et syllogismi ex propositionibus et propositiones ex terminis componuntur; unde terminus aliud non est, quam pars propinqua propositionis.*

822) Ebend.: *Triplex est terminus: scriptus, prolatus, conceptus ..... Terminus conceptus est intentio seu passio animae aliquid naturaliter significans vel consignificans nata esse pars propositionis mentalis.* Die hierauf folgende längere Stelle über das Verhältniss zwischen Wortausdruck und Begriff habe ich bereits oben, Anm. 774, angeführt.

823) C. 2, f. 2 v. A: *Terminus tripliciter accipitur. Uno modo ...... pro omni eo, quod potest esse copula vel extremum propositionis categoricae ..... Aliter ..... omne incomplexum vocatur terminus ..... Tertio modo accipitur praecise et magis stricte pro illo, quod significative sumptum potest esse subiectum vel praedicatum alicuius propositionis; et hoc modo nullum verbum nec coniunctio nec adverbium nec interiectio est terminus; multa etiam nomina non sunt termini, ut nomina syncategorematica, quia talia, quamvis possint esse extrema propositionis, si sumantur materialiter vel simpliciter, tamen, quando sumuntur significative, non possunt esse extrema...... Quomodo autem et respectu quorum verborum obliquus potest esse subiectum, et respectu quorum non, pertinet ad grammaticum, cuius est constructiones vocum considerare.*

824) C. 3, f. 2 v. B: *Accidentia communia convenientia tam nominibus mentalibus quam vocalibus et scriptis sunt casus et numerus..... Accidentia vero propria nominibus vocalibus et scriptis sunt genus et figura; talia enim accidentia nominibus propter necessitatem significationis non conveniunt......* (f. 3 r. A) *Similiter de verborum accidentibus est dicendum. Accidentia communia sunt modus, genus, numerus, tempus et persona..... Accidentia autem propria verbis ad placitum institutis sunt coniugatio et figura.* Ebenso *Quodl.* V, *qu.* 8: *Utrum omnia accidentia grammaticalia terminorum vocalium competant mentalibus..... Omne, quod accidit termino mentali, accidit termino vocali, sed non e converso, quia aliqua accidunt terminis vocalibus propter necessitatem significationis et expressionis* (darunter versteht er Casus, Numerus und Comparativform der declinirbaren Worte, sowie Modus, Genus, Tempus, Persona, Numerus der Verba), *et illa conveniunt terminis mentalibus; alia accidunt terminis vocalibus propter ornatum sermonis vel propter congruitatem* (nemlich

den Unterscheidung zwischen Categoreumata und Syncategoreumata mag hervorgehoben werden, dass Occam die letzteren mit den Ziffern vergleicht, deren Werth durch ihre Stellung sich ändert[825]). Hernach reiht sich ein längerer Excurs an über die seit Scotus (ob. Anm. 128) in der Logik eingebürgerten Begriffe *„concretum"* und *„abstractum"*, welchen wir für ächt occamisch halten müssen, da dem hauptsächlichen Kerne nach das Nemliche auch anderwärts bei Occam vorkömmt[826]): nemlich der wesentliche Unterschied zwischen concreten und abstracten Worten liege in der *suppositio* derselben, in welcher sie verschiedentlich entweder sich gegenseitig berühren oder von einander abweichen können[827]); jedoch seien sie vom Standpunkte der Bezeichnung aus zuweilen auch wahre Synonyma[828]), was in manchen Fällen durch Verbindung des con-

---

Genus und Figura der declinirbaren Worte und Conjugatio und Figura der Verba), *et illa non conveniunt terminis mentalibus.*

825) *Summa t. log.* I, 4, f. 3 r A: *Terminorum quidam sunt categorematici et quidam syncategorematici, ... qui non habent finitam significationem et certam nec significant aliquas res distinctas a rebus significatis per categorema, sicut in algorismo cifra per se posita nihil significat, sed addita alteri figurae facit eam significare.*

826) *Quodl.* V, *qu.* 9: *Aliqua sunt concreta et abstracta, quae sic se habent, quod concretum significat aliquam rem et supponit pro illa, quam nullo modo abstractum significat nec pro illa supponit; exemplum est de iusto et iustitia ..... Secundus modus principalis est, quando concretum et abstractum sunt synonyma, ut calor et caliditas ...... Tertius modus est, ... quando abstracta ad placitum instituentium vel ex usu loquentium includunt aliqua syncategoreumata vel determinationes adverbiales, ... ut „humanitas" tantum valet sicut „homo, inquantum homo" ...... Quartus modus est, quando abstracta non supponunt nisi pro multis simul sumptis, concreta autem supponunt pro uno solo; exemplum „populus" ...... et „popularis". ...... Concretum et abstractum primo et tertio et quarto modis ita conveniunt nominibus mentalibus, sicut vocalibus, et per consequens talia mentalia variantur per concreta et abstracta ..... Sed secundo modo solum variant nomina vocalia, et non mentalia.* Vgl. auch Anm. 885 u. 918.

827) *Summa t. log.* I, 5, f. 3 r B: *Concretum et abstractum sunt nomina consimile principium secundum vocem habentia, sed non consimiliter terminantia ..... Quandoque concretum aliquam rem significat vel connotat sive importat sive dat intelligere, pro qua etiam supponit, quam abstractum nullo modo significat nec aliquo modo supponit pro eodem, ut „iustus" et „iustitia" ..... Sunt autem ad praesens talium nominum tres differentiae, quasi tres species inferiores. Prima est, quando abstractum supponit pro accidente vel forma quacunque realiter inhaerente subiecto, et concretum supponit pro subiecto eiusdem accidentis vel formae, vel e converso; primo modo est de talibus „albedo, album" ..... e converso autem „ignis, igneus" ..... Secunda differentia est, quando concretum supponit pro parte et abstractum pro toto vel e converso, sicut in istis „anima, animatum" ..... Tertia differentia est, quando concretum et abstractum supponunt pro distinctis, quorum tamen neutrum est subiectum nec pars alterius ..... Tales termini quandoque se habent, sicut causa et effectus, ... quandoque, sicut signum et signatum, ... quandoque, sicut locus et locatum.*

828) C. 6, f. 3 v. A: *Nomen concretum et abstractum quandoque sunt synonyma.* C. 7, f. 4 r. A: *Sic se habent adinvicem homo et humanitas, sicut se habent Socrates et Socrateitas; hanc enim ponunt consimiliter fingentes tale abstractum de hoc nomine „Socrates" sicut de hoc nomine „homo"; sed „Socrates" nullam rem distinctam realiter nec formaliter* (vgl. Anm. 817) *significat, quae non significatur per hoc nomen „Socrateitas" secundum sic fingentes, nec e converso; ergo ..... nihil significatur per hoc nomen „homo", quin significetur per hoc nomen „humanitas", et e converso ...... Sed quamvis haec fuerit intentio Aristotelis, tamen secundum veritatem theologorum non est sic dicendum* (d. h. besonders betreffs der Trinität, s.

creten Wortes mit einem Syncategoreuma (z. B. mit *„totus"*) bewerkstelligt werde, zugleich aber dann zu Sophismen und unnöthigen sprachlichlogischen Schwierigkeiten führen könne[829]), sowie andrerseits auch quantitative Momente des durch die Worte Bezeichneten in Frage kommen können[830]). Wenn aber sodann mit einleitenden Worten, welche den Stempel der Unächtheit an der Stirne tragen, noch ein Unterschied zwischen *„absoluta"* und *„connotativa"* erörtert wird, so ist möglicher Weise auch inhaltlich das Ganze nur ein Zusatz des späteren Herausgebers, wenn uns auch der Begriff *„connotatum"* in der Fortbildung der byzantinischen Logik schon früher (Abschn. XVII, Anm. 598) begegnete, und selbst Occam anderwärts eine solche Distinction, und zwar in reicherer Gliederung (s. Anm. 846 u. bes. 917 ff.) berücksichtigt[831]). Jedenfalls bespricht hernach Occam noch als Momente der willkürlichen Spracheinrichtung zunächst die schon oben angeführten Unterschiede zwischen *prima* und *secunda impositio*[832]), woran sich als Incidenzpunkt *prima* und *secunda intentio* anschliesst[833]), und sodann die Verhältnisse des

---

Anm. 733). Vgl. *Sent.* I, *Dist.* 2, *qu.* 3, F: *Quaedam sunt synonyma, quia simpliciter idem significant et connotant, ita quod nihil significatur et connotatur per unum, quin eodem modo significetur et connotetur seu consignificetur per reliquum; et sic deitas et deus, homo et humanitas, et multa talia sunt synonyma...... Aliter homo et humanitas non sunt synonyma, et hoc, quia reliquerunt in dubio, quantum est ex impositione istorum nominum, an haec sit vera „homo est humanitas" vel falsa.*

829) C. 8, f. 4 v. B: *Sunt quaedam nomina abstracta vel esse possunt ad placitum instituta..... ita, quod abstractum in significando aequivaleat concreto sumpto cum aliquo syncategoremate vel cum aliqua alia dictione vel dictionibus...... In talibus magis puto difficultatem vocalem dependentem ex logica, quam realem, propter quod nesciens logicam quaternos innumeros circa talia inutiliter repleret faciens difficultatem, ubi nulla est.....* (f. 5 r. A): *Sic enim concedunt eruditi in logica, quod hoc signum „totus" includit suum distribuibile, ut aequivaleat isti „quaelibet pars", quando sumitur syncategorematice; unde illa „Totus Socrates est minor Socrate" aequivalet isti „Quaelibet pars Socratis est minor Socrate"* (s. Abschn. XVII, Anm. 252).

830) C. 9, f. 5 r. B: *Quaedam sunt abstracta, quae non supponunt nisi pro multis simul sumptis, concreta autem pro uno solo verificari possunt, sicut se habent „populus" et „popularis".*

831) C. 10, f. 5 r. B: *Postquam de nominibus concretis et abstractis discussum est, nunc de alia divisione nominum, quibus scholastici frequenter utuntur, est dicendum* (s. ob. Anm. 740). *Unde sciendum est, quod nominum quaedam sunt mere absoluta, quaedam sunt mere connotativa. Mere absoluta sunt illa, quae non significant aliquid principaliter et aliud vel idem secundario, sed quidquid significatur per tale nomen, aeque primo significatur, sicut patet de hoc nomine „animal"..... Nomen autem connotativum est illud, quod significat aliquid primario et aliquid secundario; ..... huiusmodi sunt omnia nomina relativa, ... omnia nomina pertinentia ad genus quantitatis, ... etiam talia nomina „unum, bonum, verum, intellectus, potentia, actus* etc."

832) C. 11, f. 5 v. B: *Positis divisionibus, quae possunt competere tam terminis naturaliter significantibus quam terminis ad placitum institutis, dicendum est de quibusdam divisionibus competentibus terminis ad placitum institutis. Est igitur prima divisio talis: nominum ad placitum significantium quaedam sunt nomina primae impositionis, quaedam secundae impositionis.* Das Weitere ist schon oben, Anm. 776, angeführt.

833) C. 12, f. 6 r. A: *Quia dictum est in praecedenti capitulo, quod quaedam sunt nomina primae intentionis et quaedam secundae intentionis, et quia ignorantia vocabulorum multis est errandi occasio, ideo incidentaliter videndum est, quid sit*

Synonymen und Homonymen [834]), womit der Abschnitt *De divisionibus terminorum* seinen Schluss findet.

Ein nichtssagender Uebergang, — sei es dass er von Occam oder vom Herausgeber herrühre —, führt dann vorerst zu den *termini secundae intentionis*, d. h. zu den Universalien [835]), bezüglich deren die allgemeinen Erörterungen, welche den sämmtliche fünf umfassenden Gemeinbegriff „Universale" betreffen [836]), bereits oben ihre Verwendung gefunden haben [837]). Nachdem die Fünfzahl der Universalien in üblicher Weise begründet worden [838]), treten dennoch wieder Bemerkungen über *individuum, singulare, suppositum* (vgl. bei Mayron, Anmerk. 548) voraus, welche drei Begriffe für die Logik, nicht aber für die Theologie, synonym seien [839]). Aus der Erläuterung der einzelnen fünf Universalien, welche in der *Expositio aurea* weit ausführlicher ist und sich mehr Satz für Satz an den Commentar Avicenna's anschliesst, als in der *Summa*, mag höchstens die auch anderwärts wiederholte Bemerkung hervorgehoben werden, dass der Gattungsbegriff nicht als Materie des Artbegriffes zu betrachten sei [840]);

---

intentio, et quid prima, quid secunda. Das Weitere s. gleichfalls oben, Anm. 768 f. u. 778.

834) C. 13, f. 6 r. B: *Sola vox vel aliquod signum ad placitum institutum est aequivocum vel univocum ..... Est autem illa vox aequivoca, quae significans plura non est signum subordinatum uni conceptui ...... Unum est aequivocum a casu, ... aliud est aequivocum a consilio ...... Univocum autem dicitur omne illud, quod est subordinatum uni conceptui.* Vgl. *Quodl.* IV, *qu.* 16. u. *Expos. aur. Praedicam. De aequiv.*, woselbst auch die Unterscheidung zwischen *aequivocans* und *aequivocatum* (s. bei Antonius Andreas, Anm. 483, und bei Burleigh, Anm. 617) aufgenommen ist.

835) C. 14, f. 6 v. B: *Cum igitur non sufficiat logico tantum generalis notitia terminorum, sed oporteat cognoscere terminos in speciali magis, ideo postquam de divisionibus generalibus terminorum tractatum est, de quibusdam contentis sub aliqua illarum divisionum persequendum est. Est igitur primo tractandum de terminis secundae intentionis, ... et ideo de illis, quae ponuntur quinque universalia, est modo dicendum.*

836) Ebend.: *Primo tamen dicendum est de hoc communi „universale", quia praedicatur de omni universali et etiam de singulari* (vgl. Armand, ob. Anm. 651). *Expos. aur. Praedicab. Prooem.: Universale dicitur subiectum libri Porphyrii, non quia ipsum vere sit subiectum, sed quia ipsum praedicatur de subiectis, sc. de genere, specie* etc. Vgl. Burleigh, ob. Anm. 610.

837) C. 14—17; s. ob. Anm. 782, 788, 791, 803 f.

838) C. 18, f. 8 r. A.

839) C. 19, f. 8 r. B: *Apud logicos haec nomina convertibilia sunt: individuum, singulare, suppositum; quamvis apud theologos singulare et suppositum non convertantur* (s. Anm. 733), ... *sed in hoc capitulo dicendum est de istis nominibus illo modo, quo logici utuntur eis. Apud logicum tripliciter accipitur individuum* etc., d. h. es folgt nun die nemliche Aufzählung dreier Bedeutungen, welche wir oben (Anm. 791) aus einer Stelle der *Quodlibeta* betreffs des „*singulare*" trafen.

840) C. 20, f. 8 v. A: *Genus non est pars speciei .... nec genus importat materiam ..... Improprie tamen utendo vocabulo potest dici, quod genus dicit aliquando materiam, quod non est aliud, quam dicere, quod in quolibet significato per tale genus invenitur materia eiusdem rationis. Expos. aur. Praedicab. Prooem.: Falsum est, quod communiter dicitur a modernis, quod genus dicit partem materialem et differentia dicit partem formalem, quia de ratione generis non est plus significare partem materialem, quam formalem, sed totum, differentia vero aliquando dicit partem materialem. Sent.* I, *Dist.* 8, *qu.* 2 O: *Genus non est proprie materia, sed dicitur materia meta-*

denn alles Uebrige bewegt sich nur in dem gewöhnlichsten Fahrwasser [841]).

Mittelst eines auf die Schüler berechneten Ueberganges, welcher in solcher Form vielleicht auf Rechnung des Herausgebers fällt, kommen nun noch anderweitige *termini secundae intentionis et secundae impositionis* an die Reihe, welche entweder allen Universalien oder einigen oder einer Verknüpfung einiger oder nur Einem Universale bezüglich eines anderen zukommen können (— eine Eintheilung, welche uns einigermaassen an Armand, Anm. 648 ff., erinnert —); und zwar sollen zuerst diejenigen folgen, welche bei einer Verknüpfung mehrerer Universalien in Betracht kommen, nemlich *definitio* und *descriptio* [842]). Betreffs der Definition, auf welche wir unten, Anm. 1012 ff., noch einmal zurückkommen müssen, unterscheidet Occam auf aristotelisch-arabischer Grundlage eine sachliche (*quid rei*) und eine sprachliche (*quid nominis*); die erstere bedeute im engeren Sinne ein Urtheil, welches in Kürze lediglich das natürliche Wesen in seiner Totalität ausdrücke, und dieselbe könne entweder mit Beihilfe einiger *Casus obliqui* ausgesprochen werden und sei dann *definitio naturalis,* oder ohne solche Sprachmittel, in welchem Falle sie *definitio metaphysicalis* sei; keinenfalls aber dürfe neben diese beiden Arten eine *definitio logicalis* als dritte gestellt werden, denn die Logik (s. Anm. 744 u. 797) habe es nur mit Zeichen, nicht aber mit Dingen, zu thun und schreibe nur die Verfahrungsweise vor [843]); die

---

phorice, quia sicut materiae praeexistenti advenit forma et facit unum cum ea, ita generi advenit differentia ....., et facit unam diffinitionem cum ea proprie dictam vel per additamentum. Expos. aur. Praedicab. De differ.: *In diffinitione genus est loco materiae respectu differentiae, i. e. habet respectu differentiae aliquam conditionem materiae, quia, sicut materia est prior ipsa forma et forma advenit materiae, ita in diffinitione genus, quod est quaedam intentio sive conceptus in anima, praecedit differentiam et differentia advenit sibi.*

841) Wie z. B. die Erörterungen über die Relativität der Gattungs- und Artbegriffe c. 22, f. 9 r. A, vgl. *Expos. aur. Praedicab. De specie* und *Sent.* I, *Dist.* 8, *qu.* 3 f. oder ebend. II, *qu.* 9 KK: *Non est differentia inter genus et speciem quantum ad significare totum, quia tam genus quam species significant totum, ... sed genus significat plura tota, quam species.*

842) C. 26, f. 10 r. B: *Quoniam logici non solum utuntur praedictis vocabulis secundae intentionis, sed etiam multi termini alii secundae intentionis et secundae impositionis in usum logicorum veniunt, et ne studiosi per ignorantiam significationis eorum in inquisitione veritatis retrudantur, volo nunc compendiose de aliquibus eorum ad instructionem simplicium pertractare. Terminorum autem, quibus utuntur logici, quidam sunt communes omnibus universalibus, quidam sunt proprii aliquibus eorum, quidam competunt aliquibus eorum simul acceptis, quidam competunt uni respectu alterius. Termini vero, qui competunt pluribus simul acceptis, sunt diffinitio, descriptio et alia huiusmodi.*

843) Ebend.: *Diffinitio dupliciter accipitur, quia quaedam est diffinitio exprimens quid rei, et quaedam quid nominis. Diffinitio exprimens quid rei dupliciter accipitur: uno modo large, et sic comprehendit diffinitionem stricte sumptam et diffinitionem descriptivam; aliter accipitur stricte, et sic est sermo compendiosus exprimens totam naturam rei nec aliquid extrinsecus rei declarans. Hoc autem potest fieri dupliciter. Nam quandoque in tali sermone ponuntur casus obliqui exprimentes partes rei essentiales, sicut si diffiniam hominem sic dicendo „homo est substantia composita ex corpore et anima intellectiva", ... et illa potest vocari diffinitio naturalis. Alia est diffinitio, in qua nullus casus obliquus ponitur; ..... talis est illa diffinitio hominis „substantia animata sensibilis rationalis", ... et ista potest vocari metaphy-*

sprachliche Definition hingegen sei nur eine erklärende Erweiterung eines Wortausdruckes [844]). Anderwärts reducirt er diese beiden Arten der Definition auf die schon bei Albert (Abschn. XVII, Anm. 478) vorkommende Unterscheidung einer *definitio formalis* und *materialis* [845]), oder er zieht hinwiederum auch eine Eintheilung der Worte in *absoluta, connotativa* (s. Anm. 831 u. 917 ff.), *possibilia, impossibilia, relativa, adverbia* u. dgl. bei [846]). Das Wesen der Beschreibung (*descriptio*) liege in der Angabe accidenteller und eigenthümlicher Merkmale, und in der „beschreibenden Definition" seien dieselben mit den substantiellen Eigenthümlichkeiten vermischt [847]). Jedenfalls aber sei das *definitum* nicht als real identisch mit *definitio* zu nehmen (s. ob. Anm. 795 am Schluss), da man nur sagen könne, dass beide reell das Nemliche bezeichnen [848]), und darum sei das Definirte ein Begriff, welcher mit der Definition in einem rein umkehrbaren Urtheile beliebig die Stelle tauschen könne, während in anderem Sinne genommen allerdings das Definirte nichts Anderes als eine singuläre äussere Sache sei [849]).

---

sicalis ..... Ex quo patet, falsum esse, quod aliqui dicunt, quod hominis quaedam est diffinitio logicalis, quaedam naturalis, quaedam metaphysicalis, quia logicus, cum non tractat de rebus, quae non sunt signa, non tractat de homine nec habet hominem diffinire, sed habet docere, quomodo aliae scientiae tractantes de homine ipsum diffinire habent.

844) Ebend. f. 10 v. A: *Diffinitio autem exprimens quid nominis est oratio explicite declarans, quidquid per unam dictionem importatur implicite, sicut si quis volens alium docere, quid significet hoc nomen „album", dicat, quod idem significat quod haec oratio „aliquid habens albedinem".*

845) *Sent. Prolog. qu.* 2, 6 L: *Diffinitio aliquando datur per principia essentialia, et illa est formalis..... Aliae autem diffinitiones datae per alias causas sunt diffinitiones materiales ..... et istae ut in pluribus sunt diffinitiones exprimentes quid nominis, non exprimentes quid rei.* Vgl. ebend. I, *Dist.* 8, *qu.* 5 f. Eine ganz andere Bedeutung der formalen und der materialen Definition s. unten Anm. 1015.

846) *Quodl.* V, *qu.* 19: *Diffinitio proprie dicta* (d. h. *exprimens quid rei*) *est oratio longa composita ex genere proprio et differentiis essentialibus significantibus partes essentiales diffiniti..... Diffinitio exprimens quid nominis est oratio explicite declarans, quid per unam dictionem importatur.* Höchst ausführlich wird hierauf über die Unterschiede dieser beiden Definitionen gehandelt: erstere nemlich sei *solum nominum absolutorum* (z. B. *homo, leo*), ferner *solum possibilium* und *solum nominum sumptorum significative;* hingegen letztere könne auch *connotativorum et relativorum*, sowie *impossibilium* und ebenso *verborum, adverbiorum, coniunctionum* sein.

847) *Summa t. l.* I, 27, f. 10 v. B: *Descriptio est sermo compendiosus compositus ex accidentibus et propriis, ... v. gr. „homo est erecte ambulativus latos habens ungues"......* (c. 28) *Descriptiva autem diffinitio est mixta ex substantialibus et accidentalibus, v. gr. „homo est animal rationale mortale erecte ambulans latos habens ungues".*

848) C. 26, f. 10 v. A: *Diffinitio non est eadem cum diffinito, quia secundum omnes diffinitio est sermo mentalis, vocālis, vel scriptus, et per consequens non est eadem realiter cum diffinito sive cum re nec cum una dictione; tamen diffinitio significat idem cum diffinito, et sic intelligunt recte loquentes, quando dicunt, quod diffinitio et diffinitum sunt idem realiter, h. e. significant idem realiter.*

849) C. 29, f. 10 v. B: *Diffinitum dupliciter accipitur: uno modo pro illo, cuius partes vel essentia per diffinitionem exprimuntur, et sic diffinitio est ipsarum rerum singularium ..... et substantia particularis diffinitur. Alio modo accipitur diffinitum pro aliquo convertibili cum diffinitione, de quo diffinitio adaequate praedicatur, et sic diffinitum est una dictio convertibilis cum diffinitione significans illud idem praecise,*

Hierauf nun sollen jene *termini secundae intentionis et secundae impositionis* folgen, welche sämmtlichen Universalien zukommen[850]). Sowie jedoch nicht ersichtlich ist, warum dem so sei, so werden auch die übrigen Gesichtspunkte obiger (Anm. 842) Eintheilung nicht weiter berücksichtigt, und wir finden in einer unorganischen Reihenfolge, für welche vielleicht Occam selbst nicht verantwortlich ist, eine Erörterung mehrerer in der Logik überhaupt üblicher Termini. Nemlich zuerst wird an dem Begriffe *„subiectum"* die reale und die logische Bedeutung unterschieden und letztere von einem weiteren Sinne durch einen engen und engeren bis zum engsten verfolgt[851]), worauf das Gleiche mit *„praedicatum"* geschieht, während die Frage über das Verhältniss der Copula zum Prädicate als eine bloss sprachliche bei Seite geschoben wird[852]); hingegen folgt die entschiedene Betonung des Grundsatzes, dass es sich beim Prädicate für die Logik nie um reale Inhärenz, sondern eben nur um das Verhältniss der Aussage handle[853]). Dann reiht sich plötzlich *„significare"* an, dessen mehrere Bedeutungen in die sehr lockere Verbindung mit den Universalien kommen, dass letztere stets Mehreres bezeichnen[854]), und schwerlich ist der Zusammenhang ein innigerer, wenn

---

quod significat diffinitio. (Fast wörtlich ebenso *Quodl.* V, *qu.* 20)..... *Sicut dictum est de diffinito, ita dici debet de descripto.*

850) C. 30, f. 11 r. A: *Dicto de terminis, qui non competunt alicui universali, cuiusmodi sunt diffinitio et descriptio et huiusmodi (quia nullum universale est diffinitio vel descriptio, sed quaelibet diffinitio vel descriptio ex pluribus universalibus est composita) dicendum est nunc de terminis convenientibus omnibus universalibus, cuiusmodi sunt subiectum, praedicatum et huiusmodi.*

851) Ebend.: *Subiectum dupliciter accipitur: hoc quidem ad existentiam, hoc autem ad praedicationem. Ad existentiam ..... dicitur aliquid, quod realiter subsistit alteri rei inhaerenti sibi et advenienti realiter...... Dicitur subiectum per praedicationem, quod est pars propositionis praecedens copulam; ...... et subiectum sic acceptum potest multipliciter accipi. Primo large.... omne illud, quod potest in quacunque propositione vera vel falsa subiici...... Secundo stricte....., quod subiicitur alteri in praedicatione directa..... Tertio strictius pro illo, quod est subiectum in conclusione demonstrata, quae scitur vel est nata sciri..... Strictissime pro aliquo primo primitate aliqua inter talia subiecta.*

852) C. 31, f. 11 r. A: *Sicut subiectum dicitur illa pars propositionis, quae praecedit copulam, ita illa pars, quae sequitur, dicitur praedicatum. Volunt tamen aliqui dicere, quod praedicatum est copula cum illo, quod sequitur copulam; qualitercunque tamen sit, quia hoc dependet ex sumptione vocabuli, quod est ad placitum, ideo pertranseo. Praedicatum tamen multipliciter dicitur* u. s. f.; nemlich diese Distinction des Prädicates entspricht genau jener des Subjectes.

853) C. 32, f. 11 r. B: *Sicut autem praedicatum praedicatur de subiecto, ita praedicatum dicimus esse in subiecto, convenire subiecto et inhaerere subiecto et huiusmodi, quae non sunt intelligenda, acsi praedicatum realiter inhaereret subiecto illo modo, quo albedo inhaeret parieti, sed omnia talia significant idem, quod praedicari, nec aliter accipienda sunt; ...... accidentia omnia ..... possunt dici esse in substantia sicut in subiecto non quidem per realem inhaerentiam secundum opinionem multorum, sed per praedicationem veram.*

854) C. 33, f. 11 r. B: *Significare multipliciter accipitur apud logicos. Nam uno modo dicitur signum aliquid significare, quando supponit vel natum est pro aliquo supponere, ita quod de pronomine demonstrante illud mediante hoc verbo „est" idem nomen praedicatur; ..... haec enim vera est „ille est albus" demonstrando Socratem...... Aliter accipitur significare, quando illud signum in aliqua propositione de praeterito vel praesenti vel futuro vel in alia propositione vera de modo potest pro illo supponere, et sic album .... significat etiam illud, quod potest esse album.*

hierauf *„dividi"* nach älterer Tradition erörtert wird[855]). Ebenso wenig vermögen wir einzusehen, warum nun *„totum"* und *„pars"* in realem und in logischem Sinne folgen[856]), oder aus welchen Motiven sodann die Erklärung der *„opposita"* hieher gestellt sei, betreffs deren zu bemerken ist, dass hier von einer dritten Art der Entgegensetzung der Urtheile gesprochen wird, welche eintrete, wenn die Subjecte zweier Urtheile, deren Qualität verschieden ist, im Verhältnisse einer Subalternation stehen[857]). Endlich in unerklärlicher Verbindung werden noch einige Worte über die logische Bedeutung des Begriffes *„passio"* angeknüpft[858]).

Jedenfalls nahm Occam hierauf den Uebergang zu den *termini primae intentionis*, d. h. zu den Kategorien, bei welchen es sich zunächst, — abgesehen von ihrer logischen oder realen Geltung —, um zwei Begriffe handle, welche allen Kategorien gemeinsam seien, nemlich um *ens* und *unum*[859]). Dass *„ens"* nur homonym, nicht aber synonym,

---

...... *Aliter accipitur, quando illud dicitur significari, a quo ipsa vox imponitur vel primo significatur per conceptum principalem vel vocem principalem, et sic dicimus, quod album significat albedinem ..... Quarto modo accipitur significare communissime, quando aliquod signum, quod natum est esse pars propositionis vel natum est esse oratio vel propositio, aliquid importat sive principaliter sive secundario ...... Significare igitur secundum aliquam sui significationem competit universali cuilibet; universale enim secundum Damascenum in logica sua* (s. Abschn. XI, Anm. 50, denn nur Porphyrius ist es, aus welchem Damascenus geschöpft hat; s. ebend. Anm. 171) *est, quod multa significat; ..... omne enim universale vel significat plura primo modo vel secundo modo, ... alia vero universalia significant plura tertio vel quarto modo.*

855) C. 34, f. 11 v. A: *Non autem solum universale significat plura, sed etiam dividitur in plura. Sed sciendum est, quod dividi multipliciter accipitur .... Sunt autem secundum Damascenum in logica sua octo modi dividendi* (s. ebend. Anm. 170).

856) C. 35, f. 11 v. B: *Totum multipliciter dicitur. Uno modo dicitur totum aliquid complectens plures partes, sine quibus in rerum natura esse non potest ...... Aliter accipitur totum pro aliquo communi ad multa, ... et sic logici communiter utuntur ...... Et quot modis dicitur totum, tot modis dicitur proportionabiliter pars.*

857) C. 36, f. 11 v. B: *Post praedicta dicendum est de oppositis. Et sciendum est, quod hoc nomen „opposita" significat tam res extra animam quam in anima quam signa rerum. Sed omnes res extra animam, quae non sunt signa, si sint oppositae, non opponuntur nisi contrarie vel secundum unam opinionem aliquae res relative opponuntur ..... Sed si loquamur de oppositione, quae est inter signa rerum, cuiusmodi sunt conceptus et voces et scripturae, sic secundum peripateticos hoc nomen „opposita" dicitur tam de complexis quam incomplexis. Complexorum autem oppositorum potest triplex modus assignari. Quaedam enim opponuntur contradictorie ..... Aliquae propositiones opponuntur contrarie ..... Tertii modi oppositionis non habemus nomen impositum; est autem, quando aliquae propositiones non sunt contradictoriae neque contrariae, sed inferunt propositiones contradictorias vel una infert contradictoriam alterius et propter hoc nullo modo possunt simul esse verae, sicut .... „Nullum animal currit, Aliquis homo currit" ...... Oppositorum autem incomplexorum quatuor modi ponuntur* u. s. f. (d. h. es folgen die traditionellen vier Arten).

858) C. 37, f. 12 r. B: *Restat nunc de uno vocabulo, quo logici tractando de demonstratione* (s. Abschn. XVII, Anm. 475) *frequenter utuntur, disserere, sc. de hoc vocabulo „passio" ...... Secundum quod logici loquuntur de passione, sciendum est, quod passio non est aliqua res extra animam inhaerens alicui, cuius dicitur passio, sed passio est quoddam praedicabile mentale vel vocale vel scriptum ...... Passio semper supponit pro illo eodem, pro quo subiectum supponit, quamvis aliquid aliud ab illo significet aliquo modo.*

859) C. 38, f. 12 v. A: *Dicto de terminis quibusdam secundae intentionis et de*

von Allem ausgesagt werde und in solchem Sinne verschiedenen Eintheilungen unterliege [860]), erörtert er auch anderwärts unter Beiziehung der Lehre von der Supposition [861]); und desgleichen bespricht er „*unum*", welches als *passio entis* mehrere übliche Bedeutungen habe [862]), an einer anderen Stelle auf gleicher Grundlage betreffs seines Wechselverhältnisses zu *ens*, da nur bei *suppositio personalis* diese beiden Begriffe sachlich identisch seien [863]). Indem dann die Erklärung der Kategorien selbst folgen soll [864]), erörtert Occam in einer längeren Stelle, von welcher wir ein anderweitiges Duplicat bereits oben, Anm. 779, trafen, die Bedeutung des Begriffs *praedicamentum*; nemlich nach Einer Meinung bedeute Kategorie das Verhältniss einer wechselseitigen Ueber- und Unter-Ordnung (es ist diess die Auffassung, welche wir seit Albert, Abschn. XVII, Anm. 429, bei Pseudo-Thomas, ob. Anm. 311, bei Mayron, Anm. 520, und bei Burleigh, Anm. 616, recipirt fanden; dass Occam sie verwirft, s. sogleich unten Anm. 868), wobei dann dasjenige, was an sich *intentio prima* sei, um der Aussage willen als *intentio secunda* bezeichnet werden könne, wohingegen nach einer anderen Ansicht die Kategorien nur als die erste gemeinsame Grundlage jener Aussagen, welche eine Unter- oder Ueber-Ordnung enthalten, genommen werden (s. gleichfalls Anm. 868); jedenfalls aber müsse daran festgehalten werden, dass die Kategorien ebenso wie alle übrigen Denkoperationen, während sie *entia rationis* sind, in Wahrheit wirklich existiren [865]). Nur ist bei Letzterem, wie

---

quibusdam secundae impositionis, videndum est de terminis primae intentionis. Primo tamen dicendum est de quibusdam communibus omnibus, sive sint res, quae non sunt signa, sive sint res, quae sunt signa (vgl. ob. Anm. 779), *cuiusmodi sunt ens et unum.*

860) Ebend.: *Accipitur hoc nomen „ens", secundum quod sibi correspondet unus conceptus communis omnibus rebus praedicabilibus in quid ...... Tamen hoc nomen „ens" est aequivocum, quia non praedicatur de omnibus sibi subiicibilibus, quando significative sumitur, secundum unum conceptum, sed sibi diversi conceptus respondent ..... Ens dividitur, quia hoc quidem est secundum accidens, illud vero secundum se ...... Similiter philosophus dividit ens .... in ens in potentia et ens in actu.*

861) *Quodl. V, qu.* 14: *Huic nomini „ens" correspondet unus conceptus communis praedicabilis de omnibus rebus ...... Hoc nomen „ens" est aequivocum, quia licet praedicetur univoce de omnibus subiicibilibus, et hoc, sive supponat simpliciter sive personaliter, tamen non praedicatur de omnibus subiicibilibus significative acceptis secundum unum conceptum, sed huic nomini diversi conceptus correspondent. Expos. aur. Praedicab. De specie: Ens non dicitur univoce de decem praedicamentis, sed aequivoce.*

862) *Summa t. log.* I, 39, f. 12 v. B: *Unum autem est passio entis, quia ..... significat aliquid, quod non eodem modo significatur per ens, quamvis aliquo modo significatur per ens ...... Unum tamen multipliciter dicitur; ..... tamen ad praesens sufficiat, ponere tres modos unius, quibus logici utuntur frequenter,* d. h. es folgen nun *unum numero, unum specie, unum genere.*

863) *Sent.* I, *Dist.* 2, *qu.* 3, K: *Ens et unum, si supponant personaliter, potius sunt una res et una natura, quam dicant eandem naturam, et si sic supponant, non aliter distinguuntur ens et unum, quam ens et ens, et unum et unum. Si autem supponant simpliciter vel materialiter, sic non sunt una res nec una natura, sed dicunt eandem naturam et distinguuntur inter se, sicut duo conceptus vel duo nomina, quae non sunt synonyma.*

864) *Summa t. log.* I, 40, f. 13 r. A: *Post praedicta restat dicere de inferioribus ad ens, quae sunt decem praedicamenta.*

865) Ebend.: *Hoc nomen „praedicamentum" est nomen secundae impositionis*

sich für Occam von selbst versteht, nicht von der äusseren Existenz der concreten Dinge, welche als solche stets singulär sind, die Rede, sondern bei den Kategorien handelt es sich um bezeichnende Worte und somit um Denkauffassungen und Begriffe, welche gemeinsam von Allem, was unter sie fällt, ausgesagt werden [866]), und zwar derartig, dass Ein und der nemliche Gegenstand durch mehrere Kategorien bezeichnet werden kann [867]). Eben jene Auffassung aber, wornach man bei den Kategorien einseitig auf das Verhältniss einer Ueber- oder Unter-Ordnung blickte, müsse nicht bloss zu einer missbräuchlichen Erweiterung des Begriffes „Gattung", sondern auch zu der Uebertreibung führen, dass man für die Kategorie des Wann eine *quandeitas* oder für jene des Wo eine *ubeitas* ersann und in gleicher Weise auch bei allen Adverbien, Präpositionen u. dgl. verfahren musste, während nach der richtigen und ursprünglichen

---

vel intentionis sicut hoc nomen „genus", quamvis illa, de quibus praedicatur, sint incomplexa primae intentionis. Verumtamen praedicamentum dupliciter accipitur: uno modo pro toto ordine aliquorum ordinatorum secundum superius et inferius; alio modo accipitur pro primo et communissimo in tali ordine. Et hoc secundo modo accipiendo „praedicamentum" quodlibet praedicamentum est unum incomplexum primae intentionis, et hoc quia significat res, quae non sunt signa. Accipiendo autem „praedicamentum" primo modo potest dici, quod in aliqua tali ordinatione sunt incomplexa primae intentionis et in aliqua incomplexa secundae intentionis, vel potest dici, quod aliqua talia sunt primae intentionis et aliqua secundae intentionis, sicut secundum opinionem, quae ponit, quod intentio vel conceptus est qualitas subiective existens in mente (betreffs dieser Meinung vgl. Anm. 757 u. 762), *tunc hoc commune „genus" est in praedicamento qualitatis vel relationis; nam omne genus est qualitas secundum illam opinionem, et hoc commune „genus" est secunda intentio vel nomen secundae intentionis, hoc autem commune „color" est prima intentio, et similiter de multis aliis ......* (B) *Verumtamen sciendum, quod secundum opinionem, quae ponit, quod intentio vel conceptus sive passio animae est qualitas mentis, non ideo aliquid dicitur ens rationis, quia non est vera res existens in rerum natura, sed ideo dicitur ens rationis, quia non est nisi in ratione, qua mens utitur pro alio vel intelligitur aliud; et sic omnes propositiones et consequentiae et termini mentales sunt entia rationis, et tamen sunt vere et realiter existentia in rerum natura et entia perfectiora et realiora, quam qualitas quaecunque corporalis* (über diese objective Realität der logischen Functionen s. oben Anm. 764 u. 766 ff.).

866) *Expos. aur. Praedicam. Prooem.: In hoc opere* (d. h. *Categoriae*) *haec intentio est, de primis rerum nominibus et de vocibus res significantibus disputare, non ideo quod secundum aliquam proprietatem figuramque formantur, sed in eo quod significantes sunt....... In grammatica determinatur de vocibus ..... determinando congruitatem et incongruitatem in oratione ..... In libro vero Praedicamentorum determinatur de vocibus, quales res significent, ostendendo....... Et ignorantia intentionis Aristotelis in hoc libro facit multos modernos errare credentes multa hic dicta pro rebus, quae tamen pro solis vocibus et proportionabiliter pro intentionibus seu conceptibus in anima vult intelligi.* Ebend. Cap. 4: *Ista non est divisio rerum extra animam, quia res extra animam non praedicantur de pluribus, non enim praedicatur nisi vox vel conceptus vel aliquod signum ad placitum institutum; sed ista est divisio vocum sive conceptuum sive intentionum in anima...... Nulla est substantia realiter extra animam nisi solum substantia particularis* (s. Anm. 781). *Et ista est divisio incomplexorum, ex quibus componuntur propositiones et ex quibus lineae praedicamentales componuntur.* Ebenso Cap. 7. Ebend. *Praedicab. De specie: Non dicit* (sc. *Aristoteles*) *decem praedicamenta esse decem res intrinsecas omnibus aliis rebus, sed tantum quod sunt decem principia, i. e. decem communia praedicabilia de aliis contentis sub se, non pro se, sed pro aliis.*

867) Ebend. *Praedicam.* Cap. 7: *Praedicamenta sunt distincta, non tamen consimiliter distinguuntur res significatae per ipsa, sed eadem res, saltem aliqua, significatur per diversa praedicamenta, quamvis non eodem modo.*

(d. h. eigentlich, wie wir oft genug sahen, arabischen) Ansicht die Kategorien als *incomplexa* Nichts weiteres, als die einfachen Grundlagen und Bestandtheile der Urtheile seien [868]).

Die Zehnzahl der Kategorien motivirt Occam in seinem Compendium völlig nach der allgemein üblichen Weise [869]); aber an einem anderen Orte erhebt er sich zu der wahrhaft merkwürdigen Höhe der einzig richtigen Auffassung, dass es in objectiver Hinsicht überhaupt nur drei Kategorien gebe, nemlich Substanz, qualitative Bestimmtheit und Relation [870]). Ja auch in der Einzeln-Erörterung der Kategorien, welche im Uebrigen Nichts bemerkenswerthes enthält, blickt hauptsächlich im Compendium dieser grundsätzliche Gedanke überall insoferne durch, als Occam stets nachzuweisen sucht, dass für die Philosophie im Sinne des Aristoteles, d. h. abgesehen von den Interessen der christlichen Dogmatik, keine der übrigen neun Kategorien eine selbstständige von der Substanz unterschiedene Sache sei, sondern jede derselben nur den Wortausdruck einer Inhärenz enthalte [871]). Mit erklärlicher Vorliebe stützt er einzelne Begründungen

---

868) *Summa t. log.* I, 41, f. 13 r. B: *Ponuntur autem ab omnibus auctoribus decem praedicamenta; sed in modo ponendi, ut mihi videtur, multi moderni discordant ab antiquis; nam multi ponunt, quod in praedicamento sunt multa ordinata secundum superius et inferius; .....unde, ut talem praedicationem habeant de adverbiis, fingunt nomina abstracta, sicut de „quando", quod est adverbium, fingunt tale abstractum „quandeitas", de „ubi" „ubeitas" et sic de aliis. Sed antiqui non posuerunt talem ordinem in quolibet praedicamento, et ideo hoc nomine „praedicamentum" et similiter talibus nominibus „genus, species" et consimilibus minus large utebantur, quam faciunt multi moderni, unde ipsi dicentes, semper superius praedicari de inferiori, extendebant praedicari ad verba, ... extendebant etiam praedicationem ad praedicationem adverbiorum et propositionum ...... Intentio antiquorum mihi videtur rationabilior.......* (v. A) *Secundum intentionem antiquorum existentia in praedicamentis non sunt nisi quaedam incomplexa, ex quibus affirmatio et negatio ..... natae sunt constitui.*

869) Ebend. f. 13 v. A: *Sumitur autem distinctio illorum praedicamentorum .... distinctione interrogationum de substantia sive de individuo substantiae ......* (B) *Alia autem incomplexa non sunt in aliquo praedicamento, propter quod coniunctiones et syncategoreumata in nullo praedicamento reponuntur; per talia enim ad nullam quaestionem respondetur.* Vgl. *Quodl.* V, *qu.* 22.

870) *Sent.* I, *Dist.* 8, *qu.* 2 D: *Quaedam sunt genera, quae significant res simpliciter et absolute sine omni connotatione; et si ita esset, posset dici, quod sunt tantum tria genera generalissima, sc. substantia, qualitas et respectus..... Alio modo dicitur genus omne praedicabile primo modo dicendi per se et in abstracto de alio, isto modo possunt dici decem genera generalissima.* Dass ich meinerseits jene Dreizahl der Kategorien unbedingt für die einzig mögliche philosophische Construction der aristotelischen Kategorien halte, glaube ich im I. Bande genügend dargelegt zu haben; und auch die Bemerkungen, welche Fr. Brentano (Von der mannigfachen Bedeutung des Seienden nach Aristoteles. Freiburg 1862. S. 74 u. 183) dagegen richtete, schienen mir nicht geeignet, meine Ansicht umzustossen.

871) So z. B. bezüglich der Quantität *Summa t. log.* I, 44, f. 15 v. A: *Est alia opinio, quae mihi videtur de mente Aristotelis, sive sit haeretica sive catholica, quam volo nunc recitare, quamvis nolim asserere; et ideo, quia istam opinionem posui, quando scripsi super philosophiam, non scripsi eam tanquam meam, sed tanquam Aristotelis expositioni magis consonam, ut mihi videtur, et eodem modo sine assertione nunc recitabo eam. Est igitur illa opinio, quam multi catholici ponunt et theologi tenent et tenuerunt, quod nulla quantitas est realiter distincta a substantia et qualitate, sive tales propositiones „substantia est quantitas" vel „quantitas est qualitas" sint concedendae sive non.* Oder betreffs der Kategorie des Wann ebend. c. 59, f. 20 r. B: *Secundum viam Aristotelis, ut mihi videtur, hoc praedicamentum*

auf die Lehre von der Supposition [872]; den Gilbertus Porretanus aber betreffs der sechs letzten Kategorien beizuziehen, hält auch Occam (wie Scotus, ob. Anm. 176) mit Recht für unnöthig [873].

Den letzten Abschnitt des ersten Haupttheiles bildet hierauf die ausführliche Lehre von der *suppositio*, welche hier gewissermaassen als ein Mittelglied zwischen Begriff und Urtheil erscheint, insoferne sie eine *proprietas terminorum* ist, welche dem *terminus* eben nur in der Satzverbindung zukommt [874]. Die ganze Darstellung aber beruht sichtlich auf einem längeren Betriebe und einer manigfachen Umarbeitung des byzantinischen Stoffes (s. z. B. unten Anm. 922), und wahrscheinlich müssen wir diesem Umstande es auch zuschreiben, dass hier die übrigen *proprietates terminorum* mit Einschluss der *Exponibilia* erst bei der Lehre vom Urtheile zur Sprache kommen und mit derselben innig verwoben werden (s. unten Anm. 906 ff.); denn dass diese Gruppirung des Stoffes erst von Occam selbst ersonnen sei, möchte ich bezweifeln. Nur die *appellatio* (vgl. Abschn. XVII, Anm. 64, 129, 228 u. 601) will Occam nicht als ein Gegenstück der Supposition (wie bei Petrus Hispanus) gelten lassen, sondern dieselbe derartig in die letztere verflochten wissen, dass sowohl die Subjects- als auch die Prädicats-Begriffe dieser „Supposition im weiteren Sinne" anheimfallen [875]. An die genauer formulirte Definition der Supposition reiht sich die besondere Warnung, dass die wahrhaft sachgemässe Aussagbarkeit in keiner Weise verletzt werde [876].

„quando" non importat aliquam rem distinctam a substantia et qualitate, sed importat illas easdem res, quamvis non nominaliter, sed adverbialiter tantum. Auch führt Occam überall sowohl für diese aristotelische als auch für die gegnerische Auffassung die Motive und ebenso die Folgerungen an; insoferne aber dabei auch theologische Fragen mitspielen und insbesondere bei der Kategorie der Relation das Trinitäts-Gezänke hereinragt („*filiatio* und „*paternitas*", womit sich auch Occam abquält), so mögen all diese Dinge ohne Neid den Theologen überlassen bleiben, welche für ihr eigenthümliches Gebiet auch in anderen Schriften Occams Manches über Quantität (*Quodl.* IV, *qu.* 30 u. 32), über Relation (ebend. *qu.* 16 u. 22 f. und VII, *qu.* 5), über die sechs letzten Kategorien (ebend. VII, *qu.* 9—12) und deren Verhältniss zur Relation (*Sent.* I, *Dist.* 30, *qu.* 2 u. 3) benützen könnten.

872) Z. B. *Expos. aur. Praedicam.* Cap. 12: *Hoc nomen „ad aliquid" vel „relativum" si praecise supponeret personaliter et pro rebus et non pro signis rerum, haec esset falsa „Hoc nomen scientia est relatio"; ..... sed supponit praecise pro nominibus ipsis vel signis rerum.* Vgl. ebend. c. 17.

873) *Summa t. log.* I, 57 ff. Auch in der *Expositio aurea* verzichtet er auf diese Ergänzung.

874) *Summa t. log.* I, 63, f. 20 v. B: *Dicto de significatione terminorum restat dicere de suppositione, quae est proprietas conveniens termino, sed nunquam nisi in propositione.*

875) Ebend.: *Suppositio accipitur dupliciter, sc. large et stricte. Large accepta non distinguitur contra appellationem, sed appellatio est unum contentum sub suppositione; aliter accipitur stricte, secundum quod distinguitur contra appellationem; sed sic non intendo loqui de suppositione, sed primo modo; et sic tam subiectum quam praedicatum supponit.*

876) Ebend.: *Dicitur autem suppositio, i. e. pro aliis positio, ita quod, quando terminus in propositione stat pro aliquo, utimur illo termino pro illo, sc. de quo sive pronomine demonstrante ipsum ille terminus vel rectus illius termini, si sit obliquus, verificatur ......* (f. 21 r. A) *Est autem una regula generalis, quod nunquam terminus in propositione, saltem quando significative accipitur, supponit pro aliquo nisi de quo praedicatur vere; ex quo sequitur, quod falsum est, quod aliqui ignorantes dicunt, quod concretum a parte praedicati supponit pro forma, sc. quod*

In der Eintheilung der Supposition schliesst sich Occam völlig an die jüngere Formation der byzantinischen Logik an (s. Abschn. XVII, Anm. 596); nur die Unterabtheilung der *suppositio confusa* erscheint bei ihm in jener nemlichen Weise, welche wir bei Shyreswood trafen (s. ebend. Anm. 61); auch ist in dem Wortlaute der Definitionen der drei obersten Hauptarten der Einfluss jener zahlreichen Erörterungen ersichtlich, welche über *significatum* (*suppositio personalis*), über *intentio* (*supp. simplex*) und über *vox* (*supp. materialis*) üblich und nothwendig geworden waren[877]. Während aber aus diesen Definitionen folgt, dass jeder Begriff in jedem Urtheile zur *suppositio personalis* befähigt sein kann, hingegen *suppositio simplex* und *materialis* nur unter gewissen regelmässigen Bedingungen statthaft sind[878], knüpfen sich hieran äusserst scrupulöse Controversen über die Art der Suppositions-Fähigkeit in einigen traditionellen Beispielen, zu deren Lösung Occam auch die den späteren Autoren (s. Abschn. XVII, Anm. 605) angehörende Unterscheidung zwischen *exercitum* und *signatum* verwendet[879].

---

in illa „Socrates est albus" littera „albus" supponit pro albedine, nam haec est simpliciter falsa „albedo est alba". Die metaphorische Supposition s. unten Anm. 891.

877) C. 64, f. 21 r. A: *Suppositio primo dividitur in suppositionem simplicem, personalem et materialem. Suppositio personalis universaliter est illa, quando terminus supponit pro suo significato, sive illud significatum sit res extra animam sive vox sive intentio animae sive scriptum sive quodcunque aliud imaginabile, ita quod, quandocunque subiectum sive praedicatum propositionis supponit pro suo significato* (vgl. Anm. 781), *ita quod significative tenetur, semper est suppositio personalis..... Suppositio simplex est, quando terminus supponit pro intentione animae, sed non tenetur significative, e. g. „homo est species"...... Ex hoc patet falsitas opinionis communiter dicentium, quod suppositio simplex est, quando terminus supponit pro suo significato, quia ..... intentio animae proprie non est significatum termini, quia talis terminus significat veras res et non intentiones animae. Suppositio materialis est, quando terminus non supponit significative, sed supponit vel pro voce vel pro scripto, sicut „homo est nomen"*.

878) C. 65, f. 21 r. B: *Terminus in quacunque propositione ponatur, potest habere suppositionem personalem, nisi ex voluntate utentium arctetur ad aliam, sicut terminus aequivocus in quacunque propositione potest supponere pro quolibet significato, nisi arctetur ex voluntate utentium ad significatum certum. Sed terminus non in omni propositione potest habere suppositionem simplicem vel materialem, sed tunc tantum, quando talis terminus comparatur alteri extremo, quod respicit intentionem animae vel vocem vel scriptum ...... Potest ergo regula ista dari, quod quando terminus potens habere istam triplicem suppositionem comparatur extremo communi vocibus prolatis sive scriptis, tunc propositio, in qua ponitur, est distinguenda, eo quod talis terminus potest habere suppositionem personalem vel materialem; quando vero comparatur extremo significanti intentionem animae, est distinguenda, eo quod potest habere suppositionem personalem vel simplicem; quando vero comparatur extremo communi omnibus praedictis, tunc est distinguenda, eo quod potest habere suppositionem personalem, simplicem vel materialem.*

879) C. 66, f. 21 v. A: *Sed contra praedicta potest obiici multipliciter. Primo sic: haec est vera „Homo est dignissima creaturarum"* (s. Abschn. XVII, Anm. 206); *quaero, quam suppositionem habeat littera „homo"; non personalem, quia quaelibet singularis est falsa* (d. h. es gibt hier keinen *descensus ad singularia*, s. ebend. u. ausführlicher im byzantinischen Originale Abschn. XV, Anm. 73); *ergo habet simplicem; sed si suppositio simplex esset pro intentione animae, illa esset falsa, quia intentio non est dignissima creaturarum....... Praeterea: Haec est vera „Color est primum obiectum visus", et quaelibet singularis est falsa, ergo habet simplicem suppositionem; sed si supponeret pro animae intentione, illa esset falsa..... Praeterea: Vox non praedicatur de voce nec intentio de intentione ...... Ad primum istorum*

Die Einzeln-Erörterung beginnt mit der *supp. materialis*, welche folgerichtig auch auf ganze Sätze ausgedehnt, aber mit unnöthiger Spitzfindigkeit in zwei Arten unterschieden wird[880]; sodann folgt in gleicher Tragweite *supp. simplex*[881], und hierauf *supp. personalis*, welche einer ausführlicheren Besprechung unterworfen wird. Nemlich vorerst scheidet Occam von dieser Supposition alle Syncategoreumata und alle Verba aus und weist darauf hin, dass zusammengesetzte Subjecte oder Prädicate nicht in ihre Bestandtheile aufgelöst werden dürfen[882]. Nachdem er sodann durch Definitionen die Eintheilung in *discreta* und *communis*, welch letztere in *determinata* und *confusa*, und deren letztere abermals in *confusa tantum* und *confusa et distributiva* zerfällt, festgestellt hat[883], erörtert er mit Uebergehung der *discreta* diese einzelnen

dicendum, quod opinio dicentium, quod in illa „Homo est dignissima creaturarum" subiectum habet suppositionem simplicem, est falsa; imo habet tantum suppositionem personalem .... Ad secundum dicendum est, quod omnes tales „Color est primum obiectum visus"...... et ceterae tales multae sunt simpliciter falsae de virtute sermonis, tamen illae, quas intendebat philosophus per eas, sunt verae ..... Philosophus et multi alia accipiunt ..... frequenter actum exercitum pro actu signato et e converso. ...... Est autem actus exercitus, qui importatur per hoc verbum „est" vel aliud huiusmodi; ..... actus autem signatus est ille, qui per hoc verbum „praedicari" importatur vel per hoc verbum „subiici" vel „verificari" vel „competere" vel aliquod huiusmodi ...... (es folgt sodann die schon oben, Anm. 796, angeführte Stelle über *suppositio simplex*) ...... *Ad tertium dicendum est, quod vox praedicatur de voce et intentio de intentione, non tamen pro se, sed pro re* (s. Anm. 788 f.) ...... *Si autem adhuc obiiciatur, quod haec est vera „Piper venditur hic et Romae", et tamen nulla singularis est vera, nisi secundum quod supponit simpliciter et non pro intentione animae, ... dicendum est, quod ..... nullus vult emere illud commune piper, ... sed quilibet intendit emere rem singularem* (s. Anm. 798 u. 885).

880) C. 67, f. 22 r. A: *De suppositione materiali ..... sciendum est, quod ..... cuilibet, quod potest esse pars propositionis, competere potest; omne enim tale potest esse extremum propositionis et pro voce vel pro scripto supponere. Et de nominibus quidem manifestum est; .... hoc etiam idem patet de adverbiis, verbis, pronominibus, coniunctionibus, praepositionibus et interiectionibus, sicut „Bene est adverbium"; .... similiter autem propositiones et orationes talem suppositionem habere possunt, quod patet in istis „Homo est animal" est propositio vera .... Potest autem dividi suppositio materialis, quia quaedam est, quando vox vel scriptum supponit pro se, sicut „Homo est nomen"; ..... quandoque autem vox vel scriptum vel conceptus non supponit pro se, sed pro voce vel scripto, quam tamen vocem vel scriptum non significat, sicut ... „Animal praedicatur de homine".*

881) C. 68 ebd.: *Sicut autem cuilibet complexo potest competere suppositio materialis, ita cuilibet complexo vel incomplexo significativo vel consignificativo potest competere suppositio simplex.*

882) C. 69 ebd.: *Nunc accedendum est ad suppositionem personalem, circa quam sciendum est, quod categorema solum, quod est extremum propositionis, significative sumptum supponit personaliter. Per primum excluduntur omnia syncategoremata..... Per secundum excluditur omne verbum, quia nunquam verbum potest esse extremum propositionis, quando accipitur significative..... Per tertium excluditur pars extremi, quantumcunque sit nomen et categorema, sicut hic „Homo albus est animal" nec littera „homo" supponit nec littera „albus", sed totum extremum.... Per quartum excluduntur categoremata talia, quando supponunt simpliciter vel materialiter.*

883) C. 70, f. 22 r. B: *Suppositio autem personalis potest dividi primo in suppositionem discretam et communem. Suppositio discreta est, in qua supponit nomen proprium alicuius vel pronomen demonstrativum significative sumptum, et talis suppositio reddit propositionem singularem.... Suppositio personalis communis est, quando terminus communis supponit; ..... dividitur in suppositionem confusam et determinatam. Suppositio determinata est, quando contingit descendere per aliquam disiunctivam*

Arten, insoweit bei denselben keine „relativen“ Begriffe verwendet werden (dieselben folgen weiter unten, s. Anm. 890); und zwar beschränkt er die *supp. determinata* auf jene Urtheile, welche weder ein distribuirendes Zeichen der Allgemeinheit noch eine Negation enthalten[884]); dabei aber erhebt er bezüglich einiger Beispiele wieder haarspaltende Bedenken, indem er z. B. bei Sätzen, welche sich um den juristischen Begriff der Stipulation drehen (vgl. ob. Anm. 798), betreffs der Supposition einen wesentlichen Unterschied zwischen *„Equus tibi promittitur“* und *„Promitto tibi equum“* herausgrübelt, oder z. B. in Bezug auf die Suppositions-Fähigkeit der abstracten Worte und der ihnen entsprechenden concreten Ausdrücke, welch beide zuweilen wirklich synonym sein können (s. ob. Anm. 826 ff.), sich auf den Unterschied der Bezeichnung stützt, je nachdem durch dieselbe das Ding selbst oder eine *intentio* getroffen wird[885]). Die hierauf folgende *supp. confusa tantum* ist ihm nur durch

---

ad singularia...... Suppositio personalis confusa est suppositio personalis termini communis, quae non est determinata; et illa dividitur, quia quaedam est suppositio confusa tantum et quaedam est confusa et distributiva. Suppositio confusa tantum est, quando terminus communis supponit personaliter et non contingit descendere ad singularia per disiunctivam nulla variatione facta a parte alterius extremi, sed per propositionem de disiuncto extremo, et contingit eam inferri ex quacunque singulari. ..... Suppositio confusa et distributiva est, quando contingit aliquo modo descendere copulative, si terminus communis habeat multa contenta et ex nullo uno formaliter infertur.

884) C. 71, f. 22 v. A: *Istis visis videndum est, quando est, quod terminus habet unam suppositionem personalem et quando aliam; et primo videndum est de terminis non relativis, secundo de relativis* (vgl. Abschn. XVII, Anm. 202) .... *Est ergo primo sciendum, quod, quando in propositione categorica nullum signum universale distribuens totum extremum propositionis additur termino communi nec mediate nec immediate, i. e. nec a parte eiusdem extremi nec ex parte extremi praecedentis, nec negatio praecedit nec aliqua dictio includens aequivalenter negationem, semper talis terminus supponit determinate.*

885) C. 72, f. 22 v. B: *Circa praedicta potest dubitari primo, qualiter supponit littera „homo“ in ista „Socrates fuit homo“, posito quod Socrates non sit ..... Secundo est dubium de istis „Homo albus est homo“, ... posito quod nullus sit albus ...... Tertio, qualiter subiectum supponit in talibus „Equus tibi promittitur“ ..... Similiter quarta dubitatio est de talibus „Ille privatur visu“ ...... Quinta est, qualem suppositionem habet praedicatum in illa „Genus et species sunt substantiae“ ..... Sexta est de istis „Actio est res extra animam“ ..... Septima est de istis „Ille bis fuit albus“ ..... Ad primum illorum dicendum est, quod in omnibus talibus termini supponunt personaliter, pro quo est notandum, quod tunc terminus supponit personaliter, quando pro significatis suis, quae sunt, vel pro his, quae fuerunt significata vel erunt vel possunt esse, supponit* (diess fällt eigentlich der Lehre von der *ampliatio* anheim, s. Abschn. XVII, Anm. 225) ..... (f. 23 r. A) *Ad secundum dubium dicendum est, quod de virtute sermonis concedendum est, si nullus homo est albus, ... quod subiecta pro nullo supponunt, et tamen sumuntur significative ..... Ad tertium dicendum est, quod tales propositiones „Equus tibi promittitur“ et similes de virtute sermonis sunt falsae, quia quaelibet singularis est falsa ..... et non contingit descendere ad singularia disiunctive, sed tantum per disiunctum praedicatum .....* (B) *Stricte loquendo de virtute sermonis littera „equus“ non supponit confuse tantum, quia non supponit, cum sit pars extremi; ..... quia in illa „Equus tibi promittitur“ littera „equus“ est subiectum, et non est pars subiecti, et ideo oportet, quod supponat determinate, cum neque signum nec negatio nec aliquid includens tale praecedat, et ideo oportet, quod contingat descendere ad singularia disiunctive. Sed in illa „Promitto tibi equum“ littera „equum“ non est extremum, sed est pars extremi, quia illud totum est praedicatum „promittens tibi equum“, quia illae aequivalent „Promitto tibi*

die Stellung des Zeichens der Allgemeinheit bedingt, so dass hier der Sprachgebrauch eine entscheidendere Rolle spielt, als die logisch begriffliche Bedeutung der Satztheile [886]). Bei der *supp. confusa et distributiva* holt er erst hier die Eintheilung derselben in *mobilis* und *immobilis* nach (s. Abschn. XVII, Anm. 61), und verlegt die erstere in jene allgemeinen Urtheile, sowohl bejahende als auch verneinende, welche weder Exceptiv- noch Exclusiv-Sätze sind noch auch durch die Stellung der Negation ein Hinderniss enthalten, und um des negativen Gehaltes willen zieht er auch die Ausdrücke *„differt, aliud"* zu dieser Art der Supposition bei [887]); die letztere aber, d. h. die *immobilis*, wird auf die Sub-

---

equum" et „Ego sum promittens tibi equum", ... et ita non oportet, quod supponat determinate...... Ad quartum dicendum est, quod in talibus „Ille privatur visu" littera „visu", quod est pars extremi, non proprie supponit; ..... supponit enim confuse et distributive aliquo modo et aliquo determinate, sc. pro illis, quae aliquando fuerunt, quia aequivalet isti „Ille nullum visum habet et aptus natus est habere visum" ...... (v. A) *Ad quintum dicendum est, quod de virtute sermonis haec est falsa „Genera et species sunt substantiae" et tunc littera „substantiae" supponit personaliter et determinate, quia hoc nomen „substantia" non imponitur ad significandum intentiones animae, sed veras substantias* (s. Anm. 774) ...... *Ad sextum dicendum est, quod diversi diversimode utuntur talibus abstractis; nam aliquando utuntur eis pro rebus, aliquando pro nominibus; si primo modo, debet dici, quod supponunt pro illis, pro quibus supponunt sua concreta. ..... Proprie loquendo talia concreta et abstracta, si abstracta imponantur ad significandum praecise res, sunt nomina synonyma* ..... (B) *Alii autem dicunt, quod omnia talia nomina abstracta significant relationes rationis et pro illis supponunt.* (Auch anderwärts kommt Occam auf diese Unterscheidung zu sprechen, nemlich *Expos. aur. Praedicam.* Cap. 17: *Est regula logicorum, quod terminus secundae,* — d. h. ein Abstractum wie z. B. *caecitas* —, *si supponit personaliter, supponit pro terminis, quorum est naturale signum vel ad placitum institutum, si supponit pro se ipso ..... Si supponit simpliciter, supponit pro intentione, cui subordinatur in significando.*) ..... *Ad septimum dubium dicendum est, quod in illa „Socrates bis fuit albus" ponitur una dictio aequivalenter includens negationem, sc. ..... primo fuit albus et aliquo tempore post non erat albus et postea fuit albus, ... et ideo nec subiectum nec praedicatum supponit determinate.*

886) C. 73, f. 23 v. B: *Videndum est de suppositione confusa tantum, circa quam diversae regulae dantur. Una est: Quando terminus communis sequitur signum universale affirmativum mediate, tunc stat confuse tantum, i. e. semper in universali affirmativa praedicatum stat confuse tantum; ..... sed quantumcunque signum universale ponitur a parte subiecti, si tamen propositio non sit universalis affirmativa nec signum universale distribuit totum subiectum, praedicatum non supponit confuse tantum ..... Alia regula datur, quando signum universale vel includens aequivalenter signum universale praecedit terminum a parte eiusdem extremi, ita tamen, quod non determinat totum praecedens copulam, facit illud, quod sequitur a parte eiusdem, stare confuse tantum ..... Sed utrum illud sit tenendum de virtute sermonis vel non, non curo; tamen secundum usum loquentium, propter quem multum valet talia scire, oportet sic dicere* ..... (f. 24 r. A) *Tertia regula potest dari, quod semper subiectum exclusive affirmative supponit confuse tantum.*

887) C. 74, f. 24 r. A: *Circa suppositionem confusam et distributivam dantur regulae diversae, et primo de suppositione confusa et distributiva mobili: quarum prima est, quod in omni propositione universali affirmativa et negativa, quae non est exclusiva nec exceptiva, stat subiectum confuse et distributive mobiliter ..... Secunda est, quod in omni tali universali negativa praedicatum, si sit distributive non impeditum, stat confuse et distributive. Tertia est, quod, quando negatio determinans compositionem principalem praecedit praedicatum, stat confuse et distributive ..... Quarta regula est: illud, quod sequitur immediate hoc verbum „differt" vel hoc verbum „distinguitur" vel participia eis correspondentia vel hoc nomen „aliud" vel ei*

jecte der Exceptiv-Sätze beschränkt, und zwar nur für den Fall, dass diese Supposition nicht als eine *absoluta*, sondern als eine *limitata* zu nehmen ist[888]). Doch drängen sich ihm auch hiebei wieder spitzfindige Zweifel über die Supposition der Prädicate auf, falls in einem Urtheile die Worte *„bis"* oder *„incipit, desinit"* vorkommen (s. Abschn. XVII, Anm. 254 u. 263), und er findet, dass hier eine eigene Art der Supposition obwalte, welche keinen technischen Namen habe und nur theilweise mit der *confusa tantum* verwandt sei, was er jedoch an einer anderen Stelle durch eine anderweitige Distinction wieder sehr modificirt[889]). Indem sodann die Supposition der relativen Begriffe folgt (vgl. Abschn. XVII, Anm. 212—220), gibt er kurz die Eintheilung und die charakteri-

---

aequivalens, stat confuse et distributive (s. Abschn. XVII, Anm. 266) ..... *Est igitur universaliter dicendum, quod, quidquid facit terminum stare confuse et distributive, est signum universale vel negatio vel aliquid aequivalens negationi.*

888) Ebend. f. 24 r. B: *Circa suppositionem confusam et distributivam immobilem est sciendum, quod semper subiectum talem suppositionem habet in propositione exceptiva.* Hiezu II, 18, f. 31 r. B: *Distinguendum est de suppositione confusa et distributiva, quia quaedam est absoluta, sc. quando terminus distribuitur pro quolibet suo contento, ita quod non plus pro uno, quam pro altero; et talem suppositionem confusam et distributivam non habet terminus sive subiectum in propositione exceptiva. Alia est limitata et articulata, quando sc. terminus pro aliquo contento distribuitur, et hoc non accidit nisi quando illa propositio categorica aequivalet uni copulativae compositae ex una affirmativa et alia negativa, sicut accidit in propositione exceptiva. Si autem illa exceptiva fuerit negativa, tunc tam subiectum quam praedicatum supponunt confuse et distributive, sed limitate.* S. unten Anm. 935.

889) I, 75, f. 24 r. B: *Potest autem dubitari de talibus ...... „Socrates desinit esse albus, Socrates bis fuit Romae, Socrates incipit esse grammaticus" et huiusmodi, quomodo praedicata in eis supponunt; quia enim non supponunt determinate, patet, quia non contingit descendere per disiunctivam ..... Potest dici, quod terminus praedicatus in talibus propositionibus vel etiam illud, quod sequitur verbum adiectivum vel substantivum, non habet suppositionem nec determinatam nec confusam et distributivam, sed unam aliam, pro qua tamen nomen non habemus ...... Illa suppositio convenit cum confusa tantum, quia, sicut quando terminus supponit confuse tantum, a quolibet pronomine demonstrante aliquid singulare contentum sub subiecto ad terminum communem contingit adscendere, sic contingit in proposito; ..... differt autem a suppositione confusa tantum, quia non contingit descendere ad disiunctum ex nominibus propriis tantum illorum, pro quibus terminus communis supponit; non enim sequitur „Socrates incipit esse grammaticus, ergo Socrates incipit esse ille vel ille" demonstrando omnes grammaticos.* Jedoch II, 19, f. 31 v. B lesen wir: *Difficultas est de suppositione praedicati* (d. h. bei *incipit* und *desinit*); *et est sciendum, quod praedicatum in tali propositione universali affirmativa supponit confuse tantum; ...... similiter etiam in universali negativa stat confuse et distributive; sed in propositione non universali stat determinate. Verumtamen ...... suppositio determinata et confusa et distributiva duplex est. Una est, quando contingit descendere ad illa, pro quibus terminus supponit vel supponere potest, per pronomina demonstrativa, sicut in ista „Homo currit" littera „homo" supponit pro hoc homine et pro illo, ... et sequitur bene „Homo currit, igitur hoc currit" demonstrato illo homine et „illud currit" demonstrato alio ...... Aliquando autem contingit descendere ...... per pronomina demonstrativa simul sumpta cum illo communi, sub quo debet esse descensus. Primo modo non supponit praedicatum determinate; non enim sequitur „Socrates incipit esse albus, igitur incipit esse hoc vel hoc" quocunque demonstrato ..... Secundo modo praedicatum supponit determinate; nam bene sequitur „Socrates incipit esse albus, ergo incipit esse hoc album vel illud album" ...... Et si dicatur, quod „hoc album et hoc" demonstrando idem convertuntur, igitur ab uno ad reliquum est bona consequentia, dicendum est, quod haec regula, quod ab uno convertibili ad reliquum est bona consequentia, habet multas instantias.* S. unten Anm. 938.

stischen Merkmale derselben an; es handelt sich nemlich zuerst um die *relativa substantiae,* welche entweder *identitatis* oder *diversitatis* sein können, deren erstere entweder *non reciproca* oder *reciproca* sind, und sodann um die *relativa accidentis* [890]). Endlich noch wirft er, wie auch schon Andere gethan hatten (s. Abschn. XVII, Anm. 596), einen Blick auf die „uneigentliche" Supposition, welche auf Metapher und Synekdoche oder Antonymie oder dgl. beruhe und bei kritischer Lectüre der Autoren häufig beachtet werden müsse [891]).

Den zweiten Haupttheil nimmt die Lehre vom Urtheile ein, deren wesentliche Gliederung Occam darin erblickt, dass zuerst über die verschiedenen Eintheilungen des Urtheiles, hierauf über die Wahrheit der sämmtlichen Arten desselben, und zuletzt über die Umkehrung derselben gehandelt werden soll [892]). Dabei aber müssen wir von vorneherein als höchst beachtenswerth hervorheben, dass Occam, während er in der *Expositio aurea* eine sorgfältige und getreue Worterklärung des aristotelischen Buches darbietet, hier in seinem ausführlichen Compendium die Lehre des Aristoteles völlig bei Seite schiebt und die ganze Darstellung des Urtheiles durch das Material der byzantinischen Logik absorbiren lässt. Diese letztere hatte sich sonach allmälig zu einer derartigen Geltung emporgerungen, dass man die üblichen Haupt-Themata der aristotelischen Tradition, wie z. B. die conträre und contradictorische Entgegensetzung, nun für unwichtig bezüglich der Lehre vom Urtheile halten und

---

890) I, 76, f. 24 v. A: *Videndum est de suppositione relativorum, non accipiendo relativum illo modo, quo logicus accipit, sed quo grammaticus, ... quod relativum est rei ante latae recordativum ...... Quoddam vocatur relativum substantiae et quoddam accidentis; relativum substantiae vocatur „is, ille, idem"* (das Pronomen „*qui*", welches nach üblicher Tradition hieher gerechnet wurde, behandelt Occam bei den connotativen Begriffen, s. Anm. 922); *relativum accidentis ..... „talis, tot" et huiusmodi. Relativorum substantiae quaedam sunt identitatis, quaedam diversitatis; relativorum identitatis quaedam sunt reciproca, quaedam non reciproca. Non reciproca ..... semper supponunt pro illo, pro quo supponunt sua antecedentia; .... sicut „Socrates currit et ille disputat" ...... unde sciendum, quod tale relativum nunquam debet poni in eadem categorica cum suo antecedente ...... Circa relativa identitatis reciproca est sciendum, quod differunt in hoc ab aliis, quia possunt poni in eadem categorica cum suo antecedente et in alia, sicut patet de istis „se, suum", nam bene dicitur „Socrates videt se" ..... Semper tale relativum habet talem suppositionem et supponit pro eis, pro quibus supponit suum antecedens ......* (B) *Circa relativum diversitatis est sciendum, quod dicitur ideo, quia non verificatur pro eodem, pro quo suum antecedens, sicut ..... „Alterum illorum est verum et reliquum falsum" littera „reliquum" verificatur pro illo, pro quo non verificatur hoc antecedens „alterum" ..... Circa relativa accidentium ..... est sciendum, quod tale relativum non supponit nec verificatur pro illo, pro quo suum antecedens supponit, sed pro aliquo simili vel aequali, sicut ..... „Socrates est albus et talis est Plato".*

891) C. 77, f. 24 v. B: *Oportet autem cognoscere, quod, sicut est suppositio propria, sc. quando terminus supponit praecise pro eo, quod significat proprie, ita suppositio impropria est, quando terminus accipitur improprie. Multiplex autem est suppositio impropria, sc. antonomatica, ... alia est synecdochica, ... alia est metaphorica ..... Multum utile est, cognoscere, quando terminus accipitur proprie, ... quia vix invenitur aliquod vocabulum, quin in diversis libris sanctorum et philosophorum aequivoce accipiatur.*

892) II, 1, f. 25 r. A: *Postquam dicta sunt aliqua de terminis, nunc dicendum est de propositionibus; et primo ponendae sunt aliquae divisiones, secundo videndum est de veritate propositionum, quid requiritur et sufficit, tertio de conversione propositionum.*

dafür die byzantinischen ***proprietates terminorum*** mit Einschluss der ***Exponibilia*** zum eigentlichen Gegenstande der Erörterungen über das Urtheil machen konnte; dass man statt dessen all jene Dinge in die Lehre von ***Consequentia*** hineinschob, wird sich unten zeigen, s. Anm. 1029. Für Occam liegt hierin allerdings nach Allem, was wir im Obigen sahen, eine strenge Folgerichtigkeit; denn sowie er überhaupt (auch in den Partei-Controversen) grundsätzlich vom ***terminus*** und von der Suppositions-Fähigkeit desselben ausgegangen war, so ist ihm auch bei allen Punkten, welche betreffs des Urtheiles in Frage kommen, zuletzt die Supposition der entscheidende Grund-Ton, so dass er alles Uebrige anderwärts unterbringen muss, — ein Verhältniss, von welchem wir uns alsbald bei jedem Schritte überzeugen werden. Nur hat die Supposition, wie er anderwärts ausdrücklich hervorhebt, hier im Urtheile eine andere Function, als bei den Kategorien (vgl. ob. Anm. 866), indem bezüglich der Satzverbindung die Worte nicht so fast für die Dinge supponiren, sondern überwiegend für Worte, d. h. insoferne aus denselben als Worten Wahrheit oder Falschheit hervorgeht[893]).

Unter den Eintheilungen der Urtheile führt Occam zuerst die Scheidung in kategorisches und hypothetisches Urtheil an, bei welch letzterem er aus der jüngeren byzantinischen Tradition (s. Abschn. XVII, Anm. 583 f.) die Vermehrung der Unterarten desselben, jedoch mit Ausnahme der ***propositio localis***, aufnimmt[894]). Hierauf lässt er die Eintheilung in Inhärenz- und modale Urtheile folgen, und bei letzteren schliesst er sich gleichfalls beifällig an jene spätere Vermehrung der modalen Ausdrücke an (s. ebend. Anm. 588), ja er fügt noch aus dem Umkreise seiner eigenen beliebten Distinctionen die Begriffe *conceptum*, *prolatum*, *scriptum* hinzu, indem er überhaupt meint, dass Aristoteles nur um der Kürze willen sich auf vier Formen der Modalität beschränkt habe[895]). Die gleiche Einwirkung der damaligen jüngeren Litteratur (s. ebend. Anm. 604, und bei Scotus, ob. Anm. 186) zeigt sich auch in der hiernach folgenden Unterscheidung, dass einige categorische Urtheile, d. h. nemlich sämmtliche

---

893) *Expos. aur. Praedicam. Prooem.: In libro Perihermenias determinatur de vocibus, secundum quod veritatem vel falsitatem propositionis sunt causativae.* Ebend. *Perierm. Prooem.: Philosophus hic loquitur principaliter de vocibus supponentibus pro vocibus, quamvis forte incidenter determinat de vocibus supponentibus pro rebus.* Vgl. Anm. 753.

894) *Summa t. l.* a. a. O.: *Una divisio propositionum est, quod propositionum alia est categorica alia hypothetica: ..... hypothetica ..... dividitur in quinque species secundum opinionem communem, sc. in copulativam, disiunctivam, conditionalem, causalem et temporalem.* S. unten Anm. 955—961.

895) Ebend.: *Alia divisio propositionum est, quod quaedam est propositio de inesse et quaedam modalis ..... Et est sciendum, quod quasi omnes sophistae concordant in hoc, quod tantum sunt quatuor modi, sc. necessarium, impossibile, contingens et possibile* (s. Abschn. XVII, Anm. 161); ..... *sed tales modi sunt plures, quam quatuor praedicti, nam .... alia propositio est vera, alia est scita, alia est falsa, alia ignota, alia scripta, alia prolata, alia concepta* (über die letzteren drei s. ob. Anm. 769 f. u. 797), *similiter alia est credita, alia opinata, alia dubitata, et sic de aliis ..... Et si quaeratur, quare philosophus non tractavit de istis nec illas connumeravit inter propositiones modales, dicendum est, quod philosophus brevitati studens, quia illa, quae de aliis dicit, possunt istis applicari, noluit de istis pertractare.* S. unten Anm. 914 ff.

exponiblen Sätze, äquipollent mit hypothetischen seien[896]). Wenn aber sodann über die Eintheilung in Bejahung und Verneinung hier nur mit zwei Worten hinweggeeilt wird[897]), so finden wir bei Occam anderwärts einige Bemerkungen, welche überraschend richtig sind und wahrhaft einen tieferen Einblick in das Wesen der Negation beurkunden; er hält nemlich nicht nur getreu seinem allgemeinen Standpunkte daran fest, dass auch sämmtliche Negationen auf Rechnung der subjectiven Auffassung zu setzen seien[898]), sondern er erkennt auch die affirmative Bedeutung der negativen Begriffe an[899]), und dass er dieselbe wenigstens bei jenen Worten, welche mit dem privativen „*in*" zusammengesetzt sind, nicht in die unendliche Weite schweifen lässt, erhellt daraus, dass er z. B. für das Prädicat „ungerecht" als logische Voraussetzung die reale Möglichkeit des Gerecht- oder Ungerecht-Seins fordert, sowie hinwiederum aus der Unterscheidung einer dreifachen Function der privativen Ausdrücke[900]). Die Eintheilung der Urtheile nach der Quantität gibt er in jener Vollzähligkeit an, welche in der byzantinischen Logik üblich war, nimmt aber dabei auch Gelegenheit, betreffs einiger Beispiele die Controverse zu entscheiden, zu welcherlei Quantität dieselben zu rechnen seien[901]). Ausserdem

---

896) Ebend.: *Tertia divisio propositionum categoricarum potest esse illa, quod alia propositio categorica est aequivalens propositioni hypotheticae, ... alia non; ..... istae propositiones sunt exclusivae et exceptivae et reduplicativae et quaedam aliae.* S. unten Anm. 917 ff.

897) Ebend. f. 25 r. B: *Alia divisio propositionum est, quod quaedam est affirmativa et quaedam negativa.*

898) *Expos. aur. Praedicam.* Cap. 17: *Privationes et etiam negationes non sunt a parte rei distincte a rebus positivis, quia nihil est a parte rei extra animam nisi res, et ideo si privatio vel negatio non sit res, non est a parte rei.*

899) *Quodl.* V, *qu.* 7: *Conceptus negativus aliquid significat negative, aliquid affirmative; exemplum: „non albedo" significat negative albedines, de quibus non verificatur nec pro illis supponit; affirmative autem significat omnia alia ab albedine et de illis praedicatur affirmative et pro illis supponit, quia quocunque alio demonstrato ab albedine haec est vera „hoc est non albedo".*

900) *Expos. aur. Perierm.* II, c. 1: *Differentia est inter praedicatum infinitum et inter praedicatum privativum. Nam praedicatum infinitum dicitur de pluribus, sc. de omnibus existentibus, de quibus non dicitur nomen privativum, sicut „iniustum" non potest dici de quolibet, quod non est iustum, quia non dicitur de asino, sed tantum de hominibus. Et de tali praedicato privativo tales regulae sunt. Ab affirmativa de praedicato finito sequitur negativa de praedicato privativo ..... Ab affirmativa de praedicato privativo sequitur negativa de praedicato finito. Summa l. log.* III, 3, 9, f. 60 v. A: *Nomina privativa sunt in triplici differentia. Aliquod enim ..... praecise dicit privationem formae et carentiam in subiecto, cui additur, et ..... aequivalet nomini infinito, sicut „incorruptibile" ..... Alia sunt, quae important formam in aliquo connotando determinatum subiectum, ... sicut „iniustus" ...... Alia sunt, quae important, non esse in aliquo formam talem nec esse posse connotando determinatum subiectum, ... sicut „caecus".*

901) *Summa l. l.* II, 1, f. 25 r. B: *Alia divisio est, quod quaedam est universalis, quaedam particularis, quaedam indefinita, quaedam singularis ..... Tamen de multis propositionibus potest esse dubium, quantae sint ..... Illa est singularis „Isti currunt", quia subiectum est pronomen demonstrativum vel terminus communis sumptus cum pronomine demonstrativo ..... Haec est indefinita „Alterum illorum currit", sicut illa est universalis „Utrumque illorum currit" ..... Quando relativum refert nomen discretum, tunc reddit propositionem singularem; quando refert nomen commune, tunc reddit indefinitam; et ideo illa „Socrates currit et ille disputat" est singularis, sed secunda pars istius copulativae „Homo currit et ille disputat" est indefinita .....*

führt er noch eine Eintheilung an, welche auf dem Tempus des Verbums beruht und somit der *ampliatio* angehört [902]), und endlich eine läppische Eintheilung je nach *casus rectus* oder *casus obliquus* [903]).

In den zweiten Gegenstand der Lehre vom Urtheile, nemlich in die Frage über die Wahrheit derselben, verflicht nun Occam sämmtliche *proprietates terminorum*, sowie den ganzen Umkreis der *Exponibilia*. Während nemlich das singuläre Urtheil einfach auf den Begriff der Supposition (im Gegensatze gegen objectiv reale Identität oder Inhärenz) begründet wird [904]), und das Gleiche auch beim particularen und beim unbestimmten Urtheile geschieht, insoferne diese beiden nach *suppositio personalis*, nicht jedoch nach *supp. materialis* oder *simplex*, unter sich logisch synonym sind [905]), stellt sich ihm schon bei der Erörterung des allgemeinen Urtheiles das Gebiet der *distributio* ein (s. Abschn. XVII, Anm. 238—255), in welches theilweise auch die *restrictio* (ebend. Anm. 231 ff.) hereinspielt. Denn als das Wesentliche des allgemeinen Urtheiles betrachtet er die distributiven „Zeichen der Allgemeinheit", deren Eintheilung bei ihm im Vergleiche mit Petrus Hispanus (ebend. Anm. 239)

Illae sunt particulares „Non omnis homo currit" et „Nonnullus homo est animal"..... De talibus propositionibus „Homo est species" ...... et universaliter, quando terminus supponit materialiter vel simpliciter (s. Anm. 877), *potest dici, quod sunt singulares vel indefinitae.* Uebrigens ist zu beachten, dass Occam die Memorial-Verse der byzantinischen Logik (s. Abschn. XVII, Anm. 108 u. 153) verschmäht; vgl. Anm. 941 u. 955.

902) Ebend. f. 25 v. A: *Est etiam alia divisio propositionum, quia quaedam propositiones sunt de praesenti, ... quaedam de praeterito, ...quaedam de futuro, ...quaedam secundum formam vocis sunt de praesenti et tamen aequipollent propositionibus de praeterito vel de futuro, ut tales „Hoc est praeteritum, hoc est futurum".* S. Anm. 912.

903) Ebend.: *Alia divisio est, quod quaedam propositiones sunt de recto et quaedam de obliquo; et quandoque obliquus ponitur a parte subiecti, ut „Hominem videt asinus", quandoque a parte praedicati, ut „Asinus est hominis".* S. Anm. 913, 942, 971.

904) C. 2, f. 25 v. B: *Ad veritatem propositionis singularis, quae non aequivalet multis propositionibus, non requiritur, quod subiectum et praedicatum sunt idem realiter, nec quod praedicatum a parte rei sit in subiecto vel insit realiter ipsi subiecto, nec quod uniatur ipsi subiecto a parte rei extra animam; ..... sed sufficit et requiritur, quod subiectum et praedicatum supponant pro eodem.* Ebenso *Expos. aur. Praedicab. De genere: Per istam propositionem „Socrates est albus" non denotatur, quod Socrates sit vox, quantumcunque vox hic praedicetur, ... sed denotatur in tali propositione, quod illud, pro quo subiectum supponit, sit illud, pro quo praedicatum supponit..... Quando subiectum et praedicatum habent suppositionem personalem et supponunt non pro se ipsis, sed pro suis significatis, tunc non requiritur, quod subiectum et praedicatum sint idem, sed oportet, quod supponant pro eodem.*

905) C. 3, f. 26 r. A: *Videndum est, quid requiritur ad veritatem indefinitae et particularis..... Si non vocetur propositio indefinita vel particularis, nisi quando terminus supponit personaliter, tunc semper indefinita et particularis convertuntur..... Et ad veritatem talis sufficit, quod subiectum et praedicatum supponant pro aliquo eodem, si sit propositio affirmativa et non addatur signum universale a parte praedicati; ..... sed si talis sit negativa, requiritur quod subiectum et praedicatum non supponant pro omni eodem..... Sed secundum aliam opinionem aliter debet dici..... Qui ponit, quod omnis propositio est indefinita, in qua subiicitur terminus communis sine signo, sive supponat simpliciter sive personaliter sive materialiter, debet consequenter dicere, quod non semper particularis et indefinita convertuntur, ... sicut illae non convertuntur „Homo est species" et „Aliquis homo est species".*

einigermaassen modificirt erscheint, namentlich durch eine spitzfindige Unterscheidung, wornach man bei den distributiven Worten der Accidentien nur an eine disjunctive oder copulative Distribution von Art-Formen oder dgl. (vgl. ebend. Anm. 253 u. 589) denken dürfe [906]). Indem sodann zuerst die umfassenderen distributiven Zeichen *„omnis, nullus"* und deren Synonyma an die Reihe kommen, wird eine allgemeine Bemerkung über den syncategoreumatischen Charakter derselben, sowie eine ziemlich einfältige grammatische Unterscheidung zwischen *„omnis"* und *„quilibet"* vorausgeschickt [907]), und hierauf die Regel der Wahrheit der allgemeinen Urtheile angegeben, welche abermals lediglich auf der Supposition beruht, woran sich polemische Erörterungen über die Annahme, dass *„omnis"* sich stets wenigstens auf drei Objecte beziehen müsse, und über einige traditionelle Beispiel-Sätze mit Einschluss des Grundsatzes, dass *„omnis"* nicht im Prädicate stehen könne, anknüpfen [908]). Dann folgt über *„uter-*

---

906) C. 4, f. 26 v. A: *Propositiones universales sunt in multiplici differentia secundum multitudinem signorum universalium. Sunt enim aliqua signa universalia distributiva indifferenter tam pro substantia quam pro accidente, sicut „omnis, quilibet, nullus, quisque, uterque, neuter" et sic de aliis; alia sunt distributiva pro accidente, ut „quaelibet* (zu lesen *„qualislibet"*, s. Abschn. XVII, Anm. 239 u. 253), *quotiescunque" et si forte sint aliqua alia talia. Sed ista distinctio potest intelligi bene et male; si enim intelligatur, quod „quaelibet"* (ebenso) *sit signum distributivum pro accidente, sicut „omnis" vel aliquod tale pro substantia et accidente, falsum est; si autem intelligatur, quod sit aliquo modo distributivum, sc. disiunctive sub disiunctione vel copulatione inter species vel aliquo modo tali, potest concedi. Alia ponitur distinctio signorum universalium, quod quaedam sunt distributiva pro partibus subiectivis et quaedam pro partibus essentialibus vel integralibus; prima sunt, sicut „omnis, nullus, uterque, neuter", secunda sunt, sicut „totus"..... Alia ponitur divisio signorum, quod quaedam possunt distribuere pro quocunque, sicut „omnis, nullus" et huiusmodi, quaedam pro duobus tantum, sicut „neuter, uterque".*

907) Ebend.: *Primo ergo dicendum est de illis, quae distribuunt pro substantia et accidente et pro partibus subiectivis et pro quocunque..... Nullum signum per se significat aliquid nec imponitur ad significandum aliquid determinate, sed sic instituitur, ut faciat illud, cui additur, stare pro omnibus suis significatis et non pro aliquibus tantum; et ideo dicitur syncategoreuma...... Hoc signum „omnis" differt ab istis „quilibet, unusquisque", quia hoc signum „omnis" non potest addi nisi termino consimilis casus; ...... sed illa signa „quilibet, unusquisque" possunt addi termino consimilis casus et dissimilis, ... unde bene dicitur „Quilibet homo currit" et „Quilibet illorum currit".*

908) Ebend.: *Ponendae sunt aliquae regulae communes istis signis ...... Est primo sciendum, quod ad veritatem talis universalis non requiritur, quod subiectum et praedicatum sint idem realiter, sed requiritur, quod praedicatum supponat pro omnibus illis, pro quibus supponit subiectum ..... Ex hoc patet falsitas quorundam dictorum, quae a quibusdam ponuntur: unum est, quod hoc signum „omnis" exigit tria appellata* (vgl. Abschn. XVII, Anm. 241); *nam ponatur, quod unus solus angelus intelligat et nullus homo; tunc est vera „omne intellectivum creatum est angelus". ...... Aliqui solvunt male hoc sophisma „Omnis phoenix est"* (s. ebend. Anm. 242) *dicentes, istam esse falsam eo quod littera „omnis" exigit tria appellata ...... Ex istis etiam sequitur, quod falsum est, quod aliqui dicunt, quod si sit unum album tantum et tantum unum nigrum et tantum unum medium, quaelibet istarum est falsa „Omne album est, Omne nigrum est, Omne medium est" ......* (f. 27 r. A) *Patet, quod omnes tales de virtute sermonis sunt falsae „Omne animal est sanum" posito quod unus leo sit sanus et unus bos et unus homo, et sic de aliis, similiter et ista „Omne animal fuit in arca Noae"* (s. ebend. Anm. 235), *et sic de multis aliis, quia habent multas singulares falsas nec praedicatum competit omnibus illis, pro quibus supponit subiectum ..... Secundo sciendum, quod omnis propositio universalis,*

que" und „*neuter*" (vgl. ebend. Anm. 248 f.) die selbstverständliche Regel der Wahrheit und die ausdrückliche Bemerkung, dass dieselben stets zwei Objecte erfordern [909]), worauf bei „*totus*" (ebend. Anm. 252 u. 267) der Unterschied des categoreumatischen und des syncategoreumatischen Gebrauches dieses Wortes, welches überhaupt sehr verschiedene Anwendungen finde, hervorgehoben und in Kürze das hiebei übliche Sophisma besprochen wird [910]). Die distributiven Zeichen der Accidentien (s. ebend. Anm. 253 ff.) fertigt Occam äusserst schnöde ab, indem sie einerseits eigentlich gar keine selbstständigen Zeichen seien und andrerseits auch selten Anwendung fänden [911]).

Hierauf lässt er jene Urtheile folgen, deren Verbum im Futurum oder Präteritum steht (s. ob. Anm. 902). Dieselben bilden nach älterer und jüngerer byzantinischer Tradition (s. Abschn. XVII, Anm. 226 f. u. 600) eigentlich nur einen Bruchtheil der Lehre von der Ampliation; aber sowie Occam sich der technischen Ausdrücke „*ampliatio*" oder „*ampliativus*" u. dgl. überhaupt nicht bedient, so behandelt er hier auch nur jene Seite, welche sich auf das Tempus der Verba bezieht, Anderes anderswo

---

in qua praedicatum sumitur universaliter, est falsa, si praedicatum et subiectum verificetur de pluribus contentis; si autem praedicatur praecise de uno solo contento et similiter subiectum, tunc posset esse propositio vera, sicut, si non esset nisi unum animal, puta unus homo, haec esset vera „Omnis homo est omne animal" (dieser formalen Spielerei lässt sich eine vernünftige Wendung geben, z. B. „Alle Körper sind sämmtliches Schwere") ..... *Tertio sciendum, quod hoc signum „omnis" ..... potest accipi distributive vel collective: si tenetur distributive, ... sicut „Omnes apostoli dei sunt duodecim"* (vgl. ebend. Anm. 240), *denotatur, quod hoc praedicatum „duodecim" vere dicitur de quolibet, de quo vere praedicatur hoc subiectum „apostoli" ..... Si autem tenetur collective, tunc denotatur, quod praedicatum ..... competat omnibus simul sumptis.*

909) C. 5, f. 27 r. B: *Consequenter determinandum est de signis distributivis non pro quibuscunque, sed pro duobus tantum, cuiusmodi sunt „uterque" et „neuter" ..... Ad veritatem talis requiritur, quod praedicatum vere competat utrique illorum demonstratorum, si sit affirmativa, vel negetur ab utroque, si sit negativa ..... Differt propositio universalis, in qua ponitur hoc signum „uterque", ab illa, in qua ponitur hoc signum „omnis", quia nunquam potest talis universalis, in qua ponitur „uterque" a parte subiecti, esse vera, ubi ponitur praedicatum universaliter sumptum. ..... Causa huius diversitatis est, quia hoc signum „omnis" potest addi termino habenti unum suppositum* (s. vorige Anm.), *sed littera „uterque" requirit semper duo supposita.*

910) C. 6, ebend.: *De signo distributivo pro partibus integralibus, cuiusmodi ponitur „totus", est sciendum, quod hoc signum potest aliquando sumi categoreumatice vel syncategoreumatice. Si sumatur categoreumatice, sic significat idem quod „perfectum" ...... Si autem tenetur syncategoreumatice, sic est unum signum distributivum ...... pro partibus proprie dictis importatis per terminum, cui additur, ut ista propositio „Totus Socrates est minor Socrate"* (s. Abschn. XVII, Anm. 252) *aequivalet isti „Quaelibet pars Socratis est minor Socrate" ......* (v. A) *Verumtamen est sciendum, quod aliquando, sive ex usu sive ex usu sermonis vel ex beneplacito utentis, „totus" tantum distribuit pro partibus integralibus, non pro essentialibus, ... quandoque autem distribuit pro omnibus partibus, sive sunt essentiales sive integrales sive qualescunque.*

911) Ebend. f. 27 v. A: *De signis autem, quae sunt distributiva accidentium, cuiusmodi sunt „qualecunque, quantumlibet", est sciendum, quod huiusmodi non sunt proprie signa, sed sunt aequivalentia uni composito ex aliis signis, sicut „quantumlibet" idem est quod „habens de omni specie quantitatis aliquam quantitatem" ..... Ista autem signa non sunt multum usitata in theologia, ideo pertranseo de eis.*

unterbringend (s. unten Anm. 937—939). Die betreffenden Regeln liegen näher an der jüngeren Formation dieser Lehre [912]). Bei den Urtheilen, deren Subject oder Prädicat ein *casus obliquus* ist (ob. Anm. 903), verzichtet er schliesslich selbst darauf, sichere Regeln ihrer Wahrheit aufzustellen [913]).

Während sodann das hypothetische Urtheil, welches hier seine passendste Stelle gefunden hätte, erst am Schlusse dieses ganzen Haupttheiles erscheint (s. Anm. 955 ff.), reihen sich die modalen Urtheile an, in deren Eintheilung er abermals der jüngeren Tradition folgt (s. Abschn. XVII, Anm. 585, und bei Scotus ob. Anm. 187); nur substituirt er die Terminologie *„cum dicto"* und *„sine dicto"* und setzt den *sensus divisus* der modalen *cum dicto* als synonym mit den modalen *sine dicto* [914]). Indem er auch hier die schon oben (Anm. 895) erwähnte Vermehrung der modalen Ausdrücke benützt, knüpft er beim *sensus compositus* dieser Urtheile die Regel ihrer Wahrheit einfach an die Begriffe der betreffenden Modalitäten selbst, weist aber zugleich in äusserster Spitzfindigkeit auch auf Beispiele allgemeiner modaler Urtheile hin, welche wahr sind, obwohl die ihnen entsprechenden singulären unrichtig sind [915]). Beim

---

912) C. 7, ebend.: *Videndum est de propositionibus de praeterito et futuro. Pro quo sciendum est, quod ..... subiectum potest supponere pro eo, quod est, vel pro eo, quod fuit, si sit propositio de praeterito; aut pro eo, quod est, vel pro eo, quod erit, si sit propositio de futuro; et sive sic sive sic, si propositio sit affirmativa, requiritur, quod praedicetur sub propria forma, i. e. praedicatum praedicetur de eo, pro quo supponit subiectum..... Unde illa est differentia inter propositiones de praesenti et propositiones de praeterito et futuro, quod praedicatum in propositione de praesenti stat eodem modo, quo stat subiectum, nisi aliquod additum impediat; sed in propositione de praeterito et futuro est variatio, quia praedicatum non tantum supponit pro illo vel illis, pro quo vel quibus verificatur in propositionibus de praeterito et futuro, ... sed requiritur, quod ipsum praedicatum verificetur de illo, pro quo subiectum supponit.*

913) C. 8, f. 27 v. B: *Ad veritatem propositionis, cuius alterum extremum est terminus obliquus, requiritur, quod subiectum et praedicatum non supponant pro eodem vel saltem non pro omni eodem; aliquando tamen possunt supponere pro eodem secundum diversitatem verborum et regiminis casus obliqui; ..... nec est facile in his generalem regulam et certam dare.*

914) C. 9, ebend.: *Aliquando dicitur propositio de modo, quia accipitur dictum talis propositionis cum tali modo, sicut potest de istis „Omnem hominem esse animal, est necessarium"...... Alia autem dicitur propositio modalis, in qua ponitur modus sine tali dicto propositionis. Propositio modalis primo modo dicta semper est distinguenda secundum compositionem et divisionem. Et in sensu composito denotatur semper, quod talis modus verificatur de propositione illius dicti, sicut .... denotatur, quod ille modus „necessarium" verificetur de illa propositione „Omnis homo est animal"...... Sed sensus divisus talis propositionis semper aequivalet tali propositioni acceptae cum modo sine tali dicto, sicut ..... ista in sensu diviso „Socratem esse animal, est scitum" aequivalet isti „Socrates scitur esse animal".* Etwas modificirt und mit einer älteren Tradition verflochten (s. Abschn. XVII, Anm. 43) erscheint diese Eintheilung *Expos. aur. Perierm.* II: *Aliqua propositio est modalis modo nominali, sicut „Possibile est, omnem hominem currere"......; aliqua est modalis modo verbali, sicut „Omnis homo potest currere"......; aliqua est modalis modo adverbiali, sicut „Homo necessario currit"....... Si propositio sit modalis modo nominali, ... distinguitur secundum compositionem et divisionem* u. s. f.

915) *Summa t. l.* a. a. O. f. 28 r. A: *Talis universalis de necessario poterit esse necessaria et vera, quamvis tamen quaelibet eius singularis sit contingens vel falsa, sicut haec est vera et necessaria in sensu composito „Omne verum contingens*

sensus divisus, d. h. bei den modalen Urtheilen *sine dicto* bestehe dieses letztere Verhältniss nicht, die Erprobung ihrer Wahrheit aber sei eben doch nur nach dem *sensus compositus* vorzunehmen, da es sich darum handle, ob die betreffende Modalität wirklich von dem ganzen Satze ausgesagt werden könne [916]).

Mit jenen Urtheilen nun, welche äquivalent mit hypothetischen sein sollen (s. Anm. 896), kommen die ***Exponibilia*** an die Reihe; Occam aber, oder vielmehr wahrscheinlich eine von ihm schon vorgefundene reichere Pflege dieses Zweiges, vermehrt dieselben sofort durch den Begriff der *termini connotativi et relativi* [917]), dessen erste Keime uns wohl in dunkler Spur schon oben bei jüngeren Formen der byzantinischen Logik im sog. *connotatum* begegneten (Abschn. XVII, Anm. 598). Es sollen nemlich connotative oder relative Begriffe zunächst diejenigen sein, welche einer Verdeutlichung (*expositio*) durch eine sog. Wort-Definition bedürfen (z. B. „Weiss ist, was Weisse hat"), indem ein concretes Wort durch Benützung des ihm entsprechenden abstracten exponirt werden soll (— dass das Verhältniss zwischen „abstract" und „concret" gleichsam ein Lieblingsthema Occam's war, s. ob. Anm. 826 ff. u. 885 —); und zwar seien zur Exposition eines solchen Urtheiles stets zwei Urtheile erforderlich, z. B. der Satz „Sokrates ist weiss" werde exponirt durch „Sokrates ist" und durch „dem Sokrates haftet die Weisse an"; ja auch die Ausdrücke *„incipit, desinit"* u. dgl. seien eigentlich hieher zu rechnen [918]).

---

esse verum, est necessarium", et tamen quaelibet singularis est falsa...... Similiter aliquando est talis propositio universalis impossibilis, et tamen quaelibet singularis est possibilis et contingens, sicut patet de ista „Utrumque istorum esse verum, est verum" demonstratis duabus contradictoriis contingentibus....... Sufficit scire, quid requiritur ad veritatem talium propositionum, in sciendo, quid requiritur ad hoc, quod aliqua propositio sit necessaria, et ad hoc, quod sit contingens vel vera vel impossibilis vel scita vel ignota vel credita, et sic de aliis.

916) C. 10, f. 28 r. B: *Circa propositiones modales sine dicto propositionis, quae omnino aequivalent propositionibus sumptis cum dicto in sensu divisionis, ... est sciendum, quod tales non convertuntur cum primis, imo potest una illarum esse vera sine alia et e converso..... Ad veritatem talium propositionum requiritur, quod praedicatum sub propria forma competat illi, pro quo subiectum supponit, vel pronomini demonstranti illud, pro quo subiectum supponit, sc. quod modus expressus in tali propositione vere praedicetur de tali propositione de inesse, in qua ipsummet praedicatum praedicatur de pronomine demonstrante illud, pro quo subiectum supponit.....* (v. A) *Secundo notandum, quod tales propositiones de modo consimiliter se habent ad suas singulares, sicut propositiones de inesse..... Praedicta etiam sunt intelligenda de aliis propositionibus modalibus, sicut de istis „Omnis homo scitur a te esse animal".*

917) C. 11, f. 28 v. A: *Dicendum est de propositionibus aequivalentibus propositionibus hypotheticis..... Quaelibet categorica, ex qua sequuntur plures propositiones categoricae tanquam exponentes eam, i. e. exprimentes, quid illa propositio de sua forma importat, potest dici aequivalens propositioni hypotheticae; huiusmodi sunt.... exclusivae, exceptivae et reduplicativae, et huiusmodi sunt etiam propositiones, in quibus ponuntur termini connotativi et relativi, sicut sunt illae „Aliquid album currit, Omne album est corpus, Omne agens producit aliquid, Omnis quantitas est in loco" ..... De istis primo est dicendum.* Vgl. Anm. 831 u. 846.

918) Ebend.: *Terminus proprie dicitur connotativus vel relativus, qui habet quid nominis, i. e. diffinitionem exprimentem quid nominis, ita quod non potest sciri quid nominis ipsius, nisi habendo orationem, quae significat aliquid primario et aliud secundario, sicut diffinitio albi exprimens quid nominis est „habens albedinem"...... Ita quando aliquid per aliquem terminum connotatur vel consignificatur, pro quo tamen*

Ferner sollen die negativen Begriffe, z. B. „Nicht-Mensch“, als connotative gelten, welche durch zwei oder mehrere Urtheile exponirt werden [919]), sowie die privativen, z. B. „blind“, welche wenigstens dreier exponirender Urtheile bedürfen [920]), und desgleichen die erdichteten Begriffe, bei deren Exposition das Eine der beiden Urtheile stets ein unwahres sein müsse [921]). Endlich sogar das Pronomen „*qui*“, welches in der früheren Tradition zur ***suppositio relativorum*** gehört hatte (s. Abschn. XVII, Anm. 212 ff. u. vgl. ob. Anm. 890), wird nun diesen connotativen Begriffen beigezählt; die Regeln der Exposition dieser Relativ-Sätze beruhen auf einer Unterscheidung der Quantität derselben, wobei Occam auf den möglichen Doppelsinn der allgemeinen Urtheile, welche „*qui*“ enthalten, hinweist und zugleich deutlich davon Zeugniss gibt, dass mit solcher Umbildung des byzantinischen Materiales sich schon Viele vor ihm beschäftigt hatten [922]). Anderes noch über die connotativen Begriffe s. unten Anm. 1015.

---

talis terminus supponere non potest, quia de tali non verificatur, semper talis terminus vel est connotativus vel relativus, ut ille terminus „album“; ..... similiter est de simo, cavo (s. Abschn. IV, Anm. 482)...... *Quaelibet propositio, quae habet talem terminum, est habens exponentes exprimentes, quid importatur per talem propositionem..... Sufficit dicere de aliquibus, ut per illas sciri possit proportionabiliter de aliis, quomodo exponuntur...... Quandocunque ponitur in propositione concretum, cui correspondet abstractum importans rem informantem aliam rem, semper ad veritatem talis propositionis requiruntur duae propositiones, quae possunt vocari exponentes eius, et una debet esse in recto et alia in obliquo, sicut ad veritatem istius „Socrates est albus“ requiritur, quod haec sit vera „Socrates est“, et quod haec sit vera „Socrati inest albedo“......* (f. 29 r. A) *Et de talibus propositionibus sunt etiam omnes propositiones, in quibus ponitur hoc verbum „incipit“ vel „desinit“, similiter etiam, ubi ponitur casus ablativus absolutus et ubi ponitur numerus pluralis, et sic de multis aliis, de quibus foret longum pertractare.* Jedoch über *incipit* und *desinit* s. ob. Anm. 889, und bes. unten Anm. 937 ff.

919) C. 12, f. 29 r. A: *Etiam propositiones, in quibus ponuntur termini connotativi privativi et infiniti, sunt aequivalentes propositionibus hypotheticis; et etiam omnes tales sunt vere connotativi, eo quod in eorum diffinitionibus exprimentibus quid nominis debet poni aliquid in recto et aliquid in obliquo vel in recto cum negatione praecedente...... Quaelibet autem talis propositio, in qua ponitur talis terminus, duas ad minus habet exponentes et aliquando plures, quod faciliter patet; ..... ista „Asinus est non homo“ aequivalet istis „Asinus est aliquid“ et „Asinus non est homo“.*

920) C. 13, f. 29 r. B: *Propositiones affirmativae, in quibus ponuntur termini privativi, qui non sunt aequivalentes terminis infinitis, plures habent exponentes, quam duas. Unde ista „Iste est coecus“ habet istas exponentes: „Iste est aliquid“ et „Iste est natus videre“ et „Iste nunquam poterit videre“.*

921) C. 14, ebend: *Propositiones, in quibus ponuntur termini ficti, quibus nihil correspondet in re, quale fingunt significare, plures habent exponentes; tales enim termini vere sunt connotativi......* (v. A) *Illa est falsa de virtute sermonis „Chimaera est non ens“ et quaelibet consimilis, quia quaelibet talis habet tales exponentes „Chimaera est aliquid“ et „Illud est non ens“, quarum prima est falsa. Et si dicatur, numquid ista est vera „Chimaera est chimaera“, et videtur, quod sit vera, quia praedicatur idem de se, ... dicendum est, quod de virtute vocis illa est falsa, si terminus supponat significative, eo quod falsum implicatur.*

922) C. 15, f. 29 v. A: *In quacunque propositione, quae secundum vocem est categorica, ponitur hoc relativum „qui“, pro illa dandae sunt plures exponentes, quia quaelibet talis aequivalet uni copulativae...... Quando talis propositio est singularis, indefinita vel particularis, semper illa propositio aequivalet uni copulativae compositae ex antecedente et hoc pronomine relativo „illud“ vel nomine proprio et altero extremo, ... sicut „Homo, qui est albus, currit“ aequivalet isti „Homo est albus et*

Hieranf folgen jene *Exponibilia,* welche schon bisher üblich waren, und zwar zuerst die Reduplicativ-Sätze, wobei sich Occam der späteren Tradition anschliesst (s. Abschn. XVII, Anm. 608 f.), indem er neben dem eigentlich reduplicativen Gebrauche der Worte *„inquantum“* u. dgl. auch einen „specificativen“ anerkennt [923]). Ausserdem kommt hier noch neu die Unterscheidung hinzu, dass die Aussage in diesen Urtheilen entweder auf blossen begleitenden Umständen (*concomitantia*) oder auf einem Causalnexus beruhen kann, und nach diesem Gesichtspunkte werden nun die älteren und neueren Regeln der Reduplication modificirt, wobei bezüglich der bejahenden Urtheile auch die Lehre von der *Consequentia* beigezogen wird [924]). Bei den verneinenden Urtheilen gestalten sich die Regeln verschieden, je nachdem die Negation zum Prädicate gehört [925]), oder vor dem Reduplicativ-Zeichen steht [926]). Die specificative Bedeutung aber die-

---

ille currit“...... Sed si talis propositio est universalis, est distinguenda secundum amphibologiam, quia potest habere duplicem sensum. Unus sensus est, per quem denotatur, quod, de quocunque dicitur illud totum, quod praecedit verbum principale, de eodem praedicatur primum et non plus denotatur; et ille sensus vocatur a multis sensus compositionis vel convertibilis cum tali sensu. Alius sensus est, per quem denotatur, quod illud, quod sequitur hoc incomplexum „quod“ vel „qui“, praedicatur universaliter de antecedente, et quod sequitur praedicatum, universaliter verificatur de eodem. V. gr. per istam „Omnis homo, qui est albus, currit“ in uno sensu denotatur, quod aliquis homo est albus et quod quilibet talis currit; in alio vero sensu denotatur, quod illae duae sunt verae „Omnis homo est albus“ et „Omnis homo currit“.

923) C. 16, ebend.: *Propositio vocatur reduplicativa, in qua ponitur haec dictio „inquantum“ vel aequivalens* (als Synonyma des *„inquantum“* werden weiter unten, f. 30 r. A, genannt: *secundum quod* und *ut* und *sub ratione*) *et tenetur reduplicative, quia secundum aliquos potest teneri specificative et sic non facit propositionem reduplicativam, et aliquando potest teneri reduplicative ..... Reduplicatio aliquando est affirmativa, quando sc. negatio non praecedit eam, ut „Socrates, inquantum homo, non currit“, et aliquando est negata, quando sc. negatio praecedit eam, ut „Socrates non currit, inquantum homo“* (das negativ reduplicative Urtheil war bei Petrus Hispanus weit richtiger gefasst, s. Abschn. XVII, Anm. 262).

924) Ebend. f. 29 v. B: *Propositio affirmativa reduplicativa ..... potest distingui, eo quod potest reduplicatio fieri gratia concomitantiae vel gratia causae. Si fiat gratia concomitantiae, tunc ad veritatem illius requiruntur quatuor propositiones tanquam exponentes: ..... v. gr. ad veritatem istius „Socrates, inquantum homo, est coloratus“ requiritur veritas istius „Socrates est coloratus“ et istius „Socrates est homo“ et istius „Omnis homo est coloratus“ et istius „Si aliquid est homo, aliquid est coloratum“ ...... Si autem fiat reduplicatio gratia causae, tunc ad veritatem ..... praeter quatuor praedictas exponentes requiritur, quod illud, super quod cadit reduplicatio, exprimat causam rei importatae per praedicatum ...... Colligi potest regula talis, quod a propositione reduplicativa ad suam praeiacentem est semper consequentia formalis ..... Alia regula, quod arguendo ab inferiori ad superius sine distributione a parte subiecti principalis est bona consequentia.*

925) Ebend. f. 30 r. A: *Reduplicativa negativa, in qua reduplicatio non est negata, cuiusmodi sunt tales propositiones „Homo, inquantum risibilis, non est asinus“, ... gratia concomitantiae habet quatuor exponentes ..... istas „Homo est risibilis, Homo non est asinus, Nullum risibile est asinus, Si aliquid est risibile, ipsum non est asinus“ ..... Si autem fiat reduplicatio gratia causae, sic requiritur, quod praedicatum principale prius vel primo negetur ab illo, super quod cadit reduplicatio, quam a pronomine demonstrante illud, pro quo subiectum principale supponit.*

926) Ebend.: *Reduplicativa, in qua reduplicatio negatur, ... est contradictoria talis reduplicativae, in qua reduplicatio est affirmata ..... Unde ad veritatem istius „Socrates non est homo, inquantum albus“ sufficit veritas istius „Socrates non est*

ser Urtheile wird in das Verhältniss der Unterordnung verlegt, in welchem der reduplicirende Begriff zum Subjecte steht [927]).

Aehnlich verhält es sich betreffs der Exclusiv-Sätze, indem Occam auch hier überwiegend der jüngeren Formation folgt (s. Abschn. XVII, Anm. 606; vgl. ebend. Anm. 260), zugleich aber manche noch neuere Erweiterung aufnimmt. So hebt er bei der Eintheilung der Exclusiv-Worte (*tantum*, *solum*) nicht bloss den Unterschied der categoreumatischen und der syncategoreumatischen Bedeutung hervor, sondern substituirt auch für eine frühere Dreitheilung eine Zweitheilung, indem er es nicht mehr als besondere Unterart gelten lässt, dass die Exclusiv-Partikel zur Copula gehöre; auch unterscheidet er grundsätzlich zwischen einer ursprünglichen und einer secundären Bedeutung jener Partikeln [928]). Die Regeln der Exposition jener Urtheile, in welchen die Partikel zum Subjecte gehört, stimmen, soweit es sich um die ursprüngliche Bedeutung handelt, mit der üblichen Tradition überein [929]); wenn aber sodann die secundäre Bedeutung in drei Fälle zerlegt wird, so zeigen die hiefür aufgestellten Regeln mehr Unsinn als Scharfsinn [930]). Auch bei jenen

---

homo" *et istius* „*Socrates non est albus*" *et istius* „*Aliquid album non est homo*" *et istius* „*Non, si Socrates est, album est*" (dieses Ganze ist so dumm, dass wir den sonst scharfsinnigen Occam kaum durch die überwältigende Macht einer herrschenden Schul-Tradition entschuldigen können).

927) Ebend.: *Si autem talis dictio non tenetur reduplicative, sed specificative, tunc non requiritur, quod illud, cui additur talis dictio* „*inquantum*", *subiiciatur universaliter praedicato principali, sed requiritur, quod illud, super quod cadit reduplicatio, importet illud, ratione cuius competit praedicatum principale primo subiecto. V. gr. in ista* „*Ignis, inquantum calidus, calefacit*" ..... *specificative* ...... „*calidus*" *importat calorem, per quem ignis calefacit primo.*

928) C. 17, f. 30 r. B: *Illae dictiones* „*tantum, solum*" *faciunt propositiones exclusivas; sciendum tamen, quod haec dictio* „*solum*" *aliquando accipitur syncategoreumatice et tunc est dictio exclusiva, aliquando tenetur categoreumatice et tunc* ..... *importat, illud, quod importatur per terminum sibi additum, esse solitarium* ..... *Aliquando dictio exclusiva ponitur a parte subiecti et aliquando a parte praedicati sive a parte compositionis* ...... *Dictio exclusiva aliquando significat vel habet unum officium ex primaria institutione, aliquando aliud ex secundaria institutione.*

929) Ebend.: *Quandocunque dictio exclusiva tenetur secundum primariam institutionem et ponitur a parte subiecti, semper denotat, quod praedicatum vere praedicatur de subiecto et removetur ab omni illo, de quo non praedicatur subiectum, i. e. si propositio sit affirmativa;* ..... *et ideo habet duas exponentes,* ...... *sicut ista* „*Tantum homo est animal*" *habet istas* „*Homo est animal*" *et* „*Nihil aliud ab homine est animal*". *Si autem sit negativa,* ..... *sicut ista* „*Tantum homo non est asinus*", *habet istas exponentes* „*Homo non est asinus*" *et* „*Omne aliud ab homine est asinus*".

930) Ebend. f. 30 v. A: *Dictio exclusiva secundum suam secundariam impositionem sive institutionem* ..... *potest triplex esse: una est, quae praecise excludit praedicatum ab omni distributo, de quo non dicitur subiectum; alia, quando praecise excludit ea, quae non importantur per ea, quae importantur per subiectum, nec sunt partes eorum; tertia est, quando praecise excludit maiorem pluralitatem, quam sit expressa per subiectum* ..... *Unde ista* „*Tantum omnis homo currit*" ..... *potest sumi improprie* ...... *et tunc habet istas exponentes* „*Omnis homo currit*" *et* „*Aliquis bos currit*" ..... *Juxta secundam acceptionem impropriam* ..... *huius propositionis* „*Tantum Socrates est albus*" ..... *exponentes* „*Socrates est albus*" *et* „*Nihil aliud a Socrate extrinsecum est album*" *duae possunt simul stare.* (B) *Juxta tertiam acceptionem impropriam* ..... *de illa* „*Tantum unum animal est homo*" ..... *exponentes sunt istae* „*Unum est*" *et* „*Non sunt plura, quam unum*". Solche Beispiel-

Urtheilen, in welchen die Exclusiv-Partikel zum Prädicate gehört, ist die Reglung der uneigentlichen Bedeutung neben der eigentlichen entweder überflüssig oder einfältig[931]). Ein Ersatz von zweifelhaftem Werthe ist es hiefür, wenn sodann die Suppositions-Fähigkeit der Subjecte und Prädicate dieser Urtheile untersucht wird[932]); und vollends wenn sodann noch drei Regeln folgen, deren erste der Lehre von *Consequentia* angehört, während die zweite eine unnöthige Wiederholung enthält und die dritte sogar eine Combination der Exclusiv-Sätze mit den Formen der Modalität versucht, so möchte ich hiefür lieber den Herausgeber Occam's, als diesen selbst verantwortlich machen[933]).

Bei den Exceptiv-Sätzen, betreffs deren ein paar sprachliche Bemerkungen über „*nisi*“ und „*praeter*“ vorausgeschickt werden, sind die üblichen Regeln, welche in neuerer und älterer Tradition auftraten (s. Abschn. XVII, Anm. 607, vgl. ebend. Anm. 261), ziemlich kurz erledigt[934]);

Sätze, wie „*Tantum omnis homo currit*“ oder obiger „*Tantum homo non est asinus*“, sollte man allerdings von einem vernunftbegabten Menschen nicht erwarten; man hätte ja statt des Letzteren z. B. auch sagen können „Nur die edlen Metalle rosten nicht“ oder sonst dergleichen. Aber der Leser mittelalterlicher „Philosophie“ (!) muss eben gar Vieles ertragen können.

931) Ebend. f. 30 v. B: *Dicto de dictione exclusiva, quando ponitur a parte subiecti, dicendum est de ea, quando ponitur a parte praedicati. Et sciendum est, quod potest accipi proprie et improprie. Si proprie, tunc denotatur, quod praedicatum dicitur de subiecto, et quod omne illud, de quo non verificatur praedicatum, removetur a subiecto, sicut per istam „Homo est tantum animal“ denotatur, quod homo sit animal et quod non sit aliud ab animali. Quando vero accipitur improprie et transsumptive, tunc excludit omne aliud verbum a subiecto, ... sicut per istam „Homo tantum videt“ denotatur, quod homo videt et non audit nec percipit.*

932) Ebend.: *Qualiter termini supponant in propositionibus exclusivis, est sciendum, quod, quando dictio exclusiva ponitur a parte subiecti et subiectum sumitur sine distributione et est terminus communis, tunc subiectum supponit confuse tantum* ..... (f. 31 r. A) *Quando exclusiva est negativa, subiectum supponit sicut in exclusiva affirmativa, et praedicatum similiter ..... Quando dictio exclusiva ponitur a parte praedicati, ... subiectum supponit in illa sicut in sua praeiacente* (über „*praeiacens*“ s. Abschn. XVII, Anm. 260), *et idem est de praedicato.*

933) Ebend. f. 31 r. A: *Ab exclusiva ad universalem de terminis transpositis est bona consequentia et e converso ..... (B) Quaelibet exclusiva habet duas exponentes, unam affirmativam et aliam negativam; et ideo opposita exclusivae habet duas causas veritatis, quia veritas utriusque exponentis est causa veritatis negativae exclusivae ..... Quando dictum propositionis exclusivae ponitur respectu alicuius modi facientis propositionem modalem, illa propositio est distinguenda, sicut ista „Tantum hominem esse Socratem, est verum“, quia littera „tantum“ potest continue proferri cum toto vel discontinue.* Auf solchem Wege gibt es kaum ein Ende in Combinationen des byzantinischen Wustes; denn warum soll man nicht auch bei den reduplicativen oder bei den exceptiven Urtheilen oder bei „*incipit, desinit*“ u. s. f. die Modalitäten des *necessarium, possibile, verum, scitum, opinatum* u. s. f. untersuchen. Oder hat vielleicht Einer der modernen Lobredner des Mittelalters Lust hiezu?

934) C. 18, f. 31 r. B: *Talia syncategoreumata „praeter, nisi“ et similia faciunt propositiones, in quibus ponuntur, esse exceptivas ..... Littera „nisi“ aliquando tenetur executive et tunc facit propositionem hypotheticam ..... Dictio „praeter“ aliquando tenetur diminutive, sicut „Decem praeter quinque sunt quinque“ ...... Ad veritatem exceptivae requiritur, quod praedicatum removeatur a parte extra capta, et quod insit cuilibet alio contento sub subiecto, si sit affirmativa; si sit negativa, sequitur oppositum ..... Habet duas exponentes, ... sicut ista „Omnis homo prae-*

hingegen wird die Suppositions-Fähigkeit der in solchen Urtheilen vorkommenden Begriffe casuistisch erörtert, und hiedurch findet eine obige (Anm. 888) Angabe über die Supposition ihre Ergänzung[935]). Ausserdem ist auch hier eine Anzahl Regeln hinzugefügt, deren Autorschaft mir gleichfalls nicht sicher festzustehen scheint; dieselben betreffen theils die Lehre von *Consequentia,* theils sind sie selbstverständliche und überflüssige Folgerungen aus dem Wesen der Exceptiv-Urtheile[936]).

Indem aber Occam hierauf die Worte *„incipit, desinit"* anreiht, folgt er doch wieder der älteren Tradition (s. Abschn. XVII, Anm. 263), obgleich er dieselben theilweise schon zur Supposition beigezogen hatte (ob. Anm. 889), ja andrerseits sogar geneigt zu sein schien (ob. Anm. 918), sie grundsätzlich zu den connotativen Begriffen zu rechnen; nach der jüngeren Tradition hätte er sie jedenfalls bei der *ampliatio* erörtern müssen (s. Abschn. XVII, Anm. 600), wenn er die letztere nicht überhaupt sehr wesentlich beschränkt hätte (s. ob. Anm. 912). Die Unterscheidung, welche man früher bei jenen Begriffen angenommen hatte, je nachdem die Veränderung allmälig oder sofort bleibend eintrete, lässt er als eine gleichgültige fallen, wiederholt aber die üblichen Regeln, nur mit dem Zusatze, dass *„incipit"*, wenn es in weiterem Sinne genommen werde, ein bereits vorhergehendes Dasein des betreffenden Zustandes nicht völlig ausschliesse[937]). Was über die Supposition des Subjectes

---

ter Socratem currit" habet istas „Socrates non currit" et „Omnis homo alius a Socrate currit".

935) Ebend.: *Praedicatum in exceptiva affirmativa habet suppositionem confusam tantum, ... sed subiectum habet suppositionem confusam et distributivam; tamen distinguendum est* u. s. f.; es folgt nemlich nun die schon oben, Anm. 888, angeführte Stelle.

936) Ebend. v. A: *Tales regulae, quod a superiori distributo ad suum inferius est bona consequentia, et ab universale ad singulare est bona consequentia, non sunt generaliter verae, sed oportet addere, quod illud inferius non sit extra captum ..... Si praeiacens exceptivae sit vera, exceptiva est falsa ..... Nunquam exceptiva est propria, nisi eius praeiacens sit universalis ...... Non semper ab universali ad indefinitam vel particularem est bona consequentia ..... Non cuilibet propositioni universali contradicit propositio indefinita nec particularis ...... Sunt aliquae propositiones universales contrariae, quae tamen non habent aliquas propositiones categoricas subcontrarias .... Semper illud, quod excipitur in exceptiva, debet esse aliquid contentum sub subiecto ...... Quando illud, super quod cadit exceptio, est commune, ad veritatem talis exceptivae non requiritur, quod praedicatum insit universaliter illi, super quod cadit exceptio, si sit exceptiva negativa, vel quod removeatur universaliter, si sit affirmativa.*

937) C. 19, f. 31 v. A: *Omnis propositio, in qua ponitur aliquod istorum verborum „incipit, desinit", habet diversas exponentes, quia quaelibet aequivalet uni copulativae. Tamen ab aliquibus* (vgl. Abschn. XVII, Anm. 263) *diversimode assignantur exponentes respectu diversorum, unde dicunt, quod aliter exponitur respectu successivorum et permanentium. Sed quamvis sic posset esse ad voluntatem utentium, non tamen videtur multum rationabile; ideo dico, quod respectu cuiuslibet possunt habere easdem exponentes ..... Propositio, in qua ponitur hoc verbum „incipit", habet duas exponentes, quarum una est de praesenti affirmativa et alia de praeterito negativa, sicut exponentes, istius „Socrates incipit esse albus" sunt istae „Socrates est albus" et „Socrates ante immediate non erat albus" ..... Hoc verbum „incipit" potest dupliciter accipi, sc. stricte et proprie, et tunc exponitur, sicut dictum est; aliter potest accipi large et improprie, et tunc sic exponitur „Est et non diu ante fuit", sicut dicimus, quod haec arbor incipit florere ..... Illa propositio, in qua ponitur hoc verbum „desinit", duas habet exponentes: una est propositio de prae-*

und Prädicates solcher Urtheile gesagt wird, dient gleichfalls zur Ergänzung dessen, was wir oben (Anm. 889) bezüglich der Supposition sahen [938]). Endlich werden als völlig parallel mit *incipit* und *desinit* laufend auch die Formen des Verbums „*fieri*" besprochen [939]), welchen aus späterer Formation dieser Lehre (s. bei Scotus ob. Anm. 186) leicht noch viele andere Verba hätten beigefügt werden können.

Der dritte Theil der Lehre vom Urtheile soll sonach über die Umkehrung handeln (s. Anm. 892), und es werden dabei all die nemlichen Arten der Urtheile wieder vorgeführt, für welche so eben die Gesichtspunkte der Wahrheit festgestellt worden waren. Bei sämmtlichen aber wird es dem aufmerksamen Leser nicht entgehen, dass in den Beispiel-Sätzen dem umzukehrenden Urtheile das umgekehrte stets mit „*ergo*" oder „*igitur*" angefügt wird, und somit Occam sich auf dem Standpunkte Derjenigen befindet, welche schon früher die Umkehrung überhaupt zur *Consequentia* gerechnet hatten (s. Abschn. XVII, Anm. 616, und Scotus ob. Anm. 194). Nach der üblichen Eintheilung der Umkehrung in *simplex, per accidens* und *per contrapositionem*, wobei zu bemerken ist, dass Occam auch von einer Umkehrung „im weiteren Sinne" spricht [940]), kommen zuerst die einfachen Inhärenz-Urtheile an die Reihe, bei welchen jedoch Occam trotz besonderer Berücksichtigung der singulären und unbestimmten Urtheile dennoch von den scharfsinnigen Bemerkungen des Scotus (ob. Anm. 196—199) keinen Gebrauch macht, sondern z. B. ungestört der traditionellen Lehre folgt, dass das particular verneinende Urtheil gar nicht umgekehrt werden könne [941]). Hingegen mit Scotus (Anm. 200) widmet er besondere Erörterungen jenen Urtheilen, in welchen

---

senti affirmativa, et alia de futuro negativa ...... cum hoc additamento „immediate post".

938) Ebend. f. 31 v. B: *Circa suppositionem terminorum in talibus propositionibus est sciendum, quod subiectum talium propositionum supponit eodem modo, sicut in suis praeiacentibus. Sed difficultas est de suppositione praedicati* u. s. f. Diess wurde schon oben, Anm. 889, angeführt.

939) C. 20, f. 32 r. B: *Sic etiam propositio, in qua ponitur hoc verbum „fit" vel ei aequivalens, quale est hoc verbum „factus est" vel „factum est" vel huiusmodi, habet duas exponentes, quarum una est de praesenti et alia de praeterito vel de futuro.*

940) C. 21, f. 32 v. A: *Conversio est triplex, sc. simplex, per accidens, et per transpositionem seu contrapositionem terminorum ..... Potest magis large sumi conversio simplex, ... quando est mutua conversio, ... sicut quando singularis convertitur in particularem et e converso ..... Potest aliter vocari conversio per accidens, sc. quando non est conversio mutua, sicut bene sequitur „Omnis homo est albus, igitur album est homo" ..... Conversio per contrapositionem est, quando termini finiti mutantur in terminos infinitos.*

941) Ebend.: *Universalis negativa de recto convertitur simpliciter large accipiendo conversionem simplicem ...... Similiter singularis affirmativa convertitur in particularem et indefinitam et singularem ..... Similiter singularis negativa convertitur in universalem negativam vel singularem negativam ...... Similiter tam indefinita quam singularis sive particularis affirmativa convertitur tam in particularem quam singularem vel indefinitam ...... Universalis affirmativa convertitur per accidens .... Particularis negativa non convertitur neque per accidens nec simpliciter ...... Eodem modo indefinita non convertitur.* Auch hier verschmäht Occam die byzantinischen Buchstaben und Memorialverse; vgl. Anm. 901 u. 955.

ein *Casus obliquus* vorkommt[942]). Sodann folgen jene Urtheile, deren Copula oder Verbum im Präteritum oder Futurum steht, und es werden auch hiefür eigene Regeln der Umkehrung aufgestellt, welche auf den obigen Regeln der Ampliation (Anm. 912) beruhen[943]). Indem hierauf die Umkehrung der exponiblen Sätze erörtert werden soll, womit sich gleichfalls schon Scotus beschäftigt hatte (s. Anm. 196), finden wir hier zunächst eine ziemlich nichtssagende allgemeine Bemerkung[944]), und dann die betreffenden Regeln für die reduplicativen Urtheile[945]), hierauf für die exclusiven[946]) und für die exceptiven[947]) und zuletzt auch für die Urtheile mit *incipit* und *desinit*[948]).

---

942) Ebend.: *De propositionibus in obliquo non est eodem modo dicendum, sed in illis oportet frequenter mutationem facere ex parte vocis praeter transmutationem terminorum, et cum hoc additur frequenter participium verbi, sicut sic arguendo „Nullus homo est in domo, ergo nullum existens in domo est homo“..... Quando in tali propositione ponitur adverbialis determinatio, ... illa in conversa non debet esse determinatio verbi, sed potius participii eiusdem verbi, et sic „Creans semper est deus, ... ergo aliquid, quod semper est deus, est creans“.* Vgl. Anm. 903, 913, 971.

943) C. 22, f. 32 v. B: *Circa conversionem de praeterito et de futuro, ... quando subiectum supponit personaliter, i. e. significative, sciendum est, quod, quando subiectum supponit pro eo, quod est, tunc illa propositio debet converti in aliquam propositionem de praesenti accepto subiecto cum hoc verbo „fuit“ et hoc pronomine „qui“, et non in propositionem de praeterito. Unde ista conversio non valet „Nullum album fuit homo, ergo nullus homo fuit albus“, ... sed sic „ergo nullus, qui fuit homo, est albus“...... Si autem subiectum propositionis accipitur pro eo, quod fuit, sic est simpliciter convertibilis in unam de praeterito ...... Ista autem, quae dicta sunt de propositione de praeterito, applicanda sunt proportionabiliter propositioni de futuro..... Si subiectum sit terminus communis vel includens terminum communem cum pronomine demonstrativo, et praedicatum sit pronomen demonstrativum sine addito vel proprium nomen, tunc, si subiectum accipitur pro eo, quod est, convertitur in unam de praesenti sine alia mutatione, sicut sequitur „Album erit Socrates, ergo Socrates est albus“; ...... si autem accipitur subiectum pro eo, quod erit vel fuit, convertitur absolute de praeterito vel de futuro, et est mutua conversio.*

944) C. 23, f. 33 r. A: *Propositio habens exponentes habet consimilem conversionem cum suis exponentibus, et si omnes exponentes eodem modo convertuntur, ita exposita eodem modo convertetur; si autem una exponens convertatur uno modo et alia alio modo, tunc habebit conversionem consimilem cum conversione unius et non cum conversione alterius. Tamen magis in speciali videndum est de istis.*

945) Ebend.: *Propositio reduplicativa non convertitur in reduplicativam, sed in unam non reduplicativam, cuius subiectum erit unum aggregatum ex praedicato prioris et illo, super quod cadit reduplicatio, cum reduplicatione mediante hoc pronomine „quod“, sicut ista „Animal, inquantum homo, est risibile“ convertitur in istam „Aliquid, quod, inquantum homo, est risibile, est animal“.*

946) Ebend.: *Exclusiva non convertitur in exclusivam; non enim sequitur „Tantum animal est homo, ergo tantum homo est animal“, sed ista convertitur in universalem, sicut sequitur „Tantum animal est homo, ergo omnis homo est animal“. ...... Et sicut dictum est de conversione propositionum de praeterito et futuro, ita dicendum est de conversione exclusivarum de praeterito et futuro.*

947) Ebend. B: *Exceptiva non convertitur in exceptivam, ... sed in unam non exceptivam, cuius subiectum erit unum aggregatum ex praedicato exceptivae et parte extra capta mediante hoc toto „quod non est“, sicut „Omnis homo praeter Socratem currit“ convertitur in istam „Currens, quod non est Socrates, est homo“.*

948) Ebend.: *Propositiones, in quibus ponuntur haec verba „incipit, desinit“, non convertuntur in similes, ... sed dantur tales propositiones sic converti „Aliquis homo incipit esse albus, ergo aliquid, quod incipit esse album, est homo“.*

Mit besonderer Ausführlichkeit behandelt Occam die Umkehrung der modalen Urtheile, welcher wir auch schon bei der jüngeren Formation der byzantinischen Logik und bei Scotus begegnet waren (s. Abschn. XVII, Anm. 587 f. u. ob. Anm. 201). Dass dabei überall jener Unterschied zwischen *sensus compositus* und *sensus divisus* (s. ob. Anm. 914) zu Grunde gelegt wird, versteht sich von selbst; ausserdem aber kehrt auch stets die Regel wieder, dass, was in Bezug auf Modalität von dem umzukehrenden Urtheile gelte, in gleicher Weise von dem umgekehrten Urtheile gelte. So seien die Nothwendigkeits-Urtheile im *sensus compositus* ebenso umkehrbar wie die Inhärenz-Urtheile (anderer Meinung war Scotus), hingegen im *sensus divisus* könne die Umkehrung nur durch eine Abänderung der Worte bewerkstelligt werden[949]). Ebenso verhalte es sich bei den Möglichkeits-Urtheilen, insoferne man *„possibilis"* im Sinne von *„non impossibilis"* nehme und bei Gemein-Begriffen die Suppositions-Fähigkeit derselben beachte[950]). Die Umkehrung der Unmöglichkeits-Urtheile sei im *sensus compositus* die nemliche wie bei den Inhärenz-Urtheilen, aber im *sensus divisus* treffe sie mit jener der Nothwendigkeits-Urtheile zusammen[951]). Die Zufälligkeits-Urtheile (*„contingens"*, welches somit hier nicht als synonym mit *possibile* genommen wird, wie bei Petrus Hispanus, s. Abschn. XVII, Anm. 165) seien zu unterscheiden, je nachdem bei der Umkehrung die Qualität unverändert bleibe oder geändert werde; im ersteren Falle treffe die Umkehrung beim *sensus compositus* mit jener der Inhärenz-Urtheile zusammen, während

---

949) C. 24, f. 33 r. B: *Videndum est, quomodo propositiones modales convertuntur, et primo de conversione propositionum de necessario ..... Quando modus ponitur cum dicto, propositio est distinguenda secundum compositionem et divisionem* (s. ob. Anm. 914)..... *In sensu composito .... tales propositiones convertuntur sicut suae de inesse, quia in conversione talium arguitur semper per istam regulam „Si unum convertibilium est necessarium, et reliquum erit necessarium" vel per istam „Si antecedens est necessarium, et consequens erit necessarium"..... Sciendum est etiam, quod philosophus in primo Priorum probat tantum, istas de necessario converti in sensu composito vel eis aequivalentes et non alias* (vgl. hingegen unten Anm. 985, und bei Scotus ob. Anm. 201)..... *Circa conversionem propositionum de necessario sumptarum in sensu diviso est sciendum, quod non sunt convertibiles nulla mutatione facta ex parte vocis praeter transpositionem terminorum; non enim sequitur per naturam conversionis „Nullus homo de necessitate est asinus, ergo nullus asinus de necessitate est homo".*

950) C. 25, f. 33 v. A: *Circa conversionem propositionum de possibili est primo sciendum, quod in hoc capitulo accipiendum est semper possibile, quod est commune ad necessarium et ad contingens, quod non est necessarium, ut possibile sit idem quod non impossibile..... Sic autem accipiendo possibile est sciendum, quod eaedem regulae, quae dictae sunt de conversione propositionum de necessario, accipiendae sunt circa conversionem propositionum de possibili; nam ..... sumpta in sensu composito est eodem modo convertenda sicut sua de inesse, quia ..... si unum convertibile est possibile, et reliquum..... Quando subiectum propositionis de possibili est terminus communis vel includens terminum communem, propositio est distinguenda, eo quod subiectum potest supponere pro his, quae sunt, vel pro eis, quae possunt esse* (vgl. Abschn. XVII, Anm. 225 ff.).

951) C. 26, f. 33 v. B: *Propositiones de impossibili acceptae in sensu composito convertuntur sicut suae de inesse, quando illae de inesse convertuntur simpliciter, quia ...... si unum convertibile est impossibile, et reliquum ...... Si autem propositio de impossibili sumatur in sensu divisionis, ... tunc convertibilis est sicut illa de necessario.*

beim *sensus divisus* es auf die Suppositions-Fähigkeit der Begriffe ankomme[952]); im letzteren Falle könne es sich nur um den *sensus divisus* handeln[953]). Endlich bei den übrigen Modalitäten (*scitum, opinatum* u. s. f.) sei zu untersuchen, ob dieselben in dem umzukehrenden Urtheile bedingt seien durch ihre Zulässigkeit im umgekehrten Urtheile, oder ob das umzukehrende hierin vom umgekehrten unabhängig sei; beim *sensus compositus* könne im ersteren Falle keine *simplex conversio*, im letzteren Falle aber gar keine Umkehrung stattfinden; hingegen beim *sensus divisus* treffe die Umkehrung solcher Urtheile wieder mit jener der Inhärenz-Urtheile zusammen[954]).

Da aber nun mit der Lehre von der Umkehrung eigentlich die Aufgaben erledigt sind, welche von Anfang für die Lehre vom Urtheile vorgesteckt waren (ob. Anm. 892), so macht es allerdings den Eindruck eines misslichen Nachhinkens, wenn nun doch noch besondere Erörterungen über das hypothetische Urtheil und dessen Unterarten folgen. Warum diese Gruppe nicht schon oben vor den modalen Urtheilen (d. h. nach Anm. 913) ihre angemessene Stelle gefunden habe, ist schlechterdings nicht einzusehen, und ich glaube, dass diese Verschiebung des richtigen Zusammenhanges nur der arrangirenden Hand des Herausgebers zuzuschreiben ist, welche ohnediess hiebei deutlich genug hervortritt (s. sogleich Anm. 961 f.). Das hypothetische Urtheil wird vorerst in jene nemlichen fünf Unterarten wie schon oben eingetheilt (d. h. wieder mit Weglassung der *propositio localis*, s. Anm. 894), und die Bemerkung hinzugefügt, dass scheinbare andere Arten sich auf jene zurückführen

---

952) C. 27, ebend.: *Capiendum est contingens ad utrumlibet, ut illa sola propositio dicatur contingens, quae nec est necessaria nec impossibilis ...... Talis propositio habet duas conversiones, unam in terminis et aliam per oppositas qualitates; ideo primo videndum est de prima .... Propositiones de contingenti sumptae in sensu compositionis et eius aequivalentes convertuntur sicut suae de inesse, quando suae de inesse convertuntur simpliciter; et hoc est, quia ...... si unum convertibile est contingens, et reliquum..... Si autem illa de contingenti sumatur in sensu diviso, tunc, si illa propositio habeat pro subiecto terminum communem vel aliquid includens terminum communem ...... vel etiam participium vel aequivalens ei, illa propositio est distinguenda, eo quod subiectum potest supponere pro his, quae sunt, vel pro his, quae contingent esse.*

953) C. 28, f. 34 r. B: *De conversione propositionum de contingenti per oppositas qualitates est sciendum, quod quaelibet propositio de contingenti ad utrumlibet, si sumatur in sensu divisionis, convertitur per oppositas qualitates, i. e. affirmativa in negativam et e converso, sicut sequitur ...... „Omnis homo contingenter currit, ergo omnis homo contingenter non currit“.*

954) C. 29, f. 34 v. A: *Restat dicere de conversione propositionum modalium, quae non ab omnibus conceduntur esse modales, quae tamen vere sunt modales, sicut dictum est prius* (s. Anm. 894); *et quia sunt quasi innumerabiles, ideo non intendo dicere de omnibus in speciali, sed volo dare aliquas regulas generales...... Quando aliquod nomen modale non potest verificari de uno convertibili sine hoc, quod verificetur de reliquo, talis propositio modalis sumpta in sensu composito non convertitur simpliciter, quamvis sua de inesse convertatur simpliciter; si autem possit verificari de antecedente sine hoc, quod verificetur de consequente, talis propositio sumpta in sensu composito non convertitur, ... quia ista regula non est generaliter vera „Si unum convertibilium est scitum, ergo reliquum est scitum“..... Propositiones modales in sensu diviso et eis aequivalentes convertuntur sicut illae de inesse, ubi aliqua adverbialis determinatio additur verbo.*

lassen, wie z. B. die Prohibitiv-Sätze auf causale[955]). Indem sodann die genauere Erörterung der *propositio conditionalis* auf die Lehre von *Consequentia* verschoben wird[956]), unterliegen die übrigen vier Arten einer ziemlich ungleichmässigen Behandlung, da die Casuistik der Modalitäten in willkürlicher Unvollständigkeit durchgeführt und dort oder da ein beliebiges Bruchstück aus den *Consequentiae* eingestreut wird; in solcher Weise folgen unter Angabe der Regeln der Wahrheit zuerst die *propositio copulativa*[957]), dann *disiunctiva*[958]), hierauf *causalis*[959]) und zuletzt *temporalis*[960]). Wenn aber sodann dennoch, d. h. trotz der ausdrücklichen Angabe in Anm. 894 u. 955, als sechste Unterart die *localis* besprochen wird[961]), welche allerdings von Anderen noch beigezogen worden war (s. Abschn. XVII, Anm. 583 f.), so muss ich diess eben darum entschieden als eine Interpolation des Herausgebers bezeichnen. Und das Gleiche gilt mir von einigen am Schlusse angehängten Bemerkungen über Adverbien und Conjunctionen[962]).

---

955) C. 30, f. 34 v. B: *Postquam transcurrendo de propositionibus categoricis et de proprietatibus earum est tractatum, nunc de propositionibus hypotheticis et proprietatibus earum sunt aliqua pauca addenda ..... Propositionum hypotheticarum quinque assignantur species: conditionalis, copulativa, disiunctiva, causalis, temporalis* (hier wie oben, Anm. 894, ist, — abgesehen von der gleichlautenden Aufzählung der fünf Arten —, das Wort „*quinque*" nicht als Ziffer, sondern mit Buchstaben gedruckt, und sonach ein Druckfehler nicht wahrscheinlich) .... *Sunt multae propositiones hypotheticae praeter praedictas, quae tamen ..... ad praedictas reduci debent, unde ista „Socrates philosophatur, ne sit ignorans" aequivalet isti „Quia Socrates non vult esse ignorans, Socrates philosophatur"*.

956) C. 31, f. 35 r. A: *Quia conditionalis aequivalet uni consequentiae, ita quod tunc conditionalis est vera, quando antecedens infert consequens et non aliter, ideo differatur usque ad tractatum de consequentiis* (s. Anm. 1016 ff.) ..... *Est aliquando conditionalis necessaria, et quaelibet pars eius est impossibilis, sicut „Si Socrates est asinus, Socrates est rudibilis"*.

957) C. 32, ebend.: *Ad veritatem copulativae requiritur, quod utraque pars sit vera, ... et ad necessitatem copulativae requiritur, quod utraque pars sit necessaria* u. s. w. Ebenso bei *possibilitas* und *impossibilitas ..... A copulativa ad utramque partem est bona consequentia ..... Quandoque ab altera parte copulativae ad totam potest esse bona consequentia gratia materiae.*

958) C. 33, f. 35 r. B: *Ad veritatem disiunctivae requiritur, quod altera pars sit vera; et hoc est intelligendum, quando propositiones sunt de praesenti et non de futuro nec aequivalentes propositionibus de futuro ..... Ad possibilitatem disiunctivae sufficit, quod altera pars sit possibilis; sed ad hoc quod disiunctiva sit impossibilis, requiritur, quod utraque pars sit impossibilis ..... Opposita contradictoria disiunctivae est una copulativa composita ex contradictoriis partium ipsius disiunctivae ..... Ab aliqua parte disiunctivae ad totam est bonum argumentum, et e converso est fallacia consequentis ...... A disiunctiva cum negatione alterius partis ad alteram partem est bonum argumentum.*

959) C. 34, ebend.: *Ad veritatem causalis requiritur, quod quaelibet pars sit vera, et simul cum hoc, quod antecedens sit causa consequentis ..... Ad necessitatem causalis requiritur necessitas utriusque partis; sed ad impossibilitatem causalis non requiritur impossibilitas nec falsitas alicuius partis, sed sufficit, quod antecedens non possit esse causa consequentis.*

960) C. 35, f. 35 v. A: *Ad veritatem temporalis requiritur veritas utriusque partis vel pro eodem tempore vel pro diverso ..... Ad necessitatem temporalis requiritur necessitas utriusque partis ..... Ad impossibilitatem temporalis non requiritur impossibilitas alicuius partis, sed sufficit, quod partes sint incompossibiles.*

961) C. 36, ebend.

962) C. 37, f. 35 v. B.

Den dritten Haupttheil des Compendiums bildet die Lehre von der Argumentation, welche in vier Unterabtheilungen zunächst die eigentliche Syllogistik, dann die aristotelische Lehre vom definitorischen Wissen, hierauf die Topik mit Einschluss der *Consequentiae* und zuletzt die Sophistik enthält. Occam bleibt dabei seiner ganzen grundsätzlichen Stellung, welche er für die Logik überhaupt eingenommen hatte, nur getreu, wenn er in der ersten und dritten dieser Unterabtheilungen wieder in möglichst reichem Maasse das Material der byzantinischen Logik mit der aristotelischen Lehre durchgängig verflicht. Nur drängt sich uns auch hier abermals die Bemerkung auf, dass Solches sicher nicht individuelle Erfindung des Occam allein sei, sondern schon gar Manche vor ihm, welche sich unserer Forschung entziehen, Bausteine zu dieser Gestaltung der Lehre von der Argumentation geliefert haben müssen.

Occam unterscheidet vom Syllogismus im engeren Sinne, wornach derselbe der edelste und grundlegende Theil der Argumentation ist[963]), den Syllogismus im weiteren Sinne, welchen er somit in einen eigentlichen demonstrativen, einen topischen wahrscheinlichen, und einen nach Form oder Inhalt verfehlten eintheilen kann; dabei aber macht er gelegentlich dem wissenschaftlichen Betriebe das unübertreffliche Zugeständniss, dass Glaubens-Artikel für diejenigen Philosophen, welche Weltkinder sind (*sapientes mundi*), nicht nur nicht als Beweisgründe gelten, sondern nicht einmal Anspruch auf Wahrscheinlichkeit haben[964]). Er wendet sich nun sofort zu den Formen des kategorischen Schlusses, wobei er an der Dreizahl der Figuren festhält und die Berechtigung einer vierten Figur aus dem nemlichen Grunde wie Scotus (ob. Anm. 207) abweist[965]). Die Ableitung der Modi der einzelnen Figuren stützt er, wie schon Albert nach arabischem Vorbilde gethan hatte (Abschn. XVII, Anm. 463), auf die mathematisch möglichen Combinationen zweier Urtheile[966]).

---

963) III, 1, C. 1, f. 36 r. A: *Nunc ad tertium tractatum de argumentis est accedendum, et quia inter omnes species argumentationis syllogismus obtinet principatum, ideo de syllogismo est primo dicendum.*

964) Ebend.: *Syllogismus accipitur aliquando pro uno communi omni syllogismo, ita quod ..... syllogismorum quidam sunt demonstrativi, quidam topici, quidam nec topici nec demonstrativi ..... Demonstrativus est ille, in quo ex propositionibus necessariis evidenter notis potest accipi prima notitia conclusionis ...... Topicus est syllogismus ex probabilibus, quae videntur omnibus vel pluribus vel maxime sapientibus; ..... et sic articuli fidei non sunt principia demonstrationis nec conclusionis, nec sunt probabiles, quia omnibus vel pluribus vel sapientibus apparent falsi, et hoc accipiendo sapientes pro sapientibus mundi et praecipue innitentibus rationi naturali, quia illo modo accipitur sapiens in descriptione scientiae vel philosophiae* (vgl. ob. Anm. 733) ..... *Syllogismus, qui nec est demonstrativus nec topicus, potest dividi, quia quidam est ex improbabilibus, quidam non ex improbabilibus, sive quidam peccat in materia, quidam non peccat in materia.*

965) C. 2, f. 36 r. B: *Tantum sunt tres figurae, ... et non est apponenda quarta figura, quia, si medius terminus praedicatur in prima propositione et subiicitur in secunda, non erit nisi transpositio propositionum positarum in prima figura, et ideo non sequitur aliqua conclusio, quam illa, quae sequitur ex praemissis dispositis in prima figura.*

966) C. 3, f. 36 v. A: *Erunt sexdecim combinationes, quarum duodecim peccabunt contra praedicta principia* (d. h. gegen die bekannten Grundgesetze der ersten Figur) ..... *Patet, quod tantum sunt quatuor modi utiles sive utilium combinatio-*

Nachdem er betreffs der ersten Figur hervorgehoben, dass die Schlussfähigkeit ihrer Modi immer zuletzt auf dem sog. *Dictum de omni et de nullo* beruhe und dabei nur eine Zweideutigkeit des Ausdruckes ein Hinderniss bereite, wofür man sogar Regeln aufstellen könne, welche im Ganzen anf die bekannte spätere Formulirung *„Tum re tum sensu triplex modo terminus esto"* hinauslaufen[967]), zählt er die indirecten Schlussweisen dieser Figur auf, fügt aber hiebei zu den fünf theophrastischen, welche er auf Umkehrung und Umstellung der Prämissen zurückführt, noch vier neue hinzu, welche auf vollständiger Ausnützung des Schluss-Satzes beruhen und nach der üblichen Gestaltung der Nomenclatur die Namen ***Barbari, Barbaris, Celaront, Celantos*** (— wenn ich um der Kürze willen mich so ausdrücken darf —) tragen müssten[968]); auch weist er nach der Besprechung einiger Sophismen, welche kaum Erwäh-

---

num. Ebenso bei der zweiten Figur, C. 10, f. 39 r. A, sowie bei der dritten, C. 14, f. 39 v. B.

967) C. 4, f. 36 v. B: *Quando praemissae disponuntur in modo et figura, ... semper est bonus syllogismus, nisi aequivocatio impediat vel amphibologia.* Als Beispiele folgen dann Sätze der Theologie, besonders betreffs der Trinität, und hierauf (C. 5, f. 37 v. B) mehrere Regeln der Vorsicht: *Ad videndum, quando discursus non regulatur per dici de omni vel de nullo, intelligendae sunt hae regulae: ..... Quandocunque minor habet aliquam exponentem negativam, talis discursus non potest regulari per dici de omni vel de nullo..... Quandocunque in minore denotatur, praedicatum dici de subiecto, cum aliquo modo determinante compositionem non expresso in maiore, qui modus positus vel non positus variat propositionem quantum ad veritatem vel falsitatem, talis discursus non regulatur......* (f. 38 r. A) *Quandocunque per maiorem non denotatur, praedicatum vere affirmari vel vere negari de pronomine demonstrante quodcunque, quod est realiter idem cum significato per subiectum, tunc accipiendo subiectum aliquid tale non erit syllogismus regulatus...... Quando in minore ponitur aliquis modus, qui denotatur competere toti propositioni, si in maiore hoc non denotetur, non semper talis discursus regulabitur...... Alia regula est, quod nullus terminus in praemissis vel in conclusione sumatur aequivoce. ......* (B) *Alia regula est, quod nullum syncategoreuma, nisi forte signum universale vel particulare additum subiecto, addatur vel auferatur in minore vel conclusione praeter illa, quae sunt in maiore.*

968) C. 6, f. 38 r. B: *Istae conclusiones* (d. h. die vier aristotelischen ersten Modi) *sunt primo sequentes ex praemissis; mediate tamen et secundario sequuntur aliae conclusiones. Nam in primo modo praeter universalem conclusionem sequitur conclusio particularis et conversa conclusionis universalis; et ita tres conclusiones sequuntur in primo modo, et ultima conclusio ponitur sequi in illo modo, qui dicitur Baralipton. Ex praemissis autem dispositis in secundo modo sequuntur quatuor conclusiones: prima universalis negativa, ...secunda conversa illius universalis, et tunc habetur ille modus, qui dicitur Celantes; tertia est particularis subalterna primae universalis; quarta est particularis et negativa de terminis transpositis, quae est subalterna secundae conclusionis universalis. Ex praemissis vero in tertio modo sequuntur duae conclusiones, sc. particularis directa, et secundario conversa illius, et tunc habetur ille modus, qui dicitur Dabitis. Ex praemissis in quarto modo non sequitur nisi una conclusio, quia particularis negativa non convertitur; sed illa eadem conclusio particularis negativa sequitur ex universali affirmativa de terminis transpositis ipsius minoris et universali negativa conversa maioris ipsius, propositionibus transpositis concludentibus conclusionem indirectam; similiter ex conversa maioris et minoris transpositis praemissis et indirecte concludentibus; et tunc habentur illi duo modi Fapesmo et Frisesomorum. Omnia autem praedicta probantur per istas regulas, quae semper sunt verae „Quidquid sequitur ad consequens, sequitur ad antecedens" et „Quidquid sequitur ad consequens cum addita propositione, sequitur ad antecedens cum eadem propositione".* Vgl. Pseudo-Thomas, ob. Anm. 342.

nung verdienen [969]), mit Recht darauf hin, dass der Obersatz in der ersten Figur unter Umständen auch ein singuläres Urtheil sein kann [970]). Ferner aber veranlasst ihn seine Fürsorge für jene Urtheile, in welchen ein *Casus obliquus* vorkommt (vgl. Anm. 903, 913, 942), nun auch zu untersuchen, ob und wann in der ersten Figur mittelst solcher Urtheile geschlossen werden könne, und er findet, dass diess der Fall sei, wenn der *Casus obliquus* im Obersatze steht und in der nemlichen Stelle, in welcher er dort ist, im Schlusssatze wiederkehrt, sowie ausserdem noch bei vier anderweitigen besonderen Constellationen der Begriffe [971]). Bei der zweiten Figur denkt er gleichfalls an die möglichste Ausbeutung des negativen Schlusssatzes und fügt somit noch mehr neue Modi, als Pseudo-Thomas (ob. Anm. 342), zu den aristotelischen hinzu, nemlich vier Schlussweisen, welche *Cesares, Camestros, Cesaro, Cesaros* heissen müssten [972]), während er bezüglich der Reduction der üblichen Modi auf die erste Figur bei *Baroco* dem traditionellen Standpunkte folgt [973]). Die *Casus obliqui* liegen ihm aber auch hier wieder so sehr am Herzen, dass er

---

969) C. 7, ebend.: *Per praedicta possunt solvi multa argumenta* ...... (z. B.) „*Omne animal, si est sensibile, est corpus animatum; lapis est animal, si est sensibile; ergo lapis est corpus animatum*“..... (die Lösung) *Maior est distinguenda secundum compositionem et divisionem* (s. Anm. 914 u. 949) *vel secundum amphibologiam.*

970) C. 8, f. 38 v. A: *Etiam sequitur evidenter, si maior sit singularis affirmativa vel negativa; bene enim sequitur*..... (z. B. beim vierten Modus) „*Socrates non currit, Aliquid album est Socrates, ergo aliquid album non currit*“ (die Beispiele für die ersten drei Modi sind ganz einfältig, wie beim ersten: „*Socrates est albus, Omnis homo est Socrates, ergo omnis homo est albus*“)..... *Ideo talis syllogismus est bonus sicut ille, qui regulatur per dici de omni vel de nullo, quia* ..... *etiam subiectum singulare supponit pro omni suo significato.*

971) C. 9, ebend.: *Circa syllogismum de obliquis est sciendum, quod, quando maior est de obliquo et minor de recto, semper sequitur conclusio de obliquo et regulatur per dici de omni vel de nullo, dummodo obliquitas cadat a parte eiusdem extremi in conclusione, a parte cuius cadit in maiore,* ...... *e. g.* „*Omnem hominem videt asinus, Socrates est homo, ergo Socratem videt asinus*“ ...... „*Nullus homo est asini, Socrates est homo, ergo Socrates non est asini*“ ...... *Praeter praedictos modos regulatos* ..... *in quatuor casibus est bonus discursus:* ..... (ich will an Stelle der langathmigen Formulirung für jeden der vier Falle nur Eines der Beispiele Occam's auswählen) „*Nullius hominis est asinus, Omne risibile est hominis, ergo nullum risibile est asinus*“ ...... „*Nullus asinus videt hominem, Omne risibile videt asinus, ergo nullum risibile est homo*“ ..... „*Omnis homo est animal, Socratem videt homo, ergo Socratem videt animal*“ ..... „*Omnis homo currit, Socrates videt hominem, ergo Socrates videt currentem*“.

972) C. 10, f. 39 r. B: *Sicut ex praemissis in prima figura aliquando sequuntur plures conclusiones,* ..... *ita est etiam in secunda figura. Unde ex praemissis syllogismorum universalium sequuntur quatuor conclusiones, sc. duae directae universales negativae et suae subalternae* (die Ausgaben haben „*universalis negativa et sua subalterna*“, es geht jedoch aus der Parallele mit der ersten Figur unzweifelhaft hervor, was Occam wolle), *et duae indirectae, sc. conversa primae conclusionis universalis et subalterna eiusdem. Ex praemissis autem syllogismorum particularium sequitur una sola conclusio, sc. particularis negativa, quia illa non est convertibilis* (s. Anm. 941). *Sed ex praemissis transpositis terminis non sequitur aliqua conclusio in secunda figura, quia tunc praemissae essent in tertia figura dispositae.*

973) C. 11, f. 39 v. A: *Quartus modus reducitur per impossibile* ..... *ad primum modum primae figurae arguendo ex contradictorio conclusionis et maiore, inferendo contradictorium minoris.*

die sie betreffenden fünf Schlussweisen noch früher zu erwähnen sich beeilt [974]), ehe er den jedenfalls wichtigeren Grundsatz nachweist, dass auch in der zweiten Figur aus bejahenden Prämissen ein Schluss möglich sei, wobei er jedoch die Sache etwas ungeschickt angreift [975]). Bei der dritten Figur weist er wie Pseudo-Thomas (a. a. O.) auf die Umkehrbarkeit des Schlusssatzes in ***Darapti, Disamis*** und ***Datisi*** hin [976]), und fügt gleichfalls die beim Vorkommen eines ***Casus obliquus*** statthaften Schlussweisen bei [977]). Gleichsam als Anhang zu den drei Figuren bespricht er den *syllogismus expositorius*, aber in ganz anderer Weise als Scotus (ob. Anm. 206); denn Occam beschränkt denselben ausschliesslich auf die dritte Figur und stimmt nur darin theilweise mit der früheren Tradition überein, dass er zugleich Singularität beider Prämissen fordert und negative Untersätze ausschliesst [978]). Ausserdem noch widmet er,

---

974) C. 12, ebend.: *Syllogismus ex obliquis valet in secunda figura* ..... Beispiele der fünf Fälle sind: „*Nullum equum videt asinus, Omnem hominem videt asinus, ergo nullus homo est equus*“...... „*Nullus asinus est hominis, Omnis bos est hominis, ergo nullus bos est asinus*“..... „*Omnis homo est animal, Nullus asinus est animalis, ergo nullus asinus est hominis*“..... „*Omnis asinus est animal, Nullius hominis est animal, ergo nullius hominis est asinus*“..... *Nullus homo videt asinum, Omne risibile est asinus, ergo nullum risibile videt homo*“.

975) C. 13, f. 39 v. B: *Quamvis dictum sit superius, quod ex affirmativis non contingit arguere in secunda figura, tamen ab illa regula generali sunt duo casus excipiendi. Primus, si medius terminus sit terminus discretus,* ...... *sicut* „*Omnis homo est Socrates, Plato est Socrates, ergo Plato est homo*“ (abgesehen von der unübersteiglichen Dummheit dieses Beispieles ist Occams Meinung überhaupt nur bei singulären Urtheilen, welche sich umkehren lassen, haltbar; gesetzt z. B. man liesse folgende zwei Urtheile trotz der in ihnen liegenden Uebertreibung als wahr gelten „Alle moderne Kritik beruht ursprünglich auf Lessing“ und „Der grösste Genius des vorigen Jahrhunderts ist Lessing“, so könnte mittelst der nöthigen Vorkehrungen ganz normal geschlossen werden „Auf dem grössten Genius des vorigen Jahrhunderts beruht alle moderne Kritik“)..... *Secundus casus est, quando medius terminus sumitur cum signo universali,* .... *bene enim sequitur* „*Omnis homo est omne risibile, Socrates est omne risibile, ergo Socrates est homo*“ (wesentlich ebenso)...... *In duobus praedictis casibus non solum contingit arguere ex universalibus affirmativis, sed etiam ex omnibus affirmativis particularibus.* Ein Verdienst Occam's ist jedenfalls der Hinweis auf die singulären Urtheile (vgl. Anm. 970); nur müsste eine Logik, welche hierauf näher einginge, auch die Umkehrbarkeit dieser, sowie der particularen, Urtheile präciser ins Auge fassen.

976) C. 14, f. 40 r. A: *Sicut in prima figura aliqui modi concludunt indirecte, ita etiam in tertia figura; nam quilibet modus affirmativus concludit duas conclusiones, sc. unam directam et suam conversam; modi autem negativi concludunt tantum unam.*

977) C. 15, f. 40 r. B, woselbst unter mehreren Beispielen folgende vorkommen: „*Omnis asinus est hominis, omnis asinus est animal, ergo aliquod animal est hominis*“...... „*Omnis asinus est animal, Omnis asinus est hominis, ergo hominis est animal*“...... „*Nullus asinus est Socratis, Omnis asinus est Platonis, ergo Plato non est Socrates*“ u. s. w.

978) C. 16, f. 40 v. A: *Syllogismus expositorius est, quando arguitur ex duabus singularibus in tertia figura, quarum singularium subiectum supponit pro aliquo uno numero, quod non est plures res,* ..... *hoc addito, quod minor sit affirmativa, quia, si minor sit negativa, non valet syllogismus* ..... *Unde omnes tales syllogismi sunt boni* „*Socrates non est aggregatum per accidens, Socrates est homo albus, ergo homo albus non est aggregatum per accidens.* (An einer anderen Stelle, II, 27, f. 34 r. A, polemisirt Occam gegen jene Theologen, welche den *syllogismus expositorius* überhaupt als solchen verneinen, indem sie in ihm stets irgend ein Sophisma erblicken: *Syllogismus expositorius est ex se evidens nec indiget ulteriori probatione,*

entsprechend seinem Verfahren bei der Lehre vom Urtheile (s. Anm. 912 u. 943), denjenigen kategorischen Syllogismen eine besondere Erörterung, in welchen Urtheile vorkommen, deren Verbum im Präteritum oder im Futurum steht, und er zeigt durch die drei Figuren hindurch, in welcher Weise und mit welcherlei Supposition derartige Schlüsse möglich seien[979]).

In peinlichster Ausführlichkeit aber bespricht er die modalen Syllogismen, indem er auch hier sich bei der schlichten und doch umfassenden Auseinandersetzung des Aristoteles (Abschn. IV, Anm. 558—578) nicht begnügen zu können glaubt, sondern diese ganze Lehre durch seine beliebte Unterscheidung zwischen ***sensus compositus*** und ***sensus divisus*** (s. ob. Anm. 914 u. 949 ff.) umformen will. Wenn wir auch im Vergleiche mit den übrigen Autoren des Mittelalters, welche aus der ihnen wohlbekannten Analytik des Aristoteles diese ganze schwierige Gruppe hinwegliessen oder in oberflächlicher Kürze abmachten, bei Occam den hingebenden Fleiss und die Verschwendung eines einseitigen Scharfsinnes anerkennen müssen, so hat derselbe dennoch gerade durch jenen byzantinischen Formalismus das Ganze derartig ertödtet, dass für eine besonnene Wissenschaftslehre oder Logik hieraus keinerlei Frucht erwachsen kann, während die philosophische Basis, welche bei Aristoteles diesem Formen-Getriebe im Begriffe der Möglichkeit einwohnt, vielleicht noch heutzutage einer Wiedererweckung und Ausbeutung werth wäre (und zwar in anderer Weise, als die „inductive Logik" thut, wenn sie diese Fragen berührt oder streift). Occam verfährt bei seiner unfruchtbaren Casuistik in Trennung des ***sensus compositus*** und des ***sensus divisus*** und nöthigenfalls in Beiziehung der Suppositionsfähigkeit der ampliativen Worte (vgl. Anm. 950 u. 952) derartig, dass er nicht die drei Schlussfiguren zum obersten Eintheilungsgrund macht, sondern sich nach den Arten und Unterarten der modalen Schlüsse richtet und jede einzelne derselben nach der Reihe der drei Figuren erörtert. So behandelt er (— die Einzeln-Darstellung dieser ganzen Lehre darf ich wohl füglich in den Raum der Anmerkungen verlegen, da ich ausserdem im Texte nur das Nemliche in deutscher Uebersetzung wiederholen müsste —) zuerst

---

et ideo multum errant, qui negant talem syllogismum in quacunque materia, nisi possent ibi ostendere fallaciam; ..... et quia syllogismi expositorii, qui sunt ex se evidentes, frequenter negantur a modernis theologis, ideo contra tales non est disputandum, cum negant per se nota.)

979) C. 17, f. 40 v. A: *Videndum est, quomodo syllogizandum est ex propositionibus de praeterito et futuro......* (In der ersten Figur) *Quando medius terminus est terminus communis, si subiectum maioris supponit pro his, quae sunt, minor debet esse de praesenti ...... sic arguendo „Omne album fuit Socrates, Plato est albus, ergo Plato fuit Socrates"...... Circa propositiones de futuro si subiectum maioris accipitur pro his, quae erunt, minor debet esse de futuro; si accipitur pro his, quae sunt, minor debet esse de praesenti......* C. 18, f. 40 v. B: *Ex ambabus praemissis de praeterito in secunda figura sequitur conclusio de praesenti, quando .... utriusque subiectum supponit pro his, quae sunt, ... sicut „Nullum album fuit homo, Omne nigrum fuit homo, ergo nullum nigrum est album"......* C. 19, f. 41 r. A: *In tertia figura si subiectum utriusque praecise accipitur uniformiter, semper sequitur conclusio de praeterito, subiecto conclusionis accepto pro eo, quod fuit ...... Si autem maior sit de praeterito et minor de praesenti, si subiectum maioris supponit pro his, quae sunt, sequitur conclusio de praeterito, subiecto conclusionis sumpto pro his, quae sunt.*

jene Syllogismen, welche aus zwei gleichartigen modalen Urtheilen gebildet werden, d. h. entweder aus zwei Nothwendigkeits-Urtheilen [980]) oder aus zwei Möglichkeits-Urtheilen [981]) oder zwei Zufälligkeits-(*contingit*) Urtheilen [982])

---

980) C. 20, f. 41 r. B: *Quando dictum propositionis ponitur cum modo, illa propositio est distinguenda secundum compositionem vel divisionem vel secundum amphibologiam ...... Circa primam figuram est sciendum, quod, quando praemissae de necessario sunt acceptae in sensu composito, ... semper est bonus syllogismus inferens consimilem conclusionem quantum ad sensum compositum ...... Sed quando omnes propositiones sumuntur in sensu diviso, tunc semper sequitur conclusio directa; ..... sed illi quinque modi primae figurae concludentes indirecte non concludunt in uniformi conclusione de necessitate, praemissis sumptis in sensu diviso..... Si autem maior sumatur in sensu composito et minor in sensu diviso, sequitur conclusio in sensu diviso ...... Si autem maior sumatur in sensu diviso et minor in sensu composito, sequitur conclusio in sensu diviso et in sensu composito......* C. 21, f. 41 v. A: *Quando omnes propositiones de necessario in secunda figura sumuntur in sensu composito, ... semper sequitur conclusio de necessario sumpta in sensu composito ..... Si autem omnes praemissae sumantur in sensu diviso, non semper valet syllogismus. ..... Si autem maior sumatur in sensu composito et minor in sensu diviso, valet discursus respectu conclusionis sumptae in sensu diviso...... Si autem maior sumatur in sensu diviso et minor in sensu composito, non sequitur conclusio in sensu composito.....* C. 22, f. 41 v. B: *In tertia figura, quando omnes praemissae sumuntur in sensu composito, tenet syllogismus sicut in suis de inesse...... Si autem omnes sumantur in sensu diviso, omnis discursus valet et syllogismus, quia illa de necessario ..... semper convertitur in illam de inesse ... .. Si autem maior sumatur in sensu composito et minor in sensu diviso, non sequitur conclusio in sensu diviso nec in sensu composito..... Si autem maior sumatur in sensu diviso et minor in sensu composito, semper sequitur conclusio in sensu diviso.*

981) C. 23, f. 42 r. A: *Dicendum est de uniformi generatione syllogismorum de possibili, et accipio hic possibile pro possibili, quod est commune omni propositioni, quae non est impossibilis* (vgl. Anm. 950) ..... *In omni figura, si accipiantur omnes propositiones de possibili in sensu composito, ...non valet syllogismus, quia .... non sequitur „Omne coloratum esse album, est possibile, Omne nigrum esse coloratum, est possibile, Ergo omne nigrum esse album, est possibile“..... Sed si illa de possibili sumatur in sensu diviso, ... tunc est illa propositio distinguenda penes modum aequivocationis* (vgl. Abschn. XVII, Anm. 225 ff.), ... *quod, si subiectum maioris accipitur pro his, quae possunt esse, qualitercunque sumatur subiectum minoris, semper est syllogismus uniformis bonus; ...... si autem subiectum maioris supponit pro his, quae sunt, tunc talis syllogismus uniformis non valet...... Si autem maior sit de possibili in sensu composito et minor de possibili in sensu diviso, nulla sequitur conclusio ...... Si autem maior accipitur in sensu diviso et minor in sensu composito, non sequitur conclusio ......* C. 24, f. 42 r. B: *In secunda figura, si subiecta utriusque supponant praecise pro his, quae sunt, syllogismus non valet ..... Si autem subiectum utriusque accipitur pro his, quae possunt esse, sic non tenet syllogismus, ... quia negativa de possibili non convertitur in negativam de possibili .....* C. 25, f. 42 v. A: *In tertia figura, si utraque praemissarum sumatur in sensu diviso et subiectum utriusque supponat pro his, quae sunt, sequitur conclusio de possibili, sumpto subiecto pro eo, quod potest esse ...... Similiter si subiectum utriusque supponit pro his, quae possunt esse, sequitur conclusio de possibili, subiecto sumpto pro eo, quod potest esse...... Si autem subiectum in maiore sumatur pro eo, quod est, et in minore pro eo, quod potest esse, et similiter e converso, tenet syllogismus. ..... Si autem maior sumatur in sensu diviso et subiectum supponat pro eo, quod potest esse, et minor sit de possibili in sensu composito, sequitur conclusio in sensu diviso.*

982) C. 26, f. 42 v. B: *Circa uniformem generationem syllogismorum de contingenti non necessario* (vgl. Anm. 952) *est primo sciendum, quod in nulla figura est talis uniformis generatio conveniens, si omnes propositiones sumantur in sensu composito, ... quia ex contingentibus potest sequi tam necessarium quam impossibile. ...... Sicut illa de possibili habet duplicem acceptionem, ita et illa de contingenti.*

oder aus zwei Unmöglichkeits-Urtheilen [983]) oder aus zwei Urtheilen, in welchen anderweitige Ausdrücke der Modalität (z. B. *scitum, opinabile* und dergl., s. Anmerkung 895 und 954) vorkommen [984]). Dann aber folgt die lange Reihe der verschiedenen Combinationen, nemlich: ein Inhärenz- und ein Nothwendigkeits-Urtheil [985]),

---

Si subiectum maioris sumatur pro his, quae contingunt, uniformis est bonus respectu conclusionis de contingenti, subiecto eodem modo sumpto..... Si autem maior sumatur in sensu composito et minor in sensu diviso, syllogismus non valet...... Similiter si maior accipitur in sensu diviso et minor in sensu composito, non valet...... C. 27, f. 43 r. A: *In secunda figura uniformis generatio de contingenti non valet, et hoc qualitercunque combinentur propositiones, ... quia universalis negativa de contingenti non est convertibilis in aliquam universalem.....* C. 28, ebend.: *In tertia figura, si ambae praemissae sumantur in sensu diviso et subiectum utriusque supponat pro his, quae sunt, sequitur conclusio de contingenti, subiecto sumpto pro eo, quod contingit ..... Similiter si subiectum utriusque praemissae supponat pro his, quae contingunt, sequitur conclusio de contingenti, subiecto sumpto pro his, quae contingunt..... Similiter si subiectum in una supponat pro his, quae sunt, et in alia pro his, quae contingunt, sequitur consimilis conclusio...... Si maior accipitur in sensu diviso et minor in sensu composito, syllogismus non valet. Similiter si subiectum propositionis acceptae in sensu diviso supponat pro his, quae contingunt, non valet syllogismus.*

983) C. 29, f. 43 v. A: *De uniformibus propositionibus de impossibili.... est sciendum, quod, si omnes propositiones sumantur in sensu composito, talis discursus non valet...... Similiter si omnes propositiones de impossibili sumantur in sensu diviso, non valet talis discursus.*

984) C. 30, ebend.: *Restat videre, quando ex aliis modalibus contingit arguere. ..... Pro sensibus compositis talium propositionum est ista regula generalis, quod quando aliquod tale nomen modale potest verificari de praemissis absque hoc, quod verificetur de conclusione, imo potest vere removeri a conclusione, uniformis ex talibus in sensu composito non valet; .... quando autem de praemissis non potest verificari talis modus, nisi etiam verificetur de conclusione, uniformis ex talibus semper tenet, sicut .... „Omnem hominem esse animal, est opinabile, Socratem esse hominem, est opinabile, Ergo Socratem esse animal, est opinabile"...... Si autem tales praemissae sumantur ambo in sensu diviso, in prima figura semper est syllogismus regulatus..... Si autem maior talis uniformis in prima figura sumatur in sensu composito et minor in sensu diviso cum aliquo modo, tenet respectu conclusionis in sensu diviso ...... Sed in secunda figura pauci tales discursus valent, si omnes praemissae sumantur in sensu diviso..... In tertia figura, quando ambae praemissae sumuntur in sensu diviso et modalis infert suam de inesse, semper sequitur conclusio in sensu diviso.*

985) C. 31, f. 44 r. A: *Dicendum est de syllogismo mixto ex propositione de inesse et modali de necessario..... Ex maiori de necessario sumpta in sensu diviso et minore de inesse semper sequitur conclusio de necessario in sensu diviso ...... Sed si conclusio sumatur in sensu composito, discursus non valet......* (B) *Si autem maior in tali mixtione sumatur in sensu composito, non semper valet talis mixtio, sed oportet, quod minor subsumpta sit de inesse simpliciter, quia si minor est de inesse ut nunc, non valet mixtio* (die Unterscheidung zwischen *inesse simpliciter* und *esse ut nunc* fliesst aus der Lehre von *Consequentia*, s. Abschn. XVII, Anm. 618 f.) ...... *Si autem maior sumatur de inesse et minor de necessario in sensu diviso vel aequivalenti ei, discursus non valet..... Si autem minor sumatur in sensu composito, etiam non valet discursus; ...... notandum est autem, quod si maior sit de inesse simpliciter, talis mixtio valet..... Philosophus aliquando loquitur de illis de necessario in sensu diviso et aliquando in sensu composito* (vgl. hingegen ob. Anm. 949 und bei Scotus Anm. 201) ...... *Sciendum est igitur, quod, si maior sit de inesse simpliciter, mixtio tenet, sive minor sumatur in sensu diviso sive in sensu composito ......* C. 32, f. 44 r. A: *In secunda figura, si illa de necessario sumatur in sensu composito, ad hoc quod mixtio sit bona, requiritur, quod illa sit de inesse simpliciter, si enim esset de inesse ut nunc, qualiscunque fuerit de necessario, non*

ein Inhärenz- und ein Möglichkeits-Urtheil [986]), ein Inhärenz- und ein Zufälligkeits-Urtheil [987]), ein Inhärenz- und ein Unmöglichkeits-

---

sequitur conclusio de necessario...... Quando negativa est de necessario et in affirmativa accipitur sub medio aliquid inferius ad medium, ... semper discursus est bonus...... Sed si affirmativa sit de necessario in sensu composito et universalis negativa de inesse, non sequitur conclusio de necessario.... In quarto modo secundae figurae, sive propositio affirmativa sit de necessario sive negativa, non sequitur conclusio de necessario..... C. 33, f. 45 r. A: *Quando autem debet fieri mixtio in tertia figura, ...si illa de necessario sumatur in sensu composito, mixtio non valet generaliter, sive maior fuerit de necessario sive minor..... Tamen si minor sit de inesse simpliciter, tenet mixtio..... Sed si illa de necessario sumatur in sensu diviso, quando maior est de necessario et universalis, semper sequitur conclusio in sensu diviso..... Si autem maior sit particularis affirmativa, valet mixtio..... Si autem maior sit particularis negativa, discursus valet.*

986) C. 34, f. 45 r. B: *De mixtione de inesse et de possibili ... in prima figura ... sciendum est, quod, si illa de possibili sumatur in sensu composito, sive maior fuerit de possibili sive minor, non valet talis mixtio universaliter..... Tamen si minor sit de inesse simpliciter sive maior, valet mixtio; similiter si in syllogismo negativo sumatur aliquid inferius ad medium; ....sed in syllogismo affirmativo non sufficit accipere inferius..... Si autem illa de possibili sumatur in sensu diviso, aut maior est de possibili aut minor, aut subiectum stat pro his, quae sunt, vel pro his, quae possunt esse; si primo modo, semper est mixtio bona; ...... si autem subiectum supponit pro his, quae possunt esse, adhuc mixtio valet...... Si autem minor sit de possibili et maior de inesse, non valet mixtio......* C. 35, ebend.: *In sensu composito, sive fuerit negativa sive affirmativa de possibili, nulla sequitur conclusio in secunda figura.... Si autem illa de possibili in sensu diviso sumatur, non valet talis mixtio.....* C. 36, f. 45 v. A: *Si autem in tertia figura illa de possibili sumatur in sensu composito, sive fuerit affirmativa sive negativa, non sequitur universaliter aliqua conclusio de possibili...... Quando tamen utraque est affirmativa, sequitur conclusio de possibili sumpta in sensu diviso..... Si autem maior sit de inesse et minor de possibili, si subiectum sumatur pro his, quae sunt, tunc valet mixtio, si utraque fuerit universalis..... Si autem minor de possibili fuerit particularis et subiectum sumatur pro his, quae possunt esse, non valet mixtio.*

987) C. 37, f. 45 v. A: *Videndum est, quomodo valet mixtio ex de inesse et contingenti non necessario, et primo in prima figura..... Si illa de contingenti sumatur in sensu composito, sive fuerit maior sive minor, non sequitur conclusio de contingenti, ... nec sequitur in sensu diviso ..... Quamvis maiore existente negativa de possibili et sumpto in minore aliquo inferiori sub medio termino, sequitur conclusio de possibili, non tamen illa regula est vera, si maior sit de contingenti. ...... Si autem illa de contingenti sumatur in sensu diviso, si sit maior, aut subiectum accipitur praecise pro his, quae sunt, aut pro eis, quae contingunt: si primo modo, est syllogismus regulatus; ...... si autem subiectum maioris praecise supponit pro his, quae contingunt, non valet mixtio; ..... si autem supponit tam pro his, quae sunt, quam pro his, quae contingunt, sic est mixtio bona .... Si autem minor sit de contingenti, non sequitur universaliter conclusio ..... Tamen si maior sit de inesse simpliciter, sequitur conclusio de contingenti, et hoc, si minor sit sumpta in sensu composito vel diviso; hoc tamen intelligendum est: si maior sit affirmativa, sequitur conclusio de contingenti; si autem maior sit negativa, sequitur conclusio de possibili......* C. 38, f. 45 v. B: *Si illa de contingenti fuerit negativa in secunda figura et sumatur in sensu composito, quamvis illa de inesse sit de inesse simpliciter, non sequitur conclusio de contingenti ..... Similiter si affirmativa fuerit de contingenti, non sequitur conclusio de contingenti in sensu composito; similiter etiam, quamvis affirmativa sit de inesse simpliciter ..... Si autem negativa fuerit de inesse et affirmativa de contingenti, non sequitur conclusio de contingenti ..... Si autem illa de contingenti sumatur in sensu diviso, si negativa fuerit de contingenti, non sequitur conclusio de contingenti; ..... si autem affirmativa fuerit de contingenti, sequitur conclusio de possibili .....* C. 39, f. 46 r. A: *Quando illa de contingenti in tertia figura sumitur in sensu composito, non sequitur generaliter conclusio nec de contin-*

Urtheil[988]), ein Inhärenz-Urtheil und ein Urtheil anderweitiger Modalität[989]), ein Nothwendigkeits- und ein Möglichkeits-Urtheil[990]), ein

---

genti nec de possibili in sensu composito ..... Tamen si utraque sit universalis affirmativa et subiectum illius de contingenti supponit pro his, quae sunt in actu, et accipitur in sensu diviso, sequitur conclusio de possibili in sensu diviso; ..... si autem subiectum illius de contingenti sumatur pro his, quae contingunt, non sequitur conclusio.

988) C. 40, ebend.: *Videndum est, an ex illa de inesse et de impossibili possit fieri syllogismus mixtus ..... Semper illa de impossibili aequivalet alicui propositioni de necessario, et ideo ex praedictis circa mixtionem necessarii et de inesse potest patere, quomodo potest argui ex propositione de inesse et de impossibili.* Vgl. Anm. 983.

989) C. 41, f. 46 r. B: *Dicendum est de mixtione propositionum de inesse et de aliis propositionibus modalibus, ... et primo in prima figura .... Quando aliquis modus positivus accipitur, cuiusmodi sunt „scitum, notum, demonstrabile, per se notum, verum", raro vel nunquam, si maior sumatur in sensu composito et minor de inesse, sequitur conclusio de tali modo in sensu composito, sive minor sit de inesse simpliciter sive ut nunc ..... Videndum est, an talis modus possit competere propositioni universali, et si competat, an cuilibet consequenti ad illam universalem, vel non. Si non, nunquam talis discursus valet; huiusmodi autem sunt „scitum, dubitatum, per se notum, creditum, opinatum, concessum" ...... Si autem talis modus non possit competere uni propositioni universali, nisi competat cuilibet consequenti, tunc tenet syllogismus; talis autem modus est littera „verum" ..... Si autem talis modus sit negativus, ut littera „falsum", tunc non valet talis mixtio. Sed si illa de modo sumatur in sensu diviso, semper talis mixtio valet respectu propositionis de consimili modo in sensu diviso .....* C. 42, f. 46 v. A: *In secunda figura, si talis de modo accipitur in sensu composito, raro vel nunquam valet syllogismus, quando modus aliquid addit ultra istum modum „verum", cuiusmodi sunt tales modi „scitum, demonstratum, per se notum" ..... Si autem illa de modo accipitur in sensu diviso, raro vel nunquam valet mixtio, sive affirmativa sive negativa fuerit de modo. ..... Quamvis ex talibus propositionibus de modo sumptis in sensu diviso vel eis aequivalentibus sit omnino idem modus arguendi in prima figura, sicut si omnes propositiones essent de inesse, non tamen sic arguendum est ex eis in secunda figura, et ratio est, quia tales propositiones non convertuntur sicut illae de inesse .....* C. 43, f. 47 r. A: *In tertia figura, si illa de modo sumatur in sensu composito, non valet mixtio respectu conclusionis de modo consimili, addendo aliquid super hunc modum „verum" sumptum in sensu composito ..... Si autem illa de modo sumatur in sensu diviso, si maior sit de inesse et minor de modo, non valet mixtio; ..... si autem maior fuerit de modo et minor de inesse, si maior fuerit universalis, est mixtio bona; ..... similiter si maior fuerit particularis, valet mixtio ..... Ideo sciendum est, quod in syllogismo expositorio* (s. Anm. 978) *semper, si maior sit de modo et minor de inesse, valet mixtio; sed si maior fuerit de inesse et minor de modo, non valet.*

990) C. 44, f. 47 r. B: *De mixtione necessarii et possibilis in prima figura, quando utraque sumitur in sensu composito, ... si maior fuerit de necessario et minor de possibili, sequitur conclusio de possibili in eodem sensu; ..... et eodem modo, si maior fuerit de possibili ..... Quando illa de necessario sumitur in sensu composito et illa de possibili in sensu diviso, ... si maior sit de necessario, sequitur conclusio de possibili sumpta in sensu diviso; ..... similiter si illa de necessario sit minor; ..... sed si subiectum maioris accipitur pro his, quae sunt, praecise, et subiectum conclusionis pro his, quae possunt esse, non valet talis mixtio ..... Quando illa de necessario sumitur in sensu diviso et illa de possibili in sensu composito, ... si maior sit de possibili, non sequitur conclusio de necessario nec de inesse, sed de possibili sumpta in sensu composito; ..... sed si maior sit de necessario, non valet mixtio ..... Utraque praemissa sumpta in sensu diviso, ... si maior fuerit de necessario, non valet mixtio; ..... sed si maior fuerit de possibili, valet mixtio .....* C. 45, f. 47 v. A: *In secunda figura, si illa de necessario sumatur in sensu composito, si negativa fuerit de necessario, sequitur conclusio de possibili ..... Similiter*

Nothwendigkeits- und ein Zufälligkeits-Urtheil [991]), ein Nothwendigkeits- und ein Unmöglichkeits-Urtheil [992]), ein Nothwendigkeits- und ein Urtheil

---

si utraque sumatur in sensu composito ..... Similiter si affirmativa fuerit de necessario ..... Similiter si illa de possibili sumatur in sensu composito ...... Quando illa de necessario sumitur in sensu diviso et illa de possibili in sensu composito, et tunc sequitur conclusio de possibili ..... Similiter si utraque sumatur in sensu composito ...... C. 46, ebend.: *In tertia figura, si illa de necessario sumatur in sensu composito et illa de possibili similiter, sequitur conclusio de possibili ...... Si autem utraque sumatur in sensu diviso, si maior fuerit de necessario, non sequitur conclusio de possibili, nisi subiectum conclusionis sumatur pro eo, quod potest esse; ...... si autem maior fuerit de possibili, semper sequitur conclusio de possibili, sumpto subiecto conclusionis pro eo, quod est ..... Si illa de necessario sumatur in sensu composito et sit minor, sequitur conclusio de possibili; ..... si autem illa de necessario sit maior, sequitur conclusio de possibili in sensu diviso, subiecto sumpto pro eo, quod potest esse. Si autem illa de possibili sumatur in sensu diviso et illa de necessario in sensu composito, si illa de necessario fuerit maior, sequitur conclusio de possibili, subiecto sumpto pro eo, quod potest esse; si autem illa de necessario fuerit minor, sequitur conclusio de possibili.*

991) C. 47, f. 47 v. A: *De mixtione necessarii et contingentis ..... in prima figura, ... si utraque sumatur in sensu composito, ... si maior fuerit de necessario affirmativa et minor de contingenti, non sequitur conclusio de contingenti; .... similiter si maior fuerit negativa de necessario; ..... sed si in minore sumatur subiectum inferius ad subiectum maioris, semper sequitur conclusio ..... Si autem maior fuerit de contingenti, non sequitur ..... Quando illa de necessario sumitur in sensu composito et illa de contingenti in sensu diviso, ... si illa de necessario sit maior, in syllogismo affirmativo non sequitur conclusio de contingenti; ..... si maior fuerit de contingenti, si subiectum maioris sumatur praecise pro his, quae sunt, ... valet mixtio; ..... si sumatur praecise pro his, quae contingunt, non valet ..... Quando illa de contingenti sumitur in sensu composito et illa de necessario in sensu diviso, ... si illa de necessario fuerit maior, non sequitur; ..... si maior fuerit de contingenti, non valet mixtio ..... Quando utraque sumitur in sensu diviso, ... si maior fuerit de necessario, non valet; ..... si maior fuerit de contingenti, semper sequitur conclusio de contingenti .....* C. 48, f. 48 r. A: *In secunda figura, si utraque sumatur in sensu composito, non valet mixtio ...... Quando illa de necessitate sumitur in sensu composito et illa de contingenti in sensu diviso, semper talis mixtio non valet ..... Quando illa de contingenti sumitur in sensu composito et illa de necessario in sensu diviso, ... talis mixtio non valet ..... Quando utraque sumitur in sensu diviso, ... si negativa fuerit de necessario, non sequitur conclusio; ..... si affirmativa fuerit de necessario, sequitur conclusio de inesse et de possibili, non autem de contingenti ......* C. 49, ebend.: *In tertia figura, quando utraque sumitur in sensu composito, ... semper sequitur conclusio de possibili, sed non de contingenti ..... Quando illa de necessario sumitur in sensu composito et illa de contingenti in sensu diviso, ... si illa de necessario fuerit maior, si subiectum minoris supponat pro eo, quod est, non sequitur conclusio de contingenti, sed de possibili; ..... si sumatur pro eo, quod contingit, non sequitur; .... si autem maior fuerit de contingenti, si subiectum maioris supponat pro eo, quod est, sequitur conclusio de contingenti; ..... si pro eo, quod contingit, non sequitur ..... Quando illa de contingenti sumitur in sensu composito et illa de necessario in sensu diviso, ... valet respectu conclusionis de possibili ..... Quando utraque sumitur in sensu diviso, ... si maior fuerit de necessario, non sequitur conclusio de contingenti; .... si maior fuerit de contingenti et subiectum maioris sumatur pro eo, quod est, sequitur; ..... si autem pro his, quae contingunt, non sequitur conclusio de contingenti.*

992) C. 50, f. 48 r. A: *Quod, sicut dictum est prius* (vgl. Anm. 983 u. 988), *quaelibet propositio de impossibili aequivalet alicui propositioni de necessario, ideo ad sciendum, quando mixtio necessarii et impossibilis valeat et quando non, oportet scire aequivalentiam propositionis de impossibili et propositionis de necessario.*

anderweitiger Modalität[993]), ein Möglichkeits- und ein Zufälligkeits-Urtheil[994]), ein Möglichkeits- und ein Unmöglichkeits-Urtheil[995]), ein Möglichkeits- und ein Urtheil anderweitiger Modalität[996]), ein Zufälligkeits-

---

993) C. 51, f. 48 r. B: *De mixtione propositionum de necessario et de aliis modis ab istis quatuor ..... in prima figura, quando ambae praemissae sumuntur in sensu diviso* (zu lesen *composito*), *raro vel nunquam valet mixtio respectu conclusionis de alio modo, quam de necessario ..... Tamen, quando unus modus est inferior ad necessarium, tunc semper sequitur conclusio de necessario ..... Quando aliquis modus non potest competere antecedenti, nisi competat consequenti, tunc in tali mixtione sequitur conclusio de tali modo; huiusmodi autem sunt „cognoscibile, credibile, apprehensibile" ..... Si autem utraque sumatur in sensu diviso, semper valet syllogismus, quando illa de modo infert suam de inesse, sicut in illis de inesse, respectu conclusionis eiusdem modi, de quo est maior; ..... si autem illa de modo non inferat suam de inesse, tunc non valet mixtio .....* C. 52, ebend.: *In secunda figura, quando utraque propositio sumitur in sensu composito, raro vel nunquam valet mixtio, nisi modus sit inferior ad necessarium ..... Similiter si illa de necessario sumatur in sensu diviso, non valet mixtio ...... Similiter si utraque sumatur in sensu diviso .....* C. 53, ebend.: *In tertia figura, si utraque sumatur in sensu composito, raro vel nunquam valet talis mixtio ..... Si autem illa de necessario sumatur in sensu diviso, non valet ..... Si autem utraque sumatur in sensu diviso, si maior sit de necessario et minor de alio, semper sequitur conclusio de necessario; ..... si autem maior fuerit de alio et minor de necessario, sequitur conclusio de eodem modo, de quo est maior.*

994) C. 54, f. 48 v. A: *De mixtione de possibili et contingenti ..... in prima figura, ... si utraque sumatur in sensu composito, nulla sequitur conclusio, ... nec etiam valet, si altera sumatur in sensu composito et altera in sensu diviso ..... Quando utraque sumitur in sensu diviso, ... si maior sit de possibili et minor de contingenti, si subiectum maioris supponit pro his, quae possunt esse, et subiectum minoris supponit tam pro his, quae sunt, quam pro his, quae contingunt, sequitur conclusio de possibili; ..... si autem subiectum maioris supponat pro his, quae sunt, praecise, non valet mixtio ..... Si maior sit de contingenti et minor de possibili, si subiectum maioris supponat tam pro his, quae sunt, quam pro his, quae contingunt, valet syllogismus respectu conclusionis de contingenti; si autem supponat pro his, quae sunt, non valet .....* C. 55, ebend.: *In secunda figura, si utraque sumatur in sensu composito, non valet mixtio, ... nec valet, si altera praemissarum vel utraque sumatur in sensu diviso .....* C. 56, ebend.: *In tertia figura, si utraque propositionum sumatur in sensu composito, non valet mixtio, ... nec valet, si altera sumatur in sensu composito et altera in sensu diviso ..... Si autem utraque sumatur in sensu diviso, si subiectum illius de possibili supponat pro his, quae possunt esse, et sit maior, sequitur conclusio de possibili.*

995) C. 57, f. 48 v. B: *De mixtione possibilis et impossibilis ..... potest patere ex illis, quae dicta sunt circa mixtionem necessarii et possibilis.* Vgl. Anm. 988 u. 992.

996) C. 58, ebend.: *De mixtione propositionis de possibili et aliorum modorum ..... in prima figura ..... talis mixtio non valet, si ambae praemissae sumantur in sensu composito ..... Tamen quandocunque aliquis modus sumptus est inferior ad necessarium, cuiusmodi sunt „demonstrabile, per se notum", semper ex tali maiore de modo et minore de possibili sequitur conclusio de possibili, et si maior fuerit de possibili ..... Proportionabiliter dicendum est de illa mixtione, quando altera sumitur in sensu diviso et altera in sensu composito. Si autem utraque sumatur in sensu composito* (zu lesen *diviso*) *et maior fuerit de possibili et minor de alio modo, qui infert unam de inesse, ... sequitur conclusio de possibili; ..... si autem illa de possibili fuerit minor, raro vel nunquam valet mixtio ......* C. 59, ebend.: *Si utraque illarum propositionum sumatur in sensu composito, non valet mixtio, si ille modus non sit inferior ad necessarium, in secunda figura ..... Similiter si altera sumatur in sensu composito et altera in sensu diviso, si illa de modo non inferat illam de necessario, non valet mixtio; si inferat eam, valet respectu conclusionis de possibili. Si autem utraque sumatur in sensu diviso et illa de modo non inferat*

und ein Urtheil anderweitiger Modalität [997]). Obwohl aber Occam mit diesem letzteren die modalen Syllogismen ausdrücklich abschliesst [998]), fand der Herausgeber noch eine Bemerkung über die Combinationen der anderweitigen Modalitäten für nöthig [999]).

Sodann aber fügt Occam noch die exponiblen Schlüsse hinzu, und er ist in der Geschichte der Logik, soweit uns bis jetzt die Quellen zugänglich sind, der Erste, welcher die ***Exponibilia*** in solcher Weise mit dem categorischen Syllogismus verbindet. Nach einer allgemeinen maassgebenden Bemerkung [1000]) führt er zuerst das Reduplicativ-Urtheil durch die drei Figuren bezüglich der Schlussfähigkeit hindurch und zeigt, dass in der ersten Figur bei reduplicativem Obersatze, dessen Reduplicativ-

---

illam de necessario, non valet ...... C. 60, ebend.: *In tertia figura, si utraque sumatur in sensu composito, si illa de modo non inferat illam de necessario, non valet mixtio;* ...... *sed si inferat, mixtio est bona* ..... *Si autem illa de possibili sumatur in sensu composito et altera in sensu diviso, si illa de possibili fuerit maior, non sequitur conclusio de possibili, si illa de modo non inferat necessariam;* ...... *similiter non valet, si minor fuerit de possibili* ..... *Si autem illa de possibili sumatur in sensu diviso et illa de alio modo in sensu composito, si illa de possibili fuerit maior, non sequitur conclusio,* ..... *sed si illa de possibili fuerit minor* ...... *Si autem utraque sumatur in sensu diviso, valet mixtio respectu conclusionis de possibili.*

997) C. 61, f. 49 r. A: *De mixtione contingentis et aliarum modalium* ..... *in prima figura,* ..... *si utraque sumatur in sensu composito, si illa de modo non inferat illam de necessario, mixtio non valet;* ..... *si autem inferat, mixtio est bona.* ..... *Si autem illa de contingenti sumatur in sensu composito et alia in sensu diviso, si illa de contingenti fuerit maior, non valet mixtio;* ..... *si autem illa de modo inferat illam de necessario, mixtio est bona; similiter dicendum est, si illa de contingenti sit minor. Si autem illa de contingenti sumatur in sensu diviso, si sit maior, semper sequitur conclusio de possibili, quando minor infert suam de inesse.* ..... *Si autem utraque sumatur in sensu diviso, si maior fuerit de contingenti, sequitur conclusio de possibili, quando minor infert suam de inesse;* ..... *si autem illa de contingenti fuerit minor, non valet* ..... C. 62, ebend.: *In secunda figura, si utraque sumatur in sensu composito, non valet mixtio,* ..... *nisi illa de alio modo inferat illam de necessario;* ..... *si autem inferat, mixtio est bona* ..... *Si autem illa de contingenti sumatur in sensu composito et illa de alio modo in sensu diviso, si illa de contingenti fuerit negativa, non valet mixtio;* ..... *similiter si affirmativa fuerit de contingenti* ..... *Si autem illa de contingenti sumatur in sensu diviso et alia in sensu composito, non valet mixtio,* ..... *et si utraque sumatur in sensu diviso, etiam mixtio non valet* ..... C. 63, ebend.: *In tertia figura, si utraque sumatur in sensu composito, non valet mixtio,* ..... *nisi illa de alio modo inferat illam de necessario* ..... *Consimiliter est dicendum, quando illa de contingenti sumitur in sensu composito et alia in sensu diviso. Si autem illa de contingenti sumatur in sensu diviso et subiectum supponat pro his, quae sunt, et fuerit universalis, et alia de modo inferat suam de inesse, sequitur conclusio de contingenti.*

998) C. 63, ebend.: *Et ista de mixtionibus ad praesens sufficiant, quamvis multa causa brevitatis sunt omissa* (jedenfalls seit Anm. 980 eine hübsche *brevitas*).

999) C. 64, f. 49 r. B: *Si autem mixtio fiat ex propositionibus modalibus aliorum modorum, aut utraque propositio sumitur in sensu composito* ..... *aut sub alio et alio sensu. Si primo modo, raro vel nunquam valet mixtio;* ..... *si autem praemissae sumantur in alio sensu, tunc, si minor inferat suam de inesse, semper conclusio sequitur de eodem modo, de quo est maior.*

1000) C. 65, ebend.: *Videndum est, quomodo syllogismus fit ex propositionibus plures exponentes habentibus* ...... *Utendum est ista regula generaliter: Quandocunque quaelibet exponens conclusionis vel ipsa conclusio sequitur ex aliquibus exponentibus praemissarum vel ex una exponente unius praemissae et alia praemissa, semper est bonus syllogismus et aliter non.*

Partikel nicht mit einer Negation verbunden ist, stets ein reduplicativer Schlusssatz erreicht wird, mag der Untersatz reduplicativ sein oder nicht; dass hingegen in der zweiten Figur beide Prämissen Reduplicativ-Sätze sein müssen, um einen reduplicativen Schlusssatz zu gewinnen, und dass in der dritten Figur nur der Obersatz reduplicativ sein darf [1001]). Dann folgen die Exclusiv-Urtheile, welche nur in der ersten Figur bei paarweiser Combination einen exclusiven Schlusssatz geben, hingegen weder in der zweiten noch in der dritten [1002]). Was endlich die Exceptiv-Urtheile betrifft, so gilt ein exceptiver Schlusssatz nur dann als zulässig, wenn in der ersten Figur der Untersatz allein exceptiv ist, während in den beiden anderen Figuren überhaupt ein Exceptiv-Schluss nicht möglich ist [1003]). — Wenn aber dann trotz einer deutlichen Bezeichnung des Abschlusses der Syllogistik [1004]) doch noch ein paar nichtssagende Zeilen über die hypothetischen Schlüsse folgen [1005]), so fällt diess natürlich gleichfalls auf Rechnung des Herausgebers.

Ueber die zweite Unterabtheilung des dritten Haupttheiles darf ich mich sehr kurz fassen, denn Occam entwickelt dort [1006]) nur den Inhalt der zweiten Analytik des Aristoteles in getreuer und verständiger Paraphrase, so dass auch die seit den Arabern und Albertus Magnus besonders hervortretenden Fragen über *per se* [1007]), über *causa* [1008]), über *passiones* und *dignitates* [1009]), über *demonstratio quia* und *demon-*

1001) Ebend.: *Ex isto patet, quod semper in prima figura ex maiore reduplicativa et minore reduplicativa vel non reduplicativa sequitur conclusio reduplicativa, sicut sequitur „Omnis homo, inquantum rationalis, est susceptivus disciplinae; Animal est homo, inquantum rationale; Ergo animal, inquantum rationale, est susceptivum disciplinae“..... Quae autem dicta sunt, intelligenda sunt, quando reduplicatio sumitur proprie et manet non negata; si enim reduplicatio fuerit negata in maiore et affirmata in conclusione, non valet discursus..... In secunda figura, quaecunque praemissa sumatur cum reduplicatione et alia sine, non sequitur conclusio reduplicativa; ..... sequitur tamen conclusio, in qua negatur reduplicatio; ..... si autem omnes praemissae sint reduplicativae, ita quod in utraque reduplicatio cadens super idem sit affirmativa, sequitur conclusio reduplicativa. In tertia autem figura, si maior universalis fuerit reduplicativa et alia non, sequitur conclusio reduplicativa; .... sed si minor fuerit reduplicativa, non sequitur.*

1002) C. 66, f. 49 v. A: *Circa exclusivas sciendum est, quod in prima figura ex omnibus exclusivis contingit inferre exclusivam; ..... sed ex maiore universali et minore exclusiva sequitur conclusio particularis, sed non exclusiva. In secunda figura ex omnibus exclusivis non sequitur exclusiva ..... In tertia figura ex omnibus exclusivis non sequitur exclusiva.*

1003) C. 67, ebend.: *Circa exceptivas est sciendum, quod ex omnibus exceptivis in prima figura non sequitur conclusio exceptiva ...... Similiter ex maiore exceptiva et minore non exceptiva sive de inesse non sequitur generaliter conclusio..... Similiter in secunda figura et tertia non valet.*

1004) Ebend.: *Et ista de syllogismis ad praesens sufficiant.*

1005) C. 68, ebend.: *Dicto de syllogismis categoricis dicendum est de syllogismis hypotheticis* u. s. f. (es folgt aber nur die Angabe des sog. *modus ponens* und *modus tollens* beim conditionalen Urtheile). Dass die hypothetischen Syllogismen ihre Erledigung erst bei der Lehre von *Consequentia* finden sollen, sahen wir schon oben Anm. 956.

1006) III, 2, C. 1—41, f. 49 v. B — 56 v. B.

1007) C. 7, f. 50 v. A; vgl. Abschn. XVII, Anm. 473.

1008) C. 15, f. 51 v. B.

1009) C. 12, f. 51 r. B, u. C. 35 ff., f. 55 f.; vgl. ebend. Anm. 475.

stratio propter quid[1010]), sowie über die Demonstrirbarkeit der Definitionen[1011]) hier nichts Bemerkenswerthes darbieten. Nur ist hervorzuheben, dass Occam bezüglich der Definition selbst, welche er schon oben bei der Lehre vom Begriffe erörtert hatte (s. Anm. 842 ff.), nun das dort Gesagte theils modificirt theils erweitert. Nemlich hier unterscheidet er nicht bloss die sachliche Definition (*quid rei*), welche für Wort-Disputationen gleichgültig sei, von der sprachlichen (*quid nominis*), welche bei connotativen Begriffen (s. Anm. 917 ff.) ihre passende Verwendung finde, sondern er zerlegt auch die erstere in diejenige, welche ausser dem innersten Wesen ihres Gegenstandes keinen weiteren Zusatz enthält, und in jene, welche mittelst eines äusserlichen Zusatzes (*per additamentum*) ausgesprochen wird[1012]); bei ersterer gibt er die bekannte Regel, dass Gattungsbegriff und artmachender Unterschiod die wesentlichen Bestandtheile bilden[1013]), bei letzterer weist er auf die Verschiedenheit der Denkauffassung des ursprünglichen Begriffes und jenes Zusatzes hin[1014]). Die Definition aber der connotativen Begriffe unterscheidet er abermals, je nachdem derselben wirkliche Dinge entsprechen oder nicht, und im ersteren Falle sei streng genommen überhaupt nur eine sprachliche Definition möglich, welche zuweilen von Einigen als *formalis* bezeichnet werde, während eine sachliche Definition derselben, welche man dann *materialis* nenne, nur als eine uneigentliche

---

1010) C. 19 f., f. 52 r. B; vgl. ebend. Anm. 477.

1011) C. 30 f., f. 54 v. A u. B.

1012) C. 28, f. 54 r. A: *Diffinitionum quaedam est diffinitio exprimens quid nominis, et quaedam est diffinitio quid rei. Diffinitio exprimens quid rei ..... non est necessaria disputanti scienti significatum vocabuli, ... quia talis diffinitio non tantum exprimit, quid nomen significat, sed exprimit etiam, quid res est. Talis autem diffinitio duplex est; quaedam enim talis est, quae nihil importat extrinsecum rei alio modo, quam importat rem; et talis diffinitio vocatur diffinitio propriissima dicta, quae non potest esse nisi substantiarum ..... Alia est diffinitio importans quid rei, quae simul cum hoc, quod importat rem, importat vel exprimit aliquid aliud, quod non est de essentia rei, sicut est diffinitio animae, quae est ista „Anima est actus corporis physici organici“* (Arist. de an. II, 1, p. 412 a 27), *quae importat animam et corpus, quod non est pars animae; ...... et ista vocatur diffinitio per additamentum, et tales diffinitiones importantes quid rei convertuntur cum nominibus mere absolutis affirmativis. Aliae sunt diffinitiones importantes quid nominis, quae non sunt nisi orationes exprimentes, quid nomina significant; et tales diffinitiones propriissime sunt nominum negativorum et connotativorum et respectivorum.*

1013) C. 29, f. 54 r. B: *Diffinitio exprimens quid rei, non data per additamentum, semper continet pro prima parte aliquod genus diffiniti et pro alia parte vel aliis partibus continet differentiam vel differentias essentiales vel aliquos obliquos significantes per se et primo partes rei.*

1014) C. 32, f. 55 r. A: *Diffinitio data per additamentum non solum explicat essentiam rei, sed etiam simul cum hoc explicat aliquid aliud a re, et hoc vel negative vel affirmative; et ideo talis diffinitio non solum componitur ex aliquo praedicabili per se, ... sed etiam componitur ex aliquibus praedicabilibus, ... quae sunt passiones diffiniti. Et ideo ad sciendum, quomodo diffinitio talis scitur de diffinito, videndum est, quomodo diversae partes diversimode sciuntur de eodem ...... V. gr. si haec sit diffinitio albedinis „color disgregativus visus“* (Arist. Top. III, 5, p. 119 a 29), *prima particula, quae est genus albedinis, nullo modo potest demonstrari de albedine, sed tantum potest fieri evidenter nota per notitiam intuitivam et non per syllogismum* (s. ob. Anm. 748 f.), *secunda autem particula potest fieri nota per experientiam, si enim nullus experiatur, albedinem disgregare visum, nullus sciret, an albedo esset disgregativa visus.*

betrachtet werden dürfe; im letzteren Falle, d. h. bei erdichteten Begriffen, könne natürlich ohnediess von einer sachlichen Definition keine Rede sein[1015]).

Die dritte Unterabtheilung, in welcher jene Argumentation besprochen werden soll, deren Form nicht eine streng syllogistische ist, beginnt sofort mit der Lehre von *Consequentiae*, welche Occam, wie wir sahen, auch schon in dem Bisherigen zuweilen berücksichtigt hatte (s. Anm. 924, 933, 936). Zweifellos aber ist es, dass er auch diese Gruppe auf Grundlage einer reicheren Litteratur darstellte, welche bis zu seiner Zeit aus früheren Anfängen erwachsen war; denn wenn schon dasjenige, was wir oben (Abschn. XVII, Anm. 610—624) sahen, eine gewisse schulmässige Durchbildung dieses Stoffes verräth, so zeigen sich hier Modificationen und Erweiterungen jener Lehre, welche von Occam offenbar als allgemein bekannte benützt und verarbeitet werden. So befindet sich Occam schon bezüglich der Eintheilung der *consequentia* auf einer vergleichsweise neuen Basis; er stellt nemlich die Unterscheidung der *consequentia simplex* und *consequentia ut nunc* an die Spitze und lässt hiedurch alle übrigen Eintheilungen gekreuzt werden; diese letzteren beruhen zunächst darauf, dass die *consequentia* entweder bereits durch das logische Verhältniss der in einem Urtheile enthaltenen Begriffe gegeben ist, — *consequentia per medium intrinsecum* —, oder dass sie sich erst auf anderweitige allgemein geltende Gesetze der Logik berufen muss, — *consequentia per medium extrinsecum* —; ferner wird hiemit wieder die Eintheilung in *consequentia formalis* und *consequentia materialis* derartig in Verbindung gebracht, dass die erstere entweder nur auf *medium extrinsecum* oder auf einer Verflechtung der beiden *media* beruhen soll, während letztere gar keines Mediums, sondern nur der im Urtheile vorkommenden Begriffe selbst bedürfe; ausserdem noch seien die Unterschiede der Supposition der Begriffe und der Quantität, Qualität und Modalität der Urtheile als Eintheilungsmotive der Consequenzen zu betrachten[1016]). Doch dass gerade

---

1015) C. 33, f. 55 r. B: *Non solum autem diffinita absoluta diffiniuntur, sed etiam diffinita connotativa; et illa sunt in duplici differentia; quaedam enim sunt talia, de quibus significative sumptis impossibiliter praedicatur esse, cuiusmodi sunt „chimaera, hircocervus, vacuum" et huiusmodi; alia sunt, de quibus non impossibiliter praedicatur esse, sicut „album, nigrum, risibile, calefactivum" ..... Prima habent praecise diffinitiones exprimentes quid nominis ..... Alia autem connotativa.... possunt habere duplicem diffinitionem: unam, quae exprimit quid nominis tantum, et aliam, quae exprimit quid rei; illa autem, quae exprimit quid nominis tantum, est propriissima diffinitio talis diffiniti, propter quod vocatur a nonnullis diffinitio formalis et diffinitio secundum speciem; alia exprimens quid rei non est propriissima,.... quia tale connotativum non habet nisi diffinitionem exprimentem quid nominis tantum, ... et propter hoc talis diffinitio vocatur diffinitio materialis ab aliquibus.*

1016) III, 3, 1, f. 57 r. A: *Habito de syllogismo ...... demonstrativo agendum est nunc de argumentis et consequentiis, quae non habent formam syllogisticam...... Et primo praemittendae sunt quaedam distinctiones de consequentiis ..... Consequentiarum quaedam est ut nunc et quaedam est simplex ...... Aliquando consequentia tenet per medium intrinsecum, ... quando tenet virtute alicuius propositionis formatae ex eisdem terminis, sicut ista consequentia „Socrates currit, ergo homo currit" tenet virtute istius mediae „Socrates est homo";..... sed tunc tenet consequentia per medium extrinsecum, quando tenet per aliquam regulam generalem, quae non plus respicit illos terminos, quam alios ..... Consequentiarum quaedam est materialis et quaedam formalis: consequentia formalis est duplex, quia quaedam tenet per medium*

über diese Eintheilung eine bunte Manigfaltigkeit der Theorie in den Schulen umlaufen mochte, bezeugt uns Occam selbst, indem er anderswo eine ganz abweichende Unterscheidung der *consequentia formalis* anführt[1017]). Die zahlreichen Regeln aber, welche sodann Occam über die verschiedenen *consequentiae* vorführt, zeigen uns ebenso wie die ältere Formation dieser Lehre (Abschn. XVII, Anm. 623) einen grundsätzlichen Hinblick auf den Umkreis der Topik in Benützung der Begriffe der Definition, Beschreibung, Interpretation u. dgl., sind aber zugleich für Jeden, der die gewöhnliche Lehre vom Urtheile inne hat, so selbstverständlich, dass man es als ein überflüssiges Unternehmen bezeichnen möchte, dieselben in solcher Ausführlichkeit zu registriren (ich verzichte daher auch hier darauf, den Inhalt der Anmerkungen im Haupt-Texte zu wiederholen).

Diese Regeln beziehen sich zuerst auf die *consequentiae per medium intrinsecum;* diese aber können entweder aus einem allgemein bejahenden auf ein allgemein bejahendes Urtheil schliessen, sei es dass sie von den Prädicaten jeder Art gelten[1018]), oder dass sie nur bei gewissen relativen

---

extrinsecum, quae respicit formam propositionum, ... et quaedam tenet per medium intrinsecum immediate et mediate per medium extrinsecum respiciens conditiones generales propositionum ..... Consequentia materialis dicitur, quando tenet praecise ratione terminorum et non ratione alicuius medii ..... Aliquando concluditur praecise praedicatum de subiecto non determinato, an praedicatum sit genus vel species vel differentia; ..... aliquando concluditur cum tali determinatione ...... Aliquando infertur consequens, in quo subiectum supponit personaliter et significative, et aliquando infertur consequens, in quo subiectum supponit simpliciter vel materialiter ...... Aliquando infertur consequens, quae est propositio universalis, et aliquando propositio particularis ...... Aliquando infertur propositio affirmativa et aliquando negativa..... Consequentiarum quaedam est ex antecedente affirmativo et consequente affirmativo, quaedam ex utroque negativo, quaedam ex antecedente affirmativo et consequente negativo, quaedam e converso ..... Aliquando consequens est propositio de inesse, aliquando est propositio de necessario et sic de aliis.

1017) *Sent.* I, *Dist.* 4, *qu.* 1 K: *Consequentia formalis est duplex: aliquando tenet ratione complexorum, et talis consequentia est syllogismus, quia ubicunque et ex quibuscunque terminis fiat syllogismus habens tales praemissas sic aispositas, ibi est bonus syllogismus. Similiter ab exclusiva ad universalem de terminis transpositis est bona consequentia, similiter a copulativa ad alteram partem ..... Aliquando consequentia est formalis praecise ratione terminorum, quia scilicet termini ipsi se habent ad invicem sic vel sic, et isto modo ab universali ad singularem est bona consequentia ...... quia terminus unus continetur ab alio.*

1018) *Summa t. l.* a. a. O. c. 2, f. 57 r. B: *Dicendum est..... primo de regulis, per quas tenent consequentiae, quae tenent per medium intrinsecum, et circa hoc primo ..... de regulis, per quas tenent consequentiae concludentes conclusionem universalem affirmativam ex affirmativa, in qua termini supponunt significative et personaliter ..... A superiori distributo ad inferius distributum est bona consequentia; ...... quando praedicatio superioris de inferiori est necessaria, tunc est consequentia simplex; quando autem praedicatio est contingens, tunc est consequentia ut nunc; ..... verumtamen ..... quando tam antecedens quam consequens sunt de possibili vel contingenti, accepto subiecto utriusque pro eo, quod est, vel pro eo, quod contingit, ... est generaliter consequentia simplex ..... A diffinito distributo ad diffinitionem distributam est bona consequentia et e converso ...... A descriptione distributa ad descriptum distributum est bona consequentia et e converso ...... A nominis interpretatione distributa ad nomen interpretatum distributum est bona consequentia et e converso ..... Ab uno convertibilium distributo ad reliquum distributum est bona consequentia et e converso...... Praedictae regulae intelligendae sunt in propositionibus de inesse et de modo in sensu d'viso, ... non in illis de modo sumptis*

Prädicaten stattfinden [1019]), oder sie enthalten einen Schluss aus einem allgemein verneinenden Urtheile auf ein allgemein verneinendes, und zwar abermals entweder bei jedwedem Prädicate [1020]) oder nur bei relativen Begriffen [1021]), oder endlich sie schliessen aus Bejahendem auf Verneinendes oder umgekehrt, welch beides einer näheren Aufzählung der Regeln nicht bedürfe; hingegen ist noch die Abfolge particularer und unbestimmter Urtheile durch besondere Regeln zu normiren [1022]). Hierauf

in sensu composito; in talibus enim ...... videndum est, an modus possit competere antecedenti, nisi competat consequenti; et tunc est bona consequentia et cum modo veritatis tenet, non autem cum modo necessitatis vel possibilitatis, quia in consequentia ut nunc ex necessario potest sequi contingens et ex possibili impossibile. ...... A differentia superiori distributa ad inferius distributum est bona consequentia ...... A convertibili cum superiori distributo ad inferius distributum ..... A diffinitione superioris et descriptione et nominis interpretatione distributa ad inferius distributum ..... Quando contingit inferre diffinitum vel descriptum vel interpretatum cum distributione, contingit inferre diffinitionem et descriptionem et nominis interpretationem cum distributione.

1019) C. 3, f. 57 v. B: *Dicendum est de regulis, per quas infertur universalis affirmativa non respectu omnium praedicatorum, sed respectu aliquorum ..... Ab uno relativorum, quae sunt simul natura, distributo ad reliquum distributum respectu huius verbi „est" est bona consequentia et non respectu aliorum praedicatorum, unde bene sequitur „Omnis pater est, ergo omnis filius est" ..... A toto distributo ad partem distributam respectu huius verbi „est" est bona consequentia, sicut sequitur „Omnis domus est, ergo omnis paries est" ..... Si concretum praedicatur de concreto distributo, et abstractum praedicabitur de abstracto distributo, sicut „Omne iustum est bonum, ergo omnis iustitia est bona* (zu lesen *bonitas*)".

1020) C. 4, ebend.: *Regulae, per quas tenent consequentiae inferentes universalem negativam ex negativa ..... respectu quorumque praedicatorum ..... A superiori distributo ad inferius distributum negative est consequentia simplex, ... „Nullus homo currit, ergo nullus homo albus currit" ..... A diffinitione ad diffinitum cum distributione etiam negative et a descriptione ad descriptum, et e converso ..... A differentia superioris ad inferius et a differentia superioris ad inferius negative cum distributione tenet consequentia.*

1021) C. 5, f. 58 r. A: *Non respectu quorumcunque praedicatorum deserviunt regulae tales: Ab uno relativorum, quae sunt simul natura, ad reliquum negative cum distributione est bona consequentia ...... A nomine partis distributo ad nomen totius distributum ..... Si concretum negatur universaliter de concreto, et abstractum de abstracto ..... A negatione prioris distributi ad negationem posterioris, sicut „Nulla substantia est, ergo nullum accidens est" ...... A negatione subiecti seu denominati ad negationem denominantis, ... sicut „Nullum corpus est, ergo nullum album est".*

1022) C. 6, ebend.: *Restat dicere, quomodo universalis affirmativa infertur ex negativa et e converso; sed quia ista possunt patere ex praedictis, ideo dicendum est de consequentiis inter particulares et indefinitas, quia ..... particularis et indefinita convertuntur semper, quando termini supponunt personaliter et significative* (vgl. Anm. 901) ...... *A diffinitione ad diffinitum est bona consequentia a parte subiecti et etiam a parte praedicati affirmative et e converso ..... A descriptione ad descriptum et e converso ..... A nominis interpretatione ad nomine interpretatum ..... Ab inferiore ad superius est bona consequentia sine distributione et affirmative, et talis est simplex, ... Ab inferiori ad superius postposita negatione est bona consequentia, sed non simplex, nisi quando praedicatio superioris de inferiori est necessaria ..... Ab uno convertibilium ad reliquum ...... Ab aliquo sumpto cum determinatione ad ipsum sumptum sine determinatione; ..... tamen aliquando de toto aggregato ex determinatione et determinabili praedicatur altera pars, aliquando utraque pars, aliquando neutra, v. gr. de illo toto „homo albus" praedicatur utraque pars ...... A propositione sumpta cum adverbio determinante operationem ad ipsam sine determinatione sumptam valet consequentia affirmative, sicut „Socrates velociter currit, ergo Socrates currit" ..... A propositione universali affirmativa ad quamlibet indefinitam, particu-*

folgen die *consequentiae per medium extrinsecum*, und zwar sowohl wenn Bejahendes aus Bejahendem[1023]), als auch wenn Verneinendes aus Verneinendem[1024]), als auch wenn Bejahendes aus Verneinendem oder umgekehrt geschlossen wird[1025]). Sodann werden specielle Regeln der *consequentia* betreffs der modalen Urtheile formulirt, wobei natürlich wieder, wie schon früher (s. Anm. 950 ff. u. 980 ff.), in der Unterscheidung des *sensus compositus* und des *sensus divisus* das hauptsächliche Motiv liegt; zuerst wird der Fall ins Auge gefasst, dass die Modalität des Urtheiles im Schliessen unverändert bleibt, d. h. dass z. B. von einem Nothwendigkeits-Urtheile nur wieder auf ein Nothwendigkeits-Urtheil geschlossen wird[1026]); sodann folgen die Schlüsse, welche von einem mo-

---

larem vel singularem affirmativam, de cuius subiecto vere praedicatur subiectum universalis, est bona consequentia respectu eiusdem praedicati, nulla variatione existente a parte determinationis ..... A nomine numerali respectu huius verbi „est" ad nomen partis, ...sicut „Quatuor sunt, ergo duo sunt"...... A nomine collectivo ad nomen partis..... Quando sunt duae contrarietates, si unum extremum unius contrarietatis praedicatur de uno extremo alterius contrarietatis, reliquum extremum praedicabitur de reliquo, sicut „Iustitia est virtus, ergo iniustitia est vitium"...... Si generatio alicuius bona est, ipsum quoque bonum est; ferner ebenso beim Prädicate *„malus"* und beim Subjecte *„corruptio"*.

1023) C. 7, f. 59 r. A: *Dicendum est nunc de regulis inferentibus affirmativam ex affirmativa per medium extrinsecum..... Si principale de principali, et coniugatum de coniugato et casus de casu et e converso; et vocatur coniugatum concretum et principale abstractum, ... si concretum et abstractum significant idem* (s. Anm. 826 ff., 885, 918)...... *Si aliqua consequentia sit bona, eodem addito utrobique adhuc erit bona...... Quod dicit sapiens, est verum; ..... sed ista regula non est generalis nisi de autore, qui errare non potest ..... Si simpliciter ad simpliciter, et magis ad magis et maxime ad maxime..... Si singulare de singulari, et plurale de plurali..... Si plurale de plurali, et singulare de singulari.*

1024) C. 8, f. 59 v. B: *De regulis, per quas tenent consequentiae inferentes negativam ex negativa. Et est una regula complectens multas, quae est talis: A diffinitione ad diffinitum, a descriptione ad descriptum, a nominis interpretatione ad interpretatum, ab uno convertibili ad reliquum, et e converso tenet consequentia, sive praeponatur sive postponatur negatio....... Ab inferiori ad superius postposita negatione est bona consequentia ..... A negatione inferioris ad negationem superioris sumpti cum signo universali affirmativo vel stante immobiliter est bona consequentia, sicut „Socrates non est iste homo, ergo Socrates non est omnis homo"..... Si „differre, esse aliud, distingui" significent idem quod „non esse idem", tales consequentiae sunt bonae;..... verumtamen potest distingui de „esse non idem", quia uno modo potest esse terminus relativus, alio modo terminus mere infinitus ..... A negatione alicuius ad negationem eiusdem cum aliqua determinatione est bona consequentia, sicut „Socrates non est homo, ergo Socrates non est homo albus".*

1025) C. 9, f. 60 r. B: *De regulis deservientibus consequentiis inferentibus negativam ex affirmativa et e converso ..... Ex affirmatione contrarii sequitur negatio alterius contrarii.... A negatione contrarii ad positionem alterius est bona consequentia ..... A positione habitus sequitur negatio privationis et e converso* (dann folgt die schon oben, Anm. 900, angeführte Stelle) .... *Ab affirmativa de praedicato infinito ad negativam de praedicato finito ...... Ad affirmativam de praedicato finito sequitur negativa de praedicato infinito..... Ad negativam de praedicato finito sequitur affirmativa de praedicato infinito ..... Ad negativam de praedicato infinito sequitur affirmativa de praedicato finito ...... Ab affirmativa de specie specialissima ad negativam de alia specie specialissima condividente est bona consequentia ..... Ab affirmativa de uno genere ad negativam de alio genere non subalterno est bona consequentia.*

1026) C. 10, f. 61 r. A: *Nunc dicendum est de quibusdam regulis deservientibus consequentiis ex propositionibus de modo ..... De consequentiis ex propositio-*

dalen Urtheile auf ein Inhärenz-Urtheil übergehen[1027]), und zuletzt diejenigen, welche von Einer Modalität auf eine andere Modalität hinüberschliessen[1028]).

Sowie aber ersichtlich ist, dass die bisher angeführten Regeln der *consequentia* nichts Anderes enthalten, als was die aristotelische Tradition in Bezug auf Umkehrung, Entgegensetzung und Aequipollenz der Urtheile dargeboten hatte[1029]), so reiht nun auch Occam betreffs der modalen Urtheile wirklich sofort die Aequipollenz und Entgegensetzung derselben an, wie wenn Solches unbedingt nur zur Lehre von *consequentia* gehören könnte. Nachdem er zu diesem Behufe eine Eintheilung

---

nibus de necessario ..... est una regula talis: Ab inferiori ad superius sine distributione, tam a parte subiecti quam a parte praedicati, affirmative est bona consequentia, sicut „Socrates de necessitate est homo, ergo Socrates de necessitate est animal". ..... quando necessarium sumitur in sensu diviso ...... Semper ab illa de necessario in sensu composito vel ei aequivalenti ad aliam de necessario in sensu diviso vel ei aequivalentem est bona consequentia et e converso, ... sicut „Socrates de necessitate est homo, ergo haec est necessaria „„Socrates est homo"" et e converso". ..... Circa consequentias, quae fiunt ex propositionibus de possibili est sciendum, quod singulare de subiecto, quod est nomen proprium vel praecise pronomen demonstrativum, sumptum in sensu diviso infert illam de possibili sumptam in sensu composito et e converso; ..... si subiectum ..... fuerit terminus communis, ... si stat pro eo, quod est, ... consequentia non valet, sicut non sequitur „Hoc album potest esse nigrum, ergo haec est possibilis „Hoc album est nigrum"; ...... si autem stet pro eo, quod potest esse, ab illa in sensu diviso ad aliam in sensu composito non valet consequentia ..... Circa propositiones de contingenti sciendum est, quod illa de contingenti sumpta in sensu composito et secunda in sensu diviso convertuntur, si subiectum sit pronomen demonstrativum vel nomen proprium; ..... si autem subiectum sit terminus communis, ... non oportet ..... Circa illam de impossibili sciendum est, quod, quando subiectum est pronomen demonstrativum, illa in sensu composito et illa in sensu diviso convertuntur; ..... sed si subiectum sit terminus communis, ... non aequivalent ..... Circa alias modales u. s. f., nemlich genau dasselbe wie bei *contingens* und *impossibile*.

1027) C. 11, f. 61 v. B: *Circa consequentias ex una de inesse et alia de modo. ..... Illa de necessario, sive sumitur in sensu diviso sive in sensu composito, semper infert illam de inesse, sed non e converso ...... Illa de possibili, sive sumatur in sensu diviso sive in sensu composito, non infert suam de inesse ..... Illa de contingenti, si sumatur in sensu composito, ... non infert suam de inesse; ..... similiter si sumatur in sensu diviso ..... Illa de impossibili in sensu composito non infert suam de inesse, sed semper contradictoriam suae de inesse; ..... similiter si sumatur in sensu diviso ..... Circa alias modales sciendum est, quod raro vel nunquam illae de inesse inferunt illas de modo, ... tamen frequenter illae de modo inferunt illas de inesse; ..... si sit talis modus, qui non potest competere nisi propositioni verae, consequentia est bona ab illa de modo ad suam de inesse.*

1028) C. 12, f. 62 r. A: *Videndum est de consequentiis ex propositionibus diversorum modorum ..... Illa de necessario semper infert illam de possibili ..... Illa de necessario non infert illam de contingenti, modo contingentiae manente affirmativo, nec e converso ..... Illa de necessario infert contradictorium illius de impossibili ..... Multae propositiones de aliis modis inferunt illas de necessario, sed non e converso, sicut sequitur „Omnem hominem esse risibile, est demonstrabile; ergo omnem hominem esse risibile, est necessarium" ...... Illa de possibili non infert illam de contingenti, sed e converso ...... Omnis propositio, in qua ponitur alius modus, qui non potest competere nisi propositioni verae, infert illam de possibili. ...... Regula generalis est: A propositione de uno modo ad propositionem de alio est semper bona consequentia, quando modus consequentis praedicatur de modo antecedentis universaliter sumpto.*

1029) S. oben bei Anm. 892.

der Modalitäten in widersprechende (*repugnantes*), subalternirende (*secundum superius et inferius*) und disparate (*impertinentes*), sowie die nöthige Berücksichtigung der Quantität und Qualität vorausgeschickt [1030]), bespricht er ziemlich lückenhaft und in willkürlicher Auswahl einige Momente der Aequipollenz der Nothwendigkeits-Urtheile [1031]), hierauf der Zufälligkeits-Urtheile [1032]) und zuletzt der Unmöglichkeits-Urtheile [1033]). Diese Mängel der Darstellung ergänzen sich uns allerdings durch Dasjenige, was Occam über diesen Gegenstand in der ***Expositio aurea*** entwickelt, woselbst er durch die Erklärung des aristotelischen Textes

---

1030) C. 13, f. 62 r. B: *Circa propositionum modalium aequipollentias et repugnantias sunt variae difficultates ..... Modorum quidam sunt repugnantes, quidam sunt superius et inferius se habentes, quidam sunt impertinentes. Repugnantes sunt, sicut necessarium et impossibile, possibile et impossibile, necessarium et contingens, ad utrumlibet et impossibile, necessarium et inopinabile, demonstrabile et indemonstrabile, et tales multi; secundum superius et inferius se habentes sunt, sicut necessarium et possibile, ... necessarium et scibile, necessarium et demonstrabile; impertinentes sunt, sicut dubitabile et possibile, et huiusmodi ..... Modorum repugnantium quidam sunt immediati, ... sicut se habent possibile et impossibile, quia omnis propositio vel est possibilis aut impossibilis; quidam sunt mediati, sicut necessarium et impossibile ..... Modorum quidam sunt simpliciter affirmativi, sicut necessarium, ... quidam simpliciter negativi, sicut impossibile, ... quidam non simpliciter affirmativi nec simpliciter negativi, sicut contingens ..... In modalibus quaedam sunt propositiones simpliciter primae, quarum aequipollentiae non sunt quaerendae, et sunt omnes propositiones, in quibus ponuntur modi simpliciter affirmativi vel non simpliciter affirmativi, tamen non negativi; ...... de aliis propositionibus modalibus quaerendae sunt aequipollentiae ...... In propositionibus quandoque modus affirmatur et quandoque negatur.*

1031) C. 14, ebend.: *Primo autem dicendum est de propositione, in qua ponitur ille modus „necessarium", de qua dicendum est, quod necessarium aut non negat modum aut negat modum. Si primo modo, semper talis propositio aequivalet alicui propositioni de necessario, ... sicut ista „Necesse est, non omne animal esse hominem" aequivalet isti „Necesse est, aliquod animal non esse hominem"...... Si autem modus necessitatis negatur et non signum* (der gedruckte Text gibt ganz Verkehrtes, sowie überhaupt gegen den Schluss des Buches sich die Druckfehler in bedenklicher Weise vermehren), *tunc modus necessitatis mutandus est in modum, quem infert, sc. in possibilem affirmativum, et residuum in contrarium, sicut ista „Non necesse est, omne animal esse hominem" aequivalet isti „Possibile est, aliquod animal non esse hominem". Si autem modus non negetur, sed signum solum, modus mutabitur in possibilem affirmativum, unde ista „Nullus homo de necessitate est animal" aequipollet isti „Omnis homo potest non esse animal"..... Sicut dictum est de propositionibus de necessario respectu propositionum de possibili, ita dicendum est proportionabiliter de propositionibus de possibili respectu propositionum de necessario.*

1032) C. 15, f. 62 v. A: *Istarum propositionum „Contingit, omnem hominem esse animal"..... non est aequipollentia quaerenda, quia sunt primae; possunt tamen tales propositiones exponi, ... sicut ista aequivalet isti „Possibile est, omnem hominem esse animal, et possibile est, nullum hominem esse animal" ..... Ideo semper affirmativa et negativa de contingenti, modo contingenti remanente affirmativo, convertuntur ...... Quando autem dictum propositionis de contingenti mutatur in contradictorium, tunc particularis aequivalet uni disiunctivae.*

1033) C. 16, f. 62 v. B: *Propositionum de impossibili .. .. quaelibet aequivalet opposito alicuius de possibili; ..... et cum dicitur, quod „impossibile" aequivalet isti „non possibile", faciliter potest sciri per praedicta, cui aequivalet propositio de impossibili..... Quando nulla negatio negat modum impossibilitatis, tunc illa de impossibili aequivalet uni de necessario ..... Si autem modus impossibilitatis sit negatus, tunc mutabitur modus impossibilitatis in modum possibilitatis.*

veranlasst war, die erforderliche Casuistik erschöpfender durchzuführen; und somit darf ich wohl zur Vervollständigung auf seine dortigen Angaben über die Aequipollenz der modalen Urtheile[1034]), sowie wenigstens auf die versinnlichende Darstellung der Entgegensetzung derselben hinweisen[1035]).

Indem aber Occam als einen Gegenstand der ***consequentia*** auch noch diejenigen Urtheile beizieht, bei deren Begriffen nicht eine ***suppositio personalis***, sondern eine ***suppositio simplex*** oder ***materialis*** obwaltet

---

1034) *Expos. aur. Periherm.* II (gegen Ende): *Circa propositiones modales sunt duo videnda: primum est de aequipollentia, secundum de repugnantia..... Aequipollentia habetur, quando per additionem negationis tota propositio negativa redditur alterius quantitatis vel qualitatis vel modi, quam fuerit propositio praecedens...... De possibili.... modus aliquando negatur, aliquando non negatur. Quando non negatur, aequipollentia accipienda est sicut in illis de inesse..... Si autem modus negatur, tunc aut negatio praecedit tam modum quam signum, aut unum eorum..... Si primo modo, aut signum illud est universale aut particulare. Si sit universale et modus negatur, sic aequipollet uni particulari de necessario..... Si autem signum sit particulare, tunc aequivalet uni universali negativae de necessario et uni particulari de impossibili...... Si autem negatio tantum praecedit talem modum, sc. possibile,..... tunc si propositio sumatur in sensu divisionis et sit universalis, aequipollet universali negativae de necessario;..... si sumatur in sensu composito, tunc aequipollet uni particulari negativae de necessario..... Si autem signum sit particulare, tunc in sensu diviso aequipollet uni particulari de necessario;...... sed in sensu composito aequivalet uni universali negativae de necessario..... Si autem negatur modus necessitatis, tunc si negatio praecedit modum et sit signum particulare, in sensu diviso aequivalet uni particulari negativae de necessario;...... in sensu composito aequipollet uni universali negativae de possibili..... Si autem signum sit universale, tunc in sensu diviso aequipollet universali negativae de possibili;...... in sensu composito aequivalet uni particulari negativae de possibili..... Si autem negetur modus impossibilitatis, tunc si signum sit universale, in sensu diviso aequivalet uni universali negativae de possibili;..... in sensu composito aequivalet uni universali de possibili..... Si autem signum sit particulare, consimiliter aequivalet particulari de possibili tam in sensu composito quam in diviso. Et ista ad praesens sufficiant de aequipollentia propositionum modalium, quamvis multa alia dici possent.* Die byzantinischen Memorial-Verse bleiben auch hier unberücksichtigt, vgl. Anm. 901 u. 941.

1035) Ebend.: *Circa repugnantiam propositionum modalium est sciendum, quod* u. s. f. Nemlich die weitschweifigen Regeln concentrirt Occam in folgende drei Figuren:

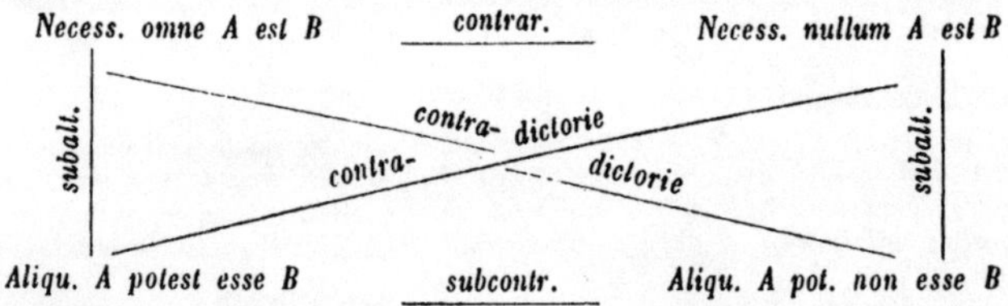

Ferner ebenso:

Imposs. est, omne A e. B	*Imposs. e., nullum A e. B*
Possib. est, aliqu. A non e. B	*Possib. e., aliqu. A e. B*

und desgleichen:

Omne A Potest e. B	*Omne A pot. non e. B*
Aliqu. A necess. e. B	*Aliqu. A necess. non e. B*

(s. ob. Anm. 877), d. h. Urtheile, in welchen die Universalien oder sonstige *intentiones secundae* ausgesagt werden[1036]), so hat er hiemit einen zwar sehr eigenthümlichen, aber doch nicht unmotivirten, Uebergang zur Topik gewonnen, insoferne in dieser in der That die ursprüngliche Quelle der *Quinque voces* liegt (s. Abschn. IV, Anm. 707 ff., Abschn. V, Anm. 83 f., Abschn. XII, Anm. 167). Und indem er so von der Verbindung der *consequentia* mit der Topik einen umfassenderen Gebrauch macht, als die Früheren (Abschn. XVII, Anm. 618), bespricht er zunächst völlig an der Hand der aristotelischen Topik in grosser Ausführlichkeit die Begriffe *genus, proprium, definitio, species, differentia, idem et diversum*[1037]), und wird dann durch die gleiche Quelle auch auf *inductio* geführt, bezüglich deren wir ihm das ehrende Zeugniss nicht versagen dürfen, dass er wenigstens eine Ahnung von dem Werthe des Inductions-Beweises in sich trug, sowie er ja auch grundsätzlich sich in ächt aristotelischem Geiste über die Erkenntniss des Singulären äusserte (s. oben Anm. 745) oder dem singulären Urtheile selbst eine Stelle im kategorischen Syllogismus vorbehalten wissen wollte (ob. Anm. 970). Die Bemerkung, welche er einmal anderswo macht, dass der Erfahrungs-Beweis dem Syllogismus ebenbürtig sei[1038]), erhält somit bei ihm eine etwas bestimmtere Form, insoferne er wenigstens im Stile der Regeln der *consequentia* den Versuch macht, das logische Verhältniss, welches zwischen einem allgemeinen Urtheile und den unter dasselbe fallenden singulären Urtheilen besteht, in eine formulirte Fassung zu bringen; und indem er diess zunächst bei den gewöhnlichen Inhärenz-Urtheilen und denjenigen, deren Verbum im Präteritum oder Futurum steht, unternimmt, erheben sich ihm nur theologische Schwierigkeiten bezüglich des zukünftig Möglichen[1039]); für die modalen Urtheile aber gilt ihm der Uebergang vom

---

1036) *Summa l. l.* a. a. O. C. 17, f. 63 r. A: *Nunc videndum est de consequentiis ex propositionibus, in quibus aliquis terminus supponit simpliciter vel materialiter, ut sunt consequentiae inferentes tales conclusiones „Album est accidens Socratis, Homo est species talis generis, Risibile est proprium hominis, Substantia animata sensibilis est diffinitio animalis, Canis est aequivocum" et huiusmodi ..... Est igitur regula generalis talis: Illud contingenter verificatur de aliquo, ergo est accidens eius. ..... Alia regula: Hoc verificatur de hoc et non est proprium illius nec genus nec differentia nec species nec diffinitio nec aliquid commune omnibus, ergo est accidens eius.*

1037) C. 18—30, f. 63 r. A — 68 r. B.

1038) *Quodl.* V, *qu.* 2: *Eadem conclusio non solum specie sed numero potest evidenter sciri per demonstrationem et experientiam et per eundem habitum numero. Hoc probo, quia per experientiam acquiritur aliquis habitus veridicus conclusionis et nullus alius a scientia, ... et per demonstrationem acquiritur scientia eiusdem conclusionis.*

1039) *Summa l. l.* a. a. O. C. 31, f. 68 r. B: *Inductio est a singularibus ad universale progressio; ad hoc autem, quod fiat inductio, requiritur, quod tam in singularibus quam in universali sit idem praedicatum et solum sit variatio a parte subiectorum ...... Sunt igitur istae regulae: ...... Quaelibet universalis affirmativa vera de praesenti, non aequivalens propositioni de futuro, et de inesse habet aliquam singularem veram ...... Si omnes singulares alicuius propositionis sint verae, universalis est vera ..... Si universalis affirmativa sit falsa, oportet, quod aliqua singularis sit falsa..... Circa universalem de praeterito sunt regulae intelligendae sicut de uni-*

Singulären zum Allgemeinen nur beim *sensus divisus* als überhaupt statthaft, während beim *sensus compositus* nur die Nothwendigkeits-Urtheile einen solchen Inductions-Schluss zulassen [1040]). Nachdem er aber hierauf aus der aristotelischen Topik noch den Begriff des Homonymen erläutert hat [1041]), fasst er zum Abschlusse noch eine Anzahl allgemeiner Regeln der *consequentia* zusammen [1042]), welche uns allerdings an die ältere Formation dieser Lehre (Abschn. XVII, Anm. 621) erinnern und in dieser Form vielleicht auch nur eine Zugabe des Herausgebers sind.

Wenn aber hierauf in einer Weise, welche unverkennbar den Interpolator verräth (s. die schon oben, Anm. 740, angeführte Stelle), noch als ergänzender Anhang die Lehre von *Obligationes* und *Insolubilia* beigefügt wird [1043]), so muss ich diese kleine Gruppe dem folgenden Abschnitte vorbehalten, in welchem wir überhaupt manigfache Erweiterungen der byzantinischen Logik treffen werden, wenn ich auch nicht in Abrede stellen will, dass Occam sich mit diesen Dingen, deren erste Keime ja bereits vorlagen (s. Abschn. XVII, Anm. 625 f.), wirklich selbst beschäftigte. In der Form, in welcher sie in dem Compendium Occam's gedruckt erscheinen, sind sie jedenfalls späteren Ursprungs.

---

versali de praesenti. Sed circa inductionem propositionis universalis de futuro est primo sciendum, quod dicendum est eodem modo de inductione propositionis de futuro necessariae et impossibilis, sicut de illis de praesenti et de praeterito. Sed circa inductionem propositionis universalis de futuro in materia contingenti aliter dicendum est secundum veritatem et fidem, et aliter secundum intentionem Aristotelis;..... nam Aristoteles ponit, quod nulla propositio contingens de futuro est vera nec aliqua contingens de futuro est falsa (s. Abschn. IV, Anm. 239); ...... *sed veritas fidei ponit, quod contingentia futura sunt scita a deo* u. s. w. (auch in *Expos. aur. Perierm.* entwickelt Occam gelegentlich der *propositiones futurae contingentes* einen langen Excurs über *praedestinatio* und *praescientia dei*, welchen wir ebenfalls den Theologen überlassen).

1040) C. 32, f. 68 v. B: *Circa inductionem propositionum universalium de modo est primo sciendum, quod si propositiones universales accipiuntur in sensu diviso,..... eodem modo inducuntur, sicut universales de inesse, et ideo omnes tales inductiones sunt bonae.....* C. 33, f. 69 r. A: *Videndum est, quomodo omnes singulares de modo sumptae in sensu composito..... se habent ad universales de modo sumptas in sensu composito...... Semper singulares de necessario tales inferunt universales de necessario, nisi in singularibus subiiciantur pronomina demonstrativa sumpta cum subiecto propositionis universalis.....* C. 34, f. 69 r. B: *Circa inductionem universalium de possibili est sciendum, quod ex singularibus non sequitur universalis.....* C. 35, f. 69 v. A: *Singulares de contingenti non inferunt universalem de contingenti.*

1041) C. 36, f. 69 v. A.

1042) C. 37, f. 70 r. A: *Nunc ponendae sunt regulae generales consequentiis deservientes..... Ex vero nunquam sequitur falsum..... Ex falsis potest sequi verum..... Si aliqua consequentia sit bona, ex opposito consequentis sequitur oppositum antecedentis.... Quidquid sequitur ad consequens, sequitur ad antecedens;.... non tamen quidquid sequitur ad antecedens, sequitur ad consequens..... Quidquid stat cum antecedente, stat cum consequente..... Quidquid repugnat consequenti, repugnat antecedenti..... Ex necessario non sequitur contingens..... Ex possibili non sequitur impossibile..... Et istae duae regulae sunt intelligendae de consequentia simplici;..... tamen consequentia ut nunc bene poterit sequi..... Ad impossibile sequitur quodlibet..... Necessarium sequitur ad quodlibet.*

1043) C. 38—45, f. 70 v. A — 71 v. B.

Endlich die letzte Unterabtheilung der Lehre von der Argumentation[1044]) enthält eine getreue Darstellung der aristotelischen *Sophistici Elenchi,* welche nichts Bemerkenswerthes für uns darbietet.

Welch grossen Einfluss aber Occams Parteistellung und seine ganze Entwicklung der Logik auf die nächsten Generationen ausgeübt habe, werden die folgenden Abschnitte deutlich darthun können.

1044) III, 4, C. 1—18, f. 72 r A — 81. v. B.

REGISTER.

GESCHICHTE DER LOGIK IM ABENDLANDE

THOEMMES

Printed in England by Antony Rowe Ltd, Chippenham

GESCHICHTE DER LOGIK IM ABENDLANDE

Volume 4

Carl Prantl

THOEMMES PRESS

This edition published by Thoemmes Press, 2001

Thoemmes Press
11 Great George Street
Bristol BS1 5RR, England

Thoemmes Press US Office
22883 Quicksilver Drive
Sterling, Virginia 20166, USA

http://www.thoemmes.com

Geschichte der Logik im Abendlande
4 Volumes : ISBN 1 85506 881 8

Reprinted from the 1855–70 edition

British Library Cataloguing-in-Publication Data
A CIP record of this title is available from the British Library

Publisher's Note

The Publisher has gone to great lengths to ensure the quality of this reprint but points out that some imperfections in the original book may be apparent.

This book is printed on acid-free paper, sewn, and cased in a durable buckram cloth.

GESCHICHTE

DER

LOGIK

IM

ABENDLANDE.

VON

Dr. CARL PRANTL,

PROFESSOR AN DER UNIVERSITAT UND MITGLIED DER AKADEMIE ZU MÜNCHEN.

VIERTER BAND.

LEIPZIG,

VERLAG VON S. HIRZEL.

1870.

VORWORT.

Oft dachte ich bei meiner Arbeit an Lessing's Ausspruch (Einl. z. Leben des Sophokles): „Keine Mühe ist vergebens, die einem Andern Mühe ersparen kann; ich habe das Unnütze nicht unnützlich gelesen, wenn es von nun an Dieser oder Jener nicht weiter lesen darf". Zugleich aber lag hierin für mich eine stete Mahnung, meinen Gegenstand so zu behandeln, dass wenigstens in nächster Zeit nicht abermals eine Geschichte der Logik geschrieben werden müsse. Daher strebte ich nach möglichster Vollständigkeit, wenn mich auch das Bewusstsein begleitete, dass dieselbe an sich unerreichbar sei und mir sicher das Eine oder Andere entgangen sein wird. Jeden Wink, welchen in dieser Beziehung Fachgenossen oder Bibliothekare mir geben möchten, würde ich dankbarst begrüssen.

Der schlimmste Wust logischer Litteratur liegt nun hinter mir und steht hiemit zu Diensten des Lesers bereit. Ob ich bezüglich der Darstellungsweise das Richtige getroffen habe, mögen die Benützer beurtheilen. Sicher hätte auch jeder Andere in Mitte einer schwindelerregenden Masse des Materiales die Schwierigkeit jenes Mittelweges erlebt, welcher weder eine blosse bibliographische Nomenclatur noch ein Wiederabdruck der Originalschriften sein will oder darf. Meine Aufgabe war, einen Entwicklungsgang darzustellen, welcher ziemlich monoton in einer erschreckenden Menge von einzelnen Lehren fortschleicht und seine litterarische Vertretung in dem Zeitraume von der Mitte des 14. bis ins erste Drittel des 16. Jahrhunderts durch ungefähr anderthalbhundert

Autoren findet, unter welchen selbst mehrere der tonangebenden bisher kaum dem Namen nach bekannt waren. Indem ich aber somit wesentlich Neues darbieten konnte, war ich dem Leser die quellenmässigen Nachweise um so mehr schuldig, als das betreffende Material überhaupt nur Wenigen zugänglich sein kann.

Gewiss fühlt Jeder, dass wenigstens neun Zehntel von alle dem, was hier zur Darstellung kommt, lediglich auf einem werthlosen und sogar einfältigen Treiben beruhen; aber der geschichtlichen Forschung durfte es nicht erspart bleiben, auch eine derartige Periode genauer zu untersuchen und dabei zugleich dem berechtigten Verwerfungs-Urtheile, welches jeder Unbefangene über die mittelalterliche Scholastik fällen muss, durch eingehende Einzeln-Kenntniss eine kaum widersprechliche Begründung zu verleihen.

Die Mühsal aber, welche auf die Durchforschung jenes unnützen Wustes zu verwenden war, darf vielleicht auch auf jene etlichen Zeilen blicken, welche Lessing den angeführten Worten nachfolgen lässt.

München, im Mai 1870.

C. Prantl.

ÜBERSICHT DES INHALTES.

XX. ABSCHNITT.

UEPPIGSTES WUCHERN DER SCHOLASTISCHEN LOGIK.

Unmittelbar nach Occam und durch ihn veranlasst beginnt in der geschichtlichen Entwicklung der Logik eine zum Erschrecken reichhaltige Litteratur-Periode, deren Formalismus und Abstrusität, ja — wir müssen uns so ausdrücken — deren Sinnlosigkeit fast alle Vorstellung übersteigt. Am Ende des 13. und in der ersten Hälfte des 14. Jahrhundertes waren doch noch, wenn auch in scholastischer Denk- und Ausdrucksweise, Fragen erörtert worden, welche auf irgend einen speculativen Gehalt hinleiten, und man nahm damals noch, wie ich reichlichst nachweisen konnte, einen so oder so begründeten Parteistandpunkt betreffs der Bedeutung der Universalien, der *prima* und *secunda intentio*, sowie in Bezug auf *principium individuationis* oder *pluralitas formarum* u. dgl. ein. Von derlei Controversen haben wir nun seit der Mitte des 14. Jahrhundertes fast Nichts mehr zu berichten. Denn man zog es damals zunächst vor, sich in derartigen Fragen kurzweg an den Einen oder Anderen der Früheren anzuschliessen, und allmälig liess die Mehrzahl der logischen Autoren diese Dinge ganz bei Seite, um lediglich die Gesammtheit der logischen Lehren in der Weise fortzubauen, welche Occam angebahnt hatte.

So verändert sich jetzt das Bild im Vergleiche mit der Zeit vor Occam. Nach dem Vorbilde dieses Hauptes der Terministen tritt die Lehrbuch-Form in den Vordergrund, und die Lehre von den *proprietates terminorum* und namentlich die *Consequentiae, Obligatoria, Insolubilia,* deren allmäliges Hervordrängen schon in der vorhergehenden Periode sich uns bemerklich gemacht hatte, werden jetzt, wenn nicht der ausschliessliche, so doch der überwiegende Tummelplatz der logischen Schriften. Der Inhalt aber dieser „modernen“ Doctrin ist derartig, dass für mich als Geschichtschreiber schlechterdings keine andere Wahl blieb, als die Dinge vorzuführen, wie sie eben liegen, wenn auch, wie sich von selbst versteht, so concentrirt und kurz als möglich. Eine solche Logik etwa durch allgemeine Ausdrücke zu beschreiben oder leitende Gesichtspunkte zu excerpiren, ist ein Ding der Unmöglichkeit, denn wir begegnen nur aneinandergereihten abstrusen Lehrsätzen und eben solchen

Exercitien. Dass ich oft Hunderte von enggedruckten Folio- oder Quart-Seiten in den Raum etlicher Blätter zusammendrängte, davon würde sich der Leser überzeugen, sobald er in die von mir benützten Drucke Einsicht nähme, aber ich durfte demselben die Pein nicht ersparen, es auch selbst zu erleben, wie denn solche Darstellungen der Logik damaliger Zeit aussehen; denn die einzige anderweitige Darlegung des Sachverhaltes, welche darin bestünde, einfach zu sagen, dass diese ganze Logik ein verstandloses Treiben sei, würde dem Geschichtschreiber mit Recht verübelt und ohne genaue Nachweise auch nicht geglaubt werden.

Sogar die Lectüre und übliche Erklärung des aristotelischen Organons trat nun eine Zeit lang ziemlich in den Hintergrund gegenüber der fast ausschliesslichen und jedenfalls abstrusen Fortbildung der byzantinischen Logik [1]), welche bis gegen die Mitte des 15. Jahrhunderts die herrschende ist und auch nach den ersten Wirkungen der Renaissance noch bis in das erste Drittel des 16. Jahrhundertes in einer reichen Nachblüthe der Scholastik ein äusserst zähes Leben aufweist [2]).

Die Kirche hatte allerdings Grund genug, den Occamismus zu verwerfen, zunächst aus hierarchisch-politischen Motiven, sodann aber auch darum, weil derselbe auf die Incommensurabilität des Dogma's und der natürlichen Vernunft hinwies (s. vor. Abschn., Anm. 733 f.), und in dieser letzteren Beziehung musste nicht bloss das Centilogium, sondern auch mancher Lehrsatz oder selbst mancher Beispielsatz der Logik Occam's einem Verdammungs-Urtheile unterliegen. Ja auch die Pariser Universität erklärte sich bereits in den Jahren 1339 und 1340 gegen denselben [3]). Und ein specieller Fall, welcher uns hier, wo die theologischen Seiten der Zeitfragen nicht in Betracht zu kommen haben, grundsätzlich interessiren muss, liegt darin, dass Nicolaus de Alticuria oder (richtiger) de Autricuria i. J. 1348 auf Anstiftung des apostolischen Stuhles von der Pariser Universität genöthigt wurde, mehrere Lehrmeinungen zu widerrufen, in welchen wir nur scharf gezogene Folgerungen der Auffassung Occam's erblicken können. Derselbe nemlich steigert die occamistische grundsätzliche Betonung der Erfahrung (vor. Abschn., Anm. 745 u. bes. 1038) bereits dahin, dass er geradezu empfiehlt, den Aristoteles und den Averroes, deren Beweisführungen nicht berechtigter seien, als die denselben entgegengesetzten, sofort bei Seite

---

1) Wenn ich hiebei ausdrücklich und absichtlich die von mir in die Geschichte der Logik eingeführte Bezeichnung „Byzantinische Logik" wähle, so berufe ich mich auf meine Schrift „Michael Psellus und Petrus Hispanus. Eine Rechtfertigung. Leipzig 1867"; denn so lange es Hrn. Thurot (*Revue archéolog.*) nicht beliebt, an Stelle einer nichts-sagenden Rechthaberei wissenschaftlich jene Gründe zu widerlegen, durch welche ich den nicht-lateinischen Ursprung der Summula des Petrus Hispanus wirklich bewiesen habe, muss es mir verstattet sein, das Resultat meiner Forschung als unanfechtbar festzuhalten (s. auch folg. Abschn., Anm. 75).

2) Eine einseitig strenge Durchführung der chronologischen Reihenfolge der Autoren würde allerdings es fordern, dass ich bereits hier im gegenwärtigen Abschnitte auch Petrarca und Boccaccio erwähnen müsste; jedoch der Leser wird es sicher von selbst billigen, wenn ich die wenigen nothwendigen Bemerkungen über die beiden Dichter erst unten im Zusammenhange mit den ersten Wirkungen der Renaissance vorbringe (s. folg. Abschn., Anm. 2—16).

3) *Bulaeus, Hist. univ. Paris.* Tom. IV, p. 257 u. 265.

zu legen und überhaupt unter Vermeidung eines einseitigen Betriebes der blossen Logik sich lieber an die Dinge selbst (*res*) zu wenden, bezüglich deren ihm noch dazu der richtige Standpunkt nur in einem Atomismus zu liegen scheint [4]). Vereinzelt allerdings war damals noch eine derartige Ansicht; aber jedenfalls steht die Thatsache fest, dass trotz aller kirchlichen Bekämpfung auf längere Zeit die occamistische Logik das entschiedenste Uebergewicht erlangte. Ja wir begegnen Anfangs sogar der Erscheinung, dass mit einer polemischen Stellung gegen Occam sich zugleich in einigen logischen Lehren eine beifällige Zustimmung verband.

So vertrat der Augustiner Thomas von Strassburg (gest. i. J. 1357), welcher einen Commentar zum Petrus Lombardus verfasste [5]), in den üblichen Haupt-Controversen einen thomistischen oder wenigstens halbthomistischen Standpunkt, indem er sich häufigst an Aegidius von Colonna anschloss; aber in mehreren logischen Punkten folgte er Occam. Vor Allem bestreitet er ja Occam's Scheidung der Theologie und der Philosophie (s. vor. Abschn., Anm. 964), da — abgesehen von dem eminenten Beweis-Verfahren der Mathematik — auch die Theologie ebensosehr wie die übrigen Wissenschaften einer syllogistischen Behandlung fähig sei [6]); und als positive Ansicht in dieser Beziehung wiederholt er nun den thomistischen Dualismus des natürlichen und des übernatürlichen Intellectus [7]). Auch schliesst er sich, selbst ohne irgend eine Polemik

---

4) Die betreffenden Behauptungen dieses Nicolaus sind gedruckt in den meisten Ausgaben des Petrus Lombardus (als Anhang zum IV. Buche), dann bei Bulaeus a. a. O. p. 308 ff., und wieder bei Du Plessis d'Argentré, *Coll. iudic. d. nov. error.*, Vol. I, p. 355 ff. Wir entnehmen aus denselben zu unserem hiesigen Zwecke Folgendes: *De rebus per apparentia naturalia quasi nulla certitudo haberi potest; illa tamen modica potest in brevi tempore haberi, si homines intellectum suum convertunt ad res, non ad intellectum Aristotelis et Commentatoris* (d. h. Averroes)..... *Vidi in dictis Aristotelis et Commentatoris mille quaestiones determinatas, ... per quas videbatur mihi, quod ita possent teneri rationes oppositae, sicut propositae ab eis........ Cum notitia, quae potest haberi secundum apparentia naturalia, posset in modico tempore multum admirari, quod aliqui student in Aristotele et Commentatore et usque ad aetatem decrepitam et propter eorum sermones logicae deserant res morales et causam boni........ In rebus naturalibus non est nisi motus localis disgregationis et congregationis atomalium.* Einen anderen speciellen Satz werden wir unten bei Peter v. Ailly benützt finden, s. Anm. 470.

5) *Thomae ab Argentina, eremitarum divi Augustini prioris generalis, commentaria in IV libros sententiarum. Genuae* 1585 fol. Es gehört jene ganze Leichtfertigkeit, mit welcher K. Werner's Werk über Thomas v. Aquin überhaupt geschrieben ist, dazu, um (Bd. III, S. 122) den Thomas v. Strassburg kurzweg als Occamisten zu bezeichnen.

6) L. I, Prol., quaest. 2, art. 1, f. 6 v. A: *Dico, quod theologia est vere scientia, ... quia ille habitus, qui probat aliquid de suo subiecto non minus infallibili ratione, quam oeconomica vel politica scientia de subiecto suo, ille, inquam, habitus est vere scientificus ...... Forte dicetur contra me ....., quod illa, quae traduntur in theologia, non ostenduntur demonstrative ..... Respondeo: aut per demonstrationem intelligis potissimam demonstrationem, et sic solum mathematica esset scientia; ..... aut intelligis syllogismum efficaciter concludentem, quamvis procedat ex aliquibus suppositis, et ..... sic rationes theologicae possunt dici demonstrationes.*

7) Ebend. qu. 3, art. 3, f. 13 r. B: *Secundum duplicem capacitatem intellectus dupliciter loqui possumus de eius obiecto adaequato. Possumus enim considerare intellectum humanum secundum suam capacitatem naturalem.... sine influentia super-*

gegen Occam, sowohl betreffs der Universalienfrage [8]) als auch in Bezug auf das ***principium individuationis*** [9]) lediglich an Thomas (Abschn. XVII, Anm. 519 f.) und an Aegidius (vor. Abschn., Anm. 380) an; und nur folgerichtig ist es daher, dass er die Controverse über die Individuation der Engel unter Hindeutung auf die occamistische Denkweise gleichfalls im Sinne der Thomisten-Schule erledigt [10]). Der nemlichen Auctorität folgt er auch in der Frage über *unitas formae* [11]), und betreffs der

---

naturali; alio modo secundum suam capacitatem obedientialem .... deo influente et supernaturaliter cooperante...... Si sumitur primo modo,.... eius obiectum adaequatum est ens phantasiabile mediate vel immediate; et appello ens phantasiabile immediate, quod proprie cadit sub phantasmate; sed mediate, cuius cognitio argutive vel illative vel quocunque alio modo deducibilis est ex phantasmate..... Si autem capacitas intellectus sumitur secundo modo,.... eius obiectum adaequatum est ens inquantum ens, sive ens universaliter sumptum comprehendens creaturam et creatorem.

8) L. I, dist. 37, qu. 1, art. 1, f. 109 v. A: *Universalia non dicuntur esse ubique positive, sed privative, quia nusquam per se sunt; inquantum enim universalia sunt, tunc abstrahunt a conditionibus individuantibus, quae sunt hic et nunc, et per consequens abstrahunt ab ubi et a loco ....* art. 3, f. 111 r. B: *Sicut natura universalis non generatur per se, sed generatur ad generationem alterius, puta, ad generationem particularium, ut ait auctor Sex principiorum* (s. Abschn. XIV, Anm. 461 f.), *sic etiam non movetur per se, sed si sibi competit aliquod moveri, hoc solummodo sibi competit ad motum alterius, sc. ad motum particularium...... Nulla substantia spiritualis est in loco circumscriptive.*

9) L. II, dist. 3, qu. 2, art. 1, f. 141 v. A: *Duplex est modus individuationis; unus in rebus materialibus, alius in rebus immaterialibus...... Circa primum est advertendum, quod appellando principium individuationis illud, quo radicaliter contingit, plura solo numero differentia esse in eadem specie modo naturali, sic quantitas est principium originale sive radicale ipsius individuationis, quia pro tanto plurificantur aliqua in eadem specie, quia divisa est eorum materia; sed secundum modum, quem videmus, materia non dividitur nisi extensa per quantitatem...... Supernaturali tamen modo distincta individua materialia per divinam potentiam possunt fieri in eadem specie sine omni quantitate.*

10) Ebend. f. 142 v. A: *Sed quantum ad individuationem substantiarum separatarum est advertendum, quod secundum eos, qui quemlibet angelum dicunt specifice differre ab altero angelo* (vgl. Occam, vor. Abschn. Anm. 815), *oportet dicere, quod per idem angelus constituatur in esse specifico et in esse individuo. Secundum eos autem, qui plures ponunt angelos in eadem specie, esset dicendum, quod per proprietatem hypostaticam angelus constituatur in esse individuali ......* art. 2, f. 143 r. B: *Quamvis dubium sit ad utramque partem, credo tamen probabilius esse tenendum, quod nunc de facto omnes angeli differant specie.* Vgl. Aegidius (vor. Abschn., Anm. 382 f.), Armand (ebend. Anm. 638 f.), und ganz besonders Pseudo-Thomas (ebd. Anm. 308) und Durand (ebd. Anm. 570).

11) L. IV, dist. 13, qu. 1, art. 1, f. 112 v. A: *Si in homine vel in quacunque alia re essent plures formae substantiales, tunc illa res esset ens per accidens, quia non haberet unam essentiam..... Si plures formae substantiales essent eiusdem rei, tunc aliquae essent frustra, quia frustra fit per plura, quod aeque fieri potest per pauciora.....* (B) *Istae se habent per ordinem secundum virtualem inclusionem.... usque ad animam intellectivam, quae virtutes omnium praecedentium in se comprehendit et ideo ipsa sola posita in materia potest exercere operationes omnium ceterarum......* (f. 113 v. B) *Licet quaelibet pars diffinitionis dicat formam, tamen huiusmodi partes non dicunt aliam et aliam formam realiter et essentialiter, ... sed dicunt eandem formam seu naturam secundum rem, sub alia tamen et alia ratione, quia hoc, quod differentia exprimit sub ratione determinata, hoc idem exprimitur per genus sub ratione communi et indeterminata.* Die Grundlage dieser Ansicht zog sich seit Gottfried v. Fontaines und Johann v. Paris (vor. Abschn., Anm. 70 u. 74) durch Pseudo-Thomas (ebd. Anm. 291) und Aegidius (ebd. Anm. 384) bis zu Herveus (Anm. 421) hindurch.

intensio et remissio formarum schliesst er sich an Durand und Burleigh an [12]), sowie er auch in der begrifflichen Auffassung der Form gegen den Scotisten Mayron (s. vor. Abschn., Anm. 533) Partei für den Thomismus nimmt [13]). Auch bezüglich der *formalitates* befindet er sich im vollen Gegensatze gegen Occam (vgl. ebend. Anm. 817), indem er die Unterscheidung einer absoluten und einer relativen Identität festhält und somit hierin dem Scotus und seinen Anhängern folgt [14]). Ebensowenig theilt er über den Begriff „*suppositum*" Occam's Ansicht (s. ebend. Anm. 839), sondern nähert sich im Gegensatze gegen Mayron (ebend. Anm. 548) am meisten der Lehre Durand's [15]). Hingegen die Angaben über das Wesen der Definition lauten bei ihm sehr occamistisch (vgl. ebend. Anm. 1012), wenn er auch darin von Occam abweicht, dass er die *definitio per additamentum* nur auf die Accidentien beschränkt wissen will [16]); desgleichen benützt er einmal gelegentlich Occam's (ebend. Anm. 831) Unterscheidung zwischen *absolutum* und *connotativum* [17]).

---

12) L. I, dist. 17, qu. 2, art. 2, f. 73 v. A: *Forma suscipit magis et minus secundum diversos gradus in esse, secundum quod dat magis et minus esse subiecto propter maiorem et minorem dispositionem ipsius subiecti...... Essentia essentialiter et intrinsece sive secundum gradus in essentia in nullo variata eidem subiecto dat magis et minus esse, secundum quod ipsum subiectum est magis et minus dispositum.* S. Durand (vor. Abschn., Anm. 573) und Burleigh (ebd. Anm. 607).

13) L. III, dist. 32, qu. 1, art. 3, f. 36 r. B: *Videtur esse quaedam opinio, quae ponit, quod forma sit tota quidditas rei.....* (v. A) *Sed secundum omnes philosophos ex materia et forma fit per se unum; ergo ex ipsis fit per se quidditas una, et per consequens ipsa materia, sicut spectat per se ad rei unitatem, sic spectat per se ad rei quidditatem.*

14) L. I, dist. 31, qu. 1, art. 4, f. 99 r. A: *Duplex est identitas; quaedam absoluta, et ista est idem, quod rei unitas et opponitur divisioni et per consequens diversitati non relativae, sed privativae, et ista identitas non est determinati generis, sed transcendentis, quia in omni genere reperitur, sicut etiam ipsa diversitas. Alia est identitas relativa, puta, qua idem relative respicit se ipsum, et illa non opponitur diversitati relativae, quia relative diversum opponitur diverso.* Vgl. Scotus und Mayron (vor. Abschn., Anm. 149 ff. u. 549).

15) L. III, dist. 6, qu. 1, art. 1, f. 14 r. B: *Suppositum creatum sic differt a natura, quod tamen non includit in se rem aliquam intrinsece, quam non includat natura, sed tantummodo modum rei, puta, modum per se essendi, quem consequitur ex hoc, quod ad esse suae actualis existentiae taliter coniungitur, quod alteri supposito in subsistendo non innititur, quia taliter debemus suppositum ponere esse constitutum, quod ipsum sit ens per se praedicamenti substantiae, et tamen realiter differat a natura, cuius est suppositum.* S. bei Durand ebd. Anm. 556 ff.

16) L. IV, dist. 1, qu. 2, art. 1, f. 61 v. B: *De diffinitione possumus loqui tripliciter; uno modo largissime, alio modo propriissime, tertio medio modo nec nimis large nec etiam nimis stricte. Primo modo omne, quod est nominabile seu aliquo nomine significabile, est diffinibile, quia, ut sic, diffinitio non est aliud, quam distincta expressio illius, quod per nomen fuit expressum confuse et indistincte; isto modo possunt diffiniri negativa, privativa ac etiam quaecunque figmenta ...... Secundo modo nihil ponitur in diffinitione, nisi sit intrinsecum rei diffinitae et spectet ad essentiam eius; et sic sola substantia diffinitur. Tertio modo, quamvis res diffiniatur per ea, quae sunt sibi intrinseca, puta per genus et differentiam, tamen, quia dependet ab aliquo extrinseco in tantum, quod sine eo perfecte notificari non potest, ideo talis diffinitio datur per additamentum ;..... et sic diffiniuntur accidentia, ... et quia diffinitio est sermo dicens, quid est esse rei, ideo accidentia absoluta non possunt perfecte diffiniri sine subiecto, cui insunt, nec respectiva sine termino, ad quem sunt.*

17) L. I, dist. 7, qu. 1, art. 1, f. 49 v. A: *Scientia connotat respectum ad scibile, quamvis ipsa sit in prima specie qualitatis..... Tale accidens copulatum*

Dagegen verschmäht er wieder Occam's Erörterungen über das Verhältniss des zukünftig Möglichen zu Gottes Wissen (s. ebend. Anm. 1039), und beruhigt sich sehr naiv beim Willen Gottes [18]). — Eine einzelne gelegentliche Notiz zeigt uns, dass die Lehre von den Exclusiv-Sätzen für jene Fälle, in welchen relative Begriffe in ihnen auftreten, von Verschiedenen in verschiedener Weise erweitert worden war [19]).

Der Franziskaner Adam Goddam, welcher jener nemlichen Zeit angehört, mag für die Theologie als Occamist gelten; betreffs der Logik finden wir in seinem Commentare zum Sententiarius nur die Anwendung oder Anführung der allgemein geläufigen Regeln, und namentlich keinerlei Aeusserung über die schwebenden logischen Partei Controversen. Nur das Einzige haben wir zu erwähnen, dass er Occam's Trennung zwischen Logik und Trinitätslehre nicht billigt, da das *principium identitatis* auch für die Theologie gelten müsse, wenn dieselbe nicht zum Gespött werden solle; es seien daher die angeblichen Widersprüche durch Verschiedenheit der Supposition zu lösen [20]).

In eben dieser letzteren Frage ist auch der Dominikaner Robert Holkot (gest. 1349), von welchem wir einen Commentar zu Petrus Lombardus und eine etwas zweifelhafte Schrift „*Determinationes quarundam quaestionum*" besitzen [21]), von Occam grundsätzlich geschieden,

---

(diess ist ein aristotelischer Begriff, s. Abschn. IV, Anm. 513) *quantum ad suum proprium significatum non debet sumi in sensu copulativo, puta, quod dicat absolutum et respectum...... Scientia enim non dicit qualitatem et relationem, sed dicit qualitatem sub relatione; et ideo non obstante illa connotatione, qua cernit respectum ad scibile, ipsa tamen simpliciter loquendo dicitur qualitas absoluta.*

18) Ebend. dist. 38, qu. 1, art. 2, f. 112 r. A: *Deus certa scientia cognovit futura contingentia ab aeterno..... Per praedictam certitudinem divinae scientiae non tollitur contingentia a rebus contingentibus, cum scientia dei non sit causa rerum nisi mediante voluntate.*

19) Ebend. dist. 21, qu. 1, art. 2, f. 81 r. A: *Dictio exclusiva addita uni relativorum excludit alterum, quia, quamvis dictio exclusiva non excludat a termino, cui additur, illud, quod est de suo conceptu principali, excludit tamen omne illud, quod est de conceptu secundario; sed unum relativum non est de conceptu principali alterius, sed tantummodo secundario....... Sed est quaedam opinio, quae simpliciter tenet oppositum huius,.... quia dictio exclusiva solummodo illa excludit ab invicem, quae ab invicem possunt in essendo separari; sed unum relativorum non potest separari ab altero nec in essendo nec in intelligendo...... Sed illa non concludunt, et communis opinio tenet oppositum.* Bei Occam (vor. Abschn., Anm. 928) finden wir Nichts derartiges.

20) *Adam Goddam super quattuor libros sententiarum.* Paris 1512. fol. f. 43 v. B: *Dico, quod nec in divinis nec in creaturis debent contradictoria verificari de eodem simpliciter pro eadem re. Probatur, quia hoc esset oppositum primi principii de quolibet esse; item imponere fidei tale inconveniens est exponere fidem derisioni infidelium...... Talia contradictoria verificantur de eodem conceptu dei, pro alio tamen et alio supponente etc.* Was das *principium identitatis* betrifft, s. im vor. Abschn. bei Mayron, Armand und Gratiadei (Anm. 522, 628, 672).

21) *Roberti Holkot, natione Angli, professione sacri Praedicatorum ordinis,..... In quatuor libros Sententiarum quaestiones argutissimae. Quaedam .... conferentiae. De imputabilitate peccati ..... Determinationes item quarundam aliarum quaestionum.* Seit 1497 mehrmals in Lyon in Quart gedruckt; ich benütze die Ausgabe v. 1518. Was übrigens die Autorschaft der *Determinationes quaestionum* betrifft, so haben dem Texte derselben bereits die Herausgeber die Bemerkung vorgedruckt: *Non desunt, qui eas a discipulis Holkot collectas putent, aut ab ipso inter profitendum in gymnasio publico dictatas, cum alii etiam scriptas ab ipso velint.*

während er im Uebrigen denselben fast wörtlich wiederholt. Er will nemlich allen Ernstes neben die *logica naturalis* eine ganz eigene *logica fidei* stellen, welch letztere als *logica singularis* auch gegen das Identitäts-Gesetz verstossen dürfe und vor Allem den Satz zulasse, dass 1 = 3 sei (vgl. Occam, vor. Abschn., Anm. 791 u. 828), was eben Aristoteles nicht eingesehen habe; und deshalb dürfe auch die aristotelische Logik nicht als „*formalis*", d. h. allgemein gültig, bezeichnet werden, da sie nur für das sichere Sinnesgebiet, nicht aber für das katholische Bewusstsein als solches, gelte[22]). Die Erörterung aber über die Universalien stimmt nicht bloss in der ganzen Terminologie, sondern namentlich auch in der Lösung eines Einwandes betreffs der Qualität (s. ebend. bes. Anm. 804 u. 812) nahezu wörtlich mit Occam überein[23]). Ebenso wird hier in der Lehre vom Urtheile Occam's Scheidung in *propositio mentalis* und *vocalis* aufgenommen (vgl. ebend. Anm. 772); sowie aber schon die Ausdrucksweise betreffs der letzteren viel entschiedener lautet,

---

22) *Super Sentent.* L. I, qu. 5, H: *Non est inconveniens, quod logica naturalis deficiat in eis, quae fidei sunt ..... Rationalis logica fidei alia debet esse a logica naturali ..... Oportet ponere unam logicam fidei, ... modo philosophi non viderunt, aliquam rem esse unam et tres ..... Sunt igitur in logica fidei tales regulae, quod omne absolutum praedicatur in singulari de tribus et non in plurali; alia, quod unitas tenet suum consequens, ubi non obviat relationis oppositum* (wie nemlich die Relation zwischen Vater und Sohn in der Trinität). ..... *Estne logica Aristotelis formalis an non? Dico, quod, si non vis vocare logicam formalem nisi illam, quae tenet in omni materia, ... tunc patet, quod non. Si vis vocare logicam formalem illam, quae per naturalem inquisitionem in rebus a nobis sensibiliter notis non capit instantiam, dico, quod sic ...... In argumentis de Christo oportet habere logicam singularem, quia ibi de eodem supposito oportet concedi contradictoria cum specificatione diversarum naturarum.* Ebenso *Determ. quaest.* 10, D: *Est inquirendum, an logica Aristotelis et quae communiter traditur in scholis, sit formalis an non. Quod non; quia paucae regulae vel nullae, quas ponit in libro Priorum et alibi, tenent in omni materia. Causa est, quia Aristoteles non vidit, quod una res esset una et tres ...... Multas dedit, quae non sunt verae in omni materia, quia capiunt instantiam in terminis, quibus utimur in divinis. Et ideo dicitur, quod illae regulae non sunt formales, quia sermo concludens per se concludit in omni. ...... Catholicus obligatus ad tenendum pro principio, quod una res est tres res, non est obligatus ad sustinendum tales regulas logicales nec debet admittere formas argumentorum nisi in illa materia, pro qua dabantur ab Aristotele, quia non ab eo dabantur nisi in materia certa.* Theologische Erörterungen über *contradictoria* in der Trinität s. ebend. E u. K.

23) *Super Sent.* L. 1, qu. 6, H: *Proprie loquendo ..... soli conceptus et voces vel saltem signa ad placitum instituta sunt in genere, ... quia tantum ista incomplexa ponuntur in genere, quae sunt partes propositionum, sed huiusmodi non sunt nisi signa vel conceptus vel voces .... Posset esse dubium, an genera generalissima et universaliter omnia ordinabilia in coordinationibus praedicamentalibus sint voces vel conceptus ..... Quod non sint conceptus, probo: Omnis conceptus mentis est qualitas, sed substantia est genus generalissimum et est conceptus mentis; ergo substantia est qualitas. Conclusio falsa, quia .... nulla substantia est qualitas ....* (N) *Ad dubium dico, quod omnia praedicamenta sunt in genere qualitatis loquendo de praedicamentis, quae sunt conceptus vel voces; nam praedicamenta sunt signa communia instituta, vel naturaliter signa, sicut conceptus, vel ad placitum, sicut voces ...... Sciendum tamen, quod conceptus positi in coordinatione praedicamentali dupliciter possunt supponere; vel pro se, et sic vocatur suppositio simplex, vel pro suis significatis, et sic vocatur suppositio personalis; et secundum has diversas suppositiones solvuntur argumenta.*

so ist auch hier zum ersten Male die Ansicht Occam's dahin gesteigert, dass bei der *propositio vocalis,* welche gar kein einheitliches Urtheil sei, überhaupt nicht von Wahrheit oder Unwahrheit gesprochen werden könne, und dass die Wahrheit, welche sonach nur dem mentalen Urtheile einwohnt, nicht etwa eine vom Urtheile getrennt bestehende und durch dasselbe bezeichnete „Sache" sei [24]). Was über *futurum contingens* gesagt wird, ist völlig gleichlautend mit Occam [25]). Auch was Letzterer über den *syllogismus expositorius* bemerkt hatte (s. ebend. Anm. 978), wird hier nur in präciserer Fassung wiederholt, zugleich aber knüpft sich hieran wieder der Blick auf die Theologie, d. h. auf die Unmöglichkeit der Anwendung des genannten Schlusses auf die Trinität, zu welcher man ja überhaupt eine ganz andere Logik braucht [26]). Ausserdem aber müssen wir aus Holkot die sehr beachtenswerthe Notiz entnehmen, dass bereits zu seiner Zeit die Lehre von den *Obligatoria* in der Schule der Logik als formulirte Technik (*ars*) umlief, wovon wir allerdings einige primitive Spuren schon oben (Abschn. XVII, Anm. 625 f.) trafen, aber zugleich nicht im Stande sind, die weitere bisherige Fortbildung etwa an

---

24) Ebend. L. II, qu. 2, F: *Veritas et falsitas non sunt accidentia absoluta vel inhaerentia propositionibus distincta realiter ab ipsis ......* (G) *Veritas propositionis non est res significata per propositionem, quia tunc aliqua propositio esset vera, quae nullam haberet veritatem, ut .... „Caesar non est chimaera", ubi termini non supponunt pro aliquibus rebus .....* (J) *Videndum est de propositione, quae confertur hominibus, ... et de ea sunt dubia. Primum, an aliqua propositio vocalis posset esse vera vel falsa. Videtur, quod non; quia, quod non est, nec est verum nec falsum; sed propositio vocalis nunquam est, quia, quando subiectum est, praedicatum non est ....* (K) *Propositio vocalis .... naturaliter habet quatuor; primo, quod producitur successive; secundo, quod partes non manent; tertio, quod est quaedam multitudo vocum; ..... quarto, quod est naturale signum imaginationis ipsius proferentis ..... Sed ab impositione et ad placitum habet, quod significet homini hanc rem exteriorem, quamcunque voluerit ....* (O) *Patet ex dictis, quod nulla oratio vocalis est vera vel falsa; ..... ideo institutum est, quod sic debet iudicari de oratione vocali, ac si esset res permanens tota simul existens in ultimo instanti prolationis ......* (P) *Propositio vocalis non causat nisi unam intentionem mentalem, quia significatio, quae repraesentat naturaliter vel phantasialiter duas voces, non facit propositionem, sed quandam congeriem intentionum.*

25) Ebend. qu. 2, Y: *Restat videre, ... an in propositionibus de futuro in materia contingenti sit determinata veritas in uno contradictoriorum et falsitas in reliquo. Et videtur sententia Aristotelis, quod non ..... Unde videtur, quod neutra pars in materia contingenti est vera vel falsa. Opinio autem theologorum huic est contraria; credimus enim, deum scire .... omnium contradictoriorum determinate alteram partem; alias prophetia esset impossibilis, nec ei oporteret credere.* S. vor. Abschn., Anm. 1039.

26) *Determ. quaest.* 10, E: *Dubium est de forma syllogismi expositorii, an valeat in omni materia. Et arguitur, quod non ..... Non tenet in divinis, ergo non est formalis* (s. Anm. 22). ..... *Nam non sequitur „Iste deus est incarnatus, Iste deus est pater, Ergo pater est incarnatus". ....* (F) *Tria requiruntur ad formam syllogismi expositorii. Primo, quod sit ex duabus praemissis singularibus, quarum subiecta sunt duo pronomina demonstrativa cum aliquo termino communi. Secundo requiritur, quod ipsa demonstrent unam rem numero, quae sic sit una, quod non sit plura et quaelibet illarum; ,.... deus autem est plures res, quia plures personae et etiam quaelibet illarum; et sic intelligit Ockam, licet minus distincte hoc exprimat. Tertio requiritur, quod habeat dispositionem tertiae figurae, ... et haec forma tenet uniformiter in quacunque materia. Secundum ista syllogismus expositorius nunquam posset fieri ex terminis supponentibus pro deo vel divina essentia, quia essentia divina est realiter plures res et quaelibet persona divina.* Vgl. unten Anm. 394 f.

bestimmte Autoren-Namen knüpfen zu können; was hier angeführt wird, enthält bereits die Begriffsbestimmungen der *obligatio, positio* und *depositio* [27]). Weiteres hierüber s. unten Anm. 160 ff., 191 ff., 311 ff. Ja aus einer späteren Notiz, welche noch dazu einen uns weiter nicht bekannten Rosetus als einen Vorgänger Holkot's nennt, müssen wir schliessen, dass Letzterer sich auch schon mit dem Gebiete der *Insolubilia* beschäftigt habe [28]), welches wir erst weiter unten (Anm. 172 ff., 307 ff., 350 ff., 425, 465 ff., 569 ff.) näher darzustellen haben.

Der Augustiner Gregor von Rimini (gest. i. J. 1358), welcher die ersten zwei Bücher des Petrus Lombardus commentirte [29]), hat es völlig verdient, dass in der späteren Zeit sein Name jedesmal in den Verboten oder Verwünschungen der occamistischen Logik wieder genannt wird, wenn auch bei einigen Punkten kleine Differenzen zu Tag treten. Allerdings fügt er bezüglich der Ausscheidung des Dogma's aus der Logik zu dem Motive Goddam's (Anm. 20), dass dann die Theologie als etwas Unvernünftiges verächtlich werde, noch den ergötzlichen weiteren Grund hinzu, dass bei solcher Scheidung der Gebiete den Theologen das Vergnügen entzogen würde, sich unter einander und mit den Ketzern herumzuzanken [30]). Aber in der Logik lässt er sich fast gänzlich von Occam führen. Von der Priorität der intuitiven Erkenntniss des Singulären gelangt auch er zu einem Verwirklichungs-Processe des Erkennens, welchen er jedoch etwas mehr in parallel laufende Functionen zerlegt [31]),

---

27) *Super Sentent.* L. II, qu. 2, DD: *Supponendae sunt aliquae regulae logicales, ... quae ... in arte obligatoria diffusius pertractantur. Et est primo sciendum, quod, quando opponens ponit casum, et quando respondens admittit, respondens est obligatus ad respondendum secundum casum, et quandocunque dicitur ab opponente „ponatur, quod ita sit", vel aliquid aequivalens, fit respondenti una positio, quae est species obligationis, si admittat. Secundo suppono, quod omne sequens ex formaliter concesso est concedendum, et quod omne repugnans est negandum tanquam impertinens ..... Tertio suppono ex eadem arte, quod omnis positio aequivalet uni depositioni, quia illa aequivalet respondenti, quia, si ponitur, quod tu es Romae, tunc deponitur ista „tu non es Romae", ... et ideo, qui posuit unum contradictorium, deposuit reliquum, et e contrario. Quarto suppono hanc regulam: Posito falso contingenti non est inconveniens concedere impossibile per accidens.*

28) *Joh. Maioris Scotus, Libri quos in artibus etc.* (s. Abschn. XXII, Anm. 420) II, f. XLIX r. B: *Accepta illa mentali „Omnis propositio mentalis est universalis" illud praedicatum non supponit pro hac ipsa propositione; ergo pars propositionis, imo nulla propositio, potest supponere pro propositione, cuius est pars .... Istae sunt rationes eius* (d. h. des Petrus v. Ailly, s. unten Anm. 474 ff. u. Abschn. XXII Anm. 439), *quae fuerunt Olkot et Roseti ante eum.*

29) *Gregorii Ariminensis theologi exquisitissimi lectura super Primo et Secundo Sententiarum* (herausgegeben von Paulus Genazano). Venetiis 1532. fol.

30) L. I, dist. 5, qu. 1, art. 1, f. 52 r. A: *Quidam dicit* (d. h. Occam, s. vor. Abschn., Anm. 791, 802 u. 828), *talem modum arguendi in omnibus tenere praeterquam in divinis, et causa est, quia nunquam alibi possunt tres res, quarum nulla est alia, esse una res numero ...... Sed haec responsio est omnino irrationalis, tunc quia sic dicendo tollitur omnis via ad probandum vel reprobandum aliquid circa divina; cum enim catholici volent aliquid probare contra haereticos, pro libito dicetur, discursum et omnem illationem non valere, ... et sic nihil ex creditis aut in scriptura contentis poterimus contra ipsos arguere. Tum quia sic dicere nihil aliud est, quam fidem nostram catholicamque doctrinam contrariam esse certae rationi plane confiteri sicque falsam ac per hoc contemnendam propria confessione asserere.*

31) L. I, dist. 3, qu. 3, art. 4, f. 48 v. B: *Notitia intuitiva rei singularis est prior abstractiva* (s. vor. Abschn., Anm. 746). Ebend. qu. 2, art. 2, f. 46 r. B:

so dass er, während die *res insensibiles* der Offenbarung vorbehalten bleiben [32]), für die *sensibilia non sensata* nur eine unbestimmt allgemeine, ja verworrene (*confuse*) Erkenntniss übrig lässt [33]). Während er daher Occam's Eintheilung der *notitia* in *simplex* und *complexa* aufnimmt, führt ihn die Unter-Eintheilung der ersteren in *immediata* und *non immediata* zu einer Abweichung von seinem Vorbilde [34]). Nemlich Occam hatte ja die Annahme einer *species repraesentans* als überflüssig bezeichnet und mehrfach bekämpft (s. vor. Abschn., Anm. 757 ff.), Gregor hingegen erblickt in ihr unter Ausdrücken, welche uns an Herveus (ebd. Anm. 409) und an Armand (ebd. Anm. 630) oder sogar noch mehr an Scotus selbst (ebd. Anm. 113) erinnern, den einzig möglichen Erklärungsgrund dafür, dass Sinnes-Eindrücke abwesender Objecte in bestimmter Weise (*determinate*, d. h. nicht mehr bloss *confuse*) festgehalten und erkannt werden [35]). Doch ist diese Meinungsverschiedenheit genau genommen nicht so gross; denn gerade, weil Gregor die *species repraesentans* nur in den dem Sinneseindrucke nachfolgenden Erkenntnissact verlegt, kann er sie vollständig mit demjenigen identificiren, was Occam (s. ebend. Anm. 758—760) als *imago* oder als *idolum* oder als *fictum* bezeichnet hatte [36]). Eine neue Wendung ist es hinwiederum allerdings,

---

Omnis res creata, quam per intellectum cognoscimus, aut cognoscitur a nobis immediate in se ipsa sic, quod notitia illa ad nullam rem vel medium repraesentativum terminatur, aut cognoscitur in specie propria a se causata, aut in conceptu aliquo proprio aut communi ficto seu formato per animam. Vgl. ebend. Anm. 745 ff.

32) Ebend. qu. 2, art. 1 u. 2, f. 45 u. 46.

33) Ebend. qu. 1, art. 2, f. 43 v. A: *Sensibilia non sensata non possumus intelligere nisi aliqua specie ficta seu conceptu simplici sibi proprio; in conceptu autem communi iis et aliis possumus illa intelligere, non tamen distincte et in speciali, sed confuse tantum et quadam notitia generali communi illi et aliis.*

34) Ebend. art. 1, f. 37 r. A: *Notitiarum alia est simplex, alia est complexa, quae dicitur affirmatio et negatio. Item eorum, quae simplici notitia cognoscuntur, aliqua sunt, ad quae huiusmodi notitiae immediate obiective determinantur, quaedam vero, ad quae non immediate terminantur notitiae, sed ad eorum species seu imagines in anima existentes. Item quaedam notitia est sensualis, quaedam intellectualis.* S. ebend. Anm. 752.

35) Ebend. art. 2, f. 42 v. B: *Quamvis omnis species existens in intellectu sit abstracta ab omnibus illis conditionibus in essendo, quia scilicet nec est quanta extensive nec situm habens, et sic de aliis conditionibus materialibus et corporalibus, non quaelibet tamen est sic absoluta in repraesentando, sed ..... per aliquas species rerum sensibilium inextensas et ab omnibus conditionibus materialibus abstractas singularia illa et cum suis conditionibus singularibus et materialibus intelligimus determinate ..... In intellectu sunt species determinate aliqua singularia repraesentantes; ..... alioquin oportet concedere, quod nullius singularis absentis determinate habemus recordationem aut memoriam vel aliquam cognitionem.*

36) Ebend. qu. 3, art. 1, f. 46 v. A: *Notitia intuitiva est notitia simplex, qua formaliter aliquid immediate in se ipso cognoscitur; abstractiva vero est notitia simplex, qua formaliter aliquid in aliquo medio repraesentativo cognoscitur* ..... (B) *Cognita imagine vel specie in memoria existente, inquantum est imago, cognoscitur etiam per eandem notitiam res ipsa, cuius ipsa est species, a qua re causata est species ipsa* ...... *In visione speculari, quam moderni vocant abstractivam, non videtur res ipsa in se immediate, sed tantum mediante sua imagine* ...... *Non omnis visio imaginis est visio abstractiva rei, cuius est imago, sed ea tantum, qua videtur imago tanquam imago* ..... (f. 47 r. A) *Eadem notitia numero est intuitiva et abstractiva, sed non respectu eiusdem; imo omnis notitia abstractiva est intuitiva, non autem omnis intuitiva est abstractiva* ...... *Notitia, qua cernitur, ut est imago, est*

wenn Gregor hiefür auch den Begriff der Form des Objectes substituirt [37]). Aber obgleich auf diese Weise überhaupt ein etwas grösseres Gewicht auf die Objectivität des Erkenntniss-Gegenstandes fällt, bleibt dennoch in Folge jener eigenthümlichen Unentschiedenheit, welche uns schon bei Occam selbst (ebd. Anm. 763 ff.) begegnete, die Möglichkeit offen, gerade das Zusammentreffen des subjectiven Denkgebildes (*fictum*, *imaginatum*) und des äusseren Objectes (*esse reale extra animam*) hervorzuheben (vgl. ebd. Anm. 760 ff.), wovon natürlich bei den bloss connotativen Begriffen (s. ebd. Anm. 917 ff.) eine Ausnahme besteht [38]), sowie auch bei Begriffen, welchen kein Reales entspricht, z. B. bei „*vacuum*", zwischen *significatio* und *entitas* unterschieden werden muss [39]). Das Zusammentreffen des subjectiven und des objectiven Momentes führt daher auch dazu, dass bei unbestimmt allgemeinen Begriffen, wie „*aliquid, res, ens*", stets gefragt werden muss, ob sie eine Aussage überhaupt oder eine wahre Aussage oder einen objectiven Thatbestand bedeuten [40]). — Die Frage über *unitas formae* beantwortet Gregor völlig im Sinne Occam's (s. ebd. Anm. 818) in einer sogar noch gesteigerten Ausdrucksweise [41]), und auch betreffs der *intensio et remissio formarum* (ebd. Anm. 819), welche er besonders an dem theologischen Begriffe „*caritas*" erörtert,

---

intuitiva speciei et abstractiva rei ad extra ...... (B) *Imaginans aspicit aliquid et intuetur imaginem sive causatam a sensibus sive fictam per animam* .... *Per imaginationem fictam et formatam* ..... *idolum est imaginatum.*

37) L. II, dist. 7, qu. 3, art. 1, f. 51 r. B: *Specialiter et proprie forma est similitudo seu imago rei cognitae, per quam recognoscitur manens naturaliter in anima; etiam postquam anima desiit actualiter cognoscere, est apta nata ducere animam in notitiam rei, cuius ipsa est imago et similitudo* ..... *In anima nostra sunt tales species rerum sensibilium.*

38) L. I, dist. 3, qu. 4, art. 1, f. 49 v. A: *Conceptus naturaliter repraesentativus praecise eam rem repraesentat et significat, pro qua etiam potest supponere, nam* .... *conceptus huiusmodi talis est in esse ficto et imaginato, qualis res, cuius est conceptus, est in esse reali extra animam;* ..... *et ideo talis conceptus nihil aliud significat praeter eam rem, cui est sic similis et pro qua potest supponere. Quapropter conceptus connotativus, sive affirmativus sive negativus, nihil repraesentat naturaliter, sed ex institutione tantum.*

39) Ebend. f. 50 v. B: *Notitia termini* .... *est duplex. Una, qua cognoscitur, quid significat ille terminus; alia, qua cognoscitur, quod ille terminus de ente verificatur. Et istae multum distinguuntur, nam de aliquibus habetur notitia prima, de quibus secunda non habetur, sicut de terminis „corpus infinitum, vacuum" etc.*

40) Prol. qu. 1, art. 1, f. 2 v. B: *Hoc nomen „aliquid", sicut et ista alia sibi synonyma „ens" et „res", possunt accipi tripliciter. Uno modo communissime, secundum quod omne significabile complexe vel incomplexe, et hoc vere vel false, dicitur res et aliquid* ..... *Alio modo sumuntur pro omni significabili complexe vel incomplexe, sed vere, i. e. pro vera enuntiatione* ...... *Tertio modo sumuntur, ut significant aliquam essentiam sive entitatem existentem.*

41) L. II, dist. 16, qu. 2, art. 1, f. 76 v. B: *Non sunt ponendae in homine tot substantiales formae, quot sunt praedicata, quae de ipso dicuntur in quid;* ..... *non sunt tot ponendae, quot habet homo operationes vitales;* ..... *non tot, quot partes habet heterogeneas* ...... *Non est ponenda alia forma substantialis in homine praeter animam intellectivam.* Ebend. dist. 15, qu. 1, art. 1, f. 71 v. B: *Formae substantiales elementorum non manent perfecte integrae in ipso mixto* .... *nec manent remissae et fractae* ..... *nec secundum aliquas partes suas essentiales* ..... *nec sunt actualiter secundum se in mixto.*

steht er auf dem gleichen Boden[42]). Hingegen durch Aufnahme und Benützung der scotistischen *formalitates* entfernt er sich ebensosehr von Occam, als er sich Mayron (s. ebd. Anm. 549) nähert[43]).

In der Lehre vom Urtheile verschärft und steigert er Occam's Ansicht (Anm. 746) dahin, dass *intuitio* und *iudicium* (— über den Gebrauch dieses letzteren Wortes s. ebd. Anm. 753 —) zwei verschiedene Acte seien, welche jedoch in unmittelbarem Causalnexus zeitlich zugleich eintreten[44]). Das Hauptgewicht aber legt auch Gregor auf das mentale Urtheil, in welchem die durch das mündliche oder schriftliche Urtheil erscheinende Trennung oder Zusammensetzung des Subjectes oder Prädicates noch nicht besteht[45]). Ja unter ziemlicher Beiseitesetzung der *propositio vocalis* (ähnlich wie bei Holkot, s. oben Anm. 24) werden hier drei Arten der *mentalis* unterschieden: die einen nemlich sind nur Abbilder mündlicher Urtheile und sonach an bestimmte Sprach-Idiome gebunden, daher sie im eigentlichen Sinne (*formaliter*) weder eine Zustimmung noch eine Erkenntniss enthalten; die zweiten sind unabhängig vom Sprachausdrucke entweder unmittelbar oder mittelbar aus intuitiver Erkenntniss hervorgegangen und enthalten so zugleich auch eine Zustimmung; die dritten gehen ohne intuitive Erkenntniss lediglich entweder unter Zustimmung auf ein „Es ist so“ oder unter Verweigerung der Zustimmung auf ein „Es ist nicht so“; folgerichtig auch führt nur die zweite dieser drei Arten zu wahrhaft demonstrativen mentalen Syllogismen[46]). Darum wird dann hier die betreffende Lehre Occam's (vor.

---

42) L. I, dist. 17, qu. 2, art. 2 u. qu. 3, art. 2.

43) Ebend. dist. 8, qu. 2, art. 3, f. 63 v. A: *Licet una ratio differat ab alia et praedicatum differat ratione a subiecto, res tamen ipsa non differt ratione a se ipsa nec in deo nec in creaturis* (anders Occam, s. vor. Abschn., Anm. 802 u. 817). *Et ideo illud dictum usitatum, quod res considerata secundum unam rationem differt a se ipsa considerata secundum aliam rationem, de virtute sermonis non est verum, sicut non est verum illud, quod .... res considerata secundum unam rationem non est ipsamet considerata secundum aliam rationem, sed debet intelligi, quod ratio una, secundum quam consideratur, est ratio alia vel differt ab alia, vel quod nomen importans rem illam secundum unam rationem differt ratione a nomine importante eandem secundum aliam rationem.* Eine reichlichste Ausführung der *distinctio* betreffs der Trinität s. ebend. dist. 26—28.

44) Ebend. dist. 1, qu. 1, art. 3, f. 26 v. A: *Notitia simplex intuitiva et iudicium affirmativum vel negativum sequens sunt diversi actus, ... sed tales duos actus contingit esse simul; ..... nam huiusmodi iudicium non habetur nisi mediante intuitiva illa tanquam eius causa effectiva partiali; igitur quando illud primo causatur, ipsa tunc actu est.*

45) Prol. qu. 1, art. 3, f. 5 v. B: *Affirmatio et negatio in intellectu non dicuntur actus compositi essentialiter ex talibus notitiis partialiter distinctis, quarum una sit subiectum et reliqua praedicatum, ... sed aequivalent in significando pluribus vocibus vel scripturis propositionem vocalem vel scriptam suo modo componentibus.* S. bei Occam Anm. 770 f.

46) Ebend. f. 5 r. B: *Triplex est genus enuntiationum mentalium. Quoddam enim est earum, quae sunt vocalium enuntiationum imagines vel similitudines ab exterioribus vocibus in animam derivatae vel per ipsam fictae, ... et istae non sunt eiusdem rationis in omnibus hominibus, sed aliae sunt in graeco, aliae in latino .... Quoddam vero genus est enuntiationum mentalium, quae nullarum sunt similitudines vocum nec secundum illarum diversitatem in hominibus habentibus diversificantur, sed eaedem sunt secundum speciem apud omnes id ipsum naturaliter significantes ..... Hoc autem genus ... subdividitur, quia quaedam immediate ex rerum intuitivis noti-*

Abschn., Anm. 754 f.) dahin erweitert und gesteigert, dass im mentalen Syllogismus nicht etwa drei der Art nach verschiedene Acte in Aussage, Erkennen, Zustimmen zu erblicken seien [47]), wohl hingegen der Zahl nach es drei Acte seien, da die Eine mentale Operation sowohl bei den zwei Prämissen als auch beim Schlusssatze thätig sein müsse [48]), so dass hiernach weder der Schlusssatz allein, noch etwa die sachliche Objectivität, sondern das *significatum totale* des Schlusssatzes ein wirkliches Wissen begründet [49]). Was aber das *dictum de omni* und den *syllogismus expositorius* betrifft, schliesst sich Gregor ebenso wörtlich an Occam an [50]), wie in der Lehre von der Definition [51]). Hingegen die Frage über das *futurum contingens* wird hier, wie bei Thomas von Strassburg (oben Anm. 18), lediglich durch den Begriff des göttlichen Willens gelöst [52]). —

---

tiis ..... quaedam ex aliis ab illis mediate vel immediate causalis .... causantur ..... Quaedam vero sunt, quae non ex talibus .... causantur, cuiusmodi sunt enuntiationes, quibus quis enuntiat mente et iudicat, sic vel sic esse aut non esse, non cognoscens tamen intuitive ...... Istae materies propositionum mentalium sic se habent, quod propositiones primi generis ..... non sunt notitiae formaliter neque assensus (über *assensus* s. Occam, vor. Abschn., Anm. 752), *non plus, quam enuntiationes vocales, quibus sunt similes. Secundi autem generis propositiones sunt et notitiae et assensus. Tertii autem generis .... quaedam sunt assensus, sed non notitiae ...... Illi soli syllogismi mentales, qui constant ex propositionibus, quae sunt formaliter notitiae, dicuntur et sunt demonstrationes; alii vero .... solummodo dicuntur demonstrationes, quae sunt veris demonstrationibus in significando subordinati.*

47) Ebend. f. 5 r. A: *Conclusio demonstrationis mentalis proprie acceptae est assensus de sic esse, sicut ipsa significat. ..... Circa taliter demonstratum vel scitum non sunt ponendi tres actus distincti in anima ad enuntiandam conclusionem et ad cognoscendum et ad credendum seu assentiendum, sed .... idem actus est conclusio, notitia et assensus ....* (f. 6 v. A) *Actus, qui proprie scire dicitur, est ipsamet conclusio demonstrationis mentalis proprie acceptae et actus cognoscendi, sic esse, sicut conclusio enuntiat, nec non actus assentiendi; eidem namque actui omnia ista competunt.*

48) Prol. qu. 3, art. 1, f. 14 r. B: *Demonstratio non est unicus actus numero, ergo habitus conclusionis non est habitus praemissarum seu principiorum, ... quia non apparet possibile, quod aliqua una propositio mentalis in nobis naturaliter acquisita sit affirmativa et negativa, universalis et particularis, et de diversis praedicatis et subiectis; ...... constat autem, quod demonstrationis aliqua est propositio universalis et aliqua particularis, aliquando etiam aliqua est affirmativa, aliqua negativa, item de diversis praedicatis vel subiectis .... Nullo per se uno numero actu potest cognosci, sic esse, sicut enuntiant praemissae et conclusio.*

49) Ebend. qu. 1, art. 1, f. 2 r. B: *Conclusio demonstrationis non est obiectum scientiae acquisitae per demonstrationem .... nec res extra. .... Significatum totale conclusionis est obiectum scientiae.*

50) L. I, dist. 5, qu. 1, art. 1, f. 52 r. B: *Ut syllogismus sit regulatus per dici de omni, non sufficit, maiorem propositionem esse universalem in prima figura, nisi per eam denotetur, quod, de quocunque verificatur subiectum, de eodem verificatur praedicatum .... Ad perfectionem syllogismi expositorii requiritur, quod quilibet terminus sic sit singularis, quod non praedicetur de pluribus; quantumcunque autem sit singularis, si tamen praedicetur de pluribus, forma non est bona.* S. vor. Abschn., Anm. 967 u. 978.

51) Ebend. dist. 8, qu. 3, art. 1, f. 65 v. A: *Accidentia diffiniuntur tantum per additamenta et non diffinitione simpliciter et proprie dicta.* S. ebd. Anm. 1012.

52) Ebend. dist. 38, qu. 2, art. 3, f. 136 r. A: *Utrum simul stent, quod deus praesciat futura, et quod futura sint contingenter futura. Dico, quod sic ....* (f. 139 r. A) *Ista propositio „Quia deus praescit, ideo res sunt futurae", si sit causalis et non aequivalens praecise huic conditionali „Si deus praescit, res sunt*

Als vereinzelte Notizen sind noch anzuführen, dass Gregor in der Lehre von den modalen Urtheilen auch für substantivische Bezeichnungen die schon früher (s. Abschn. XVII, Anm. 43) übliche Unterscheidung einer nominalen und einer adverbialen Form in Anspruch nimmt und erstere abermals als *materialis* oder *significativa* auseinanderhält [53]), sowie dass er Eine der Regeln der *Consequentiae* gelegentlich durch eine Modification berichtigt [54]).

War hiemit sogar in der üblichen Erklärung des für die Theologie massgebenden Schulbuches, d. h. des Sententiarius, der Occamismus in den Vordergrund getreten, so ist es erklärlich, dass derselbe um so mehr die Darstellung der Logik selbst nun zu beherrschen beginnt. Der erste einflussreiche Autor in dieser Beziehung ist Johann Buridan (gest. nicht vor d. J. 1358), welcher eine äusserst ausführliche *Summula* der Logik schrieb [55]) und ausserdem Commentare zur aristotelischen Metaphysik [56]), sowie zur Nikomachischen Ethik verfasste [57]). Behufs der Darstellung der Lehre Buridan's dürfte es wohl das Beste sein, wenn ich diejenigen Punkte, welche im Allgemeinen eine Erörterung seines Partei-Standpunktes enthalten und in der *Summula*, wie es scheint, absichtlich keinen Platz fanden, aus dem Commentare zur Metaphysik, wo er reichlich hierauf eingeht, zunächst voranstelle, und dann den Inhalt der *Summula* vorführe, wobei sich noch einiges Einzelne aus den anderen beiden Schriften einschalten lässt.

Buridan, welcher im Anschlusse an Occam entschieden die Incom-

---

futurae", et nomine praescientiae non includatur beneplacitum vel dispositio, absolute neganda est.

53) Ebend. dist. 6, qu. 1, art. 1, f. 55 v. A: *Ablativi „voluntate" et „necessitate" possunt dupliciter teneri, ... possunt enim teneri nominaliter, alio modo possunt teneri adverbialiter. Si primo modo adhuc dupliciter; uno modo materialiter, ut construantur in ratione termini formaliter denominantis, sicut dicimus, quod hoc est album albedine; ...... alio modo significative et in ratione principii elicitivi, sicut dicimus, quod visibile disgregat albedine.*

54) Ebend. dist. 1, qu. 3, art. 2, f. 33 v. A: *Ad probationem, quia „eodem addito utrobique tenet consequentia"* (s. vor. Abschn., Anm. 1023, die zweite Regel), *dico, quod dictum illud debet intelligi, ubi illud additum sit purum categoreumaticum et adiectivum respectu illius, cui additur; in aliis autem multiplicem habet instantiam; sequitur enim „Deus creat, ergo deus est", tamen non sequitur „Deus contingenter creat, igitur deus contingenter est".*

55) *Perutile compendium totius logicae Joannis Buridani cum praeclarissima solertissimi viri Joannis Dorp expositione.* Venetiis 1499 fol. und *Commentum Johannis Dorp super textu summularum Johannis Buridani nuperrime castigatum a Johanne Maioris cum aliquibus additionibus eiusdem.* Paris. 1504. fol. (s. auch Abschn. XXII, Anm. 357). Der Inhalt beider Drucke ist trotz Verschiedenheit des Titels völlig der gleiche; nur ist dem jüngeren noch eine kleine *Quaestio* des Johannes Majoris (s. Abschn. XXII, Anm. 419) vorgedruckt. Uebrigens ist der Titel der jüngeren Ausgabe der richtige, denn Buridan selbst citirt anderwärts (Super Eth. Nic. VI, qu. 6, f. CLV r. A) seinen logischen Tractat mit den Worten *„in scripto meo super Summulas"*. Beide Drucke aber sind unpaginirt, und ich kann daher nur nach den Capitel-Ueberschriften citiren.

56) *In Metaphysicen Aristotelis Quaestiones argutissimae Magistri Joannis Buridani.* Paris. 1518. fol.

57) Ohne Titelblatt: *Prooemium Joannis Buridani in quaestiones super X. libros Aris. ad Nicomachum.* Paris. 1489. fol.

mensurabilität des Dogma's und der Philosophie ausspricht[58]), steigert und schärft in manigfacher Beziehung den Standpunkt seines Lehrers. So verlegt er unbedingt die Wahrheit bereits in jenes einfache Erfassen (*simplex apprehensio*), durch welches ein in der Aussenwelt entsprechender Gegenstand lediglich mittelst des Wortlautes eines Begriffes (*conceptus nominalis*) aufgegriffen wird, so dass der Begriff der Wahrheit durchaus nicht durch die in der Urtheilsform bestehende Verbindung bedingt sei, wohl hingegen alles Nicht-Wahre nur in der Satzform auftreten könne[59]). Und indem er Occam's Auffassung des *actus intelligendi* und des *actus significandi* aufnimmt (vor. Abschn., Anm. 757, 768, 776), schreibt er diesen beiden Functionen gleichmässig die Fähigkeit zu, sowohl das Universale als auch das Singuläre zum Gegenstande zu haben, je nachdem eben im einzelnen Falle der Denkact zur Objectivität sich stellt (*prout determinatur ad rem*), wozu als erläuterndes Beispiel der schon von Occam benutzte juristische Begriff der Stipulation dient[60]), d. h. in solchem Sinne liegt auch hier, wie bei Occam (vgl. ebd. Anm. 760 bis 764, 769 ff.), die Conformität des mentalen Urtheiles und der objectiven Sache zu Grunde, und es erklärt sich aus derselben auch die Zustimmung,

---

58) *In Metaph.* I, qu. 2, f. IV r. A: *Non comparamus metaphysicam ad theologiam, quae procedit ex ignotis creditis, quamvis non per se notis nec evidentissimis ...... In hoc differt metaphysica a theologia, quod, cum utraque consideret de deo et de divinis, metaphysica non considerat de deo et de divinis nisi ea, quae possunt probari et ratione demonstrativa concludi seu induci, theologia vero habet pro principiis articulos creditos absque evidentia et considerat ultra, quaecunque ex huiusmodi articulis possunt deduci.*

59) Ebend. VI, qu. 6, f. XXXVII v. B: *Duplex est nostra intellectio; quaedam est simplex apprehensio, alia est conceptuum simplicium compositio vel divisio ...... Omnis simplex apprehensio est vera, et nulla est falsa, ... sed apprehenditur conceptu simplici nominali, non quidditativo* (so ist hier zum ersten Male der Begriff „*nominalis*" dem des realen Quidditativen gegenübergestellt); ..... *omnis conceptus simplex habet debitam correspondentiam in re ...... Non omne verum est secundum compositionem et divisionem, sed omne falsum est secundum compositionem et divisionem in mente.* Vgl. hingegen Occam, vor. Abschn., Anm. 752 f.

60) Ebend. I, qu. 7, f. VII r. A: *Possibile est, quod actus intelligendi sint circa universalia et non circa singularia, quia ille actus intelligendi, a quo sumitur hoc nomen „animal", non est determinate actus intelligendi rem unam numero solum, sed similiter et indifferenter* (dieser Ausdruck erinnert sehr an Richard v. Middleton, s. ebend. Anm. 230) *multas res .... Per aliquem actum intelligendi intelligimus animalia indifferenter, et tamen illa animalia, quae sunt Romae, nihil egerunt ad illum actum .... Consequenter debemus dicere de actu significandi, quia possibile est, quod sit circa universale, eo quod, si vox imponitur ad significandum mediante actu intelligendi, tunc significat universaliter vel singulariter secundum exigentiam istius actus intelligendi. Dico ergo, quod actus significandi huius termini „animal" est circa universale, prout hic notatur habitudo vocis significantis ad rem significatam; et quia etiam promissiones et debita fiunt mediantibus actibus intelligendi, ideo possibile est, quod actus promittendi vel debendi est circa universale, et non circa aliquid determinatum singulare, prout notatur habitudo actus promissionis vel debitorii ad rem debitam vel promissam.* Ebend. VII, qu. 16, f. LII r. A: *Iste asinus sitiens omnem aquam sibi convenientem appetit, sed tamen non appetit omnem aquam, quia non appetit secundum rationem distributivam ...... Ita etiam dicendum de promissione bovis .... Dicendo „Ego promitto tibi equum" iste terminus „equum" habet suppositionem confusam, non distributivam.* Ueber Letzteres vgl. Occam, ebd. Anm. 798 u. 885, u. unten Anm. 108.

welche ein wahres Urtheil findet [61]); ja alle Verschiedenheit der inneren Denkacte unter sich kommt ursprünglich (*originaliter*) nur von der Verschiedenheit der Objecte her [62]). Dass die Universalien nur *termini* sind, versteht sich von selbst; aber Buridan spricht es sogar schärfer als Occam (ebd. Anm. 782) aus, dass das logische Universale nur als ein Zeichen eines mentalen Terminus Geltung habe [63]). Denn während allerdings, wie schon Antonius Andreas gethan hatte (ebd. Anm. 457), ein doppeltes Universale unterschieden wird, nemlich das eine *secundum causalitatem* und das andere *secundum praedicationem*, ist es natürlich das letztere, welches dem Gebiete des logischen Terminus angehört und hier den Gegensatz gegen jeden singulären Terminus repräsentirt, so dass von einer sachlich getrennten Existenz der Universalien im Sinne Plato's keine Rede sein kann, da ausserdem (vgl. Occam, ebd. Anm. 769 u. 773) die Existenz-Berechtigung des logischen Urtheiles, d. h. der Hauptfunction des Intelligenz-Actes, in Frage gestellt würde [64]). Kurz das Universale

61) Ebend. II, qu. 1, f. VIII v. B: *Veritas propositionis mentalis non est aliud, quam ipsamet propositio mentalis, quae est vera, quamvis haec nomina „verum" et „veritas" connotant, quod huiusmodi propositio mentalis sit conformis rebus significatis ...... Comprehensio veritatis uno modo non est aliud, quam formatio vel existentia propositionis apud animam, et tunc iterum nihil aliud est comprehensio propositionis verae, quam ipsamet propositio vera; ...... alio modo .... idem est, quod intellectio propositionis verae per modum obiecti ita, quod nos intelligamus propositionem, sicut nos comprehendimus sive intelligimus lapidem; ..... alio modo comprehensio veritatis accipitur pro adhaesione vel assensu, quo assentimus vel adhaeremus propositioni verae* (vgl. oben Anm. 45).

62) Ebend. VI, qu. 1, f. XIII r. B: *Habitus intellectuales et actus intelligendi bene se ipsis differunt intrinsece;. sed cum ex parte obiectorum arguitur eorum differentia, dico, quod huiusmodi differentiam intrinsecam habent bene originaliter ab obiectis.*

63) Ebend. f. XII v. B: *Genera et species non sunt nisi termini apud animam existentes vel etiam termini vocales aut scripti, qui non dicuntur genera aut species nisi secundum attributionem ad terminos mentales, quos designant.*

64) Ebend. VII, qu. 15, f. L v. A: *Pluribus modis aliquid dicitur universale. Uno modo ..... secundum causalitatem, ... et sic universalissimum in causando esset deus et consequenter intelligentiae et corpora coelestia, et isto modo .... universalia sunt separata a singularibus ..... Alio modo dicitur universale secundum praedicationem vel significationem, quia de multis est praedicabile et indifferenter significat multa et supponit pro multis. Et tunc significatum ipsi oppositum est terminus singularis seu concretus, qui una impositione significativum vel repraesentativum est unius tantum ..... Et sic universale et singulare sunt termini mentales vel vocales aut scripti; et possibile est, quod sit universale separatum ab omnibus singularibus, sc. posito, quod in mente tua tu formares aliquem conceptum communem, ... licet alii forment multos terminos singulares; ..... sed tamen cum hoc est possibile, quod singulare et universale sunt simul in eodem subiecto ..... Sed ista dicta non sunt ad intentionem Platonis nec contra eum; imo ..... per universalia intelligebat res significatas per terminos universales; ..... et tunc ille dicebat, universalia esse separata a singularibus. Sed statim videtur, quod talis opinio sit omnino absurda, quia sequitur, quod ipsae propositiones non essent verae „Socrates est homo" etc.* Ebend. qu. 16, f. LII r. B: *Res eaedem alio modo intelliguntur singulariter et alio modo universaliter ..... Sensus nunquam cognoscit universale vel universaliter.* Ebend. qu. 9, f. XLVII r. A: *Intentio Aristotelis est, quod superfluum esset ponere species ideales, quia non oportet eas ponere ad excedendum perfectionem geniti .. ... nec propter appropriationem ad talem effectum producendum ..... Aristoteles autem non improbat Platonem ex eo, quod posuit substantiam separatam, sed ex eo, quod posuit illas ideas speciales.*

als ein vom Singulären Verschiedenes besteht nie ausserhalb der Seele, und indem somit weder ein objectiver noch ein subjectiver Dualismus als zulässig erscheint, kann man sich wahrlich auf einen ewigen Gehalt (*aeternitas*) berufen, welcher dem Intelligenz-Acte selbst einwohnt und eines ewigen äusseren Bestandes der Objecte nicht bedarf, denn, wie beispielsweise gesagt wird, auch nach Vernichtung aller concreten Rosen verbliebe doch das die Rose betreffende Wissen [65]). So muss sich Buridan nicht bloss über die Begriffe „*singulare*" und „*individuum*" [66]), sondern insbesondere auch über das Princip der Individuation in einer mit Occam (ebd. Anm. 802 u. 813) fast wörtlich übereinstimmenden Weise aussprechen [67]); Occam's Standpunkt aber betreffs der *unitas formae* (ebd. Anm. 818) steigert er nahezu in ein Extrem des Conceptualismus, bei welchem die Objectivität der Wesens-Formen der Dinge ganz in den Hintergrund tritt [68]). Und dieser stärkere Subjectivismus trennt ihn auch

---

65) *Super Eth. Nic.* VI, qu. 6, f. CLIV r. A: *Alii distinguunt inter universale et singulare non solum secundum conceptum, sed etiam in re extra; ..... dicunt igitur, non de singularibus, sed de universalibus esse scientiam, et ita scibilia dicunt perpetua, licet eorum singularia sunt corruptibilia. Sed ego puto, quod universale non sit praeter animam distinctum a singularibus. ...... Si omnes rosae nunc essent corruptae sic, quod nulla modo esset, ... tamen medicus ob hoc non amitteret scientiam, quam habet de rosa ...... Alii autem ponentes, quod universalia sunt distincta a singularibus nonnisi per operationem animae, ... dicunt, quod scibile pro re extra sic debet esse aeternum, quod semper sit aliqua res, pro qua termini conclusionis scibilis supponant ...... Sed adhuc puto, nec illud esse necessarium, quum, sicut dictum fuit, non oportet medicum amittere scientiam de rosis, si nullae sint rosae.* Hiezu unten Anm. 115.

66) *In Metaph.* VII, qu. 19, f. LIII v. B: *Apud logicum isti termini „singulare" et „individuum" verificantur pro terminis synonymis, quibus opponitur commune vel universale; et sunt haec omnia nomina secundarum intentionum supponentia pro terminis significativis.* S. b. Occam Anm. 839.

67) Ebend. qu. 17, f. LII v. A: *Loquendo de individuis pro rebus significatis per terminos singulares nullam viam habemus ad percipiendum differentiam inter individua eiusdem speciei nisi per accidentia sive per extranea. Unde si essent duo lapides omnino similes in figura, in magnitudine, in colore, et sic de aliis, et successive apportarentur in tua praesentia, tu nullam viam haberes ad iudicandum, utrum secundus apportatus esset ille idem, qui primus apportatus fuit* (diess ist eben doch das Motiv des zwischen zwei gleich guten Heubündeln verhungernden „Esels", welcher bekanntlich in den Schriften Buridan's sich nicht findet, sondern nur der Schul-Tradition angehört; darauf aber, dass die ganze Casuistik betreffs jenes Esels auf einer Stelle des Aristoteles, d. h. *De Coel.* II, 13, 295 b 33, beruht, habe ich schon in meiner Ausgabe der aristotelischen Bücher *De Coelo*, S. 316, hingewiesen). *Individua eiusdem speciei, ut Socrates et Plato, differunt substantialiter, sc. per suas substantias tam per formas quam per materias ex eo, quod nec forma Socratis est forma Platonis nec materia Socratis est materia Platonis; sed tamen istam diversitatem non possumus iudicare nisi per differentiam extraneorum.*

68) Ebend. qu. 14, f. XLVIIII v. A: *Multis modis aliqui imaginati sunt, in eodem supposito esse plures formas substantiales. Uno modo propter divisionem quantitativam formae ..... Alio modo, ... quia credunt, formas substantiales elementorum manere simul in mixto ..... Alii posuerunt plures formas substantiales subordinatas correspondentes pluribus praedicatis quidditativis ......* (f. L r. A) *Sed omnia possumus salvare ponendo unicam formam substantialem in singulari supposito; .... ergo non sunt ponendae plures ...... Diversi conceptus subordinati secundum superius et inferius proveniunt a principio ex diversis accidentibus naturalibus et sensibilibus ......* (B) *Intellectus primitus potest intelligere confuse, ... sed postea ..... potest abstrahere conceptum subiecti a conceptu accidentis, et tunc ille conceptus non amplius erit accidentalis, sed quidditativus.*

von seinem Lehrer (vgl. ebd. Anm. 817) in der Frage über die *formalitates* [69]), welche ja auch Gregor v. Rimini, obwohl Occamist, wieder aufgenommen hatte (s. ob. Anm. 43). Nemlich Identität und Verschiedenheit haben nach Buridan's Ansicht nur insoferne eine reale Bedeutung, als die Gegenstände der Aussage nicht schon in ihrem Wesen an sich, sondern nur in bestimmten Qualitäten und Attributen ein Motiv der Identität oder des Unterschiedes zeigen [70]); hingegen bezüglich der Wesenheiten selbst fällt alle derartige Distinction, wie namentlich jene zwischen *„esse“* und *„essentia“* lediglich in die subjective Auffassung, welche ebensogut auf das unmittelbar Gegenwärtige blicken als auch von demselben abstrahiren kann [71]).

Mit grosser Ausführlichkeit äussert sich Buridan über das *„primum principium“* des Wissens, d. h. über das sog. *principium identitatis et contradictionis*, welchem wir schon seit Mayron auch bei Armand (vor. Abschn., Anm. 628) und bei Gratiadei (ebd. Anm. 672) begegnet waren. Er führt zunächst eine Ansicht Anderer (— wessen, wissen wir nicht —) an, wornach die Priorität der Einfachheit den entscheidenden Gesichtspunkt darbietet, und sonach von dem einfachsten Existential-Satze aus durch alle modalen Urtheile hindurch der Satz des Widerspruches ausgedehnt wird; nach seiner eigenen Ansicht hingegen handelt es sich um die Priorität der Evidenz, und indem er für diese eine Stufenfolge aufstellt, gelangt er schliesslich zu einer Formulirung, in welcher zugleich das sog. *princ. exclusi tertii* enthalten ist, nemlich der oberste Grundsatz laute *„Quodlibet est vel non est“* oder als synonym damit *„Nihil idem est et non est“* [72]). Indem er aber sodann es unternimmt, dieses oberste

---

69) *Super Eth. Nic.* VI, qu. 6, f. CLIII r. B: *Non puto, quod esse et essentia rei distinguantur in ipsa re praeter animam.*

70) *In Metaph.* V, qu. 6, f. XXX r. B: *Si identitas non est res addita, ita nec diversitas ...... Quaecunque dicuntur per se ipsa convenire vel esse diversa, in illis convenientia vel disconvenientia non sunt res vel dispositiones ipsis additae ..... In illis, quae dicuntur convenire vel esse diversa non secundum se ipsa, sed ex eo, quod aliqua alia, puta qualitates eis inexistentes, conveniunt vel disconveniunt, ideo convenientiae eorum vel diversitates sunt res vel dispositiones eis additae.* Aehnlich ebend. qu. 9, f. XXXII v. A.

71) Ebend. IV, qu. 9, f. XIX v. A: *Illae propositiones conceduntur: „Esse et essentia sunt idem secundum rem, sed differunt secundum rationem“; ...... sensus enim est, quod esse et essentia sunt eadem res, ... sed alia est ratio, qua imponitur hoc nomen „esse“, et alia ratio est, qua imponitur hoc nomen „essentia“; aliter illa nomina essent penitus synonyma ...... Sed tunc restat magis difficultas, cum illa differentia rationum non debeat dici ficta, unde provenit ex parte rei originaliter differentia talis rationum ....* (B) *Et videtur mihi esse dicendum, quod res percipiuntur et iudicantur esse, secundum quod percipiuntur tanquam in prospectu cognoscentis, ... scilicet solum quod res apprehendatur per modum praesentialitatis in conspectu cognoscentis; ..... quando autem per intellectum absolvimus conceptum rei a conceptu talis praesentiae, ... tunc imponimus res ad significandum per illa nomina „essentia, homo, lapis“.*

72) Ebend. qu. 13, f. XXII r. A: *Quaeritur, utrum ista propositio „Idem inesse et non inesse simul eidem secundum idem, ... est impossibile“* (s. Abschn. IV, Anm. 164), *sit primum principium complexum* (diess war auch die Terminologie Mayron's. s. vor. Abschn., Anm. 522) ...... (v. A) *Aliqui magis accedentes ad prioritatem secundum simplicitatem, quam secundum evidentiam et certitudinem, dicunt, quod categoricae sunt priores hypotheticis, et illae de inesse modalibus, et affirmativae priores negativis, et illae de hoc verbo „est“ illis de illo verbo „inest“, et illae de hoc verbo „est“ secundo adiacente illis de hoc verbo „est“ tertio adiacente. Et se-*

Denkgesetz gegen mögliche Einwände zu schützen, zeigt er sich in Inhalt und Form als einen Vertreter jener nach Occam auftauchenden Logik, welche uns noch bei einer grösseren Gruppe von Autoren beschäftigen soll. Wir sehen nemlich, wie Buridan auf die *„Insolubilia"* als auf ein schon damals in der Logik übliches Thema hinweist (vgl. vor. Abschn., Anm. 1043) und eine reichere Benützung dieses Materiales verschmähend nur Ein Sophisma anführt, welches als Einwand gegen das *princ. identitatis* vorgeführt werden könnte; — ein Sophisma, welches wir alsbald unten (s. Anm. 159, 308 f. u. s. f.) in verschiedenen Variationen treffen werden, nemlich dass, wenn z. B. Sokrates den einzigen Satz spricht „Plato spricht unwahr" und gleichzeitig Plato den einzigen Satz „Sokrates spricht unwahr", sonach Ein und dasselbe Urtheil zugleich wahr und nicht wahr ist [73]). Und als würdiges Seitenstück reiht sich hieran eine Spielerei mit dem Begriffe *„simul"*, welche auch zu dem Urtheile „So-

cundum hoc illi ponunt unum magnum ordinem principiorum indemonstrabilium. Primum enim principium secundum praedicta est „Ens est", deinde sequitur „Non ens non est", postea „Ens est ens", deinde „Non ens non est ens"; postea de modalibus „Ens potest esse", „Non ens non potest esse", „Necesse est, omne ens esse", „Necesse est, non ens non esse", „Impossibile est, non ens esse"; postea sequuntur modales in simili ordine de „est" tertio adiacente, ut „Ens potest esse ens" etc.; postea propositiones de extremo hypothetico, ut „Quodlibet est vel non est", „Nihil est et non est"; similiter de tertio adiacente „Quodlibet est ens vel non est ens", „Nihil est ens et non est ens"; postea de modalibus „Quodlibet potest esse vel non esse", „Quodlibet esse vel non esse, est necesse", „Idem esse et non esse, est impossibile"; postea sequuntur consimiles de „est" tertio adiacente; postea propositiones de verbo „inest", videlicet „Quodlibet cuilibet inest vel non inest", „Nihil eidem inest et non inest"; postea sequuntur modales „Quodlibet cuilibet possibile est inesse vel non inesse", „Necesse est, quodlibet cuilibet inesse vel non inesse"; ultimo sequitur „Idem eidem inesse et non inesse, est impossibile"....... Videndum est,..... quae sint priores quantum ad firmitatem et evidentiam:...... Negativa est firmioris evidentiae, quam affirmativa.... (B) *Propositio de „est" est evidentior et firmior, quam propositio de „inest"...... Modalis affirmativa de possibili est firmior et evidentior, quam affirmativa de inesse...... Propositio de hypothetico extremo est evidentior simplici categorica......* (f. XXIII r. A) *Hypothetica de inesse est evidentior et firmior, quam hypothetica modalis...... Propositio de „est" secundo adiacente est evidentior et firmior, quam propositio de „est" tertio adiacente....... Ego credo, quod simpliciter primum principium debet poni ista propositio „Quodlibet est vel non est" vel ista universalis „Nihil idem est et non est".*

73) Ebend. qu. 15, f. XXIV r. A: *Quaeritur,.... utrum ambae contradictoriae possint esse simul verae.......* (v. A) *Possent adduci sophisticationes et omnia vocata insolubilia; sed quia illa pertinent ad logicam, ergo solummodo adducam ad praesens unum insolubile:.... Si eadem propositio est simul vera et falsa, ambae contradictoriae sunt simul verae...... Sed ego probo, quod eadem est simul vera et falsa, et pono casum, quod Socrates dicat „Plato dicit falsum" et e converso Plato dicat „Socrates dicit falsum", et neuter dicat aliam propositionem. Tunc ergo, si unus dicat verum, alter pari ratione dicet verum, et etiam, si unus dicit falsum, et alter pari ratione dicit falsum, quia omnino simile est de istis. Si ergo dicamus, quod Socrates dicit verum dicendo, quod Plato dicit falsum, sequitur, quod Socrates* (der Text gibt irrthümlich *Plato*) *dicit verum; et tamen dicebat, quod Plato dicit falsum; ergo Socrates dicebat falsum; et sic sequitur, quod haec propositio Socratis erat vera et falsa. Et ita sequitur idem, si tu dicas, quod Socrates dicebat falsum, quia, si Socrates dicebat falsum, sequitur, quod pari ratione Plato dicebat falsum, quia dicebat, Socratem dicere falsum; ergo falsum est, dicere, quod Socrates dicat falsum; ergo dicebat verum; et sic adhuc sequitur, quod propositio Socratis erat vera et falsa.* Eine Erörterung dieses nemlichen Sophisma's s. auch ebend. VI, qu. 11, f. XLI r. A u. B. Vgl. auch unten Anm. 145.

krates lebt und ist todt" Veranlassung gibt, ihre Lösung aber durch die übliche Lehre von der *ampliatio* im Hinblicke auf die Theilbarkeit der Zeit findet [74]).

Betrachten wir aber nun den Inhalt der einflussreichen *Summula* Buridan's etwas näher, so zeigt sich uns dieselbe zu Anfang als fast wörtlich identisch mit Petrus Hispanus [75]). Neu kommt aber hier hinzu, dass die kategorischen Urtheile in Inhärenz- und modale Urtheile eingetheilt werden, d. h. also die modalen zu einer Unterart des kategorischen Urtheiles gestempelt werden, und zugleich auch Occam's Berücksichtigung der grammatischen Tempora (vor. Abschn., Anm. 902) Aufnahme findet; sehr zu beachten aber ist dabei bezüglich der üblichen Lehren über *sensus divisus* und *sensus compositus* (Abschn. XVII, Anm. 585 f. und vor. Abschn., Anm. 187 u. 914 f.), dass nach der Wahl der Beispielsätze hier nur der *sensus divisus* als modales Urtheil gilt, und sonach ein älterer Standpunkt (Abschn. XVII, Anm. 586) reproducirt wird [76]). Ausserdem auch müssen wir Buridan's Ansichten über das Urtheil noch aus seinem Commentare zur Metaphysik ergänzen; er interessirt sich nemlich wie Occam (vor. Abschn., Anm. 898 f.) um das Wesen der Negation, steigert aber die dortige Annahme dahin, dass im mentalen Urtheile die Negation ein blosses Accidens der Seele, im ausgesprochenen Urtheile aber sogar nur ein Accidens der bewegten Luft sei, während sie in ihrer Geltung für die im Urtheile bezeichnete Objectivität eben den Ausdruck der Nichtigkeit selbst bedeute [77]). Die Annahme ferner,

---

74) Ebend.: *Istae duae sunt contradictoriae „Socrates currit" et „Socrates non currit", et tamen possunt esse simul verae, sive haec dictio „simul" determinet hanc dictionem „possunt", sive quod determinent .... „verae" .... Si determinant hoc verbum „possunt", constat, quod ambae nunc habent potentiam, ut postea sint verae ...... Sed etiam si haec dictio „simul" determinet hoc „verae", revertitur idem, ... quia possibile est, quod ista propositio „Socrates currit" erit cras vera per totum diem; et similiter etiam possibile est, quod ista propositio „Socrates non currit" erit cras vera per totum diem; ergo utraque potest esse vera in uno toto tempore, ... ergo simul ....* (B) *Sed ista dictio „simul" connotat, quod veritas unius stat cum veritate alterius, quod est impossibile. ......* (f. XXV r. A) *Haec est possibilis „Socrates est vivus et Socrates est mortuus", ... et capio praesens tempus sive parvum sive magnum; tamen ipsum habet unam partem priorem et aliam posteriorem ....* (v. B) *Loquendo de tempore simpliciter et absolute nullum tempus praeteritum est tempus praesens et nullum futurum est tempus praesens, quia omne tempus praesens est ...... Praedicatum praeteritum ampliat subiectum ad supponendum pro praeteritis ..... Ideo, sicut ista est vera „homo est mortuus" propter hoc, quod, qui fuit homo, est mortuus, licet nullus homo, qui est, est mortuus, ita haec est vera „tempus praesens est praeteritum" ......* (f. XXVI r. A) *Tamen aliquando et valde communiter, licet minus proprie, nos utimur istis nominibus „praeteritum" et „futurum" respective ita, quod .... pars prior vocetur praeterita respectu partis posterioris.*

75) *Summul. Tract.* I, *De propos.* S. Abschn. XVII, Anm. 146—152. Nur fehlen hier die *novem instrumenta*, d. h. dortige Anm. 147, und aus dem Inhalte d. Anm. 151 ist die *deprecativa* hinweggelassen.

76) Ebend. *De propos. categ.*: *Propositionum categoricarum alia est de inesse, alia de modo sive modalis. De inesse est illa, quae est de simplici inhaerentia subiecti cum praedicato, ut „homo est animal", „hominem currere est possibile". Modalis est, quae est de inhaerentia modificata subiecti cum praedicato, ut „hominem possibile est currere"* (vgl. unten Anm. 83 u. 116). *Propositionum de inesse quaedam est de praesenti, ... quaedam de praeterito, ... quaedam de futuro.* Hierauf folgt wieder der Text des Petrus Hispanus, s. dort Anm. 153.

77) *In Metaph.* IV, qu. 10, f. XX r. A: *Multipliciter dicitur negatio. Uno modo accipitur pro diffinitione negativa, ut pro illa diffinitione „non"; alio modo etiam*

dass die Wahrheit des Urtheiles in der adäquaten Bezeichnung eines objectiven Thatbestandes beruhe, sei nur bei bejahenden Urtheilen, deren Verbum im Präsens steht, zu rechtfertigen [78]); hingegen richtiger (im Anschlusse an Occam, ebd. Anm. 904) liege die Wahrheit in der durch die Termini selbst bezeichneten Suppositions-Fähigkeit [79]). Der weitere Verlauf der *Summula* aber führt in stetem Anschlusse an Petrus Hispanus [80]) zur Lehre vom hypothetischen Urtheile, bei welchem Buridan der jüngeren Tradition folgt (Abschn. XVII, Anm. 583, vor. Abschn., Anm. 328 u. 894) und sonach sechs Arten desselben bespricht, wobei er bezüglich der *causalis* und *temporalis* die Angaben Occam's benützen kann [81]).

Eine besondere Sorgfalt widmet er der Lehre von den modalen Urtheilen, und es scheint ihm bei diesem Gegenstande der Text des Petrus Hispanus nicht mehr als zeitgemäss gegolten zu haben. Abgesehen nemlich von dem an anderem Orte niedergelegten Ausspruche über die Wahrheit der modalen Urtheile, welcher völlig conform ist mit den Angaben über die kategorischen [82]), beginnt er mit einer Erklärung der

---

pro termino infinito,..... et aliquando pro propositione negativa...... Si loquamur de dictionibus vel propositionibus mentalibus, sunt animae accidentia, et si loquamur de vocalibus, illae sunt voces, quae sunt accidentia aëris (hier sonach läge ein Motiv zu dem Vorwurfe vor, dass die Occamisten von „*flatus vocis*" sprechen, was Occam selbst nie gethan hatte; s. vor. Abschn., S. 327 und vgl. unten Anm. 448)....... *Sed alio modo accipitur negatio pro totali significato propositionis negativae; et de hoc......* (B) *videtur mihi dicendum, quod „deum non esse" nihil est, quod „hominem non esse animal" nihil est,..... et sic de talibus orationibus, quibus correspondent propositiones falsae.*

78) Ebend. VI, qu. 8, f. XXXVIII v. B: *Non omnis propositio vera ex eo est vera, quia, qualitercunque significat, ita est in re significata; haec enim est vera „Antichristus erit", et tamen non est ita in re significata...... Omnis affirmativa vera, quae est de praesenti et de inesse, ex eo est vera, quia, qualitercunque significat esse, ita est in re significata...... Quaecunque sunt causae veritatis alicuius propositionis ex parte rerum significatarum, illae eaedem causae sunt causae falsitatis suae contradictoriae...... Ad falsitatem affirmativae nulla est causa, quia nihil requiritur in re significata, quia sufficit, quod sit formata et non vera; si enim sit formata et non vera, sequitur, quod est falsa.*

79) Ebend. V, qu. 2, f. XXVII v. A: *Propositio ex eo dicitur per se vera, quia ex sua forma et ex significatione suorum terminorum determinat sibi, quod sit vera; et hoc est, si sit affirmativa, quia unus terminus ex sua significatione determinat, quod ipse et alter terminus supponant pro eodem; et si sit negativa, hoc est, quia unus terminus eius determinat, quod non supponat pro illo, pro quo alter supponit.* Ein dagegen sprechendes Sophisma s. unten Anm. 145.

80) *Summul. Tract.* I, *De prop. categ.* folgt zuerst aus Petrus Hispanus, Abschn. XVII, Anm. 154 f., dann die Aequipollenz, d. h. dort Anm. 159 (unter Aufnahme bloss des fünften Memorialverses, s. ebd. Anm. 40), hierauf die Umkehrung, d. h. Anm. 156, sodann das hypothetische Urtheil, d. h. Anm. 158.

81) Ebend. *D. caus. temp. loc.: Causalis est illa, in qua coniunguntur duae categoricae per hanc coniunctionem „quia"..... Ad eius veritatem requiritur, quod antecedens sit causa consequentis;..... ad falsitatem, quod antecedens non sit causa consequentis...... Temporalis est illa, quae continet duas categoricas coniunctas per illud adverbium „quando"..... Ad veritatem eius requiritur, quod ambae categoricae sint verae pro eodem tempore;..... Localis est illa, quae continet duas categoricas coniunctas per hoc adverbium „ubi"...... Ad veritatem eius requiritur, quod ambae sint verae pro eodem loco; ad falsitatem, quod non sint verae pro eodem loco.* Eigenthümlich ist es, dass *Metaph.* VI, qu. 10, f. XL r. B Buridan bei Besprechung der hypothetischen Urtheile doch wieder nur die drei älteren Arten erwähnt.

82) *In Metaph.* VI, qu. 10, f. XL r. A: *Duplices sunt modales:... quaedam vocantur compositae,.... aliae vocantur divisae..... Dicendum est proportionabiliter*

Modalität, welche ebenso wie oben (Anm. 76) nur den ***sensus divisus*** darunter verstehen lässt [83]), und erörtert dann auf Grundlage der jüngeren Gestaltung dieser Lehre (Abschn. XVII, Anm. 587) sowohl die Qualität [84]) als auch die Quantität der modalen Urtheile [85]). Hierauf lässt er betreffs der Entgegensetzung dieser Urtheile vorerst Regeln folgen, in welchen die qualitativen und die quantitativen Verhältnisse ihre Berücksichtigung finden [86]); und in peinlichster Sorgsamkeit entwirft er hiefür noch zwei Figuren, deren erste lediglich den singulären modalen Urtheilen gewidmet ist [87]); jedoch sowohl bei dieser als auch bei der zweiten, welche die

---

illis de inesse (s. Anm. 77 f.) .... *Affirmativae ad hoc, ut sint verae, requirunt ex parte rei debitam correspondentiam; sed ad hoc, quod tales affirmativae sint falsae, nihil requiritur in rebus significatis ...... Similiter ad veritatem negativarum non oportet aliquam esse correspondentiam in rebus significatis, quia propter idem et non propter aliud est negativa vera et affirmativa ipsi contradictoria est falsa.*

83) *Summ. Tract.* II, *D. modal.: Modus est aliquando determinatio copulae et aliquando determinatio alicuius alterius termini positi a parte subiecti vel a parte praedicati; et si determinatio se teneat ex parte subiecti vel praedicati, non reddit propositionem modalem ..... Sunt autem modi tales: possibile, impossibile, contingens, necessarium, verum, falsum ..... Pro praedictis modis modus et verbum debent situari inter subiectum et praedicatum, ... et totum aggregatum ex modo et verbo est copula.* Ueber die Trennung des *sensus compositus* von der Modalität vgl. auch Anm. 116.

84) Ebend.: *De qualitate modalium sciendum est, quod negatio, si sit unica praecedens modum et verbum, reddit propositionem negativam; ..... item licet negatio sequatur modum et praecedat hoc ultimum verbum „esse", propositio etiam est negativa, ut „hominem possibile est non esse album"; si vero nulla fuerit negatio, vel quod fuerint duae, propositio est affirmativa, ut ..... „hominem non possibile est non currere".*

85) Ebend.: *Tripliciter potest attendi quantitas earum: uno modo ex parte subiecti sicut in illis de inesse; alio modo ex parte modi; tertio modo ex parte utriusque simul ...... Sed ex parte modi „necesse" et „impossibile" reddunt propositionem universalem quantum ad tempus consignificativum; „possibile" autem sine negatione praecedente reddit eam particularem.*

86) Ebend.: *De oppositionibus ... modalium dantur regulae:* 1) *Singulares eiusdem subiecti et eiusdem praedicati differentes secundum qualitatem et quantitatem modi sunt contradictoriae. Sed si tales singulares diversae qualitatis sint ambae de modo universali, participant legem contrariarum; et si sint ambae de modo particulari, participant legem subcontrariarum; et si sint ambae eiusdem qualitatis et una sit universalis et alia particularis, participant legem subalternarum.* 2) *Si propositiones de subiecto communi et eiusdem praedicati fuerint diversae qualitatis et diversae quantitatis tam dicti quam modi, illae sunt contradictoriae.* 3) *Si diversae qualitatis sint ambae universales tam de dicto quam de modo, illae sunt contrariae.* 4) *Si fuerint ambae particulares tam de dicto quam de modo, sunt subcontrariae.* 5) *Si sint eiusdem qualitatis et una sit utrobique universalis et altera utrobique particularis, illae sunt subalternae.*

87) Ebend.:

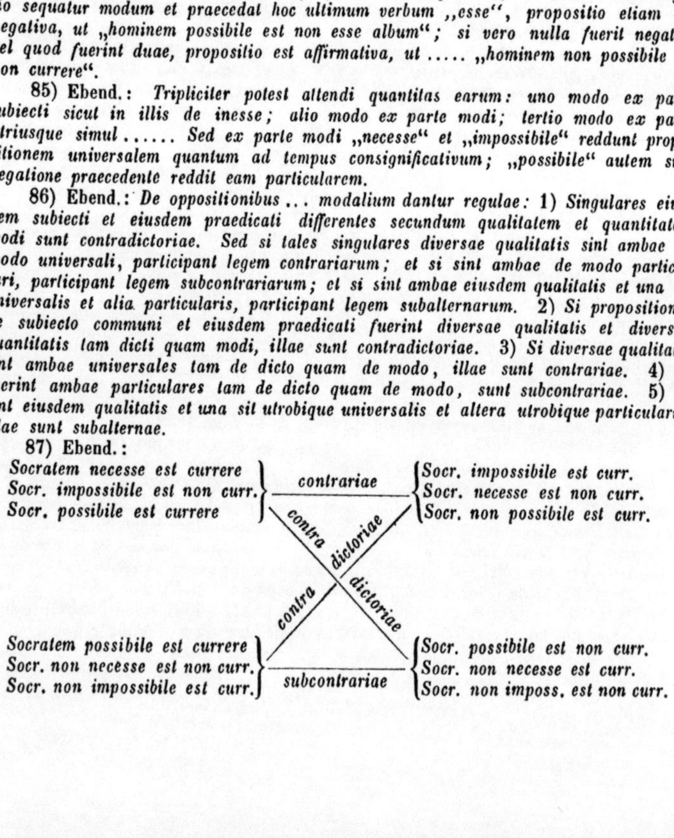

übrigen quantitativen Urtheilsformen (d. h. allg. bej., allg. vern., part. bej., part. vern.) betrifft [88]), bemerken wir eine Lückenhaftigkeit, insoferne von den sechs Modalitäten nur drei, nemlich *necesse, impossibile, possibile*, eine Aufnahme gefunden haben und die übrigen, d. h. *contingens, verum, falsum*, unberücksichtigt geblieben sind. Jene ersteren drei finden allerdings ihre Verwendung auch in den hierauf folgenden Regeln über

---

88) Kürzen wir die Worte *omne*, *nullum*, *quoddam*, *est*, *esse*, *non*, *possibile*, *impossibile*, *necesse* folgendermassen ab: *o.*, *nl.*, *qd.*, *e.*, *ee.*, *n.*, *pos.*, *imp.*, *nec.*, so gestaltet sich die Figur:

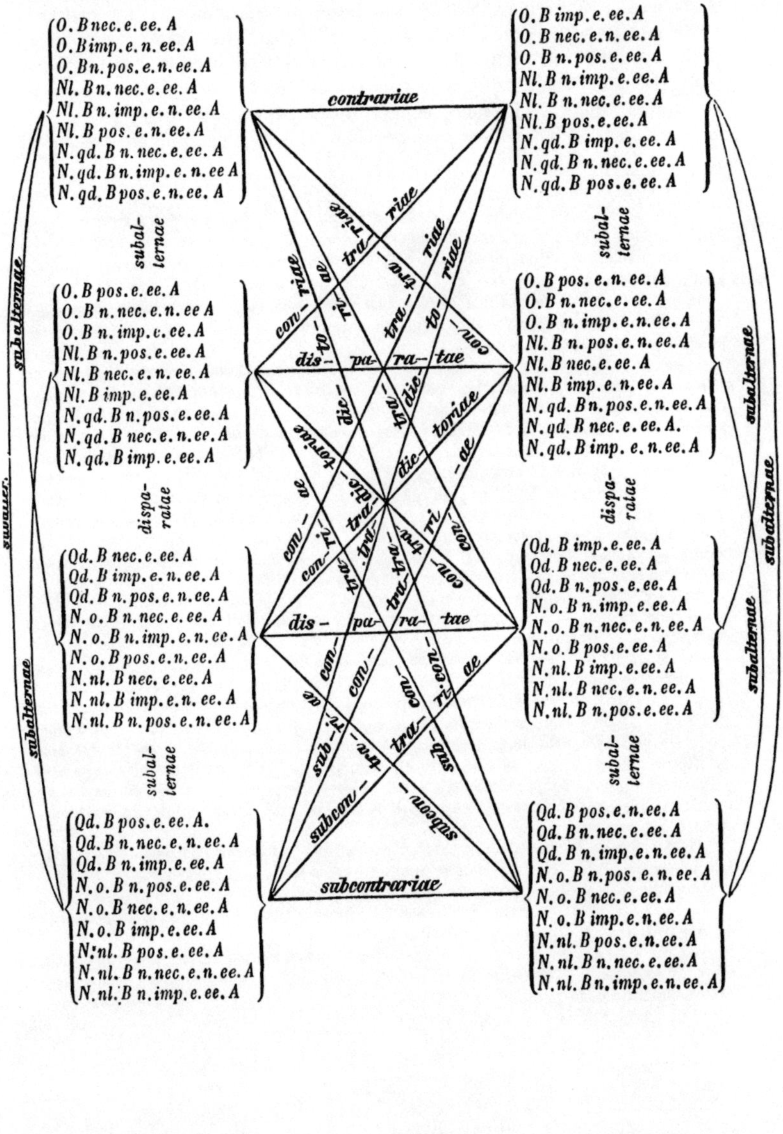

die Aequipollenz der modalen Urtheile, ja sie werden dabei in eine nicht ganz ungeschickte Verbindung mit den Quantitäts-Zeichen gebracht [89]). Aber es ist doch ein Mangel an Folgerichtigkeit, wenn gleich hernach bezüglich der Regeln über die Umkehrung dieser Urtheile der modale Ausdruck „*contingens*“ wieder neben „*possibile*“ erscheint [90]). Und noch in höherem Grade widerspricht es unserer Erwartung, dass trotz der obigen deutlichsten Fingerzeige (Anm. 76 u. 83) nun dennoch der *sensus compositus* gleichfalls zur Modalität gerechnet wird, zumal da sich an die Unterscheidung, dass eine solche Modalität entweder einen objectiven Thatbestand oder das Verhältniss der Aussage betreffen könne, zuletzt doch wieder nur eine Gleichstellung dieser Urtheile mit den kategorischen Inhärenz-Urtheilen ergibt [91]). Ja es schwindet die letzte Spur einer Planmässigkeit dadurch, dass nach all dieser Unordnung und Lückenhaftigkeit zum Schlusse dem *contingens ad utrumlibet* noch eine eigene Erörterung unter Aufzählung einiger Regeln gewidmet wird [92]).

Die hierauf folgenden Angaben über die Isagoge und die Kategorien

---

89) Ebend.: *De aequipollentiis dantur regulae:* 1) *Aequipollentes semper debent esse eiusdem qualitatis et eiusdem quantitatis.* 2) *Ex parte dicti debent sumi aequipollentiae sicut in illis de inesse.* 3) *Proportionando modos ad signa, sc. quod „necesse“ sit sicut „omnis“ et „impossibile“ sicut „nullus“ et „possibile“ sicut „quidam“ et „possibile non“ sicut „quidam non“, tunc negatio postposita modo facit aequipollere suo contrario, et praeposita suo contradictorio, et praeposita et postposita suo subalterno.*

90) *D. reg. modal.: Quantum ad conversionem modalium est sciendum, quod isti modi „possibile, impossibile, contingens, necessarium“ ampliant subiecta propositionum ad supponendum non solum pro his, quae sunt, sed etiam pro his, quae possunt esse. Ita .... haec est vera „Senex potest esse puer“, quia id, quod est vel potest esse senex, potest esse puer ...... De conversionibus modalium ponuntur quatuor regulae:* 1) *Omnis propositio affirmativa de possibili potest converti in particularem affirmativam de possibili; sic particularis convertitur simpliciter .....* 2) *Nulla negativa de possibili convertitur ......* 3) *Universalis negativa de necessario convertitur in unam aliam universalem negativam de necessario; ..... sed particularis negativa non convertitur .....* 4) *Nulla affirmativa de necessario convertitur in aliam de necessario, sed bene convertitur in aliam de possibili.*

91) Ebend.: *Modalis composita solet vocari, in qua modus praedicatur de dicto vel dictum de modo, ut „hominem currere est possibile“ vel „possibile est hominem currere“ ...... Oratio infinitivi modi ...., quae solet vocari dictum, aliquando capitur secundum suppositionem materialem et tunc supponit pro aliqua propositione, ... aliquando sumitur significative et tunc supponit pro re, pro qua supponeret subiectum dicti ..... Similiter modi aliquando sumuntur, prout sunt communiter differentiae entium; ..... alio modo sumuntur, prout sunt appropriatae differentiae propositionum. ..... De qualitate dictarum propositionum modalium compositarum dicendum est sicut de illis de inesse, ... similiter de quantitate ....., si termini modales capiantur, prout sunt differentiae propositionum; sed si capiantur, prout sunt differentiae entium, tunc terminus „possibile“ vel „contingens“ positus in praedicato ampliat suppositionem subiecti ad ea, quae possunt esse.*

92) Ebend.: *Dicitur „contingens ad utrumlibet“, quia est possibile esse et possibile non esse ..... De isto dantur quatuor regulae:* 1) *Ad omnem propositionem de contingenti sequitur propositio de possibili tam affirmativa quam negativa ....* 2) *Omnis propositio de contingenti repugnat alicui propositioni de necessario et alicui de impossibili .....* 3) *Omnis propositio de contingenti convertitur in oppositam qualitatem manente eadem quantitate et eodem ordine terminorum .....* 4) *Nulla propositio de contingenti convertitur in aliam de contingenti in terminis, sed omnis convertitur in aliam de possibili.*

sind wieder aus Petrus Hispanus entnommen [93]); nur wird unter üblicher Benützung der von Gilbertus Porretanus herrührenden Ergänzung (s. Abschn. XIV, Anm. 489 ff.) zunächst die Kategorie des *agere* und *pati* aus der aristotelischen Metaphysik erweitert [94]), sodann *quando* und *ubi* nur vom grammatischen Gesichtspunkte aus besprochen [95]), *situs* und *habitus* sehr karg erledigt [96]), und endlich unter den sog. Postprädicamenten *habere* um Eine Bedeutung vermehrt [97]). In einer ontologischen Frage aber schliesst sich Buridan anderwärts an Occam (vor. Abschn., Anm. 867) an, nemlich darüber, dass mehrere verschiedene Kategorien zugleich in Einem Objecte gemischt sein können [98]).

Die Lehre von der *suppositio*, für welche die Auctorität des Petrus Hispanus verschmäht wird, beginnt mit der Erörterung, dass die *significatio*, und zwar jene *ad placitum* (s. Occam, ebd. Anm. 774 u. 854) ein weiterer Begriff sei, als die *suppositio*, bei welch letzterer jedenfalls von der *suppositio materialis* abgesehen werden müsse (vgl. ebd. Anm. 877); nemlich suppositionsfähig sei nur jener Terminus, welcher von einem mittelst des Wortes „*hoc*" gezeigten Objecte wahrheitsgemäss ausgesagt werden könne; nur sei darum die Bewahrheitung (*verificatio*) nicht etwa mit der Supposition zu verwechseln, denn (vgl. ebd. Anm. 753 u. 904) erstere beziehe sich überhaupt nur auf die Urtheilsform [99]).

---

93) S. Abschn. XVII, Anm. 167—178. Die Modalitäten des *inesse*, d. h. Anm. 170, sind weggelassen.

94) *Tract.* III, *D. act. et pass.*: *Actio est, secundum quam aliquid agere dicitur, et passio, secundum quam aliquid pati dicitur; omnis enim actio et passio est mutatio .... Species autem actionis et passionis ponuntur duae: una est, quae attenditur penes hoc, quod aliquid fit simpliciter; alia secundum hoc, quod aliquid fit secundum quid; illa autem ..... potest dividi secundum intentiones novem praedicamentorum accidentium ...... Proprietates autem actionis et passionis assignantur in Praedicamentis duae et in quinto Metaphysicae una* (s. Abschn. IV, Anm. 533). *Prima est habere contrarium; ..... secunda est suscipere magis et minus; ..... tertia, quod agens et patiens dicuntur ad aliquid invicem.*

95) Ebend. *D. praed. quand.*: *Termini de praedicamento „quando" sunt, qui proprie et convenienter respondentur ad interrogationem factam per „quando" ...... Termini de praedicamento „ubi" sunt, qui proprie respondentur ad quaestionem factam per „ubi".*

96) Ebend. *D. praed. sit.*: *Termini vero de praedicamento situs non proprie sic habent commune quaesitivum, sed circumloquendo per plura verba dici potest, quod ..... praedicabilia sunt de subiectis supponentibus pro totis habentibus partes in ipsis determinatas situs habentes ad invicem ...... De praedicamento habitus .... sunt proprie termini, quibus aliquod corpus dicitur esse habituatum.*

97) Ebend. *D. postpraed.*: *Habere multipliciter dicitur: ...... tertio modo habere habitum extrinsecum aut in toto corpore aut in aliquo membro, ut habere vestimenta vel in digito anulum.*

98) *Super Eth. Nic.* VII, qu. 29, f. CCIX v. B: *Multi posuerunt, quod termini praedicamentales diversi abstracte accepti nunquam supponerent nisi pro diversis rebus ..... Hanc autem opinionem credo esse falsam; eadem enim res secundum diversos conceptus ratione diversae connotationis significari potest per terminos diversorum praedicamentorum.*

99) *Summ. Tract.* IV, *D. div. supp.*: *Primo dicemus de differentia significationis et suppositionis, et ..... solum intendo loqui pro nunc de significatione vocis ad placitum; nec intendo .... loqui de suppositione materiali, ..,.. sed solum ..... de suppositione, prout vox secundum significationem sibi impositam potest vel alias non potest supponere ..... Cuiuslibet dictionis ..... est significare et audienti eam conceptum aliquem constituere, ... sed non omnis talis dictionis est supponere, quia*

Die *appellatio* aber nimmt dabei Buridan nicht, wie Occam (Anm. 875), als eine Modification der Supposition, sondern weist darauf hin, dass die beiden durchaus nicht an Einem und demselben Terminus zugleich sich finden müssen [100]). Hierauf theilt er die *vox significativa* in *incomplexa* und *complexa* ein und erwägt bei ersterer die Möglichkeit, im Subjecte oder im Prädicate zu stehen, wobei er die einfältige Behauptung ausspricht, dass Nichts Subject sein könne, was nicht auch Prädicat sein könne; und nicht viel besser ist der Einfall, dass es neben den categorematischen und den syncategorematischen Worten noch eine dritte Art gebe, welche als *„mixta“* diese beiden Charaktere in sich vereinige, wie z. B. *hodie, alicubi, nemo, nihil* u. dgl. [101]). Die *complexa* hingegen, welche als solche bereits den Namen *„oratio“* erhält, ist als *perfecta* eben das logische Urtheil, als *imperfecta* aber eine blosse grammatische, in vier verschiedenen Weisen auftretende Wortverbindung innerhalb eines Satzes [102]). Diese Angabe aber über die *complexio* erhält anderwärts eine eigenthümliche und von Späteren adoptirte Wendung; nemlich die *complexio* sei entweder *„distans“*, insoferne die Verbindung zweier Termini durch die dazwischentretende Copula vermittelt sei und somit ein Urtheil entstehe, oder sie sei *„indistans“*, insoferne declinirbare Satztheile nur untereinander selbst verbunden sind, und auch diese letztere Complexion könne affirmativ oder negativ sein (z. B. *homo albus — homo non albus*), und desgleichen könne es vorkommen, dass eine derartige Verbindung, wie z. B. *„locus non repletus corpore“*, suppositions-unfähig sei, und daher das Gleiche auch von einem etwa dafür gewählten ein-

---

solus talis et omnis talis terminus est natus supponere, qui aliquo demonstrato per hoc pronomen „hoc“ .... potest vere affirmari de illo. .... Verificatio autem differt a suppositione, quia verificatio proprie est propositionis et non termini, sed suppositio est termini et non propositionis. ..... Si sit terminus distributus, oportet verificationem esse pro omnibus, pro quibus supponit.

100) Ebend.: *Appellatio autem differt a suppositione, quia est dare terminum supponentem et non appellantem, sicut .... „animal“, et est dare terminum appellantem et non supponentem, ut „vacuum“* (vgl. Anm. 103), *et est dare terminum supponentem et appellantem, ut .... „homo albus“ ..... Terminus enim omnis pro aliquo supponens et aliud, pro quo non supponit, significans appellat omne, quod significat aliud ab eo, pro quo supponit, per modum adiacentis ei, pro quo supponit.*

101) Ebend.: *Vocum significativarum ad placitum ..... quaedam sunt incomplexae, quae vocantur dictiones, et quaedam complexae, quae vocantur orationes ..... Incomplexarum aliae sunt subiicibiles et praedicabiles per se ....., aliae neque subiicibiles neque praedicabiles, ut „non“, „ergo“, ... aliae praedicabiles et non subiicibiles, ut „quodlibet“, „omne“, ... „albus“. ....., sed nullae sunt subiicibiles, nisi sint praedicabiles* (also Buridan denkt nicht daran, dass schon nach aristotelischer Lehre die Einzeln-Individuen nicht Prädicat sein können). *Item vocum incomplexarum quaedam sunt categoreumaticae, quaedam syncategoreumaticae, et quaedam mediae seu mixtae ...... Dicuntur mixtae, quia vel significant praeter conceptus, quos immediate significant, res illis conceptibus conceptas, sed non sunt per se subiicibiles et praedicabiles, vel quia implicant categoreumaticas et syncategoreumaticas, ut „fortis* (wohl zu lesen *forte*), *hodie, alicubi, nemo, nihil, secum“ et multa alia.*

102) Ebend.: *Vox complexa, quae dicitur oratio, alia est perfecta, alia imperfecta ..... Imperfectarum quaedam sunt complexae ex verbo et determinatione verbi sine nominativo, ... ut „currit velociter“ .....; aliae ex nomine substantivo recto categoreumatico et aliquo alio apposito per modum determinationis, ... ut „asinus Roberti“ .....; aliae ex pluribus substantivis aliqua coniunctione coniunctis, ut „homo et equus“ .....; aliae ex solo categoreumate et syncategoreumate, ut „non homo“.*

fachen Terminus, z. B. „*vacuum*“ (ebenso auch entsprechend z. B. bei *chimaera*) gelten müsse [103]). In der *Summula* aber gibt Buridan sodann vorerst eine Anzahl ziemlich einfältiger Regeln über die Befähigung der Termini, Subject oder Prädicat zu sein, wobei er besonders auf jene obigen vier Arten der *imperfecta complexio* Rücksicht nimmt [104]). Hierauf erst macht er sich an die Eintheilung der Supposition, wobei er zunächst mit Occam (Anm. 876 u. 891) die Unterscheidung in *propria* und *transsumptiva* (d. h. metaphorische) an die Spitze stellt [105]), mit derselben aber jene zweite Eintheilung parallel laufen lässt, nach welcher die Supposition, unter Ausschluss der occam'schen *simplex* (ebd. Anm. 877 f.), nur in *materialis* und *personalis* zerfällt; letztere, bei welcher die Supposition auf „*ultimata significata*“ geht, wird wieder in zwei nebeneinander laufende Eintheilungen geschieden, nemlich einerseits in

---

103) *In Metaph.* IV, qu. 14, f. XXIII v. A: *Terminus mentalis complexus aliquando pro nullo supponit, et similiter terminus vocalis a tali conceptu complexo sumptus aliquando pro nullo supponit, quamvis sit incomplexus secundum vocem, sicut isti termini „chimaera“ et „vacuum“ ..... Est duplex complexio conceptuum: una potest vocari distans, alia indistans. Distans vocatur, quando in propositione praedicatum complectitur cum subiecto mediante copula affirmative vel negative; ..... indistans vocatur, quando adiectivum complectitur cum substantivo sine copula media, et etiam potest fieri affirmative aut negative ......* (B) *Ista oratio, sive mentalis sive vocalis, „locus non repletus corpore“ pro nullo supponit, nec per consequens illa dictio „vacuum“ ...... Ita est de isto termino „chimaera“; est enim descriptio „Compositum ex impossibilibus componi“.* (Das Gleiche betreffs „*vacuum*“ s. auch *Super Eth. Nic.* VI, qu. 6, f. CLIV v. A, u. vgl. Gregor v. Rimini, ob. Anm. 39). *In Metaph.* VI, qu. 6, f. XXXVII v. B: *Complexio debet distingui duplex: una vocatur indistans, alia distans. Indistans est, prout determinatio complectitur cum suo determinabili sine copula verbali mediante; ...... et hoc potest fieri componendo vel dividendo; et vocatur compositio, si sit modo affirmativo, ... ut „homo albus“, et vocatur divisio, si sit modo negativo, ... ut „homo non albus“. Modo ergo composito indistans dicitur habere convenientem correspondentiam, si res significata per determinationem sit eadem cum re, pro qua determinabile supponit, vel si ei adiaceat; et tunc illa compositio dicetur vera. ..... Et e converso esset dicendum de divisione indistante.*

104) *Summ.* a. a. O.: *Nunc dividendae sunt voces, quae possunt subiici vel praedicari, ab illis, quae non possunt, vel etiam, quae possunt supponere, ab illis, quae non possunt; et de hoc ponendae sunt regulae:* 1) *Omnis terminus possibilis supponere potest subiici, ... sed non convertitur. ....* 2) *Nulla dictio pure syncategoreumatica potest subiici vel praedicari per se. ....* 3) *Nullum nomen obliquum potest subiici vel praedicari per se .....* 4) *Nullum verbum potest subiici vel praedicari per se, nisi verbum infinitivi modi ......* 5) *Omne substantivum rectum vel etiam adiectivum rectum in neutro genere substantivatum potest subiici vel praedicari ....* 6) *Nulla perfecta oratio potest subiici vel praedicari. ....* 7) *Nulla oratio imperfecta primo modo potest subiici vel praedicari, nisi sit infinitivi modi .....* 8) *Omnis oratio imperfecta secundo modo potest subiici vel praedicari.....* 9) *Oratio imperfecta tertio modo potest, ... sed forte non omnis talis .....* 10) *Oratio imperfecta quarto modo potest praedicari, sed non omnis talis potest subiici, nisi syncategoreuma sit negatio infinitans .....* 11) *Nulla imperfecta secundo modo potest supponere, si illud, quod positum est per modum determinationis, repugnet substantivo .....* 12) *De omni dictione, cui correspondet conceptus complexus, dicendum est, sicut de oratione, cui aequivalet .....* 13) *Omne substantivum rectum, cui correspondet conceptus simplex, potest supponere .....* 14) *Omne nomen infinitum, quod potest esse subiectum vel praedicatum, potest supponere.*

105) Ebend.: *Quaedam suppositio est propria, et quaedam impropria seu transsumptiva; propria dicitur, quando vox supponit secundum suam significationem sibi communiter institutam; impropria est, quando supponit secundum significationem alterius vocis ex transsumptione propter similitudinem vel ironiam aut huiusmodi aliam causam.*

communis und *discreta*, und andrerseits in *absoluta* und *relativa*; ebenso verfährt er abermals mit der *communis*, indem dieselbe einerseits in *naturalis* und *accidentalis*, andrerseits zugleich in *confusa* und *determinata* getheilt werden soll, deren erstere in *distributiva* und *confusa tantum* zerfällt [106]). Sodann spricht er ausführlich über die Veranlassungen, aus welchen die *confusa distributiva* hervorgehen kann, wobei er ausser den Negationen die Comparative und Superlative und ähnlich wie Occam (ebd. Anm. 887) auch die Worte „*incipit, desinit, differt*" u. dgl. aufzählt [107]); in entsprechender Weise folgen die Veranlassungen der *confusa tantum*, wobei unter Anderem die occam'schen Beispiele „*bis*" und „*hic et Romae*" (s. ebd. Anm. 889 u. 879), sowie besonders wieder die Ausdrücke der juristischen Stipulation (ob. Anm. 60) erscheinen [108]). Die verschiedenen Arten der Supposition werden hierauf

---

106) Ebend.: *Aliter dividitur suppositio in materialem et personalem; et vocatur personalis, quando .... supponit pro suis ultimatis significatis; ..... sed materialis dicitur, quando vox supponit pro se aut pro sibi simili aut pro suo significato immediato, quod est conceptus ..... Suppositio personalis dividitur in communem et discretam ..... Item dividitur suppositio personalis in absolutam, quae fit per terminum absolutum, et in respectivam sive relativam, quae fit per terminum relativum. Communis suppositio solet dividi in .... naturalem et ... accidentalem. Naturalis vocatur, secundum quam terminus indifferenter supponit pro omnibus, pro quibus potest, tam praesentibus et praeteritis quam futuris; et hac suppositione utimur in scientiis demonstrativis. Accidentalis vocatur, secundum quam terminus supponit solum ..... secundum exigentiam verborum; ..... et hac utimur in sermonibus historiographis, qua etiam maxime utuntur sophistae. Item suppositio personalis communis dividitur in confusam et determinatam ..... Vocatur determinata, ... si necesse sit ad veritatem, quod ipsa sit vera pro aliquo determinato supposito .... Sed vocatur confusa, si propositio possit esse vera absque hoc ...... Confusa dividitur in .... distributivam et non distributivam, quae solet vocari confusa tantum. Distributiva est, secundum quam ex termino communi potest inferri quodlibet suorum suppositorum seorsim vel etiam omnia simul copulative ...... Sed confusa tantum est, secundum quam non sequitur aliquod singularium seorsim retentis aliis nec singularia disiunctive.*

107) Ebend.: *Multae autem sunt causae confusionis distributivae: 1) Signum universale affirmativum distribuit terminum immediate sequentem ..... 2) Negatio negans distribuit omnem terminum communem sequentem eam ..... et nihil distribuit, quod praecedit eam. 3) Terminus communis distribuitur per negationem infinitantem ipsum...... 4) Per comparationem distribuitur .... ablativus sequens, ... et similiter mediante dictione „quam" distribuit nominativum sequentem; ..... similiter etiam secundum nomen positivi gradus mediante hac dictione „sicut". ..... Adhuc superlativus gradus .... distribuit complexum ex substantivo suo et relativo diversitatis, ... ut „homo est fortissimus", quia est omni alio homine fortior ..... 5) Fit distributio per multas dictiones implicantes in se vel in suis exponentibus negationes, sicut sunt verba privativa aut relativa diversitatis aut ista verba „incipit, desinit, differt" aut istae dictiones „sine, praeter, solus".*

108) Ebend.: *Etiam multae sunt causae confusionis non distributivae: 1) Signum universale affirmativum confundit non distributive terminum communem sequentem ipsum non immediate. ..... 2) Terminus communis confunditur non distributive per duplex distributivum antecedens ipsum, quorum utrumque sine reliquo distribueret ipsum, ut si dico „Nullus non homo currit" ..... 3) Ponuntur quaedam specialia confundentia sine distributione terminos sequentes se, sicut termini, qui respondentur ad „quoties", ut „ter, quater"; ..... etiam copulatio de praedicamentis „quando" et „ubi" habet potestatem sic confundendi, ut „Hodie et heri bibi vinum" vel „Parisiis et Romae venditur panis" ..... 4) Ista verba „scio, intelligo, cognosco" .... confundunt sine distributione; ..... ita etiam, si debeo tibi equum, non sequitur „igitur debeo tibi favellum" vel „debeo tibi brunellum".*

in einundzwanzig Regeln zusammengefasst [109]), an welche sich im Anschlusse an Occam (vor. Abschn., Anm. 890) noch eine specielle Erörterung über die *suppositio relativorum* anreiht, wobei aber Buridan die Inconsequenz begeht, die *relativa diversitatis* eigentlich der Lehre von den Kategorien zuzuweisen, sie aber dennoch hier unter Benützung des Petrus Hispanus zu besprechen [110]).

---

109) *D. reg. supp.* Es darf jedoch um der diplomatischen Treue willen nicht unerwähnt bleiben, dass wir diese Regeln nicht völlig im Wortlaute des Buridanus selbst besitzen (— vielleicht gibt denselben die angebliche Londoner Ausgabe von 1640, welche mir aber nicht zur Hand ist —), sondern nur in der Form, in welcher sie Johannes Dorp (Anm. 54) in seinen Commentar verflochten hat. Hiernach lauten sie: 1) *Terminus discretus supponens pro suo significato ultimato supponit discrete.* 2) *Terminus materialiter sumptus restrictus per pronomen demonstrativum supponit discrete.* 3) *Subiectum propositionis particularis vel indefinitae supponit determinate.* 4) *Propositionis particularis vel indefinitae vel singularis affirmativae praedicatum supponit determinate.* 5) *Terminus supponens materialiter sumptus, cui non proponitur aliquod signum confusivum, supponit determinate.* 6) *Cuiuslibet propositionis totaliter universalis affirmativae totale subiectum supponit confuse et distributive pro omnibus individuis.* 7) *Terminus communis sequens negationem „non" negantem copulam supponit confuse et distributive.* 8) *Terminus infinitatus communiter tentus supponit confuse et distributive ratione negationis infinitantis.* 9) *Nomen sequens comparativum vel superlativum supponit confuse et distributive.* 10) *„Differt" facit ablativum sequentem mediante praepositione „a" distribuibilem supponentem.* 11) *Adverbia similitudinis faciunt terminos sequentes se supponentes distribuibiles.* 12) *Terminus communis, supra quem cadit immediate dictio exceptiva distribuibilis et supponens, supponit confuse et distributive vel confuse tantum.* 13) *Aggregatum ex recto et obliquo sequens immediate signum universale supponit confuse et distributive.* 14) *Determinatio et determinabile eodem modo supponunt.* 15) *Propositionis universalis affirmativae praedicatum, cui non additur aliquod confusivum, supponit confuse tantum.* 16) *Subiectum propositionis exceptivae, non impeditum aliunde, supponit confuse tantum.* 17) *Omnis terminus supponens communiter sequens mediate signum universale affirmativum cadens supra copulam supponit confuse tantum.* 18) *Terminus communis, super quem cadunt duo signa, quorum quodlibet seorsim habet vim distribuendi, in propositione particulari, indefinita vel singulari supponit confuse tantum, in propositione universali determinate.* 19) *Terminus communis sequens dictionem importantem actum animae interiorem* (wie z. B. *scio*, *cognosco*) *supponit confuse tantum.* 20) *Terminus sequens adverbium numerale supponit confuse tantum.* 21) *Terminus sequens copulatum ex terminis de praedicamento „ubi" supponit confuse tantum.*

110) *D. supp. rel.*: *Relativorum quaedam dicuntur relativa substantiae, alia dicuntur relativa aliorum praedicamentorum ..... Relativorum substantiae quaedam dicuntur identitatis, alia diversitatis .... Relativorum identitatis quaedam dicuntur reciproca, ... alia non reciproca. ..... Relativum identitatis solum refert suum antecedens pro illis eius suppositis, pro quibus erat verificatio categoricae, in qua ponebatur antecedens, ... et supponit vel sumitur in propositione, sicut suum antecedens. ..... Dictio „ille" non semper sumitur relative, imo aliquando demonstrative ..... et aliquando etiam antecedentaliter ad relativum „qui". ...... Relativum „se", ... si teneatur distributive, ... oportet descendere sigillatim, non enim sequitur „Omnis homo diligit se, ergo omnis homo diligit Socratem", sed bene sequitur „ergo Socrates diligit Socratem" ..... Relativum „suus" refert suum antecedens .... in genitivo casu. ..... Relativa „tale" et „tantum" indigent antecedentibus de praedicamento qualitatis et quantitatis, ... et non oportet, quod supponant pro eodem, pro quo supponunt antecedentia, sed sufficit, quod pro similibus ...... Relativa diversitatis solent poni „aliud, alterum, differens, diversum", sed mihi apparet, quod haec non sunt relativa, prout hic de relativis locuti sumus, sed sunt termini de praedicamento „ad aliquid", ... et ita etiam de hoc termino „idem".* Trotzdem aber folgt sogleich hernach die Regel der Exposition jener Urtheile, in welchen *„aliud"* verwendet wird, völlig nach Petrus Hispanus, s. Abschn. XVII, Anm. 266.

Die *appellatio* identificirt Buridan grundsätzlich mit demjenigen, was Occam (ebd. Anm. 917 ff.) als *connotativum* bezeichnet und durchgeführt hatte; in der näheren Darlegung aber greift er doch auf Petrus Hispanus (Abschn. XVII, Anm. 228) und die zunächst darauf folgende jüngere Formation (ebd. Anm. 601) dieser Lehre zurück [111]). Die *ampliatio* und die *restrictio* nimmt er nicht als eine logische Eigenschaft des Terminus selbst, sondern richtiger und schärfer, als es bisher geschehen war, als eine unter Umständen eintretende Modification der *suppositio* und *appellatio;* und in solchem Sinne spricht er vorerst von „*status*", d. h. dem Zustande, in welchem eine solche Modification nicht stattfindet, und macht hierauf die Fälle namhaft, in welchen *ampliatio* [112]) und in welchen *restrictio* eintrete, an welch letztere er noch die „*alienatio*" knüpft, welche entweder auf einer Ausschliessung der Präsens-Form des Urtheiles oder darauf beruht, dass ein Begriff grammatisch mit einem ihm Widersprechenden verbunden wird [113]).

---

111) *D. appell.: Termini omnino nihil connotantes ultra ea, pro quibus supponunt, non sunt appellativi proprie; sed omnis terminus connotans aliud ab eo, pro quo supponit, dicitur appellativus et appellat illud, quod connotat per modum adiacentis ei, pro quo supponit...... Terminus appellativus semper appellat formam suam, sive ponatur a parte subiecti vel ante verbum, sive a parte praedicati vel post verbum. ..... Post appellat suam formam praecise pro tempore verbi. Ante, si verbum sit praesentis temporis et praedicatum non sit amplificativum, appellat formam suam praecise pro tempore praesenti; sed si verbum fuerit alterius temporis vel praedicatum fuerit amplificativum, tunc terminus ante verbum positus appellat formam suam indifferenter quasi disiunctive pro tempore praesenti et pro tempore verbi vel pro tempore, ad quod praedicatum ampliat..... Magna est differentia quantum ad appellationes inter verba significantia actus animae cognoscitivae..... et inter alia verba; ..... nam termini respectu verborum non significantium huiusmodi actus non appellant nisi res, quas ultimate significant vel connotant; ..... termini autem respectu verborum significantium huiusmodi actus, si sequantur illa verba, ... appellant rationes, secundum quas significant..... Terminus substantivus obliquus appellat illud, pro quo suus rectus supponit per modum adiacentis..... Termini „meus" et „tuus" appellant me et te tanquam adiacentes, ... et sic etiam „noster" et „vester"....., et „suus" appellat illud, pro quo suum antecedens supponit.*

112) *D. ampl.: Ultimo dicenda sunt aliqua de ampliationibus et restrictionibus suppositionum et appellationum. Et oportet primo videre statum, secundum quem terminus nec dicatur ampliatus nec dicatur restrictus; ...... ille potest assignari, quando terminus praecise supponit vel appellat pro omnibus suis significatis praesentis temporis...... Terminus ultra statum ampliatur multipliciter:* 1) *Si ponatur in sua categorica ante verbum praeteriti temporis, ampliatur ad standum pro praeteritis, sive in supponendo sive in appellando, una cum praesentibus .....* 2) *Proportionabiliter ante verbum futuri temporis positus ampliatur ad standum pro futuris .....* 3) *Positus ante hoc verbum „potest" vel ante copulam propositionis divisae de possibili ampliatur ad standum pro possibilibus, licet non sint vel fuerint, unde haec est vera „Mons aureus potest esse tantus, quantus mons ventosus" .....* 4) *Idem est dicendum de termino posito ante copulam propositionis divisae de necessario. .....* 5) *Terminus ampliatur ad praeterita, futura et possibilia, si construatur cum verbo significante actum animae sive a parte ante sive a parte post ......* 6) *Nomina verbalia vel participia a praedictis verbis descendentia, si fiant praedicata propositionum, ampliant subiecta, sicut verba.*

113) Ebend.: *Terminus autem circa statum restringitur: ....* 1) *per determinationem sibi appositam convenientem sibi, sed non omnibus suppositis .....* 2) *Etiam adiectivum restringitur per suum substantivum, si conveniat aliis, quibus non convenit suum substantivum ...... Quando autem status termini non remanet, tunc nec am-*

Der hierauf folgende Abschnitt *De syllogismo* beginnt bezüglich des kategorischen Schlusses mit einer fast wörtlichen Wiederholung des Petrus Hispanus [114]). An einem anderen Orte aber betont Buridan auch betreffs der Syllogistik jene seine Ansicht (s. ob. Anm. 65), wornach dem Intellectus ein ewig bleibender Gehalt einwohnt; denn, wenn auch die Syllogismen in ihrer concreten Erscheinung ebenso auftreten und wieder verschwinden, wie z. B. die Objecte des Gesichtssinnes, so ist doch die innere Wahrheit richtiger Schlüsse ein Unvergängliches [115]).

Die modalen Syllogismen aber bilden auf occam'scher Grundlage auch hier den Gegenstand reichlichster Formulirung. Vor Allem wird auch für die Syllogistik jener nemliche grundsätzliche Standpunkt eingehalten, wornach der sog. *sensus compositus* nicht zur Modalität, sondern zu den Inhärenz-Urtheilen gehört, und sonach nur der *sensus divisus* übrig bleibt, welcher denn auch allein es ist, der in den folgenden Regeln berücksichtigt wird, da, wie ausdrücklich gesagt wird, nur er die modalen Unterschiede der objectiven Dinge selbst betrifft [116]). Nachdem hierauf der Wegfall der beiden Modalitäten „*verum*" und „*falsum*" dadurch begründet worden, dass in allen Figuren und Modi die Schlussfähigkeit die nemliche ist wie bei Prämissen, welche Inhärenz-Urtheile

---

pliatur nec restringitur, sed alienatur ita, quod terminus non amplius supponit vel tenetur pro praesentibus, ... sed solum pro futuris vel praeteritis ..... Suppositio et appellatio etiam aliquando alienantur ..... per negationem infinitantem; ..... et aliquando etiam tota termini suppositio removetur; et hoc fit dupliciter: uno modo per complexionem indistanter (s. Anm. 103) *positivam termini ad terminum, quorum terminorum unus non convenit alteri, ut „homo hinnibilis"; ..... alio modo per huiusmodi complexionem privativam terminorum, quorum unus de necessitate convenit alteri, ut „homo non risibilis".*

114) *Tract.* V, *D. syllog.* Vgl. Abschn. XVII, Anm. 179—189. Nur die Memorial-Verse, Anm. 181 u. 182, fehlen hier.

115) *Super Eth. Nic.* VI, qu. 6, f. CLIII v. A: *Scibile potest capi dupliciter: uno modo pro conclusione demonstrabili, alio modo pro re significata per terminos conclusionis ..... Si quaeratur de scibili pro conclusione demonstrativa, tunc iterum erit distinguendum, quum conclusio vel sumitur quantum ad suam realitatem vel quantum ad suam veritatem. Si quantum ad suam realitatem, tunc nulla conclusio debet dici aeterna vel necessaria plus, quam colores aut sapores, quia conclusiones de novo formamus tam in scripto quam in voce vel in mente, et ita incipiunt esse et desinunt, sicut colores et sapores. Si vero conclusio capiatur quoad eius veritatem, ... omnis conclusio est vera, quandocunque proponitur ita, quod non possit esse falsa; ..... hoc igitur modo dicendum, quod scibile ..... est aeternum, necessarium, impossibile aliter se habere, incorruptibile ......* (B) *Si autem loquamur de scibili pro re significata, ... sunt diversae opiniones etc.*, d. h. über *esse* und *essentia*, sowie über die Universalien, s. obige Anm. 71 u. 64 f.

116) *Summ.* a. a. O., *D. syll. mod.: Quaedam vocantur modales divisae, ... aliae vocantur compositae* (s. ob. Anm. 76 u. 83) *..... Isti termini „necesse, possibile, contingens" aliquando sumuntur, prout sunt differentiae entium, ... aliquando autem, ut appropriate sunt differentiae propositionum, ... et sic debent sumi in propositionibus, quas vocamus modales compositas, et debet in eis praedicari modus et subiici dictum vel e converso. ..... Propter syllogismos ex modalibus divisis oportet rememorari, quod in propositionibus divisis in modis „possibile, necessarium, contingens" subiectum ampliatur ad supponendum non solum pro his, quae sunt, sed pro his, quae possunt esse ...... Item in talibus divisis negativae sunt aut, quia negatio cadit supra modum, ... vel quod sequitur modum.*

sind [117]), folgen vorerst die Syllogismen aus zwei Möglichkeits-Urtheilen [118]), aus zwei Nothwendigkeits-Urtheilen [119]), aus zwei Zufälligkeits-Urtheilen [120]) und — unter Auslassung der Unmöglichkeits-Urtheile — aus zwei Urtheilen, welche die Modalität *„scitum, opinatum“* u. dgl. enthalten [121]). Indem aber hierauf sich die verschiedenen Combinationen der Prämissen anreihen sollen, werden zunächst allgemeinere Regeln gegeben, welche eigentlich der Lehre von *Consequentiae* angehören [122]); und sodann folgen: ein Inhärenz- und ein Möglichkeits-Urtheil [123]), ein Inhärenz- und ein Nothwendigkeits-Urtheil [124]), ein Inhärenz- und ein Zufälligkeits-

---

117) Ebend.: *Quaecunque praemissae inferunt conclusionem sine additione modorum, eaedem inferunt eandem cum modis veri et necessarii ..... Item quaecunque praemissae inferunt conclusionem sine additione modorum, contradictoriae praemissae inferunt contradictoriam conclusionem cum modis falsi et impossibilis ...... Non oportet, si aliquae praemissae inferunt conclusionem sine modis, quod eaedem inferunt eandem cum modis „possibile, contingens, scitum, creditum, opinatum“. ...... Propositiones de vero et falso in sensu diviso aut nihil valent aut valent illas de inesse; ideo ..... proportionabiliter syllogizatur ex eis.*

118) Ebend.: *Ex ambabus de possibili in prima figura et in tertia valent omnes modi, quae valent ex ambabus de inesse; sed in secunda figura nihil concluditur.* S. bei Occam, vor. Abschn., Anm. 981.

119) Ebend.: *Ex ambabus de necessario valent in omnibus figuris et in omnibus modis, in quibus valent syllogismi de inesse.* S. ebd. Anm. 980.

120) Ebend.: *In prima figura ex ambabus de contingenti maiore existente universali valent omnes syllogismi, sive ex ambabus affirmativis sive ex ambabus negativis sive ex una affirmativa et alia negativa ...... In tertia figura valent omnes syllogismi una praemissarum existente universali. In secunda autem figura nulli syllogismi valent.* S. ebd. Anm. 982.

121) Ebd.: *De scito valent syllogismi in prima figura et in tertia, sed non valent in secunda. De opinato autem non valent syllogismi in aliqua figura.* S. ebd. Anm. 984.

122) Ebd.: *De syllogismis mixtis .... Dicemus solum de istis modis „contingens, possibile, necessarium“, quia etiam solum de istis determinat Aristoteles. Et praemittendae sunt regulae communes:* 1) *Ad propositionem de inesse sequitur propositio de possibili ....* 2) *Ad omnem propositionem de necessario vel de contingenti sequitur propositio de possibili .....* 3) *Quaecunque conclusio sequitur ad praemissas de possibili, illa conclusio sequitur ad praemissas de necessario vel de contingenti ....* 4) *Ad quascunque praemissas sequitur conclusio de necessario vel de contingenti, ad easdem sequitur conclusio de possibili.* 5) *Ad omnem propositionem de necessario sequitur propositio de inesse subiecto sumpto cum relativo identitatis et aliter non.* 6) *Ad quamlibet qualitatem de contingenti sequitur quaelibet qualitas de possibili.* Vgl. ebd. Anm. 1027 f.

123) Ebend.: *Si una praemissarum fuerit de inesse et alia de possibili, sunt regulae:* 1) *Non valent aliqui syllogismi in secunda figura.* 2) *In nulla figura debet sequi conclusio de inesse.* 3) *In prima figura non valent, si maior sit de inesse.* 4) *In prima figura non potest inferri conclusio universalis nisi cum illa additione „quod est“* (vgl. ebd. Anm. 945 u. 947). 5) *In prima figura minore existente de possibili sequitur conclusio de possibili particulariter.* 6) *In tertia figura valent syllogismi affirmativi, si propositio de possibili sit universalis;* 7) *negativi valent, si propositio negativa sit universalis et de possibili.* S. ebd. Anm. 986.

124) Ebend.: *Si una praemissarum fuerit de inesse et alia de necessario, dantur regulae:* 1) *Maiore existente de necessario omnes modi primae figurae valent ad conclusionem de necessario particularem, sed non universalem, nisi cum additione „quod est“.* 2) *Maiore existente de inesse syllogismi primae figurae non valent ad conclusionem de necessario vel de inesse, tamen ad conclusionem de possibili.* 3) *In secunda figura Cesare, Camestres et Festino valent proportionabiliter sicut in prima*

Urtheil [125]), ein Möglichkeits- und ein Nothwendigkeits-Urtheil [126]), ein Möglichkeits- und ein Zufälligkeits-Urtheil [127]), ein Nothwendigkeits- und ein Zufälligkeits-Urtheil [128]). Lückenhaftigkeit aber oder Unordnung (vgl. ob. Anm. 89 ff.) ist es wieder, dass im Vergleiche mit Occam hier die Combinationen aus Unmöglichkeits-Urtheilen oder den dortigen anderweitigen Modalitäten fehlen [129]). Die Syllogismen, deren Prämissen einen *Casus obliquus* enthalten, werden wie bei Occam nach den drei Figuren erörtert, neu aber kommt hier die Berücksichtigung des Verbums *inesse* mit dem von ihm regierten Dativ hinzu [130]). Auch die Behandlung der Reduplicativ-Urtheile für den Syllogismus weicht etwas von Occam

---

figura Celarent et Ferio. 4) *Baroco existente de necessario valet ad conclusionem de inesse, ... et si maior sit de inesse, valet solum ad conclusionem de possibili.* 5) *Maiore existente de necessario in tertia figura Darapti, Felapton, Datisi et Ferison valent ad conclusionem de necessario, sed Disamis et Bocardo ad nullam.* 6) *Maiore existente de inesse Darapti et Disamis valent ad conclusionem de inesse, et alii modi nihil valent.* S. ebd. Anm. 985.

125) Ebend.: *Si vero una praemissarum fuerit de inesse et alia de contingenti ad utrumlibet* (ob. Anm. 92), ... *sunt regulae:* 1) *Non valent aliqui syllogismi in secunda figura ....* 2) *In nulla figura sequitur conclusio de inesse ....* 3) *In prima figura non valent, si maior sit de inesse ...* 4) *In prima figura non potest inferri conclusio universalis nisi cum additione „quod est" ....* 5) *In prima figura maiore existente de contingenti sequitur conclusio particularis de contingenti .....* 6) *In tertia figura maiore existente de contingenti Darapti, Felapton, Datisi et Ferison valent ad conclusionem de contingenti, sed Disamis et Bocardo nihil valent .....* 7) *In tertia figura maiore existente de inesse nulli modi valent.* .... 8) *Quicunque syllogismi in tertia figura valebunt ex maiore de inesse et minore de possibili, ... illi valent ex maiore de inesse et minore de contingenti.* S. ebd. Anm. 987.

126) Ebend.: *Si una praemissarum fuerit de possibili et alia de necessario, ... sunt regulae:* 1) *In prima figura maiore existente de necessario omnes modi valent ad conclusionem de necessario, sed maiore existente de possibili omnes modi valent ad conclusionem de possibili, et nulli ad conclusionem de necessario .....* 2) *Omnes modi secundae figurae valent ad conclusionem de necessario, quaecunque praemissarum fuerit de necessario.* S. ebd. Anm. 990.

127) Ebend.: *In mixtione de possibili et contingenti dantur regulae:* 1) *In quibuscunque figuris et modis sequitur conclusio ex ambabus de possibili, in eisdem sequitur eadem ex una de possibili et alia de contingenti ....* 2) *In prima figura, si maior sit de contingenti, omnes modi ad conclusionem de contingenti valent; sed non, si maior sit de possibili ....* 3) *In secunda figura nulli valent ....* 4) *De tertia figura omnino est sicut de prima.* S. ebd. Anm. 994.

128) Ebend.: *De necessario et contingenti mixto .... regulae:* 1) *In prima figura maiore existente de necessario omnes modi valent ad conclusionem de necessario; et si maior sit de contingenti, omnes modi valent ad conclusionem de contingenti .....* 2) *Omnes modi secundae figurae valent ad conclusionem de necessario, sed nulli ad conclusionem de contingenti ....* 3) *De tertia figura omnino est sicut de prima.* S. ebd. Anm. 991.

129) Vgl. ebd. Anm. 988 f., 992 f., 995—997.

130) Ebend.: *De obliquis et reduplicativis multis modis syllogizare solemus. Ex terminis obliquis primus modus est, prout hoc verbo „inesse" utimur .... loco huius verbi „est", ... ita, quod aequipollent „Homini inest animal" et „Homo est animal". ..... Manifestum est, quod, in quibuscunque modis contingit syllogizare ex rectis cum hac copula „est", ex eisdem contingit in obliquis cum hac copula „inest". ..... Alius modus est, quia, quandocunque in maiori aliquis terminus in obliquo fuerit distributus ..... et rectus illius obliqui affirmabitur in minore, obliquo istius termini in conclusione attribuetur, quidquid primo obliquo attribuebatur in maiore, v. gr. „Cuiuslibet hominis asinus currit; Omnis rex est homo; Ergo cuiuslibet regis asinus currit" ..... Adhuc alius modus .... ad similitudinem secundae figurae est,*

ab [131]). Eine Bereicherung aber der occamistischen Syllogistik liegt darin, dass auch der Folgen des Vorkommens eines *terminus infinitus* gedacht wird, und zwar hauptsächlich für den Fall, dass der Mittelbegriff in der Einen Prämisse mittelst Infinitation und in der anderen ohne dieselbe gebraucht wird [132]).

Zuletzt folgt noch unter der Ueberschrift *De potestate syllogismorum* ein sehr kurzer Auszug der betreffenden Lehren des Aristoteles [133]). Was aber hieran sich „*De arte inveniendi medium*" anreiht, ist nicht von Buridan, sondern von seinem Erklärer und Herausgeber Johannes Dorp (s. ob. Anm. 55) verfasst; und indem nun auch in diesem erläuternden Zusatze sich Nichts von einer versinnlichenden Figur findet, wie eine solche seit Averroes (s. Abschn. XVI, Anm. 328) öfters benützt und commentirt worden war (s. Abschn. XVII, Anm. 464 und 550, und vor. Abschn., Anm. 345), so möchte ich die gemeiniglich erwähnte „Eselsbrücke" Buridan's, welche sich ja an die *inventio medii* knüpfen soll, für einen litterarischen Mythus halten, welcher sich in der Schul-Tradition allmälig bildete [134]).

---

quando unum medium .... attribuitur in praemissis duobus terminis obliquis etc. ..... Item alius modus potest poni ad similitudinem tertiae figurae etc. S. ebd. Anm. 971, 974, 977.

131) Ebend.: *De syllogismis autem reduplicativam conclusionem concludentibus notandum est, quod illi maxime proprie et manifeste fiunt in prima figura et in omnibus quatuor modis illius apponendo reduplicationem maiori extremitati ..... In omnibus modis tertiae figurae syllogizatur conclusio reduplicativa, si in maiore fuerit reduplicatio addita maiori extremitati. In secunda autem figura non habent proprie locum.* Vgl. ebd. Anm. 1001; die Berücksichtigung der Exclusiv- und der Exceptiv-Sätze fehlt hier.

132) Ebend.: *Dupliciter autem contingit syllogizare ex terminis infinitis et ex mixtione terminorum infinitorum. Uno modo, quod omnis terminus finitus in una propositione maneat etiam finitus in alia et omnis infinitus in una maneat infinitus in alia. Alio modo, quod terminus finitus sumptus in una sumatur infinitus in alia aut e converso. Si primo modo syllogizetur, tunc in omnibus modis et figuris syllogizandum erit, sicut ex terminis pure finitis. Si autem secundo modo, ... in omni figura ex duabus praemissis universalibus negativis sequitur conclusio universalis negativa medio variato penes finitum et infinitum. In prima figura et secunda ex maiore universali negativa et minore particulari negativa sequitur conclusio particularis negativa medio variato. ..... Sed in tertia figura medio sic variato nihil sequitur, si aliqua praemissarum sit particularis ..... Ex affirmativis praemissis in prima figura et in tertia nihil sequitur medio variato ..... Sed in secunda figura ex ambabus affirmativis sequitur conclusio negativa medio variato, si maior sit universalis.*

133) S. Abschn. IV, Anm. 608—627. Aus Buridan aber kam dieses als Interpolation in die Handschriften und Drucke des Petrus Hispanus, s. Abschn. XVII, Anm. 190.

134) J. J. Brucker, welchem offenbar alle Späteren nachgeschrieben haben, beruft sich (*Hist. crit. etc.* 2. Aufl. III, p. 881) auf eine ziemlich junge Auctorität, nemlich auf *Sancrucius* (soll jedoch heissen *Sancrusius*), *Dialectica Scoti* (soll heissen *Dialectica ad mentem Scoti*). Dieses Werkes aber, welches Londini 1677. 8. gedruckt wurde, konnte ich trotz vieler Bemühung nicht habhaft werden. Die daraus von Brucker angeführten Worte lauten: „*Est ars inveniendi medium syllogisticum sive modus idealiter ostendens, quo pacto extrema per negationem disiuncta copulentur, diciturque pons, quod sicut ponte ripae fluminis, sic medio extrema per negationem intercisa uniantur, diciturque asinorum, quia ex 1. Post. 27 ea arte solertes a tardis discernuntur.*" Ob aber nun Brucker dort wirklich auch den Namen Buridan's gefunden habe, oder nur durch eigene Combination zu dem Glauben geführt

Doch dürfen wir Buridan's Syllogistik nicht verlassen, ohne zu berichten, dass anderwärts auch er ebenso, wie Occam (vor. Abschn., Anm. 1038), eine sehr erfreuliche Werthschätzung des „Erfahrungs-Beweises" ausspricht, insoferne er auf „*experimentum*" mit Einschluss der Möglichkeit einer „*instantia*" als auf eine Grundlage des Wissens hinweist, dabei aber zugleich es als eine Unvollkommenheit bezeichnet, wenn in einer blossen „*ars doctrinalis*" (z. B. in der Medicin) ein roher und unbegründeter Haufe empirischen Materiales vorliege, da ja nur die wirkliche „*ars perfecta*" von der Erfahrung aus zu Grundsätzen vordringe [135]), und sonach auch bei der „Induction" die Einheitlichkeit einer inneren „*ratio*" das Entscheidende bleiben müsse [136]).

In der Summula folgt sowohl betreffs der Topik [137]) als auch bezüglich der *Soph. Elenchi* ein Excerpt aus Petrus Hispanus [138]), hierauf

---

wurde, dass die Eselsbrücke von Buridan herrühre, können wir natürlich nicht entscheiden. Wohl hingegen dünkt es uns höchst wahrscheinlich, dass der Scotist Sancrusius eben nur aus dem Scotisten Tartaretus geschöpft habe, und somit das Ganze auf der unten (Abschn. XXII, Anm. 165) anzuführenden Stelle beruhe. Sollte jedoch wirklich Buridan in der Tradition in eine Verbindung mit der Eselsbrücke gebracht worden sein, so läge ein Motiv zur Verwechslung in seinem Anhänger Johannes Dorp; denn bei diesem sowie bei Bricot werden wir die betreffs der *inventio medii* ersonnenen Memorial-Verse „*Fecana, Cageti etc.*" treffen (s. ebend. Anm. 129 u. 359), auf welche die Eselsbrücke des Tartaretus zurückweist; man hätte sonach in der Tradition Buridan auch für Etwas verantwortlich gemacht, was bei seinem Commentator Dorp sich findet.

135) *In Metaph.* I, qu. 8, f. VII v. A: *Experientia est ex multis memoriis consimilium prius sensatorum iudicare de alio simili occurrente ..... Sensus, memoria et experimentum non sunt nisi notitiae singularium sive notitiae singulares, sed tandem intellectus percipit, in pluribus singularibus ita fuisse et non in aliquo fuisse instantiam; ipse ergo per suam inclinationem naturalem* (vgl. b. Occam, Anm. 745) *ad veritatem consurgit ad consentiendum universali propositioni, ... et talis propositio est iam principium in arte suppositum, et sic intelligitur, quod ars fit experimentis* (s. Abschn. IV, Anm. 53). ..... *Quaedam ars est doctrinalis solum, sc. quae per studium, libros et magistrum in scholis sine discursu ad opera exteriora acquiritur; ..... et ista ars est valde imperfecta propter duo. Primum quia illi scholares nesciunt principia nisi per hoc, quod audiunt vel legunt, quod ita est, ut quod omne rubarbarum* (d. h. Rheum) *sanat choleram; ..... cum igitur isti nesciant ista principia, ipsi etiam nesciunt conclusiones nisi ex suppositione, sc. si illa principia, quae eis sunt tradita vel in corde infixa, sunt vera. Secundo talis ars est imperfecta, quia non solum ad artem perfectam spectat, ratiocinari sistendo in terminis universalibus, sicut fecit ars talis, imo oportet ratiocinando descendere ad terminos singulares. ..... Alia vero est ars perfecta, quae per experientiam novit principia supposita in arte doctrinali et, sicut potuit scire simpliciter conclusiones, etiam conclusiones universales praescitas applicavit multotiens ad opus descendendo per ratiocinationem ad terminos singulares.*

136) *Super Eth. Nic.* III, qu. 1, f. XLVIII r. B: *Posset probari, quod homo non esset risibilis, per inductionem in aliis animalibus omnibus. Dicendum est ergo, quod inductio in aliquibus non concludit in aliis, nisi illa appareant eiusdem rationis illis, in quibus inductum est, saltem in ordine ad praedicatum, respectu cuius facta est inductio.*

137) *Summ. Tract.* VI. *Topica.* Vgl. Abschn. XVII, Anm. 191 ff. Jener Beispiel-Satz, s. ebd. Anm. 144, zeigt hier die vier Städtenamen: *Parisienses, Remenses, Atrebatenses, Ambianenses.*

138) *Tract.* VII. Vgl. ebend. Anm. 196 f. Den Schluss bilden hier Regeln, durch welche die bisherige Lückenhaftigkeit der byzantinischen Tradition insoferne aus Aristoteles ergänzt wird, als die Lösung der verschiedenen Sophismen in Kürze zusammengestellt ist.

aber die Erörterung des wissenschaftlich demonstrativen Verfahrens. Diese beginnt mit der Lehre von der Eintheilung, wobei ähnlich wie bei Occam (ebd. Anm. 856) die reale Theilung von der logischen unterschieden und die letztere im Anschlusse an Boethius (Abschn. XII, Anm. 96 ff.) besprochen wird, während einige neuere Ansichten, welche allerdings sonderbar genug sind, nur kurze Erwähnung finden [139]). Bezüglich der Definition werden zuerst einige allgemeinere Regeln gegeben, welche hauptsächlich das Verhältniss des definirten Objectes zur Definition betreffen [140]); sodann werden in ziemlicher Abweichung von Occam (vor. Abschn., Anm. 842 ff. und 1012 ff.) vier Arten derselben unterschieden, nemlich *quid nominis* und *quidditativa* und *causalis* und *descriptiva* [141]); doch scheint es, dass er wie Occam zur ersten Art auch die Definition der connotativen Begriffe, d. h. der Accidentien, gerechnet habe [142]). Die

---

139) *Tract.* VIII. *D. demonst.: Divisio est multorum collectivorum in unum separatio; compositio autem est multorum invicem in unum collectio. ...... Duobus modis principalibus dicuntur totum et partes; uno modo totum integrale et partes integrales, alio modo totum praedicabile et partes subiicibiles. Differunt autem, quia partes integrales collective sunt suum totum, partes autem praedicabilis totius non sunt illud totum, quia .... nec plures species sunt unum genus nec plura singularia una species. ..... Aliquando totius in suas partes integrales fit divisio per solam animae considerationem, aliquando autem per realem in totis vel partibus mutationem ..... Multis autem modis dicuntur tota praedicabilia, ideo solent assignari multiplices divisiones eorum: ..... vocis in suas significationes, ... generis in suas species, ... totius in modo in suas partes, ... subiecti in accidentia, ... accidentis in subiecta, ... accidentium in accidentia ..... Divisionum quaedam dicuntur perfectae, aliae imperfectae; perfecta dicitur, quae duas observat proprietates, sc. quod sit sufficiens et quod non sit superflua; imperfecta, si deficiat aliqua istarum proprietatum ..... Adhuc quidam alii ponuntur divisionum modi minus proprie dicti; unus est divisio termini praedicabilis per alium terminum finite et infinite sumptum, ut „Omne animal est homo vel non homo"; ..... alius, secundum quem oratio eadem secundum materiam dicitur composita vel divisa, prout est alia et alia secundum formam; alius, prout propositionem disiunctivam vocamus divisionem.*

140) Ebend. *D. diffin.: Sunt octo proprietates diffinitionum:* 1) *diffinitio et diffinitum dicuntur per modum relativorum ....* 2) *sunt ad invicem convertibiles ....* 3) *diffinitio explicite est notificativa diffiniti ....* 4) *diffinitio est oratio, et diffinitum est terminus incomplexus. ....* 5) *Nullum singulare est diffinitum ....* 6) *Nulla propositio est diffinitum .....* 7) *Nulla diffinitio debet dari parabolice vel transsumptive....* 8) *Nulla diffinitio debet esse superflua vel diminuta.*

141) Ebend.: *Diffinitio dicens quid nominis est oratio explicans convertibiliter, quid vel quae diffinitum significat aut connotat: et proprie vocatur interpretatio et convenit terminis incomplexis vocalibus, quibus non correspondent immediate conceptus simplices, sed complexi, ... et convenit etiam propositionibus categoricis, quibus in mente correspondent hypotheticae copulativae, ... secundum suppositionem materialem mediante hoc verbo „significat". ..... Diffinitio quidditativa est oratio indicans praecise, quid est esse rei, per praedicata essentialia, ... et non datur de termino connotativo ..... Diffinitio causalis est oratio indicans convertibiliter, quid est esse rei, per „propter quid"; ..... et ponuntur termini in huiusmodi diffinitione in obliquo; .... et dantur istae diffinitiones aliquae per causam formalem, aliquae per causam materialem, aliquae per efficientem, aliquae per finalem ..... Descriptio est oratio indicans, quid est esse rei, per accidentalia seu per effectus, ... et est ex prioribus et notioribus quoad nos.*

142) *In Metaph.* VII, qu. 3, f. XLIII v. A: *Non alia significat „esse album", quam „album", sed diversimode significant ea, quae significant, quia „album" significat albedinem non supponendo pro ea nec pro congregato ex ea et aliquo alio; sed „esse album" significat albedinem supponendo pro ea vel aggregato ex ea et subiecto.*

sonstigen üblichen Erörterungen über den Inhalt der zweiten Analytik schliessen sich ganz an Occam an [143]).

Den Schluss der ganzen Summula sollte nach Buridan's Absicht ein eigener Abschnitt über die *Insolubilia* machen; jedoch schon Johannes Majoris und Johannes Dorp, als Herausgeber, fanden, wie sie selbst sagen, denselben nicht mehr vor [144]). Sowohl aber aus einer schon oben (Anm. 73) angeführten Stelle als auch aus einer zweiten ähnlichen ersehen wir Proben davon, wie sich Buridan mit diesem Zweige der damaligen Logik beschäftigte [145]). Ja, es müssen sich entweder doch noch Handschriften gefunden haben, oder es erhielt sich wenigstens in den Schulen eine gewisse Tradition; denn aus etwas späterer Zeit ist uns gerade die principielle Auffassung Buridan's betreffs der *Insolubilia* (s. unten Anm. 350) überliefert, welche dahin geht, dass das *Insolubile* weder als wahr noch als falsch bezeichnet werden dürfe [146]). Aus der gleichen Quelle aber erfahren wir, dass Buridan auch mit dem Gebiete der *Obligatoria* sich bereits sehr einlässlich zu schaffen gemacht habe; denn bezüglich eines der complicirteren üblichen Beispiel-Sätze dieser Doctrin wird uns berichtet, dass Buridan denselben als unzulässig erklärt habe [147]). Endlich auch die Lehre über die *Consequentiae* war ihm, wie

---

Ebend. qu. 6, f. XLV r. B: *Omnis terminus accidentalis debet diffiniri per subiectum, i. e. per terminum substantialem, ... ex quo terminus accidentalis connotat substantiam ultra significationem vel connotationem vel dispositionem accidentalem.* Vgl. bei Occam Anm. 1012.

143) Vgl. vor. Abschn., Anm. 1007 ff.

144) Sogleich zu Anfang des Ganzen: *Iste liber in se continet novem tractatus partiales ...... In nono de solutionibus quorundam sophismatum; et illae non habentur in textu.*

145) *In Metaph.* VI, qu. 7, f. XXXVIII v. A: *Non sufficit universaliter ad veritatem affirmativae, quod termini supponant pro eodem* (vgl. ob. Anm. 79); *et hoc manifestum est in vocatis insolubilibus, ut si in illo folio sit scripta solum illa propositio „Propositio scripta in illo folio est falsa"; termini enim pro eodem supponunt, quia illud subiectum „propositio scripta in illo folio" supponit pro illa propositione, quae est scripta in isto folio, et similiter hoc praedicatum „falsa" supponit pro illa propositione, quia ipsa est falsa et non vera. Igitur non sufficiebat ad hoc, quod propositio affirmativa fuisset vera, quod termini supponant pro eodem.* Aehnliche Insolubilia s. unten Anm. 310.

146) Nemlich in denjenigen Drucken des Petrus Hispanus (s. Abschn. XVII, Anm. 143), welche ich mit **M**—**W** bezeichnete, finden sich modernere Darstellungen der *Obligatoria, Insolubilia* und *Consequentiae,* und dort lesen wir, wenn ich nach dem Drucke **N** citire, f. LXIV v. B: *Dicit enim Buridanus, quod propositio insolubilis, v. gr. „Socrates dicit falsum"* (*esto, quod illam praecise dicat et nullam aliam*) *significat, Socratem praecise dicere falsum, et per consequens ita esse, sicut ipsa significat, et tamen esse falsam; vult igitur, quod propositio ideo non dicatur vera vel falsa.* Hiezu eine Stelle des Johannes Majoris, s. Abschn. XXII, Anm. 439.

147) Ebend. (d. h. in der Darstellung der *Obligatoria*) f. LXIII r. A: *Imponatur A in propositione vera ad significandum asinum* (s. unten Anm. 163 u. 199), *in propositione falsa ad significandum hominem, in dubia ad significandum hoc complexum „homo vel aliud ab homine". Deinde proponatur tibi ista „Homo est A". Si concedis, est vera, et sic significat asinum ..... Si negas, est falsa, et sic significat hominem. ..... Si dubitas, tunc dubitas istam „Homo est homo vel aliud ab homine". Circa hunc modum obligandi per impositionem est controversia inter famosos. Nam Buridanus non admittit tale genus obligationis assignans causam, quia constitutio propositionis praesupponit, dictiones iam esse impositas ad significandum, sed hic modus obligandi praesupponit e converso, propositionem esse constitutam et esse veram*

eine gelegentliche Notiz zeigt, natürlich nicht unbekannt; für sein Compendium aber scheint er dieselbe allerdings, obwohl er sie an das conditionale Urtheil anknüpfte, absichtlich bei Seite gelassen zu haben [148]).

Völlig ausserhalb der beginnenden Fortbildung occamistischer Logik steht in jener Zeit ein Mann, welcher allerdings weit mehr ein Gegenstand der Religions-Geschichte ist, aber auch hier nicht gänzlich übergangen werden darf, insoferne er, vergleichbar einem verlassenen Fremdling, einen zügellosen christlich-platonischen Realismus vertritt. Wiclef nemlich (geb. 1324, gest. 1384) gibt in seinen Dialogen [149]) eine Auffassung der Universalien kund, welche unter heftigen Schmähungen des Aristoteles sehr nahe an die Mystik des Buches *De causis* (s. Abschn. XVII, Anm. 24 ff.) streift, dabei aber merkwürdiger Weise im Sprachausdrucke sich der Terminologie der *formalitates* der Scotisten-Schule bedient [150]). Sollen ja doch zuletzt sogar die Syncategoremata nur Gottes Wesen bezeichnen, und der einzig richtige Weg zur Philosophie darin liegen, dass man in solcher Weise jedweden „*terminus*" realistisch versteht; denn Alles, was wir in Denkauffassung besitzen, sei, wie schon Roger Baco gesagt hatte (s. ebend., Anm. 577), als solches eine „*res*", und es gebe daher auch eine Idee des Singulären selbst [151]). Kurz es sei eine Sünde gegen den heiligen Geist, wenn man jene idealen „Dinge", von welchen Plato und Moses sprechen, für blosse „*termini*" oder „*conceptus*" halte;

---

aut falsam, et deinde dictioni advenire significationem per impositionem ..... Ideo dicit Buridanus, quod talis obligatio non est admittenda, quia quandoque respicit impossibile.

148) *In Metaph.* VI, qu. 10, f. XL r. B: *Conditionalis est una consequentia; et solet distingui duplex consequentia, sc. simplex et ut nunc. Et ad veritatem consequentiae simplicis requiritur, quod non sit possibile, antecedens esse verum consequente non existente vero....... Ad bonam consequentiam ut nunc sufficit, quod possit fieri formalis per additionem unius verae quantumcunque contingentis.* Vgl. vor. Abschn., Anm. 1016.

149) *Jo. Wiclefi viri undiquaque piis. dialogorum libri quattuor. S. l.* 1525. 4. Die Dialogform dieser Tractate besteht darin, dass in der Regel in jedem Capitel vorerst die „*Alithia*", d. h. die Dogmatik, ihre Ansicht entwickelt, hierauf „*Pseudis*" als sophistisch gewandter Unglaube Einwände erhebt, und zuletzt „*Phronesis*" als reiflich durchdachte Gotteslehre den Entscheid gibt.

150) L. I, C. 8, f. XII v.: *Quamvis omnes ideae distinguuntur inter se formaliter et a deo, sunt tamen omnes essentialiter ipse deus; unde Aristoteles ..... arguens contra ideas Platonis aequivocavit in logica stulte concipiens, quod idea sit essentia absoluta distincta ab essentia divina. Sed quis sapiens ita intelligit? Sed si Aristoteles bene concipit, omnis talis idea foret superflua. Sed intellectualitatem creaturarum oportet omnem fidelem ponere non formaliter rem absolutam per se existentem, quia tunc foret formaliter ipse deus, et non foret idearum distinctio, sed dii infiniti. Illi autem, qui loquuntur formaliter, sicut perfecti philosophi, satis concipiunt distinctionem formalem huiusmodi idearum.* Ebend. C. 9, f. XIV v.: *Nec Aristoteles scivit, istam sententiam Platonis destruere, sed aequivocando ac ignorando veritatem sui sermonis multos homines duxit in devium ...... Istam logicam propter ex ea sequentia debet quilibet fidelis despicere.*

151) Ebend. C. 9, f. XIV r. Nachdem Pseudis einwendet: „*Cum singulum incomplexorum aut significat substantiam vel qualitatem et cetera, quid sunt tales ideae, quae nec sunt substantiae nec accidentia? Imo sic intelligendo terminos posses totam philosophiam subvertere,*" antwortet Phronesis: *Nec movet tua argutia, si singulum incomplexorum significat aliquod decem generum, ergo non sunt ideae. Nam omne incomplexum, tam categorema quam syncategorema, primarie vel secundarie significat substantiam, imo divinam essentiam, et tunc nomina idearum significant tam*

und sowie demnach für Wiclef die subjectiv psychische Function völlig gleichgültig ist, so sind ihm auch die dabei üblichen Partei-Worte im Sinne seines eigenen Realismus sämmtlich synonym [152]). Mit den Scotisten aber sympathisirt er in der *pluralitas formarum*, insoweit mehrere Formen sowohl unter sich als auch schliesslich einer letzten Form untergeordnet seien [153]). Dass jedoch auch er sich der logischen Strömung seiner Zeit nicht völlig entziehen kann, sehen wir aus einer Angabe über *suppositio*, welche hier in *significativa, materialis* und *mixta* eingetheilt erscheint, woran sich noch dazu eine Hinweisung auf die *Insolubilia* knüpft [154]). — Gleichfalls ein extremer Realismus war es, welchen Hieronymus von Prag i. J. 1415 auf dem Concil zu Konstanz bei seinem später wieder zurückgenommenen Widerruf als häretisch abschwören musste [155]), nachdem er schon einige Jahre vorher in Heidelberg durch seine realistische Tendenz argen Anstoss gegeben hatte [156]). Dass mit

---

substantias quam divinam essentiam ..... Idea ergo est essentialiter natura divina et formaliter ratio, secundum quam deus intelligit creaturas. Et sic intelligendo terminos .... praeparata est via ad philosophiam. C. 11, f. XVII r.: *Cum alia sit idea universalium et alia singularium, ... intelligimus ergo res, quae per suas existentias movent obiective intellectum nostrum.*

152) L. II, c. 3, f. XXIII r.: *Certum est, quod universalia sunt ex parte rei. ..... Plato subtilius ascendit in universalibus idearum, et species iam Moses sonuerat ..... in principio Genesis, qui indubie species intellexit non esse terminos vel conceptus, sicut somniant haeretici exponentes fidem scripturae ad sensum, quem spiritus sanctus non flagitat.* Ebend. C. 9, f. XXXIII v.: *Quandoque species vocatur similitudo habitudinalis, quam intellectus habet, sive universalis sive particularis; et intentio vocatur nunc species, nunc actus intelligendi, satis aequivoce, cum omnes actus animae sunt de genere actionis. Et ita res intellectae habere dicuntur esse spirituale in anima.*

153) Ebend. c. 4, f. XXV r.: *Forma superaddita non habet in qualibet parte indivisibili suae materiae appropriatae partem indivisibilem suae formae, sed ..... indivisibilis quoad molem multiplicatur per totum illud ...... Elementa sunt realiter in mixtis per formam substantialem mixti superadditam catenata, et secundum diversitates generum proportionum sunt diversitates specierum mixtarum, ut patet ascendendo a formis elementaribus usque ad animam intellectivam.* C. 5, f. XXVI v.: *Hic tamen fratres clamant, quod illud sit haereticum et impossibile, quod multae animae sint in homine vel multae formae substantiales in quocunque corpore, quia, cum forma substantialis dat esse rei, res sic formata esset in dispari specie pro eodem instanti, quod est impossibile. Sed pro illa materia idiotae debent cognoscere, quod consonum est, esse multas formas substantiales dispares specie in eodem composito, dum tamen una sit subordinata alteri ...... Una forma generalior et alia specialior, quae sunt in eodem supposito, ad invicem ordinantur.*

154) L. I, C. 3, f. IV r.: *Quaedam est suppositio pure significativa, quaedam pure materialis, quaedam autem mixta. Pure autem significativa suppositio est, quando terminus pure supponit pro re, quam significat extra se ipsum. Suppositio autem pure materialis est, quando terminus supponit pure pro se ipso vel secum analogo. Sed suppositio mixta est, quando terminus mixtim supponit pro suo significato ad extra et etiam pro se ipso; et illa mixtio confundit plures respondentes, ut patet in ..... materia insolubilium.*

155) Du Plessis d'Argentré, *Coll. iudic. nov. err.* I, p. 203: *Ego Hieronymus, quia in nonnullis actibus scholasticis ad persuadendam opinionem de universalibus realibus, et quod una communis essentia specificasset plura eiusdem speciei supposita etc. ....., ideo ad excludendum intellectum erroneum et scandalosum ..... dico, assero et declaro etc. etc.*

156) Aus den Acten der philosophischen Facultät v. J. 1406 theilt Cas. Wundt, der anonyme Verfasser des „*Programma memorabilia nonnulla ordinis philosophici*

seinem Auftreten auch Huss in Verbindung gebracht wurde, s. unten Anm. 592, sowie überhaupt Anm. 615 f.

Noch in der ersten Hälfte aber des 14. Jahrhunderts muss ein specieller Zweig der Logik reichlichste Ausbildung gefunden haben, welchen wir schon bisher zuweilen in seinen Anfangsstufen der Entwicklung antreffen konnten (Abschn. XVII, Anm. 625 f., u. vor. Abschn., Anm. 623, 1043). Sowie wir nemlich schon oben bei Holkot (Anm. 27) auf diesen Punkt hinweisen mussten, so begegnen wir überhaupt seit jener Zeit einem von mehreren Seiten ausgehenden Betriebe der sog. *Obligatoria* und *Insolubilia*, welch beide bald mehr bald weniger an die Pflege der aristotelischen *Soph. Elenchi* geknüpft werden.

In einer Pariser Handschrift fand ich zwei hierauf bezügliche anonyme Tractate deren Schriftzüge keinenfalls einer späteren Zeit, als der Mitte des 14. Jahrhunderts angehören. Indem ich jedoch darauf verzichten muss, dieselben in ihrer gedehnten Ausführlichkeit hier etwa abzudrucken, zumal da wir diese Doctrin ohnediess noch hinreichend zu geniessen bekommen, so beschränke ich mich darauf, zu berichten, dass der unbekannte Autor des Einen Tractates sich bereits auf anderweitige namhafte Auctoritäten beruft, aus welchen er eine „*ars opponendi*" zusammenstellen will, zu deren Inhalt nicht bloss die Lösung der *Insolubilia*, sondern auch die *obligationes* gehören sollen [157]). Der Verfasser des zweiten gibt betreffs des *Insolubile* bereits die fortan recipirte Begriffsbestimmung, dass dasselbe nur von der Schwierigkeit der Lösung den Namen habe, nicht aber etwa völlig unlösbar sei [158]). Auch erörtert er bezüglich der Behandlung der *Insolubilia* ein dreifaches Verfahren, welches später in verschiedener Parteistellung eine Rolle spielt: nemlich,

---

Heidelbergensis exhibens" Heidelb. 1779. 4. p. 5 Folgendes mit: *M. Jeronimus de Praga, postquam receptus fuit ad facultatem artium, volens facere actum publicum, quod importune arroganter et invective contra magistros modernos, sc. Buridanum, Marsilium etc. multa mirabilia in positione sua dixit publice in scholis repraesentans, eos non vere logicae autores, sed vere haereticos, requisitus fuit per iuramentum, quatenus praesentaret suam positionem, antequam exiret scholas, quod facere minime curavit. . . . . . Intimatum fuit sibi sub sigillo decanatus per iuramentum et sub poena exclusionis perpetuae a dicta facultate, quatenus cessaret ab omni actu scholastico etc.*

157) *Cod. Sorbonn.* 1797. *De sophism. Ut scribitur in libro primo Elenchorum, duo sunt opera sapientis, sc. non mentiri, de quibus novit, et mentientem posse manifestare . . . . . Potestas talis consistit in duobus, sc. in contradicendo veritatem et in opponendo manifestando falsum; qui ergo sophistam volunt sequi, generalem artem opponendi habere indigent . . . . . Nos igitur . . . viam laboris assumentes a diversis viis logicae et magistrorum sententiis, qui famosiores dicuntur, quaedam de arte opponendi et contradicendi colligentes tradi fecimus in scriptis . . . . . Istum igitur tractatum in quatuor partes dividimus. In prima trademus artem opponendi in generali, in secunda modum contradicendi, in tertia de sophismatibus et eorum solutionibus et intellectu distinctionum in his accidentium disputabimus aliqua, in quarta artem opponendi obligationes solvendi.*

158) *Circa tractatum de insolubilibus est sciendum, quod hoc nomen „insolubile" dicitur tripliciter; uno sc. modo, quod nullo modo potest solvi; alio modo, quod, dum potest solvi quantum in se, propter aliquod impedimentum nunquam solvitur; tertio modo, quod propter sui difficultatem difficile solvitur. Ad similitudinem primi dicitur vox invisibilis, ad similitudinem secundi dicitur lapis absconditus in terra invisibilis, ad similitudinem tertii dicitur sol invisibilis; ultimo autem modo intendimus nunc de insolubilibus.*

indem ein Hauptmotiv dieses ganzen Gebietes immer in der sophistischen Frage besteht, ob Jemand, der sagt, dass er Unwahres sage, hiemit Unwahres sage (also im stoischen *Ψευδόμενος* oder *'Αληθεύων*, s. bei Petrus Hispanus, Abschn. XVII, Anm. 248), so könne man entweder durch „*cassatio*“ dahin argumentiren, dass alle dergleichen Urtheile überhaupt null und nichtig seien, oder man könne durch „*restrictio*“ mittelst richtiger Supposition des Wortes „Unwahr“ eine Lösung herbeiführen, oder man könne hiezu die aristotelische *fallacia secundum quid* benützen [159]). Die Lehre von der *Obligatio* zeigt hier gleichfalls schon eine schulmässige Gliederung in der Zugrundlegung eines dreifachen *status* des Disputirenden, insoferne derselbe eine Behauptung entweder festhalten (*sustinere*) oder ablehnen (*desustinere*) oder als zweifelhaft bestehen lassen will, woraus sich die Dreigliederung dieser Theorie in *positio, depositio, dubitatio* ergibt [160]).

Weit ausgebildeter aber tritt dieses neue Gebiet bereits in einer Darstellung auf, welche irgendwie als Interpolation den Weg in Occam's Compendium der Logik fand [161]). Die Definition der *obligatio* als einer für eine Disputation verpflichtenden ausdrücklich vorangeschickten Feststellung stimmt unter Hinweis auf viele gleichgesinnte Autoren mit derjenigen überein, welche der so eben erwähnte Anonymus aufstellt [162]). Der sog. *status* aber der Disputirenden wird hier nach mehreren Arten unterschieden. Als erste nemlich tritt die „*institutio*“ auf, d. h. die willkürliche Wortbezeichnung, welche auch auf Buchstaben sich erstreckt, so dass z. B. „*A*“ irgend einen beliebigen Satz bezeichnen soll; hiebei aber wird unter sofortiger Beiziehung des *Insolubile*, dass „*A*“ bedeute „*A* bezeichnet Unwahres“, die Regel aufgestellt, dass bei einer solchen Zeichen-Fixirung nie der Theil eines Satzes eine Bezeichnung des ganzen

---

159) *Est autem triplex oppositio circa insolubilia, sc. cassatio, restrictio, solutio secundum quid et simpliciter* (diese letztere ist die aristotelische Lehre)..... *Cassantes autem dicunt, quod dicens, se dicere falsum, nihil dicit* (vgl. ob. Anm. 73). ...... *Restringentes dicunt, quod littera „falsum“ non potest supponere pro hac oratione, cuius est pars, nec similiter pars pro toto.* Hierauf folgt eine grosse Anzahl von Regeln und von Sophismen, welche nach denselben ihre Lösung finden.

160) *Obligatio, secundum quod nos utimur hoc nomine in sophismatibus, est praefixio enuntiabilis secundum aliquem statum..... Est autem status triplex, sc. sustinendi, desustinendi, dubie respondendi..... Est igitur positio praefixio enuntiabilis ad sustinendum tanquam verum; ..... de posito dicitur talis regula: Omne positum sub forma positi propositum in tempore positionis est concedendum...... Habito de positione possibili sequitur de impossibili...... Depositio est obligatio ad sustinendum aliquid tanquam falsum...... Dubitatio est obligatio ad sustinendum aliquid tanquam dubium...... Expliciunt obligationes magistri W.*

161) Für meine Unächtheits-Erklärung dieser Partie in Occam's *Summa* (s. vor. Abschn., Anm. 740 u. 1043) kann es mir nur zu einer Genugthuung gereichen, dass auch Hr. Thurot (*Revue crit. d'hist. et de littér.* 1867. Nro. 13, p. 195 u. 198) die *Obligatoria* und *Insolubilia* als in einer Pariser Handschrift jenes Werkes Occam's wirklich fehlend bezeichnen muss. Vgl. m. kl. Schrift, Michael Psellus und Petrus Hispanus, S. 5.

162) *Occam, Summa l. log.* III, c. 38, f. 70 v. A: *Obligatio sic diffinitur a multis: Obligatio est praefixio enuntiabilis secundum aliquem statum, quando sc. aliquis ex consensu proprio obligatur a ponente ad aliquid in disputatione, ad quod prius non erat obligatus, et tunc fit obligatus. Obligationis autem multae species assignantur: institutio, petitio, positio, depositio, dubitatio, sit verum.*

Satzes sein dürfe [163]). Die zweite Art ist „*petitio*“, vermöge deren ein Disputirender sich von dem Gegner ein nicht unmögliches Zugeständniss erbittet [164]). Drittens folgt die „*positio*“, an welche sich jedoch sogleich der von ihr verschiedene „*casus*“, d. h. die blosse Setzung eines Falles anknüpft, dessen Eintreten oder Nicht-Eintreten offen gelassen ist [165]), während die *positio* selbst stets das Zugeständniss involvirt, dass irgend ein Satz als wahr gelte und so in der Disputation so lange als geltend festgehalten werde, bis der Gegner durch die Worte „*Cedat tempus*“ das Aufhören der Verpflichtung ausspricht [166]). Indem dann zwischen *positio possibilis* und *positio impossibilis* unterschieden wird, schliesst sich an erstere zunächst die Lösung eines *insolubile* an, und ausserdem

---

163) Ebend.: *Institutio est alicuius vocabuli nova impositio pro tempore disputationis et non ultra duratura .... De ista specie dantur aliquae regulae. Una est, quod nunquam pars potest significare totum, cuius est pars. Sed ista regula capit instantiam, nam in ista propositione „Omnis propositio est vera“ subiectum significat totam propositionem ..... Ideo dicendum est, quod, quamvis pars posset significare totum, cuius est pars, tamen talis institutio non est .... admittenda, quando per illam ..... totum significatum mutaretur a veritate in falsitatem et e converso .... Per hoc solvitur hoc sophisma: Significet A praecise hoc totum „A significat falsum“; tunc quaeritur, an A significet verum an falsum. Si verum, ergo haec est falsa „A significat falsum“; sed institutum est, quod A significet hoc totum „A significat falsum“; si igitur A significat falsum, ergo haec est vera „A significat falsum“; et A significat hoc, ergo A significat verum. Respondendum est, quod illa institutio non est admittenda pro eo, quod haec oratio „A significat falsum“, quae est falsa, mutaretur in veritatem ..... Et si dicatur, quod hoc est possibile, quod A significet hoc totum, sed omne possibile est ponibile, dicendum est, quod differentia est inter positionem et institutionem; unde, quia possibile est, quod A significet hoc totum „A significat falsum“, quando accipis „Aut A significat verum aut falsum“, respondendum est, quod neque verum neque falsum significat .... Et per consimilem modum potest responderi ad multa alia sophismata, quae difficilia sunt non exercitatis in arte obligatoria; sed quia non sunt multum usitata in theologia, ideo pertranseo.* Eine Anführung noch anderer Regeln, welche wir nach Obigem erwarten sollten, vermissen wir.

164) Ebend. c. 39, f. 70 v. B: *Alia species obligationis assignatur petitio, quae obligat ad aliquem actum pertinentem ad officium respondentis exercendum ab eodem, sicut si opponens dicit „Peto, quod concedas primam propositionem proponendam a me“, quae petitio recipienda est, quia non obligat ad impossibile .... Et potest esse regula in ista specie, quod nulla petitio est admittenda nisi cui respondens satisfacere potest durante disputatione.*

165) Ebend. c. 40: *Tertia species obligationis vocatur positio, circa quam sciendum est, quod differt a casu, quia casus non obligat ad suscipiendum aliquid tanquam verum ...... Item casus semper debet esse de re particulari, sed positio potest esse unius propositionis indefinitae ...... Circa casum aliquae sunt regulae:* 1) *Casus nunquam est recipiendus, nisi fiat certificatio de aliquo particulari.* 2) *Nunquam est casus recipiendus ad sustinendum impossibile.* 3) *Nunquam est casus admittendus ad sustinendum, quod repugnat actui responsionis, ut si aliquis velit tibi proponere istum casum, quod tu sis mortuus.*

166) Ebend.: *Positio obligat ad sustinendum aliquam propositionem eo modo, quo propositio vera debet sustineri a respondente. ..... Et consistit ars ista in hoc, quod in principio debet aliqua propositio poni, deinde debent propositiones poni, sc. quod placet opponenti, ad quas debet respondens respondere concedendo vel negando vel dubitando vel distinguendo, quibus responsionibus datis potest opponens, quando sibi placet, dicere „Cedat tempus“, i. e. cesset tempus obligationis, et tunc videndum est, an talis respondens bene responderit vel non ..... Positio quaedam est possibilis et quaedam impossibilis.*

folgen die Regeln, dass, was aus einem Zugestandenen (*positum*) folgt, gleichfalls zuzugestehen sei, hingegen was ihm widerspricht, abgewiesen werden müsse, sowie dass jedes „*impertinens*", d. h. was weder aus dem Zugestandenen folgt noch ihm widerspricht, je nach seinem ihm eigenen Inhalte aufzunehmen und zu beantworten sei, endlich dass man sich durch einen *casus possibilis* nicht zu einem ungehörigen Zugeständnisse verführen lassen dürfe [167]). Die *positio impossibilis*, welche nicht zu verwechseln sei mit einem hypothetischen Urtheile, dessen Vordersatz und folgerichtiger Nachsatz Unmögliches enthalten, führt zu einigen Regeln, welche zur Verhütung misslicher Zugeständnisse dienen und hierin auf die Lehre von den *Consequentiae* hinübergreifen [168]). Als vierte Art der Verpflichtung wird die „*depositio*", d. h. die ausgesprochene Feststellung, dass ein Satz als unwahr zu betrachten sei, in Regeln erörtert, welche den für die *positio* gegebenen analog entsprechen [169]); das Gleiche geschieht fünftens für die „*dubitatio*", welche darin besteht, dass

---

167) Ebend. f. 71 r. A: *Possibilis positio est, quando ponitur propositio falsa contingens vel contingens dubia. Et circa istam dantur multae regulae:* 1) *Omne positum in forma positionis „Propositum scitum esse tale" est concedendum absolute, si illud positum non habet plures sensus ..... Et per hoc solvitur hoc sophisma: Ponatur ista „Alterum illorum est verum" demonstratis illis duobus „Johannes est episcopus" et „Johannes sedet"; deinde proponatur ista „Unum illorum est verum"; haec est concedenda; deinde ponatur ista copulativa „Unum istorum est verum et alterum non est verum"; si negas istam et concessisti istam partem „Unum istorum est verum", oportet te negare alteram, et ita negas positum ..... Illud sophisma est distinguendum, quia in secunda parte „alterum" potest esse nomen infinitum, et tunc copulativa est vera, vel potest esse relativum, et tunc est neganda .....* 2) *Omne sequens ad positum vel bene concessum vel oppositum bene negatorum, scitum esse tale, est concedendum .....* 3) *Omne repugnans posito vel bene concesso vel opposito bene negati in tempore positionis est negandum ......* 4) *Ad omnem propositionem impertinentem, i. e. quae nec est sequens nec repugnans posito vel alicui bene concesso respondendum est secundum sui qualitatem, i. e. concedenda est, si sit vera, et neganda, si sit falsa etc. ......* 5) *Posito casu possibili nunquam est negandum necessarium nec impossibile concedendum, sc. de necessario, quod semper fuit necessarium ante tempus obligationis, et de impossibili, quod fuit impossibile ante tempus obligationis.*

168) Ebd. c. 41, f. 71 r. A: *Positio impossibilis est, quando ponitur aliqua propositio impossibilis; et sciendum est, quod multum refert ponere unam propositionem impossibilem et accipere aliquam consequentiam, in qua unum impossibile infertur ex alio impossibili, sicut multum refert ponere propositionem „Homo est rudibilis" et inferre consequentiam „si homo est asinus, homo est rudibilis" .... Impossibilis, quae manifeste cuilibet intellectui infert contradictoriam, non est admittenda ..... Ista regula potest dari pro positione impossibili: Omne sequens ex opposito consequentia naturali vel simplici et tenente virtute propositionis vel regulae per se notae est concedendum; ..... similiter quod sequitur virtute talium regularum debite circumstantionatarum ..... Illud autem, quod sequitur consequentia ut nunc vel alia consequentia, potest negari, quantumcunque veraciter sequatur ex posito ...... Multae propositiones includentes contradictionem possunt poni positione impossibili, nec propter hoc sunt contradictoria concedenda, quia facta tali positione non omne sequens ex posito est concedendum, sed multa sequentia sunt neganda.*

169) Ebd. c. 42, f. 71 v. A: *Depositio est obligatio ad sustinendum aliquam propositionem tanquam falsam .... Istae sunt regulae:* 1) *Omne depositum sub forma depositi propositum in tempore depositionis est negandum ....* 2) *Omne contradicens deposito est concedendum ....* 3) *Ad sequens et ad omne impertinens et ad repugnans, quod non est contradictorium, respondendum est secundum sui qualitatem.*

ein Satz für die Dauer der Disputation als zweifelhaft zu gelten hat [170]). Endlich von einer sechsten Art, nemlich „*Sit verum*" wird nicht unrichtig bemerkt, dass sie eigentlich überflüssig sei, da sie mit der zweiten oder dritten im Wesen zusammenfalle [171]). Indem aber hierauf noch eine kurze Notiz über die *Insolubilia* folgt, definirt der Verfasser dieselben ebenso wie der oben genannte Anonymus (Anm. 158 f.), schliesst sich aber, wenn auch ohne Nennung des Wortes „*cassatio*", jener Behandlungsweise an, welche auf eine logische Nichtigkeit der betreffenden Urtheile abzielt [172]).

Wohl der nemlichen Zeit ungefähr dürfen wir auch eine Erweiterung der Lehre vom hypothetischen Urtheile zuweisen, welche gleichfalls als Interpolation dem Texte der Logik Occam's einverleibt wurde. Es soll nemlich das disjunctive Urtheil „Alles *A* ist *B* oder *C*" schlechthin *disiunctiva* heissen, wenn es den Sinn hat „Entweder alles *A* ist *B*, oder Alles *A* ist *C*", hingegen soll es „*de disiuncto extremo*" genannt werden, wenn es den Sinn hat „Von jedem *A* gilt, dass es entweder *B* oder *C* ist". Und in der nemlichen Weise soll auch zwischen „*copulativa*" und „*de copulato extremo*", sowie zwischen „*conditionalis*" und „*de conditionato extremo*" unterschieden werden; ja auch bezüglich der übrigen drei Arten des hypothetischen Urtheiles (vgl. ob. Anm. 81) wird entsprechend von einem „*de causali extremo, de temporali extremo, de locali extremo*" gehandelt [173]).

---

170) Ebd. c. 43: *Dubitatio est obligatio ad sustinendum aliquid tanquam dubium. ...... Regulae sunt istae:* 1) *Ad omne dubitatum in tempore dubitationis propositum respondendum est dubie ....* 2) *Ad contradictorium dubitati respondendum est dubie. .....* 3) *Ad consequens falsum respondendum est negando, et ad antecedens verum dubie .....* 4) *Ad repugnans non contradictorium respondendum est secundum sui qualitatem.*

171) Ebend. c. 44: *Sexta species ponitur „Sit verum", et est, qua obligatur aliquis ad respondendum ad aliquam propositionem eo modo, quo opponens habet determinatum actum circa illam ..... Et mihi videtur, quod ista obligatio non potest multum differre a petitione et positione.*

172) Ebend. c. 45: *Non ideo dicuntur sophismata aliqua insolubilia, quia nullo modo possunt solvi, sed quia cum difficultate solvuntur ..... Insolubilia sophismata sunt, quando per consequentias apparentes, quae videntur regulari per regulas necessarias, ex propositione aliqua contingente infertur sua opposita..... Et talia argumenta non possunt fieri, nisi quando actus humanus respicit istum terminum „falsum" vel similem affirmative vel hunc terminum „verum" vel similem negative, sicut: ...... Incipiat Socrates sic loqui „Socrates dicit falsum", et nihil aliud loquatur. Tunc quaeritur, an Socrates dicat verum an falsum etc. .... Dicendum est, quod nec dicit verum nec falsum .... Per praedicta potest studiosus respondere ad omnia insolubilia, si solvendo ea velit naturam insolubilium advertere, quod relinquo studiosis.*

173) Ebend. II, c. 37, f. 35 v. B (s. vor. Abschn., Anm. 962): *Ubi ponitur haec coniunctio „vel", illa propositio potest esse distinguenda, eo quod potest esse disiunctiva vel de disiuncto extremo, sicut „Omnis homo salvabitur vel condemnabitur" potest esse disiunctiva et tunc aequivalet isti „Omnis homo salvabitur vel omnis homo condemnabitur", quae est falsa; vel potest esse de disiuncto extremo et tunc aequivalet isti „De quolibet contento sub homine verificatur hoc totum „salvabitur vel condemnabitur"", et hoc est verum .... Similiter, ubi ponitur haec coniunctio „et", illa propositio .... potest esse copulativa vel de copulato extremo, sicut „Tria et duo sunt quinque", quia, si sit copulativa, est falsa, et si sit de copulato subiecto, est vera. Similiter est de propositione, ubi ponitur haec coniunctio „si", quia potest esse conditionalis vel de conditionato extremo, sicut ista „Omne possibile, si est necessa-*

Waren auf solche Weise die Gegenstände des üppigsten Wucherns scholastischer Logik schon von verschiedenen Seiten her allmälig eingeführt worden, so ist der erste uns zugängliche Autor, welcher in schaudererregender Ausführlichkeit diese neueren Gebiete bearbeitete, Radulph Strodus (blühte um d. J. 1370), welcher als Theologe zu den hervorragenden Gegnern Wiclef's gehörte. Uns hier interessiren seine von vielen Anderen commentirten Schriften „*Consequentiae*" und „*Obligationes*" 174), welch beide, — sicher wenigstens die erste —, eigentlich Bestandtheile eines grösseren Werkes über Logik gewesen waren 175); denn wenn wir auch den Verdacht schöpfen könnten, dass diess nur die Meinung des Commentators Sermoneta gewesen sei, so weisen doch eigene Aussagen des Strodus selbst darauf hin 176).

Was zunächst die Lehre von *Consequentiae* betrifft, so unterscheidet sich dieselbe hier in Auffassung und Durchführung sehr von demjenigen, was wir bei Occam trafen. Strodus theilt die *consequentia* sofort in *bona* und *non bona* oder *mala* und stützt diese Unterscheidung grund-

---

rium, est verum" potest esse conditionalis, et tunc est sensus ,,Si omne possibile est necessarium, omne possibile est verum", quod verum est; sed si sit de conditionalo subiecto, tunc aequivalet isti ,,De omni illo, de quo verificatur hoc totum ,,possibile, si est necessarium", verificatur hoc praedicatum ,,verum""; et hoc est falsum, nam haec est vera ,,Te esse asinum, est possibile, si est necessarium" ..... Similiter de coniunctione causali, quia propositio, in qua ponitur, potest esse causalis vel de causali extremo ..... Similiter, ubi ponitur adverbium temporis, illa propositio potest esse temporalis vel de temporali extremo ...... Similiter est de adverbio locali.

174) *Excellentissimi artium et medicine doctoris magistri Alexandri sermonete cum dubiis reverendi magistri Pauli pergulensis nec non eximii Gaetani de Thienis quibusdam declarativis in consequentias Strodi commentariolum feliciter incipit. Venetiis per fratrem Mattheum Campagnam de Cherio.* 1488. 4. (Dort nemlich ist nach den *Declarativa* des Cajetanus de Thienis noch der blosse Text der *Consequentiae* des Strodus abgedruckt.) Ein jüngerer Druck ist: *Consequentiae strodi cum commento Alexandri Sermonete, Declarationes Gaetani in easdem consequentias, Dubia magistri Pauli pergulensis, Obligationes eiusdem strodi, Consequentie Ricardi de Ferabrich, Expositio Gaetani super easdem. Venetiis per Petrum Bergomensem de Quarengis.* 1507. 4. (Der Titel jedoch ist nicht völlig genau, indem die *Obligationes* des Strodus erst am Schlusse des Ganzen gedruckt sind und ausserdem gleichfalls einen Commentar des Cajetanus de Thienis enthalten; der Text der *Consequentiae* des Strodus ist hier in den Commentar des Sermoneta verflochten.) Die *Obligationes* sind auch noch gedruckt in: *Tractatus Insolubilium et Obligationum magistri Davidis cranston de novo recognitus per magistrum Guillermum mandreston et magistrum Anthonium silvestri eius discipulos, cum obligationibus Strodi nunquam prius citra montes impressis. S. l. e. a. fol.* (d. h. in Paris bei Olivier Senant). Keiner dieser Drucke ist paginirt.

175) Nicht weit vom Anfange der *Consequ.* lesen wir einmal: *Sicut ergo dicebatur in tractatu praecedenti de hypotheticis, quod etc.* Und auch Sermoneta sagt gleich im Anfange seines Commentares: *Dico, Rodulphum Strodum logicorum omnium auctorem gravissimum in hoc suo tractatu, qui est pars suae Logicae, intendere, quam plures nobis regulas argumentandi notas facere.*

176) Sermoneta nemlich fährt bald darauf fort: *Dico, libellum hunc esse communissimam partem libri Priorum aut ad ipsum isagogicon et per consequens immediate postponi debere ad librum Periermenias, ... quia de consequentia hic tanquam de subiecto agitur, quod communius est omni specie argumentationis seu syllogismo simpliciter, de quo agitur in libro Priorum.* Aber dass Strodus nach diesem Tractatus die *Proprietates terminorum* folgen liess, erhellt aus dem gelegentlichen Citate: *Quid sit suppositio vel quid sit terminum confundere, dicetur in tractatu sequenti.* Und ausserdem eine Verweisung auf seine uns nicht mehr erhaltenen *Insolubilia* s. unten Anm. 180.

sätzlich auf die *significatio* des Vordersatzes und des Nachsatzes, deren logische Verknüpfung einem objectiven Thatbestande entweder entsprechen oder nicht entsprechen kann [177]). Die *consequentia bona* wird dann eingetheilt in *formalis* und *materialis*, welch letztere ihr wesentliches Merkmal darin besitzt, dass die innere begriffsmässige Brücke, welche vom Vordersatze zum Nachsatze führen könnte, überhaupt unberücksichtigt bleibt, so dass natürlich jede formelle Consequenz zugleich materiell begründet ist, nie aber umgekehrt [178]). Für die *consequentia materialis* gelten demnach auch die zwei Regeln (welche unter anderen Regeln schon bei Occam, vor. Abschn., Anm. 1042, aufgetreten waren), dass zu einem Vordersatze, dessen Inhalt unmöglich ist, jedweder Nachsatz passe, und dass auf jedweden Vordersatz ein unbedingt nothwendiger Nachsatz folgen könne; bemerkenswerth aber ist dabei, dass für die *consequentia* hier auch die Bezeichnung „*propositio rationalis*" gewählt ist, welche wir schon früher als Unterart des hypothetischen Urtheiles (s. Abschn. XVII, Anm. 583 f. u. vor. Abschn., Anm. 328, 894, 955), zuweilen auch unter dem Namen „*causalis*", trafen [179]). Hierauf entwickelt Strodus für die *consequentia formalis* zunächst 24 Regeln, welche er theils in einer fast unnöthigen Weise begründet, theils aber gegen die abstrusesten Einwände und Sophistereien vertheidigt; indem ich diess allerdings dem Leser vorführen muss, mich aber dabei wahrlich nur auf das Hauptsächlichste beschränke [180]), möge darauf aufmerksam gemacht werden, dass die Er-

---

177) *Consequentia est illatio consequentis ex antecedente ...... Dicitur aliqua bona et aliqua mala, quae valet, et quae non valet. Consequentia bona dicitur, cuius non potest esse ita, sicut adaequate significatur per antecedens, quin pro tunc sit ita, sicut adaequate significatur per suum consequens ...... Dicitur non bona, quando stat, sic esse, sicut significatur adaequate per antecedens, licet non sit ita, sicut adaequate significatur per consequens suum.*

178) *Duplex dicitur consequentia bona: .... Consequentia bona de forma dicitur esse illa, cuius, si sic esse, sicut adaequate significatur per antecedens, intelligitur, etiam sic esse, sicut adaequate significatur per consequens, intelligitur ...... Sed consequentia bona materialis tantum dicitur, cuius consequens non est de formali intellectu antecedentis, servatis tamen conditionibus requisitis ad consequentiam bonam, ut ..... „Homo est asinus, ergo baculus stat in angulo"* (vgl. Abschn. XVII, Anm. 621) ...... *Ideo omnis consequentia bona et formalis est bona et materialis, sed non e converso.*

179) *Pro consequentia materiali sunt duae regulae: .... 1) Ex impossibili sequitur quodlibet ..... 2) Necessarium sequitur ad quodlibet ...... Ergo stat, conditionalem esse veram, cuius tam antecedens quam consequens sunt falsa, ut „Si asinus volat, asinus habet alas" ..... et stat, conditionalem esse falsam, cuius tam antecedens quam consequens esset verum, ut „Si tu es homo, ego sum homo." ..... Similiter dicitur de qualibet consequentia, quae nuncupatur propositio rationalis, discursus, argumentatio, et communiter, licet improprie, argumentum ...... Sicut conditionalis nihil ponit in esse, sic neque aliqua consequentia; et ideo concedendo consequentiam non oportet concedere antecedens vel consequens; similiter negando consequentiam non oportet antecedens vel consequens negare ...... Et tunc stat iste versus: „Ex falsis verum, ex veris nil nisi verum."*

180) *Modi autem communes arguendi ex hoc, quod aliqua consequentia sit bona, sunt isti: 1) Si aliqua consequentia est bona et formalis et eius antecedens est verum, ergo et consequens est verum .... Non tamen sequitur mediantibus verbis de praeterito et futuro, unde non sequitur „Ista consequentia est bona et antecedens erit verum, igitur et consequens" ..... Sed bene valet in istis verbis de praeterito et futuro praepositis istis conditionibus „fuit ita," „erit ita," unde sequitur „Illa conse-*

örterung der 5., der 6. und der 14. Regel bereits eine grundsätzliche Verflechtung mit der Lehre von den *Obligationes* zeigen, womit sich bei

---

quentia est bona, et erit ita, quod antecedens eius est verum, ergo tunc erit ita, quod consequens eius est verum" ..... 2) Si consequens est falsum, igitur et antecedens. .... 3) Si aliquando erit ita, sicut significatur per consequens ..... 4) Si aliquando non erit, sicut significatur per consequens, pro tunc non erit, sicut adaequate significatur per antecedens .... 5) Si antecedens est concedendum, consequens est ab eodem concedendum ...... Supponitur, quod nihil dicatur ab aliquo dignum concedi, nisi sciatur ab eodem, esse verum vel sequens ex aliquo in obligatione bene admisso vel concesso vel opposito bene negati; similiter, quod omne negandum sit scitum esse falsum vel repugnans alicui bene admisso vel concesso ... .. 6) Si consequens est negandum, igitur et antecedens .... Contra istam regulam arguitur sic: Ponendo, quod omnes propositiones scitae a te esse verae maneant per unam horam, volo tamen et impono (s. Anm. 199), *quod, si aliqua propositio concedatur a te praeter istam „Tu es homo", ipsa statim significet, hominem esse asinum, ... isto posito tu scis, istam consequentiam esse bonam „Tu es homo, ergo tu es animal"' quia ante casum* (s. Anm. 194 f.) *scivisti, ... et ibi antecedens est concedendum a te et consequens non, quia tunc significaret, hominem esse asinum ..... Per hoc patet, quod aliqua propositio est, ad quam nullo modo est respondendum .... 7) Si antecedens est possibile, consequens est possibile ...... 8) Si consequens est impossibile, igitur et antecedens est impossibile ...... Notandum tamen, quod non omne possibile potest esse verum; .... unde stat, aliquam propositionem esse contingentem ad utrumlibet, et non stat, significando ipsam primarie praecise esse veram ..... Sequitur enim formaliter: „Haec est vera, „Nulla propositio est", ergo aliqua propositio est vera, ergo aliqua propositio est." ...... Similiter si ista propositio est falsa „Aliqua propositio est falsa", tunc aliqua propositio est falsa ..... et ex alia parte sequitur „Ista est falsa, quae praecise significat, quod aliqua propositio est falsa; ergo nulla propositio est falsa". Unde ..... patet, antecedens posse esse verum et consequens non, ... et si tunc ponatur illa, quae est antecedens, esse vera significando praecise primarie, tunc sequitur, quod consequentia non valet .... 9) Si antecedens est necessarium, et consequens est necessarium .... 10) Si consequens est contingens, et antecedens est contingens vel impossibile. .... 11) Si antecedens est pure negativum, et consequens est pure negativum, ... quia in omni consequentia formali consequens est de formali intellectu antecedentis, sed in nulla pure negativa intelligitur affirmativa .... 12) Si consequens est pure affirmativum, ergo et antecedens vel aliqua pars eius .... Sed contra istam regulam arguitur sic: ..... Secundo Periermenias philosophus dicit, istas aequipollere „Necesse est esse" et „Non possibile est non esse"* (s. Abschn. IV, Anm. 289); *ergo ab una ad aliam valet consequentia et e converso, et tamen una est affirmativa et alia negativa .... Dicendum, quod Aristoteles non vult, illas propositiones simpliciter aequivalere, nisi cum aliquo medio affirmativo, ... vel quod philosophus non capit litteram „non" negative, sed infinite ..... Dicitur tunc littera „non" teneri negative, quando vis denotata per ipsam transit in verbum vel in totam compositionem; ..... sed quando stat infinite, negatur solum subiectum vel pars subiecti vel praedicatum vel pars praedicati, dum copula principalis non negetur .... 13) Si antecedens est scitum, et consequens est scitum, ... quia tu intelligis respectum, quem habet consequens ad antecedens, ex quo intelligis et scis, istam consequentiam esse bonam; sed intellectus istius respectus praesupponit intellectum extremorum .... 14) Si consequens est dubium, et antecedens est dubium vel scitum esse falsum .... Sed contra istam regulam arguitur sic: Posito primo, quod scias, Socratem esse unum de tribus hominibus, nescias tamen, quis istorum sit Socrates, tunc facio istam consequentiam „Socrates est, ergo iste homo est Socrates" posito, quod tu scias, me demonstrare solum Socratem per subiectum consequentis .... Sic est in proposito, quod ..... antecedens ex casu constat esse scitum a te, et tamen consequens non est scitum a te. ..... Secundo arguitur sic: Si fiat ista consequentia „Hoc est non scitum a te, ergo hoc est nescitum a te", et volo tam per subiectum antecedentis quam per subiectum consequentis demonstrare consequens illius consequentiae, quo posito illa consequentia scitur a te esse bona, ... antecedens est scitum a te et consequens est nescitum a te. .... Ad primum istorum argumentorum respondetur admittendo ca-*

der 14. auch eine Hinweisung auf das Gebiet der *Insolubilia* (— die eigene Behandlung derselben durch Strodus besitzen wir nicht —) ver-

---

sum, sed nego consequentiam factam; stat enim, plures esse Socrates, ... et non sequitur, quod dubitas, an iste sit Socrates, demonstrando Socratem, ... cum per litteram „iste" demonstretur solus Socrates .... Ad secundum argumentum communi via potest responderi, quando nego casum, quia pars propositionis non potest pro toto supponere, cuius est pars, nec potest ipsum demonstrare .... Multis aliis modis potest responderi; sed quia iste est facilior, ad praesens sufficit, donec via vera ad talia respondendi in tractatu de insolubilibus clarius perscrutetur (s. oben Anm. 176.) .... 15) *Si antecedens est dubitandum, ergo consequens non est ab eodem negandum .... Sic ostenditur: Si consequens est negandum, ergo antecedens est negandum .... per sextam regulam; ergo non est ab eodem dubitandum; quod est oppositum minoris ......* 16) *Si consequens est negandum, antecedens non est ab eodem dubitandum ...... Sed contra istam regulam arguitur sic: Ponatur, quod nullus rex sedeat, et Socrates credat sine haesitatione, quod rex sedeat; quem sciat Plato sic credere, dubitet tamen Plato, an rex sedeat an non. Quo posito fiat consequentia ista „Socrates credit sine haesitatione, quod rex sedet et ita est, quod rex sedet; ergo Socrates scit, quod rex sedet." Tunc ista consequentia est scita a Platone esse bona, et antecedens est sibi dubium, ... et tamen consequens est ab eodem negandum. ...... Respondeo dubitando, an istud „Socrates scit, regem sedere" sit a Platone negandum, quia dubito, an sit sibi positum, quod nullus rex sedeat, an non; si non, dico, quod ista non est ab eo neganda, sed dubitanda; si sic, nego, quod antecedens a Platone sit dubitandum ....* 17) *Si aliquid antecedit ad antecedens, ergo illud idem antecedit ad consequens ....* 18) *Si aliquid sequitur ad consequens, illud idem sequitur ad antecedens .... Ex quibus elicitur, quod in qualibet consequentia mediis non variatis, quando arguitur a primo ad ultimum, consequentia ultima ex primo antecedente et ultimo consequente est bona ...... Contra arguitur, quia capta ista propositione „Filius est" sequitur, quod suus pater est et ex ista sequitur, quod suus filius est, ergo sequitur „Filius est, ergo suus filius est" .... Respondetur, quod ista non tenet in relativis universaliter. ......* 19) *Si aliquid stat cum antecedente, ergo idem stat cum consequente. ....* 20) *Si aliquid repugnat consequenti, illud idem repugnat antecedenti. ...... Sed contra potest argui faciendo istam consequentiam: „Lignum corrumpebatur, ergo impossibile est, illud esse"; et cum antecedente stat illa „Aliquod animal currit"; et illa non est possibilis „Aliquod animal currit, et impossibile est, illud esse" ..... Potest dici, quod, si variatur relatio* (d. h. die Beziehung des Relativums „illud"), *non oportet tenere per regulam .....* 21) *Si arguatur ex contradictorio consequentis ad contradictorium antecedentis, illa consequentia valet ......* 22) *Si arguatur ex opposito consequentis ad alteram praemissarum, sequitur oppositum alterius praemissae ...... Concedantur ergo tales propositiones esse possibiles: „Si tu scis, te esse lapidem, tu non scis, te esse lapidem", et „A contradicit B et e converso, et tamen, si A est verum, B est verum", ut si sit A ista propositio „B est verum" et B sit ista „Nullum B est verum," tunc arguitur sic: A est verum, ergo suum adaequatum significatum est verum; sed A significat praecise, quod B est verum; ergo B est verum; ergo si A est verum, B est verum; et similiter conceditur, quod, si sum asinus, sum homo, et, si sum asinus, non sum homo, et consimiles ....* 23) *Si antecedens est intellectum a te, et consequens est intellectum a te .... Sed contra fiat ista consequentia „Tu non intelligis A, et A est; ergo est unum non intellectum a te"; et volo, quod A sit una littera non intelligibilis; .... tunc tu concederes antecedens, sed non intelligis consequens ...... Respondetur, quod aliquid significatur, quod nullus intelligit, ut „nihil" et similia; sed .... respondeo, quod nego casum; nam dico, quod omnis littera, cum sit repraesentativa suimet, est intelligibilis ....* 24) *Si aliqua consequentia est bona, ergo oppositum consequentis non potest stare cum antecedente ...... Non tamen oportet, quod semper oppositum consequentis repugnet antecedenti; multae enim propositiones non stant simul nec repugnant, ut „Tu non es albus" et „Nihil est" ...... Stat ergo, duo convertibilia repugnare, ... nam si tantum pater est, non tantum pater est; nam si tantum pater est, pater est, et si pater est, filius vel filia est, ergo non tantum pater est.*

bindet, sowie ferner dass gelegentlich der 12. Regel sich sogar die Spur einer vernünftigeren Behandlung der Negation bemerklich macht, wozu allerdings schon bei Occam (vor. Abschn., Anm. 897 ff.) ein brauchbares Vorbild vorlag. Haben wir uns aber glücklich bis zur 24. Regel durch die Menge einfältiger Sophismen hindurchgewunden, so dürfen wir uns noch lange nicht der Freude hingeben, etwa am Ende angekommen zu sein; denn Strodus bringt vorerst noch drei „andere" allgemeine Regeln vor, welche er an die aristotelische Lehre anknüpft, aber eigentlich doch nur aus Occam (s. ebd. Anm. 1025 u. 900) entnimmt; die Begründung derselben führt auf das ***principium identitatis*** und hiedurch mittelbar zu den abstrusesten Einwänden und deren Lösung [181]). Hierauf dann folgen „specielle" Regeln, welche mit einer Eintheilung des Terminus in ***pertinens*** und ***impertinens*** beginnen, deren ersterer entweder ***disparatus*** oder ***pertinens sequela*** sein könne, welch letzterer abermals zu unterscheiden ist, je nachdem die beiden in Frage kommenden Termini entweder schlechthin ***convertibiles*** oder nur ***relativi*** sind, und auch je nachdem ihr wechselseitiges Verhältniss für jedwedes Verbum oder nur für „***est***" gilt; denn im letzteren Falle sind die ***relativi*** unter sich im Verhältnisse des ***prius*** und ***posterius***, im ersteren hingegen in jenem des ***superius*** und ***inferius***; und dies nun führt somit zu einer Regel der ***consequentia ab inferiori ad superius*** [182]). An dieselbe knüpfen sich

181) *Alias regulas generales ponit Aristoteles secundo Periermenias* (vgl. Abschn. IV, Anm. 205 ff.), *scilicet*: 1) *Ab affirmativa de praedicato infinito sequitur negativa de praedicato finito, et e converso. ...* 2) *Ab affirmativa de praedicato privato sequitur affirmativa de praedicato infinito, sed non e converso. ...* 3) *Ex affirmativa de praedicato finito sequitur negativa de praedicato infinito, et e converso. .... Probatur prima regula et tertia, quod, si non, duo contradictoria incomplexa praedicarentur de eodem, quod est contra primum principium* (s. vor. Abschn., Anm. 522, 628, 672 u. ob. Anm. 72 f.). .... *Secunda regula probatur ex descriptione termini privativi ..... Contra illas regulas posset obiici primo, quod illud non est primum principium; stat enim, utramque istarum esse falsam „Tu es currens" et „Tu es non currens", posito, quod tu non sis. ..... Item aliqua sunt, quae nec sunt homines nec non homines. ..... Item capto uno corpore, cuius una medietas sit alba et alia nigra, arguitur sic: Hoc album et hoc nigrum sunt hoc totum; .... ergo album et non album sunt hoc totum; .... ergo hoc totum est album et non album. ...... Similiter potest argui contra dictum de privative oppositis probando, quod, ... si privative opposita connotarent habitudinem ad habitum suum, ergo talis esset falsa „Deus est incorruptibilis" ...... Item posito, quod eruantur oculi Socratis, tunc Socrates est caecus, et tamen non est aptus ad videndum, quia nullo modo potest videre vel aptitudo est frustra. .... Item sequitur „Prima causa est infiniti vigoris, ergo est finiti vigoris", quia infinitum quodlibet finitum includit. ...... Ad primum istorum ... dicitur, quod de quolibet termino simplici singulari supponente pro aliquo, quod est, potest vere praedicari unum contradictoriorum, sed de nullo ambo simul divisim. .... Ad secundum potest dici, quod .... in negativis non tenet argumentum a plurali ad singulare. .... Ad sequens debet negari, quod totum est suae partes. ...... Ad obiecta de privativis dico, quod. .... Socrates est homo, cui naturaliter inest videre,.... et capitur videre non tantum pro actu videndi, sed pro visivo. .... Ad illud de infinito dico, quod non opponitur privative ad finitum nisi per additionem exclusionis. ...... Posset adiungi regulis praepositis, quod tenent in terminis non relativis .... et non tenent in relativis aequiparantiae* (s. vor. Abschn., Anm. 485 u. 646), *ut „iniustum, iustum"; et etiam tenent solum, cum praedicatum ponitur post verbum et non ante verbum, i. e. a parte subiecti.*

182) *Videndum est de specialibus regulis concernentibus habitudinem terminorum ad invicem. .... Quibuscunque duobus terminis demonstratis vel sunt sibi invicem*

zunächst Bemerkungen über den *syllogismus expositorius* (vgl. ebd. Anm. 978), selbst mit der Ausdehnung, dass die negative Form desselben als eine dergleichen *consequentia* mit doppelter Negation zu betrachten sei; und ausserdem begegnen wir hier gelegentlich eines Hinweises auf das Gebiet der *Exponibilia* zum ersten Male dem Ausdrucke *„termini officiabiles“* als Bezeichnung jener schon bei Occam (s. ebd. Anm. 895 u. 954) stark betonten Verba, welche einen Denkact bezeichnen, wie z. B. *scio, dubito, apparet* u. dgl. [183]). Sodann aber wird eine Menge von Sophismen vorgeführt, durch welche klar gemacht werden soll, wann die *consequentia ab inferiori ad superius* nicht gelten könne [184]), und erst nach all Solchem folgen ein paar principiellere Bemerkungen über

---

pertinentes vel impertinentes. Impertinentes sunt, quorum unus de alio indifferenter potest affirmari vel negari supposito non corrupto, ut „album“ et „homo“. Pertinentes sunt duplices: vel sunt disparati, quod nullus de altero potest vere affirmative praedicari, ... vel sunt pertinentes sequela, quod propositio, in qua ponitur unus, est illativa propositionis, in qua ponitur alter; et isti sunt duplices: vel una infert aliam et e converso, vel sic et non e converso. Et utraque pars dividitur, quia vel mutuo se inferunt respectu cuiuscunque verbi .... vel solum mediante hoc verbo „est“; si primo modo formaliter, dicuntur termini convertibiles simpliciter; si secundo modo formaliter, ... dicuntur termini relativi.....; similiter ex alia parte, si ex uno termino inferatur alter et non e converso solum cum verbo „est“, sic terminus dicitur prior et alter posterior; ..... si tamen respectu cuiuscunque verbi tam a parte subiecti quam a parte praedicati in recto, terminus inferens dicitur inferior et illativus superior. De quibus datur ista regula: Ab inferiori ad suum superius sine aliqua dictione habente vim negationis nec confundendi praeposita est bona consequentia.

183) *Et super hac regula fundatur syllogismus, qui vocatur expositorius, cuius praemissae sunt mere singulares, ... ut „Hoc currit, hoc est homo, ergo homo currit“; et sicut in tertia, ita et in prima figura, ut „Hoc est currens, homo est hoc, ergo homo est currens“; et etiam in secunda. .... Similiter est syllogismus expositorius negativus, ut „Hoc non currit, hoc est homo, ergo homo non currit“. Et ..... iste modus negativus tenet per istam regulam: Ab inferiori ad suum superius cum negatione postposita inferiori et superiori est bona consequentia; similiter tenet cum quacunque dictione habente vim confundendi postposita ...... Dictio habens vim confundendi vel negationis dicitur, quae, cum praeponitur dictioni, facit eius suppositionem mutari; cuiusmodi sunt signa distributiva .... et comparativus, superlativus, incipit, desinit, dictiones exclusivae, exceptivae, modales, et omnes termini officiabiles, ut scire, dubitare, velle, apparere, et ceterae dictiones significantes actus mentales vel officium mentis.*

184) *Cum negatione praeposita termino inferiori et superiori non valet consequentia, ... sicut non tenet cum distributione superius et inferius determinante, unde non sequitur: .... „Quilibet filius istius asini est asinus, iste asinus est aliquod animal, ergo quilibet filius alicuius animalis est asinus“; ..... quando tamen distributio non cadit super terminum inferiorem et superiorem, stat, consequentiam esse bonam ..... Ab inferiori ad suum superius addita dictione exclusiva a parte subiecti tenet consequentia, ... sed a parte praedicati non valet, unde non sequitur „Tantum homo currit, ergo tantum homo movetur“ ...... Similiter non valet consequentia cum dictione habente vim negationis cadentis supra superius et inferius, unde non sequitur „Tu differs ab asino, omnis asinus est animal, ergo tu differs ab animali“; sed si „differt“ postponatur superiori et inferiori, bene valet, unde sequitur „Ab asino differs, omnis asinus est animal, ergo ab animali tu differs“. ...... Similiter non sequitur respectu positivi vel comparativi, unde non sequitur „Tu es ita sapiens, sicut iste homo; iste est aliquis homo; ergo tu es ita sapiens, sicut aliquis homo“; nec comparatione, ut „Tu es fortior musca, musca est aliquod animal, ergo tu es fortior aliquo animali“. ...... Nec sequitur „Tu scis, hoc currere; hoc est Socrates; ergo tu scis, Socratem currere“, nec sequitur „Dubito, an hoc currat; hoc est animal;*

„inferius“ selbst, nemlich dass dasselbe weder bei den singulärsten noch bei den allgemeinsten Begriffen eine Anwendung finde, und andrerseits, dass es durch Hinzufügung eines Adjectives zu einem Substantiv als *„inferius per accidens“* auftreten könne, wovon jedoch die *„adiectiva distrahentia“*, d. h. jene, welche die Möglichkeit einer Negation involviren, eine Ausnahme begründen [185]). Jene ganze Behandlungsweise aber, in welcher man diese neueren Zweige der Logik betrieb, tritt uns darin vor Augen, dass Strodus nun gegen die von ihm entwickelten Lehren und Regeln Einwände erhebt, welche wahrlich an Einfältigkeit Nichts zu wünschen übrig lassen [186]), — ein Verfahren, welches er dann noch besonders bezüglich der *consequentia ab inferiori ad superius* fortsetzt [187]). Hierauf lässt er in gleicher Weise die noch übrigen speciellen

---

ergo dubito, an animal currat“ ...... nec sequitur „Apparet, quod hoc sit homo; hoc est asinus; ergo apparet, quod homo sit asinus“ ...... nec sequitur „Tu videbis istum, iste est papa, ergo tu videbis papam“ ..... posito, quod papa privetur sua dignitate.

185) *Species respectu sui generis dicitur inferior per se; sed de vi vocis nihil dicitur superius ad terminum singularem, ... similiter nec aliquis terminus dicitur inferior proprie ad genus generalissimum vel ad terminos transcendentes, cuiusmodi sunt „ens, res, verum“ et cetera* (s. vor. Abschn., Anm. 273, 355, 511, 534, 642). *...... Inferius per accidens est unumquodque se habens per appositionem positivam respectu alterius, ... ut „homo albus“ respectu „homo“; et dicitur „appositione positiva“ propter adiectiva distrahentia et ampliativa, sicut „potens, praeteritus, futurus, mortuus, opinabile“ et similia; ideo „homo mortuus“ non est inferius ad „homo“.*

186) *Sed contra iam dicta arguitur sic: ...... „Homo“ vere praedicatur de „asinus“, quia ista praedicatio est vera „Asinus est hominis“, ubi „hominis“ significat hominem solummodo. ...... Item: Risibile praedicatur de „homo“, et omne, quod est littera „risibile“, est non homo, quia omnis terminus est non homo; ergo „non homo“ praedicatur de „homo“. .... Item: Cum dicitur „homo est animal“, quia „homo“ significat omnem hominem et „animal“ omne animal, ergo significat, omnem hominem esse omne animal. .... Respondeo, quod in illa „Asinus est hominis“ .... genitivus significat hominem solum possessorem. ..... Ad aliud non concedo, quod littera „non homo“ vere praedicetur de littera „homo“. .... Similiter ad tertium per litteram „animal“ intelliguntur multa animalia, quae non sunt homines, ... sicut littera „album“ significat albedinem, illa tamen „Socrates est albus“ non significat, Socratem esse albedinem. .... Item contra illud, aliquos terminos esse pertinentes disparatos et aliquos sequela, arguitur, quod istius divisionis membra coincidunt, ergo divisio est insufficiens. .... Respondetur, quod non dicuntur pertinentes sequela solum ex hoc, quod se inferant mutuo cum hoc verbo „est“, sed oportet, quod formaliter se inferant. .... Item contra illud, quod dictum est de terminis simpliciter convertibilibus, arguitur de vi vocis: „Nullus terminus discurrit, sed talis illatio est discursum facere, ergo nullus terminus infert alium“ .... Verumtamen quilibet scit, quod de vi vocis est falsus ille sensus. ..... Contra illud, quod dicebatur de priori, arguitur, quia si „non homo“ esset prior ad terminum „homo“, sequitur, negationem esse priorem affirmatione, quod est contra philosophum. ..... Respondetur, ... quod est ille modus prioritatis, a quo non convertitur subsistendi consequentia.*

187) *Quod tamen regula ab inferiori ad superius non tenet generaliter, probatur, quia non sequitur „Iste est magister de Parisiis, ergo est homo de Parisiis“ ..... nec „Iste est albus monachus, ergo est albus homo“ ...... nec „Socrates est dominus Platonis, ergo Socrates est homo Platonis“ ..... nec „Socrates est apparens asinus, ergo est aliqualis asinus“ ..... nec „Ille terminus „chimaera“ est, ergo aliquid chimaera est“ ..... nec „Tu es bonus citharoedus, ergo tu es bonus homo“ ...... nec „Hoc currit“ demonstrando Socratem album, „ergo album currit“ .... nec „Sum homo vadens usque Romam, ergo sum animal usque Romam“ ...... nec „Aliud*

Regeln folgen, nemlich zunächst für die *consequentia a superiori ad inferius* [188]), sodann für die obigen (Anm. 182) neuen Arten der Termini, d. h. für *disparata* und *relativa* [189]), und endlich für die hypothetischen Urtheile, bei welchen er nicht bloss die damals üblich gewordene Sechszahl (s. Anm. 81 u. 173) aufnimmt, sondern sogar noch eine siebente Art in der „*adversativa*" hinzufügt [190]).

Auch die Lehre von der *Obligatio*, welche Strodus eine „*militia scholastica*" nennt [191]), zeigt hier im Vergleiche mit jener Gestaltung,

---

a vero est falsum, cuius contradictorium est falsum, ergo aliquid est falsum, cuius contradictorium est falsum" ...... *nec „Hoc potest currere, et hoc est aliud a currente, ergo aliud a currente potest currere" demonstrando per „hoc" te sedentem.* (Ich unterlasse es, auch noch die Lösung dieser läppischen Einwände, welche sich von selbst ergibt, abzuschreiben.) ..... *Item dicebatur, quod non valet argumentum ab inferiori ad superius negatione praeposita; sed probatur, quod sic; quia bene sequitur „Nullus binarius est, ergo nullus numerus est".* ..... *Respondeo, quod solum tenet gratia materiae illa consequentia.* ..... *Item dicebatur, quod ab inferiori ad superius negatione postposita consequentia est bona;* ..... *sed contra hoc arguitur sic: Tunc valeret ista consequentia „Ille homo non est, omnis homo est animal, ergo animal non est"* ..... *item valeret „Homo non currit, ergo animal non currit"* .... *item valeret „Hoc animal non est" demonstrando lapidem, et „Hoc est aliquid, ergo aliquid animal non est"* u. s. f. Die Lösung auch hier selbstverständlich.

188) *Sequuntur aliae regulae:* ..... 1) *A superiori ad suum inferius sine aliquo termino habente vim confundendi non valet argumentum, sicut non valet „Aliquod animal est asinus, tu es aliquod animal, ergo tu es asinus".* ... 2) *Arguendo a superiori ad suum inferius distributive affirmative non valet argumentum nisi cum debito medio universali superioris de inferiori.* ..... 3) *Bene valet consequentia a superiori ad inferius negative negatione praeposita superiori et inferiori sine medio.* ..... 4) *Similiter valet affirmative cum dictionibus habentibus vim negationis praepositis tam superiori quam inferiori, ut sunt „differt, aliud, non idem".* Hierauf folgen auch gegen diese Regeln wieder Einwände von analogem Scharfsinne nebst siegreicher Widerlegung.

189) *Nunc ponendae sunt regulae penes descriptionem convertibilium terminorum disparatorum et convertentium:* .... 1) *A parte praedicati ex propositione, in qua ponitur unum disparatorum simplex affirmativum, sequitur negativa, in qua ponitur alterum, ut „Tu curris, ergo tu non sedes".* .... 2) *Quando subiecta duarum propositionum convertuntur et copulae et praedicata, et propositiones sunt eiusdem quantitatis et qualitatis et pro eisdem praecise supponunt, tunc ab una ad reliquam valet argumentum.* .... 3) *Relativa dicuntur ad convertentia, quia ex propositione, in qua praedicatur verbum „est" secundum adiacens et subiicitur unus simplex terminus relativus, sequitur propositio, in qua subiicitur alter terminus relativus, ut „Dominus est, ergo servus est".* ..... 4) *Similiter negative; tamen cum verbis adiectivis non valet consequentia,* ..... *unde non sequitur „Pater currit, ergo filius currit".* Folgen desgleichen Einwände und deren Widerlegung.

190) *Ultimo videndum est de hypotheticis:* ..... 1) *A tota copulativa ad alteram eius partem valet consequentia.* ... 2) *A parte disiunctivae ad totam, cuius illa est pars.* .... 3) *A disiunctiva cum destructione unius partis ad aliam.* .... 4) *A causali ad utramque eius partem.* ..... 5) *A temporali ad quamlibet eius partem,* ..... *et quaelibet bona temporalis aequivalet uni copulativae, ut „Dum tu curris, tu moveris" aequivalet isti „Tu curris et tu moveris".* .... 6) *A locali ad quamlibet eius partem valet consequentia.* .... 7) *A conditionali cum positione antecedentis sequitur positio consequentis.* ..... 8) *Ab adversativa ad eius partem indeterminatam valet consequentia, ut „Quamvis tu sis Romae, tu non es albus, ergo tu non es albus".* Folgen ebenso Einwände.

191) *Prooem.: Redargutum dicimus respondentem, qui solius argumentationis virtute respectu propositionis alicuius responsionem suam priorem variare cogitur, et sic talis vel turpiter obmutescere cogitur vel magis et magis absurde delabendo con-*

welche wir schon bisher trafen, manche Abweichungen und Erweiterung. Nicht bloss die Definition der *obligatio* ist eine andere (vgl. Anm. 162), sondern auch die Arten ihres Auftretens reduciren sich unter Weglassung der *dubitatio* (Anm. 160 u. 170) bloss auf *positio*, *impositio* (entsprechend der obigen *institutio*, Anm. 163) und *depositio*; denn wenn auch ausserdem noch *certificatio*, welche dem obigen „*Sit verum*" (Anm. 171), und *suppositio*, welche dem obigen *casus* (Anm. 165) entspricht, genannt werden, so kommen dieselben doch für die Durchführung der Lehre gänzlich in Wegfall [192]. Nachdem nemlich noch einige Bemerkungen über *tempus obligationis* und über *impertinens* (vgl. oben Anm. 166 f.) vorausgeschickt worden [193], folgt zunächst die Darlegung der *positio* in fünf Haupt-Lehrsätzen, welche die Nothwendigkeit und die unter gehöriger Vorsicht bestehende Zulässigkeit, sowie die Tragweite eines Zugeständnisses überhaupt betreffen [194], so dass einige abgeleitetere

---

fusionis angustias nullatenus poterit evitare. ..... Ad huiusmodi ergo scolasticae militiae victoriam oblinendam prius exercendus diligenter tirunculus est. ..... Dicit enim Vegetius de arte militari (*Inst. rei mil.* I, 1 a. Schl.): *„Nemo facere metuit, quod didicisse bene confidit", et non immerito militares actus scolastici poterunt appellari. .... Exercendus est igitur scientiae bonae tirunculus in arte obligatoria,..... et docetur convenienter respondere, sc. concedere concedendum et negare negandum, et etiam quando vel quae propositio debeat concedi vel negari.*

192) C. 1: *Obligatio est enuntiatio, cui consentit se respondens esse obligatum vel se debere respondere. Qualiterque penes usum communiter disputantium per notam exigitur praecedentem, multiplices sunt tales notae, ut „pono, impono, depono, certifico, suppono". ..... Enuntiatio tota cum littera „pono" praecedente debet dici positio; sed totum, quod remanet dempto signo positionis dicitur casus et positum. ...... Impositio non variatur a positione nisi in eo, quod illo signo specialiter utimur in obligationibus de significationibus complexorum vel incomplexorum variandis vel in significationibus noviter instituendis. ..... „Depono" est nota tentandi, si velit respondens depositam sibi propositionem negare, cum sibi proponatur ...... Certificatio fit communiter per verbum subiunctivi modi, ut cum dicitur „Stet oppositum consequentis"; ...... quando autem ponitur aliqua propositio repugnans certificationi, sustinetur positio et conceditur obligatio certificationis. ..... Utimur termino „suppono" non solum ut suppositam propositionem sustineat respondens concedendo sicut aliquod contingens, sed etiam sicut necessarium vel verum.*

193) Ebend.: *Tempus obligationis durat ab instanti, quo casus admittitur, quousque dicat opponens „Cedat tempus obligationis" vel se transfert ad disputandum in alia materia vel penitus dimittit disputationem. .... Propositio pertinens dicitur, quae sequitur vel repugnat posito concesso; .... sed impertinens dicitur, quae nec sequitur nec repugnat, ut propositiones „Tu es homo" et „Baculus stat in angulo* (vgl. ob. Anm. 178). ..... *Negandum dicitur in proposito, quod est dignum negari, concedendum, quod est dignum concedi, dubitandum, quod est dignum dubitari.*

194) C. 2: *Praesupponenda sunt aliqua:* .... 1) *Omne possibile scitum esse tale non repugnans alicui posito vel admisso, cum ponitur, est a te admittendum, et .... debet negari propositio impossibilis, quotiescunque proponitur.* ..... 2) *Omne scitum esse positum et bene admissum in tempore positionis sub debita forma propositum est concedendum et quodlibet sequens ex illo, et quodlibet repugnans illi est negandum.* .... 3) *Ad omnem propositionem impertinentem respondendum est secundum sui qualitatem, sc. si sit scita esse vera, est concedenda, si sit scita esse falsa, neganda, si dubia, dubitanda.* .... 4) *Extra tempus obligationis rei veritas est fatenda, quia, cum quis concedit falsum et negat verum non obligatus, male respondet.* ..... 5) *Omnes responsiones sunt retorquendae ad idem instans infra tempus obligationis, i. e. responsiones sunt dandae continue pro eodem instanti, quo casus est positus.*

Regeln sich von selbst hieraus ergeben [195]). In seiner Manier aber thürmt hierauf Strodus wieder eine Menge von Einwänden gegen das so eben Gesagte auf, aus welchen wir uns zugleich beispielsweise ein Bild davon entnehmen können, wie damals die üblichen Exercitien und Schul-Disputationen gehalten wurden [196]). Gleichsam als Anhang folgen Notizen über die Anwendung der *positio* auf copulative und auf disjunctive Urtheile, ohne dass dabei der conditionalen, geschweige denn der übrigen Arten des hypothetischen Urtheiles gedacht wird [197]). Kürzer fasst sich

---

195) Ebend.: *Ex istis inferri possunt quaedam regulae per modum conclusionum:* 1) *Non sequitur „Tu concedis falsum scitum a te esse falsum, ergo tu male respondes“.* ..... 2) *Non est inconveniens, respondentem concedere, se male respondere quandoque, vel negare, se bene respondere.* ..... 3) *Cum positum possibile repugnat positioni, debet admitti et, cum proponitur, concedi, sed positio proposita negari debet.* ..... 4) *In respondendo in arte obligatoria est ordo maxime attendendus.*

196) C. 3: *Arguitur iam contra quaedam superius dicta per oppositiones aliorum.* ..... *Ponatur, quod omnis homo currit; admittitur; deinde proponatur „Tu es homo“; conceditur, quia verum non repugnans; deinde proponitur „Tu curris“. Si negatur secundum opinionem, negatur sequens ex posito et bene concesso, quod est contra regulam, et sic male respondes; si conceditur, illa „Tu curris“ est scita a te esse falsa et non sequens ex posito, ergo ipsa est a te neganda.* ..... *Respondetur, quod non solum capitur „sequens“ in praedictis pro sequentibus ex posito solum, sed pro consequente ex posito et bene admisso cum bene concesso etc.* C. 4: *Dubitatur consequenter circa suppositiones et regulas datas. Si tenetur, quod omne scitum esse possibile est admittendum,* .... *pono tibi omne possibile. Si negatur casus,* .... *ergo male respondes.* .... *Si casus ergo admittitur, propono tibi „Tu non es homo“. Si negatur,* .... *omne possibile fuit a te bene admissum,* ..... *ergo concedenda. Si conceditur, tunc proponitur „Tu es homo“. Si concedis, tunc concessa sunt duo contradictoria, ergo male; si negas,* .... *fuit a te bene admissa, ergo concedenda* ...... Die Lösung ist: *Dicatur ergo non admittendo nec concedendo nec negando nec dubitando, sed sic „Non admitto casum“;* ...... *nullus enim est iste casus, quia tunc aliqua propositio foret omnis propositio possibilis.* ..... C. 5: *Contra secundam suppositionem ponatur ille casus: Pono tibi propositionem, quam cogito. Si admittitur, propono eandem. Conceditur. Deinde proponitur „Tu es asinus“. Si negatur, contra: Cedat tempus obligationis; infra tempus tu negasti illam „Tu es asinus“, quae fuit a te admissa; ergo male.* ..... Die Lösung: *Cum mihi ponitur propositio, quam cogitas, dico non admittendo illam, et si dicitur „Quare?“, dico „Quia nescio, quae sit illa“.* ..... *Demonstratis istis tribus hominibus sedentibus, sc. Socrate, Platone et Cicerone, ponatur tibi illa „Aliquis illorum currit“. Admittitur. Deinde proponatur eadem. Conceditur. Deinde proponatur „Istum istorum currere, est concedendum a te“ demonstrato Socrate. Negatur. Deinde proponatur „Istum istorum currere, est concedendum a te“ demonstrato Platone. Negatur. Deinde proponatur „Istum istorum currere, est concedendum a te“ demonstrato Cicerone. Si conceditur, cedat tempus obligationis, et arguitur, quod non debuisses illam infra tempus concedere, quia de facto fuit falsa;* ..... *ergo nullum istorum currere, est concedendum a te* .... Die Lösung: *Respondetur, quod, licet non repugnat posito per se, tamen repugnat posito cum bene admisso et concesso, quod sufficit, ut cesset certificatio.* In gleicher Weise werden die übrigen drei Lehrsätze und ebenso die vier Regeln (vor. Anm.) ausführlichst behandelt.

197) C. 13: *Sunt ponenda sophismata sive casus concernentes hypothetica, et sic est videre de positione in copulativis. Supponatur regula, quae traditur ultimo in tractatu consequentiarum; deinde pono tibi illam copulativam „Tu curris et tu non curris“. Est tibi posita et a te bene admissa.* ... *Ergo duo contradictoria infra idem tempus obligationis sunt a te concedenda.* .... *Dico, quod illa duo non sunt contradictoria tanquam sequens.* .... *In disiunctivis autem servetur talis regula: Si sit aliqua disiunctiva posita, cuius una pars est vera, conceditur, cum proponitur pars vera; si sit solum una pars falsa, negatur illa; si sit una pars impossibilis et alia possibilis, sive vera sive falsa, conceditur pars possibilis; si utraque pars contingens*

Strodus über die *depositio*, da ja dieselbe nur den contradictorischen Gegensatz des durch *positio* Zugestandenen enthält; doch formulirt er auch hier eigene Regeln für das copulative und das disjunctive Urtheil [198]). Hingegen sehr ausführlich geht er auf die noch übrige dritte Art der *obligatio* ein, nemlich auf die *impositio*, welche natürlich mit Ausschluss der mentalen Worte und Sätze sich nur auf das Gebiet der mündlichen oder schriftlichen Kundgebung beziehen kann, aber innerhalb dieser Schranke alle erdenkliche Willkür jeder beliebigen Substitution offen lässt, so dass z. B. für die Dauer einer Disputation auch festgestellt werden kann, dass der Satz „Du bist ein Esel" genau den Satz „Gott ist" bedeuten solle [199]). Dieser Standpunkt wird nun gruppenweise durch viele Sophismen durchgeführt, indem zunächst die *complexa* an die Reihe kommen [200]), hierauf die *incomplexa* folgen [201]), dann sophi-

---

et una sequitur ad aliam, conceditur consequens et negatur antecedens; si sit una pars impertinens alteri, negatur pars primo proposita ut falsa et impertinens, et conceditur secunda proposita.

198) C. 14: *De specie obligationis, quae depositio vocatur, non est magna vis, cùm depositio sit alicuius propositionis quasi positio sui contradictorii, et tantum valet „Depono tibi, quod curris", ac si dicerem „Pono, quod non curras". .... Servetur ergo pro regula, quod omne antecedens tibi depositum est negandum et similiter omne falsum non sequens ad oppositum depositi. ..... De depositione tamen copulativae patet, quod, cum deponitur copulativa, cuius utraque pars est falsa, admittitur et negatur utraque pars; sed si una sit vera et alia falsa, conceditur verum et negatur falsum; si sit una pars necessaria et alia contingens, conceditur necessarium et negatur contingens; si sit utraque pars vera contingens et una pars sit antecedens ad aliam, pars antecedens negatur et consequens conceditur; si neutra sequitur ad aliam, pars primo proposita conceditur et pars secundo loco proposita negatur. .... De disiunctivis servetur haec regula, quod, cum deponitur disiunctiva, cuius una pars est necessaria vel cuius oppositum est impossibile, ... debet quaelibet eius pars principalis negari.*

199) C. 15: *Sequitur de modo respondendi ad casus possibiles de variatione significationis propositionis et termini. .... Solum scripta vel in voce significativa sunt ad placitum, ideo de illis solum fit talis impositio; conceptus enim mentalis naturaliter significat, ideo non admittitur casus, in quo ponitur, quod aliter significet....... Sed tam scripta quam vocalia sic significant ad placitum, quod liceat respondenti admittere bene respondendo, quandocunque placuerit arguenti, terminum instituere ad significandum. ..... Servetur talis regula, quod propter impositionem non est responsio varianda ad propositionem, respectu cuius innuitur significatio immutata, ... ut, licet imponatur, quod illa „Tu es asinus" praecise significet, quod „deus est", debet admitti et concedi, quod illa sic significet; ..... nam qualitercunque ponatur vel varietur significatio propositionis „Tu curris", non sequitur propter hoc, ut movearis vel quiescas plus, quam si comburatur talis propositio; licet enim ponam, quod littera „Roma" significet chimaeram vel litteram „nihil", non oportet, quod ideo destruatur Roma.*

200) C. 16: *In illa materia possunt fieri talia sophismata: Imponatur, quod littera „Deus est asinus" praecise significet, te currere; admittitur; deinde proponitur tibi illa „Deus est asinus"; si admittitur, propono eandem; conceditur etc. .... * Die Lösung: *Dico: licet posuisti, illam significare, te currere, non sequitur id, quod significat ..... in rei veritate. ..... Huic simile est tale sophisma: Imponatur, quod illa „Animal currit" significet praecise, coelum cadere, vel consimile impossibile; ..... deinde facio illam consequentiam „Homo currit, ergo animal currit"; conceditur; tunc sic „Illa consequentia est bona et antecedens est possibile et consequens impossibile, quod est inconveniens ..... Respondetur concedendo consequentiam et negando tamen, quod sit bona.*

201) C. 17: *Sicut responsum est in illis, ita respondendum est de mutatione significationis alicuius termini, sicut posito, quod ille terminus „homo" convertatur*

stische Spielereien mit „*hoc*“ in Betracht gezogen werden[202]) und das Gleiche mit der Buchstaben-Bezeichnung „*A*“ geschieht[203]), und zuletzt noch als ein zwar üblicher, aber unnöthiger Gegenstand dieser Doctrin die *similitudo* vorgeführt wird[204]).

Der Zeitgenosse des Strodus Richard Feribrigus oder Ferabrich steht in seiner Darstellung der *Consequentiae*[205]) grundsätzlich auf gleichem Boden mit demselben, gibt aber eine präcisere und reichhaltigere Formulirung. Er theilt die *consequentia* von vorneherein in *bona et formalis* und *bona et non formalis;* die erstere ist ihm abgesehen vom eigentlichen Syllogismus eine enthymematische Schlussweise, und sie zerfällt in: *ab inferiori ad superius, a superiori ad inferius, convertibile*, und *hypothetica*; hingegen die *bona et non formalis* liegt bei ihm einerseits in einer Verbindung desjenigen, was bei Strodus *impertinens* war, mit dem Charakter der dortigen *consequentia materialis* (s. ob. Anm. 178, 182 u. 193), andrerseits in einem Mangel der Anwendbarkeit auf analoge Urtheile[206]); und in letzterer Beziehung gibt er

---

cum illo termino ,,asinus'', admitto; deinde proponitur ,,Homo est asinus''; negatur et conceditur; .... si tamen arguitur ,,Tu es homo, ergo tu es asinus'', negatur consequentia, sed conceditur, illam esse bonam.

202) C. 18: *Aliud sophisma .... potest fieri respectu terminorum ex demonstratione tantum significantium, ut posito, quod scias, quod demonstratur per litteram ,,hoc'' in illa propositione ,,Hoc est homo'', sic quod nihil, quod demonstratur, dubitas esse hominem, nec aliquid, quod non est homo, credas esse hominem; admittatur; deinde suppono, quod hoc tu scias, quod haec propositio ,,Hoc est homo'' significet praecise primarie; ..... deinde propono tibi illam ,,Hoc est homo''; si conceditur vel negatur, cedat tempus; arguitur, quod infra tempus concessisti vel negasti propositionem, quam non intellexisti de facto.*

203) C. 19: *De terminis non significativis est tale exemplum: Ponatur, quod littera ,,A'' in propositione scita a te esse vera significet praecise asinum, et in propositione scita a te esse falsa significet hominem, et in scita a te esse dubia significet hoc disiunctum ,,homo vel non homo''. Posito, quod non essent plures propositiones, quam istae ,,Tu non es A'', quam scis esse veram, et ,,Asinus est A'', quam credis esse falsam, et ,,Hoc est A'' demonstrando aliquid, de quo dubitas, an sit in rerum natura vel non, casus est possibilis; admittitur; deinde propono, quod quaelibet propositio habeat contradictorium suum, et tu hoc bene scias; ..... deinde proponitur ,,Tu non es A''; ..... cum toto casu stat, quod tu scis A, ergo non sequitur, quod tu non es A etc. etc. .... Aliud sophisma posito casu, quod A sit altera illarum ,,Deus est'' et ,,Homo est asinus'', sed lateat te, quae illarum sit A etc.*

204) C. 20: *Solet difficultas assignari imponendo, propositiones esse similes vel dissimiles, quam partem obligatoriam reputo frustra fore vel inanem..... Regula de positis esse similibus datur talis: quandocunque alicuius bonae consequentiae ponuntur antecedens et oppositum consequentis esse similia, et admittitur, utrumque est negandum, quia talia solum sunt similia in falsitate; sed quando ponitur, duas propositiones esse similes, quarum una stat esse consequens et alia oppositum antecedentis, respectu illius in consequentia bona conceditur utrumque; non tamen semper admittendum est, oppositum consequentis et antecedens esse similia, sicut ubi tam antecedens quam consequens sunt impossibilia vel necessaria. .... Respondetur secundum communem viam admittendo casum et negando consequentiam.*

205) Gedruckt in der oben (Anm. 174) erwähnten Ausgabe des Strodus vom Jahre 1507. 4.

206) C. 1: *Consequentiarum quaedam est bona et formalis, quaedam bona et non formalis. Duplex est autem consequentia bona et formalis; una, ut est consequentia syllogistica seu discursoria; secunda, sicut est enthymematica. Et illa secunda dicitur quadrupliciter bona: ..... arguendo a superiori ad inferius, ... e contra, ... ab aliqua propositione convertibili ad suum convertibile, ... ab hypothetica ad alteram*

an einigen Beispielen unter Benützung der ***Obligationes*** eine nähere Begründung dieses Standpunktes[207]). Bleibt somit für die weitere Darlegung nur die ***consequentia bona et formalis*** übrig, so wird nach Wegräumung eines Einwandes, welcher gegen die Vollständigkeit der so eben erwähnten Eintheilung derselben gerichtet werden könnte[208]), zuerst die Folgerung ***ab inferiori ad superius*** erörtert, indem entgegenstehende Sophismen widerlegt werden, durch welche wir den obigen Vorrath des Unsinnes (Anm. 187) noch um einige Stücke vermehren können[209]). Das gleiche Verfahren bei den Schlüssen ***a superiori ad***

---

eius partem. Consequentia autem bona et non formalis secundum quosdam est triplex: uno modo, quando ex impossibili concluditur propositio sibi impertinens, ut „Es asinus, ergo tu curris"; alio modo, quando concluditur necessarium ex propositione impertinenti, ut „Tu curris, ergo deus est"; sed illum modum arguendi non reputo bonum nec aliquam illarum consequentiarum fore bonam, quia consequentia est consecutio sive relatio, quae est inter antecedens et consequens; tertio modo ..... arguendo ab aliqua propositione ad aliam, et consimilis modus arguendi non valet in aliis terminis.

207) Ebend.: *Exemplum ponitur de istis tribus consequentiis: ..... Prima est haec „Tu credis praecise, quod aliquis homo decipitur; ergo aliquis homo decipitur". Secundus modus est ille „A significat praecise, quod quodlibet verum erit falsum; ergo A erit falsum". Tertius modus est ille „Socrates credit praecise, quod omnis homo decipietur; ergo Socrates decipietur".* Hierauf nun wird in ausführlicher Widerlegung spitzfindiger Einwände an diesen drei Beispielen gezeigt, dass eine derartige *consequentia* wohl *bona*, nicht aber *formalis* sei; der Grund für letzteres ist, *quia non valet consimilis forma in aliis multis terminis*, z. B. bei der ersten der drei genannten Consequenzen: *non enim sequitur „Credo, quod homo est albus; ergo homo est albus"*. Dass aber dabei auch die Lehre der *Obligatoria* mitverflochten ist, erhellt nicht bloss aus dem zweiten der drei Beispiele, wo die Buchstabenbezeichnung „*A*" auf „*impositio*" (s. Anm. 203) beruht, sondern auch innerhalb der Einwände und ihrer Lösung aus den Ausdrücken „*ponitur casus*", „*negatur casus*" u. dgl.

208) C. 2: *Redeundum est ad ea, quae dicta sunt de consequentia bona et formali, et obmissa prima parte divisionis arguendum est contra secundum membrum, quod fuit hoc, quod consequentia enthymematica est bona et formalis, quando arguitur ab inferiori ad superius et e contra vel ab aliqua propositione ad suum convertibile. Contra illud arguitur, ... quod aliqua est consequentia bona et formalis, ubi non arguitur aliquo istorum modorum. Quia arguendo sic „Nullus homo est homo albus, igitur aliquis asinus non est homo albus" non arguitur a propositione ad suum convertibile et non ab inferiori ad superius. ..... Sed quod consequentia sit bona et formalis, probatur, quia ex opposito consequentis sequitur formaliter oppositum antecedentis, ... quia sequitur formaliter „Omnis asinus est homo albus, ergo omnis asinus est homo, ... igitur aliquis homo est homo albus"; ille syllogismus est in Darapti et per consequens formalis. ....* Die Lösung: *Respondeo et dico, quod haec consequentia est bona, ... non tamen est formalis, et conceditur breviter, quod, quidquid sequitur ex antecedente et consequente, sequitur ex antecedente per se, non tamen formaliter.*

209) C. 3: *Secundum membrum divisionis habet praecise tria membra; ideo contra communes regulas de quolibet eorum datas arguitur. Primum ergo membrum fuit, quod arguendo ab inferiori ad suum superius est bona consequentia et formalis, et hoc dupliciter, uno modo affirmative, alio negative cum negatione postposita. .... Arguitur contra secundum; nam illa consequentia non valet „Tantum substantia non est accidens, ergo tantum aliquid non est accidens", et tamen hic arguitur ab inferiori ad superius negatione postposita. ..... Huic dicitur, quod modus arguendi non est bonus universaliter; aliquando enim sequitur modus arguendi, aliquando non; non enim sequitur „Homo albus non currit, ergo homo non currit", et tamen sequitur „Homo albus currit, ergo homo non currit". ....* (C. 4) *Sunt quaedam dubia vul-*

inferius führt hauptsächlich auf Sophismen, welche die Supposition betreffen, deren Lehre hier durch die Terminologie „*mobilitatum*" und „*immobilitatum*" bereichert erscheint[210]). Auch bei der dritten Art, nemlich der Folgerung aus *convertibilitas*, handelt es sich nur um die Lösung einiger Zweifel[211]). Indem sodann noch die Schlüsse aus den verschiedenen Arten des hypothetischen Urtheiles folgen, bei deren Aufzählung die *localis* nicht mitaufgenommen ist[212]), unterliegt die *disiunctiva* keinem Bedenken und keinem Sophisma; hingegen bei der *copulativa* sind Einwände zurückzuweisen, welche sich durch den Gebrauch der relativen Pronomina (z. B. „*ille*" u. dgl.) ergeben und hauptsächlich zu der Frage führen, ob aus wahren Bestandtheilen ein unwahres copulatives Urtheil hervorgehen könne[213]). Gelegentlich der Einwände,

---

garia: ..... 1) „Homo Socrates non est; Socrates est homo; ergo homo homo non est". ..... 2) „Ab homine differens est homo; quodlibet, quod ab homine est differens, ab homine differt; igitur ab homine differt homo". ..... 3) „Aliquis homo est; et omnis homo est; et aliquis homo non est omnis homo; ergo ab aliquo homine differt omnis homo". ...... Ad ista dubia respondetur ..... negando consequentiam.

210) C. 5: *Circa secundum membrum illius divisionis est dubium, numquid universaliter, ubi arguitur ab inferiori ad superius, sequitur e contra consequentia cum nota negationis vel cum dictione habente vim negationis, sicut cum nota alietatis et differentiae ..... Et ex illo oritur illud dubium: Quidquid mobilitat immobilitatum, immobilitat mobilitatum et e contra* (nemlich „*mobilitatum*", welcher Ausdruck uns hier zum ersten Male begegnet, ist ein *terminus*, für welchen die *suppositio confusa et distributiva mobilis* zulässig ist, sowie „*immobilitatum*" derjenige, bei welchem diese Suppositionsweise *immobilis* ist; vgl. vor. Abschn., Anm. 887 f.). ..... *In hac propositione „De necessitate omnis homo est animal" supponit „homo" immobiliter, ... sed hoc est ratione istius dictionis „de necessitate", quia ea dempta supponit „homo" mobiliter, ... quod illa dictio habet vim confundendi vel immobilitandi terminum ..... virtute negationis importatae, sicut patet per suas exponentes, eo quod sic exponitur „Omnis homo est animal, et non potest esse, quin omnis homo sit animal", nam in ista negativa exponente supponit „homo" immobiliter, ... et negatio praeposita termino stanti immobiliter facit illum stare mobiliter ...... Solvitur difficultas, quia ista dictio „de necessitate" non cadit supra aliquem terminum in propositione, sed modificat totam propositionem.*

211) C. 6: *Contra tertium membrum .... sunt quaedam dubia: Numquid universaliter affirmative ab exclusiva ad universalem de terminis transpositis et in terminis rectis valeat consequentia tanquam a propositione ad suum convertibile; ..... secundum est, numquid ab exclusiva ad suas exponentes valeat consequentia et e contra.* Beide Fragen werden in ausführlicher Casuistik bejaht; desgleichen C. 7: *Numquid in exclusiva vera affirmativa praedicatum removetur a quolibet excluso. .... Numquid universaliter universalis habens singulares veras et singulares falsas ..... potest verificari per exceptivam illorum, pro quibus falsificatur.*

212) C. 8: *De quarto membro diffinitionis consequentiae formalis dantur regulae: ..... 1) A tota copulativa ad alteram eius partem tenet consequentia. 2) Ab altera parte disiunctivae ad totam. .... 3) A conditionali cum suo antecedente ad eius consequens. .... 4) A temporali ad alteram partem. .... 5) A causali ad alteram eius partem.*

213) Ebend.: *Circa materiam relativorum, in qua intentio est improbare primam regulam, tria dubia sunt: 1) Numquid in materia relativorum oppositum copulativae sit una disiunctiva facta ex oppositis partium. .....* Die Lösung ist bejahend an folgendem Beispiele: *Oppositum illius „Aliquis homo currit, et Socrates non est ille" est ista „Nullus homo currit, vel Socrates est ille"; et dico, quod secunda pars disiunctivae significat sic, quod Socrates est omnis homo, qui currit, et causa est, quia „ille" refert suum antecedens pro tot suppositis, pro quot supponit antecedens. .....* 2) *Numquid sit possibile, quod A, B et C sint tres propositiones verae, ex quibus copulativa facta est falsa. .....* Das Beispiel ist: *Ponatur, quod Socrates et Plato*

welche gegen die *conditionalis* erhoben werden, gibt Ferabrich an, dass er eigentlich zehn Arten des hypothetischen Urtheiles annehme, da bei jeder der von ihm benützten fünf Arten auch die verneinende Form, welche in Voranstellung der Negation beruht, zu berücksichtigen sei [214]). Nachdem in ähnlicher Weise auch noch die *temporalis* und die *causalis* ihre Erledigung gefunden haben [215]), werden zum Schlusse noch einige Folgerungen besprochen, welche sich auf die Verba „*incipit*" und „*desinit*" beziehen, aber sämmtlich nur als scheinbare *bonae consequentiae* betrachtet werden dürfen [216]). Allerdings wäre hiemit der Weg zu einer grossen Menge anderer Sophismen aus dem Gebiete der *Exponibilia*

---

currant et proferatur propositio ,,Aliquis homo currit", quam aeque audiant Socrates et Plato, et dicat Socrates illam ,,Socrates non est ille", sicut Plato illam ,,Plato non est ille"...... Quo posito est haec propositio vera ,,Aliquis homo currit, et Socrates non est ille" et propositio a Socrate prolata est vera, et propositio prolata a Platone est vera; ergo omnes illae tres sunt verae, et copulativa facta ex illis est falsa ,,Aliquis homo currit, et Socrates non est ille, et Plato non est ille"...... Die Lösung ist: *Dico, quod neutra illarum propositionum prolatarum a Socrate et Platone est vera vel falsa, nisi secundum relationem vel respectum ad aliam......* 3) *Numquid in materia relativorum in propositionibus singularibus non referat, praeponere vel postponere negationem toti.......* Die Lösung lautet: *Non universaliter est verum, quod non referat, nisi subiectum sit simpliciter singulare; et causa est, quia, licet per totum subiectum sit una res tantum supposita, subiectum tamen includit in se partes, quae plura supposita habent.*

214) Ebend.: *Contra tertiam regulam arguitur sic: Non sequitur ,,Necessarium est, quod es, si tu es homo; tu es homo; ergo necessarium est, quod tu es", quia antecedens illius est verum et consequens falsum......* Die Lösung: *Negatur consequentia,..... et dico, quod non requiritur, quod sit conditionalis illa propositio,.... quod ista nota ,,si" non unit illas propositiones invicem ,,Necessarium est, quod tu es, si tu es homo" et ,,Tu es homo", imo unit istas duas ,,Tu es, si tu es homo".* ..... (C. 9) *Circa materiam de conditionali dubitatur, utrum oppositum conditionalis debet dari per negationem praepositam. .... Respondetur concedendo ...... et consequenter, quod oppositum huius ,,Si Socrates currit, Plato currit" est ista ,,Non, si Socrates currit, Plato currit"; et ulterius dico, quod haec hypothetica non est copulativa nec disiunctiva nec conditionalis et sic de aliis, imo est oppositum conditionalis; et dico, quod decem sunt species hypotheticae, sicut copulativa et suum oppositum et sic de aliis.*

215) C. 9: *Contra quartam regulam arguitur sic: Illa consequentia non valet ,,Socrates credit, quod homo est asinus, quando Socrates non decipitur; ergo Socrates non decipitur"......* Die Lösung: *Negatur consequentia, ... et dico, quod potest antecedens esse verum sine consequente; ideo non valet consequentia...... Ad quintam regulam respondetur concedendo illam et negando breviter, quod illa causalis est vera, quando arguitur sic ,,Quia propositio praecedens est causa propositionis subsequentis, nego illud".*

216) C. 10: *In materia illorum verborum ,,incipit" et ,,desinit" solvendae sunt quaedam consequentiae, quae bonae esse videntur et non sunt:* 1) *Socrates incipit scire A, ergo Socrates incipit incipere scire A.......* 2) *Hoc A nunc est verum, et immediate ante hoc non fuit verum, ergo A incipit esse verum......* 3) *Hoc A nunc non est verum, et nullum erit tempus post hoc, quando ante illud hoc A erit verum, ergo hoc A incipit esse verum......* 4) *Nec A nec B in C instanti futuro erit verum, et nullum erit instans post C instans, quando ante illud A et B erunt vera, ergo in C instanti A et B incipiunt esse vera.....* 5) *Illud erit primum instans esse Socratis, quod erit primum instans esse Platonis, ergo quando Socrates incipit esse, Plato incipit esse.....* 6) *Propositio A non est vera et potest esse vera, ergo potest incipere esse vera.....* 7) *A modo est, et A modo non poterit esse, ergo A modo potest desinere esse.* Folgt ausführlicher Nachweis, warum diess keine *bonae consequentiae* seien.

gebahnt gewesen; warum er nicht betreten wurde, wissen wir nicht, und dass es nicht geschah, beklagen wir nicht.

Einer der einflussreichsten Autoren jener Zeit war Albert von Riggensdorf, zumeist Albertus de Saxonia genannt (bekanntlich in Wien lehrend, gest. i. J. 1390), ein auch in Mathematik und aristotelischer Physik äusserst gut geschulter Logiker, welcher *Quaestiones* zu Occam's Logik [217]), *Quaestiones* zur zweiten Analytik [218]), und ausserdem ein grösseres selbstständiges Compendium der Logik verfasste [219]), an welch letzteres sich noch eine specielle Arbeit über *Sophismata* anschloss [220]). In der Form der Darstellung zeigt er sich uns durchaus als Kind seiner Zeit [221]), und in der grundsätzlichen Auffassung folgt er der damaligen Majorität, d. h. er ist Occamist.

Indem wir die wichtigeren Stellen aus seinen übrigen Schriften in den fortlaufenden Faden seines Compendiums verflechten, dürfen wir sofort auf den Occamismus (vgl. vor. Abschn., Anm. 746 u. 787) hinweisen, welcher in der Unterscheidung der *notitia* in eine *intuitiva* und eine *abstractiva* und in deren beiderseitiger Eintheilung nach *complexa* und *incomplexa* vorliegt, woran sich übrigens noch die Bemerkung knüpft, dass *notitia* erst dann Vollkommenheit besitzt, wenn sie von Zweifel und Zaghaftigkeit (*formido*) frei ist und somit als *scientia* bezeichnet werden kann, wogegen sie ausserdem der Stufe des Meinens

---

217) Gedruckt in Occam's *Expositio aurea*, Bononiae 1496 fol., s. vor. Abschn., Anm. 739. Aber auch die *Quaestiones* Albert's enthalten ebenso wie Occam's Schrift (s. ebend.) Interpolationen aus der Feder eines Correctors, nemlich eines gewissen *frater Marcus*, worüber der Leser ausdrücklich informirt wird (am Schl. der qu. 6): *Notandum est hic, quod interdum ..... quaedam inter has duas litteras, scilicet F M, intercepta reperientur, quae dicta solum fratri Marco operis correctori sunt adscribenda etc.*

218) *Quaestiones subtilissimae Alberti de saxonia super libros posteriorum.* Am Schlusse: *Castigatae et correctae per ..... Joannem baptistam thollentinatem et Jacobum baptistam de Alovixiis ravennatem.* Venetiis 1497. fol. (Eine casuistische Erörterung der hauptsächlichen Grundsätze des aristotelischen Standpunktes.)

219) *Logica Albertucii. Perutilis logica .... Alberti de Saxonia ordinis Eremitarum Divi Augustini per ..... Petrum Aurelium Sanutum Venetum ...... castigata.* Venetiis 1522. fol.

220) *Sophismata Alberti de saxonia nuper emendata.* Am Schl.: *Impressum est parisii hoc opusculum sophismatum obligationum ac insolubilium ..... alberti de saxonia opera ac impensa Magistri felicis baligault.* 1495. 4. (ein äusserst seltenes Buch; der Text der *Obligationes* und der *Insolubilia* ist dabei identisch mit den gleichnamigen Abschnitten der so eben erwähnten „*Logica*".

221) Nemlich in den *Quaestiones* sowohl zu Occam als auch in jenen zur zweiten Analytik wird bei jeder Frage vorerst eine verneinende Antwort (*quod non*) begründet, sodann eine bejahende (*quod sic*); dann folgen *distinctiones* über Wortbedeutungen, hierauf *conclusiones* auf Grund von Auctoritäts-Stellen; zuletzt wird (*ad rationes*) die Entscheidung der Frage gegeben. Dabei aber zeigt sich überall der Einfluss der durchgebildetsten Lehre von *Consequentiae* und *Obligatoria* in den stets wiederholten Redewendungen, z. B. „*Consequentia est bona, Antecedens patet per se, Consequens probatur sic, Ponitur casus, Admittitur*" u. dgl. Nur ein beliebiges Beispiel solcher Manier möge sein, dass Albert (qu. 6) sagt, die Behauptung, dass es drei Universalien gebe, sei ganz richtig, denn wenn fünf Universalien seien, seien eben darum gewiss drei; hierauf aber zeigt er mit allen Mitteln der Argumentation, dass es fünf und nur fünf sind. Andrerseits sind die *quaestiones* öfters nur Exercitien über Sophismen, welche ohnedies unten zu erwähnen sind.

angehört [222]). Eine folgerichtige Steigerung aber des occam'schen Standpunktes ist es, wenn Albert die Logik kurzweg als die Lehre von den „*signa*“, welche „*termini*“ sind, betrachtet und hierauf die Eintheilung derselben begründet [223]); *signum* nemlich (vgl. ebd. Anm. 768, 773, 789) im allgemeineren Sinne könne allerdings auch z. B. ein Wirthshaus-Zeichen sein, im engeren Sinne aber bedeute es den suppositionsfähigen Terminus [224]). Auch die Unterscheidung des Terminus in *mentalis*, *vocalis* und *scriptus*, welch letztere beide *ad placitum* sind (ebd. Anm. 769, 782), schärft sich hier zu einer „Unterordnung“ der letzteren unter den ersteren bezüglich der sachlichen Bedeutung [225]); denn dass ein Terminus einen Begriff bedeute (ebd. Anm. 774), liege eben doch nur in der natürlichen Aehnlichkeit mit der Sache oder eben in dem Verhältnisse der Unterordnung [226]). Die engere oder weitere Wortbedeutung des „*terminus*“ führt auch auf die Frage, wie es in dieser Beziehung mit

---

222) *Quaest. s. An. post.* I, qu. 1, f. 2 r. B: *Notitia intuitiva est, qua aliquis apprehendit rem praesentem; notitia abstractiva est, qua aliquis apprehendit rem absentem ...... Notitia intuitiva ..... quaedam est ..... incomplexa, ... qua aliquis apprehendit rem praesentem simpliciter sine hoc, quod apprehendat, illam rem esse animal vel hominem; ..... sed intuitiva complexa est de re praesente compositio vel divisio. .... Notitia abstractiva incomplexa est rei absentis simplex apprehensio, ... complexa est de re absente compositio vel divisio. .... Notitia complexa perfecta est, qua aliquis propter aliquam evidentiam assentit alicui complexo vere et sine formidine ad oppositum, ... et huiusmodi vocatur scientia; notitia autem complexa imperfecta est, qua aliquis assentit alicui complexo cum formidine, ... et huiusmodi vocatur opinio.*

223) *Quaest. s. Occam, Prooem.*: *Cum logica solum sit de signis, qui sunt termini, aut igitur est de signis, qui sunt termini incomplexi, aut est de signis, qui sunt termini complexi. Si autem de signis incomplexis, aut de signis incomplexis, qui sunt termini secundae impositionis* (d. h. die Isagoge), *aut de signis incomplexis, qui sunt termini primae impositionis* (die Kategorien). ..... *Si autem de signis complexis, hoc dupliciter: aut de signis complexis, quae sunt propositiones* (*De interpr.*), *aut de signis complexis, quae sunt argumentationes; ..... hoc quadrupliciter, quia aut de argumentatione simpliciter* (*An. pr.*) *aut de argumentatione demonstrativa* (*An. post.*) *vel sophistica* (*Soph. El.*) *vel dialectica* (*Top.*).

224) *Perut. Log.* I, 1, f. 2 r. A: *Terminus „signum“ est communior, quam sit hoc nomen „terminus“..... Nomen „signum“ ..... uno modo se extendit ad omne illud, quod apprehensum facit aliquid venire in cognitionem; et isto modo dicimus, circulum pendentem ante tabernam esse signum vini* (vgl. unten Anm. 509) ..... *secundo modo accipitur pro illo, quod apprehensum facit aliquid venire in cognitionem et cum hoc aptum natum est pro illo supponere in propositione vel illi addi ..... vel pro illo, quod est compositum ex talibus, ... ut categoremata, ... syncategoremata, ... orationes.*

225) Ebend. c. 2: *Terminus, qui est signum naturale, vocatur terminus mentalis. ..... Terminus autem, qui est signum ad placitum institutum, ... significat ex impositione voluntaria, ... sicut vocalis vel scriptus; ..... et hic terminus ..... dicitur illi termino mentali esse subordinatus in significando, non quia significet illum mentalem, sed quia significat hoc ex impositione, quod iste terminus mentalis significat naturaliter.*

226) *Quaest. s. Occ. Qu. ad Perierm.*: *Terminorum primae impositionis ad placitum institutorum quidam sunt impositi ad significandum res extra et conceptus, quibus subordinantur, ... quidam vero res extra solum ..... Terminum esse significativum conceptus, intelligitur dupliciter: uno modo illius conceptus, qui est sua naturalis similitudo; alio modo illius, cui ille terminus subordinatur in significando. ..... Secundarie sive ex consequenti ..... terminus „homo“ significat hominem depictum.* Vgl. bei Gregor v. Rimini d. Schluss d. ob. Anm. 46.

den Syncategoremata stehe [227]); Albert nemlich scheidet dieselben in sichtlichem Anschlusse an Buridan (ob. Anm. 101) in reine und nichtreine, so dass letztere auch Subject und Prädicat sein können [228]). Aus der gleichen Quelle nimmt er auch die *complexio distans* oder *indistans* auf [229]). Die Erörterung über das Nomen führt ihn in ähnlicher Weise wie Occam (vor. Absch., Anm. 900) auf das privative „*in*" [230]), sowie jene über das Verbum auf die Supposition als grundsätzliche Basis der Urtheile, wodurch sich auch die Frage über jene Begriffe löst, welchen in der Wirklichkeit Nichts entspricht [231]); zugleich aber unterscheidet er bei jenen Bestandtheilen des Urtheiles, welche für ein und dasselbe Object supponiren, zwischen einer *praedicatio accidentalis*, welche bei connotativen Worten (s. ebd. Anm. 917 ff.) stattfindet, und einer *praedicatio essentialis*, bei welcher das Prädicat, wenngleich es als *connotativum* bezeichnet werden kann, doch nur das innere Wesen des Subjectes trifft [232]). Nachdem er hierauf auch „*subiectum*" in occam'scher

---

227) *Log.* c. 4, f. 3 r. A: *Nomen „terminus" ..... primo modo accipitur pro omni illo, quod potest esse extremum propositionis, sive sit complexum sive incomplexum; ..... secundo modo pro omni illo, quod non est complexum verum vel falsum et potest esse extremum propositionis, sive accipiatur materialiter sive personaliter, et sic syncategoremata possunt dici termini; ..... tertio modo pro omni illo, quod significative acceptum potest esse extremum propositionis, ... et sic accipiendo syncategoremata non sunt termini.*

228) *Quaest. s. Occ. Periern.*, qu. 1 *De nomine: Duplicia sunt syncategoremata; quaedam enim dicuntur pura non includentia categorema, sicut „omnis"; ..... alia non pura includentia aliquod categorema, ... nam „aliquid" valet, quantum „aliquod ens", similiter „nihil" valet „nullum ens"; tunc dico, quod talia signa accepta ratione categorematum inclusorum in eis possunt esse subiecta vel praedicata propositionum.*

229) Ebend. qu. 2 *De nomine: Quidam est conceptus complexus complexione indistanti* (z. B. „*homo albus*"), *quidam est complexus complexione distanti* (z. B. „*homo est albus*") ..... *Dico, quod conceptum complexum complexione indistanti non oportet esse verum nec falsum, qualis est conceptus, cui subordinatur hoc nomen „chimaera"; ..... conceptum complexum complexione distanti bene oportet esse verum vel falsum.* S. ob. Anm. 102.

230) *Log.* C. 5, f. 3 v. A: *Nomen infinitum significat oppositum termini finiti sine connotatione alicuius aptitudinis, sicut ..... „non iustus" significat omne, quod non est iustum; sed nomen privativum significat oppositum ..... connotans aptitudinem, ... sicut „iniustus" significat omne, quod non est iustum, quod aptum natum est esse iustum.*

231) C. 6, f. 4 r. A: *Quando in propositione affirmativa non falsificante se pro eodem supponunt subiectum et praedicatum, propositio est vera, et quando non supponunt pro eodem, est falsa. ..... In propositione negativa quando subiectum et praedicatum non supponunt pro eodem, propositio est vera, et quando supponunt pro eodem, est falsa. .... Quando subiectum et praedicatum propositionis affirmativae non supponunt pro aliquo, propositio semper est falsa, ut „chimaera est chimaera". ...... Propositio negativa, cuius subiectum pro nullo supponit, est vera, ut ..... „chimaera non est chimaera."* Vgl. bei Buridan ob. Anm. 103.

232) *Quaest. s. Occ. Qu. De differ.*: *Praedicatio accidentalis est, quando, licet subiectum et praedicatum supponant pro eodem, tamen praedicatum super subiectum addit connotationem extraneam, i. e. connotat aliquid, quod non est de essentia significati per subiectum, ut „Homo est albus"* (hierin liegt sonach bereits der Begriff der „zufälligen Merkmale" im Gegensatze gegen die „wesentlichen"; vgl. unten Anm. 263). ..... *Praedicatio autem essentialis est, quando subiectum et praedicatum supponunt pro eodem et praedicatum non addit connotationem extraneam, ut*

Weise (ebd. Anm. 851) besprochen[233]), geht er auf den Unterschied zwischen *prima* und *secunda intentio* sowie zwischen *prima* und *secunda impositio* über, bei welch beiden er Occam's Lehre (ebd. Anm. 776 f.) schärfer und kürzer präcisirt[234]).

Indem er somit auf die Universalien zu sprechen kommt, welche er nicht als identisch mit *praedicabilia* genommen wissen will, da die Aussagbarkeit nur eine potenzielle Vorstufe des Universale sei[235]), so kämpft vor Allem auch er wie Buridan (ob. Anm. 64) mit occamistischen Motiven gegen objective Substantialität der Universalien, da durch dieselbe die Möglichkeit des Urtheiles gefährdet werde, und höchstens zugegeben werden könne (wie bei Occam, s. vor. Absch., Anm. 804), dass einige Universalien zur „Kategorie der Substanz" gehören[236]). Kurz, die Universalien sind ihm (vgl. ebd. Anm. 750 u. 782) eben nur Termini[237]), bei welchen die Suppositionsfähigkeit so sehr das Entscheidende ist, dass

---

„Homo est rationalis"; licet enim „rationale" connotat formam substantialem hominis, quam non connotat subiectum, tamen illa non est extrinseca rei significatae per subiectum. Ebenso *Qu. De propr.*

233) Log. C. 7, f. 4 r. B: *Nomen „subiectum" capitur dupliciter; uno modo pro illo, quod substat alicui realiter sibi inhaerenti, ... alio modo dicitur subiectum, quod est pars propositionis praecedens copulam.* Vollständiger lautet diess allerdings in *Quaest. s. Occ. Qu.* 2 *ad Isag.*: *Hoc nomen „subiectum" dicitur quadrupliciter: uno modo quantum ad existentiam; .... secundo modo subiectum praedicationis; .... tertio subiectum alicuius passionis; ..... quarto modo aliquis terminus communis praedicabilis de omnibus subiectis conclusionum scitarum in aliqua scientia.*

234) C. 9, f. 4 v. A: *Visis quibusdam terminis verificabilibus tam de terminis primae quam de terminis secundae intentionis vel impositionis videndum est modo de terminis secundae intentionis vel impositionis. .... Terminus primae intentionis vocatur ille terminus mentalis, qui est significativus rerum non ea ratione, qua sunt signa. ..... Secundae intentionis dicitur terminus mentalis, qui naturaliter est significativus rerum ea ratione, qua sunt signa. ... Termini primae impositionis sunt termini vocales vel scripti, qui sunt signa aliquorum ad placitum non ea ratione, qua illa ulterius sunt signa aliorum. ..... Secundae impositionis sunt termini vocales vel scripti ad placitum instituti significativi aliquorum, quae ulterius sunt signa, et ea ratione, qua illa ulterius sunt signa aliorum.*

235) *Quaest. s. Occ. Qu.* 3 *ad Isag.*: *Dico, quod non convertuntur universale et praedicabile; nam praedicabile dicit potentiam et universale dicit actum.* Auch diess ist eine Steigerung Occam's, s. dort Anm. 800.

236) Log. C. 10, f. 4 v. B: *Universale ..... est terminus incomplexus, qui significative acceptus naturaliter vel secundum modum suae unicae impositionis est aptus natus praedicari de pluribus vel plura significare vel supponere pro pluribus indifferenter ..... Nullum universale, prout hic accipitur universale, est substantia, quia ..... quilibet talis terminus est aptus natus ingredi propositionem, sed nulla substantia est talis, nam si sic, tunc posset esse propositio, cuius subiectum esset Parisiis et praedicatum in Anglia.* Ebenso *Quaest. s. Occ. Qu.* 3 *ad Isag.*: *Nullum universale est substantia simpliciter. Probatur: Omne universale potest ingredi propositionem, sed nulla substantia; .... si aliqua substantia posset ingredi propositionem, possibile esset, aliquando propositionem esse, cuius subiectum esset Parisiis et praedicatum Romae. ..... Nego, quod substantia secunda sit substantia; sed bene est signum substantiae. .... Et si inveniatur aliqua auctoritas sonans, aliquod universale esse substantiam, exponatur sic, quod aliquod universale est de praedicamento substantiae.* Vgl. ebd. Anm. 773.

237) *Quaest. s. Occ. Qu.* 4 *ad Isag.*: *Universalia, de quibus hic agitur, sunt termini secundae intentionis vel impositionis; secundae intentionis quoad terminos mentales, secundae impositionis quoad terminos ad placitum institutos, sicut sunt termini vocales vel scripti.*

er z. B. auch bei den Begriffen „Sonne, Gott" an die Möglichkeit einer Mehrheit, für welche sie supponiren, denkt[238]); ja er will die Lehre von der Supposition auch der aristotelischen Auffassung des Allgemeinen unterschieben[239]). Denn wenn auch in gewissem Sinne von einem Universale *in causando* gesprochen werde (s. bei Alexander, Brito, Jandun, Ant. Andreas, Armand, vor. Abschn., Anm. 248, 258, 426, 457, 637), so habe jedenfalls die Logik sich nur mit dem Universale *in praedicando,* welches eben suppositionsfähig ist, zu beschäftigen[240]), und der Platonismus sei sonach aus den Gründen, welche schon Occam vorbrachte (ebd. Anm. 794, 799, 806), zu verwerfen[241]). Gerade Occam's Auctorität aber ist es, durch welche auch Albert dazu geführt wird, in wörtlicher Uebereinstimmung mit demselben (eb. Anm. 766, 757, 768, 804) das Universale als ein *„ens" mentale* oder als ein *accidens in anima* zu bezeichnen[242]). Desgleichen löst er die Frage, wie das Universale sich als Gattungsbegriff der fünf Universalien verhalte (vgl. ebd. Anm. 836 f.), durch die betreffende Art der Supposition[243]), und wiederholt so auch Occam's Auffassung (ebd. Anm. 791) betreffs des

---

238) Ebend. *Qu.* 3: *Respondetur concedendo, quod isti termini „deus" et „sol" sunt termini universales; et ulterius dico, quod, licet non significent plura nec supponant pro pluribus, tamen ex eorum impositione apti nati sunt supponere pro pluribus, unde, si qualitercunque fierent cras plures dii vel plures soles, praedicti termini pro illis supponerent absque hoc, quod oporteret eos de novo imponere.*

239) Ebend. *Qu.* 1: *Diceres tu, quod universalia sunt perpetua et aeterna per Aristotelem primo Priorum* (s. Abschn. IV, Anm. 131 f.). *Dico, quod Aristoteles intellexit, quod termini universales, quotiescunque formabuntur, supponunt pro aliquo, unde secundum Aristotelem in perpetuum, cum formabitur hic terminus „homo", pro aliquo supponet in propositione.*

240) Ebend. *Qu.* 2: *Universale potest sumi tribus modis: in causando, et sic est deus universalis; ...... alio modo, quod concurrit ad plures effectus, et sic sol est universale; ..... alio modo in praedicando sive in significando. ... De universalibus in causando non est sermo quantum ad praesens.* Hiezu ebend. *qu.* 3: *Universale dicitur pluribus modis: uno modo pro signo distributivo, ut quando dicimus „omnis"; .... secundo modo pro propositione, in qua subiicitur terminus communis cum signo universali; ..... alio modo in causalitate; ..... quarto modo in praedicatione et significatione et suppositione, et isto ultimo modo accipitur in proposito.*

241) Ebend. *Qu.* 3: *Si universale esset ens vel coniunctum cum ipsis singularibus vel separatum ab ipsis, ... rediret opinio Platonis, ... nec potest dici, quod sint coniuncta singularibus; tunc enim ratio ista non esset maior, quare magis aliquod universale esset coniunctum uni suorum singularium, quam alteri, et sic esset coniunctum cuilibet, et ita universalium esset multiplicatio.*

242) Ebend: *Universale mentale est terminus communis existens in mente, qui naturaliter est aptus natus de pluribus praedicari; ..... tales nullius sunt linguae. ..... Universale vocale est terminus prolatus, qui secundum modum suae impositionis est aptus natus praedicari. .... Universale scriptum est terminus scriptus, qui oculo corporali videtur. ..... Quodlibet universale mentale est ens, nam omne, quod est existens in anima, est ens, quia est accidens animae. ..... Quodlibet universale vocale est ens, quia omne, quod est vox, est ens. ... Quodlibet universale scriptum est ens, quia oculo corporali videtur. .... Quodlibet universale est ens per accidens.*

243) Ebend. *Qu.* 4: *Non bene dicunt in hoc, quod in ista propositione „Universale est genus" hic terminus „universale" supponit materialiter; nam quandocunque terminus supponit pro illo, pro quo impositus est ad significandum, supponit personaliter; sed sic est de isto termino „universale", cum dicitur „Universale est genus", nam hic supponit pro se ipso.*

„singulare“ [244]). Die Einzeln-Erörterung der Universalien, als deren gemeinsames Merkmal hervorgehoben wird, dass sie *„non aequivoca“* sind [245]), führt ihn gelegentlich auf eine Abstufung zwischen den Ausdrücken *„non idem, diversus, differens“* [246]) und auf die verschiedenen Arten der Definition, wobei er sich jedoch mehr an Buridan (ob. Anm. 141), als an Occam anschliesst; nur lässt er Buridan's vierte Art, d. h. *descriptiva,* wieder weg, wiederholt aber Occam's Ansicht, dass *definitio* und *definitum* nicht das Nemliche sind [247]). Auch hält er es für nöthig, die Frage, ob das Urtheil *„Homo est species“* zulässig sei, mit besonderer Ausführlichkeit zu erörtern, um sie nach Occam's Vorbild (vor. Absch., Anm. 877) zu beantworten [248]). Was ausserdem noch über die Universalien folgt, bietet Nichts bemerkenswerthes dar [249]).

Betreffs der Kategorien wiederholt Albert die Bemerkungen Occam's über *„praedicamentum“* und (wie Buridan, s. ob. Anm. 98) über Vereinbarkeit mehrerer Kategorien [250]); auch folgt er der gleichen Auctorität darin, dass *„ens“* von den Kategorien nur homonym, nicht jedoch syno-

---

244) *Log.* C. 10, f. 5 r. A: *Dupliciter capitur singulare; uno modo pro illo, quod est una res in numero, ... et sic .... universale est singulare, quia universale est unus terminus; .... secundo modo pro illo, quod aptum natum est, unum et non plura significare.* Aehnlich *Quaest. s. Occ. Qu.* 1 *ad Isag.*: *Dicitur singulare dupliciter: uno modo quoad existentiam, ... alio modo quoad significationem, ... quod aptum natum est de uno solo praedicari et supponere.* Ebenso ebend. *Qu.* 3.

245) C. 12, f. 5 r. B: *Genus est terminus universalis incomplexus non aequivocus praedicabilis de pluribus differentibus specie in eo quod quid est; ..... et notanter dicitur „non aequivocus“ et non dicitur „univocus“, quia tunc diffinitio generis non competeret generibus mentalibus.* Der gleiche Zusatz *„non aequivocus“* erscheint darum auch bei den Definitionen von *species* und *differentia* (c. 13 u. 15).

246) C. 12, f. 5 v. B: *„Non esse idem“ est in plus, quam „esse diversum“, quia chimaera non est idem homini, et tamen falsum est, quod chimaera sit diversa ab homine. ...... „Diversum“ est in plus, quam „differens“, unde ...... solum illa dicunter differentia, quae sunt sub eodem genere.*

247) C. 12, f. 5 v. B: *Diffinitio pure quidditativa est, quae explicite indicat, quid est res, et non ultra; ..... diffinitio autem causalis est, quae explicat, quid est res, et cum hoc et explicat, a quo vel de quo vel quanta vel qualis vel gratia cuius sit res; ..... diffinitio exprimens quid nominis est, quae explicat, quid per nomen importatur et significatur. ...... Ex his infertur, quod haec propositio est falsa „diffinitio et diffinitum sunt idem“, nam qualitercunque accipiatur diffinitum, non est idem cum diffinitione* (s. vor. Abschn., Anm. 848). In der wörtlich gleichlautenden Stelle *Quaest. s. Occ. Qu.* 5 *ad Isag.* wird nur noch hinzugefügt: *Diffinitio exprimens quid nominis potest esse tam termini supponentis pro aliquo quam termini supponentis pro nullo, ut termini „vacuum“.*

248) C. 14, f. 6 v. B: *Videndum est, an haec sit concedenda „Homo est species“. ..... Semper est conveniens, terminos accipere secundum suppositionem personalem, nisi appareat, quod propositiones aliter sint positae et intellectae ab auctoribus. .... Si praedicatum alicuius propositionis pertineat ad suppositionem simplicem vel materialem, ... potest trahere subiectum ad supponendum simpliciter vel materialiter, nisi sit aliquid aliud, quod prohibeat ..... Signa universalia vel particularia addita termino communi existenti subiecto ..... prohibent, ne praedicatum trahat subiectum ad suppositionem materialem vel simplicem. .... His praemissis dico, quod haec est concedenda „Homo est species“.* Auf das gleiche Thema kommt er auch *Quaest. s. Occ. Qu.* 3 *De specie,* nur handelt es sich dort um den Grund, warum das Urtheil *„Aliquis homo est species“* unzulässig sei.

249) C. 15—17. Der Inhalt desjenigen, was wir bei Occam im vor. Abschn. Anm. 842—858 anzuführen hatten, fehlt hier (abgesehen von gelegentlicher Benützung).

250) C. 18. Vgl. ebend. Anm. 865 u. 867.

nym ausgesagt werde; aber, während er jenen interessanten Ausspruch Occam's, dass es eigentlich nur drei Kategorien gebe (vor. Abschn., Anm. 870), unberücksichtigt lässt, gelangt er zu dem sonderbaren Einfalle, dass durch Infinitation, d. h. durch Hinzufügung des „*non*" zu irgend welchen Begriffen, die zur Kategorie der Substanz gehören (also z. B. *non = homo, non = arbor*), lauter allgemeinste Begriffe entstehen und es somit gleichsam unendlich viele Kategorien gebe [251]). Bei der Relation eignet er sich Mayron's Unterscheidung in *relativa aequiparantiae* und *disquiparantiae* an [252]).

Wie Occam lässt er hierauf die Lehre von *suppositio* folgen, welche er vorerst auch genau ebenso eintheilt wie jener [253]); aber die Definitionen, welche er von den einzelnen Arten derselben aufstellt, zeigen durchweg eine Bereicherung und Steigerung der ganzen betreffenden Theorie. So wird hier die *suppositio simplex* schärfer und präciser von der *personalis* geschieden [254]), und die *suppositio materialis* führt zu einer Unterscheidung betreffs der *significatio naturalis*, insoferne dieselbe *propria* oder *communis* sein könne [255]); desgleichen sind auch die Arten und Unterarten der *suppositio personalis* mit einer merk-

---

251) *Quaest. s. Occ. Qu. de suffic. praedicam.: Dico, quod hoc nomen „ens" non est univocum ad omnia sua inferiora* (s. ebd. Anm. 860 f.); *sed cum hoc dicuntur esse decem generalissima univoca ad eorum inferiora; et talia non sunt plura in usu, quam decem non aequivalentia in significando; et hoc in terminis finitis, licet nihil prohibeat, esse plura in terminis infinitis ..... nam si termini de praedicamento substantiae infinitentur, tunc omnes termini, qui ante infinitationem erant singulares et minus communes, post infinitationem fiunt generalissimi et maxime communes.* Sodann Qu. 4 *De quantit.* commentirt Albert ausführlich Occam's Angaben über die Nicht-Substanzialität der Quantität (s. ebend. Anm. 871), und desgleichen in den folgenden *quaestiones* betreffs der übrigen Kategorien. Bei der Relation erscheint ihm nur die Terminologie „*ad aliquid*" als die richtige, *quia nomen „relatio" non est vere praedicabile essentialiter de istis terminis „pater, filius, dominus"*.

252) *Log.* C. 21, f. 9 v. A: *Relativorum quaedam dicuntur relativa aequiparantiae, quaedam disquiparantiae. Relativa aequiparantiae sunt, quae non differunt nisi casu, et non connotatione, sicut se habet simile ad simile. .... Relativa disquiparantiae differunt ratione et connotatione, ... ut pater, filius.* S. ebd. Anm. 538.

253) L. II, c. 1, f. 11 r. A. S. ebd. Anm. 877, 883, 887.

254) C. 2 ebend.: *Suppositio simplex est statio seu acceptio termini vocalis vel scripti in propositione, qui accipitur pro intentione mentis, cui non imponitur ad significandum. Et notanter dico „termini vocalis vel scripti" ad significandum, terminum mentalem non posse supponere simpliciter, sed materialiter vel personaliter; ..... et similiter notanter dixi „cui non imponitur ad significandum", quia, si terminus supponeret pro intentione animae, ad quam impositus esset ad significandum, tunc non supponeret pro ista simpliciter, sed personaliter.*

255) C. 3, f. 11 r. B: *Suppositio materialis est acceptio termini, qui accipitur pro se vel pro aliquo sibi simili vel dissimili eodem modo vel aliter supponente, et cui non imponitur ad significandum, nec illud, pro quo supponit, naturaliter proprie significat. ...... Significant aliqua naturaliter proprie et aliqua naturaliter communiter; iste enim terminus mentalis „homo" dicitur naturaliter proprie significare, quod significat ex impositione voluntaria, per terminum ad placitum institutum, qui subordinatur termino mentali, ... et quando hic terminus mentalis supponit pro aliquo tali, non supponit materialiter, sed personaliter. Iste autem terminus mentalis dicitur significare naturaliter communiter, quod ab illo significatur, sed non per terminum .... subordinatum, et .... tunc supponit materialiter, v. g. si formaretur haec propositio in mente „Homo est terminus mentalis".* Vgl. ebd. Anm. 880.

würdigen Umständlichkeit und Vorsicht definirt[256]). Die hierauf folgenden fünfzehn Regeln sind mit Auswahl aus Buridan entnommen, und es wird dabei nur Eine neue hinzugefügt[257]); hingegen die zehn Regeln der *suppositio relativorum* hat Albert entweder selbst neu formulirt oder aus einer anderen uns nicht mehr zugänglichen Quelle geschöpft[258]). Bei der *ampliatio* sodann vermehrt er die Regeln Buridan's um drei und fügt Vorsichtsmassregeln betreffs der Umkehrung der ampliativen

---

256) C. 4, f. 11 v. A: *Suppositio personalis est acceptio termini vocalis vel scripti, pro quo est impositus ad significandum, vel est acceptio termini mentalis pro illo, quod naturaliter proprie significat* (s. vor. Anm.). .... *Suppositio personalis communis est acceptio termini communis pro quolibet, apponendo alias conditiones positas in diffinitione suppositionis personalis. ... Suppositio personalis discreta est acceptio termini discreti vel communis cum pronomine demonstrativo pro uno tantum. ..... Suppositio determinata est acceptio termini communis pro quolibet, quod significat ex impositione vel naturaliter proprie, sub quo virtute talis acceptionis licet fieri descensus ad sua singularia per propositionem disiunctivam. ... Suppositio confusa tantum est acceptio termini pro quolibet, quod significat ex impositione vel naturaliter proprie, sub quo licet fieri descensus ad sua singularia per propositionem de disiuncto extremo* (s. Anm. 173), *et non per propositionem disiunctivam nec copulativam.* .... (C. 5, f. 11 v. B) *Suppositio confusa distributiva est acceptio termini vocalis vel scripti copulative pro quolibet vel qualibet vel quantolibet pro singulis generum vel generibus singulorum secundum exigentiam sibi appositi, cui impositus est ad significandum, vel acceptio termini mentalis pro quolibet vel quantolibet vel qualilibet, quod naturaliter proprie significat sic, quod sub eo contingit descendere copulative ad ea, pro quibus supponit.* ...... (f. 12 r. A) *Ad habendam descriptionem suppositionis confusae distributivae mobilis non oportet nisi addere .... litteram „uniformiter", ... et ad habendam descriptionem ...... immobilis addatur ..... littera „difformiter"; ..... et intendo per litteram „uniformiter descendere", quod omnes singulares sunt eiusdem qualitatis, ... sed descendere difformiter est, quando non omnes singulares sunt eiusdem qualitatis.*

257) C. 6 u. 7, f. 12 v. B—13 r. B. Es sind nemlich aus ob. Anm. 107 die Nummern 3 u. 5, aus Anm. 108 aber 1 u. 4, und aus Anm. 109 die Nummern 1, 3, 6, 7, 8, 9, 12, 15, 16, 19; neu kommt nur hinzu: *Quidquid mobilitat immobilitatum, immobilitat mobilitatum,* s. bei Feribrigus, ob. Anm. 210.

258) C. 8, f. 14 r. B: (vorhergeht die übliche Eintheilung, s. vor. Abschn., Anm. 890) *Quandoque relativum ponitur in propositione categorica, quandoque .... in hypothecia. .... Propositio affirmativa categorica, in qua ponitur terminus relativus, aequivalet uni propositioni copulativae hypotheticae. .... Propositio negativa categorica, in qua ponitur terminus relativus, aequivalet uni disiunctivae hypotheticae. ..... Regulae:* 1) *Relativa accidentium non supponunt pro illis, pro quibus supponunt sua antecedentia.* .... 2) *Relativum diversitatis non supponit pro illo, pro quo suum antecedens.* ..... 3) *Relativum identitatis non reciprocum non supponit pro alio, quam pro illo, pro quo supponit suum antecedens.* ..... 4) *Relativum identitatis reciprocum, quod non est possessivum, non supponit pro alio, quam pro quo suum antecedens, v. g. „Socrates diligit se".* ... 5) *Relativum identitatis reciprocum, si est possessivum, supponit pro aliquo importato per terminum, cui additur, quod est possessio rei.* ..... 6) *Loco relativi, cuius antecedens est terminus singularis, licitum est ponere terminum consimilem suo antecedenti, ut „Socrates currit et ipse disputat".* ..... 7) *Si antecedens est terminus communis, non est licitum ponere terminum communem vel consimilem.* .... (C. 9, f. 14 v. A) *De modo supponendi relativorum sit regula* 8) *Relativa accidentium et relativa diversitatis non habent eandem suppositionem sicut sua antecedentia.* ... 9) *Relativum identitatis supponit eodem modo sicut suum antecedens.* .... 10) *Si antecedens distributum ponitur in una propositione et relativum suum in alia ita, quod distributio unius non cadat super distributionem alterius, tunc non esset inconveniens, loco relativi ponere suum antecedens distributum.*

Urtheile hinzu[259]); auch für die *appellatio* gibt er eine neue Formulirung von Regeln, welche eine Bezugnahme auf Buridan zeigt[260]).

Die darauf folgende Lehre vom Urtheile beginnt mit einer äusserst complicirten Eintheilung desselben (vgl. bei Occam, vor. Abschn., Anm. 887—903), indem ausser den üblichen Motiven auch die ampliative Form und besonders Buridan's *complexio* (ob. Anm. 103) beigezogen wird[261]). Anderwärts weist Albert auch auf die occamistische Eintheilung des Urtheiles in *mentalis, vocalis, scripta* hin, wobei er dem mündlich ausgesprochenen aus einem ziemlich einfältigen Grunde den Vorrang zuweist[262]). Der üblichen *triplex materia* (s. Abschn. XVII, Anm. 155) gibt er die

259) C. 10, f. 15 r. B: *Ampliatio est acceptio alicuius termini pro aliquo vel pro aliquibus ultra hoc, quod actualiter est, pro quo accipi denotatur.* Hierauf folgen die obigen sechs Regeln, Anm. 112, und ausserdem: 7) *Terminus supponens respectu verbi „contingit" ampliatur ad supponendum pro eo, quod est vel contingit esse.* 8) *Terminus, qui subiicitur respectu participii temporis praeteriti, quamvis copula sit praesentis temporis, ampliatur ad supponendum pro eo, quod fuit.* 9) *Copula existente de praesente, praedicato vero de futuro, subiectum ampliatur ad supponendum pro eo, quod est vel erit.* Sodann aber fügt er noch hinzu: *Circa propositiones, in quibus ponuntur huiusmodi termini ampliativi, bene caute procedendum est quoad earum conversiones; unde pro regula observandum est, ... quod, sicut subiectum erat ampliativum in convertenda, sit etiam ampliativum in convertente, ... v. g. „Aliquis homo est generandus" debet sic converti „Aliquod generandum est vel erit homo".*

260) C. 11, f. 16 r. B: *Appellatio est proprietas praedicati; solemus enim dicere, praedicatum appellare suam formam in ordine ad verbum, quod est copula. ...... Dantur regulae:* 1) *In propositione de praesenti praedicatum appellat suam formam.* .... 2) *In propositione de praeterito praedicatum sequens verbum appellat suam formam* ...... 3) *In propositione de futuro praedicatum sequens verbum appellat suam formam.* ..... 4) *Praedicatum sequens hoc verbum „potest" appellat suam formam.* ..... 5) *Ponitur ab aliquibus, quod respectu verborum activorum vel passivorum, quae possunt transire* .... (z. B. cognosco u. dgl.), ... *dictio adiectiva sequens verbum non solum appellat suam formam, verum etiam complexionem eius ad substantivam dictionem.* Ueber letzteres s. Buridan ob. Anm. 111.

261) III, 1, f. 17 r. A: *Propositionum quaedam sunt categoricae, quaedam vero hypotheticae, quaedam vero categoricae voce, tamen hypotheticae in significando, ut exclusivae, exceptivae, reduplicativae et aliae. Item propositionum categoricarum, quae non aequivalent hypotheticis,* ..... *quaedam dicuntur de inesse sive de simplici inhaerentia, quaedam vero modales sive de inhaerentia modificata.* ..... *Item categoricarum de simplici inhaerentia quaedam sunt de subiectis ampliatis,* ..... *quaedam de non ampliatis;* ..... *item categoricarum de subiectis ampliatis quaedam sunt de praesenti, quaedam de praeterito, quaedam de futuro;* ..... *item categoricarum de praesenti quaedam sunt de „est" secundo adiacente, quaedam de tertio adiacente.* ..... *Item categoricarum quaedam sunt de extremo incomplexo, quaedam de extremo complexo;* ..... *item categoricarum de extremis complexis quaedam sunt sine interpositione alicuius coniunctionis vel adverbii, quaedam cum interpositione;* ..... *item sine interpositione quaedam de complexis ex substantivo et adiectivo* ..... *vel ex recto et obliquo,* ..... *quaedam de complexis ex determinatione et determinabili;* ..... *cum interpositione quaedam de extremo disiuncto,* ..... *quaedam de copulato,* ..... *quaedam de conditionato, quaedam de locali, quaedam de temporali, quaedam de causali.* .... *Propositionum categoricarum alia universalis, alia particularis, alia indefinita, alia singularis.* ..... (f. 17 v. A) *Item propositionum alia affirmativa, alia negativa.*

262) *Quaest. s. Occ. Perierm., Qu. 1 De enunt.: Non omnis propositio est oratio; patet de propositionibus mentalibus et similiter de scriptis.* ..... *Propositio vocalis est aptior ad exprimendum mentis conceptum, quam aliae propositiones;* ..... *nam vocalem possumus facere in lumine et in tenebris, sed scriptas non nisi in lumine etc.*

Erweiterung, dass die *materia naturalis* entweder *directa* oder *indirecta* sein kann, je nachdem das Prädicat dem Subjecte inhärirt oder umgekehrt[263]; auch erwähnt er, dass über die Bedeutung und Function des „*est*" im Urtheile sich verschiedene Ansichten geltend machten, während er selbst eine „restringirende Supposition" für den richtigen Erklärungsgrund hält[264]. Eine Frage betreffs der *Casus obliqui*, welche Occam der Grammatik zugewiesen hatte (vor. Abschn., Anm. 823), erledigt er in erträglicher Weise[265], bietet aber auch ganz sinnlose Spielereien gelegentlich eines aristotelischen Beispiel-Satzes dar[266]. Und nicht viel besser ist, was er als Erläuterung der Angaben Occam's (s. ebd. Anm. 906 u. 911) über die Quantitäts-Zeichen vorbringt[267], sowie wir es für keine gelungene Entdeckung halten können, wenn er meint, dass Urtheile durch eine distributive Supposition des Subjectsbegriffes an der Anzahl der Gründe ihrer Wahrheit einbüssen[268]. Die Lehre von den

---

263) Ebend. *Qu.* 1 *De oppos.: Illa propositio dicitur esse in naturali materia, quando praedicatum naturaliter inest subiecto, et illa dicitur esse in naturali materia directe; sed quando subiectum inest naturaliter praedicato, dicitur esse in materia naturali indirecte. .... Illa propositio est in materia contingenti, quando praedicatum inest subiecto accidentaliter transmutabiliter vel e converso* (sonach auch hier die sog. „zufälligen Merkmale", vgl, ob. Anm. 232)...... *Illa propositio dicitur esse in materia remota, quando praedicatum nullo modo potest inesse subiecto nec subiectum praedicato.*

264) Ebend. *Qu.* 1 *De verbo: Illud commune dictum, quod semper hoc verbum „est" est nota eorum, quae de altero dicuntur, ... diversi diversimode exponunt; ..... alii sic, quod est praedicatum vel pars praedicati; ..... aliter, quod praedicat praedicatum de subiecto; ..... aliter, quod est signum compositionis praedicati cum subiecto. ..... Alia adhuc potest esse expositio, quod „est" facit ipsum praedicatum supponere restringendo ipsum ad supponendum pro eo, quod est, qualiter non facit de subiecto; unde est possibile, quod ..... subiectum supponit pro eo, quod est vel fuit vel erit, praedicatum autem solum pro eo, quod est, cum sit verbum praesentis, ... ut „Homo est mortuus".*

265) Ebd. *Qu.* 3 *De nomine,* woselbst die Frage, was in Urtheilen wie z. B. „*Hominis asinus currit*" oder „*Quilibet hominis asinus currit*" das Subject sei, dahin beantwortet wird, dass weder der Nominativ allein noch der Casus obliquus allein, sondern die ganze Wortverbindung das Subject sei.

266) Ebd. *Qu. De nom. et verb. transp.: Non est eadem sententia „Semper homo fuit" et „Homo fuit semper"; prima enim est vera, secunda autem falsa, et in prima „homo" supponit confuse tantum, in secunda autem determinate. ..... Variatur sententia „Socrates bonus est clericus" et „Socrates est bonus clericus". ..... Istae non idem significant „Homo est albus" et „Homo albus est' ex eo, quod in secunda ablata est determinatio a suo determinabili.* S. Abschn. IV, Anm. 216.

267) *Log.* III, 2, 17 v. B: *Signum universale est, per quod denotatur terminus communis stare pro quolibet suo supposito per modum copulationis, pro quo aptus natus est distribui. ..... Signum particulare est, per quod denotatur terminus communis stare pro quolibet suo supposito per modum disiunctionis. ..... Quaedam dicuntur distributiva substantiae, quaedam vero accidentis. ..... Distributivorum substantiae alia sunt distributiva pro partibus integralibus, alia ..... pro partibus subiectivis; ..... et istorum adhuc aliqua non possunt addi termino nisi in nominativo, ut „omnis, nullus, quilibet", alia solent addi indifferenter, ... ut „unusquisque". .... Distributivorum substantiae pro partibus subiectivis quaedam distribuunt pro omnibus, ... quaedam vero pro aliquibus, ut „neuter, uterque"* (die letzteren grammatischen Eintheilungen sind möglichst einfältig).

268) C. 3, f. 18 r. A: *Restat videre, quae propositionum habeant plures causas veritatis, utrum propositio de termino distributo, vel propositio de termino non distri-*

modalen Urtheilen begründet er mit voller Entschiedenheit darauf, dass in denselben die Copula eine modificirte ist, wornach, wie wir bereits bei Buridan die Entstehung dieser Ansicht trafen (ob. Anm. 76 u. 83), nur mehr der sog. *sensus divisus* als modal zu gelten hat, während der *sensus compositus* den Inhärenz-Urtheilen beizuzählen ist[269]); auch erwähnt er, dass die Vermehrung der Modalitäten durch die Ausdrücke „*scitum, opinatum*" u. dgl. (s. bei Occam, vor. Abschn., Anm. 895) keineswegs von Allen gebilligt werde, und ausserdem muss er in Folge der Ausscheidung des *sensus compositus* die Angaben Occam's (ebd. Anm. 916) über die Wahrheit der modalen Urtheile wesentlich modificiren[270]), sowie sich andrerseits die Frage über die Stellung der Negation im *sensus divisus* folgerichtig von selbst erledigt[271]).

In merkwürdiger Ausführlichkeit behandelt er das hypothetische Urtheil, dessen negative Form er gelegentlich zu präcisiren versucht[272]). Er nimmt nemlich, wie schon Buridan gethan hatte (s. ob. Anm. 81), die sämmtlichen sechs Arten desselben auf und erörtert für jede derselben nicht bloss die Modalitäten der Wahrheit, Unwahrheit, Möglichkeit,

---

buto. ..... Dico, quod omnis propositio de aliquo termino communi non distributo habet vel habere potest sibi consimiles in forma plures causas veritatis, quam propositio de eodem termino distributo.

269) *Quaest. s. Occ. Periherm., Qu.* 2 *De enunt.: In ista „Homo de necessitate est animal" hoc aggregatum „de necessitate est" potest dici copula verbalis, sc. copula modificata; et ergo categoricarum quaedam sunt de copula modificata et quaedam de copula non modificata. ...... Propositiones modales debent dici categoricae, ... quod ista „Socratem currere est possibile" est vere categorica de simplici inhaerentia et, licet communiter vocetur modalis, tamen secundum veritatem non est ita; unde solum propositiones, quae modales divisae, vere sunt modales, illae autem, quae dicuntur modales compositae, non in veritate sunt modales, licet sic vocentur. ...... Exclusivae et exceptivae et reduplicativae et illae, quae sunt de verbis „incipit" et „desinit", aequivalent propositionibus hypotheticis, ... et similiter, in quibus ponitur verbum „fit" vel „corrumpitur".*

270) *Log.* III, 4, f. 18 r. B: *Propositionum modalium quaedam sunt modales reputatae ab omnibus, quaedam vero non reputatae ab omnibus modales, ... in quibus copula verbalis determinatur aliquo istorum modorum „scitum, creditum, opinatum". ..... Proprie loquendo propositiones divisae dicuntur modales, propositiones vero compositae dicuntur de inesse ..... Modi aliquando sumuntur nominaliter, ut „Hominem possibile est currere", aliquando verbaliter, ut „Homo potest currere", aliquando adverbialiter, ut „Homo possibiliter currit". ...... Ad veritatem compositarum requiritur, modum esse verificabilem de propositione correspondente dicto istius propositionis; .... ad veritatem divisarum hoc non requiritur, sed requiritur, quod modus sit verificabilis de propositione composita ex pronomine demonstrante illud, pro quo supponit subiectum, et praedicato eiusdem propositionis. ..... Propositiones modales divisae sunt eiusdem quantitatis, cuius sunt propositiones correspondentes.*

271) *Quaest. s. Occ. Periherm.* Während beim zweiten Theile des Buches *De interpr.* Albert in *Qu.* 1—3 nur Exercitien aus der Lehre von *Consequentia* vornimmt, erörtert er in *Qu.* 4 die Negation der modalen Urtheile: *Illae dicuntur modales compositae, quarum subiectum vel praedicatum est ipse modus, ut „Possibile est, Socratem currere" vel „Socratem currere est possibile". .... Dicuntur divisae, quarum nec subiectum nec praedicatum est ipse modus, sed sic se habent, quod suae copulae pars est ipse modus, ut „Deum necesse est esse". ..... In modalibus divisis, quae vere dicuntur modales, contradictio sumitur penes negationem praepositam verbo, intelligendo per verbum infinitivum, qui est pars dicti totalis.*

272) Ebend. *Qu.* 3. *De enunt.: Omnes hypotheticae dicuntur affirmativae, in quibus nota hypothetica affirmatur; illae autem negativae, in quibus negatur.*

Unmöglichkeit, Nothwendigkeit, sondern auch, — was nach dem so eben Gesagten (Anm. 270) etwas auffallend ist —, jene des „*scitum, dubium*“ und sogar des „*concedendum*“; so behandelt er das copulative [273]), das disjunctive [274]), das conditionale [275]), und das causale Urtheil [276]); karger allerdings verfährt er beim temporalen [277]) und beim localen, bei welch letzterem er jedoch unterscheidet, je nachdem durch dasselbe eine Bewegung ausgedrückt werde oder nicht [278]). In üblicher Weise folgen dann jene Urtheile, welche als äquivalent mit hypothetischen zu gelten haben (vgl. vor. Abschn., Anm. 896), nemlich zunächst die Exclusiv-Sätze, bei welchen Albert nicht bloss auf den Unterschied zwischen „*solus*“ und „*unicus*“ hinweist, sondern auch in den von ihm formulirten Regeln neben der eigentlichen Exposition dieser Urtheile von einer

---

273) *Log.* III, 5, f. 19 r. B: *Ad veritatem copulativae requiritur, quod utraque pars sit vera. ..... Ad falsitatem sufficit, alteram partem esse falsam. ..... Quod sit possibilis, requiritur, quod una pars sit alteri compossibilis. ..... Quod sit impossibilis, ... sufficit, quod partes sint incompossibiles. ..... Quod sit scita, requiritur, utramque partem esse scitam. ..... Quod sit dubia, sufficit, unam partem esse dubiam. ..... Quod sit concedenda, non sufficit, unam partem esse concedendam, unde in casu quaelibet pars est concedenda, et tamen copulativa est neganda* (diess letztere weist natürlich auf die *Obligatoria* hin).

274) Ebend.: *Ad veritatem disiunctivae affirmativae sufficit, unam partem esse veram. ..... Disiunctiva negativa aequivalet uni copulativae, ad cuius veritatem requiritur, utramque partem esse veram. ..... Ad necessitatem disiunctivae, semper intelligendo affirmativae, requiritur, quod altera pars sit necessaria. ..... Ad possibilitatem sufficit, alteram partem esse possibilem. ..... Ad impossibilitatem requiritur, quod utraque pars sit impossibilis. ..... Quod sit scita, sufficit, alteram partem esse scitam. ..... Quod sit dubia, requiritur, quod utraque pars sit dubia.*

275) Ebend. f. 19 v. A: *Ad veritatem conditionalis dicunt aliqui, quod requiritur, quod antecedens non possit esse verum, nisi consequens sit verum. Hoc non valet; ..... requiritur, quod impossibile est, qualitercunque significat antecedens, esse, quin, qualitercunque significat consequens, sit, si formetur. Ad falsitatem oppositum requiritur. ..... Ad necessitatem idem requiritur, quod ad veritatem. ..... Ad impossibilitatem sufficit idem, quod requiritur ad falsitatem. ..... Quod sit scita, requiritur, quod sciatur, quod impossibile sit, sic esse, sicut significat antecedens, quin sic sit, sicut significat consequens. ..... Quod sit dubia, sufficit, quod dubitetur.*

276) Ebend.: *Ad veritatem causalis affirmativae requiritur, quod illud, quod significatur per antecedens, sit causa, quare sic est, sicut significatur per consequens. ..... Ad falsitatem sufficit, quod non sit causa. ..... Ad veritatem causalis negativae, si negatio praeponitur toti causali, ... sufficit, quod non sit causa; ..... si vero negatio ponatur post primam categoricam, ... requiritur, quod prima pars sit vera et etiam sic esse, sicut prima significat, non sit causa sic esse, sicut secunda significat. ..... Ad necessitatem requiritur, quod utraque pars sit necessaria et antecedens sit necessario causa consequentis. ..... Ad possibilitatem requiritur, quod utraque pars sit compossibilis alteri. ..... Ad impossibilitatem requiritur, quod partes sint incompossibiles. ..... Quod sit scita, requiritur, quod illud sciatur, quod requiritur ad eius veritatem.*

277) Ebend. f. 19 v. B: *Ad veritatem temporalis ..... requiritur, quod in eodem tempore ita sit, sicut significant categoricae illius temporalis. ..... Ad falsitatem requiritur oppositum illius.*

278) Ebend.: *De locali sciendum est, quod quaedam sunt, in quibus ponuntur adverbia non denotantia motum, quaedam autem, in quibus ponuntur adverbia denotantia motum. Ad veritatem primarum requiritur, quod ita fiat in eodem loco, sicut suae categoricae significant. ..... Ad veritatem localis, in qua ponitur adverbium denotans motum, aliquando sufficit, quod sit idem terminus ad quem, ... aliquando requiritur, quod terminus unius ad quem sit terminus a quo alterius, v. g. „Socrates vadit Romam, unde revertitur Plato“. Ad falsitatem sufficit oppositum illius.*

„uneigentlichen“ (*impropria*) spricht, welch letztere auf dem bloss sprachlichen Verhältnisse der Aussage beruht[279]); sodann reiht er die Exceptiv-Sätze an, um nach Ausscheidung dreier uneigentlicher Bedeutungen des „*praeter*“ mehrere Regeln in ziemlich planloser Weise vorzuführen[280]), und noch schwächer ist (zumal im Vergleiche mit Occam, ebd. Anm. 923 ff.), was er über die reduplicativen Urtheile vorbringt[281]); betreffs aber der Verba „*incipit, desinit*“ schliesst er sich unter Erwähnung einiger verschiedener Ansichten Anderer grundsätzlich an Occam an[282]). —

---

279) C. 6, f. 20 r. A: *Sequitur de propositionibus aequivalentibus hypotheticis ..... et primo de exclusivis. ..... „Solus“ aliquando tenetur categorematice et tunc denotat privationem societatis, ... aliquando syncategorematice. ..... „Unicus“ denotat exclusionem solum in illa specie, de qua est subiectum. ..... Regulae:* 1) *Si dictio exclusiva addatur subiecto, propositio exponitur per copulativam compositam ex una affirmativa et alia negativa cum hoc relativo diversitatis „aliud“. .....* 2) *Si addatur praedicato, exponenda est similiter. .....* 3) *Si praedicatum est terminus connotativus, ... improprie exponitur sic: „Socrates est tantum albus“ exponitur „Socrates est albus et Socrates non denominatur aliquo alio accidente“; ..... proprie autem exponitur sic „Socrates est albus et Socrates non est aliud ab albo“. .....* 4) *Si dictio exclusiva additur tam subiecto quam praedicato, exponenda est per primam regulam. .....* 5) *Si additur copulae, exponenda est sic, sicut quando additur praedicato. .....* 6) *Si negatio praecedit dictionem exclusivam, est exponenda per disiunctivam. .....* 7) *Ab exclusiva affirmativa in rectis ad universalem de terminis transpositis est bona consequentia. .....* 8) *Quando dictio exclusiva additur termino significanti totum integrale, propositio potest exponi proprie et improprie. .....* 9) *Item, quando dictio exclusiva additur termino significanti numerum. .....* 10) *Quando additur termino communi distributo habenti plura supposita, ... potest exponi proprie et improprie.* Hierauf folgen dreizehn Sophismen und deren Lösung.

280) C. 7, f. 21 v. A: *Dictio „praeter“ potest teneri proprie et tunc est exceptiva; alio modo improprie et hoc est tripliciter: negative, ut „Socrates praeter Platonem currit“, h. e. Socrates currit et Plato non currit; ..... additive, ut „Socrates debet solvere decem libras praeter expensas“; ..... subtractive, ut „Socrates debet solvere decem libras praeter hoc, quod solvit“. ..... Prima conditio est, quod subiectum sit terminus communis .....; secunda, quod praedicatur de excepto et exceptum sit minus; ..... tertia, quod praedicatum verificetur de aliis, quam de excepto; ..... quarta, quod subiectum capiatur cum signo universali. ..... Regulae:* 1) *Propositio in toto vera vel in toto falsa non potest verificari aut falsificari per exceptionem. .....* 2) *Sub subiecto propositionis exceptivae contingit descendere. .....* 3) *Non debet fieri descensus cum exceptione. .....* 4) *Ad affirmativam exceptivam sequitur particularis affirmativa et similiter particularis negativa. .....* 5) *Nunquam fit exceptio nisi a toto universali vel a toto communi. .....* 6) *Ab inferiori excepto ad superius exceptum non valet consequentia. .....* 7) *Si praeiacens exceptivae est vera, exceptiva est falsa.* Folgen fünf Sophismen.

281) C. 8, f. 22 r. B: *„Inquantum“ aliquando tenet concomitative, aliquando causaliter* (s. vor. Abschn., Anm. 924). ..... *Ad veritatem reduplicativae, in qua sunt duo termini similes, ... ut „Homo inquantum homo est risibilis“ requiritur veritas copulativae compositae ex quatuor propositionibus, ut ..... quod homo sit homo, et quod homo sit risibilis, et quod omnis homo sit risibilis, et quod, si aliquid est homo, illud est risibile. ..... Ad hoc quod reduplicativa sit possibilis vel impossibilis vel dubia vel scita, ... requiritur hoc, quod requirebatur ad possibilitatem vel impossibilitatem copulativae.*

282) C. 9, f. 22 v. B: *Propositiones, in quibus ponitur „incipit“ ..... solent exponi uno modo per positionem de praesenti et remotionem de praeterito cum additione syncategorematis „immediate“; ..... alio modo per remotionem de praesenti et positionem de futuro. ..... Similiter „desinit“. ..... Isti imaginantur, quod instans sit una res indivisibilis. ..... Alii dicunt, quod eodem modo debent exponi in rebus permanentibus et successivis. ..... Illa tamen expositio non videtur esse bona. ..... Ideo alius est modus, ... quod in illis verbis „incipit“ et „desinit“ includuntur adverbia*

Endlich den Schluss der Lehre vom Urtheile bilden die in gewöhnlichster Weise vorgeführten Regeln der Entgegensetzung; denn zwei andere „Eigenthümlichkeiten" des Urtheiles, nemlich Umkehrung und Aequipollenz, rechnet Albert, indem er ein Motiv Occam's (s. ebd. Anm. 940) zur Verwirklichung bringt, bereits zur Lehre von den *Consequentiae*[283]).

Indem somit hierauf die *Consequentiae* selbst folgen, finden wir, dass Albert, indem er von der Wendung, welche diese Theorie bei Strodus und Feribrigus genommen hatte, keinen Gebrauch macht, sich näher an Occam anschliesst, dessen Angaben er allerdings in manchen Punkten erweitert und in anderen kürzt oder modificirt. Indem er die *consequentia* grundsätzlich als das zwischen einem *antecedens* und einem *consequens* bestehende und durch eine „*nota*" ausgesprochene Verhältniss fasst, verlegt er dieses Verhältniss gegenüber den Meinungen Anderer entschieden in die *significatio*, und theilt die *consequentia* einfach in *formalis* und *materialis*, deren erstere der eigentliche Syllogismus ist, während die letztere in *simplex* und *ut nunc* zerfällt[284]). Für die nähere Darlegung nun schickt er (im Gegensatze gegen Occam) die *consequentia materialis* voraus, und indem er von dieser die *consequentia ut nunc* gänzlich bei Seite lässt, verbleibt nur die *simplex*, für welche er zunächst achtzehn allgemeine Regeln aufstellt, in deren Planlosigkeit höchstens der Eine Punkt hervortritt, dass ampliative Begriffe vorläufig ausgeschlossen sein sollen[285]). Hierauf folgen sog. specielle Regeln,

---

consignificantia tempus breve. ..... Dico, quod tales propositiones semper debent exponi per affirmationem de praesenti; ..... et non aliter exponendum est in permanentibus, quam in successivis, ... quod illud, quod incipit, prius incipiebat et prius erat, et omne, quod desinit, adhuc desinet et adhuc erit. S. bei Occam, ebd. Anm. 937.

283) C. 10, f. 23 r. B: *Dicto de terminis et eorum proprietatibus et de propositionibus dicendum est de proprietatibus et habitudinibus propositionum ad invicem, sicut sunt oppositio, conversio et aequipollentia; et primo de oppositione propositionum, quia conversiones et aequipollentiae sunt consequentiae, ergo una cum aliis consequentiis in sequenti determinabitur.*

284) IV, 1, f. 23 v. B: *Tractando de consequentiis videndum est, quid sit antecedens et quid consequens et quid nota consequentiae et quomodo dividitur. ..... Dicunt aliqui, quod illa propositio dicitur antecedens, quam impossibile est esse veram alia non existente vera; ..... alii dicunt illam, quam impossibile est esse veram alia non existente vera, si formaretur. ..... Aliter dicendum est, quod sit illa, quae sic se habet ad aliam, quod impossibile est, qualitercunque est significabile per eam, sic esse, quin, qualitercunque alia significet, ita sit. ..... Nota autem consequentiae dicitur coniunctio copulativa copulans antecedens cum consequente, per quam designatur, antecedens esse antecedens et consequens esse consequens. ..... Consequentia autem est propositio hypothetica composita ex antecedente et consequente et nota consequentiae. ..... Consequentiarum alia formalis alia materialis. ..... Consequentiarum materialium quaedam sunt, quae vocantur consequentiae simpliciter, aliae quae vocantur consequentiae ut nunc.*

285) C. 2, f. 24 r. B: *Regulae circa consequentias simplices:* 1) *Ad propositionem impossibilem sequitur quaelibet alia* (s. ob. Anm. 179, Nr. 1). ..... 2) *Ad quamlibet propositionem sequitur necessaria* (s. ebd. Nr. 2). ..... 3) *Ad quamlibet sequitur quaelibet alia, cuius contradictoria non potest simul stare cum ipsa.* ..... 4) *Ad contradictorium consequentis sequitur contradictorium antecedentis* (s. ob. Anm. 180, Nr. 21). ..... 5) *Quidquid sequitur ad consequens, sequitur ad antecedens, et ad quidquid sequitur antecedens, ad illud sequitur consequens* (s. ebd. Nr. 18). ..... 6) *Impossibile est, ex vero sequi falsum, ... et ex possibili impossibile ..... et ex necessaria non necessariam.* ..... 7) *Si ad A cum aliqua necessaria sibi apposita sequitur B, tunc B sequitur ad A solum.* ..... 8) *Quaelibet talis consequentia est formalis „So-*

welche wesentlich Nichts anderes enthalten, als die in der Lehre vom Urtheile (ob. Anm. 283) verschmähten Verhältnisse der Umkehrung und der Aequipollenz; und zwar sind in dieser Beziehung vorerst die Inhärenz-Urtheile der Gegenstand zahlreicher Regeln, welche zunächst die Umkehrung des einfachen kategorischen Urtheiles betreffen und hiebei gelegentlich die Unterscheidung enthalten, dass es bezüglich des negativen Urtheiles einen *modus consuetus* und einen *modus inconsuetus loquendi* gebe, welch letzterer dann eintrete, wenn die Negation hinter dem Prädicate stehe (z. B. „*Omnis homo asinus non est*“), — ein Unsinn, welchem gegenüber Albert freilich nicht Lust hatte, die Controversen über die Umkehrbarkeit des particular verneinenden Urtheiles zu berücksichtigen [286]). Hierauf folgen Regeln über die Umkehrung jener kategorischen Urtheile, welche einen ampliativen Begriff enthalten [287]), und sodann

---

crates est et Socrates non est, ergo baculus stat in angulo“. ..... 9) *Si omnis causa veritatis unius propositionis est causa veritatis alterius, tunc mutuo se sequuntur.* ..... 10) *Si sunt duae propositiones eiusdem qualitatis et de eisdem terminis eodem modo supponentibus et de eadem copula, mutuo se sequuntur.* ..... 11) *Ad omnem propositionem de termino distributo sequitur alia de eodem termino non distributo.* ..... 12) *Ad nullam propositionem de termino supponente confuse tantum sequitur propositio de illo termino supponente determinate non remota distributione.* ..... 13) *A propositione habente plures causas veritatis ad propositionem habentem pauciores non valet consequentia.* ..... 14) *Quandocunque subiectum ampliatur et non est propositio universalis, nullae tales consequentiae sunt bonae* (vgl. ebd. Nr. 1). ..... 15) *Consequentiae non valent, quando propositiones sunt universales affirmativae, ut „Omne A est B, ergo omne, quod est A, est B“, nam quaelibet illarum potest habere unam causam veritatis, quae non est causa veritatis alterius.* ..... 16) *Non sequitur „Omnis rosa est intelligibilis, ergo omne, quod est rosa, est intelligibile“; posito enim, quod nulla rosa sit, antecedens est verum et consequens falsum.* ..... 17) *Non sequitur „Nullum, quod est B, est A; ergo nullum B est A“.* ..... 18) *In quibuscunque propositionibus* ..... *non ponitur aliquis terminus ampliativus, tales consequentiae* (d. h. wie die vorgenannten) *sunt bonae.*

286) C. 3, f. 25 v. B: *Videndum est modo de consequentiis in speciali unius categoricae de inesse ad aliam.* ..... *Regulae:* ..... 1) *Nulla conversio per contrapositionem est consequentia formalis* ..... 2) *A propositione negativa de praedicato finito ad affirmativam de praedicato infinito non est consequentia,* ..... 3) *sed est consequentia formalis ex hypothesi.* ..... 4) *Ab affirmativa de praedicato finito ad negativam de praedicato infinito est consequentia.* ..... Die hierauf folgenden Regeln betreffen unter dem Vorbehalte, dass keine Ampliation stattfinde (s. folg. Anm.), die Umkehrung, nemlich: 5) *Ab universali affirmativa ad particularem affirmativam.* ..... 6) *A particulari affirmativa vel indefinita ad particularem vel indefinitam.* ..... 7) *A singulari affirmativa ad singularem.* ..... 8) *Ab universali negativa ad universalem negativam.* ..... 9) *Ab universali negativa ad particularem negativam.* ..... 10) *Ab universali negativa per modum loquendi inconsuetum, i. e. ubi negatio ponitur post praedicatum, ad universalem negativam non est consequentia,* ..... *quia non sequitur „Omnis homo animal non est, ergo nullum animal homo est“.* ..... 11) *Ab universali negativa de consueto modo loquendi ad particularem negativam de inconsueto modo est bona consequentia.* ..... 12) *A particulari negativa vel indefinita negativa non est consequentia.* ..... 13) *Ad particularem negativam de inconsueto modo loquendi sequitur particularis negativa de inconsueto modo* (vgl. hingegen vor. Abschn. 941). ..... 14) *A singulari negativa ad singularem negativam vel particularem vel indefinitam vel universalem est bona consequentia.*

287) C. 4, f. 26 r. B: *Restat videre de conversione propositionum, in quibus ponitur terminus ampliativus.* ..... *Regulae:* 1) *Ab affirmativa ad affirmativam est bona consequentia.* ..... 2) *A negativa ad negativam non est consequentia.* ..... 3) *Non sequitur „Homo est mortuus, ergo mortuum est homo“.* ..... 4) *Bene sequi-*

über jene, in welchen ein *casus obliquus* vorkommt, wobei wir Gelegenheit haben, die bedauerlich niedrige Stufe kennen zu lernen, auf welcher die damalige Logik bereits angekommen war, wenn z. B. in dem Urtheile „In der Mauer ist ein Stein" das Wort „Mauer" als Subject bezeichnet wurde [288]. In gleicher Weise werden sodann noch die modalen Urtheile und deren Umkehrung behandelt, wobei im Hinblicke auf Obiges (Anm. 269) die Inconsequenz auffallen muss, dass nicht bloss der *sensus divisus* seine betreffenden Regeln erhält [289], sondern auch der *sensus compositus* zur eigenen Formulirung von Regeln beigezogen wird [290].

---

tur „Homo est mortuus, ergo mortuum est vel fuit homo". ..... 5) *Sequitur „Nullum mortuum est homo, ergo quod est homo, non est mortuum".* ..... 6) *Sequitur „Nullus homo est mortuus, ergo nullum mortuum est homo".* ..... 7) *Sequitur „Album fuit nigrum, ergo quod fuit nigrum, est vel fuit album".* ..... 8) *Si praedicatum cum copula est implicitum in eodem verbo, tunc, si praedicatum potest exprimi cum copula, fiat conversio, ut „Homo currit, i. e. homo est currens";* ..... *si autem propter defectum vocum in grammatica non potest fieri talis explicatio,* ..... *debet exponi, ut „Homo amatur, ergo quod amatur, est homo".* ..... 9) *Si est propositio de „est" secundo adiacente, debet resolvi, si volumus eam convertere, in „est" tertium adiacens.* ..... 10) *Si subiectum cum copula est implicitum in verbo, debet fieri explicatio,* ..... *ut „Decet te benefacere, i. e. decens est te benefacere".*

288) Ebend. f. 27 r. A: *Circa conversiones propositionum de obliquis* ...., *duplex est opinio; una, quae ponit, quod si ante verbum ponatur solus obliquus, iste obliquus est subiectum,* ..... *v. g. „In muro est lapis", haec dictio „muro" est subiectum.* ..... *Alia opinio ponit, quod nunquam obliquus potest esse subiectum propositionis.* ..... *Secundum primam opinionem* ..... *propositio debet resolvi in propositionem de subiecto recto per additionem relativi „cuius, ad quem, a quo" vel huiusmodi, v. g.* ..... *„murus est, in quo lapis est", et hoc facto fiat conversio secundum regulas.* ..... *Secunda autem opinio bene concederet, quod istae sunt bonae consequentiae, sed non sunt conversiones, quia non fit de subiecto praedicatum.* ..... *Iuxta autem secundam opinionem* ..... *supponendus est rectus,* ..... *ut „Hominis est asinus", i. e. „Aliquid hominis est asinus"* ..... *et tunc illa convertenda est;* ..... *aut debet fieri explicatio, v. g. „Equum videt Socrates", i. e. „Equum videns est Socrates", et convertitur in „Socrates est equum videns".*

289) C. 5, f. 27 v. A: *De modalibus divisis regulae:* 1) *Propositiones de possibili et impossibili per aequipollentiam mutuo se consequuntur dictis earum se habentibus similiter et modo dissimiliter.* ..... 2) *Propositiones de impossibili et necessario* ..... *se consequuntur modis se habentibus similiter et dictis dissimiliter.* ..... 3) *Propositiones de possibili et necesse* ..... *se consequuntur dictis et modis se habentibus dissimiliter.* ..... 4) *In omni propositione de necesse in sensu diviso subiectum est ampliatum pro his, quae sunt vel possunt esse.* ..... 5) *Ad nullam affirmativam de necessario, si subiectum non sit restrictum per „quod est", sequitur aliqua de inesse nec e converso.* ..... 6) *Ad particularem negativam de necessario non sequitur aliqua de inesse.* ..... 7) *Ad universalem negativam, si subiectum non sit restrictum, sequitur aliqua de inesse.* ..... 8) *Ad universalem de possibili non restrictam non sequitur aliqua de inesse.* ..... 9) *Ad affirmativam de inesse sequitur particularis affirmativa de possibili.* ..... Nun folgen speciell *de terminis transpositis*, d. h. betreffs der Umkehrung: 10) *ad affirmativam de possibili sequitur particularis affirmativa de possibili* ..... 11) *ad nullam negativam de possibili sequitur negativa de possibili* ..... 12) *ad nullam de necessario* ..... *praeter ad universalem negativam* ..... 13) *ad nullam de contingenti ad utrumlibet* ..... 14) *ad omnem de contingenti modum affirmativum habentem sequitur alia de possibili.*

290) C. 6, f. 28 r. B: *Videndum est de propositionibus, quae dicuntur modales in sensu composito.* ..... *Regulae:* 1) *A particulari ad universalem sine transpositione terminorum est bona consequentia.* ..... 2) *Universalis affirmativa convertitur per accidens.* ..... 3) *Omnes praeter universalem affirmativam convertuntur simpliciter.* ..... 4) *Omnis, in qua modus subiicitur, convertitur simpliciter praeter particularem nega-*

In der Lehre vom Syllogismus ist gleichfalls Occam der hauptsächliche Führer. Fast wörtlich folgt ihm Albert in der Polemik gegen die Berechtigung einer vierten Schlussfigur [291]), gibt aber hierauf als allgemeinen Grund der Schlussfähigkeit der Syllogismen ein Motiv an, welches denselben auch die Anwendbarkeit auf die Trinität sichern soll, nemlich die Hinzufügung von *„quod est“* zum Subjecte des Obersatzes [292]). Nachdem er sodann wie Occam die mathematische Combination der möglichen Schlussweisen vorgeführt [293]), erörtert er ähnlich wie jener (vgl. vor. Abschn., Anm. 968, 972, 976) die noch zulässigen Vermehrungen der aristotelischen Modi, aber es gebricht ihm dabei an aller Consequenz, denn er nennt wohl für die erste Figur die Schlussweisen *Barbari* und *Celaro*, für die zweite *Stifeno* und *Robaco*, für die dritte *Lafepton*, *Carbrodo* und *Rifeson*, aber bedenkt nicht, dass auf solche Weise noch eine Menge anderer Modi hinzuzufügen wären [294]). Die Syllogismen, in deren Prämissen ein *casus obliquus* vorkommt, reducirt er auf die distributive Supposition, führt dieselben aber nicht, wie Occam gethan, durch die drei Figuren hindurch [295]). Jene Berücksichtigung, welche Occam

---

tivam. ..... 5) Omnis affirmativa convertitur quantum ad dictum, sicut propositio correspondens dicto per se converteretur. ..... 6) Omne particulare convertitur in universalem de falso vel de impossibili. ..... 7) Omne dictum in propositione de contingenti affirmativa convertitur secundum oppositam qualitatem in dictum contradictorium. ..... 8) Ad affirmativam de necessario sequitur suum dictum. ..... 9) Quidquid sequitur ad dictum necessariae, est necessarium; et ita de possibili. ..... 10) Ad nullam affirmativam de possibili sequitur aliqua divisa de possibili. ..... 11) Ad nullam affirmativam de necessario sequitur divisa de necessario.

291) C. 8, f. 29 r. A. S. vor. Abschn., Anm. 965.

292) Ebend. f. 29 r. B: *Nulli syllogismi sunt formales sine ista additione „omne, quod est“ vel cum littera „nihil, quod est“; unde iste syllogismus non est formalis „Omne animal est substantia, omnis homo est animal, ergo omnis homo est substantia“, quia invenitur instantia esse in aliis terminis; non enim sequitur „Omnis deus est pater, omnis filius est deus, ergo omnis filius est pater“; nam praemissae sunt verae, et consequentia est haeretica; sed bene sequitur „Omne, quod est deus, est pater; filius est deus; ergo filius est pater“; sed quia maior est falsa, non est mirum, si conclusio est falsa.*

293) Ebend. f. 29 v. A. S. ebd. Anm. 966.

294) Ebend. f. 29 v. B: *In prima figura coniugationes et combinationes sunt utiles et designantur per hos versus et dictiones: Barbara, Celarent etc. ...... Notandum est, quod quinque istorum modorum utilium concludunt etiam istam, quae ad eam sequitur; ..... et ergo possumus habere duo nomina, sc. Barbari et Celaro* (soll jedoch jenes vorangehende *„quinque“*, wie es ja auch möglich ist, zu Recht bestehen, so ergeben sich *Barbari, Barbaris, Celaront, Dariis, Celantos*). ..... *In secunda figura sunt quatuor combinationes utiles ..... et istae possunt assignari per dictiones: Cesare, Camestres etc., et duo concludentes indirecte, quae possunt assignari per illas duas dictiones, sc. Stifeno et Robaco, et probantur per reductionem ad Festino et Baroco per solam transpositionem praemissarum* (während sonach diess den theophrastischen Schlussweisen der ersten Figur entspräche, fehlen hingegen hier die schon von Occam hinzugefügten Modi). ...... *In tertia figura sunt sex combinationes utiles ...... et designantur per dictiones: Darapti etc., et tres indirecte concludentes, quae designantur per illas dictiones, sc. Lafepton, Carbrodo, Rifeson, et reducuntur ad Felapton etc. per solam transpositionem praemissarum* (die nemliche Halbheit wie bei der zweiten Figur).

295) C. 9, f. 29 v. B: *De syllogismis ex terminis obliquis. ..... Aliquando aggregatum ex recto et obliquo unica distributione distribuitur, sicut hic „Quilibet hominis asinus currit“; ..... aliquando solus obliquus distribuitur, ut „Cuiuslibet*

den Schlüssen aus ampliativen Prämisssen hatte zu Theil werden lassen (ebd. Anm. 979), verschmäht er, fügt aber hiefür zwei Specialitäten des Syllogismus hinzu; nemlich einerseits behandelt er die Schlüsse aus „relativen hypothetischen" Prämissen, welche durch distributive Supposition zu erledigen seien, z. B. „Was du gekauft hast, hast du verzehrt; du hast aber rohes Fleisch gekauft, also u. s. w." [296]), und andrerseits entnimmt er aus Buridan (ob. Anm. 132) ein paar Regeln betreffs jener Syllogismen, in welchen der Mittelbegriff sich in den Prämissen nicht gleich bleibt, sondern durch die sog. Infinitation geändert wird [297]). Hingegen bezüglich der modalen Syllogismen schliesst er sich ohne Berücksichtigung Buridan's lediglich an Occam an, dessen Lehre er mit manchem Mangel an Consequenz excerpirt [298]); neu kommt dabei nur hinzu, dass er auch hier (vgl. Anm. 292) auf den restrictiven Gebrauch des „*quod est*" hinweist [299]), und dass er das Nothwendigkeits-Urtheil wiederholt ein Urtheil „*de inesse simpliciter*" nennt [300]).

---

hominis asinus currit"; ..... aliquando solus rectus distribuitur, ut „Hominis quilibet asinus currit". ..... Sit regula: Ex omni propositione de termino distributo, sive iste terminus distributus sit obliquus sive rectus, una cum alia, in qua sumitur terminus sub isto termino distributo, est bonus syllogismus, sive iste terminus distributus sit subiectum sive pars subiecti. Vgl. bei Occam Anm. 971, 974, 977.

296) C. 10, f. 39 r. B: *Ad videndum, qualiter sit syllogizandum ex propositionibus hypotheticis relativis, sit regula: Ex propositione hypothetica relativa de termino distributo alicuius praedicamenti in prima eius categorica et eius relativo in secunda categorica, una cum alia, in qua sumitur aliquid de termino distributo respectu eius, quod ei attribuitur, potest concludi illud, quod relativo attribuebatur, v. g. „Quidquid emisti, illud comedisti; crudum emisti; ergo crudum comedisti". .... In tali enim modo arguendi per distributionem praedicamentorum et eorum relativa non licet sub distributione unius praedicamenti sumere terminum alterius praedicamenti praeterquam sub distributione praedicamenti substantiae; sub illo enim possunt sumi termini aliorum praedicamentorum, nisi tunc ampliatio impediat; .... non enim sequitur „Quidquid mihi dedisti, hoc habeo; bovem macrum mihi dedisti; ergo bovem macrum habeo"; posito enim, quod ante messem mihi dedisses bovem macrum, qui nunc sit impinguatus, conclusio est falsa. .... Quando tamen non est ampliatio, bene valet* (folgen noch Beispiele).

297) C. 11, f. 30 v. A: *Ad videndum, qualiter sit syllogizandum medio variato penes finitum et infinitum, sit prima regula: Nisi ampliatio impediat, in prima figura valet syllogismus ex ambabus affirmativis ad conclusionem negativam, ... si medium in prima praemissarum distribuatur; v. g. „Omne animal est substantia; omnis lapis est non animal; ergo omnis lapis omnis substantia non est". ..... Similiter in secunda figura; ..... similiter in tertia. .... Secunda regula: In omni figura ex ambabus negativis variato medio penes finitum et infinitum valet syllogismus ad conclusionem negativam.*

298) C. 12—18, f. 30 v. B — 32 v. A. Vgl. vor. Abschn., Anm. 980—997.

299) C. 13, f. 31 r. A: *Ex duabus propositionibus de possibili divisis subiecto non restricto per litteram „quod est" in prima figura sequitur conclusio de possibili; ...... in secunda non valet ad conclusionem de possibili; ..... in tertia valet; .... si prohibetur ampliatio per litteram „quod est", non valet .... Ex ambabus de necessario in prima figura sequitur conclusio necessaria ..... quoad conclusiones directas; .... in secunda figura subiecto non restricto per litteram „quod est" sequitur necessaria; ..... in omnibus modis tertiae figurae sequitur; .... subiecto restricto seu ampliatione prohibente nec primus nec secundus nec tertius modus secundae figurae valet.*

300) C. 15, f. 31 v. A: *De inesse simpliciter est necessaria.* Ebenso C. 17, f. 32 r. B.

Den Inhalt der zweiten Analytik nahm Albert in sein Compendium nicht auf (Occam hatte es gethan, s. vor. Abschn., Anm. 1006 ff.); wohl hingegen müssen wir aus dem Commentare, welchen er zu derselben verfasste, erwähnen, dass er ebenso wie Gregor von Rimini (s. ob. Anm. 49) das durch den Schlusssatz bezeichnete (*signatum conclusionis*) als den eigentlichen Gegenstand des Wissens betrachtete[301]), sowie dass er für die *demonstratio propter quid* und die *demonstratio quia* die Ausdrücke „*a priori*" und „*a posteriori*" und entsprechend das Adjectiv „*posterioristicus*" gebraucht und somit die unseres Wissens älteste Auctorität ist, auf welche sich dieser philosophische Sprachgebrauch in seiner dualistischen Bedeutung berufen kann[302]). Auch das *principium identitatis* (vgl. ob. Anm. 72) hebt er gelegentlich als solches hervor[303]).

Im Compendium folgt nach dem Syllogismus sofort die Topik, welche natürlich einen Theil der *consequentia* bildet, indem sie die Lehre von der „*maxima*" (d. h. *propositio maxima*) entwickelt[304]). Die nähere Darlegung, welche in den sämmtlichen zahlreichen Beispielen die stete Beziehung auf *consequentia* zeigt, entnimmt Albert der Hauptsache nach aus Petrus Hispanus, modificirt jedoch denselben zuweilen mittelst des Boethius, und scheint auch wieder seiner eigenen Erfindung darin zu folgen, dass er die Topen *ab oppositis* unter die *loci medii* einreiht[305]).

---

301) *Quaest. s. An. post.* I, *Qu.* 2, f. 3 r. B: *Signatum conclusionis scitae est obiectum illius propositionis, cui intellectus assentit.* .... *Signatum conclusionis est verum.* ..... *Illud dicitur obiectum scientiae, quod terminat actum sciendi complexum, sed ita est, quod signatum conclusionis terminat actum sciendi.* Ebend. *Qu.* 7, f. 7 r. A: *Quaedam est cognitio conclusionis, qua cognoscimus, quod ipsa formatur, et apprehendimus significationem conclusionis;* .... *secunda est cognitio conclusionis adhaesiva propter aliquam evidentiam sine formidine* (vgl. ob. Anm. 222) *ad oppositum.* Ebenso ebd. *Qu.* 33, f. 23 r. B.

302) Ebend. *Qu.* 9, f. 8 r. B: *Demonstratio quaedam est procedens ex causis ad effectum et vocatur demonstratio a priori et demonstratio propter quid et potissima;* ..... *alia est demonstratio procedens ab effectibus ad causas, et talis vocatur demonstratio a posteriori et demonstratio quia et demonstratio non potissima.* Dem Ausdrucke „*posterioristicus*" begegnen wir ebend. *Qu.* 22, f. 17 v. A und öfter.

303) Ebend. *Qu.* 14, f. 12 v. A: *Duplicia sunt prima principia: quaedam incomplexa, ut deus et intelligentiae, et de istis non est ad propositum; alia sunt complexa, et illa sunt duplicia; quaedam enim sunt,* ... .. *quorum rationes terminorum non manifeste se includunt vel excludunt* (das Beispiel ist „*ignis est calidus*" oder „*reum barbarum sanat choleram*", s. ob. Anm. 135) ..., *alia autem, quorum rationes terminorum manifeste se includunt vel excludunt, de quorum numero hoc principium est „Verum est de quolibet esse vel non esse, et de nullo simul*". Ebenso ebend. II, *Qu.* 12, f. 29 r. B.

304) *Log.* IV, 19, f. 32 v. B: *Locorum alius dicitur locus maxima* (aus dieser eigenthümlichen Verwendung der älteren Terminologie — s. Abschn. XII, Anm. 165 — entstand durch Vermittlung des französischen Sprachgebrauches die Bedeutung unseres Fremdwortes „Maxime"), *alius dicitur differentia maximae; locorum differentia maximae alius intrinsecus, alius extrinsecus, alius medius.* ..... *Locus maxima dicitur regula confirmativa consequentiae probativa.* .... *Locus differentia maximae est terminus vel termini, ex quo vel ex quibus componitur talis maxima verificabilis de terminis positis in antecedente vel consequente consequentiae per maximam firmatae.*

305) C. 19—24, f. 32 v. B—37 v. A. Die Reihenfolge der Topen ist nemlich hier: *Loci intrinseci*, und zwar zunächst *a substantia: a definitione, a descriptione, ab interpretatione, a synonymo, a differentia constitutiva speciei, a subiecto ad propriam passionem;* dann *a concomitantibus substantiam: a toto (subiectivo, integrali, in quantitate, in modo, in tempore, in loco), a causa (efficiente, materiali, formali,*

Unmittelbar darauf lässt er einen höchst ausführlichen casuistischen Commentar zu *Soph. Elenchi* folgen [306]).

Hieran schliest sich dann die Behandlung der ***Insolubilia*** an, deren Begriff auch hier, wie wir es schon bei Anderen sahen (ob. Anm. 158 u. 172), nicht in die Unlösbarkeit, sondern in die Schwierigkeit der Lösung verlegt wird [307]). Betrachten wir nur als Probe gleich das erste ***Insolubile***, welches Albert erörtert, so sehen wir, dass er grundsätzlich nicht eine Nichtigkeit der betreffenden Urtheile (z. B. wenn ich als einziges Urtheil ausspreche „Ich spreche Unwahres") annimmt, wie jene Anderen gethan hatten, sondern eine mögliche Lösung darin erblickt, dass die ***significatio*** solcher Urtheile wohl im Allgemeinen eine sachgemässe sein könne, aber dennoch zugleich in irgend welchen Beziehungen (*aliqualiter*) vom objectiven Thatbestande abweiche [308]). Das eigentlich einheitliche Grund-Thema aller ***Insolubilia*** variirt er zunächst in vierzehn Beispielen [309]), schickt aber denselben noch andere fünf nach, in welchen die von Strodus (ob. Anm. 183) so genannten ***termini officiabiles***, d. h. die Verba,

---

finali), a generatione et corruptione, ab usibus, a communiter accidentibus. Hierauf *loci extrinseci: a disparatis, a maiori, a simili, a proportione, ab auctoritate.* Zuletzt *loci medii: ab oppositis (contradictorie, privative, relative), a coniugatis, a principalibus, a casibus.*

306) V, 1—12, f. 37 v. A—43 r. B.

307) VI, 1, f. 43 r. B: *Nunc restat solvere insolubilia, non quod nullo modo sint solubilia, sed quia solvere ea est difficile. Et ..... exemplariter aliqua insolubilia ponam et solutiones eorum, ex quibus apparebit faciliter consideranti, qualiter, si aliqua alia formentur, possint solvi.*

308) Nemlich das erste der Beispiele lautet in möglichster Kürze: *Propono illud insolubile: „Ego dico falsum" supposito, quod nihil aliud dicam nisi istam propositionem „Ego dico falsum"; et quaeritur, utrum propositio prolata a me sit vera vel falsa. Si dicitur, quod sit vera, contra: ergo qualitercunque significat, ita est, et cum ipsa significat, me dicere falsum, ergo taliter est, quod ego dico falsum; et cum nihil aliud dicam nisi istam propositionem „Ego dico falsum", sequitur, istam propositionem „Ego dico falsum" esse falsam; et per consequens non est vera, cuius oppositum tu dicis. ...... Si autem dicas, quod sit falsa, tunc sic: Igitur taliter est, qualiter ipsa significat, quia significat, se ipsam esse falsam; et si est taliter, qualiter ipsa significat, sequitur, ipsam esse veram, et per consequens non falsam, cuius oppositum tu dicis. .... Respondetur, quod propositio praedicta est falsa et significat, se ipsam esse veram, sed ad ipsam esse veram sequitur ipsam esse falsam; ..... et cum dicebatur „Si est falsa, cum ipsa significet, se esse falsam, taliter est, qualiter ipsa significat", concedo; et cum ulterius dicitur „Igitur ipsa est vera", nego consequentiam; unde quamvis sit taliter, qualiter ipsa significat, non tamen qualitercunque ipsa significat, ita est, quod tamen oporteret ad hoc, quod esset vera. ..... Sicut purum fit impurum per cuiuscunque contrarii adventum, ita propositio vera fit falsa, quam cito significat aliqualiter aliter, quam est.*

309) In analoger Weise werden nun noch folgende Insolubilia behandelt: 2) *Propositio, quam profero, est similis propositioni, quam profert Plato, posito quod Plato proferat unam propositionem falsam et nullam aliam, sc. „Homo est asinus", et sit ista B; et propositio, quam ego profero sit ista „Nulla alia, quam ego profero, est similis propositioni, quam profert Plato", et sit ista A. Tunc quaeritur, utrum A sit verum vel falsum.* 3) *„Haec propositio est falsa", posito quod per litteram „haec" demonstratur illamet propositio, et vocetur B. Quaeritur, utrum haec propositio B sit vera vel falsa.* 4) *Ponatur, quod Socrates dicat illam „Plato dicit falsum" et Plato dicat illam „Socrates dicit verum". Quaeritur, utrum propositio dicta a Socrate sit vera vel falsa.* 5) *Ponatur, quod non sint nisi tres propositiones, sc. „Homo est asinus", „Deus non est", „Omnis propositio est falsa". Tunc quaeritur, utrum tertia*

welche eine geistige Thätigkeit bedeuten, die hauptsächliche Rolle spielen [310]).

Den Schluss des Compendiums bildet die Lehre von *Obligatio*, wobei Albert vorerst in gedrängtester Kürze die Definitionen des *obligatum*, des *pertinens* und des *impertinens* vorausschickt [311]). Auch die hierauf folgenden allgemeinen Regeln treffen im Ganzen dem Sinne nach mit denjenigen zusammen, welche wir schon früher trafen (s. ob. Anm. 167 u. 194 f.), wenn sie auch in etwas verschiedener Weise formulirt sind [312]).

---

sit vera. 6) *Ponatur, quod Socrates dicat, Platonem dicere falsum, et Plato dicat, Ciceronem dicere falsum, et Cicero dicat, Socratem dicere falsum. Tunc quaeritur, utrum Socrates dicat verum.* 7) *Dicat Socrates „Deus est", et Plato dicat „Solus Socrates dicit verum", et non sint alii loquentes in mundo. Tunc quaeritur, utrum Plato dicat verum.* 8) *Sint tantum tres propositiones in mundo, sc. „Homo est animal", „Deus est", „Omnis propositio praeter exceptivam est vera". Quaeritur, utrum tertia sit vera.* 9) *Dicat quilibet homo excepto Socrate „Deus est", et Socrates dicat „Omnis homo praeter me dicit verum".* 10) *Dicat Socrates „Deus est", et Plato dicat „Homo est animal", et Cicero dicat „Homo est asinus", et Marcus dicat „Tot dicunt verum, quot dicunt falsum". Quaeritur, utrum quarta sit vera.* 11) *„Deus est et aliqua copulativa est falsa", et sit sic, quod nulla alia copulativa sit in mundo, quam haec ipsa. Tunc quaeritur, utrum sit vera.* 12) *„Homo est asinus vel aliqua disiunctiva est falsa", et sit nulla alia disiunctiva in mundo.* 13) *„Si deus est, aliqua conditionalis est falsa", et sit nulla alia conditionalis.* 14) *„Deus est, igitur ista consequentia non valet".*

310) f. 45 v. B: *Nunc videndum est de insolubilibus, quae veniunt ex actibus nostris interioribus, sicut decipi, errare, dubitare, fingere.* Und von dieser Gruppe werden hiemit angeführt: 15) *Posito, quod in mente Socratis sit ista „Socrates decipitur" et nulla alia, et Socrates credat, illam propositionem esse veram, quaeritur, an Socrates credendo, eam esse veram, decipiatur.* 16) *Socrates fingit se esse sophistam, posito quod fingere sit ostendere se talem, qualis non est, et quod sophista ostendat se talem, qualis non est.* 17) *Possibile est, Socratem se scire errare, posito quod errare sit false assentire vel non dissentire vel credere falsum esse verum.* 18) *Posito quod illa propositio „Rex sedet vel aliqua disiunctiva in hoc folio est Socrati dubia" sit scripta in illo folio et nulla alia, posito quod Socratem lateat, an rex sedeat vel non, posito ulterius quod Socrates sit doctissimus in arte et inspiciat hanc propositionem in hoc folio, tunc quaeritur, an illa propositio sit scita a Socrate esse vera vel scita esse falsa vel dubia.* 19) *Posito quod Socrates sit talis conditionis, quod non vult invadere Platonem, si Plato non invadit eum, et Plato sit talis conditionis, quod non velit invadere Socratem, si Socrates vult invadere eum, et si Socrates non vult invadere eum, ipse velit invadere Socratem, tunc quaeritur, utrum Socrates invadit Platonem vel non.*

311) VI, Pars 2, C. 1, f. 46 v. A: *Obligatio est oratio composita ex signis obligationis et obligato. ..... Obligatum dicitur altera pars obligationis vel oppositum depositi, ad quod concedendum infra tempus obligationis mediante obligatione et admissione respondens obligatur. ..... Pertinens alicui dicitur, quod ad ipsum sequitur vel sibi repugnat. ..... Impertinens alicui dicitur, quod nec sibi repugnat nec ad ipsum sequitur.* Bei *pertinens* sei aber auch noch darauf zu achten, ob dasselbe *obligationi tantum* oder *obligationi et admissioni* oder *obligato tantum* oder *obligato et bene concesso pertinet.*

312) C. 2, f. 47 r. B: *Regulae obligationum:* 1) *Obligatum et ab aliquo admissum et eodem tempore obligationis propositum est ab eodem concedendum. ......* 2) *Omne sequens ex obligato et admisso vel concesso vel opposito bene negati est concedendum. ....* 3) *Omne repugnans obligato cum concesso vel cum opposito bene negati scitum esse tale est negandum. .....* 4) *Ad omne impertinens respondendum est in tempore obligationis secundum sui qualitatem. .....* 5) *Eadem propositio infra idem tempus obligationis in uno loco proposita est impertinens, in alio loco proposita est pertinens. .....* 6) *Durante tempore obligationis est certificanda quaecunque*

Nach vorläufiger Nennung der sechs Formen der *obligatio* (vgl. ob. Anm. 163—171) beginnt er mit der *impositio*, bei welcher er die bereits von Anderen empfohlene Vorsicht (Anm. 163 u. 199) dahin formulirt, dass keine willkürliche Bezeichnung zulässig sei, deren Sinn wieder von dem durch sie bezeichneten Urtheile bedingt sei (— ganz richtig, denn ausserdem statuirt man eben unmittelbar sofort ein *Insolubile* —); und in solchem Sinne spricht er auch von einer *impositio dependens*, welche nie unbedingt zugelassen werden dürfe [313]); aber von einer Eintheilung der *impositio*, welche er anderwärts vorbringt, macht er hier keinen Gebrauch, obwohl hiedurch die Regeln sich leicht hätten vermehren lassen können [314]). Bei der hierauf folgenden *positio* hatte bereits Strodus ein besonderes Augenmerk auf die copulativen und disjunctiven Urtheile gerichtet (ob. Anm. 197), und wohl hiedurch wurde Albert veranlasst, dieselbe grundsätzlich in Gruppen zu theilen [315]). Somit spricht er zuerst mittelst vieler erläuternder Beispiele von *positio simplex* [316])

---

quaestio. ..... 7) *Ad quod sequitur contradictorium, non est admittendum.* ...... 8) *Possibili obligato et admisso, licet false, non tamen propter hoc est negandum necessarium per se nec concedendum impossibile per se.* .... 9) *Possibili obligato et admisso, licet false, non est inconveniens, concedere impossibile per accidens vel negare necessarium per accidens.*

313) C. 3, f. 48 r. B: *Sex consueverunt poni species obligationis, sc. impositio, positio, depositio, petitio, sit verum, dubitatio.* .... *Impositio est obligatio, mediante qua complexum vel incomplexum complexe vel incomplexe imponitur ad significandum, talem significationem intra tempus obligationis esse sustinendam.* ...... (v. A) *Nunquam impositio est admittenda, ubi significatio illius, quod imponitur, dependet ex veritate vel falsitate propositionis, in qua ponitur; est enim e contra, quia veritas et falsitas dependent ex significatione impositorum.* .... *Impositio dependens dicitur, quae dependet ab aliquo actu utentis; circa quam est regula, quod non est admittenda nisi sub conditione.* Aus der grossen Zahl von Beispielen sei irgend ein beliebiges (f. 48 v. B): *Imponatur, quod haec oratio incongrua „Hominem est" significet tantum praecise, sicut ista „Deus est"; deinde propono tibi istam „Hominem est"; si concedis et bene respondes, sequitur, hanc orationem „Hominem est" esse veram, et per consequens sequitur, incongruum esse verum: quod est falsum. Si autem negas vel dubitas, contra: Tu negas vel dubitas, quod cum vero et necessario scis esse convertibile; ergo male respondes etc.*

314) Quaest. s. Occ. Qu. prooem. Periherm.: *Terminus potest imponi duobus modis; uno modo, quod, cum imponitur ad significandum aliquid de novo, destituatur a significatione eius primaria; secundo modo, quod, cum imponitur aliquid de novo, non tamen destituitur a significatione primaria, sed obtinet antiquam cum nova.* .... *Terminus transcendens, sicut est „ens" vel „aliquid", non potest imponi primo modo nec secundo, nam iam significant omne ens, ergo ad nihilum possunt imponi de novo.* .... *Terminus mentalis non transcendens non potest imponi primo modo,* ..... *bene potest secundo modo.* ..... *Tam terminus vocalis quam scriptus non transcendens potest imponi tam primo modo quam secundo.* ..... *Impositio, per quam impeditur finis impositionis, non est admittenda.*

315) *Log.* VI, 2, C. 4, f. 49 r. B: *Duplex est positio;* ..... *positio simplex, quando ponitur propositio categorica; positio vero composita, quando ponitur propositio hypothetica; et si ponitur copulativa, dicitur positio coniunctiva; si disiunctiva, dicitur indeterminata; si conditionalis, dicitur dependens.*

316) Ebend.: *De positione simplici observanda est una regula: Possibile, licet falsum, non repugnans obligationi nec admissioni nec his simul, est admittendum.* Eines der vielen Beispiele (f. 49 v. B): *Sit rei veritas, quod non sint nisi tres homines in mundo, sc. Socrates, Plato et Cicero, et quod Socrates solus loquatur. Tunc pono tibi istam „Socrates tacet"; admittenda est, quia possibilis, licet falsa. Deinde pono tibi istam „Aliquis homo loquitur"; concedenda est, quia vera et impertinens.*

und hierauf von *positio composita*, welche entweder eine *coniuncta* ist, wenn sie ein copulatives Urtheil betrifft[317]), oder eine *indeterminata*, wenn es sich um ein disjunctives Urtheil handelt[318]), oder eine *dependens*, wenn ein conditionales Urtheil in Vorschlag kommt, wobei wieder zu unterscheiden sei zwischen *cadens* und *renascens*, je nachdem eine conditionale Thesis im Verlaufe der Disputation aufgegeben oder wieder aufgenommen wird[319]). Indem sodann die *depositio* folgt, beschränkt er sich auf Vorführung einiger allgemeiner selbstverständlicher Regeln und verschmäht hier die bei Strodus (ob. Anm. 198) gleichfalls vorliegende Berücksichtigung der hypothetischen Urtheilsformen[320]). In knapper Kürze erledigt er auch die *petitio* (vgl. ob. Anm. 164) durch Eintheilung in *absoluta* und *respectiva*[321]); und die noch übrigen zwei Formen,

---

Deinde propono tibi istam „Socrates loquitur"; neganda est, quia repugnans posito; deinde istam „Plato loquitur"; neganda est, quia falsa non sequens formaliter; deinde istam „Cicero loquitur"; neganda est, quia falsa non sequens. Et si sic, videtur, aliquam particularem vel indefinitam esse concedendam et quamlibet eius partem esse negandam. Respondetur, quod hoc non est inconveniens etc.

317) Ebend. f. 50 r. B: *De positione composita, et primo de coniuncta ..... est regula: Quando ponitur aliqua copulativa, sive sit simplex sive ipsa composita, videndum est, an aliqua pars illius sit impossibilis; et si sit tota copulativa impossibilis, non est admittenda nisi in positione impossibili; si autem utraque pars eius fuerit impossibilis, simpliciter non est admittenda; si autem partes sint possibiles, non tamen compossibiles, iterum non est admittenda; si vero quaelibet pars sit possibilis et quaelibet cuilibet compossibilis, est admittenda.* Eines der Beispiele: *Sit rei veritas, quod nullus homo currat; pono tibi istam „Omnis homo currit et nihil est tibi positum"* u. s. w.

318) Ebend. f. 50 v. B: *De positione indeterminata, qua ponitur propositio disiunctiva, ... sunt regulae: Videndum est, an utraque disiunctivae pars sit possibilis vel ad minus una; et si sic, admittenda est; ...... si vero nulla pars, tunc non est admittenda. .... Quando utraque pars est possibilis vel una, ubicunque ponitur, est concedenda. ..... Quando quaelibet pars est falsa et una earum non sequitur ad aliam, quaecunque loco primo ponitur, est neganda. .... Quando una pars sequitur formaliter ad aliam, quocunque loco ponitur ista, quae est consequens, sive sit vera sive falsa, est concedenda.*

319) Ebend. f. 51 r. A: *Positio dependens dicitur, quando aliquid ponitur sub conditione..... Positio cadens, quae est species positionis dependentis, dicitur, quando aliquid positum cessat esse positum alio superveniente prius, quam dicatur „cedat tempus"; ..... v. g. sit rei veritas, quod Socrates sit niger, et ponatur, Socratem esse album, donec proponatur aliquid negandum, quam cito proponitur aliquid negandum, positio cadit. Positio renascens dicitur, quando aliqua positio cadit et iterum renascitur.*

320) C. 5, f. 51 r. B: *Depositio est obligatio, qua quis obligatus infra tempus obligationis tenetur negative ad depositum respondere; ..... simplex est, qua deponitur categorica; composita, qua deponitur hypothetica. .... Regulae: Omne depositum infra tempus obligationis est negandum. .... Omnis propositio repugnans deposito est concedenda. .... Antecedens ad depositum est negandum. .... Sequens formaliter ex deposito est negandum. ..... Cum aliquid deponitur, eius contradictorium ponitur. .... Ad impertinens respondendum est secundum eius qualitates.*

321) C. 6, f. 51 v. A: *Petitio est species obligationis obligans ad aliquem actum circa obligatum exercendum, ... et differt a positione, quia positio obligat ad sustinendum. ..... Petitionum quaedam dicitur absoluta, ut „Peto te concedere, te esse rationale", et alia respectiva, ut „Peto te concedere primum propositum a me". ..... Regula: Impossibile non est concedendum, nisi fiat petitio, ut impossibile concedatur, et facta petitione, si fiat concessio, non est inconveniens, concedere impossibile.*

nemlich (s. Anm. 313) *„sit verum“* und *„dubitatio“*, überlässt er überhaupt dem fleissigen Schüler zum Selbstnachdenken [322]).

Durch welch unwiderstehlichen Drang aber diese damalige Logik dazu getrieben wurde, Sophismen und immer wieder Sophismen zu discutiren, ersehen wir daraus, dass Albert in einem besondern Werke (ob. Anm. 220), welches 216 eng gedruckte (unpaginirte) Quart-Seiten füllt, 254 Sophismen behandelte, welche er nach gewissen Gesichtspunkten gruppirte [323]). Die gemeinsame Veranlassung aller dieser Sophismen liegt in den Syncategoremata, deren einige nur eines einheitlichen Satzes bedürfen, andere hingegen, welche *geminata* heissen, einen zusammengesetzten zwei Verba enthaltenden Satz fordern; die ersteren führen sämmtlich auf *distributio*, sei es indifferent für Substanzen und Accidentien, sei es ausschliesslich für Accidentien, wobei die ersteren dieser abermals nach Occam's Vorbild (vor. Abschn., Anm. 906) unterschieden und eingetheilt werden [324]). Somit folgen nun zuerst Sophismen, bei welchen ein bejahendes Syncategorema für alle Umfangs-Theile des einfachen Begriffes distribuirt wird, welchem es beigefügt ist [325]); dann jene, wo es in solcher Weise einem zusammengesetzten Begriffe beigefügt ist, sei es ohne Einsetzung einer Conjunction [326]), oder sei es mit

---

322) Ebend. f. 51 v. B: *Ex his, quae superficialiter dicta sunt circa illas quatuor species obligationis, ... potest diligens scholaris videre, quid sit dicendum ad alias species.*

323) *Ob rogatum quorundam scholarium deo favente quaedam scribam sophismata ex parte diversorum syncategoreumatum difficultatem habentia. ..... Primo tractabo sophismata difficultatem habentia ex parte syncategoreumatum affirmativorum, secundo ex parte negativorum vel terminorum includentium negationem, tertio ex parte copulae praeteriti vel futuri temporis vel determinatae aliquo illorum modorum „necessario, possibili“ etc., quarto ex parte duorum modorum propositionem determinantium.*

324) *Quantum ad primum ..... sunt in multiplici differentia, secundum quod talium syncategoreumatum quaedam sunt, quae non exigunt nisi unum verbum, ut „omnis“, ... quaedam, quae exigunt duo verba, ut „quotiescunque“, ... et talia ab auctoribus nominantur geminata. .... Primo modo dictorum quaedam distribuunt indifferenter pro substantiis vel accidentibus, quaedam autem pro accidentibus solum; .... distributivorum indifferenter quaedam pro partibus subiectivis, ... quaedam pro partibus integralibus; .... distributivorum pro partibus subiectivis quaedam indifferenter pro omnibus, ... quaedam pro duobus; .... distributiva pro omnibus aliquando adduntur termino simplici, ... aliquando termino composito. ...... Intendo declarare diversa sophismata secundum dictam diversitatem syncategoreumatum.*

325) *Sunt primo difficultatem habentia ex parte syncategoreumatum affirmativorum distributivorum pro omnibus partibus subiectivis, inquantum adduntur termino simplici.* Als solche folgen nun in ausführlichster Casuistik: 1) *Omnis homo est omnis homo* (s. Abschn. XVII, Anm. 245). 2) *Omnis phoenix est* (s. ebend. Anm. 242 u. Abschn. XIX, Anm. 183 u. 908). 3) *Omne animal fuit in arca Noae* (s. Abschn. XVII, Anm. 235). 4) *Omnes apostoli dei sunt duodecim* (ebd. Anm. 240). 5) *A est verum et B est verum, et non est nisi unum A et nisi unum B, et tamen, qualitercunque B significat esse, A significat esse, et e contra, et tamen A significat, aliqualiter esse, qualiter B non significat esse, posito quod A sit haec propositio „Aliqualiter est, qualiter B non significat esse“, et sit B ista propositio „Aliqualiter est, qualiter A non significat esse“* (da jedoch dieses Sophisma nichts mit *„omnis“* zu schaffen hat, scheint es eine Interpolation zu sein).

326) *Nunc restat videre de sophismatibus, ... in quibus „omnis“ additur termino complexo sine interpositione coniunctionis.* Solche sind: 6) *Omnis asinus hominis currit, posito quod omnis homo habeat duos asinos et solius Socratis omnis*

Einfügung einer solchen, nemlich entweder einer disjunctiven[327]) oder einer copulativen[328]) oder einer conditionalen[329]) oder auch des Relativ-Pronomens „*qui*“[330]); hierauf jene Sophismen, deren Schwierigkeit auf der *suppositio relativorum* beruht[331]), und diejenigen, in welchen

---

asinus currat et cuiuslibet alterius hominis omnis asinus non currat. 7) *Omnis pater patris filii est pater, posito quod non sint nisi tres homines, sc. Socrates, Plato et Cicero, et quod Socrates sit pater Platonis et Plato pater Ciceronis, ita quod Cicero sit filius et non pater.* 8) *Cuiuslibet hominis asinus currit, posito quod quilibet homo habeat duos asinos, quorum unus currat.*

327) *Sophismata, in quibus additur „omnis“ termino complexo coniunctione disiunctiva interposita:* 9) *Omnis homo vel asinus currit, posito quod nullus homo currat.* 10) *Omnis propositio vel eius contradictoria est vera* (— soll an diesem Sophisma eine beliebige Probe der ganzen Behandlung gegeben werden, so excerpire ich Folgendes: *Sic arguitur: Aliqua propositio est, quae nec eius contradictoria est vera; ergo non omnis propositio vel eius contradictoria est vera; consequentia tenet, et antecedens probatur; nam formetur ista „Homo est asinus“, et non formetur eius contradictoria; tunc nec ista „Homo est asinus“ est vera nec eius contradictoria, quia eius contradictoria non est. Arguitur sic: Omnis propositio vel eius contradictoria est vera; sed omnis propositio falsa est propositio vel eius contradictoria; ergo omnis propositio falsa est vera; conclusio est falsa; ergo aliqua praemissarum; non minor; ergo maior. Sic arguitur: Omnis propositio vel eius contradictoria est vera; sed omnis propositio vel eius contradictoria est falsa; ergo aliquid falsum est verum; conclusio est falsa, et discursus est bonus, quia arguitur in Darapti; ergo aliqua praemissarum est falsa; non minor; ergo maior. ...... Ad istud sophisma antiqui sophistae* — wer sollen diese sein? — *solebant respondere dicentes, ipsum posse capi dupliciter, vel in sensu composito vel in sensu diviso. .... Nolo sequi sensum divisum .... Dico, quod subiectum propositionis non est nisi „propositio“, quod littera „omnis“ non distribuit nisi litteram „propositio“, quod littera „vel eius contradictoria“ est pars praedicati* u. s. w. —). 11) *Omnes homines sunt asini vel homines et asini sunt asini.*

328) *Sophismata, in quibus additur „omnis“ termino complexo coniunctione copulativa interposita:* 12) *Omnia vera et falsa opponuntur.* 13) *Omnis homo et asinus currunt, posito quod quilibet homo currat et de omnibus asinis nullus currat nisi brunellus.* 14) *Omne animal et aliud ab eo sunt duo animalia.* 15) *Omne verum et deum esse differunt.* 16) *Omnia duo et tria sunt quinque.* 17) *Omnis homo et duo homines sunt tres homines.* 18) *Omnis homo et alius homo sunt* (s. Abschn. XVII, Anm. 244).

329) *Sophismata, in quibus „omnis“ additur termino complexo coniunctione conditionali interposita.* 19) *Omne falsum, si est impossibile, non est verum.* 20) *Omne animal, si est Socrates, differt a Platone.*

330) *Sophismata, in quibus „omnis“ additur termino complexo hoc relativo „qui“ interposito:* 21) *Omnis homo, qui est albus, currit, posito quod sint aliqui homines albi et aliqui nigri et nullus niger currat.* 22) *Omne ens, cuius quaelibet pars movetur, movetur, posito quod aliquod ens moveatur secundum quamlibet eius partem et aliquod simpliciter quiescat.* 23) *Omnis propositio copulativa, cuius quaelibet pars est vera, est vera.* 24) *Omnis chimaera, quae currit, movetur.*

331) *Sophismata difficultatem habentia ex suppositione relativi:* 25) *Animal est Socrates et asinus est illud.* 26) *Animal non est lapis et asinus est illud.* 27) *Quoddam animal est Socrates et Plato non est illud.* 28) *Quoddam animal non est Socrates et Plato non est illud.* 29) *Aliquis homo est et quilibet homo est ille.* 30) *Aliquis homo est et nullus homo est ille.* 31) *Omnis homo habens equum equitat illum.* 32) *Omnis homo est animal et risibile est illud.* 33) *Aliquod enuntiabile est falsum et idem necessario est verum.* 34) *Omnis homo est animal et suus asinus currit.* 35) *Omnis homo videt se* (vgl. Abschn. XIX, Anm. 800). 36) *Omnis propositio est vera vel eius contradictoria est vera.* 37) *Omnis propositio est vera vel eius contradictoria est falsa.*

„uterque“ die Veranlassung bildet[332]); sodann jene, in welchen das bejahende Syncategorema, nemlich *„totus“*, für die Bestand-Theile des betreffenden Begriffes distribuirt wird[333]), und dann diejenigen, in welchen die Distribution ausschliesslich für Accidentien gilt[334]). Die darauf folgende zweite Hauptgruppe betrifft die verneinenden Syncategoremata, und zwar zunächst die negativen Termini *non*, *nullus*, *nihil*, *neuter* u. dgl.[335]), sodann diejenigen, bei welchen die Negation nur versteckt

---

332) *Sophismata difficultatem habentia ex parte syncategoreumatis „uterque“:* 38) *Uterque istorum est uterque istorum, demonstratis sc. Socrate et Platone.* 39) *Uterque istorum portat lapidem, demonstratis duobus, quorum unus portat unum lapidem et alter alium.* 40) *Uterque istorum scit arithmeticam, posito quod non sint nisi centum conclusiones arithmeticae, de quibus Socrates scit quinquaginta et Plato alias quinquaginta.* 41) *Uterque istorum scit septem artes liberales, posito quod Socrates sciat tres artes et Plato quatuor.* 42) *Uterque istorum pugnat, ut vincant se.* 43) *Ab utroque istorum enuntiatum est verum* u. s. w., s. Abschn. XVII, Anm. 248. 44) *Uterque istorum est homo vel asinus, demonstrando sc. Socratem et brunellum.*

333) *Sophismata difficultatem habentia ex parte syncategoreumatis „totus“:* 45) *Totus Socrates est minor Socrate* (s. ebend. Anm. 252). 46) *Totus Socrates est pars Socratis.* 47) *Totus brunellus est Socratis.* 48) *Tota disiunctiva est vera, cuius altera pars est vera.* 49) *Omne totum est maius sua parte.*

334) *Sophismata difficultatem habentia ex parte syncategoreumatum distributivorum pro accidentibus:* 50) *Qualelibet currit, posito quod sint quatuor homines tantummodo et tantum tres qualitates, sc. quod Socrates sit grammaticus et currat, Plato logicus et currat, Cicero rhetoricus et currat, Guilermus logicus et grammaticus et rhetoricus et non currat.* 51) *Quodlibet qualelibet de quolibet* u. s. w., s. Abschn. XVII, Anm. 253. 52) *Quotlibet entia sunt finita.* 53) *Infinita sunt finita* (s. ebend. Anm. 255). 54) *Finita sunt infinita.* 55) *Infinita sunt infinita.* 56) *Infinitae unitates sunt in aliquo numero finito.* 57) *Infinitis infinita sunt plura.* 58) *Infinita sunt plura infinitis.* 59) *In infinitum continuum potest esse divisum.* 60) *Continuum potest esse divisum in infinitum.* 61) *In infinitum Socrates erit albior Platone, posito quod Socrates maneat sub eodem gradu albedinis et albedo Platonis remittatur.* 62) *Infinitam albedinem habebit Socrates, posito quod continue intendatur albedo Socratis.* 63) *Infinitum pondus Socrates potest portare.* 64) *Quidquid audit Socrates, illud profert Plato, posito quod Plato proferat istam „Nullus homo est asinus“ et Socrates non audiat illam negationem, audiat tamen residuum.* 65) *Quidquid deus scivit, adhuc scit.* 66) *Quotiescunque fuisti Parisiis* u. s. w., s. ebend. Anm. 254. 67) *Qualecunque est aliquid, si ipsum est album, tale est aliquid, si ipsum est nigrum.*

335) *Secunda pars ..... tractat sophismata difficultatem habentia ratione negationis vel terminorum includentium negationem. .....* 68) *Negatum esse animal est verum, posito quod negetur ista propositio, deum esse animal.* 69) *Tu non potes vere negare, te non esse asinum.* 70) *Quod non est, est* (d. h. *demonstrata ista negatione „non“ tunc haec est vera „Hoc est“, tunc „Hoc est hoc, quod non est“, ergo est, quod non est* u. s. w.). 71) *„Non aliquid est vel homo est asinus“ est propositio disiunctiva.* 72) *Non aliquid est vel tu es homo.* 73) *Non aliquid est et tu es asinus.* 74) *Non Socrates currit vel non currit.* 75) *Non aliquis homo currit, si aliquod animal currit.* 76) *Aliqua causa homo non est homo.* 77) *Omnis homo aliquod animal non est.* 78) *Socrates videt non hominem, posito quod simul equum et hominem videat.* 79) *Chimaera est non homo.* 80) *Nullus non homo est grammaticus.* 81) *Non homo est commune praedicabile de omni homine.* 82) *Nemo est commune praedicabile de omni homine.* 83) *Non homo est convertibile cum hoc communi „homo“.* 84) *Nihil est nihil.* 85) *Ex nihilo nihil fit.* 86) *Nihil et chimaera sunt fratres.* 87) *Nihil est, si aliquid est.* 88) *Si nihil est, aliquid est.* 89) *Si tu scis, quod nihil scis, tu nihil scis.* 90) *Nihil est verum nisi in hoc instanti.* 91) *Nullus homo est nullum animal.* 92) *Nullum caput habens est aliquod caput habens.* 93) *Nullo homine currente tu es asinus.* 94) *Neutrum oculum habendo tu potes videre* (s. Abschn. XVII, Anm. 249). 95) *Ad nullum hominem currere sequitur omnem hominem currere.* 96) *Ad omnem*

involvirt ist, so dass sie als *exponibilia* auftreten, nemlich vorerst die Exclusiv-[336]) und die Exceptiv-Ausdrücke[337]), dann die Conjunction „*si*“, welche allerdings hier an einer möglichst unpassenden Stelle eingereiht und zugleich in sinnlosester Weise verwerthet ist[338]); hierauf aber wird

---

hominem currere sequitur omnem hominem currere. 97) *Nullum hominem currere sequitur ad aliquem hominem currere.* 98) *Nullus homo est, si aliquis homo est.* 99) *Nullus potest scire, quod aliquis potest scire.* 100) *Socrates potest scire, quod deus non potest scire.* 101) *Nullum animal, dum dormit, vigilat.*

336) *Sophismata circa dictiones exclusivas*: 102) *Tantum Socrates calefit, posito quod Socrates calefiat et nihil aliud a Socrate, quod non sit pars eius.* 103) *Tantum unum est* (d. h. *omne ens est unum ens, ergo tantum unum est* u. s. w.). 104) *Tantum unus homo est homo.* 105) *Tantum animal est homo.* 106) *Tantum Socrates scit septem artes liberales, posito quod Plato sciat tres et Cicero quatuor, et quod non sint nisi isti tres homines.* 107) *Tantum alter istorum currit, posito quod Socrates et Plato currant et nulla alia.* 108) *Tantum Socrates videt se.* 109) *Tantum verum opponitur falso.* 110) *Tantum calidum contrariatur frigido.* 111) *Socrates tantum est asinus.* 112) *Non tantum chimaera currit.* 113) *Socrates scit, tantum tres homines currere, posito quod sex homines currant, et de tribus Socrates sciat, quod currunt.* 114) *Possibile est, Socratem videre tantum omnem hominem non videntem se, posito quod tres sint homines non videntes se, et omnes alii videant se.* 115) *Tantum pater est, ergo non tantum pater est.* 116) *Homo currit, ergo tantum homo movetur.* 117) *Tantum homo currit, ergo tantum animal currit.* 118) *Tantum deum esse deum, est verum.* 119) *Ad solum Socratem currere sequitur hominem currere.* 120) *Solus Socrates incipit currere, posito quod Socrates et multi alii cucurrerunt ante, sed omnes alii a Socrate nunc cessent currere.* 121) *Solus Socrates est albus vel niger, posito quod multi alii sint nigri.* 122) *Solus Socrates est albus et Plato est albior, posito quod nullus alius sit albus.* 123) *Solis tribus sola duo sunt pauciora.* 124) *Solum genitivum praecedit solus nominativus.*

337) *Sophismata ex parte dictionum exceptivarum:* 125) *Omnis homo videt omnem hominem praeter Socratem.* 126) *Decem praeter quinque sunt quinque.* 127) *Quaelibet decem praeter quinque sunt quinque.* 128) *Omnis homo videt omnem hominem praeter se.* 129) *Omnis homo praeter Socratem excipitur., posito quod non sint nisi tres homines et solus Socrates currat.* 130) *Quodlibet enuntiabile prolatum praeter unum est verum, posito quod sint nonnisi tres propositiones: „Deus est“, „Homo est animal“, „Quodlibet prolatum praeter unum est verum“.* 131) *Omne enuntiabile praeter verum est falsum.* 132) *Socrates bis vidit omnem hominem praeter Platonem, posito quod semel viderit omnem hominem et alia vice omnem hominem praeter Platonem.* 133) *Omne animal est irrationale praeter hominem.* 134) *Omnis homo praeter istos fert lapidem, posito quod quilibet homo ferat lapidem et Socrates et Plato ferant simul unum lapidem.* 135) *Nullus homo legit Parisiis, nisi ipse sit asinus.*

338) *Sophismata difficultatem habentia circa dictionem „si“*: 136) *Si nullum tempus est, aliquod tempus est.* 137) *Si tu es ubique, tu non es ubique* (d. h. *si es ubique, es in ista domo, et si es in ista domo, non es in alia domo* u. s. w.). 138) *Si tu scis, te esse lapidem, tu non scis, te esse lapidem* (d. h. *si es lapis, nihil scis* u. s. w.). 139) *Socrates dicit verum, si solus Plato loquitur, posito quod Socrates solum dicat Platonem loqui.* 140) *Si Socrates fingit, se esse hypocritam, Socrates non est hypocrita.* 141) *Si Socrates scit, se errare, ipse errat.* 142) *Si Socrates dicit verum, Socrates dicit falsum, posito quod dicat istam „Socrates dicit falsum“ et nullam aliam.* 143) *Si omnis substantia est ens, omne non ens est non substantia.* 144) *Si nullum A est B, omne non B est non A.* 145) *Si Socrates non est homo et non est non homo, Socrates non est.* 146) *Si omnis homo animal non est, et omnis homo substantia non est, aliqua substantia animal non est.* 147) *Si omne, quod non est A, est B, et nullum C est A, omne C est B.* 148) *Si animal est Socrates, et homo est Socrates, homo est animal.* 149) *Si omnis propositio est omnis propositio, est vera.* 150) *Si nulla substantia est, nullum ens est.* 151) *Si Socrates est, si Plato est, homo est asinus.* 152) *Si albedo inest homini, homo est albus.* 153) *Si A est B, non B est non A.* 154) *Si iustitia est virtus, iniustitia est vitium.* 155) *Si videns est*

der Faden der exponiblen Ausdrücke wieder aufgenommen, indem zuerst „*differt*" und „*aliud*" 339), dann die Comparative und Superlative mit Einschluss der Conjunction „*sicut*" 340), hierauf Verba, welche an sich einen negativen Sinn involviren 341), und zuletzt noch „*incipit*" und „*desinit*" folgen 342). Die dritte Hauptgruppe betrifft Verba, aus welchen

---

sensatum, caecum est insensatum. 156) *Si duplum est multiplex, subduplum est submultiplex.* 157) *Si album est coloratum, magis album est magis coloratum.* 158) *Si aliqua propositio est falsior ista „Deus est deus", tunc ista est falsa „Deus est deus".* 159) *Si albedo addita corpori facit ipsum album, albedo est alba.* 160) *Si A et B adduntur ad C, et A reddit C magis bonum, quam B reddat ipsum, tunc A est magis bonum, quam B.* 161) *Si Aethiops est albus secundum dentes, Aethiops est albus.* (Es springt in die Augen, wie einfältig es sei, die logische Ursache dieser sämmtlichen Sophismen in der Conjunction „*si*" zu erblicken.)

339) *Sophismata de „differt" et „non idem" et „aliud":* 162) *Socrates differt ab animali.* 163) *Omnis homo differt ab homine.* 164) *Socrates non differt nisi ab asino.* 165) *Nihil non idem animali est homo.* 166) *Socrates non est aliud, quam homo, et aliud, quam animal.*

340) *De comparativo et superlativo et de „sicut":* 167) *Socrates est fortior homine, posito quod sint tres homines et Socrates sit fortior Platone et Cicero fortior Socrate.* 168) *Animal, quod est debilius musca, est fortius omni animali, posito quod sint duo animalia, sc. A et B, et A sit aliqualiter forte, minus tamen forte quam B, et B aliqualiter forte, tamen minus quam musca.* 169) *Sol est maior, quam aliqua stella.* 170) *Decem sunt generalissima* (der Einwand dagegen ist, dass der Superlativ als solcher nur Einem zukommen könne). 171) *Socrates est ita sapiens sicut aliquis homo, posito quod sint tres homines, et Plato sit aequaliter sapiens cum Socrate et Socrates minus sapiens Cicerone.* 172) *Socrates est ita sapiens sicut omnis homo, posito quod etc.* (d. h. wie so eben). 173) *Socrates erit ita magnus, sicut Plato erit magnus, posito quod nunc sunt aeque magni et aequaliter augeantur usque ad aliquod instans.*

341) *De verbis includentibus negationem:* 174) *Materia caret forma.* 175) *Anima intellectiva quiescit, posito quod sit tota in toto homine, et quod pes hominis quiescat et manus moveatur.* 176) *Socrates ignorat aliquam propositionem* (z. B. aus der Geometrie)*; hoc non obstante scit multas alias; ergo non ignorat aliquam.* 177) *Ignorato motu ignoratur natura.* 178) *Immediatae sunt partes continui.*

342) *Sophismata de verbis „incipit":* 179) *Homo incipit esse albus, quando nullus homo incipit esse albus, posito quod unus fuerit albus et erit, ceteri fuerunt et sunt et erunt nigri.* 180) *Socrates incipit esse coloratus, posito quod fuerit niger et nunc incipiat esse albus.* 181) *Deus incipit esse in instanti.* 182) *Socrates incipit esse homo, postquam fuit homo.* 183) *Socrates incipit esse, si est et non fuit.* 184) *Socrates et Plato incipiunt esse, posito quod Socrates prius fuit.* 185) *Iam incipit esse omne, quod est.* 186) *Socrates incipit esse alter illorum, posito quod Socrates prius fuit et Plato nunc est.* 187) *Album incipit esse Socrates.* 188) *Equum Platonis Socrates incipit equitare, posito quod faciant convenientiam, quod equus Socratis sit Platonis et e converso.* 189) *Socrates incipit scire omnem propositionem, posito quod sint tantum tres propositiones, et duas prius sciverit et tertiam de novo sciat.* 190) *Socrates incipit scire tres propositiones, posito etc.* (d. h. wie so eben). 191) *Unam propositionem Socrates incipit scire.* 192) *Socrates incipit scire plura, quam Plato, posito quod Socrates sciat duas et addiscat duas, et Plato sciat tres et addiscat duas.* 193) *Socrates incipit scire plura, quam incipit scire.* 194) *Quod est calidum, incipiet esse frigidum.* 195) *Calidissimum incipit esse frigidum.* 196) *Cuilibet homini similis esse desinit Plato, posito quod nunc Plato desinat esse.* 197) *Socrates desinit esse similis Platoni, posito quod uterque transmutetur in nigredinem.* 198) *A et B desinunt esse talia, qualia ipsa sunt, posito quod sint contraria contingentia.* 199) *Socrates desinit esse albissimus hominum, posito quod nascatur Plato albior eo.* 200) *A desinit esse non desinendo esse, posito quod A sit instans.* 201) *Socrates est albior, quam Plato incipiat esse albus.* 202) *Socrates est albior, quam Plato*

irgend eine syllogistische Schwierigkeit sich ergeben kann, insoferne dieselben entweder in Folge ihres grammatischen Tempus dem Gebiete der *ampliatio* anheimfallen [343]), oder in sich selbst eine Modalität der Möglichkeit, Nothwendigkeit u. dgl. enthalten [344]), oder als *termini officiabiles* (vgl. ob. Anm. 310) eine Denk-Function ausdrücken [345]). Endlich die letzte Gruppe enthält Urtheile, welche nur nach dem *sensus compositus* (vgl. ob. Anm. 269) als modale bezeichnet werden können [346]).

---

immediate post erit albus. 203) *Socrates incipit esse albior, quam Plato incipit esse albus.* 204) *Socrates immediate prius erit senior, quam Plato immediate post.* 205) *Socrates prius incepit habere esse, quam incepit habere fuisse.* 206) *Spatium incipit esse pertransitum.* 207) *Spatium incipiet esse pertransitum.* 208) *Socrates incipiet pertransivisse spatium.* 209) *Corpus incipiet esse bipedale, posito quod augeatur continue.* 210) *A et sua medietas B simul desinunt esse.* 211) *A simul incipiet esse album et nigrum.* 212) *A incipit esse super B, posito quod sit aliquod spatium pertranseundum ab A mobili, cuius prima pars sit B.*

343) *Tertia pars ....., in qua ponenda sunt sophismata difficultatem habentia ex eo, quod in eis ponitur verbum praeteriti vel futuri vel ex eo, quod copula verbalis est modificata aliquo modo:* 213) *Aliquis homo generabitur.* 214) *Aliquis homo est mortuus.* 215) *Omnis senex est moriturus.* 216) *Senex erit puer* (d. h. *qui erit senex, erit puer; ergo senex erit puer* u. s. w.). 217) *Iustus damnabitur iuste, posito quod Socrates iam sit iustus et cras furetur equum et post suspendatur.* 218) *Iuste damnabitur iustus.* 219) *Album erit nigrum.* 220) *Deus erit cras.* 221) *Deus in quolibet instanti erit non existens.* 222) *Adam et Noa fuerunt.* 223) *Helena peperit decem filios, posito quod successive peperit.* 224) *Omnis homo fuit in ista domo, posito quod non fuerunt nisi tres homines et isti fuerunt in illa domo successive.* 225) *Omnis homo fuit in ista domo, posito quod ante domum nulli homines fuerunt, et, quando domus fuit, non nisi tres homines fuerunt et illi tunc fuerunt in ista domo, et postea multi sunt generati, qui nunquam ibi fuerunt.* 226) *Album fuit disputaturum, posito quod Socrates fuit albus et non est nec erit amplius albus, et quod sit disputaturus et non disputat nec disputavit.*

344) *De copula verbali determinata aliquo modo:* 227) *Non scribentem possibile est scribere.* 228) *Omnis homo potest esse asinus, posito quod nihil currat nisi asinus.* 229) *Omnis gradus zodiaci potest esse super nostrum horizontem.* 230) *In omnes partes continuum potest esse divisum.* 231) *Impossibile possibile est esse verum.* 232) *Socrates potest scire plura, quam scit, posito quod sciat duas propositiones et cras sciat tres.* 233) *Socrates tantum pondus potest portare, quantum potest portare.* 234) *Omnis homo de necessitate est animal.* 235) *Omne creans de necessitate est deus.* 236) *Omne, quod est, quando est, necesse est esse.* 237) *Si Socrates currit, necessario movetur.* 238) *Si Socrates necessario est mortuus, Socrates est vivus* (d. h. *si mortuus est, est aliqualis; ergo est, ergo vivus est* u. s. w.). 239) *Chimaeram necesse est esse chimaeram.* 240) *Equum contingit non esse hominem.* 241) *Omne, quod contingit esse, est ens.* 242) *Omnem hominem contingit currere.* 243) *Ex veris impossibile est sequi falsum.*

345) *De verbis „scire, credere, apparere" et similibus:* 244) *A Socrates scit esse verum, posito quod A sit illa propositio „Deus est", et quod hoc lateat Socratem.* 245) *A Socrates scit esse A, posito etc.* (d. h. wie so eben). 246) *Socrates patrem suum credit asinum, posito quod pater Socratis induat se pelle asinina etc.* 247) *Socrates apparet esse aliud ab illo, quod est, posito etc.* (wie so eben).

346) *Quarta pars ....., in qua ponenda sunt sophismata difficultatem habentia ex hoc, quod aliquis modorum est determinatio totius propositionis:* 248) *Necesse non est, hominem esse risibilem* (nemlich: *„Deum esse" non est „Hominem esse risibilem"; deum esse est necesse; ergo necesse non est, hominem esse risibilem. Sic arguitur in Ferio*). 249) *Nullum necessarium est, hominem currere.* 250) *Omne corpus non esse hic, est possibile.* 251) *Contingens est ad utrumlibet, nullum hominem esse Socratem.* 252) *Omne animal esse hominem, est impossibile.* 253) *Impossibile est, aliud quam asinum te genuisse* (auch diess wird folgendermassen erwiesen: *Lapidem*

In der gleichen neueren Richtung bethätigte sich **Hentisberus** (von Autoren des 15. Jahrhunderts öfters auch **Tysberus** genannt, gestorben um d. J. 1380), von welchem wir eine kleine Schrift *De sensu composito et diviso* und zwei Bearbeitungen des Gebietes der Sophismen besitzen 347). In der ersteren zieht er die Unterscheidung des *sensus divisus* und *compositus* völlig in den Dienst der *Obligatoria*, da aus Verwechslung jener beiden Formen der modalen Urtheile häufig Schwierigkeiten für die Disputation erwachsen können, zumal da auch Vieles auf die Supposition der in solchen Urtheilen vorkommenden ampliativen Verba ankomme 348); und in solcher Absicht führt er neun Fälle oder Arten modaler Urtheile an, in welchen eine besondere Vorsicht geboten sei 349). Betreffs der *Insolubilia* aber weist er zunächst auf das Vorhandensein verschiedener grundsätzlicher Ansichten hin, indem die Einen annehmen, dass im *Insolubile* wirklich contradictorische Gegensätze zu-

---

esse hominem, est aliud, quam, asinum te genuisse; lapidem esse hominem, est impossibile; ergo impossibile est aliud quam asinum te genuisse). 254) *Impossibile non est, hominem esse asinum* (ähnlich).

347) Was wir von Hentisberus besitzen, ist zusammen gedruckt mit dem Titelblatte: *Tractatus gulielmi Hentisberi de sensu composito et diviso. Regulae eiusdem cum sophismatibus. Declaratio gaetani supra easdem. Expositio* [*Caietani de Thienis*] *litteralis supra tractatus* [*Hentisberi*] *de tribus* [d. h. *de tribus praedicamentis, in quibus contingit motum fieri*]. *Quaestio messini de motu localium cum expletione gaetani. Scriptum supra eodem angeli de fosambruno. Bernardi torni annotata supra eodem. Simon de lendenaria supra sex sophismata* [*Hentisberi*]. *Tractatus hentisberi de veritate et falsitate propositionis. Conclusiones eiusdem.* Am Schl. *Venetiis per Bonetum Locatellum* 1494. *fol.* (Von den „*Conclusiones*" findet sich unter dem Titel *Probationes conclusionum* ein älterer Druck, Pavia 1483. fol., sowie der Commentar des Cajetanus de Thienis zu den *Sophismata*, — nicht aber der Text derselben —, schon 1483 in Venedig fol. gedruckt wurde; hingegen die Schrift *De sensu composito et diviso* ist mit dem Commentare des Bened. Victorius wieder gedruckt Bonon. 1504. 4.)

348) *D. sens. comp. et div.*, f. 2 r. A: *Arguendo a sensu composito ad sensum divisum et e converso frequenter fallit consequentia. ..... Unde non est aliqua cautela, qua contingit frequentius et facilius fallere, ... quia multae sunt fallaciae, quae reducuntur ad divisionem et compositionem, unde est diligenter intelligendum, quomodo sit sensus compositus et divisus; ..... et frequenter sunt isti duo sensus similes multum secundum vocem et quoad intellectum omnino impertinentes et quoad formam arguendi. ...... Novem modis accidit diversitas componendi et dividendi. .....* (B) *Quando aliquis modorum invenitur in aliqua propositione absque alio relativo implicativo sequenti, tunc est sensus divisus, et tunc tenetur illud verbum ampliativum in tali propositione personaliter; .... sed quando tale verbum vel suus modus totaliter praecedit in aliqua propositione, tunc est sensus compositus .... et significat identitatem instantaneam respectu propositionis sequentis, et tunc tenetur talis terminus ampliativus impersonaliter.*

349) Nemlich zu jenen neun Arten werden gerechnet: 1) *mediante verbo ampliativo „possum" vel quocunque simili, ut „convenit, verum, possibile, impossibile, contingens"*; 2) *mediante termino habente vim confundendi, ut „requiro, indigeo, praesuppono, incipio, desidero, cupio, volo, teneo, debeo, necessarium, in aeternum, immediate"*; 3) *mediante termino relativo „qui, qualiscunque, quidquid etc."*; 4) *mediante termino quandoque categorematice sumpto quandoque syncategorematice, ut „infinitus, totus"*; 5) *mediante copula „et"*; 6) *mediante determinatione „ita" vel „sicut"*; 7) *mediante disiunctione „vel"*; 8) *mediantibus terminis verbalibus actum voluntatis sive intellectus significantibus, ut „scio, haesito, credo, volo, desidero, appeto"*; 9) *mediante termino accidentali posito a parte subiecti respectu verbi de praeterito vel de futuro.*

gleich falsch sein können (— vielleicht die Ansicht eines gewissen Suisset, vgl. auch Marsilius, unten Anm. 425 —), Andere hingegen dem *Insolubile* die Existenz-Berechtigung als Urtheil absprechen (s. Buridan, ob. Anm. 146, und Pseudo-Occam, Anm. 172, wozu vielleicht ein gewisser Dumbleton kommt), wieder Andere aber den Standpunkt vertreten, dass jedes *Insolubile* in sich die Möglichkeit des Wahrseins und des Unwahrseins trage (diess streift doch nahe an den Sachsen Albert, s. ob. Anm. 308, wenn auch vielleicht ein gewisser Clienton das Gleiche annahm), endlich aber noch eine vierte Meinung dahin geht, dass ein *„simpliciter insolubile“* überhaupt nicht möglich sei, da bei den üblichen Beispielen thatsächlich die Bedingungen, durch welche ein Urtheil wirklich unlösbar wäre, nie vorliegen [350]). Diese letztere Ansicht macht nun Hentisberus zu der seinigen, insoferne bei sog. unlösbaren Sätzen in keinem Falle (also auch nicht, wenn es sich um copulative oder disjunctive Urtheile handelt) von einer schlechthin genauen Uebereinstimmung der *significatio* mit dem objectiven Thatbestande eine Rede sein könne, wornach wir uns so ziemlich bei jenem Vorbehalte des *„aliqualiter“* befinden, welchen bereits Albert (a. a. O.) gemacht hatte [351]). Zur näheren Begründung

---

350) *De insol.*, f. 4 v. A: *Scribit una opinio, quod in insolubilibus satis est possibile, quod duo contradictoria sint simul falsa; unum enim significat omnino, sicut non est, et ideo sequitur, quod ipsum sit falsum, et aliud, quamvis significet praecise, sicut est, tamen se ipsum falsificat, quare non poterit esse verum. Est autem alia opinio, ... quod in insolubilibus non est verum contradictorium aliquod neque falsum, eo quod nullum insolubile est propositio. .... Tertia autem opinio tenet hanc conclusionem, ... quodlibet insolubile verum vel falsum esse, nullum tamen insolubile verum esse neque aliquod falsum. ..... Quarta opinio statuit, ... quod nullus est casus possibilis, qui aliquod simpliciter insolubile qualitercunque includat; unde non est iste casus possibilis, quod haec propositio „falsum est“ vel aliqua talis sit omnis propositio, et quod illa praecise significet, quod falsum est.* Cajetanus de Thienis bemerkt hiezu in seinem Commentare, f. 7 v. A: *Prima harum positionum est suisset, secunda ponitur a dulmentone, tertia est ricardi clientonis in sophismatibus suis.* Nun aber besitzen wir allerdings von einem gewissen Richard Suiseth (Notizen über ihn s. bei Jac. Brucker, Hist. crit. phil. III, p. 850 ff.) einige Tractate physikalisch-mathematischen Inhaltes (unter dem Titel „Calculator“ gedruckt Venetiis 1520. fol.), aber keine logische Schrift, vgl. jedoch auch folg. Abschn., Anm. 39; der hier genannte Dulmenton ist wohl identisch mit dem bei *Pitseus* (p. 414, ad ann. 1320; vgl. jedoch Abschn. XIV, Anm. 524) erwähnten Johannes Dumbleton; ein Clienton hingegen ist uns gänzlich unbekannt.

351) Ebend. f. 4 v. B: *Contra tres primas opiniones arguitur primo coniunctim, deinde contra singulas. ..... Quartam inter alias reputo sustinendam; eam vero non in totum satisfacere assero, ... existimo tamen, ipsam inter omnes magis esse propinquam veritati. .....* (f. 6 r. B) *Casus de insolubili est ille, in quo fit mentio de aliqua propositione, quae si cum eodem casu significet praecise, sicut verba illius communiter praetendunt, ad eam esse veram sequitur eam esse falsam et e converso. ..... Propositio insolubilis est, de qua fit mentio in casu insolubili ....* (v. A) *Si ponatur casus de insolubili et cum hoc supponatur, quod illud insolubile praecise significet, sicut termini istius communiter praetendunt, casus iste nullatenus admittatur. ..... Si fiat casus de insolubili et cum hoc supponatur, quod illud insolubile significet, sicut termini ipsius praetendunt, non tamen sic praecise, admisso isto casu concedendum est illud insolubile, ... et negandum est, illud esse verum. .....* (B) *Si fiat casus de insolubili et cum hoc supponatur, illud insolubile significare copulative praecise, sicut praetendunt verba illius, ... si oppositum illius copulati non possit stare cum toto casu, negandus est casus. ..... Si fiat casus de insolubili et*

und Durchführung dieses Standpunktes wird dann zunächst in mehreren Beispielen auf *scire* und den Gegensatz, in welchem es zu *dubitare* steht, hingewiesen[352]), sodann auf die relativen Termini, bei welchen unter verschiedenen Ansichten jene den Vorzug verdiene, dass die Bezeichnung solcher Begriffe durch ihre Rückbeziehung einigermassen restringirt werde[353]); hierauf folgt in gleicher Tendenz die Exposition der Begriffe „*incipit*“ und „*desinit*“[354]), sowie der Hinweis auf die Verschiedenheit der Bedeutung des „*maximum*“ und „*minimum*“, je nachdem die Fähigkeit, auf welche sie bezogen werden, eine active oder eine passive ist[355]),

---

cum hoc supponatur, quod illud insolubile significet praecise disiunctive, sicut verba praetendunt, ... nisi illud disiunctum cum illo insolubili possit stare cum toto isto casu, non est casus admittendus. ..... (f. 7 r. A) *Tanquam pro fundamento dictum est, quod non est possibile, quod aliqua propositio insolubilis significet praecise, sicut verba illius communiter praetendunt, cum toto casu eiusdem insolubilis.*

352) C. 2, f. 12 v. A: *Scire sive dicatur proprie sive communiter, nihil scitur ab aliquo, quod eidem est dubium.* Hierüber nun folgen Sophismen: 1) *Ponatur, quod tu scias, quid sit verum istorum demonstratis istis contradictoriis tibi dubiis „Rex sedet“ et „Nullus rex sedet“, sic quod scias, quod, quodcunque istorum sit A, ipsum sit verum, nescias tamen, quid istorum sit A.* 2) *Ponatur, quod tu scias, quod hoc sit hoc, demonstrato Socrate, et nescias, quod hoc sit Socrates.* 3) *Ponatur, quod scias, quod hoc sit Socrates vel Plato, nescias tamen, an hoc sit Socrates, nec scias, an hoc sit Plato.* 4) *Sint A, B, C tres propositiones, quarum A et B sint scitae a te, et C sit tibi dubia, et nescias, quae illarum sit A vel B. ..... Ad haec omnia generaliter respondetur, quod nullum eorum probatur* (diess wird sodann in weitschweifigster Casuistik näher erwiesen).

353) C. 3, f. 20 r. A: *In terminis relativis sophismata multa concurrunt, ad quae solvenda diversi diversa principia sibi formant. Dicunt enim aliqui, quod relativum convertitur cum suo antecedente simpliciter tam quoad rem significatam quam quoad modum supponendi; hi concedunt istas copulativas „Asinus est animal, et illud est homo“ etc. ...... Ponunt autem alii, quod relativum convertitur cum suo antecedente, non tamen simpliciter, sed prout ipsum respectum habuerit ad praedicatum aut etiam ad subiectum; unde dicunt isti, quod illa copulativa est impossibilis. .... Sequitur tertia opinio, quam prae ceteris reputo sustinendam, sc. quod omne relativum quodammodo significat illud, quod suum antecedens, sed discretius seu minus confuse, prout est relatum ad illud; unde neganda est copulativa „Aliquid est, et quodlibet est illud“, et aliae huiusmodi.*

354) C. 4, f. 23 v. A: *Incipere dupliciter solet exponi, sc. per positionem de praesenti et remotionem de praeterito, ut quod in praesenti instanti est et immediate ante instans, quod est praesens, non fuit; aut per remotionem de praesenti et positionem de futuro. ...... Desinere etiam dupliciter potest intelligi, sc. vel per remotionem de praesenti et positionem de praeterito, ... vel per positionem de praesenti et remotionem de futuro. .... Qualitercunque autem intelligitur unum vel aliud, qualecunque incipiet aliquid esse vel desinet, ipsum in aliquo instanti incipiet vel desinet esse tale* (es folgt nun eine langathmige Widerlegung aller erdenklichen Einwände).

355) C. 5, f. 29 v. A: *De maximo et minimo circa finem seu terminum tam activae potentiae quam passivae divisiones fieri solent, quae difficultatem respondendi frequenter ingerunt. ..... Respectu termini seu finis potentiae activae per affirmationem de maximo et negationem de minimo disiunctive est divisio cuilibet assignanda; quoad potentiam vero passivam constat e versa vice penitus divisionem dandam esse. ..... In potentia enim Socratis activa, cum ipsa finita fuerit, erit dare maximum, quod Socrates sufficit portare, aut minimum, quod non. .... Sed potentia Socratis passiva, cuiusmodi est virtus visiva, e converso se habet, quia non est dare maximum, quod Socrates potest videre, vel minimum, quod non potest, sed maximum, quod videre non potest vel minimum, quod potest* (auch diess wird ausführlichst durch gleiches Verfahren erwiesen).

und endlich eine nähere Betrachtung der drei Kategorien, unter welche der Begriff der Veränderung oder Bewegung fallen kann, nemlich der Quantität, der Qualität und des Ortes [356]). Hierauf bespricht und löst Hentisberus in grösster Ausführlichkeit noch 87 Sophismen, nemlich zunächst 32 allgemeinerer Natur, unter welchen die Mehrzahl bereits von Albert behandelt worden war [357]); sodann aber gruppirt er die übrigen nach den so eben erwähnten Gesichtspunkten, d. h. er führt zuerst solche vor, welche sich um Relative drehen [358]), dann mehrere betreffs *„incipit vel desinit“* [359]), hierauf über *scire* und *dubi-*

---

356) C. 6, f. 37 r. A: *Tria sunt praedicamenta vel genera, in quibus contingit motum fieri proprium; mutatur enim localiter, quantitative, vel qualitative, quodlibet, quod movetur.* Die weitschweifige Erörterung, welche an sich den Gebieten der Mechanik und der Naturwissenschaft angehört, dreht sich hauptsächlich um den Unterschied zwischen gleichartiger und ungleichartiger Bewegung (*uniformiter — difformiter*), sowie um die Frage, inwieweit jeder Theil eines Ganzen an der Bewegung des Ganzen participire. Der Zweck aber dieser Bewegungs-Lehre liegt nur in der Lösung jener einfältigen Sophismen, wie wir sie schon oben (Anm. 333 f.) bei dem Sachsen Albert trafen und hier unten wieder treffen werden (Anm. 362).

357) Unter den 32 Sophismen (f. 77 v. — 171 r. u. f. 183 v. — 188 v.) sind nur zwölf neu; nemlich: 1) ist das gleiche Thema wie bei Albert Nummer 1. 2) *Omne coloratum est* (dumme Spielerei, da *„coloratum“* sowohl Prädicat als auch Theil des Subjects sein kann). 3) *Omnis homo est totum in quantitate.* 4) gleich mit Albert 104. 5) = Alb. 21. 6) *Anima antichristi necessario erit.* 7) = Alb. 10. 8) = A. 39. 9) = A. 94. 10) *Quilibet homo morietur, quando unus solus homo morietur.* 11) *Tu es quodlibet vel differens a quolibet.* 12) = A. 41. 13) = A. 42. 14) *Omnis homo est animal et e converso.* 15) *Bis duo sunt tria* (beruht darauf, dass in *A B C bis duo*, nemlich *A B* und *B C* enthalten seien!). 16) = A. 17. 17) = A. 4. 18) = A. 53. 19) = A. 64. 20) = A. 65. 21) *Tu scis, quidquid scis.* 22) *Quodlibet aliquorum animalium est non homo.* 23) = A. 8. 24) = A. 3. 25) = A. 15. 26) = A. 2. 27) = A. 45. 28) = A. 226. 29) = A. 221. 30) *Socrates decipitur, nisi ipse decipiatur.* 31) *Necesse est, aliquid condensari, si aliquid rarefiat.* 32) *Impossibile est, aliquid calefieri, nisi aliquid frigefiat.* Zuletzt folgt noch in der Ausdehnung einer kleinen Monographie eine wiederholte Casuistik (f. 183 v.) über das Thema 7, welches bei Albert gleichfalls zweimal (10 u. 36) besprochen gewesen war.

358) f. 188 v. A: 33) *Infinitae sunt partes Socratis aequales non communicantes, quarum nulla est pars Socratis.* 34) *Si capio propositiones „Rex sedet“ et „Nullus rex sedet“ et „Tu stas“ et „Tu non stas“, omnia compossibilia istorum sunt, et illa nec sunt finita nec infinita.* 35) *Omnes homines similes currunt, et nullus illorum movetur.* 36) *Promitto tibi denarium, quem tibi non promitto.* 37) *Incipit esse instans, quod post hoc incipiet esse.* 38) ist gleich mit Albert 206. 39) *Incipit aliquis punctus moveri, qui per tempus terminatum ad hoc praesens instans quiescet.* 40) *Incipit aliqua pars assimilari, quae non desinit esse dissimilis assimilanti.* 41) *Aliqua propositio est vera, cuius contradictoria est vera.*

359) f. 189 r. B: 42) *Una propositio est quaelibet propositio, quam Socrates desinit scire, et tamen Socrates desinit scire decem propositiones.* 43) *Socrates velocius incipit moveri, quam ipsemet incipit moveri.* 44) *Socrates et Plato in infinitum tarde incipiunt moveri, et tamen Socrates in infinitum tardius incipit moveri, quam Plato.* 45) *In infinitum velociter incipit quilibet illorum punctorum moveri, quorum iam incipit aliquis in infinitum tarde moveri.* 46) *Nihil est in duplo albius alio.* 47) *Socrates desinit videre omnes partes continui, et tamen nullam partem desinit videre.* 48) *Socrates erit tantus, sicut erit Plato, et tamen nec incipit nec incipiet esse tantus.* 49) *Immediate ante erit Socrates tantus, sicut erit immediate ante Plato, et tamen immediate ante non erunt ambo aequales.* 50) = Alb. 204. 51) *Socrates continue augebitur per totam horam, et tamen desinet augeri ante finem illius horae.* 52) *Socrates desinit augmentari per tempus, antequam desinat augmentari.* 53) *Nun-*

tare[360]), über *maximum* und *minimum*[361]), und zuletzt einige bezüglich des Begriffes der Bewegung[362]).

Eine vereinzelte Notiz ist uns gelegentlich über Nicolaus von Oresme (gest. i. J. 1382) überliefert, welcher allerdings in seiner ganzen Thätigkeit dem Gebiete der Theologie angehört, aber auch dort stets als Vertreter der sog. nominalistischen Richtung bezeichnet wird. Derselbe nemlich steigerte Occam's Unterscheidung des *complexum* und *incomplexum* (s. vor. Abschn., Anm. 752 ff.) dahin, dass bei letzterem überhaupt ein fortschreitendes Erzeugen der Gedanken nicht möglich sei, da alles discursive Denken ausschliesslich in *complexa* sich bewege[363]), eine Auffassung, in welcher wir nur eine sehr berechtigte Consequenz

---

quam erit ita, quod Socrates incipit esse maior, quam est Plato, et tamen Socrates incipiet esse maior, quam Plato. 54) *Punctus pertransit lineam prius, quam illa erit pertransita.* 55) *Punctus incipit et desinit pertransire partem lineae, et tamen nec est nec fuit nec erit pertransiens aliquam partem.* 56) *Aliquando erit ita, quod Socrates incipit esse maior, quam Plato, et tamen Socrates nunquam incipiet esse maior, quam Plato.*

360) f. 191 v. A: 57) *A est scitum a te et idem est tibi dubium, supposito, quod A sit altera istarum „Deus est" et „Homo est asinus".* 58) *A scis esse verum, et tamen nullum A scis esse verum.* 59) *A scis esse idem sibi ipsi, et tamen A nescis esse idem sibi ipsi.* 60) *Apparet tibi, quod hoc sit nigrum, et tamen hoc non apparet tibi nigrum, supposito, quod oculi incipiant tibi caliginari.* 61) *Tu dubitas, te scire, regem esse Londonis.* 62) *Tu scis, aliquam propositionem esse verum, et tamen quaelibet propositio est tibi dubia.* 63) *Haec propositio est tibi dubia „Hoc est homo", et tamen non dubitas, an hoc est homo.*

361) f. 194 r. A: 64) *Non datur maximum, quod Socrates sufficit portare.* 65) *Non datur maximum, per quod antichristus potest esse futurus.* 66) *Non datur intensissimus gradus, quem habet calidum.* 67) *Non datur remissus gradus, quem non habet calidum.* 68) *Datur maximum, quod Socrates non potest videre.* 69) *Non datur minimum, quod Socrates potest videre.* 70) *Datur maximum activum, a quo passivum non potest pati.* 71) *Non datur minimum activum, a quo passivum potest pati.* 72) *Non datur minimum, quod non quodlibet fortius Socrate sufficit portare.* 73) *Datur maxima quantitas, quae poterit pertransiri in hora.* 74) *Datur maxima distantia, quae uniformiter possit pertransiri.* 75) *Non datur minima distantia, quae uniformiter non poterit pertransiri.* 76) *Non datur primum instans, in quo A poterit tangere B.* 77) *Non datur primum instans, in quo tu poteris esse.* 78) *Non datur maxima pars magnitudinis, quae rarefit.* 79) *Non datur minima pars magnitudinis, quae non rarefit.* 80) *Non datur maxima resistentia difformis, cuius aliquam partem sufficit A dividere.* 81) *Non datur minima potentia, quae sufficit portare A.* 82) *Non datur maxima potentia, quae non sufficit portare A.*

362) f. 198 r. B: 83) *Est motus uniformis quoad tempus et difformis quoad subiectum.* 84) *Est motus difformis quoad tempus et uniformis quoad subiectum.* 85) *Mobile movetur continue tardius, et tamen quilibet punctus eius intendit motum suum.* 86) *Mobile continue velocius movetur, et tamen quilibet punctus remittit motum suum.* 87) *Totum in motu circulari non movetur ita tarde, sicut aliqua eius pars* (weil der Mittelpunkt ruht). In ähnlicher Weise folgen noch etliche Spielereien über *augmentatio* und über *alteratio*.

363) Bricot, *Quaest. s. Anal. post.* — s. Abschn. XXII, Anm. 124 — (im 3. *Notandum* zur 1. *Quaestio*): *Fuit quaedam opinio, quae attribuitur Nicholao Oresme, tenens, nullam notitiam incomplexam posse ex altera generari. Quod probat sic: nunquam aliqua notitia potest ex alia generari nisi per discursum; sed discursus non est nisi complexorum; igitur una notitia incomplexa non potest ex alia generari. Sed haec opinio non mihi videtur esse vera, quia tunc nullos haberemus terminos mentales de genere substantiae etc.* Wahrscheinlich hatte Nicolaus diese Ansicht in seiner (noch ungedruckten) Schrift *De dici de omni in divinis* ausgesprochen.

der grundsätzlichen Bedeutung erblicken können, welche das logische Urtheil bereits bei Occam erhalten hatte (s. ebd. Anm. 743, 769, 792).

Von grossem Einflusse aber auf die Litteratur der *Summulae,* d. h. des Petrus Hispanus, war Marsilius von Inghen (gest. i. J. 1396), dessen Name bekanntlich ebensosehr in die Geschichte der Heidelberger Universität verflochten ist, wie das Auftreten des Albert v. Sachsen für Wien entscheidend war. Wir besitzen von Marsilius einen Commentar zu Petrus Lombardus [364]), eine Erläuterung der ersten Analytik [365]), und aus dem Umkreise der byzantinischen Logik eine Darstellung der sog. *proprietates terminorum* nebst den *Consequentiae,* welche allerdings nicht in ihrer ursprünglichen Form zum Drucke kam [366]); verloren sind für uns seine von ihm selbst einmal citirten *Quaestiones* zu *De interpr.,* sowie der Original-Text der *Quaestiones* zu Porphyrius und zu den Kategorien [367]). Eine Notiz über *Obligatoria* und *Insolubilia* s. unten Anm. 424 f.

Auch Marsilius gehörte der occamistischen Richtung an, welche nunmehr einmal die Majorität für sich hatte. Allerdings glaubte er, in Benützung eines Motives, welches wir schon bei Albert v. Sachsen trafen (nemlich die Restriction durch „*quod est*", s. Anm. 292 u. 299), ein Mittel gefunden zu haben, um bezüglich der Trinität den Syllogismus und die Theologie wieder miteinander zu versöhnen [368]); aber im Gebiete der Logik stellt er sich wie alle Occamisten grundsätzlich auf den Standpunkt des *terminus* [369]), und gibt daher auch unter üblicher Begründung (vgl. ob. Anm. 64 u. 236) seine Abneigung gegen die platonische Auffassung der Universalien kund [370]). Und wenn er auch in der Frage über *unitas formae* die reelle Einheit der abschliessenden Form stärker

---

364) *Quaestiones Marsilii super quattuor libros sententiarum. Argent.* 1501. fol.

365) Gedruckt in der Ausgabe des Commentares des Aegidius zur ersten Analytik, s. vor. Abschn., Anm. 357.

366) In den oben, Abschn. XVII, Anm. 143, angeführten und mit **U** und **V** bezeichneten Ausgaben des Petrus Hispanus als zweiter Theil (unter fortlaufender Paginirung) gedruckt mit dem Special-Titel: *Clarissimi philosophi Marsilii de Inguen textus dialectices de suppositionibus, ampliationibus, appellationibus, restrictionibus, alienationibus, et duabus consequentiarum partibus abbreviatus ab omni errore mendaque purgatus cum solitis quaestionibus ac sophismatibus etc.* (ich citire nach **V**).

367) *S. An. pr.* I, qu. 4, f. 2 v. A: *De his autem magis habetur in Quaestionibus libri Periermenias.* Ueber eine hebräische Uebersetzung der *Quaestiones* zu *Isag., Categ. u. Rhet.* berichtet Ad. Jellinek, *Marsilius ab Inghen.* Leipzig 1859. 8.

368) *S. Sent.* I, qu. 8, art. 3, f. XLVI v. A: *Omnes syllogismi omnium figurarum tenent etiam in divinis terminis, dummodo fiat debita distributio in praemissa regulante syllogismum, ita quod in ea sit verum dici de omni vel verum dici de nullo, quia sic videbitur non reperiri instantia; ..... illa signa distributiva sunt „Omne, quod est, Nihil, quod est, Omnes res, quae sunt, Nullae res, quae sunt, Omne idem, Nihil idem". ..... Aristoteles nescivit huiusmodi trinitatis mysterium et ideo usus est signis consuetis.* S. Anm. 394 f.

369) Ebend. Qu. 12, art. 2, f. LVIII v. B: *Hoc nomen „substantia" ..... dicitur a verbo „substo"; ..... verum illud substare sumpsit philosophus non pro esse subiectum realis inhaesionis, sed pro esse subiectum denominativae praedicationis* (s. sogleich unten Anm. 373); ..... *dicuntur enim termini praedicamenti substantiae in omnibus terminis concretis aliorum praedicamentorum substare.*

370) Ebend. Qu. 6, art. 2, f. XXXVIII r. B: *Si esset homo universalis, ut philosophus videtur imponere opinioni Platonis, qui praedicaretur nomine suo de quolibet singulari homine, haec esset vera „Homo communis est res, quae sanatur".*

betont, als Occam[371]), so schliesst er sich demselben doch bezüglich der *intensio et remissio formarum* wieder völlig an[372]).

In der Lehre vom Urtheile unterscheidet er eine *praedicatio identica,* welche mittelst einer Substitution ein wesentliches Merkmal aussage, und eine *praedicatio formalis,* welche unmittelbar eine einfache Inhärenz ausspreche, wobei dann unter ausdrücklicher Hervorhebung des Gegensatzes zwischen „*Veteres*" und „*Moderni*" bemerkt wird, dass bei Letzteren die *praedicatio formalis* in nominalistischem Sinne genommen werde und daher auch *denominativa* oder *adiectiva* heisse[373]). Die Erörterung des negativen Urtheiles zeigt auch hier, wie bei Albert von Sachsen (Anm. 286), jene sinnlos formale Auffassung, wornach die Bestandtheile des Urtheiles wie Objecte eines lediglichen Combinations-Spieles behandelt werden und sonach nur die äusserlichen Möglichkeiten der verschiedenen Stellung der Negation behufs einfältiger Spitzfindigkeiten in Betracht kommen[374]). Im Zusammenhange aber hiemit steht die Lehre von der Umkehrung der Urtheile, welche Marsilius äusserst ausführlich bespricht. Er betrachtet nemlich, wie auch schon Albert gethan hatte (Anm. 283 u. 286), die Umkehrung allerdings grundsätzlich als eine *consequentia formalis,* sobald mittelst des „*quod est*" eine prä-

---

371) Ebend. III, qu. 13, art. 1, f. CCCCXL v. B: *Non videtur, quod in corpore hominis sit forma corporeitatis substantialis distincta contra animam eius intellectivam.* Vgl. vor. Abschn., Anm. 818.

372) Ebend. II, qu. 11, art. 4, f. CCXLVIII v. B: *Est communis modernorum opinio, quod formae substantiales elementorum non suscipiunt magis neque minus, nec manent in mixto in actu, sed quod materiae eorum manent cum qualitatibus consimilibus, ... et sic elementa manent in potentia. .... Et hanc opinionem magis reputo probabilem.* Ebend. qu. 1, art. 1, f. CCI v. A: *Multarum qualitatum essentialis perfectio potest intendi et remitti.* Vgl. ebd. Anm. 819.

373) Ebend. I, qu. 6, art. 2, f. XXXVIII r. B: *Quaedam dicitur praedicatio identica, quaedam formalis, quam veteres vocabant per inhaerentiam, moderni vero denominativam* (vgl. Anm. 369) *vel adiectivam; formalis dicitur, ubi praedicatum secundum suam rationem propriam immediate dicitur de subiecto, ut „Homo est albus"; ...... identica dicitur, quando praedicatum dicitur de subiecto vere, sed mediante aliquo expresso vel intellecto, ut „essentia est generans", quia ratio generandi non immediate convenit essentiae, sed alicui rei, quae est essentia.*

374) S. *An. pr.* I, qu. 4, f. 2 r. A: *Utrum eadem propositio sit affirmativa et negativa.* ..... (v. A) *Quando dicitur: haec „Socrates non est iustus" est affirmativa et negativa, conceditur, quod est negativa, et negatur, quod est affirmativa; ..... quando dicitur, quod ipsa aequipollet huic „Socrates est non iustus", et quod se inferant, non est bona consequentia, quia, licet affirmativa forte inferat negativam, tamen negativa non infert affirmativam. .... Quando dicitur: haec „Socrates animal non est" est affirmativa et negativa, dicitur, quod est negativa, et negatur, quod est affirmativa; ..... quando dicitur, quod praedicatum non negatur de subiecto, conceditur, sed non sequitur „ergo est affirmativa". Ad Petrum Hispanum, quando dicit, quod negativa est, in qua praedicatum negatur de subiecto, dico, quod istam diffinitionem intellexit de propositionibus, ... in quibus praedicatum sequitur copulam; in aliis autem generaliter negativa dicitur, cuius copula negatur; et sic est de ista. ..... Quando dicitur: haec „Nullus homo est animal" est negativa et affirmativa, dicitur, quod, prout littera „nullus" tenetur negative et in sensu magis proprio, sic est negativa tantum valens, quantum haec „Quilibet homo non est animal"; ..... sed si littera „nulla" teneretur infinitanter et in sensu improprio, tunc esset affirmativa tantum valens, quantum haec „Aliquid, quod est nullus homo, est animal",*

cisere Ausdrucksweise gewählt werde [375]); aber die Einzeln-Ausführung der Lehre für die verschiedenen Arten des Urtheiles bewegt sich bei ihm nicht so fast in der Redeweise der *Consequentiae*, sondern in der älteren aristotelischen Form. Und hier nun ist das Entscheidende, dass das erwähnte Motiv einer bloss äusserlichen Combination der Theile des Urtheiles den leitenden Gesichtspunkt darbietet und somit auch dazu führt, dass bei den negativen Urtheilen Albert's Unterscheidung eines *modus consuetus* und *modus inconsuetus* (s. ob. Anm. 286) zur grundsätzlichen Durchführung gelangt. In solcher Weise behandelt Marsilius vorerst das allgemein verneinende Urtheil [376]), hierauf das particular oder singulär verneinende [377]), dann das allgemein bejahende [378]), hernach in bunter Unordnung einige exponible Urtheile, nemlich nur die exceptiven und die reduplicativen und „*incipit*" [379]), dann wieder das particular be-

---

375) Ebend. Qu. 10, f. 6 r. A: *Conversio est duarum propositionum categoricarum utroque termino ordine contrario participantium unius ad aliam formalis consequentia...... Conversio dicitur simplex non ex eo, quod careat compositione, sed ex eo, quod servatur eadem quantitas;..... similiter dicitur conversio per accidens non ex eo, quod accidentaliter teneat, sed quia in ea mutatur quantitas.* Hiezu ebend. Qu. 20, f. 11 v. A: *Conversio propositionum de inesse et de praesenti et de verbis personalibus est consequentia formalis, dum tamen subiecto tam conversae quam convertentis praeponatur hoc additum „quod est", ut „Nihil, quod est B, est A; igitur nihil, quod est A, est B".* Vgl. Anm. 368.

376) Ebend. Qu. 11, f. 6 v. A: *Negativa universalis de modo loquendi inconsueto non convertitur;.... unde non sequitur „Omnis sol planeta non est, ergo omnis planeta sol non est"..... Non omnis de modo loquendi consueto convertitur simpliciter;..... „Nullus homo est antichristus" simpliciter non potest converti nisi in hanc „Nihil, quod est antichristus, est homo"...... Omnis universalis negativa in esse de praesenti et de recto, in qua nullus ponitur terminus ampliativus, de modo loquendi consueto, in qua praedicatum est sine aliquo syncategoremate, et ubi subiectum non alieno restringitur, potest converti simpliciter.*

377) Ebend. qu. 12, f. 7 r. A: *Propositiones particulares negativae..... quaedam sunt de modo loquendi consueto,..... aliae de modo loquendi inconsueto, in quibus praedicatum praecedit negationem, ut „Quidam homo animal non est"..... Propositio particularis negativa non potest formaliter converti in aliam particularem negativam de modo loquendi consueto....... Potest converti quandoque gratia materiae solum,...... ut „Aliquis homo non est risibilis, ergo aliquod risibile non est homo"...... Potest formaliter converti in particularem negativam de modo loquendi inconsueto,.... quia optime sequitur „Aliquod animal non est homo, igitur aliquis homo animal non est"...... Singularis negativa de singulari praedicato convertitur simpliciter, ut „Socrates non est Plato, ergo Plato non est Socrates";..... de praedicato communi et de modo loquendi consueto convertitur per accidens in universalem negativam, ut „Socrates non est asinus, ergo nullus asinus est Socrates";..... de modo loquendi inconsueto convertitur in particularem negativam, ut „Socrates homo non est, ergo homo non est Socrates".*

378) Ebend. Qu. 13, f. 7 v. A: *Optime sequitur „Omnis infimus planeta est luna, ergo omnis luna est infimus planeta";.... sed non est conversio, saltem proprie dicta..... Universalis affirmativa de inesse de praesenti et de recto, in qua nullus ponitur terminus ampliativus, cuius praedicatum est terminus captus sine aliquo signo syncategorematico, potest converti per accidens conversione propriissime dicta.* Vgl. Occam, vor. Abschn., Anm. 940.

379) Ebend.: *In convertendo exceptivam littera „praeter" debet mutari in „aliud", ut „Omnis homo praeter Socratem currit, ergo aliquod currens est homo alius a Socrate"....... In convertendo reduplicativam totum praedicatum ex una conditione, super quam cadit reduplicatio, debet reduci ad subiectum..... In convertendo universalem affirmativam de „incipit" resolvendum est hoc verbum „incipit"*

jahende[380]), ferner die Urtheile, deren Verbum im Futurum oder im Präteritum steht[381]), und diejenigen, in welchen ein *Casus obliquus* vorkömmt[382]), sowie — eine neue Bereicherung des Unsinnes — jene, deren Subject ein Personal-Pronomen ist[383]), und zuletzt in Kürze die modalen Urtheile, wobei nach ein paar allgemeineren Regeln[384]) nur die Möglichkeits-Urtheile[385]) und die Nothwendigkeits-Urtheile besonders hervorgehoben werden[386]). — Im Interesse der Theologie beschäftigte sich

---

in suum participium, ... ut „Omnis homo incipit currere, ergo aliquod incipiens currere est homo". Vgl. ebd. Anm. 945 ff.

380) Ebend. Qu. 14, f. 8 r. A: *Particularis affirmativa de praedicato singulari convertitur per accidens propriissime in singularem, ut „Aliquis homo est Socrates, ergo Socrates est homo". ..... Omnis particularis de praedicato communi capto sine aliquo syncategoremate, et in qua nulla est aliena restrictio, potest converti simpliciter conversione propriissime dicta.*

381) Ebend. Qu. 15, f. 8 v. A: *Duplices sunt propositiones de praeterito, aliquae expresse, ... aliquae occulte, quia praedicatum in eis est participium praeteriti, ut „homo est corruptus". Eodem modo est de illis de futuro. ..... Aliqui volunt tales propositiones exponere per disiunctivam, ut „Homo moriebatur" exponunt sic „Quod est homo vel quod fuit homo, moriebatur"; et minus bene. ..... Oportet in conversione istarum frequenter mutare copulam, ut convertendo istam „Homo moriebatur" dicimus „Quod moriebatur, est vel fuit homo"; ..... similiter „Aliquod animal curret" oportet dicere „Aliquid, quod erit currens, est vel erit animal". ..... Propositiones de praeterito et futuro convertuntur similiter sicut illae de praesenti, addito, quod fiant mutationes copulae. .....* (Qu. 16, f. 8 v. B) *Copula existente de praesenti et praedicato existente participio praeteriti vel futuri vel termino terminato in „bile" vel in „tivum" ..... subiectum ampliatur, quia supponit pro suis significatis respectu diversorum temporum indifferenter. .....* (Qu. 17, f. 9 v. B) *Affirmativa, in cuius praedicato ponitur simpliciter terminus ampliativus, non convertitur simpliciter, sicut affirmativa de inesse, sed, si in subiecto ponatur, simpliciter convertetur; ..... negativae convertuntur sicut aliae negativae.* Vgl. ebd. Anm. 943.

382) Ebend. Qu. 18, f. 10 r. A: *Propositiones de obliquo de verbis impersonalibus, antequam convertantur, debent resolvi in propositiones de verbis personalibus, ut „Taedet animam meam vitae meae" resolvetur in hanc „Anima mea habet taedium de vita mea" et tunc convertitur sic „Habens taedium de vita mea est anima mea". ..... Propositio de obliquo de verbo personali totaliter convertenda est sicut illa de recto.* Vergl. ebd. Anm. 942.

383) Ebend. Qu. 19, f. 10 v. A: *Propositiones, in quibus ponuntur pronomina primae personae vel secundae, optime possunt converti ab eodem proferente, quia optime sequitur „Tu es Petrus, igitur Petrus es tu", supposito, quod idem homo proferat ambas.*

384) Ebend. Qu. 21, f. 12 r. B: *Propositiones modales* (vgl. ebd. Anm. 949 ff.) *compositae modificatae his modis „falsum, impossibile" non debent converti quoad partes dicti, sicut istae de inesse, ... quia non sequitur „Aliquem hominem non esse animal, est falsum; ergo aliquod animal non esse hominem, est falsum". ..... Modificatae his modis „verum, possibile, necessarium" adhuc non possunt formaliter quoad dictum converti sicut illae de inesse; ..... bene possunt converti supposita in antecedente constantia propositionis, pro qua supponit dictum consequentis.*

385) Ebend. Qu. 22, f. 12 v. B: *Propositiones divisae de possibili, in quibus nulla ponitur negatio, convertuntur sicut illae de inesse. ..... In quibus ponitur solum una negatio praeposita modo, convertuntur sicut illae de inesse. ..... In quibus ponitur una negatio addita verbo, non convertuntur sicut illae de inesse. ..... In quibus duae ponuntur negationes, una ad verbum et alia ad modum, non convertuntur sicut illae de inesse.*

386) Ebend. Qu. 23, f. 13 r. B: *Universalis negativa de necessario de modo affirmato convertitur sicut ista de inesse. ..... Negativa de necessario, in qua ponuntur duae negationes, convertitur formaliter. ..... In qua nulla ponitur negatio, non convertitur sicut illa de inesse. ..... Propositiones de necessario bene convertuntur in unam*

auch Marsilius, sowie sein uns weiter nicht bekannter Zeitgenosse Richard von Capsalis, mit der Frage über das Verhältniss des *futurum contingens* zu Gottes Vorherwissen [387]).

Was die Syllogistik betrifft, erblickt auch Marsilius ähnlich wie Albert (ob. Anm. 301) in der Bezeichnung des Schlusssatzes das eigentliche Wissens-Object, welchem er sogar die Termini des Schlusses als *scibile remotum* und das durch dieselben Bezeichnete als *scibile remotissimum* gegenüberstellt [388]). Indem er dann der üblichen Polemik gegen die vierte Schlussfigur (s. Abschn. XVII, Anm. 121 u. 466, Abschn. XIX, Anm. 207, 389 u. 965) sich anschliesst, nennt er auch, — was die Früheren nicht gethan —, in sichtlicher Kenntniss der betreffenden Stellen des Averroes (Abschn. IX, Anm. 99, u. Abschn. XVI, Anm. 322) den Galenus als Urheber dieser Neuerung [389]). Gelegentlich des *Dictum de omni* finden wir auch nach dem Vorbilde des Albert v. Sachsen (ob. Anm. 302) die Begriffe „*prioristicus*" und „*posterioristicus*" [390]). Bei Besprechung der ersten Figur wiederholt er nicht bloss sein Lieblings-Motiv (vgl. ob. Anm. 368 u. 375) betreffs der durch „*quod est*" erreichbaren Präcision [391]), sondern bemüht sich auch, die besonderen Umstände festzustellen, unter welchen aus zwei particularen [392]) oder aus zwei negativen Prämissen ein Schlusssatz erreichbar sei [393]). Besonders aber scheint ihn der *syllogismus expositorius*, vielleicht im Hin-

---

de possibili reponendo aggregatum ex modo et praedicato ad subiectum...... Negativae de necessario, in quibus negatio praecedit modum, non convertuntur sicut illae de inesse.

387) *S. Sent.* I, qu. 40, art. 1, f. CLXIV ff. Grosse Aehnlichkeit damit haben: *Dicta sexdecim venerabilis Ricardi de Capsali de futuris contingentibus* (gedruckt in Occam's *Expositio aurea* als Anhang zu dessen Excurs *de praescientia dei*, s. vor. Abschn., Anm. 1039). Von dem üblichen Beispiele „*Antichristus erit*" wird auch hier auf die Frage *de praescientia dei* übergegangen.

388) *S. An. pr.* I, qu. 1, f. 1 r. A: *Triplex est scibile: scibile propinquum, et vocatur conclusio demonstrata; scibile remotissimum, et vocatur res significata per terminos in conclusione positos; scibile remotum, ut terminus...... Si demonstretur ista „Homo est risibile", ista propositio ipsa est scibile propinquum, et iste terminus in ea positus est scibile remotum, et res signata per terminum „homo", i. e. animal rationale, erit scibile remotissimum.*

389) Ebend. Qu. 48, f. 26 r. B: *Galenus excedens semel limites suae scientiae volens falcem suam in messem alienam mittere posuit quatuor figuras...... Quamcunque conclusionem quarta figura infert, eandem prima figura ex eisdem praemissis transpositis infert multo evidentius et clarius.*

390) Ebend. Qu. 7, f. 3 v. B: *Dici de omni vel dici de nullo nihil est aliud, quam praedicatum dici in praedicari descendendo sive affirmative sive negative...... Dici de omni est duplex: quoddam prioristicum, et est iam descriptum* (d. h. in den so eben angeführten Worten); *aliud posterioristicum, et est praedicatum vere affirmari de quolibet supposito subiecti et pro quolibet tempore.*

391) Ebend. Qu. 25, f. 14 r. A: *Quatuor modi primae figurae ..... tenent gratia formae praeponendo subiectis praemissarum et conclusionum hoc additum „quod est".*

392) Ebend. Qu. 27, f. 15 r. A: *Ex puris particularibus bene sequitur syllogistice expositorie; ..... item valet syllogismus medium capiendo in minore affirmativa cum relativo identitatis; ..... valet ex maiore affirmativa et minore negativa concludendo de modo loquendi inconsueto; ..... valet, si aliquis terminus distribuatur in maiore; ..... valet capto medio affirmativo in maiore et distributo in minore.*

393) Ebend. Qu. 28, f. 15 v. A: *Ex puris negativis variando medium penes finitum et infinitum sequitur aliquid syllogistice.* Vgl. Anm. 297.

blicke auf eine Stelle Holkot's (ob. Anm. 26), interessirt zu haben; zunächst nemlich rückt er auch hier wieder mit der Formel „*quod est*“ auf[394], und untersucht dann auf dieser Grundlage casuistisch die Möglichkeit der bejahenden und der verneinenden Form dieser Schlussweise[395]. Zur Entwicklung der modalen Syllogismen benützt er in nicht sehr planmässiger Ordnung die Angaben Buridan's[396], ergänzt aber dieselben aus Occam durch ein paar karge Notizen über die übrigen Modalitäten, d. h. *scitum, opinatum* u. dgl.[397], während er die Berücksichtigung eines Wechsels des Mittelbegriffes mittelst der sog. Infinitation sowohl aus Buridan (Anm. 132) als auch aus dem Sachsen Albert (Anm. 297) entlehnen konnte[398]. — Den Inhalt des zweiten Buches der ersten Analytik erläutert er lediglich in einem casuistischen Commentare[399].

Auch bezüglich der Lehre von der Supposition schliesst er sich im Wesentlichen an Buridan an (s. ob. Anm. 106), von welchem er bei der etwas modificirten Eintheilung derselben auch die Terminologie „*significatum ultimatum*“ aufnimmt[400]. Indem er aber hiebei mit Buridan

394) S. *Sent.* I, qu. 8, art. 3, f. XLVI v. B: *Syllogismus expositorius est bonus, inquantum regulatur per huiusmodi signa, sc. „Omne quod est, Nihil quod est“ etc.* (vgl. Anm. 368, 375, 391); *puta, quod a termino singulariter tento sit bona consequentia ad ipsum sumptum cum huiusmodi dici de omni, ut „Haec essentia divina est pater“, si debet ex ea fieri illatio, oportet quod accipiatur loco istius „Omne, quod est haec essentia divina, est pater“.*

395) S. *An. pr.* I, qu. 8, f. 4 r. B: *Utrum syllogismus expositorius affirmativus valeat in omni figura.* ..... (v. A) *Principium, per quod tenent syllogismi expositorii affirmativi, est hoc: Quaecunque sunt eadem uni tertio, sunt eadem inter se.* ...... *Ista propositio,* ..... *si sic intelligatur: „Quicunque termini coniunguntur in eodem tertio termino discreto et pro eodem supponente, a quo discreto termino ad unam de omni est bona consequentia, isti coniunguntur inter se“, tunc est vera.* ..... *Quod syllogismus expositorius affirmativus sit bonus, tres conditiones requiruntur:* ..... *quod medium sit terminus singularis et retentus singulariter;* ..... *quod ipsum accipiatur eodem modo in maiore et minore;* ..... *quod ab ipso termino discreto ad propositionem de omni valeat consequentia.* ..... Qu. 9, f. 5 r. A: *Utrum syllogismus expositorius negativus valeat in omni figura.* ..... (B) *Principium, per quod huiusmodi syllogismi tenent, est hoc: Quando duo termini conveniunt inter se, quidquid negatur de uno, etiam negatur de altero; et est verum, dummodo intelligatur particulariter;* ..... *conditiones requisitae ad syllogismum expositorium affirmativum etiam requiruntur ad negativum.* (Sowohl an die bejahende als an die verneinende Form knüpfen sich auch hier die üblichen Paralogismen betreffs der Trinität.)

396) Ebend. Qu. 32—37, f. 17 v. A — 20 r. A; s. oben Anm. 117—128.

397) Qu. 47, f. 25 v. A: *Quaeritur, utrum valeant syllogismi ex aliis propositionibus mentalibus, de quibus Aristoteles non facit mentionem.* ..... *Syllogismi ex praemissis compositis de scito, opinato, credito, dubitato non valent sicut ex illis de necessario.* ..... *Ad praemissas compositas de scito sequitur conclusio de inesse.* .... *In prima figura ex maiore modali divisa et minore de inesse sequitur conclusio modalis divisa.* ..... *In secunda figura, si una praemissarum fuerit de modo negato, sequitur conclusio de inesse.* ..... *In tertia figura ex maiore universali modali sequitur conclusio modalis.* Vgl. vor. Abschn., Anm. 988 - 997.

398) Qu. 51, f. 28 r. A: *Omnis syllogismus, qui valet ex terminis finitis, in quocunque modo seu in quacunque figura etiam valet ex terminis infinitis.* .... *Multi syllogismi sunt boni in qualibet figura medio variato penes finitum et infinitum, qui nihil valerent sine hac variatione.*

399) In 22 Quästionen, f. 28 r — 37 v.

400) In obigem (Anm. 365) mit **v** bezeichnetem Drucke f. 151 A: *Suppositionum alia communis alia discreta.* .... (f. 153 A) *Dividitur suppositio discreta; nam*

(s. ob. Anm. 99 u. 106) die *suppositio simplex* sowie die *immobilis* weggelassen hatte, motivirt er dieses Verfahren ausdrücklich unter Polemik gegen Albert v. Sachsen, welchen er bei dieser Gelegenheit als „*modernus*“ bezeichnet, während Petrus Hispanus hier als „*antiquus*“ erscheint[401]). Die hierauf folgenden neunzehn Regeln der Supposition sind fast wörtlich aus Buridan entnommen[402]). Auch die *suppositio relativorum* bietet durchaus Nichts bemerkenswerthes dar[403]). Aber was unmittelbar hernach bei Buridan in schöner und wohlbegründeter Ordnung folgt (ob. Anm. 111—113), bringt Marsilius, während er lediglich das dortige Material benützt, in wundersamster Planlosigkeit vor; nemlich er spricht zuerst von der *ampliatio*[404]), dann schiebt er plötzlich die *appellatio* ein, bei welcher er Buridan's Angaben zu einer Zweitheilung in *appellatio pro formali significato* und *appellatio pro ratione* zuspitzt[405]), und hierauf kehrt er zu demjenigen zurück, was Buridan bezüglich der *ampliatio* und *restrictio* grundsätzlich über „*status*“ gesagt hatte[406]),

---

quaedam est discreta materialis, et est acceptio termini discreti stantis singulariter pro suo significato ..... non ultimato. ..... Nota, quod „significatum non ultimatum“ termini vocatur ipsemet terminus, ... sed „significatum ultimatum“ termini dicitur res, quam talis terminus significat. .... Alia est suppositio personalis discreta. ..... Nunquam sub termino stante discrete valet descensus formaliter, licet stet pro pluribus, ut non sequitur „Isti homines trahunt navem, ergo iste homo trahit navem“. .... (f. 154 B) *Suppositio communis ..... dividitur, nam quaedam est determinata, quaedam confusa. ..... Dividitur autem suppositio communis determinata, nam quaedam est materialis, quaedam personalis.* ...... (f. 155 B) *Suppositio vero confusa est acceptio termini communis in propositione pro aliquo vel pro aliquibus disiunctim vel copulative, de quo vel de quibus talis terminus verificatur mediante copula.* ..... (f. 156 A) *Et dividitur suppositio confusa; quaedam enim est suppositio confusa tantum, et ..... dividitur: quaedam est materialis, quaedam personalis. ..... Sed suppositio confusa distributiva ..... dividitur conformiter in personalem et materialem.*

401) f. 161 B: *Sed circa dicta dubitatur, an suppositio simplex sit ponenda; Dixerunt enim antiqui* (s. bei Petrus Hispanus, Abschn. XVII, Anm. 203), *suppositionem simplicem esse, quando terminus stabat pro re communi .....; ego vero res tales universales a singularibus distinctas non opinor esse; ideo suppositionem simplicem talem non pono, quamvis aliqui moderni antiquorum dicta salvare volentes dixerint, suppositionem simplicem esse, quando terminus vocalis vel scriptus stabat pro conceptu mentali, cui non erat impositus ad significandum* (s. Albert v. Sachsen, Anm. 254). *Mihi autem non apparet huius dicti magna utilitas vel necessitas, quia terminus vocalis vel scriptus pro tali conceptu mentali supponens supponit pro suo significato non ultimato; ideo ..... talem terminum sic supponentem reputo supponere materialiter. .....* (f. 162 A) *Sed de suppositione immobili, quam quidam moderni posuerunt* (s. ob. Anm. 256 f.), *dico, quod quilibet terminus supponens confuse distributive supponit mobiliter, nec credo, in ista „omnis homo praeter Socratem currit“ terminum „homo“ stare immobiliter, ut quidam moderni dicebant, quia ibidem ob restrictionem iudicio meo solum stat pro hominibus aliis a Socrate. ..... Propter istam ergo causam suppositionem confusam distributivam immobilem non posui.*

402) f. 162 — 164 B. Nemlich von Buridan's Regeln (ob. Anm. 109) fehlen hier nur Nr. 13 u. 14.

403) f. 165 A. Vgl. ob. Anm. 110.

404) f. 168 A. S. Anm. 112.

405) f. 175 B: *Duplex est appellatio; aliqua est termini pro formali significato, ... aliqua vero est appellatio pro ratione. ..... Terminorum quidam sunt absoluti, ... aliqui autem sunt connotativi.* S. Anm. 111.

406) f. 180 B. S. Anm. 112.

dann lässt er die *restrictio* folgen[407]), nach welcher er zuletzt noch die *alienatio* als besondere Species erörtert[408]).

In der hierauf folgenden Lehre betreffs der *Consequentiae* wiederholt Marsilius allerdings zunächst wörtlich die Definition der *consequentia*, welche wir bei Albert v. Sachsen trafen, und schliesst sich auch der dortigen grundsätzlichen Betonung der *significatio* in gleichem Wortlaute an[409]); aber dennoch verschmäht er die Behandlungsweise, welche diese Theorie bei den Neueren gefunden hatte. Nemlich er weicht sogar von Albert, welcher doch überwiegend dem Occam gefolgt war, in der Eintheilung der *consequentia* ab, indem er nur die Unterscheidung in *formalis* und *materialis* an die Spitze stellt und erstere in eine syllogistische und eine nicht-syllogistische eintheilt[410]). Dann beginnt er mit acht allgemeinen Regeln der formalen Consequenz, unter welchen wir einige aus Strodus und Albert (Anm. 179 f. u. 285) wiedererkennen[411]), und lässt hierauf noch fünf specielle Regeln folgen, welche sonderbarer Weise sich auf die üblichen Arten des hypothetischen Urtheiles beziehen[412]). Indem er sodann auf die materielle Consequenz übergeht, schickt er als erste Abtheilung dieser Lehre zweiundzwanzig Regeln voraus, welche in ziemlich unordentlicher Auswahl nur aus Occam (vor. Abschn., Anm. 1018—1022) entnommen sind[413]); die zweite Abtheilung

---

407) f. 181 B. S. Anm. 113.

408) f. 182 B. S. ebend.

409) f. 184 A u. 185 A. S. Anm. 284.

410) f. 186 A: *Restat nunc determinare de consequentiae divisione. Dividitur primo in formalem et materialem. Consequentia formalis est, quae tenet in omnibus terminis qualitercunque dispositis ..... eiusdem qualitatis et quantitatis...... Consequentia materialis dicitur bona consequentia, quae tenet in quibusdam terminis gratia certae significationis. ..... Secunda divisio consequentiarum: formalium alia syllogistica, alia non syllogistica...... Quid sit syllogismus, notum est ex philosopho primo Priorum et Petro Hispano in suis summulis; ideo de hac consequentia nihil in praesenti tractatu dicam. Consequentia formalis non syllogistica est omnis consequentia bona non existens syllogismus, de quibus in sequentibus dicetur.*

411) f. 187 A: *Restat ponere consequentiarum regulas primo generales ......* 1) *ex opposito consequentis infertur oppositum antecedentis ....* 2) *quidquid repugnat consequenti, etiam repugnat antecedenti ....* 3) *quidquid sequitur ad consequens, sequitur ad antecedens ....* 4) *quidquid antecedit antecedens, antecedit etiam consequens .....* 5) *omnis consequentia, cuius antecedens est simpliciter impossibile, est bona .....* 6) *omnis consequentia, cuius consequens est simpliciter necessarium, est bona ......* 7) *ex antecedente possibili nunquam sequitur consequens mere impossibile .....* 8) *nunquam ex vero sequitur falsum.*

412) f. 188 B: *Restat nunc ponere aliquas speciales consequentiarum formalium regulas .....* 1) *arguendo a tota copulativa ad alteram eius partem principalem est bona consequentia .....* 2) *arguendo ab una parte disiunctivae ad totam disiunctivam .....* 3) *ab universali ad suam indefinitam .....* 4) *a tota disiunctiva cum negatione unius partis ad alteram ......* 5) *a tota conditionali cum positione antecedentis ad positionem consequentis.*

413) f. 189 B: *Quantum ad materiales consequentias praemittendae sunt diversae consequentiarum regulae, deinde ponendae sunt regulae, quibus ab exponentibus arguitur ad expositum vel e converso. Quantum ad primum .....* 1) *arguendo a definitione ad definitum, a nominis interpretatione ad interpretatum terminis eodem modo et personaliter supponentibus est bona consequentia .....* 2) *a synonymo ad synonymum .....* 3) *a nomine totius ad nomen partis ....* 4) *a nomine partis, sine qua*

aber bildet das ganze Gebiet der sogenannten *Exponibilia*, für deren Verflechtung mit der *Consequentia* allerdings gleichfalls bei Occam bereits eine Verlockung vorlag (s. ebend. Anm. 924—936 u. 944 ff.). In solcher Weise gibt Marsilius eine Aufzählung von Regeln der Consequenz für die Exceptiv-Sätze[414]), die Exclusiv-[415]) und die Reduplicativ-Sätze[416]), für „*incipit*"[417]), „*differt*"[418]), „*infinitum*"[419]), die Com-

totum non esse potest, ad nomen totius negative ..... 5) *ab inferiori ad superius suum* ..... 6) *a superiori ad inferius negative* ..... 7) *a parte in modo ad suum totum sine distributione* ..... 8) *a toto in modo cum distributione ad partem in modo negative* ..... 9) *a toto copulato ad partem copulati non valet consequentia* ..... 10) *a parte disiuncti ad totum disiunctum* ..... 11) *a nomine causae efficientis ad nomen effectus* ..... 12) *a nomine effectus ad nomen causae efficientis* ..... 13) *a nomine causae finalis ad nomen effectus* ..... 14) *a nomine causae formalis ad nomen effectus* ..... 15) *a propositione affirmativa de praedicato infinito* ..... *ad propositionem negativam de praedicato finito* ..... 16) *a propositione affirmativa de praedicato finito ad negativam de praedicato infinito* ..... 17) *a praedicatis divisis ad praedicatum coniunctum* ..... 18) *a coniunctis ad divisa, dummodo unum coniunctorum non indicat oppositum alterius* ..... 19) *a negativa de subiecto finito pro aliquo supponente per transpositionem eam convertendo* ..... 20) *a propositione, in qua unum contrariorum affirmatur, ad aliam, in qua de eodem negatur reliquum* ..... 21) *ab affirmatione unius privative oppositorum* ..... *ad alterius negationem* ..... 22) *in terminis disparatis ab affirmatione unius de aliquo ad negationem alterius.*

414) f. 194 B: *Circa secundam consequentiarum partem videndum est de consequentiis tenentibus ab exponentibus ad expositam, et quomodo omnes propositiones in logica sint exponendae* (Letzteres, d. h. die Regeln der Exposition selbst, dürfen wir übergehen, da hiebei nur Occam wiederholt ist). ..... *Exceptivae in quadruplici reperiuntur differentia:* ..... *„Omnis homo praeter Socratem currit".* ..... *„Omnis homo praeter Socratem non currit".* ..... *„Non omnis homo praeter Socratem currit".* ..... *„Non omnis homo praeter Socratem non currit".* ..... *Regulae:* 1) *A qualibet istarum ad suas exponentes simul sumptas est bona consequentia.* ..... 2) *A prima et secunda ad unam suarum exponentium est bona consequentia.* ..... 3) *A tertia et quarta ad unam suarum exponentium non valet.*

415) f. 197 B: *Quando arguitur ab exclusiva ad suam praeiacentem, consequentia est bona. Alia regula: Ab exclusiva affirmativa ad universalem de terminis transpositis est bona consequentia, si fiat exclusio gratia alietatis* (s. Abschn. XVII, Anm. 260). S. auch *S. Sent.* I, qu. 24, art. 1 u. 2, f. XCIX ff.

416) f. 199 A: *Nota, regulas de exceptivis positas etiam convenire reduplicativis; praeter illas tamen ponitur regula specialis: Ab affirmativa de subiecto reduplicato ad suam reduplicativam est bona consequentia.* S. auch *S. Sent.* III, qu. 8, art. 3, f. CCCC ff.

417) f. 201 A: *De propositionibus de „incipit"* ..... *regulae:* ..... 1) *A qualibet ad suas exponentes est bona consequentia.* ..... 2) *Ab illis, quae disiunctive exponuntur, ad unam exponentem non valet.* ..... 3) *Ab inferiori ad superius non valet.*

418) f. 203 B: *Signa alietatis sunt „differt, aliud, non idem, alterum" et similia* u. s. f. ..... *Nota, de consequentiis illarum proportionabiliter poni regulas, sicut positae sunt de exceptivis; est tamen regula alia: Ab inferiori ad superius respectu termini, super quem cadit hoc verbum „differt", non valet consequentia.*

419) f. 204 B: *Infinitum* ..... *alio modo capitur syncategoreumatice et sic in magnitudinibus sic exponitur* u. s. f. ..... *Regula:* 1) *Ab existentia infiniti in magnitudinibus categoreumatice sumpti sequitur, quamlibet eius partem, quae nominatur aliquota, esse infinitam.* ..... 2) *Ab esse infiniti syncategoreumatice capti ad esse infiniti categoreumatice capti est bona consequentia.*

parative und Superlative[420], für „*omnis*“[421], „*totus*“[422]) und „*sicut*“[423].

Endlich dass Marsilius auch das Gebiet der *Obligatoria* und der *Insolubilia* bearbeitet habe, ist uns durch jene nemliche jüngere Quelle bezeugt, welche wir in gleicher Beziehung auch schon für Buridan benützen mussten. Nemlich jene modernere Darstellung der *Obligatoria* enthält die Notiz, dass Marsilius einen von Buridan verworfenen Beispielsatz als zulässig erklärte[424], sowie dass derselbe auch in der grundsätzlichen Auffassung des *Insolubile* eine dem Buridan entgegentretende Meinung aussprach[425].

Ein Zeitgenosse des Marsilius war der Occamist Heinrich von Oyta (gest. i. J. 1397); es gehört jedoch seine Thätigkeit eigentlich der Geschichte des damaligen Studiums der Theologie an, und ausserdem sind die manigfaltigen Schriften desselben sämmtlich noch ungedruckt[426].

Hingegen länger müssen wir verweilen bei Peter von Ailly (geb. 1350, gest. 1425), bekanntlich einer der hervorragendsten Männer seiner Zeit[427]. Ausser verschiedenen Stellen seines Commentares zu Petrus Lombardus[428] gehören hieher: eine Schrift unter dem Titel „*Destru-*

---

420) f. 205 A: *Videndum de comparativo...... Regula: A comparativo ablativo praeposito ad eundem ablativum postpositum non valet consequentia......* (f. 206 B) *Restat nunc dicere de superlativo* u. s. f. ..... *Regula: ..... A superlativo ad comparativum terminis eodem modo retentis non valet consequentia.*

421) f. 207 A: *Nihil aliud est dicere „omnes“ collective, quam tota collectio. ..... Regula: ..... A signo stante collective ad suppositum termini non valet consequentia, ut non sequitur „omnes apostoli dei“* u. s. f. ..... *Convertendo collectivam in terminis est bona consequentia....... A qualibet collectiva ad suam praeiacentem est bona consequentia.*

422) f. 207 B: *„Totus“ quandoque capitur pure categoreumatice; ..... quandoque vero syncategoreumatice; ..... tertio modo capitur partim categoreumatice partim syncategoreumatice...... Regula: capiendo categoreumatice est consequentia bona a propositione, in qua ponitur „totum“; ..... capiendo syncategoreumatice ..... dimisso termino „totus“ non valet consequentia.*

423) f. 208 A: *„Sicut“ est similitudinis adverbium...... Regula: ..... Ab affirmativa, in qua ponitur hoc adverbium, ad propositionem, in qua ponitur alterum comparatorum, est bona consequentia.*

424) S. ob. Anm. 147. Dort nemlich wird f. LXIII r. B fortgefahren: *Marsilius autem universaliter et simpliciter admittit tales impositiones* (s. Anm. 163 u. 199) *iuxta huius artis principium, sc. quod omne ponibile, si ponatur, est admittendum* (s. Anm. 194).

425) Die Fortsetzung der in Anm. 146 angeführten Stelle lautet f. LXIV v. B: *Marsilius autem oppositum sustinens dicit, quod non solum significet, Socratem dicere falsum, sed etiam significet secundario, quod falsum est, Socratem dicere falsam* (vgl. ob. Anm. 350).

426) Handschriftlich befinden sich z. B. seine Erläuterungsschriften zum Petrus Lombardus in der Münchner Staatsbibliothek, und *Quaestiones* zum Porphyrius in der kais. Bibliothek zu Wien. Weiteres s. bei Aschbach, Geschichte der Wiener Universität (Wien 1865) S. 402 ff.

427) Ueber seine Stellung und Bedeutung in den damaligen kirchlichen Zuständen und Kämpfen s. J. B. Schwab, Johannes Gerson (Würzburg 1858) S. 85 ff. u. an zahlreichen anderen Stellen dieses ganz vortrefflichen Buches.

428) *Quaestiones magistri Petri de aylliaco cardinalis cameracensis super libros sententiarum una cum laudibus Theologie. Et quibusdam questionibus de potestate Ecclesie in suis vesperiis disputatis.* Am Schl.: *Impresse arte ..... Nicolai wolff alemani. Anno* 1500. 4.

ctiones modorum significandi", mit welcher im nächsten Zusammenhange eine zweite, betitelt „*Conceptus*", und in entfernterem die „*Insolubilia*" stehen, welche drei zusammen in Einem Drucke vereinigt wurden [429]), und hiezu noch ein „*Tractatus Exponibilium*" [430]).

Was zunächst die mit dem Occamismus verflochtene Frage über das Verhältniss zwischen Philosophie und Theologie betrifft, stellt sich auch d'Ailly auf den Standpunkt einer Scheidung, insoferne die Philosophie, für welche nun und nimmermehr 1 = 3 sein kann (s. vor. Abschn., Anm. 791), auf *lumen naturale* beruht, die Theologie hingegen von der gewöhnlichen Logik absehen und daher auch z. B. betreffs der Trinität zu einer eigenthümlichen Wendung der Supposition greifen muss [431]). Sowie demnach auch das Dasein Gottes selbst nicht durch Demonstration erwiesen werden kann und auf natürlichem Wege hierüber nur Wahrscheinlichkeit erreichbar ist [432]), so bleibt überhaupt der supranaturalistisch entstandene Glaube (*fides infusa*) unberührt neben dem demonstrativen Verfahren bestehen, durch welches nur die *fides acquisita* verloren gehen kann [433]).

Erlangt aber so die Logik eine selbstständig abgetrennte Stellung, so liegt zugleich ihr Gebiet nur in den zur Wahrheit und Unwahrheit befähigten menschlichen Worten — „*voces*" — eine Ausdrucksweise, in welcher sogar eine Steigerung des Occamismus nach extrem nominalistischer Seite hin zu liegen scheint [434]). Wenn wir aber auch alsbald hierüber eines Anderen belehrt werden, so kann hiemit doch jedenfalls d'Ailly mit Occam (ebd. Anm. 746 ff.) eine Ebenbürtigkeit des sensualen und des intellectuellen Erkennens, welch beide sowohl *incomplexa* als auch *complexa* sein können, selbst mit Hinweis auf die Begabung höherer Thiere anerkennen [435]) und daher auch eine grundsätzliche Bemerkung

---

429) *Destructiones modorum significandi. Conceptus et insolubilia secundum viam nominalium magistri Petri de allyaco. S. l. e. a.* 4. (nicht paginirt). Die Worte „*secundum viam nominalium*" sind natürlich nur ein Zusatz des Herausgebers oder Druckers.

430) *Tractatus exponibilium magistri petri de Aillyaco.* Am Schl.: *Parisius...... Impressus a Guidone Mercatoris.* 1494. 4. (gleichfalls unpaginirt).

431) *S. Sent.* I, qu. 5 M: *Suppositio alicuius termini in divinis est duplex; quaedam est suppositio mediata, quaedam immediata...... Nullus terminus personalis supponit immediate pro essentia in divinis;..... nullus terminus essentialis supponit immediate pro persona in divinis;..... omnis terminus essentialis supponit mediate pro qualibet re in divinis.......* (R) *Nulla res potest esse tres res, et..... concedentes, aliquod unum esse plura individua unius generis vel speciei, non sunt digni vocari philosophi,..... quia proprietas philosophi est, quod innitatur lumini naturali.*

432) Ebend. Qu. 3, art. 2 X: *Licet ista propositio „deus est" non sit nobis evidens aut evidenter demonstrabilis, ipsa tamen est naturaliter probabilis.*

433) Ebend. III, qu. 1, art. 2 Z: *Non repugnat, quod aliquis habeat demonstrationem sive scientiam et tamen non perdat fidem infusam, quamvis perdat fidem acquisitam, sicut aliquis potest habere fidem circa principium et notitiam evidentem circa conclusionem seu per experientiam, non tamen potest simul habere fidem acquisitam circa conclusionem et notitiam evidentem.*

434) *Destr. mod. sign.* in den letzten Zeilen: *Logicus considerat voces sub ratione veritatis et falsitatis cognoscendae et respectu passionum logicalium.*

435) *S. Sent.* I, qu. 3, art. 1 J: *Notitiarum tam sensualium quam intellectualium quaedam est simplex et incomplexa, alia vero complexa; complexarum autem alia distans, ut propositio vera aut falsa, alia indistans, ut oratio, quae nec est vera nec*

Occam's über den Erfahrungs-Beweis (*experientia*) fast wörtlich wiederholen [436]). Und indem er den occamistischen Conceptualismus (s. ebd. Anm. 773) durch die Wendung ausdrückt, dass die Begriffe mittelst einer Gewöhnung mit einer *species naturalis* (— diess ist Occam's *idolum*, s. ebd. Anm. 759, welches bereits Gregor v. Rimini in die *species intelligibilis* hinübergewendet hatte, s. ob. Anm. 35 f. —) verbunden sind [437]), polemisirt er natürlich betreffs der Universalien, da es nur Ideen der singulären Dinge gebe (s. ebd. Anm. 783 ff.), gegen jede platonisirende Auffassung [438]). Hingegen bezüglich der „*formalitates*" entfernt er sich einigermassen von Occam (vor. Abschn., Anm. 817), insoferne er dieselben im Gebiete der Theologie nicht grundsätzlich ablehnt, wohl hingegen darauf hinweist, dass sie wesentlich der Urtheilsform, d. h. überhaupt dem *sermo*, angehören [439]). Und in der Frage über *intensio et remissio formarum* bekennt er sich geradezu zu der von Occam abgewiesenen Ansicht, da er die Aenderungsfähigkeit in die Form selbst verlegt [440]). — Vereinzelte Aeusserungen betreffen das *futurum contingens*, wobei er schliesslich Gottes Vorherwissen als Lösung der

---

falsa (über *distans* und *indistans* s. ob. Anm. 103 u. 229)...... *Animalia bruta habent aliquam notitiam complexam de sensibilibus;* ...... *ad hoc est experientia multiplex et specialiter de canibus venaticis.* ..... *Duplex est notitia incomplexa nobis possibilis, quarum una solet vocari abstractiva, alia intuitiva etc.*

436) Ebend. Qu. 1, art. 3 GG: *Notitia conclusionis acquisita per experientiam et notitia eiusdem acquisita per demonstrationem sunt eiusdem speciei, quia non est inconveniens, distinctas causas habere eosdem effectus specie.* ..... *Si primo sciatur conclusio per experientiam et postea eadem per demonstrationem,* ...... *fiet unum ex gradu praecedente et sequente.* S. vor. Abschn., Anm. 1038.

437) Ebend. Qu. 3, art. 1 G: *Conceptus huius vocis „homo" proprie loquendo non est notitia hominis nec repraesentat hominem, sed per consuetudinem est quaedam colligantia seu mutua concomitantia inter conceptum naturalem hominis et conceptum huius vocis „homo", propter quam uno conceptu moto per obiectum suum, sc. quando auditur ista vox „homo", statim movetur alius conceptus sive species naturalis hominis.*

438) Ebend. Qu. 6, art. 3 Z: *Quod ideae solum sunt singularium, patet, quia sola singularia sunt extra producibilia et nulla alia; et si Plato aliter senserit, non est in hoc sequendus.* ..... *Quod ideae non sunt universalium, patet, quia nulla sunt, nisi ponatur, quod universalia sint quaedam res in anima simpliciter existentes rebus extra communes et per praedicationem universales.*

439) Ebend. Qu. 6, art. 1 F: *Distinctio potest intelligi dupliciter; uno modo proprie, et tunc ex natura rei non est nisi plurium realitatum, quarum una non est alia;* ..... *alio modo improprie, quando scilicet aliqua res est plures res,* .... *et potest vocari distinctio formalis, quia nomina significant ad placitum.* ..... *Talis distinctio formalis nunquam est nisi ratione distinctionis realis,* .... *et nunquam est in creaturis.* ..... (H) *Formalitas est quasi quaedam conditio totius propositionis, quae non est proprie aliquod ens reale.* .... *Si dicatur, quod non loquimur de propositione, sed de re et de formalitate, quae est ex parte rei, dico: quamvis loquamur de re, tamen loquimur mediante propositione; et ideo concedo, quod essentia et relatio ex natura rei distinguuntur formaliter; tamen illa formalitas non est in re ex natura rei.*

440) Ebend. Qu. 9, art. 3 U: *Nulla forma potest suum formabile intensius et remissius denominare sive facere ipsum magis et minus tale, nisi per intensionem et remissionem ipsius formae in se* ..... *nova alicuius suae partis acquisitione vel deperditione.* Vgl. vor. Abschn., Anm. 819. Die thomistische Anschauung Peter's in der theologischen Frage betreffs der Individuation der Engel s. b. D'Argentré, *Coll. iudic. d. nov. err.* Vol. I, Pars 2, p. 74 ff.

Frage festhält[441]), zugleich aber auch im Gegensatze gegen Occam (ebd. Anm. 952) *contingens* und *possibile* als identisch nimmt[442]), ferner das *principium identitatis*[443]) und den *syllogismus expositorius*[444]).

Ein eigenthümlicher einheitlicher Grundgedanke zieht sich durch seine speciell logischen Schriften hindurch; während wir nemlich schon bei Gregor v. Rimini, Buridan und Albert v. Sachsen (ob. Anm. 46, 63, 77, 225, 261) den occamistischen Begriff des „Mentalen" allmälig ein entschiedenes Uebergewicht über den des „Vocalen" erlangen sahen, will D'Ailly nun grundsätzlich die Auffassung nach allen Seiten ausbeuten, dass ein mentaler Act die wesentliche Basis aller sprachlichen Kundgebung ist. Diess veranlasst ihn zunächst zu einer Bekämpfung der Theorie, welche Duns Scotus (s. vor. Abschn., Anm. 129—134) über „*modus significandi*" entwickelt hatte[445]). Und es mochte eine solche Polemik dem Occamisten um so mehr geboten zu sein scheinen, als in der Schule der Scotisten jenes Thema offenbar eine sehr reiche Durchführung gefunden hatte. Es ist wenigstens D'Ailly in der Lage, neunzehn Gründe aufzuzählen, welche von den damaligen Scotisten für die hohe Bedeutung der *significatio* und ihrer Modalitäten vorgebracht wurden[446]). Dagegen

---

441) Ebend. Qu. 11, art. 1 B: *Si aliqua propositio enuntiat, aliquod possibile, quod erit, fore, ipsa est determinate vera. .... Nulla propositio singularis de inesse affirmativa vel negativa de futuro contingenti ad utrumlibet est necessario vera. .... Istae propositiones non sunt necessariae: „Omne futurum contingens est futurum", „Aliquod futurum contingens est futurum". .... Istae propositiones sunt absolute possibiles: „Nihil, quod erit contingenter, erit contingenter", „Aliquod, quod erit, non erit". ....* (J) *Deus est praescientia verorum contingentium, quia aliqua sunt vera contingentia et inter illa aliqua sunt de futuro.* Vgl. ob. Anm. 52 u. 387.

442) Ebend. art. 1 E: *Hoc nomen „contingens" idem valet quod haec oratio „possibile non necessarium". .... Copulativa ex partibus de possibili non requirit ad eius veritatem unam copulativam de inesse possibilem, sed sufficit, quod utraque pars divisim sit possibilis.*

443) Ebend. Qu. 3, art. 2 U: *Primum principium debet esse complexum .... et omnium complexorum notissimum .... et ex terminis communissimis .... et propositio hypothetica vel saltem non pure categorica, ... sicut illa „Aliquid est vel nihil est" .... vel ista „Quodlibet est vel non est".* Vgl. Anm. 72 u. 303.

444) Ebend. Qu. 5 Z: *Ad hoc, quod aliquis syllogismus sit expositorius et bonus de forma, requiritur, quod medium eius supponat pro una re et non pro pluribus.*

445) *Mole modorum significandi oppressus manum porrigam sublevantem, qua importabili onere exonerati in regionem scientiae talibus longinquae libere proficiscantur. .... Primo recitabo breviter radicabilia ponentium tales modos significandi distinctos et eorum rationes; secundo opinionem contrariam cum suis rationibus et probationibus declarabo, tertio aliquam viam apparentem mihi veriorem solvendo opinionis contrariae rationes.*

446) *Voci per hoc, quod ipsa est signum vel pars orationis, aliquid additur, et illud additum vocatur modus significandi. .... Vox post impositionem est contracta ad determinatam speciem partis orationis. .... Voci per impositionem de novo aliquod accidens additur. .... Vox per impositionem derelinquit intellectui aliquid vel aliquem sensum facit intellectui bene disposito, ... cadit sub consideratione alicuius scientiae, sub qua prius non cadebat, ... causat aliquid, quod prius non poterat causare. .... Vox de natura sua est in praedicamento qualitatis et post impositionem est in praedicamento relationis. .... Post impositionem vox est coacta, et ante fuit libera et vaga. .... Post impositionem vox est signum, igitur relativum, ... ante impositionem fuit non significativa. .... Modus significandi est illud,*

nun richtet er seine Einwände, indem er zu zeigen versucht, dass weder ein eigener *modus significandi passivus*[447]), noch ein eigener *modus significandi activus* angenommen werden könne, bei welch letzterem im Munde eines Occamisten das Motiv beachtenswerth ist, dass der *modus significandi,* falls man ihn in die *vox* verlege, Gefahr laufe, in der Luft vom Winde verweht zu werden[448]); auch was die Scotisten über *signum* oder *consignum* vorbrachten (s. ebd. bes. Anm. 130), wird durch den Hinweis auf die Sprach-Bezeichnung nicht-existirender Dinge oder negativer Begriffe beseitigt[449]). Nachdem er hierauf auch die Annahme eines *modus intelligendi activus* oder *passivus* als überflüssig bekämpft hat[450]),

---

ad cuius varietatem variatur congruitas orationis. .... Si voci nihil adderetur per impositionem, non posset dari, a quo causaretur congruitas; ..... non posset dari aliquid, per quod nomen differret a verbo. ..... Eadem res praecise significatur per hoc nomen „Socrates" et per hoc pronomen „ille". .... Multa sunt nomina, quae simpliciter nullam rem significant, ut „chimaera". .... Est dare modum intelligendi, ergo est dare modum significandi. ...... Significare, quod est actus ipsius vocis, est agere, et in omni agere est modus agendi. ..... Si non esset aliquis modus significandi, tunc eodem modo considerarent partes orationis grammaticus et logicus, ... et sequeretur, quod grammatica esset scientia realis, quia consideraret ipsas res significatas.

447) *Probo, quod isti modi significandi activi et passivi non sunt ponendi. .... Sine talibus modis propriissima constructio et verissima congruitas possunt esse;.... capio hanc orationem „deus est deus", ... quia hic non est modus significandi passivus; ..... et si dicatur, quod intendunt, tales modos esse in rebus naturalibus et non in supranaturalibus vel in deo, istud est nimis pueriliter responsum; ...... loquor enim de ista oratione „deus est deus", quae est res naturalis, in qua ponitur verum verbum et verum nomen et verum suppositum et vera pars orationis. .... Arguo in rebus naturalibus, ... ut, si hoc nomen „Socrates" significet Socratem, tunc secundum eos in Socrate est talis proprietas, qua significatur Socrates; .... et tunc quaero, utrum illa proprietas significetur per aliam proprietatem, ... ita quod ex parte rei erunt infiniti modi significandi passivi; ..... si autem sint finitae tales proprietates, non posset ulterius imponi aliqua dictio ad significandum illam rem.*

448) *De modo significandi activo .... quaero, quid causat talem modum. ..... Ipsa res significata non causat, ... quia lapis non facit, quod haec vox „lapis" ipsum significet; .... nec vox causat, ... quia ipsamet vox non facit se ipsam significare; ..... si intellectus talem modum causaret, ... per consequens, quando intellectus non imponeret vocem, tunc non causaret talem modum; sed eandem vocem in numero homo nunquam imposuit. .... Si modus significandi activus est in voce subiective, sequitur, quod accidens esset subiectum accidentis; ..... item cum vox sit in aëre subiective, sequitur, quod modus significandi activus saltem mediate erit in aëre subiective et sic aliquando cum vento afflabitur et evanescet.* Vgl. bei Buridan, ob. Anm. 77.

449) *Si ratio signi vel consigni constitueret vocem, dictionem vel partem orationis formaliter, ergo sine istis rationibus non potest vox esse dictio vel pars orationis; consequens est falsum, ergo et antecedens. .... Item posset argui de istis dictionibus „chimaera" vel „caecitas", quae simpliciter nihil significant et tamen sunt proprie dictiones et partes orationum congruarum. ..... Si intellectus accipiat modum significandi a proprietate rei, ergo, ubi nulla est res vel proprietas rei, ibi nullus est modus significandi.*

450) *Modus intelligendi activus ...... non est potentia intellectiva, quia sic esset ipsa anima, ... nec est actus intellectus sive ipsa intellectio, quia talis intentio potius passio est, quam actio, ... nec est habitus, qui est principiorum, nec sapientia nec scientia nec aliquis aliorum habituum. ...... Pluralitas non est ponenda sine ratione cogente* (dieses von Occam oft gebrauchte Motiv s. vor. Abschn., Anm. 758 f. u. 768), *sed non videtur, quod sit aliqua ratio cogens. .... Contra hoc, quod dicitur de modo intelligendi passivo, sc. quod sit ipsa proprietas rei, arguitur*

legt er seine eigene Ansicht dar, welche sich an Occam's Auffassung betreffs der *„signa“* anlehnt (vgl. ebd. Anm. 768 ff.), dabei aber den „mentalen“ Begriff in entschieden conceptualistischer Tendenz so sehr als wesentliche Grundlage festhält, dass die Sprache als eine durch das gesellige Leben gebotene Veräusserung und die Schrift als ein äusserlicher Nothbehelf bezeichnet wird[451]). Nur folgerichtig ist es, dass er von solchem Standpunkte die ganze Grammatik und jedes syntaktische Regime u. s. f. auf eine „mentale“ Quelle zurückführt[452]).

Eine weitere Ausführung dieser Grundgedanken gibt dann die Schrift, welche den Titel *„Conceptus“* trägt. Dort fasst D'Ailly den *terminus mentalis* gleichsam im Sinne der aristotelischen Entelechie als eine lebendige Erweckung (*„vitalis immutatio“*) des potenziellen Erkenntnissvermögens, welches hiedurch Zeichen von Gegenständen empfängt, und so genommen bezeichnet er ausdrücklich *terminus mentalis* und *conceptus* und *actus intelligibilis* und *notitia apprehensiva* und *signum rei* sämmtlich als synonym[453]), so dass er sogar den *conceptus*

---

sic: multae sunt res, quae non habent tales proprietates, sicut patet de prima causa et de multis aliis subiectis separatis. ...... Item apparet totaliter voluntarie dictum, quia nec ratione nec experimento percipimus, talem modum esse ex parte rei.

451) *Unum eligam mihi apparentem modum dicendi veriorem. ...... Praemitto duas divisiones et unam declarationem. Divisio prima est, quod signorum aliud est mentale aliud vocale et aliud scriptum; ... secunda est, quod signorum quaedam significant naturaliter et quaedam ad placitum. .... Declaratio ponenda est, quare et ad quid voces fuerint impositae ad significandum. .... Voces fuerunt inventae ad exprimendum exterius alteri, quod per conceptum nullo modo potest ostendi; ..... ista expressio fuit homini necessaria eo, quod homo est animal politicum et sociale; ideo inventae fuerunt voces, ut ..... praecise id ad placitum significarent alteri exterius, quod signa mentalia, quae sunt naturales conceptus, interius significant. ..... Fuerunt scripta vocibus substituta, quod absentibus et multum distantibus nulla vox humana sufficit ad aliquem conceptum manifestandum.*

452) *Istis habitis ponendae sunt aliquae conclusiones: ...... In orationibus mentalibus est vera et propria congruitas ..... et proprium regimen. ..... Congruitas, regimen et constructio sunt naturaliter in propositionibus mentalibus ..... et per se et primo .... magis intrinsece, quam alicui alteri orationi; ...... sunt in oratione mentali sine tali modo significandi activo vel passivo. ..... Omne, quod regitur vel regit in oratione mentali, naturaliter regit vel regitur; ...... sicut nominativus casus, ita genitivus, dativus, accusativus et ablativus. ..... Nomen est ista vox, quae est nota alicuius conceptus nominalis; ...... sic ista vox „chimaera“ est verissime nomen. ...... Omne regimen communiter usitatum est vel mentale vel vocale vel scriptum. ..... Cuiuscunque regiminis ultima vis, ad quam reducitur, est conceptus, ... quia voces subordinantur talibus conceptibus. ..... Nomen mentale est conceptus vel passio animae primo requisitus in compositione orationis mentaliter perfectae, et verbum mentale est conceptus animae secundario requisitus ad compositionem orationis mentaliter perfectae.* Von solchem Standpunkte aus folgt hierauf noch eine Widerlegung der sämmtlichen neunzehn obigen Motive der Scotisten.

453) *Terminorum alius mentalis alius vocalis alius scriptus. Terminus mentalis est conceptus sive actus intelligendi animae vel potentiae intellectivae; terminus vocalis est vox significans ad placitum; terminus scriptus est scriptura synonyma in significando voci. .... Terminus in tota sua communitate ...... est signum, quod ex impositione, quam actu habet vel ex natura sua, potentiae cognitivae eam vitaliter immutando aliquid vel aliqua vel aliqualiter natum est significare. ...... Vitalis immutatio est actualis notitia sive cognitio effective partialiter causata a potentia cognitiva vitaliter perceptiva et inhaerens ipsi. ...... Significare est idem quod signum rei facere; ..... signum uno modo est, quod ducit in notitiam rei ..... primariam ...... vel ...... memorativam; alio modo est ipsa notitia rei; hoc secundo modo*

in einen *incomplexus* und einen *complexus* eintheilen kann[454]). Bei jenem *terminus mentalis,* welcher befähigt ist, ein wesentlicher Bestandtheil des Urtheiles zu sein (— er nennt ihn wie Scotus *categorematicus,* s. ebd. Anm. 177 —), unterscheidet er eine Stufenfolge von „*significatione tantum*“, dann „*officio tantum*“, und zuletzt „*significatione et officio simul*“, je nachdem ein solcher Terminus bloss als Zeichen dient oder mit den grammatischen Momenten des Nominatives und des Indicatives in Verbindung tritt[455]). Die begriffliche Auffassung aber eines mündlich ausgesprochenen oder eines geschriebenen Wortes gilt ihm nur in uneigentlichem Sinne als ein mentaler Terminus, da die Worte nur in Folge einer willkürlichen Einrichtung einem sachlich objectiven Allgemein-Begriffe dienstbar untergeordnet werden[456]). Den mentalen Terminus im eigentlichen Sinne theilt er sodann in die übliche *prima* und *secunda intentio* ein, welch letztere darin gefunden wird, dass ein Begriff auf natürliche Weise einen Gegenstand bezeichnet, welcher selbst nur die Bezeichnung eines anderen durch ihn bezeichneten Gegenstandes ist[457]); eine zweite Eintheilung ist unter Ablehnung der scotistischen *modi significandi* wieder (vgl. Anm. 452) nur eine Verwandlung der üblichen grammatischen Kategorien in dasjenige, was hier als „mentaler“ Akt durchgeführt wird[458]); eine dritte Eintheilung betrifft den occamistischen Gegensatz zwischen absoluter und connotativer Bedeutung[459]).

---

dicimus conceptum esse signum rei. .... Terminus mentalis, conceptus, actus intelligibilis, notitia rei apprehensiva idem sunt.

454) *Notitia apprehensiva incomplexa est conceptus rei incomplexus, ... complexa est conceptus complexus, et ista est adhuc duplex, quia quaedam est complexione distante, alia .... complexione indistante.* S. ob. Anm. 435.

455) *Terminus mentalis categorematicus est triplex: ...... „significatione tantum“ est conceptus naturaliter significans aliquid vel aliqua non potens reddere suppositum verbo personali modi finiti nec appositum respectu nominis nominativi casus; .... „officio tantum“ est, qui ex natura sua nihil significat, potest tamen esse appositum respectu nominis nominativi casus; ...... „significatione et officio simul“ est, qui naturaliter significat aliquid et potest esse suppositum verbi personalis modi finiti et appositum nominativi casus.*

456) *Terminus mentalis improprie dictus est conceptus vocis vel scripturae, ... et, licet significet naturaliter proprie vocem vel scripturam, cuius est naturalis similitudo, potest tamen cum hoc significare ad placitum et subordinari alteri conceptui, ... v. gr. conceptus huius vocis „homo“ naturaliter proprie significat illam vocem „homo“, sed ad placitum significat omnes homines et sic subordinatur in significatione illi conceptui, qui naturaliter proprie est repraesentativus omnium hominum.*

457) *Terminorum mentalium proprie dictorum quidam est prima intentio, alius est secunda intentio. ..... Secunda intentio est conceptus sive actus intelligendi solum naturaliter significans rem, quae est signum alterius rei ea ratione, qua talis res est significata ad placitum per alium terminum.*

458) *Terminorum mentalium proprie dictorum aliqui naturaliter significant nominaliter et tales naturaliter sunt nomina, aliqui naturaliter significant verbaliter et tales sunt naturaliter verba, et sic de aliis partibus orationis. ..... Item aliquis naturaliter est nominativi casus, alter genitivi, et sic de aliis ..... Quare sequitur, quod regimen et constructio naturaliter conveniunt terminis mentalibus proprie dictis et non per aliquos modos significandi eis additos.*

459) *Terminorum mentalium proprie dictorum alter est absolutus, alter est connotativus. ...... Connotativus est, qui praeter illud, pro quo supponit, naturaliter aliquid intrinsece vel extrinsece, positive vel privative connotat. ..... Quilibet terminus connotativus habet plura significata, et ad minus habet duo, sc. unum formale*

Hierauf aber lässt D'Ailly in völlig parallel gehender Behandlungsweise den *terminus vocalis* folgen; er definirt nemlich vorerst denselben als eine werkzeugliche lebendige Erweckung des Erkenntniss-Vermögens, und weist darauf hin, dass auch Thiere dergleichen Sprachzeichen verstehen (vgl. Anm. 435), bei den Menschen aber die willkürliche Feststellung der Wortbedeutung mit der Gemeinsamkeit des Lebens zusammenhänge [460]). Sodann benützt er mit Marsilius (Anm. 400) den Begriff des *„significatum ultimatum"*, um die *significatio non ultimata* als die der Allgemein-Begriffe zu bezeichnen [461]). Im Anschlusse an Buridan (Anm. 101) spricht er neben categorematischen und syncategorematischen Worten auch von gemischten, zu welch letzteren er sogar sämmtliche adjectivischen Verba rechnet [462]). Zuletzt führt er die Unterscheidung der *prima* und *secunda impositio* [463]) und abermals die Eintheilung in absolute und connotative Worte an [464]).

Sodann aber findet die Zurückführung der logisch-sprachlichen Erscheinungen auf eine „mentale" Grundlage ihre Anwendung auf die *Insolubilia*, und D'Ailly erblickt nur in einem solchen Verfahren einen Ausweg aus den vielen dieselben betreffenden Schwierigkeiten und bunten Meinungs-Verschiedenheiten (s. ob. Anm. 350), welche er zu überwinden hofft, indem er in einem viergetheilten Plane vom Wesen des Urtheiles ausgeht [465]). Vorerst nemlich regelt er die übliche occamistische Drei-

---

et aliud materiale; materiale est illud, pro quo supponit; formale est illud, quod connotat.

460) *Terminus vocalis est vox significativa, ... i. e. quae apprehensa ab auditu ex impositione, quam actu habet, nata est potentiae cognitivae eam vitaliter immutando instrumentaliter aliquid vel aliqua vel aliqualiter repraesentare aliud a se. ..... Et dicitur „potentiae cognitivae" et non „intellectivae", quia non solum hominibus aliquid significatur, sed etiam brutis. .... Significare ad placitum non est aliud quam institutio facta per voluntatem et per placitum alicuius totius communitatis vel alicuius habentis auctoritatem et gerentis vicem totius communitatis.*

461) *Terminus vocalis dicitur significare ad placitum ultimate rem illam, ad quam significandam ultimate est impositus; ...... et dicitur significare ad placitum non ultimate illum conceptum sive terminum mentalem proprie dictum, cui in significando subordinatur, v. g. terminus vocalis „homo" significat ultimate omnes singulares homines et significat non ultimate conceptum naturaliter repraesentativum omnium hominum.*

462) *Terminorum vocalium quidam est mere categorematicus, ut „homo", alius est syncategorematicus, ut „omnis", alius est partim categorematicus et partim syncategorematicus, qui sc. potest resolvi in duos terminos, cuiusmodi est „nihil" vel „aliquid" vel generaliter omnia signa universalia vel particularia in neutro genere, ... ut „aliquid" resolvitur in „aliquod ens". ..... Omnia verba adiectiva, ut „lego, curro", sunt partim categorematica significatione et partim syncategorematica, ... et in mente eis vere respondet conceptus complexus.*

463) *Terminorum vocalium quidam est primae impositionis sive primae intentionis, quod idem est, alter est secundae impositionis sive secundae intentionis. .... Secundae intentionis est, qui ex impositione, quam actu habet, significat rem, quae est signum alterius rei ea ratione, qua est res significata per aliquem terminum.*

464) *Terminorum vocalium alii sunt absoluti, alii connotativi; sed hoc convenit termino vocali per impositionem, quia sc. subordinatur in significando termino mentali proprie dicto.*

465) *De vocatis insolubilibus ..... multi diversa et adversa censuerunt ..... In tanta sententiarum varietate viam quaerens evadendi et evacuandi difficultatem nullam adhuc inveni a quoquam esse demonstratam, quae ad plenum satisfaciat meae menti. Quapropter .... modum probabilem explanare tentabo, per quem radix difficultatis et*

gliederung in *propositio mentalis*, *vocalis*, *scripta* derartig, dass die letzteren beiden gleichmässig unmittelbar der ersteren Form untergeordnet seien, d. h. nicht etwa die *scripta* erst mittelbar durch die *vocalis*), und in der auf solche Weise übergeordneten *propositio mentalis* allein findet er nicht bloss die über alle Sprachen-Unterschiede erhabene einheitliche Gleichheit, sondern auch in essentiellem Sinne (d. h. nicht bloss significativ) die Befähigung zur Wahrheit oder Unwahrheit [466]). Diese bevorzugte und gleichsam ideale Geltung des mentalen Urtheiles führt ihn zur Erwähnung einer occamistischen Uebertreibung, wornach man das Zusammengesetzt-Sein des Urtheiles förmlichst verneinte, und wenn er als Vertreter dieser Ansicht einen „*doctor subtilis et solemnis*" erwähnt, so weist, da natürlich an Duns Scotus nicht gedacht werden kann, das uns zugängliche Quellen-Material nur auf Gregor v. Rimini hin [467]). Ja, er eignet sich diese Ansicht an, wenn auch unter erklärlicher Beschränkung auf das kategorische Urtheil, und indem er bezüglich der mentalen Form alle Motive einer Zusammensetzung abzuweisen sucht, schiebt er Alles, was zu „*compositio*" u. dgl. gehört, dem äusseren Auftreten und der äusserlichen *significatio* zu, da im Mentalen allein Einheit bestehe [468]). Hiedurch

---

radicalis ipsius solutio ..... poterit apparere. ..... Haec materia duas habet difficultates: ..... unam generalem de causa veritatis et falsitatis propositionum, aliam specialem de veritate et falsitate propositionum reflexionem habentium supra se. Circa primum duo sunt videnda: primum quid sit propositio .... proprie dicta, et quare sit propositio vera vel falsa; circa secundum duo sunt videnda: primum quid sit propositio habens reflexionem supra se, ... et qualiter sit respondendum ad tales, quae communiter dicuntur insolubilia.

466) *Propositio vocalis et scripta subordinantur mentali, sed non oportet, quod vocalis et scripta subordinentur sibi invicem, sicut multi ponunt; nam ..... scripta immediate repraesentat mentalem et non mediante vocali. ...... Unde mentales non diversificantur in hominibus, sed eaedem secundum speciem apud omnes significant naturaliter et sunt naturaliter propositiones et non ad placitum. .... Propositio mentalis proprie dicta est oratio mentalis naturaliter vera aut falsa. .... Propositio ad placitum significans debet describi per significare verum aut falsum, ... sed mentalis proprie dicta per esse verum vel esse falsum.* Vgl. ob. Anm. 225.

467) *Oritur dubitatio fortissima, utrum propositio mentalis sit essentialiter composita ex pluribus notitiis particularibus, quarum una sit subiectum, alia praedicatum et alia copula. ..... Fuit una responsio unius subtilis et solemnis doctoris, qui tenet in hac sententia partem negativam, unde primo ponit, quod nulla propositio mentalis de quocunque genere mentalium sit praedicto modo composita; ..... quia aliter sequeretur, quod esset possibile, duas propositiones mentales naturaliter et non ad placitum significantes esse omnino similes et eiusdem rationis specificae, quarum una esset possibilis et alia impossibilis; ..... nam propositio mentalis, cui subordinatur haec vocalis „Omnis albedo est qualitas", est possibilis et de facto vera; illa vero, cui subordinatur ista vocalis „Omnis qualitas est albedo", est impossibilis. .... Ulterius ponit praedicta opinio, quod affirmatio et negatio non debent dici in intellectu actus compositi seu complexi ad istum sensum, quod sint compositi essentialiter ex talibus notitiis partialibus distinctis, quarum una sit subiectum, alia vero praedicatum.* S. ob. Anm. 45.

468) *Licet praedicta opinio sit sustenibilis et probabilis, non tamen videtur mihi omnino continere veritatem ..... Omnis propositio mentalis hypothetica est ex pluribus notitiis partialibus essentialiter composita; ..... quaelibet propositio conditionalis mentalis est una consequentia, et quaelibet copulativa habet antecedens et consequens, ex quibus componitur; ..... quilibet syllogismus ..... componitur ex praemissis et conclusione. ..... Patet, quod praedicta opinio non est vera de qualibet propositione mentali generaliter. ..... Sed ..... nulla propositio mentalis categorica est essentia-*

hat er dann zugleich auch bereits sein zweites Thema erledigt, nemlich die Frage über Wahrheit und Unwahrheit des Urtheiles, denn diese können nun weder in der *significatio* noch auch, wie Buridan und Albert v. Sachsen betont hatten (s. Anm. 78 f. u. 231), in der *suppositio* liegen, sondern lediglich im mentalen Wesen des Urtheiles, d. h. in der mentalen Auffassung eines objectiven Sachverhaltes[469]. Und indem er gegen den Begriff eines „*complexe significabile*“, welchen wir bei Gregor v. Rimini (ob. Anm. 40) trafen, polemisirt und alles Vielheitliche als blosses Moment der *significatio* lostrennt, bleibt ihm die Einheitlichkeit der Wahrheit nur für das mentale Urtheil übrig, und zwar hier sogar mit Einschluss contradictorischer Gegensätze, so dass ihm z. B. eine Behauptung, zu deren Widerruf Nicolaus v. Autricuria (s. ob. Anm. 4) genöthigt worden war, als gerechtfertigt erscheint[470]. Nun kommt er auf den dritten Punkt, nemlich auf jene Urtheile, welche sich auf sich selbst zurückbeugen — „*quae habent reflexionem supra se*“ —, und unter Wiederholung seiner obigen Angaben über das äussere Auftreten

---

liter composita ex pluribus partialibus notitiis. ..... Affirmatio vel negatio in intellectu seu quaevis mentalis oratio non debet dici complexa propter hoc, quod sit composita ex pluribus notitiis partialibus essentialiter. ..... Oratio mentalis non debet dici complexa, quia aequivalet in significando pluribus vocibus vel scriptis orationem vocalem vel scriptam componentibus. ..... Nec propositio mentalis debet dici complexa, quia compositionem significat in entibus extra animam. .... Alia et alia ratione dicitur propositio mentalis complexa et propositio vocalis et scripta, nec oportet, quod, sicut oratio vocalis habet plures partes, ex quibus componitur, etiam mentalis habeat plures tales partes proprie dictas, sed bene aequivalet in significando pluribus notitiis, quae improprie possunt dici partes; non tamen dico, quod hoc sit ratione compositionis, sed solum ratione significationis.

469) *Videndum est, quid sit seu quare sit propositio vera vel falsa. ..... Propositio non est ideo vera vel falsa, quia significat verum vel falsum ad extra; ..... non ideo, quia eius subiectum et praedicatum supponat pro eodem vel non pro eodem. ..... Quaelibet propositio significans ad placitum ideo praecise est vera aut falsa, quia sibi correspondet mentalis proprie dicta vera vel falsa, ... et ideo praecise est possibilis vel impossibilis, quia correspondet sibi talis mentalis proprie dicta...... Quaelibet propositio mentalis proprie dicta simpliciter categorica et de inesse affirmativa, si sit vera, ideo est vera, quia, qualitercunque per eam secundum significationem totalem significatur esse vel fuisse vel fore, taliter est vel fuit vel erit; ..... et ideo est possibilis, quia, qualitercunque per eam secundum significationem totalem significatur esse vel fuisse vel fore, taliter potest esse vel fuisse vel fore.*

470) *Est una opinio, quae ponit, quod significatum propositionis adaequatum et totale est complexe significabile verum vel falsum. ..... Sed nullum est nec potest esse complexe significabile verum aut falsum ad intellectum praedictae opinionis. ..... Quidquid est aut potest esse, est complexe significabile. ..... Nihil est significatum adaequatum seu totale alicuius propositionis mentalis proprie dictae, quia quaelibet talis ratione suarum partium, quibus aequivalet in significando, plura significat ad invicem distincta. ...... Quidquid significatur per aliquam propositionem mentalem proprie dictam secundum eius totalem significationem, etiam idem significatur per aliquam eius partem. ..... Omnes propositiones mentales proprie dictae ad invicem contradictoriae significant idem aut eadem omnino, licet alio et alio modo. ..... Si vero obiiciatur, quod inter articulos Parisiis condemnatos contra magistrum Nicolaum de Alticuria unus est iste ,,Hac propositiones „,,Deus est““ et „,,Deus non est““ idem significant, licet alio et alio modo“, respondeo, quod multa fuerunt condemnata contra eum causa invidiae, quae tamen postea in scholis publice sunt confessa, tamen ..... dico, quod est verius de propositionibus mentalibus improprie dictis vel etiam de vocalibus ad placitum significantibus.*

der Bezeichnung und zugleich unter Ablehnung anderer Meinungen verlegt er das Wesen des *Insolubile* in eben dieses eigenthümliche Verhältniss, dass ein Urtheil, indem es sich auf sich zurückbeugt, seine eigene Unwahrheit aussagt[471]). So bekämpft er vorerst sowohl Buridan's Ansicht, welcher die *Insolubilia* mit der sachgemässen *significatio* der Urtheile in Verbindung gebracht hatte (s. ob. Anm. 79 u. 145), als auch jede Ausdehnung des Begriffes *Insolubile* über die so eben angegebene Gränze hinaus[472]), und dann untersucht er das von ihm zu Grunde gelegte „*falsificare se ipsas*", je nachdem dasselbe unbedingt in allen Fällen oder direct oder indirect u. s. f. eintrete[473]). Hierauf kehrt er wieder auf die in der *significatio* beruhende Darstellung zurück und theilt dieselbe in eine vorstellungsweise (*obiective*) und eine gegenständlich formelle (*formaliter*), um bezüglich des „*significare se ipsas*" den mündlich gesprochenen und den geschriebenen Urtheilen nur die vor-

---

471) *Inquirendum est, quid sit propositio habens supra se reflexionem et de ipsarum differentia. ..... Significare vel significatio est aliquid repraesentare vel alicuius repraesentatio potentiae cognitivae; dico enim „cognitivae" et non „intellectivae", quia ..... etiam potentiae sensitivae potest aliquid repraesentari* (s. ob. Anm. 460). ..... *Propositio insolubilis seu insolubile est propositio, quae significat, se esse falsam; non enim dicitur insolubile, quia nullo modo possit solvi, ... nec quia difficulter potest solvi, ut dicit quidam doctor* (d. h. Albert, s. oben Anm. 307), ... *sed quia difficultas provenit ex eo, quod talis propositio significat, se ipsam esse falsam. Ideo patet, quod omne insolubile est propositio habens reflexionem supra se, licet non e contra ..... Nulla propositio habet reflexionem supra se nisi in qua ponitur terminus appropriate significans propositionem, sicut sunt termini „verum, falsum, universale, particulare, affirmativum, negativum, dubium, creditum, scitum" et similes.*

472) *Ex praedictis ..... sequitur falsitas cuiusdam opinionis famosae, quae ponit, quod omnis propositio significat, se esse veram, ... et falsitas opinionis cuiusdam magistri, qui ponit, quod omnis propositio affirmativa categorica significat, se esse propositionem, et significat, idem esse, pro quo supponit eius subiectum et praedicatum, ... et falsitas cuiusdam dicti illius magistri salva eius reverentia, sc. quod affirmativa categorica duas habet significationes, unam de re ad extra, quam vocat materialem significationem, et aliam de suis terminis et de se ipsa, quam vocat formalem; ..... sequitur contra dictum magistrum, quod haec non est insolubilis nec significat, se ipsam esse falsam: „Socrates proiiciet Platonem de ponte, posito casu, quod Socrates dixerit, quod omnis asserens falsum proiicietur de ponte, et solus proferens verum transibit pontem, et tunc veniet Plato et profert Socrati dictam propositionem". ..... Communiter multae propositiones enumerantur inter insolubilia, quae tamen non sunt, quia non significant, se ipsas esse falsas, ut „Socrates scit se errare", „Socrates fingit se esse sophistam"* (s. oben Anm. 310), *„Socrates maledicit Platoni", et ita de multis aliis, quae communiter ponuntur in practica sophismatum insolubilium.*

473) *Solum ponam distinctiones de propositionibus falsificantibus se ipsas, quia de illis est specialis difficultas et non de aliis. ..... Quaedam significant, se esse falsas, de per se, i. e. omni casu circumspecto, quaedam de per accidens, sc. expositione alicuius casus; ..... unde patet error quorundam dicentium, quod nulla propositio insolubilis vel falsificans se ipsam est falsa nisi ex casu. ..... Quaedam significant directe et tales sunt illae, in quibus affirmatur ille terminus „falsum" de termino supponente pro se ipsis, quaedam vero significant indirecte seu consecutive. ..... Propositionum significantium, se esse falsas, indirecte seu consecutive quaedam significant immediate, i. e. se ipsis solum, quaedam vero mediantibus aliis propositionibus, ... e. gr. per suam contradictoriam ....., et hae aut mediantibus aliis propositionibus, quas ipsae eaedem significant, ... aut mediantibus aliis propositionibus, a quibus ipsae significantur.*

stellungsweise Darstellung, nie aber die formelle, zuzugestehen[474]), woraus das in zahlreichen Wendungen dargelegte Resultat sich von selbst ergibt, dass die ganze *insolubilitas* überhaupt nicht die „mentalen" Urtheile im eigentlichen Sinne des Wortes berühre, sondern nur bei uneigentlichen mentalen und den diesen gleichstehenden mündlichen und schriftlichen Urtheilen erscheinen könne[475]). Auf dieser Grundlage erledigt sich dann der vierte Gegenstand der Erörterung, nemlich die Beantwortung oder Lösung der *Insolubilia*, welche darin beruht, dass in Folge der Parallelisirung eines mündlichen Urtheiles und des ihm entsprechenden mentalen das sog. *insolubile* sich zugleich als wahr und als unwahr und hiemit als einen blossen Schein zeigt, welcher der aristotelischen Terminologie „*propositio plures*" anheimfällt[476]).

---

474) *His visis ..... sciendum est, utrum reflexio supra se possit competere propositioni mentali proprie dictae. ..... Repraesentatio* (s. ob. Anm. 471) *potest fieri dupliciter sicut et significatio, sc. obiective et formaliter; ..... imago enim regis significat regem obiective, ... conceptus vero mentalis, quem habeo de rege, significat regem formaliter, quia est formalis cognitio regis. ..... Significare aliquid obiective nihil aliud est, quam esse obiectum alicuius cognitionis formalis; significare vero formaliter nihil aliud est, quam esse formale in cognitione alicuius obiecti. ..... Quaelibet res, quantum est de se, potest significare se ipsam obiective. ..... Nulla res creata potest esse propria et distincta cognitio formalis sui ipsius. ..... Nulla propositio vocalis vel scripta potest significare se ipsam vel aliquid aliud formaliter, ... quia nulla talis potest esse formalis cognitio potentiae cognitivae. ..... Quaelibet propositio vocalis vel scripta per prius significat se ipsam, quam aliquid aliud.*

475) *Ponam aliquas conclusiones, quae forte aliquibus prima facie apparebunt extraneae et mirabiles: ..... Nulla propositio mentalis proprie dicta potest significare, se ipsam esse falsam. ..... Impossibile est intellectui primo formare propositionem universalem mentalem proprie dictam significantem, omnem propositionem mentalem esse falsam. .... Intellectus non potest formare propositionem mentalem proprie dictam, quae significet, suam contradictoriam esse veram. .... Nulla propositio mentalis proprie dicta potest significare, se ipsam esse veram, ... nec potest habere reflexionem supra se ipsam. ..... Sed contra dicta oritur dubitatio fortissima, ... quia certum est, quod possumus formare istam „Aliqua propositio mentalis est falsa"; ..... pro solutione vero pono aliquas conclusiones: .... Pars propositionis mentalis proprie dictae non potest supponere pro ipsamet propositione, ... nec potest supponere pro contradictoria illius propositionis, cuius est pars, ... nec potest supponere respectu huius termini „verum" pro propositione significante illam propositionem. .... Pars propositionis ad placitum significantis non potest supponere pro propositione mentali proprie dicta sibi correspondente. .... Quolibet modo reflexionis propositio vocalis vel scripta aut mentalis improprie dicta potest habere reflexionem supra se. ..... Patet, quod omnis propositio insolubilis est propositio vocalis vel scripta aut mentalis communiter dicta, quia nulla insolubilis est mentalis proprie dicta, ... et propositionis vocalis vel scriptae vel mentalis communiter dictae pars potest supponere pro tota propositione, cuius est pars.*

476) *Nunc videndum est de talium propositionum veritate aut falsitate, et per hoc apparebit, qualiter sit respondendum ad tales propositiones, quae communiter dicuntur insolubilia. ..... Omnis propositio insolubilis habet aliquam propositionem mentalem proprie dictam sibi correspondentem. ..... Cuiuslibet propositionis insolubilis et alicuius propositionis mentalis proprie dictae sibi correspondentis termini sibi invicem correspondentes significant idem et pro eodem supponunt. ..... Qualitercunque per insolubilem significatur ad placitum, taliter per aliquam mentalem vel aliquas mentales significatur naturaliter. ..... Quaelibet propositio insolubilis est falsa ex eo, quod falsificat se ipsam. ..... Quaelibet propositio significans praecise, se ipsam esse veram, est vera. ...... Cuilibet propositioni insolubili correspondet aliqua mentalis vera .... et aliqua mentalis proprie dicta falsa. ..... Cuique propositioni inso-*

Was endlich die Schrift über die *Exponibilia* betrifft, so hat D'Ailly in dieselbe alles Mögliche aus der Lehre vom Urtheile und den *Consequentiae* hineingepfropft, was wir füglich bei Seite lassen dürfen, um uns auf das Wesentliche und Neue zu beschränken. Nachdem D'Ailly eine ganz unmässige Ausdehnung, welche Einige dem Umkreise der exponiblen Sätze geben wollten, von sich gewiesen [477]), stellt er entsprechend seinen allgemeinen Grundsätzen auch hier die Ansicht an die Spitze, dass sowohl dem exponiblen Urtheile selbst als den dasselbe exponirenden je ein „mentales" Urtheil correspondire [478]). Nach einer Bemerkung über nothwendige Vorsicht bezüglich der allgemein bejahenden oder verneinenden Urtheile [479]), sowie über den sog. Ablativus absolutus als einen exponiblen Ausdruck [480]), beginnt er die Einzeln-Erörterung mit den Exceptiv-Sätzen, für welche er vorerst zehn allgemeine und anderweitige Regeln vorausschickt [481]), um dann drei *dubitationes* folgen zu lassen.

---

lubili duae mentales proprie dictae, quarum una est vera et alia falsa, correspondent inconiuncte. ..... Quaelibet propositio insolubilis est simul vera et falsa, ... et eius contradictoria est simul vera et falsa. .... Aliquae sunt propositiones omnino similes in voce et de terminis pro eodem supponentibus, quarum una est simpliciter falsa vel saltem non simpliciter vera, alia vero simpliciter vera; .... hae apparent contradicere, non tamen contradicunt veraciter. .... Nulla propositio insolubilis vel eius contradictoria est simpliciter vera vel simpliciter falsa, ... et nulla est simpliciter impossibilis. .... Ad nullam propositionem insolubilem vel eius contradictoriam est danda unica responsio, ... quia secundum Aristotelem secundo Elenchorum ad propositionem plures non est danda unica responsio.

477) Cap. 1: *Sunt quaedam categoricae, quae formaliter aequivalent hypotheticis. ...... Aliqui dicunt, quod de numero talium propositionum sunt omnes, in quibus ponuntur termini privativi, negativi vel infiniti, ut sunt „caecus, ingenerabile, non homo" et huiusmodi, et etiam ficti, ut „chimaera, vacuum", ... imo omnes propositiones, in quibus ponuntur termini relativi vel generaliter quicunque termini connotativi. ..... Sed si illud est verum, apparet mihi, quod ita potest dici de qualibet propositione categorica.*

478) Ebd.: *Prima dubitatio est, utrum propositio categorica et ipsa propositio hypothetica, cui aequivalet, praecise idem significant ita, quod correspondeant eaedem mentales. ..... Non solum propositiones sunt exceptivae vel exclusivae in voce, imo etiam in mente, unde ...... intellectus format exclusivam mentalem illi vocali correspondentem. ..... Ex quo sequitur, quod .... talibus propositionibus non correspondet eadem mentalis, imo uni una et alteri altera.*

479) Ebd.: *Secunda dubitatio est, utrum quaelibet propositio universalis formaliter aequivaleat uni hypotheticae ..... compositae ex suis singularibus. ..... Patet de illa, in qua ponitur aliquod tale signum „uterque, neuter". ..... Non valet de illa, in qua a parte subiecti ponitur aliquod signum tale „omnis, nullus, quilibet", quando coniunguntur in terminis rectis, ut „Quilibet homo currit"; .... quia aliqua universalis est possibilis, et tamen copulativa composita ex suis singularibus est impossibilis.*

480) Ebd.: *Tertia dubitatio est, utrum illa sit categorica vel hypothetica „Socrates dormit Platone vigilante". .... Sciendum est, quod ablativus absolutus secundum grammaticos exponitur tripliciter, sc. per „dum", per „si", vel per „quia".*

481) C. 2: *Haec dictio „nisi" quandoque sumitur exceptive, ... quandoque vero tenetur consecutive. .... Dictio „praeter" aliquando tenetur exceptive, aliquando distributive. ..... Ponendae sunt regulae:* 1) *Nunquam exceptio debet fieri nisi a toto in quantitate. .... ..* 2) *Nunquam exceptiva, in qua dictio exceptiva non negatur, est propria, nisi eius praeiacens sit universalis. ....* 3) *Negatio negans, quamvis praecedat dictionem exceptivam, tamen non negat ipsam, nisi etiam cadat supra signum universale. .....* 4) *Non semper loco illius orationis „non omnis" ponitur convenienter haec oratio „aliquis non". ....* 5) *Aliquae sunt propositiones uni-*

Die erste derselben betrifft die Supposition in den Exceptiv-Urtheilen, wobei wir gelegentlich erfahren, dass Einige die *suppositio confusa distributiva* noch in eine *absoluta* und eine *limitata* eintheilten [482]); der zweite Zweifel hat die Exposition dieser Urtheile zum Gegenstand [483]), sowie der dritte die Umkehrung derselben [484]). In völlig analoger Behandlungsweise folgen hierauf die Exclusiv-Sätze zunächst in verschiedenen allgemeineren Gesichtspunkten [485]) und dann gleichfalls in drei Zweifeln

---

versales contrariae, quae non habent subcontrarias. ..... 6) *Descendendo sub termino distributo propositionis exceptivae non debet poni exceptio in singularibus, per quas descenditur.* ..... 7) *Syllogizando ex propositionibus exceptivis oportet, quod medium maneat in propria forma in utraque praemissarum.* ..... 8) *Ubi non potest salvari proprietas locutionis ponendo dictionem „praeter", loco illius debet poni „alius"* ...., 9) *Si exceptio cadat supra terminum communem, non debet primo fieri descensus sub illo termino communi, super quem cadit illa dictio exceptiva, sed sub termino, a quo fit exceptio.* ..... 10) *Omnis propositio exceptiva est impropria, in qua illud, a quo fit exceptio, continetur sub illo, quod excipitur.*

482) Ebd.: *Prima est dubitatio, quomodo supponunt termini in propositione exceptiva.* ..... *Aliqui dicunt, quod praedicatum in affirmativa habet suppositionem confusam tantum,* .... *et subiectum habet suppositionem confusam et distributivam; tamen isti distinguunt de suppositione confusa et distributiva, quia quaedam est absoluta,* .... *alia limitata et arctata, quando terminus non pro quolibet sub eo contento distribuitur ratione alicuius termini additi; et hoc modo subiectum propositionis exceptivae supponit, ut illi dicunt.* .... *Dico, quod est aliqua propositio exceptiva affirmativa, cuius subiectum determinate supponit, sc. illa, in qua dictio exceptiva negatur.* .... *Cuiuslibet affirmativae, in qua dictio exceptiva non negatur, subiectum habet suppositionem confusam et distributivam absolutam.* .... *Si exceptiva fuerit negativa, tum subiectum quam praedicatum supponit confuse et distributive.* .... *Terminus discretus supponit semper discrete; ideo dictio cadens quaecunque super ipsum non mutat suppositionem; quando vero dictio exceptiva cadit super terminum communem, tunc, si dictio exceptiva non negetur, ipsa facit terminum supponere confuse et distributive.* ... *In qualibet exceptiva subiectum et praedicatum supponunt eodem modo sicut subiectum et praedicatum suae praeiacentis.* .... *Cuiuslibet exceptivae, cuius exceptio negatur, subiectum supponit determinate vel confuse tantum.*

483) Ebd.: *Secunda dubitatio est, quomodo sunt exponendae propositiones exceptivae.* .... *Omnis exceptiva, in qua dictio exceptiva non negatur, exponitur per unam copulativam, cuius una pars est copulativa affirmativa et alia negativa.* ...... *Omnis, in qua dictio exceptiva negatur, contradicit uni, in qua dictio exceptiva non negatur; ideo est exponenda per unam propositionem contradictoriam illi, per quam sua contradictoria exponitur.*

484) Ebd.: *Tertia dubitatio est, quomodo propositiones exceptivae convertuntur.* .... *Nulla exceptiva formaliter convertitur in aliam exceptivam,* .... *sed in unam non exceptivam, cuius subiectum est praedicatum exceptivae, et praedicatum est totum aggregatum ex termino, a quo fit exceptio, et parte extra capta et termino, supra quem cadit exceptio, mediante oratione „quod est".* .... *Quod dictum est, habet veritatem in omnibus, in quibus dictio exceptiva non negatur.* .... *Exceptiva, in qua dictio exceptiva negatur, non convertitur.* Hierauf wird die allgemein übliche Figur der Entgegensetzung und Subalternation der Urtheile auf die vier exceptiven Urtheile angewendet: „*Omnis homo praeter Socratem currit. Omnis homo praeter Socratem non currit. Non omnis homo praeter Socratem non currit. Non omnis homo praeter Socratem currit*".

485) C. 3: *Videndum est de propositionibus exclusivis.* ..... *Dictio exclusiva quandoque se tenet a parte subiecti et quandoque a parte praedicati et quandoque cadit supra totam propositionem,* ..... *et ultimo modo facit propositionem exclusivam.* ..... *A propositione de inesse affirmativa ad aliam affirmativam de eodem subiecto et praedicato cum dictione exclusiva capta proprie est bona consequentia.* ..... *Si dictio exclusiva capiatur improprie et addatur verbo, tunc excluditur a subiecto omne*

erörtert, nemlich über ihre Supposition [486]), ihre Exposition [487]), und ihre Umkehrung [488]). Ebenso ergeht es mit den reduplicativen Ausdrücken, deren Unterscheidung in *„gratia concomitantiae"* und *„gratia causae"* neu ist [489]); nur wird hier zuerst von ihrer Exposition [490]), dann von ihrer Supposition [491]) und hierauf von ihrer Umkehrung gehandelt [492]). Sodann bezüglich der Worte *„incipit, desinit"* schliesst er sich in einer üblichen Controverse an Albert v. Sachsen an und vermehrt

---

illud verbum, quod importat actionem distinctam. ..... Proportionabiliter potest dici de illa, in qua dictio exclusiva cadit supra subiectum. ..... In illis, in quibus cadit supra totam propositionem, ... si dictio exclusiva capiatur secundum impropriam significationem, adhuc exclusio potest esse duplex: una, quando praecise excludit praedicatum ab omni communi repugnanti subiecto; alia, quando excludit praecise pluralitatem maiorem, quam sit expressa per subiectum.

486) Ebd.: *Prima dubitatio est, quomodo supponunt termini in propositione exclusiva. ..... Subiectum, si sit terminus communis, supponit confuse tantum; si tamen sumatur cum signo distributivo, supponit confuse et distributive. ...... Exclusiva affirmativa, in qua dictio exclusiva negatur, contradicit uni negativae, in qua dictio exclusiva non negatur; et ideo suppositio erit e converso .....*

487) Ebd.: *Secunda dubitatio est, quomodo exponendae sunt exclusivae. ..... Omnis talis exponitur per copulativam compositam ex eis, quarum prima est affirmativa praeiacens remoto signo exclusiva et secunda .est universalis negativa. ..... Omnis illa, in qua dictio exclusiva negatur, exponitur per unam disiunctivam.*

488) Ebd.: *Tertia dubitatio est, quomodo exclusivae convertantur. .. .. Non convertitur formaliter in alteram exclusivam ..... in affirmativis. ..... Sed negativa, ... in qua dictio exclusiva non negatur, potest converti in exclusivam negativam similem. ..... Affirmativa, in qua dictio exclusiva non negatur, potest converti in universalem de terminis transpositis. ..... Affirmativa, in qua dictio exclusiva negatur, potest converti in affirmativam exclusivam similem.* Hierauf folgt gleichfalls (vgl. ob. Anm. 484) eine Figur der Entgegensetzung.

489) C. 4: *Videndum est de propositionibus reduplicativis. .... Dictiones „inquantum, secundum quod" quandoque tenent reduplicative, ... aliquando autem specificative. ..... Vel fit reduplicatio gratia concomitantiae vel fit gratia causae.*

490) Ebd.: *Prima dubitatio est, qualiter debent exponi reduplicativae. ..... Affirmativa, in qua dictio reduplicativa non negatur, si reduplicatio fiat gratia concomitantiae, debet exponi per copulativam affirmativam compositam ex quatuor propositionibus etc.* (d. h. die übliche Lehre, s. Abschn. XVII, Anm. 262, u. Abschn. XIX, Anm. 924); ..... *si reduplicatio fiat gratia causae, ... ultra requiritur, quod terminus, supra quem cadit reduplicatio, exprimat causam in particulari. .... Negativa, in qua dictio reduplicativa non negatur, si reduplicatio fiat gratia concomitantiae, debet exponi per copulativam affirmativam compositam ex quatuor propositionibus etc.* (ebenso). .... *Si fieret reduplicatio gratia causae, ... loco conditionalis debet capi causalis. ..... Omnis illa, in qua dictio reduplicativa negatur, semper contradicit universali reduplicativae, in qua dictio reduplicativa non negatur, ... et est exponenda per propositionem contradictoriam, ... i. e. per affirmativam disiunctivam compositam ex quatuor partibus contradictoriis.*

491) Ebd.: *Secunda dubitatio est, quomodo supponunt termini in reduplicativa. ..... Omnes termini praeter terminum reduplicatum supponunt eodem modo sicut in praeiacente. .... In omni, in qua dictio reduplicativa non negatur, terminus reduplicatus supponit confuse et distributive; ..... in qua reduplicatio negatur, supponit determinate et confuse tantum.*

492) Ebd.: *Tertia dubitatio est, quomodo reduplicativae convertuntur. ..... Reduplicativa non convertitur formaliter in reduplicativam affirmativam, ... sed in unam non reduplicativam, sc. in unam, cuius subiectum est aggregatum ex praedicato prioris et illo termino, supra quem cadit reduplicatio, mediante hoc pronomine „quod".* Hierauf folgt abermals eine entsprechende Figur.

die Regeln der Exposition [493]), worauf er noch Zweifel über die Untheilbarkeit des „*nunc*“ [494]), über die Supposition [495]) und über die Umkehrung der betreffenden Urtheile folgen lässt [496]). Zum Schlusse erwähnt er noch das Verbum „*fit*“, welches er jedoch sehr kurz erledigt, da es der Naturphilosophie angehöre [497]).

Ein abschliessender Höhepunkt des „üppigsten Wucherns der scholastischen Logik“ liegt in der schriftstellerischen Thätigkeit des Paulus Nicolettus Venetus (häufig nur Paulus Venetus genannt, gest. im Jahre 1428), und sollte dem Leser nicht bereits durch die bisher vorgeführte Reihe von Autoren die Ueberschrift, welche ich dem gegenwärtigen Abschnitte gab, als gerechtfertigt erschienen sein, so wird ohne Zweifel dieser Autor hiefür den erforderlichen Eindruck hervorrufen.

---

493) C. 5: *Restat determinare de propositionibus, in quibus ponuntur verba „incipit“ et „desinit“. ..... Quaecunque propositio, in qua verbum „incipit“ non negatur et verbum „esse“ negatur, aequivalet uni affirmativae de verbo „desinit“, in qua verbum „desinit“ affirmatur; et e converso. ..... Dicunt aliqui, quod aliter exponuntur in successivis et aliter in permanentibus* (s. ob. Anm. 282); ..... *sed videtur rationabilius, quod eodem modo exponantur respectu quorumcunque praedicatorum. ..... Propositio de verbo „incipit“ potest dupliciter exponi; uno modo per propositionem de praesenti et remotionem de praeterito, ... alio modo per propositionem de futuro et remotionem de praesenti. ..... Illa verba „incipit“ et „desinit“ includunt negationem non simpliciter negantem nec simpliciter infinitantem. ..... Negativa de „incipit“ vel „desinit“ debet exponi per unam disiunctivam compositam ex partibus contradicentibus partibus illius copulativae, per quam exponebatur affirmativa sibi contradictoria. ..... Multae propositiones de „incipit“ et „desinit“ sunt distinguendae penes amphibologiam ex eo, quod de virtute sermonis habent unum sensum et unam expositionem et secundum usum loquentium alium sensum et aliam expositionem. ...... Ista consequentia non valet: „Socrates incipit scire omnem propositionem; „deus est“ est propositio; ergo Socrates incipit scire propositionem „deus est““. ...... Non sequitur: „Socrates incipit esse albus; ergo Socrates incipit esse coloratus“.*

494) Ebd.: *Prima dubitatio est, quid demonstretur per litteram „hoc“ et litteram „nunc“, quando dicitur „Socrates nunc erit et immediate ante hoc non fuit“. ..... Aliqui dicunt, quod non sunt aliqua instantia indivisibilia in tempore sicut nec momenta in motu. .... Per illud „nunc“, quod est tempus praesens, non demonstratur tempus indivisibile; ..... possumus uti tempore praesenti pro ita magno tempore sicut placet, sc. pro hora, die, mense, anno etc.*

495) Ebd.: *Secunda dubitatio est, quomodo supponunt termini in propositionibus de „incipit“ et „desinit“. ..... Subiecta talium propositionum supponunt eodem modo sicut in suis praeiacentibus. ..... Terminus a parte praedicati positus, qui sequitur illa verba, in una exponente supponit una suppositione et in alia exponente alia suppositione. ..... Una suppositio est, secundum quod contingit descendere cum pronomine demonstrativo, ... alia est, secundum quam sic non contingit descendere. ...... Primo autem modo non supponit terminus, qui sequitur verba „incipit“ et „desinit“.*

496) Ebd.: *Tertia dubitatio est, quomodo convertuntur propositiones de „incipit“ et „desinit“. ..... Non convertuntur in propositiones similes. ..... Propositio de „incipit“ debet converti in unam de praesenti et de futuro disiunctive; similiter illa de verbo „desinit“.*

497) C. 6: *Nunc videndum est de propositionibus de hoc verbo „fit“ et aliis ei aequivalentibus, ut „producitur, generatur“. ..... Dupliciter aliquid dicitur fieri, generari vel produci; uno modo simpliciter, alio modo secundum quid. ..... Sicut propositiones de „incipit“ exponuntur per plures categoricas, ita similiter propositiones de istis verbis „fit, factum est, fiet“. ..... Multa autem essent hic dicenda de expositione dictorum verborum, sed illa magis spectant ad philosophiam et supponunt aliqua, quae non pertinent ad logicam.*

Denn derselbe ist in Spitzfindigkeit des Eintheilens, in Casuistik aller Eventualitäten, und in unablässiger Erörterung zahlreichster Sophismen der extremste von Allen, und zugleich beruhen diese seine Eigenschaften doch wieder nur auf dem Studium und der Benützung einer fast endlos reichhaltigen Litteratur seiner Zeit, aus welcher er häufig die bunteste Menge verschiedener „*opiniones*" anführt, deren Vertreter uns späten Epigonen in der That grösstentheils selbst dem Namen nach unbekannt sind. Seine Thätigkeit erstreckte sich über das Gebiet der Logik hinaus, da er auch zu anderweitigen Hauptwerken des Aristoteles Commentare verfasste, und er gehörte somit durchaus nicht zu den einseitigen „*moderni*", sondern zog, wie diess die später sogenannte „*via antiqua*" that (s. Abschn. XXII, Anm. 83), zugleich auch die Realien der Philosophie in den Umkreis seiner Beschäftigung [498]). Für uns hier kommen nur seine logischen Schriften in Betracht, nemlich: ein Commentar zur zweiten Analytik [499]), eine „*Logica magna*" [500]), ein kleines Compendium, welches bald als *Summulae* bald als *Logica* bald unter anderem Titel gedruckt wurde [501]) und allerdings grösstentheils nur ein Auszug aus der *Logica magna* (in veränderter Reihenfolge) ist, zugleich aber sich mehr der üblichen Schul-Tradition anschliesst [502]), ferner unter dem Titel „*Quadratura*" eine Erörterung von Sophismen nach vier Gesichtspunkten geordnet [503]), und ausserdem „*Sophismata*" [504]).

---

498) Er commentirte *Arist. phys. ausc.*, *de gen. et corr.*, *de anima*, *Eth. ad Nic.*, und verfasste eine *Summa philosophiae naturalis*.

499) *Pauli Veneti expositio in libros posteriorum Aristotelis*. Venetiis 1477 u. wieder 1481 u. 1491. fol. Jedoch näher auf diese Schrift einzugehen, ist nicht nothwendig, da sie nur eine fleissige und distinguirende Erläuterung des aristotelischen Textes ist, welche häufig an Lincoln und Aegidius anknüpft (s. Abschn. XVII, Anm. 334 ff., und vor. Abschn., Anm. 358 u. 390).

500) *Logica magna Pauli Veneti.* Am Schl.: *Pauli Veneti .... opus, quod magna logica appellatur correctum per mgstrum Franciscum Macerata et fratrem Jacobum de Fossano. ..... Impressum Venetiis ..... impensis Octaviani Scoti* 1499. fol.

501) Mir kamen folgende sieben Drucke zu Gesicht: *Logica Pauli Veneti. s. l. s. a.* 4. *Pauli Veneti summulae incipiunt*; am Schl. *per Gulielmum Tridinensem de Mont. fer. Venetiis.* 1488. 4. *Tractatus summularum logicae Pauli Veneti*; am Schl. *Venetiis per Petrum Bergomensem.* 1498. 4. *Pauli Veneti summulae cum commentariis Menghi Faventini ..... ac quaestionibus eiusdem;* am Schl. *per Franciscum de Macerata revisa. Venetiis per Olinum de luna papiensem.* 1498. fol. *Logica Pauli Veneti etc. Venetiis* 1559. 8. Ebenso ebend. 1563. 8. u. 1580. 8.

502) Die Anordnung nemlich ist hier folgende: *Tract. I: Terminus, Propositio, Praedicabilia, Praedicamenta* (diese beiden fehlen in der *Logica magna* gänzlich, bieten aber auch hier Nichts bemerkenswerthes dar), *Syllogismus. Tract. II: Suppositio, Ampliatio, Appellatio. Tract. III: Consequentiae. Tract. IV: Terminorum probationes* (was diess sei, s. unten Anm. 512 f. u. 522 ff.). *Tract. V: Obligationes. Tract. VI: Insolubilia. Tract. VII:* Einwürfe gegen *Tract. I* und deren Widerlegung, und ebenso *Tract. VIII* Einwürfe gegen *Tract. III.*

503) *Quadratura magistri Pauli Veneti.* Am Schl. *Expliciunt dubia ..... emendata per manus mgstri Secundi Contareni. ..... Venetiis per Bonetum Locatellum.* 1493. fol.

504) Schon i. J. 1474 in Mailand (in Quart) gedruckt unter dem Titel: *Quid ratio possit logices arguta probandi Dogmata, de Veneto littore Paule doces.* Sodann: *Praeclarissimi .... Pauli veneti Sophismata aurea ac perutilia;* am Schl. *Papiae p. m. Nicolaum de girardengis.* 1483. fol. und *Sophysmata magistri Pauli Veneti;* am Schl. *emendata per mgstrum Secundum venetum Contarenum. ..... Venetiis per Bonetum Locatellum.* 1493. fol.

In der ausführlicheren Darstellung theilt Paulus das Gebiet der Logik grundsätzlich in zwei Hauptgruppen, deren erste den *terminus* und die zweite die *propositio* zum Gegenstande hat[505]), so dass sämmtliche Einzeln-Zweige sich nur als Unterabtheilungen hierein einfügen. Indem sonach mit der Erörterung des *terminus* selbst zu beginnen ist, bezeichnet er sofort als *categorematicus* im Gegensatze gegen andere Ansichten denjenigen, welcher einen von ihm selbst verschiedenen Gegenstand zur Kenntniss bringt, ohne eine Satz-Verbindung zu bewirken, so dass hiemit alle Verba hievon ausgeschlossen bleiben; *syncategorematicus* hingegen ist jener, welcher keinen Gegenstand bezeichnet, aber eine Dienstleistung (*officium*) übt; weder categorematisch noch syncategorematisch sind die Conjunctionen oder „*est*“ oder Buchstaben-Bezeichnungen[506]); die Adjectiva können je nach Umständen beides sein[507]); auch ob die Syncategoremata als Theile des Subjectes und beziehungsweise des Prädicates zu betrachten seien, kommt nach den verschiedenen hierüber bestehenden Meinungen gleichfalls auf die Umstände an, woferne man nur von „*omnis*“ absieht[508]). Was hierauf die *significatio* des Terminus betrifft, wird unter *naturalis* die in der Seele auf Grund des Gedächtnisses einen Begriff erweckende Darstellung der Objecte verstanden, hingegen die *significatio ad placitum* erscheint in einer wunderlichen Dreigliederung,

---

505) *Log. magna* f. 2 r. A: *Quia in terminum resolvitur propositio, ideo primo in terminis est persistendum, ut posterius propositionum notitia clarius appareat.*

506) Ebend.: *Terminus categorematicus est signum tam implicite quam explicite simplex de communi lege non extremorum aliqualiter unitivum, sed alterius a se et suo consimili per se in notitiam deductivum. ..... Verba non sunt termini categorematici, cum sint suorum extremorum unitiva. ..... Terminus syncategorematicus est signum officii executivum, nullius a se et suo consimili sine nova impositione per se signum. .... Sequitur, quod aliquis est terminus simplex, qui nec est categorematicus nec syncategorematicus, ut „vel“ aut copula verbi substantivi aut termini „A, B, C“ et huiusmodi. .... Item sequitur, quod terminus categorematicus non dicitur esse, qui significative acceptus potest esse subiectum vel praedicatum aut pars subiecti vel praedicati distributi propositionis categoricae, sicut aliqui ponunt* (s. bei Peter v. Ailly, ob. Anm. 455). Einfacher und schlichter lauten diese Definitionen in d. *Summula log.* I, 1: *Terminus categorematicus est ille, qui tam per se quam cum alio habet proprium significatum; .... syncategorematicus est terminus habens officium, qui per se sumptus nullius est significativus.*

507) *Log. magna* f. 2 r. B: *Dubitatur primo, utrum adiectiva aliqua possunt esse termini categorematici aut de facto sint. .... Adiectiva sunt in multiplici differentia; quaedam enim non significant a se et suis consimilibus distinctum, ut „omnis“; .... quaedam significant, sed dependent propter habitudinem ad alterum, ut „albus“; .... quaedam significant huiusmodi significata per se et non respectu ad aliud, ut .... adiectiva in neutro genere substantivata. .... Primo modo sumpta sunt termini syncategorematici; .... secundo modo sunt categorematici, sed dependenter; ..... tertio modo possunt esse categorematici independenter.*

508) f. 2 v. A: *Dubitatur, utrum haec syncategoremata „omnis, nullus, quilibet“ et similia possunt esse partes subiecti vel praedicati. .... Prima opinio dicit, quod possunt esse, ut „Videns omnem hominem est animal“. Secunda dicit, quod aliqua syncategoremata bene possunt esse partes subiecti vel praedicati, sed littera „omnis“ non; unde dicendo „Tu es non asinus“ littera „non“ est pars praedicati; sed dicendo „Tu es omnis homo“ littera „homo“ est solum praedicatum. .... (B) Quia huiusmodi opiniones probabiles sunt, nec argumenta contra eas militare videntur, restat solum, ut argumenta contra eas facta brevissime solvantur* (diess geschieht sonach auch, aber wahrlich nicht *brevissime*).

insbesondere aber erhält auch hier in ähnlicher Weise wie bei Peter v. Ailly und seinen Vorgängern der *terminus mentalis* eine bevorzugte Stellung, indem er mit der Porträt-Aehnlichkeit verglichen wird, während für den *terminus vocalis* das auch von Anderen benützte Gleichniss vom Wirthshaus-Zeichen in Anwendung kommt[509]). Doch wird der Unterschied zwischen dem mentalen und dem mündlichen oder schriftlichen Terminus hier wieder in anderer Weise aufgefasst, als wir bei D'Ailly sahen (Anm. 474); denn Paulus Venetus meint, dass die *naturalis significatio* bei dem ersteren Terminus auf einen von ihm selbst verschiedenen Gegenstand, bei dem letzteren Terminus aber auf ihn selbst gehe, und so kommt er in Erledigung einer bestehenden Controverse zu der Ansicht, dass z. B. der mentale Begriff „*homo*" in zweiter Linie all dasjenige bezeichne, was dem Umfange nach unter ihm oder über ihm liegt[510]). Diess führt ihn auf *terminus communis* und *singularis*, deren ersteren er wesentlich in das prädicative Verhältniss einer Ueberordnung, nicht aber in den blossen quantitativen Umfang verlegt; bezüglich des singulären bestreitet er die Singularität der sog. Eigen-Namen und, während die Einen die Individualität der Person, z. B. des Sokrates, lediglich auf die Namengebung zurückführten, Andere aber sie gänzlich verneinten, schliesst er sich einer dritten Meinung, nemlich der scotistischen *haecceitas* an[511]).

---

509) f. 3 v. B: *Terminum voco significare naturaliter, qui aliquid significat et impossibile est significando non significare, ... cum significare non sit aliud, quam rei similitudinem memoriae vel virtuti cognitivae repraesentare vel conceptum primum in anima causare* (s. bei Peter v. Ailly, ob. Anm. 460 u. 471). .... *Terminus dicitur significare ad placitum tripliciter. Uno modo, prout littera „ad placitum" est accusativi casus et rectus immediate a littera „significat", non solum terminus vocalis vel scriptus significat ad placitum, sed etiam terminus mentalis.* ..... (f. 4 r. A) *Secundo modo, quia subiacet imperio ipsius concipientis intellectus vel voluntatis, ut nunc significet vel nunc non significet; et sic quilibet terminus vel scriptus vel mentalis significat ad placitum.* ..... *Tertio modo, quia ad voluntatem primi instituentis ipse vel sibi consimilis aliquid significat vel significavit.* ..... *Sicut imago depicta significat rem ex convenientia et similitudine eiusdum* (vgl. ebend. Anm. 474), *circulus vero ante tabernam vinum significat solum ex institutione et non ex convenientia vel similitudine ad vinum* (s. bei Albert v. Sachsen, ob. Anm. 224), *sic terminus mentalis significat ex convenientia et similitudine accidentali ad talem rem, sed terminus vocalis significat solum ex institutione.*

510) f. 4 r. B: *Tria sunt, contra quae contingit arguere, ut eorum veritas magis appareat: .... Primo, quod termini vocales vel scripti se ipsos naturaliter significant; secundo, quod tales res a se distinctas significant ad placitum; tertio, quod termini mentales significant naturaliter res a se distinctas ex quadam convenientia et similitudine.* ..... f. 5 v. B: *Prima opinio ponit, quod nihil significat hominem nisi terminus „homo", nec iste significat aliquod inferius, ut istum hominem, nec aliquod superius, ut animal.* .... *Secunda opinio est, quod terminus inferior significat suum per se superius, sed nullum inferius.* .... *Tertia dicit, quod iste terminus „homo" significat animal, corpus, substantiam, et istum hominem et omnem hominem imaginabilem praeteritum, praesentem et futurum.* .... f. 6 v. A: *Haec tertia opinio inter ceteras probabilis est.* .... f. 7 r. A: *Quilibet terminus secundarie significat, quidquid terminus inferior vel superior significat primarie.* S. unten Anm. 559 am Schl.

511) f. 8 r. A: *Solet communiter diffiniri: Terminus communis est ille, qui est pro pluribus supponibilis, terminus vero discretus ille, qui tantum pro uno.* .... (B) *Quidam dicunt, quod terminus communis est, qui significative acceptus natura-*

Was hierauf über „*probatio terminorum*" folgt, könnte man als ausgedehnten Uebergang der Lehre vom Terminus zur Lehre vom Urtheil bezeichnen. Paulus nemlich erblickt in der so eben erwähnten Häcceität derjenigen Termini, welche er als unmittelbare (*immediati*) bezeichnet, den nicht mehr beweisbaren Beweisgrund aller übrigen, welche ihm *mediati* heissen und den Nachweis ihrer Geltung im Urtheile entweder als *resolubiles* finden, falls sie einen Umfang in prädicativer Weise unter sich haben, oder als *exponibiles* nach üblicher Lehre zu behandeln sind, oder als *officiabiles* in den verschiedenen Arten der modalen Urtheile einer weiteren Begründung unterliegen [512]. So führt er zunächst betreffs des *terminus communis* den Nachweis durch, wie derselbe in den verschiedenen Formen der Urtheile durch Sätze, welche „*hoc*" oder dergl. enthalten, gerechtfertigt werde [513]. Und hiedurch ergibt sich die Brücke,

---

liter vel secundum modum unicae suae impositionis est aptus natus praedicari de pluribus, quorum unum non est nec fuit nec erit pars alterius; similiter terminus singularis est ille, qui significative acceptus naturaliter vel secundum modum suae unicae impositionis est aptus natus pro uno supponere. .... (v. B) *Nego, quod iste terminus „Socrates" vel „Ioannes" sit terminus singularis; imo est ita bene communis, sicut terminus „homo", et .... cum dicitur, quod Socrates est nomen proprium, nego sumendo litteram „proprium" quoad logicam, concedo tamen grammatice loquendo. ......* f. 9 r. A: *Versantur tres opiniones: Prima dicit, quod homo est Socrates, quia vocatur Socrates; secunda dicit, quod nullus homo potest esse Socrates nec Plato nec sic de aliis propriis nominibus; tertia ponit, quod iste homo est Socrates, quia iste homo est hoc se ipso demonstrato* (s. vor. Abschn., Anm. 143 ff.). ..... (B) *Ista tertia opinio inter ceteras probabilis est. ....* f. 10 r. A: *Sunt duae opiniones; prima ponit, quod nullus terminus communis est reliquo communior, quia quilibet infinita significata significat; secunda ponit, quod bene est aliquis terminus communis reliquo communior. ..... Respondetur, quod communitas termini non attenditur penes multitudinem significatorum, ... sed ideo dicitur aliquis terminus reliquo communior, quia de tali potest universaliter praedicari et non e converso.*

512) f. 12 v. A: *Quia variatio propositionis ex terminis habet ortum, ideo notanda est particularis distinctio terminorum. ..... Immediati dicuntur termini simplices vel pronomina demonstrativa in singulari numero ..... et adverbia demonstrandi, ut „nunc, tunc, hic, ibi", et verbum „est", ... quia quorundam aliorum nominum et verborum pro aliquibus supponentium possunt intrare probationem. .....* (B) *Ideo talis propositio est immediata „hoc est", quia non potest probari per aliquid notius.* ..... f. 13 r. A: *Terminorum mediatorum quidam sunt resolubiles, ut nomina, verba et adverbia et participia habentia inferiora secundum praedicationem; ..... alii autem sunt exponibiles; ..... alii vero sunt officiabiles* (s. bei Strodus, ob. Anm. 183), *ut termini limitantes ad sensum compositum et divisum, aliqui ad diversas compositiones secundum diversas ordinationes, ut sunt termini significantes actus animae. ..... Contingit, eundem terminum esse resolubilem, exponibilem et officiabilem, ut patet de isto termino „necessarium".* Näheres hierüber s. unten Anm. 536 ff.

513) f. 13 r. B: *Redeundo igitur ad probationem terminorum* (vgl. *Summ. log.* IV, 1) *resolubilium est sciendum, quod omnis terminus communis pro aliquo suppositivus et omne verbum praeter verbum „est" est resolubilis. Omnis enim propositio, in qua subiicitur huiusmodi terminus, habet probari per duo pronomina demonstrativa sibi correspondentia; et hoc universaliter est verum. In indefinita vel particulari affirmativa in quocunque numero vel casu et cum quocunque verbo, ut „homo est animal" sic resolvitur: „hoc est animal et hoc est homo, igitur homo est animal". .....* (v. A) *Indefinita vel particularis negativa potest tripliciter probari; uno modo, quemadmodum affirmativa; ..... secundo modo recurrendo ad eorum contradictoria; ..... tertio modo per universalem negativam sibi subalternantem, ut „aliquid non currit" probatur sic: „nihil currit, igitur aliquid non currit". ..... Eodem modo est dicendum de singulari affirmativa vel negativa. .....* (f. 14 r. A) *Universalis negativa probanda*

um hier die Lehre von der Supposition einzureihen, wodurch wir an Buridan erinnert werden, welcher gleichfalls (s. ob. Anm. 99) die Suppositionsfähigkeit eines Terminus darauf zurückgeführt hatte, dass derselbe seine individualisirte Geltung durch „*hoc*" nachweise. Die Supposition, deren Definition auf die obige des *terminus categorematicus* zurückgreift (s. Anm. 506), wird in der seit Occam üblichen Weise in eine *impropria* und eine *propria* unterschieden, deren letztere entweder *materialis* oder *simplex* oder *personalis* ist[514]. An die äusserst zugespitzte Definition der *materialis* knüpft sich eine Erörterung über *significatio* der *termini incomplexi* (unter Steigerung des in Anm. 506 Erwähnten) und der *complexi*, bei welchen ein von Buridan ausgesprochenes Motiv zu einer Unterscheidung zwischen *significare quiescenter* und *significare non quiescenter* umgestaltet wird[515]. Auch die *suppositio simplex* wird mit übertriebenem Scharfsinn definirt und findet zugleich gegen die Meinung derjenigen, welche sie nebst der *materialis* überhaupt verwarfen, eine Stütze in der Grammatik; hiemit aber ist die Veranlassung gegeben, die Begriffe der *prima* und *secunda impositio*, sowie der *prima* und *secunda intentio* genauer festzustellen, bei welch letzterer Paulus das von Occam (vor. Abschn., Anm. 794) abgewiesene thomistische Motiv der *communicabilitas* zu Grunde legt[516]. Die *suppositio personalis* wird,

---

est per assumptionem sui contradictorii. ..... Universalis affirmativa debet exponi per suam subalternam et universalem negativam sibi convenientem. ..... Multipliciter contingit exponentes universalis affirmativae variari vel ratione signi vel ratione subiecti simplicis vel compositi vel ratione verbi vel praedicati. ..... (v. A) *Est etiam diversitas exponendi de subiecto composito vel disiuncto. .....* (f. 15 v. A) *De obliquo mihi videtur posse dici absque distinctione aliqua.*

514) f. 16 r. A: *Suppositio est significatio termini non extremaliter unitivi pro aliquo vel aliquibus. ..... Ex quo patet differentia inter supponere et significare; terminus enim non supponit nisi in propositione positus, extra vero contingit ipsum infinita significare. ..... Dividitur suppositio in impropriam, ut „Anglia pugnat"* (s. Buridan, ob. Anm. 105), ... *et propriam, quae dividitur in materialem ac simplicem et personalem.* (Vgl. *Summul. log.* II, 1.)

515) Ebend.: *Suppositio materialis est significatio termini in propositione extremaliter se habentis et non extremaliter unitivi pro se ipso solummodo aut sibi consimili. .....* (B) *Fatentur aliqui, terminum materialiter supponere sine limitatione alicuius signi materialitatis. .....* (v. A) *Ista opinio in parte vera est et mihi conformis in multis, sed est nimis stricta, quia, sicut ..... potest aliquis terminus supponere personaliter vel simpliciter absque additione alicuius signi, ita in suppositione materiali videtur consimile esse ponendum. .....* (B) *Est igitur aliter dicendum, pro quo notandum, quod terminorum quidam sunt incomplexi et quidam complexi. Terminorum incomplexorum quidam significant significata non a se et suis consimilibus distincta, ut syncategoremata; quidam significant praecise se vel sua consimilia, sed distincta ab his possunt significare per solam impositionem novam, ut „A, B"; quidam significant significata a se et suis consimilibus distincta, sed possunt significare praecise se vel sua consimilia, per limitationem signi, ut „homo". ..... Terminorum complexorum quidam sunt significativi non quiescenter, ut „homo albus", quidam autem quiescenter, ut „homo est albus"* (vgl. Buridan, ob. Anm. 142). ..... *Sequitur, quod termini incomplexi sumpti primo vel secundo modo aut etiam complexi non quiescenter significativi et complexi secundo modo sumpti possunt materialiter supponere absque signo materialitatis; termini vero incomplexi sumpti tertio modo non sic possunt.* (Vgl. *Summ. log.* II, 3.)

516) f. 18 r. A: *Suppositio simplex est significatio termini in propositione extremaliter se habentis et maxime abstracti vel aequivalentis pro distincto a se et suo consimili. .....* (v. A) *Dicunt alii, quod est acceptio termini vocalis vel scripti, quae*

nachdem sie in entsprechender Weise definirt worden, ganz nach üblicher Tradition eingetheilt[517]). Hierauf aber verflicht Paulus offenbar nach dem Vorbilde Buridan's (ob. Anm. 112) die *ampliatio* völlig in die Lehre von der Supposition, wobei wir in gleichem Sinne wie bei Strodus (Anm. 185) den Ausdruck „*terminus distrahens*" treffen[518]); hingegen die *appellatio*, welche er dreigliedrig als *appellatio temporis* und *ampliationis* und *formae* fasste, hat er in dem grösseren Compendium hinweggelassen[519]). Betreffs der *suppositio relativorum* zählt er vorerst fünf verschiedene Meinungen auf, unter welchen nur Eine uns aus

---

accipitur pro intentione animae, cui non imponitur ad significandum...... Resurrexit quidam modernus solum suppositionem admittens personalem et asserens in suis scriptis, nullam suppositionem materialem existere seu simplicem (Marsilius, Anm. 401, nach Buridan's Vorgang, Anm. 99 u. 106)..... (B) *Contra procedunt verae sententiae atque doctrinae grammaticorum.....* (f. 19 v. B) *Iuxta quaesitum, quis sit terminus primae aut secundae intentionis vel impositionis,..... descriptiones, quae nunc communiter tenentur,..... satis bonae sunt, sed non in toto verae..... Est igitur meo iudicio aliter dicendum, quod terminus primae intentionis est conceptus simplex unitivus potentiae cum suo obiecto adaequato non ratione signi communicabilis aut incommunicabilis..... Terminus secundae intentionis est conceptus simplex unitivus potentiae cum suo obiecto adaequato sub ratione signi communicabilis aut incommunicabilis...... Terminus primae impositionis est signum tam implicite quam explicite simplex ad placitum significativum absque nova impositione sui adaequati significati non sub ratione signi communicabilis aut incommunicabilis..... Terminus secundae impositionis est etc.* (d. h. wie so eben) ..... *sub ratione signi communicabilis aut incommunicabilis.*

517) f. 20 r. A: *Suppositio personalis est significatio termini in propositione non maxime abstracti nec aequivalentis extremaliter se habentis et non extremaliter unitivi pro distincto a se et quolibet sibi consimili.....* (B) *Dividitur in discretam et communem..... Discreta est significatio termini singularis aut termini communis cum pronomine demonstrativo.....* (v. A) *Communis suppositio dividitur in determinatam et confusam..... Confusa quaedam est confusa tantum, quaedam confusa et distributiva. Confusa tantum dividitur, quia quaedam est mobilis, quaedam immobilis..... Confusa distributiva quaedam est mobilis, quaedam immobilis.* (Vgl. *Summ. log.* II, 4.)

518) f. 22 r. A: *Quantum pertinet ad diversitatem suppositionis, quae fit respectu diversorum temporum,..... terminus communis vel discretus supponens per se respectu verbi de praesenti solum. supponit pro his, quae sunt.....* f. 23 v. A: *Terminus supponens a parte subiecti respectu verbi ampliativi indifferenter supponit pro tali, quod est vel quod verbum limitat.....* f. 24 v. B: *Terminus sequens verbum ampliativum solum supponit pro tali, sicut verbum limitat, i. e. de cuius pronomine ipsum demonstrante ipsum verbum praedicatur......* f. 25 v. A: *Respectu terminorum distrahentium de praeterito et futuro vel aliorum participiorum verborum ampliativorum ..... terminus supponens respectu verbi de praesenti distracti per participium alicuius verbi ampliativi supponit eodem modo, quo supponeret respectu eiusdem verbi ampliativi.....* f. 26 r. B: *Diversimode proponuntur propositiones de termino distrahente, ad quarum quamlibet est diversimode respondendum, ut „Antichristus est futurus, Aliquis homo est mortuus, Adam est praeteritus".* (Vgl. *Summ. log.* II, 8.)

519) Zur Ergänzung möge daher aus *Summ. log.* II, 9 angeführt werden: *Appellatio est acceptio termini in propositione habentis respectum ad naturam verbi vel participii..... Appellatio temporis est acceptio termini in propositione pro aliquo secundum solam significationem verbi vel participii..... Appellatio ampliationis est acceptio termini ampliative sumpti limitati per terminum ampliativum praecedentem..... Appellatio formae est acceptio termini in propositione limitati per terminum praecedentem concernentem actum mentis.* Hiezu die Sophismen: *Patrem meum cognosco, et tamen non cognosco patrem meum. Socratem volo videre, et tamen nolo videre Socratem. Propositionem hypotheticam scis, et tamen nescis aliquam propositionem hypotheticam.*

Früherem bekannt ist[520]), und gibt hierauf die spitzfindigsten Regeln über die verschiedenen Arten der Relativa und die Modalitäten ihrer Supposition[521]).

Sodann kehrt er zu der oben bereits begonnenen *probatio terminorum* zurück, deren Durchführung durch das ganze Gebiet der *Exponibilia* unter Verwendung zahlreicher Sophismen noch den ganzen Rest der ersten Haupt-Abtheilung füllt. Den Anfang macht er sonderbarer Weise mit „*differt*"[522]), worauf er die Exclusiv-Sätze folgen lässt, welche er je nach der Stellung der betreffenden Partikel in drei Ordnungen unterscheidet[523]); entsprechend ebenso verfährt er mit den Exceptiv-Sätzen[524]),

---

520) f. 26 v. B: *De suppositione relativorum diversae sunt opiniones. ...... Prima dicit, quod relativum convertitur cum suo antecedente similiter tam quoad significationem quam quoad modum supponendi. .....* f. 27 r. A: *Secunda opinio ponit, quod relativum identitatis solum supponit pro illo, pro quo praedicatum in propositione, in qua ponitur suum antecedens, verificatur de ipso antecedente* (s. bei Albert v. Sachsen, ob. Anm. 258). .... (B) *Tertia ponit, quod relativum non simpliciter convertitur cum suo antecedente, sed prout habuerit respectum ad subiectum vel ad praedicatum.......* (v. A) *Quarta ponit, quod relativum significat illud, quod significat suum antecedens, verumtamen discretius seu minus confuse, prout est relatum ad suum antecedens, vel saltem non magis confuse, quam suum antecedens. ....* f. 28 r. A: *Quinta ponit, quod relativum relatum ad suum antecedens respectu alicuius actus competentis cuilibet supposito antecedentis supponit aeque confuse sicut suum antecedens.*

521) f. 28 v. A: *Reprobatis his opinionibus restat opinionem veram et probabilem pertractare. ..... Relativa accidentium et relativa diversitatis non habent eandem suppositionem, quam habent sua antecedentia, imo variantur eorum modi supponendi secundum varietatem syncategorematum eis praepositorum, ut „Corvus est niger, et quilibet Aethiops est talis". ..... Relativum identitatis in eadem categorica semper supponit eodem modo sicut suum antecedens. .....* f. 29 r. B: *Relativum identitatis hypothetice relatum ad suum antecedens supponens confuse tantum supponit praecise determinate. .....* (v. B) *Relativum identitatis hypothetice relatum ad suum antecedens supponens discrete vel determinate supponit eodem modo.....* f. 30 r. B: *Si antecedens relativi identitatis hypothetice relati supponit mobiliter affirmative, relativum supponit etiam mobiliter. .....* (v. B) *Cuiuslibet propositionis hypotheticae, cuius extremum unius partis capit suppositionem ab extremo alterius partis, potissima probatio est illatio categorica.* (Vgl. *Summ. log.* II, 6 u. 7.)

522) f. 31 v. A: *Nunc de terminis vim confundendi habentibus est ulterius prosequendum, et primo de hoc verbo „differt"*. Hiebei werden nun ausführlichst folgende Sophismen erörtert: *Socrates differt ab omni homine, et tamen ipse non differt ab aliquo homine. Nihil, quod est homo, differt ab homine, et tamen ab omni homine differt homo. Homo differt ab omni homine, et tamen a nullo homine differt omnis homo. Socrates differt, differebat et differet ab asino, et tamen non ab omni asino Socrates differet vel differebat.* (Vgl. *Summ. log.* IV, 9.)

523) f. 34 r. A: *Sequitur de dictionibus exclusivis. ..... Propositio exclusiva primi ordinis est illa, in qua nota exclusionis determinat implicite vel explicite tam subiectum quam praedicatum, ut „Tantum homo currit"; ..... secundi ordinis est, in qua nota exclusionis determinat totum praedicatum cum copula, ut „Iste homo tantum currit"; ..... tertii ordinis, ... in qua determinat solum praedicatum, ut „Tu es tantum homo"; ..... quarti ordinis ....., in qua determinat partem praedicati aut subiecti, ut „Ego video tantum Socratem"; .... quinti ordinis est, in qua dictio exclusiva finaliter subsequitur, ut „Tu es tantummodo".* Auf Grundlage dieses Unsinnes werden dann für die bejahende und für die verneinende Form dieser Arten die Regeln der Exposition angegeben und noch Regeln betreffs ihrer *Consequentia* beigefügt. (Vgl. *Summ. log.* IV, 10.)

524) f. 38 r. B: *Propositio exceptiva primi ordinis est illa, in qua terminus, a quo fit exceptio, et pars extra capta ponuntur in eadem parte orationis, ut „Omnis*

wiederholt aber bei den reduplicativen nur die gewöhnliche Tradition [525]); dann reiht er „*sicut*“ an, welches wir schon bei Marsilius (Anm. 423) beigezogen fanden [526]), hierauf die Comparative [527]) und die Superlative, bei welch letzteren er Mehreres aus Hentisberus (ob. Anm. 355 u. 361) verwerthen kann [528]). Sodann folgen Begriffe, welche bald categorematisch bald syncategorematisch stehen können, nemlich: „*totus*“ [529]),

---

homo praeter Socratem currit“; ..... secundi ordinis dicitur illa, in qua ..... non ponuntur in eadem parte propositionis, imo inter ea mediat copula, ut „Omnis homo currit praeter Socratem“. Nach den betreffenden Regeln über die Exposition folgen Bemerkungen über die Supposition der Termini in diesen Urtheilen (f. 39 r. B): *Aggregatum ex termino, a quo fit exceptio, et opposito termini extra capti supponit mobiliter. ..... Pars extra capta stat confuse tantum. ..... Terminus, respectu cuius fit exceptio, non aliunde prohibitus supponit mobiliter.* Hierauf folgen wieder Regeln, welche der Lehre von *Consequentia* angehören. (Vgl. *Summ. log.* IV, 11.)

525) f. 41 r. A. (Vgl. *Summ. log.* IV, 12.)

526) f. 42 r. A: *Restat, de aliis dictionibus vim confundendi habentibus pertractare, et primo de dictione „sicut“, quae cum suo redditivo praecedente terminum immediate sequentem confundit confuse et distributive in comparatione ad praedicatum propositionis dependentiae, ... i. e. propositionis sequentis litteram „sicut“.* Hieran knüpfen sich dann die Sophismen: *Quantuscunque fuit Socrates, tantus fuit Plato, et tamen Socrates non fuit tantus, quantus fuit Plato. Impossibile est, quod Plato currat ita velociter uniformiter praecise, sicut immediate post curret Socrates. Socrates iam non est ita albus, sicut erit Plato, et erit albior, quam erit Plato, et tamen non erit albus praecise, sicut erit Plato. Ita cito potest esse antichristus corruptus, sicut ipse generabitur, et tamen non potest ita cito esse corruptus, sicut ipse generabitur.*

527) f. 43 v. B: *Et comparativus habet vim confundendi. .... Exponitur per attributionem sui positivi utroque extremorum et negationem sui positivi comparabiliter sumpti a secundo comparatorum respectu primi praecedente littera „ita“ utraque extrema.* Hierauf die Sophismen: *In infinitum minor se est aliqua pars tua, et tamen non in infinitum maior aliqua parte tua tu es. Plato erit albior, quam Socrates, et tamen Plato nunquam erit albior Socrate. Socrates in infinitum erit albior, quam Plato incipit esse albus, et tamen solummodo per finitum ipse erit albior, quam Plato incipit esse albus. In infinitum citius erit aliqua pars pertransita, quam A, et tamen non in infinitum tardius erit A pertransitum, quam aliqua eius pars.* (Vgl. *Summ. log.* IV, 7.)

528) f. 47 v. A: *Quilibet terminus superlativus cuiuslibet termini communis immediate sequentis est mobiliter confusivus in ordine ad suum positivum. ...... Quando construitur cum genitivo pluralis, ... potest dupliciter exponi; uno modo per suas praeiacentes et negativam de positivo, alio modo per suas praeiacentes et negativam de comparativo. .....* f. 48 r. B: *Quando construitur cum relatione implicite vel explicite, ut „A est maximum pondus, quod Socrates potest portare“, „A est minimum pondus, quod non potest portare“, „A est maximum, quod non potest videre“, „A est minimum, quod potest videre“, prima sic exponitur „A potest portare et nullum maius“, ... secunda sic „A non potest portare nec aliquod tantum“, ... tertia sic „A non potest videre nec aliquod tantum“, ... quarta sic „A potest videre et nullum minus“.* Hieran schliesst sich dann eine peinlich ausführliche Erörterung über „*maximum, quod sic*“ und „*minimum, quod non*“ an. (Vgl. *Summ. log.* IV, 8.)

529) f. 56 r. A: *Restat reducere quorundam terminorum notitiam, qui quandoque categorematice et quandoque syncategorematice tenentur. ..... Sumitur „totus“ syncategorematice, quando toti propositioni praeponitur.* Dahin gehören dann Sophismen, wie z. B.: *Totus Socrates est minor Socrate. Totus Socrates aliqua sui parte est minor. Totum, quod est in mundo, est in oculo tuo vel in bursa tua* u. dgl. ..... f. 57 r. B: *Categorematice sumitur, dum copulam principalem determinare non potest, quando copulae postponitur vel eidem introcluse et restricte praeponitur,* ..... z. B. in den Sophismen: *In oculo tuo est totum, quod est in mundo. In*

„semper“ [530]), *„ab aeterno“* [531]), *„infinitum“* [532]), und *„immediate“* [533]); hernach ausführlicher *„incipit et desinit“*, indem er hier nach Anführung verschiedener Meinungen Anderer [534]) seine eigene Ansicht dahin ausspricht, dass bei diesen Urtheilen überhaupt nicht von einer eigentlichen Exposition, sondern nur von physikalischen *„causae veritatis“* die Rede sein könne, was er dann für die verschiedenen Eventualitäten weiter ausführt [535]). Nun folgen noch die *termini officiabiles* (s. Anm. 512),

---

manu mea est tota pecunia mundi. In mente mea est tota sapientia mundi u. dgl. (Vgl. *Summ. log.* IV, 15.)

530) f. 57 v. B: *„Semper“ sumitur categorematice, dum verbum principale determinare non potest, quando a parte praedicati collocatur, ut „Aliquis homo fuit semper“; ..... syncategorematice tenetur, quando in copulam principalem suam virtutem emittit, ut „Semper fuit homo“.* (Vgl. *Summ. log.* IV, 16.)

531) f. 58 r. B: *Quaecunque dicta sunt de termino „semper“, possunt convenienter applicari terminis „ab aeterno, aeternaliter, in aeternum“.* (Vgl. ebend. IV, 17.)

532) f. 58 v. B: *„Infinitum“ tenet categorematice, quando principale verbum determinare non potest; .... syncategorematice, quando ..... determinat.* Hiezu die Sophismen: *Sicut infinita sunt finita, ita finita sunt infinita. Infinitum tempus fuit finitum, et tamen nullum tempus finitum fuit infinitum.* (Vgl. ebd. IV, 18.)

533) f. 61 r. A: *Terminus „immediate“ ..... exponitur nominaliter, quando cum aliquo istorum adverbiorum temporis „ante“ vel „post“ inhaerentiam non habet; ..... adverbialiter exponitur, quando adverbio „ante“ vel „post“ annectitur. ..... „Immediate“ terminum sequentem se confundit confuse tantum. ..... Exponitur propositio denominata ab eo per suam praeiacentem et universalem negativam.* Hierüber z. B. das Sophisma: *Duo contradictoria inter se contradicentia immediate post hoc erunt vera et eadem immediate post hoc erunt falsa.* (Vgl. *Summ. log.* IV, 13.)

534) f. 63 r. B: *De verbis „incipit“ et „desinit“ restat dicendum. .... Huiusmodi verba terminum se sequentem confundunt confuse tantum.* ...... f. 64 r. A: *A propositione de „incipit“ in sensu diviso et in sensu composito subiecto consimili cum dicto opposito est bonum argumentum. ..... In modo probandi propositiones illorum verborum diversi diversas sententias notant. Dicunt quidam, quod nullus terminus connotans indivisibilitatem debet ingredi probationes illorum, sicut „instans“, quia nihil eis correspondet in re, sed loco talium ponenda sunt divisibilia, ut „tempus, cito, nunc“* (vgl. Peter v. Ailly, Anm. 494). ..... (B) *Secunda opinio ponit, quod ...... dupliciter exponuntur, uno modo per positionem de praesenti et remotionem de praeterito, ... secundo modo per remotionem de praesenti et positionem de futuro* (s. Albert v. Sachsen, Anm. 282). .... (f. 65 r. A) *Alia opinio ponit, quod exponuntur per disiunctivas et copulativas compositas.* (Vgl. *Summ. log.* IV, 14.)

535) f. 65 v. A: *Propositio respectu verbi „incipit“ vel „desinit“ exponi non habet, sed habet causas veritatis, ... quarum una est copulativa duarum demonstrativarum, unius de praesenti affirmativae et reliquae de praeterito negativae cum determinatione dictionis „immediate“; .... secunda causa est una copulativa unius de praesenti negativae et alterius de futuro affirmativae cum simili determinatione.* ..... f. 66 r. A: *Qualecunque erit aliquid, quale ipsum iam non est, ipsum incipit vel incipiet esse tale. ..... Qualecunque est vel fuit aliquid, quale ipsum aliquando non fuit, ipsum incipit vel incepit esse tale .....* (ebenso bei *desinit*) .... (v. A.) *Quaelibet propositio de praesenti cuiuscunque verbi primo termino carente apposito est pro instanti verificabilis, ut „Tu es“ ....* (B) *Quaelibet propositio de praeterito vel futuro verbo substantivo est pro instanti verificabilis, nisi determinetur per terminum significantem fluxum. .... Propositio de verbo adiectivo praeteriti vel futuri non est pro instanti verificabilis, nisi forte gratia materiae, ... non enim sequitur „Tu tanges Socratem et Platonem, igitur in aliquo instanti tanges illos“* ..... f. 67 v. B: *A quacunque causa inceptionis vel desitionis ad propositionem eiusdem est bonum argumentum. .... A propositione inceptionis vel desitionis ad disiunctivam ex suis causis est bonum argumentum.* Als erläuternde Beispiele folgen noch zehn Sophismen.

welche er in Nomina, Verba, Participia und Adverbia eintheilt[536]); und hieraus erwächst ein kleiner neuer Bruchtheil der logischen Lehre mit neuer Terminologie, denn dergleichen Verba und Participia führen zur „*propositio descriptibilis*“, zu welcher auch die üblichen juristischen Beispielsätze betreffs der Stipulation (s. ob. Anm. 108) gehören[537]); hingegen auf den Adverbien beruht die „*propositio de modo exponibilis*“ [538]), und hinwiederum Nomina, Verba und Participia geben Veranlassung zur „*propositio officiabilis*“ [539]). Und indem mit dieser ganzen Gruppe solcher Termini der Unterschied zwischen *sensus divisus* und *sensus compositus* zusammenhängt (vgl. hingegen Buridan, Anm. 76 u. 83, und auch Hentisberus, Anm. 348), will Paulus eine hierüber bestehende Meinungsverschiedenheit dadurch schlichten, dass *sensus compositus* dann eintrete, wann der Modalitäts-Terminus dem Urtheile vorangehe, hingegen *sensus divisus*, wann derselbe zwischen Subject und Verbum stehe[540]).

---

536) f. 70 v. A: *De terminis officiabilibus, a quibus sensus compositus et divisus originem sumit, sequitur pertractare. .... Terminorum officiabilium quidam sunt nomina, ut „possibile, impossibile, necessarium, contingens, verum, falsum“; quidam sunt verba, ut „scio, dubito, credo, imaginor, opinor, haesito, volo, nolo, percipio, intelligo, existimo, promitto, apparet, significat, potest, contingit“ et alia infinita; quidam sunt participia, ut „scitum, dubitatum, creditum“ etc.; quidam sunt adverbia, ut „possibiliter, impossibiliter“ etc. Horum terminorum quidam habent officiari, ut praedicta nomina, verba et participia, quidam describi, ut verba et participia, quidam exponi, ut adverbia.*

537) Ebend.: *Propositio descriptibilis est illa, in qua aliquod praedictorum verborum vel participiorum existens primum probabile in propositione incomplexum determinat, ut haec propositio „Ego scio A propositionem“ sic describitur et probatur: „Ego scio significatum primarium A propositionis, quod scio primarie significari per A, igitur scio A propositionem“. ...* (B) *Ab his potest homo exemplum sumere, qualiter alias propositiones de aliis verbis officiabilibus describere debeat, ut „Promitto tibi denarium“, i. e. „Promitto tibi ius alicuius denarii praesentis, praeteriti, futuri, possibilis, imaginabilis“.* (Vgl. *Summ. log.* IV, 4.)

538) f. 71 r. A: *Propositio de modo exponibilis est illa, in qua aliquod praedictorum adverbiorum existens primum probabile in propositione verbum principale determinat, ut „Necessario omnis homo est animal“ exponitur sic: „Omnis homo est animal, et non potest esse, quin omnis homo est animal“.* Zur Erläuterung folgen acht Sophismen. (Vgl. *Summ. log.* IV, 2.)

539) f. 73 r. A: *Propositio officiabilis est illa, in qua modus nominalis, verbalis vel participialis existens primum probabile in propositione complexum determinat, ut „Possibile est, te scire A“ sic officiatur et probatur: „Haec propositio est possibilis ‚Tu scis A‘, quae primarie significat, te scire A, ergo possibile est, te scire A“.* Hierauf zwölf Sophismen, deren sechs das Verbum „*credere*“ betreffen und sonach (f. 75 r. B) als „*Conclusiones credulitatis*“ bezeichnet werden. (Vgl. *Summ. log.* IV, 3.)

540) f. 76 r. B: *Omnes illi modi superius explicati, sc. nominalis, verbalis, participialis et adverbialis, sensum compositionis et divisionis exprimere possunt; sed qualiter, est difficultas. Dicunt quidam, quod, quandocunque modus simpliciter praecedit orationem infinitivam vel finaliter subsequitur eandem, sensus compositus nominatur; ..... sed quando mediat dictum, sensus divisus. .... Alii dicunt, quod, quando modus praecedit, est sensus compositus, sed quando mediat vel finaliter subsequitur, est sensus divisus. .... Dico ergo aliter tenendo medium istorum, quod, quandocunque modus praecedit dictum categoricum vel hypotheticum, facit sensum compositum, et quando mediat verbum dicti et primum extremum, tenetur in sensu diviso ....* (v. B) *A sensu composito ad sensum divisum cum termino officiabili frequenter fallit argumentum.* Hieran reiht sich eine Menge von Sophismen.

Endlich bricht er noch die Gelegenheit vom Zaune, Sophismen über „*scitum*“ und über „*futurum contingens*“ aufzuhäufen [541]).

Die zweite Hauptgruppe des logischen Materiales, welche wesentlich im Urtheile beruht (s. Anm. 505), beginnt mit der Definition des Urtheiles, wobei Paulus es ebensosehr für nothwendig hält, einen völlig läppischen Einwand zurückzuweisen [542]), wie bei der Eintheilung in kategorische und hypothetische Urtheile [543]). Das kategorische wird zunächst gar wunderlich nach Gesichtspunkten der *ampliatio* und dann in Steigerung eines Motives, welches wir bei Pseudo-Occam (ob. Anm. 173) trafen, nach *extrema complexa* und *extrema disiuncta* in das disjunctive, copulative, conditionale, locale, temporale und causale eingetheilt [544]). Bei der Eintheilung in bejahendes und verneinendes Urtheil kommt hier neu der Begriff einer „*negatio praegnans*“ hinzu, welcher sich auf die exponiblen Urtheile bezieht [545]), und in gleichem Sinne wird von *terminus*

---

541) f. 82 v. A: *Quia in tractatu praecedente pluries tangebatur, licet indecise, de scientia et dubitatione, necessitate et contingentia, ideo de eisdem clarius tradendo scientiam duo dubia volo in praesenti perquirere. Primum est, utrum scitum ab aliquo sit dubium vel non scitum eidem; secundum est, utrum ens aliquod futurum contingens de necessitate eveniet.* Die Erörterung hierüber, welche 37 engst gedruckte Folioseiten füllt, ist ein fortlaufendes Schulexercitium, in welches alle möglichen Sophismen verflochten werden.

542) f. 101 r. A: *Propositio est enuntiatio congrua et perfecta veri aut falsi significativa* .... (v. A) *Contra arguitur* .... *per istam orationem „Bu est Ba“* .... *Respondetur, quod „Bu est Ba“ non est propositio, et nego, quod sit enuntiatio perfecta.* (Vgl. *Summ. log.* I, 5.)

543) f. 101 v. B: *Propositio in categoricam et hypotheticam dividitur.* ...... *Propositio categorica est illa, quae implicite vel explicite habet subiectum, praedicatum et copulam.* .... (f. 102 r. A) *Contra divisionem arguitur probando, quod aliqua est propositio, quae nec est categorica nec hypothetica; et ponitur, quod tu incipias proferre propositionem .... et sic continuabis, quousque erit totaliter prolata;* ..... *ideo sic propositio immediate post erit categorica vel hypothetica* ..... (B) *Respondetur,* ..... *quod propositio subordinatur in mente uni mentali, in qua non est prius subiectum, quam praedicatum.* Aehnlicher Art sind noch zwei andere Einwände, welche mit gleichem Glück beseitigt werden.

544) f. 102 v. A: *Propositionum categoricarum quaedam sunt de subiecto ampliativo et praedicato ampliativo,* ..... *quaedam nec de subiecto ampliantur nec de praedicato,* ..... *quaedam sunt de subiecto ampliativo nec de praedicato,* ..... *quaedam de extremo ampliativo et non subiecto nec praedicato.* ..... *Illarum de subiectis ampliativis quaedam sunt de praesenti,* ...... *quaedam de praeterito,* .... *quaedam de futuro.* .... *Categoricarum quaedam sunt de extremis complexis,* .... *quaedam de extremo complexo et non extremis,* ..... *quaedam nec de extremis nec de extremo.* .... *Illarum de extremis complexis quaedam sunt sine interpositione adverbii vel coniunctionis, quaedam cum interpositione.* ..... *Illarum sine interpositione quaedam sunt de extremis complexis ex adiectivo et substantivo,* .... *quaedam ex recto et obliquo.* .... *Illarum cum interpositione quaedam sunt de extremo disiunctivo,* ..... *quaedam de extremo copulato,* .... *quaedam de conditionato,* .... *quaedam de locali,* .... *quaedam de temporali,* .... *quaedam de causali* (s. jedoch Anm. 549). ... *Categoricarum quaedam sunt de „est“ secundo adiacente, quaedam de tertio, quaedam nec de secundo nec de tertio.*

545) f. 102 v. B: *Secunda divisio principalis est, quod propositionum categoricarum quaedam est affirmativa, quaedam negativa.* .... *Affirmativa est illa, in qua verbum principale vel copula implicite vel explicite affirmatur* .... f. 104 r. A: *Propositio categorica negativa praegnans est quaecunque negativa exponibilis,* .... *sicut exclusivae et reduplicativae, in quibus non negatur nota denominationis et quaecunque exceptiva proprie negativa.* .... *Non praegnans est quaecunque negativa non*

praegnans bei der Eintheilung gesprochen, welche auf der Quantität beruht[546]), worauf in üblicher Weise die Entgegensetzung und die Aequipollenz folgen[547]). Die Umkehrung wird um eine neue Species bereichert, insoferne bei den Exclusiv-Urtheilen und beim *sensus compositus* der modalen von der Quantität abzusehen sei; den Exceptiv- und den Reduplicativ-Urtheilen soll die Umkehrbarkeit gänzlich fehlen[548]). Betreffs des hypothetischen Urtheiles will sich Paulus grundsätzlich (entgegen seiner eigenen obigen Eintheilung, Anm. 544) auf das copulative und das disjunctive und das conditionale mit Einschluss des rationalen (s. Abschn. XVII, Anm. 584, u. vor. Abschn., Anm. 322) beschränken, da, wenn man das locale, das temporale und das causale Urtheil aufnehme, man im Hinblicke auf alle möglichen Conjunctionen auch von einer *simi-*

---

exponibilis vel non se habens aliquo dictorum modorum, ... et haec dividitur, quia quaedam est impossibilis et quaedam possibilis. Negativa impossibilis est illa, cuius contradictorium est necessarium vel cuius significatum primarium non potest esse verum; .... negativa possibilis est, cuius significatum primarium est possibile .... f. 105 r. A: *De quolibet dicitur alterum contradictoriorum incomplexorum et de nullo eorum ambo. ...* (v. A) *Ab affirmativa de praedicato privativo ad affirmativam de praedicato infinito est bonum argumentum. ...* f. 106 r. A: *Ab affirmativa de praedicato infinito ad negativam de praedicato finito in recto et in suppositione personali est bonum argumentum. ...* f. 107 r. A: *A negativa de praedicato finito ad affirmativam de praedicato infinito debito medio est bonum argumentum.*

546) f. 107 v. B: *Tertia divisio principalis categoricae est, ... quod quaedam est universalis, quaedam particularis, quaedam indefinita, quaedam singularis. .... Universalis est, in qua subiicitur terminus communis non praegnans solo signo universali determinatus vel pluribus eidem aequivalentibus.....* f. 109 r. A: *Particularis est illa, in qua subiicitur terminus non praegnans solo signo particulari determinatus vel pluribus eidem aequivalentibus vel saltem ipsum inferentibus. ....* (B) *Indefinita est illa, in qua subiicitur terminus communis non praegnans nullo signo determinatus. .... Singularis est illa, in qua subiicitur terminus discretus sine signo immediate aut terminus categorematicus solo pronomine demonstrativo determinatus. ....* f. 112 r. A: *Ab universali affirmativa ad suum singulare cum debito medio est bona consequentia. ....* (B) *Ab universali negativa ad quamlibet suarum singularium est bona consequentia. ....* (v. B) *Ab indefinita ad suam particularem tam affirmative quam negative est bonum argumentum.* (Vgl. *Summ. log.* I, 6 f.)

547) f. 113 r. B: *Dicto de quantitate propositionum iam restat, easdem in figura propria, quae de inesse vocatur, aliqualiter collocare.* Dabei werden nun in weitschweifiger Exemplificirung die gewöhnlichen Regeln der Entgegensetzung und Subalternation in ausdrücklichem Anschlusse an Petrus Hispanus angeführt, und in gleicher Behandlungsweise folgt die Lehre von der Aequipollenz (mit Benützung des Memorial-Verses „*Prae contradic etc.*", s. Abschn. XVII, Anm. 40), welche zugleich auf die modalen Urtheile angewendet wird; hierauf (f. 115 r. B) die *triplex materia* der Urtheile und die betreffenden „*leges*" (s. ebend. Anm. 155), und zuletzt die Lösung einer Menge von Sophismen. (Vgl. *Summ. log.* I, 8—10.)

548) f. 122 v. B: *Triplex reperitur conversio, quia quaedam est conversio simplex, quaedam per accidens, et quaedam extra quantitatem seu praeter quantitatem. ....* f. 123 r. A: *Conversio praeter quantitatem est implicite vel explicite debita transpositio extremorum copulae, cuius alterum extremum tam implicite quam explicite caret quantitate logicali; et isto modo convertuntur exclusivae et modales in sensu composito. ....* (v. A) *Exceptivae non sunt convertibiles; .... et similiter dico de reduplicativis.* Mit geschmackloser Spitzfindigkeit wird betreffs vieler Urtheile die Frage erörtert, ob und wie dieselben umkehrbar seien, z. B. „*Taedet animam vitae meae*" sei umzukehren „*Aliquid, quod taedet vitae meae, est anima*" (s. bei Marsilius, Anm. 382) oder „*Album fuit Socrates*" ergebe „*Socrates aliquod album fuit*" u. s. f. (Vgl. *Summ. l.* I, 11.)

litudinaria, einer *comparativa, relativa, inhibitiva, electiva, subiunctiva, expletiva* u. s. f. sprechen müsse[549]). Dennoch aber erörtert er vorerst die *temporalis*, die *localis* und die *expletiva*, d. h. das Concessiv-Urtheil[550]), um sodann bei dem copulativen eine Unterscheidung zwischen „*copulatim*" und „*collective*"[551]) und ebenso beim disjunctiven zwischen „*disiunctim*" und „*disiunctive*" durchzuführen[552]). In gleicher Weise spricht er bei dem conditionalen Urtheile von „*conditionatim*" und „*conditionaliter*"; zugleich aber geräth er durch die mit dieser Urtheilsform nothwendig zusammenhängenden Begriffe des *antecedens* und *consequens* nach Massgabe der ihm vorliegenden Litteratur in das Gebiet der *Consequentiae* und führt nun zehn verschiedene Meinungen Anderer an (deren drei uns aus dem Bisherigen bekannt sind), um zu dem wenig tröstlichen Resultate zu gelangen, dass man keinen genügenden allge-

---

549) f. 124 v. A: *Nunc de hypotheticis sollicite est tractandum. .... Quidam quinque species ponunt hypotheticarum, quidam sex* (Buridan und Albert, Anm. 81 u. 273), *alii septem* (Strodus, Anm. 190), *alii decem* (Feribrigus, Anm. 214), *alii quatuordecim, et sic ultra. Sed obmissis his dico, quod tres et non plures sunt species, ... sc. copulativa, disiunctiva et conditionalis, sub qua aequivalenter locatur rationalis. Non enim video, quod temporalis, localis et causalis sint hypotheticae, quin etiam aliae, quas formant aliae notae adverbiales et coniunctivae; et sic similitudinaria esset hypothetica, ut „Scripsi, sicut tibi placuit", et comparativa, ... item relativa .... et inhibitiva, ut „Circumspicit, ne sibi concludatur", item electiva, ut „Potius est concedere, quam male respondere", et subiunctiva, ut „Ego feci, quod bene respondisti", et expletiva, ut „Licet movearis, non curris", ... et sic per alias notas posset formari nimius hypotheticarum numerus .... et utilis parum.*

550) f. 125 r. A: *Ut autem et temporalium materia magis intelligatur, volo declarare. .... Temporalis est illa, quae a nota temporis implicite vel explicite sumit denominationem. .... De primo ordine sunt illae, in quibus nota temporis petendo principium propositionis impedit quantitatem, ut „Quando ego disputo, tu respondes"; .... secundi ordinis sunt illae, in quibus nota temporis non impedit quantitatem, ut „Ego disputo, quando tu respondes"* (es ist kaum möglich, die Sinnlosigkeit weiter zu treiben). In gleicher Eintheilung werden dann auch *localis* und *causalis* besprochen, und denselben noch von obigen Urtheilsarten die *expletiva* beigefügt (— wir wissen allerdings nicht, warum gerade nur diese —), nemlich f. 127 r. A: *Expletiva propositio est illa, quae a nota sic vocata sumit denominationem; .... istarum quaedam est alicuius quantitatis, quaedam nullius; exemplum primi „Licet movearis, non curris", exemplum secundi „Tu moveris, licet non curras". Item quaedam sunt affirmativae, quaedam negativae. ..... Item quaedam primi ordinis, ut „Licet sis asinus, es homo", quaedam secundi, ut „Tu es homo, licet sis asinus"* u. s. w.

551) f. 127 v. B: *Nota copulandi sumitur copulative, quando categoricas coniungit, copulatim vero, quando praecise terminos unit. .... Nota copulationis sumpta copulatim sumitur divisive, quando ex propositione, cuius ipsa est pars, sequitur copulativa de similibus terminis, collective vero, quando non sequitur huiusmodi copulativa; exemplum primi „Socrates et Plato currunt, ergo Socrates currit et Plato currit", exemplum secundi „Socrates et Plato sufficiunt portare hunc lapidem".* Für diese beiden Arten werden nun Regeln und erläuternde Sophismen entwickelt, worauf in gleicher Weitschweifigkeit die üblichen Regeln darüber folgen, was zur Wahrheit, zur Möglichkeit oder Unmöglichkeit, und zur Nothwendigkeit eines copulativen Urtheiles gehöre. (Vgl. *Summ. log.* I, 13.)

552) f. 131 r. B: *Nota disiunctionis sumitur disiunctim, cum solummodo terminos coniungit, disiunctive vero, cum categoricas unit; exemplum primi „Tu es homo vel asinus", exemplum secundi „Tu es homo vel tu es asinus".* Die hierauf folgenden (durch Sophismen erläuterten) Regeln gehören eigentlich der Lehre von Consequentiae an. (Vgl. ebend. I, 14.)

meinen Grundsatz aufstellen könne, da das conditionale Urtheil selbst sehr verschiedenartig sei; doch gibt er hierauf noch ein paar Regeln über die Wahrheit dieser Urtheilsform [553]).

Den formellen Uebergang aber zur Lehre von den *Consequentiae* macht er damit, dass er zuletzt noch das rationale Urtheil (Anm. 549) erwähnt, jedoch nur um es als Urtheil bei Seite zu schieben und statt desselben das Wort „*consequentia*" anzuwenden. Er theilt nun sofort die *consequentia* in *bona* und *mala* und die erstere in *formalis* mit drei Abstufungen, nemlich *solum formalis, plus quam formalis, formaliter formalis,* und in *materialis,* wovon aber nach seiner capriciösen Terminologie wieder verschieden ist die Eintheilung in *bona de forma* und *bona de materia* [554]). Hierauf führt er in äusserst planloser und

553) f. 134 r. B: *Nota conditionis sumitur conditionatim, cum categorica vel terminis clauditur, conditionaliter vero, cum categoricas coniungit et unit; exemplum primi „Omne falsum, si est impossibile, non est verum", „Omne animal, si est rudibile, est asinus", excemplum secundi „Si tu es homo, tu es animal"* .... (v. A) *Aliqui dixerunt, quod ad veritatem conditionalis requiritur, quod antecedens non potest esse verum sine consequente. .... Alii dixerunt, quod ..... hoc non requiritur .... in sensu diviso, sed requiritur, quod non sit possibile, quod antecedens sit verum, quin consequens sit verum. .... Tertii dixerunt, quod .... requiritur, quod non sit possibile, antecedens esse verum illius consequentiae, nisi consequens eiusdem sit verum.* ... (B) *Quarti .... quod non sit possibile, antecedens esse verum, consequente eiusdem antecedentis existente falso sine nova impositione. .... Quinti .... quod si ita est, sicut est significabile per antecedens, necesse est sic esse, sicut est significabile per consequens* (s. Albert v. Sachsen, Anm. 284). .... *Sexti .... quod non sit possibile sic esse et sic non esse demonstratis significatis antecedentis et oppositi consequentis. .... Septimi .... quod non sit possibile sic esse et sic non esse demonstratis significatis antecedentis et consequentis. .... Octavi .... quod consequens intelligatur in antecedente. .... Noni .... quod significatum adaequatum consequentis intelligatur in antecedente* (s. Strodus, Anm. 178). ..... *Decimi dicunt, quod ...... requiritur, quod oppositum consequentis repugnat antecedenti* (vgl. Feribrigus, Anm. 208). .... (f. 135 r. A) *Dico ergo, quod non potest sufficienter vel universaliter assignari, ... quia conditionales in multiplici differentia proponuntur. ..... Ad veritatem affirmativae significantis iuxta compositionem suarum categoricarum requiritur, quod contradictorium consequentis possit repugnare antecedenti ipsis sic significantibus et demonstrando per litteram „sic" significata consueta antecedentis et oppositi consequentis.* .... (B) *Ad veritatem affirmativae non significantis ex compositione suarum partium requiritur, ipsam esse subordinabilem uni conditionali vere sic significanti.* Genau entsprechend lauten dann die Regeln betreffs des negativen conditionalen Urtheiles. Hernach folgen wieder Regeln aus dem Gebiete der *Consequentiae.* (Vgl. *Summ. log.* I, 12.)

554) f. 139 r. B: *Ut de conditionalium materia plena habeatur notitia, de rationalibus est ultimo insistendum. .... Propositio rationalis est enuntiatio hypothetica implicite vel explicite coniungens duas propositiones per notam rationis „ergo" vel „igitur". .... Sed quia hoc nomen „rationalis" ad consequentiam translatum est, ideo ipsum dimitto et more aliorum altera utar. .... Consequentiarum* (vgl. betreffs dieses ganzen Abschnittes *Summ. log.* III, 1—7) *tam affirmativarum quam negativarum quaedam est bona et quaedam est non bona seu mala. Consequentia bona significans iuxta compositionem suarum partium dicitur illa, cuius contradictorium consequentis potest repugnare antecedenti.* .... (v. A) *Consequentia bona significans non ex compositione suarum partium dicitur illa, quae uni bonae est immediate subordinabilis.* .... (B) *Consequentia bona formalis est illa, cuius contradictorium consequentis sic primo significando potest antecedenti formaliter repugnare.* .... (f. 140 r. A) *Consequentiarum formalium quaedam est solum formalis, quaedam plus quam formalis, quaedam formalissima sive formaliter formalis* (nemlich je nachdem jenes *repugnare antecedenti* entweder *solum formaliter* oder *plus quam formaliter* oder *for-*

willkürlicher Auswahl mehrere jener Regeln an, welchen wir bisher schon öfters begegnet sind [555]), und nimmt sodann aus Strodus (Anm. 182) mit geringen Modificationen die Eintheilung der Termini in *impertinentes* und *pertinentes* auf, deren letztere entweder *disparati* oder *consecutivi*, und zwar diese wieder entweder *convertibiles* oder *sequela tantum* sind [556]). Auf dieser Grundlage lässt er abermals eine Anzahl von Regeln folgen, welche sich hauptsächlich auf die bereits von Strodus und Feribrigus (Anm. 183—189 u. 209 f.) besonders hervorgehobene *consequentia ab inferiori ad superius* und *a superiori ad inferius* beziehen [557]).

---

malissime stattfindet; das Beispiel des ersten ist „*Tu sedes, igitur non curris*", des zweiten „*Tu es homo, igitur es risibilis*", des dritten „*Tu es homo, igitur es animal*"). .... *Consequentia bona materialis est illa, cuius contradictorium consequentis sic primo significando potest antecedenti materialiter repugnare,* .... *ut* „*Nullus deus est, igitur baculus stat in angulo*" (vgl. Strodus, Anm. 178). .... (v. B) *Consequentia bona de forma dicitur illa, cui quaelibet sibi similis in forma est bona, ut* „*Homo currit, igitur animal currit*". *Consequentia bona de materia dicitur illa, cui non quaelibet similis in forma est bona, ut* „*Tantum pater est, igitur non tantum pater est*".

555) f. 141 r. B: *Omnis syllogismus bonus est consequentia de forma.* .... *A copulativa ad alteram partem est consequentia formalis et de forma.* .... *Ab exposita ad utramque eius exponentium et a causa veritatis ad propositionem habentem illam causam est argumentum de forma.* .... *Ab inferiori ad suum superius est argumentum formale et de forma* .... *et ab universali ad suam indefinitam vel particularem.* .... *Nulla consequentia solum materialiter bona tenet de forma.* .... (f. 142 v. A) *Si contradictorium consequentis est illativum contradictorii antecedentis, consequentia est bona.* .... (f. 143 r. A) *Si antecedens est verum, et consequens est verum.* .... (B) *Si antecedens est necessarium, etiam consequens est necessarium.* .... (v. B) *Si antecedens est possibile, etiam consequens.* .... (f. 144 v. A) *Quod sequitur ad consequens, illud idem sequitur ad antecedens.* .... (f. 145 v. A) *Quod stat cum antecedente, idem stat cum consequente.* .... (f. 146 r. A) *Si consequentia est bona scita a te esse bona,* .... *et antecedens est concedendum a te.* .... (v. A) *Si antecedens est scitum a te, et consequens est scitum a te.* .... (f. 147 r. A) *Si antecedens est a te dubitandum, consequens non est a te negandum.* Vgl. ob. Anm. 179 f., 285, 411 f.

556) f. 147 r. B: *Termini impertinentes sunt, quorum stat unum indifferenter negari de alio vel affirmari vicissim praeter corruptionem significati sine nova impositione, ut* „*lignum*" *et* „*homo*". .... *Terminorum pertinentium quidam sunt disparati, quidam consecutivi.* .... *Disparati dicuntur illi, quorum unus non potest de alio verificari nec e contra, ut* „*homo*" *et* „*asinus*". ..... *Terminorum consecutivorum quidam sunt convertibiles,* .... *ut* „*homo*" *et* „*risibile*" .... *quidam sequela tantum sine convertibilitate, i. e. illi, quorum unus est illativus alterius et non e contra,* .... *ut* „*homo*" *et* „*animal*".

557) f. 147 v. A: *Ab affirmativa, in qua ponitur unus simplex disparatorum, ad negativam, in qua ponitur alter, est bonum argumentum* .... f. 148 r. A: *Quandocunque sunt duae propositiones, quarum subiecta convertuntur, ab una ad reliquam valet argumentum.* ..... (B) *Ab uno convertibili ad reliquum ratione totius extremi est bonum argumentum* ..... (v. B) *etiam ab uno correlativorum ad reliquum.* .... f. 150 v. A: *Ab inferiori ad suum superius ratione totius extremi est bonum argumentum.* ..... f. 153 v. A: *Ab inferiori ad suum superius negatione praeposita distributive vel confusive non valet argumentum,* .... (f. 154 v. A) *sed negatione postposita est bonum argumentum et formale, sed non de forma.* ...... (B) *et cum debito medio negatione postposita valet argumentum.* .... f. 155 v. B: *A superiori ad inferius affirmative et sine distributione ut plurimum non valet argumentum.* .... f. 156 r. B: *A superiori distributo ad suum inferius per se affirmative est consequentia formalis, sed non de forma* . ... f. 157 r. A: *A superiori ad suum inferius distributive et negative est consequentia bona formalis et de forma.*

Als Vorbereitung aber zu den noch übrigen Zweigen der *consequentia*, nemlich zu *syllogismus*, *Obligatoria* und *Insolubilia*, folgen nun in eigenthümlicher Weise Erörterungen über Wahrheit, Unmöglichkeit u. s. f. der Urtheile überhaupt. Zuerst führt Paulus neun verschiedene grundsätzliche Annahmen betreffs der Wahrheit des Urtheiles an, unter welchen er sich an diejenige anschliesst, welche den Begriff des *significatum adaequatum* zu Grund legt[558]); eben dieser aber veranlasst ihn, von Neuem die verschiedenen Meinungen über *significatio* näher zu betrachten, und er kommt dabei zu dem Resultate, dass dem negativen Urtheile als solchem keine Objectivität entspreche und dasselbe daher hierin auf gleicher Linie mit jenen bejahenden Urtheilen stehe, deren Gegenstand nicht existirt, ferner dass zwischen dem objectiven Gegenstande des Urtheiles und dem in Urtheilsform ausgesprochenen Befunde zu unterscheiden sei (d. h. mit Kant zu reden, dass wir aus einem Gegenstande erst herausgehen müssen, um ihm Existenz zuzuschreiben), sowie auch dass der im Denken erfasste Gegenstand der Bezeichnung mittelst eines Terminus als Gegenstand nicht identisch sei mit dem *significatum totale* des betreffenden Terminus, sondern das *significatum adaequatum* der Begriffe und der Urtheile in einer ihm allein eigenthümlichen Weise der Auffassung das Zusammentreffen der Objectivität und des Sprachausdruckes enthalte[559]). Und eben dieses *significatum adae-*

558) f. 158 r. B: *Ad probandum sophismata et alias quascunque enuntiationes diversi diversimode variis viis procedunt. ...... Prima igitur via concludit: ..... Ad veritatem propositionis affirmativae requiritur, subiectum et praedicatum supponere pro eodem; ..... requiritur, quod ipsa significat taliter, qualiter est; ..... omnis propositio affirmativa significat, se esse veram; ...... quaelibet affirmativa de praesenti, cuius subiectum pro nullo supponit, est falsa* (s Buridan, Anm. 79, und Albert v. Sachsen, Anm. 231). ...... (v. B) *Secunda via ponit: Si haec propositio vel ista quacunque demonstrata significat praecise, sicut est, est vera.* ...... (f. 159 r. B) *Tertia via e converso ponit: Si praecise, sicut est, significat haec propositio vel illa quacunque demonstrata, illa propositio est vera.* .... (v. B) *Quarta via ponit: Si est totaliter, sicut propositio significat, illa est vera* (s. die von Buridan, Anm. 78, abgewiesene Ansicht, sowie die des Peter v. Ailly, Anm. 469). ...... (f. 160 r. B) *Quinta via ponit: Ex eo, quod propositio praecise, quod est, significat esse et, quod non est, significat non esse, est de praesenti vera* ..... (ebenso analog betreffs des Präteritums und des Futurums). ..... *Sexta via ponit: Quaelibet propositio ad placitum significans praecise vera est vel falsa, quia sibi correspondet mentalis vera vel falsa* (s. gleichfalls Peter v. Ailly a. a. O.) ..... (v. A) *Septima via ponit: Si propositio quacunque demonstrata est una significans primo, quod sic est, est vera.* ..... (f. 161 r. A) *Octava via ponit: Propositio vera est propositio indicativa perfecta univoca, per quam adaequate intellectus redditur rectus.* .... (B) *Ultima via, quam inter ceteras reputo sustinendam, ponit: Si alicuius propositionis significatum adaequatum est verum et non repugnat, illam propositionem esse veram sic significando adaequate, illa propositio est vera* (s. die von Peter v. Ailly angeführte Meinung, Anm. 470).

559) f. 162 r. A: *Quia in praecedentibus de significato adaequato propositionis tangebatur, ideo de eodem restat videre. .... Multae versantur opiniones. Prima ponit, quod significatum propositionis vere est modus rei et non res.* ..... (B) *Secunda ponit, significatum propositionis vere esse compositionem mentis vel intellectus componentis aut dividentis.* ..... (v. B) *Tertia opinio, quae est communiter doctorum ordinis mei et praecipue magistri Gregorii de Arimino, ponit, quod significatum propositionis est aliqualiter esse et complexe significabile, et .... dicit, quod hoc nomen „aliquid" et sibi synonyma „res" et „ens" possunt accipi tripliciter* (s. ob. Anm. 40).

quatum ist es auch, auf welches er hierauf betreffs der Möglichkeit, Unmöglichkeit, Nothwendigkeit und Zufälligkeit der Urtheile gegenüber sieben verschiedenen Meinungen Anderer sich siegreich zurückziehen zu dürfen glaubt [560]). Nur fügt er noch eine äusserst casuistische Eintheilung der genannten Modalitäten hinzu, insoferne jede derselben entweder *ex terminis* oder *ex significato* sein kann, letztere aber entweder *per accidens* oder *per se,* und letztere wieder entweder *materialiter* oder *formaliter,* und zwar diess in den drei Abstufungen (vgl. Anm. 554) *formaliter solum, plus quam formaliter, formalissime* [561]).

.... (f. 163 r. B) *Quarta opinio ponit: Nihil est adaequatum significatum totale alicuius propositionis mentalis proprie dictae, quia quaelibet talis ratione partium, quibus aequivalet, significat plura ad invicem distincta, ... et quidquid significatur per aliquam propositionem mentalem proprie dictam secundum eius totalem significationem, etiam significatur per aliquam eius partem* (s. Peter v. Ailly, Anm. 470). .... (f. 164 r. A) *Multae aliae opiniones tractandae et in quibusdam repellendae forent, sed quia .... in maiori parte conveniunt asserentes plura, quae nostro iudicio vera sunt, ... ideo de his omnibus ultima fundetur opinio: .... Nullius propositionis negativae significatum adaequatum est aliquid vel aliqualiter* (s. Buridan, Anm. 77). ..... (v. B) *Nullius categoricae affirmativae, cuius subiecto vel praedicato nihil praeter signum correspondet in rerum natura, significatum adaequatum est aliquid vel aliqualiter.* ...... (f. 165 v. A) *Cuiuslibet propositionis adaequate complexae significabile, quod in natura ponitur, a suo incomplexe significabili aliqualiter distinguitur, et volo dicere, quod „deum esse" et „deus" distinguuntur.* ..... (f. 167 r. B) *De adaequatione significati ad suum signum pono: Significatum termini, quod ab intellectu apprehenditur, non dicitur esse tale, quod toto signo concipitur.* ..... *Significatum adaequatum termini non dicitur esse illud, quod totale nominatur, nam „homo" significat hominem, animal, substantiam, ens, et omnes homines imaginabiles, ex quibus fit totale significatum, quod tamen non est significatum adaequatum* (s. oben Anm. 510). ..... (v. A) *Significatum adaequatum termini est distincte apprehensum sub propria ratione, quo nihil posterius sic concipitur sub formali denominatione.* ..... *Significatum adaequatum propositionis est, aliqualiter esse, qualiter esse implicite vel explicite egreditur a significatis adaequatis partium.*

560) f. 167 v. B: *De possibilitate, impossibilitate, necessitate et contingentia propositionum* ..... *sunt multae opiniones. Prima ponit, quod propositio dicitur possibilis ex eo, quod sic adaequate significando potest esse vera, et impossibilis, quod, quandocunque formatur, est falsa, et necessaria, quod, quandocunque formatur, est vera, et contingens ea, quam stat esse veram vel falsam indifferenter.* ..... *Secunda ponit, quod dicitur possibilis ex eo quod, qualitercunque est significabile per eam sine nova impositione, sic potest esse* u. s. f. (d. h. genau entsprechend bei *impossibilis, necessaria, contingens*).... (f. 168 r. A) *Tertia ponit, quod, si possibile est ita esse, sicut propositio significat adaequate, propositio est possibilis* u. s. f. (ebenso). ..... *Quarta ponit, quod .... est possibilis, quia, qualitercunque per eam secundum totalem significationem totaliter significatur, ita est* (vgl. Peter v. Ailly, Anm. 469). .... *Quinta ponit, quod est possibilis oratio indicativa perfecta univoca, per quam sic adaequate significantem potest intellectus reddi verus.* .... (B) *Sexta ponit, quod, si propositionis significatum adaequatum est possibile, illa est possibilis.* ..... *Septima ponit: Propositio, quae non potest esse falsa significando praecise, est necessaria;* ..... (v. A) *quae non potest esse vera significando praecise, est impossibilis;* .... *contingens est, ex qua non sequitur impossibile.* .... *Haec opinio tenet veritatem, verumtamen quia eius regulae nimis prolixae sunt et difficiles, ideo modus alius dicendi reperiendus est, qui ultra veritatem contineat brevitatem. Octava ergo opinio ponit: Si alicuius propositionis significatum adaequatum est possibile, et non repugnat, istam esse possibilem, illa est possibilis* u. s. f. genau entsprechend bei den übrigen drei.

561) f. 169 r. B: *Ut praedicta ..... clarius innotescant, divisiones .... expedit declarare.* ...... *Propositio impossibilis ex terminis dicitur illa, quae esset im-*

Nun folgt die Syllogistik, bei welcher er bezüglich des kategorischen Schlusses an der Dreizahl der Figuren festhält und im Uebrigen nur Einen für uns bemerkenswerthen Ausspruch thut, nemlich dass in der ersten Figur nur die sechs Modi *Barbara, Celarent, Darii, Ferio, Fapesmo, Frisesomorum* anzuerkennen seien, da die übrigen drei von Aristoteles und Petrus Hispanus nur aus pädagogischen, nicht aber aus sachlichen Gründen hinzugefügt worden seien [562]). Was das Verhältniss des Syllogismus zur Trinitäts-Lehre betrifft, so zieht sich Paulus in ähnlicher Weise wie Peter v. Ailly (Anm. 431) durch eine Unterscheidung der Supposition aus der Affaire [563]). Zuletzt spricht er auch noch von einem *syllogismus irregularis*, welcher eine blosse Aehnlichkeit mit den regulären Formen für sich in Anspruch nehmen könne, und nachdem er sonderbarer Weise gerade die Exclusiv-Urtheile für solchen Zweck besonders namhaft gemacht hat, greift er für die ebendahin gehörenden conditionalen Schlüsse bis zur boethianischen Tradition zurück [564]).

Hierauf geht er zu den *Obligatoria* über, wobei er spitzfindig gesteigerte Definitionen der *positio*, der *depositio*, der *admissio* und der *obligatio* selbst vorausschickt, bei welch letzterer er Gelegenheit nimmt, vier anderweitige Definitionen derselben (von welchen uns nur Eine in gleichem Wortlaute aus Früherem bekannt ist) abzuweisen; ausserdem

---

possibilis, licet suum significatum adaequatum non sit impossibile, ut „Haec propositio est impossibilis" se ipsa demonstrata. .... Impossibilis ex suo significato dicitur illa, cuius impossibilitas consurgit ex suo significato, ut „Homo est asinus". ..... (v. A) *Impossibilium ex significato quaedam est impossibilis per accidens, i. e. quae aliquando non fuit impossibilis, ... quaedam per se, i. e. quae semper fuit impossibilis. .... Impossibilium quaedam est impossibilis simpliciter, i. e. tam naturaliter quam supranaturaliter, ... quaedam secundum quid, i. e. naturaliter solum. ..... Impossibilium per se quaedam implicat formaliter conditionem, quaedam materialiter solum; .... implicantium formaliter quaedam implicat formaliter solum, quaedam plus quam formaliter, quaedam formalissime.* Genau wörtlich ebenso werden dann auch die übrigen drei eingetheilt, und zum Schlusse folgt das Exercitium, ob Ein und das nemliche Urtheil zugleich möglich und unmöglich, oder zugleich nothwendig und zufällig sein könne.

562) f. 172 r. A: *Sequitur consequenter syllogisticam declarare materiam, quae inter ceteras sibi nomen argumenti assumit. .... Syllogismus regularis tres habet figuras modos continentes, in quorum quolibet argumentum existit formale. .....* (v. A) *Primae figurae modi sunt sex, videlicet Barbara, Celarent, Darii, Ferio, Fapesmo, Frisesomorum. .....* f. 174 r. B: *Forte arguitur contra dicta allegando Aristotelem et Petrum Hispanum ponentes novem modos. ..... Respondetur, quod ipsi talia non posuerunt tanquam firma et vera, sed solum propter addiscentes, ut citius caperent modum syllogizandi.* (Vgl. *Summ. log.* I, 17.)

563) f. 175 v. B: *Pro notitia horum syllogismorum et praedicationum in divinis est notandum, quod terminorum supponentium pro divinis quidam sunt nomina essentialia, quidam personalia, quidam notionalia.*

564) f. 176 r. B: *Voco syllogismum irregularem illum, qui nec in modo nec in figura ponitur, sed est solum una consequentia habens praemissas et conclusionem cum similitudine regularium figurarum. .... Istorum syllogismorum quidam sunt boni et quidam non; illi enim non valent, in quibus oppositum conclusionis stat cum praemissis. .....* (v. A) *In exclusivis contingit in qualibet figura similitudinarie syllogismus. .....* (B) *Consurgunt syllogismi irregulares ex nota conditionis habentes similitudinem cum regularibus. .... Sunt octo modi, quibus valet huiusmodi syllogismus irregularis factus ex conditionalibus* (d. h. es sind die ersten acht des Boethius, s. Abschn. XII, Anm. 155).

definirt er auch *tempus obligationis*, sowie *impertinens* und *pertinens* unter casuistischer Eintheilung des letzteren [565]). Nach einigen ganz allgemeinen Vorsichts-Regeln bemerkt er sodann, dass er im Gegensatze gegen Andere, deren einige die Zahl der Formen der *obligatio* auch noch durch *nolitio, scientia, credulitas* u. dgl. vermehren wollten, seinerseits nur drei Arten anerkennen könne, nemlich *positio*, *depositio* und *suppositio* (d. h. diese ist, was Andere *casus* nannten, s. Pseudo-Occam, Anm. 165); er fügt jedoch sogleich wieder hinzu, dass er auch von *suppositio* nicht näher sprechen wolle, da diese nicht eigentlich eine *oratio tentativa* sei [566]). Diese Beschränkung des Inhaltes führt auch dazu, dass bei Weitem die Mehrzahl der Erörterungen und Regeln, welche wir bei Pseudo-Occam, Strodus und Albert v. Sachsen trafen, hier unberücksichtigt bleibt und nur einiges Hauptsächliche in Regeln

---

565) f. 177 r. A: *Positio est enuntiatio composita implicite vel explicite ex posito et signo positionis. .... (B) Depositio est enuntiatio implicite vel explicite composita ex deposito et signo depositionis. .... Admissio est enuntiatio .... composita ex admisso et signo admissionis. .... Obligatio est relatio limitans ad aliquid enuntiabile vel sibi simile aliqualiter sustinendum, ... quia obligatio non videtur esse in aliquo praedicamento, quam in praedicamento relationis; .... oppositum ponit unus magister dicens, quod obligatio est in praedicamento actionis. .....* (v. A) *Sequitur, quasdam descriptiones obligationis insufficienter processisse*, d. h. als ungenügend werden folgende Definitionen der *Obligatio* abgewiesen: *Oratio composita ex signis obligationis et posito vel deposito una cum admissione, qua tenetur obligatus in tempore obligationis concedere positum et negare depositum* oder *Quaedam ars, mediante qua opponens obligat respondentem ad sui voluntatem* (ähnlich wohl Pseudo-Occam, Anm. 162, und Strodus, Anm. 192) oder *Oratio composita ex signis obligationis et obligato* (s. Albert v. Sachsen, Anm. 311) oder *Praefixio alicuius enuntiabilis ad sustinendum secundum aliquem statum* (vgl. Abschn. XXII, Anm. 244). ..... (f. 178 r. A) *Tempus obligationis est adaequata mensura ipsius secundum prius et posterius; .... desinit obligatio, si opponens dicat „Cedat tempus obligationis" et respondens dicat „Admitto", ... vel ubi opponens ponit oppositum prioris positi et respondens admittit, ... vel ubi opponens et respondens se transferunt ad aliam materiam ..... vel ex turbatione dimittunt disputationem, ... vel si opponens vel respondens infra disputationem desineret esse* (eine löbliche Vorsicht!). ..... *Impertinens alicui dicitur esse illud, quod ad ipsum non sequitur vel sibi non repugnat; ..... pertinens illud, quod ad ipsum sequitur vel sibi repugnat; ..... pertinentium sequentium alia est pertinens positioni tantum, alia est pertinens positioni et admissioni simul, alia pertinens obligato tantum, alia pertinens obligato et bene concesso vel bene negato, quod ad ea simul sumpta sequitur.* (Ueber die ganze Lehre von *Obligatio* vgl. *Summ. log.* V, 1—7.)

566) f. 178 r. B: *Materia obligationum non est nisi materia consequentiarum stilo subtiliori procedens et, an respondens sit sani capitis, gressu deceptorio tentativa. .... Infra tempus obligationis omnes responsiones sunt ad idem instans retorquendae. .... .* (v. A) *Nunquam contradictoriae infra idem tempus sunt concedendae. .... Propositione semel concessa infra idem tempus, quotiescunque proponitur, est semper concedenda. ..... Extra tempus obligationis rei veritas est fatenda. ..... Tres sunt species obligationum et non plures, sc. suppositio, posito et depositio. Suppositio est enuntiatio implicite vel explicite composita ex signis suppositionis et supposito. .....* (B) *Plures quam sex species ponunt aliqui, sc. positio, impositio, depositio, sit verum, petitio, dubitatio, suppositio, nolitio, scientia, credulitas et huiusmodi. .....* (f. 179 r. A) *De suppositione non procedam in sequentibus, nisi forte per accidens ratione positionis vel depositionis, quia non est oratio tentativa nec per quam fit disputatio deceptatoria, sed solum positio et depositio sunt huiusmodi.*

und Beispielen zuerst über die *positio* [567]) und dann ebenso über die *depositio* zusammengestellt wird [568]).

Endlich zum Schlusse des Ganzen folgt die Erörterung der *Insolubilia*, wobei Paulus betreffs der grundsätzlichen Auffassung fünfzehn verschiedene Meinungen namhaft macht, unter welchen wir nur sechs mit grösserer oder geringerer Uebereinstimmung des Wortlautes aus seinen uns bekannten Vorgängern oder Zeitgenossen nachweisen können; diejenige unter denselben, an welche er selbst sich anschliesst, geht dahin, dass (ziemlich in Uebereinstimmung mit Peter v. Ailly, s. Anm. 471 ff.) ein *Insolubile* jenes Urtheil sei, welches, indem es auf sich selbst sich zurückbeugt (*reflexio supra se*), entweder gänzlich oder theilweise seine eigene Unwahrheit aussagt (*se ipsam falsificat*), wodurch eben zugleich viele scheinbare *Insolubilia* auszuscheiden seien [569]); so unternimmt er

---

567) f. 179 r. A: *Omne possibile aut per accidens impossibile scitum esse tale est admittendum.* ..... (B) *Omne positum obligatum sub forma positi in tempore obligationis propositum scitum esse tale est concedendum.* ..... *Omne sequens ex posito obligato scitum esse tale in tempore obligationis est concedendum.* .... *Omne posito obligato repugnans est negandum.* .... *Omne sequens ex posito et bene concesso est concedendum.* ..... (v. A) *Omne repugnans posito et concesso est negandum.* ...... *Omne sequens ex posito obligato et opposito bene negati est concedendum.* .... *Ad omne impertinens respondendum est secundum sui qualitatem.* .... *Omne falsum non sequens est negandum et omne verum non repugnans est concedendum.* .... (B) *Si possibile obligatum est, licet falsum, non propter hoc est negandum necessarium per se nec concedendum impossibile per se.* .... *Qualibet parte copulativae concessa concedenda est copulativa ipsa.* .... (f. 180 r. A) *Non est inconveniens, infra tempus obligationis concedere, aliquam propositionem esse veram et necessariam, et tamen negare ipsam.* .... *Concedens in casu se male respondere non male respondet.* ...... *Durante tempore obligationis non est certificanda quaecunque quaestio.* ...... *Eadem propositio in uno loco proposita est pertinens et in alio loco proposita impertinens.* .... *In tempore obligationis non tenetur respondens concedere vel negare aliquid, nisi quod concedendum vel negandum limitat obligatio.* .... *Propositio de terminis autentice impositis ad significandum potest per solam positionem aut impositionem fieri aliqualis, qualis iam non fuit.* ...... (f. 181 r. A) *Contra regulas intendo arguere et argumenta eadem resolvere, ut eisdem fides firmius debeat adhiberi*, und diess geschieht dann auch an einer erklecklichen Menge von Beispielen.

568) f. 191 v. A: *Nullum necessarium per se aut simpliciter scitum esse tale in depositione est admittendum.* .... *Omne possibile, contingens, per accidens necessarium vel impossibile in depositione est admittendum.* ..... *Omne depositum sub forma depositionis propositum est negandum.* .... *Omne antecedens ad depositum est negandum.* ..... *Omne contradicens deposito est concedendum.* .... *Omne sequens ad contradictorium depositi est concedendum.* ..... *Omne repugnans opposito contradictorio depositi est negandum.* ..... *Omne sequens ex contradictorio depositi et bene concesso opposito bene negati est concedendum.* ...... *Omne antecedens ad depositum cum concesso opposito bene negati est negandum.* ..... (B) *Ad omne sequens et ad omne impertinens et ad omne repugnans, quod non est contradictorium nec convertibile cum contradictorio depositi, respondendum est secundum sui qualitatem.* Hierauf folgen wieder erläuternde Beispiele.

569) f. 192 r. B: *Huic operi finem impositurus ultimum insinuandum sophisma, quod insolubile nuncupatur, intimare propono* (vgl. hierüber *Summ. log.* VI, 1—8). ..... *Prima opinio ponit, quod insolubile solvendum est per fallaciam figurae dictionis;* ..... *secunda, quod per fallaciam secundum non causam.* ..... (v. A) *Tertia opinio dicit, quod Socrate dicente „Socrates dicit falsum" hoc verbum „dicit", licet sit praesentis temporis, tamen debet intelligi de tempore immediate praecedente tempus prolationis.* ..... *Quarta opinio ponit, quod nullus potest dicere, se dicere falsum, nec aliqua propositio potest esse, ex qua insolubile posset generari* (s. Buridan,

es denn auch noch, diesen Standpunkt im Detail nachzuweisen [570]). Sowie er aber überhaupt schon im ganzen Verlaufe seines grösseren Compendiums häufig eine rastlose Thätigkeit in Beiziehung von Sophismen entwickelte, so gruppirte er wieder eigens in seiner „*Quadratura*" zweihundert Sophismen nach den vier Fragen: ob Ein und die nemliche *consequentia* zugleich eine gute und eine schlechte sein könne [571]), ob

---

Anm. 146, u. Pseudo-Occam, Anm. 172)..... *Quinta ponit, quod Socrates dicens, si ipsum dicere falsum, nihil dicit* (vgl. Anm. 159 u. auch 172)..... *Sexta ponit, quod insolubile nec est verum nec falsum, sed medium indifferens ad utrumque* (vgl. Marsilius, Anm. 425)..... *Septima ponit, quod est solvendum per fallaciam aequivocationis*..... *Octava ponit, quod nullum insolubile est verum vel falsum, quia nullum tale est propositio*..... (B) *Nona ponit, quod insolubile est verum vel falsum, sed non est verum nec falsum* (vgl. Albert v. Sachsen, Anm. 308)..... *Decima solvit per fallaciam secundum quid*..... *Undecima ponit, quod omnis propositio insolubilis significat, se esse veram et se esse falsam, intelligendo de adaequato significato*...... *Duodecima opinio, quae iam communiter ab omnibus sustinetur, est ista, quod insolubilis est propositio, de qua fit mentio in aliquo casu, quae, si cum eodem casu praecise significet, sicut termini praetendunt, sequitur, ipsam esse veram et ipsam esse falsam* (s. Hentisberus, Anm. 351)..... (f. 193 r. B) *Tertiadecima* (diess ist die Meinung des Peter v. Ailly, s. Anm. 474 ff.) *ponit plura puncta:* ...... *Nulla res creata potest distincte repraesentare se ipsam formaliter, sed bene obiective;* ...... *nulla propositio mentalis proprie dicta potest significare, se ipsam esse veram, nec, se ipsam esse falsam;* ..... *pars propositionis mentalis non potest supponere pro ipsa propositione;* ..... *omnis propositio insolubilis est propositio vocalis, scripta vel mentalis improprie dicta;* ..... *cuilibet insolubili correspondet aliqua mentalis proprie dicta vera et aliqua falsa*..... (f. 194 r. A) *Quartadecima opinio, quae est fundamentum multarum praecedentium et ideo* ..... *plus subterfugere, quam respondere, conatur, ponit insolubilia solvenda penes fallaciam accidentis*..... (B) *Pro declaratione quintaedecimae opinionis infertur:* ..... *Omne insolubile aut oritur ex actu nostro aut ex proprietate vocis*..... (v. A) *Propositionum quaedam habent reflexionem supra se, quaedam non;* ..... *habentium reflexionem supra se quaedam habent immediate, quaedam mediate;* ..... *et quaedam se ipsas ponunt, quaedam se destruunt;* ..... *significantium, se esse falsas, quaedam hoc significant de per se, quaedam de per accidens;* ..... *quaedam sunt totaliter illativae suarum falsitatum, quaedam partialiter*...... (B) *Propositio habens reflexionem supra se non insolubilis est illa, quae non est totaliter nec partialiter illativa suae falsitatis*..... *Propositio insolubilis est propositio habens supra se reflexionem suae falsitatis totaliter vel partialiter illativa*..... *Multae propositiones insolubilia nominantur, quae non sunt.*

570) f. 196 v. A: *Ex praedictis colligi posse non dubito omnium insolubilium responsionem manifestam,* und somit folgen zahlreiche Beispiele mit Einschluss solcher (f. 199 r. A), welche bloss scheinbare *Insolubilia* sind.

571) *Quadrat.*, f. 2 r. A: *Quatuor formabo dubia denariis quinque fulta tentativis. Primum dubium est, utrum eadem consequentia sit bona et mala.* Diese Frage nun wird an fünfzig Beispielen, zu deren Erläuterung hunderte von anderen beigezogen werden, verneint (f. 2 — f. 25 v. A), z. B.: 1) *Album fuit hoc, ergo hoc fuit album.* 2) *Chimaera non est animal, ergo aliquod non animal non est non chimaera.* 3) *Omnis homo erit animal; omne album erit homo; ergo aliquod animal erit album.* 4) *Omne, quod curret, incipit currere; Socrates albus curret; ergo Socrates albus incipit currere.* 5) *Socrates erit albus, et nihil aliud a Socrate erit album, ergo tantum Socrates erit albus.* 6) *Quod est A, desinit esse verum, et nihil aliud ab A desinit esse verum, ergo tantum ens A desinit esse verum.* 7) *Exclusum est exclusum, et nihil non exclusum est exclusum, ergo tantum exclusum est exclusum.* 8) *Socrates non excipitur, et omnis homo alius a Socrate excipitur, ergo omnis homo praeter Socratem excipitur.* 9) *Nihil non Socrates currit, ergo tantum Socrates currit.* 10) *Contingens est, te non currere; ergo contingens est, te currere.* U. s. f. in ähnlicher Weise.

Ein Urtheil zugleich wahr und unwahr sein könne[572]), ob disparate Begriffe wechselseitig von einander ausgesagt werden können[573]), und ob contradictorische Gegensätze gleichzeitig wahr und unwahr sein können[574]). Ja er griff dieses sein Lieblings-Thema in den „*Sophismata*" noch einmal auf, um fünfzig Sophismen, welche grösstentheils schon von Albert und von Hentisberus besprochen worden waren, seinerseits wieder zu erörtern[575]).

Bei solch reichhaltigem und unablässigem Betriebe dieser „modernen" Form der Logik war es bereits so weit gekommen, dass ein Zeitgenosse des Nicolettus, nemlich Jacobus Magnus Toledanus (Hofprediger Karl's VI. in Paris) in seinem später oft gedruckten „*Sophologium*", in

572) f. 25 v. B: *Secundum dubium quaerit, utrum eadem propositio est vera et falsa.* Unter den fünfzig Beispielen, an welchen auch diese Frage verneinend beantwortet wird, möge als Probe nur Eines, und zwar ohne die ihm gewidmete Discussion, angeführt werden; es lautet: *Pono, quod A sit illa propositio scripta „Omnis homo est animal", et B illa „Homo est animal" scripta sub A parum distanter; a quibus trahantur duae lineae in puncto concurrentes, in quo ponatur hoc complexum „Et e contrario", quae sit C propositio. Isto posito arguitur sic: C propositio est dependenter, cuius dependentia consurgit a propositione priori, quae est independenter propositio; igitur dependentia egreditur ab A vel a B, sed non videtur, quare plus ab A, quam a B; igitur ab utroque dependet; sed A est propositio falsa et B propositio vera; igitur C est propositio vera et falsa.* Der Leser kann sich denken, wie die darauf folgende Beweisführung und sodann die Widerlegung derselben gestaltet sei. Und die Mehrzahl der übrigen 49 Thesen ist gleicher Art.

573) f. 46 r. A: *Tertium dubium est, utrum duo termini disparati de se invicem possint verificari.* Auch diess wird an fünfzig Exercitien erörtert, z. B. *Homo est asinus* oder *Haec propositio est vera „Tu es asinus"* oder *Omne aliud ab asino est asinus; tu es aliud ab asino; ergo tu es asinus* oder *Immediate post hoc eris asinus; sed tu es idem, quod immediate post hoc eris; ergo tu es asinus* u. s. w.

574) f. 64 v. B: *Quartum dubium est, utrum duo contradictoria possunt esse simul vera aut simul falsa.* Auch hiezu werden fünfzig Beispiele verwendet, aus welchen in beliebiger Auswahl als Proben dienen können: *Ista sunt contradictoria „Cuiuslibet hominis omnis oculus est dexter" et „Alicuius hominis omnis oculus non est dexter", et ista sunt simul falsa in casu*, oder: *Haec sunt duo vera „Cuiuslibet contradictionis altera pars est vera" et „Alicuius contradictionis nulla pars est vera", et haec invicem contradicunt*, oder: *Haec sunt duo vera in casu „Socrates dividet A lineam" et „Nullus Socrates dividet A lineam", et eadem invicem contradicunt* u. s. f.

575) *Sophism. aur. f.* 2 r. A: *Tanto me ardentius promovit, ut quaedam scriberem sophismata ....., quanto studiosius curavi, iuniorum mentes ad hanc facilius, ad hanc dulcius deducere facultatem.* Von den fünfzig Sophismen, welche auf 107 enggedruckten Folioseiten erörtert werden, sind nur acht in ihrer Formulirung (nicht eigentlich dem Inhalte nach) neu, indem Paulus für alles Uebrige nur aus dem reichen Materiale schöpfte, welches bei dem Sachsen Albert (s. ob. Anm. 309 f.) und bei Hentisberus (Anm. 357 ff.) vorlag. Nemlich: 1) = 1 bei Albert; 2) = 2 b. Alb.; 3) = 2 b. Hentisb.; 4) = 3 b. Hent.; 5) bis 10) sind = b. Alb. 104, 21, 6, 8, 11, 10; 11) = 14 b. Hent.; 12) = 19 b. Alb.; 13) = 10 b. Hent.: 14) = 3 b. Alb.; 15) = 64 b. Alb.; 16) = 22 b. Hent.; 17) bis 22) sind = b. Alb. 35, 32, 4, 15, 12, 17; 23) = 15 b. Hent.; 24) bis 26) sind = b. Alb. 226, 221, 65; 27) = 21 b. Hent.; 28) bis 30) sind = b. Alb. 41, 39, 94; 31) = 6 b. Hent.; 32) u. 33) sind = b. Alb. 54 u. 45; 34) lautet: *Semper erit aliquis homo;* 35) *Immediate post hoc tu eris;* 36) *Tu incipis esse in hoc instanti;* 37) *Tu desinis scire A propositionem;* 38) *Tu differs a quolibet;* 39) u. 40) sind = b. Alb. 109 u. 125; 41) *Socrates, inquantum homo, est animal;* 42) u. 43) sind = b. Alb. 171 u. 201; 44) *Tu es doctissimus omnium hominum;* 45) u. 46) sind = b. Alb. 33 u. 231; 47) *Necessarium est contingens;* 48) u. 49) sind = b. Hent. 57 u. 30; 50) = 142 b. Alb.

welchem derselbe in die Moral-Theologie auch gelegentlich einen Ueberblick der sieben freien Künste verflocht, bezüglich der Logik gar Nichts anderes zu berichten weiss, als dass es sich in derselben um *termini, propositiones, argumentatio formalis* und *materialis, consequentiae, insolubilia* und *obligatoria* handle[576]).

Weit wichtiger aber sind einige Notizen, welche uns der berühmte Johannes Gerson (geb. 1363, gest. 1429) darbietet, dessen hohe Bedeutsamkeit im Uebrigen bekanntlich ausserhalb des engeren Feldes der Logik liegt[577]). Ausser etlichen einzelnen Stellen seiner zahlreichen Schriften überhaupt interessiren uns hier näher die kleineren Arbeiten *De conceptibus, De modis significandi* und *De concordantia metaphysicae cum logica*[578]). Gerson will überhaupt die Gegensätze, welche seit der zweiten Hälfte des Mittelalters hervorgetreten waren, in der höheren Auffassung einer unmittelbaren Einheit versöhnen, wobei sein mystischer Zug sich am liebsten an Bonaventura anlehnt, während zugleich auch der nominalistischen Richtung eine Berechtiguug zugestanden wird.

Aehnlich wie Gregor v. Rimini (Anm. 29) fordert Gerson für die Theologie eine eigene Logik, da ihm die Orthodoxie überhaupt als Regulativ aller Wissenschaften gilt, so dass er hierin der Pariser Universität alles Lob spenden zu dürfen glaubt[579]). Und sowie nach seiner Ansicht sogar die Begriffsbildung durch den Glauben geadelt wird[580]), so will er auch das Studium der Metaphysik den weltlichen Menschen verschliessen und nach traditionellem Ausdrucke alle Wissenschaften zu Mägden der Theologie erniedrigen[581]). Indem er sich völlig jener Ein-

---

576) *Sophologium Jacobi Magni etc.* (Paris 1516. 4.), f. XI v. B: *Logica tres habet partes, quia sc. considerat de terminis, de propositionibus et de argumentis. ..... Argumentationis duo sunt genera, quia quaedam est formalis sicut syllogistica, ... alia est materialis, quae tenet solummodo gratia terminorum, cuiusmodi sunt consequentiae; rursus in dialectica quaedam sophistica dicuntur insolubilia, non quia solvi non possunt, sed quia de difficili solvuntur ratione implicationis, ex quod falsificant se ipsa; ulterius in logica est quaedam ars, quae dicitur obligationum, per quam docetur homo pertinenter respondere et propter concessionem possibilis ab impossivili cavere.*

577) Es wäre eine wahre Freude für die geschichtliche Wissenschaft, wenn sie über jede hervorragende Persönlichkeit eine so eminente monographische Darstellung besässe, wie sie „J. B. Schwab, Johannes Gerson, Professor d. Theol. u. Kanzler d. Univ. Paris. Würzburg 1858.“ geliefert hat.

578) Ich citire nach der Gesammt-Ausgabe, Antwerpen 1706 in 5 Bdn. Den Nachweis aller übrigen Drucke s. bei Schwab, S. 786 ff.

579) *Sermo sup. process. pro viagio reg.* (Vol. II), p. 277: *Theologia suam propriam habet logicam et sensum litteralem aliter, quam speculativae scientiae; haec directio vel lex praeservavit hactenus praeclaram universitatem Parisiensem a pluribus erroribus, dum scholasticos suos semper ad certam regulam fidei loqui iussit et compulit. Utinam in aliis studiis haec disciplina similiter teneatur. Mala libertas est, male et erronee loqui posse.*

580) *De concept.* (Vol. IV) p. 801: *Conceptus complexi formantur in utero rationalis animae* (in der ganzen Schrift *De concept.* wendet Gerson häufig das Wort *„conceptus“* metophorisch in der Bedeutung „Empfängniss“ an) *nobilius et generosius per semen fidei simplicis et incorruptae, quam per semen philosophiae.*

581) *D. conc. met. c. log.* (Vol. IV) p. 828: *Metaphysicalis inquisitio non solum inutiliter, sed et damnose quaeritur fieri per homines saecularibus scientiis aut officiis civilibus occupatos, qui non capiunt, quae subtilia sunt; scandalum enim est illis vel*

theilung der Philosophie anschliesst, welche wir bei Albertus Magnus (Abschn. XVII, Anm. 362) und bei Duns Scotus (Abschn. XIX, Anm. 87) trafen, ist ihm natürlich die Logik nur ein Theil der *sermocinalis philosophia* [582]), und als synonym mit „*sermocinalis*" gebraucht er auch den Ausdruck „*nominalis*" [583]); es habe nemlich die innere mentale Auffassung in Folge des Zusammenlebens der Menschen (s. bei Peter v. Ailly, ob. Anm. 460) ihre unerlässliche äussere Ergänzung durch die *significatio ad placitum* gefunden, und eben in dieser liege das Gebiet der drei sermocinalen Disciplinen: Grammatik, Logik, Rhetorik [584]), d. h. er betrachtet die *significatio* mit Peter v. Ailly (s. ebend. u. Anm. 471) als eine dem Intellectus dienstbare Darstellungsweise [585]), entfernt sich aber von den Anschauungen dieses seines Lehrers wieder darin, dass er die scotistischen „*modi significandi*" nicht abweist (vgl. ob. Anm. 415 ff.), sondern im Gegentheile in ihnen die Quelle der Grammatik und der Logik bis hinaus zu den *Obligatoria* u. dgl. erblickt [586]).

Auch betreffs der Universalien ist ein Einfluss der occamistischen Schule unverkennbar, wenngleich Gerson mit denselben mehr zur thomistischen Richtung zurückzulenken versucht. Er spricht nemlich allerdings in einer Weise, welche uns ebensosehr an Gregor v. Rimini (ob. Anm. 35 f.) als an Peter v. Ailly (Anm. 437) erinnert, von einer Beziehung der „Zeichen" auf das Bezeichnete, wobei die psychischen *intentiones*, während sie in der Seele singuläre Dinge sind (s. Occam, vor. Abschn., Anm. 791), zugleich die Allgemeinheit „repräsentiren" [587]), so dass mit dieser „Darstellung" des Gegenstandes eine *species intelligibilis* ver-

---

irrisio. ..... Theologica perscrutatio non renuit acquisitiones aliarum scientiarum, tam speculativarum quam moralium quam etiam sermocinalium, ut est logica, sed assumit eas ut ancillas sapientiae in obsequium suum.

582) *De concept.* p. 796: *Sub rationali seu sermotionali philosophia sunt grammatica, logica, rhetorica.*

583) Ebend. p. 798: *Conceptiones nominales seu sermonicales de qualibet scientia possunt formari ..... per verba exteriora ad placitum significantia.*

584) Ebend. p. 804: *Conceptus interiores in utero mentis naturaliter significantes non suffecissent ..... ad consecutionem sententiarum philosophicarum, si non fuissent inventa nomina ad placitum significantia, unde grammatica, logica, rhetorica sumpserunt initium. Processit inde distinctio de primis et secundis intentionibus in anima. ..... Intentio secunda dicitur, quae repraesentat conceptus, ut genus et species, et nomina conceptuum. Conceptus mentales ab exordio habiti sunt, ... ex quibus potuerunt formari varii conceptus complexi interius, et hinc exterius nomina ad placitum significantia institui propter civilem inter homines communicationem in amore fundatam. ..... Ita fuit logica quaedam mentalis prius, quam vocalis aut scripta.*

585) *De mod. signif.* (Vol. IV) p. 816: *Significatio dici potest intellectus constitutio vel actuatio seu formatio vel adaptatio, unde significare est aliquid intellectui repraesentare.*

586) Ebend. p. 820: *Ex modis significandi secundae intentionis composita est grammatica et logica, unde consurgunt traditiones praedicabilium et praedicamentorum, suppositionum, obligationum cum suis annexis in logica, declinationes etc. in grammatica.*

587) Ebend. p. 816: *Signum ad signatum dum comparatur per intellectum, non causatur ad extra nova res absoluta et positiva, sed bene in anima, quae primas et secundas intentiones sibi format, quae res in anima singulares sunt, licet universalitatem repraesentent.*

bunden ist [588]). Zugleich aber wendet er den Conceptualismus Occam's unter üblicher Bekämpfung Plato's in die thomistisch-aristotelische Ausdrucksweise hinüber, dass die Seele als *tabula rasa* Eindrücke empfängt, auf deren Grundlage sie von *hic et nunc* abstrahirt und hiedurch die universelle *aptitudo* der Dinge ergreift [589]), d. h. dass das Universale wohl *in re* begründet ist, aber erst durch abstrahirende Thätigkeit des Intellectus verwirklicht wird [590]). Die objective Grundlage der Universalien *in re* führt er natürlich in vermeintlichem Anti-Platonismus schliesslich auf Gott zurück [591]), und schliesst sich den hierauf bezüglichen kirchlichen Verdammungs-Urtheilen an, stellt aber in ähnlicher Weise wie Albert v. Sachsen (ob. Anm. 240) dualistisch daneben das so eben erwähnte *universale in repraesentando* hin [592]). Einen völlig entsprechenden Standpunkt nimmt er mit Peter v. Ailly betreffs der scotistischen *formalitates* ein, welche ebensowenig als die Universalien in einseitiger Objectivität von den Dingen losgetrennt werden sollen, sondern der Thätigkeit des Intellectus zuzuweisen seien [593]); denn sowie an Stelle einer unnöthigen Vermehrung derselben die einfachere Auffassung Occam's

---

588) *De concept.* p. 801: *Conceptiones aliquae dicuntur immediate fieri in utero intelligentiae humanae, non quin requiratur obiecti praesentatio et luminis spiritualis irradiatio et species intelligibilis, quae mediat inter potentiam et obiectum.*

589) Ebend. p. 802: *Conceptiones intelligentiae humanae non fiunt per impressionem idearum separatarum, quae non sunt deus, ut Plato dicitur posuisse* (s. Anm. 591), *nec per solam inspectionem phantasmatum, ut Aristoteles dixit, nec per influxum solum intelligentiae vel separatarum intelligentiarum, ut Avicenna posuit* (s. Abschn. XVI, Anm. 184), *nec per actualem inclusionem rerum intelligibilium in anima, ut alii fabulati sunt* (wer ist hiemit gemeint? am ehesten könnten wir an Gratiadei denken, s. vor. Abschn., Anm. 670 u. 676), *sed conflatur ex omnibus verus catholicorum modus, quod anima in sui prima creatione est sicut tabula rasa* (die aristotelische Stelle s. Abschn. IV, Anm. 97, und ausserdem Aegidius, vor. Abschn., Anm. 377, und Antonius Andreas ebd. Anm. 480), *et quod capit scientiam suam a sensibus et a phantasmatibus per abstractionem ab hic et nunc et a materia* (s. Thomas v. Aquino, Abschn. XVII, Anm. 520, und Aegidius, vor. Abschn., Anm. 380 f.), *et proinde scientia est de necessariis et aeternis, quia non accipit intellectus res ut in actu, sed ut in aptitudine* (s. Albertus Magnus, Abschn. XVII, Anm. 375 u. 379 ff.), *quae aptitudo necessaria est, non quidem in se, ut sonat opinio Aristotelis, sed in deo, quia nihil est aeternum nisi deus vel in deo.*

590) *De simplific. cordis* (Vol. III), p. 458: *Universalitas derivatur et fundatur in rebus singularibus; alioquin ficta esset; sed consummatur et constituitur in operatione intellectus abstrahentis similitudines rerum, in quibus essentialiter seu quidditative conveniunt, ab ubi et nunc.*

591) *Tract.* XI *super Magnificat* (Vol. IV), p. 474: *Est res quaelibet in deo quaedam vita, etiam priusquam fiat, et hoc per rationem idealem, non quidem extra deum, prout Aristoteles arguit Platonem ideas posuisse, sed in deo.*

592) *De conc. met. c. log.* p. 825: *Universalia realia extra animam ponere alibi vel aliter, quam in deo, est haeresis expresse damnata* ..... (p. 826) *et reprobata pluries Parisiis;* ..... (p. 827) *Universalium huiusmodi realium positio damnata fuit novissime per sacrum Constantiense concilium contra Hus et Hieronymum Pragenses combustos.* ..... *Concedendum est, quod universalia sunt apud intellectum non in essendo, sed in repraesentando.* S. ob. Anm. 152 ff. u. unten Anm. 615 f.

593) *De concept.* p. 805: *Non oportet ponere in relationibus aut respectibus distinctiones essentiales a suis fundamentis, sicut nec universalia realia distincta a singularibus, sed sufficit, quod per actionem intellectus tales relationes et universalitates consurgant ex rebus intrinsecis, ne ponatur pluralitas sine necessitate* (s. Peter v. Ailly, oben Anm. 450).

genüge, so liege ihr Entstehungsgrund überhaupt im Gebiete des Terminus[594]). Daher müsse man Diejenigen, welche die *formalitates* in üppigster Fülle bis ins Extreme treiben und dabei dennoch die Vertreter der Logik als blosse „Terministen“ (s. sogleich unten, Anm. 607 ff.) verspotten zu dürfen glauben, daran erinnern, dass sie ihrerseits eigentlich einen noch weit ärgeren terministischen Unfug treiben[595]).

Liegt in solcher Weise bei Gerson der Grundton immer wieder in einer dualistischen Parallelisirung, für welche er mit anderen Occamisten auch die Ausdrücke „*a priori*“ und „*a posteriori*“ gebraucht[596]), so tritt diese Anschauung in den manigfachsten Wendungen bezüglich des Verhältnisses zwischen Logik und Metaphysik zu Tage. Die mentale Sphäre der Begriffsbildung enthält ja im *principium identitatis* (vgl. Peter v. Ailly, Anm. 443) ihre sofortige Selbstbewahrheitung[597]), und gelangt ebenso auch zur metaphysischen Auffassung eines einheitlichen ersten und wahren Seienden, während die Logik in sprachlicher Vieldeutigkeit sich bewegen und auch von Nicht-Seiendem sprechen kann[598]), so dass die *significatio* in den sermocinalen Wissenschaften eine völlig verschiedene von der metaphysischen ist, da die letztere (nach älteren Vorbildern) auf mehrere, seien es vier oder sechs, „*transcendentia*“ führt[599]). Die objective Realität aber, d. h. den Gegenstand der realen

594) Ebend.: *Conceptiones distinctionis septuplicis, quam aliqui se trahere dicunt ex Scotistis, referri possunt ad tres dumtaxat modos iuxta Occamistas, quorum unus solum reperitur in divinis, ... alius solum reperitur in creaturis, ... tertius est modus distinctionis rationis, quam fabricat intellectus* (vgl. bei Occam, vor. Abschn., Anm. 802 u. 817). ..... *Distinctio rationis, quae formalis dici potest, consurgit ex parte rei, quando et ubi ratio definitiva vel descriptiva unius termini non est ratio alterius vel e contra.*

595) *Lect.* II *contra van. curios.* (Vol. I), p. 100: *Quid opus est, ipsam unitissimam essentiam per formas metaphysicales vel quidditates vel rationes ideales vel alias mille imaginandi vias secernere, dividere, constituere, praescindere ex parte rei, ut dicunt, et non ex intellectus negotiatione circa eam* (s. Peter v. Ailly, ob. Anm. 439). ..... *Quot ibi prioritates, quot instantias, quot signa, quot modeitates, quot rationes aliqui ultra Scotum distinguunt. ..... Ita quidem contentiosi, dum logicos culpant vocantes eos, qui secum non sentiunt, terministas, ipsi longe grandiorem terminorum congeriem multiplicare compelluntur. Sed dicunt, quod maior distinctio, quam formalis, stat cum summa simplicitate divina, distinctio scilicet personarum etc.*

596) *De concept.* p. 806: *Concipiens res naturales ..... potest duabus viis quasi contrariis incedere et ordinem scientiis dare; una via est ex parte rerum cognoscibilium a priori, altera est ex parte cognoscentium a posteriori.* S. bei Albert v. Sachsen, ob. Anm. 302, und bei Marsilius, Anm. 390.

597) Ebend. p. 800: *Conceptus complexi, quos dicimus „rationis“, dicuntur per se noti, dum conceptus simplices, ex quibus componuntur, apprehensi reddant protinus complexionem evidentem in lumine rationis intellectivae, ut de quolibet „esse vel non esse“.*

598) *De mod. signif.* p. 820: *Ens simpliciter ..... est solum unum ens verum, primum et bonum, et istud est secundum metaphysicum extra omne genus; logicus vero potest univocationes et analogias et aequivocationes et chimaeras fabricare, prout voluerit; unde contentio consurgit aliquando logicorum cum metaphysicis et e contra.*

599) Ebend. p. 817: *Significatio metaphysicalis multum distinguitur a significatione grammaticae vel logicae vel rhetoricae, quae sunt partes philosophiae sermocinalis* (Anm. 582 ff.). *Ratio est, quia significatio metaphysicalis consistit in solo intellectu vel ratione et generatur a primis impressionibus naturae, quae sunt transcendentes, ... i. e. ens unum, ens verum, ens bonum, ens aliquid, ... vel sex, ut alii voluerunt* (s. Pseudo-Thomas, vor. Abschn., Anm. 355, und Mayron, ebend., Anm. 534).

Wissenschaften überhaupt, sucht Gerson mit der subjectiven Denk- und Sprach-Thätigkeit durch eine „*ratio obiectalis*" zu vermitteln und durch nähere Darlegung derselben die bestehenden Partei-Gegensätze zu versöhnen. Nemlich das real Seiende führt nur in seinem *esse obiectale* mittelst *formae intentionales* zu einer dasselbe betreffenden Wissenschaft [600]), und auch der *modus significandi* bietet entsprechend zwei Seiten der Betrachtung dar, deren eine auf *suppositio materialis* beruht und den drei sermocinalen Wissenschaften anheimfällt, während die andere der *suppositio personalis* (oder auch *naturalis*) angehört und eben nach der *ratio obiectalis* auf die realen Wissenschaften zu beziehen ist, wenn man nicht in heillose Irrthümer verwickelt werden will [601]). Kurz, an dem Seienden ist die Duplicität zu unterscheiden, dass es einerseits *reale* und andrerseits *obiectale* ist, welch letzteres aber nicht einseitig, wie die Vertreter eines logischen Unfuges thun, bloss in den „*terminus*" verlegt werden darf [602]), denn die *ratio obiectalis* hat eben zugleich eine reale und eine logische Beziehung [603]).

So geht die Metaphysik in ihrem realen Gehalte über die Logik hinaus, welche allerdings ohne wesentlichen Nachtheil nicht ignorirt werden, aber auch nicht bis ins Uebermass betrieben werden darf [604]); denn

---

600) *De conc. met. c. log.* p. 822: *Ens reale non potest constituere scientiam aliquam, si non consideretur in suo esse obiectali relato ad ipsum ens reale. ..... Secundum hanc considerationem dici possunt formae rerum non reales, sed intentionales, conceptibiles vel intelligibiles.*

601) Ebend. p. 823: *Significatio et modus significandi possunt considerari dupliciter: uno modo pro se ipsis et in se ipsis, alio modo per respectum ad res, quas significant. ..... Iuxta primum modum accipitur suppositio materialis vel etiam naturalis secundum antiquos, iuxta secundum modum sumitur suppositio personalis seu formalis secundum aliquos posteriores naturalem suppositionem relinquentes* (s. Buridan, Anm. 99, und betreffs „*antiqui*" vgl. Marsilius, Anm. 401). ..... *Si considerentur secundum suppositionem materialem, tunc spectant ut sic ad grammaticam et logicam vel etiam rhetoricam, quae constituunt terminum philosophiae sermocinalis; si vero fiat acceptio pro rebus significatis ad extra, sic spectant ad alias scientias. ..... Modus significandi seu ratio obiectalis dum spectat ad reales scientias, non accipiuntur pro se ipsis neque secundum suppositionem materialem, sed secundum personalem pro rebus ad extra significatis. ..... Modus significandi vel rationes obiectales si quaerantur penitus excludi in consideratione scientiarum quantumcunque realium, sicut est metaphysica vel physica, consequitur implicatio et insana deceptio cum erroribus absurdissimis. ..... Reales scientiae, sicut metaphysica et physica, res habent extra animam pro principalibus obiectis et substratis; ..... sermocinalis logica respicit significationes et modos significandi in ordine ad verum vel falsum, quae sunt in anima.*

602) Ebend. p. 825: *Quodlibet ens creatum dici potest habere duplex esse: .... unum reale, ... aliud vero vocatur esse obiectale a metaphysicis nolentibus uti solis terminis grammaticae, logicae vel rhetoricae, licet grammatica vocet hoc esse obiectale modum significandi, logica modum concipiendi, rhetorica modum ornandi. ..... Et hic est lapsus grammaticorum vel logicorum, qui non accipiunt distinctionem istam de esse duplici creaturae, sed defendunt se per ampliationes et connotationes et modos significandi quasi materialiter.*

603) Ebend. p. 827: *Ratio obiectalis non sistit in solo intellectu aut conceptibus, sed tendit in rem extra tanquam in suum principale significatum vel obiectum vel substratum; alioquin diceretur ens secundae impositionis vel intentionis vel rationis logicae. Et ita ratio obiectalis habet quodammodo duas facies vel respectus, ad intra scilicet et ad extra.*

604) Ebend. p. 828: *Metaphysicalis inquisitio surgere debet ultra grammaticalem vel logicalem traditionem substernendo eam sibi, non contemnendo nec ab ea contrarie*

überflüssig ist es, alle möglichen Arten der Sophismen zu durchlaufen, da die ältere ächt aristotelische Logik für alle Fragen, auch die Trinitäts-Lehre nicht ausgenommen, genügt[605]). Die leeren *subtilitates* sind ebenso unnütz, als sie abstumpfend wirken[606]), und aus einseitig sermocinalen Momenten entsteht der Streit zwischen „Formalisten" und „Terministen", welch beide eigentlich sich nicht wechselseitig ignoriren sollten, da eine Schlichtung des Kampfes nur möglich ist, wenn man sie beide kennt[607]). In die Theologie ist durch das Verlassen der einfachen aristotelischen Lehre nicht ohne Mitwirkung eines Impulses der Eitelkeit eine übermässige Subtilität eingerissen, so dass diese Leute sich den Vorwurf gefallen lassen müssen, dass sie *rudes terministae* und nicht *reales in metaphysica* seien, wobei ihre Gegner allerdings in die andere Einseitigkeit verfielen, dass sie redeten, als ob sie ihrerseits das ganze Gebiet des *terminus* entbehren könnten[608]). Und eine solche Ausschliesslichkeit der Betonung der *res* unter Verspottung der Terministen führt zu einem völligen Misskennen der Aufgabe und des Verdienstes der Logik[609]), welche jedenfalls allein es ist, die uns vor Fehlschlüssen

---

recedendo; alioquin saepe fit, ut metaphysicare volentes sint vel garruli..... vel errantes...... Non est dicendum per singula de suppositionibus, ampliationibus, appellationibus, paralogismis fallaciarum, quorum omnium ignorantia vel contemptus causat illaqueationes errorum et nebulas falsitatum.

605) *D. mod. signif.* p. 820: *Non oportet per omnia fallaciarum genera discurrere, quarum dissolutio etiam circa divina facilis apparebit, si principium syllogismos per dici de omni et per dici de nullo regulans fuerit bene secundum traditionem logicae Aristotelis intellectum.*

606) *Serm. in dom. septuag.* (Vol. III), p. 1029: *Vitandae sunt et explodendae araneae, quae ipsi Minervae..... ideo invisae ac odiosae feruntur, quod in subtilissimorum, sed fragilium, filorum contextione se ipsas eviscerant. Debent autem solida esse et fortia documenta sapientiae nec tam cassae subtilitati quam planae veritati deservientia; nec ob aliud Cato magnus expelli voluit ab urbe Carneadem, quam quod sophisticae subtilitati plus aequo deditus veritatem aut obvolvere aut obfuscare videretur...... Ita studere curet, qui sapientiae vineam colendam suscepit, ut nec inutilium et supervacaneorum perscrutatione frustra se torqueat nec in his acumen sui obtundat ingenii.*

607) *D. concept.* p. 806: *Utrum vero metaphysica contentetur in suis explicationibus grammatica et logica, vel si latius accipit ens sub diversis analogiis, non est nostrum, inter formalistas et terministas tantam componere litem, quae profecto saepe procedit ex aequivocatione quid nominis, quae non patitur, in quavis disputatione fieri posse concordiam. Esset igitur utraque via scholasticis cognoscenda.*

608) *D. mod. signif.* p. 819: *Conquisitores veritatis nostri temporis in theologia sub specie subtilitatis et titulo metaphysicae magnam nimis induxerunt confusionem, dum omissa communi logica, quam Aristoteles et alii consequenter tradiderant et servabant, ipsi novos sibi terminos assumpserunt aut per ignorantiam logicae aut per negligentiam et contemptum aut quia voluerunt sibi facere nomen ex inventione novitatum, dum repugnantes eos vocant rudes et terministas nec reales in metaphysica, quasi sine terminis loqui possint.*

609) *Tract. II super Magnificat* (Vol. IV), p. 248: *Quid agis de logica, quam studiosi nostri temporis vilem habent, terministam irridentes, eo quod omnia referat ad terminos; nos, inquiunt, rem inquirimus, ad rem imus; quid ad nos de terminis?* Die Antwort darauf lautet: *Errorum inextricabiles modos..... sola scit et potest logica resolvere definiendo, dividendo, terminorum denique connotationes cum modis significandi vivaciter exponendo nec non sophismatum paralogizationes phantasticas detegendo.*

bewahrt[610]). Hingegen wieder entsteht wirklich jene „Rohheit" der Terministen, sobald dieselben eigensinnig in ihrer *suppositio materialis* verharren und das metaphysische *ens obiectale* mit seiner *suppositio personalis* ganz bei Seite setzen, und wenn man überhaupt diesen Dualismus der Betrachtungsweise nicht anerkennt, muss man in babylonische Verwirrung gerathen[611]). Ja gerade auch die Formalisten (*formalizantes*) kamen dadurch auf Irrwege, dass sie das *esse obiectale* misskannten, welches im Intellectus und nur in diesem eine Veränderlichkeit der logischen Behandlung erfährt, während nur sein entsprechendes *ens reale* unveränderlich ist[612]). Nur dann aber, wenn man den Standpunkt einnimmt, dass die *res* an sich genommen der Stoff und das Substrat der in *suppositio personalis* liegenden *ratio obiectalis* ist, besitzt man den Schlüssel des gegenseitigen Einverständnisses der Formalisten und der Terministen[613]). Und überhaupt ergibt sich auch zwischen Metaphysik und Logik eine Harmonie nur durch den Parallel-Dualismus von *esse reale* und *esse obiectale*, welch letzteres abermals eine sachliche und eine sermocinale Seite hat[614]).

Was uns bei diesen Aeusserungen Gerson's ganz besonders interessirt, ist die geschichtliche Thatsache, dass die Vertreter der modernen

---

610) *D. concept.*, p. 800: *Logica ad hoc inventa est, ne paralogizando falleremur.*

611) *D. conc. met. c. log.* p. 824: *Subtilitas metaphysicantium si vera sit, consistit in acuta resolutione entis secundum esse suum obiectale personaliter seu formaliter acceptum; ruditas autem terministarum, si consistere velint in significatis seu modis significandi solum materialiter; inde provenit vel consurgit, quod a metaphysicis rationabiliter contemnuntur. ..... Subtilitas metaphysicantium et generaliter omnium philosophantium ..... debet diligenter advertere, quid conveniat philosophiae sermocinali, ut sermocinalis est, similiter et reali, ut realis est. ..... Alioquin fit in contemnentibus vel ignorantibus confusio Babylonica.*

612) Ebend. p. 822: *Ens non mutatur in suo esse reali neque diversificatur per mutationem vel diversitatem sui esse obiectalis. Et hic est lapsus volentium formalizare vel metaphysicare de rebus in suo esse reali secludendo illud esse, quod habent obiectale, quasi si quis vellet intelligere sine intellectu vel ratiocinari sine ratione. Res enim non ratiocinantur in se ipsis nec praescindunt nec universalizantur nec signantur nec abstrahunt nec abstrahuntur, quoniam istae sunt operationes intellectus, non rerum ipsarum.*

613) Ebend.: *Ens consideratum seu relictum prout quid absolutum seu res quaedam in se ipsa plurimum differt ab esse, quod habet obiectabiliter apud intellectum iuxta diversitatem intellectuum et rationum obiectalium etiam, prout rationes obiectales non accipiuntur pro se ipsis materialiter, sed pro rebus quasi formaliter* (vgl. Marsilius, ob. Anm. 373), *ut, sicut significatio est quasi forma dictionis et modus significandi quasi forma significationis, sic res ipsa diceretur quasi materia vel substratum vel subiectum rationis obiectalis vel modi significandi. Quae consideratio clavis est ad concordiam formalizantium cum terministis, si perspicaciter nec proterve videatur.*

614) Ebend. p. 829: *Concordia metaphysicae cum logica ..... fiet ..... per distinctiones aliquas. Una est de duplici modo essendi rei, in re sc. et in intellectu. Altera distinctio est de ratione obiectali et de modo significandi, ... distinguendo rationem obiectalem, quia vel respicit rem, ut res est, vel respicit, ut res est signum quoddam; similis est distinctio de modo significandi, quia vel significat rem, ut res est, vel ut signum quoddam. Proportionabilis est alia distinctio de terminis primae intentionis vel impositionis. ..... Sumatur ex his distinctionibus haec unica, quod consideratio rei, ut res est, spectat ad metaphysicam, consideratio vero rei, ut tantummodo signum est praesertim in anima, spectat ad grammaticam vel logicam.*

occamistischen Logik, welche wir im gegenwärtigen Abschnitte vorzuführen hatten, den ganz passenden Namen „Terministen" erhielten und ihre Gegner von ihnen „Formalisten" genannt wurden. Diese letzteren waren nun allerdings offenbar (s. Anm. 595) hauptsächlich die Scotisten; aber einerseits sahen wir doch, dass auch die thomistische Richtung sich nicht gänzlich spröd gegen die *formalitates* verhielt (s. Pseudo-Thomas, Abschn. XIX, Anm. 273, und Thomas v. Strassburg, ob. Anm. 14), und andrerseits ist von grösstem Belang, dass der Gegensatz gegen die Terministen auch durch „*reales in metaphysica*" ausgedrückt wird (Anm. 608), so dass demnach die ältere Unterscheidung (s. Abschn. XIX, Anm. 585) der *philosophia realis* und *philosophia sermocinalis* das Massgebende war, wornach zu ersterer, welche in sich Metaphysik, Physik, Psychologie u. s. f. enthielt, gleichmässig Thomisten und Scotisten nebst sämmtlichen Zwischenschattirungen, d. h. eben Alle mit Ausnahme der sermocinalen occamistischen Terministen, zu rechnen sind. Kurz, der im Lehrstoffe beruhende Gegensatz der realen und der sermocinalen Zweige der Philosophie (nicht aber die in der Auffassung der Universalien liegende Spaltung in logischen Realismus und logischen Nominalismus) hat hiemit hier bereits jenen seinen Ausdruck gefunden, welchen wir als Grundton in der Gegenüberstellung einer *via antiqua* und einer *via moderna* wiedererkennen.

Und so möge ein in dieser letzteren Beziehung sehr merkwürdiges Document, welches in das Todesjahr des Peter v. Ailly und somit noch in die Lebenszeit des Paulus Venetus und des Gerson fällt, uns um so mehr den Schluss dieses Abschnittes bilden, als wir später (Abschn. XXII) noch reichlich Veranlassung haben werden, auf diesen Zwiespalt des Universitäts-Betriebes der Logik zurückzukommen. Nemlich die Universität Köln sah sich i. J. 1425 genöthigt, ein Schreiben, welches vom (Erzbischof-) Kurfürsten ausgegangen und ihr durch die städtischen Behörden übermittelt worden war, durch eine energische Remonstration zu beantworten [615]). Offenbar hatte auf die dortige erzbischöfliche An-

615) Abgedruckt bei D'Argentré, *Coll. iudic. d. nov. err.* Vol. I, Pars 2, p. 220 ff.: *Civitatis Coloniensis ..... domini exhibuerunt almae universitati ..... litteram per serenissimos principes sacri imperii inclytos electores ipsis destinatam; qua vigilanter examinata videtur eius tenor ad certos articulos posse summarie perstringi. ..... Secundus est, quod in facultate artium ..... per magistros nunc regentes non legitur doctrina, quae in principio fundationis studii legebatur* (d. h. seit dem J. 1388), *quae in aliis quoque universitatibus Almaniae legitur. ..... Tertius est, quod iuvenes ibidem introducuntur in via alterius doctrinae, puta sancti Thomae et Alberti Magni aut talium antiquorum ..... doctorum. Quartus est, quod, etsi doctrina talium doctorum non sit in se mala, transcendit tamen iuvenum capacitatem; unde evenit, quod iuvenes huius doctrinae subtilia dicta et alta principia non intelligentes et nihilominus secundum talem instructionem loqui praesumentes incidunt in errores perniciosos; ..... exemplum adest de Pragensibus, quorum error ex tali doctrina emanavit* (s. ob. Anm. 152—156 u. bes. Anm. 592). *Quintus est, quod magistri moderniores, ut Buridanus, Marsilius et eorum collegae sive sequaces huiusmodi periculum provide praecaventes doctrinam artium reduxerunt ad alium stilum humiliorem et ad alios terminos et modos loquendi, ex quibus nullum derivari possit erroris contagium. Sextus est, quod mentis eorum est, velle, nos a tali novitate desistere redeundo ad modum imbuendi in artibus ab initio institutum.* (In den *Statuta facultatis artium* v. J. 1398 war es offen gelassen, die „*Summulae*" entweder nach Petrus Hispanus oder nach Buridanus zu studiren; s. Fr. J. v. Bianco, Die alte Universität Köln. 1856. I. Thl. Beilagen, p. 64 u. 71.)

schauung eine Denkweise eingewirkt, welche den Standpunkt Gerson's einseitig übertrieb; denn auch dieser näherte sich, wie wir sahen, in der Logik dem Occamismus und verwarf jedenfalls die Extreme des Realismus (Anm. 589 ff.); und sowie gerade ein heftigster Gegner des damaligen Kirchenglaubens, Wiclef, es eine Sünde gegen den heiligen Geist genannt hatte, wenn man die Universalien lediglich als *termini* fassen wolle (Anm. 152), so konnte vom Standpunkte der Kirche aus jede Uebertreibung des thomistisch-scotistischen Realismus, mit welcher sich eine gänzliche Vernachlässigung der occamistischen Richtung verband, als bedenkliche Quelle der Ketzerei erscheinen. So können wir es uns erklären, wenn der Kölner Universität (— sicher nicht mit Unrecht —) in officieller Weise der Vorwurf gemacht wurde, dass sie den Thomas und Albertus Magnus allzusehr in den Vordergrund stelle und einen Buridanus, Marsilius u. dgl., welche keine so hochfliegenden Ziele verfolgen, über Gebühr vernachlässige. Die remonstrirende Antwort der Universität[616]), welche in würdiger Form geschrieben ist, weist den Vorwurf der Einseitigkeit zurück und betheuert (— ob ganz wahrheitsgemäss? —), dass völlig paritätisch den beiden entgegengesetzten Richtungen der mögliche Spielraum gelassen und behufs fruchtbarer Anregung eine gleich-

---

616) *Dicimus, quod ab inchoatione studii Coloniensis fuit consuetum iuxta statuta facultatis artium legere libros philosophi cum quaestionibus et dubiis; ..... ab exordio ..... magistris licitum fuit et liberum, allegare diversos auctores, utpote vel Aristotelem vel commentatorem Averroym aut Avicennam, Eustathium aut Boethium, Themistium aut sanctum Thomam, Albertum Magnum, Aegidium, Buridanum aut quemcunque alium, prout eis visum fuit ad declarandum materias. ..... Nemini praecluditur via modernorum; quin imo magistri componendo libros quaestionaliter plurima modernorum dicta reverenter interserunt; at vero ipsi scholares, dum ad tentamen seu examen veniunt, recipiuntur unusquisque in sua via. ..... Doctrina sancti Thomae, Alberti Magni, Alexandri de Hales, Bonaventurae, Aegidii de Roma, Scoti et talium antiquorum est in se bona et illibata et nullatenus inculpanda. ..... Iuvenum informatores in facultate regentes in via huius doctrinae sunt triti. ..... Datis duobus discipulis aequalis indolis, diligentia et exercitio paribus, aequaliter antiquorum et modernorum viis immorantibus non comperiatur unius respectu alterius difficultas multum praeponderare. ..... Ante Buridanum erat haec doctrina universalis per omnes universitates; ..... universitas Parisiensis aliquot annis peregrina ad gremium eiusdem remeavit* (s. ob. Anm. 3). ..... *Nondum tamen errores aliquos aut haereses ab hac doctrina subortas esse didicimus. ..... Haec doctrina non fuit damnatae memoriae Hieronymo suorum errorum causa; ..... e contra per viam huius doctrinae potissime potest Pragensium error et Wiclefistarum exterminari, prout in nostra Coloniensi universitate docet operis evidentia. ..... Buridanus, Marsilius aliique plures in illa doctrina commilitones fuerunt viri egregii; ..... propterea eorum sententias ..... amplectimur veneranter cum antiquorum sententiis coordinando et ex utrisque pleniores determinationes dubiorum conflando, prout visum fuerit nobis opportunum. ..... Aliud non constat nobis discurrendo per singulas universitates Almaniae, Italiae, Franciae, Angliae, quin permitteretur magistris in facultate artium uti doctrina doctorum praenominatorum. ..... Praecepto promulgato scholares relicta Almania Parisius, ubi nulla alia frequentatur doctrina, concorditer se transferrent. ..... Quia generosi ac illustrissimi principes in hac materia loquuntur, prout clam ab aliis minus iuste informantur, desiderii nostri esset, quod informatores tales palam ad lucem comparentur; ..... nemo enim ignorat, ad litteratos huiusmodi difficultatis decisionem pertinere. ...... Itaque omnibus principibus, quanta possumus humilitate, obnixius supplicamus, quatenus dignentur in nostra primitiva libertate nos permittere.* Uebrigens ist diese ganze, sicher nicht unwichtige, Angelegenheit bei Bianco a. a O. mit Stillschweigen übergangen.

berechtigte Würdigung beider angestrebt werde, wobei sich mit der Versicherung der Ungefährlichkeit des thomistisch-scotistischen Weges die eindringliche Bitte verbindet, geheimen Denuntianten kein Ohr leihen zu wollen und den Universitäts-Lehrkörpern die ihnen überall gegönnte Freiheit der Selbstbestimmung in rein wissenschaftlichen Fragen unverkümmert zu belassen. Was uns aber ausser dem kulturgeschichtlichen Momente ganz besonders an dieser Angelegenheit interessirt, liegt darin, dass in der Urkunde (seitens beider streitenden Parteien) zum ersten Male die Bezeichnung „*via antiqua*“ und „*via moderna*“ als eine bereits übliche erscheint, und zwar in der Weise, dass zur ersteren die Schriften des Albertus Magnus, Thomas, Bonaventura, Alexander Alesius, Aegidius und Scotus gerechnet, als Hauptrepräsentanten aber der letzteren Buridanus und Marsilius genannt werden. Und eben dieser Scheidung der zwei „Wege“ werden wir weiter unten noch in ausgedehnter Weise begegnen, wobei sich auch zeigen wird, dass die Kölner Universität und Litteratur ihrer längst gehegten Vorliebe für den Thomismus wahrlich nicht untreu wurde.

XXI. ABSCHNITT.

DIE ERSTEN WIRKUNGEN DER RENAISSANCE.

Ehe wir die weiteren Folgen jenes neuen Partei-Unterschiedes betrachten, dessen Keime und erste Erscheinungen uns so eben beschäftigten, müssen wir in Bewahrung des chronologischen Fadens den zähen und monotonen Verlauf der scholastischen Logik, mit welcher wir noch lange nicht zum Ende gekommen sind, durch den gleichzeitigen Eintritt des belebenden Hauches der wiedererwachenden Antike unterbrechen. In der That ja bildet für die Darstellung der Geschichte das erste Auftreten der Renaissance-Litteratur vorerst nur eine Unterbrechung, denn der geschichtliche Gang als objectiver zeigt uns noch auf geraume Zeit ein blosses Nebeneinanderbestehen der fortwuchernden Scholastik und der schwärmerischen Begeisterung für das neu auflebende Alterthum, und zwar derartig, dass wohl die letztere Richtung sich mit ausgesprochenem Spott und Hohn gegen die erstere kehrte, hingegen die Vertreter der zähen Scholastik im Ganzen vor der neuen Strömung einfach die Augen verschliessen und ungestört dociren und schriftstellern zu können glaubten, wie wenn kein neuer Geist in ihrer Umgebung erwacht wäre. Vor Allem ja waren es gerade die Universitäten und somit die Hörsäle der Logik, welche getreulich dafür sorgten, dass eine bereits stagnirende Tradition immer noch nicht ausstarb, und so verfloss für das Studium und den Betrieb der Philosophie überhaupt noch eine längere Zeit, bis sehr allmälig und auf mittelbaren Wegen der gesunde Geist der Antike den Sieg über scholastische Pedanterie und auch über dunkle Gefühls-Mystik davontragen konnte.

Allerdings kann für die Geschichte der Philosophie und noch mehr für die Geschichte der Logik gar nicht hoch genug angeschlagen werden (— was auffallender Weise selten richtig gewürdigt wird —), dass das verständigste und allseitigste und in sich am folgerichtigsten zusammenhängende philosophische System der ganzen Antike nicht erst durch die Renaissance wiedererweckt zu werden brauchte, da ja Aristoteles, und zwar der ganze Aristoteles, nebst den griechischen und den arabischen Commentatoren, seit dem 13. Jahrhunderte bereits wiedererwacht war und fortan den allbeherrschenden Bildungsstoff für die Philosophirenden darbot. Wir geben gerne zu, dass mit Ausnahme des Organons die Uebersetzungen, in welchen die Scholastiker bis zum 15. Jahrhundert den Aristoteles besassen, durch manichfache Fehler entstellt waren; ja wir wissen auch, dass Albertus Magnus und Thomas v. Aquino die aristotelische Philosophie gründlich corrumpirt hatten (s. Abschn. XVII, Anm. 482) und dass durch den Wust byzantinischen Unsinnes eine Caricatur antiker Logik mächtigen Einfluss gewonnen hatte. Aber in diesen Richtungen war eben nur ein Läuterungs-Process des vorliegenden Materiales erforderlich, um den Aristotelismus, welchen man seit zwei Jahrhunderten in all seinen Theilen bereits kannte, zugleich in möglichst ächter und ursprünglicher Form zu besitzen. Auch bedenke man doch, dass im Gesammtgebiete der antiken Naturkunde mit der Kenntniss der betreffenden aristotelischen Werke durch die Araber auch die Bekanntschaft mit Hippokrates, Galenus, Dioskorides u. dgl. immer Hand in Hand gegangen war, so dass ein antiker Naturalismus in reicher Ausdehnung schon geraume Zeit neben der scholastischen Logik herlief. Kurz für die Philosophie liegt das Wiedererwachen des Alterthums hauptsächlichst nur in dem Bekanntwerden der platonischen Poesie und des schwatzhaften Dilettantismus Cicero's, d. h. in zwei Richtungen, welche in Bezug auf sachgemässe verständige Auffassung dem Aristotelismus nicht einmal ebenbürtig waren. Sehr wohl aber konnten und mussten die platonischen und die ciceronischen Schriften durch die Schönheit ihrer Sprache und überhaupt durch Vorzüge der Form gegenüber dem scholastisch entstellten und verwilderten Aristotelismus befruchtend und belebend, ja selbst begeisternd wirken, so dass wir uns nicht wundern dürfen, wenn durch knabenhafte Uebertreibung die Sache den Anschein bekommt, als habe ausser der „*eloquentia*“ schlechterdings gar Nichts irgend einen Werth.

Indem aber unsere Aufgabe nicht in der Darstellung der ganzen Renaissance als solcher liegt [1]), möge bezüglich der Logik, auf welche wir uns hier beschränken müssen, vorläufig eben dieser allgemeinere Gesichtspunkt betont sein, dass von zwei Seiten aus der Kampf gegen die scholastische Weise möglich war; entweder nemlich konnte man in einem puritanischen Verfahren durch Beseitigung der vielen sinnlosen und hässlichen Auswüchse den reinen und ursprünglichen Aristoteles für den litterarischen und pädagogischen Betrieb der Logik wiederherstellen, oder man konnte in unüberlegtem Eifer, um den Entstellungen der Logik zu entgehen, die Logik an sich über Bord werfen und an ihre Stelle die blossen Lehren der Rhetorik setzen. Im 15. Jahrhundert begegnen wir diesem doppelten Motive vorerst noch gleichsam in der Form eines Vorspieles jener Kämpfe und Bestrebungen, welche uns das Ende des 16. Jahrhunderts zeigen wird.

Zunächst tritt in der örtlichen Wiege der Renaissance bereits bei den ersten bahnbrechenden Persönlichkeiten die Abneigung gegen die scholastische Lehr- und Schreib-Methode in den entschiedensten und stärksten Ausdrücken auf. So klagte schon Petrarca (geb. 1304,

---

1) S. Gg. Voigt, die Wiederbelebung des class. Alterthumes. Berlin 1859.

gest. 1374) an vielen Stellen seiner verschiedenen Schriften [2]) mit Bitterkeit darüber, dass Theologie und Philosophie in eine ebenso wortreiche als inhaltsleere Dialektik entartet seien [3]), so dass in windiger Eitelkeit mittelst sophistischer Fangschlüsse unfruchtbare Disputationen geführt werden [4]), nach deren Beendigung ein junger Mann, welcher so eben noch ein Thor gewesen war, unter blendenden Formeln als Doctor der Philosophie verkündet werden könne [5]). Durch solches Verfahren sei die Philosophie in lächerlicher Selbstüberhebung zu einer in zahllose Secten zerklüfteten Sophisterei und ränkevollen Wortklauberei geworden, in welcher die Spur der Wahrheit kaum mehr zu entdecken sei [6]); denn die blosse Frivolität einer streitsüchtigen Dialektik, welche in frecher Weise sich durch den Namen des Aristoteles zu decken suche, fessle viele Leute, welche nie einen Blick in die Litteratur warfen, bis in die letzten Lebensjahre, so dass dieselben den Eindruck von Greisen machen, welche noch Steckenpferd reiten, da sie eine Vorstufe des Unterrichtes, welche für Knaben ein nothwendiges Bildungsmittel ist und überhaupt die Vermeidung von Trugschlüssen lehrt (vgl. vor. Abschn., Anm. 610), Zeit ihres Lebens nicht zurücklegen, sondern fortan in unerträglichem Treiben Syllogismen rülpsen und so durch ihre „neue" Lehre den Namen des Aristoteles schänden [7]). Dieser

---

2) Ich citire nach der Gesammt-Ausgabe seiner Werke, Basel 1581. fol.

3) *De remed. utriusque fortunae*, I, dial. 46, p. 45: *Erant olim huius scientiae* (d. h. *theologiae*) *professores; hodie, quod indignans dico, sacrum nomen profani et loquaces dialectici dehonestant, quod nisi sic esset, non haec tanta tam subito pullulasset seges inutilium magistrorum. ..... Philosophi, ... ut de theologis nunc dicebam, ad verbosam nudamque dialecticam sunt redacti.* Aehnlich *Epist. var.* 31, p. 1021.

4) Ebend. praefat. (gleich zu Anfang): *Haec est vera philosophia, non quae fallacibus alis attollitur et sterilium disputationum ventosa iactantia per inane circumvolvitur, sed quae certis et modestis gradibus compendio ad salutem pergit.*

5) *De vera sapientia*, I, p. 324: *Iuvenis ..... cathedram ascendit ...... nescio quid confusum murmurans. Tunc maiores certatim ut divina locutum laudibus ad coelum tollunt; tinniunt interim campanae, strepunt tubae, volant annuli, finguntur oscula, vertici rotundus ac magistralis biretus apponitur; his peractis descendit sapiens, qui stultus ascenderat.*

6) *De sui et mult. ignor.* p. 1057: *In hac tanta scientiae inopia, ubi implumes alas vento aperit humana superbia, quam frequentes et quam duri scopuli, quot quamque ridiculae philosophantium vanitates, quanta oppositionum contrarietas, quanta pertinacia, quanta protervia, qui sectarum numerus, quae differentiae, quaenam bella, quanta rerum ambiguitas, quae verborum prolixitas, quam profundae quamque inaccessibiles veri latebrae, quot insidiae sophistarum omni studio veri iter vepribus obstruentium, ut nequeat internosci, quis illuc rectior trames ferat. Quam ob causam Cato maior pellendum censuit urbe Carneadem* (s. vor. Abschn., Anm. 606).

7) *Epist. familiar.* I, 6, p. 579: *Scribis, quendam senem dialecticum litteris meis vehementissime permotum, quasi artificium suum ego damnaverim. ..... Nolunt apparere, quam frivola sint, quibus armantur, ideoque ..... fugitivum pugnae genus exercent et volatilia verba iactantes quasi ventis tela committunt; cum his suo more contendere temerarium est, quippe qui summam voluptatem ex contentione percipiunt, quibus non verum invenire propositum est, sed altercari. ..... Si veritatem sequeris, id genus hominum vita. ..... Admones, eos sectam suam Aristotelici nominis splendore protegere; dicunt enim, Aristotelem ita solitum disputare. ..... Cur, quaeso, Aristotelicos dici iuvat, et non potius pudet? ..... Quis illas conclusiunculas non rideat, quibus litterati homines se simul et alios fatigant, in quibus omnem aetatem

glänzende Name blende Viele [8]), die Schuld aber solcher Täuschung falle nur auf die modernen Aristoteliker [9]); denn diese Leute glauben in ihrer unablässigen Geschwätzigkeit des objectiven Sachverhaltes (— *res* —) entbehren zu können [10]), und brüsten sich sogar noch mit ihrer eigenen sachlichen Leere, während der Besonnene sie wahrlich nicht für Philosophen, sondern nur für mechanische Lohnarbeiter halten kann [11]); ja gegenüber dieser unschönen und an ihrer Inhalts-Leere absterbenden Scholastik, deren ruhmloses Ende sich voraussehen lasse, könne nur die Erneuerung der glänzenden Autoren des Alterthumes Hilfe und Erfrischung bringen [12]). Jene jetzigen Aristoteliker seien allerdings in ihrer Feind-

---

conterunt. .... Dialectica una artium liberalium est et gradus ad alta nitentibus interque philosophorum dumeta gradientibus non inutilis armatura, excitat intellectum, signat veri viam, monstrat vitare fallacias. .... Si dialecticae scholas, quod in eis pueri lusimus, senes relinquere nescimus, eodem iure nec par impar ludere nec arundine tremula equitare pudeat. .... Quid autem, quaeso, ad omnem disciplinam tam utile, imo tam necessarium est, quam ipsarum litterarum prima cognitio, in quibus omnium studiorum fundamenta consistunt? .... Ut nihil elementario sene turpius, sic nihil dialectico sene deformius; et si syllogismos eructare coeperit, fuge, consulo, ac iube illum disputare cum Encelado. Ebend. 9, p. 585: *Vivat ergo dialecticus tuus et cornutis semper affluat syllogismis, quando nobiscum sentit et non est ignarus omnium. ...... O doctrinam novam et exoticam ipsique, cuius nomen infamant, Aristoteli incognitam!*

8) *De sui et mult. ignor.* p. 1043: *Aristotelis splendore lippos atque infirmos praestringente oculos multi iam in erroris foveas lapsi sunt.* Vgl. ebend. p. 1050.

9) Ebend. p. 1052: *Quid ergo, dicat aliquis, an et tu contra Aristotelem mutis? Contra Aristotelem nihil, sed pro veritate aliquid, ... sed contra stultos Aristotelicos multa quotidie in singulis verbis Aristotelem inculcantes solo sibi nomine cognitum.*

10) *De contemptu mundi* I, p. 336: *Dialecticorum garrulitas nullum finem habitura diffinitionum compedibus scatet et immortalium litigiorum materia. ...... Ostendunt, veram sibi rei diffinitae notitiam non adesse .... Quid semper frustra laboratis, ha miseri, et inanibus tendiculis exercetis ingenium? Quid obliti rerum inter verba senescitis atque inter puériles ineptias albicantibus comis et rugosa fronte versamini?*

11) *Contra medic. invect.* II, p. 1098: *Ecce ego* (sagt Petrarca's Gegner), *qui nudiustertius nihil eram, iam magnus esse incipio, iam syllogismos facio, iam dialectica mea est; ad quid aliud natus eram? habeo, quod petebam; iam disputare non vereor collocutoremque meum, si libet, asinum probo. .... Inter haec ergo* (erwidert Petr.), *male nate homuncio, senuisti nec pudet vivere nihil in vita aliud agentem.* ..... (p. 1099) *Audis, sophista ventose, parce, quaeso, logicae nobilis, parce, si te sophistam voco; res ipsa me cogit; ubi enim res video, verbis contrariis fidem non habeo; cornutum mihi enthymema producito, admove ad aculeum, cogere poteris fortassis, ut fatear; ut assentiar, nunquam coges, quod ego te philosophum credam, cum mercenarium mechanicum sciam.*

12) *Epist. fam.* I, 1, p. 571: *Videsne tu hos scholasticos, genus hominum vigiliis ac ieiunio squalidum? Crede mihi nihil ad lucubrandum durius, nihil mollius ad iudicandum; cum multa laboriosissime legerint, nihil examinant, et quid in re sit, dedignantur inquirere. ..... Itaque omnium una lex est; cuncta enim ex aequo scripta fastidiunt. ..... Redde mihi Pythagoram, ... redeat Plato, renascatur Homerus, reviviscat Aristoteles, revertatur in Italiam Varro, resurgat Livius, reflorescat Cicero; non modo segnes laudatores invenient, sed mordaces etiam et lividos detractores. ....* (p. 572) *Respice hos, qui in altercationibus et cavillationibus sophisticis totum vitae tempus expendunt seque inanibus semper quaestiunculis exagitant. Et praesagium meum de omnibus habeto: omnium nempe cum ipsis fama corruet, unum sepulcrum nomini ossibusque sufficiet.*

schaft gegen die classische „*eloquentia*" stets geneigt, selbst den Aristoteles in ihre eigene niedere Sphäre herabzuziehen und gleichfalls als einen Verächter der Beredtsamkeit darzustellen [13]), wobei sie weder an Plato's hohes Talent noch an die (von Cicero gerühmte) Süssigkeit der Redeweise des von ihnen schäbig gemachten Aristoteles denken [14]); dass freilich Plato, der grösste Philosoph, von diesen winzigen und niedrigen Katheder-Philosophen nicht gepriesen werde, verstehe sich bei diesen aufrührerischen Schreiern ,und Neuerern von selbst [15]).

Sowie Petrarca's Zeitgenosse Boccaccio (geb. 1313, gest. 1375) in gleicher Tendenz überhaupt in die Fussstapfen desselben trat, so können wir uns begnügen, als Zeugniss hiefür nur ein paar Stellen anzuführen, in welchen er auch seinerseits die Pseudo-Philosophen wegen der geschraubten Gravität, mit welcher sie in dunklen oder zweideutigen Worten werthlose Schlüsse aufbauen, verspottet und die absichtliche Vernachlässigung rügt, mit welcher sie auf die ächten antiken Quellen ihres Wissens und auf die älteren Autoren der mathematisch-physikalischen Disciplinen von vorneherein verzichten [16]).

Gegen die Mitte aber des 15. Jahrhunderts, d. h. zu jener Zeit, als die Schätze der antiken Litteratur allmälig in reicherem Masse zu Tag gefördert wurden, finden wir mehr als bloss verneinende Stimmen, indem mit positiven Vorschlägen die oben genannten Strömungen des Platonis-

---

13) *Rer. memorand.* II, p. 414: *De Aristotele dubius sum, errorine publico taciturnus obsequar furentique vulgo, an vera potius e latebris in apertum eruam. De huius quidem ingenio nulla lis movetur, de eloquentia apud multos ambigitur.* ..... (p. 415) *Illos mentiri constat,* ..... *qui, quoniam Aristoteli suo, quem semper in ore habent, similes esse nullo modo possunt, illum sibi similem nituntur efficere dicentes eum, ut qui altissimis rebus intenderet, omnis eloquentiae contemptorem, quasi in altis nulla verborum claritas habitare possit.*

14) *De sui et mult. ignor.* p. 1037: *Eloquentia apud illos hoc moderno philosophico more contemnitur et quasi litteratis viris indigna respuitur;* ..... *nec redit in memoriam Plato eloquentissimus hominum nec dulcis ac suavis* (s. die bekannten Stellen bei *Cic. Top.* 1, *De invent.* II, 2), *sed ab his scaber factus, Aristoteles; sic a suo desistunt duce, ut eloquentiam* ...... *impedimentum probrumque existiment.* Hernach folgen Proben bezüglich eines blinden an Aristoteles hängenden Auctoritätsglaubens in den Naturwissenschaften. Vgl. ebend. p. 1051.

15) *Rer. memorand.* I, p. 401: *Nec sum nescius, a* ..... *Platonis laude quosdam* ..... *plebeios et minutos vel* ..... *cathedrarios philosophos discordare, qui* .... *seditiosum vulgus et ignavum magnis clamoribus permiscent novosque sibi duces faciunt. Epist. familiar.* IV, 9, p. 635: *De Platone quid dicam, qui maximorum hominum consensu philosophiae meruit principatum?* Vgl. *Epist. var.*, 20, p. 999.

16) *De geneal. deor.* XIV, 3 (*ed. Basil.* 1582 fol.) p. 353: *Sunt, qui ante visum scholarum limen, quia quandoque philosophorum quorundam audivere nomina, putant se philosophos esse* ..... *et quadam ficta gravitate verborum et morum ponderositate* ..... *non nisi de apicibus rerum verba faciunt* ..... *et, dum responsa prudentum percipiunt, factis quibusdam ratiunculis frivolis in contrarium et auditis doctorum replicationibus atque conclusionibus, quasi non satis illis satisfactum sit, quatientes paululum caput* ..... *praetereunt.* ...... *Se auditoresque implicantes suos* ...... *artium liberalium persaepe nomina non noverunt; Priscianum, Aristotelem, Ciceronem, Aristarchum, Euclidem atque Ptolemaeum aliosque insignes viros stomachosa quadam dicacitate neglexisse demonstrant.* Ebend. c. 12, p. 368: *Quid de philosophis dico? Nonne divinum eloquium, cuius ipsi professores haberi cupiunt, obscuritatum atque ambiguitatum plenissimum est?* Aehnlich *Vita di Dante* (*Opp. ed. Florent.* 1724, Vol. IV), p. 56.

mus, des geläuterten Aristotelismus und des Ciceronianismus hervortreten. Ziehen wir zunächst den ersteren etwas näher in Betracht, so ist hiebei vor Allem die Bemerkung vorauszuschicken, dass der durch die Platoniker, welche bekanntlich ihren Mittelpunkt am Hofe der Mediceer hatten, angeregte Streit überhaupt nicht eigentlich ein logischer war, sondern sich um Fragen der Psychologie, der Kosmologie, und ganz besonders um die damaligen theologischen Controversen der griechischen und der römischen Orthodoxie drehte; und auch soweit etwa die Logik in Mitleidenschaft gezogen wurde, ist die ganze Angelegenheit ebenso werthlos als einflusslos. Die streitenden Personen und deren (vielfach noch ungedruckte) Schriften sind folgende. Nachdem Georgius Trapezuntius, mit welchem wir weiter unten (Anm. 101 ff.) uns noch etwas näher beschäftigen müssen, als wüthender Feind Plato's seine „*Comparatio Platonis et Aristotelis*" geschrieben hatte [17]), antwortete darauf einerseits Bessarion (gest. i. J. 1472) durch die Schrift „*In calumniatorem Platonis*" [18]), und andrerseits Georgios Gemistos Plethon (gest. i. J. 1453) durch sein Buch „*De Platonis et Aristotelis philosophiae differentia*" [19]). Durch letzteres nun wurde nicht bloss eine Erwiderung Bessarion's, sondern auch die Gegenschrift des Georgius Gennadius Scholarius hervorgerufen, welche den Titel trägt „*Κατὰ τῶν Πλήθωνος ἀποριῶν ἐπ' Ἀριστοτέλει*" [20]); und auf diese antwortete sodann Plethon abermals mittelst der Schrift „*Πρὸς τὰς Σχολαρίου ὑπὲρ Ἀριστοτέλους ἀντιλήψεις*" [21]). Neben dieser Polemik verfassten Plethon und Scholarius auch verschiedene logische Commentare, welche jedoch sämmtlich ungedruckt sind [22]).

Ueber die logischen Punkte, welche in den Streitigkeiten dieser Leute mitspielten, können wir uns sehr kurz fassen. Wenn nemlich die Platoniker in Zusammenhang mit der Klage, dass Plato nur durch Aristoteles und Averroes mit Unrecht verdrängt worden sei [23]), den Aristoteles beschuldigten, er habe seine Logik aus Archytas geschöpft und jedenfalls

---

17) Diese Schrift soll gedruckt sein *Venetiis* 1523; s. *Fabricius*, *Bibl. graeca.* Vol. X, p. 726.

18) Gedruckt bei Aldus, *Venet.* 1516. fol. Ueber die Feindschaft zwischen Trapezuntius und Bessarion s. auch *Boissonade*, *Anecd. gr.* V, p. 454 ff.

19) Der griechische Text soll gedruckt sein *Paris.* 1541; mir ist nur die lateinische Uebersetzung des *Georg Chariander* (d. h. des *Gg. Henisch*), Basel 1574. 4. zugänglich.

20) Herausgegeben von *M. Minas*, *Paris.* 1858. 8.

21) Herausgegeben von *W. Gass*, *Gennadius und Pletho*, Breslau 1844. Bd. II, p. 54 ff.

22) Nemlich Plethon zum Porphyrius und zu den Kategorien, sowie angeblich auch zur ersten Analytik (s. *Fabricius* a. a. O. p. 743 ff.), Scholarius aber zum Organon überhaupt mit Einschluss des Gilbertus Porretanus, welchen er auch ins Griechische übersetzte (ebend. p. 781 f.); desgleichen übertrug er die Summula des Petrus Hispanus ins Griechische (ebend. p. 784); ob die griechische Uebersetzung der Topik des Boethius, deren erste drei Bücher durch *Wegelin*, Augsburg 1604. 8. herausgegeben wurden, gleichfalls von Scholarius herrühre, ist zweifelhaft; jedenfalls stammt sie aus jener Zeit.

23) *Pletho, De Plat. et Arist. diff.*, Prooem.: *Nostri temporis homines et praecipue maior pars eorum, qui ad occidentem habitant reliquis sapientiores existimati, Aristotelem magis quam Platonem admirantur persuasi ab Averroe quodam Arabe.*

auch bei Plato eine Vorarbeit gefunden [24]), da letzterer wirklich die sämmtlichen drei Gattungen des Syllogismus, d. h. den wissenschaftlichen, den rhetorischen und den sophistischen bearbeitet habe [25]), so konnten die Aristoteliker solchem Gerede ruhig die Thatsache gegenüberstellen, dass Aristoteles eben doch der Begründer der wissenschaftlichen Methode überhaupt sei [26]). Auch wurde jene Hauptfrage, welche die Universalien betrifft, in einer recht lahmen Weise geführt; denn selbst Plethon will in diesem Punkte dem Plato nicht völlig beistimmen, sondern nur Polemik gegen Aristoteles üben, da derselbe die Universalien als mit den Einzeln-Dingen synonym betrachte und für die Herkunft der letzteren keine andere Causalität, als nur die Bewegung anerkenne [27]), sowie er desgleichen durch seine Bevorzugung der individuellen Substanz sich in Widerspruch dagegen setze, dass Gott doch jedenfalls die allgemeinen Gattungen als Zweck der Individuen beabsichtigte [28]), — eine lediglich ontologische Seite der Universalien, welche auch dem Bessarion als die einzige gegolten zu haben scheint [29]). Und wenn dann Scholarius den

---

24) Ebend., C. 20 (am Schl.): *Aristoteles ..... in fine logicorum gloriatur, suum esse totum opus de methodo dialectica; ..... at constat, Archytam ante ipsum logicam artem contexuisse, cuius praeceptis ipse Aristoteles usus fuit, quin etiam Plato partim principia disciplinarum logicarum tradidit, partim etiam iis ipsis non sine arte in suis scriptis est usus.*

25) *Bessarion, In calumn. Plat.* I, 5, f. 9 r: *Cum affirmare impudenter ausus fuerit, Platonem ne figuram quidem aut modum aliquem syllogismi tenuisse nec prorsus aliquid scripsisse, quod vim demonstrationis haberet, quam vera igitur haec calumnia sit, primum videamus. Cum triplex sit syllogismi genus, demonstrativum, dialecticum et quod a fallendo sophisticum dicitur, ... quodnam eorum genus Plato non tractavit? quod alios non docuit? Nam demonstrandi vim eiusque summam necessitatem nemo melius, quam ille, explicavit, ut in Timaeo patet, in Parmenide, in Phaedone, in Philebo, in Sophista.*

26) *Georg. Scholar.* bei M. Minas, p. 8: *Εἰ μὴ διά γε Ἀριστοτέλην, οὐκ ἂν φυσικῆς φιλοσοφίας τὸ τῶν ἀνθρώπων μετεῖχε γένος· ..... μεθόδου δὲ διαλεκτικῆς καὶ παντὸς ἐπιστημονικοῦ τρόπου ἐχηρεύομεν ἂν οὕτω πάνυ, ὥστε καὶ τὰ φαυλότατα προτιμῆσαι ἂν τῶν ἀρίστων, ὥςπερ νῦν ἔνιοι τοῦτο πάσχουσι διὰ τὸ φαῦλον νομίσαι Ἀριστοτέλην ὁμοῦ τε διαλεκτικῆς ἐστερημένοι καὶ ἀληθείας.*

27) *Pletho* a. a. O., C. 20: *De speciebus sermonem instituamus, de quibus maxima solet contentio moveri. In his vero non quidem Platoni consentiemus, sed Aristotelem etiam hac in parte male contradixisse et in aliis quidem sycophantam agere, in aliis vero non id conficere, quod voluit, demonstrabimus. .... Cum Platonici suas illas species rebus sensui subiectis non synonymas, sed aequivocas esse velint, ipse praeter illorum opinionem et voluntatem synonymas conatur ostendere. ..... Ille namque nec sensit nec vult, inesse quampiam rebus aeternis causam eius, quod sint atque existant, praeter id, quod movetur; eamque nimirum ob causam cum Platonicis proeliatur.*

28) Ebend. C. 4: *Incurrit autem eandem ignorantiae accusationem Aristoteles etiam hanc ob causam, quod simpliciter universum minus facit particulari, dum singulares et individuas essentias primas et principales appellat, species autem et genera ipsarum secundas substantias easque primis inferiores ac minores. ..... Nobis hoc placere non potest, dum cogitamus, etiam a deo non alicuius hominis gratia universam hominum naturam, sed universae hominum naturae gratia singulos creatos conditosque homines. ..... Nos haud unquam eo adducemur, ut singularibus universalia minora dicamus, donec non totum sua parte minus et partem suo toto maiorem videamus.*

29) *Bessarion, De nat. et arte adv. Trapez.* (*Opp. ed. Aldus*, 1516) f. 109 v: *Natura ..... causa est instrumentalis et ita moveri solet, ut mens suo consilio ratio-*

aristotelischen Begriff der Universalien im Gegensatze gegen die Ideenlehre durch Gründe rechtfertigte [30]), so wusste man von der anderen Seite Nichts weiteres zu erwidern, als dass eben ein Unterschied zwischen dem Idealen und dem Realen bestehe [31]). Nicht besser steht es mit etlichen einzelnen Fragen der Logik; denn wenn z. B. die Platoniker daran Anstoss nahmen, dass bei Aristoteles der Begriff des Seienden als Homonymon gilt [32]), so konnte auf lediglich exegetischem Wege die Vertheidigung unschwer geführt werden [33]); oder das Bedenken, dass Aristoteles (s. Abschn. IV, Anm. 221) die Coexistenz contradictorischer Gegensätze bei Urtheilen unbestimmter Quantität für zulässig halte [34]), artet geradezu nur in niedrige Schmähungen aus [35]); und schwerlich ist

---

neque permoverit; quo quidem in loco maxima meo iudicio inter Platonem et Aristotelem differentia est; hinc enim perdifficilis illa et perobscura de ideis quaestio oritur.

30) Georg. Scholar. a. a. O., p. 125: *Ἐξαμαρτεῖν φησι Πλήθων Ἀριστοτέλην τὴν καθ' ἕκαστα οὐσίαν μᾶλλον οὐσίαν καὶ πρώτην λέγοντα, ἧττον δὲ καὶ δευτέρας τὰ τῶν οὐσιῶν γένη καὶ εἴδη.....* p. 126: *Πλάτων τὰ γένη καὶ τὰ εἴδη καὶ τὰ καθόλου ὑπετίθει κεχωρίσθαι τῶν καθέκαστα οὐ τῷ λόγῳ μόνον, ἀλλὰ δὴ καὶ τῷ εἶναι....... Ἄλογος δέ ἐστιν ἡ θέσις αὕτη...... Ὃ οὐσιωδῶς ἔνεστί τινι, ἀδύνατον αὐτοῦ κεχωρίσθαι...... Οὐδὲ πρὸς τὸ εἶναι τὰ καθέκαστα ἢ γινώσκεσθαι ἀνάγκη τιθέναι τὰ καθόλου κεχωρισμένα...... Ἀλλ' οὐδ' ἀνάγκη πρὸς τὴν τῶν αἰσθητῶν γένεσιν τὰς ἰδέας τιθέναι, ἀρκεῖ γὰρ τὸ καθόλου ποιοῦν τῷ διατιθέναι τὴν ὕλην πως..... μόνης τῆς πρώτης αἰτίας κινούσης.* ..... p. 130: *Ἄφθαρτα διαμένει τὰ τῶν πραγμάτων εἴδη ἔν τε τῇ φύσει διὰ γενέσεως τῇ διαδοχῇ καὶ ἐν τοῖς ἡμετέροις νοῖς δι' ἀφαιρέσεως καὶ αἰτιά εἰσιν ἐν ἡμῖν ἐπιστημης αὐτὰ πρῶτον ὑπο τοῦ νοῦ γινόμενα......* p. 131: *Εἰδῶν μὲν οὖν πέρι καὶ γενῶν καὶ ὅλως τῶν καθόλου τοιαύτη τις ἐξ Ἀριστοτέλους δόξα κεκράτηκεν.*

31) Pletho bei W. Gass, p. 110: *Ἀλλὰ τὸ Ἀριστοτέλη σφάλλον καὶ τοὺς Ἀριστοτέλει περὶ τούτου προσέχοντας ἐκεῖνό ἐστι μάλιστα, ὅτι οὐκ ἐνενόησαν, ὡς ἅπαν γένος λόγῳ μὲν ἐπίσης ὑπὸ τῶν εἰδῶν μετέχεται τῶν ἑαυτοῦ, τῷ δὲ πράγματι οὐκ ἐπίσης.*

32) Pletho, *De Plat. et Ar. diff.*, C. 3: *Transeo ad illam entis aequivocationem, quam Aristoteles ut magnum quiddam existimatur invenisse...... Atqui .... non utique recte ratiocinatur...... Quam imbecilles nulliusque momenti sunt Aristotelis rationes, quibus aequivocationem entis conatur introducere.*

33) Georg. Scholar. a. a. O., p. 92: *Πλήθων φησί, κακῶς ἀποφήνασθαι τὸν Ἀριστοτέλην περὶ τοῦ ὄντος, ὡς ὁμωνύμως μετέχεται· εἰ γὰρ εἴη ὁμώνυμον, οὐκ ἂν εἴη ἕν......* p. 94: *Ἀριστοτέλης δὲ διελόμενος ἀκριβέστερον ..... τὰ μεταξὺ τῶν καθαρῶς ὁμωνύμων καὶ συνωνύμων ἁπλῶς κατ' ἀναλογίαν ὠνόμασεν, ἃ καταχρηστικῶς ἔσθ' ὅτε καλεῖ ὁμώνυμα, ὥσπερ τὸ ζῷον ..... κατά τε τοῦ ἀληθοῦς καὶ τοῦ γεγραμμένου· ..... ὡσαύτως δὲ καὶ τὸ ὄν.*

34) Pletho a. a. O., C. 7: *Alia quoque ab eodem tollitur notio, quam alioqui omnes et recte quidem amplectuntur, ... quod contradictio nunquam possit simul vera reperiri; ille vero contendit, indefinitam contradictionem veram simul posse deprehendi, quod tamen manifeste a ratione abhorret.*

35) Pletho bei Gass, p. 112: *Τοῦτο Ἀριστοτέλους καὶ καταγέλαστον τὸ ἐκ τῶν οὐ λεγομένων τὸ τῶν ἀποφάσεων ψεῦδος ἢ ἀλήθειαν ἀξιοῦν κρίνεσθαι καὶ οὐκ ἐκ μόνων λεγομένων· τίς γὰρ οὐκ οἶδεν, ὡς καὶ σμικρὸν μόριον λόγου ἔσθ' ὅτε προστεθὲν εἰς τοὐναντίον τὸν λόγον περιέτρεψεν.* ..... p. 113: *Σοὶ δὲ δὴ τί κἀκεῖνο δύναται τὸ, εἴ γε ταὐτὸν εἴη τὸ „οὐκ ἔστιν ἄνθρωπος λευκός" τῷ „οὐδεὶς ἔστιν ἄνθρωπος λευκός", δύο ἀποφάσεις μιᾷ ἀντιφάσει ἀντικεῖσθαι; πῶς γὰρ, εἰ ταὐτὸν, δύο καὶ οὐχὶ μᾶλλον διὰ τοῦτο καὶ μία ἀπόφασις; ἆρ' οὐ καὶ τοῦτό σοι εἰς τὸν ἔμετον ἄξιον λογίσασθαι;*

Erhebliches geleistet durch die Bekämpfung der aristotelischen Auffassung des Zukunfts-Urtheiles [36]) oder durch die Betonung eines Verstosses gegen den Grundsatz „*conclusio sequitur partem deteriorem*“ in der Lehre von den modalen Schlüssen [37]).

Eine weit grössere Bedeutung bezüglich des Kampfes gegen die Scholastik hatten jedenfalls die beiden anderen Richtungen, nemlich der gereinigte Aristotelismus und der Ciceronianismus. Letzterer bildete damals den überwiegenden Grundton, so dass auch ersterer, wo er die Scholastik verdrängen wollte, eine allerdings verfehlte Verbindung mit der Rhetorik einging. Als erklärlich aber müssen wir auch solche Halbheiten in einem Zeitalter bezeichnen, in welchem die Wiederbelebung der „*eloquentia*“ der Antike zur begeisterten Tendenz der begabtesten Italiener geworden war, so dass man von dieser Ansicht aus nicht bloss bei Plato die stilistische Schönheit höher anschlug, als das System desselben, sondern sogar dem Aristoteles erst den wahren Ruhm zu verleihen glaubte, wenn man auch ihm (nach Cicero's Aussage) die rhetorische Würze der Diction zuschrieb. Dass mit dem Ciceronianismus zugleich auch Oberflächlichkeit, Unwissenschaftlichkeit und Eitelkeit ihren Einzug hielten, versteht sich ganz von selbst, und wir haben daher hiebei natürlich nicht etwa von einer Förderung der Logik als solcher zu berichten, sondern das Erfreuliche liegt darin, dass der monotonen Absurdität der scholastischen Logik überhaupt einmal ein Gegner erstand.

Mehr noch im Stile und der Weise des Petrarca äussert sich Leonardo Bruni von Arezzo, gewöhnlich Leonardus Aretinus genannt (gest. i. J. 1444), über die litterarische Ungebildetheit der sogenannten Philosophen, welche in barbarischer Sprache einen corrupten Aristoteles als einzige Auctorität tractiren [38]), sowie über das Verderbniss,

---

36) *Pletho*, *De Plat. et Ar. diff.*, C. 18: *Aristoteles in libris de interpretatione ..... ait, principium futurorum cum a deliberatione tum ab actione ipsa existere; sed in eo plane errat.* S. Abschn. IV, Anm. 237.

37) Ebend. C. 8: *Est praeterea aliud axioma, quod sic habet, conclusionem semper imitari eam ex praemissis, quae minor appellatur, ... et necessaria minorem simplicem esse; ..... ipse vero Aristoteles ex duabus praemissis, altera necessaria altera simplici, necessariam ait fieri conclusionem.* S. ebend. Anm. 562.

38) *Leon. Aretinus, De disputationum usu,* hrsggben. v. Feuerlin, Nürnb. 1734. p. 20: *In hac fece temporum atque in hac tanta librorum desideratione quam quis facultatem disputandi assequi possit, non video.* ..... p. 22: *Sunt permulti philosophiae magistri, qui se eam docturos esse pollicentur. O praeclaros nostri temporis philosophos! siquidem ea docent, quae ipsi nesciunt, quos ego nequeo satis mirari, quo pacto philosophiam didicerint, cum litteras ignorent* (vgl. ob. Anm. 7). *Nam plures soloecismos quam verba faciunt, cum loquuntur; itaque ego illos stertentes quam loquentes audire mallem. ..... Proferunt dicta in his libris, quos Aristotelis esse dicunt, verba aspera, inepta, dissona, quae cuiusvis aures obtundere ac satiare possent. Haec dicit, inquiunt, philosophus; huic contradicere nefas est; quasi vero aut ille solus philosophus fuerit aut eius sententiae ita fixae sint, quasi eas Apollo ex sanctissimo adyto suo ediderit.* ..... p. 24: *Non puto, illos ne minima quidem in re, quid Aristoteles senserit, recte tenere.* ..... p. 25: *Praesertim, cum hi libri, quos Aristotelis esse dicunt, tam magnam transformationem passi sint, ut, si quis eos ad Aristotelem ipsum deferat, non ille suos esse cognoscat.* ...... p. 26: *Studiosum eloquentiae fuisse Aristotelem atque incredibili quadam suavitate scripsisse, Ciceronis sententia est; nunc vero hos Aristotelis libros, si tamen Aristotelis esse putandi sunt, et molestos in legendo et absonos videmus atque tanta obscuritate perplexos, ut praeter Sibyllam aut Oedipodem nemo intelligat.*

welches die Logik unter den Händen nordischer Barbaren (— diess ist ein Lieblings-Thema aller damaligen Italiener, welches sie in hunderterlei Weisen variiren —) durch ein Uebermass der Sophisterei erfahren habe [39]). Bereits bei ihm aber wendet sich diese negative Polemik unter patriotischer Erinnerung an seine grossen Vorgänger zur positiven Empfehlung Varro's und Cicero's hinüber [40]), welch letzteren er für den Gegenstand einer nie hinreichenden Bewunderung hält [41]).

In ähnlicher Weise drückte sich wiederholt Aeneas Sylvius Piccolomini (als Papst Pius II, geb. 1405, gest. 1464) aus, ein Mann, welcher bekanntlich in seinem vielbewegten Leben auf die kirchlichen, politischen und auch litterarischen Verhältnisse Deutschlands einen manichfachen Einfluss ausübte [42]). Er, der von sich rühmen konnte, dass seine eigenen Briefe von Jenen, welche nur scholastische Schriften gelesen hatten, wie ein Licht in der Finsterniss begrüsst wurden [43]), ertheilt den Florentinern alles Lob, dass sie auf oratorische Bildung (Cicero und Quintilianus) das Hauptgewicht legen, während die Deutschen ausschliesslich ihren üblichen scholastisch-dialektischen Unterricht berücksichtigen [44]); und in solcher Beziehung tadelt er hauptsächlich die Universität Wien (wo, wie wir sahen, besonders Albert v. Sachsen gewirkt hatte), woselbst man unter Vernachlässigung der Originaltexte des Aristoteles unablässig nur eitle Sophistik betreibe [45]). Ja gerade auch die Schriften des Aristo-

---

39) Ebend. p. 26: *Quid autem de dialectica, quae una ars ad disputandum pernecessaria est. An ea florens regnum obtinet neque ignorantiae bello calamitatem ullam perpessa est? Minime vero; nam etiam illa barbara, quae trans oceanum habitat, in illam impetum facit. At quae gentes, dii boni! quorum etiam nomina perhorresco: Ferabrich, Busser* (sowie in dem Texte überhaupt selbst die geläufigsten griechischen Namen entsetzlich entstellt sind, so liegt natürlich auch hier ein Schreibfehler vor; sicher ist zu lesen *Tysber*, s. vor. Abschn., Anm. 347), *Ocham, Suisset* (s. ebend. Anm. 350 am Schl.), *aliique huiusmodi, qui omnes mihi a Chadamantis* (zu lesen *Rhadamanthi*) *cohorte traxisse cognomina videntur. .... Quid est, inquam, in dialectica, quod non Britannicis sophismatibus conturbatum sit?*

40) Ebend. p. 29: *Ubi sunt M. Varronis libri, qui vel soli facere possent sapientes? .... ubi Ciceronis complura volumina? O miseram atque inopem conditionem horum temporum. ....* p. 36: *Non potes ..... tres viros, quos his temporibus nostra civitas tulit, non praestantissimos iudicare, Dantem, Franciscum Petrarcham, Iohannem Boccatium, qui tanto consensu omnium ad coelum tolluntur.*

41) *Leonardi Aretini de studiis et litteris ad illustrem dominum Baptistam de Malatestis.* Padua 1483. 4. f. 2 A: *Tullium accipiet, quem virum deus immortalis quanta facundia, quanta copia, quam perfectum in litteris, quam in omni laudis genere singularem praestiterit, admirari nemo sufficiet.*

42) S. Georg Voigt, *Enea Silvio de' Piccolomini ..... u. s. Zeitalter.* 3 Bde. Berlin 1856—63. — Ich citire nach der Basler Gesammt-Ausgabe der Werke v. 1571.

43) *Epist.* 402, p. 935: *Qui praeter commentarios in Alexandrum grammaticum et Brunelli poetae fabulas et Buridani vulgarium dialecticorum sophismata .... nihil unquam legissent, epistolas meas lucem esse in tenebris putaverunt.*

44) *Hist. Frider. III.*, p. 327 f. (bei Kollar, *Anal. monum. Vindob.* Wien 1762, Vol. II): *Teutones ..... omnes cancellariae aptos arbitrantur, qui vel civilis vel canonici iuris periti dicuntur, aut quos vocant magistros artium, qui praeter garrulam et loquacem dialecticam nihil aliarum artium didicere. Florentini eos assumunt, quibus Ciceronis et Quintiliani praecepta notissima sunt, poetarum et oratorum imbuti doctrinis, ... atque eos, si domi non inveniunt, foris quaerunt.*

45) *Epist.* 165, p. 719: *Maximum autem huius gymnasii* (d. h. *Viennensis*) *vitium est, quod nimis diutinam operam in dialecticis nimiumque temporis in re non*

teles seien im Laufe der Zeit so sehr bis zur Unkenntlichkeit entstellt, dass ihr Verfasser selbst viele derselben nicht wiedererkennen würde; denn der Mangel an „*eloquentia*", welcher dem ächten Aristoteles nicht angehaftet haben könne, sei nur eine Folge der schlechten Uebersetzungen [46]). Jedenfalls aber liege für den logischen Unterricht das einzig richtige Verfahren im Gegensatze gegen das bisher übliche Uebermass der Sophistik nur in jener Behandlungsweise, welche bereits bei Cicero die massgebende gewesen sei [47]).

Dergleichen Wünsche nun, welche auf ciceronianische Darstellung der Logik gerichtet waren, konnten ihre Befriedigung durch Laurentius Valla finden (gest. i. J. 1457), welcher den Klerikalen durch seine ganze schriftstellerische Thätigkeit (bes. „*De donatione Constantini*") so vielen schlimmen Verdruss bereitete [48]). Derselbe bot unter dem Titel „*Dialecticae disputationes*" [49]) ein ziemlich ausführliches Compendium der Logik dar, welche er kurzweg als *scientia rationalis* definirt, wobei der Standpunkt, dass sie *sermocinalis* sei, miteingeschlossen sein soll [50]). Vor Allem kämpft er gegen die Ausschliesslichkeit, mit welcher man in blindem Auctoritätsglauben überhaupt nur dem Aristoteles einen Werth beilege, welchen man noch dazu in entstelltester Form und verpfuscht durch die barbarischen Araber in Händen habe [51]); und so will er an

---

magni fructus ferunt; qui magisterii artium titulo decorantur, hac una in arte maxime examinantur, ceterum neque musicae neque rhetoricae neque arithmethicae curam gerunt; ..... oratoria et poetica apud eos penitus incognita, quibus omne studium in elenchis est vanisque cavillationibus. ..... Qui libros Aristotelis et aliorum philosophorum habeant, raros invenies; commentariis plerumque utuntur. Fast wörtlich ebenso *Hist. Frider. III*, p. 11 (a. a. O.).

46) *Asia*, 71, p. 351: *Tyrannion grammaticus .... et librarii quidam scriptoribus utentes non bonis nec scripta conferentes opera Aristotelis minus emendata ediderunt. Quod si graeca exemplaria corrupta fuerunt, quid de his putandum est, quae in latinum conversa sunt, illa praesertim Priora, quae qui legunt, non tam quod dicatur quam quod dici velit nosse laborant. Quippe si reviivisceret Aristoteles, multa sua esse negaret, quae nos illi attribuimus.* Ebend. 74, p. 354: *Aristoteles discipulos suos omnes eloquentes fecit, Theophrastum vero eloquentissimum; quae res admodum eos confundit, qui Aristotelis opera omni eloquentia nuda in nostram linguam converterunt.*

47) *De liber. educat.* p. 989: *Cum inter praecepta rhetoricae silere dialectica non consueverit, — sunt enim quodammodo inter se convertibiles, nam ambae tum quaerere tum rationem reddere et defendere et accusare conantur —, non ab re fuerit, regem puerum dialecticis initiare praeceptionibus; atque ita docuerit, ut logicae, quam disserendi diligentem rationem Cicero diffinit* (s. Abschn. VIII, Anm. 23), *cognitis partibus et diffinire et partiri et colligere sciat colligendique facultatem triplici diversitate tractare non ignoret, quia vel veris ac necessariis vel tantum probabilibus aut apertissime falsis argumentationibus disputatio decurrit. Non tamen in hac re quosdam Viennae magistros imitatione dignos dixerim; nimis enim multum temporis in sophisticis et cavillosis exponunt argumentis, ut apud eos logicae studium non utilitate, sed morte terminetur.*

48) S. auch *Zumpt* in d. Zeitschrift f. Geschichtswissenschaft 1845.

49) *Laurentii Vallae Romani dialecticarum disputationum libri tres eruditiss. opera Ioannis Noviomagi castigati diligenter.* Coloniae 1541. 8. (um von älteren Drucken abzusehen).

50) III, 1, p. 246: *Dialecticam quidam definierunt scientiam sermocinantem, qua definitione nos, ne scrupulosius inquiramus, contenti sumus. ...... Tamen, ut ipsam breviter et usitato modo definiamus, potest dici rationalis scientia.*

51) Praef. p. 4: *Quo minus ferendi sunt recentes peripatetici, qui ..... interdicunt libertate ab Aristotele dissentiendi, quasi sophos hic et non philosophus, ...*

Stelle der sophistischen Scholastik, in welcher er Unwissenheit, Eitelkeit und Böswilligkeit als ihre Quellen erblickt, eine handsamere praktische Logik setzen, welche in ihrem Grundkerne eben Nichts anderes als Rhetorik sein soll, denn ein etwaiger Unterschied beider liege nur darin, dass die Logik dasjenige „nackt" gibt, was die Rhetorik „bekleidet" darbietet [52]). Darum müsse auch die Form der Darstellung von der bisher üblichen abstrusen und verfänglichen Diction Umgang nehmen und sich in populärer Einfachheit einer gewöhnlichen Redeweise befleissen [53]).

Valla beginnt mit den Kategorien, wobei er sich wörtlich an Quintilianus anschliesst und zugleich seine Bedenken über den Ausdruck „*genus generalissimum*" nicht unterdrücken kann [54]). In ähnlicher Weise ist der ganze erste Theil des Compendiums wesentlich polemisch gegen die übliche scholastische Logik gerichtet; denn Valla bestreitet die sog. *tran-*

(p. 5) *ceteros philosophos pro asophis habent unum Aristotelem amplectentes, ... cum eum solum cognitum habeant, si modo cognoscere est, non propria, sed in aliena lingua lectitare, ne dicam non sincera, quia plerique eius libri corrupte translati sunt et multa belle dicuntur graece, quae non belle dicuntur latine. .... Avicenna et Averroes plane barbari fuerunt nostrae linguae prorsus ignari et graeca vix tincti. ...* (p. 7) *Pudet referre, apud quosdam esse morem initiandi discipulos et iuriiurando adigendi, nunquam se Aristoteli repugnaturos, genus hominum superstitiosum atque vecors.*

52) II, Praef., p. 134: *Frequenter mecum soleo dubitare de plerisque scriptoribus artis dialecticae, ignorationisne eos an vanitatis an malitiae incusem an de his omnibus. Nam cum illorum errores non parum multos considero, quibus non minus se ipsos quam ceteros videntur decepisse, vel negligentiae vel infirmitati humanae attribuo. Cum rursus, quidquid infinitis libris tradiderunt, id omne paucissimis tradi praeceptis potuisse, animadverto, quid aliud causae fuisse putem, nisi inanem arrogantiam. ...... At quod indignissimum est, cum captiones, cavillationes, calumnias video, quas et exercent et docent, non possum eis non succensere .... palaestrae pro militiae disciplinam tradentibus. Erat enim dialectica res brevis prorsus et facilis, id quod ex comparatione rhetoricae diiudicari potest. Nam quid aliud est dialectica, quam species confutationis? Haec ipsa est pars inventionis. Inventio est una ex quinque rhetoricae partibus* (s. Abschn. VIII, Anm. 23). *Dialectici est syllogismo uti. Quid non orator eodem utitur? Imo utitur, nec eo solo, verum etiam enthymemate, epichiremate, adde etiam inductione. Sed vide, quid interest: dialecticus utitur nudo, ut sic loquar, syllogismo, orator autem vestito.*

53) III, Praef., p. 245: *Satis superque mihi videor studiosis nostri operis praestitisse .... in hoc, quod eos a laqueis vindico captionibusque sophistarum, qui nova quaedam vocabula ad perniciem adversariorum confinxerunt relicta veterum consuetudine loquendi, non alia malignitate, quam illi, qui in proeliis spicula veneno tingunt; .... non enim hostes inter nos sumus, cum disputamus, ... sed sub eodem imperatore, quae est veritas, militamus. ....* (p. 246) *Proinde nolint posthac dialectici illi atque philosophantes in suorum quorundam vocabulorum inscitia perseverare, sed ad naturalem et a doctis tritum sermonem se convertere.* I, 3, p. 24: *Philosophia ac dialectica non solent ac ne debent quidem recedere ab usitatissima loquendi consuetudine et quasi a via vulgo trita et silicibus strata.* III, 14, p. 299: *Quo minus illos tolerare possum, qui etiam ab arte et ab usu deficientes volunt esse diversa „Video Platonem" et „Platonem video", „Mundus fuit ab aeterno" et „Ab aeterno fuit mundus", ... quasi hoc Aristoteles tradat, quod nunquam sensit.*

54) I, 1, p. 8: *Praedicamenta decem esse dicuntur affectato magis, quam necessario numero. ......* (p. 9) *In quorum translatione quem potius quam Quintilianum sequar? Is ita ait etc.*, s. Abschn. VIII, Anm. 28. ..... (p. 10) *Ipsa sunt genera principalia, ... sed non, ut isti vocant, generalissima, quemadmodum et species specialissimae; improprio nimirum verbo, quia non dicitur genus generale et species specialis, sicut nec materia materialis etc.*

scendentia[55]), die Unterscheidung zwischen „concret" und „abstract"[56]), die grammatische Bildung der Substantiva auf „*itas*"[57]), und überhaupt die *formalitates*[58]); nachdem er ferner den Sprachgebrauch „*substantia*" und „*essentia*" sehr willkürlich dahin fixirt, dass letzteres die Materie bedeuten solle[59]), wendet er seinen Tadel gegen die *arbor Porphyriana*[60]), entwickelt aber als Ersatz hiefür nach seiner Auffassung den Substanz-Begriff in einem kurzen Abriss aristotelischer Psychologie, Ethik und Physik[61]). Von hier zurücklenkend zur ontologischen Bedeutung der Substanz polemisirt er gegen jeden Dualismus von Form und Materie, indem die Einheit beider in derselben Weise, wie z. B. bei einer Statue, zu denken sei[62]). Die Art und Weise, wie er dann die übrigen neun Kategorien auf *qualitas* und *actio* reducirt, können wir wahrlich nicht als gelungen, sondern weit eher als roh dilettantisch bezeichnen; desgleichen seine Bemerkungen über *magis* und *minus*[63]). Den Schluss

---

55) Ebend. p. 10: *Altera sunt primordia atque principia, quae isti transcendentia appellant. .... Sex esse dicuntur: ens, aliquid, res, unum, verum, bonum* (s. vor. Abschn., Anm. 599). .... C. 2, p. 12: *Annon aliquid „aliqua res" significat, unum „una res", verum „vera res", ... bonum „bona res", ... ita ens „ea res, quae est". ......* (p. 14) *„Ens" quasi praepeditum vocabulum est et prae nimio onere ambulare non valens. .....* (p. 17) *Contumeliosi in ea videmur fuisse, quibus transcendendi dignitatem denegavimus; sed nemo contumeliam ei facit, cui honorem negat iusto maiorem.*

56) C. 3, p. 20: *De concretis et abstractis, — nam adiectiva in substantivum conversa dicuntur concreta —, disputemus. ....* (p. 22) *Haec ipsa, quae nego praedicare concrete, fateor in plurali praedicare concrete, ...* (p. 23) *quod numerus singularis adiectivi in substantivum neutrius conversi solam qualitatem praedicat.* Vgl. Abschn. XIX, Anm. 918.

57) C. 4, p. 27: *Ab isto „ens" faciunt „entitas", qualia multa alia, ut „quidditas, ... identitas, ... perseitas, ... haecceitas" etc., barbariei quodam gurgite prolata; nam .... a substantivis formari nequeunt.*

58) C. 5, p. 31: *Inter essentiam et ipsum esse nihil interest; .... esse namque hominem convertitur secundum essentiae consequentiam. .....* (p. 32) *Idem de ceteris similibus dico.*

59) C. 6, p. 38: *Si malumus dicere „substantia", videmur magis a graeca veritate discedere simulque „essentia" tanquam cassum et inutile nomen — quod absit — exterminare; sin „essentia", ab usu iam recepto recedimus; et tamen utrocunque modo in sermonis ambages incidemus. Ergo ut veritati et consuetudini suam cuique partem tribuamus, ita nobis reor esse faciendum, ut, cum de re loquimur, quae constat ex materia et forma, substantiam dicamus; cum de illo, quod vocat Aristoteles materiam, id vocemus essentiam.*

60) C. 7, p. 39: *Substantiam Porphyrius ..... distribuit in corpoream et incorpoream. ...... Quae cum rediguntur in substantivum, faciunt speciem, ut ex corporea fiat corpus; verum incorporea non est suum substantivum sortita apud hos; ad meam autem legem erit spiritus sive anima. .....* (p. 40) *Nihil aliud est species et genus, quam pars et totum* (s. Abschn, VIII, Anm. 36 ff.).

61) C. 8 *De spiritu*, C. 9 *De anima*, C. 10 *De virtutibus*, C. 11 *De corpore.*

62) C. 12, p. 81: *Substantiam hanc, quae ex materia constat et forma, appellant compositum; .... materiam quandam faciunt ab omni forma seiunctam; ..... hoc peraeque stultum est atque formam facere citra materiam. ..... Materia enim vocatur qualis in statua marmor, ... forma autem quid aliud quam „figura" significat? O depravatrix naturalium significationum peripatetica natio!*

63) C. 13, p. 82: *Cetera novem praedicamenta Aristoteles uno complexus est nomine „accidens". Mihi duo tantum placet esse et in haec recidere cetera, qualitatem et actionem.* Nachdem hierauf, C. 14 u. 15, in rhetorischer Synonymik die Qualität und, C. 16, in naturphilosophischer Weise die *actio* erörtert wurde, folgt

dieser Lehre vom Begriffe macht die Definition, welche ihm jedoch im Sinne der Rhetorik völlig identisch mit „Beschreibung" ist, daher er auch hier keinen besseren Gewährsmann zu finden weiss, als den Quintilianus[64]).

Die Lehre vom Urtheile enthält zu Anfang unter Anderem auch das geschmacklose Gleichniss, dass sich Nomen und Verbum wie Mann zu Frau verhalten[65]); dann folgt eine Ablehnung der Unterschiede des Synonymen, Homonymen u. dgl.[66]), und hierauf die Bestimmungen über Qualität und Quantität des Urtheiles, wobei Valla in köstlicher Naivität das bejahende Urtheil als dasjenige definirt, welches nicht verneinend ist, und das singuläre kurzweg mit dem particularen, sowie das unbestimmte mit dem allgemeinen identificirt[67]); die gleiche Oberflächlichkeit zeigt sich darin, dass er die Umkehrung auf das Verhältniss des Ganzen zu den Theilen zurückführt[68]). Dabei aber redet er doch wieder im Sprachgebrauche der Terministen, wenn er die verschiedenen „*signa*" aufzählt, wobei er schwerlich allgemeine Zustimmung finden dürfte, wenn er

---

C. 17, p. 101: *Constat, illud, quod vocant situm, ... aut actionem esse aut qualitatem; .....* (p. 102) *quin etiam illud, quod vocant relationem. .....* (p. 103) *Magnum et parvum, multum et modicum, longum et breve, sunt illa quidem quantitatis, sed tamen et qualitatis, cui maximi quique autores .... quantitatem subiecerunt, quorum sunt Cicero et Quintilianus* (s. Abschn. VIII, Anm. 28 f.). .... p. 111: *„Ubi" an aliud erit, quam aut substantia aut qualitas aut actio? ....* p. 113: *Tempus mihi videtur actio, quam animo cognoscimus; ...... neque aliud est prius et posterius. ....* p. 122: *Nihil mihi videtur Aristoteles magis elaborare, quam ut scientiam suam intricet et innodet; sicut enim substantiva nonnunquam recipiunt magis et minus, ita nonnunquam adiectiva non recipiunt.*

64) C. 20, p. 127: *Nunc descriptio erit diffinitio; quippe descriptio est qualitatum omnium, quae alicui rei assunt, et eiusdem actionum explicatio. ....* (p. 129) *Aperte Cicero inquit: diffinitio est oratio, quae id quod diffinit, explicat, quid sit; ...... optime Quintilianus etc.* (s. Abschn. VIII, Anm. 33 u. 35). ...... p. 133: *Nonne ubicunque Quintilianum nuncupo, videor velut Achillem inter heroas nuncupare?*

65) II, 1, p. 137: *Oratio ..... est vocum ex institutione artificis significantium congrua complexio. Una quidem simplicissima, ... quae vel duabus dictionibus potest esse contenta, nomine et verbo, tanquam viro et uxore. ....: Altera vero plenior, quae ex pluribus huiuscemodi orationibus constat, qualis est syllogismus. ..... Tertia autem plenissima, quae constat ex plurimis, qualis est oratoria.* Sodann folgt betreffs der ersten dieser drei Arten die Angabe der Redetheile und der logischen Satztheile, d. h. Subject, Prädicat, Copula.

66) C. 2, p. 140: *Alia multa tradunt, quae non propria dialecticorum sunt, quid sit ..... denominativum, aequivocum, univocum .....* p. 141: *Haec omnia litterarii sunt ludi et grammaticorum magis, quam dialecticorum.*

67) C. 3, p. 142: *Enuntiationum altera affirmativa ..... altera negativa. .... Affirmativa est, unde abest adverbium negativum, sive simplex „non, haud", sive compositum „nefas, nullus, nolo, neve", item unde abest „in" pro „non" in compositione. ....* (p. 143) *Item enuntiatio est aut universalis aut particularis; nam ea, quam dicunt singularem, et ipsa particularis est. ......* (p. 144) *Ea, quam indefinitam appellant, similis est et germana universalis, ut „Equus hinnit", ... dum tamen et illud meminerimus, nonnunquam accipi particulariter, ut „Elephas hoc facit".*

68) C. 4, p. 147: *Aliqua de conversione dicamus; nam licet maior atque amplior significatio praedicati fere sit, quam subiecti, ... non tamen amplius ac latius accipitur praedicatum, quam subiectum, ideoque cum illo converti potest, ut „Omnis homo est animal", non utique totum genus animal, sed aliqua pars huius generis; num Cicero speciem partem generis vocat* (s. ob. Anm. 60).

„aliquis“ als particular und *„quidam“* (trotz der Verwerfung des singulären Urtheiles) als singulär bezeichnet[69]); äusserst schwach auch sind seine Bemerkungen über die Negation, und was er über das Verhältniss des *„non“* zum privativen *„in“* sagt, zeigt eben, dass er für rein logische Fragen kein Verständniss hat[70]). In der Lehre von der Entgegensetzung verhält er sich, — was recht bequem sein mag —, lediglich skeptisch[71]), sowie er sich auch durch Verwerfung der modalen Urtheile den Stoff der Logik ausserordentlich erleichtert[72]). Dafür aber fügt er einen Auszug aus Cicero's Topik als Abschluss dieses Theiles bei[73]).

Nicht besser ist seine Darstellung des Syllogismus, für welchen ihm die Vergleichung mit der Thätigkeit des Brodknetens eine passende zu sein schien, daher es uns nicht unerwartet kommt, wenn er sich darüber ärgert, dass man überhaupt von einem Obersatze und einem

---

69) C. 5, p. 149: *Iam signa, in quibus tantum momenti est, excutiamus enumerantes omnia ..... Universalia affirmativa: quisque ..... unusquisque ..... singuli quique ...... universus ..... cunctus .... omnis ..... quisquis ..... quotquot. Negativa signa per se nulla sunt, at composita ex adverbio et signo particulari, ut nullus ..... nequis .... nihil .... nemo .... neuter. .... Adverbia sunt universalia affirmativa: omnino, prorsus, usquequaque, quoties, ... negativa: nunquam, nusquam, nuspiam, necubi, nequaquam. .... Signa particularia sunt: Aliquis, quispiam, quisquam, ullus, nonnullus, nonnihil. ... . Mihi „aliquis, quisquam, quispiam“ proprie videntur esse particularia, ... „quidam“ vero non aliter se habere, quam id, quod appellant terminum singularem.*

70) C. 6, p. 157: *Venio nunc ad negationem, in qua omnis fere in quacunque materia cardo versatur, quae — si istis credimus — aliam praeposita signo aliam postposita significationem reddit; ...... sed non semper. .....* (C. 7, p. 160) *Negatio cum signo composita, ubicunque ponatur, idem efficit, ut „Nullus currit“ ..... et „Currit nullus“. ......* (C. 9, p. 168) *Aliquid interest, utrum cum nomine negatio componatur an cum verbo, et utrum ea sit „non“ sive „ne“ an „in“. .....* (C. 11, p. 174) *Sunt tamen, qui applicent ibi negationem, ubi haerere non potest, ut „Non quidam legit“, quod dictu absurdum est. ....* (C. 12, p. 178) *In nonnullis quidam arguti homines publicos mores ac leges emendare conantur ostentandi ingenii gratia, — si ingeniosum est, falsum loqui —, tradentes, aliud esse „in“ cum adiectivo compositum, et idem adiectivum cum adverbio negativo, ut „iniustus“ ..... et „non iustus“.*

71) C. 14, p. 183: *Contrariarum enuntiationum haec ab omnibus dialecticis esse natura traditur, ut non possint esse ambae verae, possint tamen esse ambae falsae. Sed .... verum falso et falsum vero contrarium est, non falsum falso, quia nec verum vero. .....* C. 15, p. 186: *Cur appellant subcontrarias, quae sint ambae verae. .... In formula vestra vitium est, qui vultis has esse subcontrarias. .....* C. 16, p. 191: *Idem in contradictoriis, quod in ceteris, usu venit, ut ex altera parte sint verae, ex altera falsae, sive in substantia sive in qualitate sive in actione* (ob. Anm. 63). ..... C. 18, p. 195: *Non est quadruplex oppositio. ...... Ego omnem negationem sentio esse privationem quandam.*

72) C. 19, p. 197: *Enuntiationem vocant modalem, ubi aliquis sex modorum nuncupatur. .....* (p. 198) *Sentio, nihil esse enuntiationem modalem, tantundemque momenti, quantum illa sex habent, habere cetera* (d. h. *facile, difficile, utile, decorum* u. s. w.), *sed necessitatem et possibilitatem in conclusione esse sicut veritatem in omnibus partibus argumentationis.*

73) C. 20, p. 204: *Quid sint argumenta, unde conficiuntur argumentationes, cognoscamus. De qua re cum nihil ego novi excogitare possim, ero nimirum praeceptis Quintiliani contentus* (d. h. es folgen p. 205—244 nun die ciceronianischen Topen).

Untersatze spreche, da ganz einfach Prämisse eben Prämisse sei [74]). In der ersten Figur, bei welcher er auch eine Bemerkung über die übliche Terminologie macht [75]), will er verschiedene Erweiterungen, da nicht bloss das Zeichen der Allgemeinheit auch zum Prädicate gehören könne, sondern auch aus zwei particularen Prämissen ein Schlusssatz gewonnen werde (wofür er freilich als Beispiel unglücklicher Weise singuläre Urtheile anführt, s. Anm. 67), und ausserdem auch das Theilverhältniss, d. h. das Zeichen „*totus*" zu berücksichtigen sei [76]). Die theophrastischen Schlussweisen der ersten Figur verwirft er [77]); bei der zweiten Figur aber lässt er sich zu dem einfältigen Ausspruche hinreissen, dass ebensogut, als man dieselbe auf die erste zurückzuführen pflege, ja auch die erste auf die zweite reducirt werden könne [78]). Darum hat auch der von ihm bei der dritten Figur vorgebrachte Vorwurf der Unnatürlichkeit bei Weitem nicht denselben Werth wie Kant's bekannte Aeusserungen über die „falsche Spitzfindigkeit der syllogistischen Figuren" [79]). Auch die modalen Formen des Syllogismus werden erklärlicher Weise (vgl.

---

74) III, 1, p. 248: *In Aristotelis definitione syllogismi non fit mentio partium syllogismi. ..... Ego dixissem: syllogismus est necessariae probationis sive necessarii argumenti per tres partes elocutio, quae sunt propositio, assumptio, conclusio.* ..... (C. 2, p. 249) *Primae duae eo modo sunt, quo in faciendo pane farina et aqua; ..... manus conclusio est, quae duas superiores commiscet et in unum redigit; ..... nisi malumus dicere, duas priores esse tanquam parentes, tertiam esse illorum prolem.* ...... (p. 250) *Quid causae est, cur non possumus sic facere syllogismum „Socrates est homo, omnis autem homo est animal, ergo Socrates est animal" quasi quibusdam gradibus ascendentes. .... Annon in saltando quasdam choreas in dextrum, quasdam in sinistrum agimus?* u. s. f., d. h. er bringt eine Menge Beispiele, dass Rechts und Links vertauscht werden können.

75) C. 2, p. 253: *Prima syllogismi forma, quam recentiores in ponendis nominibus delectati „Barbara" vocant, sicut et Graeci post Aristotelem suis nominibus vocaverunt, constat e duabus enuntiationibus* etc. etc. Es scheint somit auch Valla durch seine griechischen Freunde Etwas von einer „byzantinischen" Logik gehört zu haben, welche derlei Kunstausdrücke enthielt, ohne aus Petrus Hispanus übersetzt zu sein. Vgl. vor. Abschn., Anm. 1.

76) C. 4, p. 255: *Signum universali applicatur ..... praedicato pari ratione, ut ..... „Tu amas omnes tuos cives, hi autem sunt cives tui, ergo tu amas hos omnes"* u. s. w. C. 5, p. 256: *Nulli sunt usquequaque particulares; hoc enim negatur fieri posse. Sed cur negatur? „Sempronius unicus huius defuncti filius ab hoc institutus est haeres; ego autem sum Sempronius unicus huius defuncti filius; ergo sum ab hoc haeres institutus"* u. s. f. C. 6, p. 257: *Similis ratio in toto et parte, quae in genere et specie; exempla: „Tota Italia est in Europa, tota Campania est in Italia, ergo tota Campania est in Europa"* u. s. f.

77) C. 7, p. 258: *Haec, quae ego addidi, veriora sunt atque utiliora multo, quam hi quinque modi, quos Theophrastus atque Eudemus addendos putaverunt. .... Non possum me hoc loco continere, quin in hos sophistas exclamem: ...... Cur non potius concludebatis, ubi nec opus erat conversione et plus veritatis inerat? ...... Quid stultius, quam ob conversionem velle a via aberrare?*

78) C. 8, p. 261: *In secunda figura ex solis particularibus etiam posse fieri puto, ut docent, quae superius posui, exempla. Et nescio, cur velint hanc figuram reduci ad primam, quasi non possit et illa in hanc reduci.*

79) C. 9, p. 264: *Tertia, quae ab istis constituitur figura, nihil in se habet sanitatis, sed tota plane insana est, ut pudeat me vicem eorum, qui vel invenerunt eam vel probandam putaverunt; et quo sit turpius, sexquipartitam faciunt, cum aliae sint quadripartitae. ..... Annon intelligitis, in omnibus esse naturam ducem?* ..... (p. 266) *Ista remedia sunt atque medicinae aegrotorum syllogismorum; sed quo mihi syllogismos aegrotos?*

Anm. 72) von vorneherein abgewiesen [80]); dafür aber erscheint eine Spur der sog. exponiblen Schlüsse, insoferne die syllogistische Tragweite z. B. des exponiblen Wortes „*solus*" erwogen wird [81]). Die Erwähnung des Sorites geschieht in rhetorischem Interesse [82]), und durchaus dem gleichen Motive dient, was über das Dilemma [83]), über Exemplum [84]), über Induction [85]) und über Enthymema gesagt wird [86]).

In noch entschiedenerer Weise bietet **Rudolph Agricola** (gest. i. J. 1485), dessen drei Bücher *De inventione dialectica* [87]) auch in einem kürzeren Auszuge benützt wurden [88]), lediglich eine ciceronisch-quintilianische Topik dar. Auch er klagt über die Nachtheile des sophistischen Betriebes eines unverstandenen Unterrichts-Materiales [89]), durch dessen Wort-Geklapper, wie er anderwärts sagt, jeder bessere Genius der Jugend von vorneherein erstickt werde [90]); ja er greift einen Punkt auf, welchem wir hier zum ersten Male begegnen, indem er der bis dahin allmächtigen lateinischen Schulsprache auch für wissenschaftliche Thätigkeit die Muttersprache gegenüberstellt, in welcher man wenigstens Alles vor-

---

80) C. 10, p. 268: *De hypothetico syllogismo ..... an persolverit Boethius, quod promiserit, ipse viderit. Ego certe eius formulis argumentari non ausim, quippe quas neminem video usurpasse, nec tam longa praeceptione res indiget, ut ille fecit, licet pluribus modis quam ab eo collectis hypotheticus fiat syllogismus, per „si", per „quando", per „ubi", per „cum", per relativa, per comparativa et alia huiusmodi. ....* (p. 269) *Nescio, cur Boethius dixerit, de categorico fieri posse hypotheticum, sed non e converso.*

81) C. 11, p. 272: *Quorundam natura vocabulorum facit, ut duplici ac multiplici assumptione et conclusione utamur, ut ...... „Soli pygmaei ex hominibus non erubescunt, hi non sunt pygmaei, ergo erubescunt; hi erubescunt, ergo non sunt pygmaei; hi non erubescunt, ergo sunt pygmaei".*

82) C. 12, p. 273: *Coacervatio syllogismorum est, quem Graeci σωρὸν vocant, cum alius ab alio deinceps excipitur. ..... In huiusmodi materia spectandum est aliquando attentius, quid sequatur, quid repugnet.*

83) C. 13, p. 279. *De dilemmate et antistrephonte.* S. Abschn. VI, Anm. 216 ff.

84) C. 15, p. 302.

85) C. 16, p. 312. S. Abschn. VIII, Anm. 54.

86) C. 17, p. 320. S. ebend. Anm. 61.

87) *Rodolphi Agricolae Phrisii de inventione dialectica libri omnes .... scholiis illustrati Ioannis Phrissemii, Alardi Aemstelredami, Reinardi Hadamarii, quorum scholia .... congessit Ioannes Noviomagus.* Coloniae 1570. 8.

88) *Epitome commentariorum dialecticae inventionis Rodolphi Agricolae per Bartolomeum Latomum.* Coloniae 1532. 8.

89) *De inv. dial.* II, 1, p. 212: *Inextricabilis aliqua eruitur disputatio, quae tempus extrahat et inani strepitu audientium feriat aures; docent, quemadmodum pueri solent, in aenigmate proponere, quae ne tum quidem, quum docuerint, vel ipsimet, qui docent, vel illi, qui didicerint, sciant. .....* p. 213: *Istam miseram et cavillosam loquendi sollicitudinem certum est non modo reliquis artibus discendis non prodesse, sed etiam obesse plurimum*

90) *Epist. ad Iac. Barbir.* (geschrieben i. J. 1484, gedruckt in den verschiedenen Ausgaben des „*Libellus de formando studio, ... cuius autores sunt ..... Rod. Agricola, Erasm. Roterodamus, Phil. Melanchthon*", z. B. Coloniae 1532. 8.), p. 4: *Civile ius alius, alius pontificum sanctiones, alius medicinae artem discendam sumit; plerique etiam loquaces has et inani strepitu crepitantes, quas vulgo artes iam vocamus, sibi vindicant et perplexis disputationum ambagibus vel etiam, ut verius dicam, aenigmatibus diem terunt; ..... his miseras adolescentium onerant aures, haec subinde ingerunt inculcantque et in plerisque meliorem ingenii spem atque frugem in teneris adhuc annis enecant.*

erst denken solle, ehe man es lateinisch niederschreibe [91]). Aber bezüglich des logischen Gebietes denkt er ausschliesslich nur an eine Sammlung topischer Gesichtspunkte [92]), und die Dialektik ist ihm nur eine Methode der Wahrscheinlichkeit [93]), daher er unter den Schriften des Aristoteles, dessen unentwirrbare Dunkelheit auch er, wie die Uebrigen, beklagt, lediglich die Topik berücksichtigt, und zwar dieselbe nach des Boethius Weise mit der ciceronischen verschmelzen will [94]). In solchem Sinne gibt er im 1. Buche eine Aufzählung der Topen [95]), wobei er gelegentlich der Definition auf die Begriffe *genus*, *species* u. dgl. kommt und sich veranlasst findet, betreffs der Universalien die thomistische Auffassung einer *similitudo essentialis* in Verbindung mit des Scotus Häcceität als den richtigen Standpunkt zu bezeichnen [96]). Die *divisio*, welche natürlich mit der Definition zusammenhängt, behandelt er völlig in ciceronisch-boethianischer Weise [97]). Zu beachten ist, dass er die specielle Aufzählung der sog. „*maximae*“ (*sc. propositiones*) als überflüssig be-

---

91) Ebend. p. 8: *Quidquid apud autores leges, utilissimum fuerit, id ipsum quam maxime propriis et idem significantibus verbis reddere vernaculo sermone. .... Si quid scribere voles, optimum erit, id ipsum quam plenissime rectissimeque patrio sermone intra animum tuum formare, deinde latinis pure proprieque id significantibus verbis explicare.*

92) Ebend. p. 12: *Certa quaedam rerum capita habeamus, cuiusmodi sunt virtus, vitium, vita, mors etc.* ..... p. 14: *Si quis latius ista et per omnes locos dialecticos fuderit, quatenus cuiusque natura capax eorum est, ingens itaque copia et ad dicendum et ad inveniendum se praebebit.* Vgl. folg. Abschn., Anm. 752.

93) *De inv. dial.* II, 2, p. 225: *Volumus, dialectices esse, posse de quolibet dicere probabiliter.*

94) Ebend. I, 3, p. 23: *Aristoteles propemodum solus omnium priscae aetatis philosophorum permansit in manibus; hunc solum, qui philosophiae destinantur, attingunt, hunc primum pueri discunt, huic ultimum senum studium immoritur. ..... Sed videtur mihi dolendum esse, sedisse illud animo gravissimi hominis, ut non simpliciter atque aperte proferret, quaecunque invenerat, ut praeter laborem, quem ipsa rerum esset habitura obscuritas, alia nobis etiam ex ipso obiiceretur difficultas, qua necesse haberemus, mentem ipsius velut oraculi suspensam et ambiguam indagine perquirere....* p. 25: *Scripsit de locis octo libros erudite et diserte, sicut omnia, sed angustius videtur eorum conclusisse materiam.* ..... p. 29: *Boethius non aliud sane videtur egisse, quam ut Ciceronem et Themistium conferret et singulos utriusque locos alterum alteri hinc inde coaptaret* (s. Abschn. XII, Anm. 168 f.).

95) Er selbst nemlich theilt die Topen (C. 4, p. 33 ff.) zunächst in *interni* und *externi* ein; die ersteren derselben in *substantiales* (*definitio, genus, species, proprium, totum, pars, coniugata*) und *circa substantiam* (*adiacentia, actus, subiecta*), die letzteren in *cognata* (*causa efficiens, causa finalis, effecta*) und *applicita* (*destinata, locus, tempus*) und *accidentia* (*connexa, contingentia, pronuntiata, nomen, comparata, similia*) und *repugnantia* (*opposita, differentia*).

96) C. 6, p. 51: *De universalibus haec imprimis solent quaeri, sintne aliquid extra animam, i. e. extra cogitationem figmentumque mentis nostrae; deinde, si sint, an distinguantur a singularibus.* ..... p. 52: *Nihil videtur aliud esse universale, quam aliquid, quod in substantia aut in essentia alicuius est, cuius simile potest in alterius itidem essentia reperiri, ... ut sit universale nihil aliud, quam essentialis quaedam in multis similitudo.* ..... p. 55: *Esse ergo aliquid universale extra animam, otiosi videtur esse quaerere, coeci negare.* ..... p. 57: *Videbitur diversum quiddam a singularibus id esse oportere; neque enim videtur fieri posse, ut duo aliqua in eodem, quatenus idem est, conveniant et differant; sed singularia in universali conveniunt, ... differunt autem notione vel proprietate, ... quam, qui Ioannis Scoti sectam tuentur, differentiam individualem vocant.*

97) C. 7, p. 59 ff.

zeichnet[98]). Im 2. Buche schliesst er sich ganz an Quintilianus an; erwähnt mag werden, dass er sich gelegentlich einmal sehr ablehnend über Raimundus Lullus äussert[99]). Das 3. Buch ist nur rhetorischen Inhaltes[100]).

Hingegen das Product einer syncretistischen Richtung ist die Schrift des Georgius Trapezuntius (gest. i. J. 1486) *De re dialectica*[101]), indem dieser eifrige Antiplatoniker (s. ob. Anm. 17) die ciceronianisch-rhetorische Auffassung mit der üblichen aristotelischen Schultradition und sogar mit einem Bruchtheile der Litteratur der „Modernen" in Einen Topf goss. Er eignet sich Cicero's Definition der Dialektik an und gelangt von derselben mittelst der *ratiocinatio* zum ersten Gegenstande der Logik, d. h. zum Urtheile[102]), bei welchem er in sehr willkürlicher Weise *enuntiatio* und *propositio* unterscheidet, im Uebrigen aber der üblichen Tradition folgt[103]). Hierauf fällt es ihm ein, Eintheilung und Plan seines Buches anzugeben[104]), und so berichtet er zunächst die gewöhnlichste (boethianische) Lehre über die *Quinque voces* und die Kategorien[105]); dann geht er auf den kategorischen Syllogismus über, dessen unvoll-

---

98) C. 29, p. 207: *Si quis exacte et penitus cognitam habuerit locorum naturam, nihil erunt ei opus maximae, quoniam ultro fere in animum incurrunt et apertiores sunt, quam ut sint discendae* (s. vor. Abschn., Anm. 304).

99) II, 1, p. 214: *Rationem tractandi locos unus Quintilianus conatus est explicare et ostendere, quomodo inveniendum sit ex ipsis. ....* p. 215: *Fuit patrum nostrorum memoria Raimundus quidam cognomento Lullus, ... qui artem quandam, quam ex nomine illius Lulli vocant, extulit, acuti et non segnis ingenii indicium; sed quoniam non litteras sciebat, non ullam aliam dignam docti viri nomine perceperat doctrinam, et hoc ipsum, quod invenerat, quale esset, perspicere, et si forte perspexit, eloquendo aperire et, ut perspexisse videretur, consequi nequibat; .... voluntatem quidem laudes, ignoscas ingenio.*

100) III, 18, p. 341: *Duae natae sunt perfectae formae argumentandi, quarum alteram inductionem, alteram vulgo vocant graeco nomine syllogismum, Cicero apte, ut omnia, et prope ad verbum ratiocinationem dixit* u. s. w., d. h. es folgt nur die rhetorische Theorie der Argumentation (s. Abschn. VIII, Anm. 53 ff.).

101) Unter verschiedenen Titeln öfters gedruckt; ich citire nach: *Georgii Trapezuntii de re dialectica liber, scholiis Ioannis Neomagi et Bartholomaei Latomi illustratus.* Lugduni 1559. 8.

102) p. 9: *Dialectica est diligens disserendi ratio* (vgl. Abschn. VIII, Anm. 23); *disserere vero nemo poterit diligenter, nisi, quae invenerit dicendaque iudicaverit, ea sic coniunxerit, ut illis datis, quod intendit, necessario consequatur; quam orationem graeci syllogismum dicunt, latini vero ratiocinationem appellare possunt. Ea propositionibus constat; omnis propositio, si simplex est, duobus terminis connectitur. ....* (p. 10) *Orationum quinque sunt genera* (s. Abschn. XII, Anm. 111).

103) p. 20: *Omnis oratio, qua necesse est aliquid de aliquo vel asserere vel negare, si, ut vel esse vel non esse significat, consideratur, enuntiatio dicitur; sin ut verum vel falsum, propositio appellatur.* Hierauf folgen die ganz gewöhnlichen Angaben über Qualität und Quantität (wobei p. 21: *particulari singularem annectimus*), über Entgegensetzung, Aequipollenz und Umkehrung (*conversio simplex, per accidens* und *per contrapositionem*) der Urtheile.

104) p. 31: *Nunc breviter dabimus operam, ea primo exponere, quae graeci voces, latini praedicabilia solent appellare, deinde de praedicamentis et de praedicatorio syllogismo pauca admonebimus, postremo de propositione hypothetica et syllogismo et de definitione et divisione disseremus nec omnino ea praecepta contemnemus, quae eius rei, quam iuniores obligationem vocant, vim et naturam complectuntur.*

105) p. 32 ff. u. p. 40 ff. Sein Commentar zur Isagoge ist noch ungedruckt; s. *Fabricius, Bibl. gr.* X, p. 726.

kommenere Form das Enthymema sei [106]; die conditionalen Schlüsse theilt er allerdings in hypothetische, disjunctive und copulative, hält aber doch nur die ersteren für naturgemäss und erblickt in ihnen die Grundlage der *consequentiae*, welche ihm identisch mit dem Enthymema zu sein scheinen [107]; trotzdem führt er wieder für sämmtliche drei Arten die ciceronischen Formen an [108]. Jedenfalls aber gibt er vor der Lehre von den *consequentiae* dem Gebiete der Topik den entschiedenen Vorzug [109], und so bespricht er auch in der Manier der letzteren die Definition und die Eintheilung [110], sowie er schliesslich auch die *Obligatoria* in die Rhetorik hinüberwendet [111].

Auch Angelus Politianus (gest. i. J. 1494), welchen wir hier sicher nicht von seiner vortheilhaftesten Seite kennen lernen [112], gehört

---

106) p. 64: *Praedicatorius syllogismus est, qui propositionibus constat praedicatoriis; qui, si tribus enuntiationibus absolvitur, perfectus est; si vero duabus, imperfectus est et enthymema.* Der *perfectus*, d. h. der kategorische Syllogismus, wird in Aufzählung der üblichen neunzehn Schlussweisen unter Benützung der Terminologie des Petrus Hispanus erörtert, von welch letzterer Trapezuntius (p. 65) sagt: *Etsi barbariem quandam resonare videntur* (vgl. ob. Anm. 75), *apertius tamen atque brevius omnia tibi subiicient.*

107) p. 83: *Conditionalis propositio est, quae plurium categoricarum iunctione conficitur. Oratio ea triplex est: quae „si" rationali particula, quae „vel" disiunctiva, quae copulativa „et" aut partibus consimilibus iungitur. Omnis conditionalis duabus partibus constat. ..... Hae partes in rationali quidem, quam et proprie conditionalem appellant, ordine quodam naturae inter se referuntur; .... in copulativa et disiunctiva non natura, sed eius, qui dicit, iudicio disponuntur. ...... Affirmativa vera est, si consequentis oppositum antecedenti repugnat; falsa vero, si non repugnat. .... Id praeceptum ad omnes, quas iuniores consequentias, Cicero simplices conclusiones* (s. Abschn. VIII, Anm. 56), *graeci enthymemata appellant, examinandas plurimum valet. Est tamen et alia ratio, qua, verane sit an non rationalis, perspiciamus, et communis ei cum conclusione simplici, locorum videlicet vis atque natura.*

108) p. 92: *Septem sunt modi, quorum tres e rationali, quatuor e disiunctiva et copulativa oriuntur,* u. s. w, d. h. es sind (p. 92—109) jene nemlichen sieben Schlussweisen, welche wir aus Cicero's Topik kennen, s. Abschn. VIII, Anm. 60.

109) p. 118: *Simplex conclusio est, quae unius propositionis necessaria consecutione conficitur. ..... Huius rei a iunioribus, qui de dialectica scripserunt, multa dantur praecepta, quorum cognitio et difficilis est et parum utilis* (d. h. die Lehre von *Consequentiae*). *Illud longe magis necessarium ad dicendum, locorum vim omnem rationemque percipere, quod non rhetorem solum constituit et dialecticum armat, verum et ad ceteras facultates tam ornamentum quam copiam afferre solet.* Somit folgt in Kürze der hauptsächlichste Inhalt der ciceronischen Topik.

110) p. 135: *De definitione ac divisione coniunctim pauca dicamus; nam ita se habent, ut altera alterius egere videatur. ..... Definitionum quatuor sunt genera: substantiale, describens, per partitionem, per divisionem.* S. Abschn. VIII, Anm. 33—39, u. Abschn. XII, Anm. 103—108.

111) p. 160: *Obligationem iuniores appellant, cum nec necessaria nec impossibili re proposita de ea sic disputant, ut propositionem custodiant, quam et ob ruditatem inscitiamque sordescere iam fecerunt et ad nihil aptam. Thesis ergo quaedam, quam nos infinitionem in rhetoricis nominamus, obligatio est, quam qui defendit, idcirco dicitur obligatus, quod non licet ei quidquam asserere, quod contra id, quod posuit, esse videatur. Quam ad rem praecepta etiam quaedam asserunt rhetores mea sententia utilissima* u. s. w. (nur in rhetorischem Zwecke folgen etliche Rathschläge und Beispiele).

112) Uebrigens s. *Iac. Mähly,* Angelus Politianus, ein Culturbild etc. Lpzg. 1864.

zu den principlosen Eklektikern. Seine *Praelectio in priora Aristotelis analytica* [113]) können wir völlig bei Seite lassen, da dieselbe nur eine schwülstig rhetorische Einleitung zu seinen betreffenden Vorlesungen ist und jedes logischen oder speculativen Inhaltes entbehrt. In der *Praelectio de dialectica* legt er in einer wenig geniessbaren Weise den Begriff der platonischen allumfassenden Dialektik zu Grunde, welcher gegenüber er für die verstandesmässige Logik nur den Ausdruck „Schmutz" anwenden zu dürfen glaubt [114]); ausserdem erzählt er uns dort unter üblicher italienischer Schmähung gegen die nordischen Barbaren, aus welchen Autoren er selbst Logik gelernt habe [115]). Die sich hieran anschliessende „*Dialectica*", in welcher er sich demnach doch in die Regionen des Schmutzes herniederliess, ist eine in flüssigem Latein geschriebene Inhaltsangabe des aristotelischen Organons mit Einschluss des Porphyrius in üblicher Reihenfolge, wobei er erklärlicher Weise die Topik am ausführlichsten behandelte [116]). Wie entsetzlich seicht aber sein Verständniss in diesen Dingen gewesen sei, ersehen wir aus seiner unter dem Titel „*Panepistemon*" verfassten Encyclopädie, in welcher er für den die Logik betreffenden Abschnitt Nichts besseres zu thun weiss, als den Marcianus Capella zu excerpiren [117]). Uebrigens ist er (gelegentlich in einem seiner Briefe) meines Wissens der Erste, welcher das megarisch-stoische Sophisma, welches *Ψευδόμενος* hiess (s. Abschn. II, Anm. 83, u. Abschn. VI, Anm. 210), auf den Kretenser Epimenides anwandte, welcher von den Kretensern gesagt hatte, dass sie lügen [118]).

---

113) *Angeli Politiani opera omnia.* Basel 1553. fol. p. 451 ff.

114) *Opp.* p. 528: *Dialectica nobis in manibus, non illa quidem, quae ars una omnium artium maxima dicitur eademque purissima philosophiae pars est, quaeque se supra disciplinas omnes explicat, omnibus vires accommodat, omnibus fastigium imponit; ..... nec ipsa talibus minutis vacat, sicut neque litteris, sed veritate perspecta haec ipsa plane pervidet, sed materiae sordes reformidans volutare in eis logicam sinit.*

115) p. 529: *Si ex me quaeratis, qui mihi praeceptores in peripateticorum fuerint scholis, strues vobis monstrare librarias potero, ubi Theophrastos, Alexandros, Themistios, Ammonios, Simplicios, Philoponos, aliosque praeterea ex Aristotelis familia numerabitis, quorum nunc in locum, si diis placet, Burleus, Herveus, Occan, Tisberus, Antisberus, Strodusque succedunt* (man sieht, dass es Politianus ebenso gut, wie Cicero, versteht, vom blossen Hörensagen zu schwätzen; denn der „*Antisberus*" ist nur die andere Namensform des *Tisberus*, d. h. *Hentisberus*). *Et quidem ego adolescens doctoribus quibusdam nec iis quidem obscuris philosophiae dialecticaeque operam dabam, quorum alii graecarum nostrarumque iuxta ignari litterarum ita omnem Aristotelis librorum puritatem dira quadam morositatis illuvie foedabant, ut risum mihi aliquando, interdum etiam stomachum moverent; pauci rursus, qui graeca tenebant, quanquam nova quaedam nonnullis inaudita admirabiliaque proferre videbantur, nihil tamen omnino afferebant, quod non ego aliquanto antea deprehendissem in iis ipsis commentariis, quorum mihi iam tum copia fuit huius beneficio Laurentii Medicis, cuius totum muneris hoc est, quod scio, quod profiteor. .....* p. 530: *Quare ades auribus atque animis, Florentina iuventus, ac verae philosophiae primordia non iam de lutosis barbarorum lacubus, sed de graecorum latinorumque nitidis fontibus hauri mecum.*

116) *Opp.* p. 517—528.

117) *Opp.* p. 462 ff. Der die Dialektik betreffende Abschnitt p. 471 f.

118) *Epist. Lib. VII, Ad Manutium, Opp.* p. 91: *Hoc genus* (d. h. *Cretensium*) *ut mendaces notavit Epimenides, qui tamen et ipse Cretensis, ut mentiri non minus potuerit; ideoque non mendaces illi; sic ergo verus Epimenides; atque ita rursus illi*

In gleicher unorganischer Weise klebte Georgius Valla (gest. i. J. 1499) in seiner Schrift „*De expedita ratione argumentandi*“ [119]) einerseits den Porphyrius nebst den Kategorien und andrerseits die Topik zu Einem Compendium zusammen. Nemlich nach einer Einleitung, welche er aus der von ihm verfassten Uebersetzung der Logik des Nicephorus Blemmides (s. Abschn. XI, Anm. 178) hier wiederholt, beginnt er mit der Erörterung der *voces simplices,* zu welchen er zunächst die *quinque voces* [120]), dann die *partes propositionis*, deren er nicht drei, sondern nur zwei anerkennt [121]), hierauf die Begriffe des Synonymen u. dgl. [122]) und endlich die Kategorien rechnet [123]). Von hier springt er sofort auf das rhetorische Gebiet der *Quaestiones* über [124]), welche er ebenso wie die Lehre von den Topen ganz aus Quintilianus entnimmt [125]), daher uns natürlich auch hier nur die rhetorische Lehre vom Syllogismus begegnet [126]).

So war vorläufig im 15. Jahrhundert eine nicht logische Behandlung der Logik in Concurrenz mit dem scholastischen Wuste getreten. Dass aber jene umfangreiche Stoff-Zufuhr, welche in Wiederbelebung der klassischen Litteratur dem Mittelalter schliesslich zu Theil wurde, erst allmälig dem fortgesetzten Betriebe der Scholastik ein Ende bereiten und dann auch unter Zurücklenkung von der Einseitigkeit des Rhetorismus die langsam reifende Frucht einer gesunderen Auffassung zur Geltung bringen konnte, wird der weitere Verlauf von selbst uns zeigen.

---

mendaces. Vides hunc dialecticorum ψευδόμενον. Mihi tamen etc. Natürlich kannte man längst aus *Paulus ad Tit.* I, 12 die Anspielung auf den Vers „*Κρῆτες ἀεὶ ψευσταὶ, κακὰ θήρια, γαστέρες ἀργαί*“.

119) Gedruckt in obiger (Aum. 101) Ausgabe des Trapezuntius, p. 179 ff.

120) p. 180 ff. Die *quinque voces* p. 184.

121) p. 189: *Simplices quoque voces sunt subiectum et praedicatum. ..... Ita prisci, quibus accedimus potius, quam iunioribus, qui praedicatum, subiectum et copulam partes faciunt orationis.* S. Abschn. XIX, Anm. 320.

122) p. 191.

123) p. 194 ff.

124) p. 207: *Consequens videtur, ut ambiguitatum sive quaestionum genera ostendamus. ..... Quaeritur, an sit, quid sit, quale sit, cur sit.* (Aus *Quintil. Instit.* III, 8; vgl. Abschn. VIII, Anm. 26.)

125) p. 209 ff.

126) p. 223: *Argumentorum genera sunt duo: Syllogismus seu epichirema graece, at latine hoc aggressio, ille ratiocinatio; et epagoge a graecis dicta, a latinis inductio. Ex syllogismo fit enthymema, quod commentum nominamus, sicut ex inductione exemplum atque similitudo. Syllogismus constat ex propositione, assumptione, complexione* u. s. w.

XXII. ABSCHNITT.

REICHE NACHBLÜTHE DER SCHOLASTISCHEN LOGIK.

Neben den vereinzelten Regungen der Renaissance, welche der vorige Abschnitt darzustellen versuchte, war das 15. Jahrhundert durchaus von einer Nachblüthe der Scholastik occupirt, welche ganz besonders gegen Ende desselben massenhaft auftrat und sodann noch in das erste Drittel des 16. Jahrhunderts hinüber ein zähes Leben fortführte. Selbst wenn man den Blick auf Nichts anderes richten wollte, als auf die Zahl der Drucke, in welchen seit der allgemeineren Verbreitung der Buchdruckerkunst die Autoren der älteren Periode der Scholastik und diejenigen, welchen wir im XX. Abschnitte begegneten, sämmtlich theils in einzelnen Schriften theils in Collectiv-Ausgaben publicirt wurden, so ergäbe sich eine genügende Einsicht in den thatsächlichen Fortbestand der Scholastik; denn es steht von vorneherein doch fest, dass damals nicht im Interesse der historischen Forschung Aelteres reproducirt wurde, sondern dass man eben überall druckte, was im Gebrauche war. Eine annähernde Schätzung, welche sicher nicht zu weit gegriffen ist, führt dahin, dass zwischen 1480 und 1520 aus dem Umkreise scholastischer Logik (— also abgesehen von der Theologie, welche sich um den Petrus Lombardus und die manigfache Exegese desselben drehte —) im Durchschnitte jährlich 15 bis 18 Drucke erschienen, wobei natürlich die älteren Scholastiker und die neueren, welche Gegenstand dieses gegenwärtigen Abschnittes sein sollen, gemeinschaftlich in Rechnung kommen. Die Geschichte der Philosophie ist vielfach allzu rasch, z. B. von Gerson, auf die Reformations-Periode übergegangen; ja man hat oft genug die Phrase nachgeschrieben, dass Gabriel Biel der letzte Scholastiker gewesen sei (auf den „letzten Scholastiker" hoffen wir sogar heutzutage noch immer vergeblich — *exempla sunt odiosa* —). Wir werden auf Grundlage eines wahrlich nicht spärlichen Materiales eine andere und wohl richtigere Geschichtschreibung unterstützen können. „Philosophie" im eigentlichen Sinne des Wortes sind natürlich die Erscheinungen des 15. Jahrhunderts ebensowenig als die der älteren Scholastik; aber sie haben mit der letzteren gemein, dass im Schul-Betriebe irgend welche speculative Fragen behandelt wurden, und darum soll in geschichtlichem Interesse für beide mit gleichem Massstabe gemessen werden. Schlimmer aber noch, als eine allzu karge Behandlung dieser Periode, ist es, wenn man, — wie die katholischen Fanatiker der Jetztzeit thun —, sich auf die unwahre Behauptung stützt, dass der occamistische Standpunkt (des Terminismus) in Folge kirchlicher Machtsprüche alsbald verschwunden sei; wir werden uns im Gegentheile davon überzeugen, dass am Ende des 15. Jahrhunderts die Terministen bei Weitem die Majorität für sich hatten, obwohl die jetzt so genannte kirchliche Wissenschaft, d. h. die Thomisten, es an gehässigster Denuntiation nicht fehlen liessen.

Lediglich Nachtreter der bereits vorliegenden verschiedenen Richtungen (natürlich mit Ausnahme des Humanismus der Renaissance, welchen man kurzweg ignorirte, s. unten Anm. 317) sind alle Autoren, welche ich nun vorzuführen habe, d. h. es ist vielfach nur ein *servum pecus commentatorum*; aber in solchem Nachtreten bauen wenigstens die Terministen in ihrer Art und Weise fort, indem sie neue Memorial-Worte und -Verse ersinnen u. dgl., und sogar die Gegner derselben konnten sich im Ganzen eines Einflusses der „modernen" Richtung nicht erwehren [1]). Ausserdem gestaltet sich durch den Fanatismus der Thomisten eine neue, und zwar nur dualistische Parteistellung, welche an Verhältnisse anknüpft, denen wir schon am Schlusse des vorigen Abschnittes begegneten; doch waren es am Schlusse dieser Periode nicht die Schlechteren, welche ungefähr im Sinne Gerson's die Berechtigung der beiden Richtungen anerkannten und so zu einem Synkretismus, ja sogar Eklekticismus gelangten.

Was die Anordnung des erschreckend reichen Materiales dieser Periode betrifft, so glaubte ich nach vielfacher Erwägung mich weder an die blosse chronologische Reihenfolge der Autoren noch auch ausschliesslich an die Partei-Gruppirung halten zu dürfen; denn bei beiderlei Verfahren wäre der Wiederholungen und Verweisungen kein Ende gewesen. Ich schlage daher ein gemischtes Verfahren ein, welches innerhalb kleinerer Zeitabschnitte die Parteien zu charakterisiren versucht und den Blick auf Mischung der Gruppen offen lässt. Wir werden nemlich zunächst ein Fortleben der bisherigen Richtungen treffen, sodann um d. J. 1472 die Formulirung des Partei-Unterschiedes finden, worauf eine einflussreiche Fortbildung durch terministischen Scotismus folgen wird, welchem ein überwiegend conservativer Thomismus gegenübertritt; hernach wird von ungefähr 1480—1520 die lange Reihe der nun herrschenden Terministen zur Darstellung kommen, worauf nachholend die gleichzeitigen Scotisten, Occamisten und Thomisten sich anreihen sollen, so dass zuletzt von Synkretisten und Eklektikern zu sprechen sein wird.

So begegnet uns zunächst Johannes Capreolus (gest. i. J. 1444), von den Theologen gern *princeps Thomistarum* genannt, welcher in seinen *Quaestiones in libros Sententiarum* [2]) bei sämmtlichen einschlä-

---

1) Die jesuitischen Thomisten der Neuzeit gefallen sich darin, dem „gläubigen" Publicum vorzureden, dass die Lehre des „heiligen" Thomas gegenüber den fluchwürdigen Occamisten in „unbefleckter" Reinheit sich fortgepflanzt habe.

2) Hrsggbn. v. *Math. Aquarius*. Venetiis 1589. fol. 2 Voll.

gigen Fragen in theologischem Interesse (nicht in philosophischem) den reinen ursprünglichen Thomismus, gegenüber den verschiedenen Ansichten Anderer, zu vertreten sich bemüht [3]).

Hingegen einen scotistischen Standpunkt vertrat Nicolaus de Orbellis oder Dorbellus (gest. i. J. 1455), ein viel gelesener und häufig benützter Autor, welcher (abgesehen von seiner Erläuterung des *Sententiarius* und der aristotelischen Physik) zu Petrus Hispanus einen umschreibenden und zugleich im Einzelnen reichlich belehrenden Commentar verfasste [4]). In einer längeren Einleitung, welche nach Art der auf den griechischen Commentatoren (Abschn. XI, Anm. 141) beruhenden Araber und des Albertus Magnus über Ursache, Gegenstand, Zweck u. s. f. des zu erklärenden Buches spricht, finden wir zum ersten Male zwei fortan bei den späteren Scholastikern eingebürgerte Memorial-Verse über die sieben freien Künste [5]); ja selbst die bei Petrus Hispanus auftretende Schreibung des Wortes „*dyalectica*" veranlasst ihn, ein paar Verse beizufügen [6]), wobei er ausserdem die beachtenswerthe Notiz gibt, dass unter Dialektik einerseits die gesammte Logik und andrerseits der auf die Topik bezügliche Theil derselben verstanden werden könne [7]). Auch die verschiedenen Bedeutungen des Wortes „*subiectum*" fasst er in Verse als Vorbereitung des allgemeinen Grundsatzes, dass das wesentliche Subject der Logik der Syllogismus sei [8]); und hieran knüpft er sogar eine von

---

3) Er bekämpft (*Prol. Qu.* 2, I, p. 15 f.) die Ansicht des Aureolus, dass die Logik eine praktische Disciplin sei (s. Abschn. XIX, Anm. 698), und bezeichnet hingegen grundsätzlich als Gegenstand derselben die „*intentiones, non ut sunt res, sed ut sunt intentiones*" (I, Dist. 23, Vol. I, p. 356 A); in der Auffassung der Universalien polemisirt er gegen Scotus, Durand, Herveus, Paludanus, Occam, Gregor v. Rimini u. s. f. um die reine Lehre des Thomas zu vertheidigen (*Prol. Qu.* 4, p. 34 f. u. I, Dist. 8, qu. 2, p. 216 ff. u. III, Dist. 5, qu. 3, Vol. III, p. 60 ff.). Desgleichen schliesst er sich demselben an in der Frage über das Princip der Individuation (II, Dist. 3) und über *unitas formae* (I, Dist. 24, qu. 1, p. 359 ff.); betreffs der *intensio* und *remissio formarum* folgt er dem Aegidius (I, Dist. 17, qu. 2, p. 305 ff.; vgl. Abschn. XIX, Anm. 386 f.).

4) Unter verschiedenen Titeln (*Logicae brevis expositio* oder *Logica* oder *Summula philosophiae rationalis*) öfters gedruckt, nemlich Parma 1482, Venet. 1489, 1500, 1516, Basel 1498 u. 1503; in den drei Venetianer Ausgaben ist der Text des Petrus Hispanus mit abgedruckt. — In der Einleitung sagt Dorbellus: *Iuxta doctoris subtilis Scoti mentem aliqua logicalia pro iuvenibus super summulas Petri Hispani breviter enodabo.*

5) f. 3 v. B: *Artes liberales sunt septem et continentur istis versibus:*

„Gram" loquitur, „Dia" vera docet, „Rhet" verba colorat,
„Mus" canit, „Ar" numerat, „Ge" ponderat, „Ast" colit astra.

6) f. 4 r. B: *Dyalectica .... derivatur a „dya", quod est duo, et „logos", quod est sermo. .... „Dya" potest scribi per y graecum .... vel per i latinum; .... unde versus:*

Scribe per y graecum „dya", „duo" significabit;
Scribe per i nostrum, sic „de" tibi significabit.

S. bei Petrus Hispanus, Abschn. XVII, Anm. 146, und hiezu meine Schrift „Michael Psellus und Petrus Hispanus" (Lpzg. 1867) p. 6 f.

7) f. 3 r. B: *Dialectica potest sumi dupliciter: uno modo pro parte logicae, quae procedit ex probabilibus, ... alio modo, prout idem est, quod logica; et sic sumitur in proposito.*

8) f. 8 r. B: *Subiectum potest capi octo modis: pro obiecto, ... pro famulo, ... pro illo, quod ponitur sub alio, ... pro illo, cui inhaeret aliquid, ... pro*

den Späteren häufig benützte Erklärung des Ausdruckes „*vetus logica*“, insoferne dieselbe die entlegeneren Stofftheile des Syllogismus zum Gegenstande habe [9]). Wenn aber hiebei dennoch bei Petrus Hispanus das Urtheil den Vortritt vor den Kategorien hat, so sucht Dorbellus auch hiefür eine Erklärung, und fügt zugleich die Bemerkung bei, dass der 7. *Tractatus* des Hispanus, d. h. die *proprietates terminorum*, nicht einer speciellen Schrift des Aristoteles correspondire, sondern aus „verschiedenen Büchern“ (!) ausgezogen sei [10]). In der Einzeln-Erklärung zeigt sich überall enger Anschluss an Scotus; so wiederholt er die Scheidung der *scientia realis* und *sermocinalis* [11]), verwerthet des Scotus Auffassung der *significatio* [12]), folgt der gleichen Auctorität bei den Universalien [13]), bespricht bei der Kategorie der Substanz die *quidditas, haecceitas* und *formalitas* [14]), und acceptirt vollständig die Lehre des Scotus betreffs der Umkehrung der Urtheile [15]), ebenso bei der Syllogistik und überhaupt bei jeder Gelegenheit.

Die dritte der seit längerer Zeit bestehenden Hauptrichtungen, nemlich der Standpunkt der Terministen, ist gleichzeitig durch zwei einflussreiche Schriftsteller vertreten. Der Eine derselben ist Petrus Mantuanus, dessen „*Logica*“ [16]), während in ihr kein einziger Autor citirt wird, gänzlich auf Albert von Sachsen, Marsilius und Paulus Venetus beruht. Das Ganze beginnt sofort mit *suppositio*, von welcher jedoch, wie schon bei Marsilius geschehen war (Abschn. XX, Anm. 401), die *materialis* und die *simplex*, sowie natürlich auch die *immobilis* ausgeschlossen bleibt und sonach nur *personalis* in Frage kommt und in sechszehn aus Albert entnommenen Regeln erledigt wird [17]). Auch werden

---

illo, quod praecedit copulam, ... pro subiecto propriae passionis, ... pro inferiori respectu superioris, ... pro subiecto artis vel scientiae. Unde versus:

Obiectum, verna, positum sub, cui quid inhaeret,
Quod prius est copula, proprii, logicaliter infra,
Quod simul ars et habet; bis sunt subiecta quaterna.

Ueber Syllogismus als Subject der Logik s. Scotus, Abschn. XIX, Anm. 93.

9) f. 2 r. B (*ed. Venet.* 1516): *Dicuntur autem isti libri logica vetus non, quia primo fuerit inventa, sed quia ea, quae ibi tractantur, sunt materia remota logicae; non enim ita principaliter intenduntur a logico, sicut syllogismus, de quo tractatur in logica nova.* Vgl. bei Scotus a. a. O. Anm. 95.

10) f. 3 r. A: *Licet termini sint priores propositionibus, ... auctor tamen primo determinat de propositionibus, quia in his sunt minores difficultates, quam in praedicabilibus et praedicamentis. .... In septima parte tractat de suppositionibus, quae sunt extractae a variis libris logicae; de syllogismo autem demonstrativo, de quo tractat Aristoteles in libro Posteriorum, non fecit auctor particularem tractatum.*

11) f. 3 v. A, s. Abschn. XIX, Anm. 87.

12) f. 5 r. B u. f. 69 r. A (dort polemisch gegen Occam); vgl. ebend. Anm. 129 ff.

13) f. 18 ff.

14) f. 27 f.

15) f. 11 ff., vgl. ebend. Anm. 195 ff.

16) *Logica magistri Petri Mantuani.* Am Schl. *Accuratissime emendata per ..... magistrum Ioannem Mariam Mapellum Vincentinum. Impressum per Bonetum Locatellum* [*Venetiis*] 1492. 4. (nicht paginirt, sowie auch der ältere Druck, Pavia 1483).

17) *Nulla est suppositio materialis, quia, si aliqua esset, maxime esset in aliquo illorum complexorum „Homo est species, Omne est signum, A est littera“; sed in nulla tali est suppositio materialis, quia nullum istorum est congruum nec est*

bei der *suppositio relativorum* die *relativa diversitatis* abgewiesen [18]) und ebenso Beschränkungen betreffs der *ampliatio* vorgenommen [19]), womit eine aus Marsilius entnommene Modification der *appellatio* Hand in Hand geht [20]), so dass überhaupt die Zahl der Regeln sich verringert; dafür jedoch finden die uns nun längst bekannten Verba *scio*, *cognosco* eine Verwendung [21]). Hierauf lässt Mantuanus völlig auf Grundlage des Paulus Venetus (Abschn. XX, Anm. 512 u. 522 ff.) die Lehre von „*Probationes*" folgen, steigert aber die Sache sogleich dadurch, dass er sogar von einer Exposition des allgemein bejahenden Urtheiles spricht [22]), um sodann in ähnlicher Weise die übrigen *Exponibilia* mit Auswahl folgen zu lassen [23]). Dann geht er unter der Ueberschrift „*De veritate propositionis*" auf die *significatio* über, wo er im Wesentlichen sich an Peter v. Ailly (ebend. Anm. 471) anschliesst [24]), welchem er auch in den darauf folgenden Bemerkungen über negative und privative Urtheile bezüglich des Grundsatzes einer Einheit des mentalen Urtheiles (ebend. Anm. 468) fast wörtlich folgt [25]). Indem er hierauf den kategorischen Syllogismus

---

propositio, sicut nec „Buf est syllaba". ..... Et consequenter sequitur ultra, quod nulla est suppositio simplex, quia, si aliqua foret, sit e. gr. in tali mentali „Homo est species"; .... sed illa non est propositio, quia subiectum non est pars orationis grammatice. .... Sola suppositio personalis est suppositio. ..... Personalium alia communis, alia discreta; ..... communium alia confusa tantum, alia confusa et distributiva, alia determinata. Die Regeln Albert's s. Abschn. XX, Anm. 257.

18) *Nullum est relativum diversitatis, quia isti termini „alius, diversus" in talibus propositionibus „Unus homo currit, et alius disputat" non sunt relativi, quia non refertur littera „alius" ad istum terminum „unus homo".*

19) *Frustra ponitur, participium futuri temporis et praeteriti et etiam nomina in „bilis" terminata ampliare subiecta. .... Terminus non ampliatur, nisi supponat, si ampliari possit; et ideo in talibus „Chimaera erit" non ampliatur littera „chimaera", cum non supponat pro aliquo.*

20) *De appellatione aliter dicimus sentientes, quod terminum aliquem appellare formam est ipsum significare suum formale significatum respectu alicuius verbi praecedentis vel participii, quod denotat, illum terminum verificari pro materiali significato formali coniuncto cum tempore ipsiusmet verbi.* S. Abschn. XX, Anm. 405.

21) *Verba significantia actum mentis, ut „scio, cognosco etc.", denotant cognitionem rerum significatarum a terminis sequentibus ipsa verba per conceptus synonymos cum illis terminis sequentibus ista verba.*

22) *Propositio universalis affirmativa .... habet exponi per copulativam, cuius prima pars est indefinita vel particularis illius universalis, et secunda pars est universalis negativa, cuius subiectum est synonymum cum termino distributo per signum universale, praedicatum autem est oppositum contradictorie praedicato eiusdem propositionis universalis, ... v. gr. „Omne animal currit" exponitur per „Animal currit et nullum est animal non currens" etc. etc.*

23) In gleichem gesteigerten Formalismus sind die übrigen *Exponibilia* behandelt, nemlich die Exclusiv-, Exceptiv-, Reduplicativ-Sätze, *infinitum, totus, aeternum, semper, differt*, Comparative u. Superlative, *incipit et desinit, immediate.*

24) *Omne ens est quale, quia omne ens est perfectum. ..... Non omne, quod est quale, est quale per aliquam qualitatem ab eo distinctam; est enim quaelibet qualitas qualis, cum ipsa sit intensa vel remissa. ..... Significare est virtuti cognitivae aliquid vel aliqua aliqualiter repraesentare. ..... Nihil potest aliquod signum significare, quod non possit intellectus intelligere. ..... Quacunque propositione data non aliter, quam taliter, qualiter est, illa significat. ..... Omne significatum unius contradictoriorum est significatum alterius. .... Impossibile est, quod una propositio habeat plura significata principalia.*

25) *Voces aut scripta non sunt partes orationis nisi ex modis suis significandi, qui accipiuntur ex modis suis intelligendi. ..... Figura composita vel decomposita*

folgen lässt, arbeitet er an einer Vermehrung der Schlussweisen, jedenfalls mit grösserer Folgerichtigkeit, als Albert v. Sachsen (s. ebend. Anm. 294), während allerdings ein leerer Formalismus sich zum Entsetzen breit macht; er bringt nemlich für die erste Figur die fünfzehn Schlussweisen vor: *Barbara, Barbari, Celarent, Celaront, Darii, Ferio, Ferios, Baralipton, Celantes, Celantos, Dabitis, Fapesmo, Fapesmos, Frisesomorum, Frisesos* [26]); ebenso für die zweite Figur die sechszehn: *Cesare, Cesaro, Cesares, Cesaros, Camestres, Camestro, Camestre, Camestros, Festino, Festinos, Fisteno, Fistenos, Baroco, Barocos, Boraco, Boracos* [27]), und für die dritte Figur die achtzehn: *Darapti, Daraptis, Felapton, Felaptos, Fampleto, Fampletos, Disamis, Disami, Datisi, Datisis, Brocardo, Brocardos, Bracordo, Bracordos, Ferison, Ferisos, Frimeson, Frimesos* [28]); aber auch für die vierte Figur gibt er in unge-

---

non continetur in mentalibus, sed solum in vocalibus vel scriptis. ...... Omnis intentio simplex est vera et veram rem significat. .... Ille terminus vocalis aut scriptus infinitus „non ens", si subordinatur alicui intentioni, subordinatur simplici intentioni; ..... sed nulla est intentio simplex, cui subordinatur. ..... Ista complexa vocalia aut scripta „Non ens potest intelligi, Non ens est" non sunt propositiones. .... Sicut sumus locuti de infinitis terminis, ita dicendum et de privativis, quia illi termini „vacuus, iniustus" subordinantur simplicibus terminis eorum, sicut eorum opposita.

26) *Prima figura continet quindecim formulas ..... Prima constituitur ex tribus universalibus affirmativis, ... quae potest designari per Barbara. Secunda formula habet praemissas modo dicto ordinatas concludens particularem affirmativam, ... et hanc Barbari solemus nominare. Tertia etc. ..... et illam solemus appellare Celarent. Potest ex praedictis concludi particularis negativa, ... quam formulam possemus appellare Celaront. Quinta ..... per hanc dictionem Darii designatur* (warum aber fügt er hier nicht ein *Dariis* bei?) *.. .. Sexta ..... per Ferio. Septima concludit ex eisdem praemissis indirecte ..... et volo istam appellare Ferios. Octava, quae Baralipton appellatur, sequitur ex Barbari convertendo eius conclusionem. ..... Nona formula Celantes appellatur. ..... Ex qua sequitur decima Celantos. ..... Undecima per dictionem Dabitis signatur. .... Duodecima Fapesmo ..... dici solet. .... Ex qua tertia decima, quae dicetur Fapesmos, concludendo indirecte et de inconsueto modo loquendi. .... Quarta decima designatur per tres primas syllabas dictionis Frisesomorum. Ex qua sequitur quinta decima concludens directe de inconsueto modo loquendi* (der Name, welchen Petrus hier nicht beifügt, müsste *Frisesos* lauten).

27) *Secunda figura habet sedecim modos. ..... Primus signari solet per Cesare. ..... Secundus modus haberi potest concludendo particularem .... et per Cesaro signatur. .... Tertius habetur, si concluderem indirecte, ... quem volumus per Cesares signare. Quartus sequitur ex Cesares, qui concludit indirecte particularem, ... quem per dictionem Cesaros assignamus. ..... Sequens solet ..... Camestres appellari. Alia est forma sequens ex illa, quam Camestro dicemus. Et ex utraque illarum sequitur una alia forma, quia ex prima sequitur Camestre, ... et ex altera eodem modo Camestros. .... Item alia forma dici solet Festino. ..... Et si indirecte concludimus, aliam formam acquirimus, quam Festinos appellamus. Potest quandoque syllogizari ex maiori particulari affirmativa et minori universali negativa concludendo directe, ... quem modum Fisteno dicemus. Et si indirecte concluserimus, alium modum faciemus, ... quem Fistenos appellamus. Reliquus modus Baroco dicitur. ..... Ex quo inveniri potest alter modus indirecte concludens, ... quem Barocos appellamus. Item potest ex maiori particulari negativa et minori universali affirmativa directe concludi, ... quem modum possumus nominare Boraco. Ex isto sequitur Boracos indirecte concludens.*

28) *In tertia figura ..... prima forma est, ... quam solemus nominare Darapti. ..... Secundus modus nascitur ex primo indirecte concludens, quem Daraptis appello. ..... Alius modus est, quem Felapton dicunt. ..... Ex quo sequitur alter, qui Felaptos esse potest, qui indirecte concludit de inconsueto modo loquendi. .....*

nirter Naivetät, ohne mit einem Worte auf die hierüber bestehenden Controversen einzugehen, folgende fünfzehn Modi an: ***Barbara, Barbari, Clamerent, Clamero, Dirami, Frimeo, Baralipton, Clamentes, Clamentos, Frimeos, Drimasis, Fempasmo, Fempasmos, Frensison, Frensisos*** [29]). Nach diesen 64 (!) Schlussweisen spricht er noch Einiges über den ***syllogismus expositorius*** und über einen ***syllogismus resolutorius***, wobei er jedoch nur eine nähere Ausführung desjenigen gibt, was Paulus Venetus (Abschn. XX, Anm. 512) über ***terminus resolubilis*** gesagt hatte [30]). Nun erst folgt die Lehre von Aequipollenz und Umkehrung der Urtheile nach Albert von Sachsen, welcher gleichfalls Beides zur ***consequentia*** gerechnet hatte (ebd. Anm. 286), und hierauf nach gleichem Vorbilde die übrige Lehre von ***Consequentiae*** mit besonderer Betonung der modalen Urtheile (s. ebd. Anm. 289 f.). Sodann reihen sich noch die ***Obligationes*** an,

---

Et alium modum probant, quem dicemus Fampleto. ..... Ex quo alius sequitur, quem Fampletos appello de inconsueto modo loquendi indirecte concludens. ..... Sequens modus est Disamis. ..... Alius modus fit ex eisdem praemissis indirecte concludens, ... qui Disami appellari potest. Sequens forma est Datisi. Ex qua sequitur Datisis indirecte concludens. Alia forma est, ... quae Brocardo nominatur. Alius modus est ex eisdem praemissis indirecte concludens, quem Brocardos appello. ..... Sequens forma est Bracordo ex maiori universali affirmativa et minori particulari negativa concludens directe. ..... Modus ex eisdem praemissis indirecte concludens potest appellari Bracordos. ...... Alius modus est, ... quem Ferison appellamus. Sequens forma haberi potest, si ex eisdem praemissis concluserimus indirecte, quam Ferisos appello. Alia forma est ex maiori particulari affirmativo et minori universali negativa, ... quam volo appellare Frimeson. Ex qua possumus aliam vindicare, si ex eisdem praemissis indirecte concluserimus, ... quam dico Frimesos.

29) *Figura quarta continet quindecim modos. ..... „Omnis homo est animal et omne animal est substantia"; .... iste modus Barbara nominatur. ..... Ex quo sequitur alter ex eisdem praemissis, quem Barbari nominamus, indirecte concludens. Tertius modus est Clamerent. .... Ex quo sequitur alter modus, quem Clamero appello. .... Sequens modus Dirami nominatur. .... Sequens forma est Frimeo ex particulari affirmativa et universali negativa indirecte concludens. .... Alia forma est, quam designabimus per tres primas syllabas dictionis Baralipton. .... Alius modus est Clamentes. .... Ex quo sequitur alius, qui Clamentos appellatur. ... Item alius modus est, quem volumus Frimeos appellare. .... Sequens Drimasis appelletur. .... Sequens Fempesmo dicitur. ...... Item alius modus dicitur Fempasmos. .... Penultimus modus Frensison appellatur, ... ultimus modus Frensisos appellatur.* Man sieht, dass er nicht einmal überall an die nöthige Umstellung der Prämissen denkt, um auf die erste Figur zurückzukommen.

30) *Terminorum, secundum quos probari possunt propositiones, quidam sunt mediati et quidam immediati. .... Immediatorum quidam sunt a priori et quidam a posteriori. Immediati a priori sunt termini communissimi transcendentes vel verbum substantivum vel verbum ampliativum, ... ex quibus constituitur principium notissimum a priori, sc. quodlibet ens est vel non est. ..... Terminus vero immediatus a posteriori est terminus singularis demonstrativus, quo non. contingit notiorem habere. ..... Terminorum mediatorum quidam sunt resolubiles, quidam exponibiles, de quibus dictum est* (s. Anm. 23), *quidam officiabiles. Terminus resolubilis est terminus communis aut discretus non demonstrativus, quo contingit aliquem terminum immediatum notiorem reperire eandem rem significantem. ..... Terminum officiabilem appello terminum non exponibilem habentem officium cadendi super complexum per ipsum determinabile, sicut „potest, contingit, scio, dubito, promitto" etc. ..... Sed isti termini „possibile, impossibile, necessarium, contingens, verum, falsum" non sunt termini officiabiles nec modales.*

welche vollständig sich an Paulus Venetus anschliessen[31]), und zuletzt auf der nemlichen Grundlage die *Insolubilia* (s. ebd. Anm. 569 ff.). Am Schlusse ist dem Drucke dieser *Logica* noch beigefügt „*Subtilissimus tractatus eiusdem de instanti*", welcher die bei Peter v. Ailly (s. ebend. Anm. 494 u. 497) liegen gelassene Frage über die Theilbarkeit des Augenblickes betrifft und hiedurch bei den Sophismen über „*incipit et desinit*" sich aufdrängen musste, aber nach ihrem sachlichen Inhalte nicht der Logik, sondern der mathematischen Naturphilosophie angehört[32]).

Ein zweiter Repräsentant der gleichen Richtung war Paulus Pergulensis, der Verfasser eines unter verschiedenen Titeln gedruckten Compendiums[33]), welches — abgesehen von der Reihenfolge und einigen Kürzungen — nur die Logik des Paulus Venetus wiederholt. Die eigenthümliche Art der Verarbeitung des Originales verfolgt den Zweck, das Studium der Logik zu vereinfachen, angenehmer zu machen und mnemonisch zu erleichtern; ja der Verfasser verheisst auf Grund von Erfahrung, dass die Schüler auf solche Weise in Einem Monate mehr erreichen, als sonst in der dreifachen Zeit[34]). Sein Verfahren besteht darin, dass er den Inhalt der einzelnen Paragraphen möglichst durch Eintheilung in tabellarische Uebersicht bringt, und hierau dann gruppenweise in Kürze die betreffenden Regeln knüpft[35]). Als neu dürfte aus dem ganzen Inhalte des Buches höchstens um der Späteren willen anzuführen sein, dass die Lehre von der *obligatio* speciell auf sog. „*similes propositiones*" angewendet wird[36]). Am Schlusse des Compendiums ist noch ein kleiner Tractatus *De sensu diviso et composito* beigedruckt, welcher hauptsäch-

31) *Quaestio, certificatio, petitio, dubitatio, suppositio non sunt species distinctae a positione. ..... Quamvis omnis impositio sit positio, tamen aliqua exempla specialiter ponemus. ..... Depositio est obligatio, qua obligatur respondens ad negandum.* S. Abschn. XX, Anm. 565 ff.

32) Einen Gegner hierin s. unten Anm. 43.

33) *Compendium perclarum ad introductionem iuvenum in facultate logicae per ..... Paulum Pergulensem etc.* s. l. s. a. 4. und *Logica magistri Pauli Pergulensis.* Venetiis 1498. 4 (beide Drucke unpaginirt).

34) In der Vorrede: *Nihil mihi aut quam paucissimum novae inventionis in rebus ipsis superesse perspexi, nisi iucunda quadam dispositione omnia logicae praecepta adeo faciliter ante oculos omnium studentium configurando praescribere, ut sensus pariter et intellectus firmam quadam imagine facilitatem et memoriam omnibus per se ferant; qua in re illud ausus experimento permittere, ut longe amplius per mensem studentes eruditi hoc ordine valeant, quam si per triplum aliter insudaverint.*

35) In solcher Weise beginnt er mit den sechs *transcendentia* (s. Abschn. XX, Anm. 599), dann folgen die Kategorien und nach diesen die Eintheilung des *terminus*, wobei an *terminus univocus* die Universalien nebst *significatio* und *intentio* geknüpft werden; die ganze Lehre vom Urtheile und Syllogismus ist eine Wiederholung des Petrus Hispanus; von da an aber hängt Pergulensis fast sclavisch an Paulus Venetus, denn nur aus ihm entnimmt er *suppositio*, *suppos. relativorum*, *ampliatio*, *appellatio* (s. ebend. Anm. 514 ff.), hierauf *probationes terminorum* nebst *expositio* und *syncategoremata* (ebend. Anm. 522—537), sowie die Lehre von *consequentiae* (ebd. Anm. 554 ff.); *obligationes* (ebd. Anm. 565 ff.) und noch in gedrängter Kürze die *insolubilia* (ebd. Anm. 569).

36) *Intelliguntur propositiones esse similes in veritate, falsitate, necessitate, contingentia, possibilitate, concedendo, negando, dubitando. ..... Dicuntur propositiones dissimiles, quando est vera et reliqua falsa, una necessaria vel impossibilis et alia contingens vel possibilis, una concedenda et alia neganda vel dubitanda.*

lich die einschlägigen Sophismen berücksichtigt[37]. Ausserdem aber schrieb Pergulensis auch noch „*Dubia*" zu den *Consequentiae* des Strodus[38], wobei er zunächst verschiedene Ansichten über das Wesen der *consequentia* anführt, um sich zuletzt sonderbarer Weise an eine herausgerissene Stelle des Gilbertus Porretanus anzuklammern, welcher doch wahrlich nicht an „*consequentia*" gedacht hatte[39]. Nachdem er hierauf eine Beschränkung dieser Lehre auf den *sensus divisus* entschieden abgewiesen[40], führt er zu allen und jeden einzelnen Regeln des Strodus „*Dubia*" nebst deren Lösung vor.

Auch ein Vorläufer jenes Syncretismus, welchen wir am Schlusse des Abschnittes in mehreren Gestalten treffen werden, fällt in diese gleiche Zeit. Nemlich Apollinaris Offredus zeigt in seinem Commentare zur zweiten Analytik[41], welcher mit hingebendem Fleisse und unleugbarer Schärfe der Distinction die einzelnen Stellen erklärt und hierauf noch in eigenen „*Quaestiones*" die Hauptpunkte *pro* und *contra* bespricht, neben einem fühlbar hervortretenden Thomismus und einer beifälligen Benützung des Robert Capito zugleich eine merkwürdige Berücksichtigung des rhetorischen Standpunktes der Renaissance, welche im Anschlusse an den ciceronianisirenden Boethius (Abschn. XII, Anm. 76 am Schl.) das aristotelische Organon nach *inventio* und *iudicium* gliederte[42]. Und andrerseits beschäftigte er sich mit einem Haupt-Thema

---

37) Nach seiner Form kann dieser Tractatus sehr wohl von Paulus Pergulensis herrühren; auch der Inhalt steht nicht im Wege; vgl. bei Venetus a. a. O. Anm. 540.

38) Gedruckt in der oben, Abschn. XX, Anm. 174, angeführten Ausgabe des Strodus.

39) *In hac materia sunt repertae tres opiniones. Prima est Ferabrich dicentis, consequentiam esse relationem consequentis ad antecedens* (s. ebend. Anm. 206); *secunda est Strodi et primo Tisberi dicentium, consequentiam esse actum intellectus, ita quod consequentia est illatio intellectus inferentis consequens ex antecedente* (s. ebd. Anm. 178 u. 348); *tertia opinio est communis dicens, quod consequentia nihil est, sed est aggregatum ex antecedente et consequente et nota illationis* (s. ebend., Anm. 284, 409, 554). ..... *Quarta vero opinio ..... vult, quod consequentia seu ipsa illatio sit passio, sicut dicit Gilbertus Porretanus, quod passio est effectus illatioque actionis* (s. Abschn. XIV, Anm. 493). ..... *Ego salvo meliori iudicio credo, quod ..... in motu intentionali, quo intellectus aliquid infert ex alio, requiruntur tria: actus intellectus inferentis, secundo respectus actionis, quo antecedens dicitur inferre consequens, tertio respectus passionis, quo consequens dicitur inferri. Et horum trium dico consequentiam esse respectum de praedicamento passionis, et sic nullo modo volo consequentiam esse relationem, sed respectum; ...... et consequentiam esse nomen verbale significans principaliter consecutionem passivam ..... secundum Gilbertum Porretanum.*

40) *Diffinitionem consequentiae quidam in sensu diviso asserunt esse tenendam. ..... Hanc opinionem omnino puto esse falsam, quia ex ea sequitur, quod nulla consequentia mundi sit bona, quantumcunque sit formalis.*

41) *Appollinaris Offredi Cremonensis absolutissima commentaria una cum quaestionibus in primum Aristotelis Posteriorum Analyticorum librum (ed. Ant. Honoratus).* Cremona 1581. fol. (Ausserdem schrieb er auch einen Commentar zu *Arist. De anima*).

42) p. 1 B: *In logicae libris, ... qui communiter ars nova dicuntur, ... de instrumento determinatur, quo discurrere debet intellectus, sc. de syllogismo et consequenter de aliis modis arguendi. ...... In discursibus rationis quidam sunt, in quibus est necessitas; ...... alii sunt, per quos ut plurimum verum concluditur, non*

der Terministen, nemlich mit der *suppositio* und auch (in einer physikalischen Monographie) mit *„incipit et desinit)*[43]. Betreffs der Definition der *suppositio* verhält er sich ziemlich conservativ[44]), und entscheidet auch die Frage über die Zulässigkeit einer *suppositio materialis* im Sinne des Peter v. Ailly dahin, dass sie überhaupt nur beim *terminus vocalis* oder *scriptus* vorkommen könne[45]); zudem versucht er präcisere Bestimmungen über die Geltung der *suppositio determinata*[46]), sowie bezüglich der möglichen Verhinderung der *distributio*[47]).

Der nemlichen Zeit aber gehört auch noch eine Fortführung des schon früher entstandenen Partei-Kampfes an, mit welcher sich zugleich eine neue unerwartete Spaltung der Einen Richtung verknüpft. Zeuge hiefür ist Heimerich de Campo oder Campen (gest. i. J. 1460), welcher sich veranlasst fand, in einer eigenen Schrift[48]) einerseits den Gegensatz der *moderni* und *antiqui* zu Gunsten der letzteren zu erörtern und andrerseits eine Menge von Differenzpunkten zwischen Thomas v. Aquino und Albertus Magnus hervorzuheben[49]). In ersterer Beziehung

---

tamen necessario; alii vero sunt, in quibus est defectus rationis. ...... Pars logicae, in qua de primis determinatur, iudicativa dicitur ..... a iudicio, eo quod iudicium est cum certitudine; vocata est etiam analetica, i. e. resolutoria, eo quod iudicium certum de effectibus haberi non possit, nisi fiat resolutio in principia sua. Pars vero logicae, quae secundis processibus deservit, inventiva appellatur, eo quod inventio non sit omnino neque semper certitudini coniuncta, et haec habetur in libris Topicorum etc.

43) Am Schlusse der oben, Anm. 16, erwähnten Logik des Mantuanus v. J. 1492 ist beigedruckt: *Illustris philosophi et medici Apollinaris Offredi Cremonensis de primo et ultimo instanti defensionem [sic] communis opinionis adversus Petrum Mantuanum* (vgl. ob. Anm. 32) *feliciter incipit;* und hernach folgen ohne speciellen Titel die „*Suppositiones*" des Offredus.

44) *Non omnis acceptio termini in propositione pro aliquo vel pro aliquibus est suppositio. ..... Suppositio diffinitive est transitus verbi vel participii in terminum categorematicum in propositione positum pro supposito formali, ad quod extendi denotatur actus eiusdem verbi vel participii. ...... Et ideo supponit subiectum huius „chimaera intelligitur", ... quia littera „intelligitur" transit ad chimaeram imaginabilem* (vgl. Mantuanus ob. Anm. 19).

45) *Quaeritur, utrum dabilis sit suppositio materialis. ..... Licet dabilis sit, non tamen necessaria est ad exprimendum conceptum mentis necessitatis absolute. .... Nullus terminus mentalis supponere potest materialiter. ..... Quilibet terminus vocalis vel scriptus supponere potest materialiter.*

46) *Quaeritur, utrum bene dividatur suppositio personalis vel materialis in communem et discretam. ..... Est haec divisio sufficiens. ...... Notificatio suppositionis determinatae distributive vel confuse per descensum termini non est per essentialia, sed a signo sumpta. .... Licet sit haec divisio per accidentalia, tamen est sufficiens.*

47) *Quaeritur, utrum terminus sequens vel praecedens alium distribuere possit vel confundere aut eum impedire a distributione. ..... Aliquis terminus alium distribuere potest. ..... Aliquis terminus distribuitur, qui tamen non supponit. .... Nullus terminus alium distribuens eidem remanens immediatus a distributione impediri potest per alium praecedentem vel sequentem; ...... impediri potest, dum non remaneat immediatus.*

48) *Problemata inter albertum magnum et sanctum thomam ad utriusque opinionis intelligentiam multum conferentia. edita a disertissimo viro Hemerico de campo artium et theologicae professore eximio.* Am Schl.: *Opera et impensis Iohannis landensis. .... Coloniae* 1496. 4. (Das Buch ist nicht paginirt.)

49) Der Anfang lautet: *Cum animadverterem, modernorum figmenta a doctrina Aristotelis praesertim in scientia universalium, quae sunt cardines et principia cuius-*

betont er die reale Existenz der Universalien [50]), und zwar ausserhalb der Seele [51]), um gegen die subjectiv begriffliche Auffassung der „*moderni*", namentlich des Occam, des Buridan und des Marsilius zu Felde zu ziehen [52]) und zuletzt die Universalien in ihrer Fünfzahl als ein „Resultat" der Einigung des Stoffes und der Form festzuhalten [53]). Jedenfalls wollen wir hiebei beachten, dass ein Feind der Neueren es ist, welcher den Partei-Gegensatz der *antiqui* und der *moderni* lediglich in die Universalienfrage verlegt, während thatsächlich, wie wir schon früher sahen und uns sogleich anderweitig überzeugen werden, allgemeinere Motive

---

libet artis et scientiae, multiformiter deviare, et antiquorum coetum quaedam inter se problemata neutraliter volutare, ... decrevi, praedictae controversiae obviare. ..... Hic ergo est dicendorum ordo: Primo contra modernos sine argumentis haec incidunt dubia sive quaesita: An universalia sint; an sint a parte rei extra animam; an sint separata a singularibus et an etiam sint in singularibus; an sint materia vel forma vel compositum ex utrisque; an sint corporalia vel incorporalia; an sint tantum quinque. His enim lucide perscrutatis et ex doctrina Aristotelis evidenter discussis promptum erit, videre, quam fructuosa et fidelis est sententia antiquorum, quamque vituperabilis nova adinventio et contraria modernorum. Deinde subiungentur problemata, quibus inter se antiquorum peritiae dividuntur, quae sunt haec: An logica et similiter aliae scientiae sermotionales sint practicae vel speculativae; an universale logicum sit idem cum universali in re et ante rem; an esse singulare et individuum per materiam sicut per completam individuationis causam designatur; ..... an medium demonstrationis potissimae sit diffinitio subiecti vel passionis. Hierauf folgt noch eine erkleckliche Anzahl von physikalischen, kosmologischen und psychologischen Controversen, welche uns hier nicht weiter interessiren.

50) *Quod ergo universale sit, patet sic: Unum existens in multis, quibus dat esse et nomen et rationem, est. ..... Item esse divinum constituens speciem et finem intentionis naturae est, hoc autem est universale. ..... Item esse hoc praesupponit esse in communi.*

51) *Quod autem universale sit extra animam, sic patet: ...... Universalia sunt de numero eorum, quae sunt; sed quaecunque denominantur sic simpliciter esse, sunt extra animam. ..... Praeterea universale est res, sed res est aliquid extra animam.*

52) *Quod universale non sit separatum a singularibus, sicut aiunt Platonici, nec omnino abstractum vel communis conceptus et intentio seu notio singularium, sicut dicunt moderni, ex nunc dicendis lucebit. .... Sequeretur, quod universalia essent monstra ad demonstrationem inepta* (s. Johannes v. Salesbury, Abschn. XIV, Anm. 601, und Thomas v. Aquino, Abschn. XVII, Anm. 501 ff.). .... *Sequeretur, quod universale esset singulare. .... Si esset universale dumtaxat quid abstractum a singularibus in anima, sicut quidam communis conceptus in anima et tenuis similitudo singularium, quemadmodum dicunt moderni, sequeretur falsitas dicti philosophi primo Posteriorum dicentis, quod scientia est universalium per se inhaerentium et necessariorum* (s. Abschn. IV, Anm. 132). .... *Veritatis archidoctor fuit et princeps Aristoteles; sed sunt Epicurei* (hiemit ist wohl besonders der Atomist Nicolaus v. Autricuria gemeint, s. Abschn. XX, Anm. 4) *litterales et superficiales sequentes condemnatam Parisiis Occamicam discoliam cum collegis suis, sc. Buridano et Marsilio, qui Occam Anglicus fuit aemulator paternarum traditionum* (wohl eine Anspielung auf Roger Baco, s. Abschn. XVII, Anm 572 ff.) *et non insecutor Aristotelis et aliorum antiquorum. .... Universalia sunt, et non sunt tantum in anima nec extra animam separata a singularibus, ut ante probatum est; ergo sunt in singularibus.*

53) *Universale non est materia neque forma partis materiae proportionata nec etiam hoc aliquid compositum ex utrisque, sed est esse et quidditas seu forma totius. .... resultans in composito ex unione potentiae et actus seu materiae et formae. .... Ex praedictis patet, universalia non esse corporalia. ..... Dumtaxat sunt quinque universalia.*

zu Grund lagen [54]). Was den zweiten Punkt betrifft, so ersehen wir aus Campen, dass einige Thomisten sich auf jene Stellen des Thomas warfen, aus welchen man folgern konnte, dass die Logik eine praktische Disciplin sei (besonders Aureolus hatte bereits diese Consequenz gezogen, s. Abschn. XIX, Anm. 698), während die Albertisten, welchen Campen seinerseits folgen will, daran festhielten, dass sie speculativ sei [55]). Ferner hatte sich eine Controverse darüber erhoben, ob die Universalien *in re* identisch mit jenen *post rem* seien, wobei die Albertisten mittelst einer „*identitas analogiae*" Aushilfe verschafften und hierin den Beifall Campen's fanden [56]); desgleichen wurde zwischen Thomisten und Albertisten über das *principium individuationis* gestritten, was Campen durch eine Zurückführung der Ansicht der ersteren auf jene der letzteren beilegen will [57]). Endlich auch entstand im Gebiete der Logik eine Differenz beider Schulen betreffs der *potissima demonstratio*, wobei jedoch Campen es gerathen findet, beiden Parteien Recht zu geben [58]). Weiteres über diese Differenz s. unten Anm. 210 ff.

---

54) S. Abschn. XX, Anm. 615 f. u. unten Anm. 63 ff. Auch darf hervorgehoben werden, dass Campen sich der Ausdrücke „*nominalis, realis, terminista*" nicht bedient.

55) *Restat nunc dissolvere problemata inter Albertistas et Thomistas. ..... Videtur enim secundum Albertistas, quod scientiae sermocinales sunt speculativae. ..... Oppositum huius arguitur ex multis secundum viam beati Thomae, ... quod istae scientiae sermocinales sunt ad actum seu opus finaliter inventae* (Abschn. XVII, Anm. 491); ..... *dicuntur artes et non proprie scientiae, quia plus habent de modo praxis, quam speculationis* (ebend. Anm. 490 f.), ... *et sunt modus generationis* (ebend. Anm. 489 ff.); .... *sunt organicae et adminiculares* (gerade diess hatte aber auch Albertus Magnus wiederholt gesagt, s. ebend. Anm. 363). .... *In quocunque genere est docens et utens* (unter den Thomisten vertrat diese Unterscheidung Aegidius, s. Abschn. XIX, Anm. 367). ...... *Revera istae scientiae sunt essentialiter et principaliter speculativae. .... Sicut enim intellectus practicus dirigit manum, ita speculativus dirigit linguam; .... igitur habitus, quo regitur lingua, est speculativus.*

56) *Idem est universale ante rem, in re et post rem. .... In partem negativam sic proceditur: .... Universale in re est vera natura rei, sed universale post rem est species seu signum intentionale non coincidens cum natura rei* (die Quelle dieses Motives der „Thomisten" s. Abschn. XVII, Anm. 501). .... *Haec quaestio est amphibologica non possibilis una responsione categorica terminari, et ideo distinguenda est; aut enim quaeritur de unitate universalis simpliciter aut de unitate universalis secundum quod universale est. .... Manet tamen ibi identitas analogiae et proportionis ad unam essentiam; ..... et hoc modo intelligo doctorem meum Albertum magnum. .... Universale secundum esse vel secundum actum suae universalitatis non potest manere idem, sed salvatur idem secundum essentiam. .... Et hoc vult doctor magnus Albertus* (s. ebend. Anm. 383 ff.).

57) *Causa individuationis est materia* (s. ebend. Anm. 388). .... *Aliter autem dicunt Thomistae, quod in individuo sunt duo, sc. esse indivisum in se, et hoc est a materia, et aliud est esse divisum a quolibet alio, quod dicunt oriri a quantitate* (die Quelle hievon s. ebend. Anm. 519 f.; vgl. auch Aegidius, Abschn. XIX, Anm. 381); *sed si bene inspicitur, utrumque est a materia substantialiter; .... et haec est vera determinatio huius quaestionis secundum mentem Aristotelis et venerabilis domini Alberti magni.*

58) *Quaeritur, an medium potissimae demonstrationis sit diffinitio passionis vel subiecti* (s. b. Albert, Abschn. XVII, Anm. 475). .... *Videtur enim, quod tale medium non potest esse diffinitio subiecti. ..... In contrarium pro via beati Thomae huiusmodi diffinitio subiecti est. .... Meo iudicio ingenium fidelis inquisitoris potest*

Jedenfalls findet es durch diese Notizen seine Erklärung, wenn in nächster Zeit (besonders in Köln) Albertisten und Thomisten trotz aller grundsätzlicher Verwandtschaft als geschiedene Parteien nebeneinander auftreten und sich gegenseitig Concurrenz machen. Einen ergötzlichen Eindruck aber macht es, wenn wir sehen, dass in Studenten-Kreisen diese beiden Richtungen derartig charakterisirt wurden, dass Thomas als der Vertreter des Fastens und Betens und überhaupt der Heiligkeit, Albert hingegen als der Heros der Gelehrsamkeit und als Vorbild des Studiums galt [59]). Doch dürfen wir derlei Kundgebungen jener Zeit nicht geringschätzig betrachten, denn sie sind aus dem Universitätsleben selbst gegriffen.

In diesem Sinne möge hiemit auch betreffs des allgemeineren und entscheidenden Partei-Gegensatzes, welcher zwischen *antiqui* und *moderni* bestand, einiges urkundliche Material angeführt werden, welches der Geschichte des Universitäts-Betriebes der Logik angehört und ebendarum auch die Sachlage überhaupt beleuchtet [60]); d. h. es handelt sich uns hier nicht um die Einzelnheiten der Kämpfe und Intriguen, insoferne dieselben Gegenstand der Chroniken der verschiedenen Universitäten als solcher sind, sondern wir müssen versuchen, nach geschichtlichem Thatbestande das innere Wesen des Partei-Unterschiedes zu erfassen und somit auch absichtliche oder unabsichtliche Entstellungen desselben zu durchschauen [61]).

---

sine contradictione utrique parti non irrationabiliter inquiescere, ... nam subiectum dupliciter capitur; uno modo absolute ut quid perfectum intrinsece per substantialia, alio modo ut quid perfectum extrinsece per virtutem causarum.

59) *Manuale scholarium.* Ueber die verschiedenen Drucke desselben (besonders in Köln b. Quentel) s. *Fr. Zarncke*, die deutschen Universitäten im Mittelalter. I. Lpzg. 1857. p. 221 ff. In dem Wiederabdruck, welchen Zarncke ebend. gibt, lesen wir p. 14: (Das Ganze ist in Dialogform.) *Cam. Scio magistrum, qui Albertum, quem vocitant doctorem magnum, imitatur; illius sequar doctrinam. Bart. Et quasi minor sit beatus Thomas, reputas? Cam. Res illa me latet, verum nomen Alberti praestantius est. Bart. Certe non, quia sanctitate gaudet beatus Thomas. Cam. Certum est, quia plures fuerunt sancti simplicitatem prae se ferentes, si quidem mea coniectura est, tantum ex operibus, sc. devotione et ieiunio, abstinentia sanctitatem obtinuisse, dominum vero Albertum scientiae propter excellentiam meruisse magnitudinis nomen; cernisne, quod iam praeconium ad philosophiam splendidius sit? Bart. Velim me esse cum sancto Thoma. Cam. ..... Insuda ieiuniis ceterisque praeceptis ad beatam vitam ducentibus, et eris comes eius vitae sanctitatisque particeps; ..... ex studio artium hoc non percipitur, sed ex contemplatione divina. Bart. Nihil prodest, verba evomere; mea sententia fert, claram esse doctrinam beati Thomae. Cam. Neque ego repugno, quanquam Albertum praefero.*

60) Was ich hier vorbringe, gehört ungefähr der Zeit v. 1450—1480 an; ich will nemlich die Sache nicht nach dem strengen Faden der Chronologie durch Einreihung einzelner Autoren zerstückeln, sondern lieber dasjenige, was die Universitäts-Praxis betrifft, zusammenfassen und so der Darstellung der manigfaltigen Litteratur der verschiedenen Richtungen vorausschicken.

61) Alles, was über diese Angelegenheit auch in neuerer Zeit gesagt wurde, beruht schliesslich auf den durch die thomistische Tradition gefärbten Angaben, welche sich bei *Iac. Thomasius, De secta nominalium*, und bei *Morhof, Polyhistor*, II, 1, c. 13 (bereits von *I. Brucker* citirt) finden; und insoferne eine genauere Untersuchung der Sache überhaupt bisher noch nicht vorgenommen wurde, ist es völlig entschuldbar, wenn Irrthümer mitunterliefen (wie z. B. sogar bei *Fr. Zarncke* in d. Einleitung der trefflichen Ausgabe des Narrenschiffes v. *Seb. Brant*). In Zu-

Richten wir hiebei unseren Blick zuerst auf **Paris**, so versteht es sich von selbst, dass dort an der Sorbonne nur die ältere Richtung geduldet wurde; hingegen die Universität war den verschiedenen Strömungen der allmäligen Entwicklung in activer Theilnahme gefolgt und hatte somit auch die Richtung der Terministen aufgenommen. Aber i. J. 1473 geschah es nicht ohne Mitwirkung des damaligen Sorbonnisten Johannes a Lapide (s. unten Anm. 307 ff.), dass in Folge der Intriguen des Jean Boucard, des Beichtvaters Ludwig's XI., über die Modernen ein Bann verhängt wurde und man die Schriften derselben in der Bibliothek an Ketten legen liess, wobei uns aus der betreffenden Urkunde, welche die uns wohlbekannten Namen der beiderseitigen Partei-Vertreter aufführt, namentlich der Gebrauch der Ausdrücke „*reales*" und „*nominales*" oder „*nominales terministae*" interessirt, welcher zugleich einen Fingerzeig auf die thomistisch gesinnten Urheber der Denuntiation enthält[62]. Indem

---

kunft aber wird namentlich Jeder, welcher die Special-Geschichte irgend einer damals schon bestehenden Universität zu schreiben unternimmt, sich über die geschichtliche Sachlage der Logik genauer unterrichten müssen und hierin die Grundlage der Forschung über einzelne Universitäts-Lehrer finden (ein Beispiel entgegengesetzter Art ist *Aschbach's* Gesch. d. Wiener Universität. 1865). Ich meinerseits kann unmöglich um dieser Gelegenheit willen alle Archive der damaligen Universitäten durchforschen, sondern darf mich wohl, da es sich hier um eine Geschichte der „Logik", nicht aber um eine Geschichte der philosophischen Facultäten handelt, auf das bisher publicirte Material beschränken. Natürlich aber würde ich jede specielle Mittheilung, auch wenn sie meinen bis jetzt gewonnenen Resultaten widerspricht, mit Freude und Dank aufnehmen.

62) *Bulaeus, Hist. univ. Paris.* V, p. 708: *Cancellarii viros moribus sanaque doctorum realium inferius nominatorum doctrina eruditos in officiis praeficere et instituere tenebuntur. Visum est eis, rursus doctrinam Aristotelis, eius commentatoris Averrois, Alberti Magni, s. Thomae de Aquino, Aegidii de Roma, Alexandri de Ales, Scoti, Bonaventurae aliorumque doctorum realium, quae quidem doctrina retroactis temporibus sana securaque comperta est, tam in facultate artium quam theologiae ..... more consueto esse legendam, dogmatizandam, discendam et imitandam, ac eandem ad sacrosanctae dei ecclesiae ac fidei catholicae aedificationem iuvenumque studentium eruditionem longe utiliorem esse et accommodatiorem, quam sit quorundam aliorum doctorum renovatorum doctrina, ut puta Guilelmi Okam, monachi Cisterciensis de Arimino, Buridani, Petri de Alliaco, Marsilii, Adam Dorp* (s. über ihn unten Anm. 357 ff.), *Alberti de Saxonia suorumque similium, quam nonnulli studentes, quos nominales terministas vocant, imitari non verentur. Quapropter ..... edicimus, ... alteram praedictorum nominalium, tam supradictorum quam aliorum quorumcunque sibi similium, in eadem civitate aut alibi quoquoversum in regno nostro deinceps nec palam nec occulte quovis modo nullatenus esse legendam, docendam et dogmatizandam aut aliquatenus sustinendam. .....* (p. 709) *Mandamus insuper primo parlamenti nostrae curiae praesidenti, eidem specialius committentes, qualenus omnes et singulos ipsius universitatis libros et apud eiusdem universitatis supposita* (die Studenten heissen bekanntlich *supposita*) *existentes, ex quibus eadem ipsa nominalium doctrina procedit, in manu nostra realiter et de facto capiat seu capi faciat sub eademque facto ex eis debite inventario custodiat.* Aus einem Briefe eines Zeitgenossen, des *Robert Gaguin*, theilt Buläus p. 711 folgende Stelle mit: *Nominalium celebriores libros, quos ex bibliothecis pontificum interdicto distrahi nefas erat, ferro et clavis tanquam compedibus, ne introspectentur, vinctos esse, iussit rex Ludovicus. Putares, misellos codices arreptitia quadam phrenesi et daemonico furore, ne visentes impetant, esse ligatos; sic indomitos leones et belluas vinculis cohibemus et carcere. Realibus, i. e. Scoticis atque Aquinatibus tantum suus est honos et libertas, quanquam obstrepant semper inter se et rixentur.*

uns aber auch die Remonstration der durch jene Massregel betroffenen Logiker erhalten ist, besitzen wir den schlagendsten Beweis dafür, dass der Partei-Gegensatz auch jetzt noch (wie früher, s. Abschn. XX am Schl.) wesentlichst nur im Lehrstoffe begründet war, nicht aber in der Universalien-Frage; der Protest nemlich sagt vor Allem ausdrücklich, man habe Diejenigen *nominales* genannt („*illi nominales dicti sunt*", d. h. eben die Gegenpartei hat diese Bezeichnung erfunden oder gewählt), welche von den scotistischen *Formalitates* keinen Gebrauch machen wollen, hingegen aber grundsätzlich alles Gewicht auf die *Proprietates terminorum* mit Einschluss der *Insolubilia*, *Obligationes* und *Consequentiae* legen, während die sog. „*reales*" unter Verschmähung der *termini* überhaupt sich zu den Dingen (*res*) wenden wollen; und erst in abgeleiteter Linie wird unter den mehreren Folgen eines solchen Partei-Unterschiedes auch die Auffassung der Universalien erwähnt, bezüglich deren die Terministen das Lob strengerer Orthodoxie für sich beanspruchen [63]). Uebrigens war in Paris der Streit bereits i. J. 1481 durch Rücknahme jenes einseitigen Verfahrens wieder beigelegt [64]).

Schon viel früher begegnen wir analogen Verhältnissen in Heidelberg, wo erklärlicher Weise durch das Auftreten des Marsilius der

63) Aus einer Handschrift der Colbert'schen Bibliothek abgedruckt bei *Steph. Baluzi, Miscell.* IV, p. 531 f: *Illi doctores nominales dicti sunt, qui non multiplicant res principaliter signatas per terminos secundum multiplicationem terminorum; reales autem, qui e contra res multiplicatas esse contendunt secundum multiplicitatem terminorum; v. g. nominales dicunt, quod deitas et sapientia sunt una res et eadem; ..... reales autem dicunt, quod sapientia divina dividitur a deitate* (d. h. die hier sog. Realisten sind eben die *formalizantes*, wie sie Gerson nannte, s. Abschn. XX, Anm. 595 u. 607 ff., während die sog. Modernen seit Occam, wie wir sahen, das Gebiet der *formalitates* meistens verschmähen). *Item nominales dicti sunt, qui diligentiam et studium adhibuerunt cognoscendi omnes proprietates terminorum, a quibus dependet veritas et falsitas orationis et sine quibus non potest fieri perfectum iudicium de veritate et falsitate propositionum; quae proprietates sunt suppositio, appellatio, ampliatio, restrictio, distributio, exponibilia; cognoscunt praeterea obligationes et insolubilem naturam, vera fundamenta argumentorum dialecticorum, et omnes eorum defectus; quibus rebus instructi de unaquaque argumentatione faciliter cognoscunt, an bona sit, an mala* (hiemit ist die Lehre von den *Consequentiae* gemeint). *Reales autem haec omnia negligunt et contemnunt dicentes „nos imus ad res, de terminis non curamus"* (s. ebend. Anm. 609). Die hierauf folgende Vertheidigung des Nominalismus weist unter Lobpreisung Occam's einerseits auf die theologischen Verdienste hin, welche sich Männer wie Peter v. Ailly und Joh. Gerson auf dem Konstanzer Concilium erwarben, und deutet andrerseits auf die Winkelzüge des königlichen Beichtvaters Johannes Boucart und seiner Genossen hin. Gegen Ende des Promemoria heisst es: *In iis, quae nominalitatem et realitatem concernunt, pars nominalium semper est fidei conformior et ab ecclesia frequenter approbata: pars autem realium periculosa et in multis ab ecclesia reprobata, ut patet in materia universalium* (s. ebend. Anm. 615 f.), *de aeternitate propositionum* (d. h. die beständig wiederkehrende Frage *de futuris contingentibus*, welcher wir so oft begegneten), *et de multitudine entium sine causa. .... In iis impertinentibus ad nominalitatem et realitatem nominales sine comparatione minus errant, quam alii, et semper pro uno errore reperto in doctrina nominalium, si aliqui reperiantur, ostenduntur quatuor aut quinque in doctrina realium; et ad hoc probandum se offerunt nominales.*

64) *Bulaeus* a. a. O. p. 739: *Le roy m'a chargé faire declouer et defermer tous les livres des nominaux qui ja pieça furent scellez et clouez par M. d'Avranches és colleges de la dite université à Paris, et que je vous fisse scavoir que chacun y estudiast qui voudroit.*

Standpunkt der Modernen festen Boden gewonnen hatte. Dort nemlich wurde bereits i. J. 1444 und i. J. 1451 versucht, der Universität die Richtung der Antiqui, d. h. der „*reales*", einzuimpfen, und i. J. 1452 fand die wirkliche Aufnahme derselben Statt, jedoch so, dass die beiden Parteien nicht zur Trennung der Facultät als solcher schritten, sondern unter Einem Decane verblieben, bis i. J. 1544 die ganze Differenz überhaupt ihre Bedeutung verloren hatte [65]). Aber gerade an Heidelberg knüpft sich uns von einer anderweitigen Quelle her abermals die zuverlässige Kunde, dass der Gegensatz der „*via antiqua*" und „*via moderna*" nicht in der Universalien-Frage, sondern im Unterrichte überhaupt lag; nemlich die Moderni (auch *nominales* genannt), erscheinen auch hier als Diejenigen, welche die *proprietates terminornm* und in ausführlichster Weise die Lehre vom Urtheile sowie die Syllogistik nach all ihren Seiten nebst *Insolubilia* und *Obligatoria* vertreten und darum von ihren Gegnern als einseitige Sophisten geschmäht werden und stets den Vorwurf erfahren, dass sie jene realen Disciplinen (— *vera scientia* —) vernachlässigen, welche ihre logische Anknüpfung an die Universalien und an die Kategorien finden [66]). Zugleich erfahren wir hiebei, dass in Heidel-

---

65) [*Cas. Wundt*, er nemlich war damals der Heidelberger Programmatarius,] *Programma memorabilia nonnulla ordinis philosophici Heidelbergensis exhibens*, Heidelb. 1779, p. 19, wo aus den Facultäts-Acten v. 1444 mitgetheilt ist: *In eadem convocatione fuit propositum, an expediret facultati, si pro eius incremento et augmento admitteret viam antiquorum in hac universitate; et placuit facultati propter diversa motiva, quod non expediret, et hoc fuit tunc conclusum.* Ebend. folgt die Notiz, dass i. J. 1451 der nemliche Versuch abermals erfolglos wiederholt wurde, hingegen i. J. 1452 „*realium philosophia in hanc academiam invecta fuit*", und zwar mit einem Turnus beider Parteien in den Vorlesungen und in den Prüfungen, aber (p. 20) „*nec ad divisionem eiusdem facultatis consentiat, ut una viarum unum, alia alium habeat decanum, sed potius ad capitis tendat unitatem.* Der Heidelberger Rector *Joh. Heinr. Hottinger,* welcher in seiner *Oratio secularis „Collegium sapientiae restitutum"* Heidelb. 1656. 4. p. 79 gleichfalls auf diese Dinge zu sprechen kommt, substituirt die spätere Terminologie: *Apostatam eum appellare consueverant qui a realistis v. gr. in aliorum transisset castra. ..... Hinc obvia verborum portenta „Novista, Realista, Suevista"* (letzteres Wort ist sicher synonym mit „*Nominalista*", s. Anm. 67). .... *Crebra alioquin mentio in vetustioribus actis sectae novae et antiquae, viae modernorum et antiquorum; haec realistarum et Thomistarum, illa novistarum et Occamistarum dicebatur; appellabantur autem nominales, quod Occamus et Rucelinus quidam universalia vera esse nomina, non res, contra Scotistas defenderent.*

66) *Manuale scholarium* bei *Zarncke* (s. ob. Anm. 59), p. 12: *Bart. Non solum realistae, verum etiam moderni magnam partem philosophiae consecuti sunt. Cam. Sed versantur in sophismatibus tantum, veram doctrinam aspernantur. Bart. Offendis veritatem, nam eruditissimi viri reperiuntur inter modernos. Nonne audisti, in quibusdam terris eos possidere integras universitates, ut Viennae, Erfordiae* (s. d. folg. Anm.) *utque quondam hic* (d. h. in Heidelberg) *erat. ..... Cam. Scio quidem et intelligo, sed fama eorum parva est; elaborant solum in Parvis logicalibus et sophisticis opinionibus. Bart. Non recte intelligis, nam clari sunt in enuntiationibus et syllogismis; non reperies artium studiosos, qui syllogismos ceterasque species argumentationis facilius noscant, quam moderni. Cam. Et in vera scientia nihil sciunt. Bart. Quam mihi facis veram scientiam? Cam. Praedicabilia Porphyrii, Kathegorias Aristotelis, in quibus aut parum noscunt aut nihil. Bart. Turpe esset, tam claros viros illa non intelligere; animadverte regulas consequentiarum, in quibus usitatissimi sunt; integram observant speciem nonnullam* (wohl zu lesen *notabilem*) *argumentatio-*

berg nach dem Eindringen der sog. Realisten fortan alle verschiedenen Richtungen geduldet waren und nebeneinander bestanden, wenn auch die Modernen bei Weitem den grösseren Zuspruch fanden, während man (wie wir auch anderwärts wissen) in Wien und in Erfurt mit ausschliesslicher Einseitigkeit überhaupt nur die *via moderna* zuliess, ja an letzterer Universität eben hiedurch über alle Streitigkeiten hinwegzukommen beabsichtigte [67]).

In Basel war bereits i. J. 1460 der Vorschlag gemacht worden, neben den dort wirkenden vier Lehrern der *via moderna* auch die *via*

---

nis et syllogismi, et cum universalia praedicamentaque principia sunt argumentationis, necesse est ut pernoscant; alioquin in tota nihil efficerent argumentatione; sed hoc interest: alium habent docendi modum, quam realistae. ..... Cam. Quid tamen utilitatis in se habet modernorum via? Bart. Non tanto amore amplector doctrinam, ut realistarum; censeo tamen, nullius doctrinam esse spernendam. ...... Primum, quod profuturum in via modernorum censeo fore, quod ab ipsis discamus propositionum vim, in quibus profundi sunt, insolubilia obligatoriaque plane intelligunt, conversionesque habent in raris propositionibus, de quibus his inferunt, qui non noscunt, plurima inconvenientia; tunc propositiones hypotheticas vim quandam contectam in se continentes praeclare norunt in hisque, quid sit modus arguendi. .... Quid in his proprietatibus censemus, quae terminos respiciunt, ut suppositio, ampliatio, ac de propositionibus exponibilibus; ac novissime multos paralogismos ..... intermiscent, in quibus magna amoenitas est; sic etiam inter arguendum tam repente os clauditur respondentis, etiamsi protervus fuerit. En habes utilitatem, quam ingentem reputo. Cam. Est, ut ais; sed mihi iam cordi non est, vitam meam in his sophisticis et cavillosis conterere argumentis. ...... Ebend. p. 32: *Bart. Proprium est omnium nominalium, ut cavillosis suis veniant argumentis; non laudo. Cam. Sed decorum est, scire solvere, et in hoc dialecticus probatur. Bart. Quis autem dies suos in sophismatibus omnes terminabit? nonne plures sunt altioresque scientiae et facultates, quibus operam impendere necesse est?*

67) Ebend. p. 20: *Cam. Unde venis? Bart. De Erfordia. .... Cam. Arbitratus sum, Erfordiae velut portum esse novorum omnium. ..... Quorsum iter est tuum? Bart. Heidelbergam versus. ..... Cam. Expone modum universitatis vestrae* (d. h. Erfurt's). *Bart. Faciam cupide. Primum colunt viam modernorum; antiquos, si qui sunt, non admittunt neque ipsis concessum est aut legere aut exercere* (dass von Wien das Gleiche gilt, s. d. vor. Anm. z. Anfang; ausserdem auch enthält ein Statut der Wiener Facultät bereits v. J. 1428 eine Hinweisung auf den Umkreis der modernen Logik, s. *Rud. Kink*, Gesch. d. kais. Univ. Wien. 1854. Bd. II, p. 275). *Cam. Quam ob rem? Bart. Propter dissensiones, nam litigia concitantur, e quibus inimicitia oritur nasciturque invidia; ad evitandos vero huiuscemodi concertationes unam viam habere existimant. Cam. Id laudandum non est, nam si multiplex esset via, acutiores fierent usitatioresque et ad arguendum promptiores discipuli. Bart. Verissimum hoc est. Cam. Sed rogasti, quis sit ritus universitatis nostrae* (d. h. Heidelberg's) *tibi enodarem. Est longe alius, ut audio, quam vester; primum modernos non excludimus; si quid boni haurire poterimus, non recusamus; tum in quaque via magistri admittuntur; salvum est cuique, resumere, quod probationibus suis continere valeat; siquidem apud nos sunt aliqui, qui Albertum sequuntur, qui Thomam in diligentia, qui subtilissimi Ioannis Scoti vestigia observant* etc. .... Ebend. p. 44: *Cam. Quae via nunc floret? Bart. De omni opinione reperies artium cultores, at via doctoris sancti est amplior aliis. Cam. Nempe a pluribus audiverim, quondam universitatem plenam fuisse modernorum dogmatibus. Bart. Sic est, et adhuc seniores magistri, maxime de natione Suevorum, moderni sunt* (hiemit wäre, da von Heidelberg die Rede ist, obiges Wort „*Suevista*" erklärt, s. Anm. 65); *sed scholares non habent inclinationem ad ipsos. Cam. Quid autem de via dices vel doctoris magni vel subtilis? Bart. Nihil; nam qui Albertum sequuntur, pauci sunt, tres tantum quatuorve magistri Coloniae promoti, et totidem, qui fortasse Scotum sequuntur; sed parva est eorum audientia.*

antiqua zuzulassen; aber erst i. J. 1464 kamen drei Vertreter der letzteren an (unter ihnen Johannes a Lapide, vgl. oben bei Anm. 62), worüber sich ein lang dauernder Streit entspann [68]). Die Facultät wünschte um des Friedens willen die Ausschliesslichkeit Einer Richtung, selbst falls dieselbe die *via antiqua* sein sollte [69]); der hohe Rath der Stadt aber entschied anders, und es mussten beide aufgenommen werden, zunächst mit alternirenden, bald aber mit zwei gleichzeitigen Decanen [70]), bis auf Wunsch beider Seiten i. J. 1492 eine Vereinigung zu Stande kam [71]). Einen Reflex des Streites können wir auch in den officiell vorgeschriebenen Lehrbüchern bemerken [72]).

Freiburg im Breisgau war seit der Gründung (1456) bis zum Jahre 1484 ausschliesslich in den Händen der Modernen und wich nur einem Befehle des Erzherzogs Sigismund, in Folge dessen dann bis ungefähr 1520 paritätisch beide *viae* nebeneinander bestanden und auch die Studirenden in zwei Bursen geschieden waren [73]). Tübingen hingegen war von Anfang an (1477) paritätisch und besass zwei Professoren von jeder der beiden Parteien, sowie auch zwei getrennte Bursen [74]). Auch Ingolstadt glaubte sofort bei der ersten Einrichtung (1472) den üblichen Streitigkeiten geradezu durch eine Spaltung der Facultät in zwei Facultäten mit gesonderten Decanen (bis z. J. 1478) entgehen zu können [75]). Bemerkenswerth ist, dass Leipzig und Greifswald von

---

68) S. *Wilh. Vischer*, Gesch. d. Univers. Basel 1860. p. 141 ff.

69) Ebend. p. 144: *Consulunt in omni fidelitate domini de universitate pro bono eiusdem, quod procurare iuraverunt, et avisant, qualenus Basiliensis civitas in uniformitate viae contenta sit, quod, si eis moderna minus quidem placeat, magis suadent antiquam acceptandam, quam ambas simul iungendas.*

70) Ebend. p. 146 u. 166 f.

71) *Compactata unionis magistrorum facultatis artium studii Basiliensis tam modernae quam antiquae viarum ex utraque parte suscepta et stipulata.* Ebend. p. 140.

72) Nemlich in den Statuten v. 1477 erscheint neben dem aristotelischen Organon nur *Petrus Hispanus, Tract.* I. u. IV, hingegen nach der Vereinigung lesen wir „*Marsilius aut Petrus Hispanus*“ (ebend. p. 179; vgl. Abschn. XX, Anm. 615 am Schl.)

73) Bei *Heinr. Schreiber*, Gesch. der Alb.-Ludw.-Univers. zu Freiburg i. Br. (1857), I, p. 60: *Cum praedictis etiam nuntiis nostrae Universitatis Dominus Princeps quandam Missivam misit, in qua sua Serenitas vult, ut universitas viam realistarum assumat.* Wenn aber dann ebend. bei Aufzählung der Lehrer der beiden Richtungen in der Ueberschrift (p. 61) zu „*In via Nominalium*“ hinzugefügt wird „*seu Scotistarum*“, so ist diess hoffentlich nur Druckfehler, zumal da p. 62 die Ueberschriften der zwei Parteien die Worte enthalten einerseits „*In via Neotericorum* (*Nominalium*, *moderna via*)“ und andrerseits „*In via Scotistarum* (*Realium*)“; denn dass die Scotisten wirklich zu den *antiqui* gehörten, wissen wir nun schon längst (s. Abschn. XX, Anm. 595 u. 616).

74) S. *Klüpfel*, Gesch. u. Beschr. d. Univ. Tübingen. 1849. p. 7 ff.

75) *Rotmar u. Engerd*, *Annales Ingolstad. Acad.* hrsggbn. u. fortgesetzt von *Mederer*, Vol. I, p. 70: *Verum cum in eadem facultate et antiquorum et modernorum via habeatur ideove ex huiusmodi viis inter studentes differentiae suboriantur, volumus, quod facultas habeat duo consilia, unum de antiqua, alterum de via moderna; itaque ad quodlibet eorum omnes magistri eiusdem viae universitatique incorporati, et nulli alii, recipiantur.* Gelegentlich der Schlichtung dieser Differenzen und der Erneuerung der Einheit des Decanates sagt Rotmar (er starb i. J. 1581) ebend. p. 16: *Duae tum temporis erant apud Ingolstadienses philosophorum sectae, una rea-*

all derartigem Zwiste unberührt geblieben zu sein scheinen; denn während wir über die Statuten und die Ereignisse der philosophischen Facultät dieser beiden Universitäten durch die dankenswerthesten Bemühungen zweier Gelehrten sehr genau unterrichtet sind[76]), ersehen wir nur, dass an beiden die Worte „*via antiqua*" oder „*via moderna*" überhaupt gar keine Verwendung fanden. Und wenn auch bei Greifswald einmal im Jahre 1480 von einer *discordia* der philosophischen Facultät die Rede ist, so dürfen wir diese Notiz, da im Uebrigen ein gänzliches Schweigen über Differenzen des logischen Unterrichtes waltet, sicher nicht auf derartige Dissidien beziehen[77]). Wohl hingegen dürfen wir aus einzelnen Anhaltspunkten schliessen, dass sowohl dort[78]) als auch in Leipzig[79]) die beiden Wege nicht paritätisch nebeneinander, sondern gleichsam unbewusst in ungeschiedener Mischung ihre Vertretung fanden. Das gleiche scheint in Prag der Fall gewesen zu sein, hier jedoch in Folge der Beschäftigung mit anderen Controversen[80]).

---

lium, altera modernorum seu nominalium, ut arbitror; divisi igitur inter se quotidianis digladiabantur contentionibus, ut in apertum schisma evaderent etc. Nähere Nachweise hierüber werden sich in meiner „Geschichte der Ludwig-Maximilians-Universität zu Ingolstadt-Landshut-München" finden, deren Veröffentlichung auf die vierhundertjährige Jubelfeier (1872) beabsichtigt ist. Vgl. auch Sitzungs-Berichte der Münchner Akademie, Jan. 1863. Uebrigens s. unten Anm. 369 ff. u. 750.

76) Für Leipzig durch *Fr. Zarncke, die Statutenbücher der Universität Leipzig* etc. 1861; für Greifswald durch *J. G. L. Kosegarten*, *Gesch. d. Univ. Greifswald.* 1857.

77) Bei *Kosegarten*, II, p. 192: *Notabilis insurrexit discordia in facultate artium super diligentia et modo doctrinandi, unde .... rector praecedens petiit ab universitate praesidentiam in facultate artium cum certis magistris sibi convenientibus; ipse vellet facere factum in facultate et introducere novum modum proficuum scholaribus istius facultatis in moribus et doctrina; quod ita factum est.* Die Sache scheint allgemeinerer Art gewesen zu sein.

78) In den Statuten bei Gründung der Universität 1456 finden wir (ebend. p. 309 f.) behufs des Examens Petrus Hispanus und Aristoteles genannt, sowie i. J. 1474 (ebend p. 223) *Pava logicalia* und Aristoteles; in dem Verzeichnisse aber der Bibliothek der phil. Facultät v. 1482 (ebd. p. 232 f.) erscheinen nebeneinander: Aristoteles, Aegidius, Buridanus, Thomas, Marsilius und Dorp.

79) Die verschiedenen Statuten von 1410, 1436, 1449, 1471 (s. b. *Zarncke* a. a. O. p. 311, 327, 346, 352, 399, 411) wiederholen stets, dass zum Baccalaureats-Examen Petrus Hispanus und Aristoteles, hingegen zum Magister-Examen die aristotelische Topik und die Logik des Hentisberus erforderlich seien; in dem Entwurfe v. 1444 (ebd. v. 364) wird auch Buridanus genannt. Im J. 1476 (ebd. p. 417) ist bei specieller Erörterung des Studiums der Logik nur von Petrus Hispanus, bes. von den *Parva logicalia*, uud vom aristotelischen Organon die Rede; i. J. 1499 (ebd. p. 447 f. u. 473) wird Hentisberus nicht mehr erwähnt, hingegen die Rhetorik des Aristoteles bleibt aus früheren Statuten aufgenommen, und i. J. 1507 (ebd. p. 490) kommen noch die rhetorischen Schriften Cicero's hinzu. Sonach scheint man allerdings in Leipzig kein Uebermass in „moderner" Logik getrieben zu haben und allmälig in die Bestrebungen der Humanisten eingetreten zu sein.

80) S. *Monumenta historica universitatis Carolo-Ferdinandeae Pragensis*, 1830; dort finden wir in den Facultäts-Statuten und -Acten nirgends die Ausdrücke „*antiqui—moderni*", wohl aber Petrus Hispanus und das Organon (I p. 48, 56, 76, 83, u. II, p. 238), sowie andrerseits Buridanus erwähnt (I, p. 82 u. 91). In den Jahren, in welchen an anderen Universitäten die Spaltung eintrat, begannen in Prag bereits die utraquistischen Streitigkeiten (II, p. 133 ff.).

Aus Mainz aber besitzen wir wieder eine wichtige zeitgenössische Mittheilung über das innere Wesen der einflussreichen Parteispaltung. Die dortige Facultät nemlich gab förmlich ein officielles Compendium der Logik heraus [81]), in welchem die Verfasser sich grundsätztich über den Begriff „*moderni*" äussern. Dieselben protestiren dabei ausdrücklich gegen jede extreme Uebertreibung des Standpunktes der Terministen, wornach bloss die grammatische Geltung der Worte (*suppositio materialis*) unter Beiseitesetzung allen Inhaltes in Betracht käme, und indem sie sich als Eklektiker bekennen, welche das Gute ebensosehr aus Augustinus und aus Marsilius, wie aus Aristoteles und aus Boethius aufnehmen wollen, sprechen sie in klaren und präcisen Worten als principielle Anschauung der Modernen aus, dass es sich in den sog. sermocinalen Disciplinen, d. h. Grammatik, Rhetorik, Logik, primär um den bezeichnenden Rede-Ausdruck, hingegen secundär um die dadurch bezeichneten objectiven Dinge handle, während die realen Disciplinen, d. h. das Quadrivium, es primär mit den objectiven Dingen und secundär mit der Wortbezeichnung zu thun haben, sowie dass in Folge hievon auch die Universalien nur als Bezeichnungen in Frage kommen [82]).

So gewinnen wir nun im Rückblicke auf den Schluss des Abschn. XX. aus den ausführlicheren Notizen, welche den Partei-Gegensatz betreffen,

---

81) *Modernorum summulae logicales cum notabilibus topicorum ac disputatis elenchorum librorum ex Aristotele, Boethio, beato Augustino, Marsilio et ab aliis subtilioribus sententiis, viris doctissimis, fideliter enucleatae ac a magistris collegii Moguntini regentibus de modernorum doctrina sunt studiosissime innovatae.* Am Schl. *Spirae* 1489. fol. Näheres über den Inhalt s. unten Anm. 330 ff.

82) In d. Vorrede: *Sed si a nobis quaeras, quos inter philosophantes modernos appellemus, scire debes, quod modernos artistas dicimus non, quos quidam vani, invidi, mendaces, perversi ac ignari irrisores. Non itaque eos ..... censemus modernos, qui semper ac sine differentia in qualibet scientiarum et artium conversantes aut sua documenta in scriptis nobis relinquentes nonnisi de terminis ac de nominibus loquantur et minime (ut stolidissimorum falsissimum iudicium evomam) de terminis nonnisi materialiter, non significative, sumptis mentionem faciant dumtaxat* (so hatte allerdings Gerson sich geäussert, s. Abschn. XX, Anm. 601 u. 611), *quoniam profecto talium neque unus neque plures liberalium artium scrutatores in omni ac toto nostro reperti sunt seculo. ..... Sed revera modernos philosophantes nominamus eos, qui tanquam ex singulis floribus apes ex doctissimis probatissimisque scripturarum ac veritatis scrutatoribus uberiora, utiliora melioraque ceteris rescisis colligunt, uti in praesenti factum est a nobis, cum imitati simus Boethium, ... Augustinum .... ac eximium doctorem Marsilium ...... Aristotelemque inter gentiles, ... saltem in quibus vere sapiens inventus est nec a veritate fidei declinare, et qui in logicis artibus, quae Boethio auctore* (s. Abschn. XII, Anm. 76 u. 82) *de sermone tractant, i. e. in liberalium artium trivio de sermonibus ac sermonum partibus principaliter, de sermonum vero significatis nonnisi accessorie considerationem faciant, sicque asserant considerandum fore, sed in scientiis ac artibus realibus, ut in quadrivio ac naturali moralique philosophia nec non et metaphysica e contra de rebus per sermones et sermonum partes significatis principaliter, de sermonibus nonnisi accessorie mentionem fieri, non modo non ambigunt, imo sic debere fieri bene arbitrantur ac docte praecipiunt .... nec aliquam praeter signa ad placitum et naturaliter significativa universalitatem proprie dictam admittendam arbitrantur, hos dicimus vere modernos. Antiqui vero philosophantes, qui inter artistas hoc antiquitatis nomine usurpato gaudere videntur atque volunt, qui et quales esse velint, eorum relinquimus arbitrio et benevolentiae. Non autem dubitamus, quin scientiae et artes per additamenta in dies creverint et crescant.*

folgendes zusammenfassende Resultat: Die den Thatsachen entsprechende Bezeichnung der zwei Parteien ist „*antiqui*“ und „*moderni*“, welch letzteres Wort auch durch „*terministae*“ ersetzt werden kann. Die *antiqui* sind diejenigen, welche in Inhalt und Form sich an die thomistische und scotistische Litteratur anschliessen; *moderni* hingegen sind jene, welche der an Occam anknüpfenden Strömung folgen und hiedurch bei einem übermässigen Betriebe der *proprietates terminorum* und der damit verbundenen Sophismen, *Insolubilia*, *Obligatoria*, *Consequentiae* sich den nicht ungerechtfertigten Vorwurf hohler und leerer Sophisterei zuziehen (der aufmerksame Leser wird sicher aus dem hauptsächlichen Inhalte des Abschn. XX gleichfalls den Eindruck empfangen haben, dass der grössere Theil solcher Logik zum Entsetzen leeres Stroh ist). Soll die Parteistellung durch die Worte „*reales*“ und „*nominales*“ bezeichnet werden, so ist diess nur in jenem Sinne zulässig, in welchem man auch von *scientiae reales* und *scientiae sermocinales* sprach [83]), d. h. die *antiqui* beschäftigten sich im Hinblicke auf ihre Vorbilder auch mit den realen Disciplinen (Metaphysik, Physik, Ethik) und schätzten daher jene Theile der Logik höher, welche eine Brücke zu den realen Wesenheiten darboten (also Universalien und Kategorien); hingegen die *moderni* verweilten einseitig bei jenen Gruppen der Logik, welche sich auf die Wortformen der Begriffe und auf die Eigenschaften des Satzbaues beziehen. Eine abgeleitete Folge dieser beiderseitigen Lieblings-Beschäftigungen war es, dass die Einen den Sprachausdruck der Universalien und die Anderen den realen Inhalt derselben bei Seite setzten. Eine Verdrehung aber dieses Thatbestandes ist es, welche wir nicht von jeder Perfidie freisprechen können, wenn die Thomisten (s. bes. Nigri, Anm. 264 ff., aber auch einzelne Scotisten, z. B. Anm. 159) die Sache in die lediglich den Universalien-Streit betreffende Schablone hinüberwendeten, um von einem theologischen Standpunkte aus die Terministen ebenso verketzern zu können, wie weiland Anselmus mit Roscellinus verfahren war; perfid ist es, wenn die Thomisten in ihrem pfäffischen gegen Occam gerichteten Hasse nicht sehen und nicht hören wollen, dass die Terministen eben „für die Logik“ nur den Sprachausdruck (*terminus*) der Universalien gelten lassen und somit den ontologisch-metaphysischen Standpunkt wohl einem anderen Zweige der Philosophie zuschieben, darum aber noch lange nicht schlechthin verneinen [84]). Für eine richtige Auffassung der Verhältnisse wiegt unter den oben angeführten Zeugnissen wohl jenes am schwersten, welches dem unmittelbaren Studentenkreise angehört [85]); und wir ersehen aus demselben zur Genüge, dass nach der allgemeinen Anschauung des Publicums die Universalien überhaupt nicht die brennende Tagesfrage waren, sondern es sich um die Wahl handelte, entweder eine bloss formale Virtuosität in den logischen Kunststücken jeder Art zu erwerben, oder aber sich die logische Seite der mittelalterlichen Ontologie

---

83) Vgl. Abschn. XX, Anm. 583 u. 608.

84) Es machen auf uns überhaupt die damaligen Thomisten, welche die gebornen Vorläufer der Jesuiten waren, einen unheimlichen und widerlichen Eindruck.

85) S. Anm. 66.

anzueignen (einen weiteren Beleg hiefür s. unten Anm. 729). Somit möchte ich auch für den gegenwärtigen Sprachgebrauch geschichtlicher Darstellungen vorschlagen, bei den Worten „*antiqui — moderni*“ zu verbleiben und die Begriffe „Realismus — Nominalismus“, welche nur durch den Zelotismus Einer Partei als Stichworte auf den Markt kamen, zu vermeiden.

Aus dem Umstande aber, dass die Verschiedenheit der Ansichten sich primär auf Material und Methode des logischen Unterrichtes, nicht aber auf einen speculativen Gegensatz bezog, ist es erklärlich, dass die Partei-Gruppirung sich in einzelnen Fällen verwischt und zuletzt Erscheinungen eines Eklekticismus zu Tag treten; denn gar mancher Scotist oder sogar Thomist konnte die Ueberzeugung hegen, dass eine formale Virtuosität in Sophismen u. dgl. wenigstens behufs der Disputationen nicht ganz zu verschmähen sei.

So sind es unter den Antiqui ganz besonders die Scotisten, welche einer weiteren Fortbildung der Logik nicht widerstreben, und sowie ja gewisse innere Fäden trotz aller Partei-Verschiedenheit von Scotus zu Occam hinüberleiteten, so werden wir sogleich eine Reihe von Autoren finden, welche wir um der Kürze willen als „terministische Scotisten“ oder als „scotistische Terministen“ bezeichnen können.

Zunächst nemlich begegnen wir in jener Zeit, bei welcher wir oben abbrachen (Anm. 58 f.), noch etlichen Schriftstellern, welche den Scotismus als solchen vertraten. So hat der Franziskaner Nicolaus Bonetus (Professor in Venedig), von welchem wir, während seine „*Topica*“ verloren zu sein scheint[86]), unter Anderem einen Commentar zu den Kategorien besitzen[87]), einen merkwürdigen extremen Realismus scotistischer Art kundgegeben. Er betrachtet die Substanz als ein begränztes und doch zugleich unabhängiges Wesen, insoferne dasselbe von sich selbst aus jede Abhängigkeit determinirt und seine allmälige Beschränkung (*contrahibilitas*) durch die artmachenden Unterschiede bis hinab zur Häcceität des Individuums findet[88]). Und indem er dann in analoger Weise auch Quantität und Qualität als ein „*ens*“ zu fassen sich bemüht[89]) und den nemlichen grundsätzlichen Standpunkt auch bei der

---

86) Citirt wird diese Schrift bei *Iohannes Anglicus* (s. Anm. 97), f. 44 r. B.

87) *Habes Nicholai Bonetti viri perspicacissimi quattuor volumina: Metaphysicam videlicet, naturalem phylosophiam, praedicamenta, nec non theologiam naturalem. ..... Recognita nuper per .... Laurentium Venerium* etc. Am Schl. *Venetiis .... per Bonetum Locatellum.* 1505. fol.

88) f. 77 r. A: *De subiectis immediate contentis sub natura, quae sunt decem prima genera, perscrutandum est. ..... Substantia est ens limitatum in se independens et dependentiam cuiuslibet accidentis, quantum est ex se, terminans. ..... Ipsa est prior omni accidente triplici primitate, sc. origine, natura et perfectione. ......* (v. B) *Termini contrahibilitatis substantiae sunt ipsae differentiae divisivae et constitutivae. .... Quaedam sunt materiales, ut differentiae individuales contrahentes ipsam substantiam; contrahibilis est namque substantia per haecceitates ad propria individua, in qua immediate descendit. Aliud genus contrahentium sunt differentiae essentiales et quidditativae, quae immediate contrahunt substantiam et se habent ad ipsam suo modo sicut forma ad materiam.*

89) f. 78 v. B: *Quantitas est ens dependens, quo aliquid est mensurabile vel mensurans; quantitas per se continetur sub natura et ente.* f. 81 v. B: *Qualitas est*

Relation[90]), sowie sogar bei allen übrigen Kategorien[91]) verwerthet, flicht er in seinem Commentare eine Menge erläuternder Beispiele aus der Physik, Psychologie und Metaphysik des Aristoteles und mit ganz besonderer Vorliebe aus Geometrie und Astronomie ein.

Ein anderer Franziskaner Petrus Thomas, welcher auch „*De conceptu entis*" geschrieben haben muss[92]), verfasste eine kleine Monographie „*Formalitates*"[93]), wobei er dieses uns schon längst bekannte scotistische Thema (s. bes. Abschn. XIX, Anm. 529 ff.) derartig verwendet, dass er an die Unterscheidung der realen und der logischen Seite der Kategorien die Eintheilung der *distinctio* anknüpft[94]), um hierauf das Wesen der *distinctio rationalis, formalis, realis, essentialis, se totis subiective, se totis obiective* zu erläutern[95]); auf die Kategorien

---

ens limitatum absolutum a termino, secundum quem qualia dicuntur; forma namque indistincta et unita subiecto communicat sibi suum effectum formalem, qui non est aliud quam ipsa forma participata; non enim oriuntur et pullulant effectus formales, cum non distinguantur ab ipsa forma, nisi dicas, quod album significet utrumque et subiectum et formam.

90) f. 82 v. A: *Relatio est ens duplici essentiali dependentia dependens, ... sc. ad fundamentum et ad terminum. Per unam convenit cum aliis accidentibus, ... sed per secundam differt ab accidentibus absolutis* (s. b. Antonius Andreas, Abschn. XIX, Anm. 484). .... *Relatio essentialiter dependet a subiecto dependentia distincta realiter a se ipsa, vel saltem quidditative et formaliter.* ..... (f. 83 r. A) *Quia relatio fundamentalis, ut mobilitas vel risibilitas, est aliquid positivum extra animam, cum sit demonstrabilis de eo, cuius est, ergo et relatio realis formaliter erit quid positivum extra animam.* ..... (f. 85 r. A) *Relativum aliud est secundum esse, aliud secundum dici; nec est eadem divisio cum illa, quando dicitur, quod relatio alia realis alia rationis, quia scientia est relativum secundum dici et tamen realiter refertur ad scibile.*

91) f. 85 r. B: *Actio est ens, quo producens formaliter aliquid producit in esse.* f. 86 v. A: *Passio est ens secundo illatum ab agente et primo ab actione.* f. 89 r. A: *Situs est ens limitatum, quo formaliter locatum se habet in loco taliter.* (B) *Quando est ens limitatum, quo aliquid formaliter dicitur esse vel fuisse vel fore in tempore.* .... *Ubi est ens limitatum, quo locatum formaliter est in loco indistans seu praesens.* ..... (v. A) *Habitus est ens limitatum, quo formaliter aliquis dicitur habere aliquid vel haberi ab aliquo.*

92) Gleichfalls bei *Iohannes Anglicus* (Anm. 97) angeführt, f. 58 r. A.

93) Gedruckt bei *Nuciarelli* (s. Abschn. XIX, Anm. 497). *Venet.* 1515 fol.

94) f. 30 v. A: *Praedicamentum potest accipi duobus modis; uno modo logice, prout nominat seu importat secundam intentionem; alio modo metaphysice, prout nominat primam intentionem, quae substernitur secundae tanquam fundamentum relationi.* ..... *Eorum, quae distinguuntur, quaedam distinguuntur ratione, quaedam vero ex natura rei.* ..... *Eorum, quae distinguuntur ex natura rei, quaedam distinguuntur formaliter, quaedam realiter, quaedam essentialiter.* ..... *Distinctorum essentialiter quaedam distinguuntur se totis subiective, quaedam se totis obiective.*

95) f. 30 v. B: *Ratione distinguuntur per actum intellectus possibilis collectivum,* ..... *sicut diffinitio et diffinitum logice loquendo.* ..... *Distinguuntur ex natura rei praecise, quorum distincta dependent praecise ex propriis rationibus terminorum,* ..... *ut lapis et homo.* .... *Formaliter distinguuntur, quaecunque ita se habent, quod unum ultimate abstractum non includit quidditative reliquum, sicut patet in divinis.* .... (f. 31 r. A) *Illa distinguuntur realiter, quaecunque ita se habent, quod quodlibet est formaliter positivum et unum ab alio ultimate abstractum nullo modo includit aliud nec de eo potest vere et affirmative praedicari.* ..... (B) *Illa distinguuntur essentialiter, quaecunque ita se habent, quod uno existente aliud non existit seu non oportet existere,* .... *ut homo et angelus.* .... *Illa distinguuntur se totis subiective, quaecunque ita se habent, quod realitates eorum sunt distinctae numero vel individua-*

zurücklenkend zeigt er dann noch, dass diese sämmtlichen Arten der *distinctio* mit einziger Ausnahme der letztgenannten bei allen Kategorien ihre Anwendung finden [96]).

Dem gleichen Orden gehörte Johannes Anglicus an, der Verfasser eines Commentares zu des Scotus *Quaestiones de universalibus* [97]). Er war lediglich Scotist [98]), benützte aber zu seiner casuistischen Exegese die gesteigerten Mittel der neueren Logik, besonders häufig die Lehre von den *Consequentiae*, und schloss sich hauptsächlich an Antonius Andreas und Franciscus Mayron an, so dass er in principiellen Fragen Nichts bemerkenswerthes darbietet. Sowie er aber überhaupt eine grosse und wahrlich nicht exclusive Belesenheit zeigt, so nennt er uns auch zwei nicht näher bekannte Autoren, nemlich die Oxforder Dumbleton und Alington [99]), benützt auch den Sprachgebrauch „*antiqui—moderni*" als einen völlig recipirten [100]), und berichtet sogar, dass es neben den Scotisten auch specielle Parteigänger gab, welche „Mayronisten", und solche, welche „Bonetisten" hiessen [101]), — ein deutliches Analagon zur Spaltung in Albertisten und Thomisten.

In die zunächst folgenden Jahre fällt eine einflussreiche Beschäftigung mit den scotistischen *Formalitates*, welche zunächst Antonius Sirectus zwischen 1470 und 1475 zum Gegenstande einer besonderen Darlegung machte [102]). Er erhärtet vor Allem den Grundsatz, dass überall, wo

---

liter, ... ut Petrus et Bernardus. ..... Illa distinguuntur se totis obiective, quae non conveniunt in aliqua una realitate seu ratione quidditativa, ... ut ens et bonum.

96) f. 31 r. B: *Omnia praedicamenta distinguuntur ex natura rei. .....* (v. A) *Omnia praedicamenta distinguuntur formaliter. .....* (B) *Omnia praedicamenta distinguuntur realiter. ..... Omnia praedicamenta distinguuntur essentialiter. .....* (f. 32 r. A) *Omnia praedicamenta distinguuntur se totis subiective. ....* (B) *Praedicamenta non distinguuntur se totis obiective.*

97) *Expositiones fratris Ioannis Anglici super quaestionibus universalium Scoti.* Gedruckt bei *Quaestiones Scoti super universalibus, praedicamentis et perihermeniis. Venet.* 1492. fol.

98) Der Ort seiner Wirksamkeit war, wie er selbst berichtet (f. 61 v. B), die Universität Bologna.

99) f. 79 r. B: *Fuit opinio cuiusdam doctoris anglici vocati Dumbuldon, qui posuit, quod ignis poterat esse frigidus manendo sub sua forma substantiali, quem deridet et reprobat quidam alius doctor anglicus, qui vocatur Alington, in praedicamentis suis in capitulo de substantia* (der Streit betrifft die *intensio et remissio formae*). Bei *Pitheus, De illustr. Angl. script.* (vgl. übrigens Abschn. XIV, Anm. 524), wird p. 414 ein *Iohannes Dumbletonus* und p. 729 ein *Robertus Alingtonus* genannt. Ausser diesen beiden nebst Bonetus und Petrus Thomas werden von Johannes Anglicus citirt: Aegidius, Alexander v. Alessandria, Mayron, Ant. Andreas, Burleigh, Bonaventura, Hentisberus, Albert v. Sachsen, Petrus Hispanus, Heinrich Göthals und Paulus Venetus.

100) f. 77 r. B: *Non loquitur* (d. h. Scotus bezüglich des *proprium*) *secundum opinionem propriam, sed aliorum, ut Thomae, Aegidii, Henrici* (d. h. Göthals) *et aliorum antiquorum, ... sicut etiam faciunt artistae tempore modernorum.*

101) f. 66 v. A: *Ista mea solutio ..... capietur ..... maxime a Bonetistis et a Maronistis et Scotistis.*

102) Die zahlreichen Drucke reichen sogar bis in den Anfang des 17. Jahrh.: *Formalitates moderniores de mente Scoti*, nebst Hibernicus s. l. s. a. 4. und *Lyptzick*, 1505. fol. *Formalitates de mente Scoti*, nebst Hibernicus und Brulifer, *Venet.* 1051 [*sic*, statt 1501]. 4. *Insigne formalitatum opus etc.*, nebst Brulifer und Commentar des

distinctio formalis stattfindet, zugleich *distinctio realis* besteht [103]), und nachdem er dann mit sichtlicher Berücksichtigung des Bonetus verschiedene Eintheilungen des Begriffes „*ens*" vorgebracht [104]), führt er die verschiedenen Arten der *distinctio* unter jedesmaliger Voranstellung der betreffenden *identitas* an, nemlich: *ratione* [105]), *ex natura rei* [106]), *formaliter* [107]), *realiter* [108]), *essentialiter* [109]), *se totis subiective* [110]), *se totis obiective* [111]); zuletzt gibt er praktische Massregeln, wie bei jedem Be-

---

Trombeta, *Venet.* 1514 und 1526. fol. Ebenso, nebst Hibernicus, *Viennae* 1517. 4. *Lectura absolutissima in formalitates Scoti* mit Commentar des Joh. Vallo, *Paris.* 1585. 8. u. *Venet.* 1588. *Quinque illustrium auctorum formalitatum libelli*, nebst Hibernicus, Brulifer, Trombeta u. Laurentius Brixiensis, *Venet.* 1588. 8. *Expositio identitatum et distinctionum ...... Sirecti ...... auctore Francisco Arretino, Venet.* 1606. 4. (ich citire nach der Ausgabe „*Quinque .... libelli*").

103) p. 1: *Circa formalitates doctoris subtilis Scoti quaeritur, utrum illa, quae distinguuntur formaliter, distinguantur realiter. Et arguitur, quod sic. ..... Quae distinguuntur ex natura rei, sunt distincta realiter. ..... Sicut se habet res subiecti ad formalitatem subiecti, ita se habet res propriae passionis ad formalitatem propriae passionis. ...... Si illa, quae distinguuntur formaliter, essent idem realiter, tunc ab uno et eodem sumerentur unitas et pluralitas. ..... Quaecunque distinguuntur quidditative, distinguuntur realiter et essentialiter. ..... Quaecunque distinguuntur numero, distinguuntur realiter. ..... Nisi illa, quae formaliter distinguuntur, distinguerentur realiter, tunc formalitas non esset principium sufficiens distinguendi aliqua realiter.* p. 7: *In oppositum arguitur etc.*

104) p. 9: *Ens dividitur in ens reale et ens rationis;* .... (p. 12) *in substantiam et accidens;* .... (p. 13) *in ens simpliciter et ens secundum quid;* .... (p. 16) *ens sumitur uno modo transcendenter, alio modo transcendentissime, i. e. aequivocum quacunque aequivocatione;* ...... (p. 18) *dividitur in ens simplex et ens compositum;* .... (p. 20) *in ens necessarium et ens contingens;* ..... (p. 21) *in ens independens et ens dependens* (vgl. Anm. 88).

105) p. 26: *Illa sunt idem ratione, quae habent eundem conceptum omnino indistinctum a parte rei et etiam indistinctum a parte intellectus. .. . Illa distinguuntur ratione, quae distinguuntur per actum collativum intellectus praecise.*

106) p. 33: *Illa sunt idem ex natura rei, de quibus duo praedicata opposita secluso opere collativo intellectus verificari non possunt. ..... Illa distinguuntur ex natura rei sive modaliter, de quibus seu inter quorum extrema duo contradictoria secluso opere intellectus verificari possunt.*

107) p. 59: *Idem formaliter includit illud, cui sic est idem, in ratione sua formali et per se. .... Illa distinguuntur formaliter, quae habent aliam et aliam formalitatem, quarum neutra alteram includit in ratione sua formali et per se.*

108) p. 69: *Illa sunt idem realiter, quae sic se habent, quod unum non potest esse sine alio, seu unum est impossibile separari ab alio absque contradictione. ....* (p. 72) *Illa sunt distincta realiter, quae sic se habent disiunctive, quod unum potest esse sine alio, vel quod unum est producens et aliud productum, vel quae sunt in pluribus rebus realiter distinctis.*

109) p. 75: *Illa sunt idem essentialiter, quae identificantur realiter uni essentiae singularissimae. ...... Illa distinguuntur essentialiter, quae habent diversas naturas sive essentias realiter distinctas, vel quae non concurrunt ad rationem intrinsecam et essentialem alicuius.*

110) p. 77: *Illa sunt idem se totis subiective, quae quidditative conveniunt in aliqua realitate potentiali et contrahibili per realitates differentiae. ...... Illa distinguuntur se totis subiective, quorum realitates non possunt simul esse .... per modum informantis vel per modum informabilis vel per identitatem realem.*

111) p. 79: *Illa sunt idem obiective, de quibus potest praedicari aliquod praedicatum quidditative, sive illud sit limitatum sive transcendens sive dicat realitatem potentialem sive non. ..... Illa distinguuntur se totis obiective, de quibus non potest praedicari tale praedicatum quidditative.*

griffe die verschiedenen *distinctiones* und *identitates* nebst deren wechselseitigen Beziehungen aufgefunden werden können [112]).

Gegen letzteren Punkt trat als strenger Kritiker Stephanus Brulifer (auch Burlifer genannt) in seinen „*Epitomata in formalitates iuxta doctrinam Scoti*“ auf [113]). Indem er nemlich die Reihenfolge bekämpfen will, in welcher bei Sirectus die verschiedenen Arten der *distinctio* sich bedingen sollen [114]), polemisirt er gegen die Stellung der *distinctio ex natura rei* und insbesondere der *distinctio se totis obiective* und *se totis subiective*, um sogar ein Nebeneinanderbestehen der *identitas realis* und der *distinctio formalis* im Sinne des Scotus zu behaupten und zuletzt nur zwei Arten der *distinctio*, nemlich nur *formalis* und *realis*, als berechtigt zuzulassen [115]). Diese Dichotomie aber wurde hinwiederum, wie wir sehen werden (Anm. 579), von anderen conservativen Scotisten geradezu als eine Hinneigung zum Thomismus bezeichnet.

Die Reihe aber der terministischen Scotisten eröffnet Nicolaus Tinctor von Gunzenhausen (in Paris lehrend), dessen Commentar zu Petrus Hispanus in Tübingen Aufnahme und Benützung fand [116]).

---

112) p. 80: *Pro complemento huius quaestionis ..... dividendo in duas partes sic procedam: in prima dabitur modus venandi distinctiones et identitates, in secunda dabitur modus inferendi unam distinctionem et identitatem ex alia.*

113) Gedruckt in den oben (Anm. 102) angeführten Ausgaben des Sirectus. *Venet.* 1501, 1514, 1526 u. 1588 (nach letzterer citire ich).

114) p. 93: *Ab aliquibus formalizantibus doctorem subtilem, ut asserunt, sequentibus ponuntur septem modi distinctionum, ... quibus e converso correspondent septem modi identitatum* (d. h. es sind eben jene sieben des Sirectus). ...... *Ex his inferuntur corollaria; primum est, quod ultima distinctio arguit omnes alias et penultima arguit omnes alias praeter ultimam et sic ascendendo usque ad primam, non autem e converso; .... secundum, quod identitates non sic se inferunt, ... sed opposito modo se habent, quia prima arguit secundam et secunda tertiam et sic descendendo.*

115) p. 97: *Sed ista opinio, licet sit multum communis et famosa apud multos Scotistas, videtur tamen continere multa falsa, nec sequitur doctorem subtilem. ..... Arguo, quod nulla sit distinctio ex natura rei minor distinctione formali, et quod distinctio ex natura rei non potest stare cum identitate formali.* ... p. 102: *Distinctio una in intellectu est penes diversos modos concipiendi idem obiectum formale, et hoc sive concipiendo grammatice, ut „homo“ et „hominis“, sive logice, ut „homo“ et „humanitas“.* .... p. 106: *Sequitur contra eos, quod superius et inferius distinguantur formaliter, similiter totum et partes, diffinitum et diffinitio, etsi solum distinguuntur ex natura rei.* .... p. 109: *Sequitur, quod corpus et anima simul unita non distinguerentur se totis subiective, nec etiam homo et albedo sua.* ...... p. 110: *Arguo, quod distinctio se totis obiective non inferat omnes alias nec sit maior omnibus aliis, quia risibile et flebile distinguuntur se totis obiective, similiter risibile et homo, et tamen non distinguuntur realiter.* ..... p. 112: *Distinctio realis et essentialis non inferunt distinctionem formalem. ..... Identitas rationis non infert omnes alias identitates.* ...... p. 113: *Praedicamenta sunt idem ratione et tamen non sunt idem realiter neque essentialiter aut saltem formaliter.* ..... p. 117: *Sicut cum identitate reali stat distinctio formalis, ita cum identitate formali stat distinctio realis et essentialis.* ... p. 118: *Non sunt ponendae necessario nisi duae distinctiones praecedentes omnem actum intellectus, sc. distinctio formalis et distinctio realis, quarum prima est minor et immanifesta, ... secunda autem, quae est realis et maior et manifesta, est distinctio rerum.* ...... p. 124: *Distinctio se totis subiective aut est distinctio formalis aut etiam aliquando realis naturarum seu suppositorum.*

116) *Dicta tinctoris super Summulas Petri hyspani.* Auf der Kehrseite des Titelblattes steht: *Hoc percelebre opusculum secundum subtilissimi doctoris iohannis Scoti*

Während er nur fälschlich als Thomist bezeichnet werden konnte [117]), folgt er nicht nur bezüglich der Frage über den eigentlichen Gegenstand der Logik völlig dem Scotus [118]), sondern nimmt auch Mehreres wörtlich aus Dorbellus auf, verbindet aber zugleich mit Wiederholungen aus Scotus einige occamistische Grundsätze und lässt sich sogar auch durch den Ciceronianismus des Boethius leiten [119]). Bei den *Exponibilia* fügt er nach Weise der Modernen noch Erweiterungen hinzu, nemlich die Worte „*ita, fere, vix, vicissim, semper, cesso, fit, generatur*“ [120]), und die *Insolubilia* entlehnt er fast wörtlich aus Petrus v. Ailly [121]), sowie die *Obligatoria* aus Albert v. Sachsen [122]).

Von Einfluss auf die Nachfolgenden waren zwei Autoren, deren schriftstellerische Thätigkeit sich wechselseitig aufeinander bezieht, nemlich Thomas Bricot und Georgius Bruxellensis. Soweit in

---

viam compilatum est Ab eximio viro sacrae theologiae baccalario formato Magistro nicolao tinctoris de guntzenhusen quondam In alma universitate parisiensi regente ac scotisante subtili plurimum. Am Schlusse: *Finitum est et completum Hoc super Magistro Petro hyspano Tinctoris commentum per peritos almae universitatis tübingensis magistros correctum per me Michahelem gryff Civem rütlingensem.* 1486. fol.

117) Eine der vielen Ausgaben der Commentare des Versor zum aristotelischen Organon (s. Anm. 258) hat den Titel: *Elucubratio commentaria in veterem Aristotelis artem ...... ex non paucis perspicacium virorum Versoris et Tinctoris aliorumque divi Aquinatis Thomae dictis conformium commentariolis in unum volumen .... redacta* (*Colon.* 1503. fol.), und ebenso der zweite Theil: *Elucidatio doctrinalis in quatuor libros logicae novae Aristotelis .... ex variis .... Versoris et Tinctoris ceterorumque divi Thomae Aquinatis positionibus conformium .... congesta* (ebend. 1503). Wenn aber hiebei Tinctor als Thomist angepriesen wird, so scheint diess nur zu den damals so häufig üblichen Buchhändler-Praktiken und Reclamen zu gehören, zumal da wir nirgend anders her eine Kunde haben, dass Tinctor überhaupt sich mit dem aristotelischen Organon schriftstellerisch beschäftigt habe. Vgl. Anm. 124—126 u. 463.

118) In der Einleitung: *De subiecto attributionis huius scientiae ..... sunt duo famosae opiniones, quarum prima est beati Thomae dicentis, quod argumentatio est subiectum* (s. Abschn. XVII, Anm. 370 u. 487). .... *Alia opinio est doctoris subtilis dicentis, quod subiectum est syllogismus* (Abschn. XIX, Anm. 93); *cuius ratio est* u. s. f. d. h. Tinctor schliesst sich an Scotus an.

119) Er wiederholt die Memorial-Verse aus der Einleitung des Dorbellus (ob. Anm. 5—8) und folgt demselben auch bezüglich der Voranstellung des Urtheiles (Anm. 10), entnimmt aber aus Occam die Dreitheilung der Rede in *mentalis, vocalis, scripta*, und schliesst sich hinwiederum bezüglich der Universalien und der Häcceität des Individuums an Scotus an, wobei er uns zugleich durch den Begriff einer „*quidditas contrahens*“ an Bonetus erinnert (s. Anm. 88); wenn er betreffs des Syllogismus in Benützung der Begriffe *iudicium* und *inventio* zu Boethius zurückgreift, so sahen wir Solches auch bei Apollinaris Offredus (Anm. 42).

120) Am Schlusse des *Tract.* VIII (d. h. der *Exponibilia*): *Praemissis syncategorematibus, de quibus Petrus Hispanus determinat, restant aliqua, de quibus nunc est determinandum. ..... Dictio „ita“ et „sicut“ denotat convenientiam illorum, inter quae comparat* (vgl. Marsilius, Abschn. XX, Anm. 423). .... *Syncategorema „fere“ dicit accessum ad terminum et negat pervenientiam ad illum. ..... Dictio „vix“ significat, rem verbi inesse subiecto, sed cum difficultate. .... Dictio „vicissim“ significat interemtionem actus, cui adiungitur. .... Dictio „semper“ tantum valet, sicut „in omni tempore“. ... Propositiones de hoc verbo „cesso“ eodem modo exponuntur, sicut propositiones de „desinit“. ... Propositio de verbo „fit, generatur, producitur“ et aliis aequivalentibus exponitur copulative* (vgl. Peter v. Ailly, Abschn. XX, Anm. 497).

121) S. ebend. Anm. 465—476.

122) S. ebend. Anm. 311—322.

solchen Dingen Klarheit zu erreichen ist, scheint zuerst Bricot seinen „*Textus abbreviatus logices*" geschrieben zu haben [123]), worauf er wahrscheinlich erst seine *Quaestiones* zur zweiten Analytik folgen liess [124]); den *Textus abbreviatus* aber commentirte Georg v. Brüssel, und zu diesem Commentare schrieb wieder Bricot mehrere Zusätze, was zusammen als vereinigte Arbeit beider unter zwei verschiedenen Titeln gedruckt wurde [125]). Ein ähnliches Verhältniss besteht bezüglich des Petrus Hispanus, zu welchem Bruxellensis einen Commentar verfasst hatte, welchen Bricot in den späteren Ausgaben durch eigene Zusätze vermehrte [126]). Sollte es aber nach der Druck-Veröffentlichung der drei zuletzt genannten Werke scheinen, als hätten wir an den beiden Schriftstellern ausgesprochene Vertreter der „modernen" Richtung vor uns, so müssen hingegen wir uns an den sachlichen Inhalt der Schriften selbst wenden, und durch diesen wird es gerechtfertigt sein, wenn wir dieselben zu den terministischen Scotisten zählen [127]).

Betrachten wir zuerst den *Textus abbreviatus*, welcher von Bricot allein herrührt, so zeigt sich uns derselbe als einen räsonirenden und zugleich rechtfertigenden Auszug aus dem aristotelischen Organon mit

---

123) *Textus totius logices per magistrum Thomam Bricot abbreviatus et per eundem novissime emendatus. Basileae* 1492. 8. D. h. es ist dieses nur eine neue Auflage des blossen Textes, welcher schon früher mit Commentar erschienen war. s. Anm. 125.

124) Am Titelblatt: *Incipiunt logicales questiones subtiles ac ingeniose super duobus libris posteriorum aristotelis dyalecticam profitentibus in doctrinam nominalium usque ad apicem eius plurimum accomodatissime.* Am Schl.: *Finis Questionum Bricot super duodus* [*sic*] *libris Posteriorum analeticorum aristotelis. ... Parisius per Guillermum de Bosco.* 1494. 4. Die buchhändlerische Empfehlung speculirt sonach auf die Modernen.

125) *Cursus optimarum quaestionum super totam logicam cum interpretatione textus secundum viam modernorum ac secundum cursum magistri Georgii* (d. h. des *Bruxellensis*) *per magistrum Thomam Bricot sacrae theologiae professorem emendate* [*sic*]. S. a. s. l. fol. Wörtlich den nemlichen Inhalt hat: *Expositio magistri Georgii Bruxellensis in logicam Aristotelis una cum magistri Thomae Bricoti textu de novo inserto nec non cum eiusdem quaestionibus in cuiusvis fine libri additis.* Lugduni 1504. fol. (nach letzterem Drucke citire ich). Schon der Umstand, dass nur der Eine der beiden Drucke von „*via modernorum*" spricht, gibt uns einen Wink zur Vorsicht, welche überhaupt gegenüber den Buchhändler-Reclamen nöthig ist.

126) Gedruckt in den oben, Abschn. XVII, Anm. 143, mit 𝔇, 𝔈, 𝔉 bezeichneten Ausgaben des Petrus Hispanus. Die letzteren beiden enthalten die Zusätze Bricot's. In der Vorrede des Druckers, welche in den zwei späteren Ausgaben aus der ersten wiederholt ist, heisst es unter Anderem: *Aristotelis, Boethii, Versoris, Porphyrii, ceterorumque philosophorum sectam sequitur* (d. h. Georgius Bruxell.) *vestiganda flumina docens, cum omnium nominalium viventium est gemma etc.* Auch hier aber ertappen wir den Drucker auf einer Entstellung der Wahrheit, denn wie soll sich der entschiedene Thomist Versor (s. Anm. 258 ff.) zu den sog. „*nominales*" reimen? Vgl. Anm. 117.

127) Ein entscheidender Punkt liegt von vorneherein darin, dass der Stoff dieser Schriften sich wesentlich nur um Aristoteles und Petrus Hispanus dreht und weder Buridan noch Marsilius noch Albert v. Sachsen noch Paulus Venetus oder dgl. die allgemein leitende Grundlage bilden; wohl hingegen werden wir occamistische Lehren treffen, und hierin liegt eben die terministische Färbung der scotistischen Basis; s. auch Anm. 141.

Einschluss des Porphyrius [128]), so dass wir jede weitere Bemerkung über diese an sich untergeordnete Arbeit unterlassen könnten. Aber eine einzige Stelle enthält eine fortan einflussreiche Erweiterung; nemlich nach der Syllogistik begegnen wir bezüglich der *inventio medii*, welche ja schon seit den Arabern stets mit besonderer Vorliebe behandelt worden war, hier zum ersten Male neuen Memorial-Worten einer spitzfindig formulirten Technik der Auffindung des Mittelbegriffes. Im Vergleiche mit der nächstfolgenden Zeit, in welcher diese neue Errungenschaft in eine grosse Zahl von Compendien Aufnahme fand und zugleich erweitert wurde, finden wir hier vorerst nur die sechs Worte „*Fecana, Cageti, Dafenes, Hebare, Gedaco, Gebali*", für deren Buchstaben-Bedeutung zwei besondere Memorial-Verse auftreten, und zwar Alles in einer Weise, dass offenbar auf eine bereits umlaufende Schul-Tradition Bezug genommen ist [129]); d. h. wir bezeichnen somit wahrlich nicht den Bricot als Erfinder dieser Manipulation, sondern er gilt uns bei dem Mangel anderer Nachrichten nur als erster Zeuge (erweiterte Anwendungen s. unten bei Tartaretus und bei Dorp, Anm. 165 f. u. 359). — Die *Quaestiones* Bricot's zur zweiten Analytik bewegen sich durchgängig in der Form, dass bei jedem Hauptsatze die Frage aufgeworfen wird, ob derselbe richtig sei, und hierüber verschiedene *Dubia* nebst ihrer Lösung folgen. In der Einleitung finden sich ausführliche Erörterungen über die occamistische *notitia intuitiva* u. dgl. [130]), zugleich aber auch eine gedehnte Polemik gegen Nicolaus v. Oresme [131]).

---

128) Beachtenswerth ist, dass Gilbertus Porretanus nicht beigezogen ist, während derselbe bei allen Albertisten und Thomisten stets in das Organon aufgenommen wurde.

129) *Expositio* etc. (s. Anm. 125) f. CXXVII v. B: Nach einigen Regeln, welche aus Aristoteles excerpirt sind (s. Abschn. IV, Anm. 588 ff.), folgt ohne vorhergehende Nennung der sogleich anzuführenden Kunstausdrücke plötzlich: *Quando istae litterae A, E, I, O ponuntur in tertia syllaba, significant, qualis et quanta sit conclusio inferenda...... Quando litterae A et E ponuntur in prima vel secunda syllaba, tunc A significat praedicatum et E subiectum. Et potest quaelibet istarum litterarum poni cum tribus consonantibus; A cum B, C, D, et tunc B significat, quod medium debet esse consequens ad praedicatum, C vero, quod sit antecedens, D, quod sit extraneum; similiter E ponitur cum F, G, H, et tunc F significat, quod medium debet esse consequens ad subiectum, G vero, quod sit antecedens, H vero, quod sit extraneum. Ut patet per hos versus:*

E subit; F sequitur, G praecedit, H sit extra;
Praedicat A; B sequens, C praecedit, D sit extra.

..... Ad concludendum universalem affirmativam sumendum est medium, quod sit consequens ad subiectum et antecedens ad praedicatum; et hoc demonstratur per Fecana. ..... Ad concludendum particularem affirmativam in Darapti, Disamis et Datisi sumendum est medium, quod sit antecedens ad utramque extremitatem, ut patet per Cageti. ..... Ad concludendum universalem negativam in Celarent vel Cesare sumendum est medium, quod sit extraneum ad praedicatum et consequens ad subiectum, ut patet per Dafenes. Si vero debent concludi in Camestres, medium debet esse extraneum ad subiectum et consequens ad praedicatum, ut patet per Hebare. ..... Ad inferendum particularem negativam in tertia figura oportet medium esse antecedens ad subiectum et extraneum ad praedicatum, ut patet per Gedaco. ..... Ad inferendum particularem affirmativam indirecte oportet medium esse antecedens ad subiectum et consequens ad praedicatum, ut patet per Gebali. Einer umschreibenden Erklärung darf ich mich wohl überheben, denn die Sache ist jedem Leser verständlich.

130) S. Abschn. XIX, Anm. 746 f.

131) S. Abschn. XX, Anm. 363.

Indem nun Georgius Bruxellensis den *Textus abbreviatus* commentirt, zeigt er uns die dabei beabsichtigte Richtung. Nachdem er nemlich von *logica naturalis, usualis* und *artificialis* gesprochen (s. bei Roger Baco, Abschn. XVII, Anm. 563, und bei Scotus, Abschn. XIX, Anm. 90), wendet er den scotistischen Grundsatz, dass der eigentliche Gegenstand der Logik die Beweisführung ist, in die Anschauungsweise der Terministen hinüber, da die Logik sich wesentlich um den *terminus „argumentatio“* drehe [132]), und er verbindet hiemit zugleich Occam's Ansicht (Abschn. XIX, Anm. 741), dass die Logik zu den praktischen Disciplinen gehöre [133]), sowie er die terministische Dreigliederung *„mentale, vocale, scriptum“* [134]) auch auf die Universalien anwendet [135]), während er daneben wieder die sechs *transcendentia* der älteren Schule aufnimmt [136]). Bei den Erläuterungen zu *De interpr.* zieht er wie Dorbellus die *significatio*, jedoch mit Benützung Neuerer, bei [137]), und bezüglich der *inventio medii* hält er obige neue Technik (Anm. 129) allen Ernstes für aristotelisch [138]). In seinem Commentare zu Petrus Hispanus schliesst er sich enge an den Scotisten Dorbellus an und übt z. B. betreffs der Universalien nicht einmal eine Partei-Polemik, sondern gibt nur eine scotistische Paraphrase des Textes [139]). Gelegentlich der *appellatio* kommt hier nach Buridan's Vorgang (s. Abschn. XX, Anm. 111) als eine eigene Art derselben die *appellatio rationis* in Betracht [140]). In Einem Punkte aber folgt er wirklich dem Marsilius (s. ebend. Anm. 414), indem er sämmtliche *Ex-*

---

132) f. II r. B: *Logica naturalis est ipsa anima existens in corpore bene disposito. ..... Logica usualis secundum aliquos est scientia, quae in suo modo procedendi utitur argumentationibus vel regulis logicalibus; ..... secundum alios est regula applicata ad alias scientias tradita in logica artificiali; ..... secundum alios est habitus genitus ex multis operibus logicae. .....* (v. A) *Logica artificialis totalis est scientia artificialiter docens diffinire, dividere, arguere et per rationes verum a falso discernere. .....* (B) *Haec est scientia ab aliis distincta, ... quia habet substantivum attributionis ab aliis scientiis distinctum, i. e. terminum „argumentatio“.*

133) f. III v. A: *Scientia practica est scientia directiva operis existentis in potestate nostra docens, quomodo sit libere operandum a nobis illud, quod principaliter considerat. ..... Logica est scientia practica, non speculativa.*

134) f. IV r. B: *Triplices sunt termini, sc. mentales, vocales, scripti. .....* (v. B) *Ad logicum pertinet considerare de omni termino tam complexo quam incomplexo.*

135) f. VI r. A: *In proposito est sermo de universali in praedicando, et non de universali in essendo vel causando. .....* f. VII v. B: *Triplex est universale, sc. vocale, scriptum, mentale. .. .. Omne universale vocale et similiter omne universale mentale proprie et improprie dictum est accidens; ..... nullum vero est substantia. ..... Universale scriptum est substantia. ..... Universalia mentalia sunt incorporalia; ..... scripta ..... et vocalia sunt corporalia.*

136) f. L: *Sex transcendentia dicta sunt, quia nullo praedicamento complectuntur.* S. Abschn. XX, Anm. 599.

137) f. LIX v.; vgl. ob. Anm. 12 u. Abschn. XX, Anm. 459 ff.

138) f. CXXVIII r. A, woselbst er Absatz für Absatz dasjenige erläutert, was *„philosophus“*, d. h. Aristoteles über *Fecana*, *Cageti* u. s. f. gelehrt habe. So konnten allerdings Leute, welche nur von Commentirung der vorhandenen Commentare lebten, veranlasst werden, diesen Quark schleunigst in ihre Fabricate aufzunehmen.

139) In der mit 𝔉 bezeichneten Ausgabe f. 20.

140) f. 101 v. A: *Appellatio rationis est terminus acceptus in propositione pro suo significato iuxta dictionem significantem actum animae.*

ponibilia als zweiten Theil der von ihm nach gleicher Quelle beigefügten *Consequentiae* einreiht [141]).

Aus den *Quaestiones*, welche wieder Bricot seinerseits diesen beiden Commentaren beifügen zu müssen glaubte, möge bezüglich des Organons zunächst eine äusserst spitzfindige terministische Definition des Universale [142]), sowie eine ähnliche Aeusserung über die Fünfzahl der Universalien erwähnt werden [143]), ferner betreffs der scotistisch aufgefassten Kategorien eine gewiss auffallende Zustimmung zu Laurentius Valla, womit sich eine deutliche Polemik gegen Albert v. Sachsen (Abschn. XX, Anm. 251) verbindet [144]), und ausserdem eine gegen Marsilius gerichtete Bemerkung über Infinitation [145]). Etwas verschieden verfährt Bricot zu Petrus Hispanus, indem er wohl bei der Lehre vom Urtheile eine neue Frage über *contingens* hinzufügt [146]), über andere streitige Punkte aber stillschweigend hinweggeht [147]). In den übrigen Theilen der *Summula* beschränkt er sich auf Hinzufügung von Beispielsätzen [148]). Eine Notiz über *Insolubilia* (wahrscheinlich aus mündlichem Vortrage) werden wir später gelegentlich treffen [149]).

Viele Aehnlichkeit mit Georgius Bruxellensis zeigt Johannes Faber de Werdea in seinem Commentare zu Petrus Hispanus (in ethischen Fragen gehört er zu den Mystikern); nur steht er den Terministen noch etwas näher, so dass er mit grösserer Berechtigung zur *via moderna* gerechnet werden konnte [150]). In der üblichen Einleitung äussert er

---

141) f. 117 ff. Den Schluss macht eine Anzahl Sophismen.

142) f. XXIV v. B: *Universale est terminus incomplexus univocus non de omnibus quidditative dicibilis natus verificari de aliquo mediante hoc verbo „potest" et de his coniunctim pluraliter, de quibus divisim singulariter verificatur.*

143) f. XXV v. A: *Haec est falsa in rigore logicae „Tantum sunt quinque praedicabilia", quia plura sunt genera, quam quinque, et plures species, et haec omnia sunt praedicabilia...... Haec est vera in sensu doctrinali in modo loquendi Aristotelis „Tantum sunt quinque praedicabilia".*

144) f. LVI r. B: *Praedicamenta magis debent secundum modos significandi distingui, quam penes res significatas......* (v. B) *Secundum Laurentium Vallam tria sunt solum praedicamenta* (s. vor. Abschn., Anm. 63); ..... *et haec opinio videtur satis probabilis......* f. LVII r.: *Non numerando generalissima habentia modos significandi mixtos nec distinguendo inter concretum et abstractum ampliativum et non ampliativum et casum ab eo descendentem sunt solum decem genera generalissima.* Hierauf folgt Theologisches über die Trinität.

145) f. LXXXVII v. A: *Omnis negatio infinitans cadit supra copulam implicite vel explicite.* Hiedurch soll des Marsilius Ansicht (Abschn. XX, Anm. 398) beseitigt werden.

146) In der mit 𝔉 bezeichneten Ausgabe f. 19 r. A: *Quaeritur, utrum propositiones de contingenti specialiter capto faciant oppositiones, aequipollentias et consequentias cum aliis modalibus et inter se,* — was an mehreren spitzfindigen Beispielen bejahend erörtert wird.

147) So fügt er z. B. zu *Tract.* II, d. h. über die Universalien, hier gar keine *quaestio* bei, und bei den Kategorien bringt er (f. 38 r.) nur einfältigste Sophistereien vor, ohne Occam auch nur zu berücksichtigen, sowie er betreffs der Syllogismen (f. 46 v.) lediglich Bedenken vorbringt, ob die Termini der Trinität syllogistisch zu behandeln seien.

148) f. 97 r. zur *suppositio relativorum*, f. 99 v. zur *restrictio*, f. 102 r. zur *appellatio*.

149) S. unten Anm. 439.

150) *Exercitata parvorum logicalium secundum viam modernorum.* Reutlingen 1487. fol. Der Name des Verfassers ist aus dem (auf der Rückseite des Titelblattes

sich occamistisch über *notitia* u. s. f. und benützt sogar die Lehre von *distans — indistans* aus Albert v. Sachsen [151]), wiederholt dann aus Bruxellensis die Bemerkungen über *logica naturalis* u. s. f. [152]), und gibt hierauf als Grund der Bezeichnung „*Parva logicalia*" an, dass dieser ganze die *proprietates terminorum* betreffende Bestandtheil der *vetus logica* nicht von Aristoteles selbst herrühre, sondern durch „*minores auctores*" aus verschiedenen aristotelischen Stellen zusammengetragen sei [153]). Seines Vorgängers Ansicht, dass die Logik praktisch sei (ob. Anm. 133), mildert und modificirt er dahin, dass diess nur von dem wesentlicheren Hapttheile der Logik gelte, da die Universalien, die Kategorien und die *proprietates terminorum* an sich speculativ seien [154]), und in gleichem Sinne nimmt er die scotistische Ansicht über den Zweck der Logik ohne die terministische Wendung des Bruxellensis beifällig auf [155]). Gänzlich aber folgt er demselben wieder darin, dass er am Schlusse der fleissigen Erläuterung der *Summula* noch die *Consequentiae* mit Einschluss sämmtlicher *Exponibilia* an der Hand des Marsilius beifügt [156]).

Der bedeutendste Scotist jener Zeit, welcher zugleich Vieles von den Modernen sich aneignete, war Petrus Tartaretus (zwischen 1480 und 1490 litterarisch thätig). Er commentirte auch die physikalischen und ethischen Schriften des Aristoteles, sowie den Sententiarius und des Scotus Quodlibeta, und war in der nächstfolgenden Zeit ein vielgelesener Schriftsteller; hieher gehören seine Erläuterungen zum Organon [157]) und zu Petrus Hispanus [158]), in welch beiden er eine grosse Virtuosität zeigt,

---

gedruckten) Briefe des Johannes Hiller de Dornstetten an den Reutlinger Buchdrucker Otmar ersichtlich, indem Ersterer die Veröffentlichung des Werkes des Johannes de Werdea sehnlichst wünscht.

151) S. Abschn. XX, Anm. 229.

152) S. ob. Anm. 132.

153) *Logica nova ..... docet principaliter de tota argumentatione et habet quatuor libros etc. ..... Logica vetus agit de partibus argumentorum et habet duos libros apud Aristotelem* (d. h. *Cat.* u. *De interpr.*) *.....; de proprietatibus autem terminorum, sc. suppositione, ampliatione, appellatione, restrictione, alienatione, Aristoteles speciales libros non edidit, sed alii autores utiles tractatus ediderunt ex his, quae sparsim philosophus in suis libris posuerat* (s. Anm. 256); *et ista sic edita dicuntur Parva logicalia* (s. Anm. 253 u. 401) *eo quod a minoribus autoribus respectu Aristotelis sunt edita. ...... Dicitur autem vetus logica, quia est de partibus* (s. oben Anm. 9). Die übrigen Tractate des Petrus Hispanus pflegte man selbst auf den Titelblättern der Druckausgaben mit den Theilen des Organons zu parallelisiren, nemlich den 1. mit *De interpr.*, den 2. mit der Isagoge, den 3. mit den Kategorien, den 4. mit der ersten Analytik, den 5. mit der Topik, den 6. mit *Soph. El.*

154) *Principalior pars logicae est practica. ..... Et propter hoc aliqui dixerunt, totam logicam esse practicam, quia finis principalis, in quem tota logica secundum rectam rationem ordinatur, est opus liberum, sc. arguere; ...... nec obstat, quod multae partes logicae in se sunt speculativae, sicut scientia praedicabilium et praedicamentorum et parvorum logicalium, quia illae sunt minus principales ad finem principalem totius logicae* (vgl. bei Occam, Abschn. XIX, Anm. 743).

155) *Totius logicae subiectum primum primitate principalitatis ..... est argumentatio* (vgl. oben Anm. 132).

156) S. ob. Anm. 141.

157) Bald als *Commentarii* bald als *Expositio* bald mit bald ohne Text häufig gedruckt: drei verschiedene Ausgaben s. l. s. a.; dann s. l. 1500 u. 1503; Paris 1494; Lugduni 1500 u. 1509; Basileae 1514 (hienach citire ich); Venetiis 1504, 1514, 1591 u. sogar noch 1621.

158) Den Text des Petrus Hispanus enthalten jene Drucke, welche ich

den möglicher Weise verschiedenen Sinn der einzelnen Sätze des Originales scharf zu distinguiren, und zu solchem Zwecke überall eine Menge *Dubia* aufthürmt, um dieselben in seinem Sinne zu lösen. In der Einleitung zum Organon beantwortet er die üblichen Vorfragen sämmtlich scotistisch, polemisirt dann bezüglich der Universalien ausdrücklich gegen die „*nominales*", d. h. Occamisten, und stellt ihnen den reinen Scotismus gegenüber [159]), daher er auch am Schlusse dieses Abschnittes die *formalitates* und bei den Kategorien die *transcendentia* vorbringt [160]). Nachdem er sodann in der Lehre vom Urtheile vielfach die *Consequentiae* eingemischt und bei den modalen Urtheilen die Unterscheidung des *sensus compositus* und *divisus* reichlich benützt, ja betreffs der Umkehrung sogar Einiges aus Albert v. Sachsen beigezogen [161]), bietet er in der Syllogistik Mehreres dar, was sowohl an sich als auch wegen seiner starken Nachwirkung auf die Späteren bemerkenswerth ist. Vor Allem finden wir eine spitzfindige Rechtfertigung der vierten Schlussfigur, da sehr zu unterscheiden sei, ob der Mittelbegriff einerseits in beliebiger Wahl in der einen Prämisse Subject und in der anderen Prädicat sei, oder ob er andrerseits in einer bestimmten Prämisse Subject und in der hiedurch bestimmten anderen Prämisse Prädicat sei; im ersteren Falle gehöre die vierte Figur zur ersten, im letzteren sei sie eine selbstständige Figur; und indem sich Tartaretus für die zweite Auffassung entscheidet, gibt er als Schlussweisen der vierten Figur, welcher er sogar den Vorzug vor der zweiten und der dritten einräumt, die Formen „*Bamana*, *Camene*, *Dimari*, *Fimeno*" an [162]). Ferner bemüht er sich, thatsächliche Beweise dafür vorzubringen, dass auch aus zwei particularen Prämissen ein richtiger Schlusssatz gewonnen werde [163]), und desgleichen aus zwei nega-

---

Abschn. XVII, Anm. 143 mit 𝔋—𝔎 bezeichnete (ich citire nach 𝔍); ohne Text ist der Commentar gedruckt: Freiburg 1494; s. l. [sicher ebendort] 1500; Venetiis 1514 u. 1621.

159) f. 8 v. A: *Est opinio nominalium, quae stat in aliquibus dictis; primum, quod omnis res est singularis et nulla est communis in pluribus existens; ..... secundum, quod omne universale est terminus communis* etc., d. h. er exponirt ganz sachgemäss Occam's Auffassung, um die Gegengründe des scotistischen Realismus darzulegen (letzteren entwickelt er auch im Commentare zu Petrus Hispanus f. 14 r. A).

160) f. 19 v. B u. 21 r. B.

161) f. 51 v. B bezüglich der Urtheile, welche einen *casus obliquus* enthalten; s. Abschn. XX, Anm. 288.

162) f. 54 r. B: *Prima figura capitur dupliciter: uno modo large, ut est dispositio trium terminorum sic se habentium, quod medium subiicitur in una praemissarum et praedicatur in alia; ..... alio modo specialiter; ..... quod medium subiicitur in maiore et praedicatur in minore. ..... Capiendo large quarta figura non est distincta a prima, sed continetur sub ea; ..... capiendo specialiter ponenda est quarta figura distincta. ..... Quatuor sunt modi quartae figurae, sc.: Bamana, Camene, Dimari, Fimeno, et reducuntur ad modos primae figurae per solam transpositionem praemissarum. ..... Sola transpositio praemissarum non ponit diversitatem figurarum, sed bene transpositio praemissarum cum alia habitudine medii ad extremitates ponit diversitatem figurarum. ..... Ideo modi quartae figurae dicuntur esse alii a modis primae. ..... Modi quartae figurae sunt evidentiores, quam modi secundae et tertiae, quia ad reducendum eos ad modos primae figurae paucioribus indigent, quam modi secundae vel tertiae, quia solum indigent transpositione praemissarum.*

163) Ebend.: *Ex puris particularibus sequitur quinque casibus:* ..... (ich führe statt der langathmigen Formulirung nur die Beispiele an, da auch diese allein schon die Sinnlosigkeit zeigen) „*Aliquod animal est Socrates, Aliquis homo est So-*

tiven Prämissen [164]). Sodann aber finden wir bei Erläuterung der *inventio medii* zum ersten Male wirklich die vielbesprochene logische „Eselsbrücke“ (s. Abschn. XX, Anm. 134), und zwar mit dem Beisatze, dass dieselbe gemeiniglich „*pons asinorum*“ genannt werde, d. h. es ist eine versinnlichende Figur, in welcher die sichtlich hervortretenden Buchstaben A bis H deutlichst auf die oben (Anm. 129) bei Bricot auftretenden Memorial-Worte „*Fecana*, *Cageti*“ u. s. w. hinweisen [165]). Und

crates; ergo aliquis homo est animal“. ..... „Animal est homo, Asinus est idem animal; ergo asinus est homo“. ...... „Animal est homo, substantia non est animal; ergo substantia non est homo“. ..... „Homo videt omnem asinum; Brunellus est asinus; ergo brunellum videt homo“. ..... „Animal est homo, Asinus est omne animal; ergo asinus est homo“. ..... Aristoteles, qui dicit, quod ex puris particularibus nihil sequitur, ... intelligebat exceptis his quinque casibus; vel potest dici, quod non intelligebat de particularitate propositionum, sed de particularitate medii. Vgl. unten Anm. 518.

164) 54 v. A: *Ex puris negativis sequitur in tribus casibus* (ebenso). ..... *„Nullum non risibile est homo, Nullus asinus est risibilis; ergo nullus asinus est homo“. ..... „Omnem hominem contingit non esse currentem, Aliquid album contingit non esse hominem; ergo quoddam album contingit non esse currens“. ..... „Omnem hominem necesse est non esse asinum, Aliquid album contingit non esse hominem; ergo aliquid album contingit non esse hominem“.* Vgl. Anm. 519.

165) f. 59 v: *Ut ars inveniendi medium cunctis sit facilis, plana atque perspicua, ad manifestationem ponitur sequens figura, quae communiter propter eius apparentem difficultatem pons asinorum dicitur, licet intellectis dictis in hoc passu omnibus possit esse familiaris ac intellecta.*

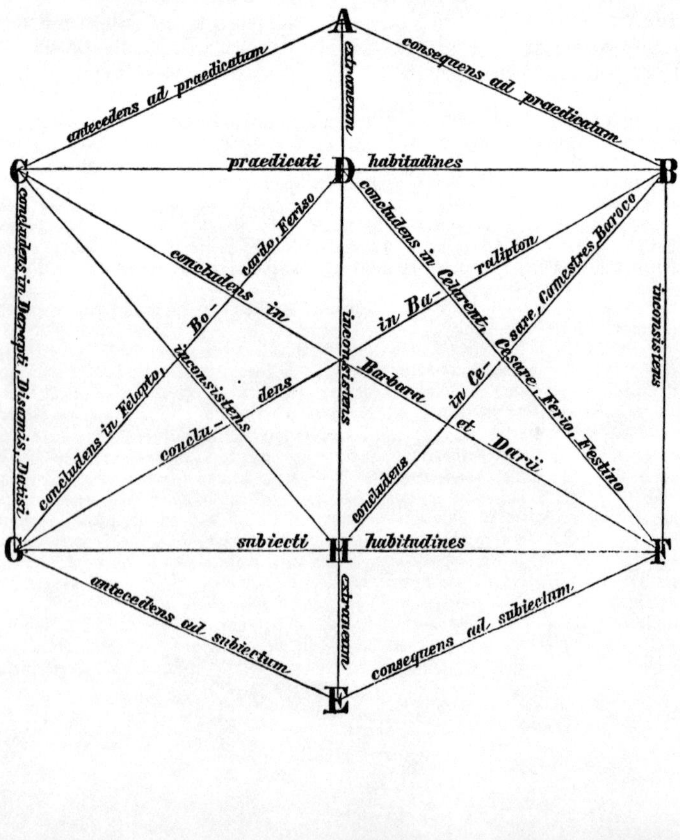

wenn wir auch den Tartaretus nicht sicher für den Erfinder dieser geistreichen Vorrichtung halten dürfen, ja vorläufig darauf verzichten müssen, den wirklichen menschenbeglückenden Urheber nennen zu können, so wäre doch hiemit die Existenz der Eselsbrücke überhaupt nachgewiesen [166]). Hernach folgt noch im Anschlusse an Occam eine besondere Erörterung der Schlussweisen aus Prämissen, in welchen ein *Casus obliquus* vorkommt [167]). Merkwürdig aber bleibt es bei alle dem, dass Tartaretus im Commentare zu Petrus Hispanus die Syllogistik lediglich durch Exegese des dortigen Textus erledigt [168]) und sonach nicht bloss seine sonstigen Erweiterungen dieser Lehre bei Seite setzt, sondern geradezu jene fünf Modi der ersten Figur, aus welchen die galenische vierte Figur besteht, d. h. *Baralipton, Celantes, Dabitis, Fapesmo, Frisesomorum*, auseinandersetzt und erläutert, ohne daran zu denken, dass er seinerseits andere vier Modi der vierten Figur mit anderer Reduction (Anm. 162) aufstelle.

In der Einleitung zu Petrus Hispanus wiederholt er die allgemeinen scotistischen Grundsätze unter Benützung der occamistischen Gliederung in *mentale, vocale, scriptum* [169]), polemisirt aber zugleich, wie alle Realisten, gegen das *complexum significabile* des Gregor v. Rimini [170]). Das Folgende ist nur Exegese des Textes. Aber bei den *proprietates terminorum*, für welche er sofort eine gesteigerte Terminologie einführt [171]), benützt er reichlichst die terministische Litteratur und geht in Anführung von Memorial-Worten noch weit über dieselbe hinaus. So spricht er bei der *suppositio*, — was Spätere nachgeahmt haben —, von einem dop-

---

Ich darf es wohl dem Leser überlassen, sich jene Memorial-Worte an der Hand der obigen Erläuterung aus dieser Figur zusammenzusetzen.

166) Allerdings darf nicht unerwähnt bleiben, dass in den älteren Ausgaben des Tartaretus sich die so eben angeführte Stelle nebst Figur nicht findet, also in den ersten Jahren des 16. Jahrhunderts erst eingefügt wurde, sei es durch Tartaretus selbst (— das Todesjahr desselben wissen wir nicht —), oder sei es durch die Herausgeber oder Buchdrucker auf Grund allgemeinerer Verbreitung. Jedenfalls aber ist der Inhalt dieser „Eselsbrücke" auch durch zwei Zeugnisse der nächstfolgenden Zeit bestätigt (s. Pierre Bayle, *Dict. crit.-hist.* im Artikel „Buridan"), welche ausserdem noch eine bestimmtere Beziehung erhalten, wenn wir bedenken, dass Tartaretus in Paris wirkte. Das eine findet sich bei Nic. Clenard (Belgischer Linguist, später Prinzenlehrer in Evora, gest. 1542), *Epistolae*, I, 20 (ed. Hanov. 1606. 8. p. 123): „*Eam portionem dialecticae amplectar, quae est de inventione, i. e. libros Topicorum, qui docent invenire argumenta; ..... sum igitur totus in ista dialectica; faxit deus, ut hic feliciter inveniamus medium, non in ponte asinorum, sed in thesauris Lusitanicis etc.*" Das andere lesen wir bei dem Satiriker Rabelais (gest. i. J. 1553), *Gargantua et Pantagruel*, L. II, C. 28 (ed. Amsterd. 1711. 8. II, p. 237): „*O qui pourra maintenant racompter comment se porta Pantagruel contre les trois cents géants? O ma Muse! ma Calliope, ma Thalie, inspire moy à ceste heure! restaure moy mes esperits! Car voici le pont aux asnes de Logicque, voici le trebuchet, voici la difficulté de povoir exprimer l'horrible battaile que feut faicte*".

167) f. 61 v. A; s. Abschn. XIX, Anm. 971—977.

168) f. 24 ff.

169) f. 4 r. A u. v. B.

170) f. 5 v. A; s. Abschn. XX, Anm. 40.

171) f. 50 r. B: *Est tractatus parvorum logicalium, in quo determinandum est de passionibus terminorum; et communiter assignantur quinque, sc. supponibilitas, ampliabilitas, restringibilitas, appellabilitas, distribuibilitas, exponibilitas.*

pelten *descensus*[172]), und häuft überhaupt behufs der Erklärung eine Menge von Regeln auf[173]). Besonders aber beschäftigt ihn das Gebiet der *Exponibilia;* dort bringt er die üblichen Regeln der Exposition der Exclusiv-Sätze (s. Abschn. XVII, Anm. 260) unter Benützung der Lehre von der Entgegensetzung (!) in die Memorial-Worte *„Dives, Orat, Amo, Hely“*[174]); ebenso verfährt er bei den Exceptiv-Sätzen (s. ebd. Anm. 261), und zwar gelten für die bejahenden die Worte *„Amate, Idolos, Peccata, Commodi“*[175]), für die verneinenden *„Meroris, Dogmata, Amodo, Vitare“*[176]); desgleichen für die bejahenden Reduplicativ-Sätze (s. ebend. Anm. 262) *„Adamasci, Simonia, Detrahendo, Tonodore“*[177]), sowie für die verneinenden *„Pentecoste, Romipeta, Rarefio, Vigilasti“*[178]); auch bei *in-*

---

172) f. 52 r. B: *Duplex est descensus, sc. divisivus et arguitivus; divisivus, qui fit per divisionem, ut dicendo „Animalium aliud rationale aliud irrationale“; sed arguitivus est consequentia formalis, in qua arguitur ab aliquo termino communiter sumpto ad eius inferiora virtute suppositionis.*

173) f. 54 ff. für die *suppositio* aus Buridanus und Albert v. Sachsen entlehnend (s. Abschn. XX, Anm. 107 u. 257); f. 60 zieht er zur *ampliatio* sogar *„incipit“* bei, und nimmt wieder aus jenen Vorbildern Regeln für *restrictio* (f. 62 r.), für *appellatio* (f. 62 v.), und für *distributio* (f. 66 r.) auf.

174) f. 70 r. A: *Regulae possunt intelligi per suas dictiones, intelligendo per vocales qualitatem et quantitatem propositionum exponentium ......* (ich drücke das Ganze in möglichst kurzer Form aus):

„Dives“
Tantum A est B =: A est B, et nihil, quod non est A, est B

subcontrariae

„Orat“
Tantum A non est B =: A non est B, et omne, quod non est A, est B

subalternae — *contradictoriae* — *contradictoriae* — *subalternae*

„Amo“
Non tantum A non est B =: Omne A est B, et aliquid, quod non est A, non est B

contrariae

„Hely“
Non tantum A est B =: A est B, et aliquid, quod non est A, est B

175) f. 71 v. A:

„Amate“	*„Peccata“*
Omnis homo praeter Socratem currit	*Omnis h. praeter S. non currit*
„Idolos“	*„Commodi“*
Non omnis h. praeter S. non currit	*Non omnis h. praeter S. currit*

176) f. 71 v. B:

„Meroris“	*„Amodo“*
Omnis h. non praeter S. currit	*Omnis h. non praeter S. non curr.*
„Dogmata“	*„Vitare“*
Non o. h. non praeter S. non c.	*Non o. h. non praeter S. currit*

177) f. 73 r. B:

„Adamasci“	*„Detrahendo“*
Omne A, inquantum B, est C	*Omne A, inquantum B, non est C*
„Simonia“	*„Tonodore“*
Non omne A, inqu. B, non est C	*Non omne A, inqu. B, est C*

178) f. 73 v. B:

„Pentecoste“	*„Rarefio“*
Omne A, non inquantum B, est C	*Omne A, non inqu. B, non est C*
„Romipeta“	*„Vigilasti“*
Non o. A, non inqu. B, non est C	*Non o. A, non inqu. B, est C*

cipit und *desinit* sucht er nach einer versinnlichenden Figur [179]). Auf einige anderweitige Erörterungen [180]) folgen zum Schlusse noch die *Insolubilia* in ähnlicher Behandlung, wie wir sie bei Paulus Venetus trafen [181]).

Uebrigens müssen ähnliche Memorial-Worte betreffs der *Exponibilia* u. dgl. (wieder andere werden wir später treffen, s. Anm. 368, 533, 569, 642) überhaupt vielfach in Umlauf gewesen sein, denn bereits um das Jahr 1488 finden wir in Verbindung mit obigem *Fecana*, *Cageti* u. s. f. (Anm. 165) eine Verspottung dieser Schulweisheit in zweien jener damals üblichen heiteren Parodien der *disputationes quodlibetares* [182]).

Gänzlich durch Tartaretus bedingt ist ein Pariser „*Cursus*" des aristotelischen Organons [183]), indem hier die Erläuterungen desselben bald wörtlich, bald abgekürzt, bald erweitert wiederkehren. Eine Abweichung liegt nur darin, dass aus des Tartaretus Bemerkungen über die vierte Schlussfigur eine Ablehnung derselben abgeleitet wird [184]), und auch die „Eselsbrücke" nebst *Fecana, Cageti* keine Aufnahme findet.

Der Franziskaner Samuel Casinensis beginnt in seinem scotistischen *Liber isagogicus* [185]) sofort mit elf versinnlichenden Figuren, deren

179) f. 74 r. Er wählt die Zeichnung einer Hand, auf deren vier Fingern die Regeln geschrieben sind, während dieselben im Daumen zusammengefasst werden; die Regeln beruhen auf der Unterscheidung zwischen *permanens* und *successivum*.

180) f. 75 f. über *differt*, Comparativ, Superlativ; f. 77 r. B *aliqua notanda de termino et suppositione;* f. 78 r. B *de descensu* nach obiger Zweitheilung (s. Anm. 172).

181) f. 81 ff. nach Vorausschickung einer Einleitung über die sechs Modalitäten (*possibile*, *necessarium* u. s. w.) werden die *Insolubilia* selbst ziemlich kurz behandelt; ihr Vorbild s. Abschn. XX, Anm. 569.

182) Bei *Jod. Gallicus*, Monopolium des Lichtschiffs, geschrieben in Heidelberg um d. J. 1488, und bei *Joh. Schram*, Monopolium der Schweinezunft, geschrieben in Erfurt i. J. 1494 (s. *Zarncke*, die deutschen Univers. im Mittelalter I, p. 51 ff. u. 103 ff., woselbst ein Wiederabdruck) werden p. 55 u. 111 die Memorial-Worte *Fecana Cageti Dafenes Hebare Gedaco* mit einem, wie mir scheint, fingirten komischen Beisatze des Spasses halber angeführt; es wird nemlich noch hinzugefügt: *Dindima pileus ysmara gargarus associamus Ignis grando barba cameron datisi bocardo ferison;* wirklich Memorial-Worte können *pileus*, *gargarus* und *associamus* wegen des „*u*" nicht gewesen sein, und die Beimengung von *datisi bocardo ferison* bedeutet wohl nur eine Parodie einer hiebei möglichen Confusion.

183) *Cursus optimarum quaestionum cum textualibus expositionibus Porphirii atque veteris logicae Arestotilis sicut maximi parisius regentes tradiderunt, multorum peritorum opiniones recitantes, finaliter se resolventes ad mentem subtilissimi doctoris iohannis Scoti ordinis minorum.* S. l. s. a. (sicher *Coloniae* bei *Quentel*) fol. Hiezu als zweiter Theil: *Cursus optimarum quaestionum cum textualibus expositionibus novae logicae Arestotilis etc.* wie so eben.

184) Pars II, f. XI v. B: *Prima figura accipitur dupliciter: uno modo large, et tunc est, quando medium subiicitur in una et praedicatur in alia, et illo modo quarta comprehenditur sub prima; alio modo capitur stricte et tunc est, in qua medium subiicitur in maiore et praedicatur in minore, et sic prima figura distinguitur contra quartam. Sed istam opinionem, quae est Galieni, impugnat Commentator. ..... Solum ponendae sunt tres figurae.*

185) Der marktschreierische Titel lautet: *Opus, quod liber ysagogicus inscribitur. Quia ad doctrinam Scoti, et ad aristotelica logicalia mirabiliter introductorius.*

letzte neun er durch die Namen der Musen symbolisirt und zugleich mit gewissen Buchstaben bezeichnet, so dass der Einfluss des Raimundus Lullus in die Augen springt [186]). Hierauf erläutert er in sieben Tractaten, deren erster über *intentio* occamistische Färbung zeigt, den Inhalt des Organons, derartig, dass er in unerträglicher Breite [187]) und phantastischer Rhetorik (in Form eines Dialoges zwischen Lehrer und Schüler) zu den einzelnen Lehren der Logik räsonirende Einleitungen gibt, welche stets *Dubia* über Eintheilungen und Definitionen enthalten und am Liebsten zu graphischen Figuren greifen [188]). Die wesentliche Grundlage hiebei ist überall die Meinung des Scotus.

Martin Molenfelt aus Lievland möchte in seinem *Tractatus obligatoriorum* [189]) mehrfach die Grundsätze der *Obligatoria* in den Schriften des Scotus entdecken, während er selbst sich an Albert v. Sachsen hält. Nach Anführung allgemeiner Regeln entscheidet er sich bezüglich der Zahl der Unterarten der *obligationes* dafür, dass deren sechs seien [190]), und bespricht dann an der Hand seines Vorbildes (s. Abschn. XX, Anm. 311 ff.) etwas ausführlicher *positio* und *impositio,* sehr kurz aber *depositio* und *petitio*. Theilweise neu sind seine kargen Bemerkungen über „*dubie positio*" und „*sit verum*" [191]).

Dass aber für den logischen Schul-Unterricht auch die Thomisten ebenso wie die Scotisten Einiges aus der Litteratur der Modernen auf-

---

Cuius utilitas agnoscitur, si benevolus accedas, studeasque diligenter. Nam eius incredibili ordine repente nimis quis logicus evadet, ut experientia teste a multis iam probatum est. Qui et et alias liberales disciplinas se noverunt hoc duce libello evectos. In quo quidem libello sunt infrascripti tractatus etc. (d. h. es wird kurz der Inhalt der sieben Tractate bezeichnet). Am Schl. Mediolani 1494. 4. Der Name des Verfassers ist in dem (auf der Rückseite des Titelblattes gedruckten) Dedications-Briefe des Franciscus Ruerus an den herzogl. Leibarzt Gabriel de Pirovano genannt.

186) Ich darf unmöglich um eines Halb-Narren willen den Raum so verschwenden, dass ich die elf Figuren, deren jede eine volle Seite einnähme, hier reproducire. Sollte sich Jemand für die Sache interessiren, so kann ich erwähnen, dass das, wie es scheint, sehr seltene Buch sich in der Münchner Universitäts-Bibliothek findet. Die erste Figur bedeutet *ratio memorandi praedicamenta*, die 2. *ratio investigandarum intentionum;* beide sind nach Form der *arbor Porphyriana* entworfen; die 3. als *Figura universalis* mit **A** bezeichnet erinnert an Lullus, hat jedoch 15 Felder (s. Abschn. XVIII, Anm. 86 u. 146); die 4. *praedicabilium* (mit **R** bezeichnet) hat 9 Felder; dann folgen mit je 15 Feldern 5. *praedicamentorum* (**S**), 6. *periermenias* (**T**), 7. *modalium* (**V**), 8. *Priorum* (**X**), 9. *Posteriorum* (**Y**), 10. *Topicorum* (**Z**), 11. *Elenchorum* (**NIHIL**) wieder mit 9 Feldern.

187) Das Ganze füllt 156 bis zur Unleserlichkeit klein und eng gedruckte Seiten.

188) Bei der *inventio medii* ist es nur die verkünstelte Figur des Averroes, nicht jene des Tartaretus.

189) Gedruckt in drei älteren Ausgaben des Commentares des Tartaretus zu Petrus Hispanus; in obigem Drucke (Anm. 158) f. 82 v. B ff.

190) f. 84 r. A: *Una opinio est, quae dicit, quod tantum tres sunt species obligationis, sc. positio, depositio et dubia positio* (wird sich doch wohl auf Paulus Venetus beziehen, wenn auch nicht völlig genau, s. Abschn. XX, Anm. 566 ff.). ..... *Dicendum est, quod sex sunt species obligationis.*

191) f. 87 r. B: *Dubia positio est obligatio ad sustinendum positum dubie.* ..... *„Sit verum" est obligatio, qua obligatur respondens ad sustinendum, aliquid esse verum.*

nahmen, ohne ihren Parteistandpunkt irgendwie grundsätzlich zu verleugnen, ersehen wir aus den Interpolationen und grösseren Zusätzen zu Petrus Hispanus. Seine *Summula* galt als hauptsächliches Unterrichtsmittel (Abschn. XX, Anm. 615 u. ob. Anm. 72 u. 78 ff.) und wurde als aristotelisch (ob. Anm. 153) zur *via antiqua* gerechnet, so dass sie für Thomisten und Scotisten an sich ein neutrales Gebiet war. Das Bedürfniss der Schule aber hatte auch für diese beiden Parteien, welche wahrlich nicht in das Lager der Terministen übergehen oder der übertriebenen Sophistik folgen wollten, die Forderung mit sich gebracht, einerseits den Petrus Hispanus reichlich auszubeuten und andrerseits auch einige Hauptlehren der Modernen über *Consequentia, Obligatoria* und *Insolubilia* in die Schule beizuziehen. So finden wir ebensosehr in solchen Drucken des Petrus Hispanus, welche die thomistischen Commentare eines Versor (s. Anm. 258) oder eines Lambertus de Monte (Anm. 280) enthalten, wie in jenen, welche dem Scotismus des Tartaretus (Anm. 158 ff.) angehören, vielfache Erzeugnisse einer interpolirenden, erweiternden und ergänzenden Thätigkeit, welche ich hiemit als eine allmälig durch verschiedene Hände entstandene jüngste Formation dieses Schulbuches im Folgenden zusammenstelle.

Zunächst sind es erklärlicher Weise Memorialverse, welche an einzelnen Stellen entweder den bereits vorhandenen beigefügt oder neu eingereiht wurden. So findet sich bei der Umkehrung der Urtheile (s. Abschn. XVII, Anm. 156) der Vers:

Ecce tibi sim armigeros ac arma bono con [192]).

In der Lehre von den modalen Urtheilen knüpften sich zunächst an die dort (Anm. 164) vorgeführte Figur die Verse:

Primus Amabimus est, Edentulique secundus
Tertius Iliace, Purpurea reliquus [193]).
Destruit U totum, sed A confirmat utrumque,
Destruit E dictum, destruit Ique modum [194]).
Omne necesse valet, valet impossibile nullum [195])

---

192) In obigen (Abschn. XVII, Anm. 143) Drucken A—W, Y—𝕮; er erhält seine mnemonische Bedeutung, indem man zunächst vor den Worten *armigeros* und *arma* interpungirt und die Worte *sim*, *ac* und *con* als Abkürzungen für *simpliciter*, *per accidens* und *per contrapositionem* nimmt; die Vocale aller übrigen Worte haben dann die bekannte Geltung, und das Wort *armigeros* erklärt sich dadurch, dass hier die *conversio per accidens* bereits sogar auf alle vier Urtheilsformen ausgedehnt ist. Bei der Aequipollenz erscheint jener fünfte Vers, welchen wir schon bei Shyreswood und bei Petrus Hispanus trafen (ebend. Anm. 40 u. 159), gelegentlich einer Interpolation bei *Vincent. Bellov.* IV, 39 (s. ebend. Anm. 322) auch in der Form folgender zwei Hexameter:

„Prae" contradictor, „Post" fit contraria, „Circum"
Pone subalternam; facietque negatio signum.

193) Oder als Hexameter (in Z—𝕮):

Tertius Iliace, sedet Purpurea quartus.

194) Oder gleichfalls als Hexameter (in Z—𝕮):

Destruit E dictum, sed destruit I quoque modum.

195) So in Y—𝕮, 𝕰𝕱𝖂𝖃; hingegen in X lautet er:

Omne necessariat, impossibile quasi nullus,

und in 𝕯, 𝕲, 𝖀, 𝖁:

Omne necessarium, impossibile est quasi nullum.

Possibile quidam, quidam non possibile non[196])
E dictum negat, Ique modum, nihil A, sed U totum[197]).

wozu zuweilen auch noch folgender kommt:

Possi contingens, impossibileque necesse[198]).

Auch die bereits seit Wilhelm Shyreswood recipirten Verse über das wechselseitige Verhältniss der modalen Urtheile (ebd. Anm. 166) werden um Einen neuen vermehrt, welcher lautet:

Ordo suballernus sit primus sive secundus[199]).

Ferner aber bot sich eine anderweitige Gelegenheit zur Versification in den dortigen Regeln (Anm. 165) über die Aequipollenz der modalen Urtheile dar, und somit finden wir:

Pos Impos aequi verbo simili modus impar,
Impos et Ne dissimili verbo simili mo,
Tota dissimili Pos et Ne sequiparantur[200]).

In dem Abschnitte über die Kategorien wurden die sog. Postprädicamente mnemonisch bearbeitet, und wir finden Verse für *prius* (ebend. Anm. 175):

---

196) So in Y, 𝔇—𝔎, 𝔘—𝔛; hingegen in X:

Possibile quidam, non possibile quidam non,

und in Z—𝔈:

Possibile est quidam, quidam non possibile est non.

197) Die Drucke X, 𝔇, 𝔊—𝔎, 𝔘 haben die sämmtlichen sieben Verse (— abgesehen von den eben erwähnten Varianten —) vor dem Inhalte der Anm. 165 (Abschn. XVII) eingereiht, in Z—𝔈 sind sie vertheilt, d. h. 3, 4 u. 7 stehen vor Anm. 163, dann 1 u. 2 nach derselben, zuletzt 5 u. 6 vor Amn. 165. In 𝔇𝔊 sind sogar 1 u. 2 noch einmal ganz am Schlusse (nach Anm. 166) wiederholt; Y hat nur zwei Verse, nemlich 5 u. 6, und zwar vor Anm. 165. Was den Sinn der Verse betrifft, so sind 1 u. 2 durch die dortige (Anm. 164) Figur selbst schon erklärt; auch 3 u. 4 u. 7 (deren letzterer nur eine Recapitulation der andern beiden ist) bedürfen nur des Hinblickes auf jene Figur und auf Anm. 162, d. h. *A* bedeutet, dass das Urtheil ohne Negation ist, *E* aber, dass die Negation beim Verbum, sowie *I*, dass sie beim Modus, und *U*, dass sie beim Verbum und beim Modus steht (vgl. das byzantinische Original hievon, Abschn. XV, Anm, 25). Sodann aber die Verse 5 u. 6 enthalten eine Parallelisirung der modalen Urtheile mit den einfachen kategorischen, indem bei letzteren in der allgemein recipirten Figur (s. Anm. 154, die Figur selbst s. z. B. Abschn. XI, Anm. 157) die Urtheile *A*, *E*, *I*, *O* genau dieselbe Stellung haben, wie hier die Urtheile *Socratem currere est necesse, S. curr. est impossibile, S. c. est possibile, S. non currere est possibile.*

198) Nemlich die Drucke 𝔈𝔉, 𝔏—𝔔, 𝔛 geben vor dem Inhalte dortiger Anm. 163 zunächst den siebenten der so eben erwähnten Verse, hierauf eine nichtmetrische Erklärung der vier Vocale *AEIU* (s. auch den Schluss der Anm. 163), und sodann obigen einzelnen Vers (nur fügen 𝔈𝔉𝔛 demselben noch 5 u. 6 der vorigen hinzu), dessen Sinn an sich klar ist, insoferne er die Identificirung des *possibile* und des *contingens* und die in jener Figur hervortretende Gleichartigkeit des *impossibile* und des *necesse* ausspricht.

199) Jene nemlichen so eben genannten Drucke 𝔈, 𝔉, 𝔏—𝔔, 𝔛 enthalten (am Schlusse des Inhaltes dortiger Anm. 166) diesen ebenso erklärlichen als unnützen Vers. In 𝔑—𝔗, welche ihn gleichfalls darbieten, steht sinnlos *tertius* für *primus*.

200) In 𝔑—𝔗, welche am Schlusse der Modalität ausser dem so eben (vor. Anm.) erwähnten auch den siebenten unter den dortigen Versen (Anm. 197) darbieten, findet sich dieses Erzeugniss einer Interpolation. Die drei Verse sind im Hinblicke auf Abschn. XVII, Anm. 165 (in deren Inhalt sie verflochten wurden) augenblicklich verständlich, sobald man die Abkürzungen *Pos[sibile]*, *Impos[sibile]*, *Ne[cesse]*, *aequi[parantur]* und *mo[do]* bedenkt.

Tempore, natura prius, ordine, dic, et honore
Causam causato dicimus esse prius [201]);

für *simul* (Anm. 176):

Tempore dico simul, quorum generatio nunc est,
Quae convertuntur, dicimus esse simul,
Suntque simul species genus unum condividentes [202]);

für *motus* (Anm. 177):

Auget, diminuit, corrumpit, vel generatur,
Alterat et mutat, sic per loca multa vagatur,
Sex istis motus dicitur esse modis [203]);

für *habere* (Anm. 178) auf Grundlage einer Interpolation (s. unten Anm. 218):

Affectum, quantum, vestitum, dic, velut aurum,
Membrum, contentum, possessum, vir mulierem;
Istis praedictis fertur habere modis [204]).

In der Syllogistik treffen wir als Versification der Angabe über directes und indirectes Schliessen (Abschn. XVII, Anm. 183):

Dico concludi directe, quando ma de mi,
Est indirecta conclusio, quando mi de ma [205]).

und ebenso betreffs der Tragweite der drei Figuren (ebd. Anm. 186):

Omne genus claudit problematis prima figura,
Fitque negative conclusio quaeque secundae,
Tertia concludit tantummodo particularem [206]).

Ja selbst jene Verse aus der jüngsten Zeit, welche die *inventio terminorum* betreffen, fanden zuweilen Aufnahme in den Text des Petrus Hispanus, nemlich:

Fecana, Cageti, Dafenes, Hebare, Gedaco,
Gebali stant; sed non constant Febas, Hedas, Heca.
Praedicat A; B sequens, C praecedit, D sit extra;
E subit; F sequitur, G praecedit, H sit extra [207]).

Auch in der Topik wurden bei den verschiedenen Bedeutungen der *ratio* (ebd. Anm. 192) Verse eingeschaltet:

Diffinit, virtus, ostendit, forma, vel esse,
Est medium ratio, per quod concluditur ergo [208]).

---

201) In 𝔏—𝔗 (und zwar in 𝔏—𝔔 mit dem Zusatze: *hi versus non sunt de textu*).

202) Gleichfalls in 𝔏—𝔗 (aber ohne Zusatz).

203) Nur in 𝔑—𝔗 (ohne Bemerkung).

204) In 𝔏—𝔔 finden sich nur die zwei ersten (und zwar mit dem Zusatze: *metra non sunt de textu*), in 𝔑—𝔗 aber alle drei Verse und ausserdem noch ein vierter, welcher mit dem zweiten synonym lautet:

Quidquid circa cor: membrum, triticum, domus, uxor.

205) In 𝔑𝔖. Dass „*ma*" und „*mi*" Abkürzungen für *maior* und *minor* sind, ist von selbst ersichtlich.

206) In 𝔜—𝔈. Auch die übliche Regel betreffs der Anfangsbuchstaben der Worte *Celantes*, *Dabitis* u. s. f. wurde in die zwei Hexameter gebracht:

In sibi consimilem vult littera quaeque reduci
Ductu possibili, Baroco Bocardo remotis.

Sie finden sich in der Interpolation bei *Vinc. Bellov.* IV, 50, s. Abschn. XVII, Anm. 323. Was übrigens dabei über *Baroco* und *Bocardo* gesagt ist, kann höchstens als halbwahr gelten.

207) In 𝔑𝔖. Die Erklärung derselben s. ob. Anm. 129 u. unten Anm. 359.

208) In 𝔛—𝔈, 𝔑, 𝔖. Jedoch in 𝔑𝔖 lautet der erste der beiden Verse:

Ratio (zu lesen *Oratio*), *virtus, definitio, forma, vel esse.*

und ebenso finden wir den letzten der Topen, nemlich den *locus a divisione* (sicher wegen der Wichtigkeit, welche man stets der Lehre von der Eintheilung beilegte) metrisch recapitulirt:

Per species genera, species per singula scindunt,
Per partes totum, voces per significatum,
Cuncta per opposita subiectum qualia scindunt,
Qualia per usias, per qualia qualia findunt 209).

Am Schlusse aber stellte man sämmtliche Topen in die Verse zusammen:

Diff, des, interpres, totum, pars, causa sit intra,
Corrumpens, generans, usus, communiter acci;
Autor, iudicium, similis, maior, minor, atque
Oppositum, transsump, proportio, sunt locus extra;
Sunt medii tantum divisio, coniuga, casus 210).

Endlich auch noch findet sich am Schlusse der Sophistik eine ähnliche metrische Zusammenstellung nebst zwei einleitenden Versen:

Cela, multa pete, lauda, transferre memento,
Discere te finge, si vis concludere falsum:
Aequivocans, amphi, componit, dividit, acc, fi,
Acci, quid, ignorans princi, con, causaque, plures 211).

Andrerseits aber wurde auch die Doctrin selbst in einzelnen Punkten oder sogar in grösseren Gruppen erweitert. So werden beim hypothetischen Urtheile den älteren drei Arten desselben (Abschn. XVII, Anm. 158) aus der Litteratur der Modernen, d. h. aus Buridanus und Albert von Sachsen (Abschn. XX, Anm. 81 u. 273) auch die neuen drei, nemlich *causalis*, *temporalis*, *localis* nebst ihren Regeln beigefügt 212). In dem die Kategorien betreffenden Abschnitte finden wir zunächst in der Lehre vom *aequivocum* (Abschn. XVII, Anm. 169) zuweilen eine längere Erweiterung 213) und in den Angaben über die neun Arten des *inesse* (ebd. Anm. 170) eine der frühesten Interpolationen 214), sodann aber wurde nicht bloss bei der Kategorie der Substanz in einigen Ausgaben ein Glossem in den Text aufgenommen 215), sondern man ergänzte auch

---

209) In Y—C.

210) In Y—C, N, S. Die Abkürzungen der Worte ergeben sich von selbst aus obiger (Abschn. XV, Anm. 60 ff.) Reihenfolge der Topen. Uebrigens habe ich obige fünf Verse aus NS mit einigen unumgänglichen Verbesserungen entnommen; in Y—C sind sie manigfach fehlerhaft.

211) Nur in NS. Die Erklärung der letzten zwei Verse erhellt auch hier von selbst aus dortiger (Abschn. XVII, Anm. 197) Inhalts-Angabe.

212) In NST.

213) In U—W, N—T (die Erklärung der Beispiel-Worte ist sehr weit ausgesponnen).

214) Es werden nemlich in sämmtlichen Drucken jenen Memorialversen die Worte vorausgeschickt: *Hos autem octo modos „essendi in" distinguit Aristoteles quarto Physicorum* (IV; 3, p. 210 a 14), *Boethius autem* (s. Abschn. XII, Anm. 92) *assignat novem, quia subdividit quintum, ut dictum est.*

215) Bei der Lehre, dass die Substanz empfänglich für die Gegensätze ist (*susceptibilitas contrariorum*), wird ein von der Urtheilsform entnommener Einwand folgendermassen beseitigt (im Drucke B, f. 85 B): *Neque est instantia de oratione, quia, licet haec eadem oratio „Socrates sedet" aliquando est vera aliquando falsa, tamen hoc non est secundum sui mutationem, sed rei; ..... et ideo nota, quod verum et falsum sunt in rebus ut in subiecto, et sunt in oratione ut in signo.* Hier nun wird in NST nicht bloss die bekannte aristotelische Stelle (*Cat.* 12, s. Abschn. IV,

(nach dem Vorgange des Albertus Magnus) die bei Psellus fehlenden vier letzten Kategorien aus Gilbertus Porretanus[216]). Auch bei den Postprädicamenten supplirte man zuweilen den bei Petrus Hispanus übergangenen (ebd. Anm. 174) relativen Gegensatz[217]), sowie man den verschiedenen Bedeutungen des *habere* (Anm. 178) eine neue hinzufügte[218]). In der Syllogistik finden wir zunächst in der Lehre von der *inventio terminorum* (Anm. 189) eine erweiternde Interpolation[219]); eine hauptsächliche Vermehrung aber war es, dass man am Schlusse des Abschnittes das Capitel *De potestatibus syllogismorum* hinzufügte, welches in einem kärglichen Excerpte aus Aristoteles (*An. pr.* II, 1—15, s. Abschn. IV, Anm. 608—627) unter folgender Terminologie sechs nachträgliche Momente der Syllogistik vorführt: *syllogismus concludens plura, concludens ex falsis verum, circularis, conversivus, ad impossibile, ex oppositis*[220]).

Bei Weitem aber der bedeutendste Zusatz war es, wenn man die Summula des Petrus Hispanus noch um den ausgedehnten Abschnitt vermehrte, welcher die Ueberschrift „*S y n c a t e g o r e u m a t a*" trägt. Es scheint diess allerdings nur in einer geringeren Zahl von Handschriften geschehen zu sein, denn auch unter den Druckausgaben ist es nur der vierte Theil, welcher diesen Zuwachs, und zwar bereits in verschiedener Form, enthält[221]). Ausserdem erhellt so viel, dass wenigstens in der

---

Anm. 113) eingefügt, sondern der Schlusssatz erhält auch die auffallende Wendung: *unde verum et falsum sunt in rebus ut in causa, in intellectu vero sicut in subiecto, et in oratione sicut in signo.*

216) Die Ergänzung ist in allen Ausgaben vorgenommen, und auch alle, mit Ausnahme von 𝔑𝔖𝔗𝔚, leiten dieselbe mit den Worten ein: *Quae sequuntur de aliis quatuor praedicamentis, non sunt dicta* (oder *data*) *a Petro Hispano.* Aber nur 𝔈𝔉𝔛 fügen diesem noch hinzu: *sed ab auctore sex principiorum accepta.* In V—W sind jene vier Kategorien und in 𝔑𝔖𝔗 nur *quando* weit ausführlicher erörtert, als in den übrigen Drucken. S. Abschn. XIV, Anm. 494 ff.

217) In 𝔈, 𝔉, 𝔏—𝔔, 𝔛 finden wir: *Relative opposita dicuntur, quaecunque ea ipsa, quae sunt, oppositorum dicuntur vel quomodolibet aliter ad ea, ut duplum et dimidium, disciplinatum et disciplina.*

218) In 𝔏—𝔔 steht nach „*habere membrum*" auch noch: *habere ornatum vel annulum in digito.*

219) In X, 𝔇, 𝔊—𝔎, 𝔑, 𝔖, 𝔘—𝔚 lautet das erste Glied obiger Regel: *Accipiendi sunt duo termini diversi, scilicet duae species sub uno genere, differentia, vel proprio, vel accidente.* Hinwiederum in Y—𝔈: *Accipiendi sunt duo termini diversi, scilicet duae species cum suo genere ...... vel duae species cum proprio alterius ..... vel una species cum suo genere et suo proprio.*

220) Es findet sich dieses Capitel nur in A—F, 𝔑, 𝔖 und lautet am Anfange: *Nunc restat dicere de potestatibus syllogismorum, quas Aristoteles in secundo Priorum assignat sex, quae communiter solent hic nominari* (namentlich auch letzterer Zusatz bestimmt mich jetzt, dieses Capitel, wo es erscheint, als späteren Zusatz zu erklären, nachdem ich früher, Abschn. XV, Anm. 56, die Ansicht ausgesprochen, dass es bei Psellus ausgefallen sei). *Prima est syllogismus concludens plura* (Abschn. IV, Anm. 608 f.), *secunda est syllogismus ex falsis concludens verum* (ebd. Anm. 610 ff.), *tertia est syllogismus circularis* (ebd. Anm. 615 ff.), *quarta est syllogismus conversivus* (ebd. Anm. 619 ff.), *quinta est syllogismus ad impossibile* (ebd. Anm. 623 ff.), *sexta syllogismus ex oppositis* (ebd. Anm. 627). *Hic autem de istis potestatibus intendimus pertransire breviter, et solum declarabimus earum descriptiones per earum utilitates.* Letzteres geschieht dann auch in aller Kürze. (Vgl. auch Abschn. XV, Anm. 111.)

221) Nemlich nur in den zwölf Drucken M—Q, Y—𝔈, 𝔑, 𝔖 sind die Syncategoreumata mitaufgenommen, unter denselben aber bieten M—Q, 𝔑𝔖 eine ein-

Zeit jener Drucke sich allmälig ein Verdacht über die Aechtheit des ganzen Abschnittes einstellte [222]). Aber wer der Verfasser dieses merkwürdigen Erzeugnisses gewesen sei, dürfte wahrscheinlich für immer im Dunkeln bleiben. Der Inhalt ist in Kürze folgender [223]). Auf Grundlage der bei den Modernen üblichen Unterscheidung zwischen *categorema* und *syncategorema* (s. z. B. Abschn. XX, Anm. 462 u. 506) wird dem Letzteren in scotistischer Weise eine sachliche Bezeichnung zugeschrieben, welche in der Disposition des Subjectes oder Prädicates derartig liege, dass man auf „*est*", welches eine *compositio* bedeute, und auf „*non*" zurückgehen müsse [224]). Die in der Sprachbezeichnung liegende *compositio* betreffe entweder im Substantivum die Vereinigung von Substanz und Qualitäten oder im Verbum die Vereinigung von Substanz und Thätigkeit, bei welch letzterer die verschiedenen Modi des Verbums ihren Grund in psychischen Affecten haben [225]). Das „*non*" hingegen sei hauptsächlich in den verschiedenen Formen der sog. Infinitation zu erwägen [226]). Nach dieser sonderbaren Einleitung folgen unter reichlicher

---

fachere Redaction dar, hingegen in Y—𝔅 ist dieser Text (namentlich zu Anfang) schon sehr stark erweitert, so zwar, dass der Umfang des ganzen Abschnittes hier ungefähr dreimal grösser ist, und 𝔈 gibt wieder eine anderweitige commentirende Paraphrase desselben.

222) Denn während die Drucke M—Q noch unbedenklich die Ueberschrift *Syncategoreumata Petri Hispani* geben, und in 𝔑𝔖 der Abschnitt kurzweg als *Tractatus octavus* (also als Fortsetzung der *Summulae*) numerirt ist, bezeichnen ihn YZ schon als *libellus nuperrime* (oder *nuper*) *inventus*, hingegen 𝔄𝔅 in vorsichtiger Weise als *opus Petro Hispano adscriptum*. Auch ist bemerkenswerth, dass die drei Kölner Drucke R—T, während sie in allem Uebrigen mit M—Q übereinstimmen, doch die Syncategoreumata weglassen.

223) Ich citire nach dem Drucke 𝔅.

224) f. 264 A: *A dictionibus syncategorematicis .... causatur veritas vel falsitas in oratione; ergo significant res aliquas; sed non significant res subiicibiles vel praedicabiles; ergo significant res, quae sunt dispositiones subiicibilium et praedicabilium. .... Dispositio subiecti, inquantum est subiectum, vel praedicati, inquantum est praedicatum, significatur per dictiones syncategorematicas. ....* (B) *In eis per se intelliguntur „est" et „non" et non e converso; ideo „est" et „non" sunt priora illis. .... „Solum" enim est idem quod „non cum alio" et „desinit" est „est", quod de cetero non erit. .... „Est" autem consignificat compositionem; .... ideo prius dicendum est de compositione.*

225) f. 265 A: *Compositionis alia est rerum, alia modorum significandi. .... Compositionis, quae est modorum significandi, alia est qualitatis cum substantia, et haec significatur per nomen, ... v. gr. homo est res habens humanitatem ......* (f. 266 A) *Alia est compositio actus cum substantia; .... et huius alia est actus uniti, ut in participio, alia vero actus distantis, ut in verbo. ....* (f. 267 A) *Cum verbum debeat imponi ad significandum, anima prius apprehendit actum de substantia et postea afficitur ad enuntiandum ..... et per istum affectum inclinatur ..... et per istam inclinationem indicat vel imperat vel optat, ... et sic sunt modi.*

226) f. 268 A: *Negatio uno modo dicitur oratio negativa et est species enuntiationis; ...... alio modo dicitur signum et instrumentum negandi. ....* (B) *Alia facit nomen infinitum, ... alia participium, ut „non currens", ... alia verbum infinitum, ut „non currit", ... alia facit orationem negativam. .....* f. 269 B: *Nomen dupliciter potest infinitari, ... uno modo secundum privationem, ... et sic praedicatur solum de ente, ... alio modo secundum negationem, ... et sic praedicatur de quolibet, quod est et quod non est* (ebenso f. 270 betreffs des *verbum infinitum*). ...... f. 270 B: *Negatio orationis, cum negatio removet specialem compositionem, sufficit ad contradictionem.*

Einstreuung grammatischer Bemerkungen und sophistischer Beispiele, welche meistens den *Insolubilia* angehören, zunächst die Exclusiv-Partikeln [227]), dann die exceptiven [228]) und hierauf als consecutive zuerst *si* [229]), dann *an* [230]), *vel* [231]), *et* [232]), *nisi* [233]), *quin* [234]), *quanto* [235]), *quam* [236]), *quidquid* [237]); in bunter Unordnung reiht sich hierauf *incipit* und *desinit* an [238]), dann *necessario* und *contingenter* [239]), hernach plötzlich die reduplicativen Worte [240]), und den Schluss macht eine kurze Notiz über den Syllogismus [241]).

Ausserdem aber fügte man aus dem Umkreise der üblichen Litteratur der Modernen auch noch die drei Tractate *Obligatoria*, *Insolubilia* und *Consequentiae* dem Petrus Hispanus bei [242]). Ein deutlicher Fingerzeig

---

227) f. 272 A: *Exclusio intelligitur dupliciter*, *sc. ut concepta et ut exercita.* ..... (B) *Ad exclusionem quatuor exiguntur: quod excluditur, a quo excluditur, respectu cuius excluditur, actus excludendi.* ..... f. 273 A: *Exclusio una est generalis et altera specialis.* ..... f. 275 B: *Quinque sunt, quae debent excludi: diversum subiectum,* ...... *diversum loco*, ... *diversum tempore*, ... *oppositum ex parte praedicati,* .... *diversum accidens.* .... p. 278 B: *Dictio „solus" excludit ab aliquo causali, sive ponatur in subiecto sive in praedicato.*

228) f. 279 B: *Sequitur de exceptivis.* .... *Quidam dicunt, „praeter" non significare exceptionem.* ..... *Dictio „praeter" et consimiles dicuntur exceptivae non ab exceptione significata*, *sed ab exceptione exercita.* .... *Excipiens est anima; alterum est instrumentum excipiendi, i. e. dictio exceptiva;* .... *et etiam exiguntur illa tria: quod excipitur, a quo excipitur, respectu cuius excipitur.* .... f. 280 B: *A multitudine in toto integrali et in aliis totis habentibus naturam horum excipit dictio exceptiva.* ..... f. 283 A: *Eadem debent intelligi de dictione „praeterquam" et „nisi".*

229) f. 283 A: *Quidam dicunt, quod dictio „si" significat causalitatem, alii dicunt antecessionem, alii consecutionem.* .... *Significat causalitatem* ..... *et magis antecessionem, quam consecutionem.* .... (B) *Consecutionis alia est excedens, alia excessa;* .... *alia est rerum simul existentium,* .... *alia rerum existentium secundum prius et posterius;* .... (f. 284 A) *alia est simplex, alia composita.* .... p. 286 B: *In conditionali syllogismo aliquando licet fieri descensum sub antecedente, aliquando sub consequente.* ..... f. 287 A: *Quaeritur, utrum ex impossibili sequatur quodlibet.* ..... f. 288 A: *Non sequitur verum ex impossibili, inquantum est impossibile.*

230) f. 289 A: *Dictio „an" significat disiunctionem* .... *et importat dubitationem.*

231) f. 292 A: *Coniunctio „vel" significat comparationem rerum simul existentium disiungendo.*

232) f. 294 A: *Coniunctio „et" primo et per se dicit simultatem plurium subiectivorum in uno accidenti de pari, quantum est de se, vel plurium accidentium in uno subiecto.*

233) f. 295 A: *Communiter ponunt, quod dictio „nisi" per se et proprie tenetur consecutive et non exceptive* ..... (B) *Aliquando tenetur consecutive, aliquando exceptive.* ..... f. 296 A: *In dictione „nisi" intelligitur negatio et etiam adversatio, et per hoc est exceptiva.*

234) f. 297 B.

235) f. 300 B.

236) f. 301 A.

237) f. 302 B.

238) f. 303 A.

239) f. 307 A.

240) f. 310 A.

241) f. 311 A.

242) Gedruckt sind die drei Tractate in den Ausgaben **M**—**W**; in den Drucken **H**—**K** finden sich commentirende Paraphrasen der *Insolubilia* und *Obligatoria*. Ich citire nach der Foliatur des Druckes **N**.

aber dafür, dass diese Erweiterung gerade durch sog. Antiqui ins Werk gesetzt wurde, liegt in der erkünstelten Anknüpfung an aristotelische Stellen, welche man für diese modernen Erzeugnisse förmlich erzwingen wollte [243]). Es wird eine Definition der *obligatio* an die Spitze gestellt, welcher wir schon bei Paulus Venetus (Abschn. XX, Anm. 565) als eine von demselben abgelehnte trafen [244]); dann folgen Angaben über *obligatum* [245]), *tempus* [246]) und *pertinens* [247]), und hierauf mehrere Regeln und Beispiele, aber unter noch engerer Beschränkung als bei Venetus, indem hier überhaupt nur die *positio* in Betracht kommt [248]). Die *Insolubilia* sind in Kürze aus Paulus Venetus (ebd. Anm. 569 ff.) entnommen [249]), nur wird auch für sie eine abenteuerliche Beziehung auf

---

243) f. LVIII v. B: *Inclitus philosophorum princeps Aristoteles ..... tangit duo sub breviloquo, quae sua consueverunt difficultate novicios illaqueare. Primum ponitur primo Priorum et nono Metaphysicorum* (beide Stellen s. Abschn. IV, Anm. 261 f.), *videlicet „possibili posito inesse nullum sequitur impossibile"; secundum habetur quarto Metaphys.* (s. ebend. Anm. 173) *de quodam speciali ac quasi monstruoso genere propositionum, quae sua significatione interimunt se ipsas. ..... Quapropter paterna autoris sollicitudo sub duobus opusculis, sc. tractatu Obligationum et tractatu Insolubilium artem perstrinxit. ..... Tractatum de obligatoriis primo aggrediendo quorundam terminorum restat descriptiones praemittere, secundo nonnullas regulas necessarias apponere, deinde tertio paucorum exemplorum practicam gratia plenioris declarationis finaliter subiungere.*

244) Ebend.: *Ponitur descriptio obligationis, quae ab aliquibus datur talis: Obligatio est praefixio alicuius enuntiabilis ad sustinendum secundum aliquem statum, sc. affirmative, negative vel dubitative. Potest etiam aliter describi: Obligatio est praefixiō alicuius enuntiabilis possibilis ad sustinendum, ne sequatur impossibile; quae descriptio consonat propositioni Aristotelis primo Priorum* (vor. Anm.). ..... *Sicut non est praefixio perfecta, nisi respondentis concessus interveniat, ita proprie obligatio non est, nisi respondens, quod sibi praefigitur, admittat. Si enim opponens dicat „pono tibi istam: omnis homo est Romae", non est facta obligatio, donec dicat respondens „admitto", quo facto est quasi inter opponentem et respondentem quaedam litis contestatio* (diess Letztere ist, wie Jedermann sieht, ein juristischer Ausdruck, vgl. unten Anm. 249). Vielleicht war auch die *obligatio* ebenso wie der Abschnitt über *Consequentiae* aus Marsilius entnommen worden (Abschn. XX, Anm. 424).

245) f. LIX v. A: *Obligatum est propositio, quae est pars obligationis sequens immediate signum obligationis, dummodo tamen sit admissa. ..... Sunt autem signa obligationis „pono, ponatur, peto" et similia.*

246) f. LIX v. B: *Tempus obligationis est illud, quod sequitur admissionem respondentis, quousque opponens dicat „cesset tempus obligationis" vel obligaret respondentem modo contrario primariae obligationi.*

247) f. LX r. A: *Pertinens alicuius propositionis est, quod ad ipsam sequitur vel eidem repugnat. .... Quamvis igitur multiplex subdivisio pertinentium potest assignari, tamen in hac arte deservit solummodo pertinens, quod dicitur sequens ex obligato aut ex obligatis bene concesso vel bene concessis, vel ex opposito bene negati aut bene negatorum. Exempli gratia si dicatur „pono tibi istam: omnis homo est Romae", ... hae propositiones „tu es Romae" vel „non es homo" et similes dicuntur secundum hanc artem pertinentes, quod patet in processu syllogistico.*

248) Es sind nur sieben Regeln von jenen, welche wir bei Paulus Venetus trafen (Abschn. XX, Anm. 566 f.); an die zuerst angeführte *„Possibili posito nullum sequitur impossibile"* knüpft sich eine langathmige unnöthige Unterscheidung der *propositio possibilis* und *propositio de possibili* (z. B. f. LX r. B: *Ista est de possibili „Omnem hominem possibile est esse asinum" et tamen est impossibilis; et e contra, ista enim „Omnis homo est animal" est possibilis, et tamen non est de possibili*). Hierauf folgt f. LXI v. B ff. eine Menge sophistischer Beispiele.

249) f. LXIV v. A: *Quia omne promissum cadit in debitum* (man beachte auch hier die juristische Ausdrucksweise, vgl. oben Anm. 244), *expeditis de eo, quod*

Aristoteles versucht [250]), worauf noch die geringe Zahl von nur fünf Beispielen folgt [251]). Endlich die *Consequentiae* sind nur ein Auszug aus demjenigen, was wir bei Marsilius (Abschn. XX, Anm. 409 ff.) trafen [252]).

Verwandt mit diesen Ergänzungen des Petrus Hispanus ist es, dass zum Gebrauche der Studenten unter dem Titel „*Parva logicalia*" die Lehre des Hispanus über die *proprietates terminorum* speciell abgedruckt und dabei die *Consequentiae* aus Paulus Venetus beigefügt wurden [253]).

Etwas Anderes sind die Drucke unter dem Titel „*Parvulus logicae*", denn dieselben enthalten im Auszuge den ganzen Petrus Hispanus (nicht bloss *propr. term.*); ausserdem aber zeigen sie eine schroffere Scheidung der Parteien, insoferne der „*Parvulus antiquorum*" sich auf die sieben ersten älteren Tractate beschränkte [254]), während in den „*Parvulus modernorum*" auch Lehren des Paulus Venetus aufgenommen wurden [255]).

---

circa artem obligatoriam et eius practicam dicendum praeconceperam, superest de secundo promisso, sc. de ipsis vocatis insolubilibus pauca subiungere, ex quibus acuti novicii usu praeexercitati valeant huiusmodi insolubilia solvere et imperitis insolubiliter proponere.

250) f. LXV v. A: *Quantum ad secundum, ... diligenter intuentibus Aristotelem circa finem quarti Metaph.* (s. Abschn. IV, Anm. 173) *faciliter potest patere origo falsificandi aliquam propositionem semet ipsam, ubi sic ait „Accidit igitur, quod famatum est* u. s. w." ..... *Ex his enim verbis elicere possumus, quod hae dictiones „verum et falsum" et aliae dictiones, ... sicut „necessarium, impossibile, decipi, scibile" possunt causare reflexionem propositionis super se ipsam et destruere directam significationem; quia enim significatio totius resultat ex significatione partium, quando pars propositionis importat aliquam passionem propositionalem, consequenter redundat in significationem sententialem et totalem, ac per hoc casu certo superveniente propositio interimit se ipsam.*

251) f. LXVI r. A.

252) f. LXVI v. A — LXX r. B.

253) *Editio textualis parvorum loycalium Scilicet Suppositionum, Ampliationum, Restrictionum, Appellationum, Exponibilium, Consequentiarum.* Am Schl.: *Impressum Liptzk per Baccalarium Wolfgangum Monacensem.* 1503. fol. Von den zu Petrus Hispanus hinzugefügten Tractaten ist sonach hier nur jener über *Consequentiae* aufgenommen, und dieser enthält auf Grundlage des Paulus Venetus eine ansehnliche Vermehrung der Regeln. Ueber den Ausdruck „*Parva logicalia*" vgl. ob. Anm. 153.

254) *Textus parvuli antiquorum.* Am Schl.: *Finit tractatus Parvulus antiquorum intitulatus per fratrem Arnolphum in artibus et theologia Magistrum editus. Et in florentissimo studio Lypsensi emendatus, ac per Melchiorem lotter Impressus.* s. a. 4. Und *Libellus parvulus antiquorum intitulatus In noticiam logicae introductorius utilis ac valde necessarius.* Am Schl.: *Finit tractatulus Parvulus antiquorum intitulatus per fratrem Arnolphum in artibus et theologia magistrum editus Et in florentissimo studio Lipsensi emendatus ac per Conradum Kacheloffen Impressus.* s. a. 4. Ein jüngerer Druck ebend. 1506. 4 (unter dem Titel *Textus parvuli antiquorum*). Alle drei sind ein karges Excerpt aus Petrus Hispanus ohne die drei modernen Tractate.

255) *Parvulus logicae* s. l. s. a. 4. und *Incipit Textus parvuli logicae una cum brevi et perutili repetitione eiusdem.* Am Schl.: *Impressum per Fridericum Kreusner.* s. a. 4. und *Textus parvuli modernorum.* Am Schl.: *Impressum Lyptzk per Melchiorem Lotter.* s. a. 4. Diese drei Drucke sind mit unbedeutenden Ausnahmen gleichlautend. Das Ganze beginnt mit der Lehre vom Urtheile, d. h. Qualität, Quantität, Entgegensetzung, *triplex materia*, Umkehrung, hypothetisches und modales Urtheil, — Alles nach Petrus Hispanus; dann folgt in gedrängtester Kürze *suppositio*, hierauf nach Paulus Venetus die Lehre von *terminus resolubilis, exponibilis, officialis* mit einigen Sophismen, hernach *ampliatio*; sodann die Universalien und die Kategorien nach Petrus Hispanus, und zum Schlusse aus gleicher Quelle der kate-

Ueberhaupt genoss Petrus Hispanus in der Schule das grösste Ansehen, und man suchte dasselbe wo möglich noch dadurch zu erhöhen, dass man auf Titelblättern die Correspondenz der einzelnen Tractate mit den Theilen des Organons ausdrücklich bemerkbar machte [256]).

Wenden wir uns somit von diesem neutralen Gebiete, welches die verschiedenen Parteien benützten und bereicherten, zu den Thomisten jener Jahrzehnte, so finden wir, dass dieselben betreffs der grundsätzlichen Parteifragen in schrofferer Weise conservativ auftraten. Als ältester derselben unter den bisher besprochenen Zeitgenossen begegnet uns Heinrich von Gorkum (in Köln wirkend, gest. i. J. 1460), welcher die Hauptsätze der zweiten Analytik in getreuem Auszuge zusammenstellte und im Anschlusse an Thomas v. Aquino durch Beweisgründe (sog. *positiones resolutoriae*) erläuterte, so dass dieser Commentar etwas später an dem thomistischen Gymnasium *de Monte* in die officiellen Ausgaben des Petrus Hispanus aufgenommen wurde [257]).

Einflussreicher war der vielgelesene Johannes Versor (gest. um d. J. 1480), welcher nach thomistischen Grundsätzen alle aristotelischen Hauptwerke erläuterte. In seinen hieher gehörigen Commentaren zum Organon und zu Petrus Hispanus [258]) zeigt er sich als einen trocknen

---

gorische Syllogismus, welchem noch etliche Regeln über *Consequentia bona formalis* angehängt sind.

256) So z. B. in der von mir (Abschn. XVII, Anm. 143) mit A bezeichneten Ausgabe. Da aber hiebei natürlich die *proprietates terminorum* eine Schwierigkeit bereiteten, so bezeichnete man diesen Tractatus, über welchen wir schon oben (Anm. 153) derlei Annahmen fanden, als „*ex variis logicae libris extractus*". Der thomistische Charakter dieser Drucke zeigt sich darin, dass man nach dem 4. Tractatus (d. h. nach der Syllogistik) die Schrift des Thomas *De inventione medii* (Abschn. XVII, Anm. 550) einfügte.

257) Ohne Titelblatt sofort beginnend: *Circa initium compendii magistri Henrici de Gorichem artium et theosophiae professoris ..... almae universitatis Coloniensis vicecancellarii et academici Montis gymnasiarches primi, quo ..... ea, quae in libro Posteriorum Aristotelis quodam velamine proponuntur, in lucem aurorae ..... apertissime secernuntur, ... quaeritur primo etc.* Auf der folgenden Seite: *Istud est compendium magistri Henrici de Gorichem sententialiter correspondens libro Posteriorum Aristotelis.* Am Schlusse: *Explicit compendium textuale cum positionibus resolutoriis. ...... Henrici de Gorichem ..... tandem tractatibus Petri Hispani incorporatum pro eruditione Neothericorum praememorati Montis Coloniae ......* 1506. 4.

258) Von den „*Quaestiones super veterem artem*" (zu welcher, wie sich von selbst versteht, nach älterer Tradition *Porphyr.*, *Arist. Categ.*, *Gilb. Porret* u. *Arist. De interpr.* gehören) kenne ich drei Incunabel-Drucke s. l. s. a., einen Venetianer v. 1497, und drei Kölner, nemlich einen v. 1486, einen v. 1497 und einen unter dem Titel *Elucubratio commentaria in veterem Aristotelis artem* etc. v. 1503 (nach letzterem citire ich); von dem Commentare „*Super omnes libros novae logicae*" einen Incunabel-Druck s. l. s. a. und drei den eben genannten correspondirende Kölner (am Schluss dieser Ausgaben ist Versor's Commentar zu *Thomas Aqu.*, *De ente et essentia* beigefügt). Von dem Commentare zu Petrus Hispanus hatte ich in Händen zwei Incunabel-Drucke s. l. s. a., einen s. l. v. 1487 und einen s. l. v. 1488, zwei Kölner, nemlich einen s. a. und einen v. 1489, einen Neapolitaner v. 1477, einen Nürnberger v. 1495, und drei Venetianer, nemlich v. 1488, 1508 und v. 1572 (letzterer ist derselbe, welchen ich, Abschn. XVII, Anm. 142, mit 𝔅 bezeichnete, vgl. ebend. Anm. 145); in der Mehrzahl derselben ist der Text des Petrus Hispanus mitabgedruckt, in allen aber erstreckt sich der Commentar nur auf die sieben ächten Haupt-Tractate, d. h. die *Syncategoremata* und die drei modernen Tractate (*Conseq.*, *Insolub.*, *Oblig.*) kommen nicht in Betracht.

und langweiligen Erklärer, welcher von Absatz zu Absatz stets mit einem „*Quaeritur, utrum*" beginnt, dann durch verschiedene „*scienda*" zu einer „*conclusio*" gelangt, um diese letztere abermals durch „*dubitationes*" zur glücklichen „*solutio*" zu führen. Er bedient sich nicht vieler Citate [259]), sondern lehnt sich überhaupt grundsätzlich an Thomas an, welchem er auch bezüglich der wesentlichen Aufgabe der Logik folgt [260]), daher er geneigt ist, die realistische Auffassung der Universalien auf die Metaphysik zu stützen [261]). Die Einleitung aber zu Petrus Hispanus entnimmt er fast wörtlich aus Dorbellus [262]), während er in der ganzen Einzeln-Exegese des Textes einigen Neuerungen gegenüber lediglich auf die ursprüngliche Meinung des Petrus Hispanus zurücklenkt [263]).

Einem äusserst verbissenen Thomisten begegnen wir in Petrus Nigri (nicht „Niger"), welcher um d. J. 1475 unter dem Titel „*Clipeus Thomistarum*" einen Commentar zu Porphyrius und den Kategorien schrieb [264]). Er will gegen die Scotisten ebensosehr wie gegen die Modernen zu Felde ziehen und nennt bei Kundgebung dieses Vorsatzes neben vielen uns bekannten Autoren auch einige, welche wir nicht näher kennen, so auf Seite seiner Gegner einen Landulfus und Johannes Catalanus, und auf Seite seiner Partei einen Wilhelm v. Maricalmus [265]).

---

259) Wir finden nur Verweisungen auf Albertus Magnus, Thomas, Boethius und am häufigsten (aus Albert entlehnt) auf Avicenna; etliche Male erwähnt er polemisch Buridanus und Marsilius. Aber z. B. bei der Syllogistik schenkt er den Aenderungen oder Erweiterungen der Neueren nicht die geringste Berücksichtigung.

260) *Sup. vet. art.* f. 1 r. B: *Docens logica est scientia specialis, ... logica utens non est scientia specialis.* ..... (v. B) *Logica non est pars philosophiae stricte acceptae, sed generaliter dictae.* ..... f. 2 v. A: *Aliquorum antiquorum secta interpretabatur, logicam esse sermocinalem, ... alii vero dixerunt, syllogismum esse subiectum logicae, ... alii, ens rationis* (s. Herveus, Abschn. XIX, Anm. 395 ff.). ..... (B) *Argumentatio est subiectum attributionis totius logicae.* .... f. 3 r. B: *Logica est scientia speculativa simpliciter et practica secundum modum.* .... (v. A) *Logica considerat omnia, prout sunt in intellectu illius, qui quaerit per notum venire ad ignoti notitiam; et quia ignotum duplex est, complexum sc. et incomplexum, ideo logicus habet considerare voces complexas et incomplexas.*

261) Ebd. f. 5 r. B: *Illae quaestiones de universalibus ...... determinari non possunt per logicae facultatem, quia ..... necesse est uti rationibus sumptis ex principiis, causis et passionibus entis inquantum ens.* An die übliche Dreigliederung der Universalien *ante rem*, *in re*, *post rem* (im Anschlusse an Albertus Magnus und Thomas) reihen sich dann über die einzelnen Fragen Erörterungen, welche nahezu wörtlich aus Heimerich Campen entnommen sind (s. ob. Anm. 50 ff.).

262) f. 1 u. 2, s. ob. Anm. 5 ff.

263) So z. B. betreffs der *appellatio* und *distributio*, wo er nur in äusserster Kürze von „*quidam*" spricht, welche anderer Ansicht seien. Hingegen z. B. bei der *suppositio* erwähnt er die bereits vorliegenden Controversen über die Eintheilung derselben nicht mit einem Worte. Auch ist in diesem Commentare die Form etwas verschieden, indem er nicht mit „*Quaeritur, utrum*", sondern stets sogleich mit „*sciendum*" beginnt.

264) Oefters gedruckt; ich citire nach der Venetianer Ausgabe 1504. fol.

265) Prolog. f. 2 v. A: *Et in sacra theologia et in rerum naturalium humanorumque actuum disciplina unius beati Thomae Aquinatis admirabilem coelicamque doctrinam complectendam ab omnibus esse censeo.* .... (B) *Doctoris huius angelici, imo divini, mihi partes assumens respondendum duxi contradictoribus cunctis.* .... *Ad modum commenti super Aristotelis dialectica veteri quaestiones inducam; afferam* ..... *Ioannem Scotum,* ..... *Franciscum Mayronem,* ..... *Petrum Aureolum,* ..... *Petrum*

Sowie er überhaupt dem Herveus am Nächsten steht und die Ansicht desselben über *secunda intentio* (Abschn. XIX, Anm. 399) wiederholt, so kämpft er auch gegen die Modernen, welche er sofort „*nominales*“ nennt, weil dieselben die *formalitates* verneinen, welche er seinerseits im Sinne des Herveus fassen möchte [266]). Die Logik stellt er grundsätzlich niedrig, da sie auf dem Gebiete des occamistischen *placitum* der *vox* beruhe [267]), und so führt er als charakteristisches Merkmal der „*nominales*“ oder „*terministae*“ an, dass dieselben als Gegenstand der Logik den *terminus* „*argumentatio*“ bezeichnen [268]). Aber die Frage, ob die Logik praktisch oder theoretisch sei, entscheidet er in Abweichung von Herveus (a. a. O., Anm. 395) durch einen ziemlich schwachen Mittelweg [269]), und auch betreffs der Universalien will er das *ens rationis* des Herveus natürlich nicht im Sinne der Modernen verstanden wissen, sondern hierin den *antiqui*, welche er „*realistae*“ nennt, beipflichten [270]); ja für die Occamisten gebraucht er sogar einmal die Bezeichnung „*conceptistae*“, ohne eine Ahnung davon zu haben, dass er seinerseits nur den bornirtesten Realismus vertrete [271]). Auch bei den Kategorien wiederholt sich die gleiche fanatische Polemik gegen die Modernen [272]), ins-

---

Aquilanum (s. unten Anm. 571), *Guilelmum Occham, Antonium Andream atque Landulfum, ... Gregorium Ariminensem, ... Ioannem Catalanum atque ex alio genere alios Paulistas, terministas ac nominales, quorum omnium in Thomam opiniones destruere est propositi mei. ...... Sectatus sum ...... Albertum Magnum, ... Herveum Britonem, ... Petrum de Palude, Guilelmum de Maricalmo, Ioannem Capreolum ac Ioannem Neapolitanum* (s. Abschn. XIX, Anm. 434). .... *Spero, ... me profuturum iis praecipue, qui librorum copiam non habentes potiores difficultates, quae a Scotistis atque modernis adversus Thomistas saepius perquiruntur, absolutas habere desiderant.*

266) f. 11 r. A: *Opinio est nominalium, qui et moderni dicuntur, quae dicit, quod omnis passio et suum subiectum sola ratione distinguuntur.* S. Abschn. XIX, Anm. 405.

267) f. 29 v. B: *Logica non est scientia proprie dicta, sed solum est modus sciendi. ..... Grammatica et rhetorica non sunt scientiae proprie accipiendo, ..., quia sunt de entibus rationis, quae oriuntur ex placito instituentis, variabilibus.*

268) f. 30 v. B: *Opinio est nominalium vel terministarum, quod subiectum habitus logicae sit iste terminus ,,syllogismus" sive iste terminus ,,argumentatio"* (s. ob. Anm. 132). Er selbst stellt f. 31 v. B das *ens rationis* des Herveus (Abschn. XIX, Anm. 395 f.) in den Vordergrund.

269) f. 39 v. B: *Quia logica solum est scientia secundum modum, ideo etiam solum est practica vel speculativa secundum modum et indifferens ad utrumque; .... propter actum, quem elicit, assimilatur magis speculativae, quia solum elicit speculari, quod non habet similitudinem cum praxi; sed propter habitum plus assimilatur practicae.*

270) f. 46 v. B: *Quaeritur, utrum universale, de quo considerant scientiae reales, sint ens reale. De hoc est duplex opinio; prima est nominalium, qui volunt, quod universale non sit ens reale; ..... concludunt igitur moderni, quod universale sit ens rationis. .... Secunda opinio est realistarum sive antiquorum, qui dicunt, quod universale, de quo tractant scientiae reales, est ens reale seclusa operatione intellectus in rerum natura existens.* f. 51 r. A: *Nullum universale reale est in solo intellectu.*

271) f. 56 r. A: *Quaeritur, utrum universale sit substantia vel accidens. ..... Una opinio est eorum, qui dicunt, quod universale est conceptus mentis, et isti nominantur conceptistae, qui necessario habent dicere, quod omne universale est accidens.*

272) f. 88 r. B: *Opinio est modernorum, quod liber praedicamentorum est de decem terminis, qui secundum suos modos significandi incomplexos generalissimos ad*

besondere betreffs der nach der Substanz folgenden übrigen Kategorien abermals mit Bezug auf die *formalitates* [273]). Nachdem er noch manches Theologische über die Trinität und in antiscotistischer Tendenz über den menschlichen Willen erörtert, zieht er auch noch den Gilbertus Porretanus zur Exegese bei, und hängt noch ein anderweitiges Thema an [274]).

Der örtliche Hauptsitz aber der Thomisten war Köln, wenn auch die capriciöse Lostrennung der Albertisten so entschieden zur Geltung kam, dass die gesammte *bursa Montis* exclusiv thomistisch und hingegen die *bursa Laurentiana* ebenso exclusiv albertistisch war [275]). Diese sonderbare Parteispaltung, welche, so albern sie an sich ist, uns schon früher begegnete (ob. Anm. 55 ff.), suchte zunächst der Thomist Gerhard Teerstege, gewöhnlich Gerhardus de Monte genannt (gest. im Jahre 1480) beizulegen. Derselbe verfasste ausser einem Commentare zu Thomas, *De ente et essentia,* eine eigens auf „*concordia*" zwischen Albert und Thomas abzielende Schrift und im Zusammenhange mit derselben eine „*Apologetica*" [276]). Schon die erste Schrift war dadurch veranlasst, dass, wie der Verfasser sagt, ein einseitiger Albertist alle möglichen Unterschiede, welche er zwischen Thomas und Albert entdecken wollte, zu Gunsten des Letzteren erörterte [277]). Sobald wir aber näher zusehen, bemerken wir sogleich, dass der hier bekämpfte Albertist Niemand anderer ist, als der obige Heimerich Campen selbst, dessen Ansicht nun zu Gunsten des Thomismus ihre Erwiderung findet [278]). In seiner Apologie aber

---

invicem distinctos et formaliter non coincidentes significant decem primas intentiones. Auch hier recurrirt er f. 94 r. auf des Herveus *ens rationis.*

273) f. 95 r. B: *Opinio modernorum dicit, quod omnia novem genera accidentium sunt eadem res cum substantia, ... quia praedicamentum est ordinatio praedicabilium secundum sub et supra. ..... Est opinio antiquorum, quod non omnia entia sunt eadem cum substantia realiter.*

274) Den Schluss f. 135 r. B bildet der interessante Excurs, *in quo praedicamento „magister" ponitur.*

275) S. *F. I. v. Bianco*, die alte Universität Köln. 1856. Bd. I, p. 255.

276) *Tractatus Gerardi de Monte ...... ad favorabilem dirigens concordiam; quaedam problemata inter sanctum Thomam et venerabilem Albertum magnum, ex quorum contentiosa disputatione nonnullis olim dabatur fomentum odii, aliis vero occasio detrahendi utrique doctori.* Und hiezu: *Apologetica sive responsiva venerandi magistri Gerardi de Monte ..... ad quandam invectivam, ... qua ostensorem concordiae inter sanctum Thomam et venerabilem Albertum magnum impugnat opprobriis, autoritatibus et rationibus omissis.* Beides zusammen als Anhang des Commentares des Gerhard zu *Thomas, De esse et essentia,* gedruckt in Köln bei Quentel (s. l. s. a., sicher um 1492); ein älterer Druck der ersteren Schrift ebend. sicher 1489.

277) In der Einleitung: *Tractatus quidam est editus, qui numerat contrarietates multas, quas inter sanctum Thomam et venerabilem Albertum asserit existere, et in earum decisionibus satagit supprimere partem, quam ascribit sancto Thomae; hic tractatus turbat multos inclinatos studio doctrinae sancti Thomae, qui in philosophicis Aristotelem et in theologicis beatum colunt Augustinum* u. s. f.

278) *Prima contrarietas, quam tractatus narrat, est, quod sanctus Thomas dicat, logicam et alias scientias triviales esse practicas, quas venerabilis Albertus dicit esse speculativas; sed assertio ista tractatus ipsius non est vera; nam etiam ..... Thomas manifeste ponit logicam ..... esse speculativam. ..... Secundam contrarietatem ponit, ... quod ...... Thomas dicat universale ante rem et in re non esse idem cum universali post rem, sed ..... Albertus dicat, eadem esse. ...... Tertia contrarietas est, ... quod .... Thomas dicat, materiam non esse causam originalem individuationis, sed quantitatem; istius oppositum ostendit multitudo producendorum. .....*

erklärt Gerhard die Entstehung des ganzen Zwiespaltes daraus, dass Einige von Albert zu Thomas und Andere umgekehrt übergegangen seien und sich so beiderseits unrichtige Ansichten gebildet hätten[279]).

Sein Schüler und Nachfolger Lambertus de Monte (gest. im Jahre 1499) war der einflussreichste Thomist der Kölner Schule und vertrat diesen seinen Partei-Standpunkt auch in der Erklärung der physikalischen und psychologischen Schriften des Aristoteles. Er war es auch, der die thomistische Verquickung des Aristotelismus mit der Orthodoxie so weit trieb, dass er förmlich eine Seligsprechung des blinden Heiden Aristoteles in Vorschlag brachte[280]). Hieher gehört sein Commentar zum Organon, getheilt in *vetus ars*[281]) und *nova logica*[282]), sowie seine Erläuterung des Petrus Hispanus[283]). Die fleissige, aber auch peinlichst ausführliche Exegese in den beiderseitigen Werken zeigt überall die Absicht, sämmtliche Lehren des Thomas möglichst zu verwerthen und stets von angeregten Fragen und Zweifeln wieder auf Thomas zurückzulenken, so dass er den Wünschen der Kurie reichlichst genügte[284]). In Folge dieser strictesten Observanz des Thomismus bietet er uns auch weiter Nichts bemerkenswerthes dar. Zu erwähnen dürfte nur sein, dass er in der *nova logica* gelegentlich der Syllogistik die Memorial-Worte *Fecana Cageti* u. s. f. (vgl. Anm. 207) nicht bloss aufnimmt, sondern auch in neuen Versen ihre Bedeutung darlegt[285]). Auch

---

Quarta contrarietas ..... est circa medium demonstrationis potissimae; verum hanc .... ipsemet tractatus reducit ad concordiam quandam. Die übrigen Punkte berühren nicht die Logik; s. Anm. 49 am Schl.

279) *Existimabant, illas sententias et rationes oppositas, quas profert tractatus problematicus, esse sancti Thomae et venerabilis Alberti contra se invicem; quae existimatio continet errorem, quem puto traxisse originem ex eo, quod erant quidam Thomistae et nonnulli Albertistae, qui prius coluerant doctrinam alicuius alterius viae; hanc commiscebant et tamen credebant eorum discipuli, id, quod dicerent illi, esse sententiam vel sancti Thomae vel venerabilis Alberti.*

280) S. seine Schrift „*Quaestio magistralis de salvatione Aristotelis*". S. l. s. a.

281) *Copulata pulcherrima diversis ex autoribus logicae in unum corrogata in veterem artem Aresto. cum textu eiusdem secundum viam divi doctoris Thomae de Aquino et iuxta processum magistrorum Coloniae in bursa Montis regentium.* 1490 (*Coloniae* bei *Henr. Quentel*). fol. Ein älterer Druck ebend. 1488. fol.

282) *Copulata pulcerrima in novam logicam Arestotelis textum simul impressum luce clarius exponentia secundum viam .... sancti Thomae Aquinatis, quorum frequens exercitium est apud magistros in florentissimo studio Coloniensi bursam montis regentes.* Am Schl.: *Copulata ..... secundum processum ...... magistrorum ..... regentium in bursa Lamberti de Monte ..... professoris eximii.* 1493 (*Coloniae* bei *H. Quentel*). fol. (Andere Drucke sind: ebend. s. a., 1488, 1505 u. 1511).

283) Acht Drucke, welche ich kenne, sind bereits oben, Abschn. XVII, Anm. 143, unter der Bezeichnung M—T angeführt; der blosse Commentar des Lambertus ohne Text des Petrus Hispanus ist (mit einigen Abweichungen und Kürzungen) gedruckt *Coloniae* bei *Lyskirchen* 1487. 4.

284) Auf der Rückseite des Titelblattes *de nova logica* ist ein Breve des Papstes Urban V. abgedruckt, dessen Hauptsatz lautet: *Volumus et tenore praesentium vobis iniungimus, ut dicti beati Thomae doctrinam tanquam veridicam et catholicam seclemini eamque studeatis totis viribus ampliare.*

285) f. XXXVIII r.:

Per Fecana Darii cum Barbara syllogisabis;
Darapti, Disamis, Datisique Cageti;
Per Dafenes Celarent, Cesare, Ferioque Festino;

im Commentare zu Petrus Hispanus, in welchem er sich in seiner ganzen Breite aus der Exegese des Organons wiederholt und in der Einleitung auch die Verse *Gram loquitur* etc. (s. ob. Anm. 5) benützt, stellt er sich bereits auf die Erweiterung des Textes, d. h. er erklärt auch die drei modernen Tractate [286]).

Jedenfalls aber war nun der Kölner Thomismus, welcher den Beifall des Papstes für sich hatte (Anm. 284) so erstarkt, dass er in lächerlicher Zudringlichkeit seine fanatische Alleinseligmacherei auch im Buchhandel marktschreierisch bethätigen konnte [287]).

Der gleichen Kölner Schule gehören auch drei eigenthümliche anonyme Erzeugnisse an. Zunächst ein sog. „*Thesaurus Sophismatum*", welcher sowohl den Zweck, den üblichen Disputationen zu dienen, als auch die Angehörigkeit an die ausschliesslich thomistische *bursa Montis* (ob. Anm. 275) deutlich ausspricht [288]) und als seinen Gegenstand die sog. *Parva logicalia* (ob. Anm. 253) nebst den drei modernen Tractaten bezeichnet, wobei wir beachten müssen, dass die *Syncategoreumata* (Anm. 221 ff.) ohne Bedenken als achter Tractatus der *propr. termin.* mitgezählt sind, hingegen über die *Exponibilia* litterarische Zweifel geäussert werden, und die drei neuen Tractate, obwohl sie Aufnahme finden, doch nur als Erzeugnisse der irrthumsvollen Modernen in Betracht kommen, sowie dass die obigen (Anm. 283) *Copulata* des Lambertus als unerlässliche Vorbedingung dieser logischen Exercitien gelten [289]). Diese

Per Hebare Celantes Camestresque, Baroco;
Per Gedaco Fapes, Fris, Felap, Bocardo, Ferison;
Per Gebali Baralip, Dabitis media quaeris.

286) S. oben Anm. 242 ff.

287) So finden wir in mehreren Drucken der *Copulata* zu *Petrus Hispanus* (z. B. in RS) eine Titel-Vignette, welche den „heiligen" Thomas und seine Schüler darstellt, wobei die gute Lehre beigefügt ist: „*Nunquam, qui doctrinam sancti Thomae tenuit, inventus est a tramite veritatis deviasse; sed qui eam impugnat, semper fuit de veritate suspectus; haec Innocentius papa in sermone: Ecce plus quam Salomon hic*"; sodann folgt noch das metrische Stossgebet: „*Dive precor Thoma sancta prece: dirige, summo Et soli ut placeant pectora nostra deo.* Auch liess der eifrige Kölner Buchdrucker Quentel eine häufig vorkommende Titel-Vignette in Holz schneiden, auf welcher Thomas dargestellt ist, aus dessen Mund ein Zettel hervorgeht, worauf geschrieben steht, dass in Thomas allein die Wahrheit zu finden sei.

288) Auf dem Titelblatte steht: *Thesaurus sophismatum circa tractatus parvorum logicalium, iuxta disputativum processum magistrorum regentiae bursae Montis in praeclarissima universitate Coloniensi singulis secundis quartis et sextis feriis quam diutissime observatum, ad perfectum neophicorum* [*sic*] *inibi studentium lucubratissime collectus.* Am Schlusse: *Coloniae in officina ..... Henrici Quentell* 1501 (4; ein älterer Druck ebend. ist v. J. 1495). Auf der Kehrseite des Titelblattes sagt der ungenannte Verfasser unter Anderem: *Cogitavi iuxta ingenioli mei parvitatem ..... pro noviciis gymnici Montis Coloniae eminentis quaedam sophismata breviter in unum colligere. ..... Nec moveat quempiam, quod illius compendii corrogator hic nusquam invenitur, cui forsan aut humilitatis gratia cordi erat, nomen occultare, aut quia nihil novi protulit, sed aliorum sentimenta succincte et compendiose collegit. ..... Sed quia doctrina sancti Thomae Aquinatis .... praememoratum Montem multis iam annis irrigavit, ... ante exordium huius operis primum ponuntur tres devotissimae orationes eiusdem doctoris triplici statui studentium miro modo deservientes* (d. h. für die *incipientes*, für die *progredientes* und für die *perfecti*).

289) Nach diesen drei Gebeten und einer Kölner Festrede auf Thomas v. Aquino lesen wir (— das Buch ist unpaginirt —): *Circa parva logicalia Petri His-*

selbst aber sind eigentlich nur eine Discussion des hauptsächlichen Inhaltes des erweiterten Petrus Hispanus [290]), wobei aber doch wieder gelegentlich der Unterscheidungs-Lehren über die Eintheilung der *suppositio* auf die reinere Doctrin des Petrus Hispanus als auf die richtige *via antiqua* zurückgelenkt wird [291]).

---

pani et tres tractatus modernorum quaedam succincta sequuntur sophismata, omisso tamen tractatu syncategorematum, qui plenus est sophismatibus, quare non videbatur necessarium, nova cudere. .... Octo sunt tractatus parvorum logicalium, ... suppositionum terminorum absolutorum et relativorum, ampliationum, appellationum, restrictionum, distributionum, exponibilium et syncategorematum; dicunt tamen aliqui in logica multum experti, quod tractatus exponibilium non sit Petri Hispani; ..... nec est instantia de tractatu obligatoriorum, insolubilium et consequentiarum, quia illi non sunt Petri Hispani, sed ipsorum modernorum, ut faciliter perpendi poterit pensatis erroribus inibi contentis. ..... Petrus Hispanus scientiam ...... ab Aristotele editam sub quodam compendio tradidit ..... et ex parvis principiis elicuit ac tandem pro nostra utilitate ad octo tractatus redegit. ..... Quia illa principia satis plane tanguntur et enumerantur in Copulatis, ideo illa hic enumerare esset superfluum. Est igitur hoc opus absque Copulatis imperfectum; quare nullus officium respondentis suscipiet ex isto dumtaxat, sed primum textum cum Copulatis diligenter videat.

290) Das Merkwürdige nemlich ist hiebei die Bezeichnung „*sophismata*", welche ausdrücklich bei den einzelnen Abtheilungen immer wieder gebraucht wird; denn während wir bei den sog. „Modernen" in Abschn. XX wahrlich eine hinreichende Menge von Sophismen trafen, handelt es sich hier gar nicht um die Lösung solcher Spitzfindigkeiten, sondern es werden nur die hauptsächlichen Lehrsätze aus den vorhin aufgezählten Tractaten herausgehoben und jeder einzelne durch einige Beweisgründe unterstützt. Zur Probe möge eines der kürzeren Themata, z. B. aus der *suppositio relativorum*, angeführt werden: „*Ad cognoscendum relativorum varias suppositiones conveniens fuit, praemittere quasdam ipsorum divisiones*" (s. Abschn. XVII, Anm. 213). *Probatur, quia alia et alia relativa habent alias et alias suppositiones; sed illa diversitas relativorum nobis innotescit per divisiones et subdivisiones ipsorum; et quia istae divisiones cum declaratione membrorum in textu clare ponuntur, ideo hae praetermittuntur; et circa relativa identitatis Petrus Hispanus duo infert corrolaria ex textu et eius continuatione satis nota* (s. ebend. Anm. 215 f.). In dieser Weise machen drei *sophismata generalia* den Anfang, deren erstes den Inhalt der vor. Anm. bildet; dann folgen 5 sog. *sophismata* über *terminus*, 12 über *suppositio terminorum absolutorum*, 5 über *suppositio relativorum*, 5 über *ampliatio*, 8 über *restrictio*, 13 über *distributio*, 9 über *exponibilia*, 7 über *obligatoria*, 3 über *insolubilia*, 13 über *consequentiae*. Vielleicht wollten diese Kölner Thomisten durch den Ausdruck „*sophismata*" ihre Opposition gegen die Modernen kundgeben, insoferne dasjenige, was den Tummelplatz der Letzteren bildete, in den Disputir-Uebungen der *via antiqua* durch Thesen ersetzt werden sollte, welche dem Texte der massgebenden Autoren selbst entnommen waren.

291) Im 10. u. 12. *sophisma* über *suppositio terminorum absolutorum* lesen wir: *Species suppositionis confusae qualitercunque nominatae pullulant ex aliquorum antiquorum erratica opinione, ... quam Petrus Hispanus reprobat* (s. Abchn. XVII, Anm. 207 ff.). ... *Aliqui dividunt suppositionem confusam in confusam necessitate signi vel modi et in confusam necessitate rei* (hiezu gab unter den uns bekannten Autoren zumeist Albert v. Sachsen Veranlassung, s. Abschn. XX, Anm. 256); *alii vero dividunt in confusam mobilem et immobilem, ... alii in confusam tantum et confusam distributivam* (letztere beiden Eintheilungen waren, wie wir sahen, fast allgemein üblich geworden). ..... *Moderni circa terminorum suppositiones discrepant in quinque punctis a recte philosophantibus antiquis: .... antiqui dicunt, ficta supponere, quod moderni negant* (s. Buridan, Abschn. XX, Anm. 103); .... *antiqui ponunt suppositionem simplicem, quam moderni negant* (s. Buridan, ebd. Anm. 99 u. 106, und Marsilius, ebd. Anm. 401); .... *moderni dicunt, terminum solum in propositione supponere* (s. Albert v. Sachsen, ebd. Anm. 254); ..... *antiqui negant suppositionem materialem, quam tamen moderni ponunt* (s. Occam, Abschn. XIX,

Ein anderes Product ist das „*Promptuarium argumentorum*“, welches den unglücklichen Schülern aus der Verlegenheit helfen soll, einen Stoff für die Disputationen sich auszubesinnen [292]). Es werden dabei übliche Controvers-Gegenstände von zwei Disputirenden (Namens *Spineus* und *Lilius*) ausführlich *pro* und *contra* erörtert, wobei wir deutlichst erkennen, dass es sich um den Gegensatz zwischen Thomisten und Scotisten und um eine für die ersteren günstige Entscheidung handelt [293]).

Endlich ein „*Tractatus de modo opponendi et respondendi*“ [294]) wirft sich auf das speciellere Gebiet der *Consequentiae*, welche ja gleichfalls dem Petrus Hispanus waren einverleibt worden (ob. Anm. 252), und sucht die betreffenden Regeln unter Hervorhebung besonderer Cautelen für die Kunst des Disputirens zu verwerthen [295]).

Neben die Thomisten aber traten in Köln, wie oben bemerkt (Anm. 275), in der *bursa Laurentiana* die A l b e r t i s t e n als geschiedene

---

Anm. 875, hingegen aber Buridan a. a. O.); ...... *moderni dividunt suppositionem confusam multipliciter, quae tamen est simpliciter indivisibilis. .... Motiva autem modernorum, quae sunt multum exigua et modici roboris, tanguntur in Copulatis et ibidem solvuntur.*

292) *Promptuarium argumentorum dialogice ordinatorum, a duobus mutuo sibi obvintibus* (natürlich zu lesen *obviantibus*) *per contrarias rationes, praesuppositis conclusionibus tanquam sagittariorum signaculis disputatum. Quod est, dum materia expostulat, etiam probleumaticum, utile et necessarium omnibus qui volunt rectum impetrare argumentandi et solvendi modum, in supplementum illorum collectum, qui dum disputant argumenta excogitare non possunt.* Am Schl.: *Impressum est in ..... Colonia per Henricum Quentell.* 1496. 4.

293) Von den 66 Thesen sind die hauptsächlichsten: *Logica est principaliter de secundis intentionibus. Logica est principaliter de primis intentionibus. Secundae intentiones sunt subiective in intellectu. Logica est rationalis. Logica est simpliciter speculativa. Logica est simpliciter practica. Diffinitio est oratio indicans quid est esse rei. Diffinitio et diffinitum sunt idem substantialiter. Diffinitio et diffinitum sunt realiter distincta. Terminus in propositione positus potest supponere naturaliter. Terminus non potest supponere naturaliter. Signa universalia sunt inventa ad dicendum modum termini communis secundum esse, quod habent in suppositis. Signum universale est dispositio subiecti in ordine ad praedicatum* (vgl. Occam, Abschn. XIX, Anm. 864 u. 868). *Hoc signum „omnis“ non requirit plura appellata. Ens, unum, et cetera transcendentia convertuntur ad invicem sicut subiectum et propria passio. Passiones entis non sunt realiter ab ipso distinctae.* Dann folgen mehrere solche Thesen über *proprium, accidens, genus, species, differentia,* und dabei auch: *Materia sola est principium individuationis* und *Materia quantitate signata est individuationis principium;* hierauf etliche über die Kategorien, worunter: *Deus non est in aliquo praedicamento.* Zuletzt: *Medium demonstrationis potissimae est diffinitio subiecti. Medium demonstrationis potissimae est diffinitio ipsius passionis.*

294) *Pulcerrimus tractatus de modo opponendi et respondendi, necessarius valde omnibus volentibus acutissime arguere ad trahendum respondentem in oppositum suae positionis* etc. S. l. s. a. (sicher *Coloniae* bei *Quentel*). Wenn sodann die erste Seite mit dem Special-Titel beginnt „*Incipit tractatus de modo opponendi et respondendi venerabilis domini Alberti magni, deo auxiliante*“, so ist dieses mit Hilfe Gottes entweder ein grober Irrthum oder eine Buchhändler-Reclame; denn auch der Commentar des Albertus Magnus zu *Arist., Soph. El.* könnte nur eine höchst entfernte Anknüpfung für dieses Machwerk später Zeit darbieten.

295) Es handelt sich besonders um die Taktik, mit allen Mitteln zu zeigen, „*quod nihil est verum, quod dicit respondens*“; specielle Vorsichts-Massregeln betreffen „*omnis*“ und die *distributio*, sowie „*solus*“, d. h. bekannte Tummelplätze der Sophisterei.

Secte. Vorsteher der genannten Burse war Gerhard Harderwyk (gest. i. J. 1503), welcher Commentare zur *nova logica*[296]) und zu Petrus Hispanus schrieb[297]). In ersterem übt er stets eine eintheilende Exegese, welche in der fortwährenden Absicht, den Albertus Magnus zu reproduciren, eigentlich keine Polemik enthält, sondern bei jedem einzelnen Hauptsatze acht bis zehn *dubia* entwickelt und löst, welche häufig fast läppisch zu nennen sind[298]); auch hält er bei der *inventio medii* die Memorial-Worte *Fecana, Cageti* allen Ernstes für ein Erzeugniss des Petrus Hispanus[299]). Der Commentar zu letzterem selbst wiederholt in der Einleitung nur den albertistischen Standpunkt und macht es sich daher auch in wesentlichen Fragen (in Folge der Unklarheit des Albertus) wahrlich recht bequem[300]).

Fast wörtlich das Nemliche gilt von seinem Schüler und Nachfolger Arnold von Luyde, gewöhnlich de Tungris genannt (starb hochbetagt i. J. 1540, aber seine Lehr- und litterarische Thätigkeit in der Logik fällt bereits um 1490, die spätere Fehde gegen Reuchlin u. dgl. gehört nicht hieher); seine Commentare zum ganzen Organon[301]) und zu

---

296) *Commentaria in quattuor libros novae logicae secundum processum bursae Laurentianae Coloniensis, ubi doctrinae Alberti magni peripateticorum veracissimi interpretis sectatores propagatoresque fidelissimi.* Am Schl.: *Commentarii ..... per honorabilem ..... Gerardum herdarwiccensem actu regentem et per Udalricum zell proprie lyskirchen ..... characterizati.* [*Coloniae*] 1494. fol. (unpaginirt).

297) S. Abschn. XVII, Anm. 143 die mit U—W bezeichneten Drucke. In der Vorrede sagt er: *Ad profectum scholasticorum, qui ..... inclytam universitatem Coloniensem, quae duorum famosissimorum doctorum, Alberti Magni et sancti Thomae, irrefragabilibus doctrinis (curiosis et, ut ita dicam, ventosis dimissis aliorum opinionibus) alumnos verosque filios pascit, accedere curabunt, decrevi ..... opus compingere stromateum circa processum summularum Petri Hispani praecipue Alberti Magni ..... magistralia dicta sequendo.*

298) Ein beliebiges Beispiel möge sein: *Dubium: Utrum Celarent sit formalis modus arguendi. Et videtur, quod non; quia non sequitur „Nullum verum est falsum, Cuiuslibet contradictionis altera pars est vera, Ergo nullius contradictionis altera pars est falsa". ..... Nec sequitur „Nullus maurus valet album, Omnis florenus valet maurum, Ergo nullus florenus valet album".* In dieser Weise geht es durch die ganze Syllogistik hindurch.

299) *Medium, quod est antecedens ad subiectum et consequens ad praedicatum, erit rationale, per quod concluditur universalis affirmativa. ..... Et signat Petrus Hispanus istam regulam per hanc dictionem „Fecana"* u. s. f. durch die sechs üblichen Regeln; zuletzt werden die Verse *„Praedicat A, B sequens etc."* angeführt.

300) *Dialectica docens est scientia, licet eadem ut utens sit modus sciendi. .... Rationalis dicitur, ut est docens, et sermocinalis ut utens.* Dabei nimmt er auch die Memorial-Verse des Dorbellus auf. In der Syllogistik wiederholt er ausführlicher die *inventio medii* (vor. Anm.); und am Schlusse commentirt er auch die drei neuen Tractate *Obligatoria*, *Insolubilia* und *Consequentiae* (nicht aber die *Syncategoremata*).

301) *Epitomata, quae vulgo reparationes dicuntur, lectionum et exercitiorum logicae veteris ac novae Aristotelis secundum divi Alberti doctoris magni doctrinam ad profectum quorumvis philosophiae agoniae palaestritarum, verum praesertim in gymnasio Coloniensi, quod Laurentii vocatur, pro ingenii sui cultu desudantium feliciter incipiunt.* Am Schl.: *Reparationes .... olim per magistrum Arnoldum de Tungris sacrarum litterarum licentiatum in lucem traditae etc.* [*Coloniae*] *Quentell.* 1507. 4. (ältere Drucke ebend. 1496 u. 1500).

Petrus Hispanus [302]) dienen im albertistischen Sinne stets einer rechtfertigenden Beweis-Formulirung, welche sich von Lehrsatz zu Lehrsatz in *quod sic* und *quod non* bewegt. Um von Wiederholungen aus Harderwyk abzusehen (z. B. betreffs der Memorial-Verse und *Fecana*), bemerken wir nur, dass der Commentar zu Petrus Hispanus erst mit der *suppositio* beginnt, und somit die Summula gleichsam als Ergänzung des Organons galt [303]).

Auch ausserhalb der Universität Köln finden wir einen exclusiven Albertisten an dem Italiener Philipp Mucagata [304]), welchen wir übrigens lediglich als fleissigen Commentator des Porphyrius, der Kategorien und des Gilbertus Porretanus bezeichnen dürfen, da er ausser seinem Partei-Standpunkte Nichts bemerkenswerthes darbietet.

Desgleichen gehören diesen Jahrzehnten anderwärts auch einige Thomisten oder Halbthomisten an. So Johann Lintholz aus Münchberg (in Leipzig lehrend), welcher in einer eigenen Monographie [305]) die Universalien-Frage völlig im Sinne des Thomas unter öfterer Beiziehung des Albertus Magnus und des Aegidius behandelte.

Ferner gab Barbus Paulus Soncinas (gest. i. J. 1494), welcher auch einen Auszug aus Capreolus (ob. Anm. 2 f.) und thomistische *Quaestiones metaphysicales* schrieb, eine *Expositio* der Isagoge und der Kategorien heraus [306]), in welcher er zur Vertheidigung des Thomismus mittelst schamloser Plagiate aus Petrus Nigri (ob. Anm. 264 ff.), ohne denselben zu nennen, das Material schöpft.

Syncretistischer verfuhr Johann Heynlin, gewöhnlich Johannes a Lapide genannt (gest. i. J. 1494), welcher von Paris kommend nicht ohne Erfolg die Richtung der Antiqui nach Basel und Tübingen zu verpflanzen bestrebt war [307]). Er schrieb einen Commentar zum Orga-

302) *Reparationes lectionum et exercitiorum tractatuum parvorum logicalium Petri Hyspani, trium quoque tractatuum, qui modernorum dicuntur, Coloniae in bursa Laurentiana non sine plurima precum instantia diligenti lucubratione iam tandem absolutae feliciter incipiunt.* Am Schl.: *Reparationes* ..... *per artium liberalium magistrum ac sacrae theologiae licentiatum Arnoldum Tungerio* ...... *collectae.* Ebend. 1500. 4.

303) Von den modernen Tractaten finden wir nur *Obligatoria* und *Consequentiae* erklärt, nicht, wie das Titelblatt verheisst, sämmtliche drei (d. h. die Insolubilia fehlen).

304) *Opera Mucagate In Logica.* Auf der letzten Seite: *Commentum ellectum* [*sic*] *et pretiosum nuperrime compositum per* ..... *Philippum Mucagatam ordinis fratrum servorum sanctae Mariae super libris praedicabilium Porphirii, praedicamentorum Aristotelis et sex principiorum Gilberti, in quo posuit etc. Venetiis* 1494. fol.

305) *Veritas trium difficilium quaestionum a Porphirio motarum de Universalis notitia eiusdemque essentia potentia atque operatione ex peripateticis philosophis per Magistrum Iohannem Lintholz de Muncheberck comportata Nuperque in almo Liptzensi gymnasio suo ingenio resoluta.* Am Schl. *Impressum Liptzick* 1500. fol.

306) *Expositio magistri Pauli soncinatis super artem veterem. Venetiis* 1499. 4. Unter der richtigeren Bezeichnung „*In universalia seu Isagogen Porphyrii et Aristotelis praedicamenta expositio*" neu hrsggbn. v. *Iac. Rossetti, Venet.* 1587. 4.

307) Vgl. Anm. 62 u. 68. Näheres über ihn bei *Friedr. Fischer, Ioh. Heynlin genannt a Lapide.* Basel 1581. 8. u. *Wilh. Vischer, Gesch. d. Univ. Basel* p. 158 f. Das Bedenken des Letzteren, ob Johannes Heynlin und Johannes a Lapide identisch seien, möchte ich nicht theilen, weil ich auf die Schriftstellerei des Trithe-

non [308]) und einen *Tractatus de exponibilibus* nebst *Sophist. argumentationes* [309]). In ersterem enthält die Einleitung lediglich albertistische Grundsätze [310]); hingegen die Syllogistik folgt gänzlich dem Thomas [311]). Die *Exponibilia* aber sind reichlichst aus Paulus Venetus geschöpft [312]), während hinwiederum die *Argumentationes sophistarum* sich ganz an Aristoteles halten [313]).

Eigenthümlicher Art ist das *Compendium logicae* des Hieronymus Savonarola (gest. i. J. 1498, seine bekannte übrige Thätigkeit müssen wir hier bei Seite lassen), welches einen integrirenden Theil des grösseren Werkes *Compendium totius philosophiae* bildet [314]). Savonarola will zum Behufe der Deutlichkeit und der Leichtigkeit des Lernens die üppigeren Auswüchse der Logik ausscheiden und zum Einfacheren zurückkehren [315]); und während er sonach von der Litteratur der Modernen fast gänzlich absieht, benützt er bei manigfacher Anlehnung an Thomas neben dem Materiale der Antiqui (d. h. Aristoteles und Petrus Hispanus) auch den Boethius in weit reichlicherem Masse, als es bei seinen Zeitgenossen üblich war [316]).

---

mius überhaupt Nichts gebe. In Tübingen war Heynlin seit der Gründung der Universität der dritte Rector.

308) *Libri artis logicae Porphyrii et Aristotelis cum explanatione magistri Iohannis de lapide. Basileae* s. a. fol. S. auch *Zarncke*, Seb. Brants Narrensch., p. XVI.

309) Gleichsam als Beiband des so eben genannten Commentares: *Tractatus eiusdem magistri Iohannis de lapide de propositionibus exponibilibus, cum tractatu de arte solvendi importunas sophistarum argumentationes. Basileae* s. a. (geschrieben ist der erstere Tractat in Paris, der letztere in Basel).

310) *Qu.* 1, dass das Subject der Logik *argumentatio* sei, und *Qu.* 2: *Logica docet omnem modum notificandi quodlibet ignotum.* Auch *Qu.* 3 *ad Porphyr.* schliesst sich betreffs der Universalien ganz an Albert an; dass Gilbertus Porretanus aufgenommen und commentirt wird, versteht sich bei solcher Richtung von selbst.

311) Daher verzichtet er betreffs der *inventio medii* hier auf die Lehre der Modernen und benützt nur die Figur des Averroes (Abschn. XVI, Anm. 328).

312) Er erläutert nemlich zunächst die *termini resolubiles, exponibiles, officiabiles*, und bringt hierauf Sophismen vor über die Exclusiv-, Exceptiv- und Reduplicativ-Sätze, ferner über *incipit, differt*, Comparativ u. Superlativ. Vgl. Abschn. XX, Anm. 522 ff.

313) D. h. dieselben sind nur eine Paraphrase der *Soph. El.*

314) Das *Compendium logicae* ist für sich gedruckt *Lipsiae* 1516, 8, dann aber auch aufgenommen im *Compendlum totius philosophiae*, *Venetiis* 1534 u. 1542. 8. (in letzterer Ausgabe Vol. II, p. 63 ff.; hiernach citire ich).

315) In der Vorrede: *Multi tum propter logicae difficultatem tum propter librorum Aristotelis obscuritatem tum propter magnas sophistarum ac varias verborum involutiones tum etiam propter infinitas quodammodo diversorum autorum discrepantes opiniones ab hoc tam necessario studio retrahuntur. Ego igitur ..... statui, breviter, distincte et faciliter totam dialecticam ex dictis excellentissimorum virorum more mathematico ita in unum colligere, ut omnes, qui eam perdiscere cupiunt, praetermissis obscuritatibus facilem ad eam viam habeant et planam.*

316) Er beginnt mit den „*principia syllogismorum*", d. h. den einfachsten Bestandtheilen des Syllogismus, und erörtert somit zuerst (p. 63) *vox* an der Hand des Aristoteles und des Petrus Hispanus; dann folgt *prima et secunda intentio* aus Thomas (p. 64), hierauf der Hauptinhalt der Isagoge (p. 65) und die Kategorien (p. 70); sodann *De interpret.* aus Aristoteles und Petrus Hispanus combinirt (p. 78), woran sich die modalen Urtheile aus Pseudo-Thomas (s. Abschn. XIX, Anm. 326 ff.) anreihen (p. 85). Nun springt er über zu einem Excerpte aus *Boethius De divisione* (p. 91) und desselben *De definitione* (p. 98), womit die *arbor Porphyriana* in

Endlich war von den Thomisten auch hauptsächlich die ausgedehnte Litteratur der sog. „*Auctoritates*" ausgegangen oder getragen, welche in einer Zusammenstellung philosophischer Auctoritäts-Stellen zum Behufe der Disputationen bestanden, und für die Logik uns nur insoferne interessiren, als sie eine gänzliche Ausschliesslichkeit gegenüber den Schriften der Modernen sowie der Humanisten absichtlich und deutlichst zur Schau tragen [317]).

Sind somit bisher die „Antiqui" der letzten Jahrzehnte des 15. Jahrhunderts in Betracht gekommen, so hole ich nun die lange Reihe der gleichzeitigen „Moderni" nach und führe dieselbe, sowie auch thatsächlich eine ununterbrochene Anknüpfung bestand, bis in die ersten Jahrzehnte des 16. Jahrhunderts fort, um hernach eine relativ jüngere Generation der Antiqui und einiger Syncretisten darzustellen [318]). Es lässt sich hiebei einigermassen ein Unterschied festhalten zwischen solchen Modernen, welche nur als Commentatoren einzelner älterer Schriften zu bezeichnen sind, und denjenigen, welche eine successive Fortbildung der terministischen Logik vertreten.

Ueber Johannes Wessel (gest. i. J. 1489), den Vorläufer der Reformation, welcher sich die Bezeichnung „*lux mundi*" erwarb und einer anderweitigen geschichtlichen Betrachtung anheimfällt, sind wir leider nicht näher unterrichtet, da seine die logischen Fragen betreffende Schrift verloren gegangen ist [319]). Auch die Schriften des Martinus Magister (gest. i. J. 1482) waren wenigstens mir nicht zugänglich [320]).

Gabriel Biel aber (geb. in Speier 1430, seit 1484 in Tübingen, gest. 1495), welcher durch oberflächliche Geschichtschreibung den häufigst

---

Verbindung kommt (p. 104). Dann folgt ein Auszug aus der ersten Analytik (p. 106), wobei die drei aristotelischen Schlussfiguren durch die Memorial-Verse der byzantinischen Logik erläutert werden, zugleich aber die sämmtlichen modalen Schlüsse aus Aristoteles Aufnahme finden (p. 122). Das Capitel aber *De potestate syllogismorum* ist wieder aus Pseudo-Thomas entnommen (p. 136), und bei dieser Gelegenheit finden wir einige Benützung der Lehre von *Consequentiae* (p. 141). Die Syllogistik aber wird noch ergänzt durch einen Auszug aus *Boethius De syllogismo hypothetico* (p. 143), um hierauf unter den Titeln *De syllogismo demonstrativo, dialectico, sophistico* Excerpte aus der zweiten Analytik, aus der Topik und aus *Soph. El.* anzureihen, bei welch letzteren auch Pseudo-Thomas *De fallaciis* verwendet wird.

317) Näheres über diesen Gegenstand s. in meiner Abhandlung „Die Litteratur der Auctoritates in der Philosophie" in d. Sitzungsberichten d. Münchner Akademie 1867, p. 173 ff.

318) Schon aus der überaus langen Reihe der Terministen oder Modernen wird jeder Leser sich entnehmen, was von den Thomisten der Gegenwart zu halten sei, welche in Unwissenheit oder absichtlicher Fälschung stets so sprechen, als wäre der Occamismus in Folge der Kraftanstrengungen der Kirche schleunigst unterlegen.

319) Sie hatte den beachtenswerthen Titel „*Liber pro nominalibus adversus formalium realiumque defensores atque ex parte contra Rudolphum Agricolam*" und kämpfte sonach gegen Scotisten, Thomisten und Humanisten, wird aber bereits in der Ausgabe der Werke Wessel's (Groningen 1614. 4.) unter den „*Opuscula desiderata*" aufgeführt.

320) Ich finde von ihm angeführt: *Expositio super libro Praedicabilium Porphyrii* und *Tractatus consequentiarum in vera divaque nominalium via*, konnte aber beider Bücher nicht habhaft werden.

nachgebeteten Ruhm erhielt, „der letzte Scholastiker" (!) gewesen zu sein, zeigt sich in seinem Commentare zu Petrus Lombardus [321]) lediglich als unselbstständigen Nachtreter Occam's. Denn sowie er selbst sich dazu bekennt, dass er nur Occam excerpiren und höchstens denselben eventuell aus Occamisten ergänzen will [322]), so treffen wir bei ihm in allen logischen Kernfragen eine oft wörtliche Wiederholung desjenigen, was wir schon früher (Abschn. XIX, Anm. 780—819) aus Occam's Commentar zum Sententiarius anzuführen hatten [323]).

Desgleichen sind mehrere Autoren nur als Erklärer der bereits vorliegenden terministischen Litteratur zu bezeichnen. Zu denselben gehört zunächst der Mediciner Faventinus Blanchellus Menghus (gest. nicht vor d. J. 1492), welcher zum Behufe der logischen Bildung der Mediciner die *Summula* des Paulus Venetus in doppelter Weise commentirte, insoferne er für die Jüngeren eine *Expositio* und für die Reiferen *Quaestiones* schrieb [324]). Auf Grundlage einer reichen Belesenheit, welche er zur Begründung einzelner Lehrsätze verwendet [325]), gibt er in ersterer Schrift nur eine fleissige Wort- und Sach-Erklärung, in letzterer aber wirft er sich in peinlichster Ausführlichkeit auf alle möglichen Controversen, welche er in „*contra*", dann „*replica*", hierauf *solutio* und *confirmationes* erledigt. Bemerkt mag werden, dass er für den Partei-Gegensatz die Ausdrücke „*reales — terministae*" wählt [326]). In einer

---

321) Oefters gedruckt; die jüngste Ausgabe ist: *Repertorium generale et succinctum ..... contentorum in quatuor collectoriis ...... Gabrielis Biel super quatuor libros Sententiarum. Lugdun.* 1519. fol. Der Titel am Anfange der ersten Seite lautet: *Epitomata pariter et collectorium circa quatuor sententiarum libros.*

322) *Prol.* f. 1 r. A: *Cum nostri propositi est, dogmata et scripta venerabilis inceptoris Guilelmi Ockam, veritatis indagatoris acerrimi, circa quatuor sententiarum libros abbreviare, tentabimus, ... circa prologum et singulas quaestiones scholasticas movere quaestiones et, ubi praefatus doctor scribit diffusius suam sententiam, verba accurtare, ... in aliis vero, ubi parum vel nihil scribit, aliorum doctorum sententias a dicti doctoris principiis non deviantes, quantum potero, ex clarissimorum virorum alveariis in unum comportare.*

323) Das von *Wendelin Steinbach,* welcher die Ausgabe des Biel'schen Commentares v. 1519 besorgte, hinzugefügte „*Supplementum in XXVII distinctiones ultimas*" (1520) berührt uns als rein theologisch hier nicht.

324) Gedruckt in der oben (Abschn. XX, Anm. 501) erwähnten Ausgabe der *Summula* des Paulus Venetus. *Venet.* 1498. fol. Der Eingang lautet: *Cum viderem, Pauli Veneti logicam non parva indigere expositione tum propter ipsius difficultatem tum propter aliorum obscuram diligentiam modicamque sollicitudinem, constitui novos commentarios edere bipartitumque opus facere, expositionem sc. et quaestionem, ut cognitio ipsius non in obscurum, sed in claram lucem producta sit. Sic enim putavi hinc tirunculis illinc provectioribus fatisfacere; .... cum potissimum sine logica nullus recte philosophari queat nec rerum causas cognoscere possit; neque medicinam absque ipsius cognitione quis tenet; non enim in manibus illius medici me confidam, qui logicam ignorat.*

325) Er citirt Aristoteles, Thomas, Aegidius, Burleigh, Mayron, Gratiadei, Strodus, Ferabrich, Paulus Pergulensis, Petrus Mantuanus, auch Boethius und Cicero.

326) Gelegentlich der Eintheilung des *terminus* (der Druck ist nicht paginirt): *Reales dicunt, quod terminus universalis sit praedicabilis de pluribus, quia significat unam naturam communicabilem illis pluribus neque plures naturas communes quoad terminos univocos vel aequivocos. ..... Terministae vero dicunt, quod terminus communis natus est praedicari de pluribus, non quia significet aliquam naturam com-*

eigenen Monographie behandelte er auch die bei Petrus v. Ailly (Abschn. XX, Anm. 493 ff.) liegen gelassene Frage über die Theilbarkeit des Augenblickes, welche bei den Sophismen über „*incipit et desinit*“ sich aufdrängen musste, aber nach ihrem Inhalte der mathematischen Physik angehört [327]).

Ein anderer Mediciner [328]), Namens Cajetanus de Thienis, welcher auch die physikalischen und psychologischen Schriften des Aristoteles commentirte, schrieb Erläuterungen zu des Strodus *Consequentiae* und *Obligatoria,* sowie zu den *Consequentiae* des Ferabrich und zu den *Sophismata* des Hentisberus [329]), wobei er überall eine getreue von Satz zu Satz fortschreitende Erklärung darbietet und zugleich *Dubia* und deren Lösung einstreut; bemerkt mag werden, dass er bei den *Consequentiae* des Strodus den Paulus Pergulensis und in noch reichlicherem Masse bei den *Obligatoria* desselben Autors die *Logica magna* des Paulus Venetus benützt.

Auch die schon oben (Anm. 81 f.) erwähnte officielle Mainzer *Summula* von 1489 gehört hieher; denn während sie neben einer Vereinfachung auch eine eklektische Auswahl aus den besten Autoren überhaupt verheisst [330]), hält sie sich fast ausschliesslich an die Litteratur der Modernen. In eigenthümlicher Reihenfolge schliessen sich an die Lehre vom Urtheile sogleich die *proprietates terminorum* an, wobei beiderseits neben Petrus Hispanus auch Marsilius und Paulus Venetus massgebend sind [331]). Dann folgen die Universalien aus Porphyrius mit einer sehr nominalistischen Bemerkung und die Kategorien mit einigen jüngeren

---

munem pluribus, sed quia impositus fuit ad significandum plura secundum unam et eandem impositionem.

327) *Faventini Menghi Quaestiones et difficultates de primo et ultimo instanti.* Am Schl.: *Ferrariae* 1492. fol.

328) Es ist überhaupt eine eigenthümliche und lobenswürdige Erscheinung, dass damals die Mediciner ebensosehr gründliche Kenner der philosophisch-logischen Litteratur waren (s. Anm. 337, 345 f., 583), wie andrerseits die Vertreter der Philosophie sich lebhaftest um die naturwissenschaftlichen Fragen interessirten.

329) Die Drucke s. Abschn. XX, Anm. 174 u. 347.

330) In der Vorrede: *Visum est operae pretium fore, pro breviori, planiori atque veriori vetustissimae artis logicae intelligentia intelligentibus pusillis ..... acquirenda compendium elimatum ..... in unam logicae artis summam ex Aristotelis, Boethii aliorumque doctissimorum ac subtilissimorum virorum documentis usitatiori simpliciorique stilo recolligi compilarique.*

331) In der Einleitung, welche sich an Marsilius anschliesst, finden wir jene seit Dorbellus öfter vorkommende Unterscheidung zwischen *vetus ars* und *nova logica*, dass erstere nur die Theile, letztere das Ganze zum Gegenstande habe. Auch im 1. Tractatus ist der Text des Petrus Hispanus vielfach durch Marsilius erweitert (z. B. *significatum ultimatum*, s. Abschn. XX, Anm. 400); bei den modalen Urtheilen treffen wir nicht bloss die Lehre von *sensus divisus* und *compositus*, sondern auch einige der späteren Memorial-Verse (ob. Anm. 195 ff.). Als 2. Tractatus folgt die *suppositio* ganz nach Marsilius und die *appellatio* in der aus gleicher Quelle bei Petrus Mantuanus aufgenommenen Zweitheilung (ob. Anm. 19). Und völlig, wie wir es bei Letzterem trafen, so wird auch hier im 3. Tract. nach Vorbild des Paulus Venetus die *probatio terminalis propositionum,* d. h. *resolubile, exponibile*, *officiabile* entwickelt. Der 4. Tract. enthält *ampliatio*, *restrictio, alienatio* (s. bei Marsilius, Abschn. XX, Anm. 408).

Erweiterungen [332]). In der Syllogistik, bei welcher die vierte Schlussfigur als unnöthig abgelehnt wird, knüpfen sich an die Angaben des Petrus Hispanus über *argumentum* u. s. f. (s. Abschn. XVII, Anm. 193) zugleich einige Regeln der *Consequentiae* aus Paulus Venetus [333]). Den Schluss aber machen dennoch wieder *Top.* und *Soph. El.* aus Aristoteles [334]). Andrerseits waren in Mainz auch „*Exercitata*“ zu *Arist. De interpr.* eingeführt [335]), in welchen wir die Wirkung der „Modernen“ deutlich an der Aufnahme der „*vitalis immutatio*“ des Peter v. Ailly bemerken [336]).

Der Mediciner (vgl. ob. Anm. 328) Olivier von Siena verfasste einen „*Tractatus rationalis scientiae* [337]), und wie er dort gelegentlich sagt, auch einige andere logische Schriften, welche für uns verloren zu sein scheinen [338]). Nach einer Einleitung, welche über die sechs *transscendentia* und *ens rationis* sowie *ens reale* handelt, beginnt er mit „*terminus*“, welchen er ganz nach Paulus Venetus behandelt, wenn er auch die Definition desselben etwas modificirt [339]). Dann folgt die Lehre vom Urtheile aus Petrus Hispanus und hierauf die *proprietates terminorum* völlig aus Paulus Venetus und sonach mit Einschluss der *probatio terminorum*. Den zweiten Haupttheil der Schrift bildet die Argumentation, wobei er die Angaben des Aristoteles über *inductio* und *enthymema* an die Spitze stellt, dann die Hauptpunkte aus der zweiten Analytik folgen lässt und erst hiernach die Syllogistik aus Petrus Hispanus anreiht. Von da geht er auf die *Consequentiae* über, wobei er einen schon früher von

---

332) Im 5. Tract.: *Apertissimum est, quod genera et species apud Augustinum et Boethium* (s. Abschn. XII, Anm. 48 u. 84) *sunt nomina et vocabula et non res ultimate significatae, licet sint bene res significantes; vocabula enim sunt res logicales ceteras res ad extra et ad intra ultimate significantes.* In 6. Tract. finden wir die obigen neuen Memorial-Verse Anm. 201—204.

333) Im 7. Tract.: *Si quaeratur, quare autores logicae artis consueverint primam figuram adeo communiter accipere, ut sub ipsa comprehendant quartam et non specialem fecerint mentionem de quarta, respondetur, quod hoc contigerit ideo, quia praemissae in quarta figura nonnisi penes transpositionem differant a praemissis figurae primae; ..... etiam fortassis ideo, quia quarta figura est occultissime regulata per dici de omni; ..... sed prima ratio melior est.* Betreffs der *Consequentiae* s. Abschn. XX, Anm. 555.

334) Im 8. Tractatus.

335) *Modernorum de collegio Moguntino exercitata librorum Perihermenias clarissima.* Am Schl. *Spirae* 1489. fol.

336) S. Abschn. XX, Anm. 460.

337) Ohne Titelblatt: *Prohemium tractatus rationalis scientiae Olivieri medici ..... ad ..... Iohannem magnifici viri filium Laurentii Medices Cardinalem Florentinum.* Am Schl.: *Et ita finitur feliciter opus hoc tripartitum, cuius duae primae partes ad rationalem pertinent disciplinam, et tertia ad veram philosophiam* (s. Anm. 343) ..... *Impressum in almo Senensi studio ac diligentissime emendatum per eundem magistrum Oliverium artium et medicinae doctorem.* 1491. fol. (nicht paginirt).

338) *Iam dudum super terminos parvae logicae quasdam quaestiones compilavi utiles; ..... tempus perfectionis earum elapsum est viginti vel amplius annorum, in quibus maxime super terminos primae et secundae intentionis prolixiorem sermonem feci.* Anderswo: *Materia de „incipit“ ampla est circa multa solvenda sophismata, de quibus super regulas Hentisberi diffuse pertractatum.*

339) *Terminus est ens orationem potens conficere ut pars illius immediata.*

ihm geschriebenen Commentar zu Strodus wiederholt[340]) und auch gelegentlich der Aufzählung verschiedener Meinungen einen uns sonst nicht bekannten Autor, nemlich einen Johannes Venator nennt[341]). Am Schlusse gibt er einen Rückblick und verspricht zugleich besondere Schriften über die Universalien und die Kategorien[342]). Der mathematischen Physik gehört der beigefügte Tractatus „*De potentia passiva et activa*" an[343]).

Sein Schüler Jacobus Riccius von Arezzo schrieb einen Commentar zur *Summula* des Paulus Venetus[344]), wobei er Schritt vor Schritt in distinguirender Erklärung mittelst *dubia* und *responsiones* die Lehre seines Originales rechtfertigt.

Gleichfalls Mediciner war Alexander Sermoneta, welcher in seinem Commentare zu den *Consequentiae* des Strodus[345]) uns ein deutliches Zeugniss ablegt, dass damals die Aerzte ein grosses Gewicht auf diesen Zweig der modernen Logik legten[346]). Die Exegese selbst folgt getreulich dem Texte von Zeile zu Zeile.

Der gleichen Fachwissenschaft gehörte Benedictus Victorius Faventinus (auch Bononiensis genannt) an, welcher ausser Commentaren zu Hentisberus *De sensu composito et diviso* (s. Abschn. XX, Anm. 348 f.) und zum zweiten Tractate der *Summula* des Paulus Ve-

---

340) *Quoniam super consequentias Strodi specialem tractatum feci, ne iterum, quod iam dictum est, sub aliis verbis commemorem, hic persequar eundem sermonem.*

341) Nach Erläuterung der Definition der *consequentia*, welche Strodus gab: *Secunda positio est Iohannis Venatoris discrepantis a Strodo, quum vult, quod consequentia sit propositio rationalis, quia nihil est concedendum aut negandum nisi propositio, sed consequentia est concedenda aut neganda. ..... Est autem et altera in hac parte opinio asserens, consequentiam esse respectum de praedicamento passionis* (s. Paulus Pergulensis ob. Anm. 39). .... *Quarta opinio fuit Ferabrich. .... Quinta positio est Petri Mantuani. ..... Sexta opinio tenet, quod consequentia est veritas necessaria significabilis per propositionem rationalem* (wer hiemit gemeint sei, wissen wir nicht). ..... *Positio, quam puto esse veriorem, est, quod consequentia est relatio rationis consequentis ad antecedens, qua per actum intellectus consequens denominatur sequi ex antecedente.* Ueberhaupt häufig werden Hentisberus, Paulus Venetus und Petrus Mantuanus citirt.

342) *Iam complevimus ..... lucubrationem, quam promisimus, in secundis et primis intentionibus terminorumque omnium suppositionibus atque probationibus sufficienter nec non etiam de consequentiis et aliis quibusdam argumentationum speciebus; de universalibus vero et de praedicamentis ac etiam quaedam alia in dialectica necessaria posterius sermonem alium faciemus.*

343) Es ist diess obige (Anm. 337) „*tertia pars*". Hauptsächlich wird dabei eine Menge von Sophismen über *maximum* und *minimum* im Anschlusse an Suisset's *Calculator* (Abschn. XX, Anm. 350) vorgebracht.

344) *Incipiunt quaedam obiectiones et annotata super logica Pauli Veneti edita per egregium artium et medicinae doctorem Magistrum Iacobum riccium de Aretio.* Am Schl. *Per Guilelmum Tridinensem de Mons fer.* 1488. 4. d. h. im gleichen Jahre und der gleichen Officin wie die oben (Abschn. XX, Anm. 501) angeführte älteste Ausgabe der Summula des Paulus Venetus. (Riccius citirt öfters den Petrus Mantuanus und den Paulus Pergulensis.)

345) Die Drucke s. oben, Abschn. XX, Anm. 174.

346) In der Vorrede: *Saepe enim genitor Ioannes, qui non minus duce dialectica ac philosophia, quam experientia in medendis hominibus profecit, solitus erat Hentisberum et Strodum pariter proponere ac hortari cunctos dialecticae discipulos, quantumcunque eruditi essent, his se tueri principibus.*

netus[347]), wobei er in beiden eben lediglich Commentator sein wollte[348]), auch einige kleinere logische Tractate schrieb[349]). Der erste derselben „*De instanti*" betrifft im Hinblicke auf Burleigh einen physikalischen Gegenstand[350]); ein anderer „*De unitate scientiae*" enthält die Erörterung einer wichtigen aristotelischen Stelle[351]); ein dritter ist der Frage gewidmet, zu welchen Kategorien die Bewegung beigezogen werden könne[352]). Endlich ein vierter „*De essentialibus syllogismi*" will dem Syllogismus drei Betrachtungsseiten abgewinnen, nemlich zunächst jene Bestandtheile, welche *incomplexa* sind, dann diejenigen, welche *complexa* sind, und hierauf den „*effectus*", d. h. den Schluss selbst[353]). Bei den *incomplexa* wird ein Hauptgewicht auf die *inventio medii* gelegt, woselbst die modernen Regeln, jedoch ohne die modernen Memorial-Worte (d. h. *Fecana, Cageti* u. s. f.) zur Verwendung kommen; vom Mittelbegriffe aus wird sodann auch die Zahl der Schlussfiguren in aristotelischem Sinne besprochen und sonach die vierte Figur als unnatürlich abgelehnt[354]). Die *complexa* geben Gelegenheit zur Erörterung des *Dictum de omni* und überhaupt der Quantität und Qualität der Prämissen, sowie der „*effectus*" auf den Hauptinhalt der zweiten Analytik führt.

Dass überhaupt Hentisberus grosses Ansehen genoss, ersehen wir aus den ihn betreffenden Erläuterungsschriften, welche den bisher erwähnten noch beizufügen sind. Wir finden nemlich von Simon de Lendenaria „*Recollectae supra sophismatibus Hentisberi*"[355]), in wel-

---

347) *Opusculum Benedicti victorii Bononiensis in Tisberum de sensu composito ac diviso cum eiusdem collectaneis in suppositiones Pauli Veneti.* Am Schl. *Bononiae* 1504. 4.

348) In der Einleitung zum *Tractatus suppositionum: Quia Paulo introductori nostro credimus, ideo totam eius intentionem exponemus. ..... Dicemus, hunc esse tractatum secundum Summularum Pauli* (vgl. Abschn. XX, Anm. 514) *declarativum proprietatum terminorum propositionaliter captorum.*

349) *Benedicti Victorii Faventini Examinatio Quaestionis De Instanti Gualterii Burlei. Eiusdem Digressiones De Unitate Scientiae, De Essentialibus Sillogismi, Et in quo genere fiat motus. Bononiae* 1505. fol. (unpaginirt). In einer Nachschrift (auf der letzten Seite) sagt der Verfasser selbst, bei Veröffentlichung seines Commentares zum Hentisberus habe nur der Drucker ihn „*Bononiensis*" genannt, um ihm ein Compliment zu machen; eigentlich aber sei er doch „*Faventinus*".

350) S. Abschn. XIX, Anm. 608.

351) S. Abschn. IV, Anm. 675.

352) *Tantum in tribus praedicamentis contingit motum fieri proprium, sc. in quantitate, qualitate et ubi.* Das Ganze nach Hentisberus, s. Abschn. XX, Anm. 356.

353) *Prima decursus pars, quid supra incomplexa essentialia syllogismi, velut sunt medium et extrema, iudicandum sit, manifestabit. ..... Secunda pars fert iudicium supra complexa principia syllogismi, quae nomine proprio propositiones appellantur. ..... Tertia circa effectum in syllogismo insistit, qui est tertium essentiale intrinsecum syllogismi, quem de syllogismo scribentes conclusionem seu quaesitum appellarunt.*

354) *Habitudo medii ad extrema, ubi medium est praedicatum de maiori extremo et subiectum minoris, non causat naturalem figuram, ut voluit Galienus* (so wurde der Name bekanntlich stets bei den Medicinern jener Zeit geschrieben), *sed artificialem tantum, eo modo quod virtus nostri cogitativa non potest decurrere supra ipsam nisi reducendo ipsam ad naturalem figuram, sc. primam.*

355) Die Druckausgabe s. Abschn. XX, Anm. 347.

chen mit einer wahrhaft erschreckenden Ausführlichkeit nur die sechs ersten Sophismen des Hentisberus (s. Abschn. XX, Anm. 357) commentirt werden.

Aus der Sienenser Schule des Olivier und des Riccius war Bernardinus Petri hervorgegangen, welcher einer etwas jüngeren Generation angehört, aber als blosser Commentator zu Hentisberus *De sensu composito et diviso* [356]) gleich hier genannt sein möge.

Den Buridanus aber hatte sich Johannes Dorp als Gegenstand der Erklärung erwählt [357]), und wir hätten sonach auch Nichts weiteres über ihn zu berichten [358]), wenn sich nicht bei ihm eine Erweiterung jener Regeln und Memorial-Worte fände, welchen wir nun schon so oft bezüglich der *inventio medii* begegneten; hier nemlich sind (vgl. oben Anm. 207) auch die Worte, durch welche die untauglichen Combinationen bezeichnet werden, nemlich *Febas, Hedas, Heca,* in ausführlicher Behandlung zu den ältern (*Fecana, Cageti* u. s. f.) hinzugetreten [359]).

---

356) *De sensu composito et diviso.* Am Schl.: *Explicit tractatus de sensu composito et diviso, Editus a ..... magistro Bernardino Petri de Senis de landuciis ordinis Carmelitarum, Philosophiam Senis ordinarie legentem. Neapoli* 1514. 4.

357) Ausser den beiden Ausgaben Buridan's (s. Abschn. XX, Anm. 55) ist der Commentar des Dorp auch gedruckt in: *Iohannes Dorp recognitus et auctus. Summulae Buridani. Cum expositione praeclari viri interpretis, nominalium terminorum, Iohannis Dorp. recognitae a magistro nostro Iohanne Maiore. Cum annotationibus. Et postillis in margine libri de novo insertis. Lugduni* 1510. 4. (der Text Buridan's ist hier nur abgekürzt abgedruckt). Auch am Schlusse wird Dorp *verus nominalium opinionum recitator* genannt.

358) Denn seine ganze exegetische Thätigkeit verfolgt den einzigen Zweck, die Lehre Buridan's zu erläutern und zu rechtfertigen. In der Einleitung adoptirt er des Dorbellus Unterscheidung zwischen *vetus ars* und *nova logica* und bezeichnet auch mit Georgius Bruxellensis (ob. Anm. 133) die Logik als eine praktische Disciplin.

359) Gegen das Ende des *Tract. V.*: *Versus valentes ad habendum medium pro conclusione syllogisanda ex veris sunt isti:*

Fecana, Cageti, Dafenes, Hebare, Gedaco,
Gebali stant; sed non constant Febas, Hedas, Heca.

Versus expositivi dictorum versuum sunt isti (nemlich die beiden, welche wir schon oben bei Bricot, Anm. 129, trafen) ..... *In duobus primis versibus ponuntur sex dictiones, quarum quaelibet habet tres syllabas, et ponuntur tres, quarum quaelibet habet tantum duas syllabas. Et per hoc datur intelligi, quod sex sunt modi valentes ad inventionem medii. .... Per vocalem positam in ultima syllaba datur intelligi conclusio syllogisanda; et per vocales positas in prima et secunda syllaba dantur intelligi subiectum et praedicatum conclusionis syllogisandae; et per consonantes positas primis duabus syllabis intelligitur, quomodo medium debet se habere respectu subiecti et praedicati.* Diess wird dann auf Grundlage dessen, was wir über die Bedeutung der Vocale und Consonanten schon oben, a. a. O., sahen, beispielsweise an „*Fecana*" gezeigt. Und hierauf folgen in grösster Ausführlichkeit als sechs Regeln eben jene sechs schon von Bricot aufgeführten Schlussweisen, in welchen die Auffindung eines passenden Mittelbegriffes möglich ist. Neu aber kommen hier die drei untauglichen Combinationen mit ihrer obigen Bezeichnung hinzu, nemlich: *Septima regula .... datur intelligi per istum dictionem „Febas", quae sic exponitur: Si ad syllogisandum sumatur medium, quod sit F respectu E, i. e. consequens subiecti, et B respectu A, i. e. consequens praedicati, ipsum non est idoneum. .... Octava regula datur intelligi per illam dictionem „Hedas", quae sic exponitur: si sumatur medium, quod sit H respectu E, i. e. extraneum subiecti, et D respectu A, i. e. extraneum praedicati, tale medium non est idoneum. .... Nona regula intelligitur*

Nur den ersten Tractatus der *Summula* des Buridanus interpretirte der Schüler Cranston's (Anm. 451 ff.) Antonius Silvester (gest. im Jahre 1515), indem er Satz für Satz *dubia, confirmatio* und *subconfirmatio*, dann aber *solutio* entwickelte [360]. Was Jacobus Almain aus Siena (gest. i. J. 1515) in Erklärung der *Consequentiae* des Strodus leistete, scheint verloren zu sein [361].

Gleichzeitig aber mit den zuletzt genannten Autoren, welche ihre Thätigkeit nur auf dienstbare Exegese moderner Producte beschränkten, beginnt eine lange Reihe terministischer Schriftsteller, welche in geringerem oder höherem Grade die Litteratur ihrer Parteifarbe erweiterten oder förderten, wobei wir jedenfalls die Einsicht gewinnen, dass die Grundsätze Occam's und seiner nächsten Anhänger noch auf geraume Zeit eine zähe Lebensfähigkeit aufweisen konnten (vgl. ob. Anm. 318).

Eines der unbedeutenderen Erzeugnisse dieser Art ist der Commentar zum Organon, welcher aus der Hand des Johannes Raulin hervorgegangen, zusammen mit *Dubia* des Nicolaus Amans derartig gedruckt wurde, dass wir nicht mehr unterscheiden können, was dem einen und was dem anderen der Beiden angehöre [362]. Auf Grundlage des *Textus abbreviatus* Bricot's (ob. Anm. 123) wird dabei jede einzelne Frage im Sinne der Terministen erörtert [363].

Ein Terminist aber bis zum Excess scheint Stephanus de Monte, welcher in Pavia docirte, gewesen zu sein. Er schrieb eine *Ars insolubilis* [364] in der ausgesprochenen Tendenz, die Manipulation zu lehren, mittelst deren man an jeden Satz irgend ein Insolubile anhängen könne [365]. Er gibt zu diesem Behufe eine Menge von Regeln nebst Beispielen [366],

---

per istam dictionem „Hecca", quae sic exponitur: si sumatur medium, quod sit H respectu E, i. e. extraneum subiecti, et C respectu A, i. e. antecedens praedicati, tale medium est ineptum et inidoneum.

360) *Dialecticis sititoribus quaestionum pars prima super summularum Buridani tractatum primum a M. Anthonio silvestro diligenti cura edita prostat.* [*Paris.*] *Olivier Senant* s. a. (wahrscheinlich 1511).

361) Angeführt finde ich seinen *Tractatus quinque consequentiarum;* was ich von ihm kenne, ist *Super sententias Holcot* und die sog. *Aurea opuscula;* ersteres ist nur theologischen und letzteres nur moraltheologischen Inhaltes.

362) *Excellentissimi artium et theologiae doctoris magistri Iohannis Raulin cum plerisque dubiis Nicolai amantis passim annexis in logicam aristotelis Commentarium feliciter incipit. ..... Opus praeclarum parisiaca urbe impressum ..... impensa Nicolai vaultier et durandi gerlier* (das Druckerzeichen ist das des *Gerlier*). S. a. fol. (unpaginirt).

363) Schon die üblichen Fragen in der Einleitung werden sämmtlich auf den Begriff des *terminus* hinübergewendet, welcher auch ausschliesslich für die Universalien gelten soll. Dass *Fecana, Cageti* u. s. w. zur Verwendung kommt, versteht sich bei der Wahl des zu erklärenden Textes von selbst.

364) *Fratris Stephani de monte gebennensis, ordinis carmelitarum. .... Ars insolubilis nuper edita, docens de omni scibili indifferenter disputare.* Am Schl. *Papiae* 1490. 4. (unpaginirt).

365) *Nisus sum artem compilare in omni scientia insolubiliter sophisticeque argumentari docentem; quae quidem ars merito insolubilis dicta tres continet tractatus, quorum primus artem ad quodlibet propositum insolubiliter opponendi docet, secundus artem respondendi, tertius autem instrumenta huius artis ostendit.*

366) *Prima insolubilis: Formanda est una propositio rationalis, cuius antecedens est una copulativa, cuius prima pars principalis est una disiunctiva affirmativa con-*

geht dann plötzlich auf die modalen Urtheile über[367]), und entwickelt hierauf noch die Lehre von *Consequentiae*, in welche er nach dem Vorbilde des Paulus Venetus auch die *Exponibilia* verflicht und letztere durch mnemonische Worte erläutert[368]).

Johannes Parreut (d. h. aus Bayreuth; er lehrte in Ingolstadt, gest. i. J. 1495) zeichnet sich in seinem Commentare zur *vetus ars*[369]) vor vielen Anderen durch Klarheit der Erläuterungen, Entschiedenheit des Parteistandpunktes und auch durch Belesenheit aus[370]). Nachdem er aus Dorbellus die uns stets wiederkehrende Stellung der *vetus ars* aufgenommen[371]), spricht er seine Parteistellung mit dem lobenswerthen Zusatze aus, dass nach seiner Ansicht ein Autor um so besser sei, je moderner er sei[372]). Hierauf gibt er einen sehr klaren und sachgemässen Bericht über die Spaltung der Ansichten bezüglich der Universalien, wobei wir die Terminologie beachten mögen, dass er „*moderni*" (nicht etwa „*nominales*") und „*reales*" einander gegenüberstellt und zu letzteren

---

stituta ex contradictorio positionis respondentis et ex littera „est falsa", secunda autem pars praedictae disiunctivae contradictorium, consequens vero primae synonymum. In dieser Weise werden im Ganzen fünfzig Vorschriften gegeben, woran sich noch zehn ähnliche für verschiedene Formen des hypothetischen Urtheiles anreihen.

367) Es folgen nemlich Erörterungen über die Modalität der Urtheile, über *complexe significabile* und *propositio mentalis* ganz im Sinne des Gregor v. Rimini und des Peter v. Ailly, sodann Regeln betreffs der modalen und der hypothetischen Urtheile.

368) Es sind im Ganzen zwanzig Regeln über *consequentia*, wobei bezüglich der exponiblen Urtheile neue Memorialworte erscheinen; nemlich: *Dabo dictiones docentes exponentia totalia atque partialia; pro reduplicativis: Sipicabi, Sorineco, Renepode, Trandenirpa; pro exclusivis: Sipec, Sponac; pro exceptivis: Casapes, Cenapa; pro differt: Scipio; pro incipit et desinit: Magistrans incepit, sicut Desinere instabit; pro comparativo et superlativo: Agatur giganteus.* Hiernach folgen sieben *conclusiones* betreffs der *mathematicae proportiones,* welche zur Verdeutlichung der *Consequentiae* dienen sollen. Zuletzt Regeln über *Consequentia* der modalen Urtheile.

369) *Textus veteris artis, sc. Isagogarum Porphyrii, praedicamentorum Aristotelis simul cum duobus libris perihermenias eiusdem. Item Exercitata circa hoc secundum doctrinam Modernorum collecta et bene emendata per ..... Iohannem parreudt sacrae theologiae baccalaureum formatum in alma Universitate Ingolstatensi.* Am Schl.: *Impressa per Iacobum pentium de Leuco in Venetiarum urbe expensis .... Leonardi Alantsee bibliopolae Viennensis.* 1507. 4. (Aeltere Drucke erschienen: Ingolst. 1492, Nürnberg 1494, Hagenau 1501).

370) Er citirt Thomas v. Aqu., Alb. Magnus, Robert v. Lincoln, Scotus, Antonius Andreas, Mayron, Peter v. Ailly, Marsilius, den Scotisten Petrus de Aquila (s. unten Anm. 571), und auch den Laurentius Valla.

371) *Quaest. 1 De univ. Porph.: Vetus ars non dicitur ideo vetus, quia esset antiquior, ... sed metaphorice; nam sicut vetus et senex praecedit prioritate temporis iuvenem, ita partes argumentationis, de quibus tractat vetus ars, praecedunt et sunt priores tota argumentatione, de qua tractat nova logica.*

372) Ebend.: *Polliceor, me secuturum in illa materia illos moderniores doctores, videlicet cancellarium Parisiensem Iohannem Gersonem doctorem christianissimum et Petrum Cameracensem* (d. h. Peter v. Ailly) *et strenuum pugilem veritatis Guilhelmum Occan, quorum fama et laus quasi nunc per totum orbem est diffusa; et non sine ratione illos imitor, quum, de quanto doctores fuerunt moderniores, de tanto solidius scripsisse praecipue in artibus et ingeniis subtilioribus floruisse eos arbitror,*

Thomisten und Scotisten zählt [373]). Nach einigen anderweitigen Bemerkungen [374]) gibt ihm der Unterschied zwischen realer und terminaler Aussage abermals Gelegenheit zu einer besonnenen (an Gerson erinnernden) Aeusserung über die Parteispaltung [375]). Aus der Erläuterung zu den Kategorien mag seine Auffassung des *a priori* und *a posteriori* hervorgehoben werden [376]).

---

373) Ebend.: *Universale est duplex, sc. reale et rationis sive logicum. Universale reale est res communis .... in participando, ... in causando, ... in intelligendo, sc. quod universaliter omnia potest intelligere, ... in essendo, sc. quod in sua essentia et natura commune est pluribus individuis. .... Opinio Platonis dixit, quod universale reale in essendo in qualibet specie esset una idea separata et distincta a suis individuis perpetua et aeterna extra mentem; ..... hoc reprobat philosophus. ..... Modus ponendi universale Scotistarum est talis in re, sicut in homine: Natura vel quidditas, quantum est de se praeter operationem intellectus, est communicabilis pluribus singularibus et habet unitatem sibi propriam; ..... haec opinio potest latissime impugnari; qui vult, videat Occan in sua logica. .... Modus ponendi Thomistarum est talis: Universale, quando capitur pro natura universali vel communi, sicut est humanitas, est duplex, sc. in potentia et in actu; ... in potentia est ipsa quidditas vel natura, quae est in re singulari; ..... in actu est ipsa natura denudata per intellectum a conditionibus individuantibus. ..... Scotus tenet, quod haec natura, quae universalis dicitur, sit realiter eadem cum singulari; sed hoc Thomas non admittit, sed natura realiter distinguitur a singulari. .... Sed ut prolixitatem vitem, commune principium modernorum adducam: Peccatum est, fieri per plura, quae possunt fieri per pauciora. .... Dico, quod universale reale in essendo est idem realiter cum omnibus suis individuis et singularibus simul sumptis. .... Et quicunque aliter ponunt universalia realia, videntur facere contra determinationem concilii generalis, in quo fuit Iohannes Gerson; unde dicit etc.* (d. h. es folgt die oben, Abschn. XX, Anm. 592, angeführte Stelle). ...... *Universale logicum vel rationis est, quod non habet esse praeter signa, sc. terminos mentales, vocales vel scriptos. .... Secundum logicam modernorum littera „universale" demonstrando illum terminum „universale" personaliter captum, qui significat omnia universalia, est subiectum attributionis* (d. h. in der Isagoge); *sed secundum realistas supponit suppositione simplici pro universali simpliciter et in genere, non pro illo vel altero singulari universali* (vgl. Gerson a. a. O., Anm. 601); *et sic praedicabile est eius propria passio et differt ab universali, quia universale diffinitur per esse, sed praedicabile per dici, ut dicit Franciscus Mayron* (s. Abschn. XIX, Anm. 510).

374) *Quaest.* 2*: Moderni quasi omnes concorditer inquiunt, quod universale sit genus ad illa quinque.* Vorausgeschickt hatte er hiebei eine Erörterung über *terminus* und dessen Eintheilung, sowie über *prima* und *secunda intentio* u. dgl. völlig im Sinne der Modernen.

375) *Quaest.* 5: *Dubitatur, quid subiiciatur et praedicetur in praedicatione, an res realis vel terminus. De quo dubio est controversia inter modernos et realistas. .... Respondeo, quod tam res quam terminus alia et alia ratione praedicatur et subiicitur; nam subiectum et similiter praedicatum est duplex, sc. quo et quod; et terminus est subiectum vel praedicatum quo, quia est illud, quo mediante loquimur de rebus; ...... res vero realis est subiectum vel praedicatum quod, quia est illud, quod praedicatur a nobis.*

376) *Quaest.* 1 *in Categ.: Notitia essentialis et a priori est, qua cognoscitur terminus esse in praedicamento ex eo, sine quo non potest esse in praedicamento, ut sunt modus significandi, modus praedicandi et modus ordinandi; sed notitia accidentalis et a posteriori est, qua cognoscitur terminus esse in praedicamento ex eo, sine quo potest esse in praedicamento, ut sunt proprietates praedicamentorum.* Auch schliesst er sich ebend. betreffs der *„ordinatio"* der Kategorien an Occam an (Abschn. XIX, Anm. 865 u. 868). Uebrigens flicht er bei den letzten Kategorien auch Einiges aus Gilbertus Porretanus ein. Das Weitere bietet Nichts bemerkenswerthes mehr dar, denn schon von den Kategorien an und dann namentlich in *De interpr.* bewegt er sich nur mehr in Exegese des aristotelischen Wortlautes.

Ein peinlich ausführlicher Autor ist Jodoc Trutfeder aus Eisenach, daher gewöhnlich Isenacensis genannt (ein Lehrer Luthers, in Erfurt wirkend, gest. i. J. 1519), welcher ein grösseres Compendium unter dem Titel „*Summulae totius logicae*“ [377]) und aus demselben excerpirt eine kürzere Darstellung „*Epitome seu breviarium*“ schrieb [378]). Auch er fusst auf einer ausgedehnten Belesenheit [379]) und nennt uns ausdrücklich diejenigen Modernen oder Halb-Modernen, an welche er sich anschliessen will [380]). Indem er sich auf den Begriff der *logica artificialis* stellt, für welche ein Organon erforderlich sei [381]), und hieran wörtlich occamistische Bemerkungen über *notitia* knüpft (Abschn. XIX, Anm. 746 ff.) und auch die üblich gewordene Unterscheidung der *vetus ars* und *nova logica* aufnimmt, beginnt er mit einer sehr kurzen Bemerkung über *propositio*, um sogleich auf *terminus* überzugehen; an diesen knüpft er die Universalien, bei welchen er sich entschieden nominalistisch äussert [382]) und zugleich einen neuen Memorial-Vers vorbringt [383]). Auch bei den Kategorien, welchen er nicht bloss die *antepraedicamenta*, sondern auch die *postpraedicamenta* voranschickt, finden wir hier mehrere neue Verse [384]). Hierauf lässt er die *proprietates terminorum* auf Grundlage

---

377) *Summulae totius logicae, quas opus maius appellitare libuit, per Iodocum Trutvetter Isennachcensem Theologum ex dogmatibus veterum recentiorumque omnium in Gymnasio nuper Erphordiensi utpote succus e floribus, laboriosissime compilatae.* Am Schl.: *Expressum ..... ab Lupambulo Schenck. ..... Erphurdiae* 1501. 4.

378) *Epitome seu breviarium dialecticae, hoc est disputatricis Scientiae, iterum iam recusum Planiori siquidem et praeceptorum et exemplorum filo, per D. Iudocum Isennachensem.* Am Schl.: *Impressum Erphordiae per Matheum Maler.* 1512. 4. Weggelassen sind hier *An. post.*, *Top.* u. *Soph. El.*

379) Wir finden bei ihm angeführt: Alb. Magnus, Thomas v. Aqu., Aegidius, Heinrich v. Gent, Durand, Herveus, Rob. v. Lincoln, Aureolus, Capreolus, Nigri, Scotus, Ant. Andreas, Mayron, Occam, Gerson, Peter v. Ailly, Gregor v. Rimini, Thomas v. Strassburg, Holcot, Marsilius, Buridan, Gabr. Biel, Paulus Venetus, Paulus Pergulensis, Petrus Mantuanus, Bricot, Georgius Bruxellensis, Prierias (s. Anm. 727 ff.) u. Laur. Valla.

380) In der Vorrede der *Summulae: Quidquid Theophrastus, Alexander Aphrodysius, Themistius, Hammonius, Simplicius, Philoponus aliique praeterea ex Aristotelis familia, et qui in horum locum nunc successerunt, Herveus, Occan, Byridanus, Marsilius, Tisberus praenobilesque inter Neotericoteros Georgius Bruccellensis ac Thomas Bricotus in hac disciplina contulerunt, in hoc opusculo reperies serie quidem compendiaria atque etiam honestiore.*

381) *Perspectum itaque est, quum quaevis artium sua praesupponat instrumenta et organa, logicaque instrumentum sit et organum, quod nulla sine ea perfecte et artificialiter, quamvis usualiter, potest haberi.*

382) *Non de rebus neque rerum generibus Aristoteles* (wie wenn es nicht Porphyrius wäre!) *hic tractaturus est, sed de vocibus res ipsas significantibus. .... Universale nominat conceptum in anima aeque plurium repraesentativum.* Hierauf folgt über *conceptus* und über *principium individuationis* eine Angabe der verschiedenen Partei-Meinungen mit schliesslich occamistischem Entscheide.

383) Betreffs der Arten des *proprium* der Vers:

Est proprium medicus, bipes, canus quoque, ridens.

384) Für *substantia:*

In sub non esse, predicat un, significat hoc,
Nil contra, nec magis, contraria suscipit in se

d. h. *in subiecto non est, praedicatur univoce, significat hoc aliquid, nihil ei est*

des Buridanus und Marsilius folgen[385]), dann die Lehre vom Urtheile nach Petrus Hispanus[386]), und nun erst die *Exponibilia* aus Paulus Venetus[387]). Dem Letzteren folgt er auch darin, dass er die Lehre von der Argumentation mit den *Consequentiae* beginnt und erst hernach den Syllogismus bespricht. Dort finden wir zunächst die allgemeinen Regeln des kategorischen Schlusses in einen neuen Memorial-Vers gebracht[388]), sodann eine metrische Formulirung der Modi der vierten Schlussfigur, welche in ähnlicher Weise wie bei Petrus Mantuanus (ob. Anm. 29) und bei Tartaretus (ob. Anm. 162) wirklich als selbstständige Figur betrachtet wird[389]), ferner auch noch Verse betreffs der Reduction der übrigen Modi auf die ersten vier[390]), und ausserdem eine klägliche Spielerei, in welcher die *reductio per impossibile* für die einzelnen Modi in ihrer Reihenfolge abermals durch Memorial-Worte ausgedrückt wird[391]). Nach

---

contrarium, non suscipit magis et minus, susceptiva est contrariorum. Aehnlich für *quantitas:*

Non exigit contra nec plus, sed dicitur aequa.

Für *ad aliquid*:

Oppositum recipit et plus, convertitur atque
Simul natura ponunt et mutuo tollunt,
Per patrem natum, per natum noscito patrem.

Für *qualitas:*

Oppositum recipit et plus capit, atque per illam
Dicatur simile; sunt haec tria propria quali.

Für *prior* neben den obigen (Anm. 201) zur Auswahl auch noch:

Senex superior, ordo, venerabile, causa.

Für *simul* die obigen (Anm. 202).

385) Er spricht von *significatum ultimatum* u. dgl., theilt die *suppositio* in *personalis, formalis, simplex* u. *materialis*, und verflicht zugleich die *distributio;* dann folgen *ampliatio, restrictio, appellatio, alienatio, status*, und zuletzt die *transscendentia:*

386) Nur gebraucht er die Bezeichnung „*Passiones categoricae propositionis*" und „*Passiones modalium*".

387) d. h. es handelt sich um *termini resolubiles, componibiles, exponibiles, officiabiles.* Hieran aber reiht er dann die *passiones hypotheticae propositionis*, wobei er sieben Arten desselben annimmt.

388) *Non ma part pri se, mi ne pri terque directe.*

D. h. *Non concluditur maiori particulari in prima et secunda figura* und *Minore negativa (non concluditur) in prima et tertia directe.*

389) Er erwähnt nicht bloss bei den drei aristotelischen Figuren die Modi *Barbari, Celaront, Celantos, Cesaro, Camestros, Fisteno*, sondern construirt auch die vierte Figur, von welcher er sagt: *Quarta habet novem modos, quinque directe concludentes et quatuor indirecte, ut prima figura, a qua differt per solam transpositionem terminorum.* So gewinnt er die Worte und Verse für die vierte Figur:

Bambara, Camerent, Dimari, Fimero; Bamalipton,
Camentes, Dimatis, Fesmapo, Fremsisomorum.

390) Nemlich:

Quatuor in primos primae ducendo sequentes
Maior erit minor; oppositum conclude minoris
Verteque simpliciter; maior opposita conclu;
Celantes duc ad Frises, hinc ad Darii duc.

Dann folgen die zwei älteren Verse: *Serval maiorem etc.*

391) *Volens autem scire, ad quem modum perfectorum quisque syllogismus imperfectus reducatur per impossibile, consideret etc. ...... Notatur insequentibus dictionibus; unicuique syllabae respondet modus imperfectus sui ordinis, qui ad modum*

einer grossen Menge von Beispielen hierüber folgen als „*syllogismi ex propositionibus de praegnantibus*“ die sog. exponiblen Schlüsse nach dem Vorbilde Occam's [392]), hierauf die *inventio medii* erklärlicher Weise mit der jüngsten Formation der Memorialworte *Fecana* u. s. f. [393]). In der Topik bringt er mit der aristotelischen Lehre von der Induction die ganze *distributio* und den *descensus* in Verbindung, letzteren noch dazu in einer über Tartaretus (ob. Anm. 172) weit hinausgehenden Vermehrung, da sowohl der copulative als auch der disjunctive *descensus* in doppelter Weise auftreten könne, was abermals in Memorial-Versen dargelegt wird [394]). Endlich nach der Topik folgt der hauptsächliche Inhalt aus *An. post.* und *Soph. El.*

Grosse Aehnlichkeit mit Trutfeder zeigt in den Grundsätzen Bartholomäus Arnoldi, von seinem Geburtsorte (im Nassauischen) meist de Usingen genannt (hochbetagt gest. i. J. 1532, seine litterarische Thätigkeit fällt in die ersten Jahre des Jahrhunderts). Er verfasste ein Compendium der Logik, welches unter verschiedenen Titeln oft gedruckt wurde [395]), und ausserdem *Exercitia* zum aristotelischen Orga-

---

perfectum concludentem genus propositionis vocali illius syllabae designatum reducitur in hunc modum:

Baralipton	*Nes-*	*Celarent*
Celantes	*ci-*	*Darii*
Dabitis	*e-*	*Celarent*
Fapesmo	*ba-*	*Barbara*
Frisesom	*tis.*	*Darii*
Cesare	*O-*	*Ferio*
Camestres	*di-*	*Darii*
Festino	*e-*	*Celarent*
Baroco	*bam.*	*Barbara*
Darapti	*Le-*	*Celarent*
Felapton	*va-*	*Barbara*
Disamis	*re-*	*Celarent*
Datisi	*ro-*	*Ferio*
Bocardo	*ma-*	*Barbara*
Ferison	*nis.*	*Darii*

392) S. Abschn. XIX, Anm. 1000 ff. Die dort gegebene Grundlage ist hier in einer kaum erträglichen Weitschweifigkeit ausgeführt. Hernach folgt der Rest der *An. pr.* des Aristoteles, und dann abermals eine Menge von Vorsichtsmassregeln — „*Cautelae*“ — bei Syllogismen jeder Art.

393) S. ob. Anm. 359.

394) *Quadrifariam descenditur: copulative, disiunctive, copulatim, disiunctim* (über diese Wortformen s. bei Paulus Venetus, Abschn. XX, Anm. 551 ff.). *Copulative et disiunctive descendere est arguitive inferre hypotheticam copulativam et disiunctivam constitutam ex universis singularibus termini communis, sub quo descenditur distributive determinate. Copulatim et disiunctim descendere est arguitive inferre categoricam de extremo copulato et disiuncto, et hoc modo descenditur sub termino supponente confuse tantum collective et non collective. Id quod explicatur versibus:*

Disiunctive deter; copulative quoque distri;
Confuse tantum disiunctim scandere debes;
In collectivis copulatim scandere debes.

395) Die gleiche Anordnung im allgemeinen Plane und im Einzelnen zeigen die zwei Drucke: *Compendium Novum totius logicae opera et studio singulari M. Bartholomei de Usingen in Gymnasio Erphurdiensi collectum.* s. l. s. a. 4. und *Summa compendiaria totius logicae in famatissimo studio Erphurdiensi per magistrum Bartholomeum Arnoldi de usingen collecta.* Am Schl.: *Per ..... Nicolaum Kessler civem Basiliensem.* 1507. 4. Die Reihenfolge nemlich ist in beiden: *Propositio, Praedica-*

non[396]). In ersterem finden wir im Ganzen die nemliche Haltung wie bei Trutfeder, nur ist Alles weit einfacher und kürzer behandelt[397]); in letzteren ist wohl die Einleitung, welche auch die Verse aus Dorbellus enthält, sehr ausführlich, und auch die Erörterung über die Universalien, welche sich völlig an Occam anschliesst, könnte wohl kürzer gefasst sein; jedenfalls aber ist dasjenige, was über *antiqui* und *moderni* gesagt wird, ebenso sachgemäss als vernünftig[398]); bei der Syllogistik ist nur die moderne Lehre über *inventio medii* nebst *Fecana* u. s. w. aufgenommen, nicht hingegen die neuen Verse Trutfeder's über die Reduction u. dgl.

Hieher gehört auch der in Hagenau gedruckte anonyme Commentar der „Moderni" zum 1. und 4. Tractate, sowie zu den *proprietates terminorum* des Petrus Hispanus[399]), wobei wir im Hinblicke auf

---

bilia, Praedicamenta, Proprietates logicales (d. h. *suppositio etc.*), *Probatio terminalis, Argumentatio, Argumentatio probalilis;* nur fehlt der letztere Abschnitt in dem Drucke s. l. s. a., sowie der andere überhaupt auch im Einzelnen etwas ausführlicher ist; übrigens zeigt letzterer durchgängig als Columnen-Titel *„Parvulus logicae"*. Eine zweite Gruppe bilden die Drucke: *Parvulus loycae cum figuris.* Am Schl.: *In Schola Erffurdiana per Bartholomeum de Usingen .... concinnatum; .... effigiatum Erffurdiae per wolffgangum Schenck.* 1504. 4. und *Compendium tocius logicae brevissimis figurulis expositum in schola Erphordiana per Bartholomeum de usingen ..... concinnatum. ..... Matheus Maler impressit Erphurdiae.* 1513. 4. und mit gleichem Titel, am Schl. *Impressum Metis.* 1517. 4. In diesen Drucken, welche durchgängig gleichlautend sind, ist die Reihenfolge: *Propositio, Proprietates logicales, Probatio terminalis, Praedicabilia, Argumentatio, Argumentatio probabilis.*

396) *Exercitium veteris artis in studio Erffordiensi collectum per Magistrum Bartholomeum arnoldi de Usingen instauratum atque emendatum.* Am Schl.: *Excussum Erffordiae per me Ioannem Knappum.* 1514. 4. Hiezu *Exercitium novae logicae etc.* ebenso ..... *per Ioannem Canappum.* 1516. 4.

397) Nach den üblichen Angaben über *ars vetus* und *nova logica* wird als Subject der Logik der *terminus „argumentatio"* bezeichnet; an die Lehre vom Urtheile aus Petrus Hispanus werden gelegentlich verschiedene Bemerkungen über *terminus* geknüpft, beim hypothetischen Urtheile aber nur die älteren drei Arten desselben (conditional, copulativ, disjunctiv) anerkannt; hierauf folgen die *proprietates terminorum*, jedoch in kürzerer Form als bei Trutfeder, sodann wie dort *probatio terminalis* (d. h. *resolubile, exponibile, officiabile*) und die *Exponibilia* nach Paulus Venetus; hernach die Universalien (ohne Polemik terministisch gefasst) und die Kategorien mit den neu recipirten Versen. In der Syllogistik verbleibt Usingen bei der einfacheren Tradition des Petrus Hispanus und übergeht die vierte Figur mit Stillschweigen, knüpft aber dann in der Topik an das Enthymema die Lehre von *Consequentiae* fast gleichlautend mit Trutfeder. Den Inhalt der *An. post.* übergeht er und führt nur noch in Kürze *Soph. El.* an.

398) *Antiqui passiones logices ..... per prius rebus attribuunt, cum terminis utamur loco rerum et termini non per se, sed pro suis significatis praedicentur. .... Moderni passiones logicas per prius signis attribuunt, quia signa immediate propinque et per prius subiiciuntur, praedicantur et diffiniuntur, non quidem pro se, sed pro suis significatis, ratione cuius signata remote dicuntur subiici. .... Quod antiqui attribuunt primo rei ex modo considerandi eius, illud moderni signis rem tali modo significantibus, quod rite intellectum a multis liberat prolapsibus.* ..... In der Einleitung zu den *Praedicamenta: Scientia realis traditur per terminos primae impositionis, et scientia rationis traditur per terminos secundae impositionis.*

399) *Commentarium secundum Modernam doctrinam in Tractatus logices Petri Hispani Primum et Quartum. Item Commentarium in Tractatus parvorum logicalium Marsilii, sc. Suppositionum, Ampliationum, Restrictionum, Appellationum, Consequentiarum, Exponibilium, Itemque De Descensu, De positione propositionum in esse, De Statu, De Alienatione. Hagenau* (bei *Henricus Gran*). 1503. 4. Eine Vermuthung über den anonymen Verfasser s. unten, Anm. 725.

die örtliche Verbreitung der terministischen Fraction beachten dürfen, dass in Beispiel-Sätzen sehr häufig von „*Vienna, Saltzburga, Cracovia*“ die Rede ist (vgl. unten Anm. 538, 556 u. 722). Nach den üblichen Erörterungen über *logica naturalis* und *artificialis* wird das Subject der Logik in terministischem Sinne festgestellt[400]) und der Ausdruck „*Parva logicalia*“ in jener wunderlichen Weise, welche wir schon früher trafen, erklärt[401]), woran sich noch die Bemerkung des Verfassers knüpft, dass er wesentlich „sermocinal“ verfahren wolle[402]). Die Erklärung des Textes selbst enthält sehr wenige Citate (nur Buridanus und Marsilius werden mit Vorliebe angeführt), dient aber überall den Grundsätzen der Modernen. Besonders hervorzuheben dürfte sein, dass hier wieder die Sechszahl der hypothetischen Urtheile erscheint[403]), und dass in der Syllogistik zur Rechtfertigung der vierten Figur das Motiv des Tartaretus (ob. Anm. 162) benützt wird, zugleich aber dasselbe auch auf die zweite und dritte Figur Anwendung findet, wodurch sich 24 Modi in der ersten Figur, 12 in der zweiten, und 12 in der dritten ergeben[404]). Aehnlich wie bei Trutfeder (Anm. 392) folgen hierauf „*cautelae in syllogizatione*, d. h. selbstverständliche und überflüssige Vorsichtsmassregeln. Dann erst werden die *proprietates terminorum* nachgeholt, wobei nach der *suppositio*,

---

400) *Subiectum attributionis totius logicae est ille terminus „argumentatio“ captus large.*

401) *Liber parvorum logicalium dicitur, quia valet pro parvis de novo logicam incipientibus; secundo ideo, quia iste tractatus et alii sunt traditi a parvis autoribus et modernis, ut Marsilio, Buridano et Petro Hispano.* S. ob. Anm. 153.

402) *Scientia praesentis libri subordinatur philosophiae minus principaliter immediate sub sermocinali, immediatissime sub logica.*

403) *Est opinio communis nunc, quae ponit sex species propositionis hypotheticae affirmativae et totidem negativae, sc. conditionalem illativam, conditionalem conventivam, copulativam, disiunctivam, causalem, rationalem.*

404) *Si prima figura capitur large, ... quarta figura non est distincta a prima, sed comprehenditur sub ea; ita capiendo primam figuram et modum pro praemissis tantum, tunc sunt duodecim modi primae figurae, sc. isti sex Barbara, Celarent, Darii, Ferio, Fapesmo, Frisesomorum, et alii sex transponendo solum praemissas in his dictis, et Baralipton, Dabitis, Celantes, ut sic, non sunt modi saltem distincti a Barbara, Darii, Celarent, quia habent easdem praemissas; sed capiendo modum pro praemissis et conclusione simul et primam figuram iterum modo ut supra, tunc sunt viginti quatuor modi primae figurae, sc. novem, quos ponit Petrus Hispanus, et alii tres, sc. Barbari, Celaront, Celantos, et sic sunt duodecim, et cum hoc alii duodecim transponendo solum praemissas in eis, ut Babara, Didari, Lacerent, Rifero et sic de aliis. Alio modo prima figura capitur stricte .... et ita distinguitur a quarta, ... quae sic erit specialis figura. ...... Ita capiendo primam figuram et modum pro praemissis tantum, solum sunt sex modi primae figurae* (d. h. wie oben); ..... *sed capiendo modum pro praemissis et conclusione simul, tunc sunt duodecim modi primae figurae, sc. novem, quos ponit Petrus Hispanus, et tres alii, sc. Barbari, Celaront et Celantos. ...... Petrus Hispanus solum curavit ponere modos communiter et magis usitatos, quibus habitis alii faciliter haberi possunt. .....* Entsprechend bei der zweiten Figur: *Capiendo modum pro praemissis tantum solum sunt quatuor modi, quos ponit Petrus Hispanus, sed capiendo modum pro praemissis et conclusione simul, tunc sunt duodecim, ... sc. quatuor, quos ponit Petrus Hispanus, et alii duo, sc. Cesaron et Camestron directe concludentes et alii sex indirecte concludentes. ......* Bei der dritten Figur: *Capiendo modum pro praemissis tantum sunt sex modi, quos ponit Petrus Hispanus; sed capiendo modum pro praemissis et conclusione simul, tunc sunt duodecim, sc. sex directe concludentes et sex concludentes indirecte.*

ampliatio, *appellatio* als neues Thema, welches mit der *ampliatio* in Verbindung tritt, die Erörterung „*de positione propositionum in esse*" hinzukommt [405]), um zuletzt über *status, restrictio, alienatio, consequentiae* und *exponibilia*, — sämmtliches als erläuternde Wiederholung des Marsilius —, zu handeln.

Ein hauptsächlicher Sitz aber der terministischen Modernen war Paris. Dort lehrte Hieronymus Pardus, dessen *Medulla dialectices* [406]) eigentlich ein Convolut verschiedener Abhandlungen über damals wichtige Materien ist und zugleich auf einer reichen Belesenheit beruht, durch welche wir auch zwei uns anderweitig nicht bekannte Namen erfahren [407]). Er beginnt mit Erörterungen *de veritate et falsitate propositionis,* wobei er auf die bekannte Controverse über *complexe significabile* kommt [408]) und in engem Anschlusse an die Modernen die modalen Urtheile bespricht; dann wirft er sich auf die Lehre von *Consequentiae* unter grundsätzlicher Betonung der *significatio* [409]), wodurch er auch veranlasst ist, die Regeln des Albert v. Sachsen (Abschn. XX, Anm. 285 ff.) nach *pro* und *contra* zu erörtern. Hierauf controvertirt er die Frage, ob *contradictoria simul vera vel falsa* sein können, an achtzehn Beispielen [410]), lässt dann die Lehre von der Umkehrung in Verflechtung mit *consequentia* folgen [411]), hernach die hypothetischen Urtheile im Anschlusse an Paulus Venetus mit einer Menge von Beispielen aus dem Gebiete der *Insolubilia* [412]), dann die *ampliatio* mit Sophismen nach Albert v. Sachsen [413]), die *appellatio* nach Buridanus und Georgius

---

405) *Refert dicere „propositio in esse" et „propositio de inesse" et „propositio ponibilis in esse". .... Propositio in esse est propositio, cuius copula principalis est praesentis temporis. ..... Propositio ponibilis in esse est propositio, cuius copula principalis est ampliativa.*

406) *Medulla dyalectices edita a perspicacissimo artium praeceptore Hieronymo pardo omnes ferme graviores difficultates logicas acutissime dissolvens ..... de novo correcta .... per honorandos magistros magistrum Iohannem maioris .... nec non magistrum Iacobum ortiz etc. (Paris) Durand Gerlier.* 1505. fol.

407) Wir finden bei ihm berücksichtigt: Occam, Peter v. Ailly, Gregor v. Rimini, Buridanus, Marsilius, Holcot, Strodus, Hentisberus, Paulus Venetus, Paulus Pergulensis, Petrus Mantuanus, Bricot, Faventinus Menghus, Martinus Magistri, Caj. de Thienis, Dorp, Nicolaus Amatus (doch sicher identisch mit obigem, Anm. 362, Nicolaus Amans), und Petrus Bruxellensis (s. Anm. 619 ff.); ausserdem aber auch Andreas de Novo Castro (dieser ist sehr häufig citirt) und einen Oquelin.

408) f. I r. B ff. z. B. *Accepto hoc complexe significabili „deum esse" quaero, an includat formaliter deum aut non;* oder ähnlich bei *„Socratem esse patrem Platonis"* u. dgl. Die Entscheidung der Frage liegt in dem Hauptsatze: *Eadem res potest dici complexe significabile et incomplexe significabile; nam inquantum potest significari per aliquod complexum, vocatur complexe significabile, et inquantum potest significari per aliquod incomplexum, vocatur incomplexe significabile; ideo ista, sc. „significari complexe vel incomplexe", conveniunt alicui per denominationem extrinsecam.* S. Abschn. XX, Anm. 40, u. ob. Anm. 170.

409) f. IX v. B: *Consequentia bona est illa, per quam impossibile est ita esse, sicu significatur per antecedens vel potest significari de significatione totali, quin ita sit, sicut significatur per consequens vel potest significari, manente significatione propositionum et terminorum.* S. Abschn. XX, Anm. 284 u. 559.

410) f. XXIV ff. Vgl. Paulus Venetus, Abschn. XX, Anm. 574.

411) f. XXXVIII ff.

412) f. XLI ff. S. ebend. Anm. 549 ff.

413) f. LXVII ff. S. ebend. Anm. 343.

Bruxellensis[414]), die modalen Urtheile auf Grundlage Occam's mit zahlreichen Sophismen[415]). Hierauf folgt die Syllogistik[416]), welche nicht etwa theoretisch entwickelt, sondern lediglich durch Sophismen (besonders betreffs der Trinität) controvertirt wird, so dass bei jedem einzelnen Modus scheinbare Gegen-Beispiele zur Lösung kommen[417]). Den Schluss macht die Lehre von *descensus* nach der jüngsten Formation (ob. Anm. 394), und zwar als ein Bruchtheil der *consequentia* durch viele Sophismen erläutert[418]).

Ein Schüler des Pardus und zugleich auch des Bricot war Johannes Majoris Scotus aus Haddington (geb. i. J. 1478, in Paris an der Schule „*Mons acutus*" lehrend, gest. i. J. 1540), ein äusserst fruchtbarer Schriftsteller, welcher selbst wieder zahlreiche Schüler um sich sammelte und zu litterarischer Thätigkeit anregte. Während wir hier von seinen Commentaren zu Petrus Lombardus und zu den physikalischen und ethischen Schriften des Aristoteles absehen dürfen, finden wir von ihm auf dem Gebiete der Logik eine Menge kleinerer oder grösserer Arbeiten, in welchen er mehrfach den gleichen Gegenstand in wiederholtem Anlaufe bearbeitete. Er besorgte eine Ausgabe des Commentares des Joh. Dorp zum Buridanus, auf welche näher einzugehen nicht nöthig ist[419]), ausserdem aber verfasste er mehrere Abhandlungen, welche mehr oder weniger vollständig bald als Commentar zu Petrus Hispanus, bald als „*libri, quos in artibus emisit*" zusammengedruckt wurden[420]); hinwiederum aber

---

414) f. LXXXIV ff. Ebend. Anm. 111 u. ob. Anm. 140.

415) f. CVI ff. S. Abschn. XIX, Anm. 895, 914, 954, 984.

416) f. CXXVI ff.

417) Als beliebig aufgegriffenes Beispiel möge dienen f. CXXXVII v. A: *Consequentia debite formata secundum dispositionem Frisesomorum est bona. ..... Contra arguitur hoc modo: Non sequitur „Aliquis homo est rationalis; omne risibile homo non est; ergo aliquod rationale non est risibile". Respondeo, quod non bene arguitur in Frisesomorum ex eo, quod non potest reduci ad Ferio minore conversa simpliciter; et ratio est, quia non potest illa minor converti simpliciter, nisi praedicatum distribuatur; praedicatum autem non distribuitur; ideo ad bene arguendum in Frisesomorum requiritur, quod medium distribuatur in praemissa negativa; et hoc etiam requiritur ad bene arguendum in Fapesmo; aliter argueretur ex puris particularibus.*

418) f. CXLV ff.

419) S. ob. Anm. 357. Nemlich Majoris fügte zu Dorp lediglich kurze Marginal-Noten und einige Fingerzeige über Zusammenhang und Fortgang des Inhaltes hinzu. Insofern aber die *Quaestio* des Majoris *De complexe significabilibus* vorgedruckt ist, so kommt dieselbe sogleich unten, Anm. 423, zur Erwähnung.

420) *Acutissimi artium interpretis magistri Iohannis maioris in Petri Hyspani summulas commentaria. Lugduni* 1505. fol. (s. Abschn. XVII, Anm. 143 am Schl.). Der manigfaltige Inhalt dieses Druckes ist unter Hinzufügung einiger weiterer Tractate (*Top., Soph. El., Consequentiae, Propos. de infinito*) wiederholt in: *Magister Ioannes Maioris Scotus. Inclytarum artium ac sacrae paginae doctoris acutissimi magistri Ioannis maioris Scoti libri quos in artibus in collegio montis acuti Parisius regentando in lucem emisit. ..... Hoc volumine igitur omnia ordine sequenti reperies* [die Reihenfolge ist aber gerade nicht eingehalten]: *Quaestio de complexo significabili. Primus liber terminorum. Secundus liber terminorum. Summulae ..... Praedicabilia ..... Praedicamenta ..... Sillogismi. Posteriora ..... Tractatus de locis. Tractatus elenchorum. Tractatus consequentiarum. Abbreviationes parvorum logicalium. Parva logicalia. Exponibilia. Insolubilia. Obligationes. Argumenta sophistica. Propositum de infinito. Analogus* [*sic* statt *Dialogus*] *inter duos logicos et magistrum. Venundantur Lugduni ..... a Martino boillon.* 1516. fol.

fasste er die aristotelische und die summulistische Logik in einem „*Introductorium*“ zusammen [421]); endlich kommen noch „*Quaestiones*“ zur *vetus ars* hinzu [422]).

Halten wir uns vorerst an die Reihenfolge der genannten Sammel-Ausgabe, so begegnen wir zunächst einer Abhandlung *De complexe significabilibus,* wobei er in der bejahenden Entscheidung der Frage, ob es solche gebe, sich an seinen Lehrer anschliesst, in dessen *Medulla* gleichfalls dieses Thema als erstes zur Besprechung kam [423]). Dann folgen zwei *Libri terminorum,* in deren erstem nach Feststellung der logischen Bedeutung des Wortes „*terminus*“ [424]) fast alle möglichen Eintheilungen des *terminus* durch *dubia* und deren Lösungen discutirt werden [425]); im zweiten wird der nemliche Gegenstand in etwas veränderter Reihenfolge behandelt [426]), woran sich *Abbreviationes parvorum logicalium* anreihen [427]). Hernach werden die *Summulae,* d. h. ein Commentar zu Petrus Hispanus, angereiht, wobei wir in der Einleitung einerseits eine Berufung auf Gerson's Aeusserungen über den Nutzen der Logik [428]), und andrerseits eine entsetzliche Buchstaben-Spielerei mit dem Worte „*summulae*“ treffen [429]). Der Inhalt selbst bietet einen Commentar zu

---

421) *Introductorium perutile in Aristotelicam Dialecticen, duos Terminorum Tractatus, ac Quinque Libros Summularum complectens, M. Iohannis Maioris Philosophi, ac Theologi Parisiensis. denuo ab eodem summa vigilantia repositum.* Druckerzeichen des *Iehan Petit* (*Paris*). 1527. fol. (ein älterer Druck hievon 1508).

422) *Quaestiones Logicales Magistri Ioannis Maioris Hadyngthonani Theologi, ac Philosophi Parisiensis, Iam primo in lucem emissae, cum eiusdem literali expositione succincta in veterem Aristotelis Dialecticen Ioanne Argyropilo Interpraete.* Ebenso. 1528. fol.

423) *Libri, quos in artibus* I, f. I r. A: *Quaeritur, an sint ponenda complexe significabilia. .... Duae versantur opinationes, quarum prior est Gregorii de Arimino; ..... iudicio meo modica est apparentia in suo modo dicendi. ..... Sequitur ergo modus communis rationi consentaneus: „Hominem esse animal“ est aliquid, propriissime capiendo ens. ..... Aliquid significatur per complexum, ergo aliquid est complexe significabile etc.*, d. h. es folgt hierüber eine Menge von *propositiones* und *corrollaria* auf Grundlage des Hier. Pardus (ob. Anm. 408).

424) f. II r. A: *Terminus accipitur dupliciter; uno modo physice, ut convenit rebus ad extra, ... secundo modo, ut convenit dicibilibus. ..... Terminum voco, in quem resolvitur propositio etc.*

425) f. III. r. B die Eintheilung in *terminus mentalis, vocalis, scriptus;* f. V r. A in *categorematicus* und *syncategorematicus,* f. V v. B in *complexus* und *incomplexus,* f. VI r. A in *prima* und *secunda intentio,* f. VII v. A in *ultimatus* und *non ultimatus,* f. X r. B in *significativus* und *non significativus,* f. X v. A in *transcendens* und *non transcendens,* f. XI r. A in *communis* und *singularis.* (Hierauf sind die *divisiones* des Cranston, s. unten Anm. 458, beigedruckt.)

426) f. XXI r. A Eintheilung in *terminus primeintentionaliter captus* und *secundeintentionaliter captus,* f. XXII r. A in *categorematicus* und *syncategorematicus,* f. XXII r. B in *complexus* und *incomplexus* und ersterer in *distans* und *indistans* (s. Abschn. XX, Anm. 103), f. XXIII r. B in *significativus* und *non significativus,* f. XXIV r. A in *prima* und *secunda impositio.*

427) Nachdem f. XXIV v. A über *antecedens* und *consequens* gesprochen worden, folgen in gedrängter Kürze unter Anführung der hauptsächlichsten Regeln zuerst f. XXV r. A *ascensus* und *descensus* als Theile der *consequentia* (vgl. Anm. 418), dann f. XXVI r. A *ampliatio* und f. XXIV v. A die *Exponibilia.*

428) f. XXVII r. B; s. Abschn. XX, Anm. 609 f.

429) f. XXVIII r. A: Das Wort „*Summularum*“ bestehe aus den Anfangsbuchstaben folgender Worte: „*Scientiarum universarum mater modestis (h)umilibus laboriosis, acidiosis rebellibus vanitatum methodus*“.

den ersten vier Tractaten des Petrus Hispanus dar [430]), wobei am Schlusse der Lehre vom Urtheile (nach Bricot's Vorgang) eine specielle Erörterung über *contingens* [431]) und eine schon seit Buridan umlaufende Frage über Variation des Mittelbegriffes (nach *finitum* und *infinitum*) beigefügt wird [432]); ausserdem wird abermals obiges Thema (Anm. 425 f.) über Eintheilung des *terminus* unter Beifügung der Ansicht des Marsilius über *praedicatio* erörtert [433]), sowie am Schlusse der Kategorien als etwas Neues eine „*arbor praedicamentalis*" beigefügt [434]). In der Syllogistik lehnt Majoris in schärferen Worten, als wir solches bisher trafen (Anm. 333 u. 354), die vierte Figur als unnöthige Vervielfältigung ab [435]), führt aber wie sein Lehrer Pardus, bei jedem einzelnen Modus sophistische Gegen-Beispiele vor [436]). Die Topik und *Soph. El.* will er absichtlich sehr kurz behandeln, da namentlich in ersterer Manches unnöthige vorkomme [437]).

Eine zweite Abtheilung des Sammel-Werkes beginnt mit den *Exponibilia*, welche Nichts neues darbieten [438]). Sodann folgen die *In-*

---

430) In der stets wiederkehrenden Form von „*contra*" und „*respondetur*" nebst Lösung in „*propositiones*". Im Ganzen ist Buridanus die leitende Auctorität, und aus ihm wird auch die versinnlichende Figur betreffs der modalen Urtheile aufgenommen (s. Abschn. XX, Anm. 87 f.), sowie die bei Petrus Hispanus verworrene Reihenfolge (s. Abschn. XVII, Anm. 157) durch eine vernünftige Anordnung ersetzt (Abschn. XX, Anm. 80).

431) f. XC v. A: *Terminus „contingens" capitur duobus modis, sc. secunde intentionaliter et tantum valet, sicut „propositio contingens", ... prime intentionaliter et tantum valet, sicut „res contingens", ... et in istis acceptionibus capitur categorematice; alio modo determinat copulam et est syncategorematicus .... et hic capitur specialiter et tantum valet, sicut „neque necessarium neque impossibile", h. e. sicut „possibile et possibile non", et isto modo non convertitur cum possibili.* S. bei Bricot, ob. Anm. 146.

432) f. C r. A: *Dubitatur, utrum arguendo ab affirmativa ad negativam praedicato variato penes finitum et infinitum sit bona consequentia et e contra.* S. Abschn. XX, Anm. 132.

433) f. CI v. ff. S. ebend. Anm. 373.

434) f. CXXXIX v. Oben in der Mitte stehen die *sex transcendentia*, unter ihnen im mittleren Streifen nach abwärts zehn Täfelchen mit den Kategorien, von deren jeder nach rechts und links Zweige ausgehen, auf welchen in Kürze die wesentlichen Eigenschaften jeder Kategorie vertheilt sind.

435) f. CXLI v. A: *Probatur, quod sit ponenda quarta figura. ...... Circa hanc materiam Commentator magnam digressionem habuit contra Galienum* (s. Abschn. IX, Anm. 99), *et patet, quod Galienus solum multiplicavit verba super Aristotelem et non realiter.*

436) Z. B. bei *Barbara* f. CXLIII v. B: *Omnis equus moriturus est iuvenis; Omnis equus senex est equus moriturus; ergo omnis equus senex est iuvenis.* Dergleichen in Menge bei allen Modis; f. CLII ff. wird der *syllogismus expositorius* ausführlichst besprochen.

437) f. CLIII v. B: *Quintus tractatus in ordine summularum* (d. h. *Topica*) *multa ponit, quae parum conducunt ad consummatum summulistam ultra ea, quae in aliis summularum locis tanguntur. Propterea indignum censui, multum ibi immorari.* Ebenso f. CLV ff. ein kurzer Auszug aus *Soph. El.*

438) II, f. I ff. Das Ganze ist nach Paulus Venetus und Petrus Mantuanus behandelt, daher sogar das allgemein bejahende Urtheil zu den *Exponibilia* gerechnet wird (s. ob. Anm. 22). Zuletzt werden nach dem Vorgange des Tartaretus (ob. Anm. 174) für die exclusiven und exceptiven Urtheile versinnlichende Figuren ihrer Entgegensetzung entworfen.

solubilia, bezüglich deren uns die Berichterstattung über die verschiedenen grundsätzlichen Annahmen Anderer interessiren muss[439]), denn die darauf folgende Darlegung selbst hält sich ganz an Paulus Venetus. Dass der hierauf eingefügte Commentar zur zweiten Analytik, welcher uns keine specielle Bemerkung abnöthigt, an ungeeigneter Stelle stehe, ist Jedermann ersichtlich[440]). Denn es folgen hierauf die *Consequentiae*, deren Definition im Vergleiche mit der üblichen Lehre sofort etwas verschärft auftritt[441]); doch besitzen wir diesen Abschnitt, welcher in allem Uebrigen auf der damals vorhandenen Litteratur fusst, nicht in seiner ursprünglichen Form, sondern aus der ergänzenden Hand des Coronel (s. unten Anm. 459 ff.), eines Schülers des Majoris[442]). Hierauf sind die *Parva logicalia* in sechs Tractaten angereiht, von welchen wir bei dieser Gelegenheit erfahren, dass sie zur *vetus logica* gerechnet wurden, während man *Consequentiae* und *Exponibilia* zur *nova logica* zählte[443]); der Inhalt selbst, welcher in einer controvertirenden Erklärung des Petrus

---

439) f. XLVII v. B: *Circa insolubiles propositiones plures emergunt difficultates; sed opinionum varietas eas reddit indeterminabiles; ita quot fuerunt priscorum artistarum capita et modernorum, tot volant in eis differentes opiniones. ..... Est una positio tenens, quod nullum insolubile est propositio* (vgl. bei Paulus Venetus, Abschn. XX, Anm. 569). ..... (f. XLVIII r. A) *Secunda opinio, quod quodlibet insolubile est propositio ...... et est verum vel falsum, saltem secundum quid, nullum tamen est verum simpliciter* (vgl. ebend. die dort als zehnte angeführte Annahme). ...... (B) *Tertia est opinio, quam insequitur Albertus de Saxonia tenens eas hypotheticas* (s. Abschn. XX, Anm. 308). ..... (v. B) *Quarta est opinio, quam insequitur Buridanus parum differens ab hac Alberti, et pro fundamento tenet, quod quaelibet propositio implicat unum, cuius subiectum stat pro propositione, quae implicat, et praedicatum est littera „verum"* (vgl. ebend. Anm. 146). ..... (f. XLIX r. A) *Quinta est opinio, quam insequitur Occam tenens, quod pars propositionis non potest supponere pro propositione, cuius est pars* (vgl. ebend. Anm. 172). ..... *Sexta est opinio Petri Alliacensis tenentis idem cum Occam in propositionibus mentalibus* (vgl. ebend. Anm. 474 ff. ...... es folgt die schon früher, ebend. Anm. 28, angeführte Stelle). .... (v. A) *Septima est opinio magistri nostri Thomae Briquot, quam defensabimus, licet eam non teneamus, quae nunc est communis, quod insolubiles sunt categoricae et quod in illis nunquam dantur contraria vera vel falsa.* ...... Seine eigene Ansicht ist: *Quaelibet propositio significans adaequate, se non fore veram, est vera.* ..... (f. LII r. A) *Ad hoc, quod aliqua propositio se falsificat, non oportet, quod ad taliter esse, qualiter est, sequatur in bona consequentia, ipsam esse falsam.*

440) f. LIX ff.

441) f. LXXXII v. A: *Consequentia est oratio composita ex antecedente et consequente et nota illationis illative tenta in forma vel in valore.*

442) f. CIX r. A: *Magistri Antonii Coronel ad suos discipulos exhortatio: .... Tractatum de consequentiis et nonnullas insuper difficultates dialecticas in unum volumen redactas dignum duxi conscribere. Sed venit in mentem, magistrum Iohannem Maioris praeceptorem mihi semper observandissimum quendam tractatum de consequentiis inchoasse, nondum tamen illi ..... finem imposuisse. Qua de re ipsum supplex adii rogaturus, ut copiam exemplaris illius .... mihi dignaretur concedere, qui etiam petitioni meae perlibens annuit. Et quia regulas generales, deinde et speciales, sine impugnationibus conscripsit, volui impugnationes quasdam superaddere etc.* Die Grundlage des Ganzen bildet Albert v. Sachsen, aus Strodus sind die *consequentiae ab inferiori ad superius*, und aus Paulus Venetus die Benützung der modalen Urtheile aufgenommen.

443) f. CXIX r. A: *Parva logicalia incipiunt, quae sex tractatus continent, sc. tractatum suppositionum, ampliationum, restrictionum, de statu, appellationum, alienationum. Et isti tractatus sunt partes veteris logicae; quare tractatus consequentiarum et exponibilium inter hos non enumerantur, quia sunt partes novae logicae.*

Hispanus besteht, benützt hiezu häufig den Petrus Mantuanus und den Georgius Bruxellensis[444]). Sodann treffen wir auf Grundlage des Paulus Venetus eine gedrängte Darstellung der *Obligatoria*[445]), ferner „*Argumenta sophistica*", d. h. in ähnlicher Weise, wie wir schon oben (Anm. 294) ein ähnliches Erzeugniss fanden, eine Anleitung, jede Thesis sophistisch zu bestreiten[446]), und ausserdem eine Monographie *De infinito*, in welcher alle möglichen Sophismen, die sich um diesen Begriff drehen können, ihre Erörterung finden[447]). Endlich der „*Dialogus*" (s. Anm. 420) gehört nicht hieher[448]).

Nach dem bisher Gesagten ist es nicht mehr nöthig, die oben (Anm. 421 f.) zuletzt genannten zwei Schriften des Majoris im Einzelnen zu erörtern; denn im *Introductorium* wiederholt er nur, was er schon anderwärts geschrieben[449]), und die *Quaestiones* sind nur ein gewöhnlicher Commentar zur *vetus ars* im Sinne der Terministen[450]).

Unter seinen Schülern nennen wir zuerst David Cranston aus Glasgow (in Paris lehrend), welcher *Insolubilia* und *Obligatoria* schrieb[451]). Bei ersteren geht er von der Angabe verschiedener Meinungen Anderer[452])

---

444) So werden behandelt: *suppositio, descensus et ascensus, ampliatio, appellatio*, dann *positio propositionum de inesse* (vgl. ob. Anm. 405), hierauf erst *appellatio rationis*, dann äusserst kurz *status*, und noch *restrictio*; die im Titel versprochene *alienatio* fehlt. Hernach aber ist obige *Abbreviatio parvorum logicalium* (Anm. 427) hier noch einmal abgedruckt.

445) f. CXL r. B ff. Es werden in Kürze nur *positio, depositio* und *dubie positio* erörtert (über letztere s. ob. Anm. 191).

446) f. CXLIV r. B: *Nunc adducam aliqua argumenta sophistica, per quae poteris impugnare quamcunque propositionem volendo semper probare veritatem huius „Homo est asinus", quia eodem modo potest argumentari per eadem media in aliis. Et arguitur primo sic: Bene sequitur „Socrates est asinus, ergo homo est asinus". ... Tum: Socrates est asinus vel Socrates non est asinus; sed Socrates non est asinus, ergo Socrates est asinus. .... Tum: Homo est asinus vel tu loqueris; sed tu non loqueris; ergo homo est asinus* u. s. f. bis f. CXLVIII r. B (es sträubt sich fast die Feder, solchen Unsinn widerzugeben). Vgl. unten Anm. 521 f.

447) f. CXLVIII r. B—CLIX r. B.

448) Er ist jenen spasshaften Reden beizuzählen, welche in Bezug auf die *disputationes quodlibeticae* an mehreren Universitäten aus jener Zeit vorkommen (bekanntlich hat *Fr. Zarncke*, Die deutschen Univers. im Mittelalter, manches Derartige veröffentlicht). Die beiden *logici* des Dialoges sind *Iohannes Formann* und *Iohannes Dullaert* (über Letzteren s. unten Anm. 488 ff.), der Magister heist *Iohannes Annandus*. Die Pointe des mit vielen Citaten aus Aristoteles und der Bibel gespickten Gespräches liegt in dem die Honorarien-Verhältnisse betreffenden Witze, dass „*cappa*" aus den Anfangsbuchstaben der Worte besteht: *Capias a potentibus pecuniam artistis.*

449) D. h. er gibt zunächst die Eintheilung des Terminus ebenso wie oben Anm. 424 ff., hierauf folgt eine casuistische Exegese des Petrus Hispanus mit besonderer Betonung der Gegensätze des Urtheiles und des *contingens specialiter captum* (Anm. 431), dann die *Parva logicalia* wie oben Anm. 444, hernach *Consequentiae* wie Anm. 441 f. und die Syllogistik in grosser Ausführlichkeit wie Anm. 435 f., die *Exponibilia* (Anm. 438) und zuletzt in Kürze die Topik (Anm. 437).

450) So werden auch hier wie bei allen Terministen die Verse aus Dorbellus wiederholt.

451) Die Druckausgabe s. Abschn. XX, Anm. 174 a. Schl.

452) *Circa materiam insolubilium inter doctos innumerae reperiuntur opiniones dicentibus aliquibus, quod insolubilia non sunt propositiones, aliis dicentibus, quod sunt propositiones plures; alii dicunt, quod sunt hypotheticae, novissimi vero dicunt, quod sunt categoricae* (vgl. Abschn. XX, Anm. 569, u. ob. Anm. 439).

auf den eigenen Versuch über, das Vorkommen und die Behandlung der *Insolubilia,* deren Charakter als wirklicher categorischer Urtheile bewahrt bleiben soll, in Einklang mit den allgemein gültigen anderweitigen Regeln zu setzen [453]); und diesen seinen eigenthümlichen spitzfindigen Weg verfolgt er mittelst dreier Fragen, deren erste das *se ipsum falsificare* (s. Abschn. XX, Anm. 473 u. 570) betrifft [454]), während die zweite darauf abzielt, dass nie *ex veris falsum sequitur*, sondern die Logik zu Recht bestehen muss [455]), sowie desgleichen die dritte dahin geht, dass contradictorische Gegensätze nie zugleich wahr sein dürfen [456]). Betreffs der *Obligatoria* stellt er sich auf jene Definition derselben, welche wir bei Pseudo-Occam (ebend. Anm. 162) trafen, hebt aber dann aus den vielen üblichen Regeln nur drei hauptsächliche hervor [457]), um dieselben mittelst *dubia* zu discutiren. Mit den *Obligatoria* hängt aber auch seine im Vergleiche mit Majoris etwas modificirte Eintheilung des *terminus* zusammen, wobei uns zum ersten Male eine ausdrückliche Anwendung der verschiedenen Arten der Entgegensetzung auf die Lehre vom „Begriffe" begegnet [458]).

Ferner ging aus der gleichen Schule Antonius Coronel aus Segovia hervor, ein äusserst fruchtbarer Schriftsteller, welcher einen

---

453) *Sequens opinio praecedentium opinionum extremarum moderativa propter insolubiles propositiones argumenta secundum regulas logicales disposita non negabit. .... Ad propositionem esse insolubilem non requiritur, quod sit plures vel hypothetica; imo stat, illam esse simpliciter categoricam. ..... Ad falsificationem unius synonymae sequitur falsificatio alterius. ..... Nunquam ex vero sequitur falsum. ..... Quemadmodum non dantur contradictoria vera in insolubilibus, ita nec contradictoria falsa.*

454) *Prima quaestio est, utrum aliqua propositio se falsificat, et si sic, an ad falsificationem unius sequitur falsificatio alterius. .....* Die Antwort ist: *Nulla propositio est ponenda insolubilis sive se falsificans, cuius oppositum potest rationabiliter sustineri. .... Omnis propositio significans adaequate, suam synonymam esse falsam, secundum significationem, secundum quam est ei synonyma, se falsificat. ..... Nunquam sunt dabiles duae propositiones omnino synonymae, quarum una est vera et altera falsa secundum illam significationem, secundum quam sunt synonymae.*

455) *Secunda quaestio principalis est, utrum sit defensabile, ex vero non sequi falsum in insolubilibus, omnibus regulis logicalibus salvis .....* Die Antwort: *Antecedente non habente nisi unum sensum totaliter stat, consequens esse falsum qualibet parte antecedentis vera. ..... Nunquam consequens bonae consequentiae est impossibile, nisi antecedens sit impossibile. ..... Nullus modus arguendi per regulas logicales, qui extra insolubilia non patitur instantiam, solum propter insolubilia instantiam habet.*

456) *Tertia quaestio principalis est, an in materia insolubilium posset sustineri, quod non datur contradictoria vera aut falsa ......* Die Antwort: *Non dantur contradictoria vera significantia, sicut est, aut necessaria in sensibus contradictoriis nec in insolubilibus nec extra insolubilia. ..... Quemadmodum non dantur contradictoria falsa aut significantia, aliter esse, quam est, aut impossibilia extra insolubilia, sic nec in insolubilibus.*

457) Nemlich 1) *Omne possibile est admittendum.* 2) *Omne sequens ex posito est concedendum.* 3) *Ad omne impertinens respondendum est secundum suam qualitatem.*

458) Gedruckt in obiger Ausgabe des Majoris, s. Anm. 425. Er theilt den Terminus zunächst in *pertinens* und *impertinens,* womit eine zweite Eintheilung in *absolutus, connotativus* und *abstractus* parallel läuft (f. XVIII r. B); der *pertinens* wird getheilt in *sequela* und *repugnantia*, wovon erstere in *convertibilis* und *non convertibilis* (f. XIV v. A), und zwar *convertibilis* abermals in *secundum unam si-*

Commentar zu den Kategorien[459]), eine Darstellung der Lehre vom Urtheile und der *proprietates terminorum* unter dem Titel „*Rosarium*“ [460]), eine Erläuterung der zweiten Analytik[461]), und eine Monographie über *Exponibilia* und *Fallaciae* schrieb[462]); dass er ausserdem die *Consequentiae* seines Lehrers überarbeitete, wurde schon oben (Anm. 442) angeführt. Wenn er auf dem Titelblatte der erstgenannten Schrift durch Buchhändler-Reclame (vgl. ob. Anm. 117 u. 124—126) als Vertreter der beiden Richtungen, d. h. der *via realium* und der *via nominalium*, angepriesen wird, so liegt dieses zweifelhafte Verdienst höchstens in einer eigenthümlichen Behandlungsweise; denn während er nach eigenem Geständnisse (s. Anm. 467) ausgesprochener Terminist ist, stellt er bei Erörterung der Kategorien (welche man ja stets näher an die realen Disciplinen gerückt hatte, s. Abschn. XIX, Anm. 593, 629, 643, 670 und oben Anm. 66 u. 83) die reale Seite in aristotelischer und boethianischer Auffassung parallel neben die terministische Erklärung, so z. B. schon betreffs des Gegenstandes der Kategorienlehre[463]) und desgleichen beim Begriffe des Homonymen[464]), während er überwiegend sich in terministischer Denk- und Redeweise bewegt[465]). Im „*Rosarium*“ tritt diese Richtung bei Behandlung der Lehre vom Urtheile, welche eine fast nicht mehr erträgliche Ausführlichkeit zeigt, sowohl in mehreren allgemeinen

---

gnificationem und *secundum duas vel tres significationes;* andererseits die *repugnantes* zerfallen in *disparati* und *oppositi* (f. XVI r. A), wovon letztere entweder *relative* oder *contrarie* oder *privative* oder *contradictorie* entgegengesetzt sind. Vgl. bei Strodus, Abschn. XX, Anm. 182.

459) *Magistri Antonii coronel Secobiensis super librum Praedicamentorum Aristotelis secundum utriusque viae, realium scilicet et nominalium, principia commentaria.* *Paris.* 1513. fol.

460) *Prima pars Rosarii magistri Anthonii Coronel, in qua De propositione multa notanda, De materiis propositionum, De contradictoriis in obliquis, De conditionalis et conversionibus ex libro consequentiarum eiusdem assumptis, De modalibus, De propositionibus de futuro contingenti et de modo arguendi ab affirmativa ad negativam. Secunda pars rosarii Logices magistri Anthonii Coronel continens septem capitula, Primum de suppositionibus, Secundum de generibus suppositionum, Tertium de relativis, Quartum de regulis suppositionum, Quintum de ascensu et de descensu, Sextum de ampliationibus, Septimum de appellationibus.* Am Schl.: *Explicit rosarium logicae magistri Anthonii coronel hispani de regno castellae dyocesis segobiensis.* 1512. Paris bei *Olivier Senant.* fol.

461) *Magistri Antonii Coronel Secobiensis in posteriora Aristotelis Commentaria.* Paris bei *Dionysius Roca* (das Druck-Privilegium ist v. 1510). fol.

462) *Tractatus exponibilium et fallaciarum magistri Anthonii coronel Segobiensis.* Ebend. 1511. fol.

463) *Libri eius subiectum attributionis est iste terminus „praedicamentum“, cum per totum librum agatur de praedicamentis et antecedentibus et consequentibus ea; sed rationabilius est assignare pro subiecto istum terminum „terminus in praedicamento ponibilis“.*

464) *Duplex est aequivocum, sc. aequivocatum et aequivocans; aequivocum aequivocatum est res significata per terminum aequivocum aequivocantem; terminus autem aequivocus aequivocans est terminus significans sua significata diversis conceptibus etc.*

465) Er benützt die Theilung in *mentale, vocale, scriptum,* die Grundsätze über *concretum* und *abstractum,* und spricht auch von *substantia primeintentionaliter* oder *secundeintentionaliter capta* (vgl. Anm. 426).

Punkten deutlich hervor [466]), als auch gibt bei Gelegenheit der Wahrheit des Urtheiles Coronel selbst an, zu welcher Partei er gehöre [467]). Ja er steigert noch die terministische Spitzfindigkeit, indem er die *propositio mentalis* in zwei Arten zerlegt [468]), und nach seiner Neigung, überall die unsinnigsten Sophismen einzustreuen [469]), auch ein eigenes Capitel *de obliquorum contradictoriis* beifügt [470]). In gleicher Weise zeichnet sich auch der zweite Theil, welcher die *Parva logicalia* enthält und auf Majoris beruht (ob. Anm. 443), nur durch die läppischsten Sophistereien aus [471]). Der Commentar zur zweiten Analytik ist lediglich eine rechtfertigende Exegese [472]), und die *Exponibilia*, welche völlig dem betreffenden Abschnitte des Majoris (Anm. 438) folgen [473]), führen zuletzt neben allem Reichthume an Sophismen doch noch zu einer Bearbeitung der *fallaciae* an der Hand des Aristoteles [474]).

---

466) Neben der beständig gewählten Form der Darstellung, welche sich in „*contra arguitur — ad argumentum dicitur — respondetur — corollarium*“ bewegt, finden wir häufigen Anschluss an Occam und Buridan, sowie auch betreffs der Einheit des mentalen Urtheiles an Peter v. Ailly (s. Abschn. XX, Anm. 470) und bezüglich der *significatio* an Paulus Venetus (ebend. Anm. 559), sowie die terministische Behandlung der Frage über *complexe significabile* (ob. Anm. 423); die conditionalen Urtheile entlehnt er aus Albert v. Sachsen und Paulus Venetus (Abschn. XX, Anm. 551 ff.), sowie aus ersterem die *variatio penes infinitum* (ebend. Anm. 297).

467) *Duae occurrunt opiniones, una realium a suis facta falsis imaginationibus, alia nostrorum nominalium, quae non est minus verior, quam clarior. .... Prima ponit, quod relatio rationis est quidam respectus causatus per actum intellectus vel voluntatis, ratione cuius fundamentum eius aliqualiter se habet, qualiter non se haberet sine illo .... Alia est opinio nominalium, qui non ponunt pluralitatem sine necessitate; .... dicunt enim, veritatem propositionis esse ipsammet propositionem.*

468) *Duplex est propositio mentalis; quaedam est ultimata, quaedam non ultimata. ..... Mentalis non ultimata est propositio, quae ad placitum et non naturaliter significat vere vel false; mentalis ultimata est propositio mentalis, quae naturaliter proprie significat vere vel false.*

469) Z. B.: *Deus non potest creare veritatem illius propositionis „deus nihil creat“* u. dgl. zu Dutzenden.

470) Die Erörterung beginnt mit dem Beispiele: *Istae duae contradicunt „Asinus cuiuslibet hominis currit“ et „Quilibet asinus cuiuslibet hominis non currit“, et in aliquo casu sunt simul verae vel falsae; ergo lex contradictoriarum nulla.* Zu den vielen ähnlichen Exercitien gehört z. B. auch: *Istae duae contradicunt „Socrates portans lapidem non movetur“ et „Socrates portans omnem lapidem movetur“.* Die Lösung überall durch Supposition oder Distribution.

471) *Brunellus est omnis asinus futurus et favellus est asinus futurus; ergo favellus est vel erit brunellus.* Aehnliche Dinge in Menge durch alle Capitel hindurch.

472) Die Form bewegt sich auch hier in *pro* und *contra* und beständiger Prüfung der Richtigkeit des *antecedens, consequens* und der *sequela.*

473) D. h. er beginnt gleichfalls mit dem allgemein bejahenden Urtheile und lässt dann die übrigen *Exponibilia* folgen, wobei er die Sophismen mit Schäffeln ausschüttet (besonders über *minimum* und *maximum*), und in solcher Weise noch besondere Erörterungen über *contingenter* und *omnis* beifügt.

474) *Expon. et fall.* f. LXVIII v. A: *Licet per regulas suppositionum et syllogismorum possint omnes paralogismi dissolvi, Aristoteles tamen in libris clericorum* (natürlich zu lesen *elenchorum*) *alias regulas assignavit, secundum quas antiqui doctores dissolvunt paralogismos, quae quidem regulae ad minus secundum vocem differunt a regulis, quibus moderni in eorum dissolutione utuntur.* Und was hierauf folgt, ist ein Commentar zu Aristoteles, *Soph. El.*

Ein zweiter Spanier, welcher durch Majoris angeregt wurde, war Caspar Lax. Von seinen drei Schriften, nemlich *Termini*[475]), *Obligationes*[476]) und *Insolubilia*[477]), dürfen wir die erstgenannte füglich bei Seite lassen, da sie lediglich eine Wiederholung desjenigen ist, was der Meister der Schule über diesen Gegenstand gelehrt hatte (s. oben Anm. 424 ff.). Die hohe Selbstüberschätzung aber, zu welcher in jener Schule die Terministen gediehen waren, ersehen wir aus einem Briefe (eines Freundes des Lax, Namens Ant. Alcarez), welcher den *Obligationes* beigedruckt ist, indem dort die Schlaffheit, Trockenheit, Nüchternheit, Dunkelheit und Widerlichkeit der Antiqui gegenüber der Süssigkeit (!) und Fülle der Modernen geschmäht wird[478]). Lax selbst wählt unter den Definitionen der *obligatio* diejenige, welche wir bei den Erweiterungen des Petrus Hispanus (ob. Anm. 244) trafen[479]), und formulirt auch eine dortige unbestimmtere Angabe zu Begriffsbestimmungen über *praefingere* und *admittere*[480]). Nach casuistischer Erörterung der vier hauptsächlichsten Regeln (vgl. Anm. 248) bringt er einen neuen Zweifel auf[481]), zu dessen Lösung fünfundzwanzig (!) Einwände nebst Sophismen vorgeführt und zurückgewiesen werden. Hieraufführt er unter ausdrücklicher Abweisung anderweitiger Arten nur die Dreigliederung der *obligatio* in *positio*, *depositio* und *dubie positio* durch[482]). Die *Insolubilia*

475) *Termini magistri Gasparis Lax Secundo revisi et emendati per ipsum cum nonnullis additamentis interlinearibus. ..... Venales reperiuntur in aedibus Hedmondi le Feuure Parisiensis bibliopolae.* S. a. (wohl sicher 1512). fol.

476) *Obligationes magistri Gasparis Lax aragonensis de sarinyena.* Am Schl. *Impressae Parisius opera ..... Iohannis de la Roche.* 1512 (am Titelblatt das Buchhändler-Zeichen des *Le Feure*). fol.

477) *Insolubilia magistri Gasparis lax aragonensis de sarinyena noviter impressa et per ipsum correcta.* Am Schl. *Impressa Parisius expensis ..... Hemondi le feure.* 1512. fol.

478) *Illas languescentes, aridas, ieiunas, obscuras atque parum iucundas bubulcitantium atque blaterantium antiquorum philosophorum dissertiones, quas taliter reliquerant, ut ipsis solis aut paucis quodammodo aliis scripsisse viderentur, adeo claras, perspicuas, utiles, suaves atque splendescentes reperies, ut Borysthenis dulcedinem atque abundantiam sentire videantur.*

479) *Potest capi littera „obligatio" active et etiam passive et etiam formaliter. ..... Aliqui capientes tertio modo diffiniunt ipsam sic: obligatio est oratio composita ex signo obligationis et obligato; ..... capiendo passive tantum valet, sicut littera „obligatum"; ..... sed capiendo active sic potest diffiniri: obligatio est praefixio alicuius enuntiabilis ad sustinendum secundum aliquem statum.* Hierauf folgen die üblichen Bemerkungen über *tempus, cedat tempus, pertinens* und *impertinens*.

480) *Praefingere aliquam propositionem est explicare, se velle, quod secundum aliquem certum statum ipse defendat ei illam. ..... Ponere propositionem est innuere alicui, quod talis vult, quod ipse sustineat ei talem propositionem secundum statum affirmativum. ..... Admittere aliquam propositionem non est eam concedere neque est negare eam neque dubitare, sed est promittere, se responsurum ad illam secundum talem statum, secundum quem proponens praefigit.*

481) *Dubitatur, utrum stet, in casu aliquem bene respondendo concedere et negare eandem propositionem in eodem sensu ferendo eam ad idem instans infra idem tempus obligationis ipso respondente pro uno praecise et in ordine ad unam obligationem.*

482) *Solent ab aliquibus sex obligationis species assignari, sc. positio, impositio, depositio, petitio, sit verum, dubie positio. .... Positio est una species distincta obligationis. ...... Non est ponenda impositio obligatio distincta a positione. ..... Non*

stützt auch Lax, ähnlich wie Cranston, grundsätzlich auf das *se ipsum falsificare*, jedoch stets mit dem Vorbehalte, dass dasselbe überhaupt nur relativ, d. h. in *aliquo sensu* vorkommen könne. In diesem Sinne dreht sich auch hier die Sache um mehrere Fragen, deren erste das *se ipsum falsificare* selbst betrifft[483]), während die zweite auf die Coexistenz contradictorischer Gegensätze gerichtet ist[484]), welches Thema hierauf in der dritten betreffs der modalen Gegensätze[485]) und in der vierten bezüglich des „*decipi*" näher ausgeführt wird[486]), worauf noch eine fünfte Frage ebenso, wie bei Cranston (ob. Anm. 453 ff.), dazu dient, die geltenden Regeln der Logik auch im Gebiete der *Insolubilia* aufrecht zu halten[487]).

Gleichfalls ein Schüler des Majoris war Johannes Dullaert aus Gent (gest. i. J. 1518), welcher *Quaestiones* zu den Kategorien[488]) und zu *De interpr.* schrieb[489]). Er zeigt eine ausgedehnte Belesenheit,

---

debet poni petitio distincta species obligationis. .... „Sit verum" non est species distincta. ... Dubie positio debet poni tertia species. ...... Tantum sunt tres species obligationis non coincidentes et distinctae quoad rem, sc. positio et depositio et dubie positio. In der Detail-Ausführung werden die Begriffe der *obligatio dependens, cadens* und *renascens*, welche wir bei Albert v. Sachsen trafen (Abschn. XX, Anm. 315 ff.), auf sämmtliche drei Arten angewendet.

483) *An aliqua propositio possit se falsificare aut impossibilitare aut propter reflexionem significare aliter, quam est. .... Ad hoc, quod propositio se falsificet, requiritur et sufficit, quod sit reflexiva supra se vel supra aliquam aliam secundum aliquam certam significationem, ratione cuius reflexionis ex ipsa secundum illam significationem cum aliquibus in aliquibus sensibus potest inferri in bona consequentia, ipsam esse falsam secundum talem significationem.*

484) *An in se falsificantibus propositionibus duo contradictoria simul vera vel simul falsa reperiantur. .... Sicut stat, quod duarum contradictoriarum quaelibet se falsificet secundum se et quamlibet sibi synonymam, imo quod dentur duae contradictoriae, quarum nulla potest contradicere nisi falsificanti se saltem in aliquo sensu, ita poterit illud stare de impossibilitatione.*

485) *An eadem propositio in insolubilibus vera et falsa copulative aut possibilis simul et impossibilis vel contingens et necessaria reperiatur. .... Tota difficultas dependet ex assignatione illius, quod requiritur et sufficit ad aliquam propositionem in aliquo certo sensu alicui repugnare in aliquo certo. .... Requiritur et sufficit, quod illae habeant aliquas significationes et quod secundum aliquam illarum una sit reflexiva supra se vel aliam, ratione cuius destruit suam compossibilitatem cum illa, vel quod non possit dari, ita esse, sicut per tales potest significari in illis sensibus, quod consequatur incompossibilitas.*

486) *An in aliquo casu possibili posito stet, eundem simul decipi et non decipi seu errare et non errare. ..... Ad hoc, quod aliquis decipiatur, requiritur et sufficit, quod firmiter dissentiat vero vel significanti, sicut est, in sensu vero, vel quod assentiat firmiter falso vel significanti, aliter esse, quam est, in aliquo sensu, secundum quem contradicit vel potest contradicere alicui in aliquo sensu.*

487) *Dubitatur ultimo, an regulae logicales, quae communiter solent poni, salventur in propositionibus insolubilibus. ..... Omnes regulae logicales sine errore tenent in insolubilibus eodem modo, sicut extra insolubiles, et non magis patiuntur instantiam in insolubilibus, quam extra.*

488) *Quaestiones Doctissimi Magistri Ioannis dullaert a Gandavo in librum praedicamentorum Aristotelis. Secundum viam nominalium nunquam Hactenus in lucem emissae. Veneunt Parrhisiis in aedibus ...... Bernardi Aubry.* S. a. (das Druck-Privilegium ist v. 1523). fol.

489) *Quaestiones super duos libros Perihermenias Aristotelis una cum textu eiusdem clarissima expositione magistri Iohannis Dullaert de Gandavo. A magistro Clodoaldo cenalis Parisiensi de novo pluribus mendis abstersae* etc. Am Schl. *Impressae per magistrum Stephanum Buland* (Paris). 1515. fol.

innerhalb deren er eine sehr entschiedene Parteistellung einnimmt, sowie er überhaupt bei jeder dargebotenen Gelegenheit sich als Terministen bekennt [490]). Indem er aber im Allgemeinen nur den in seiner Partei üblichen und uns bereits hinlänglich bekannten Standpunkt vertritt und hauptsächlichst dasjenige wiederholt, was wir bei Pardus und Majoris trafen, könnten wir uns jeder weiteren Bemerkung über ihn enthalten, wenn er nicht das eigenthümliche Verdienst hätte, den Formalismus der Terministen bei Gelegenheit der Entgegensetzung der Urtheile so weit auszubeuten, dass er auch für das hypothetische Urtheil eine versinnlichende Figur entwirft [491]), um die gegenseitige logische Stellung der Bejahung und Verneinung der von ihm aufgenommenen fünf Arten desselben auszudrücken. Das gleiche Verfahren aber übt er auch bei den modalen Urtheilen [492]).

Desgleichen war ein Mitschüler der zuletzt Genannten der Schotte Robert Caubraith, welcher mit Vorliebe hauptsächlichste Tummelplätze der Terministen bearbeitete [493]). In der Lehre von der Entgegensetzung zieht er ebenso wie Cranston (ob. Anm. 458) auch den Begriff, d. h. *terminus,* bei [494]); dann untersucht er nach dem Vorgange des Paulus Pergulensis (Anm. 36), welche Urtheile eine „*similis forma*" haben [495]), um hierauf zunächst das Verhältniss der Contrarietät an allen Arten des Urtheiles mit casuistischen Einwänden in haarsträubenden Beispielen durchzuführen [496]), uud hierauf in analoger Weise den contradictorischen Gegensatz zu behandeln [497]). Das gleiche entsetzliche Verfahren übt er an der Lehre von der Umkehrung [498]), sowie bei den verschiedenen Formen des hypothetischen Urtheiles, welches er in den nemlichen fünf Arten wie Dullaert (Anm. 491) erörtert; indem er aber dabei die durch Paulus Venetus (s. Abschn. XX, Anm. 551 ff.) eingeführte Unterscheidung zwischen *copulatim* und *copulative,* u. s. f. bei den übrigen, beständig anwendet, bringt er beim conditionalen Urtheile eine neue Distinction betreffs der Bedeutung des „*si*" vor [499]), lässt hingegen andere von Venetus besprochene Arten des hypothetischen Urtheiles fallen [500]). Zur Erläuterung der Verhältnisse der Entgegensetzung führt er für die hypothetischen und ebenso für die modalen Urtheile die nemlichen Figuren vor, welche wir bei Dullaert (Anm. 491 f.) finden [501]).

Ein Schüler des Cranston war der Schotte Wilhelm Manderston, dessen *Epitome dialectices* das ihr auf dem Titelblatte gegebene Prädicat „*compendiosa*" wahrlich nicht verdient [502]). Nach Eintheilung und Plan des Ganzen [503]) wird mit der Definition begonnen, welche völlig im

---

490) Ausser Majoris citirt er beifällig: Occam, Greg. v. Rimini, Holcot, Hentisberus, Buridanus, Peter v. Ailly, Paulus Venetus, Petrus Mantuanus, Paulus Pergulensis, Georgius Bruxellensis, Apollinaris Offredus, Cajetanus de Thienis Simon de Lendenaria, Martinus Magistri, Faventinus Menghus, Joh. Dorp und Hieronymus Pardus, auch theilweise Jacob Faber (s. Anm. 636 ff.), ja er spricht sogar von einer Partei, welche er „*Fabristae*" nennt. Hingegen polemisch erwähnt er Nigri und Dominicus de Flandria (s. unten Anm. 601), und reibt sich überhaupt bei gegebener Gelegenheit gerne an den Thomisten und Scotisten, z. B. in *Quaest. in praedicam.* bei *aequivocum* sagt er: *Hae diffinitiones tres positae in textu rectae sunt .... secundum viam nominalium. Ponant Thomistae et Scotistae suam imaginationem.*

Sinne des Terminismus erklärt wird und sofort den Uebergang zur *divisio* und von da unerwartet rasch zur *argumentatio* nebst *consequentiae*

---

491) Nemlich:

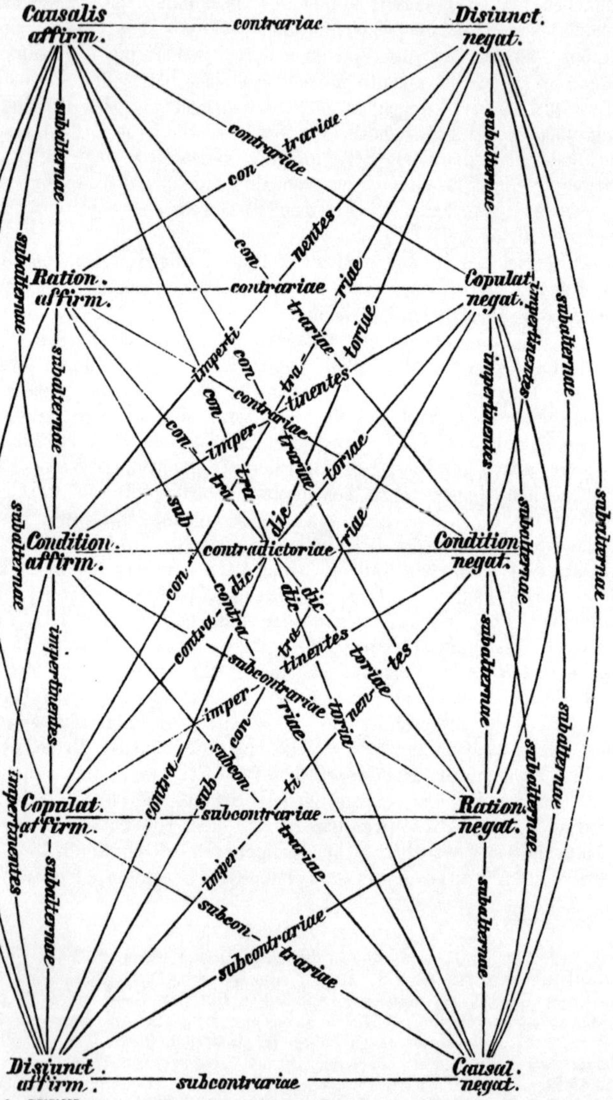

492) f. CXXIII v., woselbst eine völlig entsprechende Figur für die bejahenden und die verneinenden Urtheile der Nothwendigkeit, der Unmöglichkeit und der Möglichkeit sich findet.

darbietet[504]). Den zweiten Theil bildet die Lehre vom terminus, welche nach stricter Observanz der Schule des Majoris behandelt wird[505]), sowie den dritten in ganz gleicher Weise die *Parva logicalia*[506]). Angehängt ist ein eigener Tractatus *De futuro contingenti*[507]).

---

493) *Quadrupertitum in Oppositiones, Conversiones, Hypotheticas et Modales magistri Roberti Caubraith omnem ferme difficultatem dialecticam enodans, diligenter recognitum et labeculis tersum. Paris.* 1516. fol.

494) f. II r. A: *Praesupponendae sunt acceptiones huius termini „oppositio". ..... Oppositio logicalis subdividitur in oppositionem terminorum et propositionum.*

495) f. III r. B; d. h. er fordert hiezu *similis quantitas* und *similis qualitas*, vgl. unten Anm. 515.

496) Als beliebige Probe möge dienen: f. V v. B: *Istae contrariantur „Cuiuslibet hominis albi quilibet asinus fuit currens" et „Cuiuslibet hominis albi quilibet asinus non fuit currens", et tamen in casu sunt ambae verae.*

497) f. XIV ff. Besonders interessirt ihn die Frage über *contradictio in propositionibus de extremis complexis* (s. bei Paulus Venetus, Abschn. XX, Anm. 544), sowie die Urtheile, welche einen Casus obliquus enthalten (mit Beispielen, wie das so eben angeführte); bei den exponiblen Urtheilen führt er das Verhältniss des *subcontrarium* und *subalternum* durch (f. XLV ff.).

498) Z. B. f. LIII r. B: *Dubitatur super conversione istius „A est homo" posito, quod, quandocunque A ponitur a parte subiecti, significet homines, et quandocunque ponitur a parte praedicati, significet asinos.*

499) f. LXVIII r. B: *Notabis, hanc coniunctionem „si" trifariam accipi: illative, promissive et conditionale.* f. LXXX r. A betreffs der *copulativa* der Unterschied zwischen *copulative* und *copulatim*; letzteres soll aber wieder zerfallen in *copulatim complexive* und *copulatim divisive*. Genau entsprechend betreffs der *disiunctiva* (f. CVI ff.).

500) f. CVII v. B. Die *temporalis* rechnet er zur *conditionalis*, wobei unter den vielen Beispielen als beliebige Probe dienen möge: „*Chimaera currente antichristus praedicat.*"

501) f. CXXI und CXXIX. Den Schluss macht eine Erörterung über *contingens specialiter captum* (f. CXXXIX) an der Hand des Majoris (s. ob. Anm. 431 u. 449).

502) *Gulielmi Manderston compendiosa Dialectices Epitome, ab authore recens emendata, et innumeris quibus undique scatebat mendis, liberata. Item et eiusdem quaestio de futuro contingenti. Parrhisiis* 1528. 4. (Die aus der ersten Auflage wiederholte Vorrede hat das Datum 1520.)

503) *In prima parte quaedam communissima principia explicabimus; in secunda quasdam terminorum logicalium speciales divisiones subiungemus; in postrema parte alias terminorum proprietates, quae parva logicalia vocari solent, modo compendioso et doctrinali colligemus.*

504) *Diffinitum propinquum est terminus, cuius significatum per diffinitionem explicatur convertibilis cum ipsa diffinitione; diffinitum vero remotum est res significata per diffinitum propinquum.* Unter beständiger Lösung von *dubia* folgt hierauf die *divisio*, dann in gedrängtester Kürze die Lehre vom Urtheile aus Petrus Hispanus, jedoch nur um der *argumentatio* willen, und dann die *consequentiae* ganz nach Majoris (ob. Anm. 441).

505) Die Grundlage der Erörterung liegt auch hier in der Eintheilung des Terminus, welche wir oben, Anm. 425 f., trafen. Beachten wollen wir, dass wie bei Cranston und Caubraith (Anm. 458 u. 494) die Entgegensetzung jeder Art auf die Lehre vom Begriffe ausgedehnt wird.

506) Die Reihenfolge des mit entsetzlicher Ausführlichkeit mittelst *dubia* und Sophismen behandelten Stoffes ist: *suppositio, ascensus et descensus, suppositio relativorum, ampliatio, positio propositionum de inesse, appellatio formae et rationis*, vgl. Anm. 444.

507) Derselbe bringt in ermüdendster Weitschweifigkeit zahllose Sophismen nach Formulirung der Lehre von *consequentia*.

Ein Schüler des Lax war Johannes Dolz aus Arragonien, welcher eine Schrift unter dem Titel „*Termini*“ [508]), einen Commentar zum ersten Tractate des Petrus Hispanus [509]), und eine Monographie betitelt „*Syllogismi*“ verfasste [510]). In der erstgenannten Arbeit will er vorerst die praktische Verwendung des Terminus in den Disputationen und dann die Theorie desselben entwickeln [511]). So gelangt er auf einem Wege, welcher die abenteuerlichste Anordnung des Stoffes zeigt [512]), dazu, an neun verschiedene Definitionen des Terminus die in seiner Schule übliche Eintheilung desselben unter unablässiger Verwendung zahlreicher Sophismen zu knüpfen [513]). Während wir an dem Commentare zu Petrus Hispanus höchstens die peinlichste Ausführlichkeit einfältiger Sophismen hervorheben könnten, nöthigt uns die Schrift über den Syllogismus zu einigen Bemerkungen. Nach dem Plane, welchen er sich vorsteckt [514]), beginnt Dolz mit der Lehre von *consequentia* nach Majoris (s. Anm. 512), knüpft aber hier an die übliche Eintheilung derselben einen neuen Gesichtspunkt, indem er obige *similis formae propositiones* des Caubraith (Anm. 495) zu einer „*similis consequentia*“ verwerthet [515]). Hierauf sucht er die

---

508) *Termini cum principiis necnon pluribus aliis ipsius dialectices difficultatibus magistri iohannis Dolz aragonensis de Castellar. Venundantur Parisius in aede Hemundi le feure.* S. a. (sicher um 1510). fol.

509) *Disceptationes super primum tractatum summularum (cum nonnullis suorum terminorum intellectionibus) magistri Iohannis dolz de castellar.* Ebend. 1512. fol.

510) *Sillogismi magistri Iohannis Dolz aragonensis del Castellar.* Ebend. 1511. fol.

511) *Termini* f. II r. A: *Tractatum nostrum bipartitum esse censeo; primo termini ad disputationem necessarii, quantum sufficit proposito, succincte declarabuntur; demum diffinitio termini cum eius divisionibus membrorumque diffinitionibus et divisionibus propalabitur.*

512) Er beginnt sofort mit den *Consequentiae* nach Majoris (Anm. 441), geht dann (f. III r. B) auf das conditionale Urtheil über, und lässt (f. IV r. A) dann *definitio* und *divisio* folgen (vgl. Anm. 504), wobei er sich gelegentlich (f. V r. A) über *complexe significabile* im Sinne der Terministen äussert (s. Anm. 423).

513) f. VI v. A: *Terminus logice captus novem modis diffinitur: ..... 1) in quem resolvitur propositio ..... 2) pars propinqua propositionis ..... 3) orationis constitutivum ..... 4) quo nectitur propositio ...... 5) signum propositionale ...... 6) signum ponibile in propositione consueta ..... 7) signum, quod ex impositione, quam actu habet, aliquid repraesentare natum est potentiae cognitivae* (Abschn. XX, Anm. 453) ...... 8) *signum significans aliquid aliqualiter, pro quo in propositione taliter poni potest ..... 9) signum ponibile in propositione tanquam subiectum vel praedicatum vel tanquam exercens officium. Quae diffinitiones, licet differant verbis, non autem ratione. ..... Ultima videtur clarior.* Die hierauf folgende Eintheilung des Terminus ist die gleiche wie bei Cranston und Caubraith.

514) *Hoc syllogismorum opus in tres secabo partes; in prima, de formalitate consequentiae quid requiratur et sufficiat; .... in secunda tangemus regulas generales ad omnem consequentiam syllogisticam; ..... in tertia de unoquoque modo et unaquaque figura specialis fiet mentio.*

515) *Consequentia bona dividitur; quaedam est formalis, alia materialis. .... Consequentia bona formalis est, quando ipsa est bona et non contingit dare unam in simili forma, quin sit bona. Ad cuius intellectionem oportet videre conditiones requisitas ad aliquas consequentias esse similes. ..... Prima est, quod sit similis qualitas; ..... secunda, quod sit similis quantitas; ..... tertia, quod sit similis ampliatio, similis restrictio, similis appellatio. .... Circa haec est difficultas, utrum, si in antecedente alicuius consequentiae sit contradictio, ita quod antecedens talis consequentiae sit una copulativa composita ex partibus contradicentibus, in quacunque alia similis*

Bedingungen der eigentlichen syllogistischen *consequentia* festzustellen [516]), strebt aber schon hiebei im Hinblicke auf jene Syllogismen, deren Mittelbegriff nicht der *distributio* unterliegt, über die gewöhnlich übliche Syllogistik hinaus [517]). Und so gelangt er dazu, in einer Weise, welche uns sehr an Tartaretus erinnert (ob. Anm. 163 f.), Proben anzuführen, dass auch aus zwei particularen Prämissen [518]) und ebenso aus zwei negativen Prämissen ein Schluss möglich sei [519]). Sodann aber macht er sich auch noch daran, gegen sämmtliche neunzehn Modi des Petrus Hispanus sophistische Einwände aufzuthürmen und zu lösen, wovon ich nur eine kleine Probe anführen will [520]).

Ferner sind aus der Schule des Majoris nicht nur die „*Argumenta sophistica*" eines Anonymus hervorgegangen [521]), welche in der gleichen Weise, wie wir es bei Majoris selbst (Anm. 446) und auch anderwärts schon trafen (Anm. 294), als Dressur-Mittel zur sophistischen Bekämpfung jedweder Thesis dienen sollen und zu diesem Behufe dreissig einfältige Sophistereien enthalten [522]), sondern auch Hieronymus von

---

formae antecedens debeat esse etiam una copulativa composita ex contradicentibus. Die Frage wird verneint und zu diesem Behufe eine Menge von Sophismen vorgeführt.

516) *Ponemus conditiones, quae requiruntur ad hoc, quod aliqua consequentia dicatur syllogistica. .... Prima, quod medium sit totale extremum in aliqua praemissarum; .... secunda, quod quaelibet extremitas sit totale extremum; .... tertia, quod in conclusione aliqua extremitatum sit totale extremum.*

517) *Principia regulativa syllogismorum .... solent communiter explanari pro syllogismis, qui communiter fiunt, et pro illis, in quibus medium distribuitur; pro aliis vero bonis syllogismis, in quibus medium non distribuitur, oportet alia principia ponere.*

518) *Prima regula „Ex puris particularibus nihil sequitur" .... potest habere duos sensus; ..... unus est capiendo propositionem particularem ut in quantitatibus; ..... alius sensus est intelligendo regulam de medio, ita quod sit sensus „ex puris particularibus particularitate medii non sequitur aliquid syllogistice". .... Non est dubium, quod regula in primo sensu intellecta multas patitur instantias: ..... Consequentia est syllogistica: Homo omne animal est; album est animal; ergo album est homo. ..... Socrates incipit esse animal, Plato est et fuit animal, ergo Plato Socrates est vel fuit. ..... Homo et omnis homo sunt alba, risibilia omnis homo et homo sunt, ergo risibilia sunt alba. ... Non tantum homo est rationalis, omne risibile est rationale, ergo non tantum risibile est homo* u. s. w.

519) *Secunda regula est „Ex puris negativis nihil sequitur" .... Bene sequitur syllogistice: Nullus homo est et non est animal, nullum risibile est homo, ergo nullum risibile est et non est animal* u. s. f.

520) *Barbara est primus modus. .... Iste syllogismus est in Barbara: Tantum omnis homo et omnis asinus utrumque ens sunt, tantum omnia alba sunt homo et asinus, ergo tantum omnia alba utrumque ens sunt. .... Cuiuslibet hominis quodlibet incipiens esse incipit esse hominis asinus, omne rudibile praeter brunellum cuiuslibet hominis incipiens esse est, ergo omne rudibile praeter brunellum incipit esse hominis asinus.* (Dem Leser dürfte diese Probe wohl genügen.)

521) *Argumenta communia ad inferendum sophistice unamquamque propositionem esse veram vel falsam.* Am Schl.: *Et sic habes .... argumentationes sophisticas in omni materia necessarias. Basileae* 1511. 4. Auf der Rückseite des Titelblattes sagt *Sambucellus* (wohl sicher der Drucker) in einem Dedications-Briefe: *Congestus est .... iste libellus et transcriptus et tandem chalcographis datus in lucem sine certi autoris nomine per quosdam philosophiae amatores* etc.

522) Als Probe kann dienen: *Uniuscuiusque contradictionis altera pars est falsa; sed „deus est deus" est contradictionis altera pars; ergo „deus est deus" est falsa.*

Hangest gehört eben dahin, welcher in seinen „*Problemata logicalia*[523]) an einer Menge von Beispielen die Frage, ob conträre Gegentheile zugleich wahr sein können (vgl. bei Lax, oben Anm. 484), zu erörtern unternimmt[524]).

Auch der Spanier Ferdinand von Enzinas, welcher gelegentlich der Erklärung des ersten Tractates des Petrus Hispanus die Lehre von der Entgegensetzung der Urtheile in unerträglichster Ausführlichkeit bearbeitete[525]), ist aus der gleichen Schule hervorgegangen. Er beabsichtigte, die Entgegensetzung zuerst betreffs der verschiedenen Urtheilsformen abgesehen von den relativen und exponiblen Sätzen darzustellen, dann in einem zweiten Theile die Relativa und ebenso in einem dritten die Exponibilia folgen zu lassen; wir jedoch besitzen nur zwei Theile seines Werkes[526]). In dem ersten beginnt er mit den aus Petrus

---

..... „*Deus est deus*" *est propositio vera vel non est propositio vera*; *sed* „*deus est deus*" *est propositio vera*; *ergo* „*deus est deus*" *non est propositio vera*. ..... *Omnis propositio differens a vero est falsa*; *sed* „*deus est deus*" *est differens a* „*vero*"; *ergo* „*deus est deus*" *est falsa*. ...... *Omne falsum est propositio*; *sed* „*deus est deus*" *est propositio*; *ergo* „*deus est deus*" *est falsum* u. s. w. durch dreissig „*argumenta*" hindurch, auf deren Lösung alle Mühe verwendet wird.

523) *Problemata logicalia magistri Hieronymi de Hangest. Venundantur parrhisiis a Egidio de Gourmont.* 1516. 4.

524) *Contrariae non possunt esse simul verae, sed bene simul falsae, neque subcontrariae simul falsae, sed bene simul verae, neque contradictoriae simul verae aut falsae.* An das Beispiel: *Istae contradicunt* „*Socrates est asinus, si non est asinus*" *et* „*Socrates non est asinus, si est asinus*", *et sunt simul verae*, knüpft sich eine lange Discussion über *conditionatum*. In gleicher Weise folgen hierauf die copulativen Urtheile mit dem Beispiele: *Istae sunt contradictoriae* „*Socrates et Plato assentiunt aliquibus propositionibus, quibus dissentiunt*", *et* „*Socrates et Plato non assentiunt etc.*" *et sunt simul verae casu*; dann die *signa collectiva* mit dem Beispiele: *Istae sunt contradictoriae* „*Omnes apostoli sunt duodecim*" *et* „*Non omnes apostoli sunt duodecim*" *et sunt simul verae*; hierauf die disjunctiven Urtheile mit: „*Omnis homo vel omnis asinus non est animal*" *et* „*Non omnis homo vel omnis asinus non est animal*" und mit: „*Omne animal est vel non est homo*" *et* „*Non omne animal est vel non est homo*". Mit analogen Beispielen werden dann noch die contradictorischen Gegensätze erläutert betreffs der *suppositio confusa tantum*, der *suppositio materialis*, *suppositio relativorum*, der Sätze mit *casus obliquus* (z. B. „*Socrates sciens omnem propositionem est homo*" *et* „*Socrates sciens aliquam propositionem non est homo*"), der modalen Urtheile, der *ampliatio*, des *futurum contingens*, der *appellatio*; und zuletzt folgen die „*actus syncategorematici*" mit besonderer Bezugnahme auf die Einheit der *propositio mentalis*.

525) *Primus tractatus Summularum Ferdinandi de Enzinas, cum textu petri Hispani, nuper qua potuit diligentia recognitus. Parisiis* 1528. fol. Und dazu: *Oppositionum liber primus Fernandi de Enzinas, in quo quae ad primum Tractatum petri Hispani pertinent, disputantur; cum nonnullis additionibus recenter impressus atque suae integritati restitutus. Parisiis* 1528. fol. Der zweite Theil, welcher den Special-Titel hat „*Liber secundus de Relativis atque oppositionibus in propositionibus in quibus ponuntur relativa*", ist in kürzerer Form dem erstgenannten Drucke als Anhang beigegeben; nemlich der *Primus tractatus summularum* ist in der ersten Hälfte lediglich ein kurzer Commentar zum Texte des Petrus Hispanus; hingegen von der Stelle an, wo die Erörterung der Entgegensetzung der Urtheile beginnt, ist es ein Auszug aus dem *Oppositionum liber*, in welchem jene erste Hälfte ganz übergangen ist.

526) Wenn Enzinas *Oppos. lib.* f. II r. A sagt: *Hoc opus in tres libros partiar; in primo propositionum, in quibus nec relativum nec signum exponibile syncategorematicum ponitur, oppositiones declarabimus;* ..... *in secundo de oppositionibus rela-*

Hispanus üblichen Gesetzen der Entgegensetzung, verbindet aber damit sogleich eine Erörterung über „*similis forma*“ der Urtheile [527]), sowie über die „*signa*“ in üblichem terministischen Sinne [528]), und führt die Regeln der Entgegensetzung mit allen möglichen Einwendungen, Sophismen und Lösungen derselben durch sämmtliche Arten der Urtheile hindurch [529]). Das zweite Buch enthält in gleicher Weitschweifigkeit die Entgegensetzung bei jenen Urtheilen, in welchen die *suppositio relativorum* das logisch entscheidende Moment ist [530]).

Es war aber diese Richtung nicht bloss auf die bisher vorgeführte Pariser Schule beschränkt, sondern wir finden auch in Deutschland mehrere Vertreter des gleichen modernen Terminismus. So finden wir in Leipzig (vgl. Anm. 79) den Göttinger Heinrich Greve, welcher eine Bearbeitung der sog. *Parva logicalia* herausgab [531]) und dabei grundsätzlich den Standpunkt der Terministen vertrat [532]). Seine Darstellung der *proprietates terminorum* selbst (beschränkt auf *suppositio, distributio*, *ampliatio*, *restrictio*, *appellatio*) bietet Nichts bemerkenswerthes dar; nur bringt er bei den *Exponibilia* wieder Memorial-Worte der betreffenden Regeln vor, wobei wir einigermassen an Tartaretus erinnert werden [533]). Auch fügt er eine Darstellung der *Consequentiae* hinzu [534]).

Desgleichen begegnet uns in Basel (vgl. Anm. 68 ff.) Johannes

---

tivorum dicemus; in tertio oppositiones propositionum exponibilium reserrabimus, — so zweifle ich, ob das dritte Buch überhaupt geschrieben und gedruckt wurde, zumal da am Schlusse des zweiten Buches zu lesen ist: „*Expliciunt duo libri oppositionum mgstri Ferdinandi de Enzina*“; jedenfalls war mir ein drittes Buch nicht zugänglich.

527) f. IV r. B. S. bei Caubraith ob. Anm. 495 u. vgl. Anm. 515.

528) f. V ff.

529) f. XIX einleitende Bemerkungen über *distributio*, dann f. XXII die Entgegensetzung bei *signa collectiva*, f. XXIII bei *casus obliqui*, f. XXXI in *propositiones conditionales*, f. XL in *propositiones conditionatae*, f. XLII in copulativen Urtheilen, f. LI bei *uterque*, f. LIX in disjunctiven Urtheilen, f. LXI bei den modalen; dann folgt noch f. LXX die Aequipollenz und f. LXXII die Umkehrung.

530) Zuerst f. LXXXIV die *relativa substantiae*, dann f. LXXXIX die *relativa diversitatis*, hierauf f. XCIII die *reciproca*, f. CIV die *alietas*, und zuletzt wird dieses Sämmtliche mit der Verwendung der Begriffe *uterque omnis*, *quodlibet* combinirt.

531) Der weitschweifige Titel beginnt: *Quia parva loicalia ad multa tum utilia tum necessaria praecipue ad veritatis falsitatisque diversarum propositionum etiam omnium artium indagationem plurimum conducunt etc. etc.* Am Schl. *Finiunt parva loicalia nuper per Magistrum Henricum Greve de Göttingen in florido studio lypsensi disputata.* s. l. s. a. 4.

532) f. I. v.: *Moderni dicunt, quod subiectum huius tractatus est suppositio et eius propria passio est verificatio; ..... alii autem dicunt, et bene, quod terminus „suppositiones“ est huius tractatus subiectum et suppositio est eius passio.* Auch sonst citirt er unablässig die „Modernen“ als Auctorität.

533) f. XLV v.: Die zur Exposition der exclusiven Urtheile (*Tantum homo currit*, *Tantum homo non currit*, *Non tantum homo non currit*, *Non tantum homo currit*) dienenden Urtheile werden bezeichnet durch „*Mille*, *Scholas*, *Plato*, *Fecit*“. Entsprechend für die Exceptiv-Sätze: „*Cavate*, *Peccata*, *Idolo*, *Commoti*“, und für die reduplicativen (f. L v.): „*Adamasti*, *Solamenti*, *Sinonimo*, *Pro honore*“. Vgl. ob. Anm. 175 ff.

534) Unter abermaliger Beiziehung der *Exponibilia* wird in fünfzig Regeln ganz besonders die *consequentia ab inferiori ad superius* nach Art des Strodus (Abschn. XX, Anm. 183 ff.) erörtert.

Gebwiler, dessen „*Parvulus logicae*“ [535]) einen Abriss der ganzen Logik in ausschliesslich modernem Sinne enthält [536]). Seine beigedruckte Monographie *De natura universalium* schliesst sich an Joh. Parreut und dessen Benützung des Gerson an, um hiemit polemisch gegen Thomas und Scotus lediglich den Occamismus zu vertheidigen [537]).

Auch Michael von Breslau (als Lehrer in Krakau wirkend) gehört hieher, welcher in seinem *Introductorium dialecticae* [538]) der üblichen Strömung der Modernen folgt [539]). In der Syllogistik, woselbst er betreffs der vierten Schlussfigur die Distinction des Tartaretus (Anm. 162), sowie die Memorial-Worte *Fecana* u. s. f. aufnimmt, erscheint als etwas Neues die Unterscheidung zwischen *syllogismus contractus* und *incontractus* [540]), und ebenso die Eintheilung des *syllogismus expositorius*, dass derselbe entweder *virtualiter* oder *formaliter* auftrete [541]). Was hernach noch folgt, gehört gleichfalls der gewöhnlichen terministischen Litteratur an [542]).

Ein gar sonderbares Ding hat ein Anonymus, welcher der Schule des Trutfeder (Anm. 377 ff.) angehört, als „*Explanatio*“ des Petrus

---

535) *Magistralis Totius Parvuli artis Logices compilatio, nuper Basileorum urbe novo ere et arte emanata, castigationis lima recognita etc. ..... Natura Universalium praeclare in huius operis calce per modum quaestionis pro et contra investigatur. Basileae* 1511. 4. Der Name des Verfassers geht aus dem an denselben gerichteten Briefe des Druckers (auf der Rückseite des Titelblattes) hervor.

536) *Iste libellus compendium seu parvulus logicae intitulatur non a paucitate consideratorum, sed a compendio verborum. Dividitur in octo tractatus partiales sumptos et extractos partim ex libris Aristotelis partim ex libris aliorum logicorum.* Der 1. Tractatus enthält die Lehre vom Urtheile nach Petrus Hispanus mit modernem Commentare. der 2. die *suppositio* aus gleicher Quelle mit Benützung des Paulus Venetus, der 3. die *exponibilia* nach Paulus Venetus, der 4. *ampliatio, alienatio, restrictio* ganz aus Marsilius, der 5. die Isagoge völlig nach der Auffassung des Joh. Parreut (Anm. 372 ff.), der 6. die Kategorien, der 7. den Syllogismus nach Petrus Hispanus mit Hinzufügung jener Cautelen, welche wir bei obigem Anonymus trafen (Anm. 405, vgl. 392); der 8. gibt die *Consequentiae* in einem Auszuge aus Strodus.'

537) S. ob. Anm. 373.

538) *Introductorium dyalecticae, quod Congestum Logicum appellatur; nuper denuo revisum et accurata diligentia fideliter emendatum.* Am Schl.: *Congestum per Michaelem de Vratislavia, Collegii maioris artistarum studii Cracoviensis Collegiatum finit. Impressum Argentinae per ..... Ioannem Knoblouch.* 1515. 4.

539) Nach der gewöhnlichen Einleitung über *logica artificialis* u. s. w., wobei er die Verse aus Dorbellus aufnimmt und als Gegenstand der Logik die *argumentatio* bezeichnet, beginnt er an der Hand des Petrus Hispanus mit der Lehre vom Urtheile, in welches er aber zugleich die Lehre vom Terminus verflicht; beim hypothetischen Urtheile nimmt er sämmtliche sieben Arten desselben auf (conditional, copulativ, disjunctiv, rational, causal, temporal, local).

540) *Syllogismus contractus dicitur ille, qui est contractus ad aliquam specialem materiam, ... incontractus vocatur syllogismus simpliciter dictus.*

541) *Syllogismus expositorius virtualiter est syllogismus, cuius medium est terminus communis restrictus in una praemissarum per relativum identitatis; .... expositorius formaliter est, cuius medium est terminus singularis singulariter tentus.*

542) Nach einem Auszuge aus *Top.* u. *Soph. El.* reihen sich die *proprietates terminorum* an, von welchen jedoch nur *suppositio*, *ampliatio*, *restrictio*, *appellatio* und *descensus* in ihrer jüngeren Formation behandelt werden. Sodann werden noch die *Consequentiae* auf Grundlage des Strodus in 47 Regeln erörtert, und zuletzt noch ähnlich wie bei Gebwiler (Anm. 536) 20 Cautelen der Syllogistik hinzugefügt.

Hispanus publicirt[543]); nemlich nicht bloss dass er in der üblichen terministischen Einleitung die Parallelisirung des Petrus Hispanus und des Organons (s. ob. Anm. 153 am Schl.) in Form von Versen vorbringt[544]), sondern er übt auch das eigenthümliche Verfahren, dass er bei jedem Lehrsatze die Frage, ob derselbe richtig sei, ausdrücklich bejaht und stets je ein Sophisma aus Albert v. Sachsen hinzufügt[545]).

Von grösserer Bedeutung ist Johann Altenstaig aus Mindelheim, welcher für die Conventualen des oberbayerischen Augustiner-Klosters Polling eine „*Dialectica*" verfasste[546]), deren Quellen und ganze Haltung auf terministischem Boden stehen[547]). Nachdem er mit der Lehre von der Definition begonnen[548]), um auf dieser Basis die Logik definiren zu können[549]), gliedert er letztere in die Lehre vom Begriff, vom Urtheile und vom Schlusse[550]). Indem er den Begriff völlig in der nemlichen Weise behandelt, welche wir oben in der Schule des Majoris trafen,

---

543) *Explanatio in nonnulla Petri Burdegalensis, quem Hispanum dicunt, volumina, adeo brevis et commoda, una cum interrogationum ex iis elicibilium et Sophismatum Alberthi Saxonis expeditione, ad quae cum primis valet Opus Maius Isenachcense.* s. l. s. a. 4.

544) *Id quod multi sequentibus versiculis signare volebant:*
Respondet primus Perier., purphyque secundus,
Tertius ac Praedi., quartus Pri., quin quoque Topi.,
Sextus Elenchorum, Logicalia parva dat imus.

545) Auf die einfache Bejahung der Frage „*An definitio dialecticae sit bona*" folgt unmittelbar das Sophisma „*Omne animal fuit in archa Noae*"; sodann auf die Bejahung der Frage „*An dialectica debeat esse prior in adquisitione doctrinarum*" unmittelbar das Sophisma „*Omnes apostoli dei sunt duodecim*"; ebenso auf „*An definitio soni sit bona*" sogleich das Sophisma „*Omnis asinus hominis currit*" u. s. f. durch die Hauptsätze der vier ersten Tractate des Petrus Hispanus.

546) *Dialectica congesta et collecta diligenter et non sine labore, a Ioanne Altenstaig Mindelhaimensi, ex auctoribus verioribus et fide dignissimis, pro fratribus Monasterii Pollingensis Ordinis divi Augustini Canonicorum regularium etc.* ..... Am Schl.: .... *Expensis* ..... *Ioannis Rynman de Oringan, et labore* ..... *Henrici Gran in oppido Hagenau.* 1514. 4.

547) So sehen wir, dass es damals im deutschen Klerus auch Leute gab, welche durchaus nicht gewillt waren, sich vom „heiligen" Thomas und den fanatischen Nachtretern desselben am Gängelband führen zu lassen. Dieser Altenstaig, welcher unter Anderem auch die Frage seines Kloster-Propstes, ob Conventualen an die Universität zu schicken seien, sehr energisch bejahte, billigte wie Parreut (s. Anm. 372) die fortschrittliche Richtung seiner Zeit. Er nennt in der Einleitung mit Wärme den Cicero und die Humanisten Filelfo und Vittorino da Feltre, sowie ihm in der Logik neben Trutfeder als hauptsächliche Muster Occam, Peter v. Ailly, Gerson, Gregor v. Rimini, Holcot, Buridan, Marsilius und Gabr. Biel gelten, wozu noch diejenigen modernen Terministen kommen, welche er stillschweigend benützt.

548) *Quia terminorum diffinitiones et ipsius logicae tradere intendimus, quid sit diffinitio et quae eius species, perbreviter aperiemus.*

549) *Logica est, qua quis novit graphice vel artificialiter diffinire, dividere, arguere, et verum a falso discernere.* .... *Solet trifariam partiri a quibusdam: in naturalem, usualem, artificialem.*

550) *Partimur hoc opusculum in tres partes. In prima rationes significandi et praedicandi simplicium signorum, i. e. terminorum* ..... *scrutabimur; in secunda propositionum naturas, species et passiones* ..... *investigabimus; postremo argumentationum varia genera* ..... *perspiciemus.* Betreffs dieser neuen Anordnung des Stoffes s. unten Anm. 716.

spricht er auch ausführlich (vgl. ob. Anm. 458 u. 494) über die Arten der Entgegensetzung der Termini[551]). Auch das Uebrige, was naturgemäss zu diesem ersten Theile gehört, nemlich die *praedicatio*, die Universalien, die Kategorien und die *proprietates terminorum*, behandelt er völlig im Sinne der Modernen[552]). Mit der Lehre vom Urtheile verflicht er vielfach bereits die *Consequentiae*, und zieht, indem er die ganze *probatio terminorum* aus Paulus Venetus aufnimmt, auch sämmtliche *Exponibilia* auf; das hypothetische Urtheil bespricht auch er in sieben Arten[553]). In der Lehre vom Schlusse aber folgt er in innigstem Anschlusse vollständig dem Trutfeder[554]); die Topik und *Soph. El.* behandelt er sehr kurz[555]).

In Wien finden wir Konrad Pschlacher aus Freistadt (in Oestreich ob der Enns), dessen Commentar zu Petrus Hispanus, zur zweiten Analytik, und *Obligatoria* und *Insolubilia* zusammen gedruckt wurden[556]). Sonderbarer Weise gebraucht er den Ausdruck „*Parva logicalia*" nicht, wie alle Uebrigen, für die sog. *Proprietates terminorum*, sondern für den ganzen Petrus Hispanus, und gibt für diesen Sprachgebrauch zwei einfältige Gründe an[557]). In der Einleitung schliesst er

551) *Termini quidam sunt contradictorie oppositi; et sunt duo termini, quorum unus est positivus et alter sumitur cum negatione negante vel infinitante; ..... quidam sunt contrarie oppositi; et sunt duo termini ambo positivi significantes formaliter praecise et adaequate contrarias qualitates non potentes verificari de eodem tertio singulari; ..... termini relative oppositi sunt duo termini relativi ambo disquiparantiae non potentes de eodem termino singulari respectu eiusdem verificari.*

552) Die *praedicatio* gliedert er reicher als Marsilius (Abschn. XX, Anm. 373 f.) in *propria* und *impropria*, erstere in *convertibilis* und *non convertibilis*, letztere in *disparata* und *synonyma* (vgl. ob. Anm. 458), eine zweite Unterscheidung betrifft *essentialis* und *accidentalis*, sowie eine dritte *quidditativa directa* und *indirecta*. Bei den Universalien verhält er sich polemisch gegen Scotus und Tartaretus, um den Occamismus der Modernen zu vertreten. Bei der *suppositio* nimmt er die terministischen Erörterungen über *significatio* (*ultimate* und *non ultimate* u. s. f.) auf, steigert die durch Peter v. Ailly (Abschn. XX, Anm. 482) eingeführte Eintheilung der *suppositio confusa* mittelst einer Unterscheidung in *collectiva* und *non collectiva*, und erörtert dann die betreffenden Regeln über *suppositio relativorum*, *ampliatio*, *restrictio*, *appellatio*, *status*, *alienatio*.

553) *Tot sunt propositionis hypotheticae species, quot sunt coniunctionum vel adverbiorum, quae possunt esse copulae in illis; septem autem veluti frequentiores a Petro Hispano enumerantur, sc. conditionalis, copulativa, disiunctiva, causalis, rationalis, localis, temporalis.* Vgl. Anm. 539.

554) S. ob. Anm. 388 ff. Auch die sämmtlichen dortigen neuen Memorial-Verse sind hier aufgenommen.

555) Vgl. ob. Anm. 437.

556) *Parvorum logicalium liber; succincto epitomatis compendio continens perutiles argutissimi dialectici Petri Hispani tractatus priores sex; et clarissimi philosophi Marsilii logices documenta cum utilissimis commentariis. Per virum praeclarum Conradum Pschlacher de libera civitate artium professorum .... Viennae Austriae Collegam gymnasii. ..... Additae perutiles in Posteriora Arist. quaestiones. ..... Additum quoque Compendiarium ad Obligationes et Insolubilia introductorium.* Am Schl.: *Impressum Viennae arte Ioannis Singrenii* 1516. 4.

557) f. 1 v.: *Dicitur liber parvorum logicalium, quia parvis dialecticae operam dantibus traditur, tum etiam quia ea, quae praesenti in libro docentur, sunt parva magis utilia documenta ex multis et magnis voluminibus Platonis, Aristotelis et aliorum magnorum philosophorum excerpta. Hinc est, quod tractatus Petri Hispani parva logicalia continentes summulae vocantur.*

sich an Dorbellus an[558]), dessen Memorial-Verse er wiederholt, und erklärt im Weiteren den Text des Petrus Hispanus in durchgängig terministischer Redeweise, wie sich diese z. B. in der Angabe des Inhaltes der Isagoge zeigt[559]). In der Syllogistik nimmt er nach Art all dieser Modernen die *Probationes terminorum* des Paulus Venetus auf und schliesst sich betreffs der vierten Figur an den Tartaretus an[560]). Bezüglich der *Proprietates terminorum* entwickelt er eine treue Exegese des Textes des Marsilius[561]). Die Erklärung der zweiten Analytik, welche in *quaestiones* zu den einzelnen Haupt-Lehrsätzen besteht, bietet Nichts bemerkenswerthes dar. Die Darstellung der *Obligatoria* gibt in gedrängtester Kürze nur etliche hauptsächliche Regeln[562]), und die *Insolubilia* enthalten gar nur ein paar übliche Beispiele[563]).

Endlich Konrad von Buchen genannt Wimpina (gest. im Jahre 1531) will in seiner *Congestio nova proprietatum logicalium*[564]) die ganze Lehre von den *proprietates terminorum* in hauptsächlicher Berücksichtigung des Terminus an sich, d. h. abgesehen von der Satzverbindung, darstellen[565]). So geht er von einer sehr nominalistischen Definition des Terminus[566]) sofort auf *suppositio* über, wobei er uns mit einer eigenthümlichen Wendung der *suppositio formalis* unter Danebenstellung einer „*copulatio*", sowie mit einer sehr modificirten Eintheilung der Supposition überrascht[567]). Eine erstaunliche Menge von

---

558) f. 3 r.: *Subiectum totius logicae est argumentatio vel syllogismus simpliciter dictus.*

559) f. 41 r.: *Subiectum attributionis huius tractatus est terminus „universale" captus secundeintentionaliter et personaliter.*

560) f. 87 r.: *Si prima figura capitur communiter, tunc plures quam tres figurae, ut etiam tenet Petrus Hispanus, sunt ponendae.* Vgl. Anm. 162 u. 540. Auch die üblich gewordenen *Cautelae* der Syllogistik finden sich hier f. 97 ff; vgl. Anm. 536 u. 542.

561) f. 151 ff. S. Abschn. XX, Anm. 400 ff.

562) f. 236 v. Auch hier sind nur *positio, depositio* und *dubie positio* behandelt; vgl. Anm. 482.

563) f. 238. Aber sowohl in den *Obligatoria* als auch in den *Insolubibilia* (sowie ausserdem noch etliche Male) verweist er auf die Schriften eines Johannes Holandrinus, deren ich jedoch nicht habhaft werden konnte.

564) *Congestio Textus Nova Proprietatum logicalium cum commentatione non vulgari A Magistro Conrado ex Buchen dicto Wimpina theologo.* S. l. s. a. 4.

565) In der Einleitung: *Intendit autor, si qua obscurius aut profusius apud Aristotelem (!) in dialecticae libris de proprietatibus terminorum commemorantur, hic sub compendio tradere. .... Congruere videbatur, eas tractare passiones, quae magis ex significatione, quam ex constructione, magis terminos absolutos, quam constructos, i. e. vulgo parva logicalia dicta consequerentur.*

566) *Terminus est vox significativa rei universalis vel particularis per impositionem.*

567) *Formalis suppositio est acceptio termini substantivi pro aliquo formali significato per ipsum; dico autem „formale" rem sive naturam. .... Copulatio est acceptio termini adiectivi pro aliquo, ut „albus".* Er theilt nemlich die *suppositio* von vorneherein in *formalis* und *materialis*, welch beide gleichmässig eine reichgegliederte Unter-Eintheilung finden; nemlich zunächst in *discreta* und *communis*, letztere in *naturalis* und *accidentalis*, diese letztere in *simplex* und *personalis*; die *simplex* zerfällt in *simpliciter simplex* und in *non simpliciter simplex*, letztere in *simplex confusa* und *confusa simplex;* die *personalis* hingegen in *determinata* und

Sophismen verwendet er zur Erklärung sämmtlicher einzelnen Regeln [568]), und bringt auch für die Exposition der exponiblen Sätze wieder neue Memorial-Worte vor [569]). Am Schlusse gibt er eine Darstellung der *Consequentiae* völlig an der Hand des Strodus [570]).

Haben wir somit eine ermüdend reichhaltige Reihe terministisch moderner Logik vorübergeführt (vgl. Anm. 318, woselbst wir diesen Faden fortzuspinnen begannen), so müssen nun, um nur einigermassen eine Combination der chronologischen Reihenfolge und der Partei-Gruppirung festzuhalten, diejenigen „Antiqui", sowie auch Syncretisten und Eklektiker nachgeholt werden, welche gleichzeitig mit der zuletzt dargestellten Generation der Modernen wirkten. Und zwar mögen zuerst die Scotisten an die Reihe kommen, dann die Thomisten, und hernach die Mischlings-Formationen.

Näher der Theologie als der Logik steht Petrus de Aquila, welcher in seinem „*Scotellus*" [571]) nur einen Commentar zu Petrus Lombardus mit der ausgesprochenen Absicht gibt, den reinen Scotismus zu vertreten; es versteht sich von selbst, dass er dabei auch jene logischen Punkte, welche Scotus bei Erklärung des Sententiarius berührt hatte, wiederholt.

Sein Zeitgenosse Johannes Magistri (nicht „de Magistris") verfasste *Quaestiones* zum Organon [572]) und einen Commentar zu Petrus Hispanus [573]), um den Schülern eine vorbereitende Einleitung zum Sco-

---

confusa, und letztere in *confusa tantum* und *confusa distributiva,* wovon die letztere wieder in *pro singulis generum*, *pro generibus singulorum*, *propria* und *accommodata.*

568) Zuerst sind es 16 Regeln über die *suppositio,* dann folgen die Exceptiv- und Reduplicativ-Partikeln, hierauf *incipit et desinit, differt,* Comparativ und Superlativ, sodann die *suppositio relativorum*, *distributio*, *descensus;* hernach alle möglichen *„signa"* (nemlich *omnis*, *nullus*, *nihil*, *neuter*, *totus*, *quam*, *quidquid*, *quanto*, *an*, *quin*, *nisi*, *bis*), hierauf *ampliatio*, *appellatio*, *restrictio*, und zuletzt die gesammte *probatio terminorum* aus Paulus Venetus und Petrus Mantuanus.

569) Für die Exceptiv-Sätze: *Abbatem intrare begarda rogabat adortos in choro devotis colloquiis;* für die reduplicativen: *Achalmani*, *militatis*, *erga deos*, *obstringendo*, *alpes diras*, *in ostiam*, *ex merore*, *post dolorem;* für die exclusiven: *Pater, nisi tenax storax*, *canos pilos fecit nobis.* Vgl. Anm. 182, 368, 533.

570) S. Abschn. XX, Anm. 183 ff.

571) Ich kenne nur die neue von *Steph. Novelletius* besorgte Ausgabe: *Pet. de Aquila Minoritani Scotellus etc. Paris.* 1585. 8.

572) *Questiones veteris artis perutiles magistri Iohannis de magistris.* Am Schl.: *Questiones mgri Iohannis de magistris super prophirio et veteri arte arestotilis secundum mentem doctoris subtilis foeliciter finiunt.* Der zweite Theil hat den Specialtitel: *Questiones admodum utiles magiscri* [*sic*] *Iohannis de magistris explanative nove logice arestotelis.* Am Schlusse des Ganzen: *Finis questionum et veteris et nove logice cum textus explanatione magistri Iohannis de magistris doctoris parisiensis eximii subtilisque scoti sectatoris fidelissimi. heidelberge .... per Fridericum Misch.* 1488. fol. (nicht paginirt).

573) *Dicta circa summulas magistri pe. his. ingeniosissimi viri magistri Iohannis magistri introductoria in doctrinam doctoris subtilis.* s. l. s. a fol. Der vorgedruckte Brief aber des Herausgebers (Minoriten-Bruder Paulus) an den Heidelberger Drucker *Misch* trägt das Datum *Moguntiae* 1490. Auch ist daselbst ausdrücklich vom Namen des Verfassers die Rede: ..... *a viro doctissimo illo gallico more „Iohannes magistri", nullo modo „de magistris" cognominato*, *ut ei „magister Iohannes magistri"*, *non „magister Iohannes de magistris" nomen sit.*

tismus an die Hand zu geben. Somit vertritt er nicht bloss in den allgemeineren Fragen [574]), sondern auch bei jedem wesentlichen Einzelnpunkte, z. B. bei den Universalien [575]), stets den Standpunkt des Scotus. Die einleitenden Bemerkungen zu Petrus Hispanus entnimmt er aus Dorbellus und gibt sodann durchgängig eine controvertirende Exegese (mit „*contra*" und „*ad rationes in contrarium*"); übrigens erläutert er als einen 8. Tractat des Petrus Hispanus auch die *syncategoreumata* [576]).

Auch die scotistische Litteratur der *Formalitates* fand eine wiederholte Pflege, indem zunächst Antonius Trombeta (gest. i. J. 1518), welcher auch *Quaestiones quodlibetales* als Erläuterung der *Quodlibeta* des Scotus schrieb [577]), unter dem Titel „*In Scoti formalitates*" einen höchst ausführlichen controvertirenden Commentar zu Sirectus verfasste [578]), wobei er im Hinblicke auf die unerlässliche Reinheit der Parteistellung die Ansicht Brulifer's (ob. Anm. 115) schon ziemlich deutlich als zum Thomismus hinneigend verdächtigte [579]).

Ferner gab Mauritius Hibernicus oder de Portu hibernico (gest. i. J. 1513) ausser einem Commentare zur Lehre des Scotus über die Universalien und über *modus significandi* [580]) auch *Epitomata in scoticas formalitates* heraus [581]), wobei er den Trombeta als einen Autor „*ante nos*" citirt und erklärlicher Weise den Sachverhalt kennt, dass Brulifer gegen Sirectus polemisirte. Auch er selbst will auf den Letzteren zurücklenken, gelangt aber, indem er die verschiedenen Arten der *distinctio* und *identitas* zu definiren versucht, in Folge einer Ausscheidung der *distinctio modalis* aus der *distinctio ex natura rei* zu acht unterscheidbaren Arten, während Sirectus nur sieben anerkannt hatte [582]).

574) *Omnium conclusionum est unus habitus scientificus rationalis ab aliis distinctus. .... Logica artificialis est pars philosophiae generaliter dictae utilis et necessaria. ...... Syllogismus consideratus sub ratione universali eius, non praecisa, est subiectum attributionis logicae. ..... Logica est simpliciter speculativa.*

575) *Universale, quod est genus ad quinque praedicabilia, sumptum secundeintentionaliter est subiectum attributionis huius scientiae* (d. h. des Porphyrius). Ueber den Ausdruck „*secundeintentionaliter*" vgl. Anm. 426 u. 465.

576) S. ob. Anm. 221 ff.

577) *Venetiis* 1493. Dieselben berühren uns hier nicht.

578) Gedruckt in obigen (Anm. 102) Ausgaben des Sirectus *Venet.* 1514, 1526 u. 1588.

579) p. 135 (nach letzterem Drucke): *Circa formalitates ..... est una propositio disputanda inter Thomistas et Scotistas, videlicet „Omnis distinctio est aut realis aut est rationis". Thomistae concedunt istam simpliciter et absolute, Scotistae negant.*

580) *Lectura accuratissima Mauritii Hibernici in q. doct. subtilis super ysagogis Porphyrii, Modorum quoque significandi seu grammaticae speculativae eiusdem subtilis Scoti, ut fama est, tractatus perutilissimus. Venetiis* 1512. fol. In dieser von ihm selbst besorgten neuen Auflage fügte Hibernicus zu den i. J. 1499 in Ferrara gehaltenen Vorträgen über die Isagoge noch den Commentar zur Schrift *De modis significandi* hinzu. Das Ganze erläutert in kaum erträglicher Weitschweifigkeit (auf 152 engst gedruckten Seiten) den Standpunkt des Scotus in jenen beiden in der Titelüberschrift bezeichneten Materien. S. Abschn. XIX, Anm. 162 ff., sowie Anm. 83 u. 139 ff.

581) Gedruckt in obigen (Anm. 102) Ausgaben des Sirectus s. l. s. a. Venet. 1501, Lips. 1505, Vienn. 1517, Venet. 1588 (nach letzterer citire ich).

582) p. 129: *Distinctio est duplex, una communis et est alietas, ... alia est propria, de qua loquuntur formalistae. .... Distinctio rationis est alietas seu diversitas*

Auch der Mediciner (vgl. Anm. 328) Antonius de Fantis schrieb eine kleine Einleitung und Marginal-Noten zu den *formalitates* des Sirectus [583]). Derselbe veröffentlichte aber ausser einer alphabetischen Zusammenstellung der hauptsächlichen Sätze aus des Scotus Commentar zu Petrus Lombardus [584]) auch eine Bearbeitung der Logik unter dem Titel „*Totius disciplinae rationalis provincia*" [585]), woselbst er in einer langen Reihenfolge von „*difficultates*" mit anerkennenswerther Belesenheit das Gebiet der Logik durchwandert, um den Scotismus zu vertheidigen [586]). Hervorgehoben mag werden, dass er bezüglich der Aufgabe der Logik

---

extremorum per operationem collativam intellectus..... Identitas rationis est non-alietas alicuius quidditatis a se ipsa concepta per actum rationis. .... Distinctio ex natura rei est alietas, inter cuius extrema distincta potest fundari contradictio seclusa quacunque operatione intellectus ...... (p. 131) *Identitas ex natura rei est non-alietas alicuius quidditatis, de qua absolute concepta nullo modo possunt praedicata contradictoria formari. .... Distinctio modalis est alietas seu diversitas, quae oritur inter quidditatem et modum intrinsecum vel inter modum et alterum modum eiusdem vel alterius quidditatis. .... Identitas modalis est non-alietas alicuius modi a se ipso, et secundum aliquos est rationis tantum* .... (p. 132) *Distinctio formalis est alietas seu diversitas quidditatum in aliquo convenientium ex natura rei sibi invicem comparatorum, quarum neutra includit aliam quidditatem per se. ..... Identitas formalis est non-alietas quidditatum, quarum una ex natura rei aliam includit quidditative. .... Distinctio realis est alietas seu diversitas entium habentium aliam et aliam realitatem formaliter positivam actu existentem* ...... (p. 133) *Identitas realis est non-alietas alicuius entitatis actualiter existentis ad se ipsam actualiter existentem, et dicitur esse rationis. ...... Distinctio essentialis est alietas vel diversitas extremorum ex natura rei actu separatorum vel saltem actu separabilium. ..... Identitas essentialis est non-alietas alicuius entitatis ad se ipsam ex natura rei ab alia actu separatae vel separabilis. ..... Distinctio se totis subiective est alietas, cuius extrema ex natura rei in nullo individuo reperiuntur.* .... (p. 134) *Identitas se totis subiective est non-alietas eiusdem extremi ad se in aliquo individuo ex natura rei reperti. .... Distinctio se totis obiective est alietas extremorum in nullo communi quidditativo ex natura rei convenientium. .... Identitas se totis obiective est non-alietas alicuius extremi ad se ipsum, cui nihil est ex natura rei commune illi conveniens quidditative.*

583) Gedruckt in der oben (Anm. 102) genannten Venetianer Ausgabe v. 1588. Er spricht dabei von Trombeta als einem „*nunc*" lebenden Autor.

584) *Tabula generalis rerum scibilium sive mare magnum Scoticarum speculationum ex universis sententiarum voluminibus.* Sehr oft gedruckt, z. B. sogar noch i. J. 1617 *Venetiis.* 8. Natürlich sind daselbst alle jene Hauptstellen wiederholt, welche wir selbst zur Darstellung des Scotus verwenden mussten.

585) *Habes in hoc volumine candidissime lector difficilem totius disciplinae rationalis provinciam, ... ubi praecipuas Aristotelis et Averrois ac subtilissimi Ioannis Scoti necnon divi Alberti sententias variis in disciplinis excultas percipies; .... habes ..... philosophorum difficultates, ... quas adeo expolitas, adeo concinnas adeoque incredibili doctrina copiosas eximius doctor Antonius de Fantis elucubravit, ut nihil hac in nostra tempestate uberius nihilque praes antius, nihil denique animo iucundius ex peripateticorum fontibus emanarit etc. Venetiis* 1504. fol. (Trotz der Marktschreierei des Titels, welchen ich kaum zum dritten Theil mittheile, bin ich nicht im Stande, dem Antonius de Fantis eine hervorragende Bedeutung zuzuweisen.)

586) Er erwähnt ausser dem selbstverständlichen Scotus auch Albertus Magnus (diesen besonders häufig), Thomas v. Aquino, Robert Capito, Aegidius, Gilbertus Porretanus, auch Averroes und Themistius. Die Reihenfolge der *difficultates* selbst ist eine unorganische; so geht er z. B. nach der Einleitung sofort von der Definition zur zweiten Analytik über, kommt dann auf die Universalien zu sprechen, dann auf das Urtheil u. s. w.

merklich zwischen Albertus Magnus und Scotus schwankt[587]), dass er den Unterschied zwischen *vetus ars* und *nova logica* schliesslich doch im Sinne des Dorbellus versteht[588]), sowie dass er für die in albertistischer Weise als *modus sciendi* betrachtete Logik eine allseitige Anwendung fordert und hiebei etwas unfreundliche Seitenblicke auf die positive Rechtswissenschaft wirft[589]).

Gänzlich unselbstständige Scotisten, welche nur die Rolle eines *servum pecus commentatorum* übernahmen, waren Johannes de Colonia, welcher *Quaestiones* zu mehreren Werken des Scotus schrieb[590]), Johannes de Monte in Paris, welcher mit einer in üblicher Weise aus Dorbellus entnommenen Einleitung den Petrus Hispanus controvertirend erläuterte[591]), Michael Parisiensis (in Krakau lehrend), welcher eine getreue Exegese der *proprietates terminorum* des Petrus Hispanus mit Einschluss der drei sog. modernen Tractate (ob. Anm. 242 ff.) verfasste[592]) und dabei gelegentlich eine nicht sehr präcise Auffassung der Parteistellung kundgab[593]), und Hieronymus de Nuciarellis, welcher in einem „*Sermo de secundis intentionibus*“ die Ansicht des Scotus hauptsächlich in mehreren Fragen der Psychologie durchführte[594]).

Mit grundsätzlichem Scotismus ist das moderne terministische Material verbunden in der „*Parva logica*“ des Hieronymus de Marcho

---

587) *Art.* 1 benützt er mit Vorliebe die Annahme der Albertisten, dass die Logik *modus sciendi* sei; hingegen *art.* 2, *diffic.* 11 entscheidet er sich für den scotistischen Standpunkt, dass der Syllogismus das Subject der Logik ist; wiederum albertistisch spricht er *art.* 2, *diffic.* 12, s. Anm. 589.

588) *Art.* 1: *Vetus logica appellata est aut, ut quidam rhetorice persuadent, eo quod ab antiquis reperta est et ante Aristotelem, et nova dicta est, quia philosophus eam perfecit, ... aut verius, eo quod vetus de partibus toto prioribus exquirit, nam tota nova logica ..... de toto perhibetur.*

589) *Art.* 2, *diffic.* 12: *Purus grammaticus aut rhetor nullam habet certam et infallibilem cognitionem, secundum quam scientificus artifex appelletur. ..... Videntur legistae scire quippiam, quum habeant iuris notitiam, quae non est pura ignorantia.... Imo videtur iuris notitia nullatenus iudicanda scientia, inquantum est ab artium liberalium cognitione distincta, quia iuris notitia est de voluntatis actibus contingentibus, secundum quod voluerunt reges vel imperatores condere leges etc. ..... Logica dicitur sciendi modus scientiarum realium.* Von der medicinischen Wissenschaft schweigt er.

590) *Quaestiones magistrales in libros Sententiarum, Quodlibetorum, Metaphysices, ed de anima Iohannis Scoti. Basileae* 1510. (ein älterer Druck s. l. s. a.).

591) Gedruckt in der oben (Abschn. XVII, Anm. 143) mit 𝕮 bezeichneten Ausgabe des Petrus Hispanus.

592) *Quaestiones Magistri Michaelis Parisiensis In Tractatus parvorum logicalium Petri Hispani in studio Cracoviensi Ex diversis logicorum scriptis collectae plurium opiniones declarantes probabiliores acceptando alias refellendo.* Am Schl.: *Impressum Cracoviae opera Floriani Ungleri.* 1512. 4.

593) f. I r.: *De subiecto huius scientiae sunt variae opiniones. Prima est nominalium dicentium, quod suppositio* (sicher zu lesen *terminus „suppositio“*) *est subiectum, et hoc accepta passione conveniens* (zu lesen *conveniente*) *termino in propositione et similiter capta logicaliter et non materialiter. .... Alia est opinio Thomistarum et Albertistarum, qui dicunt, quod terminus supponens est subiectum parvorum logicalium. ..... Tertia est opinio Scotisantium dicentium, quod terminus est subiectum. ...... Pro intellectu ergo istius opinionis ponuntur aliquae distinctiones etc.*

594) S. seine oben, Abschn. XIX, Anm. 497, angeführte Sammel-Ausgabe scotistischer Schriften f. 32 r. B—33 r. B.

in Oxford[595]), welcher uns somit auch innerhalb dieser Partei den mächtigen Einfluss der Modernen bezeugt[596]). Eine occamistische Erörterung über Terminus nebst Eintheilung desselben, welche uns an die Schule des Majoris erinnert[597]), geht der Auseinandersetzung der *proprietates terminorum* voraus[598]). Gelegentlich der Syllogistik wird hier die vierte Figur mit dem scharfen Ausdrucke des Majoris als überflüssig bezeichnet[599]). Betreffs der *Consequentiae* stellt sich de Marcho grundsätzlich auf den Standpunkt des Albert v. Sachsen, verflicht aber in die Einzeln-Darstellung ausführlichst die exponiblen und die hypothetischen Urtheile[600]).

Unter den Thomisten gehört die überwiegende Mehrzahl zur Classe der sclavischen Nachtreter, sowie ja überhaupt in dieser Schule blinder Auctoritätsglaube und Fanatismus als wesentliche Erfordernisse galten. So bieten uns mehrere Nichts weiter bemerkenswerthes dar, als dass sie eben Thomisten der strictesten Observanz waren, nemlich zunächst Dominicus de Flandria (gest. i. J. 1500), welcher in seinen Erläuterungen zu den Schriften des Thomas über die aristotelische Metaphysik, die zweite Analytik und „*fallaciae*" lediglich in widerlicher Breite jeden Satz des „*doctor sanctus*" rechtfertigt[601]); ferner Thomas Cajetanus de Vio (gest. i. J. 1534), welcher in seinen Commentaren zur Isagoge, den Kategorien, der zweiten Analytik und zu Thomas *De ente et essentia*[602]), sowie in seinen *Collectanea de principio individuationis*[603]) nur Nachbeter und Anbeter des Thomas sein will[604]).

595) *Compendium praeclarum quod parva logica seu summulae dicitur ad introductionem iuvenum In facultate logices per fratrem Hieronymum de santo marcho ordinis minorum sacrae theologiae baccalaurio nuperrime in amplissima Oxoniensi universitate quam utiliter compilatum ad mentem doctoris subtilis Scoti.* Am Schl.: *Impressum in alma coloniensi universitate In aedibus Quentel.* 1507. 4. (Eine Buchhändler-Reclame auf dem Titelblatte empfiehlt das Buch nicht bloss den Scotisten, sondern auch den Albertisten und Thomisten!).

596) Neben Tartaretus, welcher für ihn die hauptsächliche Auctorität ist, benützt er auch Occam, Gregor v. Rimini, Paulus Venetus, Peter v. Ailly und Petrus Mantuanus.

597) Die Unterscheidung in *terminus mentalis, vocalis, scriptus*, dann in *categorematicus* und *syncategorematicus*, in *absolutus* und *connotativus*, nebst Bemerkungen über *significatio*.

598) Mit grosser Ausführlichkeit werden unter beständiger Vorführung von *dubia* und deren Lösung behandelt: *suppositio*, *ampliatio*, *appellatio*, *exponibilia*.

599) *Galienus verba multiplicat*, *non realiter*. S. ob. Anm. 436.

600) *Impossibile est, ita esse, sicut significatur per antecedens, quin sit ita, sicut significatur per consequens.* S. Abschn. XX, Anm. 284.

601) Der Commentar „*In D. Thomae Aquinatis Commentaria super libris Posteriorum Analyticorum Aristotelis*", welcher übrigens auch die Schrift des Thomas *De fallaciis* (s. Abschn. XVII, Anm. 546 f.) umfasst, ist gedruckt *Venetiis* 1514 u. 1587. 4; jener zu Thomas „*In Metaphysica*" *Coloniae* 1621. fol.

602) Einzeln oder zusammen häufig gedruckt von 1505 bis 1587.

603) Gedruckt beim *Cursus logicus* des Pollichius, s. Anm. 608.

604) In der Vorrede zur Isagoge: *Thomistarum et praecipue nostrae religionis fratrum profectui me totum dedi. ..... Non ea mihi cupido est, ut aliorum dicta etiam mala arguere aut illustrium expositorum dicta omnia compilare vel necessaria respuere aut surripere velim, sed antiquorum quandoque divique Thomae indefesse vestigia sectaturus ..... praesens aggredior opus.* So finden wir auch z. B. betreffs der Universalien nicht einmal Controversen, sondern lediglich Wiederholung und

Auch Franciscus Taegius, welcher das Buch des Thomas *De fallaciis* erläuterte, gehört eben dahin[605]), sowie Michael Saravetius, welcher seine *Quaestiones* über *analogia entis*, über die Universalien und über *intentio* in einer gegen die Scotisten gerichteten polemischen Tendenz schrieb[606]). Den Commentar des Franciscus Sylvester aus Ferrara (gest. i. J. 1525) zur zweiten Analytik kenne ich nicht aus eigner Anschauung[607]).

In Deutschland vertrat diese Richtung der Leibarzt des sächsischen Kurfürsten Friedrich d. III. Martin Pollich aus Melrichstadt (bei der Gründung der Universität Wittenberg betheiligt, gest. i. J. 1513) in der Druck-Veröffentlichung seiner Vorlesungen über das Organon[608]), woselbst wir Nichts als eine thomistische Exegese des Aristoteles mit Einschluss des Gilbertus Porretanus treffen[609]). Auch Erasmus Wonsidel (d. h. aus Wunsiedel) in Leipzig gehörte der gleichen Schule an; seine Erklärung des Organons (gleichfalls mit Aufnahme des Gilbertus) wurde sogar officiell von der Facultät approbirt[610]), zeigt uns aber nur den gewöhnlichen Thomismus, wenn auch zuweilen das Eindringen moderner Terminologie bemerklich ist[611]). Im Anschlusse an Thomas wird sowohl *ens rationis*[612]) als auch die Universalienfrage erörtert[613]).

Einprägung des Thomismus; höchstens mag bemerkt werden, dass ihm Albertus Magnus nahezu als völlig ebenbürtige Auctorität gilt (entgegengesetzte Ansichten sahen wir oben Anm. 275 ff. u. 296 ff.).

605) *Lectura in libellum Thomae Aquinatis de fallaciis. Pavia.* 1511.

606) *Eximii .... magistri Michaelis Saravetii ..... Quaestio de analogia entis contra Scotistas. ..... Quaestio de universalibus. ..... Tractatulus de prima et secunda intentione. Romae* 1516. 4.

607) Angeführt bei *Quetif, Script. ord. Praedic.* II, p. 60 A.

608) *Cursus Logici commentariorum nostra collectanea.* Dann folgt unter einem Wappenschilde ein kleines Gedicht: *Quod summi quondam Sophiae liquere magistri, Cernis in hoc parvo, lector amice, libro. ..... Si quid habent igitur logices compendia laudis, Gloria Martino sit referenda seni. ..... Tantum docte tibi voluit succurrere, lector, Pollichius nostri gloria magna soli.* Am Schl.: *Impressum Liptzk per Melchiarum Lotter.* 1512. fol. Seine übrigen Schriften, namentlich seine „Laconismen", in welchen er den Humanismus vertritt, gehören nicht hieher.

609) Er citirt sogar mit Vorliebe den Capreolus (ob. Anm. 2 f.). Dass er in der Einleitung die allgemein recipirten Verse des Dorbellus verwendet, macht natürlich seinem Thomismus keinen Eintrag. Bei der *inventio medii* führt er obige Figur des Tartaretus (Anm. 165) als „*figura Aristotelis*" an.

610) *Exercitium totius veteris artis ..... a viro Erasmo wonsidel acutissimo philosophiae studii Liptzensis magistro congestum. Nunc denuo ab inclita facultate artium eiusdem famigeratissimi gymnasii assumptum et ad communem omnium promovendorum utilitatem institutum et approbatum.* Am Schl.: *Impressum Lyptzk per Iacobum Thanner.* 1511. fol. Hiezu als zweiter Theil *Exertitium* [sic] *totius novae logicae etc.* wörtlich ebenso. Ebend. 1511. fol.

611) Z. B. *Vet. ars,* f. X r. A die terministischen Begriffe *complexum distans* und *indistans* (s. Abschn. XX, Anm. 103).

612) Ebend. f. II v. A: *Ens rationis, inquantum stat sub intentionibus secundis, est subiectum logices.*

613) f. II v. B: *Universali primointentionaliter capto pro essentia et natura in singularibus existente non repugnat dici vel esse in pluribus. ....* f. III r. B: *Universale est aliquid seclusa omni operatione intellectus, quod alias secundum doctrinam beati Thomae dicitur res rationabilis, a Scotistis formalitas* (letzteres ist genau genommen nicht völlig richtig).

In der Syllogistik findet auch hier die vierte Schlussfigur keine Aufnahme [614]).

Ein eigenthümliches Unternehmen setzte der Thomist Bartholomaeus Manzolus aus Bologna in's Werk, dessen „*Dubia super logicam Pauli Veneti*" [615]) gelegentlich ein merkwürdiges Zeugniss darüber enthalten, wie die Thomisten in ihrer gehässigen Weise sich den Partei-Gegensatz der „*reales*" und „*terminales*" zurechtlegten (vgl. ob. Anm. 84), um ihre Gegner zu verdächtigen und der bereits wankenden Richtung der Antiqui (— ein Zugeständniss, von welchem wir mit Vergnügen Gebrauch machen —) wieder zu Hilfe zu kommen [616]). Manzolus, welcher eigentlich einen Vernichtungskampf gegen Paulus Venetus führen will, klagt über geringe Unterstützung seitens der Antiqui, welche noch dazu mit Unrecht das Gebiet der *proprietates terminorum* nebst *Consequentiae, Obligatoria* und *Insolubilia* vernachlässigt hätten, während die an Irrthümern reiche terministische Logik in ganz Italien (— sicher eine Uebertreibung —) zu einer fast ausschliesslichen Herrschaft gelangt sei [617]).

---

614) *Nov. log.* f. III v. B: *Non est ponenda quarta figura; nam ..... non differet a prima figura nisi penes transpositionem praemissarum, quae figuram non variat.* Wohl hingegen ist bei der *inventio medii* Alles, was sich an *Fecana, Cageti* u. s. f. anschliesst, aufgenommen.

615) *Dubia super logicam Pauli Veneti iuxta viam realium philosophorum praesertim S. Thomae extricata et resoluta.* Am Schl.: *Dubia exactissima fratris Bartholomei Bononiensis Manzoli ord. Praedicatorum super Paulum Venetum etc. In aedibus Iustiniani de Ruberia* (Venedig). 1523. 4.

616) Schon der vorgedruckte Brief des Verlegers an *Rizardo Pepoli* sagt: *Causa scribendi viro doctrina insigni fuit, ut ..... agitatam inter dialecticos diu controversiam tolleret ac sopiret, quorum quidem alii realem, terminalem alii esse dialecticam voluerunt; ..... nam hi quidem affirmantes, scientiam esse principaliter ac per se de rebus, realem dialecticam constituerunt, quae universalia dicit esse naturas in singularibus existentes; illi vero terminalem sive nominalem ..... dixere; haec enim dialectica ait, scientiam esse principaliter ac per se de terminis atque conceptibus, secundario autem ac per accidens de rebus ipsis* (diess ist wieder eine der frechen Lügen der Thomisten; den wahren Sachverhalt, welcher hier der böswilligsten Verdrehung unterliegt, s. ob. Anm. 82), *et ita quidem, ut nullam rem constituat universalem, sed universalia omnia terminos esse contendat. ..... Quod cernens ..... Bartholomeus ratus, non ultra ferendam esse terminalis insolentiam, quasi suppetias circumventae atque labanti reali sic tulit, ut non solum represserit adversariam, sed etiam expugnaverit ac profligaverit. ...... Studio igitur et opera viri ..... praecellentis pristinam realis vim ac maiestatem recuperavit, et vetus ac pertinax dialecticorum inter se certamen diremptum atque sopitum est.*

617) Er selbst schreibt in der Vorrede: *Plerique ...... mecum egerunt, ... ut, quid sentirem de his, quae a Paulo Veneto in Logica sua tradita sunt, scripto proderem. Multa enim in ea contineri aiebant, quae a realibus philosophis non recipiuntur, multa item, quae contra communem hominum sententiam esse videntur, qualia sunt etc.* (d. h. es folgt eine Anzahl von Sophismen) ..... *Me eo impellere nitebantur, ut terminalis dialecticae, quae in thronum verae dialecticae iam pridem irrepsit, errores confutarem, ... praesertim quantum ad summam Pauli attinet, a quo adeo in sublime eversa est ac tantum virium accepit, ut per omnem Italiam pro vera recipiatur* (in Padua wurde allerdings i. J. 1496 die Logik des Paulus Venetus als officielles Lehrbuch erklärt; s. *Facciolati, Fasti gymn. Patav.* II, p. 113). ..... *Contuli me ad scribendum, ... qua in re a nostris realibus parum adiutus fui, quod pauci eorum logicas composuerunt, ... quia supervacaneum putaverunt, post Aristotelem, Porphyrium, Boethium et Albertum magnum logicas componere. Quos tamen non oportuit eam logicae partem contemnere, quae est de suppositionibus, appellationibus,*

So will er selbst auf jene Lieblings-Gegenstände der Terministen eingehen und fällt nun Satz für Satz über den Paulus Venetus her, um jede einzelne Lehre mittelst *dubia* auf den allein wahren Thomismus zu begründen und zurückzuführen [618]).

Einen heimkehrenden verlornen Sohn begrüssten die Thomisten an Petrus Bruxellensis (gest. i. J. 1514), welcher *Quaestiones* zum Organon [619]) und einen Commentar zu Petrus Hispanus nebst *Quodlibeta* schrieb [620]). Derselbe war nemlich ursprünglich ein Schüler des Majoris gewesen, lief aber dann in das allein seligmachende Lager des Thomas über, wodurch er den Thomisten zu der ekelhaften Renommisterei Veranlassung gab, dass, wie eben durch ihn nachgewiesen worden sei, alles Treffliche und Scharfsinnige, was sich in der Litteratur der Modernen oder sonst irgendwo in der Welt finde, schon längst vorher in den Schriften des Thomas vorlag [621]). Allerdings war eine Folge dieser Bekehrung des Petrus, dass derselbe neben strengster Einhaltung des „allein wahren und sicheren" thomistischen Parteistandpunktes auch manches einzelne Material aus der terministischen Logik aufnahm [622]). Er beruft sich überhaupt mit Vorliebe auf Capreolus, Nigri und Soncinas, während er von der gegnerischen Seite am häufigsten Holcot und Buridanus nennt, und beginnt die Discussion über das Organon mit einer peinlich ausführ-

---

consequentiis, probationibus terminorum, obligationibus et insolubilibus, quam reales nostri praeter admodum paucos fere totam reliquerunt, terminales vero, quantum valuerunt, diligenter persecuti sunt. .... Nec mihi quispiam succensere debet, quia contra terminales et praesertim contra Paulum scripserim. ..... Mirari non iniuria aliqui possent, quomodo logica Pauli Veneti tanti fiat ab Italis, apud quos adeo invaluit, ut in omnibus (?) Italiae gymnasiis legatur, ita ut fas non sit, ei contradicere; nam etsi arguta et subtilis sit, ... nulla tamen est, quae longius absit a veritate aut quae plures falsitates doceat.

618) Es sind 270 *dubia*, welche dieser Tendenz dienen.

619) *Acutissimae quaestiones et quidem perutiles in singulos Aristotelis logicales libros magistri Petri de bruxellis sacri praedicatorum ordinis divi thomae doctrinae interpretis et propugnatoris acerrimi. Paris* bei *G. de Marnet.* 1514. fol.

620) *Summularum artis dialecticae utilis admodum interpretatio fratris Petri de bruxellis .... sacri ordinis fratrum praedicatorum super textum magistri Petri hispani eiusdem ordinis* (s. Abschn. XVII, Anm. 138 ff.); *una cum fructuosis quibusdam quodlibetis ab eodem fratre Petro compilatis in conventu Parisiensi. Paris.* 1508. 4.

621) Sein Ordensgenosse *Michael Salmantinus* schreibt an ihn (auf der Rückseite des Titelblattes der *Quaestiones*): *Longe alia philosophandi ratio tibi est ac illis, qui nugas suas non sine magna litterarum iactura quotidie in vulgus exponere non desinunt, quorum audacia eo usque processit, ut antiquorum praeceptionibus non tam neglectis quam contemptis scioli ipsi nova excudere moliantur. ..... Posteaquam in nominalium academiis nutritus doctior inter illos evasisti, concessisti te ad nos. ..... Quidquid ingenii aut subtilitatis vel acuminis in libris modernorum aliorumve inveniatur, id uberrime in sancti Thomae operibus prius fuisse, liquide ostendisti.*

622) In der *Epistola ad lectores* (von der Hand eines anderen Dominikaners), welche der *Summula* vorgedruckt ist, wird unter schwülstiger Lobpreisung des Thomas Aqu. und rühmender Erwähnung des Paulus Soncinas, des Dominicus de Flandria und des Thomas Cajetanus de Vio zum Lobe des Petrus Bruxellensis auch gesagt: *Etiam recentiorum viam, in qua plurimos praestat, cum doctissimi magistri Maioris ferulae manum subduxerit, Thomistarum doctrinae interseruit.* Der Specialtitel der Summula (nach der Einleitung) lautet: *Fecundae plurimum et utilis summulae Reverendi patris fratris Petri de bruxellis ..... secundum claram, solidam firmamve sententiam divi Thomae aquinatis doctoris profundissimi.*

lichen Erörterung (mittelst *pro* und *contra*) der üblichen Fragen betreffs des Gegenstandes der Logik u. s. w., um hier und in gleicher Weise bei dem gesammten aristotelischen Texte, welchen er in numerirte kleine Abschnitte zertheilt, den Thomismus nach allen Seiten zu vertheidigen und zu stützen [623]). Der bloss exegetische Commentar zu Petrus Hispanus bietet Nichts besonderes dar [624]). Ein paar einzelne hervorragende Fragen will er in den *Quodlibeta* erörtern, und hier kommt er hauptsächlich auf die Universalien zu sprechen, wobei er, um die Realität derselben festzuhalten, mit einer gegen Occam ausgeübten jesuitischen Taktik den thomistischen Unverstand so weit treibt, dass er einerseits wirklich zu dem Grundsatze „*res de re praedicatur*" gelangt und andrerseits zugleich zulässt, dass eine solche *reas realis* eben doch ein „*terminus*" im Urtheile sei [625]). Eine zweite Frage, welche das Urtheil betrifft, veranlasst ihn zu einem äusserst oberflächlichen Gerede über *veritas* [626]); zuletzt aber bringt er noch einfältige Sophistereien über einen Beispiel-Satz vor [627]).

623) So wendet er bei den Universalien auch die üblichen juristischen Beispiele („*promitto tibi bovem*" u. dgl., s. Abschn. XIX, Anm. 885) in einen thomistischen Realismus hinüber, indem er sagt (f. IX. r. A): „*res extra animam tibi promittitur.* Bei der *inventio medii* aber nimmt er (f. LXVII r. B) jene ganze moderne Theorie auf, welche sich um *Fecana*, *Cageti* u. s. f. dreht.

624) Denn dass er aus Dorbellus die Memorial-Verse der Einleitung wiederholt, hat im Hinblicke auf die allgemeine Praxis ebensowenig etwas Auffallendes, als dass er beim *nomen* die Dreitheilung in *mentale, vocale, scriptum* vorbringt.

625) *Duae sunt opiniones* (drei jedoch führt er an): *Prima est, quam communiter tenent nominales dicentes, terminos subiici vel praedicari; .... terminum autem vocant signum aliquid repraesentans. .... Secunda est opinio realium, quam Ockam in prologo sententiarum probabilem asserit, quod res subiiciuntur et praedicantur* (dass Occam diese Ansicht als „*probabilis*" bezeichnet habe, ist entweder eine Lüge oder eine Dummheit, — bei einem Thomisten freilich kommt uns Beides nicht unerwartet —; die einzige verdrehbare Stelle Occam's steht in s. *Quodlib.*, s. Abschn. XIX, Anm. 767 f; im Uebrigen s. über Occam bes. ebend. Anm. 773, woselbst ich gerade in diesem Punkte den scharfen Partei-Gegensatz aufzeigte). ..... *Sunt autem nonnulli dicentes, subiectum non esse rem ad extra nec terminos, sed rem conceptam.* ..... Seine eigene Ansicht ist: *Praedicari convenit et rebus et terminis; ..... in aliqua propositione terminus principaliter subiicitur; .... alicuius propositionis praedicatum principale est ens reale extra animam. ..... Universalia sunt entia realia.* Hierauf führt er mit Wohlgefallen das einfältige Gerede des Anselmus betreffs des „*flatus vocis*" an (s. d. Stelle Abschn. XIII, Anm. 319, u. vgl. Abschn. XX, Anm. 77 u. 448) und nennt den Holcot als Haupt-Vertreter des Nominalismus, macht aber schliesslich das köstliche Zugeständniss: *Licet res realis non possit esse terminus mediatus, potest tamen esse ultimatus sive resolutorius* (so kommen freilich die *moderni* zur Geltung, s. Abschn. XX, Anm. 400 u. 461, aber wie man dabei Thomist sein könne und wolle, ist nicht verständlich; doch, wie gesagt, bei einem Thomisten wundert uns schon längst Nichts mehr).

626) *Propositio non dicitur vera ab aliquo complexe significabili, sicut imaginatur Gregorius* (Abschn. XX, Anm. 40). ..... *Licet propositio dicatur vera a significato, tamen non oportet, quod, qualitercunque per eam significatur, ita sit. .... Si quaeratur, quid est veritas, dicunt nominales, veritatem esse propositionem veram; et isti sunt divisi; quidam enim dicunt, veritatem esse propositionem mentalem tantum; alii dicunt, quamlibet propositionem veram esse veritatem; alii sunt reales distinguentes veritatem a propositione* (diess sind höchstens die Scotisten).

627) *Patet, veritatem huius „Adam est homo" logice esse terminabilem. Pro cuius terminatione ponuntur quatuor articuli: primus, an in hac propositione res subiiciatur vel terminus; secundus de veritate; tertius de necessitate; quartus de istius propositionis veritate „Adam est homo".*

Thomistische und albertistische Anschauungen sind in ungestörtem Frieden vereinigt (vgl. ob. Anm. 604 und hiegegen Anm. 275 ff. und 296 ff.) bei Magnus Hundt aus Magdeburg (gest. i. J. 1519), welcher den sog. „*Parvulus antiquorum*" (s. ob. Anm. 254) in erläuternder Bearbeitung herausgab[628]), nachdem seine Leipziger Zuhörer ihn um Publication der betreffenden Vorlesungen ersucht hatten[629]). In einer breiten eintheilenden Erörterung der in der Einleitung üblichen Punkte, wobei er für den Nachweis, dass die Logik speculativ sei, sogar die Auctorität des Hugo v. St. Victor nicht verschmäht[630]), scheidet er bezüglich des wesentlichen Gegenstandes der Logik die drei bestehenden Parteien in einer ziemlich doctrinären Weise[631]). Sodann erläutert er in arger Weitschweifigkeit die älteren sieben Tractate des Petrus Hispanus, welche er in üblicher Art mit den Haupttheilen des Organons parallelisirte[632]), in beständigem engsten Anschlusse an Albertus Magnus, Thomas und auch Aegidius, ohne irgend eine weitere Polemik gegen die anderen Parteien zu führen; wohl hingegen schickt er bei jedem Hauptabschnitte ein metrisches Stoss-Gebet voraus[633]). Irgend Bemerkenswerthes haben wir aus diesem Commentare nicht hervorzuheben[634]).

Endlich verfasste Johannes Antonius Scotus aus Neapel eine *Quaestio de demonstratione potissima*[635]), in welcher er gegenüber den

---

628) *Compendium totius logices, quod a nonnullis Parvulus Antiquorum appellatur. In florentissimo studio Liptzensi renovatum. Cum quibusdam additionibus collectis ex magnifico et egregio domino Magno Hundt Parthenopolitano .... in lectione P. H.* (d. h. *Petri Hispani*), *quam publice legit, opiniones beati Thomae, venerabilis Alberti declarantibus, studiosis admodum proficuis. Liptzk. Impressit Melchior Lotter.* 1511. 4.

629) In der kurzen Vorrede sagt Hundt: *Rogastis saepenumero, optimi adolescentes, eam, quam ex praeceptoribus meis circa compendium logicae, quod Parvulus antiquorum dicitur, conscripsi declarationem, alicui traderem impressori librorum etc.*

630) f. VI r. S. Abschn. XIV, Anm. 43 ff. Betreffs des Unterschiedes zwischen *vetus ars* und *nova logica* wiederholt auch er die Angaben des Dorbellus.

631) f. VII r.: *Ens rationis est logicae subiectum communitatis; ita loquitur beatus Thomas. Argumentatio est logicae subiectum specialitatis; ita loquitur Albertus. Syllogismus est logicae subiectum principalitatis; ita loquitur Scotus.* .... (v.) *Thomas dicit, quod logica principaliter intendit primam intentionem et secundam ex consequenti, Albertus, quod intentionem secundam et primam propter secundam, Scotus, quod intentionem secundam et non primam.*

632) f. IX v; s. ob. Anm. 256.

633) Z. B. beim 2. Tractatus (d. h. der Isagoge) f. XLVIII r.:

O pater omnipotens, verbum tu, pneumaque sanctum,
Ad portum duc, quaeso, ratem iam fluctivagantem.

Aehnlich bei den übrigen; vgl. Anm. 288 f.

634) Die Universalien werden (f. LI ff.) thomistisch-albertistisch erklärt, bei den Kategorien findet natürlich Gilbertus Porretanus Aufnahme; gelegentlich der *inventio medii* werden (f. CXII v.) die Regeln *Fecano*, *Cageti* u. s. f., jedoch ohne Figur, verwendet. Die Topik (d. h. der 5. Tract.) wird sehr kurz unter Beifügung etlicher Hauptregeln der *consequentia* (f. CXVIII r.) behandelt, desgleichen im 7. *tract.* nur einige Regeln der *suppositio* und der *exponibilia* excerpirt.

635) *Ioannis Antonii Scotii* [*sic*] *Neapolitani de demonstratione potissima quaestio unica.* Gedruckt in der Ausgabe des Commentares des Aegidius z. ersten Analytik (s. Abschn. XIX, Anm. 357), f. 83 v. ff. Ueber die Sache selbst s. Abschn. XVII, Anm. 340, 476, 545, u. Abschn. XIX, Anm. 213.

Einwänden gegen das Vorhandensein einer *demonstratio potissima* dieselbe auf Grundlage des Robert Capito, Albertus Magnus und Thomas vertheidigte, ja zu diesem Zwecke auch einige Bemerkungen des Scotus benützte.

Neben die scharf geschiedenen Parteien der Terministen, Scotisten und Thomisten waren nun gleichzeitig allmälig auch Autoren getreten, welche wir nicht so fast als principlose Eklektiker, sondern vielmehr als Synkretisten bezeichnen müssen, insoferne sie auf eine Verschmelzung der reineren peripatetischen Logik mit dem einmal traditionell gewordenen Ausbau der byzantinischen Logik hinarbeiteten. Indem dieselben hiemit nicht so einseitig, wie wir es bei den tonangebenden Terministen sahen, das Material ausbeuteten, welches sich lediglich um den Terminus und seine logischen Eigenschaften dreht, wohl aber auf dieses Gebiet im Sinne eines Formalismus noch ein grösseres Gewicht legten, als uns zulässig zu sein scheint, möge für sie die Bezeichnung „terministische Synkretisten" in Vorschlag kommen, wodurch sie zugleich von den eigentlichen Eklektikern unterschieden wären, mit welchen wir diesen Abschnitt zu schliessen gedenken.

Von dieser Gruppe möge zuerst Jacob Faber Stapulensis (in Paris lehrend, gest. in hohem Alter i. J. 1537) genannt werden, welcher in einer Weise, die mit seiner freieren Gesinnung gegenüber der Reformation wesentlich übereinstimmt, einen paraphrastischen Commentar zum Organon[636]) und *Introductiones* zur summulistischen Logik schrieb[637]). In ersterem polemisirt er in einer Weise, welche uns an Gerson erinnern kann, gegen die einseitige Uebertreibung eitler und fruchtloser Spitzfindigkeiten, welche nun nach Wiederaufnahme des von traditioneller Verderbniss (vgl. vor. Abschn., Anm. 51) gesäuberten ächten aristotelischen Organons nicht mehr entschuldbar sei[638]), und gibt dann von Anfang bis zu Ende eine streng peripatetische fleissige Umschreibung des aristotelischen Textes mit Benützung der Commentatoren[639]). In der

---

636) *Jacobi Fabri Stapulensis peripateticae disciplinae indagatoris solertissimi in libros logices Paraphrasis. Libri logicorum ad archetypos recogniti cum novis ad literam commentariis ad foelices primum Parisiorum et communiter aliorum studiorum successus in lucem prodeant ferantque literis opem etc. etc. Paris.* 1525. fol.

637) *Introductiones in Suppositiones, Praedicabilia, Divisiones, Praedicamenta, Librum de enuntiatione, Libros Priorum, Posteriorum, Locos, Fallacias, Obligationes, Insolubilia.* Gedruckt mit Commentar seines Schülers Clichtoveus, s. unten Anm. 656; der erste Abschn. davon, d. h. *Suppositiones*, mit Commentar seines Freundes Bovillus, s. unten Anm 665.

638) *Non curanda erunt, quae ab aliquibus adducuntur, adventitia quaedam et peregrina, circa quae totos annos tam importunis quam vanis altercationibus necquidquam conterunt. Fuit enim iam pridem publicum id studiorum vitium, ut, cum de logicis dissereretur, nullus logicorum haberetur usus, sed forensium quorundam et extraneorum. ..... Verum hactenus bona venia censendi sunt, cum logicos libros ante id temporis adeo vitiatos mendisque scatentes fuisse constet, ut a nemine legi satis sincere potuerint; .... et quam tunc venia dignandi, tam nunc et in futurum culpandi putandi sunt, qui reparatis instauratisque utcunque instrumentis ad futilia haec et inania prolabentur* u. s. f.

639) In diesem gleichsam philologischen Verfahren der Exegese nähert sich Faber bereits jenen Autoren, welche wir im folgenden Abschnitte treffen werden. Auch liebt er es, möglichst häufig Tabellen und Figuren am Rande beizufügen,

zweiten Schrift verarbeitet er mehr selbstständig verschiedenes terministisches Material. Indem er mit der *suppositio* beginnt, stützt er die Darstellung derselben auf eine Eintheilung, welche uns an Wimpina (Anm. 567) erinnert[640]; hierauf wendet er sich nach Erledigung der *ampliatio, restrictio* und *appellatio*[641] zu den *Exponibilia*, bei welchen er sich sofort auf zwei Memorial-Verse als auf allgemein bekannte beruft[642], deren Erklärung uns sein Schüler liefert[643]. Dann lässt er die *Praedicabilia*, d. h. die Universalien, folgen, bei welchen er gelegentlich zu einer Eintheilung der *praedicatio* veranlasst ist, welche noch reichlicher als jene bei Altenstaig (ob. Anm. 552) ins Detail geht[644]. Nachdem er hierauf die Lehre von *divisio* aus Occam[645] und in Kürze die Kategorien[646], sowie bezüglich des Urtheiles einen Auszug aus dem 1. Tractate des Petrus Hispanus vorgeführt[647], schaltet er an dieser ungeeigneten Stelle die *Consequentiae* als hypothetische Urtheile ein[648],

---

zumal wenn er Solches bei den Commentatoren findet (z. B. jene aus Philoponus, s. Abschn. XV, Anm. 52). Bei der *inventio medii* nimmt er (f. CXV ff.) die Regeln *Fecana, Cageti* u. s. f. nebst der Figur des Tartaretus auf.

640) f. 36 ff. Er theilt nemlich die *suppositio* vorerst in *materialis* und *personalis*, letztere in *absoluta*, *respectiva*, *propria*, *impropria*; dann die *propria in accidentalis* und *naturalis*; letztere in *discreta* und *communis*; letztere wieder in *determinata* und *confusa*; letztere in *confusa tantum* und *confusa distributiva*; endlich letztere in *pro singulis generum* und *pro generibus singulorum*. Hierauf folgen in Kürze Definitionen dieser sämmtlichen Arten; dann mit Einschluss der *suppositio relativorum* vierzehn Regeln der Supposition.

641) f. 49 ff. mit neun Regeln der *ampliatio*, f. 53 v. zwei Regeln der *restrictio*, f. 54 v. zwei über *appellatio*.

642) f. 55 v.: *Termini propositionum exponibilium eodem modo supponunt, ampliantur, restringuntur, aut appellant, quo modo et in suis exponentibus.*

Tanta scies, praeter cameras, vigilabis et inquam;
Fortior immanes, ignavos differ, in oris.

In exponibilibus iter est breve per exempla, per praecepta vero longum et inefficax.

643) Clichtoveus nemlich sagt f. 56 r.: *Pro expositione istarum exponibilium ponuntur duo carmina propositiones exponibiles recte exponendi artem continentia, in quibus per cuiusque exponibilis signum huiusmodi generis exponibiles intelligendae sunt: per „Tanta" exclusivae, per „Praeter" exceptivae, per „Inquam" h. e. „inquantum" reduplicativae, per „Fortior" comparativae, per „Differ" propositiones de differt, per „In" propositiones de incipit. Cuique autem signo subiecta dictio artem designat, qua huiusmodi exponibiles propositiones exponuntur; siquidem numerus syllabarum designat numerum exponentium, et cuiusque syllabae vocalis significat qualitatem et quantitatem exponentis per talem syllabam designatae. ....* Sonach z. B. „*Tanta scies*" bedeutet: *propositio exclusiva exponitur per duas exponentes, quarum prima est particularis affirmativa et secunda universalis negativa*, u. so die übrigen.

644) f. 64 ff. Er theilt die *praedicatio* in *essentialis* und *accidentalis*; die erstere in *propria* und *impropria*; erstere wieder in *in quid* und *in quale*; erstere derselben in *generis* uud zwar sowohl *specialissimi* als *subalterni*; jene *in quale* aber in *differentiae* (und zwar *constitutivae* und *divisivae*) und *speciei* (und zwar *specialissimae* und *subalternae*); dann die *accidentalis* in *proprii* (und zwar *specialissimi, subalterni, generalissimi, transcendentis*) und *accidentis* sowohl *separabilis* als *inseparabilis*.

645) f. 71 ff. S. Abschn. XIX, Anm. 855.

646) f. 76 ff.

647) f. 101 ff.

648) f. 117 v.: *Consequentia est propositio hypothetica, cuius principalis copula est nota illationis. Notae illationis sunt: „ergo, ideo, igitur, itaque, si, siquidem, utique" et similes.* Hierauf folgt in kürzester Form die übliche Eintheilung der *consequentia* und vier Regeln derselben.

um nach der Lehre von der Umkehrung [649]) und der Erörterung dreier Formen des hypothetischen Urtheiles [650]) abermals zu den *Consequentiae* zurückzukehren und dieselben nach Paulus Venetus ausführlicher darzustellen [651]). Hierauf folgen noch die modalen Urtheile mit Beiziehung der jüngeren Formation bezüglich des *sensus compositus* und *sensus divisus* nach [652]). Sodann aber folgt Faber wieder seinem aristotelischen Impulse, indem er nicht bloss die Formen der Syllogistik in Kürze aus Petrus Hispanus vorführt, sondern auch die wichtigeren Sätze aus dem 2. Buche der ersten Analytik, sowie aus der ganzen zweiten Analytik und aus *Top.* nebst *Soph. El.* excerpirt [653]). Zum Schlusse aber behandelt er noch die *Obligatoria,* wobei er sich auf eine neue Definition der *obligatio* stellt [654]), sowie er bei den *Insolubilia* das *falsificare se ipsum* grundsätzlich als ein casuelles bezeichnet [655]).

Dürfen wir die Bezeichnung „Fabristen", welcher wir schon oben (Anm. 490) begegneten, anwenden, so gilt dieselbe vor Allen von Jodocus Clichtoveus (von seinen Landsleuten Josse Clictou genannt, geb. 1473, gest. 1543), welcher nicht bloss die *Introductiones* seines Lehrers Faber commentirte, sondern auch im Anschlusse an denselben gleichfalls eine *Introductio in terminorum cognitionem* schrieb [656]). In letzterem Erzeugnisse stellt er in knapper Kürze die Haupt-Lehrsätze zusammen und erläutert jeden derselben in hinreichender Weitschweifigkeit; er beginnt dabei mit der Definition des *terminus* [657]), woran er die

---

649) f. 120 ff.

650) f. 125 v.: *Propositio hypothetica est propositio plures habens categoricas partes principales sui atque invicem coniunctas.* Er beginnt mit *conditionalis*, lässt dann *copulativa* folgen, von welcher er sagt (f. 127 r.): *sub copulativa continentur: temporalis, localis, similitudinis, expletiva, causalis, relativi substantiae, quantitatis, qualitatis, et exponibiles;* hierauf folgt noch *disiunctiva.*

651) f. 131 ff. Hier nun führt er 30 Regeln vor, hauptsächlich das hypothetische Urtheil betreffend.

652) f. 138 ff.

653) f. 145 ff.

654) f. 242 r.: *Obligatio est ad aliquod propositum ostendendum secundum aliquem respondendi modum devinctio. .... Modi respondendi sunt: concedere, negare, dubitare, distinguere.* Er behandelt dann im Folgenden nur *positio, depositio, positio dubitationis,* das Ganze in fünfzehn Regeln zusammenfassend.

655) f. 251 v.: *Insolubile est propositio, quae cum ex casu se ipsam falsificet, cum falsa ponitur, videtur statim se ostendere veram, et cum vera, falsam; et propositio insolubilis est reflexiva, i. e. cuius veritas aut falsitas de ipsamet intelligitur. Propositio similis insolubili reflexiva non est, sed ex casu cum ponitur vera, se declarat debere esse falsam, et cum falsa, debere esse veram.* Hierauf folgen 5 Regeln, dann 12 Beispiele wirklicher *Insolubilia,* 7 Beispiele scheinbarer, und noch 5 Sophismen zur Unterstützung eines *Insolubile.*

656) *Introductiones artificiales in Logicam Iacobi Fabri Stapulensis, per Iudocum Clichtoveum Neoportunensem collectae, ac familiari Commentario declaratae. Iudoci item Clichtovei in Terminorum cognitionem Introductio, cum altera de Artium divisione, eiusdemque in utraque Annotatiunculis. Lugduni.* 1540. 8. (Hienach citire ich). Aeltere Drucke sind: Paris bei *Henr. Stephanus* 1505. 4. u. 1536. 8. Die *Introductio in terminorum cognitiones* ist unter dem Titel „*Fundamentum logicae*" einzeln gedruckt (mit Commentar des Joh. Cäsarius) Paris bei *Gabr. Buon.* 1560. 4.

657) f. 3 v.: *Terminus est, quod aliquid claudit et terminat; terminus rei est cuiuslibet rei finis et ultimum; terminus propositionis est propositionis extremum.* Dann folgen in grösster Kürze Definitionen der *propositio* und ihrer Theile, des *terminus mentalis, vocalis, scriptus,* des *univocum* und *aequivocum.*

Eintheilung desselben anreiht 658), um dann aus Faber die Lehre von *divisio* zu entlehnen 659), und von hier auf *argumentatio* 660) und *consequentiae* überzugehen 661), woran sich zuletzt noch fünfzehn Vorsichts-Regeln des Schliessens anreihen 662). In der äusserst ausführlichen Erläuterung des Werkes seines Lehrers, welche uns schon oben (Anm. 643) als erklärende Ergänzung diente, entwirft er mit entschiedener Vorliebe bei jeder dargebotenen Gelegenheit eine versinnlichende Figur 663), und gibt in ähnlicher Tendenz auch in der Syllogistik neue mnemonische Zeichen für die möglichste Ausbeutung der in den drei Schlussfiguren gewonnenen Schlusssätze an 664).

---

658) f. 5 v. Ebenso über *terminus categorematicus* und *syncategorematicus*, über *materialis* und *personalis*, *complexus* und *incomplexus*, *absolutus* und *connotativus*, *communis* und *singularis*, (f. 8) *primae* und *secundae intentionis*.

659) f. 9 r.; s. Anm. 645.

660) f. 10 r.: *Argumentatio est unius propositionis ex alia per consequentiae notam illatio. ..... Antecedens est prima pars argumentationis; ..... maior est prima pars antecedentis, ... minor secunda; ..... consequens est argumentationis secunda pars.*

661) f. 12 r.: *Concedere propositionem est ipsam veram esse admittere. ..... Bona consequentia est, cuius si antecedens est verum, et consequens simul verum esse est necesse.*

662) f. 14 v.: *In disciplinis aequivocatio summopere fugienda est. In praedicationibus doctrinalibus termini significative et non materialiter accipiuntur. .... Termini logici in secundae intentionis significatione sunt accipiendi* u. s. f.; die übrigen Regeln dienen der Praxis des Disputirens und beruhen sonach häufig auf den *Obligatoria*.

663) So f. 59 ff. eine Menge von Tabellen bezüglich der *Exponibilia* und ihrer Entgegensetzung, ebenso f. 107 f. u. 115 ff. für alle möglichen Gesichtspunkte der Lehre vom Urtheile, u. f. 141 wieder eine besondere Figur betreffs der modalen Urtheile unter Benützung der seit Petrus Hispanus traditionellen Memorial-Worte *Purpurea*, *Iliace* u. s. f.

664) f. 161 r.: *Ad quascunque praemissas aliqua sequitur conclusio, ad easdem sequitur convertens, subalterna et omnes conclusiones aequipollentes.*

A	*E*	*I*	*O*
i	*o*	*ne*	*na*
no	*ni*	*nan*	*nen*
en	*an*	*is*	*o*
ip	*es*	*o*	*o*
o	*op*	*o*	*o*

.... *Quatuor constituuntur limites a sursum in deorsum porrecti, in quorum summo ponuntur vocales A, E, I, O significantes qualitatem et quantitatem conclusionum. .... Subiectae autem eiusdem limitis syllabae significant conclusiones, quae aut per conversionem aut legem subalternarum aut aequipollentiam sequuntur. ..... Vocales praepositae litterae „p“ designant propositiones convertentes per accidens; .... praepositae litterae „s“ designant convertentes conversione simplici; ..... vocales cum littera „n“ praeposita significant aequipollentem suae contradictoriae per negationis praepositionem, ... cum littera „n“ postposita significant aequipollentem suae contrariae per negationis postpositionem.*

Aber auch **Carolus Bovillus** (geb. um 1470, gest. um 1550), in der Jugend Schüler Faber's und später inniger Freund desselben, gehört hieher, obgleich mit einem gewissen Vorbehalte. Er commentirte den 1. Tractatus der *Introductiones* Faber's [665]) und steckt dabei in terministischen Uebungen, während sein Blick auf einen mystischen Realismus gerichtet ist. Er will die Lehre von der *suppositio*, welche überhaupt nur durch ungebildete Leute („*barbari*") in die Logik gekommen sei, im Kampfe gegen die Sophisten namentlich durch Verwerfung aller *syncategoremata* zum Lichte einer Logik der Wahrheit zurückführen [666]), und so spricht er sich in heftiger Beredsamkeit gegen die occamistische Singularität und somit zeitliche Zufälligkeit der Erkenntniss aus, bei welcher alle *suppositio*, *ampliatio*, *appellatio* u. s. f. nur in die momentane Wahrnehmung, welche dem Vergessen anheimfalle, verlegt werde und daher sich zu einem leeren, unfruchtbaren und schädlichen Spiele gestalten müsse, während doch die sermocinalen Disciplinen wesentlich nur dienstleistende (*adminiculativae*, s. Abschn. XIX, Anm. 365 u. 436) für die realen Wissenschaften sein sollten [667]). Er seinerseits daher will

665) *Ars suppositionem Iacobi fabri stapulensis adiectis passim Caroli bouilli viromandui annotationibus.* Darunter das Druckerzeichen des *Iehan Petit* (*Paris*). Am Schl.: 1500. 4. Diese logische Schrift des Bovillus kannte Niceron nicht (*Memoires pour servir à l'histoire des hommes illustres*, vol. XXXIX), und wohl darum ist sie auch dem neuesten Darsteller *Jos. Dippel* (Versuch e. syst. Darstellung d. Philos. des Car. Bovillus. Würzburg 1865. 8.) entgangen, welcher übrigens mit eigenthümlichem Wohlbehagen für den „katholischen" Philosophen Bovillus schwärmt. Sicher aber liegt gerade in dieser Jugendschrift des Letzteren ein wesentlicher Aufschluss über seine Stellung zur damaligen Zeit-Richtung. Ich meinerseits darf und muss hier auf seine übrigen Schriften (gedruckt b. *Henr. Stephanus, Paris* 1510. fol.) verzichten; denn z. B. auch das Buch *De oppositis* steht mit seinem mystisch-theosophischen Quark ausserhalb der Logik. Dass Bovillus innig mit Nicolaus Cusanus zusammenhängt, setze ich als bekannt voraus.

666) Im Dedicationsbriefe an Theobaldus Parvus sagt Bovillus: *Quibusdam in se nubibus syncategoreumatum nitidissimum ..... dialecticae iubar nostra tempestate refellitur, fitque hinc ipsa quidem ferme omnibus dialectica inaccessibilis...... Quae igitur in artem adscriptarum a barbaris dialecticae suppositionum sophisticis passim cervicibus alludentes, quo ab ipsis longius adolescentium starent erigerenturque animi et quo amplius abiectis syncategoreumatum tenebris ad veritatis dialecticae lucem conarentur, brevibus innotanda duxerimus, in auroram ..... a nobis dimissa prodierunt.*

667) *Dialectica haec est, quam maxime sermocinalium utilem apprimeque fore realium acquisitioni accedentem ac necessariam non immerito reputant. ...... Qua autem fusca caligine candentissima dialecticae facies offusa supprimitur, haec parvorum est, ut appellant, logicalium satis superque improba ac inutilis determinatio. Quippe si ea dialecticae dumtaxat ut congenea necessariaque sunt adscribenda, quae veritati conferant realium scientiarum, ... consequitur tandem, vanam suppositionum, ampliationum ac restrictionum esse determinationem; nempe enim has quidem ob varias ex temporum differentia deductas extremorum propositionis acceptiones, illam vero ob actualem rei, quae tota tempori permittitur, existentiam assignaverunt. Quod utique non recte fecisse statim deprehenduntur, nec enim quidem ad disciplinas momentum habentium propositionum extremorum ratio temporali subdita oblivioni est, ut non triangulum, qui est vel fuit vel erit, dicit geometer habere tres, quin perpetuum mente potius effingit concipitque triangulum; ..... itidem nec earundem propositionum veritas singularis efflagitat rei existentiam ac rursus sensualem eiusdem ipsius demonstrationem, in qua tamen utique universam statuunt suarum suppositionum substantiam. ... Et si rursus iidem ipsi disertissimi autores horrendas syncategoreumatum tenebras ab*

bezüglich des Terminus und des Urtheiles vom Realen ausgehen[668]), und mit diesem Vorbehalte commentirt er nun die Schrift des Faber von Zeile zu Zeile ebenso wie Clichtoveus[669]), d. h. er hat beim terministischen Materiale im Rückhalte eine realistische Tendenz.

Als einen eigenthümlichen Synkretisten zeigt sich Gregor Breytkopf aus Konitz (auch Bredekopf oder auch Laticephalus genannt, in Leipzig wirkend), welcher einen Auszug aus der zweiten Analytik[670]), einen *Parvulus antiquorum*[671]), ferner *Parva logicalia*[672]) und eine Monographie *De inventione medii,* sowie desgleichen *De propositionibus modalibus* veröffentlichte[673]). Während er nemlich in den kurzen Anmerkungen zum Excerpte der *An. post.* sich völlig an Robert Capito, Thomas und Aegidius anlehnt, und auch im *Parvulus antiquorum,* dessen Titel schon die Parteistellung kundgibt (vgl. ob. Anm. 254), neben Aufnahme der hauptsächlichen Bemerkungen und der Memorial-Verse des Dorbellus die thomistische Angabe über den Gegenstand der Logik wiederholt[674]), um dann in Kürze den wenig veränderten Text des Petrus Hispanus vorzuführen[675]), verfährt er hinwiederum in den *Parva logicalia* völlig nach terministischer Weise; denn wenn er auch den Einfall

---

omni suarum disciplinarum luce clarissimoque radio procul dedignantur, supervacanea iterum erit appellationum exponibiliumque propositionum ..... dialecticae sterilis inferta executio. ..... Quo fit. ut in totum vana appareat universa parvorum logicalium determinatio. ..... Insolentior huiuscemodi increbrescens parvorum logicalium barbaries omnium nunc litteris deditorum animos hominum inundat. ..... Suppositionum determinationem excogitarunt ob singularem rei tempore permutabilis existentiam sensualemque eius demonstrationem, quod nullam posse veram esse improbi assentiantur propositionem, cuius non extremis res actu singularis respondeat. ..... Consequitur, suppositionum scabram determinationem nullius prorsus accedere posse disciplinarum acquisitioni accommodam ideoque damnosam potius inaniumque dumtaxat infoecunditatis sophismatum genitricem, ... nunc vero auspice Minerva currum scandente triumphalem adminiculativarum realibus sermocinalium cum comitum turba eliminandam.

668) *Duorum terminorum unio primum ex rebus provenit singularibus, quas ex prima sui impositione duo termini denuntiant, in ipsisque rebus approbatur. ..... Prima unio rerum est, secunda vero terminorum.*

669) So spendet auch Bovillus reichlichst Figuren und Tabellen für die logischen Verhältnisse der *Exponibilia;* s. ob. Anm. 663.

670) *Excerpta Libr. Posteriorum Aris. cum commentariolo per Magistrum Gregorium Bredekoph de Konitz congestum.* Am Schl.: *per Iacobum Tanner Herbipolensem in praeclaro oppido Liptzensi.* 1506. fol.

671) *Compendium, sive Parvulus Antiquorum totam paene complectens logicen; cum brevi facillimaque commentatione pro novitiorum instructione per Magistrum Gregorium Breytkopff de Konitz recollecta in studioque Lipsensi per eundem publice repetita.* 1513. 4. (ein älterer Druck 1509).

672) *Parvorum logicalium opusculum de suppositione scilicet Ampliatione, Restrictione, et Appellatione, Insuper de Expositione et Consequentiis. Magister Gregorius Laticephalus de Konitz.* Am Schl.: *Impressum Liptzigk per me Iacobum Thanner.* 1507. 4.

673) *Tractatulus de inventione medii. Tractatulus propositionum modalium respiciens difficultates. Hexastichon magistri Gregorii Konitz ad lectorem etc.* Am Schl.: *Impressum per baccalaureum Martinum Herbipolensem* (Leipzig). s. a. 4.

674) In der Einleitung z. *Parv. Ant.*: *Subiectum primum attributionis totius logicae est syllogismus in communi et formaliter sumptus.*

675) Nur führt er bei den Kategorien die neuen Memorial-Verse (s. ob. Anm. 201 ff.) an und benützt auch bei den *proprietates terminorum*, welche er übrigens sehr knapp erledigt, die *probationes terminorum* des Paulus Venetus.

hat, die einzelnen Theile derselben auf aristotelische Quellenstellen zurückzuführen und hiedurch seine synkretistische Tendenz kundzugeben [676]), so behandelt er doch dieses ganze Gebiet in Inhalt und Form auf Grundlage der Modernen [677]); ja er fügt noch etwas Neues hinzu, indem er vor der ***suppositio relativorum*** einen kleinen Abschnitt ***de signis in propositione mutuo se impedientibus*** einreiht [678]). Die Abhandlung ***de inventione medii*** besteht aus einer sehr breiten Erläuterung all jener Lehrsätze, welche sich um die Memorial-Worte ***Fecana, Cageti*** u. s. f. drehen. In der Schrift über die modalen Urtheile, deren er nur vier Arten (***possibile, impossibile, necessarium, contingens***) anerkennt und in der üblichen modernen Weise nach ***sensus divisus*** und ***compositus*** nach ihrer Qualität, Quantität, Entgegensetzung und Umkehrung behandelt, kommt gelegentlich als etwas Neues die ***ampliatio modalium*** hinzu [679]).

Ein hervorragender Mann seiner Zeit war jener Johann Mayr, welcher von seinem schwäbischen Geburtsorte Eck den Namen Johann Eck trägt, unter welchem er Jedermann aus der Reformations-Geschichte bekannt ist (geb. i. J. 1486, in Freiburg i. Br. und hierauf an der Universität Ingolstadt wirkend, gest. i. J. 1543). Indem wir natürlich hier darauf verzichten müssen, auf seine einflussreiche anderweitige Thätigkeit näher einzugehen, können uns nur seine logischen Schriften beschäftigen; dieselben sind: eine erklärende Ausgabe des Organons [680]), ein Commentar zu Petrus Hispanus [681]), eine Bearbeitung der sog. ***Parva logicalia*** [682]),

---

676) In der Vorrede zu *Parva Logic.: Licet Aristoteles non tradiderit tractatus parvorum logicalium in propria forma, posuit tamen principia, ex quibus habentur illi tractatus. ..... Tractatus suppositionum trahitur ex primo Periern., ubi dicit „Rerum quaedam sunt universales, quaedam particulares". ..... Tractatus appellationum trahitur ex proprietate substantiae, ubi dicit, quod secunda substantia videtur significare hoc aliquid. ...... Ampliatio et restrictio trahuntur ex primo Elenchorum. .... Tractatus distributionum trahitur ex primo Periern.; ...... syncategorematum trahitur ex primo et secundo Periern.*

677) Er beginnt mit *terminus* und *significatio,* dann folgt *suppositio* nebst ihrer Eintheilung und ihren Regeln (in ähnlicher Weise wie bei Wimpina, s Anm. 567), hierauf *ampliatio, restrictio, appellatio,* sodann ausführlich der ganze Inhalt der *probationes terminorum* des Paulus Venetus und zuletzt nach gleichem Vorbilde die *Consequentiae* mit besonderer Berücksichtigung des hypothetischen Urtheiles.

678) *Interdum duo signa mutuo se impediunt in propositione aliqua, et unum tollit virtutem alterius, et neuter terminorum distribuitur, ut „Nonnullus homo est animal". .... Quando se impediunt in propositione particulari, indefinita vel singulari, tunc terminus, super quo se impediunt, supponit determinate; .... quando in universali, praedicatum supponit simpliciter* u. s. f.

679) *Necessarium et impossibile ampliant copulam vel compositionem ad omne tempus copulative; possibile autem et contingens ad omne tempus disiunctive.*

680) *Aristotelis Stagyritae Dialectica; cum quinque vocibus Porphyrii Phoenicis; Argyropilo traductore; a Ioanne Eckio Theologo facili explanatione declarata; adnotationibus compendiariis illustrata; ac scholastico exercitio explicata; videbis o Lector priscam Dialecticam restitutam; ac Neotericorum subtilitati feliciter copulatam.* (Augsburg) 1516. fol. Der zweite Band (ohne eigenes Titelblatt) 1517.

681) *Ioan. Eckii Theologi in summulas Petri Hispani extemporaria et succincta, sed succosa explanatio pro superioris Germaniae scholasticis. Augsburg ex Officina Millerana.* 1516. fol. (d. h. die in Abschn. XVII, Anm. 143, mit 𝔚 bezeichnete Ausgabe).

682) *Bursa pavonis. Logices exercitamenta Appellata parva logicalia. a Iohanne Eccio In regio Friburgiorum archigymnasio cantatissimo congesta ac examinata. In*

und ein *Elementarius Dialecticae*[683]). Indem wir vor Allem seine ausgedehnte Belesenheit rühmen müssen[684]), dürfen wir zu seiner allgemeinen Charakteristik wohl die Signatur vorausschicken, dass er jedenfalls weder Thomist noch Scotist ist, sondern zu den Synkretisten gehört, d. h. er will sich auf die Antiqui stützen, zu welchen ja, wie wir wissen, auch Petrus Hispanus gezählt wurde (s. ob. Anm. 153 u. zwischen Anm. 191 u. 192), zugleich aber auch die Modernen bezüglich der Einzeln-Ausführung, abgesehen von der principiellen Grundlage, reichlich benützen[685]).

Die Einleitung zum Organon beginnt er mit Erörterungen über *notitia*, welche völlig das Gepräge des Occamismus an sich tragen, und knüpft hieran die Erledigung der üblichen Fragen[686]); in der Frage aber, ob die Logik speculativ oder praktisch sei, mildert er einigermassen den Standpunkt Occam's[687]). Auch in der Isagoge schliesst er sich bezüglich der Bedeutung der Universalien an die Occamisten an[688]) und

---

eo contubernio, quod Pavonis Bursa nuncupatur. Am Schl.: *Impressum Argentinae per Mathiam Hupfuff.* 1507. 4. Diese Schrift ist in etwas ausführlicherer Form wieder aufgenommen als Anhang zu der so eben erwähnten Erklärung des Petrus Hispanus (f. LXXXIV—CXI).

683) *Elementarius Dialecticae d. Ioan. Eckii.* Am Schl.: *Augustae Vindelicorum in officina Millerana.* 1517. 4. Eine neue fast unveränderte Auflage ebend. 1518. 4.

684) Er citirt in getreuen wörtlichen Anführungen: Albertus Magnus, Thomas, Bonaventura, Scotus, Aegidius, Heinrich v. Gent, Gottfr. v. Fontaines, Robert Capito, Herveus, Aureolus, Ant. Andreas, Franc. Mayron, Peter v. Abano, Occam, Greg. v. Rimini, Thomas v. Strassburg, Holcot, Buridan, Marsilius, Peter v. Ailly, Gerson, Paulus Venetus, Dorp, Brulifer, Gabr. Biel, Tartaretus, Bricot, Georgius Bruxellensis, Dorbellus, Jacob de Forlivio, Heinrich v. Gorkum, Lambertus de Monte (als *Montista Coloniensis*), die Mainzer Summula (als *Moguntinus*), Johannes Magistri, Petrus v. Aquila, Johannes Majoris, Joh. de Wesalia (z. Organon f. XXXIX v. B), Menghus Faventinus, Parreut, Pschlacher, Jod. Trutfeder, Barth. v. Usingen, Faber Stapulensis, Clichtoveus, auch Georgius Trapezuntius und Reisch (s. Anm. 740 ff.), stets nur polemisch den Laur. Valla (s. Anm. 704); weniger reichlich fliessen die Citate im Commentare zu Petrus Hispanus, dort aber führt er auch den Bovillus an.

685) In solchem Sinne besteht die Angabe auf dem Titelblatte der Ausgabe des Organons zu Recht; zur Zeit seines Aufenthaltes in Freiburg wurde Eck zu den „*Neoterici*" gezählt, s. *H. Schreiber*, Gesch. d. Univ. Freiburg i. Br., p. 62.

686) Er bespricht *notitia abstractiva* und *intuitiva* (s. Abschn. XIX, Anm. 746 ff.), und seine Aeusserung (f. III v. B) „*notitia est notitia per propositiones*" enthält genau den auf das Urtheil gestützten Conceptualismus des Occam (s. ebend. Anm. 743 u. 773), sowie der Ausspruch „*primum cognitum est singulare*" den von den Thomisten verabscheuten occamistischen Empirismus enthält (s. ebend. Anm. 750 f.). Hernach folgen Bemerkungen üblicher Art über *logica naturalis*, *usualis*, *artificialis*, wobei im Anschlusse an Albertus Magnus und Scotus (Abschn. XVII, Anm. 363, u. Abschn. XIX, Anm. 87) die Logik als das Eine Drittel der *scientiae sermocinales* bezeichnet wird.

687) f. X r. A: *Logica totalis pro aliqua sui parte est speculativa, pro aliqua sui parte est practica; ..... vetus ars principaliter est speculativa. ..... Cum autem finis principalis logicae sit argumentatio, sequitur, totam logicam principaliter esse practicam.* Vgl. Abschn. XIX, Anm. 741 ff.

688) f. XIII r. B: *Nota primo, universale esse triplex, sc. in causando, essendo et significando* ..... f. XV r. A: *Prima est opinio Platonis cum suis ideis; .... ista tam a philosophis quam a theologis est reprobata. ..... Secunda est opinio Scoti.* ..... (f. XVI r. A) *Tertia est sententia Occham, Gregorii Ariminensis, Buridani, Marsilii, Gabrielis* (d. h. Biel), *Gersonis et communis viae Neotericorum* .... f. XVII r. A:

macht bei der Frage über das *principium individuationis* die ganz annehmbare Bemerkung, dass es sich für die Philosophie weit eher um ein *principium universalisationis* handle[689]. Die Erläuterung des aristotelischen Textes selbst, welche mit gleichmässigem Fleisse von Capitel zu Capitel fortschreitet und vielfachst modernes Material benützt[690], führt ihn natürlich auch auf die vierte Schlussfigur, wobei er mit weit grösserer Entschiedenheit, als im Commentare zu Petrus Hispanus, sich für die Berechtigung derselben erklärt und sonach der durch Tartaretus bedingten Strömung der Modernen folgt[691], sowie er auch nach gleichem Vorbilde Beispiele dafür vorführt, dass aus zwei negativen Prämissen ein Schluss erreicht werden könne[692]. Die modalen Syllogismen behandelt er völlig nach Occam[693], und die *inventio medii* ausführlich nach der modernen Tradition des *Fecana*, *Cageti*[694]. Die Erläuterung zu *An. post.* ist reichhaltig, besonders an Citaten, in karger Kürze aber werden *Top.* und *Soph. El.* erledigt.

Im Commentare zu den ersten sechs Tractaten des Petrus Hispanus, woselbst er sich ausdrücklich für Ablehnung des überflüssigen sophistischen Wustes und für Rückkehr zur reinen aristotelischen Lehre mit Einschluss des Petrus Hispanus erklärt[695], folgt er in der Einleitung

---

Non sunt ponenda universalia praeter res significantes, i. e. voces, scripturas vel conceptus, quae sunt universales non quidem per essentiam, sed per significationem et repraesentationem. Vgl. Anm. 699.

689) f. XVII r. B: *Nullum est principium individuationis, nisi quod est principium effectivum rei; ..... unde vere philosophantes rectius universalisationis, quam individuationis, principium perquirent.* Vgl. Abschn. XIX, Anm. 814.

690) Er gibt dabei stets zuerst als *explanatio textus* eine getreue Wort-Umschreibung, dann folgen *annotationes* zur näheren Erklärung und hierauf *explicatio scholastica*, d. h. Exercitien, häufig nach *pro* und *contra*. Er benützt bei den Kategorien die modernen Lehren von *significatio absoluta* und *connotativa*, bei der Lehre vom Urtheile die Unterscheidung in *complexa* und *incomplexa*, sowie bei den modalen Urtheilen den *sensus divisus* und *compositus*, noch dazu unter Verwerthung der *consequentiae* (f. LXXXVIII ff.). Beachtenswerth ist, dass er bei den Kategorien den Gilbertus Porretanus bei Seite lässt; das Gegentheil hievon s. Anm. 700.

691) Pars II, f. XII r. A: *Multi derisorie aiunt, Galenum misisse falcem in messem alienam ponendo figuram quartam; de quo in Summulis* (Anm. 701) *et Averroes testatur, ponere quartam figuram esse in fine abominationis. ..... Maiolus renarrat longe aliam sententiam Galeni, quam communiter de eo loquentes proponunt* (ich kann über Majolus nach der ganzen Richtung desselben erst im folgenden Abschn. sprechen). .... *Praemitto, plures quartam figuram astruere et laudare. ..... Tartaretus quatuor facit huius figurae modos etc.* (s. ob. Anm. 162). *At recentiores ferme omnes novem ponunt, quatuor primos indirecte concludentes, reliquos directe, isto pacto etc.* (s. Trutfeder, Anm. 389, Altenstaig, Anm. 554, und theilweise die Mainzer Summula, Anm. 404). ...... *Quomodo prima figura bifariam usurpetur, in Summulis disquirito* (Anm. 701). ...... *Respondetur, quartam figuram esse ponendam ab aliis distinctam; patet, quia figurarum distinctio sumitur ex diversa habitudine extremorum ad medium; sed stricte sumpta prima figura habet quarta peculiarem habitudinem; .... ergo est distincta figura.*

692) f. XII v. s. ob. Anm. 518.

693) f. XVII r. s. Abschn. XIX, Anm. 980 ff.

694) f. XXIX. Nach Benützung der Figur des Tartaretus sagt er (f. XXX r. B) von der oben erwähnten Figur des Samuel Casinensis (s. Anm. 188): „*Samuel Cassinensis adhuc mirabiliorem figuram novo* (!) *instituto invenit.*“

695) *In summul. P. Hisp.* im Dedications-Briefe, f. II r.: *Inprimis plurimum vobis* (d. h. dem Sebast. Ilsung und dem Leonhard v. Eck) *debet alma artium et*

dem Dorbellus, dessen Memorial-Verse er wiederholt, bringt aber dann bei Gelegenheit der *significatio*, welche er nach Weise der Modernen behandelt, eine neue Unterscheidung des *signum universale* in ein *purum* und ein *impurum* vor[696]; von dem hypothetischen Urtheile erkennt er in dieser Schrift in ähnlicher Art wie Faber Stapulensis nur drei wesentliche Arten an[697], die modalen Urtheile hingegen nähert er wieder der Lehre Occam's[698]. Bei den Universalien äussert er sich hier nicht so entschieden terministisch wie in der Erläuterung des Organons, wobei allerdings die Schwäche der Auffassung des Petrus Hispanus (s. Abschn. XVII, Anm. 167) bestimmend mitwirken mochte[699]; gelegentlich der Kategorien aber führt ihn die Erklärung des *denominativum* zu einer Unterscheidung der *praedicatio*, welche eine Verwandtschaft mit jener bei Altenstaig zeigt[700]. In der Syllogistik entscheidet er sich hier nicht positiv zu Gunsten der vierten Schlussfigur (wie oben Anm. 691), sondern spricht nur von ihrer möglichen Zulässigkeit, stellt aber dabei ebenso wie Tartaretus (ob. Anm. 168), von welchem er hierin sichtlich beeinflusst ist, die neun Modi der ersten Figur nach Auctorität des Petrus Hispanus dar, ohne die Bedeutung der fünf theophrastischen Modi zu bedenken[701]; bei der *reductio per impossibile* entnimmt er aus Trutfeder

---

philosophiae facultas, quae vestris auspiciis reiectis sophismatum quisquiliis ac prolixis logices commentationibus ad sinceram ac nitidam Aristotelis se confert philosophiam, Summulas tamen Petri Hispani Burdegallensis non negligens, ob quam rem nec iuventus ipsa nec alma facultas unquam pro meritis condignas vobis vices rependere potest.

696) *In summ. P. Hisp.* f. IX r. B: *Signum universale est duplex; quoddam est purum seu merum universale, quod nihil aliud includit nisi actum universalem; sed impurum est, cui correspondet actus et conceptus. ..... Affirmativa pura: omnis, quilibet, quicunque, quivis; impura: uterque, ubique, semper, quotlibet, ab aeterno. Negativa pura: nullus, non; impura: neuter, nusquam, nemo, nullotiens.*

697) f. XVI v. B: *Tres sunt species propositionis hypotheticae communiter usitatae et irreducibiles; ..... plures enim sunt aliae, sc. temporalis et localis, quae reducuntur ad copulativam, et causalis et rationalis reducuntur ad conditionalem* (s. ob. Anm. 650). Hingegen vgl. Anm. 715.

698) f. XX r. B, woselbst er auf jene occamistischen Modalitäten *scitum, opinatum* u. dgl. hinweist (s. Abschn. XIX, Anm. 895), sowie wieder *sensus divisus* und *compositus* verwerthet (vgl. ob. Anm. 690).

699) f. XXIII r. A: *Definitur a iunioribus: praedicabile stricte captum est terminus categorematicus univocus incomplexus formaliter communis natus praedicari secundum se vel formaliter synonymum de pluribus. ..... Praedicabile est signum incomplexum, quod natum est ex modo significandi dici, i. e. praedicari de pluribus essentialiter distinctis divisim et univoce. .... Universale et praedicabile sunt idem re, sed differunt ratione; .... nam universale diffinitur per „esse in", i. e. significari, et praedicabile per „dici de", i. e. praedicari.* Vgl. Anm. 688.

700) f. XXX r. B, woselbst er die *praedicatio* zunächst in *essentialis* und *accidentalis* theilt, erstere dann in *quidditativa* und *qualificativa*, letztere in *convertibilis* und *contingens*; vgl. ob. Anm. 552. Sonderbarer Weise benützt er hier zur Erklärung der letzten Kategorien den Gilbertus Porretanus; vgl. hingegen Anm. 690.

701) f. XLVIII v. A: *Distingue de prima figura, quia large accipi potest pro syllogismo, cuius medium subiicitur in una et praedicatur in alia; stricte vero definitur esse ea figura, cuius medium subiicitur in maiori et praedicatur in minori. Si primo modo loquamur de prima figura, tunc includit quartam; ..... si vero stricte usurpetur, tunc sunt quatuor figurae. .... Aristoteles quartam figuram praetermisit, ... quia nihil ferme discriminis est inter primam et quartam nisi sola transpositio praemissarum.*

die Memorial-Worte *Nesciebatis* u. s. f.[702]). Den Schluss machen in kürzerer Fassung *Top.* und *Soph. El.*[703]).

Die übrigen Tractate des Petrus Hispanus finden zur Vervollständigung des Ganzen ihre Erledigung in der Schrift, welche den Titel „*Bursa pavonis*“ trägt (Anm. 682). Hier nun ist er allerdings schon durch das Material der sog. ***Parva logicalia*** überwiegend auf die Litteratur der Terministen angewiesen, aber dass er neben der Pflege des aristotelischen Organons auch diesen Umkreis so einlässlich behandelte, beweist eben seinen synkretistischen Charakter. In der Einleitung, welche einen von theologischem Hasse getragenen heftigen Ausfall auf Laurentius Valla enthält[704]), erklärt er in sichtlichem Hinblicke auf Faber de Werdea (ob. Anm. 153) den Wortausdruck „***Parva logicalia***“ aus dem Verhältnisse des Theiles zum Ganzen (wie Aehnliches seit Dorbellus überhaupt üblich geworden war), rechnet aber unter den betreffenden Tractaten die ***Consequentiae*** ausdrücklich zur ***nova logica***[705]). In der Einzeln-Ausführung schliesst er sich nicht an einen bestimmten Autor an, sondern benutzt in selbsteigener Bearbeitung die umlaufenden Lehren der Modernen[706]). Bemerkt mag werden, dass er ***suppositio collectiva*** als eigene Species zählt[707]) und neben der ***alienatio*** auch der „***remotio***“

---

702) f. LIV r. B; s. ob. Anm. 391.

703) Gelegentlich der *Soph. El.* benützt er sogar (f. LXXIX v. B) eine mystische Figur aus *Car. Bovillus, De rosis mathemat.* (*Opusc. ed. Paris.* 1510, f. 185), welche entsteht, wenn man um ein gleichseitiges Dreieck einen Kreis beschreibt und mit dem Radius dieses Kreises drei andere Kreise beschreibt, welche ihre Mittelpunkte in den Ecken des Dreieckes haben.

704) f. LXXXIV r. A: *Nec quemquam moveat eloquens illa bestia Laurentius Valla in errante dialectica sua suppositiones tanquam inutiles reprobans et nullum discrimen fore affirmans inter has „Mundus fuit ab aeterno“ et „Ab aeterno fuit mundus“* (s. vor. Abschn., Anm. 53 am Schl.) ... *Sed putrescat ille quidem inscitia sua, cum doctis omnibus ludibrio habeatur.*

705) f. LXXXIV r. A: *Dicta autem sunt parva logicalia ea de causa: tres sunt logicae partes secundum venerabilem inceptorem Wilhelmum de Ocham, sc. terminus, propositio, argumentatio* (s. Abschn. XIX, Anm. 821); *modo elementa logicae sunt termini, quare, cum illi tractatus passiones termini considerent, non iniuria parva logicalia appellati sunt. Ceterum non ignoro, quosdam opinari, parva dici respective ad magnam logicam Aristotelis, quibus non omnino refragor. ..... Isti tractatus pertinent ad veterem artem, tractatus vero consequentiarum ad novam logicam.*

706) Er wählt dabei die Form der Darstellung, dass er die Hauptsache in möglichst kurze Lehrsätze zusammenfasst und jedem einzelnen einen ausführlichen Commentar folgen lässt. Inhaltlich verflicht er mit der *suppositio* occamistische Lehren und auch die Angaben Buridan's über die Wahrheit (Abschn. XX, Anm. 79), sowie die moderne Eintheilung in *significatum ultimatum* und *non ultimatum*, ferner *descensus* und *ascensus;* auch behandelt er mit Buridan (ebend. Anm. 112) die *ampliatio* als eine Art der *suppositio*, nimmt *status* und *alienatio* auf, und bespricht auf Grundlage des Albert v. Sachsen (ebend. Anm. 260) *appellatio formae et rationis.*

707) f. XCIII r. B: *Suppositionem collectivam logicae principes et praecipui non posuerunt, ut Ocham, ... Marsilius, quo nullus in logica acutior, Buridanus, ... Georgius Bruxellensis et alii complures; alii eam affirmant, ut iam communis schola Viennensis et Erphurdiana tenet, in quorum sententiam manibus ac pedibus eo.* Doch scheint er hier nur aus dem Gedächtnisse zu citiren, denn wir finden die *suppositio collectiva* ausdrücklich nur bei Altenstaig (Anm. 552) und bei Prierias (unten Anm. 735), theilweise bei Wimpina (Anm. 567) und Faber Stapulensis (Anm. 640), höchstens im Keime bei Trutfeder (Anm. 385).

eine besondere Betrachtung widmet [708]). Auch betreffs der *consequentia*, welche er in einer modificirten Weise definirt [709]), unterscheidet er *illativa* und *probativa* als besondere Arten [710]) und nimmt in bewusster Absicht die gesammte Lehre der *probationes terminorum* aus Paulus Venetus, sowie dazu aus Faber Stapulensis die Memorial-Worte *Tanta scies* u. s. f. auf [711]). Die *Obligatio* behandelt er, abgesehen von der Definition derselben, im Ganzen ausführlicher als Andere nach dem Vorbilde des Albert v. Sachsen [712]), hingegen die *Insolubilia* unter Erläuterung zahlreicher Beispiele völlig nach Peter v. Ailly [713]).

Der „*Elementarius dialecticae*" (Anm. 683) zeigt dem Leser manche Spuren davon, dass er vom Verfasser, wie derselbe selbst sagt, in rascher Eile hingeworfen wurde [714]), sowie ja überhaupt bei Eck auch anderwärts eine gewisse Schnellfertigkeit des Producirens in Verbindung mit Autoren-Eitelkeit bemerklich ist. Er nimmt in dieser Schrift durchweg eine terministische Haltung ein und bietet, abgesehen von der Reihenfolge der hauptsächlichen Gruppen der Logik, Nichts bemerkenswerthes dar, da im Einzelnen das Nemliche wiederkehrt, was er in den grösseren Werken vorbringt [715]). Was aber die Reihenfolge betrifft, so drängt sich uns aus dem Bisherigen überhaupt die allgemeine Bemerkung auf, dass durch die starke, ja übermässige Betonung, welche der „Terminus" bei den Modernen gefunden hatte, die in der Litteratur des Petrus Hispanus übliche Anordnung des Stoffes, wornach die Lehre vom Urtheile den ersten Abschnitt gebildet hatte, allmälig in den Hintergrund trat und ins-

---

708) f. XCVIII r. A: *Remotio est terminus non supponens propter aliquid additum, quo dempto supponeret, e. gr. „Homo irrationalis plagis vapulabit."*

709) f. C r. B: *Consequentia est oratio habens implicite vel explicite antecedens et consequens et notam illationis affirmatam.*

710) f. C v. B: *Consequentia illativa tantum est, in qua antecedens de necessitate infert consequens, non tamen probat; probativa tantum est, in qua antecedens non de necessitate infert consequens, tamen probat probabiliter et topice; illativa et probativa simul est, ubi antecedens de necessitate infert consequens et probat.*

711) f. CII v. A: *Ordine congruo imitaturi Paulum Venetum expediemus materiam probationum, quia probatio, de qua hic agitur, est consequentialis;* f. CIII r. A die Memorial-Worte, s. ob. Anm. 642.

712) f. CVI r. A: *Obligatio est praefixio propositionis ad sustinendam ipsam secundum aliquem statum* (s. bei Lax, ob. Anm. 479). Er behandelt alle sechs Arten, nemlich *positio, depositio, casus, impositio, petitio, sit verum.* Vgl. Abschn. XX, Anm. 311 ff.

713) f. CVIII r. S. Abschn. XX, Anm. 465 ff.

714) Im Dedicationsbriefe an die Grafen Martin u. Ludwig v. Oettingen: *Dialectices elementarium pro tirocinium in logica agere volentibus extemporarie effudimus potius, quam scripsimus.*

715) An den Terminus und die seit der Schule des Majoris übliche Eintheilung desselben knüpft er die Universalien und die Kategorien; dann folgt das Urtheil, wobei das hypothetische in sämmtlichen sechs Arten (condit., ration., causal, copul., disj., tempor.) behandelt wird (grundsätzlicher war er im Commentare zu Petrus Hispanus verfahren, s. Anm. 697), hierauf die *proprietates terminorum* (s. Anm. 707 f.), sodann *consequentiae* und Syllogistik (letztere sehr kurz), ein Auszug aus *An. post.*, Topik mit Einschluss der „*probativae consequentiae*", d. h. die *probationes terminorum* des Paulus Venetus (Anm. 711), und hiezu *Soph. El.* Zuletzt gibt Eck unter dem Titel „*De modo disputandi et solvendi*" in Kürze einige allgemeine Regeln für *opponens* und *respondens*, welche dem Gebiete der *Obligatoria* angehören.

besondere für kürzere Compendien jenes Verfahren zur Geltung kam, welches nachmals ausschliessliche Herrschaft erlangte, nemlich dass man mit der Lehre vom „Begriffe" begann [716]).

Bereits näher den eigentlichen Eklektikern steht der Römer Giorgio Benegno, doch zeigen seine *Praecepta dialectices* [717]) noch ein sehr fühlbares Ueberwiegen der terministischen Richtung, und so möge er denn hier seinen Platz finden. Nach einer ziemlich einfältigen Bemerkung über den Unterschied zwischen *logica* und *dialectica* [718]) beginnt er mit Terminus und dessen moderner Eintheilung, um von da in rascher Kürze über die Universalien und Kategorien hinweg zum Urtheile (an der Hand des Petrus Hispanus) zu eilen, hernach aber noch einen Auszug aus Boethius *de divisione* und *de definitione* einzuschalten [719]). In der hierauf folgenden „*argumentatio*" hält er sich zunächst betreffs der Syllogistik an Aristoteles, dessen Lehre er in der Terminologie des Petrus Hispanus erörtert, und schliesst sonach (wie er sagt, durch gewonnene bessere Einsicht) die vierte Schlussfigur als unzulässig aus, hält aber zugleich eine Ergänzung aus Boethius bezüglich der hypothetischen Schlüsse für nothwendig [720]). Dasjenige aber, was er als nothwendigen zweiten Theil der Argumentation betrachtet, veranlasst ihn, vollständig in das Material der modernen Terministen einzutreten [721]).

---

716) Die hauptsächliche Quelle dieser Strömung liegt in Majoris (ob. Anm. 424 ff.) und seinen Schülern insgesammt; in voller Entschiedenheit aber begegnete uns diese neuere Anordnung des Stoffes bereits bei Altenstaig (Anm. 550) und auch bei Wimpina (Anm. 566). Vgl. unten Anm. 731.

717) *Artis dialecticaes* [sic] *praecepta vetera ac nova miro artificio conscripta a Georgio Benegno Archiepiscopo Nazareno, omnis philosophiae hac tempestate facile principe, acutissime simul ac limpidissime traduntur etc. Romae* 1520. fol. (Zu Anfang bewegt sich die Darstellungsform in Frage und Antwort, später nicht mehr).

718) f. III r.: *Logica est scientia, qua sciendi sive verum a falso discernendi ostenditur modus. ...... Dialectica interdum pro hac praesenti arte, interdum et ut plurimum pro una ipsius parte, quae topica seu localis appellatur, accipitur. ..... Dialectica est ars artium, scientia scientiarum ad omnium methodorum principia viam habens.*

719) Diese Beiziehung des Boethius, welcher bisher, wie wir sahen, unbenützt liegen gelassen blieb, rückt den Benegno näher an die Eklektiker.

720) f. XL r.: *Plerique afferunt aliam figuram, quando medium praedicatur in maiori et subiicitur in minori. ..... Nonnulli in urbe Parisina .... eidem opinioni adhaeserunt et figurae quartae quatuor modos tribuunt, ... sc. Bamana, Camene, Dimari, Fimeno* (s. bei Tartaretus, ob. Anm. 162). .... *Ego in iuventute eam amplexus sum, in senectute post diutinam ferme quadraginta annorum discussionem prorsus respuo; eadem enim est prima et quarta, in utraque etenim est eadem habitudo medii cum extremitatibus.* Hernach behandelt er (f. XLVII) die modalen Syllogismen und fügt wieder einen Auszug aus Boethius *de syllog. hypothetico* bei (f. LI). Bei der *inventio medii* verschmäht er *Fecana, Cageti* (f. LVII).

721) Er bringt nemlich vorerst eine Darstellung der *Consequentiae* nach Paulus Pergulensis (f. LVIII, s. ob. Anm. 38 ff.), lässt dann *Topica* folgen (f. LXV v.), womit er abermals die *Consequentiae* verflicht, dieses Mal aber nach Paulus Venetus; dann reiht er Aristoteles *Soph. El.* an (f. LXXX v.), springt hierauf zur Lehre von *suppositio, ampliatio* und *appellatio* über (f. XCIV), wobei er im Ganzen dem Petrus Hispanus folgt, denselben durch Sophismen erläuternd; sodann nimmt er noch die gesammten *Probationes terminorum* aus Paulus Venetus auf (f. CXV), und reiht hernach die *Obligatoria* in ziemlich kurzer Behandlung an (f. CXL), indem

In dem Umstande aber, dass neben einer syncretistischen Vereinbarung des Lehrstoffes, welche dem aristotelischen Organon auch hochgehaltene terministische Erzeugnisse beifügte oder sogar einverleibte, gleichzeitig ein auf die Partei-Grundsätze und überhaupt auf tiefere Differenzen bezüglicher Eklekticismus auftrat, erblicken wir das Zeichen eines Zersetzungs-Processes, in welchem das Ableben der bis dahin massgebenden Anschauungen sich kundgibt, sowie ja überhaupt jedesmal heftige Parteikämpfe und stricteste Observanz Einer Richtung nach Ablauf einer kürzeren oder längeren Zeit durch eklektische Tendenzen eine Abstumpfung erfahren. Und so möge denn auch unsrerseits die „reiche Nachblüthe der Scholastik" ihren Abschluss in einigen Eklektikern finden, welche chronologisch jener nemlichen Periode angehören, die uns zuletzt bisher beschäftigte.

Zuerst erwähnen wir Johann von Glogau (in Krakau lehrend, gest. i. J. 1507), welcher ein *Exercitium novae logicae*, jedoch nur *An. pr.* und *Soph. El.* enthaltend [722]), und hiezu gleichsam zur Vervollständigung einen Commentar zur zweiten Analytik schrieb [723]). Indem er zur Erklärung des aristotelischen Textes den Albertus Magnus, Thomas und Aegidius ebensosehr wie den Paulus Venetus benützen will [724]) und somit zeigt, dass ihm der heftige Parteikampf zwischen Thomisten und Modernen bereits gleichgültig ist, gibt er einen ruhigen verständigen Commentar in der üblichen Form des „*pro*" und „*contra*" und verweilt mit besonderer Ausführlichkeit bei den *Soph. El.*, woselbst er eine Menge der bei den Modernen üblichen Sophismen benützt. Hervorgehoben mag werden, dass er bezüglich der Anzahl der Schlussfiguren und Modi des kategorischen Syllogismus beinahe wörtlich mit dem oben angeführten anonymen Commentar zu Petrus Hispanus (s. Anm. 404) übereinstimmt [725]),

---

er nur zwei Arten derselben, nemlich *positio* und *depositio*, in Betracht zieht; den Schluss des Ganzen machen einige Beispiele von *Insolubilia* (f. CXLIV).

722) *Exercicium Novae Logicae Seu Librorum Priorum Et Elenchorum Mgri Ioannis de Glogavia pro lunioribus recollectum ac noviter emendatum.* Am Schl.: *In studio Cracoviensi Impensis Domini Ioannis Haller noviter recognitae ac impressae.* 1511. *Cracoviae.* 4. (die Worte *Tobie Mily Boze Chwala* am Ende der vorletzten Seite bedeuten doch wohl den Drucker).

723) Das Titelblatt enthält über einem Holzschnitte nur die Worte *Liber posteriorum analeticorum;* auf der Rückseite desselben steht unter Anderem: *Ut Aristotelis in libris posteriorum processus et ars demonstrativa ad intelligendum sit facilis quaestionumque Magistri Iohannis Versoris intellectus sit planior et addiscentibus levior, ego magister Iohannes Glogaviensis almae florentissimaeque universitatis studii Cracoviensis maioris collegii artistarum collegiatus .... nodosam et perplexam .... sententiam in leviorem modum recolligere institui. Aegidii Romani, Thomae Aquinatis, Alberti Magni, Paulique de Venetiis viri doctissimi et aliorum interpretationes et explanationes adducam. Impressum est hoc opus ad impensas ..... Iohannis Haller civis Cracoviensis* ..... 1499. Am Schl.: *Impressum est hoc opus in ducali opido Lipsensi per Baccalarium wolffgangum de Monaco.* 1499. 4.

724) S. seine eigenen so eben angeführten Worte.

725) f. 28 v. Im Hinblicke hierauf und zugleich auf die bei jenem Anonymus in Beispielsätzen erwähnten Oertlichkeiten (s. Anm. 399 f.) will ich die Vermuthung nicht unterdrücken, dass der „Modernus", welcher jenen Hagenauer Commentar verfasste, vielleicht doch dieser Johann von Glogau sein könne, allerdings unter der Voraussetzung, dass derselbe von seinem ursprünglich eklektischen Standpunkte aus später völlig in das Lager der Modernen übergegangen sein müsste.

sowie dass er bei der *inventio medii* die versinnlichende Figur des Tartaretus nebst allem Zubehör, d. h. *Fecana, Cageti* u. s. f. aufnimmt [726]).

In anderer Art verfährt der als einer der ersten litterarischen Gegner Luther's bekannte Silvester Mazolinus de Prieria (gest. i. J. 1523). Derselbe will in seinem *Compendium dialecticae* [727]), welches in Folge von Anfeindungen ihn auch zu einer eigenen „*Apologia*" veranlasste [728]), in der That die zwei *viae*, d. h. jenen der Antiqui und jenen der Moderni, vereinigen. Dabei aber bestätigt sich neuerdings unsere frühere reichlich erprobte Wahrnehmung (s. Abschn. XX, Anm. 616 und oben Anm. 63, 83 ff.), dass der Gegensatz jener Parteien nicht in der Universalienfrage, sondern in der allgemeinen Auffassung und Behandlung lag; denn indem Prierias die „*realistae*" mit „*solida veritas*" und „*vetustas*" parallel stellt, hingegen den *nominales* oder *terministae* oder *sophistae* das Gebiet der *figmenta* und der *disputatio* zuweist, will er in ähnlichem Sinne wie Gerson, dass z. B. an der Rose sowohl die Sache als auch zugleich das bezeichnende Wort ergriffen werde [729]). So will er denn auch eklektisch wie die Bienen [730]) aus der beiderseitigen Litteratur das Passende sammeln. Der erste Haupttheil seines Compendiums hat den Terminus zum Gegenstande (vgl. Anm. 716), und zwar zunächst insoferne derselbe indifferent ist gegen die Verschiedenheit der *intentio* [731]). Eben dieses aber führt ihn nach der üblichen modernen Eintheilung des Terminus zur Erörterung der *intentio* selbst, wobei er vollständig den Grundsätzen des Thomismus folgt [732]), während er bei den Universalien

---

726) f. 45 r., woselbst er auch die Worte wiederholt: *quae figura communiter propter eius apparentem difficultatem pons asinorum dicitur.* S. ob. Anm. 165.

727) *Compendium dialecticae fratris Silvestri de prierio Sacri ordinis praedicatorum.* Am Schl.: *Venetiis arte et diligentia Otini Papiensis.* 1496. 4.

728) *Apologia magistri silvestri de prierio in dialecticam suam cum explanatione clarissima totius materiae intentionalis.* Am Schl.: *Bononiae per Ugonem Rogerium.* 1499. 4.

729) *Comp. dial.* am Anfang: *Adolescentium labori compatiens realistarum ac nominalium doctrinas, quantum dialecticae veritas patitur et proprium ingenium suppetit, in unum conserui, quatenus studiosus quisque solidam veritatem simul et disputandi solertiam facili studio consequatur. ...... De eo ente rationis, quod relatio est in rebus intellectis excogitata (ut nomen, oratio et argumentatio) formaliter vel sub suo formali sumpta, secluso docendi ordine tractans tribus libris opus omne distinxi iuxta triplex rationis operatum.* In der *Apol.* spricht er sich ähnlich aus: *Diffinitiones ac regulas sic sum moderatus, ut cum mea doctrina quisque, quam voluerit, viam tueatur; cum enim suppositio usus termini sit, hic quidem hunc usum solum in propositione esse profitebitur, ille vero forte etiam extra; nam si quempiam ad meditandum de rosa excitare voluero, id et rosa ipsa subiecta oculis et nomine eius illato auribus efficiam. .... Textus inusitatus est maxime iis, qui vel sola terministarum figmenta vel solam realistarum vetustatem noverunt. .... Asseverant, quod in Albertuccium tam patentia furta commiserim, a quo Insolubilia Obligationesque subripui. Sed quomodo fur censeri possum, qui in ipso limine aliena, i. e. realistarum sophistarumque doctrinas, me scribere non infitior.*

730) Dieses Gleichniss hatte die Mainzer Summula für sich in Anspruch genommen, s. ob. Anm. 82.

731) *Tractatus primus de ente rationis, quod primam eius operationem consequitur, secundum quod reperitur in signis seu terminis simplicibus communibus ad terminos primae et secundae intentionis.*

732) *Quaeritur igitur, quomodo possit addiscentioribus mens sancti Thomae declarari circa materiam intentionalem. ...... Adducam aliquas auctoritates Thomae,*

den Dualismus zwischen objectiver Sache und Aussagbarkeit (*res praedicabilis*) mehr in occamistischem Sinne ausspricht [733]), daher er auch den Uebergang von den Universalien zu den Kategorien in einem Wortausdrucke bewerkstelligen kann, welcher sehr terministisch klingt [734]). Hierauf folgt die *suppositio*, wobei er bezüglich der Eintheilung derselben den jüngsten Formationen (s. Anm. 707) und in Behandlung der *ampliatio*, *restrictio* und *appellatio* (mit Ausschluss der *distributio*) im Ganzen dem Albert v. Sachsen beitritt [735]). Darüber, dass er die *proprietates terminorum* noch zum ersten Haupttheile rechnet, rechtfertigt er sich ausdrücklich in der *Apologia*, da es sich wesentlich doch um *terminus simplex* handle [736]). Die *secunda operatio rationis* aber, d. h. die Urtheils-Verbindung, als zweiten Betrachtungs-Gegenstand der Logik, behandelt er zunächst an der Hand des Petrus Hispanus, fügt aber Vieles bei, was er dem Albert v. Sachsen entlehnt [737]). Der dritte Haupttheil, welcher die Argumentation zum Gegenstande hat, zeigt gleichfalls eine eigenthümliche Mischung aus Petrus Hispanus, Occam, Marsilius und Albert v. Sachsen [738]). Zuletzt aber sind noch exegetische Bemerkungen angehängt [739]).

..... *et ponam aliquas collationes inter Herveum et Capreolum.* Zu dieser thomistischen Seite des Prierias (— so wird er nemlich von den Späteren meistens genannt —) gehört auch, dass er eine *Epitome* aus Capreolus verfasste (gedruckt in Cremona 1497 u. noch 1649).

733) *Universale est res intellecta ut apta nata esse in pluribus ut res. ..... Praedicabile vero est res intellecta ut praedicabilis de aliquibus.* S. Abschn. XIX, Anm. 765 ff.

734) *Tractatus de eodem* (d. h. über das *praedicabile*), *ut reperitur in significatis terminorum primae intentionis; et primum de praedicamento substantiae etc.* Zu bemerken ist, dass er überhaupt nur vier Kategorien näher erörtert, nemlich Substanz, Quantität, Qualität, Relation.

735) Er theilt nemlich die *suppositio* zunächst in *materialis* und *formalis*, letztere in *impropria* und *propria*, diese letztere in *simplex* und *personalis*, diese letztere in *discreta* und *communis*, letztere in *determinata* und *confusa*, letztere in *collectiva* und *non collectiva*, letztere in *confusa tantum* und *confusa distributiva*, endlich letztere in *absoluta* und *accommoda* (d. h. je nachdem der *descensus* unbedingt oder bedingt ist).

736) *Mirantur plures, me de suppositionibus prius, quam de enuntiationibus tractasse, maxime cum modum scientiae et non docendi me servaturum in ipso exordio statim profitear* (Anm. 729). *Est enim, ut aiunt et ut potius sentio, suppositio passio quidem termini simplicis, verum in propositione, non extra. Ego vero id egi, quia certum quidem est, suppositionem propriam esse termini simplicis, sed utrum in propositione necne, dubium.* Im *Compend.* ist ihm das Urtheil als Gegenstand des 2. Buches: *ens rationis, quod secundam operationem rationis consequitur.*

737) Nemlich nicht bloss betreffs der Entgegensetzung der Urtheile die Unterscheidung des *modus consuetus loquendi* und des *modus inconsuetus* (s. Abschn. XX, Anm. 286), sondern auch die Vielzahl der Arten des hypothetischen Urtheiles (conditional, disjunctiv, copulativ, causal, temporal, local, s. ebend. Anm. 273), und ausserdem die Behandlung der exponiblen Urtheile als *aequivalentes hypotheticis* (s. ebend. Anm. 279)

738) *Liber tertius de ente rationis, quod tertiam rationis operationem consequitur.* Dabei wird mit den *Consequentiae* aus Marsilius unter Benützung einiger aristotelischer Topen (besonders *causa* und *effectus*) begonnen, dann folgt sehr kurz der kategorische Syllogismus aus Petrus Hispanus, hiezu aber kommen nach Occam (Abschn. XIX, Anm. 971) die Schlüsse aus Prämissen, welche einen *casus obliquus* enthalten, sowie die sog. exponiblen Schlüsse (ebend. Anm. 1000 ff.), nemlich Exclusiv-, Exceptiv- und Reduplicativ-Schlüsse; dann die modalen aus Aristoteles. Zuletzt *Insolubilia* und *Obligatoria* völlig nach Albert v. Sachsen.

739) Am Schlusse der *Obligationes*: *Pro maiori autem intelligentia dictorum*

Gregor Reisch (in Freiburg i. Br. lehrend, später Beichtvater des Kaisers Maximilian, gest. i. J. 1525) hat in seiner vielbenützten *Margarita philosophica*, d. h. einer Encyclopädie zum Bedarfe der Studirenden der philosophischen Facultät [740]) bezüglich der Logik, eine Auswahl der Hauptlehren der Logik aus Aristoteles, Petrus Hispanus und den modernen Terministen unter überwiegender Bevorzugung des Aristoteles zusammengestellt [741]).

Völlig auf Reisch's Zusammenstellung beruht des bekannten Satirikers Thomas Murner von Strassburg (geb. i. J. 1475, gest. i. J. 1536) merkwürdige „*Logica memorativa*" [742]), merkwürdig durch die logisch-pädagogische Anwendung des Kartenspieles, für deren praktische Wirksamkeit er sogar von der Krakauer Facultät ein officielles Zeugniss beibringen konnte, nachdem man ihn dort wegen seines überraschenden Lehr-Erfolges als der Zauberei verdächtig gehalten hatte [743]). In das ganze Buch sind von Anfang bis zu Ende zahlreiche Holzschnitte eingefügt, deren erster auch in den Drucken der *Margarita* des Reisch erscheint [744]); unmittelbar nach diesem Titelblatte werden Zeichnungen von

---

aliqua notabilia subinferuntur. Und so folgen nun der Reihe nach Erläuterungen zu den einzelnen Lehren der vorhergehenden drei Bücher.

740) *Margarita philosophica.* Zuerst gedruckt 1496, und dann noch sehr oft bis 1583. Das Ganze ist in Form eines Dialoges zwischen *Magister* und *Discipulus* gehalten, woraus der Hinblick auf die Baccalaureats- und Magister-Examina deutlich erkennbar ist. Jeder einzelnen der sieben *artes* ist ein Holzschnitt vorgedruckt, wovon der die *Dialectica* darstellende bei Thomas Murner (Anm. 744) als Titelblatt figurirt.

741) Er beginnt (p. 125 nach der Ausgabe v. 1583) mit *sonus, nomen, verbum* aus Petrus Hispanus, lässt dann die Universalien (p. 126 ohne alle Controverse) und die Kategorien nach Aristoteles folgen (p. 131), hierauf die Lehre vom Urtheile aus Petrus Hispanus (p. 151), und sodann die Argumentation, wobei er sich an Aristoteles hält, indem er von dort nicht bloss die kategorischen Syllogismen (mit Aufnahme der Regeln *Fecana*, *Cageti* u. s. w.), sondern auch die modalen entnimmt und desgleichen *Top.*, dann *An. post.* und hierauf *Soph. El.* excerpirt; sodann aber folgen unter dem Titel *passiones terminorum* in kurzem Auszuge aus Petrus Hispanus unter Benützung des Paulus Venetus noch *suppositio*, *ampliatio*, *restrictio, appellatio, distributio* und *Exponibilia.*

742) *Logica memorativa Chartiludium logicae, sive totius dialecticae memoria; et novus Petri hyspani textus emendatus; Cum iucundo pictasmatis exercitio; Eruditi viri f. Thomae Murner Argentini; ordinis minorum; theologiae doctoris eximii.* Am Schl.: *Argentinae industrius vir Ioannes gruninger impressit.* 1509. 4.

743) Auf der vorletzten Seite: *Testimonium magistrale Cracoviensium. Ego magister Ioannes de Glogovia* (s. Anm. 722 ff.), *Universitatis Cracoviensis Collegiatus .... testimonium do veritatis, ... patrem Thomam Murner Alemannum Civitatis Argentinensis filium ..... hanc chartiludiorum praxim apud nos finxisse, legisse et .... usque adeo profecisse, quod in mensis spatio etiam rudes et indocti .... sic evaserint memores et eruditi, quod grandis nobis suspicio de praedicto patre oriebatur, quiddam magicarum rerum infudisse potius, quam praecepta logicae tradidisse. ..... Ad expurgationis responsa vocatus hoc praesens obtulit chartiludiorum memoramentum, sic a nobis approbatum, ... quod divinum potius ingenium habuisse unanimi voce iudicaremus.*

744) Als allgemeines Titelblatt („*Typus logicae*") figurirt folgender Holzschnitt: Ein Jäger geht auf die Jagd; *sonus* und *vox* sind sein Hüfthorn, aus welchem *duae praemissae* als zwei Rosen hervorgehen; der das Horn haltende Arm bedeutet *argumenta;* auf seiner Brust ist *conclusio* geschrieben; *syllogismus* ist sein Waidmesser, *quaestio* der Bogen in seiner rechten Hand; seine beiden Beine sind *praedicabilia* und *praedicamenta;* vor ihm her springen zwei Jagdhunde, ein schöner

sechszehn Gegenständen angereiht, welche für alles Folgende als mnemonische Symbole logischer Begriffe oder Lehren dienen sollen [745]). Sodann aber wird der gesammte Inhalt der Lehren der Logik in die graphische Darstellung der Embleme von 51 Spielkarten gebracht [746]), deren jede dem Umkreise einer bestimmten logischen Regel gewidmet ist [747]), so dass nach Murner's Absicht jedenfalls durch irgend eine Beschäftigung und Manipulation mit diesen Karten die Logik dem Gedächtnisse eingeprägt werden soll [748]). Was den Inhalt der logischen Regeln selbst betrifft, so kommt hier zu demjenigen, was wir bereits bei Reisch finden, äusserst Weniges hinzu [749]).

Endlich als ein Zeichen der Zeit möge angeführt werden, was Johann Turmair, genannt Aventinus (geb. i. J. 1474, gest. i. J. 1534) gelegentlich über die logische Parteistellung sagt, deren Zeuge er an der

---

veritas und ein hässlicher *falsitas;* Gegenstand der Jagd ist ein Hase *problema;* die Beine des Jägers schreiten über die am Boden liegenden *fallaciae* hinweg; im Vordergrunde rechts wuchert das Kraut der *Parva logicalia*, ebendort im Mittelgrunde steht das Gestrüpp der *Insolubilia* und *Obligatoria*, hinter welchem sich die *silva opinionum* erhebt, repräsentirt durch vier Bäume (d. h. *Occamistae, Scotistae, Thomistae, Albertistae*).

745) Es werden als Zeichen, welche für das ganze *Chartiludium* gelten, vorläufig vorgeführt: 1) eine Schelle *enuntiatio*, 2) ein Krebs *praedicabile*, 3) ein Fisch *praedicamentum*, 4) eine Eichel *syllogismus*, 5) ein Skorpion *locus dialecticus*, 6) ein Kurhut *fallacia*, 7) ein Herz *suppositio*, 8) eine Heuschrecke *ampliatio*, 9) die Sonne *restrictio*, 10) ein Stern *appellatio*, 11) ein Rabe *distributio*, 12) der Halbmond *expositio*, 13) eine Katze *exclusio*, 14) ein Wappenschild *exceptio*, 15) eine Kaiserkrone *reduplicatio*, 16) eine Schlange *descensus*.

746) Die ersten sieben dieser Zeichen gestalten sich für die folgenden Bilder zu demjenigen, was man im Kartenspiele die Farben nennt. Nemlich nach jedem Paragraphen der logischen Lehre folgt ein Holzschnitt, welcher eine Spielkarte vorstellt; und so treten uns (nach Analogie des jetzigen Sprachgebrauches im Kartenspiele) deutlich der Reihe nach hervor: zuerst 8 Schellen, nemlich König, Unter, Ober, Ass, Achter, Siebener, Sechser, Fünfer; dann 6 Krebs, nemlich König, Ass, Dreier, Vierer, Fünfer, Sechser; dann 8 Fisch, nemlich König, Ass, Dreier u. s. f. bis Achter; hierauf 4 Eichel, nemlich König, Ass, Dreier, Vierer; dann 7 Skorpion, d. h. König, Ass, Dreier bis Siebener; 8 Kurhut, d. h. König, Unter, Dreier bis Achter; dann drei Herz, nemlich König, Ass, Dreier; zuletzt sieben einzelne Karten, welche zu keiner der erwähnten Farben gehören. (Wahrscheinlich dürfte die genauere Untersuchung all dieser Figuren einen Beitrag zur Vervollständigung der Geschichte der Spielkarten darbieten, denn Alles, was von dem uns Bekannten abweicht, für blosses Phantasiespiel Murner's zu halten, scheint mir nicht statthaft; eine genügende Aufklärung über das Zweifelhafte habe wenigstens ich aus den bekannten einschlägigen Schriften von Brunet, Leber und Chatto nicht schöpfen können.

747) Jedes einzelne Kartenbild enthält eine Menge von Emblemen und Symbolen an Gestalt, Kleidung und Umgebung der Figuren, was sämmtlich als mnemonisches Mittel zur Festhaltung der die Karte betreffenden Regel dienen soll.

748) Ob Murner's Schüler etwa förmliche Kartenspiele (wohl zu Dreien, da es 51 Karten sind) üben mussten, ist nicht ersichtlich; wohl hingegen schreibt er selbst den Gebrauch von Würfeln vor, wonach der Schüler je nach der geworfenen Zahl die betreffende Karte und deren Bedeutung nebst Regeln herzusagen sich für sich allein einüben könne.

749) Nemlich bei *sonus etc.* einige Bemerkungen über *significatio* und *intentio prima et secunda,* bei der Lehre vom Urtheile die Unterscheidung zwischen *terminus communis* und *singularis*, sowie auch die Umkehrung und die Modalität hier ausführlicher behandelt sind; in der Topik die Erörterung über das Enthymema, und bei den *Exponibilia* die Aufnahme der modernen Lehre über *descensus*.

Universität Ingolstadt war[750]). Er knüpft dabei, offenbar durch thomistische Litteratur veranlasst (s. ob. Anm. 84 u. 625), an eine Notiz über Roscellinus an und berichtet, dass die „Alten" oder „*reales*" ein wirkliches Wissen betreffs der objectiven Dinge anstreben, während die „Neuen" oder „*nominales*" sich im Uebermass auf die sprachliche und begriffliche Seite werfen, und nachdem er sachgemäss hervorragende Autoren der beiden Richtungen genannt, fügt er Bemerkungen an, aus welchen wir unsrerseits deutlich sehen, dass die von ihm benützte Quelle eigentlich den Zwiespalt im Auge hatte, welcher zwischen Antiqui und Moderni betreffs der *formalitates* bestand, und sonach dem Anschauungskreise Gersons angehörte (s. Abschn. XX, Anm. 595 und was ich dort nach Anm. 614 bemerkte, sowie ob. Anm. 64); erst in zweiter Linie berührt er den Parteigegensatz in seinen Wirkungen betreffs der Universalienfrage (s. ob. Anm. 64 u. 82) und gibt uns hiemit einen neuen Beleg, dass wir in obiger Darstellung der Parteispaltung nicht fehlge-

---

750) *Aventinus*, *Annal. Boi.* VI (*ed. Cisner.* 1615) p. 383: *Hisce quoque temporibus fuisse reperio Rucelinum Britannum etc.* (s. Abschn. XIII, Anm. 317). ..... *Eo namque autore duo Aristotelicorum Peripateticorum genera esse coeperunt, unum illud vetus, locuples in rebus procreandis, quod scientiam rerum sibi vindicat, quamobrem reales vocantur; alterum novum, quod eam distrahit, nominales ideo nuncupati, quod avari rerum, prodigi nominum atque notionum verborum videntur esse assertores. In hisce duobus generibus dissidium et bellum civile est; illius Thomas Aquinas Italus et Iohannes Duns Scotus, huius Wilhelmus Occomensis, cuius sepulcrum marmoreum apud nos in Boiaria Monachii in templo Franciscanorum monstratur* (— nicht mehr vorhanden —), *Marsilius Haidelbergensis academiae, Ioannes Buridanus Viennensis gymnasii institutor, Gregorius Ariminensis Viennae humatus, antesignani sunt. Alios et tot munitos. Peripateticae familiae philosophos et proximos quosque a prioribus dissentientes praetereo; aliis subinde aliae opiniones, alia placita sunt; ita fit, ut nulli duo concinant. .... Veterani scientiam utpote aemulam naturae de rebus sive in rebus existere (nempe notatio naturae et sensus animadversio peperit artem), ea, quae confusa sunt notione, mente, cogitatione dumtaxat distinguuntur, diversa quoque esse contendunt, sicut est numerus et res, quae numeratae sunt* (s. bei *Bovillus*, Anm. 667 f.). ..... *Tironum caterva haec, quae solum intelligentia et cogitatione separantur, idem esse censent, nec enim aliud numerum, quam res numeratas, caecitatem, quam caecum esse, ipsis placet; hi scientiam quoque potissimum de dictionibus et nusquam nisi in animi notionibus atque rationibus esse docent. ... De ideis quoque ...... digladiantur. ..... Aristoteles ...... primus huiuscemodi species labefactavit. ...... Stoici nullam talem ideam in natura rerum sed notiones in animo esse dixerunt. .... Antiqui Aristotelis opinionem, recentiores Stoicorum sectantur. Istaec nova Aristotelicorum secta a veteribus paene explosa et exsibilata a Wilhelmo Occomensi rursus excitata, aucta, atque de integro instaurata est; hanc ob causam a suis venerabilis inceptor vocari solet. Vicitque manus Wilhelmi adeo, ut celeberrima Athenaea Galliarum Lutetia* (ob. Anm. 406—530), *Germaniae magnae Erdfordia* (ob. Anm. 67 u. 377 ff.), *Nariscorum Angilostadium* (Anm. 75 u. 369 ff.), *Noricorum Vienna* (Abschn. XX, Anm. 217 ff.) *in illius verba iurarint. Exstat in Rucelinum superiorem epigramma decastichon, quod non nitoris cultusve, sed testimonii gratia subscribo:*

Quas Ruceline doces, non vult dialectica voces,
Iamque dolens de se non vult in vocibus esse;
Res amat, in rebus cunctis vult esse diebus;
Voce retractetur; res sit, quod voce docetur.
Plorat Aristoteles, nugas docendo seniles
Res sibi subtractas per voces intitulatas,
Porphyriumque gemit, quia res sibi lector ademit.

griffen haben; nachdem er hierauf uns bestätigt, was wir bereits aus anderen Quellen wussten, dass die Richtung der Modernen in Paris (Majoris und seine Schule), Erfurt (Trutfeder), Ingolstadt (Parreut) und Wien (Albert v. Sachsen) die Oberhand gewonnen habe, schliesst er mit einem realistischen Gedichte, welches gegen Roscellinus gerichtet ist. In der kurzen Encyclopädie, welche Aventin für seinen herzoglichen Zögling schrieb, bekennt er sich schon auf dem Titelblatte als Eklektiker [751]), und zeigt uns auch in den wenigen Bemerkungen, welche seine eintheilende Uebersicht der Wissenschaften ihm über die Logik gestattet, dass er den Aristotelismus eines Albertus Magnus mit ciceronianischer Auffassung verbinden will, wobei noch besondere Beachtung der Umstand verdient, dass in den kargen allgemeinen Bemerkungen Aventins uns der erste, wenn auch sehr stammelnde Versuch begegnet, über Logik in deutscher Sprache zu reden [752]).

Somit verlassen wir nun im Ganzen die Scholastik nach einem langen und sowohl für den Forscher als auch für den Leser peinlichen Wege, auf welchem wir sie in geschichtlichem Interesse durchwandern mussten. In Folge der Renaissance, welche ihren weithin fühlbaren Segen über die Culturstaaten Europa's verbreitete, trat auch eine gleichsam puritanische Wiederherstellung des aristotelischen Organons ein, und es gestaltete sich

---

Qui res abrodit, Ruceline, Boethius odit.
Non argumentis nulloque sophismate sentis,
Res existentes in vocibus esse manentes.

751) *Arionisto duci utriusque Boiariae etc. Encyclopedia orbisque doctrinarum hoc est Omnium artium, scientiarum, ipsius philosophiae index ac divisio, scriptores earundem rerum. Ex Platone Aristotele Cicerone Varrone Quintiliano Lactantio divo Hieronymo Divo aurelio Augustino Themystio Boethio Severino Alberto magno episcopo Ratisbonensi Albino* (d. h. Alcuin) *praeceptore Caroli magni. Ioannes Aventinus Thurinomarus lectori etc.* Am Schl.: *Impressum Augustae in officina Milleraniana .....* 1517. 4.

752) *Logica, quae et rationalis, est de dictionibus, sermone ac ratione;* dieselbe wird eingetheilt in *grammatica* (*de oratione recta*) und *rhetorica* (*de oratione quatenus persuadet*) und *dialectica* (*de oratione, ut ait Cicero, ratione conclusa*, s. Abschn. VIII, Anm. 23 ff.). Hierauf theilt er die Philosophie in *adminiculativa* und *principalis*, wobei er von ersterer sagt: *Adminiculativa, quae et minus principalis logica ab Aristotele in Topicis dicitur communi vocabulo* (bekanntlich nicht wahr, s. ebend. Anm. 27), *quam et rationalem interpretatus est Boethius, quod non de rebus, sed de rationibus tractet, et est instrumentum et supellex eius philosophiae, quae in rerum cognitione versatur; ideo et ab eodem Aristotele modus sciendi vocatur et a quibusdam peripateticis.* Dann theilt er abermals die *philosophia minus principalis* in Grammatik, Rhetorik und Dialektik, welch letztere er folgendermassen beschreibt: *Dialectica est diligens ratio disserendi disputandique, „reden non den sachen auff bederlay parthey und weg aussrechnen", officium dare, modum viamque sciendi, docendi, discendi, i. e. docere facere ratiocinationem, „lernt mass, weis und weg, rechnung machen, wie und von wan sy sein sol"; graeci syllogismum vocant; finis, investigare rem ignotam, „wie ainer ein ding lernen aussrechnen suechen sol, das er nit kan"; ignotum namque per notum discere necesse est, ut catulus ex odore investigat feram. Libet propter imperitos crassiore uti musa ac vernaculo sermone „wen ainer ain ding nit verstet, weis oder kan, spricht, er welle weiter darvon reden, pass nachgedencken, mues aussrechnen, item kans nit aussrechnen"; ita cuiusque rei ignotae notitiam acquirimus per ratiocinationem, quam docet facere dialectica. Huius scientiae princeps est Aristoteles, uti etiam Cicero sentit; a peripateticis vocabulo peculiari logica vocatur.* Vgl. vor. Abschn., Anm. 91.

eine neue Parteispaltung zwischen Aristotelikern und Ciceronianern, welche uns im folgenden Abschnitte beschäftigen wird.

Dass die Scholastik allerdings nicht mit Einem Schlage absolut erlosch, versteht sich von selbst, und wir werden zu der zuletzt geschilderten „Nachblüthe“ auch später noch (— ja später, als man gemeiniglich glaubt —) einige „Nachzügler“ treffen, unter welchen uns auch Synkretisten und Eklektiker begegnen werden, welche Denjenigen, die so eben an uns vorüberzogen, äusserst ähnlich sind. Da mir jedoch überwiegend eine Charakteristik der Zeit-Perioden als Ziel vorschwebt, so wollte ich absichtlich in diesem Abschnitte die Zuckungen scholastischer Tendenzen nicht über das erste Drittel des 16. Jahrhunderts hinaus fortspinnen, indem es zweckdienlicher sein wird, die Zähigkeit mittelalterlicher Anschauungen, welche ja leider sogar heutzutage noch nicht völlig erloschen sind, von Periode zu Periode als eine neben dem allgemeinen Fortschritte herlaufende zu betrachten.

REGISTER.